COMPREHENSIVE ORGANOMETALLIC CHEMISTRY

COMPREHENSIVE ORGANOMETALLIC CHEMISTRY

The Synthesis, Reactions and Structures of Organometallic Compounds

Volume 9

EDITOR
Sir Geoffrey Wilkinson, FRS
*Imperial College of Science & Technology
University of London*

DEPUTY EDITOR
F. Gordon A. Stone, FRS
University of Bristol

EXECUTIVE EDITOR
Edward W. Abel
University of Exeter

PERGAMON PRESS
OXFORD · NEW YORK · TORONTO · SYDNEY · PARIS · FRANKFURT

U.K.	Pergamon Press Ltd., Headington Hill Hall, Oxford OX3 0BW, England
U.S.A.	Pergamon Press Inc., Maxwell House, Fairview Park, Elmsford, New York 10523, U.S.A.
CANADA	Pergamon Press Canada Ltd., Suite 104, 150 Consumers Road, Willowdale, Ontario M2J 1P9, Canada
AUSTRALIA	Pergamon Press (Aust.) Pty. Ltd., P.O. Box 544, Potts Point, NSW 2011, Australia
FRANCE	Pergamon Press SARL, 24 rue des Ecoles, 75240 Paris, Cedex 05, France
FEDERAL REPUBLIC OF GERMANY	Pergamon Press GmbH, Hammerweg 6, 6242 Kronberg/Taunus, Federal Republic of Germany

Copyright © 1982 Pergamon Press Ltd.

All rights reserved. No part of this publication may be reproduced, stored in a retrieval system or transmitted in any form or by any means: electronic, electrostatic, magnetic tape, mechanical, photocopying, recording or otherwise, without permission in writing from the publishers

First edition 1982

Library of Congress Cataloging in Publication Data

Main entry under title:

Comprehensive organometallic chemistry.

Includes bibliographical references and indexes.
1. Organometallic compounds. I. Wilkinson, Geoffrey, 1921–
II. Stone, F. Gordon A. (Francis Gordon Albert), 1925–   III. Abel, Edward W.
QD411.C65   1982   547'.05   82-7595   AACR2

British Library Cataloguing in Publication Data

Comprehensive organometallic chemistry.
1. Organometallic compounds
I. Wilkinson, Geoffrey
547'.05   QD411

ISBN 0-08-025269-9

Contents

Subject Index   1
J. NEWTON, *David John (Services), Maidenhead*

Formula Index   441
J. D. COYLE, *The Open University, Milton Keynes*

Author Index   823

Index of Structures Determined by Diffraction Methods   1209
M. I. BRUCE, *University of Adelaide*

Index of Review Articles and Specialist Texts on Organometallic Chemistry   1521
G. B. YOUNG, *Imperial College of Science and Technology, University of London*

Preface

Although the discovery of the platinum complex that we now know to be the first π-alkene complex, $K[PtCl_3(C_2H_4)]$, by Zeise in 1827 preceded Frankland's discovery (1849) of diethylzinc, it was the latter that initiated the rapidly developing interest during the latter half of the nineteenth century in compounds with organic groups bound to the elements. This era may be considered to have reached its apex in the discovery by Grignard of the magnesium reagents which occupy a special place because of their ease of synthesis and reactivity. With the exception of trimethylplatinum chloride discovered by Pope, Peachy and Gibson in 1907 by use of the Grignard reagent, attempts to make stable transition metal alkyls and aryls corresponding to those of main group elements met with little success, although it is worth recalling that even in 1919 Hein and his co-workers were describing the 'polyphenylchromium' compounds now known to be arene complexes.

The other major area of organometallic compounds, namely metal compounds of carbon monoxide, originated in the work starting in 1868 of Schützenberger and later of Mond and his co-workers and was subsequently developed especially by Hieber and his students. During the first half of this century, aided by the use of magnesium and, later, lithium reagents the development of main group organo chemistry was quite rapid, while from about 1920 metal carbonyl chemistry and catalytic reactions of carbon monoxide began to assume importance.

In 1937 Krause and von Grosse published their classic book 'Die Chemie der Metallorganischen Verbindungen'. Almost 1000 pages in length, it listed scores of compounds, mostly involving metals of the main groups of the periodic table. Compounds of the transition elements could be dismissed in 40 pages. Indeed, even in 1956 the stimulating 197-page monograph 'Organometallic Compounds' by Coates adequately reviewed organo transition metal complexes within 27 pages.

Although exceedingly important industrial processes in which transition metals were used for catalysis of organic reactions were developed in the 1930s, mainly in Germany by Reppe, Koch, Roelen, Fischer and Tropsch and others, the most dramatic growth in our knowledge of organometallic chemistry, particularly of transition metals, has stemmed from discoveries made in the middle years of this century. The introduction in the same period of physical methods of structure determination (infrared, nuclear magnetic resonance, and especially single-crystal X-ray diffraction) as routine techniques to be used by preparative chemists allowed increasingly sophisticated exploitation of discoveries. Following the recognition of the structure of ferrocene, other major advances quickly followed, including the isolation of a host of related π-complexes, the synthesis of a plethora of organometallic compounds containing metal-metal bonds, the characterization of low-valent metal species in which hydrocarbons are the only ligands, and the recognition from dynamic NMR spectra that ligand site exchange and tautomerism were common features in organometallic and metal carbonyl chemistry. The discovery of alkene polymerization using aluminium alkyl-titanium chloride systems by Ziegler and Natta and of the Wacker palladium-copper catalysed ethylene oxidation led to enormous developments in these areas.

In the last two decades, organometallic chemistry has grown more rapidly in scope than have the classical divisions of chemistry, leading to publications in journals of all national chemical societies, the appearance of primary journals specifically concerned with the topic, and the growth of annual review volumes designed to assist researchers to keep abreast of accelerating developments.

Organometallic chemistry has become a mature area of science which will obviously continue to grow. We believe that this is an appropriate time to produce a comprehensive review of the subject, treating organo derivatives in the widest sense of both main group and transition elements. Although advances in transition metal chemistry have appeared to dominate progress in recent years, spectacular progress has, nevertheless, also been made in our knowledge of organo compounds of main group elements such as aluminium, boron, lithium and silicon.

In these Volumes we have assembled a compendium of knowledge covering contemporary organometallic and carbon monoxide chemistry. In addition to reviewing the chemistry of the elements individually, two Volumes survey the use of organometallic species in organic synthesis and in catalysis, especially of industrial utility. Within the other Volumes are sections devoted to such diverse topics as the nature of carbon–metal bonds, the dynamic behaviour of organometallic compounds in solution, heteronuclear metal–metal bonded compounds, and the impact of organometallic compounds on the environment. The Volumes provide a unique record, especially of the intensive studies conducted during the past 25 years. The last Volume of indexes of various kinds will assist readers seeking information on the properties and synthesis of compounds and on earlier reviews.

As Editors, we are deeply indebted to all those who have given their time and effort to this project. Our Contributors are among the most active research workers in those areas of the subject that they have reviewed and they have well justified international reputations for their scholarship. We thank them sincerely for their cooperation.

Finally, we believe that 'Comprehensive Organometallic Chemistry', as well as providing a lasting source of information, will provide the stimulus for many new discoveries since we do not believe it possible to read any of the articles without generating ideas for further research.

E. W. ABEL
Exeter

F. G. A. STONE
Bristol

G. WILKINSON
London

Contributors to Volume 9

Professor M. I. Bruce
Department of Inorganic and Physical Chemistry, University of Adelaide,
Adelaide, SA 5001, Australia

Dr J. Coyle
Department of Chemistry, The Open University, Walton Hall,
Milton Keynes MK7 6AA, UK

Dr J. Newton
David John (Services), 3 Bridge Avenue, Maidenhead SL6 1RR, UK

Dr G. B. Young
Department of Chemistry, Imperial College of Science and Technology, South Kensington,
London SW7 2AY, UK

Contents of Other Volumes

Volume 1

1. Structural and Bonding Relationships among Main Group Organometallic Compounds
2. Alkali Metals
3. Beryllium
4. Magnesium, Calcium, Strontium and Barium
5. Boron
6. Aluminum
7. Gallium and Indium
8. Thallium

Volume 2

9. Silicon
10. Germanium
11. Tin
12. Lead
13. Arsenic, Antimony and Bismuth
14. Copper and Silver
15. Gold
16. Zinc and Cadmium
17. Mercury
18. Environmental Aspects of Organometallic Chemistry

Volume 3

19. Bonding of Unsaturated Organic Molecules to Transition Metals
20. Non-rigidity in Organometallic Compounds
21. Scandium, Yttrium and the Lanthanides and Actinides
22. Titanium
23. Zirconium and Hafnium
24. Vanadium
25. Niobium and Tantalum
26. Chromium
27. Molybdenum
28. Tungsten

Volume 4

29. Manganese
30. Technetium and Rhenium
31. Iron
32. Ruthenium
33. Osmium

Volume 5

34 Cobalt
35 Rhodium
36 Iridium

Volume 6

37 Nickel
38 Palladium
39 Platinum
40 Compounds with Heteronuclear Bonds between Transition Metals
41 Compounds with Bonds between a Transition Metal and Either Boron, Aluminum, Gallium, Indium or Thallium
42 Compounds with Bonds between a Transition Metal and Either Mercury, Cadmium, Zinc or Magnesium
43 Compounds with Bonds between a Transition Metal and Either Silicon, Germanium, Tin or Lead

Volume 7

44 Compounds of the Alkali and Alkaline Earth Metals in Organic Synthesis
45 Organoboron Compounds in Organic Synthesis
46 Compounds of Aluminum in Organic Synthesis
47 Compounds of Thallium in Organic Synthesis
48 Organosilicon Compounds in Organic Synthesis
49 Compounds of Zinc, Cadmium and Mercury, and of Copper, Silver and Gold in Organic Synthesis

Volume 8

50 Carbon Monoxide and Carbon Dioxide in the Synthesis of Organic Compounds
51 Addition of Hydrogen and Hydrogen Cyanide to Carbon–Carbon Double and Triple Bonds
52 Alkene and Alkyne Oligomerization, Cooligomerization and Telomerization Reactions
53 Asymmetric Synthesis using Organometallic Catalysts
54 Alkene and Alkyne Metathesis Reactions
55 Polymer Supported Catalysts
56 Organonickel Compounds in Organic Synthesis
57 Organopalladium Compounds in Organic Synthesis and in Catalysis
58 Organoiron Compounds in Stoichiometric Organic Synthesis
59 Organic Chemistry of Metal-coordinated Cyclopentadienyl and Arene Ligands
60 Reactions of Dinitrogen Promoted by Transition Metal Compounds

Subject Index

J. NEWTON

David John (Services), Maidenhead

This Subject Index contains over 30 000 individual entries to the 7800 text pages of Volumes 1–8. The index covers general types of organometallic compound, specific organometallic compounds, general and specific organic compounds where their synthesis or use involves organometallic compounds, types of reaction (insertion, oxidative addition, *etc.*), spectroscopic techniques (NMR, IR, *etc.*), and topics involving organometallic compounds.

Because authors may have approached similar topics from different viewpoints, index entries to those topics may not always appear under the same headings. Both synonyms and alternatives should therefore be considered to obtain all the entries on a particular topic. Commonly used synonyms include alkene/olefin, alkyne/acetylene, compound/complex, preparation/synthesis, *etc.* Entries where the oxidative state of a metal has been specified occur after all the entries for the unspecified oxidation state, and the same or similar compounds may occur under both types of heading. Thus $Cr(C_6H_6)_2$ occurs under Chromium, bis(η-benzene) and again under Chromium(0), bis(η-benzene). Similar ligands may also occur in different entries. Thus a carbene–metal complex may occur under Carbene complexes, Carbene ligands, or Carbenes, as well as under the specific metal. Individual organometallic compounds may also be listed in the Formula Index.

A

Abietic acid
  arylation, **8**, 858
Aceheptylene, 3,5-dimethyl-
  reaction with iron carbonyls, **4**, 623
Aceheptylene ligands
  manganese complexes, **4**, 123
Acenaphthylene
  dianion alkali metal compounds
    structure, **1**, 113
  platinum(0) complexes, **6**, 619
  reaction with calcium, **1**, 236
Acenaphthylene bridges
  dinuclear carbonyliron complexes, **4**, 581
η^2-Acenaphthylene ligands
  iron complexes, **4**, 394
Acetaldehyde
  anion equivalents, **7**, 36
  hydrogenation
    pentacarbonylmethylmanganese and, **4**, 75
  lithium enolate
    structure, **1**, 81
  polymerization
    organoaluminum compounds and, **7**, 438
    tetraethyldialuminoxane in, **1**, 667
  reaction with organoaluminum compounds, **7**, 413
  telomerization with allene
    nickel catalysed, **8**, 667
  telomerization with isoprene, **8**, 447
Acetaldehyde, (chloromercury)-
  structure, **2**, 921
Acetalization
  supported catalysts in, **8**, 602
Acetals
  germyl
    stability, **2**, 440
  Grignard reagents from, **1**, 177
  hydroboration, **7**, 231
  hydroformylation, **8**, 137
  reaction with organometallic compounds, **7**, 47
  reduction by diisobutylaluminum hydride, **1**, 652
  synthesis, **7**, 48
  unsaturated
    hydroformylation, **8**, 134
  $\alpha\beta$-unsaturated
    reaction with Grignard reagents, **7**, 721
Acetamide
  bis-silyl
    spectra, **2**, 123
  reaction with hexakis(methyl isocyanide)ruthenium cations, **4**, 683
Acetamide, N-acetyl-
  reaction with trimethylgallium, **1**, 717
Acetamide, bis(trimethylsilyl)-
  reaction with (chloromethyl)dimethylchlorosilane, **2**, 123
Acetamide, N,N-dimethyl-
  reaction with tetraphenylporphyrin hydride rhodium complexes, **5**, 388
  reaction with trimethylgallium or trimethylindium, **1**, 715
Acetamide, N-methyl-
  reaction with trimethylgallium or trimethylindium, **1**, 715
Acetamidinato ligands
  pentamethylcyclopentadienyl rhodium complexes, **5**, 368
Acetates
  palladium complexes, **6**, 329
  reaction with η^3-allyl palladium complexes, **6**, 420
  reaction with chloro(diene)rhodium dimers, **5**, 463
  reaction with palladium(II) olefin complexes, **6**, 358
Acetic acid
  end uses, **8**, 79
  heterogeneous synthesis from methanol, **8**, 78
  homologation
    homogeneous catalysed, **8**, 79
  industrial synthesis, **8**, 73–79
  preparation from methanol
    rhodium complexes as catalyst, **5**, 386
  reaction with butadiene
    catalyst leaching in, **8**, 590
  synthesis
    cobalt catalysts, **8**, 75
    organoaluminum reagents in, **1**, 559
  synthesis from methanol
    anionic halocarbon rhodium catalysis, **5**, 281
  telomerization with butadiene, **8**, 433
  telomerization with isoprene, **8**, 446
Acetic acid, acetyl-
  ethyl ester
    reaction with palladium(II) isocyanides, **6**, 292
Acetic acid, α-alkylaryl-
  methyl ester
    preparation from aralkyl ketones, **7**, 482
Acetic acid, aryl-
  preparation from styrenes, **7**, 471
Acetic acid, chloro-
  esters
    reductive silylation, **2**, 22
  industrial synthesis, **8**, 79
Acetic acid, cyano-
  methyl ester
    reaction with palladium(II) isocyanides, **6**, 292
Acetic acid, diazo-
  ethyl ester
    alkynylboranes, **7**, 339
Acetic acid, germyl-
  synthesis, **2**, 411

Acetic acid, mercapto-
  reaction with dodecacarbonyltriruthenium, **4**, 882
Acetic acid, α-methoxyaryl-
  methyl ester
    preparation from acetophenones, **7**, 482
Acetic acid, 4-methoxyphenyl-
  methyl ester
    preparation, **7**, 488
Acetic acid, α-methylaryl-
  preparation, **7**, 488
Acetic acid, α-phenoxy-
  reaction with organoboranes, **7**, 279
Acetic acid, phenyl-
  methyl ester
    preparation from α-hydroxystyrene, **7**, 480
  thallation/iodination, **7**, 501
Acetic acid, trifluoro-
  organoboranes, **1**, 288
  reaction with η^3-allylnickel complexes, **6**, 161
  reaction with η^1-organoiron complexes, **4**, 352
  reaction with tetraorganotin compounds, **2**, 537
Acetic acid, vinyl-
  reaction with allyl halides and carbon monoxide
    nickel catalysed, **8**, 782
Acetic anhydride
  industrial synthesis
    carbonylation of methyl acetate, **8**, 79
  reaction with hydrated ruthenium trichloride, **4**, 678
  reaction with triethylaluminum, **7**, 407
Acetidine
  telomerization with butadiene, **8**, 435
Acetimidoyl ligands
  trinuclear iron complexes, **4**, 626
Acetoacetates
  reaction with (cycloocta-1,5-diene)palladium halide complexes, **6**, 379
Acetoacetic acid
  ethyl ester
    reaction with bis(π-allylpalladium chloride), **8**, 814
    telomerization with butadiene, **8**, 436
    telomerization with 2,3-dimethyl-1,3-butadiene, **8**, 450
    telomerization with isoprene, **8**, 447
Acetone
  aromatic, **2**, 24
  cationic cyclopentadienylruthenium complexes, **4**, 791
  dicyclopentadienylvanadium complexes, **3**, 681
  palladium complexes
    oxidation, **6**, 257
  reaction with carbonyl(η-alkylcyclopentadienyl)iodonitrosylmanganese, **4**, 134
  reaction with myrcene
    nickel catalysed, **8**, 697
  reaction with organoberyllium halides, **1**, 138
  telomerization with butadiene, **8**, 442
  telomerization with isoprene, **8**, 447
Acetone, acetyl-
  reaction with dodecacarbonyltriruthenium, **4**, 881
Acetone, benzylidene-
  iron complexes, **4**, 428, 442
    Wittig reaction, **4**, 429
  reaction with tricarbonyl(η^4-cyclooctadiene)ruthenium, **4**, 837
Acetone, (bromomercury)-
  structure, **2**, 921
Acetone, dibenzylidene-
  palladium complexes, **6**, 351, 364, 370
    reaction with acetylenes, **6**, 465
  palladium(0) complexes, **6**, 247, 259
    oxidative additions, **6**, 312
  palladium(I) complexes, **6**, 273
  platinum complexes
    platinum(0) acetylene complex preparation from, **6**, 695
  platinum(0) complexes, **6**, 622
  reaction with dichloro(η-pentamethylcyclopentadienyl)rhodium dimer, **5**, 481
Acetone, dichlorotetrafluoro-
  platinum complexes, **6**, 686
Acetone, geranyl-
  isomerization
    catalysis by ruthenium complexes, **4**, 942
Acetone, hexafluoro-
  cyclodimerization
    rhodium complexes in, **5**, 411
  osmium complexes, **4**, 999
  oxidative-addition reactions
    to platinum(0) complexes, **6**, 522
  platinum complexes, **6**, 686
  reaction with (acetylacetone)bis(methyldiphenylphosphine)rhodium, **5**, 401
  reaction with bis(cyclooctadiene)platinum, **6**, 687
  reaction with cyclopentadienylhydridoruthenium complexes, **4**, 786
  reaction with methylgold(I), **2**, 812
  reaction with platinum(II) σ-acetylide complexes, **6**, 572
  reaction with tricarbonyl(η-N-methoxycarbonyl-1H-azepine)ruthenium, **4**, 754
Acetone, hexafluorothio-
  platinum complexes, **6**, 689
Acetone, perfluoro-
  reaction with carbonylhalo(dioxygen)bis(triphenylphosphine)iridium, **5**, 544
  reaction with tricarbonyl(cyclobutadiene)iron, **4**, 409
  telomerization with butadiene, **8**, 442
Acetone, p,p'-diisopropyldibenzylidene-
  platinum(0) complex, **6**, 622
Acetone, trifluoro-
  reaction with platinum(II) σ-acetylide complexes, **6**, 572
Acetone-d_6
  reaction with indanylaluminum etherate, **1**, 572
Acetone imine, hexafluoro-
  reaction with (acetylacetone)bis(methyldiphenylphosphine)rhodium, **5**, 401
Acetonitrile
  cationic cyclopentadienylruthenium complexes, **4**, 791
  hydration
    platinum(0) cyclohexyne complex in, **6**, 703
  manufacture from carbon monoxide, **8**, 43
  palladium chloride complex, **6**, 238
  reaction with acetylene, **8**, 417
  reaction with halopentacarbonylmanganese, **4**, 30
  reaction with iridium complexes and carbon dioxide, **8**, 256
  reaction with palladium chloride, **6**, 237
  reaction with pentacarbonylhalomanganese, **4**, 36

Acetonitrile

  reaction with trimethylsilyl radicals, **2**, 91
  ruthenium complexes, **4**, 808
  triethylgallium adduct, **1**, 701
  trimethylgallium adduct, **1**, 701
Acetonitrile, chloro-
  reaction with carbonyl(η-cyclopentadienyl)(triphenylphosphine), **5**, 385
Acetonitrile, diazo-
  insertion reactions with palladium–carbon bonds, **6**, 326
Acetonitrile, α-diazo-
  reaction with organoboranes, **7**, 279
Acetonitrile, lithio-
  structure, **1**, 81
Acetonitrile, α-lithioaryl-
  reaction with organometallic compounds, **7**, 28, 29
Acetonitrile, phenyl-
  coordination with organoaluminum compounds, **1**, 592
  reaction with organoaluminum compounds, **7**, 432
Acetonitrile, trifluoro-
  reaction with (η-cyclopentadienyl)chlorobis(triphenylphosphine)ruthenium, **4**, 784
Acetophenone
  asymmetric hydrogenation, **8**, 477
  asymmetric hydrosilylation, **8**, 481
  benzylimine
    reaction with thallium trinitrate, **7**, 484
  carboxylation, **8**, 228
    iron alkoxides in, **8**, 259
  reaction with butadiene
    nickel catalysed, **8**, 692, 696
  reaction with trimethylaluminum, **7**, 415
  transfer hydrogenation
    catalysis by ruthenium complexes, **4**, 951
Acetophenone, ω-methoxy-
  methyl ester
    preparation from α-hydroxystyrene, **7**, 480
Acetophenones
  oxidation with thallium trinitrate, **7**, 480
Acetoxy groups
  as endblocks in polysiloxanes, **2**, 327
Acetoxylation
  –oligomerization–hydrogenation
    butadiene, **8**, 588
  supported catalysts in, **8**, 602
Acetoxymercuration, **8**, 885
  alkynes, **7**, 676
  1-aryl-1-propynes, **2**, 886
  (η-cyclobutadiene)cyclopentadienyl cobalt, **5**, 242
  cyclobutadiene iron complexes, **4**, 447
  phenylacetylenes, **2**, 885
  selective
    sodium dicarbonyl-η^5-cyclopentadienylferrate in, **8**, 968
Acetoxypalladation, **8**, 890
Acetylacetonates
  palladium complexes, **6**, 329
  platinum complexes
    IR spectroscopy, **6**, 546
  platinum(II) olefin complexes
    photochemistry, **6**, 680
  reaction with (cycloocta-1,5-diene)palladium halide complexes, **6**, 379
  rhenium complexes, **4**, 193

Acetylacetone
  allylic palladium complex preparation from, **6**, 403
  in ammonia synthesis from dinitrogen and dihydrogen, **8**, 1081
  exchange reactions with (η^3-allyl)halopalladium complexes, **6**, 421
  platinum(II) complexes, **6**, 527
  reaction with cobalt(II) complexes, **5**, 78
  reaction with dicarbonyl(η-cyclopentadienyl)-[dichloro(phenyl)phosphine]manganese, **4**, 128
  reaction with organic halides
    nickel catalysed, **8**, 737
  telomerization with isoprene, **8**, 447
Acetylation
  cycloheptatrienetricarbonyliron complex, **8**, 972
  3,1,2-(η-cyclopentadienyl)cobaltadicarbadodecaborane, **1**, 520
  dicarbonyl(cyclohexadiene)(triphenylphosphine)iron, **8**, 971
  dienetricarbonyliron complexes, **8**, 970
  o-quinodimethane
    iron tricarbonyl complexes and, **8**, 980
  tricarbonylcyclobutadieneiron, **8**, 977
  tricarbonyl(cycloheptatriene)iron, **4**, 468
  tricarbonyl(cyclohexadiene)iron, **4**, 467
    stereocontrolled, **8**, 971
  tricarbonyl(myrcene)iron, **8**, 974
Acetyl chloride
  oxidative addition to chlorotris(dimethylphenylphosphine)rhodium, **5**, 381
  reaction with acetylene and carbon monoxide
    nickel catalysed, **8**, 787
Acetyl chloride, chlorodifluoro-
  reaction with sodium tetracarbonylcobaltate, **5**, 157
Acetylene
  alkoxycarbonylation, **8**, 201
  BASF synthesis
    carbon monoxide from, **8**, 7
  carboalumination, **7**, 386
  carbonylation
    catalysis by ruthenium complexes, **4**, 940
    nickel catalysed, **8**, 774, 784
    ruthenium complexes and, **4**, 859
  catalyst poisoning by
    in oxo process, **8**, 127
  codimerization with butadiene
    nickel catalysts in, **1**, 666
  cooligomerization, **8**, 417
    with acrylonitrile, **8**, 426
    with alkynes, nickel catalysed, **8**, 652
    with allene, nickel catalysed, **8**, 666
  cotrimerization with butadiene
    nickel catalysts in, **1**, 666
  cyclooligomerization
    nickel catalysed, **8**, 653
  cyclotetramerization
    nickel catalysed, **8**, 650
  cyclotrimerization, **8**, 412
    nickel catalysed, **8**, 650
  dimerization
    palladium(II) compounds in, **6**, 456
  hydrogenation
    supported catalysts in, **8**, 567
  insertion into organoaluminum compounds, **1**, 638
  insertion into palladium–palladium bonds, **6**, 466
  insertion into platinum(II)–halide bonds, **6**, 525

insertion into platinum(II)–methyl bonds, **6**, 709
insertion into zirconium–carbon σ-bonds, **3**, 585
linear dimerization, **8**, 410
metathesis, **8**, 548
oligomerization
  dodecacarbonyltriiron and, **4**, 541
  lanthanide complexes and, **3**, 210
  mechanism, **8**, 410
  nickel catalysed, **8**, 650
  palladium(0) compounds and, **6**, 465
palladium complexes, **6**, 353
palladium(0) complexes, **6**, 352
palladium(II) complexes, **6**, 351
  physical data, **6**, 355
platinum(0) complexes, **6**, 691–696
  physical properties, **6**, 696
  preparation, **6**, 691–696
platinum(II) complexes, **6**, 704–713
  acetylene stretching frequency, **6**, 708
  X-ray diffraction, **6**, 706
reaction with acyltetracarbonylcobalt, **5**, 221
reaction with 1-alkenyl(dialkyl)aluminum, **1**, 639
reaction with cobalt(II) complexes, **5**, 91
reaction with decacarbonyldimanganese, **4**, 123
reaction with diazabutadiene ruthenium complexes, **4**, 836
reaction with dicarbonyl(η-cyclopentadienyl)-(tetrahydrofuran)manganese, **4**, 131
reaction with 1,4-disila-1,3-butadiene, **2**, 222
reaction with dodecacarbonyltetracobalt, **5**, 201
reaction with iron pentacarbonyl, **8**, 980
reaction with mercury(II) chloride, **2**, 983
reaction with pentacarbonylmethylmanganese, **4**, 123
reaction with pentacyanocobaltates, **5**, 92
reaction with platinum(0) acetylene complexes, **6**, 701
reaction with rhenium complexes, **4**, 213
reaction with triallylborane, **1**, 278
reaction with tribenzylaluminum, **7**, 387
reaction with trichlorosilane, **2**, 310
  platinum catalyzed, **2**, 313
reaction with triethylgallium, **1**, 639
reduction by nitrogenase, **8**, 1074
reduction to ethylene, **8**, 1086
ruthenium complexes, **4**, 741
trimerization
  palladium complexes in, **6**, 456
  palladium(II) compounds and, **6**, 461
Acetylene, bis(4-chlorophenyl)-
  palladium(II) complexes, **6**, 368
  reaction with dodecacarbonyltriruthenium, **4**, 863
Acetylene, bis(diethylamino)-
  reaction with dicarbonylcyclopentadienylcobalt, **5**, 167, 207
  reaction with dicarbonyl(η-cyclopentadienyl)rhodium, **5**, 457
Acetylene, bis(4-methoxyphenyl)-, **6**, 368
Acetylene, bis(pentafluorophenyl)-
  reaction with dicarbonyl(η-cyclopentadienyl)rhodium, **5**, 457
Acetylene, 1-(bis(pentafluorophenyl)phosphino)-2-phenyl-
  reaction with nonacarbonyldiiron, **4**, 571
Acetylene, bis(trimethylsilyl)-
  cooligomerization with diynes, **8**, 417
  reaction with arylcarbenes, **2**, 43
  reaction with dicarbonylcyclopentadienylcobalt, **5**, 167, 206
  reaction with dicarbonyl(η^5-cyclopentadienyl)cobalt, **2**, 44
  reaction with nitrile oxides, **2**, 42
Acetylene, bromo(phenyl)-
  complex with organoaluminum compounds, **1**, 595
Acetylene, *t*-butyl-
  η^3-allyl palladium complex formation from, **6**, 405
  dimerization
    catalysis by ruthenium complexes, **4**, 956
  linear dimerization, **8**, 411
  reaction with dodecacarbonyltriruthenium, **4**, 860
  reaction with mercury tetracarbonylcobaltates, **5**, 243
Acetylene, *t*-butyl(methyl)-
  palladium complex, **6**, 369
  reaction with palladium compounds, **6**, 456
Acetylene, *t*-butyl(phenyl)-
  η^3-allyl palladium complex formation from, **6**, 404
  hydralumination, **1**, 642
  reaction with palladium compounds, **6**, 456
Acetylene, dialkyl-
  reaction with thallium trinitrate, **7**, 497
Acetylene, diaryl-
  oxidation, **7**, 497
  preparation
    Castro reaction, **7**, 691
Acetylene, di-*t*-butyl-
  palladium complexes, **6**, 352, 353
Acetylene, diethyl-
  reaction with dodecacarbonyltriiron, **4**, 577
Acetylene, dilithio-
  preparation, **1**, 64
  theory, **1**, 107
Acetylene, dimethyl-
  η^3-allyl palladium complex formation from, **6**, 404
Acetylene, diphenyl-
  η^3-allyl palladium complex formation from, **6**, 404
  carbalumination, **1**, 569, 570
  carbonylation
    nickel catalysed, **8**, 775
  carbonylcyclopentadienylvanadium complexes, **3**, 666
  complexes with dicarbonylbis(η-cyclopentadienyl)titanium, **3**, 288
  cyclotrimerization
    osmium cluster compounds and, **4**, 1033
  hydrogen transfer from alcohols to
    catalysis by ruthenium complexes, **4**, 949
  insertion into carbonylhydridotris(triphenylphosphine)rhodium, **5**, 408
  irradiation with triethylaluminum, **1**, 578
  reaction with bis(cyclooctadiene)platinum, **6**, 695
  reaction with bis(η-cyclopentadienyl)dihydridozirconium polymers, **3**, 591
  reaction with bis(dicarbonyl(η-cyclopentadienyl)iron), **4**, 522
  reaction with cobaltocene, **5**, 239
  reaction with (1,5-cyclooctadiene)cyclopentadienylcobalt, **5**, 239

Acetylene

reaction with cyclopentadienylbis(triphenyl-phosphine)cobalt, **5**, 139
reaction with (η-cyclopentadienyl)(η-cyclooctadiene)rhodium, **5**, 445
reaction with cyclopentadienyldimethyl(triphenylphosphine)cobalt, **5**, 149
reaction with dicarbonylchlororhodium dimer, **5**, 453
reaction with dicarbonylcyclopentadienylcobalt, **5**, 207, 237
reaction with dicarbonyl(η-cyclopentadienyl)-rhodium, **5**, 442, 457
reaction with dodecacarbonyltriruthenium, **4**, 862
reaction with Grignard reagents
  nickel catalysed, **8**, 662
  organovanadium complexes in, **3**, 656
reaction with iron carbonyls, **4**, 617
reaction with isocyanides
  nickel catalysed, **8**, 793
reaction with nickel carbonyl complexes, **8**, 775
reaction with organoaluminum compounds, **7**, 389
  catalysed, **7**, 391
reaction with palladium acetate, **6**, 463
reaction with palladium dichloride, **6**, 456
reaction with pentacarbonyliron, **4**, 444
reaction with pentakis(t-butyl cyanide)iron, **4**, 432
reaction with pentaphenylborole, **7**, 319
reaction with triphenylaluminum, **1**, 639
  kinetics, **7**, 390
ruthenium complexes, **4**, 741
Acetylene, 1-(diphenylphosphino)-2-(trifluoromethyl)-
reaction with dodecacarbonyltriiron, **4**, 622
Acetylene, disodio-
enthalpy of formation, **1**, 107
Acetylene, 4,4'-ditolyl-
palladium(II) complexes, **6**, 368
Acetylene, ethoxy(trimethylsilyl)-
silylketene from, **2**, 74
Acetylene, ethyl-
trinuclear iron complexes, **4**, 621
Acetylene, isopropenyl-
reaction with dodecacarbonyltriruthenium, **4**, 859, 861
Acetylene, mesitylphenyl-
reaction with dicarbonylcyclopentadienylcobalt, **5**, 242
Acetylene, 4-methoxyphenyl-
reaction with thallium(III) compounds, **7**, 488
Acetylene, (pentamethyldisilanyl)phenyl-
photolysis, **2**, 35, 225
Acetylene, phenyl-
acetoxymercuration, **2**, 885
carboalumination
  kinetics, **7**, 390
cooligomerization with butadiene, **8**, 427
linear dimerization, **8**, 411
metathesis, **8**, 548
polycyclooligomerization with diethynylbenzene
  nickel catalysed, **8**, 652
polymerization
  tricarbonyl(η-toluene)molybdenum as catalyst in, **3**, 1220
reaction with anilines and thallium(III) compounds, **7**, 498
reaction with aquohydroxocobalt(III) complexes, **5**, 86
reaction with cobalt(I) complexes, **5**, 96
reaction with cyclopentadienylnickel complexes, **6**, 207
reaction with dicarbonyl(η-cyclopentadienyl)-(tetrahydrofuran)rhenium, **4**, 224
reaction with diethylaluminum cyanide, **7**, 387
reaction with dodecacarbonyltriruthenium, **4**, 862
reaction with germanium–phosphorus bonds, **2**, 463
reaction with iron carbonyls, **4**, 439
reaction with mercury tetracarbonylcobaltates, **5**, 243
reaction with nickel alkyl complexes, **6**, 71
reaction with organoaluminum thiolate, **7**, 387
reaction with pentacarbonylmethylmanganese, **4**, 123
reaction with pentacarbonylphenylmanganese, **4**, 123
reaction with pentacyanohydridocobaltates, **5**, 141
reaction with platinum(0) carbonyls, **6**, 475
reaction with triosmium cluster compounds, **4**, 1036
reaction with tris[2-(3-cyclohexen-1-yl)ethyl]-aluminum, **7**, 387
ruthenium complexes, **4**, 741
Acetylene, phenyl(3,4,5,6-tetrafluorophenyl)-
reaction with dicarbonyl(η-cyclopentadienyl)-rhodium, **5**, 457
Acetylene, phenyltrityl-
reaction with dialkylaluminum hydrides, **1**, 610
Acetylene, phosphino-
addition to phosphines, **6**, 467
Acetylene, propyl-
trinuclear iron complexes, **4**, 621
Acetylene, sodio-
enthalpy of formation, **1**, 107
Acetylene, (trimethylsilyl)-
styrylketenes from, **2**, 43
Acetylene, vinyl-
hydrosilylation, **2**, 312
linear dimerization, **8**, 410
reaction with organoaluminum compounds, **7**, 388
Acetylene bridges
iron–carbonyl complexes, **4**, 545
Acetylenedicarboxylates
reaction with germanium–nitrogen bonds, **2**, 456
Acetylenedicarboxylic acid
diethyl ester
  ruthenium complexes, **4**, 735
dimethyl ester
  reaction with bromotricarbonylbis(diphenylphosphino)manganese, **4**, 58
  reaction with carbonylhydridotris(triphenylphosphine)rhodium, **5**, 399
  reaction with cyclopentadienylhydridoruthenium complexes, **4**, 787
  reaction with norbornene, catalysis by ruthenium complexes, **4**, 957
  reaction with octakis(trifluorophosphine)dirhodium, **5**, 459
  reaction with *sym*-tetramethyldisilane, **2**, 253
esters
  reaction with tetrakis(dimethylamino)titanium, **3**, 458
Acetylide ligands
trinuclear iron complexes, **4**, 619, 628

Acetylides
  σ,π-bonded dinuclear hexacarbonyliron complexes, **4**, 571
  σ,π-bonded dinuclear iron complexes, **4**, 571
  carborane synthesis from, **1**, 424
  dicyclopentadienylvanadium complexes, **3**, 677
  dinuclear σ,π-acetylide bridged iron complexes, **4**, 587
  platinum(II) complexes
    formation from chlorovinylplatinum complexes, **6**, 569
    formation from platinum(0) acetylene complexes, **6**, 704
    reactions, **6**, 570
    X-ray diffraction, **6**, 538
η^1-Acetylides
  cyclopentadienylruthenium complexes
    reactions, **4**, 789
σ-Acetylides
  cyclopentadienylruthenium complexes, **4**, 785
Acetylization
  in hydroformylation of alkenes, **8**, 153
Achiral supports
  chiral catalysts bound to, **8**, 582
Acid anhydrides
  acylation with
    ferrocenes, **8**, 1017
  decarbonylation, **8**, 218
  ketone preparation from
    organoaluminum compounds in, **1**, 661
  preparation by oxacarbonylation, **8**, 210
  reaction with cobalt(I) complexes, **5**, 92
  reaction with organoaluminum compounds, **1**, 648; **7**, 407
  reaction with organocadmium compounds, **2**, 858
Acid-base reactions
  heteronuclear metal-metal bonded compounds, **6**, 814
Acid chlorides
  acylation with
    ferrocenes, **8**, 1017
  preparation
    from alkylaluminum chlorides, **7**, 406
  reaction with lithium organocuprates, **7**, 707
  reaction with organozinc compounds, **2**, 850
  reduction
    organosilanes in, **2**, 114
Acid halides
  ketone preparation from
    organoaluminum compounds in, **1**, 661
  reaction with organoaluminum compounds, **1**, 648
  reaction with organocadmium compounds, **2**, 858
Acidity
  monoorganothallium cation, **1**, 743
  osmium hydride carbonyls, **4**, 973
Acidolysis
  η^1-organoiron complexes
    stereochemistry, **4**, 352
  organomercury compounds, **2**, 965
Acids
  αβ-acetylenic
    conjugate addition reactions, **7**, 719
  carbalumination, **1**, 647
  conjugated
    asymmetric hydrogenation, **8**, 471
    asymmetric reduction, **8**, 472
  germanium-carbon bond cleavage by, **2**, 414
  hydralumination, **1**, 647
  β-hydroxy-
    by Reformatsky reaction, **7**, 664
  oxidative addition to platinum(0) acetylene complexes, **6**, 254
  reaction with alkenylborates, **7**, 312
  reaction with allylic palladium complexes, **6**, 428
  reaction with bis(η^3-allyl)nickel complexes, **6**, 149
  reaction with η^1-carbon rhenium complexes, **4**, 229
  reaction with cobalt(II) complexes, **5**, 78
  reaction with nickelocene, **6**, 194
  reaction with nickel phosphine complexes, **6**, 39
  reaction with organogallium compounds, **1**, 711
  reaction with organogold complexes, **2**, 805–807
  reaction with organohydrogermanes, **2**, 431
  reaction with organoindium compounds, **1**, 711
  reaction with η^1-organoiron complexes, **4**, 352
  reaction with organomercury compounds, **2**, 965
  reaction with palladium(0) complexes, **6**, 251
  reaction with platinum(0) acetylene complexes, **6**, 702
  reaction with platinum(0) olefin complexes, **6**, 629
  reaction with platinum(II) σ-acetylide complexes, **6**, 570
  reaction with platinum(II)–carbon σ-compounds, **6**, 551
  reaction with platinum(II) σ-vinyl complexes, **6**, 567
Acridines
  alkylation
    organometallic compounds in, **7**, 17
  reaction with calcium, **1**, 235
  reaction with organoaluminum compounds, **7**, 435
  synthesis, **7**, 690
Acridones
  synthesis, **7**, 690
Acrolein
  reaction with ethanol
    catalysis by ruthenium complexes, **4**, 955
  reaction with organoboranes, **1**, 290; **7**, 133
  telomerization with allene
    nickel catalysed, **8**, 667
Acrylamide, *N*-propyl-
  preparation by azacarbonylation, **8**, 175
Acrylates
  codimerization with butadiene, **8**, 421
  cooligomerization with acetylene, **8**, 426
  hydrosilylation, **2**, 316
  oligomerization, **8**, 391
  preparation, **8**, 899
  reaction with tin, **2**, 546
  vinylation, **8**, 876
Acrylic acid
  esters
    industrial synthesis, **8**, 79
  ethyl ester
    arylation, **8**, 863
  hydroxycarbonylation, **8**, 191
  methyl ester
    arylation, **8**, 863
    dimerization, catalysis by ruthenium complexes, **4**, 956
  polymers
    catalyst support on, **8**, 558
  preparation
    nickel catalysed, **8**, 774

Acrylic acid
  preparation by oxacarbonylation, **8**, 192
  synthesis, **7**, 717
Acrylic acid, 2-acetamido-
  asymmetric hydrogenation
    catalyst support, **8**, 565
Acrylic acid, α-acetamido-
  asymmetric hydrogenation
    supported catalysts in, **8**, 584
Acrylic acid, acylamino-
  asymmetric hydrogenation
    supported catalysts in, **8**, 584
Acrylic acid, α-N-acylamino-
  asymmetric hydrogenation, **8**, 470
Acrylic acid, α-bromo-
  methyl ester
    reaction with alkenes, **7**, 404
Acrylic acid, α-chloro-
  methyl ester
    reaction with alkenes, **7**, 404
Acrylic acid, (2-hydroxypropyl)-1-methyl-
  hydrophilic catalyst resins support preparation
    from, **8**, 564
Acrylic acid, α-phthalimido-
  asymmetric hydrogenation
    ruthenium catalysts on cellulose in, **8**, 581
Acrylic acid, pyrrolidinebisphosphine-
  resin supported rhodium catalyst preparation
    from, **8**, 584
Acrylonitrile
  in carbonylation
    nickel catalysed, **8**, 784
  carbonyl iridium complexes, **5**, 589
  cooligomerization with acetylene, **8**, 426
  cyclooligomerization, **8**, 390
  dimerization, **8**, 392
    catalysis by ruthenium complexes, **4**, 960
  hydrodimerization
    catalysis by ruthenium complexes, **4**, 956, 960
  hydroformylation, **8**, 136
  hydrogenation
    supported catalysts, selectivity, **8**, 569
  hydrosilylation, **2**, 315
  manufacture, **8**, 360
  nickel complexes, **6**, 119
  oligomerization, **8**, 391
  polymerization
    bis(η-arene)chromium complexes as catalysts in, **3**, 1001
  production, **8**, 354
  reaction with cobalt(I) complexes, **5**, 95
  reaction with cyclobutadienenickel complexes, **6**, 187
  reaction with germanium–nitrogen bonds, **2**, 456
  reaction with methyltris(triphenylphosphine)- cobalt, **5**, 73
  reaction with octacarbonyldicobalt, **5**, 180
  reaction with organoboranes, **1**, 290
  ruthenium complexes, **4**, 743
  synthesis, **8**, 359
Acrylonitrile bridges
  dicyclopentadienyldiiron complexes, **4**, 596
Acryloyl chloride
  ferrocene alkenylation with, **8**, 1019
Actinide complexes, **3**, 211–263
  acyl
    synthesis, **8**, 112
  alkene hydrogenation and, **3**, 261
  alkene polymerization and, **3**, 262
  allyl, **3**, 238
  allyl iodide coupling and, **3**, 261
  arenes, **3**, 258
  benzophenone coupling and, **3**, 261
  bis(cyclooctatetraene), **3**, 230
  bis(cyclopentadienyl) dihalide, **3**, 219
  butadiene polymerization, **3**, 262
  carbon monoxide insertion, **3**, 251
  carbon monoxide reduction and, **3**, 263
  carbonyl, **3**, 211
  in catalysis, **3**, 261
  cyclooctatetraene, **3**, 230
  cyclopentadienyl, **3**, 211
  cyclopentadienyl acetylacetonate complexes, **3**, 222
  cyclopentadienyl poly(pyrazolylborates), **3**, 222
  dicarbollide, **3**, 260
  ethylene polymerization and, **3**, 262
  ethylene trimerization, **3**, 262
  ethyltetramethylcyclopentadienyl, **3**, 230
  hydrides, **3**, 256
  hydrocarbyl, **3**, 241
  indenyl, **3**, 223
  isocarbonyl, **3**, 261
  metal–metal bonded, **3**, 261
  mono(pentamethylcyclopentadienyl)-, **3**, 255
  in organic synthesis, **3**, 261
  pentamethylcyclopentadienyl carbamoyl, **3**, 227
  pentamethylcyclopentadienyl dialkylamides, **3**, 226
  peralkylcyclopentadienyl, **3**, 226
  phosphoylide, **3**, 255
  pyrrolyl, **3**, 259
  supported
    in catalysis, **3**, 262
  tris(cyclopentadienyl), **3**, 215
  tris(cyclopentadienyl) hydrocarbyl, **3**, 242
  tris(hexamethyldisilylamido)-, **3**, 256
Actinide ions
  properties, **3**, 175
Actinides, **3**, 173–263
  bis(cyclooctatetraene)
    molecular orbital calculation, **3**, 192
  bis(cyclopentadienyl) halide complexes, **3**, 219
  bis(pentamethylcyclopentadienyl) complexes, **3**, 226
  bis(pentamethylcyclopentadienyl) hydrocarbyl complexes, **3**, 248, 249
  catalysts
    methanation of carbon monoxide, **8**, 24
  complexes
    photoelectron spectra, **3**, 32
  coordination numbers, **3**, 177
  cyclooctatetraene complexes
    ionization energies, **3**, 31
  cyclooctatetraene sandwich compounds
    bonding, **3**, 31
  electronic structure, **3**, 176, 177
  ionic radii, **3**, 176
  magnetism, **3**, 177
  mono(cyclooctatetraene) complexes, **3**, 237
  monocyclopentadienyl trihalide complexes, **3**, 221
  mono(pentamethylcyclopentadienyl) complexes, **3**, 228
  optical spectra, **3**, 177
  oxidation states, **3**, 176
  properties, **3**, 174–179
  ring-bridged cyclopentadienyl alkyl complexes, **3**, 254

ring-bridged cyclopentadienyl complexes, **3**, 224
spectroscopy, **3**, 177
substituted cyclooctatetraene complexes, **3**, 235
tetrakis(cyclopentadienyl) complexes, **3**, 213
tris(cyclopentadienyl) complexes, **3**, 211
tris(cyclopentadienyl) halide and pseudohalide complexes, **3**, 214
tris(indenyl) complexes, **3**, 223

Actinium
  ions
    properties, **3**, 175

Actinobolamine
  synthesis, **8**, 822

Activation
  unsaturated compounds, **8**, 305

Activation energy
  alkene and alkyne metathesis
    molybdenum-catalysed, **8**, 500
  organometallic compounds
    determination, **3**, 98

Activator alkyl
  propagation at
    in Ziegler–Natta polymerization, **3**, 489

Active sites
  in Ziegler–Natta polymerization, **3**, 488

Acyl anion equivalents
  disodium tetracarbonylferrate as, **8**, 955

Acylation
  amines
    mechanism, **8**, 177
  catalysis by (η^6-arene)tricarbonylchromium complexes, **3**, 1050
  ferrocenes, **4**, 475
    with carboxylic acid anhydrides, **8**, 1017
    with carboxylic acid chlorides, **8**, 1017
  nucleophilic
    organolithium reagents, **7**, 96
  organomercurials, **7**, 681
  organomercury compounds, **2**, 963
  silyl enol ethers, **7**, 573
  supported catalysts in, **8**, 601

Acyl chlorides
  reaction with acenaphthenyldialkylaluminum, **1**, 574
  reaction with sodium tetracarbonylcobaltate, **5**, 183

Acyl compounds
  decarbonylation
    rhodium complexes and, **5**, 380
  palladium(II) complexes, **6**, 325

Acyl halides
  in carbonylation of organic halides
    nickel catalysed, **8**, 787
  chiral
    decarbonylation, rhodium complexes and, **5**, 380
  decarbonylation
    chlorotris(triphenylphosphine)rhodium complexes and, **5**, 379
  ketone synthesis from
    organocadmium reagents in, **2**, 859
  oxidative addition with rhodium(I) complexes, **5**, 387
  platinum(II) complexes
    oxidation by, **6**, 582
  reaction with allylhalozinc, **2**, 846
  reaction with cobalt(I) complexes, **5**, 92
  reaction with lithium aryltrialkylborates, **7**, 330
  reaction with organoaluminum compounds, **7**, 406
  reaction with organoborates, **7**, 290
  reaction with organogold complexes, **2**, 803
  reaction with organomercury compounds, **2**, 965
  reaction with organometallic compounds, **7**, 29
  reaction with platinum(II)–carbon σ-compounds, **6**, 554
  reaction with sodium tetracarbonyl cobaltates, **5**, 51
  reaction with tetracarbonylhydridocobalt, **5**, 51
  reduction
    disodium tetracarbonylferrate in, **8**, 955

Acyl ligands
  iron complexes
    preparation, **4**, 364
  metal complexes
    synthesis, **8**, 111
  osmium complexes, **4**, 1007
  platinum(II) complexes, **6**, 529
    reactions, **6**, 573
  reduction, **8**, 112
  rhodium complexes, **5**, 375–404
    equilibrium with alkyl rhodium complexes, **5**, 380
  ruthenium complexes, **4**, 729

μ-Acyl ligands
  polynuclear iron complexes, **4**, 633

Acyloins
  preparation by carbocarbonylation, **8**, 165
  synthesis, **7**, 497

Acyl peroxides
  in hydrosilylation, **2**, 310

Acyl radicals
  reaction with ferricenium cations, **8**, 1037

Adamantane, 1-bromo-
  reaction with magnesium
    mechanism, **1**, 162
  reaction with organoaluminum compounds, **7**, 399

1-Adamantanecarboxylic acid
  reaction with organoaluminum compounds, **7**, 406

2,6-Adamantanedione
  preparation, **7**, 421

1-Adamantanol
  synthesis, **7**, 362

Adamantene
  synthesis, **7**, 78

Addition compounds
  organogallium and organoindium halides, **1**, 707

Addition reactions
  alkenylboranes
    with aldehydes, **7**, 319
  asymmetric
    carbenes, **8**, 490
  bridge-assisted
    heteronuclear metal–metal bond formation by, **6**, 783
  carbenes
    organometallic compounds and, **7**, 89
  conjugate
    alkenylboranes, **7**, 318
    alkynylboranes, **7**, 344
    organoboranes, **7**, 133, 291
  cyclopentadienyliron complexes, **4**, 491
  doubly bonded germanium compounds, **2**, 497
  free radical

Addition reactions
    alkenylboranes, **7**, 321
    alkynylboranes, **7**, 345
  germanium–metal compounds, **2**, 472
  germylenes
    to unsaturated compounds, **2**, 484
  germyl radicals, **2**, 477
  Grignard reagents
    copper catalysed, **7**, 720
  heteronuclear metal–metal bonded compounds, **6**, 812
  in heteronuclear metal–metal bonded compound synthesis, **6**, 768
  heteronuclear metal–metal bond formation by, **6**, 774
  metal–ligand bonds, **6**, 776
  multiple metal–metal bonds, **6**, 775
  nitriles
    with organoaluminum compounds, **7**, 431
  organoalkali metal compounds to carbon–carbon multiple bonds, **1**, 63
  organoaluminum compounds, **1**, 637
  organoarsenic compound preparation by, **2**, 686
  organotin halides, **2**, 561
  platinum(II) σ-acetylide complexes, **6**, 572
  reversible
    Vaska's compounds, **5**, 544
  sodium η^2-alkenedicarbonyl-η^5-cyclopentadienylferrate complexes, **8**, 966
  tin–nitrogen bonds, **2**, 602
  unsaturated compounds
    organopalladium complexes in, **8**, 854–910

1,4-Addition reactions
  hydrogen
    to dienes, **8**, 322

Adipic acid, α-phenyl-
  dimethyl ester
    preparation, **7**, 483

Adiponitrile
  hydrocyanation
    nickel catalysed, **8**, 632
  industrial preparation
    nickel catalysed, **8**, 692
  manufacture, **8**, 360
  preparation, **8**, 354
  production, **8**, 353

Ageing reactions
  of pentacyanocobaltates, **8**, 324

Agglomeration
  catalytically active species bound to polymers, **8**, 573

Aggregation
  alkyl and aryl alkali metal compounds
    in donor solution, **1**, 69
    in hydrocarbon solvents, **1**, 67
  benzylic alkali metal compounds, **1**, 86
  halogenoorganomagnesium compounds, **1**, 183

Agrochemicals
  organotin compounds, **2**, 610

Air
  lead alkyls in
    detection, **2**, 1010

Air-blast-furnace gases
  carbon monoxide from, **8**, 7

Alanate, alkoxy-
  cocatalysts
    for hydrogenation, **8**, 342

Alane, hexenyl-
  structure, **1**, 24

Alane, triethyl-
  dimer
    reaction with alkaline earth alkoxides, **1**, 239
  reaction with halogenoboranes, **1**, 273
  reaction with zirconocene complexes, **3**, 597

Alane, tris(dimethylamino)-
  reaction with organoboranes, **1**, 284

Alanine, N-acetyl-
  asymmetric synthesis, **8**, 470, 471

Alanine, D-3,4-dihydroxyphenyl-
  enantioselective oxidation
    copper(II) complexes supported on poly-L-lysine, **8**, 581

Alanine, ethylphenyl-
  preparation from dinitrogen
    titanium complexes and, **8**, 1082

α-Alanine
  rhenium complexes, **4**, 199

β-Alanine
  rhenium complexes, **4**, 199

Alcohols
  acetylenic
    oxacarbonylation, **8**, 206, 210
  α-alkenic
    hydrogen transfer to, catalysis by ruthenium complexes, **4**, 950
  allylic
    synthesis, hydroboration in, **7**, 240
  amino-
    telomerization with butadiene, **8**, 440
  aromatic
    telomerization with butadiene, **8**, 432
  asymmetric synthesis, **8**, 471
    hydroboration in, **7**, 245
  carbonylation
    nickel catalysed, **8**, 788
  decarbonylation
    nickel catalysed, **8**, 792
  dehydrogenation
    catalysis by ruthenium complexes, **4**, 953
  deuterated
    asymmetric synthesis, **7**, 246
  formation from carbon monoxide and hydrogen
    tetracarbonyl(η-cyclopentadienyl)vanadium as catalyst, **3**, 665
  halo
    oxacarbonylation, **8**, 208
  homologous
    industrial synthesis, **8**, 62–73, 64
    industrial synthesis, mechanism, **8**, 67
    synthesis from methanol, **8**, 66
  as hydride source, **8**, 302
  hydroformylation
    mechanism, **8**, 150
  hydrogen–deuterium exchange
    catalysis by ruthenium complexes, **4**, 946
  as hydrogen donor, **8**, 324
  hydrogen transfer to ketones from
    catalysis by ruthenium complexes, **4**, 947
  hydrosilylation, **2**, 316
  hydroxycarbonylation
    mechanism, **8**, 195
  industrial synthesis, **8**, 37
  linear primary
    from ethylene chain growth, **7**, 377
  manufacture, Fischer–Tropsch synthesis, **8**, 47, 61
  optically active
    synthesis *via* hydroboration, **7**, 245
  optically pure tertiary
    synthesis, **3**, 1049

oxacarbonylation, **8**, 191, 198
platinum(II) olefin complexes
  preparation from, **6**, 633
polymercuration, **2**, 873
preparation
  from alkyl halides, **7**, 721
  from alkylmercuric halides, **7**, 685
  from aluminum alkyls, **1**, 559
  aluminum alkyls in, **1**, 662
  nickel catalysed, **8**, 695, 735
  organoaluminum compounds in, **1**, 578
preparation *via* alkylboron compounds, **7**, 273
preparation from alkenes
  rhodium–amine polymer complexes as catalysts in, **8**, 570
radicals
  reaction with cobalt(II) complexes, **5**, 89
reaction with acyl tetracarbonyl cobalt complexes, **5**, 60
reaction with alkyl and acyl tetracarbonyl cobalt complexes, **5**, 55
reaction with alkylidynenonacarbonyltricobalt, **5**, 172
reaction with allylboranes, **1**, 277
reaction with allylic compounds
  organopalladium complexes in, **8**, 889
reaction with borane, **7**, 116
reaction with butadiene
  nickel catalysed, **8**, 691
reaction with (2-butynyl)pentacarbonylmanganese, **4**, 117
reaction with carbonylcyclopentadienylbis(trimethylphosphine)cobalt, **5**, 132
reaction with dichlorobis(η-cyclopentadienyl)-titanium, **3**, 339
reaction with halogenoorgano-calcium or -barium compounds, **1**, 230
reaction with methyltetrakis(trimethylphosphine)cobalt, **5**, 72
reaction with organohydrogermanes, **2**, 431
reaction with organometallic compounds, **7**, 57
reaction with palladium(II) isocyanide complexes, **6**, 292
reaction with pentacarbonyl(3-phenyl-2-propynyl)manganese, **4**, 117
reaction with rhodium cobalt complexes, **5**, 377
reaction with ruthenium chlorides, **4**, 695
reaction with tetraallyluranium, **3**, 239
saturated
  hydroformylation, **8**, 137
stereoselective synthesis
  hydroboration in, **7**, 213
synthesis, **7**, 63
  α-bora carbanions in, **7**, 297
  in carbon dioxide reaction with hydrogen, **8**, 275
  carbon dioxide reaction with hydrogen in, **8**, 225
  organoaluminum hydrides in, **7**, 412
  from oxirane reduction by organoaluminum compounds, **7**, 429
synthesis from alkenes
  hydroboration in, **7**, 199
synthesis *via* hydroboration, **7**, 168
telomerization with butadiene, **8**, 431, 432
telomerization with isoprene, **8**, 446, 447
tertiary
  synthesis by carbenoidation of organoboranes, **7**, 128
  synthesis by carbonylation of organoboranes, **7**, 126
  synthesis by cyanidation of organoboranes, **7**, 127
unsaturated
  hydroformylation, **8**, 133
  oxacarbonylation, **8**, 206
  synthesis, hydroboration of dienes in, **7**, 206
t-Alcohols
  esters
    synthesis, **7**, 57
  synthesis, **7**, 21, 29, 31
Alcoholysis
  aminosilanes, **2**, 122
  diarylsilanes
    catalysis by ruthenium complexes, **4**, 959
  germanium–halogen bonds, **2**, 422
  germanium–nitrogen bonds, **2**, 438
  germanium–phosphorus bonds, **2**, 438
  metal acyl complexes, **8**, 114
  perfluorocarboxylate osmium complexes, **4**, 1000
  silanes
    catalysis by iron group complexes, **6**, 1074
  tri-*n*-octylaluminum, **1**, 651
Aldehydes
  acyl
    decarbonylation, **8**, 909
  addition reactions
    with alkenylboranes, **7**, 319
  addition to alkenes, **8**, 172
  carbalumination and hydralumination, **1**, 644
  chiral
    asymmetric synthesis, **8**, 484
  complexes with dialkylberyllium, **1**, 130
  cooligomerization with 1,3-dienes
    nickel catalysed, **8**, 696
  decarbonylation, **8**, 215
    catalysis by ruthenium complexes, **4**, 958
    mechanism, **8**, 216
    nickel catalysed, **8**, 792
    rhodium porphyrin complexes in, **5**, 392
  deuterated
    preparation, organoaluminum compounds in, **1**, 659
  1-deuterio-
    synthesis, **7**, 56
  diazo
    reaction with organoboranes, **7**, 279
  dimerization
    catalysis by ruthenium complexes, **4**, 954
  disproportionation
    catalysis by ruthenium complexes, **4**, 955
  ene reaction, **7**, 404
  formation from allylic palladium complexes, **6**, 425
  α-halo
    synthesis, **7**, 563
  hydrogenation, **8**, 314
    ruthenium complexes as catalysts in, **4**, 937
    side reaction in hydroformylation of alkenes, **8**, 152
  hydrogen transfer to
    catalysis by dihydrotetrakis(triphenylphosphine)ruthenium, **4**, 950
  hydrosilylation
    nickel catalysed, **8**, 632
  hydrostannation, **2**, 589
  ω-hydroxy-
    preparation, hydralumination, **1**, 648
  insertion into thiaborolanes, **1**, 351

Aldehydes
    manufacture, **8**, 115
    nickel complexes, **6**, 127
    from nitrile reduction, **7**, 433
    polyether preparation from
        aluminum alkyls in, **1**, 578
    polymercuration, **2**, 873
    polymerization
        organozinc compounds in, **2**, 851
    preparation, **8**, 923
        from alcohols and ruthenium carbonyl chlorides, **4**, 676
        by N-alkylanilide reduction, **7**, 437
        from alkyl halides, **7**, 721
        by carbonylation of organoboranes, **7**, 125
    preparation by isomerization of α-alkenic alcohols
        catalysis by ruthenium compounds, **4**, 950
    preparation from alkenes, **7**, 484
    reaction with acylberyllium bromides, **1**, 139
    reaction with alkyl compounds
        nickel catalysed, **8**, 720
    reaction with alkyl halides
        nickel catalysed, **8**, 735
    reaction with allylboranes, **7**, 358
    reaction with allylhalozinc, **2**, 846
    reaction with allylnickel complexes, **8**, 696, 729
    reaction with bis(η^3-allyl)nickel complexes, **8**, 732
    reaction with butadiene
        nickel catalysed, **8**, 696, 697
    reaction with carbenes, **7**, 91
    reaction with dialkylzinc, **2**, 850
    reaction with dicarbonyl(porphyrin)rhodium complexes, **5**, 389
    reaction with 1,3-dienes
        nickel catalysed, **8**, 737
    reaction with diethylaluminum cyanide, **1**, 647
    reaction with dihalo(η-cyclopentadienyl)titanium, **3**, 300
    reaction with germanium–phosphorus bonds, **2**, 464
    reaction with hydridoruthenium complexes, **4**, 729
    reaction with octacarbonyldiferrates, **4**, 260
    reaction with organoaluminum compounds, **7**, 413
    reaction with organoberyllium halides, **1**, 138
    reaction with organoboranes, **7**, 293
    reaction with organocadmium compounds, **2**, 858
    reaction with organometallic compounds, **7**, 24–29
    reaction with organotin hydrides, **2**, 588
    reaction with osmium cluster complexes, **4**, 1049
    reaction with ruthenium chlorides, **4**, 695
    reaction with ruthenocene, **4**, 774
    reaction with silicon carbonyl iron complexes, **4**, 311
    reaction with thiosilanes, **7**, 600
    reaction with trimethylsilylallenes, **7**, 548
    reduction, **7**, 624
        organosilanes in, **2**, 113
    reduction by carbon monoxide, **8**, 94
    reductive deoxygenation, **7**, 192
    synthesis, **7**, 13, 32, 33, 37, 48
        disodium tetracarbonylferrate in, **8**, 955
        organoaluminum hydrides in, **7**, 412
    synthesis from alkenes
        hydroboration in, **7**, 199
    telomerization with allene
        nickel catalysed, **8**, 667
    telomerization with butadiene, **8**, 442
    tertiary phosphine platinum complexes
        metallation, **6**, 602
    Tishchenko reaction, **1**, 645
    in transfer hydrogenation to α,β-unsaturated ketones
        catalysis by ruthenium complexes, **4**, 949
    unsaturated
        nickel complexes, **6**, 121
        reaction with nickel alkene complexes, **6**, 117
    α,β-unsaturated
        hydroformylation, **8**, 132
        hydrogenation, ruthenium complexes as catalysts in, **4**, 937
        reaction with acyl- or alkyl-tetracarbonylcobalt, **5**, 220
        reaction with 9-borabicyclo[3.3.1]nonane, **7**, 182
        reaction with diethylaluminum cyanide, **7**, 421
        reaction with organoboranes, **7**, 134
        reaction with organomagnesium compounds, **7**, 28
        reaction with organometallic compounds, **7**, 25
        reaction with tetracarbonylhydridocobalt, **5**, 50
        synthesis, **7**, 34
    β,γ-unsaturated
        synthesis, **7**, 630
Aldimines
    1-metallo-
        synthesis, **7**, 22
    preparation
        nitrile reduction, **7**, 433
    reaction with chlorotris(triphenylphosphine)rhodium, **5**, 396
    reaction with organoaluminum compounds, **7**, 436
    reaction with osmium cluster complexes, **4**, 1049
    unsaturated
        reaction with allylzinc bromide, **7**, 665
Aldimines, N-dialkylalumino-
    in syntheses, **7**, 433
Aldol condensation
    silyl enol ethers, **7**, 570
Aldolization
    in hydroformylation of alkenes, **8**, 153
Aldols
    synthesis
        organoaluminum compounds in, **7**, 413, 417
Aldox process, **8**, 588
Aldrin, exo-6-(chloromercury)-6,7-dihydro-exo-7-methoxy-
    crystal structure, **2**, 885
Algae
    methylarsenic compounds in, **2**, 1004
Aliphatic compounds
    hydrogen replacement by mercury, **2**, 871
1,3-Alkadienes
    hydroformylation, **8**, 131
    polymerization
        stereochemistry, **1**, 559
Alkadiynes
    reaction with cyclopentadienylbis(triphenylphosphine)cobalt, **5**, 241
Alkalies
    alcoholic

silicon–silicon bond cleavage by, **2**, 368
reaction with organotin halides, **2**, 557
Alkali metal aluminum hydrides
  reaction with organic halides, **1**, 659
Alkali metal borinates
  preparation, **1**, 394, 397
Alkali metal compounds
  alkyl
    bonding, **1**, 77–80
    configurational stability, **1**, 46
    gas phase studies, **1**, 75
    NMR, **1**, 70
    structure, **1**, 65
    structure in solid state, **1**, 64–67
    structure in solution, **1**, 67–75
    vibrational and electronic spectra, **1**, 70
  1-alkylallyl
    configurational preference, **1**, 102
    isomerization, **1**, 102
  (alkyl)(phenyl)methyl
    ion pairing effects, **1**, 89
  alkynyl, **1**, 106–108
  allyl
    ^{13}C NMR, **1**, 100
    NMR, **1**, 99
    rotation barriers, **1**, 101
  allylic, **1**, 97–106
  aryl
    bonding, **1**, 77–80
    gas phase studies, **1**, 75
    NMR, **1**, 70
    structure, **1**, 65
    structure in solid state, **1**, 64–67
    structure in solution, **1**, 67–75
    vibrational and electronic spectra, **1**, 70
  arylallyl, **1**, 103
  benzyl
    ion pairing effects, **1**, 89
  benzylic, **1**, 83–91
    ion pairing, **1**, 90
  carbanion
    crystal structure, **1**, 84
  cyclopentadienyl
    ^{13}C NMR, **1**, 91
    ion pairing effects, **1**, 89
    structure, **1**, 91
  9,10-dihydroanthracenyl
    ion pairing effects, **1**, 89
  2,4-dimethylpentadienyl, **1**, 105
  (diphenylalkyl)methyl
    ion pairing effects, **1**, 89
  1,3-diphenylallyl
    UV spectra, **1**, 104
  diphenylmethyl
    ion pairing effects, **1**, 89
  fluorenyl, **1**, 83–91
    ion pairing effects, **1**, 89
  functionally substituted alkyl, **1**, 80–83
  hydrocarbon dianions, **1**, 109–115
  hydrocarbon radical anion, **1**, 109–115
  indenyl, **1**, 83–91
    ion pairing effects, **1**, 89
  magnesium 'ate' complexes, **1**, 221
  2-methylpentadienyl, **1**, 105
  1-naphthylmethyl
    ion pairing effects, **1**, 89
  2-naphthylmethyl
    ion pairing effects, **1**, 89
  in organic synthesis, **7**, 1–99
  organosilyl
    preparation, **2**, 366
  pentadienyl, **1**, 104
  7-phenylnorbornyl-
    NMR, **1**, 88
  trimethylsilyl
    preparation, **2**, 368
  α-(trimethylsilyl)benzyl
    ion pairing effects, **1**, 89
  triphenylmethyl
    ion pairing effects, **1**, 89
  vinyl, **1**, 91–97
Alkali metal cyanides
  in preparation of symmetrical diorganomercurials, **2**, 892
Alkali metal halides
  complexes with triethylaluminum, **1**, 613
Alkali metal hydrides
  as metallating agents, **1**, 55
  reaction with trialkylboranes, **1**, 297
Alkali metal iodides
  in preparation of symmetrical diorganomercurials, **2**, 892
Alkali metals, **1**, 43–115
  alkenenickel complexes, **6**, 113–116
  alkyls
    for hydrogenation, **8**, 340
  carbonyl complexes
    reaction with carbon monoxide, **8**, 106
  germanium–carbon bond cleavage by, **2**, 416
  halide exchange reactions
    vinylalkali metal compound preparation, **1**, 91
  halogen exchange, **1**, 59
  hexamethyldisilazane derivatives, **2**, 128
  nickel alkene complexes, **6**, 115
  organogermyl
    preparation, **2**, 468
  organosilyl derivatives, **2**, 99–105
  organostannyl compounds
    preparation, **2**, 532
  properties, **1**, 45
  reactions with organoboranes, **1**, 293
  reaction with organic halides, **1**, 52
  reaction with organohalogermane, **2**, 423
  silicon–silicon bond cleavage by, **2**, 367
  trends in properties, **1**, 45
  trialkylgermyl
    preparation, **2**, 468
  (trimethylsilyl)methyl derivatives, **2**, 94–99
  triphenylsilyl derivatives, **2**, 99
Alkali metal thiocyanates
  in preparation of symmetrical diorganomercurials, **2**, 892
Alkali metal thiosulfates
  in preparation of symmetrical diorganomercurials, **2**, 892
Alkaline earth metal compounds
  in organic synthesis, **7**, 1–99
Alkaline earth metal hydrides
  reaction with alkenes, **1**, 230
Alkaline earth metals
  organosilyl derivatives, **2**, 99–105
  (trimethylsilyl)methyl derivatives, **2**, 94–99
Alkaline earths
  alkyls
    for hydrogenation, **8**, 340
Alkanation
  Fischer type carbenes, **8**, 528
Alkanes
  α,ω-bis(carbonyl(η-cyclopentadienyl)iron) derivatives, **4**, 585

Alkanes

bromo-
  reaction with organoaluminum compounds, **7**, 397
  reaction with organometallic compounds, **7**, 43
bromo-, tertiary
  reaction with organoaluminum compounds, **7**, 399
chlorination
  platinum(IV) compounds in, **6**, 613
chloro-
  reaction with organoaluminum compounds, **7**, 396
  reaction with organometallic compounds, **7**, 43
chloro-, tertiary
  reaction with organoaluminum compounds, **7**, 398
1,1-(dialkylalumino)-
  preparation, **7**, 386
α,ω-dibromo-
  reaction with hydrazido tungsten derivatives, **8**, 1089
α,ω-dichloro-
  reaction with lithium atoms, **1**, 64
gem-dihalo-
  reaction with hydrazido tungsten derivatives, **8**, 1090
elimination
  heteronuclear metal–metal formation by, **6**, 777
elimination from organogallium adducts, **1**, 697
elimination from organoindium adducts, **1**, 697
elimination in reaction of acids with organogallium or organoindium compounds, **1**, 711
halo-, α-hetero
  reaction with organoaluminum compounds, **7**, 400
halo-, secondary
  reaction with organoaluminum compounds, **7**, 398
hydrogen/deuterium exchange, **6**, 611
iodo-
  reaction with organoaluminum compounds, **7**, 397
  reaction with organometallic compounds, **7**, 43
iodo-, tertiary
  reaction with organoaluminum compounds, **7**, 399
permercurated, **2**, 865
strained
  cooligomerization, nickel catalysed, **8**, 635
  oligomerization and cooligomerization, nickel catalysed, **8**, 633
synthesis
  in carbon dioxide reaction with hydrogen, **8**, 275
Alkanes, dialumino-
geminal
  bis hydralumination, **1**, 644
Alkanes, halo-
  hydrogen/deuterium exchange, **6**, 612
Alkanesulfonic acids
  perfluoro
    as catalysts in siloxane polymerization, **2**, 326
Alkanethiols
  reaction with diorganylmagnesium compounds, **1**, 215

Alkan-1-ols, 1,1-bis(trimethylsilyl)-
  oxidation, **7**, 632
Alkenation
  organosilicon compounds and, **7**, 520
Alkene complexes
  asymmetrically substituted
    bonding, **3**, 52
  homoleptic transition metal
    bonding, **3**, 58
  iron tetracarbonyl
    rotational barriers, **3**, 57
  octahedral d^6
    conformation, **3**, 54
  0 oxidation state metal
    bonding, **3**, 54
  square planar d^8
    conformation, **3**, 54
  transition metal
    conformation, **3**, 54
  d^{10} transition metal
    rotational barriers, **3**, 57
  trigonal d^{10}
    conformation, **3**, 54
  trigonal bipyramidal d^8 complexes
    conformation, **3**, 54
η^2-Alkene complexes, **8**, 964–968
  sodium dicarbonyl-η^5-cyclopentadienylferrates, **8**, 965
  vanadium, **3**, 661
Alkene ligands
  cobalt complexes
    preparation and properties, **5**, 186
  iridium complexes, **5**, 587–593, 613
  iron complexes
    coordination of carbene ligands, **4**, 371
  lanthanide complexes, **3**, 205
  rhodium complexes, **5**, 418–438
  tetranuclear iron complexes, **4**, 636
η^2-Alkene ligands
  iron complexes
    nucleophilic reactions, **4**, 424
    rearrangements, **4**, 397
  organocobalt complexes, **5**, 177–192
Alkene metathesis
  in (η^2-hydrocarbon)iron complex synthesis, **4**, 386
Alkene oxides
  carbonylation
    nickel catalysed, **8**, 786
Alkene rotation
  alkene ligands
    in iron–alkene complexes, **4**, 390
    in iron–alkene complexes, **4**, 392
    in organoruthenium complexes, **4**, 653
    in ruthenium complexes, **4**, 847
Alkenes
  acyclic
    hydroformylation, **8**, 128
    metathesis, **8**, 500
    metathesis, stereoselectivity, **8**, 538
  addition of hydrogen and hydrogen cyanide to, **8**, 285–360
  addition reactions
    organometallic compounds, **7**, 2–7
    organopalladium complexes in, **8**, 854
  addition to aldehydes, **8**, 172
  addition to organoalkali metal compounds, **1**, 63
  alicyclic
    hydroformylation, **8**, 128
  alkali metal nickel complexes, **6**, 113–116

alkoxycarbonylation
  organopalladium complexes in, **8**, 898
alkyl-
  nickel complexes, **6**, 103–116
    tetrahedral nickel complexes, **6**, 110–113
    trigonal nickel complexes, **6**, 103–109
alkyne mixtures
  hydrogenation, **8**, 313, 319, 349
allylic activation, **8**, 803–811
η^3-allylic palladium complex preparation from, **6**, 386
π-allylpalladium complex formation from, **8**, 804
aluminum alkyl synthesis from, **1**, 608
aminocarbonylation, **8**, 210
aminomethylation, **8**, 176
aryl-
  nickel complexes, **6**, 103–116
  polymerization, **7**, 8
  polymerization, organolithium compounds and, **7**, 8
  polymerization, organometallic compounds in, **7**, 6
  tetrahedral nickel complexes, **6**, 110–113
  trigonal nickel complexes, **6**, 103–109
ω-aryl-
  metathesis, **8**, 544
asymmetric codimerization
  nickel catalysed, **8**, 624
asymmetric hydrogenation, **8**, 466, 470
  ferrocenes as catalysts, **8**, 1042
  mechanism, **8**, 473
  rhodium complexes in, **5**, 483
bidentate phosphino
  reaction with chlorobis(ethylene)rhodium dimer, **5**, 430
branched
  oligomerization, **8**, 389
α-bromo-α-trimethylsilyl-
  preparation, **7**, 533
carbalumination, **1**, 568, 569, 637; **7**, 367
  selectivity, **7**, 380
carbon group transfers to
  organopalladium complexes in, **8**, 854–883
carbonylation
  nickel catalysed, **8**, 773, 775, 777, 784
  from catalysed ethylene chain-growth, **7**, 451
  cationic cyclopentadienylruthenium complexes, **4**, 792
chain growth, **7**, 374
as chain transfer agents in diene polymerizations, **7**, 445
α-chloro
  carbonylation, nickel catalysed, **8**, 788
chlorocarbonylation, **8**, 214
cis
  preparation, **1**, 286
  synthesis, **7**, 84
  synthesis from cis-alkenylcuprates, **7**, 704
cis- and trans-
  synthesis, **7**, 135
cis-trans isomerization
  platinum(0) complexes in, **6**, 631
codimerization
  nickel catalysed, **8**, 618
codimerization with dienes, **8**, 424

complexation with rhodium
  equilibrium constants, **5**, 423, 424
complexes with mercurinium ions, **2**, 868
conjugated
  alkoxycarbonylation, **8**, 900
contrathermodynamic isomerization, **7**, 120
conversion into cyclopropanes, **7**, 666
cooligomerization, **8**, 414
  nickel catalysed, **8**, 623
cooligomerization with alkynes, **8**, 426
  nickel catalysed, **8**, 655
cooligomerization with butadiene, **8**, 421, 422
cooligomerization with dienes, **8**, 418–425
cooligomerization with 1,3-dienes
  nickel catalysed, **8**, 683, 685
cooligomerization with isoprenes
  nickel catalysed, **8**, 684
coordinated
  rotation, **3**, 103
  theory, **3**, 67
  transition metal complexes, nucleophilic addition reactions, **3**, 68
  transition metal complexes, pericyclic reactions, **3**, 70
copolymerization with butadiene
  nickel catalysed, **8**, 702
coupling
  at iron, **4**, 427
coupling reactions
  (alkyne)cyclopentadienyl(triphenylphosphine)cobalt in, **5**, 235
cyano-
  nickel complexes, **6**, 122
cyclic
  π-allylpalladium complex formation, **8**, 805
  codimerization with ethylene, nickel catalysed, **8**, 618
  Hüttel reaction, **6**, 389
  hydrogen transfer from 2-propanol to, catalysis by ruthenium complexes, **4**, 949
  isomerization, catalysis by ruthenium complexes, **4**, 945
  metathesis, stereospecificity, **8**, 539
  oligomerization, nickel catalysed, **8**, 617
  oxymercuration, **7**, 672
  preparation, nickel catalysed, **8**, 734
  reaction with carbonyl Group IVB–ruthenium complexes, **4**, 918
  reaction with dodecacarbonyltriruthenium, **4**, 849
  ring opening polymerization, **8**, 502
cyclic and acyclic
  cross-metathesis, **8**, 510
cyclocooligomerization
  nickel catalysed, **8**, 683
cyclocooligomerization with 1,3-dienes
  nickel catalysed, **8**, 680
cyclooligomerization
  rhodium complexes in, **5**, 453–460
cyclopropanation, **7**, 697; **8**, 895
cyclopropanation by halomethylaluminum compounds, **1**, 655
cyclopropanes from
  diazomethane and zinc iodide in, **7**, 669
derivatives
  hydroboration, **7**, 229–251
1,1-dialkyl
  preparation, organotitanium compounds in, **3**, 278

Alkenes

diboration, **1**, 277
dicarbonyl(3-trifluoroacetylcamphorato)rhodium complexes, **5**, 423
dicyclopentadienylvanadium complexes, **3**, 679
Diels–Alder addition with siloles, **2**, 258
dimerization
  at nickel, **6**, 66
  selective, **8**, 375
dimethylsilylene transfer to
  from hexamethylsilacyclopropane, **2**, 214
displacement from platinum(II) complexes
  platinum(II) acetylene complex preparation by, **6**, 705
dissociation
  organometallic compounds, **3**, 103
1,1-dithio-
  synthesis, α-bora carbanions in, **7**, 297
electron-bridge
  platinum(II) carbene complexes, preparation from, **6**, 506
electron rich
  reaction with nickel tetracarbonyl, **6**, 16
elimination
  heteronuclear metal–metal bond formation by, **6**, 777
elimination from aluminum alkyls, **1**, 609
elimination from organoaluminum compounds, **7**, 367, 373
elimination from triorganoaluminum compounds, **1**, 629
exocyclic
  synthesis, **7**, 216
Fischer–Tropsch synthesis, **8**, 47
fluoro
  addition reactions, **7**, 5
  nickel complexes, **6**, 120, 122
  oxidative-addition reactions to platinum(0) complexes, **6**, 522
  reaction with chlororhodium complexes, **5**, 428
  reaction with methylgold(I), **2**, 809
  reaction with organometallic compounds, **7**, 45
  reaction with pentacarbonylhydridomanganese, **4**, 94
  reaction with tetracarbonylhydridocobalt, **5**, 62
  reaction wtih pentacarbonylhydridomanganese, **4**, 68
  ruthenium complexes, **4**, 732
  formation in aluminum alkyl dissociation, **1**, 608, 610
functionalized
  metathesis, **8**, 502, 546
  oligomerization, **8**, 391, 392
germylene addition reaction, **2**, 485
gold complexes, **2**, 812–814
halo-
  hydroboration, **7**, 281
haloboration, **1**, 276
halocarbonylation, **8**, 212
in Heck arylation, **8**, 867–873
heteroatom additions to
  organopalladium complexes in, **8**, 883–895
homogeneous hydrogenation
  allylruthenium complexes as catalysts in, **4**, 935
  ruthenium complexes as catalysts in, **4**, 932
homologation
  allylic halides in, **7**, 401

organotitanium compounds in, **3**, 278
stereocontrolled, **8**, 817
titanium aluminum methylene complexes as catalysts in, **3**, 324
hydralumination, **1**, 634, 644; **7**, 367
  selectivity, **7**, 380
hydration
  anti-Markownikov, **1**, 662
  via oxymercuration, **7**, 672
hydroacylation
  rhodium complexes in, **5**, 396
hydroboration, **7**, 114, 144, 172, 185, 186, 187, 188, 199–204
  1,3,2-benzodioxaborole in, **7**, 117
  π-complex formation in, **1**, 24
  directive effects, **7**, 146, 188
  mechanism, **7**, 156
  relative reactivities, **7**, 155, 172, 189, 220
  by thexylchloroborane, **7**, 193
hydrocyanation, **8**, 354
  mechanism, **8**, 357
  nickel catalysed, **8**, 629
  organopalladium complexes in, **8**, 880
hydroformylation, **8**, 129
  carbonylhydridobis(triphenylphosphine)rhodium in, **5**, 354
  catalysis by ruthenium complexes, **4**, 939
  cobalt carbonyl tertiary phosphine complexes in, **5**, 36
  iron carbonyl hydride complexes in, **4**, 314
  platinum(II) alkyl complexes and, **6**, 559
  stoichiometric, **8**, 116
hydrogen addition to, **8**, 307, 309
hydrogenation
  actinide complexes in, **3**, 261
  (η^6-arene)ruthenium complexes as catalysts in, **4**, 936
  carbonylhydridobis(triphenylphosphine)rhodium in, **5**, 354
  catalysis by chlorotris(triphenylphosphine)rhodium, **5**, 278
  catalysis by polymeric ruthenium complexes, **4**, 961
  catalysis by ruthenium complexes, **4**, 932, 946
  catalysis by Vaska's compounds, **5**, 547
  lanthanide complexes in, **3**, 210
  mechanism, **6**, 674
  in metathesis reactions, **8**, 519
  nickel catalysed, **8**, 632
  organotitanium complexes as catalyst, **3**, 320
  pentamethylcyclopentadienyl rhodium complexes and, **5**, 369
  platinum(II) complexes in, **6**, 524
  rhodium complexes in, **5**, 397
  size selectivity in, **8**, 569
  supported catalysts, **8**, 558
  supported catalysts, selectivity, **8**, 568
  supported titanocene catalysts, **8**, 576
hydrogenation and isomerization
  catalysis by iridium complexes, **5**, 550
hydrogermylation, **2**, 433
  platinum complexes and, **6**, 677
  transition metal catalyzed, **2**, 428
hydromagnesiation
  organotitanium compounds as catalysts in, **3**, 276
hydrosilylation

1-hydridosilacyclobutanes in, **2**, 230
nickel catalysed, **8**, 629, 630
organoplatinum complexes in, **6**, 473
platinum complexes in, **6**, 675
hydrostannation, **2**, 534, 588
hydroxycarbonylation, **8**, 190
    mechanism, **8**, 195
hydroxylation
    osmium tetroxide in, **4**, 1022
insertion into platinum(II) η^3-allyl complexes, **6**, 731
insertion into platinum(II) complexes, **6**, 524
insertion reactions
    into rhodium–hydrogen and rhodium–carbon bonds, **5**, 397–401
    platinum(II) alkyl complexes, **6**, 559, 563
insertion reactions into osmium–hydrogen bonds, **4**, 1004
insertion reactions with alkyl and acyl tetracarbonyl cobalt complexes, **5**, 54
insertion reactions with η^3-allylnickel complexes, **8**, 730
insertion reactions with cobaltacyclopentene complexes, **5**, 149
insertion reactions with palladium–carbon bonds, **6**, 326
internal
    hydroalumination, **7**, 383
    reaction with organoaluminum compounds, **7**, 383
intramolecular addition of carbenes, **7**, 696
iodo-
    reaction with copper acetylides, **7**, 695
ionic hydrogenation, **7**, 620
ionization potentials, **3**, 52
iridium complexes, **5**, 607
iron tetracarbonyl complexes, **4**, 287
isomeric halo
    preparation, organoaluminum compounds in, **1**, 663
isomerization, **8**, 308, 320
    catalysis by ruthenium complexes, **4**, 942–945
    catalysis by Vaska's compounds, **5**, 548
    dinuclear allene bridged iron complexes in, **4**, 566
    in hydrocyanation, **8**, 357
    iron–alkene complexes in, **4**, 397
    iron carbonyls in, **8**, 940
    nickel catalysed, **8**, 626, 627
    platinum complexes and, **6**, 677
    titanium aluminum hydrides as catalysts, **3**, 322
isomerization and hydrogenation
    catalysis by polymeric ruthenium complexes, **4**, 961
    osmium hydrides as catalysts, **4**, 979
main group metal complexes, **1**, 24
manganese(I) complexes, **4**, 41
manufacture
    Fischer–Tropsch synthesis, **8**, 61
mercuration, **2**, 873
metallation
    allylic alkali metal compound preparation by, **1**, 97
metathesis, **7**, 451; **8**, 499–548
    lanthanide complexes in, **3**, 210
    mechanism, **3**, 1352
    organoaluminum compounds in, **1**, 666
    tricarbonyl(arene)molybdenum complexes in, **3**, 1220

methylenation
    bis(bromomethyl)mercury in, **2**, 957
multidentate
    insertion into platinum(II) complexes, **6**, 524
nickel complexes, **6**, 101–138
    β-elimination reactions, **6**, 40
    reactions, **6**, 108
    reaction with carbanions, **6**, 46
    reaction with donor ligands, **6**, 108
    structure, **6**, 108
    structure and bonding, **6**, 101
nitro
    reaction with organometallic compounds, **7**, 58
1-nitro-
    preparation from alkenes, **7**, 674
oligomerization, **7**, 450; **8**, 372, 388
    lanthanide complexes and, **3**, 210
    mechanism, **8**, 372–376
    nickel catalysed, **8**, 615–640, 621
    nickel catlysed, kinetics, **8**, 616
    organoaluminum reagents in, **1**, 559, 664
oligomerization and cooligomerization
    nickel catalysed, **8**, 616
oligomerization reactions, **8**, 371–454
organoaluminum compounds, **7**, 384
optically active platinum complexes, **6**, 636
organochromium complexes, **3**, 954
organomolybdenum complexes, **3**, 1151
osmium complexes, **4**, 1014
oxidation
    thallium(III) compounds in, **7**, 485
oxidative carbonylation
    mechanism, **8**, 196
oxidative cyclization
    rhodium complexes in, **5**, 410
oxidative rearrangement, **7**, 484
    organothallium compounds in, **7**, 468
oxymercuration, **2**, 864
oxymercuration-demercuration, **7**, 671–676
oxythallation, **1**, 741; **7**, 466–498
palladation, **8**, 807
palladium chloride complexes
    structure, **6**, 353
palladium complexes, **6**, 351–361
    reaction with acetylenes, **6**, 461
palladium(0) complexes, **6**, 247
palladium(II) carbene complex preparation from, **6**, 296
palladium(II) complexes, **6**, 387
    equilibrium constants, **6**, 354
    preparation, **6**, 254, 352–353
    in preparation of palladium(II) alkyl and aryl complexes, **6**, 315
    reactions, **6**, 356
pentacarbonyliron catalyzed rearrangements, **4**, 397
platinum complexes, **6**, 614–691
    bond lengths in, **3**, 53
    bonds, **6**, 614–619
    hydrogen/deuterium exchange, **6**, 607
    platinum(0) olefin complex preparation from, **6**, 621
    stability constants, **6**, 662
platinum(0) complexes, **6**, 619–632
    IR spectra, **6**, 626
    physical properties, **6**, 623–628

Alkenes

reactions, **6**, 629
UV–visible spectra, **6**, 627
X-ray diffraction, **6**, 624
platinum(II) η^3-allyl complex preparation from, **6**, 717
in platinum(II)–carbon η^1-compound preparation, **6**, 526
platinum(II) complexes, **6**, 632–680
  conformation, **6**, 651
  ESCA, **6**, 657
  IR and Raman spectra, **6**, 654
  optically active, **6**, 659
  optically active, resolution, **6**, 659
  physical properties, **6**, 641–658
  preparation, **6**, 632–641
  reactions, **6**, 660–680
polymerization
  actinide complexes in, **3**, 262
  catalysis by ruthenium complexes, **4**, 957
  homoleptic allylchromium complexes as catalysts in, **3**, 957
  nickel catalysed, **8**, 618
  organoberyllium compounds as catalysts, **1**, 148
  organotitanium catalysts, **3**, 272
  platinum complexes and, **6**, 679
  titanium–aluminum catalysts, **3**, 321
  titanium aluminum hydride catalyst, **3**, 322
  titanium catalysts, **3**, 510–536
  Ziegler–Natta catalysts in, **7**, 444
preparation
  organoaluminum compounds in, **1**, 659; **7**, 434
preparation from palladium(II) olefin complexes, **6**, 358
prochiral
  alkoxycarbonylation, **8**, 201
  hydroformylation, **8**, 138
protection
  sodium dicarbonyl-η^5-cyclopentadienylferrate in, **8**, 968
racemic
  kinetic resolution, **7**, 249
reaction with (η^1-acetylide)(η-cyclopentadienyl)ruthenium complexes, **4**, 790
reaction with aldehydes
  catalysis by organoaluminum compounds, **7**, 404
reaction with alkaline earth metal hydrides, **1**, 230
reaction with alkaline earth metals, **1**, 235–237
reaction with alkenylpalladium compounds, **8**, 810
reaction with alkoxoallylmagnesium, **1**, 211
reaction with alkylidene niobium complexes, **3**, 727
reaction with alkylidene tantalum complexes, **3**, 727
reaction with allylboranes, **7**, 360
reaction with allyl halide and carbon monoxide
  nickel catalysed, **8**, 782
reaction with allylic palladium complexes, **6**, 441
reaction with aluminum and hydrogen, **1**, 560
reaction with bis(η^3-allyl)nickel complexes, **8**, 732
reaction with bis(dibenzylideneacetone)palladium, **6**, 260
reaction with 9-borabicyclo[3.3.1]nonane, **7**, 177
reaction with borane, **7**, 143
reaction with carbenes, **3**, 905
reaction with carbon monoxide
  nickel catalysed, **8**, 731
reaction with carbon tetrachloride
  catalysis by ruthenium complexes, **4**, 951, 962
reaction with carbonyl Group IVB–ruthenium complexes, **4**, 915
reaction with chloroplatinum(II) salts and silver(I) salts, **6**, 634
reaction with cobaltacyclopentadiene complexes, **5**, 152
reaction with cobalt hydride complexes, **5**, 97, 98
reaction with cobalt(I) complexes, **5**, 95, 139
reaction with coordinated cyclobutadieneiron complexes, **4**, 472
reaction with (cyclopentadienyl)(diphenylacetylene)(triphenylphosphine)cobalt, **5**, 208
reaction with diazo compounds
  copper and, **7**, 696
reaction with 1,3-dienes
  nickel catalysed, **8**, 684
reaction with difluorosilylene, **2**, 89
reaction with dihalohydridogallium compounds, **1**, 701
reaction with diorganoaluminum hydrides
  kinetics, **1**, 568
reaction with diorganomercurials, **2**, 896
reaction with dodecacarbonyltriiron, **4**, 617
reaction with dodecacarbonyltriruthenium, **4**, 845, 847
reaction with Grignard reagents, **1**, 167–169
reaction with halogenoorganocalcium compounds, **1**, 228
reaction with hexacarbonylchromium, **3**, 798
reaction with hydrated rhodium trichloride, **5**, 418
reaction with hydrido- and alkyl-(cyclopentadienyl)ruthenium complexes, **4**, 786
reaction with hydrido(dinitrogen)tris(triphenylphosphine)cobalt, **5**, 185
reaction with lithium vapour, **1**, 64
reaction with magnesium hydride, **1**, 201
reaction with metal carbene complexes, **8**, 526
reaction with metallocarbenoids, **7**, 90
reaction with methyltris(triphenylphosphine)cobalt, **5**, 72
reaction with nickel alkyl complexes, **6**, 78
reaction with nitrosylcobalt(I) complexes, **5**, 177
reaction with nonacarbonyldiiron, **4**, 257, 258
reaction with organoaluminum compounds, **1**, 565; **7**, 379
  kinetics, **1**, 568
reaction with organoberyllium hydrides, **1**, 144
reaction with organoboranes, **1**, 294
reaction with organocobalt(III) complexes, **5**, 149
reaction with organocopper compounds, **2**, 751
reaction with organomercury compounds, **2**, 969
reaction with organotin hydrides, **2**, 588
reaction with organozinc compounds, **2**, 846
reaction with orthopalladated complexes, **6**, 339

reaction with osmium cluster compounds, **4**, 1039
reaction with palladium(II) carbonyl complexes, **6**, 284
reaction with pentacyanohydridocobaltates, **5**, 140
reaction with platinum(II) salts, **6**, 633
reaction with polyboranes, **1**, 445
reaction with ruthenium complexes, **4**, 684
reaction with silanes, **2**, 115–120
reaction with silylene, **2**, 210
reaction with stannyl radicals, **2**, 596
reaction with tetraborane carbonyl, **1**, 337
reaction with tetracarbonylhydridocobalt, **5**, 49
reaction with tetrachloroplatinate
  mechanism, **6**, 633
reaction with thallium(III) compounds, **7**, 494
reaction with thexylborane–triethylamine complex, **7**, 167
reaction with triisobutylaluminum, **1**, 561
reaction with trimethylsilyl radicals, **2**, 92
reaction with Vaska's compounds, **5**, 547
reduction
  Ziegler catalysts, **8**, 340
regioselective isomerization, **8**, 824
rhenium complexes, **4**, 231
rhodium catalyzed dismutation, **5**, 412
rhodium complexes
  protonation, **5**, 398
ruthenium carbene complexes from, **4**, 683
ruthenium complexes, **4**, 741
selenyl-
  reaction with organometallic compounds, **7**, 5
silyl-
  reaction with organometallic compounds, **7**, 5
silylated
  synthesis, **8**, 920
solvomercuration, **2**, 879, 880
stereoselective syntheses, **7**, 28
strained
  carbonylation, nickel catalysed, **8**, 775
  cooligomerization, nickel catalysed, **8**, 635
  oligomerization, nickel catalysed, **8**, 634
  oligomerization and cooligomerization, nickel catalysed, **8**, 633
  reaction with allyl halide and carbon monoxide, nickel catalysed, **8**, 781
sulphur-containing
  hydrogenation, **8**, 338
synthesis, **7**, 55, 71, 77
  in carbon dioxide reaction with hydrogen, **8**, 275
  ethylene chain growth in, **7**, 375
  hydroboration in, **7**, 237
terminal
  hydrogenation, catalysis by ruthenium complexes, **4**, 934
  hydrogenation, ruthenium complexes in, **4**, 935
  isomerization, catalysis by supported ruthenium complexes, **4**, 961
  in transfer hydrogen of α,β-unsaturated ketones, catalysis by ruthenium complexes, **4**, 949
transfer hydrogenation
  catalysis by ruthenium complexes, **4**, 950
transition metal complexes
  bonding, **3**, 47–75
  insertion and hydrogenation reactions, **3**, 71
  rotational barriers, **3**, 55
  structure, **3**, 48
trigonal nickel complexes, **6**, 103
unconjugated
  alkoxycarbonylation, **8**, 900
α,β-unsaturated
  reaction with thallium(III) salts, **7**, 468
Ziegler–Natta polymerization
  mechanism, **3**, 490
  processes for, **3**, 506–510
Alkenes, perfluoroalkyl-
addition reactions
  organometallic compounds, **7**, 4
1-Alkenes
ω-alkoxy
  reaction with isopropyllithium, **1**, 63
1-chloro-
  preparation, **7**, 389
polymerization
  organoaluminum compounds and, **1**, 578
preparation
  organoaluminum compounds in, **1**, 578
prochiral
  polymerization, stereochemistry, **1**, 559
reaction with 2-alkenylhalogenomagnesium, **1**, 167
reaction with triisobutylaluminum, **1**, 625
Ziegler–Natta polymerization
  stereoregulation in, **3**, 496–502
1-Alkenes, 1-(arylsulfonyl)-1-lithio-
isomerization, **1**, 95
1-Alkenes, 1-chloro-1-halo-
preparation, **7**, 389
Alkenes insertion reactions, **8**, 305
Alkenides, *cis*-diphenyl-
K_{disp}, **1**, 110
3-Alken-1-ols
synthesis, **7**, 423
Alkenylation
  aldehydes, **7**, 414
  ferrocenes, **8**, 1019
Alkenyl compounds
  coupling, **7**, 683
Alkenyl groups
  transfer to mercury, **2**, 870
Alkenyl halides
  coupling reaction
    nickel catalysed, **8**, 739
  preparation
    via alkenylmercuric halides, **7**, 684
  reaction with cobalt(I) complexes, **5**, 92
  synthesis, **7**, 681
Alkenyl ligands
  iridium complexes, **5**, 571–574
  rhodium complexes, **5**, 375–404
Alkoxide ions
abstraction
  η^1-organoiron complexes, **4**, 366
Alkoxides
anions
  reaction with platinum(II) η^3-allyl complexes, **6**, 730
metal
  preparation, **7**, 56
  reaction with acylsilanes, **7**, 635
  reaction with cyclobutadiene palladium complexes, **6**, 395
  reaction with diazomethane tungsten complexes, **8**, 1090

Alkoxides

reaction with dicarbonyl(η-cyclopentadienyl)-nitrosylmanganese cations, **4**, 135
reaction with manganese carbonyl complexes, **4**, 43
reaction with organometallic compounds, **7**, 47
reaction with palladium(II) olefin complexes, **6**, 358
reaction with platinum diene complexes, **6**, 376
reaction with platinum(II) olefin complexes, **6**, 664, 665
synthesis, **7**, 63
Alkoxyalkylidyne ligands
  cobalt clusters, **5**, 167
Alkoxycarbonylation, **7**, 32
  acetylene, **8**, 201
  alkyl halides, **8**, 200
  alkynes, **8**, 199
  prochiral alkenes, **8**, 201
  unsaturated compounds
    organopalladium complexes in, **8**, 898
Alkoxycarbonyl complexes
  preparation
    in carbon dioxide reaction with organo transition metal compounds, **8**, 252
Alkoxycarbonyl compounds
  palladium(II) complexes, **6**, 326
Alkoxycarbonyl ligands
  organomanganese complexes, **4**, 101
  reaction with acids, **4**, 102
Alkoxy groups
  as endblocks in polysiloxanes, **2**, 327
Alkoxylation
  chlorosilanes, **2**, 318
Alkoxyl radicals
  reaction with tetraalkyltin, **2**, 538
Alkoxythallation, **8**, 885
Alkylaluminum chlorides
  reaction with potassium, **1**, 600
Alkylaluminum hydrides
  reaction with metal salts, **1**, 654
Alkylaluminum sesquihalides
  disproportionation, **1**, 611
t-Alkylamines
  synthesis, **7**, 21
Alkylarene complexes
  base-promoted H/D exchange reactions, **8**, 1058
  deprotonation, **8**, 1058
Alkylation
  (η^1-acetylides)(η-cyclopentadienyl)-, **4**, 790
  alkali metal hydrocarbon dianions, **1**, 114
  t-alkyl halides
    organoaluminum compounds in, **1**, 660
  alkynylborates, **7**, 339
  allylic
    π-allylpalladium complexes and, **8**, 819
  π-allylpalladium complexes, **8**, 815
    mechanism, **8**, 829
  η^3-allyltetracarbonyliron complexes, **8**, 969
  (η^6-arene)tricarbonylchromium complexes in, **3**, 1047
  aromatic compounds
    carbon dioxide/hydrogen mixtures for, **8**, 275
  aromatic hydrocarbons, **7**, 10
  arylborates, **7**, 333
  bis(acetylacetonate)palladium
    by dialkylaluminum monoethoxide, **6**, 310
  carbonyl compounds
    organoaluminum compounds in, **1**, 647
  catalysis by (η^6-arene)tricarbonylchromium complexes, **3**, 1050
  cobalt(I) complexes
    mechanism, **5**, 93
  (η-cyclopentadienyl)nitrosylnickel, **6**, 212
  cymantrene
    Friedel–Crafts, **8**, 1017
  dienyliumtricarbonyliron complexes, **8**, 985
  diorganozinc compounds in, **2**, 845
  dodecacarbonyltriruthenium, **4**, 864
  environmental, **2**, 980
  ferrocenes
    Friedel–Crafts, **8**, 1017
  gallium chloride
    organoaluminum compounds in, **1**, 613
  gold, **2**, 766
  by Grignard reagents, **1**, 194
  α-halo ethers
    organoaluminum compounds in, **7**, 400
  intramolecular
    in halide reaction with organometallic compounds, **7**, 45
  organoboranes, **1**, 292
  iodotrimethylsilane in, **7**, 640
  iron isocyanide complexes, **4**, 269
  metal halides
    diorganomagnesium compounds in, **1**, 207
  organic halides, **7**, 44
  organocadmium compounds, **2**, 858
  by organogallium halides, **1**, 705
  organogermanium compound preparation by, **2**, 405
  by organoindium halides, **1**, 705
  organomercury compounds, **2**, 963
  by organometallic compounds, **7**, 81
  organopalladium compounds in, **8**, 874–883
  palladium-catalyzed substitutions with carbanions, **8**, 825
  palladium diene complexes, **6**, 375
  phenolates, **7**, 57
  in platinum(II)–carbon η^1-compound preparation, **6**, 515
  polyhalogermane, **2**, 420
  regiochemistry
    π-allylpalladium complexes in, **8**, 815, 827
  silver hexacyanocobaltate(III), **5**, 24
  silyl enol ethers, **7**, 567
  stereochemistry
    π-allylpalladium complexes in, **8**, 816
  stereospecific
    allylic palladium complexes, **6**, 434
  supported catalysts in, **8**, 601
  tetracarbonyl cobaltates, **5**, 48
  tetrakis(trialkyl phosphite)cobalt complexes, **5**, 67
  thioacyl rhodium complexes, **5**, 415
  tin tetrachloride, **2**, 530
  tin(IV) halides, **2**, 547
  titanium hydrocarbon complexes in, **3**, 275
  transition metals
    Grignard reagents in, **1**, 196
  tridecacarbonyltetraferrates, **4**, 266
  tris(acetoacetyl)cobalt, **5**, 67
  undecacarbonyltriferrates, **4**, 633
  zinc salts, **2**, 832
α-Alkylation
  carbonyl compounds, **7**, 277
  organoboranes, **7**, 129
γ-Alkylation
  regioselective
    β,γ-unsaturated carbonyl compounds, **8**, 814

Alkylations
  organopalladium complexes in, **8**, 879
Alkyl bromides
  reaction with hydridocobalamin, **5**, 97
Alkyl chlorides
  in organodiazenido complex preparation, **8**, 1087
Alkyl complexes
  18-electron, **3**, 77
  homoleptic metal, **3**, 77
  UV photoelectron spectra, **3**, 77
  transition metal
    bonding, **3**, 77
σ-Alkyl complexes
  platinum(II)
    X-ray diffraction, **6**, 532
Alkyl compounds
  palladium(II) complexes, **6**, 306–339
  reaction with carbonyl compounds
    nickel catalysed, **8**, 720
Alkyl exchange
  diorganothallium compounds, **1**, 738
  nickel alkyl complexes, **6**, 70
Alkyl group exchange reactions
  catalysis by ruthenium complexes, **4**, 960
Alkyl groups
  determination in organoaluminum compounds, **7**, 372
Alkyl halides
  carbonylation
    nickel catalysed, **8**, 783, 788
    nickel catalysed, mechanism, **8**, 790
  cocondensation with calcium, strontium or barium vapour, **1**, 225
  cocondensation with magnesium atoms, **1**, 158
  coupling reactions
    nickel catalysed, **8**, 734
  coupling reactions with allyl halides
    nickel catalysed, **8**, 722
  germanium–carbon bond cleavage by, **2**, 415
  oxidative addition
    to rhodium(I) complexes, **5**, 383
  oxidative addition to carbonyl cyclopentadienyl rhodium complexes, **5**, 385
  oxidative addition to chlorotris(triphenylphosphine)rhodium, **5**, 381
  oxidative addition to cobalt(I) complexes, **5**, 139
  oxidative addition with rhodium(I) complexes, **5**, 387
  perfluoro
    reaction with pentacarbonylmanganates, **4**, 72
  platinum(II) complexes
    oxidation by, **6**, 582
  reaction with acetylacetone
    nickel catalysed, **8**, 737
  reaction with allyltin compounds, **2**, 540
  reaction with aluminum, **1**, 560, 561
  reaction with carbonyl compounds
    nickel catalysed, **8**, 735
  reaction with cobalt(I) complexes, **5**, 92
  reaction with hexachlorodisilane, **2**, 310
  reaction with organoborates, **7**, 290
  reaction with organogold complexes, **2**, 808
  reaction with pentacarbonylmanganates, **4**, 72
  reaction with pentacyanocobaltates, **5**, 133
  reaction with platinum(II)–carbon σ-compounds, **6**, 554
  reaction with tin, **2**, 545
  reaction with tin(II) halides, **2**, 547
  reaction with tricarbonylcyclopentadienylhydridovanadium, **3**, 668
  reduction
    organotitanium compounds in, **3**, 275
t-Alkyl halides
  alkylation
    organoaluminum compounds in, **1**, 660
Alkylidene complexes
  in alkene and alkyne metathesis reactions, **8**, 506
  bridge-assisted addition reactions
    heteronuclear metal–metal bond formation by, **6**, 783
  transition metal
    bonding, **3**, 78
    properties, **3**, 78
Alkylidene fragments
  in alkene and alkyne metathesis, **8**, 504
Alkylidene ligands
  bis(dicarbonyl(η-cyclopentadienyl)iron) derivatives, **4**, 529
  lanthanide complexes, **3**, 199
Alkylidenes
  osmium complexes, **4**, 1008
Alkylidenimido ligands
  trinuclear iron complexes, **4**, 626
Alkylidyne complexes
  bridge-assisted addition reactions
    heteronuclear metal–metal bond formation by, **6**, 783
Alkylidyne ligands
  cobalt cluster complexes
    preparation, **5**, 162
  heteronuclear cobalt clusters, **5**, 167
  mixed metal clusters, **5**, 177
  nonacarbonyltricobalt clusters
    IR spectra, **5**, 169
    NMR, **5**, 169
    properties, **5**, 168
    reactions, **5**, 170
    structure, **5**, 168
    substitution reactions, **5**, 174
    X-ray crystallography, **5**, 169
Alkylidynes
  osmium complexes, **4**, 1008, 1011
Alkyl iodides
  oxidative addition with tetracyanorhodates, **5**, 386
  perfluoro-
    oxidative addition with dicarbonyl(η-cyclopentadienyl)rhodium, **5**, 385
  reaction with ethylene
    catalysis by ruthenium complexes, **4**, 962
  reaction with hydridocobalamin, **5**, 97
Alkyl isocyanide ligands
  manganese complexes
    magnetic susceptibility, **4**, 146
Alkyl ligands
  binary vanadium(III) complexes, **3**, 657
  cyclopentadienylruthenium complexes, **4**, 785
  dicyclopentadienylvanadium complexes, **3**, 677
  fluoro
    ruthenium complexes, **4**, 732
  Group V donor ligands ruthenium complexes, **4**, 725
  iridium complexes, **5**, 560–568, 613
  iridium(I) complexes, **5**, 561
  osmium complexes, **4**, 1004
  platinum(II)
    halogen oxidation, **6**, 582

Alkyl ligands
    platinum(II) complexes
        carbonylation, **6**, 559
        reactions, **6**, 547
    platinum(III) complexes, **6**, 581
    platinum(IV), **6**, 581–591
    platinum(IV) complexes
        physical properties, **6**, 588
        reactions, **6**, 590
        structure, **6**, 587
    rhodium complexes, **5**, 375–404
        equilibrium with acyl rhodium complexes, **5**, 380
    vanadium complexes
        ESR spectra, **3**, 660
    vanadium(II) complexes, **3**, 657
    vanadium(III) complexes, **3**, 657
σ-Alkyl ligands
    vanadium, **3**, 656–661
Alkylmagnesium alkoxides
    thermolysis, **7**, 80
Alkylmagnesium dialkylamides
    thermolysis, **7**, 80
Alkyl migration
    in (η^2-hydrocarbon)iron complex synthesis, **4**, 386
Alkyl nitriles
    reductive elimination, **8**, 358
Alkyloxycarbene ligands
    ruthenium complexes, **4**, 688
Alkyl radicals, **1**, 7
    reaction with dinitrogen complexes, **8**, 1088
    reaction with ferricenium cations, **8**, 1037
Alkylsulfonyl chlorides
    reaction with alkyl cobaloximes, **5**, 121
Alkyl transfer
    to cyclopentadienyliron complexes, **4**, 436
    in organoaluminum compound reaction with carbonyl compound, **1**, 572
    rhodium porphyrin complexes, **5**, 391
Alkyne complexes
    transition metal
        conformation, **3**, 59
            20-electron compounds, **3**, 60
        structure, **3**, 22
Alkyne ligands
    as π-acids and π-donors, **3**, 60
    cobalt complexes
        preparation and properties, **5**, 192
    cobalt(I) complexes, **5**, 204
    cobalt(II) complexes, **5**, 209
    hexacarbonyldicobalt complexes
        reactions, **5**, 201
    iridium complexes, **5**, 613
    lanthanide complexes, **3**, 206
    nickel complexes
        in carbonylation of alkynes, **8**, 778
    polynuclear iron complexes, **4**, 617
    rhodium complexes, **5**, 440–444
    tetranuclear iron complexes, **4**, 636
η^2-Alkyne ligands
    cobalt complexes, **5**, 192–209
Alkynes
    addition of hydrogen and hydrogen cyanide to, **8**, 285–360
    addition reactions
        organometallic compounds, **7**, 2–7
        organopalladium complexes in, **8**, 854
    alkene mixtures
        hydrogenation, **8**, 313, 319, 349
    alkoxycarbonylation, **8**, 199, 202, 901
        organopalladium complexes in, **8**, 898
    η^3-allyl palladium complex preparation from, **6**, 404
    azacarbonylation
        nickel catalysts, **8**, 176
    bis-alkoxycarbonylation, **8**, 898
    bonding to transition metal complexes, **8**, 348
    1-bromo-
        monohydroboration, **7**, 166
        reaction with alkenylcopper(I) reagents, **7**, 718
        synthesis, **7**, 684
    with bulky substituents
        reaction with dodecacarbonyltriruthenium, **4**, 862
    carbalumination, **1**, 568, 569, 628, 637; **7**, 386
    carbometallation
        titanium compounds in, **7**, 390
    carbon group transfers to
        organopalladium complexes in, **8**, 854–883
    carbonylation
        allyl halides, **8**, 780
        nickel catalysed, **8**, 773, 784
        nickel catalysed, mechanism, **8**, 777
    carborane synthesis from, **1**, 422
    catalyst poisoning by
        in oxo process, **8**, 127
    1-chloro-
        monohydroboration, **7**, 166
    cooligomerization, **8**, 417
        nickel catalysed, **8**, 652
    cooligomerization with alkenes, **8**, 426
    cooligomerization with alkenes and heteroalkenes
        nickel catalysed, **8**, 655
    cooligomerization with allene
        nickel catalysed, **8**, 666
    cooligomerization with dienes, **8**, 426–429
    copolymerization with 1,3-dienes
        nickel catalysed, **8**, 702
    coupling reactions
        (alkyne)cyclopentadienyl(triphenylphosphine)cobalt in, **5**, 235
        cyclobutadieneiron complex synthesis by, **4**, 444
    coupling reactions with aryl and vinyl halides, **8**, 913
    cyclobutadieneiron complex synthesis from, **4**, 444
    cyclocooligomerization
        nickel catalysed, **8**, 683
    cyclocooligomerization with 1,3-dienes
        nickel catalysed, **8**, 680
        nickel catalyzed, **8**, 681
    cyclodimerization
        rhodium promoted, **5**, 407
    cyclooligomerization, **7**, 451
        rhodium complexes in, **5**, 453–460
    cyclopentadienylvanadium complexes, **3**, 666
    cyclotetramerization
        nickel catalysed, **8**, 650
        palladium(II) compounds and, **6**, 465
    cyclotrimerization, **1**, 642
        catalysis by octacarbonyldicobalt, **5**, 204
        nickel catalysed, **8**, 650
        ruthenium complexes in, **4**, 805
        transition metal salts and, **1**, 666
    dialkyl

Alkynes

reaction with dicarbonylchlororhodium
    dimer, **5**, 406
diboration, **1**, 277
dicyclopentadienylvanadium complexes, **3**, 679
Diels–Alder addition with siloles, **2**, 258
dimerization
    diorganoaluminum hydrides in, **1**, 665
disubstituted
    reaction with dodecacarbonyltriruthenium, **4**, 858
    reaction with organoaluminum compounds, **7**, 388
fluoro
    reaction with pentacarbonylhydridomanganese, **4**, 94
    ruthenium complexes, **4**, 732
germyl-
    reaction with organometallic compounds, **7**, 5
germylene addition reaction, **2**, 485
gold complexes, **2**, 812–814
halo-
    hydroboration, **7**, 281
haloboration, **1**, 277
halocarbonylation, **8**, 212
halogeno-
    oxidative addition to palladium(0) complex, **6**, 304
halopalladation, **8**, 878
heteroatom additions to
    organopalladium complexes in, **8**, 883–895
hydralumination, **1**, 564, 570, 605, 628, 642, 659, 661
    kinetics, **7**, 390
hydration
    catalysis by ruthenium complexes, **4**, 932
hydroboration, **1**, 283; **7**, 114, 172, 179, 186, 189, 190, 218–223
    1,3,2-benzodioxaborole in, **7**, 117
    π-complex formation in, **1**, 24
    directive effects, **7**, 146, 180, 221
    relative reactivities, **7**, 172, 189, 220
(η^2-hydrocarbon)iron complex synthesis from, **4**, 384
hydrocyanation, **8**, 359
hydrocyanation/hydrogenation, **8**, 359
hydroformylation, **8**, 132
hydrogenation, **8**, 337, 347
    catalysis by chlorotris(triphenylphosphine)-rhodium, **5**, 278
    catalysis by tetracarbonyltetrakis(η-cyclopentadienyl)tetrairon, **4**, 643
    catalysis by Vaska's compounds, **5**, 547
    lanthanide complexes in, **3**, 210
    mechanism, **8**, 310, 313, 322
    platinum complexes and, **6**, 711
    Ziegler catalysts, **8**, 340
hydrogenation to monoenes, **8**, 348
hydrogermylation, **2**, 433
    platinum complexes and, **6**, 712
    transition metal catalyzed, **2**, 428
hydromagnesiation
    organotitanium compounds as catalysts in, **3**, 276
hydrosilylation, **2**, 311
    nickel catalysed, **8**, 660
    platinum complexes and, **6**, 711
hydrostannation, **2**, 534, 539
hydroxycarbonylation
    mechanism, **8**, 196
hydrozirconation, **7**, 392
insertion into *nido*-cobaltaboranes, **1**, 505
insertion into platinum(II) hydride bonds, **6**, 706
insertion into platinum(II)-hydride complexes, **6**, 525
insertion reactions
    into rhodium–hydrogen and rhodium–carbon bonds, **5**, 397–401
    platinum(II) alkyl complexes, **6**, 559, 563
insertion reactions with acyltetracarbonylcobalt, **5**, 219
insertion reactions with η^3-allylnickel complexes, **8**, 730
insertion reactions with cobaltacyclopentene complexes, **5**, 149
insertion reactions with palladium–carbon bonds, **6**, 326
insertion reactions with palladium complexes, **6**, 326
internal
    hydroboration, **7**, 179
1-iodo-
    reaction with alkenylcopper(I) reagents, **7**, 718
iridium complexes, **5**, 593, 609
metallation, **1**, 57
metallation by aluminum compounds, **1**, 628
metallation with organoaluminum compounds, **7**, 387
metathesis, **8**, 499–548
    bis(carbyne) cobalt(I) complexes and, **5**, 207
    cyclobutadiene cobalt complexes and, **5**, 242
    tricarbonyl(arene)molybdenum complexes in, **3**, 1220
monoalkoxycarbonylation, **8**, 899
monohydroboration, **7**, 115
monosubstituted
    reaction with triosmium clusters, **4**, 1036
nickel complexes, **6**, 69, 85, 101–138
    reaction with alkynes, **6**, 67
oligomerization, **8**, 410–413, 411
    nickel catalysed, **8**, 649–668, 657
    organoaluminum compounds in, **1**, 664; **7**, 389
    trinuclear iron complexes and, **4**, 622
oligomerization and cooligomerization
    nickel catalysed, **8**, 650
oligomerization reactions, **8**, 371–454
organometallic compounds
    rotation, **3**, 109
osmium complexes, **4**, 1014
oxacarbonylation, **8**, 192
oxidative coupling, **2**, 41
oxidative cyclodimerization
    rhodium(I) complexes in, **5**, 408
oxythallation, **1**, 741; **7**, 468
oxythallation adducts, **7**, 497
palladium complexes, **6**, 351–361
palladium complexes from, **6**, 455–468
palladium(0) complexes, **6**, 248
palladium(I) complexes, **6**, 273
palladium(II) complexes, **6**, 304–305
    reactions, **6**, 305
    structures, **6**, 305
    synthesis, **6**, 304
phosphino
    reactions with octacarbonyldicobalt, **5**, 200
platinum complexes, **6**, 691–714

Alkynes

platinum(0) complexes
  exchange reactions, **6**, 700
  IR spectra, **6**, 696, 700
  rearrangement to platinum(II) acetylide complexes, **6**, 704
  X-ray diffraction, **6**, 698
platinum(II)
  halogen oxidation, **6**, 582
  in platinum(II)-carbon η^1-compound preparation, **6**, 526
platinum(II) complexes, **6**, 516
  IR and Raman spectra, **6**, 708
  X-ray diffraction, **6**, 707
polymerization
  catalysis by (η^6-arene)tricarbonyl chromium complexes, **3**, 1050
  platinum complexes and, **6**, 713
  platinum(II) halides and, **6**, 706
protection
  by silylation, **7**, 547
reaction with (η^1-acetylide)(η-cyclopentadienyl)ruthenium complexes, **4**, 790
reaction with aldehydes
  catalysis by organoaluminum compounds, **7**, 404
reaction with alkyl and acyl tetracarbonyl cobalt complexes, **5**, 54
reaction with alkyl(cyclopentadienyl)ruthenium complexes, **4**, 788
reaction with alkylnickel complexes, **6**, 49
reaction with allylboranes, **7**, 360
reaction with allylbromozinc, **2**, 846
reaction with allylic palladium complexes, **6**, 441
reaction with η^3-allylnickel complexes, **6**, 82
reaction with (η-allyl)tricarbonylchlororuthenium, **4**, 729
reaction with allylzinc bromide, **7**, 665
reaction with aquohydroxocobalt(III) complexes, **5**, 86
reaction with aromatic carbenes, **3**, 906
reaction with bis(η^3-allyl)nickel complexes, **8**, 732
reaction with bis(η-cyclopentadienyl)hydridorhenium, **4**, 218
reaction with 9-borabicyclo[3.3.1]nonane, **7**, 179
reaction with borane, **7**, 145
reaction with *t*-butyl isocyanide
  nickel catalysed, **8**, 793
reaction with carbon dioxide
  nickel complex catalysts, **8**, 275
reaction with carbon monoxide
  nickel catalysed, **8**, 731
reaction with chloroborane complexes, **7**, 118
reaction with chloro(octaethylporphyrin)rhodium complexes, **5**, 390
reaction with *nido*-cobaltaborane, **1**, 479
reaction with cobalt butenolactone complexes, **5**, 161
reaction with cobalt carbonyls, **5**, 192
reaction with cobalt hydride complexes, **5**, 97
reaction with cobalt vapor and boranes, **1**, 480
reaction with cobalt(I) complexes, **5**, 96, 139
reaction with cobalt(III) complexes, **5**, 87
reaction with coordinated cyclobutadieneiron complexes, **4**, 472
reaction with cyanides
  nickel catalysed, **8**, 661
reaction with cyclopentadienylbis(triphenylphosphine)cobalt, **5**, 204
reaction with (cyclopentadienyl)(diphenylacetylene)(triphenylphosphine)cobalt, **5**, 208
reaction with diazo compounds
  copper catalyst, **7**, 698
reaction with dicarbonylcyclopentadienylcobalt, **5**, 204, 206, 237, 241
reaction with dicarbonyl(η-cyclopentadienyl)(phenylphosphino)manganese, **4**, 128
reaction with dicarbonyl(η-cyclopentadienyl)ruthenium complexes, **4**, 826
reaction with dicarbonyl(η-pentaalkylcyclopentadienyl)rhodium, **5**, 519
reaction with diorganoaluminum hydrides
  kinetics, **1**, 568
reaction with diorganomercurials, **2**, 896
reaction with disilanes, **2**, 376
reaction with dodecacarbonyltetracobalt, **5**, 197
reaction with dodecacarbonyltetrahydrotetraruthenium, **4**, 898
reaction with dodecacarbonyltriiron, **4**, 262, 636
reaction with dodecacarbonyltriruthenium, **4**, 830, 847, 858, 899
reaction with halogenoorganomagnesium compounds, **1**, 169
reaction with hexacarbonyldiiron disulfide, **4**, 280
reaction with hydrido- and alkyl-(cyclopentadienyl)ruthenium complexes, **4**, 786
reaction with hydridodiisobutylaluminum, **1**, 594
reaction with iron carbonyls, **4**, 567; **8**, 980
reaction with metal atoms and boranes, **1**, 480
reaction with metallocarbenoids, **7**, 90
reaction with methylgold complexes, **2**, 809
reaction with methyltris(triphenylphosphine)cobalt, **5**, 72
reaction with nickelocene, **6**, 90, 135, 194
reaction with nickel phosphide complexes, **6**, 88
reaction with nonacarbonyldiiron, **4**, 258
reaction with octacarbonyldicobalt, **5**, 162, 195
  kinetics, **5**, 196
reaction with octacarbonyldicobalt and carbon monoxide, **5**, 157
reaction with octakis(trifluorophosphine)dirhodium, **5**, 459
reaction with organoaluminum compounds, **1**, 565; **7**, 385
  kinetics, **1**, 568
reaction with organoberyllium hydrides, **1**, 144
reaction with organoboranes, **1**, 294
reaction with organocobalt(III) complexes, **5**, 149
reaction with organocopper compounds, **2**, 751
reaction with organomagnesium compounds
  nickel catalysed, **8**, 662
reaction with organomagnesium reagents
  nickel catalysed, **8**, 663
reaction with organozinc compounds, **2**, 846
reaction with osmium cluster compounds, **4**, 1033
reaction with palladium dichloride, **6**, 456

reaction with palladium(0) phosphine complexes, **6**, 254
reaction with pentacarbonylcarbenechromium complexes, **3**, 1020
reaction with pentacarbonylhydridomanganese, **4**, 76
reaction with pentacarbonyliron, **8**, 171
reaction with pentacyanocobaltates, **5**, 138
reaction with phenylmercury(II) chloride and epoxides, **8**, 785
reaction with phosphines
  nickel catalysed, **8**, 661
reaction with platinum(II) σ-acetylide complexes, **6**, 572
reaction with platinum(II) carbonyls, **6**, 493
reaction with polyboranes, **1**, 445
reaction with rhodium carbonyl complexes, **5**, 406
reaction with silacyclobutanes, **2**, 232
reaction with silanes, **2**, 115–120
reaction with silylenes, **2**, 221
reaction with tetraalkylaluminates, **7**, 387
reaction with tetracarbonylacylcobalt complexes, **8**, 163
reaction with tetracarbonylhydridocobalt, **5**, 50
reaction with tetracarbonylnickel, **8**, 189
reaction with thallium(III) compounds, **7**, 488
reaction with trimethylsilyl radicals, **2**, 92
reaction with Vaska's compounds, **5**, 547
reaction with vinylaluminum compounds, **1**, 642
reduction
  organoaluminum compounds in, **1**, 579
ruthenium complexes, **4**, 741
selective reduction, **8**, 320
silyl, **2**, 34
  reaction with organometallic compounds, **7**, 5
Simmons–Smith reaction, **7**, 669
solvomercuration, **2**, 885; **7**, 676
substituted
  oligomerization, nickel catalysed, **8**, 650
synthesis, **7**, 53, 77, 85, 88
  iodination of alkynylborates, **7**, 342
  organoboranes in, **7**, 136
terminal
  carboalumination, **7**, 304
  carbocupration, **7**, 304
  carbonylation, **8**, 904
  coupling, **7**, 693
  hydroboration, **7**, 179, 303
  reaction with cyclopentadienylhydridoruthenium complexes, **4**, 787
  reaction with secondary or tertiary alkyl groups, **7**, 716
  reaction with thallium trinitrate, **7**, 497
thexyldialkenylborane preparation from, **7**, 166
transfer hydrogenation
  osmium complexes as catalysts, **4**, 1001
trimerization, **8**, 417
  diorganoaluminum hydride in, **1**, 665
  rhodium complexes in, **5**, 409
trimethylsilyl-
  reaction with organocopper compounds, **7**, 719
trinuclear iron complexes, **4**, 617
vinyl
  carbonylation, nickel catalysed, **8**, 774
1-Alkynes
  3-alkyl-
    reaction with organoaluminum compounds, **7**, 387
  1-halo-
    hydroboration, **7**, 304
  metallation, **1**, 163
  metallation with alkaline earth metal aluminates, **1**, 240
  reaction with allyl esters
    nickel catalysed, **8**, 731
  reaction with carbonyl hydridotris(triphenylphosphine)rhodium, **5**, 393
  reaction with iodo(phenyl)calcium, **1**, 227
  reaction with triisobutylaluminum
    nickel catalysed, **8**, 664
Alkynide ligands
  organomanganese complexes, **4**, 71
2-Alkynoic esters
  preparation, **7**, 508
Alkynols
  alkylation
    alkyltitanium alkoxides in, **3**, 446
  reaction with organoaluminum
    catalysed, **7**, 390
Alkynyl halides
  coupling reaction
    nickel catalysed, **8**, 739
  reaction with cobalt(I) complexes, **5**, 92
Alkynyl ligands
  iridium complexes, **5**, 574
  iron complexes
    preparation, **4**, 365
  osmium complexes, **4**, 1006
  rhodium complexes, **5**, 375–404
Allene
  carbonylation
    catalysis by ruthenium complexes, **4**, 940
    nickel catalysed, **8**, 776
  cooligomerization with alkynes, alkenes or dienes
    nickel catalysed, **8**, 666
  cooligomerization with butadiene, **8**, 415
    nickel catalysed, **8**, 682
  hydroboration, **1**, 335
  lithiation, **1**, 108
  oligomerization
    nickel catalysed, **8**, 664
  polymerization
    nickel catalysed, **8**, 664
  reaction with (acetylacetone)bis(ethylene)rhodium, **5**, 411, 439
  reaction with(acetylacetone)dicarbonylrhodium, **5**, 439
  reaction with allylic palladium complexes, **6**, 439
  reaction with bis(η^3-allyl)nickel complexes, **6**, 155
  reaction with carbon dioxide, **8**, 279
  reaction with carbonylhydridotris(triphenylphosphine)rhodium, **5**, 494
  reaction with octacarbonyldicobalt, **5**, 219
  telomerization with aldehydes
    nickel catalysed, **8**, 667
  telomerization with amines
    nickel catalysed, **8**, 667
  zerovalent nickel complexes, **6**, 148
Allene, 1,1-dimethyl-
  oligomerization, **8**, 394
    nickel catalysed, **8**, 665
  polymerization
    nickel catalysed, **8**, 666
Allene, 1,3-dimethyl-

Allene

oxidative coupling reactions with dinitrogenbis[dinitrogenbis(η-pentamethylcyclopentadienyl)zirconium], **3**, 597
polymerization
nickel catalysed, **8**, 666
Allene, 1,1-diphenyl-
hydralumination, **1**, 643
Allene, 1,3-diphenyl-
dimerization
nickel catalysed, **8**, 665
Allene, ethoxy-
polymerization
nickel catalysed, **8**, 666
Allene, 3-halo-
preparation, **7**, 547
Allene, methoxy-
polymerization
nickel catalysed, **8**, 666
Allene, tetrakis(trimethylsilyl)-
reductive silylation, **2**, 24
Allene, tetramethyl-
cooligomerization with butadiene, **8**, 415
isomerization
nickel catalysed, **8**, 666
reaction with (acetylacetone)bis(ethylene)rhodium, **5**, 453
reaction with(acetylacetone)dicarbonylrhodium, **5**, 439
reaction with trimethylsilyl radicals, **2**, 91
Allene, tetraphenyl-
carbonylation, **8**, 168
Allene, (trimethylsilyl)-
preparation, **2**, 44
Allene, 1-(trimethylsilyl)-, **7**, 548
Allene, vinyl-
reaction with thallium(III) acetate, **7**, 492
η^2-Allene complexes
sodium dicarbonyl-η^5-cyclopentadienylferrates, **8**, 967
Allene ligands
iron complexes
nucleophilic addition, **4**, 394
rhodium complexes, **5**, 439
Allenes
allylboration with, **1**, 278
cooligomerization reaction with alkynes, **8**, 428
cotelomerization with propyne and acetic acid, **8**, 452
cyclic
reaction with nonacarbonyldiiron, **4**, 566
formation, **7**, 89
hydroboration, **7**, 217
hydrogenation, **8**, 338
homogeneous catalysts, **8**, 333
insertion reactions
platinum(II) alkyl complexes, **6**, 564
lithiated
bonding, calculations, **1**, 77
monohydroboration, **7**, 350
oligomerization, **8**, 394
oxidative-addition reactions
to platinum(0) complexes, **6**, 523
oxidative coupling reactions with dinitrogenbis[dinitrogenbis(η-pentamethylcyclopentadienyl)zirconium], **3**, 597
oxythallation, **7**, 468
platinum complexes, **6**, 683
preparation
silylated ylides in, **7**, 629
reaction with allylboranes, **7**, 360, 362
reaction with nonacarbonyldiiron, **4**, 566
reaction with palladium dichloride, **6**, 396
solvomercuration, **2**, 885
substituted
preparation, **7**, 534
synthesis, **7**, 707, 721
organoboranes in, **7**, 139
telomerization, **8**, 450
Allenic compounds
metallation, **1**, 57
Allenic esters
cyclic
preparation, **7**, 509
preparation, **7**, 509
Allyl acetate
hydroformylation, **8**, 135
isomerization, **8**, 824
reaction with norbornene
nickel catalysed, **8**, 730
reaction with phenylhydrazone
nickel catalysed, **8**, 731
Allyl alcohol
addition reactions
organometallic compounds, **7**, 4
η^3-allyl palladium complex formation from, **6**, 401
dehydrogenation
catalysis by ruthenium complexes, **4**, 953
hydroformylation, **8**, 133
hydrogenation
supported catalysts, selectivity, **8**, 569
intramolecular hydrogen transfer
catalysis by ruthenium complexes, **4**, 950
reaction with bis(cyclooctadiene)nickel, **8**, 732
reaction with hydrated rhodium trichloride, **5**, 520
reaction with platinum(II) complexes, **6**, 634
reduction
vanadium(II)–magnesium hydroxide complex and, **8**, 1085
synthesis
oxirane isomerization, **7**, 428
telomerization with butadiene, **8**, 432
Allyl alcohol, 2-methyl-
reaction with hydrated rhodium trichloride, **5**, 401
Allyl alcohols
reaction with Grignard reagents
nickel catalysed, **8**, 740
reaction with organoaluminum compounds, **7**, 381
Allyl amination
supported tetrakis(triphenylphosphine)palladium catalysts in, **8**, 568
Allylamine
hydrosilylation, **2**, 315
palladium(II) complexes
preparation, **6**, 352
reaction with organoaluminum compounds, **7**, 381
reaction with platinum(II) salts, **6**, 633
synthesis, **8**, 877
Allylamine, N-ethyl-
reaction with organoaluminum compounds, **7**, 381
Allylamine, N-propylidene-
reaction with butadiene
nickel catalysed, **8**, 686
Allylamine, N-(trimethylsilyl)-
hydrosilylation, **2**, 315

Allylation
  palladium-catalyzed, **8**, 878
Allylboration
  in preparation of three-coordinate acyclic organoboranes, **1**, 277
σ,π-Allyl bridges
  dinuclear iron complexes, **4**, 566
Allyl bromide
  reaction with octacarbonyldicobalt, **5**, 214
Allyl chloride
  carbonylation
    supported palladium catalysts, **8**, 573
  hydrosilylation
    platinum catalyzed, **2**, 314
  reaction with pentadecacarbonylhexarhodate, **5**, 497
  reaction with sodium tetrachloropalladate, **6**, 402
  reaction with tetrakis(trifluorophosphine)rhodates, **5**, 495
  reaction with trichlorosilane, **2**, 310
Allyl chloride, (chloromethallyl)-
  reaction with sodium tetracarbonylcobaltate, **5**, 215
Allyl chlorides
  carbonylation
    nickel catalysed, mechanism, **8**, 788
Allyl complexes
  in hydrogenation of dienes, **8**, 310
  hydrogenolysis, **8**, 300
  reaction with hydrogen, **8**, 310
  transition metal
    bonding, **3**, 60
    conformation, **3**, 62
η^3-Allyl complexes, **8**, 968
  reviews, **6**, 715
  vanadium, **3**, 662
π-Allyl complexes
  sodium dicarbonyl-η^5-cyclopentadienylferrate, **8**, 959–964
σ-Allyl complexes
  sodium dicarbonyl-η^5-cyclopentadienylferrates
    electrophilic reactions, **8**, 962
    preparation, **8**, 959
Allyl compounds
  reaction with carbon monoxide
    nickel catalysed, **8**, 731
Allyl cyanide
  unsaturated, **8**, 136
Allyl esters
  reaction with 1-alkynes
    nickel catalysed, **8**, 731
Allyl ethers
  hydralumination, **1**, 655
  reaction with organoaluminum compounds, **7**, 381
Allyl halides
  η^3-allyl palladium complex formation from, **6**, 401
  carbonylation, nickel catalysed, **8**, 780
  cooligomerization with acetylene, **8**, 426
  coupling reactions
    nickel catalysed, **8**, 714, 739
  coupling with organic halides
    nickel catalysed, **8**, 722
  oxidative addition to palladium(0) complexes, **6**, 402
  oxidative addition to pentacarbonyliron, **4**, 399
  reaction with allyltin compounds, **2**, 540
  reaction with carbonylchlorobis(dimethylphenylphosphine)iridium, **5**, 564
  reaction with nickel alkene complexes, **6**, 108
  reaction with organometallic compounds, **7**, 45
  reaction with sodium tetracarbonylcobaltate, **5**, 211
  reaction with sulfur dioxide
    nickel catalysed, **8**, 731
  reaction with tetracarbonylcobaltates, **5**, 214
  reaction with tetracarbonylnickel, **8**, 189
  reaction with tetrakis(triphenylphosphine)palladium, **6**, 254
  reaction with tris(dibenzylideneacetone)dipalladium complexes, **6**, 260
  reaction with unconjugated polyenes, **8**, 160
Allylic acetates
  palladium-catalyzed rearrangement, **8**, 823
  reaction with Grignard reagents
    copper-catalysed, **7**, 721
  reaction with lithium organocuprates, **7**, 705
Allylic alcohols
  asymmetric epoxidation, **8**, 493
  chiral
    isomerization, catalysis by ruthenium complexes, **4**, 950
  coordinated
    reaction with acids, **4**, 409
  hydroxycarbonylation, **8**, 193
  preparation, **7**, 640
  Simmons–Smith reaction, **7**, 667
  stereoselective synthesis
    hydroboration in, **7**, 218
  synthesis, **7**, 717
Allylic alkylation
  asymmetric, **8**, 488
Allylic amination
  catalysis by supported palladium catalysts, **8**, 567
  supported catalysts in, **8**, 602
Allylic amines
  hydrogenolysis, **8**, 836
Allylic anions
  cycloaddition reactions, **7**, 3
Allylic compounds
  halocarbonylation, **8**, 213
  hydroboration, **7**, 234–240
    directive effects, **7**, 146, 148
η^3-Allylic compounds
  palladium complexes
    preparation, **6**, 386–405
Allylic esters
  cooligomerization with alkynes
    nickel catalysed, **8**, 655
Allylic ethers
  reaction with Grignard reagents
    copper-catalysed, **7**, 721
Allylic functionalization
  organopalladium compounds, **8**, 802–853
Allylic halides
  oxidative addition reactions with rhodium(I) complexes, **5**, 497
  oxidative addition to pentakis(trialkylphosphite)rhodium anions, **5**, 498
  oxidative addition to iron–carbonyl complexes, **4**, 401
  platinum(II) η^3-allyl complexes
    preparation from, **6**, 715
  reaction with dodecacarbonyltriruthenium, **4**, 883

Allylic halides

reaction with mercury compounds, **2**, 964
reaction with organoaluminum compounds, **7**, 401
reaction with organometallic compounds, **7**, 45
reaction with palladium(0) compounds, **8**, 810
Allylic methoxylation
  17-methylene steroids
    thallium(III) compounds in, **7**, 495
Allylic oxidation
  π-allylpalladium complexes
    m-chloroperoxybenzoic acid in, **8**, 812
  catalytic
    π-allylpalladium complexes in, **8**, 835
Allylic rearrangement
  in preparation of three-coordinate acyclic organoboranes, **1**, 281
Allyl iodide
  coupling
    actinide complexes in, **3**, 261
  reaction with potassium pentaborane, **1**, 447
Allyl isocyanate
  hydrosilylation, **2**, 315
Allyl ligands
  actinide complexes, **3**, 238
  alkyl or aryl nickel complexes, **6**, 81
  bis(η-cyclopentadienyl)titanium complexes, **3**, 313
  chelating
    iron complexes, **4**, 407
  dicyclopentadienylvanadium complexes, **3**, 677
  iridium complexes, **5**, 594–599
  iron complexes
    16-electron compounds, **4**, 417
  lanthanides, **3**, 196
  metal complexes
    reaction with carbon dioxide, **8**, 278
  nickel complexes, **6**, 48, 145–179, 146, 153, 159, 165, 173
    in polymerization of 1,3-dienes, **8**, 703
    reaction with aldehydes, **8**, 696
  nickel hydride complexes, **6**, 41
  organomanganese complexes
    cyclization, **4**, 90
  palladium(II) complexes, **6**, 385–441
  platinum(II) complexes
    X-ray diffraction, **6**, 722
  polynuclear rhodium complexes, **5**, 497
  reaction with η^3-allylnickel, **6**, 51
  reaction with dichloro(diene)ruthenium complexes, **4**, 746
  reaction with zerovalent nickel species, **6**, 163
  ruthenium complexes, **4**, 745
    asymmetry, **4**, 746
    cleavage by electrophiles, **4**, 746
    intramolecular rearrangements, **4**, 746
η-Allyl ligands
  rhodium complexes, **5**, 492
    dynamic behaviour, **5**, 497
    interconversion of *syn* and *anti* isomers, **5**, 495
    structure, **5**, 497
  rotation, **3**, 110, 111
  ruthenium complexes, **4**, 729
η^1-Allyl ligands
  fluctional platinum complexes
    NMR, **6**, 729
  iron complexes
    reactions, **4**, 346
  platinum complexes
    NMR, **6**, 725
η^3-Allyl ligands
  asymmetric palladium complexes, **6**, 408
  chelated
    iron complexes, structure, **4**, 420
  chelating iron complexes, **4**, 420
  cobalt complexes, **5**, 211–225
  cyclopentadienylruthenium complexes, **4**, 790
  exocyclic palladium complexes, **6**, 389
  iron complexes
    chelated, reactions, **4**, 424
    nucleophilic addition, **4**, 423
    nucleophilic reactions, **4**, 424
    reactions, **4**, 423
    stereochemistry of nucleophilic addition, **4**, 423
    structure, **4**, 413, 414
    synthesis, **4**, 401
    thermal treatment, **4**, 448
  nickel complexes
    rearrangement, **8**, 676
  osmium complexes, **4**, 1014
  palladium complexes
    nucleophilic reactions, **6**, 411–441
    spectra, **6**, 405–411
    structures, **6**, 405–411
  platinum, **6**, 714–731
  platinum complexes
    reactions, **6**, 730
  platinum(II) complexes
    IR and Raman spectra, **6**, 730
    physical properties, **6**, 725–730
    preparation from, **6**, 715–721
    structure, **6**, 721
  ruthenium complexes, **4**, 744
π-Allyl ligands
  metallacycle preparation from, **8**, 531
  in metathesis catalyst generation, **8**, 515
  palladium complexes, **6**, 378
  platinum complexes
    in platinum-catalysed olefin isomerization, **6**, 678
  tetracarbonyl cobalt compounds, **5**, 58
σ-Allyl ligands
  fluctionality, **3**, 126
  iridium complexes, **5**, 572
  palladium complexes, **6**, 331
  1,3-shifts, **3**, 126
Allyl rotation
  in iron–allyl complexes, **4**, 413, 416, 419
  organometallic compounds, **3**, 110
Allyl thioethers
  reaction with organoaluminum compounds, **7**, 381
Allyl transfer
  (η^3-allyl)iron complex preparation by, **4**, 405
Alnusenone
  preparation, **7**, 421
Alumina
  as support for homogeneous catalysts, **8**, 553
Alumina, trimethyl-
  Hückel calculation, **1**, 622
Aluminacarboranes, **1**, 544
Aluminacyclopent-3-ene, 1-methyl-
  ether cleavage by, **7**, 430
Alumina heterocycles
  nomenclature, **1**, 581
Aluminates
  alkaline earth salts, **1**, 239
  allylic
    reaction with aldehydes or ketones, **7**, 414, 415

chiral
  reaction with benzaldehydes, **7**, 415
germyl
  preparation, **2**, 469
heterocyclic, **1**, 622
tetrasubstituted
  electrical conductivities, **1**, 600
unsymmetrical
  preparation, **1**, 635
Aluminates, alkenyl-
  reaction with carbon dioxide, **7**, 394
Aluminates, alkynyl-
  reaction with carbon dioxide, **7**, 394
Aluminates, ethyl-
  electrolysis, **1**, 656
Aluminates, tetraalkyl-
  carboxylation, **7**, 393
  reaction with alkynes, **7**, 387
Aluminates, tetraethyl-
  NMR, **1**, 620
Aluminates, tetraethynyl-
  preparation, **7**, 414
Aluminates, tetrakis(1-alkynyl)-
  cleavage by halogen, **1**, 652
Aluminates, tetramethyl-
  carbon–aluminum bond lengths, **1**, 617
Aluminates, trialkylhydrido-
  alkali metal
    formation, **1**, 612
Alumination
  acidic hydrocarbons, **1**, 634
Aluminocycles, **1**, 598
Aluminohydrides
  carbon dioxide reduction with, **8**, 268
  as hydride source, **8**, 302
Aluminole, pentaphenyl-
  bonding, **1**, 617
Aluminoxane, tetraethyl-
  complex with benzonitrile, **1**, 596
Aluminum
  determination in organoaluminum compounds, **7**, 371
  hexamethyldisilazane derivatives, **2**, 128
  magnesium alloys
    reaction with triorganoaluminum compounds and organic halides, **1**, 631
  nitride removal from titanium by, **8**, 1080
  organosilyl derivatives, **2**, 103
  reaction with alkyl halides, **1**, 560, 561
  reaction with hydrogen, **1**, 560
  reaction with metal alkyls
    symmetrical organoaluminum compound preparation by, **1**, 624
  refining, **1**, 656
  subvalent, **1**, 599
  transition metal carbonyl derivatives, **6**, 999
  (trimethylsilyl)methyl derivatives, **2**, 96
Aluminum, acenaphthenyldialkyl-
  reaction with acyl chlorides, **1**, 574
  reaction with ketones, **1**, 574
Aluminum, 1-acenaphthenyldiisobutyl-
  NMR, **1**, 606
Aluminum, alkenyldialkyl-
  spectra, **1**, 566
Aluminum, 1-alkenyl(dialkyl)-
  reaction with acetylene, **1**, 639
  reaction with cyanogen, **1**, 652
Aluminum, 1-alkenyl-1-trimethylsilyl-
  isomerization, **1**, 604
Aluminum, alkoxydialkyl-
  preparation, **1**, 589

Aluminum, alkyl-
  catalysts
    for hydrogenation, **8**, 340
  properties, **1**, 3
  reaction with dicarbonyl(η-cyclopentadienyl)ruthenium complexes, **4**, 824
  reaction with ethylene, **8**, 377
  reaction with nickel alkyl complexes, **6**, 80
  in Ziegler systems
    Lewis acid properties, **8**, 341
Aluminum, alkyldihalo-
  preparation, **1**, 631
Aluminum, alkyldiphenoxy-
  oxidation, **7**, 392
Aluminum, alkylhydrido-
  1-allylcyclohexene cyclization by, **1**, 599
  reaction with Schiff bases, **1**, 633
Aluminum, allyldiethyl-
  etherate
    stability, **1**, 597
  etherates
    NMR, **1**, 606
  NMR, **1**, 564
Aluminum, azidochloroethyl-
  trimer
    IR spectrum, **1**, 590
Aluminum, azidodimethyl-
  trimer
    IR spectrum, **1**, 590
Aluminum, (bismethanethiolate)methyl-
  reaction with phenylacetylene, **7**, 387
Aluminum, bis[(S)-2-methylbutyl]bromo-
  halogenation, **7**, 395
Aluminum, bis[(S)-2-methylbutyl]fluoro-
  halogenation, **7**, 395
Aluminum, 1-butenyldiethyl-
  reaction with diazomethane, **7**, 439
  reaction with methyloxiranes, **7**, 424
Aluminum, (Z)-1-butenyl(diethyl)-
  association, **1**, 592
  autocarbalumination, **1**, 641
Aluminum, chlorodiethyl-
  deoxygenation and dehydration of inert gas by, **1**, 668
  in polypropylene catalysts, **7**, 448
  preparation, **1**, 630
  use with titanium trichloride
    in polymerization of propylene, **3**, 511
Aluminum, chlorodi-1-heptyl-
  oxidation, **7**, 392
Aluminum, chlorodiisobutyl-
  complex with hydridodiisobutylaluminum, **1**, 594
Aluminum, chlorodimethyl-
  dimer
    electron diffraction data, **1**, 588
  preparation, **1**, 630
Aluminum, chloromethyl-
  isomers
    mass spectrum, **1**, 590
Aluminum, *cis*-crotyldiethyl-
  etherate
    structure, **1**, 606
Aluminum, cyanodiethyl-
  preparation, **1**, 631; **7**, 421
  reaction with carbonyl compounds, **1**, 647
  reaction with oxiranes, **7**, 428
  reaction with phenylacetylene, **7**, 387
Aluminum, cyclopentadienyldimethyl-
  reaction with tertiary chloroalkanes, **7**, 398
  solid state

Aluminum

　　IR and Raman absorption, **1**, 606
　　structure, **1**, 22
Aluminum, cyclopropyldimethyl-
　　structure, **1**, 582
Aluminum, deuterodiisobutyl-
　　reaction with 1,1-dimethylindene, **1**, 572
Aluminum, dialkyl(alkylthio)-
　　preparation, **1**, 663
　　reaction with nitriles, **1**, 649
Aluminum, dialkyl(alkynyl)-
　　halodealumination, **1**, 652
Aluminum, dialkyl-1-alkynyl-
　　reaction with carbonyl compounds, **1**, 661
　　reaction with epoxides, **1**, 661
Aluminum, dialkyl(aryl)-
　　formation, **1**, 589
Aluminum, dialkylchloro-
　　carboxylation, **7**, 394
Aluminum, dialkylcyano-
　　reaction with carbonyl compounds, **1**, 661
　　reaction with enolates, **7**, 421
　　reaction with epoxides, **1**, 661
Aluminum, dialkyl(cyclopentadienyl)-
　　dimer
　　　NMR, **1**, 606
　　　IR spectrum, **1**, 592
Aluminum, dialkyl(dialkylamino)-
　　reaction with nitriles, **1**, 649
Aluminum, dialkylethoxy-
　　alkylation of bis(acetylacetonate)palladium by, **6**, 310
Aluminum, dialkylhalo-
　　preparation, **1**, 631
　　reaction with salts, **1**, 597
Aluminum, dialkylhydrido-
　　reaction with phenyltritylacetylene, **1**, 610
Aluminum, dialkyl(methylcyclopentadienyl)-
　　NMR, **1**, 606
Aluminum, dibromo(perfluorophenyl)-
　　reaction with propene, **7**, 380
Aluminum, di-μ-chloro(chloro)triethyldi-
　　ethyl exchange in, **1**, 603
Aluminum, dichlorodimethyldi-
　　structure, **1**, 14
Aluminum, dichloroethyl-
　　catalyst
　　　aromatic alkylation by olefins, **7**, 405
　　complexes, **1**, 611
　　complex with lithium chloride, **1**, 613
　　reaction with sodium chloride, **1**, 612
Aluminum, dichloromethyl-
　　dimer
　　　IR spectrum, **1**, 590
　　　structure, **1**, 582
　　　X-ray analysis, **1**, 590
　　reaction with η^3-allylnickel complexes, **6**, 166
Aluminum, diethylfluoro-
　　tetramer, **1**, 563
Aluminum, diethylhydrido-
　　association
　　　mass spectrum, **1**, 590
　　　IR spectrum, **1**, 591
Aluminum, diethylhydroxy-
　　formation, **1**, 598
Aluminum, diethyl(iodomethyl)-
　　synthesis, **7**, 439
Aluminum, diethylmethallyl-
　　etherates
　　　NMR, **1**, 606
Aluminum, diethylmethyl-
　　etherate
　　　redistribution, **1**, 610
Aluminum, diethyl(1-octyn-1-ide)
　　reaction with oxiranes, **7**, 427
Aluminum, diethyl[(E)-3-phenyl-2-propen-1-yl]-
　　etherate
　　　IR spectrum, **1**, 592
Aluminum, diethylthiocyanato-
　　trimer
　　　IR spectrum, **1**, 590
Aluminum, dihalomethyl-
　　preparation, **1**, 630
Aluminum, dihalophenyl-
　　preparation, **1**, 631
Aluminum, diisobutyl(diphenylallyl)-
　　isomerization, **1**, 564
Aluminum, diisobutyl(diphenylamino)-
　　dimer
　　　bonding, **1**, 616
Aluminum, diisobutyl(n-hexen-1-olate)
　　oxidation, **7**, 392
Aluminum, diisobutylmethyl-
　　disproportionation, **1**, 610
　　etherate
　　　redistribution, **1**, 610
Aluminum, diisobutyl-1-pentadecenyl-
　　reaction with aldehydes, **7**, 415
Aluminum, diisobutyl[(E)-stilbenyl]-
　　carbonation, **1**, 576
Aluminum, diisobutylvinyl-
　　reaction with organoaluminum compounds, **7**, 400
Aluminum, diisobutyl[(E)-vinyl]-
　　complex with hydridodiisobutylaluminum, **1**, 594
Aluminum, di-μ-trans-3,3-methyl-1-but-1-enyl-(tetraisobutyl)di-
　　crystal structure, **1**, 582
Aluminum, dimethyl(diphenylamino)-
　　hetero-dimer with trimethylaluminum, **1**, 585
Aluminum, dimethyl(methylamido)-
　　trimer
　　　IR spectrum, **1**, 590
Aluminum, dimethylphenoxy-
　　exchange reactions, **1**, 603
Aluminum, dimethylphenyl-
　　disproportionation, **1**, 610
　　etherate
　　　redistribution, **1**, 610
　　reaction with benzophenone, **1**, 576
Aluminum, dimethyl(phenylethynyl)-
　　disproportionation, **1**, 597
　　IR spectrum, **1**, 592
Aluminum, dimethyl-1-propynyl-
　　dimer
　　　electron diffraction data, **1**, 588
Aluminum, di-μ-methyl(tetraisobutyl)di-
　　formation, **1**, 589
Aluminum, diphenyl(1-phenylethynide)-
　　dimer
　　　crystal structure, **7**, 387
Aluminum, diphenyl(phenylethynyl)-
　　bonding, **1**, 617
　　dimer
　　　bonding, **1**, 587
　　　crystallographic data, **1**, 585
　　　crystal structure, **1**, 567
　　　geometry, **1**, 582
　　　IR spectrum, **1**, 592
Aluminum, diphenyl(triphenylethenyl)-
　　metallative cyclization, **1**, 639

Aluminum, ethoxydiethyl-
  reaction with isocyanates, **7**, 441
Aluminum, fluorodimethyl-
  tetramer
    electron diffraction data, **1**, 588
Aluminum, halodimethyl-
  photoelectron spectra, **1**, 618
  preparation, **1**, 630
Aluminum, halodiphenyl-
  preparation, **1**, 631
Aluminum, hexabromodi-
  structure, **1**, 14
Aluminum, hexachlorodi-
  structure, **1**, 14
Aluminum, hexakis(cyclopropyl)di-
  structure, **1**, 13
Aluminum, hexamethyldi-
  bonding, **1**, 4
Aluminum, (E)-1-hexenyl(diisobutyl)-
  carbonation, **1**, 601
Aluminum, 1-hexynyldiphenyl-
  IR spectrum, **1**, 592
Aluminum, hydridodiisobutyl-
  alkyne hydralumination by, **1**, 642
  complex with chlorodiisobutylaluminum, **1**, 594
  complex with triisobutylaluminum, **1**, 594
  complex with vinylic organoaluminum compounds, **1**, 594
  in ether cleavage, **7**, 430
  monomer, **1**, 609
  reaction with alkynes, **1**, 594
  reaction with 1-butene, **1**, 641
  reaction with cinnamaldehyde, **1**, 647
  reduction by, **1**, 652
  reduction of α,β-unsaturated γ-lactones by, **1**, 648
Aluminum, hydridodimethyl-
  association
    mass spectrum, **1**, 590
  dimer
    electron diffraction data, **1**, 585, 588
    structure, **1**, 582
  trimer
    exchange reactions, **1**, 603
Aluminum, hydridodiphenyl-
  association, **1**, 589
  preparation, **1**, 563
Aluminum, hydrodiisobutyl-
  in olefin hydroalumination, **7**, 380
Aluminum, 3-indanyldiisobutyl-1,1-dimethyl-
  NMR, **1**, 606
Aluminum, isobutyldimethyl-
  reaction with amines, **7**, 434
Aluminum, methallyldimethyl
  dimer
    NMR, **1**, 606
Aluminum, methoxydimethyl-
  trimer
    electron diffraction data, **1**, 588
Aluminum, μ-methyl-μ-(diphenylamino)tetramethyldi-
  exchange reactions, **1**, 603
Aluminum, (μ-methyl)tetramethyl(μ-dimethylamino)di-
  structure, **1**, 12
Aluminum, pentamethyl(diphenylamino)di-
  structure, **1**, 12
Aluminum, tetrabutylbis(μ-t-butylvinyl)di-
  structure, **1**, 14
Aluminum, tetramethylbis(μ-dimethylamino)di-
  structure, **1**, 12

Aluminum, tetramethylbis(μ-propynyl)di-
  structure, **1**, 14
Aluminum, tetramethyldiphenyldi-
  structure, **1**, 14
Aluminum, tetraphenylbis(μ-phenyl)di-
  structure, **1**, 14
Aluminum, tetraphenylbis(μ-phenylethynyl)di-
  structure, **1**, 14
Aluminum, trialkenyl-
  properties, **1**, 566
Aluminum, trialkyl-
  complexes with N,N-dimethylcyanamide, **1**, 592
  monomer–dimer equilibria, **7**, 372
    thermodynamic data, **1**, 593
  preparation, **1**, 578, 626
  reaction with metal hydrides, **1**, 612
Aluminum, tri-n-alkyl-
  preparation, **1**, 609
  reaction with ethylene, **1**, 636
Aluminum, trialkynyl-
  reactions with enones, **7**, 420
Aluminum, triaryl-
  dimers
    exchange reactions, **1**, 602
  preparation, **1**, 626
Aluminum, tribenzyl-
  carboxylation, **7**, 394
  monomer, **1**, 594
    bonding, **1**, 616
  NMR, **1**, 606, 619, 620
  reaction with acetylene, **7**, 387
  reaction with sulfur dioxide, **1**, 650
  reaction with tetrabenzyltitanium, **3**, 468
Aluminum, tri-t-butyl-
  association
    thermodynamic data, **1**, 594
  etherate
    reaction with trimethylamine, **1**, 615
  isomerization, **1**, 608
  monomer
    bonding, **1**, 616
  nuclear quadrupole resonance, **1**, 620
  reaction with ethylene, **1**, 636
Aluminum, tri-2-butyl-
  isomerization, **1**, 608
Aluminum, tricyclopropyl-
  bonding, **1**, 582
  dimer
    bonding, **1**, 587
    crystallographic data, **1**, 585
    mass spectrum, **1**, 590
  inversion, **1**, 603
Aluminum, tri-1-decyl-
  reaction with sultones, **7**, 402
Aluminum, triethyl-
  acetylene insertion reactions, **1**, 638
  alkali metal halide complex, **1**, 578
  from aluminum, hydrogen and ethylene, **7**, 369
  from aluminum and ethyl chloride, **7**, 368
  in butadiene polymerization, **7**, 450
  carbalumination of alkenes by, **1**, 568
  carbalumination of alkynes by, **1**, 568
  complexes with alkali metal halides, **1**, 613
  complex with fluorotrimethylsilane, **2**, 179
  dipole moments, **1**, 621
  donor complexes
    NMR, **1**, 591
  etherate
    IR spectrum, **1**, 591
  in ethylene chain growth, **7**, 373
  ethylene dimerization by, **1**, 579

Aluminum
  exchange reactions
    with tributylborane, **1**, 611
  irradiation of diphenylacetylene with, **1**, 578
  in polyethylene catalysts, **7**, 447
  in polypropylene catalysts, **7**, 448
  reaction with acetic anhydride, **7**, 407
  reaction with 1-alkynyltrimethylsilane, **1**, 640
  reaction with boron compounds, **1**, 625
  reaction with carbon dioxide, **1**, 598
  reaction with carbon disulfide, **1**, 650
  reaction with cinnamaldehyde, **1**, 647
  reaction with enones, **7**, 418
  reaction with esters, **1**, 647
  reaction with ethylene, **1**, 559, 578, 637, 638
  reaction with ethylene oxide, **1**, 652
  reaction with ketones, **7**, 417
  reaction with nickel complexes, **6**, 39
  reaction with perdeuteroethylene, **1**, 638
  reaction with potassium chloride, **1**, 613
  reaction with propylene, **1**, 638
  reaction with propylene epoxide, **1**, 652
  reaction with sodium ethoxy(triethyl)aluminate, **1**, 613
  reaction with zinc chloride, **1**, 613
  styrene polymerization and, **1**, 577
  sulfur insertion reactions, **1**, 663
  thermodynamic data, **1**, 593
  use with titanium trichloride
    in polymerization of propylene, **3**, 511
  Ziegler synthesis, **1**, 629
Aluminum, tri-1-heptyl-
  oxidation, **7**, 392
Aluminum, tri-1-hexyl-
  reaction with α-halo nitrogen compounds, **7**, 400
Aluminum, triisobutyl-
  acetylene insertion reactions, **1**, 638
  as activator in ethylene polymerization catalysts, **3**, 526
  from aluminum, hydrogen and isobutene, **7**, 369
  aluminum hydride transfer, **1**, 625
  association, **1**, 611
    thermodynamic data, **1**, 594
  in butadiene polymerization, **7**, 450
  in carbonyl compound reduction, **7**, 421
  complex with hydridodiisobutylaluminum, **1**, 594
  dimers
    formation, **1**, 589
  dissociation, **1**, 608, 609
  hydralumination of benzophenone by, **1**, 646
  irradiation of diphenylacetylene with, **1**, 578
  monomer
    bonding, **1**, 616
  organoaluminum compound preparation from, **1**, 561
  in polypropylene catalysts, **7**, 448
  reaction with acetylene, **1**, 638
  reaction with 1-alkynes
    nickel catalysed, **8**, 664
  styrene polymerization and, **1**, 577
  sulfur insertion reactions, **1**, 663
  synthesis, **1**, 625
Aluminum, triisopropyl-
  association
    thermodynamic data, **1**, 594
  isomerization, **1**, 608
  monomer
    bonding, **1**, 616
  reaction with ethylene, **1**, 636
Aluminum, trimethyl-
  adducts
    nuclear quadrupole resonance, **1**, 620
  benzophenone complex, **1**, 566
  boiling point, **1**, 582
  bonding and geometry, **1**, 616
  t-butyl halide methylation by, **1**, 600
  carbon–aluminum bond energy, **1**, 576
  complexes
    carbon–aluminum bond lengths, **1**, 616
  complexes with donors, **1**, 615
  complex with bis(trimethylphosphinimido)dimethylsilane, **1**, 595
  complex with dimethylamine, **1**, 598
  decomposition, **1**, 655
  dimer
    bonding, **1**, 585
    bonding calculations, **1**, 587
    bridging methyl groups in, **1**, 588
    crystallographic data, **1**, 584
    mass spectrum, **1**, 589
    structure, **1**, 11, 557, 562, 585
  dimer–monomer interconversion, **1**, 602
  dimethylberyllium system
    NMR, **1**, 147
  exchange reactions
    with aluminum trichloride, **1**, 612
    with trimethylgallium, **1**, 602
  hetero-dimer with dimethyl(diphenylamine)aluminum, **1**, 585
  hyperconjugation, **1**, 622
  ionization potential, **1**, 618
  Lewis acidity, **1**, 614
  monomer
    bonding, **1**, 621
    electron diffraction data, **1**, 588
  rate of exchange of bridged methyl groups, **1**, 602
  rates of bridged-terminal methyl exchange, **1**, 602
  reaction with η^3-allyl(alkyl)nickel complexes, **6**, 81
  reaction with benzophenone, **1**, 594
    kinetics, **1**, 645
  reaction with enones, **7**, 418
  reaction with ethylene, **1**, 638
  reaction with ketones, **7**, 415
  reaction with methyllithium, **1**, 612
  reaction with propylene, **1**, 638
  reaction with tetrakis(dimethylamino)diborane, **1**, 599
  reaction with α,β-unsaturated ketones
    nickel catalysis, **1**, 577
  solvent-caged monomers, **1**, 602
  synthesis, **1**, 560
  thermodynamic data, **1**, 593
Aluminum, tri-2-methylpentyl-
  inversion, **1**, 603
Aluminum, trimethyl(triphenylphosphine)-
  preparation, **6**, 956
Aluminum, trineohexyl-
  carbon–aluminum inversion, **1**, 603
Aluminum, tri-n-octyl-
  alcoholysis
    protium–tritium isotope effects, **1**, 651
  reaction with cyanogen halides, **7**, 395
Aluminum, triorgano-
  reaction with 1-alkynes, **7**, 387
Aluminum, triphenyl-
  association, **1**, 594

bonding, **1**, 582, 617
1,4-carbalumination by, **1**, 571
carbalumination of alkenes by, **1**, 568
carbalumination of alkynes by, **1**, 568
dimer
 crystallographic data, **1**, 584
dipole moments, **1**, 621
etherate
 electronic spectra, **1**, 619
 photolysis, **1**, 656
Lewis acidity, **1**, 615
mass spectra, **1**, 619
NMR, **1**, 620
oxidation, **7**, 392
photolysis, **1**, 656
pyrolysis, **1**, 655
reaction with diazomethanes, **7**, 439
reaction with diphenylacetylene, **1**, 639
reaction with ketones, **7**, 417
reaction with organoaluminum compounds, **7**, 418
reaction with 3,3,3-triphenylpropene, **1**, 610
Aluminum, tripropyl-
 reaction with 2-cyclohexenone, **1**, 576
 reaction with enones, **7**, 418
Aluminum, tris[2-(3-cyclohexen-1-yl)ethyl]-
 reaction with acetylene, **7**, 387
Aluminum, tris(2,3-dimethylbutyl)-
 halogenation, **7**, 395
Aluminum, tris(2,2-dimethylpropyl)-
 cleavage, **1**, 610
Aluminum, tris(isopropoxy)-
 in dinitrogen reduction, **8**, 1080
Aluminum, tris(2-methylbutyl)-
 in asymmetric ketone reduction, **7**, 422
 optically active
  isomerization, **1**, 608
Aluminum, tris(3-methyl-4,6-heptadien-1-yl)-
 synthesis, **7**, 382
Aluminum, tris(2-methylpentyl)-
 inversion, **1**, 564
Aluminum, tris(phenylethynyl)-
 tetrahydrofuranate
  preparation, **1**, 626
Aluminum, tris(2,3,3-trimethylbutyl)-
 halogenation, **7**, 395
Aluminum, tris(trimethylgermyl)-
 preparation, **1**, 624
Aluminum, tris(2,4,4-trimethylpentyl)-
 association, **1**, 611
 dissociation, **1**, 608
 molecular weight, **1**, 611
Aluminum, tris(trimethylsiloxy)-
 structure, **2**, 156
Aluminum, tris(trimethylsilyl)-
 preparation, **1**, 624; **2**, 104
Aluminum, tris(trimethylsilylmethyl)-
 preparation, **1**, 624
 reaction with amines, **7**, 434
 reaction with sulfur trioxide, **7**, 396
Aluminum, tris(3-trimethylsilylpropyl)-
 reaction with acyl chlorides, **7**, 407
Aluminum, tri-*m*-tolyl-
 photolysis, **1**, 656
Aluminum, tri-*p*-tolyl-
 association, **1**, 594
 photolysis, **1**, 656
Aluminum, trivinyl-
 preparation, **1**, 624
 reaction with allylic halides, **7**, 399
 reaction with tertiary chloroalkanes, **7**, 398

Aluminum alkoxides
 optically active
  ketone reduction by, **1**, 571
 from organoaluminum compound oxidation, **7**, 367, 375
 redistribution reaction with triorganoaluminum compounds, **1**, 632
Aluminum alkyls
 as activators in Ziegler–Natta polymerization, **3**, 492
 air oxidation of, **1**, 662
 alkene displacement from, **1**, 563
 alkene elimination from, **1**, 609
 β-branched
  hydralumination, **1**, 645
 catalyst
  in alkene polymerization, **1**, 667
  mixture with carbon tetrachloride, **1**, 667
  mixture with oxygen, **1**, 667
 complexes, **1**, 633
 dimeric character, **1**, 557
 dissociation, **1**, 638
 dissociation into alkenes and aluminum alkyl, **1**, 610
 dissociation into alkenes and aluminum hydride, **1**, 608
 formation in dissociation of aluminum alkyls, **1**, 610
 in hydrocyanation of alkenes, **8**, 353
 oxidation
  by peroxides, **1**, 577
 oxidation by benzoyl peroxide, **1**, 653
 oxygenation, **1**, 577
 photolysis, **1**, 656
 in preparation of organometallic compounds, **1**, 578
 in preparation of polyethers, **1**, 578
 in preparation of trialkylgallium compounds, **1**, 687
 in preparation of trialkylindium compounds, **1**, 687
 production, **1**, 560
 reaction with carbon tetrachloride, **1**, 577
 reaction with decacarbonyldimanganese, **4**, 6
 reaction with metal salts, **1**, 613
 reaction with polyhalogenated solvents, **1**, 658
 reaction with α,β-unsaturated ketones, **1**, 571
 synthesis, **1**, 557
 synthesis from alkenes and aluminum hydride, **1**, 608
 tris(acetylacetone)cobalt reduction by, **5**, 188
Aluminum aryls
 oxidation
  by peroxides, **1**, 577
 oxidation by benzoyl peroxide, **1**, 653
 photorearrangement, **1**, 578
Aluminum benzenethiolate, dimethyl-
 reaction with enones, **7**, 418
Aluminum bis(methanethiolate), methyl-
 reaction with carbon dioxide, **7**, 395
Aluminum carbide
 availability, **1**, 560
 formation from trimethylaluminum, **1**, 655
Aluminum chloride
 reaction with (chloromethyl)pentamethyldisilane, **2**, 369
Aluminum compounds
 alkenyl-
  coupling with alkenyl and aryl halides, **7**, 401

Aluminum compounds

    reaction with allylic halides, **7**, 401
    reaction with carbon dioxide, **7**, 394
    reaction with iodine, **7**, 395
  1-alkenyl-
    reaction with aldehydes, **7**, 414
  alkynyl-
    reaction with sulfonate esters, **7**, 402
  allylic
    carboxylation, **7**, 394
  applications in organic synthesis, **7**, 365–454
  aryl
    reaction with tin tetrachloride, **2**, 531
  magnesium, **1**, 222
  metathesis with metal alkyl, **1**, 624
  triorgano-
    halogenation, **7**, 395
  unsymmetrical
    preparation, **1**, 561
  in Ziegler–Natta catalysts, **7**, 442–450

Aluminum 2,6-di-*t*-butyl-4-methylphenoxide, diisobutyl-
  carbonyl compound reductions by, **7**, 423

Aluminum diethylamide, diethyl-
  reaction with carbon dioxide, **7**, 395

Aluminum difluoroamide, diethyl-
  preparation, **7**, 434

Aluminum dimethylamide, diethyl-
  reaction with lactones, **7**, 410
  reaction with organoaluminum compounds, **7**, 441

Aluminum 4,4-dimethylpent-2-en-2-olate, dimethyl-
  reaction with isocyanates, **7**, 441

Aluminum ethanethiolate, diethyl-
  reaction with lactones, **7**, 410
  reaction with organoaluminum compounds, **7**, 441

Aluminum ethoxide, diethyl-
  reaction with lactones, **7**, 410

Aluminum ethylhydridomagnesate
  preparation, **1**, 210

Aluminum halides
  organoaluminum compound preparation from, **1**, 561
  reaction with organoaluminum sesquihalides, **1**, 631

Aluminum hydride
  reaction with ethylene, **1**, 559
  reaction with nickel alkene complexes, **6**, 39
  redistribution reactions with triorganoaluminum compounds, **1**, 629

Aluminum hydride, diisobutyl-
  in carbonyl compound reduction, **7**, 421

Aluminum hydrides
  aluminum alkyl synthesis from, **1**, 608
  formation in dissociation of aluminum alkyls, **1**, 608

Aluminum metal vapor
  reaction with organic compounds, **1**, 627

Aluminum methaneselenolate, dimethyl-
  reaction with enones, **7**, 418
  reaction with oxiranes, **7**, 428
  synthesis, **7**, 411

Aluminum phenoxides
  preparation, **1**, 633

Aluminum 1-propynide, dimethyl-
  reaction with amines, **7**, 434

Aluminum sesquibromide, crotyl-
  oxidation, **7**, 392

Aluminum sesquichloride, ethyl-
  from aluminum and ethyl chloride, **7**, 368

Aluminum tribromide
  reaction with bromopentacarbonylmanganese, **4**, 36
  reaction with dodecacarbonyltriiron, **4**, 263
  reaction with octacarbonyldicobalt, **5**, 165
  reaction with pentacarbonylmethylmanganese, **4**, 75

Aluminum trichloride
  2-butyne dimerization by, **1**, 604
  exchange reactions
    with trimethylaluminum, **1**, 612
  as hydrogen transfer catalyst, **8**, 325
  metal coordination with tetracarbonylcyclopentadienylvanadium, **3**, 666
  reaction with alkylidynenonacarbonyltricobalt, **5**, 171
  reaction with tricarbonyl(diene)iron complexes, **4**, 468
  redistribution reactions of organohalosilanes and, **2**, 308
  redistribution with triorganoaluminum compounds, **1**, 631

Aluminum vinyl oxides
  preparation, **1**, 633

Amastin
  synthesis, **7**, 412

Amberlite IRA 400
  catalyst support on, **8**, 560

Americium
  ions
    properties, **3**, 175
    spectroscopy, **3**, 177

Americium, bis(cyclooctatetraene)-, **3**, 237

Americium, tris(cyclopentadienyl)-, **3**, 212

Amide oxides
  deoxygenation
    pentacarbonyliron in, **4**, 251

Amides
  carboxylic
    reaction with organometallic compounds, **7**, 33
  chiral α-metallated, **7**, 47
  dehydration
    iron carbonyls in, **8**, 951
  N,N-disubstituted
    reaction with organometallic compounds, **7**, 33
  N-germyl
    preparation, **2**, 452
  N-halo
    silyl, preparation, **2**, 123
  hydrosilylation
    nickel catalysed, **8**, 632
  hydroxy
    from organoaluminum reactions, **7**, 410
  β-keto
    synthesis, **7**, 561
  N-metallo derivatives, **7**, 54
  reaction with organoaluminum compounds, **1**, 648
  reaction with organometallic compounds, **7**, 30, 35
  reduction
    organoaluminum compounds in, **7**, 437, 438
  reduction with diorganoaluminum hydrides, **1**, 659
  reductive silylation, **2**, 71
  silyl
    preparation, **2**, 123
  stannylation, **2**, 600

synthesis, **7**, 40
  by azacarbonylation, mechanism, **8**, 176
  azacarbonylation in, **8**, 173
  mercuration–demercuration of alkenes, **7**, 675
  organoaluminum compounds in, **7**, 411
thio-
  reaction with organometallic compounds, **7**, 41
  synthesis, **7**, 42
trimethylsilyl substituted, **2**, 320
unsaturated
  reaction with palladium dichloride, **6**, 391
  synthesis by azacarbonylation, **8**, 173
$\alpha\beta$-unsaturated
  reaction with organomagnesium compounds, **7**, 34
Amidines
  synthesis, **7**, 15
Aminalumination
  carbonyl compounds, **1**, 647
Amination
  alkylboranes, **7**, 274
  allylic, **8**, 820
    sterochemistry, **8**, 821
  arylboranes, **7**, 327
  chloropropylchlorosilanes, **2**, 314
  hydroboration and, **7**, 216
  organoboranes, **7**, 123
Amine ligands
  carbonyl rhodium complexes, **5**, 288
  supported catalyst preparation and, **8**, 557
Amine oxides
  deoxygenation
    pentacarbonyliron in, **4**, 251
  reaction with pentacarbonyliron, **4**, 285
  reduction by carbon monoxide, **8**, 90
Amines
  acylation
    mechanism, **8**, 177
  α-alkoxy-
    reaction with organometallic compounds, **7**, 48
  allylic
    hydroboration, **7**, 234
    synthesis, hydroboration in, **7**, 240
  allylic amination by, **8**, 820
  aromatic
    mercuration, **2**, 874
    preparation in reduction of dinitrogen, **8**, 1081
  aryl
    in Heck arylation, **8**, 866
  asymmetric synthesis, **8**, 471
    hydroboration in, **7**, 250
  N-bromo-
    reaction with organometallic compounds, **7**, 57
  carbonylation, **8**, 188
    nickel catalysed, **8**, 777
  carbonyl insertion reactions
    iron carbonyls in, **8**, 952
  N-chloro-
    reaction with organoboranes, **1**, 289
    reaction with organometallic compounds, **7**, 57
  α-chloro(vinyl)
    reaction with pentacarbonylrhenium, **4**, 221
  in cleavage of ruthenium–halogen bridges, **4**, 748
  complexes with borane
    hydroborating agent, **7**, 163
  cyclic
    azacarbonylation, **8**, 179
  deprotection, **7**, 36
  diaryl
    preparation by Ullmann reaction, **7**, 690
  elimination
    in transition metal–Group IV compound preparations, **6**, 1049
  exchange reactions with (η^3-allyl)halopalladium complexes, **6**, 422
  formates
    preparation by carbon dioxide reaction with hydrogen, **8**, 269
  N-formyl-
    preparation by carbon dioxide reaction with hydrogen, **8**, 269
  Grignard reagents from, **1**, 176
  hydralumination retardation by, **1**, 642
  hydrosilation, **2**, 122
  N-iodo-
    reaction with organometallic compounds, **7**, 57
  manufacture
    Fischer–Tropsch synthesis, **8**, 61
  manufacture from carbon monoxide, **8**, 43
  nucleophilic substitution reactions
    nickel catalysed, **8**, 734
  organic
    osmium complexes, **4**, 992
  organoborane adducts, **1**, 299
  organometallic
    pK values, **8**, 1051
  osmium cluster compounds, **4**, 1025
  osmium complexes, **4**, 992
  N-oxides
    reaction with rhenium carbonyl complexes, **4**, 171
  platinum(IV) complexes
    metallation, **6**, 603
  preparation
    from dinitrogen, titanium complexes and, **8**, 1082
    nitrile reduction, **7**, 433
    by reduction of organonitrogen complexes, **8**, 1091
  reaction with acyl tetracarbonyl cobalt complexes, **5**, 61
  reaction with alkyl and acyl tetracarbonyl cobalt complexes, **5**, 55
  reaction with alkylidynenonacarbonyltricobalt, **5**, 172
  reaction with π-allylpalladium chloride dimers, **8**, 812
  reaction with η^3-allyl palladium complexes, **6**, 418
  reaction with (η-arene)tricarbonylmanganese cations, **4**, 119
  reaction with bromopentacarbonylmanganese, **4**, 35
  reaction with butadiene, **8**, 849
    nickel catalysed, **8**, 691
  reaction with carbonyl(η-alkylcyclopentadienyl)iodonitrosylmanganese, **4**, 134
  reaction with carbonylcyclopentadienylbis(trimethylphosphine)cobalt, **5**, 132
  reaction with chloro(diene)rhodium dimer, **5**, 469
  reaction with decacarbonyldimanganese, **4**, 10, 25
  reaction with dicarbonyl(η-alkylcyclopentadienyl)nitrosylmanganese cations, **4**, 135

Amines

reaction with dicarbonyl(η-cyclopentadienyl)-ruthenium derivatives, **4**, 778
reaction with halogermanes, **2**, 422
reaction with iron carbene complexes, **4**, 370
reaction with manganese carbonyl complexes, **4**, 43
reaction with nonacarbonyldiiron, **4**, 285
reaction with organoaluminum compounds, **7**, 434
reaction with organocopper compounds, **2**, 740
reaction with organometallic compounds, **7**, 54
reaction with palladium diene complexes, **6**, 379
reaction with palladium(II) isocyanide complexes, **6**, 292
reaction with pentacarbonyliron, **4**, 249, 284
reaction with platinum diene complexes, **6**, 667
reaction with platinum(II) olefin complexes, **6**, 660, 666
reaction with rhenium carbonyl complexes, **4**, 214
reaction with rhodium cobalt complexes, **5**, 377
reaction with ruthenium carbonyl halides, **4**, 676
reaction with tetracarbonylbis(methyl isocyanide)manganese cations, **4**, 145
reaction with tetracarbonyl(η^2-hydrocarbon)iron complexes, **4**, 393
reaction with tetrakis(t-butyl isocyanide)rhodium cations, **5**, 414
reaction with tricarbonylnitrosylcobalt, **5**, 26
reaction with unsaturated compounds
  organopalladium complexes in, **8**, 893
ruthenium carbonylcarboxylate complexes, **4**, 835
ruthenium complexes, **4**, 704
secondary
  carbonylation, catalysis by ruthenium complexes, **4**, 941
  disproportionation, catalysis by ruthenium complexes, **4**, 960
synthesis, **7**, 14, 48, 57
  from alkenes *via* aminomercuration, **7**, 675
  in carbon dioxide reaction with hydrogen and ammonia, **8**, 275
  carbon dioxide reaction with hydrogen in, **8**, 225
  mercuration–demercuration of alkenes, **7**, 675
telomerization with allenes, **8**, 450
  nickel catalysed, **8**, 667
telomerization with butadiene, **8**, 434, 435
telomerization with isoprene, **8**, 447
unsaturated
  azacarbonylation, **8**, 179
  hydroboration, **7**, 230
  reaction with allylzinc bromide, **7**, 665
in unsaturated compound carbonylations, **8**, 907

Amines oxides
  deoxygenation
    iron carbonyls in, **8**, 952

Amino acid ligands
  carbonyl rhodium complexes, **5**, 294

Amino acids
  boron derivatives, **1**, 360
  dimethylgold complexes, **2**, 792
  exchange reactions with (η^3-allyl)halopalladium complexes, **6**, 422
  methylmercury complexes, **2**, 927
  preparation by aminocarbonylation, **8**, 210
  synthesis, **7**, 58
  synthesis from aldehydes, **8**, 84

α-Amino acids
  N-acyl-
    synthesis, **8**, 210
  chiral
    synthesis, **7**, 250

Amino alcohols
  boron derivatives, **1**, 360

Aminocarbonylation
  alkenes, **8**, 210
  nickel catalysed, **8**, 786

Amino–halogen exchange reactions
  organohalosilane preparation by, **2**, 308

Aminomercuration, **2**, 879
  alkenes, **7**, 675

Aminometallation, **2**, 456

Aminomethylation
  alkenes, **8**, 176
  catalysis by ruthenium complexes, **4**, 940
  cyclobutadiene iron complexes, **4**, 447

Aminopalladation
  alkenes, **8**, 902
  unsaturated compounds, **8**, 893

Aminothallation, **7**, 498

Ammonia
  bis(η^3-allyl)nickel complexes, **6**, 153
  complexes with organoberyllium compounds, **1**, 131
  formation from dinitrogen titanium complex, **8**, 1077
  formation from vanadium nitride complexes, **8**, 1084
  perhydroboraphenalene adducts, **1**, 323
  preparation
    from dinitrogen and hydrazido complexes, **8**, 1093
    by reduction of organonitrogen complexes, **8**, 1091
  preparation by dinitrogen reduction
    tetrakis(isopropoxy) titanium in, **8**, 1079
  preparation from dinitrogen
    aluminum in, **8**, 1080
    homogenous system, **8**, 1085
    magnesium reduction of trichlorotris(tetrahydrofuran)titanium, **8**, 1079
    by sodium naphthalenide reduction of titanium tetrachloride, **8**, 1079
    titanium complexes in, **8**, 1076
    vanadium complexes and, **8**, 1083
    vanadium(II) and catechol in, **8**, 1085
    vanadium(II)–magnesium hydroxide complex, **8**, 1084
  preparation from dinitrogen titanocene complex, **8**, 1077
  preparation from titanocene–Grignard reagent complex, **8**, 1077
  in preparation of symmetrical diorganomercurials, **2**, 892
  production
    cysteine–molybdenum system and, **8**, 1096
    iridium in reaction with HCl in hydrogen–nitrogen mixture, **8**, 1102
    osmium in reaction with HCl in hydrogen–nitrogen mixture, **8**, 1102
    rhodium in reaction with HCl in hydrogen–nitrogen mixture, **8**, 1102

ruthenium in reaction with HCl in hydrogen–
nitrogen mixture, **8**, 1102
tungsten and, **8**, 1096
yields, **8**, 1095
production from dinitrogen
diazene as intermediate, **8**, 1103
niobium complex catalysts, **8**, 1086
reaction with acyl cobalt(III) complexes, **5**, 106
reaction with carbonylcyclopentadienylbis(tri-
methylphosphine)cobalt, **5**, 132
reaction with decacarbonyldimanganese, **4**, 14
reaction with dicarbonyl(η-alkylcyclopenta-
dienyl)nitrosylmanganese cations, **4**, 135
reaction with dicarbonyl(η-cyclopentadienyl)-
ruthenium cations, **4**, 778
reaction with halopentacarbonylmanganesc, **4**, 34
reaction with nickel tetracarbonyl, **6**, 18
reaction with organoaluminum compounds, **7**, 434
reaction with palladium diene complexes, **6**, 379
reaction with pentacarbonylhalomanganese, **4**, 34
reaction with rhenium carbonyl complexes, **4**, 214
reaction with tetracarbonyl(η^2-hydrocarbon)i-
ron complexes, **4**, 393
reaction with unsaturated compounds
organopalladium complexes in, **8**, 892
ruthenium complexes, **4**, 704
synthesis
low-technology, **8**, 1074
telomerization with butadiene, **8**, 436
telomerization with isoprene, **8**, 447
trimethylgallium adduct
thermal decomposition, **1**, 698
tris(cyclopentadienyl) lanthanide complexes, **3**, 182
Ammonium, (chloromethylene)dimethyl-
chloride
reaction wtih pentacarbonylmanganates, **4**, 41
Ammonium, 3-(trimethoxysilyl)propyldimethy-
loctadecyl-
chloride
toxicity, **2**, 359
Ammonium carbamates
synthesis
carbon dioxide in, **8**, 229
Ammonium salts
allylic
reaction with organometallic compounds, **7**, 52
benzylic
reaction with organometallic compounds, **7**, 52
ylide formation from, **7**, 83
Amphophiles, **7**, 330
Analysis
alkyl and acyl tetracarbonyl cobalt complexes, **5**, 60
organoalkaline earth metal compounds, **1**, 230
organoaluminum compounds, **1**, 667, 668
organoboranes, **1**, 270
Anchimeric assistance
in monoorganothallium compound reactions, **1**, 746
Angular overlap model
transition metal carbonyl complexes, **3**, 15

Anhydrides
cyclic
preparation from alkylaluminum chlorides, **7**, 409
decarbonylation
nickel catalysed, **8**, 792
hydrogenation
ruthenium complexes as catalysts in, **4**, 938
Anilides
preparation by azacarbonylation, **8**, 175
Anilides, N-alkyl-
reduction
organoaluminum compounds in, **7**, 437
Aniline
metal complexes
deprotonation, **8**, 1057
preparation
titanium dinitrogen complex in, **8**, 1087
preparation from bis(aryl)dicyclopentadienylti-
tanium complex under dinitrogen, **8**, 1081
preparation in dinitrogen reduction, **8**, 1081
reaction with dodecacarbonyltriruthenium, **4**, 869
Aniline, benzylidene-
reaction with diethylmagnesium, **1**, 216
Aniline, N-benzylidene-
carbonylation
nickel catalysed, **8**, 776
Aniline, (chlorophenylmethylene)-
reaction with sodium tetracarbonylcobaltate, **5**, 157
Aniline, dimethyl-
metallation, **1**, 163
Aniline, 3-phenyl-2-propenylidene-
reaction with nonacarbonyldiiron, **4**, 442
Aniline, o-vinyl-
platinum(II) complexes, **6**, 639
Animal feed
organoarsenic compounds in, **2**, 1014
β-Anion abstraction
(η^2-hydrocarbon)iron complex formation by, **4**, 382
1,3-Anionic cycloreversions
organometallic compounds, **7**, 92
Anionic exchange resins
catalyst supported on, **8**, 560
Anionic ligands
reaction with ruthenium carbonyl halides, **4**, 676
Anisic acid
ethyl ester
complex with titanium tetrachloride, as cata-
lyst for propylene polymerization, **3**, 520
Anisole
cleavage by organoaluminum compounds, **7**, 430
dithallation, **7**, 499
metallation, **1**, 163
metallation by alkaline earth metal tetraethyl-
zincate, **1**, 238
p-substituted
cyclohexadienylium complexes from, **8**, 995
thallation, **7**, 500
η^6-Anisole ligands
rhodium complexes, **5**, 491
Annelation
by reaction of haloalkenes with disodium tetra-
carbonylferrate, **8**, 956
tricarbonyl(myrcene)iron, **8**, 974
Annelation reactions
arene complexes, **8**, 1024

Annelation reactions
  cyclopentadienyl complexes, **8**, 1024
  heterosubstituted vinylsilanes in, **7**, 544
  organoboranes in, **7**, 127
Annulenes
  synthesis, **7**, 693
Anomalous diffraction
  tetracarbonyl(fumaric acid)iron, **4**, 389
Anthelmintics
  dialkyltin compounds, **2**, 609
Anthracene
  cothermolysis with 7-silanorbornadiene, **2**, 108
  hydrogenation
    catalysis by ruthenium complexes, **4**, 933
  magnesium compounds, **1**, 218
  nickel complexes, **6**, 229
  polylithiation, **1**, 56
Anthracene, 9,10-dihydro-
  dehydrogenation
    catalysis by ruthenium complexes, **4**, 953
Anthranilic acid
  supported catalysts preparation and, **8**, 557
Anthraquinone
  preparation by carbonylation of benzophenone, **8**, 171
Antibiotics
  hydrogenation
    homogeneous catalysts, **8**, 333
Antiferromagnetism
  bis(carboxylato)cyclopentadienyldivanadium, **3**, 670
Antiflatulants
  silicones in, **2**, 359
Antifoaming agents
  silicones, **2**, 336
Antihistamine agents
  silicon containing drugs, **2**, 78
Antimony
  organosilyl derivatives, **2**, 146–154
  promoter
    in synthesis of organochlorosilanes by direct process, **2**, 307
  properties, **2**, 683
  reaction with nickel tetracarbonyl, **6**, 19–33
  tris(trimethylsilyl)methyl derivatives, **2**, 98
Antimony, (alkylthio)tetraorgano-, **2**, 701
Antimony, bis(alkyldithiocarboxylato)triorgano-, **2**, 701
Antimony, pentaaryl-
  structures, **2**, 695
Antimony, pentamethyl-
  oxidation, **2**, 698
  structure, **2**, 695
Antimony, pentaphenyl-
  structure, **2**, 696
Antimony, triethyldimethyl-
  cleavage, **2**, 698
Antimony, trimethyl-
  structure, **1**, 3
Antimony alkyls
  preparation by electrolysis of aluminate complexes, **1**, 656
Antimony bridges
  trinuclear iron complexes, **4**, 625
Antimony donor ligands
  reaction with nickel carbonyl complexes, **6**, 19, 21, 22
  ruthenium complexes, **4**, 872
Antimony halides
  reaction with iron carbonyls, **4**, 643
Antimony heterocycles, **2**, 692
  preparation, **1**, 38
Antimony hydrides
  reaction with carbon–carbon multiple bonds, **2**, 686
Antimonyl halides
  reaction with iron carbonyls, **4**, 633
Antimony ligands
  polynuclear antimony
    ^{57}Fe Mössbauer spectroscopy, **4**, 634
  polynuclear iron complexes
    ^{121}Sb Mössbauer spectroscopy, **4**, 634
  rhenium complexes, **4**, 200
  technetium complexes, **4**, 200
Antimony ylides
  formation, **1**, 36
  preparation, **2**, 698
  structure, **1**, 5
Antimony(V) chloride
  reaction with ruthenocene, **4**, 764
Anti-Parkinson's syndrome agents
  silicon containing drugs, **2**, 78
(±)-Aphidicolin
  synthesis, **7**, 601, 685; **8**, 840
    disodium tetracarbonylferrate in, **8**, 957
Arene exchange reactions
  areneruthenium complex preparation by, **4**, 802
Arene ligands
  actinides, **3**, 258
  bis-η^6-cobalt complexes, **5**, 261
  cationic metal complexes
    site reactivities, **8**, 1033
  halo metal complexes
    kinetics, **8**, 1028
    relative reactivities towards nucleophiles, **8**, 1029
  iron complexes, **4**, 500
    reactions, **4**, 501
  metal complexes
    electrophilic addition, **8**, 1026
    electrophilic substitution, **8**, 1016
    exchange reactions, **8**, 1049
    Friedel–Crafts acylation, **8**, 1016
    intramolecular site-exchange reactions, **8**, 1047
    ligand-exchange reactions, **8**, 1048
    ligand-slip rearrangements, **8**, 1044
    lithio derivatives, **8**, 1042
    metallation reactions, **8**, 1040
    nucleophilic addition reactions, **8**, 1030
    nucleophilic addition reactions, stereochemistry, **8**, 1031
    nucleophilic addition reactions, substituent effect, **8**, 1032
    protonation, **8**, 1026
    radical reactions, **8**, 1037
    reactions, neighbouring group effects, **8**, 1050
    rearrangements, **8**, 1044
  metal-coordinated, **8**, 1013–1063
  nickel complexes, **6**, 229–230
  organotitanium complexes, **3**, 282–284
  osmium complexes, **4**, 1020
  ruthenium complexes
    preparation by arene exchange, **4**, 802
    tetraphenylborate, **4**, 802
    triphenylphosphine derivatives, **4**, 802
  transition metal complexes
    electronic configurations, **3**, 29
η-Arene ligands

interchange with η^4-arene ligands, **3**, 150
rotation, **3**, 111
η^2-Arene ligands
  rearrangements, **3**, 131
η^4-Arene ligands
  interchange with η-arene ligands, **3**, 150
  rearrangements, **3**, 131
η^6-Arene ligands
  carbonylvanadium complexes, **3**, 690
    IR spectroscopy, **3**, 691
  rhodium complexes, **5**, 488–491
  ruthenium complexes, **4**, 796
  vanadium complexes, **3**, 687–690
Arenes
  bromo
    preparation, **7**, 503
  elimination in reaction of acids with organogallium or organoindium compounds, **1**, 711
  fluorinated
    reaction with organometallic compounds, **7**, 45
  hydrogenation, **8**, 338
    pentamethylcyclopentadienyl rhodium complexes and, **5**, 369
  hydrogen/deuterium exchange, **6**, 607
  iridium complexes, **5**, 611
  mercuration, **2**, 864
  metal complexes
    reaction with organolithium compounds, **7**, 11
  nickel complexes, **6**, 108
  nitro-
    deoxygenation–carbonylation, **8**, 179, 187
    reaction with organometallic compounds, **7**, 10, 58
    reduction, titanium compounds as catalysts in, **3**, 273
  oxidative dimerization, **8**, 925
  palladium(II) complexes, **6**, 447–453
  reaction with carbonyl Group IVB–ruthenium complexes, **4**, 919
  reaction with (chloromethynyl)nonacarbonyltricobalt, **5**, 171
  reaction with dodecacarbonyltetracobalt, **5**, 263
  reaction with hexacarbonylchromium, **3**, 798
  reaction with η-pentamethylcyclopentadienylrhodium complexes, **5**, 490
Arenesulfonates
  alkyl-
    reaction with organometallic compounds, **7**, 52
Arenesulfonylhydrazones
  vinylalkali metal compound preparation from, **1**, 92
Argentacarboranes
  synthesis, **1**, 510
Argentates
  colligative properties, **2**, 734
  NMR, **2**, 734
Aromatic compounds
  with alkaline earth metals, **1**, 234
  alkylation
    carbon dioxide/hydrogen mixtures for, **8**, 275
  boraoxa analogues, **1**, 351
  carbonylation, **8**, 903, 904
  di- or poly-halogenomagnesio
    preparation, **1**, 177
  dioxabora analogues, **1**, 366
  hydrogenation, **8**, 329
  (η^6-arene)ruthenium complexes as catalysts in, **4**, 936
  homogeneous catalysts, **8**, 333
  Ziegler catalysts, **8**, 340
  ligands
    hydrogenation, **8**, 323
  magnesium compounds, **1**, 218
  mercuration, **2**, 874, 876
  metallation
    hydridotris(triisopropylphosphine)rhodium in, **5**, 393
  monodeuterated
    preparation, **7**, 505
  palladation, **8**, 858
  platinum(II) η^3-allyl complex preparation from, **6**, 718
  polychloro-
    reaction with organometallic compounds, **7**, 45
  polyhalogenated
    Grignard reagents from, **1**, 175
  saturated azaboraoxa analogues, **1**, 362
Aromatic heterocycles
  azabora analogues, **1**, 346
Aromatic hydrocarbons
  alkylation, **7**, 10
  azabora analogues, **1**, 341
  hydrogenation, **8**, 345
  mercuration, **2**, 877
  reaction with alkali metals, **1**, 109
Aromaticity
  sandwich compounds, **3**, 46
Aromatizational mercuration, **2**, 891
Aroyl compounds
  palladium(II) complexes, **6**, 306–339
Aroyl halides
  in carbonylation of organic halides
    nickel catalysed, **8**, 787
  coupling reactions
    nickel catalysed, **8**, 733
  reaction with tetracarbonylhydridocobalt, **5**, 51
Arrhenius/Eyring rate plot, **3**, 96
Arsaanthracenes
  preparation, **2**, 692
  reactions, **1**, 37
Arsabenzene, **1**, 5
Arsacarboranes, **1**, 547
  preparation, **1**, 549
Arsanaphthalene
  preparation, **2**, 692
Arsanediyl, phenyl-, **2**, 683
Arsanilic acid
  in animal feed, **2**, 1014
  environmental, **2**, 996
Arsenaboranes
  11-vertex
    transition metal insertion reactions, **1**, 528
Arsenation
  organoarsenic compound preparation by, **2**, 684
Arsenic
  environmental
    detection, **2**, 1014
  environmental concentration, **2**, 1011
  environmental levels and species, **2**, 1011
  marine chemistry, **2**, 996, 1012
  organosilyl derivatives, **2**, 146–154
  promoter
    in synthesis of organochlorosilanes by direct process, **2**, 307

properties, **2**, 683
tris(trimethylsilyl)methyl derivatives, **2**, 98
Arsenic, pentakis((trimethylsilyl)methyl)-
  preparation, **2**, 99
Arsenic, pentamethyl-
  structure, **2**, 695
Arsenic, pentaphenyl-
  structure, **2**, 695
Arsenic, trimethyl-
  environmental formation, **2**, 1002
  structure, **1**, 3
Arsenic, trimethylmethanediyl-
  preparation, **2**, 698
Arsenic, trimethylmethylene-
  preparation, **2**, 698
  synthesis, **1**, 36
Arsenic, triphenyl(tetraphenylcyclopentadienylidene)-
  structure, **1**, 37
Arsenic bridges
  trinuclear iron complexes, **4**, 625, 633
Arsenic compounds
  environmental methylation, **2**, 1002
  osmium cluster compounds, **4**, 1027
Arsenic cycle, **2**, 1014
  in marine environment, **2**, 1004
Arsenic donor complexes
  reaction with nickel tetracarbonyl, **6**, 19–33
Arsenic donor ligands
  reaction with nickel carbonyl complexes, **6**, 19, 21, 22
  ruthenium complexes, **4**, 872
Arsenic halides
  reaction with carbon–carbon multiple bonds, **2**, 686
Arsenic heterocycles, **2**, 692
Arsenic hydrides
  reaction with carbon–carbon multiple bonds, **2**, 686
Arsenic ligands
  rhenium complexes, **4**, 200
  technetium complexes, **4**, 200
Arsenic trichloride
  reaction with octacarbonyldicobalt, **5**, 37
Arsenic trifluoride
  reaction with dicarbonylcyclopentadienylcobalt, **5**, 261
Arsenic ylides
  formation, **1**, 36
  preparation, **2**, 698
  structure, **1**, 5
  trimethylsilyl, **2**, 99
Arsenides
  trinuclear μ_3-bridging iron complexes, **4**, 303
Arsenins
  preparation, **1**, 37
Arsenobetaine, **2**, 684
  environmental formation, **2**, 1002
Arsenobetaine, ethyl-
  environmental formation, **2**, 1002
Arsenocholine
  environmental formation, **2**, 1002
Arsine
  osmium carbonyl complexes, **4**, 977
  osmium halide complexes, **4**, 979
  reaction with trimethylgallium, **1**, 691
Arsine, benzyldimethyl-
  reaction with ruthenium carbonyl halides, **4**, 693

Arsine, dimethyl-
  anaerobic bacterial synthesis, **2**, 1002
  organogallium compound adducts, **1**, 698
  organoindium compound adducts, **1**, 698
  reaction with dodecacarbonyltriruthenium, **4**, 833
Arsine, dimethyl-1-naphthyl-
  reaction with potassium tetrabromoplatinate, **6**, 602
Arsine, diphenyl-
  reaction with platinum(II)–carbon σ-compounds, **6**, 553
Arsine, diphenyl(o-vinylphenyl)-
  platinum complex
    metallation, **6**, 602
Arsine, ethylmethylphenyl-
  inversion barrier, **2**, 691
Arsine, fluorocycloalkenedimethyl-
  trinuclear iron complexes, **4**, 630
Arsine, germyl-
  reaction with metal carbonyls, **2**, 466
Arsine, methylenebis(diphenyl-
  complex with bis(pentafluorophenyl)mercury
    crystal structure, **2**, 935
Arsine, pentenyl-
  platinum(II) complexes, **6**, 639
Arsine, o-styryldimethyl-
  platinum(II) complexes, **6**, 640
Arsine, trialkyl-
  mononuclear ruthenium complexes, **4**, 692
  reaction with halogens, **2**, 688
Arsine, triethyl-
  oxidation, **2**, 691
Arsine, triorganothio-, **2**, 701
Arsine, triphenyl-
  palladium(0) complexes, **6**, 245
  reaction with decacarbonyldimanganese, **4**, 110
  reaction with dodecacarbonyltriruthenium, **4**, 877
  reaction with ruthenium carbonyl halides, **4**, 693
  reaction with tetracarbonylnitrosylmanganese, **4**, 140
Arsine, tris(but-3-enyl)-, **6**, 640
Arsine, tris(o-styryl)-
  reaction with (cyclooctadiene)halorhodium dimer, **5**, 429
Arsine bridges
  asymmetric dinuclear iron complexes, **4**, 604
  dicyclopentadienyldiiron complexes, **4**, 593
Arsine ligands
  cyclopentadienyl cobalt complexes, **5**, 254
  reaction with cyclopentadienylmanganese carbonyl compounds, **4**, 127
Arsine oxide, trimethyl-
  environmental formation, **2**, 1002
Arsines
  arenedichlororuthenium complexes, **4**, 796
  aromatic, **4**, 296
  bidentate fluorocarbon tertiary
    reaction with dodecacarbonyltriruthenium, **4**, 878
  bis(dicarbonyl(η-cyclopentadienyl)iron) complexes, **4**, 520
  ditertiary
    reaction with octacarbonyldicobalt, **5**, 31
  exchange reactions with (η^3-allyl)halopalladium complexes, **6**, 422
  organogermyl
    physical properties, **2**, 468
  osmium cluster compounds, **4**, 1027

palladium(II) complexes, **6**, 291
platinum complexes
   metallation, **6**, 596
platinum(IV) complexes
   metallation, **6**, 603
reaction with alkyl and acyl tetracarbonyl cobalt complexes, **5**, 55
reaction with alkylidynenonacarbonyltricobalt, **5**, 176
reaction with η^3-allyl palladium complexes, **6**, 417
reaction with chloro(diene)rhodium dimer, **5**, 469
reaction with cobalt(I) isocyanide complexes, **5**, 20
reaction with dodecacarbonyltetrarhodium, **5**, 327
reaction with dodecacarbonyltriiron, **4**, 294
reaction with iron carbonyl complexes, **4**, 300
reaction with pentacarbonyliron, **4**, 286
reaction with platinum(II) η^3-allyl complexes, **6**, 730
reaction with sodium pentacarbonylmanganate, **4**, 110
reaction with tricarbonylnitrosoferrates, **4**, 297
reaction with tricarbonylnitrosylcobalt, **5**, 26
reaction with triiron nonacarbonyl dichalcogenides, **4**, 283
rhenium complexes, **4**, 200
secondary
   reaction with pentacarbonylhalomanganese, **4**, 110
silyl, **2**, 153
tertiary
   dinuclear ruthenium complexes, **4**, 835
   platinum complexes, metallation, **6**, 602
   reaction with (alkyne)hexacarbonyldicobalt, **5**, 198
   reaction with dodecacarbonyltriruthenium, **4**, 872
   reaction with perfluoroalkyltetracarbonylcobalt complexes, **5**, 66
   trinuclear ruthenium complexes, **4**, 877
transition metal complexes, **6**, 782
triaryl
   carbonyl rhodium complexes, **5**, 314
Arsine ylides
   gold complexes, **2**, 775
Arsinic acid, dimethyl-
   environmental formation, **2**, 1002
Arsinic acids, **2**, 700
   preparation, **2**, 693
   reduction, **2**, 689
Arsole, 2,5-dimethyl-1-phenyl-
   structure, **1**, 37
Arsole, tetraphenyl-
   rhenium complexes, **4**, 200
Arsoles
   preparation, **1**, 37
   structure, **1**, 5
Arsonic acid, dimethyl-
   in seawater, **2**, 1003
Arsonic acid, methyl-
   environmental formation, **2**, 1002
   in seawater, **2**, 1003
Arsonic acids, **2**, 700
   preparation, **2**, 693
   reduction, **2**, 690
Arsonium, phosphatidyltrimethyl-

lactate
   environmental formation, **2**, 1002
Arsonium salts
   configurational stability, **2**, 697
Arsorane
   configurational stability, **2**, 697
Arsorane, triorganoimino-
   preparation, **2**, 702
Arylation
   α to carbonyl groups, **8**, 868
   acrylates, **8**, 863
   alkylidynenonacarbonyltricobalt, **5**, 170
   diorganozinc compounds in, **2**, 845
   intramolecular
      organoboranes, **1**, 292
   of olefins by aromatic hydrocarbons
      palladium(II) compounds as catalysts in, **6**, 360
   organopalladium complexes in, **8**, 854–874
   polyhalogermane, **2**, 420
   ruthenocene, **4**, 764
   styrene, **8**, 866
   tetrakis(trialkyl phosphite)cobalt complexes, **5**, 67
   zinc salts, **2**, 832
α-Arylation
   carbonyl compounds, **7**, 277
   organoboranes, **7**, 129
   succinic acid, **7**, 483
Arylazo ligands
   iron carbonyl, **4**, 298
Aryl complexes
   platinum(II)
      X-ray diffraction, **6**, 536
σ-Aryl complexes
   vanadium, **3**, 656–661
Aryl compounds
   palladium(II) complexes, **6**, 306–339
Aryldiazenido ligands
   hydrogenation, **8**, 301
Aryldiazonium salts
   reaction with cobalt(I) complexes, **5**, 92
Aryl exchange
   nickel alkyl complexes, **6**, 70
Aryl group transfer
   arylthallium compounds, **1**, 749
Aryl halides
   carbonylation
      nickel catalysed, **8**, 783
      nickel catalysed, mechanism, **8**, 790
   coupling reactions
      nickel catalysed, **8**, 732, 739
   coupling reactions with allyl halides
      nickel catalysed, **8**, 722
   exchange reactions with aryllithium, **1**, 59
   germanium–carbon bond cleavage by, **2**, 415
   reduction, **3**, 275
Aryl iodides
   reaction with alkali metals, **1**, 52
   reaction with nickel tetracarbonyl, **8**, 783
Aryl isocyanide ligands
   manganese complexes
      magnetic susceptibility, **4**, 146
Aryl ligands
   dicyclopentadienylvanadium complexes, **3**, 677
   iridium complexes, **5**, 560–568, 613
   platinum complexes
      reactions, **6**, 566
   platinum(II) complexes

Aryl ligands
    halogen oxidation, **6**, 582
    platinum(III) complexes, **6**, 581
    platinum(IV) complexes, **6**, 581–591
    rhodium complexes, **5**, 375–404
    ruthenium–Group V ligand complexes, **4**, 727
    vanadium complexes
        ESR spectra, **3**, 660
    vanadium(II) complexes, **3**, 657
    vanadium(III) complexes, **3**, 657

1,2-Aryl migration
    organoalkali metal compounds, **1**, 50

Arylnitro groups
    reduction
        supported catalysts, **8**, 558

Aryl radicals
    reaction with ferricenium cations, **8**, 1037

Aryl transfer
    bis(polyfluorophenyl)thallium compounds, **1**, 737
    rhodium porphyrin complexes, **5**, 391

Arynes
    synthesis, **7**, 78, 80

Ascorbic acid
    reaction with organothallium compounds, **1**, 740, 747

Aspidosperma alkaloids
    synthesis
        tricarbonyldieneiron complexes in, **8**, 1001

Association
    dialkylberyllium, **1**, 124
    diethylberyllium, **1**, 126

Asymmetric catalysis
    principles, **8**, 465

Asymmetric induction
    platinum(II) olefin complexes and, **6**, 660

Asymmetric induction models, **1**, 573

Asymmetric synthesis
    alkene codimerization
        nickel catalysed, **8**, 624
    alkyl chrysanthemates, **7**, 698
    aluminum trialkyls, **8**, 640
    cross coupling
        nickel catalysed, **8**, 741, 743
    cyclopropanes, **7**, 668
    in halide reaction with organometallic compounds, **7**, 46
    hydrosilylation of alkenes
        nickel catalysed, **8**, 631
    β-hydroxy esters, **7**, 664
    organometallic catalysts in, **8**, 463–496
    in reactions of organometallic compounds with carbonyl compounds, **7**, 25
    sulfoxides, **7**, 71
    tricarbonyliron in, **8**, 1004

Asymmetry
    of transition metal centres
        in Ziegler–Natta polymerization, **3**, 500

Ate complexes
    reaction with organoboranes, **7**, 134

Auracarboranes
    synthesis, **1**, 510

Auracyclopentadiene
    derivatives
        preparation, **2**, 787
        structure, **2**, 790

Auracyclopentadiene, (1,10-phenanthroline)bis(chloro-
    preparation, **2**, 793

Aurates
    NMR, **2**, 734

Aurates(I), alkylmethyl-
    preparation, **2**, 775

Aurates(I), bis(alkynyl)-
    preparation, **2**, 775

Aurates(I), bis(polyfluorophenyl)-
    preparation, **2**, 775

Aurates(I), dialkyl-
    preparation, **2**, 774
    protonolysis, **2**, 806
    reaction with alkyl halides, **2**, 808

Aurates(I), dimethyl-
    preparation, **2**, 774

Aurates(I), methylphenyl-
    preparation, **2**, 775

Aurates(III), bromotris(pentafluorophenyl)-
    preparation, **2**, 795

Aurates(III), tetrakis(pentafluorophenyl)-
    preparation, **2**, 797

Aurates(III), tetramethyl-
    preparation, **2**, 797
    thermal stability, **2**, 802

Auration, **2**, 782, 783
    ferrocene, **2**, 779; **8**, 1043

Autooxidation
    organoboranes, **1**, 287
        mechanism, **1**, 288

Autoxidation
    Grignard reagents, **1**, 188
    organomagnesium compounds, **1**, 212

Avidin
    as support for rhodium catalysts
        asymmetric hydrogenation and, **8**, 581

Azaallylic anions
    cycloaddition reactions, **7**, 3

Azabenzene
    palladation, **6**, 320

1,2-Azaborabenzene
    preparation, **1**, 341

1-Aza-4-borabicyclo[3.3.0]octane
    preparation, **1**, 339

1-Aza-5-borabicyclo[3.3.0]octane
    preparation, **1**, 339
    synthesis, **1**, 338

11-Aza-12-borachrysene
    preparation, **1**, 344

12-Aza-11-borachrysene
    preparation, **1**, 344

1,2-Azaboracyclohexane, 2-phenyl-
    preparation, **1**, 339

9-Aza-10-boradecalin
    preparation, **1**, 340

Azabora heterocycles, **1**, 312, 368
    synthesis, **7**, 230

3,4-Azaboraisoquinoline
    preparation, **1**, 346
    synthesis, **1**, 346

3,4-Azaboraisoquinoline, 1,2,3,4-tetrahydro-
    preparation, **1**, 347

1-Aza-2-boranaphthalene
    derivatives
        preparation, **1**, 342

9,10-Azaboranaphthalene
    preparation, **1**, 340, 342

Azaboraoxa heterocycles, **1**, 360

11,12-Azaboraphenalenenium cation
    existence, **1**, 345

9-Aza-10-boraphenanthrene
    preparation, **1**, 342

9-Aza-10-boraphenanthrene, 10,10-dihydroxy-
    tetramethylammonium salt, **1**, 344

9-Aza-10-boraphenanthrene, 10-hydroxy-

preparation, **1**, 344
9,10-Azaboraphenanthrenes
    hydrolysis, **1**, 357
Azaboraphospha heterocycles, **1**, 369
2,3-Azaborapyridines
    synthesis, **1**, 346
3-Aza-4-boraquinolines
    preparation, **1**, 347
Azaborathia heterocycles, **1**, 360
Azaborathienopyridines
    preparation, **1**, 346
    synthesis, **1**, 346
1-Aza-4-boratricyclo[2.2.2.0^{1,4}]octane
    calculations, **1**, 340
1-Aza-5-boratricyclo[3.3.3.0^{1,5}]undecane
    preparation, **1**, 339
1,2-Azaborolidine, 1-alkyl-
    preparation, **1**, 338
1,2-Azaborolidine, 2-alkyl-
    preparation, **1**, 338
1,2-Azaborolidine, 1,2-dialkyl-
    preparation, **1**, 338
1,2-Azaborolidine, 1,1-dimethyl-
    preparation, **1**, 338
1,2-Azaborolidine, 1-methyl-2-phenyl-
    formation, **1**, 339
1,2-Azaborolidines
    preparation, **1**, 338
1,2-Azaborolines
    preparation, **1**, 340
Δ^3-1,2-Azaborolines
    deprotonation, **1**, 405
    as ligand precursors, **1**, 405
1,2-Azaborolinyl
    complexes, **1**, 405
Azabutadiene
    cooligomerization with butadiene
        nickel catalysed, **8**, 681, 686
    cyclocotrimerization with butadiene
        nickel catalysed, **8**, 678
1-Azabutadiene
    cooligomerization with butadiene
        nickel catalysed, **8**, 686
2-Azabutadiene
    cooligomerization with butadiene
        nickel catalysed, **8**, 686
2-Aza-1,3-butadiene, 1-isopropyldimethyl-
    reaction with butadiene
        nickel catalysed, **8**, 681
Azacarbonylation, **8**, 103, **8**, 173–188
    industrial applications, **8**, 188
Azacarboranes, **1**, 549
    triple decker sandwich compounds
        bonding, **3**, 35
Azacyclooctadiene, vinyl-
    preparation
        nickel catalysed, **8**, 681
Azacyclopentadienones
    synthesis, **7**, 594
Azacyclotetradecatriene
    preparation
        nickel catalysed, **8**, 681
Azadeltic acid, **7**, 594
Δ^3-1,2,5-Azadiboroline
    complexes, **1**, 405
Azadienes
    preparation
        nickel catalysed, **8**, 734
Azaferrocene
    synthesis, **4**, 486
2-Azafluorene, 3-methyl-
    reaction with hexacarbonylchromium, **3**, 1016
4-Azafluorene
    reaction with hexacarbonylchromium, **3**, 1016
1-Azafulvenes
    synthesis, **7**, 594
6,9-Azaplatinadecaborane, 9,9'-bis(triphenylphosphine)-
    structure, **1**, 508
Azapropene, 2-methyl-
    reaction with nonacarbonyldiiron, **4**, 299
Azaspirocyclic compounds
    synthesis, **8**, 1003
1H-Azepine, N-methoxycarbonyl-
    reaction with dodecacarbonyltriruthenium, **4**, 754
Azide ligands
    pentamethylcyclopentadienyl rhodium complexes, **5**, 369
    rhenium complexes, **4**, 195
    technetium complexes, **4**, 195
Azides, **7**, 59
    alkyl
        preparation from alkenes, **7**, 674
        preparation from organoboranes, **7**, 275
    cyclopentadienylruthenium complexes, **4**, 777
    exchange reactions with (η^3-allyl)halopalladium complexes, **6**, 422
    β-iodo-
        reaction with organoboranes, **7**, 275
    reaction with (η^5-benzenetriamine)tricarbonylmanganese, **4**, 120
    reaction with boron imines, **1**, 369
    reaction with chlorobis(η-cyclopentadienyl)titanium dimers, **3**, 305
    reaction with organoboranes, **1**, 293; **7**, 124, 275
    reaction with palladium diene complexes, **6**, 379
    reaction with palladium(II) isocyanide complexes, **6**, 291
    reaction with tetracarbonyl(η^2-hydrocarbon)iron complexes, **4**, 393
    reaction with trimethylsilyl radicals, **2**, 92
    silyl
        dicyclopentadienylvanadium complexes, **3**, 680
        in organic synthesis, **2**, 144
    α-substituted
        synthesis, **7**, 496
Azides, trimethylsilyl-
    reaction with thallium(III) compounds and olefins, **7**, 496
Azines
    nickel complexes, **6**, 125
    reaction with organometallic compounds, **7**, 14
Azirene
    reaction with ketones
        nickel catalysed, **8**, 737
Aziridine
    reaction with organoaluminum compounds, **7**, 434
    synthesis, **8**, 893
Aziridine, N-isopropyl-2-methylene-
    cooligomerization with butadiene
        nickel catalysed, **8**, 684
Aziridine, methylene-
    reaction with butadiene
        nickel catalysed, **8**, 680
Aziridine, 2,2,3,3-tetrachloro-
    1-alkyl or 1-aryl derivatives

Aziridine
    synthesis, **7**, 680
Aziridine, 2-vinyl-
    reaction with iron–carbonyl complexes, **4**, 411
Aziridines
    allylic
        hydroboration, **7**, 240
    preparation from organoboranes, **7**, 275
    preparation from oximes, **7**, 15
    reaction with palladium compounds, **6**, 353
    C-silyl
        preparation, **2**, 32
    synthesis, **7**, 14
        organoboranes in, **7**, 124
Azirine, 2-aryl-
    reaction with nonacarbonyldiiron, **4**, 285, 299
Azoarenes
    synthesis, **7**, 690
Azobenzene
    arylation, **8**, 860
    ortho-auration, **2**, 783
    carbonylation
        nickel catalysed, **8**, 776
    complexes with dicarbonylbis(η-cyclopentadienyl)titanium, **3**, 289
    dicyclopentadienylvanadium complexes, **3**, 680
    reaction with alkyl(cyclopentadienyl)ruthenium complexes, **4**, 785
    reaction with carbonyl(η-cyclopentadienyl)-ruthenium complexes, **4**, 780
    reaction with cobaltocene, **5**, 254
    reaction with dodecacarbonyltriruthenium, **4**, 836, 868
    reaction with hydrated rhodium trichloride, **5**, 395
    reaction with nonacarbonyldiiron, **4**, 299
    reaction with organoaluminum compounds, **7**, 440
    reaction with osmium cluster compounds, **4**, 1050
    reaction with pentacarbonylmethylmanganese, **4**, 79
    reaction with potassium tetrachloroplatinate, **6**, 592
    reaction with ruthenium carbonyl halides, **4**, 676
Azo compounds
    aromatic
        azacarbonylation, **8**, 186
        ortho-metallation, **8**, 187
    dicyclopentadienylvanadium complexes, **3**, 680
    reaction with organometallic compounds, **7**, 59
    synthesis, **7**, 14, 59; **8**, 93
Azoferrocene
    synthesis, **8**, 1063
Azomethine
    reaction with organoaluminum compounds, **1**, 649; **7**, 435
Azomethines
    reaction with dialkylberyllium, **1**, 148
    reduction
        organoaluminum compounds in, **7**, 436
Azonitriles
    in hydrosilylation, **2**, 310
Azotoluene
    reaction with iron carbonyls, **4**, 629
Azulene
    bimetallic complexes
        fluctionality, **3**, 165
    reaction with decacarbonyldimanganese, **4**, 122
    reaction with iron carbonyls, **4**, 637
    reaction with (norbornadiene)bis(tetrahydrofuran)rhodium cations, **5**, 465
    reaction with octacarbonyldicobalt, **5**, 226
Azulene, hydro-
    synthesis, **4**, 604
Azulene, 4,6,8-trimethyl-
    reaction with dodecacarbonyltriruthenium, **4**, 900
Azulenes
    carbonylcyclopentadienylvanadium complexes, **3**, 667
    hydro derivatives
        synthesis, **8**, 963
    preparation
        copper carbenes in, **7**, 696
    reaction with carbonyl Group IVB–ruthenium complexes, **4**, 919
    reaction with dodecacarbonyltriruthenium, **4**, 830, 854
    reaction with hexacarbonylvanadium, **3**, 664

B

Bamford–Stevens reaction, **7**, 55
Barbaralone
  palladium dichloride complex, **6**, 366
  synthesis, **8**, 1007
'Barbier' conditions, **7**, 4, 7
Barbier synthesis, **7**, 24
Barbiturates
  trimethylsilyl derivatives
    biological activity, **2**, 78
Bare nickel complexes
  in cyclotrimerization of butadiene, **8**, 405
Barium
  reaction with carbon dioxide, **8**, 266
  reaction with organic halides
    mechanism, **1**, 226
Barium, bis(trityl)-
  structure, **1**, 232
Barium, diallyl-
  preparation, **1**, 231
Barium, dibenzyl-
  preparation, **1**, 231
  reaction with α-methylstryrene, **1**, 232
Barium, dicumyl-
  preparation, **1**, 232
Barium, difluorenyl-
  structure, **1**, 234
Barium, divinyl-
  preparation, **1**, 231
Barium, iodo(phenyl)-
  preparation, **1**, 226
Barium bis(tetraalkylaluminate)
  initiator in anionic polymerization of butadiene, **1**, 240
Barium tetraethylzincate
  metal–halogen exchange with 1-bromonaphthalene, **1**, 238
Bark beetle pheromone
  synthesis, **8**, 889
Bases
  reaction with organohydrogermanes, **2**, 431
BASF process, **8**, 155
9b-Boraphenalene, perhydro-
  protonolysis, **1**, 323
9b-Boraphenalene, cis,cis,trans-perhydro-
  preparation, **1**, 322
cis,cis-9b-Boraphenalene, perhydro-
  carbonylation, **7**, 287
Beckmann rearrangement
  camphor and fenchone oximes
    organoaluminum compounds in, **7**, 438
Benchrotenylalkanols
  Ritter reactions, **8**, 1057
Benchrotenylalkyl cations
  MO calculations, **8**, 1056
  NMR spectra, **8**, 1057
  in S_N1 solvolysis, **8**, 1056
  nucleophilic addition reactions
    stereochemistry, **8**, 1057
  pK value, **8**, 1056
  structural distortion, **8**, 1056
Benchrotenylalkyl compounds
  S_N1 solvolysis reactions
    rates, **8**, 1056
Benchrotrene
  derivatives
    arene ligand exchange in, **8**, 1049
    Friedel–Crafts acetylation, **8**, 1022
    intramolecular ligand displacement reactions, **8**, 1061
  electrophilic substitution
    stereochemistry, **8**, 1019
  Friedel–Crafts acetylation
    steric effects, **8**, 1023
  Friedel–Crafts acylation, **8**, 1016
  lithiation, **8**, 1041
  metal complexes
    protonation, **8**, 1026
  nucleophilic addition reactions
    stereochemistry, **8**, 1035
    substituent effects, **8**, 1035
  protonation, **8**, 1025
  reactions
    neighbouring group effects, **8**, 1050
  substituent effects, **8**, 1022
Benchrotrene, acyl-
  base-promoted alkylation reactions, **8**, 1057
  nucleophilic addition reactions
    stereoselectivity, **8**, 1059
Benchrotrene, alkyl-
  base-promoted H/D exchange reactions, **8**, 1057
Benchrotrene, alkynyl-
  nucleophilic addition reactions, **8**, 1059
Benchrotrene, chloro-
  nucleophilic substitution
    mechanism, **8**, 1027
  nucleophilic substitution reactions
    mechanism, **8**, 1029
    rates, **8**, 1029
  reactions with carbanions, **8**, 1027
  in synthesis of benzene derivatives, **8**, 1027
  synthesis of cyclohexa-1,3-diene derivatives, **8**, 1027
Benchrotrene, fluoro-
  nucleophilic substitution reactions
    mechanism, **8**, 1029
    rates, **8**, 1029
    salt effects, **8**, 1029
    solvent effects, **8**, 1029
  in synthesis of benzene derivatives, **8**, 1027
  reactions with secondary amines
    rates, **8**, 1029
Benchrotrene, halo-
  nucleophilic substitution reactions
    kinetics, **8**, 1028
Benchrotrene, (haloalkyl)-
  $E2$ reactions
    rates, **8**, 1060
Benchrotrene, imino-

Benchrotrene
   addition of Grignard reagents
      stereoselectivity, **8**, 1059
Benchrotrenylalkanoic acids
   intramolecular cyclization, **8**, 1024
Benchrotrenylalkyl anions
   alkylation, **8**, 1057
   in base-promoted H/D exchange reactions of alkyl benchrotrenes, **8**, 1057
Benchrotrenylcarbenes
   electronic structures, **8**, 1058
Benkeser reduction, **2**, 47
Bent sandwich compounds
   alkenes
      conformation, **3**, 58
      bonding, **3**, 37
      conformation, **3**, 54
      theory, **3**, 28–47
Benzalacetophenone
   reaction with triphenylaluminum, **1**, 571
Benzalaniline
   reaction with organoaluminum compounds, **7**, 435, 436
   reaction with organoaluminum compounds and diazomethane, **7**, 439
Benzal chloride
   reaction with organoaluminum compounds, **7**, 400
Benzaldehyde
   azines
      azacarbonylation, **8**, 183
   reaction with bis(η^3-allyl)nickel complexes, **8**, 732
   reaction with butadiene
      nickel catalysed, **8**, 681
   reaction with organoaluminum compounds, **7**, 414
   reaction with pentacarbonyl(trimethylsilyl)manganese, **4**, 78
   reaction with trimethylaluminum, **7**, 415
Benzaldehyde, 4-chloro-
   reaction with organoaluminum compounds, **7**, 414
Benzaldehyde, o-(diphenylphosphino)-
   reaction with potassium tetrachloroplatinate, **6**, 602
Benzaldehyde, 4-methyl-
   reaction with organoaluminum compounds, **7**, 414
Benzaldehyde, 4-nitro-
   reaction with organoaluminum compounds, **7**, 414
Benzaluminepin
   formation, **1**, 639
Benzaluminole, 1,2,3-triphenyl-
   preparation, **1**, 639
Benzamidate ylides, N-(1-pyridinio)-
   cyclometallation
      rhodium complexes in, **5**, 396
Benzamide
   reductive silylation, **2**, 22
Benzanilides
   reaction with organoaluminum compounds, **7**, 438
Benzannulation, **8**, 837
Benzazepine
   preparation
      nickel catalysed, **8**, 736
Benzene
   boration, **2**, 317
   chlorination
      platinum(II) complexes in, **6**, 612
   π-complexes with mercury dihalides, **2**, 867
   dithallation, **7**, 499
   hydrogenation
      (η^6-arene)ruthenium complexes as catalysts in, **4**, 936
   hydrogen/deuterium exchange, **6**, 607
   lithiation, **1**, 55
      with lithium vapour, **1**, 64
   mercuration, **2**, 875
   nickel complexes, **6**, 230
   osmium complexes, **4**, 1022
   permercurated, **2**, 865
   radical anion alkali compounds, **1**, 109
   silylation
      boron trichloride catalyst, **2**, 317
   substituted
      synthesis, nickel catalysed, **8**, 650
   thallation, **7**, 499
   transfer hydrogenation
      catalysis by ruthenium complexes, **4**, 950
   1,2,3-trisubstituted
      synthesis, iron carbonyls in, **8**, 954
Benzene, alkyl-
   hydrogen/deuterium exchange, **6**, 610
   ring expansion
      organozinc compounds in, **2**, 848
Benzene, allyl-
   ruthenium complexes
      isomerization, **4**, 744
Benzene, azoxy-
   reaction with organoaluminum compounds, **7**, 440
   reaction with pentacarbonyliron, **4**, 298
Benzene, o-bis(phenylethynyl)-
   palladium dichloride complex, **6**, 369
Benzene, 1,2-bis(trimethylsilyl)-
   isomerization, **2**, 50
Benzene, boryl-
   ^{1}H NMR, **1**, 268
Benzene, bromo-
   hydroxycarbonylation
      mechanism, **8**, 198
   reaction with nickelimide, **6**, 80
Benzene, p-bromochloro-
   monoarylation, **8**, 911
Benzene, chloro-
   reaction with silicon, **2**, 307
Benzene, n-decyl-
   preparation, **8**, 421
Benzene, deuterio-
   synthesis, **2**, 537
Benzene, 1,2-dibromotetrafluoro-
   reaction with octacarbonyldicobalt, **5**, 196
Benzene, dichloro-
   silylation, **2**, 22
Benzene, diethynyl-
   polycyclooligomerization with phenylacetylene
      nickel catalysed, **8**, 652
Benzene, 1,2-diiodotetrafluoro-
   reaction with nickel tetracarbonyl, **6**, 9
Benzene, divinyl-
   –styrene resins
      as support for catalysts, **8**, 554
Benzene, ethyl-
   metallation, **1**, 56
      by alkali metals, **1**, 56
Benzene, 2-fluoro-
   reaction with dichlorocyclopentadienyltitanium and magnesium, **8**, 1082
Benzene, halo-
   reaction with tetrakis(triphenylphosphine)palladium, **6**, 252

Benzene, 1-halogeno-2-(halogenomagnesio)-
   preparation, **1**, 175
Benzene, hexabromo-
   exchange reaction with ethylmagnesium bromide, **1**, 165
Benzene, hexachloro-
   exchange reaction with ethylmagnesium bromide, **1**, 165
Benzene, hexafluoro-
   exchange reaction with ethylmagnesium bromide, **1**, 165
   nickel complexes, **6**, 230
Benzene, hexakis(trifluoromethyl)-
   nickel complexes, **6**, 229
   oxidative-addition reactions
      to platinum(0) complexes, **6**, 522
Benzene, hexamethyl-
   bis(η^6-arene), **6**, 230
   iron complex, **4**, 496
   ruthenium(II) complexes, **4**, 796
Benzene, iodo-
   preparation, **7**, 503
Benzene, nitro-
   hydrogenation, **8**, 332
   reaction with dodecacarbonyltriruthenium, **4**, 869
   reaction with hexamethyldisilane, **2**, 378
   reaction with pentacarbonyliron, **4**, 298
   reduction
      organoaluminum compounds in, **7**, 438
      ruthenium complexes as catalysts in, **4**, 938
      transfer hydrogenation from indoline to
         catalysis by ruthenium complexes, **4**, 949
Benzene, nitroso-
   reaction with pentacarbonyliron, **4**, 298
   reduction
      iron carbonyls in, **8**, 953
Benzene, pentafluoro-
   metallation, **1**, 163
Benzene, polychloro-
   silylation, **2**, 22
Benzene, polyfluoro-
   thallation, **7**, 499
Benzene, polymethyl-
   hydrogen/deuterium exchange, **6**, 611
Benzene, 1,2,4,5-tetrafluoro-
   metallation, **1**, 163
Benzene, 1,2,4,5-tetrakis(trimethylsilyl)-
   photolysis, **2**, 50
Benzene, 1,2,3,5-tetramethyl-
   metallation
      by alkali metals, **1**, 56
Benzene, 1,3,5-trichloro-
   metallation, **1**, 163
Benzene, 1,3,5-triethyl-
   reaction with acetylene
      catalysis by organoaluminum compounds, **7**, 405
Benzene, (triethylsilyl)-
   protodesilylation, **2**, 8
Benzene, ((trimethylsilyl)methyl)-
   charge transfer complex with tetracyanoethylene, **2**, 8
Benzene, 1,3,5-trinitro-
   reaction with (η^6-arene)tricarbonylchromium complexes, **3**, 1038
Benzene, 1,3,5-triphenyl-
   preparation, **8**, 411
Benzene-1,2-carbolactones
   reaction with organoaluminum compounds, **7**, 410
Benzene complexes
   distortion, **3**, 44
Benzene derivatives
   preparation from alkynes
      organoaluminum compounds in, **1**, 664
Benzeneplumbonic acid
   reaction with carboxylic acids, **2**, 657
Benzeneselenol
   reaction with methylgold(I) complexes, **2**, 807
Benzenethiol
   reaction with octacarbonyldicobalt, **5**, 43
   reaction with platinum(II)–carbon σ-compounds, **6**, 553
   reaction with unsaturated compounds, **7**, 602
Benzenethiol, o-amino-
   reaction with pentacarbonyl iron, **4**, 277
Benzenethiolates
   reaction with chloro(cyclooctadiene)rhodium dimer, **5**, 463
Benzhydrols
   reductive coupling
      catalysis by ruthenium complexes, **4**, 953
Benzhydrylamine, 4,4'-dimethoxy-
   reaction with allylic acetates, **8**, 820
Benzils
   preparation from chalcones, **7**, 479
   telomerization with butadiene, **8**, 442
   unsymmetrical
      synthesis, **7**, 497
Benzimidazole
   N-oxide
      reaction with organometallic compounds, **7**, 18
      reaction with chloropentaammineruthenium dichloride, **4**, 686
Benzobarrelene, tetrafluoro-
   rhodium complexes, **5**, 481
Benzoborepin
   preparation, **1**, 334
Benzobullvalene
   palladium dichloride complex, **6**, 366
Benzo[c]cinnoline
   reaction with iron carbonyl complexes, **4**, 299
Benzo crown ethers
   synthesis, **8**, 865
Benzocyclobutadiene
   iron-carbonyl complexes, **4**, 598
   iron complexes, **4**, 445
Benzocyclobutane, 4,5-bis(trimethylsilyl)-
   monodesilylation, **2**, 49
Benzocyclobutene
   synthesis
      catalysis by dicarbonylcyclopentadienylcobalt, **5**, 208
Benzocycloheptatriene
   reaction with hexacarbonylchromium, **3**, 1017
5H-Benzocyclononene,6,7,10,11-tetrahydro-
   trans-
      resolution, **6**, 659
Benzodicyclobutadiene
   iron-carbonyl complexes, **4**, 598
1,3,2-Benzodioxaborole, **7**, 190
   chemoselectivity, **7**, 191
   as hydroborating agent, **7**, 117, 190
Benzodisilacyclopentene
   preparation, **2**, 248
Benzodithiolanes, 2-alkoxy-
   reaction with organometallic compounds, **7**, 48
Benzofulvene ligands
   dinuclear iron carbonyl complexes, **4**, 585

Benzofuran
  arylation, **8**, 856
  synthesis, **8**, 891, 892
    Castro reaction, **7**, 691
Benzofuran, dihydro-
  synthesis, **8**, 891
Benzofuran, 2,3-dihydro-
  preparation
    organothallium compounds in, **7**, 473
Benzofuranone
  synthesis, **7**, 478
Benzohafnocyclopentane, bis(η-cyclopentadienyl)-
  preparation, **3**, 591
Benzoic acid
  decarbonylation
    nickel catalysed, **8**, 791
  methyl ester
    reaction with organoaluminum compounds, **7**, 409
    reductive silylation, **2**, 22
  o-substituted
    synthesis, **7**, 48
  telomerization with butadiene, **8**, 433
  thallation, **7**, 501
Benzoic acid, o-acyl-
  synthesis, **7**, 31
Benzoic acid, o-bromo-
  reductive dehalogenation, **7**, 687
Benzoic acid, 2,5-dihydro-
  methyl ester
    reaction with pentacarbonyliron, **8**, 940
Benzoic acid, 2-ferrocenyl-
  cyclization, **8**, 1025
Benzoic acid, 2-(ferrocenylmethyl)-
  cyclization, **8**, 1025
Benzoic acid, o-iodo-
  preparation, **7**, 501
Benzoic acid, thio-
  reaction with dichlorotris(triphenylphosphine)ruthenium, **4**, 714
Benzoic acids
  tricarbonyl chromium complexes
    pK values, **8**, 1051
Benzoin
  reaction with phenylboronic acid, **1**, 367
Benzoin, deoxy-
  preparation, **7**, 470
Benzolactams
  synthesis by azacarbonylation, **8**, 180
Benzonitrile
  complexes with organoberyllium compounds, **1**, 132
  complex with tetraethylaluminoxane, **1**, 596
  coordination with organoaluminum compounds, **1**, 592
  oxidative-addition reactions
    to platinum(0) complexes, **6**, 522
  palladium chloride complex, **6**, 238
  preparation from dinitrogen
    titanium complexes and, **8**, 1082
  reaction with organoaluminum compounds, **7**, 431
  reaction with organoaluminum compounds and diazomethane, **7**, 439
  reaction with pentacarbonylhalomanganese, **4**, 36
  reduction, **7**, 433
  reduction by organoberyllium hydrides, **1**, 143
  transfer hydrogenation from alcohols
    catalysis by ruthenium complexes, **4**, 949
  triethylgallium adduct, **1**, 701

trimethylgallium adduct, **1**, 701
Benzonorbornadiene
  carbalumination, **1**, 569
  hydroboration, **7**, 168
  reaction with thallium(III) compounds/trimethylsilyl azide, **7**, 496
  solvomercuration, **2**, 884
Benzonorbornadiene, $anti$-7-halogeno-
  reaction with magnesium, **1**, 172
Benzophenone
  alkenes from
    organotitanium compounds in, **3**, 273
  azines
    azacarbonylation, **8**, 183
  carbonylation, **8**, 171
  coupling
    actinide complexes in, **3**, 261
  hydralumination by triisobutylaluminum, **1**, 646
  organoaluminum complexes, **1**, 572
  reaction with dimethylphenylaluminum, **1**, 576
  reaction with diphenylberyllium, **1**, 148
  reaction with silyl ylides, **2**, 69
  reaction with trimethylaluminum, **1**, 594; **7**, 415
    kinetics, **1**, 645
  reduction
    organoaluminum compounds in, **7**, 421
  reduction by organoberyllium hydrides, **1**, 143
  reductive silylation, **2**, 23
  semicarbazone
    azacarbonylation, **8**, 182
  trimethylaluminum complex, **1**, 566
Benzophenone, thio-
  reaction with decacarbonyldirhenium, **4**, 221
  reaction with dodecacarbonyltriruthenium, **4**, 838, 881
  reaction with iron carbonyls, **8**, 954
  reaction with nonacarbonyldiiron, **4**, 274
Benzophenone anil
  reaction with organoaluminum compounds, **7**, 435
  reaction with triphenylaluminum, **1**, 571
Benzophenone azine, 4,4'-dimethyl-
  reaction with pentacarbonyliron, **4**, 299
Benzophenones
  asymmetric hydrosilylation, **8**, 481
Benzoquinoline
  reaction with dodecacarbonyltriruthenium, **4**, 868
Benzo[h]quinoline
  cyclometallation
    hydrated rhodium chloride in, **5**, 395
    rhodium complexes in, **5**, 396
Benzoquinone
  nickel complexes, **6**, 121
  reaction with allylboranes, **7**, 360
  reaction with organoboranes, **7**, 292
Benzoquinone, tetramethyl-
  reaction with cyclobutadienenickel complexes, **6**, 187
o-Benzoquinone
  reaction with nickel tetracarbonyl, **6**, 9
o-Benzoquinone, tetrachloro-
  reaction with chloro(cyclooctadiene)rhodium dimer, **5**, 464
  reaction with nickel carbonyl complexes, **6**, 32
p-Benzoquinone
  bis(η^6-arene), **6**, 230
  palladium(0) complexes, **6**, 246

reaction with organometallic compounds, **7**, 29
p-Benzoquinone, tetramethyl-
  nickel complexes, **6**, 116
Benzosemibullvalene
  reaction with iron–carbonyl complexes, **4**, 412
Benzosilacyclobutene, dimethyl-
  preparation, **2**, 238
Benzosilacyclobutene, diphenyl-
  preparation, **2**, 238
4,5-Benzo-1-silacyclohepta-2,4,6-trienes
  synthesis, **2**, 283
2,3-Benzosilacyclohept-2-ene
  preparation, **2**, 280
3,4-Benzosilacyclohept-3-ene
  preparation, **2**, 280
4,5-Benzosilacyclohept-4-ene
  preparation, **2**, 280
Benzosilacycloheptenes
  synthesis, **2**, 279
Benzosilacyclohexadiene
  preparation, **2**, 268
2,3-Benzo-1-silacyclohex-2-ene, 1,1-diphenyl-
  preparation, **2**, 268
Benzosilacyclohex-2-enes
  preparation, **2**, 268
3,4-Benzosilacyclohex-3-enes
  synthesis, **2**, 268
Benzosilacyclopentadienes
  preparation, **2**, 244
Benzosilacyclopentene
  preparation, **2**, 248
Benzosilacyclopentenes
  bromination, **2**, 250
  preparation, **2**, 244
2,3-Benzo-7-silanorbornadiene, 7,7-dimethyl-
  1,4,5,6-tetraphenyl-
  decomposition, **2**, 260
Benzosilaphenalene
  synthesis, **2**, 273
Benzo[*d*]silepins — *see* 4,5-Benzo-1-silacyclo-
  hepta-2,4,6-trienes
Benzo[*b*]silole
  formation, **2**, 255
  preparation, **2**, 254
Benzosiloles
  reactions, **2**, 255
Benzothiazole
  Grignard compounds, **1**, 164
  preparation
    nickel catalysed, **8**, 739
Benzothiazole, mercapto-
  reaction with dodecacarbonyltriruthenium, **4**,
    712, 837, 882
Benzothiazolium, 2-chloro-*N*-methyl-
  tetrafluoroborate
    reaction with pentacarbonylmanganates, **4**,
      41
Benzotitaniadithiacyclopentane, bis(η-cyclopenta-
  dienyl)-
  structure, **3**, 390
Benzotrichloride
  reaction with organoaluminum compounds, **7**,
    400
Benzotricyclooctatriene
  isomerization
    nickel catalysed, **8**, 629
1,3,2-Benzoxathiaborole
  hydroborating agent, **7**, 190
Benzoyl chloride
  reaction with acetylene and carbon monoxide
    nickel catalysed, **8**, 787
  reaction with dodecacarbonyltriiron, **4**, 628
Benzoyl isocyanate
  reaction with chlorotris(triphenylphosphine)-
    rhodium, **5**, 401
Benzoyl peroxide
  aluminum alkyl oxidation by, **1**, 653
  aluminum aryl oxidation by, **1**, 653
Benzozirconiacyclopentane, bis(η-cyclopentadi-
  enyl)-
  X-ray spectroscopy, **3**, 552
Benzozirconocyclopentane, bis(η-cyclopentadi-
  enyl)-
  preparation
2-Benzsuberone, 1-methyl-
  preparation, **7**, 471
2-Benzsuberone, 3-methyl-
  preparation, **7**, 471
Benzvalene
  structure, **1**, 34
Benzyl alcohol
  telomerization with isoprene, **8**, 446
  thallation, **7**, 501
Benzylamine
  palladation, **6**, 320
  preparation from dinitrogen
    titanium complexes and, **8**, 1082
  reductive silylation, **2**, 23
Benzylamine, *N*-[bis(dimethylamino)boryl]-
  α,α-dihalo-
  organonickel complexes, **6**, 897
Benzylamine, *N*,*N*-dialkyl-
  metallation, **6**, 592
  platinum(II) complexes
    reaction with carbon monoxide, **6**, 596
Benzylamine, *N*,*N*-dimethyl-
  metallation, **1**, 59
  reaction with pentacarbonylmethylmanganese,
    4, 79
Benzyl bromide
  reaction with decacarbonyldimanganese, **4**, 44
  reaction with potassium pentaborane, **1**, 447
Benzyl chloride
  co-condensation with palladium atoms, **6**, 403
  reaction with lithium tetra-*n*-butylborate, **7**,
    288
Benzyl cyanide
  reaction with allene
    nickel catalysed, **8**, 667
Benzyl halides
  coupling reactions
    nickel catalysed, **8**, 733
  reaction with calcium, barium or strontium, **1**,
    226
  reaction with cobalt(II) complexes, **5**, 90
  reaction with epoxides and carbon monoxide
    nickel catalysed, **8**, 786
  reaction with organoaluminum compounds, **7**,
    400
  reaction with organometallic compounds, **7**, 45
η³-Benzylic ligands
  metal shifts, **3**, 142
  palladium complexes, **6**, 398
Benzylideneamine, α-cuprio-
  oxidation, **2**, 746
  preparation, **2**, 750
Benzylimines
  aralkyl ketones
    reaction with thallium trinitrate, **7**, 484
Benzyl ligands

Benzyl ligands
   cyclopentadienylruthenium complexes, **4**, 785
   dicyclopentadienylvanadium complexes, **3**, 682
   fluctionality, **3**, 141
η^3-Benzyl ligands
   rhodium complexes, **5**, 506
Benzyl oxide, *o*-lithio-
   oxidation, **7**, 64
Benzyl radicals
   reaction with diazenido tungsten complexes, **8**, 1088
Benzyne
   polymer attached
     lifetime, **8**, 573
   preparation from 2-fluorobenzene, **8**, 1082
   reaction with allylic Grignard reagents, **1**, 170
   titanium complex, **8**, 1082
Benzyne, hexafluoro-
   reaction with octacarbonyldicobalt, **5**, 196
Benzyne ligands
   osmium cluster compounds, **4**, 1039
   in triosmium cluster, **4**, 1029
Berbines
   synthesis, **8**, 907
Berkelium
   ions
     properties, **3**, 175
Berkelium, chlorobis(cyclopentadienyl)-, **3**, 219
Berkelium, tris(cyclopentadienyl)-, **3**, 219
Berry pseudorotation
   coordinated η-butadienes, **3**, 111
   in iron-alkene complexes, **4**, 390
   mechanism
     organometallic compounds, **3**, 113
   organometallic compounds, **3**, 103, 110
Beryllaboranes
   synthesis, **1**, 462
Beryllahexaboranes, **1**, 144
Beryllium
   hexamethyldisilazane derivatives, **2**, 128
Beryllium, acyl-
   preparation, **7**, 23
Beryllium, acylhalo-, **1**, 138
Beryllium, alkyl(alkylselenyl)-, **1**, 135
Beryllium, alkyl(alkylthio)-, **1**, 135
Beryllium, alkyl-*t*-butoxy-
   anions, **1**, 140
Beryllium, alkyl-*t*-butyl-, **1**, 129
Beryllium, alkyl(dialkylamino)-, **1**, 136
Beryllium, (benzyloxy)methyl-
   disproportionation, **1**, 135
Beryllium, bis(*p*-chlorophenyl)-
   properties, **1**, 128
Beryllium, bis(3-(ethylthio)propyl)-, **1**, 129
Beryllium, bis(4-methoxybutyl)-, **1**, 129
Beryllium, bis(pentaboranyl)-
   structure, **1**, 498
Beryllium, bis(pentafluorophenyl)-
   complexes with THF, **1**, 130
Beryllium, bis(phenylethynyl)-
   complexes with amines, **1**, 131
   complexes with THF, **1**, 130
   properties, **1**, 128
Beryllium, bis(propynyl)(trimethylamine)-
   dimer
     structure, **1**, 17
Beryllium, bis(trichloromethyl)-
   synthesis, **1**, 124
Beryllium, (bis(trimethylsilyl)methyl)-
   preparation, **2**, 95
Beryllium, boranylpentaboranyl-
   structure, **1**, 498
Beryllium, bromoethyl-
   complex with dioxan, **1**, 138
Beryllium, *t*-butoxymethyl-
   tetramer, **1**, 133
Beryllium, *t*-butoxy(phenylethynyl)-
   polymeric, **1**, 134
Beryllium, *t*-butylchloro-
   complex with quinuclidine, **1**, 138
   properties, **1**, 138
Beryllium, *t*-butylhydrido-, **1**, 142
Beryllium, *t*-butylmethyl-
   trimer, **1**, 129
Beryllium, chlorocyclopentadienyl-
   vibrational spectra, **1**, 146
Beryllium, chloroethyl-
   complex with 2,2'-bipyridyl, **1**, 138
   properties, **1**, 138
Beryllium, chloromethyl-
   complexes with dimethyl sulphide, **1**, 130, 138
Beryllium, chloro(trichloromethyl)-
   synthesis, **1**, 124
Beryllium, cyanomethyl-, **1**, 138
Beryllium, cyclopentadienyl-
   structure, **1**, 146
Beryllium, cyclopentadienylmethyl-, **1**, 147
   bonding, **1**, 4
   structure, **1**, 22
Beryllium, (η^5-cyclopentadienyl)methyl-
   structure, **1**, 32
Beryllium, (η-cyclopentadienyl)pentaboranyl-
   structure, **1**, 498
Beryllium, cyclopentadienyl(pentafluorophenyl)-, **1**, 146
Beryllium, cyclopentadienylphenyl-
   NMR, **1**, 147
Beryllium, dialkyl-
   coordination complexes, **1**, 129
   properties, **1**, 124–129
   reactions with bidentate ligands containing acidic hydrogen atoms, **1**, 137
   reaction with alcohols, **7**, 56
   synthesis, **1**, 122–124
Beryllium, dialkynyl-
   properties, **1**, 128
Beryllium, diallyl-
   complexes with THF, **1**, 130
Beryllium, diaryl-
   properties, **1**, 128
Beryllium, dibenzyl-
   properties, **1**, 128
Beryllium, dibutyl-
   properties, **1**, 127
Beryllium, di-*t*-butyl-
   association, **1**, 124
   complexes, **1**, 130
   complexes with dimethyl ether, **1**, 130
   complexes with ethers, **1**, 130
   complexes with sulphides, **1**, 130
   complexes with THF, **1**, 130
   complex with dimethylamine, **1**, 136
   properties, **1**, 127
   separation from ethers, **1**, 122
   structure, **1**, 17
Beryllium, dicyclopentadienyl-, **1**, 144
Beryllium, diethyl-
   association, **1**, 124
   properties, **1**, 126
   separation from ethers, **1**, 122
   synthesis, **1**, 124

Beryllium, diisobutyl-
 properties, **1**, 127
Beryllium, diisopropyl-
 properties, **1**, 127
Beryllium, dimethyl-
 association, **1**, 124
 complex with dimethyl ether, **1**, 130
 complex with dimethyl sulphide, **1**, 130
 coordination complexes, **1**, 129
 polymer
  structure, **1**, 18
 properties, **1**, 125
 reaction with carbon dioxide, **1**, 148
 separation from ethers, **1**, 122, 123
 solubility, **1**, 125
 structure, **1**, 16
 synthesis, **1**, 123, 124
 trimethylaluminum system
  NMR, **1**, 147
Beryllium, (dimethylamino)methyl-
 trimer
  NMR, **1**, 136
Beryllium, di-1-naphthyl-
 properties, **1**, 128
Beryllium, dineopentyl-
 properties, **1**, 128
Beryllium, diphenyl-
 complexes with dimethyl ether, **1**, 130
 complexes with dimethyl sulphide, **1**, 130
 complexes with ethers, **1**, 130
 electron impact studies, **1**, 128
 properties, **1**, 128
 reaction with benzophenone, **1**, 148
 separation from ethers, **1**, 123
 synthesis, **1**, 123
Beryllium, dipropyl-
 complexes with ethers, **1**, 130
 properties, **1**, 127
Beryllium, dipropynyl-
 complexes with THF, **1**, 130
 complexes with trimethylamine, **1**, 131
Beryllium, di-*m*-tolyl-
 properties, **1**, 128
Beryllium, di-*o*-tolyl-
 properties, **1**, 128
Beryllium, di-*p*-xylyl-
 properties, **1**, 128
Beryllium, ethyl(2-ethyl-2-methylpentyl)-
 synthesis, **1**, 124
Beryllium, ethylhydrido-, **1**, 142
Beryllium, hydridoisopropyl-, **1**, 142
Beryllium, hydridomethyl-, **1**, 142
 complexes with ethers, **1**, 143
 reduction of iodomethane by, **1**, 143
Beryllium, isobutylhydrido-, **1**, 142
Beryllium, methoxymethyl-
 tetramer, **1**, 133
  disproportionation, **1**, 135
Beryllium, (+)-[(*R*)-2-methylbutyl]-
 properties, **1**, 128
Beryllium, methylpropoxy-
 tetramer, **1**, 134
Beryllium, methylpropynyl-
 complexes with trimethylamine, **1**, 131
 dimer, **1**, 128
Beryllium, methylpropynyl(trimethylamine)-
 dimer
  structure, **1**, 17
Beryllium, methyl(trimethylsilyloxy)-
 tetramer, **1**, 134
Beryllium, triethylhydridodi-, **1**, 142

Beryllium, (trimethylsiloxy)methyl-
 structure, **2**, 156
Beryllium carbide, **1**, 125
closo-Beryllium carboranes, **1**, 148
Beryllium compounds
 covalence, **1**, 122
 toxicity, **1**, 122
Beryllocarboranes, **1**, 543
Betaine
 in metal methylation, **2**, 983
Biacetyl
 bianil
  reaction with nickel tetracarbonyl, **6**, 9
 bis(dimethylhydrazone)
  reaction with nickel tetracarbonyl, **6**, 18
 dimerization
  nickel catalysed, **8**, 737
 telomerization with butadiene, **8**, 442
Biaryls
 coupling reactions with aryl halides, **8**, 911
 preparation, **7**, 505, 507
  from arylmercurials, **7**, 683
  Ullmann reaction, **7**, 685, 688
 synthesis, **3**, 656; **7**, 334
  arylmercurials in, **2**, 956
Bicarbonates
 formation
  in carbon dioxide reactions with transition
   metal complexes, **8**, 238
  in carbonic acid reaction with transition
   metal hydrides, **8**, 249
 palladium complexes, **6**, 333
Bicyclic systems
 synthesis
  tricarbonyldieneiron complexes in, **8**, 1002
Bicyclobutane
 cooligomerization with alkenes
  nickel catalysed, **8**, 639
 palladium complexes, **6**, 365
 structure, **1**, 34
 synthesis, **7**, 89
Bicyclo[1.1.0]butane
 synthesis, **7**, 699
Bicyclo[1.1.0]butanes
 rearrangement
  silver catalysed, **7**, 723
Bicyclocyclopropane, **6**, 365
Bicyclo[4.3.0]decane
 synthesis, **8**, 832
Bicyclo[6.2.0]deca-1,3,5,7,9-pentaene
 iron–carbonyl complexes, **4**, 598
Bicyclo[4.2.2]deca-2,4,7,9-tetraene
 preparation, **3**, 1061
Bicyclo[4.2.2]deca-2,5,7,9-tetraene
 palladium complex, **6**, 366
Bicyclo[6.2.0]decatriene
 reaction with nonacarbonyldiiron, **4**, 599
Bicyclo[6.2.0]deca-2,4,6-triene
 dinuclear ruthenium complexes
  NMR, **4**, 832
 iron–carbonyl complexes, **4**, 598
 reaction with dodecacarbonyltriruthenium, **4**, 752
Bicycloheptadiene
 hydrosilylation, **6**, 675
 nickel complexes, **6**, 111
Bicyclo[2.2.1]heptadiene — *see* Norbornadiene
Bicyclo[2.2.1]heptane, 2-*exo*-(chloromercuri)-3-*exo*-acetoxy-
 crystal structure, **2**, 885

Bicyclo[2.2.1]heptan-2-one

Bicyclo[2.2.1]heptan-2-one
   reaction with organoaluminum compounds, **7**, 416
Bicyclo[2.2.1]heptene
   reaction with iron carbonyl compounds, **8**, 159
Bicyclo[2.2.1]hept-2-ene
   hydroalumination, **7**, 383
Bicyclo[2.2.1]hept-2-ene, 5-cyano-
   hydrocyanation, **8**, 355
Bicyclo[2.2.1]hept-2-ene, (±)-*exo*-5-methyl-
   polymerization
     catalysts, **8**, 540, 544
Bicyclo[2.2.1]hept-2-ene, 7-methylene-
   reaction with palladium isocyanide complexes, **6**, 317
Bicyclo[3.2.0]hept-2-ene
   η^3-palladium complexes, **6**, 395
Bicyclo[2.2.0]hexadiene, hexamethyl-
   π-allylpalladium chloride dimers from, **8**, 807
Bicyclo[2.2.0]hexa-2,5-diene, hexafluoro-
   reaction with pentacarbonylhydridorhenium, **4**, 219
Bicyclo[2.2.0]hexa-2,5-diene, 2-methoxycarbonyl-
   tricarbonylcyclobutadieneiron as source, **8**, 977
Bicyclo[3.1.0]hex-2-ene, *endo*-6-vinyl-
   reaction with (acetylacetone)bis(ethylene)rhodium, **5**, 509
1,1'-Bicyclohexenyl
   hydroboration, **7**, 205
Bicyclo[3.3.1]nona-2,6-diene, **6**, 639
   cyclic hydroboration, **7**, 213
   palladium complexes, **6**, 364
Bicyclononanone
   preparation
     nickel catalysed, **8**, 776
Bicyclononasilane
   structure, **2**, 386
Bicyclo[6.1.0]nona-2,4,6-triene
   reaction with dicarbonylcyclopentadienylcobalt, **5**, 230
Bicyclo[2.2.2]octadiene, **2**, 884
   preparation, **2**, 275
Bicyclo[3.2.1]octa-2,6-diene
   reaction with dodecacarbonyltriruthenium, **4**, 747, 854
Bicyclo[3.2.1]octa-2,7-diene, **2**, 884
Bicyclo[4.2.0]octa-2,4-diene
   mixture
     reaction with dodecacarbonyltriruthenium, **4**, 851
   ruthenium complexes, **4**, 752
Bicyclo[4.2.0]octa-2,4-diene ligands
   cobalt complexes
     protonation, **5**, 239
η^4-Bicyclo[4.2.0]octa-2,4-diene ligands
   iron complexes, **4**, 503
Bicyclo[5.1.0]octadiene
   tricarbonyliron complexes, **8**, 1006
Bicyclo[5.1.0]octa-2,5-diene
   palladium dichloride complex, **6**, 366
Bicyclo[2.2.2]octane, 1-bromo-
   reaction with organoaluminum compounds, **7**, 399
Bicyclo[2.2.2]octane, 2,3,5,6-tetrakis(methylene)-
   reaction with dodecacarbonyltriruthenium, **4**, 751
Bicyclooctatetraenyl
   reaction with dodecacarbonyltriruthenium, **4**, 853

η^4-Bicyclo[4.2.0]octatriene
   tricarbonyliron complexes, **8**, 1006
Bicyclo[2.2.2]octene
   solvomercuration, **2**, 884
Bicyclo[3.2.1]oct-2-ene
   synthesis, **7**, 383
Bicyclo[3.3.0]oct-2-ene, **7**, 383
Bicyclo[3.3.0]-Δ^7-octen-1-one
   synthesis, **7**, 543
Bicyclopentane
   cooligomerization with alkenes
     nickel catalysed, **8**, 639
Bicyclo[2.1.0]pentane, *anti*-5-(trimethylsilyl)-
   preparation, **2**, 31
1,1'-Bicyclopentenyl
   hydroboration, **7**, 205
2-*trans*,8-*trans*,*trans*-Bicyclo[8.4.0]tetradeca-
diene
   resolution, **7**, 250
Bicyclo[8,2,2]tetradeca-5,10,11,13-tetraene
   trans-
     resolution, **6**, 659
Bicyclo[4.4.1]undeca-3,5,7,9-pentaene
   reaction with hexacarbonylmolybdenum, **3**, 1172
Bicyclo[4.4.1]undeca-1,3,5,7,9-pentaene
   reaction with hexacarbonylchromium, **3**, 960
Biferrocenyl
   ligand exchange reactions, **8**, 1049
Bifluorenylidene
   hydrostannation, **2**, 589
Biladiene, 1,19-dideoxy-
   carbonyl rhodium complexes, **5**, 292
Bimetallic systems
   fluctionality, **3**, 152
1,1'-Binaphthyl
   chiral phosphine complexes
     in asymmetric hydrogenation, **8**, 469
1,1'-Binaphthyl, 2,2'-dimethyl-
   preparation
     nickel catalysed, **8**, 742
Binding constants
   of alkenes and arenes at rhodium, **8**, 317
Biocompatibility
   silicones, **2**, 359
Biological activity
   organotin compounds, **2**, 608–610
Biological applications
   triorganotin compounds, **2**, 610–614
Biomagnification
   organometallic contaminants, **2**, 981
Biomethylation, **2**, 980
Biphenyl
   dithallation, **7**, 499
   metal complexes
     electronic properties, **8**, 1062
   radical anion alkali compounds
     preparation, **1**, 109
   reaction with alkaline earth metals, **1**, 235
   synthesis, **8**, 918
   unsymmetrical
     preparation, Ullmann reaction, **7**, 688
Biphenyl, 2,2'-dilithio-
   reaction with carbonyl(η-cyclopentadienyl)di-
iodorhodium, **5**, 408
Biphenyl, 2,2'-dinitro-
   preparation
     Ullmann reaction, **7**, 687
Biphenyl, α,α'-divinyl-
   metathesis reactions, **8**, 509
Biphenylene
   preparation

Ullmann reaction, **7**, 686
synthesis, **7**, 82
Biphosphine
  reaction with nonacarbonyldiiron, **4**, 257
Bipyridyl
  dicyclopentadienylvanadium complexes, **3**, 680
  organoindium compound adducts, **1**, 707
  reaction with cyclobutadienenickel complexes, **6**, 186
  reaction with hexacarbonylvanadium, **3**, 652
  reaction with nonacarbonyldiiron, **4**, 257
  reaction with organocobalt(III) complexes, **5**, 146
  ruthenium complexes, **4**, 704
  vanadium complexes, **3**, 666
2,2′-Bipyridyl
  butylnitratomercury complexes, **2**, 941
  complexes with organoberyllium compounds, **1**, 133
  complex with chloromethylberyllium, **1**, 138
  manganese carbonyl complexes, **4**, 18
  methylmercury complexes
    structure, **2**, 929
  organomercury complexes
    solution studies, **2**, 937
  organozinc complexes, **2**, 831
  phenylmercury complexes
    solution studies, **2**, 941
  preparation, **8**, 418
  reaction with decacarbonyldimanganese, **4**, 12, 15
  reaction with dodecacarbonyltriruthenium, **4**, 869
Birch reduction
  arylsilanes, **2**, 47
  benzylsilanes, **2**, 47
Birds
  organomercury content
    detection, **2**, 1007
Biruthenocenyl
  preparation, **4**, 773
Bisbenzocycloheptanone
  preparation
    nickel catalysed, **8**, 786
Bis(borinane)
  synthesis, **7**, 211
Bis(borinato)cobalt complexes
  cyanide degradation, **1**, 394
  reduction, **1**, 397
Bis(borinato)metal complexes
  redox potentials
    redox reactions, **1**, 396
Bis(borolane)
  structure, **7**, 210
10,10′-Bis(1-carba-*closo*-decaborane)
  synthesis, **1**, 430
Bis(cobaltacarboranes)
  linked-cage
    preparation, **1**, 494
1,1′-Bis(1,10-dicarbadecaborane)
  synthesis, **1**, 430
1,1′-Bis(1,2-dicarbadodecaborane)
  synthesis, **1**, 430
1,5′-Bis(2,4-dicarba-*closo*-heptaborane)
  NMR, **1**, 419
2,2′-Bis(dicarbapentaborane)
  methyl derivatives, **1**, 438
2,2′-Bis(1,5-dicarbapentaborane)
  synthesis, **1**, 429

5,5′-Bis(dimethyldicarbahexaborane)
  synthesis, **1**, 430
7,7′-Bis(dodecahydrodecaborates)
  organotransition metal complexes, **6**, 936
Bisfluorenylidene
  dianion alkali metal compounds
    structure, **1**, 113
Bis(fulvaleneiron)
  preparation, **8**, 1061
Bishomocubane
  rearrangement
    silver catalysed, **7**, 723
1,8-Bishomocubane
  isomerization
    nickel catalysed, **8**, 629
Bis(imidazole) ligands
  carbonyl rhodium complexes, **5**, 292
Bismuth
  organosilyl derivatives, **2**, 146–154
  promoter
    in synthesis of organochlorosilanes by direct process, **2**, 307
  properties, **2**, 683
Bismuth, pentaphenyl-
  reaction with isopropyl alcohol, **2**, 698
Bismuth, trialkyl-
  cleavage, **2**, 688
Bismuth, triethyl-
  oxidation, **2**, 691
Bismuth, trimethyl-
  structure, **1**, 3
  thermal stability, **1**, 7
Bismuth, tris(ferrocenyl)-
  preparation, **2**, 757
Bismuth alkyls
  preparation by electrolysis of aluminate complexes, **1**, 656
Bismuth heterocycles, **2**, 692
  preparation, **1**, 38
Bismuthine
  organogermyl
    physical properties, **2**, 468
  silyl, **2**, 154
Bismuthine, trisilyl-
  preparation, **2**, 154
Bismuth ylides
  formation, **1**, 36
  preparation, **2**, 698
  structure, **1**, 5
Bis(trimethylsilyl)amine — *see* Disilazanes, hexamethyl-
Block copolymers
  cyclosiloxanes, **2**, 326
  ethylene/propylene
    Ziegler–Natta polymerization processes for, **3**, 507
  preparation using Ziegler–Natta catalysts, **3**, 543
  silicone composite structure, **2**, 338
Blocking groups
  9-borabicyclo[3.3.1]nonane as, **1**, 321
Boiling points
  organoaluminum compounds, **1**, 582
Boltzmann distribution
  organometallic compound energy levels
    spin saturation transfer, **3**, 95
Bombykol
  synthesis, **8**, 838
Bond angles
  in polydimethylsiloxane, **2**, 334
  triorganothallium compounds, **1**, 737

Bond cleavage
  C—C
    metallacycles, **8**, 532
  in organothallium compounds, **1**, 747
Bond dissociation energy
  aluminum alkyls, **1**, 617
  boron–carbon, **1**, 257
  cobalt–carbon, **5**, 42, 101
  hydrogen–aluminum, **1**, 618
  methyl–aluminum, **1**, 617
  ruthenocene, **4**, 762
  transition metal carbonyl complexes, **3**, 24
  trimethylaluminum, **1**, 617
σ-Bonded organic ligands
  in organic synthesis, **8**, 957–964
Bond energies
  ruthenium cluster carbonyls, **4**, 666
Bond enthalpy
  main group organometallic compounds, **1**, 5
Bond enthalpy values
  metal carbonyls, **4**, 616
Bonding
  in alkyl and aryl alkali metal compounds, **1**, 77–80
  aluminum–metal, **1**, 622
  in boranes and carboranes, **1**, 466
  in boron cage compounds, **1**, 463
  of carbonyl complexes to transition metals, **3**, 2
  in dicyclopentadienylvanadium complexes, **3**, 685
  monomeric organoaluminum compounds
    structure and, **1**, 616
  organoalkali metal compounds, **1**, 45
  organoaluminum compounds, **1**, 585
  organoborane, **1**, 256
  organocopper compounds, **2**, 737–739
  organohafnium compounds, **3**, 551
  organosilver compounds, **2**, 737–739
  organozinc compounds, **2**, 825
  organozirconium compounds, **3**, 551
  in rhodium(cyclooctadiene)(cyclopentadienyl) complexes, **5**, 467
  transition metal carbonyl fragments, **3**, 16
  transition metal carbonyls, **3**, 15
  unsaturated compounds to transition metals, **3**, 1–80
  vanadocene, **3**, 673
Bond lengths
  boron–carbon, **1**, 257, 258, 263
  carbon–aluminum, **1**, 617
  cyclobutadiene transition metal complexes, **3**, 47
  germanium–nitrogen, **2**, 454
  manganese–manganese, **4**, 19
  metal–carbon, **1**, 10
  organogallium compounds, **1**, 699
  organogallium halides, **1**, 704
  organoindium compounds, **1**, 699
  organoindium halides, **1**, 704
  in polydimethylsiloxane, **2**, 333
  silicones, **2**, 333
  transition metal alkene complexes, **3**, 49
  tricarbonyl(diene)iron, **4**, 449
  in trimethylaluminum complexes, **1**, 616
Bonds
  acetylene–platinum, **6**, 535, 691
  actinide–carbon, **3**, 246
  acyclic germanium–nitrogen, **2**, 448
  alkene–metals
    rotation, **3**, 105
  alkene–rhodium(I), **5**, 423
  alkyl–aluminum, **1**, 607
    isomerization, **1**, 666
    reaction with molecular oxygen, **1**, 650
    reactivity, **1**, 635
  s-alkyl–aluminum
    preparation by isomerization, **1**, 666
  alkyl carbon–hydrogen
    cyclometallation, rhodium complexes in, **5**, 394
  alkyl–gold(I), **2**, 805
  alkyl–metal
    in Ziegler–Natta polymerization, **3**, 488
  alkyl–platinum(II), **6**, 539
  alkylpolysilanes, **2**, 388
  alkyl–transition metal, **3**, 77
  alkyne–metals
    rotation, **3**, 109
  alkynyl–platinum(II), **6**, 540
  allyl–aluminum
    deuterolysis, **1**, 669
    reactivity, **1**, 635
  π-allyl–metal
    in Ziegler–Natta diene polymerization, **3**, 503
  aluminum–carbon, **1**, 562
    heterolysis, **1**, 565
    reactions, **1**, 635
    reaction with acid anhydrides, **1**, 650
  aluminum–sp^2-carbon
    configurational change at, **1**, 604
  aluminum–sp^3-carbon
    configurational change and, **1**, 603
  aluminum–chiral carbon
    carbonyl insertion reactions, **1**, 646
  aluminum–crotyl, **1**, 641
  aluminum–hydrogen
    reactions, **1**, 635
  aluminum–metal, **1**, 599
  aluminum–propargyl
    deuterolysis, **1**, 669
  aluminum–secondary carbon
    in bridging, **1**, 612
  aluminum–silicon, **7**, 614
  aluminum–vinyl
    reactions, **1**, 661
    reactivity, **1**, 635
  aluminum–vinylic carbon
    stereoselective cleavage, **1**, 661
  antimony–germanium, **2**, 467
    properties, **2**, 467
  antimony–iron, **4**, 633
  arene–chromene, **3**, 1034
  arene–chromium, **3**, 986, 988, 1028
  arene–molybdenum, **3**, 1206
  argentated iron–iron, **4**, 571
  aromatic carbon–germanium
    cleavage, **2**, 414
  aromatic carbon–halogen
    cleavage by diorganoaluminum hydride, **1**, 660
  aromatic carbon–nitrogen
    cleavage by diorganoaluminum hydride, **1**, 660
  aromatic carbon–oxygen
    cleavage by diorganoaluminum hydride, **1**, 660
  aromatic carbon–sulfur
    cleavage by diorganoaluminum hydride, **1**, 660
  arsenic–germanium, **2**, 467

properties, **2**, 467
aryl–aluminum
   reactivity, **1**, 635
aryl–copper, **2**, 738
aryl–gold(I), **2**, 805
aryl–mercury
   protonolysis, **2**, 965
aryl–platinum(II), **6**, 532, 540
aryl–tin
   acidolysis, **2**, 537
benzyl–aluminum
   deuterolysis, **1**, 669
benzyl–silicon
   cleavage, **2**, 48
beryllium–carbon, **1**, 124, 125
bismuth–germanium, **2**, 467
   properties, **2**, 467
boron–carbon, **1**, 443; **7**, 255
   molecular orbitals, **1**, 383
   partial double bond character, **1**, 256
boron–carbon–nitrogen, **1**, 383
boron–carbon–sulfur, **1**, 383
boron–gallium, **1**, 714
boron–indium, **1**, 714
boron–metal
   ^{11}B NMR, **1**, 384
   reactivity, **1**, 384
boron–nitrogen, **1**, 383
boron–transition metal, **6**, 879–941
bromine–carbon
   formation, **7**, 75
bromine–lead, **2**, 631
bromine–silicon, **2**, 178
cadmium–carbon
   hydrogermolysis, **2**, 469
cadmium–germanium
   insertion reactions, **2**, 439
cadmium–metal
   organocadmium compounds, **2**, 857
cadmium–nitrogen
   organocadmium compounds, **2**, 857
cadmium–oxygen
   organocadmium compounds, **2**, 856
cadmium–palladium, **6**, 1003
cadmium–sulfur
   organocadmium compounds, **2**, 856
carbene–metal
   rotation, **3**, 99, 103
carbene–palladium, **6**, 298
carbon–carbon
   cleavage, **8**, 326
   formation, **7**, 2–53
   formation *via* alkenylboron compounds, **7**, 309, 318
   formation *via* alkynylboron compounds, **7**, 338
   formation *via* allylboron compounds, **7**, 357, 358
   formation from alkynylboron compounds, **7**, 344
   formation from arylboron compounds, **7**, 328, 334
   formation *via* organoborane free radical reactions, **7**, 291
   formation *via* organoboranes and organoborates, **7**, 277
   preparation, organoaluminum compounds in, **1**, 660
   rotation, **1**, 101
carbon–carbon multiple
   addition of organoalkali metal compound to, **1**, 63
carbon–chlorine
   formation, **7**, 75
carbon–chromium, **3**, 806
carbon–cobalt, **5**, 101
   cleavage, **5**, 60
carbon–σ-cobalt(I), **5**, 52
carbon–σ-cobalt(II), **5**, 78
carbon–cobalt(III)
   preparation, **5**, 81
carbon–copper
   cleavage by electrophiles, **2**, 744
   homolytic scission, **2**, 747
   isocyanide insertion reactions, **2**, 721
   reactivity, **2**, 743–760
carbon dioxide–metal, **8**, 231, 238
carbon–fluorine
   formation, **7**, 74
carbon–gallium, **1**, 714
carbon–germanium, **2**, 403–418
   cleavage, **2**, 414
   germanium centred radical preparation from, **2**, 475
   homolytic scission, **2**, 417
   insertion reactions, **2**, 417
   organogermanium hydroxides and oxides preparation from, **2**, 305
   preparation, **2**, 403–411
carbon–gold
   cleavage, **2**, 804, 805
   gold(III) complexes, **2**, 783–785
carbon–gold(III)
   cleavage, **2**, 805
carbon–hafnium, **3**, 637
carbon–halogen
   formation, **7**, 74
   germylene insertion reactions, **2**, 482
   insertion of palladium into, **6**, 256
   metallation by rhodium, **5**, 378–392
   preparation, organoaluminum compounds in, **1**, 663
carbon–heteroatom
   formation *via* alkenyl boron compounds, **7**, 305
   formation *via* alkylboron compounds, **7**, 270
   formation *via* alkynylboron compounds, **7**, 338
   formation *via* arylboron compounds, **7**, 326
carbon–hydrogen
   activation, **6**, 592–613
   activation by tungstenocene derivatives, **3**, 1352
   cleavage, **8**, 326
   formation, **7**, 53
   metallation, rhodium complexes in, **5**, 393
   metallation by rhodium complexes, **5**, 392–397
   organoaluminum compounds in formation, **1**, 659
   α to ketone groups, metallation, **5**, 389
carbon–indium, **1**, 714
carbon–intracyclic germanium, **2**, 406
   polarizability, **2**, 415
carbon–iodine
   formation, **7**, 76
carbon–iron, **4**, 343, 344, 386
   in allyl–iron complexes, **4**, 420
   cleavage, **4**, 352
   in conjugated diene–iron complexes, **4**, 455
   oxidative cleavage, **4**, 357
   polynuclear iron hydrocarbon complexes, **4**, 615
carbon–lead, **2**, 630, 631

Bonds

energy, **2**, 636
carbon–manganese, **4**, 86
carbon–magnesium, **1**, 180
carbon–manganese, **4**, 114
carbon–mercury
  reactions, **2**, 952
carbon–metal, **1**, 9, 10
  catalyst support on, **8**, 558
  cleavage in hydrogenation, **8**, 307
  germylene insertion reactions, **2**, 483
  as growth centre in Ziegler–Natta diene polymerization, **3**, 503
  preparation, organoaluminum compounds in, **1**, 663
  rotation, **3**, 99, 100
  stability, **1**, 5
carbon–metalloid, **1**, 2
carbon–niobium, **3**, 724
carbon–nitrogen, **7**, 12–22; **8**, 1081, 1087
  formation, **7**, 57
carbon–oxygen, **7**, 23–53
  formation, **7**, 63
  preparation, organoaluminum compounds in, **1**, 662
carbon–palladium, **6**, 333, 334
  acetylene insertion reactions, **6**, 459
  carbon monoxide insertion reactions, **6**, 281, 325
  insertion reactions, **6**, 326
  stabilization, **6**, 307
carbon–phosphorus
  formation, **7**, 60
carbon–platinum, **3**, 53
  metallated complexes, **6**, 595
carbon–platinum(II), **6**, 540
carbon σ-rhodium, **5**, 473
  carbon monoxide insertion, **5**, 378–392
  formation, **5**, 388
  insertion of alkenes and alkynes into, **5**, 397–401
  synthesis, **5**, 401
carbon–ruthenium, **4**, 686
carbon–selenium
  formation, **7**, 65–74
carbon–silicon
  cleavage, **2**, 28, 59
  electrophilic attack, **2**, 28
  electrophilic cleavage, **2**, 37
  preparation, **2**, 20–26
  preparation, Grignard reagents in, **1**, 194
carbon–silicon double, **2**, 80
  characterization, **2**, 80–83
  polarity, **2**, 82
  preparation, **2**, 80–83
carbon–silicon multiple, **2**, 80–86
carbon–silicon rings, **2**, 207
carbon–silver
  cleavage by electrophiles, **2**, 744
  homolytic scission, **2**, 747
  insertion of carbon–carbon unsaturated compounds, **2**, 752
  reactivity, **2**, 743–760
carbon–sulfur
  carbophilic addition reactions, **7**, 40
  formation, **7**, 65–74
  preparation, organoaluminum compounds in, **1**, 663
carbon–tantalum, **3**, 724
carbon–tellurium

  formation, **7**, 65–74
carbon–thallium, **7**, 467
carbon–thorium, **3**, 246
  hydrogenolysis, **3**, 252
carbon–titanium, **3**, 272
  metallocycles, **3**, 413
carbon σ-transition metal
  insertion of carbon monoxide into, **5**, 381
carbonyl–palladium, **6**, 281
carbonyl–platinum, **6**, 475
carbonyl–platinum clusters, **6**, 478
carbon–zirconium, **3**, 637
  insertion of acetylene, **3**, 585
carborane *exo*-cage B—C, **1**, 438
carborane *exo*-cage B—Ge, **1**, 438
carborane *exo*-cage B—N, **1**, 439
carborane *exo*-cage B—O, **1**, 440
carborane *exo*-cage B—P, **1**, 439
carborane *exo*-cage B—Pb, **1**, 438
carborane *exo*-cage B—S, **1**, 440
carborane *exo*-cage B—Si, **1**, 438
carborane *exo*-cage B—Sn, **1**, 438
carborane C—B, **1**, 444
chlorine–lead, **2**, 631
  energy, **2**, 636
chlorine–platinum, **6**, 539
chlorine–rhodium
  alkyne insertion reaction, **5**, 390
chlorine–silicon, **2**, 5
cobalt–mercury, **6**, 988
copper–copper, **2**, 737
copper–silicon, **7**, 613
η^4-cyclobutadiene–platinum complexes, **6**, 733
cycloheptatriene–molybdenum, **3**, 1224
cyclopentadienyl–tin, **2**, 542
η-cyclopentadienyl–titanium, **3**, 382
element–mercury
  vibrational spectroscopy, **2**, 943
ethylene–rhodium, **5**, 420, 435
fluorine–silicon, **2**, 5
fluoroalkyl–manganese, **4**, 98
fluorocarbons–platinum(II), **6**, 540
gallium–germanium, **2**, 470
gallium–nitrogen, **1**, 715, 716
gallium–oxygen, **1**, 716, 717
gallium–sulfur, **1**, 719
germanium–germanium
  cleavage, **2**, 415
  preparation, **2**, 439
germanium–halogen, **2**, 418–424
  ammonolysis or aminolysis, **2**, 447
  carbene insertion reactions, **2**, 424
  epoxide insertion reactions, **2**, 438
  germanium centred radical preparation from, **2**, 473
  germylene insertion reactions, **2**, 424
germanium–hydrogen, **2**, 424–433
  polarity, **2**, 427
  reactivity, **2**, 430
germanium–lanthanide, **3**, 208
germanium–metal, **2**, 468–473
  chemical properties, **2**, 471
germanium–nickel, **6**, 206
germanium–nitrogen, **2**, 447–458
  basicity, **2**, 504
  chemical properties and reactivity, **2**, 454

cleavage, **2**, 454
hydrolysis, **2**, 305
organogermanium hydroxide or oxide preparation from, **2**, 438
synthesis, **2**, 447
germanium–oxygen, **2**, 435–443, 440
basicity, **2**, 504
carbonyl insertion reactions, **2**, 440
cleavage by amines, **2**, 448
hydrogermolysis, solvent effect, **2**, 428
insertion reactions, **2**, 442
reactivity, **2**, 441
germanium–phosphorus, **2**, 458–466
cleavage by amines, **2**, 448
hydrolysis, **2**, 305
insertion reactions, **2**, 463
organogermanium hydroxide or oxide preparation from, **2**, 438
reaction with phenylacetylene, **2**, 463
germanium–praseodymium, **3**, 208
germanium–rhenium, **4**, 204
germanium–selenium, **2**, 443–447
germanium–sulfur, **2**, 443–447
germanium–tellurium, **2**, 443–447
germanium–thallium, **2**, 470
gold–gold, **2**, 778, 782
gold–styryl, **2**, 803
gold(I)–vinyl, **2**, 805
Group IV–transition metal, **6**, 1101–1110, 1102
d_π–d_π interaction, **6**, 1108
structural features, **6**, 1106
halogen–hydrogen
germylene insertion reactions, **2**, 482
halogen–lead
force constant data, **2**, 632
halogen–mercury
carbene insertion reactions, **2**, 891
halogen–metal
germylene insertion reactions, **2**, 483
halogen–rhodium
insertion reactions of diazocyclopentadienes, **5**, 466
halogen–ruthenium
reactions, **4**, 784
halo–palladium
insertion reactions, **6**, 326
heteroelement–metal
germylene insertion reactions, **2**, 484
heteronuclear metal–metal
characterization, **6**, 788
comprehensive listings, **6**, 823
distances, **6**, 801
reactivity, **6**, 808
synthetic methods, **6**, 768
transition metals, **6**, 763–873
heteronuclear metal–metal dinuclear compounds, **6**, 824
hydride–platinum(II)
insertion reactions, **6**, 706
hydrocarbon–iron, **4**, 391
hydrogen–lead
energy, **2**, 636
hydrogen–metal
germylene insertion reactions, **2**, 483
hydrogen–nitrogen
formation from dinitrogen, **8**, 1092–1096
hydrogen–palladium
acetylene insertion reactions, **6**, 460
hydrogen–rhodium
insertion of alkenes and alkynes into, **5**, 397–401
insertion of dienes into, **5**, 494
hydrogen–ruthenium, **4**, 651
propene insertion into, **4**, 746
hydrogen–silicon
carbene insertion, **2**, 111
preparation, **7**, 614–626
silylene insertion reactions, **2**, 111
indium–nitrogen, **1**, 715, 716
indium–oxygen, **1**, 716, 717
indium–sulfur, **1**, 719
iodine–silicon, **2**, 178
iridium–iridium, **5**, 614–618
iridium–metal, **5**, 614–618
iron–iron
dative, **4**, 559
geometry, **4**, 300
insertion reactions, **4**, 280
protonation, **4**, 590
iron–iron double, **4**, 532, 624
iron–lead, **2**, 631
isocyanide–palladium, **6**, 290
isocyanides–palladium, **6**, 290
lanthanide complexes, **3**, 263
lanthanide–tin, **3**, 208, 209
lead–lead, **2**, 631
energy, **2**, 636
lead–molybdenum, **2**, 631
lead–nitrogen, **2**, 631
hydrogermolysis by triphenylgermane, **2**, 432
lead–oxygen, **2**, 631
lead–platinum, **2**, 631
lead–rhenium, **2**, 631
lead–sulfur, **2**, 631, 661
ligand–metal
addition reactions, **6**, 776
magnesium–transition metal, **6**, 1011–1039
main group organometallic compounds, **1**, 1–39
manganese–manganese, **4**, 7
manganese–platinum, **6**, 477
mercury–mercury, **2**, 865
mercury–methyl, **2**, 904
mercury–molybdenum, **6**, 989
mercury–platinum, **6**, 999, 1000
mercury–ruthenium, **6**, 989, 990
mercury–silicon, **7**, 612
mercury–transition metal, **6**, 993–1003
metal–η-alkenes
rotation, **3**, 103
metal–metal, **3**, 206
cleavage, **6**, 817
cleavage by mercury halides, **6**, 997
germylene insertion reactions, **2**, 484
organometallic compounds, **6**, 1043–1110
rotation, **3**, 99, 104
synthesis, **6**, 766
metal–niobium, **3**, 716
metal–tantalum, **3**, 716
metal–tin, **2**, 587
preparation, **2**, 594
metal–uranium, **3**, 261
metal–zinc
organozinc compounds, **2**, 844
methyl–platinum(IV), **6**, 590
molybdenum–nitrogen, **3**, 1100
molybdenum–nitrogen, double, **3**, 1100
multiple metal–metal
addition reaction, **6**, 813
addition reactions, **6**, 775
nitrogen–rhenium, **4**, 195
nitrogen–silicon

Bonds

preparation, **7**, 586
reactions, **7**, 589
nitrogen–silicon double, **2**, 81, 142
nitrogen–sulfur
  reaction with organometallic compounds, **7**, 69
nitrogen–tin
  formation, **2**, 599–601
  hydrogermolysis by triphenylgermane, **2**, 432
  reactions, **2**, 601
nitrogen–zinc, **2**, 840–842
NMR and
  in platinum(II) olefin complexes, **6**, 653
norbornadiene–rhodium, **5**, 470, 476
olefin–platinum complexes, **6**, 614–619
olefin–platinum(II), **6**, 651
oligomeric heteronuclear metal–metal, **6**, 846
organoberyllium compounds, **1**, 126
organocopper compounds, **2**, 722–742
organosilver compounds, **2**, 722–742
oxygen–phosphorus
  cleavage by trimethylsilyl radicals, **2**, 92
oxygen–silicon, **2**, 5; **7**, 575–608
oxygen–silicon double, **2**, 81
oxygen–silicon multiple, **2**, 163
oxygen–tin
  addition reactions, **2**, 584
  reactions, **2**, 583
  substitution reactions, **2**, 583
oxygen–zinc, **2**, 837–840
palladium–palladium, **6**, 265, 266
  acetylene insertion reactions, **6**, 466
phenyl–silicon
  cleavage, **2**, 49
phosphorus–phosphorus
  cleavage by trimethylsilyl radicals, **2**, 92
phosphorus–silicon, **2**, 146
  preparation, **7**, 603
  reactions, **7**, 603
phosphorus–zinc
  organozinc compounds, **2**, 843
platinacyclobutane complexes, **6**, 575
platinum(II) η^3-allyl complexes, **6**, 724
platinum(II)-σ-vinyl, **6**, 535
polarity, **1**, 2
polynuclear transition metal–Group IV complexes, **6**, 1109
rhenium–rhenium, **4**, 163
rhenium–silicon, **4**, 204
rhenium–tin, **4**, 204
rhodium–rhodium double, **5**, 361
rhodium–tetrafluoroethylene, **5**, 420
ruthenium–ruthenium, **4**, 697, 776, 823
  cleavage, **4**, 912, 914
  strength, **4**, 666
  in trinuclear cluster carbonyl derivatives, **4**, 846
selenium–silicon
  preparation, **7**, 606
  reactions, **7**, 606
silicon, **2**, 5
silicon–silicon
  cleavage, **2**, 367
  in dinuclear iron complexes, **4**, 592
  1,2-disilacyclopentanes, **2**, 244
  formation, **2**, 366
  hexaethyldisilane, **2**, 365
  polysilanes, **2**, 385
  properties, **2**, 366–369
  thermochemical strength, **2**, 387

silicon–silicon double, **2**, 106
silicon–sulfur
  preparation, **7**, 597
  reactions, **7**, 600
silicon–sulfur multiple, **2**, 170
silver–silver, **2**, 737
sulfur–titanium, **3**, 387
  metallocycles, **3**, 385
sulfur–zinc
  organozinc compounds, **2**, 843
technetium–technetium, **4**, 163
tin–tin, **2**, 587
  dissociation energy, **2**, 594
  formation, **2**, 591
  organotin halide preparation from, **2**, 551
  properties, **2**, 595
  reactions, **2**, 595
  structures, **2**, 595
transition metal–transition metal
  mercury insertion reactions, **6**, 995
transition metal–zinc
  organozinc compounds, **2**, 844
in uranocene, **3**, 232
vanadium–silicon, **3**, 680
Bonds lengths
  in palladium(II) compounds, **6**, 236
1-Boraadamantane
  carbonylation, **1**, 325
  functionally substituted
    preparation, **1**, 325
  synthesis, **7**, 362
2-Boraadamantane
  preparation, **1**, 325
  synthesis, **7**, 213
Boraadamantanes
  preparation and properties, **1**, 324
9-Boraanthracene
  anion
    preparation, **1**, 331
Boraaromatic compounds
  preparation and properties, **1**, 326–334
Borabenzene, **1**, 392
  anion, **1**, 331
    stability, **1**, 312
  cobalt complexes, **5**, 247, 262
  complexes
    formation from cobaltocene, **8**, 1039
  derivatives, **1**, 383, 392
  metal derivatives, **1**, 331
  preparation, **1**, 330
Borabenzene ligands
  rhodium complexes, **5**, 514
  ruthenium complexes, **4**, 806
7-Borabicyclo[2.2.1]heptadiene
  preparation, **1**, 327
9-Borabicyclo[3.3.1]nonadiene, B-3-isopinocampheyl-
  asymmetric reduction of aldehydes and ketones with, **7**, 248
3-Borabicyclo[3.3.1]nonane
  preparation, **1**, 324
3-Borabicyclo[3.3.1]nonane, 3-methoxy-7-methylene-
  hydroboration, **1**, 324
9-Borabicyclo[3.3.1]nonane
  alkene hydroboration by, **7**, 177
  blocking group, **7**, 181
  as hydroborating agent, **7**, 116, 179, 180, 182
  preparation, **7**, 176
  preparation and properties, **1**, 318

reactivity, **7**, 177
selectivity, **7**, 180
stability, **7**, 176
9-Borabicyclo[3.3.1]nonane, *B*-alkyl-
  hydroborating agent, **7**, 179
3-Borabicyclo[3.3.1]non-6-ene, 3-allyl-
  preparation, **1**, 278
3-Borabicyclo[3.3.1]non-6-ene, 7-substituted 3-allyl-
  preparation, **1**, 318
α-Bora carbanions
  reactions, **7**, 296
Boracarbaphospha heterocycles, **1**, 353
Boracarbathia heterocycles, **1**, 353
Boracarbocycles
  preparation, **1**, 313
Boracyclanes
  reaction with alkaline silver nitrate, **7**, 294
Boracycles
  synthesis from monoalkenes, **7**, 269
Boracyclic compounds, **1**, 311–372
Boracycloalkanes
  preparation and properties, **1**, 314–326
Boracycloalkenes
  preparation and properties, **1**, 326–334
Boracycloheptadiene
  preparation, **1**, 333
Boracycloheptane
  in hydroboration of dienes, **7**, 210
  preparation and properties, **1**, 316
  stability, **7**, 267
  synthesis, **7**, 211
Boracycloheptane, *B*-alkyl-
  free radical transfer of alkyl groups, **7**, 216
Boracyclohexadiene
  derivatives
    preparation, **1**, 330
1-Boracyclohexa-2,5-dienes
  deprotonation, **1**, 394
  reaction with metal carbonyls, **1**, 395
Boracyclohexadienyl ligands
  rhodium complexes, **5**, 514
Boracyclohexane
  hydroborating agent, **7**, 183
  in hydroboration of dienes, **7**, 210
  preparation and properties, **1**, 318
  stability, **7**, 267
  synthesis, **7**, 211
Boracyclohexane, *B*-alkyl-
  free radical transfer of alkyl groups, **7**, 216
  synthesis, **7**, 183
Boracyclohexane, *B*-alkyl-3,5-dimethyl-
  synthesis, **7**, 183
Boracyclohexane, 3,5-dimethyl-
  hydroborating agent, **7**, 183
  reaction with sulfides, **7**, 274
Boracyclohexanes
  preparation and properties, **1**, 316
Boracyclohex-2-ene
  preparation and properties, **1**, 318
1-Boracyclohex-2-ene, 5-diallyl-
  preparation, **1**, 278
1-Boracyclohex-2-enes
  preparation, **1**, 330
Boracyclopentane — *see* Borolane
Boracyclopent-3-enes
  preparation, **1**, 326
Boracyclopropenes
  preparation, **1**, 326

9-Boradecalin
  preparation, **1**, 322
  synthesis, **7**, 211
2-Bora-1,3-dienes
  reaction with carboxylic acids, **7**, 355
Boraheterocycles
  preparation, **1**, 313
  synthesis, **7**, 145, 208, 209
8-Borahydrindane
  preparation, **1**, 322
Boraindane, *B*-alkoxy-
  reactions, **1**, 327
Boraindanes
  preparation, **1**, 326
Boranaphthalene
  anions
    aromaticity, **1**, 330
Borane, alkenyl-
  addition reactions
    with aldehydes, **7**, 319
  conjugate addition reactions, **7**, 318
  Diels–Alder reaction, **7**, 319
  free radical addition reactions, **7**, 321
  synthesis, **7**, 218, 219
Borane, alkenylalkylthexyl-
  synthesis, **7**, 219
Borane, alkenylbromo-
  synthesis, **7**, 190
Borane, [2-(1-alkenyl)-*o*-carboran-1-yl]dibutyl-
  thermal decomposition, **1**, 327
Borane, alkenyldibromo-
  synthesis, **7**, 190
Borane, alkenyl-α-halo-
  intramolecular transfer reactions, **7**, 310
Borane, alkyl-
  hydroborating agents, **7**, 164–169
  synthesis
    via thexylborane, **7**, 167
Borane, (2-alkyl-*o*-carboran-1-yl)dibutyl-
  thermal decomposition, **1**, 327
Borane, alkylchloro-
  synthesis, **7**, 186
Borane, alkylchlorothexyl-
  synthesis, **7**, 193
Borane, alkyldichloro-
  synthesis, **7**, 188
Borane, alkylthexyl-
  synthesis from alkenes, **7**, 165
Borane, alkynyl-
  conjugate addition reactions, **7**, 344
  Diels–Alder reactions, **7**, 345
  free radical addition reactions, **7**, 345
  hydroboration, **1**, 431
  preparation, **7**, 337
  thermal behaviour, **7**, 338
Borane, allenyl-
  reaction with aldehydes, **7**, 319
Borane, allyl-
  NMR, **7**, 353
  reaction with aldehydes and ketones, **7**, 358
  reaction with allenes, **7**, 362
  reaction with nitriles, **7**, 360
  reaction with unsaturated hydrocarbons, **7**, 360
Borane, amido-
  dimeric, **1**, 363
Borane, bis(2-butyl-3-methyl)-
  hydroborating agent, **7**, 172
  regioselectivity, **7**, 173
Borane, bis[2-(difluoroboryl)vinyl]fluoro-
  preparation, **1**, 282

Borane

Borane, bis(3-methyl-2-butyl)-
  hydroborating agent, **7**, 156, 172
  vinylic hydroboration by, **7**, 173
Borane, bromo-
  complex with dimethyl sulfide
    hydroborating agent, **7**, 187
Borane, 2-butyl-2,3-dimethyl-
  hydroborating agent, **7**, 164, 168
Borane, carbonyl-
  photoelectron spectra, **1**, 269
Borane, chloro-
  complexes
    as hydroborating agent, **7**, 117
  complex with dimethyl sulfide
    hydroborating agent, **7**, 184
  complex with ether
    hydroborating agent, **7**, 184
  in cyclic hydroboration of alkadienes, **7**, 186
Borane, chloro(2,3-dimethyl-2-butyl)-
  hydroborating agent, **7**, 193
Borane, chlorodivinyl-, **7**, 118
Borane, cycloalkyl-
  preparation, **7**, 289
Borane, cyclopropyldifluoro-
  boron–carbon bond lengths, **1**, 263
Borane, dialkenylchloro-
  synthesis, **7**, 186
Borane, dialkenylthexyl-
  synthesis from alkynes, **7**, 166
Borane, dialkylchloro-
  synthesis, **7**, 184
Borane, dialkylthexyl-
  synthesis, **7**, 193
  synthesis from alkenes, **7**, 166
Borane, diallyl(hexa-2,5-dien-1-yl)-
  preparation, **1**, 278
Borane, diallyl(penta-1,4-dien-1-yl)-
  preparation, **1**, 278
Borane, dibromo-
  complexes
    as hydroborating agent, **7**, 118
  complex with dimethyl sulfide
    hydroborating agent, **7**, 188
Borane, dibromophenyl-
  reaction with cobaltocene, **5**, 235
Borane, dichloro-
  complexes
    as hydroborating agent, **7**, 117
  complex with ether
    hydroborating agent, **7**, 187
Borane, dichlorophenyl-
  intermolecular transfer reactions, **7**, 335
  reaction with ruthenocene, **4**, 774
  vibrational spectra, **1**, 259
Borane, dichloro(trifluorovinyl)-
  vibrational spectra, **1**, 259
Borane, dicyclohexyl-
  hydroborating agent, **7**, 174
  preparation, **7**, 115
Borane, diethyl-
  hydroborating agent, **7**, 170
Borane, difluoroisopropyl-
  bond dissociation energy, **1**, 257
Borane, difluoromethyl-
  bond dissociation energy, **1**, 257
  carbon–hydrogen bond length, **1**, 256
Borane, difluorophenyl-
  vibrational spectra, **1**, 259
Borane, difluoro(trifluoromethyl)-
  preparation, **1**, 282
Borane, difluoro(trifluorovinyl)-
  vibrational spectra, **1**, 259
Borane, difluorovinyl-
  bond dissociation energy, **1**, 257
  vibrational spectra, **1**, 259
Borane, dihalophenyl-
  preparation, **1**, 282
Borane, diiodo-
  complex with dimethyl sulfide
    hydroborating agent, **7**, 188
Borane, diisopinocampheyl-
  asymmetric hydroboration with, **7**, 248
  hydroborating agent, **7**, 115, 145, 168
  preparation, **7**, 182
Borane, (dimethylamino)-
  reaction with carbon vapour, **1**, 282
Borane, (dimethylamino)methyl-
  preparation, **1**, 282
Borane, diphenyl(pyridine)-
  hydrolysis, **1**, 299
Borane, dipropyl-
  hydroborating agent, **7**, 170
Borane, disiamyl-
  as hydroborating agent, **7**, 114
Borane, ethyldifluoro-
  bond dissociation energy, **1**, 257
  NMR, **1**, 256
Borane, ethyldimethyl-
  vibrational spectra, **1**, 259
Borane, hydrazino-
  dimer, **1**, 369
Borane, iodo-
  complex with dimethyl sulfide
    hydroborating agent, **7**, 187
Borane, isopinocampheyl-
  asymmetric hydroboration with, **7**, 246
  as hydroborating agent, **7**, 115, 169
  preparation, **7**, 168
Borane, ketimino-
  dimers, **1**, 368
Borane, thexyl-
  in cyclic hydroboration of dienes, **7**, 114
Borane, trialkyl-
  reaction with cyclohexene, **7**, 295
  reaction with isocyanides, **7**, 287
  structure, **1**, 25
Borane, triallyl-
  reaction with acetylene, **1**, 278
  reaction with 3-methylbuta-1,2-diene, **1**, 278
Borane, triaryl-
  structure, **1**, 25
Borane, tribromo(triethylamino)-
  reaction with octacarbonyldicobalt, **5**, 165
Borane, tributyl-
  bond dissociation energies, **1**, 257
  electronic spectra, **1**, 264
  exchange reactions
    with triethylaluminum, **1**, 611
Borane, tricyclooctyl-
  pyrolysis, **1**, 318
Borane, triethyl-
  bond dissociation energies, **1**, 257
  handling, **1**, 270
  photoelectron spectra, **1**, 269
Borane, trimethyl-
  bond dissociation energies, **1**, 257
  electronic spectra, **1**, 264
  handling, **1**, 270
  heat of formation, **1**, 257
  ^{1}H NMR, **1**, 268
  Hückel calculation, **1**, 622

hyperconjugation, **1**, 269, 622
ion cyclotron resonance spectroscopy, **1**, 269
Lewis acidity, **1**, 614
monomer
  bonding, **1**, 621
  photoelectron spectra, **1**, 269
  reaction with diborane, **1**, 25
  structure, **1**, 256
  thermal stability, **1**, 7
  volatility, **1**, 2
Borane, trimethyl(trimethylphosphino)-
  reaction with trimethylphosphine, **1**, 299
Borane, tri-1-naphthyl-
  photolysis, **7**, 334
Borane, trinonyl-
  pyrolysis, **1**, 322
Borane, triphenyl-
  Lewis acidity, **1**, 614
  mass spectra, **1**, 619
  MO calculations, **1**, 270
Borane, triphenylphosphineimino-
  preparation, **1**, 368
Borane, tris(dimethylamino)-
  reaction with alkylmetal compounds, **1**, 273
Borane, trisiamyl-
  reaction with alkali metal hydrides, **1**, 297
Borane, tris(*trans*-2-methylcyclopentyl)-
  reaction with alkali metal hydrides, **1**, 297
Borane, tris(perfluorovinyl)-
  vibrational spectra, **1**, 259
Borane, tri-*p*-tolyl-
  MO calculations, **1**, 270
Borane, trivinyl-
  handling, **1**, 270
  photoelectron spectra, **1**, 269
  vibrational spectra, **1**, 259
Borane, vinyl-
  oxidation
    trimethylamine oxide in, **1**, 664
  protonolysis, **7**, 121
Borane anions
  metal ion insertion, **1**, 489
  reaction with metal reagents, **1**, 490
Borane carbonyl
  preparation, **1**, 301
Boranediyl compounds
  organotransition metal complexes, **6**, 894
Boranes
  acyclic
    Group VIII metal complexes, **6**, 896
    organotransition metal complexes, **6**, 895
  addition to cyclohexenes
    stereoselectivity, **7**, 152
  alkenyl
    B—C π-bonding, **1**, 268
  cis-alkenyl
    synthesis, **7**, 175
  alkyl
    synthesis, **7**, 204
  alkyldichloro-
    preparation, **1**, 283
  alkynyl
    electronic spectra, **1**, 265
  allyl
    reaction with nucleophilic reagents, **1**, 277
  allylic
    synthesis, **7**, 130
  allylic, concerted reactions, **7**, 261
  amino
    preparation, **1**, 299
  aryl
    amine adducts, hydrolysis, **1**, 299
    bis(cyclopentadienyl) lanthanide complexes, **3**, 185
    bonding, **1**, 466
    closo structures, **1**, 30
    complexes with amines
      hydroborating agent, **7**, 163
    complex with dimethyl sulfide
      hydroborating agent, **7**, 162
    complex with 1,4-oxathiane
      hydroborating agent, **7**, 162
    complex with THF
      hydroborating agent, **7**, 162
    cyclic phosphino
      preparation, **1**, 300
    dialkyl
      hydroborating agent, **7**, 169–184
    dialkylhalo
      synthesis, **7**, 187
    dihalogeno
      complexes with dimethyl sulfide, hydroborating agents, **7**, 187
      hydroborating agent, **7**, 187
      hydroborating agents, **7**, 188, 190
    dihalophenyl
      MO calculations, **1**, 270
    diphenyl
      MO calculations, **1**, 270
    enoxy
      concerted reactions, **7**, 261
    ethyl
      ^{1}H NMR, **1**, 268
    heterosubstituted
      as hydroborating agents, **7**, 116
    γ-hetero-substituted alkenyl-
      intramolecular transfer reactions, **7**, 311
    σ-(metal carbonyl)
      conversion to metallacarboranes, **1**, 479
    metal-ligand group insertion, **1**, 488
    methyl
      ^{1}H NMR, **1**, 268
    monoalkenyl
      preparation, **1**, 283
    monoaryl
      preparation, **1**, 283
    monohalogeno
      hydroborating agent, **7**, 185
      preparation, **7**, 184
    nickel complexes, **6**, 213
    nido structures, **1**, 31
    organotransition metal complexes, **6**, 880–886
    perfluorophenyl
      stability, **1**, 292
    perfluorovinyl
      stability, **1**, 292
    phenyl
      B—C π-bonding, **1**, 268
      boron–carbon bonds, **1**, 256
      MO calculations, **1**, 269
    reaction with alkenyllithium compounds, **7**, 304
    reaction with metal atoms and alkynes, **1**, 480
    reaction with metal hydrocarbon complexes, **1**, 480
    reaction with tricarbonylcyclopentadienylhydridovanadium, **3**, 668
    structure, **1**, 26; **7**, 256
    symmetrical triorganyl
      preparation, **1**, 283
    thexyldialkenyl

Boranes

preparation, **1**, 283
thexyldialkyl
  preparation, **1**, 283
trialkyl
  NMR, **1**, 266
  reaction with alkali metal hydrides, **1**, 297
triaryl
  electronic spectra, **1**, 265
trioctyl-
  pyrolysis, **1**, 322
vinyl
  boron–carbon bonds, **1**, 256
  electronic spectra, **1**, 264
  MO calculations, **1**, 269
  UV spectroscopy, **1**, 265
Boranes, (E)-alkenyl-
  preparation, **7**, 303
  thermal behaviour, **7**, 303
Boranes, alkyl-
  as hydroborating agents, **7**, 113
Boranes, amino-
  dimers, **1**, 368
Boranes, trialkyl-
  reaction with tetraaminoethylene, **7**, 287
Boranes, trinaphthyl-
  photochemical reactions, **7**, 261
nido-Boranes
  11-vertex
    metal insertion reactions, **1**, 527
α-Boraorganolithium compounds
  preparation, **7**, 297
Boraoxa aromatic compounds, **1**, 351
Boraoxa heterocycles, **1**, 372
Boraoxathia heterocycles, **1**, 368
Boraphenylene, perhydro-
  ammonia adducts, **1**, 323
9-Boraphenylene, *cis*,*cis*,*trans*-perhydro-
  hydroboration, **7**, 213
Boraphospha heterocycles, **1**, 371
Boraselena heterocycles, **1**, 372
Borasila heterocycles, **1**, 371
Boratabenzene ions, **1**, 392
Borates, alkynyl-
  iodination
    alkyne synthesis by, **7**, 342
  preparation, **7**, 337
  reaction with nitroethylene, **7**, 293
Borates, aryl-
  intermolecular transfer reactions, **7**, 332
  intramolecular transfer reactions, **7**, 329, 330
Borates, cyano-
  Lewis acid induced migration reactions, **7**, 286
  Lewis acid induced transfer reactions, **7**, 329
Borates, cyanotrihydro-
  organotransition metal complexes, **6**, 910
Borates, dihydrobis(pyrazolylato)-
  rhenium complexes, **4**, 200
Borates, tetraalkyl-
  α-hydride transfer reactions, **7**, 288
Borates, tetraethyl-
  alkaline earth salts, **1**, 239
Borates, tetrahydro-
  Group IB metal complexes, **6**, 913
  Group IIIA metal complexes, **6**, 899
  Group IVA metal complexes, **6**, 902
  Group VA metal complexes, **6**, 904
  Group VIA metal complexes, **6**, 906
  Group VIIA metal complexes, **6**, 907
  Group VIII metal complexes, **6**, 908, 909, 911
  organotransition metal complexes, **6**, 897
Borates, tetraphenyl-, **1**, 296
  as η^6-arene ligands, **5**, 489
  areneruthenium complexes, **4**, 802
  electronic spectra, **1**, 265
  hydrolysis, **1**, 298
  NMR, **1**, 268
  oxidation, **1**, 298
Boratetrasila heterocycles, **1**, 372
Borathia heterocycles, **1**, 372
Borathia heterocyclic ligands
  manganese complexes, **4**, 139
Boration
  benzene, **2**, 317
1-Boratricyclo[3.3.1.1^{3,7}]decane
  preparation, **1**, 324
2,1-Borazarene
  preparation, **1**, 341
2,1-Borazarene, *N*-methyl-
  preparation, **1**, 341
Borazine, hexaethyl-
  complexes, **1**, 383
Borazine complexes, **1**, 402
  ligand displacement, **1**, 404
  metal–ligand bond, **1**, 404
  structure, **1**, 404
Borazines
  B-phenyl
    ^{1}H NMR, **1**, 268
  tricarbonylchromium complexes, **1**, 403
Borepane — *see* Boracycloheptane
Borepin
  reaction with tricarbonyl(η-cyclopentadienyl)-
    manganese, **4**, 139
  rearrangement, **1**, 328
Borepin, heptaphenyl-
  preparation, **7**, 319
1*H*-Borepin, 1-phenyl-4,5-dihydro-
  1*H*-borole complexes from, **1**, 387
Boric acid
  tributyl ester
    reaction with phenylmetal derivatives, **1**, 273
Borin, **1**, 392
Borinane — *see* Boracyclohexane
Borinate ions, **1**, 392
Borinates
  thallium(I) derivatives, **1**, 749
Borinates, 1-methyl-
  dicarbonyliron complexes, **4**, 539
Borinato ligands
  nucleophilic addition, **1**, 395
Borinic acids
  analysis, **1**, 270
Borohydride complexes, **8**, 302
Borohydrides
  alkyl
    synthesis, **7**, 214
  carbon dioxide reduction with, **8**, 268
  cyclopentadienylruthenium complexes, **4**, 784
  as hydride source, **8**, 302
  reaction with acyl cobalt(III) complexes, **5**, 106
  as reductant, **8**, 315
  titanium(III) complexes, **3**, 320
  triorgano anions, **1**, 296
Borohydrides, tetrakis(ethynyl)-
  structure, **1**, 298
Borohydrides, triethyl-

hydrolysis, **1**, 298
Borolanes
　1-alkyl
　　preparation, **1**, 315
　boron-substituted
　　preparation, **1**, 315
　in hydroboration of dienes, **7**, 210
　preparation and properties, **1**, 314
　synthesis, **7**, 211
Borolanes, *B*-alkyl-
　reaction with borane–THF, **7**, 266
Borole, pentaphenyl-
　addition products, **1**, 334
　antiaromaticity, **1**, 327
　reaction with diphenylacetylene, **7**, 319
　reaction with nickel tetracarbonyl, **6**, 117
1*H*-Borole
　complexes, **1**, 387
1*H*-Borole, 1,2,3,4,5-pentaphenyl-
　complexes, **1**, 387
Boroles
　antiaromaticity, **1**, 327
　metal–ligand group insertion reaction, **1**, 475
　metallo derivatives
　　preparation, **1**, 328
　properties, **1**, 312
Boron
　nucleophilic substitution at, **1**, 384
　organosilyl derivatives, **2**, 103
　in ring systems, **1**, 311–372
　(trimethylsilyl)methyl derivatives, **2**, 96
Boron, allenyl-, **7**, 349
Boron, allyl-, **7**, 349
Boron, benzyl-, **7**, 349
Boron, diphenyl-
　cation
　　electronic spectra, **1**, 265
Boron, propargyl-, **7**, 349
Boron bridges
　dinuclear dicarbonyl(η-cyclopentadienyl)iron
　　complexes, **4**, 591
Boron–carbon ligands
　non-conjugated, **1**, 401
Boron–carbon–nitrogen ring ligands, **1**, 404
Boron–carbon ring ligands, **1**, 387
Boron–carbon–sulfur ring ligands, **1**, 406
Boron clusters
　polyhedral
　　structures, **1**, 463
Boron compounds
　germanium derivatives, **2**, 469
　organotransition metal complexes, **6**, 879–941
　reaction with triethylaluminum, **1**, 625
Boron halides
　reaction with metals, **1**, 282
Boron hydrides
　carborane synthesis from, **1**, 424
　deuterium exchange
　　catalysis by ruthenium complexes, **4**, 946
　disproportionation, **7**, 267
Boronic acid, *trans*-alkenyl-
　halogenolysis, **7**, 121
Boronic acid, phenyl-
　reaction with benzoin, **1**, 367
Boronic acid, vinyl-
　reaction with thallium trichloride, **1**, 741
Boronic acids
　amino alcohol derivatives, **1**, 360
　analysis, **1**, 270
　organo-
　　reaction with thallium halides, **1**, 730
　phenyl
　　MO calculations, **1**, 270
Boron imines
　reaction with azides, **1**, 369
Boronium, diphenyl-
　electronic spectra, **1**, 265
Boron ligands
　rhenium complexes, **4**, 203
Boron–metal–boron bridges
　metal insertion into, **1**, 476
Boron–nitrogen ring ligands, **1**, 402
Boron ring systems
　as ligands to metals, **1**, 381–407
Boron trichloride
　catalyst
　　in silylation of benzene, **2**, 317
　cocondensation with carbon vapour, **1**, 282
Boron trifluoride
　organocopper complexes
　　reaction with $\alpha\beta$-unsaturated ketones, **7**, 715
　reaction with undecacarbonyltriferrates, **4**, 264
　reaction with Vaska's compounds, **5**, 547
Boropinodithiophene
　synthesis, **1**, 334
Boroxarobenz[*a*]anthracenes
　synthesis, **1**, 351
Boryl derivatives
　Group VIIA metal complexes, **6**, 888
　organocobalt complexes, **6**, 890
　organonickel complexes, **6**, 893
　organotransition metal complexes, **6**, 886–894, 887
Borylene extrusion
　(borinato)metal complexes, **1**, 396
Borylene insertion
　cobaltocene, **1**, 393
Borylidene compounds
　organotransition metal complexes, **6**, 894
Bovine insulin
　molybdenum system
　　ammonia production and, **8**, 1096, 1097
endo-Brevicomin
　synthesis, **8**, 846, 889
Bridge-assisted reactions, **6**, 768
　in heteronuclear metal–metal bonded compound synthesis, **6**, 768
　in heteronuclear metal–metal bond formation, **6**, 780
Bridge cleavage
　platinum(II) acetylene complex preparation by, **6**, 705
　platinum(II) olefin complex preparation by, **6**, 634
Bridge cleavage reactions
　platinum(II) carbonyls, **6**, 494
Bridged alkyl derivatives
　rare earth elements, **1**, 16
Bridge splitting reactions
　1,5-cyclooctadieneiridium complexes, **5**, 600
　in platinum(II)–carbon η^1-compound preparation, **6**, 530
Bridging
　intermolecular
　　organothallium compounds, **1**, 735
　palladium(I) complexes
　　hydrocarbon ligands, **6**, 266
Bridging alkyl groups
　main group organometallic compounds, **1**, 10–21

Bridging aryl groups
  main group organometallic compounds, **1**, 10–21
Bridging butadiene ligands
  rhodium complexes, **5**, 421
Bridging carbene ligands
  rhodium complexes, **5**, 412, 416
Bridging groups
  in organolithium compounds, **1**, 45
Bridging hydride complexes
  pentamethylcyclopentadienyl rhodium complexes, **5**, 369
Bridging hydride ligands
  ruthenium complexes, **4**, 846
Bridging ligands
  cyclopentadienyl
    palladium complexes, **6**, 452
  in palladium complexes, **6**, 265
  palladium(I) complexes, **6**, 268
Bromal
  hydralumination, **1**, 645
Bromamine, bis(trimethylsilyl)-
  reaction with hydrocarbons, **7**, 591
Bromanilic acid
  palladium complexes, **6**, 333
Bromides
  aryl
    alkoxycarbonylation, **8**, 203
Bromination
  2-alkenylpyridineplatinum(II) complexes, **6**, 604
  alkylboron compounds, **7**, 272
  alkylmagnesium iodides, **7**, 75
  diorganothallium halides, **1**, 739
  hydrocarbons
    bis(trimethylsilyl)bromamine in, **7**, 591
  iron isocyanide complexes, **4**, 269
  organoaluminum compounds, **7**, 395
  organoboranes, **7**, 260, 281
  perhydro-9b-boraphenalene, **1**, 323
  platinum(II) complexes, **6**, 582
  reaction with platinum(II) olefin complexes, **6**, 670
  selective
    sodium dicarbonyl-η^5-cyclopentadienylferrate in, **8**, 968
  vinylsilanes, **7**, 542
α-Bromination
  organoboranes, **7**, 131
Bromine
  reaction with alkenylboranes, **7**, 306, 314
  reaction with arylboranes, **7**, 326
  reaction with arylborates, **7**, 329
  reaction with organoboranes, **1**, 289; **7**, 257
  reaction with organotin compounds, **2**, 537
  reaction with sodium η^1-allyldicarbonyl-η^5-cyclopentadienylferrate complexes, **8**, 962
  reaction with tetracarbonyldihydroiron, **4**, 314
Bromine radicals
  reaction with organoboranes, **1**, 291
Bromoform
  reaction with dodecacarbonyltriruthenium, **4**, 673, 883
Brook rearrangement, **7**, 635
BSU
  production, **2**, 319
Bulk polymer networks
  silicones, **2**, 334
Bulk process
  for Ziegler–Natta alkene polymerization, **3**, 507
Bullvalene
  iron–carbonyl complexes, **4**, 598
  palladium dichloride complex, **6**, 366
  reaction with bis(benzonitrile)dichloropalladium, **6**, 366
  reaction with iron–carbonyl complexes, **4**, 411
  reaction with nonacarbonyldiiron, **4**, 562
Bullvalene, dihydro-
  palladium dichloride complex, **6**, 366
Burdett's rules
  transition metal carbonyl complex geometries, **3**, 15
Burning off
  coordinated ligands, **8**, 301
Butadiene
  alkoxycarbonylation, **8**, 901
  cationic palladium complexes, **6**, 367
  codimerization with acetylene
    nickel catalysts in, **1**, 666
  codimerization with ethylene
    nickel catalysed, **8**, 683
    nickel catalysed, mechanism, **8**, 688
    nickel catalysts in, **1**, 666
    rhodium trichloride catalyzed, **5**, 499
  π-complexes with mercury dihalides, **2**, 867
  cooligomerization with alkenes, **8**, 422
    nickel catalysed, mechanism, **8**, 689
  cooligomerization with alkynes, **8**, 426
  cooligomerization with allene, **8**, 415
    nickel catalysed, **8**, 666, 682
  cooligomerization with dienes, **8**, 416
  cooligomerization with ethylene, **8**, 418–421
  cooligomerization with isoprene, **8**, 415
  cooligomerization with olefins, **8**, 421
  cooligomerization with propene
    nickel catalysed, **8**, 684
  cooligomerization with Schiff bases
    nickel catalysed, **8**, 687
  copolymerization with alkenes
    nickel catalysed, **8**, 702
  cotelomerization with isoprene and water, **8**, 452
  cotelomerization with 1,3,7-octatriene, **8**, 452
  cotrimerization with acetylene
    nickel catalysts in
  cotrimerization with ethylene
    nickel catalysts in, **1**, 666
  cyclodimerization, **8**, 405
    nickel catalysed, **8**, 672, 673, 675
    phosphine-modified bis(cyclooctadiene)nickel and, **1**, 666
  cyclooligomerization, **8**, 403–407
    nickel catalysed, **8**, 679
  cyclotrimerization, **7**, 451; **8**, 406
    bis(cyclooctadiene)nickel and, **1**, 665
    nickel catalysed, **8**, 677
    nickel-catalysed, mechanism, **8**, 678
    organotitanium complexes as catalysts in, **3**, 283
    ruthenium chloride in, **4**, 745
  dienes, **7**, 382
  dihydroboration, **7**, 206
  dimerization
    π-allylpalladium complexes in, **8**, 844
    nickel catalysed, **8**, 691
    palladium(0) complexes as catalyst in, **8**, 276

platinum(0) complexes and, **6**, 681
tris(allyl)cobalt and, **5**, 224
dimerization in methanol, **8**, 847
dimerization-methoxylation
  supported palladium catalysts, **8**, 574
dimerization with acetic acid, **8**, 846
hydroboration, **1**, 315; **7**, 205, 209
hydrocyanation
  catalysts, **8**, 354
  nickel catalysed, **8**, 632
hydroformylation, **8**, 131
hydrosilylation
  nickel catalysed, **8**, 693
hydroxycarbonylation, **8**, 202
insertion
  into allyl-ruthenium bonds, **4**, 744
lanthanide complexes, **3**, 205
linear oligomerization, **8**, 396-399, 397
  nickel catalysed, **8**, 690
magnesium compounds, **1**, 219
oligomerization, **8**, 403
  π-allyl cobalt complexes in, **5**, 221
  organotitanium compounds as catalysts in, **3**, 283
  tris(allyl)cobalt and, **5**, 225
oligomerization-acetoxylation-hydrogenation, **8**, 588
organotitanium complexes, **3**, 291
oxacarbonylation, mechanism, **8**, 205
oxidative-addition reactions
  to platinum(0) complexes, **6**, 523
palladium complexes, **6**, 363, 457
palladium(II) complexes
  preparation, **6**, 352
phenylation
  organopalladium complexes in, **8**, 857
platinum(0) complexes, **6**, 680
polymerization, **7**, 449
  actinide complexes in, **3**, 262
  alkoxyaluminum titanium complexes as catalysts in, **3**, 322
  η³-allylnickel complexes, **6**, 161
  catalysis by ruthenium complexes, **4**, 957
  homoleptic allylchromium complexes as catalysts in, **3**, 957
  nickel catalysed, **8**, 701, 780
  nickel catalysed, mechanism, **8**, 703
  sodium in, **1**, 558
polymerization, trichloromethyltitanium as catalyst in, **3**, 442
1-pot conversion to linear C₉ terminal aldehydes, **8**, 588
reaction with acetic acid
  catalyst leaching in, **8**, 590
reaction with acetophenone
  nickel catalysed, **8**, 692
reaction with allylic palladium complexes, **6**, 436
reaction with amines
  nickel catalysed, **8**, 691
reaction with benzaldehyde
  nickel catalysed, **8**, 681
reaction with bis(cyclooctatetraene)iron, **4**, 442
reaction with borane-THF, **7**, 266
reaction with carbonylhydridotris(triphenylphosphine)rhodium, **5**, 494
reaction with cyclopentadiene
  nickel catalysed, **8**, 730
reaction with diborane, **1**, 335
reaction with dicarbonylhydridobis(trimethyl phosphite)cobalt, **5**, 33
reaction with dichlorobis(benzonitrile)palladium, **6**, 392
reaction with dodecacarbonyltriruthenium, **4**, 849
reaction with hydrated rhodium trichloride, **5**, 448
reaction with hydridotetrakis(trifluorophosphine)rhodium, **5**, 495
reaction with hydridotetrakis(triphenylphosphine)rhodium, **5**, 494
reaction with hydrogen cyanide
  nickel catalysed, **8**, 692
reaction with ketones
  nickel catalysed, **8**, 695
reaction with metal atoms, **4**, 441
reaction with methyl methacrylate
  nickel catalysed, **8**, 680
reaction with methylpentacarbonylmanganese complexes, **4**, 116
reaction with nickel alkyl complexes, **6**, 172
reaction with nickel phosphide, **6**, 82, 167
reaction with nickel vapour, **6**, 112
reaction with (norbornadiene)bis(triphenylphosphine)rhodium, **5**, 449
reaction with palladium dichloride, **6**, 394; **8**, 803
reaction with palladium(II) benzonitrile complexes, **6**, 360
reaction with pentacarbonylhydridomanganese, **4**, 68
reaction with pentacyanohydridocobaltate, **5**, 141
reaction with pentakis(trifluorophosphine)iron, **4**, 436
reaction with phenylpentacarbonylmanganese complexes, **4**, 116
reaction with recoiling silicon atoms, **2**, 252
reaction with tetracarbonylhydridocobalt, **5**, 211, 216
reaction with trichlorosilane, **2**, 310
reaction with tris(allyl)cobalt, **5**, 224
reaction with zerovalent nickel complexes, **6**, 166
sequential cyclooligomerization-hydroformylation, **8**, 587
telomerization, **8**, 431-445
telomerization with alcohols, **8**, 432
telomerization with amines, **8**, 435
telomerization with carbonyl compounds, **8**, 443
telomerization with silanes, **8**, 439
trimerization, **8**, 844
  bis(η³-allyl)palladium as catalyst in, **6**, 438
Butadiene, 2-bromo-
  coupling
    pentacarbonyliron in, **4**, 600
  reaction with iron carbonyl, **4**, 427
Butadiene, chloro-
  tricarbonyl-iron complexes, **4**, 427
Butadiene, 1-cyclopropyl-
  linear oligomerization
    nickel catalysed, **8**, 690
Butadiene, 2-cyclopropyl-
  cyclodimerization, **8**, 409
Butadiene, 2,3-diaza-
  cyclodimerization
    nickel catalysed, **8**, 675
Butadiene, 2,3-dichloro-
  reaction with dodecacarbonyltriiron, **4**, 427
Butadiene, diiodotetraphenyl-

Butadiene

carbonylation
  nickel catalysed, **8**, 786
Butadiene, 1,4-dilithio-
  preparation, **2**, 253
  reaction with 1,2-dichlorodisilanes, **2**, 271
  reaction with dimethyl(chloromethyl)chlorosilane, **2**, 271
Butadiene, 1,4-dilithiotetraphenyl-
  reaction with (η-cyclopentadienyl)diiodo(triphenylphosphine)rhodium, **5**, 408
Butadiene, 1,4-dilithio-1,2,3,4-tetraphenyl-
  reaction with (η-cyclopentadienyl)diiodo(triphenylphosphine)rhodium, **5**, 442
Butadiene, dimethyl-
  cyclotrimerization
    nickel catalysed, **8**, 677
Butadiene, 2,3-dimethyl-
  bridged rhodium complexes, **5**, 448
  coupling
    at iron, **4**, 427
  cyclodimerization, **8**, 409
  dimerization, **8**, 401
  hydroboration, **7**, 205
  preparation, **8**, 394
  reaction with dodecacarbonyltetracobalt, **5**, 226
  reaction with dodecacarbonyltriruthenium, **4**, 750, 849
  reaction with hydrido(dinitrogen)tris(triphenylphosphine)cobalt, **5**, 216
  reaction with osmium cluster compounds, **4**, 1042
  reaction with tetracarbonylhydridocobalt, **5**, 216
  reaction with zerovalent nickel complexes, **6**, 167
  telomerization, **8**, 450
Butadiene, 1,1-diphenyl-
  hydralumination, **1**, 644
Butadiene, 1,4-diphenyl-
  reaction with dodecacarbonyltriruthenium, **4**, 849
Butadiene, 1,4-*trans,trans*-diphenyl-
  reaction with dodecacarbonyltriruthenium, **4**, 750
Butadiene, 2-ethyl-
  dimerization, **8**, 402
Butadiene, ferrocenyl-
  tricarbonyliron complexes, **4**, 604
Butadiene, hydroxy-
  iron complexes, **4**, 428
Butadiene, 2-methyl-
  dienes, **7**, 382
  reaction with tetracarbonylhydridocobalt, **5**, 216
Butadiene, 3-methyl-2-hydroxymethyl-
  acetate
    preparation, **8**, 450
Butadiene, perfluoro-
  reaction with octacarbonyldicobalt, **5**, 227
  reaction with tricarbonyl(cyclobutadiene)iron, **4**, 409
Butadiene, 2-phthalimidomethyl-
  copolymerization with butadiene
    nickel catalysed, **8**, 702
Butadiene, 1,1,4,4-tetradeuterio-
  reaction with pentacarbonylphenylmanganese, **4**, 117
Butadiene, 1,2,3,4-tetraphenyl-
  reaction with dodecacarbonyltriruthenium, **4**, 849
Butadiene, trimethylsiloxy-
  in cycloaddition reactions, **7**, 558
Butadiene, 2-[(trimethylsilyl)methyl]-
  isoprenylation by, **7**, 538
Butadiene-d_6
  cyclotrimerization
    nickel catalysed, **8**, 677
1,2-Butadiene
  polymerization
    nickel catalysed, **8**, 666
Buta-1,2-diene, 3-methyl-
  reaction with triallylboranes, **1**, 278
Butadiene bridges
  dicyclopentadienyldiiron complexes, **4**, 597
Butadiene complexes
  transition metal
    bonding, **3**, 60
    conformation, **3**, 62
  transition metals
    structure and bonding, **3**, 61
η-Butadiene ligands
  rotation, **3**, 111, 112
μ-Butadiene ligands
  rhodium complexes, **5**, 499
Butadiene rubber
  properties, **3**, 482
Butadiene rubbers
  hydrogenation, **8**, 336
Butadienes
  substituted
    preparation from 1-alkenylmercuric halides, **7**, 683
1,2-Butadienes
  hydroformylation, **8**, 131
Butadiyne, bis(trimethylsilyl)-
  reactions, **2**, 44
  reaction with iron pentacarbonyl, **2**, 42
1,3-Butadiyne, 1,4-bis(trimethylsilyl)-
  reaction with dicarbonylcyclopentadienylcobalt, **5**, 167
1,3-Butadiyne, 1,4-diphenyl-
  synthesis
    Glaser reaction, **7**, 693
1,3-Butadiyne, lithio-
  theory, **1**, 107
Butane, bissilyl-
  telomerization with butadiene, **8**, 438
Butane, 1-bromo-
  reaction with tris(triethylphosphine)platinum, **6**, 521
Butane, 2-chloro-2,3-dimethyl-
  reaction with organoaluminum compounds, **7**, 398
Butane, 1,4-dibromo-
  reaction with sodium pentacarbonylmanganate, **4**, 24
Butane, 1,3-dicyano-
  preparation, **8**, 355
Butane, 1-ethoxy-2-methyl-
  Grignard reagent structure in, **1**, 182
Butane, 2,3-*O*-isopropylidine-2,3-dihydroxy-1,4-bis(diphenylphosphino)-
  styrene–DVB resins
    as support for chiral catalysts, **8**, 582
1,4-Butanediol
  manufacture, **8**, 135
2,3-Butanedione dianil
  reaction with organoaluminum compounds, **7**, 435
Butanoic acid, 4-phenyl-
  thallation/iodination, **7**, 501

Butanol
  telomerization with butadiene, **8**, 432
1-Butanol, 2,2-bis(hydroxymethyl)-
  phosphite
    reaction with pentacarbonylhydridomanganese and decacarbonyldimanganese, **4**, 63
(R)-(−)-2-Butanol
  synthesis
    hydroboration in, **7**, 245
4-Butanolides
  reaction with organoaluminum compounds, **7**, 410
2-Butanone, 1-(chloromercury)-
  structure, **2**, 921
Butan-2-one, 3,3-dimethyl-
  reaction with trimethylaluminum, **7**, 417
Butanoyl chloride, 4-phenyl-
  reaction with organoaluminum compounds, **7**, 406
Butatriene, (Z)-1,4-bis(diethylalumino)-
  photodimerization, **1**, 657
Butatrienes
  carbonylation, **8**, 168
1,2,3-Butatrienes
  trans-1,4-disubstituted
    synthesis, **7**, 139
Butene
  codimerization with butadiene
    nickel catalysed, **8**, 684
  dimerization, **7**, 451
  oxidation, **7**, 484
  preparation from ethylene, **8**, 376
Butene, 1,3-bis[*o*-(diphenylphosphine)phenyl]-
  reaction with nickel chloride, **6**, 172
Butene, 2,3-dimethyl-
  regioselective synthesis, **8**, 386
1-Butene
  co-dimerization with styrene, **4**, 956
  dehydrogenation
    reaction with ruthenium complexes, **4**, 751
  from ethylene dimerization, **7**, 367, 450
  4-functionalized derivatives
    hydroboration, **7**, 229
  isomerization
    in isomerization of 1-pentene, **4**, 942
    polymer supported heteronuclear cluster catalysis, **6**, 823
    rhodium complex catalysts, **5**, 423
    supported catalysts for, **8**, 559
  oligomerization, **8**, 388
  polymers, **7**, 449
  preparation, **8**, 376
    triethylaluminum in, **1**, 579
  preparation by dimerization of ethylene
    organoaluminum compounds in, **1**, 664
  reaction with hydridodiisobutylaluminum, **1**, 641
1-Butene, 1-bromo-2-methyl-
  reaction with diethylborane, **7**, 282
1-Butene, 3-bromo-3-methyl-2-trimethylsiloxy-
  cycloaddition reactions, **7**, 560
  reaction with olefins, **7**, 560
1-Butene, 3-chloro-3-methyl-
  reaction with Grignard reagents
    nickel catalysed, **8**, 662
1-Butene, 3-chloro-3-methyl-2-trimethylsiloxy-
  cycloaddition reactions, **7**, 560
1-Butene, 2,3-dimethyl-
  preparation, **8**, 376
1-Butene, *trans*-1,3-diphenyl-
  preparation, **8**, 392
1-Butene, 2-ethyl-
  preparation from ethylene, **8**, 378
1-Butene, 1-lithio-1-phenyl-
  configurational stability, **1**, 94
1-Butene, 2-phenyl-
  preparation
    nickel catalysed, **8**, 742
1-Butene, 3-phenyl-
  preparation
    nickel catalysed, **8**, 742
1-Butene, 2,3,3-trimethyl-, **6**, 389
2-Butene
  cis/trans ratio from 2-pentene, **8**, 538
  dimethylsilylene generation from dodecamethylcyclohexasilane in presence of, **2**, 213
  episulfide
    reaction with iron carbonyls, **8**, 953
2-Butene, 1,4-dihydroxy-
  reaction with nonacarbonyldiiron, **4**, 412
2-Butene, 2,3-dimethyl-
  dehydroboration, **7**, 167
  hydroboration, **7**, 114
    mechanism, **7**, 154
  hydroformylation, **8**, 129
2-Butene, 2-methyl-
  hydroboration, **7**, 114
  oligomerization, **8**, 389
2-Butene, octafluoro-
  reaction with (η-allyl)tricarbonylcobalt, **5**, 221
  reaction with octacarbonyldicobalt, **5**, 196
2-Butene, octalithio-
  preparation, **1**, 64
2-Butene, 1-silyl-
  preparation
    nickel catalysed, **8**, 693
1,4-Butenedicarboxylic acid
  dehydrogenation, **8**, 839
3-Butenenitrile, 2-methyl-
  isomerization
    nickel catalysed by, **8**, 628
1-Butene-3-one
  reaction with alkynylboranes, **7**, 344
2-Butenoic acid
  methyl ester
    dimerization, **7**, 413
  preparation
    nickel catalysed, **8**, 780
3-Butenoic acid
  allyl ester
    rearrangement, nickel catalysed, **8**, 731
  preparation
    nickel catalysed, **8**, 780
3-Butenoic acid, 3-trimethylsilylmethyl-
  synthesis
    nickel catalysed, **8**, 769
1-Buten-4-ol
  oxidation, **7**, 490
2-Buten-1-ol
  intramolecular hydrogen transfer
    catalysis by ruthenium complexes, **4**, 950
(Z)-2-Buten-1-ol, 4-chloro-
  carbonylation, **8**, 906
3-Buten-1-ol
  alkylation
    catalysed, **7**, 385
  oxidation, **7**, 494
Butenolactone ligands
  cobalt complexes, **5**, 157
    reactions, **5**, 160
    structure, **5**, 160

Butenolactone ligands

$\Delta^{\alpha\beta}$-Butenolide, β-chloro-
  preparation
    from propargyl alcohols, **7**, 682
Butenolides
  synthesis, **8**, 892, 903
1-Buten-3-one
  Heck arylation, **8**, 868
  reaction with diketones
    nickel catalysed, **8**, 737
  reaction with organoboranes, **1**, 290
  reaction with organobornes, **7**, 133
Butterfly compounds
  four-iron, **4**, 318
  iron nitride, **4**, 318
  transition metals, **6**, 773
t-Butyl acetate
  lithio derivative, **7**, 665
Butylamine
  reaction with decacarbonyldimanganese, **4**, 12
  reaction with palladium(II) olefin complexes, **6**, 359
  reaction with pentacarbonyliron, **4**, 284
(R)-$(-)$-s-Butylamine
  synthesis, **7**, 250
Butylation
  tetracarbonyl(η-cyclopentadienyl)vanadium, **3**, 663
t-Butyl diazoacetate
  photolysis with dicarbonylcyclopentadienyl cobalt, **5**, 159
t-Butyl halides
  methylation
    trimethylaluminum in, **1**, 600
t-Butyl isocyanide
  platinum(0) complexes, **6**, 494
  reaction with alkynes
    nickel catalysed, **8**, 793
t-Butyl nitrile
  triethylgallium adduct, **1**, 701
  trimethylgallium adduct, **1**, 701
Butyl nitrite
  in oxidation of organoboranes, **1**, 288
t-Butyl perbenzoate
  alkenylaluminum compound oxidation by, **1**, 653
Butyne
  insertion reaction with nickel phenyl complex, **6**, 74
Butyne, hexachloro-
  nickel complexes, **6**, 120
Butyne, hexafluoro-
  reaction with nickelocene, **6**, 173
1-Butyne
  ligands
    tetranuclear iron complexes, **4**, 636
  lithiation, **1**, 57, 107
  reaction with acetonitrile, **8**, 418
  reaction with triosmium cluster compounds, **4**, 1036
1-Butyne, 3,3-dimethyl-
  reaction with bis(ethylene)(η^5-indenyl)rhodium, **5**, 459
  reaction with dodecacarbonyltriruthenium, **4**, 860
  reaction with palladium complexes, **6**, 461
1-Butyne, 1-(diphenylphosphino)-3,3-dimethyl-
  reaction with dodecacarbonyltriruthenium, **4**, 860
2-Butyne
  activated 1-amino-4-alkoxy
    reaction with Grignard reagents, **1**, 169
  activated 1,4-diamino
    reaction with Grignard reagents, **1**, 169
  cooligomerization with butadiene, **8**, 426
  cyclotrimerization
    cobaltacyclopentadienes and, **5**, 152
  dimerization
    aluminum trichloride in, **1**, 604
  lithiation, **1**, 107
  palladium complex, **6**, 352
  photochemical coupling with pentacarbonyl iron, **4**, 455
  reaction with bis(ethylene)(η^5-indenyl)rhodium, **5**, 400, 457
  reaction with chloro(norbornadiene)rhodium dimer, **5**, 489
  reaction with dicarbonylcyclopentadienylcobalt, **5**, 237
  reaction with dicarbonyl(η-cyclopentadienyl)rhodium, **5**, 457
  reaction with dicarbonyl(η-pentamethylcyclopentadienyl)rhodium, **5**, 457
  reaction with 1,3-dienes
    nickel catalysed, **8**, 681
  reaction with diethyl(iodomethyl)aluminum, **7**, 439
  reaction with ferraborane, **1**, 479
  reaction with $nido$-ferraboranes, **1**, 505
  reaction with gold chloride, **2**, 812
  reaction with hexachlorodigold, **2**, 813
  reaction with osmium cluster compounds, **4**, 1035
  reaction with palladium complexes, **6**, 463
2-Butyne, hexafluoro-
  insertion reactions
    platinum(II) alkyl complexes, **6**, 564
  iridium complexes, **5**, 593
  palladium complexes, **6**, 353
  reaction with alkene rhodium complexes, **5**, 459
  reaction with bis(ethylene)(η^5-indenyl)rhodium, **5**, 459
  reaction with carbonylhydridotris(triphenylphosphine)rhodium, **5**, 399
  reaction with chlorobis(η^4-1,5-cyclooctadiene)rhodium, **5**, 519
  reaction with chlorobis(trifluorophosphine)rhodium dimer, **5**, 459
  reaction with chloro(η^4-norbornadiene)rhodium dimer, **5**, 519
  reaction with cobalt atoms, **5**, 192
  reaction with cyclometallated azobenzene complexes, **5**, 55
  reaction with cyclopentadienylhydridoruthenium complexes, **4**, 786
  reaction with dicarbonyl(η-cyclopentadienyl)diruthenium, **4**, 828
  reaction with dicarbonyl(η-cyclopentadienyl)rhodium, **5**, 441, 457
  reaction with dicarbonyl(β-diketonate)rhodium, **5**, 443
  reaction with dicarbonyl(η-pentamethylcyclopentadienyl)rhodium, **5**, 457
  reaction with dodecacarbonyltriruthenium, **4**, 859
  reaction with hexacarbonylbis((pentafluorophenyl)thio)dicobalt, **5**, 204
  reaction with hydrido(trifluorophosphine)tris(triphenylphosphine)rhodium, **5**, 399
  reaction with methyl(trimethylphosphine)gold, **2**, 810
  reaction with palladium complexes, **6**, 466
  reaction with pentacarbonylrhenium anions, **4**, 213

reaction with rhodium, pentakis(ammine)hydrido cations, **5**, 399
ruthenium complexes, **4**, 733
2-Butyne, 1,1,1-trifluoro-
  reaction with dicarbonylcyclopentadienylcobalt, **5**, 237
3-Butynol
  reaction with organoaluminum compounds catalysed, **7**, 390
3-Butyn-2-ol, 3-methyl-
  cyclotrimerization
    nickel catalysed, **8**, 650
3-Butyn-2-one
  reactions with cobalt(III) complexes, **5**, 86

reaction with organoboranes, **1**, 290
Butyric acid, β-oxo-
  methyl ester
    asymmetric hydrogenation, **8**, 477
Butyrolactones
  preparation
    carbon dioxide in, **8**, 279
γ-Butyrolactones
  ferrocene alkenylation with, **8**, 1019
  preparation by oxacarbonylation, **8**, 207
  synthesis, **8**, 903
γ-Butyrolactones, α-methylene-
  synthesis, **8**, 899

C

Cadiot–Chodkiewicz coupling, **2**, 40
Cadiot–Chodkiewicz reaction, **7**, 695
Cadiot–Chodkiewicz synthesis, **7**, 684
Cadmium
    dimetallic transition metal derivatives, **6**, 1033
    Group IV complexes, **6**, 1100
    hexamethyldisilazane derivatives, **2**, 128
    iron carbonyl complexes, **4**, 307
    organosilyl derivatives, **2**, 102
    reaction with octacarbonyldiferrates, **4**, 260
    siloxides, **2**, 156
    transition metal carbonyl derivatives, **6**, 999
    transition metal compounds, **6**, 983–1039, 1003–1010
        properties, **6**, 1005
        structure, **6**, 1007
    trimetallic transition metal derivatives, **6**, 1030
    (trimethylsilyl)methyl derivatives, **2**, 94–99
Cadmium, alkylsilyl-
    preparation, **7**, 614
Cadmium, azidoethyl-
    preparation, **2**, 857
Cadmium, azidomethyl-
    preparation, **2**, 857
Cadmium, bis[bis(trimethylsilyl)methyl]-
    preparation, **2**, 853
Cadmium, bis{cyclopentadienyl(triphenylgermyl)-[(triphenylgermyl)cadmium]nickel}-
    preparation, **6**, 1004
    structure, **6**, 1008
Cadmium, bis(decaboranyl)-
    dianion
        preparation, **1**, 513
Cadmium, bis(ethynyl)-
    preparation, **2**, 852
Cadmium, bis(organogermyl)-
    preparation, **2**, 469
Cadmium, bis(pentacarbonylmanganese)-
    cleavage reactions, **6**, 1006
    preparation, **6**, 1005
Cadmium, bis(pentacarbonylrhenium)-
    cleavage reactions, **6**, 1006
Cadmium, bis(pentafluorophenyl)-
    preparation, **2**, 855
Cadmium, bis(phenylethynyl)-
    preparation, **2**, 852
Cadmium, bis(tetracarbonylcobalt)-
    structure, **6**, 1008
Cadmium, bis[tricarbonyl(cyclopentadienyl)chromium]-
    preparation, **6**, 1004
Cadmium, bis[tricarbonyl(cyclopentadienyl)molybdenum]-
    preparation, **6**, 1003
Cadmium, bis[tricarbonyl(cyclopentadienyl)tungsten]-
    preparation, **6**, 1003, 1004
Cadmium, bis(triethylgermyl)-
    preparation, **2**, 857
Cadmium, bis(trifluoromethyl)-
    preparation, **2**, 853, 855
Cadmium, bis(trimethylsilyl)-
    preparation, **2**, 857
Cadmium, bis[(trimethylsilyl)methyl]-
    bipyridyl complex, **2**, 853
    properties, **2**, 95, 853
Cadmium, bis(triphenylgermyl)-
    preparation, **2**, 857
    reaction with nickelocene, **6**, 208
    reaction with tris(triphenylphosphine)palladium, **6**, 1003
Cadmium, bis(triphenyltin)-
    preparation, **2**, 857
Cadmium, bis[tris(pentafluorophenyl)germyl]-
    reaction with tris(triphenylphosphine)platinum, **6**, 1003
Cadmium, (*t*-butoxy)methyl-
    properties, **2**, 856
Cadmium, dialkyl-
    photolysis, **2**, 859
    preparation, **2**, 852
    properties, **2**, 852
    thermolysis, **2**, 859
Cadmium, diallyl-
    preparation, **2**, 853, 855
Cadmium, diaryl-
    preparation, **2**, 852
    properties, **2**, 852
Cadmium, diethyl-
    as Lewis acid, **2**, 853
    photoelectron spectra, **2**, 854
    protonolysis, **2**, 856
    reaction with benzaldehyde, **2**, 858
Cadmium, dimethallyl-
    preparation, **2**, 853, 855
Cadmium, dimethyl-
    bipyridyl complex, **2**, 852
    complexes, **2**, 853
    environmental formation, **2**, 1004
    methyl group exchange with dimethylzinc, **2**, 827
    photoelectron spectra, **2**, 854
    standard heat of formation, **2**, 854
    thermal stability, **1**, 7
Cadmium, diphenyl-
    reaction with barium, **1**, 239
Cadmium, iodo(pentafluorophenyl)-
    preparation, **2**, 855
Cadmium, methoxymethyl-
    properties, **2**, 856
Cadmium, methylphenoxy-
    complexes, **2**, 856
Cadmium, methyl[(trimethylphosphino)imido]-
    preparation, **2**, 857
Cadmium, (tetracarbonyliron)-

structure, **6**, 1008
Cadmium alkyls
 preparation by electrolysis of aluminate complexes, **1**, 656
Cadmium amalgam
 in preparation of symmetrical diorganomercurials, **2**, 895
Cadmium bridges
 dinuclear dicarbonyl(η-cyclopentadienyl)iron complexes, **4**, 591
Cadmium compounds
 in organic synthesis, **7**, 661–724
Cadmium halides
 neutral donor–acceptor adducts with transition metals, **6**, 984
Cadmium insertion reactions
 transition metal–cadmium compound preparation by, **6**, 1004
Cadmium(II) halides
 neutral donor–acceptor adducts with transition metal compounds, **6**, 992
Caffeine
 reaction with chloropentaammineruthenium dichloride, **4**, 686
Cage systems
 4-vertex, **1**, 491–493
 5-vertex, **1**, 491–493
 6-vertex, **1**, 493–498
 7-vertex, **1**, 493–498
 8-vertex, **1**, 499–508
 9-vertex, **1**, 499–508
 10-vertex, **1**, 499–508
 11-vertex, **1**, 509–515
 12-vertex, **1**, 515–529
 13-vertex, **1**, 529–537
 14-vertex, **1**, 529–537
Calciferol
 isomerization
  palladium complexes in, **8**, 812
Calcium
 activation by amalgamation
  in organocalcium compound preparation, **1**, 224
 nature
  in preparation of organocalcium compounds, **1**, 224
 reaction with carbon dioxide, **8**, 266
 reaction with organic halides
  mechanism, **1**, 226
Calcium, bis(phenylethynyl)-
 properties, **1**, 231
Calcium, bis(trityl)-
 structure, **1**, 232
Calcium, butyliodo-
 formation, **1**, 228
Calcium, butyliodo(diethyl ether)-
 desolvation, **1**, 228
Calcium, chlorobis(tetrahydrofuran)(trityl)-
 structure, **1**, 229
Calcium, chloro(trityl)-
 formation
  mechanism, **1**, 226
 preparation, **1**, 229
Calcium, diallyl-
 preparation, **1**, 231
Calcium, dicyclopentadienyl-
 IR spectra, **1**, 233
 mass spectroscopy, **1**, 233
 preparation, **1**, 232
 structure, **1**, 233
Calcium, dimethyl-
 properties, **1**, 231
Calcium, diphenyl-
 reaction with tetrahydrofuran, **1**, 231
Calcium, divinyl-
 preparation, **1**, 231
Calcium, ethyliodo(diethyl ether)-
 formation, **1**, 228
Calcium, fluoro(pentafluorophenyl)-
 formation, **1**, 226
Calcium, fluoro(phenyl)-
 formation, **1**, 226
Calcium bis(tetraphenylaluminate), **1**, 240
Calcium bis(tetra-1-propylaluminate)
 reaction with acetic anhydride, **7**, 408
Calcium naphthalenide
 reaction with 2-bromo esters, **1**, 235
Calcium tetraethylzincate
 ^{1}H NMR, **1**, 238
Calicene, bis(diisopropylamino)-
 reaction with chloro(cyclooctadiene)rhodium dimer, **5**, 465
Californium
 ions
  properties, **3**, 175
Camp
 in asymmetric hydrogenation, **8**, 467
Camphene
 hydroboration, **7**, 201
Camphene, α-(chloromercury)-
 crystal structure, **2**, 922
endo-2-Camphenecarboxylic acid
 mercury(II) salts
  decarboxylation, **2**, 888
Camphor
 oxime
  reduction by organoaluminum compounds, **7**, 438
Canadine
 synthesis, **8**, 894
Cancer chemotherapy
 dialkyltin compounds in, **2**, 609
($\pm$)-Cantharanthine
 synthesis, **8**, 822
Caprolactam, N-vinyl-
 synthesis, **8**, 894
Capronitriles
 transfer hydrogenation from alcohols
  catalysis by ruthenium complexes, **4**, 949
Carbadecaborane
 cyclic voltammetry, **1**, 421
 electrochemistry, **1**, 421
 reaction with butyllithium, **1**, 436
Carba-closo-decaborane
 synthesis, **1**, 426
Carba-nido-decaborane
 synthesis, **1**, 424
 trimethylammonium derivatives, **1**, 429
6-Carbadecaborane
 6-(trimethylammonium)-
  reduction, **1**, 435
Carbadodecaborane
 electrochemistry, **1**, 421

reaction with butyllithium, **1**, 436
Carbahexaborane
  NMR, **1**, 419
  synthesis, **1**, 429
Carba-*closo*-hexaborane
  bridging-proton abstraction, **1**, 438
  dipole moment, **1**, 421
Carba-*closo*-hexaborane, 2-methyl-
  synthesis, **1**, 431
Carba-*closo*-hexaborane, 4-methyl-
  synthesis, **1**, 430
Carba-*closo*-hexaborane, 6-methyl-
  synthesis, **1**, 430
Carba-*hypho*-hexaborane
  trimethylammonium derivatives, **1**, 429
Carba-*nido*-hexaborane
  bridging-proton abstraction, **1**, 437
  dipole moment, **1**, 421
1-Carba-*closo*-hexaborane
  hydrogen tautomerism, **1**, 434
  synthesis, **1**, 428, 431
2-Carbahexaborane
  NMR, **1**, 419
  peralkylated derivatives
    synthesis, **1**, 431
2-Carbahexaborane, 2-ethyl-
  synthesis, **1**, 424
2-Carba-*closo*-hexaborane
  polyalkylated derivatives
    synthesis, **1**, 424
2-Carba-*nido*-hexaborane
  alkyl derivatives
    synthesis, **1**, 422
  methyl derivatives
    synthesis, **1**, 423
  photoelectron spectra, **1**, 421
2-Carba-*nido*-hexaborane, 3-methyl-
  formation, **1**, 428
Carbalumination
  alkenes, **1**, 568, 569, 637; **7**, 379, 380
  alkynes, **1**, 568, 637; **7**, 304
  bicyclo[2.2.1]hept-2-ene, **7**, 383
  carbonyl compounds, **1**, 644, 645
  diphenylacetylenes, **1**, 570
  of diphenylacetylenes and benzonorbornadienes, **1**, 569
  ethylene, **7**, 367
  Hammett σ-values, **1**, 569
  Lewis base and, **1**, 568
  locoselectivity, **1**, 639
  nitriles, **1**, 649
  rate laws, **1**, 568
  regiochemistry, **1**, 639
  regioselectivity, **1**, 641
  retardation by diethyl ether, **1**, 557, 645
  stereochemistry, **1**, 639
  transition states, **1**, 567, 568
  unsaturated compounds, **1**, 628
1,4-Carbalumination, **1**, 571
  free radicals and nickel salts in, **1**, 661
Carbamates
  formation
    in carbonic acid reaction with transition metal hydrides, **8**, 249
  preparation, **8**, 93
    in carbon dioxide reaction with transition metal amide or alkoxides, **8**, 258
  reaction with organometallic compounds, **7**, 33
Carbamates, diethyldithio-
  reaction with chlorobis(cyclooctene)rhodium dimer, **5**, 421
Carbamates, dithio-
  reaction with ruthenium carbonyl halides, **4**, 676
Carbamato complexes
  formation
    in carbon dioxide reactions with transition metal hydrides, **8**, 245
Carbamic acid
  dithio-
    carbonyl rhodium(I) complexes, **5**, 285
    reaction with σ-bonded organometallic compounds, **8**, 257
    reaction with transition metal amide or alkoxides, **8**, 258
Carbamic acid, *N,N*-dialkyl-
  reaction with organolithium compounds, **7**, 36
Carbamic acid, *N,N*-diethyldithio-
  reaction with (cyclooctadiene)bis(pyridine)rhodium, **5**, 464
Carbamic acid, diethylthio-
  reaction with platinum(II) olefin complexes, **6**, 669
Carbamic acid, dithio-
  aryl-
    preparation, **7**, 505
Carbamoyl bridges
  dicyclopentadienyldiiron complexes, **4**, 596
Carbamoyl chloride, dimethylthio-
  reaction with iron carbonyls, **4**, 637
Carbamoyl complexes
  platinum(II) carbonyls, **6**, 491
Carbamoyl compounds
  palladium(II) complexes, **6**, 326
Carbamoyl ligands
  organomanganese complexes
    reaction with acids, **4**, 102
  ruthenium complexes, **4**, 705
Carbanionic rearrangements
  organoalkali metal compounds, **1**, 50
Carbanions
  adjacent to organosilicon group, **7**, 520–536
  adjacent to trialkylsilane group, **7**, 519
  arene–metal systems
    stabilization, **8**, 1057
  benchrotenyl-stabilized, **8**, 1057
  boron-stabilized
    reactions, **7**, 317
  cobalticenium-stabilized, **8**, 1057
  cyclopentadienyl–metal systems
    stabilization, **8**, 1057
  ferrocenyl-stabilized, **8**, 1057
  lithium substituted
    bonding, calculation, **1**, 77
  silicon, stabilized, **2**, 9
  silicon stabilized, **2**, 68
  α-silyl, **7**, 535
  in synthesis, **7**, 523
Carbanion synthons
  organolithium compounds as synthetic equivalents, **7**, 97
Carba-*closo*-nonaborane
  synthesis, **1**, 426
4-Carba-*arachno*-nonaborane
  synthesis, **1**, 429
Carbapentaborane
  synthesis, **1**, 431
Carbaselena-*nido*-undecaborane, (trimethylamine)-
  preparation, **1**, 510
Carbatetraborane
  synthesis, **1**, 431

Carbatridecaborane
 electrochemistry, **1**, 421
Carbaundecaborane
 electrochemistry, **1**, 421
 synthesis, **1**, 424
Carba-*closo*-undecaborane, (trimethylamine)-
 metal insertion reactions, **1**, 524
Carba-*closo*-undecaborane ions
 metal insertion reactions, **1**, 524
Carbazole
 metallation, **1**, 164
 reaction with butadiene, **8**, 849
Carbazole, tetrahydro-
 synthesis, **8**, 870
Carbenation
 cyclic hydroboration in, **7**, 215
Carbene
 insertion reactions mercury–halogen bonds, **2**, 892
Carbene, alkyl-
 osmium complexes, **4**, 1011
Carbene, alkyloxy-
 from hydrogenation of allyl complexes, **8**, 300
Carbene, bis(trimethylsilyl)-
 isomerization, **2**, 93
Carbene, diamino-
 osmium complexes, **4**, 1010
Carbene, dichloro-
 from bromodichloromethylphenylmercury, **7**, 676
 osmium complexes, **4**, 986, 1009
 reaction with 1-methylsilacyclobutane, **2**, 230
 reaction with silacyclobutanes, **2**, 231
Carbene, difluoro-
 insertion in germanium–phosphorus bond, **2**, 465
Carbene, dithio-
 osmium complexes, **4**, 995
Carbene, trimethylsilyl-
 decomposition, **2**, 93
 preparation, **2**, 92; **7**, 531
Carbene, triphenylsilyl-
 transition metal complexes, **2**, 94
Carbene analogues
 in transition metal–Group IV complexes, **6**, 1081
Carbene bridges
 bis(dicarbonyl(η-cyclopentadienyl)iron) derivatives, **4**, 528
 nonacarbonyldiiron complexes, **4**, 543
Carbene complexes
 copper, **7**, 696
 metathesis catalysts, **8**, 521
 platinum(II), **6**, 503–510
  preparation, **6**, 503, 505
  structure and bonding, **6**, 508
 platinum(IV), **6**, 510
  preparation, **6**, 510
  structure, **6**, 511
 preparation, **7**, 23
 transition metal
  bonding, **3**, 77
 Carbene insertion reactions
 ferroles, **4**, 553
 germanium–halogen bonds, **2**, 424
 germanium–metal bonds, **2**, 472
 into germanium–halogen bonds, **2**, 421
 into silicon–hydrogen bonds, **2**, 111
 organogermanium compound preparation by, **2**, 405
 palladium–carbon bonds, **6**, 326
 platinum(II) alkyl complexes, **6**, 559, 564
Carbene ligands
 bis(cyclopentadienyl)titanium complexes, **3**, 377
 bis(dicarbonyl(η-cyclopentadienyl)iron) complexes, **4**, 522
 η^1-carbon rhenium complexes
  nucleophilic attack, **4**, 230
 cobalt complexes, **5**, 156–161, 158
  properties, **5**, 160
  reactions, **5**, 160
  structure, **5**, 160
 cyclopentadienylmanganese complexes, **4**, 129
 gold complexes, **2**, 814, 815
 iridium complexes, **5**, 577
 iron complexes, **4**, 363
  coordination of olefin ligands, **4**, 371
  modification, **4**, 367
  mononuclear, preparation, **4**, 364
  physical properties, **4**, 368
  reactions, **4**, 369
 main group organometallic complexes
  structure, **1**, 4
 manganese complexes, **4**, 16
 metal complexes
  metallacycles preparation from, **8**, 531
  metathesis catalysts, **8**, 513
  reactions with olefins, **8**, 526
 organomanganese complexes, **4**, 40
 organometallic complexes, **1**, 36
 rhenium complexes, **4**, 223, 224
 rhodium complexes, **5**, 412–418
 ruthenium complexes, **4**, 682, 730
  hindered rotation, **4**, 683
  preparation from olefins, **4**, 683
 trinuclear iron complexes, **4**, 628
Carbenes
 addition to tricarbonyl(diene)iron complexes, **4**, 469
 in alkene and alkyne metathesis, **8**, 504, 505
 in alkene and alkyne metathesis reactions, **8**, 507
 asymmetric addition reactions, **8**, 490
 cationic palladium complexes, **6**, 293
 complexes
  in organic synthesis, **8**, 957–964
 cyclic palladium(II) complexes, **6**, 296
 cyclopentadienylvanadium complexes, **3**, 665
 Fischer type
  in metathesis reactions, **8**, 528
 heteronuclear metal–metal complexes, **6**, 786
 lithium substituted
  bonding, calculation, **1**, 77
 metal complexes
  in alkene and alkyne metathesis reactions, **8**, 505
 metallocene derivatives, **8**, 1058
 metathesis by, **8**, 543
 methylmercury substituted, **2**, 960
 nickel complexes, **6**, 73, 109
  deprotonation, **6**, 70
 organic precursors, palladium(II) carbene complex preparation from, **6**, 296–298
 orthopalladated complex, **6**, 298
 osmium complexes, **4**, 1010
 palladium(II) complexes, **6**, 291, 292–299
  reactions, **6**, 298
  structure, **6**, 298
 from platinum(II) α-chlorovinyl complexes, **6**, 568
 platinum(II) complexes
  X-ray diffraction, **6**, 508

Carbenes
  reaction with alkenes, **7**, 696
  reaction with carbon monoxide, **8**, 111
  reaction with diorganothallium compounds, **1**, 740
  reaction with dodecacarbonyltriruthenium, **4**, 865
  reaction with hydrogermanes, **2**, 433
  reaction with nickelocene, **6**, 208
  reaction with nickel tetracarbonyl, **6**, 16
  reaction with octacarbonyldicobalt, **5**, 163
  reaction with organometallic compounds, **7**, 89
  reaction with rhodium porphyrin complexes, **5**, 391
  secondary
    osmium complexes, **4**, 1011
  siloxy
    rearrangement, **7**, 631
  silyl, **2**, 92–94
    preparation, **2**, 92
  transfer reactions
    α-halomethylmercury compounds, **7**, 676–681
  tricarbonylnickel complexes
    reaction with nickelocene, **6**, 201
  in Ziegler–Natta alkene polymerization, **3**, 491, 493
Carbenes, dihalogeno-
  from trihalogenoalkylmercurials, **7**, 676
Carbene transfer reactions
  iron carbene complexes, **4**, 371
  η^1-organoiron complexes, **4**, 366
Carbenium ions
  multicenter bonding, **1**, 557
Carbenoidation
  organoboranes
    ketones and tertiary alcohols from, **7**, 128
Carbenoid reactions
  organozinc compounds, **2**, 847, 848
Carbenoids
  lithium
    bonding, calculation, **1**, 77
    cyclization reactions, **7**, 90
    oxiranes from, **7**, 91
  α-metallo-
    elimination reactions, **7**, 87–92
  β-oxido-
    rearrangements, **7**, 88
  reaction with rhodium porphyrin complexes, **5**, 391
Carbide ligands
  hexanuclear ruthenium complexes, **4**, 904
  osmium cluster compounds, **4**, 1056
  polynuclear iron complexes, **4**, 615, 644
    electrophilicity, **4**, 645
    hydrogenation, **4**, 646
    NMR, **4**, 645
Carbides
  in Fischer–Tropsch synthesis, **8**, 50
  heteronuclear clusters, **6**, 773
Carbinolamines
  cyclic
    synthesis, **7**, 35
Carbinols
  silyl
    synthesis, **2**, 159
Carboalkylidene ligands
  cyclopentadienylmanganese complexes, **4**, 129
Carboalumination — *see* Carbalumination

Carboboranes
  exo-cage B—C bonds, **1**, 438
  exo-cage B—Ge bonds, **1**, 438
  exo-cage B—Si bonds, **1**, 438
Carboboration, **7**, 261
Carbocamphenilone
  synthesis
    iron carbonyls and, **8**, 947
Carbocarbonylation, **8**, 103, **8**, 159–173
  applications, **8**, 173
Carbocation equivalents
  dienyliumtricarbonyliron complexes, **8**, 985
Carbocations
  benchrotenyl-stabilized, **8**, 1056
  cobalticenium-stabilized, **8**, 1055
  cymantrenyl-stabilized, **8**, 1055
  ferrocenyl-stabilized, **8**, 1052
  metallocene
    stabilization, **8**, 1051
  ruthenocenyl-stabilized, **8**, 1055
Carbocupration
  alkynes, **7**, 304
Carbodealumination, **1**, 652, 660
Carbodiimide, bis(triphenyllead)-
  preparation, **2**, 654
Carbodiimide, diphenyl-
  cooligomerization with alkynes
    nickel catalysed, **8**, 656
  nickel complexes, **6**, 126
Carbodiimide, *N*,*N*′-di-*p*-tolyl-
  reductive coupling
    dicarbonylbis(η-cyclopentadienyl)titanium in, **3**, 289
Carbodiimide ligands
  ruthenium complexes, **4**, 705
    preparation, **4**, 706
Carbodiimides
  N-germyl
    preparation, **2**, 452
  insertion reactions with η^1-organoniobium complexes, **3**, 743
  insertion reaction with η^1-organotantalum complexes, **3**, 743
  from palladium(II) carbene complexes, **6**, 299
  preparation from isocyanates
    iron carbonyl complexes in, **4**, 298
  reactions with organoboranes, **1**, 294
  reaction with germanium–nitrogen, **2**, 457
  reaction with organometallic compounds, **7**, 15
  rhodium complexes, **5**, 440
Carbo-*closo*-dodecaborane
  synthesis, **1**, 427
Carbohydrates
  asymmetric syntheses, **7**, 25
  organotin derivative, **2**, 578
Carbollide ion
  structure, **1**, 524
Carbometallation
  1-alkenes
    catalysed, **7**, 385
  organoaluminum compounds and transition metals in, **1**, 661
  titanium catalysed, **3**, 277
  titanium complexes as catalysts in, **3**, 275
Carbon
  surface

in Fischer–Tropsch synthesis, **8**, 55
Carbonates, **8**, 79
  alkyl
    formation in carbon dioxide reaction with transition metal amides or alkoxides, **8**, 258
    formation in carbonic acid reaction with transition metal hydrides, **8**, 249
  bridged dimeric
    formation in carbonic acid reaction with transition metal hydrides, **8**, 249
  dialkyl esters
    reaction with organometallic compounds, **7**, 32
  formation
    in carbon dioxide reactions with transition metal complexes, **8**, 238
  organic
    preparation from carbon dioxide, **8**, 228
  preparation
    by carbon dioxide reaction with hydrogen, **8**, 269
    in carbon dioxide reaction with organo transition metal compounds, **8**, 252
    by electrochemical reduction of carbon dioxide, **8**, 267
    preparation in catalytic syntheses with carbon dioxide, **8**, 265
  trithio-
    thiophilic addition reactions, **7**, 68
Carbonation
  lithioruthenocenes, **4**, 768
Carbon bridges
  asymmetric dinuclear iron complexes, **4**, 603
Carbon complexes
  hydrogen addition, **8**, 293
Carbon σ-compounds
  platinum(II) complexes
    bonding, **6**, 539
    electronic spectroscopy, **6**, 547
    reactions, **6**, 547–573
    stability, **6**, 540
Carbon η^1-compounds
  platinum complexes, **6**, 514–591
  platinum(II) complexes, **6**, 515–573
    preparation, **6**, 515–531
    structure, **6**, 532–539
Carbon dioxide
  activation
    transition metal complexes in, **8**, 230
  carbon monoxide preparation from, **8**, 262, 263
  catalyst poisoning by
    in oxo process, **8**, 127
  catalytic synthesis with, **8**, 265–280
  as cocatalyst in telomerization of water with butadiene, **8**, 434
  complexes with transition metal hydrides, **8**, 240
  cooligomerization with alkynes
    nickel catalysed, **8**, 656
  copolymerization with oxetane
    organoaluminum compounds and, **1**, 667
  copolymerization with oxiranes
    organozinc compounds in, **2**, 851
  copolymerization with propylene oxide
    organoaluminum compounds and, **1**, 667
  deoxygenation, **8**, 237, 247, 248
  disproportionation, **8**, 237, 262
    dicarbonylbis(η-cyclopentadienyl)titanium in, **3**, 290
  dissociation, **8**, 262
  dissociative adsorption, **8**, 239
  electrochemical disproportionation, **8**, 267
  elimination from β-acetoxy carboxylic acids
    π-allylpalladium complexes in, **8**, 837
  elimination from platinum complexes, **6**, 526
  formation
    in water-gas-shift reaction, **8**, 12
  formation in hydrocondensation of carbon monoxide, **8**, 43
  hydrogenation
    nickel catalysed, **8**, 633
  industrial syntheses using, **8**, 227–229
  insertion in organocopper compounds, **2**, 750–751
  insertion in organosilver compounds, **2**, 750–751
  insertion into carbon–aluminum bonds, **1**, 650
  methanation, **8**, 24
  nickel complexes, **6**, 127
  occurrence and preparation, **8**, 1
  palladium complexes
    oxidation, **6**, 257
  photofixation
    by polynuclear aromatic hydrocarbons, **8**, 228
  platinum complexes, **6**, 686
  purification, **8**, 1
  reactions, **8**, 225–280
  reaction with bis(η^3-allyl)nickel complexes, **6**, 149
  reaction with σ-bonded organotransition metal compounds, **8**, 249
  reaction with cobalt(I) complexes, **5**, 96
  reaction with dicarbonylhydridotris(triphenylphosphine)rhenium, **4**, 190
  reaction with diethylzinc, **2**, 850
  reaction with dimethylberyllium, **1**, 148
  reaction with epoxides
    nickel catalysed, **8**, 667
  reaction with hydrido(dinitrogen)tris(triphenylphosphine)cobalt, **5**, 33
  reaction with hydrogen, **8**, 43, 269
  reaction with nickelacyclopentanes, **6**, 172
  reaction with nickel alkyl complexes, **6**, 71
  reaction with organoaluminum compounds, **1**, 565, 650
  reaction with organometallic compounds, **7**, 37, 38
  reaction with organotransition metal complexes, **8**, 229–265
  reaction with σ-organotransition metal compounds, **8**, 250
  reaction with osmium cluster complexes, **4**, 1046
  reaction with transition metal amides and alkoxides, **8**, 258
  reaction with transition metal hydrides, **8**, 239
  reaction with triethylaluminum, **1**, 598
  reaction with zerovalent nickel species, **6**, 163
  reduction
    magnesium–transition metal compounds in, **6**, 1038
  reduction by hydrogen, **8**, 288
  removal from synthesis gas, **8**, 9
  telomerization with allenes, **8**, 450
  telomerization with butadiene, **8**, 442
  telomerization with isoprene, **8**, 447
  transition metal catalysed transformations
    mechanisms, **8**, 226

Carbon dioxide

transition metal complexes, **8**, 231, 234
Carbon dioxide ligands
  rhodium complexes, **5**, 342
Carbon diselenide
  reaction with dicarbonyltris(triphenylphosphine)ruthenium, **4**, 712
Carbon diselenides
  platinum complexes, **6**, 690
Carbon disulfide
  dicyclopentadienylvanadium complexes, **3**, 682
  dimerization
    rhodium complexes in, **5**, 415
  insertion in organocopper compounds, **2**, 750–751
  insertion in organosilver compounds, **2**, 750–751
  iridium complexes, **5**, 569
  nickel complexes, **6**, 128
  osmium complexes, **4**, 994
  platinum complexes, **6**, 689
  reaction with alkoxycarbonylmanganese complexes, **4**, 102
  reaction with alkyl carbonyl manganese complexes, **4**, 88
  reaction with carbamoylmanganese complexes, **4**, 102
  reaction with (cyclopentadienyl)(diphenylacetylene)(triphenylphosphine)cobalt, **5**, 208
  reaction with cyclopentadienylnickel complexes, **6**, 207
  reaction with dicarbonyl(η-cyclopentadienyl)-(tetrahydrofuran)manganese, **4**, 126
  reaction with dicarbonylhydridotris(triphenylphosphine)rhenium, **4**, 190
  reaction with dicarbonyltris(triphenylphosphine)ruthenium, **4**, 712
  reaction with dodecacarbonyltriruthenium, **4**, 881
  reaction with halogenocarbonyl ruthenium complexes, **4**, 714
  reaction with nickel carbonyl complexes, **6**, 32
  reaction with nickelocene derivatives, **6**, 207
  reaction with nickel tetracarbonyl, **6**, 9
  reaction with octacarbonyldicobalt, **5**, 47, 167, 180
  reaction with organoaluminum compounds, **1**, 650; **7**, 442
  reaction with organometallic compounds, **7**, 41, 42
  reaction with osmium cluster complexes, **4**, 1047
  reaction with pentacarbonyl(trifluoromethyl)-rhenium, **4**, 192
  reaction with pentacyanocobaltates, **5**, 92, 138
  reaction with phosphorus silyl ylides, **2**, 70
  reaction with potassium tetracarbonyl(tricyclohexylphosphine)manganate, **4**, 28
  rhodium complexes, **5**, 440
Carbon disulfide bridges
  dicyclopentadienyldiiron complexes, **4**, 595
Carbon disulfide ligands
  rhodium complexes, **5**, 339–342
Carbonic acid
  reaction with σ-bonded organometallic compounds, **8**, 257
  reaction with transition metal hydrides, **8**, 239, 249
Carbonic acid, dithio-

O-alkyl esters
  osmium complexes, **4**, 1003
  dialkyl esters
    osmium complexes, **4**, 1003
Carbonic acid, trithio-
  reaction with Grignard reagents, **7**, 41
Carbonium ions
  in catalytic hydrogenation, **8**, 310
  lithium substituted
    bonding, calculation, **1**, 77
  platinum(II) acetylene complexes in, **6**, 710
  stabilization
    iron carbonyls and, **8**, 982
  stabilization by silicon–carbon bonds, **2**, 8
Carbonium ion salts
  alkynylidynenonacarbonyltricobalt
    protonation, **5**, 173
η^3-Carbon ligands
  iron complexes, **4**, 399
η^5-Carbon ligands
  iron complexes, **4**, 475
η^6-Carbon ligands
  iron complexes, **4**, 499
Carbon monoxide
  absorption by copper(I) salts, **8**, 15
  abstraction from alcohols, **8**, 302
  Boudouard-type disproportionation, **8**, 57
  carbon dioxide transformation into, **8**, 262
  chemisorption on ruthenium, **4**, 667
  cleavage
    surface species, **8**, 26
  π-complexes with mercury dihalides, **2**, 867
  coordinated
    reaction with organometallic compounds, **7**, 23
  dinitrogen fixation inhibition by, **8**, 1097
  disproportionation
    ruthenium complexes and, **4**, 904
  dissociation in methanation, **8**, 27
  dissociation on metal surfaces, **8**, 25
  electrochemical reduction, **8**, 21
  elimination
    platinum(II) acyl complexes, **6**, 560
  elimination from platinum complexes, **6**, 526
  exchange reaction with pentacarbonyliron, **4**, 249
  hydrocondensation, **8**, 41, 86, 88
    homologous alcohols by, **8**, 63
    industrial exploitation, **8**, 44
    recent developments, **8**, 68
  in hydroformylation, **8**, 157
  hydrogenation, **8**, 29, 40, 86
    osmium cluster compounds and, **4**, 1044
    polystyrene-supported cyclopentadienylcobalt in, **5**, 252
  –hydrogen ratio in synthesis gas, **8**, 9
  from industrial off-gases, **8**, 8
  inhibition of dinitrogen reduction by, **8**, 1086
  inhibitor
    dinitrogen reduction by nitrogenase and, **8**, 1074
  insertion into alkyl tetracarbonyl cobalt complexes, **5**, 54
  insertion into palladium–carbon bonds, **6**, 325
  insertion into platinum(II) η^3-allyl complexes, **6**, 731
  insertion into rhodium–carbon bonds, **5**, 378–392
  insertion into transition metal–carbon σ-bonds, **5**, 381
  insertion into zirconocene(IV) diaryls, **3**, 589

insertion reactions
    actinide complexes, **3**, 251
    carbon–palladium bond, **6**, 281
    platinum(II) alkyl complexes, **6**, 559
    platinum(II) alkyl complexes and, **6**, 559
labelled
    exchange with dodecacarbonyltriiron, **4**, 262
methanation, **8**, 22
    catalysts, **8**, 23
    homogeneous, **8**, 28
    kinetics and mechanism, **8**, 24
    processes, **8**, 24
molecular orbitals, **3**, 2
nucleophilic addition to tricarbonyl(dienyl)iron cations, **4**, 498
oxidation
    catalysis by pentacarbonyl iron, **4**, 250
    platinum(IV) carbonyls in, **6**, 494
partial pressure
    oxo process and, **8**, 124
preparation
    by electrochemical reduction of carbon dioxide, **8**, 267
preparation from carbon dioxide, **8**, 226
pure
    preparation, **8**, 15
purification, **8**, 7
reaction with alkenylboranes, **7**, 310
reaction with alkylactinide complexes, **3**, 251
reaction with alkylbis(pentamethylcyclopentadienyl) actinide complexes, **3**, 249
reaction with alkylchlorobis(η-cyclopentadienyl)zirconium, **3**, 585
reaction with alkylnickel complexes, **6**, 49
reaction with alkyltetracarbonylcobalt, **5**, 51
reaction with η^3-allyl(alkyl)nickel complexes, **6**, 84
reaction with allyl compounds, alkenes or alkynes
    nickel catalysed, **8**, 731
reaction with allylic palladium complexes, **6**, 430, 433
reaction with η^3-allylnickel complexes, **6**, 168
reaction with π-allylpalladium complexes, **8**, 811, 813
reaction with anhydrous ruthenium trichloride, **4**, 696
reaction with aquocobalt(III) complexes, **5**, 86
reaction with bis(η-cyclopentadienyl)carbonylnickel complexes, **6**, 201
reaction with carbenes, **8**, 111
reaction with carbonyl carboxylate ruthenium complexes, **4**, 836
reaction with chloronitrosobis(triphenylphosphine)ruthenium, **4**, 685
reaction with cobalt, **5**, 4
reaction with cobaltocene, **5**, 247
reaction with cobalt(II) σ-carbon bonded complexes, **5**, 79
reaction with cyclobutadienenickel complexes, **6**, 186
reaction with cycloheptatriene ruthenium complexes, **4**, 883
reaction with dienes
    π-allylpalladium complexes in, **8**, 845
reaction with dihydrobis(pentamethylcyclopentadienyl)zirconium, **3**, 603
reaction with dimethylzirconocene, **3**, 598

reaction with dinuclear cobalt dialkyls, **5**, 153
reaction with dodecacarbonyltetracobalt, **5**, 8
reaction with hydrido(phosphine)ruthenium complexes, **4**, 722
reaction with hydrogen
    thermodynamics, **8**, 21
reaction with iron carbene complexes, **4**, 371
reaction with manganese atoms, **4**, 8
reaction with manganese chloride, **4**, 6
reaction with metallic nickel, **6**, 4
reaction with methyltetrakis(trimethylphosphine)cobalt, **5**, 73
reaction with methyltetrakis(trimethyl phosphite)cobalt, **5**, 73
reaction with mixed-metal clusters, **6**, 820
reaction with nickel alkyl complexes, **6**, 73, 77
reaction with nickel alkyne complexes, **6**, 68
reaction with nonacarbonyltris(triphenylphosphine)triruthenium, **4**, 875
reaction with octacarbonyldicobalt and alkynes, **5**, 157
reaction with (octadiene)(η^3-octenyl)cobalt, **5**, 222
reaction with organoaluminum compounds, **7**, 395
reaction with organoboranes, **1**, 295; **7**, 282
reaction with organocobalt(III) complexes, **5**, 121, 147, 148
reaction with η^1-organoiron complexes, **4**, 358
reaction with organometallic compounds, **7**, 23
reaction with organopalladium complexes, **8**, 854
reaction with osmium tetroxide, **4**, 968
reaction with palladium cyclobutadiene complexes, **6**, 381
reaction with palladium halides, **6**, 280
reaction with palladium(II) alkyl and aryl complexes, **6**, 338
reaction with platinum(0) acetylene complexes, **6**, 701
reaction with platinum(II) carbonyls, **6**, 491
reaction with platinum(II) olefin complexes, **6**, 665
reaction with polynuclear ruthenium acetate complexes, **4**, 678
reaction with ruthenium trichloride
    hydrochloric acid and, **4**, 669
reaction with ruthenium(II) chloride, **4**, 670
reaction with ruthenium(V) fluoride, **4**, 676
reaction with tetracarbonyldihydroiron, **4**, 314
reaction with Vaska's compounds, **5**, 547
reaction with water, **8**, 43
reaction with zirconocene dialkyls, **3**, 581
as reducing agent, **8**, 90
reduction
    actinide complexes in, **3**, 263
    organoniobium complexes in, **3**, 717
    organotantalum complexes in, **3**, 717
    ruthenium complexes as catalysts in, **4**, 936
reduction to ethylene
    organoniobium complexes in, **3**, 730
reduction to methane
    catalysis by ruthenium cluster units, **4**, 961
reduction to methanol, **8**, 1084

Carbon monoxide
    ruthenium complex preparation from, **4**, 695
    surface dissociation, **8**, 57
    surface species, **8**, 25
    syntheses from, **8**, 19–94
    syntheses with, **8**, 101–220
    synthesis, **8**, 2–7
        from carbon dioxide, **8**, 229
        by carbon dioxide reaction with hydrogen, **8**, 274
    in telomerization of butadiene, **8**, 445
    transformation of carbon dioxide into, **8**, 263
Carbon nucleophiles
    in η^1-organoiron complex preparation, **4**, 336
Carbon oxide sulfide
    reaction with (cyclopentadienyl)(diphenylacetylene)(triphenylphosphine)cobalt, **5**, 208
    reaction with organoaluminum compounds, **7**, 442
Carbon selenite sulfide
    reaction with cyclopentadienylbis(trimethylphosphine)cobalt, **5**, 180
Carbon suboxide
    preparation, **2**, 160
    reaction with organometallic compounds, **7**, 39
Carbon substitution reactions
    in preparation of supported catalysts, **8**, 555
Carbon subsulfide
    platinum complexes, **6**, 689
Carbon tetrachloride
    dehalogenation and coupling
        pentacarbonyliron in, **4**, 251
    reaction with alkenes
        catalysis by ruthenium complexes, **4**, 951, 962
    reaction with allyl cobalt(III) complexes, **5**, 120
    reaction with aluminum alkyls, **1**, 577, 667
    reaction with decacarbonyldimanganese, **4**, 44
    reaction with octacarbonyldicobalt, **5**, 163
    transfer hydrogenolysis
        catalysis by ruthenium complexes, **4**, 951
Carbon vapour
    cocondensation with trichloroborane, **1**, 282
    reaction with lithium, **1**, 64
Carbonyl abstraction
    from solvents, **8**, 302
Carbonylation
    acetylene
        nickel catalysed, **8**, 774
        ruthenium complexes and, **4**, 859
    alkenes
        nickel catalysed, **8**, 775
    alkylcarbonylmanganese complexes, **4**, 73, 99
    alkylpentacarbonylmanganese, **4**, 100
    alkynes
        nickel catalysed, **8**, 773
        nickel catalysts, **8**, 176
    alkynes and alkenes
        nickel catalysed, **8**, 773
    allyl chloride
        nickel catalysed, mechanism, **8**, 788
        supported palladium catalysts, **8**, 573
    allyl halides
        carbonylation, nickel catalysed, **8**, 780
    π-allylpalladium complexes, **8**, 834
    amines, **8**, 188
    aromatic compounds, **8**, 904
    aryl and alkyl halides
        nickel catalysed, **8**, 783
    arylboranes, **7**, 329
    arylthallium bis(trifluoroacetates), **7**, 507
    bis(fulvalene)divanadium, **3**, 676
    1-boraadamantanes, **1**, 325
    9-borabicyclo[3.3.1]nonane as blocking group in, **7**, 181
    carbonyl(η-cyclopentadienyl)ruthenium complexes, **4**, 779
    catalysis by ruthenium complexes, **4**, 939–941
    classification, **8**, 103
    cyclic hydroboration in, **7**, 215
    dichloro(cyclooctadiene)palladium, **6**, 380
    dicyclopentadienylphenylvanadium, **3**, 667
    formaldehyde, **8**, 83
    halides and pseudohalides, **8**, 905
    hydrated ruthenium chloride, **4**, 669
    manganese iodide, **4**, 6
    mechanism, **8**, 115
    methanol
        catalyst leaching in supported rhodium complex catalysts, **8**, 592
        supported catalysts in, **8**, 604
    methyl acetate, **8**, 79
    nickel catalysed, **8**, 773–794
    organic halides
        nickel catalysed, **8**, 779
    organoboranes, **1**, 295; **7**, 282
        aldehydes from, **7**, 125
        ketones and tertiary alcohols from, **7**, 126
    organomercurials, **7**, 681
    organomercury compounds, **2**, 968
    organometalllic compounds, **8**, 902
    organopalladium(II) compounds, **6**, 281–283
    osmium halides, **4**, 976
    palladium(II) compounds, **6**, 280–281
    palladium(II) olefin complexes, **6**, 359
    phenylthallium compounds, **1**, 749
    platinum(II) alkyl complexes, **6**, 559
    reaction with nickel alkyl complexes, **6**, 78
    reaction with platinum(II) olefin complexes, **6**, 671
    reductive
        phosphine adducts, **6**, 23
    ruthenium Group V donor ligand complexes, **4**, 696
    ruthenium(II) complexes, **4**, 695
    ruthenium(III) chloride, **4**, 693
    ruthenium(III) complexes, **4**, 695
    supported catalysts in, **8**, 597
    trends, **8**, 219
    trinuclear nitrene complexes, **4**, 627
    unsaturated compounds
        organopalladium complexes in, **8**, 897–910
    vanadium salts, **3**, 648
    vanadocene, **3**, 663, 676
Carbonyl clusters
    nickel mixed metal
        preparation, **6**, 11
Carbonyl complexes
    heteronuclear transition metal, **6**, 771
    palladium(0), **6**, 247
    platinum(II)
        carbon–oxygen stretching frequencies, **6**, 490
    six-coordinate low spin d^4
        geometry, **3**, 15
    transition metal
        force constants, **3**, 9
    vanadium

Carbonyl compounds
  eight-coordinate, **3**, 654–656
  seven-coordinate, **3**, 654–656
Carbonyl compounds
  α-alkylation and α-arylation, **7**, 277
  alkylation and reduction
    by organoaluminum compounds, **1**, 647
  aminalumination, **1**, 647
  bimetallic complexes
    intermetal exchange, **3**, 155
  carbalumination and hydralumination, **1**, 644
  cumulated
    reaction with organometallic compounds, **7**, 38
  decarbonylation, **8**, 214
  α-diazo
    reaction with organoboranes, **7**, 278
  dicyclopentadienylvanadium complexes, **3**, 675
  α-halo-
    reaction with alkynylborates, **7**, 341
  hydrogermylation, **2**, 433
  α-iodo
    synthesis, **7**, 563
  methylenation
    organotitanium compounds in, **3**, 278
  from olefins
    organothallium compounds in, **7**, 468
  organoaluminum compound complexes, **1**, 575
  organometallic complexes
    intermetallic intramolecular exchange reactions, **3**, 151
  platinum complexes, **6**, 686
  polymerization
    aluminum alkyls in, **1**, 667
  reactions with silylenes, **2**, 218
  reaction with alkoxyalkylmagnesium compounds, **1**, 214
  reaction with allylboranes, **1**, 277
  reaction with carbenes, **7**, 91
  reaction with dialkyl-1-alkynylaluminum, **1**, 661
  reaction with dialkylberyllium, **1**, 148
  reaction with dialkylcyanoaluminum, **1**, 662
  reaction with lithium carbenoids, **7**, 91
  reaction with organoaluminum compounds, **1**, 572; **7**, 413–423
  reaction with organocadmium compounds, **2**, 858
  reaction with organozinc compounds, **2**, 850
  reaction with silenes, **2**, 233
  reaction with stannyl radicals, **2**, 596
  reduction by organoberyllium hydrides, **1**, 143
  reductive coupling
    titanium compounds in, **3**, 273
  silyl-substituted, **2**, 71–75
  silyl ylides, **7**, 628
  telomerization with butadiene, **8**, 436, 443
  telomerization with isoprene, **8**, 448
  thialumination, **1**, 647
  transition metal complexes
    bonding, **3**, 2–27
    high spin complexes, geometry, **3**, 16
    odd electron molecules, geometry, **3**, 16
  trimetallic complexes
    intermetal exchange, **3**, 160
  α,β-unsaturated
    addition reactions, **7**, 6
    carbalumination, **1**, 647
    conjugate addition reactions, **7**, 719
    conjugate addition reactions with copper tetraarylborates, **7**, 335
    ionic hydrogenation, **7**, 621
    reaction with alkynylborates, **7**, 341
    reaction with Grignard reagents, **1**, 170
    reaction with organoaluminum compounds, **1**, 571
    reaction with organoboranes, **1**, 290, 294; **7**, 257, 291
    reaction with organocopper compounds, **2**, 752
    reaction with organometallic reagents, **7**, 28
  β,γ-unsaturated
    regioselective γ-alkylation, **8**, 814
  vanadium complexes, **3**, 654
  vanadocene derivatives
    IR spectroscopy, **3**, 675
Carbonyl cyanide
  reaction with Grignard reagents, **7**, 22
Carbonyl O-donor ligands
  NMR, **5**, 285
Carbonyl exchange
  alkylidynenonacarbonyltricobalt, **5**, 174
  (alkyne)hexacarbonyldicobalt, **5**, 198
  in dodecacarbonylruthenium, **4**, 666
  tricarbonylnitrosylcobalt, **5**, 26
Carbonyl groups
  in dodecacarbonyltriruthenium
    equilibration, **4**, 666
  in organoruthenium complexes
    cycling, **4**, 654
    exchange and migration, **4**, 653
  reaction with organomagnesium compounds, **1**, 211
  1,2-transposition, **7**, 544
Carbonyl insertion reactions
  η^1-carbon–rhenium complexes, **4**, 228
  into chiral carbon–aluminum bonds, **1**, 646
  iron carbonyls in, **8**, 951
  metallaboranes, **1**, 479
  (olefin)tetracarbonyliron complexes, **8**, 964
  η^1-organoiron complexes, **4**, 358
    mechanism, **4**, 359
  in η^1-organoiron complex preparation, **4**, 336
  o-quinodimethane
    iron tricarbonyl complexes and, **8**, 980
  tricarbonylcycloheptatrieneiron complexes, **8**, 1007
Carbonyl ligands
  actinides, **3**, 211
  anionic manganese complexes, **4**, 22
  η^1-carbon rhenium complexes
    nucleophilic attack, **4**, 230
  cationic manganese complexes, **4**, 29
  cationic manganese ligands
    synthesis, **4**, 30
  cationic ruthenium complexes, **4**, 667
  cobalt complexes, **5**, 3–17
  cyclopentadienylruthenium, **4**, 780
  dinuclear ruthenium complexes, **4**, 833
  dinuclear transition metal–Group IV complexes, **6**, 1076
  gold complexes, **2**, 817
  heterogeneous transition metal hydride complexes
    deprotonation, **6**, 815
  hexanuclear ruthenium complexes, **4**, 902
  iridium(−I) complexes, **5**, 542
  iron complexes, **4**, 244–266
    preparation, **4**, 364
  lanthanides, **3**, 180
  Lewis base cobalt complexes, **5**, 29–41

Carbonyl ligands
  manganese complexes, **4**, 6–43
    structure, **4**, 4
  mono(η-allyl)rhodium complexes, **5**, 493–498
  mononuclear osmium complexes, **4**, 977
  mononuclear ruthenium complexes, **4**, 692
  mononuclear transition metal–Group IV complexes, **6**, 1075
  organoiridium compounds, **5**, 542–560
  organotitanium complexes, **3**, 285–291
  osmium cluster compounds, **4**, 1023
  osmium complexes, **4**, 968–976
  palladium(I) complexes, **6**, 271
  palladium(II) complexes, **6**, 280–303
    reactions, **6**, 284
    structure, **6**, 283
  pentanuclear osmium complexes, **4**, 1053
  pentanuclear ruthenium complexes, **4**, 901
  polynuclear cobalt complexes, **5**, 41–47
  polynuclear ruthenium complexes, **4**, 889–906
  ruthenium complexes, **4**, 661, 661–688, 662
    catalysts in hydrogenation, **4**, 934
  scandium, **3**, 180
  tetranuclear ruthenium complexes, **4**, 889
  transition metal complexes
    σ- and π-bonding, **3**, 5
    bond enthalpy values, **4**, 616
    bonding, **3**, 16
    16-electron compounds, geometry, **3**, 17
    17-electron compounds, geometry, **3**, 17
    18-electron rule, **3**, 17
    force constants, **3**, 9
    frontier molecular orbitals, molecular orbital analysis, **3**, 18
    geometries, **3**, 12
    cis-labilization, **3**, 24
    methyl migration, theory, **3**, 26
    reactions, theory, **3**, 24
    synergic bonding, **3**, 3
    UV photoelectron spectra, **3**, 5, 6
  transition metal–Group IV complexes, **6**, 1075, 1080
  yttrium, **3**, 180
Carbonyl phosphazine, **3**, 873
Carbonyl scrambling
  organometallic compounds, **3**, 140
Carbonyl semibridges
  iron carbonyl complexes, **4**, 559
  polynuclear iron complexes, **4**, 645
Carbonyl substitution reactions
  alkylcarbonylmanganese complexes, **4**, 72
  carbonyl(fluoroalkyl)manganese complexes, **4**, 98
  dodecacarbonyltriruthenium, **4**, 844
    four-electron systems, **4**, 844
    six-electron systems, **4**, 845
    two-electron systems, **4**, 844
Carbonyl sulfide
  iridium complexes, **5**, 569, 570
  nickel complexes, **6**, 128
  platinum complexes, **6**, 689
  reaction with organoaluminum compounds, **1**, 650
  rhodium complexes, **5**, 440
Carbopinem
  allyl esters as protecting groups for, **8**, 824
Carborane anions
  metal–ligand group insertion, **1**, 476
  reaction with nickel salts, **6**, 220
nido-**Carborane anions**
  reactions with transition metal reagents, **1**, 502
Carborane ligands
  in hydrogenation catalysts, **8**, 302
  ruthenium complexes, **4**, 806
Carboranes, **1**, 412–443
  aluminum derivatives, **1**, 544
  anions
    reaction with nickelocene, **6**, 221
  antimony derivatives, **1**, 547
  arsenic derivatives, **1**, 547
  B—B protonation, **1**, 437
  beryllium derivatives, **1**, 543
  bonding, **1**, 466
  bridging-proton abstraction, **1**, 437
  exo-cage B—N bonds, **1**, 439
  exo-cage B—O bonds, **1**, 440
  exo-cage B—Pb bonds, **1**, 438
  exo-cage B—P bonds, **1**, 439
  exo-cage B—S bonds, **1**, 440
  exo-cage B—Sn bonds, **1**, 438
  cage fluxional behavior, **1**, 432
  cage growth, **1**, 427
  chemical properties, **1**, 431
  closed cage
    reaction with Lewis bases, **1**, 435
  clusters
    bonding in, **1**, 28
  coupled
    synthesis, **1**, 429
  deuterium exchange
    catalysis by ruthenium complexes, **4**, 946
  diffraction studies, **1**, 418
  gallium derivatives, **1**, 544
  geometry, **1**, 417
  germanium derivatives, **1**, 545, 546
  Grignard reagents from, **1**, 176
  halogenation, **1**, 440
  H—C$_{cage}$ proton abstraction, **1**, 436
  hydrogenation, **8**, 337
  hydrogen–deuterium exchange, **1**, 442
  hydrogen tautomerism, **1**, 432
  B-hydroxy derivatives, **1**, 440
  indium derivatives, **1**, 544
  insertion of metal–ligand groups into, **1**, 474
  iron derivatives, **1**, 546
  lead derivatives, **1**, 545
  mass spectrometry, **1**, 420
  B-mercapto derivatives
    preparation, **1**, 440
  microwave studies, **1**, 418
  nickel complexes, **6**, 213
  NMR, **1**, 418
  nomenclature, **1**, 412
  organochromium complexes, **3**, 973
  palladium complexes, **6**, 340
  palladium(II) complexes, **6**, 309
  phosphorus derivatives, **1**, 547
  polymer applications, **1**, 443
  reduction, **1**, 434
  sandwich compounds
    bonding, **3**, 32
  selective cage degradation, **1**, 428
  silicon derivatives, **1**, 547
  skeletal rearrangements, **1**, 431
  spectroscopy, **1**, 418
  structural interrelationships, **1**, 413
  structural pattern, **1**, 26
  structure, **1**, 4, 25–35, 26
  structure determinations, **1**, 420

C-substituted derivatives, **1**, 436
syntheses, **1**, 421–431
synthesis from alkyl polyboron hydrides, **1**, 427
synthesis from boron hydrides and acetylides or cyanides, **1**, 424
synthesis from polyboranes and alkynes, **1**, 422
thallium derivatives, **1**, 545
thermal decomposition, **1**, 327
thermal stability, **1**, 431
thiol derivatives, **1**, 440
tin derivatives, **1**, 545, 546
triple decker sandwich compounds
  bonding, **3**, 35
vanadium complexes, **3**, 674
vibrational spectroscopy, **1**, 419
arachno-Carboranes, **1**, 27
  closo-carborane synthesis from, **1**, 425
  reaction with sulfur, **1**, 440
  structure, **1**, 28, 413
closo-Carboranes, **1**, 26
  cage ^{13}C–H coupling constants, **1**, 419
  coordination number of skeletal atoms, **1**, 418
  reaction with butyllithium, **1**, 436
  structure, **1**, 28, 413
  synthesis from *nido*- or *arachno*-carboranes, **1**, 425
hypho-Carboranes
  structure, **1**, 29
nido-Carboranes, **1**, 27
  anionic
    reaction with metal reagents, **1**, 493
  closo-carborane synthesis from, **1**, 425
  reaction with sulfur, **1**, 440
  structure, **1**, 28, 413
  synthesis by polyhedral expansion, **1**, 504
Carboranylation
  palladium diene complexes, **6**, 375
Carboranyl ethers
  preparation, **1**, 440
Carboxamides
  palladium(II) complexes, **6**, 326
  N-stannylated, **2**, 600
Carboxylate ligands
  hydrido(phosphine)ruthenium complexes, **4**, 725
  iridium complexes, **5**, 575
  pentamethylcyclopentadienyl rhodium complexes, **5**, 369
  ruthenium complexes, **4**, 709
    displacement of O-donor ligands, **4**, 710
    NMR, **4**, 709
Carboxylates
  catalyst
    polysiloxaen crosslinking and, **2**, 330
  dithio-
    synthesis, **7**, 42
  exchange reactions with (η^3-allyl)halopalladium complexes, **6**, 422
  formation
    in carbon dioxide reactions with transition metal complexes, **8**, 238
  preparation
    carbon dioxide reactions with η-allylmetal complexes in, **8**, 278
    in carbon dioxide reaction with organo transition metal compounds, **8**, 252
  reaction with allyltin compounds, **2**, 540
  reaction with η^1-organoiron complexes, **4**, 361
  reaction with platinum(II) olefin complexes, **6**, 665
  salts
    reaction with organometallic compounds, **7**, 37
Carboxylation
  carbon dioxide in, **8**, 227
  in carbon dioxide reaction with tetrakis(trimethylphosphino)iron, **8**, 256
  Grignard reagents, **7**, 39
  halogenoorganocalcium compounds, **1**, 229
  ketones
    iron alkoxides in, **8**, 259
  organoaluminum compounds, **7**, 393–395
  organometallic compounds in, **7**, 38
Carboxylic acids
  aliphatic
    α-arylation, **7**, 483
  alkene preparation from
    nickel catalysed, **8**, 791
  alkylboron compounds, **7**, 270
  α-amino-β-hydroxy
    synthesis, **7**, 591
  aryl
    preparation by oxacarbonylation, mechanism, **8**, 198
    synthesis by oxacarbonylation, **8**, 193
  bis(cyclopentadienyl) erbium complexes, **3**, 185
  carbonylcyclopentadienylvanadium complexes, **3**, 669
  chiral
    synthesis, **7**, 47
  decarbonylation, **8**, 218
  dialkylgold(III) derivatives, **2**, 790
  dicarbonyl rhodium complexes
    IR and NMR data, **5**, 284
  2,3-dihydroxy
    synthesis from aldehydes, **7**, 572
  dinuclear bridged carbonyl iron complexes, **4**, 276
  dinuclear ruthenium complexes, **4**, 835
  dithio-
    synthesis, **7**, 41
  esters
    stoichiometric synthesis, **8**, 189
  homologation, **8**, 191, 195
  hydrogenation
    ruthenium complexes as catalysts in, **4**, 938
  from organoaluminum compounds, **7**, 379
  organometallic
    p*K* values, **8**, 1051
  osmium complexes, **4**, 999
  2-oxo-, esters
    reaction with organoaluminum compounds, **7**, 409
  perfluoro-
    osmium complexes, **4**, 1000
  polyunsaturated
    preparation by oxacarbonylation, mechanism, **8**, 196
    synthesis by oxacarbonylation, **8**, 189
  preparation
    organoaluminum compounds in, **7**, 393
  in protodeboronation, **1**, 287
  radicals
    reaction with cobalt(II) complexes, **5**, 89
  reaction with alkenylboranes, **7**, 306
  reaction with allylic boranes, **7**, 355
  reaction with arylboranes, **7**, 326
  reaction with dodecacarbonyltriruthenium, **4**, 836, 881
  reaction with nonacarbonyltris(triphenylphosphine)triruthenium, **4**, 875

Carboxylic acids
    reaction with organoaluminum compounds, **7**, 406
    reaction with organoboranes, **7**, 257, 261
    reaction with organometallic compounds, **7**, 38
    reaction with osmium cluster compounds, **4**, 1050
    reaction with vanadocene, **3**, 670
    saturated
        synthesis by oxacarbonylation, **8**, 190
        synthesis by oxacarbonylation, mechanism, **8**, 194
    silyl derivatives
        preparation, **2**, 95
    synthesis, **7**, 14, 27, 717
        carbon dioxide in, **8**, 227–228
        disodium tetracarbonylferrate in, **8**, 955
    synthesis by oxacarbonylation, **8**, 188
    telomerization with butadiene, **8**, 433
    telomerization with isoprene, **8**, 446
    unsaturated
        preparation, nickel catalysed, **8**, 774
        preparation by oxacarbonylation, **8**, 192
        protection in hydroboration, **7**, 231
        reaction with palladium chloride, **6**, 391
        synthesis by oxacarbonylation, **8**, 189
        synthesis by oxacarbonylation, mechanism, **8**, 196
    $\alpha\beta$-unsaturated
        1-alkenylmercuric halides in, **7**, 682
        hydrogenation, catalysis by ruthenium complexes, **4**, 935
        synthesis by oxacarbonylation, **8**, 192

Carboxylic anhydrides
    reaction with organometallic compounds, **7**, 30

Carboxylic esters
    decarbonylation, **8**, 218
    polyunsaturated
        preparation by alkoxycarbonylation, **8**, 202
        preparation by oxacarbonylation mechanism, **8**, 203
    saturated
        preparation by oxacarbonylation mechanism, **8**, 203
    unsaturated
        preparation by oxacarbonylation, mechanism, **8**, 204
    α,β-unsaturated
        hydroformylation, **8**, 206

Carboxyl radicals
    reaction with ferricenium cations, **8**, 1037

Carboxy-telomerization, **8**, 445
    allenes, **8**, 451
    isoprene, **8**, 449
    telomerization with butadiene, **8**, 445

Carbyne, triphenylsilyl-
    transition metal complexes, **2**, 94

Carbyne bridges
    bis(dicarbonyl(η-cyclopentadienyl)iron) derivatives, **4**, 528, 529
    nonacarbonyldiiron complexes, **4**, 543
    C-substituted
        bis(dicarbonyl(η-cyclopentadienyl)iron) complexes, **4**, 531

Carbyne complexes
    metal
        Diels–Alder reactions, **8**, 548
    transition metal
        bonding, **3**, 80

Carbyne ligands
    η^1-carbon rhenium complexes
        nucleophilic attack, **4**, 230
    cyclopentadienylmanganese complexes, **4**, 129
    iron complexes, **4**, 363, 373
    main group organometallic complexes
        structure, **1**, 4
    metal complexes
        reaction with octacarbonyldicobalt, **5**, 177
    rhenium complexes, **4**, 223, 224
    rhodium complexes, **5**, 412–418

Carbynes
    heteronuclear metal–metal complexes, **6**, 787

Carcinogenicity
    nickel tetracarbonyl, **6**, 7

Cardicinic acid, 3-amino-
    synthesis, **8**, 907

Carroll reaction
    silatropic
        silyl enol ether synthesis by, **7**, 553

Carvone
    isoaromatization
        catalysis by ruthenium complexes, **4**, 952
    synthesis, **7**, 552

Castro reaction, **7**, 691

Catalysis
    alkene oligomerization
        nickel in, **8**, 615
    heterogeneous
        clusters as precursors for, **6**, 823
        hydrogenation, **8**, 287
        hydrosilylation and, **2**, 313
    heteronuclear metal–metal bonded compounds, **6**, 813
    heteronuclear metal–metal bonded compounds in, **6**, 821
    heterophase
        oxo process, **8**, 127
    hydrido metallacarboranes and, **1**, 523
    iridium complexes, **5**, 617
    metal complexes in
        theoretical aspects, **3**, 74
    organometallic compounds in, **8**, 939–1007
    osmium complexes
        models for intermediates, **4**, 1012
    polymer supported heteronuclear clusters of, **6**, 823
    ruthenium complexes, **4**, 931–962
    silane redistribution reactions, **2**, 308
    tetracarbonyltetrakis(η-cyclopentadienyl)tetrairon and, **4**, 643

Catalysts
    chiral, **8**, 466
        bound to achiral supports, **8**, 582
    Fischer–Tropsch synthesis, **8**, 44
    heterogeneous
        cyclopentadienyl iron complexes, **4**, 537
        polymer supported, **8**, 554
    heterogenized homogeneous, **8**, 554
    high pressure
        industrial synthesis, **8**, 29
    homogeneous
        organotin compounds, **2**, 616
        polymer supported, **8**, 553
    in hydroformylation of alkenes, **8**, 157
    in hydrogermane reactions, **2**, 427
    in siloxane polymerization, **2**, 325
    immobilized
        oxo process, **8**, 128
    low pressure
        industrial methanol synthesis, **8**, 30

metal cluster compounds
  immobilization on resins, **8**, 553
metal–metal bonded compounds in, **6**, 764
metathesis reactions
  deactivation, **8**, 524
  generation, **8**, 513–524
  preparation, **8**, 516
nickel
  alkene oligomerization and cooligomerization, **8**, 616
organogermanium compounds as, **2**, 403
organometallic compounds
  asymmetric synthesis and, **8**, 463–496
organozirconium compounds, **3**, 555
in oxo process, **8**, 125
polymer-bound asymmetric, **8**, 581–586
polymer supported, **8**, 553–605
  reaction catalysed by, **8**, 593–605
  reviews, **8**, 553
residues
  in polyethylene, **7**, 447
in silanol condensation, **2**, 328
supported
  for alkene polymerization, **3**, 516
  leaching, **8**, 590
  selectivity, polymer matrix and, **8**, 566–573
  synthesis, **8**, 554–566
transition metals
  in alkylation of organomercury compounds, **2**, 964
  in decomposition of organomercury compounds, **2**, 956
Catalytic centres
  matrix isolation, **8**, 573
Catalytic reactions
  multistep, **8**, 586
Catecholborane — see 1,3,2-Benzodioxaborole
Catechols
  boron derivatives, **1**, 366
  dinitrogen reduction and, **8**, 1085
  reaction with borane, **7**, 117
  rhodium(I) complexes, **5**, 367
Catharanthine
  synthesis, **8**, 858
Cationic complexes
  palladium(II) isocyanides, **6**, 286
Cationic intermediates
  in monoorganothallium compound reactions, **1**, 746
Cellulose
  preservation
    organotin compounds in, **2**, 612
  support for rhodium catalysts
    asymmetric hydrogenation and, **8**, 581
Cellulose acetate
  industrial synthesis, **8**, 79
Cephalosporanic acid, 7-amino-
  tributylstannyl esters, **2**, 567
Cephalosporins
  synthesis
    silylating agents in, **2**, 320
Cephalotaxinone
  synthesis
    nickel catalysed, **8**, 741
Cephalotaxus
  synthesis, **8**, 1003
Cephem
  allyl esters as protecting groups for, **8**, 824
Ceria
  in Fischer–Tropsch synthesis, **8**, 43
Cerium
  ions
    properties, **3**, 175
  oxidation states, **3**, 176
  tetravalent cyclopentadienyl, **3**, 189
Cerium, bis(cyclooctatetraene)-, **3**, 195, 233
Cerium complexes
  bis(cyclopentadienyl) halides, **3**, 185
  cyclooctatetraene, **3**, 192
  (cyclooctatetraene)(tetrahydrofuran), **3**, 195
  hydrocarbyl, **3**, 201
  mono(cyclooctatetraene) halide, **3**, 193
  in organic synthesis, **3**, 209
Cerium(III) complexes
  ring-bridged cyclopentadienyl, **3**, 190
Cesium
  metallic
    reaction with carbon dioxide, **8**, 266
Cesium, cyclohexylamido-
  as metallating agent, **1**, 55, 97
Cesium, ethynyl-
  enthalpy of formation, **1**, 107
Cesium, methyl-
  structure, **1**, 45
  structure in solid state, **1**, 66
Cesium, [(trimethylsilyl)methyl]-
  as metallating agent, **1**, 55, 97
Cesium aquacarbonyltetrachlororuthenate
  structure, **4**, 674
Cesium bis(carbaundecaborane)chromate
  preparation, **3**, 973
Cesium carbadodecaborane
  cyclic voltammetry, **1**, 421
Cesium dicarbonyltetrachlororuthenates
  preparation, **4**, 670
Cesium germanium trichloride, **6**, 291
Chain extension
  polysiloxanes
    crosslinking and, **2**, 331
Chain transfer
  in Ziegler–Natta polymerization
    organoaluminum compounds in, **7**, 445
Chalcones
  oxidative rearrangement
    organothallium compounds in, **7**, 474–479
Characteristic ratio
  in polysiloxanes, **2**, 334
Charge transfer bands
  actinides, **3**, 178
  lanthanides, **3**, 178
Charge transfer complexes
  η^3-allylnickel complexes, **6**, 161
Charge transfer interactions
  allyl lanthanide complexes, **3**, 196
Chelating agents
  in preparation of symmetrical diorganomercurials, **2**, 894
Chelation
  in metathesis, **8**, 544
Chemical exchange
  nuclear spin distribution and
    organometallic compounds, **3**, 95
Chemically induced dynamic nuclear polarization
  in hydrogenation
    mechanism, **8**, 314
Chemical resistance
  silicones, **2**, 343
Chemical shift anisotropy
  methyl group rotation and, **3**, 99
Chemical shift anisotropy relaxation
  spin–lattice relaxation time and, **3**, 98

Chemical shifts
  NMR
    in platinum(II) olefin complexes, **6**, 653
Chemiluminescence
  Grignard reagents, **1**, 188
  in oxygen reactions with organometallic compounds, **7**, 63
Chemoselectivity
  arylation
    organopalladium complexes in, **8**, 857
  organopalladium chemistry, **8**, 800
Chirality
  in halogenoorganomagnesium compounds, **1**, 171
Chiral supports
  for catalysts, **8**, 581
Chiral synthesis
  π-allylpalladium complexes in, **8**, 818
Chiral transfer
  to tricarbonyl(diene) iron, **4**, 443
Chiraphos
  in asymmetric hydrogenation, **8**, 470
  complexes
    crystal structure, **8**, 473
Chloral
  hydralumination, **1**, 645
  reductive silylation, **2**, 22
Chloramine-T
  reaction with methylcobalamin, **5**, 112
  reaction with organoboranes, **7**, 275
Chloranil
  reaction with η^3-allylnickel complexes, **6**, 161
  reaction with organoaluminum compounds, **7**, 423
p-Chloranil
  reaction with nickelocene, **6**, 194
Chloranilic acid
  palladium complexes, **6**, 333
Chlorides
  reaction with dodecacarbonyltriruthenium, **4**, 901
Chlorination
  alkanes
    platinum(IV) compounds in, **6**, 613
  alkylmagnesium halides, **7**, 75
  benzene
    platinum(II) complexes in, **6**, 612
  organoaluminum compounds, **7**, 395
Chlorine
  reaction with organoboranes, **1**, 289
  reaction with ruthenium, **4**, 669
Chlorine groups
  as endblocks in polysiloxanes, **2**, 327
N-Chloroamines
  carbonylation
    nickel catalysed, **8**, 788
Chlorocarbamates
  reaction with organometallic compounds, **7**, 29
Chlorocarbons
  reaction with diorganomercury compounds, **2**, 954
  reaction with lithium atoms, **1**, 64
Chlorocarbonylation
  alkenes, **8**, 214
Chlorocyclobutenyl radicals, **6**, 374
Chloroform
  reaction with decacarbonyldimanganese, **4**, 44
  reaction with dodecacarbonyltriruthenium, **4**, 673, 883
  reaction with platinum(0) acetylene complexes, **6**, 703
  reaction with tetrakis(triphenylphosphine)palladium, **6**, 254
Chloroformates
  reaction with organometallic compounds, **7**, 29
Chloroformic acid, dithio-
  reaction with Grignard reagents, **7**, 41
Chlorohydrins
  synthesis, **7**, 236
Chloromercuration, **2**, 886
Chloromethylation
  cyclobutadiene iron complexes, **4**, 447
Chloroplatinic acid
  catalyst
    in hydrogermane reactions, **2**, 427
    in hydrosilation, **2**, 117, 119; **7**, 616
    in reaction of acetylene with trichlorosilane, **2**, 313
  in hydrosilylation, **2**, 311
  olefin hydrosilylation and, **6**, 675
Chloroplatinum(II) salts
  reaction with silver(I) and olefins, **6**, 634
Chlorosulfonyl isocyanate
  reaction with tricarbonylcycloheptatrieneiron, **8**, 1006
Chlorosulphonic acid
  protonation of tetramethylsilane by, **2**, 28
Δ^1-Cholestene
  hydroboration, **7**, 202
Cholestenone
  hydrogenation
    catalysis by supported palladium, **8**, 568
  reaction with diethylaluminum cyanide, **7**, 421
Cholest-4-en-3-one
  reaction with organoaluminum compounds, **7**, 392
Cholesterol
  side chains
    introduction, **8**, 830
Cholestone
  hydrogenation
    supported palladium catalysts in, **8**, 568
Choline
  in metal methylation, **2**, 983
Chroman
  preparation
    nickel catalysed, **8**, 735
  synthesis, **8**, 1027
Chroman, 3,7-dimethoxy-
  preparation, **7**, 492
3-Chromanol, 6-methoxy-
  preparation, **7**, 492
3-Chromanols
  preparation, **7**, 492
Chromate, bis(triphenylsilyl)-
  properties, **2**, 158
Chromates
  trimethylsilyl, **2**, 158
Chromates, tetracarbonyl(octahydrotriborate)-
  preparation, **6**, 917
Chromatium spp.
  iron–sulfur protein from, **4**, 638
Chromatography
  heteronuclear metal–metal bonded compounds, **6**, 806
2*H*-Chromene, 2,2-dimethyl-
  ring contraction
    organothallium compounds in, **7**, 473
Chromic acid
  in oxidation of organoboranes, **1**, 288

Chromium

Chromium
- arene complexes
  - addition to lithiocarbanions, **8**, 1036
  - arsacarborane derivatives, **1**, 549
  - cobalt compounds, **6**, 783
  - dinitrogen complexes, **8**, 1087–1098
  - Group IV complexes, **6**, 1061
  - hexamethyldisilazane derivatives, **2**, 129, 130
  - iron compounds, **6**, 773
  - manganese compounds, **6**, 771
  - molybdenum compounds
    - IR spectra, **6**, 796
  - nickel compounds, **6**, 778
  - stannane compounds, **6**, 1065
  - vanadium complexes, **3**, 680

Chromium, (acetylacetone)bromo(η-cyclopentadienyl)-
- preparation, **3**, 969

Chromium, (η-acetylene)carbonyl(η-cyclopentadienyl)nitrosyl-
- preparation, **3**, 1066

Chromium, (η^6-alkenylarene)tricarbonyl-
- preparation, **3**, 1006

Chromium, (η-alkylbenzene)tricarbonyl-
- NMR, **3**, 1025

Chromium, (η^6-alkylbenzene)tricarbonyl-
- NMR, **3**, 1025

Chromium, (η-alkylhaloarene)tricarbonyl-
- preparation
  - hexacarbonylchromium reaction with arenes, **3**, 1005

Chromium, (π-alkynylarene)tricarbonyl-
- preparation, **3**, 1006

Chromium, (allyl phenyl ether)tricarbonyl-
- preparation, **3**, 1002

Chromium, (η^6-4-aminoarene)tricarbonyl-
- rotational conformers, **3**, 1026

Chromium, (η-4-aminobenzonitrile)tricarbonyl-
- preparation, **3**, 1019

Chromium, (μ-amino)(μ-nitrosyl)bis[(η-cyclopentadienyl)nitrosyl-
- preparation, **3**, 968

Chromium, (η-aniline)tricarbonyl-
- basicity, **3**, 1029
- NMR, **3**, 1031

Chromium, (η-m-anisic acid)tricarbonyl-
- resolution, **3**, 1026

Chromium, (η-anisole)tricarbonyl-
- ^{13}C NMR, **3**, 1041
- preparation, **3**, 1021, 1043
- substituent effect, **8**, 1023

Chromium, (η^6-anisole)tricarbonyl-
- charge transfer complexes
  - structure, **3**, 1038

Chromium, ($\eta^6,\eta^{6'}$-[14]annulene)hexacarbonyldi-
- preparation, **3**, 1061

Chromium, (anthracene)tricarbonyl-
- preparation, **3**, 1015

Chromium, (η^6-anthracene)tricarbonyl-
- as catalyst, **3**, 1051
- solvolysis, **3**, 1037
- structure, **3**, 1015
- X-ray structure, **3**, 1023

Chromium, (η^6-arene)dicarbonyl(η^2-cyclooctene)-
- preparation, **3**, 1036

Chromium, (η^6-arene)dicarbonyl(dinitrogen)-
- preparation, **3**, 1054

Chromium, (η-arene)dicarbonylnitrosyl-
- cations
  - preparation, **3**, 1037

Chromium, (η^6-arene)dicarbonyl(phenylcarbyne)-
- preparation, **3**, 1050

Chromium, (η^6-arene)dicarbonyl(pyridine)-
- formation from (η^6-arene)tricarbonylchromium
  - quantum efficiency, **3**, 1036

Chromium, (η^6-arene)dicarbonyl(thiocarbonyl)-
- photochemical substitution of carbonyl ligands in, **3**, 1053

Chromium, (η-arene)dicarbonyl(triphenylphosphine)-
- hydrogen–deuterium exchange, **3**, 1040

Chromium, (arene)tricarbonyl-, **3**, 912, 1001
- dipole moments, **3**, 1029
- oxidation
  - half-wave potentials, **3**, 1022
- preparation, **3**, 1001
  - hexacarbonylchromium reaction with arenes, **3**, 1003
- substitution in phenyl derivatives and, **7**, 11
- thermodynamic data, **3**, 1034

Chromium, (η^6-arene)tricarbonyl-
- preparation, **3**, 954
- preparation by arene exchange, **3**, 1018

Chromium, (η^6-arylcarborane)tricarbonyl-
- preparation, **3**, 1009

Chromium, (azulenium)cyclopentadienyl-
- preparation, **3**, 972

Chromium, (η^6-benzaldehyde)tricarbonyl-
- synthesis, **3**, 1019

Chromium, (benz[a]anthracene)tricarbonyl-
- preparation, **3**, 1015

Chromium, (η-benzene)(η-benzophenone)-
- polarographic reduction, **3**, 987

Chromium, (η^6-benzeneboronic acid)tricarbonyl-
- preparation, **3**, 1018

Chromium, (η-benzene)(η-cyclopentadienyl)-
- preparation, **3**, 972

Chromium, (η-benzene)dicarbonylbis(trichlorosilyl)-
- preparation, **3**, 1036

Chromium, (η-benzene)dicarbonyl(dinitrogen)-
- preparation, **3**, 1036

Chromium, (η-benzene)dicarbonylhydrido(trichlorosilyl)-
- preparation, **3**, 1036

Chromium, (η-benzene)dicarbonyl(ligand)-
- preparation, **3**, 1051

Chromium, (η^6-benzene)dicarbonyl(thiocarbonyl)-
- preparation, **3**, 1053

Chromium, (η-benzene)dicarbonyl(triphenylphosphine)-
- mercuration, **3**, 1043

Chromium, (η^6-benzene)dicarbonyl(triphenylphosphine)-
- preparation, **3**, 1039

Chromium, (η-benzene)(η-hexafluorobenzene)-
- halide displacement reactions, **3**, 997
- synthesis, **3**, 981

Chromium, (η-benzene)(η-pentafluorobenzene)-
- metallation, **3**, 996
- preparation, **3**, 981

Chromium, (η-benzene)(η^6-tetrahydronaphthalene)-
- synthesis, **3**, 982

Chromium, (η-benzene)tricarbonyl-
- aromaticity, **3**, 46
- chromium–carbon bond lengths in, **3**, 1023
- dipole moment, **3**, 1029
- field desorption mass spectrometry, **3**, 1035
- gas phase
  - electron diffraction study, **3**, 1025

Chromium

lithiation, **3**, 1041
NMR, **3**, 1025
preparation, **3**, 1001, 1021
Chromium, (η^6-benzene)tricarbonyl-
  ESCA studies, **3**, 1032
  irradiation at 12 K, **3**, 1036
  MO calculations, **3**, 1032
Chromium, (η^6-benzhydryl chloride)tricarbonyl-
  S_N1 solvolysis, **3**, 1045
Chromium, (η-benzoate)tricarbonyl-
  hydrolysis, **3**, 1046
Chromium, (η-benzocyclobutadiene)tetracarbonyl-
  preparation, **3**, 960
Chromium, (η^4-benzocyclobutadiene)tricarbonyl(triphenylphosphine)-
  preparation, **3**, 960
Chromium, (η^6-benzo[1,2,3,6]diazaborine)tricarbonyl-
  preparation, **3**, 1009
Chromium, (η^6-benzo[b]fluorene)tricarbonyl-
  structure, **3**, 1015
Chromium, (η^6-benzofuran)tricarbonyl-
  structure, **3**, 1016
Chromium, (η-benzoic acid)(η^6-biphenyl)- cation
  preparation, **3**, 977
Chromium, (benzoic acid)tricarbonyl-
  acid dissociation constants, **3**, 1028
  preparation, **3**, 1041
Chromium, (η^6-benzo[b]naphtho[2,3-d]furan)tricarbonyl-
  structure, **3**, 1016
Chromium, (η^6-benzo[b]naphtho[2,1-d]thiophene)tricarbonyl-
  structure, **3**, 1016
Chromium, (η^6-benzonitrile)tricarbonyl-
  preparation, **3**, 1043
Chromium, (η^6-benzonorbornadiene)tricarbonyl-
  preparation, **3**, 1006
Chromium, [endo-η^6-(benzonorbornenyl)tricarbonyl-
  acetolysis, **3**, 1045
Chromium, [exo-η^6-(benzonorbornenyl)tricarbonyl-
  acetolysis, **3**, 1045
Chromium, (η^6-benzopyrrole)tricarbonyl-
  structure, **3**, 1016
Chromium, (η^6-benzothiophene)tricarbonyl-
  structure, **3**, 1016
Chromium, (η^6-benzotropane)tricarbonyl-
  structure, **3**, 1017
Chromium, η^6-(benzyl acrylate)tricarbonyl-
  supported catalysts preparation from, **8**, 564
Chromium, (η^6-benzyl alcohol)tricarbonyl-
  preparation, **3**, 1018
Chromium, (η-benzyl chloride)tricarbonyl-
  S_N1 solvolysis, **3**, 1032
  reduction and fission of carbon–chlorine bond in, **3**, 1030
Chromium, (η^6-N-benzylidineaniline)tricarbonyl-
  preparation, **3**, 1013
Chromium, (η^6-benzyl thiocyanate)tricarbonyl-
  isomerization, **3**, 1046
Chromium, (η-2-benzyltoluene)(η-toluene)-
  preparation, **3**, 977
Chromium, (η-benzyl)tricarbonyl- cation
  pK_R^+, **3**, 1033
Chromium, (η^6-benzyl)tricarbonyl- cation
  MO calculations, **3**, 1034
  pK_R^+, **3**, 1033
  S_N1 solvolysis, **3**, 1045
Chromium, (η^6-bicyclo[4.2.1]nona-2,4,7-triene)tricarbonyl-
  preparation, **3**, 1061
Chromium, (biphenyl)bis(tricarbonyl)-
  X-ray analysis, **3**, 1010
Chromium, (η^6-biphenylene)bis(tricarbonyl)-
  structure, **3**, 1017
Chromium, (bipyridyl)tetracarbonyl-
  substitution reactions, **3**, 876
Chromium, bis(η-alkylbenzene)-
  hydrogen–deuterium exchange, **3**, 993
  preparation, **3**, 981
Chromium, bis(allyl)carbonyl-
  preparation, **3**, 957
Chromium, bis(η-anisole)-
  synthesis, **3**, 999
Chromium, bis(η-arene)-
  autooxidation, **3**, 999
  catalysts
    alkene reactions, **3**, 1000
    charge transfer complexes, **3**, 1000
    decomposition, **3**, 1000
  interannularly bridged
    synthesis, **3**, 982
  metallation with pentylsodium, **3**, 993
  oxidation, **3**, 999
  reaction with organic halides, **3**, 999
  redox reactions, **3**, 999
Chromium, bis(η-benzene)-
  aromaticity, **3**, 46
  bond dissociation energy, **3**, 988
  bonding, **3**, 28
    photoelectron studies, **3**, 30
  cations
    coupling constants, **3**, 990
    ESR, **3**, 987
    field ionization mass spectrometry, **3**, 990
    hyperfine coupling constants, **3**, 990
    proton abstraction, **3**, 992
    standard enthalpies of formation, **3**, 990
    X-ray photoelectron spectroscopy, **3**, 990
  discovery, **3**, 954
  fluoro derivatives
    nucleophilic substitution reactions, **8**, 1028
  formation from chromium vapor
    mechanism, **3**, 983
  lithiation, **8**, 1041
  metallation, **3**, 993
  MO calculations, **3**, 987
  neutron diffraction analysis, **3**, 986
  NMR, **3**, 986
  reaction with pentylsodium, **3**, 993
  synthesis, **3**, 977
  X-ray spectroscopy, **3**, 985
Chromium, bis(η^6-borabenzene)-
  preparation, **3**, 1063
Chromium, bis(μ-t-butoxy)bis(η-cyclopentadienyl)di-
  preparation, **3**, 966
Chromium, bis(η-chlorobenzene)-
  preparation, **3**, 978
Chromium, bis(η^4-cyclohexadiene)bis(trifluorophosphine)-
  preparation, **3**, 959
Chromium, bis(η^5-cyclooctadienyl)-
  preparation, **3**, 973
Chromium, bis(cyclopentadienyl)-, **3**, 970
Chromium, bis(η-cyclopentadienyl)(cyclooctatetraene)di-
  preparation, **3**, 972

Chromium, bis(cyclopentadienyl)dihalo(ligand)-
  preparation, 3, 969
Chromium, bis(η-cyclopentadienyl)halo-
  preparation, 3, 969
Chromium, bis(η-cyclopentadienyl)(η^2-hexafluorobut-2-yne)-
  preparation, 3, 1067
Chromium, bis(η-cyclopentadienyl)tris(μ-methylthio)di-
  preparation, 3, 966
Chromium, bis(1,6-dicarbadodecaborane)-
  dianion, 3, 973
Chromium, bis(μ-dimethylamino)bis[(η-cyclopentadienyl)nitrosyl-
  preparation, 3, 969
Chromium, bis(η^6-1,4-dimethylnaphthalene)-
  structure, 3, 1015
Chromium, bis(η^6-2,6-dimethylpyridine)-
  preparation, 3, 1062
Chromium, bis(η-ethylbenzene)-
  cations
    structures, 3, 989
    thermal decomposition, 3, 1000
Chromium, bis(η-fluorobenzene)-
  reaction with sodium methoxide, 3, 999
Chromium, bis(η-hexamethylbenzene)-
  cations
    NMR, 3, 990
Chromium, bis(indenyl)-
  preparation, 3, 970
Chromium, bis(η-mesitylene)-
  bond dissociation energy, 3, 988
  cation
    preparation, 3, 977
  preparation, 3, 978
Chromium, bis(μ-methoxy)bis[(η-cyclopentadienyl)nitrosyl-
  preparation, 3, 969
Chromium, bis(η^6-naphthalene)-
  cation
    preparation, 3, 984
    exchange reactions, 3, 991
Chromium, bis(η^5-pentadienyl)-
  preparation, 3, 973
Chromium, bis(μ-phenylthio)bis[(η-cyclopentadienyl)nitrosyl-
  preparation, 3, 969
Chromium, bis(η^6-pyridine)-
  INDO MO calculations, 3, 1062
Chromium, bis(tetrahydroborate)bis(tetrahydrofuran)-
  preparation, 6, 905
Chromium, bis(η^6-tetrahydronaphthalene)-
  synthesis, 3, 982
Chromium, bis(η-tetramethylbenzene)-
  cations
    hyperfine coupling constants, 3, 990
Chromium, bis(η-toluene)-
  acylation, 3, 992
  cation
    preparation, 3, 979
  cations
    coupling constants, 3, 990
    ESR, 3, 987
    hyperfine coupling constants, 3, 990
    NMR, 3, 990
    lithiation, 3, 995
Chromium, bis[η-1,3-(trifluoromethyl)benzene]-
  stability, 3, 985
Chromium, bis(η^6-triphenylphosphine)-
  synthesis, 3, 983

Chromium, bis(η-m-xylene)-
  cations
    hyperfine coupling constants, 3, 990
    lithiation, 3, 995
Chromium, (η^6-borazine)tricarbonyl-
  preparation, 3, 1062
Chromium, bromobis(t-butyl isocyanide)dicarbonyl(phenylcarbyne)-
  structure, 3, 887
Chromium, (bullvalene)tetracarbonyl-
  rearrangements, 3, 1061
Chromium, (η-butadiene)tetracarbonyl-
  preparation, 3, 958
Chromium, (η-butadiene)tetrakis(trifluorophosphine)-
  preparation, 3, 958
Chromium, (η^6-p-t-butylbenzoic acid)tricarbonyl-
  structure, 3, 1024
Chromium, (η-t-butyl phenyl ketone)tricarbonyl-
  arene substituent effects, 3, 1030
Chromium, (carbaundecaboranyloxycarbonyl)tricarbonyl-
  dianion
    structure, 3, 974
Chromium, carbonyl(cyclooctene)(η-cyclopentadienyl)nitrosyl-
  preparation, 3, 954
Chromium, carbonyl(η-cyclopentadienyl)nitrosyl(thiocarbonyl)-
  preparation, 3, 967
Chromium, carbonyl(pentadienyl)-
  dimer, 3, 973
Chromium, carbonyl(triphenyl phosphite)(thiocarbonyl)(η-o-xylene)-
  preparation, 3, 1053
Chromium, chloro(η-cyclopentadienyl)dinitrosyl-
  reactivity, 3, 967
Chromium, (η-cyclobutadienyl)tris(carbonyl)-
  aromaticity, 3, 47
Chromium, (η^4-1,3-cycloheptadiene)(η-cycloheptatrienyl)-
  preparation, 3, 960
Chromium, (η^6-cycloheptatriene)(η-cyclopentadienyl)-
  paramagnetism, 3, 972
  preparation, 3, 1058
Chromium, (η^6-cycloheptatriene)tris(trifluorophosphine)-
  preparation, 3, 1058
Chromium, (η-cycloheptatrienyl)(η-cyclopentadienyl)-
  cation, 3, 972
  preparation, 3, 972
Chromium, (η^5-cyclohexadienyl)hydridotris(trifluorophosphine)-
  preparation, 3, 959
Chromium, (1,5-cyclooctadiene)tetrakis(trifluorophosphine)-
  preparation, 3, 958
Chromium, (η^5-cyclooctadienyl)(η^6-cyclooctatriene)-
  preparation, 3, 973
Chromium, (η^5-cyclooctadienyl)hydridotris(trifluorophosphine)-
  preparation, 3, 964
Chromium, (cyclopentadienyl)bis(tetrahydroborate)-
  preparation, 6, 905
Chromium, (η-cyclopentadienyl)(η^6-cyclooctatetraene)-
  preparation, 3, 972

Chromium

Chromium, (η-cyclopentadienyl)(η^6-cycloocta-triene)-
 preparation, **3**, 972
Chromium, (η-cyclopentadienyl)(cycloocta-trienyl)-
 cation, **3**, 972
Chromium, (η-cyclopentadienyl)dinitrosyl-
 dimer, **3**, 968
Chromium, cyclopentadienyldinitrosylhalo-
 preparation, **3**, 967
Chromium, (η-cyclopentadienyl)dinitrosyl(thio-carbonyl)-
 cation
  preparation, **3**, 967
Chromium, (η-cyclopentadienyl)hydridotris(tri-methyl phosphite)-
 preparation, **3**, 964
Chromium, (η-cyclopentadienyl)nitrosyl(trimeth-ylphosphine)(thiocarbonyl)-
 preparation, **3**, 967
Chromium, decacarbonyldihydrododi-
 preparation, **3**, 816
Chromium, decacarbonylhydrododi-
 anion
  structure, **3**, 1269
Chromium, (μ-deuterido)bis(pentacarbonyl-
 structure, **3**, 814
Chromium, (diarylmercury)bis(tricarbonyl-
 preparation, **3**, 1010
Chromium, (η^6-dibenzenemercury)bis(tricar-bonyl-
 preparation, **3**, 1019
Chromium, (η^6-dibenzofuran)tricarbonyl-
 structure, **3**, 1016
Chromium, (η^6-dibenzopyran)tricarbonyl-
 structure, **3**, 1016
Chromium, (η^6-dibenzothiophene)tricarbonyl-
 structure, **3**, 1016
Chromium, (1,7-dicarbaundecaborane)(η-cyclo-pentadienyl)-
 preparation, **3**, 973
Chromium, dicarbonyl{η^6-[(allyloxy)methyl]di-methylbenzene}-
 structure, **3**, 955
Chromium, dicarbonyl(η-chlorobenzene)(trialkyl-phosphine)-
 nucleophilic substitution, **3**, 1043
Chromium, dicarbonyl(η-cyclopentadienyl)(η^3-cyclopentenyl)-
 formation, **3**, 957
Chromium, dicarbonyl(η-cyclopentadienyl)(di-methyl phosphite)(trimethyl phosphite)-
 preparation, **3**, 962
Chromium, dicarbonyl(η-cyclopentadienyl)hydri-do(trimethyl phosphite)-
 preparation, **3**, 962
Chromium, dicarbonyl(η-cyclopentadienyl)meth-yl(trimethyl phosphite)-
 preparation, **3**, 962
Chromium, dicarbonyl(η-cyclopentadienyl)ni-trosyl-
 preparation, **3**, 873, 967
 reactions, **3**, 967
Chromium, dicarbonyl(η-cyclopentadienyl)(thion-itrosyl)-
 preparation, **3**, 967
 structure, **3**, 875
Chromium, dicarbonyl(η-cyclopentadienyl)(tri-methyl phosphite)-
 dimer
  structure, **3**, 962
Chromium, dicarbonyl(diazobenzene)(η-hexa-methylbenzene)-
 preparation, **3**, 1037
Chromium, dicarbonyl(diphenylacetylene)(η-hexamethylbenzene)-
 oxidation, **3**, 1052
Chromium, dicarbonyl(η^5-fluorenyl)nitrosyl-
 preparation, **3**, 967
Chromium, dicarbonyl(η-hexaethylbenzene)(tri-phenylphosphine)-
 structure, **3**, 1051
Chromium, dicarbonyl(η-hexamethylbenzene)-(ligand)-
 oxidation
  half-wave potential, **3**, 1052
Chromium, dicarbonyl(η-hexamethylbenzene)ni-trosyl-
 cation
  preparation, **3**, 1052
  reactions, **3**, 1052
Chromium, dicarbonyl(η-hexamethylbenzene)-(phenylazo)-
 preparation, **3**, 1052
Chromium, dicarbonyl(η-hexamethylbenzene)-(phosphine)-
 cation
  ESR, **3**, 1052
Chromium, dicarbonyliodobis(methyldiphenyl-phosphine)nitrosyl-
 structure, **3**, 874
Chromium, dicarbonyliodo(dppe)nitrosyl-
 structure, **3**, 874
Chromium, dicarbonyl(η-pentamethylcyclopenta-dienyl)nitrosyl-
 preparation, **3**, 967
Chromium, dicarbonyltetrakis(phosphine)-
 cis-
  structure, **3**, 842
Chromium, dichlorostannylenebis[tricarbonyl(cy-clopentadienyl)-
 structure, **3**, 965
Chromium, (η-1,4-difluorobenzene)tris(trifluoro-phosphine)-
 stability, **3**, 1021
Chromium, [(dimethylstannylene)dibenzene](tri-carbonyl-
 preparation, **3**, 1010
Chromium, (η^6-dinaphthofuran)tricarbonyl-
 structure, **3**, 1016
Chromium, (dinitrogen)bis[(η^6-arene)dicarbonyl-
 preparation, **3**, 1054
Chromium, (1,4-diphenylbutadiene)bis(tricar-bonyl-
 preparation, **3**, 1010
Chromium, (1,4-diphenylbutane)-
 cations
  X-ray spectroscopy, **3**, 989
Chromium, (π,π'-di-p-tolylcarbonyl)bis(tricar-bonyl-
 preparation, **3**, 1010
Chromium, hexacarbonyl-, **3**, 784–803
 bonding, **3**, 789
 bonds, **3**, 793
 catalyst
  in hydrosilation, **2**, 119
 dissociation energy, **3**, 24
 geometry, **3**, 12
 interaction coordinates
  calculation, **3**, 12
 IR spectroscopy, **3**, 792
 molecular structure, **3**, 785
 oxidation, **3**, 794
 photochemical reaction with arenes, **3**, 1017

photochemistry, **3**, 793
photoelectron spectra, **3**, 6
physical properties, **3**, 785
reactions at carbonyl carbon, **3**, 799, 800
reaction with arenes, **3**, 1001
  mechanism, **3**, 1001
reaction with 1,3,5-triphenylbenzene, **3**, 1011
reduction, **3**, 794
SCF-X_α-MSW calculations, **3**, 3
spectroscopy, **3**, 791
structure, **3**, 789
substitution reactions, **3**, 795–799, 796, 797, 799, 801, 802
  kinetics, **3**, 800, 805
  mechanism, **3**, 800
synthesis, **3**, 784, 786
thermodynamic data, **3**, 785, 787
UV spectroscopy, **3**, 793
Chromium, hexacarbonylbis(η-cyclopentadienyl)di-
  catalyst
    in selective hydrogenation of dienes, **3**, 964
  preparation, **3**, 961
Chromium, hexacarbonylbis(η-pentamethylcyclopentadienyl)di-
  preparation, **3**, 962
Chromium, hexacarbonyl(η^6-fluorene)-
  anion
    preparation, **3**, 964
Chromium, hexacarbonylhydridodihydroxy(methoxy)di-
  anion
    synthesis, **3**, 814
Chromium, hexacarbonylhydridohydroxydimethoxy-
  anion
    synthesis, **3**, 814
Chromium, hexacyano-
  anions, **3**, 943
Chromium, (μ-hydrido)bis(pentacarbonyl-
  anion
    properties, **3**, 815
    reactions, **3**, 816
    spectroscopy, **3**, 815
  IR spectroscopy, **3**, 815
  structure, **3**, 814
  synthesis, **3**, 812
Chromium, (η^7-methylcycloheptatrienyl)(η-cyclopentadienyl)-
  cation, **3**, 972
Chromium, [exo-η^6-(norbornenyl)tricarbonyl-
  acetolysis, **3**, 1046
Chromium, octacarbonyl(4-cyclohexylphosphabenzene)di-
  preparation, **3**, 1062
Chromium, pentacarbonyl(bis(bis(trimethylsilyl)methyl)germanyl)-
  structure, **2**, 130
Chromium, pentacarbonyl(carbene)-
  reaction with alkynes, **3**, 1020
Chromium, pentacarbonylcyano-
  anions
    properties, **3**, 882
  properties, **3**, 882
Chromium, pentacarbonyldihydrido-
  preparation, **3**, 816
Chromium, pentacarbonyl[dimethyl(methylthio)borane]-
  preparation, **6**, 882
Chromium, pentacarbonylfluoro-
  anion
    synthesis, **3**, 810
Chromium, pentacarbonylformyl-
  properties, **3**, 829
Chromium, pentacarbonylhydrido-
  anion
    reactions, **3**, 816
    synthesis, **3**, 813
  IR spectroscopy, **3**, 816
Chromium, pentacarbonyl(η^2-tetracyanoethylene)-
  preparation, **3**, 954
Chromium, pentacarbonyl(tetrahydrofuran)-
  structure, **3**, 826
Chromium, pentacarbonyl(thiocarbonyl-
  structure, **3**, 888
Chromium, pentacarbonyl(tribromoindium)-
  preparation, **6**, 962
Chromium, pentacarbonyl(trifluoroacetato)-
  anion
    structure, **3**, 826
Chromium, pentacarbonyl(triphenylphosphine)-
  structure, **3**, 843
Chromium, pentacarbonyl(triphenyl phosphite)-
  structure, **3**, 842
Chromium, pentacarbonyltris(phosphine)-
  fac-
    structure, **3**, 843
Chromium, pentacyanonitrosyl-
  anions, **3**, 943
Chromium, (μ_2-phenylarsylidine)bis(pentacarbonyl-
  structure, **3**, 867
Chromium, (η^7-phenylcycloheptatrienyl)(η-cyclopentadienyl)-
  cation, **3**, 972
Chromium, (η^6-pyridine)tris(trifluorophosphine)-
  preparation, **3**, 1061
Chromium, η^6-(styrene)tricarbonyl-
  supported catalysts preparation from, **8**, 564
Chromium, tetracarbonylbis(η-cyclopentadienyl)di-
  preparation, **3**, 962
  structure, **3**, 962
Chromium, tetracarbonylbis(η-pentamethylcyclopentadienyl)di-
  preparation, **3**, 962
  X-ray diffraction, **3**, 962
Chromium, tetracarbonylbis(triphenyl phosphite)-
  trans-
    structure, **3**, 842
Chromium, tetracarbonyl(η-cyclobutadiene)-
  preparation, **3**, 960
Chromium, tetracarbonyl(1,5-cyclooctadiene)-
  preparation, **3**, 958
Chromium, tetracarbonyl(η^4-cyclooctatetraene)-
  preparation, **3**, 960
Chromium, tetracarbonyl(7,7-dimethoxy-2-norbornene)-
  structure, **3**, 955
Chromium, tetracarbonyl(hydroxycarbaundecaborane)-
  anion, **3**, 973
Chromium, tetracarbonyl(norbornadiene)-
  preparation, **3**, 958
Chromium, tetracarbonyl(η^4-pentabutylcyclooctatetraene)-
  preparation, **3**, 960
Chromium, tetracarbonyl(phenylene)-
  substitution reactions, **3**, 876
Chromium, tetracarbonyl(η-trimethylenemethane)-
  preparation, **3**, 961
Chromium, tetrakis(acetonitrile)dinitrosyl-

Chromium

cations
   preparation, **3**, 1037
Chromium, tetrakis(allyl)di-
   as polymerization catalyst, **3**, 957
   preparation, **3**, 956
Chromium, tetrakis((trimethylsilyl)methyl)-
   structure, **2**, 130
Chromium, thalliumtris[tricarbonyl(cyclopentadienyl)-
   preparation, **6**, 968
Chromium, (μ-thio)bis(μ-t-butylthio)bis(η-cyclopentadienyl)-
   preparation, **3**, 966
Chromium, thiobis(dicarbonyl(η-cyclopentadienyl)-
   preparation, **3**, 966
Chromium, tricarbonyl(arene)-
   iron derivatives, **3**, 1014
Chromium, tricarbonyl[(2-benzylpyrrole)tricarbonylmanganese]-
   preparation, **3**, 1014
Chromium, tricarbonyl(η-chlorobenzene)-
   nucleophilic reactions, **3**, 1043
Chromium, tricarbonyl[η-(chloromercury)benzene]-
   preparation, **3**, 1043
Chromium, tricarbonyl(chlorophenyl)-
   $S_N Ar$ reactions, **8**, 1014
Chromium, tricarbonyl(chrysene)-
   preparation, **3**, 1015
Chromium, tricarbonyl(crown ether)-
   preparation, **3**, 1009
Chromium, tricarbonyl(η^6-cumyl chloride)-
   hydrolysis, **3**, 1045
Chromium, tricarbonyl(1-cyanohexahydronaphthalene)-
   preparation, **3**, 1044
Chromium, tricarbonyl(η^6-cycloheptatriene)-
   ^{13}C NMR, **3**, 1056
   exchange reaction
      kinetics, **3**, 1056
   field desorption mass spectrometry, **3**, 1055
   heat of decomposition, **3**, 1056
   hydride abstraction, **3**, 1057
   methane chemical ionization mass spectrum, **3**, 1055
   preparation, **3**, 1054
   stereospecific 1,5-hydrogen shifts, **3**, 1055
   UV photoelectron spectra, **3**, 1058
Chromium, tricarbonyl(η^6-cyclooctatetraene)-
   preparation, **3**, 1059
Chromium, tricarbonyl(η^6-cyclooctatriene)-
   preparation, **3**, 1058
Chromium, tricarbonyl(η-cyclopentadienyl)-
   anion, **3**, 912, 963
      metallo derivatives, **3**, 965
      nucleophilicity, **3**, 963
      reactions, **3**, 913
   dimer
      chromium-chromium bond cleavage by mercury dichloride, **6**, 997
      mercury insertion reactions, **6**, 995
      reaction with zinc, **6**, 1004
   Group IV derivatives, **3**, 965, 966
   Group V derivatives, **3**, 966
   Group VI derivatives, **3**, 966
   preparation, **3**, 961
   reaction with cadmium, **6**, 1004
Chromium, tricarbonyl(η-cyclopentadienyl)(dichlorophosphino)-
   preparation, **3**, 966
Chromium, tricarbonyl(η-cyclopentadienyl)halo-
   preparation, **3**, 964
Chromium, tricarbonyl(η-cyclopentadienyl)hydrido-
   preparation, **3**, 964
Chromium, tricarbonyl(η-cyclopentadienyl)methyl-
   photolytic metal–methyl bond cleavage, **3**, 962
   preparation, **3**, 964
Chromium, tricarbonyl(cyclopentadienyl)thallium-
   preparation, **6**, 968
Chromium, tricarbonyl(η-cyclopentadienyl)(triphenylstannyl)-
   structure, **3**, 965
Chromium, tricarbonyl(η^6-1,2-diaza-3,6-dibora-4-cyclohexene)-
   preparation, **3**, 1063
Chromium, tricarbonyl(η^6-dibenzobicyclo[2.2.2]octa-2,5,7-triene)-
   photo-induced cyclization, **3**, 1006
Chromium, tricarbonyl(η-1,3-di-t-butylbenzene)-
   conformation, **3**, 1025
Chromium, tricarbonyl(1,2-dicarbaundecaborane)-
   dianion, **3**, 973
Chromium, tricarbonyl(η^6-1,4-dihydronaphthalene)-
   irradiation, **3**, 1006
   preparation, **3**, 1021
Chromium, tricarbonyl(η^6-1,4-dimethoxycarbonylnaphthalene)-
   preparation, **3**, 1018
Chromium, tricarbonyl{η^5-[(dimethylamino)methyl]cyclopentadienyl}-
   preparation, **3**, 970
Chromium, tricarbonyl(η^6-2,6-dimethylbenzotropone)-
   structure, **3**, 1017
Chromium, tricarbonyl(η^6-1,4-dimethylnaphthalene)-
   preparation, **3**, 1015
Chromium, tricarbonyl(η^6-dimethylsilaindane)-
   preparation, **3**, 1008
Chromium, tricarbonyl[η^5-(dimethylthio)cyclopentadienyl]-
   structure, **3**, 970
Chromium, tricarbonyl(η^6-diphenylfulvene)-
   preparation, **3**, 1060
Chromium, tricarbonyl(η^6-diphenylmethyl)-
   cation
      pK_R^+, **3**, 1033
Chromium, tricarbonyl(η^5-(diphenylmethyl)cyclopentadienyl)-
   dimer
      preparation, **3**, 970
Chromium, tricarbonyl[η-(diphenylmethyl)cyclopentadienyl]thallium-
   preparation, **6**, 968
Chromium, tricarbonyl(η^5-(diphenylmethylene)cyclopentadienyl)-
   zwitterion
      preparation, **3**, 969
Chromium, tricarbonyl(η^6-diphenyl sulfide)-
   preparation, **3**, 1013
Chromium, tricarbonyl(η^6-fluoranthrene)-
   structure, **3**, 1015
Chromium, tricarbonyl(η^6-fluorene)-
   preparation, **3**, 1015
Chromium, tricarbonyl(η^6-fluorenone)-
   preparation, **3**, 1015
   reaction with optically active Grignard reagents, **3**, 1049

Chromium, tricarbonyl(η-fluoroarene)-
  ^{19}F NMR, **3**, 1032
Chromium, tricarbonyl(η-fluorobenzene)-
  nucleophilic substitution, **3**, 1043
Chromium, tricarbonyl(η-m-fluorobenzoic acid)-
  nucleophilic substitution, **3**, 1043
Chromium, tricarbonyl(η^6-fulvene)-
  preparation, **3**, 964, 1060
Chromium, tricarbonyl(η-halobenzene)-
  IR spectra, **3**, 1022
Chromium, tricarbonyl(η^6-heptafulvene)-
  preparation, **3**, 1060
Chromium, tricarbonyl(η^7-homotropylium)-
  cation
    preparation, **3**, 1059
    synthesis, **3**, 1066
Chromium, tricarbonyl(η^6-α-hydroxyarene)-
  acid-catalysed arene exchange, **3**, 1019
Chromium, tricarbonyl(η-indane)-
  preparation, **3**, 1008
Chromium, tricarbonyl(η^6-indanone)-
  alkylation
    stereospecific, **3**, 1048
  preparation, **3**, 1008
  reduction
    stereospecific, **3**, 1048
Chromium, tricarbonyl(η-indene)-
  preparation, **3**, 1002
Chromium, tricarbonyliodo(η-pentamethylcyclopentadienyl)-
  preparation, **3**, 965
Chromium, tricarbonyl(η-mesitylene)-
  chromene–mesitylene bonds in, **3**, 1034
  photosubstitution of carbonyl ligand in
    quantum yield, **3**, 1036
Chromium, tricarbonyl(η^6-mesitylene)-
  reaction with mercury dichloride, **3**, 1039
Chromium, tricarbonyl(η-[2.2]metacyclophane)-
  ring current, **3**, 1032
Chromium, tricarbonyl(η-[2.2]metaparacyclophane)-
  ring current, **3**, 1032
Chromium, tricarbonyl(η^6-[2.2]metaparacyclophane)-
  preparation, **3**, 1012
Chromium, tricarbonyl(η^6-methyl arylacetate)-
  α-alkylation, **3**, 1047
Chromium, tricarbonyl(η-methyl benzoate)-
  arene substituent effects, **3**, 1030
Chromium, tricarbonyl(η^6-1-methyl-3,5-diphenyl-thiabenzene 1-oxide)-
  X-ray structure, **3**, 1062
Chromium, tricarbonyl(η^6-1-methylindane)-
  cis–trans isomerization, **3**, 1038
Chromium, tricarbonyl(N-methylindolyl)-
  nucleophilic addition reactions
    stereochemistry, **8**, 1037
Chromium, tricarbonyl[η^6-methyl (o-methoxyphenyl)acetate]-
  alkylation, **3**, 1050
Chromium, tricarbonyl(2-methyl-2-phenylpropionitrile)-
  preparation, **3**, 1043
Chromium, tricarbonyl(η^6-naphthalene)-
  as catalyst, **3**, 1051
  chromium–carbon bond distances, **3**, 1023
  in preparation of (η^6-arene)tricarbonylchromium complexes by arene exchange, **3**, 1019
  solvolysis, **3**, 1037
Chromium, tricarbonylnaphthyl-
  nucleophilic addition reactions
    stereochemistry, **8**, 1037
Chromium, tricarbonyl(η^4-norbornadiene)(triphenylphosphine)-
  preparation, **3**, 959
Chromium, tricarbonyl(η^6-oestrone)-
  preparation, **3**, 1009
Chromium, tricarbonyl(η^6-[2.2]paracyclophane)-
  preparation, **3**, 1017
Chromium, tricarbonyl(3–8-η-[2.2]paracyclophane)-
  X-ray crystal structure, **3**, 1011
Chromium, tricarbonyl(η-pentamethylcyclopentadienyl)-
  anion, **3**, 963
Chromium, tricarbonyl(phenanthrene)-
  preparation, **3**, 1015
Chromium, tricarbonyl(η^6-phenanthrene)-
  as catalyst, **3**, 1051
  charge transfer complexes, **3**, 1039
  solvolysis, **3**, 1037
  structure, **3**, 1015, 1023
Chromium, tricarbonyl(phenethyl)-
  nucleophilic addition reactions
    stereochemistry, **8**, 1035
Chromium, tricarbonyl(η-phenol)-
  acidity, **3**, 1028
Chromium, tricarbonyl(phenols)-
  acid dissociation constants, **3**, 1028
Chromium, tricarbonyl(phenylacetylene)-
  preparation, **3**, 1006
Chromium, tricarbonyl(η^6-p-phenylaniline)-
  basicity, **3**, 1029
Chromium, tricarbonyl(η-2-phenylbicyclo[2.2.1]-heptene)-
  preparation, **3**, 1002
Chromium, tricarbonyl(η^6-phenylethyl methacrylate)-
  copolymerization, **3**, 1051
Chromium, tricarbonyl(η^6-N-phenylpyrrole)-
  preparation, **3**, 974
Chromium, tricarbonyl(η^5-propylcyclopentadienyl)hydrido-
  preparation, **3**, 964
Chromium, tricarbonyl(pyrene)-
  preparation, **3**, 1015
Chromium, tricarbonyl(η^6-stilbene)-
  derivatives
    preparation, **3**, 1013
Chromium, tricarbonyl(η-styrene)-
  preparation, **3**, 1002
Chromium, tricarbonyl(η^6-styrene)-
  photolysis, **3**, 955
  preparation, **3**, 1018
  synthesis, **3**, 1021
Chromium, tricarbonyl(η^6-tetralone)-
  alkylation
    stereospecific, **3**, 1048
  preparation, **3**, 1008
  reduction
    stereospecific, **3**, 1048
Chromium, tricarbonyl(η^6-1,3,5,7-tetramethylcyclooctatetraene)-
  preparation, **3**, 1059
Chromium, tricarbonyl(η^5-thiophene)-
  structure, **3**, 974
Chromium, tricarbonyl(η-p-tolualdehyde)-
  preparation, **3**, 1019
Chromium, tricarbonyl(η-toluene)-
  arene exchange reactions, **3**, 1038
  hydrogen–deuterium exchange, **3**, 1040
Chromium, tricarbonyl(η^6-m-toluic acid)-

Chromium

anions
  optically active, **3**, 1024
Chromium, tricarbonyl(η^6-o-toluic acid)-
  anions
    optically active, **3**, 1024
Chromium, tricarbonyl(η-1,3,5-tri-t-butylbenzene)-
  rotation, **3**, 1025
Chromium, tricarbonyl[η^6-(triethylgermyl)phenylacetylene]-
  hydrolysis, **3**, 1046
Chromium, tricarbonyl[η^6-(trimethylsilyl)benzene]-
  hydrolysis, **3**, 1046
Chromium, tricarbonyl{η^6-[(trimethylsilyl)methyl]benzene}-
  hydrolysis, **3**, 1046
Chromium, tricarbonyl(η^6-B,B',B''-triphenylborathiin)-
  preparation, **3**, 1063
Chromium, tricarbonyl(η^6-triphenylene)-
  preparation, **3**, 1015
Chromium, tricarbonyl(η^6-2,4,6-triphenylphosphabenzene)-
  preparation, **3**, 1062
Chromium, tricarbonyl(η^5-(triphenylphosphino)cyclopentadienyl)-
  zwitterion, **3**, 970
Chromium, tricarbonyl[η^6-(triphenylstannyl)benzene]-
  preparation, **3**, 1014
Chromium, tricarbonyltris(ligand)-
  thermal reactions with arenes, **3**, 1017
Chromium, tricarbonyl[tris(methylthio)borane]-
  preparation, **6**, 880
Chromium, tricarbonyltris(pyridine)-
  in preparation of (η^6-arene)tricarbonylchromium complexes, **3**, 1037
Chromium, tricarbonyl[tris(o-tolyl)phosphine]-
  preparation, **3**, 1013
Chromium, tricarbonyltris(triethylphosphine)-
  fac-
    structure, **3**, 843
Chromium, tricarbonyltris(1,1,2-trifluoro-1-butene)-
  preparation, **3**, 954
Chromium, tricarbonyl(η^6-tropone)-
  preparation, **3**, 1059
Chromium, tricarbonyltropylium-
  reaction with tertiary phosphines, **8**, 1035
Chromium, tricarbonyl(η^6-tryptycene)-
  preparation, **3**, 1015
Chromium, tricarbonyl(η-m-xylene)-
  conformation, **3**, 1025
Chromium, tricarbonyl(o-xylene)-
  preparation, **3**, 958
Chromium, trichloro-
  reduction by arene radical anion, **3**, 984
Chromium, triphenyl-
  preparation
    Grignard reagents in, **1**, 196
  reaction with carbon dioxide, **8**, 253
Chromium, triphenyltris(tetrahydrofuran)-
  preparation, **3**, 915
Chromium, tris(η-allyl)-
  preparation, **3**, 956
  reaction with tungsten hexachloride, **3**, 957
Chromium, tris(amine)tricarbonyl-
  in synthesis of tricarbonyl(η^6-arene)chromium complexes, **3**, 1018
Chromium, tris(aryl)tris(tetrahydrofuran)-
  preparation, **3**, 976
Chromium, tris(benzonitrile)tricarbonyl-
  preparation, **3**, 1017
Chromium, tris(bipyridine)-
  preparation, **3**, 1037
Chromium, tris(η^3-crotyl)-
  preparation, **3**, 956
Chromium, tris(cyclooctatetraene)di-
  preparation, **3**, 960
Chromium, tris(phenanthrene)-
  preparation, **3**, 1037
Chromium, tris(terpyridine)-
  preparation, **3**, 1037
Chromium, η^5-(vinylcyclopentadienyl)dicarbonylnitrosyl-
  supported catalysts preparation from, **8**, 564
Chromium (η-benzene)tricarbonyl-
  mercuration, **3**, 1043
Chromium bis(η-benzene)-
  synthesis
    chromium vapor in, **3**, 979
Chromium catalysts
  Institut Francais du Pétrole
    homologous alcohol process, **8**, 68
Chromium complexes
  carbonyl
    bond enthalpy values, **4**, 616
    as hydrogenation catalyst, **8**, 343
    as hydrogenation catalysts, **8**, 322
  carbonyl arene
    hydrogenation catalysts, **8**, 337
  lithiation, **8**, 1041
  platinum carbonyl complexes, **6**, 483
Chromium group
  Group IV compound
    bond lengths, **6**, 1102
  Group IV organo compounds, **6**, 1061
Chromium salts
  alkyne cyclotrimerization and, **1**, 666
  catalysts
    hydrogenolysis of triorganoaluminum compounds, **1**, 630
Chromium vapor
  bis(arene)chromium complex synthesis by, **3**, 979
  reactions
    mechanism, **3**, 983
Chromium(0), (arene)tricarbonyl-
  reaction with organolithium compounds, **7**, 11
Chromium(0), bis(arene)-, **3**, 975
  bond dissociation enthalpies, **3**, 988
  exchange reactions, **3**, 990
  field ionization mass spectrometry, **3**, 989
  first ionization potential, **3**, 989
  halo derivatives
    halide displacement reactions, **3**, 997
  hydrogen–deuterium exchange, **3**, 992
  NMR, **3**, 987
  oxidation, **3**, 985
  properties, **3**, 985
  purification, **3**, 985
  reactions, **3**, 990
  reactions at arene ligands, **3**, 992
  stability, **3**, 985
Chromium(0), bis(η-benzene)-
  methane chemical ionization mass spectrometry, **3**, 989
  MO calculations, **3**, 989
  Raman spectroscopy, **3**, 986
  X-ray photoelectron spectroscopy, **3**, 987
Chromium(0), bis(η^6-1,4-dimethylnaphthalene)-

synthesis, **3**, 981
Chromium(0), bis(fluoroarene)-
  NMR, **3**, 987
Chromium(0), bis(η^6-1-methylnaphthalene)-
  synthesis, **3**, 981
Chromium(0), bis(η^6-naphthalene)-
  synthesis, **3**, 981
Chromium(I), bis(arene)-, **3**, 989
  cation
    preparation, **3**, 979
  cations
    paramagnetism, **3**, 990
    pyrolysis, **3**, 1000
    stability, **3**, 989
    standard enthalpies of formation, **3**, 990
    structures, **3**, 989
Chromium(I), bis(η-arene)hydroxy-
  reduction, **3**, 1000
Chromium(II) salts
  reaction with organocobalt(III) complexes, **5**, 119
  reductive cleavage of organocobalamins by, **5**, 108
  in stoichiometric hydrogenation, **8**, 315
Chromocene [see also Chromium, bis(cyclopentadienyl)-], **3**, 954, 970
  enthalpy of formation, **3**, 971
  magnetic studies, **3**, 970
  reactions, **3**, 971
  reduction, **3**, 972
  X-ray crystallography, **3**, 970
Chromocinium ions
  preparation, **3**, 971
Chromones
  synthesis, **8**, 839
Chromyl trichloroacetate
  organoboranes, **1**, 288
Chronopotentiometry
  ruthenocene, **4**, 762
Chrysanthemates
  optically active
    asymmetric synthesis, **8**, 491
Chrysanthemic acid
  alkyl esters
    asymmetric synthesis, **7**, 698
  synthesis, **8**, 832
Chrysanthemic ester
  synthesis, **8**, 826
Chrysomelidial
  synthesis, **8**, 853
Chugaev's red salt, **6**, 501
Chugaev's yellow salt, **6**, 501
Chugaev–Zerewitinoff reaction, **1**, 188
C. humicola
  arsenic methylation in, **2**, 1002
Cinnamaldehyde
  iron complexes, **4**, 442
  oxidation
    supported TTN for, **7**, 469
    thallium trinitrate in, **7**, 479
    TTN for, **7**, 469
  reaction with triethylaluminum, **1**, 647
Cinnamic acid
  ethyl ester
    reaction with organometallic compounds, **7**, 32
  methyl ester
    reaction with thallium trinitrate, **7**, 480
Cinnamic acid, α-acetamido-
  asymmetric hydrogenation
    supported catalysts in, **8**, 584
    supported palladium catalyzed hydrogenation, **8**, 581
Cinnamic acid, α-N-acylamino-
  hydrogenation
    supported rhodium complexes in, **8**, 585
Cinnamic acid, N-acylamino-
  asymmetric hydrogenation
    supported rhodium complexes in, **8**, 584
Cinnamic acid, 2-carboxy-3,5-dimethoxy-
  methyl ester
    reduction, **7**, 412
Cinnamic acid, α-methyl-
  arylation, **8**, 868
Cinnamyl chloride
  carbonylation
    nickel catalysed, **8**, 780
Circular dichroism
  (acrylic acid)tetracarbonyliron, **4**, 389
  hexacarbonylvanadium, **3**, 651
  platinum(II) olefin complexes, **6**, 656
Citraconic acid
  homogeneous hydrogenation
    catalysis by ruthenium complexes, **4**, 935
Citronellol
  asymmetric synthesis, **8**, 488
  synthesis, **7**, 384
Civetone
  synthesis, **8**, 850
Claisen rearrangement
  catalysis by organoaluminum compounds, **7**, 403
  diallyl ethers
    catalysis by ruthenium complexes, **4**, 952
  silyl enol ethers, **7**, 558
Cleavage reactions
  alkylcarbonylmanganese complexes, **4**, 88
  allyl ethers, **1**, 210
  allylic ethers and esters, **1**, 97
  cobalt–carbon bonds, **5**, 60, 103
  ethers
    organoaluminum compounds in, **7**, 430
    by organoaluminum halides, **1**, 652
  ethers and sulfides
    organoalkali metal compound preparation by, **1**, 62
  germanium–halogen bonds, **2**, 419
  germanium–metal bonds, **2**, 471
  germanium–oxygen bonds, **2**, 441
  germanium–phosphorus bonds, **2**, 462
  germanium–selenium bonds, **2**, 446
  germanium–sulfur bonds, **2**, 446
  germanium–tellurium bonds, **2**, 446
  germylphosphine preparation by, **2**, 460
  Group IV carbonyl cobalt compounds, **6**, 1087
  heteronuclear metal–metal bonds, **6**, 817
  iron group–Group IV compounds, **6**, 1082
  organocobalt(III) complexes
    by electrophiles, **5**, 106
    by nucleophiles, **5**, 103
  palladium(II) alkyl and aryl complexes, **6**, 337
  platinum–Group IV complexes, **6**, 1097
  in platinum(II)–carbon η^1-compound preparation, **6**, 530
  platinum(II)–carbon σ-compounds, **6**, 549–558
  in preparation of organomercury(II) salts, **2**, 898

transition metal derivatives of zinc and cadmium from, **6**, 1006
    transition metal–Group IV compounds, **6**, 1067
    tris(allyl)cobalt, **5**, 225
Cluster complexes
  homolysis, **6**, 818
  palladium, **6**, 265–277
  transition metal–Group IV complexes, **6**, 1108
    bonding, **6**, 1109
  UV spectra, **6**, 794
Cluster compounds
  carboranes and metallocarboranes, **1**, 34
  electron-hyperdeficient, **1**, 468
  heteronuclear, **6**, 764
    substitution reactions, **6**, 810
  heteronuclear metal, **6**, 852
  mixed
    structure, **1**, 4
  osmium, **4**, 1023–1057
  skeletal electron population and, **1**, 467
  structure, **1**, 31
  transition metal
    structure, **3**, 22
Coal
  carbon monoxide from, **8**, 2
  gasification, **8**, 3
  hydroformylation, **8**, 345
  hydrogenation
    nickel catalysed, **8**, 633
  liquefaction, **8**, 340, 347
  methane synthesis from, **8**, 22
  utilization, **8**, 288
Coalescence temperature
  NMR
    organometallic compounds, **3**, 91, 93
Cobalamin, adenosyl-
  aerobic photolysis, **5**, 114
  homolytic cleavage, **5**, 113
  photolysis, **5**, 114
Cobalamin, s-alkyl-
  photolysis, **5**, 116
Cobalamin, cyclopropylcarbinyl-
  rearrangements, **5**, 127
Cobalamin, ethyl-
  aerobic photolysis, **5**, 114
  reaction with mercury(II) salts, **5**, 107
Cobalamin, formylmethyl-
  photolysis, **5**, 117
Cobalamin, halomethyl-
  photolysis, **5**, 115
Cobalamin, hydrido-
  photolysis, **5**, 116
  reactions, **5**, 97
Cobalamin, methyl-
  electronic spectra, **5**, 102
  mercury methylation and, **2**, 981
  methyl group transfer to mercury, **2**, 869
  photolysis, **5**, 114
  potassium hexachloroplatinate methylation by, **6**, 582
  reaction with acetatotrimethyltin, **2**, 1000
  reaction with chloramine-T, **5**, 112
  reaction with lead salts, **2**, 1001
  reaction with mercury(II) acetate, **5**, 107
  reaction with tin salts, **2**, 999
Cobalamins
  alkyl
    aerobic photodecomposition, **5**, 114
    preparation, **5**, 89
  carboxyalkyl
    preparation, **5**, 89

fluoromethyl
    photolysis, **5**, 115
  IR spectra, **5**, 102
  reaction with halogens, **5**, 112
  reaction with silver(I) salts, **5**, 129
  reaction with vinyl ethers, **5**, 87
  thermal stability, **5**, 117
Cobaloxime, alkenyl-
  aerobic photolysis, **5**, 117
Cobaloxime, alkyl-
  linkage isomers, **5**, 130
  preparation, **5**, 90
  reaction with mercury salts, **5**, 108
Cobaloxime, alkylaquo-
  photochemical decomposition, **5**, 115
  protonation, **5**, 125
Cobaloxime, allenyl-
  reaction with ethyl bromomalonate, **5**, 121
Cobaloxime, σ-allyl-
  reaction with tetracyanoethylene, **5**, 126
Cobaloxime, allyl propargyl-
  reaction with ethyl bromomalonate, **5**, 121
Cobaloxime, benzyl-
  reaction with chromium(II) salts, **5**, 119
  reaction with halogens, **5**, 112
  reaction with iodine chloride, **5**, 110
Cobaloxime, carboxyalkyl-
  protonation, **5**, 124
Cobaloxime, dimethylallyl-
  reaction with sulfur dioxide, **5**, 123
Cobaloxime, 3-(fluorobenzyl)-
  NMR, **5**, 125
Cobaloxime, 4-(fluorobenzyl)-
  NMR, **5**, 125
Cobaloxime, β-hydroxo-
  photolysis, **5**, 117
Cobaloxime, methyl-
  axial base exchange, **5**, 131
Cobaloxime, s-octyl-
  reaction with bromine, **5**, 110
Cobaloxime, α-phenylethyl-
  decomposition, **5**, 117
Cobaloxime, vinyl-
  electrophilic displacement of cobalt from, **5**, 108
Cobaloxime complexes
  isocyanide
    reaction with methylamine, **5**, 157
Cobaloxime-II
  reaction with cyclohexyl isocyanide, **5**, 23
Cobaloximes
  π-alkene complexes, **5**, 185
  alkyl
    NMR, **5**, 99
  alkylaquo
    photolysis, **5**, 115
  allyl
    NMR, **5**, 103
  axial ligand exchange
    kinetics, **5**, 131
  bond lengths and angles, **5**, 100
  catalysts
    hydrogenation, **8**, 293
  electronic spectra, **5**, 102
  five-coordinate, **5**, 130
  hydrido
    preparation, **5**, 97
  as hydrogenation catalyst, **8**, 309, 332
  IR spectra, **5**, 102

NMR, **5**, 102
optical activity, **5**, 99
reaction with iodine, **5**, 110
reaction with mercury(II) salts, **5**, 108
reaction with vinyl ethers, **5**, 87
secondary alkyl
    bond dissociation energy, **5**, 101
    properties, **5**, 98
structures, **5**, 101
trans influence of methyl and isopropyl groups, **5**, 130
Cobaloxime(III), σ-styryl-
    formation, **5**, 185
Cobalt
    arsacarborane derivatives, **1**, 550
    atomic
        reaction with ethylene, **5**, 178
    catalysts
        in halide reactions with organometallic compounds, **7**, 47
    hydrosilylation, **2**, 313
    chromium compounds, **6**, 783
    cyclopentadienyl complexes
        stabilization, **8**, 1055
    dinitrogen complexes, **8**, 1101
        reaction with diethylmagnesium, **8**, 1101
    dinuclear Group IV complexes, **6**, 1087
    dinuclearoctacarbonyl derivatives preparation, **5**, 34
    germanium pentacobalt anion, **6**, 1108
    gold compounds, **6**, 777
        protonation, **6**, 814
    Group IV carbonyl compounds
        structures, **6**, 1084
    Group IV complexes
        clusters, **6**, 1108
    Group IV compounds, **6**, 1083, 1085
        bond lengths, **6**, 1102
    hexamethyldisilazane derivatives, **2**, 129
    iridium compounds, **6**, 788
    iron compounds, **6**, 766, 771, 772, 774, 779, 785, 788
        cleavage reactions, **6**, 819
        ESR spectroscopy, **6**, 800
        Mössbauer spectroscopy, **6**, 800
        norbornadiene dimerization catalysed by, **6**, 822
        norbornadiene dimerization catalyzed by, **6**, 822
        protonation, **6**, 815
        substitution reactions, **6**, 810
    iron–ruthenium complexes, **4**, 926
    manganese compounds, **6**, 781
        IR spectra, **6**, 795
    molybdenum compounds, **6**, 769, 782
    molybdenum/tungsten/iron compounds, **6**, 786
    nickel compounds, **6**, 775
    osmium compounds, **6**, 773
    osmium–ruthenium complexes, **4**, 926
    palladium compounds
        methanol homologation catalysed by, **6**, 822
    phospha- and arsa-carborane derivatives, **1**, 549
    platinum compounds, **6**, 769
        methanol homologation catalysed by, **6**, 822
    polynuclear Group IV compounds, **6**, 1089
    reaction with carbon monoxide, **5**, 4
    rhenium compounds, **6**, 771
        mass spectrometry, **6**, 790
    rhodium complexes
        as precursor for heterogeneous catalysts, **6**, 823
    rhodium compounds, **6**, 769
        fragmentation, **6**, 814
        protonation, **6**, 814
        styrene hydrogenation catalysed by, **6**, 822
    ruthenium complexes, **4**, 926
    ruthenium compounds, **6**, 767, 772, 787
        protonation, **6**, 815
        reaction with CO, **6**, 820
    silver compounds, **6**, 765
Cobalt, (acetoacetyl)(ethylene)bis(triphenylphosphine)-
    preparation, **5**, 69
Cobalt, (acetoxyethyl)(pyridine)-
    hydrolysis, **5**, 185
Cobalt, (acetylacetone)bromotetracarbonylgallium-
    preparation, **6**, 961
Cobalt, (acetylacetone)galliumbis(tetracarbonyl-
    preparation, **6**, 961
Cobalt, [(acetylacetone)indium]bis(tetracarbonyl-
    preparation, **6**, 966
Cobalt, acetyldicarbonylbis(trimethyl phosphite)-
    reduction, **5**, 60
Cobalt, acetyldicarbonyl(trimethyl phosphite)(triphenylphosphine)-
    reductive cleavage, **5**, 60
Cobalt, (acetylene)bis(*t*-butylacetylene)tetracarbonyldi-
    preparation, **5**, 201
Cobalt, (acetylene)hexacarbonyldi-
    reaction with *t*-butylacetylene, **5**, 201
    reaction with diphenylmercury, **5**, 195
    structure, **5**, 195
Cobalt, (acetylene)octacarbonylbis(phosphine)-tetra-
    preparation, **5**, 201
Cobalt, acetyltetracarbonyl-
    decomposition, **5**, 52, 65
    dissociation, **5**, 56
    IR spectrum, **5**, 53
    reaction with hex-3-yne, **5**, 54, 221
    reaction with triphenylphosphine, **5**, 184
    reductive cleavage, **5**, 60
Cobalt, acetyltricarbonyl(ethylidenebis(diphenylphosphine))-
    preparation, **5**, 56
Cobalt, (acrylonitrile)cyclopentadienyl(triphenylphosphine)-
    ring expansion, **5**, 180
Cobalt, acryloyltetracarbonyl-
    preparation, **5**, 215
Cobalt, acrylyltetracarbonyl-
    properties, **5**, 58
Cobalt, (1-acylmethyl)(η^3-allyl)tricarbonyl-
    preparation, **5**, 220
Cobalt, acyltetracarbonyl-
    insertion reactions, **5**, 219
    in oxacarbonylation, **8**, 198
    reaction with aldehydes or ketones, **5**, 220
    reaction with dienes, **5**, 219
Cobalt, acyltricarbonyldihydrido-
    preparation, **5**, 60
Cobalt, acyltricarbonyl(triphenylphosphine)-
    reaction with iodine, **5**, 60
Cobalt, (alkoxymethynyl)tetracarbonyl-
    reaction with alkynes, **5**, 197
Cobalt, alkylbis(bipyridyl)-
    structure, **5**, 74
Cobalt, alkylidynenonacarbonyl-

Cobalt

    properties, **5**, 168
    structures, **5**, 168
Cobalt, alkylidynenonacarbonyltri-, **5**, 162–177
    carbonyl substitution reactions, **5**, 175
    ESR spectra, **5**, 170
    IR spectra, **5**, 169, 170
    NMR, **5**, 169
    preparation, **5**, 162
    reactions, **5**, 170
    reaction with phosphines, **5**, 176
    reaction with sodium tetracarbonylferrate, **5**, 177
    substitution reactions, **5**, 174
    X-ray crystallography, **5**, 169
Cobalt, alkyltetracarbonyl-
    reaction with carbon monoxide, **5**, 51
Cobalt, (alkyne)cyclopentadienyl(triphenylphosphine)-
    reaction with diazoacetates, **5**, 235
Cobalt, (alkyne)decacarbonyltetra-
    substitution reactions, **5**, 198
Cobalt, (alkyne)hexacarbonyldi-
    IR spectra, **5**, 195
    Raman spectra, **5**, 195
    reactions, **5**, 201
    substitution reactions, **5**, 198
    X-ray spectroscopy, **5**, 195
Cobalt, (η-allyl)(η^1-allyl)cyclopentadienyl-
    preparation, **5**, 225
Cobalt, (η-allyl)(η-1,3-butadiene)-
    preparation, **5**, 224
Cobalt, (η-allyl)carbonyl(η-ethyltetramethylcyclopentadienyl)-
    preparation, **5**, 225
Cobalt, (η-allyl)dicarbonyl(triphenylphosphine)-
    fluxionality, **5**, 218
    preparation, **5**, 216
    structure, **5**, 218
Cobalt, (σ-allyl)tetracarbonyl-
    preparation, **5**, 214
Cobalt, allyltricarbonyl-, **5**, 211
    insertion reactions, **5**, 221
    preparation, **5**, 214
    reaction with bis(trifluoromethyl)diazomethane, **5**, 221
    reaction with triphenylphosphine, **5**, 216, 218
    X-ray spectroscopy, **5**, 218
Cobalt, (η^3-allyl)tricarbonyl-
    IR spectra, **5**, 222
    polarography, **5**, 222
    preparation, **5**, 183, 211
    Raman spectra, **5**, 222
    reaction with chlorotrifluoroethylene, **5**, 221
    reaction with dimethylphosphine, **5**, 42
Cobalt, (η-allyl)(trifluorophosphine)-
    reaction with triphenylphosphine, **5**, 218
Cobalt, (η^3-allyl)tris(trifluorophosphine)-
    preparation, **5**, 217
Cobalt, (η-allyl)tris(trimethylphosphine)-
    preparation, **5**, 216
Cobalt, (η^6-arene)cyclopentadienyl-
    preparation, **5**, 247
Cobalt, benzoyltetracarbonyl-
    dissociation, **5**, 56
Cobalt, (η^5-benzoylvinylboryl)(cyclopentadienyl)-
    preparation, **6**, 897
Cobalt, benzylidynenonacarbonyltri-
    catalysis of alkene hydroformylation, **5**, 177
Cobalt, benzyltetracarbonyl-
    preparation, **5**, 48
Cobalt, benzyl(tris(2-(diphenylphosphenyl)ethyl)amino)-
    anion
        reaction with carbon monoxide, **5**, 79
Cobalt, bis(acetonitrile)bis(diethyl fumarate)-
    properties, **5**, 178
Cobalt, bis(bipyridyl)dimethyl-
    anion
        structure, **5**, 142
Cobalt, bis(bipyridyl)ethyl-
    preparation, **5**, 69
    reaction with deuterium, **5**, 71
Cobalt, bis(butadiene)tetracarbonyldi-
    X-ray analysis, **5**, 226
Cobalt, bis(1-cyano-2,2,2-trifluoro-1-(trifluoromethyl)ethyl)-
    preparation, **5**, 74
Cobalt, bis(1,3-cyclohexadiene)tetracarbonyldi-
    X-ray analysis, **5**, 226
Cobalt, bis(cyclohexylethynyl)bis(triphenylphosphine)-
    structure, **5**, 78
Cobalt, bis(cyclooctadiene)-
    preparation, **5**, 188
Cobalt, bis(cyclopentadienyl)-
    electrophilic addition, **5**, 231
Cobalt, bis(decaboranyl)-
    dianion
        synthesis, **1**, 491
Cobalt, bis(dicarbaboranyl)-
    anion
        synthesis, **1**, 510
Cobalt, bis(diethylphenylphosphine)bis(pentachlorophenyl)-
    properties, **5**, 77
Cobalt, bis(diethylphenylphosphine)bis(pentafluorophenyl)-
    structure, **5**, 78
Cobalt, bis(diphenylphosphinoethane)methyl-
    properties, **5**, 69
Cobalt, bis(2-ethylhexanoate)-
    hydrogenation catalysts, **7**, 453
Cobalt, bis(hexamethylbenzene)-
    cation
        structure, **5**, 261
Cobalt, [bis(μ-hydrido)dihydridoborate]bis(triphenylphosphine)-
    preparation, **6**, 907
Cobalt, [bis(μ-hydrido)dihydridoborate](triphos)-
    preparation, **6**, 907
Cobalt, bis(pentafluorophenyl)-
    preparation, **5**, 74
Cobalt, bis(pentafluorophenyl)(η-toluene)-
    structure, **5**, 78
Cobalt, bis(pentafluorophenyl)(η-tolyl)-
    preparation, **5**, 74
Cobalt, bis(η-phenylborobenzene)-
    anion
        reaction with dienes, **5**, 191
Cobalt, bis(selenaundecaboranyl)-
    anion
        preparation, **1**, 528
Cobalt, bis(styrene)bis(triphenylphosphine)-
    preparation, **5**, 185
Cobalt, bis(telluraundecaboranyl)-
    anion
        preparation, **1**, 528
Cobalt, bis(tetrahydroborate)-

Cobalt, formation, **6**, 907
Cobalt, bis(thiocarbonyl)cyclopentadienyl-
  preparation, **5**, 252
Cobalt, bis(tributylphosphine)bis(pentafluorophenyl)-
  properties, **5**, 77
Cobalt, bis(triphenylphosphine)bis(tetracyanoethylene)-
  preparation, **5**, 185
Cobalt, [bromo(p-dioxan)indium]bis(tetracarbonyl-
  preparation, **6**, 966
Cobalt, (bromogallium)bis(tetracarbonyl-
  preparation, **6**, 961
Cobalt, (bromoindium)bis(tetracarbonyl-
  preparation, **6**, 966
Cobalt, bromomesitylenebis(diethylphenylphosphine)-
  preparation, **5**, 74
Cobalt, [bromo(tetrahydrofuran)indium]bis(tetracarbonyl-
  preparation, **6**, 966, 968
Cobalt, bromotricarbonyl(triphenylphosphine)-
  reaction with organolithium compounds, **5**, 48
Cobalt, 2-butenoyltricarbonyl(triphenylphosphine)-
  preparation, **5**, 59
Cobalt, 2-butynylidenebis(nonacarbonyltri-, **5**, 196
Cobalt, carbidohexadecacarbonyl(carbon disulfide)thiohexakis-
  preparation, **5**, 47
Cobalt, carbidononacarbonylchlorotri-
  reaction with tetracarbonylcobaltates, **5**, 45
Cobalt, carbidononacarbonyltri-
  dimer
    preparation, **5**, 47
Cobalt, carbidooctadecacarbonyloctakis-
  structure, **5**, 45
Cobalt, carbidotricyanodinitrosyl-
  polymers, **5**, 69
Cobalt, (η-carbon disulfide)tris(triethyl phosphite)-
  preparation, **5**, 178
Cobalt, (η-carbon selenite sulfide)cyclopentadienyl(trimethylphosphine)-
  preparation, **5**, 180
Cobalt, carbonylbis[carbidononacarbonyltri-
  preparation, **5**, 47
Cobalt, carbonylcyclopentadienyl-
  trimer
    preparation, **5**, 259
Cobalt, carbonylcyclopentadienylbis(trimethylphosphine)-
  nucleophilic reactions, **5**, 132
Cobalt, carbonyl(η-cyclopentadienyl)diiodo-
  decarbonylation, **5**, 258
Cobalt, carbonylcyclopentadienyl(thiocarbonyl)-
  preparation, **5**, 252
Cobalt, carbonylcyclopentadienyl(trimethylphosphine)-
  preparation, **5**, 182
Cobalt, carbonylcyclopentadienyl(triphenylphosphine)-
  reaction with cyanides, **5**, 258
Cobalt, carbonyldiiodo-
  preparation, **5**, 14
Cobalt, carbonylhydrido(tetracyanoethylene)bis(triphenylphosphine)-
  preparation, **5**, 185
Cobalt, carbonylmethyltris(2-ethyl-2-(hydroxymethyl)-1,3-propanetriol phosphite)-
  preparation, **5**, 57
Cobalt, (carbonylmethynyl)bis(nonacarbonyltri)-
  structure, **5**, 170
Cobalt, carbonylnitrosyl-
  derivatives
    structure, **5**, 29
Cobalt, carbonylnitrosylbis(triphenylphosphine)-
  crystal structure, **5**, 28
Cobalt, carbonyltetrakis(trimethylphosphine)-
  anions, **5**, 30
Cobalt, carbonyl(trifluoromethyl)tris(trifluorophosphine)-
  structure, **5**, 66
Cobalt, chloro(μ-chloro)(η-ethyltetramethylcyclopentadienyl)-
  dimer
    reduction, **5**, 180
Cobalt, chlorocyclopentadienyl(triphenylphosphine)-
  preparation, **5**, 254
Cobalt, [chloro(p-dioxan)indium]bis(tetracarbonyl-
  preparation, **6**, 966
Cobalt, (chlorogallium)bis(tetracarbonyl-
  preparation, **6**, 961
Cobalt, (chloromethynyl)nonacarbonyltri-
  reaction with arenes, **5**, 171
Cobalt, [chloro(tetrahydrofuran)indium]bis(tetracarbonyl-
  preparation, **6**, 966
Cobalt, chlorotris(trimethylphosphine)-
  reaction with trimethylmethylenephosphorane, **5**, 69
Cobalt, (η^5-chlorovinylboryl)(cyclopentadienyl)-
  preparation, **6**, 897
Cobalt, (cyclobutadiene)cyclopentadienyl-
  crystal structure, **5**, 242
  electrophilic substitution reactions, **5**, 242
Cobalt, (η-cyclobutadienyl)(η-cyclopentadiene)-
  aromaticity, **3**, 46
Cobalt, cyclobutadienylphenyl-
  cation
    nucleophilic addition reactions, **8**, 1032
Cobalt, (1-3-η-cycloheptadienyl)bis(trifluorophosphine)(triphenylphosphine)-
  preparation, **5**, 218
Cobalt, (η^5-cycloheptadienyl)cyclopentadienyl-
  reaction with triphenylphosphine, **5**, 192
Cobalt, (η^5-cyclohexadienyl)cyclopentadienyl-
  preparation, **5**, 234
Cobalt, (cyclooctadiene)(η^3-cyclooctenyl)-
  preparation, **5**, 222
  reaction with phenyllithium, **5**, 189
  reaction with triphenyl phosphite, **5**, 69
Cobalt, (cyclooctadiene)cyclopentadienyl-
  preparation, **5**, 189
  reaction with trityl tetrafluoroborate, **5**, 192
Cobalt, (1,5-cyclooctadiene)cyclopentadienyl-
  reaction with diphenylacetylene, **5**, 239
Cobalt, (cyclooctadiene)(η-ethyltetramethylcyclopentadienyl)-
  preparation, **5**, 189
Cobalt, (cyclooctadiene)(η-phenylborobenzene)-
  preparation, **5**, 191
Cobalt, (1,3-cyclooctatetraene)cyclopentadienyl-
  formation, **5**, 187
Cobalt, (1,5-cyclooctatetraene)cyclopentadienyl-
  formation, **5**, 187
Cobalt, (cyclooctatriene)cyclopentadienyl-
  reactions, **5**, 229

Cobalt

Cobalt, (1,2,5,6-η-cyclooctatriene)cyclopentadienyl-
  electrochemical reduction, **5**, 238
  protonation, **5**, 238
Cobalt, (1,2,5,6-η-cyclooctatriene)(η^5-indenyl)-
  preparation, **5**, 230
Cobalt, (η-cyclopentadienyl)-
  insertion into bis(dimethyldicarbahexaboranyl)dihydridoiron, **1**, 495
Cobalt, cyclopentadienylbis(phosphine)-
  derivatives
    preparation, **5**, 255
Cobalt, cyclopentadienylbis(trialkylphosphine)-
  reaction with methyl iodide, **5**, 139
Cobalt, cyclopentadienylbis(trimethylphosphine)-
  adducts with zinc chloride, **6**, 993
  reactions, **5**, 254
  reaction with acyl chlorides, **5**, 139
  reaction with carbon selenite sulfide, **5**, 180
Cobalt, cyclopentadienylbis(trimethylphosphinyl)-
  reaction with alkyl bromides, **8**, 1016
Cobalt, cyclopentadienylbis(triphenylphosphine)-
  reaction with alkadiynes, **5**, 241
  reaction with alkynes, **5**, 139, 204
  reaction with diynes, **5**, 208
  reaction with sterically hindered diynes, **5**, 208
Cobalt, cyclopentadienyl(η^4-cyclopentadiene)-
  preparation, **5**, 192
Cobalt, cyclopentadienyl(η^4-dicyclopentadiene)-
  preparation, **5**, 192
Cobalt, cyclopentadienyldimethyl(triphenylphosphine)-
  reaction with trimethylphosphine, **5**, 146
Cobalt, cyclopentadienyl(diphenylacetylene)(triphenylphosphine)-
  reactions, **5**, 235
  reaction with diazoacetates, **5**, 204
  reaction with isocyanides, **5**, 237
  ring expansion, **5**, 208
Cobalt, cyclopentadienyl(duroquinone)-
  preparation, **5**, 189
Cobalt, cyclopentadienylethylbis(trimethylphosphine)-
  preparation, **5**, 139
Cobalt, cyclopentadienyliodonitrosyl-
  preparation, **5**, 252
Cobalt, cyclopentadienylnitrosyl-
  dimer
    preparation, **5**, 252
Cobalt, cyclopentadienyl(norbornadiene)-
  Lewis basicity, **5**, 191
  reaction with trityl tetrafluoroborate, **5**, 192
Cobalt, (cyclopentadienyl)(octahydrotetraborate)-
  preparation, **6**, 923
Cobalt, cyclopentadienyl(η-tetraarylcyclobutadiene)-
  properties, **5**, 241
Cobalt, cyclopentadienyl(η-tetraphenylcyclobutadiene)-
  preparation, **5**, 189, 239
Cobalt, cyclopentadienyl(thiocarbonyl)(trimethylphosphine)-
  preparation, **5**, 252
Cobalt, (cyclopentadienyl)(tridecahydrononaborate)-
  isomers, **6**, 935
  preparation, **6**, 935
Cobalt, cyclopentadienyl(trimethylphosphine)(thiocarbonyl)-
  preparation, **5**, 180
Cobalt, (η-cyclopropyl)tricarbonyl-
  reaction with tetrafluoroethylene, **5**, 184
Cobalt, decacarbonyl(2-hexyne)tetra-
  X-ray analysis, **5**, 198
Cobalt, decacarbonylpentakis(phenylthio)thiohexakis-
  structure, **5**, 46
Cobalt, decacarbonyl(tetrafluorobenzyne)tetra-
  preparation, **5**, 197
Cobalt, decacyanothalliumdi-
  preparation, **6**, 977
Cobalt, diarsenic hexacarbonyldi-
  preparation, **5**, 37
Cobalt, diarylbis(diethylphenylphosphine)-
  properties, **5**, 77
Cobalt, diarylbis(trialkylphosphine)-
  properties, **5**, 77
Cobalt, (dibromoindium)bis(tetracarbonyl-
  preparation, **6**, 966
Cobalt, (η-1,3-di-*t*-butylcyclopentadienyl)bis(trimethylphosphine)-
  structure, **5**, 255
Cobalt, dicarbonyl(1-3-η-cycloheptadienyl)(triphenylphosphine)-
  structure, **5**, 218
Cobalt, dicarbonyl(η-cyclopentadienyl)-, **5**, 249
  adduct with mercury dichloride
    structure, **6**, 988, 989
  mass spectrum, **5**, 250
  photolysis with diazo compounds, **5**, 159
  preparation, **5**, 189, 248
  properties, **5**, 249
  reactions, **5**, 228, 250
  reaction with alkyl halides, **5**, 139
  reaction with alkynes, **5**, 167, 204, 206, 237, 241
  reaction with arsenic trifluoride, **5**, 261
  reaction with azobenzenes, **5**, 254
  reaction with bicyclo[6.1.0]nona-2,4,6-triene, **5**, 230
  reaction with bis(*t*-butylamino)sulfides, **5**, 254
  reaction with bis(diethylamino)acetylene, **5**, 207
  reaction with bis(trimethylsilyl)acetylene, **5**, 206
  reaction with but-2-yne, **5**, 237
  reaction with cyanides, **5**, 258
  reaction with cyclooctatriene, **5**, 229
  reaction with cycloocta-1,3,5-triene, **5**, 230
  reaction with dialkyldiazomalonates, **5**, 139
  reaction with 1,4-diboracyclohexa-2,5-diene, **5**, 190
  reaction with dicarbonyl(η-cyclopentadienyl)(benzyldichlorophosphine)manganese, **4**, 128
  reaction with dienes, **5**, 189
  reaction with diphenylacetylene, **5**, 207
  reaction with diynes, **5**, 204, 208
  reaction with duroquinone, **5**, 189
  reaction with mesitylphenylacetylene, **5**, 242
  reaction with octasulfur, **5**, 260
  reaction with photo-α-pyrone, **5**, 241
  reaction with tetrafluoroethylene, **5**, 180
  reaction with tetraphenyldiphosphine, **5**, 256
  reaction with thietes, **5**, 180, 185
  reaction with 1,1,1-trifluoro-2-butyne, **5**, 237
  structure, **5**, 249

Cobalt, dicarbonyl(η^5-cyclopentadienyl)-
   supported
      stability, **8**, 578
Cobalt, dicarbonyl(dppm)-
   preparation, **6**, 976
Cobalt, dicarbonylhexakis(triphenylphosphine)di-
   preparation, **5**, 33
Cobalt, dicarbonylhydridobis(tributylphosphine)-
   catalysis of cyclohexene hydrogenation by, **5**, 39
Cobalt, dicarbonylhydridobis(trimethyl phosphite)-
   reaction with butadiene, **5**, 33
Cobalt, dicarbonyliodobis(diethoxyphenylphosphine)-
   spectra, **5**, 40
Cobalt, dicarbonylnitrosyl-
   derivatives, **5**, 27
   structure, **5**, 27
Cobalt, dicarbonylnitrosyl(dinitrogen)-
   preparation, **5**, 26
Cobalt, dicarbonylnitrosyl(tris(trifluoromethyl)-
   phosphine)-
   pyrolysis, **5**, 28
Cobalt, dicarbonyl(η-pentamethylcyclopentadienyl)-
   preparation, **5**, 249
   structure, **5**, 249
Cobalt, dicarbonyl(phenyldiazo)(triphenylphosphine)-, **5**, 28
Cobalt, dicarbonylphosphine-
   trimer, **5**, 41
Cobalt, dicarbonyl(trifluoromethyl)bis(trifluorophosphine)-
   methanolysis, **5**, 67
   structure, **5**, 66
Cobalt, dicarbonyl(triphenylphosphine)-
   trimer
      reactions, **5**, 41
Cobalt, dichlorobis((trimethylphosphenyl)methyl)-
   preparation, **5**, 77
   reactions, **5**, 80
   structure, **5**, 78
Cobalt, (dichloroboryl)bis[(dimethylglyoxime)diphenylboryl](triphenylphosphine)-
   preparation, **6**, 892
Cobalt, dichloro(2-chloro-2-butene)-
   preparation, **5**, 185
Cobalt, (dichloromethane)bis[dicarbonyl(dppe)-
   preparation, **6**, 976
Cobalt, dihalobis(isocyanide)-
   preparation, **5**, 23
Cobalt, dihalotetrakis(isocyanide)-
   preparation, **5**, 22
Cobalt, dihalotetrakis(phenyl isocyanide)-
   ESR, **5**, 23
Cobalt, diiodoallyl-
   preparation, **5**, 225
Cobalt, dimesityl-
   reaction with alkynes, **5**, 79
Cobalt, dimesitylbis(diethylphenylphosphine)-
   properties, **5**, 77
   trans
      properties, **5**, 77
Cobalt, dimesitylenebis(diethylphenylphosphine)-
   trans
      preparation, **5**, 74
Cobalt, dimesityltris(trimethylphosphine)-
   properties, **5**, 77
Cobalt, η-1,1-(dimethylcyclopropyl)tris(trifluorophosphine)-
   isomerization, **5**, 218
Cobalt, dimethyltris(trimethylphosphine)-
   reaction with carbon monoxide, **5**, 79
Cobalt, diphenyl-
   reaction with alkynes, **5**, 79
Cobalt, (diphenylboryl)[(dimethylglyoxime)diphenylboryl](pyridyl)-
   preparation, **6**, 892
Cobalt, (μ-diphenylgermylene)bis(tetracarbonyl-, **5**, 197
Cobalt, ((diphenylphosphino)phenyl)(styrene)bis(triphenylphosphine)-
   preparation, **5**, 69
Cobalt, dodecacarbonylgalliumtri-
   preparation, **6**, 962
Cobalt, dodecacarbonyltetra-, **5**, 7
   decomposition
      kinetics, **5**, 7
   derivatives, **5**, 44
   preparation, **5**, 2, 7, 47
   properties, **5**, 7
   reactions, **5**, 8
   reaction with acetylene, **5**, 201
   reaction with alkynes, **5**, 192, 197
   reaction with arenes, **5**, 263
   reaction with conjugated dienes, **5**, 226
   reaction with cyclic polyenes, **5**, 226
   reaction with cycloheptatriene, **5**, 264
   reaction with dienes, **5**, 187
   structure, **5**, 7
Cobalt, (ethylene)hydridotris(trimethylphosphine)-
   preparation, **5**, 185
Cobalt, (ethylene)tris(triphenylphosphine)-
   preparation, **5**, 178
Cobalt, (fluoromethynyl)nonacarbonyltriphosphite and phosphine derivatives
   IR spectra, **5**, 176
Cobalt, galliumtris(tetracarbonyl-
   preparation, **6**, 962
Cobalt, halodicarbonyl(tetraphenylcyclobutadiene)-
   properties, **5**, 242
Cobalt, heptacarbonylbis(triphenylphosphine)tri-
   preparation, **5**, 41, 201
Cobalt, heptacarbonyldi-
   formation, **5**, 4
Cobalt, heptacarbonylhydridobis(diphenylphosphinyl)tri-
   preparation, **5**, 41
Cobalt, heptacarbonyl[(tetracarbonylcobalt)zinc]di-
   structure, **6**, 1008
Cobalt, hexacarbonylbis(bis(trifluoromethyl)-phosphinyl)di-
   preparation, **5**, 42
Cobalt, hexacarbonylbis(tributylphosphine)di-
   solubility of hydrogen in, **5**, 36
Cobalt, hexacarbonylbis(triphenylphosphine)di-
   preparation, **5**, 201
Cobalt, hexacarbonyl(μ-carbonyl)(μ-diphenylphosphenyl)tri-
   preparation, **5**, 165
Cobalt, hexacarbonyl(cyclooctyne)di-
   cyclooctyne cyclotrimerization catalysis by, **5**, 204
   preparation, **5**, 196
Cobalt, hexacarbonyl((dimethylsilyl)diphenylcyclobutadiene)di-
   preparation, **5**, 226
Cobalt, hexacarbonyl(diphenylacetylene)di-

Cobalt

preparation, **5**, 195
Cobalt, hexacarbonyldiphosphorusdi-
preparation, **5**, 37
Cobalt, hexacarbonyl(3-hexyne)di-
preparation, **5**, 221
Cobalt, hexacarbonyl(norbornadiene)di-
preparation, **5**, 187
reactions, **5**, 188
X-ray analysis, **5**, 187
Cobalt, hexacarbonyl(phenylacetylene)di-
preparation, **5**, 195
Cobalt, hexadecacarbonylhexa-, **5**, 8
preparation, **5**, 8
properties, **5**, 9
reactions, **5**, 9
structure, **5**, 9
Cobalt, (hexahydrotetraborate)bis[(cyclopentadienyl)-
preparation, **6**, 923
Cobalt, hydrido[bis(μ-hydrido)dihydridoborate]-bis(tricyclohexylphosphine)-
preparation, **6**, 907
Cobalt, hydridobis(tetracyanoethylene)bis(triphenylphosphine)-
preparation, **5**, 185
Cobalt, hydrido(dinitrogen)tris(triphenylphosphine)-
preparation, **5**, 69
reaction with alkenes, **5**, 185
reaction with carbon dioxide, **5**, 33
reaction with 2,3-dimethyl-1,3-butadiene, **5**, 216
structure, **5**, 71
synthesis
organoaluminum compounds in, **1**, 654
Cobalt, hydridotetrakis(trifluorophosphine)-
reaction with dienes, **5**, 216
Cobalt, hydridotetrakis(triphenylphosphine)-
reaction with deuterium, **5**, 71
Cobalt, hydridotetrakis(triphenyl phosphite), **5**, 69
Cobalt, [(μ-hydrido)trihydridoborate]tris(triphenylphosphine)-
preparation, **6**, 907
Cobalt, indiumtetrakis(tetracarbonyl-
preparation, **6**, 966
Cobalt, indiumtris(tetracarbonyl-
preparation, **6**, 966
Cobalt, iodobis(allyl)-
ligand exchange reactions, **5**, 225
Cobalt, (methoxymethyl)tetrakis(trimethylphosphine)-
NMR, **5**, 70
Cobalt, methylbis(diphenylethane)-
NMR, **5**, 70
Cobalt, methylbis(triphenylphosphine)-
structure, **5**, 70
Cobalt, methyltetrakis(trialkyl phosphites)-
properties, **5**, 70
Cobalt, methyltetrakis(trimethylphosphine)-
carbonylation, **5**, 73
oxidative elimination, **5**, 72
preparation, **5**, 67
reaction with alcohols, **5**, 72
Cobalt, methyltetrakis(trimethyl phosphite)-
protonation, **5**, 72
reaction with carbon monoxide, **5**, 73
reaction with trifluoromethyl methanesulfonate, **5**, 72
Cobalt, methyl(tris(2-(diphenylphosphinyl)ethyl)-amino)-
anion
reaction with carbon monoxide, **5**, 79
Cobalt, methyltris(triarylphosphine)-
preparation, **5**, 69
reactions, **5**, 70
Cobalt, methyltris(triphenylphosphine)-
reactions, **5**, 70
reaction with alkenes and alkynes, **5**, 72
reaction with dinitrogen, **5**, 70
reaction with hydrochloric acid, **5**, 71
reaction with hydrogen, **5**, 71
structure, **5**, 70
Cobalt, nitrosyltris(triphenylphosphine)-
reaction with alkenes, **5**, 177
Cobalt, nonacarbonyl(aluminum)tri-
preparation, **6**, 956
Cobalt, nonacarbonyl(bromomethynyl)tri-
reaction with silicon hydrides, **5**, 173
Cobalt, nonacarbonyl(deuteromethynyl)tri-
thermolysis, **5**, 174
Cobalt, nonacarbonyldi-
formation, **5**, 4
Cobalt, nonacarbonyl(dimethylphosphino)thiotetrakis-
preparation, **5**, 43
Cobalt, nonacarbonylethylidynetri-
photochemistry, **5**, 177
preparation, **5**, 162
Cobalt, nonacarbonyl(hydroxymethynyl)tri-
preparation, **5**, 164
Cobalt, nonacarbonylmethynyltri-
irradiation, **5**, 177
IR spectra, **5**, 170
phenylation, **5**, 195
reaction with silicon hydrides, **5**, 173
Cobalt, nonacarbonyl(oxyethynylidyne)(phenylthio)tri-
decarbonylation, **5**, 172
Cobalt, nonacarbonyl(oxyethynylidyne)phenyltri-
crystal structure, **5**, 172
Cobalt, nonacarbonyl(oxymethynyl)(trimethylsilyl)tri-
preparation, **5**, 166
Cobalt, nonacarbonylpentakis(ethylthio)thiohexakis-
preparation, **5**, 46
Cobalt, nonacarbonylphosphorustri-, **5**, 37
Cobalt, nonacarbonylthiotri-
preparation, **5**, 47
Cobalt, nonacarbonyltri-
support on polystyrene, **8**, 566
Cobalt, nonacarbonyl((trihydroxysilyl)methynyl)tri-
preparation, **5**, 173
Cobalt, nonacarbonyl(3-(trimethylsilyl)propanylidyne)-
preparation, **5**, 164
Cobalt, nonacarbonyl(3-(trimethylsilyl)-2-propenylidyne)tri-
preparation, **5**, 164
Cobalt, (norbornadiene)(η-phenylborobenzene)-
preparation, **5**, 191
Cobalt, octacarbonyl(chloromethynyl)(triphenylarsine)tri-
preparation, **5**, 176
Cobalt, octacarbonyldi-, **5**, 4
bonding, **3**, 18
catalysis
in hydrosilation, **2**, 119
catalysis of cyclotrimerization of alkynes by, **5**, 204

catalysts
  in azacarbonylation, **8**, 181
derivatives, **5**, 37
  photolysis, **5**, 36
  preparation, **5**, 33
  reaction, **5**, 36
in imide synthesis by azacarbonylation, **8**, 184
mercury insertion reactions, **6**, 995
monodentate ligand derivatives
  properties, **5**, 35
  structure, **5**, 35
multidentate ligand derivatives
  structure, **5**, 35
phosphine derivatives
  electronic spectra, **5**, 35
phosphite derivatives
  electronic spectra, **5**, 35
preparation, **5**, 2, 4, 5
properties, **5**, 4
reactions, **5**, 6
reaction with acrylonitrile, **5**, 180
reaction with alkoxydichloromethane, **5**, 167
reaction with S-alkyl xanthates, **5**, 167
reaction with alkynes, **5**, 162, 192, 195
  kinetics, **5**, 196
reaction with allene, **5**, 219
reaction with allyl bromide, **5**, 214
reaction with aluminium tribromide, **5**, 165
reaction with arsenic trichloride, **5**, 37
reaction with arylfulvenes, **5**, 179
reaction with 2,3-bis(diphenylphosphine)maleic anhydride, **5**, 31
reaction with bis(trifluoromethyl)phosphine, **5**, 42
reaction with carbenes, **5**, 163
reaction with carbon disulfide, **5**, 47, 167
reaction with carbon monoxide and alkynes, **5**, 157
reaction with chlorinated hydrocarbons, **5**, 164
reaction with conjugated dienes, **5**, 226
reaction with cyclic polyenes, **5**, 226
reaction with cyclooctyne, **5**, 139, 195
reaction with dichlorobis(η-cyclopentadienyl)titanium, **3**, 375
reaction with dichlorodicyclopentadienyltitanium, **5**, 165
reaction with dichlorophenylphosphine, **5**, 42
reaction with dienes, **5**, 187
reaction with dihalo(tetraarylcyclobutadiene)palladium, **5**, 241
reaction with diphenyl disulfide, **5**, 46
reaction with ditertiary arsines, **5**, 31
reaction with ditertiary phosphines, **5**, 31
reaction with ethanethiol, **5**, 44, 46
reaction with hexafluorobenzyne, **5**, 196
reaction with hexafluorocyclopentadiene, **5**, 214
reaction with Lewis bases, **5**, 30
reaction with metal–carbyne complexes, **5**, 177
reaction with nitric oxide, **5**, 25
reaction with octafluorobut-2-ene, **5**, 196
reaction with octafluorocyclohexa-1,3-diene, **5**, 196
reaction with organomercury compounds, **8**, 161
reaction with perfluorobutadiene, **5**, 227
reaction with phosphines, **5**, 29, 33
reaction with phosphinoalkynes, **5**, 200
reaction with sulfur, **5**, 46
reaction with tetrathionaphthalene, **5**, 36
reaction with thiols, **5**, 43
reaction with thiophenol, **5**, 167
structure, **5**, 4
support on poly(vinylpyridine), **8**, 569
support on poly-2-vinylpyridine, **8**, 558
Cobalt, octacarbonylethylidyne(tributylphosphine)tri-
  structure, **5**, 176
Cobalt, octakis(2,6-silyl isocyanide)di-
  reactions, **5**, 18
Cobalt, pentacarbonyl-
  Lewis derivatives
    preparation, **5**, 30
Cobalt, pentacarbonyldiphosphorus(triphenylphosphine)di-
  crystal structure, **5**, 37
Cobalt, pentadecacarbonyl(carbon disulfide)thiohexakis-
  preparation, **5**, 47
Cobalt, (pentahydrotetraborate)(cyclohexyl)bis[(cyclopentadienyl)-
  preparation, **6**, 923
Cobalt, (η-pentamethylcyclopentadienyl)dicarbonyl-
  distortion, **3**, 43
Cobalt, (perfluoropropyl)bis(diethyldithiocarbonate)pyridine-
  preparation, **5**, 90
Cobalt, (styrene)tris(triphenylphosphine)-
  preparation, **5**, 185
Cobalt, tetraaminebis(isothiocyanate)-
  reaction with cyclopentadienylsodium, **5**, 244
Cobalt, tetrabromohexacarbonylgalliumdi-
  preparation, **6**, 960
Cobalt, tetrabromohexacarbonylindiumdi-
  preparation, **6**, 966
Cobalt, tetrabromotetracarbonylgalliumbis(tetrahydrofuran)di-
  preparation, **6**, 961
Cobalt, tetracarbonyl-
  bonding, **3**, 18
  geometry, **3**, 16
  structure, **5**, 3
Cobalt, tetracarbonylbis(cyclohexa-1,4-diene)di-
  preparation, **5**, 187
Cobalt, tetracarbonylbis(diene)di-
  oxidation, **5**, 228
Cobalt, tetracarbonylbis((dimethylsilyl)diphenylcyclobutadiene)di-
  preparation, **5**, 226
Cobalt, tetracarbonylbis(*trans,trans*-hexa-2,4-diene)di-
  IR spectra, **5**, 187
Cobalt, tetracarbonylbis(norbornadiene)di-
  IR spectra, **5**, 187
  preparation, **5**, 187
  reactions, **5**, 188
  reaction with phosphines, **5**, 33
  X-ray analysis, **5**, 187
Cobalt, tetracarbonyl(chloromercury)-
  reaction with alkynes, **5**, 197
Cobalt, tetracarbonyl(1-chloro-1,2,2-trifluoroethyl)-
  preparation, **5**, 62
Cobalt, tetracarbonylcrotonyl-
  properties, **5**, 58
Cobalt, tetracarbonyl(dibromogallium)(tetrahydrofuran)-
  preparation, **6**, 961
Cobalt, tetracarbonyl(dichlorogallium)(tetrahydrofuran)-

Cobalt

preparation, **6**, 961
Cobalt, tetracarbonyl(dioxygen)-
  preparation, **5**, 14
Cobalt, tetracarbonyl(diphenylphosphenyl)-
  preparation, **5**, 165
Cobalt, tetracarbonylethyl
  decomposition, **5**, 53
  preparation, **5**, 48
Cobalt, tetracarbonyl(hexafluorocyclohexenyl)-
  structure, **5**, 65
Cobalt, tetracarbonyl-4-hexenoyl-
  structure, **5**, 59
Cobalt, tetracarbonyl-5-hexenoyl-
  properties, **5**, 58
Cobalt, tetracarbonylhydrido-, **5**, 9
  acidity, **5**, 10
  derivatives
    preparation, **5**, 38
    properties, **5**, 38
    reactions, **5**, 38
    reaction with metals, **5**, 39
    structure, **5**, 38
    thermal stability, **5**, 38
  IR spectrum, **5**, 10
  preparation, **5**, 9, 12
  properties, **5**, 10
  reactions, **5**, 11
  reaction with alkenes and epoxides, **5**, 49
  reaction with alkynes, **5**, 197
  reaction with butadiene, **5**, 211, 216
  reaction with 1,3-cyclohexadiene, **5**, 228
  reaction with 1,3-dienes, **5**, 211
  reaction with divinyl ether, **5**, 184
  reaction with fluoroalkenes, **5**, 62
  reaction with sulfur, **5**, 46
  reaction with trifluorophosphine, **5**, 38
  reaction with triphenylphosphine, **5**, 38
  structure, **5**, 10
  thermal decomposition, **5**, 10
  thermodynamic properties, **5**, 10
Cobalt, tetracarbonyl-(*trans*-2-hydroxycyclohex-
    ylcarbonyl)-
  preparation, **5**, 50
Cobalt, tetracarbonyl(3-hydroxy-3-methyl-
    butyryl)-
  preparation, **5**, 50
Cobalt, tetracarbonylisobutyryl-
  dissociation, **5**, 56
Cobalt, tetracarbonyl(methoxyacetyl)-
  dissociation, **5**, 56
Cobalt, tetracarbonylmethyl-
  decomposition, **5**, 52
  IR spectrum, **5**, 53
  preparation, **5**, 48
  properties, **5**, 52
  reaction with α-terpinene, **5**, 220
Cobalt, tetracarbonyl(η^1-pentafluoroallyl)-, **5**, 214
Cobalt, tetracarbonyl(pentafluorophenyl)-
  preparation, **5**, 62
Cobalt, tetracarbonyl(pentafluoropropionyl)-
  decarbonylation, **5**, 66
Cobalt, tetracarbonylpentakis(ethylthio)tri-
  structure, **5**, 43
Cobalt, tetracarbonyl-4-pentenoyl-
  structure, **5**, 58
Cobalt, tetracarbonyl(η^3-perfluoroallyl)-
  preparation, **5**, 214
Cobalt, tetracarbonyl(perfluoroheptyl)-
  properties, **5**, 65
Cobalt, tetracarbonylpivaloyl-
  dissociation, **5**, 56
Cobalt, tetracarbonyl(1,1,2,2-tetrafluoroethyl)-
  preparation, **5**, 62
Cobalt, tetracarbonylthallium-
  preparation, **6**, 976
  reactions, **6**, 976
  reaction with Lewis bases, **6**, 976
Cobalt, tetracarbonyl(tribromogallium)-
  preparation, **6**, 961
Cobalt, tetracarbonyl(tribromoindium)-
  preparation, **6**, 966
Cobalt, tetracarbonyl(trichlorosilyl)-
  stability, **5**, 166
Cobalt, tetracarbonyl(trifluoroacetyl)-
  decarbonylation, **5**, 66
  dissociation, **5**, 56
  properties, **5**, 52
Cobalt, tetracarbonyl(trifluoromethyl)-
  decomposition, **5**, 65
  preparation, **5**, 62
  properties, **5**, 52
Cobalt, tetracarbonyl(trimethylsilyl)-
  preparation, **5**, 165
Cobalt, tetracarbonyl(trimethylstannyl)-
  preparation, **5**, 14
Cobalt, tetracarbonyl(triphenylaluminum)-
  preparation, **6**, 956
Cobalt, tetracarbonyl(triphenylgallium)-
  preparation, **6**, 961
Cobalt, tetracarbonyl(triphenylindium)-
  preparation, **6**, 966
Cobalt, tetracarbonyl(triphenylstannyl)-
  preparation, **6**, 977
Cobalt, tetracarbonyltris(1-(methoxycarbonyl)-
    2-phenylacetylene)di-
  crystal structure, **5**, 203
Cobalt, tetracarbonyltris(3,3,3-trifluoro-1-propy-
    ne)di-
  chiral, **5**, 203
  structure, **5**, 202
Cobalt, tetracyclopentadienyl(tetraphosphorus)-
    tetrakis-
  preparation, **5**, 261
Cobalt, tetracyclopentadienyl(tetrasulfur)tetrakis-
  preparation, **5**, 260
Cobalt, (tetrafluoroethylidene)bis[tetracarbonyl-
  preparation, **5**, 62
Cobalt, (tetrahydrotetraborate)tetrakis[(cyclo-
    pentadienyl)-
  preparation, **6**, 923
Cobalt, (tetrahydrotetraborate)tris[(cyclopentadi-
    enyl)-
  preparation, **6**, 923
Cobalt, tetrakis(butyl isocyanide)(tetracyanoeth-
    ylene)-
  anions
    fluxionality, **5**, 182
Cobalt, tetrakis(trialkyl phosphite)-
  alkylation or arylation, **5**, 67
Cobalt, thalliumtetrakis(tetracarbonyl-
  preparation, **6**, 976
Cobalt, thalliumtris[pentacarbonyl(triphenylphos-
    phine)-
  preparation, **6**, 977
Cobalt, thalliumtris(tetracarbonyl-
  preparation, **6**, 976
Cobalt, thalliumtris[tricarbonyl(triphenyl phos-
    phite)-
  preparation, **6**, 977

Cobalt, thalliumtris{tricarbonyl[tris(chlorophenyl)
      phosphite]thallium-
   preparation, **6**, 977
Cobalt, (η-toluene)bis(pentafluorophenyl)-
   distortion, **3**, 44
Cobalt, tribromopentadecacarbonyltriindium-
      tetra-
   preparation, **6**, 968
Cobalt, tricarbonyl-
   structure, **5**, 3
Cobalt, tricarbonyl(antimony)tetrakis-
   structure, **5**, 44
Cobalt, tricarbonyl(cyclic π-alkenoyl)-
   structure, **5**, 183
Cobalt, tricarbonyl(cycloheptatrienyl)-
   preparation, **5**, 222
Cobalt, tricarbonyl(η-1,3-dimethylcyclopropyl)-
   isomers, **5**, 218
Cobalt, tricarbonyl[η²-1-(dimethylimino)isobu-
      tene]-
   structure, **3**, 1153
Cobalt, tricarbonyl(μ-diphenylphosphenyl)-
   preparation, **5**, 165
Cobalt, tricarbonyl(diphenylphosphino)-
   preparation, **6**, 976
Cobalt, tricarbonyl[2-ethyl-2-(hydroxymethyl)-
      1,3-propanediol phosphite]-
   preparation, **6**, 977
Cobalt, tricarbonyl[2-ethyl-2-(hydroxymethyl)-
      1,3-propanediol phosphite]thallium-
   preparation, **6**, 977
Cobalt, tricarbonyl(4-fluorophenylacetyl))(tri-
      phenylphosphine)-
   reaction with lithium chloride, **5**, 60
Cobalt, tricarbonylhydrido-, **5**, 10
Cobalt, tricarbonylhydrido(triphenylphosphine)-
   preparation, **5**, 38
Cobalt, tricarbonyliodo(triphenylphosphine)-
   reaction with iodine, **5**, 60
Cobalt, tricarbonylmethyl(triphenylphosphine)-
   reaction with trimethyl phosphite, **5**, 57
Cobalt, tricarbonylnitroso-
   preparation, **5**, 25
Cobalt, tricarbonylnitrosyl-
   IR spectroscopy, **5**, 26
   properties, **5**, 25
   reactions, **5**, 26
   structure, **5**, 25
Cobalt, tricarbonyl(pentafluoropropionyl)(tri-
      phenylphosphine)-
   preparation, **5**, 62
Cobalt, tricarbonyl(perfluoro-1-propenyl)(tri-
      phenylphosphine)-
   preparation, **5**, 214
Cobalt, tricarbonyl(perfluoro-2-propenyl)(tri-
      phenylphosphine)-
   preparation, **5**, 214
Cobalt, tricarbonyl(2-(phenylazo)phenyl)-, **5**, 49
Cobalt, tricarbonylphenyl-2-(phenylazo)-
   preparation, **5**, 48
Cobalt, tricarbonyl(1,1,2,2-tetrafluoroethyl)-(tri-
      phenylphosphine)-
   structure, **5**, 52
Cobalt, tricarbonyl(tributylphosphine)[tris(tri-
      phenylphosphine)copper]-
   preparation, **6**, 1038
Cobalt, tricarbonyl(trifluoroacetyl)(triphenyl-
      phosphine)-
   preparation, **5**, 62
Cobalt, tricarbonyl(triphenylcyclopropenyl)-
   preparation, **5**, 209
Cobalt, tricarbonyl(triphenylphosphine)thallium-
   preparation, **6**, 977
Cobalt, tricarbonyltriphosphorus, **5**, 37
Cobalt, tricyclopentadienyltricarbonyltri-
   irradiation with diphenylacetylene, **5**, 207
Cobalt, (trifluoroethylidyne)tris[tricarbonyl-
   preparation, **5**, 62
Cobalt, (trihydrotriborate)-tris[(cyclopentadi-
      enyl)-
   preparation, **6**, 921
Cobalt, trimethyl(trimethylphosphine)-
   stability, **5**, 142
Cobalt, trimethyltris(trimethylphosphine)-
   reaction with trimethyl phosphite, **5**, 146
Cobalt, trinitrosyl(trimethylborane)-
   properties, **6**, 884
Cobalt, tris(acetoacetyl)-
   alkylation, **5**, 67
Cobalt, tris(acetonitrile)cyclopentadienyl-
   anions
      preparation, **5**, 253
Cobalt, tris(acetonitrile)(η-pentamethylcyclopen-
      tadienyl)-
   anions
      preparation, **5**, 253
Cobalt, tris(acetylacetone)-
   hydrogenation catalysts, **7**, 453
   reduction, **5**, 188
Cobalt, tris(acrylamide)-
   preparation, **5**, 185
Cobalt, tris(allyl)-
   preparation, **5**, 223
   reaction, **5**, 224
Cobalt, tris(benzene)dicarbonyltri-
      cation
   structure, **5**, 263
Cobalt, tris(t-butylacetylene)tricarbonyl(triphen-
      ylphosphine)di-
   preparation, **5**, 204
Cobalt, tris(t-butyl isocyanide)nitrosyl-
   preparation, **5**, 18
Cobalt, tris(1-methylcrotyl)-
   structure, **5**, 224
Cobalt, tris(trimethylphosphine)-
   reaction with (lithiomethyl)dimethylphosphine,
      5, 69
Cobalt, undecacarbonyl(trimethyl phosphite)te-
      trakis-
   structure, **5**, 44
3,1,2-Cobaltaarsacarbadodecaborane, (η-cyclo-
      pentadienyl)-
   preparation, **1**, 526
Cobaltaarsastibadodecaborane, (η-cyclopentadi-
      enyl)-
   preparation, **1**, 529
Cobaltaboranes
   structure, **1**, 507
   synthesis, **1**, 462, 492
nido-Cobaltaboranes
   alkyne insertion reactions, **1**, 505
   reaction with alkynes, **1**, 479
Cobaltacarbanonaborane, (η-cyclopentadienyl)-
      anion
      synthesis, **1**, 504
   synthesis, **1**, 505
Cobaltacarbaundecaborane, (η-cyclopentadienyl)-
      (trimethylimino)-
   structure, **1**, 469
Cobaltacarba-*closo*-undecaborane, (η-cyclopenta-
      dienyl)(trimethylamine)-

Cobaltacarba-*closo*-undecaborane

preparation, **1**, 510
Cobaltacarboranes
  preparation, **1**, 517
  synthesis, **1**, 510
Cobalta-*nido*-carboranes
  preparation, **1**, 494
  synthesis, **1**, 492
commo-Cobaltacarboranes
  synthesis, **1**, 499
Cobaltacycles
  η^4-diene cobalt complex preparation from, **5**, 235
Cobaltacyclic complexes
  structure, **5**, 143
Cobaltacyclopentadiene complexes, **5**, 132
  preparation, **5**, 139
  reaction with alkenes, **5**, 152
Cobaltacyclopentadiene ligands
  cobalt complexes
    in formation of cyclobutadiene cobalt complexes, **5**, 241
Cobaltacyclopentadienes, **5**, 195
  in cyclotrimerization of but-2-yne, **5**, 206
  in 'fly-over bridge' cobalt compound formation, **5**, 204
  'fly-over bridge' cobalt formation and, **5**, 204
  preparation, **5**, 208
  reaction with phosphites, **5**, 235
Cobaltacyclopentane complexes, **5**, 180
  structure, **5**, 143
Cobaltacyclopentanes
  preparation, **5**, 139
Cobaltacyclopentene complexes
  insertion reactions with alkenes and alkynes, **5**, 149
  preparation, **5**, 139
Cobaltadecaborane, (η-cyclopentadienyl)-
  skeletal electron population, **1**, 469
5-Cobaltadecaborane, (η-cyclopentadienyl)-
  structure, **1**, 507
6-Cobaltadecaborane, (η-pentamethylcyclopentadienyl)-
  structure, **1**, 507
Cobaltadicarbadecaborane, (η-cyclopentadienyl)-
  preparation, **1**, 510
  synthesis, **1**, 504
2,1,6-Cobaltadicarbadecaborane, (η-cyclopentadienyl)-
  bromination, **1**, 505
Cobaltadicarbadodecaborane, (η-cyclopentadienyl)-
  preparation, **1**, 518
  rearrangements, **1**, 521
3,1,2-Cobaltadicarbadodecaborane, (η-cyclopentadienyl)-
  protonation, **1**, 521
  reaction at cyclopentadienyl ring, **1**, 521
3,1,2-Cobaltadicarbadodecaborane, (η^6-phenylcyclopentadienylboranyl)-
  preparation, **1**, 521
1,2,3-Cobaltadicarbaheptaborane, (η-pentamethylcyclopentadienyl)dimethyl-
  synthesis, **1**, 499
1,2,3-Cobaltadicarba-*closo*-heptaborane, (η-cyclopentadienyl)-
  preparation, **1**, 493
Cobaltadicarba-*nido*-hexaborane, (η-cyclopentadienyl)-
  preparation, **1**, 496
1-Cobalta-2,3-dicarbahexaborane, (cyclopentadienyl)heptahydro-
  preparation, **6**, 923
1,2,4-Cobaltadicarbahexaborane, (η-cyclopentadienyl)-
  preparation, **1**, 493
Cobaltadicarbaoctaborane, (η-cyclopentadienyl)-
  preparation, **1**, 499
Cobaltadicarbatridecaborane, (η-cyclopentadienyl)-
  thermal rearrangement, **1**, 530
Cobaltadicarbatridecaborane, 1-(η-cyclopentadienyl)-
  structure, **1**, 464
4,1,7-Cobaltadicarbatridecaborane, (η-cyclopentadienyl)-
  preparation, **1**, 529
Cobaltadicarbaundecaborane, (η-cyclopentadienyl)-
  synthesis, **1**, 504
Cobaltadicarba-*nido*-undecaborane, (η-cyclopentadienyl)-
  rearrangement, **1**, 511
1,2,3-Cobaltadicarbaundecaborane, (η-cyclopentadienyl)-
  preparation, **1**, 510, 512
  synthesis, **1**, 510
1,2,4-Cobaltadicarbaundecaborane, (η-cyclopentadienyl)-
  contraction reaction, **1**, 510
Cobaltadiselenadodecaborane, (η-cyclopentadienyl)-
  preparation, **1**, 490
Cobaltadiselena-*nido*-dodecaborane, (η-cyclopentadienyl)-
  preparation, **1**, 528
Cobaltadistibadodecaborane, (η-cyclopentadienyl)-
  preparation, **1**, 529
Cobaltaferracarboranes
  synthesis, **1**, 496
1,2,4,5-Cobaltaferradicarbaheptaborane, bis(η-cyclopentadienyl)hydridodimethyl-
  structure, **1**, 496
Cobaltaferradicarbaundecaborane, bis(η-cyclopentadienyl)-
  preparation, **1**, 512
Cobaltaferratetracarbatetradecaborane, (η-cyclopentadienyl)tetramethyl-
  structure, **1**, 500
Cobaltahexaborane, 1-(η-cyclopentadienyl)-
  preparation, **1**, 489
Cobalta-*nido*-hexaborane, 2-(η-cyclopentadienyl)-
  preparation, **1**, 489
1-Cobaltahexaborane, (η-cyclopentadienyl)-
  preparation, **1**, 498
1-Cobaltahexaborate, (cyclopentadienyl)nonahydro-
  preparation, **6**, 927
4-Cobaltahexaborate, (cyclopentadienyl)nonahydro-
  preparation, **6**, 927
Cobaltanickelacarbadecaborane, bis(η-cyclopentadienyl)-
  synthesis, **1**, 505
1-Cobalta-2-nickeladodecaborate, bis(cyclopentadienyl)decahydro-
  preparation, **6**, 939
Cobaltanonadecaborate, tricarbonylicosahydro-
  preparation, **6**, 941
Cobaltapentaborane, 2-(η-cyclopentadienyl)-
  properties, **1**, 492
  rearrangement, **1**, 491

1-Cobaltapentaborane, 1-(cyclopentadienyl)octahydro-
  preparation, **6**, 923
Cobaltaphosphadodecaborane, (η-cyclopentadienyl)-
  anion
    alkylation, **1**, 528
Cobaltaselenathiadodecaborane, (η-cyclopentadienyl)-
  preparation, **1**, 490
Cobaltastannadicarboctaborane, (η-cyclopentadienyl)dimethyl-
  synthesis, **1**, 500
Cobaltates, aquapentakis(methyl isocyanide)-
  preparation, **5**, 22
Cobaltates, bis(diphenylboryl)bis(diphos)-
  preparation, **6**, 892
Cobaltates, bis(dodecahydrodecaborate)-
  preparation, **6**, 936
Cobaltates, (borane)tetracarbonyl-
  preparation, **6**, 884
Cobaltates, carbidopentadecacarbonylhexakis-
  structure, **5**, 45
Cobaltates, carbidotetradecacarbonylhexakis-
  structure, **5**, 45
Cobaltates, (cyclopentadienyl)(heptahydrotetraborate)-
  preparation, **6**, 923
Cobaltates, decacarbonyltri-
  preparation, **5**, 15
  reactions, **5**, 16
  structure, **5**, 15
Cobaltates, hexakis(alkynyl)-
  oxidation, **5**, 138
Cobaltates, hexakis(methyl isocyanide)-
  formation, **5**, 22
Cobaltates, hexakis(phenyl isocyanide)-
  preparation, **5**, 22
Cobaltates, nonacarbonyl(oxymethynyl)tri-
  preparation, **5**, 164
Cobaltates, octacarbonylbis(μ-carbonyl)(μ-hydrido)(μ_4-diphenylphosphino)tetrakis-, **5**, 44
Cobaltates, pentacyano-
  protonation, **5**, 97
Cobaltates, pentacyanohydrido-
  deprotonation, **5**, 97
  reaction with alkenes, **5**, 140
  reaction with buta-1,3-diene, **5**, 141
Cobaltates, pentacyanovinyl-
  formation, **5**, 140
Cobaltates, pentadecacarbonylhexakis-
  preparation, **5**, 15
  protonation, **5**, 17
  structure, **5**, 16
Cobaltates, pentadecacarbonylhydridohexakis-
  preparation, **5**, 17
Cobaltates, pentakis(isocyanide)iodo-
  preparation, **5**, 24
Cobaltates, pentakis(phenyl isocyanide)-
  structure, **5**, 22
Cobaltates, tetracarbonyl-
  alkylation, **5**, 48
  in carbocarbonylation, **8**, 171
  ion pair formation, **5**, 12
  nucleophilicity, **5**, 13
  preparation, **5**, 11
  properties, **5**, 11
  reactions, **5**, 13
  reaction with allyl halides, **5**, 214
  reaction with η^3-allylic palladium complexes, **6**, 423
  reaction with carbidononacarbonylchlorotricobalt, **5**, 45
  reaction with sodium nitrite, **5**, 25
  reaction with tetracarbonylacylcobalt complexes, **8**, 163
  structure, **5**, 11
Cobaltates, tetracarbonyl(trifluoroborane)-
  preparation, **6**, 884
Cobaltates, tetrachloro-
  reaction with chlorinated hydrocarbons, **5**, 164
Cobaltates, tetracyano-
  π-alkene complexes, **5**, 185
Cobaltates, tetradecacarbonylhexakis-
  preparation, **5**, 15
  structure, **5**, 16
Cobaltates, tetrakis(methyl isocyanide)-
  preparation, **5**, 23
Cobaltates, tetrakis(trimethylphosphine)-
  reaction with organic halides, **5**, 67
Cobaltates, tricarbonyl(dodecahydrodecaborate)-
  preparation, **6**, 936
Cobaltates, tricarbonyl(triphenylphosphine)-
  reaction with imidoyl chlorides, **5**, 51
Cobaltates(II), pentacyano-
  catalysts
    hydrogenation, **8**, 290
  reaction with alkyl halides, **5**, 133
Cobaltates(III), pentacyano-
  decomposition, **5**, 148
Cobaltates(III), pentacyano-α-2-pyridinioethyl-
  decomposition, **5**, 148
Cobaltatetracarbadodecaborane, (η-cyclopentadienyl)tetramethyl-
  preparation, **1**, 509, 526, 531
  structure, **1**, 460
commo-Cobaltatetracarbadodecaborane, tetramethyl-
  structure, **1**, 470
Cobaltatetracarbaoctaborane, (η-cyclopentadienyl)tetraphenyl-
  structure, **1**, 500
Cobaltatetracarbatridecaborane, (η-cyclopentadienyl)tetramethyl-
  preparation, **1**, 531, 537
Cobaltatetracarbaundecaborane, (η-cyclopentadienyl)tetramethyl-
  preparation, **1**, 509, 526
Cobaltatetradecadodecaborane, (η-cyclopentadienyl)tetramethyl-
  preparation, **1**, 537
Cobaltatetrahedranes
  structure, **5**, 210
Cobaltathiaselena-*nido*-dodecaborane, (η-cyclopentadienyl)-
  preparation, **1**, 528
Cobalt atoms
  reaction with cycloocta-1,5-diene, **5**, 188
  reaction with hexafluorobut-2-yne, **5**, 192
  synthesis, **5**, 2
Cobalt carbonyls
  reaction of η^4-diene or polyene cobalt complexes with, **5**, 226
Cobalt catalysts
  acetic acid synthesis, **8**, 75
  in alkoxycarbonylation of alkynes, **8**, 199
  asymmetric hydroformylation, **8**, 139
  in azacarbonylation, **8**, 174, 175
  in butadiene copolymerization with ethylene, **8**, 419
  in ethylene glycol synthesis, **8**, 86

Cobalt catalysts

Fischer–Tropsch synthesis, **8**, 44
  homologous alcohols by, **8**, 66
high pressure
  acetic acid synthesis, **8**, 75
homogeneous
  in methanol synthesis, **8**, 37
in homologation of methanol, **8**, 70, 73
in hydrocondensation of carbon monoxide and hydrogen, **8**, 21
in hydroformylation of unsaturated compounds, **8**, 140
in hydrosilation, **7**, 618
in industrial hydroformylation, **8**, 155
in methanation of carbon monoxide, **8**, 23
–molybdates
  metathesis and, **8**, 520
in oxo process, **8**, 125
in Shell process, **8**, 130
supported
  in Fischer–Tropsch synthesis, **8**, 41
  leaching, **8**, 591
without phosphines
  in asymmetric hydrogenation, **8**, 478

Cobalt chloride

reaction with 1,2-dicarbaundecaborane anion, **1**, 476

Cobalt complexes

β-acetatoethyl
  reactivity, **5**, 126
acyl
  synthesis, **8**, 112
acyltetracarbonyl
  IR spectra, **5**, 53
  reaction with alcohols, **5**, 60
  reaction with amines, **5**, 61
  reaction with iodine, **5**, 60
alkylidyne
  preparation, **5**, 162
alkylidyne cluster, **5**, 162
alkyl tetracarbonyl
  IR spectra, **5**, 53
η^2-alkyne, **5**, 192–209
alkyne carbonyl, **5**, 195
η^3-allyl, **5**, 211–225
  preparation and properties, **5**, 212
arene cyclopentadienyl
  NMR, **5**, 247
aryl carbonyl
  reaction with triphenylphosphine, **5**, 57
in asymmetric Diels–Alder reactions, **8**, 495
in asymmetric hydroformylation, **8**, 483
bis(alkylidyne), **5**, 167
bis(alkylidyne)nonacarbonyl
  properties, **5**, 169
σ-bonded fluorocarbon, **5**, 47–177
σ-bonded hydrocarbon, **5**, 47–177
bridged methylene
  properties, **5**, 160
  structures, **5**, 160
butenolactone
  reactions, **5**, 160
carbene, **5**, 156–161
  properties, **5**, 160
  structures, **5**, 160
carbonyl, **5**, 3–17
  bond enthalpy values, **4**, 616
  in carbocarbonylation, **8**, 168
carbonyl cyanides, **5**, 14, 40
carbonyl cyclopentadienyl
  preparation, **5**, 248
carbonyl derivatives
  preparation, **5**, 32
carbonyl halides, **5**, 14
  derivatives, **5**, 40
carbonyl isocyanide nitrosyl, **5**, 29
carbonyl Lewis bases, **5**, 29–41
  properties, **5**, 31
  reactions, **5**, 31
  structure, **5**, 31
carbonyl oxide, **5**, 14
carbonylperfluoroalkyl
  preparation, **5**, 62
catalysts
  acetylene reaction with carbon dioxide in, **8**, 275
  in cyclodimerization of norbornadiene, **8**, 390
  in linear oligomerization of butadiene, **8**, 396
  in 1,3-pentadiene dimerization, **8**, 401
cyclic π-alkenoyl
  hetero, **5**, 184
cyclobutadiene
  preparation and properties, **5**, 240
η^3-cyclobutenonyl, **5**, 210
cyclooctenyl, **5**, 222
cyclopentadienyl cyanides, **5**, 258
cyclopentadienyl Group VI ligands, **5**, 257
cyclopentadienyl halides, **5**, 258
η^3-cyclopropenyl, **5**, 209–211
dicarbonylnitrosyl
  monosubstituted derivatives, **5**, 27
dienes
  cationic complexes, **5**, 228
  preparation and properties, **5**, 229
η^4-dienes, **5**, 226
η^5-dienyl
  preparation and properties, **5**, 258
dinitrogen
  reaction with carbon dioxide, **8**, 232
dinuclear bridged methylene, **5**, 157
dinuclear dialkyl, **5**, 153–155
dinuclear tris(alkyne)tetracarbonyl, **5**, 203
ESR spectroscopy, **6**, 800
in ethylene oligomerization, **8**, 381
fluoromethylene bridged, **5**, 157
hydrides
  cobalt(III) complex preparation from, **5**, 140
  reaction with alkenes, **5**, 98
hydrido
  reaction with carbon dioxide, **8**, 245
hydrido carbonyl, **5**, 3–17
isocyanide, **5**, 17–24
μ-methylene, **5**, 156–161
methyl (triphenylphosphine)
  properties, **5**, 69
  structures, **5**, 69
mononuclear carbonyl, **5**, 3
nitrosyl, **5**, 24–29
pentanuclear carbonyl clusters, **5**, 44
platinum carbonyl complexes, **6**, 484
η^4-polyenes, **5**, 226
polynuclear carbonyl, **5**, 41–47
polynuclear carbonyl anions, **5**, 14
polynuclear carbonyl nitrosyl
  preparation, **5**, 28
in propene oligomerization, **8**, 387
stoichiometric hydroformylation by, **8**, 116
support on polymers
  cyclopentadienyl ligands and, **8**, 554

tetracarbonylhydrido derivatives
  properties, **5**, 39
tetracarbonylperfluoroacyl
  preparation, **5**, 62
tetrakis(*p*-tolyl)cyclobutadiene
  NMR, **5**, 242
tetranuclear cyclopentadienyl, **5**, 260
tetranuclear heteroclusters, **5**, 44
tetranuclear isocyanide carbonyl
  structure, **5**, 18
tricarbonylnitrosyl
  disubstituted derivatives, **5**, 28
trinuclear carbonyl, **5**, 41
trinuclear cyclopentadienyl, **5**, 259
Cobalt compounds, **5**, 1–264
  in butadiene polymerization, **7**, 450
  cyclopentadienylruthenium complexes, **4**, 794
  metallacyclopentane complexes
    in alkene oligomerization, **8**, 374
  organolead derivatives, **2**, 669
  in oxo process, **8**, 119
Cobalt corrins
  electronic spectra, **5**, 102
Cobalt group
  Group IV compounds, **6**, 1083–1094
Cobalticenium cations
  electrochemical reduction, **8**, 1026
  nucleophilic addition reactions, **8**, 1031
    substituent effects, **8**, 1032
Cobalticinium salts
  hydroxy
    acid dissociation constants, **5**, 245
    NMR, **5**, 245
  in polymers, **5**, 247
  preparation, **5**, 3, 244
  properties, **5**, 245
  structure, **5**, 245
Cobalt ligands
  cobalt Lewis base complexes
    reactions, **5**, 31
  Lewis base cobalt complexes
    properties, **5**, 31
    structure, **5**, 31
Cobalt methoxide
  reaction with carbon dioxide, **8**, 259
Cobaltocene
  anions
    electrophilic addition, **5**, 233
  bonding, **3**, 29, 35
  electrochemical reduction, **8**, 1026
  NMR, **5**, 245
  perdeutero-
    NMR, **5**, 245
  photoelectron spectra, **5**, 245
  preparation, **5**, 3, 244
  radical addition reactions, **5**, 231; **8**, 1038
  reactions, **5**, 245
  reactions with organic halides, **8**, 1038
  reaction with acetone, **8**, 1039
  reaction with azobenzenes, **5**, 254
  reaction with boron halides
    borylene insertion, **1**, 393
  reaction with dibromophenylborane, **5**, 235
  reaction with diphenylacetylene, **5**, 239
  reaction with isopropionitrile radicals, **8**, 1038
  reaction with organic halides, **5**, 232
    mechanism, **5**, 233
  reaction with organohaloboranes, **8**, 1039
  reaction with oxygen, **8**, 1039
  reaction with perhalocarbons, **8**, 1039
  redox potentials, **5**, 245
  X-ray photoelectron spectroscopy, **5**, 245
Cobaltocene, decamethyl-
  preparation, **5**, 244
  reaction with organic halides, **5**, 233
Cobaltocene, dimethyl-
  photoelectron spectra, **5**, 245
Cobaltocene anions
  addition of CO_2, **8**, 1026
  reactions with alkyl and aryl halides, **8**, 1026
Cobaltocene cations
  nucleophilic addition reactions, **8**, 1031
Cobaltocenes
  properties, **5**, 244
  redox potentials, **5**, 246
  structure, **5**, 244
  substituted
    preparation, **5**, 244
Cobalt porphyrins
  supported
    catalyst leaching in, **8**, 592
Cobalt salts
  hydrogenation catalysts, **8**, 338
  reaction with methylcobalamin, **2**, 1004
Cobalt(trimethyltris(dimethylphenylphosphine)-
  stability, **5**, 142
Cobalt vapor
  reaction with cyclopentadiene and boranes, **1**, 480
Cobalt(0), bis(hexamethylbenzene)-
  preparation, **5**, 261
Cobalt(0) complexes
  carbonyl isocyanide, **5**, 17
  isocyanide
    properties, **5**, 18
    reactions, **5**, 18
    structure, **5**, 18
  isocyanides, **5**, 17
Cobalt(I), alkylcarbonyl-
  preparation, **5**, 3
Cobalt(I) complexes
  acyl
    properties, **5**, 52
    reactions, **5**, 52
    structure, **5**, 52
  acyl carbonyl, **5**, 47–61, 51
    preparation, **5**, 48
  alkyl carbonyl, **5**, 47–61
    preparation, **5**, 48
    properties, **5**, 52
    reactions, **5**, 52
    structure, **5**, 52
  alkyl carbonyl phosphine, **5**, 48
  alkyl carbonyl phosphite, **5**, 48
  alkynes, **5**, 204
  allyl
    for hydrogenation of aromatic compounds, **8**, 345
  aroyl carbonyl, **5**, 47–61, 51
    preparation, **5**, 48
    properties, **5**, 52
    reactions, **5**, 52
    structure, **5**, 52
  aryl
    properties, **5**, 52
    reactions, **5**, 52
    structure, **5**, 52
  aryl carbonyl, **5**, 47–61
    preparation, **5**, 48
  bis(carbyne), **5**, 207

Cobalt(I) complexes

σ-bonded carbon, **5**, 68
carbon halide
  preparation, **5**, 40
carbonyl derivatives
  preparation and properties, **5**, 48
carbonyl fluorocarbon
  properties, **5**, 65
  structures, **5**, 65
carbonyl halide phosphines, **5**, 40
cationic alkene, **5**, 182
fluorocarbons, **5**, 62–67
  preparation and properties, **5**, 63
fluorocarbon tetracarbonyl
  reactions, **5**, 66
hydrides
  organocobalt(III) complex preparation from, **5**, 139
  vitamin B_{12} organocobalt(III) model system preparation from, **5**, 97
isocyanide, **5**, 20
  preparation, **5**, 19
  properties, **5**, 19
  reactions, **5**, 20
  structure, **5**, 19
nitrosyl
  reaction with alkenes, **5**, 177
non-carbonyl containing alkyl or aryl
  preparation, **5**, 67
nucleophilicities, **5**, 95
organocobalt(III) compound preparation from, **5**, 139
structure, **5**, 3
substituted isocyanides, **5**, 21
vitamin B_{12} organocobalt(III) model system preparation from, **5**, 92

Cobalt(II), diiodotetrakis(aryl isocyanide)-
  structure, **5**, 23
Cobalt(II), dimesityl-
  preparation, **5**, 74
Cobalt(II), pentacyano-
  catalyst
    hydrogenation, **8**, 287
Cobalt(II), pentaisocyanide-, **5**, 22
Cobalt(II) complexes, **5**, 74–80
  alkyl
    preparation, **5**, 74
  alkyne, **5**, 209
  alkynyl
    preparation, **5**, 77
    properties, **5**, 78
  aryl
    preparation, **5**, 74
  aryl triethylphosphine
    preparation, **5**, 74
  σ-bonded carbon
    preparation and properties, **5**, 75
  carbonyl halide phosphines, **5**, 41
  diisocyanide, **5**, 23
  isocyanides, **5**, 22
  monoisocyanide, **5**, 23
  organocobalt(III) complex preparation from, **5**, 133
  properties, **5**, 77
  reaction, **5**, 78
  structures, **5**, 77
  tetraisocyanides, **5**, 22
  vitamin B_{12} organocobalt(III) model system preparation from, **5**, 88
Cobalt(II) octaethylporphyrin
  reaction with ethyl diazoacetate, **5**, 91
Cobalt(II) porphyrins
  as reversible oxygen carriers, **8**, 577
Cobalt(II) tetraarylporphyrins
  supported catalysts, **8**, 557
Cobalt(II) tetraphenylporphyrins
  as reversible oxygen carriers, **8**, 577
Cobalt(III), β-styrylbis(dimethylglyoximato)pyridine-
  reaction with halogens, **5**, 111
Cobalt(III) complexes, **5**, 80–153
  acidity, **5**, 130
  acyl
    cleavage reactions, nucleophilic, **5**, 106
  alkyl
    NMR, **5**, 102
    preparation, **5**, 133
    thermal stability, **5**, 141
  allenyl
    reaction with polyhaloalkanes, **5**, 120
  allyl
    reaction with polyhaloalkanes, **5**, 120
  aquo
    reaction with carbon monoxide, **5**, 86
  aquohydroxo-
    reaction with alkynes, **5**, 86
  bis(trifluoroethyl)
    preparation, **5**, 153
  σ-bonded carbon
    preparation and properties, **5**, 134
  cyclopentadienyl N-donor ligand, **5**, 253
  decomposition, **5**, 117
  dioximato isocyanide, **5**, 24
  equatorial ligands, **5**, 82
  homolytic cleavage, **5**, 113
  isocyanide, **5**, 24
  NMR, **5**, 102
  organopentacyano-
    cleavage reactions, **5**, 145
    IR, **5**, 142
  polyfluorophenyl
    preparation, **5**, 90
  properties, **5**, 98, 141
  reactions, **5**, 103, 144
  η^5–η^6-sandwich complexes, **5**, 248
  spectroscopy, **5**, 144
  stereochemistry, **5**, 98
  structure, **5**, 141
  structures, **5**, 98
  tetraisocyanides, **5**, 24
  trimethyl
    preparation and properties, **5**, 142
  vitamin B_{12} organocobalt(III) model system preparation from, **5**, 81
Cobalt(IV), tetra(1-norbornyl)-
  preparation, **5**, 153
Cobalt(IV) complexes, **5**, 153
Codimerization
  acetylene with butadiene
    nickel catalysts and, **1**, 666
  alkenes
    nickel catalysed, **8**, 618
  asymmetric
    alkenes, nickel catalysed, **8**, 624
  butadiene and ethylene
    rhodium trichloride catalyzed, **5**, 499
  dienes with monoenes, **8**, 424
  of ethylene with butadiene
    nickel catalysts and, **1**, 666
Codlemone
  synthesis, **8**, 838
Coenzyme B_{12}

bond dissociation energy, **5**, 101
Coenzyme Q₁
  preparation
    nickel catalysed, **8**, 730
Colour
  heteronuclear metal clusters, **6**, 852
  heteronuclear metal–metal bonded dinuclear compounds, **6**, 824
  oligomeric heteronuclear metal–metal bonded compounds, **6**, 846
η^4-Complexes
  platinum, **6**, 732
  ruthenium, **4**, 747
η^5-Complexes
  platinum, **6**, 734
  ruthenium, **4**, 755
η^6-Complexes
  platinum, **6**, 736
  ruthenium, **4**, 757
η^7-Complexes
  platinum, **6**, 736
η^8-Complexes
  platinum, **6**, 736
Composites
  silicone fillers
    strength, **2**, 338
  silicones, **2**, 337
η^5-Compounds
  cobalt, **5**, 244–261
η^6-Compounds
  cobalt, **5**, 261–264
Compression molding
  silicone rubbers, **2**, 331
Compression set
  silicones, **2**, 343
Concerted reactions
  alkenylboron compounds
    carbon–carbon bond formation *via*, **7**, 318
  alkynylboron compounds
    carbon–carbon bond formation by, **7**, 344
  allylboron compounds
    carbon–carbon bond formation *via*, **7**, 358
  arylboron compounds
    carbon–carbon bond formation from, **7**, 334
  organoboranes, **7**, 295
Condensation reactions
  bridge-assisted
    heteronuclear metal–metal bond formation by, **6**, 785
  doubly bonded germanium compounds, **2**, 498
  in heteronuclear metal–metal bonded compound synthesis, **6**, 768
  heteronuclear metal–metal bond formation by, **6**, 777
  iron group–Group IV compounds, **6**, 1082
  transition metal–Group IV compound preparation by, **6**, 1057
Condensed aromatic ring systems
  hydroformylation, **8**, 138
Conditioning
  supported catalysts
    alkene and alkyne metathesis, **8**, 500
Conductors
  polysiloxanes, **2**, 353
Cone angles
  coordinated alkene transition metal complexes, **3**, 67
Confertin
  synthesis, **8**, 840
    nickel catalysed, **8**, 729
Configuration

ferrocenes, **4**, 476
η^1-organoiron complexes
  stability, **4**, 341
tetracarbonyl(fumaric acid)iron, **4**, 389
tricarbonyl(diene)iron complexes, **4**, 451
Conformation
  complexes of boron-containing ring ligands, **1**, 383
  platinum(II) olefin complexes, **6**, 651
  rings
    organometallic compounds, **3**, 141
  sodium η^2-allyldicarbonyl-η^5-cyclopentadienyl-ferrates, **8**, 961
  transition metal alkene complexes, **3**, 54
  transition metal alkyne complexes, **3**, 59
  transition metal allyl complexes, **3**, 65
  transition metal carbene complexes, **3**, 78
Conjugate addition reactions
  organocopper(I) reagents in, **7**, 719
Conjugation
  alkenes
    addition reactions, **7**, 6
  alkynes
    addition reactions, **7**, 6
Contact lenses
  polysiloxanes, **2**, 355
±-Convergine
  synthesis, **7**, 216
Cooligomerization
  alkenes
    nickel catalysed, **8**, 616, 623
  alkenes and alkynes, **8**, 371–454
  alkynes
    nickel catalysed, **8**, 650, 652, 657
    supported metal catalysts in, **8**, 593
  alkynes with alkenes and heteroalkenes, **8**, 655
  asymmetric, **8**, 429
  ethylene, **8**, 429
  butadiene with alkenes, **8**, 422
  butadiene with dienes, **8**, 416
  dienes, **8**, 416
  1,2-dienes
    nickel catalysed, **8**, 666
  1,3-dienes with aldehydes
    nickel catalysed, **8**, 696
  1,3-dienes with alkenes
    nickel catalysed, **8**, 685
  1,3-dienes with ketones
    nickel catalysed, **8**, 695
  linear
    1,3-dienes with alkenes, nickel catalysed, **8**, 683
  Schiff bases with butadiene
    nickel catalysed, **8**, 687
  strained alkenes and alkanes
    nickel catalysed, **8**, 633, 635
  unsaturated compounds, **8**, 414–430
Coordination catalysts, **3**, 476
Coordination numbers
  lanthanides and actinides, **3**, 177
Coordinative unsaturation
  effect of polymer matrix on, **8**, 577
  polymer matrix and, **8**, 579
Cope rearrangement
  cyclodecadiene
    nickel catalysed, **8**, 680
  cyclodecatriene
    nickel catalysed, **8**, 681
  divinylcyclobutane
    nickel catalysed, **8**, 673

palladium-catalysed, **6**, 365
Copolymerization
  carbon dioxide with oxetane
    organoaluminum compounds and, **1**, 667
  carbon dioxide with propylene oxide
    organoaluminum compounds and, **1**, 667
  1,3-dienes
    nickel catalysed, **8**, 702
  initiation by organolithium compounds, **7**, 9
  metal cluster complexes, **8**, 566
  organometallic compounds in, **7**, 10
  Ziegler–Natta catalysts in, **3**, 543
Copper
  arylation
    organozinc compounds in, **2**, 845
  carbene complexes, **7**, 696
  catalyst
    in allylic ether reactions with organometallic compounds, **7**, 49
    Grignard reagents, **7**, 720
    in halide reactions with organometallic compounds, **7**, 47
    in organometallic reactions with carbonyl compounds, **7**, 28
    in synthesis of organochlorosilanes by direct process, **2**, 307
    in vinyloxirane reaction with organometallic compounds, **7**, 51
  Group IV complexes, **6**, 1100
  iron carbonyl complexes, **4**, 306
  iron compounds, **6**, 765, 769, 773
  –pyridine
    in preparation of symmetrical diorganomercurials, **2**, 895
  in Simmons–Smith type reaction, **7**, 700
  tungsten compounds, **6**, 778
Copper, aryl-
  intermediates in Ullmann reactions, **7**, 689
  protonolysis, **2**, 743
  tetranuclear
    reaction with aryllithium compounds, **2**, 739
Copper, bis(cyanotrihydroborate)tris(diphos)di-
  preparation, **6**, 912
Copper, bis[(cyclohexylimino){[o-(dimethylamino)methyl]phenyl}methyl]di-
  structure, **2**, 736
Copper, bis[2-(dimethylphosphino)ethylene]di-
  structure, **2**, 725
Copper, [bis(μ-hydrido)dihydridoborate]bis(triphenylphosphine)-
  preparation, **6**, 912
Copper, [bis(μ-hydrido)(hydrido)(methoxycarbonyl)borate]tris(trimethylphosphine)-
  preparation, **6**, 914
Copper, *t*-butoxy-
  tetramer
    structure, **1**, 21
Copper, butyl(tributylphosphine)-
  thermolysis, **2**, 746
Copper, [carboxybis(μ-hydrido)hydroborate]bis(trimethylphosphine)-
  preparation, **6**, 914
Copper, [cyano(μ-hydrido)dihydridoborate]tris(triphenylphosphine)-
  preparation, **6**, 914
Copper, (cyanotrihydroborate)bis(triphenylphosphine)-
  preparation, **6**, 912
Copper, (cyanotrihydroborate)tris(triphenylphosphine)-
  isomers, **6**, 913

Copper, cyclopentadienyl-
  insertion reactions, **2**, 750
Copper, dialkenyllithium-
  iodination, **2**, 744
Copper, (1,2-diarylpropenyl)-
  thermolysis, **2**, 747
Copper, diiridiumtetra-
  structure, **2**, 732
Copper, dilithiotetramethyldi-
  structure, **2**, 735
Copper, [(dimethylaminomethyl)-*p*-tolyl]-
  tetramer
    structure, **1**, 21
Copper, [o-(dimethylamino)phenyl]-
  structure, **2**, 728
Copper, [(ethoxycarbonyl)(μ-hydrido)hydroborate]tris(methyldiphenylphosphine)-
  preparation, **6**, 914
Copper, ferrocenyl-
  transmetallation, **2**, 757
Copper, [(μ-hydrido)trihydroborate]tris(methyldiphenylphosphine)-
  preparation, **6**, 912
Copper, indenyl-
  insertion reactions, **2**, 750
Copper, lithiobis(tolyl)-
  structure, **2**, 735
Copper, lithiodialkyl-
  hydrolysis, **2**, 744
Copper, methyl-
  preparation, **2**, 641, 845
  reaction with alkenylboranes, **7**, 316
  reaction with alkynes, **7**, 717
  reaction with tetramethyltetralithium, **2**, 739
Copper, neophyl(tributylphosphine)-
  decomposition, **2**, 747
Copper, (nonahydrohexaborate)bis(triphenylphosphine)-
  structure, **6**, 931
Copper, (nonahydrotetraborate)bis(triphenylphosphine)-
  preparation, **6**, 922
Copper, (octahydrotriborate)bis(triphenylphosphine)-
  reactions, **6**, 919
Copper, (octahydrotriborate)(triphenylphosphine)-
  preparation, **6**, 919
Copper, octakis(*o*-methoxyphenyl)octa-
  structure, **2**, 728
Copper, (pentafluorophenyl)-
  thermal stability, **2**, 724
  thermolysis, **2**, 748
Copper, phenyl-
  oxidation, **2**, 745
  structure, **2**, 732
  thermal stability, **2**, 724
Copper, 1-propenyl-
  thermolysis, **2**, 747
Copper, (tetrafluoroborate)bis(triphenylphosphine)-
  preparation, **6**, 912
Copper, (tetrahydroborate)-
  decomposition, **6**, 912
Copper, (tetrahydroborate)tetrakis(triphenylphosphine)di-
  cation
    preparation, **6**, 912
Copper, (tetrahydroborate)(triphenylphosphine)-
  preparation, **6**, 912
Copper, tetrakis(acetonitrile)-

anions
    reaction with chlorobis(ethylene)rhodium
        dimer, **5**, 424
cations
    reaction with chlorobis(cyclooctene)rhodium
        dimer, **5**, 424
Copper, tetrakis{2-[(dimethylamino)methyl]-5-methylphenyl}tetra-
    structure, **2**, 727, 736
Copper, tetrakis{o-[(dimethylamino)methyl]phenyl}tetra-
    oxidation, **2**, 745
Copper, tetrakis(pentafluorophenyl)tetra-
    reaction with magnesium halides, **2**, 739
Copper, tetrakis[(trimethylsilyl)methyl]tetra-
    reaction with [(trimethylsilyl)methyl]lithium, **2**, 739
    structure, **2**, 725
    thermal stability, **2**, 724
Copper, tetrakis(triphenylphosphine)tetrakis-(phenylethynyl)tetra-
    structure, **2**, 732
Copper, tolyl-
    oxidation, **2**, 745
Copper, m-tolyl-
    structure, **2**, 734
Copper, o-tolyl-
    structure, **2**, 734
    tetramers, **2**, 741
    thermolysis, **2**, 748
Copper, p-tolyl-
    thermolysis, **2**, 748
Copper, (α,α,α-trifluoro-m-tolyl)-
    octamer
        thermolysis, **2**, 748
    structure, **2**, 734
Copper, (α,α,α-trifluoro-o-tolyl)-
    thermolysis, **2**, 748
Copper, [(trimethylsilyl)methyl]-
    structure, **1**, 21; **2**, 733
Copper, ((trimethylsilyl)methyl)tetra-, **2**, 93
Copper, tris[bis(diphenylphosphino)methyl]tri-
    structure, **2**, 725
Copper acetate
    supported catalysts, **8**, 559
Copper acetylides
    coupling, **7**, 691
    platinum(II) acetylide complexes
        preparation from, **6**, 516
    reaction with 1-bromoalkynes, **7**, 695
    reaction with iodoalkenes, **7**, 695
Copper borohydride
    reaction with carbon dioxide, **8**, 268
Copper complexes
    catalyst
        for alkene hydrogenation, **8**, 338
    deoxygenation
        reaction with carbon dioxide, **8**, 248
    glycine
        as hydrogenation catalyst, **8**, 332
Copper compounds
    in organic synthesis, **7**, 661–724
    transmetallations from
        organopalladium complexes in, **8**, 857
Copper dicarbollide
    anion
        preparation, **1**, 518
Copper group
    Group IV compounds
        bond lengths, **6**, 1102

Copper–halogen exchange reactions
    organocopper compound preparation by, **2**, 721
Copper hydrides
    catalyst
        hydrogenation, **8**, 295
    catalysts
        hydrogenation, **8**, 294
Copper organoborates
    reaction with enones, **7**, 293
Copper salts
    reaction with alkenylboranes, **7**, 308
    reaction with alkylboranes, **7**, 277
Copper tetraarylborates
    conjugate addition reactions, **7**, 335
Copper(I), 1-alkenyl-
    preparation from terminal alkynes, **7**, 716
Copper(I), cyclopentadienyl-
    structure, **2**, 728
Copper(I), 2-(dimethylamino)phenyl-
    structure, **1**, 21
Copper(I) acetate
    catalyst
        hydrogenation, **8**, 286
Copper(I) alkoxides
    reaction with carbon dioxide, **8**, 261
Copper(I) bis(trimethylsilyl)amide
    reaction with carbon dioxide, **8**, 261
Copper(I) complexes
    reaction with carbon dioxide, **8**, 237
Copper(I) salts
    carbon monoxide absorption by, **8**, 15
Copper(I) siloxide, **2**, 157
Copper(I) t-butoxide
    reaction with carbon dioxide, **8**, 260
Copper(I) triflate
    catalyst
        diazo compound reaction with alkenes, **7**, 697
Copper(I) trifluoromethanesulphonate
    for Ullmann coupling of aryl halides, **7**, 687
Copper(II) acetylacetonate
    catalyst
        sulfonium methylide reaction with alkenes, **7**, 698
Copper(II) complexes
    poly-L-supports
        asymmetric hydrogenation and, **8**, 581
Copper(II) halides
    reaction with organocopper compounds, **2**, 759
    reaction with organomercury compounds, **2**, 963
Copper(II) methoxide
    reaction with carbon dioxide, **8**, 259
Copper(II) salts
    catalysts
        hydrogenation, **8**, 296
    reaction with organometallic compounds, **2**, 759
Coproporphyrin-III
    tetramethyl ester
        synthesis, **7**, 471
Coriolin
    synthesis, **7**, 559
Corrinoids
    organocobalt
        preparation, **5**, 80
Corrins, hydrido-
    reaction with cycloalkenes, **5**, 97
Corrole ligands
    carbonyl rhodium complexes, **5**, 292
Corroles, N-alkyl-
    dicarbonyl rhodium complexes, **5**, 391

Cosmetics
  silicones in, **2**, 359
Cotelomerization, **8**, 452
Cotrimerization
  acetylene with butadiene
    nickel catalysts in, **1**, 666
  ethylene with butadiene
    nickel catalysts in, **1**, 666
Cotton–Kraihanzel method, **3**, 9
Coumarin
  preparation
    nickel catalysed, **8**, 736
Coupling
  copper acetylides, **7**, 691
Coupling constants
  NMR
    in platinum(II) olefin complexes, **6**, 653
Coupling reactions
  alkyl
    organoboranes, **7**, 294
  allyldicarbonyl(η-cyclopentadienyl)diiron complexes, **4**, 588
  allyl halides
    nickel catalysed, **8**, 714
  asymmetric
    Grignard reagents, **8**, 492
  bis((η^1-allyl)dicarbonyl(η-cyclopentadienyl)iron-) and bis((dicarbonyl(η-cyclopentadienyl))-(η^1-propargyl)iron), **4**, 586
  carbon tetrachloride
    pentacarbonyliron in, **4**, 251
  catalysis by ruthenium complexes, **4**, 953–957
  cyclopentadienylrhodium complexes, **5**, 364
  germylphosphine preparation by, **2**, 461
  halides
    pentacarbonyliron in, **4**, 251
  halosilanes with metals, **2**, 366
  non-allylic halides
    nickel catalysed, **8**, 723
  organic halides
    nickel catalysed, **8**, 713–769, 722
  organoboranes, **7**, 125
  palladium(II) alkyl and aryl complexes, **6**, 338
  unsaturated compounds
    with halides and pseudohalides, **8**, 910–926
Cross coupling reactions
  asymmetric nickel catalysed, **8**, 743
  between organic halides and organometallic reagents, **8**, 762
  ligand effects
    nickel catalysed, **8**, 739
  organic halides with organocopper compounds, **2**, 754
  organocopper compounds, **2**, 754
Crosslinking
  in silicones, **2**, 329
    crystallization and, **2**, 346
    effects, **2**, 342
Crotonaldehyde
  hydrosilylation
    nickel catalysed, **8**, 632
Crotonic acid
  ethyl ester
    hydroformylation, **8**, 124
  (−)-menthyl
    hydrostannation, **2**, 535
Crotonic acid, γ-bromo-
  esters
    in Reformatsky reaction, **7**, 664
  ethyl ester
    reaction with organoboranes, **7**, 352
Crotyl bromide
  reaction with sodium tetracarbonylcobaltate, **5**, 214
Crotyl chloride
  carbonylation
    nickel catalysed, **8**, 780
18-Crown-6, dicyclohexyl-
  dimethylthallium cation complex, **1**, 733
Cryogenic
  in carbon monoxide purification, **8**, 16
Cryptand[2.2.2]
  reaction with alkaline earth metals, **1**, 235
Crystallization
  silicones, **2**, 345
Cubane
  reaction with dicarbonylchlororhodium dimer, **5**, 406
  rearrangements
    silver catalysed, **7**, 723
Cubanes
  synthesis
    tricarbonylcyclobutadieneiron in, **8**, 977
Cumene
  metallation by alkali metals, **1**, 56
  oxidation by palladium dioxygen complexes, **6**, 257
Cumene, m-iodo-
  thallation, **7**, 500
Cumulene
  synthesis, **7**, 316
Cumulene bridges
  iron–carbonyl complexes, **4**, 545
Cumulene ligands
  rhodium complexes, **5**, 439
Cumulenes
  hydroformylation, **8**, 131
  synthesis
    organoboranes in, **7**, 139
Cuneane
  preparation from cubane, **7**, 723
(±)-α-Cuparenone
  synthesis
    iron carbonyls in, **8**, 948
Cupraboranes
  synthesis, **1**, 493
Cupracarboranes
  synthesis, **1**, 510
Cupraheptaborane, bis-μ-(triphenylphosphine)-
  preparation, **1**, 498
Cuprahexaborane, bis-μ-(triphenylphosphine)-
  preparation, **1**, 498
Cuprapentaborane, bis(triphenylphosphine)-
  synthesis, **1**, 490
Cuprates
  1-alkenyl-
    reaction with propargylic esters, **7**, 713
  colligative properties, **2**, 734
  magnesium
    preparation by Grignard reaction, **1**, 197
  mixed
    reaction with $\alpha\beta$-unsaturated ketones, **7**, 714
  NMR, **2**, 734
Cupratetraborane, bis(triphenylphosphine)-
  preparation, **1**, 491
Cupric oxide
  catalyst
    in hydrocondensation of carbon monoxide and hydrogen, **8**, 21

Cuprous oxide
  in Ullmann reaction, **7**, 690
(*R*)-(−)-α-Curcumene
  synthesis
    nickel catalysed, **8**, 742
Curium
  ions
    properties, **3**, 175
Curverlarin, dimethyl-
  synthesis, **8**, 847
Cyanamide, dialkyl-
  reaction with nickel tetracarbonyl, **6**, 18
Cyanamide, *N,N*-dimethyl-
  complexes with trialkylaluminum, **1**, 592
Cyanates
  alkyl
    reaction with Grignard reagents, **7**, 21
    reaction with organometallic compounds, **7**, 51
    trimethylsilyl derivatives, **2**, 143
Cyanation
  ethylene
    palladium complexes in, **8**, 880
Cyanidation
  organoboranes
    ketones and tertiary alcohols from, **7**, 127
Cyanide degradation
  bis(borinato)cobalt complexes, **1**, 394
Cyanide radicals
  reaction with ferricenium cations, **8**, 1037
Cyanides
  carbonylcyclopentadienylvanadium complexes, **3**, 667
  carborane synthesis from, **1**, 424
  cyclopentadienylruthenium complexes, **4**, 777
  molybdenum system
    ammonia production and, **8**, 1096
  nucleophilic substitution reactions
    nickel catalysed, **8**, 734
  osmium complexes, **4**, 976
  palladium(0) complexes, **6**, 247
  platinum(II) complexes
    nucleophilic cleavage, **6**, 558
  reactions with organocobalt(III) complexes, **5**, 147
  reaction with alkynes
    nickel catalysed, **8**, 661
  reaction with (η-arene)tricarbonylmanganese cations, **4**, 120
  reaction with carbonyl(η-alkylcyclopentadienyl)iodonitrosylmanganese, **4**, 134
  reaction with cobalt(III) complexes, **5**, 145
  reaction with tricarbonyl(η⁵-dienyl)iron cations, **4**, 498
  silyl
    in organic synthesis, **2**, 144
  unsaturated
    hydroformylation, **8**, 136
Cyanoalkyl ligands
  platinum(II) complexes
    reactions, **6**, 565
Cyanoborate reaction, **1**, 295
Cyanoboration, **7**, 215
Cyanocarbon ligands
  cyclopentadienylruthenium complexes, **4**, 784
Cyanocarbons
  charge transfer complexes with ruthenocene, **4**, 763
Cyanodethallation, **7**, 497
Cyanogen
  reactions with organometallic compounds, **7**, 22
  reaction with 1-alkenyl(dialkyl)aluminum compounds, **1**, 652
  reaction with nickel tetracarbonyl, **6**, 8
Cyanogen bromide
  reaction with alkenylboranes, **7**, 314
Cyanogen chloride
  reaction with alkenylboranes, **7**, 314
  reaction with Grignard reagents, **7**, 22
Cyanogen halides
  reaction with organoaluminum compounds, **7**, 395
Cyanogen iodide
  reaction with alkenylboranes, **7**, 314
Cyano group
  methylation
    reaction with methyl fluorosulfonate, **6**, 73
Cyanohydrins
  synthesis, **7**, 642
Cyano ligands
  carbonyl rhodium complexes, **5**, 317
Cyanonitrogen ligands
  cyclopentadienylruthenium complexes, **4**, 784
Cyclic compounds
  four-membered
    transition metal–Group IV, **6**, 1107
Cyclic condensation reactions
  bis(arene)chromium(0) complex preparation by, **3**, 984
Cyclic intermediates
  in alkene oligomerization, **8**, 372
Cyclic voltammetry
  organolithium compounds, **1**, 47
Cyclization
  ω-alkenyl aluminum compounds, **1**, 623
  alkylcarbonylmanganese complexes, **4**, 90
  π-allylpalladium complexes in, **8**, 832
  dienes
    nickel catalysed, **8**, 618
  5-hexenylaluminum compounds, **7**, 382
  organoboranes, **1**, 280; **7**, 120
  photochemical
    dienylboranes, **7**, 320
Cycloaddition reactions
  allylic anions, **7**, 3
  π-allylpalladium complexes, **8**, 851
  azaallylic anions, **7**, 3
  carbenoid, **7**, 90
  doubly bonded germanium compounds, **2**, 498
  germylene, **2**, 420
  mechanism
    iron carbonyls in, **8**, 950
  metal-assisted
    non-concerted mechanism, **8**, 962
  nickelocene, **8**, 1040
  oxoallyl cations in
    iron carbonyls in, **8**, 944
  palladium(II) isocyanide complexes, **6**, 291, 292
  silyl enol ethers, **7**, 558
  sodium σ-allyldicarbonyl-η⁵-cyclopentadienylferrates, **8**, 959–962
  tricarbonyl(diene)iron, **4**, 410
  tricarbonyl(polyene)iron complexes, **4**, 469
[2+1π] Cycloaddition reactions
  silyl enol ethers, **7**, 561
[2+2] Cycloaddition reactions, **7**, 422
  catalysed by organoaluminum compounds, **7**, 403
  silyl enol ethers, **7**, 560
[3+2] Cycloaddition reactions
  dinuclear dicarbonyl(η-cyclopentadienyl)cyclobutadiene bridged iron complexes, **4**, 589

Cycloaddition reactions

silyl enol ethers, **7**, 560
[3+4π] Cycloaddition reactions
    silyl enol ethers, **7**, 560
[4+2π] Cycloaddition reactions
    silyl enol ethers, **7**, 558
Cycloalkanes
    azabora analogues, **1**, 337
    boraoxa analogues, **1**, 349
    boraoxasila analogues, **1**, 334
    borasilathia analogues, **1**, 334
    methylene
        bis(η-cyclopentadienyl)titanium(III) complexes, **3**, 314
        redistribution reactions, **2**, 378
    synthesis
        iron–carbonyl complexes in, **4**, 600
    vinyl-
        isomerization, nickel catalysed, **8**, 626
Cycloalkanes, methylene-
    oxidative rearrangement, **7**, 485
Cycloalkenes
    alkyl
        hydroboration, **7**, 199
    azabora analogues, **1**, 340
    boraoxa analogues, **1**, 349
    hydralumination, **1**, 642
    hydrocyanation, **8**, 355, 356
    hydroformylation, **8**, 128
    1-methyl-
        hydroboration, **7**, 200
    methylene
        hydroboration, **7**, 199
    oxidation by thallium(III) compounds, **7**, 486
    polymerization
        Ziegler–Natta catalysts for, **3**, 543
    vinyl-
        isomerization, nickel catalysed, **8**, 626
Cycloalkenones
    β,γ-unsaturated
        synthesis, **8**, 837
Cycloalkynes
    cooligomerization with butadiene, **8**, 427
    platinum(0) complexes, **6**, 693
    synthesis, **7**, 80, 83
Cycloallenes
    synthesis, **7**, 83
Cyclobutadiene
    addition reactions
        organometallic compounds, **7**, 3
    carbonylcyclopentadienylvanadium complexes, **3**, 667
        X-ray spectroscopy, **3**, 667
    in cyclooligomerization of alkynes, **8**, 413
    1,2-di-*t*-butyl-3,4-diphenyl-
        palladium chloride complex, **6**, 369
    palladium complexes, **6**, 456, 457, 460
        crystal structure, **6**, 371
        IR spectra, **6**, 372
    palladium(II) complexes, **6**, 368–369
        reactions, **6**, 380–382
    η^4-platinum complexes, **6**, 732
        X-ray diffraction, **6**, 733
    titanium complexes, **3**, 296
    tricarbonyliron complexes as source, **8**, 977
Cyclobutadiene, *endo*-alkoxy-
    palladium complexes, **6**, 377
Cyclobutadiene, chloro-
    iron complexes, **4**, 445
Cyclobutadiene, 1,2-diphenyl-
    iron complexes, **4**, 445
Cyclobutadiene, perphenyl-
    carbonylcyclopentadienylvanadium complexes
        X-ray spectroscopy, **3**, 667
Cyclobutadiene, tetraaryl-
    palladium complexes, **6**, 363
Cyclobutadiene, tetramethyl-
    iron complex, **4**, 439
    iron complexes, **4**, 445
Cyclobutadiene, tetraphenyl-
    palladium complexes, **6**, 372
    palladium dihalide complexes, **6**, 368
    tricarbonylruthenium complexes, **4**, 759
Cyclobutadiene bridges
    dinuclear iron carbonyl(η-cyclopentadienyl)iron complexes, **4**, 587
Cyclobutadiene complexes
    in acetylene metathesis, **8**, 548
Cyclobutadiene ligands
    cobalt complexes, **5**, 239
    coordinated complexes
        reaction with alkene and alkynes, **4**, 472
    displacement from (cyclobutadiene)tricarbonyl iron, **4**, 472
    iron complexes
        modification, **4**, 447
        organic chemistry, **4**, 473
        protonated, spectra, **4**, 471
        reactions, **4**, 471
        structure and physical properties, **4**, 459
        structures, **4**, 460
        synthesis, **4**, 444
    nickel complexes, **6**, 183–187
        preparation and structure, **6**, 184
        reactions, **6**, 186
    rhodium complexes, **5**, 445
    transfer to iron from other metals, **4**, 445
    transition metal complexes
        aromaticity, **3**, 46
        bonding, **3**, 46
        bond lengths, **3**, 47
    zerovalent nickel complexes, **6**, 185
η^4-Cyclobutadiene ligands
    nickel complexes
        reaction with alkynes, **8**, 653
    ruthenium complexes, **4**, 759
σ-Cyclobutadiene ligands
    fluctionality, **3**, 128
Cyclobutane
    azabora analogues, **1**, 337
    preparation, **8**, 418
        nickel catalysed, **8**, 617
    preparation from ethylene, **8**, 390
    reductive elimination
        theoretical aspects, **3**, 75
Cyclobutane, divinyl-
    reaction with nickel phosphide, **6**, 167
Cyclobutane, 1,2-divinyl-
    synthesis, **8**, 407
Cyclobutane, *cis*-1,2-divinyl-
    hydroalumination, **7**, 382
    preparation
        nickel catalysed, **8**, 672, 673
    preparation from butadiene, **8**, 404
Cyclobutane, halo-
    cyclobutadieneiron complex synthesis from, **4**, 445
Cyclobutane, methylene-
    carbonylation
        nickel catalysed, **8**, 775
    oxidative rearrangement, **7**, 485
    reaction with palladium dichloride, **6**, 400
    ring expansion

organopalladium complexes in, **8**, 885
Cyclobutane, vinyl-
  preparation
    (η-cyclopentadienyl)tribenzyltitanium in, **3**, 359
Cyclobutanecarbonitrile, 3-methylene-
  oxidative rearrangement, **7**, 485
Cyclobutanones
  oxidative rearrangement, **7**, 489
  substituted
    synthesis, **7**, 561
Cyclobutene
  cyclopropanation, **8**, 896
  diboration, **1**, 277
  oxidative ring contraction, **7**, 487
  palladium complexes, **6**, 404, 456, 458
  polymerization
    catalysis by ruthenium complexes, **4**, 957
    catalysts, **8**, 522
  preparation
    organoaluminum compound catalysis, **7**, 403
Cyclobutene, *exo*-alkoxy-
  palladium complexes, **6**, 377
  palladium(II) complexes, **6**, 368
Cyclobutene, *cis*-3,4-carbonyldioxy-
  butadiene iron complex synthesis from, **4**, 446
Cyclobutene, 3,4-dichloro-
  reaction with sodium tetracarbonylcobaltate, **5**, 241
Cyclobutene, 3,4-dihalo-
  reaction with iron carbonyls, **4**, 448
Cyclobutene, *cis*-3,4-dihalo-
  metathesis, **4**, 587
Cyclobutene, diimino-
  preparation
    nickel catalysed, **8**, 793
Cyclobutene, 1-ethoxy-
  endo- and *exo*-
    palladium complexes, structures, **6**, 406
Cyclobutene, *endo*-ethoxy-
  palladium(II) complexes, **6**, 368
Cyclobutene, halo-
  cyclobutadieneiron complex synthesis from, **4**, 445
Cyclobutene, 1-methyl-
  polymerization, **8**, 503
Cyclobutene, methylene-
  π-allylpalladium chloride dimers from, **8**, 807
Cyclobutenedicarboxylic anhydride
  reaction with allyl halide and carbon monoxide
    nickel catalysed, **8**, 781
Cyclobutenedione
  oxidative-addition reactions
    to platinum(0) complexes, **6**, 522
  platinum(0) complexes
    ring opening, **6**, 631
Cyclobutene ligands
  nickel complexes, **6**, 176
Cyclobutenyl ligands
  metal complexes
    expansion reactions, **8**, 1060
Cyclocodimerization
  dienes
    nickel catalysed, **8**, 674
Cyclocooligomerization
  alkynes
    nickel catalysed, **8**, 683
  alkynes with 1,3-dienes
    nickel catalysed, **8**, 681
  1,3-dienes with alkenes
    nickel catalysed, **8**, 680

1,3-dienes with alkenes and alkynes
    nickel catalysed, **8**, 680
1,3-Cyclooctadiene
  reaction with palladium dichloride, **6**, 394
Cyclodecadiene
  preparation, **8**, 421
Cyclodecadiene, methyl-
  preparation, **8**, 421
1,5-Cyclodecadiene
  cis,*trans*-
    metal-catalysed Cope rearrangement, **6**, 365
  synthesis, **7**, 233
1,6-Cyclodecadiene
  cis,*cis*-
    palladium complexes, **6**, 368
  palladium complexes, **6**, 365
  synthesis, **7**, 233
cis,*trans*-1,5-Cyclodecadiene
  preparation
    nickel catalysed, **8**, 680
Cyclodecatriene
  iron complexes, **4**, 440
  preparation, **8**, 426
Cyclodecatriene ligands
  iron complexes
    synthesis, **4**, 434
Cyclodecene
  Hüttel reaction, **6**, 389
  trans-
    resolution, **6**, 659
Cyclodiferragermane, **6**, 1072
Cyclodiferrasilane, **6**, 1072
Cyclodigermazanes
  catalytic depolymerization, **2**, 454
Cyclodimerization
  alkynes
    rhodium promoted, **5**, 407
  allenes, **8**, 395
  butadiene, **8**, 405
    nickel catalysed, **8**, 672, 673
    phosphine-modified bis(cyclooctadiene)nickel and, **1**, 666
  catalysis by organoaluminum compounds, **7**, 403
  dienes
    nickel catalysed, **8**, 674
  1,3-dienes, **8**, 408
    nickel catalysed, **8**, 672
  ethylene
    nickel catalysed, **8**, 617
  hexafluoroacetone
    rhodium complexes in, **5**, 411
  isothiocyanates
    rhodium promoted, **5**, 415
  substituted 1,3-dienes
    nickel catalysed, **8**, 673
  tetrafluoroethylene
    rhodium complexes in, **5**, 410
Cyclodiphosphatetrasilane, **2**, 153
Cyclodisiladiselenane, tetramethyl-
  formation, **2**, 177
Cyclodisilaoctadiene
  preparation, **2**, 108
Cyclodisilaphosphanes, **2**, 152
Cyclodisilaselenane
  preparation, **2**, 177
Cyclodisilazanes, **2**, 134
  cleavage by alkyllithium reagents, **2**, 135
Cyclodisilthiane
  preparation, **2**, 172
Cyclodisilthiane, tetramethyl-

Cyclodisilthiane
structure, **2**, 169
1,5-Cyclododecadiene
  isomers
    reaction with organoaluminum compounds, **7**, 383
Cyclododecane, allyloxy-
  decomposition
    catalysis by ruthenium complexes, **4**, 955
Cyclododecane-1,2-dione
  synthesis
    catalysis by ruthenium complexes, **4**, 948
Cyclododecatriene
  formation, **7**, 451
  nickel complexes
    reaction with donor ligands, **6**, 112
    reaction with hydrocorrins, **5**, 97
Cyclododecatriene, trimethyl-
  resolution, **7**, 250
Cyclododecatriene, vinyl-
  preparation
    nickel catalysed, **8**, 679
1,5,9-Cyclododecatriene
  cyclic, **4**, 918
  homogeneous hydrogenation
    catalysis by ruthenium complexes, **4**, 934
  hydroboration, **1**, 322; **7**, 213
  industrial synthesis
    nickel catalysed, **8**, 672
  isomers
    reaction with organoaluminum compounds, **7**, 383
  preparation, **8**, 396
    nickel catalysed, **8**, 677
  preparation from butadiene, **8**, 403
  reaction with dodecacarbonyltriruthenium, **4**, 851, 899
  selective hydrogenation
    catalysis by supported ruthenium complexes, **4**, 960
trans,trans,trans-1,5,9-Cyclododecatriene
  hydroboration, **7**, 213
  reaction with hydrated rhodium trichloride, **5**, 498
trans,trans,cis-1,5,9-Cyclododecatriene, 1,6,9-trimethyl-
  preparation from isoprene, **8**, 407
Cyclododecene
  isomerization
    catalysis by ruthenium complexes, **4**, 945
Cyclogerma-1,2,3,4-tetraphosphines
  preparation, **2**, 459
Cyclogermathiones
  depolymerization, **2**, 495
Cyclogermazanes
  depolymerization, **2**, 495
  preparation, **2**, 450
  ring size
    substituents and, **2**, 450
  structure, **2**, 502
Cycloheptaarsane, tris(trimethylsilyl)-, **2**, 153
Cycloheptadiene
  disproportionation, **5**, 517
1,3-Cycloheptadiene
  codimerization with ethylene
    nickel catalysed, **8**, 684
  reaction with dodecacarbonyltriruthenium, **4**, 850
  reaction with Group IV ruthenium carbonyl complexes, **4**, 752
  reaction with palladium dichloride, **6**, 393
  reaction with palladium(II) carbonyl complexes, **6**, 284
  reaction with ruthenium(III) chloride, **4**, 756
  ruthenium complexes, **4**, 752
1,4-Cycloheptadiene
  iron complexes, **4**, 442
Cycloheptadienyl cation
  reaction with nucleophiles, **4**, 756
Cycloheptane
  synthesis, **8**, 834
Cycloheptanone, 2,7-dibromo-
  cycloaddition reactions
    iron carbonyls and, **8**, 945
Cycloheptathiophene
  reaction with hexacarbonylchromium, **3**, 974
Cycloheptatriene
  carbonylvanadium complexes, **3**, 693
  cyclic, **4**, 916
  homogeneous hydrogenation
    (η^6-arene)ruthenium complexes as catalysts in, **4**, 936
  iron complexes, **4**, 439
  iron tricarbonyl complex
    reactions, **8**, 972
  mixture with cyclooctatetraene
    reaction with dodecacarbonyltriruthenium, **4**, 855
  mixture with cyclopentadiene
    reaction with dodecacarbonyltriruthenium, **4**, 855
  mixture with cyclopentadiene and cyclooctatetraene
    reaction with dodecacarbonyltriruthenium, **4**, 854
  osmium complexes, **4**, 1016
  preparation
    copper carbene complexes in, **7**, 696
  reaction with dodecacarbonyltetracobalt, **5**, 226, 263
  reaction with dodecacarbonyltriruthenium, **4**, 850
  reaction with iron atoms, **4**, 495
  reaction with iron pentacarbonyl, **4**, 623
  reaction with isopropyl Grignard reagents and ruthenium complexes, **4**, 755
  reaction with nonacarbonyl(μ_3-t-butylthio)hydridotriruthenium, **4**, 883
  reaction with pentacarbonylphenylmanganese, **4**, 121
  reaction with pentacarbonylphenylrhenium, **4**, 229, 231
  reaction with ruthenium(III) trichloride, **4**, 757
  reaction with Zeise's salt, **6**, 682
  ruthenium complexes, **4**, 752
  synthesis
    from alkylbenzenes, **7**, 668
Cycloheptatriene, 7-hydroxymethyl-
  reaction with enneacarbonyldiiron, **8**, 981
Cycloheptatriene, 7-methyl-
  reaction with dodecacarbonyltriruthenium, **4**, 752
Cycloheptatriene, 7-phenyl-
  reaction with dodecacarbonyltriruthenium, **4**, 752
Cycloheptatriene, 7-(trimethylsilyl)-
  preparation, **2**, 55
Cycloheptatriene complexes
  transition metals
    conformation, **3**, 63
Cycloheptatriene ligands
  dinuclear iron–carbonyl complexes
    configuration, **4**, 555

iron complexes
  synthesis, **4**, 434
1,2,5,6-η-Cycloheptatriene ligands
  rhodium complexes, **5**, 484
η⁶-Cycloheptatriene ligands
  rhodium complexes, **5**, 492
Cycloheptatrienone
  reaction with enneacarbonyldiiron, **8**, 972
Cyclohepta-2,4,6-trien-1-one
  ruthenium complexes, **4**, 752
Cycloheptatrienyl bridges
  dicyclopentadienyldiiron complexes, **4**, 597
Cycloheptatrienyl ligands
  metal complexes
    contraction reactions, **8**, 1061
  organotitanium(II) complexes, **3**, 292
η³-Cycloheptatrienyl ligands, **3**, 133
  rearrangements, **3**, 132
η⁵-Cycloheptatrienyl ligands
  metal shifts, **3**, 134
  rearrangements, **3**, 132
σ-Cycloheptatrienyl ligands
  fluctionality, **3**, 127
Cycloheptene
  cyclotrimerization, **8**, 391
  Hüttel reaction, **6**, 389
  hydrogen transfer from indoline to
    catalysis by ruthenium complexes, **4**, 949
  oxidative ring contraction, **7**, 487
  reaction with dodecacarbonyltriruthenium, **4**, 849
Cycloheptene, 1-(1-acetoxyethyl)-
  alkylation with, **8**, 825
Cycloheptene, 1-methyl-
  hydroboration, **7**, 200
Cycloheptyne ligands
  tetranuclear ruthenium complexes, **4**, 898
Cyclohexadecatetraene
  preparation
    nickel catalysed, **8**, 679
Cyclohexadiene
  boraphospha analogues, **1**, 335
  borastanna analogues, **1**, 335
  derivatives
    proton-abstraction reaction, stereochemistry, **8**, 1057
  disproportionation
    nickel catalysed, **8**, 633
  iron complexes
    synthesis, **4**, 438
  reaction with pentakis(trifluorophosphine)iron, **4**, 436
1,3-Cyclohexadiene
  codimerization with ethylene
    nickel catalysed, **8**, 684
  copolymerization with butadiene
    nickel catalysed, **8**, 702
  disproportionation, **5**, 465, 489
    rhodium complexes in, **5**, 451
  hydrated rhodium trichloride reduction by, **5**, 448
  hydroboration, **7**, 205, 206
  osmium complexes, **4**, 1015
  reaction with amines
    nickel catalysed, **8**, 691
  reaction with dimethylsilylene, **2**, 215
  reaction with dodecacarbonylmanganese, **4**, 120
  reaction with dodecacarbonyltetracobalt, **5**, 226
  reaction with dodecacarbonyltriruthenium, **4**, 849, 898
  reaction with hydridotetrakis(trifluorophosphine)rhodium, **5**, 495
  reaction with hydridotetrakis(triphenylphosphine)rhodium, **5**, 494
  reaction with osmium cluster compounds, **4**, 1043
  reaction with palladium dichloride, **6**, 394
  reaction with palladium(II) carbonyl complexes, **6**, 284
  reaction with pentacarbonyliron, **4**, 437
  reaction with ruthenium(III) chloride, **4**, 796
  reaction with tetracarbonylbis(trimethylgermyl)ruthenium, **4**, 752
  reaction with tetracarbonylhydridocobalt, **5**, 228
  ruthenium complexes, **4**, 752
  1-substituted
    synthesis, **7**, 12
  transfer hydrogenation
    catalysis by ruthenium complexes, **4**, 950
1,3-Cyclohexadiene, 5,6-dimethylene- — *see o-*Quinodimethane, **8**, 979
1,3-Cyclohexadiene, 2-methoxy-
  ruthenium complexes, **4**, 752
1,3-Cyclohexadiene, octafluoro-
  reaction with dicarbonylchlororhodium dimer, **5**, 450
  reaction with octacarbonyldicobalt, **5**, 196
1,3-Cyclohexadiene, 5-vinyl-
  cooligomerization with alkynes, **8**, 427
1,4-Cyclohexadiene
  cooligomerization with alkynes, **8**, 426
  hydroboration, **7**, 213
  platinum(II) complexes, **6**, 639
  reaction with pentacarbonyliron, **4**, 437
3,5-Cyclohexadiene, 1,2-diimino-
  reaction with nickel tetracarbonyl, **6**, 9
Cyclohexadiene ligands
  iron complexes
    synthesis, **4**, 434
Cyclohexadienethione
  metal complexes
    deprotonation, **8**, 1057
Cyclohexadienimine
  metal complexes
    deprotonation, **8**, 1057
Cyclohexadienone
  metal complexes
    stabilization, **8**, 1057
Cyclohexa-2,4-dienone
  tricarbonyliron complex, **8**, 983
Cyclohexadienylium complexes, **8**, 985
  β-oxygenated substituted
    substituent effects, **8**, 1002
  reactions, **8**, 988–995
  from *p*-substituted anisoles, **8**, 995
Cyclohexadienyl ligands
  iron complexes
    synthesis, **4**, 438
η⁵-Cyclohexadienyl ligands
  carbonylvanadium complexes, **3**, 690
    IR spectroscopy, **3**, 691
  iron–carbonyl complexes, **4**, 590
  rhodium complexes, **5**, 514
  vanadium complexes, **3**, 687–690
Cyclohexane, 4-*t*-butyl-1-chloro-
  reaction with lithium, **1**, 54
Cyclohexane, *trans*-1-(chloromercury)-2-methoxy-
  crystal structure, **2**, 884
Cyclohexane, 1-chloro-1-methyl-
  reaction with organoaluminates, **7**, 399

Cyclohexane

Cyclohexane, 1,2-dimethylene-
  cyclotrimerization
    nickel catalysed, **8**, 677
Cyclohexane, *cis*-1,2-epoxy-
  preparation, **3**, 665
Cyclohexane, nitro-
  telomerization with butadiene, **8**, 437
Cyclohexane, nitroso-
  in oxidation of organoboranes, **1**, 288
Cyclohexane, 1,3,5-tri-*n*-butoxy-
  synthesis, **8**, 391
Cyclohexanecarboxylic acid
  methyl ester
    synthesis, **7**, 411
Cyclohexanedione
  aromatization, **8**, 839
Cyclohexane-1,3-dione, 5,5-dimethyl-
  reaction with ethylene glycol
    catalysis by ruthenium complexes, **4**, 948
Cyclohexanone
  carboxylation
    iron alkoxides in, **8**, 259
  hydrogenation
    ruthenium complexes as catalysts in, **4**, 937
  reaction with butadiene
    nickel catalysed, **8**, 696
  reaction with triethylaluminum, **7**, 417
  reaction with trimethylaluminum, **7**, 415
  reduction
    organoaluminum compounds in, **7**, 422
  reductive coupling
    organotitanium compounds in, **3**, 275
  reductive silylation, **2**, 24
  ring contractions, **7**, 489
  telomerization with butadiene, **8**, 436
Cyclohexanone, alkyl-
  hydrogen transfer to
    catalysis by ruthenium complexes, **4**, 948
Cyclohexanone, 2-*t*-butyl-
  dehydrogenation, **8**, 839
Cyclohexanone, 4-*t*-butyl-
  reaction mechanism with trimethylaluminum, **7**, 416
Cyclohexanone, *trans*,*trans*-2,6-dibenzylidene-
  isoaromatization
    catalysis by ruthenium complexes, **4**, 952
Cyclohexanone, 2,6-dibromo-
  cycloaddition reactions
    iron carbonyls and, **8**, 945
Cyclohexanone, *cis*-2,6-dimethyl-
  reaction with organoaluminum compounds, **7**, 416
Cyclohexanone, 2-hydroxy-
  preparation, **7**, 498
Cyclohexanone, 2-methyl-
  dehydrogenation, **8**, 839
  reaction with organoaluminum compounds, **7**, 416
Cyclohexanone, *cis*-2-methyl-4-*t*-butyl-, **7**, 416
Cyclohexanone, 2-(2,7-octadienyl)-
  preparation, **8**, 436
Cyclohexanone, 2,2,6-trimethyl-
  reaction with organoaluminum compounds, **7**, 416
Cyclohexanone, 3,3,5-trimethyl-
  reaction with organoaluminum compounds, **7**, 416
  reaction with triethylaluminum, **7**, 417
Cyclohexanones
  preparation by carbocarbonylation, **8**, 162
Cyclohexasilane
  pyrolysis, **2**, 79
Cyclohexasilane, dodecamethyl-
  dimethylsilylene from, **2**, 213
  photolysis, **2**, 88
  preparation, **2**, 105, 378
Cyclohexasilane, hexachlorohexamethyl-
  preparation, **2**, 381
  vibrational spectra, **2**, 387
Cyclohexasilane, hexamethylhexaphenyl-
  structure, **2**, 385
Cyclohexasilane, hexaphenyl-
  preparation, **2**, 372
Cyclohexasilane, permethyl-
  cation- or anion-radicals, **2**, 393
  cation-radicals, **2**, 394
  charge transfer complex with tetracyanoethylene, **2**, 395
  ionization potentials, **2**, 391
  NMR, **2**, 388
  photolysis, **2**, 375
  preparation, **2**, 369
  properties, **2**, 385
  reaction with chlorine, **2**, 381
  X-ray crystallography, **2**, 385
Cyclohexene
  addition of borane
    stereoselectivity, **7**, 152
  diboration, **1**, 277
  episulfide
    reaction with iron carbonyls, **8**, 953
  Hüttel reaction, **6**, 389
  hydroalumination, **7**, 383
    titanium catalysed, **7**, 384
  hydroboration, **7**, 190
  hydroformylation, **8**, 124, 156
  hydrogenation
    catalysis by dicarbonylhydridobis(tributylphosphine)cobalt, **5**, 39
  oxidation
    tetracarbonyl(η-cyclopentadienyl)vanadium as catalyst, **3**, 665
    thallium(III) acetate in, **7**, 468
  oxidative ring contraction, **7**, 487
  palladium complexes, **6**, 351
  reaction with bis(styrene)bis(triphenylphosphine)ruthenium, **4**, 755
  reaction with diethyl(iodomethyl)aluminum, **7**, 439
  reaction with oxygen
    catalysis by ruthenium complexes, **4**, 962
  reaction with palladium acetate, **6**, 389
  reaction with trialkylboranes, **7**, 295
  reduction
    supported catalysts, selectivity, **8**, 569
  tranfer hydrogenolysis reactions, **8**, 921
Cyclohexene, 3-acetoxy-
  synthesis, **8**, 890
Cyclohexene, 3-acetoxy-5-methoxycarbonyl-
  alkylation, **8**, 828
  allylic amination
    supported palladium catalysts in, **8**, 567
Cyclohexene, (Z)-3-acetoxy-5-methoxycarbonyl-
  reaction with π-allylpalladium complexes, **8**, 829
Cyclohexene, 1-allyl-
  cyclization
    alkylaluminum hydrides in, **1**, 599
  hydroalumination, **7**, 383
Cyclohexene, 1-chloro-
  hydroboration, **7**, 244
Cyclohexene, 3-chloro-

hydroboration, **1**, 292
Cyclohexene, 2,4-dimethyl-4-vinyl-
  preparation from isoprene, **8**, 401, 407
Cyclohexene, *cis*-divinyl-
  cyclization
    nickel catalysed, **8**, 618
Cyclohexene, 1[^{2}H$_3$]methyl-
  hydrosilylation, **6**, 675
Cyclohexene, 1-methyl-
  epoxidation, **8**, 494
  hydrosilylation, **6**, 675
Cyclohexene, 4-methyl-
  resolution, **7**, 249
Cyclohexene, 1-phenyl-
  ring expansion
    organothallium compounds in, **7**, 473
Cyclohexene, 1-trimethylsilyl-
  hydroboration, **7**, 244
Cyclohexene, vinyl-
  methyl ester
    reaction with pentacarbonyliron, **8**, 941
  preparation
    nickel catalysed, **8**, 673
  reaction with allyl halides and carbon monoxide
    nickel catalysed, **8**, 782
Cyclohexene, 1-vinyl-
  palladium(II) complexes
    preparation, **6**, 352
Cyclohexene, 4-vinyl-
  isomerization
    catalysis by ruthenium complexes, **4**, 945
  mixture with limonene
    hydroboration, **7**, 212
  platinum(II) complexes, **6**, 639
  preparation
    nickel catalysed, **8**, 672
  preparation from butadiene, **8**, 396, 398, 403
  reaction with bis(benzonitrile)dichloropalladium, **6**, 365
  reaction with organoaluminum compounds, **7**, 383
  selective hydrogenation
    catalysis by supported ruthenium complexes, **4**, 960
  trans-
    resolution, **6**, 659
1-Cyclohexene, methyl-4-vinyl-
  preparation, **8**, 415
Cyclohexene oxide
  reaction with phenyl iodide and carbon monoxide
    nickel catalysed, **8**, 785
  reaction with tetracarbonylhydridocobalt, **5**, 50
Cyclohexene sulfide
  reaction with iron carbonyls, **4**, 638
Cyclohexenol
  acetate
    reaction with lithium organocuprates, **7**, 706
  carbamates
    reaction with lithium organocuprates, **7**, 706
Cyclohexenone
  4,4-disubstituted
    tricarbonyldieneiron complexes in, **8**, 996
  in Heck arylation, **8**, 868
  preparation

allylsilanes in, **7**, 541
3-substituted
  synthesis, **7**, 12
2-Cyclohexenone
  reaction with organoaluminum compounds, **7**, 418
  reaction with tripropylaluminum, **1**, 576
Cyclohexenones
  conjugate addition reactions, **7**, 719
Cyclohexylamine
  reaction with dialkylzinc, **2**, 842
Cyclohexyl isocyanide
  iron complexes, **4**, 267
  platinum(0) complexes, **6**, 494
  reaction with bis(η-cyclopentadienyl)dimethyltitanium, **3**, 405
  reaction with vitamin B$_{12r}$, **5**, 23
  tris(cyclopentadienyl) lanthanide complexes, **3**, 182
Cyclohexyne
  reaction with allylic Grignard reagents, **1**, 170
Cyclometallation
  alkyl(cyclopentadienyl)ruthenium complexes, **4**, 785
  ferrocene, **4**, 485
  intramolecular
    arylosmium complexes and, **4**, 1006
  in η^1-organoiron complex preparation, **4**, 335
  in preparation of palladium(II) alkyl and aryl complexes, **6**, 320
  in pyrolysis of trinuclear ruthenium–aryl phosphite complexes, **4**, 876
  rhodium complexes in, **5**, 394
Cyclononadiene
  polymerization
    nickel catalysed, **8**, 666
1,2-Cyclononadiene
  oligomerization
    nickel catalysed, **8**, 665
  platinum complexes, **6**, 683
  reaction with osmium cluster compounds, **4**, 1043
1,4-Cyclononadiene, **6**, 639
1,5-Cyclononadiene
  cis,cis-
    palladium(II) complexes, **6**, 365
    hydroboration, **7**, 205
Cyclononasilane, permethyl-
  preparation, **2**, 379
Cyclononatetraene
  iron complexes, **4**, 440
all-cis-Cyclonona-1,3,5,7-tetraene, 9-(trimethylstannyl)-
  fluxionality, **2**, 55
Cyclononatetraene ligands
  iron complexes
    synthesis, **4**, 434
η^3-Cyclononatetraenyl ligands
  rearrangements, **3**, 134
σ-Cyclononatetraenyl ligands
  fluctionality, **3**, 128
Cyclononene
  solvomercuration, **2**, 884
  synthesis, **8**, 834
  trans-
    resolution, **6**, 659
Cyclooctadiene
  gold(III) complex, **2**, 813
  nickel complexes, **6**, 177

Cyclooctadiene

reaction with nickelocene, **6**, 195
transfer hydrogenation
  catalysis by ruthenium complexes, **4**, 950

1,3-Cyclooctadiene
asymmetric hydrovinylation, **8**, 486
cis,trans-
  palladium(II) complexes, **6**, 367
codimerization with ethylene
  nickel catalysed, **8**, 624, 684
dihydroboration, **7**, 206
hydroboration, **7**, 205
isomerization, **5**, 461
osmium complexes, **4**, 1017
palladium(II) complexes
  preparation, **6**, 352
reaction with dodecacarbonyltetrahydrotetraruthenium, **4**, 896
reaction with dodecacarbonyltriruthenium, **4**, 850
reaction with hydridotetrakis(triphenylphosphine)rhodium, **5**, 494
reaction with palladium dichloride, **6**, 393
reaction with pentakis(trifluorophosphine)iron, **4**, 436
reaction with ruthenium(III) chloride, **4**, 756
reaction with silylenes, **2**, 214

1,4-Cyclooctadiene
hydrogenation
  catalysis by supported iridium complexes, **8**, 580
isomerization, **5**, 461

1,5-Cyclooctadiene
acetoxypalladation, **8**, 890
carbonylation
  nickel catalysed, **8**, 776
η^4-chromium complexes, **3**, 958
cis,trans-
  resolution, **6**, 659
cyclization
  nickel catalysed, **8**, 618
displacement from iridium complexes, **5**, 602
hydroalumination, **7**, 383
hydroboration, **1**, 318; **7**, 116, 205, 268
hydroformylation, **8**, 130
  supported catalysts in, **8**, 561
hydrogenation
  polymer-bound Vaska's complex, phosphine:iridium ratios and, **8**, 579
industrial synthesis
  nickel catalysed, **8**, 672
iron complexes, **4**, 455
isomerization, **5**, 461
  catalysis by ruthenium complexes, **4**, 945
  iron carbonyl and, **8**, 941
  nickel catalysed by, **8**, 626
osmium complexes, **4**, 1017
palladium complexes, **6**, 351, 364
  crystal structure, **6**, 370
  IR spectra, **6**, 372
  preparation, **6**, 365
platinum(II) complexes, **6**, 638
  IR and Raman spectra, **6**, 656
preparation, **8**, 396
  nickel catalysed, **8**, 672
preparation from butadiene, **8**, 403
reaction with allylic palladium complexes, **6**, 439
reaction with chlorobis(ethylene)rhodium dimer, **5**, 461
reaction with cobalt atoms, **5**, 188
reaction with dodecacarbonyltetrahydrotetraruthenium, **4**, 896, 898
reaction with dodecacarbonyltetrairidium, **5**, 617
reaction with dodecacarbonyltriruthenium, **4**, 750
reaction with gold(I) chloride, **2**, 812
reaction with palladium(II) carbonyl complexes, **6**, 284
reaction with ruthenium trichloride and oxalic acid, **4**, 750
rhodium complexes, **5**, 460–479
ruthenium(II) complexes, **4**, 748
selective hydrogenation
  catalysis by supported ruthenium complexes, **4**, 960

1,5-Cyclooctadiene, 1,5-dicyclopropyl-
preparation, **8**, 409

1,5-Cyclooctadiene, methyl-
palladium dichloride complex, **6**, 366

cis,cis-1,5-Cyclooctadiene
cyclic hydroboration, **7**, 187
hydroboration, **7**, 213
reaction with allyl halide and carbon monoxide
  nickel catalysed, **8**, 781

1,5-Cyclooctadiene bridges
dicyclopentadienyldiiron complexes, **4**, 597

1,7-Cyclooctadiene
metathesis
  nickel catalysed, **8**, 638

Cyclooctadiene ligands
iron complexes
  synthesis, **4**, 434
nickel complexes
  reaction with butadiene, **8**, 676

1,5-Cyclooctadiene ligands
iridium complexes, **5**, 599–603

Cyclooctasilane, permethyl-
preparation, **2**, 379

Cyclooctatetraene
actinide complexes
  ionization energies, **3**, 31
anions
  reaction with chloro(cyclooctadiene)rhodium dimer, **5**, 465
cationic palladium complexes, **6**, 367
cyclic, **4**, 917
derivatives
  reaction with dodecacarbonyltriruthenium, **4**, 831
dianion
  reaction with dichlorobis(η-pentamethylcyclopentadienyl)rhodium, **5**, 450
hydroalumination, **7**, 382
hydroboration, **7**, 186, 213
iron–carbonyl complexes, **4**, 598
iron complexes
  synthesis, **4**, 434
magnesium compounds, **1**, 219
metal derivatives
  synthesis, **7**, 7
mixture with cycloheptatriene
  reaction with dodecacarbonyltriruthenium, **4**, 855
mixture with cyclopentadiene
  reaction with dodecacarbonyltriruthenium, **4**, 854
mixture with cyclopentadiene and cycloheptatriene
  reaction with dodecacarbonyltriruthenium, **4**, 854
nickel complexes, **6**, 111, 138

osmium complexes, **4**, 1017
palladium complexes, **6**, 365
  crystal structure, **6**, 370
preparation from acetylene, **8**, 412
radical anion alkali compounds
  preparation, **1**, 111
reaction with alkaline earth metals, **1**, 237
reaction with chlorobis(cyclooctadiene)rhodium, **5**, 461
reaction with decacarbonyldirhenium, **4**, 210
reaction with dichlorosilylene, **2**, 216
reaction with dimethylsilylene, **2**, 216
reaction with dodecacarbonyltetrahydrotetraruthenium, **4**, 754, 898
reaction with dodecacarbonyltrihydridotrimanganese, **4**, 121
reaction with dodecacarbonyltriruthenium, **4**, 753, 830, 831
reaction with gold chloride, **2**, 812
reaction with Group IV ruthenium carbonyl complexes, **4**, 754
reaction with iron pentacarbonyl, **4**, 623
reaction with platinum(II) salts, **6**, 633
reaction with potassium hexachloroplatinate, **6**, 682
reaction with tricarbonyl(η-cyclooctatetraene)ruthenium, **4**, 831
ruthenium complexes, **4**, 752
  displacement, **4**, 750
ruthenium(II) complexes, **4**, 748
sandwich compounds, **3**, 31
synthesis
  nickel catalysed, **8**, 650
  nickel catalysed, mechanism, **8**, 654
tricarbonyliron complexes, **8**, 1005
  reactions, **8**, 1005
Cyclooctatetraene, 1,4-dibromo-
  reaction with dodecacarbonyltriruthenium, **4**, 831, 853
Cyclooctatetraene, octafluoro-
  reaction with chlorobis(cyclooctene)rhodium dimer, **5**, 450
Cyclooctatetraene, octaphenyl-
  reaction with palladium diene complexes, **6**, 374
Cyclooctatetraene, phenyl-
  nickel complexes, **6**, 147
  palladium complexes, **6**, 364
Cyclooctatetraene, 1,3,5,7-tetramethyl-
  reaction with nonacarbonyldiiron, **4**, 438
Cyclooctatetraene, 1,2,4,7-tetramethyl-3,5,6,8-tetraethyl-
  synthesis
    nickel catalysed, **8**, 650
1,3,5,7-Cyclooctatetraene
  hydrated rhodium trichloride reduction with, **5**, 461
  reaction with dodecacarbonyltriruthenium, **4**, 851
  rhodium complexes, **5**, 460–479
Cyclooctatetraene bridges
  dicyclopentadienyldiiron complexes, **4**, 597
Cyclooctatetraene ligands
  actinide complexes, **3**, 230
  differently bonded
    interchange, **3**, 150
  dinuclear iron–carbonyl complexes
    structure, **4**, 556
  lanthanide complexes, **3**, 192
  organotitanium complexes, **3**, 294
η-Cyclooctatetraene ligands
  interchange with η^4-cyclooctatetraene ligands, **3**, 150
η^2-Cyclooctatetraene ligands
  rearrangements, **3**, 132
η^4-Cyclooctatetraene ligands
  interchange with η-cyclooctatetraene ligands, **3**, 150
  metal shifts, **3**, 135
  rearrangements, **3**, 134
η^6-Cyclooctatetraene ligands
  metal shifts, **3**, 136
  rearrangements, **3**, 134
Cyclooctatriene
  bimetallic complexes
    fluctionality, **3**, 164
  cyclic, **4**, 918
  iron complexes
    synthesis, **4**, 434
  palladium complexes, **6**, 365
  reaction with dicarbonylcyclopentadienylcobalt, **5**, 229
1,3,5-Cyclooctatriene
  cyclopentadienylvanadium complexes, **3**, 694
  mixture
    reaction with dodecacarbonyltriruthenium, **4**, 851
  reaction with chlorobis(ethylene)rhodium dimer, **5**, 484
  reaction with dicarbonylcyclopentadienylcobalt, **5**, 230
  reaction with dodecacarbonyltrihydridotrimanganese, **4**, 120
  reaction with dodecacarbonyltriruthenium, **4**, 831
  reaction with octacarbonyldicobalt, **5**, 226
1,3,5-Cyclooctatriene, bis(trimethylsilyl)-
  reaction with nonacarbonyldiiron, **4**, 561
1,3,6-Cyclooctatriene
  mixture
    reaction with dodecacarbonyltriruthenium, **4**, 851
  reaction with octacarbonyldicobalt, **5**, 226
Cyclooctatriene ligands
  bimetallic complexes
    twitch motion, **3**, 165
1,2,5,6-η^4-Cyclooctatriene ligands
  rhodium complexes, **5**, 484
η^4-Cyclooctatriene ligands
  rhodium complexes, **5**, 492
η^6-Cyclooctatriene ligands
  iron complexes, **4**, 503
  rhodium complexes, **5**, 492
Cyclooctene
  iridium complexes, **5**, 589
  reaction with dicarbonyldichloronitrosylrhenium dimer, **4**, 193
  reaction with dodecacarbonyltriruthenium, **4**, 849
  reaction with gold chloride, **2**, 812
  reaction with hydrocorrins, **5**, 97
  ruthenium complexes
    fluxionality, **4**, 847
  trans-
    organometallic addition reactions, **7**, 3
    resolution, **6**, 659
    solvomercuration, **2**, 884
Cyclooctene, 3-allyl-
  cyclization
    nickel catalysed, **8**, 618
Cyclooctene, 1-methyl-
  hydroboration, **7**, 200
  hydroboration–oxidation, **7**, 268

(E)-Cyclooctene
  resolution, **7**, 250
Cyclooctyne
  cyclotrimerization
    catalysis by octacarbonyldicobalt, **5**, 204
    reaction with (cyclooctyne)bis(triphenylphosphine)platinum, **6**, 691
    reaction with octacarbonyldicobalt, **5**, 139, 195
Cyclooligomerization
  acetylene
    nickel catalysed, **8**, 653
  acetylenes, **6**, 456
  alkenes, **8**, 414
  alkynes, **8**, 412
    supported metal catalysts in, **8**, 593
  alkynes and alkenes
    rhodium complexes in, **5**, 453–460
  butadiene
    nickel catalysed, **8**, 679
  dienes
    supported metal catalysts in, **8**, 593
  1,3-dienes, **8**, 403–409
  –hydroformylation
    butadiene, **8**, 587
  –hydrogenation
    sequential catalytic reactions, **8**, 587
  isoprene, **8**, 407, 409
  olefins, **8**, 390
  palladium(0) complexes, **6**, 249
Cyclopalladated complexes
  insertion reactions, **6**, 328
Cyclopentadiene
  alkoxycarbonylation, **8**, 900
  chromium group–Group IV compounds, **6**, 1061, 1064
  cyclic, **4**, 915
  exchange reactions with (η^3-allyl)halopalladium complexes, **6**, 421
  hydroalumination, **7**, 382
  hydroboration, **7**, 205, 207, 213
  metal derivatives
    synthesis, **7**, 7
  metallation, **1**, 163
  metallation by aluminum compounds, **1**, 628
  mixture with cycloheptatriene
    reaction with dodecacarbonyltriruthenium, **4**, 855
  mixture with cycloheptatriene and cyclooctatetraene
    reaction with dodecacarbonyltriruthenium, **4**, 854
  mixture with cyclooctatetraene
    reaction with dodecacarbonyltriruthenium, **4**, 854
  osmium complexes, **4**, 1015, 1018, 1020
  palladium complexes, **6**, 363
    nucleophilic displacement, **6**, 373
  palladium(II) complexes, **6**, 447–453
  η^5-platinum complexes, **6**, 734
  η^5-platinum(II) complexes
    reactions, **6**, 735
  η^5-platinum(IV) complexes, **6**, 735
  reaction with amines
    nickel catalysed, **8**, 691
  reaction with bis(cyclooctadiene)nickel, **6**, 90
  reaction with cobalt vapor and boranes, **1**, 480
  reaction with 1,3-dienes
    nickel catalysed, **8**, 675
  reaction with dodecacarbonyltetrahydrotetraruthenium, **4**, 896
  reaction with dodecacarbonyltriruthenium, **4**, 849
  reaction with magnesium, **1**, 200
  reaction with nonacarbonyl(*t*-butylacetylene)-hydridotriruthenium, **4**, 861
  reaction with pentacarbonyliron, **4**, 435
  reaction with silylenes, **2**, 214
  reaction with trimethylsilyl radicals, **2**, 91
  reaction with trimethylthallium, **1**, 726
  reaction with vanadium oxide, **3**, 671
  sodium derivative
    reaction with η^3-allylnickel halides, **6**, 175
  transition metal–Group IV complexes, **6**, 1080
Cyclopentadiene, bis(trimethylsilyl)-
  silyl migration on cyclopentadienyl ring, **2**, 53
Cyclopentadiene, 5,5-bis(trimethylsilyl)-
  isomerization, **2**, 54
Cyclopentadiene, diazo-
  reaction with dichlorotricarbonylruthenium, **4**, 777
Cyclopentadiene, 5,5-dimethyl-
  reaction with pentakis(trifluorophosphine)iron, **4**, 436
Cyclopentadiene, ethyl-
  reaction with hexacarbonylvanadium, **3**, 663
Cyclopentadiene, ethyltetramethyl-
  preparation
    organotitanium compounds in, **3**, 272
Cyclopentadiene, hexachloro-
  reaction with nickelocene, **8**, 729
Cyclopentadiene, hexafluoro-
  reaction with octacarbonyldicobalt, **5**, 214
Cyclopentadiene, hexakis(chloromercury)-, **2**, 873
Cyclopentadiene, (isopropylmethylsilyl)-, **2**, 54
Cyclopentadiene, 5-methyl-5-ethyl-
  reaction with iron carbonyls, **4**, 436
Cyclopentadiene, pentachlorocyclopentadienyl-
  reaction with nickelocene, **8**, 729
Cyclopentadiene, pentamethyl-
  palladium(II) complexes, **6**, 367
  preparation, **3**, 272
  rhodium complexes, **5**, 367–370
Cyclopentadiene, sodio-
  reaction with anhydrous rhodium trichloride, **5**, 450
Cyclopentadiene, tetraphenyldiazo-
  reaction with chlorobis(ethylene)rhodium dimer, **5**, 435
Cyclopentadiene, (trimethylsilyl)-
  dimerization, **2**, 52
  silylation, **2**, 52
  structure, **2**, 54
  in synthesis, **2**, 52
  transition metal complexes, **2**, 52
Cyclopentadiene ligands
  bridging ligands
    palladium complexes, **6**, 452
  iron complexes
    synthesis, **4**, 434
  nickel alkyl complexes, **6**, 175
  nickel carbonyl dimer
    reaction with donor ligands, **6**, 25
  nickel complexes, **6**, 85

σ-Cyclopentadiene ligands
  metal shifts, **3**, 123
Cyclopentadienide, 1-acetyl-2,3,4-triphenyl-5-(triphenylarsonio)-
  structure, **2**, 699
Cyclopentadienone
  metal complexes
    stabilization, **8**, 1057
  palladium complexes, **6**, 461
  phenylhydrazone
    reaction with iron pentacarbonyl, **8**, 981
  preparation by carbocarbonylation, **8**, 159
Cyclopentadienone, perphenyl-
  carbonylcyclopentadienylvanadium complexes
    X-ray spectroscopy, **3**, 667
Cyclopentadienone, phenyl-
  preparation by carbocarbonylation, **8**, 159
Cyclopentadienone, tetraphenyl-
  carbonylcyclopentadienylvanadium complexes, **3**, 667
  nickel complexes, **6**, 116
  reaction with dodecacarbonyltriruthenium, **4**, 853
  trapping agent for polymer bound benzyne, **8**, 573
Cyclopentadienone ligands
  iron complexes
    synthesis, **4**, 434
η⁴-Cyclopentadienone ligands
  cobalt complexes, **5**, 237
  protonation, **5**, 239
Cyclopentadienylation, **8**, 1048
  palladium diene complexes, **6**, 375
Cyclopentadienylberyllium compounds, **1**, 144
Cyclopentadienyl complexes
  alkyl
    base-promoted H/D exchange reactions, **8**, 1058
Cyclopentadienyl ligands
  actinides, **3**, 211
  η³-allylnickel complexes, **6**, 174–177, 176
    isomerization, **6**, 175
    reaction with donor ligands, **6**, 175
  catalyst support on polymers and, **8**, 554
  derivatives
    iron complexes, **4**, 537
  exchange, **8**, 1048
  gallium complexes, **1**, 684–687
  hafnium complexes, **3**, 559–628
  halo metal complexes
    kinetics, **8**, 1028
  hydrocarbyl actinide complexes, **3**, 242
  hydrogen atom mobility and, **8**, 1077
  indium complexes, **1**, 684–687
  iridium complexes, **5**, 606
  iron complexes
    addition reactions, **4**, 491
  lanthanide complexes, **3**, 180, 202
  metal complexes, **8**, 1060
    electrophilic addition, **8**, 1026
    electrophilic substitution, **8**, 1016
    expansion reactions, **8**, 1060
    Friedel–Crafts acylation, **8**, 1016
    intramolecular site-exchange reactions, **8**, 1047
    ligand-exchange reactions, **8**, 1048
    ligand-slip rearrangements, **8**, 1044
    lithio derivatives, **8**, 1042
    metallation reactions, **8**, 1040
    metallotropic shifts, **8**, 1047
    nucleophilic addition reactions, **8**, 1030
    nucleophilic addition reactions, stereochemistry, **8**, 1031
    nucleophilic addition reactions, substituent effect, **8**, 1032
    protonation, **8**, 1026
    radical reactions, **8**, 1037
    reactions, neighbouring group effects, **8**, 1050
    rearrangements, **8**, 1044
    "ring-whizzing", **8**, 1047
  metal-coordinated, **8**, 1013–1063
  nickel complexes, **6**, 189–223
  nickel hydride complexes, **6**, 41
  nitro-
    synthesis, **8**, 1063
  organotitanium(III) complexes, **3**, 298
  pentahapto metal complexes, **1**, 22
  permethyl
    titanium complex, **8**, 1079
  polycarbon iridium complexes, **5**, 610
  rhodium complexes, **5**, 434–438, 499–506
  rotation, **3**, 126
  titanium complex
    cyclopentadienyl group loss, **8**, 1077
    proton mobility in, **8**, 1079
  titanium complexes
    as catalyst in Ziegler–Natta polymerization, **3**, 535
    dinitrogen reduction and, **8**, 1077
  transition metal complexes
    distortions, **3**, 43
    substituted, synthesis, **8**, 1062
  transition metal–Group IV complexes, **6**, 1075
  trihapto metal complexes, **1**, 22
  two-carbon iridium complexes, **5**, 608
  in vanadocene complex with bis(trimethylsilyl)-diazene, **2**, 140
  zirconium complexes, **3**, 559–628
η-Cyclopentadienyl ligands
  cationic ruthenium complexes, **4**, 779
  interchange with σ-cyclopentadienyl ligands, **3**, 148, 149
  rhodium complexes, **5**, 356–370
  rotation, **3**, 111, 113
  ruthenium complexes, **4**, 775
  vanadium, **3**, 663–671
  vanadium complexes, **3**, 672–687
η⁵-Cyclopentadienyl ligands
  metal complexes
    preparation from dicyclopentadienyl magnesium, **1**, 207
  synthesis
    Grignard reagents in, **1**, 197
σ-Cyclopentadienyl ligands
  fluctionality, **3**, 116
  interchange with η-cyclopentadienyl ligands, **3**, 148, 149
Cyclopentadienyl metal halides
  reaction with lithium nonacarbonyl(oxymethynyl)tricobaltate, **5**, 164
Cyclopentadienyl radicals
  coupling, **8**, 1014
Cyclopentane
  annulation, **8**, 852
  dienes, **7**, 382
  preparation
    allylsilanes in, **7**, 540
Cyclopentane, benzoyl-
  preparation

Cyclopentane

organothallium compounds in, **7**, 473
Cyclopentane, bromo-
  reaction with magnesium
    mechanism, **1**, 162
Cyclopentane, 1-methylene-2-vinyl-
  preparation
    nickel catalysed, **8**, 672, 691
Cyclopentane, 1-vinyl-2-methylene-
  preparation from butadiene, **8**, 404
Cyclopentane, 1-vinyl-3-methylene-
  preparation from butadiene, **8**, 404
Cyclopentanecarbaldehyde
  preparation, **7**, 468
Cyclopentanone
  preparation, **7**, 485
  preparation by carbocarbonylation, **8**, 159
  stereoselective ring annulation, **8**, 841
  synthesis, **8**, 880, 885
    oxoallyl cations in, **8**, 948
Cyclopentanone, 3-cyano-
  preparation, **7**, 485
Cyclopentanone, 3,4-dimethyl-
  reaction with organoaluminum compounds, **7**, 416
Cyclopentanone, 2-methyl-
  reaction with organoaluminum compounds, **7**, 416
Cyclopentanone, 3-methyl-
  reaction with organoaluminum compounds, **7**, 416
Cyclopentasilane, decaphenyl-
  structure, **2**, 385
Cyclopentasilane, nonamethylphenyl-
  anion-radicals, **2**, 394
Cyclopentasilane, perbutyl-
  synthesis, **2**, 380
Cyclopentasilane, perethyl-
  anion-radicals, **2**, 393
Cyclopentasilane, perisobutyl-
  synthesis, **2**, 380
Cyclopentasilane, permethyl-
  anion-radicals, **2**, 393
  ionization potentials, **2**, 391
  preparation, **2**, 379
  properties, **2**, 385
  structure, **2**, 386
Cyclopentasilane, perphenyl-
  decabromo derivative, **2**, 371
  pentaiodo derivative, **2**, 371
  preparation, **2**, 369
  reactions, **2**, 370
  reaction with bromine, **2**, 367
Cyclopentasilane, perpropyl-
  synthesis, **2**, 380
Cyclopentatriacontasilane, permethyl-
  synthesis, **2**, 379
Cyclopentene
  alkoxycarbonylation
    mechanism, **8**, 203
  hydrogenation
    catalysis by ruthenium complexes, **4**, 935
    supported catalysts, selectivity, **8**, 569
  nickel complexes, **6**, 177
  oligomerization
    nickel catalysed, **8**, 617
  polymerization
    catalysis by ruthenium complexes, **4**, 957
  polypentamer formation from, **8**, 502
  ring opening polymerization
    catalysts, **8**, 522
  synthesis, **8**, 926

Cyclopentene, 1-(1'-acetoxyethyl)-
  alkylation with, **8**, 825
Cyclopentene, 3-cyano-
  hydrocyanation
    nickel catalysed, **8**, 632
Cyclopentene, 3-ethyl-
  resolution, **7**, 249
Cyclopentene, 3-methyl-
  resolution, **7**, 249
Cyclopentene, 5-methylene-
  platinum(II) complexes, **6**, 639
Cyclopentene, trimethylsilyl-
  hydroboration, **7**, 244
Cyclopentene, 1-vinyl-
  cyclotrimerization
    nickel catalysed, **8**, 678
1-Cyclopentene, 3-trimethylsilyl-
  preparation, **7**, 618
1-Cyclopentene, 1-vinyl-
  cyclooligomerization, **8**, 409
Cyclopentenedicarboxylic acids
  esters
    preparation by oxacarbonylation, mechanism, **8**, 204
Cyclopentenone
  annulation, **8**, 827
  formation
    nickel-catalysed, **8**, 777
  fused
    synthesis, **7**, 542
  preparation, **7**, 492
  preparation by carbocarbonylation, **8**, 162
  synthesis
    oxoallyl cations in, **8**, 949
Cyclopentyl radical
  in reaction of bromocyclopentane with magnesium, **1**, 162
Cyclopolysilanes
  redistribution reactions, **2**, 378
Cyclopolysilanes, methyl-
  substitution reactions, **2**, 381
Cyclopolysilanes, permethyl-
  NMR, **2**, 388
  UV spectra, **2**, 388
Cyclopropanation
  alkenes, **7**, 677, 697
  alkenylboranes, **7**, 320
  carbene complexes in, **8**, 957
  in dibromomethane reaction with 1-alkenylaluminum compounds, **1**, 651
  Fischer type carbenes, **8**, 528
  metal carbenes, **8**, 533
  organopalladium complexes in, **8**, 895
  silyl enol ethers, **7**, 561
  stereochemistry, **8**, 542
Cyclopropane
  asymmetric syntheses
    Simmons–Smith reaction, **7**, 668
  biosynthesis, **7**, 698
  borallylic
    preparation, **1**, 278
  chiral
    asymmetric synthesis, **8**, 491
  cleavage, **8**, 326
  formation
    copper carbene complexes in, **7**, 696
  fragmentation, **8**, 535
  insertion of rhodium complexes, **5**, 405
  ionic hydrogenation, **7**, 621
  metallacycle from

metathesis catalyst and, **8**, 521
metallacyclobutane preparation from, **8**, 529
opening
  iron carbonyls in, **8**, 942
optically active
  formation, **4**, 371
palladium η^3-allyl complex preparation from, **6**, 398
platinum(II) η^3-allyl complex preparation from, **6**, 718
in platinum(II)–carbon η^1-compound preparation, **6**, 526
preparation
  nickel catalysed, **8**, 737
  organoaluminum compounds in, **1**, 598
  organoboranes in, **7**, 289
  organozinc compounds in, **2**, 847
reaction with dicarbonylchlororhodium dimer, **5**, 405
reaction with mercury(II) salts, **7**, 676
silyl-substituted, **2**, 31
solvomercuration, **2**, 886
synthesis, **7**, 90, 236
  from alkenes, with diazomethane and zinc iodide, **7**, 669
  iron carbene complex in, **8**, 957
  Simmons–Smith reaction, **7**, 666
Cyclopropane, 1,2-bis(chloromethyl)-
  preparation, **7**, 696
Cyclopropane, 1,2-bis(halogenomagnesium)-
  preparation, **1**, 177
Cyclopropane, bromo-
  palladium η^3-allyl complex preparation from, **6**, 398
  synthesis
    from alkenes, **7**, 668
Cyclopropane, butylidene-
  reaction with carbon dioxide, **8**, 279
Cyclopropane, *gem*-dibromo-
  Grignard reagents from, **1**, 174
Cyclopropane, *gem*-dihalogeno-
  dihalogenocarbenes from, **7**, 676
  formation
    trihalogenoalkylmercurials in, stereochemistry, **7**, 678
  preparation
    from alkenes, **7**, 677
Cyclopropane, *gem*-dimethyl-
  synthesis, **7**, 703
Cyclopropane, 1,1-diphenyl-2-vinyl-
  hydroboration, **7**, 200
Cyclopropane, divinyl-
  reaction with rhodium(I) complexes, **5**, 487
Cyclopropane, ethynyl-
  reaction with iron carbonyls, **8**, 942
Cyclopropane, 1-halogeno-1-lithio-
  intramolecular insertion reactions, **7**, 89
Cyclopropane, isopropylidene-
  reaction with carbon dioxide, **8**, 279
Cyclopropane, methylene-
  codimerization with alkenes
    nickel catalysed, **8**, 638
  cooligomerization with butadiene, **8**, 421
    nickel catalysed, **8**, 684
  cyclodimerization, **8**, 390
  cyclodimerization of carbon dioxide with, **8**, 279
  oligomerization
    nickel catalysed, **8**, 633
  oxidative rearrangement, **7**, 486
  palladium η^3-allyl complex preparation from, **6**, 399

reaction with palladium acetonitrile complexes, **6**, 318
ring cleavage
  enneacarbonyldiiron in, **8**, 978
  tetracarbonyliron complexes, **4**, 398
  (trimethylenemethane)iron complex synthesis from, **4**, 449
Cyclopropane, phenyl-
  oxidation, **7**, 494
Cyclopropane, silyloxyvinyl-
  rearrangement, **7**, 554
Cyclopropane, tetracyano-
  charge transfer complexes with ruthenocene, **4**, 763
  oxidative-addition reactions
    to platinum(0) complexes, **6**, 522
  oxidative insertion of palladium in, **6**, 313
Cyclopropane, (trimethylsilyl)-
  preparation, **7**, 533
Cyclopropane, tris(trimethylsilyl)-
  preparation, **2**, 31
Cyclopropane, vinyl-
  hydroboration, **7**, 200
  palladium η^3-allyl complex preparation from, **6**, 399
  reaction with iron–carbonyl complexes, **4**, 411, 424
  reaction with iron carbonyls, **8**, 942
  reaction with pentacarbonyliron, **4**, 431
Cyclopropanecarboxylic acid
  esters
    preparation, **7**, 696
    reaction with lithium organocuprates, **7**, 709
  preparation, **7**, 489
Cyclopropene
  addition reactions
    Grignard reagents, **1**, 168
    organometallic compounds, **7**, 3
  diboration, **1**, 277
  nickel complexes, **6**, 177
  reaction with palladium compounds, **6**, 353
  synthesis, **7**, 90
Cyclopropene, dialkyl-
  palladium complexes, **6**, 255
Cyclopropene, *gem*-dichloro-
  palladium(II) carbene complex preparation from, **6**, 296
Cyclopropene, 1,1-dimethyl-
  codimerization with alkenes
    nickel catalysed, **8**, 638
Cyclopropene, 3,3-dimethyl-
  cyclooligomerization, **8**, 390
Cyclopropene, 1-methyl-
  preparation, **1**, 278
Cyclopropene, methylene
  transition metal complexes
    bonding, **3**, 71
Cyclopropene, 2-phenylmethylene-
  transition metal complexes
    pericyclic reactions, **3**, 71
Cyclopropene, tetrachloro-
  reaction with carbonylchlororhodium complexes, **5**, 406
  reaction with nickel tetracarbonyl, **6**, 162
Cyclopropene, 1,3,3-trimethyl-
  dimerization, **8**, 390
  oxidation with thallium(III) compounds, **7**, 486
Cyclopropene, triphenyl-
  palladium η^3-allylic complex formation from, **6**, 400

1-Cyclopropene, 3,3-dimethyl-
  carbonylation
    nickel catalysed, **8**, 775
Cyclopropenes
  lithiated
    bonding, calculations, **1**, 77
  synthesis, **7**, 90
    from alkynes, **7**, 699
Cyclopropenium bromide
  reaction with tris(dibenzylideneacetone)dipalladium complexes, **6**, 260
Cyclopropenium chloride, triphenyl-
  palladium η^3-allylic complex formation from, **6**, 400
  reaction with carbonylchlororhodium complexes, **5**, 406
Cyclopropenium salts
  palladium η^3-allylic complex formation from, **6**, 400
Cyclopropenone
  carbonylation
    nickel catalysed, **8**, 776
  oxidative-addition reactions
    to platinum(0) complexes, **6**, 522
Cyclopropenone, diphenyl-
  carbonylation
    nickel catalysed, **8**, 777
  decarbonylation
    nickel catalysed, **8**, 792
  reaction with nickel tetracarbonyl, **6**, 87
Cyclopropenones
  synthesis, **7**, 681
Cyclopropenyl ligands
  transition metals complexes
    bonding, **3**, 44
η^3-Cyclopropenyl ligands
  cobalt complexes, **5**, 209–211
Cyclopropylalkali metal compounds
  ring opening, **1**, 58
Cyclopropylamine, N-propylidine-
  reaction with butadiene
    nickel catalysed, **8**, 686
Cyclopropyl ligands
  iron complexes
    ring opening, **4**, 384
Cyclopropylmethyl halides
  reaction with magnesium, **1**, 172
Cyclopropylmethyl–homoallyl carbanion interconversion
  organoalkali metal compounds, **1**, 51
Cycloreversions
  organometallic compounds in, **7**, 77
Cycloruthenium complexes, **4**, 734
Cyclosilanes
  alkyl
    properties, **2**, 385
  anion-radicals
    ESR, **2**, 394
Cyclosilanes, aryl-
  reactions, **2**, 370–372
Cyclosilanes, diphenyl-
  preparation, **2**, 369
Cyclosilanes, perethyl-
  synthesis, **2**, 380
Cyclosilanes, permethyl-
  anion-radicals, **2**, 394
  preparation, **2**, 380
  UV spectra, **2**, 391
Cyclosilaphosphanes, **2**, 152
Cyclosilatetrazene
  structure, **2**, 141

Cyclosilatetrazenes, **2**, 141
Cyclosilazanes, **2**, 132–137
  isomerism, **2**, 163
  structures, **2**, 136
Cyclosiloxane
  preparation, **2**, 162
Cyclosiloxanes
  acid catalyzed polymerization, **2**, 327
  preparation, **2**, 322
Cyclosiloxazanes, **2**, 132–137, 134
Cyclosilthiane
  reactions, **2**, 169
Cyclosilthianes, **2**, 168
Cyclotetraarsane, hexakis(dimethylsilyl)-, **2**, 153
Cyclotetracosasilane, permethyl-
  preparation, **2**, 379
Cyclotetradecadiynes
  cooligomerization with butadiene, **8**, 427
Cyclotetramerization
  acetylene
    nickel catalysed, **8**, 650
  acetylenes
    palladium(II) compounds and, **6**, 465
  alkynes, **8**, 412
    nickel catalysed, **8**, 650
Cyclotetraphosphine
  silyl derivatives, **2**, 151
Cyclotetrasilane, octaphenyl-
  structure, **2**, 385
Cyclotetrasilane, perethyl-
  preparation, **2**, 380
Cyclotetrasilane, permethyl-
  reaction with oxygen, **2**, 368
  synthesis, **2**, 379
Cyclotetrasilane, perphenyl-
  preparation, **2**, 369
Cyclotetrasilane, tetra-t-butyltetramethyl-
  all-*trans*
    structure, **2**, 385
  preparation, **2**, 380
Cyclotetrasilazane, octamethyl-
  structure, **2**, 136
Cyclotetrasilazanes, **2**, 132–136
Cyclotetrasilazanes, permethyl-
  properties, **2**, 132
Cyclotetrasiloxane, **7**, 575
Cyclotetrasiloxane, *cis*-2,6-diphenylhexamethyl-
  hormone-like activity, **2**, 163
  toxicity, **2**, 78, 359
Cyclotetrasiloxane, octamethyl-
  bond redistribution in, **2**, 324
  emulsion polymerization, **2**, 328
  formation, **2**, 323
  pyrolysis, **2**, 163
Cyclotriarsenic
  nickel complexes, **6**, 178
Cyclotrimerization
  acetylene, **8**, 412
    nickel catalysed, **8**, 650
  alkynes, **1**, 642
    catalysis by octacarbonyldicobalt, **5**, 204
    nickel catalysed, **8**, 650
    ruthenium complexes in, **4**, 805
    transition metal salts and, **1**, 666
  butadiene, **8**, 406
    bis(cyclooctadiene)nickel and, **1**, 665
    mechanism, **8**, 405
    nickel catalysed, **8**, 677

ruthenium chloride in, **4**, 745
2-butyne
  in reaction with chloro(norbornadiene)rhodium dimer, **5**, 489
cyclooctyne
  catalysis by octacarbonyldicobalt, **5**, 204
diaryl alkynes, **4**, 1033
1,3-dienes
  nickel catalysed, **8**, 677
intramolecular
  triynes, **8**, 413
monoenes, **8**, 391
substituted dienes
  nickel catalysed, **8**, 677
Cyclotriphosphorus
  nickel complexes, **6**, 178
Cyclotrisilaphosphanes, **2**, 153
Cyclotrisilazane, hexamethyl-
  lithium derivatives
    trimethylsilylation, **2**, 133
  ring expansion, **2**, 133
  structure, **2**, 136
Cyclotrisilazane, hexaphenyl-
  properties, **2**, 122
Cyclotrisilazane, trifluorotriphenyl-
  structure, **2**, 136
Cyclotrisilazanes, **2**, 132–136
  lithium derivatives, **2**, 133
  N-methyl
    preparation, **2**, 132
  preparation, **2**, 135
  structure, **2**, 136
Cyclotrisiloxane, hexamethyl-
  pyrolysis, **2**, 170
  reactions, **2**, 142
  structure, **2**, 162
Cyclotrisiloxane, hexaphenyl-
  oxidation, **2**, 163
Cyclotrisilthianes
  preparation and structure, **2**, 169
Cymantrene
  derivatives
    intramolecular ligand displacement reactions, **8**, 1061
    ligand exchange reactions with methyl arenes, **8**, 1049
    protodemercuration, **8**, 1024

electrochemical alkylation, **8**, 1037
electrophilic substitution reactions, **8**, 1017
Friedel–Crafts acylation, **8**, 1017
Friedel–Crafts alkylation, **8**, 1017
lithiation, **8**, 1041
lithiation reactions
  substituent effects, **8**, 1041
metal complexes
  protonation, **8**, 1026
protodemercuration, **8**, 1023
protonation, **8**, 1025
reactions
  neighbouring group effects, **8**, 1050
Cymantrene, acyl-
  nucleophilic addition reactions
    stereoselectivity, **8**, 1059
Cymantrene, amino-
  synthesis, **8**, 1063
Cymantrene, halo-
  synthesis, **8**, 1062
Cymantrene, methyl-
  ligand exchange reactions
    with methyl arenes, **8**, 1049
Cymantrene, nitro-
  synthesis, **8**, 1063
Cymantrenecarboxylic acid
  pK value, **8**, 1051
Cymantrene — *see also* Manganese, tricarbonylcyclopentadienyl-
Cymantrenylalkanoic acids
  intramolecular cyclization, **8**, 1024
Cymantrenylamine
  pK value, **8**, 1051
Cymantrenylnitrenes
  ring contractions, **8**, 1058
Cysteine
  methylmercury complexes
    structure, **2**, 931, 933
  molybdenum system
    ammonia formation and, **8**, 1096
  in nitrogenase model, **8**, 1096
Cystine
  methylmercury complexes
    structure, **2**, 933
Cytochrome c_3, **8**, 330

D

Damsin
  synthesis, **8**, 840
DCME reaction, **7**, 285
  arylboranes, **7**, 329
Dealkylation
  ethers
    thiosilanes in, **7**, 602
  organocobalt(III) complexes, **5**, 105
  phosphotriesters
    thiosilanes in, **7**, 602
Dearylation
  organocobalt(III) complexes
    iodine chloride and, **5**, 111
Debromination
  cycloaddition reactions and
    iron carbonyls and, **8**, 947
Decaborane
  Grignard reagent derivatives
    bis(decaboranyl)mercury preparation from, **1**, 513
  nickel complexes, **6**, 215
  reaction with metal alkyls, **1**, 488
  reaction with metal reagents, **1**, 513
  reaction with methyllithium, **1**, 447
  reaction with trimethylindium, **1**, 712, 714
Decaborane, alkyl-
  acidity, **1**, 450
Decaborane, 2-benzoyl-
  infrared spectroscopy, **1**, 444
Decaborane, 6-benzyl-
  hydrolysis, **1**, 451
  reaction with triethylamine, **1**, 450
Decaborane, bis(ethyl isocyanide)-
  preparation, **1**, 447
Decaborane, bromocyano-
  preparation, **1**, 447
Decaborane, cyano-
  preparation, **1**, 447
Decaborane, 1,10-dicyano-
  preparation, **1**, 449
Decaborane, 1-ethyl-
  reaction with triethylamine, **1**, 452
  structure, **1**, 443
Decaborane, 2-ethyl-
  reaction with triethylamine, **1**, 452
Decaborane, 6-(3-fluorophenyl)-
  preparation, **1**, 446
Decaborane, 6-(4-fluorophenyl)-
  preparation, **1**, 446
Decaborane, 2-(hydroxybenzyl)-, **1**, 450
Decaborane, 6-phenyl-
  preparation, **1**, 446, 448
Decaborane, 2-tropenylium-
  preparation, **1**, 448
closo-Decaborane, 2-cyclohexyl-
  preparation, **1**, 445
nido-Decaborane, 9-cyclohexyl-5-(dimethylthio)-
  preparation, **1**, 445
Decaborane anions
  reaction with transition metal halides, **1**, 489
Decaborane dicarbonyl, cyclohexyl-
  preparation, **1**, 447
Decaborane dicarbonyl, dicyclohexyl-
  preparation, **1**, 447
Decaboranyl anion
  reactions with metal halides, **1**, 513
Decaborate, tridecahydro-
  organotransition metal complexes, **6**, 936
closo-Decaborate, tropenyliumylnonahydro-
  spectroscopy, **1**, 444
Decaborates, decahydro-
  organotransition metal complexes, **6**, 939
Decaborates, dodecahydro-
  organotransition metal complexes, **6**, 936
2,8-Decadiene-1,1,1,10,10,10-d_6
  metathesis, **8**, 520
cis,cis-2,8-Decadiene-1,1,1,10,10,10-d_6
  metathesis, **8**, 510
Decalenones
  reduction
    disodium tetracarbonylferrate in, **8**, 955
cis-Decalin-1-one
  reaction with organoaluminum compounds, **7**, 416
cis-Decalin-2-one
  reaction with organoaluminum compounds, **7**, 416
Decanoyl chloride
  decarbonylation, **8**, 910
Decarbonylation, **8**, 214–220
  acyl compounds
    rhodium complexes and, **5**, 380
  acyl halides
    chlorotris(triphenylphosphine)rhodium complexes and, **5**, 379
  acyl or aroyl rhenium complexes, **4**, 211
  acylpentacarbonylmanganese, **4**, 101
  alcohols, **8**, 335
  aldehydes, **8**, 333
    catalysis by ruthenium complexes, **4**, 958
    rhodium porphyrin complexes in, **5**, 392
  alkylcarbonylmanganese complexes, **4**, 73, 92, 99
  alkylidynenonacarbonyltricobalt, **5**, 172
  carbonyl(η-cyclopentadienyl)diiodocobalt, **5**, 258
  chiral acyl halides
    rhodium complexes and, **5**, 380
  dinuclear carbonyl(η-cyclopentadienyl) C-bridged iron complexes, **4**, 586
  formic acid
    ruthenium chlorides in, **4**, 670
  nickel catalysed, **8**, 791
  η^1-organoiron complex preparation by, **4**, 335
  2-pyridyl formate
    rhodium complexes in, **5**, 392

8-quinolyl formate, **5**, 392
tetracarbonyl(trifluoroacetyl)cobalt, **5**, 66
unsaturated compounds
    organopalladium complexes in, **8**, 897–910, 909
Decarboxylation
    in carbon dioxide reactions with organotransition metal compounds, **8**, 252
    copper(I) carboxylates
        organocopper compound preparation by, **2**, 721
    diorganothallium, **1**, 726
    mercury carboxylates, **2**, 887
    oxidative addition and reductive elimination of carbon–hydrogen bond of aldehydes in, **4**, 1013
    in preparation of unsymmetrical diorganomercury compounds, **2**, 896
    vinylmalonic acid, **8**, 811
Decasilane, octadecamethyl-
    structure, **2**, 383
Decasilane, permethyl-
    NMR, **2**, 388
trans,trans-1,5,9,13-Decatetratetraene
    reaction with methylallyl chloride and carbon monoxide
        nickel catalysed, **8**, 781
Decatriene, phenyl-
    preparation, **8**, 421
1,4,8-Decatriene
    preparation, **8**, 421
1,4,9-Decatriene
    preparation, **8**, 421
3,5,7-Decatriene
    tricarbonylruthenium complexes, **4**, 751
trans-1,5,9-Decatriene
    reaction with methylallyl chloride and carbon monoxide
        nickel catalysed, **8**, 781
Decatrienoic acid
    methyl esters
        formation, nickel catalysed, **8**, 780
2,7,9-Decatrienoic acid
    methyl ester
        intramolecular Diels–Alder cyclization, **7**, 403
1-Decene
    cooligomerization with butadiene, **8**, 421
    oxidation, **7**, 494
5-Decene, (S)-$(+)$-(E)-3-methyl-
    synthesis, **7**, 250
5-Decene, (S)-$(+)$-(Z)-3-methyl-
    synthesis, **7**, 250
Z-1-Decene-1-d_1
    reaction with 1-octene-1,1-d_2, **8**, 545
2-Decenoic acid, 10-hydroxy-
    synthesis, **8**, 850
2-Decenoic acid, 9-oxo-
    synthesis, **8**, 849, 873
Decomposition
    acyltetracarbonylcobalt complexes, **5**, 52
    alkyltetracarbonylcobalt complexes, **5**, 52
    (η^3-allyl)palladium complexes, **6**, 424
    Grignard reagents, **1**, 188
    nickel tetracarbonyl, **6**, 8
Deformation
    stress and
        silicones, **2**, 334
Dehaloboronation, **1**, 292
Dehalogenation
    carbon tetrachloride
        pentacarbonyliron in, **4**, 251

iron carbonyls in, **8**, 944–950
organoaluminum sesquihalides, **1**, 626
Dehydration
    iron carbonyls in, **8**, 951
Dehydroalumination
    olefins, **7**, 379
Dehydroboration
    organoboranes, **1**, 293
Dehydrocondensation, **7**, 588
    between hydrogermanes and alcohols, **2**, 438
    germanium–nitrogen bond formation by, **2**, 448
    hydrogermanes, **2**, 431
Dehydrocyclization
    supported catalysts in, **8**, 602
Dehydrogenation
    alcohols, **8**, 325
        catalysis by osmium complexes, **4**, 1001
    nido- and arachno-carboranes, **1**, 425
    catalysis by ruthenium complexes, **4**, 953
    ethylene
        dodecacarbonyltriruthenium and, **4**, 848
    formic acid, **8**, 325
    ketones
        π-allylpalladium compounds in, **8**, 838
    supported catalysts in, **8**, 602
Dehydrohalogenation
    η-cyclopentadienyl(alkyl)nickel complexes, **6**, 85
Dehydrosulfuration
    iron carbonyls in, **8**, 951
Demercuration
    alkenes, **7**, 671–676
Demetallation
    allyldicarbonyl(η-cyclopentadienyl)diiron complexes, **4**, 588
    octacarbonyl(tetraphenylcyclobutadiene)triiron, **4**, 550
Deoximation
    iron carbonyls in, **8**, 951
Deoxygenation
    ethylene oxides
        tetracarbonylferrates in, **4**, 254
    iron carbonyls in, **8**, 952
    pentacarbonyliron in, **4**, 251
Deoxygenation–carbonylation
    nitro arenes, **8**, 187
Depolymerization
    polydimethylsiloxanes, **2**, 324
Deprotection
    of sodium dicarbonyl-η^5-cyclopentadienylferrate protected double bonds, **8**, 968
Deprotonation
    alkyl(cyclopentadienyl)ruthenium complexes, **4**, 788
    alkylniobium complexes, **3**, 722
    (η^2-allyl)dicarbonylcyclopentadienyliron, **4**, 394
    heteronuclear metal–metal bonded compounds, **6**, 814
    heteronuclear metal–metal bond formation and, **6**, 787
    mixed heterogeneous transition metal carbonyl hydride complexes, **6**, 815
    organopolyboranes, **1**, 450
    osmium hydride clusters, **4**, 973
    palladium diene complexes, **6**, 378
    palladium(II) olefin complexes, **6**, 360
    sodium η^2-allyldicarbonyl-η^5-cyclopentadienylferrates, **8**, 961
Desalination
    Sirotherm resin catalysts in, **8**, 604

Desilylation
silyl ethers, **7**, 577
Desolvation
Grignard reagents, **1**, 178
Desulfination
diorganothallium, **1**, 726
mercury sulfinates, **2**, 889
in preparation of unsymmetrical diorganomercury compounds, **2**, 896
Desulfonation
mercury sulfonates, **2**, 888
in preparation of unsymmetrical diorganomercury compounds, **2**, 896
Desulfonylation
organopalladium complexes in, **8**, 910
Desulfurization
carbonyl thiophene iron complexes, **4**, 550
pentacarbonyliron in, **4**, 251
Desymmetrization reactions
in preparation of organomercury(II) salts, **2**, 898
Deuteration
organopolyboranes, **1**, 450
sulphinic acid reaction with organometallic compounds and, **7**, 71
tricarbonylcyclopentadienylvanadium, **3**, 667
Deuterium
reaction with methyltris(triphenylphosphine)cobalt, **5**, 71
Deuterolysis
alkylaluminum compounds, **1**, 669
carbon–aluminum bonds, **1**, 669
organometallic compounds, **7**, 55
vinylaluminum compounds, **1**, 669
Dewar benzene
palladium complexes
nucleophilic displacement, **6**, 373
palladium(II) complexes, **6**, 372
tricarbonylcyclobutadieneiron as source, **8**, 977
Dewar benzene, hexafluoro-
reaction with (acetylacetone)bis(ethylene)rhodium, **5**, 420
Dewar benzene, hexamethyl-
hydrogenation, **8**, 313
isomerization
tricarbonyliron in, **4**, 597
η^4-palladium complex, **6**, 387
palladium complexes, **6**, 364, 365
palladium dichloride complex
reaction with alkoxides, **6**, 378
platinum(II) complexes, **6**, 638
reaction with gold(III) chloride, **2**, 814
rearrangement
nickel catalysed, **8**, 629
Dewar–Chatt–Duncanson bonding model, 3, 47, 55, 60
Dialkyl sulfates
reaction with Grignard reagents, **1**, 200
reaction with magnesium, **1**, 212
Dialkyl sulfides
dealkylation by triethylsilyl radicals, **2**, 92
Dialuminacyclohexadiene
preparation from phenylaluminum, **1**, 656
1,4-Dialuminacyclohexadiene, 1,4-diethyl-2,3,5,6-tetraphenyl-
preparation, **1**, 656
1,4-Dialumina-2,5-cyclohexadiene, 1,4-diethyl-2,3,5,6-tetraphenyl-
trans-dietherate

carbon–aluminum bonds, **1**, 617
Dialuminoalkanes
reaction with aldehydes, **7**, 414
Dialuminoxane
in alkene polymerization catalyzed by organoaluminum compounds, **1**, 667
Lewis base complexes, **1**, 595
tetraethyl-
acetaldehyde polymerization by, **1**, 667
Dialuminum, hexamethyl-
reaction with chlorobis(η-cyclopentadienyl)titanium, **3**, 325
Diamines
reaction with platinum(II) olefin complexes, **6**, 668
1,2-Diamines
preparation, **7**, 498
2,3-Diargentaheptaborate, octahydrobis(triphenylphosphine)-
preparation, **6**, 930
Diarsenides
rhenium complexes, **4**, 201
Diarsine
bridging ligand in palladium(I) complexes, **6**, 268
carbonyl rhodium complexes, **5**, 314
iron–carbonyl complexes, **4**, 579
reaction with carbon–carbon multiple bonds, **2**, 686
reaction with dodecacarbonyldimanganese, **4**, 107
reaction with ruthenium carbonyl halides, **4**, 693
tetraorgano, **2**, 702
Diarsine, tetramethyl-, 2, 682
Diastereo-differentiating processes
in organoaluminum reactions, **1**, 637
Diastereodifferentiation models, 1, 573
Diastereoisomers
tricarbonyldieneiron complexes
interconvertability, **8**, 998
2,3-Diauraheptaborate, octahydrobis(triphenylphosphine)-
preparation, **6**, 930
2,3-Diazabicyclo[2.2.1]heptane
reaction with iron carbonyl complexes, **4**, 299
1,8-Diazabicyclo[5.4.0]undec-7-ene
reaction with π-allylpalladium complexes, **8**, 813
Diazaboracycloalkanes
hydrazino, **1**, 355
NMR, **1**, 356
1,3-Diaza-2-boracycloalkanes, 1, 354
insertion reactions, **1**, 356
1,3-Diaza-2-boracycloalkenes
synthesis, **1**, 356
Diazaboracyclopentane
derivatives, **1**, 356
1,3-Diaza-2-boracyclopentanes
dehydrogenation, **1**, 356
1,3-Diaza-2-boracyclopentenes
synthesis, **1**, 357
Diazabora heterocycles, 1, 354
8,9-Diaza-10-boraphenanthrene, 10-phenyl-
preparation, **1**, 343
Δ^4-1,3,2-Diazaborolines
complexes, **1**, 404
Diazabutadiene
cyclocotrimerization with butadiene
nickel catalysed, **8**, 678
1,4-Diazabutadiene

nickel complexes, **6**, 126
Diazabutadiene ligands
    tetranuclear ruthenium complexes, **4**, 901
Diazabutadienes
    dimerization
        ruthenium complexes and, **4**, 836
    reaction with pentacarbonyliron, **4**, 286
1,4-Diazabutadienes
    iron–carbonyl complexes, **4**, 578
    reaction with dodecacarbonyltriruthenium, **4**, 836
1,2-Diaza-3,6-diboracyclohex-4-ene
    derivatives, **1**, 383
1,2-Diaza-3,6-diboracyclohex-4-enes
    tricarbonylchromium complexes, **1**, 406
1,3-Diaza-2,4-diboranaphthalene
    preparation, **1**, 348
1,1′-Diazaferrocene
    synthesis, **4**, 487
1,3,2,4-Diazaphosphaboretidine
    preparation, **1**, 369
1,3,2,4,5-Diazaphosphadiborolidine
    synthesis, **1**, 369
1,3-Diaza-2,4,5-triborolidine
    preparation, **1**, 369
Diazenates
    aryl
        osmium complexes, **4**, 989
Diazene
    cooligomerization with butadiene
        nickel catalysed, **8**, 686
    intermediate
        in dinitrogen reduction, **8**, 1079, 1085
    as intermediate in dinitrogen titanium complex
        protonation, **8**, 1077
    nickel complexes, **6**, 129
Diazene, bis(trimethylsilyl)-
    complex with vanadocene, **2**, 140
    preparation, **2**, 139
    as reducing agent, **2**, 139
Diazene, diaryl-
    osmium complexes, **4**, 993
Diazene, 3,3-dimethyl-
    reaction with nonacarbonyldiiron, **4**, 299
Diazene, N-germyl-
    preparation, **2**, 453
Diazene, phenyl(trimethylsilyl)-
    preparation, **2**, 139
1,2-Diazene
    reaction with dodecacarbonyltriruthenium, **4**, 869, 870
    reaction with nonacarbonyldiiron, **4**, 285
Diazene ligands
    ruthenium complexes, **4**, 705
Diazenes
    cyclic
        reaction with iron carbonyls, **4**, 629
    hydrosilation, **2**, 122
    reaction with iron carbonyls, **4**, 629
    silyl, **2**, 139
Diazenido complexes
    in nitrogen fixation, **8**, 1092
    ¹⁵N NMR, **8**, 1095
    organo, **8**, 1087
Diazenido ligands
    in nitrogenase mechanism, **8**, 1103
    nitrogenase model and, **8**, 1097
    ruthenium complexes, **4**, 705
        preparation, **4**, 706

tungsten complexes
    organo nitrogen products from, **8**, 1091
1,2-Diazepine, 4,5,6-trihydro-3,5,7-triphenyl-
    reaction with dodecacarbonyltriruthenium, **4**, 870
1H-1,2-Diazepine, 1-acetyl-
    reaction with dodecacarbonyltriruthenium, **4**, 754
4H-1,2-diazepine, 3,5,7-triphenyl-
    reaction with dodecacarbonyltriruthenium, **4**, 867
    reaction with nonacarbonyldiiron, **4**, 299
Diazepine ligands
    carbonyl rhodium complexes, **5**, 289
Diazetization
    osmium–amine complexes, **4**, 992
Diazirine, pentamethylene-
    reaction with dodecacarbonyltriruthenium, **4**, 869
    trinuclear iron complex, **4**, 629
Diazoacetate, (trimethylsilyl)-
    photolysis, **2**, 63
    pyrolysis, **2**, 63
Diazoacetates
    reaction with (alkyne)cyclopentadienyl(triphenylphosphine)cobalt, **5**, 235
    reaction with cyclopentadienyl(diphenylacetylene)(triphenylphosphine)cobalt, **5**, 204
Diazoalkane complexes
    bond lengths and angles, **8**, 1088
Diazoalkanes, **7**, 59
    carbenes from, **7**, 696
    dicyclopentadienylvanadium complexes, **3**, 680
    nickel complexes, **6**, 130
    η¹-organoiron complex preparation from, **4**, 341
    reaction with dicarbonylbis(η-pentamethylcyclopentadienyl)dirhodium, **5**, 416
    silyl
        preparation, **2**, 74
    transition metal complexes, **8**, 1090
Diazo compounds
    in alkene and alkyne metathesis reactions, **8**, 511
    germyl
        structure, **2**, 502
    in metathesis catalyst generation, **8**, 515
    reaction with dicarbonyl(η-alkylcyclopentadienyl)(tetrahydrofuran)manganese, **4**, 130
    reaction with hydrogermanes, **2**, 433
    reaction with organoaluminum compounds, **7**, 439
    reaction with organoboranes, **7**, 130
Diazocyclopentadienes
    insertion reactions with rhodium–halogen bonds, **5**, 466
Diazo esters
    reaction with rhodium porphyrin complexes, **5**, 391
    silyl
        oxidation, **2**, 71
Diazo ligands
    rhenium, **4**, 195
    ruthenium complexes, **4**, 809
    technetium, **4**, 195
Diazolone
    synthesis, **8**, 904

Diazomalonic acid
  esters
    reaction with dicarbonylcyclopentadienyl-cobalt, **5**, 139
Diazomethane
  insertion into aluminum–element bonds, **1**, 651
  reaction with 1-alkenylaluminum compounds, **1**, 651
  reaction with bis(η^3-allyl)nickel, **6**, 149
  reaction with catalyst surfaces, **8**, 55
  reaction with cobalt(III) halide complexes, **5**, 87
  reaction with dicarbonyl(η-alkylcyclopentadienyl)(tetrahydrofuran)manganese, **4**, 130
  reaction with nonacarbonyldiiron, **4**, 299
  reaction with osmium cluster complexes, **4**, 1049
  reaction with pentacarbonylhydridomanganese, **4**, 75
  reaction with platinum(I) complexes, **6**, 523
  reaction with silacyclopropane, **2**, 209
  reaction with thallium chlorides, **1**, 731
  reaction with trimethylthallium, **1**, 729
  reaction wtih pentacarbonylhydridomanganese, **4**, 68
  silyl derivatives, **2**, 59–65
Diazomethane, bis(trifluoromethyl)-, **6**, 326
  reaction with (η-allyl)tricarbonylcobalt, **5**, 221
  reaction with (*trans*-stilbene)bis(triphenylphosphine)platinum, **6**, 690
Diazomethane, bis(trimethylsilyl)-
  preparation, **2**, 62, 142
Diazomethane, diaryl-
  reaction with pentacarbonyliron, **4**, 299
Diazomethane, diphenyl-
  reaction with dicarbonylchlororhodium dimer, **5**, 416
  reaction with organoaluminum compounds, **7**, 439
Diazomethane, (phenyltrimethylgermyl)-
  pyrolysis, **2**, 406
Diazomethane, phenyl(trimethylsilyl)-
  oxidation, **2**, 63
  pyrolysis, **2**, 64
Diazomethane, silyl-
  photolysis, **2**, 81
Diazomethane, (trimethylsilyl)-
  decomposition, **2**, 93
  in organic synthesis, **2**, 65
  photolysis, **2**, 82
  preparation, **2**, 62
  reaction with benzene, **2**, 55
  silylcarbenes from, **2**, 31
Diazomethane, (triphenylsilyl)-
  photolysis, **2**, 63
1,4-Diazonia-2,5-diboratocyclohexane, 1,1,4,4-tetramethyl-
  preparation, **1**, 346
1,3-Diazonia-2,4-diboratocyclopentane, 1,1,3,3-tetramethyl-
  preparation, **1**, 347
Diazonium ligands
  manganese complexes, **4**, 129
Diazonium salts
  aryl tetrafluoroborate
    reaction with organometallic compounds, **7**, 59
  organomercury compound preparation from, **2**, 890
  reaction with iron carbonyl complexes, **4**, 286
  reaction with platinum(0) acetylene complexes, **6**, 703
Diazonium tetrafluoroborate
  reaction with carbonyldihydridotris(triphenylphosphine)ruthenium, **4**, 724
Diazonorbornene
  reaction with iron carbonyls, **4**, 629
Diazulene ligands
  tetranuclear iron complexes, **4**, 637
Dibenzobicyclo[2.2.2]octatriene
  solvomercuration, **2**, 884
Dibenzobicyclo[2.2.2]octatriene, 7-chloro-
  hydroboration, **7**, 244
Dibenzoboracycloheptadiene
  preparation, **1**, 333
Dibenzoborepin
  preparation, **1**, 334
Dibenzo-18-crown-6
  complex with halogenoorganocalcium compounds, **1**, 229
5H-Dibenzo[a,d]cycloheptene, 10,11-dihydro-
  dehydrogenation
    catalysis by ruthenium complexes, **4**, 953
Dibenzo-1,4-disilin — *see* 9,10-Disilaanthracene, 9,10-dihydro-
Dibenzofuran
  metallation by alkaline earth metal tetraethylzincate, **1**, 238
  reaction with thallium(III) chloride, **7**, 499
  synthesis, **8**, 925
Dibenzoselacyclopentadiene
  preparation, **2**, 255
Dibenzosemibullvalene
  reaction with dicarbonylchlororhodium dimers, **5**, 405
  reaction with iron–carbonyl complexes, **4**, 412
2,3:5,6-Dibenzosilacyclohepta-2,5-diene
  synthesis, **2**, 280
Dibenzosilacycloheptadienes
  preparation, **2**, 280
2,3:6,7-Dibenzo-1-silacycloheptatriene
  synthesis, **2**, 280
2,3:5,6-Dibenzosilacyclohexadiene — *see* 9-Silaanthracenes
Dibenzosilacyclopentadiene
  synthesis, **2**, 254
Dibenzosilole
  reactions, **2**, 255
Dibenzosilole, 1,1-dichloro-
  preparation, **2**, 254
Dibenzo[b,i][1,4,8,11]tetraaza[14]annulene, 1,8-dihydro-
  rhenium complexes, **4**, 198
Dibenzothiophene
  metallation by alkaline earth metal tetraethylzincate, **1**, 238
Dibismuth, tetramethyl-
  preparation, **2**, 703
2,6-Diboraadamantane, 2,6-dichloro-
  synthesis, **7**, 213
gem-Diboraalkanes
  synthesis
    from alkynes, **7**, 222
1,6-Diboracyclododecane
  structure, **7**, 210
1,6-Diboracyclododecane, 2,7-dimethyl-
  synthesis, **7**, 211
Diboracyclohexadiene
  reaction with nickel tetracarbonyl, **6**, 117
1,4-Diboracyclohexa-2,5-diene
  preparation, **1**, 415

reaction with dicarbonylcyclopentadienylcobalt, **5**, 190
syntheses, **1**, 400
2,4-Diboracyclohexa-1,4-diene
synthesis, **1**, 332
1,4-Diboracyclohexa-2,5-dienes
complexes, **1**, 400
bonding, **1**, 401
derivatives, **1**, 399
Diboramethanes
reactions, **7**, 296
Diborane
allylic derivative hydroboration by directive effects, **7**, 148
hydroborating agent, **7**, 161–164
in phenol synthesis, **7**, 507
preparation, **7**, 161
purification, **7**, 162
reaction with butadiene, **1**, 335
reaction with trimethylborane, **1**, 25
vinylic derivative hydroboration by directive effects, **7**, 148
Diborane, 1,2-bis(tetramethylene)-
preparation, **1**, 335
Diborane, 1,2-(1'-methyltrimethylene)-
preparation, **1**, 335
Diborane, tetrachloro-
reaction with carbon vapour, **1**, 282
Diborane, tetrakis(dimethylamino)-
reaction with trimethylaluminum, **1**, 599
Diborane, tetramethyl-
boron-boron bond distance, **1**, 256
Diborane, 1,2-tetramethylene-
preparation, **1**, 335
Diborates, hexahydro-
organotransition metal complexes, **6**, 914
Diborates, pentahydro-
organotransition metal complexes, **6**, 915
Diboration
in preparation of three-coordinate acyclic organoboranes, **1**, 277
1,4-Diborinane, tetramethyl-
radical anion, **1**, 332
Diborolene
reaction with nickel tetracarbonyl, **6**, 117
1,3-Diborolene
metal–ligand group insertion reaction, **1**, 475
Δ⁴-1,3-Diborolene
as ligand precursor, **1**, 388
1,3-Diborolenyl
complexes, **1**, 388
Dibutyltin dilaurate
catalyst
polysiloxane crosslinking and, **2**, 330, 331
Dicarba-*closo*-decaborane
preparation, **1**, 460
synthesis, **1**, 427
1,2-Dicarba-*closo*-decaborane
synthesis, **1**, 426
1,6-Dicarbadecaborane
reaction with butyllithium, **1**, 436
rearrangements, **1**, 431
reduction, **1**, 435
1,6-Dicarba-*closo*-decaborane
dipole moment, **1**, 421
hydrogen–deuterium exchange, **1**, 443
synthesis, **1**, 426
1,10-Dicarbadecaborane
reaction with butyllithium, **1**, 436

1,10-Dicarba-*closo*-decaborane
chlorination, **1**, 441
synthesis, **1**, 426
5,6-Dicarbadecaborane
reduction, **1**, 435
synthesis, **1**, 428
5,6-Dicarbadecaborane, 10-chloro-
synthesis, **1**, 428
5,6-Dicarba-*nido*-decaborane
preparation, **1**, 435
synthesis, **1**, 423
5,7-Dicarba-*nido*-decaborane
reaction with trimethylamine, **1**, 440
synthesis, **1**, 427
6,9-Dicarba-*arachno*-decaborane, **1**, 413
preparation, **1**, 435
1,6-Dicarba-*closo*-decaboranes
polyhedral expansion, **1**, 510
1,8-Dicarba-*closo*-decaboranes
platinum insertion reactions, **1**, 509
polyhedral expansion, **1**, 510
Dicarbadodecaborane
lithium derivative, **1**, 436
rearrangement, **1**, 432
structure, **1**, 415
Dicarba-*closo*-dodecaborane
metal–ligand group insertion, **1**, 474
1,2-Dicarbadodecaborane
alkylation, **1**, 438
boron substituted carboxylic acid derivatives, **1**, 439
carbon-substituted
synthesis, **1**, 424
deca-*B*-chloro-
reaction with *N*-chlorosuccinimide, **1**, 442
exocyclic ring derivatives, **1**, 437
fluorination, **1**, 441
photochemical chlorination, **1**, 441
preparation, **1**, 460
reaction with alkyl halides, **1**, 439
reaction with butyllithium, **1**, 436
reaction with Grignard reagents, **1**, 436
rearrangements, **1**, 431
1,2-Dicarbadodecaborane, *B*-aryl-
preparation, **1**, 439
1,2-Dicarbadodecaborane, deca-*B*-chloro-
acidity, **1**, 442
1,2-Dicarbadodecaborane, *B*-decachloro-
halogenation, **1**, 442
1,2-Dicarbadodecaborane, 9,12-dichloro-1,2-dimethyl-
rearrangement, **1**, 432
1,2-Dicarbadodecaborane, 1,2-dimethyl-
preparation, **1**, 439
1,2-Dicarbadodecaborane, 1,2-ethylene-
preparation, **1**, 439
1,2-Dicarbadodecaborane, 1-vinyl-
preparation, **1**, 439
1,2-Dicarba-*closo*-dodecaborane
dipole moment, **1**, 421
hydrogen–deuterium exchange, **1**, 443
iodination, **1**, 441
reduction, **1**, 434
stability, **1**, 432
structures, **1**, 463
synthesis, **1**, 423
1,2-Dicarba-*closo*-dodecaborane, 9-bromo-
reaction with Lewis bases, **1**, 436
1,2-Dicarba-*closo*-dodecaborane, 1,2-dibromo-
dipole moment, **1**, 421
1,2-Dicarba-*closo*-dodecaborane, 9,12-dibromo-

1,2-Dicarba-*closo*-dodecaborane
    dipole moment, **1**, 421
1,2-Dicarba-*closo*-dodecaborane, 3,6-diphenyl-
    synthesis, **1**, 427
1,2-Dicarba-*closo*-dodecaborane, 3-phenyl-
    preparation, **1**, 439
    synthesis, **1**, 427
1,7-Dicarbadodecaborane
    alkylation, **1**, 438
    boron substituted carboxylic acid derivatives, **1**, 439
    dipole moment, **1**, 421
    fluorination, **1**, 441
    photochemical chlorination, **1**, 441
    reaction with alkyl halides, **1**, 439
    reaction with butyllithium, **1**, 436
    reaction with Grignard reagents, **1**, 436
    rearrangements, **1**, 431
1,7-Dicarbadodecaborane, *B*-aryl-
    preparation, **1**, 439
1,7-Dicarbadodecaborane, 1-(dimethylformamido)-
    rotational barriers, **1**, 421
1,7-Dicarbadodecaborane, methyl-
    electrophilic bromination, **1**, 441
1,7-Dicarba-*closo*-dodecaborane, **1**, 413
    functional derivatives, **1**, 427
    halogenation, **1**, 441
    hydrogen–deuterium exchange, **1**, 443
    photoelectron spectra, **1**, 421
    reduction, **1**, 434
    stability, **1**, 432
    synthesis, **1**, 427
1,12-Dicarbadodecaborane
    fluorination, **1**, 441
    photochemical chlorination, **1**, 441
    reaction with butyllithium, **1**, 436
    reduction, **1**, 432
    structure, **1**, 418
1,12-Dicarbadodecaborane, *B*-aryl-
    preparation, **1**, 439
1,12-Dicarba-*closo*-dodecaborane
    halogenation, **1**, 441
    hydrogen–deuterium exchange, **1**, 443
    reduction, **1**, 434
    stability, **1**, 432
1,7-Dicarba-*closo*-dodecaborane, *C,C'*-dimethyl-
    synthesis, **1**, 427
1,2-Dicarbadodecaboranes, aryl-
    preparation, **1**, 439
1,2-Dicarba-*closo*-dodecaboranes
    functional derivatives, **1**, 427
Dicarbadodecaborates, *B*-aryl-
    reaction with arylmagnesium halides and aryllithiums, **1**, 439
Dicarbaheptaborane
    mass spectrometry, **1**, 420
    metallacarborane synthesis from, **1**, 461
    NMR, **1**, 419
Dicarba-*closo*-heptaborane
    alkyl derivatives
        synthesis, **1**, 426
    methylated
        synthesis, **1**, 427
Dicarba-*closo*-heptaborane, *B,B',B'',B''',B''''*-pentamethyl-
    synthesis, **1**, 427
Dicarba-*nido*-heptaborane, *C,C'*-dimethyl-
    synthesis, **1**, 423
1,6-Dicarba-*closo*-heptaborane
    dipole moment, **1**, 421
2,3-Dicarba-*closo*-heptaborane
    synthesis, **1**, 422
2,4-Dicarbaheptaborane
    monochlorination, **1**, 441
    peralkylated derivatives
        synthesis, **1**, 431
    reaction with butyllithium, **1**, 436
2,4-Dicarbaheptaborane, *B,B'*-dimethyl-
    rearrangement, **1**, 432
2,4-Dicarbaheptaborane, 5-chloro-
    rearrangement, **1**, 432
2,4-Dicarbaheptaborane, 5,6-dichloro-
    rearrangement, **1**, 432
2,4-Dicarbaheptaborane, 5,6-dimethyl-
    rearrangement, **1**, 432
2,4-Dicarba-*closo*-heptaborane, **1**, 413
    alkyl derivatives
        synthesis, **1**, 424
    dipole moment, **1**, 421
    fluorination, **1**, 441
    metal insertion reactions, **1**, 499, 500
    methyl derivatives, **1**, 438
    negative-ion mass spectra, **1**, 421
    photoelectron spectra, **1**, 421
    polyalkylated derivatives
        synthesis, **1**, 424, 428
    protonation, **1**, 438
    synthesis, **1**, 422, 425
2,4-Dicarba-*closo*-heptaborane, 5-chloro-
    preparation, **1**, 441
    reaction with Lewis bases, **1**, 435
2,4-Dicarba-*closo*-heptaborane, difluoro-, **1**, 415
2,4-Dicarba-*closo*-heptaborane, *B*-dimethyl-
    synthesis, **1**, 427
2,4-Dicarba-*closo*-heptaborane, *C*-silyl-
    synthesis, **1**, 427
4,5-Dicarbaheptaborane
    synthesis, **1**, 428
Dicarba-*closo*-heptaboranes
    methylated
        synthesis, **1**, 427
Dicarbahexaborane
    metallacarborane synthesis from, **1**, 461
    structure, **1**, 28
Dicarbahexaborane, μ-[(chloromethyl)dimethylsilyl]-
    preparation, **1**, 439
Dicarba-*closo*-hexaborane
    mass spectrometry, **1**, 421
Dicarba-*nido*-hexaborane
    bridging-proton abstraction, **1**, 437
    5-(trimethylammonium) derivative
        rearrangement, **1**, 432
Dicarba-*nido*-hexaborane, 4-[[bis(chloromethyl)silyl]methyl]-
    preparation, **1**, 439
Dicarba-*nido*-hexaborane, 5-[[bis(chloromethyl)silyl]methyl]-
    preparation, **1**, 439
Dicarba-*nido*-hexaborane, μ,4-bis(trimethylsilyl)-
    preparation, **1**, 439
Dicarba-*nido*-hexaborane, 2,3-dimethyl-4-phenyl-
    synthesis, **1**, 430
Dicarba-*nido*-hexaborane, μ-(trimethylplumbyl)-
    reactions, **1**, 439
Dicarba-*nido*-hexaborane, 4-(trimethylsilyl)-
    preparation, **1**, 439
Dicarba-*nido*-hexaborane, μ-(trimethylstannyl)-
    reactions, **1**, 439

1,2-Dicarbahexaborane
  NMR, **1**, 419
  rearrangements, **1**, 431
1,2-Dicarba-*closo*-hexaborane
  negative-ion mass spectra, **1**, 421
  synthesis, **1**, 424, 425
1,6-Dicarbahexaborane
  NMR, **1**, 419
  reaction with butyllithium, **1**, 436
  vibrational spectroscopy, **1**, 419
1,6-Dicarba-*closo*-hexaborane
  alkyl derivatives
    synthesis, **1**, 424
  chlorination, **1**, 441
  iodination, **1**, 441
  negative-ion mass spectra, **1**, 421
  NMR, **1**, 419
  photoelectron spectroscopy, **1**, 418, 421
  protonation, **1**, 438
  reaction with Lewis bases, **1**, 435
  synthesis, **1**, 422, 425
2,3-Dicarba-*nido*-hexaborane, **1**, 413
  alkyl derivatives
    synthesis, **1**, 422
  hydrogen tautomerism, **1**, 434
  metallacarborane synthesis from, **1**, 461
  monohalogenation, **1**, 441
  negative-ion mass spectra, **1**, 421
  NMR, **1**, 419
  photoelectron spectra, **1**, 421
  synthesis, **1**, 423
  vibrational spectroscopy, **1**, 419
2,3-Dicarba-*nido*-hexaborane, 2,3-dimethyl-4-phenyl-
  preparation, **1**, 439
2,4-Dicarba-*nido*-hexaborane
  hydrogen tautomerism, **1**, 434
closo-1,6-Dicarbahexaborane(6)
  as ligand precursor, **1**, 390
nido-2,3-Dicarbahexaborane(8)
  as ligand precursor, **1**, 390
Dicarbahexaborane anions
  reaction with metal halides, **1**, 493
2,3-Dicarba-*nido*-hexaborane anions
  insertion reactions, **1**, 493
1,2-Dicarbahexaboranes
  rearrangements, **1**, 431
2,3-Dicarba-*closo*-hexaboranes
  synthesis, **1**, 425
Dicarbanonaborane
  preparation, **1**, 460
  synthesis, **1**, 428
Dicarbanonaborane, dimethyl-
  anions
    reaction with metal reagents, **1**, 490
Dicarba-*closo*-nonaborane
  preparation, **1**, 460
  synthesis, **1**, 427
1,3-Dicarba-*arachno*-nonaborane
  acidity, **1**, 437
  deuterium–hydrogen exchange, **1**, 442
  synthesis, **1**, 428
1,6-Dicarba-*closo*-nonaborane
  monobromination, **1**, 441
  synthesis, **1**, 426
4,5-Dicarbanonaborane
  metal insertion reactions, **1**, 500
6,8-Dicarbanonaborane, 7-methyl-
  preparation, **1**, 439
Dicarbaoctaborane
  reduction, **1**, 435
Dicarba-*arachno*-octaborane
  structure, **1**, 433
Dicarba-*closo*-octaborane
  cage fluxional behavior, **1**, 433
  preparation, **1**, 460
Dicarba-*nido*-octaborane
  synthesis, **1**, 427
1,7-Dicarbaoctaborane
  metal insertion reactions, **1**, 500
1,7-Dicarba-*closo*-octaborane
  methylated
    synthesis, **1**, 427
  synthesis, **1**, 426
1,7-Dicarba-*closo*-octaborane, 1,7-dimethyl-
  synthesis, **1**, 422
Dicarbapentaborane
  metallacarborane synthesis from, **1**, 461
Dicarba-*closo*-pentaborane
  alkyl derivatives
    synthesis, **1**, 426
  fluorination, **1**, 415
  mass spectrometry, **1**, 421
  metal-ligand group insertion, **1**, 474
Dicarba-*closo*-pentaborane, *B*,*B*′,*B*″-trimethyl-
  synthesis, **1**, 427
Dicarba-*nido*-pentaborane
  metal-ligand group insertion, **1**, 474
1,2-Dicarba-*closo*-pentaborane
  alkyl derivatives
    synthesis, **1**, 424
1,2-Dicarba-*nido*-pentaborane
  synthesis, **1**, 422
1,5-Dicarbapentaborane
  methyl–hydrogen exchange, **1**, 438
  NMR, **1**, 419
  peralkylated derivatives
    synthesis, **1**, 431
  per-*B*-methyl derivatives
    synthesis, **1**, 431
  vibrational spectroscopy, **1**, 419
1,5-Dicarbapentaborane, *B*-1-propenyl-
  preparation, **1**, 438
1,5-Dicarba-*closo*-pentaborane
  alkyl derivatives
    synthesis, **1**, 424
  halogenation, **1**, 441
  negative-ion mass spectra, **1**, 421
  NMR, **1**, 419
  photoelectron spectra, **1**, 421
  polyalkylated derivatives
    synthesis, **1**, 424
  synthesis, **1**, 422, 425
1,5-Dicarba-*closo*-pentaborane, 1-(methylsilyl)-
  synthesis, **1**, 431
1,5-Dicarba *closo*-pentaborane, 2-methyl-1-silyl-
  synthesis, **1**, 431
1,5-Dicarba-*closo*-pentaborane, 1-silyl-
  synthesis, **1**, 431
1,5-Dicarba-*closo*-pentaborane, 2,3,4-triethyl-
  synthesis, **1**, 431
2,4-Dicarbapentaborane
  vibrational spectroscopy, **1**, 419
1,5-Dicarba-*closo*-pentaboranes
  metal-ligand insertion reactions, **1**, 493
  synthesis, **1**, 428
Dicarbaundecaborane
  preparation, **1**, 460
Dicarba-*closo*-undecaborane
  metal insertion reactions, **1**, 517
  preparation, **1**, 460

Dicarba-*closo*-undecaborane
  synthesis, **1**, 426
Dicarba-*nido*-undecaborane
  bridging-proton abstraction, **1**, 437, 438
  metal–ligand group insertion, **1**, 474
Dicarba-*nido*-undecaborane, C,C'-dimethyl-
  oxidation, **1**, 440
1,2-Dicarbaundecaborane
  anion
    reaction with cobalt chloride, **1**, 476
1,2-Dicarbaundecaborane, 1-(dimethylformamido)-
  rotational barriers, **1**, 421
2,3-Dicarba-*closo*-undecaborane
  dipole moment, **1**, 421
  reaction with Lewis bases, **1**, 435
  synthesis, **1**, 426
2,7-Dicarbaundecaborane, 11-methyl-
  preparation, **1**, 438
5,6-Dicarbaundecaborane
  synthesis, **1**, 428
7,8-Dicarbaundecaborane
  acylation, **1**, 439
  alkylation, **1**, 438
  oxidation, **1**, 428
  synthesis, **1**, 428
7,8-Dicarbaundecaborane, 9-(diphenylphosphino)-
  preparation, **1**, 440
7,8-Dicarbaundecaborane, 3-phenyl-
  synthesis, **1**, 427
7,8-Dicarba-*nido*-undecaborane
  hydrogen–deuterium exchange, **1**, 443
  hydrogen tautomerism, **1**, 434
  synthesis, **1**, 428
7,9-Dicarbaundecaborane
  acylation, **1**, 439
  hydrogen–deuterium exchange, **1**, 443
  synthesis, **1**, 428
7,9-Dicarbaundecaborane, 11-amino-8,10,10,11-tetramethyl-
  preparation, **1**, 439
7,9-Dicarbaundecaborane, 10-methyl-
  preparation, **1**, 438
7,9-Dicarbaundecaborane, 8,10,11-trimethyl-
  preparation, **1**, 439
7,9-Dicarba-*arachno*-undecaborane
  derivatives, **1**, 439
7,9-Dicarba-*nido*-undecaborane, **1**, 413
  substituted ion derivatives
    preparation, **1**, 440
  synthesis, **1**, 428
7,9-Dicarba-*nido*-undecaborane, 7,9-dimethyl-
  3-alkoxy derivatives
    synthesis, **1**, 428
  10-alkoxy derivatives
    preparation, **1**, 440
Dicarbaundecaborane anions
  thallium(I) salts, **1**, 749
1,2-Dicarbaundecaborane anions
  metal insertion reactions, **1**, 516
1,7-Dicarbaundecaborane anions
  metal insertion reactions, **1**, 516
7,8-Dicarba-*nido*-undecaborates
  9-substituted
    synthesis, **1**, 439
Dicarbollide ions
  metal ion insertion reactions, **1**, 515
1,2-Dicarbollide ligand
  actinide complexes, **3**, 260
Dicarbonylation
  alkylcarbonylmanganese complex preparation by, **4**, 75
1,4-Dicarbonyl compounds
  preparation
    alkynylborates in, **7**, 341
  preparation by carbocarbonylation, **8**, 165
1,5-Dicarbonyl compounds
  synthesis
    lithium organocuprates in, **7**, 710
Dicarboxylic acids
  telomerization with butadiene, **8**, 433
Dichloroiodo compounds
  reaction with organolithium compounds, **7**, 76
Dicobaltacarbadodecaborane, bis(η-cyclopentadienyl)-
  synthesis, **1**, 510
Dicobaltacarbadodecaborane anion, bis(η-cyclopentadienyl)-
  preparation, **1**, 525
5,7-Dicobaltadecaborane, bis(η-pentamethylcyclopentadienyl)-
  structure, **1**, 507
6,9-Dicobaltadecaborane, bis(η-pentamethylcyclopentadienyl)-
  structure, **1**, 507
Dicobaltadicarbadodecaborane, bis(η-cyclopentadienyl)-
  preparation, **1**, 512
  rearrangements, **1**, 521
Dicobaltadicarbaheptaborane, bis(η-cyclopentadienyl)-
  isomers
    preparation, **1**, 496
1,2,3,5-Dicobaltadicarbaheptaborane, bis(η-cyclopentadienyl)-
  preparation, **1**, 493
1,7,2,3-Dicobaltadicarbaheptaborane, bis(η-cyclopentadienyl)-
  preparation, **1**, 496
  1,3-propenylene-disubstituted derivative, **1**, 496
  thermal rearrangement, **1**, 496
1,7,2,4-Dicobaltadicarbaheptaborane, bis(η-cyclopentadienyl)-
  thermal rearrangement, **1**, 496
Dicobaltadicarbanonaborane, bis(η-cyclopentadienyl)-
  isomers
    reversible thermal migration of methyl atoms, **1**, 501
  preparation, **1**, 505
Dicobaltadicarbatetradecaborane, bis(η-cyclopentadienyl)-
  preparation, **1**, 530
Dicobaltadicarbatridecaborane, bis(η-cyclopentadienyl)-
  preparation, **1**, 530
Dicobaltadicarba-*closo*-undecaborane, bis(η-cyclopentadienyl)-
  preparation, **1**, 512
1,6,2,4-Dicobaltadicarbaundecaborane, bis(η-cyclopentadienyl)-
  isomerization, **1**, 512
Dicobaltaferrahexaborane, bis(η-cyclopentadienyl)tetracarbonyl-
  preparation, **1**, 489
1,2-Dicobalta-3-ferrahexaborane, 1,2-bis(cyclopentadienyl)tetracarbonyltrihydro-
  preparation, **6**, 921
Dicobaltahexaborane, bis(η-cyclopentdienyl)-
  preparation, **1**, 497
1,2-Dicobaltahexaborane, bis(η-cyclopentadienyl)-
  preparation, **1**, 497

1,2-Dicobaltahexaborane, bis(cyclopentadienyl)hexahydro-
  properties, **6**, 924
1,2-Dicobaltahexaborane, 3-cyclopentyl-1,2-bis(cyclopentadienyl)pentahydro-
  preparation, **6**, 924
1,2-Dicobaltahexaborane, 4-cyclopentyl-1,2-bis(cyclopentadienyl)pentahydro-
  preparation, **6**, 924
Dicobaltaselenadodecaborane, bis(η-cyclopentadienyl)-
  preparation, **1**, 528
Dicobaltatetracarbadodecaborane, bis(η-cyclopentadienyl)-
  preparation, **1**, 526
  structure, **1**, 471
Dicobaltatetracarbadodecaborane, bis(η-cyclopentadienyl)tetramethyl-
  preparation, **1**, 526, 527
1,5-Dicupra-3,7-diphosphacyclooctane, 3,3,7,7-tetramethyl-
  thermal stability, **2**, 724
Dicupradodecaborate, decahydro-
  preparation, **6**, 940
Dicupradodecaborate, decahydrotetrakis(triphenylphosphine)-
  preparation, **6**, 940
2,3-Dicupraheptaborate, (diphos)octahydro-
  preparation, **6**, 930
2,3-Dicupraheptaborate, octahydrobis(triphenylphosphine)-
  preparation, **6**, 930
  structure, **6**, 927
Dicyclohexyl peroxyldicarbonate
  reaction with vanadocene, **3**, 670
Dicyclopentadiene
  arylation, **8**, 867
  in ethylene–propylene copolymers, **7**, 449
  hydroformylation, **8**, 130
  palladium complexes, **6**, 364
  reaction with acetylpentacarbonylmanganese, **4**, 76
  reaction with allyl halide and carbon monoxide
    nickel catalysed, **8**, 781
  reaction with benzoylpentacarbonylmanganese, **4**, 76
  reaction with butadiene
    nickel catalysed, **8**, 730
  reaction with organoaluminum compounds, **7**, 383
  reaction with palladium dichloride, **6**, 318
  reaction with pentacarbonylmethylmanganese, **4**, 76
  reaction with pentacarbonylphenylmanganese, **4**, 76
  reaction with potassium tetrachloroplatinate, **6**, 376
  solvomercuration, **2**, 884
Dicyclopentadiene, methoxy-
  palladium complex, **6**, 376
endo-Dicyclopentadiene
  rhodium complexes, **5**, 484
Dicyclopentene, 8-cyano-
  hydrocyanation
    nickel catalysed, **8**, 632
Dicyclopropyl
  palladium η^3-allylic complex formation from, **6**, 400
Dielectric constant
  polysiloxanes, **2**, 351
  silicone fluids, **2**, 351
Dielectric strength
  polysiloxanes, **2**, 353
  silicone fluids, **2**, 353
Diels–Alder reaction
  alkenylboranes, **7**, 319
  alkynylboranes, **7**, 345
  asymmetric, **8**, 495
  catalysis by organoaluminum compounds, **7**, 403
  siloles, **2**, 258, 259
Diene bridges
  dicyclopentadienyldiiron complexes, **4**, 596
Diene complexes
  transition metal complexes
    bond lengths, **3**, 47
η^4-Diene complexes, **8**, 970–983
1,5-Diene-3,4-diols
  isomerization
    catalysis by ruthenium complexes, **4**, 950
Diene ligands
  acyclic
    iron complexes, **4**, 426
  conjugated
    rhodium complexes, **5**, 447–460
  non-conjugated
    rhodium complexes, IR, Raman absorption spectra, **5**, 462
  non-conjugated iron complexes
    structure, **4**, 453
η^4-Diene ligands
  cobalt complexes, **5**, 226
    preparation from cobaltacycles, **5**, 235
  iron complexes
    (η^3-allyl)iron complex formation from, **4**, 403
    electrophilic addition, **4**, 407
    reactions, **4**, 463
  osmium complexes, **4**, 1015
η^4-1,3-Diene ligands
  rhodium complexes
    protonation, **5**, 505
Dienes
  acyclic
    hydroboration, **7**, 212
    ruthenium complexes, **4**, 750
  1-acyl-
    synthesis, **8**, 163
  η^3-allylic palladium(II) complex preparation from, **6**, 392
  bicyclic
    rhodium complexes, **5**, 480
  bis-alkoxycarbonylation, **8**, 898
  carbonylation, **8**, 168
  cationic palladium complexes, **6**, 367
  codimerization with monoenes, **8**, 424
  conjugated
    addition reactions, **7**, 6
    asymmetric hydroformylation, **8**, 484
    cyclooligomerization, **7**, 451
    germylene addition reactions, **2**, 486
    hydroboration, **7**, 179
    hydrogenation, **8**, 333, 334
    hydrosilylation, **2**, 312
    monohydroboration, **7**, 350
    platinum complexes, **6**, 680
    protection in hydroboration, **7**, 231
    reaction with octacarbonyldicobalt, **5**, 226
    reaction with tetracarbonylhydridocobalt, **5**, 50
    reaction with thallium(III) compounds, **7**, 498
    Ziegler–Natta polymerization, **3**, 536–541

Dienes

cooligomerization, **8**, 415, 416
cooligomerization with alkenes, **8**, 418–425, 423
cooligomerization with alkynes, **8**, 426–429
cooligomerization with butadiene, **8**, 416
cooligomerization with vinylsilane
   nickel catalysed, **8**, 684
cyclic
   hydroboration, **7**, 213
   hydrogenation, catalysis by ruthenium complexes, **4**, 934
   reaction with dodecacarbonyltriruthenium, **4**, 849
   reaction with palladium dichloride, **6**, 393
   rhodium complexes, **5**, 449
   ruthenium complexes, **4**, 751
cyclic conjugated
   reaction with silylenes, **2**, 214
cyclic hydroboration, **7**, 164, 186, 208
   thexylborane in, **7**, 114
cyclization
   nickel catalysed, **8**, 618
cycloaddition reactions and
   iron carbonyls and, **8**, 947
cycloaddition reactions with disilanes, **2**, 376
cyclodimerization
   nickel catalysed, **8**, 674
dihydroboration, **7**, 205
dimerization
   platinum(0) complexes in, **6**, 681
in ethylene–propylene copolymers, **7**, 449
in Heck arylation, **8**, 873
hydralumination, **1**, 643
hydroboration, **1**, 314; **7**, 114, 145, 204–216
   relative reactivities, **7**, 172
hydrogenation, **8**, 342
   homogeneous catalysts, **8**, 332
   mechanism, **8**, 310, 322
   without coordination, **8**, 322
hydropalladation, **6**, 342
hydrostannation, **2**, 543
insertion reactions with acyltetracarbonylcobalt, **5**, 219
insertion reactions with acyl tetracarbonyl cobalt complexes, **5**, 54
iron tricarbonyl complexes
   reactions, **8**, 973
isomerization
   iron carbonyls in, **4**, 252; **8**, 940
magnesium compounds, **1**, 219–221
monoalkoxycarbonylation, **8**, 899
non-conjugated
   cobalt complexes, **5**, 187
   hydrogenation, **8**, 333
oligomerization, **8**, 393–409
   π-allylpalladium complexes in, **8**, 843
oxymercuration–demercuration, **7**, 673
palladium complexes, **6**, 363–382
   physical properties, **6**, 370–372
palladium(0) complexes, **6**, 247, 364
palladium(II) complexes
   nucleophilic addition reactions, **6**, 373–380
   properties, **6**, 372
phenyl sulfoxide substituted
   synthesis, **7**, 527
photocatalysed hydrogenation
   hexacarbonylchromium as catalyst in, **3**, 958
platinum(II) η^3-allyl complex preparation from, **6**, 717
platinum(II) complexes, **6**, 638, 682
polymerization, **7**, 8
   organoaluminum compounds in, **7**, 446
   organolithium compounds in, **7**, 8
   organometallic compounds in, **7**, 6
   Ziegler–Natta catalysts in, **3**, 477
polymers
   structure, **3**, 478
   vulcanised, properties, **3**, 482
preparation, **8**, 875
preparation from alkynes
   organoaluminum compounds in, **1**, 664
preparation from π-allylpalladium complexes, **8**, 836
racemic
   kinetic resolution, **7**, 249
reaction with acyltetracarbonylcobalt, **5**, 219
reaction with (η-allyl)(η^1-allyl)cyclopentadienylcobalt, **5**, 225
reaction with allylic palladium complexes, **6**, 436
reaction with allylpalladium halides, **6**, 438
reaction with amines
   nickel catalysed, **8**, 691
reaction with (amine)tetracarbonyliron complexes, **4**, 285
reaction with bis(η^3-allyl)nickel complexes, **6**, 68
reaction with 9-borabicyclo[3.3.1]nonane, **7**, 178
reaction with carbon monoxide
   π-allylpalladium complexes in, **8**, 845
reaction with carbonyl Group IVB–ruthenium complexes, **4**, 915
reaction with carbonylhydridovanadium complexes, **3**, 655
reaction with cobalt carbonyls, **5**, 187
reaction with (cyclooctadiene)(η^3-cyclooctenyl)cobalt, **5**, 222
reaction with cyclopentadienylnickel complexes, **6**, 113
reaction with dicarbonylcyclopentadienylcobalt, **5**, 189
reaction with dodecacarbonyltriiron, **4**, 617
reaction with halogenoorganomagnesium compounds, **1**, 168
reaction with hydridotetrakis(trifluorophosphine)cobalt, **5**, 216
reaction with iron carbonyls, **4**, 426
reaction with nickel alkene complexes, **6**, 107
reaction with organoaluminum compounds, **7**, 381
reaction with silanes, **8**, 850
reaction with triosmium cluster compounds, **4**, 1042
reaction with zerovalent nickel complexes, **6**, 154, 156
resolution
   rhodium complexes in, **5**, 486
ring ketones from
   hydroboranes in, **7**, 127
ruthenium complexes
   $\eta^2 + \eta^2$-unconjugated, **4**, 748
selective hydrogenation, **8**, 336
   catalysis by hexacarbonylbis(η-cyclopentadienyl)dichromium, **3**, 964

selective reduction, **6**, 673
sodium dicarbonyl-η^5-cyclopentadienylferrates, **8**, 965
substituted
  cyclotrimerization, nickel catalysed, **8**, 677
synthesis
  organoaluminum compounds in, **7**, 400
  organoboranes in, **7**, 138
unconjugated
  hydrogenation, **8**, 312, 322, 337
Ziegler–Natta polymerization
  mechanism, **3**, 503–506
1,2-Dienes
  cooligomerization
    nickel catalysed, **8**, 666
  insertion into rhodium–hydrogen bonds, **5**, 494
  oligomerization
    nickel catalysed, **8**, 664
  reaction with allylic palladium complexes, **6**, 441
  substituted
    polymerization, nickel catalysed, **8**, 665
  telomerization, **8**, 450
    nickel catalysed, **8**, 666
1,3-Dienes
  carbonylcyclopentadienylvanadium complexes, **3**, 667
  codimerization with ethylene
    nickel catalysed, **8**, 618
  cooligomerization with aldehydes
    nickel catalysed, **8**, 696
  cooligomerization with alkenes
    nickel catalysed, **8**, 683, 685
  cooligomerization with alkynes
    nickel catalysed, **8**, 655
  cooligomerization with allene
    nickel catalysed, **8**, 666
  cooligomerization with ketones
    nickel catalysed, **8**, 695
  copolymerization
    nickel catalysed, **8**, 702
  copolymerization with alkynes
    nickel catalysed, **8**, 702
  cyclic
    reaction with carbonyl Group IVB–ruthenium complexes, **4**, 915
  cyclocooligomerization with alkenes
    nickel catalysed, **8**, 680
  cyclocooligomerization with alkenes and alkynes
    nickel catalyzed, **8**, 680
  cyclocooligomerization with alkynes
    nickel catalysed, **8**, 681
  cyclodimerization
    nickel catalysed, **8**, 672
    nickel catalysed, mechanism, **8**, 675
  cyclooligomerization, **8**, 403–409
  cyclooligomerization with alkenes
    nickel catalysed, mechanism, **8**, 683
  cyclotrimerization
    nickel catalysed, **8**, 677
  Diels–Alder addition of disilenes to, **2**, 269
  hydrosilylation
    nickel catalysed, **8**, 693, 694
  hydrostannation, **2**, 535
  1,2-hydrosulfenylation
    π-allylpalladium complexes in, **8**, 812
  insertion into rhodium–hydrogen bonds, **5**, 494
  linear
    oligomerization, **8**, 402

linear oligomerization, **8**, 396–402
  nickel catalysed, **8**, 690
nickel complexes, **6**, 112
oligomerization, **8**, 396–409
  nickel catalysed, **8**, 671–703, 697
oligomerization and telomerization
  nickel catalysed, **8**, 690
palladium(II) complexes, **6**, 367
polymerization
  bis(η^3-allyl)nickel complexes as catalyst in, **6**, 158
  nickel catalysed, **8**, 701
  nickel catalysed, mechanism, **8**, 703
  organoaluminum compounds and, **1**, 578
preparation, **7**, 548
  from alkenyl cuprates, **7**, 701
reaction with (acetylacetone)bis(ethylene)rhodium, **5**, 448
reaction with active hydrogen compounds
  nickel catalysed, **8**, 692
reaction with alkenes
  nickel catalysed, **8**, 684
reaction with allyl halides and carbon monoxide, **8**, 780
reaction with bis(η-cyclopentadienyl)diphenylzirconium, **3**, 591
reaction with carbonyl compounds
  nickel catalysed, **8**, 737
reaction with cyclopentadiene
  nickel catalysed, **8**, 675
reaction with dodecacarbonyltriruthenium, **4**, 849
reaction with nickel alkene complexes, **6**, 82
reaction with nickelates, **6**, 173
reaction with phenylpalladium complexes, **6**, 394
reaction with silylene, **2**, 214
reaction with tetracarbonylacylcobalt complexes, **8**, 163
reaction with tetracarbonylhydridocobalt, **5**, 211
reaction with trialkyltin hydrides, **2**, 589
reaction with zerovalent nickel complexes, **6**, 166
rhodium complexes
  conjugated diene rhodium complexes preparation from, **5**, 447–453
  seven-membered cyclic ketone synthesis from, **7**, 560
stereocontrolled synthesis, **8**, 911
substituted
  cyclodimerization, nickel catalysed, **8**, 673
  polymerization, nickel catalysed, **8**, 702
synthesis, **8**, 924
  from 1-alkenylmercuric halides, **7**, 683
  from 1-bromoalkynes, **7**, 718
telomerization
  nickel catalysed, **8**, 691
(E,Z)-1,3-Dienes
  synthesis, **8**, 914
1,4-Dienes
  hydroboration, **7**, 267
  isomerization
    rhodium complexes in, **5**, 452
  oligomerization, **8**, 410
  palladium(II) complexes
    preparation, **6**, 364–367
  rearrangements
    nickel catalysed by, **8**, 628
  regioselective hydrogenation
    catalysis by (η^6-arene)tricarbonylchromium complexes, **3**, 1051

1,4-Dienes
  rhodium complexes, **5**, 480
  synthesis
    from alkenylmercuric halides, **7**, 684
    vinylsilanes in, **7**, 545
1,5-Dienes
  acyclic
    synthesis, **7**, 233
  carbonylation
    nickel catalysed, **8**, 776
  hydroboration, **7**, 267
  oligomerization, **8**, 410
  palladium(II) complexes
    physical properties, **6**, 370
    preparation, **6**, 364–367
  rhodium complexes, **5**, 483–488
  stereospecific synthesis, **8**, 916
1,6-Dienes
  rhodium complexes, **5**, 483–488
2,3-Dienes
  1-halogeno
    reaction with magnesium, **1**, 174
α,ω-Dienes
  preparation, **8**, 391
  reaction with organoaluminum hydrides, **1**, 24
Dienolates
  silyl enol ether synthesis from, **7**, 553
Dienones
  alicyclic
    isoaromatization, catalysis by ruthenium complexes, **4**, 952
  synthesis, **7**, 608
    stereocontrolled, **8**, 971
2,5-Dienones
  isomerization
    nickel catalysed by, **8**, 626
Dienophiles
  reaction with tricarbonyl(cyclooctatetraene)-ruthenium, **4**, 753
Dienylium complexes
  acyclic, **8**, 984
Dienyl ligands
  acyclic
    iron complexes, **4**, 493
  iron complexes
    nucleophilic addition, **4**, 431
  rhodium complexes, **5**, 492–520
η-Dienyl ligands
  rotation, **3**, 111, 114
η³-Dienyl ligands
  fluctionality, **3**, 143
  metal shifts, **3**, 144
η⁵-Dienyl ligands
  cobalt complexes, **5**, 258
  osmium complexes, **4**, 1015
σ-Dienyl ligands
  fluctionality, **3**, 128
  1,5-shifts, **3**, 129
Diesel fuel
  manufacture, Fischer–Tropsch synthesis, **8**, 47
Diethylaluminum propionate
  preparation, **1**, 598
Diethylene glycol
  dimethyl ether
    reduction by organoaluminum compounds, **7**, 430
Diethylene glycol dimethyl ether
  promoter
    in siloxane polymerization, **2**, 325
Diethyl ether
  aggregation of alkyl and aryl alkali metal compounds in, **1**, 69
  diethylmagnesium system
    phase diagram, **1**, 202
  effect on reaction of benzophenone with trimethylaluminum, **1**, 645
  in preparation of Grignard reagents, **1**, 157
Diethyl malonate
  reaction with allene
    nickel catalysed, **8**, 667
  reaction with isoprene
    nickel catalysed, **8**, 691
Diferrabutadiene
  protonation, **4**, 587
Diferracyclobutanes, **4**, 548
  formation, **4**, 554
Diferracycloheptadienes, **4**, 548, 550
1,2,3,5-Diferradicarbaheptaborane, hexachloro-
  preparation, **1**, 493
Diferradicarbatridecaborane, bis(η-cyclopentadienyl)-
  preparation, **1**, 530
2,4-Diferraheptaborate, dicarbonylbis(cyclopentadienyl)heptahydro-
  structure, **6**, 929
Diferrapentaborane, hexacarbonyl-
  structure, **1**, 470
  synthesis, **1**, 490, 491
Diferratetraborane, hexacarbonyl-
  synthesis, **1**, 490, 491
Diferratetracarbatetradecaborane
  bis(η-cyclopentadienyl)tetramethyl-
    Wade's rules, **1**, 473
Diferratetracarbatetradecaborane, bis(η-cyclopentadienyl)tetramethyl-
  preparation, **1**, 530, 531
  structure, **1**, 531, 532
Diferratetracarbatetradecaborane, *Fe,Fe*-bis(η-cyclopentadienyl)-*C,C′,C″,C‴*-tetramethyl-
  structure, **1**, 464
Difluorosilylene insertion into carbon–iodine bonds, **2**, 182
Digermacycloalkanes
  germanium–germanium bond cleavage in, **2**, 415
1,2-Digermacycloheptanes
  preparation, **2**, 407
Digermacyclohexanes
  preparation, **2**, 408
1,2-Digermacyclopentanes
  preparation, **2**, 408
Digermadiazine
  stability, **2**, 451
2,3-Digermadioxolene
  preparation, **2**, 496
Digermane
  cobalt carbonyl compounds, **6**, 1084
  formation, **2**, 417
  functional germylene preparation from, **2**, 479
2,5-Digermaphospholane
  preparation, **2**, 459
Digermaphospholanes
  preparation, **2**, 460
2,5-Digermazolidine
  preparation, **2**, 451
Digermenes
  preparation, **2**, 496
Diglyme
  in preparation of diorganylmagnesium compounds, **1**, 199
***gem*-Dihalides**
  benzylic, dehalogenation with iron carbonyls, **8**, 944
Dihydride catalysts

for hydrogenation, **8**, 316
Dihydrogen
  dinitrogen reduction and, **8**, 1081
Diimido sulfur compounds
  reaction with organometallic compounds, **7**, 69
Diimines
  aryl
    osmium complexes, **4**, 989
  cyclic
    reaction with nickel tetracarbonyl, **6**, 18
1,4-Diisocyanobenzene bridges
  dicyclopentadienyldiiron complexes, **4**, 596
Diisopropyl sulfide
  triphenylborane adduct, **1**, 301
Diketene
  reaction with Grignard reagents
    nickel catalysed, **8**, 769
β-Diketonates
  palladium complexes, **6**, 329
  reaction with platinum(II) olefin complexes, **6**, 666
Diketones
  Michael addition
    nickel catalysed, **8**, 737
  nickel complexes, **6**, 127
  reaction with allyl nickel complexes, **8**, 729
1,2-Diketones
  anions
    reaction with platinum(II) η^3-allyl complexes, **6**, 730
  boron derivatives, **1**, 366
  chiral
    rhodium complexes, in gas chromatography, **5**, 423
  dicarbonyl rhodium complexes, **5**, 283
    IR and NMR data, **5**, 284
  osmium complexes, **4**, 1001
  palladium(0) complexes, **6**, 244
  reaction with chlorobis(diene)rhodium, **5**, 462
  reaction with pentacarbonylchlororhenium, **4**, 192
  reaction with pentacarbonylmanganese, **4**, 22
  rhodium complexes, **5**, 367
  synthesis
    organocadmium reagents in, **7**, 670
1,3-Diketones
  dicyclopentadienylvanadium complexes, **3**, 682
  synthesis, **7**, 39
1,4-Diketones
  dehydrogenation, **8**, 839
  preparation, **7**, 557
  synthesis
    lithium organocuprates in, **7**, 710
1,5-Diketones
  preparation
    allylsilanes in, **7**, 541
Dilithium tetrakis(2,6-dimethoxyphenyl)vanadate, **3**, 658
Dilithium tetramethylmagnesate, **1**, 221
Dimerization —
  acetylene
    platinum(II) carbonyls in, **6**, 493
  acetylenes
    palladium(II) compounds in, **6**, 456
  alkenes
    bis(η-buta-1,3-diene)(dmpe)zirconium as catalyst in, **3**, 643
    in metathesis reactions, **8**, 519
  alkynes
    diorganoaluminum hydrides in, **1**, 665
  butadiene
    palladium(0) complexes as catalyst in, **8**, 276
    tris(allyl)cobalt and, **5**, 224
  2-butyne
    aluminum trichloride in, **1**, 604
  carbenes, **7**, 89
  carbon disulfide
    rhodium complexes in, **5**, 415
  catalysis by ruthenium complexes, **4**, 953–957
  catalytically active species bound to polymers, **8**, 573
  cyclopropenes, **8**, 390
  1,3-dienes, **8**, 396
  diolefins
    platinum(0) complexes in, **6**, 681
  ethylene
    catalysis by supported ruthenium complexes, **4**, 961
    nickel catalysed, **8**, 616
    nickel catalysed, kinetics, **8**, 617
    organoaluminum compounds in, **1**, 664
    organotitanium hydrides in, **3**, 297
    rhodium complex catalysts, **5**, 423
  of hydrogenation catalysts, **8**, 330
  isoprene
    ruthenium chloride in, **4**, 745
  linear
    isoprene, **8**, 400
  lithium organocuprate in, **7**, 701
  –methoxylation
    butadiene, **8**, 574
  mixed
    ethylene and propylene, triethylaluminum in, **1**, 664
  norbornadiene, **5**, 463
  propene
    nickel catalysed, **8**, 617
    nickel catalysed, kinetics, **8**, 617
    nickel catalysed, phosphine and, **8**, 617, 619
  propylene, **7**, 380
    π-allylnickel halide and organoaluminum dihalides in, **1**, 665
    lanthanide complexes, **3**, 210
    organoaluminum compounds in, **1**, 664
Dimers
  oxidative addition of hydrogen, **8**, 292
Dimersol process, **8**, 387, 415
Dimetallatetracarbaboranes
  12-vertex
    synthesis, **1**, 526
ortho-Dimetallation
  dodecacarbonyltriiron, **4**, 544
Dimetallocycles
  alkylidene diiron complexes, **4**, 529
Di-π-methane rearrangement
  divinylsilanes, **2**, 217
Dimethylamine
  complexes with organoberyllium compounds, **1**, 131
  elimination
    in heteronuclear metal–metal bond formation, **6**, 778
  reaction with dodecacarbonyltriruthenium, **4**, 868
  trimethylgallium adduct
    thermal decomposition, **1**, 698

Dimethylamino radicals
  reaction with organoboranes, **1**, 291
Dimethylarsenide ligands
  carbonylmanganese complexes, **4**, 111
μ-Dimethylcarbene ligands
  dicarbonyl(η-cyclopentadienyl)diruthenium complexes, **4**, 828
Dimethyl disulfide
  reaction with pentacarbonyliron, **4**, 276
Dimethyl ether
  cocondensation with calcium, strontium or barium vapour, **1**, 225
Dimethylimmoniocarbene ligands
  tetranuclear iron complexes, **4**, 637
Dimethyl selenide
  organoborane adducts, **1**, 301
Dimethylsilicone rubber
  gaseous permeability, **2**, 358
Dimethyl sulfide
  complexes with dihalogenoboranes
    complexes with dimethyl sulfide, hydroborating agents, **7**, 187
  complex with borane
    hydroborating agent, **7**, 162
  complex with dibromoborane
    hydroborating agent, **7**, 188
  complex with diiodoborane
    hydroborating agent, **7**, 188
  complex with monobromoborane
    hydroborating agent, **7**, 187
  complex with monochloroborane
    hydroborating agent, **7**, 184
  complex with monoiodoborane
    hydroborating agent, **7**, 187
  organoborane adducts, **1**, 301
  triphenylborane adduct, **1**, 301
Dimethyl sulfoxide
  promoter
    in siloxane polymerization, **2**, 325
  reaction with η³-allyl palladium complexes, **6**, 418
  reaction with carbonyl(η-alkylcyclopentadienyl)iodonitrosylmanganese, **4**, 134
  reaction with pentacarbonylhalomanganese, **4**, 35
  reaction with Vaska's compounds, **5**, 547
1,2-Dinickeladodecaborate, bis(cyclopentadienyl)-decahydro-
  preparation, **6**, 940
Dinitrogen
  binding to metals, **8**, 1075
  binuclear titanium complex, **8**, 1080
  binuclear titanium complexes, **8**, 1077, 1078
  binuclear vanadium complexes, **8**, 1083
  bonding interaction, **8**, 1075
  bridged vanadium complex, **8**, 1083
  cationic cyclopentadienylruthenium complexes, **4**, 792
  complexes, **8**, 1074
    basicity, **8**, 1100
  dinuclear osmium complex, **4**, 992
  electrochemical reduction, **8**, 1080
  electrochemical reduction cycle, **8**, 1079
  insertion into titanium–aryl bond, **8**, 1081
  mononuclear complexes, **8**, 1075
  mononuclear vanadium complex, **8**, 1083
  nickel complexes, **6**, 46, 131, 132
  niobium complex, **8**, 1086
  polynuclear complexes, **8**, 1100
  reactions
    promoted by transition metal compounds, **8**, 1073–1104
  reaction with methyltris(triphenylphosphine)cobalt, **5**, 70
  reaction with titanium tetrachloride and diisobutylaluminum hydride, **8**, 1079
  reduction
    aluminum in, **8**, 1080
    with reduced metal compounds, **8**, 1075
  reduction by nitrogenase
    large protein in, **8**, 1074
    small protein in, **8**, 1074
  reduction in aprotic media, **8**, 1082
  reduction in protic media, **8**, 1084
  titanium complex, **8**, 1077
  transition metal complexes
    electrophilic attack, **8**, 1099
    ^{15}N NMR, **8**, 1095
    nucleophilic attack, **8**, 1098
Dinitrogen bridges
  dicyclopentadienyldiiron complexes, **4**, 593
Dinitrogen difluoride
  reaction with organometallic compounds, **7**, 75
Dinitrogen trioxide
  reaction with nickel tetracarbonyl, **6**, 9
Dinuclear compounds
  heteronuclear, **6**, 765
Diols
  aromatic
    boron derivatives, **1**, 366
  preparation
    by dihydroboration of dienes, **7**, 205
  reaction with dichlorobis(η-cyclopentadienyl)titanium, **3**, 339
  reaction with silyl enol ethers, **7**, 562
  stereoselective synthesis
    hydroboration in, **7**, 213
  synthesis, **7**, 33
  synthesis from dienes
    hydroboration in, **7**, 204
  telomerization with butadiene, **8**, 440
1,2-Diols
  dinitrates
    preparation, **7**, 494
  preparation, **7**, 494
  synthesis
    hydroboration in, **7**, 237
1,3-Diols
  synthesis
    from enol esters, **7**, 412
α,ω-Diols
  ω-hydroxy-
    preparation, hydralumination, **1**, 648
Diones
  reaction with trimethylsilyl radicals, **2**, 91
α-Diones
  reduction
    organoaluminum compounds in, **7**, 422
Diop
  in asymmetric hydrogenation, **8**, 466
  complexes
    crystal structure, **8**, 473
Dioptase
  silylation, **2**, 157
Diorganoaluminum azides
  preparation, **1**, 631
Diorganoaluminum chlorides
  analysis, **1**, 669
Diorganoaluminum fluorides
  preparation, **1**, 631
Diorganoaluminum halides
  metathesis with organometallic compounds, **1**, 627

Diorganoaluminum hydride
 alkyne trimerization by, **1**, 665
 electrical conductivity, **1**, 565
 trimer, **1**, 563
Diorganoaluminum hydrides
 alkyne dimerization by, **1**, 665
 analysis, **1**, 669
 preparation, **1**, 630
 reaction with alkenes
  kinetics, **1**, 568
 reaction with alkynes
  kinetics, **1**, 568
Diorganomercury compounds
 adducts
  solution studies, **2**, 937
 formation, **2**, 892
 ionization potentials, **2**, 866
 physical properties, **2**, 901
 structures, **2**, 901, 902
 symmetric
  formation, **2**, 892
 unsymmetric
  formation, **2**, 895
Diorganotin complexes
 Mössbauer spectroscopy
  stereochemistry and, **2**, 524
1,3-Dioxa-6-aza-2-silacyclooctane, 2,2-diaryl-
  N-substituted
 NMR, **2**, 167
Dioxabora heterocycles, **1**, 364
1,3,2-Dioxaborinane, 4,4,6-trimethyl-
 hydroborating agent, **7**, 217
1,3,2-Dioxaborolan-4-one, 2,5,5-triorgano-
 preparation, **1**, 367
Dioxacorrole ligands
 carbonyl rhodium complexes, **5**, 292
1,2-Dioxacyclohexane
 synthesis, **7**, 674
1,2-Dioxacyclopentane
 synthesis, **7**, 674
Dioxa[1.1]di-p-disilinocyclophane
 preparation, **2**, 277
1,4-Dioxa-2,5-disilacyclohexane
 preparation, **2**, 220
Dioxane
 complex with bromoethylberyllium, **1**, 138
1,4-Dioxane
 in preparation of diorganylmagnesium com-
  pounds, **1**, 198
1,3-Dioxanes
 metallation
  alkali metal compounds, **1**, 80
1,3,2-Dioxastannolene
 preparation, **2**, 597
1,3-Dioxolanes
 reaction with Grignard reagents, **1**, 189
 reaction with organometallic compounds, **7**, 47
1,3-Dioxolanes, 2-alkoxy-
 reaction with organometallic compounds, **7**, 48
Dioxygen
 activation, **8**, 286
 nickel complexes, **6**, 132
  thermolysis, **6**, 77
Dipamp
 complexes
  crystal structure, **8**, 473
Dipentene
 palladium complexes, **6**, 364
Di(3-pentyl)amine
 preparation from dinitrogen
  titanium complexes and, **8**, 1082
Dipeptides
 stereocontrolled synthesis, **8**, 495
Diphenyl diselenide
 reaction with alkyl cobaloximes, **5**, 121
 reaction with dodecacarbonyltriruthenium, **4**,
  881
Diphenyl disulfide
 reaction with alkyl cobaloximes, **5**, 121
Diphenyl ditelluride
 reaction with dodecacarbonyltriruthenium, **4**,
  881
Diphenyl selenide
 organoborane adducts, **1**, 301
1,2-Diphosphacyclobut-3-ene, 1,2,3,4-tetrakis(tri-
  fluoromethyl)-
 reaction with iron carbonyls, **4**, 630
1,2-Diphosphacyclobutenes
 preparation, **2**, 149
 synthesis, **7**, 604
1,5-Diphospha-3,7-diargentacyclooctane
 preparation, **2**, 722
1,1′-Diphosphaferrocene
 synthesis, **4**, 487
Diphosphane, tetraphenyl-
 preparation, **3**, 395
1,3-Diphosphetanes
 synthesis, **7**, 605
Diphosphides
 rhenium complexes, **4**, 201
Diphosphine
 bridging ligand in palladium(I) complexes, **6**,
  268
 dinuclear Group VI bridged iron complexes, **4**,
  281
 iron–carbonyl complexes, **4**, 579
 organogermyl
  preparation, **2**, 461
 in palladation, **6**, 324
 reaction with dodecacarbonyldimanganese, **4**,
  107
 reaction with iron carbonyl complexes, **4**, 300
 reaction with pentacarbonylhydridomanganese,
  4, 103
 reaction with ruthenium carbonyl halides, **4**,
  693
 silyl, **2**, 151
Diphosphine, tetraalkyl-
 reaction with dodecacarbonyltriruthenium, **4**,
  833
Diphosphine, tetramethyldithio-
 reaction with octacarbonyldicobalt, **5**, 43
Diphosphine, tetraphenyl-
 reaction with dicarbonylcyclopentadienylcobalt,
  5, 256
Diphosphine bridges
 bis(dicarbonyl(η-cyclopentadienyl)iron) com-
  plexes, **4**, 532
 dicyclopentadienyldiiron complexes, **4**, 594
Diphosphine ligands
 carbonyl rhodium complexes, **5**, 307
1,3-Diphospholane, 2-germylene-
 stability, **2**, 480
Diphosphorinanes
 preparation, **2**, 459
Diphos — see Phosphine, ethylenebis(diphenyl-
Diplatinadicarbanonaborane, bis(triethylphos-
  phine)-
 Wade's rule violations, **1**, 501
Diplodialides

Diplodialides
  synthesis, **8**, 847
Dipolar coupling
  methyl group rotation and, **3**, 98
Dipole–dipole relaxation
  spin–lattice relaxation time and, **3**, 97
Dipole moments
  diorganomercurials, **2**, 902
  organoboranes
    MO calculations and, **1**, 270
  transition metal–tin complexes, **6**, 1108
  tris(tricyclopentadienyl) lanthanide complexes, **3**, 180
Diptych compounds
  structure, **2**, 166
Diquinoethylene
  dimerization
    nickel catalysed, **8**, 665
Diselenides
  cyclopentadienylruthenium complexes, **4**, 781
  reaction with dodecacarbonyldimanganese, **4**, 107
  reaction with organolithium compounds, **7**, 67
  reaction with organometallic compounds, **7**, 67
  reaction with pentacarbonylhydridomanganese, **4**, 68
  synthesis, **7**, 71
Diselenoester ligands
  ruthenium complexes, **4**, 711
1,3-Diselenolan-2-ylidene
  ruthenium complexes, **4**, 732
9,10-Disilaanthracene, 9,10-dihydro-
  synthesis, **2**, 273
Disilabicyclo[1.1.0]butane
  preparation, **2**, 218
Disilabicyclo[3.2.2]nonadiene
  synthesis, **2**, 291
7,8-Disilabicyclo[2.2.2]octadienes
  preparation, **2**, 290
1,4-Disila-1,3-butadiene
  reaction with acetylene, **2**, 222
1,2-Disilacycloalkanes
  synthesis, **2**, 264
Disilacyclobutane
  reaction with aluminum trichloride, **2**, 237
1,2-Disilacyclobutane
  preparation, **2**, 7, 211
  rearrangement, **2**, 236
  ring opening, **2**, 222
1,2-Disilacyclobutane, 1,1,2,2-tetrafluoro-
  preparation, **2**, 236
1,3-Disilacyclobutane
  polymerization, **2**, 237
  preparation, **2**, 80
1,3-Disilacyclobutane, dimethyl-
  formation, **2**, 221
1,3-Disilacyclobutane, 1,3-dimethyl-1,3-diethoxy-
  hydrolysis, **2**, 237
1,3-Disilacyclobutane, 1,3-diphenyl-
  bromination, **2**, 237
1,3-Disilacyclobutane, polymerization, **2**, 237
1,3-Disilacyclobutane, 1,1,3,3-tetrachloro-
  physical properties, **2**, 226
1,3-Disilacyclobutane, 1,1,3,3-tetramethyl-
  reactions, **2**, 236
Disilacyclobutanes, **2**, 234
1,2-Disilacyclobutanes, **2**, 236
1,3-Disilacyclobutanes, **2**, 234
  carbene insertion reactions, **2**, 232
Disilacyclobutene
  cooligomerization with 1-hexyne, **8**, 656
  insertion of dimethylsilylene, **2**, 377
1,2-Disilacyclobutene
  synthesis, **2**, 239
1,2-Disilacyclobutene, hexamethyl-
  reaction with 3-hexyne, **2**, 222
Disilacyclobutenes
  reaction with oxygen, **2**, 368
1,6-Disilacyclodeca-3,8-diene
  trans,trans-
    preparation, **2**, 287
1,6-Disilacyclodecane
  synthesis, **2**, 285
1,3-Disilacycloheptane
  synthesis, **2**, 278
1,4-Disilacyclohept-2-ene
  synthesis, **2**, 279
1,2-Disilacyclohexadiene
  photochemistry, **2**, 276
  synthesis, **2**, 271
1,4-Disilacyclohexadiene
  nucleophilic displacement reactions, **2**, 277
  synthesis, **2**, 271
Disilacyclohexa-2,4-diene
  cycloaddition reactions, **2**, 275
1,4-Disilacyclohexa-2,5-diene
  preparation, **2**, 90, 222
1,2-Disilacyclohexane
  preparation, **2**, 211
  reaction with sulfuric acid, **2**, 266
  synthesis, **2**, 264
  telomerization with butadiene, **8**, 441
1,3-Disilacyclohexane
  synthesis, **2**, 264
1,4-Disilacyclohexane
  synthesis, **2**, 264, 278
1,4-Disilacyclohexane, 1,1,4,4-tetramethyl-
  preparation, **2**, 211
Disilacyclohexanes
  ring heteroatom derivatives, **2**, 265
1,2-Disilacyclohexene
  synthesis, **2**, 269
1,4-Disilacyclohexene
  preparation, **2**, 269
1,2-Disilacyclohex-4-ene
  synthesis, **2**, 269
1,6-Disilacyclonona-2,4-diene
  synthesis, **2**, 287
1,4-Disilacycloocta-2,5,7-triene
  preparation, **2**, 288
1,2-Disilacyclopentane
  metathesis, **2**, 244
  telomerization with butadiene, **8**, 441
1,3-Disilacyclopentene
  preparation, **2**, 246
1,3-Disilacyclopentene, 1,1,2,3,4-pentamethyl-
  preparation, **2**, 221
Disilacyclopropanes, **2**, 220
1,5-Disila-3,7-digermacyclooctane
  formation, **2**, 288
Disiladistannacyclobutane
  preparation, **2**, 542
1,3-Disilaindanes
  preparation, **2**, 97
Disilane, aryl-
  photolysis, **2**, 375
Disilane, chloromethyl-
  polysilane polymers from, **2**, 385
Disilane, (chloromethyl)pentamethyl-
  nucleophilic reactions, **2**, 369

Disilane, 1,2-dichloro-
  reaction with 1,4-dilithio-1,3-butadiene, **2**, 271
Disilane, 1,1-dimesityl-1-trimethylsilylethynyltrimethyl-
  photochemical rearrangement, **2**, 225
Disilane, 1,2-dimethyl-
  preparation, **2**, 112
Disilane, disproportionation, **2**, 374
Disilane, hexachloro-
  reaction with alkyl halides, **2**, 310
Disilane, hexaethyl-
  silicon–silicon bond in, **2**, 365
  synthesis, **2**, 366
Disilane, hexamethyl-
  cleavage by alkali metal alkoxides, **2**, 100
  cleavage by chlorine, **2**, 367
  dissociation, **2**, 91
  preparation, **2**, 105, 372
  reactions, **2**, 106
  rotational barrier, **2**, 386
  structure, **2**, 385
  telomerization with butadiene, **8**, 442
Disilane, hexaphenyl-
  preparation, **2**, 105
  stability, **2**, 91
Disilane, norcaranyl-
  reaction with butyllithium, **2**, 220
Disilane, pentamethyl-
  reaction with dodecacarbonyltriruthenium, **4**, 911
Disilane, pentamethylphenyl-
  ionization potential, **2**, 391
Disilane, phenylpentamethyl-
  photolysis, **2**, 375
Disilane, phenylpermethyl-
  photolysis, **2**, 87
Disilane, sym-tetramethyl-
  reaction with alkynes, **2**, 253
Disilane, 1,1,1-trimethyl-2,2-triphenyl-
  photooxidation, **2**, 163
Disilane, vinyl-
  photolysis, **2**, 375
Disilanes
  alkene-like reactions, **2**, 376
  chloromethyl
    preparation, **2**, 11
  disproportionation, **2**, 309
  organo
    telomerization with butadiene, **8**, 441
  organodisilanes from, **2**, 366
  reaction with alkynes, **2**, 376
  reaction with perbenzoic acids, **2**, 376
  silicon–silicon bond stretching, **2**, 387
  in synthesis of organochlorosilanes, **2**, 309
  telomerization with isoprene, **8**, 447
1,3-Disilaphenalene
  preparation, **2**, 270
1,6-Disila[4.4.4]propellane
  preparation, **2**, 293
Disilazane, N-bromohexamethyl-
  reaction with boron tribromide, **2**, 127
Disilazane, hexamethyl-
  adduct with boron trifluoride, **2**, 125
  availability, **2**, 122
  manufacture, **2**, 321
  metal derivatives, **2**, 128–130
  preparation, **2**, 127
  properties, **2**, 122
  silylating agent, **2**, 320
Disilazane, hexaphenyl-
  properties, **2**, 122
Disilazanes
  cyclic
    adducts, **7**, 591
  N-halogeno
    preparation, **2**, 127
  reaction with halides, **2**, 125
  reaction with isocyanates, **2**, 123
  reaction with phenyl isothiocyanate, **2**, 124
Disilene, tetramethyl-
  pyrolysis, **2**, 107
  rearrangement, **2**, 221
Disilenes, **2**, 106–109
  Diels–Alder addition to 1,3-dienes, **2**, 269
  generation from bicyclo[2.2.2]octadienes, **2**, 275
  preparation, **2**, 7, 81
Disilin
  preparation, **2**, 222, 226
Disiloxane, hexamethyl-, **7**, 575
  preparation, **2**, 160
Disiloxane, hexaphenyl-
  preparation, **2**, 161
  structure, **2**, 162
Disiloxane, 1,1,3,3-tetramethyl-
  disproportionation, **2**, 164
Disiloxane bridges
  dicyclopentadienyldiiron complexes, **4**, 596
Disiloxanes
  preparation, **2**, 80
Disiltellurane
  formation, **2**, 177
Disiltellurol
  formation, **2**, 177
Disilthiane, hexamethyl-
  preparation, **2**, 173
  properties, **2**, 168
  reactions, **2**, 169
  reaction with amines, **2**, 123
  reaction with phenyl isocyanate, **2**, 174
  trans-silylation, **2**, 169
Disilthianes
  basicity, **2**, 168
  preparation, **2**, 172
Disinfectants
  organotin compounds as, **2**, 611
Dispiro[2.0.2.2]oct-7-ene
  hydroboration, **7**, 200
Dispirosilacyclopropanes
  silicon–carbon ring bonds in, **2**, 207
Displacement reactions
  aliphatic organoboranes, **7**, 267
  amine–organoborane adducts, **1**, 299
  organoaluminum compounds, **7**, 373
  organoboranes, **1**, 294; **7**, 119
  platinum(II) alkyl complexes, **6**, 565
Disproportionation
  aliphatic organoboranes, **7**, 266
  alkenylboranes, **7**, 305
  alkoxyalkylmagnesium, **1**, 213
  alkynylboranes, **7**, 338
  η^3-allyl(alkyl)nickel complexes, **6**, 81
  allylic organoboranes, **7**, 353
  arylboranes, **7**, 324
  binuclear metal carbonyl complexes, **6**, 202
  bis(dicarbonyl(η-cyclopentadienyl)iron), **4**, 519
  nido- and arachno-carboranes, **1**, 425
  catalysis by ruthenium complexes, **4**, 953–957
  chloronitrosobis(triphenylphosphine)ruthenium, **4**, 684

Disproportionation

cycloheptadiene, **5**, 517
1,3-cyclohexadiene, **5**, 465, 489
  rhodium complexes in, **5**, 451
dialkylboranes, **7**, 170
dimethyl(phenylethynyl)aluminum, **1**, 597
hexacarbonylvanadium, **3**, 649, 650, 651, 652
hydrocarbon radical anion alkali metal compounds, **1**, 110
monoorganoarsenic(III) compound preparation by, **2**, 690
nickel alkyl complexes, **6**, 71, 147
nonadecacarbonylcarbidooctarhodium, **5**, 290
octacarbonyldicobalt, **5**, 6
octacarbonyldicobalt derivatives, **5**, 36
organoarsenic compound preparation by, **2**, 689
in preparation of Grignard reagents by direct reaction, **1**, 159
in preparation of three-coordinate acyclic organoboranes, **1**, 279
secondary amines
  catalysis by ruthenium complexes, **4**, 960
spontaneous
  monoorganothallium compounds, **1**, 748
supported catalysts in, **8**, 602
undecacarbonyltriferrates, **4**, 264
unsymmetrical organoaluminum compounds, **1**, 597, 610, 623

Dissociation
  organometallic compounds, **3**, 138

Dissociation energy
  Group IV compounds
    stereochemical non-rigidity, **6**, 1083
  hexacarbonylvanadium, **3**, 649
  metal hydrides, **8**, 294
  transition metal carbonyl complexes
    theory, **3**, 24
  transition metal carbonyl Group IV compounds, **6**, 1069
  transition metal–Group IV complexes, **6**, 1062

Distannacyclodecane
  structure, **2**, 543

Distannane, hexamethyl-
  as insecticide, **2**, 988

Distannoxane, dialkoxytetraalkyl-
  preparation, **2**, 577

Distannoxane, 1,1,3,3-tetraalkyl-
  1,3-difunctional, **2**, 575

Distannthianes
  properties, **2**, 606

Distibine, tetramethyl-
  oxidation, **2**, 703

Distibine, tetraphenyl-
  oxidation, **2**, 703

Distibines
  tetraorgano
    preparation, **2**, 703

Distortion
  in transition metal cyclopentadienyl complexes, **3**, 43

Disulfide bridges
  tetranuclear iron complexes, **4**, 641

Disulfides
  alkyl
    reaction with chlorobis(η-cyclopentadienyl)-titanium dimers, **3**, 305
  cyclopentadienylruthenium complexes, **4**, 781
  diaryl
    preparation, **7**, 505
  dicyclopentadienylvanadium complexes, **3**, 682
  reaction with dicarbonylbis(η-cyclopentadienyl)-titanium, **3**, 289
  reaction with dicarbonylcyclopentadienyl cobalt, **5**, 257
  reaction with dodecacarbonyldimanganese, **4**, 107
  reaction with dodecacarbonyltriiron, **4**, 274
  reaction with dodecacarbonyltriruthenium, **4**, 881
  reaction with organoboranes, **1**, 290; **7**, 134
  reaction with organolithium compounds, **7**, 67
  reaction with organometallic compounds, **7**, 67
  reaction with pentacarbonylhydridomanganese, **4**, 68, 103
  reaction with pentacarbonyliron, **4**, 275
  symmetrical
    reductive silylation, **7**, 598
  unsymmetrical
    synthesis, **7**, 602

Disulfides, dialkyl
  reaction with hydrogermanes, **2**, 432

Disulfides, dimethyl
  reaction with octacarbonyldicobalt, **5**, 43

Disulfides, diphenyl
  reaction with nickelocene, **6**, 207
  reaction with octacarbonyldicobalt, **5**, 46

Diterpenoids
  synthesis, **8**, 997

Dithallation, **7**, 499

Dithiabora heterocycles, **1**, 368

1,3,2-Dithiaborolanes
  structure, **1**, 368

1,3-Dithiacycloheptene
  reaction with nonacarbonyldiiron, **4**, 273

1,3-Dithiacyclohexane
  reaction with nonacarbonyldiiron, **4**, 273

2,5-Dithia-3-hexyne
  reaction with dodecacarbonyltriruthenium, **4**, 860

1,3-Dithiane
  reaction with organometallic compounds, **7**, 5
  reductive silylation, **2**, 71
  silylated
    hydrolysis, **7**, 631

1,3-Dithiane, 2-lithio-
  reaction with organometallic compounds, **7**, 28, 29

1,3-Dithiane, 2-lithio-2-methyl-
  structure, **1**, 80

1,3-Dithiane, 1-lithio-2-phenyl-
  structure, **1**, 80

1,3-Dithiane, 2-phenyl-1-potassio-
  structure, **1**, 80

2,3-Dithia-1-silacyclopentane
  reaction with sulfur, **2**, 207

Dithiatetrasilacyclohexane
  comproportionation reaction, **2**, 170

Dithienes
  reaction with nickel carbonyl complexes, **6**, 32

2,2'-Dithienyl
  dithallation, **7**, 499

Dithiete, 1,2-bis(trifluoromethyl)-
  insertion reactions with indium(I) compounds, **1**, 685

Dithietene, bis(trifluoromethyl)-
  reaction with dodecacarbonyltriruthenium, **4**, 881

Dithio acids
  reaction with (η-cyclopentadienyl)nickel complexes, **6**, 207

Dithiocarbamate ligands
  isocyanide rhodium complexes, **5**, 347
  ruthenium complexes, **4**, 712
Dithiocarbamates
  exchange reactions with (η^3-allyl)halopalladium complexes, **6**, 422
Dithiocarbonate ligands
  ruthenium complexes
    preparation, **4**, 714
Dithiocarboxylate ligands
  ruthenium complexes, **4**, 714
Dithioester ligands
  ruthenium complexes, **4**, 711
1,2-Dithioketones
  rhodium(I) complexes, **5**, 367
Dithiolanes
  reaction with organometallic compounds, **7**, 93
1,3-Dithiolanes
  ruthenium complexes, **4**, 732
  synthesis
    organoaluminum compounds in, **7**, 411
Dithiolene ligands
  rhodium complexes, **5**, 286
  ruthenium complexes, **4**, 715
Dithiolenes
  reaction with dodecacarbonyltriruthenium, **4**, 881
Dithiols
  reaction with acyl cobalt(III) complexes, **5**, 106
Dithiophosphates
  non-conjugated diene rhodium complexes, **5**, 464
Dithiophosphato ligands
  carbonyl rhodium complexes, **5**, 286
Dithiophosphinate ligands
  ruthenium complexes, **4**, 714
Ditin, diacetoxytetraphenyl-
  structure, **2**, 593
Ditin, hexaalkyl-
  preparation, **2**, 591
Ditin, hexabutyl-
  preparation, **2**, 592
Ditin, hexaethyl-
  properties, **2**, 593
Ditin, hexakis(2,4,6-triethylphenyl)-
  preparation, **2**, 594
Ditin, hexakis(2,4,6-trimethylphenyl)-
  preparation, **2**, 594
Ditin, hexamethyl-
  properties, **2**, 593
Ditin, hexaorgano-
  organotin halide preparation from, **2**, 551
Ditin, hexaphenyl-
  structure, **2**, 593
Ditin, 1,1,1-triethyl-2,2,2-trimethyl-
  properties, **2**, 593
Divinylborane-type ligands, **1**, 401
Diynes
  conjugated
    preparation, Cadiot-Chodkiewicz reaction, **7**, 695
  cooligomerization, **8**, 417
  cooligomerization with butadiene, **8**, 427
  coupling
    cyclobutadieneiron complex synthesis by, **4**, 444
  cyclic
    reaction with dicarbonyl(η-cyclopentadienyl)rhodium, **5**, 445
  cyclooligomerization, **8**, 413
  cyclotrimerization, **8**, 412
  hydroformylation, **8**, 132
  reaction with chlorotris(triphenylphosphine)-rhodium(I) complexes, **5**, 409
  reaction with cyclopentadienylbis(triphenylphosphine)cobalt, **5**, 208
  reaction with dicarbonylcyclopentadienylcobalt, **5**, 204, 208
  sterically hindered
    reaction with cyclopentadienylbis(triphenylphosphine)cobalt, **5**, 208
  synthesis
    organoboranes in, **7**, 137
1,3-Diynes
  preparation
    by Glaser reaction, **7**, 693
Dodecaborane
  dianion
    structure, **1**, 463
  nickel complexes, **6**, 215
Dodecaborane, propyl-
  preparation, **1**, 445
Dodecaborane, tropenylium-
  preparation, **1**, 448
closo-1,12-Dodecaborane, 1,12-dicarboxy-
  proton ionization, **1**, 450
closo-Dodecaborate, tropenyliumundecahydro-
  spectroscopy, **1**, 444
1,3,6,10-Dodecatetraene
  synthesis, **8**, 844
1,3,7,11-Dodecatetraene
  cotelomerization with butadiene, **8**, 452
n-Dodecatetraene
  preparation from butadiene, **8**, 407
Dodecatrienol
  preparation, **8**, 433
1-Dodecene
  separation from trialuminum, **7**, 375
6-Dodecene
  hydroalumination, **7**, 383
β-Dolabrin
  synthesis, **8**, 973
Donor-acceptor adducts
  transition metal compounds, **6**, 984-993
Donor-acceptor properties
  boron-containing ring ligands, **1**, 383
  Δ^3-1,2,5-thiadiborolenes
    substituent effects, **1**, 407
L-Dopa
  asymmetric synthesis, **8**, 470
Double bond migration
  asymmetric, **8**, 479
Double bond shift
  of alkenes and iron carbonyls, **4**, 426
Dppe — *see* Ethane, 1,2-bis(diphenylphosphino)-
Drugs
  organogermanium compounds as, **2**, 403
  silicon analogues, **2**, 78
Durene, nitroso-
  reaction with decacarbonyldimanganese, **4**, 22
Duroquinone
  bis(η^6-arene), **6**, 230
  cyclooctadiene nickel complexes, **6**, 117
  iridium complexes, **5**, 607
  metal complexes
    protonation, **8**, 1026
  reaction with bis(η^3-allyl)nickel complexes, **6**, 156

Duroquinone
  reaction with dicarbonylcyclopentadienylcobalt, **5**, 189
Dysprosium
  ions
    properties, **3**, 175
Dysprosium complexes
  bis(cyclopentadienyl)methyl, **3**, 204
  isocarbonyl or isonitrosyl complexes, **3**, 206

E

Eaborn conversion series, **2**, 59
Ecdysone
  side chains
    introduction, **8**, 830
E. coli
  mercury methylation and, **2**, 982
β-Effect
  trialkylsilanes, **7**, 517
Einsteinium
  ions
    properties, **3**, 175
Elastomeric coatings
  siloxanes
    curing, **2**, 329
Elastomeric properties
  silicones
    crosslinking and, **2**, 342
  trans-polypentenamer, **8**, 502
Elastomers
  definition, **3**, 480
Electonic absorption spectroscopy
  heteronuclear metal–metal bonded compounds, **6**, 791
Electrical conductivity
  diorganylmagnesium compounds, **1**, 204
  organoaluminum compounds, **1**, 582
Electrical dipole moments
  tetracarbonyl(η^2-hydrocarbon)iron complexes, **4**, 388
Electrical properties
  polysiloxanes, **2**, 351
  silicones
    applications, **2**, 354
Electrochemical oxidation potentials
  organolithium compounds, **1**, 47
Electrochemical reducion
  platinum(II) olefin complexes, **6**, 664
Electrochemical reduction
  carbon dioxide, **8**, 267
  dinitrogen, **8**, 1079, 1080
  diorganothallium compounds, **1**, 737
  monoorganothallium compounds, **1**, 747
  nickel tetracarbonyl, **6**, 11
  in preparation of symmetrical diorganomercurials, **2**, 895
Electrochemical reductions
  arene cyclopentadienyl iron complexes, **8**, 1040
Electrochemical synthesis
  germylphosphine compounds, **2**, 461
  organomercury compounds, **2**, 889
Electrochemistry
  heteronuclear metal–metal bonded compounds, **6**, 807
  organohalogermanes, **2**, 424
Electrocyclic reactions
  iron complexation and, **8**, 975
Electrodeposition
  from organoberyllium compounds, **1**, 148
Electrolysis
  alkali metal halide complex with triethylaluminum, **1**, 578
Electrolytic cells
  in nickel tetracarbonyl preparation, **6**, 4
Electrolytic decomposition
  organoaluminum compounds, **1**, 655
6π-Electron anions
  boron-containing ring systems, **1**, 383
16-Electron compounds
  coordinatively unsaturated iron complexes, **4**, 404
Electron deficiency
  in metallacarboranes and metallaboranes, **1**, 463
Electron delocalization
  transmission
    in triple-decked complexes, **1**, 392
Electron diffraction
  di-*t*-butylberyllium, **1**, 127
  dimethylberyllium, **1**, 126
Electronegativity
  boron, **7**, 255
Electron hyperdeficiency
  in metallacarboranes, **1**, 460
Electronic absorption spectra
  heteronuclear metal–metal bonded compounds, **6**, 792
  first reduction potentials, **6**, 793
  nickel tetracarbonyl, **6**, 7
Electronic configuration
  transition metals
    arene complexes, **8**, 1015
    cyclopentadienyl complexes, **8**, 1015
Electronic spectra
  alkylpolysilanes, **2**, 388
  cobalt(III) complexes, **5**, 102
Electronic spectroscopy
  hexacarbonylvanadium, **3**, 651
Electronic structure
  actinides and lanthanides, **3**, 176, 177
Electron paramagnetic resonance studies
  bent sandwich compounds, **3**, 37
1-Electron reduction
  organothallium compounds, **1**, 747
18-Electron rule
  boron complexes, **1**, 386
  in half sandwich compounds, **3**, 40
  metallacarboranes, **1**, 473
  in transition metal alkyne complexes, **3**, 59
  transition metal carbonyl complexes, **3**, 17
30/34-Electron rule
  for triple-decked complexes, **1**, 386
Electron spin resonance
  germanium centred radical and, **2**, 475
  hexacarbonylvanadium, **3**, 651
  iron–alkene complexes, **4**, 395

orgomercury compounds, **2**, 951
Electron spin resonance spectroscopy
  heteronuclear metal–metal bonded compounds, **6**, 800
Electron transfer exchange
  between ferrocene and ferricinium ions, **4**, 482
Electrophilic addition
  η^3-allyl iron complexes, **4**, 384
  in arene complexes
    regioselectivity, **3**, 70
  arene–metal complexes, **8**, 1026
  bis(borinato)cobaltates, **1**, 397
  carbonyl ligands, **8**, 111
  cyclobutadieneiron complexes, **4**, 471
  cyclopentadienyl metal complexes, **8**, 1026
  η^4-diene–iron complexes, **4**, 403, 407
  (η^2-hydrocarbon)iron complex synthesis by, **4**, 383
  iron–alkene complexes, **4**, 395
  nitrosylosmium complexes, **4**, 989
  η^1-organoiron complexes, **4**, 346
  trimethylenemethaneiron complexes, **4**, 474
Electrophilic cleavage
  cobalt(III) complexes, **5**, 145
  diorganothallium compounds, **1**, 739
  monoorganothallium compounds, **1**, 748
  platinum(II)–carbon σ-compounds, **6**, 551–558
Electrophilic displacement reactions
  η^1-organoiron complex preparation by, **4**, 339
Electrophilic reactions
  reaction with platinum(II) olefin complexes, **6**, 670
  transition metal–mercury compounds, **6**, 1000
Electrophilic reagents
  reaction with η^1-organoiron complexes, **4**, 345
Electrophilic substitution
  arene metal complexes, **8**, 1016
    mechanistic studies, **8**, 1019
  borabenzene derivatives, **1**, 398
  cobaltocene, **5**, 247
  cyclobutadieneiron complexes, **4**, 471
  cyclopentadienyl complexes
    mechanistic studies, **8**, 1019
  cyclopentadienyl metal complexes, **8**, 1016–1025
  ferrocenes, **4**, 475
  ruthenocene, **4**, 763, 764
  silanes, **2**, 110
  tricarbonylcyclobutadieneiron, **8**, 977
  tricarbonylcycloheptatrieneiron, **8**, 1006
  tricarbonyldieneiron complexes, **8**, 970
Electrophoresis
  organothallium cation, **1**, 734
Elimination reactions
  alkenes
    from organoaluminum compounds, **1**, 623, 629
  organoaluminum compounds, **1**, 655; **7**, 367
  organoboron compounds, **7**, 288
  organohydrogermanes, **2**, 433
  organometallic compounds in, **7**, 77–95
  in platinum(II)–carbon η^1-compound preparation, **6**, 526
  silylamines and silylamides, **7**, 596
  transition metal–Group IV compound preparation by, **6**, 1048
α-Elimination reactions
  osmium–alcohol complexes, **4**, 1000

β-Elimination reactions
  alkenylboron compounds, **7**, 315
  coordinated ethyl ligands, **3**, 71
  main group organometallic compounds, **1**, 7
  in metal alkyl complexes, **3**, 77
  palladium(II) alkyl and aryl complexes, **6**, 339
  ring opening *via*, **7**, 85
Ellipticine
  synthesis, **8**, 925
Elongation
  silicone elastomers, **2**, 344
Elplacarnet tree, **3**, 138
Enamides
  asymmetric hydroformylation, **8**, 484
  asymmetric hydrogenation, **8**, 471
  asymmetric reduction, **8**, 472
Enamidines
  synthesis, **7**, 21
Enamine, lithio-
  synthesis, **7**, 14
Enamines
  in carbonylation
    nickel catalysed, **8**, 784
  cleavage
    hydralumination and, **1**, 655
  hydroboration, **7**, 240
  hydroboration–oxidation, **7**, 242
  preparation, **2**, 125
  reaction with bis(π-allylpalladium chloride), **8**, 814
  reduction
    organoaluminum compounds in, **7**, 438
  synthesis, **7**, 34
  telomerization with butadiene, **8**, 436
Enantio-differentiating processes
  in organoaluminum reactions, **1**, 637
Enantiomeric excess
  definition, **8**, 465
Endblocking
  in siloxane polymerization, **2**, 327
Enediols
  esters
    preparation by carbocarbonylation, **8**, 165
Enediones
  synthesis
    stereocontrolled, **8**, 971
Ene reactions
  catalysis by organoaluminum compounds, **7**, 403
  organogermanium compounds, **2**, 418
  oxoallyl cations in, **8**, 950
Enimines
  silyl derivatives, **2**, 122
Enolates
  aluminate
    in dione cyclization, **7**, 417
  diethylaluminum salts
    conversion to trimethylsilyloxy compounds, **7**, 421
  α-halo
    reaction with organoboranes, **7**, 277
  α-halogeno
    Grignard reagents, **1**, 175
    organomagnesium reagents, **1**, 165
  oxidation, **7**, 65
  preparation from silyl enol ethers, **7**, 556
  reaction with dialkylaluminum cyanides, **7**, 421
  reaction with organoaluminum compounds, **7**, 413

silyl enol ether synthesis from, **7**, 551
Enol ethers
  hydroboration, **7**, 240
  silyl
    hydroboration, **7**, 241
    synthesis
      vinylsilanes in, **7**, 545
  trimethylsilyl-
    reaction with sodium η^2-alkenedicarbonyl-η^5-cyclopentadienylferrate complexes, **8**, 966
Enolization
  in organometallic reactions with carbonyl compounds, **7**, 24
Enolonium equivalents
  vinyl sulfides as, **8**, 870
Enols
  acetates
    asymmetric hydrogenation, **8**, 471
    asymmetric reduction, **8**, 472
  phosphates
    reaction with organoaluminum compounds, **7**, 402
    stereospecific coupling reactions, **8**, 917
  silyl enol ether synthesis from, **7**, 551
  thioethers
    synthesis, **8**, 919
Enols acetates
  synthesis, **7**, 682
Enol salt formation
  in organoaluminum compound reaction with carbonyl compound, **1**, 572
  in reaction of racemic indanylaluminum etherate with acetone-d_6, **1**, 572
Enols esters
  hydroboration, **7**, 242
Enones
  arylation, **8**, 872
  reaction with alkynylboranes, **7**, 344
  reaction with copper organoborates, **7**, 293
  reaction with organoaluminum compounds, **7**, 418
  reaction with organoaluminum selenolates, **7**, 411
  reaction with triphenylborane, **7**, 335
  spirocyclic
    iron carbonyls and, **8**, 949
  synthesis
    organoaluminum compounds in, **7**, 411
  β-unsubstituted
    reaction with organoboranes, **7**, 291
Entanglements
  in silicones, **2**, 334
Entrainment method
  (borazine)tricarbonylchromium complexes
    synthesis, **1**, 403
  (borazine)tricarbonylmolybdenum complexes
    synthesis, **1**, 403
Environment
  organolead compounds and, **2**, 673
  organometallic chemistry, **2**, 979–1020
Environmental chemistry
  silicones, **2**, 359
Enyl ligands
  rhodium complexes, **5**, 492–520
Enynes
  conjugated
    reaction with Grignard reagents, **1**, 170
    reaction with halogenoorganocalcium compounds, **1**, 228
  synthesis, **7**, 694
  reaction with organoaluminum compounds, **7**, 388
  reaction with organolithium compounds, **7**, 7
  reaction with organosilver compounds, **2**, 752
  synthesis
    organoaluminum compounds in, **7**, 400
    organoboranes in, **7**, 137
    stereocontrolled, **8**, 914
    Strauss reaction, **7**, 694
  1-en-3-ynes reaction with nonacarbonyldiiron, **4**, 548
Enynyl esters
  reaction with organosilver compounds, **2**, 752
Enzymes
  as heterogenised homogeneous catalysts, **8**, 288
  as support for rhodium catalysts, **8**, 581
Ephedrine, (−)-N-methyl-
  reaction with lithium tetra-1-butylaluminate, **7**, 413
ψ-Ephedrine, N-methyl-
  synthesis, **8**, 893
Epichlorohydrin
  polymerization
    organoaluminum compounds in, **7**, 453
Epiergosterol
  synthesis
    iron tricarbonyl complexes in, **8**, 974
Epinephrine
  asymmetric synthesis, **8**, 477
11-Epi-PGF$_2\alpha$
  synthesis, **7**, 578
Epoxidation
  asymmetric, **8**, 493
  maleic acid
    supported catalysts in, **8**, 560
  supported metal catalysts in, **8**, 593
Epoxides
  allylic
    hydroboration, **7**, 240
  cleavage by organoaluminum compounds
    stereochemistry, **1**, 653
  cyclic allylic
    reaction with lithium organocuprates, **7**, 707
  deoxygenation
    pentacarbonyliron in, **4**, 251
    tetracarbonylferrates in, **4**, 254
  dimerization
    catalysis by ruthenium complexes, **4**, 954
  hydroformylation, **8**, 138
    mechanism, **8**, 150
  hydrogenation, **8**, 337
  insertion into germanium–halogen bonds, **2**, 438
  oxacarbonylation, **8**, 192, 207
    mechanism, **8**, 209
  polyether preparation from
    aluminum alkyls in, **1**, 578
  preparation, **7**, 484
  reaction with alkenylboron compounds, **7**, 315
  reaction with alkynes and phenylmercury(II) chloride, **8**, 785
  reaction with alkynylborates, **7**, 341
  reaction with allyl nickel complexes, **8**, 729
  reaction with carbon dioxide, **8**, 228, 271
    nickel catalysed, **8**, 667
  reaction with dialkyl-1-alkynylaluminum, **1**, 661

reaction with dialkylcyanoaluminum, **1**, 662
reaction with lithium organocuprates, **7**, 707
reaction with organoborates, **7**, 290
reaction with organohalogermanes, **2**, 424
reaction with tetracarbonylhydridocobalt, **5**, 49, 50
ring opening
    in (η^2-hydrocarbon)iron complex synthesis, **4**, 383
    iron carbonyls in, **8**, 942
unsaturated
    reaction with allylzinc bromide, **7**, 665
vinyl-
    isomerization, **8**, 842
EPR spectroscopy
    actinides, **3**, 179
    lanthanides, **3**, 179
Equibinary polymers
    definition, **3**, 539
Erbium
    ions
        properties, **3**, 175
        reaction with diphenylacetylene, **3**, 210
Erbium, (cyclopentadienyl)(cyclooctatetraenyl)-, **3**, 194
Erbium, dichloro(cyclopentadienyl)tris(tetrahydrofuran)-, **3**, 186
Erbium, tris(*t*-butoxide)-
    reaction with *t*-butyllithium, **3**, 198
Erbium complexes
    acetatobis(cyclopentadienyl), **3**, 185
    alkyne, **3**, 206
    allyl, **3**, 196
    bis(cyclopentadienyl)methyl, **3**, 204
    bis(cyclopentadienyl)(tetrahydrofuran) complexes, **3**, 186
    butadiene complexes, **3**, 205
    (cyclooctatetraene)(tetrahydrofuran), **3**, 195
    (2,3-dimethylbutadiene), **3**, 206
    Group IV, **6**, 1101
    isocarbonyl or isonitrosyl complexes, **3**, 206
    mono(cyclopentadienyl), **3**, 186
    neopentyl, **3**, 198
    transition metal bonds, **3**, 206
    tris(cyclopentadienyl) boron, **3**, 183
    tris[(trimethylsilyl)methyl], **3**, 199
Erythromycin
    synthesis, hydrozirconation in, **3**, 555
ESCA
    platinum(0) acetylene complexes, **6**, 697
    platinum(0) olefin complexes, **6**, 627
    platinum(II) olefin complexes, **6**, 657
Ester exchange
    platinum(II) carbonyls, **6**, 493
Esters
    $\alpha\beta$-acetylenic
        conjugate addition reactions, **7**, 719
        reaction with lithium organocuprates, **7**, 713
    t-alcohols
        synthesis, **7**, 57
    alkenyl
        hydroformylation, **8**, 134
    allyl
        oligomerization, **8**, 391
    carbalumination, **1**, 647
    carbonylation
        nickel catalysed, **8**, 788
    carboxylic
        reaction with organometallic compounds, **7**, 31
    α-chloro-
        cyclopropanes from, **7**, 698
    2,4-dienoic
        synthesis, **7**, 713
    $\beta\beta$-disubstituted acrylic
        reaction with lithium organocuprates, **7**, 713
    dithio-
        reaction with Grignard reagents, **7**, 41
        thiophilic addition reactions, **7**, 68
    enol
        reaction with organolithium compounds, **7**, 32
    $\alpha\beta$-ethylenic
        chiral, reaction with organometallic compounds, **7**, 33
    germylated
        preparation, **2**, 409
    hydralumination, **1**, 647
    hydroboration, **7**, 231
    hydrogenation
        ruthenium complexes as catalysts in, **4**, 938
    hydroxy
        from organoaluminum reactions, **7**, 410
    β-hydroxy-
        asymmetric synthesis, **7**, 664
        t-butyl acetate lithio derivative in preparation of, **7**, 665
        dehydration, **7**, 664
    organogermyl
        preparation, **2**, 440
    α-oxo-
        synthesis, **7**, 670
    polyunsaturated
        preparation by oxacarbonylation, **8**, 199
    preparation by oxacarbonylation, **8**, 198
    prochiral unsaturated
        asymmetric transfer hydrogenation, catalysis by chiral ruthenium compounds, **4**, 951
    reaction with alkyl and acyl tetracarbonyl cobalt complexes, **5**, 55
    reaction with organoaluminum compounds, **7**, 409
    reaction with organometallic compounds, **7**, 30
    reduction
        organoaluminum compounds in, **1**, 579, 659
        organoaluminum hydrides in, **7**, 412
    reductive silylation, **2**, 26, 71
    saturated
        preparation by oxacarbonylation, **8**, 198
    $\beta\gamma$-saturated
        preparation by Reformatsky reaction, **7**, 662
    syntheses from olefins
        ruthenium carbonyl chlorides in, **4**, 676
    synthesis
        carbon dioxide in, **8**, 275
        disodium tetracarbonylferrate in, **8**, 955
    thiol
        reaction with organometallic compounds, **7**, 31, 33
    unsaturated
        hydroboration, **7**, 229
        nickel complexes, **6**, 121
        oxacarbonylation, **8**, 206
        preparation by oxacarbonylation, **8**, 199, 201
        reaction with nickel alkene complexes, **6**, 117

transfer hydrogenation, catalysis by ruthenium complexes, **4**, 949
αβ-unsaturated
1-alkenylmercuric halides in, **7**, 682
conjugate addition with Grignard reagents, **7**, 720
hydroformylation, **8**, 132
preparation by Reformatsky reaction, **7**, 662, 664
reaction with lithium organocuprates, **7**, 708
reaction with organometallic compounds, **7**, 32
reaction with unsaturated compounds, **8**, 884
βγ-unsaturated
preparation by Reformatsky reaction, **7**, 664
synthesis, **8**, 834
via organoboranes, **7**, 278
vinyl
hydroformylation, **8**, 136
Estradiol
synthesis, **8**, 918
Estra-1,3,5(10)-triene, 3-methoxy-
synthesis, **7**, 215
Estra-10-trien-17-one
synthesis, **7**, 550
Estrogen
labelled ruthenocene derivatives
metabolism, **4**, 775
Estrone
synthesis, **7**, 550; **8**, 847
Estrone, 11α-hydroxy-
methyl ether
synthesis, **7**, 569
Ethane, 1,1-bis(*p*-chlorophenyl)-2,2,2-trichloro-
reaction with cobalt(II) complexes, **5**, 92
Ethane, 1,2-bis(diphenylarsino)-
carbonyl rhodium complexes, **5**, 315
Ethane, 1,2-bis(diphenylphosphino)-
reaction with pentacarbonylchloromanganese, **4**, 35
Ethane, 1,2-bis(methylthio)-
complexes with organoberyllium compounds, **1**, 133
Ethane, bromo-
reaction with organoaluminum compounds, **7**, 401
Ethane, *threo*-1-bromomercuri-2-*t*-butoxy-1,2-diphenyl-
crystal structure, **2**, 885
Ethane, bromo-1-phenyl-
reaction with organoaluminum compounds, **7**, 400
Ethane, bromotrifluoro-
reaction with octacarbonyldicobalt, **5**, 180
Ethane, chloro-
derivatives
reaction with dodecachlorotriruthenium, **4**, 884
reaction with dodecacarbonyltriruthenium, **4**, 883
Ethane, chloro-1-phenyl-
reaction with organoaluminum compounds, **7**, 400
Ethane, chloro-2-phenyl-
reaction with organoaluminum compounds, **7**, 397
Ethane, chlorotrifluoro-
reaction with octacarbonyldicobalt, **5**, 180
Ethane, 1,2-diaroyl-
rearrangement, **7**, 483

Ethane, 1,2-dibromo-1-phenyl-
reaction with cobaltocene, **5**, 232
Ethane, 1,2-dimethoxy-
complexes with organoberyllium compounds, **1**, 133
Ethane, hexachloro-
reaction with cobaltocene, **5**, 232
Ethane, hexalithio-
preparation, **1**, 64
Ethane, nitro-
reaction with dodecacarbonyltriiron, **4**, 305
telomerization with butadiene, **8**, 437
Ethane, 1,1,1-tris(diphenylphosphinomethyl)-
carbonyl rhodium complexes, **5**, 312
1,2-Ethanedione dianil
reaction with organoaluminum compounds, **7**, 435
1,2-Ethanedithiol
reaction with dicarbonyldiiodoruthenium complexes, **4**, 712
Ethanethiol
reaction with octacarbonyldicobalt, **5**, 43, 44, 46
Ethanethiol, 2-(dimethylamino)-
magnesium compounds, **1**, 215
Ethanethiolates
reaction with chloro(cyclooctadiene)rhodium dimer, **5**, 463
Ethanol
carbonylation
catalysis by ruthenium complexes, **4**, 941
reaction with organolithium compounds
enthalpy of reaction, **1**, 48
reaction with pentacarbonylhalomanganese, **4**, 110
Ethanol, 2-amino-
reaction with trimethylgallium, **1**, 716
Ethanol, 2-(dimethylamino)-
reaction with dimethylberyllium, **1**, 137
reaction with trimethylgallium, **1**, 716
Ethanol, 2-mercapto-
carbonylation
nickel catalysed, **8**, 777
reaction with silyl enol ethers, **7**, 562
Ethanol, 1-phenyl-
dehydrogenation
catalysis by ruthenium complexes, **4**, 953
Ethanol, β-silyl-
cyclization, **2**, 234
Ethanol, trifluoro-
telomerization with isoprene, **8**, 446
Ethers
allyl
reaction with organometallic compounds, **7**, 49
amino-
reaction with organoaluminum compounds, **7**, 440
α-amino-
reaction with organometallic compounds, **7**, 48
gem-amino-
reaction with unsaturated organoaluminum sesquibromides, **7**, 440
aromatic
reductive silylation, **2**, 24
aryl
reaction with organometallic compounds, **7**, 48
carbonylation
nickel catalysed, **8**, 788

Ethers

gem-chloro
  reaction with allylhalozinc, **2**, 846
cleavage
  organoalkali metal compound preparation by, **1**, 62
cleavage by organoaluminum compounds, **7**, 430
cleavage by organoaluminum halides, **1**, 652
complexes with dialkylberyllium, **1**, 130
complex with dichloroborane
  hydroborating agent, **7**, 187
complex with monochloroborane
  hydroborating agent, **7**, 184
cyclic
  oxacarbonylation, **8**, 207
  oxacarbonylation, mechanism, **8**, 209
  polymerization, aluminum alkyls in, **1**, 667
  polymerization, organozinc compounds in, **2**, 851
dialkyl
  reaction with organometallic compounds, **7**, 47
diaryl
  preparation by Ullmann reaction, **7**, 690
germylated
  preparation, **2**, 409
Grignard reagents from, **1**, 175, 176
α-halo
  alkylation, **7**, 400
hydralumination retardation by, **1**, 642
organoberyllium hydride complexes, **1**, 143
preparation
  nickel catalysed, **8**, 735
propargyl
  reaction with organometallic compounds, **7**, 49
2-pyridyl
  reaction with organometallic compounds, **7**, 49
reaction with alkali metals, **1**, 52
reaction with alkyl and acyl tetracarbonyl cobalt complexes, **5**, 55
reaction with Grignard reagents
  nickel catalysed, **8**, 740
reaction with halogenoorganocalcium compounds, **1**, 229
reaction with organoalkali metal compounds, **1**, 49
reaction with organoaluminum compounds, **7**, 423–431
reaction with organometallic compounds, **7**, 79
reaction with silicon
  organohalosilane preparation by, **2**, 307
reaction with trialkylsilylmetal compounds, **7**, 612
separation from dialkylberyllium, **1**, 122
silyl enol
  in regiospecific dehydrogenation, **8**, 839
synthesis
  organomercury compounds in, **7**, 674
thio
  reaction with organometallic compounds, **7**, 52
unsaturated
  hydroformylation, **8**, 134
Ethers, alkyl vinyl
  hydroboration, **7**, 241
Ethers, allyl aryl
  reaction with thallium(III) compounds, **7**, 492
  side reactions in preparation of Grignard reagents, **1**, 159
Ethers, allyl cyclopropyl
  decomposition
    catalysis by ruthenium complexes, **4**, 955
Ethers, allyl 3-methoxyphenyl
  reaction with thallium(III) compounds, **7**, 492
Ethers, allyl 4-methoxyphenyl
  reaction with thallium(III) compounds, **7**, 492
Ethers, allyl naphthyl
  cleavage by magnesium, **1**, 210
Ethers, allyl phenyl
  cleavage by magnesium, **1**, 210
  reaction with thallium(III) compounds, **7**, 492
Ethers, benzyl α,α-dimethylallyl
  redox fragmentation
    catalysis by ruthenium complexes, **4**, 955
Ethers, benzyl methyl
  thallation, **7**, 501
Ethers, bis(2,2-deuterobutyl)
  reaction with cyclohexyllithium, **1**, 49
Ethers, bis(trimethylsilyl)-
  vibrational spectra, **2**, 168
Ethers, *n*-butyl vinyl
  cyclotrimerization, **8**, 391
Ethers, chloromethyl methyl
  reaction with sodium dicarbonyl-η^5-cyclopentadienylferrate, **8**, 957
Ethers, diallyl
  Claisen rearrangement
    catalysis by ruthenium complexes, **4**, 952
  cyclization
    nickel catalysed, **8**, 618
Ethers, dibenzyl
  reductive silylation, **2**, 23
Ethers, α,α-dichloromethyl methyl
  lithium salts
    reaction with organoboranes, **7**, 285
Ethers, diisopropyl
  Grignard reagent structure in, **1**, 182
Ethers, dimethyl
  complexes with organoberyllium hydrides, **1**, 143
  organoberyllium complexes, **1**, 130
  synthesis
    in carbon dioxide reaction with hydrogen, **8**, 275
Ethers, divinyl
  reaction with tetracarbonylhydridocobalt, **5**, 184
Ethers, geranyl tetrahydropyran
  cleavage by organoaluminum compounds, **7**, 431
Ethers, methyl β-phenylethyl
  thallation, **7**, 501
Ethers, vinyl
  reduction by organoaluminum compounds, **7**, 430
2-Ethoxyallyl acetates
  as enolonium ion, **8**, 827
Ethoxycarbonylation
  1-pentene
    supported palladium chloride catalysts, **8**, 568
Ethyl acrylate
  in carbonylation
    nickel catalysed, **8**, 784
  reaction with organoboranes, **7**, 293
Ethylaluminum sesquihalides
  dehalogenation, **1**, 626
Ethylaluminum sesquiiodide, **1**, 557
Ethylamine, 2-(chloromercury)-*N*,*N*-diethyl-
  crystal structure, **2**, 885
Ethyl chloride
  reaction with silicon, **2**, 307

Ethyl diazoacetate
  photolysis with dicarbonylcyclopentadienyl cobalt, **5**, 159
  reaction with cobalt(II) octaethylporphyrin, **5**, 91
Ethylene
  asymmetric cooligomerisation, **8**, 429
  carboalumination, **7**, 367, 373
  carbonylation
    nickel catalysed, **8**, 775
  chain growth
    on alkylaluminum chlorides, **7**, 385
    on trialkylaluminum compounds, **7**, 373
  chemisorption on metals, **8**, 326
  codimerization with
    nickel catalysed, **8**, 684
  codimerization with alkenes
    nickel catalysed, **8**, 618, 624
  codimerization with butadiene
    nickel catalysed, **8**, 683, 688
    nickel catalysts in, **1**, 666
    rhodium trichloride catalyzed, **5**, 499
  codimerization with 1,3-cyclooctadiene
    nickel catalysed, **8**, 624
  codimerization with norbornene
    nickel catalysed, **8**, 625
  codimerization with styrene
    catalysis by ruthenium complexes, **4**, 956
  π-complexes with mercury dihalides, **2**, 867
  cooligomerization with allene
    nickel catalysed, **8**, 666
  cooligomerization with butadiene, **8**, 418–421
  cooligomerization with propene, **8**, 414
  copolymer with propylene, **7**, 449
  cotrimerization with butadiene
    nickel catalysts in, **1**, 666
  cotrimerization with styrene
    supported catalysts in, **8**, 567
  cyanation
    palladium complexes in, **8**, 880
  cyclodimerization
    nickel catalysed, **8**, 617, 638
  cyclooligomerization, **8**, 390
  dehydrogenation
    dodecacarbonyltriruthenium and, **4**, 848
  dimerization
    butadiene titanium complexes in, **3**, 291
    catalysis by supported ruthenium complexes, **4**, 961
    nickel catalysed, **8**, 616, 618, 639
    nickel catalysed, kinetics, **8**, 617
    organoaluminum compounds in, **1**, 664
    rhodium complex catalysts, **5**, 423
    triethylaluminum in, **1**, 579
  homopolymerization
    mono(η-cyclopentadienyl)titanium(IV) halides as catalysts in, **3**, 336
  hydroalumination, **7**, 369
  hydrocyanation, **8**, 355
  hydroformylation
    catalysis by ruthenium complexes, **4**, 940
    catalysis by supported ruthenium complexes, **4**, 961
  hydrogenation, **6**, 482
    catalysis by supported ruthenium complexes, **4**, 961
    polymer supported heteronuclear cluster catalysis of, **6**, 823
  hydroxypalladation, **8**, 889
  insertion into platinum–hydrogen bonds
    mechanism, **6**, 524
  mixed dimerization with propylene
    triethylaluminum in, **1**, 664
  nickel complex
    oxidative addition reactions, **6**, 65
  nickel complexes, **6**, 103–116
  oligomerization, **8**, 376–384, 378
    aluminum alkyls in, **3**, 476
    non-Ziegler–Natta catalysts, **8**, 382
    Shell higher olefin process, **8**, 617
    β-value, **8**, 383
    Ziegler–Natta catalysts, **8**, 379
  osmium complexes, **4**, 1022
  oxidation, **7**, 484
  oxidation to acetaldehyde
    in aqueous palladium chloride, **6**, 357
  palladium chloride complexes
    structure, **6**, 353
  palladium(II) complexes
    displacement reactions, **6**, 357
  perdeuteration
    reaction with triethylaluminum and, **1**, 638
  platinum complexes
    ethylene displacement from, **6**, 635
  platinum(0) complexes, **6**, 619
  polymerization, **7**, 3, 368, 442
    actinide complexes in, **3**, 262
    benzyltitanium complexes as catalysts, **3**, 443
    catalysis by ruthenium complexes, **4**, 957
    homoleptic allylchromium complexes as catalysts in, **3**, 957
    σ-hydrocarbyl titanium complexes as catalysts, **3**, 467
    nickel catalysed, **8**, 616, 618
    organoaluminum compounds and, **1**, 578
    organotitanium catalysts, **3**, 272
    organotitanium compounds as catalysts in, **3**, 271
    organozirconium catalysts in, **3**, 556
  polymerization, trichloromethyltitanium as catalyst in
    benzyltitanium halides as catalysts in, **3**, 442
  polymerization by Ziegler catalysis
    inhibition by dinitrogen, **8**, 1079
  random propylene copolymer
    Ziegler–Natta polymerization processes for, **3**, 507
  reaction with 2-alkenylhalogenomagnesium, **1**, 167
  reaction with alkyl iodides
    catalysis by ruthenium complexes, **4**, 962
  reaction with alkyllithiums, **1**, 63
  reaction with alkylnickel complexes, **6**, 49
  reaction with allyl halide and carbon monoxide
    nickel catalysed, **8**, 782
  reaction with (η-allyl)tricarbonylchlororuthenium, **4**, 688
  reaction with aluminum hydride, **1**, 559
  reaction with atomic cobalt, **5**, 178
  reaction with difluorosilylene, **2**, 210
  reaction with dodecacarbonyltetrahydrotetraruthenium, **4**, 896
  reaction with dodecacarbonyltriruthenium, **4**, 866, 898
  reaction with ethyllithium, **1**, 558
  reaction with halogenomagnesium compounds, **1**, 167
  reaction with lithium aluminum hydride, **1**, 558

Ethylene

reaction with mercury(II) chloride, **2**, 983
reaction with nickel ethylene complexes, **6**, 109
reaction with organocobalt(III) complexes, **5**, 149
reaction with palladium dichloride, **6**, 352
reaction with platinum(II) salts, **6**, 633
reaction with trichlorosilane, **2**, 310
reaction with triethylaluminum, **1**, 559, 578, 637, 638
reaction with trimethylaluminum, **1**, 638
reductive elimination
  theoretical aspects, **3**, 75
ruthenium complexes, **4**, 741
tetrahedral nickel complexes, **6**, 110–113
trigonal nickel complexes, **6**, 103–109
trimerization
  actinide complexes in, **3**, 262
Ziegler–Natta polymerization catalysts, **3**, 521
Ethylene, 1,2-bis(diethylalumino)-1,2-diphenyl-
diethyl etherate
  photolysis, **1**, 657
Ethylene, *trans*-1,2-bis(tributylstannyl)-
preparation, **2**, 539
Ethylene, bis(trifluoromethyl)bis(trimethylarsenyl)-
reaction with decacarbonyldirhenium, **4**, 222
Ethylene, *trans*-bis(trimethylsilyl)-
preparation, **2**, 31, 35
Ethylene, 1-bromo-1,2,2-trifluoro-
platinum(0) complexes
  rearrangement, **6**, 630
Ethylene, chloro-
reaction with tetrakis(methyldiphenylphosphine)platinum, **6**, 254
Ethylene, chlorotrifluoro-
cyclodimerization
  rhodium complexes in, **5**, 411
reaction with (η^3-allyl)tricarbonylcobalt, **5**, 221
reaction with dicarbonylbis(triphenylphosphine)rhodates, **5**, 386
ruthenium complexes, **4**, 733
Ethylene, 1-chloro-1,2,2-trifluoro-
reaction with pentacarbonylhydridomanganese, **4**, 94
Ethylene, 1,1-diaryl-
oxidative rearrangement
  organothallium compounds in, **7**, 470
Ethylene, *trans*-1,2-di-*t*-butyl-
solvomercuration, **2**, 884
Ethylene, 1,1-dichloro-
platinum(0) complexes
  rearrangement, **6**, 630
Ethylene, 1,2-dichloro-
reaction with organoaluminum compounds, **7**, 400
Ethylene, 1,1-dichloro-2,2-difluoro-
reaction with pentacarbonylhydridomanganese, **4**, 94
Ethylene, 1,2-dichloro-1,2-difluoro-
reaction with platinum olefin complexes, **6**, 631
Ethylene, dicyano-
iridium complexes, **5**, 589
Ethylene, 1,1-dicyano-2,2-bis(trifluoromethyl)-
reaction with tricarbonyl(η-*N*-methoxycarbonyl-1*H*-azepine)ruthenium, **4**, 754
ruthenium complexes, **4**, 732
Ethylene, 1,1-dilithio-
structure and rotational barriers, **1**, 93
Ethylene, 1,2-dilithio-
theoretical treatments, **1**, 93
Ethylene, 1,1-diphenyl-
hydralumination, **1**, 643
reaction with alkaline earth metals, **1**, 235
reaction with diisobutylaluminum hydride, **7**, 381
Ethylene, 1-(ethylthio)-1-lithio-2-(ethylsulfonyl)-
isomerization, **1**, 95
Ethylene, 1-(ethylthio)-2-lithio-2-(ethylsulfonyl)-
isomerization, **1**, 95
Ethylene, nitro-
reaction with alkynylborates, **7**, 293, 341
Ethylene, tetraamino-
reaction with trialkylboranes, **7**, 287
Ethylene, tetrachloro-
platinum(0) complexes
  rearrangement, **6**, 630
Ethylene, tetracyano-
adduct with ferrocene, **4**, 481
carbonyl iridium complexes, **5**, 589
charge transfer complexes with ruthenocene, **4**, 763
charge transfer complex with trimethylsilylmethylbenzene, **2**, 8
insertion reactions with η^1-organoniobium complexes, **3**, 743
insertion reactions with η^1-organotantalum complexes, **3**, 743
iridium complexes, **5**, 589
nickel complexes, **6**, 119
platinum(0) complexes, **6**, 619, 620
reaction with (acetylacetone)bis(isocyanide)rhodium, **5**, 434
reaction with(acetylacetone)(isocyanide)(triphenylphosphine)rhodium, **5**, 434
reaction with σ-allylcobaloximes, **5**, 126
reaction with bis(isocyanide)bis(triphenylphosphine)rhodium cations, **5**, 433
reaction with (η-cyclopentadienyl)bis(ethylene)rhodium, **5**, 435
reaction with methyltris(triphenylphosphine)cobalt, **5**, 73
reaction with nitrosyltris(triphenylphosphine)cobalt, **5**, 177
reaction with organogold complexes, **2**, 809
reaction with η^1-organoiron complexes, **4**, 357
reaction with platinum(II) σ-acetylide complexes, **6**, 571
reaction with tetrakis(isocyanide)rhodium cations, **5**, 433
reaction with tricarbonylcycloheptatrieneiron, **8**, 1005
reaction with tricarbonyl diaza rhodium complexes, **5**, 425
reaction with tricarbonyl-*N*-methoxycarbonylazepineruthenium, **4**, 745
reaction with tricarbonyl(η-*N*-methoxycarbonyl-1*H*-azepine)ruthenium, **4**, 754
rhodium(I) complexes, **5**, 426
ruthenium complexes, **4**, 743
Ethylene, tetracyanol-
reaction with (η^6-arene)tricarbonylchromium complexes, **3**, 1038
Ethylene, tetrafluoro-
cyclodimerization
  rhodium complexes in, **5**, 410
iridium complexes, **5**, 589

nickel complexes, **6**, 120
  reaction with (acetylacetone)bis(ethylene)rhodium, **5**, 420
  reaction with (η-allyl)tricarbonylcobalt, **5**, 221
  reaction with (η-cyclopropyl)tricarbonylcobalt, **5**, 184
  reaction with dicarbonylcyclopentadienylcobalt, **5**, 180
  reaction with pentacyanocobaltates, **5**, 92, 138
  reaction with tricarbonyl(cyclobutadiene)iron, **4**, 409
  reaction with tricarbonyl(diene)iron, **4**, 409
  ruthenium complexes, **4**, 733
Ethylene, tetralithio-
  preparation, **1**, 64
Ethylene, tetraphenyl-
  reaction with barium, **1**, 236
Ethylene, tri-*tert*-butyl-
  hydroboration, **7**, 144
Ethylene, triethylsilyl-
  hydroalumination, **7**, 381
Ethylene, trifluoro-
  reaction with tricarbonyl(cyclobutadiene)iron, **4**, 409
Ethylene, 1-trimethylsiloxy-1-cyclopropyl-
  Michael reaction, **7**, 573
Ethylene, 1-(trimethylsilyl)-1-(phenylthio)-
  preparation, **7**, 544
Ethylene, triphenylsilyl-
  hydroalumination, **7**, 381
Ethylenediamine
  reaction with bromopentacarbonylmanganese, **4**, 35
  reaction with dicarbonyltetrachlorodipalladium, **6**, 280
  reaction with pentacarbonylhalomanganese, **4**, 35
Ethylenediamine, *N*-methyl-
  reaction with dimethylberyllium, **1**, 137
Ethylenediamine, *N,N,N',N'*-tetraethyl-
  complexes with organoberyllium hydrides, **1**, 143
Ethylenediamine, *N,N,N',N'*-tetramethyl-
  complexes with organoberyllium compounds, **1**, 132
Ethylenediamine, *N,N,N',N'*-tetramethyl-
  complexes with organoberyllium hydrides, **1**, 143
  organozinc complexes, **2**, 830
  reaction with dialkylmanganese compounds, **4**, 70
  reaction with organoberyllium halides, **1**, 138
Ethylenediamine, *N,N,N'*-trimethyl-
  reaction with dialkylberyllium, **1**, 137
Ethylene dimethacrylate
  terpolymerization with (*R*)-cyclohexylmethyl-*p*-styrylphosphine and hydroxyethyl methacrylate, **8**, 584
Ethylene glycol
  industrial synthesis, **8**, 85
Ethylene ligands
  platinum complexes
    bonding, **3**, 50
Ethylene oxide
  deoxygenation
    tetracarbonylferrates in, **4**, 254
  insertion into carbon–aluminum bonds, **1**, 663
  reaction with triethylaluminum, **1**, 652
Ethylene oxide, tetracyano-
  oxidative-addition reactions
    to platinum(0) complexes, **6**, 522
  reaction with chlorocarbonylbis(triphenylphosphine)rhodium, **5**, 401
Ethylene–propylene–diene monomer rubber, **7**, 449
Ethylene–propylene rubber, **7**, 443
Ethylenimine
  telomerization with butadiene, **8**, 435
μ-Ethylidene ligands
  bis(dicarbonyl(η-cyclopentadienyl)iron) complexes, **4**, 530
Ethylidenimido ligands
  trinuclear iron complexes, **4**, 626
Ethyl methacrylate
  reaction with organoboranes, **7**, 293
Ethyl orthoformate
  reaction with allylaluminum bromides, **1**, 652
  reaction with propargylaluminum bromides, **1**, 652
Ethyne, 1-phenyl-2-(2-methyl-2-propyl)-
  reaction with organoaluminum compounds, **7**, 389
Ethyne, 1-phenyl-2-(trimethylsilyl)-
  reaction with organoaluminum compounds, **7**, 389
Ethynyl ligands
  bis(η-cyclopentadienyl)titanium complexes, **3**, 313
Etioporphyrin
  vanadium complexes, **3**, 666
Europium
  divalent cyclooctatetraene complexes, **3**, 194
  hydrides, **3**, 205
  ions
    properties, **3**, 175
  Mössbauer spectroscopy, **3**, 179
  oxidation states, **3**, 176
  reaction with propyne, **3**, 201
  spectroscopy, **3**, 177
Europium complexes
  carbonyl, **3**, 180
  divalent bis(cyclopentadienyl), **3**, 187
  hydrocarbyl, **3**, 201
  in organic synthesis, **3**, 209
  pentamethylcyclopentadienyl, **3**, 191
  transition metal bonds, **3**, 208
  tris(cyclopentadienyl), **3**, 180
  tris(cyclopentadienyl) boron, **3**, 183
Exaltolide
  synthesis, **7**, 693
Exchange of *syn* and *anti* protons
  coordinated η-allyl groups, **3**, 110
Exchange processes
  (2-methylbutyl)lithium, **1**, 72
  organolithium compounds, **1**, 75
Exchange reactions
  alkali metal–halide, **1**, 60
  alkali metal–halogens, **1**, 59
  alkenes, **8**, 320
  η^3-allyl palladium complexes, **6**, 411
  amine–organoborane adducts, **1**, 299
  arenetricarbonyltungsten complexes, **3**, 1362
  between organomercury and organomagnesium compounds, **1**, 200
  catalysis by ruthenium complexes, **4**, 945–953
  diorganozinc compound preparation by, **2**, 833
  diorganylmagnesium compounds, **1**, 206
  disilanes, **2**, 377
  germanium–nitrogen bond formation by, **2**, 448
  germanium–nitrogen compounds, **2**, 458

Exchange reactions

germanium–oxygen compounds, **2**, 443
in germanium–selenium bonds, **2**, 446
in germanium–sulfur compounds, **2**, 446
germylphosphine preparation by, **2**, 460
Grignard reagent preparation by, **1**, 163–167
Group IV carbonyl cobalt compounds, **6**, 1086
halogen–metal
   in Grignard reagent reactions, **1**, 193
hexacarbonylvanadium, **3**, 651
lithium magnesate compounds, **1**, 222
main group organometallic compounds
   energetics, **1**, 8
metal for metal
   in η^1-organoiron complex preparation, **4**, 339
metal–halogen
   diorganylmagnesium compound preparation by, **1**, 201
   Grignard reagent preparation by, **1**, 164–166
   in preparation of halogenoorgano-calcium, -barium or -strontium compounds, **1**, 228
metal–hydrogen
   Grignard reagents in, **1**, 195
organoborohydrides, **1**, 297
organopolyboron hydride preparation by, **1**, 446
organotin halides, **2**, 561
platinum(0) acetylene complexes, **6**, 700
platinum(0) olefin complexes, **6**, 629
in preparation of three-coordinate acyclic organoboranes, **1**, 279, 283
at silicon, **2**, 184
transition metal–Group IV compound preparation by, **6**, 1056
trialkylgallium, **1**, 692
zinc and cadmium transition metal derivatives, **6**, 1005

Extended Hückel molecular orbital calculations
   transition metal carbonyl fragments, **3**, 12

Eyring rate plot, **3**, 93

F

Factored force field approximation, **3**, 9
Farnesene
  synthesis, **8**, 401
α-Farnesene
  dimerization, **8**, 402
trans-β-Farnesene
  dimerization, **8**, 844
Farnesol
  preparation, **8**, 817
(E,E)-Farnesol
  synthesis, **8**, 916
Fats
  unsaturated
    hydrogenation, **8**, 342
Feist' ester
  ring opening, **4**, 585
Fenchone
  oxime
    reduction by organoaluminum compounds, **7**, 438
Fenton's reagent
  in oxidation of organoboranes, **1**, 288
Fermium
  ions
    properties, **3**, 175
Ferra-π-allyl system, **4**, 571
Ferraboranes
  reaction with 2-butyne, **1**, 479
  synthesis, **1**, 462
1,2-Ferracarbadodecaborane, (η-cyclopentadienyl)-
  preparation, **1**, 525
Ferracarboranes
  9- and 10-vertex
    synthesis, **1**, 503
  synthesis, **1**, 510
Ferracyclobutenes
  in oligomerization of alkynes, **4**, 622
Ferracyclohexadienones
  structure, **4**, 571
Ferracyclopentadienes, **4**, 625, 636
  dinuclear, **4**, 620
  extended Hückel calculations, **4**, 625
  in oligomerization of alkynes, **4**, 622
  preparation from octacarbonylbis(diphenylacetylene)triiron, **4**, 619
  production, **4**, 619
Ferracyclopentane, perfluoro-
  formation, **4**, 381
2,1,4-Ferradicarbadecaborane, tricarbonyldimethyl-
  preparation, **1**, 505
Ferradicarbadodecaborane, (η-cyclopentadienyl)-
  preparation, **1**, 515
  structure, **1**, 519
Ferradicarbaheptaborane, (η-cyclopentadienyl)-
  preparation, **1**, 493
Ferradicarbaheptaborane, (η-cyclopentadienyl)-hydrido-
  preparation, **1**, 493
Ferradicarba-closo-heptaborane, 1,1,1-tricarbonyl-
  preparation, **1**, 461
1,2,3-Ferradicarba-closo-heptaborane, tricarbonyl-
  preparation, **1**, 493
Ferradicarbahexaborane, tricarbonyl-
  ring–metal bonding, **1**, 497
Ferradicarba-nido-hexaborane, 1,1,1-tricarbonyl-
  preparation, **1**, 461
1,2,4-Ferradicarbahexaborane, tricarbonyl-
  preparation, **1**, 493
Ferradicarbanonaborane, (η-cyclopentadienyl)-
  structure, **1**, 503
4,1,8-Ferradicarbanonaborane, (η-cyclopentadienyl)-
  structure, **1**, 503
Ferradicarbaoctaborane, tricarbonyl-
  preparation, **1**, 499
Ferrahexaborane, (η-cyclopentadienyl)-
  preparation, **1**, 490
Ferrahexaborane, 2-(η-cyclopentadienyl)-
  rearrangement, **1**, 491
Ferrahexaborane, pentacarbonyl-
  preparation, **1**, 497
Ferra-closo-hexaborane, pentacarbonyl-
  synthesis, **1**, 488
Ferra-nido-hexaborane, tricarbonyl-
  synthesis, **1**, 488
1-Ferrahexaborane, (η-cyclopentadienyl)-
  structure, **1**, 498
1-Ferrahexaborane, (cyclopentadienyl)decahydro-
  preparation, **6**, 926
2-Ferrahexaborane, tricarbonyl-
  deprotonation, **1**, 498
  preparation, **1**, 498
1-Ferrahexaborate, pentacarbonyltrihydro-
  structure, **6**, 930
2-Ferrahexaborate, (cyclopentadienyl)decahydro-
  preparation, **6**, 926
2-Ferrahexaborate, dicarbonyl(cyclopentadienyl)heptahydro-
  preparation, **6**, 929
2-Ferrahexaborate, dicarbonyl(cyclopentadienyl)octahydro-
  preparation, **6**, 929
2-Ferrahexane, (η-cyclopentadienyl)-
  preparation, **1**, 498
Ferraoctaborane, μ-tetracarbonyl-
  anion
    structure, **1**, 506
Ferrapentaborane, tricarbonyl-
  synthesis, **1**, 491
Ferra-nido-pentaborane, 1,1,1-tricarbonyl-
  synthesis, **1**, 488
1-Ferra-nido-pentaboranes, tricarbonyl-
  reaction with 2-butyne, **1**, 505
2-Ferrapentaborate, tricarbonyloctahydro-4,5-[μ-bis(triphenylphosphine)copper]-

structure, **6**, 927
Ferrates
  tetracarbonyl-
    disodium salt, synthetic uses, **8**, 955
Ferrates, acyldecacarbonyltris-
  NMR, **4**, 634
Ferrates, bis[dicarbonyl(η-cyclopentadienyl)-
  metathesis reaction of cis-3,4-dihalocyclobutene and, **4**, 587
Ferrates, carbidohexadecacarbonylhexakis-, **4**, 645
Ferrates, carbidopentadecacarbonylpentakis-
  hydrogenation, **4**, 646
Ferrates, dicarbonyl(cyclopentadienyl)-
  reaction with allylic halides, **4**, 402
  reaction with perfluorotetramethylallene, **4**, 402
  reaction with triphenylcyclopropenium cation, **4**, 403
Ferrates, dicarbonyl-η^5-cyclopentadienyl-
  sodium salt
    η^2-alkene complexes, **8**, 965
    as alkene protectant, **8**, 968
    σ-allyl complexes, **8**, 959–964
    σ-allyl complexes, electrophilic reactions, **8**, 962
    σ-allyl complexes, preparation, **8**, 959
    reaction with chloromethyl methyl ether, **8**, 957
Ferrates, dicarbonyl(cyclopentadienyl)(triphenylborane)-
  preparation, **6**, 884
Ferrates, hexacyano-
  reaction with methylcobalamin, **2**, 1004
Ferrates, octacarbonyldi-
  reactions, **4**, 259
  reaction with cadmium, **6**, 1004
  reaction with heavy metals, **4**, 310
  reaction with mercury, **6**, 1004
  reaction with zinc, **6**, 1004
  spectroscopy, **4**, 259
  structure, **4**, 259
  synthesis, **4**, 259
Ferrates, octacarbonylhydrodi-
  preparation, **4**, 315
Ferrates, (phthalocyanine)-
  metallation, **4**, 585
Ferrates, tetracarbonyl-
  in carbocarbonylation, **8**, 161
  reactions, **4**, 254
  reaction with vinyl halides, **4**, 406
  spectroscopy, **4**, 253
  structural parameters, **4**, 253
  structure, **4**, 253
  synthesis, **4**, 252
Ferrates, tetracarbonyl(diphenylphosphino)-
  preparation, **4**, 288
Ferrates, tetracarbonylhydro-
  preparation, **4**, 314
Ferrates, tetracarbonyliodo-
  preparation, **4**, 270
Ferrates, tetracarbonyl(triphenylstannyl)-
  substitution reaction, **4**, 309
Ferrates, tetrakis(η-cyclopentadienyl)(tetrasulfur)-
  tetrakis-, **4**, 639
    Jahn–Teller effect, **4**, 639
    molecular orbitals, **4**, 639
Ferrates, tricarbonylnitroso-, **4**, 297
  reaction with allylic halides, **4**, 403
  reaction with hexachlorostannates, **4**, 311
  reaction with phoshines, arsines or stibines, **4**, 297
Ferrates, tricarbonyltropylium-
  isomerism, **4**, 416
Ferrates, tricarbonyl(η^7-tropylium)-
  reaction with allyl bromide, **4**, 440
Ferrates, tridecacarbonylhydrotetra-
  preparation, **4**, 317
  structure, **4**, 317
Ferrates, tridecacarbonyltetra-
  ^{13}C NMR, **4**, 266
  protonation, **4**, 317
  reactions, **4**, 266
Ferrates, tridecacarbonyltri-, **4**, 265
  spectroscopy, **4**, 265
  structure, **4**, 265
  synthesis, **4**, 265
Ferrates, undecacarbonylhydrotri-
  preparation, **4**, 315
  properties, **4**, 316
Ferrates, undecacarbonyltri-, **4**, 263
  reactions, **4**, 264
  spectroscopy, **4**, 263
  structure, **4**, 263
  synthesis, **4**, 263
Ferrates(II), hexaalkynyl-, **4**, 332
Ferrates(II), tetraalkyl-, **4**, 332
Ferrates(III), hexaalkynyl-, **4**, 332
Ferratetracarbadodecaborane, (η-cyclopentadienyl)tetramethyl-
  preparation, **1**, 526
Ferratetracarba-nido-hexaborane, tricarbonyl-
  structure, **1**, 497
Ferratetracarbanonaborane, tricarbonyltetramethyl-
  decomposition, **1**, 505
Ferrathiacyclohexadiene ligands
  complexes, **4**, 577
Ferraundecaborane, (η-cyclopentadienyl)-
  preparation, **1**, 490
2-Ferraundecaborane, (η-cyclopentadienyl)-
  structure, **1**, 514
Ferredoxins, **8**, 330
Ferrelactams
  synthesis
    iron carbonyls in, **8**, 943
Ferrelactones
  synthesis
    iron carbonyls in, **8**, 942
Ferricenium cation
  from ferrocene by oxidation, **8**, 1037
Ferricenium cations
  cleavage of ring–metal bond in, **8**, 1018
  radical substitution reactions, **8**, 1037
Ferricenium ions
  from (borinato)iron complexes, **1**, 397
Ferricinium ions, **4**, 480
  ESR, **4**, 481
  ferrocene interconversion, **4**, 480
  magnetic susceptibility, **4**, 481
  mixed valency compounds containing ferrocene and, **4**, 482
  NMR, **4**, 481
  X-ray structure, **4**, 481
Ferrocarboranes, **1**, 546
Ferrocene
  acetoxymercuration, **8**, 1019
  acyclic analogues, **4**, 493
  acyl-
    protonation, **8**, 1026
  acylation
    with carboxylic acid anhydrides, **8**, 1017
    with carboxylic acid chlorides, **8**, 1017

adduct with tetracyanoethylene, **4**, 481
alkenylation, **8**, 1019
 Al$_2$Cl$_6$-catalysed, **8**, 1019
alkylated
 electrochemical potential, **4**, 480
arene–iron complex synthesis from, **4**, 500
aromaticity, **3**, 46
aryl-
 homoannular substitution, **8**, 1021
auration, **2**, 779; **8**, 1043
bonding, **3**, 28
boron heterocyclic derivatives, **4**, 487
bridged, **4**, 487
 structure, **4**, 490
carbocations
 reactions, **8**, 1018
carboxylation
 ligand exchange reactions with arenes and, **8**, 1049
catalysts
 asymmetric hydrogenation of alkenes, **8**, 1042
chiral phosphine complexes
 in asymmetric hydrogenation, **8**, 469
chiral synthesis, **8**, 860
chromium complex, **3**, 978
competitive Friedel–Crafts acetylation reactions, **8**, 1017
condensation reactions with aldehydes, **8**, 1018
cyclometallation, **4**, 485
cyclopentadienyl replacement by arene, **8**, 1049
derivatives
 cyclopentadienyl replacement by arene, **8**, 1049
 exchange reactions, **8**, 1048
 ligand exchange reactions with arenes, **8**, 1049
 photochemical reactions, **8**, 1059
 protodeboronation, **8**, 1024
 protodemercuration, **8**, 1024
 protodesilylation, **8**, 1024
 site reactivities, **8**, 1022
 synthesis, **4**, 475
electrochemical potential, **4**, 480
electrophilic substitution, **8**, 1017
 kinetic isotope effects, **8**, 1021
 metal-participation, **8**, 1020
 site reactivities, **8**, 1021
 stereochemistry, **8**, 1019, 1020
 substituent effects, **8**, 1021
ferricinium interconversion, **4**, 480
Friedel–Crafts acylation, **8**, 1016
Friedel–Crafts alkylation, **8**, 1017
gold derivatives, **4**, 485
half-protonation values, **4**, 484
half-wave potentials, **4**, 481
hydrogenation
 ligand exchange reactions polycyclic arenes, **8**, 1049
hydrogen exchange, **4**, 484
 acid-promoted, **8**, 1020
inorganic, **1**, 402
interannular electronic effects, **8**, 1022
Kölbe reactions with alkylcarboxylates, **8**, 1038
Lewis acid-catalysed reactions, **8**, 1019
lithiation, **8**, 1041
 substituent effects, **8**, 1041
macrocycle analogues, **4**, 495
Mannich aminomethylation, **8**, 1017
mercuration, **4**, 485
metal complexes
 protonation, **8**, 1026
metallated, **4**, 476, 484
methoxy-
 aminomethylation, **8**, 1021
methylthio-
 aminomethylation, **8**, 1021
mixed valency compounds containing ferricinium ions and, **4**, 482
nucleophilic addition reactions, **8**, 1031
oxidation, **4**, 480
palladation, **8**, 1043
photochemical reactions with alkynes, **8**, 1038
photoelectron spectra, **3**, 29
polylithiation, **1**, 56
potassiation, **8**, 1041
properties, **4**, 478
protodeboronation, **8**, 1024
protodemercuration, **8**, 1023
protodesilylation, **8**, 1024
protonated ions, **4**, 480
protonation, **4**, 483; **8**, 1025
reactions
 neighbouring group effects, **8**, 1050
reactions with bis(diazonium) salts, **8**, 1038
reaction with arenediazonium salts, **8**, 1038
reaction with Group V trihalides, **4**, 480
reaction with hexachlorocyclopentadiene, **4**, 480
reaction with HF and H$_3$PO$_4$, **8**, 1018
reduction, **4**, 385, 430
 bridged ferrocene synthesis by, **4**, 490
reversible 1-electron oxidation, **8**, 1061
sodiation, **8**, 1041
structure, **1**, 32; **4**, 477, 479
sulfonation, **8**, 1019
synthesis, **4**, 475; **7**, 442
thallation, **7**, 499
tilted
 basicity, **4**, 491
tritylation, **8**, 1038
tropylation, **8**, 1038
Vilsmeier formylation, **8**, 1017
Ferrocene, acyl-
 nucleophilic addition reactions
  stereoselectivity, **8**, 1059
 reactions with arenediazonium salts, **8**, 1038
 reaction with methylcarbonylmetal complexes, **8**, 1043
Ferrocene, alkenyl-
 acid-promoted hydration
  kinetic studies, **8**, 1054
 hydroboration-oxidation reactions, **8**, 1059
 exo-protonation
  preferential, **8**, 1059
 reaction with mercury acetate, **8**, 1059
Ferrocene, alkynyl-
 acid-promoted hydration
  kinetic studies, **8**, 1054, 1059
 addition of Ph$_3$C$^+$, **8**, 1054
 protonation, **8**, 1054
Ferrocene, amino-
 synthesis, **8**, 1063
Ferrocene, (aminoalkyl)-, **8**, 1018
 in synthesis of peptides
  stereoselective, **8**, 1059
Ferrocene, bromo-
 synthesis, **8**, 1062
Ferrocene, chloro-
 synthesis, **8**, 1062

Ferrocene, cupro-
  synthesis, **4**, 485
Ferrocene, decachloro-
  lithiation, **8**, 1042
Ferrocene, decamethyl-
  adduct with 7,7,8,8-tetracyano-*p*-quinodi-
    methanide, **4**, 481
  structure, **4**, 477
  synthesis, **4**, 475
  two-electron oxidation, **4**, 481
Ferrocene, diacetyl-
  addition of Grignard reagents
    stereoselectivity, **8**, 1059
Ferrocene, 1,1'-diamino-
  synthesis, **8**, 1063
Ferrocene, 1,1'-dihalo-
  synthesis, **8**, 1062
  Ullmann coupling, **8**, 1061
Ferrocene, 1,1'-dihydroxy-
  synthesis, **8**, 1063
Ferrocene, dilithio-
  structure, **4**, 484
Ferrocene, 1,1'-dilithio-
  bridged ferrocene synthesis from, **4**, 488
Ferrocene, 1,1'-dimercapto-
  synthesis, **8**, 1063
Ferrocene, dimethylaminomethyl-
  synthesis, **8**, 860
Ferrocene, 1,1'-dipotassio-
  preparation, **4**, 484
Ferrocene, 1,1'-disodio-
  preparation, **4**, 484
Ferrocene, ethyltetramethyl-
  synthesis, **4**, 475
Ferrocene, fluoro-
  synthesis, **8**, 1062
Ferrocene, halo-
  synthesis, **8**, 1062
Ferrocene, hydroxy-
  synthesis, **8**, 1063
Ferrocene, iodo-
  synthesis, **8**, 1062
Ferrocene, mercapto-
  synthesis, **8**, 1063
Ferrocene, methyl-
  reaction with manganese acetate, **8**, 1018
Ferrocene, nitro-
  synthesis, **7**, 58; **8**, 1063
Ferrocene, pentamethyl-
  synthesis, **4**, 475
Ferrocene, β-styryl-
  synthesis, **8**, 859
Ferrocene, (thiomethyl)-, **8**, 1018
Ferrocene, vinyl-
  supported catalysts preparation from, **8**, 564
Ferrocenecarboxylic acid
  p*K* value, **8**, 1051
Ferrocenium cations
  electron spin resonance studies, **3**, 29
Ferrocenium ions
  structure, **4**, 479
Ferrocenol
  p*K* value, **8**, 1051
[2]Ferrocenophane
  angle of tilt, **4**, 490
  synthesis, **4**, 489
[3]Ferrocenophane
  angle of tilt, **4**, 490
  synthesis, **4**, 488
[4]Ferrocenophane
  synthesis, **4**, 488

Ferrocenophanes
  fragmentation, **8**, 1018
[1]Ferrocenophanes
  angle of tilt, **4**, 490
Ferrocenophanones
  Friedel–Crafts acetylation, **8**, 1021
2-Ferrocenyladipic acid
  annulation reactions, **8**, 1024
Ferrocenylalkanoic acids
  intramolecular cyclization, **8**, 1020, 1024
Ferrocenylalkyl anions
  barriers to rotation around Fc—C$^-$ bonds, **8**, 1057
  electrophilic addition reactions
    stereochemistry, **8**, 1057
  stabilization, **8**, 1057
Ferrocenylalkyl cations
  chiral
    retention of configuration, **8**, 1053
  crystal structure, **8**, 1052
  cycloaddition of cyclopentadiene, **8**, 1040
  deprotonation
    carbenes from, **8**, 1058
    rates, **8**, 1060
  deprotonation reactions
    rates, **8**, 1055
    steric/conformational effects, **8**, 1059
  dimerization, **8**, 1053
  electrochemical reduction, **8**, 1059
  elimination reactions, **8**, 1054
  Fc—C$^+$ bonds
    energy barriers to rotation around, **8**, 1053
  fragmentation reactions, **8**, 1054
  heterolysis reactions
    stereochemistry, **8**, 1053
  intra-ionic redox reactions, **8**, 1052
  ion-pairing, **8**, 1055
  MO calculations, **8**, 1052
  S_N1 solvolysis reactions, **8**, 1053
    rates, **8**, 1053
    rates of formation in, **8**, 1053
  nucleophilic addition reactions
    kinetic isotope effects, **8**, 1055
    rates, **8**, 1055
    stereochemistry, **8**, 1053
  p*K* values, **8**, 1052
  rearrangements, **8**, 1054
  spin-trapping experiments, **8**, 1053
  stability, **8**, 1052
  structural distortion, **8**, 1052
Ferrocenylalkyl compounds
  heterolysis
    steric/conformational effects on rates, **8**, 1054
  substituent effect on rates, **8**, 1054
Ferrocenylalkyl dianions
  alkylation, **8**, 1057
Ferrocenylalkyl radicals
  1-electron reduction, **8**, 1059
Ferrocenylallenyl cations
  protonation, **8**, 1054
Ferrocenylamines
  preparation in dinitrogen reduction, **8**, 1081
Ferrocenylcarbenes
  electronic structures, **8**, 1058
Ferrocenylisovaleric acid
  annulation reactions, **8**, 1024
Ferrocenylnitrene
  decomposition, **8**, 1058
Ferrocenyl nitroxides
  crystal structure, **8**, 1059

Ferrocenylpropionic acid
  annulation reactions, **8**, 1024
Ferrocenyl radicals
  decomposition, **8**, 1058
Ferrocenylsulphonylnitrene
  intramolecular insertion reactions, **8**, 1058
Ferrocenylvinyl cations
  protonation, **8**, 1054
Ferrocyclobutane
  formation, **4**, 372
Ferrole, 2,5-dimethoxy-
  carbene insertion reactions, **4**, 553
Ferrole, hydroxy-
  formation, **4**, 553
  preparation, **4**, 549
Ferroledoxins, **4**, 638
Ferroles, **4**, 548
  NMR, **4**, 553
  preparation, **4**, 549
  properties, **4**, 551
  reactions, **4**, 553
Fillers
  in silicone composites, **2**, 337
  in silicones
    modulus-increasing effect, **2**, 338
Fischer carbene, **3**, 889
Fischer–Hafner aluminum synthesis
  bis(arene)chromium(0) complexes, **3**, 977
Fischer–Hafner synthesis
  bis(arene)tungsten complexes, **3**, 1357
Fischer–Tropsch synthesis, **8**, 40–62, 44
  catalysis by supported ruthenium complexes, **4**, 961
  catalyst, **8**, 44
  dimetallocycles in, **4**, 529
  heterogeneous catalysts, **8**, 288
  homogeneous catalysts in, **8**, 57
  industrial objectives, **8**, 61
  industrial perspectives, **8**, 47
  iron catalysts, promotors, **8**, 47
  kinetics and mechanism, **8**, 48
  mechanism, **4**, 646
  models for catalytic intermediates, **4**, 1012
  processes, **8**, 45
  product distributions, **8**, 46
  products, separation, end uses, **8**, 46
  reactors, **8**, 45
Fish
  lead alkyls in
    detection, **2**, 1010
  mercury methylation in, **2**, 998
  methylmercury in, **2**, 980
  organomercury in, **2**, 1007
    detection, **2**, 1006
  tetramethyllead in
    detection, **2**, 1010
Flammability
  organoaluminum compounds, **1**, 579
Flavins
  in hydrogenase systems, **8**, 332
Flavones
  preparation
    organothallium compounds in, **7**, 473
  synthesis, **8**, 839, 892
Flavylium perchlorate
  reaction with organothallium compounds, **7**, 473
Flexibility
  silicones, **2**, 329
Fluctional behaviour
  η^3-benzyl palladium complexes, **6**, 410

cyclopropenyl complexes, **3**, 45
Fluctionality
  (alkyne)nonacarbonyldihydridotriruthenium complexes, **4**, 847
  (η-allyl)dicarbonyl(triphenylphosphine)cobalt, **5**, 218
  allylpalladium compounds, **3**, 90
  arene–metal complexes, **8**, 1048
  bridged methylene cobalt complexes, **5**, 160
  cobaltacyclopentadiene complexes, **5**, 144
  cyclopentadienyl metal complexes, **8**, 1048
  dinuclear iron carbonyl polyene bridged complexes, **4**, 560
  dinuclear macrocycle-bridged iron carbonyl complexes, **4**, 582
  dodecacarbonyltetrahydrotetraruthenium, **4**, 896
  half sandwich compounds, **3**, 45
  isocyanide derivatives of bis(dicarbonyl(η-cyclopentadienyl)iron), **4**, 526
  octacarbonylbis(diphenylacetylene)triiron, **4**, 619
  organoruthenium complexes, **4**, 653, 655
  in pentadienyl complexes, **3**, 66
  transition metal alkene complexes, **3**, 67
  tridecacarbonyltrihydrotetrakisruthenium, **4**, 891
  η^4-triene groups, **3**, 146
Fluorene
  alkali metal compounds
    UV spectra, **1**, 89
  metallation, **1**, 163
    diorganylmagnesium compound preparation by, **1**, 201
  metallation by calcium compounds, **1**, 227
  polylithiation, **1**, 56
Fluorene complexes
  ligand-slip rearrangements, **8**, 1044
9-Fluorenone
  reaction with indanylaluminum, **1**, 575
Fluorenyl complexes
  ligand-slip rearrangements, **8**, 1044
Fluorides
  aryl
    preparation, **7**, 504
    displacement by dicarbonyl(η-cyclopentadienyl)ruthenium, **4**, 777
    reaction with tricarbonyl(η^5-dienyl)iron cations, **4**, 498
Fluorination
  carboranes, **1**, 441
  dodecacarbonyltriruthenium, **4**, 676
Fluoroalkanes
  preparation of Grignard reagents from, **1**, 157
Fluoroalkenes
  bonding, **3**, 51
  reaction with η^1-carbon rhenium complexes, **4**, 229
  reaction with pentacarbonylhydridorhenium, **4**, 213
  reaction with pentacarbonyl(trimethylsilyl)manganese, **4**, 98
  rhenium complexes
    reduction, **4**, 213
Fluoroalkynes
  reaction with pentacarbonyl(trimethylsilyl)manganese, **4**, 98
Fluorobenzyl halides
  oxidative addition to palladium(0) complexes, **6**, 252
Fluorocarbon ligands

Fluorocarbon ligands
  σ-bonded cobalt complexes, **5**, 47–177
  cobalt(I) complexes, **5**, 62–67
  organomanganese complexes, **4**, 93
  platinum(II) complexes
    reactions, **6**, 572
Fluorocarbons
  unsaturated
    reaction with pentacarbonylhydridorhenium, **4**, 218
    reaction with pentacarbonylmethylmanganese, **4**, 94
Fluoromethylene ligands
  cobalt bridged complexes, **5**, 157
Fluoroolefins
  platinum(0) complexes, **6**, 619
Fluorophenyl halides
  oxidative addition to palladium(0) complexes, **6**, 252
Fluorosilicates
  vinyl group transfer to palladium, **8**, 878
Fluorosilylamines, **2**, 136
Fluorosulphuric acid
  protonation of tetramethylsilane by, **2**, 28
'Fly-over bridge' cobalt complexes, **5**, 155, 201
  mechanism of formation, **5**, 203
  properties, **5**, 203
  reactions, **5**, 204
Foam stabilizers
  silicones, **2**, 336
Folic acid, N^5-methyltetrahydro-
  mercury methylation and, **2**, 981
  methylation by, **2**, 983
Food processing
  silicones in, **2**, 359
Foods
  organotin levels in, **2**, 1009
Force constants
  heteronuclear metal–metal bonded compounds, **6**, 796
  heteronuclear transition metal complexes, **6**, 795
  transition metal carbonyl complexes, **3**, 9
    calculations, **3**, 9
Formaldehyde
  carbonylation, **8**, 83
  decarbonylation
    ruthenium chlorides in, **4**, 670
  insertion into carbon–aluminum bonds, **1**, 663
  manufacture, **8**, 39
  preparation
    carbon dioxide reduction in, **8**, 267
  reaction with alkenylboron compounds, **7**, 315
  telomerization with butadiene, **8**, 442
Formamide
  reductive silylation, **2**, 30
  silyl
    preparation, **2**, 123
Formamide, dialkyl-
  reaction with organometallic compounds, **7**, 32
Formamide, N,N-dialkyl-
  preparation
    by carbon dioxide reaction with hydrogen, **8**, 269, 270
Formamide, dimethyl-
  reaction with organoaluminum compounds, **7**, 438
Formamide, N,N-dimethyl-
  preparation
    by carbon dioxide reaction with hydrogen, **8**, 269

Formamide, diphenyl-
  reaction with organoaluminum compounds, **7**, 438
Formamides
  manufacture, **8**, 39
  synthesis
    azacarbonylation in, **8**, 173
Formamidinato ligands
  osmium complexes, **4**, 997
Formamidine, N-(phenylmercury)-N,N'-di-p-tolyl-
  structure, **2**, 918
Formamidines
  reaction with osmium cluster compounds, **4**, 1050
Formates
  formation
    in carbon dioxide reaction with transition metal hydrides, **8**, 249
  in industrial methanol synthesis, **8**, 33
  manufacture, **8**, 39
  preparation
    caesium reaction with carbon dioxide in, **8**, 266
    by electrochemical reduction of carbon dioxide, **8**, 267
    by reduction of carbon dioxide, **8**, 268
  preparation in catalytic syntheses with carbon dioxide, **8**, 265
  reaction with organometallic compounds, **7**, 32
  synthesis
    carbon dioxide in, **8**, 226
Formation constants
  diorganothallium β-diketonates, **1**, 735
Formato complexes
  formation
    in carbon dioxide reaction with transition metal hydrides, **8**, 239
Formic acid
  carbon monoxide preparation from, **8**, 7
  decarbonylation
    ruthenium chlorides in, **4**, 670
  esters
    formation in hydroformylation of alkenes, **8**, 153
  as hydride source, **8**, 303
  as hydrogen donor, **8**, 325
  methyl ester
    preparation in carbon dioxide reaction with hydrogen, **8**, 270
  preparation
    in carbon dioxide reactions with hydrogen, **8**, 269
    by carbon dioxide reaction with hydrogen, **8**, 269
    carbon dioxide reduction in, **8**, 267
  reaction with hydrated ruthenium trichloride, **4**, 670
  reaction with ruthenium tribromide, **4**, 671
  reaction with ruthenium trichloride, **4**, 670
  reaction with ruthenium triiodide, **4**, 671
  telomerization with butadiene, **8**, 433
  telomerization with isoprene, **8**, 446
Formimidoyl ligands
  ruthenium complexes, **4**, 730
Formylation
  cyclobutadiene iron complexes, **4**, 447
  ferrocenes, **4**, 475
  organopalladium complexes in, **8**, 908
  ruthenocene, **4**, 764, 767
Formyl complexes

conversion to hydrido complexes, **8**, 303
Formyl ligands
  heteronuclear metal–metal complexes, **6**, 787
Forsén–Hoffmann saturation
  η^6-cyclooctatetraene complexes, **3**, 134
Fragmentation
  bis(dicarbonyl(η-cyclopentadienyl)iron), **4**, 519
  catalysis by ruthenium complexes, **4**, 953–957
  C—C bonds, **8**, 534
Free radical mechanisms
  in hydrogenation, **8**, 289
Free radical pathways
  in hydrogenation, **8**, 314
Free radical reactions
  alkenylboron compounds
    carbon–carbon bond formation *via*, **7**, 318
  alkynylboron compounds
    carbon–carbon bond formation by, **7**, 344
  arylboron compounds
    carbon–carbon bond formation from, **7**, 334
  in diene hydroboration, **7**, 216
  organoboranes, **7**, 134, 294
    carbon–carbon bond formation *via*, **7**, 291
  η^1-organoiron complex preparation by, **4**, 340
  organotin halides, **2**, 561
Friedel–Crafts acetylation
  benchrotrene, **8**, 1022
  bis(1-methylborinato)iron, **1**, 398
  (η-cyclobutadiene)cyclopentadienyl cobalt, **5**, 242
  phosphaferrocene, **4**, 487
  (1-sila-4-boracyclohexa-2,5-diene)cobalt complex, **1**, 402
  tetracarbonyl(η-cyclopentadienyl)vanadium, **3**, 663
  tricarbonylcycloheptatrieneiron, **8**, 1006
Friedel–Crafts acylation
  arene metal complexes, **8**, 1016
  (butadiene)tricarbonyliron, **4**, 471
  catalysis by organoaluminum compounds, **7**, 404, 405
  cuprous trifluoroacetate catalysis, **7**, 411
  cyclobutadiene iron complexes, **4**, 447
  cyclopentadienyl metal complexes, **8**, 1016
  iron–allene complexes, **4**, 395
  iron–diene complexes, **4**, 431, 467
  osmocene, **4**, 1018
  reaction with sodium η^1-allyldicarbonyl-η^5-cyclopentadienylferrate complexes, **8**, 962
  ruthenocene, **4**, 766
  tricarbonyl(1,2-cyclobutadienedicarboxylic acid chloride)iron, **4**, 446
  tricarbonyl(η^4-methallyl)-, **4**, 407
  trimethylenemethaneiron complexes, **4**, 474
  tropolones
    tricarbonyliron complexes and, **8**, 973
  tropones
    tricarbonyliron complexes and, **8**, 973
Friedel–Crafts alkylation
  catalysis by organoaluminum compounds, **7**, 404
  organoaluminum compounds in, **1**, 557
Friedel–Crafts reaction
  carboranes, **1**, 441
  organopolyboron hydride preparation by, **1**, 444
  in preparation of three-coordinate acyclic organoboranes, **1**, 279
  ruthenocene, **4**, 764
  tricarbonyl(myrcene)iron, **8**, 974

Friedel–Crafts reactions
  alkylidynenonacarbonyltricobalt, **5**, 171
(R)-(+)-Frontalin, **7**, 530
Frontier molecular orbitals
  bent sandwich compounds, **3**, 38
  cyclopentadienyl transition metal fragments, **3**, 40
  C_{2v} M(CO)$_2$ fragments, **3**, 23
  transition metal carbonyl fragments
    molecular orbital analysis, **3**, 18
  trichloroplatinates, **3**, 56
Frontier orbital controlled reactions
  acetylation
    dienetricarbonyliron complexes, **8**, 971
Frontier orbital model
  for reactivity of metal alkene complexes, **3**, 68
Frontier orbitals
  in iron carbonyl promoted cyclocoupling reactions, **8**, 950
  ring closure controlled by
    iron tricarbonyl complexes in, **8**, 975
($\pm$)-Frullanolide
  synthesis, **7**, 558
Fulvalene
  complexes
    ligand-coupling reactions, **8**, 1039
  metal complexes
    electronic properties, **8**, 1062
Fulvene, 6-alkyl-
  reaction with hexacarbonylvanadium, **3**, 663
Fulvene, dimethyl-
  dimerization
    nickel catalysed, **8**, 638
  hydroalumination, **7**, 382
Fulvene, 6,6-dimethyl-
  reaction with dodecacarbonyltriruthenium, **4**, 779
Fulvene, diphenyl-
  reaction with nonacarbonyldiiron, **4**, 437
Fulvene ligands
  dinuclear iron–carbonyl complexes, **4**, 583
  iron complexes, **4**, 503
Fulvenes
  cobalt complexes, **5**, 262
  iron carbonyl complexes, **8**, 981
  iron complexes, **4**, 603
  reaction with dodecacarbonyltriruthenium, **4**, 829
  reaction with organometallic compounds, **7**, 7
Fulvenes, aryl-
  reaction with octacarbonyldicobalt, **5**, 179
Fumaric acid
  dimethyl ester
    ruthenium complexes, **4**, 735
  reduction
    vanadium(II)–magnesium hydroxide complex and, **8**, 1085
  ruthenium complexes, **4**, 741
Fumaronitrile
  carbonyl iridium complexes, **5**, 589
  charge transfer complexes with ruthenocene, **4**, 763
  palladium(0) complexes, **6**, 247
  reaction with nitrosyltris(triphenylphosphine)cobalt, **5**, 177
  ruthenium complexes, **4**, 743
Fumed silica
  in silicones, **2**, 345
Fungicides

Fungicides
	organomercurials as, **2**, 864
Furan
	cycloaddition reactions
		iron carbonyls and, **8**, 946
	hydrogenation, **8**, 337
	metallation, **7**, 80
	oxidative dimerization, **8**, 925
	permercurated, **2**, 865
	preparation
		nickel catalysed, **8**, 739
	reaction with silylenes, **2**, 214
	ring opening, **7**, 87
	synthesis
		Castro reaction, **7**, 691
	thallation, **7**, 499
Furan, 2-lithio-
	reaction with trialkylboranes, **7**, 329
Furan, tetrahydro-
	aggregation of alkyl and aryl alkali metal compounds in, **1**, 69
	bis(cyclopentadienyl) lanthanide complexes, **3**, 186
	carbon–oxygen bond cleavage in preparation of Grignard reagents, **1**, 159
	cleavage by alkyllithium, **1**, 49
	complexes with dialkylberyllium, **1**, 130
	complex with borane
		hydroborating agent, **7**, 162
	in preparation of Grignard reagents, **1**, 158
	promoter
		in siloxane polymerization, **2**, 325
	reaction with carbonyl(η-alkylcyclopentadienyl)iodonitrosylmanganese, **4**, 134
	reaction with decacarbonyldimanganese, **4**, 12, 25
	reaction with organolithium compounds, **7**, 92
	reaction with ruthenium carbonyl halides, **4**, 675
	tris(cyclopentadienyl) lanthanide complexes, **3**, 182
Furan, 2-vinyl-
	reaction with butadiene
		nickel catalysed, **8**, 674
Furan, 2-vinyltetrahydro-
	synthesis, **8**, 891
2(3H)-Furanone, (3S*,1R*)-4,5-dihydro-3-(1'-hydroxyethyl)-3-trimethylsilyl-
	synthesis, **7**, 571
Furanones
	synthesis
		iron carbonyls and, **8**, 949
Furfuraldimine, N-alkyl-
	reaction with butadiene
		nickel catalysed, **8**, 680
Furfuryl alcohol
	telomerization with isoprene, **8**, 446

G

(±)-Gabaculine
  synthesis, **8**, 820
Gadolinium
  Group IV complexes, **6**, 1101
  ions
    properties, **3**, 175
  NMR, **3**, 178
Gadolinium complexes
  carbonyl, **3**, 180
  carbonyl fluoro, **3**, 180
  isocarbonyl or isonitrosyl complexes, **3**, 206
  metal–metal, **3**, 206
  tris(cyclopentadienyl)(tetrahydrofuran), **3**, 183
Gallacarboranes, **1**, 544
1-Galla-2,3-dicarbaheptaborane, 1-methyl-
  preparation, **1**, 461
1,2,3-Galladicarba-*closo*-heptaborane, methyl-
  preparation, **1**, 493
Gallates, bis((trimethylsilyl)methyl)-
  preparation, **1**, 684
Gallates, bromotrimethyl-
  preparation, **1**, 709
Gallates, methyl((trimethylsilyl)methyl)-
  preparation, **1**, 684
Gallates, tetraalkyl-
  complexes, **1**, 709
Gallates, tetraaryl-
  complexes, **1**, 709
Gallates, tetrakis(1-alkenyl)-
  preparation, **1**, 709
Gallates, tetrakis(phenylvinyl)-
  preparation, **1**, 709
Gallates, trialkylthiocyanato-
  preparation, **1**, 710
Gallic acid
  vanadium(II) system
    in dinitrogen reduction, **8**, 1086
Gallium
  hexamethyldisilazane derivatives, **2**, 128, 130
  organosilyl derivatives, **2**, 103
  preparation from aluminum residues, **1**, 656
  reaction with carbon dioxide, **8**, 266
  (trimethylsilyl)methyl derivatives, **2**, 96
Gallium, acetatobis(*t*-butyl)-
  vibrational spectrum, **1**, 717
Gallium, (acetylacetonato)dimethyl-
  preparation, **1**, 717
Gallium, alkyldichloro-
  preparation, **1**, 701
Gallium, alkyldiiodo-
  preparation by oxidative insertion, **1**, 703
Gallium, alkylpentabromodi-
  preparation, **1**, 702
Gallium, azidodiethyl-
  preparation, **1**, 706
  trimer, **1**, 706
Gallium, azidodimethyl-
  preparation, **1**, 706
Gallium, bis(acetato)methyl-
  preparation, **1**, 717
Gallium, boranyldimethyl-
  preparation, **1**, 714
Gallium, butylchloro-
  preparation, **1**, 701
Gallium, chlorodiethyl-
etherate
  preparation, **1**, 701
Gallium, chlorodimethyl-
etherate
  preparation, **1**, 701
  heat of formation, **1**, 705
Gallium, chlorodiphenyl-
  preparation, **1**, 701
Gallium, chloromethyl-
  preparation, **1**, 701
Gallium, chlorophenyl-
etherate
  preparation, **1**, 701
Gallium, cyanodimethyl-
  tetramer, **1**, 706
  trimethylamine adduct, **1**, 706
Gallium, cyanotrialkyl-
  preparation, **1**, 710
Gallium, cyclopentadienyldialkyl-
  preparation, **1**, 686
Gallium, cyclopentadienyldiethyl-
  vibrational spectra, **1**, 686
Gallium, cyclopentadienyldimethyl-
  bonding, **1**, 16
  ^{1}H NMR, **1**, 686
  vibrational spectra, **1**, 686
Gallium, decyldiethyl-
  preparation, **1**, 708
Gallium, dialkylhydrido-
  synthesis
    organoaluminum compounds in, **1**, 654
Gallium, diaminedimethyl-
chloride
  structure, **1**, 707
Gallium, diaquamethyl-
cations
  hydrolysis, **1**, 712
Gallium, diazidodimethyl-
  preparation, **1**, 710
Gallium, diazidopentamethyldi-
  dimer, **1**, 710
Gallium, di-*t*-butyl(*t*-butoxy)-
  preparation, **1**, 713
Gallium, dibutylchloro-
dimer
  structure, **1**, 705
Gallium, di-*t*-butylhalo-
dimer
  structure, **1**, 705
Gallium, di-*t*-butylmethoxy-
  preparation, **1**, 713

Gallium

Gallium, dichlorobutyl-
  dimer
    structure, 1, 705
Gallium, dichloromethyl-
  chlorotrimethylstannane adduct, 1, 701
  dimer
    preparation, 1, 701
    heat of formation, 1, 705
Gallium, diethyl(benzylideneamino)-
  dimer
    preparation, 1, 701
Gallium, diethylfluoro-
  preparation, 1, 705
Gallium, diethylhydrido-
  decomposition, 1, 708
Gallium, diethylisothiocyanato-
  preparation, 1, 706
Gallium, dihalohydrido-
  reaction with alkenes, 1, 701
Gallium, dihydridomethyl-
  trimethylamine adduct, 1, 708
Gallium, diisobutylhydrido-
  formation, 1, 708
Gallium, dimethyl-
  acetate, 1, 717
  cations
    ^{1}H NMR, 1, 712
    Raman spectrum, 1, 712
  nitrate, 1, 712
  oxalate, 1, 718
  perchlorate, 1, 712
  thioacetate
    pyridine adduct, 1, 718
Gallium, dimethyl(acetonitrile)-
  polymer, 1, 701
Gallium, dimethyl(t-butylphenoxy)-
  dimer
    preparation, 1, 713
Gallium, dimethyl(dimethylamino)-
  dimer
    preparation, 1, 698
Gallium, dimethyl(dimethylphosphinothioyloxy)-
  structure, 1, 719
Gallium, dimethyl(methylperoxy)-
  reaction with methanol, 1, 713
Gallium, dimethyl(methylseleno)-
  dimer
    trimethylamine adduct, 1, 713
Gallium, dimethyl(methylthio)-
  dimer
    trimethylamine adduct, 1, 713
Gallium, dimethylphenoxy-
  dimer
    preparation, 1, 713
Gallium, dimethyl(phenylethynyl)-
  association, 1, 690
  dimer
    preparation, 1, 687
Gallium, dimethylvinyl-
  preparation, 1, 687
Gallium, diphenyl-
  acetate
    preparation, 1, 718
Gallium, fluorodimethyl-
  preparation, 1, 705
Gallium, halodimethyl-
  reaction with trimethylmethylenephosphorane, 1, 714
Gallium, halophenyl-
  etherate
    preparation, 1, 701
Gallium, hydridodimethyl-
  dimer, 1, 708
  trimethylamine adduct, 1, 708
Gallium, hydroxydimethyl-
  preparation, 1, 706, 712
  reaction with acids, 1, 712
Gallium, methoxydimethyl-
  dimer
    preparation, 1, 713
Gallium, methyl(methylarsino)-
  polymer, 1, 698
Gallium, pentahalomethyldi-
  preparation, 1, 702
Gallium, phenyl-
  diacetate
    preparation, 1, 718
Gallium, tetrachloromethyldi-
  preparation, 1, 702
Gallium, tetrahaloiodomethyldi-
  preparation, 1, 702
Gallium, trialkyl-, 1, 687–694, 688
  charge transfer spectra, 1, 690
  ^{13}C NMR, 1, 690
  exchange reactions, 1, 692
  neutral adducts, 1, 695
    dissociation energies, 1, 697
  NMR, 1, 691
  nuclear quadrupole resonance, 1, 690
  structure, 1, 689
  thermal decomposition, 1, 691
  vibrational spectroscopy, 1, 690
Gallium, trialkylcyanato-
  preparation, 1, 710
Gallium, ((trialkylphosphoranylidene)amino)dimethyl-
  preparation, 1, 715
Gallium, triaryl-, 1, 687–694, 688
  structure, 1, 689
Gallium, tributyl-
  heat of formation, 1, 693
Gallium, triethyl-
  acetonitrile adduct, 1, 701
  benzonitrile adduct, 1, 701
  t-butylnitrile adduct, 1, 701
  heat of formation, 1, 693
  hydrolysis, 1, 712
  lithium hydride adduct, 1, 711
  molecular weight, 1, 690
  preparation, 1, 613, 687
  pyrazole, 1, 715
  reaction with acetylene, 1, 639
  reaction with 8-hydroxyquinoline, 1, 716
Gallium, triisobutyl-
  heat of formation, 1, 693
  thermal decomposition, 1, 691
Gallium, trimethyl-
  acetonitrile adduct, 1, 701
  adducts with bis((trialkylphosphoranylidene)amino)dimethylsilane, 1, 715
  adduct with trialkyl((trimethylsilyl)imino)phosphorane, 1, 715
  amine adducts
    thermal decomposition, 1, 698
  benzonitrile adduct, 1, 701
  bond association energy, 1, 694
  t-butylnitrile adduct, 1, 701
  crystal structure, 1, 688
  etherate
    hydrolysis, 1, 712
    reaction with methanediylidenebis(trimethylphosphorane), 1, 714

exchange reactions
  with trimethylaluminum, **1**, 602
heat of formation, **1**, 693
methylarsine adduct, **1**, 698
methylation by, **1**, 691
molecular weight, **1**, 690
pyrolysis, **1**, 691
reaction with *N*-acetylacetamide, **1**, 717
reaction with 2-aminoethanol, **1**, 716
reaction with arsine, **1**, 691
reaction with oximes, **1**, 716
reaction with proline, **1**, 718
reaction with pyrazole, **1**, 715
reaction with pyridine-2-carbaldehyde oxime, **1**, 716
reaction with salicylaldehyde, **1**, 717
reaction with tricarbonylcyclopentadienylhydridotungsten, **1**, 719
reaction with trimethylmethylenephosphorane, **1**, 714
reaction with ((trimethylsilyl)amino)((trimethylsilyl)imino)bis(biphenyl)phosphorane, **1**, 715
structure, **1**, 15
trimethylamine complex, **1**, 694
trimethylphosphine adduct, **1**, 694
vapour phase electron diffraction, **1**, 688
vibrational spectroscopy, **1**, 690

Gallium, ((trimethylsilyl)methyl)halo-
  preparation, **1**, 701
Gallium, triphenyl-
  mass spectra, **1**, 619
  molecular weight, **1**, 690
  photolysis, **1**, 656
  reaction with transition metal carbonyl anions, **1**, 719
  reaction with ((trimethylsilyl)imino)triphenylphosphorane, **1**, 716
  structure, **1**, 15, 688
Gallium, tripropyl-
  molecular weight, **1**, 690
Gallium, tris(decyl)-
  preparation, **1**, 687
Gallium, tris(trimethylsilyl)-
  preparation, **2**, 104
Gallium, tris((trimethylsilyl)methyl)-
  molecular weight, **1**, 690
Gallium, trivinyl-
  association, **1**, 690
Gallium(III) chloride
  alkylation
    organoaluminum compounds in, **1**, 613
Gas chromatography
  carbonyl β-diketonate rhodium complexes in, **5**, 283
  chiral β-diketonate rhodium complexes in, **5**, 423
Gasification
  coal, **8**, 2, 3
  hydrocarbons, **8**, 5
Gas mask lenses
  polysiloxanes, **2**, 355
Gasoline
  manufacture, Fischer–Tropsch synthesis, **8**, 47
  organolead compounds, **2**, 992
Gas phase processes
  for Ziegler–Natta alkene polymerization, **3**, 508
Geometry
  18-electron transition metal carbonyl complexes, **3**, 12
  transition metal carbonyl complexes, **3**, 12
(±)-Gephyrotoxin
  synthesis, **7**, 579
Geraniol
  diethyl phosphate ester
    reaction with organoaluminum compounds, **7**, 402
  oxidation
    organoaluminum compounds in, **7**, 393
Geranylacetone
  π-allylpalladium complexes from, **8**, 809
  π-allylpalladium complex formation from, **8**, 806
Germaacyloins
  synthesis, **2**, 408
Germacyclane, dibromo-
  preparation, **2**, 407
Germacyclane, dihydro-
  preparation, **2**, 407
Germacyclanes
  metal-substituted
    preparation, **2**, 407
  synthesis, **2**, 404
Germacycloalkanes
  insertion reactions, **2**, 417
Germacycloalkenes
  preparation, **2**, 406
Germacyclobutane
  insertion reactions, **2**, 417
  preparation, **2**, 406
  synthesis, **2**, 406
Germacyclobutane, dialkyl-
  insertion reactions, **2**, 416
Germacycloheptane
  preparation, **2**, 407, 408
1-Germacyclohexa-2,4-diene
  synthesis, **2**, 410
Germacyclohexane
  preparation, **2**, 407
Germacyclohexane, dialkyl-
  cleavage, **2**, 415
Germacyclopentane, dialkyl-
  cleavage, **2**, 415
Germacyclopentane, 2-methyl-
  preparation, **2**, 407
Germacyclopentanols
  cleavage, **2**, 415
Germacyclopentan-2-one
  synthesis, **2**, 411
Germacyclopentenes
  hydrogenation, **2**, 407
Germacyclopropane, 1,1-dimethyl-2-phenyl-
  formation, **2**, 406
Germacyclopropanes, **2**, 406
Germacyclopropenes, **2**, 406
Germadicarbadodecaboranes
  preparation, **1**, 517
2-Germa-3,5-dimethylimidazolidine, dimethyl-
  reversible polymerization, **2**, 451
Germadiphospholanes
  preparation, **2**, 460
Germa-1,3-diphospholanes
  preparation, **2**, 459
Germaimine
  characterization, **2**, 457
  preparation, **2**, 450, 494
Germalactones
  synthesis, **2**, 440
Germamacrocyclic compounds

Germamacrocyclic compounds
  synthesis, **2**, 407
Germametallazanes
  preparation, **2**, 450
Germanacyclopentadienyl ligands
  iron complexes, **4**, 437
Germane, alkoxy-
  preparation, **2**, 422
Germane, alkoxyhydro-
  decomposition, **2**, 428
Germane, alkylhalo-
  scrambling reactions, **2**, 421
Germane, alkylhalohydro-
  preparation, **2**, 426
Germane, alkylhydro-
  preparation, **2**, 425
Germane, α-aminoalkoxy-
  preparation, **2**, 457
Germane, aminotriphenyl-
  properties, **2**, 121
Germane, arylhalo-
  scrambling reactions, **2**, 421
Germane, arylhalohydro-
  preparation, **2**, 426
Germane, arylhydro-
  preparation, **2**, 425
Germane, benzyloxy-
  scrambling reactions, **2**, 418
Germane, benzylthio-
  scrambling reactions, **2**, 418
Germane, bromotriethyl-
  reaction with lithium diphenylphosphide, **2**, 458
Germane, chloromethyl-α-naphthylphenyl-
  stability, **2**, 421
Germane, chlorotrimethyl-
  stability, **2**, 413
  synthesis, **2**, 419
Germane, chlorotriphenyl-
  elimination
    in heteronuclear metal–metal bond formation, **6**, 778
  reaction with diazomethane, **2**, 424
Germane, β-cyano-
  addition reactions, **2**, 440
  insertion reactions, **2**, 417
Germane, dialkyldihalo-
  preparation, **2**, 419
Germane, dibromodimethyl-
  preparation, **2**, 419
Germane, (dibromomethyl)methylphenyl-α-naphthyl-
  optically active
    preparation, **2**, 405
Germane, dichlorodimethyl-
  preparation, **2**, 419
Germane, dichlorophenyl-
  in hydrogermolysis, **2**, 432
Germane, diethyl-
  dehydrocondensation, **2**, 432
Germane, dimethylphosphino-
  disproportionation, **2**, 461
Germane, fluorohydro-
  preparation, **2**, 426
Germane, halo-
  alkoxygermane preparation from, **2**, 437
  reduction, **2**, 423
Germane, halohydro-
  addition reactions, **2**, 421
  preparation, **2**, 425
Germane, halotriphenyl-
  electrochemistry, **2**, 424
Germane, hydro-
  dehydrocondensation, **2**, 431
  halogenation, **2**, 431
  organogermanium compound preparation from, **2**, 405
  organogermanium hydroxides and oxides preparation from, **2**, 435
  radical reactions, **2**, 430
  reaction with carbenes, **2**, 433
  reaction with diazo compounds, **2**, 433
  reactivity, **2**, 427
  stereoelectronic effects, **2**, 428
Germane, α-keto-
  scrambling reactions, **2**, 418
Germane, polyhalo-
  transformation, **2**, 420
Germane, tetraalkyl-
  preparation, **2**, 403
  reaction with halogens, **2**, 414
Germane, tetraaryl-
  preparation, **2**, 403
Germane, tetraethyl-
  synthesis, **2**, 402
Germane, tetraethynyl-
  stability, **2**, 412
Germane, tetrahalo-
  carbene insertion reactions, **2**, 421
  preparation, **2**, 419
Germane, tetramethyl-
  synthesis, **2**, 404
Germane, trialkyl-
  vanadium complexes, **3**, 680
Germane, trichloro-
  alkylation, **2**, 431
Germane, trifluoro-
  preparation, **2**, 425
Germane, trimethyl-
  reaction with platinum(II)–carbon σ-compounds, **6**, 556
Germane, trimethyl(phenylethynyl)-
  hydralumination, **1**, 605
  kinetics, **7**, 390
Germane, triphenyl-
  alkylation, **2**, 405
Germane, tris(pentafluorophenyl)-
  in hydrogermolysis, **2**, 432
Germane, vinyl-
  reaction with organoalkali metal compounds, **1**, 63
Germanediols
  preparation, **2**, 435
Germanes
  alkenyl
    IR spectroscopy, **2**, 505
  alkoxy
    nucleophilic substitution reactions, **2**, 442
    optical configuration, **2**, 440
    stability, **2**, 440
  alkylhydro
    IR spectroscopy, **2**, 504
  α,β-amino
    preparation, **2**, 409
  bis(amino)
    cleavage, **2**, 454
  γ-carbon functional
    preparation, **2**, 411
  β-carbonylated
    stability, **2**, 413
  γ-carbonylated hydro
    homolytic cyclization, **2**, 477
  carboxy

synthesis, **2**, 411
α,β-cyano
  preparation, **2**, 410
enoxy
  stability, **2**, 440
functional
  reactivity, **2**, 418
β-functional
  β-effect, **2**, 505
functional, γ-effect
  thermal stability, **2**, 414
  thermal stability and, **2**, 411, 413
haloalkyl
  synthesis, **2**, 409
heterocyclic organoseleno
  preparation, **2**, 445
heterocyclic organotelluro
  preparation, **2**, 445
heterocyclic organothio
  preparation, **2**, 445
hydro
  germanium centred radicals from, **2**, 473
  ^{1}H NMR, **2**, 505
  metallation, **2**, 469
  oxidation, **2**, 430
hydrochloro
  α-elimination, **2**, 479
hydromethoxy-
  α-elimination, **2**, 479
α,β-hydroxy
  preparation, **2**, 409
hydroxyamino
  preparation, **2**, 409
α-keto
  stability, **2**, 413
metal alkyl
  synthesis, **2**, 409
organoalkoxy-
  preparation, **2**, 437
organoseleno
  oxidation, **2**, 445
organotelluro
  oxidation, **2**, 445
organothio
  oxidation, **2**, 445
  preparation, **2**, 445
organovanadium compounds, **6**, 1060
phenylhalohydroorganothio
  preparation, **2**, 445
α,β-phosphino-
  preparation, **2**, 409
photoelectron spectroscopy, **2**, 505
preparation, **2**, 424
reaction with dodecacarbonyltriruthenium, **4**, 911
rhenium complexes, **4**, 204
titanium compounds, **6**, 1059
transition metal carbonyl compounds, **6**, 1066
Germanite, **2**, 402
Germanium
  alkylation, **2**, 405
  carbonyl iron complexes, **4**, 308
  coordination number, **2**, 402
  doubly bonded, **2**, 490–498
  electronegativity, **2**, 402
  hexamethyldisilazane derivatives, **2**, 128
  isotopes, **2**, 402
  –metal bonds
    organometallic compounds, **6**, 1043–1110
  metal derivatives
    organogermanium compound preparation from, **2**, 405
  metallation, **2**, 405
  organogermanium compound preparation from, **2**, 403
  organosilyl derivatives, **2**, 104
  organotransition metal compounds, **6**, 1045
  polynuclear cobalt complexes, **6**, 1090
  reaction with carbon dioxide, **8**, 266
  subvalent species, **2**, 402
  transition metal compounds
    bond lengths, **6**, 1102
  valency electron configuration, **2**, 402
Germanium bridges
  dinuclear dicarbonyl(η-cyclopentadienyl)iron complexes, **4**, 591
Germanium centred radicals, **2**, 473–477
  confirmation of formation, **2**, 475
  self-termination, **2**, 477
  structure, **2**, 475
Germanium complexes
  reaction with nickel tetracarbonyl, **6**, 17
Germanium compounds
  bonds, **2**, 502
  cyclopentadienylruthenium complexes, **4**, 793
  dipole moments, **2**, 503
  doubly bonded
    reactivity, **2**, 497
  functional nitrogen derivatives, **2**, 452
Germanium esters
  preparation, **2**, 465
Germanium halides
  organogermanium compound preparation from, **2**, 404
Germanium heterocycles
  preparation, **2**, 423
Germanium hydroxide, triphenyl-
  acidity, **2**, 437
Germanium hydroxides
  properties, **2**, 305
Germanium ligands
  rhenium complexes, **4**, 204
  technetium complexes, **4**, 204
Germanium pseudohalides
  structure, **2**, 452
Germanium sulfides
  preparation, **2**, 457
Germanium tetrachloride
  aminolysis, **2**, 450
  preparation, **2**, 419
Germanium(II) derivatives
  photolysis, **2**, 490
Germanium(II) phthalocyanine, **2**, 479
Germanocarboranes, **1**, 545, 546
Germanoic acid, ethyl-
  preparation, **2**, 435
Germanoic acid, phenyl-
  preparation, **2**, 435
Germanoic anhydrides
  polymeric
    preparation, **2**, 435
Germanols
  chemical properties, **2**, 422
  preparation, **2**, 435
Germanone
  preparation, **2**, 493, 494
Germanotropic rearrangements, **2**, 414, 453
Germanotropic transposition, **2**, 491
Germaoxazetidines
  preparation, **2**, 488
Germaoxaziridines
  preparation, **2**, 488

Germaoxetanes
   germanone preparation from, **2**, 493
   preparation, **2**, 489
Germaphosphaimines
   preparation, **2**, 461, 495
Germaphospholane
   difluorogermylene insertion reactions, **2**, 466
Germaphospholanes
   preparation, **2**, 459
Germaspirans
   preparation, **2**, 407
Germathiacyclobutanes
   preparation, **2**, 489
Germathiaphospholane
   preparation, **2**, 459
Germathietanes
   germathione preparation from, **2**, 493
Germathiones
   preparation, **2**, 493
Germatropic equilibrium, **2**, 414
Germaundecaborane, trimethyl-
   preparation, **1**, 514
Germazaphospholane
   preparation, **2**, 459
2-Germazetidine
   stability, **2**, 451
2-Germaziridines
   stability, **2**, 451
2-Germazolidine
   preparation, **2**, 451
Germenes
   preparation, **2**, 490
Germides
   transition metal preparation, **6**, 1068
Germiranes — see Germacyclopropanes
Germirenes — see Germacyclopropenes
Germoxaphospholane
   preparation, **2**, 459
Germyl, trimesityl-
   stability, **2**, 475
Germyl, trimethyl-, **2**, 473
   stability, **2**, 475
Germyl, tris[bis(trimethylsilyl)amino]-
   stability, **2**, 475
Germylamines
   preparation, **2**, 448
   structure, **2**, 502
   subvalent
      preparation, **2**, 449
Germylammonium halides
   preparation, **2**, 449
Germyl anions
   hydrogen exchange, **2**, 429
Germyl carbamates
   preparation, **2**, 457
Germylene, dibromo-
   preparation, **2**, 478
Germylene, dichloro-
   preparation, **2**, 478
Germylene, difluoro-
   electronic ground state, **2**, 482
   preparation, **2**, 478
Germylene, dihalo-, **2**, 478
   preparation, **2**, 478
Germylene, diiodo-
   preparation, **2**, 479
Germylene, dimethyl-
   electronic ground state, **2**, 482
Germylene, diorgano-, **2**, 478
Germylene, halo-
   nucleophilic substitution reactions, **2**, 480
Germylene, phenylphosphino-
   preparation, **2**, 460
Germylene bridges
   bis(dicarbonyl(η-cyclopentadienyl)iron)complexes, **4**, 532
Germylene insertion reactions
   germanium–halogen bonds, **2**, 424
   germanium–metal bonds, **2**, 472
Germylenes, **2**, 478, 478–490
   chemical reactivity, **2**, 482
   cycloaddition to 1,3,5-hexatriene, **2**, 410
   diorgano
      preparation, **2**, 481
   electron diffraction, **2**, 482
   electronic ground state, **2**, 482
   functional, **2**, 478
      preparation, **2**, 479
   germanium centred radical preparation from, **2**, 474
   insertion in germanium–phosphorus bonds, **2**, 466
   insertion into ethylene oxide, **2**, 439
   insertion reactions, **2**, 482
   insertion reactions to acyl chlorides, **2**, 411
   Lewis acid character, **2**, 489
   organohalo
      preparation, **2**, 479
   organohalogermane preparation from, **2**, 420
   oxidation, **2**, 439, 493
   physical properties, **2**, 482
   preparation, **2**, 482
   reactions with ethylene, **2**, 406
   transition metal carbene complexes, **6**, 1065
   transition metal complexes, **2**, 490; **6**, 1054
   (trimethylsilyl)methyl derivatives, **2**, 96
   valency, **2**, 402
   X-ray analysis, **2**, 482
Germyl esters
   preparation, **2**, 431
Germyl halides
   preparation, **2**, 431
N-Germylimines
   preparation, **2**, 453
Germylnitroso compounds
   stability, **2**, 453
Germylnitroxide radical
   anionic rearrangement, **2**, 453
Germyl oxides
   structure, **2**, 502
Germyl radicals
   ESR, **2**, 505
   stability, **2**, 475
Germyl sulfides
   structure, **2**, 502
Germyl thiocarbamates
   preparation, **2**, 457
Germyne, phenyl-, **2**, 474
Germynes
   formation, **2**, 490
Gilman's test I, **1**, 193
Gilman's test III, **1**, 193
Glaser reaction, **2**, 744; **7**, 693
Globulol
   synthesis, **7**, 703
1,2-α-D-Glucofuranose, isopropylidene-
   asymmetric hydrogen transfer from
      catalysis by ruthenium complexes, **4**, 951
D-Glucose
   in metal methylation, **2**, 983
Glutamic acid

manufacture, **8**, 136
synthesis, **8**, 210
Glutaric acid, dimethyl-3-oxo-
  oxidative-addition reactions
    to platinum(0) complexes, **6**, 523
Glutaric acid, keto-
  palladium complex
    reaction with oxygen, **6**, 258
Glutaric acid, 3-keto-
  synthesis
    carbon dioxide in, **8**, 228
Glutaric acid, α-phenyl-
  dimethyl ester
    preparation, **7**, 483
Glutaric anhydrides
  reaction with organoaluminum compounds, **1**, 648
Glutathione
  methylmercury complexes
    structure, **2**, 931
Glycerine
  industrial synthesis, **8**, 85
Glycine
  copper complexes
    as hydrogenation catalyst, **8**, 332
  methylmercury complexes
    structure, **2**, 931
  ruthenium diene complexes, **4**, 749
Glycolates
  preparation
    by electroreduction of oxalates, **8**, 267
Glycolic acid
  butyl ester
    telomerization with butadiene, **8**, 433
  industrial synthesis, **8**, 83
Glycolic aldehyde
  industrial synthesis, **8**, 83
Glycols
  aromatic
    isomerization, catalysis by ruthenium complexes, **4**, 950
  preparation, **7**, 484
  reaction with borane, **7**, 116
Glycosyl iodide, 2-deoxy-
  synthesis, **7**, 641
Glyoxal
  skewed
    carbocamphenilone as model, **8**, 947
Glyoxime, α-4,4'-dimethoxydiphenyl-
  organocobalt(III) complexes, **5**, 153
Glyoxime, α-4,4'-dinitrodiphenyl-
  organocobalt(III) complexes, **5**, 153
Glyoxylic acid, phenyl-
  silyl esters
    pyrolysis, **2**, 73
Gold
  alkylation, **2**, 766
  arylation
    organozinc compounds in, **2**, 845
  carbonylphosphinevanadium complexes, **3**, 656
  cluster compounds
    organotitanium compounds in preparation, **3**, 273
  cobalt compounds, **6**, 777
    protonation, **6**, 814
  environmental methylation, **2**, 1004
    methylcobalamin and, **2**, 981
  Group IV complexes, **6**, 1100
  iron carbonyl complexes, **4**, 306
  iron compounds, **6**, 778
  manganese compounds, **6**, 777
  reaction with halogens, **6**, 821
  niobium compounds, **6**, 769
  osmium clusters, **2**, 808
  osmium compounds, **6**, 777
    ethylene hydrogenation catalysis by, **6**, 823
  rhodium compounds, **6**, 769
Gold, (acetylmethyl)(triphenylphosphine)-
  preparation, **2**, 767
Gold, alkyl(triphenylphosphine)-
  reductive couplings, **2**, 802
Gold, alkynyl-
  properties, **2**, 772
Gold, (amine)bromodiethyl-
  preparation, **2**, 793
Gold, (benzonitrile)trichloro-
  preparation, **2**, 783
Gold, (benzoylmethyl)(triphenylphosphine)-
  preparation, **2**, 767
Gold, bis(amine)dimethyl-
  cation
    preparation, **2**, 793
Gold, bromodiethyl-
  dimer
    preparation, **1**, 196
Gold, bromodipropyl(pyridine)-
  preparation, **2**, 793
Gold, cadmiumchlorodiphenyl-
  polymer
    preparation, **2**, 781
Gold, carbonylchloro-
  preparation, **2**, 817
Gold, carbonyltetrachlorodi-
  preparation, **2**, 817
Gold, chlorobis(pentafluorophenyl)(triphenylphosphine)-
  cis-
    structure, **2**, 794
Gold, chloromercurydiphenyl-
  polymer
    preparation, **2**, 781
Gold, cyanodipropyltetra-
  structure, **2**, 788
Gold, dichloro(dipropyl sulfide)phenyl-
  cis-
    structure, **2**, 784
Gold, (dichloroindium)(triphenylphosphine)-
  preparation, **6**, 967
Gold, dichloro(pentafluorophenyl)(triphenylphosphine)-
  cis-trans isomerization, **2**, 800
Gold, dichlorophenyldi-
  reaction with Lewis bases, **2**, 784
Gold, dilithiobis(diethyl ether)tetrakis(p-tolyl)di-
  preparation, **2**, 781
Gold, dilithiotetrakis{o-[(dimethylamino)methyl]phenyl}di-
  preparation, **2**, 780
Gold, (2,6-dimethoxyphenyl)(triphenylphosphine)-
  structure, **2**, 771
Gold, dimethyl[1,2-bis(methylthio)ethane]-
  nitrate
    structure, **2**, 792
Gold, dimethyl(thiocyanato)(thiourea)-
  structure, **2**, 793
Gold, dimethyltriflate(triphenylphosphine)-
  cis-
    thermal stability, **2**, 801
Gold, dimethyl(triphenylphosphine)-
  disproportionation, **2**, 802
Gold, dimethyl(triphenylphosphine)di-

Gold

formation, **2**, 803
Gold, dimethyl(triphos)-
  cation
    preparation, **2**, 794
Gold, (diphenylboryl)tris(triphenylphosphine)-
  preparation, **6**, 894
Gold, (ethylene)-
  preparation, **2**, 812
Gold, (ethylenediamine)dimethyl-
  cation
    structure, **2**, 793
Gold, ferrocenyl-
  complexes
    preparation, **2**, 794
  preparation, **2**, 773
Gold, (formylmethyl)(triphenylphosphine)-
  preparation, **2**, 767
Gold, hexaphenyldizincdi-
  preparation, **2**, 781
Gold, iododimethyl(pyridine)-
  structure, **2**, 793
Gold, (isopropylamine)(phenylethynyl)-
  structure, **2**, 772
Gold, lithiobis(tolyl)-
  structure, **2**, 735
Gold, methyl(dimethylphenylphosphine)-
  alkyl group transfer, **2**, 807
  reaction with tribromo(dimethylphenylphos-
    phine)gold, **2**, 807
Gold, methyl(trideuteromethyl)bis(triphenylphos-
  phine)-
  cis-
    decomposition, **2**, 800
Gold, methyl(trimethylphosphine)-
  photoelectron spectra, **2**, 807
  reaction with hexafluoro-2-butyne, **2**, 810
  reaction with phosphines, **2**, 767
  reaction with tetracyanoethylene, **2**, 814
Gold, methyl(triphenylphosphine)-
  methyl radical displacement from, **2**, 806
  NMR, **2**, 803
  photolysis, **2**, 803
Gold, (pentafluorophenyl)(triphenylphosphine)-
  structure, **2**, 771
Gold, phenyl-
  preparation, **2**, 781
Gold, phenylbis[(triphenylphosphine)-
  formation, **2**, 807
Gold, phosphatotris(diethyl-
  structure, **2**, 790
Gold, tetrabromodimethyldi-
  preparation, **2**, 786
Gold, tetramethylbis(μ-chloro)di-
  structure, **2**, 792
Gold, tetramethylbis(μ-diphenylphosphino)di-
  preparation, **2**, 793
Gold, tetramethylbis(μ-iodo)di-
  structure, **2**, 792
Gold, tetramethylbis(μ-phenylseleno)di-
  structure, **2**, 791
Gold, tetramethylbis(μ-phenylthio)di-
  structure, **2**, 791
Gold, (*p*-tolyl)(triphenylphosphine)-
  preparation, **2**, 779
Gold, tribromo(dimethylphenylphosphine)-
  reaction with methyl(dimethylphenylphos-
    phine)gold, **2**, 807
Gold, trimethyl-
  thermal stability, **2**, 802
Gold, trimethyl(dimethylphenylphosphine)-
  alkyl group transfer, **2**, 807
  reaction with nitrogen oxides, **2**, 812
Gold, trimethyl(trimethylphosphine)-
  photoelectron spectra, **2**, 805
Gold, trimethyl(triphenylphoshpine)-
  protonolysis, **2**, 805
Gold, trimethyl(triphenylphosphine)-
  decomposition, **2**, 801
  ligand dissociation from, **2**, 800
  mixture with tris(trideuteromethyl)(triphenyl-
    phosphine)gold
      decomposition, **2**, 801
  reaction with iodine, **2**, 803
Gold, tris(trideuteromethyl)(triphenylphosphine)-
  mixture with trimethyl(triphenylphosphine)-
    gold
      decomposition, **2**, 801
Gold, undecacarbonylhydridotrioxygen-
  supported catalysts, **8**, 561
Gold, vinyl-
  structure, **2**, 779
Gold compounds
  in organic synthesis, **7**, 661–724
Gold siloxide, **2**, 157
Gold(I), alkyl-, **2**, 768
  carbonyl complexes, **2**, 767, 768
  cyano complexes, **2**, 768
  ester complexes, **2**, 768
  preparation, **2**, 766
  reaction with alkyl halides, **2**, 808
  reaction with mercury(II) halides, **2**, 807
  reaction with trifluoroiodomethane, **2**, 808
Gold(I), alkynyl-
  complexes, **2**, 769
  preparation, **2**, 772
Gold(I), aryl-
  complexes, **2**, 770
  preparation, **2**, 769
  reaction with sulfur dioxide, **2**, 811
Gold(I), benzyl-
  preparation, **2**, 767
Gold(I), (*t*-butylethynyl)-
  structure, **2**, 772
Gold(I), carbonyl-
  preparation, **2**, 817
Gold(I), chloromethyl-
  preparation, **2**, 767
Gold(I), cyclopentadienyl-
  complexes, **2**, 773
  preparation, **2**, 772
Gold(I), ferrocenyl-
  reaction with bromine, **2**, 803
Gold(I), ferrocenyl(triphenylphosphine)-
  reaction with tetrafluoroborates, **2**, 778
Gold(I), halogenoalkyl-
  preparation, **2**, 767
Gold(I), hydrido-
  complexes
    decomposition, **2**, 808
Gold(I), iminomethyl-
  preparation, **2**, 817
Gold(I), methyl-
  complexes
    reaction with benzeneselenol, **2**, 807
    reaction with fluorinated alkenes, **2**, 809
    reaction with hexafluoroacetone, **2**, 812
    reaction with sulfur dioxide, **2**, 811
    reaction with transition metal halides, **2**, 808
Gold(I), (1-methylbenzimidazol-2-yl)-
  structure, **2**, 778

Gold(I), (pentahalogenoaryl)-
  complexes
    properties, **2**, 771
    reaction with halogens, **2**, 785
Gold(I), pentahalogenophenyl-
  oxidative addition, **2**, 804
Gold(I), (phenylethynyl)-
  preparation, **2**, 772
Gold(I), phosphinoaryl-
  complexes
    preparation, **2**, 777
Gold(I), 2-pyridyl-
  structure, **2**, 778
  trimer
    decomposition, **2**, 803
Gold(I), (trimethylsilylmethyl)-
  transition metal compounds, **2**, 767
Gold(I), vinyl-
  cleavage, **2**, 807
  complexes, **2**, 769
  preparation, **2**, 769
Gold(I) acetylide
  ammonia complex
    preparation, **2**, 772
  preparation, **2**, 772
Gold(I) complexes
  ylides
    reaction with methyl iodide, **2**, 809
Gold(I) compounds
  reaction with phosphine ylides, **2**, 775
Gold(I) ketenide
  preparation, **2**, 782
Gold(II), dicarbonyl-
  preparation, **2**, 817
Gold(II), dimethyl-
  decomposition, **2**, 802
  formation, **2**, 802
Gold(II), methyl-
  complexes, **2**, 783
Gold(III), acetatodimethyl-
  structure, **2**, 790
Gold(III), (acetylacetonato)dimethyl-
  structure, **2**, 790
Gold(III), alkyl-
  with one gold–carbon bond
    preparation, **2**, 785
Gold(III), (4-alkylphenyl)dichloro-
  preparation, **2**, 783
Gold(III), bis(pentahalogenophenyl)-
  complexes
    preparation, **2**, 794
Gold(III), bromodiethyl-
  preparation, **2**, 786
Gold(III), bromodimethyl-
  dimer
    reactions, **2**, 786
Gold(III), *t*-butyl-
  complexes
    isomerization, **2**, 799
Gold(III), cyanodimethyl-
  structure, **2**, 788
Gold(III), dialkyl-
  complexes with Group VIb donor ligands, **2**, 789–793
  compounds
    preparation, **2**, 787
Gold(III), dialkylcyano-
  structure, **2**, 788
Gold(III), dialkylhalo-
  preparation, **2**, 786–789
  structure, **2**, 766

Gold(III), dialkyl(pseudohalo)-
  preparation, **2**, 786–789, 788
Gold(III), dichlorophenyl-
  preparation, **2**, 782
Gold(III), diethylmalonato-
  structure, **2**, 790
Gold(III), diethylsulfato-
  structure, **2**, 790
Gold(III), dimethyl(pseudohalo)-
  preparation, **2**, 788
Gold(III), dimethyltriflate-
  reductive elimination, **2**, 800
  structure, **2**, 790
Gold(III), dimethyl(trimethylsiloxy)-
  structure, **2**, 790
Gold(III), hydrido-
  complexes
    formation, **2**, 806
Gold(III), hydroxydimethyl-
  structure, **2**, 790
Gold(III), (8-hydroxyquinolinato)dimethyl-
  structure, **2**, 790
Gold(III), (4-nitrophenyl)-
  complexes, **2**, 785
Gold(III), pentahalogenoaryl-
  complexes
    preparation, **2**, 785
Gold(III), tetrazolato-
  complexes
    preparation, **2**, 797
Gold(III), trialkyl-
  cis–trans isomerization, **2**, 799
  complexes, **2**, 796
  decomposition, **2**, 801
  reaction with halogens, **2**, 803
  reaction with mercury(II) halides, **2**, 807
Gold(III), trimethyl-
  decomposition, **2**, 801
  preparation, **2**, 795
  reaction with sulfur dioxide, **2**, 811
Gold(III) complexes
  with four gold–carbon bonds, **2**, 797
Gorgonene
  synthesis, **7**, 523
(±)-Grandisol
  synthesis, **8**, 407
Grayanotoxin-II
  reaction with thallium(III) compounds, **7**, 490
Grignard reagents (*see also* 'halogeno' *under* Organomagnesium compounds), **1**, 156
  alkenyl
    reaction with nickelocene, **6**, 174
  allyl
    in platinum(II) η^3-allyl complex preparation, **6**, 716
    reaction with anhydrous iron(III) halide, **4**, 406
  allylic
    addition reactions, **7**, 6
    reaction with alkenes, **7**, 3
    reaction with chlorotris(triphenylphosphine)rhodium, **5**, 494
    reaction with dicarbonylchlororhodium dimer, **5**, 493
    in synthesis of allylruthenium complexes, **4**, 746
  asymmetric coupling reactions, **8**, 492
  carboxylation, **7**, 39
  complex with titanocene in dinitrogen reduction, **8**, 1077
  conjugate addition to $\alpha\beta$-unsaturated esters, **7**, 709

Grignard reagents

copper-catalysed, **7**, 720
decaborane derivatives
  bis(decaboranyl)mercury preparation from, **1**, 513
dialkylberyllium compound preparation from, **1**, 122
in dialkylberyllium preparation, **1**, 123
fluoro
  structure in solution, **1**, 182
isomerization
  nickel catalysed, **8**, 628, 664
isopropyl
  reaction with ruthenium alkene complexes, **4**, 755
organocopper(I) reagents from, **7**, 716
organoindium halide preparation from, **1**, 701
oxidation, **7**, 65
perfluoroaryl
  preparation by metal–halogen exchange, **1**, 165
platinum(II) carbon η^1-compound
  preparation using, **6**, 515
in preparation of ethylene polymerization catalysts, **3**, 529
in preparation of palladium(II) alkyl and aryl complexes, **6**, 306
in preparation of platinum(IV) alkyl and aryl complexes, **6**, 581
in preparation of three-coordinate acyclic organoboranes, **1**, 273, 283
in preparation of trialkylgallium compounds, **1**, 687
in preparation of trialkylindium compounds, **1**, 687
in preparation of Ziegler–Natta polymerization catalysts, **3**, 531
preparation, **1**, 283
properties, **1**, 3
Raman and IR studies, **1**, 180
reaction with alkenes
  nickel catalysed, **8**, 640
reaction with allyl acetates
  Li$_2$CuCl$_4$ and, **7**, 706
reaction with carboranes, **1**, 436
reaction with decaborane, **1**, 447
reaction with enynes, **7**, 7
reaction with hydroxy compounds, **7**, 57
reaction with organic halides
  nickel catalysed, **8**, 738, 747
reaction with organic halides and carbon monoxide
  nickel catalysed, **8**, 785
reaction with organotin halides, **2**, 560
reaction with organovanadium compounds, **3**, 656
reaction with palladium(II) olefin complexes, **6**, 359
reaction with three-coordinated organoboranes, **1**, 284
reaction with zerovalent nickel species, **6**, 164
reaction wtih pentacarbonylmanganese cations, **4**, 43
trimethylsilyl, **7**, 520
in Ziegler-type catalysts, **8**, 342
Griseofulvin
synthesis, **7**, 559
Group IA metal complexes
octahydropentaborates, **6**, 930
Group IB metal complexes
boryl, **6**, 894
octahydrotriborates, **6**, 919
tetrahydroborates, **6**, 912, 913
Group II metals
organometallic compounds
  Grignard reagents in synthesis, **1**, 194
Group IIB metals
alkaline earth derivatives, **1**, 237–239
Group III metals
organometallic compounds
  Grignard reagents in synthesis, **1**, 195
Group IIIA metal complexes
boranes, **6**, 880
tetrahydroborates, **6**, 898, 899
Group IIIA metals
alkaline earth derivatives, **1**, 239
Group IV
coordination geometry in transition metal complexes, **6**, 1106
transition metal complexes
  bonding, **6**, 1101–1110
transition metal triangles, **6**, 1107, 1109
Group IV compounds
organometallic
  Grignard reagents in synthesis of, **1**, 195
Group IV elements
tetramethyl derivatives
  boiling points, **1**, 2
Group IV metal complexes
octahydrotriborate, **6**, 917
Group IVA metal complexes
boryl, **6**, 886
tetrahydroborates, **6**, 900, 902
Group IVB ligands
carbonyl ruthenium complexes
  interchange, **4**, 913
ruthenium complexes, **4**, 909–920
Group V donor ligands
carbonylmanganese complexes, **4**, 104
cationic 4- and 5-coordinate diene rhodium complexes, **5**, 473
isocyanide rhodium complexes, **5**, 347–351
mono(η-allyl)rhodium complexes, **5**, 493–498
non-conjugated diene rhodium complexes, **5**, 468–479
reaction with decacarbonyldimanganese, **4**, 10
rhodium carbonyl clusters, **5**, 327
rhodium complexes, **5**, 424–433
Group V ligands
carbonyl rhodium complexes, **5**, 288–317
Group VA elements
manganese complexes, **4**, 102
Group VA metal complexes
boryl, **6**, 886
tetrahydroborates, **6**, 901, 904
Group VB complexes
platinum(0)
  displacement of ligands from, **6**, 620
Group VI donor ligands
carbonylmanganese complexes, **4**, 104
isocyanide rhodium complexes, **5**, 347–351
mono(η-allyl)rhodium complexes, **5**, 493–498
non-conjugated diene rhodium complexes, **5**, 461
reaction with decacarbonyldimanganese, **4**, 10
rhodium complexes, **5**, 418–424

Group VI ligands
  dinuclear bridged iron complexes, **4**, 274
  iron carbonyl complexes, **4**, 272
  tetracobalt clusters, **5**, 44
Group VI metal complexes
  octahydrotriborates, **6**, 917
Group VIA elements
  manganese complexes, **4**, 102
Group VIA metal complexes
  boranes, **6**, 881
  boryl, **6**, 886, 887
  tetrahydroborates, **6**, 905, 906
Group VII donor ligands
  mono(η-allyl)rhodium complexes, **5**, 493–498
  non-conjugated diene rhodium complexes, **5**, 461
  rhodium complexes, **5**, 418–424
Group VII metal complexes
  octahydrotriborate, **6**, 917
Group VIIA metal complexes
  boranes, **6**, 882, 883
  boryl, **6**, 887, 888
  decahydropentaborates, **6**, 925
  octahydropentaborates, **6**, 927
  tetrahydroborates, **6**, 905, 907
  tridecahydrononaborates, **6**, 935
Group VIII metal complexes
  acyclic borane, **6**, 896
  acyclic borane complexes, **6**, 895
  boranes, **6**, 884
  boryl, **6**, 889
  decahydropentaborates, **6**, 926
  heptahydrotriborates, **6**, 919
  hexaborane, **6**, 930
  nonahydropentaborates, **6**, 926
  octahydropentaborates, **6**, 929
  octahydrotriborates, **6**, 919
  tetrahydroborates, **6**, 905, 908, 909, 911
  tridecahydrononaborates, **6**, 935
Group VIII metals
  catalysts
    in hydrosilylation, **2**, 313
Group VIIIA metal complexes, **6**, 885
Growth centre
  in Ziegler–Natta diene polymerization, **3**, 503
Guaiazulene
  reaction with dodecacarbonyltriruthenium, **4**, 830, 900
Guaiazulene ligands
  dinuclear iron-carbonyl complexes, **4**, 582
Guanocine
  methylmercury binding to, **2**, 933

H

Haber Process, **8**, 1074
Hafnate(III), bis(cyclopentadienyl)-, **3**, 609
Hafnium
  dinitrogen reactions promoted by, **8**, 1076–1082
  dinitrogen reduction and, **8**, 1081
  Group IV organo compounds, **6**, 1057, 1058
  hexamethyldisilazane derivatives, **2**, 130
Hafnium, allyl(cyclooctatetraenyl)-
  structure, **3**, 621
Hafnium, bis(η-alkylcyclopentadienyl)dimethyl-
  reaction with hydrogen, **3**, 583
Hafnium, bis(η-benzene)(trimethylphosphine)-
  preparation, **3**, 644
Hafnium, bis[bis(μ-hydrido)dihydridoborate]bis(η^5-methylcyclopentadienyl)-
  structure, **6**, 901
Hafnium, bis[bis(trimethylsilyl)amino]bis[(trimethylsilyl)methyl]-
  preparation, **3**, 641
Hafnium, bis(cyclopentadienyl)bis[bis(μ-hydrido)dihydridoborate]-
  preparation, **6**, 901
Hafnium, bis(η-cyclopentadienyl)bis(t-butylthio)-
  preparation, **3**, 577
Hafnium, bis(η-cyclopentadienyl)bis(diphenylmethyl)-
  structure, **3**, 596
Hafnium, bis(η-cyclopentadienyl)bis(oxymethylidinetricobaltnonacarbonyl)-
  structure, **3**, 571
Hafnium, bis(η-cyclopentadienyl)bis(tetrahydridoborates)-
  preparation, **3**, 601
Hafnium, bis(η-cyclopentadienyl)dimethyl-
  crystal structure, **3**, 595
Hafnium, bis(η-cyclopentadienyl)dinitrato-
  preparation, **3**, 524
Hafnium, bis(dibenzoylmethane)chloro(η-cyclopentadienyl)-
  preparation, **3**, 563
Hafnium, bis(fluorenyl)dimethyl-
  photolysis, **3**, 583
Hafnium, bis(indenyl)dimethyl-
  photochemistry, **3**, 622
  photolysis, **3**, 583
  structure, **3**, 595, 623
Hafnium, bis(η-methylcyclopentadienyl)(tetrahydridoborate)-
  neutron diffraction, **3**, 602
Hafnium, bis(η-toluene)bis(trimethylstannyl)-
  preparation, **3**, 644
Hafnium, bis(η-toluene)(trimethylphosphine)-
  mass spectrum, **3**, 644
  preparation, **3**, 644
Hafnium, bis(η-tolyl)bis(trimethylstannyl)-, **3**, 550

Hafnium, chlorobis[bis(trimethylsilyl)amino]neopentyl-
  preparation, **3**, 641
Hafnium, chlorobis(η-cyclopentadienyl)hydrido-
  as catalyst in organic chemistry, **3**, 555
Hafnium, chlorobis(η-cyclopentadienyl)(2-methyl-1-phenylpropenyl)-
  stability, **3**, 590
Hafnium, chlorobis(η-cyclopentadienyl)nitrato-
  preparation, **3**, 524
Hafnium, chlorobis(η-cyclopentadienyl)(oxymethylidinetricobaltnonacarbonyl)-
  structure, **3**, 571
Hafnium, chlorobis(η-cyclopentadienyl)[(o-tolyl)(trimethylsilyl)methyl]-
  structure, **3**, 594
Hafnium, chlorotris[bis(trimethylsilyl)methyl]-
  preparation, **3**, 641
Hafnium, (η^5-cycloheptadienyl)(η-cycloheptatrienyl)-
  preparation, **3**, 622
Hafnium, dialkylbis[bis(trimethylsilyl)amino]-
  preparation, **3**, 640
Hafnium, dicarbonylbis(η-cyclopentadienyl)-
  preparation, **3**, 611
  reactions, **3**, 612
  structure, **3**, 615
Hafnium, dicarbonylbis(η-pentamethylcyclopentadienyl)-
  structure, **3**, 615
Hafnium, dichlorobis(η-cyclopentadienyl)-
  structure, **3**, 570
Hafnium, dichloro[methylenebis(η-methylenecyclopentadienyl)]-
  structure, **3**, 570
Hafnium, dichloro[1,1′-trimethylenebis(cyclopentadienyl)]-
  spectroscopy, **3**, 572
Hafnium, dihalo(pentamethylcyclopentadienyl)-
  preparation, **3**, 569
Hafnium, (η-ethylcyclopentadienyl)trifluoro-
  preparation, **3**, 561
Hafnium, oxybis[bis(η-cyclopentadienyl)methyl-
  structure, **3**, 574, 595
Hafnium, pentakis(tetrahydroborate)-
  preparation, **6**, 901
Hafnium, tetrabenzyl-, **3**, 242
  complex formation, **3**, 639
  hydrogenation, **3**, 639
  NMR, **3**, 637
  thermal decomposition, **3**, 638
Hafnium, tetrachloro-
  reaction with lithium alkyls, **3**, 636
Hafnium, tetrakis(neopentyl)-
  NMR, **3**, 637
  photoelectron spectrum, **3**, 636
  thermal decomposition, **3**, 638
Hafnium, tetrakis[(trimethylsilyl)methyl]-
  IR spectrum, **3**, 637

photoelectron spectrum, **3**, 636
preparation, **3**, 636
reaction with iodine, **3**, 639
thermal decomposition, **3**, 638
Hafnium, tetrakis[(trimethylstannyl)methyl]-
thermal decomposition, **3**, 638
Hafnium, tetrakis[tris(μ-hydrido)hydridoborate]-
preparation, **6**, 901
Hafnium, tetranorbornyl-
photolysis, **3**, 638
Hafnium, trichloro(η-cyclopentadienyl)-
preparation, **3**, 561
Hafnium, tris[bis(trimethylsilyl)amino]methyl-
preparation, **3**, 641
Hafnium complexes
acyl
synthesis, **8**, 112
silylamide
reaction with carbon dioxide, **8**, 258
Hafnium(II), bis(pentamethylcyclopentadienyl)-,
3, 613
Hafnium(II) complexes, **3**, 610-616
Hafnium(III), alkylbis(cyclopentadienyl)-, **3**, 608
Hafnobenzocyclopentane, bis(η-cyclopentadienyl)-
reactions, **3**, 593
Hafnobenzocyclopentane, bis(trimethylsilyl)bis(η-cyclopentadienyl)-
preparation, **3**, 593
Hafnocene, **3**, 610
Hafnocene, dibenzyl-
autoxidation, **3**, 580
Hafnocene, oxybis(halo-
properties, **3**, 573
Hafnocene(IV)
monoalkyl, **3**, 585-588
Hafnocene(IV), hydrido-
properties, **3**, 606
Hafnocene(IV) alkoxides, **3**, 575
chemical properties, **3**, 576
Hafnocene(IV) bisulfates, **3**, 574
Hafnocene(IV) carboxylates
chemical properties, **3**, 576
spectroscopy, **3**, 576
synthesis, **3**, 576
Hafnocene(IV) complexes
alkyl, **3**, 579
amido, **3**, 577
chemical properties, **3**, 578
spectroscopy, **3**, 578
σ-carbyl, **3**, 579
dialkyl, **3**, 580-584
ketimido, **3**, 577
chemical properties, **3**, 578
spectroscopy, **3**, 578
phosphido, **3**, 579
selenium-centred ligands, **3**, 577
sulfur-centred ligands, **3**, 577
triorganogermyl, **3**, 600
triorganosilyl, **3**, 600
triorganostannyl, **3**, 600
Hafnocene(IV) dialkenyls, **3**, 590
Hafnocene(IV) dialkynyls, **3**, 590
Hafnocene(IV) diallyls, **3**, 590
Hafnocene(IV) diaryls, **3**, 589
Hafnocene(IV) halides, **3**, 569-574
chemical properties, **3**, 572
spectroscopy, **3**, 572
structure, **3**, 570
synthesis, **3**, 569
Hafnocene(IV) hydrides

properties, **3**, 603
synthesis, **3**, 602
Hafnocene(IV) metallocycles, **3**, 591-593
Hafnocene(IV) nitrates, **3**, 574
Hafnocene(IV) phenoxides, **3**, 575
chemical properties, **3**, 576
Hafnocene(IV) pseudohalides, **3**, 574
Hafnocene(IV) tetrahydridoborates, **3**, 601
Half sandwich complexes
alkenes
conformation, **3**, 58
bonding, **3**, 40
conformation, **3**, 54
theory, **3**, 28-47
Halides
acyl
coupling reactions, **8**, 922
decarbonylation, **8**, 217, 909
alkali metal exchange reactions
vinylalkali metal compound preparation, **1**, 91
alkenyl
coupling reactions, **8**, 910-921
hydroxycarbonylation, **8**, 191
oxacarbonylation, **8**, 201
reaction with lithium organocuprates, **7**, 702
alkyl
alkoxycarbonylation, **8**, 200
chiral, reaction with organometallic compounds, **7**, 46
reaction with lithium organocuprates, **7**, 702
allylic
reaction with lithium organocuprates, **7**, 705
reaction with organoaluminum compounds, **7**, 399
in ammonia synthesis from dinitrogen and dihydrogen, **8**, 1081
anionic complexes with organic mercury compounds, **2**, 939
aromatic
hydrogenation, nickel catalysed, **8**, 633
aryl
alkylation by organometallic compounds, **7**, 81
coupling reactions, **8**, 910-921
Heck arylation, **8**, 861-867
palladium-catalyzed homo-coupling, **8**, 918
reaction with nickel aryl complexes, **6**, 79
reaction with organometallic compounds, **7**, 44
reactivity, in Ullmann reaction, **7**, 687
bis(cyclopentadienyl)vanadium complexes, **3**, 683
bridgehead bicycloalkyl
reaction with organoaluminum compounds, **7**, 399
carbonylation, **8**, 905
coupling reactions
pentacarbonyliron in, **4**, 251
coupling reactions with unsaturated compounds, **8**, 910-926
cyclopentadienylvanadium complexes, **3**, 671
displacement from platinum(II) complexes
platinum(II) acetylene complex preparation by, **6**, 704
exchange reactions with η^3-allyl palladium complexes, **6**, 421

Halides

germanium–carbon bond cleavage by, **2**, 416
metal
　oxidative-addition reactions to platinum(II) alkyl complexes, **6**, 583
　reaction with organogold complexes, **2**, 807
nucleophilic substitution reactions
　nickel catalysed, **8**, 734
organic
　alkylation, **7**, 44
　carbonylation, nickel catalysed, **8**, 779
　catalysed reactions, organoaluminum compounds, in, **7**, 401
　condensation with palladium atoms, **6**, 314
　coupling reactions, nickel catalysed, **8**, 713-769, 722
　cross-coupling reactions with organocopper compounds, **2**, 754
　cross coupling with organometallic reagents, **8**, 762
　from organoaluminum compounds, **7**, 379
　reaction with alkali metals, **1**, 52
　reaction with alkylidene niobium complexes, **3**, 726
　reaction with alkylidene tantalum complexes, **3**, 726
　reaction with aluminum, **7**, 379
　reaction with Grignard reagents, nickel catalysed, **8**, 738, 747
　reaction with organoaluminum compounds, **7**, 396-402
　reaction with organocopper compounds, **2**, 754
　reaction with organozinc compounds, **2**, 850
　reaction with pentacarbonylrhenium anion, **4**, 211
　synthesis, **7**, 75
oxacarbonylation, tetracarbonylnickel catalysts, **8**, 198
oxidative addition to platinum(0) complexes, **6**, 518
　mechanism, **6**, 519
propargyl
　reaction with organoaluminum compounds, **7**, 399
reactions with organocobalt(III) complexes, **5**, 147
reaction with η^3-allylnickel complexes, **6**, 160
reaction with η^3-allyl palladium complexes, **6**, 420
reaction with aminosilanes, **2**, 125
reaction with disilazanes, **2**, 125
reaction with metal carbonyl complexes, **8**, 159
reaction with nickel alkyl complexes, **6**, 79
reaction with nickelocene, **6**, 196
reaction with organohydrogermanes, **2**, 431
reaction with organometallic compounds, **7**, 43
reaction with palladium(0) complexes, **6**, 251
reaction with palladium (II) alkyl and aryl complexes, **6**, 336
reaction with platinum(II) carbonyls, **6**, 491
reaction with tetracarbonylferrates, **4**, 254
reaction with vitamin B_{12r}, **5**, 91
reduction, **7**, 55
transition metal complexes
　substitution reactions, **6**, 768
vinyl
　reaction with organometallic compounds, **7**, 44
　Ullmann reaction, **7**, 687
Haloarene complexes
　nucleophilic substitution reactions, **8**, 1027
Haloboration
　in preparation of three-coordinate acyclic organoboranes, **1**, 276
Halocarbonylation, **8**, 103, 212
Halocyclopentadienyl complexes
　nucleophilic substitution reactions, **8**, 1027
Halodealumination, **1**, 652, 663
　organoaluminum compounds, **1**, 631
Halodeboronation
　organoboranes, **1**, 289
Halodemercuration
　organomercury compounds, **2**, 961
Halodesilylation, **7**, 550
Haloforms
　metallation, **1**, 163
Halogen abstraction
　by germanium centred radicals, **2**, 476
Halogen abstraction reactions
　halogermanes, **2**, 424
　iridium(III) alkyl preparation by, **5**, 566
Halogenation
　allylic palladium complexes, **6**, 426
　arylsilanes, **7**, 550
　bis(dicarbonyl(η-cyclopentadienyl)iron), **4**, 519
　carboranes, **1**, 440
　cumulene bridged iron-carbonyl complexes, **4**, 547
　Grignard reagents, **1**, 189
　icosahedral metallacarborane synthesis by, **1**, 520
　organoaluminum compounds, **7**, 395
　organoborates, **7**, 290
　organomercury compounds, **2**, 961
　organomercury compounds in, **7**, 684
　phospha- and arsa-carboranes, **1**, 548
　ruthenium carbonyl clusters, **4**, 696
　silyl enol ethers, **7**, 563
Halogen atoms
　reaction with organotin compounds, **2**, 538
Halogen bridges
　dicyclopentadienyldiiron complexes, **4**, 595
　ruthenium complexes
　　cleavage by amines, **4**, 748
Halogen compounds
　unsaturated
　　hydroformylation, **8**, 138
Halogen exchange reactions
　platinum(II) carbonyls, **6**, 494
Halogen–halogen exchange reactions
　germanium–halogen bonds, **2**, 420
　organohalogermanes, **2**, 423
Halogen–hydrogen exchange reactions
　in pentacarbonylhydridomanganese, **4**, 67
Halogenodestannylation
　aromatic compounds, **2**, 538
Halogenodethallation, **7**, 497
Halogenolysis
　alkenylboron compounds, **7**, 316
　alkylboron compounds, **7**, 271
　arylboranes, **7**, 326
　copper–carbon bonds, **2**, 743-746
　organoboranes, **7**, 121
　reaction with alkenylboranes, **7**, 306
　silver–carbon bonds, **2**, 743-746
Halogen oxidation

platinum(II) complexes, **6**, 582
Halogens
  alkali metal exchange, **1**, 59
  determination in organoaluminum compounds, **7**, 371
  germanium–carbon bond cleavage by, **2**, 414
  organotin bond cleavage by, **2**, 537
  oxidative addition to pentacarbonyliron, **4**, 250
  reaction with alkenylborates, **7**, 312
  reaction with carbonyl Group IVB–ruthenium complexes, **4**, 914
  reaction with cobalt(II) complexes, **5**, 78
  reaction with dicarbonylcyclopentadienylcobalt, **5**, 250
  reaction with dicarbonyl(ethyltetramethylcyclopentadienyl)ruthenium, **4**, 777
  reaction with dodecacarbonyltriruthenium, **4**, 673, 883
  reaction with iron carbonyl complexes, **4**, 295
  reaction with iron group–Group IV compounds, **6**, 1082
  reaction with mixed-metal complexes, **6**, 821
  reaction with nickel alkyl complexes, **6**, 79
  reaction with nickel tetracarbonyl, **6**, 8
  reaction with nonacarbonyltris(triphenylphosphine)triruthenium, **4**, 875
  reaction with organocobalt(III) complexes, **5**, 109
  reaction with organogold complexes, **2**, 803
  reaction with organohydrogermanes, **2**, 431
  reaction with η^1-organoiron complexes, **4**, 354
  reaction with palladium (II) alkyl and aryl complexes, **6**, 336
  silicon–silicon bond cleavage by, **2**, 367
Halogen transfer reactions
  organoboranes, **1**, 292
Halogermylation, **2**, 424
Halonium ions
  cyclic
    reaction with organometallic compounds, **7**, 44
Halopalladation
  alkynes, **8**, 878
Hammett–Curtin principle
  in asymmetric addition of organoaluminum compounds to carbonyl compounds, **1**, 573
Handling
  organoaluminum compounds, **1**, 579
  organoboranes, **1**, 270
Hapticity
  in cyclopentadienylrhenium complexes, **4**, 210
  in main group organometallic compounds, **1**, 3
Harderoporphyrin
  synthesis, **8**, 857
Hay procedure, **2**, 41
Heat of formation
  dialkylberyllium, **1**, 124
  main group organometallic compounds, **1**, 5
Heat of reaction
  organolithium compounds with ethanol, **1**, 48
Heats of atomization
  organoboranes, **1**, 257
Heats of dimerization
  η^3-allyl palladium complexes, **6**, 409
Heats of formation
  hexacarbonylvanadium, **3**, 649
  organoboranes, **1**, 257
    MO calculations and, **1**, 270
  transition metal carbonyl Group IV compounds, **6**, 1069

trimethylborane, **1**, 256
Heats of hydroboration
  alkenes, **1**, 257
Heck arylation, **8**, 854, 855
  intramolecular, **8**, 865
Hein Grignard synthesis
  bis(arene)chromium(0) complexes, **3**, 975
Hemerythrin, **4**, 293
Hemimorphite
  dehydration, **2**, 157
Hemoglobin, **4**, 292
2,4-*closo*-Heptaborane
  NMR, **1**, 419
Heptadiene
  cyclooligomerization, **8**, 390
  preparation, **8**, 421
  reaction with iron carbonyl compounds, **8**, 159
1,5-Heptadiene
  reaction with osmium cluster compounds, **4**, 1042
1,6-Heptadiene
  asymmetric cyclization
    nickel catalysed, **8**, 625
  cyclization
    nickel catalysed, **8**, 618
  metathesis
    catalysts, **8**, 543
1,7-Heptadiene
  cyclization, **7**, 382
1,6-Heptadienes
  reaction with osmium cluster compounds, **4**, 1042
4,6-Heptadienoyl chloride
  2-allyl-, **5**, 183
Heptafulvene
  iron complexes, **4**, 439
  iron tricarbonyl complexes, **8**, 981
  stabilization
    iron carbonyl complexation and, **8**, 982
Heptafulvene ligands
  iron complexes
    structure of coordinated, **4**, 462
    synthesis, **4**, 434
    (trimethylenemethane)iron complex synthesis from, **4**, 449
Heptalene bridges
  dicyclopentadienyldiiron complexes, **4**, 597
Heptane, 3-chloro-3-methyl-
  reaction with organoaluminum compounds, **7**, 398
Heptanoic acid
  preparation
    organoaluminates in, **7**, 394
Heptatriene, methyl-
  linear oligomerization
    nickel catalysed, **8**, 690
1,3,6-Heptatriene
  preparation from butadiene, **8**, 396
1,3,6-Heptatriene, 5-methyl-
  preparation from butadiene, **8**, 396
1,4,6-Heptatriene, 3-methyl-
  dienes, **7**, 382
1-Heptene
  metallation, **1**, 92
2-Heptene, 4-methyl-
  hydroalumination
    titanium catalysed, **7**, 384
3-Heptene
  hydroalumination, **7**, 383
trans-4-Hepten-3-one, 2,2,6,6-tetramethyl-
  reaction with organoaluminum compounds, **7**, 418

1-Hepten-6-yne
   hydroalumination, **7**, 388
1-Hepten-6-yne, 3-methyl-
   hydroalumination, **7**, 388
Heptylene, 3,5-dimethyl-
   reaction with decacarbonyldimanganese, **4**, 123
1-Heptyne
   oligomerization
      catalysis by ruthenium complexes, **4**, 956
6-Heptynoic acid
   methyl ester
      preparation, **7**, 404
Heteroalkenes
   carbonylation
      nickel catalysed, **8**, 776
   cooligomerization with alkynes
      nickel catalysed, **8**, 655
Heteroallenes
   osmium complexes, **4**, 994
   reaction with organozinc compounds, **2**, 850
   reaction with osmium cluster complexes, **4**, 1046
Heteroboranes
   metal-ligand group insertion, **1**, 488
Heterocarboranes, **1**, 543–552
Heterocumulenes
   reaction with organothallium compounds, **1**, 740
   rhodium complexes, **5**, 440
Heterocyclic compounds
   boron–nitrogen
      dicarbonyldiiron complexes, **4**, 537
   boron-substituted aromatic
      B—C π-bonding, **1**, 268
      boron–carbon bonds, **1**, 256
   Castro reaction, **7**, 691
   ionic hydrogenation, **7**, 623
   β-metallo-
      ring-opening reactions, **7**, 86
   nitrogen
      reduction, **7**, 436
   phosphorus
      synthesis, **7**, 60
η-Heterocyclic ligands
   manganese complexes, **4**, 137
Heterocyclopentadienyl ligands
   iron complexes, **4**, 486
Heterodiene ligands
   iron complexes
      synthesis, **4**, 442
η^4-Heterodiene ligands
   iron complexes, **4**, 428
   structures, **4**, 459
Heterogeneous catalysts
   for hydrogenation, **8**, 286
Heterolytic cleavage
   hydrogen, **8**, 298
Heterolytic splitting
   hydrogen, **8**, 295, 332
2,4,6,8,9,10-Hexaboraadamantane, 2,4,6,8,9,10-hexamethyl-
   structure, **1**, 324
Hexaboraadamantanes
   preparation, **1**, 325
Hexaborane
   nickel complexes, **6**, 215
   organotransition metal complexes, **6**, 930
   reaction with transition metal carbonyls, **6**, 216
   transition-metal bridged derivatives, **1**, 498
Hexaborane, 4,5-dimethyl-
   preparation, **1**, 446
Hexaborane, 2-methyl-
   basicity, **1**, 450
   NMR, **1**, 450
   preparation, **1**, 446
Hexaborates, nonahydro-
   organotransition metal complexes, **6**, 931
Hexacarbadecaborane, hexamethyl-
   synthesis, **1**, 430
Hexacarbonylbis((pentafluorophenyl)thio)dicobalt
   reaction with hexafluorobut-2-yne, **5**, 204
Hexachloroplatinic acid
   reaction with tin(II) chloride, **6**, 672
Hexacyanoosmic acid, **4**, 976
2,15-Hexadecanedione
   synthesis, **8**, 847
2,7,11,15-Hexadecatetraene, 1-phenoxy-
   preparation, **8**, 452
Hexadiene, 2-methyl-
   preparation, **8**, 421
1,3-Hexadiene
   cyclodimerization, **8**, 408
   reaction with dodecacarbonyltriruthenium, **4**, 849
   reaction with hydridotetrakis(trifluorophosphine)rhodium, **5**, 495
1,4-Hexadiene, **7**, 449
   preparation, **8**, 418
      nickel catalysed, **8**, 683
   synthesis, **8**, 845
1,4-Hexadiene, 1-phenyl-
   preparation, **8**, 421
1,5-Hexadiene
   carbonylation
      nickel catalysed, **8**, 776
   cyclization
      nickel catalysed, **8**, 618
   hydroalumination, **7**, 382
      titanium alkoxide catalysed, **7**, 385
   hydroboration, **1**, 316; **7**, 209
   palladium complexes
      crystal structure, **6**, 370
      IR spectra, **6**, 372
   platinum(II) complexes
      IR and Raman spectra, **6**, 656
   preparation, **8**, 420
   reaction with dodecacarbonyltriruthenium, **4**, 861
   reaction with methylallyl chloride and carbon monoxide
      nickel catalysed, **8**, 781
   rhodium(I) complexes, **5**, 483
   trans,trans-
      reaction with dodecacarbonyltriruthenium, **4**, 750
1,5-Hexadiene, 2,5-dimethyl-
   hydroboration, **1**, 316
1,5-Hexadiene, 2-methyl-
   hydroboration, **7**, 206
1,5-Hexadiene, 3-(2-naphthyl)-
   reaction with allyl halide and carbon monoxide
      nickel catalysed, **8**, 782
1,5-Hexadiene, 3-vinyl-
   reaction with allyl halide and carbon monoxide
      nickel catalysed, **8**, 782
2,4-Hexadiene
   reaction with dodecacarbonyltriruthenium, **4**, 862
   reaction with osmium cluster compounds, **4**, 1042

reaction with palladium dichloride, **6**, 393
trans,trans-
  reaction with dodecacarbonyltriruthenium, **4**, 750
2,4-Hexadiene, dimethyl
  reaction with sodium chloropalladate, **6**, 393
2,5-Hexadiene
  hydroboration, **7**, 210
trans-1,4-Hexadiene
  industrial synthesis
    nickel catalysed, **8**, 672
Hexadienes
  formation, **7**, 451
  hydroalumination–isomerization
    catalysed, **7**, 384
cis-2,5-Hexadienoic acid
  reaction with alkynes and carbon monoxide, **8**, 780
η^5-Hexadienonyl ligands
  rhodium complexes, **5**, 511
1,5-Hexadiyne
  cooligomerization with acetylenes, **8**, 417
  cooligomerization with bis(trimethylsilyl)acetylene, **8**, 417
Hexafluorophosphino ligands
  pentamethylcyclopentadienyl rhodium complexes, **5**, 369
Hexafluorophosphoric acid
  reaction with hydrido carbonyl manganese complexes, **4**, 38
Hexamethylenimine
  telomerization with butadiene, **8**, 435
Hexamethyl[2.2.0]hexadiene — *see* Dewar benzene, hexamethyl-
Hexanal, 2-ethyl-
  3-step sequential synthesis from propene and synthesis gas, **8**, 588
Hexane, 2,5-bis(*t*-butylperoxy)-2,5-dimethyl-
  polydimethylsiloxane crosslinking and, **2**, 330
Hexasilane, dodecamethyl-
  photolysis, **2**, 111
1,3,5-Hexatriene
  cyclodimerization
    nickel catalysed, **8**, 675
  cyclotrimerization
    nickel catalysed, **8**, 677
    tricarbonylruthenium complexes, **4**, 751
Hexatriene complexes
  transition metal
    conformation, **3**, 62
Hexatriyne, bis(trimethylsilyl)-
  preparation, **2**, 44
5-Hexenal
  isomerization
    nickel catalysed by, **8**, 626
Hexene
  hydrocyanation
    nickel catalysed, **8**, 632
  isomerization
    platinum(II) complexes and, **6**, 675
Hexene, 6-bromo-
  reaction with magnesium
    mechanism, **1**, 162
1-Hexene
  homogeneous hydrogenation, **4**, 933
    catalysis by ruthenium complexes, **4**, 934
  hydroformylation
    cobalt catalyst leaching in, **8**, 591
    rhodium–amine polymer catalysts, **8**, 570
    supported catalysts in, **8**, 561
  hydrogenation, **7**, 453

actinide complexes and, **3**, 261
    catalysis by ruthenium complexes, **4**, 932, 934
  isomerization
    catalysis by nonacarbonylmethynyltricobalt, **5**, 177
    catalysis by ruthenium complexes, **4**, 942
    in isomerization of 1-pentene, **4**, 942
  oligomerization
    nickel catalysed, **8**, 617
  reaction with palladium acetate, **6**, 389
1-Hexene, 2-ethyl-
  dimer
    preparation, **7**, 451
1-Hexene, 2-methyl-
  formation, **7**, 451
1-Hexene, 4-methyl-
  polymerization
    stereoselection, **3**, 541
    stereoelective polymerization, **3**, 542
1-Hexene, (*S*)-4-methyl-
  copolymer with styrene
    support for rhodium complexes, asymmetric hydrogenation and, **8**, 581
1-Hexene, 4-phenyl-
  isomerization
    nickel catalysed by, **8**, 626
2-Hexene
  hydrogenation
    catalysis by ruthenium complexes, **4**, 935
  reaction with palladium acetate, **6**, 389
n-Hexenes
  preparation from propene, **8**, 384
5-Hexenoic acid
  preparation
    nickel catalysed, **8**, 782
1-Hexenol
  hydroalumination–isomerization
    catalysed, **7**, 384
1-Hexen-3-ol
  isomerization
    nickel catalysed by, **8**, 626
2-Hexen-4-olide, 4-ethyl-
  reaction with organoaluminum compounds, **7**, 410
1-Hexen-5-one
  isomerization by sodium tetrachloropalladate, **6**, 389
5-Hexenyl bromide
  reaction with diazenido tungsten complexes, **8**, 1088
Hexenyl radical
  in reaction of 6-bromohexene with magnesium, **1**, 162
1-Hexen-5-yne
  hydroalumination, **7**, 388
1-Hexyne
  cooligomerization with disilacyclobutene
    nickel catalysed, **8**, 656
  metallation by diethylmagnesium, **1**, 206
2-Hexyne
  reaction with dodecacarbonyltriruthenium, **4**, 859
3-Hexyne
  lanthanide complexes, **3**, 206
  oligomerization
    nickel catalysed, **8**, 651
  reaction with acetyltetracarbonylcobalt, **5**, 221
  reaction with acetyltetracarbonyl cobalt complexes, **5**, 54

reaction with dicarbonylchlororhodium dimer, **5**, 453
reaction with dicarbonyl(η-cyclopentadienyl)-rhodium, **5**, 457
reaction with dodecacarbonyltrihydridotrimanganese, **4**, 120
reaction with dodecacarbonyltriruthenium, **4**, 859
reaction with hexamethyl-1,2-disilacyclobutene, **2**, 222
reaction with organoaluminum compounds, **7**, 388, 389
ruthenium complexes, **4**, 741

High-density polyethylene, **7**, 442, 446
    fluid bed Ziegler–Natta polymerization processes for, **3**, 509
    structure, **3**, 477

High-molecular polyethylene
    production, **1**, 559

High-pressure liquid chromatography
    heteronuclear metal–metal bonded compounds, **6**, 806

±-Hippocasine
    synthesis, **7**, 216

±-Hippocasine oxide
    synthesis, **7**, 216

±-Hippodamine
    synthesis, **7**, 216

Histidine
    reaction with chloropentaammineruthenium dichloride, **4**, 687

Histrionicotoxin
    synthesis, **8**, 1003

Holmium
    ions
        properties, **3**, 175

Holmium, (cyclopentadienyl)(cyclooctatetraenyl)-, **3**, 194

Holmium complexes
    allyl, **3**, 196
    bis(cyclopentadienyl)methyl, **3**, 204
    carbonyl, **3**, 180
    carbonyl fluoro, **3**, 180
    isocarbonyl or isonitrosyl complexes, **3**, 206
    mono(cyclopentadienyl), **3**, 186
    transition metal bonds, **3**, 207
    tris(cyclopentadienyl), **3**, 180

Homoallylic alcohols
    synthesis
        allylzinc bromides in synthesis, **7**, 665

Homocubane
    rearrangements
        silver catalysed, **7**, 723

Homocubane, 9-hydroxy-
    synthesis
        tricarbonylcyclobutadieneiron in, **8**, 977

Homogeneous catalysts
    in hydrogenation, **8**, 332

Homoleptic complexes
    iron(IV) complexes, **4**, 332

Homologation
    alcohols, **8**, 137
    methanol
        catalysis by heterogeneous metal–metal bonded compounds, **6**, 823
        catalysis by ruthenium/cobalt complexes, **6**, 823
        mixed-metal cluster catalysis of, **6**, 822

Homolytic cleavage
    cobalt(III) complexes, **5**, 113
    platinum(II)–carbon σ-compounds, **6**, 558

Homolytic cleavage reactions
    metal–metal bonds, **6**, 817

Homolytic cyclization
    in γ-carbonylated hydrogermanes, **2**, 477

Homolytic splitting
    germanium–carbon bonds, **2**, 417
    hydrogen, **8**, 295, 332

Homometathesis
    olefins, **8**, 537

Homopropargylic alcohol
    synthesis, **8**, 899

S_H2 reactions
    at germanium, **2**, 476

Humans
    methylmercury in
        detection, **2**, 1007

Humidity
    dielectric loss and
        polysiloxanes, **2**, 352

Humulene
    synthesis, **8**, 832

Hüttel reaction, **6**, 387

Hydralumination, **1**, 564, 641
    alkenes, **1**, 634
    alkynes, **1**, 564, 570, 605, 641, 642, 659
    allyl ethers, **1**, 655
    anti
        alkynes, **1**, 661
    t-butyl(phenyl)acetylene, **1**, 642
    carbonyl compounds, **1**, 644
    cis
        alkynes, **1**, 605
    cycloalkenes, **1**, 642
    dienes, **1**, 643; **7**, 381
    enamines, **1**, 655
    gas phase, **1**, 609
    isomeric haloalkene preparation by, **1**, 663
    Lewis base and, **1**, 568
    with lithium aluminum hydride, **1**, 626
    lithium aluminum hydride in, **1**, 644
    olefins, **7**, 367, 379
        selectivity, **7**, 380
        titanium catalysed, **7**, 384
    promotion by transition metal salts, **1**, 642
    quinoline, **1**, 649
    rate laws, **1**, 568
    retardation by amines, **1**, 642
    retardation by ethers, **1**, 642
    substrate selectivity, **1**, 642
    syn
        alkenes, **1**, 644
    terminal alkynes, **8**, 912
    transition states, **1**, 568, 570
    unsaturated compounds, **1**, 628
    unsaturated hydrocarbons, **1**, 625
    vinyl ethers, **1**, 655

Hydration
    acetonitrile
        platinum(0) cyclohexyne complex in, **6**, 703
    alkenes
        via oxymercuration, **7**, 672
    cobalt acetylides, **5**, 129
    dienetricarbonyliron complexes, **8**, 973
    supported metal catalysts in, **8**, 593

Hydrazido complexes
    bond lengths and angles, **8**, 1088, 1092
    isolation, **8**, 1094
    ^{15}N NMR, **8**, 1095
    transition metals
        condensation with aldehydes or ketones, **8**, 1090

X-ray structure, **8**, 1088, 1094
Hydrazido ligands
    molybdenum complexes
        reduction, **8**, 1093
    in nitrogenase nitrogen fixation, **8**, 1096
    tungsten complexes
        organo nitrogen products from, **8**, 1091
Hydrazine
    complexes with organoberyllium compounds, **1**, 133
    cyclopentadienylruthenium complexes, **4**, 777
    by electrochemical reduction of dinitrogen, **8**, 1079
    formation from dinitrogen
        dinitrogen(permethylcyclopentadienyl)titanium complex and, **8**, 1079
    formation from dinitrogen titanium complex, **8**, 1077
    as hydride source, **8**, 302, 303
    labelled
        preparation from dinitrogen, **8**, 1079
    preparation
        from dinitrogen and hydrazido complexes, **8**, 1093
    preparation from dinitrogen
        dichlorobis(permethylcyclopentadienyl)zirconium and, **8**, 1079
        niobium complex and, **8**, 1086
        vanadium(II)–magnesium hydroxide complex, **8**, 1084
        vanadium(II) oxidation and, **8**, 1085
    preparation from dinitrogen titanocene complex, **8**, 1077
    preparation from titanocene–Grignard reagent complex, **8**, 1077
    in preparation of symmetrical diorganomercurials, **2**, 895
    production by nitrogenase, **8**, 1074
    reaction with cobalt(II) complexes, **5**, 89
    reaction with dicarbonyl(η-cyclopentadienyl)ruthenium derivatives, **4**, 778
    reaction with dichloro(arene)ruthenium complexes, **4**, 800
    reaction with hexacarbonylrhenium cation, **4**, 196
    reaction with hexakis(methyl isocyanide)ruthenium cations, **4**, 683
    reaction with hydrated ruthenium trichloride, **4**, 652
    reaction with iron chelate complexes, **4**, 340
    reaction with organoaluminum compounds, **7**, 434
    reaction with palladium(II) isocyanide complexes, **6**, 292
    reduction
        by vanadium(II)–catechol system, **8**, 1086
    reduction to ammonia, **8**, 1086
    ruthenium diene complexes, **4**, 749
    silyl, **2**, 137–139
        preparation, **2**, 122
    synthesis, **7**, 59
Hydrazine, N,N'-bis(difluoromethylsilyl)-N,N'-diphenyl-
    ^{19}F NMR, **2**, 138
Hydrazine, N,N-diacetyl-
    reaction with trimethylindium, **1**, 716
Hydrazine, dimethyl-
    bridging ruthenium complexes, **4**, 749
Hydrazine, N,N-dimethyl-
    ruthenium diene complexes, **4**, 749
Hydrazine, germyl-
    preparation, **2**, 453
Hydrazine, methyl-
    reaction with diethylberyllium, **1**, 137
    ruthenium diene complexes, **4**, 749
Hydrazine, N-phenyl-N'-(trimethylsilyl)-
    oxidation, **2**, 139
Hydrazine, tetrakis(trimethylsilyl)-
    plastic phase properties, **2**, 138
Hydrazine, tetramethyl-
    complexes with organoberyllium compounds, **1**, 133
Hydrazoic acid
    reaction with organoaluminum compounds, **7**, 434
Hydrazones
    chiral α-metallated, **7**, 47
    cooligomerization with butadiene
        nickel catalysed, **8**, 688
    reaction with organometallic compounds, **7**, 14
    synthesis, **7**, 59
    telomerization with butadiene, **8**, 441
Hydrazonium salts
    reaction with organometallic compounds, **7**, 14
Hydride abstraction
    alkyl rhenium complexes, **4**, 231
    carbonyldiiron polyene bridged complexes, **4**, 555
    η^4-diene cobalt complexes, **5**, 238
    regiospecific
        bicyclic tricarbonyldieneiron complexes in, **8**, 1002
    tetracarbonyl(η^2-hydrocarbon)iron complexes, **4**, 394
    from transition metal hydrides, **8**, 333
    from tricarbonyl(cyclohexadiene)iron, **4**, 437
    from tricarbonyldienyliron, **4**, 496
α-Hydride abstraction
    in metathesis catalyst preparation, **8**, 519
β-Hydride abstraction
    from dinuclear carbonyl (η-cyclopentadienyl) C-bridged iron complexes, **4**, 586
Hydride addition
    at isobutene–iron complexes, **4**, 393
Hydride elimination
    metallacycles, **8**, 532, 534
β-Hydride elimination, **8**, 305
    alkyltris(cyclopentadienyl)actinides, **3**, 247
    π-allylpalladium complexes, **8**, 813
    in metathesis catalyst deactivation, **8**, 524
    in metathesis reactions, **8**, 519
Hydride ion abstraction
    (η^2-hydrocarbon)iron complex formation by, **4**, 382
    (η^1-hydrocarbon)iron complex synthesis by, **4**, 384
Hydride ions
    abstraction
        η^1-organoiron complexes, **4**, 366
    reaction with carbonyl ligands, **8**, 110
Hydride ligands
    carbonylruthenium complexes, **4**, 667
    pentanuclear osmium complexes, **4**, 1053
Hydride mechanism
    alkene oligomerization, **8**, 372
Hydrides
    actinide complexes, **3**, 256
    determination in organoaluminum compounds, **7**, 371

Hydrides

formation
  kinetics, **8**, 299
Group IV
  reaction with M—M bonds, **6**, 1050
lanthanides, **3**, 205
metal
  metathesis catalyst, **8**, 519
palladium complexes, **6**, 340–342
pK_a values, **8**, 299
Hydride transfer
  in organoaluminum compound reaction with carbonyl compound, **1**, 572
α-Hydride transfer
  tetraalkylborates, **7**, 288
Hydrido ligands
  carbonyl cobalt complexes, **5**, 3–17
  ruthenium complexes, **4**, 717
  in triosmium clusters, **4**, 1030
Hydridometal catalysts, **8**, 302
  activation, **8**, 290
Hydridonitroso ligands
  osmium complexes, **4**, 989
Hydroacylation
  alkenes
    rhodium complexes in, **5**, 396
Hydroborating agents, **7**, 161–194
Hydroboration, **1**, 254, **7**, 143–157
  alkene derivatives, **7**, 229–251
  alkenes, **7**, 144
    directive effects, **7**, 146
    mechanism, **7**, 156
    relative reactivities, **7**, 155, 156
  by alkylboranes, **7**, 113
  alkynes, **1**, 283; **7**, 219
    directive effects, **7**, 221
  alkynylboranes, **1**, 431
  alkynyl(trimethyl)silanes, **7**, 546
  allene, **1**, 335
  allenes, **7**, 217
  allylic derivatives
    directive effects, **7**, 148
  asymmetric, **7**, 245–251
    alkenes, **7**, 247
    hindered alkenes, **7**, 115
  cyclic, **7**, 208
  1,5,9-cyclododecatriene, **1**, 322
  1,5-cyclooctadiene, **1**, 318
  dienes, **1**, 314; **7**, 204
    diol preparation by, **7**, 205
  dienetricarbonyliron complexes, **8**, 973
  by heterosubstituted boranes, **7**, 116
  hydrocarbons, **7**, 199–223
  mechanism, **7**, 153
  3-methoxy-7-methylene-3-borabicyclo[3.3.1]-nonane, **1**, 324
  5-methyl-1,4,8-nonatriene, **1**, 322
  1,4,8-nonatriene, **1**, 322
  1,4,7-octatriene, **1**, 322
  in organic synthesis, **7**, 112
  /oxidation
    alkenes, **7**, 199
  polyenes, **1**, 322
  in preparation of three-coordinate acyclic organoboranes, **1**, 271, 274, 283
  procedures, **7**, 157
  reagents, **1**, 274
  silyl enol ethers, **7**, 566
  stepwise
    in preparation of three-coordinate acyclic organoboranes, **1**, 283
  stereochemistry, **7**, 149
  stoichiometry and scope, **7**, 145
  terminal alkynes, **8**, 911
  titanium catalysed, **3**, 275
  vinylic derivatives
    directive effects, **7**, 148
  vinylsilanes, **2**, 40
Hydroboration-oxidation reactions
  ferrocenylalkynes, **8**, 1059
Hydrobromic acid
  reaction with organolithium compounds
    enthalpy of reaction, **1**, 48
Hydrocarbon ligands
  σ-bonded cobalt complexes, **5**, 47–177
  dinuclear iron complexes, **4**, 513–605
  dinuclear ruthenium carbonyl complexes, **4**, 821
  insertion into metallaboranes, **1**, 479
  manganese complexes, **4**, 113
  metal complexes
    reaction with boranes, **1**, 480
  mononuclear iron complexes, **4**, 377–503
  polynuclear iron complexes, **4**, 615–647
  rhenium complexes, **4**, 232
  rhodium complexes, **5**, 355–520
  ruthenium complexes
    catalysts in hydrogenation, **4**, 935
η^1-Hydrocarbon ligands
  mononuclear iron compounds, **4**, 331–373
η^2-Hydrocarbon ligands
  iron complexes, **4**, 378
    reactions, **4**, 392
  tetracarbonyliron complexes
    synthesis, **4**, 380
η^6-Hydrocarbon ligands
  iron complexes, **4**, 499
Hydrocarbons
  acidic
    alumination, **1**, 634
  aggregation of aryl and alkyl alkali metal compounds in, **1**, 67
  as solvents
    in preparation of organo-calcium, -barium or -strontium compounds, **1**, 224
  asymmetric synthesis
    hydroboration in, **7**, 250
  bridging ligands in palladium(I) complexes, **6**, 266
  chlorinated
    reaction with octacarbonyldicobalt, **5**, 164
  cyclopentadienylvanadium complexes, **3**, 666
  deuterated
    optically active, synthesis, **7**, 250
  dialkylberyllium preparation in, **1**, 123
  dicyclopentadienylvanadium complexes, **3**, 677–680
  diorganylmagnesium compound preparation in, **1**, 199
  formation in preparation of metathesis catalysts, **8**, 517
  gasification, **8**, 5
  hydroboration, **7**, 199–223
  hydrogenation
    catalysis by polymeric ruthenium complexes, **4**, 961
  industrial synthesis, **8**, 44
  π-metal complexes, **1**, 22–25
    classification, **1**, 33
    relationship to boranes, **1**, 32
    relationship to carboranes, **1**, 32
  metallation
    by alkali metals, **1**, 55

diorganylmagnesium compound preparation by, **1**, 200
metallation by aluminum compounds, **1**, 628
osmium complexes, **4**, 1004
pK_a values, **1**, 54
preparation
  from alcohols and ruthenium carbonyl chlorides, **4**, 676
in preparation of Grignard reagents, **1**, 158
reaction with alkali metals, **1**, 52
reaction with dodecacarbonyltetrahydrotetraruthenium, **4**, 896
reaction with dodecacarbonyltriruthenium, **4**, 883
reaction with silicon tetrachloride, **2**, 26
ruthenium complexes, **4**, 741
saturated
  synthesis, **1**, 286
  steam reforming, **8**, 6
synthesis
  carbon dioxide reaction with hydrogen in, **8**, 225
  Fischer–Tropsch, **8**, 40
tetracarbonylcyclopentadienylvanadium complexes
  IR spectroscopy, **3**, 666
tetranuclear ruthenium complexes, **4**, 898
unsaturated
  organolithium compounds, **1**, 23
  oxacarbonylation, **8**, 207
  reaction with carbonyl Group IVB–ruthenium complexes, **4**, 915
  reaction with dodecacarbonyltriruthenium, **4**, 847
Hydrocarbonylation, **8**, 103, **8**, 115–159
unsaturated compounds
  organopalladium complexes in, **8**, 900
Hydrocarboxylation, **8**, 188
asymmetric
  olefins, **8**, 485
Hydrocarbyl ligands
  actinides, **3**, 241
  lanthanide complexes, **3**, 197
  organotitanium complexes, **3**, 284
  titanium(IV) complexes, **3**, 433–472
σ-Hydrocarbyl ligands
  mono(η-cyclopentadienyl) titanium complexes, **3**, 357–360
Hydrochloric acid
  anions
    reaction with platinum(II) $η^3$-allyl complexes, **6**, 731
    reaction of ruthenium trichloride with CO and, **4**, 669
  reaction with silicon
    organohalosilane preparation by, **2**, 307
Hydrocol syntheses, **8**, 63
Hydrocondensation
  carbon monoxide, **8**, 41, 43, 86, 88
    homologous alcohols by, **8**, 63
    industrial exploitation, **8**, 44
    recent developments, **8**, 68
Hydrocyanation
  alkenes, **8**, 354
    1,2-addition, **8**, 354
    by 1,4-addition, **8**, 353, 354
    asymmetric, **8**, 357
    base-catalyzed, **8**, 353
    mechanism, **8**, 357

nickel catalysed, **8**, 629
organopalladium complexes in, **8**, 880
alkynes, **8**, 359
  base-catalyzed, **8**, 354
  mechanism, **8**, 359
asymmetric, **8**, 486
butadiene
  nickel catalysed, **8**, 632
catalysts
  deactivation, **8**, 358
cycloalkenes, **8**, 355, 356
with dialkylaluminum cyanides, **7**, 421
ethylene, **8**, 355
/hydrogenation
  alkynes, **8**, 359
unsaturated nitriles, **8**, 355
Hydrodethallation, **1**, 747
Hydrodimerization
  1,3-butadiene, **8**, 325
Hydroesterification
  supported metal catalysts in, **8**, 593
Hydrofluoric acid
  reaction with nickelocene, **6**, 196
Hydroformylation
  alkenes, **8**, 129
    carbonylhydridobis(triphenylphosphine)rhodium in, **5**, 354
    catalysis by benzylidynenonacarbonyltricobalt, **5**, 177
    cobalt carbonyl tertiary phosphine complexes in, **5**, 36
    with hydrogenation, **8**, 315
    iron carbonyl hydride complexes in, **4**, 314
    rhodium complexes as catalysts, **8**, 287
alkylcarbonylmanganese complexes and, **4**, 99
asymmetric, **8**, 138, 146, 483
carbon monoxide and water in, **8**, 157
catalysis by polymeric phosphine derivatives of octacarbonyldicobalt, **5**, 36
catalysis by ruthenium complexes, **4**, 939
catalytic, **8**, 119
cobalt complexes as catalysts, **8**, 287
cyclohexenes, **8**, 124
–cyclooligomerization
  butadiene, **8**, 587
dodecacarbonyltriiron, **4**, 544
ethylene
  catalysis by supported ruthenium catalyst complexes, **4**, 961
heterophase catalysis, **8**, 127
1-hexene
  cobalt catalyst leaching in, **8**, 591
homogeneous catalysis, **8**, 286
with hydrogenation, **8**, 337
industrial, **8**, 153
laboratory scale, **8**, 156
linear: branched selectivity in
  supported catalysts in, **8**, 570
models for catalytic intermediates, **4**, 1012
olefins
  platinum(II) alkyl complexes and, **6**, 559
–oligomerization
  butadiene, **8**, 588
oxidative addition and reductive elimination of carbon–hydrogen bond of aldehydes in, **4**, 1013
oxygen compounds
  mechanism, **8**, 150
1-pentene
  platinum carbonyl cluster anions in, **6**, 480
  supported catalysts in, **8**, 572
platinum–tin chloride catalysts, **6**, 1099

Hydroformylation
propene and pentene, **8**, 157
reaction conditions, **8**, 123
reaction with platinum(II) olefin complexes, **6**, 672
Reppe process, **8**, 324
rhodium catalyst leaching in, **8**, 590
selectivity
  supported catalysts and, **8**, 569
stoichiometric, **8**, 116
styrene
  polymer supported rhodium–diop complexes in, **8**, 585
supported catalysts for, **8**, 556, 561, 566, 597
supported metal catalysts in, **8**, 593
supported platinum chloride/tin(II) chloride complexes in, **8**, 586
supported ruthenium catalysts, **8**, 572
synthesis gas, **8**, 115
tetracarbonylhydridocobalt in, **5**, 10
tetranuclear cobalt heteroclusters and, **5**, 44
Hydrogen
activation, **8**, 290
activation and addition, **8**, 285–353
anions
  reaction with platinum(II) η^3-allyl complexes, **6**, 731
–carbon monoxide ratio in synthesis gas, **8**, 9
as chain transfer agent in olefin polymerizations, **7**, 445
elimination
  heteronuclear metal–metal—formation by, **6**, 777
formation
  in water-gas-shift reaction, **8**, 12
formation in hydrocondensation of carbon monoxide, **8**, 43
heterolytic splitting, **8**, 289, 295
partial pressure
  oxo process and, **8**, 124
pure
  preparation, **8**, 14
reaction with aluminum, **1**, 560
reaction with carbon dioxide, **8**, 43, 225, 269
reaction with carbon monoxide
  thermodynamics, **8**, 21
reaction with decacarbonyldimanganese, **4**, 62
reaction with methyltris(triphenylphosphine)cobalt, **5**, 71
reaction with nickel alkene complexes, **6**, 39
reaction with tridecacarbonyltrihydrotetraruthenium, **4**, 891
reaction with triethylphosphine nickel complexes, **6**, 39
reaction with tris(allyl)cobalt, **5**, 224
reaction with Vaska's compounds, **5**, 547
Hydrogen abstraction
by germanium centred radicals, **2**, 476
in olefin reaction with sodium tetrachloropalladate, **6**, 386
η^1-organoiron complexes, **4**, 351
in preparation of Grignard reagents by direct reaction, **1**, 159
α-Hydrogen abstraction
in metathesis catalyst generation, **8**, 513
δ-Hydrogen abstraction
platinum complexes
  metallation and, **6**, 605

Hydrogen abstraction reactions
germanium centred radical preparation by, **2**, 473
Hydrogen addition
1,4-
  to conjugated dienes, **8**, 344
to alkenes and alkynes, **8**, 285–360
to alkynes, **8**, 322
cis, **8**, 305
  to alkenes, **8**, 307, 309, 314, 316
Markownikov
  to alkenes, **8**, 320
trans
  to alkenes and alkynes, **8**, 313
1,4-Hydrogen addition
to conjugated dienes, **8**, 350
Hydrogenases, **8**, 289
in catalytic hydrogenation, **8**, 326
hydrogen activation, **8**, 330
Hydrogenation
acetaldehyde
  pentacarbonylmethylmanganese and, **4**, 75
α-acetamidocinnamic acid
  palladium on poly(S-leucine) in, **8**, 581
acetylene
  supported catalysts in, **8**, 567
acrylonitrile
  supported catalysts, selectivity, **8**, 569
(N-acylamino)cinnamic acid
  supported rhodium complexes in, **8**, 584
α-N-acylaminocinnamic acids
  supported rhodium complexes in, **8**, 585
aldehydes
  side reaction in hydroformylation of alkenes, **8**, 152
alkenes
  actinide complexes in, **3**, 261
  bis(η-arene)chromium complexes as catalysts in, **3**, 1000
  bis(η-buta-1,3-diene)(dmpe)zirconium as catalyst in, **3**, 643
  carbonylhydridobis(triphenylphosphine)rhodium in, **5**, 354
  catalysis by iridium complexes, **5**, 550
  catalysis by polymeric ruthenium complexes, **4**, 961
  ferrocenes as catalysts, **8**, 1042
  mechanism, **6**, 674 in metathesis reactions, **8**, 519
  nickel catalysed, **8**, 632
  organotitanium compounds as catalysts, **3**, 288, 320
  osmium cluster compounds and, **4**, 1040
  platinum (II) complexes in, **6**, 524
  rhodium complexes in, **5**, 397
  size selectivity in, **8**, 569
  supported catalysts, **8**, 558
  supported catalysts, selectivity, **8**, 568
alkenes and alkynes
  catalysis by Vaska's compounds, **5**, 547
  chlorotris(triphenylphosphine)rhodium catalysis, **5**, 278
  lanthanide complexes in, **3**, 210
alkenes and arenes
  pentamethylcyclopentadienyl rhodium complexes and, **5**, 369
alkene transition metal complexes, **3**, 71
alkynes, **8**, 347
  catalysis by tetracarbonyltetrakis(η-cyclopentadienyl)tetrairon, **4**, 643
  platinum complexes and, **6**, 711

allyl alcohol
  supported catalysts, selectivity, **8**, 569
η^3-allylnickel complexes, **6**, 160
aromatic hydrocarbons, **8**, 345
asymmetric, **8**, 337
  2-acetamidoacrylic acid, catalyst support, **8**, 565
  α-acetamidoacrylic acid, supported catalysts in, **8**, 584
  (acylamino)acrylic acid, **8**, 584
  alkenes, **8**, 320, 325, 470
  alkenes, mechanism, **8**, 473
  alkenes, rhodium complexes in, **5**, 483
  chiral cluster compounds, **8**, 329
  with chiral sulphoxides, **8**, 338
  ketones, **8**, 476
  organometallic catalysts, **8**, 466–479
  rhodium catalysts on cellulose in, **8**, 581
  rhodium complexes as catalysts, **8**, 288
  styrene–DVB–diop supported catalysts in, **8**, 582
  supported ruthenium catalysts in, **8**, 581
  using protein systems, **8**, 288
butenolactone cobalt complexes, **5**, 161
carbon monoxide, **8**, 29, 40, 86
  polystyrene-supported cyclopentadienylcobalt in, **5**, 252
catalysis by carbonylhalobis(phosphines)iridium, **5**, 550
catalysis by dichlorodicyclopentadienylvanadium, **3**, 685
catalysis by ruthenium complexes, **4**, 932–939
catalysis by supported titanocene, **8**, 576
catalysts
  rhodium and iridium compounds in, **6**, 1092
catalysts supported on poly(methallyl alcohol), **8**, 559
catalytic
  mechanism, **8**, 318
catalyzed by tetracarbonyltetrakis(η-cyclopentadienyl)tetrairon, **4**, 643
chiral phosphine rhodium complexes in, **5**, 432
cholestenone
  supported palladium catalysis, **8**, 568
cholestone
  supported palladium catalysts in, **8**, 568
cobalt carbonyl tertiary phosphine complexes as catalysts in, **5**, 36
coordinated ligands, **8**, 300
cyclohexene
  catalysis by dicarbonylhydridobis(tributylphosphine)cobalt, **5**, 39
1,4-cyclooctadiene
  catalysis by supported iridium complexes, **8**, 580
1,5-cyclooctadiene
  in polymer-bound Vaska's complex, phosphine:iridium ratios and, **8**, 579
  (cyclooctadiene)(cyclooctenyl)cobalt, **5**, 222
–cyclooligomerization
  sequential catalytic reactions, **8**, 587
cyclopentene
  supported catalysts, selectivity, **8**, 569
dienes
  mechanism, **8**, 322
  without coordination, **8**, 322
diphenylacetylene
  organovanadium complexes in, **3**, 656
enantioselective
  chiral supported catalysts in, **8**, 581
ethylene
  organotitanium hydrides in, **3**, 297
  polymer supported heteronuclear cluster catalysis of, **6**, 823
ethylene, heteropolynuclear platinum carbonyls in, **6**, 482
heterogeneous catalytic, **8**, 286
homogeneous
  catalysis by ruthenium complexes, **4**, 938
homogeneous catalysis
  non-conjugated diene rhodium complexes in, **5**, 476
homogeneous polymer-bound rhodium catalyst, **8**, 579
hydride pathway, **8**, 305, 350
  fats, **8**, 343
/hydrocyanation
  alkynes, **8**, 359
ionic
  silyl hydrides in, **7**, 620
nickel alkyl complexes, **6**, 75, 79
nickelocene, **6**, 195
nonacarbonyl(1,5-cyclooctadiene)hydridotriruthenium, **4**, 850
–oligomerization–acetoxylation
  butadiene, **8**, 588
organoaluminum compounds in catalysts for, **7**, 452
organotitanium compounds
  as catalysts in, **3**, 272
organozirconium catalysts in, **3**, 555
palladium–Group IV complexes, **6**, 1097
pent-1-yne
  catalysis by tetracarbonyltetrakis(η-cyclopentadienyl)tetrairon, **4**, 643
pentynes
  catalysis by benzylidynenonacarbonyltricobalt, **5**, 177
platinum–tin chloride catalysts, **6**, 1099
polymer-bound Vaska's complex, **8**, 579
polynuclear iron carbide complexes, **4**, 646
polynuclear iron carbido complexes, **4**, 645
polyolefins
  organoplatinum complexes in, **6**, 473
reaction with platinum(II) olefin complexes, **6**, 672
selective
  polyenes, catalysis by supported ruthenium complexes, **4**, 960
  polyenes, supported catalysts and, **8**, 567
  sodium dicarbonyl-η^5-cyclopentadienylferrate in, **8**, 968
selectivity
  DVB–styrene supported catalysts in, **8**, 566
side reaction in hydroformylation, **8**, 151
soyabean oil methyl ester
  supported palladium catalysts in, **8**, 567
stereoselective
  organoaluminum compounds in, **1**, 559
stoichiometric, **8**, 315
styrene
  mixed metal cluster compounds as catalysts, **6**, 822
supported catalysts, **8**, 593, 594

Hydrogenation (cont.)
  regioselectivity, **8**, 566
  supported rhodium complexes as catalysts for, **8**, 557
  tetranuclear cobalt heteroclusters and, **5**, 44
  trinuclear nitrene complexes, **4**, 627
  unsaturated fats, **8**, 342
  unsaturated ligands, **8**, 300
  unsaturate pathway, **8**, 299, 305, 316, 327, 350
    catalytic, **8**, 318
    fats, **8**, 343
  in water, **8**, 337, 338
  without coordination, **8**, 306
Hydrogenative gasification
  coal, **8**, 22
1,3-Hydrogen atom shift
  in iron–alkene complexes, **4**, 397
Hydrogen bonding
  in ruthenocene, **4**, 763
Hydrogen bridges
  dinuclear dicarbonyl(η-cyclopentadienyl)iron complexes, **4**, 590
Hydrogen cyanide
  activation and addition to unsaturated hydrocarbons, **8**, 353–360
  addition to alkenes and alkynes, **8**, 285–360
  manufacture, **8**, 39
  oxidative addition to alkenes, **8**, 357
  reaction with butadiene
    nickel catalysed, **8**, 692
  reaction with nickel phosphine complexes, **6**, 39
  reaction with silyl enol ethers, **7**, 562
Hydrogen–deuterium exchange
  alkanes, **6**, 611
  alkylbenzenes, **6**, 610
  arenes, **6**, 607
  in aromatic compounds, **8**, 346
  bis(arene)chromium(0) complexes, **3**, 992
  carboranes, **1**, 442
  catalysed by metal complexes, **8**, 296
  catalysis by ruthenium complexes, **4**, 945
  haloalkanes, **6**, 612
  in metallation reactions
    arylosmium complexes and, **4**, 1006
  nickelocene, **6**, 192
  platinum(II) carbene complexes, **6**, 510
  in platinum(II) complexes, **6**, 606
β-Hydrogen elimination
  in alkene oligomerization, **8**, 372
  in metallacyclic compounds, **6**, 550
  platinum(II)–carbon σ-compounds, **6**, 549
Hydrogen exchange
  arene–metal carbonyl complexes, **8**, 1026
  cobaltocene, **5**, 247
  cyclopentadienyl metal carbonyl complexes, **8**, 1026
  in organoruthenium complexes, **4**, 654
  in trinuclear ethylidenimidoiron complexes, **4**, 627
Hydrogen exchange with alkenes, **8**, 306, 308
Hydrogen halides
  elimination
    in transition metal–Group IV compound preparations, **6**, 1048
  germylphosphine preparation and, **2**, 460
  oxidative addition to palladium(0) complexes, **6**, 341
  reaction with platinum(II)–carbon σ-compounds, **6**, 553
  reaction with Vaska's compounds, **5**, 543
Hydrogen isotope exchange
  supported catalysts in, **8**, 601
Hydrogen manufacture, **8**, 14
Hydrogen migrations
  in arene metal complexes, **8**, 1047
  in cyclopentadienyl metal complexes, **8**, 1047
Hydrogenolysis
  alkoxyalkylmagnesium compounds, **1**, 214
  allyl complexes, **8**, 300
  allylic compounds
    palladium-catalyzed, **8**, 835
  η^3-allylnickel complexes, **6**, 169
  aryl and vinyl halides, **8**, 920
  coordinated ligands, **8**, 300
  (dialkylamino)alkylmagnesium, **1**, 218
  Grignard reagents, **1**, 189
  metal alkyls, **8**, 308
  organoboranes, **1**, 290
  organometallic compounds, **7**, 53
  thorium–carbon bond, **3**, 252
  transition metal acyl complexes, **8**, 113
  triorganoaluminum compounds, **1**, 630
Hydrogen oxidative addition
  in hydrogenation catalysed by polymer-bound Vaska's complex, **8**, 580
Hydrogen peroxide
  alkylboron compounds oxidation by, **7**, 273
  decomposition
    supported catalysts in, **8**, 559, 601
  in hydrogenation
    catalytic systems, **8**, 301
  in oxidation of organoboranes, **1**, 288
1,2-Hydrogen shift
  in reaction of acetylenes with palladium complexes, **6**, 463
1,2-Hydrogen shifts
  in ethylene dimerization, **8**, 376
β-Hydrogen shifts
  in metathesis catalyst deactivation, **8**, 524
Hydrogen sulfide
  in amination of halosilanes, **2**, 315
  organoborane adducts, **1**, 301
  reaction with allyltin compounds, **2**, 540
  reaction with nickel tetracarbonyl, **6**, 9
  reaction with vinyl silanes, **2**, 315
  in triosmium cluster compounds, **4**, 1031
Hydrogen tautomerism
  organopolyboranes, **1**, 450
Hydrogen transfer
  activation of unsaturated compounds and, **8**, 305
  from alcohols, **8**, 348
  η^3-allylnickel complexes, **6**, 169
  catalysis by ruthenium complexes, **4**, 945–953, 947
  intermolecular
    in platinum-catalysed olefin isomerization, **6**, 678
  intramolecular, **8**, 303
    in platinum-catalysed olefin isomerization, **6**, 678
  from ligands, **8**, 323
  mechanism, **8**, 325
  from organic ligands, **8**, 303
  from solvent
    in water gas shift reaction, **8**, 288
  from solvents, **8**, 303, 323

for hydrogenation of fats, **8**, 344
from water, **8**, 350
Hydrogermolysis
  of germanium–oxygen bonds
    solvent effect, **2**, 428
    siliranes, **2**, 433
    tin–nitrogen or lead–nitrogen bonds, **2**, 432
Hydrogermylation, **2**, 424, 434, 477
  acetylenes
    platinum complexes and, **6**, 712
  alkenes and alkynes
    transition metal catalyzed, **2**, 428
  γ-carbon functional germane preparation by, **2**, 411
  enynes, **2**, 410
  ketenes, **2**, 411
  ketones, **2**, 438
  olefins
    platinum(II) complexes and, **6**, 677
  organogermanium compound preparation by, **2**, 405
  organohalogermane preparation by, **2**, 421
  solvent effect, **2**, 428
  stereospecificity, **2**, 433
  unsaturated compounds, **2**, 433
Hydrohafnation, **3**, 555, 580, 585
Hydrolysis
  aminosilanes, **2**, 122
  boranes, **7**, 270
  cyclobutadiene iron complexes, **4**, 473
  hydrogermanes, **2**, 435
  main group organometallic compounds, **1**, 7
  metal acyl complexes, **8**, 114
  β-methoxycarbonylethyl cobalt(III) complex, **5**, 129
  organoalkali metal compounds, **1**, 47
  organoaluminum compounds, **1**, 565, 579; **7**, 371
  organohalogermanes, **2**, 422
  organometallic compounds, **7**, 55
  organopolyborane, **1**, 451
  perhydro-9b-boraphenalene, **1**, 323
  phenylalanine esters
    copper(II) complexes supported on poly-L-lysine, **8**, 581
  platinum(II) carbonyls, **6**, 492
  zirconocene alkoxides, **3**, 576
Hydromagnesiation
  alkenes and alkynes
    organotitanium compounds as catalysts in, **3**, 276
Hydrometallation
  organoaluminum compounds and transition metals in, **1**, 661
  titanium complexes as catalysts in, **3**, 275
Hydropalladation
  η³-allylpalladium complex preparation by, **6**, 396
  dienes, **6**, 342
Hydroperoxide, (trialkyltin)-, **2**, 582
Hydroperoxide, triphenylsilyl, **2**, 165
Hydroperoxides
  metal
    reaction with organometallic compounds, **7**, 65
  organoaluminum compound oxidation by, **7**, 393
  reaction with cobalt(II) complexes, **5**, 88
  reaction with hydrogenation catalysts, **8**, 301
  synthesis, **7**, 63
Hydrophobicity
  organothallium cation, **1**, 735

Hydroplumbylation
  trialkyl lead hydrides, **2**, 648
Hydroquinones
  synthesis by carbocarbonylation, **8**, 170
Hydrosilanes
  telomerization with butadiene, **8**, 438
Hydrosilation, **2**, 115–120; **7**, 516, 588, 615
  transition metal catalysed, **2**, 117–120
    mechanism, **2**, 117
  alkenes, **8**, 629
    1-hydridosilacyclobutanes in, **2**, 230
    mechanism, **6**, 675
    nickel catalysed, **8**, 630, 631
    organoplatinum complexes in, **6**, 473
  alkynes
    nickel catalysed, **8**, 660
    platinum complexes and **6**, 711
  asymmetric, **8**, 480
    conjugated ketones, **8**, 482
    imines, **8**, 482
    ketones, **8**, 481
    ketones, styrene–DVB–diop supported complexes in, **8**, 583
    ketones, supported rhodium catalysts in, **8**, 583
  catalysis by ruthenium complexes, **4**, 959
  catalyst leaching in, **8**, 590
  catalysts
    rhodium and iridium compounds in, **6**, 1092
  1,3-dienes
    nickel catalysed, **8**, 693, 694
  diplatinum complexes as catalysts, **6**, 1098
  intramolecular, **2**, 118, 228
    silacyclopentanes by, **2**, 241
  octacarbonyldicobalt as catalyst, **6**, 1087
  organofunctional silane preparation by, **2**, 313
  organohalosilane preparation by, **2**, 310
  platinum-catalyzed, **8**, 878
  platinum olefin complexes, **6**, 675
  prochiral ketones
    supported rhodium complexes in, **8**, 581
  siloxane cross-linking and, **2**, 330
  stereochemistry, **2**, 311
  supported catalysts in, **8**, 599
  supported metal catalysts in, **8**, 593
  transition metal catalyzed, **2**, 117–120
    mechanism, **2**, 117
  poisons, **2**, 312
Hydrostannation
  alkenes, **2**, 534
    homolytic, **2**, 588
  alkynes, **2**, 534, 539
  organotin compound preparation by, **2**, 534
Hydrostannolysis
  homolytic, **2**, 589
1,2-Hydrosulfenylation
  1,3-dienes
    π-allylpalladium complexes in, **8**, 812
Hydrotitanation, **3**, 275
Hydrovinylation
  asymmetric, **8**, 486
Hydroxides
  reaction with metal carbonyl complexes, **8**, 110
Hydroxo ligands

Hydroxo ligands

alkyl and aryl platinum(II) complexes, **6**, 529
Hydroxyarylation
  organopalladium complexes in, **8**, 856
Hydroxycarbonylation, **8**, 188
  alkenes, **8**, 190
  alkylalkynes, **8**, 189
Hydroxycarbonyl compounds
  formation
    in carbon dioxide reaction with transition metal hydrides, **8**, 249
Hydroxy compounds
  protection, **7**, 57
  reactions with organometallic compounds, **7**, 55
  reaction with organotin halides, **2**, 559
Hydroxydethallation, **7**, 506
Hydroxylamine
  bis-silyl
    structure, **2**, 138
  N,N-disubstituted
    synthesis, **7**, 58
  O-germyl
    synthesis, **2**, 440
  O-germylated, **2**, 438
    reaction with acyl cobalt(III) complexes, **5**, 106
Hydroxylamine, O-alkyl-
  reaction with organometallic compounds, **7**, 58
Hydroxylamine, N,O-bis(alkylgermyl)-
  preparation, **2**, 453
Hydroxylamine, N,N-dialkyl-O-sulphonyl-
  reaction with organolithium compounds, **7**, 58
Hydroxylamine, N-phenyl-
  reaction with organoaluminum compounds, **7**, 440
Hydroxylation
  alkenes
    osmium tetroxide in, **4**, 1022
Hydroxymate, O-alkyl-
  reaction with organometallic compounds, **7**, 14
Hydroxymato ligands
  organogallium compounds, **1**, 717
  organoindium compounds, **1**, 717
Hydroxymercuration, **2**, 879, 882
Hydroxypalladation, **8**, 883
  ethylene, **8**, 889
Hydrozirconation, **3**, 552, 580, 585
  alkynes, **7**, 392
  palladium-catalyzed, **8**, 878
  terminal alkynes, **8**, 912
Hyperconjugation
  in organoboranes, **1**, 256
  rotation about metal–carbon σ-bonds and, **3**, 99
σ–π Hyperconjugation
  in organomercury compounds, **2**, 919
Hyperconjugative interaction
  metal alkyl complexes, **3**, 77
Hypophosphites
  bis(trialkylsilyl), **2**, 158

I

Ibogamine
  synthesis, **8**, 822, 858
Ibogamine, desethyl-
  synthesis, **8**, 822
Ibuprofen
  methyl ester
    preparation, **7**, 482
Imadazole, acyl-
  silylation, **7**, 631
Imidates
  thio-
    synthesis, **7**, 42
Imidazole
  from palladium(II) carbene complexes, **6**, 298
  reaction with chloropentaammineruthenium dichloride, **4**, 686
  ruthenium complexes
    C-bonded, **4**, 687
  synthesis
    organoaluminum compounds in, **7**, 401
Imidazole, N-alkyl-
  Grignard compounds, **1**, 164
Imidazole, 4-hydroxymethyl-
  synthesis
    from 4-imidazolecarboxylic acid esters, **7**, 412
Imidazole, trialkyl-
  preparation by azacarbonylation, **8**, 176
Imidazole, N-vinyl-
  copolymerization with styrene
    supported catalyst preparation by, **8**, 563
Imidazoline, 2-lithio-
  synthesis, **7**, 12
Imidazolium ylide ligands
  ruthenium complexes, **4**, 686
Imidazolium ylides
  as ligand in ruthenium complexes, **4**, 687
Imides
  N-chloro-
    reaction with organometallic compounds, **7**, 58
  cyclic
    reaction with organometallic compounds, **7**, 36
    preparation by azacarbonylation, **8**, 184
      mechanism, **8**, 185
  thio-
    reaction with organometallic compounds, **7**, 41
Imidoyl — see Iminoacyls
Imines
  addition reactions
    organometallic compounds, **7**, 12
  asymmetric hydrosilylation, **8**, 482
  chiral α-metallated, **7**, 47
  conjugation
    reaction with organometallic compounds, **7**, 13
  diaryl
    chiral tricarbonylchromium complex, reaction with Grignard reagents, **3**, 1049
  α,β-ethylenic
    reaction with organometallic compounds, **7**, 13
  germylene addition reactions, **2**, 488
  hydrogermylation, **2**, 433
  hydrosilylation, **2**, 122
    nickel catalysed, **8**, 632
  insertion reactions with η^1-organoniobium complexes, **3**, 743
  insertion reactions with η^1-organotantalum complexes, **3**, 743
  α-lithiated
    reaction with organometallic compounds, **7**, 29
  α-lithio-
    oxidation, **7**, 64
  N-metallo-
    reaction with organometallic compounds, **7**, 20
  N-metallo derivatives, **7**, 54
  C-(organogermyl)
    preparation, **2**, 410
  reaction with allylhalozinc, **2**, 849
  reaction with organocadmium compounds, **2**, 858
  reaction with trialkylboranes, **7**, 294
  reduction by organoberyllium hydrides, **1**, 143
  reductive silylation, **2**, 122
  N-substituted
    reaction with organometallic compounds, **7**, 14, 15
  synthesis, **7**, 14, 20
  telomerization with butadiene, **8**, 441
  α,β-unsaturated
    reaction with osmium cluster compounds, **4**, 1049
Iminium bridges
  bis(dicarbonyl(η-cyclopentadienyl)iron) derivatives, **4**, 528
Iminium salts
  nickel complexes, **6**, 126
  reaction with organometallic compounds, **7**, 13
Iminoacyl chlorides
  reaction with tricarbonyl(triphenylphosphine)cobaltates, **5**, 51
Iminoacyl compounds
  nickel complexes, **6**, 85
  palladium complexes, **6**, 325
  palladium(II) complexes, **6**, 306–339
Iminoacyls
  palladium(II) carbene complex preparation from, **6**, 292–296
Immobilization
  metal cluster catalysts
    on resins, **8**, 553

1,2,3-Indadicarba-*closo*-heptaborane, methyl-
  preparation, **1**, 493
Indan-1-carboxylic acid
  methyl ester
    preparation, **7**, 483
Indane
  silyl derivatives
    ionization potential, **2**, 57
Indan-1-one
  preparation by carbocarbonylation, **8**, 159
Indan-1,2,3-trione
  platinum(II) complexes, **6**, 687
Indates, cyclopentadienyltriiodo-
  preparation, **1**, 710
Indates, tetraalkyl-
  complexes, **1**, 709
Indates, tetraaryl-
  complexes, **1**, 709
Indates, tetrakis(indenyl)-
  preparation, **1**, 709
Indates, tetramethyl-
  preparation, **1**, 709
Indates, tetraphenyl-
  preparation, **1**, 709
Indaundecaborane, methyl-
  preparation, **1**, 512
Indazolones
  synthesis by azacarbonylation, **8**, 186
Indene
  metallation, **1**, 163
  palladium complexes, **6**, 450
  polylithiation, **1**, 56
  reaction with triphenylaluminum, **7**, 381
  reaction with vanadium oxide, **3**, 671
  silyl derivatives
    ionization potential, **2**, 57
Indene, dihydro-
  iron complexes, **4**, 440
Indene, 1,1-dimethyl-
  reaction with diisobutylaluminum deuteride, **1**, 572
Indene, 3,3-dimethyl-
  synthesis, **8**, 858
Indene, 3,3-diphenyl-
  synthesis, **8**, 858
Indene, 1-(trimethylsilyl)-
  isomerization, **2**, 56
Indene, 2-(trimethylsilyl)-
  isomerization, **2**, 56
Indene complexes
  ligand-slip rearrangements, **8**, 1044
η^6-Indene ligands
  rhodium complexes, **5**, 491
Indenone
  synthesis, **8**, 879
Indenothiophene
  reaction with hexacarbonylchromium, **3**, 1016
Indenothiophenone
  reaction with hexacarbonylchromium, **3**, 1016
Indenyl bridges
  dinuclear carbonyliron complexes, **4**, 581
Indenyl complexes
  ligand-slip rearrangements, **8**, 1044
Indenyl ligands
  actinide, **3**, 223
  lanthanides, **3**, 189
η^5-Indenyl ligands
  rhodium complexes, **5**, 434
Indiocarboranes, **1**, 544
Indium
  hexamethyldisilazane derivatives, **2**, 128, 130
  organosilyl derivatives, **2**, 103
  preparation from aluminum residues, **1**, 656
  reaction with carbon dioxide, **8**, 266
  reaction with organic halides, **1**, 701
  (trimethylsilyl)methyl derivatives, **2**, 96
Indium, acetatodimethyl-
  nuclear quadrupole resonance, **1**, 705
Indium, (acetylacetonato)dimethyl-
  preparation, **1**, 717
Indium, azidodiethyl-
  dimer, **1**, 706
  preparation, **1**, 706
Indium, azidodimethyl-
  preparation, **1**, 706
Indium, (benzyloxy)diphenyl-
  structure, **1**, 713
Indium, bis(cyclopentadienyl)iodo-
  preparation, **1**, 685, 701
Indium, bromobis(carbethoxymethyl)-
  preparation, **1**, 701
Indium, bromobis(pentafluorophenyl)-
  etherate
    preparation, **1**, 701
  preparation, **1**, 701
Indium, bromodimethyl-
  nuclear quadrupole resonance, **1**, 705
  structure, **1**, 703
Indium, bromodinaphthyl-
  preparation, **1**, 701
  solid state structure, **1**, 705
Indium, bromodiphenyl-
  preparation, **1**, 701
Indium, butyldiiodo-
  nuclear quadrupole resonance, **1**, 705
Indium, chlorodimethyl-
  adducts, **1**, 707
  preparation, **1**, 701
  structure, **1**, 703
Indium, chloro(pentafluorophenyl)-
  preparation, **1**, 701
Indium, chloro((trimethylsilyl)methyl)-
  preparation, **1**, 701
Indium, cyclopentadienyl-
  crystal structure, **1**, 686
  electron diffraction, **1**, 686
  IR spectrum, **1**, 686
  NMR, **1**, 686
  photoelectron spectra, **1**, 686
  preparation and properties, **1**, 685
  properties, **1**, 685
  structure, **1**, 685
  theoretical treatment, **1**, 686
Indium, cyclopentadienyldialkyl-
  preparation, **1**, 686
Indium, cyclopentadienyldiethyl-
  vibrational spectra, **1**, 686
Indium, cyclopentadienyldiiodo-
  preparation, **1**, 685
Indium, cyclopentadienyldimethyl-
  dimethylamine complex, **1**, 686
  ^{1}H NMR, **1**, 686
  preparation, **1**, 686, 714
  structure, **1**, 686
Indium, cyclopentadienylmethyl-
  preparation, **1**, 685
Indium, cyclopentadienyltriiodo-
  anion
    preparation, **1**, 685
Indium, dibromomethyl-
  nuclear quadrupole resonance, **1**, 705
  preparation, **1**, 701

Indium, dichloromethyl-
  adducts, **1**, 707
  dimer, **1**, 703
  etherate
    preparation, **1**, 701
  preparation, **1**, 701
Indium, diethyl-
  acetate
    structure, **1**, 718
  thioacetate
    structure, **1**, 718
Indium, diethyl(diethylamino)-
  preparation, **1**, 698
Indium, diethylfluoro-
  preparation, **1**, 706
Indium, diethylhalo-
  preparation, **1**, 701
Indium, diethylisothiocyanato, **1**, 706
Indium, diiodomethyl-
  nuclear quadrupole resonance, **1**, 705
  structure, **1**, 712
Indium, diiodophenyl-
  solid state structure, **1**, 705
  structure, **1**, 712
Indium, dimethyl-
  acetate, **1**, 717
    hydrolysis, **1**, 712
  cation
    solid state, **1**, 712
  cations
    vibrational spectra, **1**, 712
  hexachloro antimonate, **1**, 712
  methyl sulfate
    hydrolysis, **1**, 712
  rhenate, **1**, 712
Indium, dimethyl(dimethylamino)-
  dimer
    crystal structure, **1**, 698
Indium, dimethyl(dimethyldithiocarbamoyl)-
  structure, **1**, 719
Indium, dimethyl(hexafluoro-*t*-butoxy)-
  preparation, **1**, 713
Indium, dimethyl(phenylethynyl)-
  association, **1**, 690
  dimer
    preparation, **1**, 687
    structure, **1**, 688
Indium, dimethyl(1-propynyl)-
  dimerization, **1**, 690
Indium, diphenyl-
  acetate
    preparation, **1**, 718
Indium, ethyldiiodo-
  nuclear quadrupole resonance, **1**, 705
Indium, ethylthio-
  preparation, **1**, 713
Indium, fluorodimethyl-
  nuclear quadrupole resonance, **1**, 705
  preparation, **1**, 706
Indium, halodimethyl-
  nuclear quadrupole resonance, **1**, 705
  reaction with trimethylmethylenephosphorane,
    1, 714
Indium, halophenyl-
  etherate
    preparation, **1**, 701
Indium, iododimethyl-
  adducts, **1**, 707
  nuclear quadrupole resonance, **1**, 705
  preparation, **1**, 701
Indium, (isopropylideneamino)dimethyl-
  dimer
    structure, **1**, 698
Indium, methoxydimethyl-
  preparation, **1**, 713
Indium, methyl(methylarsino)-
  polymer, **1**, 698
Indium, methylphosphino-
  polymer, **1**, 698
Indium, pentaiodomethyldi-
  preparation, **1**, 703
Indium, phenyl-
  diacetate
    preparation, **1**, 718
Indium, trialkyl-, **1**, 687–694, **1**, 688
  carboxylate derivatives, **1**, 717
  charge transfer spectra, **1**, 690
  ^{13}C NMR, **1**, 690
  neutral adducts, **1**, 695
  NMR, **1**, 691
  nuclear quadrupole resonance, **1**, 690
  structure, **1**, 689
  thermal decomposition, **1**, 691
  vibrational spectroscopy, **1**, 690
Indium, triaryl-, **1**, 687–694, 688
  structure, **1**, 689
Indium, triethyl-
  molecular weight, **1**, 690
  oxidation, **1**, 693
  preparation, **1**, 687
  reaction with alkylnitro compounds, **1**, 717
Indium, triiodotrimethyldi-
  preparation, **1**, 703
Indium, trimethyl-
  adducts with bis((trialkylphosphoranylidene)-
    amino)dimethylsilane, **1**, 715
  adduct with trialkyl((trimethylsilyl)imino)phos-
    phorane, **1**, 715
  bond association energy, **1**, 694
  crystal structure, **1**, 688
  heat of formation, **1**, 693
  hydrolysis, **1**, 712
  molecular weight, **1**, 690
  phosphine adduct
    thermal decomposition, **1**, 698
  reaction with alkylnitro compounds, **1**, 717
  reaction with decaborane, **1**, 712, 714
  reaction with oximes, **1**, 716
  reaction with pyridine-2-carbaldehyde oxime, **1**,
    716
  reaction with pyrroles, **1**, 716
  reaction with sulfur dioxide, **1**, 717
  reaction with toluene-3,4-dithiol, **1**, 719
  reaction with trimethylmethylenephosphorane,
    1, 714
  reaction with ((trimethylsilyl)amino)((trimeth-
    ylsilyl)imino)bis(biphenyl)phosphorane, **1**,
    715
  structure, **1**, 15
  thermal decomposition, **1**, 693
  thermal stability, **1**, 7
  triethylstibine adduct, **1**, 698
  vapour phase electron diffraction, **1**, 688
  vibrational spectroscopy, **1**, 690
Indium, trinaphthyl-
  molecular weight, **1**, 690
Indium, triphenyl-
  mass spectra, **1**, 619
  molecular weight, **1**, 690
  oxidation, **1**, 712
  photolysis, **1**, 656
  reaction with transition metal carbonyl anions,
    1, 719

Indium
  structure, **1**, 15, 688
Indium, tripropyl-
  molecular weight, **1**, 690
Indium, tris(cyclopentadienyl)-
  NMR, **1**, 686
  preparation, **1**, 686
  thermal decomposition, **1**, 685
  vibrational spectra, **1**, 687
  X-ray crystallography, **1**, 687
Indium, tris(indenyl)-
  etherate
    preparation, **1**, 686
Indium, tris(methylcyclopentadienyl)-
  preparation, **1**, 686
Indium, tris(methylsulfinate)-
  preparation, **1**, 717
Indium, tris(pentafluorophenyl)-
  molecular weight, **1**, 690
  neutral adducts, **1**, 694
  preparation, **1**, 687
Indium, tris(trimethylsilyl)-
  preparation, **2**, 104
Indium, tris((trimethylsilyl)methyl)-
  molecular weight, **1**, 690
Indium iodide
  reaction with methyl iodide, **1**, 703
Indium ligands
  rhenium complexes, **4**, 203
Indium salts
  reaction with methylcobalamin, **2**, 1004
Indium tetracarbonylcobaltate
  crystal structure, **5**, 13
Indium(I), cyclopentadienyl-
  structure, **1**, 15
Indium(I) bromide
  oxidation by organic halides, **1**, 702
Indium(I) iodide
  oxidation by organic halides, **1**, 702
Indole
  metallation, **1**, 164
  N-metallo derivatives, **7**, 54
  synthesis, **8**, 839, 894
    amphophilic substitution reactions in, **7**, 331
    Castro reaction, **7**, 691, 692
    nickel catalysed, **8**, 736
  thallation, **7**, 499
Indole, 2-methyl-
  synthesis
    nickel catalysed, **8**, 722
Indoline
  tranfer hydrogenolysis reactions, **8**, 921
Indolizines
  synthesis, **8**, 874
Indones
  preparation by carbonylation of butatrienes, **8**, 168
Inelastic electron-tunneling spectrum
  dodecacarbonyltriruthenium, **4**, 666
Infrared spectroscopy
  η^3-allyl palladium complexes, **6**, 408
  bimetallic complexes, **6**, 793
  carbonylcyclopentadienylvanadium complexes, **3**, 666
  cobalt(III) complexes, **5**, 102
  cyclopentadienyl transition metal-Group IV complexes, **6**, 1075
  dimethylberyllium, **1**, 125
  heteronuclear metal clusters, **6**, 852
  heteronuclear metal-metal bonded compounds, **6**, 794
  heteronuclear metal-metal bonded dinuclear compounds, **6**, 824
  iron-alkene complexes, **4**, 395
  ligand scrambling and, **3**, 116
  mononuclear carbonyl Group IV-transition metal complexes, **6**, 1076
  nickel tetracarbonyl, **6**, 6
  oligomeric heteronuclear metal-metal bonded compounds, **6**, 846
  η^1-organoiron complexes, **4**, 345
  osmium-isocyanide complexes, **4**, 984
  palladium(II) carbonyl complexes, **6**, 283
  platinum-Group IV complexes, **6**, 1097
  rhodium carbonyl clusters, **5**, 325
  transition metal carbonyl complexes, **3**, 9
  transition metal carbonyl Group IV complexes, **6**, 1068, 1076
Initiation
  in Ziegler-Natta polymerization
    organoaluminum compounds in, **7**, 445
Insect pheromones
  synthesis from petrochemicals, **8**, 502
Insertion
  in preparation of organomercury(II) salts, **2**, 898
Insertion reactions
  acyltetracarbonylcobalt, **5**, 219
  alkenes
    osmium cluster compounds and, **4**, 1040
  alkenes and alkynes into rhodium-hydrogen and rhodium-carbon bonds, **5**, 397–401
  alkene transition metal complexes, **3**, 71
  alkylcarbonylmanganese complexes, **4**, 87
  alkyliridium(III) complexes, **5**, 562
  alkyl tetracarbonyl cobalt complexes, **5**, 53
  alkynes
    chloro(octaethylporphyrin)rhodium complexes, **5**, 390
    palladium-carbon bonds, **6**, 459
    palladium complexes and, **6**, 466
    palladium-hydrogen bonds, **6**, 460
  (η-allyl)tricarbonylcobalt, **5**, 221
  bis(η^3-allyl)nickel complexes, **6**, 158
  carbon dioxide, **8**, 230, 232
    into transition metal hydrides, **8**, 249
  in carbon dioxide reactions with organotransition metal compounds, **8**, 252
  carbon monoxide
    into transition metal-carbon σ-bonds, **5**, 381
  carbon-palladium bonds
    carbon monoxide, **6**, 281
  carbonyl
    into iron-silicon bonds, **6**, 1076
  carbonyl compounds into thiaborolanes, **1**, 351
  carbonylnickelocene complexes, **6**, 202
  carboranes, **1**, 427
  cobalt(III) complexes, **5**, 121, 145
  cyclopentadienylindium, **1**, 685
  (η-cyclopentadienyl)nickel complexes, **6**, 206
  dialkyltin
    transition metal-tin complexes, **6**, 1081
  2,3-dicarba-*nido*-hexaborane anions, **1**, 493
  dienes
    into rhodium-hydrogen bonds, **5**, 494
  germanium-carbon bonds, **2**, 417

germanium–nitrogen bond formation by, **2**, 448
germanium–oxygen compounds, **2**, 442
germanium–phosphorus bonds, **2**, 463
germanium–selenium bonds, **2**, 446
germanium–sulfur bonds, **2**, 446
germanium–tellurium bonds, **2**, 446
germylene, **2**, 420
germylenes, **2**, 482
hydrocarbons
    into metallaboranes, **1**, 479
σ-hydrocarbyl bis(η-cyclopentadienyl)titanium complexes, **3**, 405
into germanium–nitrogen bonds, **2**, 456
into iron–iron bonds, **4**, 280
into palladium–carbon bonds, **6**, 326
iron group–Group IV compounds, **6**, 1082
isocyanides
    into titanium–alkyl bonds, **3**, 310
    nickel catalysed, **8**, 792
    palladium(II) complexes in, **6**, 288
metal ions
    into borane anions, **1**, 489
metal-ligand groups
    into carborane anions, **1**, 476
    into neutral carboranes, **1**, 474
    into neutral heteroboranes, **1**, 489
metal-ligand groups into neutral boranes and heteroboranes, **1**, 488
metals
    into *closo*-carbaundecaborane ions, **1**, 524
    into 2,4-dicarba-*closo*-heptaborane, **1**, 499
    into 1,5-dicarba-*closo*-pentaboranes, **1**, 493
    into tetramethyltetracarbadodecaborane, **1**, 526
    into *nido*-11-vertex boranes, **1**, 527
    12-vertex metallacarboranes synthesis by, **1**, 517
organoarsenic compound preparation by, **2**, 686
organoboranes with unsaturated compounds, **1**, 294
organocobalt(III) complexes, **5**, 148
organohalogermanes, **2**, 424
η¹-organoniobium complexes, **3**, 742
organopolyboron hydride preparation by, **1**, 446
η¹-organotantalum complexes, **3**, 742
organothallium compounds, **1**, 730, 740
osmium–heteroallene complexes, **4**, 996
palladium(0) complexes
    into carbon–halogen bonds, **6**, 256
palladium(II) alkyne complexes, **6**, 305
platinum
    into 1,8-dicarba-*closo*-decaboranes, **1**, 509
platinum(II) σ-acetylide complexes, **6**, 571
platinum(II) alkyl complexes, **6**, 559
platinum(II) η³-allyl complexes, **6**, 731
platinum(II)–carbon η¹-complexes, **6**, 524
platinum(II) carbonyls, **6**, 491
platinum(II) hydride bonds, **6**, 706
platinum(II) hydride complexes, **6**, 502
rhodium–carbon bonds
    carbon monoxide, **5**, 378–392
rhodium–halogen bonds
    diazocyclopentadienes, **5**, 466
of rhodium into cyclopropane rings, **5**, 405
titanium–carbon bonds, **3**, 356, 358
transition metal–Group IV compound preparation by, **6**, 1052
transition metal–Group IV compounds, **6**, 1067
transition metals
    into tetradecaboranes, **1**, 531
    into 11-vertex boranes, **1**, 528
trialkylstannanes
    platinum(0) complexes, **6**, 1096
two-atom
    silacyclopropane, **2**, 207
γ-Insertions
    metallacyclobutanes from, **8**, 531
Institut Français du Pétrole
    homologous alcohol process, **8**, 68
Interaction parameters
    polysiloxanes, **2**, 341
Interconversion of isomers
    coordinated η-allyl groups, **3**, 110
σ–π Interconversions
    allylcarbonylmanganese complexes, **4**, 91
Interfacial tension
    polydimethylsiloxane, **2**, 336
Intermolecular hydride transfer
    tetracarbonyl(η²-hydrocarbon)iron complexes, **4**, 394
Intervalence electron transfer reactions
    arene–metal complexes, **8**, 1061
    cyclopentadienyl metal complexes, **8**, 1061
Intramolecular insertion
    carbenoids, **7**, 89
Intramolecular linkage isomerization
    ruthenium dinitrogen complex, **8**, 1075
Intramolecular nucleophilic participation
    in oxythallation, **7**, 490
Intramolecular rotation
    in iron–alkene complexes, **4**, 390
Intramolecular site-exchange reactions
    arene metal complexes, **8**, 1047
    cyclopentadienyl metal complexes, **8**, 1047
Intramolecular 'twist' mechanism
    in intramolecular exchange of ruthenium allyl complexes, **4**, 746
Intra-ring bond distances
    boron-containing ring ligands, **1**, 383
Inversion reactions
    carbonyl ligands, **8**, 106
    organolithium compounds, **1**, 72–74
Iodides
    aryl
        alkoxycarbonylation, **8**, 203
        preparation, **7**, 499, 503
        reaction with lithium organocuprates, **7**, 705
    asymmetric synthesis
        hydroboration in, **7**, 250
    reaction with iron carbene complexes, **4**, 370
    reaction with η¹-organoiron complexes, **4**, 350
Iodination
    aerobic
        methylcobalamin, **5**, 112
    alkynylborates
        alkyne synthesis by, **7**, 342
    dialkylmercurials, **2**, 963
    organoaluminum compounds, **7**, 395
    organometallic compounds in, **7**, 76
Iodine
    hexacarbonylvanadium complexes, **3**, 655
    oxidative elimination
        pentacarbonylruthenium in, **4**, 662
    reaction with acyl tetracarbonyl cobalt complexes, **5**, 60
    reaction with alkenylboranes, **7**, 306, 307, 315
    reaction with alkenylborates, **7**, 313
    reaction with alkylhalomercury compounds, **2**, 962

Iodine

reaction with alkynylborates, **7**, 338
reaction with arylboranes, **7**, 326
reaction with arylborates, **7**, 329
reaction with decacarbonyldimanganese and triphenylphosphine, **4**, 19
reaction with dodecacarbonyltetrahydridotetraosmium, **4**, 1033
reaction with dodecacarbonyltriruthenium, **4**, 672
reaction with organoboranes, **1**, 289; **7**, 257
reaction with organocobalt(III) complexes, **5**, 110
reaction with η^1-organoiron complexes, **4**, 355
reaction with organotin compounds, **2**, 537
reaction with tetracarbonyldihydroiron, **4**, 314
reaction with tridecacarbonyltriiron, **4**, 262

Iodine azide
reaction with nickel tetracarbonyl, **6**, 9

Iodine chloride
reaction with η^1-organoiron complexes, **4**, 355

Iodine trichloride
reaction with organolithium compounds, **7**, 76

Iodinolysis
alkylboron compounds, **7**, 271
organotin compounds, **2**, 538

Iodo compounds
synthesis, **7**, 76

Iodocyclopropanation
Simmons–Smith reactions, **7**, 668

Iodoferrocene
Ullmann reaction, **8**, 1038

Ion exchange resins
catalyst support on, **8**, 561
as supports for catalysts, **8**, 554
thermally regenerable
catalyst supports and, **8**, 604

Ionic dissociaion
monoorganothallium compounds, **1**, 746

Ionic radii
actinides and lanthanides, **3**, 176

Ionic reactions
alkenylboron compounds
carbon–carbon bond formation *via*, **7**, 309
alkynylboron compounds
carbon–carbon bond formation from, **7**, 338
allylboron compounds
carbon–carbon bond formation *via*, **7**, 357
arylboranes
carbon–carbon formation from, **7**, 328

Ionization potentials
(borinato)metal complexes, **1**, 385
hexacarbonylvanadium, **3**, 650
organoboranes
MO calculations and, **1**, 270
η^1-organoiron complexes, **4**, 345
sandwich compounds, **3**, 30

Ionization spectra
nickel tetracarbonyl, **6**, 6

β-Ionone
homologue
synthesis, **8**, 850

Ion pairing
in pentadienylalkali metal compounds, **1**, 106

Ion pairing effects
benzylic alkali metal compounds, **1**, 89

Iridacarboranes, hydrido-
catalysis and, **1**, 523

Iridadicarbaundecaboranes
preparation, **1**, 509

Iridahexaborate, carbonyloctahydrobis(triphenylphosphine)-
preparation, **6**, 929

2-Iridahexaborate, carbonyldichlorooctahydrobis(trimethylphosphine)-
preparation, **6**, 929

2-Iridahexaborate, dibromocarbonyloctahydrobis(trimethylphosphine)-
preparation, **6**, 929
structure, **6**, 927

Iridates, carbonyl(dithiosuccinonitrile)(dodecahydrodecaborate)bis(triphenylphosphine)-
preparation, **6**, 936

Iridates, carbonyl(dodecahydrodecaborate)bis(triphenylphosphine)-
preparation, **6**, 936

Iridates, hexachloro-
reaction with methylcobalamin, **2**, 1004

Iridates, tetracarbonyl(trifluoroborane)-
preparation, **6**, 884

Iridates(III), chloro-
phosphite catalyst
ketone hydrogenation by, **8**, 325

Iridates(IV), hexachloro-
reaction with organotin compounds, **2**, 538

Iridaundecaborane, carbonylbis(triphenylphosphine)-
exchange reactions, **1**, 514

Iridium
cobalt compounds, **6**, 788
dinitrogen complexes, **8**, 1101
Group IV compounds, **6**, 1091, 1092
iron compounds, **6**, 773
addition reactions, **6**, 813
ruthenium complexes, **4**, 927

Iridium, (acetonitrile)carbonylhydridotris(triphenylphosphine)-
dication, **5**, 557

Iridium, (acetylacetone)bis(ethylene)-, **5**, 591

Iridium, alkylcarbonylbis(triphenylphosphine)-, **5**, 542

Iridium, (benzene)bis(benzotriazenide)carbonyl(triphenylphosphine)thallium-
preparation, **6**, 977

Iridium, bis(cyclooctadiene)-
cation, **5**, 599

Iridium, bis(cyclopentadienyl)-
cation, **5**, 605

Iridium, carbonyl[bis(3-butenyl)phenylphosphine]-, **5**, 542

Iridium, carbonylbis(dimethylphenylphosphine)-(nonahydrotetraborate)-
preparation, **6**, 922

Iridium, carbonylbis(diphos)-
anion, **5**, 542

Iridium, carbonyl[bis(μ-hydrido)dihydridoborate]-bis{tris[(trimethylsilyl)methyl]phosphine}-
preparation, **6**, 910

Iridium, carbonylcarboxylatohydroxybis(ligand)-[bis(carboxylato)thallium]-
preparation, **6**, 977

Iridium, carbonylchlorobis(triethylphosphine)-[tris(pentafluorophenyl)borane]-
preparation, **6**, 884

Iridium, carbonylchlorobis(trifluoroborane)bis-(triphenylphosphine)-
preparation, **6**, 884

Iridium, carbonylchlorobis(triphenylphosphine)-
catalyst
reduction of dienes to alkenes, **8**, 579
preparation, **6**, 884

supported
    1,4-cyclooctadiene hydrogenation catalysis by, **8**, 580
trans-
    addition to mercury dihalides, **6**, 1001
Iridium, carbonylchloro(trifluoroborane)bis(triphenylphosphine)-
    disproportionation, **6**, 884
Iridium, carbonylchlorotris(cyclooctene)-, **5**, 593
Iridium, carbonyl(cyclopentadienyl)(triphenylphosphine)-
    adduct with mercury dichloride, **6**, 988
    adduct with zinc dibromide, **6**, 992
Iridium, carbonyldichlorohydridobis(trimethylphosphine)-
    preparation, **6**, 929
Iridium, carbonyldihalopolyligand-, **5**, 556
Iridium, carbonyldinitrosylbis(nitrato)bis(triphenylphosphine)-, **5**, 542
Iridium, carbonyldinitrosylbis(triphenylphosphine)-
    cation, **5**, 542
Iridium, carbonylhalobis(phosphine)-, **5**, 550
    adducts, **5**, 545
Iridium, carbonylhalobis(triphenylphosphine)-, **5**, 542, 543
Iridium, carbonylhalodiligand-, **5**, 549
Iridium, carbonylhalo(dioxygen)bis(triphenylphosphine)-
    reaction with sulfur dioxide, **5**, 544
Iridium, carbonylhalohydridodiligand-, **5**, 555
Iridium, carbonylhalonitrosylbis(triphenylphosphine)-
    cation
        structure, **5**, 551
Iridium, carbonyl(heptahydrotriborate)hydridobis(triphenylphosphine)-
    preparation, **6**, 919
Iridium, carbonylhydridotris(triphenylphosphine)-, **5**, 590
Iridium, carbonylhydroxy(isobutyrato)bis(triphenylarsine)[bis(isobutyrato)thallium]-
    preparation, **6**, 977
Iridium, carbonylhydroxy(propionato)bis(triphenylphosphine)[bis(propionato)thallium]-
    preparation, **6**, 977
Iridium, carbonyl(isocyanoborane)bis(tricyclohexylphosphine)-, **5**, 542
Iridium, carbonylnitrosylbis(triphenylphosphine)-
    cation, **5**, 542
Iridium, carbonylnitrosyl(*p*-toluenesulphonyl azide)-, **5**, 542
Iridium, carbonylnitrosyltris(triphenylphosphine)-, **5**, 542
Iridium, carbonylpentahalo-
    dianion, **5**, 557
Iridium, carbonyltetraligand-, **5**, 552
Iridium, carbonyltrihalodiligand-, **5**, 554
Iridium, carbonyltriligand-
    cation, **5**, 551
Iridium, carbonyltris(triphenylphosphine)-, **5**, 542
Iridium, chlorobis(decahydrohexaborane)-
    dimer, **6**, 931
Iridium, chloro(cyclooctadiene)(tridecahydrononaborate)-
    preparation, **6**, 935
Iridium, chlorotetrakis(ethylene)-, **5**, 593

Iridium, chlorotris(triphenylphosphine)-
    ortho-metallation, **5**, 579
Iridium, cyclopentadienylphenyl-
    cation
        nucleophilic addition reactions, **8**, 1032
Iridium, dicarbonyl(cyclopentadienyl)-, **5**, 605
Iridium, dichlorocarbonylbis(triphenylphosphine)-(dichlorothallium)-
    preparation, **6**, 977
Iridium, (dithiosuccinonitrile)(dodecahydroborate)bis(triphenylphosphine)-
    preparation, **6**, 936
Iridium, dodecacarbonyltetra-, **5**, 614
    as catalyst, **5**, 617
    reaction with 1,5-cyclooctadiene, **5**, 617
    supported catalysts, **8**, 561
Iridium, doeicosacarbonylocta-, **5**, 619
Iridium, hydrido(tridecahydrononaborate)bis(trimethylphosphine)-
    preparation, **6**, 935
Iridium, hydrido(tridecahydrononaborate)bis(triphenylphosphine)-
    structure, **6**, 935
Iridium, hydridotris(triphenylphosphino)-
    reaction with carbon dioxide, **8**, 247
Iridium, iodomethylnitrosylbis(triphenylphosphine)-, **5**, 560
Iridium, nitrosylbis(triphenylphosphine)(*p*-toluenesulphonyl azide)-, **5**, 542
Iridium, tris(allyl)-, **5**, 594
Iridium catalysts
    acetic acid synthesis, **8**, 77
    in alkene hydroformylation, **8**, 148
    in oxo process, **8**, 122
    –phosphine ratios
        in polymer-bound Vaska's complex, rate of hydrogenation and, **8**, 579
Iridium clusters
    supported
        decomposition, **8**, 592
Iridium complexes
    alkene, **5**, 587–593
    alkenyl, **5**, 571–574
    alkyl, **5**, 560–568
    alkyne, **5**, 593
    alkynyl, **5**, 574
    σ-allyl, **5**, 572
    aryl, **5**, 560–568
    bis(allyl), **5**, 595
    carbenes, **5**, 577
    carbon dioxide, **8**, 233
        hydrogenation catalyst, **8**, 338
    carbon disulfide, **5**, 569
    carbonyl alkene, **5**, 589
    carbonyl dihalo polyligand, **5**, 553
    carbonyl diligand, **5**, 551
    carbonyl halo hydrido diligand, **5**, 553
    carbonyl halo tetraligand
        dication, **5**, 551
    carbonyl sulfide, **5**, 569
    carbonyl tetraligand
        cation, **5**, 551
    carbonyl trihalo diligand, **5**, 553
    carbonyl triligand
        dianion, **5**, 551
    carboxylate, **5**, 575
    catalyst
        in norbornadiene cyclooligomerization, **8**, 390
    1,5-cyclooctadiene, **5**, 599–603
    diazonium, **5**, 586

Iridium complexes

  dicarbonyl, **5**, 557
  diene, **5**, 591
  dinuclear, **5**, 612
  dinuclear five-carbon ligands, **5**, 614
  dinuclear six-carbon ligands, **5**, 614
  five-carbon ligands, **5**, 603–611, 604
  five-carbon + one-carbon ligands, **5**, 605
  five-carbon + two-carbon ligands, **5**, 607
  five-carbon + three-carbon ligands, **5**, 609
  five-carbon + polycarbon ligands, **5**, 609
  four-carbon ligands, **5**, 599–603
  heptanuclear, **5**, 619
  metallated phosphines, **5**, 578–587
  metallocycles, **5**, 573
  monoallyl, **5**, 595–599
  polyene, **5**, 593
  polymeric, **5**, 619
  polynuclear, **5**, 619
  reaction with thallium complexes, **6**, 977
  six-carbon ligands, **5**, 611
  tetracarbonyl, **5**, 560
  tetraisocyanide, **5**, 568
  tetranuclear, **5**, 614–618
  tetranuclear arsine, **5**, 616
  tetranuclear halide, **5**, 615
  tetranuclear hydride, **5**, 615
  tetranuclear phosphine, **5**, 616
  three-carbon ligands, **5**, 594–599
  tricarbonyl, **5**, 557
  triene, **5**, 611
  trinuclear, **5**, 614
  two-carbon ligands, **5**, 587–594
  without phosphines
    in asymmetric hydrogenation, **8**, 478
Iridium compounds
  cyclopentadienylruthenium complexes, **4**, 794
Iridium hydroxide
  reaction with carbon dioxide, **8**, 262
Iridium(−I) complexes
  carbonyl, **5**, 542
  dicarbonyl, **5**, 557
  tricarbonyl, **5**, 557
Iridium(−III) complexes
  tricarbonyl, **5**, 557
Iridium(0) complexes
  carbonyl, **5**, 542, 612
Iridium(I) complexes
  aryl, **5**, 561
  carbonyl, **5**, 542–553, 612
  dicarbonyl, **5**, 557, 558
  mononuclear tricarbonyl, **5**, 560
  nitrosyl, **5**, 560
  reaction with carbon dioxide, **8**, 256
  tricarbonyl, **5**, 559
Iridium(II) complexes
  dicarbonyl, **5**, 557
Iridium(III) complexes
  alkyl, **5**, 562–567
  aryl, **5**, 567
  carbonyl, **5**, 553–557, 612
  dicarbonyl, **5**, 557, 559
  tricarbonyl, **5**, 559
Iridocene
  dimerization, **8**, 1014, 1039
Iridodial, dehydro-
  synthesis, **8**, 853
Iron
  alkyl complexes
    cyclopropanation and, **8**, 957
  catalyst
    in halide reactions with organometallic compounds, **7**, 47

catalysts
  hydrosilylation, **2**, 313
chromium compounds, **6**, 773
cobalt compounds, **6**, 766, 771, 772, 774, 779, 785, 788
  cleavage reactions, **6**, 819
  ESR spectroscopy, **6**, 800
  Mössbauer spectroscopy, **6**, 800
  norbornadiene dimerization catalysed by, **6**, 822
  protonation, **6**, 815
  substitution reactions, **6**, 810
cobalt–ruthenium complexes, **4**, 926
copper compounds, **6**, 765, 769
dinitrogen complexes, **8**, 1101
ditin triiron, **6**, 1108
gold compounds, **6**, 778
Group IV compounds, **6**, 1072
hexamethyldisilazane derivatives, **2**, 129
iridium compounds
  addition reactions, **6**, 813
lanthanide bonds
  complexes, **3**, 207
manganese compounds, **6**, 772, 774, 781, 786, 787
  cleavage reactions, **6**, 819
  oxidation–reduction, **6**, 816
  protonation, **6**, 814
  substitution reactions, **6**, 809
molybdenum compounds, **6**, 764, 767, 770, 771, 786
  Mössbauer spectroscopy, **6**, 801
nickel compounds, **6**, 765, 783, 785
organosilicon compounds, **6**, 1044
osmium compounds, **6**, 775
  chromatography, **6**, 807
  photolysis, **6**, 818
osmium–ruthenium complexes, **4**, 925
palladium compounds, **6**, 777
phospha- and arsa-carborane derivatives, **1**, 549
platinum compounds, **6**, 770, 774, 776
  ethylene hydrogenation catalysis by, **6**, 823
  fragmentation, **6**, 813
platinum/tungsten compounds, **6**, 784
rhodium compounds, **6**, 781, 782, 786
  cleavage reactions, **6**, 819
  Mössbauer spectroscopy, **6**, 800
  NMR, **6**, 797, 799
ruthenium complexes, **4**, 924
  dynamic behaviour, **4**, 924
  structure, **4**, 924
ruthenium compounds, **6**, 772, 780, 783, 787, 788
  chromatography, **6**, 807
  deprotonation, **6**, 815
  IR spectra, **6**, 794
  photolysis, **6**, 818
  protonation, **6**, 815
  reaction with CO, **6**, 820
  reaction with triphenylphosphine, **6**, 812
  substitution reactions, **6**, 811
  UV spectra, **6**, 794
  water-gas shift reaction catalysed by, **6**, 822
ruthenium–osmium complexes
  NMR, **4**, 925
ruthenium/osmium compounds, **6**, 772
  mass spectrometry, **6**, 789
  NMR, **6**, 796, 797, 799
  reaction with CO, **6**, 820

substituted mononuclear carbonyl, **4**, 284–293
tungsten compounds, **6**, 769, 785
tungsten/molybdenum/cobalt compounds, **6**, 786
tungsten/rhodium compounds, **6**, 784
Iron, acetyldecacarbonylhydridotri-
  NMR, **4**, 635
  reactions, **4**, 634
Iron, acetyldecacarbonylhydrotri-
  synthesis, **4**, 316
Iron, acetyldicarbonyl(cyclopentadienyl)-
  reaction with mercury dichloride, **6**, 996
Iron, (acetylene)decacarbonyltri-
  synthesis, **4**, 397
Iron, (acrylonitrile)tetracarbonyl-
  synthesis, **4**, 378
Iron, acyldecacarbonylhydrotri-
  preparation, **4**, 316
Iron, (alkene)tetracarbonyl-
  ring opening reactions, **4**, 398
Iron, (alkyne)tetracarbonyl-
  synthesis, **4**, 385
Iron, (η^2-allene)tetracarbonyl-
  synthesis, **4**, 382
Iron, allylbromotricarbonyl-
  reduction, **4**, 405
Iron, (η^1-allyl)dicarbonyl(cyclopentadienyl)-
  reaction with allylic halides, **4**, 402
  reaction with tricarbonyl(dienyl)iron cations, **4**, 498
Iron, allyldicarbonylnitroso-
  electrochemical reduction, **4**, 423
Iron, (η^3-allyl)dicarbonylnitroso-
  cation
    nucleophilic addition, **4**, 423
Iron, (η^3-allyl)tetracarbonyl-
  cation
    nucleophilic addition, **4**, 423
Iron, allyltricarbonyl-
  dimer, **4**, 419
  halides
    thermolysis, **8**, 978
Iron, (η^3-allyl)tricarbonyl-
  cation
    preparation, **4**, 407
  reaction with hydrogen, **4**, 382
Iron, (η^3-allyl)tricarbonylhalo-
  equilibrium isomer ratios, **4**, 415
  properties, **4**, 415
Iron, (η^3-allyl)tricarbonyliodo-
  reduction, **4**, 403
Iron, (η^3-allyl)tricarbonyl(isocyanato)-
  NMR, **4**, 414
Iron, (η^3-allyl)tris(trifluorophosphine)-
  preparation, **4**, 405
Iron, arene-
  reaction with organolithium compounds, **7**, 11
Iron, (arene)(cyclopentadienyl)-
  cation
    nucleophilic reaction, **4**, 502
    oxidation, **4**, 501
Iron, (η^6-arene)(η^5-cyclopentadienyl)-
  reduction, **4**, 501
Iron, (azulene)pentacarbonyldi-
  internuclear carbon monoxide scrambling, **4**, 582
Iron, benzocyclobutadienetricarbonyl-
  synthesis, **8**, 976
Iron, benzoyltetracarbonylthallium-
  preparation, **6**, 976
Iron, (benzylideneacetone)tricarbonyl-
  reaction with conjugated dienes, **8**, 970
  transfer of tricarbonyl iron to dienes, **4**, 443
Iron, bis(acetylacetone)allyl-
  preparation, **4**, 423
Iron, bis(allyl)dicarbonyl-
  NMR, **4**, 416
Iron, bis(η^3-allyl)dicarbonyl-
  preparation, **4**, 403
Iron, [bis(ammine)cadmium]tetracarbonyl-
  stability, **6**, 1003
Iron, bis(arene)-
  reaction with dilithiocyclooctatetraene, **4**, 502
  synthesis, **4**, 495
Iron, bis(benzene)-
  adduct with trimethyl phosphite, **4**, 501
  dication
    adduct with triphenylphosphine, **4**, 501
Iron, bis(bromomercury)tetracarbonyl-
  synthesis, **6**, 996
Iron, bis(carboranyl)-
  structures, **1**, 494
Iron, bis(cyclohexadienyl)-
  synthesis, **4**, 495
Iron, bis(1,5-cyclooctadiene)-
  synthesis, **4**, 380
Iron, bis(cyclooctatetraene)-
  reaction with butadiene, **4**, 442
Iron, bis(cyclooctatriene)-
  synthesis, **4**, 440, 503
Iron, bis(decahydropentaborate)-
  preparation, **6**, 926
Iron, bis[dibromotricarbonyl(dimethylaminoaluminum)-
  preparation, **6**, 955
Iron, bis(dimethyldicarbahexaboranyl)dihydrido-
  insertion of (η-cyclopentadienyl)cobalt, **1**, 495
Iron, bis(ethylene)tricarbonyl-
  symmetry based analysis, **3**, 75
Iron, bis(fulvalene)-
  X-ray structure, **4**, 482
Iron, bis(fulvene)-
  spectroscopy, **4**, 503
Iron, bis(hexamethylbenzene)-
  dication
    reduction, **4**, 501
    synthesis, **4**, 439
Iron, bis(methylphosphacarbaundecaboranyl)-
  preparation, **1**, 526
Iron, bis(nonahydropentaborate)-
  preparation, **6**, 926
Iron, bis(tetrahydroborate)-
  preparation, **6**, 905
Iron, bromodicarbonyl(η-cyclopentadienyl)(tridecahydrodecaborate)-
  preparation, **6**, 936
Iron, [η^4-bromo(dimethylamino)vinylborane]tricarbonyl-
  preparation, **6**, 895
Iron, (bromomagnesium)(cyclopentadienyl)(diphos)bis(tetrahydrofuran)-
  properties, **6**, 1037
Iron, [bromo(tetrahydrofuran)indium]bis[dicarbonyl(cyclopentadienyl)-
  preparation, **6**, 965
Iron, (η^2-butadiene)tetracarbonyl-
  synthesis, **4**, 381
Iron, (butadiene)tricarbonyl-
  acetylation, **4**, 467; **8**, 970

Iron

electrochemical reduction, **4**, 471
matrix-isolated
UV photolysis, **4**, 441
structure, **4**, 449
substitution reaction, **4**, 471
Iron, (η^4-butadiene)tricarbonyl-
properties, **4**, 454
Iron, (1,3-butadiene)tricarbonyl-
synthesis, **4**, 426
Iron, (η-butenyl)tricarbonyl-
cation
NMR, **4**, 418
Iron, carbidopentacarbonylpentakis-, **4**, 644
Iron, carbidopentadecacarbonylpenta-
substitution reactions, **4**, 295
Iron, carbidopentadecacarbonylpentakis-, **4**, 645
Iron, carbonyl-
formation, **4**, 248
Iron, carbonylbis(diene)-
photosubstitution, **4**, 441
synthesis, **4**, 427
Iron, carbonyl(cyclohexadiene)(cycloheptadienylium)-
reduction, **8**, 1004
Iron, carbonyl(cyclopentadienyl)-
tetramer
preparation, **4**, 518
Iron, carbonylcyclopentadienylhydridobis(trialkylsilyl)-
crystal structure, **6**, 1075
Iron, carbonyl(diene')(diene")-
structures, **4**, 456
Iron, carbonyl(pyridine)(tetraphenylporphyrin)-
structure, **4**, 292
Iron, (chlorophenyl)cyclopentadienyl-
cation
S_NAr reactions, **8**, 1014
Iron, [chloro(tetrahydrofuran)indium]bis[dicarbonyl(cyclopentadienyl)-
preparation, **6**, 965
Iron, (η-cyclobutadiene)tris(carbonyl)-
aromaticity, **3**, 46
Iron, cyclobutadienyldicarbonylnitrosyl-
reaction with tertiary phosphines, **8**, 1035
Iron, cyclobutenetricarbonyl-
pericyclic reactions, **3**, 70
Iron, cyclohexadienyltricarbonyl-
reaction with tertiary phosphines, **8**, 1035
Iron, cyclooctatetraenetricarbonyl-
ring closure
iron tricarbonyl in, **8**, 975
Iron, (η^3-cyclooctenyl)tris(trimethyl phosphite)-
preparation, **4**, 405
Iron, (cyclopentadienyl)(diphos)[bromobis(tetrahydrofuran)magnesium]-
complex with tetrahydrofuran
structure, **6**, 1011
Iron, (cyclopentadienyl)(diphos)(trimethylsilyl)-
reactions, **6**, 1037
Iron, (cyclopentadienyl)(hexamethylbenzene)-
cation
deprotonation, **4**, 502
Iron, cyclopentadienylphenyl-
cations
nucleophilic addition reactions, substituent effect, **8**, 1032
Iron, cyclopentadienyl(sulfonylcyclopentadienyl)-
synthesis, **4**, 476

Iron, (cyclopentadienyl)thio-
tetramer
preparation, **4**, 518
Iron, cyclopentadienyltricarbonyl-
cations
nucleophilic addition reactions, **8**, 1032
Iron, decacarbonyl(dimethylimmonio carbene)-
hydridotris-
Mössbauer spectrum, **4**, 628
Iron, decacarbonyl(μ_3-ethylnitride)tri-
structure, **4**, 303
Iron, decacarbonyl(μ_3-trimethylsilylnitride)tri-
substitution reactions, **4**, 303
Iron, (decahydropentaborate)(nonahydropentaborate)-
preparation, **6**, 926
Iron, di(η-allyl)hexacarbonyldi-, **4**, 563
Iron, diallyltricarbonyl-
reaction with butadiene, **4**, 428
Iron, dibromotetracarbonyl-
IR spectra, **4**, 270
Iron, dicarbonyl-
formation, **4**, 247
Iron, dicarbonylbis(cysteine)-, **4**, 293
Iron, dicarbonylbis(dimethyl dithiocarbamate)-
preparation, **4**, 273
Iron, dicarbonylbis(isothiocyanate)-
preparation, **4**, 273
Iron, dicarbonyl(carbon disulfide)bis(triphenylphosphine)-
preparation, **4**, 273
Iron, dicarbonyl(carbon disulfide)(trimethylphosphine)(triphenylphosphine)-
structure, **4**, 273
Iron, dicarbonylchloro(cyclopentadienyl)-
arene–iron complex synthesis from, **4**, 500
Iron, dicarbonyl(cyano)-π-cyclopentadienyl-
coordination with Lewis acids, **1**, 615
Iron, dicarbonyl(η-cyclopentadienyl)-
dimer
bonding, **4**, 517
mercury insertion reactions, **6**, 995
preparation, **4**, 514
solid state structure, **4**, 516
structure in solution, **4**, 515
Iron, dicarbonylcyclopentadienylbenzyl-
rearrangements, **8**, 1046
Iron, dicarbonyl(cyclopentadienyl)[bis(dimethylamino)boryl]-
preparation, **6**, 889
Iron, dicarbonyl(cyclopentadienyl)[bromo(p-dioxan)indium]-
preparation, **6**, 965
Iron, dicarbonyl(cyclopentadienyl)(bromomagnesium)-
preparation, **6**, 1038
properties, **6**, 1037
Iron, dicarbonyl(cyclopentadienyl)[chloro(p-dioxan)indium]-
preparation, **6**, 965
Iron, dicarbonyl(cyclopentadienyl)(chloromercury)-
preparation, **6**, 996
Iron, dicarbonyl(η-cyclopentadienyl)di-
isocyanide derivatives, **4**, 523
Iron, dicarbonyl(cyclopentadienyl)(dibromoindium)-
preparation, **6**, 965
Iron, dicarbonyl(cyclopentadienyl)(dibromoindium)(p-dioxan)-
preparation, **6**, 965

Iron, dicarbonyl(cyclopentadienyl)(dibromoindium)(tetrahydrofuran)-
  preparation, **6**, 965
Iron, dicarbonyl(cyclopentadienyl)(dichloroboryl)-
  preparation, **6**, 889, 892
Iron, dicarbonyl(cyclopentadienyl)(dichloroindium)-
  preparation, **6**, 965
Iron, dicarbonyl(cyclopentadienyl)[dichloro(triethylamine)boryl]-
  preparation, **6**, 889
Iron, dicarbonyl(cyclopentadienyl)(dimethylthallium)-
  preparation, **6**, 976
Iron, dicarbonyl(cyclopentadienyl)(diphenylboryl)-
  preparation, **6**, 889
Iron, dicarbonyl(cyclopentadienyl)(diphenylthallium)-
  preparation, **6**, 976
Iron, dicarbonyl(cyclopentadienyl)(ethylene)- cation
  alkene rotation barrier, **4**, 391
  synthesis, **4**, 380
Iron, dicarbonyl(η^5-cyclopentadienyl)hydrido- supported
  stability, **8**, 578
Iron, dicarbonyl(cyclopentadienyl)(methoxyzinc)-
  structure, **6**, 1010
Iron, dicarbonyl(η^5-cyclopentadienyl)methyl-
  trimerization of 3,3,3-trifluoropropyne with, **4**, 495
Iron, dicarbonylcyclopentadienylmethylene- cation
  synthesis, **4**, 386
Iron, dicarbonyl(cyclopentadienyl)(methylmercury)-
  stability, **6**, 996
Iron, dicarbonyl(cyclopentadienyl)(methylthio)-
  adduct with mercury dichloride, **6**, 992
Iron, dicarbonylcyclopentadienyl(η^2-norbornadiene)- cation
  hydrogenation, **4**, 396
Iron, dicarbonyl(cyclopentadienyl)(octahydrotriborates)-
  preparation, **6**, 919
Iron, dicarbonyl(cyclopentadienyl)(pentahydrodiborate)-
  preparation, **6**, 915
Iron, dicarbonyl(cyclopentadienyl)(phenylmercury)-
  preparation, **6**, 996, 1000
Iron, dicarbonyl(cyclopentadienyl)(tetracarbonylcobalt)-
  mercury insertion reactions, **6**, 995
Iron, dicarbonyl(cyclopentadienyl)(tridecahydrodecaborate)-
  preparation, **6**, 936
Iron, dicarbonyl(cyclopentadienyl)(trimethylplumbyl)-
  properties, **2**, 669
Iron, dicarbonyl(cyclopentadienyl)(trimethylsilyl)-
  properties, **6**, 1037
Iron, dicarbonyl(cyclopentadienyl)(triphenylaluminum)-
  preparation, **6**, 955
Iron, dicarbonyl(cyclopentadienyl)(triphenylgallium)-
  preparation, **6**, 960
Iron, dicarbonyl(cyclopentadienyl)(triphenylindium)-
  preparation, **6**, 965
Iron, dicarbonyl(cyclopentadienyl)(triphenylstannyl)-
  tin–iron bond cleavage, **6**, 996
Iron, dicarbonyl(η^5-dienyl)di-
  preparation, **4**, 538
Iron, dicarbonyldinitroso-, **4**, 296
  substitution reactions, **4**, 296
Iron, dicarbonylhydridonitroso(triphenylphosphine)-
  properties, **4**, 313
Iron, dicarbonylnitroso[tris(chlorophenoxy)phosphine]thallium-
  preparation, **6**, 976
Iron, dicarbonylpentaiodobis(triphenylphosphine)-
  preparation, **4**, 271
Iron, dicyanotetrakis(ethyl isocyanide)-
  preparation, **4**, 268
Iron, (diene)tris(trimethyl phosphite)-
  stereochemical non-rigidity, **4**, 451
Iron, (dimethyltetraboranyl)(dimethyldicarbanonaboranyl)dihydrido-
  preparation, **1**, 494
Iron, dodecacarbonyl(methoxycarbonylmethyne)tetra-
  structure, **4**, 318
Iron, dodecacarbonyl(methyne)hydrotetra-
  preparation, **4**, 317
Iron, dodecacarbonyltri-
  ^{13}C NMR, **4**, 261
  diene complexes
    synthesis, **8**, 970
  IR spectrum, **4**, 261
  mixture with dodecacarbonyltriruthenium
    in catalysis of hydroformylation and aminomethylation, **4**, 940
  properties, **4**, 260
  reactions, **4**, 309
  reaction with alkynes, **4**, 262
  reaction with azo complexes, **4**, 303
  reaction with benzoyl chloride, **4**, 628
  reaction with diethylacetylene, **4**, 577
  reaction with diphenyl(trifluoropropargyl)phosphine, **4**, 295
  reaction with nitro complexes, **4**, 303
  reaction with nitroethane, **4**, 305
  reaction with phosphines, **4**, 286
  reaction with primary phosphines, **4**, 304
  reaction with triphenylphosphine, **4**, 294
  spectroscopy, **4**, 260
  structure, **4**, 260
  substitution reactions, **4**, 294
  synthesis, **4**, 260
  tetracarbonyl(η^2-hydrocarbon)iron complexes
    from, **4**, 381
  UV spectrum, **4**, 262
Iron, enneacarbonyldi-
  diene complexes
    synthesis, **8**, 970
  reaction with 7-hydroxymethylcycloheptatriene, **8**, 981
  reaction with oxazines, **8**, 943
Iron, ethynylidinedimethylenebis(dicarbonyl(η-cyclopentadienyl)-, **4**, 588
Iron, hexacarbonyl(bicyclo[6.1.0]nona-2,4,6-triene)bis-
  thermolysis, **4**, 563

Iron, hexacarbonylbis(alkyl sulfide)-
  bonding, **4**, 278
  physical properties, **4**, 278
  structure, **4**, 278
Iron, hexacarbonylbis[bis(trifluoromethyl)phosphine]di-
  preparation, **4**, 315
Iron, hexacarbonylbis(η-cyclopropyl)di-
  thermal decomposition, **4**, 620
Iron, hexacarbonyl(dichalcogenide)-
  bonding, **4**, 278
  physical properties, **4**, 278
  structure, **4**, 278
Iron, hexacarbonyl(disulfide)di-
  photoelectron spectrum, **4**, 278
Iron, hexacarbonyl(heptahydrotriborate)-di-
  preparation, **6**, 919
Iron, hexacarbonyl(hexahydrodiborate)di-
  preparation, **6**, 915
  structure, **6**, 914
Iron, η^4-(2,4-hexadienyl acrylate)tricarbonyl-
  supported catalyst preparation from, **8**, 564
Iron, hexakis(methyl isocyanide)-
  dichloride
    electrochemistry, **4**, 269
Iron, (2-methoxybutadiene)tricarbonyl-
  acetylation, **8**, 971
Iron, methylenecyclopropanetricarbonyl-
  thermal ring opening, **8**, 976
Iron, nonacarbonylbis-
  derivatives, **4**, 542
  structure, **4**, 542
Iron, nonacarbonyldi-, **4**, 255
  oxidative addition with allylic halides, **4**, 401
  reactions, **4**, 257, 309
  reaction with allenes, **4**, 566
  reaction with η^3-allylic palladium complexes, **6**, 423
  reaction with amines, **4**, 285
  reaction with 2-arylazirines, **4**, 285
  reaction with azobenzene, **4**, 299
  reaction with 1-(bis(pentafluorophenyl)phosphino)-2-phenylacetylene, **4**, 571
  reaction with bis(trimethylsilyl)cycloocta-1,3,5-triene, **4**, 561
  reaction with bullvalene, **4**, 562
  reaction with cyclic allenes, **4**, 566
  reaction with diazabutadienes, **4**, 286
  reaction with diazomethane, **4**, 299
  reaction with dicarbonyl(η-cyclopentadienyl)-(dichlorophenylphosphine)manganese, **4**, 128
  reaction with 3,3-dimethyldiazine, **4**, 299
  reaction with 1,1-dimethylsilacyclobutane, **2**, 232
  reaction with diphenylfulvene, **4**, 437
  reaction with diphenylketene, **4**, 543
  reaction with 2-methylazapropene, **4**, 299
  reaction with phosphines, **4**, 286
  reaction with spirocyclopentadienes, **4**, 584
  reaction with thiolactones, **4**, 576
  reaction with 3,5,7-triphenyl-4H-1,2-diazepine, **4**, 299
  spectroscopy, **4**, 255
  structure, **4**, 255
  substitution reactions
    mechanisms, **4**, 292
  synthesis, **4**, 255
  tetracarbonyl(η^2-hydrocarbon)iron complexes from, **4**, 381
  vibrational spectra, **4**, 256
Iron, nonacarbonyl(diarsenide)tri-
  preparation, **4**, 304
Iron, nonacarbonyl(dichalcogenide)tri-
  preparation, **4**, 282
  substitution reactions, **4**, 283
Iron, nonacarbonyl(disulfide)tri-
  preparation, **4**, 282
  spectroscopy, **4**, 283
Iron, nonacarbonyl(propylarsine)tris-, **4**, 631
Iron, nonacarbonylsulfide(sulfoxide)tri-
  spectroscopy, **4**, 283
Iron, nonacarbonyltri-
  μ_3-arsenides, **4**, 303
  extended Hückel calculations
    frontier orbitals, **4**, 618
  μ_3-nitrides, **4**, 303
  μ_3-phosphides, **4**, 303
Iron, nonacarbonyltris(dimethylphenylphosphine)tri-
  structure, **4**, 294
Iron, nonakis(ethyl isocyanide)bis-
  structure, **4**, 542
Iron, octacarbonylbis(diphenylacetylene)tri-
  NMR, **4**, 619
Iron, octacarbonyldiiododi-
  preparation, **4**, 272
Iron, octacarbonyl(diselenide)tri-
  structure, **4**, 283
Iron, octacarbonyl(disulfide)tri-
  structure, **4**, 283
Iron, oxacarbonyl(tetramethyldiphosphine)di-
  structure, **4**, 293
Iron, pentacarbonyl-, **4**, 244
  adduct with mercury dichloride, **6**, 993
  bond strengths, **4**, 247
  catalysts
    in azacarbonylation, **8**, 181
  ^{13}C NMR, **4**, 246
  diene complexes
    synthesis, **8**, 970
  dipole moment, **4**, 245
  dissociation energy, **3**, 24
  electrochemistry, **4**, 248
  electron affinities, **4**, 247
  heat of formation, **4**, 244
  IR spectrum, **4**, 246
  mass spectrum, **4**, 246
  in organic synthesis, **8**, 940, 947
  oxidation, **4**, 250
  oxidative addition of halogens and pseudohalogens to, **4**, 250
  oxidative addition with allylic halides, **4**, 399, 401
  photochemical coupling with but-2-yne, **4**, 455
  photochemistry, **4**, 247
  photoelectron spectra, **3**, 6
  physical properties, **4**, 244
  protonation, **4**, 312
  reactions, **4**, 251, 309
  reaction with acetylene, **8**, 980
  reaction with alkynes, **8**, 171
  reaction with amine oxides, **4**, 285
  reaction with amines, **4**, 284
  reaction with antimony trichloride, **4**, 287
  reaction with azo complexes, **4**, 298
  reaction with o-bromostyrene, **4**, 625
  reaction with cycloheptatriene, **4**, 623
  reaction with cyclohexadienes, **4**, 437
  reaction with cyclopentadiene, **4**, 435
  reaction with cyclopentadienone phenylhydrazones, **8**, 981

reaction with diaryldiazomethanes, **4**, 299
reaction with 4,4'-dimethylbenzophenone azine, **4**, 299
reaction with diphenylacetylene, **4**, 444
reaction with hydroxides, **4**, 339
reaction with pentaborane, **1**, 488
reaction with phosphines, arsines or stibines, **4**, 286
reaction with o-quinodimethane, **8**, 980
reaction with trifluorophosphine, **4**, 288
reaction with tris(dimethylamino)phosphine, **4**, 287
reaction with vinylcyclopropane, **4**, 431
reduction, **4**, 249
spectroscopy, **4**, 245
structure, **4**, 245
substitution reactions, **4**, 249
  mechanisms, **4**, 291
synthesis, **4**, 245
tetracarbonyl(η^2-hydrocarbon)iron complexes from, **4**, 381
UV spectrum, **4**, 246
Iron, pentacarbonyl(diphenylfulvene)di-
  synthesis, **4**, 583
Iron, pentacarbonyl(triethylphosphine)(η^6-tropane)bis-
  NMR, **4**, 561
Iron, pentacarbonyl(triphenylphosphine)di-
  3,6-diphenylpyridazine complex, **4**, 299
Iron, pentakis(t-butyl cyanide)-
  reaction with diphenylacetylene, **4**, 432
Iron, pentakis(trifluorophosphine)-
  reaction with cyclopentadiene, **4**, 436
  reaction with dienes, **4**, 429
Iron, pentakis(trimethyl phosphite)-
  reaction with dienes, **4**, 429
Iron, tetracarbonyl-
  addition complexes, **4**, 306
  adduct with mercury chloride, **6**, 993
  η^2-alkene complexes, **8**, 964
  C_{2v}
    frontier molecular orbitals, **3**, 20
  circular dichroism, **4**, 248
  magneto circular dichroism, **3**, 16
  production, **4**, 247
Iron, tetracarbonyl(η^3-allyl)-
  tetrafluoroborate, **8**, 968
Iron, tetracarbonylbis(alkylmercury)-
  cis-
    symmetrization, **6**, 1000
Iron, tetracarbonyl[bis(ammine)cadmium]-
  reaction with Lewis bases, **6**, 1006
Iron, tetracarbonylbis(η-cyclopentadienyl)bis-
  reaction with sulfur, **4**, 641
Iron, tetracarbonylbis(η cyclopentadienyl)di-
  reaction with antimony halides, **4**, 643
Iron, tetracarbonylbis(mercury chloride)-
  reaction with zinc, **4**, 307
Iron, tetracarbonylbis(trimethylsilyl)-
  structure, **4**, 310
Iron, tetracarbonylbis(triphenylstannyl)-
  structure, **4**, 310
Iron, tetracarbonylcadmium-
  preparation, **4**, 307
  structure, **6**, 1008
  synthesis, **6**, 1006
  tetramer, **6**, 1006
Iron, tetracarbonyl(carbon disulfide)-
  preparation, **4**, 273
Iron, tetracarbonyl(cyanomethyl)thallium-
  preparation, **6**, 976

Iron, tetracarbonylcyanothallium-
  preparation, **6**, 976
Iron, tetracarbonyl(decahydrohexaborane)-
  preparation, **6**, 931
Iron, tetracarbonyl(dibromoindium)-
  preparation, **6**, 965
Iron, tetracarbonyl(dibromoindium)(pyridine)-
  preparation, **6**, 965
Iron, tetracarbonyl(dibromoindium)(triethylamine)-
  preparation, **6**, 965
Iron, tetracarbonyldichloro-
  IR spectra, **4**, 270
Iron, tetracarbonyl(dicyclopentadienylstannyl)-
  dimer
    structure, **4**, 310
Iron, tetracarbonyl[(diethylamino)borylidene]-
  properties, **6**, 894
Iron, tetracarbonyl(diethylgermyl)-
  dimer
    structure, **4**, 310
Iron, tetracarbonyldihydro-
  IR spectrum, **4**, 313
  preparation, **4**, 312, 313
  reaction with tungsten nitrides, **4**, 315
  structure, **4**, 313
Iron, tetracarbonyldiiodo-
  IR spectra, **4**, 270
  preparation, **4**, 289, 306
Iron, tetracarbonyl[(dimethylamino)borylidene]-
  properties, **6**, 894
Iron, tetracarbonyl(dimethylfumarate)-
  properties, **4**, 396
Iron, tetracarbonyl(dimethylstannyl)-
  dimer
    structure, **4**, 310
Iron, tetracarbonyl(diphenylphosphine)-
  structure, **4**, 290
Iron, tetracarbonyl(diphenylplumbyl)-
  dimer, **4**, 310
Iron, tetracarbonyl(dodecahydroheptaborane)-
  structure, **6**, 932
Iron, tetracarbonyl(ethylene)-
  properties, **4**, 389
  structure, **4**, 388
  synthesis, **4**, 378
Iron, tetracarbonyl(ethylgallium)(tetrahydrofuran)-
  preparation, **6**, 960
Iron, tetracarbonyl(fumaric acid)-
  configuration, **4**, 389
Iron, tetracarbonylhydridogermyl-
  preparation, **4**, 313
Iron, tetracarbonylhydridosilyl-
  preparation, **4**, 313
Iron, tetracarbonyl(η^2-hydrocarbon)-
  structure, **4**, 387
Iron, tetracarbonylmercury-
  formation, **4**, 307
  structure, **6**, 1008
Iron, tetracarbonyl(nonahydrotetraborate)-
  preparation, **6**, 931
Iron, tetracarbonyl(styrene)-
  alkene substitution, **4**, 382
Iron, tetracarbonyl(tetrafluoroethylene)-
  structure, **4**, 388
  synthesis, **4**, 381
Iron, tetracarbonyl tetrakis(η-cyclopentadienyl)-tetra-
  hydrogenation catalyzed by, **4**, 643
Iron, tetracarbonyltetrakis(η-cyclopentadienyl)-tetrakis-, **4**, 617, 641

Iron
cation, **4**, 642
cyclic voltammetry, **4**, 642
ionization potentials, **4**, 642
molecular orbital description, **4**, 642
Mössbauer spectra, **4**, 643
triple-decker structure, **4**, 642
Iron, tetracarbonyl(η^2-tetramethylallene)-
NMR, **4**, 390
Iron, tetracarbonyl(tetramethyldiphosphine)-
reactions, **4**, 288
Iron, tetracarbonyl(tribromogallium)-
preparation, **6**, 960
Iron, tetracarbonyl(tribromoindium)-
preparation, **6**, 965
Iron, tetracarbonyl(tributylphosphine)-, **4**, 290
Iron, tetracarbonyl(tributylphosphine)(triphenylstannyl)thallium-
preparation, **6**, 976
Iron, tetracarbonyl(trifluorophosphine)-
structure, **4**, 291
Iron, tetracarbonyl(trimethylarsine)-
structure, **4**, 290
Iron, tetracarbonyl(trimethylstibine)-
structure, **4**, 290
Iron, tetracarbonyl(triphenylphosphine)-
carbon monoxide exchange, **4**, 291
preparation, **4**, 287
structure, **4**, 290
Iron, tetracarbonyl(triphenylstibine)-
structure, **4**, 290
Iron, tetracarbonyltris(η-cyclopentadienyl)(methyl isocyanate)tris-, **4**, 628
Iron, tetracarbonylzinc-
preparation, **4**, 307
Iron, tetrakis(aryl isocyanide)dichloro-
adduct with mercury dichloride
structure, **6**, 992
Iron, tetrakis(η-cyclopentadienyl)(hexasulfur)tetrakis-
controlled potential electrolysis, **4**, 641
cyclic voltammetry, **4**, 641
stoichiometry, **4**, 641
Iron, tetrakis(η-cyclopentadienyl)(tetrasulfur)-
tetra-, **4**, 638
Iron, tetrakis(η-cyclopentadienyl)(tetrasulfur)tetrakis-, **4**, 617
bond angles and distances, **4**, 640
Iron, tetrakis(trimethylphosphine)-
reaction with carbon dioxide, **8**, 239
Iron, tetrakis(trimethylphosphino)-
reaction with carbon dioxide, **8**, 256
Iron, thalliumtris[dicarbonyl(cyclopentadienyl)-
preparation, **6**, 976
Iron, thalliumtris[dicarbonylnitroso(triphenylphosphine)-
preparation, **6**, 976
Iron, tricarbonyl-
dihydroanisic ester complexes
hydride abstraction, **8**, 987
formation, **4**, 247
frontier molecular orbitals, **3**, 61
as protective group, **8**, 972
structure, **4**, 248
structure and bonding, **3**, 61
Iron, tricarbonyl(alkyl sulfide)-
dimer
reactions, **4**, 279
Iron, tricarbonyl(η^3-allyl)-
iodide, **8**, 968
Iron, tricarbonyl[η^3-bis(dimethylamino)methylborane]-
preparation, **6**, 895
Iron, tricarbonylbis(triaryl phosphide)-
UV irradiation, **4**, 288
Iron, tricarbonylbis(trichlorostibine)-
preparation, **4**, 287
Iron, tricarbonylbis(trimethyl phosphite)-
structure, **4**, 290
Iron, tricarbonylbis(triphenylphosphine)-
preparation, **4**, 287
Iron, tricarbonyl(cyclobutadiene)-
1,2-disubstituted
resolution, **4**, 461
synthesis, **4**, 426; **8**, 976
Iron, tricarbonyl(cyclobutadienecarboxylic acid)-
pK_a values, **4**, 474
Iron, tricarbonyl(cyclobutadienone)-, **4**, 544
Iron, tricarbonylcyclobutadienyl-
permercurated, **2**, 865
Iron, tricarbonyl(cyclobutadienylacetic acid)-
pK_a values, **4**, 474
Iron, tricarbonyl(cyclohepta-1,3-diene)-
preparation, **4**, 623
Iron, tricarbonylcycloheptadienylium-, **8**, 1004
Iron, tricarbonyl(cycloheptatriene)-
acetylation, **4**, 468
preparation, **4**, 623
protonation, **4**, 466
reaction with chlorosulfonyl isocyanate, **8**, 1006
reaction with tetracyanoethylene, **8**, 1005
Iron, tricarbonylcycloheptatrienone-
synthesis, **8**, 982
Iron, tricarbonyl(cyclohexadiene)-
acetylation, **4**, 467
exchange with deuterotrifluoracetic acid, **4**, 466
hydride abstraction, **4**, 437
photoaddition with perfluoropropene, **4**, 469
Iron, tricarbonyl(1,3-cyclohexadiene)-
structure, **4**, 450
Iron, tricarbonyl(η^4-cyclohexa-1,3-diene)-
reaction with aluminum trichloride, **4**, 408
Iron, tricarbonylcyclohexadienone-
synthesis, **8**, 983
Iron, tricarbonylcyclohexadienylium-, **8**, 986
methylated derivatives, **8**, 986
salts
synthesis, **8**, 994
tetrafluoroborate, **8**, 984
Iron, tricarbonylcyclooctatetraene-, **8**, 1005
acetylation, **4**, 467
alkene metathesis, **4**, 469
protonation, **4**, 466, 497
stereochemical non-ridigity, **4**, 452
Iron, tricarbonyl(η^4-cyclooctatetraene)-
Friedel–Crafts acylation, **4**, 407
reaction with aluminum trichloride, **4**, 408
Iron, tricarbonyl(η^4-cyclooctatraene)-
protonation, **4**, 404
Iron, tricarbonylcyclopentadienone-
synthesis, **8**, 980
Iron, tricarbonyl(η-cyclopentadienyl)-
cation
hydride addition, **4**, 435
nucleophilic addition, **4**, 437
Iron, tricarbonyl(decahydropentaborate)-
cation
preparation, **6**, 926
Iron, tricarbonyldiene-
electrophilic substitution reactions, **8**, 970

photosubstitution, **4**, 441
structures, **4**, 450
synthesis, **8**, 970
Iron, tricarbonyl(η^4-diene)-
    protonation, **4**, 407
    reaction with aluminum trichloride, **4**, 408
Iron, tricarbonyl(dienyl)-
    reductive coupling, **4**, 431
Iron, tricarbonyl(η^5-dienyl)-
    cation
        nucleophilic reactions, **4**, 497
Iron, tricarbonyldienylium-
    complexes, **8**, 984–1005
Iron, tricarbonyl(7-8-η-5,6-dimethylenecyclohexa-1,3-diene)-
    synthesis, **8**, 979
Iron, tricarbonyl(2,5-diphenylcyclopentadienone)-
    synthesis, **8**, 980
Iron, tricarbonylergosterol-
    oxidation
        stereochemistry, **8**, 974
Iron, tricarbonyl(ergosteryl acetate)-
    reaction with osmium tetroxide, **8**, 973
Iron, tricarbonyl(ethylthio)-
    dimer
        structure, **4**, 278
Iron, tricarbonyl(1-4-η-6-formylcyclohepta-1,3,5-triene)-
    synthesis, **8**, 982
Iron, tricarbonylfulvene-
    synthesis, **8**, 981
Iron, tricarbonylhydridonitroso-
    properties, **4**, 313
Iron, tricarbonylhydrido(octahydrotriborate)-
    preparation, **6**, 919
Iron, tricarbonyl(η^4-methallyl)-
    Friedel–Crafts acylation, **4**, 407
    reaction with boron trifluoride in sulfur dioxide, **4**, 407
Iron, tricarbonyl(1-methoxycarbonylcyclohexadienylium)-
    tetrafluoroborate, **8**, 987
Iron, tricarbonyl(2-methoxycyclohexadiene)-, **8**, 986
Iron, tricarbonyl(5-methoxycyclohexa-1,3-diene)-
    exo-endo isomerization, **4**, 463
Iron, tricarbonyl(1-methoxycyclohexadienylium)-
    tetrafluoroborate, **8**, 986
Iron, tricarbonyl(2-methoxycyclohexadienylium)-
    tetrafluoroborate, **8**, 986
Iron, tricarbonyl(3-methoxycyclohexadienylium)-, **8**, 994
    tetrafluoroborate, **8**, 986
Iron, tricarbonyl(1-5-η-4-methoxy-1-methylcyclohexadienylium)-
    hexafluorophosphate, **8**, 996–999
Iron, tricarbonyl(2-methylallyl)iodo-
    preparation, **4**, 401
Iron, tricarbonyl(6-methylenecycloheptadienylium)-
    deprotonation, **8**, 982
Iron, tricarbonyl(methyl 5-formyl-2,4-pentadienoate)-
    racemization, **4**, 463
Iron, tricarbonyl(methylthio)-
    dimer
        reduction, **4**, 279
        structure, **4**, 278
Iron, tricarbonyl(methyltropylium)-
    deprotonation, **8**, 982

Iron, tricarbonyl(myrcene)-
    acetylation, **8**, 974
    reaction with osmium tetroxide, **8**, 973
Iron, tricarbonyl(nonahydropentaborate)-
    preparation, **6**, 926
Iron, tricarbonyl(norbornadiene)-
    protonation, **4**, 469
    UV photolysis, **4**, 469
Iron, tricarbonyl(octafluorocyclohexadiene)-
    structure, **4**, 450
Iron, tricarbonyl(octahydropentaborate)-
    anion
        preparation, **6**, 926
Iron, tricarbonyl(octahydropentaborate)bis[μ-bis-(triphenylphosphine)copper]-
    structure, **6**, 926
Iron, tricarbonyl(octahydrotetraborate)-
    preparation, **6**, 922, 926
Iron, tricarbonyl(perfluorocyclohepta-1,3-diene)-
    structure, **4**, 450
Iron, tricarbonyl(phenylthio)-
    dimer
        dissociation, **4**, 278
Iron, tricarbonyl((+)-pulegone)-
    chiral transfer from, **4**, 451
Iron, tricarbonyl(sulfide)-
    dimer
        reduction, **4**, 279
Iron, tricarbonyl(η^4-tetraphenylcyclobutadiene)-
    synthesis, **4**, 444
Iron, tricarbonyl(η^4-tetraphenylfuran)-
    synthesis, **4**, 444
Iron, tricarbonyl(trimethylenemethane)-
    IR spectrum, **4**, 462
    synthesis, **4**, 426; **8**, 978
Iron, tricarbonyl(tropone)-
    protonation, **4**, 466
Iron, tricarbonyltropylium-
    reaction with sodium η^1-allyldicarbonyl-η^5-cyclopentadienylferrate complexes, **8**, 963
Iron, tridecacarbonyl(carbide)tetra-
    structure, **4**, 318
Iron, tridecacarbonyldihydrotetra-
    preparation, **4**, 317
Iron, tridecacarbonyltetra-
    IR spectrum, **4**, 266
Iron, tris(acetylacetone)-
    cathodic reduction, **4**, 441
    hydrogenation catalysts, **7**, 453
Iron, tris(ammine)tetracarbonyl-
    stability, **6**, 1003
Iron, tris(μ-dimethylgermylene)bis(tricarbonyl-, **6**, 1076
Iron, undecacarbonylhydrotri-
    properties, **4**, 316
Iron(μ-η^1,η^3-allyl)pentacarbonyl(triphenylphosphine)di-
    preparation, **4**, 566
Iron atoms
    arene–iron complex synthesis from, **4**, 500
    reactions with cyclopentadiene, **4**, 437
    reaction with benzene, **4**, 437
    reaction with benzene and cyclopentadiene, **4**, 495
    reaction with butadiene, **4**, 429
    reaction with cycloheptatriene, **4**, 495
    reaction with diphenylfulvene, **4**, 437
    reaction with tetraallylstannane and trifluorophosphine, **4**, 405
Iron bis[dicarbonylnitrosyl(triethylphosphine)ferrate]

Iron bis[dicarbonylnitrosyl]

structure, **6**, 1001
Iron carbonyl complexes
  in organic synthesis, **8**, 940–957
  reaction with alkenes, **8**, 159
  support on phosphine substituted polystyrene resins, **8**, 556
Iron catalysts
  in azacarbonylation, **8**, 175
  in butadiene copolymerization with ethylene, **8**, 420
  in butadiene oligomerization, **8**, 396
  in cyclodimerization of norbornadiene, **8**, 390
  in Fischer–Tropsch synthesis, **8**, 41, 44
  homogeneous
    in methanol synthesis, **8**, 38
  hydrocondensation of carbon monoxide
    homologous alcohols by, **8**, 63
  in hydrocondensation of carbon monoxide and hydrogen, **8**, 21
  methanation of carbon monoxide, **8**, 23
  in oxo process, **8**, 122
  supported
    in Fischer–Tropsch synthesis, **8**, 42
Iron complexes, **4**, 243–319
  (η^2-alkene)
    nucleophilic addition, **4**, 383
  alkenyl
    temperature dependent ESR, **4**, 419
  alkoxycarbonyl
    preparation, **4**, 339
  alkyne, **4**, 385
  allyl
    16-electron compounds, **4**, 417
    spin saturation transfer, **4**, 413
  η^3-allyl
    chelated, reactions, **4**, 424
    electrophilic addition, **4**, 384
    (η^2-hydrocarbon)iron complex synthesis from, **4**, 382
    reactions, **4**, 423
    stereochemistry of nucleophilic addition, **4**, 423
    structure, **4**, 413
    synthesis, **4**, 401
  [σ,π-allyl]-bridged, **4**, 566
  (η^3-allyl)tricarbonyl
    preparation, **4**, 399
  anionic alkene
    structure, **4**, 392
  arenes, **4**, 500
    reactions, **4**, 501
  arsenide bridged, **4**, 302
  arsenide bridged carbonyl, **4**, 300
  arylazo carbonyl, **4**, 298
  asymmetric dinuclear, **4**, 603
  bis(η^2-alkene)
    synthesis, **4**, 381
  bis(diene)
    structures, **4**, 455
    synthesis, **4**, 441
  bis(nitrogen) bridged carbonyl complexes, **4**, 299
  bis(thiocarbene)complexes, **4**, 576
  N-bridged dinuclear, **4**, 578
  carbene, **4**, 363, 392
    mononuclear, preparation, **4**, 364
    physical properties, **4**, 368
    reactions, **4**, 369
  η^3-carbon, **4**, 399
  η^5-carbon ligands, **4**, 475
  η^6-carbon ligands, **4**, 499
  carbonyl, **4**, 244–266
    biological, **4**, 292
    bond enthalpy values, **4**, 616
    CO stretching frequencies, **4**, 247
    macrocycle, **4**, 292
    photolysis, **4**, 441
    reaction with alkynes, **4**, 567
    reaction with phosphines, **4**, 300
    reaction with vinylcyclopropane, **4**, 424
  carbonylcyclopentadienyl isocyanide
    preparation, **4**, 525
    reaction, **4**, 527
    solid state structure, **4**, 526
    solution structure, **4**, 526
  carbonyl Group IB, **4**, 306
  carbonyl Group IIB, **4**, 306
  carbonyl Group IVA, **4**, 306
  carbonyl Group VI ligands, **4**, 272
  carbonyl hydride
    ^{1}H NMR, **4**, 312
  carbonyl hydrides, **4**, 312
    preparation, **4**, 249
  carbonyl in hydrogenation of fats, **8**, 343
  carbonyl nitrosyl, **4**, 296
  carbonyl phosphide bridged halogeno, **4**, 301
  carboxyl
    preparation, **4**, 339
  carbynes, **4**, 363, 373
  catalysts
    in butadiene cyclooligomerization, **8**, 404
  chelated η^3-allyl
    structure, **4**, 420
  chelating allyl, **4**, 407
  coordinatively unsaturated
    synthesis, **4**, 385
  cyclobutadiene
    modification, **4**, 447
    organic chemistry, **4**, 473
    reactions, **4**, 471
    structure and physical properties, **4**, 459
    synthesis, **4**, 444
  (1,5-cyclooctadiene)
    synthesis, **4**, 385
  cyclopentadienyl derivatives, **4**, 537
  cyclopropyl
    ring opening, **4**, 384
  dialkyl
    preparation, **4**, 336
  dicarbonylcyclopentadienyl Group IV, **6**, 1075
  dicarbonyldichlorodiphosphine
    preparation, **4**, 271
  η^4-dienes
    electrophilic addition, **4**, 407
    reactions, **4**, 463
  dienyl
    nucleophilic addition, **4**, 431
  dienyl carbonyl cations, **4**, 493
  dienyltricarbonyl cations, **4**, 496
  dinuclear σ,π-acetylide complexes, **4**, 571
  dinuclear η^1,η^3-allyl bridged, **4**, 567
  dinuclear bis(π-allyl)-bridged hexacarbonyl, **4**, 564
  dinuclear bis(η-allyl) hexacarbonyl complexes, **4**, 563
  dinuclear carbonyl fulvene, **4**, 583
  dinuclear carbonyl polyene bridged, **4**, 555
    reactions, **4**, 555
  dinuclear Group V bridged, **4**, 298

dinuclear Group VI bridged, **4**, 274
dinuclear halogenocarbonyl
   preparation, **4**, 272
dinuclear heteroatom bridged, **4**, 532, 585
dinuclear hydrocarbon, **4**, 513–605
dinuclear iron polyene bridged complexes
   structure in solution, **4**, 560
dinuclear mixed η-dienyl, **4**, 541
dinuclear phosphido bridged hexacarbonyl, **4**, 580
dinuclear polyene bridged
   preparation, **4**, 600
formyl
   preparation, **4**, 339
halogenocarbonyl, **4**, 270–272
halogenophosphine carbonyl
   stereochemistry, **4**, 291
heteroatom bridged, **4**, 590
heteroatom/C-ligand-bridged derivatives, **4**, 569
heterocyclopentadienyl, **4**, 486
heterodiene
   synthesis, **4**, 442
hydrides
   reactions, **4**, 393
hydrido
   η^1-organoiron complex preparation from, **4**, 334
hydridocarbonyl phosphine, **4**, 313
hydridocarbonyl phosphite, **4**, 313
hydridophosphine, **4**, 313
   reaction with carbon dioxide, **8**, 239
η^2-hydrocarbons, **4**, 378
isocyanide, **4**, 266–270
   photochemistry, **4**, 269
   preparation, **4**, 266
   preparation from ferrocyanides, **4**, 268
η^4-ligands, **4**, 425
mixed carbonyl ruthenium complexes
   catalysis of water gas shift reaction by, **4**, 941
mono(acyclic diene)
   synthesis, **4**, 426
mono(cyclic polyene)-
   synthesis, **4**, 433
mononuclear carbonyl hydride
   preparation, **4**, 312
   properties, **4**, 312
   structure, **4**, 312
mononuclear carbonyl hydrido
   reactions, **4**, 314
mononuclear halogenocarbonyl
   substitution reactions, **4**, 271
mononuclear hydrocarbon, **4**, 377–503
non-conjugated diene
   structure, **4**, 453
norbornadiene dimerization catalysed by, **6**, 822
organodi-
   without close metal–metal contacts, **4**, 585
organolead compounds, **2**, 669
oxidation–reduction, **6**, 816
pentacarbonyl(cyclooctatetraene)ruthenium, **4**, 830
pentadienyl, **4**, 493
phosphide bridged, **4**, 302
   nitrosyl derivatives, **4**, 302
phosphide bridged carbonyl, **4**, 300
   substitution reactions, **4**, 302
phosphine-substituted cationic nitrosyl carbonyl, **4**, 297
polynuclear antimony
   ^{57}Fe Mössbauer spectroscopy, **4**, 634
   ^{121}Sb Mössbauer spectroscopy, **4**, 634
polynuclear carbido carbonyl, **4**, 644
polynuclear carbonyl hydride, **4**, 315
polynuclear hydrocarbon, **4**, 615–647
polynuclear platinum carbonyl complexes, **6**, 482
reaction with acetonitrile and carbon dioxide, **8**, 256
substituted carbonyl
   electrochemistry, **4**, 295
   stereochemistry, **4**, 289
tetracarbonyl(η^2-hydrocarbon)
   physical properties, **4**, 386
   reactions, **4**, 392
   structure, **4**, 386
   synthesis, **4**, 380
tetracarbonyl(vinyl alcohol)
   synthesis, **4**, 381
tetranuclear hydrocarbon, **4**, 636
tricarbonyl(cyclobutadiene)
   bond angles, **4**, 461
tricarbonyl(diene), **4**, 470
   reactions with aluminum trichloride, **4**, 468
   reaction with electrophiles, **4**, 465
   structure and physical properties, **4**, 449
   UV photolysis, **4**, 470
trimethylenemethane
   reactions, **4**, 474
   structure and physical properties, **4**, 462
   synthesis, **4**, 447
trinuclear hydrocarbon, **4**, 617
trinuclear polyenes, **4**, 623
vinyl
   preparation, **4**, 337
vinylacyl, **4**, 406
η^3-vinylacyl
   reactions, **4**, 424
vinylcarbene, **4**, 406
Iron compounds, **6**, 785
   cyclopentadienylruthenium complexes, **4**, 794
mononuclear
   η^1-hydrocarbon ligands, **4**, 331–373
Iron group
   Group IV complexes, **6**, 1074
     reactions, **6**, 1082
   Group IV compound
     bond lengths, **6**, 1102
   Group IV compounds, **6**, 1072–1083
     stereochemical non-rigidity, **6**, 1083
Iron–hydrogen–carbon bridges, **4**, 404, **4**, 417
   iron complexes, **4**, 418
   theoretical interpretation, **4**, 418
Iron porphyrins, **4**, 292
Iron–sulphur cluster complexes
   in nitrogenase, **8**, 1103
Iron(II), bromo(η^5-cyclopentadienyl)dicarbonyl-, **6**, 449
Iron(II), cyanopentakis(isocyanide)-
   preparation, **4**, 269
Iron(II), dicarbonylbis(cyclopentamethylene dithiocarbamate)-
   structure, **4**, 273
Iron(II) catalysts
   exchange reaction between isopropyl magnesium bromide and butyl bromide, **1**, 165
Iron(III) chloride
   reaction with organoaluminum compounds and 1-alkynes, **7**, 391

Iron(IV) complexes
  homoleptic, **4**, 332
Isabelin
  synthesis, **7**, 563; **8**, 840
Isoaromatization
  alicyclic dienones
    catalysis by ruthenium complexes, **4**, 952
Isobenzofuran, dihydro-
  synthesis
    nickel catalysed, **8**, 652
Isobutene
  hydroalumination, **7**, 369
  oligomerization, **8**, 389
  oxidative rearrangement, **7**, 484
η^2-Isobutene complexes
  sodium dicarbonyl-η^5-cyclopentadienylferrates, **8**, 965
Isobutene ligands
  iron complexes
    hydride addition, **4**, 393
Isobutenyl chloride
  hydroboration, **7**, 244
Isobutyl oil synthesis, **8**, 67
Isobutyraldehyde
  preparation from isobutene, **7**, 484
Isobutyronitrile, azobis-
  reaction with bis(cyclooctadiene)nickel, **6**, 72
Isocoumarin
  synthesis
    nickel catalysed, **8**, 722
Isocyanate ligands
  rhenium complexes, **4**, 195
  ruthenium complexes, **4**, 707
  technetium complexes, **4**, 195
Isocyanates
  carbalumination, **1**, 649
  cyclopentadienylruthenium complexes, **4**, 777
  formation from vanadium nitride complexes, **8**, 1084
  insertion reactions with η^1-organoniobium complexes, **3**, 743
  insertion reaction with η^1-organotantalum complexes, **3**, 743
  manufacture by azacarbonylation, **8**, 188
  preparation from dinitrogen
    titanium complexes and, **8**, 1082
  reactions with organoboranes, **1**, 294
  reaction with cyclopentadienylnickel complexes, **6**, 207
  reaction with germanium–nitrogen bonds, **2**, 456
  reaction with organoaluminum compounds, **7**, 441
  reaction with organometallic compounds, **7**, 40
  reaction with organozinc compounds, **2**, 850
  reaction with osmium cluster complexes, **4**, 1046
  rhodium complexes, **5**, 440
  silyl
    in synthesis, **7**, 593
  silyl amino
    preparation, **2**, 145
  synthesis, **8**, 93
  synthesis by azacarbonylation, **8**, 187
  synthesis by carbonylation of amines, **8**, 188
  telomerization with butadiene, **8**, 444
  trimethylsilyl
    IR spectra, **2**, 143
Isocyanide bridges
  bis(carbonyl(η-cyclopentadienyl)iron) complexes, **4**, 524
  bis(dicarbonyl(η-cyclopentadienyl)iron derivatives, **4**, 527
Isocyanide ligands
  bis(dicarbonyl(η-cyclopentadienyl)iron) complexes, **4**, 523
  carbonylmanganese complexes, **4**, 108
  cobalt complexes, **5**, 17–24
  cyclopentadienyl cobalt complexes, **5**, 252
  dicarbonyl(η-cyclopentadienyl)ruthenium complexes, **4**, 826
  iridium complexes, **5**, 568
  iron complexes, **4**, 266–270
    photochemistry, **4**, 269
    preparation, **4**, 266, 365
    preparation from ferrocyanides, **4**, 268
  manganese complexes, **4**, 141
  mononuclear ruthenium complexes, **4**, 692
  osmium complexes, **4**, 994
  rhodium complexes, **5**, 342–351, 433
  ruthenium complexes, **4**, 681, 701
  ruthenium hydrido phosphine complexes, **4**, 724
Isocyanides
  cationic cyclopentadienylruthenium complexes, **4**, 792
  cyclopentadienylruthenium complexes, **4**, 783
  cyclopentadienylvanadium complexes, **3**, 665
  dicyclopentadienylvanadium complexes, **3**, 675
  hydrogenation, **8**, 327
  insertion in organocopper compounds, **2**, 721, 750–751
  insertion in organosilver compounds, **2**, 750–751
  insertion into titanium–aryl bonds, **3**, 311
  insertion into zirconocene alkyls, **3**, 582
  insertion reactions
    nickel catalysed, **8**, 792
    platinum(II) alkyl complexes, **6**, 559, 561
  insertion reactions with η^1-organoniobium complexes, **3**, 743
  insertion reaction with nickel alkyl complexes, **6**, 74
  insertion reaction with η^1-organotantalum complexes, **3**, 743
  nickel complexes, **6**, 128
  osmium complexes, **4**, 981
  oxidation
    palladium dioxygen complexes in, **6**, 258
  palladium complex
    oxidative addition reactions, **6**, 258
  palladium(0) complexes, **6**, 246, 247, 271
  palladium(II) carbene complex preparation from, **6**, 292–296
  palladium(II) complexes, **6**, 284–292
    bonds, **6**, 290
    insertion reactions, **6**, 291
    IR spectra, **6**, 290
    structure, **6**, 290
    synthesis, **6**, 285–290
  reaction with η^3-allyl(alkyl)nickel complexes, **6**, 84
  reaction with allylic palladium complexes, **6**, 431
  reaction with η^3-allylnickel complexes, **6**, 168
  reaction with π-allylpalladium complexes, **8**, 813
  reaction with η^3-allyl palladium complexes, **6**, 420

reaction with cyclopentadienyl(diphenyl-acetylene)(triphenylphosphine)cobalt, **5**, 237
reaction with dihydrobis(η-pentamethylcyclo-pentadienyl)zirconium, **3**, 585
reaction with dodecacarbonyltetrahydrotetraruthenium, **4**, 893
reaction with dodecacarbonyltriruthenium, **4**, 865
reaction with nickelocene, **6**, 200
reaction with nickel tetracarbonyl, **6**, 17
reaction with organolithium compounds, **7**, 22
reaction with osmium cluster compounds, **4**, 1044
reaction with pentacarbonylbis(diphenylphosphinomethane)dimanganese, **4**, 147
reaction with pentacarbonylchloromanganese, **4**, 142
reaction with pentacarbonylhalomanganese, **4**, 141
reaction with pentacarbonyliodomanganese, **4**, 142
reaction with platinum(0) acetylene complexes, **6**, 702
reaction with platinum(II) η^3-allyl complexes, **6**, 730
reaction with polynuclear ruthenium acetate complexes, **4**, 678
reaction with tetracarbonyl(η^2-hydrocarbon)iron complexes, **4**, 393
reaction with titanium tetrachloride, **3**, 440
reaction with trialkylboranes, **7**, 287
reduction
organoaluminum compounds in, **7**, 433
ruthenium carbene complexes from, **4**, 682
silyl amino
preparation, **2**, 145
trinuclear palladium(I) complexes, **6**, 274
tris(cyclopentadienyl) lanthanide complexes, **3**, 182
Isoflavones
preparation
organothallium compounds in, **7**, 475
Isolobal relationship
transition metal carbonyl fragments
frontier molecular orbitals, **3**, 22
Isomerism
in diene-iron complexes, **4**, 428
iron allyl complexes, **4**, 413, 415, 416
Isomerization
acyclic 1,3-diene rhodium complexes, **5**, 452
aliphatic organoboranes, **7**, 267
alkenes, **8**, 306, 308, 320
bis(η-arene)chromium complexes as catalysts in, **3**, 1000
catalysis by iridium complexes, **5**, 550
catalysis by polymeric ruthenium complexes, **4**, 961
catalysis by ruthenium complexes, **4**, 942–945
catalysis by ruthenium(II) complexes, **4**, 943
catalysis by Vaska's compounds, **5**, 548
dinuclear allene bridged iron complexes in, **4**, 566
in hydrocyanation, **8**, 355, 357
hydrogenation and, **6**, 673
hydrosilylation and, **6**, 675
iron-alkene complexes in, **4**, 397
iron carbonyls in, **8**, 940
in metathesis reactions, **8**, 519
nickel catalysed, **8**, 626, 627
organotitanium complexes as catalyst, **3**, 320
osmium cluster compounds and, **4**, 1040
platinum complexes and, **6**, 677
titanium aluminum hydrides as catalysts, **3**, 322
alkenylboranes, **7**, 305
alkyl-aluminum bonds, **1**, 607
alkyl tetracarbonyl cobalt complexes, **5**, 53
allylic organoboranes, **7**, 353
arylboranes, **7**, 325
bis(alkylthio) bridged dinuclear complexes, **4**, 536
1-butene
polymer supported heteronuclear cluster catalysis, **6**, 823
rhodium complex catalysts, **5**, 423
supported catalysts for, **8**, 559
carbonyl Group IVB-ruthenium complexes, **4**, 913
catalysis by carbonylhalobis(phosphines)iridium, **5**, 550
catalysis by polymeric phosphine derivatives of octacarbonyldicobalt, **5**, 36
cis-trans
alkenes, **6**, 631
cis-trans
bis(alkylthio) bridged dinuclear complexes, **4**, 537
contrathermodynamic
alkenes, **7**, 120
cyclic alkenes
catalysis by ruthenium complexes, **4**, 945
1,3-cyclooctadiene, **5**, 461
dicarbonyl(η-cyclopentadienyl)(isocyanide)ruthenium complexes, **4**, 826
1,4-diene
rhodium complexes in, **5**, 452
1,4-diene(η-cyclopentadienyl)rhodium complexes, **5**, 452
η^4-diene iron complexes, **4**, 463
dienes, **8**, 350
in catalytic hydrogenation, **8**, 322
of dienes and trienes, **8**, 343
diisobutylberyllium, **1**, 127
Grignard reagents
catalysis by titanium(IV) compounds, **1**, 192
heteronuclear metal-metal bonded compounds, **6**, 809
in hydroalumination
catalysed, **7**, 384
in hydroformylation
supported catalysts and, **8**, 570
icosahedral metallacarboranes, **1**, 521
metallacarboranes, **1**, 505
monoenes, **8**, 350
non-conjugated diene rhodium complexes, **5**, 447–453
organoaluminum compounds, **1**, 563, 623, 666; **7**, 383
organoboranes, **1**, 281, 293; **7**, 119
organogold complexes, **2**, 799
oxiranes
organoaluminum compounds in, **7**, 429
palladium diene complexes, **6**, 365
1-pentene
dodecacarbonyltriruthenium and, **4**, 848
platinacyclobutanes, **6**, 575
in platinum(II)-carbon η^1-compound preparation, **6**, 531
platinum(II) σ-vinyl complexes, **6**, 568

Isomerization
    polyenes
        iron carbonyls in, **8**, 940
    quadricyclane, **5**, 463
    rhodiacyclobutanes, **5**, 405
    substituted iron carbonyl complexes, **4**, 296
    supported catalysts in, **8**, 600
    tetracarbonylhydridocobalt, **5**, 50
    tricarbonyliron and, **4**, 597
cis-trans Isomerization
    of alkenes and iron carbonyls, **4**, 426
syn-anti Isomerization
    (η^3-allyl)iron complexes, **4**, 402
Isonitrosyl ligands
    lanthanide complexes, **3**, 208
Isooctyl bromide
    preparation, **7**, 721
Isopherone
    reaction with Grignard reagents
        nickel catalysed, **8**, 746
Isoprene
    cooligomerization reaction with alkynes, **8**, 428
    cooligomerization with alkenes
        nickel catalysed, **8**, 684
    cooligomerization with butadiene, **8**, 415
    copolymerization with butadiene
        nickel catalysed, **8**, 702
    copolymerization with styrene
        nickel catalysed, **8**, 702
    cotelomerization with butadiene and water, **8**, 452
    coupling
        palladium(0) complexes as catalyst in, **8**, 276
    cyclodimerization
        nickel catalysed, **8**, 673
    cyclooligomerization, **8**, 407, 409
        Ziegler-type catalysts in, **8**, 407
    cyclotrimerization
        nickel catalysed, **8**, 677, 678
    dimerization
        ruthenium chloride in, **4**, 745
    hydrosilylation
        nickel catalysed, **8**, 695
    linear dimerization, **8**, 400
    linear oligomerization, **8**, 399–401
        nickel catalysed, **8**, 690
    magnesium compounds, **1**, 220
    polymerization, **7**, 449
        actinide complexes in, **3**, 262
        homoleptic allylchromium complexes as catalysts in, **3**, 957
        lanthanide naphthenates in, **3**, 210
        nickel catalysed, **8**, 702
    reaction with 1,3-dienes
        nickel catalysed, **8**, 681
    reaction with diethyl malonate
        nickel catalysed, **8**, 691
    reaction with dodecacarbonyltriruthenium, **4**, 849
    reaction with zerovalent nickel complexes, **6**, 166
    synthesis, **7**, 380
    telomerization, **8**, 445–449, 488
    telomerization with alcohols, **8**, 447
    telomerization with carbonyl compounds, **8**, 448
    telomers, **8**, 446
Isoprenes
    dimerization
        π-allylpalladium complexes in, **8**, 844
        magnesium compounds, **1**, 219
Isoprenylation
    2-[(trimethylsilyl)methyl]-1,3-butadiene in, **7**, 538
Isopropylidineamine, hexafluoro-
    platinum complexes, **6**, 690
Isopropylidineamine, *N*-methylhexafluoro-
    reaction with bis(cyclooctadiene)platinum, **6**, 690
Isopropyl iodide
    reaction with tris(triethylphosphine)platinum, **6**, 521
Isoquinoline
    alkylation
        organometallic compounds in, **7**, 17
    exchange reactions with (η^3-allyl)halopalladium complexes, **6**, 422
    metallation, **1**, 57
    organoaluminum complex, **7**, 371
Isoquinoline, 1-(lithiomethyl)-
    reaction with organometallic compounds, **7**, 29
Isoquinuclidines
    synthesis, **8**, 822
Iso-synthesis
    thoria–alumina catalysts in, **8**, 44
Isotachysterol
    preparation, **8**, 812
Isothiocyanate ligands
    osmium complexes, **4**, 994
    ruthenium complexes, **4**, 707
        preparation, **4**, 707
Isothiocyanates
    carbalumination, **1**, 650
    cyclodimerization
        rhodium promoted, **5**, 415
    formation from vanadium nitride complexes, **8**, 1084
    insertion reactions with η^1-organoniobium complexes, **3**, 743
    insertion reaction with η^1-organotantalum complexes, **3**, 743
    platinum complexes, **6**, 689
    reaction with η-cyclopentadienyl(alkyl)nickel complexes, **6**, 85
    reaction with cyclopentadienylnickel complexes, **6**, 207
    reaction with germanium–nitrogen bonds, **2**, 457
    reaction with organoaluminum compounds, **7**, 441
    reaction with organolithium compounds, **7**, 42
    reaction with phosphorus silyl ylides, **2**, 70
    rhodium complexes, **5**, 440
    silyl
        in synthesis, **7**, 593
    silyl amino
        preparation, **2**, 145
    trimethylsilyl
        IR spectra, **2**, 143
Isotope effects
    in catalytic hydrogenation, **8**, 318
Isotopic labelling
    in alkene and alkyne metathesis reactions, **8**, 507

Isotubaic acid
  synthesis, **7**, 691
Isoxazoles
  synthesis, **7**, 31; **8**, 839, 892
Isoxazolines, lithio-, **7**, 46
Itaconic acid
  synthesis, **8**, 834
Ivanov reagents, **1**, 164

J

Jahn–Teller distortion
  hexacarbonylvanadium, **3**, 649, 650
(±)-Jasmone
  ketolactone
    synthesis, **7**, 573
Jasmone, dihydro-
  synthesis, **8**, 879

Jasmonic acid, dihydro-
  methyl ester
    synthesis, **8**, 847, 850
Junipal
  synthesis, **7**, 691
Juvabione
  synthesis, **7**, 284

K

ent-16α-Kauran-17-oic acid
  preparation, **7**, 485
ent-Kaur-16-ene
  nitrate esters, **7**, 495
  oxidative rearrangement, **7**, 485
Ketals
  Grignard reagents from, **1**, 177
  reduction by diisobutylaluminum hydride, **1**, 652
Ketazines
  chlorinated
    reaction with organoaluminum compounds, **7**, 400
Ketene, bis(trifluoromethyl)thio-
  platinum complexes, **6**, 689
Ketene, bis(trimethylsilyl)-
  preparation, **2**, 74
Ketene, dimethyl-
  reaction with nickelocene, **6**, 93
Ketene, diphenyl-
  carbonylation
    nickel catalysed, **8**, 776
  nickel complex
    reaction with alkynes, **8**, 660
  nickel complexes, **6**, 127
  reaction with alkynes
    nickel catalysed, **8**, 660
  reaction with bis(cyclooctadiene)nickel, **6**, 68
  reaction with dicarbonylbis(η-cyclopentadienyl)titanium, **3**, 288
  reaction with nickel alkyl complexes, **6**, 71, 172
  reaction with nonacarbonyldiiron, **4**, 543
  reaction with organoaluminum compounds, **7**, 408
Ketene, germyl-
  addition reactions, **2**, 440
Ketene, (trimethylsilyl)-
  preparation, **2**, 44, 74
Ketene, trimethylsilylvinyl
  preparation, **7**, 549
Ketenes
  bis(trimethylsilyl), **2**, 74
  decarbonylation, **8**, 219
  germyl
    structure, **2**, 502
  germylated
    preparation, **2**, 410
  industrial synthesis, **8**, 79
  insertion reactions with η^1-organoniobium complexes, **3**, 743
  insertion reaction with η^1-organotantalum complexes, **3**, 743
  mono(trimethylsilyl), **2**, 74
  oxidation by palladium dioxygen complexes, **6**, 258

platinum complexes, **6**, 685
reaction with germanium–nitrogen bonds, **2**, 457
reaction with germanium–phosphorus bonds, **2**, 463
reaction with organoaluminum compounds, **7**, 407
reaction with organometallic compounds, **7**, 39
reaction with osmium cluster complexes, **4**, 1048
seleno
  stabilization by silyl groups, **2**, 176
silyl acetals
  synthesis, **7**, 556
thio-
  reaction with organolithium compounds, **7**, 42
thiophilic addition reactions, **7**, 69
thioacetals
  from ester-organoaluminum reactions, **7**, 411
Ketenides
  mercury(I), **2**, 865
Ketenimine, β-cyano-N-germyl-
  preparation, **2**, 452
Ketenimines
  iron-carbonyl complexes, **4**, 578
  nickel complexes, **6**, 125
  preparation
    nickel catalysed, **8**, 794
  reaction with organoaluminum compounds, **7**, 436
Ketimine, diphenyl-
  reaction with organoaluminum compounds, **7**, 434
Ketimines
  iron-carbonyl complexes, **4**, 578
β-Ketoamines
  exchange reactions with (η^3-allyl)halopalladium complexes, **6**, 422
Ketoenolate ligands
  ruthenium complexes, **4**, 708
β-Ketoesters
  boron derivatives, **1**, 366
Ketols
  synthesis, **7**, 33
α-Ketols
  reduction
    organoaluminum compounds in, **7**, 422
Ketone, benzyl ethyl
  telomerization with butadiene, **8**, 436
Ketone, benzyl methyl
  reaction with pentacarbonylmethylmanganese, **4**, 123
Ketone, dialkyl-
  reaction with germanium–phosphorus bonds, **2**, 464
Ketone, diethyl
  preparation by catalytic synthesis, **8**, 167
Ketone, isopropyl phenyl

Ketone

lithium enolate
  structure, **1**, 81
Ketone, α-trimethylsilyl methylvinyl, **7**, 517
Ketone, vinyl
  transfer hydrogenation of double bonds
    catalysis by ruthenium complexes, **4**, 948
Ketones
  α-acetoxy-
    preparation, **7**, 498
  αβ-acetylenic
    reaction with acid chlorides, **7**, 722
    synthesis, **7**, 691
  acyclic
    catalytic synthesis, **8**, 166
  alicyclic
    preparation by carbocarbonylation, **8**, 167
  aliphatic
    lithium enolate, **1**, 81
    potassium enolate, **1**, 81
    sodium enolates, **1**, 81
  alkenes from
    titanium aluminum methylene complexes as catalysts in, **3**, 324
  alkylation, **7**, 567
  1-alkynyl
    preparation, **8**, 923
  amino-
    synthesis, **7**, 35
  β- and γ-iodo-
    preparation, **7**, 640
  aralkyl
    oxidation with thallium trinitrate, **7**, 480
  aryl
    alkylation, **7**, 10
    synthesis via arylborates, **7**, 333
  asymmetric hydrogenation, **8**, 476
  asymmetric hydrosilylation, **8**, 480, 481
    ketones, supported rhodium catalysts in, **8**, 583
    styrene–DVB–diop supported catalysts in, **8**, 583
  asymmetric reduction, **7**, 249
    organoaluminum compounds in, **7**, 422
  asymmetric synthesis
    hydroboration in, **7**, 245
  bis-silyl
    preparation, **2**, 72
  bridged by cyclic
    synthesis, **8**, 880
  carbalumination and hydralumination, **1**, 644
  catalytic synthesis, **8**, 166
  chemoselective synthesis, **8**, 922
  chiral
    reduction by aluminum alkoxides, **1**, 571
  α-chloro-
    cyclopropanes from, **7**, 698
    reaction with organometallic compounds, **7**, 79
  complexes with dialkylberyllium, **1**, 130
  conjugated
    asymmetric hydrosilylation, **8**, 482
    asymmetric reduction, **8**, 472
  cooligomerization with 1,3-dienes
    nickel catalysed, **8**, 695
  cyclic
    catalytic synthesis, **8**, 166
    hydralumination, **1**, 659
    hydrogenation, **8**, 325
    oxidative ring contraction, **7**, 498
    reaction with (dialkylamino)methylmagnesium, **1**, 218
    synthesis, **7**, 43
  dehydrogenation
    π-allylpalladium compounds in, **8**, 838
  diaryl
    synthesis, **8**, 925
  diarylthio-
    reaction with potassium tetrachloroplatinate, **6**, 604
  α,α'-dibromo-
    cycloadducts with dienes, iron carbonyls and, **8**, 945
    reaction with iron carbonyls, **8**, 944
  αβ-epoxy
    reaction with lithium cyanomethylcuprates, **7**, 708
  formation from allylic palladium complexes, **6**, 425
  geminal dialkylation
    alkyltitanium halide complexes as catalysts, **3**, 443
  α-halo-
    reaction with iron carbonyls, **8**, 944
  hydrogenation
    catalysis by polymeric ruthenium complexes, **4**, 961
    ruthenium complexes as catalysts in, **4**, 937
  hydrogen transfer from alcohols to
    catalysis by ruthenium complexes, **4**, 947
  hydrogen transfer to
    catalysis by dihydrotetrakis(triphenylphosphine)ruthenium, **4**, 950
  hydrosilylation
    nickel catalysed, **8**, 632
  hydrostannation, **2**, 589
  α-hydroxy-
    synthesis, **7**, 23
  insertion into thiaborolanes, **1**, 351
  β-iodo
    preparation, **7**, 641
  ionic hydrogenation, **7**, 622
  manufacture, Fischer–Tropsch synthesis, **8**, 47
  α-methoxy
    synthesis, **7**, 497
  nickel complexes, **6**, 127
    reaction with ketones, **6**, 67
  α-nitrato
    preparation, **7**, 494
  organogermyl
    photolysis, **2**, 474
  oxidative rearrangement, **7**, 488
  perfluoroalkyl
    oxidative addition to palladium(0) complex, **6**, 256
  phenyl
    reduction by optically active aluminum compounds, **1**, 572
  polymercuration, **2**, 873
  preparation
    from alkylaluminum chlorides, **7**, 406
    organoaluminum compounds in, **7**, 406
    organocadmium compounds in, **7**, 670
  preparation via alkylboron compounds, **7**, 273
  preparation by isomerization of α-alkenic alcohols
    catalysis by ruthenium compounds, **4**, 950
  preparation by oxidation of organoboranes, **7**, 122
  preparation from alkenes, **7**, 484
  prochiral
    hydrosilylation, supported rhodium catalysts in, **8**, 581

promoter
   in siloxane polymerization, **2**, 325
reactions with diarylsilanes
   catalysis by ruthenium complexes, **4**, 959
reaction with acenaphthenyldialkylaluminum, **1**, 574
reaction with acylberyllium bromides, **1**, 139
reaction with alkyl and acyl tetracarbonyl cobalt complexes, **5**, 55
reaction with alkyl compounds
   nickel catalysed, **8**, 720
reaction with alkyl halides
   nickel catalysed, **8**, 735
reaction with allylboranes, **7**, 358
reaction with allylhalozinc, **2**, 846
reaction with allyl nickel complexes, **8**, 729
reaction with butadiene
   nickel catalysed, **8**, 695, 697
reaction with carbenes, **7**, 91
reaction with dialkylzinc, **2**, 850
reaction with 1,3-dienes
   nickel catalysed, **8**, 737
reaction with diethylaluminum cyanide, **1**, 647
reaction with dihalo(η-cyclopentadienyl)titanium, **3**, 300
reaction with Grignard reagents, **1**, 192
reaction with organoaluminum compounds, **1**, 565, 570; **7**, 415
   nickel catalysed, **8**, 746
   transition state, **1**, 575
reaction with organoberyllium halides, **1**, 138
reaction with organoboranes, **7**, 293
reaction with organocadmium compounds, **2**, 858
reaction with organometallic compounds, **7**, 24–29, 26
reaction with organotin hydrides, **2**, 588
reaction with organozirconium compounds
   nickel catalysed, **8**, 746
reaction with thiosilanes, **7**, 601
reaction with trimethylsilylallenes, **7**, 548
reduction, **7**, 624
   organosilanes in, **2**, 113
reductive deoxygenation, **7**, 192
seven-membered cyclic
   synthesis, **7**, 560
silyl enol ether synthesis from, **7**, 551
symmetric
   synthesis, **7**, 23
synthesis, **7**, 13, 20, 29, 30, 31, 34, 35, 36, 37, 38, 48; **8**, 908
   alkynylborates in, **7**, 339
   by carbenoidation of organoboranes, **7**, 128
   by carbonylation of organoboranes, **7**, 126
   by cyanidation of organoboranes, **7**, 127
   mechanism, **8**, 169
   organoaluminum compounds in, **7**, 409
   organoborates in, **7**, 290
   organocadmium compounds in, **2**, 858, 859
   via organoboranes, **7**, 278
synthesis by carbocarbonylation, **8**, 159
synthesis from alkenes
   hydroboration in, **7**, 193, 199
telomerization with butadiene, **8**, 442
$\alpha,\alpha,\alpha',\alpha'$-tetrabromo-
   reaction with iron carbonyls, **8**, 944
α-thio-
   synthesis, **7**, 297
1,2-transposition
   hydroboration in, **7**, 243
unsaturated

nickel complexes, **6**, 121
   protection in hydroboration, **7**, 231
   reaction with nickel alkene complexes, **6**, 117
$\alpha\beta$-unsaturated
   from 1-alkenylmercuric halides, **7**, 682
   conjugate addition reactions, **7**, 719
   conjugate addition with Grignard reagents, **7**, 720
   cyclopropanation, **8**, 896
   hydroformylation, **8**, 132
   hydrogen transfer to double bond, catalysis by ruthenium complexes, **4**, 948
   preparation, nickel catalysed, **8**, 735
   reaction with acyl- or alkyl-tetracarbonylcobalt, **5**, 220
   reaction with aluminum alkyls, **1**, 571
   reaction with 9-borabicyclo[3.3.1]nonane, **7**, 182
   reaction with iron carbonyls, **8**, 955
   reaction with lithium organocuprates, **7**, 708, 712
   reaction with mixed cuprates, **7**, 714
   reaction with organoboranes, **7**, 134
   reaction with organometallic compounds, **8**, 764
   reaction with orthopalladated complexes, **6**, 339
   reaction with tetracarbonylhydridocobalt, **5**, 50
   reaction with trimethylaluminum, nickel catalysis, **1**, 577
   reaction with unsaturated compounds, **8**, 884
   silyl enol ether synthesis from, **7**, 554
   in Simmons–Smith reaction, **7**, 669
   synthesis, **7**, 34
   transfer hydrogenation, catalysis by ruthenium complexes, **4**, 949, 951
β,γ-unsaturated
   preparation by carbocarbonylation, **8**, 165
unsymmetrical
   silyl enol ether synthesis from, **7**, 555
vinyl
   oxidative-addition reactions with platinum(0) complexes, **6**, 523
Ketones, cyclopropyl
   hydrostannation, **2**, 589
Ketoprufen
   synthesis, **7**, 488
Ketoximes
   aromatic
      azacarbonylation, **8**, 181
      cyclometallation, rhodium complexes in, **5**, 396
      reaction with rhodium complexes, **5**, 395
Keulemans' rule, **8**, 129
Kinetic isotope effects
   hydride formation, **8**, 299
Kinetics
   for catalytic hydrogenation, **8**, 307
      clusters and dimers in, **8**, 328
   hydride formation, **8**, 297
   hydrogenation, **8**, 316
   siloxane polymerization, **2**, 325
Kocheshkov comproportionation, **2**, 521, 532, 537
Kocheshkov disproportionation, **2**, 540
Kocheshkov redistribution reactions, **2**, 548
Koopmans' approximation, **3**, 6

L

Labdane
  nitrate esters, **7**, 495
Labd-8(17)-en-13-ol
  nitrate esters, **7**, 495
Labelling
  hydrogen isotopes
    organometallic compounds in, **7**, 55
cis-Labilization
  transition metal carbonyl complexes, **3**, 24
Lactams
  formation by azacarbonylation
    mechanism, **8**, 183
  reaction with organoaluminum compounds, **1**, 648
  reaction with organometallic compounds, **7**, 33, 35
  reduction
    organoaluminum compounds in, **7**, 437
  synthesis by azacarbonylation, **8**, 179
  N-vinyl-
    reaction with organolithium compounds, **7**, 36
β-Lactams
  synthesis, **8**, 907
    from ferrelactams, **8**, 944
    iron carbonyls in, **8**, 942
  synthesis by azacarbonylation, **8**, 180
Lactic acid
  asymmetric synthesis, **8**, 477
  ethyl ester
    telomerization with butadiene, **8**, 433
Lactic acid, thio-
  ethyl ester
    reaction with pentacarbonylchlororhenium, **4**, 192
    reaction with pentacarbonylchlororhenium, **4**, 192
L-*gulono*-γ-Lactone, 2-*O*-(*t*-butyldimethylsilyl)-6-deoxy-3,5-*O*-isopropylidene-
  reduction, **7**, 412
Lactones
  allylic
    reaction with lithium organocuprates, **7**, 706
  carbalumination, **1**, 647
  carbonylation, **8**, 210
  cyclic
    polymerization, organozinc compounds in, **2**, 851
  hydralumination, **1**, 647
  α-methylene
    synthesis, **7**, 568
  preparation, **8**, 906
  preparation by carbocarbonylation, **8**, 164
  preparation by oxacarbonylation, **8**, 206
    mechanism, **8**, 209
  preparation from α,β-unsaturated esters, **8**, 132
  reaction with organoaluminum compounds, **7**, 410
  reaction with organometallic compounds, **7**, 31
  reduction
    organoaluminum hydrides in, **7**, 412
  spiro-
    synthesis, **7**, 31
  synthesis, **7**, 674
    alkynylaluminum compounds in, **7**, 428
    carbon dioxide in, **8**, 275
    titanium catalysed hydromagnesiation of alkenols in, **3**, 276
  thiol
    reaction with organometallic compounds, **7**, 31, 33
  unsaturated
    ring opening polymerization, **8**, 503
β-Lactones
  synthesis, **8**, 901
    from ferrelactones, **8**, 943
    iron carbonyls in, **8**, 942
γ-Lactones
  synthesis
    from ferrelactones, **8**, 943
  α,β-unsaturated
    reduction by diisobutylhydridoaluminum, **1**, 648
Lakes
  organomercury levels, **2**, 1007
Lanthanide complexes
  alkene hydrogenation and, **3**, 210
  alkene metathesis and, **3**, 210
  alkenes, **3**, 205
  alkylidene, **3**, 199
  alkyne, **3**, 206
  alkyne hydrogenation and, **3**, 210
  allyl, **3**, 196
  binuclear cyclooctatetraene, **3**, 195, 210
  bis(cyclooctatetraene), **3**, 192
    molecular orbital calculation, **3**, 192
  bis(cyclopentadienyl) halides; **3**, 184
  bis(cyclopentadienyl) hydrocarbyl complexes, **3**, 202
  bonding, **3**, 263
  butadiene polymerization and, **3**, 210
  carbonyl, **3**, 180–210
  as catalysts, **3**, 209
  cyclooctatetraene, **3**, 192
  ethylene polymerization and, **3**, 210
  Grignard-like reactions, **3**, 209
  hydride, **3**, 205
  hydrocarbyl, **3**, 197
  hydrocarbyl bridged, **3**, 202, 205
  hydrocarbyl halide, **3**, 205
  as hydrogenation catalysts, **8**, 348
  isocarbonyl, **3**, 206
  isonitrosyl, **3**, 206
  isoprene polymerization and, **3**, 210

metal–metal bonded, **3**, 206
neopentyl, **3**, 198
in organic synthesis, **3**, 209
pentamethylcyclopentadienyl hydrocarbyl, **3**, 205
propylene polymerization and, **3**, 210
tetrakis(allyl) anions, **3**, 197
tetrakis(hydrocarbyl) anions, **3**, 197, 198, 199
tetravalent cycloheptatrienyl complexes, **3**, 189
tetravalent cyclooctatetraene, **3**, 195, 210
tetravalent cyclopentadienyl complexes, **3**, 189
tetravalent fluorenyl complexes, **3**, 189
tetravalent hydrocarbyl complexes, **3**, 202
tetravalent indenyl complexes, **3**, 189
triphenyl, **3**, 197
tris(cyclopentadienyl), **3**, 180
tris(cyclopentadienyl) hydrocarbyl, **3**, 202
tris(hydrocarbyl), **3**, 197
ylide, **3**, 200, 204
Lanthanide ions
   properties, **3**, 175
Lanthanides, **3**, 173–263
   alkene oligomerization and, **3**, 210
   alkene polymerization and, **3**, 210
   binuclear cyclooctatetraene complexes, **3**, 195
   bis(cyclopentadienyl) halide, **3**, 185
   bis(cyclopentadienyl) phosphine, **3**, 185
   complexes
      photoelectron spectra, **3**, 32
      coordination numbers, **3**, 177
   cyclooctatetraene sandwich compounds
      bonding, **3**, 31
   cyclopentadienyl cyclooctatetraene, **3**, 194
   divalent bis(cyclopentadienyl) complexes, **3**, 187
   divalent cyclooctatetraene complexes, **3**, 194
   divalent hydrocarbyl complexes, **3**, 201
   divalent pentamethylcyclopentadienyl complexes, **3**, 190
   electronic structure, **3**, 176, 177
   Group IV complexes, **6**, 1101
   hexakis(hydrocarbyl) trianions, **3**, 198
   hexamethyldisilazane derivatives, **2**, 129
   hydrides, **3**, 205
   hydrocarbyl halide complexes, **3**, 201
   ionic radii, **3**, 176
   magnetism, **3**, 177
   mono(cyclooctatetraene) halide, **3**, 193
   mono(cyclopentadienyl) complexes, **3**, 186
   optical spectra, **3**, 177
   oxidation states, **3**, 176
   pentamethylcyclopentadienyl complexes, **3**, 190
   properties, **3**, 174–179
   propylene dimerization and, **3**, 210
   ring-bridged cyclopentadienyl complexes, **3**, 190
   spectroscopy, **3**, 177
   tris(cyclopentadienyl) base adducts, **3**, 182
   tris(cyclopentadienyl) halides, **3**, 189
   tris(indenyl) complexes, **3**, 189
Lanthanum
   hydrides, **3**, 205
   ions
      properties, **3**, 175
   reaction with 3-hexyne, **3**, 210
Lanthanum complexes
   bis(cyclopentadienyl) halides, **3**, 185
   carbonyl fluoro, **3**, 180
   (cyclooctatetraene)(tetrahydrofuran), **3**, 195
   (2,3-dimethylbutadiene), **3**, 206
   hydrocarbyl, **3**, 201
   tetrakis(hydrocarbyl) anions, **3**, 197
   tris(cyclopentadienyl), **3**, 182
Lanthanum(III) complexes
   ring-bridged cyclopentadienyl, **3**, 190
(±)-Lasiodiplodin
   synthesis, **8**, 847
Lawrencium
   ions
      properties, **3**, 175
Leaching
   catalysts
      in supported systems, **8**, 590
Lead
   atmospheric, **2**, 992
      detection, **2**, 1011
   carbonyl iron complexes, **4**, 310
   environmental levels
      elevation, **2**, 993
   environmental methylation
      methylcobalamin and, **2**, 981
   hexamethyldisilazane derivatives, **2**, 128
   –metal bonds
      organometallic compounds, **6**, 1043–1110
   methylation
      iodomethane and, **2**, 983
   organosilyl derivatives, **2**, 104
   toxicity, **2**, 993
   transition metal compounds
      bond lengths, **6**, 1102
Lead, acetatotriethyl-
   disproportionation, **2**, 658
Lead, acetoxytriphenyl-
   reaction with ketenes, **2**, 655
Lead, acyltriphenyl-
   preparation, **2**, 646
Lead, alkoxytrimethyl-
   preparation, **2**, 654
Lead, alkoxytriorgano-
   preparation, **2**, 654
Lead, alkyltrifluoro-
   preparation, **2**, 651
Lead, alkyltriiodo-
   properties, **2**, 651
Lead, amidotriphenyl-
   properties, **2**, 646
Lead, aryltris(carboxylato)-
   preparation, **2**, 657
Lead, azidotrimethyl-
   structure, **2**, 653
Lead, (benzenethiolato)triphenyl-
   preparation, **2**, 660
   structure, **2**, 661
Lead, bis(acetylacetonato)dimethyl-
   preparation, **2**, 656
Lead, bis(cyclopentadienyl)diphenyl-
   reactions, **2**, 645
Lead, bis(dithiocarbamato)diphenyl-
   preparation, **2**, 661
Lead, bis(dithiocarbonato)diphenyl-
   preparation, **2**, 661
Lead, bis(dithiocarboxylato)diphenyl-
   preparation, **2**, 661
Lead, bis(dithiophosphato)diphenyl-
   preparation, **2**, 661
Lead, bis(monothiocarbonato)diphenyl-
   preparation, **2**, 661
Lead, bis(nitroaryl)sulfato-
   preparation, **2**, 659

Lead

Lead, (2-bromobenzenethiolato)triphenyl-
　structure, **2**, 661
Lead, bromotriphenyl-
　preparation, **2**, 650
　reaction with phenyl isocyanide, **2**, 652
　structure, **2**, 651
Lead, *t*-butyltrimethyl-
　enthalpy of formation, **2**, 635
　mass spectroscopy, **2**, 635
Lead, carboxytriphenyl-
　decomposition, **2**, 646
Lead, (chlorofluoromethyl)triphenyl-
　preparation, **2**, 646
Lead, chlorotriethyl-
　methylation, **2**, 1001
Lead, chlorotriphenyl-
　preparation, **2**, 650
　structure, **2**, 651
Lead, cyanatotriphenyl-
　preparation, **2**, 653
Lead, cyanatotripropyl-
　preparation, **2**, 654
Lead, cyclopentadienyltriethyl-
　preparation, **2**, 645
Lead, cyclopentadienyltrimethyl-
　preparation, **2**, 645
Lead, cyclopentadienyltriphenyl-
　structure, **2**, 645
Lead, diacetatodiphenyl-
　hemihydrate hemibenzene solvate
　　structure, **2**, 658
　structure, **2**, 630
Lead, dialkoxydimethyl-
　preparation, **2**, 654
Lead, dialkyl-
　disproportionation, **2**, 995
Lead, dialkyldichloro-
　preparation, **2**, 650
Lead, dialkyldifluoro-
　properties, **2**, 651
Lead, dialkyldihalo-
　structure, **1**, 10
Lead, dialkyldihydrido-
　preparation, **2**, 648
Lead, dialkyldihydroxy-
　preparation, **2**, 654
Lead, dialkyldinitrato-
　preparation, **2**, 660
Lead, dialkyldisulfonato-
　preparation, **2**, 659
Lead, (diazoalkane)trimethyl-
　preparation, **2**, 647
Lead, (α,α-dichlorobenzyl)triphenyl-
　preparation, **2**, 646
Lead, dichlorodimethyl-
　decomposition, **2**, 652
Lead, dichlorodiphenyl-
　preparation, **2**, 650
　structure, **2**, 630, 651
Lead, (dichloromethyl)triphenyl-
　preparation, **2**, 646
Lead, (dichlorophosphinato)trimethyl-
　preparation, **2**, 660
Lead, dicyclopentadienyl-
　structure, **1**, 16
Lead, diethyl-
　Schiff base complexes, **2**, 656
Lead, diethylbis(semiquinolate)-
　preparation, **2**, 655
Lead, diethyldihydroxy-
　preparation, **2**, 654

Lead, dihalodimethyl-
　decomposition, **2**, 651
　IR spectroscopy, **2**, 632
Lead, dihydridodimethyl-
　disproportionation, **2**, 648
Lead, diisothiocyanatodiphenyl-
　complexes, **2**, 653
Lead, (2,6-dimethylbenzenethiolato)triphenyl-
　structure, **2**, 661
Lead, dimethylbis(tropolonato)-
　preparation, **2**, 656
Lead, (dimethyldithiocarbamato)trimethyl-
　decomposition, **2**, 662
Lead, diphenyl-
　elimination from platinum complexes, **6**, 526
　selenite, **2**, 659
Lead, diphenylbis(thiolato)-
　preparation, **2**, 660
Lead, (dithiocarbamato)triphenyl-
　preparation, **2**, 661
Lead, (dithiocarbonato)triphenyl-
　preparation, **2**, 661
Lead, (dithiocarboxylato)triphenyl-
　preparation, **2**, 661
Lead, (dithiophosphato)triphenyl-
　preparation, **2**, 661
Lead, ethynyltriphenyl-
　reaction with diazomethane, **2**, 643
Lead, halotrimethyl-
　IR spectroscopy, **2**, 632
Lead, hexaalkyldi-
　halogenation, **2**, 650
Lead, hexaaryldi-
　halogenation, **2**, 650
Lead, hexaethyldi-
　synthesis, **2**, 629
Lead, hexamethyldi-
　enthalpy of formation, **2**, 635
　IR spectroscopy, **2**, 630
　mass spectroscopy, **2**, 635
　properties, **2**, 665
Lead, hexaorganodi-
　structure, **2**, 665
Lead, hexaphenyldi-
　IR spectroscopy, **2**, 630
　preparation, **2**, 637
　reactions, **2**, 666
Lead, hydridotrimethyl-
　preparation, **2**, 648
　reaction with alkynes, **2**, 649
Lead, hydroxytriorgano-
　preparation, **2**, 654
Lead, hydroxytriphenyl-
　preparation, **2**, 654
　reaction with ketenes, **2**, 655
Lead, (iodomethyl)triphenyl-
　preparation, **2**, 646
Lead, isocyanatotriphenyl-
　structure, **2**, 653
Lead, (lithiomethyl)triphenyl-
　preparation, **2**, 646
Lead, methoxytriorgano-
　reactions, **2**, 655
Lead, methyl-
　environmental, **2**, 980
Lead, (monothiocarbonato)triphenyl-
　preparation, **2**, 661
Lead, (monothiocarboxylato)triphenyl-
　preparation, **2**, 661
Lead, nitratotriphenyl-
　preparation, **2**, 660

Lead, (oxinato)triphenyl-
  preparation, **2**, 656
Lead, oxybis(triphenyl)-
  preparation, **2**, 654
Lead, tetraalkyl-
  atmospheric
    lifetime, **2**, 994
  environmental
    detection, **2**, 1009
Lead, tetracyclohexyl-
  decomposition, **2**, 640
Lead, tetraethyl-
  as antiknock additives, **2**, 992
  atmospheric
    degradation, **2**, 994
    detection, **2**, 1010
    half life, **2**, 994
  enthalpy of formation, **2**, 635
  environmental formation, **2**, 1000
  IR spectroscopy, **2**, 630
  mass spectroscopy, **2**, 635
  photoelectron data, **2**, 636
  physical properties, **2**, 638
  preparation, **2**, 636
    organoaluminum compounds in, **1**, 578
  production, **2**, 629
  reaction with copper salts, **2**, 759
  thermolysis, **2**, 639
  toxicity, **2**, 673, 995
Lead, tetraisopropyl-
  decomposition, **2**, 639
Lead, tetrakis(trifluoromethyl)-
  preparation, **2**, 643
Lead, tetrakis(triphenylplumbyl)-
  structure, **2**, 665
Lead, tetramethyl-
  as antiknock additives, **2**, 992
  atmospheric
    degradation, **2**, 994
  enthalpy of formation, **2**, 635
  environmental
    detection, **2**, 1010
  environmental formation, **2**, 1000
  in fish
    detection, **2**, 1010
  IR spectroscopy, **2**, 630
  photoelectron data, **2**, 636
  physical properties, **2**, 638
  preparation, **2**, 636
  pyrolysis, **1**, 7
  thermal stability, **1**, 6
  thermolysis, **2**, 639
  toxicity, **2**, 673
Lead, tetraphenyl-
  decomposition, **2**, 640
  enthalpy of formation, **2**, 635
  IR spectroscopy, **2**, 630
  mass spectroscopy, **2**, 635
  preparation, **2**, 637
Lead, tetrapropyl-
  decomposition, **2**, 639
Lead, tetravinyl-
  cleavage, **2**, 643
Lead, trialkyl(borohydride)-
  preparation, **2**, 649
Lead, trialkylchloro-
  preparation, **2**, 650
Lead, trialkylhydrido-
  preparation, **2**, 648
Lead, trialkylnitrato-
  preparation, **2**, 660
Lead, trialkyl(trialkylsiloxy)-
  properties, **2**, 654
Lead, (tribromomethyl)triphenyl-
  preparation, **2**, 646
Lead, tributylhydrido-
  properties, **2**, 648
Lead, (trichloromethyl)triphenyl-
  preparation, **2**, 646
Lead, (tricyanomethanide)triphenyl-
  preparation, **2**, 654
Lead, triethylhydrido-
  preparation, **2**, 648
Lead, triethylhydroxy-
  decomposition, **2**, 654
Lead, triethyl(methylcyclopentadienyl)-
  preparation, **2**, 645
Lead, triethyl(peracetato)-
  properties, **2**, 658
Lead, trifluorophenyl-
  preparation, **2**, 651
Lead, trifluorovinyl-
  preparation, **2**, 651
Lead, trimethyl(methylcyclopentadienyl)-
  preparation, **2**, 645
Lead, trimethyl(methylseleno)-
  preparation, **2**, 661
Lead, trimethyl(perfluorophenyl)-
  cleavage, **2**, 643
Lead, trimethyl(trifluoromethyl)-
  preparation, **2**, 643
Lead, triphenyl((2,6-dimethylphenyl)thio)-
  structure, **2**, 630
Lead, triphenyl(phenylthio)-
  structures, **2**, 630
Lead, triphenyl(triphenylsiloxy)-
  structure, **2**, 654
  structures, **2**, 630
Lead, tris(acetato)phenyl-
  complexes, **2**, 658
Lead, tris(oxinato)phenyl-
  preparation, **2**, 656
Lead, (tris(trimethylsilyl)methyl)triphenyl-
  preparation, **2**, 646
Lead alkyls, **2**, 636–641
  as antiknock agents, **2**, 638
  cleavage
    kinetics, **2**, 640
  electrophilic dealkylation, **2**, 640
  in petrol, **2**, 980
  photolysis, **2**, 639
  preparation by electrolysis of aluminate complexes, **1**, 656
  thermolysis, **2**, 639
Lead aryls, **2**, 636–641
Lead bridges
  dinuclear dicarbonyl(η-cyclopentadienyl)iron complexes, **4**, 591
Lead halides
  oxidative addition to platinum(II) alkyl compounds, **6**, 583
Lead heterocycles, **2**, 642
Lead ligands
  rhenium complexes, **4**, 204
  technetium complexes, **4**, 204
Lead salts
  environmental methylation, **2**, 1001
  reaction with methylcobalamin, **2**, 1001
Lead(II), bis(bis(trimethylsilyl)methyl)-
  photoelectron data, **2**, 636
  properties, **2**, 670
Lead(II), dicyclopentadienyl-

Lead(II)

mass spectroscopy, **2**, 635
photoelectron data, **2**, 636
properties, **2**, 670
Lead(II), diphenyl-
  preparation, **2**, 670
Lead(II) salts
  reaction with alkylboranes, **7**, 276
Lead(IV) compounds
  silyl enol ether oxidation by, **7**, 566
Lepidine
  reduction
    organoaluminum compounds in, **7**, 436
D-Leucine, [(benzoyloxy)carbonyl]-
  methyl ester
    reduction, **7**, 412
Lewis acids
  adducts with alkylidene niobium complexes, **3**, 726
  adducts with alkylidene tantalum complexes, **3**, 726
  adducts with ruthenium halogenocarbonyl complexes, **4**, 696
  catalyst promoter in hydrocyanation, **8**, 358
  nickel catalysts and
    alkene oligomerization, **8**, 616
  organoborane adducts, **1**, 298–301
  reaction with allylic palladium complexes, **6**, 429
  reaction with η^3-allylnickel complexes, **6**, 161
  reaction with bis(dicarbonyl(η-cyclopentadienyl)iron, **4**, 518
  reaction with dodecacarbonyltriruthenium, **4**, 884
  reaction with nonacarbonyldiiron, **4**, 258
  reaction with ruthenocene, **4**, 764
Lewis base derivatives, **3**, 665
Lewis bases
  addition to mercury in transition metal–mercury compounds, **6**, 998
  carbonyl cobalt complexes, **5**, 29–41
    properties, **5**, 31
    reactions, **5**, 31
    structures, **5**, 31
  cyclopentadienylvanadium complexes, **3**, 665
  milling with magnesium chloride
    in preparation of Ziegler–Natta polymerization catalysts, **3**, 526
  organoborane adducts, **1**, 298–301
  oxygen
    organoborane adducts, **1**, 300
  in preparation of supported catalysts for propylene polymerization, **3**, 519
  in preparation of titanium trichloride catalysts for propylene polymerization, **3**, 511
  in preparation of Ziegler–Natta catalysts, **3**, 514
  in preparation of Ziegler–Natta catalysts for polymerization of butadiene, **3**, 537
  reaction with closed cage carboranes, **1**, 435
  reaction with octacarbonyldicobalt, **5**, 30
  reaction with transition metal derivatives of cadmium and zinc, **6**, 1006
  reaction with transition metal–mercury compounds, **6**, 997
  as Ziegler–Natta polymerization additives, **3**, 512
Lewis basicity
  cyclopentadienyl(norbornadiene)cobalt, **5**, 191
  dicarbonylcyclopentadienylcobalt, **5**, 252
  isocyanide derivatives of bis(dicarbonyl(η-cyclopentadienyl)iron), **4**, 527
  thioketonic bridges, **4**, 529
Ligand-bridged complexes
  substitution chemistry, **6**, 809
Ligand-coupling reactions
  arene–metal complexes, **8**, 1039
  cyclopentadienyl metal complexes, **8**, 1039
Ligand displacement
  in transition metal–mercury compounds, **6**, 998
Ligand displacement intramolecular reactions, **8**, 1061
Ligand effect constants, **3**, 11
Ligand effects
  codimerization of ethylene and butadiene
    nickel catalysed, **8**, 683
  cross coupling reactions
    nickel catalysed, **8**, 739
  cyclodimerization of butadiene
    nickel catalysed, **8**, 672
  in cyclotrimerization of dienes
    nickel catalysed, **8**, 677
  in organic halide reaction with Grignard reagents
    nickel catalysed, **8**, 738
  organometallic compounds
    rearrangements, **3**, 140
Ligand-exchange reactions
  arene–metal complexes, **8**, 1048–1050
  cyclopentadienyl metal complexes, **8**, 1048–1050
  ferrocene
    with arenes, **8**, 1049
  palladium cyclobutadiene complexes, **6**, 382
  ruthenocene, **4**, 771
  transition metal–Group IV compound preparation by, **6**, 1056
Ligand migration reactions
  η^1-organoiron complexes, **4**, 358
Ligand redistribution reactions
  in preparation of trialkylgallium compounds, **1**, 687
  in preparation of trialkylindium compounds, **1**, 687
Ligand ring contraction reactions, **8**, 1060
Ligand ring expansion reactions, **8**, 1060
Ligands
  rotation
    organometallic compounds, **3**, 99–111
η^4-Ligands
  iron complexes, **4**, 425
Ligand scrambling
  five-coordinate metal atoms, **3**, 117
  organometallic compounds, **3**, 113–116
  seven-coordinate metal atoms, **3**, 121
  six-coordinate metal atoms, **3**, 119
Ligand-slip rearrangements
  arene–metal complexes, **8**, 1044–1046
  cyclopentadienyl metal complexes, **8**, 1044–1046
  stereochemistry, **8**, 1044
Ligand substitution reactions
  η^1-organoiron complexes, **4**, 358
Ligand transfer reactions
  bis(borinato)cobalt complexes, **1**, 395
  palladium cyclobutadiene complexes, **6**, 382
Liganols
  redistribution reactions
    silicones, **2**, 308
Light transmittance
  polydimethylsiloxanes, **2**, 355
Limonene

mixture with 4-vinylcyclohexene
    hydroboration, **7**, 212
Linear combination of bond orbitals
    polysilanes, **2**, 390
Linear low density polyethylene, **3**, 480; **7**, 442, 447
Line shape measurements
    coordinated η-arene groups, **3**, 111
Line shape studies
    organometallic compounds, **3**, 96
Linked cage systems
    metallacarboranes
        isomerization, **1**, 481
Linoleates
    hydrogenation, **8**, 342
Linolenates
    hydrogenation, **8**, 342
Liquid chromatography
    heteronuclear metal–metal bonded compounds, **6**, 806
Lithiation
    arene–metal complexes, **8**, 1041
    benchrotrene, **8**, 1041
    bis(benzene)vanadium, **3**, 688
    chromium complexes, **8**, 1041
    cyclopentadienyl metal complexes, **8**, 1041
    cymantrene, **8**, 1041
    directed, **8**, 1041
    ortho-directing groups and, **1**, 58
    ferrocene
        substituent effects, **8**, 1041
    ruthenocene, **4**, 768
    sandwich complexes, **8**, 1041
    synthetic applications, **8**, 1041
α-Lithio-α-silyl compounds, **7**, 535
Lithium, **1**, 107
    hexamethyldisilazane derivatives, **2**, 128
    reaction with hydrogermane, **2**, 432
    reaction with organic halides, **1**, 52
    reaction with organotin halides, **2**, 560
    silicon–silicon bond cleavage by, **2**, 367
Lithium, alkenyl-
    reaction with boranes, **7**, 304
Lithium, 1-alkenyl-
    oxidation, **1**, 47
    preparation, **7**, 55
Lithium, (α-alkoxyalkyl)-
    enantiomerically pure, **1**, 74
Lithium, alkyl-
    addition to carbon–carbon multiple bonds, **1**, 63
    exchange processes, **1**, 75
    gas phase studies, **1**, 75
    heats of interaction with donor solvents, **1**, 69
    IR spectra, **1**, 71
    metallating agent, **1**, 97
    photochemical reactions, **1**, 72
    preparation from organic halides, **1**, 53
    in preparation of platinum(IV) alkyl and aryl complexes, **6**, 581
    properties, **1**, 3
    reaction with chiral *s*-butylmercury(II) chloride, **1**, 62
    reaction with hexacarbonyldiiron disulfide, **4**, 279
    reaction with pentacarbonyliron, **4**, 252
    reaction with tetracarbonyl(triphenylgermyl)cobalt, **6**, 1087
    reaction with titanium(IV) chloride, **1**, 50
    structure, **1**, 45
    UV spectra, **1**, 72
Lithium, allyl-
    aggregation in solution, **1**, 99
    bonding
        calculation, **1**, 77
    ^{1}H NMR, **1**, 99
    synthesis, **7**, 12, 351
    theoretical treatment, **1**, 99
Lithium, aryl-
    exchange reactions with (η^3-allyl)halopalladium complexes, **6**, 422
    exchange reactions with aryl halides, **1**, 59
    preparation from organic halides, **1**, 53
    reaction with tetranuclear arylcopper, **2**, 739
    structure, **1**, 45
Lithium, benzyl-
    aggregation, **1**, 86
    NMR, **1**, 87
    structure in solid state, **1**, 85
Lithium, bicyclo[1.1.0]butyl-
    structure in solid state, **1**, 67
Lithium, (bicyclobutyl)(tetramethylethylenediamine)-
    dimer
        structure, **1**, 20
Lithium, bicyclo[2.2.1]hept-1-yl-
    reaction with manganese dibromide, **4**, 70
Lithium, bifluorenylbis[(tetramethylethylenediamine)-
    structure, **1**, 23
Lithium, bis(trimethylsilyl)bromomethyl-
    preparation, **7**, 533
Lithium, (bis(trimethylsilyl)methyl)-
    preparation, **2**, 95
    reduction, **2**, 130
Lithium, butyl-
    aggregation in donor solutions, **1**, 69
    aggregation in hydrocarbon solvents, **1**, 67
    as catalyst in polybutadiene preparation, **3**, 536
    as metallating agent, **1**, 55, 97
    NMR, **1**, 70
    reaction with *closo*-carboranes, **1**, 436
    reaction with (tributylstannyl)methanol, **1**, 61
    tetramer
        oxidation, **1**, 46
Lithium, *s*-butyl-
    optically active, **1**, 73
    thermal decomposition, **1**, 46
Lithium, *t*-butyl-
    aggregation in hydrocarbon solvents, **1**, 67
    gas phase studies, **1**, 75
    as metallating agent, **1**, 55
    NMR, **1**, 70
    photoionization, **1**, 75
    reaction with hydrogen bromide
        enthalpy of reaction, **1**, 48
    tetramer
        structure, **1**, 19
    vibrational spectra, **1**, 70
Lithium, (*trans-t*-butylcyclohexyl)-
    configurational stability, **1**, 73
Lithium, carbenoids, **1**, 82–83
Lithium, (γ-chloropropynyl)-
    reaction with trialkylboranes, **7**, 340
Lithium, *gem*-chloro(trimethylsilyl)alkyl-
    preparation, **7**, 533
Lithium, crotyl-
    structure, **1**, 100
    thermal decomposition, **1**, 46

Lithium

Lithium, cyclohexyl-
  hexamer
    structure, **1**, 19
  reaction with bis(2,2-deuterobutyl) ether, **1**, 49
  structure in solid state, **1**, 66
  vibrational spectra, **1**, 72
Lithium, cyclopentadienyl-
  bonding
    calculation, **1**, 77
  structure, **1**, 91
Lithium, cyclopropyl-
  chiral, **1**, 73
  ring opening, **7**, 93
Lithium, (dialkylamino)-
  as metallating agent, **1**, 55
Lithium, (dialkylcopper)-
  reaction with alkynes, **2**, 751
Lithium, (diarylsilver)-
  preparation, **2**, 719
Lithium, (1,1-dibromoethyl)-
  structure, **1**, 83
Lithium, (difluoromethyl)-
  structure, **1**, 82
Lithium, [o-(dimethylamino)benzyl]-
  reaction with dichloro(η-cyclopentadienyl)titanium, **3**, 302
Lithium, {o-[(dimethylamino)methyl]phenyl}-
  reaction with dichloro(η-cyclopentadienyl)titanium, **3**, 302
Lithium, (3,3-dimethylbutyl)-
  inversion, **1**, 72
Lithium, (β,β-dimethylphenylethyl)-
  oxidation, **1**, 47
Lithium, diorganocopper-
  preparation, **2**, 716
Lithium, (diphenylallyl)-, **1**, 103
Lithium, (1,3-diphenylallyl)-, **1**, 103
  phenyl ring rotation, **1**, 104
Lithium, (1,3-diphenyl-2-allyl)-
  conformation, **1**, 103
Lithium, (1,3-diphenyl-2-cyanoallyl)-
  free energy of rotation, **1**, 104
Lithium, (1-ethoxyvinyl)-
  acylsilane preparation from, **7**, 632
Lithium, (2-ethoxyvinyl)-
  thermal stability, **1**, 95
Lithium, ethyl-
  aggregation in hydrocarbon solvents, **1**, 67
  bonding
    calculation, **1**, 77
  distillation, **1**, 558
  gas phase studies, **1**, 75
  heat of interaction with triethylamine, **1**, 69
  mass spectrum, **1**, 75
  photolysis, **1**, 72
  reaction with ethylene, **1**, 558
  structure in solid state, **1**, 66
  tetramer
    structure, **1**, 19
Lithium, (1-ethyl-2,4,6-triphenylphosphorinyl)-
  reaction with nickel chloride, **6**, 166
Lithium, ethynyl-
  bonding
    calculation, **1**, 77
  theory, **1**, 107
Lithium, ferrocenyl-
  structure in solid state, **1**, 67
Lithium, fluorenyl-
  structure in solid state, **1**, 85
Lithium, (fluoromethyl)-
  structure, **1**, 82
Lithium, germyl-
  organogermanium compound preparation from, **2**, 405
  preparation, **2**, 432
Lithium, (9-(2-hexyl)fluorenyl)-
  aggregation, **1**, 86
Lithium, indenyl(tetramethylethylenediamine)-
  structure, **1**, 23
Lithium, isopropyl-
  aggregation in hydrocarbon solvents, **1**, 68
  reaction to ω-alkoxy alkenes, **1**, 63
Lithium, menthyl-
  aggregation in hydrocarbon solvents, **1**, 67
  configurational stability, **1**, 73
Lithium, methyl-
  bonding
    calculation, **1**, 77
  matrix-isolated monomeric
    IR spectra, **1**, 77
  as metallating agent, **1**, 55
  NMR, **1**, 78
  oligomers
    binding energy, **1**, 75
  reaction with (η-arene)tricarbonylmanganese, **4**, 119
  reaction with benzoylpentacarbonylrhenium, **4**, 226
  reaction with carbonylchloro(triphenylphosphine)rhenium complexes, **4**, 215
  reaction with carbonyl(η-cyclopentadienyl)nitrosyl(triphenylphosphine)manganese cations, **4**, 136
  reaction with decaborane, **1**, 447
  reaction with palladium(II) olefin complexes, **6**, 359
  reaction with trimethylaluminum, **1**, 612
  structure in solid state, **1**, 64
  structure in solution, **1**, 70
  tetramer
    bonding, **1**, 4
    structure, **1**, 18, 45
  vibrational spectra, **1**, 72
Lithium, (2-methylbutyl)-
  aggregation in hydrocarbon solvents, **1**, 68
  configurational stability, **1**, 72
Lithium, (1-naphthylmethyl)-
  aggregation, **1**, 86
  ^{1}H NMR, **1**, 86
Lithium, (2-naphthylmethyl)-
  aggregation, **1**, 86
  ^{1}H NMR, **1**, 86
Lithium, pentadienyl-
  structure, **1**, 105
Lithium, (pentafluorophenyl)-
  reaction with palladium dichloride, **6**, 307
Lithium, (pentamethylcyclopentadienyl)-
  reaction with nickel tetracarbonyl, **6**, 199
Lithium, (perfluoroalkyl)-
  decomposition, **1**, 46
Lithium, (perfluoroneopentyl)-
  decomposition, **1**, 46
Lithium, phenyl-
  IR spectra, **1**, 71
  reaction with acetylpentacarbonylrhenium, **4**, 226
  reaction with (η-arene)tricarbonylmanganese, **4**, 119
  reaction with carbonyl(η-cyclopentadienyl)nitrosyl(triphenylphosphine)manganese cations, **4**, 136
  reaction with (cyclooctadiene)(η^3-cyclooctenyl)cobalt, **5**, 189

reaction with dodecacarbonyltriruthenium, **4**, 866
reaction with rhodicinium cations, **5**, 450
structure in solid state, **1**, 67
Lithium, (phenylallyl)-, **1**, 103
Lithium, (polychloroaryl)-
  C-arylation by
    π-allylarylpalladium complexes in, **8**, 815
Lithium, prenyl-
  structure, **1**, 100
Lithium, 1-propenyl-
  configurational stability, **1**, 94
Lithium, *trans*-1-propenyl-
  structure, **1**, 93
Lithium, propyl-
  aggregation in hydrocarbon solvents, **1**, 68
  NMR, **1**, 70
Lithium, (9-propylfluorenyl)-
  aggregation, **1**, 86
Lithium, stilbenyl-
  configurational stability, **1**, 94
Lithium, (δ-sulfonyloxybutynyl)-
  reaction with trialkylboranes, **7**, 340
Lithium, (tetramethylethylenediamine)-
  anthracenide
    structure, **1**, 23
  cation
    structure, **1**, 23
  naphthalenide
    structure, **1**, 23
Lithium, tetramethyltetra-
  reaction with methylcopper, **2**, 739
Lithium, (thiomethoxymethyl)-
  reaction with alkenylboron compounds, **7**, 310, 351
Lithium, (tribromomethyl)-
  structure, **1**, 83
Lithium, (trichloromethyl)-
  structure, **1**, 82
Lithium, (triethylsilyl)-, **2**, 101
Lithium, (trimethylsilyl)-
  adduct with boranes, **2**, 103
  hexamer
    structure, **1**, 19
  preparation, **2**, 94, 100; **7**, 609
  structure in solid state, **1**, 67
Lithium, [(trimethylsilyl)methyl]-
  aggregation in hydrocarbon solvents, **1**, 68
  gas phase studies, **1**, 75
  reaction with carboxylic acids, **7**, 525
  reaction with tetrakis[(trimethylsilyl)methyl]-tetracopper, **2**, 739
Lithium, (1,3,5-triphenylpentadienyl), **1**, 106
Lithium, (triphenylplumbyl)-
  preparation, **2**, 666
  reaction with chalcogens, **2**, 661
Lithium, (triphenylsilyl)-
  in transition metal complex preparation, **2**, 94
Lithium, (tris(trimethylsilyl)methyl)-
  preparation, **2**, 95
Lithium, vinyl-
  α-aryl substituted
    isomerization, **1**, 94
  bonding
    calculation, **1**, 77
  configurational stability, **1**, 46, 94
  preparation, **2**, 643
  structure, **1**, 93
  theoretical treatments, **1**, 93
Lithium acetylides
  reaction with acylsilanes, **7**, 636
Lithium aluminum hydride
  alkoxygermane reduction by, **2**, 441
  germanium–carbon bond cleavage by, **2**, 416
  halogermane reduction by, **2**, 423
  hydralumination with, **1**, 626, 644
  hydrazido tungsten reduction by, **8**, 1091
  reaction with (η^5-benzenetriamine)tricarbonyl-manganese, **4**, 120
  reaction with 1-chloro-1-alkynes, **7**, 389
  reaction with ethylene, **1**, 558
  reaction with organotin halides, **2**, 560
Lithium amides
  metallating agent, **1**, 97
Lithium aminocuprates
  oxidation, **7**, 58
Lithium 7b*H*-indeno[1,2,3-*j,k*]fluorenide
  structure in solid state, **1**, 83
Lithium bis(trimethylsilyl)amide, **7**, 594
Lithium bromide
  catalysts
    organocadmium reagents and, **7**, 670
Lithium *t*-butylbis(dimethylamino)berylate, **1**, 140
Lithium *n*-butyldiisopinocampheyl borohydride
  asymmetric reduction of ketones with, **7**, 249
Lithium butyldimethylmagnesate, **1**, 221
Lithium carbide
  C_5Li_4, **1**, 45
Lithium chloride
  complex with ethylaluminum dichloride, **1**, 613
Lithium compounds
  alkaline earth, **1**, 237
  imino
    silylation, **7**, 632
  as metallating agents, **1**, 55
  unsymmetric allylic
    preparation by transmetallation, **1**, 61
Lithium cyanomethylcuprate
  reaction with allylic epoxides, **7**, 708
Lithium decacarbonyltricobaltate
  reaction with chlorodiphenylphosphine, **5**, 41
  reaction with dichlorobis(η-cyclopentadienyl)-titanium, **3**, 377
Lithium dialkylcuprates
  reaction with alkynes, **7**, 717
Lithium di-*n*-butylcuprate
  substitution reactions, **7**, 702
Lithium dibutyltrihydrodimagnesate
  preparation, **1**, 209
Lithium diethylhydridoberylate, **1**, 141
Lithium dihydridodimethylmagnesate
  preparation, **1**, 209
Lithium diisobutylhydridoberylate, **1**, 141, 142
Lithium diisobutylmethylaluminum hydride
  anti hydralumination of alkynes by, **1**, 661
  reaction with alkynes, **7**, 389
Lithium diisopropylamide
  reactions, **7**, 54
  reaction with carbonyl compounds, **7**, 25
Lithium,{2-[(dimethylamino)methyl]-5-methylphenyl}-
  configurational stability, **1**, 74
Lithium dimethylcuprate
  structure, **7**, 701
Lithium diphenylphosphide
  reaction with bromotriethylgermane, **2**, 458
Lithium enolates
  preparation from silyl enol ethers, **7**, 556
Lithium germanolates, **2**, 437
Lithium halides

Lithium halides
   reaction with arynes, **7**, 81
Lithium hydride
   triethylgallium adduct, **1**, 711
Lithium hydridodiphenylberylate
   complex with diethyl ether, **1**, 142
Lithium hydridotrimethylgallate
   preparation, **1**, 711
Lithium B-3-isopinocampheyl-9-BBN hydride
   asymmetric reduction of ketones with, **7**, 248, 249
Lithium magnesate compounds
   reactions, **1**, 222
Lithium methyldiisopinocampheyl borohydride
   asymmetric reduction of ketones with, **7**, 249
Lithium nonacarbonyl(oxymethynyl)tricobaltate
   reaction with chlorodiphenylphosphine, **5**, 165
   reaction with cyclopentadienyl metal halides, **5**, 164
Lithium organocuprates
   mixed
      reaction with $\alpha\beta$-unsaturated ketones, **7**, 714
   in organic syntheses, **7**, 701–716
   thermal and oxidative dimerization, **7**, 701
Lithium pentakis(tetrahydroborate)hafnate
   preparation, **6**, 901
Lithium pentakis(tetrahydroborate)zirconate
   preparation, **6**, 901
Lithium phenyldiisopinocampheyl borohydride
   asymmetric reduction of ketones with, **7**, 249
Lithium phosphides
   preparation, **7**, 57
Lithium selenolates
   preparation, **7**, 57
Lithium tetra-1-butylaluminate
   reaction with aldehydes, **7**, 413
   reaction with benzyloxirane, **7**, 426
Lithium tetra-n-butylborate
   reaction with benzyl chloride, **7**, 288
Lithium tetraethylaluminate
   oligomerization catalyst, **1**, 559
   reaction with aldehydes, **7**, 413
Lithium tetra-1-hexylaluminate
   reaction with allylic halides, **7**, 401
Lithium tetrakis(2,6-dimethoxyphenyl)vanadate, **3**, 658
Lithium tetrakis(dimethylphenylsilyl)mercurate, **2**, 102
Lithium tetrakis(trimethylsilyl)mercurate, **2**, 102
Lithium tetrakis[(trimethylsilyl)methyl]manganate
   preparation, **4**, 70
Lithium tetramethylaluminate
   formation, **1**, 612
   reaction with aldehydes, **7**, 413
   reaction with chlorobis(η-cyclopentadienyl)titanium, **3**, 325
Lithium tetramethylaluminates
   reaction with aldehydes, **7**, 415
Lithium tetramethylberylate, **1**, 140
Lithium tetramethylmanganate
   etherate

      preparation, **4**, 70
Lithium 2,2,6,6-tetramethylpiperidide
   reactions, **7**, 54
Lithium tetramethylzincate, **2**, 844
Lithium tetrasilylgallate
   preparation, **2**, 104
Lithium 2-thexyl-4,8-dimethyl-2-borabicyclo[3.3.1]nonyl hydride
   asymmetric reduction of ketones with, **7**, 249
Lithium thiolates
   preparation, **7**, 57
Lithium thiophenolate
   reaction with alkylidynenonacarbonyltricobalt, **5**, 172
Lithium trialkylborohydrides
   preparation, **1**, 297
Lithium tricycloalkylaluminum hydrides
   preparation, **1**, 634
Lithium triethylborohydride
   reactions with (benzoylacetyl)pentacarbonylmanganese, **4**, 92
Lithium triisobutyl-n-butylaluminate
   carbonyl compound reductions by, **7**, 423
Lithium trimesitylmagnesate, **1**, 221
Lithium trimethylaluminum hydride
   reaction with alkynes, **7**, 391
Lithium triphenylmagnesate, **1**, 221
   structure, **1**, 221
Lithium tris(t-butoxy-t-butyl)berylate, **1**, 140
Lithium vapour
   in synthesis of polylithium compounds, **1**, 64
Lithium vinylcuprates
   preparation
      from 1-alkynes, **7**, 717
($\pm$)-α-Lithoic acid
   synthesis, **8**, 847
Localization energies
   diene–metal complexes, **3**, 47
Localized bonding
   in transition metal alkene complexes, **3**, 51
Localized valence-bond structures
   in boranes, **1**, 466
Locoselectivity
   carboalumination, **1**, 639
   in organoaluminum reactions, **1**, 636
Loganin
   asymmetric synthesis
      hydroboration in, **7**, 246
   synthesis, **8**, 853
Lorentzian line shape
   NMR
      organometallic compounds, **3**, 93
Low density polyethylene
   production using Ziegler–Natta catalysts, **3**, 543
Lutetium
   carbonyl fluoro, **3**, 180
   ions
      properties, **3**, 175
   tris[(trimethylsilyl)methyl], **3**, 199
Lutetium complexes
   bis(cyclopentadienyl) hydrocarbyl complexes, **3**, 202
   tetrakis(hydrocarbyl) anions, **3**, 197, 198
   tris(cyclopentadienyl), **3**, 180

M

Macrocycles
   dinuclear iron–carbonyl complexes, **4**, 581
Macrolides
   synthesis, **7**, 595; **8**, 832
Magnesiacyclohexane
   structure in solution, **1**, 204
Magnesiopyridine, halogeno-
   preparation, **1**, 165
Magnesium
   activated
      preparation from magnesium chloride and potassium, **1**, 157
   aluminum alloys
      reaction with triorganoaluminum compounds and organic halides, **1**, 631
   coordination number in Grignard reagents, **1**, 180
   in dinitrogen reduction by dinitrogen vanadium complexes, **8**, 1083
   films
      in preparation of Grignard reagents, **1**, 158
   hexamethyldisilazane derivatives, **2**, 128
   in preparation of symmetrical diorganomercurials, **2**, 895
   purity and activation
      in direct preparation of Grignard reagents, **1**, 156
   reaction with 1-bromoadamantane
      mechanism, **1**, 162
   reaction with bromocyclopentane
      mechanism, **1**, 162
   reaction with 6-bromohexene
      mechanism, **1**, 162
   reaction with organic halides
      mechanism, **1**, 160–163
   reaction with organohalogermane, **2**, 423
   surface
      preparation of Grignard reagents and, **1**, 160
   tin salt reaction with iodomethane and, **2**, 999
   transition metal carbonyl derivatives, **6**, 999
   transition metal compounds, **6**, 983–1039, 1011–1039
      properties, **6**, 1037
Magnesium, 2-alkenylhalogeno-
   reaction with double bonds, **1**, 167
Magnesium, alkoxyalkyl-
   reaction with carbonyl compounds, **7**, 27
   structure, **1**, 212
Magnesium, alkoxyallyl-
   reaction with alkenes, **1**, 211
Magnesium, alkyl(dialkylamino)-
   reaction with carbonyl compounds, **7**, 27
Magnesium, allylphenoxy-
   reaction with alkenes, **1**, 211
Magnesium, bis(*t*-butyl)-
   thermal decomposition, **1**, 206
Magnesium, bis(cyclopentadienyl)-
   preparation, **3**, 337
   structure, **1**, 203
Magnesium, bis(cyclopentylmethyl)-
   preparation by reaction of magnesium with bis(5-hexenyl)mercury, **1**, 206
Magnesium, bis[dicarbonyl(cyclopentadienyl)iron]-
   adduct with tetrahydrofuran
      reduction, **6**, 1038, 1039
Magnesium, bis[dicarbonyl(cyclopentadienyl)iron]bis(pyridine)-
   structure, **6**, 1012
Magnesium, bis[dicarbonyl(cyclopentadienyl)iron]bis(tetrahydrofuran)-
   properties, **6**, 1038
   structure, **6**, 1012, 1013
Magnesium, bis(indenyl)-
   structure, **1**, 203
   thermal decomposition, **1**, 206
Magnesium, bis(mesitylene)-
   thermal decomposition, **1**, 206
Magnesium, bis(neopentyl)-
   exchange reactions with diphenylmagnesium, **1**, 206
   gas phase structure, **1**, 205
Magnesium, bis(3-neopentylallyl)-
   structure in solution, **1**, 205
Magnesium, bis(pentacarbonylmanganese)tetrakis(tetrahydrofuran)-
   catalyst in preparation of dimethyl ether, **6**, 1039
Magnesium, bis(pentafluorophenyl)-
   preparation, **1**, 201
Magnesium, bis(phenylethynyl)tetrakis(tetrahydrofuran)-
   structure, **1**, 203
Magnesium, bis(tetracarbonylcobalt)-
   complex with tetrahydrofuran
      structure, **6**, 1012
   structure, **6**, 1013
Magnesium, bis[tricarbonyl(cyclopentadienyl)molybdenum]tetrakis(pyridine)-
   structure, **6**, 1012
Magnesium, bis[tricarbonyl(methyldiphenylphosphine)cobalt]tetrakis(tetrahydrofuran)-
   catalyst in hydroformylation of 1-hexene, **6**, 1039
Magnesium, bis(trimethylsilyl)-, **2**, 101
Magnesium, bis(triphenylstannyl)-
   preparation, **2**, 560
Magnesium, bromobis(diethyl ether)phenyl-
   structure, **1**, 178
Magnesium, bromo(*t*-butoxy)(diethyl ether)-
   dimer
      structure, **1**, 212
Magnesium, bromo(cyclopentadienyl)(tetraethylethylenediamine)-
   structure, **1**, 180
Magnesium, bromo((diphenylphosphinyl)alkyl)-

Magnesium

  reaction with bromopentacarbonylrhenium, **4**, 222
Magnesium, bromoethylbis(diethyl ether)-
  structure, **1**, 178
Magnesium, bromoethyl(isopropyl ether)-
  dimer, **1**, 179
Magnesium, bromoethyl(triethylamine)-
  dimer, **1**, 179
Magnesium, bromomethyltris(tetrahydrofuran)-
  structure in solid state, **1**, 179
Magnesium, bromo(pentaflurophenyl)-
  reaction with palladium dichloride, **6**, 307
Magnesium, bromophenylbis(tetrahydrofuran)-
  structure in solid state, **1**, 179
Magnesium, 3-butenyl-
  derivatives
    preparation in reaction of cyclopropylmethyl halides with magnesium, **1**, 172
Magnesium, butyl(isopropoxy)-
  structure, **1**, 212
Magnesium, chloro(4-octyl)-
  isomerization, **1**, 192
Magnesium, chloro((2,2,3,3-tetramethylcyclopropyl)methyl)-
  stability, **1**, 173
Magnesium, chloro[(trimethylsilyl)methyl]-
  reaction with vinyl halides, **7**, 524
Magnesium, chloro(triorganolead)-
  preparation, **2**, 668
Magnesium, cyclopentadienylmethyl-
  preparation, **1**, 201
Magnesium, dialkyl-
  addition to alkenes, **7**, 4
  addition to alkynes, **7**, 4
  reaction with alcohols, **7**, 56
Magnesium, diallyl-
  solid
    IR and Raman spectra, **1**, 202
    structure in solution, **1**, 205
Magnesium, dibutyl-
  preparation, **1**, 201
Magnesium, di-s-butyl-
  preparation, **1**, 200
Magnesium, di-t-butyl-
  preparation, **1**, 198
Magnesium, dicyclopentadienyl-
  η^5-cyclopentadienyl metal compound preparation from, **1**, 207
  gas phase structure, **1**, 205
  preparation, **1**, 200
  structure in solution, **1**, 204
  thermal decomposition, **1**, 206
Magnesium, diethyl-
  diethyl ether system
    phase diagram, **1**, 202
  1-hexyne metallation by, **1**, 206
  preparation, **1**, 198, 201
  Raman spectra, **1**, 204
  reaction with benzylideneaniline, **1**, 216
  thermal decomposition, **1**, 206
    in presence of diethyl ether, **1**, 206
Magnesium, di-1-hexynyl-
  preparation, **1**, 200
Magnesium, diindenyl-
  preparation, **1**, 200
Magnesium, dimethyl-
  gas phase structure, **1**, 205
  structure, **1**, 16
  structure in solution, **1**, 203
  thermal decomposition, **1**, 205
Magnesium, (dimethyl ether)dimethyl-
  thermal decomposition, **1**, 206
Magnesium, dipentyl-
  preparation, **1**, 200
Magnesium, diphenyl-
  exchange reactions with bis(neopentyl)magnesium, **1**, 206
  structure in solution, **1**, 203
  thermal decomposition, **1**, 206
Magnesium, (1,1-diphenylethoxy)methyl-
  structure, **1**, 213
Magnesium, divinyl-
  preparation, **1**, 199
Magnesium, ethoxyethyl-
  preparation, **1**, 210, 212
Magnesium, ethylfluorenyl-
  preparation, **1**, 201
Magnesium, ethylhydrido-
  formation, **1**, 208
Magnesium, (1-ethyl-1-methyl-propyloxy)methyl-
  preparation, **1**, 210
Magnesium, ethynylenebis(halo-, **1**, 163
Magnesium, ethynylhalo-
  preparation, **1**, 163
Magnesium, halo(perfluorophenyl)-
  preparation, **1**, 175
Magnesium, halo(trifluoromethyl)-
  preparation, **1**, 174
Magnesium, hydridophenyl-
  structure, **1**, 208
Magnesium, methylcyclopentadienyl-
  structure, **1**, 203
Magnesium, (perfluoropropyl)iodo-
  preparation, **1**, 175
Magnesium, polymethylenebis(bromo-
  reaction with (η-pentamethylcyclopentadienyl)diiodo(triphenylphosphine)rhodium, **5**, 407
Magnesium, stannyl-
  preparation, **2**, 532
Magnesium, (tetracarbonylcobalt)halo-
  structure, **6**, 1013
Magnesium, trichloro(ethyl)tris(tetrahydrofuran)bis-
  tetramer, **1**, 179
Magnesium acetylides
  reaction with acylsilanes, **7**, 636
Magnesium alkyls
  preparation by electrolysis of aluminate complexes, **1**, 656
  in preparation of ethylene polymerization catalysts, **3**, 529
Magnesium amide
  polymeric, **7**, 80
Magnesium atoms
  cocondensation with alkyl halides, **1**, 158
Magnesium bis(tetramethylaluminate)
  structure, **1**, 17, 223
Magnesium bis(trimethylzincate), **1**, 222
Magnesium bridges
  dinuclear dicarbonyl(η-cyclopentadienyl)iron complexes, **4**, 591
Magnesium bromide, mesityl-
  reaction with η^3-allylnickel bromide, **6**, 44
Magnesium bromo(pentafluorophenyl)-
  thermolysis, **1**, 188
Magnesium chloride
  anhydrous 'activated'
    diorganylmagnesium preparation from, **1**, 199
  as catalyst in polymerization
    stereoselection and, **3**, 542
  propylene polymerization catalysts based on, **3**, 519

structure, **3**, 519
in Ziegler–Natta catalysts, **3**, 522
Magnesium compounds
  diorgano
    reaction with three-coordinated organoboranes, **1**, 284
    supported Ziegler–Natta catalysts from, **3**, 528
  transmetallations from
    organopalladium complexes in, **8**, 857
  in Ziegler–Natta catalysts, **7**, 447
Magnesium halides
  supported catalysts
    for alkene polymerization, **3**, 521
  supported Ziegler–Natta catalysts from, **3**, 527
Magnesium hydride
  formation in preparation of Grignard reagents, **1**, 160
  reaction with alkenes, **1**, 201
Magnesium hydroxide
  ethylene polymerization catalysts based on, **3**, 526
  vanadium complex
    dinitrogen reduction and, **8**, 1085
  –vanadium(II) complex
    in dinitrogen reduction, **8**, 1084
Magnesium iodide
  reaction with platinum(II)–carbon σ-compounds, **6**, 555
Magnesium oxide
  ethylene polymerization catalysts based on, **3**, 526
  reaction with titanium tetrachloride, **3**, 529
    catalyst for ethylene polymerization, **3**, 526
Magnesium phosphides
  preparation, **7**, 57
Magnesium salts
  catalysts
    organocadmium reagents and, **7**, 670
Magnesium selenolates
  preparation, **7**, 57
Magnesium slurry
  in direct preparation of Grignard reagents, **1**, 157
Magnesium tetramethylzincate, **1**, 222
Magnesium thiolates
  preparation, **7**, 57
Magnetic studies
  hexacarbonylvanadium, **3**, 650
Magnetic susceptibility
  alkyltris(cyclopentadienyl)uranium, **3**, 245
  bis(cyclooctatetraene) actinide complexes, **3**, 233
Magnetism
  actinides and lanthanides, **3**, 177
Maleic acid
  dialkyl esters
    preparation by oxacarbonylation, mechanism, **8**, 204
  dimethyl ester
    isomerization, catalysis by ruthenium complexes, **4**, 944
  epoxidation
    supported catalysts in, **8**, 560
  hydrogenation
    ruthenium cyclometallated phosphine derivatives in, **4**, 737
  ruthenium complexes, **4**, 741
Maleic acid, hexamethyl-
  palladium complexes, **6**, 465
Maleic anhydride
  reaction with nickel alkene complexes, **6**, 117
  reaction with nitrosyltris(triphenylphosphine)cobalt, **5**, 177
  reaction with (octadiene)(η^3-octenyl)cobalt, **5**, 222
  reaction with organoaluminum compounds, **7**, 408
Maleic anhydride, 2,3-bis(diphenylphosphino)-
  reaction with octacarbonyldicobalt, **5**, 31
Maleimidates
  reaction with platinum(II) olefin complexes, **6**, 669
Maleimides
  preparation by azacarbonylation, **8**, 185
Maleonitrile
  preparation, **8**, 354
Malonates
  bis(trimethylsilyl)
    thermolysis, **2**, 160
  industrial synthesis, **8**, 79
  reaction with (cycloocta-1,5-diene)palladium halide complexes, **6**, 379
Malondialdehyde, aryl-
  tetramethyl acetal
    preparation from cinnamaldehydes, **7**, 479
Malondialdehyde, phenyl-
  bis(dimethyl acetal)
    preparation, **7**, 469
Malonic acid
  diethyl ester
    industrial synthesis, **8**, 82
    reaction with bis(π-allylpalladium chloride), **8**, 814
  synthesis
    carbon dioxide in, **8**, 228
Malonic acid, bromo-
  ethyl ester
    reaction with alkylcobaloximes, **5**, 121
Malonic acid, diethyl keto-
  reaction with dicarbonylbis(η-cyclopentadienyl)titanium, **3**, 289
Malonic acid, di(ferrocenylmethyl)-
  annulation reactions, **8**, 1024
Malonic acid, vinyl-
  decarboxylation, **8**, 811
Malonodinitrile
  reaction with palladium(II) isocyanide complexes, **6**, 292
Malononitrile
  reaction with aquohydroxocobalt(III) complexes, **5**, 86
  reaction with carbonylhalomanganese complexes, **4**, 55
Malonyl chloride, 2,2-dimethyl-
  reaction with organoaluminum compounds, **7**, 407
Manganaboranes
  structure, **1**, 506
Manganacarboranes
  preparation, **1**, 517
Mangana-*nido*-hexaborane, tricarbonyl-
  preparation, **1**, 488
2-Manganahexaborane, tricarbonyl-
  preparation, **1**, 498
2-Manganahexaborate, 1-bromotricarbonyl-
  preparation, **6**, 925
2-Manganahexaborate, pentacarbonyloctahydro-
  preparation, **6**, 927
2-Manganahexaborate, tricarbonyldecahydro-

preparation, **6**, 925
2-Manganahexborate, tricarbonylnonahydro-
preparation, **6**, 925
Manganaphosphadodecaborane, tricarbonyl-
phenyl-
anion
preparation, **1**, 528
Manganate, (η-cyclopentadienyl)(trichlorog-
ermyl)bis(trifluorophosphine)-
preparation, **4**, 125
Manganate, (η-cyclopentadienyl)(trichloros-
tannyl)bis(trifluorophosphine)-
preparation, **4**, 125
Manganate, dicarbonyl(η-cyclopentadienyl)-
phenylphosphine salt, **4**, 127
Manganate, dicarbonyl(η-cyclopentadienyl)(di-
phenylphosphino)-
preparation, **4**, 128
Manganate, pentacarbonyl-
electrochemical reduction, **4**, 27
Manganate, tetracarbonyl-
preparation, **4**, 23
Manganates
carbonyl, **4**, 23
Manganates, bis(N,N-dimethylbenzylamine)di-
iodo-
preparation, **4**, 70
Manganates, (borane)pentacarbonyl-
preparation, **6**, 882
Manganates, (borane)tetracarbonyl(triphenyl-
phosphine)-
preparation, **4**, 28
properties, **6**, 882
Manganates, (cyclopentadienyl)cyanobis(ethyl
isocyanide)-
preparation, **4**, 149
Manganates, (cyclopentadienyl)tricyano-
alkylation, **4**, 149
Manganates, dicarbonyl(η-cyclopentadienyl)-
triphenyltriphosphine salt, **4**, 127
Manganates, dicarbonyl(η-methylcyclopentadi-
enyl)(diphenylphosphino)-
preparation, **4**, 128
Manganates, hexacarbonyltrichlorodi-
tetraethylammonium salt
preparation, **4**, 59
Manganates, nonacarbonyldi-
preparation, **4**, 68
Manganates, nonacarbonylhydridodi-
preparation, **4**, 26
Manganates, pentacarbonyl-
basicity, **4**, 28
reaction with alkyl halides, **4**, 72
reaction with 1,3-dibromopropane, **4**, 16
reaction with perfluoroalkyl halides, **4**, 72
structure, **4**, 27
Manganates, pentacarbonyl(pentacarbonylchro-
mium)-
preparation, **4**, 29
Manganates, pentacarbonyl(tetracarbonyliron)-
preparation, **4**, 29
Manganates, pentacarbonyl(triphenylborane)-
properties, **6**, 882
Manganates, tetracarbonyldihalo-
properties, **4**, 59
Manganates, tetracarbonyldiiodo-
tetraethylammonium salt
preparation, **4**, 59
Manganates, tetracarbonylhydrido(triphen-
ylsilyl)-
preparation, **4**, 68
Manganates, tetracarbonyl(methyl isocyanide)-
preparation, **4**, 148
Manganates, tetracarbonyl(trimethyl phosphite)-
preparation, **4**, 24
Manganates, tetracarbonyl(triphenylphosphine)-
preparation, **4**, 24
structure, **4**, 27
Manganates, tetradecacarbonyltri-
preparation, **4**, 23, 26
Manganates, tricarbonylbis(methyl isocyanide)-
preparation, **4**, 148
Manganates, tricarbonylbis(trimethyl phosphite)-
preparation, **4**, 24
Manganates, tricyano(η-cyclopentadienyl)-
preparation, **4**, 125
Manganates (borane)pentacarbonyl-
preparation, **4**, 28
Manganatricarbaheptaborane, tricarbonyl-
structure, **1**, 470
Manganatricarbaheptaborane, tricarbonylmethyl-
preparation, **1**, 493
1,2,3,4-Manganatricarbaheptaborane, 1,1,1-tri-
carbonyl-2-methyl-
preparation, **1**, 461
Manganese
arene carbonyl complexes
cations, nucleophilic addition reactions, **8**,
1032
arene complexes
reaction with tributylphosphine, **8**, 1034
arsacarborane derivatives, **1**, 549
chromium compounds, **6**, 771
cobalt compounds, **6**, 781
IR spectra, **6**, 795
dicarbonylcyclopentadienyl dinitrogen complex
methyllithium nucleophilic attack, **8**, 1081
dimethyldiazene complex, **8**, 1099
dinitrogen complexes, **8**, 1098–1101
reaction with methyllithium, **8**, 1099
reaction with phenyllithium, **8**, 1099
reactivity, **8**, 1099
gold compounds, **6**, 777
reaction with halogens, **6**, 821
Group IV derivatives, **6**, 1065, 1066
hexamethyldisilazane derivatives, **2**, 129
iron compounds, **6**, 772, 774, 781, 786, 787
cleavage reactions, **6**, 819
oxidation–reduction, **6**, 816
protonation, **6**, 814
substitution reactions, **6**, 809
lanthanide bonds
complexes, **3**, 207
molybdenum compounds, **6**, 779
nickel compounds, **6**, 771, 772
pentacarbonylmethyl-
reaction with bis(η-cyclopentadienyl)hydri-
dorhenium, **4**, 222
phenyldiazene complex, **8**, 1099
phospha- and arsa-carborane derivatives, **1**, 549
platinum compounds, **6**, 784, 785, 787
ESR spectroscopy, **6**, 800
rhenium compounds, **6**, 774, 778, 779, 784, 787
homolytic cleavage, **6**, 817
IR spectra, **6**, 795
mass spectrometry, **6**, 790
oxidation–reduction, **6**, 816
photolysis, **6**, 817

reaction with halogens, **6**, 821
substitution reactions, **6**, 808
UV spectra, **6**, 793
ruthenium complexes, **4**, 924
stanylene complexes, **6**, 1070
transition metal carbonyl derivatives, **6**, 999
Manganese, (acetato)dicarbonylbis(triphenylphosphine)-
preparation, **4**, 61
Manganese, (acetonitrile)dicarbonyltris(trimethyl phosphite)-hexafluorophosphate
reaction with trimethyl phosphite, **4**, 40
Manganese, (acetonitrile)pentacarbonyl-hexafluorophosphate
ligand displacement reactions, **4**, 39
Manganese, [(acetylacetone)indium]bis(pentacarbonyl-
preparation, **6**, 964
Manganese, acetyldicarbonyl{bis[2-(dimethylphosphino)ethyl]phenylphosphine}-
preparation, **4**, 75
Manganese, acetylpentacarbonyl-
cleavage
by bromine, **4**, 88
kinetics, **4**, 89
decarbonylation, **4**, 75, 99
matrix immobilized
photolysis, **4**, 86
preparation, **4**, 68, 71
reaction with dicyclopentadiene, **4**, 76
reaction with halogens, **4**, 44
Manganese, acetyltetracarbonyl(isocyanide)-
preparation, **4**, 148
Manganese, acetyltetracarbonyl(triphenylphosphine)-
alkylation, **4**, 41
isomerization, **4**, 74
reaction with trityl tetrafluoroborate, **4**, 41
Manganese, acetyltricarbonylbis(trimethyl phosphite)-
alkylation, **4**, 41
Manganese, acetyltricarbonyl{tris[2-(diphenylphosphino)ethyl]phosphine}-
preparation, **4**, 75
Manganese, acylpentacarbonyl-
decarbonylation, **4**, 101
Manganese, (η-alkylcyclopentadienyl)(η^6-alkylcycloheptatriene)-
preparation, **4**, 115
Manganese, (η-alkylcyclopentadienyl)(η-alkylcycloheptatrienyl)-
cation
preparation, **4**, 115
Manganese, (η-alkylcyclopentadienyl)(η^6-cycloheptadiene)-
preparation, **4**, 115
Manganese, (η-alkylcyclopentadienyl)(η-cycloheptadienyl)-
cation
preparation, **4**, 115
Manganese, (η-alkylcyclopentadienyl)iodonitrosyl(triphenylphosphine)-
stability, **4**, 134
Manganese, alkylpentacarbonyl-
carbonylation, **4**, 100
Manganese, allylpentacarbonyl-
cleavage by acids, **4**, 88
σ-π interconversion, **4**, 91
Manganese, (η^1-allyl)pentacarbonyl-
preparation, **4**, 115
Manganese, (η^2-allyl)pentacarbonyl-
cations
preparation, **4**, 41
Manganese, (η-allyl)tetracarbonyl-
preparation, **4**, 91, 113, 115, 116
Manganese, (η^3-allyl)tetracarbonyl-
preparation, **4**, 90
Manganese, (η-allyl)tricarbonyl(triphenylphosphine)-
preparation, **4**, 117
Manganese, (ammine)(carbamoyl)tetracarbonyl-
preparation, **4**, 35
Manganese, (ammine)carbamoyltricarbonyl(triphenylphosphine)-
preparation, **4**, 57
Manganese, (ammine)tricarbonyl(octahydrotriborate)-
preparation, **6**, 917
Manganese, aquatetracarbonylchloro-
preparation, **4**, 34
Manganese, aquatetracarbonyl(triphenylphosphine)-
tetrafluoroborate
ligand replacement reactions, **4**, 41
Manganese, arene-
reaction with organolithium compounds, **7**, 11
Manganese, (η-arene)(η-cyclopentadienyl)-
cation
preparation, **4**, 113
Manganese, (arenediazo)dicarbonyl(η-methylcyclopentadienyl)-
formation, **4**, 129
Manganese, (η-arene)dicarbonyl(isocyanide)-
cation
preparation, **4**, 149
Manganese, (η-arene)tricarbonyl-
cation
arene displacement reactions, **4**, 39
preparation, **4**, 113, 118
properties, **4**, 118
reaction with amines, **4**, 119
reaction with cyanides, **4**, 120
reaction with methoxides, **4**, 119
reaction with tributylphosphine, **4**, 120
Manganese, azidotricarbonylbis(triphenylphosphine)-
preparation, **4**, 61
Manganese, benzenecyclopentadienyl-
ionization energy, **3**, 30
preparation, **4**, 115
Manganese, (η-benzene)dicarbonylmethyl-
preparation, **4**, 118
Manganese, (η-benzene)(η-hexamethylbenzene)-
cation
preparation, **4**, 114
Manganese, (η^5-benzenetriamine)tricarbonyl-
reduction, **4**, 120
thermolysis, **4**, 120
Manganese, (η-benzene)tricarbonyl-
cations
preparation, **4**, 118
perchlorate
reduction, **4**, 118
Manganese, (benzoylacetyl)pentacarbonyl-
reaction with lithium triethylborohydride, **4**, 92
Manganese, benzoyldicarbonyltris[2,2-bis(hydroxymethyl)1-butanol phosphite]-

Manganese

Manganese,
  preparation, **4**, 75
Manganese, benzoylpentacarbonyl-
  reaction with dicyclopentadiene, **4**, 76
Manganese, benzylpentacarbonyl-
  reaction with carbon monoxide, **4**, 75
  reaction with organometallic compounds, **4**, 79
Manganese, (2-benzylpyrrolyl)tricarbonyl-
  preparation, **4**, 138
Manganese, (η-biphenyl)(η-cyclopentadienyl)-
  preparation, **4**, 115
Manganese, [bis(acetonitrile)indium]bis(pentacarbonyl-
  preparation, **6**, 965
Manganese, bis(ammine)tricarbonylcyano-
  preparation, **4**, 60
Manganese, bis(ammine)tricarbonylisocyanato-
  preparation, **4**, 60
Manganese, bis(ammine)tetracarbonylchloride
  preparation, **4**, 35
Manganese, bis(aqua)tricarbonylchloro-
  preparation, **4**, 34
Manganese, bis(η-arene)-
  cation
    preparation, **4**, 113
Manganese, bis(η-benzene)-
  cation
    preparation, **4**, 113
Manganese, bis(cyclopentadienyl)-
  preparation, **4**, 3
Manganese, bis(η-cyclopentadienyl)halotrinitrosyldi-
  preparation, **4**, 136
Manganese, bis(η-cyclopentadienyl)iodotrinitrosyldi-
  preparation, **4**, 136
Manganese, bis(η-cyclopentadienyl)nitratotrinitrosyldi-
  preparation, **4**, 136
Manganese, bis(η-methylcyclopentadienyl)-
  gaseous
    structure, **4**, 114
  magnetic susceptibility, **4**, 114
  preparation, **4**, 114
Manganese, bis[methyliminobis(difluorophosphino)](η-cyclopentadienyl)-
  preparation, **4**, 125
Manganese, bis(neopentyl)-
  tetramer
    preparation, **4**, 69
Manganese, bis(η-pentamethylbenzene)-
  cation
    preparation, **4**, 114
Manganese, bis(η-pentamethylcyclopentadienyl)-
  magnetic and ESR data, **4**, 114
  oxidation, **4**, 114
  preparation, **4**, 114
  redox chemistry, **4**, 114
Manganese, [bis(pyridine)indium]bis(pentacarbonyl-
  preparation, **6**, 965
Manganese, bis[(trimethylsilyl)methyl]-
  polymer
    preparation, **4**, 69
Manganese, (borane)(η-cyclopentadienyl)bis(methyl isocyanide)nitrosyl-
  preparation, **4**, 149
Manganese, boranediylbis(tetracarbonyl)(ligand)-
  preparation, **6**, 894
Manganese, bromocarbonyltetrakis(phenyl isocyanide)-
  preparation, **4**, 142
  reaction with silver hexafluorophosphate, **4**, 143
Manganese, bromocarbonyltetrakis(trimethyl phosphite)-
  trans-
    preparation, **4**, 54
Manganese, bromodicarbonylbis(diphenylphosphino)-
  reaction with alkynes, **4**, 58
Manganese, bromodicarbonylbis(methyl isocyanide)(triphenylphosphine)-
  preparation, **4**, 143
Manganese, bromodicarbonyltris(methyl isocyanide)-
  preparation, **4**, 142
Manganese, bromopentacarbonyl-
  dissociation energy, **3**, 24
  exchange with carbon monoxide, **4**, 45
  preparation, **4**, 4
  reaction with bis(trimethylstannyl) sulfide, **4**, 107
  reaction with (diphenylphosphino)trimethylsilane, **4**, 107
  reaction with iodine, **4**, 45
  reaction with isocyanides, **4**, 141
  reaction with magnesium, **4**, 24
  reaction with methylenetriphenylphosphorane, **4**, 93
  reaction with (methylthio)trimethylsilane, **4**, 107
  reaction with silver perchlorate, **4**, 37
Manganese, bromopentakis(phenyl isocyanide)-
  preparation, **4**, 142
  reaction with silver hexafluorophosphate, **4**, 143
Manganese, bromotetracarbonyl[(dimethylamino)dimethylphosphine]-
  reaction with hydrogen chloride, **4**, 58
Manganese, bromotetracarbonyl(diphenylphosphino)-
  dehydrohalogenation, **4**, 58
Manganese, bromotetracarbonyl(methyl isocyanide)-
  reaction with phenyl isocyanide, **4**, 142
Manganese, bromotetracarbonyl(triphenylphosphine)-
  cis- and trans-
    preparation, **4**, 56
  reaction with trityl tetrafluoroborate, **4**, 41
Manganese, bromotricarbonylbis(isocyanide)-
  structure, **4**, 142
Manganese, bromotricarbonylbis(methyl isocyanide)-
  fac-
    X-ray diffraction, **4**, 142
Manganese, bromotricarbonylbis(triphenylphosphine)-
  mer,trans-
    preparation, **4**, 174
Manganese, bromotricarbonyl(methyl isocyanide)-(phenyl isocyanide)-
  fac-
    preparation, **4**, 142
Manganese, bromotricarbonyl(methyl isocyanide)-(triphenylphosphine)-
  fac-
    preparation, **4**, 143
Manganese, (η-butadiene)dicarbonylnitrosyl-
  preparation, **4**, 140

Manganese, butanoylpentacarbonyl-
    preparation, **4**, 91
Manganese, butenylpentacarbonyl-
    decarbonylation, **4**, 75
Manganese, (2-butenyl)pentacarbonyl-
    preparation, **4**, 116
Manganese, (*t*-butoxycarbonylmethyl)pentacarbonyl-
    reaction with hydrogen, **4**, 75
Manganese, (*t*-butyl isocyanide)tetracarbonyl(chlorobenzyl)-
    preparation, **4**, 148
Manganese, (2-butynyl)pentacarbonyl-
    reaction with alcohols, **4**, 117
Manganese, (carbon disulfide)bis[dicarbonyl(η-cyclopentadienyl)-
    preparation, **4**, 126
Manganese, (carbon disulfide)tetracarbonyl(tricyclohexylphosphine)(triphenylstannyl)-
    structure, **4**, 28
Manganese, carbonylbis(cyclobutene)-
    structure, **4**, 21
Manganese, carbonylchlorobis(methyl isocyanide)[bis(diphenylphosphino)ethylene]-
    preparation, **4**, 143
Manganese, carbonyl(η-cyclopentadienyl)bis(thiocarbonyl)-
    preparation, **4**, 126
Manganese, carbonyl(η-cyclopentadienyl)bis(triphenylphosphine)-
    preparation, **4**, 125
Manganese, carbonyl(η-cyclopentadienyl)(η^2-cyclooctane)(thiocarbonyl)-
    preparation, **4**, 126
Manganese, carbonyl(η-cyclopentadienyl)iodonitrosyl-
    stability, **4**, 134
Manganese, carbonyl(η-cyclopentadienyl)nitrosyl-
    dimer
        preparation, **4**, 136
Manganese, carbonylhydridotetrakis(trimethyl phosphite)-
    preparation, **4**, 117
Manganese, carbonyl isocyanide
    oxidation, **4**, 144
Manganese, carbonylmethyltetrakis(trimethyl phosphite)-
    preparation, **4**, 75
    reaction with bromine, **4**, 56
Manganese, carbonylpentakis(methyl isocyanide)-
    bromide
        preparation, **4**, 142
    cation
        oxidation, **4**, 145
Manganese, carbonylpentakis(phenyl isocyanide)-
    bromide
        preparation, **4**, 142
Manganese, carbonyltrinitrosyl-
    derivatives, **4**, 140
    preparation, **4**, 140
Manganese, (3-chloro-2-butenyl)pentacarbonyl-
    preparation, **4**, 116
Manganese, chlorodinitrosylbis[dimethoxy(phenyl)phosphino]-
    crystal structure, **4**, 140
Manganese, chloropentakis(chlorophenyl isocyanide)-
    reaction with silver hexafluorophosphate, **4**, 143
Manganese, (chlorothallium)bis(pentacarbonyl)-
    preparation, **6**, 975
Manganese, cycloheptatrienyltricarbonyl-
    reaction with tertiary phosphines, **8**, 1035
Manganese, (μ-cyclopentadiene)bis[dicarbonyl(η-cyclopentadienyl)-
    preparation, **4**, 125
Manganese, (η^1-cyclopentadienyl)bis(η-cyclopentadienyl)tris(nitrosyl)di-
    preparation, **4**, 136
Manganese, (η-cyclopentadienyl)bis(methyl isocyanide)nitrosyl-
    reaction with sodium borohydride, **4**, 149
Manganese, (η-cyclopentadienyl)(η-methylcycloheptadienyl)-
    cation
        preparation, **4**, 115
Manganese, (η-cyclopentadienyl)nitrosyl(thiocarbonyl)di-
    dimer, **4**, 137
Manganese, (η-cyclopentadienyl)tris(carbonyl)-
    aromaticity, **3**, 46
Manganese, (cyclopentadienyl)tris(*p*-chlorophenyl isocyanide)-
    preparation, **4**, 149
Manganese, (cyclopentadienyl)tris(pentachlorophenyl isocyanide)-
    preparation, **4**, 149
Manganese, (cyclopentadienyl)tris(phenyl isocyanide)-
    preparation, **4**, 149
Manganese, (η-cyclopentadienyl)tris(thiocarbonyl)-
    preparation, **4**, 125, 126
Manganese, (η-cyclopentadienyl)tris(trifluorophosphine)-
    preparation, **4**, 125
Manganese, decacarbonyldi-
    bidentate ligand derivatives, **4**, 13
    chemical properties, **4**, 7
    disubstitution derivatives, **4**, 171
    electrochemistry, **4**, 27
    electronic absorption spectra, **6**, 791
    geometry, **3**, 17
    IR spectrum, **4**, 7
    mass spectrum, **4**, 7
    mercury insertion reactions, **6**, 995
    monodentate ligand derivatives, **4**, 11
    physical properties, **4**, 7
    preparation, **4**, 3, 6
    Raman spectrum, **4**, 7
    reaction with acetylene, **4**, 123
    reaction with amines, **4**, 25
    reaction with azulene, **4**, 122
    reaction with 2,2-bis(hydroxymethyl)-1-butanol phosphite, **4**, 63
    reaction with 3,5-dimethylheptylene, **4**, 123
    reaction with diphenyltellurium, **4**, 110
    reaction with Group V and VI donor ligands, **4**, 10
    reaction with hydrogen, **4**, 62
    reaction with iodine, **4**, 45
    reaction with ligands, **4**, 9
    reaction with magnesium and 1,2-bromoethane, **4**, 24
    reaction with nitrosodurene, **4**, 22
    reaction with nitrosyl chloride, **4**, 44
    reaction with organoboron compounds, **4**, 24
    reaction with phosphines, **4**, 25
    reaction with potassium hydroxide, **4**, 25
    reaction with THF, **4**, 25
    reaction with triphenylarsine, **4**, 110
    reaction with triphenylphosphine and iodine, **4**, 19

Manganese

reaction with tropone, **4**, 123
structure, **4**, 7
Manganese, decacarbonyl(hexahydrodiborate)-
 hydridotri-
  structure, **6**, 914
Manganese, dibenzyl-
 dioxane complex
  preparation, **4**, 70
Manganese, dicarbonyl(η-alkylcyclopentadienyl)-
 (η-methylene)-
  preparation, **4**, 130
Manganese, dicarbonyl(η-alkylcyclopentadienyl)-
 nitrosyl-
  cation
   nucleophilic reactions, **4**, 134
Manganese, dicarbonyl(η-alkylcyclopentadienyl)-
 (tetrahydrofuran)-
  reaction with diazo compounds, **4**, 130
  reaction with diazomethane, **4**, 130
  synthesis, **4**, 125
Manganese, dicarbonyl(η^4-bicyclo[2.2.1]hepta-
 diene)bis(triisopropyl phosphite)-
  sulfonate
   preparation, **4**, 117
Manganese, dicarbonylbis(η-alkylcyclopenta-
 dienyl)(carbene)di-
  preparation, **4**, 130
Manganese, dicarbonylbis[1,2-bis(diphenylphos-
 phino)ethane]-
  chloride
   preparation, **4**, 36
  perchlorate
   trans-, oxidation, **4**, 42
Manganese, dicarbonylbis[*o*-(dimethylarsino)ani-
 line]-
  bromide
   preparation, **4**, 36
Manganese, dicarbonylbis[2-(diphenylarsino)eth-
 ylamine]-
  bromide
   preparation, **4**, 36
Manganese, dicarbonylcarbyne(η-cyclopentadi-
 enyl)-
  preparation, **4**, 130
Manganese, dicarbonylchloro(methyl isocyanide)-
 [bis(diphenylphosphino)ethylene]-
  preparation, **4**, 143
Manganese, dicarbonylcyano(η-arene)-
 alkylation, **4**, 149
 carbonyl substitution, **4**, 149
Manganese, dicarbonyl(η^4-1,5-cyclooctadiene)bis-
 (triisopropyl phosphite)-
  sulfonate
   preparation, **4**, 117
Manganese, dicarbonyl(η-cyclopentadienyl)-, **4**, 208
Manganese, dicarbonyl(η-cyclopentadienyl)-
 (acetyldiphenylphosphine)-
  preparation, **4**, 128
Manganese, dicarbonyl(η-cyclopentadienyl)(al-
 kene)-
  reactions, **4**, 125
Manganese, dicarbonyl(η-cyclopentadienyl)(ben-
 zoylphenylcarbene)-
  stucture, **4**, 130
Manganese, dicarbonyl(η-cyclopentadienyl)(ben-
 zyldichlorophosphine)-
  reaction with dicarbonyl(η-cyclopentadienyl)-
   cobalt, **4**, 128
Manganese, dicarbonyl(η-cyclopentadienyl)(η^2-
 carbon disulfide)-
  preparation, **4**, 126
Manganese, dicarbonyl(η-cyclopentadienyl)(chlo-
 rodiphenylphosphine)-
  preparation, **4**, 128
Manganese, dicarbonyl(η-cyclopentadienyl)(chlo-
 rophenylphosphino)-
  preparation, **4**, 127
Manganese, dicarbonyl(η-cyclopentadienyl)(cy-
 cloheptadiene)-
  preparation, **4**, 125
Manganese, dicarbonyl(η-cyclopentadienyl)[(cy-
 clohexylamino)phenylphosphino]-
  preparation, **4**, 127
Manganese, dicarbonyl(η-cyclopentadienyl)(cy-
 clooctatetraene)-
  preparation, **4**, 125
Manganese, dicarbonyl(η-cyclopentadienyl)(dial-
 kyl sulfide)-
  sulfide displacement reactions, **4**, 125
Manganese, dicarbonyl(η-cyclopentadienyl)-
 [(1,2-dialkylvinyl)phenylphosphino)]-
  preparation, **4**, 128
Manganese, dicarbonyl(η-cyclopentadienyl)(di-
 chlorophenylphosphine)-
  exchange reactions, **4**, 128
  reaction with acetyl acetone, **4**, 128
  reaction with nonacarbonyldiiron, **4**, 128
Manganese, dicarbonyl(η-cyclopentadienyl)(dini-
 trogen)-
  equilibrium with dicarbonyl(η-cyclopentadi-
   enyl)(tetrahydrofuran)manganese, **4**, 129
Manganese, dicarbonyl(η-cyclopentadienyl)(di-
 phenylcarbyne)-
  structure, **4**, 130
Manganese, dicarbonyl(η-cyclopentadienyl)(di-
 phenylketene)-
  preparation, **4**, 125
Manganese, dicarbonyl(η-cyclopentadienyl)(di-
 phenylphosphino)-
  preparation, **4**, 128
Manganese, dicarbonyl(η-cyclopentadienyl)-
 [(1,2-diphenylvinyl)phenylphosphino]-
  preparation, **4**, 125
Manganese, dicarbonyl(η-cyclopentadienyl)-
 (ethyldimethylthio)-
  cation, **4**, 125
Manganese, dicarbonyl(η-cyclopentadienyl)hydri-
 do(trichlorosilyl)-
  cis-
   preparation, **4**, 131
Manganese, dicarbonyl(η-cyclopentadienyl)(iodo-
 diphenylphosphine)-
  preparation, **4**, 128
Manganese, dicarbonyl(η-cyclopentadienyl)(iso-
 cyanide)-
  preparation, **4**, 148
Manganese, dicarbonyl(η-cyclopentadienyl)-
 (methoxymethylcarbene)-
  preparation, **4**, 129
  reaction with boron trichloride, **4**, 130
Manganese, dicarbonyl(η-cyclopentadienyl)-
 (methoxyphenylcarbene)-
  preparation, **4**, 129
  reaction with boron trichloride, **4**, 130
Manganese, dicarbonyl(η-cyclopentadienyl)-
 (methyldiphenylphosphine)-
  preparation, **4**, 128
Manganese, dicarbonyl(η-cyclopentadienyl)-
 (methyl vinyl ketone)-
  preparation, **4**, 125
Manganese, dicarbonyl(η-cyclopentadienyl)ni-
 troso-

cation
　preparation, **4**, 4, 113
Manganese, dicarbonyl(η-cyclopentadienyl)nitrosyl-
　cation
　　carbonyl displacement from, **4**, 134
　　reactions, **4**, 133
　　synthesis, **4**, 132
　derivatives, **4**, 149
Manganese, dicarbonyl(η-cyclopentadienyl)(phenylphosphino)-
　reaction with alkynes, **4**, 128
Manganese, dicarbonyl(η-cyclopentadienyl)(phenylvinyl)-
　reaction with dicarbonyl(η-cyclopentadienyl)(tetrahydrofuran)rhenium, **4**, 227
Manganese, dicarbonyl(η-cyclopentadienyl)(phenylvinylidene)-
　preparation, **4**, 131
Manganese, dicarbonyl(η-cyclopentadienyl)(selenocarbonyl)-
　preparation, **4**, 126
Manganese, dicarbonyl(η-cyclopentadienyl)(sulfur dioxide)-
　preparation, **4**, 125, 126
Manganese, dicarbonyl(η-cyclopentadienyl)(tetrahydrofuran)-
　equilibrium with dicarbonyl(η-cyclopentadienyl)(dinitrogen)manganese, **4**, 129
　reaction with acetylene, **4**, 131
　reaction with carbon disulfide, **4**, 126
Manganese, dicarbonyl(η-cyclopentadienyl)(thiocarbonyl)-
　carbonyl substitution reactions, **4**, 125
　preparation, **4**, 126
Manganese, dicarbonyl(η-cyclopentadienyl)(trimethylphosphine)-
　preparation, **4**, 128
Manganese, dicarbonyl(η-cyclopentadienyl)(2,4,6-triphenylphosphabenzene)-
　photolysis, **4**, 139
Manganese, dicarbonyl(η-cyclopentadienyl)(triphenylphosphine)-
　preparation, **4**, 125
Manganese, dicarbonyl(η-cyclopentadienyl)[tris(trimethylsilyl)phosphine]-
　preparation, **4**, 128
Manganese, dicarbonyl(diphenyl ether)(octahydrotriborate)-
　preparation, **6**, 917
Manganese, dicarbonyl(ethylthio)(η-methylcyclopentadienyl)-
　anion, **4**, 126
Manganese, dicarbonyl(hydrazine)isocyanatobis(dimethylphenylphosphine)-
　preparation, **4**, 61
Manganese, dicarbonylisocyanatotris[dimethyl(phenyl)phosphine]-
　preparation, **4**, 61
Manganese, dicarbonyl(methanesulfonato)bis(triisopropyl phosphite)-
　preparation, **4**, 117
Manganese, dicarbonyl(η-methylcyclopentadienyl)(dialkyl sulfide)-
　cation
　　preparation, **4**, 126
Manganese, dicarbonyl(η-methylcyclopentadienyl)nitrosyl-
　cation
　　preparation, **4**, 133
Manganese, dicarbonylmethyl{[2-(diphenylphosphino)ethyl]phenylphosphine}-
　preparation, **4**, 75
Manganese, dicarbonylmethyl(trimethyl phosphite)-
　preparation, **4**, 75
Manganese, dicarbonylmethyl{tris[2-(diphenylphosphino)ethyl]phosphine}-
　preparation, **4**, 75
Manganese, dicarbonylnitrosylbis(tricyclohexylphosphine)-
　preparation, **4**, 140
Manganese, dicarbonylnitrosylbis(triphenylphosphine)-
　preparation, **4**, 140
Manganese, dicarbonyltetrakis[dimethoxy(phenyl)phosphine]-
　hexafluorophosphate
　　trans-, IR spectrum, **4**, 40
　　cis-, structure, **4**, 42
　　trans-, structure, **4**, 42
　oxidation, **4**, 39
Manganese, dicarbonyltetrakis(trimethyl phosphite)-
　bis(hexafluorophosphate)-
　　trans-, IR spectrum, **4**, 40
　tetraphenylborate
　　IR spectrum, **4**, 40
Manganese, dicarbonyl(trifluoromethanesulfonato)bis(triisopropyl phosphite)-
　preparation, **4**, 117
Manganese, dicarbonyltris(methyl isocyanide)-
　preparation, **4**, 148
Manganese, dichlorobis(pyridine)-
　carbonylation, **4**, 124
Manganese, dichloro(η-methylcyclopentadienyl)(α,α,α-trifluorotolyldiazo)-
　crystallography, **4**, 129
Manganese, digalliumtetrakis(pentacarbonyl-
　preparation, **6**, 960
Manganese, (dihaloindium)bis(pentacarbonyl-
　preparation, **6**, 965
Manganese, dimethyl-
　preparation, **4**, 4, 70
Manganese, diphenyl-
　preparation, **4**, 4, 68, 70
Manganese, diphenyldiarsinobis[dicarbonyl(η-cyclopentadienyl)-
　preparation, **4**, 125
Manganese, (μ-diphenyldiphosphine)bis[dicarbonyl(η-cyclopentadienyl)-
　preparation, **4**, 127
Manganese, diphenyldiphosphinobis[dicarbonyl(η-cyclopentadienyl)-
　preparation, **4**, 125
Manganese, diphenyl(tricyclohexylphosphine)-
　preparation, **4**, 70
Manganese, dodecacarbonyldi-
　reaction with 1,3-cyclohexadiene, **4**, 120
　reaction with diarsines, **4**, 107
　reaction with diphosphines, **4**, 107
　reaction with diselenides, **4**, 107
　reaction with disulfides, **4**, 107
Manganese, dodecacarbonyltetrakis(methylthio)tetra-
　preparation, **4**, 107
Manganese, dodecacarbonyltetrakis(phenylthio)tetra-
　preparation, **4**, 103, 110
Manganese, dodecacarbonyltetrakis[(trimethylstannyl)thio]tetra-
　preparation, **4**, 107

Manganese, dodecacarbonyltetramercaptotetra-
  preparation, **4**, 107
Manganese, dodecacarbonyltrihydridotri-
  preparation, **4**, 25, 62, 68
    reaction with cyclooctatetraene, **4**, 121
    reaction with 1,3,5-cyclooctatriene, **4**, 120
    reaction with 3-hexyne, **4**, 120
Manganese, (haloindium)bis(pentacarbonyl-
  preparation, **6**, 964
Manganese, (haloindium)tris(pentacarbonyl-
  preparation, **6**, 965
Manganese, halopentacarbonyl-
  reaction with acetonitrile, **4**, 30
Manganese, heptacarbonyltris(methyl isocyani-
    de)di-
  NMR, **4**, 147
Manganese, hexacarbonyl-
  cation, **4**, 29, 31
    derivatives, **4**, 143
    hydrolysis, **4**, 63
    reaction wtih water, **4**, 42
Manganese, hexaisocyanide-
  cation, **4**, 146
    cyclic voltammetry, **4**, 146
  dication, **4**, 146
    cyclic voltammetry, **4**, 146
    preparation, **4**, 146
  hydroxide
    preparation, **4**, 146
  iodide
    reaction with silver oxide, **4**, 146
Manganese, hexakis(methyl isocyanide)-
  cation
    preparation, **4**, 143
Manganese, hexakis(phenyl isocyanide)-
  bromide
    preparation, **4**, 142
Manganese, hexisocyanide-
  cation
    preparation, **4**, 4
Manganese, hydridodinitrosylbis(triphenylphos-
    phine)-
  preparation, **4**, 140
Manganese, indiumtris(pentacarbonyl-
  preparation, **6**, 962, 964
Manganese, iodomethyl-
  preparation, **4**, 4, 70
Manganese, iodophenyl-
  preparation, **4**, 4, 68
Manganese, (η-methylcyclopentadienyl)(η⁶-phen-
    ylcycloheptatriene)-
  exo-
    structure, **4**, 115
Manganese, (η-methylcyclopentadienyl)(η-tol-
    uene)-
  preparation, **4**, 115
Manganese, nitrogenbis[dicarbonyl(η-cyclopenta-
    dienyl)-
  preparation, **4**, 125
Manganese, nonacarbonylbis(dimethylphosphi-
    no)di-
  preparation, **4**, 110
Manganese, nonacarbonyldiethoxyfluorotri-
  structure, **4**, 111
Manganese, nonacarbonyldiethoxyhalotri-
  preparation, **4**, 110
Manganese, nonacarbonyldiethoxyiodotri-
  structure, **4**, 111
Manganese, nonacarbonyldiethoxyphenoxytri-
  preparation, **4**, 110
Manganese, nonacarbonyldihydridodi-
  preparation, **4**, 68
Manganese, nonacarbonyldihydrodi-
  preparation, **4**, 26
Manganese, nonacarbonyl[dimethyl(phenyl)phos-
    phine]di-
  preparation, **4**, 18
Manganese, nonacarbonyl(phenyl isocyanide)di-
  preparation, **4**, 147
Manganese, nonacarbonyltriethoxytri-
  preparation, **4**, 110
Manganese, octacarbonylbis(alkylseleno)di-
  stability, **4**, 111
Manganese, octacarbonylbis(alkylthio)di-
  stability, **4**, 111
Manganese, octacarbonylbis(difluorosulfinami-
    do)di-
  structure, **4**, 111
Manganese, (octacarbonylbis(μ-dihalogallium)di-
  preparation, **6**, 961
Manganese, octacarbonylbis[dimethyl(phenyl)-
    arsine]di-
  structure, **4**, 18
Manganese, octacarbonylbis[dimethyl(phenyl)-
    phosphine]di-
  reaction with bromine, **4**, 56
Manganese, octacarbonylbis(dimethylphosphi-
    no)di-
  preparation, **4**, 110
Manganese, octacarbonylbis(diphenylarsino)di-
  preparation, **4**, 110
Manganese, octacarbonylbis(diphenylphosphi-
    no)di-
  preparation, **4**, 107
Manganese, octacarbonylbis(ethyl isocyanide)di-
  preparation, **4**, 147
  structure, **4**, 147
Manganese, octacarbonylbis(methyldiphenylphos-
    phine)di-
  reaction with bromine, **4**, 56
  structure, **4**, 18
Manganese, octacarbonylbis[μ-(pentacarbonyl-
    manganese)indium]di-
  preparation, **6**, 968
Manganese, octacarbonylbis(phenylazo)di-
  structure, **4**, 111
Manganese, octacarbonylbis(phenyl isocyani-
    de)di-
  preparation, **4**, 147
Manganese, octacarbonylbis(phenyltelluryl)di-
  preparation, **4**, 110
Manganese, octacarbonylbis(phenylthio)di-
  preparation, **4**, 103, 110
Manganese, octacarbonylbis(phosphine)di-
  σ → σ* transitions, **4**, 20
Manganese, octacarbonylbis(tricyclohexylphos-
    phine)di-
  metal–metal bond energy, **4**, 21
Manganese, octacarbonylbis(triethylarsine)di-
  structure, **4**, 18
Manganese, octacarbonylbis(triethylphosphine)di-
  structure, **4**, 18
Manganese, octacarbonyl[bis(trifluoromethyl)-
    phosphino]halodi-
  preparation, **4**, 103
Manganese, octacarbonyl[bis(trifluoromethyl)-
    phosphino]iododi-
  preparation, **4**, 110
Manganese, octacarbonylbis[(trifluoromethyl)-
    seleno]di-
  structure, **4**, 111
Manganese, octacarbonylbis(trifluorophos-
    phine)di-

preparation, **4**, 18
Manganese, octacarbonylbis(trifluorophosphine)di-
structure, **4**, 18
Manganese, octacarbonylbis(trimethylarsine)di-
structure, **4**, 18
Manganese, octacarbonylbis[(trimethylstannyl)thio]di-
preparation, **4**, 107
Manganese, octacarbonylbis(triphenylphosphine)di-
half-wave potential, **4**, 27
Manganese, octacarbonyldifluorodi-
preparation, **4**, 44
Manganese, octacarbonyldihalodi-, **4**, 43
preparation, **4**, 44
Manganese, (octacarbonyldiiron)bis{μ-[indium(pentacarbonyl-
preparation, **6**, 967
Manganese, (octacarbonyldimanganese)bis{μ-[gallium(pentacarbonyl-
preparation, **6**, 960, 961
Manganese, (octacarbonyldimanganese)bis{μ-[indium(pentacarbonyl-
preparation, **6**, 967
Manganese, (octacarbonyldimanganese)bis[pentacarbonyl(gallium)(pyridine)-
preparation, **6**, 961
Manganese, octacarbonyldimercaptodi-
preparation, **4**, 107
Manganese, octacarbonyl(dimethylarsino)iododi-
preparation, **4**, 110
Manganese, octacarbonylhydrido[μ-bis(trifluoromethyl)phosphino]di-, **4**, 68
Manganese, octacarbonylhydrido(μ-diphenylphosphino)-
preparation, **4**, 68
Manganese, octacarbonylhydrido(diphenylphosphino)di-
preparation, **4**, 107
Manganese, octacarbonyl(phosphino)bis[bis(trifluoromethyl)phosphino]di-
preparation, **4**, 109
Manganese, pentacarbonyl-
bonding, **3**, 18
geometry, **3**, 16
in metal atom reactor experiments, **4**, 21
preparation, **4**, 4
reaction with 1,2-diketones, **4**, 22
reaction with o-quinones, **4**, 22
Manganese, pentacarbonyl(alkylseleno)-
stability, **4**, 110
Manganese, pentacarbonyl(alkylthio)-
stability, **4**, 110
Manganese, pentacarbonylbis(diphenylphosphinomethane)di-
reaction with isocyanides, **4**, 147
Manganese, pentacarbonylbromo-
reaction wtih aluminum tribromide, **4**, 36
Manganese, pentacarbonyl(bromomagnesium)-
preparation, **4**, 24
Manganese, pentacarbonyl(bromomercury)-
reaction with magnesium, **4**, 24
Manganese, pentacarbonyl(carboxamidomethyl)-
preparation, **4**, 90
Manganese, pentacarbonyl(carboxymethyl)-
preparation, **4**, 90
Manganese, pentacarbonylchloro-
hydrolysis, **4**, 34
preparation, **4**, 4
reaction with 1,2-bis(diphenylphosphino)ethane, **4**, 35

reaction with cyclopentadienylthallium, **4**, 124
reaction with iodine, **4**, 45
reaction with isocyanides, **4**, 142
reaction with potassium selenocyanate, **4**, 60
reaction with potassium thiocyanate, **4**, 60
structure, **4**, 45
Manganese, pentacarbonyl(4-chlorobutanoyl)-
preparation, **4**, 40
Manganese, pentacarbonyl(3-chloropropionato)-
reaction with silver hexafluorophosphate, **4**, 40
Manganese, pentacarbonylcyano-
preparation, **4**, 60
Manganese, pentacarbonyl(dibromogallium)-
preparation, **6**, 960
Manganese, pentacarbonyl(dichlorogallium)(tetrahydrofuran)-
preparation, **6**, 960
Manganese, pentacarbonyl(difluorophosphinate)-
preparation, **4**, 37
Manganese, pentacarbonyl(1,2-difluorovinyl)-
preparation, **4**, 76
Manganese, pentacarbonyl[dimethyl(pentacarbonylchromium)arsino]-
preparation, **4**, 110
Manganese, pentacarbonyl[dimethyl(tetracarbonyliron)arsino]-
preparation, **4**, 111
Manganese, pentacarbonyl(dioxygen)-
preparation, **4**, 22
Manganese, pentacarbonyl(diphenylphosphino)-
stability, **4**, 110
Manganese, pentacarbonyl(ethoxycarbonyl)-
reaction with acids, **4**, 37
Manganese, pentacarbonyl[1-(ethoxycarbonyl)ethyl]-
cleavage by bromine, **4**, 89
Manganese, pentacarbonyl(ethoxymethyl)-
reaction with hydrogen, **4**, 75
Manganese, pentacarbonylethyl-
β-hydride abstraction, **4**, 93
Manganese, pentacarbonyl(η-ethylene)-
tetrafluoroborate
preparation, **4**, 41, 93
Manganese, pentacarbonylfluoro-
preparation, **4**, 44
Manganese, pentacarbonylhalo-, **4**, 43
preparation, **4**, 37
properties, **4**, 44
reaction with (alkylthio)trimethylstannane, **4**, 103
reaction with bis(alkylthio)dimethylstannane, **4**, 103
reaction with ethanol, **4**, 110
reaction with secondary arsines, **4**, 110
reaction with thiols, **4**, 110
Manganese, pentacarbonyl(halomethyl)-
properties, **4**, 90
Manganese, pentacarbonyl(hexafluoroarsenic)-
displacement reactions, **4**, 37
Manganese, pentacarbonyl(hexafluorocyclopentenyl)-
preparation, **4**, 98
Manganese, pentacarbonyl(hexafluoroisopropyl)-
preparation, **4**, 75
Manganese, pentacarbonylhydrido-
acid dissociation constant, **4**, 67
geometry, **4**, 165
halogen–hydrogen exchange reactions, **4**, 67
preparation, **4**, 4, 62

Manganese

properties, **4**, 67
reactions, **4**, 68
reaction with alkynes, **4**, 76
reaction with 2,2-bis(hydroxymethyl)-1-butanol phosphite, **4**, 63
reaction with 1-chloro-1,2,2-trifluoroethylene, **4**, 94
reaction with diazomethane, **4**, 75
reaction with 1,1-dichloro-2,2-difluoroethylene, **4**, 94
reaction with diphosphine, **4**, 103
reaction with disulfides, **4**, 103
reaction with fluoroalkenes, **4**, 94
reaction with fluoroalkynes, **4**, 94
reaction with haloalkanes, **4**, 44
reaction with pentaborane, **1**, 488
reaction with phosphine, **4**, 77
reaction with trifluoromethanesulfonic acid, **4**, 38
reaction with trifluorophosphine, **4**, 66
reaction with trifluoromethanesulfonic acid, **4**, 67
structure, **4**, 67
UV photoelectron spectra, **3**, 7
Manganese, pentacarbonyl[(μ-hydrido)trihydridoborate]-
  structure, **6**, 905, 914
Manganese, pentacarbonyliodo-
  preparation, **4**, 4, 43
  reaction with isocyanides, **4**, 142
  reaction with triphenylphosphine oxide, **4**, 59
Manganese, pentacarbonyl(isocyanide)-
  derivatives, **4**, 141
Manganese, pentacarbonylmercapto-
  preparation, **4**, 103
Manganese, pentacarbonylmethyl-
  acetaldehyde hydrogenation and, **4**, 75
  calorimetry, **4**, 86
  carbonylation, **4**, 99
  cleavage by acids, **4**, 89
  cleavage reactions, **4**, 88, 89
  IR spectrum, **4**, 86
  matrix immobilized
    photolysis, **4**, 86
  ortho-metallation and, **4**, 78
  MO calculation, **4**, 86
  preparation, **4**, 4, 68, 71, 75
  properties, **4**, 85
  reactions, **4**, 100
  reaction with acetylene, **4**, 123
  reaction with aluminum tribromide, **4**, 75
  reaction with benzyl methyl ketone, **4**, 123
  reaction with bicyclo[2.2.1]heptadiene, **4**, 76
  reaction with bis(η-cyclopentadienyl)hydridorhenium, **4**, 206
  reaction with dicyclopentadiene, **4**, 76
  reaction with N,N-dimethylbenzylamine, **4**, 79
  reaction with ditertiary phosphines, **4**, 74
  reaction with halogens, **4**, 44
  reaction with hydrogen, **4**, 75
  reaction with hydrohalic acids, **4**, 44
  reaction with phenylacetylene, **4**, 123
  reaction with o-styryldiphenylphosphine, **4**, 77
  reaction with unsaturated fluorocarbons, **4**, 94
  UV photoelectron spectra, **3**, 7
Manganese, pentacarbonyl(3-methyl-2-butenyl)-
  preparation, **4**, 116
Manganese, pentacarbonyl(methylmercury)-
  preparation, **6**, 996, 1000
Manganese, pentacarbonyl(nitrato)-
  reaction with ligands, **4**, 37
Manganese, pentacarbonyl(nonafluorocyclohexenyl)-
  carbonyl substitution reactions, **4**, 98
Manganese, pentacarbonyloctanoyl-
  preparation, **4**, 91
Manganese, pentacarbonyl(η^1-pentachlorocyclopentadienyl)-
  preparation, **4**, 75
Manganese, pentacarbonyl(pentafluorophenyl)-
  carbonyl substitution reactions, **4**, 98
  preparation, **4**, 71
  thermal decomposition, **4**, 98
Manganese, pentacarbonyl(perchlorate)-
  preparation, **4**, 37
Manganese, pentacarbonylphenyl-
  reaction with bicyclo[2.2.1]heptadiene, **4**, 76
  reaction with cycloheptatriene, **4**, 121
  reaction with dicyclopentadiene, **4**, 76
  reaction with 1,3-pentadiene, **4**, 117
  reaction with phenylacetylene, **4**, 123
  reaction with 1,1,4,4-tetradeuteriobutadiene, **4**, 117
  reaction with tetrafluoroethylene, **4**, 94
  reaction with trimethylamine oxide, **4**, 75
Manganese, pentacarbonyl(phenylmercury)-
  stability, **6**, 996, 1000
Manganese, pentacarbonyl(3-phenyl-2-propynyl)-
  preparation, **4**, 117
Manganese, pentacarbonyl(phenylthio)-
  preparation, **4**, 103
Manganese, pentacarbonylpropargyl-
  reaction with methanol, **4**, 91
Manganese, pentacarbonyl(propionolactone)-hexafluorophosphate
  preparation, **4**, 40
Manganese, pentacarbonyl(pyridylmethyl)-
  acidity, **4**, 89
Manganese, pentacarbonyl(tetracyanoethylene)-
  preparation, **4**, 22
Manganese, pentacarbonyl(1,1,2,2-tetrafluoroethyl)-
  thermal decomposition, **4**, 98
Manganese, pentacarbonyl(1,1,2,2-tetrafluoro-2-phenylethyl)-
  preparation, **4**, 94
Manganese, pentacarbonylthallium-
  preparation, **6**, 974
Manganese, pentacarbonyl(thiocyanato)-
  preparation, **4**, 60
Manganese, pentacarbonyl(tribromoindium)-
  preparation, **6**, 965
Manganese, pentacarbonyl(trichloroindium)-
  preparation, **6**, 965
Manganese, pentacarbonyl(triethylplumbyl)-
  properties, **2**, 668
Manganese, pentacarbonyl(trifluoroacetato)-
  preparation, **4**, 61
  reaction with ligands, **4**, 37
Manganese, pentacarbonyl(trifluoroacetyl)-
  preparation, **4**, 24
  reaction with methyl isocyanide, **4**, 148
Manganese, pentacarbonyl(trifluoromethanesulfonato)-

displacement reactions, **4**, 37
Manganese, pentacarbonyl(trifluoromethyl)-
 IR spectrum, **4**, 86
 MO calculation, **4**, 86
 thermal stability, **4**, 98
Manganese, pentacarbonyl[(trifluoromethyl)thio]-
 preparation, **4**, 109
Manganese, pentacarbonyl(trimethylgermyl)-
 reaction with fluoroalkenes and alkynes, **4**, 98
Manganese, pentacarbonyl(trimethylplumbyl)-
 properties, **2**, 668
Manganese, pentacarbonyl(trimethylsilyl)-
 reaction with benzaldehyde, **4**, 78
 reaction with fluoroalkenes and alkynes, **4**, 98
 solvolysis, **4**, 63
Manganese, pentacarbonyl[(trimethylsilyloxy)benzyl]-
 preparation, **4**, 78
Manganese, pentacarbonyl(trimethylstannyl)-
 reaction with fluoroalkenes and alkynes, **4**, 98
 reaction with mercury compounds, **6**, 996
 reaction with mercury dichloride, **6**, 996
Manganese, pentacarbonyltrinitrosyl-
 preparation, **4**, 61
Manganese, pentacarbonyl(triphenylaluminum)-
 preparation, **6**, 954
Manganese, pentacarbonyl(triphenylgallium)-
 preparation, **6**, 960
Manganese, pentacarbonyl(triphenylindium)-
 preparation, **6**, 962
Manganese, pentacarbonyl(triphenylstannyl)-
 preparation, **4**, 24
Manganese, pentakis(isocyanide)nitrosyl- dication
 preparation, **4**, 149
Manganese, [(phenanthrene)indium]bis(pentacarbonyl-
 preparation, **6**, 965
Manganese, phenyl-
 preparation, **4**, 2
Manganese, phenyltricarbonyl-
 cations
  nucleophilic addition reactions, substituent effects, **8**, 1032
Manganese, tetracarbonyl(N-alkyldithiocarbamato)-
 preparation, **4**, 113
Manganese, tetracarbonyl(N-alkyldithiocarbamato)(isocyanide)-
 preparation, **4**, 113
Manganese, tetracarbonylbis(methyl isocyanide)- cation
 reaction with amines, **4**, 145
Manganese, tetracarbonyl(η^3-1-chloroallyl)-
 preparation, **4**, 116
Manganese, tetracarbonyl(1,5-cyclooctadiene)- cation
 preparation, **4**, 117
 reaction with bis-1,8-dimethylaminonaphthalene, **4**, 117
Manganese, tetracarbonyl(1,2,3-η^3-cyclooctenyl)-
 preparation, **4**, 117
Manganese, tetracarbonyl[dimethyl(tetracarbonyliron)arsino](trimethylphosphine)-
 preparation, **4**, 112
Manganese, tetracarbonyl(2-haloheptahydrotriborate)-
 preparation, **6**, 917
Manganese, tetracarbonylhalo(triphenylphosphine)-
 preparation, **4**, 59
Manganese, tetracarbonyl(η^3-1-methylallyl)-
 preparation, **4**, 116
Manganese, tetracarbonyl(η^3-2-methylallyl)-
 preparation, **4**, 116
Manganese, tetracarbonyl(N-methylcarbamoyl)(methylamine)-
 preparation, **4**, 102
Manganese, tetracarbonyl(methyl isocyanide)(trifluoromethyl)-
 preparation, **4**, 148
Manganese, tetracarbonyl[(methylthio)dithiocarboxylato]-
 preparation, **4**, 113
Manganese, tetracarbonylmethyl(triphenylphosphine)-
 reaction with tetrafluoroethylene, **4**, 94
 structure, **4**, 85
Manganese, tetracarbonylnitrosyl-
 derivatives, **4**, 140
 preparation, **4**, 140
 reaction with triphenylphosphine or triphenylarsine, **4**, 140
Manganese, tetracarbonyl(octahydrotriborate)-
 preparation, **6**, 917
Manganese, tetracarbonylphenyl(methyldiphenylphospine)-
 preparation, **4**, 25
Manganese, tetracarbonylphenyl(triphenylphosphine)-
 preparation, **4**, 25, 75
 reaction with trityl tetrafluoroborate, **4**, 41
Manganese, tetracarbonyl(tetracarbonyliron)(diphenylphosphino)-
 preparation, **4**, 112
Manganese, tetracarbonyl(1,1,2,2-tetrafluoropropyl)(triphenylphosphine)-
 preparation, **4**, 94
Manganese, tetrakis[(dimethylamino)benzyl]di-
 preparation, **4**, 70
Manganese, tetrakis(N,N-dimethylbenzylamine)di-
 preparation, **4**, 70
Manganese, tetrakis(2,2-dimethyl-2-phenylethyl)di-
 preparation, **4**, 69
Manganese, tetrakis[(trimethylsilyl)methyl]-
 preparation, **4**, 70
Manganese, (μ-tetramethyldiarsine)bis[dicarbonyl(η-cyclopentadienyl)]-
 preparation, **4**, 128
Manganese, thalliumtris(pentacarbonyl-
 preparation, **6**, 973
Manganese, thiobis[dicarbonyl(η-cyclopentadienyl)-
 preparation, **4**, 127
Manganese, thiocarbonylbis(dicarbonyl(η-cyclopentadienyl)-
 preparation, **4**, 126
Manganese, (tribromoindium)bis(pentacarbonyl-
 preparation, **6**, 965
Manganese, tricarbonyl(η-acetylcyclopentadienyl)-
 preparation, **4**, 125
Manganese, tricarbonyl(bipyridyl)(perchlorato)-
 preparation, **4**, 37
Manganese, tricarbonylbis(methyl isocyanide)(trifluoroacetyl)-

Manganese

preparation, **4**, 148
Manganese, tricarbonylbis(tributylphosphine)-
  formation, **4**, 21
Manganese, tricarbonylbis(triethyl phosphite)-
  formation, **4**, 21
Manganese, tricarbonylbis(triphenylphosphine)-
  formation, **4**, 21
  preparation, **4**, 15
Manganese, tricarbonyl(η-chlorotetraphenylcyclopentadienyl)-
  preparation, **4**, 124
Manganese, tricarbonyl(η^5-cycloheptadienyl)-
  hydride loss, **4**, 121
Manganese, tricarbonyl(cycloheptatrienyl)-
  preparation, **4**, 120
Manganese, tricarbonyl(η^5-1,3-cyclohexadienyl)-
  preparation, **4**, 120
Manganese, tricarbonyl(η-cyclopentadienyl)-, **4**, 123
  carbonyl substitution, **4**, 125
  preparation, **4**, 3, 113, 124, 125, 126
  properties, **4**, 124
  reaction with borepin, **4**, 139
  stability, **4**, 125
Manganese, tricarbonylcyclopentadienylmethyl-
  as antiknock agent, **2**, 1014
Manganese, tricarbonyl(decahydropentaborane)-
  preparation, **6**, 935
Manganese, tricarbonyl(η^5-2,3-dialkyl-1-phenylcyclopentadienyl)-
  preparation, **4**, 124
Manganese, tricarbonyl[2-(diethyl ether)dodecahydrononaborate]-
  preparation, **6**, 935
Manganese, tricarbonyl[dimethyl(tetracarbonyliron)arsino](trimethylphosphine)-
  preparation, **4**, 112
Manganese, tricarbonyl(η^5-fluorenyl)-
  preparation, **4**, 124
Manganese, tricarbonylhalobis(triphenylphosphine)-
  preparation, **4**, 59
Manganese, tricarbonyl(η-halocyclopentadienyl)-
  preparation, **4**, 124
Manganese, tricarbonyl(η^5-1-haloindenyl)-
  preparation, **4**, 125
Manganese, tricarbonylhydridobis(methyldiphenylphosphine)-
  structure, **4**, 67
Manganese, tricarbonylhydrido(triphenylphosphine)-
  structure, **4**, 67
Manganese, tricarbonyl(η^5-indenyl)-
  preparation, **4**, 124
Manganese, tricarbonylisocyanatobis[dimethyl(phenyl)phosphine]-
  preparation, **4**, 61
Manganese, tricarbonyl(η-mesitylene)-
  iodide
    preparation, **4**, 118
Manganese, tricarbonyl(N-methylcarbamoyl)bis(triphenylphosphine)-
  preparation, **4**, 101
Manganese, tricarbonyl(η-methylcyclopentadienyl)-
  decacarbonyldimanganese from, **4**, 6
  preparation, **4**, 3, 124
  reaction with arenes, **4**, 118
  reaction with trimethylamine oxide, **4**, 125
  reaction with triphenylsilane, **4**, 131
  stability, **4**, 125
Manganese, tricarbonylnitrosyl(tricyclohexylphosphine)-
  preparation, **4**, 140
Manganese, tricarbonylnitrosyl(triphenylphosphine)-
  preparation, **4**, 140
Manganese, tricarbonyl(octahydrotriborate)-
  preparation, **6**, 917
  structure, **6**, 916
Manganese, tricarbonyl(octahydrotriborate)(trifluorophosphine)-
  preparation, **6**, 917
Manganese, tricarbonyl(octahydrotriborate)(triphenylphosphine)-
  preparation, **6**, 917
Manganese, tricarbonyl(η-pentachlorocyclopentadienyl)-
  preparation, **4**, 124
Manganese, tricarbonyl(η-pentamethylcyclopentadienyl)-
  preparation, **4**, 124
Manganese, tricarbonylphenyl-
  reaction with tertiary phosphines, **8**, 1035
Manganese, tricarbonyl(η^5-phenylcycloheptatrienyl)-
  hydride abstraction, **4**, 121
Manganese, tricarbonyl(o-phenylene)(perchlorato)-
  preparation, **4**, 37
Manganese, tricarbonyl[2-(tetrahydrofuran)dodecahydrononaborate]-
  preparation, **6**, 935
Manganese, tricarbonyl[5-(tetrahydrofuran)dodecahydrononaborate]-
  preparation, **6**, 935
Manganese, tricarbonyl(tridecahydrononaborate)-
  preparation, **6**, 935
Manganese, tricarbonyl(tridecahydrooctaborate)-
  preparation, **6**, 935
Manganese, tricarbonyl(4-{[4-(triethylamino)butyl]oxy}dodecahydrononaborate)-
  preparation, **6**, 935
Manganese, tricarbonyltrifluoro-
  preparation, **4**, 37, 44
Manganese, tricarbonyltris(methyl isocyanide)-
  cation
    reaction with amines, **4**, 145
Manganese, tricarbonyl[tris(1-pyrazolyl)methane]-
  bromide
    preparation, **4**, 36
Manganese, tricarbonyl(η^5-tropanyl)-, **4**, 91
Manganese, tridecacarbonyl(tridecahydrooctaborane)-
  preparation, **6**, 932
Manganese, tris(acetonitrile)tricarbonyl-
  bromide
    preparation, **4**, 30
  hexafluorophosphate
    ligand displacement reactions, **4**, 39
Manganese, tris(amine)tricarbonyl-
  chloride
    preparation, **4**, 35
Manganese, tris(aqua)tricarbonyl-
  chloride
    preparation, **4**, 34
Manganese, tris(η-cyclopentadienyl)tetranitrosyltri-
  preparation, **4**, 137
  structure, **4**, 137

Manganese, η^5-(vinylcyclopentadienyl)tricarbonyl-
supported catalysts preparation from, **8**, 564
Manganese atoms
reaction with carbon monoxide, **4**, 8
Manganese catalysts
in azacarbonylation, **8**, 174
Manganese chloride
carbonylation, **4**, 6
Manganese complexes
activation parameters for reactions in decalin, **4**, 20
acyl
nucleophilic reactions, **4**, 84
reactions, **4**, 73
alkylcarbonyl
reactions, **4**, 73
alkyl carbonyl phosphine
inductive and resonance parameters from, **4**, 86
η-allyl carbonyl, **4**, 115
η-arene carbonyl, **4**, 115
aryl
reactions, **4**, 73
η^5-bromoindenyl
preparation, **4**, 125
carbonyl, **4**, 6–43
bond enthalpy values, **4**, 616
structure, **4**, 4
carbonyl Group V donor ligands, **4**, 104
carbonyl Group VI donor ligands, **4**, 104
carbonyl halo phosphine, **4**, 48
carbonyl isocyanide, **4**, 108
$E_{1/2}$ values and HOMO energies, **4**, 144
carbonyl(methyl isocyanide)
cyclic voltammetry, **4**, 144
molecular orbital calculations, **4**, 145
carbonyl(mixed isocyanide), **4**, 144
carbonyl perfluoroacyl, **4**, 95
carbonyl perfluoroalkyl, **4**, 95
carbonyl perfluoroaryl, **4**, 95
carbonyl(phenyl isocyanide)
cyclic voltammetry, **4**, 144
cycloheptatrienyl, **4**, 121
cyclohexadienyl
rearrangement, **4**, 122
cyclopentadienylruthenium complexes, **4**, 794
di-*t*-butylallenylidene
preparation, **4**, 131
η^5-dienyl carbonyl, **4**, 115
dinuclear carbonyl(alkylseleno)
reaction with phosphines, **4**, 111
dinuclear carbonyl(alkylthio)
reaction with phosphines, **4**, 111
dinuclear carbonyl *t*-butyl isocyanide
preparation, **4**, 147
dinuclear carbonyl methyl isocyanide
preparation, **4**, 147
hydrido, **4**, 64
hydrocarbon, **4**, 113
isocyanide, **4**, 141
in oxo process, **8**, 122
ortho-metallation, **4**, 80
methyl pentacarbonyl
reaction with butadiene, **4**, 116
nitrosyl, **4**, 140
phenyl pentacarbonyl
reaction with butadiene, **4**, 116
phenylvinylidene
preparation, **4**, 131
platinum carbonyl complexes, **6**, 483, 484
polynuclear cyclopentadienyl nitrosyls, **4**, 136
tetranuclear carbonyl(alkylseleno)
reaction with phosphines, **4**, 111
tetranuclear carbonyl(alkylthio)
reaction with phosphines, **4**, 111
Manganese dibromide
reaction with bicyclo[2.2.1]hept-1-yllithium, **4**, 70
Manganese group
Group IV derivatives, **6**, 1065
bond lengths, **6**, 1102
Manganese iodide
carbonylation, **4**, 6
Manganese(VII) salts
in hydrogen activation, **8**, 300
Manganese(I), hexacarbonyl-
tetrafluoroborate
hydrolysis, mechanism, **4**, 63
Manganese(II) phthalocyanine
complexes
supported catalysts, **8**, 559
Manganese(III) acetylacetonate
reaction with organoaluminum compounds and 1-alkynes, **7**, 391
Manganocene
biphenyl complex
preparation, **4**, 115
bonding, **3**, 29
carbonylation, **4**, 124
decamethyl derivative
electronic configuration, **8**, 1015
dimethyl derivative
electronic configuration, **8**, 1015
gaseous
structure, **4**, 114
heat of formation, **4**, 114
magnetic susceptibility, **4**, 114
preparation, **4**, 3, 113
properties, **4**, 113
reactions, **4**, 113
X-ray crystallography, **4**, 114
Mannich aminomethylation
ferrocenes, **8**, 1017
Mannich reaction
ruthenocene, **4**, 767
silyl enol ethers, **7**, 573
Marine antifouling paints
organotin compounds as biocides in, **2**, 613
Markownikov addition
metal hydrides, **8**, 308
Mars
soils
mercury levels, **2**, 981
Mass spectroscopy
η^3-allyl palladium complexes, **6**, 408
chemical ionization
heteronuclear metal–metal bonded compounds, **6**, 790
cyclobutadiene iron complexes, **4**, 461
cyclopentadienyl transition metal–Group IV complexes, **6**, 1075
dimethylberyllium, **1**, 125
heteronuclear metal–metal bonded compounds, **6**, 789
negative-ion
organoruthenium complexes, **4**, 666
organomercury compounds, **2**, 950

platinum(II)-carbon σ-compounds, **6**, 547
platinum(IV) η^5-cyclopentadiene complexes, **6**, 736
positive-ion
  organoruthenium complexes, **4**, 666
tetracarbonyl(η-cyclopentadienyl)vanadium, **3**, 664
transition metal carbonyl Group IV complexes, **6**, 1076
transition metal carbonyl Group IV compounds, **6**, 1069
Matricarinol, dehydro-
  synthesis, **7**, 695
Matrix effects
  coordinative unsaturation and, **8**, 577
Matrix isolation
  catalytic centres, **8**, 573
  transition metal carbonyls, **3**, 12
Maytansine
  synthesis, **7**, 566
Maytansinol
  synthesis, **7**, 596
Mechanical properties
  silicones, **2**, 347
Medium-density polyethylene, **7**, 447
Meerwein-Ponndorf-Verley reaction, **7**, 378, 413, 422
Meerwein reaction, **7**, 690
Meerwein reagent
  reaction with sodium η^1-allyldicarbonyl-η^5-cyclopentadienylferrate complexes, **8**, 962
Melting points
  organoaluminum compounds, **1**, 582
Membrane filtration
  for separation of soluble polymer supported catalysts and reaction products, **8**, 554
  silicones, **2**, 359
Membrane systems
  in hydrogenation reactions, **8**, 351
Mendelevium
  ions
    properties, **3**, 175
    oxidation states, **3**, 176
$\Delta^{1,7}$-p-Menthene
  synthesis, **7**, 616
Menthyl chloride
  reaction with lithium, **1**, 54
Meprobamate
  silicon analogue, **2**, 78
Mercaptans
  reaction with pentacarbonylhalomanganese, **4**, 110
1-Mercaptoallyl bridges
  dinuclear carbonyliron complexes, **4**, 580
Mercapto bridges
  trinuclear iron complexes, **4**, 635
Mercuraborane
  anions
    preparation, **1**, 491
Mercuradicarbadodecaborane, (triphenylphosphine)-
  structure, **1**, 519
Mercurates, tris(dimethylphenylsilyl)-, **2**, 101
Mercuration, **2**, 871
  aliphatic compounds, **2**, 872
  alkylboranes, **7**, 276
  arenes, **2**, 864
  aromatic compounds, **2**, 874, 876
  aromatic hydrocarbons, **2**, 877
  arylboranes, **7**, 328
  (η-cyclobutadiene)cyclopentadienyl cobalt, **5**, 242

ferrocene, **4**, 485
kinetic isotope effects, **2**, 874
ruthenocene, **4**, 769
toluene, **2**, 875
tricarbonylcyclobutadieneiron, **8**, 977
Mercurinium ions
  alkene complexes, **2**, 868
  arene complexes, **2**, 867
  bis(arene) complexes, **2**, 867
  detection, **2**, 874
  preparation, **2**, 868
Mercury
  cyclopentadienylruthenium complexes, **4**, 793
  dimetallic transition metal derivatives, **6**, 1022
  environmental methylation, **2**, 997
  extrusion from transition metal-mercury compounds, **6**, 999
  germyl compounds, **2**, 469
    germanium centred radical preparation from, **2**, 474
    germylene preparation from, **2**, 479
  Group IV complexes, **6**, 1100
  hexamethyldisilazane derivatives, **2**, 128
  iron carbonyl complexes, **4**, 306
  methylation
    iodomethane and, **2**, 983
  organic:inorganic, **2**, 1005
  organosilyl derivatives, **2**, 102
  polygermyl compounds
    photolysis, **2**, 473
  properties, **2**, 866
  reaction with η^3-allylic palladium complexes, **6**, 423
  reaction with carbon dioxide, **8**, 266
  reaction with hydrogermane, **2**, 432
  reaction with octacarbonyldiferrates, **4**, 260
  ruthenium complexes, **4**, 928
  total
    proportion of methylmercury, **2**, 1006
  transition metal bonds, **6**, 993-1003
  transition metal compounds, **6**, 983-1039
    structure, **6**, 1001
  trimetallic transition metal derivatives, **6**, 1014
  (trimethylsilyl)methyl derivatives, **2**, 94-99
Mercury, acetatovinyl-
  NMR, **2**, 948
Mercury, alkenyl-
  preparation from alkenylboranes, **7**, 308
Mercury, alkenylchloro-
  coupling, **7**, 683
Mercury, alkenylhalo-
  halogenation, **7**, 684
Mercury, 1-alkenylhalo-
  carbonylation, **7**, 682
  reactions
    palladium catalyst, **7**, 681
Mercury, alkyl-
  electrochemical formation, **2**, 890
  free radicals, **2**, 866
  salts
    anionic complexes, **2**, 940
    decomposition, **2**, 956
Mercury, alkylaqua-
  structure, **2**, 919
Mercury, alkylbromo-
  brominolysis, **2**, 962
Mercury, alkylhalo-
  alcohol preparation from, **7**, 685

ESR, **2**, 951
  mass spectra, **2**, 950, 951
  NMR, **2**, 947
  reaction with iodine, **2**, 962
Mercury, allyl-
  allylic palladium complex preparation from, **6**, 403
  σ-π hyperconjugation in, **2**, 919, 920
  NMR, **2**, 948
Mercury, allylchloro-
  σ-π hyperconjugation in, **2**, 920
  photoelectron spectra, **2**, 950
Mercury, (arene)bis(hexafluoroantimony)-, **2**, 867
Mercury, aryl-
  photoelectron spectra, **2**, 950
  preparation from arylboranes, **7**, 327
  reaction with allylic halides, **2**, 964
  reduction, **2**, 967
  salts
    decomposition, **2**, 956
Mercury, arylbromo-
  reaction with nickel tetracarbonyl, **8**, 786
Mercury, arylhalo-
  in ketone preparation, **8**, 784
  mass spectra, **2**, 950, 951
  reaction with aryl halides, **8**, 733
Mercury, benzyl-
  ^{199}Hg chemical shifts in, **2**, 920
  σ-π hyperconjugation in, **2**, 919
  reaction with deuterium chloride, **2**, 966
Mercury, benzylchloro-
  brominolysis, **2**, 962
  photoelectron spectroscopy, **2**, 919, 950
Mercury, benzyl(iodomethyl)-
  reaction with alkenes, **7**, 679
Mercury, benzyl(tritylthio)-
  crystal structure, **2**, 920
Mercury, o-biphenylene-
  structure, **2**, 906
Mercury, (bipyridyl)methyl-
  nitrate
    structure, **2**, 919
Mercury, bis(alkyl)-
  chemical ionization mass spectrometry, **2**, 951
Mercury, bis(arene)bis(hexafluoroarsenic)-, **2**, 867
Mercury, bis(arenemercury)bis(hexafluoroantimony)-, **2**, 867
Mercury, bis[bis(cyclopentadienyl)ruthenium]-
  salts
    preparation, **6**, 997
Mercury, bis(bromomethyl)-
  alkene methylation by, **2**, 957
Mercury, bis(cyclopentadienyl)-
  Diels–Alder reaction, **2**, 926
  photoelectron spectra, **2**, 925, 950
  ring whizzing, **2**, 925
  structure, **2**, 924
Mercury, bis(decaboranyl)-
  dianion
    preparation, **1**, 513
Mercury, μ,μ'-bis(2,3-dimethyldicarbahexaborane)-
  coupled carborane synthesis from, **1**, 430
Mercury, bis(dipivaloylmethyl)-
  structure, **2**, 922
Mercury, bis(2-furyl)-
  photoelectron spectra, **2**, 950
  solid state studies, **2**, 935

Mercury, bis(1-norbornyl)-
  preparation
    electrochemical synthesis, **2**, 890
Mercury, bis(organogermyl)-
  photolysis, **2**, 473
Mercury, bis(pentabromophenyl)-
  decomposition, **2**, 956
Mercury, bis(pentachlorophenyl)-
  stability, **2**, 956
Mercury, bis(pentafluorophenyl)-
  adducts, **2**, 938
  alkynyl, **2**, 935
  complex with methylenebis(diphenylarsine)
    crystal structure, **2**, 935
  structure, **2**, 905, 906
Mercury, bis(pentamethylcyclopentadienyl)-
  structure, **2**, 925
Mercury, bis(phenylthio)methylphenyl-
  thermolysis, **2**, 959
Mercury, bispropenyl-
  NMR, **2**, 948
Mercury, bis(tetracarbonylcobalt)-
  structure, **6**, 1008
Mercury, bis(tetrachloroaluminum)bis(benzene)-di-, **2**, 867
Mercury, bis(thiodibenzoylmethyl)-
  structure, **2**, 924
Mercury, bis(thiodipivaloylmethyl)-
  structure, **2**, 924
Mercury, bis(o-tolyl)-
  structure, **2**, 906
Mercury, bis(p-tolyl)-
  structure, **2**, 906
Mercury, bis(trialkylgermyl)-
  reaction with ketones, **2**, 438
Mercury, bis(2,4,6-tri-t-butylphenyl)-
  structure, **2**, 906
Mercury, bis(trichloroacetato)-
  decomposition, **2**, 888
  in mercuration, **2**, 876
Mercury, bis(trichlorovinyl)-
  adducts
    solution studies, **2**, 937
  alkynyl, **2**, 935
Mercury, bis(2-trienyl)-
  solid state studies, **2**, 935
Mercury, bis(trifluoroacetato)-
  in mercuration, **2**, 876
  photodecomposition, **2**, 888
Mercury, bis(trifluoromethyl)-
  vibrational spectra, **2**, 942
Mercury, bis(trimethylsilyl)-, **2**, 102
  decomposition, **2**, 102
  photolysis, **2**, 317
  structure, **2**, 102
  in synthesis, **7**, 612
  trimethylsilyl radicals from, **2**, 91
Mercury, (bis(trimethylsilyl)methyl)-
  preparation, **2**, 95
  properties, **2**, 95
Mercury, bis(triphenylgermyl)-
  reaction with nickelocene, **6**, 208
Mercury, bromobut-2-enyl-
  bromodemercuration, **2**, 962
Mercury, bromo-s-butyl-
  brominolysis, **2**, 962
Mercury, bromo[2-(t-butylperoxy)-1,2-diphenylethyl]-
  structure, **2**, 935
Mercury, bromocyclopentadienyl-
  ring whizzing, **2**, 925

Mercury, bromo(4-methylcyclohexyl)-
   brominolysis, **2**, 962
Mercury, bromopropenyl-
   bromodemercuration, **2**, 962
Mercury, butoxyphenyl-
   trimer, **2**, 917
Mercury, butyl-
   nitrate
      adducts, **2**, 941
Mercury, s-butylchloro-
   chiral
      reaction with alkyllithiums, **1**, 62
Mercury, (t-butylcyclopentadienyl)chloro-
   structure, **2**, 925
Mercury, butylnitrato-
   complexation, **2**, 941
Mercury, α-carbonylalkyl-
   σ–π hyperconjugation in, **2**, 919, 920
   reactions, **2**, 922
Mercury, chloroallyl-
   in platinum(II) η^3-allyl complex preparation, **6**, 716
Mercury, chloro(cis-2-benzoylvinyl)-
   structure, **2**, 935
Mercury, chloro(cis-2-chlorovinyl)-
   structure, **2**, 926, 935
Mercury, chloro(trans-2-chlorovinyl)-
   structure, **2**, 926
Mercury, chlorocyclohexenyl-
   σ–π hyperconjugation in, **2**, 920
Mercury, chloro(cyclohexenylmethyl)-
   σ–π hyperconjugation in, **2**, 920
Mercury, chlorocyclopentadienyl-
   ring whizzing, **2**, 925
   structure, **2**, 925
Mercury, chloro(diethyl ether)-
   chloride, adduct with mercury dichloride
      structure, **6**, 990
Mercury, chloroethyl-
   carbonylation, **2**, 968
Mercury, chloroferrocenyl-
   preparation, **2**, 757
Mercury, chloro(cis-2-methoxycyclohexyl)-
   structure, **2**, 935
Mercury, chloro(trans-2-methoxycyclohexyl)-
   carbonylation, **2**, 968
Mercury, chlorophenyl-
   reaction with alkynes and epoxides, **8**, 785
Mercury, (p-chlorophenyl)-
   NQR, **2**, 952
Mercury, [1-(2-chlorophenyl)-3-phenyl-1-tri-
      azenato-N^3)phenyl-
   structure, **2**, 918
Mercury, chloro(3-thienylmethyl)-
   photoelectron spectra, **2**, 950
Mercury, (1-chlorovinyl)-
   structure, **2**, 927
Mercury, (2-chlorovinyl)-
   NQR, **2**, 952
Mercury, (creatinine)bis(phenyl-
   nitrate
      solution studies, **2**, 941
Mercury, cyclohexyl-
   NMR, **2**, 946
Mercury, cyclohexyl(dibromochloromethyl)-
   as carbenoid transfer agent, **2**, 958
Mercury, cyclopentadienyl-
   NMR, **2**, 925
   structure, **2**, 924
Mercury, cyclopentadienyliodo-
   ring whizzing, **2**, 925

Mercury, (diacetylmethyl)chloro-
   structure, **2**, 923
Mercury, dialkyl-
   ESR, **2**, 951
   ionization potentials, **2**, 950
   organoaluminum compound preparation from, **1**, 561
   photoelectron spectra, **2**, 950
   properties, **2**, 901
   reaction with copper salts, **2**, 759
   reaction with iodine, **2**, 963
Mercury, dialkynyl-
   mass spectra, **2**, 950
Mercury, diaryl-
   decomposition
      transition metal catalysts, **2**, 956
   iodine charge transfer complexes, **2**, 963
   mass spectra, **2**, 950
   properties, **2**, 901
Mercury, (α-diazoalkyl)-
   photolysis, **2**, 959
Mercury, α-diazoalkyl-
   thermal stability, **2**, 960
Mercury, dibenzyl-
   decomposition
      transition metal catalysts, **2**, 956
   structure, **2**, 920
   symmetrical organoaluminum compound preparation from, **1**, 624
Mercury, di-t-butyl-
   decomposition, **2**, 956
   β-elimination reaction in carbon tetrachloride, **2**, 955
Mercury, dicyclohexyl-
   oxidation, **2**, 960
Mercury, diethyl-, **2**, 864
   ESR, **2**, 951
   properties, **2**, 901
Mercury, diethylene-
   oxide
      structure, **2**, 906
Mercury, diheptyl-
   photolysis, **2**, 955
Mercury, dihexyldi-, **2**, 865
Mercury, trans-di-μ-iodo-bis(triphenylphospho-
      nium cyclopentadienylide)di-
   structure, **2**, 926
Mercury, diisopropyl-
   oxidation, **2**, 960
   properties, **2**, 901
Mercury, dimethyl-
   environmental formation, **2**, 981, 998
   ESR, **2**, 951
   exchange reactions
      energetics, **1**, 8
   NMR
      solvent effects, **2**, 944, 945
   photoelectron spectra, **2**, 950
   properties, **2**, 901
   vibrational spectra, **2**, 942
Mercury, diphenyl-
   complexes
      crystal structure, **2**, 936
   dipole moment, **2**, 902
   photolysis in carbon tetrachloride, **2**, 954
   in silylcarbene preparation, **2**, 92
   solid state studies, **2**, 935
   structure, **2**, 906
Mercury, (dipivaloylmethyl)-
   acetate
      structure, **2**, 922

Mercury, di(thienyl)-
    structure, **2**, 905
Mercury, divinyl-
    NMR, **2**, 948
Mercury, ethyl-
    in fish, **2**, 1007
Mercury, ethylhalo-
    vibrational spectra, **2**, 942
Mercury, germyl-
    exchange reaction with stannoxanes, **2**, 439
    organogermanium compound preparation from, **2**, 405
    preparation, **2**, 432
Mercury, (α-haloalkyl)-
    as carbenoid reagents, **2**, 957
    as transfer agents, **2**, 957
Mercury, (α-halomethyl)-
    carbene transfer reactions, **7**, 676–681
    NMR, **2**, 945, 946
    vibrational spectra, **2**, 942
Mercury, (hexamethylbenzene)bis(trifluoroaceta-to)-, **2**, 867
Mercury, 5-hexenyl-
    reaction with gallium, **1**, 687
    reaction with indium, **1**, 687
Mercury, (2-hydroxy-5-methylphenyl)-
    4-methyl-2-nitrosophenoxide
        structure, **2**, 919
Mercury, indenyl-
    fluxionality, **2**, 926
Mercury, iodomethyl-, **2**, 864
Mercury, isobutyl-t-pentyl-
    photolysis, **2**, 955
Mercury, (methoxycarbonyl)chloro-
    reaction with palladium(II) olefin complexes, **6**, 359
Mercury, methoxyphenyl-
    trimer, **2**, 917
Mercury, methyl-
    bioconcentration, **2**, 1005
    elimination from humans, **2**, 985
    environmental, **2**, 980
        detection, **2**, 1005, 1007
        formation, **2**, 980, 998
    excretion rates, **2**, 1007
    in fish
        age and, **2**, 1006
    half life in humans, **2**, 980
    methanethiolate
        preparation, **2**, 901
    nucleoside complexes, **2**, 934
    oxide
        preparation, **2**, 899
    oxonium hydroxide
        preparation, **2**, 899
    oxonium salts
        structure, **2**, 931
    poisoning
        symptoms, **2**, 985
    proportion to total mercury, **2**, 1006
    rate of uptake by fish, **2**, 985
    salts
        photoelectron spectra, **2**, 950
    salts, adducts
        properties, **2**, 932, 933
        structures, **2**, 904
    sulfonium salts
        structure, **2**, 931
    vibrational spectrum, **2**, 942
Mercury, methyl(methylthio)-
    in shellfish, **2**, 998

Mercury, (2-methylquinolin-8-yloxy)phenyl-
    structure, **2**, 917
Mercury, methylthiocyanato-
    anionic complexes, **2**, 940
Mercury, methyl(trifluoromethyl)-
    vibrational spectra, **2**, 942
Mercury, methyl(trimethylsiloxy)-
    monomer
        structure, **2**, 917
    tetramer
        structure, **2**, 917, 927
Mercury, (pentachlorocyclopentadienyl)-
    NQR, **2**, 952
Mercury, (pentachlorocyclopentadienyl)halo-
    structure, **2**, 925
Mercury, (pentachlorophenyl)-
    NQR, **2**, 952
Mercury, phenyl-
    acetate
        structure, **2**, 917
    carboxylates
        thermolysis, **2**, 956
    2-chloro-4-bromophenolate
        structure, **2**, 917
    2,6-diiodophenylate
        structure, **2**, 917
    NMR, **2**, 948
    vibrational spectra, **2**, 942
Mercury, phenyl(8-quinolyloxy)-
    structure, **2**, 917
Mercury, phenyl(trichloromethyl)-
    reaction with octacarbonyldicobalt, **5**, 164
Mercury, phenyl(trihalogenomethyl)-
    carbene transfer reactions, **7**, 680
Mercury, polychloroaryl-
    C-arylation by
        π-allylarylpalladium complexes in, **8**, 815
Mercury, (α-sulfidoalkyl)-
    thermolysis, **2**, 959
Mercury, (o-tetrafluorophenylene)-
    structure, **2**, 906
Mercury, [tricarbonyl(cyclopentadienyl)molyb-denum]molybdenum-
    tetramer
        structure, **6**, 1001, 1002
Mercury, (trichloromethyl)-
    NQR, **2**, 952
    photolysis, **2**, 958
    structure, **2**, 959
Mercury, (trichloromethyl)halo-
    vibrational spectra, **2**, 942
Mercury, (trichlorovinyl)-
    NQR, **2**, 952
Mercury, (trideuteromethyl)(trifluoromethyl)-
    vibrational spectra, **2**, 942
Mercury, triethylgermyl-
    reaction with β-haloketones, **2**, 439
Mercury, (trifluoromethyl)-
    NMR, **2**, 949
    salts
        photoelectron spectra, **2**, 950
        structure, **2**, 959
Mercury, (trifluoromethyl)azido-
    vibrational spectra, **2**, 942
Mercury, (trifluoromethyl)cyanato-
    vibrational spectra, **2**, 942
Mercury, (trifluoromethyl)halo-
    vibrational spectra, **2**, 942
Mercury, (trimethylsiloxy)methyl-
    structure, **2**, 156
Mercury, vinyl-

Mercury

allylic palladium complex preparation from, **6**, 403
carbonylation, **2**, 968
reaction with allylic halides, **2**, 964
reduction, **2**, 967
salts
　thermolysis, **2**, 957
Mercury alkyls
　preparation by electrolysis of aluminate complexes, **1**, 656
　in preparation of trialkylgallium compounds, **1**, 687
　in preparation of trialkylindium compounds, **1**, 687
Mercury amalgams
　with alkali or alkaline earth metals
　　reaction with carbon dioxide, **8**, 267
Mercury bis[carbonyl(cyclopentadienyl)bis(methyl isocyanide)molybdate], **6**, 995
Mercury bis[carbonyl(cyclopentadienyl)(methyl isocyanide)ferrate], **6**, 996
Mercury bis(pentacarbonylmanganate)
　electrochemical reduction, **4**, 27
　preparation, **6**, 996
　synthesis, **4**, 24
Mercury bis(tetracarbonylcobaltate)
　adducts
　　stability, **6**, 998
　ligand displacement reactions, **6**, 998
　photolysis, **6**, 999
Mercury bis[tetracarbonyl(trimethylsilyl)ferrate]-, **6**, 994
Mercury bis[tricarbonyl(η-cyclopentadienyl)chromate], **3**, 965
Mercury bis(tricarbonylnitrosylferrate)
　ligand displacement reactions, **6**, 999
Mercury bis[tricarbonyl(triphenylphosphine)cobaltate]
　preparation, **6**, 997
Mercury-bridged metallacarboranes
　synthesis, **1**, 493
Mercury bridges
　dinuclear dicarbonyl(η-cyclopentadienyl)iron complexes, **4**, 591
Mercury carboxylates
　decomposition, **2**, 887
Mercury chloride
　reaction with nickel alkyl complexes, **6**, 79
Mercury compounds
　in organic synthesis, **7**, 661–724
　transition metal–Group IV compound preparation by, **6**, 1055
Mercury cycle, **2**, 998
Mercury dichloride
　reaction with dichlorotetrakis(ethyl isocyanide)ruthenium, **4**, 682
　reaction with hexacarbonyldiiron disulfide, **4**, 280
Mercury halides
　donor–acceptor adducts with neutral transition metal bases, **6**, 985
Mercury–hydrogen exchange, **2**, 871
Mercury insertion reactions
　transition metal–mercury bond formation by, **6**, 995
Mercury ketopinoate
　decarboxylation, **2**, 887
Mercury–mercury exchange processes, **2**, 952
Mercury sulfinates
　decomposition, **2**, 887
Mercury sulfonates
　decomposition, **2**, 887
Mercury tetracarbonylcobaltate
　crystal structure, **5**, 13
　reaction with alkynes, **5**, 197
Mercury tetracarbonylcobaltates
　reaction with alkynes, **5**, 243
Mercury tris(tetracarbonylcobaltate)
　structure, **6**, 1002
Mercury vapour
　oxidation using plasma generated radicals, **2**, 891
Mercury(I) salts
　in hydrogen activation, **8**, 300
Mercury(II), β-acetoxyalkenyl-
　salts
　　formation from alkynes, **7**, 676
Mercury(II), (creatinine)phenyl-
　nitrate
　　solution studies, **2**, 941
Mercury(II), trans-di-μ-iodo-diiodobis(triphenylphosphonium cyclopentadienylide)di-
　properties, **2**, 902
Mercury(II), methyl-
　in aqueous solution
　　structure, **2**, 931
　structure, **2**, 927
Mercury(II), methyl(2-mercaptopyrimidinato)-
　structure, **2**, 919
Mercury(II), phenyl-
　hydroxide
　　preparation, **2**, 899
Mercury(II), (trifluoromethyl)halo-
　reaction with platinum(II)-carbon σ-compounds, **6**, 555
Mercury(II) acetate
　biological methylation, **2**, 1001
　photochemical methylation
　　abiotic, **2**, 982
　in preparation of organomercury(II) salts, **2**, 897
Mercury(II) complexes
　dinuclear arene hexafluoroarsenate, **2**, 867
　dinuclear π-ligands, **2**, 867
Mercury(II) compounds
　aryl
　　reactions with alkylidynenonacarbonyltricobalt, **5**, 171
　α-haloalkyl
　　reactions with alkylidynenonacarbonyltricobalt, **5**, 171
Mercury(II) halides
　neutral donor–acceptor adducts with transition metals, **6**, 984–992
　structure, **6**, 988–991
　reaction with cyclopentadienyl(norbornadiene)cobalt, **5**, 191
　reaction with organogold complexes, **2**, 807
　reaction with platinum(0) acetylene complexes, **6**, 703
　reaction with ruthenocene, **4**, 764
Mercury(II) ions
　reaction with η^1-organoiron complexes, **4**, 353
Mercury(II) salts
　cleavage of organocobalt(III) complexes by, **5**, 107
　in hydrogen activation, **8**, 300
　reaction with organoboranes, **1**, 284
　reaction with tetraalkyltin, **2**, 537
Merry-go-round system
　conical
　　trimetallic systems, **3**, 158

Mesaconic acid
  homogeneous hydrogenation
    catalysis by ruthenium complexes, **4**, 935
Mesembrine
  synthesis, **8**, 822
Mesitylene
  nickel complexes, **6**, 229
  osmium complexes, **4**, 1022
Mesityl oxide
  reaction with platinum(II) complexes, **6**, 634
Mesomeric interactions
  in organoboranes, **1**, 256
Mesoporphyrin(IX)
  dimethyl ester
    rhenium complexes, **4**, 198
[3.3]Metacyclophane, dicyano-
  preparation, **3**, 1044
[2.2]Metacyclophanes
  tricarbonylchromium complexes, **3**, 1012
Metal alkyls
  displacement reactions
    with aluminum, **1**, 624
  flammability, **1**, 8
  as hydride source, **8**, 302
  in hydrogenation, **8**, 305
  metathesis with aluminum compounds, **1**, 624
  reaction with decaborane, **1**, 488
  reaction with metal hydrides, **8**, 309
  thermal stability, **1**, 6
Metal atoms
  reaction with alkynes and boranes, **1**, 480
  reaction with butadiene, **4**, 441
  reaction with cycloheptatriene, **4**, 440
  reaction with dienes, **4**, 429
Metal atom synthesis
  (η^2-hydrocarbon)iron complexes, **4**, 385
Metal bridges
  dinuclear dicarbonyl(η-cyclopentadienyl)iron complexes, **4**, 591
Metal carbonyl complexes
  reaction with organomercury compounds, **8**, 161
  support on chloromethylated styrene resins, **8**, 554
Metal carbonyl compounds
  preparation
    organoaluminum compounds in, **1**, 664
Metal carbonyls
  reaction with alkynes and boranes, **1**, 480
Metal chlorides
  standard molar enthalpies of formation, **1**, 8
Metal clusters
  catalysts
    immobilization on resins, **8**, 553
  copolymerization, **8**, 566
  in hydrogenation, **8**, 288
  on styrene–DVB resins
    catalytic activity, **8**, 562
  supported, **8**, 605
  supported catalysts, **8**, 561
    decomposition, **8**, 592
Metal complexes
  hydrocarbon
    reaction with boranes, **1**, 480
Metal electrophiles
  reaction with η^1-organoiron complexes, **4**, 353
Metal exchange reactions
  in heteronuclear metal–metal bonded compound synthesis, **6**, 768
  heteronuclear metal–metal bond formation by, **6**, 778
  in metallaboranes, **1**, 491
  metalladicarborane synthesis by, **1**, 518
  transition metal–mercury bond formation by, **6**, 997
Metal halides
  enthalpies of formation, **1**, 8
  reaction with dicarbahexaborane anions, **1**, 493
  reaction with platinum(II)–carbon σ-compounds, **6**, 555
Metal–halogen exchange
  carboxylic amides, **7**, 34
Metal hydrides
  addition to alkenes, **8**, 309
  metathesis with organoaluminum halides, **1**, 630
  reaction with organotin halides, **2**, 560
  reaction with platinum(II)–carbon σ-compounds, **6**, 556
  reaction with trialkylaluminum, **1**, 612
Metal ions
  insertion into borane anions, **1**, 489
  reaction with tetramethyltetracarbadodecaborane dianion, **1**, 526
Metallaboranes, **1**, 460–537
  hexahydrodiborates group in, **6**, 914
  history, **1**, 462
  hydrocarbon insertion, **1**, 479
  4- or 5-vertex, **1**, 491
  polyhedral, **1**, 487
  structure and bonding, **1**, 463
  synthesis, **1**, 473–491
  8- to 10-vertex, **1**, 505–508
  6-vertex, **1**, 497–498
  11-vertex, **1**, 512–515
  12-vertex, **1**, 527–529
  X-ray diffraction, **1**, 536
Metallacarborane anions
  oxidative fusion, **1**, 526
Metallacarboranes, **1**, 460–537
  8-, 9- or 10-vertex, **1**, 499–505
  bonding, **3**, 42
  closo structures, **1**, 30
  deuterium exchange
    catalysis by ruthenium complexes, **4**, 946
  history, **1**, 460
  hydrido
    catalysis and, **1**, 523
  icosahedral
    electronic structure and properties, **1**, 520
    substitution, **1**, 520
  nido structures, **1**, 31
  organotitanium complexes, **3**, 325
  6- or 7-vertex, **1**, 493–497
  polyhedral
    structure, **3**, 22
  structure, **1**, 4, 25–35, 29
  structure and bonding, **1**, 463
  synthesis, **1**, 473–491, 474–486; **3**, 32
  11-vertex, **1**, 509–512
  12-vertex, **1**, 460, 515–527
  X-ray diffraction, **1**, 533
commo-Metallacarboranes
  stereochemistry, **1**, 495
Metallacycles, **6**, 287
  in Fischer–Tropsch synthesis, **8**, 60
  in metathesis catalyst generation, **8**, 515, 520
  metathesis catalysts, **8**, 521
  synthesis

Metallacycles
    Grignard reagents in, **1**, 197
    theoretical studies, **3**, 74
    titanium–carbon σ-bonds in, **3**, 413
    in transformation of carbon dioxide into carbon monoxide, **8**, 233
    trinuclear iron–alkyne complexes, **4**, 617
Metallacyclic intermediates
    in alkene oligomerization, **8**, 374
Metallacyclobutanes
    in alkene and alkyne metathesis, **8**, 504, 510, 512
    'Chauvin' mechanism and, **8**, 511
    complexes, **6**, 255
    metathesis catalysts, **8**, 523
    preparation and structure, **8**, 529
    preparation from cyclopropane, **8**, 529
    structural parameters, **8**, 530
    theoretical aspects, **3**, 72, 79
Metallacyclobutanones
    palladium complex, **6**, 258
Metallacycloheptatrienes
    in acetylene cyclooligomerization, **8**, 412
Metallacyclopentadienes
    in acetylene cyclooligomerization, **8**, 412
    Diels–Alder reactions, **8**, 548
Metallacyclopentane complexes
    theoretical studies, **3**, 73
Metallacyclopentanes
    in alkene oligomerization, **8**, 374
    cobalt complexes, **5**, 132
    in Ziegler–Natta alkene polymerization, **3**, 491
Metallacyclopropanes
    bonding, **3**, 50
    preparation, **8**, 395
Metalladealumination, **1**, 653
Metallaheteroboranes
    polyhedral, **1**, 487
Metallaketenes, **4**, 645
Metallastannoxanes, **2**, 576
Metallates, carbonyl-
    in carbocarbonylation, **8**, 161
Metallatetracarboranes
    bonding, **1**, 467
    12-vertex
        synthesis, **1**, 526
Metallation
    aldehydes
        porphyrin rhodium complexes in, **5**, 389
    alkenes, **7**, 3
        allylic alkali metal compound preparation by, **1**, 97
    alkylboranes, **7**, 276
    1-alkynes, **1**, 163
    by aluminum compounds, **1**, 628
    arene-metal complexes, **8**, 1040
    aromatic compounds
        hydridotris(triisopropylphosphine)rhodium in, **5**, 393
    aryliridium complexes, **5**, 561
    arylosmium complexes and, **4**, 1006
    in carbon dioxide reaction with organotransition metal compounds, **8**, 252
    in carbon dioxide reaction with tetrakis(trimethylphosphino)iron, **8**, 256
    carbon–halogen bonds by rhodium, **5**, 378–392
    carbon–hydrogen bonds
        rhodium complexes in, **5**, 392–397, 393
    carbon–hydrogen bonds α to ketone groups
        rhodium porphyrin complexes in, **5**, 389
    η^1-carbon rhenium complexes, **4**, 229
    carboxylic amides, **7**, 34
    (η-cyclobutadiene)cyclopentadienyl cobalt, **5**, 242
    cyclopentadienyl metal complexes, **8**, 1040–1044
    C-donors, **6**, 605
    N-donors, **6**, 592
    S-donors, **6**, 604
    fluorene
        diorganylmagnesium compound preparation by, **1**, 201
    Grignard reagent preparation by, **1**, 163
    in Grignard reagent reactions, **1**, 193
    hydrocarbons
        diorganylmagnesium compound preparation by, **1**, 200
    hydrogermanes, **2**, 469
    icosahedral metallacarborane synthesis by, **1**, 520
    organoalkali metal compound preparation by, **1**, 54–59
    organoboranes, **7**, 124
    organocopper compound preparation by, **2**, 720
    organogermanium compound preparation by, **2**, 405
    organosilver compound preparation by, **2**, 720
    osmocene, **4**, 1018
    phosphineiridium complexes, **5**, 578
    platinum complexes
        activation of C—H bonds and, **6**, 592–613
    platinum phosphine or arsine complexes, **6**, 596
    in preparation of organo-calcium or -strontium compounds, **1**, 227
    in preparation of unsymmetrical diorganomercury compounds, **2**, 896
    rhodium porphyrin compounds, **5**, 388
    ruthenocene, **4**, 764, 768
    tricarbonyl(η-cyclopentadienyl)rhenium, **4**, 208
    vinylalkali metal compound preparation by, **1**, 92
    vinylcyclopropane
        organometallic reactions, **7**, 7
ortho-Metallation
    alkylcarbonylmanganese complexes and, **4**, 78
    aromatic azo compounds, **8**, 187
    manganese complexes, **4**, 80
    in osmium cluster complexes, **4**, 1026
    vanadium complexes, **3**, 659
Metallative cyclization
    diphenyl(triphenylethenyl)aluminum, **1**, 639
Metallicenium ions
    electronic configurations, **8**, 1015
Metal-ligand groups
    insertion into carborane anions, **1**, 476
    insertion into neutral boranes and heteroboranes, **1**, 488
    insertion into neutral carboranes, **1**, 474
Metal ligands
    insertion reactions
        into 1,5-dicarba-*closo*-pentaboranes, **1**, 493
Metalloaromaticity, **3**, 46
Metallocenes
    bonding, **3**, 35
    electronic configurations, **3**, 29; **8**, 1015
    orthometallation, **6**, 322
    palladation reactions, **8**, 1043

Metallocenes, alkenyl-
  addition of acetic acid
    relative rates, **8**, 1055
Metallocenylalkyl compounds
  S_N1 reactions
    relative rates, **8**, 1055
Metal-metal exchange
  transition metal–cadmium preparation by, **6**, 1004
  transition metal–mercury compounds, **6**, 999
  transition metal–zinc compound preparation by, **6**, 1004
Metal migration
  in organometallic compounds
    NMR, **3**, 91
1,3-Metal migration
  σ-cyclopentadienyl compounds, **3**, 116
Metal replacement reactions
  metallacarborane synthesis by, **1**, 486
Metals
  halosilane coupling with, **2**, 366
  insertion into *closo*-carbaundecaborane ions, **1**, 524
  insertion into tetramethyltetracarbadodecaborane, **1**, 526
  insertion reactions
    into 2,4-dicarba-*closo*-heptaborane, **1**, 499
    into *nido*-11-vertex boranes, **1**, 527
    12-vertex metallacarboranes synthesis by, **1**, 517
  reactions with tetracarbonylhydridocobalt derivatives, **5**, 39
  reaction with organoaluminum compounds, **1**, 578
Metal salts
  metathesis with organoaluminum halides, **1**, 632, 633
  reactions with organoboranes, **1**, 285
  reaction with organotin halides, **2**, 559
Metal shifts
  η^3-benzylic ligands, **3**, 142
  η^5-cycloheptatriene groups, **3**, 134
  η^3-cycloheptatrienyl ligands, **3**, 133
  η^4-cyclooctatetraene ligands, **3**, 135
  η^6-cyclooctatetraene ligands, **3**, 136
  σ-cyclopentadiene ligands, **3**, 123
  η^3-dienyl ligands, **3**, 144
  organometallic compounds
    NMR and, **3**, 94
Metal transfer reactions
  metallacarboranes, **1**, 521
  metallacarborane synthesis by, **1**, 486
Metathesis
  alkene and alkyne, **8**, 499–548
  alkenes, **7**, 451
    lanthanide complexes in, **3**, 210
    organoaluminum compounds in, **1**, 666
    supported metal catalysts in, **8**, 593
    theory, **3**, 79
  alkynes, **8**, 548
  between organoaluminum halides and metal salts, **1**, 632, 633
  between organometallic compounds and diorganoaluminum halides, **1**, 627
  catalysts
    stereoselectivity and, **8**, 538
  cis-3,4-dihalocyclobutanes, **4**, 587
  functionalized olefins, **8**, 546
  industrially important, **8**, 500
  organoaluminum halides and metal hydrides, **1**, 630
  palladium diene complexes, **6**, 375
  in platinum(II)–carbon η^1-compound preparation, **6**, 530
  productive *versus* non-productive, **8**, 544
  resin-bound catalysts
    tin promoters in, **8**, 604
  stereochemistry and stereoselectivity, **8**, 536–546
  supported catalysts in, **8**, 601
  three-coordinated organoboranes, **1**, 284
  Ziegler–Natta catalysts, **3**, 491
  Ziegler–Natta catalysts in, **3**, 545
Metathetical exchange reactions
  with germanium–nitrogen compounds, **2**, 457
Metathetical reactions
  in preparation of transition metal–cadmium or –zinc compounds, **6**, 1003
  transition metal–mercury bond formation by, **6**, 995
Metathetical replacements
  η^3-allyl–iron complexes, **4**, 423
Methacrylic acid
  telomerization with butadiene, **8**, 433
Methacrylic acid, hydroxyethyl-
  terpolymerization with (*R*)-cyclohexylmethyl-*p*-styrylphosphine and ethylene dimethacrylate, **8**, 584
Methacrylic esters
  codimerization with butadiene, **8**, 422
Methacrylic nitriles
  codimerization with butadiene, **8**, 423
Methacrylonitrile
  reaction with methyltris(triphenylphosphine)cobalt, **5**, 73
2-Methallyl alcohol
  intramolecular hydrogen transfer
    catalysis by ruthenium complexes, **4**, 950
Methallyl halides
  reaction with tetrakis(triphenylphosphine)palladium, **6**, 254
Methanation
  carbon dioxide, **8**, 24
    mechanism, **8**, 273
  carbon monoxide, **8**, 22
    catalysts, **8**, 23
    kinetics and mechanism, **8**, 24
    processes, **8**, 24
  homogeneous
    carbon monoxide, **8**, 28
  metallacycles and, **8**, 534
  models for catalytic intermediates, **4**, 1012
Methane
  bis(methylchlorosilyl)
    preparation, **2**, 11
  industrial synthesis, **8**, 22–28
  polysilyl
    lithiation, **2**, 9
  silylated phosphino
    oxidative desilylation, **2**, 65
  steam reforming
    mechanism, **8**, 6
  synthesis
    from carbon dioxide, **8**, 272
    carbon dioxide reaction with hydrogen in, **8**, 225
Methane, alkoxydichloro-
  reaction with octacarbonyldicobalt, **5**, 167
Methane, bis(benzenesulfonyl)-
  reaction with π-allylpalladium complexes, **8**, 829

Methane

Methane, bis(dimethylchlorosilyl)-
  silylation of phosphorus ylide dianions by, **2**, 66
Methane, bis(diphenylarsino)-
  reaction with pentacarbonylhalorhenium, **4**, 177
Methane, bis(1-pentaboranyl)-
  preparation, **1**, 445
Methane, bis(trimethylsilyl)-, **7**, 523
  pyrolysis, **2**, 27
Methane, bromotrichloro-
  reaction with allyl cobalt(III) complexes, **5**, 120
  reaction with octacarbonyldicobalt, **5**, 163
Methane, chloro(methylthio)-
  reaction with tetrakis(triphenylphosphine)palladium, **6**, 253
Methane, chlorotriphenyl-
  reaction with organoaluminum compounds, **7**, 400
Methane, dibromo-
  reaction with 1-alkenylaluminum compounds, **1**, 651
Methane, dibromodichloro-
  reaction with octacarbonyldicobalt, **5**, 163, 164
Methane, dibromodifluoro-
  reaction with cobaltocene, **5**, 232
Methane, dichlorobis(trichlorosilyl)-
  methylation, **2**, 25
Methane, dicyclopropyl-
  palladium η^3-allylic complex formation from, **6**, 400
Methane, di(2-dipyridyl)-
  methylmercury complexes
    structure, **2**, 929
Methane, dihalo-
  reaction with alkynylborates, **7**, 341
Methane, diiodo-
  reaction with calcium, **1**, 225
  reaction with cobaltocene, **5**, 232
  reaction with cyclobutadienenickel complexes, **6**, 187
Methane, dilithio-
  bonding
    calculation, **1**, 77, 79
Methane, disodio-
  bonding
    calculation, **1**, 77, 79
Methane, ferrocenylruthenocenyl-
  chronopotentiometry, **4**, 762
  electron exchange, **4**, 762
Methane, halogeno-
  Grignard reagent preparation from exchange reactions in, **1**, 165
Methane, halotriaryl-
  reaction with organomercury compounds, **2**, 964
Methane, iodo-
  in marine algae, **2**, 983
  mercury methylation by, **2**, 981
  reaction with lead salts, **2**, 1002
  reaction with tetracarbonylcyclopentadienylvanadium, **3**, 667
  reaction with tin, **2**, 999
  reduction
    by hydridomethylberyllium, **1**, 143
    tin methylation and, **2**, 999
Methane, nitro-
  reaction with iridium complexes and carbon dioxide, **8**, 256
  telomerization with butadiene, **8**, 437
Methane, polyhalo-
  reaction with organoaluminum compounds, **7**, 401
Methane, tetrakis(bromodiphenylplumbyl)-
  structure, **2**, 651
Methane, tetralithio-, **1**, 45
  bonding, **1**, 45
    calculation, **1**, 77
Methane, tetramercury-
  structure, **2**, 916
Methane, trifluoroiodo-
  reaction with alkylgold(I) complexes, **2**, 808
Methane, trilithio-
  bonding
    calculation, **1**, 77
Methane, trimethylene-
  iron complexes, **4**, 598
    reactions, **4**, 474
    stereochemical non-rigidity, **4**, 462
    structure and physical properties, **4**, 462, 463
    synthesis, **4**, 447
  palladium complexes, **8**, 851
Methaneboronic acid, 1,1-dichloro-
  esters
    reaction with organolithium or Grignard reagents, **7**, 298
Methanesulfonic acid
  trifluoromethyl ester
    reaction with methyltetrakis(trimethyl phosphite)cobalt, **5**, 72
  unsaturated
    hydroboration, **7**, 233
Methanesulfonic acid, trifluoro-
  reaction with pentacarbonylhydridomanganese, **4**, 38, 67
Methanobacterium strain Mo.H
  dimethylarsine synthesis in, **2**, 1002
Methanol
  alternative industrial synthesis, **8**, 33
  carbon monoxide preparation from, **8**, 7
  carbonylation
    catalyst leaching in supported rhodium complex catalysts, **8**, 592
    supported catalysts in, **8**, 604
  cationic cyclopentadienylruthenium complexes, **4**, 791
  end uses, **8**, 39, 40
  homologation, **8**, 70
    catalysis by heterogeneous metal–metal bonded compounds, **6**, 823
    catalysis by ruthenium/cobalt complexes, **6**, 823
    catalysis by ruthenium complexes, **4**, 941
    cobalt catalysts, **8**, 70
    mixed-metal cluster catalysis of, **6**, 822
  industrial synthesis, **8**, 29–40
    homogeneous catalysis, **8**, 36
    kinetics, **8**, 33
    technology, **8**, 29
  in metal methylation, **2**, 983
  modified catalysts
    hydrocondensation of carbon monoxide, **8**, 66
  preparation
    carbon dioxide reduction in, **8**, 267
  reaction with allylic palladium complexes, **6**, 429
  reaction with cobalt(II) complexes, **5**, 78
  reaction with dodecacarbonyltriruthenium, **4**, 881

reaction with silicon
    organohalosilane preparation by, **2**, 307
substituted primary
    hydrogen transfer from, catalysis by ruthenium complexes, **4**, 947
synthesis
    from carbon dioxide, **8**, 272
    by carbon dioxide reaction with hydrogen, **8**, 274
    carbon dioxide reaction with hydrogen in, **8**, 225
    from carbon monoxide, **8**, 21
    models for catalytic intermediates, **4**, 1012
telomerization with butadiene, **8**, 431
telomerization with isoprene, **8**, 446
world annual production, **8**, 29
Methanol, (tributylstannyl)-
    reaction with butyllithium, **1**, 61
Methinyltriiron clusters, **4**, 621
Methionine
    methylmercury complexes
        structure, **2**, 931
Methionine, S-adenosyl-
    mercury methylation and, **2**, 981
    methylation by, **2**, 983
Methionine, methyl-
    in metal methylation, **2**, 983
Methionine synthetase
    mercury methylation by, **2**, 981
Methoxides
    catalysts
        in protodeboronation, **1**, 287
    preparation
        by reduction of carbon dioxide, **8**, 268
    reaction with (η-arene)tricarbonylmanganese cations, **4**, 119
    reaction with chloro(diene)rhodium dimers, **5**, 463
    reaction with rhodium cobalt complexes, **5**, 377
    reaction with tricarbonyl(η^5-dienyl)iron cations, **4**, 498
Methoxyamine
    reaction with organometallic compounds, **7**, 58
Methoxycarbonylation
    allylic palladium complexes, **6**, 433
Methoxylation
    -dimerization
        butadiene, **8**, 574
Methoxymercuration, **2**, 883
Methoxypalladation
    trans-, **6**, 358
Methyallyl chloride
    carbonylation
        nickel catalysed, **8**, 780
Methyl, phenylpyridyl-
    trifluoroacetate
        solution studies, **2**, 941
Methyl acetate
    carbonylation, **8**, 79
Methyl acetoacetate
    asymmetric hydrogenation
        supported ruthenium catalysts in, **8**, 581
Methyl acrylate
    cooligomerization with allene
        nickel catalysed, **8**, 666
    dimerization, **8**, 392
    reaction with tetracarbonylhydridocobalt, **5**, 49
Methylallyl chloride

reaction with halosilanes, **2**, 314
Methylaluminum sesquihalides
    dehalogenation, **1**, 626
Methylamine
    complexes with organoberyllium compounds, **1**, 131
    reaction with bromopentacarbonylmanganese, **4**, 35
    reaction with carbonyl(η-alkylcyclopentadienyl)nitrosyl(triphenylphosphine)manganese, **4**, 135
    reaction with hexakis(methyl isocyanide)ruthenium cations, **4**, 682
    reaction with isocyanide cobaloxime complexes, **5**, 157
    trimethylgallium adduct
        thermal decomposition, **1**, 698
Methylamine, N-benzylidene-
    in carbonylation
        nickel catalysed, **8**, 785
Methylamine, N,N-bis(difluorophosphino)-
    reaction with dodecacarbonyltriiron, **4**, 288
Methylamine, (trimethylsilyl)-
    preparation, **2**, 98
Methylamine, (trimethylstannyl)-
    reaction with bromopentacarbonylrhenium, **4**, 222
Methylation
    acyldecacarbonylhydridotriiron, **4**, 634
    alkynes
        organopalladium complexes in, **8**, 879
    arsenic compounds, **2**, 1002
    biological, **2**, 983
        organolead compounds, **2**, 1000
    diphenylacetylene
        organovanadium complexes in, **3**, 656
    environmental, **2**, 981–983, 982
        lead salts, **2**, 1001
        mercury, **2**, 997
        organotin compounds, **2**, 989
    metal carbonyl complexes, **8**, 111
    osmium–carbon disulfide complexes, **4**, 995
    osmium–carbon disulphide complexes, **4**, 986
    potassium hexachloroplatinate
        methylcobalamine in, **6**, 582
    in soil
        abiotic, **2**, 982
    undecacarbonyltriferrates, **4**, 634
Methyl atropate
    asymmetric hydrogenation
        styrene–DVB–diop supported catalysts in, **8**, 582
Methyl azide
    reaction with nonacarbonyldiiron, **4**, 286
Methyl bromide
    reaction with silicon
        organohalosilane preparation by, **2**, 307
μ-Methylcarbene ligands
    dicarbonyl(η-cyclopentadienyl)diruthenium complexes, **4**, 828
μ-Methylcarbyne ligands
    dicarbonyl(η-cyclopentadienyl)diruthenium complexes, **4**, 828
Methyl chloride
    reaction with silicon, **2**, 306
Methylenation
    carbonyl compounds
        organotitanium compounds in, **3**, 278
Methylene blue, **8**, 332
    hydrogenation, **8**, 330
Methylene bridges
    nonacarbonyldiiron complexes, **4**, 543

Methylene chloride
  complex with organoaluminum compounds, 1, 595
Methylene ligands
  bridged cobalt complexes, 5, 156–161
    molecular orbital analyses, 5, 160
    properties, 5, 160
    reactions, 5, 160
    structure, 5, 160
  dinuclear bridged cobalt, 5, 157
  bridged transition metal complexes, 4, 529
Methyl exchange
  trimethylthallium, 1, 729
Methyl fluorosulfonate
  oxidative-addition reactions
    to platinum(0) complexes, 6, 522
Methyl groups
  rotation, 3, 98
Methyl group transfer
  in platinum(II) metal complexes, 6, 556
  from platinum(II) to platinum(IV), 6, 582
Methyl halides
  reduction
    nickel catalysed, 8, 735
2-Methylindolyl ligands
  manganese complexes, 4, 138
Methyl iodide
  reaction with indium iodide, 1, 703
Methyl isocyanate
  formation from vanadium nitride complexes, 8, 1084
  preparation from dinitrogen
    titanium complexes and, 8, 1082
Methyl isocyanide
  platinum(I) complexes, 6, 496
  reaction with bis(η-cyclopentadienyl)methyl(diphenylmethyl)zirconium, 3, 600
  reaction with bromopentacarbonylmanganese, 4, 141
  reaction with pentacarbonyl(trifluoroacetyl)manganese, 4, 148
Methylium, dilithio-
  bonding
    calculation, 1, 77
    structure, 1, 77
Methyl methacrylate
  hydrosilylation
    nickel catalysed, 8, 631
  reaction with butadiene
    nickel catalysed, 8, 680
  reaction with methyltris(triphenylphosphine)cobalt, 5, 73
Methyl migration
  in transition metal carbonyl complexes
    theory, 3, 26
Methylpolysilanes, 2, 365
Methyl radicals
  reaction with cobalt(II) complexes, 5, 89
  reaction with diazenido tungsten complexes, 8, 1088
Methyl sorbate
  reaction with carbonyl chlorohydridotris(triphenylphosphine)ruthenium, 4, 745
Methyl thiocyanate
  reaction with dodecacarbonyltriiron, 4, 276
μ-Methylvinyl ligands
  dicarbonyl(η-cyclopentadienyl)diruthenium complexes, 4, 828
Methyl viologen
  hydrogenation, 8, 330, 332
Methyne
  formation from α-diazoalkylmercurials, 2, 959
Meyer reaction, 2, 547
Michael addition
  metal-assisted, 8, 964, 966
Michael reaction
  methyl 2-butenoate, 7, 413
  olefin carbenoid and acrylates, 8, 529
  silyl enol ethers, 7, 573
Microscopic reversibility
  organometallic compound rearrangements, 3, 139
Microwave spectroscopy
  ligand scrambling and, 3, 116
Migration–insertion reactions
  in hydrogenation, 8, 306
Migration reactions
  cyanoborates
    Lewis acid induced, 7, 286
  four-coordinate anionic organoboranes, 1, 298
  in metallocenes, 8, 1046
  organoboranes, 1, 291; 7, 287
Milk
  acetatotriphenyltin, 2, 1009
Milling
  magnesium chloride with titanium tetrachloride and aromatic esters
    supported catalysts for propylene polymerization, 3, 519
  titanium trichloride
    for Ziegler–Natta polymerization of propylene, 3, 510
  titanium trichloride and Lewis base
    propylene polymerization catalysts, 3, 511
Minamata disaster, 2, 864
Mitomycins
  synthesis, 8, 894
Modified extend Hückel method
  transition metal carbonyl fragments, 3, 12
Moisture cure sealants
  crosslinking in, 2, 332
  silylation reagents in, 2, 319
Mokupolide
  synthesis, 8, 916
Molecular geometries
  organoboranes
    MO calculations and, 1, 270
Molecular motion
  spin–lattice relaxation measurements and, 3, 97
Molecular orbital calculations
  on alkene polymerization mechanisms, 3, 491
  in bonding of unsaturated compounds to transition metals, 3, 2
  boranes and carboranes, 1, 467
  hexacarbonylvanadium, 3, 651
  in hydroboration, 7, 155
  metal carbonyl fragments
    frontier molecular orbitals, 3, 18
  nickel tetracarbonyl, 6, 5
  organoberyllium compounds, 1, 122
  organoboranes, 1, 269
  tetracarbonyl(η-cyclopentadienyl)vanadium, 3, 664
Molecular orbital treatment
  η^3-allyl(alkyl)nickel complexes, 6, 81
  η^3-allyl-η-cyclopentadienyl-, 6, 178
  η^3-allylnickel complexes, 6, 162, 169
  bis(η^3-allyl)nickel complexes, 6, 152

cyclobutadienenickel complexes, **6**, 183
(η-cyclopentadienyl)nitrosylnickel, **6**, 211
dimethylnickel, **6**, 45
methylenedimethylnickel, **6**, 45
nickel alkene complexes, **6**, 101, 102
nickel alkyne complexes, **6**, 135, 138
nickelocene, **6**, 190
nickelocinium cations, **6**, 194
phosphine nickel tricarbonyl complexes, **6**, 26
platinum olefin complexes, **6**, 616
polynuclear nickel carbonyl clusters, **6**, 10
transition metal–Group IV complexes, **6**, 1108
Molecular tumbling
  spin–lattice relaxation measurements and, **3**, 97, 98
Molecular weight
  between crosslinks
    polysiloxanes, **2**, 341
  control
    in siloxane polymerization, **2**, 327
    in Ziegler–Natta polymerization, **3**, 485
Molluscicides
  controlled release
    organotin compounds, **2**, 614
Molten salt systems
  in hydrogenation reactions, **8**, 351
Molybdates
  –cobalt catalysts
    metathesis and, **8**, 520
Molybdates, decacarbonylhydridodi-
  reactions, **3**, 1096
Molybdates, heptacyano-
  geometry, **3**, 12
Molybdates, heptakis(t-butylcyano)-
  geometry, **3**, 12
Molybdates, nonacarbonylhydrido(triphenylphosphine)di-
  properties, **3**, 1096
Molybdates, octacarbonylhydridobis(methyldiphenylphosphine)di-
  preparation, **3**, 1096
  properties, **3**, 1096
Molybdates, octacyano-
  properties, **3**, 1135
  structure, **3**, 1135
Molybdates, pentacarbonylhydrido-
  synthesis, **3**, 1095
Molybdates, tetracarbonyl[bis(μ-hydrido)dihydridoborate]-
  preparation, **6**, 905
Molybdates, tetracarbonyl(octahydrotriborate)-
  preparation, **6**, 917
Molybdates, tricarbonyl(polypyrazolylborate)-
  properties, **3**, 1104
Molybdatetracarbatridecaborane, tricarbonyltetramethyl-
  preparation, **1**, 531
Molybdenocene — *see* Molybdenum, dicyclopentadienyl-
Molybdenum
  ammonia production from dinitrogen and, **8**, 1095
  arene complexes
    cations, nucleophilic addition reactions, **8**, 1031
  arsacarborane derivatives, **1**, 549
  binuclear dinitrogen complexes, **8**, 1100
  in biological nitrogen fixation, **8**, 1092

  bovine insulin system
    ammonia production and, **8**, 1097
  butylhydrazido derivatives, **8**, 1089
  chromium compounds
    IR spectra, **6**, 796
  cobalt compounds, **6**, 769, 781
  complexes
    nitrogen fixation, **8**, 1098
  cyanide complexes
    ammonia production and, **8**, 1097
  cyclopentadienyl complexes
    intramolecular site-exchange reactions, **8**, 1047
  cysteine system
    ammonia formation and, **8**, 1096
  dinitrogen complexes, **8**, 1075, 1087–1098
    protonation, kinetics, **8**, 1093
    reduction, **8**, 1093
  Group IV complexes, **6**, 1061
  hydrazido complex
    in biological nitrogen fixation, **8**, 1092
    degradation, **8**, 1095
    reduction, **8**, 1093
  in hydrogenases, **8**, 332
  iron compounds, **6**, 764, 767, 770, 771, 773, 786
    Mössbauer spectroscopy, **6**, 801
  lanthanide bonds
    complexes, **3**, 207
  manganese compounds, **6**, 779
  niobium compounds, **6**, 777
  nitrido complexes
    ammonia production and, **8**, 1096
  in nitrogenase, **8**, 1103
  in nitrogenase large protein, **8**, 1074
  platinum compounds, **6**, 775
  rhenium compounds, **6**, 788
  ruthenium complexes, **4**, 923; **6**, 782
  tantalum compounds, **6**, 788
  titanium compounds, **6**, 777, 780
  trimethylsilyl, **2**, 158
  trinuclear dinitrogen complexes, **8**, 1100
  tungsten compounds, **6**, 771, 774, 783, 787
    IR spectra, **6**, 795
    NMR, **6**, 797
    reaction with halogens, **6**, 821
  tungsten/iron/cobalt compounds, **6**, 786
  zirconium compounds, **6**, 777
Molybdenum, (acetonitrile)pentacarbonyl-
  stability, **3**, 1099
Molybdenum, (acetonitrile)pentacarbonylbis(η-cyclopentadienyl)di-
  preparation, **3**, 1178
Molybdenum, (acetonitrile)tris(η^2-hexafluoro-2-butyne)-
  preparation, **3**, 1240
Molybdenum, (acetylacetone)(η-allyl)dicarbonyl(pyridyl)-
  structure, **3**, 1157
Molybdenum, (acetylacetone)bis(η-cyclopentadienyl)oxy-
  preparation, **3**, 1203
Molybdenum, (μ-acetylene)tetracarbonylbis(η-cyclopentadienyl)di-
  preparation, **3**, 1241
  reactions, **3**, 1241
Molybdenum, acyl(η^2-carbon disulfide)dicarbonyl(cyclopentadienyl)-
  preparation, **3**, 1155

Molybdenum

Molybdenum, (η^5-acylcyclopentadienyl)tricarbonylmethyl-
   preparation, **3**, 1183
Molybdenum, (η^6-alkenylarene)tricarbonyl-
   preparation, **3**, 1213
Molybdenum, alkyl(η-cyclopentadienyl)dinitrosyl-
   preparation, **3**, 1192
Molybdenum, (alkylideneamino)carbonyl(η-cyclopentadienyl)-
   dimer, **3**, 1189
Molybdenum, η-allyl-
   cations
      nucleophilic addition reactions, **8**, 1032
Molybdenum, (η-allyl)(η^6-arene)(η^4-1,3-butadiene)-
   reaction with nucleophiles, **3**, 1166
Molybdenum, (η^3-allyl)(η^6-arene)chloro-
   dimers, **3**, 1165
Molybdenum, (η^2-allyl)bis(η-cyclopentadienyl)-
   preparation, **3**, 1199
Molybdenum, (η^3-allyl)carbonyl(cyclopentadienyl)nitrosyl-
   cation, **3**, 1163
   reduction, **3**, 1152
Molybdenum, (η-allyl)carbonyl(η^5-neomenthylcyclopentadienyl)nitrosyl-
   cation
      structure, **3**, 1164
Molybdenum, (η-allyl)(η-cyclopentadienyl)diiodonitrosyl-
   structure, **3**, 1164
Molybdenum, (η-allyl)(η-cyclopentadienyl)iodo-
   fluctionality, **3**, 1163
Molybdenum, (η-allyl)dicarbonylchloro(diphos)-
   structure, **3**, 1157
Molybdenum, (η-allyl)dicarbonyl(η-cyclopentadienyl)-
   structure, **3**, 1165
Molybdenum, (η^3-allyl)dicarbonyl(η-cyclopentadienyl)-
   derivatives, **3**, 1159
   isomerism, **3**, 1159
Molybdenum, (η-allyl)dicarbonyl[diethylbis(pyrazolato)borate](imidazole)-
   structure, **3**, 1159
Molybdenum, (η-allyl)dicarbonyl(1,2-dimethoxyethane)(trifluoroacetyl)-
   structure, **3**, 1157
Molybdenum, (η^3-allyl)dicarbonyl[methyltris(pyrazolato)gallate]-
   preparation, **3**, 1159
Molybdenum, (η-allyl)dicarbonyl[phenyltris(pyrazolato)borate]-
   structure, **3**, 1159
Molybdenum, (η^2-allyl N,N-dimethyldithiocarbamate)carbonyl(cyclopentadienyl)nitrosyl-
   preparation, **3**, 1152
Molybdenum, (η-allyl)tricarbonylchloro(trimethyl phosphite)-
   structure, **3**, 1157
Molybdenum, (amine)pentacarbonyl-
   photosubstitution reactions, **3**, 1103
Molybdenum, (η^6-aniline)tricarbonyl-
   preparation, **3**, 1214
Molybdenum, (η-arene)carbonyldimethyl(dimethylphenylphosphine)-
   preparation, **3**, 1223
Molybdenum, (η-arene)dimethylbis(dimethylphenylphosphine)-
   preparation, **3**, 1223

Molybdenum, (η-arene)tricarbonyl-
   dipole moments, **3**, 1215
   IR spectra, **3**, 1214
Molybdenum, (η^6-arene)tricarbonyl-, **3**, 1150
Molybdenum, (azulene)hexacarbonyldianion, **3**, 1178
   structure, **3**, 1177
Molybdenum, (η^5-azulene)tricarbonyl- dimer
   anion, **3**, 1182
Molybdenum, (azulene)tricarbonylmethyl-
   dimer, **3**, 1178
Molybdenum, (η-benzene)carbonyl(η-cyclopentadienyl)-
   cation, **3**, 1203
Molybdenum, (η-benzene)chloro(η-cyclopentadienyl)-
   preparation, **3**, 1166
Molybdenum, (η-benzene)(η-cyclopentadienyl)-
   preparation, **3**, 1203
   synthesis, **3**, 1166
Molybdenum, (η-benzene)(η-cyclopentadienyl)halo-
   preparation, **3**, 1203
Molybdenum, (η-benzene)(η-cyclopentadienyl)iodo-
   preparation, **3**, 1166
Molybdenum, (η-benzene)tricarbonyl-, **3**, 1210
   benzene displacement from, **3**, 1220
Molybdenum, (η-benzene)(η^7-tropylium)-
   cations, **3**, 1223
Molybdenum, (benzo-1,2,3,6-diazaborine)tricarbonyl-
   preparation, **3**, 1211
Molybdenum, (η^1-benzyl)dicarbonyl(η-cyclopentadienyl)-
   formation, **3**, 1163
Molybdenum, (η^3-benzyl)dicarbonyl(η-cyclopentadienyl)-
   preparation, **3**, 1162
Molybdenum, (bicyclo[6.1.0]nona-2,4,6-triene)tricarbonyl-
   preparation, **3**, 1230
   protonation, **3**, 1230
Molybdenum, (η^6-bicyclo[4.2.1]nona-2,4,7-trien-9-one)tricarbonyl-
   synthesis, **3**, 1230
Molybdenum, (η^6-biphenylene)tricarbonyl-
   preparation, **3**, 1213
Molybdenum, (bipyridyl)dicarbonyl(η^2-sulfur dioxide)-
   structure, **3**, 1117
Molybdenum, (bipyridyl)tetracarbonyl-
   adduct with mercury dihalides, **6**, 991
Molybdenum, (bipyridyl)tricarbonyl-
   complex with mercury dichloride
      structure, **6**, 989
Molybdenum, (bipyridyl)tricarbonylchloro(chloromercury)-
   structure, **6**, 1001
Molybdenum, bis(acetonitrile)(η-allyl)dicarbonylchloro-
   reaction with trimethyl phosphite, **3**, 1157
Molybdenum, bis(acetonitrile)dicarbonyl(η^5-indenyl)-
   preparation, **3**, 1183
Molybdenum, bis(acrolein)dicarbonyl-
   polymer, **3**, 1152
Molybdenum, bis(μ-acrylonitrile)bis(dicarbonyl)- bis(tributylphosphine)-
   preparation, **3**, 1152
Molybdenum, bis(acrylonitrile)tetracarbonyl-
   preparation, **3**, 1151

Molybdenum, bis(η^6-arene)-, **3**, 1150
Molybdenum, bis(η-benzene)-
  combustion
    calorimetry, **3**, 1206
  discovery, **3**, 1204
  iodide
    paramagnetism, **3**, 1205
  preparation, **3**, 1204
  reaction with phosphines, **3**, 1206
  reaction with trifluorophosphine, **3**, 1206
Molybdenum, bis[μ-bis(trifluoromethyl)dithietene]bis(η-cyclopentadienyl)-
  preparation, **3**, 1194
Molybdenum, bis(η-butadiene)dicarbonyl-
  preparation, **3**, 1170
Molybdenum, bis(t-butoxy)dicarbonylbis(pyridyl)-
  properties, **3**, 1107
  structure, **3**, 1117
Molybdenum, bis(carbamato)bis(η-cyclopentadienyl)-
  preparation, **3**, 1199
Molybdenum, bis(μ-carbonyl)bis(η-cyclopentadienyl)[(η-cyclopentadienyl)rhenium]-
  preparation, **3**, 1201
Molybdenum, bis(η-chlorobenzene)-
  chloro replacement reactions, **3**, 1209
  properties, **3**, 1205
Molybdenum, bis(cyclooctatetraene)tetracarbonyl-
  preparation, **3**, 1169
Molybdenum, bis(cyclooctatriene)dicarbonyl-
  preparation, **3**, 1170
Molybdenum, bis(η-cyclopentadienyl)-, **3**, 1150
  metallo derivatives, **3**, 1201
Molybdenum, bis(η-cyclopentadienyl)bis(η^1-cyclopentadienyl)-
  preparation, **3**, 1203
Molybdenum, bis(cyclopentadienyl)bis(η-cyclopentadienyl)bis(dimethylaluminum)bis-(methylaluminum)di-
  preparation, **6**, 956
Molybdenum, bis(cyclopentadienyl)bis(η-cyclopentadienyl)bis(μ-hydrido)bis(dimethylaluminum)(methylaluminum)di-
  preparation, **6**, 956
Molybdenum, bis(cyclopentadienyl)dihalo-, **3**, 1199
Molybdenum, bis(η-cyclopentadienyl)dihydrido-, **3**, 1198
  bonding, **3**, 37
  reactions, **3**, 1198
  reaction with bromoethylzinc, **3**, 1201
  reaction with Grignard reagent, **3**, 1201
  reaction with trimethylaluminum, **3**, 1201
  structure, **3**, 1198
Molybdenum, bis(η-cyclopentadienyl)(dihydrodiphosphide)-
  preparation, **3**, 1203
Molybdenum, bis(cyclopentadienyl)dihydro(trimethylaluminum)-
  preparation, **6**, 954
Molybdenum, bis(cyclopentadienyl)(N,N-dimethyldithiocarbamate)nitrosyl-
  fluctionality, **3**, 1202
Molybdenum, bis(η-cyclopentadienyl)(η^2-dithio)-
  preparation, **3**, 1203
Molybdenum, biscyclopentadienylethyl-
  rearrangements, **8**, 1046
Molybdenum, bis(η-cyclopentadienyl)(η-ethylene)-
  preparation, **3**, 1152
Molybdenum, bis(η-cyclopentadienyl)(η-ethylene)hydrido-
  cation
    hydrogen migration, **3**, 1199
    preparation, **3**, 1152
  preparation, **3**, 1152
Molybdenum, bis(η-cyclopentadienyl)ethyl(triphenylphosphine)-
  cation
    preparation, **3**, 1152, 1199
Molybdenum, bis(cyclopentadienyl)hydrido[bromobis(tetrahydrofuran)magnesium]-
  properties, **6**, 1037
  structure, **6**, 1011
Molybdenum, bis(cyclopentadienyl)hydrido[bromo(diethyl ether)magnesium][bromo(cyclohexyl)magnesium]-
  dimer
    structure, **6**, 1011
Molybdenum, bis(η-cyclopentadienyl)hydrido(dimethylphenylphosphine)-
  cation
    preparation, **3**, 1152
Molybdenum, bis(η-cyclopentadienyl)hydridolithio-
  tetramer, **3**, 1201
Molybdenum, bis(cyclopentadienyl)iodonitrosyl-
  preparation, **3**, 1202
Molybdenum, bis(cyclopentadienyl)methylnitrosyl-
  preparation, **3**, 1202
Molybdenum, bis(cyclopentadienyl)oxy[bis(μ-hydrido)dihydridoborate]-
  preparation, **6**, 905
Molybdenum, bis(η-cyclopentadienyl)oxybis(tetrahydroborate)-
  preparation, **3**, 1203
Molybdenum, bis(diphos)bis(propene)-
  preparation, **3**, 1151
Molybdenum, bis(diphos)hydrido(η^3-propenyl)-
  preparation, **3**, 1151
Molybdenum, bis(dithiocarbamate)oxy(η^2-tetracyanoethylene)-
  preparation, **3**, 1152
Molybdenum, bis[μ-(ethoxycarbonyl)imino]-bis[(η-cyclopentadienyl)oxy-
  structure, **3**, 1194
Molybdenum, bis(η-ethylbenzene)-
  autoxidation, **3**, 1205
Molybdenum, bis(ethylene)bis(diphos)-
  preparation, **3**, 1151
Molybdenum, bis(ethylene)hydrobis(diphos)-
  preparation, **3**, 1151
Molybdenum, bis(ethylene)hydrobis(vinylene)-bis(diphenylphosphine)-
  preparation, **3**, 1151
Molybdenum, bis(η^6 naphthalene)-
  naphthalene displacement reactions, **3**, 1209
  preparation, **3**, 1205
Molybdenum, bis(η^5-pentamethylcyclopentadienyl)-
  polymer, **3**, 1196
Molybdenum, bis(η^5-pentaphenylcyclopentadienyl)-
  polymer, **3**, 1196
Molybdenum, bis(η-toluene)-
  preparation, **3**, 1204
Molybdenum, (bromoindium)bis[tricarbonyl(cyclopentadienyl)-
  preparation, **6**, 962
Molybdenum, bromotricarbonyl(cyclopentadienyl)-
  mercury insertion reactions, **6**, 995
  preparation, **6**, 886
Molybdenum, (η^2,η^2-bullvalene)tetracarbonyl-
  preparation, **3**, 1172
Molybdenum, (η-butadiene)(η-cyclopentadienyl)-(diphos)-

Molybdenum

cation, **3**, 1172
Molybdenum, (η^3-2-butenyl)bis(η-cyclopentadienyl)-
  cation, **3**, 1167
Molybdenum, (η^3-2-butenyl)(η-cyclopentadienyl)(diphos)-
  preparation, **3**, 1173
Molybdenum, (η^3-2-butenyl)dicarbonyl(η-cyclopentadienyl)-
  preparation, **3**, 1160
Molybdenum, (η^3-2-butenyl)(η^5-indenyl)bis(trimethyl phosphite)-
  preparation, **3**, 1160
Molybdenum, (*t*-butylimino)(η-cyclopentadienyl)-(μ-thio)-
  dimer, **3**, 1193
Molybdenum, (η-2-butyne)(η-cyclopentadienyl)-(η-hexafluoro-2-butyne)(trifluoromethyl)-
  preparation, **3**, 1243
Molybdenum, (μ-carbonyl)bis(μ-*t*-butoxy)bis[bis(*t*-butoxy)-
  structure, **3**, 1109
Molybdenum, carbonylbis(η-cyclopentadienyl)hydrido-
  cation
    preparation, **3**, 1152
Molybdenum, carbonylbis(η-cyclopentadienyl)methyl-
  cation
    preparation, **3**, 1199
Molybdenum, carbonylbis(η^2-diphenylacetylene)-(η^4-tetraphenylcyclobutadiene)-
  preparation, **3**, 1175
Molybdenum, carbonylchloro(η-cyclobutene)(η-cyclopentadienyl)-
  preparation, **3**, 1174
Molybdenum, carbonylchloro(cyclopentadienyl)bis(methyl isocyanide)-
  reduction, **6**, 995
Molybdenum, carbonylchloro(η-cyclopentadienyl)-(η^4-tetraphenylcyclobutadiene)-
  preparation, **3**, 1174
Molybdenum, carbonyl(η-cyclopentadienyl)bis(η^2-dialkylacetylene)-
  cation
    preparation, **3**, 1244
Molybdenum, carbonyl(cyclopentadienyl)bis(methyl isocyanide)-
  dimer, **6**, 995
Molybdenum, carbonyl(η-cyclopentadienyl)[η^4-3,4-bis(trifluoromethyl)cyclopentadienone]-
  dimer
    preparation, **3**, 1242
Molybdenum, carbonyl(η-cyclopentadienyl)cyanato(triphenylphosphine)-
  preparation, **3**, 1192
Molybdenum, carbonyl(cyclopentadienyl)cyanonitrosyl-
  anion
    preparation, **3**, 1192
Molybdenum, carbonyl(η-cyclopentadienyl)[dimethylbis(acetonitrile)]iodo-
  preparation, **3**, 1182
Molybdenum, carbonyl(η-cyclopentadienyl)dinitrosyl-
  cation
    preparation, **3**, 1192
Molybdenum, carbonyl(η-cyclopentadienyl)(η-diphenylacetylene)halo-
  preparation, **3**, 1242
Molybdenum, carbonyl(η-cyclopentadienyl)(μ-diphenylphosphino)-
  trimer, **3**, 1190
Molybdenum, carbonyl(η-cyclopentadienyl)halo(η^4-tetraphenylcyclobutadiene)-
  preparation, **3**, 1242
Molybdenum, carbonyl(η-cyclopentadienyl)(η-hexafluoro-2-butyne)[(pentafluorophenyl)thio]-
  structure, **3**, 1242
Molybdenum, carbonyl(η-cyclopentadienyl)iodo[η^4-tetrakis(trifluoromethyl)cyclobutadiene]-
  preparation, **3**, 1174
Molybdenum, carbonyl(cyclopentadienyl)nitrosyl(η^2-propenyl)-
  preparation, **3**, 1152
Molybdenum, carbonyl(η-cyclopentadienyl)[(pentafluorophenyl)thio]-(η-3,3,3-trifluoro-1-propyne)-
  preparation, **3**, 1242
Molybdenum, carbonyl(η-cyclopentadienyl)(η^4-tetraphenylcyclobutadiene)-
  preparation, **3**, 1174
Molybdenum, carbonyltris(η-diphenylacetylene)-
  preparation, **3**, 1239
Molybdenum, chlorobis(η-cyclopentadienyl)ethyl-
  preparation, **3**, 1152
Molybdenum, chloro(η-cyclopentadienyl)bis(η-hexafluoro-2-butyne)-
  halide replacement reactions, **3**, 1243
  irradiation, **3**, 1243
  preparation, **3**, 1243
Molybdenum, chloro(η-cyclopentadienyl)bis(η-1-phenyl-1-propyne)-
  NMR, **3**, 1243
Molybdenum, chloro(η-cyclopentadienyl)(dioxygen)-
  preparation, **3**, 1193
Molybdenum, chloro(η-cyclopentadienyl)(η-hexafluoro-2-butyne)-
  preparation, **3**, 1243
Molybdenum, (chloroindium)bis[tricarbonyl(cyclopentadienyl)-
  preparation, **6**, 962
Molybdenum, chloro(trimethylphosphine)tris-[(trimethylsilyl)methyl]-
  carbon monoxide insertion reactions, **3**, 1130
  structure, **3**, 1130
Molybdenum, (η-cyclobutene)(η-cyclopentadienyl)dichloro-
  preparation, **3**, 1174
Molybdenum, (η^5-cycloheptadienyl)(η-cycloheptatrienyl)-
  preparation, **3**, 1203
Molybdenum, (η-cycloheptatrienyl)(η-cyclopentadienyl)-
  preparation, **3**, 1203
Molybdenum, (η-cycloheptatrienyl)(η-cyclopentadienyl)iodo-
  preparation, **3**, 1203
Molybdenum, (η^8-cyclooctatetraene)(η-cyclopentadienyl)-
  preparation, **3**, 1238
Molybdenum, (cyclooctatetraene)tetracarbonyl-
  preparation, **3**, 1169
Molybdenum, (1,2,5,6-η^4-cyclooctatetraene)tetracarbonyl-
  preparation, **3**, 1169
Molybdenum, (η^6-cyclooctatriene)tricarbonyl-
  preparation, **3**, 1170
Molybdenum, (η-cyclopentadienyl)bis(dithioxosuccinonitrile)-
  anion, **3**, 1194
Molybdenum, (η-cyclopentadienyl)bis(μ-methylthio)-

dimer, **3**, 1194
Molybdenum, (η-cyclopentadienyl)(cyclohexyldithio)-
  dimer, **3**, 1194
Molybdenum, (η-cyclopentadienyl)(cyclohexyltrithio)-
  dimer, **3**, 1194
Molybdenum, (η^1-cyclopentadienyl)(η^5-cyclopentadienyl)iodonitrosyl-
  preparation, **3**, 1244
Molybdenum, (η-cyclopentadienyl)dihalonitrosyl-, **3**, 1192
Molybdenum, (η-cyclopentadienyl)(η^2-3,3-dimethyl-1-butyne)bis(trimethyl phosphite)-
  nucleophilic reactions, **3**, 1244
Molybdenum, (η-cyclopentadienyl)(N,N-dimethyldithiocarbamate)[η^4-tetrakis(trifluoromethyl)cyclobutadiene]-
  preparation, **3**, 1174
Molybdenum, (η-cyclopentadienyl)(dioxygen)-
  dimer, **3**, 1193
Molybdenum, (η-cyclopentadienyl)halodinitrosyl-, **3**, 1192
Molybdenum, (η-cyclopentadienyl)(η-hexafluoro-2-butyne)oxy[(pentafluorophenyl)thio]-
  structure, **3**, 1242
Molybdenum, (η-cyclopentadienyl)hydridodinitrosyl-
  preparation, **3**, 1192
Molybdenum, (η-cyclopentadienyl)hydrido(pentafluorophenyl)[η^5-(pentafluorophenyl)cyclopentadienyl]-
  preparation, **3**, 1199
Molybdenum, (η-cyclopentadienyl)hydrido(η-tetraphenylcyclobutadiene)-
  preparation, **3**, 1174
Molybdenum, (η-cyclopentadienyl)iodobis(η^2-hexafluoro-2-butyne)-
  preparation, **3**, 1174
Molybdenum, cyclopentadienylnitrosyl-, **3**, 1191
Molybdenum, (η-cyclopentadienyl)oxy(μ-thio)-
  dimer, **3**, 1193
Molybdenum, (η-cyclopentadienyl)thio(μ-thio)-
  dimer, **3**, 1194
Molybdenum, decacarbonyldi-
  dianion
    structure, **3**, 1088
Molybdenum, decacarbonyl(μ-hydrido)dianion, **3**, 1096
  structure, **3**, 1269
Molybdenum, (diallylphenylphosphine)tetracarbonyl-
  preparation, **3**, 1153
Molybdenum, dibromobis(η-cyclopentadienyl)-
  photolysis, **3**, 1199
Molybdenum, dibromo(η-cyclopentadienyl)oxy-
  preparation, **3**, 1193
Molybdenum, dibromodicarbonylbis(triphenylphosphine)-
  structure, **3**, 1093
Molybdenum, dicarbonyl[(2-aminoethoxy)dimethyl(pyrazolato)gallate](η^3-methylallyl)-
  preparation, **3**, 1159
Molybdenum, dicarbonylbis(η^4-cyclohexadiene)-
  preparation, **3**, 1170
Molybdenum, dicarbonylbis(N,N-diisopropyldithio)-
  stability, **3**, 1117
Molybdenum, dicarbonylbis(N,N-diisopropyldithiocarbamate)-
  structure, **3**, 1117

Molybdenum, dicarbonyl[bis(3,5-dimethylpyrazolato)hydroxymethylgallate](η^3-2-phenylallyl)-
  preparation, **3**, 1159
Molybdenum, dicarbonylbis(isopropoxy)bis(pyridyl)-
  properties, **3**, 1110
Molybdenum, dicarbonylbis(η^4-tetraphenylcyclobutadiene)-
  preparation, **3**, 1175, 1240
Molybdenum, dicarbonylchloro(ethanediylidenedinitrilodicyclohexane)(η^3-methylallyl)-
  structure, **3**, 1157
Molybdenum, dicarbonyl(cycloheptatrienyl)-[bis(3,5-dimethylpyrazolato)borate]-
  preparation, **3**, 1158
Molybdenum, dicarbonyl(η^3-cycloheptatrienyl)-(η-cyclopentadienyl)-
  NMR, **3**, 1160
Molybdenum, dicarbonyl(η^3-cycloheptatrienyl)-[diethylbis(pyrazolato)borate]-
  structure, **3**, 1158
Molybdenum, dicarbonyl(η^3-cycloheptatrienyl)-[phenyltris(pyrazolato)borate]-
  structure, **3**, 1159
Molybdenum, dicarbonyl(cycloheptatrienyl)(tetrapyrazolatoborate)-
  preparation, **3**, 1158
Molybdenum, dicarbonyl(η^5-cyclohexadienyl)-(η^3-cyclohexenyl)-
  structure, **3**, 1170
Molybdenum, dicarbonyl(μ-cyclooctatetraene)bis(η-cyclopentadienyl)di-
  preparation, **3**, 1242
Molybdenum, dicarbonyl(cyclopentadienyl)(acetone phenylhydrazone)-
  preparation, **3**, 1154
Molybdenum, dicarbonyl(η-cyclopentadienyl)-(η^1-alkylideneamino)-
  preparation, **3**, 1189
Molybdenum, dicarbonyl(η-cyclopentadienyl)bis(ligand)-
  cations, **3**, 1183
Molybdenum, dicarbonyl(η-cyclopentadienyl)chloro-
  dimer, **3**, 1186
Molybdenum, dicarbonyl(η-cyclopentadienyl)-(η^3-cycloheptatrienyl)-
  preparation, **3**, 1159
Molybdenum, dicarbonyl(η-cyclopentadienyl)-(η^3-cyclopentenyl)-
  preparation, **3**, 1160
Molybdenum, dicarbonyl(η-cyclopentadienyl){diaryl[(diarylmethylene)amino]methyl}-
  preparation, **3**, 1189
Molybdenum, dicarbonyl(η-cyclopentadienyl)(μ-dimethylarsino)-
  dimer, **3**, 1190
Molybdenum, dicarbonyl(η-cyclopentadienyl)-[η^3-2-(dimethylgermylene)ethyl]-
  attempted preparation, **3**, 1168
Molybdenum, dicarbonyl(η-cyclopentadienyl)(μ-dimethylphosphino)-
  dimer, **3**, 1190
Molybdenum, dicarbonyl(η-cyclopentadienyl)-{η^3-diphenyl[(diphenylmethylene)amino]methyl}-
  preparation, **3**, 1168
Molybdenum, dicarbonyl(η-cyclopentadienyl)-(η^3-methylallyl)-
  isomerism, **3**, 1159
Molybdenum, dicarbonyl(cyclopentadienyl)-[(methylthio)methyl]-

Molybdenum

preparation, 3, 1154
Molybdenum, dicarbonyl(η-cyclopentadienyl)nitrosyl-, 3, 1192
Molybdenum, dicarbonyl(cyclopentadienyl)(octahydrotriborate)-
  preparation, 6, 917
Molybdenum, dicarbonyl(cyclopentadienyl)-[(phenylimino)ethane]-
  preparation, 3, 1154
Molybdenum, dicarbonyl(cyclopentadienyl)[η^2-α-(phenylimino)toluene]-
  preparation, 3, 1154
Molybdenum, dicarbonyl(η-cyclopentadienyl)(tetrapyrazolatoborate)-
  preparation, 3, 1190
Molybdenum, dicarbonyl(η-cyclopentadienyl)-(η^3-triphenylcyclopropenyl)-
  preparation, 3, 1168
Molybdenum, dicarbonyl(η-cyclopentadienyl)tris(η^1-cyclopentadienyl)-
  preparation, 3, 1203
Molybdenum, dicarbonyl[diethylbis(pyrazolato)borate](η^3-2-phenylallyl)-
  structure, 3, 1158
Molybdenum, dicarbonyl(η^2-ethylene)(η-mesitylene)-
  synthesis, 3, 1220
Molybdenum, dicarbonylhalo(η-tropylium)-
  reactions, 3, 1236
    with hexafluoro-2-butyne, 3, 1237
    with monodentate phosphorus ligands, 3, 1236
Molybdenum, dicarbonyl(η^3-methylallyl)[diphenylbis(pyrazolato)borate]-
  structure, 3, 1159
Molybdenum, dicarbonyl(η^3-methylallyl)[tris(pyrazolato)borate]-
  structure, 3, 1159
Molybdenum, dicarbonylnitrosyl(polypyrazolylborate)-
  structure, 3, 1114
Molybdenum, dicarbonyloctakis(isopropoxy)di-
  reactions, 3, 1110
Molybdenum, dicarbonyl(phenylazo)(polypyrazolylborate)-
  structure, 3, 1114
Molybdenum, dicarbonyl(η^4-tetraphenylcyclobutadiene)(η^4-tetraphenylcyclopentadienone)-
  preparation, 3, 1240
Molybdenum, dichlorobis(η-cyclopentadienyl)oxy-
  preparation, 3, 1203
Molybdenum, dichloro[chloro(η-cyclopentadienyl)molybdenum](η-cyclopentadienyl)-(μ-hydroxy)bis(μ-ethylthio)-
  structure, 3, 1194
Molybdenum, dichloro(η-cyclopentadienyl)oxy-
  preparation, 3, 1193
Molybdenum, dicyclopentadienyl-, 3, 1195
Molybdenum, dicyclopentadienyldehydro-
  preparation, 3, 1196
Molybdenum, (μ-dimethylphosphino)bis[dicarbonyl(η-cyclopentadienyl)-
  anion, 3, 1190
Molybdenum, (μ-dimethylphosphino)(μ-hydrido)bis[dicarbonyl(η-cyclopentadienyl)-
  preparation, 3, 1190
Molybdenum, dinitrogenbis(triphenylphosphine)tolyl-, 8, 1087
Molybdenum, (μ-diphenylacetylene)bis[dicarbonyl(η^4-tetraphenylcyclobutadiene)-
  preparation, 3, 1175
Molybdenum, (diphenylstannylene)bis[tricarbonyl(η-cyclopentadienyl)-
  structure, 3, 1188
Molybdenum, (μ-dithio)bis[(η^5-butylcyclopentadienyl)dichloro-
  preparation, 3, 1194
Molybdenum, dodecacarbonyltetrahydridotetrahydroxytetra-
  reactions, 3, 1097
  structure, 3, 1096
  synthesis, 3, 1095
Molybdenum, dodecacarbonyltetrahydrotetrahydroxytetra-
  stability, 3, 1096
Molybdenum, [μ-(ethoxycarbonyl)imino](μ-hydroxy)bis[(η-cyclopentadienyl)oxy-
  structure, 3, 1194
Molybdenum, (fluorophenyl)tricarbonyl-
  nucleophilic substitution reactions
    salt effects, 8, 1029
    solvent effects, 8, 1029
Molybdenum, galliumtris[tricarbonyl(cyclopentadienyl)-
  preparation, 6, 957
Molybdenum, heptacarbonyl-
  cation, 3, 1087
Molybdenum, hexacarbonyl-, 3, 1080–1087
  (η^6-arene)tricarbonylmolybdenum complex preparation from, 3, 1211
  bonding, 3, 1082
  bonds, 3, 793
  molecular structure, 3, 1082
  oxidation, 3, 1083
  photolytic replacement of carbon monoxide from, 3, 1212
  physical properties, 3, 1080
  reaction with alkynes, 3, 1239
  reaction with diarylformamidines, 3, 1212
  reduction, 3, 1084
  spectroscopy, 3, 1082
  substitution reactions, 3, 797, 801, 802, 1084, 1086
    kinetics, 3, 805
  synthesis, 3, 1080
  thermodynamic data, 3, 1080, 1081
Molybdenum, hexacarbonylbis(η-cyclopentadienyl)di-
  as catalyst, 3, 1180
  preparation, 3, 1176
  reactions, 3, 1178
Molybdenum, hexakis(t-butoxy)carbonyldi-
  structure, 3, 1107
Molybdenum, hexakis(t-butyl cyanide)iodo-
  reductive coupling, 3, 1245
Molybdenum, hexakis((trimethylsilyl)methyl)di-, 2, 93
  dimers
    reactions, 3, 1134
Molybdenum, (μ-hydrido)bis(tricarbonyl(η-cyclopentadienyl)-
  preparation, 3, 1185
Molybdenum, indiumtris[tricarbonylbis(cyclopentadienyl)-
  preparation, 6, 962
Molybdenum, indiumtris[tricarbonyl(cyclopentadienyl)-
  preparation, 6, 962
Molybdenum, (methylgallium)bis[tricarbonyl(cyclopentadienyl)-
  preparation, 6, 957
Molybdenum, octacarbonyldiiododi-
  structure, 3, 1090
Molybdenum, octacarbonyltetrahydroxytetranitrosyltetra-

structure, **3**, 1096
Molybdenum, oxybis(η-cyclopentadienyl)(dioxygen)-
  preparation, **3**, 1193
Molybdenum, pentacarbonyl-
  geometry, **3**, 15
Molybdenum, pentacarbonyl(diphenylcarbene)-
  preparation, **3**, 1123
Molybdenum, pentacarbonyl(guaiazulene)(triethylphosphine)di-
  isomers, **3**, 1177
Molybdenum, pentacarbonyl(piperidine)-
  kinetics, **3**, 1101
Molybdenum, pentacarbonyl(pyridyl)-
  synthesis, **3**, 1097
Molybdenum, phenylenebis(methylene-η^5-cyclopentadienylene)bis(tricarbonyl-
  anion, **3**, 1182
Molybdenum, phenyltropylium-
  cation
    nucleophilic addition reactions, **8**, 1032
Molybdenum, tetracarbonyl-
  geometry, **3**, 15
Molybdenum, tetracarbonylbis(allyldiphenylphosphine)-
  preparation, **3**, 1153
Molybdenum, tetracarbonylbis(η-cyclopentadienyl)di-
  alkynes, **3**, 1240
  allene complexes, **3**, 1240
  preparation, **3**, 1180
  structure, **3**, 1180
Molybdenum, tetracarbonylbis(α,β-diphenylacrylonitrile)-
  preparation, **3**, 1152
Molybdenum, tetracarbonylbis(η^5-pentaalkylcyclopentadienyl)di-
  formation, **3**, 1181
  reaction with nucleophiles, **3**, 1181
Molybdenum, tetracarbonylbis(η-pentamethylcyclopentadienyl)-
  preparation, **3**, 1180
Molybdenum, tetracarbonyl(carbaundecaboranone)-
  dianion
    structure, **3**, 1203
Molybdenum, tetracarbonyl(η^4-1,5-cyclooctadiene)-
  preparation, **3**, 1169
Molybdenum, tetracarbonyl(η^4-cyclooctatetraene)-
  preparation, **3**, 1229
Molybdenum, tetracarbonyl(η-cyclopentadienyl)-
  cation, **3**, 1183
Molybdenum, tetracarbonyl(μ-diphenylacetylene)-bis(η^4-tetraphenylcyclobutadiene)di-
  preparation, **3**, 1240
Molybdenum, tetracarbonyl(norbornadiene)-
  reaction with t-butyldifluorophosphine, **3**, 1171
  thermochemistry, **3**, 1171
Molybdenum, tetracarbonyl(η^4-norbornadiene)-
  preparation, **3**, 1169
  reaction with carbon monoxide, **3**, 1171
  reaction with tris(dimethylamino)phosphine, **3**, 1171
Molybdenum, tetracarbonyl(piperidine)(trimethyl phosphite)-
  activation energy, **3**, 1102
Molybdenum, tetracarbonyl[η^4-tetrakis(methoxycarbonyl)cyclobutadiene]-
  preparation, **3**, 1173
Molybdenum, tetracarbonyltris(μ-chloro)tetrakis(trimethyl phosphite)-
  cation, **3**, 1091
Molybdenum, tetracarbonyltris(cyclooctatetraene)di-
  preparation, **3**, 1168
Molybdenum, tetrachlorotris(propyne)-
  preparation, **3**, 1245
Molybdenum, tetrakis(acetonitrile)tetracyano-
  structure, **3**, 1142
Molybdenum, tetrakis(η-allyl)-
  preparation, **3**, 1155
Molybdenum, tetrakis(η-allyl)di-
  preparation, **3**, 1155
Molybdenum, tetrakis(aryl cyanide), **3**, 1142
Molybdenum, tetrakis(dimethylamino)dimethyldi-
  structure, **3**, 1130
Molybdenum, tetrakis(μ-methylthio)bis[(η-alkylbenzene)-
  dication
    reaction with nucleophiles, **3**, 1203
Molybdenum, thalliumtris[tricarbonyl(cyclopentadienyl)-
  preparation, **6**, 968
Molybdenum, tribromobis(dimethylphenylphosphine)(tetrahydrofuran)-, **8**, 1095
Molybdenum, tricarbonyl-
  geometry, **3**, 15
Molybdenum, tricarbonyl(η^6-arene)-
  synthesis, **3**, 1210
Molybdenum, tricarbonyl(η^6-biphenylene)-
  reaction with ethylidenebis(diphenylphosphine), **3**, 1219
Molybdenum, tricarbonylchloro(η-cyclopentadienyl)-
  preparation, **3**, 1199
Molybdenum, tricarbonyl(η-cyclobutadiene)(triphenylphosphine)-
  preparation, **3**, 1173
Molybdenum, tricarbonyl(η^6-cycloheptatriene)-, **3**, 1223
  adducts, **3**, 1227
  cycloheptatriene displacement reactions, **3**, 1225
  exchange with cycloheptatriene, **3**, 1226
  IR spectrum, **3**, 1224
  mass spectra, **3**, 1224
  MO calculations, **3**, 1224
  NMR, **3**, 1224
  photoelectron spectra, **3**, 1224
  preparation, **3**, 1223
  purification, **3**, 1224
  reaction with nitriles
    kinetics, **3**, 1226
  reaction with tetrafluoroborate, **3**, 1227
  reaction with trimethyl phosphite
    kinetics, **3**, 1225
  thermal substitution of carbon monoxide ligands, **3**, 1226
  X-ray photoelectron spectra, **3**, 1224
Molybdenum, tricarbonyl(η^6-cyclooctatetraene)-
  preparation, **3**, 1228
  reaction with carbon monoxide, **3**, 1229
Molybdenum, tricarbonyl(cycloocta-1,3,5-triene)-
  preparation, **3**, 1227
Molybdenum, tricarbonyl(η^6-cycloocta-1,3,6-triene)-
  synthesis, **3**, 1228
Molybdenum, tricarbonyl(η-cyclopentadienyl)-, **3**, 1150
  anion, **3**, 1181
    metallo derivatives, **3**, 1187

Molybdenum

reaction with 1,2,3-tris(*t*-butyl)cyclopropenium, **3**, 1183
dimer, **3**, 1126
  mercury insertion reactions, **6**, 995
  reaction with zinc, **6**, 1004
Group IV derivatives, **3**, 1188
Group V derivatives, **3**, 1189
Group VI derivatives, **3**, 1191
radicals, **3**, 1177
reaction with cadmium, **6**, 1004
reaction with tri-*t*-butylcyclopropenium cation, **8**, 1017
Molybdenum, tricarbonyl(η^5-cyclopentadienyl)-
  zwitterionic derivatives, **3**, 1195
Molybdenum, tricarbonyl(cyclopentadienyl)bis(methylgallium)-
  preparation, **6**, 957
Molybdenum, tricarbonyl(η-cyclopentadienyl)[bis(trifluoromethyl)arsino]-
  preparation, **3**, 1190
Molybdenum, tricarbonyl(cyclopentadienyl)[bromobis(tetrahydrofuran)zinc]-
  structure, **6**, 1010
Molybdenum, tricarbonyl(cyclopentadienyl)(bromozinc)-
  structure, **6**, 1010
Molybdenum, tricarbonyl(cyclopentadienyl)(η^2-1-butene)-
  cation, **3**, 1152
Molybdenum, tricarbonyl(cyclopentadienyl)(chlorozinc)-
  diethyl ether complex, dimer
    structure, **6**, 1008
  structure, **6**, 1010
Molybdenum, tricarbonyl(cyclopentadienyl)(dichloroboryl)(triethylamine)-
  preparation, **6**, 886
Molybdenum, tricarbonyl(cyclopentadienyl)(dichloroindium)-
  preparation, **6**, 962
Molybdenum, tricarbonyl(cyclopentadienyl)[(diethyl ether)chlorozinc]-
  dimer
    structure, **6**, 1010
Molybdenum, tricarbonyl(cyclopentadienyl)(dihaloindium)-
  preparation, **6**, 962
Molybdenum, tricarbonyl(cyclopentadienyl)(dimethylthallium)-
  preparation, **6**, 972
Molybdenum, tricarbonyl(cyclopentadienyl)(η^2-ethylene)-
  cation, **3**, 1152
Molybdenum, tricarbonyl(η-cyclopentadienyl)halo-, **3**, 1185
Molybdenum, tricarbonyl(η-cyclopentadienyl)hydrido-, **3**, 1184
  reaction with dimethylzirconocene, **3**, 599
  as reducing agent for dienes and trienes, **3**, 1185
Molybdenum, tricarbonyl(η-cyclopentadienyl)iodo-
  as catalyst for metathesis of alkenes, **3**, 1186
Molybdenum, tricarbonyl(cyclopentadienyl)(methylmercury)-
  stability, **6**, 1000
Molybdenum, tricarbonyl(cyclopentadienyl)[η^1-(methylthio)methyl]-
  preparation, **3**, 1154
Molybdenum, tricarbonyl(cyclopentadienyl)(molybdenummercury)-
  tetramer
    preparation, **6**, 997
Molybdenum, tricarbonyl(cyclopentadienyl)[η^1-α-(phenylimino)benzyl]-
  preparation, **3**, 1154
Molybdenum, tricarbonyl(cyclopentadienyl)(phenylmercury)-
  symmetrization, **6**, 1000
Molybdenum, tricarbonyl(cyclopentadienyl)(phenylzinc)-
  symmetrization, **6**, 1005
Molybdenum, tricarbonyl(cyclopentadienyl)(η^2-propenyl)-
  cation, **3**, 1152
Molybdenum, tricarbonyl(cyclopentadienyl)thallium-
  preparation, **6**, 968
Molybdenum, tricarbonyl(η-cyclopentadienyl)(tribromogallium)(triphenylphosphine)-
  preparation, **6**, 957
Molybdenum, tricarbonyl(η-cyclopentadienyl)(tribromoindium)(triphenylphosphine)-
  preparation, **6**, 962
Molybdenum, tricarbonyl(cyclopentadienyl)(tribromorhenium)-
  preparation, **6**, 962
Molybdenum, tricarbonyl(η-cyclopentadienyl)tricyano-
  preparation, **3**, 1186
Molybdenum, tricarbonyl(η-cyclopentadienyl)(trifluoroacetyl)-
  preparation, **3**, 1185
Molybdenum, tricarbonyl(η-cyclopentadienyl)trihalo-
  preparation, **3**, 1186
Molybdenum, tricarbonylcyclopentadienyl(triphenylgermanyl)-
  rearrangements, **8**, 1046
Molybdenum, tricarbonyl(η-cyclopentadienyl)(triphenylplumbyl)-
  structure, **3**, 1188
Molybdenum, tricarbonyl(η-cyclopentadienyl)(triphenylstannyl)-
  structure, **3**, 1188
Molybdenum, tricarbonyl(η^5-1,2-dicarbaundecaborane)-
  dianion, **3**, 1203
Molybdenum, tricarbonyl(diglyme)-
  reaction with biphenylene, **3**, 1213
Molybdenum, tricarbonyl(dppe)nitrosyl-
  cation
    reactions, **3**, 1116
Molybdenum, tricarbonyl(π-fulvene)-
  preparation, **3**, 1230
Molybdenum, tricarbonyl(μ-halo)(η^4-tetraarylcyclobutadiene)-
  preparation, **3**, 1174
Molybdenum, tricarbonyl(η-hexamethylbenzene)-
  oxidation, **3**, 1216
  reaction with diazonium salts, **3**, 1220
  X-ray analysis, **3**, 1215
Molybdenum, tricarbonyl(η^7-homotropylium)-
  cation
    preparation, **3**, 1228, 1238
Molybdenum, tricarbonylhydrido(η^5-pentamethylcyclopentadienyl)-
  preparation, **3**, 1184
Molybdenum, tricarbonyl(η^5-indenyl)
  anion, **3**, 1178, 1182
  dimer
    reactions, **3**, 1178

Molybdenum, tricarbonyl(η^5-indenyl)iodo-
  preparation, 3, 1178
Molybdenum, tricarbonyl(η^5-isopropylcyclopentadienyl)-
  dimer, 3, 1177
Molybdenum, tricarbonyl(mesitylene)-
  adduct with mercury dichloride
    structure, 6, 989
  iodination, 3, 1215
  methane chemical ionization mass spectrum, 3, 1215
  oxidation, 3, 1216
  photoelectron spectrum, 3, 1215
  preparation, 3, 1214
  reaction with acetonitrile, 3, 1219
  reaction with aluminum trichloride, 3, 1217
  reaction with bis(dimethylamino)methylphosphine, 3, 1218
  reaction with diethylenetriamine, 3, 1219
  reaction with mercury dibromide, 3, 1217
  reaction with mercury dihalide, 3, 1217
  X-ray analysis, 3, 1215
Molybdenum, tricarbonyl(1-methyl-3,5-diphenylthiabenzene 1-oxide)-
  preparation, 3, 1231
Molybdenum, tricarbonyl([2.2]paracyclophane)-
  synthesis, 3, 1212
Molybdenum, tricarbonyl(η^5-pentamethylcyclopentadienyl)-
  anion, 3, 1182
Molybdenum, tricarbonyl(η-phenol)-
  as catalyst in metathesis of alkynes, 3, 1220
Molybdenum, tricarbonyl(η^6-phenol)-
  formation, 3, 1240
Molybdenum, tricarbonyl(phen)(η^2-sulfur dioxide)-
  structure, 3, 1117
Molybdenum, tricarbonyl(η^6-polyalkene)-, 3, 1151
Molybdenum, tricarbonyl(η^6-polystyrene)-
  synthesis, 3, 1220
Molybdenum, tricarbonyl(η^6-styrene)-
  irradiation, 3, 1213
Molybdenum, tricarbonyl($\alpha,\beta,\gamma,\delta$-tetraphenylporphyrin)-
  preparation, 3, 1211
Molybdenum, tricarbonyl(η^6-tolane)-
  preparation, 3, 1213
Molybdenum, tricarbonyl(η-toluene)-
  catalyst
    in polymerization of phenylacetylene, 3, 1220
Molybdenum, tricarbonyl(η^6-1,3,5-triethyl-2,4,6-trimethylborazine)-
  preparation, 3, 1232
Molybdenum, tricarbonyl(η^6-2,4,6-triethyl-1,3,5-trimethylborazine)-
  preparation, 3, 1232
Molybdenum, tricarbonyl(η^6-2,4,6-triphenylphosphabenzene)-
  preparation, 3, 1231
Molybdenum, tricarbonyl[η-(triphenylphosphine)cyclopentadienyl]-
  adduct with cadmium diiodide, 6, 992
Molybdenum, tricarbonyl[η^5-(triphenylphosphino)cyclopentadienyl]-
  reactions, 3, 1195
Molybdenum, tricarbonyltris(1,2-difluoro-1-butene)-
  preparation, 3, 1152
Molybdenum, tricarbonyltris(pyridyl)-
  reaction with arenes, 3, 1213
Molybdenum, tricarbonyl(η-tropylium)-cation, 3, 1151
Molybdenum, tricarbonyl(η^7-tropylium)-cation, 3, 1232
  carbon monoxide substitution, 3, 1233
  electrolysis, 3, 1236
  IR spectra, 3, 1232
  nucleophilic reactions, 3, 1235
  reactions, 3, 1232
  reaction with acetonitrile, 3, 1235
  reaction with ditertiary phosphines, 3, 1233
  reaction with halides, 3, 1233
  reaction with halogenotrimethylsilanes, 3, 1234
  reaction with heteroatom borane anions, 3, 1234
  reaction with tertiary phosphines, 3, 1236
  stability, 3, 1232
  tropylium ligand displacement reactions, 3, 1234
Molybdenum, tricarbonyl(η-o-xylene)-
  reaction with nitrosyl chloride, 3, 1220
Molybdenum, trimethyl(η^6-1,3,5,7-tetramethylcyclooctatetraene)-
  preparation, 3, 1229
Molybdenum, tris(acrylonitrile)tricarbonyl-
  preparation, 3, 1151
Molybdenum, tris(μ-alkoxy)bis[(η-allyl)dicarbonyl-
  preparation, 3, 1158
Molybdenum, tris(μ-alkoxy)dicarbonyl(η^3-cycloheptatrienyl)[(η^7-cycloheptatrienyl)molybdenum)]-
  preparation, 3, 1158
Molybdenum, tris(benzoquinone)-
  structure, 3, 1168
Molybdenum, tris(η-butadiene)-
  preparation, 3, 1168
Molybdenum, tris(cyclooctatetraene)di-
  preparation, 3, 1168
Molybdenum, tris(η-cyclopentadienyl)dimethyl-
  preparation, 3, 1199
Molybdenum, tris(cyclopentadienyl)nitrosyl-
  preparation, 3, 1202
Molybdenum, tris(η-cyclopentadienyl)tetrathiotri-
  cation, 3, 1194
Molybdenum, tris(diethyl ether)tris(phenyllithium)triphenyl-
  structure, 3, 1129
Molybdenum catalysts
  alkene and alkyne metathesis, 8, 500
  methanation of carbon monoxide, 8, 24
Molybdenum complexes
  acyl
    synthesis, 8, 112
  alkoxides
    reaction with carbon dioxide, 8, 258
  catalysts
    in asymmetric epoxidation, 8, 493
  platinum carbonyl complexes, 6, 484
  reaction with carbon dioxide, 8, 237
Molybdenum pentachloride
  in olefin metathesis catalysts, 7, 452
Molybdenum(III)
  trichlorostannate complexes
    hydrogenation catalysts, 8, 309
Molybdenum(V) salts
  in stoichiometric hydrogenation, 8, 315
Molybdocyclobutanes, bis(η-cyclopentadienyl)-, 3, 1167
Monarch butterfly pheromone

Monarch butterfly pheromone
dimethyl ester
synthesis, **8**, 817, 827
Monoenes
hydrogenation
homogeneous catalysts, **8**, 332
Monohydride catalysts
for hydrogenation, **8**, 305
for selective hydrogenation, **8**, 308
Monosaccharides
asymmetric hydrogen transfer from
catalysis by ruthenium complexes, **4**, 951
Morpholine
complexes with organoberyllium compounds, **1**, 131
reaction with nickel tetracarbonyl, **6**, 18
reductive N-alkylation, **8**, 94
telomerization
η^3-allylnickel complexes in, **6**, 169
telomerization with isoprene, **8**, 447
Mössbauer quadrupole splitting
phosphine nickel carbonyl complexes, **6**, 30
Mössbauer spectroscopy
actinides, **3**, 179
bis(cyclopentadienyl)europium, **3**, 188
cyclobutadiene iron complexes, **4**, 461
ferroles, **4**, 553
Group IV compounds
stereochemical non-rigidity, **6**, 1083
heteronuclear metal–metal bonded compounds, **6**, 800
iron–alkene complexes, **4**, 395
lanthanides, **3**, 179
^{119}Sn, **2**, 523–526
stannacarboranes, **1**, 546

transition metal carbonyl Group IV compounds, **6**, 1069
transition metal–tin complexes, **6**, 1108
MTSA
production, **2**, 319
Multicenter bonding
carbenium ions and, **1**, 557
Multiple-decked complexes
^{11}B NMR, **1**, 387
boron–carbon–sulfur ring ligands, **1**, 407
boron-containing, **1**, 385
as metallocarboranes, **1**, 387
structures, **1**, 387
Multisite exchange
spin saturation method and, **3**, 96
Muscarine alkaloids
synthesis
oxoallyl cations in, **8**, 949
Muscone
synthesis, **7**, 417; **8**, 846
Myoglobin, **4**, 292
Myrcene
cyclodimerization
nickel catalysed, **8**, 674
dimerization, **8**, 402
hydroboration, **7**, 208
linear oligomerization
nickel catalysed, **8**, 690
magnesium compounds, **1**, 219, 220
reaction with acetone
nickel catalysed, **8**, 697
reaction with palladium dichloride, **8**, 804
Myrcene, dihydro-
synthesis, **7**, 717

N

Naked platinum—*see* Platinum, bis(cyclooctadiene)-
Naphthaldehyde
  reaction with organoaluminum compounds, **7**, 414
Naphthalene
  electron carrier
    dinitrogen reduction, **8**, 1081
  magnesium compounds, **1**, 218
  methyl derivatives
    metallation, **1**, 56
    polylithiation, **1**, 56
  radical anion alkali compounds, **1**, 109
    preparation, **1**, 109
  reaction with hexacarbonylchromium, **3**, 1015
Naphthalene, 1-bromo-
  metal–halogen exchange with barium tetraethylzincate, **1**, 238
  reduction
    organotitanium compound in, **3**, 275
Naphthalene, 9,10-dihydro-
  reaction with tricarbonyliron, **4**, 599
Naphthalene, 1-dimethylaminomethyl-
  palladation
    regiochemistry, **8**, 860
Naphthalene, 1-iodo-2-methyl-
  reductive dehalogenation, **7**, 687
Naphthalene, tetrathio-
  reaction with nickel tetracarbonyl, **6**, 9
  reaction with octacarbonyldicobalt, **5**, 36
1,8-Naphthalenediamine, *N,N,N',N'*-tetramethyl-
  reaction with tetracarbonyl(1,5-cyclooctadiene)manganese salts, **4**, 117
Naphthalen-1,4-imine, 1,4-dihydro-
  synthesis, **7**, 589
α-Naphthol
  telomerization with butadiene, **8**, 432
Naphtho[1,3-*bc*]siletes, 1,8-dialkyl-
  preparation, **2**, 240
1,8-Naphthyridine, 2,7-dimethyl-
  gold complexes, **2**, 793
1,8-Naphthyridines
  alkylation
    organometallic compounds in, **7**, 17
Naproxen
  synthesis, **7**, 488
Natural products
  hydrogenation
    homogeneous catalysts, **8**, 333
N-Donor ligands
  dinuclear ruthenium carbonyl complexes, **4**, 836
Neighbouring group effects
  in arene–metal complex reactions, **8**, 1050–1060
  in cyclopentadienyl metal complex reactions, **8**, 1050–1060
Neodymium
  butadiene complexes, **3**, 205
  Group IV complexes, **6**, 1101
  hydrides, **3**, 205
  ions
    properties, **3**, 175
Neodymium, (cyclopentadienyl)(cyclooctatetraenyl)-, **3**, 194
Neodymium complexes
  bis(cyclopentadienyl) halides, **3**, 185
  carbonyl, **3**, 180
  carbonyl fluoro, **3**, 180
  (cyclooctatetraene)(tetrahydrofuran), **3**, 195
  naphthenates
    isoprene polymerization and, **3**, 210
  tris(cyclopentadienyl), **3**, 182
  tris(cyclopentadienyl) boron, **3**, 183
Neodymium trifluoride
  EPR, **3**, 179
Neohexene, **7**, 452
Neopentyl alcohol
  synthesis
    from oxiranes and organoaluminum compounds, **7**, 426
Neopentyl bromide
  reaction with tris(triethylphosphine)platinum, **6**, 520
Neopentyl ligands
  germanium complexes, **3**, 469
  hafnium complexes, **3**, 469
  lanthanide complexes, **3**, 198
  tin complexes, **3**, 469
  titanium complexes, **3**, 469
  zirconium complexes, **3**, 469
Neptunium
  ions
    properties, **3**, 175
  Mössbauer spectroscopy, **3**, 179
Neptunium, bis(*n*-butylcyclooctatetraene)-, **3**, 235
Neptunium, bis(cyclooctatetraene)-, **3**, 232
  anionic, **3**, 237
Neptunium, bis(ethylcyclooctatetraene)-, **3**, 235
Neptunium, bis(1,3,5,7-tetramethylcyclooctatetraene)-
  ^{1}H NMR, **3**, 234
Neptunium, *n*-butyltris(cyclopentadienyl)-, **3**, 248
Neptunium, chlorotris(cyclopentadienyl)-, **3**, 218
Neptunium, tetrakis(cyclopentadienyl)-, **3**, 214, 248
Neptunium, trichloro(cyclopentadienyl)-, **3**, 223
Neptunium, tris(cyclopentadienyl)-, **3**, 212, 248
Neptunium, tris(cyclopentadienyl) halo-, **3**, 218
Neptunium(IV), tris(cyclopentadienyl)-
  hydrocarbyl complexes, **3**, 248
Neptunocene
  ^{1}H NMR, **3**, 234
  magnetic susceptibility, **3**, 233
Nerol

Nerol
   diethyl phosphate ester
      reaction with organoaluminum compounds, 7, 402
Network formation
   silicones, 2, 329
      kinetics, 2, 331
Neurospora
   mercury methylation and, 2, 982
Neutron diffraction
   heteronuclear metal–metal bonded compounds, 6, 801
Neutron irradiation
   dodecacarbonyltriruthenium, 4, 666
   ruthenocene, 4, 774
Newman projection
   bimetallic systems, 3, 152
Nickel
   alkyl complex
      bis-ligand, reaction with CO, 6, 18
   carbonyl complexes
      NMR, 6, 17
   carbonyl dihalo complexes, 6, 31
   carbonyl halide complexes, 6, 33
   carbonyl phosphine complexes
      NMR, 6, 30
      reactions, 6, 30
      reaction with $NOPF_6$, 6, 33
      spectroscopy, 6, 28
   carbonyl phosphite complexes
      vibrational spectra, 6, 28
   catalysis
      trimethylaluminum reaction with α,β-unsaturated ketones, 1, 577
   catalyst
      alkene oligomerization, 8, 615
      alkene oligomerization and cooligomerization, 8, 616
      in allylic ether reactions with organometallic compounds, 7, 49
      in halide reactions with organometallic compounds, 7, 47
      organoaluminum compound reactions, 7, 384
   catalysts
      hydrosilylation, 2, 313
      chromium compounds, 6, 778
      cobalt compounds, 6, 775
      dinitrogen complexes, 8, 1075, 1102
      Group IV compounds, 6, 1094
      Group IV cyclopentadiene complexes, 6, 1095
      hexamethyldisilazane derivatives, 2, 129
      industrial preparation, 6, 3
      iron compounds, 6, 765, 773, 783, 785
      manganese compounds, 6, 771, 772
      metallic, reaction with CO, 6, 4
      niobium compounds, 6, 764
      oxygen complex, 6, 8
      phospha- and arsa-carborane derivatives, 1, 549
   phosphine adducts
      reductive carbonylation, 6, 23
      platinum compounds, 6, 776
      rhodium compounds, 6, 775
      ruthenium complexes, 4, 927
   tetrakis-ligand complexes
      formation, 6, 8
   vapour
      reaction with allyl halides, 6, 156
      reaction with pentafluorophenyl bromide, 6, 44
      reaction with THF, 6, 45
Nickel, (η^3-allyl)bis[η^2-dimethyl(dimethylamino)borane]-
   preparation, 6, 897
Nickel, allylhalo-
   carbonylation, 8, 199
Nickel, aqua[bis(μ-hydrido)dihydroborate](phenylene)-
   preparation, 6, 910
Nickel, bipyridyl(η-tetramethylcyclobutadiene)-
   synthesis, 6, 183
Nickel, bis(carbon dioxide)-, 8, 232
Nickel, bis[carbonyl(η-cyclopentadienyl)-
   reaction with metal carbonyls, 6, 212
Nickel, bis(cyclooctadiene)-, 6, 110, 195
   butadiene cyclotrimerization by, 1, 665
   catalysts
      in olefin oligomerization, 7, 451
   oxidative addition reactions, 6, 65
   phosphine-modified
      butadiene cyclodimerization by, 1, 666
   reaction with acetylacetone, 6, 50
   reaction with acids, 6, 158
   reaction with alkynes, 6, 138
   reaction with allyl complexes, 6, 147
   reaction with allyl halides, 6, 156
Nickel, bis(1,5-cyclooctadiene)-
   preparation
      organoaluminum compounds in, 1, 664
Nickel, bis(η-cyclopentadienyl)carbonyl-, 6, 198
   reaction with carbon monoxide, 6, 201
Nickel, bis(η-cyclopentadienyl) — *see* Nickelocene
Nickel, bis(decaboranyl)-
   dianion
      preparation, 1, 513
Nickel, bis(1,2-dicarbaundecaboranyl)-
   structure, 1, 521
Nickel, bis(difluoroboroglyoximato)-
   reaction with CO, 6, 19
Nickel, bis(2-ethylhexanoate)-
   hydrogenation catalysts, 7, 453
Nickel, bisfulvenedi-
   oxidation, 6, 194
Nickel, bis(η^3-indenyl)-, 6, 146
Nickel, bis(η-isodicyclopentadienyl)-, 6, 193
Nickel, bis(mesityl)-, 6, 44
Nickel, bis(η-methylcyclopentadienyl)-
   oxidation, 6, 194
Nickel, bis(*N*-methylsalicylaldimine)-
   reaction with organoaluminum compounds and 1-alkynes, 7, 391
Nickel, bis(pentadienyl)di-, 6, 147
Nickel, bis(pentafluorophenyl)-, 6, 45
Nickel, bis(η-pentamethylcyclopentadienyl)-
   oxidation, 6, 194
Nickel, bis(η-t-butylcyclopentadienyl)-
   oxidation, 6, 194
Nickel, bis(tetrahydroborate)tris(triphenylphosphine)di-
   preparation, 6, 910
Nickel, bis(η-tetraphenylcyclobutadiene)-, 6, 185
   synthesis, 6, 183
Nickel, bis(trityl)-, 6, 44
Nickel, carbonyl(η-cyclopentadienyl)-
   anion
      preparation and reactions, 6, 205
Nickel, chlorotris(dimethylfuran)(tetrahydroborate)-
   preparation, 6, 910

Nickel, [cyanobis(μ-hydrido)hydridoborate]bis(triphenylphosphine)-
  preparation, **6**, 910
Nickel, (cyanotrihydroborate)bis(dibutylphosphino)hydrido(benzene)-
  preparation, **6**, 910
Nickel, (cyanotrihydroborate)hydridobis(triphenylphosphine)-
  preparation, **6**, 910
Nickel, (cyanotrihydroborate)hydridotris(dibutylphosphino)-
  preparation, **6**, 910
Nickel, (cyanotrihydroborate)(tren)-
  dimer, cation
    preparation, **6**, 910
Nickel, η^4-cyclobutadiene-
  reaction with sodium and alkenes, **6**, 110
Nickel, cyclododecatriene-, **6**, 103
  reaction with allyl radical, **6**, 147
  structure, **6**, 103
Nickel, (η-cyclopentadienyl)-
  derivatives, **6**, 206–209
Nickel, (cyclopentadienyl)(bromomagnesium)(triphenylphosphine)-
  carbon dioxide reductions by, **6**, 1038
Nickel, η-cyclopentadienyl-η^3-methoxycyclobutenyl-, **6**, 186
Nickel, (η-cyclopentadienyl)nitroso-
  bonding, **3**, 40
Nickel, (η-cyclopentadienyl)nitrosyl-, **6**, 209–211
  IR and Raman spectra, **6**, 210
  mass spectra, **6**, 210
  orbital ionization energies, **6**, 211
  reduction, **6**, 213
  structure, **6**, 210
Nickel, η-cyclopentadienyl(η-pentamethylcyclopentadienyl)-
  oxidation, **6**, 194
Nickel, cyclopentadienyl)(tridecahydrodecaborate)-
  preparation, **6**, 936
Nickel, dicarbollyl-
  properties, **1**, 518
Nickel, dicarbonylethylene
  rotational barriers, **3**, 57
Nickel, dicarbonyltris{(η-cyclopentadienyl)-, **6**, 205
Nickel, dichlorobis(triphenylphosphine)-
  catalyst
    hydrosilylation, **2**, 313
Nickel, dicyclopentadienyl-
  catalyst
    in ethylene oligomerization, **8**, 383
Nickel, diethylbipyridyl-
  reaction with carbon dioxide, **8**, 253
Nickel, dimethylbipyridyl-
  reaction with carbon dioxide, **8**, 253
Nickel, (diphenylboryl)bis(triphenylphosphine)-
  dimer
    diethyl ether adduct, **6**, 892
Nickel, monocarbonyltris(triphenylphosphine)-
  preparation, **6**, 25
Nickel, nitrosylphenyl-
  complexes, **6**, 64
Nickel, (N,N,N',N'-tetraallyl-2-butene-1,4-diamine-, **6**, 103
Nickel, tetracarbonyl-
  in alkoxycarbonylation of alkynes, **8**, 199
  carbocarbonylation and, **8**, 160
  catalyst
    hydroxycarbonylation of alkenes, **8**, 190
    in oxacarbonylation, **8**, 198
    in stoichiometric synthesis of saturated carboxylic esters, **8**, 189
  dissociation energy, **3**, 24
  geometry, **3**, 12
  photoelectron spectra, **3**, 6
  reaction with organomercury compounds, **8**, 161
  X_α calculations, **3**, 6
Nickel, (tetrahydroborate)tris(triphenylphosphine)-
  dimer, **6**, 910
Nickel, tetrakis(triethylphosphine)-
  oxidative addition reactions, **6**, 66
Nickel, tetrakis(triphenylphosphine)-
  oxidative addition of halopyridine, **6**, 52
Nickel, tetrathiocarbonyl-, **6**, 12
Nickel, (η-toluene)bis(pentafluorophenyl)-
  distortion, **3**, 44
Nickel, tricarbonyl(decahydrohexaborane)-
  preparation, **6**, 931
Nickel, tricarbonyl phosphine complexes
  ligand MO population, **6**, 27
Nickel, triethylene-, **6**, 103
  reactions, **6**, 109
Nickel, tris(bicycloheptene)-
  structure, **6**, 103
Nickel, tris(ethylene)-
  reaction with tributylaluminum, **8**, 640
Nickelaborane, **6**, 214
  preparation and structure, **6**, 215–217
  synthesis, **1**, 462, 490
  11-vertex
    synthesis, **1**, 527
Nickelaborane, η-cyclopentadienyl-, **6**, 216
Nickelacarborane, **6**, 214
  preparation, **1**, 517
  preparation and structure, **6**, 218–223
Nickelacyclic compounds
  in alkyl halide coupling reactions, **8**, 734
Nickelacyclobutanone
  in oxacarbonylation, **8**, 195
Nickelacyclobutenone
  in decarbonylation of diphenylcyclopropenone, **8**, 792
Nickelacyclohexane, tris(triphenylphosphine)-
  thermolysis, **6**, 76
Nickelacyclopentadiene, **6**, 120, 185
  in acetylene cyclooligomerization, **8**, 412
  in carbonylation of alkynes and alkenes, **8**, 777
  in carbonylation of diiodotetraphenylbutadiene nickel catalysed, **8**, 790
  in cyclooligomerization of acetylene, **8**, 653
  derivatives
    reductive coupling, **6**, 76
  reaction with alkynes, **8**, 653
  reaction with diphenyldicarbodiimide, **8**, 656
Nickelacyclopentane, **6**, 109, 120
  alkene dimerization and, **8**, 623
  in carbonylation of alkynes, **8**, 778
  in carbonylation of alkynes and alkenes, **8**, 777
  in cooligomerization of strained hydrocarbons with alkenes, **8**, 639
  in ethylene dimerization, **8**, 618
  in oligomerization and cooligomerization of strained alkenes and alkanes, **8**, 633
  reaction with carbon dioxide, **6**, 172; **8**, 656
Nickelacyclopentane complexes, **6**, 66

Nickeladecaborane, 2-(η-cyclopentadienyl)nonachloro-
  anion
    rearrangement, **1**, 491
Nickela-*closo*-decaborane, 2-(η-cyclopentadienyl)-
  anion
    rearrangement, **1**, 491
1-Nickeladecaborane, (η-cyclopentadienyl)-
  anion
    preparation, **1**, 508
2-Nickeladecaborane, (η-cyclopentadienyl)-
  anion
    preparation, **1**, 508
Nickeladicarbadodecaborane, bis(triphenylphosphine)-
  preparation, **1**, 518
3,1,2-Nickeladicarbadodecaborane, bis(triphenylphosphine)hydrido-
  preparation, **1**, 523
1-Nickeladodecaborate, (cyclopentadienyl)undecahydro-
  preparation, **6**, 940
Nickelanonadecaborate, (dppe)eicosahydro-
  preparation, **6**, 941
Nickelanonadecaborate, eicosahydrobis(triphenylphosphine)-
  structure, **6**, 941
Nickelates, **6**, 45
  alkyl, **6**, 62
  complexes
    structure, **6**, 46
    stabilized by π-bonded ligands, **6**, 46
Nickelates, acyltricarbonyl-
  in carbocarbonylation, **8**, 165
Nickelates, (cyclopentadienyl)(nonahydrononaborate)-
  preparation, **6**, 935
Nickelates, tris(η-cyclopentadienyl)-di-
  bonding, **3**, 35
Nickelates(cyclopentadienyl)(nonahydrononaborate)-
  preparation, **6**, 935
Nickelatetracarbatridecaborane, bis[(diphenylphosphino)methyl]tetramethyl-
  preparation, **1**, 532
Nickelatriruthenacarbide, octacarbonyl(η-cyclopentadienyl)ethylmethylhydrido-
  structure, **1**, 472
Nickel carbonyl anions
  preparation, **6**, 10–12
Nickel carbonyl hydrides, **6**, 42
Nickel carbonyls
  catalyst
    in hydrosilation, **2**, 119
  Lewis base complexes, **6**, 15–33
Nickel carboxylates
  η³-allyl complexes
    coupling reactions, **6**, 168
Nickel catalysts
  in asymmetric hydrovinylation, **8**, 486
  in azacarbonylation, **8**, 174, 175
  in azacarbonylation of alkynes, **8**, 176
  in butadiene copolymerization with ethylene, **8**, 420
  in butadiene oligomerization, **8**, 403
  in ethylene oligomerization, **8**, 379, 383
  in hydrocondensation of carbon monoxide and hydrogen, **8**, 21
  methanation of carbon monoxide, **8**, 24, 54
  in propene oligomerization, **8**, 384
  in styrene oligomerization, **8**, 392
  supported, **6**, 157
    in Fischer–Tropsch synthesis, **8**, 41
    hydrogenation and, **8**, 632
Nickel cations
  η-cyclopentadienyl, **6**, 209
Nickel cluster complexes
  η-cyclopentadienyl, **6**, 211–213
Nickel cluster compounds, **6**, 10, 26, 42, 88, 138, 156
  coupling reactions, **6**, 168
Nickel complexes
  alkali metal alkene, **6**, 113–116
  alkene, **6**, 101–138
    structure and bonding, **6**, 101
  alkyl, **6**, 37–93
    in carbonylation of alkyl halides, **8**, 790
    physical properties, **6**, 80
    reactions, **6**, 72
  alkylacetylacetonate, **6**, 49
  alkylaryl, **6**, 61
  alkyl-η-cyclopentadienyl-
    rearrangement, **6**, 175
  alkyne, **6**, 101–138
  alkynes, **6**, 133–138
    binuclear, **6**, 135
  allyl
    reaction with carbon dioxide, **8**, 255, 278
  η³-allyl, **6**, 145–179
    crystal structure, **6**, 174
    disproportionation, **6**, 147
    insertion reactions with alkenes and alkynes, **8**, 730
    insertion reactions with isocyanide, **8**, 792
    IR and Raman spectra, **6**, 162
    reactions, **6**, 148, 160, 167
    reaction with carbonyl compounds, **8**, 729
    reaction with quinones, **8**, 730
    structure and bonding, **6**, 161, 169
  η³-allyl alkyl, **6**, 81, 85
    reaction with donor ligands, **6**, 81
  η³-allyl aryl, **6**, 81
    structure, **6**, 83
  η³-allyl-η-cyclopentadienyl-, **6**, 174–177
    isomerization, **6**, 175
    reaction with donor ligands, **6**, 175
  π-allyl halide
    propylene dimerization by organoaluminum dihalide and, **1**, 665
  allylideneamine, **6**, 118
  η-arene, **6**, 229–230
  aryl, **6**, 37–93
    ¹H NMR, **6**, 80
    reaction with carbon monoxide, nickel catalysed, mechanism, **8**, 790
  arylacetylacetonate, **6**, 49
  bisalkyl, **6**, 63
  bis(η³-allyl), **6**, 145–152, 153, 156–162
    crystal structure, **6**, 151
    IR and Raman spectra, **6**, 151
    NMR, **6**, 149
    photoelectron spectra, **6**, 152
    reaction with carbon monoxide, **8**, 783
    reaction with donor ligands, **6**, 166
    reaction with organic halides, **8**, 728
    structure and bonding, **6**, 149
  bis(η³-allyl)ligand, **6**, 152–156
  bis(η⁶-arene), **6**, 230

bisaryl, **6**, 63
bis(butadiene)
  in cyclotrimerization of butadiene, **8**, 679
bis(cyclooctadiene)
  reaction with allyl alcohol, **8**, 732
  reaction with isoprene, **8**, 679
borolenyl, **6**, 223
butadiene
  preparation, **8**, 679
carbonyl
  bond enthalpy values, **4**, 616
carborane sandwich compounds, **3**, 33
catalyst
  in cyclodimerization of norbornadiene, **8**, 390
catalysts
  acetylene reaction with carbon dioxide, **8**, 275
  allene dimerization, **8**, 395
  in isoprene oligomerization, **8**, 400
η-cyclobutadiene, **6**, 183–187
  oxidation, **6**, 187
  preparation and structure, **6**, 184
  reactions, **6**, 186
  reduction, **6**, 187
η^3-cyclobutenyl, **6**, 145
cyclododecatriene
  ring closure, **6**, 156
η-cyclopentadiene, **6**, 203
η-cyclopentadienyl, **6**, 189–223
η-cyclopentadienyl alkene complexes, **6**, 112
cyclopentadienyl alkyl
  NMR, **6**, 86
  structure, **6**, 86
η-cyclopentadienyl alkyl, **6**, 85, 91, 92
η-cyclopentadienyl aryl, **6**, 85
(η-cyclopentadienyl)carbonyl, **6**, 198–205
(η-cyclopentadienyl)isocyanide, **6**, 198–205
η^3-cyclopropenyl, **6**, 177
cyclotriarsenic, **6**, 178
cyclotriphosphorus, **6**, 178
dialkyl, **6**, 59
  physical properties, **6**, 80
  reactions, **6**, 72
heteroalkene, **6**, 123–132
iminium, **6**, 86
monoalkyl, **6**, 49–52, 53
monoalkyne, **6**, 134
monoaryl, **6**, 49–52
monocyclopentadienyl, **6**, 196
octadienyl
  in cyclotrimerization of butadiene, **8**, 679
organolead derivatives, **2**, 669
phosphine
  in asymmetric coupling reactions with Grignard reagents, **8**, 492
  reaction with carbon dioxide, **8**, 232
polymer supported, **6**, 26
reaction with diphenylacetylene, **8**, 775
tetrakis(phosphine)
  reaction with acids and dienes, **6**, 164
vinyl
  reaction with carbon monoxide, nickel catalysed, mechanism, **8**, 790
zerovalent
  reaction with allenes, **6**, 154
Nickel compounds
  in butadiene polymerization, **7**, 450
  catalysts
    in butadiene oligomerization, **8**, 398
  cyclopentadienylruthenium complexes, **4**, 794
  metallacyclopentane complexes
    in alkene oligomerization, **8**, 374
Nickel dihydride
  dimeric complexes, **6**, 39
Nickel effect, **7**, 450
  alkene displacement from aluminum alkyls, **1**, 559
Nickel effects, **8**, 639
Nickel group
  Group IV compound
    bond lengths, **6**, 1102
  Group IV compounds, **6**, 1094–1100
Nickel hydride
  η^3-allyl complexes, **6**, 41
  binuclear complexes, **6**, 38
  in butadiene codimerization with ethylene
    mechanism, **8**, 688
  complexes, **6**, 37–44, 43
  η-cyclopentadienyl complexes, **6**, 41
  in 1,3-diene oligomerization, **8**, 698
  disproportionation, **6**, 147
  in ethylene dimerization, **8**, 618
  Group V complexes, **6**, 38
  reaction with CO, **6**, 32
  reaction with 1,3-dienes, **6**, 173
Nickel methoxide
  reaction with carbon dioxide, **8**, 259
Nickelocene
  alkene hydrosilylation catalysed by, **8**, 629
  bonding, **3**, 29, 35
  bridged, **6**, 199
  cycloaddition reactions, **8**, 1040
  discovery, **6**, 189
  electronic spectra, **6**, 190
  electrophilic addition reactions, **6**, 113
  exchange of cyclopentadienyl ligands, **8**, 1049
  He(I) vertical ionization potentials, **6**, 191
  IR and Raman spectra, **6**, 190
  irradiation, **6**, 194
  mass spectra, **6**, 192
  metal complexes
    protonation, **8**, 1026
  NMR spectra, **6**, 192
  oxidation, **6**, 194
  photoelectron spectrum, **6**, 191
  photolysis, **6**, 196
  physical data, **6**, 190, 191
  preparation, **6**, 189–192
  protonation, **8**, 1025
  pyrolysis, **6**, 195
  reactions, **6**, 195–198
  reaction with acids, **6**, 194
  reaction with alkenyl Grignard reagents, **6**, 174
  reaction with alkyllithium, **6**, 212
  reaction with alkynes, **6**, 135
  reaction with anionic carboranes, **6**, 221
  reaction with bis(triethylgermyl)mercury, **6**, 997
  reaction with bis(triphenylgermyl)cadmium, **6**, 1004
  reaction with bis(triphenylgermyl)mercury, **6**, 997, 1004
  reaction with p-chloranil, **6**, 194
  reaction with diazobenzene, **6**, 87
  reaction with electron-poor alkynes, **8**, 1040
  reaction with hexafluorobutyne, **6**, 173
  reaction with isocyanide complexes, **6**, 200
  reaction with metal carbonyls, **6**, 211

Nickelocene

reaction with nickel tetracarbonyl, **6**, 198
reaction with nitric oxide, **6**, 209
reaction with organic halides, **8**, 729
reaction with organolithium compounds, **6**, 88
reaction with organomagnesium compounds, **6**, 88, 89
reaction with perhaloalkenes, **8**, 1040
reaction with tetrafluorobenzyne, **8**, 1040
reaction with tricarbonylnickel carbene complexes, **6**, 201
reaction with trityl radicals, **8**, 1026
reduction, **6**, 213
ring substituted, **6**, 192
ring substituted derivatives, **6**, 193
structure, **6**, 190
Nickelocenophane
formation, **6**, 192
Nickelocinium cations, **6**, 190, 194–195, 208
electronic spectra, **6**, 195
tris(η-cyclopentadienyl)di-
reaction with alkynes, **6**, 194
Nickel phosphide
alkene complexes, **6**, 107
complexes, **6**, 114
reaction with alkynes, **6**, 88
reaction with butadiene, **6**, 167
Nickel salts
alkene hydrogenation catalysed by, **8**, 632
alkene hydrosilylation catalysed by, **8**, 629
catalysts
acetylene oligomerization, **8**, 650
hydralumination promotion by, **1**, 642
hydrogenation catalysts, **8**, 338, 348
reaction with borohydrides, **6**, 41
reaction with carborane anions, **6**, 220
Nickel sulfate
reduction
in nickel tetracarbonyl preparation, **6**, 4
Nickel S-sulfinates
η^3-allyl complexes
coupling reactions, **6**, 168
Nickel tetracarbonyl, **6**, 3–12
bonding, **6**, 4
detection, **6**, 7
mass spectra, **6**, 7
physical data, **6**, 4
poisoning
symptoms, **6**, 7
preparation, **6**, 4
reactions, **6**, 8–12
reaction with alkynes, **6**, 138
reaction with allyl halides, **6**, 156
reaction with cyclopentadiene, **6**, 199
reaction with halides, **6**, 33
reaction with nickelocene, **6**, 198
reaction with tetrachlorocyclopropene, **6**, 162
spectroscopy, **6**, 5–7
structure, **6**, 5
substitution
by Lewis bases, **6**, 16
substitution by Group IV donor ligands, **6**, 16–18
substitution by Group V donor ligands, **6**, 18–33
toxicity, **6**, 7–8
valence orbital energies, **6**, 5
vibrational spectra, **6**, 6
Nickel(0) complexes
Group IV, **6**, 1095
Nickel(II) salts
catalyst
alkene reactions with organomagnesium compounds, **7**, 4
catalysts
in organometallic reactions with conjugated dienynes, **7**, 7
Nicotinamide, N-benzyl-1,4-dihydro-
reaction with organothallium compounds, **1**, 747
Niobabicyclic compounds, **3**, 749
Niobacyclic complexes, **3**, 745
structures, **3**, 749
Niobacyclization, **3**, 757
Niobacyclopentanes, **3**, 746
Niobates, hexacarbonyl-
preparation, **3**, 706, 708
Niobium
dinitrogen reduction catalysed by, **8**, 1082–1087
gold compounds, **6**, 769
Group IV complexes, **6**, 1060
Group IV organocompounds, **6**, 1059
molybdenum compounds, **6**, 777
nickel compounds, **6**, 764
Niobium, alkylbis(cyclopentadienyl)({[bis(pentamethylcyclopentadienyl)hydridozirconium]oxy}methylidene)-
preparation, **3**, 723
Niobium, alkylbis(cyclopentadienyl)halo-, **3**, 736
Niobium, alkylbis(cyclopentadienyl)(ligand)-, **3**, 737
Niobium, alkyltetrahalo-, **3**, 733
Niobium, allylbis(cyclopentadienyl)-
structure, **3**, 759
Niobium, bis(alkylthio)bis(cyclopentadienyl)-
anions, nickel complexes
structure, **3**, 771
Niobium, bis(benzene)-
preparation, **3**, 776
Niobium, bis(cyclooctatetraene)methyl-
preparation, **3**, 778
Niobium, bis(cyclooctatetraene)phenyl-
preparation, **3**, 777
Niobium, bis(cyclooctatetraenyl)phenyl-
reaction with diars, **3**, 775
Niobium, bis(cyclopentadienyl)-
diethylaluminate
preparation, **3**, 774
Niobium, bis(cyclopentadienyl)bis(η^1-cyclopentadiene)-
preparation, **3**, 761
Niobium, bis(cyclopentadienyl)[bis(μ-hydrido)-dihydridoborate]-
preparation, **6**, 905
Niobium, bis(cyclopentadienyl)bis(perdeuterophenyl)-
thermolysis, **3**, 740
Niobium, bis(cyclopentadienyl)(η^3-cyclooctatrienyl)-
preparation, **3**, 760
Niobium, bis(cyclopentadienyl)dihalo-, **3**, 767
EPR, **3**, 772
structure, **3**, 770
Niobium, bis(cyclopentadienyl)dihydrido-
EPR, **3**, 774
reactions with alkenes, **3**, 757
Niobium, bis(cyclopentadienyl)dimethyl-
decomposition, **3**, 740
reaction with nitric oxide, **3**, 743

Niobium, bis(cyclopentadienyl)diphenyl-
  thermolysis, **3**, 740
Niobium, bis(cyclopentadienyl)ethyl(ethylene)-
  preparation, **3**, 756
  structure, **3**, 753
Niobium, bis(cyclopentadienyl)methyl-
  preparation, **3**, 741
Niobium, bis(cyclopentadienyl)trihydrido-
  acetone reduction by, **3**, 717
  adduct with triethylaluminum
    NMR, **3**, 707
  complex with triethylaluminum
    stability, **3**, 774
  NMR, **3**, 707
  preparation, **3**, 706, 761, 773
  reaction with hexafluorobut-2-yne, **3**, 757
  reaction with metal carbonyls, **3**, 717
  thermolysis, **3**, 761
Niobium, bis(mesitylene)-
  preparation, **3**, 776
Niobium, bis(toluene)-
  preparation, **3**, 776
Niobium, carbonylbis(cyclopentadienyl)halo-
  properties, **3**, 713
Niobium, carbonylbis(cyclopentadienyl)hydrido-
  insertion reactions, **3**, 742
  structure, **3**, 712, 715
  synthesis, **3**, 712
  thermal decomposition, **3**, 717
Niobium, carbonylbis(cyclopentadienyl)(μ-hy-
    drido)[bis(borohydride)zinc]-
  structure, **6**, 1010
Niobium, carbonylbis(cyclopentadienyl)mer-
    capto-
  structure, **3**, 772
Niobium, carbonylbis(cyclopentadienyl)propi-
    onyl-
  preparation, **3**, 742
Niobium, carbonylbis(cyclopentadienyl)[(tetra-
    carbonyliron)(μ-hydrido)-
  NMR, **3**, 707
  preparation, **3**, 713
Niobium, carbonyldichlorocyclopentadi-
    enyl(dmpe)-
  reduction, **3**, 764
Niobium, chlorobis(cyclooctatetraene)-
  preparation, **3**, 777
Niobium, chlorobis(cyclopentadienyl)oxy-
  chiral derivatives
    preparation, **3**, 772
Niobium, chlorobis(cyclopentadienyl)tetrakis(te-
    trahydroborate)-
  preparation, **6**, 905
Niobium, (η-cycloheptatrienyl)(cyclopentadi-
    enyl)-
  preparation, **3**, 776
Niobium, (cyclooctatetraene)bis(cyclopentadi-
    enyl)-
  preparation, **3**, 778
Niobium, cyclopentadienyltetrahalo-
  structure, **3**, 764
Niobium, cyclopentadienyltris(dimethylamino)-
  preparation, **3**, 764
Niobium, dialkylbis(cyclopentadienyl)-, **3**, 735
Niobium, dialkyltrihalo-, **3**, 732
Niobium, dibenzylbis(cyclopentadienyl)-
  structure, **3**, 771
Niobium, (dibutylboryl)tetrachloro-
  formation, **6**, 886
Niobium, dicarbonylbis(cyclopentadienyl)-
    anion
    reaction with methyllithium, **3**, 742
Niobium, dicarbonylbis(dmpe)halo-, **3**, 709
Niobium, dichlorobis(cyclopentadienyl-
  preparation, **3**, 769
  reduction, **3**, 773
  structure, **3**, 771
  transformations, **3**, 769
Niobium, dichlorobis(methylcyclopentadienyl)-
  preparation, **3**, 769
Niobium, dichlorobis(pentamethylcyclopentadi-
    enyl)-
  reaction with sodium borohydride, **3**, 765
Niobium, dichloro(cyclooctatetraene)(tetrahydro-
    furan)-
  preparation, **3**, 778
Niobium, dichlorocyclopentadienyl(neopentyli-
    dene)-
  reaction with alkenes, **3**, 727
Niobium, dichlorodicyclopentadienyl-
  dinitrogen reduction and, **8**, 1086
Niobium, dichlorotrimethyl-
  decomposition, **3**, 740
  preparation, **3**, 706
Niobium, dodecacarbonyldi-
  preparation, **3**, 708
Niobium, heptacarbonyltris(cyclopentadienyl)tri-
  reduction, **3**, 717
  structure, **3**, 714
Niobium, hexacarbonylhydrido-
  formation, **3**, 709
Niobium, hexachlorotris(hexamethylbenzene)tri-
    chloride
  preparation, **3**, 776
Niobium, (μ-oxy)bis[aquatrichloro(methylcyclo-
    pentadienyl)-
  structure, **3**, 764
Niobium, oxybis[chlorobis(cyclopentadienyl)-
    anions
    structure, **3**, 771
Niobium, oxybis[dichlorobis(cyclopentadienyl)-
    anions, **3**, 769
Niobium, pentabromo-
  reduction, **3**, 764
Niobium, pentachloro-
  adducts with arenes, **3**, 775
  reaction with methyl isocyanide, **3**, 719
Niobium, pentamethyl-
  decomposition, **3**, 740
Niobium, tetraalkylhalo-, **3**, 731
Niobium, tetracarbonylcyclopentadienyl-
  derivatives, **3**, 711
  ^{93}Nb NMR, **3**, 707
  NMR, **3**, 707
    temperature and, **3**, 707
  photolysis with dienes, **3**, 760
  preparation, **3**, 706, 710
  properties, **3**, 710
  reaction with diphenylacetylene, **3**, 754
Niobium, tetracarbonyl(η-methylcyclopentadi-
    enyl)-
  NMR, **3**, 707
    temperature and, **3**, 707
Niobium, tetrachlorobis(hexamethylbenzene)di-
  preparation, **3**, 776
Niobium, tetrakis(allyl)-
  as polymerization catalyst, **3**, 759
Niobium, trialkyldihalo-, **3**, 732
Niobium, tribromobis(cyclopentadienyl)-
  preparation, **3**, 706
Niobium, tricarbonylcyclopentadienyl(triphenyl-
    phosphine)-
  NMR, **3**, 707
  reaction with formic acid, **3**, 765
Niobium, trimethylbis(trideuteromethyl)-

Niobium

decomposition, **3**, 740
Niobium, tris(allyl)-
  as polymerization catalyst, **3**, 759
Niobium, tris(cyclooctatetraene)-
  cation, **3**, 777
Niobium, tris(cyclopentadienyl)dihalo-
  preparation, **3**, 770
Niobocene, **3**, 761
  bent
    structure, **3**, 770
  stability, **3**, 763
Nitrate esters
  synthesis, **7**, 494
Nitrate ligands
  pentamethylcyclopentadienyl rhodium complexes, **5**, 368
  ruthenium complexes, **4**, 710
Nitrates
  alkyl
    reaction with organometallic compounds, **7**, 58
  germyl
    synthesis, **2**, 440
Nitration
  iron isocyanide complexes, **4**, 269
Nitrato ligands
  rhenium complexes, **4**, 195
Nitrene bridges
  trinuclear iron complexes, **4**, 629
Nitrene ligands
  ruthenium complexes, **4**, 707
  trinuclear iron complexes, **4**, 627
Nitrenes
  in deoxygenation of aromatic nitro compounds, **8**, 93
  insertion in germanium–phosphorus bonds, **2**, 466
  metallocene derivatives, **8**, 1058
Nitrenoids
  in deoxygenation of aromatic nitro compounds, **8**, 93
Nitric oxide, **1**, 288
  palladium complexes
    oxidation, **6**, 257
  reaction with η^3-allylnickel complexes, **6**, 160
  reaction with bis(η-cyclopentadienyl)dimethyltitanium, **3**, 405
  reaction with η^1-carbon rhenium complexes, **4**, 229
  reaction with chlorobis(η-cyclopentadienyl)titanium dimers, **3**, 305
  reaction with dodecacarbonyltriruthenium, **4**, 871, 900
  reaction with hexacarbonylvanadium, **3**, 652
  reaction with nickel carbonyl complexes, **6**, 33
  reaction with nickelocene, **6**, 209
  reaction with nickel tetracarbonyl, **6**, 9
  reaction with octacarbonyldicobalt, **5**, 25
  reaction with osmium cluster compounds, **4**, 1044
  reaction with trimethyl(dimethylphenylphosphine)gold, **2**, 812
  reduction by carbon monoxide, **8**, 91
Nitric oxide insertion reactions
  η^1-carbon rhenium complexes, **4**, 229
Nitrides
  in ammonia formation
    tungsten and, **8**, 1096
  in dinitrogen reduction with reduced metal compounds, **8**, 1075
  as intermediate in dinitrogen titanium complex protonation, **8**, 1077
  removal from titanium
    aluminum in, **8**, 1080
  titanium complexes
    nitrogenous organic compound preparation from, **8**, 1082
  trinuclear μ_3-bridging iron complexes, **4**, 303
  vanadium complex
    in dinitrogen reduction, **8**, 1083
    dinitrogen reduction and, **8**, 1083
  vanadium complexes
    dinitrogen reduction and, **8**, 1083
Nitrile ligands
  hydrido(phosphine)ruthenium complexes, **4**, 724
Nitriles
  $\alpha\beta$-acetylenic
    reaction with lithium organocuprates, **7**, 713
  addition reactions
    organometallic compounds, **7**, 18–22
  2-alkyne
    reaction with dialkylsilverlithium compounds, **2**, 752
  α-amino-
    nitrile displacement from, **7**, 21
    reaction with organometallic compounds, **7**, 52
  aromatic
    azacarbonylation, **8**, 181
    preparation, **7**, 505
  carbalumination, **1**, 649
  carbonylhalogenoruthenium complexes, **4**, 705
  α-chloro-
    cyclopropanes from, **7**, 698
  complexes with organoberyllium compounds, **1**, 132
  formation
    by hydrocyanation of unsaturated hydrocarbons, **8**, 353
  hydrogenation, **8**, 327
  ionic hydrogenation, **7**, 623
  manufacture
    Fischer–Tropsch synthesis, **8**, 61
  nickel complexes, **6**, 128
  organoaluminum complexes
    thermal reactions, **7**, 431
  osmium cluster complexes, **4**, 1026
  osmium complexes, **4**, 993
  oxides
    reaction with organometallic compounds, **7**, 22
  platinum complexes, **6**, 713
  promoter
    in siloxane polymerization, **2**, 325
  reaction with η^3-allyl(alkyl)nickel complexes, **6**, 84
  reaction with allylboranes, **1**, 277; **7**, 360
  reaction with allylhalozinc, **2**, 849
  reaction with carbonyldichloro(cyclooctadiene)-ruthenium dimer, **4**, 748
  reaction with cyclobutadienenickel complexes, **6**, 186
  reaction with dialkyl(alkylthio)aluminum, **1**, 649
  reaction with dialkylberyllium, **1**, 148
  reaction with dialkyl(dialkylamino)aluminum, **1**, 649
  reaction with dialkylzinc compounds, **2**, 849
  reaction with dichloro(cyclooctadiene)ruthenium complexes, **4**, 750

reaction with iron carbonyl complexes, **4**, 304
reaction with organoaluminum compounds, **1**, 570, 649; **7**, 431
reaction with organoboranes, **1**, 294
reaction with organocadmium compounds, **2**, 858
reaction with organometallic compounds, **7**, 20
reaction with ruthenium carbonyl halides, **4**, 676
reduction, **7**, 625
  organoaluminum compounds in, **7**, 433
reductions
  organoaluminum compounds in, **1**, 659
reduction with diorganoaluminum hydrides
  preparation, organoaluminum compounds in, **1**, 659
reductive silylation, **2**, 23, 122
ruthenium complexes, **4**, 704
α-silyloxy
  synthesis, **7**, 562
synthesis, **7**, 51
  electrolysis of trialkylboranes and, **7**, 294
  organoaluminum compounds in, **7**, 412
  via organoboranes, **7**, 278
telomerization with butadiene, **8**, 438
unsaturated
  hydroboration, **7**, 231
  hydrocyanation, **8**, 355
Nitrilimines, **6**, 292
  cycloaddition to palladium(II) isocyanide complexes, **6**, 296
Nitrilydes, **6**, 292
  cycloaddition to palladium(II) isocyanide complexes, **6**, 296
Nitrite ligands
  pentamethylcyclopentadienyl rhodium complexes, **5**, 368
Nitrites
  alkyl
    reaction with organometallic compounds, **7**, 58
    reaction with organoaluminum compounds, **7**, 440
Nitroalkanes
  oxidative-addition reactions
    to platinum(0) complexes, **6**, 522
  telomerization with butadiene, **8**, 437
Nitro compounds
  alkyl
    reaction with trialkylindium, **1**, 717
  arene
    preparation, **7**, 505
  aromatic
    deoxygenation, uranocene and thorocene in, **3**, 261
    hydrogenation, nickel catalysed, **8**, 633
    palladium complex catalyzed carbonylation, **3**, 670
    reaction with acylberyllium bromides, **1**, 139
    reaction with carbon monoxide, **8**, 93, 94
    reaction with iron carbonyls, **8**, 953
    reduction, hydridocarbonyl iron complexes and, **4**, 315
  hydrogenation
    catalysis by polymeric ruthenium complexes, **4**, 961
  reaction with organometallic compounds, **7**, 58
  reduction
    organoaluminum compounds in, **7**, 438
    pentacarbonyliron in, **4**, 251
    ruthenium complexes as catalysts in, **4**, 938
  reduction by carbon monoxide, **8**, 94
  synthesis, **7**, 58
    electrolysis of trialkylboranes and, **7**, 294
  α,β-unsaturated
    addition reactions, **7**, 6
Nitrogen
  elimination from platinum complexes, **6**, 526
  nickel complexes, **6**, 40
  reduction
    supported titanocene catalysts, **8**, 576
Nitrogen-15
  labelling of dinitrogen complexes, **8**, 1079
Nitrogenase, **8**, 332
  acetylene reduction by, **8**, 1086
  cluster complexes, **8**, 1074
  dinitrogen reduction by, **8**, 1074
  hydrazine producing intermediate in, **8**, 1074
  hydrogenating properties, **8**, 329
  large protein
    ferredoxin type cluster in, **8**, 1074
    molybdenum in, **8**, 1074
  mechanism, **8**, 1103
  metal content, **8**, 1074
  model, **8**, 1096
  nitrogen fixation by
    mechanism, **8**, 1096
  protein components, **8**, 1074
  reactions with alkynes, **3**, 1239
  smaller protein, **8**, 1074
Nitrogen bridges
  trinuclear iron complexes, **4**, 625
Nitrogen compounds
  elimination
    in transition metal-Group IV compound preparations, **6**, 1049
  α-halo
    reaction with organoaluminum compounds, **7**, 400
  reaction with organoaluminum compounds, **7**, 434
  reaction with unsaturated compounds
    organopalladium complexes in, **8**, 892
  unsaturated
    hydroformylation, **8**, 136
Nitrogen difluorosulfoxide
  rhenium complexes, **4**, 199
Nitrogen dioxide
  oxidation
    palladium dioxygen complexes in, **6**, 258
  palladium complexes
    oxidation, **6**, 257
  reaction with π-allylpalladium chloride, **8**, 812
  reaction with dodecacarbonyltetrahydridotetraosmium, **4**, 1033
  reaction with trimethyl(dimethylphenylphosphine)gold, **2**, 812
  reduction by carbon monoxide, **8**, 91
Nitrogen donor complexes
  reaction with nickel tetracarbonyl, **6**, 18–19
Nitrogen donor ligands
  carbonyl rhodium complexes, **5**, 288–291
  ruthenium complexes, **4**, 867
Nitrogen donors
  reaction with chlorodicarbonylrhodium dimer
    calorimetry, **5**, 289
Nitrogen fixation

Nitrogen fixation
  biological
    mechanism, **8**, 1092
    Group VIII metal ions and, **8**, 1102
    molybdenum complexes, **8**, 1098
    organolithium compounds in, **7**, 59
    titanium compounds and, **8**, 1080
    titanium cyclopentadienyl complexes in, **8**, 1076
    vanadium compounds
      in aprotic media, **8**, 1083
      in protic media, **8**, 1084
    without isolation of dinitrogen complexes, **8**, 1096
Nitrogen fluorosulfide
  rhenium complexes, **4**, 199
Nitrogen heterocycles
  azabora analogues, **1**, 340
Nitrogen ligands
  cyclopentadienylmanganese complexes, **4**, 129
  osmium complexes, **4**, 987
Nitrogen oxide
  reaction with cobalt(II) complexes, **5**, 79
  reaction with dicarbonylcyclopentadienylcobalt, **5**, 251
  reaction with perfluoroalkylcarbonylcobalt complexes, **5**, 67
  reduction
    iron carbonyls in, **8**, 952
  reduction by carbon monoxide, **8**, 91
Nitrogen trifluorosulfide
  rhenium complexes, **4**, 199
Nitrones
  hydrogermylation, **2**, 433
  reaction with pentacarbonyliron, **4**, 298
Nitrosation
  cobaloximes, **5**, 129
  organocobalt(III) complexes, **5**, 113
Nitroso compounds
  arene
    preparation, **7**, 505
  nickel complexes, **6**, 131
  reaction with nickel alkyl complexes, **6**, 79
  reaction with organoaluminum compounds, **7**, 440
  reaction with organometallic compounds, **7**, 58
  synthesis, **7**, 58
C-Nitroso compounds
  diazo derivatives from
    pentacarbonyliron in, **4**, 251
N-Nitroso compounds
  aliphatic
    reaction with iron carbonyls, **8**, 953
  aromatic
    reaction with iron carbonyls, **8**, 953
Nitrosodethallation, **1**, 749, **7**, 505
Nitroso ligands
  dinuclear bridged carbonyl iron complexes, **4**, 277
Nitrosyl bridged complexes
  cyclopentadienylrhodium complexes, **5**, 365
Nitrosyl chloride
  reaction with nickel tetracarbonyl, **6**, 9
  reaction with organometallic compounds, **7**, 58
Nitrosyl complexes
  catalysts
    hydrogenation, **8**, 294
  osmium, **4**, 987
Nitrosyl exchange
  tricarbonylnitrosylcobalt, **5**, 26
Nitrosyl hexafluorophosphate
  reaction with manganese carbonyl complexes, **4**, 38
Nitrosyl ligands
  carbonylcyclopentadienylvanadium complexes, **3**, 667, 668
  carbonylrhenium complexes, **4**, 193
  carbonyltechnetium complexes, **4**, 193
  cobalt complexes, **5**, 24–29
  cyclopentadienyl cobalt complexes, **5**, 252
  iridium(I) complexes, **5**, 560
  isocyanide rhodium complexes, **5**, 347
  manganese complexes, **4**, 140
  polynuclear ruthenium complexes, **4**, 871
  ruthenium complexes, **4**, 708
  transition metal–Group IV complexes, **6**, 1080
Nitroxide radicals
  hydrogenation, **8**, 336
Nitroxyls
  reaction with n-butyllithium, **7**, 65
NMR (*see also* Nuclear Magnetic Resonance)
  actinides, **3**, 178
  η^3-allyl palladium complexes, **6**, 409
  ^{11}B
    aluminacarboranes, **1**, 545
    metal–boron bonding, **1**, 384
    thiacarboranes, **1**, 551
  bonding and
    in platinum(II) olefin complexes, **6**, 653
  ^{13}C
    platinum–carbon σ-complexes, **6**, 542
    platinum(0) olefin complexes, **6**, 626
    solids, **3**, 99
    tetrametallic system, **3**, 161
    tetrarhodium systems, **3**, 161
    trimetallic systems, **3**, 157
    variable temperature, **3**, 116
    variable temperature, cyclooctatetraene complexes, **3**, 150
  ^{59}Co
    tetrametallic system, **3**, 161
  cyclobutadiene iron complexes, **4**, 461
  η^5-cyclopentadienylplatinum(II) complexes, **6**, 735
  cyclopentadienyl transition metal–Group IV complexes, **6**, 1075
  dibutylberyllium, **1**, 127
  ^{19}F
    platinum(II)–carbon σ-compounds, **6**, 543
  Group IV carbonyl cobalt compounds, **6**, 1086
  ^{1}H
    alkyltris(cyclopentadienyl)uranium, **3**, 244
    platinum–carbon σ-complexes, **6**, 542
    platinum(0) olefin complexes, **6**, 626
    platinum(II) olefin complexes, **6**, 615
    selenacarboranes, **1**, 551
    tetraallyluranium, **3**, 239
    tetrakis(2-methylallyl)uranium, **3**, 239
  iron carbene complexes, **4**, 368, 369
  lanthanides, **3**, 178
  line shape analysis, **3**, 91
    organometallic compounds, **3**, 91
  nickel tetracarbonyl, **6**, 7
  nonakis(ethyl isocyanide)diiron, **4**, 542
  ^{17}O
    platinum(IV) complexes, **6**, 589
  organoberyllium coordination complexes, **1**, 129

organocobalt(III) complexes, **5**, 102
η^1-organoiron complexes, **4**, 341
organometallic compounds
   metal shifts and, **3**, 94
organozinc compounds, **2**, 831
^{31}P
   palladium(0) phosphine complexes, **6**, 248
   platinum(II)-carbon σ-complexes, **6**, 545
   platinum-Group IV complexes, **6**, 1097
   platinum(0) acetylene complexes, **6**, 697
   platinum(0) olefin complexes, **6**, 626
   platinum(II) η^3-allyl complexes, **6**, 725
   platinum(II)-carbon σ-compounds, **6**, 541
   platinum(II) olefin complexes, **6**, 651, 708
      equilibrium and, **6**, 654
   platinum(IV) alkyl complexes, **6**, 588
   platinum(IV) η^5-cyclopentadiene complexes, **6**, 735
^{195}Pt
   platinum complexes, **6**, 545
$^{195}Pt-^{13}C$
   platinum(IV) complexes, **6**, 589
$^{195}Pt-^{1}H$
   platinum(IV) complexes, **6**, 589
^{119}Sn
   chemical shifts, **2**, 527
   coupling constants, **2**, 529
solid-state
   bis(cyclooctatetraene)iron, **4**, 453
   organometallic compounds, **3**, 98
   transition metal carbonyl Group IV complexes, **6**, 1076
   transition metal-tin complexes, **6**, 1109
   (trifluorophosphine)ruthenium complexes, **4**, 668
^{51}V
   carbonylcyclopentadienylvanadium complexes, **3**, 666
NMR spectroscopy
   ^{119}Sn, **2**, 527–529
Nobelium
   ions
      properties, **3**, 175
      oxidation states, **3**, 176
Nocardicins
   synthesis
      iron carbonyls in, **8**, 944
Nomenclature
   carboranes, **1**, 412
   organoaluminum compounds, **1**, 580
Nonaborane, methyl-
   preparation, **1**, 446
Nonaborates
   organotransition metal complexes, **6**, 935
Nonaborates, tridecahydro-
   organotransition metal complexes, **6**, 933
3,8-Nonadienamide
   formation by azacarbonylation
      mechanism, **8**, 178
   preparation by azacarbonylation, **8**, 175
Nona-1,7-diene, 4,8-dimethyl-
   π-allylpalladium complex formation from, **8**, 806
Nonadieneic acid, dimethyl-
   preparation, **8**, 449
3,8-Nonadienoic acid
   synthesis, **8**, 846
Nonadienols
   preparation, **8**, 452
Nonanoic acid
   preparation

organoaluminates in, **7**, 394
1,4,8-Nonatriene
   hydroboration, **1**, 322
1,4,8-Nonatriene, 5-methyl-
   hydroboration, **1**, 322
2,5,7-Nonatriene, 3-methyl-
   hydroalumination, **7**, 382
4-Nonene
   hydroalumination, **7**, 383
1-Nonen-8-yne
   reaction with organoaluminum compounds, **7**, 424
Non-rigidity
   in organometallic compounds, **3**, 89–168
(+)-Nootkatone
   ketolactone
      synthesis, **7**, 573
Nopaphos
   conformation, **8**, 473
Norboranediene, **7**, 383
Norbornadiene
   η^4-chromium complexes, **3**, 958
   cooligomerization reaction with alkynes, **8**, 428
   cyclooligomerization, **8**, 390
   cyclopentadienyl rhodium complexes, **5**, 468
   cyclopropanation, **8**, 897
   dimerization, **5**, 463
      catalysis by heteronuclear metal–metal bonded compounds, **6**, 821
   hydrocyanation, **8**, 355
   iron complexes, **4**, 455
   oligomerization
      nickel catalysed, **8**, 633
   palladium complexes, **6**, 364, 365
      crystal structure, **6**, 371
      preparation, **6**, 365
   platinum(II) complexes, **6**, 638
      IR and Raman spectra, **6**, 656
   from quadricyclene,
      by transition metal complexes, **3**, 70
   reaction with dichloro(norbornadiene)ruthenium polymer, zinc and alumina, **4**, 757
   reaction with dichloro(triphenylphosphine)ruthenium complexes, **4**, 748
   reaction with halogenomagnesium compounds, **1**, 167
   reaction with hydrated rhodium trichloride, **5**, 461
   reaction with palladium(II) carbonyl complexes, **6**, 284
   reaction with pentacarbonylmethylmanganese, **4**, 76
   reaction with pentacarbonylphenylmanganese, **4**, 76
   reaction with pentakis(trifluorophosphine)iron, **4**, 436
   reaction with thallium(III) compounds/trimethylsilyl azide, **7**, 496
   reaction with tris(acetonitrile)(η-pentamethylcyclopentadienyl)rhodium cations, **5**, 472
   rhodium complexes, **5**, 460–479
   ruthenium(II) complexes, **4**, 748
   solvomercuration, **2**, 884
Norbornadiene, hexachloro-
   dichlororhodium complexes, **5**, 461
Norbornane, 2-*exo*-cyano-
   asymmetric synthesis, **8**, 486
Norbornane, (*exo*-2-methylmercury)-
   protodemercuration, **2**, 966
Norbornene

Norbornene
asymmetric hydrovinylation, **8**, 486
carbonylation
nickel catalysed, **8**, 775
nickel catalysed, mechanism, **8**, 788
codimerization with ethylene
nickel catalysed, **8**, 625
cooligomerization with butadiene, **8**, 421
cyclopropanation, **8**, 896
hydroboration, **7**, 121
hydrocyanation, **8**, 355
nickel catalysed, **8**, 632
hydrosilylation
nickel catalysed, **8**, 630
metathesis, **8**, 547
polymerization
catalysis by ruthenium complexes, **4**, 957
catalysts, **8**, 522, 540
reaction with 2-alkenylhalogenomagnesium, **1**, 167
reaction with allyl acetate
nickel catalysed, **8**, 730
reaction with allyl halide and carbon monoxide
nickel catalysed, **8**, 781
reaction with butadiene
nickel catalysed, **8**, 680
reaction with cobalt atoms, **5**, 178
reaction with cobalt hydride complexes, **5**, 97
reaction with dimethyl acetylenedicarboxylate
catalysis by ruthenium complexes, **4**, 957
reaction with halogenomagnesium compounds, **1**, 167
reaction with oxygen compounds
organopalladium complexes in, **8**, 891
reaction with thallium(III) compounds/trimethylsilyl azide, **7**, 496
reaction with trialkylaluminum
nickel catalysed, **8**, 640
solvomercuration, **2**, 884
Norbornene, 2-bromo-
hydroboration, **7**, 244
Norbornene, 1-chloro-
hydroboration-oxidation, **7**, 237
Norbornene, 2-chloro-
hydroboration, **7**, 244
Norbornene, ethylidene-
in ethylene–propylene copolymers, **7**, 449
Norbornene, ethylidine-
cooligomerization with alkenes, **8**, 423
Norbornene, 1-methyl-
hydroboration, **7**, 201
resolution, **7**, 249
Norbornene, 2-methyl-
hydroboration, **7**, 201
5-Norbornene-2-*endo*-carboxylic acid
reaction with thallium(III) compounds, **7**, 493
Norbornenedicarboxylic anhydride
reaction with allyl halide and carbon monoxide
nickel catalysed, **8**, 781
(1*S*,4*R*)-(+)-Norcamphor
asymmetric synthesis
hydroboration in, **7**, 246
Norcaradiene
benzo derivatives
preparation, **7**, 696
Norcarane
cyclopropanation, **8**, 896
Norcarane, *anti*-7-(trimethylsilyl)-
preparation, **2**, 31
2-Norcaranol, 2-methyl-
esters
reaction with organoaluminum compounds, **7**, 410
A-Nor-5α-cholestane, 2α-methoxycarbonyl-
preparation, **7**, 489
ent-17-Norkauran-16-one
oxidation, **7**, 489
Nornicotine
synthesis, **8**, 867
Norpinane, 2-ethylidene-
π-allylpalladium complex from, **8**, 808
cis-19-Norpregna-1,3,5(10),17(20)-tetraene, 3-methoxy-
π-allylpalladium complex from, **8**, 808
Norsnoutane
preparation from homocubane, **7**, 723
19-Nortestosterone
synthesis, **8**, 847
Nortricycline
palladium(II) complexes, **6**, 316
Nuclear magnetic resonance (*see also* NMR)
^{13}C
heteronuclear metal–metal bonded compounds, **6**, 797
dodecacarbonyltriruthenium, **4**, 666
^{73}Ge, **2**, 505
^{1}H
heteronuclear metal–metal bonded compounds, **6**, 796
heteronuclear metal–metal bonded compounds, **6**, 796
organomercury compounds, **2**, 944
osmium–isocyanide complexes, **4**, 983
^{31}P
heteronuclear metal–metal bonded compounds, **6**, 797
polysilane, **2**, 388
Nuclear Overhauser effect
organometallic compounds, **3**, 96
Nuclear Overhauser enhancement
organometallic compounds, **3**, 98
Nuclear quadrupole resonance, **3**, 98
organomercury compounds, **2**, 952
platinum(II) olefin complexes, **6**, 657
Nuclear quadrupole resonance spectra
platinum(II) olefin complexes
Nucleophilic acylation, **7**, 95
Nucleophilic addition
at (η^3-allyl)iron complexes
η^2-hydrocarbon iron complex synthesis from, **4**, 382
η^3-allyl iron complexes, **4**, 423
in arene complexes
regioselectivity, **3**, 70
arene–metal complexes, **8**, 1030–1037
stereochemistry, **8**, 1035
steric hindrance, **8**, 1033
at borinato ligands, **1**, 395
carbonyl ligands, **8**, 109
cationic arene metal complexes
kinetic studies, **8**, 1034
substituent effects, **8**, 1032
cationic complexes
relative reactivities towards tertiary phosphines, **8**, 1035
cationic cyclopentadienyl metal complexes
substituent effects, **8**, 1032
coordinated alkenes, **3**, 68
coordinated alkene transition metal complexes
regioselectivity, conformation and, **3**, 69, 70
regioselectivity, rules, **3**, 69
cyclobutadieneiron complexes, **4**, 472

at cyclohexadienyliron complexes, **4**, 437
cyclopentadienyl metal complexes, **8**, 1030–1037
diene–iron complexes, **4**, 431
ferrocenylalkyl cations, **8**, 1053
(η^2-hydrocarbon)iron complex synthesis by, **4**, 383
iron–allene complexes, **4**, 394
iron–allyl complexes
    stereochemistry, **4**, 423
iron–diene complexes, **4**, 405
(olefin)tetracarbonyliron complexes, **8**, 964
order of π-ligand reactivity, **8**, 1032
η^1-organoiron complex preparation by, **4**, 334
palladium 1,3-diene complexes, **6**, 395
palladium norbornadiene complexes, **6**, 377
palladium(II) olefin complexes, **6**, 357
platinacycles, **6**, 580
platinum(II) acetylene complexes, **6**, 710
platinum(II) carbonyls, **6**, 491
platinum(II) isocyanide complexes, **6**, 499
platinum(II) olefin complexes, **6**, 664
at α-pyrone iron complexes, **4**, 428
reaction with platinum(II) η^3-allyl complexes, **6**, 730
selectivity
    iron–dienyl complexes, **4**, 431
tetracarbonyl(η^2-hydrocarbon)iron complexes, **4**, 392
tricarbonyl(η-cyclopentadienyl)ruthenium cations, **4**, 778
tricarbonyl(η^5-dienyl)iron complexes, **4**, 413
tricarbonyl(2-methoxycyclohexadienylium)iron complexes
    regiospecificity, **8**, 993
tricarbonyl(1-5-η-4-methoxy-1-methylcyclohexadienylium)iron hexafluorophosphate, **8**, 996
Nucleophilic cleavage
    platinum(II)–carbon σ-compounds, **6**, 558
Nucleophilic displacement
    η^1-organoiron complex preparation by, **4**, 332
platinum(II) carbonyls, **6**, 491
platinum(II) isocyanide complexes, **6**, 499
Nucleophilic reactions
    η^3-allyl palladium complexes, **6**, 411–441
    dienyliumtricarbonyliron complexes, **8**, 985
    tricarbonylcycloheptadienyliumiron salts, **8**, 1004
    tricarbonylcyclohexadienyliumiron complexes, **8**, 988
Nucleophilic substitution
    at boron, **1**, 384
    cyclopentadienyl complexes, **8**, 1027
    of haloarene complexes, **8**, 1027
    nickel complexes, **6**, 72
    organocobalt(III) complexes, **5**, 146
    organosilanes, **2**, 113
    organosilicon compounds, **7**, 519
    phospha- and arsa-carboranes, **1**, 548
    at silicon
        mechanism, **2**, 14–20
        pseudorotation mechanism, **2**, 15–20
$S_N Ar$ reactions
    arene–metal complexes, **8**, 1028
    cyclopentadienyl complexes, **8**, 1027
    haloarene complexes, **8**, 1027
$S_N 1$-Si reaction
    chlorosilanes, **2**, 14
$S_N 2$-Si reaction, **2**, 14
Nucleophilic synthons
    organometallic compounds as synthetic equivalents of, **7**, 95
Nucleosides
    methylmercury complexes, **2**, 934
    structure, **2**, 933
C-Nucleosides
    synthesis
        iron carbonyls in, **8**, 947
Nucleotides
    methylmercury complexes
        structure, **2**, 933

O

Ocimene
  reaction with palladium dichloride, **8**, 804
Octacarbadodecaborane, octamethyl-
  synthesis, **1**, 430
Octadecaborane anions
  reaction with transition metal compounds, **1**, 490
Octadiene, acetoxy-
  preparation, **8**, 433
1,6-Octadiene
  preparation from butadiene, **8**, 398
  rearrangements
    nickel catalysed, **8**, 628
1,6-Octadiene, 3-methyl-
  preparation, **8**, 415
1,6-Octadiene, 8-trimethylsiloxy-
  preparation, **8**, 433
1,7-Octadiene
  hydroboration, **7**, 209
  preparation from butadiene, **8**, 398
1,7-Octadiene, 3-acetoxy-
  synthesis, **8**, 847
1,7-Octadiene, 4-vinyl-
  reaction with allyl halide and carbon monoxide
    nickel catalysed, **8**, 782
2,6-Octadiene, 1-trialkylsilyl-
  synthesis, **8**, 850
1,7-Octadiene-d_0
  cross metathesis with 1,7-octadiene-1,1,8,8-d_4, **8**, 508
1,7-Octadiene-1,1,8,8-d_4
  cross metathesis with 1,7-octadiene-d_0, **8**, 508
Octadienol
  preparation, **8**, 433
2,7-Octadienol, 3,6-dimethyl-
  telomerization with isoprene, **8**, 446
Octadienols
  preparation, **8**, 434
1(9)-Octalene, 2,2,8,8,10-pentamethyl-
  hydroboration, **7**, 144
Octalone, methyl-
  synthesis, **8**, 966
Octanoic acid
  preparation
    organoaluminates in, **7**, 394
n-Octanol, **8**, 433
Octasilabicyclo[2.2.2]octane, **2**, 383
1,3,5,7-Octatetraene, 1,8-diphenyl-
  preparation, **8**, 427
Octatriene
  codimerization with ethylene
    nickel catalysed, **8**, 684
  linear oligomerization
    nickel catalysed, **8**, 690
Octatriene, dimethyl-
  linear oligomerization
    nickel catalysed, **8**, 690
1,3,6-Octatriene
  dimerization, **8**, 402
  preparation from butadiene, **8**, 396, 399
1,3,6-Octatriene, 2,6-dimethyl-
  preparation from isoprene, **8**, 401, 407
1-$trans$,3-cis,6-Octatriene
  preparation from butadiene, **8**, 398
1,3,7-Octatriene
  cotelomerization with butadiene, **8**, 452
  dimerization, **8**, 402
  preparation, **8**, 431
  preparation from butadiene, **8**, 396
  synthesis, **8**, 844, 848
1,3,7-Octatriene, 2,6-dimethyl-
  preparation from isoprene, **8**, 401
1,3,7-Octatriene, 2,7-dimethyl-
  preparation from isoprene, **8**, 399
1,3,7-Octatriene, 2,7-ethyl-
  preparation from isoprene, **8**, 402
1-$trans$,3,7-Octatriene, 2,6-dimethyl-
  preparation from isoprene, **8**, 400
1,4,7-Octatriene
  hydroboration, **1**, 322
1,5,7-Octatriene, 2-methyl-3-methylene-
  preparation, **8**, 415
  synthesis, **8**, 845
1-Octene
  carbonylation
    nickel catalysed, **8**, 775
  hydroboration, **1**, 275; **7**, 190
  hydroformylation
    catalysis by ruthenium complexes, **4**, 940
  hydrogenation
    nickel catalysed, **8**, 633
  oxidation
    thallium(III) compounds in, **7**, 485
  reaction with halogenomagnesium compounds, **1**, 167
  reaction with palladium acetate, **6**, 389
  reaction with palladium chloride, **6**, 390
1-Octene, (S)-3,7-dimethyl-
  copolymer with styrene
    support for rhodium complexes, asymmetric hydrogenation and, **8**, 581
1-Octene, 2-phenyl-
  synthesis, **7**, 717
4-Octene
  thermal isomerization by organoaluminum compounds
    catalysed, **7**, 385
1-Octene-1-d_1
  formation
    from Z-1-decene-1-d_1 and 1-octene-1,1-d_2, **8**, 545
1-Octene-1,1-d_2
  reaction with Z-1-decene-1-d_1, **8**, 545
1-Octen-3-ol
  synthesis, **8**, 847
4-Octyne
  hydralumination, **1**, 641

Oils
  hydrogenation, **8**, 342
Oil shale
  organoarsenic compounds in, **2**, 1004
Oleates
  hydrogenation, **8**, 342
Olefins (*see also* Alkenes)
  cis-trans isomerization
    platinum(0) complexes in
  hydrogenation
    mechanism
  hydrogermylation
    platinum complexes and
  hydrosilylation
    platinum complexes in
  isomerization
    platinum complexes and
  optically active platinum complexes
  platinum(0) complexes
    reactions
  platinum(II) complexes
    conformation
    IR and Raman spectra
    optically active
    optically active, resolution
    physical properties
    preparation
    reactions
  polymerization
    platinum complexes and
  reaction with chloroplatinum(II) salts and silver(I) salts
  reaction with platinum(II) salts
  reaction with tetrachloroplatinate
    mechanism
Oligomeric compounds
  heteronuclear, **6**, 764
Oligomerization
  -acetoxylation-hydrogenation
    butadiene, **8**, 588
  acetylene
    dodecacarbonyltriiron and, **4**, 541
    nickel catalysed, **8**, 650
  alkanes, **8**, 411
  alkenes, **8**, 372
    lanthanide complexes and, **3**, 210
    mechanism, **8**, 372-376
    nickel catalysed, **8**, 615-640, 616, 621
    nickel catlysed, kinetics, **8**, 616
    organoaluminum compounds in, **1**, 664
    organoaluminum reagents in, **1**, 559
    supported catalysts in, **8**, 598
    supported metal catalysts in, **8**, 593
  alkenes and alkynes, **8**, 371-454
  alkynes, **8**, 410-413
    nickel catalysed, **8**, 388, 649-668, 650, 657
    polynuclear iron complexes and, **4**, 617
    trinuclear iron complexes and, **4**, 622
  1,4- and 1,5- dienes, **8**, 410
  branched olefins, **8**, 389
  butadiene, **8**, 403
    π-allyl cobalt complexes in, **5**, 221
    tris(allyl)cobalt and, **5**, 225
  1-butene, **8**, 388
  catalysts
    organoaluminum compounds in, **7**, 450
  dienes, **8**, 393-409

  π-allylpalladium complexes in, **8**, 843-851
  supported catalysts in, **8**, 598
  supported metal catalysts in, **8**, 593
  1,2-dienes
    nickel catalysed, **8**, 664
  1,3-dienes
    nickel catalysed, **8**, 671-703
  diphenylacetylene
    organovanadium complexes in, **3**, 656
  ethylene, **8**, 376-384, 378
    non-Ziegler-Natta catalysts, **8**, 382
    Shell higher olefin process, **8**, 617
    β-value, **8**, 383
    Ziegler-Natta catalysts, **8**, 379
  functional alkenes, **8**, 392
  functionalized olefins, **8**, 391
  -hydroformylation
    butadiene, **8**, 588
  linear
    alkynes, **8**, 410
    butadiene, **8**, 397
    1,3-dienes, **8**, 402
    1,3-dienes, nickel catalysed, **8**, 690
  organozinc compounds in, **2**, 851
  palladium(0) compounds and, **6**, 465
  propene, **8**, 384-388
    non-Ziegler-Natta catalysts, **8**, 388
  propenes
    Ziegler-Natta catalysts, **8**, 385
  silane monomers, **2**, 322
  strained alkenes
    nickel catalysed, **8**, 634
  strained alkenes and alkenes
    nickel catalysed, **8**, 633
  substituted alkynes
    nickel catalysed, **8**, 650
  Ziegler-Natta catalysts in, **3**, 545
Oligoruthenocenylenes
  preparation, **4**, 773
Onium salts
  reaction with sodium halopalladate, **6**, 299
Open-cage cluster compounds
  skeletal electron population and, **1**, 468
Open-cage clusters
  structure, **1**, 465
Oppenauer oxidation, **7**, 413
Optical activity
  organometallic compounds, **3**, 131
Optical properties
  polysiloxanes, **2**, 355
  silicones
    applications, **2**, 356
Optical spectra
  actinides and lanthanides, **3**, 177
Organic halides
  reaction with alkali metal aluminum hydrides, **1**, 659
  reaction with aluminum/magnesium alloys, **1**, 631
  reaction with calcium, strontium or barium
    mechanism, **1**, 226
  reaction with hydrogermanes, **2**, 431
  reaction with magnesium
    mechanism, **1**, 160
  reaction with organogermylmetal compounds, **2**, 471
  reaction with organomercury compounds, **2**, 963
  reaction with tin, **2**, 532
  reactivity
    in preparation of Grignard reagents, **1**, 157

Organic halides
  reduction
    organosilanes in, **2**, 114
Organic synthesis
  iron carbonyls in, **8**, 940–957
  organometallic compounds in, **8**, 939–1007
  stoichiometric
    organoiron compounds in, **8**, 939–1007
Organoactinide hydrides, **3**, 249
Organoalkali metal compounds
  configurational stability, **1**, 72–74
  hydrolysis, **1**, 47
  oxidation, **1**, 46
  preparation, **1**, 52–64
  preparation by transmetallation, **1**, 62
  radical reactions, **1**, 50
  reaction with solvents, **1**, 49
  structures and bonding, **1**, 45
  substitution at carbon by, **7**, 43–53
  thermal decomposition, **1**, 46
Organoalkaline earth compounds
  substitution at carbon by, **7**, 43–53
Organoalkali reagents
  free radicals from, **1**, 558
Organoaluminates
  complexes
    physical properties, **1**, 600
Organoaluminium compounds
  in alkylation of tris(acetoacetyl)cobalt, **5**, 67
Organoaluminum alkoxides
  preparation, **1**, 632
Organoaluminum azides
  preparation, **1**, 632
Organoaluminum bromides
  allyl
    reaction with ethyl orthoformate, **1**, 652
  propargyl
    reaction with ethyl orthoformate, **1**, 652
Organoaluminum complexes
  dialkyl
    anionic complexes, **1**, 634
    molybdenum derivatives, **6**, 954
    preparation, **1**, 633
    titanium derivatives, **3**, 321–325
    transition metal derivatives, **6**, 947–979, 948–957
    properties, **6**, 958
    tungsten derivatives, **6**, 954
Organoaluminum compounds, **1**, 555–670
  acenaphthenyl
    hydrolysis, **1**, 651
  alkene elimination from, **1**, 629
  alkenyl-, **7**, 391
    halodealumination, **1**, 652
    hydrolysis, **1**, 651
    oxidation by *t*-butyl perbenzoate, **1**, 653
    reaction with diazomethane, **7**, 439
    reaction with enones, **7**, 419
    reaction with ketones, **7**, 418
    reaction with oxiranes, **7**, 423
  1-alkenyl
    dimers, **1**, 594
    reaction with diazomethane, **1**, 651
    reaction with dibromomethane, **1**, 651
  4-alkenyl
    intramolecular π-complexation, **1**, 596
  alkoxydialkyl
    analysis, **1**, 669
  alkyl
    deuterolysis, **1**, 669
    oxidation rates, **7**, 378
  alkyl-bridged systems, **1**, 11
  alkynyl-
    reaction with enones, **7**, 420
  1-alkynyl
    dimers, **1**, 594
  allyl
    isomerization, **1**, 564
    preparation, **1**, 651
  allylic
    bonding sites, **1**, 606
    carbonation, **1**, 574
    reaction with carbonyl compounds, **1**, 573
    reaction with ketones, **7**, 417
  analysis, **1**, 667; **7**, 371
  associated
    dynamic equilibrium, **1**, 588
  association, **1**, 594
  auto-association, **1**, 562
  auto-ionization, **1**, 565
  availability, **7**, 368
  benzophenone complexes, **1**, 572
  benzylic
    in carbonyl reactions, **1**, 573
  bimetallic bridged complexes, **1**, 622
  boiling points, **1**, 582
  bonding
    Rundle view, **1**, 585
  bond lengths, **1**, 616
  bridged, **1**, 11–15
    interatomic distances and angles, **1**, 15
  carbon–halogen bond formation and, **1**, 663
  carbon–metal bond formation by, **1**, 663
  carbon–oxygen bond formation and, **1**, 662
  in carbon–sulfur bond preparation, **1**, 663
  carbonyl complexes, **1**, 575
  carbonyl compounds
    alkylation and reduction by, **1**, 647
  characterization, **1**, 669
  colligative properties, **1**, 582
  commercially available reagents, **1**, 658
  complexes
    enthalpy of formation, **1**, 615
  conjugate additions, **1**, 571
  coordination with nitriles, **1**, 592
  cyclopropyl
    halodealumination, **1**, 652
  in diene polymerization, **7**, 450
  dimer
    dissociation, **1**, 593
  dimers
    rehybridization energy, **1**, 614
  diphenylphosphide
    reaction with nitriles, **7**, 433
  dipole moments, **1**, 621
  disproportionation, **1**, 563
  dissociation, **1**, 594, 609
    Ostwald's dilution law, **1**, 609
  electrical conductivity, **1**, 565, 582
  electrolytic decomposition, **1**, 655
  elimination reactions, **1**, 655
  enthalpies of dissociation, **1**, 593
  enthalpies of formation
    calculated, **1**, 618
  ESR spectra, **1**, 621
  ether complexes, **1**, 566
  ethyl
    electronic spectra, **1**, 619
  ethylene-like bonding, **1**, 586
  in ethylene–propylene copolymerization, **7**, 449
  exchange reactions

with organoboron compounds, **1**, 612
experimental technique, **1**, 667
flammability, **1**, 579
functional groups in, **1**, 598
functions in Ziegler–Natta catalysts, **7**, 444, 445
gallium chloride alkylation by, **1**, 613
geometry, **1**, 616
halodealumination, **1**, 631
halomethyl
    cyclopropanation of alkenes by, **1**, 655
handling, **1**, 579
5-hexenyl
    etherate, **1**, 598
homolytic reactions, **1**, 576
hybridization change, **1**, 562
hydrides
    reaction with α,ω-dienes, **1**, 24
hydrogenolysis, **1**, 630
hydrolysis, **1**, 579
indanyl
    hydrolysis, **1**, 651
    reaction with 9-fluorenone, **1**, 575
industrial applications, **7**, 366
industrially available, **7**, 369
industrial significance, **1**, 578
IR spectra, **1**, 620
isomerization, **1**, 666
lability
    structure and, **1**, 594
Lewis acidity, **1**, 557, 562, 614, 622, 623
Lewis base complexes
    physical properties, **1**, 596
Lewis complexation, **1**, 595
manipulation, **1**, 667
melting points, **1**, 582
merchant producers, **7**, 370
mixed
    physical properties, **1**, 583
    preparation, **1**, 633
    preparation and properties, **1**, 597
monomer
    bonding, **1**, 616
    structure and, **1**, 616
nomenclature, **1**, 580
oligomerization, **1**, 562
oligomer–monomer interchange, **1**, 601
optically active
    phenyl ketone reduction by, **1**, 572
η^1-organoiron complex preparation from, **4**, 340
organometallic compound preparation from, **1**, 654
oxidation, **1**, 633
    amine oxides in, **7**, 392
oxidation by peroxides and hydroperoxides, **7**, 393
photolysis, **1**, 656
physical measurements, **1**, 668
physical properties, **1**, 562, 583
preparation, **1**, 623–635
    in preparation of palladium(II) alkyl and aryl complexes, **6**, 306
properties, **7**, 368
pyrophoricity, **7**, 370, 371
radical reactions, **1**, 576
reaction retardation by diethyl ether, **1**, 557
reactions, **1**, 565
    effect on transition metals, **1**, 658
    reaction with active metals, **1**, 657
reaction with alkenes, **7**, 379
    kinetics, **1**, 568
reaction with alkynes
    kinetics, **1**, 568
reaction with aluminum/magnesium alloys and organic halides, **1**, 631
reaction with carbon dioxide, **7**, 393
reaction with carbonyl compounds, **1**, 572
reaction with cyanogen halides, **7**, 395
reaction with internal olefins, **7**, 383
reaction with ketones, **1**, 570
    transition state, **1**, 575
reaction with metals, **1**, 578
reaction with nickel complexes, **6**, 64
reaction with nitriles, **1**, 570
reaction with organic halides
    nickel catalysed, **8**, 741
reaction with phosphate esters, **7**, 402
reaction with sulfonate esters, **7**, 402
reaction with sulfur, **1**, 650
reaction with sulfur and selenium compounds, **7**, 396
reaction with sulfur oxides, **7**, 396
reaction with terpenes, **7**, 384
reaction with three-coordinated organoboranes, **1**, 284
reaction with tin tetrachloride, **2**, 531
reaction with α,β-unsaturated carbonyl compounds, **1**, 571
reaction with α,β-unsaturated ketones
    nickel catalysed, **8**, 764
reactivity, **1**, 635
redistribution reactions with aluminum alkoxides, **1**, 632
redistribution reactions with aluminum chloride, **1**, 631
redistribution reactions with aluminum hydride, **1**, 629
safety and handling, **7**, 370
sampling and hydrolysis, **7**, 371
selective protodealumination, **1**, 631, 632
solubility, **1**, 582
stability
    structure and, **1**, 594
storage, **1**, 579
structure, **1**, 562, 635
in styrene polymerization, **7**, 392
styrene polymerization and, **1**, 577
substitution reactions, **1**, 651
symmetrical
    preparation, **1**, 624
transition metal alkyl systems, **7**, 390
trialkyl
    analysis, **1**, 669
trialkylsilyl
    preparation, **7**, 610
triphenyl
    electronic spectra, **1**, 619
trityl
    decomposition, **1**, 655
unsymmetrical
    dipole moments, **1**, 562
    disproportionation, **1**, 610
    preparation by redistribution, **1**, 627
    redistribution reactions, **1**, 589
    stability, **1**, 597
vinyl
    deuterolysis, **1**, 669
    isomerization, **1**, 564
    preparation by hydralumination of alkynes, **1**, 642

Organoaluminum compounds

    Zwitterionic complexes, **1**, 622
Organoaluminum cyanides
    preparation, **1**, 632
Organoaluminum dihalides
    electrical conductivity, **1**, 565
    propylene dimerization by π-allylnickel halide and, **1**, 665
Organoaluminum fluorides
    preparation, **1**, 632
Organoaluminum halides
    ether cleavage by, **1**, 652
    metathesis with metal hydrides, **1**, 630
    metathesis with metal salts, **1**, 632, 633
    preparation, **1**, 630
Organoaluminum hydrides
    halodealumination, **1**, 631
    preparation, **1**, 629
    selective protodealumination, **1**, 631, 632
Organoaluminum oxides
    preparation, **1**, 632
Organoaluminum phenoxides
    preparation, **1**, 632
Organoaluminum pseudohalides
    preparation, **1**, 630, 632
Organoaluminum sesquihalides
    dehalogenation, **1**, 626
    organoaluminum halide separation from, **1**, 630
    reaction with aluminum halides, **1**, 631
    reaction with sodium, **1**, 626
Organoantimony compounds, **2**, 681–704
    alkali metal derivatives, **2**, 703
    amino, **2**, 702
    cleavage, **2**, 692
    configurational stability, **2**, 691
    environmental
        detection, **2**, 1014
    Lewis acid–base character, **2**, 692
    nitrogen bonded derivatives, **2**, 702
    oxidation, **2**, 691
    preparation
        organoaluminum compounds in, **1**, 654
    quaternary salt formation, **2**, 691
    structure, **2**, 690
    synthesis, **2**, 684
    thermal stability, **2**, 691
Organoantimony hydrides, **2**, 701
Organoantimony(III) alkoxides, **2**, 701
Organoantimony(III) oxides, **2**, 701
Organoantimony(V) alkoxides, **2**, 700
Organoantimony(V) compounds
    cleavage, **2**, 698
    configurational stability, **2**, 696
    Lewis acid properties, **2**, 698
    oxidative stability, **2**, 698
    preparation, **2**, 693
    properties, **2**, 695
    thermal stability, **2**, 697
Organoantimony(V) halides
    structures, **2**, 696
Organoantimony(V) hydroxides, **2**, 700
Organoantimony(V) oxides, **2**, 699
Organoarsenic compounds, **2**, 681–704
    alkali metal derivatives, **2**, 703
    in animals, **2**, 997
    bioaccumulation, **2**, 1013
    cleavage, **2**, 692
    configurational stability, **2**, 691
    environmental, **2**, 996
        detection, **2**, 1011
    environmental methylation, **2**, 1002–1004
    Lewis acid–base character, **2**, 692
    metabolism, **2**, 997
    naturally occurring, **2**, 684
    nitrogen bonded derivatives, **2**, 702
    oxidation, **2**, 691
    oxides
        diorganoarsenic compound preparation from, **2**, 689
    phenyl
        biomethylation, **2**, 997
    polarity, **1**, 2
    preparation
        organoaluminum compounds in, **1**, 654
    quaternary salt formation, **2**, 691
    structure, **2**, 690
    sulfides
        diorganoarsenic compound preparation from, **2**, 689
    synthesis, **2**, 684
    thermal stability, **2**, 691
    toxicity, **2**, 997
    uses, **2**, 996
Organoarsenic hydrides, **2**, 701
Organoarsenic(III) alkoxides, **2**, 701
Organoarsenic(III) oxides, **2**, 701
Organoarsenic(IV) compounds
    amino, **2**, 702
Organoarsenic(V) alkoxides, **2**, 700
Organoarsenic(V) compounds
    cleavage, **2**, 698
    configurational stability, **2**, 696
    Lewis acid properties, **2**, 698
    oxidative stability, **2**, 698
    preparation, **2**, 693
    properties, **2**, 695
    thermal stability, **2**, 697
Organoarsenic(V) halides
    structures, **2**, 696
Organoarsenic(V) hydroxides, **2**, 700
Organoarsenic(V) oxides, **2**, 699
Organobarium compounds, **1**, 155–240
    addition reactions, **7**, 5
    bimetallic, **1**, 237–240
    dialkenyl, **1**, 231
    dialkyl, **1**, 230
    dialkynyl, **1**, 231
    diaralkyl, **1**, 231
    diaryl, **1**, 230
    dicyclopentadienyl, **1**, 232–234
    difluorenyl, **1**, 232–234
    diindenyl, **1**, 232–234
    diorganyl, **1**, 230–234
    electron transfer–addition compounds with unsaturated organic molecules, **1**, 234–237
    halogeno, **1**, 224–230
        preparation by direct reaction, **1**, 224–227, 225
        preparation by indirect reactions, **1**, 227
        properties, **1**, 228
    reaction with enynes, **7**, 7
Organoberyllium alkoxides, **1**, 133
    association, **1**, 134
Organoberyllium amides
    association, **1**, 136
Organoberyllium compounds, **1**, 121–149
    anionic complexes, **1**, 140
    bonds, **1**, 126
    bridged
        interatomic distances and angles, **1**, 18
    bridged alkyl derivatives, **1**, 16
    coordination complexes
        NMR, **1**, 129

preparation
  organoaluminum compounds in, **1**, 654
  reaction with N—H compounds, **7**, 54
  spiran-type, **1**, 129
Organoberyllium halides, **1**, 138
Organoberyllium hydrides, **1**, 142
  complexes, **1**, 143
Organoberyllium hydridoboronates, **1**, 144
Organoberyllium pseudohalides, **1**, 138
Organobismuth compounds, **2**, 681–704
  alkali metal derivatives, **2**, 703
  amino, **2**, 702
  cleavage, **2**, 692
  cluster chemistry, **1**, 35
  configurational stability, **2**, 691
  Lewis acid–base character, **2**, 692
  nitrogen bonded derivatives, **2**, 702
  oxidation, **2**, 691
  preparation
    organoaluminum compounds in, **1**, 654
  quaternary salt formation, **2**, 691
  structure, **2**, 690
  synthesis, **2**, 684
  thermal stability, **2**, 691
Organobismuth hydrides, **2**, 701
Organobismuth(III) alkoxides, **2**, 701
Organobismuth(III) oxides, **2**, 701
Organobismuth(V) alkoxides, **2**, 700
Organobismuth(V) compounds
  cleavage, **2**, 698
  configurational stability, **2**, 696
  Lewis acid properties, **2**, 698
  oxidative stability, **2**, 698
  preparation, **2**, 693
  properties, **2**, 695
  thermal stability, **2**, 697
Organobismuth(V) halides
  structures, **2**, 696
Organobismuth(V) hydroxides, **2**, 700
Organobismuth(V) oxides, **2**, 699
Organoborane
  concerted reactions, **7**, 261
Organoboranes
  acid strengths, **1**, 299
  acyclic three-coordinate
    preparation, **1**, 270–283
  aliphatic
    thermal behaviour, **7**, 265–270
  alkyl coupling reactions, **7**, 294
  allylic
    thermal behaviour, **7**, 353
  amino
    ^{1}H NMR, **1**, 268
  anionic, **1**, 296
  arsino
    preparation, **1**, 300
  aryl
    preparation, **7**, 323
    thermal behaviour, **7**, 323
  ^{11}B NMR, **1**, 266, 267
  carbonylation, **7**, 282
  ^{13}C NMR, **1**, 268
  complexes, **7**, 256
  concerted reactions, **7**, 295
  conjugate addition reactions, **7**, 291
  dialkyl
    preparation, **1**, 283
    in dialkylberyllium preparation, **1**, 124
  electron diffraction, **1**, 264
  electron diffraction studies, **1**, 263
  electronic structure, **1**, 256
  four-coordinate acyclic, **1**, 296–301
  free radical reactions, **7**, 260
  heats of atomization, **1**, 257
  heats of formation, **1**, 257
  ^{1}H NMR, **1**, 267
  ion cyclotron resonance spectra, **1**, 269
  ionic reactions, **7**, 257
    carbon–carbon bond formation *via*, **7**, 277
  Lewis acid–Lewis base adducts, **1**, 298–301
  mass spectrometry, **1**, 269
  microwave spectroscopy, **1**, 263
  migration reactions, **7**, 287
  MO calculations, **1**, 269
  oxygen Lewis base adducts, **1**, 300
  perfluoro
    preparation, **1**, 292
  phosphine adducts, **1**, 300
  photoelectron spectra, **1**, 269
  physical constants, **1**, 254
  polyhedral, **1**, 411–452
  reaction with aliphatic aldehydes and ketones, **7**, 293
  reaction with α,α-dichloromethyl methyl ether lithium salts, **7**, 285
  reaction with α-halo-substituted α-carbonyl carbon nucleophiles, **7**, 277
  reaction with mercury salts, **2**, 870
  reaction with metal salts, **1**, 285
  reaction with perfluorinated saturated organic compounds, **1**, 282
  rotational spectra, **1**, 262
  selenide adducts, **1**, 301
  sulfide adducts, **1**, 301
  thermally induced reactions, **1**, 280–281
  thermodynamic properties, **1**, 256
  thio
    preparation, **1**, 299
  three-coordinated acyclic
    reactions, **1**, 284–295
  trichloromethyl
    preparation, **1**, 282
  vibrational spectra, **1**, 259
  vibrational spectroscopy, **1**, 260, 261
  X-ray diffraction studies, **1**, 257
Organoborates
  intermolecular transfer reactions, **7**, 290
  ionic reactions, **7**, 259
    carbon–carbon bond formation *via*, **7**, 277
  reactions, **7**, 257
Organoboron compounds
  acyclic three-coordinated, **1**, 253–301
  acyclic four-coordinated, **1**, 253–301
  aliphatic, **7**, 265–298
  alkenyl-, **7**, 303–321
    carbon–carbon bond formation *via*, **7**, 318
    carbon–heteroatom bond formation *via*, **7**, 305
    β-elimination reactions, **7**, 315
    intermolecular transfer reactions, **7**, 316
    intramolecular transfer reactions, **7**, 312, 315
    ionic reactions, carbon–carbon bond formation *via*, **7**, 309
  alkyl
    carbon–heteroatom bond formation from, **7**, 270
  alkynyl-, **7**, 337–346
    carbon–heteroatom bond formation *via*, **7**, 338
    concerted reactions, **7**, 344
    free radical reactions, **7**, 344

Organoboron compounds

   ionic reactions, **7**, 338
  allyl
   concerted reactions, carbon-carbon bond formation *via*, **7**, 358
   ionic reactions, carbon-carbon bond formation by, **7**, 357
  aryl, **7**, 323–335
   carbon-carbon bond formation from, **7**, 328
   carbon-heteroatom bond formation *via*, **7**, 326
   concerted reactions, **7**, 334
   free radical reactions, **7**, 334
   reactions, **7**, 325
  electronic spectra, **1**, 264
  elimination reactions, **7**, 288
  enoxy, **7**, 350
  exchange reactions
   with organoaluminum compounds, **1**, 612
  Markownikov, **7**, 134
  NMR, **1**, 265–269
  in organic synthesis, **7**, 111–140
  polarity, **1**, 2
  preparation
   organoaluminum compounds in, **1**, 654
  propargyl-
   reaction with aldehydes and ketones, **7**, 359
  properties, **7**, 255
  reactions, **7**, 255–262
  reaction with decacarbonyldimanganese, **4**, 24
  thermal behaviour, **7**, 119
  triphenyl
   electronic spectra, **1**, 619
Organoboronium ions, **1**, 296
Organocadmium complexes
  photoelectron spectra, **2**, 854
  vibrational spectra, **2**, 854
Organocadmium compounds, **2**, 823–859, 852–859
  allylic
   reactions, **2**, 858
  bonding, **2**, 852
   with cadmium–metal bonds, **2**, 857
   with cadmium–nitrogen bonds, **2**, 857
   with cadmium–oxygen bonds, **2**, 856, 857
   with cadmium–sulfur bonds, **2**, 856, 857
  coordination behaviour, **2**, 853
  diorgano
   physical properties, **2**, 853
  environmental formation, **2**, 1004
  ketone synthesis from, **2**, 859
  NMR, **2**, 854
  in organic synthesis, **7**, 670
  oxidation, **2**, 859
  preparation, **2**, 854
   organoaluminum compounds in, **1**, 654
  reactions, **2**, 858–859
  reaction with tricarbonyldienyliumiron complexes, **8**, 993
  structure, **2**, 852
  thermodynamic data, **2**, 854
Organocadmium halides, **2**, 855–857
  preparation, **2**, 852, 855
Organocadmium reagents
  in *o*-acylbenzoic acid synthesis, **7**, 31
Organocalcium compounds, **1**, 155–240
  addition reactions, **7**, 5
  bimetallic, **1**, 237–240
  dialkenyl, **1**, 231
  dialkyl, **1**, 230
  dialkynyl, **1**, 231
  diaralkyl, **1**, 231
  diaryl, **1**, 230
  dicyclopentadienyl, **1**, 232–234
  difluorenyl, **1**, 232–234
  diindenyl, **1**, 232–234
  diorganyl, **1**, 230–234
  electron transfer–addition compounds with unsaturated organic molecules, **1**, 234–237
  halogeno, **1**, 224–230
   preparation by direct reaction, **1**, 224–227, 225
   preparation by indirect reactions, **1**, 227
   properties, **1**, 228
  reaction with carbonyl compounds, **7**, 24
  reaction with enynes, **7**, 7
  reaction with N—H compounds, **7**, 54
Organochromate(III) complexes
  solvated lithium, **3**, 933
  solvated sodium, **3**, 933
Organochromium complexes, **3**, 783–946
  acetylide carbonyl, **3**, 884
   properties, **3**, 884
   structures, **3**, 884
   synthesis, **3**, 884
  η^2-alkenes, **3**, 954
  alkylcarbonyl anions
   properties, **3**, 830
  alkyne, **3**, 1066
  η^3-allyl halides, **3**, 956
  amine carbonyl, **3**, 818
   properties, **3**, 824
  antimony carbonyl, **3**, 861–871
   properties, **3**, 867
   reactions, **3**, 871
   structures, **3**, 867
   synthesis, **3**, 862, 863, 865, 866
  arsenic carbonyl, **3**, 861–871
   properties, **3**, 867
   reactions, **3**, 871
   structures, **3**, 867, 868
   synthesis, **3**, 862, 863, 865, 866
  azido carbonyl, **3**, 821
  binary carbonyl anions
   reactions, **3**, 808
   synthesis, **3**, 807
  bismabenzene carbonyl, **3**, 864
  bismuth carbonyl, **3**, 861–871
   properties, **3**, 867
   reactions, **3**, 871
   structures, **3**, 867
   synthesis, **3**, 862, 863, 865, 866
  boryl, **6**, 886
  carbene carbonyl, **3**, 888–907
   carbene displacement from, **3**, 904
   NMR, **3**, 898
   properties, **3**, 896
   reactions, **3**, 899, 900
   reactions, proton attack in, **3**, 901
   reaction with amines, **3**, 902
   reaction with phosphines, **3**, 902
   structures, **3**, 896
   synthesis, **3**, 889, 890, 892
  carbonyl, **3**, 803–915
   bonding, **3**, 806
   kinetics, **3**, 804
   photochemistry, **3**, 804
   properties, **3**, 803
   structure, **3**, 806
   synthesis, **3**, 803
  carbonyl, σ-donor nitrogen ligands, **3**, 817–825
   synthesis, **3**, 817–822

carbonyl π-acceptor nitrogen ligands, **3**, 871–876
  properties, **3**, 874
  reactions, **3**, 875
  structures, **3**, 874
  synthesis, **3**, 872
carbonyl alkene, **3**, 914
  properties, **3**, 915
  reactions, **3**, 915
  structures, **3**, 915
  synthesis, **3**, 914, 915
carbonyl aromatic ligands, **3**, 912
  properties, **3**, 913
  reactions, **3**, 913
  structures, **3**, 913
  synthesis, **3**, 912
carbonyl arsabenzene, **3**, 864
carbonyl borazene, **3**, 873
carbonyl carbon σ-donor/π-acceptor ligands, **3**, 882–912, 912–915
carbonyl carbyne, **3**, 907
  properties, **3**, 911
  reactions, **3**, 911
  structures, **3**, 911
  synthesis, **3**, 907, 908
carbonyl cyanate, **3**, 820
  properties, **3**, 824
carbonyl cyanide
  reactions, **3**, 882
carbonyl cyanides, **3**, 882
  properties, **3**, 882
  structures, **3**, 882
  synthesis, **3**, 882, 883
carbonyl diazanorbornene
  structure, **3**, 825
carbonyl diazine, **3**, 821
  properties, **3**, 824
carbonyl diimine, **3**, 873, 1113
  reactions, **3**, 875
carbonyl σ-donor/π-acceptor non-carbon ligands, **3**, 830–882
carbonyl σ-donor carbon ligands, **3**, 827
  properties, **3**, 829
  reactions, **3**, 830
  synthesis, **3**, 828
carbonyl σ-donor nitrogen ligands
  properties, **3**, 822–825
  reactions, **3**, 825
  structures, **3**, 822–825
carbonyl formadino, **3**, 873
carbonyl halide, **3**, 809–812
  properties, **3**, 810
  reactions, **3**, 811
  structures, **3**, 810
  synthesis, **3**, 810
carbonyl hydrazine, **3**, 821
carbonyl hydride, **3**, 812–817
  properties, **3**, 814–816
  reactions, **3**, 816
  structures, **3**, 814–816
  synthesis, **3**, 812
carbonyl imine, **3**, 822
carbonyl isocyanate, **3**, 820
carbonyl isocyanide, **3**, 884
  properties, **3**, 884
  structures, **3**, 884
  synthesis, **3**, 884
carbonyl isocyanides
  synthesis, **3**, 885
carbonyl isoselenocyanate, **3**, 820
carbonyl isothiocyanate, **3**, 820
  properties, **3**, 824
carbonyl monodentate phosphorus ligands, **3**, 831–847
  bond distances, **3**, 842
  properties, **3**, 842–844
  reactions, **3**, 844–847
  structures, **3**, 842–844
  synthesis, **3**, 831, 832
carbonyl multidentate phosphorus ligands, **3**, 849
carbonyl nitrile, **3**, 819
  properties, **3**, 824
carbonyl nitrogen π-acceptor ligands, **3**, 873
carbonyl nitrogen donor complexes, **3**, 818
  structures, **3**, 823
carbonyl nitrogen heterocycle, **3**, 822
carbonyl nitrosyl, **3**, 872
carbonyl oxygen ligands, **3**, 825
  properties, **3**, 826
  reactions, **3**, 827
  structure, **3**, 826
  synthesis, **3**, 825
carbonyl phosphabenzene, **3**, 864
carbonyl phosphorus donor complexes
  synthesis, **3**, 841
carbonyl phosphorus ligands
  reactions, **3**, 846
  synthesis, **3**, 839
carbonyl phthalimidine, **3**, 822
carbonyl polydentate phosphorus ligands, **3**, 847–861
  isomerizations, **3**, 861
  oxidations, **3**, 860
  properties, **3**, 854
  reactions, **3**, 860
  structures, **3**, 854, 855
  synthesis, **3**, 848
carbonyl saccharin, **3**, 822
carbonyl selenium ligands, **3**, 876, 877
  properties, **3**, 881
  reactions, **3**, 881
  structures, **3**, 881
  synthesis, **3**, 876
carbonyl selenocarbonyl, **3**, 887
  properties, **3**, 888
  structure, **3**, 888
  synthesis, **3**, 888
carbonyl stibabenzene, **3**, 864
carbonyl succinimide, **3**, 822
carbonyl sulfur diimide, **3**, 822
carbonyl sulfur ligands, **3**, 876, 877
  properties, **3**, 881
  reactions, **3**, 881
  structures, **3**, 881
  synthesis, **3**, 876
carbonyl tellurium ligands, **3**, 876
  properties, **3**, 881
  reactions, **3**, 881
  structures, **3**, 881
  synthesis, **3**, 876
carbonyl thiocarbonyl, **3**, 887
  properties, **3**, 888
  structure, **3**, 888
  synthesis, **3**, 888
carbonyl vinyl
  properties, **3**, 830
carboranes, **3**, 973
  η^3-compounds, **3**, 956
  η^4-compounds, **3**, 958–961
  η^5-compounds, **3**, 961–975

Organochromium complexes
  η^6-compounds, 3, 975–1063
  η^7-compounds, 3, 1063
  η^8-compounds, 3, 1066
  η^2–η^8 compounds, 3, 953–1067
  cyanides, 3, 940
    properties, 3, 943
    reactions, 3, 943
    structures, 3, 943
    synthesis, 3, 943
  cyano, 3, 944
    structures, 3, 945
  cyclopentadienyl halo, 3, 969
  cyclopentadienylnitrosyl, 3, 967
  dimers
    chromium–chromium quadruple bonds, properties, 3, 940
    chromium–chromium quadruple bonds, reactions, 3, 940
    chromium–chromium quadruple bonds, structures, 3, 940
    chromium–chromium quadruple bonds, synthesis, 3, 940
    chromium–chromium quadruple bonds in, 3, 939
  σ-donor/π-acceptor ligands, 3, 940–946
  Group VIA phosphorus donor carbonyl complexes
    synthesis, 3, 837
  halo carbonyl
    synthesis, 3, 810
  homoleptic η^3-allyl, 3, 956
  isocyanide
    structures, 3, 1143
    synthesis, 3, 1140
  non-carbonyl σ-donor carbon ligands, 3, 915–940
  sandwich compounds, 3, 972
  solvated lithium, 3, 930–936
    properties, 3, 931
    reactions, 3, 936
    structures, 3, 931, 934
    synthesis, 3, 931
  solvated sodium, 3, 930–936
    properties, 3, 931
    reactions, 3, 936
    structures, 3, 931
    synthesis, 3, 931
  unsolvated, 3, 936
    properties, 3, 937
    reactions, 3, 939
    structures, 3, 937, 938
    synthesis, 3, 937
  unsubstituted carbonyl anions, 3, 806–809
    properties, 3, 808
    reactions, 3, 808
    structures, 3, 808
    synthesis, 3, 806
  zwitterionic mono-dienyl, 3, 969
Organochromium(0) complexes
  (η^6-arene) dicarbonyl, 3, 1051
  (η^6-arene) monocarbonyl, 3, 1051
  (η-arene)tricarbonyl
    absolute configuration, 3, 1027
    chromium–arene bond in, 3, 1028
    electrochemical reduction, 3, 1030
    IR spectra, 3, 1022
    oxidation, 3, 1021
    physical properties, 3, 1021
    purification, 3, 1021
    structures, 3, 1023
    UV spectra, 3, 1022
  (η^6-arene)tricarbonyl
    applications in organic synthesis, 3, 1046
    arene exchange reactions, kinetics, 3, 1037
    arene ligand exchange in, 3, 1036
    arene replacement reactions, 3, 1037
    basicity, 3, 1039
    carbonyl replacement reactions, 3, 1035
    catalytic reactions, 3, 1050
    charge transfer complexes, 3, 1038
    ^{13}C NMR, 3, 1031
    electrochemical reduction, 3, 1031
    electron impact mass spectrometry, 3, 1034
    electrophilic substitution, 3, 1042
    Friedel–Crafts acetylation, 3, 1042
    hydrogen–deuterium exchange, 3, 1039
    irradiation in tetrahydrofuran, 3, 1036
    ligand replacement reactions, 3, 1035
    mercuration, 3, 1042
    metallation, 3, 1041
    NMR, 3, 1031
    S_N1 reactions, 3, 1045
    S_N2 reactions, 3, 1046
    nucleophilic attack at carbonyl carbons, 3, 1050
    nucleophilic reactions, 3, 1043
    ^{17}O NMR, 3, 1035
    optically active, 3, 1026
    photolysis in isooctane and methyl methacrylate solutions, 3, 1036
    reactions, 3, 1035
    $E2$ reactions, 3, 1046
    reactions at arene ligands, 3, 1039
    reactions at arene side-chain carbons, 3, 1045
    reaction with nitrosyl hexafluorophosphate, 3, 1037
    reaction with phenyllithium, 3, 1050
    thermodynamic data, 3, 1034
  bis(η-arene)
    first ionization energies, 3, 989
    thermodynamic data, 3, 988
  bis(η^6-arene)
    polarography, 3, 986
    preparation by chromium vapor route, 3, 980
    synthesis by Fischer–Hafner method, 3, 978
  field desorption mass spectrometry, 3, 1035
  heterocyclic π-complexes, 3, 1061
  methane chemical ionization mass spectrometry, 3, 1035
  thermal reaction with Lewis bases, 3, 1037
  tricarbonyl(η^6-arene)
    conformers, 3, 1024
  tricarbonyl(η^6-cycloheptatriene), 3, 1054
  tricarbonyl cycloheptatrienone, 3, 1059
  tricarbonyl cyclooctatrienone, 3, 1059
  tricarbonyl esters
    reduction, half-wave potentials, 3, 1030
  tricarbonyl(η^6-fused polycyclic arene)
    X-ray structures, 3, 1023
  tricarbonyl ketones
    reduction, half-wave potentials, 3, 1030
  tricarbonyl(η^7-tropylium), 3, 1063
Organochromium(II) complexes
  quadruply bonded
    synthesis and structure, 3, 941
  solvated, 3, 916–930
    properties, 3, 925
    reactions, 3, 927
    structures, 3, 925
    synthesis, 3, 916
Organochromium(III) complexes
  dimers

synthesis, **3**, 919
solvated, **3**, 916–930
   properties, **3**, 925
   reactions, **3**, 927
   structures, **3**, 925
   synthesis, **3**, 916
structures, **3**, 926
synthesis, **3**, 918
triorgano
   solvated, synthesis, **3**, 921
thermal decomposition, **3**, 930
Organochromium(IV) complexes
   tetraorgano, **3**, 937
Organocobaloximes, **5**, 81
Organocobaloxime(III) complexes
   oxidation, **5**, 153
Organocobalt complexes
   acyclic boranes, **6**, 897
   boranes, **6**, 884
   boryl, **6**, 889, 890
   heptahydrotriborate, **6**, 919
   hexaborane, **6**, 931
   nonahydropentaborates, **6**, 927
   octahydropentaborate, **6**, 929
   tetrahydroborates, **6**, 907, 909
   tridecahydrononaborates, **6**, 935
Organocobalt compounds
   π-bonded, **5**, 177–264
   η^2-monoalkenes, **5**, 177
Organocopper complexes
   boron trifluoride
      reaction with $\alpha\beta$-unsaturated ketones, **7**, 715
   boryl, **6**, 894
   carbonyl
      structure, **2**, 732
   (ethoxycarbonyl)trihydroborates, **6**, 914
   octahydrotriborates, **6**, 919
   in organic synthesis, **7**, 685–722
Organocopper compounds, **2**, 709–760
   alkenyl
      hydrolysis, **2**, 743
      iodination, **2**, 744
      oxidation, **2**, 745
      preparation, **2**, 717
      structure, **2**, 728
      thermolysis, **2**, 747
      X-ray analysis, **2**, 724
   alkyl
      β-elimination, **2**, 746
      polymeric structures, **2**, 732
      protonolysis, **2**, 744
      X-ray analysis, **2**, 724
   alkynyl
      polymeric structures, **2**, 732
      preparation, **2**, 718, 720
      protonolysis, **2**, 744
      structure, **2**, 730
      X-ray analysis, **2**, 724
   aryl
      ^{63}Cu NQR, **2**, 733
      halogenolysis, **2**, 744
      polymeric structures, **2**, 732
      protonolysis, **2**, 744
      structures, **2**, 727
      X-ray analysis, **2**, 724
   bonding, **2**, 722–742, 737–739
   bridged systems, **1**, 21
   as carbon dioxide carriers, **8**, 228
   complexes
      thermal decomposition, **2**, 724
   complexes with metal salts, **2**, 716
   concerted homolytic reductive coupling, **2**, 747
   cross-coupling reactions with organic halides, **2**, 754
   ferrocenyl
      structure, **2**, 730
   insertion reactions, **2**, 750–753
   interaggregate exchange, **2**, 739–740
   intraaggregate exchange, **2**, 739–740
   oxidation, **2**, 744
   perfluoroalkyl
      preparation, **2**, 721
   polynuclear structure, **2**, 740
   polynuclear structures, **2**, 725
   preparation, **2**, 710–722, 711, 721
      metallation and, **2**, 720
      organometallic reagents in, **2**, 715–718
   reaction with alkenes, **2**, 751
   reaction with alkynes, **2**, 751
   reaction with amines or phosphines, **2**, 740
   reaction with carbon dioxide, **8**, 254
   reaction with organic halides, **2**, 754
   structure
      in solution, **2**, 733–737
   structures, **2**, 722–742
   substitution reactions, **2**, 754–758
   in synthesis of palladium(II) alkyl and aryl complexes, **6**, 311
   thermal stability, **2**, 723
   thermolysis, **2**, 746–750
   three-center bonding in, **2**, 726
   trialkylsilyl
      preparation, **7**, 610
   two electron–three center bonded organogroups in, **2**, 741
   X-ray analysis, **2**, 724
Organocopper(I) reagents
   in organic synthesis, **7**, 716
Organocuprates
   preparation, **2**, 716
Organodiazenido complexes
   bond lengths and angles, **8**, 1088
   X-ray structure, **8**, 1088
Organodimagnesium compounds, **1**, 177
Organogadolinium compounds
   photoelectron spectroscopy, **3**, 179
Organogallium azides, **1**, 706
Organogallium cations
   dialkyl, **1**, 712
Organogallium complexes
   organofluoro, **1**, 701
   transition metal carbonyl, **1**, 719
   transition metal derivatives, **6**, 947–979, 957–962
      properties, **6**, 963
Organogallium compounds, **1**, 683–719
   alkoxides, **1**, 713
   aryloxides, **1**, 713
   bond distances and angles, **1**, 699
   bridged, **1**, 15
   carboxylates, **1**, 717
   cyclopentadienyl, **1**, 684–687
   dialkylgermyloxy, **1**, 713
   dialkylsilyloxy, **1**, 713
   hydroxides, **1**, 712
   low oxidation state, **1**, 684
   mass spectra, **1**, 712
   neutral adducts, **1**, 694–701
   preparation
      organoaluminum compounds in, **1**, 654

Organogallium compounds

reactions with acids, **1**, 711
thermochemistry, **1**, 693
triphenyl
  electronic spectra, **1**, 619
Organogallium fluorides, **1**, 705
Organogallium halides, **1**, 701–707
  addition compounds, **1**, 707
  anionic complexes, **1**, 709
  bond lengths, **1**, 704
  oxidative insertion reactions, **1**, 702
  structure, **1**, 703
Organogallium hydride
  anionic complexes, **1**, 711
Organogallium hydrides, **1**, 708
Organogallium pseudohalides, **1**, 706
  anionic complexes, **1**, 710
Organogallium(I) compounds
  σ-bonded, **1**, 684
Organogallium(II) compounds
  preparation, **1**, 684
Organogermaneselenolates
  synthesis, **2**, 443
Organogermaneselenols
  synthesis, **2**, 443
Organogermanetellurates
  synthesis, **2**, 443
Organogermanetellurols
  synthesis, **2**, 443
Organogermanethiolates
  synthesis, **2**, 443
Organogermanethiols
  synthesis, **2**, 443
Organogermanium azides
  preparation, **2**, 453
Organogermanium compounds, **2**, 399–505
  alkene derivatives, **2**, 409
  alkenyl derivatives
    cleavage, **2**, 415
  alkyne derivatives, **2**, 410
  allene derivatives, **2**, 410
  allylic derivatives
    cleavage, **2**, 415
  applications, **2**, 402
  asymmetric hydro
    synthesis, **2**, 425
  carbonylated
    preparation, **2**, 411
  chloro
    optically active, **2**, 420
  conjugated alkenyl derivatives
    preparation, **2**, 410
  conjugated alkynyl derivatives, **2**, 410
  diazo
    preparation, **2**, 410
  as drugs, **2**, 403
  environmental
    detection, **2**, 1014
  functional, **2**, 408, 445
  α-functional derivatives
    preparation, **2**, 454
  halo
    chemical properties, **2**, 422
    hydrolysis, **2**, 435
    organogermanium hydroxides and oxides
      preparation from, **2**, 435
    oxidation, **2**, 435
    preparation, **2**, 419
  hexacoordinate complexes, **2**, 421
  hydro
    in hydrogermylation of alkenes and alkynes, **2**, 428

  preparation, **2**, 426
  synthesis, **2**, 424
  IR spectroscopy, **2**, 503
  metal derivatives
    germanium–oxygen bond compound preparation from, **2**, 305
  NMR, **2**, 504
  nomenclature, **2**, 402
  pentacoordinate complexes, **2**, 422
  pentacoordinated
    stability, **2**, 413
    synthesis, **2**, 441
  physical properties, **2**, 498, 499
  as plant-growth substances, **2**, 403
  platinum(II)–carbon η^1-compound preparation from, **6**, 518
  polarity, **1**, 2
  polymer additives, **2**, 403
  preparation
    organoaluminum compounds in, **1**, 654
  redistribution reactions, **2**, 417
  semiconductors as, **2**, 403
  spectroscopy, **2**, 503
  thermal stability, **2**, 411
  toxicology, **2**, 402
  transition metal complexes
    as catalysts, **2**, 403
Organogermanium cyanides
  preparation, **2**, 452
Organogermanium cyanurates
  preparation, **2**, 452
Organogermanium hydroxides, **2**, 435
Organogermanium isocyanates
  preparation, **2**, 452
Organogermanium oxides, **2**, 435
  preparation, **2**, 435
Organogermanium polyselenides
  preparation, **2**, 444
Organogermanium polysulfides
  preparation, **2**, 444
Organogermanium polytellurides
  preparation, **2**, 444
Organogermanium selenides
  preparation, **2**, 444
Organogermanium sulfide
  preparation, **2**, 444
Organogermanium tellurides, **2**, 444
Organogermanolates
  preparation, **2**, 441
Organogold complexes
  alkenes, **2**, 812–814
  alkynes, **2**, 812–814
  σ-bonded
    reactions, **2**, 799–812
    structure, **2**, 766–798
    synthesis, **2**, 766–798
  carbenes, **2**, 814
  carbonyl, **2**, 817
  decomposition, **2**, 800–803
  electron deficient, **2**, 780
  isomerization, **2**, 799
  ligand substitution reactions, **2**, 800
  reaction with acids, **2**, 805–807
  reaction with alkyl halides, **2**, 808
  reaction with halogens, **2**, 803
  reaction with metal halides, **2**, 807
  reaction with unsaturated compounds, **2**, 809
  selenocyanates
    preparation, **2**, 788
  thiocyanates
    preparation, **2**, 788

ylides, **2**, 789
  preparation, **2**, 773
Organogold compounds, **2**, 765-817
  aryl
    stabilization, **2**, 781
  in organic synthesis, **7**, 722
  in synthesis of palladium(II) alkyl and aryl complexes, **6**, 311
Organogold(I) complexes
  alkyl
    thiophenol complexes, **2**, 806
  alkyl isocyanides, **2**, 815
  bridging ligands in, **2**, 776-778
  cationic bis(carbene), **2**, 815
  electron deficient, **2**, 778-782
  iminoalkyl, **2**, 777
    preparation, **2**, 774
  phosphine ylide, **2**, 774
  structure, **2**, 765
  tetrazolato, **2**, 774
Organogold(I) compounds
  aryl
    structure, **2**, 779
Organogold(II) complexes, **2**, 782
Organogold(III) complexes
  alkenyl
    reductive elimination, **2**, 802
  aryl, **2**, 784
    decomposition, **2**, 800
    preparation, **2**, 785
  carbenes, **2**, 816
  dialkyl
    decomposition, **2**, 800
    Group VB donor ligands, **2**, 793-794
    stereochemistry, **2**, 789
  dialkyl halides, **2**, 787
  dialkyl pseudohalides, **2**, 787
  double ylides, **2**, 798
  with one gold–carbon bond, **2**, 783-785
  pentahalogenoaryl, **2**, 785
  structure, **2**, 765
  tetraalkyl
    thermal decomposition, **2**, 802
  tetrathiosquarate complexes, **2**, 792
  with three gold–carbon bonds, **2**, 795
Organogold(III) compounds
  pentafluorophenyl, **2**, 801
Organohafnium complexes
  σ-bonding ligands, **3**, 635-640
  η^6-carboranes, **3**, 623
  η^5-cycloheptadienyl, **3**, 621
  cyclooctatetraene(2−), **3**, 624-628
  cyclooctatetraenyl, **3**, 624-628
  cyclopentadienyl, **3**, 559-628
  η^4-dienes, **3**, 642-644
  fluorenyl, **3**, 621
  heteroleptic complexes with σ-bonding ligands, **3**, 640-642
  homoleptic alkenyls, **3**, 640
  homoleptic alkyl, **3**, 635-639
    chemical properties, **3**, 637
    heat of formation, **3**, 637
  iminoacyls, **3**, 640
  indenyl, **3**, 621
  phosphorus ylides, **3**, 621
  tetraallyl, **3**, 620
  trimetallic arenes, **3**, 644
  without anionic π-ligands, **3**, 635-645
Organohafnium compounds, **3**, 549-556
  bonding, **3**, 551
  as catalysts in organic chemistry, **3**, 552-556
  stereochemistry, **3**, 551
  tetrakis(cyclopentadienyl), **3**, 617
Organohafnium(0) complexes
  arenes, **3**, 644
Organohafnium(II) complexes
  arenes, **3**, 644
Organohafnium(III) complexes, **3**, 606-609
  bis(cyclopentadienyl), **3**, 568-616
    molecular structure, **3**, 568
    stereochemistry, **3**, 568
  monocyclopentadienyl, **3**, 567-568
    cyclic voltammetry, **3**, 567
    ESR, **3**, 567
Organohafnium(IV) complexes
  cyclopentadienyl β-diketonato halo, **3**, 563-565
  cyclopentadienyl halo 8-quinolinolato, **3**, 565
  monocyclopentadienyl, **3**, 560-566
Organohalogen compounds
  mercuration, **2**, 873
  organomercury compound preparation from, **2**, 891
Organoindium anions
  hydrido, **1**, 711
Organoindium azides, **1**, 706
Organoindium cations
  dialkyl, **1**, 712
Organoindium complexes
  organofluoro, **1**, 701
  transition metal carbonyl, **1**, 719
  transition metal derivatives, **6**, 947-979, 962-968
    properties, **6**, 969
Organoindium compounds, **1**, 683-719
  alkoxides, **1**, 713
  aryloxides, **1**, 713
  bipyridyl adducts, **1**, 707
  bond distances and angles, **1**, 699
  bridged, **1**, 15
  carboxylates, **1**, 717
  cyclopentadienyl, **1**, 684-687
  dialkylgermyloxy, **1**, 713
  dialkylsilyloxy, **1**, 713
  hydroxides, **1**, 712
  low oxidation state, **1**, 684
  mass spectra, **1**, 712
  neutral adducts, **1**, 694-701
  preparation
    organoaluminum compounds in, **1**, 654
  reactions with acids, **1**, 711
  thermochemistry, **1**, 693
Organoindium fluorides, **1**, 705
Organoindium halides, **1**, 701-707
  addition compounds, **1**, 707
  adducts
    synthesis, **1**, 707
  anionic complexes, **1**, 709
  bond lengths, **1**, 704
  electrochemical synthesis, **1**, 702
  oxidative insertion reactions, **1**, 702
  structure, **1**, 703
Organoindium hydride
  anionic complexes, **1**, 711
Organoindium pseudohalides, **1**, 706
  anionic complexes, **1**, 710
Organoindium(I) compounds
  anionic complexes
    preparation, **1**, 684
Organoindium(II) compounds
  preparation, **1**, 684
Organoiridium complexes

Organoiridium complexes
  boryl, **6**, 892
  carbonyl, **5**, 542–560
Organoiridium compounds, **5**, 541–620
  mononuclear, **5**, 542–612
  one-carbon ligands, **5**, 542–587
Organoiron complexes
  acyclic boranes, **6**, 895
  borane, **6**, 884
  boryl, **6**, 889
  decahydropentaborates, **6**, 926
  heptahydrotriborates, **6**, 919
  hexaborane, **6**, 931
  nonahydropentaborates, **6**, 926
  octahydropentaborates, **6**, 929
  pentahydrodiborates, **6**, 915
  tetrahydroborates, **6**, 905, 908
η^1-Organoiron complexes
  preparation, **4**, 332
  properties, **4**, 341
  reactions, **4**, 345
  unsaturated cyclic, **4**, 350
Organoiron compounds
  in stoichiometric organic synthesis, **8**, 939–1007
Organolead compounds, **2**, 629–673
  alkyl halides
    preparation, **2**, 650
  amino, **2**, 662
  arsines, **2**, 664
  bond energy data, **2**, 635
  boranes, **2**, 668
  carboxylates, **2**, 656
  cluster chemistry, **1**, 35
  electron spin resonance, **2**, 635
  environmental, **2**, 983, 992–995
    detection, **2**, 1009–1011
  environmental concentration, **2**, 1009
  environmental considerations, **2**, 673
  environmental formation, **2**, 1000–1002
  fluorides
    preparation, **2**, 651
  half lives, **2**, 994
  halides
    as Lewis acids, **2**, 652
  imidazoles, **2**, 664
  IR spectroscopy, **2**, 630
  ketimines, **2**, 662
  mass spectroscopy, **2**, 635
  methyl
    NMR, **2**, 633
  methyl halides
    IR spectroscopy, **2**, 630
  monosulfonates, **2**, 659
  nitronates
    preparation, **2**, 660
  NMR, **2**, 632
  ^{207}Pb NMR, **2**, 633, 634
  peracetates, **2**, 658
  peroxides
    preparation, **2**, 656
  phenylhalides
    IR spectroscopy, **2**, 630
  phenyl perfluorobenzoates
    decomposition, **2**, 658
  phosphines, **2**, 664
  phosphinimines, **2**, 665
  photoelectron data, **2**, 636
  preparation
    organoaluminum compounds in, **1**, 654
  pseudohalides, **2**, 652
  Raman spectroscopy, **2**, 630
  removal, **2**, 673
  stibines, **2**, 664
  structures, **2**, 630
  sulfimides, **2**, 664
  sulfinates, **2**, 659
  sulfites, **2**, 659
  sulfonamides, **2**, 664
  thallimides, **2**, 664
  thermodynamic data, **2**, 635
  thiolates, **2**, 660
  toxicity, **2**, 994
  transition metal derivatives, **2**, 668
  triazoles, **2**, 664
Organolithium compounds
  addition reactions, **7**, 5
  addition reactions with imines, **7**, 12
  aggregation in hydrocarbon solvents, **1**, 67
  aggregation in solution, **1**, 68
  α-alkoxy
    preparation, **1**, 62
  benzylic
    ^{1}H NMR, **1**, 86
  bonding, **1**, 45, 77
  bridged derivatives, **1**, 18–21
  carbonyl insertion reactions
    iron carbonyls in, **8**, 952
  chiral
    in asymmetric syntheses, **7**, 27
  coupling reaction with palladium(II) alkyl and aryl complexes, **6**, 338
  deuterolysis, **7**, 55
  dialkylberyllium compound preparation from, **1**, 122
  in dialkylberyllium preparation, **1**, 123
  electrochemical oxidation potentials, **1**, 47
  estimation, **1**, 52
  functionally substituted
    preparation by transmetallation, **1**, 61
  hydrogenolysis, **7**, 53
  in ketone preparation
    nickel catalysed, **8**, 784
  optically active, **1**, 73
  platinum(II) carbon η^1-compound
    preparation using, **6**, 515
  polymerization initiation by, **7**, 8
  in preparation of organocopper compounds, **2**, 715
  in preparation of organogallium compounds, **1**, 701
  in preparation of palladium(II) alkyl and aryl complexes, **6**, 306
  in preparation of three-coordinate acyclic organoboranes, **1**, 273, 283
  in preparation of trialkylgallium compounds, **1**, 687
  in preparation of trialkylindium compounds, **1**, 687
  in preparation of unsymmetrical diorganomercury compounds, **2**, 895
  protonation, **7**, 53
    enthalpies, **1**, 48
  reaction acceleration by diethyl ether, **1**, 557
  reactions with alkylidynenonacarbonyltricobalt, **5**, 170
  reaction with alkenes, **7**, 2
  reaction with alkynes, **7**, 2
  reaction with carbonyl compounds, **7**, 24
  reaction with chloro(cyclopentadienyl)ruthenium complexes, **4**, 785
  reaction with cyclopentadienylnitrosylnickel, **6**, 210

reaction with decacarbonyldimanganese, **4**, 16
reaction with dicarbonyl(η-cyclopentadienyl)-
   nitrosylmanganese cations, **4**, 136
reaction with enynes, **7**, 7
reaction with ethanol
   enthalpy of reaction, **1**, 48
reaction with germanium oxygen compounds, **2**, 441
reaction with hydrogen bromide
   enthalpy of reaction, **1**, 48
reaction with hydroxy compounds, **7**, 57
reaction with magnesium halides, **1**, 166
reaction with mercury salts, **2**, 869
reaction with metal carbonyls, **8**, 110
reaction with nickel complexes, **6**, 64
reaction with organic halides
   nickel catalysed, **8**, 741
reaction with organohalogermanes, **2**, 423
reaction with organotin halides, **2**, 560
reaction with pentacarbonyliron, **8**, 162
reaction with tin halides, **2**, 531
rearrangements, **7**, 94
relative reactivities, **1**, 50, 51
unsaturated hydrocarbon complexes, **1**, 23
volumetric titration, **7**, 55
Organolithium reagents
   reaction with Grignard reagents, **1**, 199
Organomagnesium compounds, **1**, 155–240, 156–223; **6**, 338
   addition reactions, **7**, 5
   addition reactions with imines, **7**, 12
   2-alkenyl bromo
      preparation, **1**, 173
   2-alkenyl chloro
      preparation, **1**, 173
   1-alkenylhalogeno
      cis-trans isomerization, **1**, 192
      preparation, **1**, 173
   3-alkenyl halogeno
      preparation, **1**, 173
   4-alkenyl halogeno
      preparation, **1**, 173
   alkoxo-, **1**, 210–215
      degree of association, **1**, 213
   alkoxyalkyl
      reactions, **1**, 214–215
   alkylfluoro
      preparation, **1**, 166
   alkylthio, **1**, 215
   1-alkynyl halogeno
      preparation, **1**, 174
   allylhalogeno
      cyclization, **1**, 191
      in organometallic synthesis, **1**, 194
   allylic
      NMR, **1**, 187
   allylic halogeno
      isomerization, **1**, 187
      Raman and IR spectra, **1**, 180
      Schlenk equilibrium, **1**, 182
   amido-, **1**, 210–218, 217
   arylfluoro
      preparation, **1**, 166
   aryl halogeno
      preparation, **1**, 171
   aryloxo-, **1**, 210–215
   arylthio, **1**, 215
   bimetallic, **1**, 221–223
   bis(dienyl)
      preparation, **1**, 199
   bridged alkyl derivatives, **1**, 16
   chiral
      in asymmetric syntheses, **7**, 27
   cyclic
      preparation, **1**, 198
   cycloalkylhalo
      preparation, **1**, 172–174
   cyclopentadienyl halogeno
      in organometallic synthesis, **1**, 194
   deuterolysis, **7**, 55
   dialkylamido, **1**, 216–218
      physical properties, **1**, 216
      reactions, **1**, 218
      structure, **1**, 216
   diarylamido, **1**, 216–218
      physical properties, **1**, 216
      reactions, **1**, 218
      structure, **1**, 216
   diorganyl
      gas phase structure, **1**, 205
      ^{1}H NMR, **1**, 204
      physical properties, **1**, 201–203
      preparation, **1**, 198–201
      reactions, **1**, 205–207
      structure, **1**, 202
      structure in solid state, **1**, 201–203
      structure in solution, **1**, 203–205
   electron transfer–addition compounds with unsaturated organic molecules, **1**, 218–221
   fluoro
      preparation, **1**, 171
   halogeno, **1**, 156–198
      aggregation in solution, **1**, 181–185
      basicity, **1**, 182, 185
      bond lengths, **1**, 179
      composition, **1**, 181–185
      composition in solid state, **1**, 178
      dynamic structural interconversions, **1**, 186
      electronic spectra, **1**, 186
      ionization, **1**, 183
      IR spectra, **1**, 186
      NMR, **1**, 185
      in organic synthesis, **1**, 187
      physical properties, **1**, 178–187
      preparation by direct reaction, **1**, 156–163
      preparation by exchange reactions, **1**, 163–167
      preparation by metal–halogen exchange, **1**, 164–166
      Raman spectra, **1**, 186
      reaction with alkenes, **1**, 167–169
      reaction with alkynes, **1**, 169
      relative reactivity to SET mechanism, **1**, 193
      side reactions in preparation by direct reaction, **1**, 158–160
      spectroscopy, **1**, 185
      structure in solid state, **1**, 178–187, 178–180
      theoretical studies, **1**, 187
      thermal decomposition, **1**, 188
   α-halogenoalkyl
      decomposition, **1**, 188
   halogenocyclopropylmethyl
      rearrangement, **1**, 189
   halogeno four-membered ring
      rearrangement, **1**, 190
   halogeno five-membered ring
      rearrangement, **1**, 190
   halogeno functionally substituted
      preparation, **1**, 175–177

Organomagnesium compounds

halogeno haloalkyl
  preparation, **1**, 174
halogeno perbromoaryl
  preparation, **1**, 175
halogeno perchloroaryl
  preparation, **1**, 175
halogeno perfluoroalkenyl
  preparation, **1**, 175
halogeno perfluoroalkyl
  preparation, **1**, 175
halogeno six-membered ring
  rearrangement, **1**, 191
halogeno three-membered ring
  rearrangement, **1**, 189
halo unsaturated
  preparation, **1**, 172–174
hydrides
  reactions, **1**, 209
hydrido, **1**, 207–210
hydrogenolysis, **7**, 53
imido-, **1**, 217
ionization in solution, **1**, 181–185
in ketone preparation
  nickel catalysed, **8**, 784
ortho halogenoaryl
  thermal decomposition, **1**, 188
oxo-, **1**, 210–218
polymerization initiation by, **7**, 8
in preparation of unsymmetrical diorganomercury compounds, **2**, 895
protonation, **7**, 53
reaction acceleration by diethyl ether, **1**, 557
reaction with alkenes, **7**, 2
  nickel salts and, **7**, 4
reaction with alkynes, **7**, 2
  nickel catalysed, **8**, 662
reaction with germanium oxygen compounds, **2**, 441
reaction with mercury salts, **2**, 869
reaction with nickel complexes, **6**, 64
reaction with organocopper compounds, **2**, 716
rearrangements, **7**, 94
saturated alkyl halogeno
  preparation, **1**, 171
substitution at carbon by, **7**, 43–53
telomerization with butadiene, **8**, 445
thio-, **1**, 210–218

Organomagnesium halides
  in preparation of organocopper compounds, **2**, 715

Organomagnesium reagents
  reaction with alkynes
    nickel catalysed, **8**, 663

Organomanganate complexes
  carbonyl
    chemical properties, **4**, 27

Organomanganese complexes, **4**, 93
  acyl
    structure, **4**, 85
  acyl carbonyl, **4**, 71
    reaction with organomagnesium compounds, **4**, 79
  alkoxycarbonyl
    reaction with acids, **4**, 37
  alkyl
    structure, **4**, 85
  alkyl carbonyl, **4**, 71
    reactions, **4**, 72
  allyl carbonyl
    reaction with sulfur dioxide, **4**, 87
  anionic carbonyl, **4**, 22
  aryl
    structure, **4**, 85
  aryl carbonyl, **4**, 71
  boryl, **6**, 887
  carbamoyls
    reaction with acids, **4**, 37
  carbene, **4**, 16
  carbonyl
    NMR, **4**, 5
    properties, **4**, 42
    reaction wtih trityl tetrafluoroborate, **4**, 41
  carbonyl fluoroalkyl
    thermal stability, **4**, 98
  carbonyl fluorovinyl, **4**, 98
  carbonylhalo, **4**, 43–62
    reaction with organometallic compounds, **4**, 78
    substitution reactions, **4**, 45
  carbonyl hydrido
    reaction with acids, **4**, 38
  carbonyl phosphine, **4**, 18
  carbonyl phosphines, **4**, 103
  carbonyls
    oxidation, **4**, 38
  carbonyl thio, **4**, 103
  cationic carbonyl, **4**, 29
    synthesis, **4**, 30
  dinuclear carbonyl phosphine, **4**, 103
  dinuclear carbonyl thio, **4**, 103
  fluoroalkyl carbonyl, **4**, 76
  fluorocarbons, **4**, 93
  m-fluorophenyl carbonyl, **4**, 86
  p-fluorophenyl carbonyl, **4**, 86
  fluorovinyl carbonyl, **4**, 76
  hexahydrodiborates, **6**, 914
  indium derivatives, **6**, 964
  perfluoroalkenyl carbonyl, **4**, 75
  perfluoroalkyl carbonyl, **4**, 75
  perfluoroaryl carbonyl, **4**, 75
  σ-perfluorovinyl carbonyl
    preparation, **4**, 72
  propargyl carbonyl
    reaction with sulfur dioxide, **4**, 88
  tetranuclear carbonyl phosphine, **4**, 103
  trinuclear carbonyl phosphine, **4**, 103
  trinuclear carbonyl thio, **4**, 103

Organomanganese compounds, **4**, 1–149
  acyl, **4**, 68–102
  alkyl, **4**, 68–102
  aryl, **4**, 68–102
  carbonylhydrido, **4**, 62–68
  history, **4**, 2
  oxidation states, **4**, 4
  synthesis, **4**, 5

Organomanganese(I) complexes
  alkenes, **4**, 41

Organomercurials
  photolysis, **2**, 866
  thermoylsis, **2**, 866

Organomercury alkoxides
  preparation, **2**, 899

Organomercury aryloxides
  preparation, **2**, 899

Organomercury compounds, **2**, 863–969
  acetates
    chemical ionization mass spectrometry, **2**, 951
  (2-acylvinyl)-
    cis-trans isomerization, **2**, 927

alkynyl
  solid state studies, **2**, 935
in arylation
  organopalladium complexes and, **8**, 855
in arylosmium complex preparation, **4**, 1005
arylsilyl
  preparation, **7**, 609
bond dissociation energies, **2**, 954
σ-bonded
  formation, **2**, 869–891
2-chlorovinyl-
  structure, **2**, 926
complex formation, **2**, 935
degradation, **2**, 986
in dialkylberyllium preparation, **1**, 123
in dialkylberyllium synthesis, **1**, 122
diaryl
  mass spectra, **2**, 950
β-diketone derivatives, **2**, 922
environmental, **2**, 983, 984–987
  detection, **2**, 1005
exchange reactions with organomagnesium compounds, **1**, 200
formation in environment, **2**, 997–998
geminal bis(chloromercurio)alkyl
  mass spectra, **2**, 950
α-(halomercurio)carbonyl
  mass spectra, **2**, 950
Lewis acidity, **2**, 935
nitroalkyl
  solid state studies, **2**, 935
nitrogen bonded
  preparation, **2**, 900
  structure, **2**, 909
NMR, **2**, 935
in organic syntheses, **7**, 671–685
oxygen bonded
  preparation, **2**, 899
  structure, **2**, 913
perfluoroalkyl
  solid state studies, **2**, 935
perhalo
  mass spectra, **2**, 950
phenanthroline complexes
  crystal structure, **2**, 936
photolysis, **2**, 954
platinum(II)–carbon η^1-compound preparation from, **6**, 517
polyfluoroalkyl
  solid state studies, **2**, 935
polyfluorophenyl
  preparation, **2**, 876
preparation
  mercuration in, **2**, 872
  organoaluminum compounds in, **1**, 654
  organocopper compounds in, **2**, 758
in preparation of palladium(II) alkyl and aryl complexes, **6**, 306
in preparation of trialkylgallium compounds, **1**, 687
in preparation of trialkylindium compounds, **1**, 687
properties, **2**, 901–952
reactions, **2**, 952–969
reaction with magnesium, **1**, 199
reaction with metal carbonyl complexes, **8**, 161
reaction with nickel complexes, **6**, 64
reaction with organohalogermanes, **2**, 423
reaction with palladium(0) complexes, **6**, 313
structures, **2**, 901–952
sublethal effects on birds, **2**, 985
sulfur bonded
  structure, **2**, 914
sulphur bonded
  preparation, **2**, 901
symmetrical organoaluminum compound preparation from, **1**, 624
toxicity, **2**, 985
trialkyl
  preparation, **7**, 609
uses, **2**, 984
vibrational spectrum, **2**, 943
vinyl
  palladium-mediated symmetrical dimerization, **8**, 924
  structure, **2**, 926
Organomercury halides
  structures, **2**, 907
Organomercury hydroxides
  preparation, **2**, 899
Organomercury organomercaptides
  preparation, **2**, 901
Organomercury oxides
  preparation, **2**, 899
Organomercury peroxides
  preparation, **2**, 900
Organomercury pseudohalides
  structures, **2**, 907
Organomercury salts
  reductive disproportionation, **2**, 893
  structure, **2**, 906
  symmetrization, **2**, 893
Organomercury(I) compounds
  σ-bonded, **2**, 865
Organomercury(II) chlorides
  transformations, **2**, 897
Organomercury(II) salts
  formation, **2**, 897
  reaction with inorganic acids, **2**, 898
Organometallic cations
  coordinated polyene
    nucleophilic addition reactions, **3**, 68
Organometallic complexes
  as catalysts for Ziegler–Natta alkene polymerization, **3**, 531
Organometallic compounds
  carbonylation, **8**, 902
  catalysts
    in asymmetric synthesis, **8**, 463–496
    water-gas-shift reactions, **8**, 12
  chiral
    reaction with alkyl halides, **7**, 46
  cross coupling with organic halides
    nickel catalysed, **8**, 762
  hydrocarbon π-complexes, **1**, 3
  ligand rotation in, **3**, 99–111
  ligand scrambling, **3**, 113–116
  main group
    bonding, **1**, 1–39
    structure, **1**, 1–39
  with metal–metal bonds, **6**, 1043–1110
  metathesis with diorganoaluminum halides, **1**, 627
  methylated
    toxicity, **2**, 980
  methyl derivatives
    boiling points, **1**, 3
    metal–carbon average molar enthalpies, **1**, 5
    standard molar enthalpies of formation, **1**, 5

Organometallic compounds
  non-rigidity in, **3**, 89–168
  in organic synthesis, **8**, 939–1007
  organocopper compounds in synthesis, **2**, 757
  organosilver compounds in synthesis, **2**, 757
  preparation
    aluminum alkyls in, **1**, 578
    organoaluminum compounds in, **1**, 654
  reaction with carbonylhalomanganese complexes, **4**, 78
  reaction with germanium–metal bonds, **2**, 472
  reaction with hydrogermane, **2**, 432
  reaction with tin(IV) compounds, **2**, 530
  synthesis
    Grignard reagents in, **1**, 194–198
Organomolybdenum complexes
  acetylides, **3**, 1139
  alkene chelates, **3**, 1153
  alkenes, **3**, 1151
  alkylidene, **3**, 1145
    properties, **3**, 1145
    structures, **3**, 1145
    synthesis, **3**, 1145
  alkylidyne, **3**, 1145
    properties, **3**, 1145
    structures, **3**, 1145
    synthesis, **3**, 1145
  alkyne, **3**, 1239–1245
  alkynes, **3**, 1244
  allene, **3**, 1239–1245
  allyl carbonyl, **3**, 1156
  allyl cyclopentadienyl
    X-ray structures, **3**, 1165
  η^3-allyl dicarbonyl halo diligand, **3**, 1156
  allyl pyrazolatoborates, **3**, 1158
  allyl pyrazolatogallates, **3**, 1158
  aluminum derivatives, **6**, 952, 954
  amino carbonyl, **3**, 1101
  anionic, **3**, 1128
    properties, **3**, 1129
    structures, **3**, 1129
    synthesis, **3**, 1128
  arenes
    sandwich compounds, **3**, 1221
  (η^6-arene)(η^7-tropylium)
    arene displacement reactions, **3**, 1221
    preparation, **3**, 1221
  aromatic ligand, **3**, 1126
    properties, **3**, 1126
    structure, **3**, 1126
    synthesis, **3**, 1126
  arsabenzene tricarbonyl, **3**, 1231
  azido carbonyl, **3**, 1098
  binary carbonyl anions
    synthesis, **3**, 1087
  bis(arene)
    mass spectra, **3**, 1206
  borathiin, **3**, 1232
  boryl, **6**, 886
  carbene carbonyl
    properties, **3**, 1123
    reactions, **3**, 1123
    structure, **3**, 1299
    structures, **3**, 1123
    synthesis, **3**, 1124
  carbonyl, **3**, 1087–1128
    unsubstituted anions, **3**, 1087
  carbonyl π-acceptor nitrogen ligand, **3**, 1111
    reactions, **3**, 1116
    synthesis, **3**, 1111
  carbonyl π-acceptor nitrogen ligands
    properties, **3**, 1114
    structures, **3**, 1114
  carbonyl aromatic
    reactions, **3**, 1126
  carbonyl aryldiazonium, **3**, 1113
  carbonyl carbene, **3**, 1122
    synthesis, **3**, 1123
  carbonyl carbyne, **3**, 1126
  carbonyl cyanate, **3**, 1104
  carbonyl cyanide, **3**, 1120
    synthesis, **3**, 1120
  carbonyl cyclopentadienyl, **3**, 1176
  carbonyl(η-cyclopentadienyl)(trialkylphosphine)-, **3**, 1179
  carbonyl dienes, **3**, 1169
  carbonyl σ-donor π-acceptor carbon ligand, **3**, 1120, 1126
  carbonyl σ-donor carbon ligand, **3**, 1111
  carbonyl σ-donor nitrogen ligand
    properties, **3**, 1099
    reactions, **3**, 1105
    structures, **3**, 1099
  carbonyl σ-donor nitrogen ligands, **3**, 1097
    structures, **3**, 1100
    synthesis, **3**, 1097
  carbonyl glyoxaldimine, **3**, 1114
  carbonyl hydride, **3**, 1095
    properties, **3**, 1096
    reactions, **3**, 1096
    structures, **3**, 1096
    synthesis, **3**, 1095
  carbonyl isocyanide, **3**, 1120
    properties, **3**, 1121, 1122
    structures, **3**, 1122
    synthesis, **3**, 1120, 1121
  carbonyl nitrile, **3**, 1097
  carbonyl nitrogen π-acceptor ligand
    structures, **3**, 1115
  carbonyl nitrosyl
    synthesis, **3**, 1111, 1112
  carbonyl nucleic acid, **3**, 1098
  carbonyl oxygen ligand, **3**, 1105
    properties, **3**, 1107
    structures, **3**, 1108
    synthesis, **3**, 1105, 1106
  carbonyl oxygen ligands
    reactions, **3**, 1109
  carbonyl phosphorus ligands
    electron withdrawing ability, **3**, 844
  carbonyl piperidine
    reaction with carbon monoxide, **3**, 1102
  carbonyl pyrazole, **3**, 1098
  carbonyl selenazole, **3**, 1104
  carbonyl sulfur ligand, **3**, 1116
    properties, **3**, 1117
    reactions, **3**, 1117
    structures, **3**, 1117
    synthesis, **3**, 1117, 1118
  carbonyl tetrazole, **3**, 1098
  carbonyl thiazole, **3**, 1104
  carbonyl thiocarbonyl, **3**, 1122
    synthesis, **3**, 1122
  carbonyl triphenylphosphinimines, **3**, 1099
  η^2-compounds, **3**, 1151–1155
  η^3-compounds, **3**, 1155–1168
  η^4-compounds, **3**, 1168–1175
  η^5-compounds, **3**, 1176–1203
  η^6-compounds, **3**, 1204–1232
  η^7-compounds, **3**, 1232–1238
  η^8-compounds, **3**, 1239
  η^2–η^8 compounds, **3**, 1149–1245
  cyano, **3**, 1134

properties, **3**, 1135
reactions, **3**, 1135
structures, **3**, 1135, 1138
synthesis, **3**, 1135, 1136
cyclic polyalkene, **3**, 1230
cyclobutadienes, **3**, 1173
(η-cyclopentadienyl)(η^4-diene)
cations, **3**, 1172
cyclopentadienyl halides, **3**, 1193
cyclopentadienyl oxides, **3**, 1193
cyclopentadienyl sulfides, **3**, 1193
diazo, **3**, 1189
dicyclopentadienyl, **3**, 1195
dicyclopentadienyl alkyne, **3**, 1244
dicyclopentadienylnitrosyl, **3**, 1202
dimers, **3**, 1130, 1131
properties, **3**, 1130
reactions, **3**, 1134
structures, **3**, 1130, 1132
synthesis, **3**, 1130
dinuclear carbonyl bis(cyclopentadienyl) phosphine, **3**, 1179
dinuclear hexacarbonyl bis(η^5-dienyl), **3**, 1177
dinuclear hexacarbonyl bis(η^5-ligands), **3**, 1176
σ-donor/π-acceptor ligands, **3**, 1134
σ-donor ligands, **3**, 1128-1134
halocarbonyl, **3**, 1088
properties, **3**, 1090
reactions, **3**, 1091
structures, **3**, 1090, 1092
synthesis, **3**, 1088, 1089
halo monocyclopentadienyl, **3**, 1194
η^6-heptafulvene, **3**, 1230
heterocyclic, **3**, 1231
homoleptic allyl, **3**, 1155
homoleptic dienes, **3**, 1168
η^3-iminodimethylamino carbenes, **3**, 1168
isocyanide
reactions, **3**, 1144
structures, **3**, 1143
synthesis, **3**, 1140
isocyanides, **3**, 1139
synthesis, **3**, 1139
monohapto ligands, **3**, 1079-1146
mononuclear monocyclopentadienyl alkyne, **3**, 1242
monosubstituted carbonyl
IR spectroscopy, **3**, 1110
η^2-NO-ketoximate
preparation, **3**, 1154
properties, **3**, 1142
reaction with alkynes, **3**, 1239-1245
sandwich compounds, **3**, 1203
Schiff bases, **3**, 1190
structures, **3**, 1142
substituted, **3**, 1129
properties, **3**, 1130
reactions, **3**, 1130
structure, **3**, 1130
synthesis, **3**, 1129
tetracarbonyl η^4-diene, **3**, 1170
thallium derivatives, **6**, 973
triazenido, **3**, 1189
tricarbonyl(arene), **3**, 1210
arene displacement reactions, **3**, 1218
carbonyl replacement reactions, **3**, 1220
as catalysts, **3**, 1220
charge transfer complexes, **3**, 1218
oxidation, **3**, 1216

physical properties, **3**, 1214
preparation, **3**, 1211
protonation, **3**, 1216
reactions, **3**, 1216
reaction with Lewis acids, **3**, 1217
reaction with trimethyl phosphite, **3**, 1219
tricarbonyl(η^6-arene)-
stability, **3**, 1212
tricarbonyl stibabenzene, **3**, 1231
trimethylenemethane, **3**, 1175
without carbonyl ligands, **3**, 1128-1146
zwitterionic monodienyl, **3**, 1195
Organomolybdenum(0) complexes
bis(arene), **3**, 1204
displacement reactions, **3**, 1206
preparation, **3**, 1204
properties, **3**, 1205
reactions, **3**, 1206
reaction with allyl chloride, **3**, 1207
bis(η^6-arene)
preparation, **3**, 1205
Organomolybdenum(1) complexes
bis(arene)
reaction with pyridine, **3**, 1207
Organonickel complexes
acyclic boranes, **6**, 897
aluminum derivatives, **6**, 952, 953
borane, **6**, 886
boryl, **6**, 892, 893
dodecahydrodecaborates, **6**, 936
heptahydrotriborates, **6**, 921
hexaborane, **6**, 931
octahydropentaborates, **6**, 929
tetrahydroborates, **6**, 910, 911
Organoniobium complexes, **3**, 705-778
alkene bis(cyclopentadienyl), **3**, 750
alkene monocyclopentadienyl, **3**, 752
alkenes, **3**, 750
alkenyl, **3**, 738
alkyl chloro
NMR, **3**, 738
alkylidene, **3**, 721
reactivity, **3**, 726
spectroscopy, **3**, 726
structure, **3**, 725
alkylidene bis(cyclopentadienyl), **3**, 722
alkylidene monocyclopentadienyl, **3**, 721
alkylidenes, **3**, 719-730
decomposition, **3**, 729
spectroscopy, **3**, 724
alkylidyne, **3**, 723
spectroscopy, **3**, 726
structure, **3**, 725
alkylidynes, **3**, 719-730
reactivity, **3**, 726
spectroscopy, **3**, 724
alkyl monocyclopentadienyl, **3**, 735
alkyls, **3**, 731
alkyne
structure, **3**, 755
alkyne bis(cyclopentadienyl), **3**, 753
alkyne monocyclopentadienyl, **3**, 753
alkynes, **3**, 706, 753
allyl, **3**, 759
aluminum derivatives, **6**, 951
anionic carbonyl, **3**, 708
aryl, **3**, 738
binary alkyls, **3**, 731
bis(cyclopentadienyl), **3**, 766
spectroscopy, **3**, 770

bis(cyclopentadienyl)hydrido, **3**, 773, 774
bridging carbonyl, **3**, 715
bridging carbonyls, **3**, 713
carbonyls, **3**, 708–718
η^1-compounds, **3**, 730–749
   alkylidene insertion reactions, **3**, 744
   decomposition, **3**, 739
   insertion reactions, **3**, 742
   insertion reaction with nitric oxide, **3**, 743
   structure, **3**, 738
η^2-compounds
   insertion reactions, **3**, 756
η^3-compounds, **3**, 759
η^4-compounds, **3**, 760
η^5-compounds, **3**, 761–775
η^6-compounds, **3**, 775
η^7-compounds, **3**, 776
η^8-compounds, **3**, 777
cyclooctatetraene
   structure, **3**, 777
fulvalenides
   structures, **3**, 762
hexahydrodiborates, **6**, 914
hydrido
   NMR, **3**, 707
hydrogen bridged, **3**, 715
iminoalkyl, **3**, 756
isocyanides, **3**, 719
low-valent alkyl, **3**, 734
main group metal carbonyl, **3**, 709
metal–metal bonded carbonyl, **3**, 713, 714
monocyclopentadienyl, **3**, 763
^{93}Nb NMR, **3**, 707
NMR, **3**, 707
pentavalentalkylbis(cyclopentadienyl), **3**, 735
pentavalent bis(cyclopentadienyl), **3**, 766
tetrakis(cyclopentadienyl), **3**, 769
tetravalent bis(cyclopentadienyl), **3**, 768
trivalent bis(cyclopentadienyl), **3**, 769
ylides, **3**, 730
Organopalladium complexes
heptahydrotriborates, **6**, 921
Organopalladium compounds, **8**, 799–926
Organophosphorus compounds
preparation
   organoaluminum compounds in, **1**, 654
synthesis
   silyl phosphites in, **7**, 584
Organoplatinum complexes
boryl, **6**, 894
heptahydrotriborates, **6**, 921
Organoplatinum compounds, **6**, 471–736
platinum(II) carbene complexes
   preparation from, **6**, 503
Organopolyboranes
reactions, **1**, 448
Organopolyboron hydrides
physical properties, **1**, 443
preparation, **1**, 444
Organopolysilanes, **2**, 365–395
history, **2**, 365
properties, **2**, 385–395
Organopotassium compounds
addition to alkenes, **1**, 63
preparation from organic halides, **1**, 53
properties, **1**, 3
reaction with nickel complexes, **6**, 64
Organorhenium complexes
boryl, **6**, 887
Organorhenium compounds, **4**, 161–233

in inorganic synthesis, **4**, 233
Organorhodium complexes
boryl, **6**, 892
Organorhodium compounds
history, **5**, 278
Organoruthenium complexes
carbonyl, **4**, 661, 661–688
carbonyl hydride
cationic carbonyl, **4**, 667
dinuclear, **4**, 653
fluxionality, **4**, 653, 655
preparations, **4**, 654
radical anions, **4**, 667
trifluorophosphine, **4**, 668
Organoruthenium compounds
introduction, **4**, 651–658
mononuclear, **4**, 691–809
Organoscandium compounds
photoelectron spectroscopy, **3**, 179
Organosilanes, **2**, 1–185
acyloxy, **2**, 319
alkoxy, **2**, 318
   hydrolysis, **2**, 324
allyl
   preparation, **2**, 318
chloro
   reactions, **2**, 318
   synthesis, **2**, 306–318
functional
   hydrosilylation and, **2**, 313
halo
   synthesis by direct process, **2**, 306
polycyclic
   reactions, **2**, 383
reactions, **2**, 110–113
vinyl
   preparation, **2**, 318
Organosilicon compounds
carbanions adjacent to, **7**, 520–536
commercial, **2**, 329
nucleophilic substitution, **7**, 519
in organic synthesis, **7**, 515–646
oxygen derivatives, **2**, 154–167
platinum(II)–carbon η^1-compound preparation
   from, **6**, 517
polarity, **1**, 2
preparation
   organoaluminum compounds in, **1**, 654
synthesis
   mechanism, **7**, 517
   organocopper compounds in, **2**, 757
Organosilicon halides, **2**, 177–185
Organosilicon hydrides, **2**, 109–120
synthesis
   organoaluminum compounds in, **1**, 654
Organosilver complexes
boryl, **6**, 894
(ethoxycarbonyl)trihydroborates, **6**, 914
Organosilver compounds, **2**, 709–760
alkenyl
   preparation, **2**, 718, 719
   thermolysis, **2**, 747
alkyl
   β-elimination, **2**, 746
   polymeric structures, **2**, 732
   preparation, **2**, 718
alkynyl
   iodination, **2**, 744
   polymeric structures, **2**, 732
   preparation, **2**, 718
   protonolysis, **2**, 744

structures, **2**, 725, 730
aryl
  halogenolysis, **2**, 744
  polymeric structures, **2**, 732
  preparation, **2**, 718, 719
bonding, **2**, 722-742, 737-739
concerted homolytic reductive coupling, **2**, 747
ferrocenyl
  structure, **2**, 730
fluoroalkenyl
  preparation, **2**, 722
fluoroalkyl
  preparation, **2**, 722
insertion reactions, **2**, 750-753
NMR, **2**, 736
in organic synthesis, **7**, 722
polynuclear structures, **2**, 725
preparation, **2**, 710-722, 714, 722
  metallation and, **2**, 721
  organometallic reagents in, **2**, 718-720
structure
  in solution, **2**, 733-737
structures, **2**, 722-742
substitution reactions, **2**, 754-758
thermal stability, **2**, 723
thermolysis, **2**, 746-750
three-center bonding in, **2**, 726
tolyl
  structure, **2**, 734
two electron–three center bonded organogroups in, **2**, 741
Organosilyl anions
  preparation, **2**, 374
Organosodium compounds
  addition to alkenes, **1**, 63
  optically active, **1**, 73
  preparation from organic halides, **1**, 53
  properties, **1**, 3
  reaction with nickel complexes, **6**, 64
Organostannylenes, **2**, 597
Organostannyl radicals, **2**, 595-596
Organostrontium compounds, **1**, 155-240
  bimetallic, **1**, 237-240
  dialkenyl, **1**, 231
  dialkyl, **1**, 230
  dialkynyl, **1**, 231
  diaralkyl, **1**, 231
  diaryl, **1**, 230
  dicyclopentadienyl, **1**, 232-234
  difluorenyl, **1**, 232-234
  diindenyl, **1**, 232-234
  diorganyl, **1**, 230-234
  electron transfer-addition compounds with unsaturated organic molecules, **1**, 234-237
  halogeno, **1**, 224-230
    preparation by direct reaction, **1**, 224-227, 225
    preparation by indirect reactions, **1**, 227
    properties, **1**, 228
Organotantalum complexes, **3**, 705-778
  alkene bis(cyclopentadienyl), **3**, 750
  alkene monocyclopentadienyl, **3**, 752
  alkenes, **3**, 750
  alkenyl, **3**, 738
  alkyl chloro
    NMR, **3**, 738
  alkylidene, **3**, 721
    reactivity, **3**, 726
    spectroscopy, **3**, 726
    structure, **3**, 725
  alkylidene bis(cyclopentadienyl), **3**, 722
  alkylidene monocyclopentadienyl, **3**, 721
  alkylidenes, **3**, 719-730
    decomposition, **3**, 729
    spectroscopy, **3**, 724
  alkylidyne, **3**, 723
    reactivity, **3**, 726
    spectroscopy, **3**, 726
    structure, **3**, 725
  alkylidynes, **3**, 719-730
    spectroscopy, **3**, 724
  alkyl monocyclopentadienyl, **3**, 735
  alkyls, **3**, 731
  alkyne
    structure, **3**, 755
  alkyne bis(cyclopentadienyl), **3**, 753
  alkyne monocyclopentadienyl, **3**, 753
  alkynes, **3**, 706, 753
  allyl, **3**, 759
  aluminum derivatives, **6**, 951
  anionic carbonyl, **3**, 708
  aryl, **3**, 738
  binary alkyls, **3**, 731
  bis(cyclopentadienyl), **3**, 766
    spectroscopy, **3**, 770
  bis(cyclopentadienyl)hydrido, **3**, 773, 774
  bridging carbonyl, **3**, 715
  bridging carbonyls, **3**, 713
  η^1-compounds, **3**, 730-749
    alkylidene insertion reactions, **3**, 744
    decomposition, **3**, 739
    insertion reactions, **3**, 742
    insertion reaction with nitric oxide, **3**, 743
    structure, **3**, 738
  η^2-compounds
    insertion reactions, **3**, 756
  η^3-compounds, **3**, 759
  η^4-compounds, **3**, 760
  η^5-compounds, **3**, 761-775
  η^6-compounds, **3**, 775
  η^7-compounds, **3**, 776
  η^8-compounds, **3**, 777
  cyclooctatetraene
    structure, **3**, 777
  hydrogen bridged, **3**, 715
  iminoalkyl, **3**, 756
  isocyanides, **3**, 719
  low-valent alkyl, **3**, 734
  main group metal carbonyl, **3**, 709
  metal-metal bonded carbonyl, **3**, 713, 714
  monocyclopentadienyl, **3**, 763
  pentavalentalkylbis(cyclopentadienyl), **3**, 735
  pentavalent bis(cyclopentadienyl), **3**, 766
  tetrakis(cyclopentadienyl), **3**, 769
  tetravalent bis(cyclopentadienyl), **3**, 768
  trivalent bis(cyclopentadienyl), **3**, 769
  ylides, **3**, 730
Organotantalum complexess
  carbonyls, **3**, 708-718
Organotechnetium compounds, **4**, 161-233
Organothallium cation
  paramagnetic complexes, **1**, 740
Organothallium chemistry
  modern, **1**, 725
Organothallium complexes
  molybdenum derivatives, **6**, 973
  transition metal derivatives, **6**, 947-979, 968-979, 978
  tungsten derivatives, **6**, 973

Organothallium compounds
   bridged, **1**, 15
   in preparation of organocopper compounds, **2**, 715
   in preparation of palladium(II) alkyl and aryl complexes, **6**, 306
   reaction with nickel complexes, **6**, 64
Organotin alkoxides, **2**, 573–584, 577–580
   preparation, **2**, 577
Organotin azides
   synthesis, **2**, 552
Organotin bromides
   properties, **2**, 552, 554
Organotin carbonates, **2**, 572
Organotin carboxylates, **2**, 564
   decarboxylation, **2**, 567
   diorgano dicarboxylates
      structure, **2**, 566
   in exchange reactions, **2**, 567
   monoorgano oxy
      structure, **2**, 566
   monoorgano tricarboxylates
      hydrolysis, **2**, 566
      structure, **2**, 566
   properties, **2**, 565
   triorgano
      reaction, **2**, 566
      structure, **2**, 565
Organotin chlorides
   organotin halide synthesis from, **2**, 550
Organotin complexes
   octahedral
      ΔE_Q values, **2**, 526
      ^{119}Sn NMR, **2**, 529
   trigonal bipyramidal
      ΔE_Q values, **2**, 527
Organotin compounds
   alkyl maleates
      Diels–Alder reactions, **2**, 567
   alkylthio, **2**, 607
   allyl, **2**, 540
   amino derivatives
      synthesis, **2**, 559
   antimony derivatives, **2**, 602
   arsenic derivatives, **2**, 602
   bond dissociation energy, **2**, 523
   carboxylates
      synthesis, **2**, 559
   chiral
      resolution, **2**, 535
   chiral α-alkoxy
      reaction with alkyllithiums, **1**, 62
   chromatography, **2**, 536
   cluster chemistry, **1**, 35
   cyclopentadienyl, **2**, 541
      homolytic reactivity, **2**, 542
      NMR, **2**, 541
      photolysis, **2**, 595
   cyclopentadienyl halides, **2**, 541
   diorgano
      environmental, **2**, 990
      uses, **2**, 990
   diorgano dichlorides, **2**, 550
   electrochemical synthesis, **2**, 547
   enamino, **2**, 599
   environmental, **2**, 983, 987–991, 992
      detection, **2**, 1008–1009
   formation, **2**, 533
   formation in environment, **2**, 998–1000
   half lives, **2**, 991
   halogenoalkyl, **2**, 544
   α-halogenoalkyl-
      preparation, **2**, 531
   halogenoaryl, **2**, 544
   homolytic reactions, **2**, 538
   industrial applications, **2**, 608–616
   isomer shift trends, **2**, 523
   Mössbauer spectroscopy, **2**, 524
      halogen electronegativity and, **2**, 524
   nitrogen derivatives, **2**, 599–601
   palladium-catalyzed coupling with acyl halides, **8**, 922
   pentachlorophenyl
      preparation, **2**, 545
   pentafluorophenyl
      preparation, **2**, 545
   perfluoroalkyl
      preparation, **2**, 545
   phosphorus derivatives, **2**, 602
   platinum(II)–carbon η^1-compound preparation from, **6**, 517
   preparation
      organoaluminum compounds in, **1**, 654
   in preparation of organoalkali metal compounds, **1**, 61
   quadrupole splitting parameter, **2**, 525
      ΔE_Q values, **2**, 525
   reactions, **2**, 536
   reaction with mercury salts, **2**, 870
   selenium derivatives, **2**, 604–608
   structures, **2**, 522
   sulfur derivatives, **2**, 604–608
   synthesis
      organocopper compounds in, **2**, 757
   tellurium derivatives, **2**, 604–608
   tetraorgano, **2**, 530–545
      preparation, **2**, 530–535
      properties, **2**, 532
      structures, **2**, 535
   toxicities, **2**, 987, 991
   toxicity, **2**, 988
   tributyl
      as disinfectants, **2**, 611
      in marine antifouling paints, **2**, 613
   trigonal bipyramidal
      ΔE_Q values, **2**, 525
   triorgano
      environmental, **2**, 987
   triorgano acrylates, **2**, 568
   triphenyl
      in marine antifouling paints, **2**, 613
   uses, **2**, 987
   vinyl, **2**, 539
   X-ray diffraction, **2**, 522
Organotin cyanides
   synthesis, **2**, 552
Organotin deuterides
   preparation, **2**, 585
Organotin dihalides
   properties, **2**, 553
Organotin enolates, **2**, 581
Organotin esters, **2**, 564–568, 572
   polyesters, **2**, 568
   properties, **2**, 565
   structure, **2**, 565
Organotin fluorides
   properties, **2**, 552, 554
Organotin halides, **2**, 545–563
   complexes, **2**, 562
   diorgano dihalide
      complexes, **2**, 563

diorgano dihalides
  structure, 2, 555
α-halogenoalkyl
  preparation, 2, 548
monoorgano
  structure, 2, 556
  properties, 2, 552
  reactions, 2, 557–563
  synthesis, 2, 545–551
triorgano
  complexes, 2, 563
  properties, 2, 553
  structure, 2, 554
Organotin hydrides
  heterolytic reactions, 2, 586–588
  organotin halide synthesis, 2, 551
  preparation, 2, 115, 584–586
  properties, 2, 584–586
  synthesis
    organoaluminum compounds in, 1, 654
Organotin hydroxides, 2, 573–584, 2, 573–576
  organotin halide synthesis, 2, 551
Organotin iodides
  properties, 2, 552, 554
Organotin isocyanates
  synthesis, 2, 552
Organotin isothiocyanates
  synthesis, 2, 552
Organotin nitrates, 2, 568
  properties, 2, 569
  reactions, 2, 569
  structure, 2, 569
Organotin oxides, 2, 573–584, 573–576
  organotin halide synthesis, 2, 551
Organotin peroxides, 2, 573–584, 581
Organotin phenoxides
  preparation, 2, 577
Organotin pseudohalides, 2, 545–563
  complexes, 2, 562
  diorgano
    structure, 2, 555
    properties, 2, 554
    reactions, 2, 557–563
    synthesis, 2, 552
  triorgano
    complexes, 2, 563
    structure, 2, 554
Organotin selenides
  reactions, 2, 606
Organotin selenols, 2, 604
Organotin sulfates, 2, 570
Organotin sulfides
  reactions, 2, 606
  structures, 2, 606
Organotin sulfinates, 2, 570
Organotin sulfites, 2, 570
Organotin sulfonates, 2, 570
Organotin tellurides
  reactions, 2, 606
Organotin tellurols, 2, 604
Organotin thiols, 2, 604
Organotin trihalides
  properties, 2, 553
Organotitanium complexes
  aluminum derivatives, 3, 321–325
    ESR, 3, 321
  arene, 3, 282–284
  butadiene complexes, 3, 291
  cyclooctatetraene, 3, 294
  cyclopentadienyl
    as catalyst in Ziegler–Natta polymerization, 3, 535
  fulvalene derivatives
    magnetic properties, 3, 316
    X-ray diffraction, 3, 315
  low valent, 3, 281–326
  polynuclear, 3, 287
Organotitanium compounds, 3, 271
  cyclopentadienyl
    applications, 3, 272
  monocyclopentadienyl
    reaction with iron(II) chloride, 3, 347
    X-ray structure, 3, 348
  mono(η-cyclopentadienyl) alkoxides
    NMR, 3, 347
  in organic synthesis, 3, 273
  photoelectron spectroscopy, 3, 179
Organotitanium hydrides, 3, 296
Organotitanium(0) complexes, 3, 282
Organotitanium(II) complexes, 3, 283
  carbonyl, 3, 285–291
  cycloheptatrienyl complexes, 3, 292
  σ-hydrocarbyl, 3, 284
  phosphites, 3, 291
Organotitanium(III) complex
  fulvalene
    X-ray crystallography, 3, 319
Organotitanium(III) complexes
  alkoxyaluminum derivatives, 3, 322
  alkylaluminum derivatives, 3, 325
  (alkyl)bis(η-cyclopentadienyl)
    preparation and properties, 3, 309
  (alkyl)bis(η-cyclopentadienyl)dinitrogen, 3, 309
  aluminum hydride derivatives, 3, 322
  aluminum methylene derivatives, 3, 324
  aryl bis(η-cyclopentadienyl)
    ESR spectra, 3, 311
    preparation and properties, 3, 311
    thermal stability, 3, 311
    X-ray diffraction, 3, 311
  bisalkyl
    preparation, 3, 297
  bis(cyclopentadienyl), 3, 302
    chelating alkyl complexes, 3, 312
  bis(cyclopentadienyl) alkoxides, 3, 307
  bis(η-cyclopentadienyl) amides, 3, 306
  bis(η-cyclopentadienyl) arsenides, 3, 306
  bis(η-cyclopentadienyl) carbonates, 3, 309
  bis(cyclopentadienyl) carboxylates
    IR spectra, 3, 309
  bis(η-cyclopentadienyl)ethynyl, 3, 313
  bis(cyclopentadienyl)halo
    magnetic properties, 3, 304
  bis(η-cyclopentadienyl) phosphides, 3, 306
  bis(cyclopentadienyl) pseudohalides, 3, 309
  bis(η-cyclopentadienyl)pyrazole, 3, 307
  bis(η-cyclopentadienyl) pyrazolylborates, 3, 307
  borohydrides, 3, 320
  boron derivatives, 3, 321
  bridging dihydrides, 3, 316
  carbonyl
    preparation, 3, 286
  cyclopentadienyl dithiocarbonates, 3, 300
  cyclopentadienyl pyrazolylborate, 3, 301
  dinuclear (aryl)bis(η-cyclopentadienyl)dinitrogen, 3, 311
  gallium derivatives, 3, 321
  (iminoacyl)bis(η-cyclopentadienyl)
    crystal structure, 3, 311

Organotitanium(III) complexes

indium derivatives, **3**, 321
metallocarborane derivatives, **3**, 325
monocyclopentadienyl, **3**, 298
preparation, **3**, 284
substituted cyclopentadienyl, **3**, 303
trimetallic
   magnetic data, **3**, 305
trinuclear bis(η-cyclopentadienyl)halo, **3**, 305
trisallyl
   preparation, **3**, 298
tris(homoleptic)alkyl
   preparation, **3**, 297

Organotitanium(IV) complexes
acyl bis(η-cyclopentadienyl), **3**, 412
   properties, **3**, 414
σ-alkenyl bis(η-cyclopentadienyl), **3**, 409
   properties, **3**, 410
σ-alkyl bis(η-cyclopentadienyl), **3**, 396
σ-alkyl bis(η-cyclopentadienyl)halo
   properties, **3**, 406
alkyl (dialkylamino)
   properties, **3**, 456
alkylthio
   preparation, **3**, 289
alkyl trialkoxides, **3**, 447
   NMR, **3**, 448
alkyl trialkoxy, **3**, 444
alkyl trihalides, **3**, 435
   reactions, **3**, 440
   reaction with nitric oxide, **3**, 442
σ-alkynyl bis(η-cyclopentadienyl), **3**, 409
   properties, **3**, 410
amidobis(η-cyclopentadienyl)
   preparation, **3**, 392
   preparation and properties, **3**, 392
anionic π-bonded derivatives, **3**, 331–426
aryl bis(η-cyclopentadienyl), **3**, 396
σ-aryl bis(η-cyclopentadienyl) halides
   properties, **3**, 407
benzyl
   ethylene polymerization catalysts, **3**, 443
bimetallic bis(η-cyclopentadienyl), **3**, 423
bis(cyclopentadienyl)
   as catalyst in Ziegler–Natta polymerization, **3**, 535
   chirality, **3**, 366
bis(η-cyclopentadienyl) alkoxides
   preparation, **3**, 376
   preparation and properties, **3**, 373–377
bis(η-cyclopentadienyl) carboxylates, **3**, 377
   preparation, **3**, 379
bis(η-cyclopentadienyl) β-diketonates, **3**, 378
bis(η-cyclopentadienyl) dithiocarbamates, **3**, 385
bis(η-cyclopentadienyl) halides, **3**, 361–370
bis(η-cyclopentadienyl) σ-hydrocarbyl, **3**, 396–422
bis(η-cyclopentadienyl)iminoacyl
   properties, **3**, 414
bis(η-cyclopentadienyl) ketimides, **3**, 393
   preparation, **3**, 392
bis(η-cyclopentadienyl) metallocycles, **3**, 387
   properties, **3**, 415
bis(η-cyclopentadienyl) pseudohalides, **3**, 370
   properties, **3**, 371
bis(η-cyclopentadienyl) Schiff base derivatives, **3**, 383
bis(η-cyclopentadienyl) selenoalkoxides, **3**, 386
bis(η-cyclopentadienyl) telluroalkoxides, **3**, 386
bis(η-cyclopentadienyl) thioalkoxides, **3**, 384, 386
bis(η-cyclopentadienyl) xanthates, **3**, 385
(η-cyclopentadienyl), **3**, 424–426
cyclopentadienyl sulfides, **3**, 300
dialkylbis(η-cyclopentadienyl)
   properties, **3**, 398
diaryl bis(η-cyclopentadienyl)
   properties, **3**, 398
homoleptic σ-hydrocarbyl, **3**, 459–472, 460
σ-hydrocarbyl
   reduction with benzylaluminum compounds, **3**, 468
σ-hydrocarbyl bis(η-cyclopentadienyl)
   photolysis, **3**, 403
   thermolysis, **3**, 401
iminoacyl bis(η-cyclopentadienyl), **3**, 412
metal–metal bonded bis(η-cyclopentadienyl)
   properties, **3**, 424
monoalkyl bis(η-cyclopentadienyl), **3**, 405
monoaryl bis(η-cyclopentadienyl), **3**, 405
mono(η-cyclopentadienyl)
   NMR, **3**, 347
mono(η-cyclopentadienyl) alkoxides, **3**, 338, 340
mono(η-cyclopentadienyl) amides, **3**, 452
mono(η-cyclopentadienyl) carboxylates, **3**, 348
mono(η-cyclopentadienyl) β-diketonates, **3**, 349
mono(η-cyclopentadienyl) halides, **3**, 332–337
   as Ziegler–Natta catalysts, **3**, 336
mono(η-cyclopentadienyl) σ-hydrocarbyl, **3**, 357–360
mono(η-cyclopentadienyl) σ-hydrocarbyl complexes
   properties, **3**, 358
mono(η-cyclopentadienyl) σ-hydrocarbyl compounds, **3**, 359
mono(η-cyclopentadienyl) nitrogen compounds, **3**, 354–357
mono(cyclopentadienyl) oxygen-bridged compounds, **3**, 345
mono(η-cyclopentadienyl) phenoxides, **3**, 340
mono(η-cyclopentadienyl) polynuclear oxo-bridged complexes, **3**, 350
mono(η-cyclopentadienyl) siloxides, **3**, 340
mono(η-cyclopentadienyl) sulfur compounds, **3**, 352–354
   anions, **3**, 354
mono(η-cyclopentadienyl) trihalides
   properties, **3**, 333
nitrogen bonded, **3**, 451
nitrogen-bonded bis(η-cyclopentadienyl), **3**, 392–395
oxygen-bonded bis(η-cyclopentadienyl), **3**, 373–384, 382
oxygen-bonded mono(η-cyclopentadienyl), **3**, 338–351
   preparation, **3**, 338
phosphorus-bonded bis(η-cyclopentadienyl), **3**, 392–395
phosphorus ylides, **3**, 458
polymeric μ-oxo-bridged bis(η-cyclopentadienyl), **3**, 382
polynuclear oxo-bridged, **3**, 349
polynuclear oxo-bridged bis(η-cyclopentadienyl), **3**, 378–382

sulfur bonded bis(η-cyclopentadienyl), **3**, 384–391
tris(amido)mono(η-cyclopentadienyl), **3**, 355
Organotitanium(IV) compounds
  bis(η-cyclopentadienyl), **3**, 360–423
Organotransition metal complexes
  acyclic boranes, **6**, 895
  aluminum derivatives, **6**, 947–979, 948–957
    properties, **6**, 958
  boranediyl, **6**, 894
  boranes, **6**, 880–886
  boron, **6**, 879–941
  boryl, **6**, 886–894
  borylidene, **6**, 894
  cyanotrihydroborates, **6**, 910
  gallium derivatives, **6**, 947–979, 957–962
    properties, **6**, 963
  heptahydrotriborates, **6**, 919, 920
  indium derivatives, **6**, 947–979, 962–968
    properties, **6**, 969
  octahydropentaborane, **6**, 928
  octahydrotriborates, **6**, 916, 918
  reduction by Grignard reagents, **1**, 197
  tetrahydroborates, **6**, 897
  thallium derivatives, **6**, 947–979, 968–979, 978
Organotransition metal compounds
  preparation
    organoaluminum compounds in, **1**, 654
Organotransition metals
  Groups III–V, **3**, 550
  Group IVA, **3**, 551
Organotungsten complexes
  acetylide carbonyl, **3**, 1288
    properties, **3**, 1289
    structure, **3**, 1289
    synthesis, **3**, 1289
  alkenes, **3**, 1323
  alkenyl arene tricarbonyl, **3**, 1361
  alkyl dicyclopentadienyl
    cations, reversible α-elimination from coordinated alkyl groups, **3**, 1349
  alkylidene, **3**, 1313
    properties, **3**, 1316
    reactions, **3**, 1316
    structures, **3**, 1316
    synthesis, **3**, 1314
  alkylidyne, **3**, 1313
    properties, **3**, 1316
    reactions, **3**, 1316
    structures, **3**, 1316
    synthesis, **3**, 1314
  alkyne, **3**, 1375–1379
    structure, **3**, 1375
  alkyne carbonyl, **3**, 1308
  allyl carbonyl halogeno, **3**, 1326
  allyl dicarbonyl halo diligand, **3**, 1327
  allyl halide, **3**, 1326
  allyl nitrosyl, **3**, 1328
  allyl pyrazolatoborate, **3**, 1327
  aluminum derivatives, **6**, 954
  anions, **3**, 1309
    synthesis, **3**, 1310
  (π-arene)tricarbonyl
    arene displacement reactions, kinetics, **3**, 1365
    basicity, **3**, 1364
    carbon monoxide ligand displacement reactions, **3**, 1365
    charge transfer complexes, **3**, 1365
    preparation, **3**, 1360
    reaction with halides, **3**, 1365
    reaction with mercury dihalides, **3**, 1364
    reaction with nitrosyl chloride, **3**, 1365
    thermal displacement of π-arene ligands, **3**, 1365
  (η^6-arene)tricarbonyl, **3**, 1359
    IR spectra, **3**, 1362
    mass spectrometry, **3**, 1363
    NMR, **3**, 1363
    physical properties, **3**, 1362
    preparation, **3**, 1360
    purification, **3**, 1362
    reactions, **3**, 1363
    structures, **3**, 1362
  azidocarbonyl, **3**, 1271
  azole carbonyl, **3**, 1272
  benzo-1,2,3,6-diazaborinetricarbonyl, **3**, 1361
  binary carbonyl anions
    synthesis, **3**, 1264
  σ-bonding carbon ligands, **3**, 1308
    properties, **3**, 1308
    reactions, **3**, 1308
    structure, **3**, 1308
    synthesis, **3**, 1308
  boryl, **6**, 886
  carbene carbonyl, **3**, 1294
    properties, **3**, 1298
    reactions, **3**, 1298
    structures, **3**, 1298, 1299
    synthesis, **3**, 1294, 1295
  carbonyl, **3**, 1263
  carbonyl alkene, **3**, 1308
  carbonyl carbon σ-donor/π-acceptor ligands, **3**, 1287–1306
  carbonyl carbyne, **3**, 1304
    properties, **3**, 1306
    reactions, **3**, 1306
    structures, **3**, 1306
    synthesis, **3**, 1304, 1305
  carbonyl cyanide, **3**, 1287
    synthesis, **3**, 1287, 1288
  carbonylcyclopentadienyl, **3**, 1331
  carbonyl diene, **3**, 1329
  carbonyl σ-donor carbon ligand, **3**, 1276
    properties, **3**, 1279
    reactions, **3**, 1279
    structures, **3**, 1279
    synthesis, **3**, 1276
  carbonyl σ-donor nitrogen ligand, **3**, 1271
    properties, **3**, 1272
    structures, **3**, 1272
    synthesis, **3**, 1271
  carbonyl halide nitrosyl
    synthesis, **3**, 1281
  carbonyl hydride, **3**, 1267–1271
    properties, **3**, 1268
    structures, **3**, 1268
    syntheses, **3**, 1267
  carbonyl hydrido nitrosyl
    synthesis, **3**, 1282
  carbonyl imidazole, **3**, 1272
  carbonyl isocyanide, **3**, 1288
    properties, **3**, 1121, 1289
    structure, **3**, 1289
    synthesis, **3**, 1121, 1289
  carbonyl nitrene, **3**, 1271

carbonyl nitrogen π-acceptor ligand, **3**, 1281
  properties, **3**, 1282
  reactions, **3**, 1283
  structure, **3**, 1282
  synthesis, **3**, 1281
carbonyl nitrosyl
  synthesis, **3**, 1281
carbonyl oxygen ligand, **3**, 1274, 1275
  properties, **3**, 1274
  reactions, **3**, 1274
  structures, **3**, 1274
  synthesis, **3**, 1274
carbonyl phosphazide, **3**, 1271
carbonyl phosphonitrile, **3**, 1272
carbonyl selenazole, **3**, 1272
carbonyl selenocarbonyl
  synthesis, **3**, 1290
carbonyl sulphur ligand, **3**, 1283
  properties, **3**, 1284
  reactions, **3**, 1284
  structures, **3**, 1284, 1285
  synthesis, **3**, 1283
carbonyl tetrazole, **3**, 1271
carbonyl thiazole, **3**, 1272
carbonyl thiocarbonyl, **3**, 1289
  properties, **3**, 1291
  reactions, **3**, 1291
  structures, **3**, 1291
  synthesis, **3**, 1289, 1290
carbonyl triazinide, **3**, 1271
carbonyl ylide, **3**, 1278
chelating alkene ligands, **3**, 1324
η^2-compounds, **3**, 1322–1326
η^3-compounds, **3**, 1326–1329
η^4-compounds, **3**, 1329–1331
η^5-compounds, **3**, 1331–1356
η^6-compounds, **3**, 1356–1371
η^7-compounds, **3**, 1372–1374
η^8-compounds, **3**, 1374
η^2–η^8 compounds, **3**, 1321–1379
cyano
  structure, **3**, 1138
cyclobutadiene, **3**, 1331
cyclopentadienyl nitrosyl, **3**, 1341
dicyclopentadienyl, **3**, 1343
dicyclopentadienyl alkyne, **3**, 1379
dicyclopentadienyl halides, **3**, 1346
dimers, **3**, 1308, 1311
  properties, **3**, 1313
  reactions, **3**, 1313
  structures, **3**, 1312, 1313
  synthesis, **3**, 1311, 1312
halocarbonyl, **3**, 1263
  properties, **3**, 1265
  reactions, **3**, 1265
  structures, **3**, 1265, 1266
  synthesis, **3**, 1265
heterocyclic π-complexes, **3**, 1371
homoleptic allyl, **3**, 1326
homoleptic η^4-diene, **3**, 1329
homoleptic η^4-dienone, **3**, 1329
IR spectra, **3**, 1363
isocyanide
  synthesis, **3**, 1140
monocyclopentadienyldithiolate, **3**, 1342
monohapto, **3**, 1255–1316
mononuclear monocyclopentadienylalkyne, **3**, 1376
optically active Schiff base, **3**, 1340
phosphorin, **3**, 1371
sandwich compounds, **3**, 1356
substituted
  synthesis, **3**, 1311
substituted neutral, **3**, 1310
  properties, **3**, 1310
  reactions, **3**, 1311
  structures, **3**, 1310
  synthesis, **3**, 1310
thallium derivatives, **6**, 973
tricarbonyl(η^6-1,4-diphenylbutadiene)
  preparation, **3**, 1361
without carbonyl ligands, **3**, 1308–1316
zwitterionic monodienyl, **3**, 1342
Organotungsten(0) complexes
bis(η^6-arene)
  preparation, **3**, 1357
Organovanadium compounds, **3**, 647–694
Organozinc alkoxides, **2**, 837
  coordination behaviour, **2**, 839
  preparation, **2**, 839
Organozinc aryloxides, **2**, 837
  preparation, **2**, 839
Organozinc bromides
  from allylic, benzylic and propargylic bromides, **7**, 665
Organozinc compounds, **2**, 823–859
  alkynyl bridges, **2**, 825
  association, **2**, 825
  bonding, **2**, 825
  charge transfer complexes, **2**, 831
  complexes, **2**, 825
  complex-forming ability, **2**, 824
  from ω-dimethylamino-substituted terminal alkynes, **2**, 829
  diorgano
    complexes with 2,2′-bipyridine, **2**, 831
    complexes with nitrogen-containing ligands, **2**, 830
    complexes with oxygen-containing ligands, **2**, 830
    coordination behaviour, **2**, 830
    with functional substituents, **2**, 829
    heats of formation, **2**, 832
    physical properties, **2**, 827
    preparation, **2**, 832
    properties, **2**, 827–833
    reactions, **2**, 833
    thermodynamic properties, **2**, 832
  four-coordinate, **2**, 826
  functionally substituted diorgano, **2**, 829
  α-halogenoalkyl
    in preparation of α-halogenoalkyltin compounds, **2**, 531
  α-halogenodiorgano, **2**, 829
  in organic synthesis, **7**, 662–669
  perfluorinated diorgano, **2**, 829
  photoelectron spectra, **2**, 831
  preparation
    organoaluminum compounds in, **1**, 654
  reactions, **2**, 845–851
  reaction with organic halides
    nickel catalysed, **8**, 741
  reaction with tricarbonyldienyliumiron complexes, **8**, 993
  structure, **2**, 825
  three-coordinate, **2**, 826
  vibrational spectra, **2**, 831
  with zinc–metal bonds, **2**, 844
  with zinc–nitrogen bonds, **2**, 840–842, 841

complexes, **2**, 842
preparation, **2**, 842
zinc-oxygen bond in, **2**, 837-840
with zinc-phosphorus bonds, **2**, 843
with zinc-sulfur bonds, **2**, 843
Organozinc halides, **2**, 835-837
preparation, **2**, 837
Organozinc hydrides, **2**, 834
pyridine complexes, **2**, 834
Organozinc hydroxides
preparation, **2**, 840
Organozinc phosphides, **2**, 843
Organozinc thiocyanates, **2**, 843
Organozirconium complexes
alkyl cyclopentadienyl, **3**, 561
μ-1,2-alkylidene aluminum, **3**, 593-600
σ-bonding ligands, **3**, 635-640
η^6-carboranes, **3**, 623
η^5-cycloheptadienyl, **3**, 621
cyclooctatetraene(2−), **3**, 624-628
cyclooctatetraenyl, **3**, 624-628
cyclopentadienyl, **3**, 559-628
η^4-dienes, **3**, 642-644
fluorenyl, **3**, 621
heteroleptic complexes with σ-bonding ligands, **3**, 640-642
homoleptic alkenyls, **3**, 640
homoleptic alkyl, **3**, 635-639
chemical properties, **3**, 637
heat of formation, **3**, 637
iminoacyl, **3**, 640
indenyl, **3**, 621
phosphacyclopentadienyl, **3**, 621
phosphorus ylides, **3**, 621
tetraallyl, **3**, 620
trimetallic arenes, **3**, 644
without anionic π-ligands, **3**, 635-645
Organozirconium compounds, **3**, 549-556
bonding, **3**, 551
as catalysts in organic chemistry, **3**, 552-556
reaction with organic halides
nickel catalysed, **8**, 741
reaction with α,β-unsaturated ketones
nickel catalysed, **8**, 764
stereochemistry, **3**, 551
tetrakis(cyclopentadienyl), **3**, 617
Organozirconium(0) complexes
arenes, **3**, 644
Organozirconium(II) complexes
arenes, **3**, 644
cycloheptatrienyl, **3**, 624
Organozirconium(III) complexes
bis(cyclopentadienyl), **3**, 568-616
molecular structure, **3**, 568
stereochemistry, **3**, 568
monocyclopentadienyl, **3**, 567-568
cyclic voltammetry, **3**, 567
ESR, **3**, 567
Organozirconium(IV) complexes
chloro alkyl
polarographic reduction, **3**, 568
cycloheptatrienyl, **3**, 624
cyclopentadienyl β-diketonato halo, **3**, 563-565
cyclopentadienyl halo 8-quinolinolato, **3**, 565
cyclopentadienyl tris(bidentate)
structure, **3**, 565
monocyclopentadienyl, **3**, 560-566
monocyclopentadienyltris(carboxylato)
preparation, **3**, 561
tris(β-diketonato)cyclopentadienyl
reactions, **3**, 563
Orthobenzoate, m-iodo-
synthesis, **7**, 602
[2.2]Orthocyclophane
tricarbonylchromium complexes, **3**, 1012
Orthoesters
hydroformylation, **8**, 137
mechanism, **8**, 150
reaction with organometallic compounds, **7**, 47
reduction
organoaluminum compounds in, **1**, 659
reduction by diisobutylaluminum hydride, **1**, 652
Orthoformamides
reaction with organometallic compounds, **7**, 48
Orthoformates
reaction with organometallic compounds, **7**, 32, 48
Orthoformic acid
trimethyl ester
as solvent for oxythallation, **7**, 469
Orthometallation, **8**, 303, **8**, 306
Osmates, carbonylpentachloro-, **4**, 973
Osmates, carbonylpentaiodo-, **4**, 973
Osmates, dicarbonyltetrahalo-, **4**, 973, 974
Osmates, dodecacarbonyldihydridotetra-, **4**, 973
Osmates, dodecacarbonyltrihydridotetra-, **4**, 973
Osmates, hexacyano-, **4**, 976
Osmates, pentabromocarbonyl-, **4**, 973
Osmates, pentadecacarbonylhydridopenta-, **4**, 1054
Osmates, pentadecacarbonylpenta-, **4**, 1054
Osmates, tetradodecacarbonylcarbidodeca-, **4**, 1057
Osmates, tricarbonyltrihalo-, **4**, 974
Osmates, tridecacarbonylhydridotetra-, **4**, 973
Osmates, undecacarbonylhydridotri-, **4**, 972
Osmium
cobalt compounds, **6**, 773
cobalt-ruthenium complexes, **4**, 926
dinitrogen complexes, **8**, 1101
gold compounds, **6**, 777
ethylene hydrogenation catalysis by, **6**, 823
Group IV compounds, **6**, 1072
Group IV-ruthenium carbonyl complexes, **6**, 1077
iron compounds, **6**, 775
chromatography, **6**, 807
photolysis, **6**, 818
iron-ruthenium complexes, **4**, 925
NMR, **4**, 925
iron/ruthenium compounds, **6**, 772
IR spectra, **6**, 794
mass spectrometry, **6**, 789
NMR, **6**, 796, 797, 799
reaction with CO, **6**, 820
UV spectra, **6**, 794
platinum compounds, **6**, 775
rhenium compounds, **6**, 777
ruthenium complexes, **4**, 925
ruthenium compounds, **6**, 779
synthesis, homolysis in, **6**, 818
tungsten compounds, **6**, 777
Osmium, amminedicarbonylhalo-, **4**, 992
Osmium, bromocarbonylhydridotris(triphenylphosphine)-, **4**, 981
Osmium, carbidononadecacarbonyldihydrohepta-, **4**, 1056
Osmium, carbonylchlorohydridotris(triphenylphosphine)-, **4**, 981

Osmium

Osmium, carbonylchloronitrosobis(triphenylphosphine)-, **4**, 987
Osmium, carbonyldichloronitrosobis(triphenylphosphine)-
  salts, **4**, 987
Osmium, carbonyldichloro(phenyl isocyanide)bis(triethylphosphine)-, **4**, 982
Osmium, carbonyldichloro(p-tolyl isocyanide)bis(triphenylphosphine)-, **4**, 982
Osmium, carbonyldichlorotris(dimethyl-1-naphthylphosphine)-, **4**, 979
Osmium, carbonyldichlorotris(triphenylstibine)-, **4**, 979
Osmium, carbonyldihydridonitrosobis(triphenylphosphine)-, **4**, 987
Osmium, carbonyldihydridotris(triphenylphosphine)-, **4**, 977
Osmium, carbonylhydridonitrosobis(triphenylphosphine)-, **4**, 987
Osmium, carbonylnitroso(p-tolyl isocyanide)bis(triphenylphosphine)-
  salt, **4**, 982
Osmium, carbonyltetrahalodi-, **4**, 976
Osmium, carbonyl(p-tolyl isocyanide)tris(triphenylphosphine)-, **4**, 982
Osmium, chlorocarbonylhydridotris(triphenylphosphine)-, **4**, 978
Osmium, chlorohydrido(phenyl isocyanide)tris(dimethylphenylphosphine)-, **4**, 982
Osmium, chloronitronitrosotris(dimethylphenylphosphine)-
  salts, **4**, 989
Osmium, decacarbonyldihydridotri-
  preparation and properties, **4**, 971
  reactions, **4**, 1032
  reaction with heteronuclear unsaturated molecules, **4**, 1044
  reaction with unsaturated hydrocarbons, **4**, 1033
Osmium, decacarbonyldihydrotri-
  supported catalysts, **8**, 561
Osmium, decacarbonylhydrido-μ-(alkylthio)tri-
  reactions, **4**, 1050
Osmium, decacarbonylhydridovinyltri-
  reactions, **4**, 1051
Osmium, dibromodicarbonylbis(ethyldiphenylphosphine)-, **4**, 979
Osmium, dibromotetracarbonyl-, **4**, 975
Osmium, dibromotetrakis(methyl isocyanide), **4**, 981
Osmium, dicarbonyldichlorobis(triphenylphosphine)-, **4**, 980
Osmium, dicarbonyldichlorobis(triphenylstibine)-, **4**, 979
Osmium, dicarbonyldihalobis(triphenylphosphine)-, **4**, 980
Osmium, dicarbonyldihalo(triphenylphosphine)-, **4**, 979
Osmium, dicarbonyldihydridobis(tributylphosphine)-, **4**, 978
Osmium, dicarbonyldihydridobis(triphenylphosphine)-, **4**, 978
Osmium, dicarbonyldinitritobis(triphenylphosphine)-, **4**, 987
Osmium, dicarbonyldinitrobis(triphenylphosphine)-, **4**, 987
Osmium, dicarbonyldinitroso-, **4**, 987
Osmium, dicarbonyl(thiocarbonyl)bis(triphenylphosphine)-, **4**, 984
Osmium, dicarbonyltris(triphenylphosphine)-, **4**, 977
Osmium, dichloronitronitrosobis(dimethylphenylphosphine)-, **4**, 989
Osmium, dichlorotetracarbonyl-, **4**, 974
Osmium, dichloro(thiocarbonyl)tris(triphenylphosphine)-, **4**, 986
Osmium, dihalonitronitrosobis(triphenylarsine)-, **4**, 989
Osmium, dihydro(thiocarbonyl)tris(triphenylphosphine)-, **4**, 986
Osmium, dodecacarbonyldihydridotri-, **4**, 972
  preparation, **4**, 968
Osmium, dodecacarbonyltetrahydridotetra-
  reactions, **4**, 1033
  reaction with heteronuclear unsaturated molecules, **4**, 1044
  reaction with unsaturated hydrocarbons, **4**, 1033
Osmium, dodecacarbonyltri-, **4**, 970
  Group V donor derivatives, **4**, 1027
  nitrogen donor derivatives, **4**, 1025
  preparation, **4**, 968
  reaction with heteronuclear unsaturated molecules, **4**, 1044
  reaction with mercury halides, **6**, 997
  reaction with unsaturated hydrocarbons, **4**, 1033
Osmium, dodecacarbonyltrihalotri-, **4**, 975
Osmium, halohydrido(thiocarbonyl)tris(triphenylphosphine)-, **4**, 986
Osmium, henicosacarbonylhepta-
  structure, **1**, 35, 468
Osmium, hexadecacarbonyldihydridotetra-
  preparation, **4**, 968
Osmium, hexadecacarbonylpenta-, **4**, 1053
  structure, **1**, 35
Osmium, hexakis(methyl isocyanide)-
  salts, **4**, 981
Osmium, nonacarbonyldi-, **4**, 970
Osmium, nonacarbonyldihydrido-μ_3-thio-tri-
  reactions, **4**, 1050
Osmium, octacarbonyldihalodi-, **4**, 976
Osmium, octacarbonyldihydrido-, **4**, 970
Osmium, octacarbonyldihydridodi-
  preparation, **4**, 968
Osmium, octadecacarbonylhexa-, **4**, 1054
  structure, **1**, 35
Osmium, pentacarbonyl-, **4**, 968
  preparation and properties, **4**, 968, 969
Osmium, pentacarbonylhydrido-
  hexafluorophosphine salt, **4**, 969
Osmium, pentadecacarbonylcarbidopenta-, **4**, 1056
Osmium, pentadecacarbonylhydridopenta-
  structure, **1**, 35
Osmium, pentakis(trifluorophosphine)-, **4**, 978
Osmium, pentakis(trimethyl phosphite)-, **4**, 978
Osmium, tetracarbonyl-
  preparation and properties, **4**, 969
Osmium, tetracarbonyldihydrido-, **4**, 968
  preparation, **4**, 968
  preparation and properties, **4**, 969
Osmium, tetracarbonyldiiodo-, **4**, 974
Osmium, tetracarbonylhalo-, **4**, 974
Osmium, tetracarbonyltetrahydridotetra-, **4**, 973
Osmium, tetracarbonyl(triphenylphosphine)-, **4**, 977
Osmium, tetramminebis(dinitrogen)-
  salts, **4**, 992
Osmium, tetramminecarbonyl(dinitrogen)-
  salts, **4**, 992
Osmium, tricarbonylbis(triphenylphosphine)-, **4**, 977

adducts with mercury dihalides
    structure, **6**, 990
Osmium, tricarbonyldihalo(triphenylphosphine)-, **4**, 980
Osmium, tridecacarbonyldihydridotetra-, **4**, 973
Osmium, tridodecacarbonylocta-, **4**, 1055
Osmium, tris(*t*-butyl isocyanide)cyclooctadiene-, **4**, 981, **4**, 982
Osmium, undecacarbonyldihydridotri-, **4**, 972
Osmium, undecacarbonylhydridotri-
    reactions, **4**, 1052
Osmium, undodecacarbonylcarbidoocta-, **4**, 1056
Osmium, undodecacarbonylhepta-, **4**, 1055
Osmium catalysts
    in oxo process, **8**, 122
Osmium complexes
    alkyl
        decomposition, **4**, 1004
        amines, **4**, 992
    aryl, **4**, 1005
    aryldiazenates, **4**, 989
    aryldiimines, **4**, 989
    binary carbonyl
        preparation, **4**, 968
    bis(thiocarbonyl), **4**, 986
    carbene nitrosyl, **4**, 1008
    carbonates, **4**, 989
    carbon dioxide, **8**, 237
    carbonyl, **4**, 968–976
    carbonyl halides, **4**, 973
    carbonyl hydrido
        properties, **4**, 969
    carbonyl isocyanides, **4**, 982
    cationic isocyanides, **4**, 983
    cationic nitrosyl, **4**, 987
    chalcocarbonyl, **4**, 986
    cluster compounds, **4**, 1023–1057
        high nuclearity, **4**, 1053
    cyanides, **4**, 976
    dicarbonyl dihalide, **4**, 979
    dihalodiisocyanides, **4**, 982
    dihaloisocyanides, **4**, 982
    ethylene hydrogenation catalysis by, **6**, 823
    haloisocyanides, **4**, 982
    heteroallenes, **4**, 994
    hydrides
        insertion reactions, **4**, 979
    hydrido
        reactions, **4**, 997
    hydrido arsine, **4**, 978
    hydrido carbonyl, **4**, 968
    hydrido carbonyl clusters
        reactions, **4**, 1032
    hydrido phosphine, **4**, 978
    isocyanides, **4**, 981
    mononuclear, **4**, 977–1023
    nitrogen, **4**, 987
    nitrosyl alkene, **4**, 1014
    nitrosyl alkyne, **4**, 1014
    organic amines, **4**, 992
    pentanuclear carbonyl hydrides, **4**, 1053
    photolysis, **6**, 818
    polynuclear carbonyl halides, **4**, 975
    polynuclear platinum carbonyl complexes, **6**, 482
    tetranuclear hydrido carbonyl, **4**, 973
    trinuclear hydridocarbonyl, **4**, 971
Osmium compounds, **4**, 967–1057
Osmium hydrides
    reaction with carbon dioxide, **8**, 245
Osmium nitrate
    reactions, **4**, 1001
Osmium tetroxide
    reaction with carbon monoxide, **4**, 968
    reaction with dienetricarbonyliron complexes, **8**, 973
Osmocene, **4**, 1018
    Friedel–Crafts acylation, **8**, 1016
    oxidation, **4**, 1018
Osmocene, acetyl-
    electrophilic substitution, **8**, 1017
Osmocene, acyl-
    reactions, **4**, 1018
Ostwald's dilution law
    organoaluminum compound dissociation and, **1**, 609
Out-of-plane distortions
    boron-containing ring ligands, **1**, 383
8-Oxabicyclo[3.2.1]octane
    synthesis, **7**, 571
Oxaboraheterocycles
    synthesis, **7**, 230
1,2-Oxaborepane
    synthesis, **1**, 350
1,2-Oxaborinanes, 2-alkyl-
    synthesis, **1**, 349
1,2-Oxaborolanes
    preparation, **1**, 349
1,2-Oxaborolanes, 2-alkoxy-
    preparation, **1**, 349
Oxacarbonylation, **8**, 103, 188–212
    industrial applications, **8**, 212
3*H*-1,3,5,2-Oxadiazaboroline, 4-methyl-2-phenyl-
    structure, **1**, 363
Oxadiazolines
    synthesis, **7**, 680
Oxagermacycloalkanes
    synthesis, **2**, 431
Oxalates
    industrial synthesis, **8**, 79
    preparation
        by carbon dioxide reaction with hydrogen, **8**, 269, 271
        by electrochemical reduction of carbon dioxide, **8**, 267
    preparation in catalytic syntheses with carbon dioxide, **8**, 265
    reaction with organoaluminum compounds, **7**, 409
    synthesis
        carbon dioxide in, **8**, 226
Oxalic acid
    industrial synthesis, **8**, 79
    preparation
        reduction of carbon dioxide in, **8**, 266
    reaction with ruthenium trichloride and cycloocta-1,5-diene, **4**, 750
    reaction with trimethylgallium, **1**, 718
1-Oxa-2-magnesiocyclohexane
    formation in preparation of Grignard reagents, **1**, 159
Oxamide
    manufacture, **8**, 39
Oxamide, bis(trimethylsilyl)dithio-
    preparation, **2**, 123
Oxamidine, *N,N*′-dimethyl-
    reaction with trimethylgallium or trimethylindium, **1**, 715
Oxapropenyl complexes
    in catalytic hydrogenation, **8**, 312
Oxasilacyclobutanes
    pyrolysis, **2**, 74

2-Oxasilacyclopentanes
   dimerization, **2**, 244
   nucleophilic substitution reactions, **2**, 243
2-Oxa-1-silacyclopentanes
   synthesis, **2**, 242
Oxasilacyclopropanes, **2**, 218
1,2-Oxasilin
   preparation, **2**, 272
Oxasiliranes — *see* Oxasilacyclopropanes
1,4-Oxathiane
   borane complex
      hydroborating agent, **7**, 157
   complex with borane
      hydroborating agent, **7**, 162
3-Oxatricyclo[3.2.1.0^{2,4}]octane, 6,7-dimethylene-
   reaction with tricarbonyl(cyclooctadiene)ruthenium, **4**, 751
Oxazadiazinone, dihydro-
   from palladium(II) carbene complexes, **6**, 299
Oxazine, dihydro-
   reaction with organometallic compounds, **7**, 13
Oxazine, dihydro-2-(α-lithioalkyl)-, **7**, 87
Oxazines
   ferrelactones from
      iron carbonyls in, **8**, 943
Oxazinium, dihydro-
   reaction with organometallic compounds, **7**, 13
Oxaziridines
   reaction with organometallic compounds, **7**, 65
Oxazole, 2-lithio-
   ring opening *via* α-elimination, **7**, 92
Oxazoles
   synthesis
      organoaluminum compounds in, **7**, 411
Oxazolidines
   synthesis, **8**, 849
Oxazoline, alkenyldihydro-
   reaction with organometallic compounds, **7**, 14
Oxazoline, 2-lithio-
   ring opening *via* α-elimination, **7**, 92
Oxazoline, 2-(α-lithioalkyl)-
   metallated, **7**, 27
Oxazolines
   Grignard reagents from, **1**, 177
2-Oxazolines
   synthesis, **7**, 675
Oxazolinium salts
   reaction with organometallic compounds, **7**, 13
Oxazol-5-one, 4-benzylidene-2-methyl-
   enantioselective hydrogenation
      palladium on silk fibroin in, **8**, 581
Oxetanes
   copolymerization with carbon dioxide
      organoaluminum compounds and, **1**, 667
   oxacarbonylation, **8**, 207
   reaction with organoaluminum compounds, **7**, 431
   reaction with organometallic compounds, **7**, 49
Oxidation
   alkenylboranes, **7**, 307
   1-alkenyllithium, **1**, 47
   alkylboron compounds, **7**, 273
   alkylidynenonacarbonyltricobalt, **5**, 174
   alkynylboranes, **7**, 338

allylic organoboranes, **7**, 356
(η^3-allyl)palladium complexes, **6**, 425
π-allylpalladium compounds in, **8**, 838
aluminum alkyls or aryls
   by peroxides, **1**, 577
anodic
   alkylboron compounds, **7**, 274
   organoboranes, **1**, 288
(arene)(cyclopentadienyl)iron cations, **4**, 501
arylboranes, **7**, 326
arylboron compounds, **7**, 334
borohydrides, **1**, 298
carbon monoxide
   platinum(IV) carbonyls in, **6**, 494
η^1-carbon rhenium complexes, **4**, 229
carboranes, **1**, 428, 429
catalysis by ruthenium complexes, **4**, 962
catalysis by Vaska's compounds, **5**, 548
chemical
   ruthenocene, **4**, 762
chloronitrosobis(triphenylphosphine)ruthenium, **4**, 684
cobaltocene, **5**, 246
copper–carbon bonds, **2**, 743–746
cyclobutadieneiron complexes, **4**, 474
cyclopentadienylhalovanadium complexes, **3**, 671
cyclopentadienylindium, **1**, 685
dicarbonylcyclopentadienylrhodium, **5**, 360
dicarbonyl(η-cyclopentadienyl)ruthenium
   dimer, **4**, 779
dimethylberyllium, **1**, 148
diphenylmethylsodium, **1**, 47
electrochemical
   ruthenocene, **4**, 762
enantioselective
   D-3,4-dihydroxyphenylalanine, copper(II)
      complexes supported on poly-L-lysine, **8**, 581
ferrocenes, **4**, 475, 480
germanium–carbon bond cleavage by, **2**, 416
germanium–metal bonds, **2**, 471
germylenes, **2**, 488, 493
germylphosphine, **2**, 463
germyl radicals, **2**, 476
by Group IV hydrides
   transition metal–Group IV compound preparation by, **6**, 1049
halogenoorganocalcium compounds, **1**, 229
halogenoorganomagnesium compounds, **1**, 185
hexacarbonylvanadates, **3**, 653
hexakis(alkynyl)cobaltates, **5**, 138
hydroboration
   alkenes, **7**, 199
hydrogermanes, **2**, 435
main group organometallic compounds, **1**, 7
manganese carbonyl complexes, **4**, 38
mixed-metal complexes, **6**, 821
nickel aryl complexes, **6**, 76
nickel tetracarbonyl, **6**, 8–10
nitrosylosmium complexes, **4**, 989
octacarbonyldicobalt, **5**, 6
1-octene
   thallium(III) compounds in, **7**, 485
olefins
   thallium(III) compounds in, **7**, 485
organoalkali metal compounds, **1**, 46
organoaluminum compounds, **1**, 565; **7**, 367, 374, 377, 392
   mechanism, **7**, 375
organoboranes, **1**, 270, 287; **7**, 122
organoborates, **7**, 260

organocadmium compounds, **2**, 859
organocobalt(III) complexes, **5**, 118, 153
organohalogermanes, **2**, 435
η^1-organoiron complexes, **4**, 357
organomanganese carbonyl complexes, **4**, 39
organomercury compounds, **2**, 960
organopolyborane, **1**, 451
palladium cyclobutadiene complexes, **6**, 381
palladium dioxygen complexes in, **6**, 257
palladium(II) alkyl and aryl complexes, **6**, 336
palladium(II) alkyne complexes, **6**, 305
pentacarbonyliron, **4**, 250
perhydro-9b-boraphenalene, **1**, 323
phosphine complexes, **8**, 301
platinum(II) complexes
  alkyl and acyl halides in, **6**, 582
ruthenocene, **4**, 760, 762
silver–carbon bonds, **2**, 743–746
silyl enol ethers, **7**, 563
supported catalysts in, **8**, 599
in synthesis of organochlorosilanes by direct process, **2**, 307
tetracarbonylbis(diene)dicobalt, **5**, 228
thiols
  resin bound cobalt porphyrin catalyst, catalyst leaching in, **8**, 592
tricarbonyl(diene)iron complexes, **4**, 470
tridecacarbonyltriiron, **4**, 262
trimethylenemethaneiron complexes, **4**, 474
triorganoaluminum compounds, **1**, 633
undecacarbonyltriferrates, **4**, 264
vanadocene, **3**, 673
vinylborane
  trimethylamine oxide in, **1**, 664
Oxidation–reduction reactions
  heteronuclear metal–metal bonded compounds, **6**, 816
  polynuclear ruthenium acetate complexes, **4**, 678
Oxidation states
  actinides and lanthanides, **3**, 176
  ruthenium
    in organometallic complexes, **4**, 651
Oxidative addition
  acetyl chloride with chlorotris(dimethylphenylphosphine)rhodium, **5**, 381
  acyl halides to rhodium complexes
    mechanism, **5**, 380
  alkene transition metal complexes, **3**, 76
    symmetry restrictions, **3**, 76
  alkyl and acyl halides with rhodium(I) complexes, **5**, 387
  alkyl halides
    to cyclopentadienyl carbonyl rhodium complexes, **5**, 385
    to rhodium(II) complexes, **5**, 383
    to tetranitrylrhodium cations, **5**, 382
  alkyl halides to cobalt(I) complexes, **5**, 139
  alkyl halides with chlorotris(triphenylphosphine)rhodium, **5**, 381
  of alkyl iodides with pentacyanorhodates, **5**, 386
  of allyl halides to palladium(0) complexes, **6**, 402
  of allylic halides
    to pentakis(trialkylphosphite)rhodium anions, **5**, 498
    to rhodium(I) complexes, **5**, 497
  of allylic halides to iron-carbonyl complexes, **4**, 401
  of allylic halides to pentakis(trifluorophosphine)iron, **4**, 402
  of allylic halides to pentakis(trimethyl phosphite)iron, **4**, 402
  bis(palladium(II) isonitrile)complexes, **6**, 286
  in carbon dioxide reaction with organotransition metal compounds, **8**, 252
  of carbon–hydrogen bond of aldehydes
    in catalytic hydroformylation and decarboxylation, **4**, 1013
  carbonylcyclopentadienylrhodium complexes, **5**, 359
  carbonyl dithiophosphato rhodium complexes, **5**, 286
  chlorobis(η-cyclopentadienyl)titanium dimers, **3**, 305
  of chloroform–iminium or –amidinium chlorides to rhodium(I) complexes, **5**, 413
  1,5-cyclooctadieneiridium complexes, **5**, 600
  dicarbonylbis(η-cyclopentadienyl)titanium, **3**, 287
  dinuclear carbonyl rhodium complexes, **5**, 384
  Group IV platinum complexes, **6**, 1096
  halogenoalkynes
    to palladium(0) complexes, **6**, 304
  halogens and pseudohalogens to pentacarbonyliron, **4**, 250
  heteronuclear metal–metal bonded compounds, **6**, 813
  hydrogen, **8**, 290, 294, 298, 307
    to metal complexes, **8**, 316
    photoassisted, **8**, 350
    to rhodium complexes, **3**, 76
  iridium(III) alkyl preparation by, **5**, 566
  iridium(III) alkyls, **5**, 564
  iron(0) complexes, **4**, 431
  to low valent metal centers, **5**, 379
  to manganese carbonyl Group IV compounds, **6**, 1071
  metal hydrides
    transition metal–Group IV compound preparation by, **6**, 1049
  methyl halides with cobalt(I) complexes, **5**, 139
  methyl iodide
    chloronitrosobis(triphenylphosphine)ruthenium, **4**, 685
  organic halides
    to platinum(0) complexes, mechanism, **6**, 519
  η^1-organoiron complex preparation from, **4**, 334
  palladium hydrides, **6**, 341
  palladium phosphine complexes, **6**, 312
  palladium(0) complexes, **6**, 250, 251, 252, 311
  perfluoro-alkyl and -acyl halides
    to rhodium complexes, **5**, 383
  perfluoroalkyl iodides with dicarbonyl(η-cyclopentadienyl)rhodium, **5**, 385
  to platinum(0) complexes
    non-halide substrates, **6**, 522
  to platinum(I) complexes, **6**, 523
  platinum(II) acetylide complexes, **6**, 571
  platinum(II) alkyl complexes
    metal halides in, **6**, 583
  in platinum(II)–carbon η^1-compound preparation, **6**, 518
  reaction with platinum(II) olefin complexes, **6**, 670
  rhodium isocyanide complexes

Oxidative addition
  with halogens, **5**, 345
  rhodium(I) carbonyl Group IV donor ligand complexes, **5**, 285
  rhodium(I) complexes, **5**, 381
  rhodium(I) isocyanide complexes, **5**, 382
  transition metal–Group IV compound preparation by, **6**, 1052
  transition metal–mercury bond formation by, **6**, 995
  Vaska's compounds, **5**, 543
Oxidative cage coupling
  metallacarborane synthesis by, **1**, 486
Oxidative cage fusion
  metallacarborane synthesis by, **1**, 486
Oxidative cleavage
  cobalt–carbon bonds, **5**, 60
  iron–carbon bonds, **4**, 357
  Ni—Ni bonds, **6**, 202
Oxidative coupling
  allyl ligands
    (η^2-hydrocarbon)iron complex synthesis by, **4**, 384
  of butadiene with methylacrylate, **4**, 409
  2,6-dimethylphenol
    supported catalyst preparation and, **8**, 563
Oxidative cyclization
  alkenes
    rhodium complexes in, **5**, 410
  π-allylpalladium complexes in, **8**, 835
  asymmetric, **8**, 490
Oxidative cyclodimerization
  alkynes
    rhodium(I) complexes in, **5**, 408
Oxidative decarbonylation
  butadieneiron complexes, **4**, 447
  with trimethylamine oxide, **4**, 427
Oxidative demetallation
  chelated η^3-allyl iron complexes, **4**, 424
Oxidative dimerization
  1-alkenylcopper(I) compounds, **7**, 718
Oxidative elimination
  iodine
    pentacarbonylruthenium in, **4**, 662
  mercury dihalide adducts with transition metal compounds in, **6**, 991
  methyltetrakis(trimethylphosphine)cobalt, **5**, 72
  nonacarbonyldiiron, **4**, 258
  in preparation of transition metal–cadmium or –zinc compounds, **6**, 1003
  transition metal–mercury bond formation by, **6**, 993
Oxidative fusion
  metallacarborane anions, **1**, 526
Oxidative insertion reactions
  organogallium or organoindium halides, **1**, 702
Oxidative rearrangement
  olefins
    organothallium compounds in, **7**, 468
  styrenes, **7**, 470
Oxidative ring contraction, **7**, 485
  cyclic ketones, **7**, 498
  cycloalkenes, **7**, 487
Oxime ligands
  ruthenium complexes, **4**, 708
Oximes
  aziridine preparation from, **7**, 15
  O-germyl
    synthesis, **2**, 440
  hydrogenation
    catalysis by polymeric ruthenium complexes, **4**, 961
  keto-
    synthesis, **7**, 22
  reaction with η^3-allylnickel complexes, **6**, 160
  reaction with iron carbonyls, **8**, 951
  reaction with organoaluminum compounds, **7**, 435
  reaction with organometallic compounds, **7**, 14
  reaction with trimethylgallium, **1**, 716
  reaction with trimethylindium, **1**, 716
  reduction
    organoaluminum compounds in, **7**, 438
  telomerization with butadiene, **8**, 440
Oxindole
  preparation
    nickel catalysed, **8**, 736
Oxines
  exchange reactions with (η^3-allyl)halopalladium complexes, **6**, 422
Oxirane, benzyl-
  reaction with organoaluminum compounds, **7**, 426
Oxirane, cis-1,2-dimethyl-
  reaction with organoaluminum compounds, **7**, 426
Oxirane, methyl-
  reaction with organoaluminum compounds, **7**, 424
Oxirane, 1-methyl-1-propyl-
  reaction with organoaluminum compounds, **7**, 426
Oxirane, phenyl-
  reaction with organoaluminum compounds, **7**, 426
Oxirane, triphenylsilyl-
  reduction by organoaluminum hydrides, **7**, 429
Oxirane, vinyl-
  conjugate reduction, **7**, 429
  reaction with iron carbonyls, **8**, 943
  reaction with organometallic compounds, **7**, 51
Oxiranes
  copolymerization with carbon dioxide
    organozinc compounds in, **2**, 851
  polymerization, **7**, 453
  reaction with carbon dioxide, **8**, 271
  reaction with diorganylmagnesium compounds, **1**, 211
  reaction with organoaluminum compounds, **7**, 423–430, 425
  reaction with organoaluminum selenolates, **7**, 411
  reaction with organometallic compounds, **7**, 49, 50
  silyl, **2**, 33
    ring opening, **2**, 71
  synthesis, **7**, 91
Oxiranes, vinyl-
  reaction with iron-carbonyl complexes, **4**, 411
Oxoallyl cations
  cycloaddition reactions
    iron carbonyls in, **8**, 948
  cycloaddition reactions and
    iron carbonyls and, **8**, 947
  formation
    iron carbonyls in, **8**, 944
9-Oxobicyclo[6.1.0]nona-2,4,6-triene

isomerization
  tricarbonyliron in, **4**, 597
Oxo complexes
  cyclopentadienylvanadium, **3**, 671
Oxonium salts
  tris(methylmercury)-
    preparation, **2**, 899
Oxo process
  alkylcarbonylmanganese complexes and, **4**, 99
  low pressure, **8**, 155
Oxo reaction
  homogeneous catalysis, **8**, 286
Oxo synthesis, **8**, 115
Oxybis[(acyloxy)alkylboranes]
  structure, **1**, 367
Oxydealumination, **1**, 653
Oxygen
  catalyst poisoning by
    in oxo process, **8**, 127
  determination in organoaluminum compounds, **7**, 372
  hydrogenation
    catalysis by ruthenium complexes, **4**, 947
  hydrogermanes, **2**, 430
  organoaluminum compound oxidation with, **7**, 392
  osmium complexes, **4**, 998
  palladium complexes, **6**, 257, 258
    oxidation by, **6**, 258
  phosphine complex oxidation by, **8**, 301
  reaction with alkyl–aluminum bonds, **1**, 650
  reaction with alkylboron compounds, **7**, 273
  reaction with aluminum alkyls, **1**, 667
  reaction with cobaltacyclopentene complexes, **5**, 150
  reaction with cobalt(II) complexes, **5**, 91
  reaction with ditin compounds, **2**, 594
  reaction with hexacarbonyldiiron disulfide, **4**, 280
  reaction with nonacarbonyltris(triphenylphosphine)triruthenium, **4**, 875
  reaction with organoboranes, **7**, 134
  reaction with organocobalt(III) complexes, **5**, 123, 141
  reaction with organometallic compounds, **7**, 63
  reaction with styrene
    catalysis by ruthenium complexes, **4**, 962
  reaction with Vaska's compounds, **5**, 544
  reduction by carbon monoxide, **8**, 90
  silicone permeability to, **2**, 357
  singlet
    reaction with silyl enol ethers, **7**, 565
  surface
    in Fischer–Tropsch synthesis, **8**, 55
Oxygenation
  aluminum alkyls, **1**, 577
  carbonylhalobis(phosphines)iridium, **5**, 550
Oxygen-blast-furnace gases
  carbon monoxide from, **8**, 7
Oxygen bridges
  dicyclopentadienyldiiron complexes, **4**, 594
  dinuclear iron carbonyl complexes, **4**, 276
Oxygen carriers
  cobalt(II) porphyrins as, **8**, 577
Oxygen compounds
  elimination
    in transition metal–Group IV compound preparations, **6**, 1048
  α-halo
    reaction with organoaluminum compounds, **7**, 400
  organoborane adducts, **1**, 300
  reaction with unsaturated compounds
    organopalladium complexes in, **8**, 884–892
  ruthenium complexes, **4**, 708
Oxygen ligands
  in osmium cluster compounds, **4**, 1030
  ruthenium complexes, **4**, 880
Oxyhalides
  bis(cyclopentadienyl)vanadium complexes, **3**, 683
Oxyl synthesis, **8**, 63
Oxymercuration, **2**, 879
  alkenes, **2**, 864; **7**, 671–676
    stereochemistry, **7**, 672
  intramolecular
    alkenes, **7**, 673
  products
    mass spectra, **2**, 950
Oxypalladation
  alkenes, **8**, 359
Oxythallation
  alkenes, **1**, 741
  alkynes, **1**, 741
  mechanism, **7**, 468
  olefins, **7**, 466–498
  stereochemistry, **1**, 741; **7**, 468
Ozone
  organomercury compound oxidation by, **2**, 961
Ozonolysis
  silyl enol ethers, **7**, 565

P

Paints
  gloss
    silicone resins, weathering and, **2**, 355
  silicone–organic, **2**, 339
Palladacarboranes
  Wade's rules and, **1**, 473
Palladanonadecaborate, (dppe)eicosahydro-
  preparation, **6**, 941
Palladate, hexachlorodi-, **6**, 237
Palladate, tetrachloro-
  as hydrogenation catalyst, **8**, 309
  reaction with methylcobalamin, **2**, 1004
Palladathiaundecaborane, bis(triphenylphosphine)-
  preparation, **1**, 514
Palladation, **6**, 320
  alkenes, **8**, 807
  aromatic compounds, **8**, 858
  asymmetric induction, **8**, 1043
  mechanism, **8**, 1043
  metallocenes
    synthetic applications, **8**, 1043
  non-aromatic compounds, **6**, 322
Pallada-*nido*-undecaborane, bis(triphenylphosphine)-
  exchange reactions, **1**, 514
Palladiacycles, **6**, 318
  synthesis, **8**, 881
Palladiacyclobutanes, **6**, 313
Palladiacyclopentadiene, **6**, 260, 466
Palladiacyclopentadienes, **6**, 312, 465
  ring opening reactions, **6**, 333
Palladiacyclopentanes, **6**, 307
Palladiathiacyclopropane, **6**, 253
Palladium
  π-allyl complexes
    preparation from alkenylmercuric halides, **7**, 684
  anchored to silk fibroin
    enantioselective hydrogenation by, **8**, 581
  atoms
    co-condensation with benzyl chloride, **6**, 403
    condensation with organic halides, **6**, 314
  catalyst
    1-alkenylmercuric halide reactions, **7**, 681
    in allylic ether reactions with organometallic compounds, **7**, 49
    in halide reactions with organometallic compounds, **7**, 47
  catalysts
    hydrosilylation, **2**, 313
  chemistry
    general principles, **6**, 233
  cobalt compounds
    methanol homologation catalysed by, **6**, 822
  cyclopentadienyl complexes
    intramolecular site-exchange reactions, **8**, 1047
  dinitrogen complexes, **8**, 1102
  environmental methylation
    methylcobalamin and, **2**, 981
  Group IV compounds, **6**, 1094
  inorganic chemistry, **6**, 234
  iron compounds, **6**, 773, 777
  isotopes, **6**, 233
  properties, **6**, 233
  reactions, **6**, 234
  reactive metal, **6**, 314
  supported on poly(*S*-leucine)
    hydrogenation of α-acetamidocinnamic acid by, **8**, 581
Palladium, acetylacetonatocyclooctadienyl-
  structure, **6**, 407
Palladium, 1-alkenyl-
  in organomercurial compound reactions, **7**, 682
Palladium, allylchloro-
  reaction with isocyanides, **6**, 287
Palladium, allyl(cyclopentadienyl)-
  reaction with phosphines, **6**, 267
Palladium, (η^3-allyl)(η^5-cyclopentadienyl)-
  structure, **6**, 406
Palladium, allyliodobis[(triphenylphosphine)-
  structure, **6**, 266
Palladium, (η^3-allyl)phosphine-
  NMR, **6**, 411
Palladium, aqua(benzene)perchlorate-, **6**, 265
Palladium, (benzyldiphenylphosphine)-
  polystyrene-supported
    catalyst for allylic amination, **8**, 567
Palladium, bis(π-allyl)-
  reactions, **6**, 245
Palladium, bis(η^3-allyl)bis(1,2-η^2-3,5-dimethylpyrazolido)di-
  crystal structure, **6**, 406
Palladium, bis(η^3-allyl)bis(1,3-di-*p*-tolyltriazinido)di-
  crystal structure, **6**, 406
Palladium, bis(η^3-allyl)dichlorodi-, **6**, 385
Palladium, bis(η^3-allyl)tetrachlorodi-, **6**, 360
Palladium, {*N*,*N*-bis[bis(dimethylamino)boryl]-α,α-diiodobenzylamino}iodobis(triphenylphosphine)-
  preparation, **6**, 897
Palladium, bis[1,3-bis(diphenylphosphino)ethane]-, **8**, 801
Palladium, bis[1,3-bis(diphenylphosphino)propane]-, **8**, 801
Palladium, bis(cyclooctadiene)-, **6**, 370
Palladium, bis(dibenzylideneacetone)-, **6**, 273; **8**, 801
Palladium, bis{[(2,2-dimethyl-1,3-dioxolan-4,5-diyl)bis(methylene)]diphenylphosphine}-, **8**, 801
Palladium, bis(triphenylphosphine)-
  catalyst in diene oligomerization, **8**, 844
Palladium, bis(triphenylphosphine)benzylchloro-, **8**, 801
Palladium, bis(triphenylphosphine)(ethylene)-, **8**, 801

Palladium, bis(triphenylphosphine)phenyliodo-, **8**, 801
Palladium, bromocyclopentadienebis(triisopropylphosphine)-
 structure, **6**, 266
Palladium, carbonylchlorobis(trichlorostannyl)-
 tetraethylammonium complex, **6**, 281
Palladium, carbonylchloro(η-2-methylallyl)-, **6**, 283
Palladium, carbonyl(η-cyclopentadienyl)(triphenylphosphine)-
 perchlorates, **6**, 282
Palladium, carbonyldichloro-, **6**, 280
Palladium, carbonyl(pentafluorophenyl)-
 perchlorates, **6**, 281
Palladium, carbonyl(pentafluorophenyl)bis(trifluoroarsine)-
 perchlorates, **6**, 281
Palladium, carbonyltrihalo-
 tetrabutylammonium complex, **6**, 280
Palladium, carbonyltris(triphenylphosphine)-, **6**, 275
Palladium, [η^3-chlorobis(dimethylamino)borane]-dimethyl-
 preparation, **6**, 897
Palladium, chlorobis(diphenylphosphine)tris(triphenylphosphine)tris-, **6**, 274
Palladium, chloro(ethyl cyanoacetate)bis(triphenylphosphine)-
 tetrafluoroborate, **6**, 286
Palladium, chloromethallyl-
 dimer
  reduction, **6**, 249
Palladium, (cyclohexa-1,4-diene)bis(acetato)di-, **6**, 268
Palladium, (cycloocta-1,5-diene)halo-
 reaction with β-diketonates, **6**, 379
Palladium, (η^5-cyclopentadiene)(η^5-1,5-cyclooctadiene)-
 tetrachloroborate, **6**, 449
Palladium, (η^5-cyclopentadiene)(trialkylphosphine)
 perchlorate, **6**, 449
Palladium, (η^5-cyclopentadienyl)chloro-, **6**, 448
Palladium, η^1-cyclopentadienyl-η^5-cyclopentadienyl(triisopropylphosphine)-, **6**, 268
Palladium, (η^5-cyclopentadienyl)nitrosyl-, **6**, 448
Palladium, di-μ-acetatobis(η^3-allyl)di-
 crystal structure, **6**, 406
Palladium, di-μ-acetatobis(η^3-2-methylallyl-3-norbornyl)di-
 crystal structure, **6**, 406
Palladium, dibromobis(cycloheptenyl)di-
 crystal structure, **6**, 407
Palladium, dicarbonylchloro(η^1-2-methylallyl)-, **6**, 283
Palladium, dichloro(benzonitrile)(diphenylphosphine polymer)-, **6**, 281
Palladium, dichlorobis(η^3-allyl)di-
 NMR, **6**, 409
Palladium, dichlorobis(η^3-cyclododecal)di-
 NMR, **6**, 409
Palladium, dichlorobis(cyclooctatrienyl)di-
 structure, **6**, 407
Palladium, dichlorobis(triphenylphosphine)-
 homogeneous
  in ethoxycarbonylation of 1-pentene, **8**, 568
Palladium, dichloro[η^3-chlorobis(dimethylamino)borane]-
 preparation, **6**, 897

Palladium, dichloro(cyclooctadiene)-
 carbonylation, **6**, 380
 reaction with sodium diethyl malonate, **8**, 880
Palladium, dichloro(cycloocta-1,5-diene)-, **6**, 364
Palladium, dichloro(dicyclopentadiene)-, **6**, 364
Palladium, dichloro(pentamethylcyclopentadiene)-, **6**, 448
Palladium, dihalobis(acetonitrile)-
 reaction with 7-methylenebicyclo[2.2.1]hept-2-ene, **6**, 317
Palladium, dihalo{η^3-N,N-bis[bis(dimethylamino)boryl]-α,α-dihalobenzylamine}-
 dimer
  preparation, **6**, 897
Palladium, dihalo(tetraarylcyclobutadiene)-
 reaction with octacarbonyldicobalt, **5**, 241
Palladium, (dodecahydrodecaborate)-
 anion, **6**, 938
Palladium, methoxycarbonyl-
 reaction with alkenes, **8**, 898
Palladium, (η^3-methylallyl)(chloro)-
 heat of dimerization, **6**, 409
Palladium, octakis(phenylthiomethyl)tetrakis-, **6**, 308
Palladium, pentacarbonyltetrakis(methyldiphenylphosphine)tetrakis-, **6**, 276
Palladium, phenyl-
 intermediate in palladium norbornadiene complex reaction with phenyl, **6**, 376
Palladium, tetracarbonyl-, **6**, 240
Palladium, tetracarbonyltetrakis(acetato)tetrakis-, **6**, 276
Palladium, tetrachlorobis(tetraphenylcyclobutane)bis-
 thermal decomposition, **6**, 380
Palladium, tetrachlorotetrakis(phosphine)tetrakis(triphenylphosphine)tetrakis-, **6**, 277
Palladium, tetrakis(acetonitrile)-
 bis(hexafluorophosphine) complex, **6**, 286
 tetrakis(7,7,8,8-tetracyano-p-quinodimethane) complex, **6**, 286
Palladium, tetrakis(t-butyl hydroperoxide)tetrakis(alkyl hydroperoxide)tetrakis-, **6**, 277
Palladium, tetrakis(trifluoropropynyl)diphenylphosphine)di-, **6**, 274
Palladium, tetrakis(triphenylphosphine)-
 catalyst
  dimerization-methoxylation of butadiene, **8**, 574
 catalyst in diene oligomerization, **8**, 844
 supported
  allyl amination catalyzed by, **8**, 568
Palladium, tetrakis(triphenylphosphino)-, **8**, 801
Palladium, tricarbonyltetrakis(triphenylphosphine)tris-, **6**, 275
Palladium, tricarbonyltris(triphenylphosphine)-tris-, **6**, 275
Palladium, tris(dibenzylideneacetone)-, **6**, 370
Palladium, tris(dibenzylideneacetone)di-, **6**, 274
Palladium, tris(tribenzylideneacetonylacetone)-tris-, **6**, 276
Palladium, tris(triphenylphosphine)-
 reaction with bis(triphenylgermyl)cadmium, **6**, 1003
Palladium acetate, **6**, 239, 276; **8**, 801
 reaction with (butadiene)tricarbonyliron and styrene, **4**, 472
 supported on poly(styryl)bipyridine, **8**, 557

Palladium acetylacetonate, **6**, 240; **8**, 801
Palladium bromide, **6**, 239
Palladium catalysts
  in azacarbonylation, **8**, 175
  in butadiene copolymerization with ethylene, **8**, 419
  in butadiene oligomerization, **8**, 396
  in 1-butene oligomerization, **8**, 389
  in hydrosilation, **7**, 617
  in isoprene oligomerization, **8**, 399
  in oxalate synthesis, **8**, 80
  supported
    carbonylation of allyl chloride, **8**, 573
    hydrogenation of cholestone by, **8**, 568
    soyabean oil methyl ester hydrogenation and, **8**, 567
Palladium chloride, **6**, 237
  carbonylation, **6**, 280
  in ethylene oligomerization, **8**, 381
  polymeric diphenylbenzylphosphine complexes
    selective hydrogenation of polyenes and, **8**, 567
  reduction, **6**, 256
  support by cyanomethylated polymers, **8**, 558
  supported
    in ethoxycarbonylation of 1-pentene, **8**, 568
  supported catalysts
    anthranilic acid and, **8**, 557
Palladium complexes
  acetylene, **6**, 353
  alkenyl
    reaction with alkenes, **8**, 810
  allyl
    reaction with carbon dioxide, **8**, 278
  π-allyl, **6**, 378; **8**, 802
    preparation from alkenes, **8**, 804
    reaction, **8**, 811
    stereochemistry, **8**, 803
    asymmetric carbon–carbon bond formation and, **8**, 488
  aza-π-allyl
    dehydrogenation, **8**, 839
  carbon dioxide, **8**, 237
  carbonyl
    in carbocarbonylation, **8**, 168
  carbonyls
    IR spectra, **6**, 283
  catalysts
    in 1,3-pentadiene dimerization, **8**, 401
  dienes, **6**, 363–382
    physical properties, **6**, 370–372
  dimethylphosphine
    reaction with carbon dioxide, **8**, 255
  hydrides, **6**, 340–342
  inorganic, **8**, 801
  in isobutene oligomerization, **8**, 389
  olefins
    structure, **6**, 353
  olefins and acetylenes, **6**, 351–361
  organolead derivatives, **2**, 669
  oxa-π-allyl, **8**, 838
  preparation from acetylene, **6**, 455–468
  in propene oligomerization, **8**, 387
  in styrene oligomerization, **8**, 392
  vinyl, **8**, 874
Palladium compounds
  alkenyl-
    reduction, **8**, 920
  aryl
    reduction, **8**, 920
  inorganic, **8**, 801
  neopentyl
    preparation, **8**, 880
Palladium dichloride, **8**, 801
  reaction with butadiene, **8**, 803
Palladium fluoride, **6**, 235
Palladium iodide, **6**, 239
Palladium salts
  reaction with alkenylboranes, **7**, 308
  reaction with arylthallium compounds, **1**, 749
Palladium trifluoroacetate, **8**, 801
  π-allylpalladium complexes from, **8**, 809
Palladium(0), bis(cycloocta-1,5-diene)-, **6**, 247
Palladium(0), tetrakis(trifluorophosphine)-, **6**, 244, 284
Palladium(0), tetrakis(triphenylphosphine)-, **6**, 244
  oxidative addition to palladium chloride, **6**, 256
Palladium(0), triethylene-, **6**, 247
Palladium(0) complexes, **6**, 240, 243–260
  acetylene, **6**, 352
    oligomerization and, **6**, 465
    structure, **6**, 355
  catalyst
    in dimerization of butadiene, **8**, 276
  dienes, **6**, 364, 370
  oxidative addition of allyl halides to, **6**, 402
  oxidative addition of halogenoalkynes to, **6**, 304
  oxidative addition reactions, **6**, 341
  preparation, **6**, 244–248
  properties, **6**, 248
  reactions, **6**, 250
  reaction with organomercury compounds, **6**, 313
Palladium(0) compounds, **8**, 801
Palladium(I), benzene(tetrachloroaluminum)-, **6**, 266
Palladium(I), carbonylchloro-, **6**, 271
Palladium(I) complexes, **6**, 240, 265–277
  carbonyl, **6**, 271
  dienes, **6**, 370
  dinuclear, **6**, 266–274
  isocyanides, **6**, 271
  tetranuclear, **6**, 276
  trinuclear, **6**, 274–276
Palladium(II), bis(η^3-allyl)-, **6**, 403
  NMR, **6**, 410
Palladium(II), bis(pentachlorophenyl)bis(phosphine)-, **6**, 307
Palladium(II), (η^5-cyclopentadienyl)(η^3-allyl)-
  structure, **6**, 450
Palladium(II), cyclopropenylidene-, **6**, 297
Palladium(II), diallylic(η^5-cyclopentadienyl)-, **6**, 448
Palladium(II), 1,4-diaza-3-methylbutadien-2-yl-, **6**, 291
Palladium(II), dimethyl-
  reaction with carbon dioxide, **8**, 247
Palladium(II), (2-methylpropyl)(hexamethylbenzene)-tetrafluorophosphite, **6**, 453
Palladium(II) complexes, **6**, 237
  acetylene, **6**, 351
    physical data, **6**, 355
  acyl, **6**, 325
  alkyl and aryl
    reactions, **6**, 335–339
  alkyl and aryl complexes, **6**, 306–339
    structures, **6**, 333

synthesis, **6**, 306–333
alkynes, **6**, 304–305
  reactions, **6**, 305
  structures, **6**, 305
  synthesis, **6**, 304
η^3-allyl
  nucleophilic reactions, **6**, 411–441
allylic, **6**, 385–441
η^3-allylic
  preparation, **6**, 386–405
  spectra, **6**, 405–411
  structures, **6**, 405–411
η^3-allyl(quinoline), **6**, 391
π-allyl ylides, **6**, 301
1,4- and 1,5- dienes
  preparation, **6**, 364–367
anionic carbene, **6**, 293
η^3-benzyl
  fluctional behaviour, **6**, 410
bis(cyclopentadienyl), **6**, 447
bis-ylides, **6**, 302
carbenes, **6**, 292–299
  reactions, **6**, 298
  structure, **6**, 298
carbonyl, **6**, 280–303
  reactions, **6**, 284
  structure, **6**, 283
carbonyl halide, **6**, 280
σ-carboranyl, **6**, 309
cationic isocyanide complexes, **6**, 294
cyclobutadiene, **6**, 368–369
  reactions, **6**, 380–382
cyclopentadiene and arene, **6**, 447–453
cyclopentadienyl
  cleavage, **6**, 450
α-diazomethyl, **6**, 310
dienes
  nucleophilic addition reactions, **6**, 373–380
  properties, **6**, 372
1,5-dienes
  physical properties, **6**, 370
dinuclear allyl, **6**, 406
dinuclear cyclopentadiene complexes, **6**, 450
ferrocenylmethylallyl, **6**, 398
four-coordinate
  Group IV, **6**, 1096
imidoyl, **6**, 325
isocyanides, **6**, 284–292
  bonds, **6**, 290
  halo-bridged, **6**, 285
  insertion reactions, **6**, 291
  IR spectra, **6**, 290
  oxidative addition reactions, **6**, 286
  structure, **6**, 290
  synthesis, **6**, 285–290
2-methylallyl, **6**, 387
η^3-2-methylallyl
  structure, **6**, 406
monocyclopentadienyl, **6**, 448
mononuclear arenes, **6**, 453
monoolefin
  preparation, **6**, 352–353
  reactions, **6**, 356
η^2-olefin, **6**, 387
olefins
  equilibrium constants, **6**, 354
  in preparation of palladium(II) alkyl and aryl

complexes, **6**, 315
peroxides, **6**, 285
phenyl
  reaction with 1,3-dienes, **6**, 394
1-phenylallyl, **6**, 389
sulphonium-η^3-allylylide, **6**, 302
tetramethylallyl
  structure, **6**, 406
η^3-trityl, **6**, 403
ylides, **6**, 299–303, 300
  structure, **6**, 303
  synthesis, **6**, 299–303
Palladium(II) compounds, **6**, 234
  carbonylation, **6**, 280–281
  five coordination, **6**, 235
  organo
    carbonylation, **6**, 281–283
  soft metal centre, **6**, 236
Palladium(IV) complexes
  organometallic, **6**, 339
Palladium(IV) compounds, **6**, 234
Pantolactone
  asymmetric synthesis, **8**, 477
[2.2]Paracyclophanes
  tricarbonylchromium complexes, **3**, 1012
Paraffins
  manufacture, Fischer–Tropsch synthesis, **8**, 47
Paramagnetic complexes
  allyl–iron complexes, **4**, 405
  organothallium cation, **1**, 740
Paramagnetic impurities
  spin–lattice relaxation time and, **3**, 98
Paramagnetic intermediates
  in organothallium compound reactions, **1**, 745
Parathioformaldehyde
  reaction with dodecacarbonyltriiron, **4**, 282
Parkinson's syndrome
  silicon compounds in treatment of, **2**, 78
Pauling's electroneutrality principle, **3**, 5, 52
PCUK process, **8**, 155
Pelitonine
  synthesis, **8**, 837
Pellitorine
  synthesis, **8**, 849
Penicillamine
  methylmercury complexes
    structure, **2**, 931
Penicillins
  synthesis
    silylating agents in, **2**, 320
Pentaborane
  nickel complexes, **6**, 215
  reaction with pentacarbonylhydridomanganese, **1**, 488
  transition-metal bridged derivatives, **1**, 498
Pentaborane, 2-alkyl-
  preparation, **1**, 445
Pentaborane, 2-allyl-
  preparation, **1**, 447
Pentaborane, 2-benzyl-
  preparation, **1**, 447
Pentaborane, 2-(*cis*-2-butenyl)-
  preparation, **1**, 445
Pentaborane, 3-chloro-1,2-dimethyl-
  rearrangement, **1**, 449
Pentaborane, 1-[(dichloroboryl)methyl]-

Pentaborane
    preparation, **1**, 445
Pentaborane, diethyl-
    preparation, **1**, 445
Pentaborane, μ-(dimethylboryl)-
    rearrangement, **1**, 446
Pentaborane, ethyl-
    preparation, **1**, 445
Pentaborane, methyl-
    NMR, **1**, 444
Pentaborane, 1-methyl-
    acidity, **1**, 450
    bond energy, **1**, 444
    dipole moments, **1**, 443
    preparation
        Friedel–Crafts reaction, **1**, 445
    thermal stability, **1**, 451
    ultraviolet spectra, **1**, 444
Pentaborane, 2-methyl-
    acidity, **1**, 450
    bond energy, **1**, 444
    ultraviolet spectra, **1**, 444
Pentaborane, octahydro-
    organotransition metal complexes, **6**, 928
Pentaborane, reaction with pentacarbonyliron, **1**, 488
Pentaborane, 1-[(trichlorosilyl)methyl]-
    preparation, **1**, 445
Pentaborane, trimethylplumbyl-
    preparation, **2**, 668
arachno-Pentaborane, **1**, 413
Pentaborane anions
    reaction with transition metal reagents, **1**, 490
Pentaborate, nonahydro-
    organotransition metal complexes, **6**, 926
Pentaborates
    organotransition metal complexes, **6**, 930
Pentaborates, decahydro-
    organotransition metal complexes, **6**, 925
Pentaborates, octahydro-
    organotransition metal complexes, **6**, 927
Pentacarba-*nido*-hexaborane
    synthesis, **1**, 430
Pentacarbahexastannane, pentamethyl-
    structure, **1**, 472
Pentadecyl chloride
    preparation, **7**, 721
Pentadiene
    polymerization
        actinide complexes in, **3**, 262
1,3-Pentadiene
    cyclodimerization, **8**, 408
    dienes, **7**, 382
    dimerization, **8**, 401
    palladium η^3-allyl complex preparation from, **6**, 399
    reaction with dodecacarbonyltriruthenium, **4**, 849
    reaction with hydridotetrakis(trifluorophosphine)rhodium, **5**, 495
    reaction with sodium chloropalladate, **6**, 393
    reaction with tetracarbonylhydridocobalt, **5**, 216
    telomerization, **8**, 449
1,3-Pentadiene, 3-methyl-
    trans-
        polymerization, catalysts, **3**, 541
1,3-Pentadiene, 4-methyl-
    rhodium complexes, **5**, 419
1,4-Pentadiene
    hydroalumination, **7**, 382
    hydroboration, **1**, 315, 316; **7**, 205, 209
    reaction with hydridotetrakis(trifluorophosphine)rhodium, **5**, 495
    reaction with tetracarbonylhydridocobalt, **5**, 216
    rearrangements
        nickel catalysed, **8**, 628
1,4-Pentadiene, 1,5-dilithio-
    reaction with dihalosilanes, **2**, 271
1,4-Pentadiene, 2-methyl-
    isomerization
        rhodium complexes in, **5**, 452
1,4-Pentadiene, 3-methyl-
    rearrangements
        nickel catalysed, **8**, 628
1,7-Pentadiene
    reaction with pentacarbonylphenylmanganese, **4**, 117
2,3-Pentadiene, 1,1,1,5,5,5-hexafluoro-2,4-bis(trifluoromethyl)-
    reaction with pentacarbonylrhenium anions, **4**, 213
2,4-Pentadiene
    hydroboration, **7**, 210
Pentadienyl complexes
    16-electron transition metal
        conformation, **3**, 65
    18-electron transition metal
        conformation, **3**, 65
    transition metal
        conformation, **3**, 62
η^5-Pentadienyl ligands
    rhodium complexes, **5**, 510–520
Pentadienyl radicals
    transition metal complexes
        bonding, **3**, 60
1,3-Pentadiyne
    perlithiation, **1**, 107
Pentagonal bipyramidal structure
    organothallium compounds, **1**, 733, 735, 744
Pentalene, dihydro-, **6**, 465
Pentalene bridges
    dinuclear iron complexes, **4**, 563
Pentalene complexes
    dinuclear iron carbonyl complexes, **4**, 585
Pentalene ligands
    isomerization, **4**, 857
    ruthenium complexes, **4**, 855
        fluxionality, **4**, 856
        reaction, **4**, 857
        structure, **4**, 856
Pentalenolactone
    synthesis, **7**, 559
Pentamethylcyclopentadienyl ligands
    actinide complexes, **3**, 229
η-Pentamethylcyclopentadienyl ligands
    rhodium complexes
        reaction with arenes, **5**, 490
2,4-Pentanedione, 3,3-bis(chloromercury)-
    structure, **2**, 922
Pentanoic acid, 5-phenyl-
    thallation/iodination, **7**, 501
Pentan-1-ol, 5,5,5-triphenyl-
    synthesis, **7**, 51
Pentan-2-one, 2,4-dimethyl-
    reaction with triethylaluminum, **7**, 417
Pentasilane, decaphenyl-
    dihalo derivatives
        reactions, **2**, 371
    dilithio derivatives

reactions, **2**, 371
Pentene
　hydroformylation, **8**, 157
Pentene, dimethyl-
　hydrogenation, **4**, 935
Pentene, methyl-
　regioselective synthesis, **8**, 386
1-Pentene
　cross metathesis with perdeutero-1-pentene, **8**, 537
　ethoxycarbonylation
　　supported palladium chloride catalysts, **8**, 568
　hydroformylation
　　catalysis by benzylidynenonacarbonyltricobalt, **5**, 177
　　supported catalysts in, **8**, 572
　isomerization
　　catalysis by ruthenium complexes, **4**, 942, 944
　　catalysis by ruthenium(0) complexes, **4**, 943
　　dodecacarbonyltriruthenium and, **4**, 848
　metathesis
　　catalysts, **8**, 522
　reaction with tetracarbonylhydridocobalt, **5**, 49
　reaction with tetrahydrotris(triphenylphosphine)ruthenium, **4**, 751
1-Pentene, 4-chloro-3,3,4-trimethyl-
　reaction with organoaluminum compounds, **7**, 399
1-Pentene, 2-ethyl-
　formation, **7**, 451
1-Pentene, 1-methyl-
　vanadium complex, **3**, 661
1-Pentene, 2-methyl-
　preparation
　　organoaluminum compounds in, **1**, 579
　synthesis, **7**, 380
1-Pentene, 3-methyl-
　isomerization
　　nickel catalysed by, **8**, 626
1-Pentene, 4-methyl-
　dimerization, **7**, 380
　isomerization
　　nickel catalysed, **8**, 626
　polymers, **7**, 449
1-Pentene, perdeutero-
　cross metathesis with 1-pentene, **8**, 537
2-Pentene
　2-butene from
　　cis/trans ratio, **8**, 538
　hydroformylation
　　catalysis by benzylidynenonacarbonyltricobalt, **5**, 177
　reaction with palladium acetate, **6**, 389
2-Pentene, 2-methyl-
　synthesis, **7**, 380
2-Pentene, 4-methyl-
　metathesis
　　stereoselectivity, **8**, 542
2-Pentene, cis-4-methyl-
　hydroboration, **7**, 114
　metathesis
　　stereoselectivity, **8**, 539
2-Pentene, 2,4,4-trimethyl-
　reaction with palladium chloride, **6**, 388
3-Pentene, cis-3-methyl-
　isomerization
　　palladium complex and, **6**, 388
3-Pentenoic acid, 2-methyl-
　ethyl ester
　　synthesis, **8**, 835
3-Pentenoic acid, 4-methyl-
　ethyl ester
　　synthesis, **8**, 835
1-Penten-4-ol
　oxidation, **7**, 490
4-Pentenoyl chloride
　2-allyl-
　　reaction with sodium tetracarbonylcobaltate, **5**, 183
1-Penten-3-yne, 2-acetoxymethyl-
　preparation, **8**, 452
3-Pentylamine
　preparation from dinitrogen
　　titanium complexes and, **8**, 1082
1-Pentyne
　hydrogenation
　　catalysis by benzylidynenonacarbonyltricobalt, **5**, 177
　　catalysis by ruthenium complexes, **4**, 935
　　catalysis by tetracarbonyltetrakis(η-cyclopentadienyl)tetrairon, **4**, 643
　metathesis, **8**, 548
　reaction with dodecacarbonyltriruthenium, **4**, 859
1-Pentyne, 3-methyl-
　dimerization
　　nickel catalysed, **8**, 651
2-Pentyne
　cyclotetramerization
　　nickel catalysed, **8**, 650
　hydrogenation
　　catalysis by benzylidynenonacarbonyltricobalt, **5**, 177
　　catalysis by ruthenium complexes, **4**, 935
　reaction with dodecacarbonyltriruthenium, **4**, 859
2-Pentyne, 4,4-dimethyl-
　palladium complex, **6**, 352
2-Pentyne, 1-methoxy-
　cooligomerization with butadiene, **8**, 427
4-Pentyn-1-ol
　cyclooligomerization, **8**, 412
Peralkylcyclopentadienyl ligands
　actinide complexes, **3**, 226
Perbenzoic acid
　t-butyl ester
　　polydimethylsiloxane crosslinking and, **2**, 330
　silicon–silicon bond cleavage by, **2**, 368
Perbenzoic acid, m-chloro-
　allylic oxidation by
　　steroidal π-allylpalladium complexes, **8**, 812
　reaction with platinum(II)–carbon σ-compounds, **6**, 554
Perchlorates
　germyl
　　synthesis, **2**, 440
Perchloric acid
　reaction with hydrido carbonyl manganese complexes, **4**, 38
Perchloryl fluoride
　reaction with organometallic compounds, **7**, 75
Perdeuteration
　ethylene, **1**, 638
Perfluoroacyl chlorides
　reaction with sodium pentacarbonylmanganate, **4**, 94
Perfluoroacyl iodides
　oxidative addition to rhodium complexes, **5**, 383

Perfluoroalkyl iodides

Perfluoroalkyl iodides
  oxidative addition to rhodium complexes, **5**, 383
  reaction with calcium amalgam, **1**, 225
Perfluorocarbonylic acids
  osmium complexes, **4**, 987
Perfluorocarboxylates
  palladium(II) complexes, **6**, 240
Perfluoro compounds
  reaction with pentacarbonylrhenium anions, **4**, 213
Perfluoroolefins
  reaction with bis(cyclooctadiene)platinum, **6**, 622
Pericyclic organic reactions
  catalysis, **3**, 67
  coordinated alkene transition metal complexes, **3**, 70
Permeability
  dimethylsilicone rubber
    gaseous, **2**, 358
  oxygen
    polydimethylsiloxanes, **2**, 339
    silicones, **2**, 357
      applications, **2**, 359
      oxygen, **2**, 357
  siloxanes
    gaseous, **2**, 358
Permercuration
  (butadiene)tricarbonyliron, **4**, 472
Peroxidation
  organoboranes, **1**, 288
Peroxide, alkyl trialkyltin, **2**, 582
Peroxide, bis(trialkyltin), **2**, 582
Peroxide, bis(trimethylsilyl)
  electron diffraction, **2**, 165
  properties, **2**, 165
Peroxide, bis(triphenyllead)
  preparation, **2**, 656
Peroxide, t-butyl(trimethylsilyl)
  preparation, **2**, 166
Peroxide, di-t-butyl
  reaction with nickel tetracarbonyl, **6**, 8
Peroxides
  s-alkyl
    organomercury compounds in, **7**, 674
  bis(alkylmagnesio)-
    preparation, **7**, 65
  bis(silyl)
    preparation, **2**, 165
  catalysts
    in protodeboronation, **1**, 287
  diacyl
    aluminum alkyl or aryl oxidation by, **1**, 577
    reaction with organometallic compounds, **7**, 64
  dialkyl
    aluminum alkyl or aryl oxidation by, **1**, 577
    reaction with organometallic compounds, **7**, 64
  organoaluminum compound oxidation by, **7**, 393
  organogermyl
    thermal rearrangement, **2**, 440
  palladium(II) complexes, **6**, 285
  reaction with organometallic compounds, **7**, 64
  silicone network formation and, **2**, 331
  silyl, **2**, 164
  synthesis
    from organoboranes, **7**, 123
  transition metal
    reaction with n-butyllithium, **7**, 65
Peroxo compounds
  palladium complexes, **6**, 256
Peroxy acids
  silyl enol ether oxidation by, **7**, 564
Peroxy esters
  reaction with organometallic compounds, **7**, 65
Peroxymercuration, **2**, 879
Perrhenates
  trimethylsilyl
    formation, **2**, 158
Perturbation molecular orbital methods
  cyclobutadiene transition metal complexes and, **3**, 47
Perturbation theory
  bonding of carbonyl compounds to transition metals and, **3**, 2
  and regioselectivity of nucleophilic addition reactions of coordinated alkene transition metal complexes, **3**, 69
  transition metal alkene complexes, **3**, 50
Perylene
  radical anion alkali compounds
    disproportionation, **1**, 111
  radical anion alkali metal compounds
    disproportionation, **1**, 111
Peterson reaction, **7**, 520
Peter's reaction, **2**, 864, **2**, 889
Petroleum
  carbon monoxide from, **8**, 5
Petroleum products
  syntheses with, **8**, 101–220
Pharmaceuticals
  synthesis
    silylation reagents in, **2**, 319
Phase transfer catalysis
  in hydrogenation reactions, **8**, 351
Phase transfer techniques
  in hydrogenation, **8**, 288
α-Phellandrene
  hydroboration, **7**, 208
  reaction with ruthenium(III) chloride, **4**, 796
Phellanphos
  conformation, **8**, 473
Phenanthrene
  nickel complexes, **6**, 46
Phenanthrene-9-carboxylic acid, 9,10-dihydro-
  preparation
    photofixation of carbon dioxide in, **8**, 228
Phenanthrenediol
  titanium complexes, **3**, 287
Phenanthrenequinone
  dicyclopentadienylvanadium complexes, **3**, 682
Phenanthridine
  alkylation
    organometallic compounds in, **7**, 17
  reduction
    organoaluminum compounds in, **7**, 436
Phenanthroline
  organomercury complexes
    crystal structure, **2**, 936
  reaction with cyclobutadienenickel complexes, **6**, 186
  ruthenium complexes, **4**, 704
Phenanthroline, 2,9-dimethyl-

complex with diphenylmercury
crystal structure, **2**, 936
Phenanthroline, 2,4,7,9-tetramethyl-
complex with diphenylmercury
crystal structure, **2**, 936
1,10-Phenanthroline
manganese carbonyl complexes, **4**, 18
nickel dicarbonyl complex, **6**, 15
organomercury complexes
properties, **2**, 938
solution studies, **2**, 937
organomercury compound adducts
structure, **2**, 937
organozinc complexes, **2**, 831
phenylmercury complexes
solution studies, **2**, 941
reaction with calcium, **1**, 235
reaction with decacarbonyldimanganese, **4**, 15
reaction with nickel tetracarbonyl, **6**, 18
Phenetole
dithallation, **7**, 499
metallation, **1**, 163
Phenol, o-allyl-
oxidative cyclization, **8**, 490
reaction with thallium(III) compounds, **7**, 490
Phenol, o-amino-
hydridocarbonylruthenium complexes, **4**, 725
Phenol, 2-amino-4,6-di-t-butyl-
reaction with organothallium compounds, **1**, 745
Phenol, o-aminothio-
hydridocarbonylruthenium complexes, **4**, 725
Phenol, p-chloro-
telomerization with butadiene, **8**, 432
Phenol, 2,6-dimethyl-
oxidative coupling
supported catalyst preparation and, **8**, 563
Phenol, p-methyl-
telomerization with butadiene, **8**, 432
Phenol, pentafluorothio-
reaction with chlorobis(ethylene)rhodium dimer, **5**, 421
Phenol, o-phenylazo-
reaction with bromopentacarbonylrhenium, **4**, 192
Phenol, thio-
alkylgold(I) complexes, **2**, 806
reaction with alkylidynenonacarbonyltricobalt, **5**, 172
reaction with carbonylchlororuthenium complexes, **4**, 712
reaction with octacarbonyldicobalt, **5**, 167
reaction with ruthenium carbonyl halides, **4**, 676
Phenolates
alkylation, **7**, 57
Phenols
deoxygenation
titanium and, **3**, 275
mercuration, **2**, 874
preparation in reaction of allyl chlorides with acetylene and carbon monoxoide, **8**, 172
reaction with alkylidynenonacarbonyltricobalt, **5**, 172
reaction with organometallic compounds, **7**, 57
synthesis, **7**, 63, 506
telomerization with butadiene, **8**, 432
vanadium(II) system
in dinitrogen reduction, **8**, 1086

Phenones
reductions
organoaluminum compounds in, **7**, 422
Phenoxathin
desulfuration
nickel catalysed, **8**, 737
Phenoxides
nucleophilic substitution reactions
nickel catalysed, **8**, 734
Phenylalanine
esters
enantioselective hydrolysis, copper(II) complexes supported on poly-L-lysine, **8**, 581
methylmercury complexes
structure, **2**, 932
Phenylalanine, N-acetyl-
asymmetric synthesis, **8**, 470, 471
Phenylaluminum sesquihalides
dehalogenation, **1**, 626
Phenylarsonic acid
environmental, **2**, 996
Phenylation
vanadium, **3**, 657
endo-Phenylation
palladium diene complexes, **6**, 377
Phenyl azide
reaction with organoaluminum compounds, **7**, 440
Phenylborinato anion
reaction with chloro(cyclooctadiene)rhodium dimer, **5**, 492
Phenyldiazonium salts
reaction with pentacyanocobaltates, **5**, 138
o-Phenylenediamine
hydridocarbonylruthenium complexes, **4**, 725
o-Phenylenediamine, N,N,N',N'-tetramethyl-
complexes with organoberyllium compounds, **1**, 132
Phenylen-2-one, 2,3-dihydro-
preparation
nickel catalysed, **8**, 786
β-Phenylethanol
thallation, **7**, 501, 502
Phenylhydrazones
aromatic
azacarbonylation, **8**, 182
reaction with allyl acetate
nickel catalysed, **8**, 731
Phenyl isocyanate, **6**, 163
nickel complexes, **6**, 126
reaction with η^3-allyl(alkyl)nickel complexes, **6**, 84
reaction with dodecacarbonyltriruthenium, **4**, 869
reaction with phenyldichloroborane, **7**, 335
reaction with phosphorus silyl ylides, **2**, 70
telomerization with isoprene, **8**, 447
Phenyl isocyanide
reaction with bromopentacarbonylmanganese, **4**, 141
reaction with bromotetracarbonyl(methyl isocyanide)manganese, **4**, 142
reaction with cyclopentadienylnickel complexes, **6**, 207
Phenyl isothiocyanate
reaction with cyclopentadienylnickel complexes, **6**, 207
Phillips triolefin process, **8**, 500
Phorancantholide I
synthesis, **8**, 833
Phorancantholide J

synthesis, **8**, 833
Phosgene
  reaction with organometallic compounds, **7**, 29
Phosgene, thio-
  reaction with tetracarbonylferrates, **4**, 254
Phosphaamidines
  synthesis, **7**, 605
Phosphabenzene
  preparation, **2**, 146
  reaction with organometallic compounds, **7**, 61
Phosphabenzene, triphenyl-
  bis(η^6-arene), **6**, 230
  nickel complexes, **6**, 148
  reaction with nickel alkyl complexes, **6**, 172
Phosphaboranes
  11-vertex
    transition metal insertion reactions, **1**, 528
1,2-Phosphaboret-3-enes, **1**, 353
Phosphacarboranes, **1**, 547
Phosphaferrocene
  preparation, **4**, 604
  synthesis, **4**, 486
Phosphane ligands
  transition metal complexes
    σ and π characteristics, **3**, 10
Phosphates
  allylic esters
    reaction with organoaluminum compounds, **7**, 402
    reaction with organoaluminum compounds, **7**, 402
1-Phospha-2,6,7-trioxabicyclo[2.2.2]octane, 4-ethyl-
  reaction with cyclic diene carbonyl ruthenium complexes, **4**, 752
1-Phospha-3-zirconiacyclobutane, bis(η-cyclopentadienyl)-1-hydrido-3,3-dimethyl-
  preparation, **3**, 580
Phosphides
  acyl
    synthesis, **7**, 603
  trinuclear μ_3-bridging iron complexes, **4**, 303
Phosphine, (2-alkoxyphenyl)-
  platinum complexes
    metallation, **6**, 598
Phosphine, allyldiphenyl-
  supported catalyst preparation from, **8**, 562
Phosphine, aminomethyl-
  synthesis, **7**, 604
Phosphine, aryl-
  reaction with dodecacarbonyltriiron, **4**, 304
Phosphine, benzyldimethyl-
  reaction with ruthenium carbonyl halides, **4**, 693
Phosphine, bis(3-butenyl)phenyl-
  reaction with chlorobis(ethylene)rhodium dimer, **5**, 429
Phosphine, bis(trifluoromethyl)-
  reaction with octacarbonyldicobalt, **5**, 42
Phosphine, but-3-enyldicyclohexyl-
  platinum(II) complexes, **6**, 640
Phosphine, (3-butenyl)(3-(diphenylphosphino)propyl)phenyl-
  reaction with chloro(cyclooctadiene)rhodium dimer, **5**, 430
Phosphine, *t*-butylbis(*o*-tolyl)-
methylplatinum(II) complex
  reactions, **6**, 598
Phosphine, chlorodiphenyl-
  reaction with cobalt carbonyls, **5**, 41
  reaction with lithium nonacarbonyl(oxymethynyl)tricobaltate, **5**, 165
  reaction with sodium tetracarbonylcobaltate, **5**, 37
Phosphine, *o*-cyanophenyldiphenyl-
  reaction with carbonylhalomanganese complexes, **4**, 55
Phosphine, (*R*)-cyclohexylmethyl-*p*-styryl-
  terpolymerization with hydroxyethyl methacrylate and ethylene dimethacrylate, **8**, 584
Phosphine, di-*t*-butylphenyl-
  palladium(0) complexes, **6**, 248
Phosphine, dichlorophenyl-
  reaction with octacarbonyldicobalt, **5**, 42
Phosphine, dichloro((trimethylsilyl)methyl)-
  preparation, **2**, 98
Phosphine, dicyclohexylphenyl-
  reaction with chlorobis(ethylene)rhodium dimer, **5**, 428
Phosphine, diethyl-
  organogallium compound adducts, **1**, 698
  organoindium compound adducts, **1**, 698
Phosphine, dimethyl-
  organogallium compound adducts, **1**, 698
  organoindium compound adducts, **1**, 698
  reaction with (η^3-allyl)tricarbonylcobalt, **5**, 42
Phosphine, β-dimethylaminoalkyl-
  complexes
    in asymmetric coupling reactions, **8**, 493
Phosphine, dimethylphenyl-
  reaction with η^3-allyl palladium complexes, **6**, 413
Phosphine, (dimethylsilylene)phenyl-, **2**, 150
Phosphine, diphenyl-
  reaction with platinum(II)–carbon σ-compounds, **6**, 553
Phosphine, diphenyl(phenylthio)-
  reaction with dodecacarbonyltriruthenium, **4**, 834, 881
Phosphine, diphenyl(*o*-styryl)-
  reaction with chloro(cyclooctadiene)(triphenylphosphine)rhodium, **5**, 470
  reaction with hydrated rhodium chloride, **5**, 398
  reaction with hydrated rhodium trichloride, **5**, 431
  reaction with pentacarbonylmethylmanganese, **4**, 77
Phosphine, diphenyl(trifluoropropargyl)-
  reaction with dodecacarbonyltriiron, **4**, 295
Phosphine, diphenylvinyl-
  supported catalyst preparation from, **8**, 562
Phosphine, ethyldiphenyl-
  iron complexes, **4**, 441
Phosphine, ethylenebis(diphenyl-
  reaction with cyclobutadienenickel complexes, **6**, 186
Phosphine, ethylenediphenylenebis(diphenyl-
  reaction with chloro(cyclooctadiene)rhodium dimer, **5**, 431
Phosphine, ethylidenediethylenebis(di-*t*-butyl-
  reaction with hydrated rhodium trichloride, **5**, 432
Phosphine, fluorocycloalkenediphenyl-
  trinuclear iron complexes, **4**, 630
Phosphine, germyl-

free energy of activation of inversion, **2**, 466
oxidation, **2**, 438
preparation, **2**, 459
reaction with metal carbonyls, **2**, 466
thermal stability, **2**, 466
Phosphine, hexamethylenebis(diphenyl-
 reaction with chloro(cyclooctadiene)rhodium dimer, **5**, 432
Phosphine, (lithiomethyl)dimethyl-
 reaction with chlorotris(trimethylphosphine)cobalt, **5**, 69
Phosphine, pentenyl-
 platinum(II) complexes, **6**, 639
Phosphine, phenylgermyl-
 heptameric, **2**, 459
Phosphine, silyl-
 in carbon–phosphorus bond synthesis, **7**, 603
 reaction with carbonyl compounds, **7**, 604
Phosphine, o-styryldiphenyl-
 platinum(II) complexes, **6**, 640
 reaction with dodecacarbonyltriruthenium, **4**, 872
Phosphine, o-tolyl-
 reaction with decacarbonyldirhenium, **4**, 221
Phosphine, trialkyl-
 mononuclear ruthenium complexes, **4**, 692
 nickel carbonyl complexes
  ligand cone angles, **6**, 23
 reaction with nonacarbonyldiiron, **4**, 258
 synthesis, **7**, 60
Phosphine, tributyl-
 oxidation by palladium dioxygen complexes, **6**, 257
 reaction with (η-arene)tricarbonylmanganese, **4**, 120
 reaction with dodecacarbonyltriruthenium, **4**, 879
Phosphine, tri-*t*-butyl-
 reaction with dodecacarbonyltriruthenium, **4**, 835
Phosphine, tricyclohexyl-
 bis(η^3-allyl)nickel complexes, **6**, 153
 iridium complexes, **5**, 587
 reaction with zerovalent nickel complexes, **6**, 167
Phosphine, triethyl-
 complexes with organoberyllium compounds, **1**, 132
Phosphine, trifluoro-
 organoruthenium complexes, **4**, 668
 palladium(0) complexes
  stability, **6**, 250
 reaction with dodecacarbonyltriruthenium, **4**, 669
 reaction with pentacarbonylhydridomanganese, **4**, 66
 reaction with pentacarbonyliron, **4**, 288
 reaction with perfluoroalkyltetracarbonylcobalt complexes, **5**, 66
 reaction with ruthenium tetroxide, **4**, 669
 reaction with tetracarbonylhydridocobalt, **5**, 38
 ruthenium complexes, **4**, 662
Phosphine, triisopropyl-
 in olefin oligomerization catalysts, **7**, 451
Phosphine, trimethyl-
 bis(η^3-allyl)nickel complexes, **6**, 152
 complexes with organoberyllium compounds, **1**, 132
 reaction with alkylnickel complexes, **6**, 51
 reaction with η^3-allylnickel complexes, **6**, 166
 reaction with cyclopentadienyldimethyl(triphenylphosphine)cobalt, **5**, 146
 reaction with trimethyl(trimethylphosphino)borane, **1**, 299
Phosphine, triphenyl-
 areneruthenium complexes, **4**, 802
 mononuclear palladium complexes, **6**, 408
 in olefin oligomerization catalysts, **7**, 451
 organoruthenium complexes, **4**, 652
 oxidation by palladium dioxygen complexes, **6**, 257
 palladium(0) complexes, **6**, 245, 249
  stability, **6**, 250
 reaction with acetyltetracarbonylcobalt, **5**, 184
 reaction with acyl cobalt carbonyl complexes, **5**, 57
 reaction with (η-allyl) cobalt complexes, **5**, 218
 reaction with (η-allyl)tricarbonylcobalt, **5**, 216
 reaction with chlorobis(ethylene)rhodium dimer, **5**, 428
 reaction with decacarbonyldimanganese and iodine, **4**, 19
 reaction with dodecacarbonyltriiron, **4**, 262, 294
 reaction with iron/ruthenium compounds, **6**, 812
 reaction with nonacarbonyltris(triphenylphosphine)triruthenium, **4**, 875, 879
 reaction with palladium(II) carbonyl complexes, **6**, 284
 reaction with ruthenium carbonyl halides, **4**, 693
 reaction with tetracarbonylhydridocobalt, **5**, 38
 reaction with tetracarbonyl(η^2-hydrocarbon)iron complexes, **4**, 392
 reaction with tetracarbonylnitrosylmanganese, **4**, 140
 tris(cyclopentadienyl) lanthanide complexes, **3**, 182
Phosphine, tris(2,6-dideuterophenyl)-
 synthesis, **4**, 737, 946
Phosphine, tris(dimethylamino)-
 reaction with pentacarbonyliron, **4**, 287
Phosphine, tris(o-styryl)-
 reaction with (cyclooctadiene)halorhodium dimer, **5**, 429
Phosphine, tris(o-tolyl)-
 reaction with hydrated rhodium trichloride, **5**, 431
Phosphine, tris(trimethylsilyl)-
 complex with bis(trimethylsilyl)mercury, **2**, 104
Phosphine, vinyl-
 reaction with organoalkali metal compounds, **1**, 63
 reaction with organometallic compounds, **7**, 5
Phosphine, vinylidenebis(o-phenylenediphenyl)-
 iridium complexes, **5**, 588
Phosphine bridges
 asymmetric dinuclear iron complexes, **4**, 604
 dicyclopentadienyldiiron complexes, **4**, 596
Phosphine complexes
 chiral
  in catalytic hydrogenation, **8**, 320

Phosphine-donor ligands
  ruthenium complexes, **4**, 872
Phosphine exchange reactions
  in preparation of supported catalysts, **8**, 555
Phosphineimmonium salts
  reaction with organolithium compounds, **7**, 62
Phosphine ligands
  bis(dicarbonyl(η-cyclopentadienyl)iron) complexes, **4**, 520
  carbonyl rhodium complexes, **5**, 296
  catalyst support on polymers and, **8**, 555, 556
  cyclopentadienyl cobalt complexes, **5**, 254
  manganese carbonyl complexes, **4**, 18
  preparation of supported catalysts and, **8**, 555
  reaction with cyclopentadienylmanganese carbonyl compounds, **4**, 127
  reaction with dinuclear carbonyl(alkylseleno)manganese complexes, **4**, 111
  reaction with dinuclear carbonyl(alkylthio)manganese complexes, **4**, 111
  reaction with tetranuclear carbonyl(alkylseleno)manganese complexes, **4**, 111
  reaction with tetranuclear carbonyl(alkylthio)manganese complexes, **4**, 111
Phosphine oxide, triphenyl-
  reaction with pentacarbonyliodomanganese, **4**, 59
Phosphine oxides
  reaction with carbonylhalomanganese complexes, **4**, 55
  reduction
    organosilanes in, **2**, 115
  rhenium complexes, **4**, 202
Phosphines
  addition to phosphinoacetylenes, **6**, 467
  alkene oligomerization and
    nickel catalysed, **8**, 617, 619
  arenedichlororuthenium complexes, **4**, 796
  aromatic
    reaction with dicarbonyldinitrosoiron, **4**, 296
  bidentate fluorocarbon tertiary
    reaction with dodecacarbonyltriruthenium, **4**, 878
  bidentate platinum complexes
    metallation, **6**, 599, 601
  bis(η^3-allyl)nickel complexes, **6**, 152
  bis(cyclopentadienyl) lanthanide complexes, **3**, 185
  bulky
    platinum complex, metallation, **6**, 597
  chelating tertiary
    trinuclear ruthenium complexes, **4**, 876
  chiral
    catalysts in asymmetric hydrogenation, **8**, 468
  chloro
    reaction with organoboranes, **1**, 289
  complexes with organoberyllium compounds, **1**, 132
  complexes with organoberyllium hydrides, **1**, 143
  cyclopalladated complexes, **6**, 323
  cyclopentadienylhalovanadium complexes, **3**, 671
  cyclopentadienylruthenium complexes, **4**, 780
  dinuclear Group VI bridged iron complexes, **4**, 282
  ditertiary
    reaction with octacarbonyldicobalt, **5**, 31
    reaction with pentacarbonylmethylmanganese, **4**, 74
  effect on ethylene oligomerization, **8**, 383
  effect on nickel-catalysed propene dimerization, **8**, 386
  exchange reactions with (η^3-allyl)halopalladium complexes, **6**, 422
  fluoro
    (hydrido)ruthenium complexes, **4**, 723
  halo
    reaction with sodium pentacarbonylmanganate, **4**, 110
  iridium complexes, **5**, 578–587
  –iridium ratio
    in polymer-bound Vaska's complex, rate of hydrogenation and, **8**, 579
  nickel carbonyl complexes
    bonding, **6**, 25
    structure, **6**, 25
    substituent increments, **6**, 29
  nickel hydride complexes, **6**, 38
  non-bulky platinum complexes
    metallation, **6**, 600
  nucleophilic substitution reactions
    nickel catalysed, **8**, 734
  organoborane adducts, **1**, 300
  organohydrogermyl
    preparation, **2**, 461
  organometallic complexes
    reaction with carbon dioxide, **8**, 264
  osmium carbonyl complexes, **4**, 977
  osmium cluster compounds, **4**, 1027
  osmium halide complexes, **4**, 979
  palladium(0) complexes, **6**, 240, 244
  palladium(II) complexes, **6**, 291
  platinum complexes
    metallation, **6**, 596
  platinum(II)–carbon σ-complexes
    ^{31}P NMR, **6**, 545
  platinum(II) complexes
    hydrogen/deuterium exchange, **6**, 606
    nucleophilic cleavage, **6**, 558
  platinum(II) olefin complexes
    photochemistry, **6**, 680
  platinum(IV) complexes
    metallation, **6**, 603
  polydentate tertiary
    reaction with dodecacarbonyltriruthenium, **4**, 872
  in preparation of symmetrical diorganomercurials, **2**, 892
  propene dimerization and
    nickel catalysed, **8**, 617, 619
  reaction with alkyl and acyl tetracarbonyl cobalt complexes, **5**, 55
  reaction with alkylidynenonacarbonyltricobalt, **5**, 176
  reaction with alkynes
    nickel catalysed, **8**, 661
  reaction with η^3-allylnickel complexes, **6**, 163
  reaction with η^3-allyl palladium halide complexes, **6**, 412
  reaction with bis(η^3-allyl)nickel complexes, **6**, 82
  reaction with bis(η-cyclopentadienyl)carbonylnickel complexes, **6**, 201
  reaction with carbonyl(η-alkylcyclopentadienyl)iodonitrosylmanganese, **4**, 134
  reaction with chloro(cyclooctadiene)rhodium dimer, **5**, 470

reaction with chloro(diene)rhodium dimer, **5**, 469
reaction with cobaltocene, **5**, 247
reaction with cobalt(I) isocyanide complexes, **5**, 20
reaction with decacarbonyldimanganese, **4**, 10, 25
reaction with dicarbonylcyclopentadienylcobalt, **5**, 250
reaction with dodecacarbonyltetrarhodium, **5**, 296, 327
reaction with halogermanes, **2**, 422
reaction with hexacarbonylvanadium, **3**, 651
reaction with iron carbene complexes, **4**, 371
reaction with iron carbonyl complexes, **4**, 300
reaction with manganese/rhenium compounds, **6**, 817
reaction with nickel alkene complexes, **6**, 107
reaction with nickelocene, **6**, 196, 197
reaction with nickel tetracarbonyl, **6**, 10, 23
reaction with octacarbonyldicobalt, **5**, 6, 29, 33
reaction with organocopper compounds, **2**, 740
reaction with η^1-organoiron complexes, **4**, 360
reaction with organometallic compounds, **7**, 57
reaction with palladium diene complexes, **6**, 374
reaction with pentacarbonylhydridomanganese, **4**, 77
reaction with pentacarbonyliron, **4**, 286
reaction with platinum(0) acetylene complexes, **6**, 700
reaction with platinum(II) η^3-allyl complexes, **6**, 730
reaction with tricarbonyl(η^5-cycloheptadienyl)manganese cations, **4**, 121
reaction with tricarbonylnitrosoferrates, **4**, 297
reaction with tricarbonylnitrosylcobalt, **5**, 26
reaction with triiron nonacarbonyl dichalcogenides, **4**, 283
reaction with Zeise's salt, **6**, 660
rhenium complexes, **4**, 200
–rhodium ratio
  in supported catalysts, **8**, 570
ruthenium cyclometallated complexes, **4**, 737
silylacyl, **2**, 148
silyl derivatives, **2**, 146
substitution reaction with heteronuclear metal–metal bonded compounds, **6**, 808
tertiary
  addition to cyclobutadiene iron complexes, **4**, 472
  aldehydic, platinum complexes, metallation, **6**, 602
  dinuclear ruthenium complexes, **4**, 835
  exo addition to iron–butadiene complexes, **4**, 405
  preparation by Grignard reaction, **1**, 195
  reaction with (alkyne)hexacarbonyldicobalt, **5**, 198
  reaction with dicarbonyl(η-cyclopentadienyl)-ruthenium complexes, **4**, 826
  reaction with dodecacarbonyltetrahydrotetraruthenium, **4**, 893
  reaction with dodecacarbonyltriruthenium, **4**, 872
  reaction with nonacarbonyl(*t*-butylacetylene)hydridotriruthenium, **4**, 861
  reaction with perfluoroalkyltetracarbonylcobalt complexes, **5**, 66
  reaction with platinum(0) olefin complexes, **6**, 629
  reaction with tricarbonyl(η^5-dienyl)iron cations, **4**, 498
  trinuclear ruthenium complexes, **4**, 872
transition metal complexes, **6**, 782
triaryl
  trinuclear ruthenium complexes, **4**, 874
triorganogermyl
  preparation, **2**, 459
Phosphine selenides
  reaction with carbonylhalomanganese complexes, **4**, 55
Phosphine sulfides
  reaction with carbonylhalomanganese complexes, **4**, 55
  rhenium complexes, **4**, 202
Phosphine ylides
  gold complexes, **2**, 797
  organogold(II) complexes, **2**, 782
  reaction with gold(I) compounds, **2**, 775
Phosphinic acid
  triphenyl ester
    metallation, **4**, 1006
Phosphinic acid, dithio-
  dimethyl ester
    osmium complexes, **4**, 1003
Phosphinidene insertion reactions
  germanium–metal bonds, **2**, 472
Phosphinimine, germyl-
  preparation, **2**, 453
Phosphinoacetylene bridges
  dicyclopentadienyldiiron complexes, **4**, 596
Phosphinogermylation
  unsaturated dipolar reagents, **2**, 463
Phosphinylformimidate, *N*-diphenyl-
  ethyl ester
    reaction with organometallic compounds, **7**, 14
Phosphite ligands
  ruthenium cyclometallated complexes, **4**, 735
Phosphites
  arenedichlororuthenium complexes, **4**, 796
  cyclopentadienylruthenium complexes, **4**, 780
  iridium complexes, **5**, 583
  nickel carbonyl complexes
    substituent increments, **6**, 29
  osmium cluster compounds, **4**, 1027
  palladated complexes, **6**, 324
  palladium(0) complexes, **6**, 245
    NMR, **6**, 249
  platinum(II) complexes
    metallation, **6**, 601
  reaction with alkyl and acyl tetracarbonyl cobalt complexes, **5**, 55
  reaction with η^3-allylnickel complexes, **6**, 163
  reaction with chloro(diene)rhodium dimer, **5**, 469
  reaction with cobaltacyclopentadienes, **5**, 235
  reaction with cobaltocene, **5**, 256
  reaction with dodecacarbonyltetrahydrotetraruthenium, **4**, 893
  reaction with nickelocene, **6**, 195
  reaction with η^1-organoiron complexes, **4**, 360
  reaction with palladium diene complexes, **6**, 374

Phosphites

reaction with triiron nonacarbonyl dichalcogenides, **4**, 283
tertiary
  reaction with (alkyne)hexacarbonyldicobalt, **5**, 198
  trinuclear ruthenium complexes, **4**, 872
trialkyl
  reaction with acylsilanes, **7**, 636
triaryl
  trinuclear ruthenium complexes, **4**, 876
triphenyl
  reaction with ruthenium carbonyl halides, **4**, 693
vinyl
  synthesis, **8**, 919
Phosphites, trimethyl
  reaction with arylthallium compounds, **1**, 748
Phosphole, tetraphenyl-
  rhenium complexes, **4**, 200
Phosphole bridges
  dicyclopentadienyldiiron complexes, **4**, 596
Phospholes
  reaction with dodecacarbonyltriiron, **4**, 580
Phosphonamides
  α-silyloxy, **7**, 585
Phosphonates
  germylamino-
    preparation, **2**, 453
  β-keto-
    synthesis, **8**, 884
  α-silyloxy, **7**, 585
Phosphonic acid, allyl-
  diethyl ester
    reaction with alkenes, **8**, 885
Phosphonic acid, dimethyl-
  reaction with nickelocene, **6**, 197
Phosphonium, tetra-*t*-butyl-
  tetrafluoroborate
    preparation, **2**, 58
Phosphonium halides
  alkyl-
    reaction with organolithium compounds, **7**, 62
Phosphonium salts
  ylide formation from, **7**, 83
Phosphonium ylides
  palladium(II) complexes, **6**, 302
Phosphorane, dimethylsilene-
  formation, **2**, 150
Phosphorane, methanediylidenebis(trimethyl-
  reaction with trimethylgallium etherate, **1**, 714
Phosphorane, methylenetrimethyl-
  reaction with silacyclopropane, **2**, 210
Phosphorane, methylenetriphenyl-
  reaction with bromopentacarbonylmanganese, **4**, 93
  reaction with pentacarbonylchlororhenium, **4**, 216
Phosphorane, pentakis((trimethylsilyl)methyl)-
  preparation, **2**, 99
Phosphorane, β-silylalkylidenetriphenyl-
  preparation, **2**, 38
Phosphorane, trialkyl((trimethylgermyl)imino)-
  reaction with trimethylgermanium, **1**, 715
  reaction with trimethylindium, **1**, 715
Phosphorane, trialkyl((trimethylsilyl)imino)-
  reaction with trimethylgallium, **1**, 715
  reaction with trimethylindium, **1**, 715
Phosphorane, trialkyl((trimethylstannyl)imino)-
  reaction with trimethylgallium or trimethylindium, **1**, 715

Phosphorane, trimethylmethylene-
  reaction with chlorotris(trimethylphosphine)cobalt, **5**, 69
  reaction with dimethylhalogallium, **1**, 714
  reaction with dimethylhaloindium, **1**, 714
  reaction with trimethylgallium, **1**, 714
  reaction with trimethylindium, **1**, 714
Phosphorane, ((trimethylsilyl)amino)((trimethylsilyl)imino)bis(biphenyl)-
  reaction with trimethylgallium, **1**, 715
  reaction with trimethylindium, **1**, 715
Phosphorane, ((trimethylsilyl)imino)triphenyl-
  reaction with triphenylgallium, **1**, 716
Phosphoranes
  synthesis, **7**, 62
Phosphordithioic acid, diphenyl-
  reaction with dodecacarbonyltriruthenium, **4**, 881
Phosphorus
  organosilyl derivatives, **2**, 146–154
  reaction with nickel tetracarbonyl, **6**, 10
  tris(trimethylsilyl)methyl derivatives, **2**, 98
Phosphorus bridges
  trinuclear iron complexes, **4**, 625
Phosphorus donor complexes
  reaction with nickel tetracarbonyl, **6**, 19–33
Phosphorus donor ligands
  reaction with nickel carbonyl complexes, **6**, 19, 21, 22
Phosphorus fluorides
  silicon–carbon bond cleavage by, **2**, 69
Phosphorus furnace gases
  carbon monoxide from, **8**, 7
Phosphorus ligands
  osmium cluster compounds, **4**, 1027
  rhenium complexes, **4**, 200
  technetium complexes, **4**, 200
Phosphorus oxide
  reaction with iron carbonyl complexes, **4**, 288
Phosphorus triamide, hexamethyl-
  promoter
    in siloxane polymerization, **2**, 325
Phosphorus trichloride
  reaction with alkyl and acyl tetracarbonyl cobalt complexes, **5**, 55
  reaction with sodium tetracarbonylcobaltate, **5**, 45
Phosphorus ylides
  bis(trimethylsilyl)
    complexes with gold halides, **2**, 69
    complexes with mercury halides, **2**, 69
  mono(trimethylsilyl)-
    complexes with mercury halides, **2**, 69
    complex with gold halides, **2**, 69
  C-(organogermyl)
    preparation, **2**, 410
  organosilyl-substituted, **2**, 65–70
    preparation, **2**, 65
    reaction with chloro(cyclooctadiene)rhodium dimer, **5**, 465
    reaction with nickel tetracarbonyl, **6**, 17
  silyl
    desilylation, **2**, 69
  trimethylsilyl
    stability, **2**, 99
Phosphorus(III) compounds
  reaction with organometallic compounds, **7**, 60
Phosphorus(V) compounds

reaction with organometallic compounds, **7**, 61
Phosphoylide ligands
   actinides, **3**, 255
Photoactivation
   supported metal catalysts and, **8**, 593
Photoaggregation
   metal atom species, **8**, 329
Photocatalysis
   in hydrogenation, **8**, 350
Photochemical reactions
   distribution of organometallic catalysts in polymers and, **8**, 556
   in preparation of supported catalysts, **8**, 555
Photochemical substitution
   butadieneiron complexes, **4**, 447
Photochemistry
   platinum(0) acetylene complexes, **6**, 704
   platinum(0) olefin complexes, **6**, 632
   platinum(II) olefin complexes, **6**, 680
   ruthenocene, **4**, 762
   tricarbonyl(polyene)iron complexes, **4**, 470
Photoelectron spectroscopy
   actinides and lanthanides, **3**, 179
   bis(cyclooctatetraene)actinide complexes, **3**, 233
   dodecacarbonyltriruthenium, **4**, 665
   Group IV carbonyl cobalt compounds, **6**, 1086
   nickel tetracarbonyl, **6**, 5
   η^1-organoiron complexes, **4**, 345
   organomercury compounds, **2**, 950
   platinum(II)-carbon σ-compounds, **6**, 547
   transition metal carbene complexes, **3**, 77
   transition metal carbonyl Group IV compounds, **6**, 1069
   transition metal carbonyls, **3**, 6
   transition metal-tin complexes, **6**, 1108
Photoisomerization
   in platinum(II)-carbon η^1-compound preparation, **6**, 531
Photolysis
   aerobic
      organocobalamins, **5**, 113
   arylthallium compounds, **1**, 747
   butadieneiron complexes, **4**, 447
   dialkylcadmium, **2**, 859
   dialkylzinc compounds, **2**, 851
   dinuclear complexes, **6**, 818
   germanium-metal compounds, **2**, 473
   Grignard reagents, **1**, 188
   heteronuclear complexes, **6**, 817
   heteronuclear metal-metal bonded compounds, **6**, 809
   hexachlorovanadates, **3**, 653
   σ-hydrocarbyl bis(η-cyclopentadienyl)titanium complexes, **3**, 403
   hydrosilanes, **2**, 366
   iron carbonyls, **4**, 441
   metal-carbonyl system
      metathesis catalyst, **8**, 519
   organoaluminum compounds, **1**, 656
   organomercury compounds, **2**, 953
   osmium complexes, **6**, 818
   platinacycles, **6**, 579
   platinum(II)-carbon σ-compounds, **6**, 551
   platinum(IV) alkyl complexes, **6**, 591
   polysilanes, **2**, 375
   in preparation of three-coordinate acyclic organoboranes, **1**, 282
   reaction with dicarbonylcyclopentadienylcobalt, **5**, 251

tri-1-naphthylborane, **7**, 334
Photo-α-pyrone
   reaction with dicarbonylcyclopentadienylcobalt, **5**, 241
   reaction with dicarbonyl(η-cyclopentadienyl)-rhodium, **5**, 445
o-Phthalaldehyde
   azacarbonylation, **8**, 183
Phthalic acid
   telomerization with butadiene, **8**, 433
Phthalic anhydride
   reaction with organoaluminum compounds, **7**, 408, 409
   reaction with nickel alkene complexes, **6**, 117
Phthalic anhydride, 3,6-dimethyl-
   reaction with organoaluminum compounds, **7**, 408
Phthalic anhydride, 3-methyl-
   reaction with organoaluminum compounds, **7**, 408
Phthalic anhydrides
   reaction with organoaluminum compounds, **1**, 648
Phthalides
   synthesis
      Castro reaction, **7**, 691
Phthalimide, N-1-(3-butenyl)-
   in Heck arylation, **8**, 867
Phthalimide, N-vinyl-
   arylation, **8**, 870
Phthalimidine, 3-phenyl-
   synthesis by azacarbonylation, **8**, 182
Phthalimidine, 3-phenyl-N-(N'-phenylcarbamoyl)-
   synthesis by azacarbonylation, **8**, 182
Phthalimidines
   formation by azacarbonylation
      mechanism, **8**, 183
   synthesis by azacarbonylation, **8**, 181
Phthalimidines, N-hydroxy-
   preparation, **8**, 181
Phthalocyanine ligands
   ruthenium complexes, **4**, 715
Phthalocyanines
   in ammonia synthesis from dinitrogen and dihydrogen, **8**, 1081
   germyl, **2**, 454
   reaction with dodecacarbonyltriruthenium, **4**, 868
Phthalonitrile
   reaction with dodecacarbonyltriruthenium, **4**, 868
Phthaloyl chloride
   reaction with organoaluminum compounds, **7**, 407
Picolinates
   exchange reactions with (η^3-allyl)halopalladium complexes, **6**, 422
α-Picoline
   metallation, **1**, 163
γ-Picoline
   reaction with organocobalt(III) complexes, **5**, 146
Pinacol reduction, **7**, 24
Pinacols
   synthesis, **7**, 23
Pinem
   allyl esters as protecting groups for, **8**, 824
α-Pinene
   demethylation, **8**, 909

α-Pinene
  hydroboration, **7**, 113, 115
β-Pinene
  hydroboration, **7**, 201
  hydrosilylation
    nickel catalysed, **8**, 631
  reaction with dichlorobis(benzonitrile)palladium, **6**, 391
  reaction with thallium(III) compounds/trimethylsilyl azide, **7**, 496
Pine sawfly sex attractant, **7**, 33
Pinone, iminosiloxy-
  formation, **2**, 257
Piperidine
  complexes with organoberyllium compounds, **1**, 131
  exchange reactions with (η^3-allyl)halopalladium complexes, **6**, 422
  perhydroboraphenalene adducts, **1**, 323
  reaction with nickel tetracarbonyl, **6**, 18
  reaction with pentacarbonyliron, **4**, 284
  synthesis
    demercuration in, **7**, 675
  telomerization with butadiene, **8**, 435
Piperidinoxyl radical, 2,2,6,6-tetramethyl-
  reaction with organoaluminum compounds, **7**, 440
Piperonyldiethylamine
  palladation, **8**, 860
Piperylene
  copolymerization with butadiene
    nickel catalysed, **8**, 702
  cyclotrimerization
    nickel catalysed, **8**, 677
  linear oligomerization
    nickel catalysed, **8**, 690
  reaction with zerovalent nickel complexes, **6**, 167
cis-Piperylene
  cyclodimerization
    nickel catalysed, **8**, 676
trans-Piperylene
  codimerization with ethylene
    nickel catalysed, **8**, 684
  cyclodimerization
    nickel catalysed, **8**, 676
  reaction with 1,3-dienes
    nickel catalysed, **8**, 681
Pivalic acid
  catalysts
    in protodeboronation, **1**, 287
  telomerization with butadiene, **8**, 433
Pivoting distortions
  transition metal alkylidene complexes, **3**, 78
Planar merry-go-round process
  trimetallic systems, **3**, 157
Planar oscillatory mechanism
  trimetallic systems, **3**, 157
Plant-growth substances
  organogermanium compounds, **2**, 403
Plants
  arsenic in, **2**, 1013
Plastoquinone-1
  preparation
    nickel catalysed, **8**, 730
Platinaaza-*nido*-boranes
  preparation, **1**, 489
Platina-*nido*-boranes
  structure, **1**, 507
Platinacarboranes
  Wade's rules and, **1**, 473
Platinacycles
  β-hydrogen elimination, **6**, 550
Platinacycloalkanes
  complexes
    structure, **6**, 574
Platinacyclobutane, **6**, 540
  complexes, **6**, 573–580
    photolysis, **6**, 579
    preparation, **6**, 573
    reactions, **6**, 575–580
    structure, **6**, 574
    thermal rearrangements, **6**, 575
  preparation, **8**, 529
Platinacyclopentane
  in alkene oligomerization, **8**, 375
  complexes, **6**, 573–580
    photolysis, **6**, 579
    preparation, **6**, 574
    reactions, **6**, 575–580
    structure, **6**, 574
Platinacyclopentane, 2,5-divinyl-
  trans-, **6**, 681
Platinadicarbadecaborane, bis(triethylphosphine)-
  Wade's rule violation, **1**, 501
1,2,3-Platinadicarbaheptaborane, bis(triphenylphosphine)-
  structure, **1**, 497
1,2,4-Platinadicarbaheptaborane, bis(triphenylphosphine)-
  structure, **1**, 497
10,7,9-Platinadicarbaundecaborane, bis(dimethylphosphine)[bis-μ-(trimethylphosphine)platino]-
  structure, **1**, 509
10,7,9-Platinadicarbaundecaborane, bis(trimethylphosphine)-
  preparation, **1**, 509
Platinanonaborane, bis(ethyldimethylphosphine)-
  synthesis, **1**, 506
Platinanonaborane, bis(triethylphosphine)-
  preparation, **1**, 506
Platinanonadecaborate, (dppe)eicosahydro-
  preparation, **6**, 941
Platinates, tetrachloro-
  reaction with olefins
    mechanism, **6**, 633
Platinates, trichloro-
  frontier molecular orbitals, **3**, 56
  rotation, **3**, 57
Platinatetraborane, bis(dimethylphenylphosphine)-
  preparation, **1**, 491
Platinathiaboranes
  preparation, **1**, 489
Platinaundecaborane, bis(dimethylphenylphosphine)-
  structure, **1**, 513
Platinic acid, tetrachloro-
  in ethylene oligomerization, **8**, 383
Platinum
  binuclear allyl complexes, **6**, 721
  binuclear palladium allyl complexes, **6**, 721
  catalysts
    hydrosilylation and, **2**, 310
    polysiloxane crosslinking and, **2**, 330
  cobalt compounds, **6**, 769
    methanol homologation catalysed by, **6**, 822
  dinitrogen complexes, **8**, 1102
  ditin triplatinum, **6**, 1108
  environmental methylation, **2**, 1004
    methylcobalamin and, **2**, 981
  Group IV compounds, **6**, 1094

insertion reactions
   into 1,8-dicarba-*closo*-decaboranes, **1**, 509
   iron compounds, **6**, 770, 774, 776
      ethylene hydrogenation catalysis by, **6**, 823
      fragmentation, **6**, 813
   manganese compounds, **6**, 784, 785, 787
      ESR spectroscopy, **6**, 800
   molybdenum compounds, **6**, 775
   nickel compounds, **6**, 776
   osmium compounds, **6**, 775
   rhenium compounds, **6**, 775
   ruthenium complexes, **4**, 927
   ruthenium compounds
      ethylene hydrogenation catalysis by, **6**, 823
   supported
      hydrosilylation and, **2**, 313
   tin chloride complexes, **6**, 1099
   tungsten compounds, **6**, 778, 784
   tungsten/iron compounds, **6**, 784
Platinum, (acetylacetone)chloroethylene-
   ethylene exchange in, **6**, 654
Platinum, acetylenebis(trialkylphosphine)-
   acetylene displacement from, **6**, 694
Platinum, (η^3-allyl)bis(trialkylphosphine)-
   anion
      NMR, **6**, 726
Platinum, (η^3-allyl)chloro(trialkylphosphine)-
   NMR, **6**, 728
Platinum, bis(η^3-allyl)-
   NMR, **6**, 727
Platinum, bis(cyclooctadiene)-, **6**, 620
   platinum(0) acetylene complex preparation from, **6**, 695
   preparation, **6**, 621
   reaction with 1,3-butadiene, **6**, 680
   reaction with hexafluoroacetone, **6**, 687
Platinum, bis(dibenzylidineacetone)-, **6**, 622
   platinum(0) acetylene complex preparation from, **6**, 695
Platinum, bis[dichlorocyclopentene-
   IR and Raman spectra, **6**, 655
Platinum, bis(dimethylphenylphosphine)bis(non-ahydrohexaborate)di-
   structure, **6**, 931
Platinum, bis(dimethylphenylphosphine)(dodecahydrodecaborate)-
   preparation, **6**, 939
Platinum, bis(dimethylphenylphosphine)(tridecahydrodecaborate)(undecahydrodecaborate)-
   preparation, **6**, 939
   structure, **6**, 939
Platinum, bis(dimethylphenylphosphine)(undecahydrodecaborate)-
   dimer, **6**, 939
Platinum, bis(dodecahydrodecaborate)-
   anion, **6**, 938
Platinum, bis(ethylene)(trialkylphosphine)-
   ethylene displacement from, **6**, 695
Platinum, bis(neopentyl)bis(triethylphosphino)-
   metallation, **6**, 605
Platinum, bis(trialkylphosphine)-
   displacement of ligands from, **6**, 621
Platinum, bis(trichloroborane)bis(triphenylphosphine)-
   preparation, **6**, 886
Platinum, bis(trichloroborane)tris(triphenylphosphine)-
   preparation, **6**, 886
Platinum, bis(trifluoroborane)bis(triphenylphosphine)-
   preparation, **6**, 886

Platinum, bis(trimethylaluminum)bis(triphenylphosphine)-
   preparation, **6**, 956
Platinum, bis(triphenylphosphine)ethylene-
   displacement of ligands from, **6**, 621
Platinum, bromo(bromomagnesium)bis(triethylphosphine)-
   structure, **6**, 1037
Platinum, chloro(dichloroindium)(phosphine)-
   preparation, **6**, 967
Platinum, chloro(η^3-2-methylallyl)-
   binuclear
      NMR, **6**, 726
Platinum, cyano(hydrido)bis(triethylphosphine)-
   Lewis acid complexes, **1**, 615
Platinum, (η^5-cyclopentadienyl)nitrosyl-, **6**, 448
Platinum, decacarbonyldiferra-
   supported catalysts, **8**, 561
Platinum, (decahydrooctaborane)tetrakis(dimethylphenylphosphine)di-
   structure, **6**, 933
Platinum, dibromobis(dimethylboryl)bis(triphenylphosphine)-
   preparation, **6**, 894
Platinum, dibutylbis(triphenylphosphino)-
   thermal decomposition, **6**, 549
Platinum, dichlorobis(decahydrohexaborane)-
   preparation, **6**, 931
Platinum, dichloroethylenepyridine-
   ethylene exchange in, **6**, 654
Platinum, (dichloroindium)bis(dimethylphenylphosphine)(triphenylsilyl)-
   preparation, **6**, 967
Platinum, (dichloroindium)bis(*p*-methoxyphenyl isocyanide)bis(triethylphosphine)-
   preparation, **6**, 967
Platinum, dimethyl(trifluoroacetate)(γ-picoline)bis-
   structure, **6**, 581
Platinum, dioxygenbis(trialkylphosphine)-
   oxygen displacement from, **6**, 693
Platinum, dioxygenbis(triphenylphosphine)-
   displacement of ligands from, **6**, 621
Platinum, (diphos)bis(halodiphenylborane)-
   preparation, **6**, 886, 894
Platinum, (dodecahydrodecaborate)bis(triethylphosphine)-
   preparation, **6**, 938
Platinum, (dodecahydrodecaborate)tris(dimethylphenylphosphine)-
   preparation, **6**, 938
Platinum, (dodecahydrooctaborane)bis(dimethylphenylphosphine)-
   preparation, **6**, 933
Platinum, (dodecahydrooctaborane)bis(triethylphosphine)-
   structure, **6**, 933
Platinum, ethylenebis(triphenylphosphine)-
   photochemistry, **6**, 632
Platinum, (heptahydrotriborate)bis(dimethylphenylphosphine)-
   structure, **6**, 921
Platinum, iodotrimethyl-
   tetramer
      preparation, **1**, 196
Platinum, octacarbonylrutheniumdi-
   supported catalysts, **8**, 561
Platinum, olefinbis(dialkylphosphine)-
   olefin displacement from, **6**, 694
Platinum, oxalatobis(triphenylphosphine)-

Platinum

displacement of ligands from, **6**, 621
Platinum, (tetracyanoethylene)bis(triphenylphosphine)-
  photochemistry, **6**, 632
Platinum, (tetrafluoroethylene)bis(trialkylphosphine)-, **6**, 623
Platinum, tetrakis(iodotrimethyl-, **6**, 585
Platinum, tetrakis(tetrachloro-
  reaction with trityl chloride, **6**, 583
Platinum, tetrakis(triphenylphosphine-
  displacement of ligands from, **6**, 620
  ligand displacement reactions, **6**, 692
Platinum, tetramethyl-, **6**, 585
Platinum, tribromo(dimethylboryl)bis(triphenylphosphine)-
  preparation, **6**, 894
Platinum, (trifluoromethyl)[(trifluoromethyl)-mercury]bis(triphenylphosphine)-
  structure, **6**, 1001
Platinum, tris(dibenzylidineacetone)-, **6**, 622
  platinum(0) acetylene complex preparation from, **6**, 695
Platinum, tris(diethylphenylphosphine)(diphenyl-boryl)-
  cation
    preparation, **6**, 894
Platinum, tris(triethylphosphine)-
  reaction with benzyl bromide, **6**, 520
  reaction with butyl bromide, **6**, 521
  reaction with isopropyl iodide, **6**, 521
  reaction with neopentyl bromide, **6**, 520
Platinum, tris(triphenylphosphine)-, **6**, 692
  adducts with mercury compounds, **6**, 994
Platinum (acetylacetone)trityl-
  NMR, **6**, 729
Platinum-bridged metallacarboranes
  synthesis, **1**, 493
Platinum carbonyl cluster
  pentanuclear, **6**, 477
  tetranuclear, **6**, 477
Platinum carbonyl clusters
  anions
    hydroformylation and, **6**, 480
    trinuclear cationic, **6**, 481
Platinum catalysts
  asymmetric hydroformylation, **8**, 139
  in oxo process, **8**, 123
Platinum chloride
  tin(II) chloride complex
    supported, **8**, 586
Platinum complexes
  η^4, **6**, 732
  alkyl
    IR and Raman spectroscopy, **6**, 545
  alkyne
    IR and Raman spectroscopy, **6**, 546
    in asymmetric hydroformylation, **8**, 485
  σ-bonded carbon
    NMR, **6**, 545
  carbon η^1-compounds, **6**, 514–591
  carbon dioxide, **8**, 237
  carbonyls
    IR spectra, **6**, 283
  catalysts
    in butadiene oligomerization, **8**, 398
  α-chlorovinyl, **6**, 537
  cyclopentadienyl, **6**, 447
  ethylene
    ethylene displacement from, **6**, 635
  hydrido
    reaction with carbon dioxide, **8**, 247
  in isobutene oligomerization, **8**, 389
  ketenes, **6**, 685
  olefins
    platinum(0) olefin complex preparation from, **6**, 621
    stability constants, **6**, 662
  organolead derivatives, **2**, 669
  polynuclear
    Group IV, **6**, 1098
  tin chloride
    catalyst for hydrogenation, **8**, 344
  ylides, **6**, 511–514
Platinum compounds
  metallacyclopentane complexes
    in alkene oligomerization, **8**, 374
Platinum(0), bis(cyclooctadiene)-
  reaction with maleates, **6**, 631
Platinum(0), carbonyl-
  binuclear, **6**, 476
  heteropolynuclear, **6**, 481–485
  homopolynuclear, **6**, 476–478
  homopolynuclear anions, **6**, 478–481
    preparation, **6**, 478
    properties, **6**, 479
    reactions, **6**, 480
    structure, **6**, 480
  homopolynuclear cations, **6**, 481
  IR and X-ray diffraction, **6**, 474
  monomeric, **6**, 474–476
  preparation, **6**, 474
  properties, **6**, 474
  structure, **6**, 475
  trinuclear, **6**, 476
Platinum(0), isocyanide
  complexes, **6**, 494
Platinum(0), phosphinecarbonyl-
  preparation and properties, **6**, 474
Platinum(0) complexes
  acetylene, **6**, 691–704
    IR spectra, **6**, 696
    physical properties, **6**, 696
    preparation, **6**, 691–696
    rearrangement to platinum(II) acetylide complexes, **6**, 704
  acetylenes
    exchange reactions, **6**, 700
    IR spectra, **6**, 700
    X-ray diffraction, **6**, 698
  allenes, **6**, 683
  carbonyl compounds, **6**, 686
  conjugated dienes, **6**, 680
  diolefin dimerization and, **6**, 681
  ethylene
    bonding, **3**, 50
  Group Vb
    displacement of ligands from, **6**, 620
  olefins, **6**, 619–632
    IR spectra, **6**, 626
    physical properties, **6**, 623–628
    reactions, **6**, 629
    structure, **6**, 614–619
    UV–visible spectra, **6**, 627
    X-ray diffraction, **6**, 624
  oxidative addition
    to organic halides, mechanism, **6**, 519
  oxidative addition of organic halides to, **6**, 518
  oxidative-addition reactions
    non-halide substrates, **6**, 522
Platinum(I), carbonyl-, **6**, 486
  dinuclear, **6**, 486

Platinum(I), isocyanide-
  complexes, **6**, 496
Platinum(I) complexes
  oxidative-addition reactions, **6**, 523
Platinum(II)
  trichlorostannate complexes
    hydrogenation catalyst, **8**, 305
    hydrogenation catalysts, **8**, 309
Platinum(II), carbonyl-, **6**, 487–494
  physical properties, **6**, 490
  preparation, **6**, 488
  reactions, **6**, 491
Platinum(II), fluorophenyl-
  complexes
    ^{19}F NMR, **6**, 545
Platinum(II), 1,1,1,5,5,5-hexafluoropentane-2,4-
  dionatonallyl-
    NMR, **6**, 729
Platinum(II), hydrido-
  platinum(II) η^3-allyl complex preparation from,
    6, 720
Platinum(II), isocyanide-
  complexes, **6**, 497–502
  complexes, bonds, **6**, 498
  complexes, IR spectra, **6**, 498
  complexes, NMR, **6**, 499
  complexes, physical properties, **6**, 498
  complexes, preparation, **6**, 497
  complexes, reactions, **6**, 499
  complexes, UV and visible spectra, **6**, 499
Platinum(II), methyl-
  acetylene insertion reactions, **6**, 709
  complexes
    ^{13}C NMR, **6**, 542
    NMR, **6**, 542
    stability, **6**, 540
  platinum(II) η^3-allyl complex preparation from,
    6, 720
Platinum(II), phenyl-
  complexes
    ^{13}C NMR, **6**, 543
    NMR, **6**, 544
Platinum(II), trifluoromethyl-
  complexes
    ^{19}F NMR, **6**, 543
Platinum(II), trifluorovinyl-
  complexes
    ^{19}F NMR, **6**, 543
Platinum(II) complexes
  acetylacetone, **6**, 527
  acetylene, **6**, 704–713
    acetylene stretching frequency, **6**, 708
    IR and Raman spectra, **6**, 708
    X-ray diffraction, **6**, 706, 707
  acetylide
    formation from platinum(0) acetylene complexes, **6**, 704
    X-ray diffraction, **6**, 538
  acetylides
    reactions, **6**, 570
  acyl, **6**, 529
    reactions, **6**, 573
  2-alkenylpyridine
    bromination, **6**, 604
  alkyl
    carbonylation, **6**, 559
    IR spectra, **6**, 546
  σ-alkyl
    X-ray diffraction, **6**, 532
  alkyne, **6**, 516
  allenes, **6**, 684
  η^3-allyl, **6**, 714–731
    physical properties, **6**, 725–730
    preparation from, **6**, 715–721
    reactions, **6**, 730
    structure, **6**, 721
  allylic
    IR and Raman spectra, **6**, 730
    X-ray diffraction, **6**, 722
  aryl
    reactions, **6**, 566
    X-ray diffraction, **6**, 536
  carbenes, **6**, 503–510
    IR, **6**, 509
    NMR, **6**, 509
    preparation, **6**, 503
    reactions, **6**, 509
    structure and bonding, **6**, 508
    X-ray diffraction, **6**, 508
  carbon σ-compounds
    bonding, **6**, 539
    electronic spectroscopy, **6**, 547
    reactions, **6**, 547–573
    stability, **6**, 540
  carbon η^1-compounds, **6**, 515–573
    preparation, **6**, 515–531
    structure, **6**, 532–539
  carbonyl
    carbon–oxygen stretching frequencies, **6**, 490
  cyanoalkyl
    reactions, **6**, 565
  η^5-cyclopentadiene, **6**, 734
    reactions, **6**, 735
  dienes, **6**, 682
  fluorocarbon
    reactions, **6**, 572
  four-coordinate
    Group IV, **6**, 1096
  halogen oxidation, **6**, 582
  cis-hydridoalkyl, **6**, 551
  hydridoolefins, **6**, 673
  hydrogen/deuterium exchange, **6**, 606
  hydroxo-alkyl and -aryl, **6**, 529
  olefins, **6**, 632–680
    ESCA, **6**, 657
    IR and Raman spectra, **6**, 654
    optically active, **6**, 659
    physical properties, **6**, 641–658
    preparation, **6**, 632–641
    reactions, **6**, 660–680
    structure, **6**, 614–619
  platinum(0) acetylene complex preparation
    from, **6**, 691
  platinum(0) olefin complex preparation from, **6**,
    619
  square planar alkene complexes, **3**, 53
  tin(II)
    in hydrogenation, **6**, 674
  vinyl, **6**, 630
    reactions, **6**, 567
  σ-vinyl
    preparation from platinum acetylide complexes, **6**, 571
    X-ray diffraction, **6**, 536
  vinyl alcohol, **6**, 637
  ylides, **6**, 577
    preparation, **6**, 511
Platinum(II) salts
  reaction with olefins, **6**, 633
Platinum(III) complexes
  alkyl and aryl, **6**, 581

Platinum(IV)

Platinum(IV), carbonyl-, **6**, 494
Platinum(IV), dimethyl-
　arsine complexes, **6**, 584
　complexes, **6**, 583
　phosphine complexes, **6**, 584
Platinum(IV), isocyanide-
　complexes, **6**, 502
Platinum(IV), trimethyl-
　complexes, **6**, 585
　　IR and Raman spectra, **6**, 589
　　NMR, **6**, 588
　　NMR, **6**, 588
Platinum(IV) complexes, **6**, 581–591
　alkyl
　　physical properties, **6**, 588
　　reactions, **6**, 590
　　structure, **6**, 587
　carbenes, **6**, 510
　　preparation, **6**, 510
　　structure, **6**, 511
　η^5-cyclopentadiene, **6**, 735
　metallation, **6**, 603
　six-coordinate
　　Group IV, **6**, 1097
　ylides, **6**, 513
Plumbacarboranes, **1**, 545
　structures, **1**, 494
1-Plumbacycloalkanes, **2**, 642
1-Plumbacyclohexane, 1,1-diphenyl-
　properties, **2**, 642
1-Plumbacyclopentane, **2**, 642
1 Plumbacyclopentane, 1,1-diethyl-, **2**, 642
Plumbadicarbadodecaboranes
　preparation, **1**, 517
1-Plumba-2,3-dicarba-*closo*-dodecacarborane
　properties, **2**, 672
Plumbane
　transition metal carbonyl compounds, **6**, 1066
Plumbates, triacetatodiphenyl-
　structure, **2**, 630, 658
Plumbonic acid, alkyl-
　preparation, **2**, 654
Plumbonic acid, phenyl-
　preparation, **2**, 654
Plumboxane, 1,3-dicarboxyl-1,1,3,3-tetraphenyl-
　preparation, **2**, 657
Plumboxanes
　preparation, **2**, 657
Plumbylene
　transition metal complexes, **6**, 1054
Plumbylene, dimethyl-, **2**, 666
Plutonium
　ions
　　properties, **3**, 175
　　spectroscopy, **3**, 177
Plutonium, bis(*n*-butylcyclooctatetraene)-, **3**, 235
Plutonium, bis(cyclooctatetraene)-, **3**, 232
　anionic, **3**, 237
　magnetic susceptibility, **3**, 233
Plutonium, bis(ethylcyclooctatetraene)-, **3**, 235
P. notatum
　organoantimony compounds in, **2**, 1014
Poisson distribution
　ethylene chain growth, **7**, 374
Polarity
　main group organometallic structural types and, **1**, 2
Polarity reversal
　enones
　　dienetricarbonyliron complexes, **8**, 971

Polarized light
　irradiation of cycloheptadienone by, **4**, 452
Polarography
　η^3-allyl palladium complexes, **6**, 408
　diorganothallium compounds, **1**, 737
　diorganylmagnesium compounds, **1**, 205
　hexacarbonylvanadates, **3**, 650
　platinum(IV) alkyl complexes, **6**, 590
Polyacetylenes
　conjugated
　　preparation, Cadiot–Chodkiewicz reaction, **7**, 695
　synthesis, **7**, 693
Polyalkenes (*see also* Polyolefins)
　cyclic
　　mixtures, reaction with dodecacarbonyltriruthenium, **4**, 854
　　reaction with dodecacarbonyltriruthenium, **4**, 853
　cyclic C_8
　　ring closure to pentalenes, **4**, 856
　properties, **3**, 481
　unconjugated
　　hydroformylation, **8**, 128
Polyaluminates
　structure, **1**, 622
Polyarenes
　catalyst support on, **8**, 558
Polyaromatic compounds
　bridges
　　cyclopentadienyliron complexes, **4**, 589
　hydrogenation, **8**, 345
Polyarsines
　germyl
　　preparation, **2**, 467
　preparation, **2**, 702
Polyazosilanes, **2**, 137–143
Polyborane carbonyls
　preparation, **1**, 447
　reactions, **1**, 451
Polyboranes
　carborane synthesis from, **1**, 421, 422
　cluster compounds, **1**, 460
　reaction with alkenes, **1**, 445
　reaction with alkynes, **1**, 445
Polyboron hydrides
　alkyl
　　carborane synthesis from, **1**, 427
Polybutadiene
　butyllithium catalysts in preparation of, **3**, 536
　catalyst supported on, **8**, 560
　equibinary
　　preparation, nickel catalysed, **8**, 701
　preparation
　　nickel catalysed, **8**, 701
　structure, **3**, 478
1,2-Polybutadiene
　catalyst for preparation of, **3**, 539
1,4-Polybutadiene
　cis-
　　catalysts in preparation of, **3**, 537, 538
　　Ziegler–Natta polymerization processes for, **3**, 509
　trans-
　　catalysts for preparation of, **3**, 539
Poly-1-butene, **7**, 442
　properties, **3**, 482
　usage, **3**, 483

Polycarbonates
  synthesis, **8**, 228
Polycarbosilanes, **2**, 384
  tensile strength, **2**, 79
Polycyclic aromatic compounds
  radical anion alkali compounds, **1**, 109
Polycyclic aromatic hydrocarbons
  hydrogenation, **8**, 314
Polycyclic compounds
  with bridgehead boron atoms, **1**, 322
  diazabora analogues, **1**, 358
  with non-bridgehead boron atoms, **1**, 317
  synthesis
    Castro reaction, **7**, 691
Polycyclic hydrocarbons
  isomerization
    nickel catalysed, **8**, 629
Polycyclic systems
  saturated azaboraoxa analogues, **1**, 361
1,4-Polycyclopentadiene
  catalysts for preparation of, **3**, 541
Polycyclosilanes
  bond lengths and angles, **2**, 387
Polydiacetylenes
  catalyst supported on, **8**, 559
Polydienes, **7**, 443, 449
Polydiethylsiloxane
  characteristic ratio, **2**, 334
  liquid crystalline type order, **2**, 345
Poly(dimethylsilane)
  properties, **2**, 384
Polydimethylsiloxane
  characteristic ratio, **2**, 334
  crosslinking
    t-butyl perbenzoate and, **2**, 330
  dielectric constant
    temperature and, **2**, 351
  environmental fate, **2**, 359
  in methyl ethyl ketone
    intrinsic viscosity, **2**, 341
  network formation, **2**, 332
  oxygen permeability, **2**, 339
  polyethylacrylate composite, **2**, 238
  properties, **2**, 306
Polydimethylsiloxane, α,ω-dihydroxy-
  preparation, **2**, 328
  silicon cross-linking and, **2**, 330
Polydi-n-propylsiloxane
  characteristic ratio, **2**, 334
Polyene bridges
  bis(tricarbonyliron) complexes, **4**, 601
  carbonyldiiron complexes, **4**, 555
    reactions, **4**, 555
  dicyclopentadienyldiiron complexes, **4**, 597
  dinuclear iron–carbonyl complexes, **4**, 557
    structure in solution, **4**, 560
  dinuclear iron complexes
    preparation, **4**, 600
Polyene complexes
  16-electron, transition metal
    conformation, **3**, 63
  transition metal
    bonding, **3**, 60
    conformation, **3**, 62
  transition metals, 18-electron
    bonding, **3**, 64
Polyene ligands
  trinuclear iron complexes, **4**, 623
η^4-Polyene ligands
  cobalt complexes, **5**, 226
σ-Polyene ligands
  organometallic compounds
    fluctionality, **3**, 116–131
Polyenes
  carbalumination, **1**, 628
  coordinated
    theory, **3**, 67
    transition metal complexes, pericyclic reactions, **3**, 70
  cyclic
    iron complexes, **4**, 433
    reaction with cobalt carbonyls, **5**, 226
  cyclic hydroboration, **7**, 208
  hydralumination, **1**, 628
  hydroboration, **1**, 322; **7**, 204–216, 208
  hydrogenation, **8**, 337
    homogeneous catalysts, **8**, 332
    mechanism, **8**, 310
  iridium complexes, **5**, 607
  isomerization
    iron carbonyls in, **8**, 940
  non-conjugated, **5**, 187
  reductive silylation, **2**, 37
  selective hydrogenation
    catalysis by supported ruthenium complexes, **4**, 960
    supported catalysts and, **8**, 567
  synthesis
    from 1-alkenylmercuric halides, **7**, 683
  transition metal complexes
    bonding, **3**, 47–75
  unconjugated
    reaction with allyl halides, **8**, 160
Polyenyl complexes
  transition metal
    bonding, **3**, 60
Polyepoxides, **7**, 453
Polyethers
  preparation
    aluminum alkyls in, **1**, 578
Poly(ethyl acrylate)
  polydimethylsiloxane composite, **2**, 238
Polyethylamine
  in preparation of symmetrical diorganomercurials, **2**, 892
Polyethylene, **7**, 446
  formation
    tetracarbonyl(η-cyclopentadienyl)vanadium as catalyst, **3**, 665
  industrial production
    development, **3**, 476
  properties, **3**, 480
  usage, **3**, 482
  Ziegler–Natta polymerization processes for, **3**, 509
Polyethylene wax, **7**, 451
Polyethylenimine
  catalyst supported on, **8**, 560
Polyfluorophenyl derivatives
  thallium, **1**, 726
Polygermanes
  functional germylene preparation from, **2**, 479
  Group VIB derivatives, **2**, 470
  organoalkylthio
    decomposition, **2**, 447
  organohalohydro
    preparation, **2**, 427
  organohydro
    preparation, **2**, 427
  preparation, **2**, 424
Polyhalo compounds

Polyhalo compounds
    metallation, **1**, 163
    solvents for aluminum alkyls, **1**, 658
Polyhedra
    rearrangement
        metallacarboranes synthesis by, **1**, 480
    skeletal electron population, **1**, 469
    8-vertex
        Wade's rules, **1**, 473
arachno-Polyhedra
    structure, **1**, 464
closo-Polyhedra
    structures, **1**, 463
hypho-Polyhedra
    structure, **1**, 464
nido-Polyhedra
    structure, **1**, 464
Polyhedral contraction
    11- and 12-vertex cobaltacarboranes, **1**, 510
    9- and 10-vertex metallacarborane synthesis by, **1**, 504
    metallacarborane synthesis by, **1**, 485
    11-vertex *closo*-metallacarborane synthesis by, **1**, 510
Polyhedral expansion
    11- and 12-vertex cobaltacarboranes, **1**, 510
    9- and 10-vertex metallacarborane synthesis by, **1**, 502
    nido-carborane synthesis by, **1**, 504
    metallacarborane synthesis by, **1**, 485
    11-vertex carboranes or metallacarboranes, **1**, 517
    12-vertex metallaboranes, **1**, 530
    10-vertex *closo*-metallacarboranes, **1**, 512
    11-vertex metallacarborane synthesis by, **1**, 510
Polyhedral skeletal electron pair approach, **3**, 22
Polyhedra structure
    skeletal electron population and, **1**, 467
Polyhydroxy compounds
    silicon protection, **7**, 582
Poly(iminomethylene)
    preparation
        nickel catalysed, **8**, 794
Polyisoprene
    catalyst for preparation of, **3**, 539
    preparation
        nickel catalysed, **8**, 702
    structure, **3**, 479
1,4-Polyisoprene
    cis-
        catalysts in preparation of, **3**, 540
        properties, **3**, 482
        usage, **3**, 483
        Ziegler–Natta polymerization processes for, **3**, 509
    trans-
        properties, **3**, 482
        usage, **3**, 483
Poly(*S*-leucine)
    palladium supported on
        catalyst in hydrogenation of α-acetamidocinnamic acid, **8**, 581
Polylithium compounds, **1**, 107
    bonding
        calculation, **1**, 77
    synthesis, **1**, 64
Poly-L-lysine
    support for copper(II) complexes
        asymmetric hydrogenation and, **8**, 581

Polymer helix
    in Ziegler–Natta polymerization
        stereoregulation and, **3**, 500
Polymerization, **1**, 666
    acetaldehyde
        tetraethyldialuminoxane in, **1**, 667
    alkenes
        actinide complexes in, **3**, 262
        bis(η-arene)chromium complexes as catalysts in, **3**, 1000
        catalysis by ruthenium complexes, **4**, 957
        lanthanide complexes and, **3**, 210
        nickel catalysed, **8**, 618
        organoaluminum compounds and, **1**, 578
        platinum complexes and, **6**, 679
        stereochemistry, **1**, 559
        titanium–aluminum catalysts, **3**, 321
        titanium aluminum hydride catalyst, **3**, 322
    alkynes
        platinum complexes and, **6**, 713
        platinum(II) halides and **6**, 706
        supported metal catalysts in, **8**, 593
    anionic
        octamethylcyclotetrasiloxane, **2**, 325
    arylalkenes
        organometallic compounds in, **7**, 6
    bis(trityl)barium and, **1**, 232
    butadiene
        actinide complexes in, **3**, 262
        alkoxyaluminum titanium complexes as catalysts in, **3**, 322
        π-allyl cobalt complexes in, **5**, 221
        nickel catalysed, **8**, 701
        sodium in, **1**, 558
    cationic
        organoaluminum compounds in, **7**, 398
    conjugated dienes
        stereospecific, **7**, 445
    cycloolefin ring-opening, **7**, 451
    dienes, **7**, 8
        organometallic compounds in, **7**, 6
    1,3-dienes
        nickel catalysed, **8**, 701, 702
    diorganothallium chelates, **1**, 735
    emulsion
        cyclic siloxanes, **2**, 328
    ethylene, **7**, 368
        actinide complexes in, **3**, 262
        benzyltitanium complexes as catalysts, **3**, 443
        σ-hydrocarbyl titanium complexes as catalysts, **3**, 467
        nickel catalysed, **8**, 616
        organotitanium hydrides in, **3**, 297
        organozirconium catalysts in, **3**, 556
    functionalized monomers
        supported catalyst preparation by, **8**, 562
    halogenoorganocalcium compounds in, **1**, 230
    homogeneous catalysts
        titanium based, **3**, 321
    of hydrogenation catalysts, **8**, 330
    initiation
        organometallic compounds, **7**, 8
    mechanism, **8**, 503
    organoaluminum compounds, **1**, 666
    organozinc compounds in, **2**, 851
    propylene, **7**, 368
    ring opening
        cyclic olefins, **8**, 502

molecular weight distribution and, **8**, 505
  in octamethylcyclotetrasiloxane, **2**, 324
 siloxanes, **2**, 322
 stereoselectivity, **8**, 543
 styrene
  alkoxyaluminum titanium complexes as catalysts in, **3**, 322
  in Grignard reagent reactions, **1**, 193
  organoaluminum compounds and, **1**, 667
  organoaluminum compounds in, **1**, 577
  supported catalysts in, **8**, 599
  titanium trichloride structure and, **3**, 486
  vinyl monomers, **7**, 9
  Ziegler–Natta catalysts, **7**, 442
Polymer matrix
 effect on rate of hydrogenation
  polymer-bound Vaska's complex, **8**, 579
Polymer membranes
 metal clusters bound to, **8**, 605
Polymers
 catalysts supported on
  selectivity, polymer matrix and, **8**, 566–573
 catalyst supported on
  reviews, **8**, 553
 catalyst support on, **8**, 553–605
 cyanomethylated
  catalyst support on, **8**, 558
 hydroformylation, **8**, 138
 hydrogenation, **8**, 340
 hydrophilic
  as catalyst supports, **8**, 564
 preformed
  synthesis of supported catalysts from, **8**, 554–562
 soluble
  as support for catalysts, **8**, 554
  as supports for Ziegler–Natta alkene polymerization catalysts, **3**, 531
Poly(methallyl alcohol)
 supported catalysts, **8**, 559
Poly(methylarsine)
 preparation, **2**, 702
Polymethylene
 synthesis
  ruthenium catalysts, **8**, 44
Polymethylene waxes
 preparation, **8**, 43
Poly(L-methylenimine)
 support for rhodium catalysts
  asymmetric hydrogenation by, **8**, 581
Poly-L-methylethylenimine
 catalyst supported on, **8**, 560
Polymethylhydrosiloxane
 preparation, **2**, 115
Poly(4-methylpentene)
 properties, **3**, 482
Poly(4-methyl-1-pentene), **7**, 442
 usage, **3**, 483
Polynorbornene, **7**, 452
 manufacture, **8**, 503
Polynuclear aromatic compounds
 hydrogenation
  catalysis by ruthenium complexes, **4**, 933
Polynuclear aromatic hydrocarbons
 photofixation of carbon dioxide by, **8**, 228
Polynuclear complexes
 fluctionality, **3**, 163
Polynucleotides
 methylmercury complexes
  structure, **2**, 933
Polyolefins
 cyclic
  reaction with ruthenium Group IV carbonyls, **6**, 1074
 hydroformylation, **8**, 138
 hydrogenation
  organoplatinum complexes in, **6**, 473
Polyols
 stereoselective synthesis
  hydroboration in, **7**, 213
 synthesis
  hydrocondensation of carbon monoxide, **8**, 87
 synthesis from polyenes
  hydroboration in, **7**, 204
1,4-Polypentadiene
 trans-
  catalysts for preparation of, **3**, 541
Polypentenamer
 stereochemistry
  catalysts and, **8**, 540
 synthesis, **8**, 539
Polypentene, **7**, 452
Poly(phenylarsine)
 preparation, **2**, 702
Polyphenylmethylsiloxane
 stereochemical variability, **2**, 334
Polyphosphines
 nickel complexes, **6**, 26
 silyl, **2**, 151
Polypropylene, **7**, 447
 isotactic, **7**, 442, 444, 447
  properties, **3**, 480
 preparation
  organoaluminum compounds in, **7**, 446
  Ziegler–Natta polymerization processes for, **3**, 506
 structure, **3**, 477
 syndiotactic, **7**, 448
 usage, **3**, 482
Poly(pyrazolyl)borate anions
 reaction with dodecacarbonyltriruthenium and halogens, **4**, 868
Polypyrazolyl ligands
 pentamethylcyclopentadienyl rhodium complexes, **5**, 370
Polysilanes, **2**, 105–109
 anion-radicals, **2**, 393
 bond strengths, **2**, 385
 cage, **2**, 383
 cation-radicals, **2**, 393
 charge transfer complexes, **2**, 395
 cyclic, UV spectra, **2**, 388
 cyclic alkyl
  reactions, **2**, 381
  synthesis, **2**, 378
 electronic spectra, **2**, 388
 C-functional
  reactions, **2**, 369
 high polymers, **2**, 384
 methyl
  isomerization, **2**, 106
 NMR, **2**, 388
 oxidation with aluminum chloride in methylene chloride, **2**, 394
 permethyl-
  ionization, **2**, 392
 photoelectron spectra, **2**, 390
 photolysis, **2**, 212, 375
 pyrolysis, **2**, 79
 silicon-functional

Polysilanes

reactions, 2, 368
structures, 2, 385
synthesis, 2, 105
Polysilanes, alkyl-, 2, 372–385
  acyclic, 2, 372
  free radical chlorination, 2, 369
Polysilanes, aryl-
  synthesis, 2, 369
Polysilanes, cyano-
  preparation, 2, 374
Polysilanes, α,ω-dichloro-
  reaction with methyl Grignard reagent, 2, 374
Polysilanes, dihalomethyl-
  NMR, 2, 388
Polysilanes, methyl-
  photoelectron spectra, 2, 390
Polysilanes, methylphenyl-, 2, 384
Polysilanes, permethyl-
  preparation, 2, 372
  properties, 2, 385
  UV spectra, 2, 388, 389
  vibrational spectra, 2, 387
Polysilanes, perphenyl-
  vibrational spectra, 2, 387
Polysilanes, phenylmethyl-
  irradiation, 2, 384
Polysiloxanes
  stability
    applications, 2, 345
Polysiloxanes, dichloro-
  polymerization, 2, 323
Polystibines
  germyl
    preparation, 2, 467
Polystyrene
  bis(triphenylphosphine)hydridorhodadicarbadodecaborane in, 1, 523
  catalyst support on, 8, 558
  halogenated
    catalyst support on, 8, 558
  microporous supports
    polar selectivites in catalytic hydrogenation, 8, 569
  nonacarbonyltricobalt support on, 8, 566
  phosphinated
    cobalt catalyst support, 8, 569
    rhodium catalyst support on, selectivity, 8, 568
  reaction with ruthenium complexes
    supported catalysts from, 4, 961
Poly(styryl)bipyridine
  catalyst binding to, 8, 557
Polytitanoxanes
  preparation, 3, 382
Polytransesterification
  in preparation of supported catalysts, 8, 562
Polytrifluoropropylmethylsiloxane
  dispersive component, 2, 341
  stereochemical variability, 2, 334
Polyunsaturated compounds
  conjugated
    germylene addition reactions, 2, 486
Polyurethanes
  polysiloxane composite, 2, 339
Poly(vinyl alcohol)
  catalyst supported on, 8, 559
Poly(vinylbenzylthiol)
  reaction with tetracarbonyldichlorodirhodium, 8, 558
Poly(vinyl chloride)
  diorganotin compounds in, 2, 990
  stabilization
    organotin compounds in, 2, 614
Poly(vinylpyridine)
  catalyst supports, 8, 569
Poly(2-vinylpyridine)
  catalyst support on, 8, 558
Poly(4-vinylpyridine)
  catalyst support on, 8, 559
Porphyrin, octaethyl-
  rhenium complexes, 4, 198
  ruthenium complexes, 4, 715
Porphyrin, tetraphenyl-
  carbonyl rhodium complexes, 5, 296
  rhodium hydride complexes, 5, 388
Porphyrin, meso-tetraphenyl-
  rhenium complexes, 4, 198
  ruthenium complexes, 4, 715
Porphyrin complexes
  rhenium, 4, 197
  technetium, 4, 197
Porphyrin derivatives
  ruthenium complexes, 4, 715
Porphyrin ligands
  carbonyl rhodium complexes
    reaction with alkoxides, 5, 377
  rhodium complexes, 5, 377
    metallation, 5, 388
Porphyrins
  carbonyl rhodium complexes, 5, 292
  germyl, 2, 454
  iridium complexes, 5, 557
  osmium complexes, 4, 993
  reaction with dodecacarbonyltriruthenium, 4, 868
  synthesis, 7, 471
Porphyrins meso-tetraphenyl-
  iron complexes, 4, 585
Porphyrin systems
  as hydrogen catalyst, 8, 349
Potassiation
  ferrocene, 8, 1041
Potassium
  hexamethyldisilazane derivatives, 2, 128
  metallic
    reaction with carbon dioxide, 8, 266
    reaction with alkylaluminum chlorides, 1, 600
    reaction with organotin halides, 2, 560
Potassium, alkyl-
  reaction with alkenes, 7, 3
  reaction with ketones, 7, 24
Potassium, alkylallyl-
  rotational barriers, 1, 102
Potassium, butyl-
  as metallating agent, 1, 55
Potassium, cyclopropyl-
  chiral, 1, 73
Potassium, ethyl-
  as metallating agent, 1, 55
Potassium, methyl-
  structure, 1, 21, 45
  structure in solid state, 1, 66
Potassium, (triethylsilyl)-, 2, 101
Potassium, [(trimethylsilyl)methyl]-
  as metallating agent, 1, 55, 97
Potassium, (triphenylsilyl)-
  preparation, 7, 609
Potassium acetylide
  platinum(II) acetylide complexes
    preparation from, 6, 516
Potassium (alkene)tris(trimethylphosphine)cobaltate

preparation, **5**, 178
Potassium bis(trimethylsilyl)amide, **7**, 594
Potassium bis((trimethylsilyl)methyl)gallate
  molecular weight, **1**, 684
Potassium *t*-butoxydiethylberylate
  dimer, **1**, 141
Potassium chloride
  complex with triethylaluminum, **1**, 613
Potassium compounds
  tin, **2**, 587
Potassium di-*s*-butylhydridomagnesate
  formation, **1**, 209
Potassium dicarbonyltetracyanomanganate
  preparation, **4**, 59
Potassium fluoride diethylberylate, **1**, 140
Potassium hexadecacarbonylphosphidohexacobaltate
  preparation, **5**, 45
Potassium hexaethynylcobaltate
  preparation, **5**, 138
Potassium hexaethynylcobaltate(II)
  oxidation, **5**, 78
Potassium hexakis(1-propynyl)cobaltate
  preparation, **5**, 138
Potassium hydride
  reaction with decacarbonyldimanganese, **4**, 24
Potassium hydridotetraphenyldimagnesate
  formation, **1**, 209
Potassium hydroxide
  reaction with decacarbonyldimanganese, **4**, 25
Potassium pentacyano(1,1,2,2-tetrafluoroethyl)cobaltate
  crystal structure, **5**, 142
Potassium pentadecacarbonylhexacobaltate
  properties, **5**, 15
Potassium pentadecacarbonylnitridohexacobaltate
  preparation, **5**, 45
Potassium selenocyanate
  reaction with organoboranes, **1**, 289
  reaction with pentacarbonylchloromanganese, **4**, 60
Potassium superoxide
  reaction with chloro(cyclooctadiene)rhodium dimer, **5**, 463
Potassium tetracarbonylbis(isothiocyanatomanganate)-
  preparation, **4**, 59
Potassium tetracarbonyl(tricyclohexylphosphine)manganate
  preparation, **4**, 24
  reaction with carbon disulfide, **4**, 28
Potassium tetrachloropalladate
  supported catalyst, **8**, 560
Potassium tetramethylgallate
  preparation, **1**, 709
Potassium thiocyanate
  reaction with organoboranes, **1**, 289
  reaction with pentacarbonylchloromanganese, **4**, 60
Potassium tricarbonyltricyanomanganate
  preparation, **4**, 59
Potting compounds
  curing, **2**, 329
Praseodymium
  alkene complexes, **3**, 206
  (cyclohexylisocyanido)tris(cyclopentadienyl), **3**, 183
  Group IV complexes, **6**, 1101
  ions
    properties, **3**, 175
    oxidation states, **3**, 177
Praseodymium complexes
  bis(cyclopentadienyl) halides, **3**, 185
  carbonyl, **3**, 180
  tetrakis(hydrocarbyl) anions, **3**, 197
Prebullvalene ether
  iron–carbonyl complexes, **4**, 598
(−)-Pregna-5,16-dien-20-one, 3β-acetyloxy-tricarbonyliron complex
  asymmetric synthesis and, **8**, 1004
Prenylation
  π-allylpalladium complexes in, **8**, 818
Preservation
  organotin compounds in, **2**, 612
Proline
  reaction with trimethylgallium, **1**, 718
Proline, dehydro-
  synthesis, **7**, 242
Promethium
  ions
    properties, **3**, 175
Promethium complexes
  tris(cyclopentadienyl), **3**, 180
Promoters
  resin-bound, **8**, 604
Promotional energy
  for hydrogen addition, **8**, 348
  for oxidative addition, **8**, 294
Propadiene
  dihydroboration, **7**, 218
Propadiene, 1,1-diphenyl-
  reaction with diisobutylaluminum hydride, **7**, 381
Propagation
  in propylene polymerization
    with supported catalysts, **3**, 520
  at transition metal alkyls
    in Ziegler–Natta polymerization, **3**, 490
  in Ziegler–Natta polymerization
    at activator alkyl, **3**, 489
    mechanism, **3**, 488
Propane
  elimination from propylpropeneruthenium complexes, **4**, 746
Propane, 2-diazo-
  cyclopropanation of troponetricarbonyliron complexes with, **8**, 973
Propane, 1,3-dibromo-
  reaction with pentacarbonylmanganates, **4**, 16
Propane, 1,3-dicyano-
  preparation, **8**, 355
Propane, 2-methyl-
  reaction with tetracarbonylhydridocobalt, **5**, 49
Propane, 1-nitro-
  telomerization with butadiene, **8**, 437
Propane, 2-nitro-
  telomerization with butadiene, **8**, 437
1,2-Propanedione dianil
  reaction with organoaluminum compounds, **7**, 435
1-Propanesulphonic acid, 3-(trimethylsilyl)-
  esters
    in NMR, **2**, 29
Propanoic acid, aryl-
  preparation from styrenes, **7**, 471
Propanoic acid, β-benzoyl-
  rearrangement, **7**, 483
Propanoic acid, 2,2-dimethyl-
  methyl ester
    synthesis, **7**, 411
Propanoic acid, 2,3-diphenyl-3-methoxy-
  methyl ester

Propanoic acid

preparation, **7**, 475
Propanoic acid, 2-(4'-isobutylphenyl)- — see Ibuprofen
Propanoic acid, 2-(6-methoxy-2-naphthyl)- — see Naproxen
Propanoic acid, 3-phenyl-
thallation/iodination, **7**, 501
Propanoic acid, 3-phenyl-2,3-epoxy-
ethyl ester
reaction with organoaluminum compounds, **7**, 426
2-Propanol
hydrogen–deuterium exchange
catalysis by ruthenium complexes, **4**, 947
hydrogen transfer to cyclic alkenes
catalysis by ruthenium complexes, **4**, 949
Propan-1-one, 3,3-dimethoxy-1,2-diphenyl-
preparation
organothallium compounds in, **7**, 474
Propan-2-one, 1,1,1-triphenyl-
reaction with trimethylaluminum, **7**, 417
Propargyl acetate
reaction with organometallic compounds, **7**, 52
Propargyl alcohol
addition reactions
organometallic compounds, **7**, 4
cooligomerization with acetylene, **8**, 417
hydroboration, **7**, 139
telomerization with butadiene, **8**, 432
Propargylamine
addition reactions
organometallic compounds, **7**, 4
Propargyl chloride
hydroboration, **7**, 311, 316
Propargylic acetates
reaction with lithium organocuprates, **7**, 707
Propargylic acid
cyclooligomerization, **8**, 412
Propargylic compounds
metallation, **1**, 57, 107
Propargyl ligands
organomanganese complexes
cyclization, **4**, 90
η^1-Propargyl ligands
iron complexes
reactions, **4**, 346
[4.4.2]Propellane
reaction with hexacarbonylmolybdenum, **3**, 1171
[4.4.3]-Propellane ether bridges
dicyclopentadienyldiiron complexes, **4**, 597
[4.4.3]-Propellane imide bridges
dicyclopentadienyldiiron complexes, **4**, 597
Propeller rotation
about metal–alkene bond axis
in (η-cyclopentadienyl)bis(ethylene)rhodium, **5**, 278
of ethylene in cyclopentadienyl ethylene rhodium complexes, **5**, 436
β-Propiolactone
preparation by oxacarbonylation, **8**, 208
Propiolic acid
ethyl ester
ruthenium complexes, **4**, 735
methyl ester
reaction with cyclopentadienylbis(triphenylphosphine)cobalt, **5**, 139
reaction with octakis(trifluorophosphine)dirhodium, **5**, 459
Propionaldehyde

dimerization
nickel catalysed, **8**, 737
Propionic acid
methyl ester
reaction with alkenes, **7**, 404
preparation
nickel catalysed, **8**, 775
organoaluminates in, **7**, 394
Propionic acid, 2-(3-benzoylphenyl)- — see Ketoprufen
Propionic acid, 2-bromo-
reaction with nickelocene, **8**, 729
Propionic acid, 2-cyclopentadienyl-
reaction with nickelocene, **8**, 729
Propionic acid, 2-(2-naphthyl)-
synthesis
from 2-acetylnaphthalene, **7**, 421
Propionic acid, α-oxo-
isobutyl ester
asymmetric hydrogenation, **8**, 477
Propionic acid, 3-(trihydroxygermyl)-
as blood-pressure depressants, **2**, 403
Propionic acid, 3-(trimethylsilyl)-
esters
in NMR, **2**, 29
Propionitrile, 2-(diethoxymethylsilyl)-
preparation, **2**, 316
Propionitrile, 3,3-dimethyl-2,3-epoxy-
reaction with organoaluminum compounds, **7**, 426
Propionitrile, 2-(triethoxysilyl)-
preparation, **2**, 315
Propiophenone, 4-isobutyl-
ibuprofen methyl ester preparation from, **7**, 482
Propylamine, (triethoxysilyl)-
preparation, **2**, 314
Propylazide, 2H-hexafluoro-
reaction with dodecacarbonyltriruthenium, **4**, 869
Propylene
carbonylation
catalysis by ruthenium complexes, **4**, 940
nickel catalysed, **8**, 775
codimerization with butadiene, **8**, 421
nickel catalysed, **8**, 684
co-dimerization with styrene
catalysis by ruthenium complexes, **4**, 956
π-complexes with mercury dihalides, **2**, 867
cooligomerization with butadiene
nickel catalysed, **8**, 684
cooligomerization with ethylene, **8**, 414
copolymer with ethylene, **7**, 449
cotrimerization with styrene
supported catalysts in, **8**, 567
cyclooligomerization, **8**, 390
dimerization, **7**, 380, 451
π-allylnickel halide and organoaluminum dihalides in, **1**, 665
lanthanide complexes, **3**, 210
nickel catalysed, **8**, 617, 619
nickel catalysed, kinetics, **8**, 617
nickel catalysed, phosphine and, **8**, 617
nickel catalysed mechanism, **8**, 619
organoaluminum compounds in, **1**, 579, 664
homogeneous hydrogenation, **4**, 933
hydroalumination
selectivity, **7**, 380
hydrocyanation
nickel catalysed, **8**, 632
hydroformylation, **8**, 157

catalysis by ruthenium complexes, **4**, 940
hydrogenation
   actinide complexes in, **3**, 262
   insertion into ruthenium–hydrogen bonds, **4**, 746
metathesis, **8**, 500
mixed dimerization with ethylene
   triethylaluminum in, **1**, 664
oligomerization, **8**, 384–388
   non-Ziegler–Natta catalysts, **8**, 388
   Ziegler–Natta catalysts, **8**, 385
osmium complexes, **4**, 1022
oxidation, **7**, 484
oxidative addition to ruthenium(0) complexes, **4**, 744
polymerization, **7**, 368, 447
   (η-cyclopentadienyl)trimethyltitanium and, **3**, 358
   organotitanium compounds as catalysts in, **3**, 271
   titanium catalysts, **3**, 510
   Ziegler–Natta catalysts in, **3**, 477
random propylene copolymer
   Ziegler–Natta polymerization processes for, **3**, 507
reaction with nickel hydride, **6**, 38
reaction with palladium chloride, **6**, 386
reaction with tetrahydrotris(triphenylphosphine)ruthenium, **4**, 746
reaction with triethylaluminum, **1**, 638
reaction with trimethylaluminum, **1**, 638
ruthenium complexes, **4**, 741
Ziegler–Natta polymerization
   solution processes, **3**, 509
Propylene, (Z)-1-alkyl-
   metallation, **1**, 57
Propylene, 3-chloro-
   reaction with organoaluminates, **7**, 401
   reaction with silicon, **2**, 307
Propylene, hexafluoro-
   allylruthenium complexes from, **4**, 745
   reaction with (η-allyl)tricarbonylcobalt, **5**, 221
   reaction with hexacarbonylvanadium, **3**, 655
   reaction with tricarbonyl(diene)iron, **4**, 409
   ruthenium complexes, **4**, 733
Propylene, 2-methyl-
   hydroboration, **1**, 275
   hydroformylation, **8**, 129
Propylene, 2-methyl-1-lithio-1-phenyl-
   isomerization, **1**, 96
Propylene, 3,3,3-triphenyl-
   reaction with triphenylaluminum, **1**, 610
Propylene carbonate
   synthesis, **8**, 228
Propylene oxide
   copolymerization with carbon dioxide
      organoaluminum compounds and, **1**, 667
   deoxygenation
      titanium compounds in, **3**, 274
   polymerization
      organoaluminum compounds in, **7**, 430, 453
   reaction with carbon dioxide, **8**, 271
   reaction with phenyl iodide and carbon monoxide
      nickel catalysed, **8**, 785
Propyne
   carbonylation
      nickel catalysed, **8**, 774
   cooligomerization with allene, **8**, 428

lithiated
   bonding, calculations, **1**, 77
lithiation, **1**, 57
reaction with carbon dioxide, **8**, 279
reaction with cobalt(III) complexes, **5**, 87
reaction with europium and ytterbium, **3**, 201
reaction with triosmium cluster compounds, **4**, 1036
trimerization
   nickel catalysed, **8**, 651
Propyne, 1-aryl-
   acetoxymercuration, **2**, 886
Propyne, hexafluoro-
   reaction with bis(cyclooctadiene)platinum, **6**, 695
Propyne, lithio-
   theory, **1**, 107
Propyne, phenyl-
   reaction with palladium complexes, **6**, 463
Propyne, 1-phenyl-
   hydroboration, **7**, 221
   lithiation, **1**, 107
Propyne, tetralithio-
   preparation, **1**, 57, 64
Propyne, 3,3,3-trifluoro-
   reaction with pentacarbonylrhenium anions, **4**, 213
   trimerization with dicarbonyl(η^5-cyclopentadienyl)methyliron, **4**, 495
Propynoic acid
   ethyl ester
      hydroboration, **7**, 312
2-Propyn-1-ol
   cyclooligomerization, **8**, 412
Prostaglandin, 15-deoxy-7-oxa-
   synthesis, **7**, 426, 427
Prostaglandin-A_2
   synthesis, **7**, 708
Prostaglandin-D_2
   synthesis, **7**, 706
Prostaglandin $F_{2\alpha}$
   reaction with thallium(III) compounds, **7**, 490
Prostaglandin $F_{1\alpha}$ alcohol
   synthesis, **7**, 427
Prostaglandins
   asymmetric synthesis
      hydroboration in, **7**, 245
   hydrogenation
      homogeneous catalysts, **8**, 333
   PGC_2
      synthesis, iron carbonyls in, **8**, 941
   synthesis, **7**, 420, 423, 426; **8**, 824, 881
      hydroboration in, **7**, 215
      hydrocyanation in, **8**, 353
   synthesis, hydrozirconation in, **3**, 555
Prosthetic devices
   silicones in, **2**, 359
Prostate cancer
   silicon compounds in treatment of, **2**, 78
Protactinium
   ions
      properties, **3**, 175
Protactinium, bis(cyclooctatetraene)-, **3**, 232
Protactinium, tetrakis(cyclopentadienyl)-, **3**, 214
Proteins
   iron–sulfur, **4**, 638
   in hydrogenases, **8**, 330
Protium–tritium isotope effects

Protium–tritium isotope effects

in alcoholysis of tri-*n*-octylaluminum, **1**, 651
Protocatechiuic acid
  vanadium(II) system
    in dinitrogen reduction, **8**, 1086
Protodealumination, **1**, 651
  organoaluminum compounds, **1**, 632
  triorganoaluminum compounds, **1**, 631
Protodeboronation
  ferrocene derivatives, **8**, 1024
  intramolecular, **1**, 287
  organoboranes, **1**, 286–287
  reagents, **1**, 286
Protodemercuration
  cymantrenyl derivatives, **8**, 1023
  ferrocenyl derivatives, **8**, 1023
  organomercury compounds, **2**, 966
Protodesilylation
  ferrocene derivatives, **8**, 1024
Protodethallation, **7**, 497, 505
Protolysis
  trialkylthallium, **1**, 729
Protonation
  (η^1-acetylides)(η-cyclopentadienyl)-, **4**, 790
  alkali metal hydrocarbon dianions, **1**, 114
  alkene rhodium complexes, **5**, 398
  alkylaquocobaloximes, **5**, 125
  alkylidene niobium complexes, **3**, 726
  alkylidene tantalum complexes, **3**, 726
  alkynylborates, **7**, 341
  alkynylidynenonacarbonyltricobalt, **5**, 173
  η^3-allyl(alkyl)nickel complexes, **6**, 83
  η^3-allylnickel complexes, **6**, 160
  arene–metal carbonyl complexes, **8**, 1026
  benchrotrene derivatives, **8**, 1025
  bicyclo[4.2.0]octa-2,4-diene cobalt complexes, **5**, 239
  (butadiene)tricarbonyliron, **4**, 471
  carbidopentadecacarbonylpentairon, **4**, 645
  η^1-carbon rhenium complexes, **4**, 229
  carbonylcyclopentadienylrhodium complexes, **5**, 359
  carboxylate complexes, **8**, 302
  cyclic polyene–iron complexes, **4**, 404
  η^4-cyclopentadienone cobalt complexes, **5**, 239
  cyclopentadienyl metal carbonyl complexes, **8**, 1026
  cyclopentadienyl rhodium complexes, **5**, 384
  cymantrene derivatives, **8**, 1025
  decacarbonyl(μ_2-carbonyl)hydridotriruthenium, **4**, 863
  dicarbonylbis(η-cyclopentadienyl)(μ-diphenylacetylene)diruthenium, **4**, 828
  dicarbonyl(η-cyclopentadienyl)ruthenium dimer, **4**, 825
  η^4-diene cobalt complexes, **5**, 238
  η^4-diene–iron complexes, **4**, 403, 407
  dodecacarbonyltriruthenium, **4**, 667
  ferrocene derivatives, **8**, 1025
  ferrocenes, **4**, 483
  heteronuclear metal–metal bonded compounds, **6**, 814
  heteronuclear metal–metal bond formation and, **6**, 787
  iron–alkene complexes, **4**, 395
  iron–iron bonds, **4**, 590
  metal carbonyl complexes, **8**, 111
  metal complexes, **8**, 302
  metallocenes, **8**, 1025
  methyltetrakis(trimethyl phosphite)cobalt, **5**, 72
  nickelocenes, **8**, 1025
  nonacarbonyl(*t*-butylacetylene)hydridotriruthenium, **4**, 860
  octacarbonyldiferrates, **4**, 259
  organoalkali metal compounds, **1**, 47
  organocobalt(III) complexes, **5**, 124
  η^1-organoiron complexes, **4**, 346, 352
  organolithium compounds
    enthalpies, **1**, 48
  organopolyboranes, **1**, 450
  osmium–heteroallene complexes, **4**, 996
  pentacarbonylmanganates, **4**, 28
  pentadecacarbonylhexacobaltates, **5**, 17
  reaction with hexacarbonyldiiron disulfide, **4**, 280
  rhodicinium cations, **5**, 357
  ruthenocene, **4**, 763
  ruthenocenes, **8**, 1025
  tetracarbonylferrates, **4**, 254
  tricarbonyl(cyclooctatetraene)iron, **4**, 497
  tricarbonyl(cyclooctatetraene)ruthenium, **4**, 756
  tricarbonylcyclopentadienyl(triphenylphosphine)vanadium, **3**, 666
  tricarbonylcyclopentadienylvanadium, **3**, 667
  tricarbonyl(diene)iron complexes, **4**, 466
  tridecacarbonyltetraferrates, **4**, 266
  triosmium cluster compounds, **4**, 1053
  undecacarbonyltriferrates, **4**, 264
Proton elimination
  platinum(II) acetylene complexes, **6**, 711
Protonolysis
  alkenylboranes, **7**, 305
  alkenylboron compounds, **7**, 316
  alkylboron compounds, **7**, 270
  alkynylboranes, **7**, 338
  allylic organoboranes, **7**, 354
  η^3-allylnickel complexes, **6**, 164, 169
  arylboron compounds, **7**, 326
  bis(η^3-allyl)nickel complexes, **6**, 156
  copper–carbon bonds, **2**, 743–746
  diethylcadmium, **2**, 856
  metal alkyls, **8**, 309, 313
  metal hydrides, **8**, 297
  nickel alkyl complexes, **6**, 70, 75, 78
  organoboranes, **7**, 120
  organomercury compounds, **2**, 965
  organozinc compounds, **2**, 846
  perhydro-9b-boraphenalene, **1**, 323
  silver–carbon bonds, **2**, 743–746
Pschorr reaction, **7**, 690
Pseudohalides
  anionic complexes with organic mercury compounds, **2**, 939
  aryl
    Heck arylation, **8**, 861–867
  bis(cyclopentadienyl)vanadium complexes, **3**, 683
  carbonylation, **8**, 905
  coupling reactions with unsaturated compounds, **8**, 910–926
  cyclopentadienylruthenium complexes, **4**, 777
  reaction with organohydrogermanes, **2**, 431
  silyl, **2**, 143–146
    preparation, **2**, 143
    reactions, **2**, 143
  sulfur nitrogen analogues
    silyl, **2**, 143–146
Pseudohalogens
  oxidative addition to pentacarbonyliron, **4**, 250
  reaction with dodecacarbonyltriruthenium, **4**, 883

Pseudoionone
  isomerization
    catalysis by ruthenium complexes, **4**, 942
Pseudoisocytidine
  synthesis
    iron carbonyls in, **8**, 947
Pseudomecanin
  synthesis, **8**, 906
Pseudorotation
  in five-coordinate metal alkene complexes, **3**, 58
  transition metal alkene complexes, **3**, 67
Pseudouridine
  synthesis
    iron carbonyls in, **8**, 947
Pseudouridine, 6-aza-
  synthesis
    iron carbonyls in, **8**, 948
Pseudouridine, 2-thio-
  synthesis
    iron carbonyls in, **8**, 947
Ptercarpin
  synthesis, **8**, 856
(+)-Pulegone
  asymmetric synthesis from, **8**, 1004
Pulsed Fourier Transform techniques
  for ^{119}Sn, **2**, 527
Pumiliotoxin C
  synthesis, **7**, 559
Pupukeanane, 9-isocyano-
  synthesis, **7**, 559
Purine
  reaction with chloropentaammineruthenium dichloride, **4**, 686
Purine nucleosides
  coupling reactions with alkynes, **8**, 914
pK values
  carbocations
    stabilized by cyclopentadienyl and arene-metal systems, **8**, 1051
  metallocenes, **8**, 1052
  organometallic amines, **8**, 1051
  organometallic carboxylic acids, **8**, 1051
Pyran, dihydro-
  hydroformylation, **8**, 134
Pyran, divinyltetrahydro-
  preparation, **8**, 442
Pyran, tetrahydro-
  synthesis, **8**, 853
Pyranol, tetrahydro-
  disproportionation
    catalysis by ruthenium complexes, **4**, 955
Pyrazaboles
  preparation, **1**, 369
Pyrazine
  tris(cyclopentadienyl) lanthanide complexes, **3**, 182
Pyrazines
  alkylation
    organometallic compounds in, **7**, 17
Pyrazole
  reaction with triethylgallium, **1**, 715
  reaction with trimethylgallium, **1**, 715
Pyrazole, N-allyl-
  platinum(II) complexes, **6**, 639
Pyrazole, 3,5-dialkyl-
  reaction with nickelocene, **6**, 198
Pyrazole, N-phenyl-
  cyclometallation
    rhodium complexes in, **5**, 396
Pyrazole, N-(trimethylsilyl)-
  preparation, **2**, 138
Pyrazole ligands
  bridging carbonyl rhodium complexes, **5**, 292
1-Pyrazoline, 3,3-bis(methoxy)-4-phenyl-
  reaction with nonacarbonyldiiron, **4**, 285
5-Pyrazolone
  electrophilic substitution reactions, **7**, 508
(±)-Pyrenophorin
  synthesis, **8**, 827
Pyridazine, chloro-
  coupling reactions with alkynes, **8**, 914
Pyridine
  alkylation
    organometallic compounds in, **7**, 17
  annelated
    dicarbonylcyclopentadienylcobalt in synthesis, **5**, 205
  bis(η^3-allyl)nickel complexes, **6**, 153
  complexes with organoberyllium compounds, **1**, 132
  diorganylmagnesium complexes, **1**, 199
  2,5-disubstituted
    synthesis, **7**, 16
  metallation, **1**, 57
  organozinc complexes, **2**, 831
  osmium cluster compounds, **4**, 1025
  osmium complexes, **4**, 992
  N-oxide
    deoxygenation, iron carbonyls in, **8**, 952
    reaction with organometallic compounds, **7**, 18
  perhydroboraphenalene adducts, **1**, 323
  platinum(II) complexes
    nucleophilic cleavage, **6**, 558
  preparation
    nickel catalysed, **8**, 739
  reaction with (2,3-bis(methoxycarbonyl)norbornadiene)(hexafluoroacetylacetone)rhodium, **5**, 470
  reaction with calcium, **1**, 235
  reaction with carbonyl(η-alkylcyclopentadienyl)iodonitrosylmanganese, **4**, 134
  reaction with dodecacarbonyltriruthenium, **4**, 869
  reaction with magnesium, **1**, 219
  reaction with nickel tetracarbonyl, **6**, 18
  reaction with organocobalt(III) complexes, **5**, 146
  reaction with organolithium compounds, **7**, 15
  reaction with platinacyclobutane complexes, **6**, 580
  reaction with ruthenium carbonyl halides, **4**, 676
  reductive silylation, **2**, 122
  ruthenium complexes, **4**, 704
  synthesis, **8**, 418, 839, 892
Pyridine, 2-alkenyl-
  platinum(II) complexes
    bromination, **6**, 604
Pyridine, 4-alkyl-
  synthesis, **7**, 17
Pyridine, 2-allyl-
  platinum(II) complexes, **6**, 639
Pyridine, 2-amino-
  hydridocarbonylruthenium complexes, **4**, 725
Pyridine, 2-amino-N-benzyl-
  reaction with osmium cluster compounds, **4**, 1050
Pyridine, 2,6-bis(2-methyl-2-benzothiazolinyl)-
  thallium chelates, **1**, 744
Pyridine, 2-bromo-
  coupling reactions with alkynes, **8**, 914

Pyridine

Pyridine, diethyl-2-methyl-
  preparation, **8**, 418
Pyridine, 2,6-dimethyl-
  reaction with chlorobis(ethylene)rhodium
    dimer, **5**, 426
Pyridine, 2-hydroxy-
  hydridocarbonylruthenium complexes, **4**, 725
Pyridine, iminodihydro-
  preparation
    nickel catalysed, **8**, 656
Pyridine, 2-lithio-6-bromo-
  reaction with trialkylboranes, **7**, 329
Pyridine, 2-mercapto-
  hydridocarbonylruthenium complexes, **4**, 725
  reaction with dodecacarbonyltriiron, **4**, 277, 638
Pyridine, 2-methyl-
  complexes with organoberyllium compounds, **1**, 132
  preparation, **8**, 418
Pyridine, 4-methyl-
  organomercury adducts
    properties, **2**, 939
Pyridine, 2-phenyl-
  cyclometallation
    rhodium complexes in, **5**, 396
  palladation, **6**, 320
Pyridine, 2-vinyl-
  phenylation, **8**, 855
  ruthenium complex, **4**, 735
Pyridine, 4-vinyl-
  copolymerization with styrene
    supported catalyst preparation by, **8**, 563
Pyridine-2-carbaldehyde
  oxime
    reaction with trimethylgallium, **1**, 716
    reaction with trimethylindium, **1**, 716
Pyridine ligands
  hydrido(phosphine)ruthenium complexes, **4**, 724
Pyridinium, *N*-acetyl-
  reaction with alkynylborates, **7**, 341
Pyridinium, 2-chloro-
  reaction with dicarbonylbis(triphenylphosphine)rhodates, **5**, 415
Pyridinium, *p*-(chloromercuriomethyl)-
  protonolysis, **2**, 966
Pyridinium, 2-chloro-*N*-methyl-
  tetrafluoroborate
    reaction with pentacarbonylmanganates, **4**, 41
Pyridinium salts
  reaction with organometallic compounds, **7**, 16
6*H*-Pyrido[4,3-*b*]carbazole alkaloids
  synthesis, **8**, 925
α-Pyridone
  silyl derivatives
    preparation, **2**, 123
2-Pyridyl formate
  decarbonylation
    rhodium complexes in, **5**, 392
Pyridyl ligands
  osmium cluster complexes, **4**, 1027
Pyrillium salts
  ring opening
    palladium compounds in, **8**, 811
Pyrimidine
  alkylation
    organometallic compounds in, **7**, 17
  preparation
    nickel catalysed, **8**, 739

Pyrimidine, iodo-
  coupling reactions with alkynes, **8**, 914
Pyrocatechol
  –vanadium(II) salts
    in methanol synthesis, **8**, 37
Pyrogallol
  vanadium(II) system
    in dinitrogen reduction, **8**, 1086
Pyrolysis
  alkoxyalkylmagnesium compounds, **1**, 214
  anionic beryllium hydrides, **1**, 142
  (cyclobutadiene)palladium complexes, **6**, 380
  (dialkylamino)alkylmagnesium, **1**, 218
  di-*t*-butylberyllium, **1**, 127
  diisobutylberyllium, **1**, 127
  in heteronuclear metal–metal bonded compound synthesis, **6**, 768
  heteronuclear metal–metal bond formation by, **6**, 788
  nonacarbonyltris(triarylphosphine)triruthenium, **4**, 875
  organoberyllium tetramethyltetrazine complexes, **1**, 133
  phosphine substituted triosmium clusters, **4**, 1028
  platinum(0) olefin complexes, **6**, 629
  platinum(II) isocyanide complexes, **6**, 499
  ruthenium–Group IVB complexes, **4**, 912
  tricyclooctylborane, **1**, 318
  trimethylaluminum, **1**, 655
  trinonylborane, **1**, 322
  trioctylborane, **1**, 322
  triphenylaluminum, **1**, 655
Pyrone
  preparation
    nickel catalysed, **8**, 656
  synthesis, **8**, 892
    acetylene reaction with carbon dioxide in, **8**, 275
α-Pyrone
  cyclobutadieneiron complex synthesis from, **4**, 446
α-Pyrone ligands
  iron complexes, **4**, 428
Pyrophoricity
  alkylaluminum compounds, **7**, 370
Pyrrole
  acyclic
    carbonyl rhodium complexes, **5**, 292
  metallation, **1**, 164
  N-metallo derivatives, **7**, 54
  oxidative dimerization, **8**, 925
  permercurated, **2**, 865
  preparation
    nickel catalysed, **8**, 793
  reaction with trimethylindium, **1**, 716
  synthesis, **8**, 820
  thallation, **7**, 499
Pyrrole, *N*-acetyl-
  synthesis
    iron carbonyls and, **8**, 946
Pyrrole, *N*-methoxycarbonyl-
  synthesis
    iron carbonyls and, **8**, 946
Pyrrole, *N*-methyl-
  cycloaddition reactions
    iron carbonyls and, **8**, 945
Pyrrole, 2-phenylazo-
  carbonyl rhodium complexes, **5**, 292
Pyrrolidine
  synthesis

demercuration in, **7**, 675
telomerization with butadiene, **8**, 435
Pyrrolidone
synthesis, **8**, 926
Pyrrolidone, *N*-alkyl-
synthesis by azacarbonylation, **8**, 180
Pyrrolidone, *N*-cyclopropyl-
synthesis by azacarbonylation, **8**, 180
Pyrrolidone, *N*-methyl-
manufacture by azacarbonylation, **8**, 188
Pyrrolidone, *N*-vinyl-
arylation, **8**, 870
Pyrrolyl ligands
actinides, **3**, 259
manganese complexes, **4**, 137
Pyruvic acid
silyl esters
pyrolysis, **2**, 73
Pyrylium salts
thio-
reaction with organometallic compounds, **7**, 42

Q

Quadricyclane
  cooligomerization with alkenes
    nickel catalysed, **8**, 639
  isomerization, **5**, 463
    nickel catalysed, **8**, 629
  reaction with dicarbonylchlororhodium dimer, **5**, 406
Quadricyclane, dimethoxycarbonyl-
  isomerization
    nickel catalysed, **8**, 629
Quadricyclene
  norbornadiene conversion
    by transition metal complexes, **3**, 70
Quadruple-decked complexes
  boron–carbon–sulfur ring ligands, **1**, 407
  boron-containing
    discovery, **1**, 386
  number of valency electrons, **1**, 386
Quadrupolar nuclei
  spin–lattice relaxation times and, **3**, 98
Quadrupole coupling constant, **3**, 98
  ^{2}H, **3**, 98
Quantitative analysis
  Grignard reagents, **1**, 194
Quantum mechanical calculations
  on Ziegler–Natta polymerization, **3**, 492
Quasi-cyclobutane
  in alkene and alkyne metathesis, **8**, 503, 504, 506
Quaternary ammonium enolates
  preparation from silyl enol ethers, **7**, 557
Queen substance — *see* 2-Decenoic acid, 9-oxo-
Quinaldine
  reduction
    organoaluminum compounds in, **7**, 436
Quinazoline
  alkylation
    organometallic compounds in, **7**, 17
  synthesis by azacarbonylation, **8**, 186
Quinazoline, 1,2,3,4-tetrahydro-2,4-dioxo-
  synthesis by azacarbonylation, **8**, 186
o-Quinodimethane
  stabilization
    iron tricarbonyl complexation and, **8**, 979
p-Quinodimethane, 7,7,8,8-tetracyano-
  adduct with decamethylferrocene, **4**, 481
o-Quinodimethane bridges
  dicyclopentadienyldiiron complexes, **4**, 597
o-Quinodimethane ligands
  iron complexes, **4**, 430
Quinoline
  alkylation
    organometallic compounds in, **7**, 17
  exchange reactions with (η^3-allyl)halopalladium complexes, **6**, 422
  hydralumination, **1**, 649
  metallation, **1**, 57
  palladation, **6**, 320
  phenylmercury complexes
    solution studies, **2**, 941
  preparation
    nickel catalysed, **8**, 736, 739
  reaction with calcium, **1**, 235
  reduction
    organoaluminum compounds in, **7**, 436
  synthesis, **8**, 860, 862
Quinoline, 8-hydroxy-
  hydridocarbonylruthenium complexes, **4**, 725
  reaction with dimethylberyllium, **1**, 137
  reaction with triethylgallium, **1**, 716
Quinoline, 8-methyl-
  cyclometallation
    rhodium complexes in, **5**, 396
  reaction with potassium tetrachloroplatinate, **6**, 592
8-Quinolinecarboxaldehyde
  reaction with chlorotris(triphenylphosphine)rhodium, **5**, 392
8-Quinolyl formate
  decarbonylation, **5**, 392
Quinone ligands
  rhodium complexes, **5**, 482
  ruthenium complexes, **4**, 709
Quinones
  nitro
    reduction, titanium compounds as catalysts in, **3**, 273
  reaction with η^3-allylnickel complexes, **8**, 730
  reaction with nickel tetracarbonyl, **6**, 117
  reaction with nitrosyltris(triphenylphosphine)cobalt, **5**, 177
  reaction with organoaluminum compounds, **7**, 423
  reaction with organometallic compounds, **7**, 29
  synthesis
    by carbocarbonylation, **8**, 170
    nickel catalysed, **8**, 652
o-Quinones
  reaction with pentacarbonylmanganese, **4**, 22
p-Quinones
  preparation, **7**, 506
  telomerization with butadiene, **8**, 437
  vanadium complexes, **3**, 658
Quinuclidine
  complexes with organoberyllium compounds, **1**, 132
  complex with *t*-butylchloroberyllium, **1**, 138

R

Racemization
  chiral phosphido-bridged trinuclear complexes, **6**, 798
Radialene
  synthesis, **8**, 898
Radiation
  polydimethylsiloxane crosslinking by, **2**, 330
Radical addition reactions
  cobaltocene, **8**, 1038
  organosilanes, **2**, 112
Radical-initiated reactions
  catalysis by organoruthenium complexes, **4**, 962
Radical intermediates
  in organothallium compound reactions, **1**, 747
Radical processes
  in hydrogenolysis, **8**, 337
Radical reactions
  arene-metal complexes, **8**, 1037-1040
  cyclopentadienyl metal complexes, **8**, 1037-1040
  monoalkylthallium compounds, **1**, 746
  organoalkali metal compounds, **1**, 50
  organoboranes, **1**, 290
  η^1-organoiron complexes, **4**, 361
Radicals
  metallocene derivatives, **8**, 1058
Radical substitution reactions
  ferricenium cations, **8**, 1037
    mechanism, **8**, 1037
  organosilanes, **2**, 112
Radiochemistry
  ruthenocene, **4**, 774
Raman spectroscopy
  bimetallic complexes, **6**, 793
  diethylberyllium, **1**, 126
  dimethylthallium compounds, **1**, 732
  nickel tetracarbonyl, **6**, 6
Random shifts
  NMR
    mechanism, **3**, 95
Raney cobalt
  catalytic hydrogenation and, **5**, 2
Rare earth elements
  bridged alkyl derivatives, **1**, 16
  catalysts
    methanation of carbon monoxide, **8**, 24
Rate laws
  for catalytic hydrogenation, **8**, 308, 316, 317, 318
Rate of exchange
  cyclopentadienyl protons
    organometallic compounds, **3**, 91
Ray and Dutt mechanism, **3**, 110
Reaction kinetics
  metathesis reactions, **8**, 525-536
Reactive species
  stabilization
    tricarbonyliron complexes in, **8**, 976-983

Rearrangements
  π-allylpalladium complexes, **8**, 841
  11- and 12-vertex cobaltacarboranes, **1**, 510
  arene-metal complexes, **8**, 1044
  carboranes, **1**, 431
  catalysis by organoaluminum compounds, **7**, 403
  C—C bonds
    metallacycles, **8**, 534
  cyclopentadienyl metal complexes, **8**, 1044-1048
  cyclopropylcarbinylcobalamin, **5**, 127
  1,4-dienes
    nickel catalysed by, **8**, 628
  diorganylmagnesium compounds, **1**, 206
  germanium-carbon bonds, **2**, 418
  Grignard reagents, **1**, 189-192
  group migrations between metal and cyclopentadienyl and arene ligands, **8**, 1046
    stereochemistry, **8**, 1046
  iron-alkene complexes, **4**, 397
  metal carbenoids, **7**, 88
  metallaboranes, **1**, 491
  metallacarboranes, **1**, 521
  olefins
    iron carbonyls in, **8**, 940
  organoaluminum compounds, **1**, 623
  organoboranes, **1**, 281
  organometallic compounds, **7**, 94
  organometallic compounds in, **7**, 77-95
  organopolyboranes, **1**, 448
  phospha- and arsa-carboranes, **1**, 548
  platinum(0) olefin complexes, **6**, 630
  polyenes
    iron carbonyls in, **8**, 940
  polyhedra
    metallacarboranes synthesis by, **1**, 480
  polysilanes, **2**, 374
  in preparation of boralanes, **1**, 315
  in preparation of Grignard reagents, **1**, 172
  in preparation of three-coordinate acyclic organoboranes, **1**, 283
  13-vertex *closo*-carbametallacarboranes, **1**, 530
  11-vertex metallacarboranes, **1**, 512
Recifeiolide
  synthesis, **8**, 832, 850, 878, 921
(*R*)-Recifeiolide
  synthesis
    alkenylaluminium compounds in, **7**, 424
Red bollworm moth pheromone, **7**, 429
  synthesis, **8**, 877
Redistribution reactions
  between triorganoaluminum compounds and aluminum alkoxides, **1**, 632
  between triorganoaluminum compounds and aluminum chloride, **1**, 631
  in dialkylberyllium preparation, **1**, 124
  diorganothallium compounds, **1**, 738

Redistribution reactions

haloorganogermanium compound preparation by, **2**, 420
organochlorosilane distribution by, **2**, 307
organogallium halide preparation by, **1**, 701
organogermanium compounds, **2**, 417
  in preparation of organomercury(II) salts, **2**, 898
  in preparation of three-coordinate acyclic organoboranes, **1**, 279, 283
  in preparation of unsymmetrical diorganomercury compounds, **2**, 896
silicones, **2**, 308
transition metal–mercury bond formation by, **6**, 996
triorganoaluminum compounds and aluminum hydride, **1**, 629
triorganothallium, **1**, 729
unsymmetrical aluminates from, **1**, 635
unsymmetrical organoaluminum compound preparation by, **1**, 627

Redox condensation
heteronuclear metal–metal bond formation by, **6**, 771

Redox coupling reactions
unsaturated compounds
  organopalladium complexes in, **8**, 923

Redox disproportionation
(amine)carbonyliron complexes, **4**, 285

Redox potentials
bis(borinato)metal complexes
  anodic shift, **1**, 396
(borinato)metal complexes, **1**, 385

Redox properties
hexacarbonylvanadium, **3**, 650

Redox reactions
borabenzene derivatives, **1**, 396
transition metal–mercury compounds, **6**, 998

Reducing agents
silanes as, **2**, 113
silyl hydrides as, **7**, 620

Reduction
acyl ligands, **8**, 112
alkylidynenonacarbonyltricobalt, **5**, 170, 172
alkynes
  selective, **8**, 320
allylic compounds
  palladium-catalyzed, **8**, 835
allylic palladium complexes, **6**, 426
aquachloro(octaethylporphyrin)rhodium complex, **5**, 388
arsacarboranes, **1**, 548
arylnitro group
  supported catalysts, **8**, 558
asymmetric
  conjugated acids or ketones, **8**, 472
  enamides or enol acetates, **8**, 472
  ketones, **7**, 249
azomethynes
  organoaluminum compounds in, **7**, 436
by 9-borabicyclo[3.3.1]nonane, **1**, 319
carbidoheptadecacarbonylhexakisruthenium, **4**, 905
carbon dioxide, **8**, 266
carbonyl compounds, **7**, 24
  organoaluminum compounds in, **1**, 647; **7**, 421
carbonyldicyclopentadienylvanadium, **3**, 676
carborane, **1**, 434
carboranes, **1**, 432
chloronitrosobis(triphenylphosphine)ruthenium, **4**, 685
cluster compounds, **6**, 816
cobalticinium salts, **5**, 247
cyclopentadienylnitrosylnickel, **6**, 210
dicarbonyl(η-cyclopentadienyl)rhodium, **5**, 361
dichlorodicyclopentadienylvanadium, **3**, 684
dienes
  selective, **8**, 322
dodecacarbonyltetracobalt, **5**, 8
dodecacarbonyltetrarhodium, **5**, 280
dodecacarbonyltriruthenium, **4**, 891
electrochemical
  allyldicarbonylnitrosoiron, **4**, 423
  (butadiene)tricarbonyliron, **4**, 471
  (1,2,5,6-η-cyclooctatriene)cyclopentadienylcobalt, **5**, 238
esters
  organoaluminum compounds in, **1**, 579
ferrocene, **4**, 482
fluoroalkenerhenium complexes, **4**, 213
halides, **7**, 55
α-haloalkylcobaloximes, **5**, 129
halogenoorganomagnesium compounds, **1**, 185
halogermanes, **2**, 423
hexacarbonylvanadium, **3**, 652
hydrated rhodium trichloride
  with 1,5-cyclooctadiene, **5**, 461
  with 1,3,5,7-cyclooctatetraene, **5**, 461
hydrated ruthenium trichloride, **4**, 652
iodomethane
  by hydridomethylberyllium, **1**, 143
iron–alkene complexes, **4**, 395
iron carbonyls in, **8**, 952
iron tricarbonyl complexes in
  stereochemistry, **8**, 974
isolated arylthallium bis(trifluoroacetates), **7**, 505
ketones
  by aluminum alkoxides, optically active, **1**, 571
methyl halides
  nickel catalysed, **8**, 735
monocarbonyl(cyclohexadiene)(cycloheptadienylium)iron
  borohydride, **8**, 1004
monoorganothallium compounds
  sodium borohydride, **1**, 748
nickelocene, **6**, 213
nickel tetracarbonyl, **6**, 10–12
nitriles
  organoaluminum compounds in, **7**, 433
nitro groups
  pentacarbonyliron in, **4**, 251
octacarbonyldicobalt, **5**, 6
by organoaluminum compounds
  in Ziegler–Natta polymerization catalysts, **7**, 445
organocobalt(III) complexes, **5**, 118
organomanganese carbonyl complexes, **4**, 39
organomercury compounds, **2**, 966
organoruthenium complexes, **4**, 652
organotransition metal complexes
  Grignard reagents in, **1**, 197
oxiranes
  organoaluminum compounds in, **7**, 429
β-oxygenated substituted cyclohexadienyliumiron complexes, **8**, 1002
palladium cyclobutadiene complexes, **6**, 381
palladium(II) alkyl and aryl complexes, **6**, 337
palladium(II) alkyne complexes, **6**, 305
pentacarbonyliron, **4**, 249

sodium amalgam in, **8**, 955
phenyl ketones
　optically active aluminum compounds in, **1**, 572
polarographic
　organocobalt(III) complexes, **5**, 118
　phospha- and arsa-carboranes, **1**, 548
reaction with dicarbonylcyclopentadienylcobalt, **5**, 251
rhodicinium cation, **5**, 356, 451
rhodium complexes of Schiff's bases, **5**, 387
sodium η^2-alkenedicarbonyl-η^5-cyclopentadienylferrate complexes, **8**, 965
substituted octacarbonyldicobalt, **5**, 36
tetracarbonylcobaltate, **5**, 14
tetracarbonylcyclopentadienylvanadium, **3**, 667
by trialkylborohydrides, **1**, 297
tricarbonylcyclohexadienoneiron, **8**, 983
tricarbonyl(diene)iron complexes, **4**, 470
tricarbonyl(methylthio)iron dimers, **4**, 279
vanadocene, **3**, 673
Reduction-protonation
　in catalytic hydrogenation, **8**, 330
　　mechanism, **8**, 332
　hydrogenation mechanism, **8**, 315
Reductive cleavage
　cobalt–carbon bonds, **5**, 60
　diorganothallium compounds, **1**, 737
　monoorganothallium compounds, **1**, 745
　organocobalt(III) complexes, **5**, 106
Reductive coupling
　η^3-allyl(alkyl)nickel complexes, **6**, 84
　cyclohexanone
　　organotitanium compounds in, **3**, 275
　tricarbonyldienyliron complexes, **4**, 431
Reductive degradation
　bis(borinato)cobalt complexes, **1**, 397
Reductive deoxygenation
　aldehydes, **7**, 192
Reductive dimerization
　allenes, **8**, 394
　dienyliumtricarbonyliron complexes, **8**, 985
　1,3-dithiolium cations
　　hexacarbonylvanadates in, **3**, 650
Reductive disproportionation
　organomercury salts, **2**, 893
　in preparation of symmetrical diorganomercurials, **2**, 892
Reductive elimination
　alkanes
　　osmium cluster compounds and, **4**, 1041
　alkene transition metal complexes, **3**, 76
　alkyl hydrides, **8**, 307, 309
　　in hydrogenation mechanism, **8**, 321
　alkyl nitriles, **8**, 358
　π-allylpalladium complexes, **8**, 836
　of carbon–hydrogen bond of aldehydes
　　in catalytic hydroformylation and decarboxylation, **4**, 1013
　of cyclobutane
　　theoretical aspects, **3**, 75
　of ethane and hydrogen
　　from organotransition metal complexes, **3**, 76
　in (η^2-hydrocarbon)iron complex synthesis, **4**, 386
　iron(II) complexes, **4**, 431
　metal acyl complexes, **8**, 113
　metallacycles, **8**, 532, 533
　in metathesis catalyst deactivation, **8**, 524
　methyl chloride
　　from rhodium complexes, kinetics, **5**, 380
　nickel alkyl complexes, **6**, 75
　nickel aryl complexes, **6**, 75
　platinum(IV) alkyl complexes, **6**, 590, 591
　symmetry restrictions, **3**, 76
　tris(allyl)cobalt, **5**, 224
Reductive symmetrization
　diorganothallium, **1**, 726
Reformatsky reaction, **2**, 848, 849; **7**, 662
　continuous flow system, **7**, 663
　reaction pathway, **7**, 662
　room temperature, **7**, 663
　stereochemistry, **7**, 664
Reformatsky reagent, **2**, 836
　indium analogue, **1**, 701
Refractive indices
　polydimethylsiloxanes, **2**, 355
Regiochemistry
　acetylation
　　dienetricarbonyliron complexes, **8**, 971
　carbalumination, **1**, 639
　of catalytic allylic alkylation, **8**, 819
Regioselectivity
　carbalumination, **1**, 641
　coordinated transition metal alkene complexes, **3**, 69
　nucleophilic addition
　　iron–dienyl complexes, **4**, 431
　　coordinated alkene transition metal complexes, rules, **3**, 69
　of nucleophilic addition reactions of coordinated alkene transition metal complexes
　　conformation and, **3**, 70
　in nucleophilic and electrophilic reactions of arene complexes, **3**, 70
　in organoaluminum reactions, **1**, 636
　organopalladium chemistry, **8**, 800
　supported catalysts, **8**, 566
　tricarbonylcyclohexadienyliumiron complexes, **8**, 986
　in tricarbonyldienyliumiron complexes reactions, **8**, 994
　tricarbonyl(methoxycarbonylcyclohexadiene)iron complexes, **8**, 987
　tricarbonyl(2-methylcyclohexadienylium)iron complexes, **8**, 993
Regiospecificity
　nucleophilic addition
　　tetracarbonyl(η^2-hydrocarbon)iron complexes, **4**, 393
　　tricarbonylcyclohexadienyliumiron complexes, **8**, 988
Relaxation measurements
　rotation of groups and, **3**, 97
Replacement reactions
　transition metal–Group IV compounds, **6**, 1068
Reppé hydroformylation
　carbonyl hydride iron complexes in, **4**, 314
　supported catalysts in, **8**, 604
Resins
　dimethyl aminated
　　catalyst support on, **8**, 558
　diphenylphosphinopolystyrene
　　as support for catalysts, **8**, 555
　divinylbenzene-cross linked styrene

catalyst supports, matrix mobility and, **8**, 579
gel-type, **8**, 554
macroporous, **8**, 554
macroreticular, **8**, 554
macroreticular amine
  rhodium catalyst supported on, **8**, 569
metal cluster catalysts on
  immobilization, **8**, 553
microporous, **8**, 554
styrene-DVB
  metal clusters supported on, catalytic activity, **8**, 562
styrene-DVB-diop
  as support for chiral catalysts, **8**, 582
water or alcohol swellable
  as support for catalysts, **8**, 583

Resistivity
  polysiloxanes, **2**, 351

Resolution
  optically active platinum(II) olefin complexes, **6**, 659

Resonance Raman enhancement
  heteronuclear transition metal complexes, **6**, 795

Retro [4+2π] cycloaddition reactions
  silyl enol ethers, **7**, 559

Retro-Diels-Alder reaction
  disilene from, **2**, 81
  silyl enol ether synthesis by, **7**, 554

Reverse metal-halogen exchange, **7**, 75

Reverse osmosis
  in separation of ruthenium complex catalysts from reaction products, **4**, 960

6-Rhenadecaborane, tricarbonyl-
  anion
    preparation, **1**, 506

2-Rhenahexaborate, pentacarbonyloctahydro-
  preparation, **6**, 927

Rhenate, (borane)pentacarbonyl-
  preparation, **6**, 882

Rhenate, pentacarbonyl(trifluoroborane)-
  stability, **6**, 882

Rhenate, tricarbonyl(tridecahydrononaborate)-
  preparation, **6**, 935

Rhenium
  arene complexes
    cations, nucleophilic addition reactions, **8**, 1031
  cobalt compounds, **6**, 771
  dinitrogen complexes, **8**, 1098-1101
    electrophilic attack, **8**, 1099, 1101
    reaction with methyllithium, **8**, 1099
    reaction with trimethylaluminum, **8**, 1099
  Group IV derivatives, **6**, 1065, 1066
  manganese compounds, **6**, 774, 778, 779, 784, 787
    homolytic cleavage, **6**, 817
    IR spectra, **6**, 795
    mass spectrometry, **6**, 790
    oxidation-reduction, **6**, 816
    photolysis, **6**, 817
    reaction with halogens, **6**, 821
    substitution reactions, **6**, 808
    UV spectra, **6**, 793
  metallocyclic derivatives, **4**, 219
  molybdenum compounds, **6**, 788
  osmium compounds, **6**, 777
  platinum compounds, **6**, 775
  ruthenium complexes, **4**, 924
  tungsten compounds, **6**, 769

Rhenium, (acetonitrile)pentacarbonyl-
  cation
    synthesis, **4**, 178

Rhenium, (acetonitrile)tricarbonylhalo-
  dimer
    preparation, **4**, 175

Rhenium, acetylpentacarbonyl-
  reaction with phenyllithium, **4**, 226

Rhenium, alkylpentacarbonyl-
  reaction with pentacarbonylmanganates, **4**, 228

Rhenium, (alkylsulfinato)pentacarbonyl-
  preparation, **4**, 228

Rhenium, (alkylthio)tricarbonylbis(trimethylphosphine)-
  preparation, **4**, 187

Rhenium, (alkylthio)tricarbonyl(trimethylphosphine)-
  dimer
    preparation, **4**, 187

Rhenium, (alkylthio)tricarbonyl(triphenylphosphine)-
  dimer
    preparation, **4**, 187

Rhenium, (η^1-allyl)pentacarbonyl-
  preparation, **4**, 231

Rhenium, (η-allyl)tetracarbonyl-
  preparation, **4**, 231

Rhenium, (amine)pentacarbonyl-
  cation, **4**, 179

Rhenium, (ammine)dichloro(phenyldiazo)bis(dimethylphenylphosphine)-
  preparation, **4**, 195

Rhenium, (ammine)tetracarbonylisocyanato-
  reaction with hydrazine, **4**, 196

Rhenium, (ammine)tricarbonyl(diethyldithiophosphinato)-
  dimer
    reaction with ammonia, **4**, 192
    preparation, **4**, 192

Rhenium, (arene)tricarbonyl-
  cation
    substitution reactions, **4**, 178

Rhenium, benzoylpentacarbonyl-
  reaction with methyllithium, **4**, 226

Rhenium, (bipyridyl)tribromodicarbonyl-
  structure, **4**, 181

Rhenium, bis(η-cyclopentadienyl)hydrido-
  lithium derivatives, **4**, 214
  preparation, **4**, 205
  reaction with alkynes, **4**, 218
  reaction with carbon monoxide, **4**, 210
  reaction with pentacarbonylmethylmanganese, **4**, 206, 222

Rhenium, bis(cyclopentadienyl)hydrido(trichloroborane)-
  preparation, **6**, 882

Rhenium, bis(cyclopentadienyl)hydrido(trifluoroborane)-
  preparation, **6**, 882

Rhenium, bis(cyclopentadienyl)hydrido(trimethylaluminum)-
  preparation, **6**, 954

Rhenium, bromodicarbonyl(η-cyclopentadienyl)methyl-
  structure, **4**, 210

Rhenium, bromodicarbonyltris(methyl isocyanide)-
  mer, *cis*-
    synthesis, **4**, 182

Rhenium, bromopentacarbonyl-

reaction with (diphenylphosphinyl)alkylmagnesium bromide, **4**, 222
reaction with *o*-phenylazophenol, **4**, 192
reaction with *o*-phenylazophenylthiocyan, **4**, 192
reaction with (trimethylstannyl)methylamine, **4**, 222
trisubstituted derivatives, **4**, 176
X-ray crystallography, **4**, 167
Rhenium, bromotetracarbonyl(dialkylphosphinehydroxide)-
 reduction, **4**, 214
Rhenium, bromotetracarbonyl(dialkylphosphine oxide)-
 dimer, anion
  preparation, **4**, 214
Rhenium, bromotetracarbonyl(ethynyltriphenylphosphorane)-
 preparation, **4**, 216
Rhenium, bromotetracarbonyl(triphenylphosphine)-
 trans- or *cis*-
  reduction, **4**, 197
Rhenium, bromotricarbonylbis(isocyanide)-
 fac-
  synthesis, **4**, 181
Rhenium, bromotricarbonylbis(trifluorophosphine)-
 fac-
  synthesis, **4**, 175
Rhenium, bromotricarbonyl(diphenylphosphine)-
 dimer
  isolation, **4**, 175
Rhenium, carbonylbis(1,2-bis(diphenylphosphino)ethylene)hydrido-
 preparation, **4**, 172
Rhenium, carbonylchlorobis(1,2-bis(diphenylphosphino)ethylene)-
 cation
  isolation, **4**, 181
Rhenium, carbonylchlorobis(phosphine)-
 preparation, **4**, 180
Rhenium, carbonylchlorotetrakis(dimethylphenylphosphine)-
 trans-
  preparation, **4**, 176
Rhenium, carbonyl(η^2-cyclooctene)dichloronitrosyl-
 dimer
  preparation, **4**, 193
Rhenium, carbonyl(diarsine)dihalo-
 preparation, **4**, 181
Rhenium, carbonyldichlorotris(dimethylphenylphosphine)-
 preparation, **4**, 181
Rhenium, carbonyldiiodotetrakis(*p*-tolyl isocyanide)-
 preparation, **4**, 183
Rhenium, carbonylfluoronitrosyltris(triphenylphosphine)-
 cation
  preparation, **4**, 194
Rhenium, carbonylhalotetrakis(*p*-tolyl isocyanide)-
 trans-
  synthesis, **4**, 182
Rhenium, carbonyltrihalotris(dimethylphenylphosphine)-
 preparation, **4**, 181
Rhenium, carbonyltris(diethyldithiocarbamato)-
 preparation, **4**, 190
Rhenium, chlorobis(1,2-bis(diphenylphosphino)ethylene)(alkyl isocyanide)-
 trans-
  preparation, **4**, 182
Rhenium, chlorotetracarbonyl-
 dimer
  chalcogen ligand derivatives, **4**, 183
Rhenium, chlorotricarbonylbis(triphenylphosphine)-
 mer,trans-
  synthesis, **4**, 175
Rhenium, decacarbonyldi-
 ^{13}C NMR, **4**, 164
 crystal structure, **4**, 163
 discovery, **4**, 162
 disubstituted derivatives, **4**, 171
 reaction with bis(trifluoromethyl)bis(trimethylarsenyl)ethylene, **4**, 222
 reaction with dichlorotetraphenylporphinetin(IV) complex, **4**, 228
 reaction with thiobenzophenone, **4**, 221
 reaction with *o*-tolylphosphine, **4**, 221
 UV spectra, **6**, 793
Rhenium, decacarbonylmanganese-
 substitution reactions, **4**, 171
 synthesis, **4**, 162
Rhenium, decacarbonyltetrahydridotri-
 anion
  structure, **4**, 167
Rhenium, dibromodicarbonyl(η-cyclopentadienyl)-, **4**, 208
Rhenium, dibromohexacarbonyl(tetraphenyldiphosphine)di-
 synthesis, **4**, 177
Rhenium, dibromotetrakis(cyclohexyl isocyanide)-
 trans-
  preparation, **4**, 182
Rhenium, dicarbonylbis(1,2-bis(diphenylphosphino)ethylene)-
 cation, *cis*-
  preparation, **4**, 179
Rhenium, dicarbonyl(carboxylic acid)bis(triphenylphosphine)-
 preparation, **4**, 190
Rhenium, dicarbonylchlorobis(1,2-bis(diphenylphosphino)ethylene)-
 preparation, **4**, 178
Rhenium, dicarbonylchlorobis(diphenylphosphine)-
 reaction with *p*-tolyl isocyanide, **4**, 182
Rhenium, dicarbonylchlorobis(triphenylphosphine)-
 dimer
  structure, **4**, 175
Rhenium, dicarbonylchloro(dinitrogen)bis(triphenylphosphine)-
 preparation, **4**, 196
 reaction with methyllithium, **4**, 216
Rhenium, dicarbonylchlorotris(dimethylphenylphosphine)-
 mer,cis-
  preparation, **4**, 176, 181
Rhenium, dicarbonyl(η-cyclopentadienyl)-, **4**, 208
 metallation, **4**, 208
Rhenium, dicarbonyl(η-cyclopentadienyl)halo-
 anion
  preparation, **4**, 214
Rhenium, dicarbonyl(η-cyclopentadienyl)nitrosyl-
 cation
  preparation, **4**, 193
  reactions, **4**, 210

Rhenium

Rhenium, dicarbonyl(η-cyclopentadienyl)(tetrahydrofuran)-, **4**, 208
    reaction with dicarbonyl(η-cyclopentadienyl)-(phenylvinyl)manganese, **4**, 227
    reaction with phenylacetylene, **4**, 224
Rhenium, dicarbonyl(η-cyclopentadienyl)(triphenylphosphine)-
    basicity, **4**, 207
Rhenium, dicarbonyldichloronitrosyl-
    dimer
        preparation, **4**, 193
        substitution reaction, **4**, 193
Rhenium, dicarbonylhalo(propylenebis(methylselenide)-
    preparation, **4**, 183
Rhenium, dicarbonylhalotris(p-tolyl isocyanide)-
    mer, cis-
        synthesis, **4**, 182
Rhenium, dicarbonylhydridotris(triphenylphosphine)-
    reaction with carbon dioxide, **4**, 190
    reaction with carbon disulfide, **4**, 190
Rhenium, dicarbonylnitrosylbis(triphenylphosphine)-
    preparation, **4**, 195
    structure, **4**, 195
Rhenium, dicarbonyltetracyanato-
    anion
        preparation, **4**, 170
Rhenium, dicarbonyltetraiodo-
    anion
        preparation, **4**, 170
Rhenium, dicarbonyltetrakis(p-tolyl isocyanide)-
    cation, *trans*-
        synthesis, **4**, 182
Rhenium, dicarbonyltrichlorobis(dimethylphenylphosphine)-
    preparation, **4**, 181
Rhenium, dicarbonyltriiodonitrosyl-
    fac,cis-
        preparation, **4**, 193
Rhenium, dichlorobis(diethyldithiocarbamato)-
    preparation, **4**, 190
Rhenium, dichloromethoxynitrosylbis(triphenylphosphine)-
    preparation, **4**, 193
Rhenium, dichloro(phenyldiazo)tris(dimethylphenylphosphine)-
    mer,cis-
        crystal structure, **4**, 195
        preparation, **4**, 195
Rhenium, dichlorotetrakis(methyl isocyanide)(triphenylphosphine)-
    cation
        preparation, **4**, 182
Rhenium, dihydridonitrosyltris(triphenylphosphine)-
    dihydrogen loss, **4**, 195
    mer,cis-
        preparation, **4**, 194
Rhenium, docosacarbonyltrisulfurhexa-
    structure, **4**, 187
Rhenium, dodecacarbonyldihydridotri-
    anion
        preparation, **4**, 167
Rhenium, dodecacarbonylhexahydridotetra-
    anion
        isolation, **4**, 167
Rhenium, dodecacarbonylhydridotri-
    anion
        isolation, **4**, 167
        structure, **4**, 167
Rhenium, dodecacarbonyltetrahydridotetra-
    preparation, **4**, 167
    structure, **4**, 167
Rhenium, (dodecacarbonyltetrarhenium)tetrakis{μ_3-[indium(pentacarbonyl-
    preparation, **6**, 967
Rhenium, dodecacarbonyltrihydrido-
    isolation, **4**, 165
Rhenium, dodecacarbonyltrihydrotri-
    preparation, **4**, 167
Rhenium, dotriacontacarbonyltetrasulfurocta-
    structure, **4**, 187
Rhenium, (haloindium)bis(pentacarbonyl-
    preparation, **6**, 965
Rhenium, halotetrakis(p-tolyl isocyanide)-
    preparation, **4**, 182
Rhenium, heptacarbonyltrihalodi-
    anion
        structure, **4**, 169
Rhenium, heptakis(methyl isocyanide)-
    cation
        preparation, **4**, 182
Rhenium, hexacarbonyl-
    cation, **4**, 164
    spectra, **4**, 164
    reaction with hydrazine, **4**, 196
Rhenium, hexacarbonyltetrakis(trimethylphosphine)seleniumdi-
    preparation, **4**, 188
Rhenium, hexacarbonyltrihalodi-
    anion
        structure, **4**, 169
Rhenium, hexacarbonyltrihydridodi-
    anion
        preparation, **4**, 167
Rhenium, hexacarbonyltris(phenyl thiocarbonato)di-
    structure, **4**, 187
Rhenium, hexadecacarbonyltetra-
    anion, **4**, 165
Rhenium, hexakis(cyclohexyl isocyanide)hexaiodotri-
    preparation, **4**, 182
Rhenium, hexakis(t-butyl isocyanide)-
    cations
        synthesis, **4**, 182
Rhenium, hexakis(p-tolyl isocyanide)-
    cation
        preparation, **4**, 182
Rhenium, hexamethyl-
    structure, **4**, 216
Rhenium, hydridodinitrosylbis(triphenylphosphine)-
    protonation, **4**, 195
Rhenium, indiumtris(pentacarbonyl-
    preparation, **6**, 965
Rhenium, iodopentakis(p-tolyl isocyanide)-
    preparation, **4**, 182
Rhenium, nonacarbonyldi-
    anion, **4**, 164
Rhenium, nonacarbonylhydridodi-
    anion, *cis*-
        synthesis, **4**, 167
    preparation, **4**, 26
Rhenium, nonacarbonyl(thiobenzophenone)-
    preparation, **4**, 184
Rhenium, nonacarbonyltrihydridooxytri-
    anion
        structure, **4**, 167

Rhenium, nonacarbonyl(triphenylphosphine)di-
    preparation, **4**, 171
    synthesis, **4**, 171
Rhenium, nonachlorotris(p-tolyl isocyanide)tri-
    preparation, **4**, 182
Rhenium, octacarbonyldihydridodi-
    formation, **4**, 167
Rhenium, (octacarbonyldirhenium)bis{μ-[indium-
    (pentacarbonyl-
    preparation, **6**, 967
Rhenium, octadecacarbonyldiseleniumtetra-
    structure, **4**, 187
Rhenium, octamethyldi-
    structure, **4**, 216
Rhenium, pentacarbonyl-
    anion
        reaction with hexafluoro-2-butyne, **4**, 213
        reaction with organic halides, **4**, 210
        reaction with perfluoro compounds, **4**, 213
        reaction with trifluoropropyne, **4**, 213
    preparation, **4**, 164
    radical
        in substitution reactions of decacarbonyldi-
            rhenium, **4**, 164
        reaction with α-chloro(vinyl)amines, **4**, 221
        reaction with organic halides, **4**, 212
Rhenium, pentacarbonylchloro-
    reaction with chelating ligands, **4**, 192
    reaction with β-diketones, **4**, 192
    reaction with methylenetriphenylphosphorane,
        4, 216
    reaction with methyllithium, **4**, 216
Rhenium, pentacarbonylcyclopropenoyl-
    decarbonylation, **4**, 211
Rhenium, pentacarbonyl(1-η¹-cyclopropenyl)-
    preparation, **4**, 211
Rhenium, pentacarbonyl(dimethylphenylphos-
    phine)-
    preparation, **4**, 171
Rhenium, pentacarbonylfluoro-
    preparation, **4**, 170
Rhenium, pentacarbonylhalo-
    carbonyl substitution, **4**, 173
    reaction with bis(diphenylarsino)methane, **4**,
        177
Rhenium, pentacarbonyl(hexafluoro-1,3-buta-
    diene)-
    preparation, **4**, 219
Rhenium, pentacarbonylhydrido-
    geometry, **4**, 165
    isolation, **4**, 165
    reactions, **4**, 172
    reaction with fluoroalkenes, **4**, 213
    reaction with unsaturated fluorocarbons, **4**, 218
Rhenium, pentacarbonylisocyanato-
    reaction with chelating ligands, **4**, 197
    reaction with hydrazine, **4**, 196
Rhenium, pentacarbonylmethyl-
    carbonyl insertion reactions, **4**, 228
    metallation, **4**, 229
    reaction with fluoroalkenes, **4**, 229
    reaction with perfluoroalkenes, **4**, 218
    reaction with unsaturated compounds, **4**, 218
Rhenium, pentacarbonyl(methylenediphenylphos-
    phorane)-
    preparation, **4**, 216
Rhenium, pentacarbonyl(methylselenyl)-
    preparation, **4**, 185
Rhenium, pentacarbonyl(methylthio)-
    preparation, **4**, 185
Rhenium, pentacarbonyl(methyltrithiocarba-
    mato)-
    preparation, **4**, 190
Rhenium, pentacarbonyl(methyltrithiocarbo-
    nato)-
    preparation, **4**, 188
Rhenium, pentacarbonylnitrato-
    preparation, **4**, 169, 195
Rhenium, pentacarbonyl(pentacarbonyl(2-
    methyl-2-butene)-
    reaction with sulfur dioxide, **4**, 228
Rhenium, pentacarbonyl(pentacarbonyl((trimeth-
    ylstannyl)thio)tungsten)-
    preparation, **4**, 187
Rhenium, pentacarbonylphenyl-
    reaction with cycloheptatriene, **4**, 229
Rhenium, pentacarbonyl(sulphur dioxide)-
    cation
        synthesis, **4**, 178
Rhenium, pentacarbonyl(tetracarbonyl(trithiocar-
    bonato)manganese)-
    preparation, **4**, 191
Rhenium, pentacarbonyl(tetracarbonyl(trithiocar-
    bonato)rhenium)-
    preparation, **4**, 190
Rhenium, pentacarbonyl(o-toluoyl)-
    reactions, **4**, 211
Rhenium, pentacarbonyl(trifluoromethyl)-
    reaction with carbon disulfide, **4**, 192
Rhenium, pentacarbonyl(trifluorovinyl)-
    reaction with trimethylstannane, **4**, 229
Rhenium, pentacarbonyl(trimethylplumbyl)-
    properties, **2**, 668
Rhenium, pentacarbonyltris(μ-chloro)nitrosyldi-
    preparation, **4**, 193
Rhenium, pentacarbonyltris(μ-ethoxy)nitrosyldi-
    preparation, **4**, 193
Rhenium, (η-pentachlorocyclopentadienyl)-
    (diene)-
    distortion, **3**, 43
Rhenium, pentachloro(methyl isocyanide)-
    anion
        preparation, **4**, 183
Rhenium, pentadecacarbonyltetrahydridotetra-
    anion, **4**, 167
Rhenium, tetrabromodicarbonyl-
    anion
        preparation, **4**, 170
Rhenium, tetracarbonyl-
    anion, **4**, 164
Rhenium, tetracarbonylbis(p-tolyl isocyanide)-
    cation
        synthesis, **4**, 182
Rhenium, tetracarbonylbis(triphenylphosphine)-
    trans-, cation
        synthesis, **4**, 178
Rhenium, tetracarbonyl((η-cyclopentadienyl)di-
    carbonylmanganese(dimethylphosphinyl)-
    thio)-, **4**, 185
Rhenium, tetracarbonyldicyanato-
    preparation, **4**, 170
Rhenium, tetracarbonyldihydrido-
    anion, cis-, **4**, 167
    anion, trans-, **4**, 167
Rhenium, tetracarbonyldiiodo-
    anion
        preparation, **4**, 170
Rhenium, tetracarbonyl(diphenylphosphinato)-
    dimer
        structure, **4**, 191
Rhenium, tetracarbonylhalo(dialkylphosphinoxy)-
    rearrangement, **4**, 185
Rhenium, tetracarbonyl(μ-isocyanato)-
    dimer
        preparation, **4**, 197

Rhenium

Rhenium, tetracarbonyl(methylselenyl)-
  dimer, **4**, 185
Rhenium, tetracarbonylmethyl(triphenylphosphine)-
  reaction with methyllithium, **4**, 215
Rhenium, tetracarbonylnitrato(triphenylphosphine)-
  cis- and trans-
    preparation, **4**, 176
Rhenium, tetracarbonyl(octahydrotriborate)-
  preparation, **6**, 917
Rhenium, tetracarbonyl((trimethylstannyl)thio)-
  dimer
    preparation, **4**, 187
Rhenium, tetracarbonyl(triphenylphosphine)-
  preparation, **4**, 171
Rhenium, tetracarbonyl(trithiocarbamato)-
  anion
    preparation, **4**, 190
Rhenium, tetrachlorodicarbonyl-
  anion
    preparation, **4**, 170
Rhenium, tetradecacarbonylhydridotri-
  isolation, **4**, 165
  preparation, **4**, 167
Rhenium, tetrakis(diethyldithiocarbamato)-
  cation
    preparation, **4**, 190
Rhenium, tetramethyloxy-
  reaction with nitric oxide, **4**, 229
Rhenium, tribromotetrakis(alkyl isocyanide)-
  preparation, **4**, 182
Rhenium, tribromotris(p-tolyl isocyanide)-
  fac-
    preparation, **4**, 183
Rhenium, tricarbonyl(alkylperoxy)-
  dimer
    carbonylation, **4**, 189
Rhenium, tricarbonyl(1,2-bis(diphenylphosphino)ethylene)((pentafluorophenyl)thio)-
  preparation, **4**, 187
Rhenium, tricarbonyl(1,2-bis(diphenylphosphino)ethylene)(phenylselenyl)-
  preparation, **4**, 187
Rhenium, tricarbonylbis(triphenylphosphine)-
  preparation, **4**, 171
Rhenium, tricarbonylbis(triphenylphosphine)(trifluoroacetato)-
  preparation, **4**, 190
Rhenium, tricarbonylchlorobis(di-n-butyltelluride)-
  structure, **4**, 183
Rhenium, tricarbonylchlorobis(triphenylphosphine)-
  cation
    preparation, **4**, 180
Rhenium, tricarbonyl(η-cyclopentadienyl)-, **4**, 207
  basicity, **4**, 207
  photolysis, **4**, 208
  synthesis, **4**, 206
Rhenium, tricarbonyl(diethyldithiocarbamato)iodo-
  cation
    preparation, **4**, 190
Rhenium, tricarbonyl(diethyldithiophosphinato)-
  dimer
    structure, **4**, 192
Rhenium, tricarbonyl(dimethylphosphinato)(tetrahydrofuran)-
  dimer
    structure, **4**, 191
Rhenium, tricarbonylhalo-
  tetramer, **4**, 184
    structure, **4**, 169
Rhenium, tricarbonylhalo(tetrahydrofuran)-
  dimer
    substitution reactions, **4**, 174
Rhenium, tricarbonylhydrido(triphenylphosphine)-
  preparation, **4**, 171
Rhenium, tricarbonylhydroxy-
  tetramer, **4**, 185
    metallation, **4**, 185
Rhenium, tricarbonyliodo(diphenylselenide)-
  dimer
    reaction with pyrrolidine, **4**, 184
Rhenium, tricarbonylisocyanatobis(triphenylphosphine)-
  preparation, **4**, 196
Rhenium, tricarbonylisocyanato(triazine)-
  dimer, anion
    preparation, **4**, 196
Rhenium, tricarbonyl(methyl isocyanide)bis(triphenylphosphine)-
  preparation, **4**, 182
Rhenium, tricarbonyl(methylthio)-
  tetramer
    structure, **4**, 185
Rhenium, tricarbonylnitratobis(triphenylphosphine)-
  fac-
    preparation, **4**, 176
Rhenium, tricarbonyl(pentacarbonylmercaptotungsten)bis(dimethylphosphine)-
  preparation, **4**, 187
Rhenium, tricarbonyl(phenylselenyl)(triphenylphosphine)-
  dimer
    preparation, **4**, 187
Rhenium, tricarbonyl(triazino)bis(triphenylphosphine)-
  preparation, **4**, 196
Rhenium, tricarbonyltricyanato-
  anion
    preparation, **4**, 170
Rhenium, tricarbonyltris(pyrrolidine)-
  cation
    preparation, **4**, 184
    synthesis, **4**, 179
Rhenium, trichlorohexakis((trimethylsilyl)methyl)tri-
  reaction with acids, **4**, 229
  reaction with nitric oxide, **4**, 229
Rhenium, trichlorotris(methyl isocyanide)(triphenylphosphine)-
  preparation, **4**, 182
Rhenium, triiodotetrakis(p-tolyl isocyanide)-
  preparation, **4**, 183
Rhenium, triiodotris(p-tolyl isocyanide)-
  mer-
    preparation, **4**, 183
Rhenium, tris(acetonitrile)tricarbonyl-
  cation
    preparation, **4**, 178
  cation, fac-
    preparation, **4**, 179
Rhenium, tris(alkoxy)hexacarbonyldi-
  synthesis, **4**, 187
Rhenium, tris(cyclohexyl isocyanide)hexaiodotri-
  preparation, **4**, 182
Rhenium, tris(cyclohexyl isocyanide)nonaiodotri-
  preparation, **4**, 182

Rhenium, trithiocarbonatobis(pentacarbonyl-
  preparation, **4**, 191
Rhenium, undecacarbonyl(η-cyclopentadienyl)-
    dimolybdenumdisulfurdi-
  preparation, **4**, 188
Rhenium catalysts
  alkene and alkyne metathesis, **8**, 500
  in oxo process, **8**, 122
Rhenium cation, bis(hexamethylbenzene)-
  reaction with Na in liquid NH_3, **8**, 1040
Rhenium complexes
  acyl, **4**, 211
  alkenyl, **4**, 211
  alkyl, **4**, 216
  antimony, **4**, 200
  aroyl, **4**, 211
  arsenic, **4**, 200
  aryl, **4**, 216
  azide, **4**, 195
  benzene, **4**, 231
  bis(η-cyclopentadienylhydrido), **4**, 206
  boron, **4**, 203
  carbene or carbyne, **4**, 223
  η^1-carbon, **4**, 210, 215
  carbonyl
    reactions, **4**, 214
    reaction with amines, **4**, 214
    reaction with ammonia, **4**, 214
    substitution reactions, **4**, 171
    trisubstitution derivatives, **4**, 171
  carbonyl chalcogen
    derivatives, **4**, 188
  carbonylchloro(triphenylphosphine)
    reaction with methyllithium, **4**, 215
  carbonyl cyanato, **4**, 169
  carbonyl fluoro, **4**, 170
  carbonyl hydrido, **4**, 172
  carbonyl isocyanide, **4**, 181
    cations, **4**, 182
  carbonyl nitrato, **4**, 169
  carbonyl nitrosyl, **4**, 193
  carbonyl oxygen, **4**, 183
  carbonyl selenium, **4**, 183
  carbonyl sulfur, **4**, 183
  carbonyl tellurium, **4**, 183
  carbonyl thiocyanato, **4**, 197
  cationic carbonyl, **4**, 178
  chalcogen
    syntheses, **4**, 186
  diazo, **4**, 195
  germanium, **4**, 204
  halocarbon, **4**, 167
  hydrido
    reaction with carbon dioxide, **8**, 248
  hydrocarbonyl
    properties, **4**, 166
  indium, **4**, 203
  isocyanate, **4**, 195
  lead, **4**, 204
  mononuclear chalcogen, **4**, 189
  nitrato, **4**, 195
  pentahapto(cyclopentadienyl), **4**, 205
  phosphorus, **4**, 200
  platinum carbonyl complexes, **6**, 483
  polynuclear chalcogen, **4**, 189
  porphyrin, **4**, 197
  reaction with acetylene, **4**, 213
  silicon, **4**, 204
  tin, **4**, 204
Rhenium compounds
  cyclopentadienylruthenium complexes, **4**, 794

Rhenium pentacarbonylhydrido-
  reaction with unsaturated compounds, **4**, 218
Rhenium(I) complexes
  halocarbonyl
    properties, **4**, 173
    substitution reactions, **4**, 172
  nitratocarbonyl
    substitution reactions, **4**, 172
Rhenium(II) complexes
  halocarbonyl, **4**, 180
  properties, **4**, 180
Rhenium(III) complexes
  halocarbonyl, **4**, 180
  properties, **4**, 180
Rheology
  polydimethylsiloxanes, **2**, 349
  silicones
    applications, **2**, 350
Rhizobitoxine
  synthesis, **8**, 889
Rhodacarboranes, hydrido-
  catalysis and, **1**, 523
Rhodadicarbadodecaborane, bis(triphenylphos-
    phine)hydrido-
  incorporation in polystyrene polymers, **1**, 523
Rhodadicarbadodecaborane, (triphenylphosphine)-
    hydrido-
  preparation, **1**, 523
Rhodadicarbaundecaboranes
  preparation, **1**, 509
Rhodanonadecaborate, carbonyleicosahydrobis-
    (triphenylphosphine)-
  structure, **6**, 941
2-Rhodapentaborane, nonahydrobis(triphenylphos-
    phine)-
  preparation, **6**, 923
Rhodates, arsenidoheneicosacarbonylnona-
  preparation, **5**, 337
Rhodates, carbidononadecacarbonylocta-
  synthesis, **5**, 336
Rhodates, carbidopentadecacarbonylhexa-
  synthesis, **5**, 335
Rhodates, carbonyl(dodecahydrodecaborate)bis-
    (triphenylphosphine)-
  preparation, **6**, 936
Rhodates, carbonylpentaiodo-
  structure, **5**, 281
Rhodates, dicarbidooctacosacarbonylpentadeca-
  synthesis, **5**, 336
Rhodates, dicarbonylbis(triphenylphosphine)-
  reactions, **5**, 386
  reaction with 2-chloropyridinium salts, **5**, 415
Rhodates, dicarbonyltetraiodo-
  structure, **5**, 281
Rhodates, dichloro(cyclooctadiene)-
  formation, **5**, 464
Rhodates, dotriacontacarbonyldisulfidoheptadeca-
  preparation, **5**, 338
Rhodates, heneicosacarbonylphosphidonona-
  NMR, **5**, 337
Rhodates, heptacosacarbonylpentadeca-
  structure, **5**, 324
Rhodates, heptatriacontacarbonyldicosa-
  structure, **5**, 324
Rhodates, hexacosacarbonyltetradeca-
  synthesis, **5**, 323
Rhodates, hexadecacarbonylhepta-
  structure, **5**, 321
Rhodates, pentacarbonylpentakis(μ-diphenylphos-
    phino)tetra-

preparation, **5**, 329
Rhodates, pentacosacarbonyltetradeca-
   structure, **5**, 322
Rhodates, pentadecacarbonylhexa-
   reaction with allyl chloride, **5**, 497
   structure, **5**, 320
Rhodates, pentadecacarbonyliodohexa-
   structure, **5**, 332
Rhodates, pentadecacarbonylnitridohexa-
   preparation, **5**, 337
Rhodates, pentadecacarbonylpenta-
   structure, **5**, 320
Rhodates, tetracarbonyl-
   preparation, **5**, 280
Rhodates, tetracarbonyl(trifluoroborane)-
   preparation, **6**, 884
Rhodates, tetracosacarbonyltrideca-
   synthesis, **5**, 322
Rhodates, tetracyano-
   oxidative addition with alkyl iodides, **5**, 386
Rhodates, tetradecacarbonylhexa-
   structure, **5**, 320
Rhodates, tetradecacarbonyliodopenta-
   structure, **5**, 332
Rhodates, tetrakis(trifluorophosphine)-
   reaction with allyl chloride, **5**, 495
Rhodates, triacontacarbonyldodeca-
   structure, **5**, 322
   synthesis, **5**, 322
Rhodates, tricarbonyl-
   preparation, **5**, 280
Rhodates, undecacarbonyltetra-
   molecular structure, **5**, 319
Rhodates(I), chloro-
   complexes
      hydrogenation catalysts, **8**, 329
Rhodathia-*closo*-dodecaborane, bis(triphenyl-
   phosphine)hydrido-
   preparation, **1**, 528
Rhodiacyclic compounds, **5**, 405–412
Rhodiacyclobutanes
   in cyclopropane reaction with dicarbonylchloro-
      rhodium dimer, **5**, 405
   isomerization, **5**, 405
Rhodiacyclobutene complexes
   preparation, **5**, 406
Rhodiacyclopentadiene complexes
   preparation, **5**, 407
   reactions, **5**, 457
Rhodiacyclopentadienes
   Diels–Alder addition of alkynes, **5**, 458
Rhodiacyclopentanone complexes
   preparation, **5**, 405
Rhodiacyclopentanones
   in cyclopropane derivative reactions with dicar-
      bonylchlororhodium dimers, **5**, 405
Rhodiacyclopentenedione complexes
   preparation, **5**, 406
Rhodicinium cation
   preparation, **5**, 450
   reaction with phenyllithium, **5**, 450
Rhodicinium cations
   reaction with nucleophiles, **5**, 356
   synthesis, **5**, 356
Rhodium
   catalysts
      hydrosilylation, **2**, 313
   cobalt compounds, **6**, 769
      fragmentation, **6**, 814
      mass spectrometry, **6**, 790
      as precursor for heterogeneous catalysts, **6**, 823
      protonation, **6**, 814
      styrene hydrogenation catalysed by, **6**, 822
   complexes, reaction with nickel tetracarbonyl, **6**, 8
   dinitrogen complexes, **8**, 1101
   gold compounds, **6**, 769
   Group IV compounds, **6**, 1091, 1092
   iron compounds, **6**, 773, 781, 782, 786
      cleavage reactions, **6**, 819
      Mössbauer spectroscopy, **6**, 800
      NMR, **6**, 797, 799
   leaching in continuous hydroformylation reac-
      tions, **8**, 590
   metallacyclopentane complexes
      in alkene oligomerization, **8**, 374
   metallic
      formation from rhodium complex catalysts, **8**, 592
   nickel compounds, **6**, 775
   polynuclear cluster compounds, **6**, 772
   tetranitryl-
      cations, oxidative addition to alkyl halides, **5**, 382
   tungsten compounds, **6**, 774
   tungsten/iron compounds, **6**, 784
Rhodium, (acetonitrile)chloronitrosylbis(triphen-
   ylphosphine)-
   cation
      reaction with tetraallylstannane, **5**, 494
Rhodium, acetylacetonatobis(η^2-methylenecyclo-
   propane)-
   molecular structure, **5**, 420
Rhodium, (acetylacetone)bis(decahydrohexabo-
   rane)-
   preparation, **6**, 931
Rhodium, (acetylacetone)bis(ethylene)-
   reaction with allene, **5**, 411, 439
   reaction with cumulenes, **5**, 439
   reaction with 1,3-dienes, **5**, 448
   reaction with hexafluoro-Dewar-benzene, **5**, 420
   reaction with tetrafluoroethylene, **5**, 420
   reaction with tetramethylallene, **5**, 453
   reaction with *endo*-6-vinylbicyclo[3.1.0]2-hex-
      ene, **5**, 509
Rhodium, (acetylacetone)bis(isocyanide)-
   reaction with tetracyanoethylene, **5**, 434
Rhodium, (acetylacetone)bis(methyldiphenylphos-
   phine)-
   reaction with hexafluoroacetone, **5**, 401
   reaction with hexafluoroacetone imine, **5**, 401
Rhodium, (acetylacetone)carbonylbis(triphenyl-
   stibene)-
   preparation, **5**, 283
Rhodium, (acetylacetone)carbonyl(ethylene)-
   reaction with 1,2-dienes, **5**, 440
Rhodium, (acetylacetone)dicarbonyl-
   reaction with allenes, **5**, 439
Rhodium, (acetylacetone)(isocyanide)(triphenyl-
   phosphine)-
   reaction with tetracyanoethylene, **5**, 434
Rhodium, (acetylacetone)tris(allene)-
   preparation, **5**, 453
Rhodium, (η-allyl)(1,2,5,6-η-cyclooctadiene)-
   reaction with tertiary phosphorus ligands, **5**, 494
Rhodium, (η-allyl)tris(trifluorophosphine)-
   decomposition, **5**, 496
Rhodium, aquachloro(octaethylporphyrin)-
   reduction, **5**, 388
Rhodium, bis(alkene)(η^5-indenyl)-

reaction with 3,3-dimethyl-1-butyne, **5**, 459
Rhodium, bis(η-allyl)chloro-
   dimer
      reaction with cyclopentadienylthallium, **5**, 499
Rhodium, bis(bis(diphenylphosphino)methane)-
   tetra-
      structure, **5**, 328
Rhodium, bis(cyclooctadiene)-
   cations
      reaction with triphenylstibine, **5**, 473
Rhodium, bis(η-cyclopentadienyl)-
   cation, **5**, 278
Rhodium, bis{di-*t*-butyl[(ethoxycarbonyl)methyl]-
      phosphine}dihydrido[bis(μ-hydrido)dihy-
      dridoborate]-
      preparation, **6**, 910
Rhodium, bis(di-*t*-butylmethylphosphine)dihydri-
      do[bis(μ-hydrido)dihydridoborate]-
      preparation, **6**, 910
Rhodium, bis(diethoxybis(2-(diphenylphosphino)-
      ethyl)silane)tetra-
      preparation, **5**, 328
Rhodium, (1,2-bis(diphenylphosphine)ethane)-
      decacarbonyltetra-
      preparation, **5**, 328
Rhodium, bis(diphos)(trichloroborane)-
   cations
      preparation, **6**, 884
Rhodium, bis(diphos)(trifluoroborane)-
   cations
      preparation, **6**, 884
Rhodium, bis(ethylene)bis(tetrahydropyran)-
   cations
      preparation, **5**, 425
Rhodium, bis(ethylene)(η^5-indenyl)-
   ethylene displacement by 1,3-dienes, **5**, 449
   reaction with 2-butyne, **5**, 400, 457
   reaction with hexafluoro-2-butyne, **5**, 459
Rhodium, [bis(μ-hydrido)dihydridoborate]bis(tri-
      phenylphosphine)-
      preparation, **6**, 907
Rhodium, bis(isocyanide)bis(triphenylphosphine)-
   cations
      reaction with tetracyanoethylene, **5**, 433
Rhodium, (2,3-bis(methoxycarbonyl)norborna-
      diene)(hexafluoroacetylacetone)-
      reaction with pyridine, **5**, 470
Rhodium, bromobis(ethylene)-
   dimer
      preparation, **5**, 419
Rhodium, bromobis(1-naphthyl)(*t*-phosphine)-, **5**, 278
Rhodium, carbidononadecacarbonylocta-
   disproportionation, **5**, 290
Rhodium, carbonyl-
   structure, **5**, 279
Rhodium, (μ-carbonyl)bis(η-cyclopentadienyl)-
      (μ-hexafluoro-2-butyne)di-
      reaction with alkynes, **5**, 457
Rhodium, carbonyl[bis(μ-hydrido)dihydridobor-
      ate]bis{tris[(trimethylsilyl)methyl]phos-
      phine}-
      preparation, **6**, 910
Rhodium, carbonylchlorobis(dimethylphenylphos-
      phine)-
      reaction with tetrachlorocyclopropene, **5**, 406
Rhodium, carbonylchlorobis(triphenylphosphine)-
   catalyst
      hydrosilylation, **2**, 313
      reaction with tetracyanoethylene oxide, **5**, 401
Rhodium, carbonylchloro(cyclooctene)-
   dimer
      preparation, **5**, 421
Rhodium, carbonyl(η-cyclopentadienyl)diiodo-
   reaction with 2,2'-dilithiobiphenyl, **5**, 408
Rhodium, carbonyl(η-cyclopentadienyl)(triphen-
      ylphosphine)-
      reaction with chloroacetonitrile, **5**, 385
Rhodium, carbonyl(dichloroindium)bis(triphenyl-
      phosphine)-
      preparation, **6**, 966
Rhodium, carbonyldichlorotris(ethylene)di-
      preparation, **5**, 421
Rhodium, carbonylfluorobis(*t*-arsine)-, **5**, 278
Rhodium, carbonylfluorobis(*t*-phosphine)-, **5**, 278
Rhodium, carbonylhydridotris(triphenylphos-
      phine)-
      insertion reactions with diphenylacetylene, **5**, 408
      reaction with alkynes, **5**, 399
      reaction with 1-alkynes, **5**, 393
      reaction with allene, **5**, 494
      reaction with hexafluoro-2-butyne, **5**, 399
Rhodium, carbonyl(pentafluorophenyl)bis(tri-
      phenylphosphine)-
      preparation, **5**, 386
Rhodium, chlorobis(1–4-η-1,3-cycloheptadiene)-
   disproportionation, **5**, 517
Rhodium, chlorobis(cyclooctadiene)-
   dimer
      reaction with cyclooctatetraene, **5**, 461
Rhodium, chlorobis(η^5-1,5-cyclooctadiene)-, **5**, 278
Rhodium, chlorobis(cyclooctene)-
   dimer
      reaction with diethyldithiocarbamate, **5**, 421
      reaction with octafluorocyclooctatetraene, **5**, 450
      reaction with tetrakis(acetonitrile)copper
         cations, **5**, 424
Rhodium, chlorobis(decahydrohexaborane)-
   dimer, **6**, 931
Rhodium, chlorobis(diene)-
   reaction with β-diketones, **5**, 462
Rhodium, chlorobis(η-ethylene)-
   dimer, **5**, 278
      preparation, **5**, 418
      reaction with bis(3-butenyl)phenylphosphine, **5**, 429
      reaction with 1,5-cyclooctadiene, **5**, 461
      reaction with 1,3,5-cyclooctatriene, **5**, 484
      reaction with linear phosphinated polymers, **8**, 579
      reaction with pentafluorothiophenol, **5**, 421
      reaction with phosphines, **5**, 428
      reaction with tetrakis(acetonitrile)copper an-
         ions, **5**, 424
      reaction with tetraphenyldiazocyclopentad-
         iene, **5**, 435
Rhodium, chloro[bis(μ-hydrido)dihydridoborate]-
      (dimethylfuran)bis(pyridyl)-
   cation
      preparation, **6**, 907
Rhodium, chlorobis(octafluorocyclohexadiene)-
   dimer
      preparation, **5**, 450
Rhodium, chloro(cyclooctadiene)-
   dimer
      polymer-supported phosphine reaction with, **8**, 579

Rhodium

reaction with bis(diisopropylamino)calicene, **5**, 465
reaction with (3-butenyl)(3-(diphenylphosphino)propyl)phenylphosphine, **5**, 430
reaction with cyclooctatetraene anions, **5**, 465
reaction with diaryltriazenido anions, **5**, 468
reaction with dicyanoethylenedithiolate, **5**, 464
reaction with dithiophosphates, **5**, 464
reaction with ethylenediphenylenebis(diphenylphosphine), **5**, 431
reaction with hexamethylenebis(diphenylphosphine), **5**, 432
reaction with hydropentalenylthallium, **5**, 467
reaction with phenylborinato anion, **5**, 492
reaction with phosphorus ylides, **5**, 465
reaction with potassium superoxide, **5**, 463
reaction with Schiff bases, **5**, 468
reaction with tertiary phosphines, **5**, 470
reaction with tetrachloro-*o*-benzoquinone, **5**, 464
reaction with thiolates, **5**, 463

Rhodium, chloro(η^4-1,5-cyclooctadiene)-
  dimer
    reaction with hexafluoro-2-butyne, **5**, 519

Rhodium, chloro(cyclooctadiene)(tridecahydrononaborate)-
  structure, **6**, 935

Rhodium, chloro(cyclooctadiene)(triphenylphosphine)-
  reaction with diphenyl(*o*-styryl)phosphine, **5**, 470

Rhodium, chlorodicarbonyl-
  dimer
    reaction with hexafluoro-2-butyne, **5**, 442
    reaction with nitrogen donors, calorimetry, **5**, 289

Rhodium, chloro(diene)-
  dimer
    reaction with acetate or methoxides, **5**, 463
    reaction with Group V donor ligands, **5**, 469

Rhodium, chloro(diene)rhodium dimer
  reaction with Group V donor ligands, **5**, 473

Rhodium, chlorodivinyl-
  dimer
    supported catalyst preparation by, **8**, 563

Rhodium, chloro(ethylene)(tetrafluoroethylene)-
  dimer
    preparation, **5**, 419

Rhodium, chloro(hexafluoro-2-butyne)bis(triphenylphosphine)-
  protonation, **5**, 400

Rhodium, chloro(hexafluoro-2-butyne)tris(triphenylstibine)-
  preparation, **5**, 440

Rhodium, (μ-chloro)(μ-hydrido)bis(chloro(η-pentamethylcyclopentadienyl)-
  reaction with conjugated dienes, **5**, 500

Rhodium, chloro(norbornadiene)-
  dimer
    norbornadiene exchange in, **5**, 462
    reaction with 2-butyne, **5**, 489
    reaction with secopentaprismanes, **5**, 487

Rhodium, chloro(η^4-norbornadiene)-
  reaction with hexafluoro-2-butyne, **5**, 519

Rhodium, chlorotris(dimethylphenylphosphine)-
  oxidative addition with acetyl chloride, **5**, 381

Rhodium, chlorotris(triphenylphosphine)-
  catalyst
    in hydrogenation of alkenes and alkynes, **4**, 932; **5**, 278
    in hydrogermane reactions, **2**, 427
    in hydrosilation, **2**, 119, 313
  homogeneous hydrogenation catalyzed by
    regioselectivity, **8**, 566
  oxidative addition to alkyl halides, **5**, 381
  reactions with diynes, **5**, 440
  reaction with aldimines, **5**, 396
  reaction with allylic Grignard reagents, **5**, 494
  reaction with benzoyl isocyanate, **5**, 401
  reaction with 2-phenylthiazoline-4,5-dione, **5**, 401
  reaction with 8-quinolinecarboxaldehyde, **5**, 392
  supported on cellulose
    asymmetric hydrogenation and, **8**, 581

Rhodium, chlorotris(triphenylstibine)-
  reaction with alkynes, **5**, 440

Rhodium, (1,3-cyclohexadiene)bis(tetrahydrofuran)-
  cations
    preparation, **5**, 450

Rhodium, (η-1,3-cyclohexadiene)(norbornadiene)-
  cations
    preparation, **5**, 465

Rhodium, (η-1,4-cyclohexadiene)(norbornadiene)-
  cations
    preparation, **5**, 465

Rhodium, (cyclooctadiene)bis(pyridine)-
  cation
    reaction with dithiocarbamates, **5**, 464

Rhodium, (η-cyclooctadiene)(η-cyclopentadienyl)-
  reaction with trityl cations, **5**, 467
  synthesis, **5**, 466

Rhodium, (η^4-1,5-cyclooctadiene)(η-cyclopentadienyl)-, **5**, 278

Rhodium, (cyclooctadiene)(norbornadiene)-
  cations
    preparation, **5**, 464

Rhodium, (1-4-η-cyclooctatetraene)(η-pentamethylcyclopentadienyl)-
  preparation, **5**, 468

Rhodium, (1,2,5,6-η-cyclooctatriene)(η^5-indenyl)-
  preparation, **5**, 468

Rhodium, (1,2,5,6-η^4-cyclooctatriene)(norbornadiene)-
  cation
    structure, **5**, 492

Rhodium, (cyclooctene)fluoro-
  dimer
    preparation, **5**, 419

Rhodium, (η^4-cyclopentadiene)(η-cyclopentadienyl)-, **5**, 278

Rhodium, (η-cyclopentadienyl)bis(ethylene)-
  ethylene substitution, **5**, 435
  propeller rotation about metal–alkene bond axis, **5**, 278
  reactions with nucleophiles, **5**, 435
  reaction with perfluoroalkyl iodides, **5**, 385

Rhodium, (η-cyclopentadienyl)bis(triphenylphosphine)-
  reaction with alkynes, **5**, 441

Rhodium, (η-cyclopentadienyl)(1,2,5,6-η-cycloheptatriene)-

preparation, **5**, 518
Rhodium, (η-cyclopentadienyl)(η-cycloocta-
diene)-
reaction with diphenylacetylene, **5**, 445
Rhodium, (η-cyclopentadienyl)(η^4-1,5-cycloocta-
diene)-
protonation, **5**, 516
Rhodium, (η-cyclopentadienyl)(1,2,5,6-
η-1,3,5-cyclooctatriene)-
protonation, **5**, 516
Rhodium, (η-cyclopentadienyl)dihalo-
oligomers, **5**, 363
Rhodium, (η-cyclopentadienyl)diiodo(triphenyl-
phosphine)-
reaction with 1,4-dilithiotetraphenylbutadiene,
5, 408
reaction with 1,4-dilithio-1,2,3,4-tetraphenylbu-
tadiene, **5**, 442
Rhodium, (η-cyclopentadienyl)(ethylene)(fluo-
roethylene)-
isomerism, **5**, 436
Rhodium, (η-cyclopentadienyl)(ethylene)(tetra-
fluoroethylene)-
NMR, **5**, 436
Rhodium, (η-cyclopentadienyl)(η^4-norborna-
diene)-
protonation, **5**, 515
Rhodium, cyclopentadienylphenyl-
cation
nucleophilic addition reactions, **8**, 1032
Rhodium, (η-cyclopentadienyl)(η^4-2,3,5,6-tetra-
methyl-p-benzoquinone)-
protonation, **5**, 491
Rhodium, decacarbonyl(2,3-dimethylbutadiene)-
tetra-
preparation, **5**, 450
Rhodium, decacarbonyltris(1,2-bis(diphenylphos-
phino)ethane)hexa-
preparation, **5**, 329
Rhodium, decacarbonyltris(norbornadiene)hexa-
decomposition, **5**, 520
preparation, **5**, 465
Rhodium, (dibromoboryl)tris(triphenylphos-
phine)-
preparation, **6**, 892
Rhodium, dicarbidopentacosacarbonyldodeca-
preparation, **5**, 336
Rhodium, dicarbonyl-
structure, **5**, 279
Rhodium, dicarbonylbis(η-cyclopentadienyl)(hex-
afluoro-2-butyne)di-
preparation, **5**, 457
Rhodium, dicarbonylbis(η-pentamethylcyclopen-
tadienyl)di-
reaction with diazoalkanes, **5**, 416
Rhodium, dicarbonylchloro-
dimer
preparation, **5**, 281
reaction with allylic Grignard reagents, **5**, 493
reaction with cubane, **5**, 406
reaction with cyclopropane, **5**, 405
reaction with dialkylacetylenes, **5**, 406
reaction with dibenzosemibullvalene, **5**, 405
reaction with diphenylacetylene, **5**, 453
reaction with diphenyldiazomethane, **5**, 416
reaction with 3-hexyne, **5**, 453
reaction with quadricyclane, **5**, 406
Rhodium, dicarbonyl(η-cyclopentadienyl)-
oxidative addition with perfluoroalkyl iodides,
5, 385
reaction with alkynes, **5**, 456
reaction with cyclic diynes, **5**, 445
reaction with diphenylacetylene, **5**, 442

reaction with hexafluoro-2-butyne, **5**, 441
reaction with phenyl(3,4,5,6-tetrafluorophenyl)-
acetylene, **5**, 457
reaction with photo-α-pyrone, **5**, 445
Rhodium, dicarbonyl(β-diketonate)-
reaction with hexafluoro-3-butyne, **5**, 443
Rhodium, dicarbonylfluoro-
dimer
reaction with octafluoro-1,3-cyclohexadiene,
5, 450
Rhodium, dicarbonyl(η-pentaalkylcyclopenta-
dienyl)-
reaction with alkynes, **5**, 519
Rhodium, dicarbonyl(η-pentamethylcyclopentadi-
enyl)-
reaction with 2-butyne, **5**, 457
Rhodium, dicarbonyltetrakis(η-cyclopentadienyl)-
tetra-
structure, **5**, 360
Rhodium, dicarbonyl(2,2,6,6-tetramethylhept-
3,5-dione)-
reaction with hexafluoro-3-butyne, **5**, 443
Rhodium, dicarbonyltrifluoro-
dimer
preparation, **5**, 281
Rhodium, (2,3-dichlorobutadiene)halo-
dimer
preparation, **5**, 448
Rhodium, dichlorohydridobis(triphenylphos-
phine)-
reaction with alkenes, **5**, 398
Rhodium, dichloro(η-pentamethylcyclopentadi-
enyl)-
dimer
reaction with cyclooctatetraene, **5**, 450
reaction with cyclopentadiene, **5**, 451
reaction with dibenzylideneacetone, **5**, 481
structure, **5**, 367
Rhodium, dichloro(piperidine)bis(pyridyl)(te-
trahydroborate)-
preparation, **6**, 907
Rhodium, dihydrido(tetrahydroborate)bis(tricy-
clohexylphosphine)-
preparation, **6**, 910
Rhodium, dodecacarbonylbis(bipyridyl)hexa-
preparation, **5**, 329
Rhodium, dodecacarbonylbis(1,4-bis(diphenyl-
phosphino)butane)hexa-
preparation, **5**, 329
Rhodium, dodecacarbonylbis(norbornadiene)-
hexa-
preparation, **5**, 465
Rhodium, dodecacarbonyltetra-, **5**, 278, 317
IR spectrum, **5**, 318
molecular structure, **5**, 317
NMR, **5**, 318
reaction with arsines, **5**, 327
reaction with phosphines, **5**, 296, 327
reduction, **5**, 280
supported catalysts, **8**, 558
synthesis, **5**, 318
Rhodium, dodecacarbonyltetrakis(triphenyl phos-
phite)hexa-
structure, **5**, 328
Rhodium, halohydrido(triethylsilyl)bis(triphenyl-
phosphine)-
preparation, **6**, 892
Rhodium, hexadecacarbonylhexa-, **5**, 278, 317
IR spectrum, **5**, 318
molecular structure, **5**, 317
NMR, **5**, 318
reaction with 1,2-bis(diphenylphosphino)eth-
ane, **5**, 329

Rhodium

reaction with Group V donor ligands, **5**, 328
reaction with phosphinated styrene–divinylbenzene resin membranes, **8**, 579
structure, **1**, 35
supported catalysts, **8**, 558
synthesis, **5**, 318
Rhodium, hydrido(tetrahydroborate)bis(tri-*o*-tolylphosphine)-
properties, **6**, 910
Rhodium, hydridotetrakis(trifluorophosphine)-
reaction with butadiene, **5**, 495
reaction with 1,3-pentadiene, **5**, 495
Rhodium, hydridotetrakis(triphenylphosphine)-
reaction with butadiene, **5**, 494
reaction with 1,3-cyclohexadiene or 1,3-cyclooctadiene, **5**, 494
Rhodium, hydrido(trifluorophosphine)tris(triphenylphosphine)-
reaction with hexafluoro-2-butyne, **5**, 399
Rhodium, hydridotris(triisopropylphosphine)-
metallation of aromatic compounds by, **5**, 393
Rhodium, hydridotris(triphenylphosphine)-
synthesis
organoaluminum compounds in, **1**, 654
Rhodium, methyl-
reaction with carbon dioxide, **8**, 253
Rhodium, (norbornadiene)bis(tetrahydrofuran)-
cation
reaction with azulene, **5**, 465
Rhodium, (norbornadiene)bis(triphenylphosphine)-
cations
reaction with butadiene, **5**, 449
Rhodium, octacarbonylbis(cyclooctatriene)tetra-
preparation, **5**, 450
Rhodium, octacarbonyldi-
structure, **5**, 279
Rhodium, octacarbonyloctakis(phosphine)hexa-
structure, **5**, 328
Rhodium, octacarbonyltetrakis(triphenylphosphite)tetra-
NMR, **5**, 327
Rhodium, octakis(trifluorophosphine)di-
preparation, **5**, 443
reaction with alkynes, **5**, 459
Rhodium, pentacarbonyltetrakis(μ-diphenylphosphino)(triphenylphosphine)tetra-
structure, **5**, 329
Rhodium, pentadecacarbonyl(1,2-bis(diphenylphosphino)ethane)hexa-
preparation, **5**, 329
Rhodium, pentakis(ammine)hydrido-
cation
reaction with alkenes, **5**, 398
reaction with hexafluoro-2-butyne, **5**, 399
Rhodium, pentakis(trialkyl phosphite)-
oxidative addition of allylic halides to, **5**, 498
Rhodium, (η-pentamethylcyclopentadienyl)-bis(trifluorophosphine)-
oxidative addition with perfluoroalkyl iodides, **5**, 385
Rhodium, (η-pentamethylcyclopentadienyl)diiodo(triphenylphosphine)-
transmetallation, **5**, 407
Rhodium, (η-pentamethylcyclopentadienyl)(η⁴-isoprene)-, **5**, 501
Rhodium, phenyl-
reaction with carbon dioxide, **8**, 253
Rhodium, tetracarbonyl-
structure, **5**, 279
Rhodium, tetracarbonyldichlorodi-, **5**, 278
reaction with poly(vinylbenzylthiol), **8**, 558
Rhodium, tetracarbonylethyl-
in hydroformylation of alkenes, **5**, 398
Rhodium, tetracarbonylhydrido-
ethylene insertion in, **5**, 398
preparation, **5**, 354
Rhodium, tetradecacarbonyl(1,4-bis(diphenylphosphino)butane)hexa-
preparation, **5**, 329
Rhodium, tetradecacarbonyl(norbornadiene)hexa-
preparation, **5**, 465
Rhodium, tetrakis(*t*-butyl isocyanide)-
cations
reaction with amines, **5**, 414
Rhodium, tetrakis(isocyanide)-
cations
reaction with tetracyanoethylene, **5**, 433
Rhodium, tetrakis(propylene isocyanide)dication
transannular addition of alkyl iodide to, **5**, 382
Rhodium, tetrakis(trimethyl phosphite)-
cations
reaction with alkynes, **5**, 441
Rhodium, tricarbonyl-
structure, **5**, 279
Rhodium, tricarbonylbis(η-cyclopentadienyl)di-
reaction with hexafluoro-2-butyne, **5**, 442
Rhodium, tricarbonyldichloro(ethylene)di-
preparation, **5**, 421
Rhodium, tricarbonyltriiodo-
formation, **5**, 281
Rhodium, tricarbonyltris(μ-diphenylphosphino)-bis(triphenylphosphine)tri-
structure, **5**, 330
Rhodium, tridecacarbonyltris(1,2-bis(diphenylphosphino)ethane)hexa-
preparation, **5**, 329
Rhodium, tris(acetone)(η-pentamethylcyclopentadienyl)-
cation
reaction with phenol, **5**, 491
reaction with tetramethylthiophene, **5**, 451
Rhodium, tris(acetonitrile)(η-pentamethylcyclopentadienyl)-
cations
reaction with norbornadiene, **5**, 472
Rhodium, undecacarbonyl(triphenylphosphine)-tetra-
NMR, **5**, 327
Rhodium catalysts
amine polymer supports, **8**, 570
asymmetric hydroformylation, **8**, 139
in azacarbonylation, **8**, 175
in butadiene copolymerization with ethylene, **8**, 419
chiral
in asymmetric reduction, **8**, 472
in decarbonylation of aldehydes, **8**, 215
in ethylene glycol synthesis, **8**, 86
Fischer–Tropsch synthesis, **8**, 69
heterophase
hydroformylation, **8**, 128
in homologation of methanol, **8**, 72
kinetics and mechanism, **8**, 76
hydroformylation of unsaturated compounds, **8**, 143
in industrial hydroformylation, **8**, 155
low pressure
acetic acid synthesis, **8**, 75

on macroreticular amine resins, **8**, 569
-phosphine ratio
  in supported catalysts, **8**, 570
polymer bound
  hydroformylation, **8**, 128
on silica
  homologous alcohols by, **8**, 69
supported
  asymmetric hydrosilylation of ketones by, **8**, 583
supported on phosphinated polystyrene beads
  selectivity, **8**, 568
without phosphines
  in asymmetric hydrogenation, **8**, 477
Rhodium clusters
  for hydrogenation, **8**, 329
  supported
    decomposition, **8**, 592
Rhodium complexes, **5**, 277–520
  acyclic η^4-1,3-diene
    NMR, **5**, 452
  acyl
    IR and NMR, **5**, 402
  'A-frame' carbonyl
    NMR, **5**, 311
  alkene, **5**, 418–438
    protonation, **5**, 398
  alkene alkyl
    isolation, **5**, 436
  alkene pentamethylcyclopentadienyl
    preparation, **5**, 435
  alkenyl
    IR and NMR, **5**, 402
    stability, **5**, 496
  alkyl
    IR and NMR, **5**, 402
  alkynes, **5**, 440–444
  alkynyl
    IR and NMR, **5**, 402
  η^6-arene, **5**, 488–491
  aryl
    IR and NMR, **5**, 402
  in asymmetric hydroformylation, **8**, 483
  in asymmetric hydrogenation of ketones, **8**, 476
  in asymmetric hydrosilylation, **8**, 481
  in asymmetric reduction, **8**, 472
  bidentate nitrogen donor ligands, **5**, 291–295
  bis(η-allyl), **5**, 506–510
  bis(carbene)
    preparation, **5**, 412
  bis(cyclopentadienyl), **5**, 356
    NMR, **5**, 357
  bis(diene)
    synthesis, **5**, 464
  carbene, **5**, 412–418
    IR and NMR, **5**, 417
  carbido carbonyl clusters
    IR and NMR, **5**, 335
  carbon dioxide, **5**, 342; **8**, 236
  carbon disulfide, **5**, 339–342
    IR spectroscopy, **5**, 342
  carbonyl
    reaction with alkynes, **5**, 406
    spectroscopy, **5**, 280
  carbonyl antimony donor ligands, **5**, 314–317
    IR spectroscopy, **5**, 315
  carbonyl arsenic donor ligands, **5**, 314–317
    IR spectroscopy, **5**, 315
  carbonyl azaoxy chelates
    IR spectroscopy, **5**, 295
  carbonyl aza phospha ligands
    IR spectroscopy, **5**, 311
  carbonyl bidentate diphospha ligands
    IR spectroscopy, **5**, 310
  carbonyl bidentate phosphorus donor ligands, **5**, 307–311
  carbonyl bidentate phosphorus–nitrogen ligands, **5**, 311
  carbonyl bidentate phosphorus–oxygen ligands, **5**, 311
  carbonyl chlorobis(phosphine)
    IR spectroscopy, **5**, 306
  carbonyl clusters
    NMR, **5**, 326
  carbonyl clusters with Group V donor ligands
    IR spectroscopy, **5**, 331
  carbonyl cyanohydrides
    spectroscopy, **5**, 355
  carbonylcyclopentadienyl, **5**, 358–362
    oxidative addition of alkyl halides, **5**, 385
    spectroscopy, **5**, 362
  carbonyl diaza chelates
    IR spectroscopy, **5**, 295
  carbonyl O-donor ligands, **5**, 283
    IR spectroscopy, **5**, 285
  carbonyl S-donor ligands
    IR spectroscopy, **5**, 288
  carbonyl Se-donor ligands
    IR spectroscopy, **5**, 288
  carbonyl Te-donor ligands
    IR spectroscopy, **5**, 288
  carbonyl Group V ligands, **5**, 288–317
  carbonyl halobis(triphenylphosphine)
    IR spectroscopy, **5**, 305
  carbonyl hydride, **5**, 351–355
    spectroscopy, **5**, 355
  carbonyl indenyl
    spectroscopy, **5**, 362
  carbonyl isocyanides
    spectroscopy, **5**, 355
  carbonyl monodentate N-donor ligands
    IR spectroscopy, **5**, 290
    NMR, **5**, 291
  carbonyl monodentate phosphorus donor ligands, **5**, 296–307
  carbonyl oxy phospha ligands
    IR spectroscopy, **5**, 311
  carbonyl phosphine
    IR spectroscopy, **5**, 299
  carbonyl tetraaza chelate ligands
    IR spectroscopy, **5**, 296
  carbonyl tetradentate nitrogen ligands, **5**, 296
  carbonyl tetradentate phosphorus donor ligands, **5**, 312
  carbonyl triaza chelate ligands
    IR spectroscopy, **5**, 296
  carbonyl tridentate nitrogen ligands, **5**, 296
  carbonyl tridentate phosphorus donor ligands, **5**, 312
  carbyne, **5**, 412–418
    IR and NMR, **5**, 417
  catalyst
    in acetylene reaction with carbon dioxide, **8**, 275
  chiral phosphines
    hydrogenation and, **5**, 432
  chloro diene dimers

Rhodium complexes
  IR, **5**, 478
  chloro η^4-1,3-dienes, **5**, 447
  chloro(dimethylamino)carbene
    preparation, **5**, 414
  clusters with encapsulated heteroatoms in polyhedral framework, **5**, 335
  cyano carbonyl, **5**, 317
  cyano hydride, **5**, 351–355
  cyclobutadiene
    NMR, **5**, 447
  cyclooctadiene
    NMR, **5**, 479
  cyclooctadiene cations
    reaction with 2-phenylthiazoline-4,5-dione, **5**, 401
  cyclooctadiene η^5-indenyl, **5**, 467
  cyclooctadiene pentamethylcyclopentadienyl, **5**, 467
  cyclooctatetraene
    NMR, **5**, 479
  cyclopentadienyl
    NMR, **5**, 366
    nucleophilicity, **5**, 384
  η-cyclopentadienyl, **5**, 356–370
  cyclopentadienyl ethylene
    propeller rotation, **5**, 436
  cyclopentadienylhydrido, **5**, 356
  cyclopentadienyl isocyanide
    IR spectroscopy, **5**, 371
  cyclopentadienyl sulfur, **5**, 364
  dicarbonyl alkene(3-trifluoroacetylcamphorato)
    equilibrium constants, **5**, 423
  dinuclear
    oxidative addition reactions, **5**, 384
  ethylene
    free energy of activation for rotation, **5**, 436
    NMR, **5**, 438
    in ethylene oligomerization, **8**, 381
  halocarbonyl
    IR and NMR, **5**, 282
  halocarbonyl clusters, **5**, 331
    IR and NMR, **5**, 335
  halocarbonyl tertiary phosphine
    IR spectroscopy, **5**, 301
  halo isocyanide, **5**, 344
    IR spectroscopy, **5**, 346
  homoleptic carbonyl, **5**, 279
  homoleptic carbonyl cluster
    IR spectroscopy, **5**, 325
  homoleptic cationic diene
    synthesis, **5**, 464–468
  homoleptic isocyanide
    IR spectroscopy, **5**, 344
  hydrido(carbene), **5**, 413
  hydridocarbonyl clusters, **5**, 331
    IR and NMR, **5**, 335
  hydrido(cyclopentadienyl)
    NMR, **5**, 357
  hydrocarbon ligands, **5**, 355–520
  indenyl
    NMR, **5**, 366
  indenyl isocyanide
    IR spectroscopy, **5**, 371
  insertion into cyclopropane rings, **5**, 405
  in isobutene oligomerization, **8**, 389
  isocyanide, **5**, 342–351
    photoactive, **5**, 345
    solution behaviour, **5**, 342
    two dimensional polymers, **5**, 344
  isocyanide Group V donor ligands
    IR spectroscopy, **5**, 352
  isocyanide Group VI donor ligands
    IR spectroscopy, **5**, 352
  isocyanide hydride, **5**, 351–355
  metallation of carbon–hydrogen bonds by, **5**, 392–397
  mixed alkene–alkyne, **5**, 459
  mixed alkyl–acyl, **5**, 384
  mixed diene, **5**, 485
  mono(η-allyl), **5**, 493–506
  monoene
    NMR, **5**, 438
  monoenes
    vibrational spectra, **5**, 437
  mononuclear alkyne
    IR, **5**, 444
  nitrido carbonyl clusters
    IR and NMR, **5**, 335
  non-conjugated diene Group VI donor ligands, **5**, 461
  non-conjugated diene Group VII donor ligands, **5**, 461
  norbornadiene
    NMR, **5**, 479
  organolead derivatives, **2**, 669
  oxidative addition of hydrogen to, **3**, 76
  in oxo process, **8**, 120, 126
  pentamethylcyclopentadienyl, **5**, 367–370
    NMR, **5**, 372, 374
  pentamethylcyclopentadienyl isocyanide
    IR spectroscopy, **5**, 371
  phosphino-alkene, **5**, 429, 437, 498
  platinum carbonyl complexes, **6**, 484
  polynuclear carbonyl, **5**, 317–339
  stoichiometric hydroformylation of alkenes by, **8**, 119
  supported
    in asymmetric hydrogenation of (N-acylamino)cinnamic acids, **8**, 584, 585
    asymmetric hydrosilylation and, **8**, 581
  supported catalysts
    anthranilic acid and, **8**, 557
  support on phosphine substituted polystyrene resins, **8**, 556
  support on polymers
    cyclopentadienyl ligands and, **8**, 554
  tetradentate phosphorus donor ligands
    IR spectroscopy, **5**, 313
  thioacyl
    alkylation, **5**, 415
  thiocarbonyl, **5**, 339–342
    IR spectroscopy, **5**, 341
  tricarbonyl diaza
    reaction with tetracyanoethylene, **5**, 425
  tridentate phosphorus donor ligands
    IR spectroscopy, **5**, 313
  tris(η-allyl), **5**, 506–510
Rhodium cycles
  zwitterionic
    preparation, **5**, 407
Rhodium hydroxide
  reaction with carbon dioxide, **8**, 262
Rhodium trichloride
  anhydrous
    reaction with sodium cyclopentadiene, **5**, 450

hydrated
    alkene reduction, **5**, 418
    reaction with allyl alcohol, **5**, 520
    reaction with azobenzene, **5**, 395
    reaction with *trans,trans,trans*-1,5,9-cyclo-
      dodecatriene, **5**, 498
    reaction with diphenyl(*o*-styryl)phosphine, **5**,
      398, 431
    reaction with ethylidenediethylenebis(di-*t*-
      butylphosphine), **5**, 432
    reaction with 2-methylallyl alcohol, **5**, 401
    reaction with norbornadiene, **5**, 461
    reaction with tris(*o*-tolyl)phosphine, **5**, 431
    reduction by butadiene, **5**, 448
    reduction with 1,5-cyclooctadiene, **5**, 461
    reduction with 1,3,5,7-cyclooctatetraene, **5**,
      461
Rhodium(I), chlorotris(triphenylphosphine)-
    reaction with diynes, **5**, 409
Rhodium(I) complexes
    anionic halocarbons, **5**, 281
    carbonyl alkene, **5**, 421
    carbonyl selenium donor ligands, **5**, 285
    carbonyl sulfur donor ligands, **5**, 285
    carbonyl tellurium donor ligands, **5**, 285
    cationic carbene complexes, **5**, 414
    cationic diene complexes with Group V donor
      ligands, **5**, 468
    cyclobutadiene, **5**, 445
    1,4-dienes, **5**, 480
    1,5-hexadiene, **5**, 483
    hydrido phosphine
      reaction with carbon dioxide, **8**, 245
    isocyanide
      oxidative addition reactions, **5**, 382
    neutral halocarbons, **5**, 281
    oxidative addition reactions, **5**, 381
      acyl halides, **5**, 387
      allylic halides, **5**, 497
      alkyl halide, **5**, 383, 387
    reaction with carbon dioxide, **8**, 256
    reaction with divinylcyclopropanes, **5**, 487
Rhodium(III)
    phosphine complexes
      hydrogen activation, **8**, 299
Rhodium(III), triphenylgermylselenido-
    preparation, **2**, 447
Rhodium(III), triphenylgermylthiolato-
    preparation, **2**, 447
Rhodium(III) complexes
    anionic halocarbons, **5**, 281
    bis(alkynyl)
      preparation, **5**, 393
    dihydrido-
      reaction with carbon dioxide, **8**, 264
    monoallyl, **5**, 497
    neutral halocarbons, **5**, 281
Rhodocene
    dimerization, **8**, 1014, 1039
Rhodocene cations
    nucleophilic addition reactions, **8**, 1031
Rhodoxime, 4-(fluorobenzyl)-
    NMR, **5**, 125
Rhodoximes
    as hydrogenation catalyst, **8**, 332
Rhodoximes, 3-(fluorobenzyl)-
    NMR, **5**, 125
Ring-chain equilibria
    in siloxanes, **2**, 324
Ring cleavage
    epoxides
      organoaluminum compounds in, **7**, 426
Ring closure
    in metallation of bulky phosphine platinum
      complexes, **6**, 597
    zerovalent nickel complexes, **6**, 156
Ring contraction
    bis(borinato)cobalt cations, **1**, 396
    (borinato)metal complexes, **1**, 396
    cyclohexanones, **7**, 489
    1-phenyl-4,5-dihydro-1*H*-borepin, **1**, 387
Ring exchange reactions
    (borazine)tricarbonylchromium complexes, **1**,
      403
Ring expansion
    cyclic aralkyl ketones, **7**, 471
    methylenecycloalkanes, **7**, 485
    platinum ketene complexes and, **6**, 687
Ring-insertion reactions
    silacyclobutanes, **2**, 230
Ring inversion
    bis(alkylthio) bridged dinuclear complexes, **4**,
      536
Ring-member substitution
    borabenzene derivatives, **1**, 398
    1,4-diborocyclohexa-2,5-diene complex, **1**, 401
Ring opening
    cyclopropanes
      in solvomercuration, **2**, 886
    cyclopropylalkaline metal compounds, **1**, 58
    cyclopropyliron complexes, **4**, 384
    cyclopropyllithium compounds, **1**, 98
    iron-alkene complexes, **4**, 398
    β-metalloheterocycles, **7**, 86
    in octamethylcyclotetrasiloxane, **2**, 324
    in organometallic compounds, **7**, 77–95
    palladium cyclobutadiene complexes, **6**, 381
    polyene iron complexes, **4**, 464
    polymerization
      cyclic olefins, **8**, 502
      molecular weight distribution and, **8**, 505
    pyrillium salts
      palladium compounds in, **8**, 811
    silacyclobutanes, **2**, 230
    via β-elimination, **7**, 85, 92
    vinylcyclopropanes, **4**, 411
Ring opening polymerizations
    organoaluminum compounds in catalysts for, **7**,
      452
Rings
    small
      opening, iron carbonyls in, **8**, 942
Ring-whizzing
    in η^3-tropylium iron complexes, **4**, 417
Ritter reaction
    (η^6-arene)tricarbonylchromium complexes in,
      3, 1047
    benchrotenylalkanols, **8**, 1057
Robinson annelation
    sodium η^2-alkenedicarbonyl-η^5-cyclopentadien-
      ylferrate complexes in, **8**, 966
Rochow process, **2**, 4, 10, 154, 180
Rotation
    about metal–olefin bond
      platinum(II) olefin complexes, **6**, 652
    alkene ligands
      in tetracarbonyl(η^2-alkene)iron complexes, **4**,
        389

Rotation
  alkene–metal bonds, **3**, 105
  alkyne–metal bonds, **3**, 109
  η-allyl groups, **3**, 111
  η-butadiene ligands, **3**, 112
  coordinated alkenes, **3**, 103
  coordinated alkynes, **3**, 109
  coordinated η-allyl groups, **3**, 110
  coordinated η-arene groups, **3**, 111
  coordinated η-butadienes, **3**, 111
  coordinated η-cyclopentadienyl groups, **3**, 111
  coordinated η-dienyl groups, **3**, 111
  coordinated η-triene groups, **3**, 111
  cyclopentadienyl ligands, **3**, 126
  η-cyclopentadienyl ligands, **3**, 113
  η-dienyl groups, **3**, 114
  ligands
    organometallic compounds, **3**, 99–111
  metal–carbene bonds, **3**, 99, 103
  metal–carbon σ-bonds, **3**, 99, 100
  metal–metal bonds, **3**, 99, 104
  in organometallic compounds, **3**, 90
  transition metal alkene complexes, **3**, 55
  trichloroplatinates, **3**, 57
  η-triene groups, **3**, 115
Rotational barriers
  alkylallylpotassium, **1**, 102
  half sandwich compounds, **3**, 44
  in polydimethylsiloxane, **2**, 333
  in polyene transition metal complexes, **3**, 63
  silicones, **2**, 334
  transition metal allyl complexes
    bonding, **3**, 65
  transition metal carbene complexes, **3**, 79
  in tricarbonyldienyliron cations, **4**, 494
Rotation of groups
  spin–lattice relaxation measurements and, **3**, 97
Royal jelly
  synthesis
    organoaluminates in, **7**, 394
Rubidium, methyl-
  structure, **1**, 45
  structure in solid state, **1**, 66
Rubidium fluoride diethylberylate, **1**, 140
  dimer, **1**, 140
Rubidium fluoride tris(diethylberylate), **1**, 140
Rubidium tetramethylgallate
  preparation, **1**, 709
Rudibium tri-*t*-butoxytriethyldiberylate, **1**, 141
Ruhrchemie process, **8**, 155
Ruthenacarboranes
  preparation, **1**, 517
Ruthenacarboranes, hydrido-
  catalysis and, **1**, 523
Ruthenacycles
  preparation, **4**, 734
Ruthenacyclopentane
  formation, **4**, 739
1,2,4-Ruthenadicarba-*closo*-undecaborane,
    1,1,3-tris(triphenylphosphine)-2-hydrido-
  structure, **1**, 510
Ruthenaindenyl complexes, **4**, 853
Ruthenaindenyl derivatives
  preparation, **4**, 831
Ruthenates
  carbidoheptadecacarbonylhexakis-
    preparation, **4**, 905
  carbonyl complexes
    reaction with Group IVB halides, **4**, 912
  octadecacarbonylhydridohexakis-
    preparation, **4**, 902
Ruthenates, aquacarbonyltetrachloro-
  preparation, **4**, 670, 674
Ruthenates, aquapentaammine, **4**, 652
Ruthenates, carbidohexadecacarbonylhexa-
  catalysts
    hydrogenation of carbon monoxide, **4**, 936
Ruthenates, carbidohexadecacarbonylhexakis-
  preparation, **4**, 905
Ruthenates, carbonylpentaammine-, **4**, 652
Ruthenates, carbonylpentachloro-
  formation, **4**, 669
  preparation, **4**, 674
Ruthenates, carbonyltrichlorobis(pyridine)-
  preparation, **4**, 705
Ruthenates, chloropentakis(trichlorostannyl)
  preparation, **4**, 909
Ruthenates, dicarbonyl(η-cyclopentadienyl)-
  preparation, **4**, 776
Ruthenates, dicarbonyltetrachloro-
  preparation, **4**, 670, 674
Ruthenates, dihydrido(diphenylphosphino)(tri-
    phenylphosphine)-
  preparation, **4**, 719
Ruthenates, dodecacarbonyldihydrotetrakis-
  preparation, **4**, 892
Ruthenates, dodecacarbonylhydrido-
  preparation, **4**, 892
Ruthenates, dodecacarbonyltetrakis-
  preparation, **4**, 892
Ruthenates, dodecacarbonyltri-, **4**, 667
Ruthenates, dodecacarbonyltrihydrotetra-
  catalysts
    hydrogenation of carbon monoxide, **4**; 936
Ruthenates, dodecacarbonyltrihydrotetrakis-
  preparation, **4**, 892
Ruthenates, hexaammine, **4**, 652
Ruthenates, octadecacarbonylhexakis-
  preparation, **4**, 902
Ruthenates, pentaammine(dinitrogen)-, **4**, 652
Ruthenates, tetrabromodicarbonyl-
  preparation, **4**, 671
Ruthenates, tetracarbonyl-, **4**, 667
Ruthenates, tetracarbonylhydro-, **4**, 667
Ruthenates, tricarbonyltrichloro-
  preparation, **4**, 674
Ruthenates, trichloro(thiocarbonyl)bis(triphenyl-
    phosphine)-
  preparation, **4**, 701
Ruthenates, tridecacarbonylchlorotetrakis-
  preparation, **4**, 901
Ruthenates, tridecacarbonylhydridotetrakis-
  preparation, **4**, 891
Ruthenates, tridecacarbonyltetrakis-
  preparation, **4**, 891
Ruthenates, undecacarbonylhydridotri-
  catalyst
    in hydroformylation of alkenes, **4**, 940
Ruthenate(II), chloro-
  catalyst
    hydrogenation, **8**, 305
  as hydrogenation catalyst, **8**, 309
Ruthenate(III), chloro-
  as hydrogenation catalyst, **8**, 330
Ruthenium
  arene complexes
    fluxionality, **8**, 1048
  catalyst
    in hydrogenation of carbon dioxide, **8**, 272
  chemisorption of CO on, **4**, 667
  cobalt compounds, **6**, 767, 772, 787

protonation, **6**, 815
reaction with CO, **6**, 820
dinitrogen complex, **8**, 1075
dinitrogen complexes, **8**, 1101
Group IV carbonyls, **6**, 1074
Group IV compounds, **6**, 1072
Group IV–osmium carbonyl complexes, **6**, 1077
iron compounds, **6**, 772, 780, 783, 787, 788
    chromatography, **6**, 807
    deprotonation, **6**, 815
    IR spectra, **6**, 794
    photolysis, **6**, 818
    protonation, **6**, 815
    reaction with CO, **6**, 820
    reaction with triphenylphosphine, **6**, 812
    substitution reactions, **6**, 811
    UV spectra, **6**, 794
    water-gas shift reaction catalysed by, **6**, 822
iron/osmium compounds, **6**, 772
    mass spectrometry, **6**, 789
    NMR, **6**, 796, 797, 799
    reaction with CO, **6**, 820
molybdenum compounds, **6**, 782
osmium compounds, **6**, 779
    synthesis, homolysis in, **6**, 818
platinum compounds
    ethylene hydrogenation catalysis by, **6**, 823
reaction with chlorine, **4**, 669
Ruthenium, (acetate)carbonyl(formimidoyl)bis(triphenylphosphine)-
    preparation, **4**, 730
Ruthenium, (acetate)hydridotris(triphenylphosphine)-
    preparation, **4**, 719
Ruthenium, (acetonitrile)(η-allyl)hydridobis(triphenylphosphine)-
    preparation, **4**, 744
Ruthenium, (acetonitrile)hydrido[(diphenylphosphino)phenylene]bis(triphenylphosphine)-
    preparation, **4**, 738
Ruthenium, (acetonitrile)(η^3-2-methylallyl)hydridobis(triphenylphosphine)-
    preparation, **4**, 744
Ruthenium, (1-acetyl-1H-1,2-diazepine)tricarbonyl-
    preparation, **4**, 754
Ruthenium, (η^2-acrylonitrile)(η^1-allyl)dicarbonyldichloro-
    dimer
        preparation, **4**, 742
Ruthenium, (acrylonitrile)carbonylchlorobis(triphenylphosphine)-
    dimer
        preparation, **4**, 727
Ruthenium, (acrylonitrile)carbonylchloro(4-picoline)(triphenylphosphine)-
    dimer
        preparation, **4**, 727
Ruthenium, (alkene)dicarbonylbis(triphenylphosphine)-
    preparation, **4**, 744
Ruthenium, (η-allyl)carbonylnitrosobis(triphenylphosphine)-
    preparation, **4**, 745
Ruthenium, (η-allyl)nitrosobis(triphenylphosphine)-
    preparation, **4**, 745
Ruthenium, (η-allyl)tricarbonylchloro-
    catalyst
        homogeneous hydrogenation of alkenes, **4**, 935
    reaction with ethylene, **4**, 688
Ruthenium, (η^3-allyl)tricarbonylchloro-
    preparation, **4**, 744
    supported catalyst, **8**, 559
Ruthenium, (η-allyl)tricarbonylhalo-
    preparation, **4**, 744
Ruthenium, aquacarbonyldichloro-
    preparation, **4**, 670
Ruthenium, aquacarbonyldichlorobis(triphenylphosphine)-
    preparation, **4**, 694
Ruthenium, aquahydridohydroxobis(triphenylphosphine)-
    preparation, **4**, 720
Ruthenium, aquahydridohydroxybis(triphenylphosphine)-
    preparation, **4**, 720
Ruthenium, (η^6-arene)dichlorobis-
    catalysts
        in hydrogenation of alkenes, **4**, 936
Ruthenium, (azobenzene)dichlorobis[(phenyldiazo)phenylene]-
    preparation, **4**, 740
Ruthenium, (azulene)pentacarbonylbis-
    preparation, **4**, 830
Ruthenium, (η-benzene)dichloro-
    dimer
        preparation, **4**, 755
Ruthenium, benzonitrilehydrido-
    preparation, **4**, 728
Ruthenium, benzyldicarbonyl(η-cyclopentadienyl)-
    preparation, **4**, 777
Ruthenium, (2–4,6-η-bicyclo[3.2.1]octadiene)tricarbonyl-
    preparation, **4**, 747
Ruthenium, (bicyclo[4.2.0]octa-2,4,7-triene)tricarbonyl-
    preparation, **4**, 754
Ruthenium, (bipyridyl)dichloro(cyclooctadiene)-
    preparation, **4**, 750
Ruthenium, (bipyridyl)dihydridobis(triphenylphosphine)-
    preparation, **4**, 725
Ruthenium, (bipyridyl)[(diphenylphosphino)phenylene](triphenylphosphine)-
    preparation, **4**, 739
Ruthenium, bis(acetonitrile)dichloro(cyclooctadiene)-
    preparation, **4**, 750
Ruthenium, bis(acetylacetone)(cyclooctadiene)-
    preparation, **4**, 750
Ruthenium, bis(acetylacetone)dicarbonyl-
    preparation, **4**, 708
Ruthenium, bis(acetylacetone)(norbornadiene)-
    preparation, **4**, 750
Ruthenium, bis(allyl)bis(cyclooctadiene)dihalobis-
    preparation, **4**, 746
Ruthenium, bis(allyl)bis(triphenylphosphine)-
    preparation, **4**, 746
Ruthenium, bis(η^3-allyl)bis(triphenylphosphine)-
    structure, **4**, 746
Ruthenium, bis(η^3-allyl)dicarbonyl-
    preparation, **4**, 744, 746
Ruthenium, bis(η-allyl)hexacarbonylbis-
    preparation, **4**, 744
Ruthenium, bis(aniline)dichloro(norbornadiene)-
    structure, **4**, 748
Ruthenium, bis(bipyridyl)carbonylchloro-

Ruthenium

cation
  preparation, **4**, 704
Ruthenium, bis(bipyridyl)dichloro(norbornadiene)-
  preparation, **4**, 750
Ruthenium, bis(buta-1,3-diene)bis(triphenylphosphine)-
  preparation, **4**, 751
Ruthenium, bis(butadiene)(triphenylphosphine)-
  butadiene displacement in, **4**, 751
  preparation, **4**, 751
Ruthenium, bis(η^4-butadiene)(triphenylphosphine)-
  formation, **4**, 751
Ruthenium, bis(carboxylato)tris(methyldiphenylphosphine)-
  preparation, **6**, 907
Ruthenium, bis(η^5-cycloheptadienyl)-
  preparation, **4**, 755
Ruthenium, bis(cyclohexadienyl)-
  preparation, **4**, 755
Ruthenium, bis(η^5-cyclooctatrienyl)-
  preparation, **4**, 758
Ruthenium, bis(cyclopentadienyl)-
  adduct with mercury dibromide
    structure, **6**, 989
  adduct with mercury dichloride
    structure, **6**, 990
Ruthenium, bis(dichlorotricarbonyl)-, **4**, 652
Ruthenium, bis(diethyl ether)hydridomethylbis(triphenylphosphine)-
  preparation, **4**, 726
Ruthenium, bis(dithioformato)bis(triphenylphosphine)-
  preparation, **4**, 725
Ruthenium, bis(ethylene)(styrene)bis(triphenylphosphine)-
  preparation, **4**, 744
Ruthenium, bis(indenyl)-
  preparation, **4**, 773
Ruthenium, bis(2-methylallyl)bis(trimethyl phosphite)-
  preparation, **4**, 746
Ruthenium, bis(2-methylallyl)bis(triphenylphosphine)-
  preparation, **4**, 746
Ruthenium, bis(styrene)bis(triphenylphosphine)-
  preparation, **4**, 744
  reaction with cyclohexene, **4**, 755
Ruthenium, bis(triphenylphosphine)tris(tetracyanoethylene)-
  preparation, **4**, 742
Ruthenium, (borohydride)hydrotris(triphenylphosphine)-
  catalyst
    in homogeneous hydrogenation of alkenes, **4**, 932
Ruthenium, (butadiene)hydridotris(dimethylphenylphosphine)-
  hexafluorophosphine salt
    formation, **4**, 750
Ruthenium, (butadiene)(styrene)bis(triphenylphosphine)-
  preparation, **4**, 751
Ruthenium, (butadiene)tricarbonyl-
  preparation, **4**, 750
Ruthenium, (1-4-η-buta-1,3-diene)tris(triphenylphosphine)-
  preparation, **4**, 751
Ruthenium, (t-butanol)hydridohydroxo(triphenylphosphine)-
  dimer
    preparation, **4**, 721
Ruthenium, carbamoylcarbonyl(η-cyclopentadienyl)-
  derivatives, **4**, 778
Ruthenium, carbidoheptadecacarbonylhexa-
  structure, **1**, 35
Ruthenium, carbidoheptadecacarbonylhexakis-
  preparation, **4**, 904, 905
Ruthenium, carbidohexadecacarbonyldihydrohexakis-
  preparation, **4**, 905
Ruthenium, carbidopentadecacarbonyl(2,4-hexadiene)hexakis-
  preparation, **4**, 905
Ruthenium, carbidopentadecacarbonylpentakis-
  preparation, **4**, 901
Ruthenium, carbidopentadecacarbonyltris(ethylthio)hydridohexakis-
  preparation, **4**, 905
Ruthenium, carbidotetradecacarbonyl(η^6-tropylium)hexakis-
  preparation, **4**, 905
Ruthenium, carbonylbis[diphenyl(o-vinylphenyl)phosphine]-
  preparation, **4**, 744
Ruthenium, carbonylbis(nitrato)bis(triphenylphosphine)-
  preparation, **4**, 710
Ruthenium, carbonylchlorohydridotris(diethylphenylphosphine)-
  preparation, **4**, 721
Ruthenium, carbonylchlorohydridotris(triphenylphosphine)-
  UV irradiation, **4**, 723
Ruthenium, carbonylchlorohydrotris(triphenylphosphine)-, **4**, 652
Ruthenium, carbonylchloro(methyl sorbate)bis(triphenylphosphine)-, **4**, 745
Ruthenium, carbonylchloro(nitrato)tris(dimethylphenylphosphine)-
  preparation, **4**, 710
Ruthenium, carbonyldichlorobis(diethylphenylphosphine)-
  dimer
    preparation, **4**, 697
Ruthenium, carbonyldichlorobis(triphenylphosphine)-, **4**, 652
  dimer
    preparation, **4**, 698
  preparation, **4**, 695
Ruthenium, carbonyldichloro(hydrazine)(triphenylphosphine)-
  dimer
    preparation, **4**, 705
Ruthenium, carbonyldichloro(phenylhydrazine)bis(triphenylphosphine)-
  preparation, **4**, 705
Ruthenium, carbonyldichloro(o-styryldiphenylphosphine)-
  dimer
    preparation, **4**, 743
Ruthenium, carbonyldichlorotris(diethylphenylphosphine)-
  preparation, **4**, 695
Ruthenium, carbonyldichlorotris(triphenylphosphine)-
  preparation, **4**, 694
Ruthenium, carbonyldichlorotris(triphenylstibine)-
  preparation, **4**, 695, 696

Ruthenium, carbonyl(diethyldithiocarbamate)-
(isocyanide)bis(triphenylphosphine)-
preparation, **4**, 731
Ruthenium, carbonyldihydridotris(methyldiphen-
ylphosphine)-
preparation, **4**, 722
Ruthenium, carbonyldihydridotris(triphenylphos-
phine)-
photolysis, **4**, 723
preparation, **4**, 718, 719, 722
Ruthenium, carbonyldiiodotris(diethylphenyl-
phosphine)-
preparation, **4**, 693
Ruthenium, carbonyl(1,4-diphenylbut-1-en-3-yn-
2-yl)bis(triphenylphosphine)(trifluoro-
acetate)-
preparation, **4**, 732
structure, **4**, 732
Ruthenium, carbonyl(hexaacetate)bis(methanol)-
oxotri-
reaction with hexaacetateoxohexapyranpyridi-
netriruthenium hexafluorophosphine salt,
4, 680
Ruthenium, carbonyl(hexaacetate)oxobis(metha-
nol)tri-
preparation, **4**, 680
Ruthenium, carbonyl(hexaacetate)oxobis(pyridi-
ne)tri-
preparation, **4**, 679
Ruthenium, carbonylhydridobis(triphenylphos-
phine)(trifluoroacetate)-
preparation, **4**, 724
Ruthenium, carbonylhydrido[(μ-hydrido)trihydri-
doborate]tris(triphenylphosphine)-
preparation, **6**, 907
Ruthenium, carbonylhydridoiodo(isocyanide)bis-
(triphenylphosphine)-
preparation, **4**, 730
Ruthenium, carbonylhydrido(nitrate)bis(triphen-
ylphosphine)-
preparation, **4**, 725
Ruthenium, carbonylhydridotetrakis(diphenyl-
phosphine)-
cations, **4**, 723
Ruthenium, carbonylhydro(phenyldiazenido)bis-
(triphenylphosphine)-
preparation, **4**, 706
Ruthenium, carbonyl(isocyanide)(η^2-thioselenyl-
carbonyl)bis(triphenylphosphine)-
preparation, **4**, 703
Ruthenium, carbonyl(2-phenylazophenyl)tris[(py-
razolyl)borate]-
preparation, **4**, 740
Ruthenium, carbonyltetrakis(triphenylphos-
phine)-
preparation, **4**, 699
Ruthenium, carbonyltrichloro-
formation, **4**, 669
Ruthenium, carbonyltrichloro(norbornadiene)-
cation, **4**, 748
Ruthenium, carbonyltris(triphenylphosphine)(p-
tolyl isocyanide)-
preparation, **4**, 702
Ruthenium, carbonyltris(triphenylphosphine)(tri-
fluoroacetate)-
preparation, **4**, 724
Ruthenium, chlorobis(pentylamine)(cycloocta-
diene)-
structure, **4**, 749
Ruthenium, chloro(carbon disulphide)tris(tri-
phenylphosphine)-
chloride
preparation, **4**, 700
Ruthenium, chlorocarbonyl(isocyanide)(thiocar-
bonyl)(triphenylphosphine)-
perchlorate
preparation, **4**, 703
Ruthenium, chloro(η-cyclopentadienyl)bis(tri-
phenylphosphine)-, **4**, 652
Ruthenium, chlorodicarbonylbis(cyclohexyl iso-
cyanide)(thiocarbonyl)-
preparation, **4**, 703
Ruthenium, chlorohydrido(bipyridyl)bis(triphen-
ylphosphine)-
dimer
preparation, **4**, 725
Ruthenium, chlorohydridobis(norbornadiene)-
preparation, **4**, 757
Ruthenium, chlorohydrido(η-hexamethylbenzene)-
(triphenylphosphine)-
catalyst
in hydrogenation of alkenes, **4**, 936
Ruthenium, chlorohydrido(norbornadiene)bis(tri-
phenylphosphine)-
preparation, **4**, 748
Ruthenium, chlorohydridotris(triphenylphos-
phine)-
dimer
preparation, **4**, 718
preparation, **4**, 717, 719, 720, 723
reaction with triphenyl phosphite, **4**, 736
Ruthenium, chlorohydrotris(triphenylphosphine)-
catalyst
in homogeneous hydrogenation of alkenes, **4**,
932
in hydrogen–deuterium exchange reactions,
4, 945
Ruthenium, chloro(isocyanide)(perchlorate)(thio-
carbonyl)bis(triphenylphosphine)-
preparation, **4**, 703
Ruthenium, chloromethyltris(triphenylphos-
phine)-
preparation, **4**, 725
Ruthenium, chloro(2-phenylazophenyl)dicar-
bonyl-
dimer
preparation, **4**, 740
Ruthenium, complexes
polynuclear acetate, **4**, 678
Ruthenium, (η^5-cycloheptatrienyl)(η^5-cyclohepta-
dienyl)-
preparation, **4**, 756
Ruthenium, (η^5-cyclohexadiene)hydridobis(tri-
phenylphosphine)-
preparation, **4**, 755
Ruthenium, (η^4-cyclohexa-1,3-diene)tricarbonyl-
reaction with cyclohexa-1,3-diene, **4**, 746
Ruthenium, (1-5-η-cyclohexadienyl)(cyclohex-
ene)hydridobis(triphenylphosphine)-
structure, **4**, 755
Ruthenium, (1,3-η-cyclohexadienyl)(η^2-cyclohex-
ene)hydridobis(triphenylphosphine)-
preparation, **4**, 742
Ruthenium, cyclohexylhydrido(styrene)bis(tri-
phenylphosphine)-
structure, **4**, 745
Ruthenium, (η^4-cyclooctadiene)(η^6-cycloocta-
triene)-
catalyst
in homogeneous hydrogenation of cyclohep-
tatriene, **4**, 936
Ruthenium, (1,5-cyclooctadiene)(1,3,5-cycloocta-
triene)-
support on polystyrene, **8**, 558
Ruthenium, (cycloocta-1,5-diene)[(diphenylphos-
phino)phenylene](triphenylphosphine)-
preparation, **4**, 738
Ruthenium, (cycloocta-1,5-diene)[(diphenylphos-
phino)phenyl](triphenylphosphine)-

Ruthenium

preparation, **4**, 755
Ruthenium, (cyclooctadiene)hydridotris(dimethylhydrazine)-
  preparation, **4**, 749
Ruthenium, (2-4:6,7-η-cyclooctadienyl)tricarbonyl-
  preparation, **4**, 747
Ruthenium, (cyclooctatetraene)bis(triphenylphosphine)-
  preparation, **4**, 758
Ruthenium, (cyclooctatetraene)tris(dimethylphenylphosphine)-
  preparation, **4**, 758
Ruthenium, (η^6-cycloocta-1,3,5-triene)(η^5-cycloocta-1,5-diene)-
  preparation, **4**, 758
Ruthenium, (η-cyclopentadiene)(η^5-cyclohexadiene)-
  preparation, **4**, 755
Ruthenium, (η-cyclopentadienyl)chlorobis(triphenylphosphine)-
  preparation, **4**, 783
Ruthenium, decacarbonyl[1,2-bis(diphenylphosphino)ethane]tetrahydrotetrakis-
  preparation, **4**, 896
Ruthenium, decacarbonyldinitrosotri-
  preparation, **4**, 871
  spectroscopy, **4**, 871
  structure, **4**, 845
Ruthenium, decacarbonyltetrahydrobis(triphenylphosphine)tetra-
  Raman spectra, **4**, 896
  structure, **4**, 894
Ruthenium, diacetatecarbonylbis(triphenylphosphine)-
  preparation, **4**, 678
Ruthenium, dibromodicarbonyl-
  preparation, **4**, 671
Ruthenium, dibromotetracarbonyl-
  preparation, **4**, 672
Ruthenium, dibromotetrakis(tolyl isocyanide)nonaiodo-
  preparation, **4**, 682
Ruthenium, dicarbonyl-
  derivatives
    preparation, **4**, 700
Ruthenium, dicarbonylbis(dimethylphenylphosphine)(trifluoroacetic anhydride)-
  preparation, **4**, 733
Ruthenium, dicarbonyl[1,3-bis(o-diphenylphosphino)phenyl-*trans*-1,1-butene]-
  preparation, **4**, 744
Ruthenium, dicarbonylbis[diphenyl(o-vinylphenyl)phosphine]-
  preparation, **4**, 743
Ruthenium, dicarbonylbis(mercaptobenzothiazole)bis(pyridine)-
  preparation, **4**, 705
Ruthenium, dicarbonylbis(nitrato)bis(triphenylphosphine)-
  preparation, **4**, 710
Ruthenium, dicarbonylbis[(phenyleneoxy)diphenoxyphosphine]-
  preparation, **4**, 737
Ruthenium, dicarbonylbis(triphenylphosphine)-(*p*-tolyl isocyanide)-
  preparation, **4**, 702
Ruthenium, dicarbonyl(η-chlorocyclopentadienyl)chloro-
  preparation, **4**, 777
Ruthenium, dicarbonyl(μ-chloro)(di-*t*-butylphosphine)-
  dimer
    preparation, **4**, 835
Ruthenium, dicarbonylchlorodihydridobis(triphenylphosphine)-
  UV irradiation, **4**, 723
Ruthenium, dicarbonylchlorohydridobis(triphenylphosphine)-
  preparation, **4**, 723
Ruthenium, dicarbonylchlorohydrobis(triphenylphosphine)-
  catalyst
    in hydrogenation, **4**, 934
Ruthenium, dicarbonyl(η^6-cycloheptatriene)-
  preparation, **4**, 752
Ruthenium, dicarbonyl(η-cyclohexenylcyclopentadienyl)-
  dimer
    IR spectrum, **4**, 823
Ruthenium, dicarbonyl(1-3,6-η-cycloocta-1,5-diene)(triphenylphosphine)-
  preparation, **4**, 747
Ruthenium, dicarbonyl(η^1-cyclopentadiene)(η^5-cyclopentadiene)-
  preparation, **4**, 778
Ruthenium, dicarbonyl(η-cyclopentadiene)hydrido-
  dimer
    formation, **4**, 752
Ruthenium, dicarbonyl(η-cyclopentadienyl)-
  dimer, **4**, 825
    catalyst in hydroformylation of 1-octene, **4**, 940
  electronic spectrum, **4**, 824
  preparation, **4**, 823
  properties, **4**, 776
  solvent effects, **4**, 824
  structure, **4**, 823
Ruthenium, dicarbonyl(η-cyclopentadienyl)ethyl-
  preparation, **4**, 777
Ruthenium, dicarbonyl(η-cyclopentadienyl)halo-
  preparation, **4**, 776
Ruthenium, dicarbonyl(η-cyclopentadienyl)hydrido-
  preparation, **4**, 776, 823
Ruthenium, dicarbonyl(η-cyclopentadienyl)methyl-
  photoelectron spectrum, **4**, 777
  preparation, **4**, 777
Ruthenium, dicarbonyldichloro-
  preparation, **4**, 670
  in reaction of CO with ruthenium trichloride, **4**, 669
Ruthenium, dicarbonyldichlorobis(triphenylphosphine)-
  catalysts
    in hydrogenation of alkenes, **4**, 934
  preparation, **4**, 694, 695
Ruthenium, dicarbonyldichlorobis(triphenylstibine)-
  preparation, **4**, 695
Ruthenium, dicarbonyldichlorodipyridine-
  preparation, **4**, 704
Ruthenium, dicarbonyldichloro(thiocarbonyl)(triphenylphosphine)-
  preparation, **4**, 677, 700
Ruthenium, dicarbonyldihalo-
  polymers
    preparation, **4**, 674
    structures, **4**, 674
Ruthenium, dicarbonyldihydridobis(5-phenyl-5*H*-dibenzophosphole)-
  preparation, **4**, 723

Ruthenium

Ruthenium, dicarbonyldihydridobis(triphenylphosphine)-
  preparation, **4**, 723
Ruthenium, dicarbonyldihydrobis(triphenylphosphine)-
  catalyst
    in hydrogenation of alkenes, **4**, 934
Ruthenium, dicarbonyldiiodobis(diethylphenylphosphine)-
  preparation, **4**, 693
Ruthenium, dicarbonyl(ethyltetramethylcyclopentadienyl)-
  reaction with halogens, **4**, 777
Ruthenium, dicarbonylhydridobis(triphenylphosphine)(trifluoroacetate)-
  preparation, **4**, 725
Ruthenium, dicarbonylhydrido[(μ-hydrido)trihydridoborate]bio(tricyclohexylphosphine)-
  preparation, **6**, 907
Ruthenium, dicarbonylhydrido(nitrate)bis(triphenylphosphine)-
  preparation, **4**, 725
Ruthenium, dicarbonyl(2-phenylazophenyl)-tris[(pyrazolyl)borate]-
  preparation, **4**, 740
Ruthenium, dicarbonyl(tetrabromo-1,2-benzoquinone)bis(triphenylphosphine)-
  preparation, **4**, 709
Ruthenium, dicarbonyl(tetrachloro-1,2-benzoquinone)bis(triphenylphosphine)-
  preparation, **4**, 709
Ruthenium, dicarbonyl[1,1,1-tris(diphenylphosphinomethyl)ethane]-
  preparation, **4**, 700
Ruthenium, dicarbonyltris(triphenylphosphine)-
  preparation, **4**, 699, 700
Ruthenium, dichlorobis(cyclohexylamine)(cyclooctadiene)-
  structure, **4**, 748
Ruthenium, dichlorobis(p-tolyl isocyanide)bis(triphenylphosphine)-
  preparation, **4**, 702
Ruthenium, dichloro(hexylamine)(norbornadiene)-
  structure, **4**, 748
Ruthenium, dichloro(isocyanide)(selenylcarbonyl)-bis(triphenylphosphine)-
  preparation, **4**, 703
Ruthenium, dichloro(isocyanide)(thiocarbonyl)-bis(triphenylphosphine)-
  preparation, **4**, 703
Ruthenium, dichloro(norbornadiene)
  polymer
    reaction with zinc norbornadiene and alumina, **4**, 757
Ruthenium, dichloro(norbornadiene)bis(triphenylphosphine)-
  preparation, **4**, 748
Ruthenium, dichloro(pyridine)(thiocarbonyl)bis-(triphenylphosphine)-
  preparation, **4**, 704
Ruthenium, dichlorotetrakis(dimethyl sulfoxide)-, **4**, 652
Ruthenium, dichlorotetrakis(ethyl isocyanide)-
  adduct with mercury dichloride
    structure, **6**, 992
  preparation, **4**, 682
  reaction with mercury dichloride, **4**, 682
  reaction with tin(II) dichloride, **4**, 682
Ruthenium, dichlorotetrakis(triphenylphosphine)-, **4**, 652
Ruthenium, dichloro(thiocarbonyl)bis(triphenylphosphine)-
  dimer
    preparation, **4**, 700
Ruthenium, dichlorotris(triphenylphosphine)-, **4**, 652
  catalyst
    in deuterium exchange, **4**, 946
    homogeneous hydrogenation of alkenes, **4**, 932
    hydrogenation of oxygen, **4**, 947
  reaction with olefins, **4**, 683
  reaction with thiobenzoic acid, **4**, 714
Ruthenium, dihalobis(trifluorophosphine)bis(triphenylphosphine)-
  preparation, **4**, 697
Ruthenium, dihydrido(o-dicyanobenzene)tris(triphenylphosphine)-
  preparation, **4**, 725
Ruthenium, dihydrido(dinitrogen)tris(triphenylphosphine)-
  preparation, **4**, 719
Ruthenium, dihydrido(dinitrogen)tris(tri-p-tolylphosphine)-
  preparation, **4**, 719
Ruthenium, dihydrido(η^2-pentene)tris(triphenylphosphine)-
  preparation, **4**, 742
Ruthenium, dihydridotetrakis(methyldiphenylphosphine)-
  preparation, **4**, 718
Ruthenium, dihydridotetrakis(trifluorophosphine)-
  preparation, **4**, 718
Ruthenium, dihydridotetrakis(triphenylphosphine)-
  preparation, **4**, 718, 719, 721
Ruthenium, dihydridotris(triphenylphosphine)-
  preparation, **4**, 718
Ruthenium, dihydro(dinitrogen)tris(triphenylphosphine)-
  catalyst
    in isomerization of 1-pentene, **4**, 942
Ruthenium, dihydrotetrakis(trifluorophosphine)-
  preparation, **4**, 668
Ruthenium, dihydrotetrakis(triphenylphosphine)-, **4**, 652
  catalyst
    in homogeneous hydrogenation of alkenes, **4**, 933
  reaction with butadiene, **4**, 751
Ruthenium, [(dimethylsilyl)dimethylene]tetrakis-(trimethylphosphine)-
  preparation, **4**, 734
Ruthenium, dimethyltetrakis(trimethylphosphine)-
  preparation, **4**, 726
Ruthenium, dinitrosobis(triphenylphosphine)-
  preparation, **4**, 718
Ruthenium, diphenyl-
  cation
    nucleophilic addition reactions, **8**, 1031
Ruthenium, diphenyltetrakis(trimethylphosphine)-
  preparation, **4**, 727
Ruthenium, dodecacarbonyl(diphenylacetylene)-tetra-
  structure, **4**, 899
Ruthenium, dodecacarbonylhexahalotri-
  preparation, **4**, 673
Ruthenium, dodecacarbonylhydrido-
  derivatives
    structure, **4**, 846
Ruthenium, dodecacarbonyltetradeuterotetra-
  preparation, **4**, 892

Ruthenium

Ruthenium, dodecacarbonyltetrahydridotetra-
  catalyst
    in hydroformylation of alkenes, **4**, 940
Ruthenium, dodecacarbonyltetrahydrotetra-
  catalyst
    in hydrogenation of carbon monoxide, **4**, 936
    in hydrogenation of unsaturated hydrocarbons, **4**, 935
    in isomerization of alkenes, **4**, 943
  dehydrogenation, **4**, 889
  deprotonation, **4**, 892
  electronic structure, **4**, 896
  mass spectra, **4**, 892
  molecular structure, **4**, 892
  NMR, **4**, 892
  photochemistry, **4**, 898
  preparation, **4**, 889, 891, 900
  Raman spectra, **4**, 892
  reactions, **4**, 893
  reaction with cyclooctatetraene, **4**, 754
  spectroscopy, **4**, 892
  structure, **4**, 894
  supported catalysts, **8**, 561
Ruthenium, dodecacarbonyltri-, **4**, 651, 652, 843-884
  adsorption on silica or alumina, **4**, 961
  catalyst
    in carbonylation reactions, **4**, 940
    hydroformylation of alkenes, **4**, 940
    in hydrogenation of alkenes, **4**, 934
    hydrogenation of carbon monoxide, **4**, 936
    in isomerization of 1-pentene, **4**, 943
  derivatives
    properties, **4**, 872
  fluorination, **4**, 676
  inelastic electron-tunneling spectrum, **4**, 666
  IR and Raman spectra, **4**, 666
  mixture with dodecacarbonyltriiron
    in catalysis of hydroformylation and aminomethylation, **4**, 940
  molecular orbitals, **4**, 664
  molecular structure, **4**, 664
  NMR, **4**, 666
  photoelectron spectrum, **4**, 665
  photoreactions, **4**, 665
  preparation from pentacarbonylruthenium, **4**, 662
  properties, **4**, 663
  protonation, **4**, 667
  reactions, **4**, 863
  reaction with acyclic dienes, **4**, 750
  reaction with alkynes, **4**, 830
  reaction with bicyclo[3.2.1]octa-2,6-diene, **4**, 747
  reaction with carboxylic acid, **4**, 836
  reaction with chlorides, **4**, 901
  reaction with chloroethanes, **4**, 884
  reaction with chloroform, **4**, 673
  reaction with cycloocta-1,5-diene, **4**, 750
  reaction with cyclooctatetraene, **4**, 753, 831
  reaction with dimethylarsine, **4**, 833
  reaction with 6,6-dimethylfulvene, **4**, 779
  reaction with diphenyl(phenylthio)phosphine, **4**, 834
  reaction with diphosphines, **4**, 833
  reaction with ethylene, **4**, 898
  reaction with Group IVB compounds, **4**, 910
  reaction with halogens, **4**, 673
  reaction with hydrogen, **4**, 891
  reaction with iodine, **4**, 672
  reaction with ligands with bulky substituents, **4**, 844
  reaction with mercury halides, **6**, 997
  reaction with nitric oxide, **4**, 900
  reaction with N-phenylsalicylaldimine, **4**, 836
  reaction with sodium borohydride, **4**, 900
  reaction with tri-t-butylphosphine, **4**, 835
  reaction with trifluorophosphine, **4**, 669
  reaction with unsaturated hydrocarbons, **4**, 847
  reactivity, **4**, 843-884
  reduction, **4**, 889, 891, 893
  substitution reactions
    arsenic donors, **4**, 878
    phosphorus donors, **4**, 878
  synthesis, **4**, 663, 664
  thermal decomposition, **4**, 666, 904
  UV photoelectron spectra, **4**, 665
  X-ray photoelectron spectra, **4**, 665
Ruthenium, dodecacarbonyltriruthenium-
  substitution reactions
    mechanism, **4**, 878
Ruthenium, (ethylene)hydrido[(diphenylphosphino)-o-phenylene]bis(triphenylphosphine)-
  preparation, **4**, 738
Ruthenium, (ethylene)tris(triphenylphosphine)-
  preparation, **4**, 737, 742
Ruthenium, (formato)hydridotris(triphenylphosphine)-
  preparation, **4**, 720
Ruthenium, heptadecacarbonylhexa-, **4**, 667
Ruthenium, hexaacetatecarbonylbis(pyridine)-oxotri-
  preparation, **4**, 678
Ruthenium, hexaacetateoxobis(methyl isocyanide)pyridinetri-
  preparation, **4**, 678
Ruthenium, hexaacetateoxo(hexapyran)pyridinetri-
  hexafluorophosphine salt, **4**, 680
Ruthenium, hexaacetateoxotris(trimethyl phosphite)tri-
  preparation, **4**, 678
Ruthenium, hexaacetatetris(methanol)oxotrication
  reaction with carbon monoxide, **4**, 678
Ruthenium, hexaacetatetris(methanol)tri-
  reaction with isocyanides, **4**, 678
Ruthenium, hexaacetatocarbonylbis(methanol)-oxotri-
  preparation, **4**, 678
Ruthenium, hexaacetatooxotris(triphenylphosphine)tri-
  preparation, **4**, 678
Ruthenium, hexacarbonyl(cyclooctatetraene)di-
  NMR, **4**, 832
Ruthenium, hexacarbonyltetrachlorodi-
  support on polyacrylates, **8**, 558
Ruthenium, (hexadiene)(styrene)bis(triphenylphosphine)-
  preparation, **4**, 751
Ruthenium, hexakis(acetato)oxotris(triphenylphosphine)tri-
  catalyst
    in hydrogenation of unsaturated hydrocarbons, **4**, 934
Ruthenium, hexakis(methyl isocyanide)-cations
  preparation, **4**, 682

reaction with acetamide, **4**, 683
reaction with hydrazine, **4**, 683
reaction with methylamine, **4**, 682
Ruthenium, (η^4-hexamethylbenzene)(η^6-hexamethylbenzene)-
  catalyst
    in hydrogenation of aromatic compounds, **4**, 936
Ruthenium, η-(hexamethylbenzene)-η^4-(hexamethylbenzene)-
  bonding, **3**, 35
Ruthenium, hydrido[bis(μ-hydrido)dihydridoborate]tris(methyldiphenylphosphine)-
  preparation, **6**, 907
Ruthenium, hydrido[bis(trimethylsilyl)amino]bis(triphenylphosphine)-
  preparation, **4**, 719
Ruthenium, hydrido[(diphenylphosphino)phenylene]bis(triphenylphosphine)(pyridine)-
  synthesis, **4**, 737, 739
Ruthenium, hydrido[(μ-hydrido)-trihydridoborate]tris(triphenylphosphine)-
  preparation, **6**, 907
Ruthenium, hydridohydroxobis(triphenylphosphine)(tetrahydrofuran)-
  dimer
    preparation, **4**, 721
  preparation, **4**, 720
Ruthenium, hydrido(nitromethyl)tris(triphenylphosphine)-
  preparation, **4**, 725
Ruthenium, hydridopentakis(triphenylphosphine)-
  cation, **4**, 723
  reactivity, **4**, 724
Ruthenium, hydrido(2-pyridylamino)bis(triphenylphosphine)-
  preparation, **4**, 725
Ruthenium, hydridotetrakis(triphenylphosphine)-
  hexafluorophosphine salt
    preparation, **4**, 723
Ruthenium, (2-methoxyphenyl)tetrakis(trimethylphosphine)-
  preparation, **4**, 734
Ruthenium, (η^3-methylallyl)tris(dimethylphenylphosphine)-
  preparation, **4**, 750
Ruthenium, methyl(dimethyl phosphite)tetrakis(trimethyl phosphite)-
  preparation, **4**, 726
Ruthenium, methylpentakis(trimethyl phosphite)-iodide
  preparation, **4**, 726
Ruthenium, nonacarbonyl(t-butylacetylene)hydridotri-
  reactions, **4**, 860
Ruthenium, nonacarbonyldi-, **4**, 663
Ruthenium, nonacarbonyltri-
  derivatives
    electronic spectra, **4**, 875
Ruthenium, nonacarbonyltris(triarylphosphine)tri-
  pyrolysis, **4**, 834
Ruthenium, nonacarbonyltris(triphenylphosphine)tri-
  reactions, **4**, 875
Ruthenium, nonacarbonyltris(triphenyl phosphite)tri-
  pyrolysis, **4**, 834
Ruthenium, nonakis(isopropyl isocyanide)di-
  preparation, **4**, 681

Ruthenium, octacarbonylbis[glyoxal bis(isopropylimine)]tetra-
  formation, **4**, 901
Ruthenium, octacarbonyl(pentalene)tri-
  structure, **4**, 856
Ruthenium, octacarbonyltetrahydrotetrakis(trimethyl phosphite)tetra-
  IR spectra, **4**, 893
Ruthenium, octadecacarbonyldihydridohexa-
  structure, **1**, 35
Ruthenium, octadecacarbonyldihydrohexa-
  IR spectra, **4**, 903
  preparation, **4**, 902
  structure, **4**, 903
Ruthenium, oxo(hexapropionate)tris(methyl isocyanide)tri-
  preparation, **4**, 678
Ruthenium, pentaammine(acetylene)-
  cation, **4**, 741
Ruthenium, pentaamminecarbonyl-
  cations, **4**, 705
  dichloride
    preparation, **4**, 705
Ruthenium, pentacarbonyl-
  catalyst
    in hydrogenation of carbon monoxide, **4**, 936
  IR spectrum, **4**, 662
  in oxidative elimination of iodine, **4**, 662
  preparation, **4**, 662
  properties, **4**, 663
  reactions, **4**, 662
Ruthenium, pentacarbonyl(cyclooctatetraene)di-
  preparation, **4**, 830
Ruthenium, pentacarbonyl(fulvene)di-
  preparation, **4**, 829
Ruthenium, pentadecacarbonyl(acetylene)dihydropenta-
  preparation, **4**, 901
Ruthenium, pentadecacarbonylbis(ethylthio)dihydrohexa-
  preparation, **4**, 905
Ruthenium, (penta-1,3-diene)tris(triphenylphosphine)-
  preparation, **4**, 751
Ruthenium, pentakis(t-butyl isocyanide)-
  preparation, **4**, 681
Ruthenium, pentakis(t-butyl isocyanide)hydro-
  preparation, **4**, 682
Ruthenium, pentakis(trifluorophosphine)-
  NMR, **4**, 668
  synthesis, **4**, 668
Ruthenium, (1-4-η-pentene)tris(triphenylphosphine)-
  preparation, **4**, 742
Ruthenium, (η^2-pent-1-ene)tris(triphenylphosphine)-
  preparation, **4**, 751
Ruthenium, (2-phenylazophenyl)tris(triphenylphosphine)-
  preparation, **4**, 740
Ruthenium, (styrene)tris(triphenylphosphine)-
  preparation, **4**, 744
Ruthenium, tetraammineaquacarbonyl-
  cations
    preparation, **4**, 705
Ruthenium, tetracarbonyl-
  derivatives
    preparation, **4**, 699
  preparation, **4**, 662

Ruthenium

Ruthenium, tetracarbonylbis(1,3,5,7-cyclooctatetraene)tri-
   fluxionality, **4**, 852
   structure, **4**, 852
   synthesis, **4**, 852
Ruthenium, tetracarbonylbis(trimethylgermyl)-
   preparation, **4**, 911
   reaction with cyclohexa-1,3-diene, **4**, 752
Ruthenium, tetracarbonylbis(trimethylsilyl)-dimer
     reaction with cyclohexa-1,3-diene, **4**, 752
Ruthenium, tetracarbonyl(diethyl fumarate)-
   preparation, **4**, 743
Ruthenium, tetracarbonyldihalo-
   preparation, **4**, 672
   thermal decomposition, **4**, 672
Ruthenium, tetracarbonyldihydro-
   IR spectra, **4**, 668
   NMR, **4**, 668
   Raman spectra, **4**, 668
   synthesis, **4**, 668
Ruthenium, tetracarbonyldiiodo-
   mass spectrum, **4**, 672
Ruthenium, tetracarbonyl(dimethylstannyl)[(trimethylstannyl)cyclooctatetraenyl]di-
   preparation, **4**, 829
Ruthenium, tetracarbonyl(ethyl acrylate)-
   preparation, **4**, 743
Ruthenium, tetracarbonyl(ethylene)-
   formation, **4**, 743
Ruthenium, tetracarbonyliodo(η^7-octatetraenyl)di-
   preparation, **4**, 829
Ruthenium, tetracarbonyl(μ-iodo)(μ-phenylcycloheptatrienyl)di-
   structure, **4**, 828
Ruthenium, tetracarbonyl(tri-n-butylphosphine)-
   preparation, **4**, 699
Ruthenium, tetracarbonyl(tri-t-butylphosphine)-
   preparation, **4**, 699
Ruthenium, tetracarbonyl(trimethyl phosphite)-
   preparation, **4**, 699
Ruthenium, tetracarbonyl(trimethylstannyl)di-
   crystal structure, **6**, 1077
Ruthenium, tetracarbonyl(triphenylphosphine)-
   preparation, **4**, 699
Ruthenium, tetracarbonyl(triphenylstibine)-
   preparation, **4**, 699
Ruthenium, tetrahydridotris(triphenylphosphine)-
   preparation, **4**, 719
Ruthenium, (tetrahydroborate)hydridotris(triphenylphosphine)-
   preparation, **4**, 719
Ruthenium, (tetrahydroborato)dicarbonylhydridobis(tricyclohexylphosphine)-
   preparation, **4**, 723
Ruthenium, tetrahydrotris(triphenylphosphine)-
   catalyst
     in isomerization of 1-pentene, **4**, 942
   preparation, **4**, 719
   reaction with butadiene, **4**, 751
   reaction with 1-butene, **4**, 751
   reaction with 1-pentene, **4**, 751
   reaction with propene, **4**, 746
Ruthenium, tetrakis(t-butyl isocyanide)(triphenylphosphine)-
   preparation, **4**, 702
Ruthenium, tetrakis(p-methoxyphenyl isocyanide)diiodo-
   preparation, **4**, 682
Ruthenium, tetrakis(t-butyl isocyanide)dichloro-
   preparation, **4**, 682
Ruthenium, tetrakis(t-butyl isocyanide)(triphenylphosphine)-
   preparation, **4**, 681
Ruthenium, triacetatecarbonyloxo(triphenylphosphine)di-
   preparation, **4**, 678
Ruthenium, tribromocarbonyl-
   preparation, **4**, 671
Ruthenium, tricarbonyl-
   derivatives
     preparation, **4**, 699
Ruthenium, tricarbonyl(bicyclooctadiene)-, **4**, 754
Ruthenium, tricarbonyl[1,2-bis(diphenylphosphino)-3,3,4,4,5,5,-hexafluorocyclopentene]-
   preparation, **4**, 700
Ruthenium, tricarbonylbis(tri-n-butylphosphine)-
   preparation, **4**, 699
Ruthenium, tricarbonylbis(tri-t-butylphosphine)-, **4**, 699
Ruthenium, tricarbonylbis(triphenylphosphine)-
   adducts with mercury dihalides
     structure, **6**, 990
   catalyst
     in hydrogenation of alkenes, **4**, 934
   preparation, **4**, 699, 720, 721
Ruthenium, tricarbonyl(η^4-cyclohepta-1,3-diene)-
   preparation, **4**, 752
Ruthenium, tricarbonyl(η^4-cycloheptatriene)-
   preparation, **4**, 752
Ruthenium, tricarbonyl(η^5-cyclohexadiene)-
   cation
     nucleophilic attack, **4**, 755
Ruthenium, tricarbonyl(η^4-cyclohexa-1,3-diene)-
   preparation, **4**, 752
Ruthenium, tricarbonyl(cycloocta-1,5-diene)-
   preparation, **4**, 750
Ruthenium, tricarbonyl(cyclooctatetraene)-
   cyclooctatetraene displacement from, **4**, 753
   protonation, **4**, 756
   reaction with cyclooctatetraene, **4**, 831
Ruthenium, tricarbonyl(1-4-η-cyclooctatetraene)-
   preparation, **4**, 753
Ruthenium, tricarbonyl(η-cyclopentadiene)-
   preparation, **4**, 751
Ruthenium, tricarbonyl(η-cyclopentadienyl)-
   cations, **4**, 779
   rearrangements, **8**, 1047
Ruthenium, tricarbonyldichloro-dimer
   preparation, **4**, 669, 672
Ruthenium, tricarbonyldichloro(thiocarbonyl)-
   preparation, **4**, 677, 700
Ruthenium, tricarbonyldifluoro-tetramer
   structure, **4**, 676
Ruthenium, tricarbonyldihalo-dimer
   IR spectra, **4**, 673
   mass spectra, **4**, 673
   structure, **4**, 673
Ruthenium, tricarbonyl[diphenyl(o-vinylphenyl)phosphine]-
   preparation, **4**, 743
Ruthenium, tricarbonyliodo(trimethylstannyl)di-
   reaction with phosphine, **6**, 1078
Ruthenium, tricarbonyl(η-N-methoxycarbonyl-1H-azepine)-

preparation, **4**, 754
Ruthenium, tricarbonyl[η-tetrakis(trifluoromethyl)cyclopentadienone]-
   preparation, **4**, 752
Ruthenium, tricarbonyl(η-tetraphenylcyclopentadienone)-
   preparation, **4**, 752
Ruthenium, tricarbonyltrifluoro-
   preparation, **4**, 676
Ruthenium, tricarbonyl(trimethylstannyl)(dimethylstanylene)di-, **6**, 1077
Ruthenium, tricarbonyl(tritylcyclooctatetraene)-
   thermolysis, **4**, 754
Ruthenium, trichloride
   hydrated
      reaction with acetic anhydride, **4**, 678
Ruthenium, trichlorobis(triphenylphosphine)nitroso-, **4**, 652
Ruthenium, trichloronitrosobis(triphenylphosphine)-
   reaction with olefins, **4**, 684
Ruthenium, tridecacarbonyldihydrotetra-
   catalyst
      in isomerization of alkenes, **4**, 944
   mass spectrum, **4**, 891
   physical properties, **4**, 890
   preparation, **4**, 889, 900
   reactions, **4**, 891
   structure, **4**, 890
Ruthenium, trihydridotetrakis(dimethylphenylphosphine)-
   hexafluorophosphine salt, **4**, 724
Ruthenium, trihydridotris(triphenylphosphine)-
   (trialkylsilyl)-, **6**, 1080
Ruthenium, tris(acetonitrile)chloro(cyclooctadiene)-
   cations
      preparation, **4**, 750
Ruthenium, tris(acetonitrile)(cyclooctadiene)(diethyl sulfide)-
   preparation, **4**, 750
Ruthenium, tris(acetylacetone)-
   catalysts
      hydrogenation of carbon monoxide, **4**, 936
Ruthenium, undecacarbonyltetrahydro(*t*-phosphine)tetra-
   preparation, **4**, 893
Ruthenium, undecacarbonyltetrahydro(trimethyl phosphite)tetra-
   structure, **4**, 894
Ruthenium, undecacarbonyl(triphenylphosphine)tri-
   structure, **4**, 874
Ruthenium-103
   ruthenocene derivatives, **4**, 775
Ruthenium (η-allyl)tricarbonylchloro-
   reaction with alkynes, **4**, 729
Ruthenium carbonyl hydrides, **4**, 668
Ruthenium catalysts
   in alkene hydroformylation, **8**, 148
   on alumina
      methanation of carbon monoxide, **8**, 23
   in azacarbonylation, **8**, 175
   homogeneous
      in methanol synthesis, **8**, 37
   in homologation of methanol, **8**, 71
   hydrocondensation of carbon monoxide, **8**, 59
   in hydrocondensation of carbon monoxide and hydrogen, **8**, 21
   in oxo process, **8**, 122
   supported
      in Fischer–Tropsch synthesis, **8**, 42
      hydroformylation, **8**, 572
Ruthenium chloride
   in decarbonylation of formic acid, **4**, 670
   in ethylene oligomerization, **8**, 381
Ruthenium clusters
   hydrogenation catalysts, **8**, 329
Ruthenium complexes
   η^5, **4**, 755
   acetone hydrido
      preparation, **4**, 728
   acetonitrile hydrido
      preparation, **4**, 728
   alkenes, **4**, 741
   alkyl
      reaction with alkynes, **4**, 788
   alkyl(cyclopentadienyl), **4**, 785
   alkyloxycarbene, **4**, 688
   η^3-allyl, **4**, 729, 744
   amines, **4**, 704
   ammonia, **4**, 704
   anionic benzene, **4**, 799
   anionic carbonyl halide, **4**, 674
   anionic chloro carbonyl
      preparation, **4**, 675
      reaction with iodine, **4**, 675
      reaction with thiocyanate, **4**, 675
   2-anthrylhydrido
      preparation, **4**, 728
   antimony-donor ligands, **4**, 872
   arene
      preparation by arene exchange, **4**, 802
      tetraphenylborate, **4**, 802
      triphenylphosphine derivatives, **4**, 802
   η^6-arene, **4**, 796
   arene dichloro, **4**, 796
      ionic derivatives, **4**, 798
   arsenic-donor ligands, **4**, 872
   bidentate carbonyl, **4**, 700
   bidentate cationic hydrido phosphine, **4**, 724
   bipyridyl, **4**, 704
   bis-allyl, **4**, 745
   σ-bonded carbon, **4**, 717
   borabenzene, **4**, 806
   carbamoyl, **4**, 705
   carbene, **4**, 682
      preparation, **4**, 730
      structure, **4**, 683, 686
   carbodiimide, **4**, 705
      preparation, **4**, 706
   carbon-donor ligands, **4**, 865
   carbonyl
      catalysts in hydrogenation, **4**, 934
      CO dissociation from, **4**, 747
   carbonyl bromides
      preparation, **4**, 671
   carbonyl clusters
      halogenation, **4**, 696
   carbonyl(1,2-diphenylvinyl)bis(triphenylphosphine)(trifluoroacetate)-
      preparation, **4**, 732
   carbonyl fluorides, **4**, 676
   carbonyl Group IVB
      mass spectra, **4**, 913
      properties, **4**, 913
      reactions, **4**, 913
   carbonyl Group V
      oxidative addition, **4**, 699
   carbonyl halides, **4**, 669

Ruthenium complexes

complexes from, **4**, 675
formation from ruthenium trichloride and formic acid, **4**, 670
preparation, **4**, 672
reactions, **4**, 675
reaction with Group V ligands, **4**, 692, 693
carbonylhalo(dithiocarboxylate)
preparation, **4**, 714
carbonyl halogen
reaction with tin(II) chloride, **4**, 910
carbonyl hydrides
reactions, **4**, 912
carbonyl hydrido phosphine, **4**, 721
carbonyl hydrido *t*-phosphine, **4**, 894
structure, **4**, 895
carbonyl iodides
preparation, **4**, 671
carbonyl oxo clusters, **4**, 681
carbonyl trialkylarsine, **4**, 692
carbonyl trialkylphosphine, **4**, 692
carbonyl trialkylstibine, **4**, 692
carborane, **4**, 806
carboxylates, **4**, 709
displacement of O-donor ligands, **4**, 710
NMR, **4**, 709
catalysis by, **4**, 931–962
catalysts
in dimerization of acrylonitrile, **8**, 392
cationic bis(arene), **4**, 796
cationic cyclopentadienyl, **4**, 791
cationic dicarbonyl(η-cyclopentadienyl), **4**, 779
cationic hydrido phosphine, **4**, 723
cationic hydroxymethylcarbene, **4**, 779
cationic isocyanide, **4**, 682
chromatography, **6**, 807
cyanide hydrido
preparation, **4**, 728
cyanoalkenes, **4**, 743
cyclic dienes, **4**, 751
η^4-cyclobutadiene, **4**, 759
cyclohexene
NMR, **4**, 742
cyclometallated, **4**, 734
anionic phosphine derivatives, **4**, 737
C- and O-donor derivatives, **4**, 734
carbonyl phosphite complexes, **4**, 736
dimetallated derivatives, **4**, 736
N-donor derivatives, **4**, 740
N-donor derivatives, preparation *via* bridge cleavage, **4**, 740
NMR, IR, **4**, 737
phosphine derivatives, **4**, 737
phosphite derivatives, **4**, 735
Schiff base derivatives, **4**, 740
SP derivatives, **4**, 739
η-cyclopentadienyl, **4**, 775
mass spectra, **4**, 795
cyclopentadienyl hydrido, **4**, 776, 785
cyclopentadienyl pseudohalide, **4**, 777
cyclopentadienylthiocarbonyl, **4**, 780
diazene, **4**, 705
diazenido, **4**, 705
preparation, **4**, 706
diazo, **4**, 809
dichloroarene
reaction with hydrazine, **4**, 800
reduction, **4**, 803
dichlorodiene
reduction, **4**, 803
diene, **4**, 747
diene hydrido
formation, **4**, 749
dihydrido phosphine
formation, **4**, 719
dimeric halogeno
electrochemical oxidation–reduction, **4**, 698
dimethylhydrazine bridging complexes, **4**, 749
dinuclear, **4**, 821–839
three bridging ligands in, **4**, 749, 799
dinuclear alkyl, **4**, 838
dinuclear carbonyl, **4**, 833
dinuclear carbonylhalogeno(triphenylphosphine)
preparation, **4**, 698
dinuclear carbonyl hydrocarbon, **4**, 821
dinuclear carbonyl N-donor ligands, **4**, 836
dinuclear carboxylate, **4**, 835
dinuclear dicarbonyltetrachlorotris(triphenylphosphine)-
preparation, **4**, 698
dinuclear halogenocarbonyl
formation, **4**, 697
dinuclear heptacarbonyl hydrocarbon, **4**, 822, 833
dinuclear hexacarbonyl hydrocarbon, **4**, 822, 830
stereochemical non-rigidity, **4**, 832
dinuclear hydrides, **4**, 838
dinuclear pentacarbonyl hydrocarbon, **4**, 822, 829
dinuclear tertiary arsine, **4**, 835
dinuclear tertiary phosphine, **4**, 835
dinuclear tetracarbonyl bihydrocarbon, **4**, 823
properties, **4**, 823
syntheses, **4**, 823
dinuclear tetracarbonyl dihydrocarbon, **4**, 821
dinuclear tetracarbonyl halo hydrocarbon, **4**, 821, 828
diphenyl acetylene, **4**, 741
diselenoester, **4**, 711
dithiocarbamate, **4**, 712
dithiocarbonate
preparation, **4**, 714
dithiocarboxylates, **4**, 714
dithioester, **4**, 711
dithiolene, **4**, 715
dithiophosphinates, **4**, 714
ethylene hydrogenation catalysis by, **6**, 823
fluoro alkenes, **4**, 732
fluoro alkyl, **4**, 732
fluoro 2-naphthyl
reaction with deuterochloroform, **4**, 728
formimidoyl
preparation, **4**, 730
Group V donor ligands, **4**, 708
alkyl derivatives, **4**, 725
σ-aryl derivatives, **4**, 727
carbonylation, **4**, 696
isomerization, **4**, 696
Group V halogenocarbonyl
rearrangements, **4**, 697
Group IVB ligands, **4**, 909–920
Group V ligands
acyl derivatives, **4**, 729
η^2-acyl derivatives, **4**, 730
carbene derivatives, NMR, IR, **4**, 732
vinyl derivatives, **4**, 732
halogenocarbonyl
Lewis acid adducts, **4**, 696
heterogenized homogeneous catalysts, **4**, 960
hexanuclear carbido, **4**, 904
hexanuclear carbonyl, **4**, 902

spectroscopy and structure, **4**, 903
hexanuclear carbonyl carbide
 spectroscopy and structure, **4**, 905
hexanuclear carbonyl cluster anions, **4**, 902
hexanuclear carbonyl hydrides, **4**, 902
homolysis, **6**, 818
hydrido, **4**, 717
hydridocarbonyl
 bidentate ligand derivatives, **4**, 725
hydrido diene
 formation, **4**, 749
hydrido fluoro phosphine, **4**, 723
hydrido hydroxo phosphine, **4**, 720
hydrido isocyanide phosphine, **4**, 724
hydrido naphthyl
 pyrolysis, **4**, 727
hydrido 2-naphthyl
 reaction with hexadeuterobenzene, **4**, 728
hydrido nitrosyl phosphine, **4**, 721
hydrido phosphates
 formation, **4**, 718
hydrido phosphine
 N-derivatives, **4**, 724
 O-derivatives, **4**, 724
 preparation, **4**, 718
 reaction with CO, **4**, 722
hydrido (tertiary phosphine)
 as catalyst in hydrogenation of alkenes, **4**, 932
hydrocarbon
 catalysts in hydrogenation, **4**, 935
 cyclic voltammetry, **4**, 741
 ethylene derivatives, NMR, **4**, 742
 NMR, IR, **4**, 741
hydrocarbons, **4**, 741
imidazolium ylide, **4**, 686
isocyanate, **4**, 707
isocyanide, **4**, 681, 701
 isomerization, **4**, 702
isothiocyanate, **4**, 707
 preparation, **4**, 707
ketoenolate, **4**, 708
metal derivatives, **4**, 923–928
mixed carbonyl iron complexes
 catalysis of water gas shift reaction by, **4**, 941
mononuclear carbonyl, **4**, 692
mononuclear cyclopentadienyl, **4**, 776
mononuclear isocyanide, **4**, 692
mononuclear selenocarbonyl, **4**, 692
mononuclear thiocarbonyl, **4**, 692
mononuclear trialkylarsine, **4**, 692
mononuclear trialkylphosphine, **4**, 692
mononuclear trialkylstibine, **4**, 692
multidentate carbonyl, **4**, 700
nitrates, **4**, 710
nitrene, **4**, 707
nitriles, **4**, 704
nitrogen-donor ligands, **4**, 867
 ammonia complexes, **4**, 705
 formation by displacement reactions, **4**, 705
nitrosyl, **4**, 708
norbornadiene
 formation, **4**, 748
optically active η^6-benzene, **4**, 797
oximes, **4**, 708
oxotri-
 preparation, **4**, 678
oxygen ligands, **4**, 880
pentalene, **4**, 855

pentanuclear carbonyl, **4**, 901
phenanthroline, **4**, 704
t-phosphine Group IVB, **4**, 919
phosphorus-donor ligands, **4**, 872
phthalocyanine, **4**, 715
polymeric catalysts, **4**, 961
polynuclear, **4**, 821–839
polynuclear acetate
 electrochemical studies, **4**, 678
polynuclear alkyl, **4**, 838
polynuclear carbonyl, **4**, 889–906
 catalysts in water gas shift reaction, **4**, 941
polynuclear chiral phosphine
 catalysts in hydrogenation, **4**, 935
polynuclear η-cyclopentadienyl, **4**, 794
polynuclear hydride, **4**, 838
polynuclear nitrosyl, **4**, 871
polynuclear platinum carbonyl complexes, **6**, 482
porphyrins, **4**, 715
 NMR, **4**, 716
pyridine, **4**, 704
quinone, **4**, 709
Schiff bases, **4**, 716
selenides, **4**, 711
selenocyanates, **4**, 704
selenocyanogen, **4**, 705
silyl
 reactions, **4**, 920
sulfates, **4**, 711
sulfides, **4**, 711
sulfur oxides, **4**, 711
tellurides, **4**, 711
tertiary phosphine
 catalysis of hydroformylation by, **4**, 939
tetraaza[14]annulenes, **4**, 717
tetracarbonyldihalo
 IR spectra, **4**, 672
tetranuclear carbonyl, **4**, 889
tetranuclear hydrido carbonyl, **4**, 889
tetranuclear hydrido clusters
 physical properties, **4**, 890
tetranuclear hydrocarbon, **4**, 898
tetranuclear t-phosphine hydride
 thermal decomposition, **4**, 896
tetravalent
 carbonyl, **4**, 746
thiocyanates, **4**, 704
thiocyanogens, **4**, 705
thiols, **4**, 711
triazenido, **4**, 705
 preparation, **4**, 706
trinuclear
 electronic structure and, **4**, 844
trinuclear hydrides
 preparation from dodecacarbonyltriruthenium, **4**, 863
trithiocarbonate
 preparation, **4**, 714
2-vinylphenyl, **4**, 742
vinylphosphine
 spectroscopy, **4**, 743
without phosphines
 in asymmetric hydrogenation, **8**, 478
Ruthenium hydride
 reaction with carbon dioxide, **8**, 244
Ruthenium–hydrogen–carbon bridges, **4**, 757

Ruthenium metal vapour
 synthesis, **4**, 805
Ruthenium tetroxide
 organoboranes, **1**, 288
 reaction with trifluorophosphine, **4**, 669
Ruthenium tribromide
 reaction with formic acid, **4**, 671
Ruthenium trichloride
 anhydrous
  reaction with molten ligands and CO, **4**, 696
 carbonylation, **4**, 695
 hydrated
  carbonylation, **4**, 669
  complex preparation from, **4**, 693
  as precursor for ruthenium complexes, **4**, 651, 652
  reaction with formic acid, **4**, 670
  reduction, **4**, 652
  reductive carbonylation, **4**, 900
  zinc reduction, **4**, 652
 in olefin metathesis catalysts, **7**, 452
 reaction with CO
  hydrochloric acid and, **4**, 669
 reaction with cycloocta-1,5-diene and oxalic acid, **4**, 750
 reaction with formic acid, **4**, 670
 reduced
  as catalyst in hydrogenation of alkenes, **4**, 932
Ruthenium triiodide
 reaction with formic acid, **4**, 671
Ruthenium(0) complexes, **4**, 651
 alkene, **4**, 743
 η^6-alkenes, **4**, 758
 arene
  tetraphenylborate derivatives, **4**, 803
  triphenylphosphine derivatives, **4**, 803
 catalysts
  in isomerization of alkenes, **4**, 943
 (cyclooctatetraene)phosphine, **4**, 758
 isocyanide, **4**, 681
  preparation, **4**, 702
 mononuclear carbonyl, **4**, 699
 unconjugated dienes, **4**, 750
Ruthenium(I) chloride
 hydrogenation catalysts, **8**, 328
Ruthenium(I) complexes, **4**, 651
Ruthenium(II) chloride
 reaction with CO, **4**, 670
Ruthenium(II) complexes, **4**, 651
 η^6-alkenes, **4**, 757
 η^6-arene, **4**, 796
 π-bonded olefins, **4**, 741
 carbonylation, **4**, 695
 dimeric hydrido
  preparation, **4**, 717
 halide isocyanide, **4**, 682
 hydrido
  catalysts in alkene isomerization, **4**, 942
 hydridocarbonyl
  preparation, **4**, 695
 isocyanide, **4**, 682, 705
 methyl arene, **4**, 797
 $\eta^2 + \eta^2$-unconjugated dienes, **4**, 748
Ruthenium(III) chloride
 carbonylation, **4**, 693
 reaction with cyclohexa-1,3-diene, **4**, 796
Ruthenium(III) complexes
 carbonylation, **4**, 695

 isocyanides, **4**, 705
 reduction, **4**, 805
Ruthenium(IV), dichloro(dodeca-2,6,10-triene-1,12-diyl)-
 preparation, **4**, 745
Ruthenium(IV) complexes
 cyclopentadienyl, **4**, 793
Ruthenium(V) fluoride
 reaction with CO, **4**, 676
Ruthenocene, **4**, 759
 bridged, **4**, 770
 charge transfer complexes, **4**, 763
 cyclopentadienyl replacement by arene, **8**, 1049
 derivatives
  stereochemistry, **4**, 771
  structure, **4**, 773
 diacetylation, **8**, 1017
 discovery, **4**, 651
 electrochemical oxidation at mercury anode, **6**, 997
 electrophilic substitution reactions, **4**, 763
 Friedel–Crafts acylation, **4**, 766; **8**, 1016
 He(I) photoelectron spectra, **4**, 761
 ^{1}H NMR, **4**, 761
 hydrogen exchange
  acid-promoted, **8**, 1020
 inorganic chemistry, **4**, 762
 internal rotation, **4**, 760
 IR and Raman spectra, **4**, 761
 labelled, **4**, 775
  applications, **4**, 775
 ligand-exchange reaction, **4**, 771
 lithiation, **8**, 1041
 magnetic circular dichroism, **4**, 761
 mass spectrum, **4**, 761
 mercuration, **4**, 769
 metal complexes
  protonation, **8**, 1026
 organic chemistry, **4**, 764
 palladation, **8**, 1043
 photochemistry, **4**, 762
 photoluminescence, **4**, 761
 preparation, **4**, 652, 759
 properties, **4**, 760
 protonation, **4**, 763; **8**, 1025
 radiochemistry, **4**, 774
 reaction with aldehydes, **4**, 774
 reaction with dichlorophenylborane, **4**, 774
 reaction with Lewis acids, **4**, 764
 spectra, **4**, 761
 structure, **4**, 759
 thermodynamics, **4**, 760
 UV spectra, **4**, 761
Ruthenocene, acetyl-
 metabolism, **4**, 775
Ruthenocene, acyl-
 reactions, **4**, 766
Ruthenocene, chloro-
 ^{35}Cl NQR, **4**, 761
Ruthenocene, cinnamoyl-
 metabolism, **4**, 775
Ruthenocene, cyano-
 formation, **4**, 770
Ruthenocene, decachloro-
 lithiation, **8**, 1042
 preparation, **4**, 768
Ruthenocene, dichloro-
 preparation, **4**, 768

Ruthenocene, 1,1'-dimethyl-
  He(I) photoelectron spectra, **4**, 761
Ruthenocene, ferrocenoyl-
  preparation, **4**, 773
Ruthenocene, ferrocenyl-
  preparation, **4**, 773
Ruthenocene, iodo-
  preparation, **4**, 768
Ruthenocene, lithio-
  preparation, **4**, 768
Ruthenocene, pentakis(methoxycarbonyl)-
  preparation, **4**, 770
Ruthenocene, (trimethylgermyl)-
  preparation, **4**, 769
Ruthenocene, (trimethylsilyl)-
  preparation, **4**, 769
Ruthenocene, (trimethylstanyl)-
  preparation, **4**, 769
Ruthenocene, [tris(diethylamino)titanyl]-
  preparation, **4**, 769
Ruthenocene, vinyl-
  photolysis, **4**, 767
  reactions, **4**, 766
Ruthenocenecarboxylic acid
  labelled
    metabolism, **4**, 775
  pK value, **8**, 1051
[5]Ruthenocenophan-1,5-dione, 3-phenyl-
  preparation, **4**, 770
[3]Ruthenocenophane
  preparation, **4**, 770
[4]Ruthenocenophane
  preparation, **4**, 770
Ruthenocenophanes, **4**, 770
Ruthenocenylalkyl cations
  chirality, **8**, 1055
  configurational stability, **8**, 1055
  pK value, **8**, 1055
  stabilization, **8**, 1055
α-Ruthenocenyl carbonium ions, **4**, 767
Ruthenocenylenes
  spectra, **4**, 761

S

Safety
  in hydroformylation, **8**, 156
Salicylaldehyde
  exchange reactions with (η^3-allyl)halopalladium complexes, **6**, 422
  reaction with trimethylgallium, **1**, 717
Salicylaldimine
  exchange reactions with (η^3-allyl)halopalladium complexes, **6**, 422
Salicylaldimine, N,N'-ethylenebis-
  reaction with dodecacarbonyltriruthenium, **4**, 868
Salicylaldimine, N-phenyl-
  reaction with dodecacarbonyltriruthenium, **4**, 836, 867
Salicylic acid
  reaction with Grignard reagents
    nickel catalysed, **8**, 769
  synthesis
    carbon dioxide in, **8**, 227
Salicylic acid, thio-
  reaction with pentacarbonylchlororhenium, **4**, 192
Salicylideneimine, N,N-ethylenebis-
  reaction with trimethylgallium, **1**, 716
Salicylidenimine, N,N'-ethylenebis-
  reaction with dodecacarbonyltriruthenium, **4**, 716
Salicylidenimine, N-phenyl-
  reaction with dodecacarbonyltriruthenium, **4**, 716
Salt elimination reactions
  in transition metal Group IV compound preparations, **6**, 1045
Samarium
  bis(cyclopentadienyl)(tetrahydrofuran) complexes, **3**, 186
  ions
    properties, **3**, 175
  isonitrosyl complexes, **3**, 208
  Mössbauer spectroscopy, **3**, 179
  oxidation states, **3**, 177
  spectroscopy, **3**, 177
  tris(cyclopentadienyl), **3**, 181
Samarium, (cyclopentadienyl)(cyclooctatetraenyl)-, **3**, 194
Samarium, tris(indenyl)-, **3**, 189
Samarium complexes
  alkyne, **3**, 206
  alkyne hydrogenation and, **3**, 210
  allyl, **3**, 196
  butadiene complexes, **3**, 205
  hydride, **3**, 205
  hydrocarbyl, **3**, 201
  isocarbonyl or isonitrosyl complexes, **3**, 206
  in organic synthesis, **3**, 209
  transition metal carbonyl, **3**, 207
  tris(cyclopentadienyl) boron, **3**, 183
Sampling

organoaluminum compounds, **7**, 371
Sandmeyer reaction, **7**, 690
Sandorfy C model
  polysilanes, **2**, 390
Sandwich complexes
  lithiation reactions, **8**, 1041
η^5-η^6-Sandwich complexes
  cobalt, **5**, 247
Sandwich compounds
  aromaticity, **3**, 46
  from carboranes
    bonding, **3**, 32
  cyclooctatetraene
    bonding, **3**, 31
  mixed
    bonding, **3**, 32
    electronic configurations, **3**, 29
  nucleophilic addition reactions, **8**, 1032
  theory, **3**, 28–47
  transition metal, **3**, 28
  vanadium, **3**, 674
Sandwich-type complexes
  boron
    reactivity, **1**, 384
  boron–carbon–sulfur ring ligands, **1**, 407
  structure and bonding in, **1**, 383
Sarcosine
  in metal methylation, **2**, 983
Sasol process, **8**, 45
Saunders isotopic perturbation method, **1**, 100
'Sawhorse' configuration
  diferracycloheptadiene, **4**, 551
'Sawhorse' geometry
  acetylene bridged iron–carbonyl complexes, **4**, 546
S. brevicaulis
  arsenic methylation in, **2**, 1002
  methylation of selenium and tellurium by, **2**, 1004
Scalar coupling relaxation
  spin–lattice relaxation time and, **3**, 98
Scandium
  hexamethyldisilazane derivatives, **2**, 129
  ions
    properties, **3**, 175
Scandium, bis(cyclopentadienyl)bis(μ-ethyl)(diethylaluminum)-
  preparation, **6**, 952
Scandium, bis(cyclopentadienyl)bis(μ-methyl)-(dimethylaluminum)-
  preparation, **6**, 952
Scandium complexes
  allyl, **3**, 196
  bis(cyclopentadienyl) halides, **3**, 184
  carbonyl, **3**, 180–210
  carbonyl fluoro, **3**, 180
  cyclooctatetraene, **3**, 192
  cyclopentadienyl cyclooctatetraene, **3**, 194
  metal–metal, **3**, 206

mono(cyclooctatetraene) halide, **3**, 193
mono(cyclopentadienyl), **3**, 186
neopentyl, **3**, 198, 200
triphenyl compounds, **3**, 197
tris(cyclopentadienyl), **3**, 180, 181
tris[(trimethylsilyl)methyl], **3**, 199
ylide, **3**, 200, 204
Scandium compounds, **3**, 173–263
  properties, **3**, 174–179
Scavenging
  in Ziegler–Natta polymerization
    organoaluminum compounds in, **7**, 446
Schiff base complexes
  for hydrogenation of fats, **8**, 344
Schiff base ligands
  ruthenium complexes, **4**, 716
Schiff bases
  azacarbonylation, **8**, 181
  complexes with organoberyllium compounds, **1**, 132
  cooligomerization with butadiene
    nickel catalysed, **8**, 681, 686, 687
    nickel catalysed, mechanism, **8**, 688
  hydrogenation
    nickel catalysed, **8**, 633
  nickel complexes, **6**, 124
  orthopalladated, **6**, 338
  reaction with alkylaluminum hydrides, **1**, 633
  reaction with dialkylzinc compounds, **2**, 849
  reaction with dodecacarbonyltriruthenium, **4**, 867
  telomerization with butadiene, **8**, 444
  vanadium complexes, **3**, 666
Schiff's bases
  reaction with chloro(cyclooctadiene)rhodium dimer, **5**, 468
  rhodium complexes
    reduction, **5**, 387
Schlenk equilibrium
  Grignard reagents, **1**, 181
    thermodynamic parameters, **1**, 181
Schlenk tube
  in organoaluminum compound reactions, **1**, 668
Scrambling reactions
  between halo- and alkoxy-germanes, **2**, 437, 440
  germanium–metal bonds, **2**, 472
  germanium–oxygen compounds, **2**, 443
  in germanium–selenium compounds, **2**, 446
  in germanium–sulfur compounds, **2**, 446
  mixed halogermanes, **2**, 421
  organogermanium compounds, **2**, 417
Secopentaprismanes
  reaction with chloro(norbornadiene)rhodium dimer, **5**, 487
Segmental properties
  polysiloxanes, **2**, 333
Selectivity
  of dihydride catalysts in hydrogenation, **8**, 319
  in hydroformylation
    supported catalysts and, **8**, 569
  supported catalysts
    polarity and, **8**, 568
    polymer matrix and, **8**, 566–573
    size and, **8**, 568
Selenaboranes
  synthesis, **1**, 462
  11-vertex
    transition metal insertion reactions, **1**, 528

12-vertex, **1**, 527
Selenacarboranes, **1**, 549, 550
  synthesis, **1**, 551
Selenadiborolene
  synthesis, **1**, 353
10,7,8-Selenadicarbaundecaborane
  preparation, **1**, 510
Selenathiaundecaborane
  preparation, **1**, 515
Selenenyl chloride, phenyl-
  reaction with alkynylborates, **7**, 341
Selenide, bis(trimethylsilyl)-
  vibrational spectra, **2**, 168
Selenide ligands
  ruthenium complexes, **4**, 711
Selenides
  furfuryl
    dienone synthesis from, **7**, 608
  organoborane adducts, **1**, 301
  organotin derivatives, **2**, 604
  reaction with Grignard reagents
    nickel catalysed, **8**, 740
Selenides, bis(trimethylsilyl)
  properties, **2**, 176
Selenides, bis(triphenyltin)
  structures, **2**, 606
Selenides, di-t-butyltin
  structure, **2**, 607
Selenides, α-silyl
  oxidation, **2**, 71
Selenides, vinyl
  reaction with organometallic compounds, **7**, 5
Selenium
  dicyclopentadienylvanadium complexes, **3**, 682
  methylmercury toxicity and, **2**, 1005
  osmium complexes, **4**, 998
  in oxidation of organoboranes, **1**, 288
  reaction with ditin compounds, **2**, 594
  reaction with dodecacarbonyltriruthenium, **4**, 882
  reaction with organoaluminum compounds, **7**, 396
  reaction with organometallic compounds, **7**, 65, 66
  silicon derivatives, **2**, 167–177
  silyl derivatives, **2**, 175
  toxicity of methylmercury and, **2**, 986
Selenium bridges
  bis(dicarbonyl(η-cyclopentadienyl)iron) complexes, **4**, 537
Selenium compounds
  cyclopentadienylvanadium complexes, **3**, 671
  dinuclear bridged iron complexes, **4**, 276
  methylation
    S. brevicaulis, **2**, 1004
  reaction with organometallic compounds, **7**, 61
  ruthenium complexes, **4**, 708
Selenium dioxide
  reaction with organometallic compounds, **7**, 71
Selenium donors
  rhodium carbonyl complexes, **5**, 285
Selenium halides
  reaction with organometallic compounds, **7**, 71
Selenium ligands
  in osmium cluster compounds, **4**, 1030
  reaction with dodecacarbonyltriruthenium, **4**, 881

Selenium oxyhalides
  reaction with organometallic compounds, **7**, 71
Selenocarbonyl ligands
  manganese complexes, **4**, 126
  mononuclear ruthenium complexes, **4**, 692
  osmium complexes, **4**, 984
  ruthenium complexes, **4**, 700
Selenocyanates
  alkoxy-
    preparation, **7**, 494
  ruthenium complexes, **4**, 704
Selenocyanogens
  ruthenium complexes, **4**, 705
Selenoethers
  heterophilic cleavage, **7**, 73, 74
  synthesis, **7**, 67
Selenol
  esters
    from organoaluminum compounds, **7**, 411
Selenol, phenyl-
  reaction with platinum(II)–carbon σ-compounds, **6**, 553
Seleno ligands
  ruthenium complexes, **4**, 808
Selenols
  reaction with octacarbonyldicobalt, **5**, 43
  reaction with organometallic compounds, **7**, 57
  synthesis, **7**, 66
Selenones
  platinum complexes, **6**, 689
Selenonium salts
  triaryl-
    synthesis, **7**, 73
Selenophene
  reaction with hexacarbonylchromium, **3**, 974
Selenoxides
  reduction
    selenosilanes in, **7**, 608
Selenyl compounds
  alkyl
    synthesis, **7**, 72
Semibullvalene
  iron–carbonyl complexes, **4**, 598
  reaction with iron–carbonyl complexes, **4**, 411
  synthesis, **7**, 724
Semicarbazones
  reaction with organometallic compounds, **7**, 14
Semiconductors
  organogermanium compounds as, **2**, 403
o-Semidine
  reaction with dodecacarbonyltriruthenium, **4**, 836, 869
  trinuclear iron complexes, **4**, 629
Semi-empirical molecular orbital methods
  transition metal carbonyl complexes, **3**, 13
Sendaverine
  synthesis, **8**, 180, 907
L-Serine
  in metal methylation, **2**, 983
Service life
  silicones, **2**, 343
Sesquicarene
  synthesis, **7**, 696, 703
Sesquisulfides, alkyltin
  structure, **2**, 607
Sesquisulfides, methyltin
  structure, **2**, 607
Sesquiterpenes
  synthesis, **8**, 407
Seychellene
  synthesis, **7**, 559
Shampoos
  silicones in, **2**, 359
Shapiro reaction
  tosylhydrazones, **7**, 54
Shear rate
  silicones
    viscosity and, **2**, 349
Shell Higher Olefin Process, **8**, 501, 503, 617
Shell process, **8**, 155
1,2-Shifts
  η^4-arene complexes, **3**, 132
  η^3-cycloheptatrienyl complexes, **3**, 132
  η^5-cycloheptatrienyl complexes, **3**, 132
  σ-cycloheptatrienyl compounds, **3**, 127
  σ-cyclononatetraenyl compounds, **3**, 128
  η^4-cyclooctatetraene complexes, **3**, 134
  η^6-cyclooctatetraene complexes, **3**, 134
  σ-cyclopentadienyl compounds, **3**, 116, 121, 130
  NMR
    mechanism, **3**, 94, 96
    organometallic compounds, **3**, 93
  organometallic compounds, **3**, 130, 131, 137, 138
    intramolecular, **3**, 131
    ligand effects, **3**, 140
  in ruthenium hydrocarbon complexes, **4**, 653
1,3-Shifts
  σ-allyl compounds, **3**, 126, 127
  η^6-cyclooctatetraene complexes, **3**, 134
  σ-cyclopentadienyl compounds, **3**, 116
  NMR
    mechanism, **3**, 94, 95
  organometallic compounds, **3**, 137, 138, 139
    intramolecular, **3**, 131
    ligand effects, **3**, 140
1,4-Shifts
  organometallic compounds
    ligand effects, **3**, 140
1,5-Shifts
  σ-cyclopentadienyl compounds, **3**, 130
  σ-dienyl compounds, **3**, 128, 129
  organometallic compounds, **3**, 130, 131, 137, 138
    ligand effects, **3**, 140
1,7-Shifts
  organometallic compounds, **3**, 130, 138
1,9-Shifts
  organometallic compounds, **3**, 130
Showdomycin
  synthesis, **7**, 569
  iron carbonyls in, **8**, 948
Sigmatropic metal migrations
  organometallic compounds, **3**, 130
1,3-Sigmatropic rearrangement
  in pentadienyl complexes, **3**, 67
3,3-Sigmatropic rearrangement
  organoaluminum compounds, **1**, 571
Sigmatropic rearrangements
  silyl enol ethers, **7**, 558
1-Silaadamantane, 1-methyl-
  synthesis, **2**, 294
Silaallene
  preparation, **2**, 83
9-Silaanthracenes
  synthesis, **2**, 273
1-Silabarrelene

preparation, **2**, 84
2-Silabarrelene
  dimer, **2**, 84
2-Silabarrelene, dihydro-
  preparation, **2**, 84
Silabenzene — *see* Silacyclohexatrienes
1-Silabicyclo[2.2.1]heptane, 1-azido-
  bridgehead silaimine from, **2**, 142
1-Silabicyclo[2.2.1]heptane, 1-chloro-
  synthesis, **2**, 290
2-Silabicyclo[4.1.0]heptane
  synthesis, **2**, 292
7-Silabicyclo[2.2.1]heptane
  synthesis, **2**, 290
Silabicyclo[4.3.0]heptatriene
  preparation, **2**, 216
Silabicyclo[2.1.1]hexane
  synthesis, **2**, 289
2-Silabicyclo[3.1.0]hexane
  preparation, **2**, 291
3-Silabicyclo[3.1.0]hexane
  preparation, **2**, 291
Silabicyclo[3.1.0]hexanes
  thermolysis, **2**, 270
Silabicyclo[3.2.0]hexene
  synthesis, **2**, 291
2-Silabicyclo[3.3.1]nonane, 2,2-dimethyl-
  preparation, **2**, 292
9-Silabicyclo[4.2.1]nonane, 9,9-dimethyl-
  synthesis, **2**, 292
Silabicyclo[6.1.0]nonatriene
  formation, **2**, 216
9-Silabicyclo[4.2.1]nonatriene
  thermolysis, **2**, 216
1-Silabicyclo[2.2.2]octadiene
  preparation, **2**, 290
9-Silabicyclo[3.2.1]octadiene
  preparation, **2**, 292
Silabicyclooctane
  pyrolysis, **2**, 81
1-Silabicyclo[2.2.2]octane, 1-chloro-
  synthesis, **2**, 290
3-Silabicyclo[3.2.1]octane
  synthesis, **2**, 291
1-Silabicyclo[2.2.2]octatriene
  preparation, **2**, 290
1-Silabicyclo[2.2.2]octene
  preparation, **2**, 290
1-Sila-1,3-butadiene
  generation, **2**, 238
Silacarboranes, **1**, 547
Silacycloalkanes
  preparation, **2**, 118
  reactivity, **2**, 13
Silacyclobutane
  gas-phase pyrolysis, **2**, 233
  insertion reactions, **2**, 231
  IR spectra, **2**, 227
  nucleophilic substitution reactions, **2**, 228
  physical properties, **2**, 226
  polymerization
    platinum catalysts, **2**, 232
  reaction with alkynes, **2**, 232
  ring-insertion reactions, **2**, 230
  ring opening, **2**, 230
  synthesis, **2**, 227
  thermal decomposition, **2**, 80
Silacyclobutane, 1-chloro-
  chloride displacement
    stereochemistry, **2**, 228
Silacyclobutane, 1-chloro-1-methyl-
  reaction with nonacarbonyldiiron, **2**, 232
Silacyclobutane, 1,1-dialkyl-
  reaction with sulfur dioxide, **2**, 233
  reaction with sulfur trioxide, **2**, 233
Silacyclobutane, 1,1-dichloro-
  physical properties, **2**, 226
Silacyclobutane, 1,1-dimethyl-
  pyrolysis, **2**, 170, 233
  reactions, **2**, 207
  reaction with nonacarbonyldiiron, **2**, 232
  reactivity, **2**, 209
  ring opening, **2**, 231
Silacyclobutane, 1,1-dimethyl-2-phenyl-
  photolysis, **2**, 233
Silacyclobutane, 1,1-diphenyl-
  irradiation, **2**, 233
  photolysis, **2**, 81
Silacyclobutane, 1-hydrido-
  in hydrosilylation of alkenes, **2**, 230
Silacyclobutane, 1-methyl-
  hydrolysis, **2**, 230
  reaction with dichlorocarbene, **2**, 230
Silacyclobutene, **2**, 238
  reactions, **2**, 238
Silacyclobutene, 2-phenyl-
  preparation, **2**, 238
Silacyclodecane, 1,1-dimethyl-
  synthesis, **2**, 286
7-Silacyclododecanone, 7,7-dimethyl-
  synthesis, **2**, 287
Silacycloheptane, 1,1-dimethyl-
  preparation, **2**, 277
Silacycloheptane, 1-methyl-
  synthesis, **2**, 277
Silacycloheptanone, 4,4-dimethyl-
  synthesis, **2**, 278
2-Silacycloheptanone
  synthesis, **2**, 263
Silacycloheptatrienes, **2**, 281
1-Silacyclohept-4-ene, 1,1-dimethyl-
  preparation, **2**, 278
1-Sila-4-cycloheptyne, 1,1-dimethyl-
  synthesis, **2**, 279
Silacyclohexadiene
  metal carbonyl complexes, **2**, 274
  reactions, **2**, 274
  reaction with butyllithium, **2**, 274
  synthesis, **2**, 270
2-Silacyclohexadiene, 2,2-dimethyl-1-oxo-
  synthesis, **2**, 272
Silacyclohexa-2,4-diene
  cycloaddition reactions, **2**, 275
  photoisomerization, **2**, 276
Silacyclohexa-2,4-diene, 1-allyl-1-methyl-
  propene elimination from, **2**, 84
Silacyclohexa-2,5-dien-4-one, 1,1-dimethyl-
  synthesis, **2**, 272
Silacyclohexane
  reactions, **2**, 265
  reaction with dichlorocarbene, **2**, 266
  ring heteroatom derivatives, **2**, 265
  synthesis, **2**, 261
Silacyclohexane, chloromethyl-
  ring expansion, **2**, 277
Silacyclohexane, 1,1-dichloro-
  synthesis, **2**, 262
Silacyclohexane, 1,1-diethyl-
  synthesis, **2**, 262
Silacyclohexane, dimethyl-
  reaction with trityl fluoroborate, **2**, 266
Silacyclohexane, 1,1-dimethyl-

Silacyclohexane
  chlorination, **2**, 265
  synthesis, **2**, 262
Silacyclohexanone
  photolysis, **2**, 73
  synthesis, **2**, 277
Silacyclohexanone, 3,3-dimethyl-
  synthesis, **2**, 277
Silacyclohexanone, 3-methyl-3-phenyl-
  synthesis, **2**, 277
2-Silacyclohexanone
  synthesis, **2**, 263
4-Silacyclohexanone, 4,4-dimethyl-
  synthesis, **2**, 263
Silacyclohexatriene, **2**, 83–86, 277
  isolation, **2**, 84
  synthesis, **2**, 6
Silacyclohexatriene, 1,4-di-*t*-butyl-
  preparation, **2**, 84
Silacyclohexene
  preparation, **2**, 232, 267
  synthesis, **8**, 920
Silacyclohex-1-ene
  1,1-disubstituted
    synthesis, **2**, 267
Silacyclohex-2-ene
  preparation, **2**, 267
Silacyclohex-3-ene
  preparation, **2**, 268
Silacyclonona-2,8-diene
  synthesis, **2**, 287
Silacyclononane, 1,1-dimethyl-
  synthesis, **2**, 286
5-Silacyclononanol, 1,1-dimethyl-
  synthesis, **2**, 285
5-Silacyclononanone, 1,1-dimethyl-6-hydroxy-
  preparation, **2**, 285
Silacyclononatetraene
  preparation, **2**, 216
Silacyclooctane, 1,1-dimethyl-
  synthesis, **2**, 285, 286
4-Silacyclooctanone
  synthesis, **2**, 286
5-Silacyclooctanone, 1,1-dimethyl-
  synthesis, **2**, 286
Silacyclooct-3-ene
  preparation, **2**, 292
Silacyclopentadiene
  π-complexes, **2**, 258
  Diels–Alder reactions, **2**, 258, 259
  1-halo-
    reactions, **2**, 255
  hydrogermolysis, **2**, 433
  irradiation, **2**, 256
  monocyclic
    ring-opening reactions, **2**, 255
  preparation, **2**, 252
  reaction with tolan, **2**, 259
  ring-opening reactions, **2**, 256
  substituted
    synthesis, **2**, 253
  synthesis, **2**, 244, 250
Silacyclopentadiene, 1-chloromethyl-1-methylte-
    traphenyl-
  ring expansion, **2**, 270
Silacyclopentadiene, 1,1-dimethyl-
  synthesis, **2**, 253
Silacyclopentadiene, 1,1-dimethyl-2,5-diphenyl-
  2,5-diphenylmetallole preparation from, **2**, 253
  synthesis, **2**, 251
Silacyclopentadiene, 1,1-dimethyl-2,3,4,5-tetra-
    phenyl-
  irradiation, **2**, 256
Silacyclopentadiene, diphenyl-
  Diels–Alder reactions, **2**, 259
Silacyclopentadiene, hexaphenyl-
  preparation, **2**, 250
Silacyclopentadiene, hydrido-
  preparation, **2**, 253
Silacyclopentadiene, 1-methyl-
  synthesis, **2**, 254
Silacyclopentadiene, 1-methyl-1-trimethylsilyl-
    2,5-diphenyl-
  reaction with tolan, **2**, 261
Silacyclopentadiene, tetraphenyl-, **2**, 251
  preparation, **2**, 251
Silacyclopenta-1,3-diene, 1-methyl-
  preparation, **2**, 254
Silacyclopentadienyl ligands
  metal complexes, **2**, 84
Silacyclopentane
  polymerization, **2**, 243
  preparation, **2**, 36
  reactions, **2**, 243
  synthesis, **2**, 240
Silacyclopentane, 1-chloro-
  nucleophilic displacement reactions, **2**, 243
Silacyclopentane, 1,1-dimethyl-
  dehydrogenation, **2**, 253
  preparation, **2**, 211
Silacyclopentane, β-hydroxy-
  dehydration, **2**, 245
Silacyclopentene, **2**, 244
  aromatic annulated, **2**, 248
  synthesis, **2**, 247
2-Silacyclopentene, 1,2-dichloro-
  preparation, **2**, 245
3-Silacyclopentene
  isomerization, **2**, 245, 249
  preparation, **2**, 214, 215, 292
  ring expansion, **2**, 270
  synthesis, **2**, 246
3-Silacyclopentene, 5-benzoyloxy-3,3-dimethyl-
  pyrolysis, **2**, 253
4-Silacyclopentene, 4-allyl-4-methyl-
  pyrolysis, **2**, 254
2-Silacyclopentone
  synthesis, **2**, 248
3-Silacyclopentone
  synthesis, **2**, 248
Silacyclopropane, **2**, 206
  methanolysis
    stereochemistry, **2**, 213
  preparation, **2**, 31
  in reaction of alkenes with difluorosilylene, **2**, 89
  reactions, **2**, 208
  stereospecific alcoholysis, **2**, 217
  thermal decomposition, **2**, 210
  two-atom insertion reactions, **2**, 207
Silacyclopropane, difluoro-
  formation, **2**, 211
Silacyclopropane, 1,1-difluorotetramethyl-
  difluorosilylene generation from, **2**, 211
Silacyclopropane, 1,1-dimethyl-*trans*-bis-2,3-
    (2′,2′-dimethylcyclopropylidene)-
  reactivity, **2**, 209
Silacyclopropane, hexamethyl-
  dimethylsilylene transfer to alkenes from, **2**, 214
  reaction with carbonyl compounds, **2**, 220
  reaction with ketones, **2**, 150
  silylene generation from, **2**, 210

stability, **2**, 32
thermal stability, **2**, 207
Silacyclopropane, vinyl-
  formation, **2**, 215
Silacyclopropene, **2**, 221
  isolation, **2**, 223
  minimum energy geometry, **2**, 226
  thermolysis, **2**, 226
Silacyclopropene, 1,1-difluoro-1,1-dimethyl-
  minimum energy geometry, **2**, 226
Silacyclopropene, 2,3-dimethyl-
  minimum energy geometry, **2**, 226
Silacyclopropene, tetramethyl-
  minimum energy geometry, **2**, 226
  properties, **2**, 223
7-Silacyclotetradecanone, 7,7-dimethyl-
  synthesis, **2**, 287
7-Silacyclotridecanone, 7,7-dimethyl-
  preparation, **2**, 286
1-Silacycloundecane, 1,1-dimethyl-
  synthesis, **2**, 286
6-Silacycloundecanone, 6,6-dimethyl-
  preparation, **2**, 286
7-Silacycloundecyne, 7,7-dimethyl-
  synthesis, **2**, 287
Sila-difenidol, **2**, 78
7-Siladispiro[2.0.2.1]heptane
  preparation, **2**, 206
Siladithiacyclopentane
  preparation, **2**, 172
Silaenes
  synthesis, **7**, 78
9-Silafluorene — see Dibenzosilacyclopentadiene, **2**, 254
Silafluorenes
  synthesis, **2**, 254
Silafulvene, **2**, 83–86
Silafulvene, dimethyl-
  structure, **2**, 85
3-Sila-1,4,6-heptatriene, 3,3-dimethyl-
  preparation, **2**, 215
Sila-1,3,5-hexatriene
  generation, **2**, 276
  preparation, **2**, 276
Silaimines
  preparation, **2**, 142
Silaindane
  preparation, **2**, 210, 216
2-Silaindane, 2-allyl-2-methyl-
  pyrolysis, **2**, 255
Silaindene
  preparation, **2**, 216
2-Silaindene
  formation, **2**, 255
1-Silaindene — see Benzo[b]silole
1-Silanaphthalene, 1,1-dimethyltetrahydro-
  preparation, **2**, 268
1-Silanaphthalene, 1,2,3,4-tetrahydro- — see Benzosilacyclohex-2-ene
Silane, acyl-, **7**, 631–639
  photochemistry, **7**, 634
  preparation, **7**, 527, 631
  properties and reactions, **7**, 634
  silylenol ethers, **7**, 633
  α,β-unsaturated
    preparation, **7**, 633
Silane, 1-alkenyltrialkyl-
  synthesis
    organoaluminum compounds in, **1**, 659
Silane, alkynyl-, **7**, 546
Silane, alkynyltrimethyl-
  carbometallation, **7**, 391
Silane, 1-alkynyltrimethyl-
  reaction with triethylaluminum, **1**, 640
Silane, allenyl-, **7**, 546, 548
  synthesis, **7**, 525
Silane, (allenylmethyl)trimethyl-
  preparation, **7**, 548
Silane, allyl-
  electrophilic chemistry, **7**, 518
  heterosubstituted, **7**, 538
  preparation, **7**, 541
  pyrolysis, **2**, 216
  reaction with tricarbonyldienyliumiron complexes, **8**, 994
  reactivity to electrophiles, **7**, 517
  synthesis, **7**, 524, 536–541
  transmetallation from, **8**, 810
Silane, allyl(cyclopentadienyl)dimethyl-
  pyrolysis, **2**, 85
Silane, allyldiphenylvinyl-
  metallation, **2**, 40
Silane, (aminopropyl)trialkoxy-
  preparation, **2**, 315
Silane, aminotriphenyl-
  properties, **2**, 121
Silane, arylthio-
  reaction with aldehydes, **7**, 600
Silane, aryltrimethyl-
  in thallium(III) trifluoroacetate reactions, **7**, 503
Silane, azidotrimethyl-, **7**, 644
Silane, benzoyltrimethyl-
  photoisomerization, **2**, 111
Silane, benzyl-
  in synthesis, **7**, 549
Silane, (benzyloxy)trimethyl-
  α-metallation, **2**, 159
Silane, benzylthiotrimethyl-
  metallation, **2**, 175
Silane, benzyltriphenyl-
  reduction, **2**, 59
Silane, bis(ethynyl)dimethyl-
  hydrostannation, **2**, 43
Silane, bis((trialkylphosphoranylidene)amino)-dimethyl-
  adducts with trimethylgallium, **1**, 715
  adducts with trimethylindium, **1**, 715
Silane, bis(trimethylphosphinimido)dimethyl-
  complex with trimethylaluminum, **1**, 595
Silane, bromochlorodimethyl-
  reaction with THF, **2**, 21
Silane, 3-bromopropyldimethylchloro-
  ring closure, **2**, 227
Silane, bromotripropyl-
  preparation, **2**, 3
Silane, (α-bromovinyl)trimethyl-
  in synthesis, **7**, 533
Silane, 3-butenyl-
  intramolecular hydrosilation, **2**, 118
Silane, *t*-butylchlorodimethyl-
  preparation, **2**, 10
Silane, *t*-butylperoxytrimethyl-
  photolysis, **2**, 166
Silane, (*n*-butylthio)trimethyl-
  preparation, **2**, 123
Silane, *t*-butyltrichloro-
  preparation, **2**, 10
Silane, chloro-
  metal systems, **7**, 614
Silane, chloro(chloromethyl)dimethyl-
  reaction with bis(trimethylsilyl)acetamide, **2**, 123

Silane

Silane, chloro(chloropropyl)-
  amination, **2**, 314
Silane, chlorodimethyl-
  preparation, **2**, 10
Silane, chlorodimethylvinyl-
  lithiation, **2**, 9
  silene from, **2**, 84
Silane, (β-chloroethyl)-
  silylphosphorane from, **2**, 68
Silane, chloroethylphenylpropyl-
  preparation, **2**, 4
Silane, chloromethyl-
  reaction with phosphines, **2**, 67
Silane, (chloromethyl)trimethyl-
  deprotonation, **7**, 529
  α-elimination, **2**, 93
Silane, chloromethylvinyl-
  hydroboration, **2**, 40
Silane, [2-chloro-1-(phenylthio)ethyl]trimethyl-
  preparation, **7**, 544
Silane, (chloropropyl)trimethoxy-
  amination, **2**, 315
Silane, chlorotrimethyl-
  as bulk chemicals, **2**, 4
  lithiation, **2**, 9
  production, **2**, 319
Silane, chlorotriphenyl-
  preparation, **2**, 181
  stability, **2**, 8
Silane, cyanodimethyl-
  structure, **2**, 60
Silane, cyanotrimethyl-, **7**, 642
  IR spectrum, **2**, 143
  in organic synthesis, **2**, 60
  preparation, **2**, 13, 59
  properties, **2**, 143
  structure, **2**, 60
Silane, cyclopropyl-
  preparation, **2**, 32
  synthesis, **7**, 530
Silane, diacetoxybis(t-butyloxy)-
  applications, **2**, 319
Silane, diacetoxybis(propyloxy)-
  decomposition, **2**, 319
Silane, diallyl-
  pyrolysis, **2**, 238
Silane, dibromodimethyl-
  preparation, **2**, 419
Silane, (3,3-dichloroallyl)trimethyl-
  metallation, **2**, 40
Silane, dichlorodimethyl-
  as bulk chemicals, **2**, 4
  hydrolysis, **2**, 322, 323
  production, **2**, 319
  reaction with sodium tetracarbonylcobaltate, **5**, 165
Silane, dichlorodiphenyl-
  fluorination, **2**, 180
  preparation, **2**, 10, 11
  stability, **2**, 8
Silane, dichloroethylphenyl-
  preparation, **2**, 4
Silane, dichloromethyl-
  preparation, **2**, 10
Silane, dichloromethylphenyl-
  preparation, **2**, 317
Silane, dichloromethylvinyl-
  preparation, **2**, 318
Silane, dichlorovinyl-
  formation, **2**, 211
Silane, dicyanodimethyl-
  preparation, **2**, 60
Silane, diethoxymethylvinyl-
  reaction with hydrocyanic acid, **2**, 316
Silane, (diethylamino)trimethyl-
  reaction with thiosilanes, **2**, 123
Silane, dihalomethyl-
  activated
    hydrolysis, **7**, 631
Silane, (dimethylamino)trimethyl-
  aminolysis, **2**, 122
  silylating agent, **2**, 320
Silane, dimethyl(bis(trimethylsilyl)amino)phenyl-
  preparation, **2**, 131
Silane, dimethyldiphenyl-, **2**, 80
Silane, dimethylmethylene-
  formation, **1**, 36
Silane, dimethylvinyl-
  preparation, **2**, 206
  production from silacyclopropane, **2**, 210
Silane, diphenyl-
  block copolymer with dimethylsilanes, **2**, 384
  rhenium complexes, **4**, 205
Silane, diphenylphosphinotrimethyl-
  adducts, **2**, 148
  reaction with bromopentacarbonylmanganese, **4**, 107
Silane, divinyl-
  photolyses, **2**, 217
Silane, α,β-epoxy-, **7**, 529
  silyl enol ether synthesis from, **7**, 554
Silane, γ-ethylenediaminopropyltrialkoxy-
  preparation, **2**, 314
Silane, ethylenediaminopropyltrimethoxy-
  preparation, **2**, 313
Silane, ethylmethylbis(hydroxymethylcarbamoyl)-
  biological activity, **2**, 78
Silane, (ethylthio)trimethyl-
  reaction with amines, **2**, 123
  reaction with phenyl isocyanate, **2**, 174
Silane, ethyltriacetoxy-
  preparation, **2**, 319
Silane, ethyltrichloro-
  preparation, **2**, 311
Silane, ethynyl-
  hydroboration–oxidation, **7**, 631
  photolysis, **2**, 376
Silane, ethynyltrimethyl-
  hydrolysis, **2**, 45
Silane, (fluoromethyl)trimethyl-
  preparation, **2**, 28
Silane, fluorotrimethyl-
  complex with triethylaluminum, **2**, 179
  preparation, **2**, 179
Silane, fluoro(tris(trimethylsilyl)methyl)diphenyl-
  pyrolysis, **2**, 97
Silane, halo-
  coupling with metals, **2**, 366
Silane, hydro-
  silyl enol ether synthesis from, **7**, 554
Silane, β-hydroxy-
  Peterson reaction and, **7**, 522
Silane, α-hydroxyalkyl-
  oxidation, **7**, 633
Silane, iminobis(trimethyl-
  production, **2**, 319
Silane, (iodomethyl)dimethylfluoro-
  protonation, **2**, 28
Silane, (iodomethyl)trimethyl-
  reactivity, **7**, 518

Silane, iodotrimethyl-, **7**, 639
  in organic synthesis, **2**, 183
  preparation, **2**, 182
Silane, isocyanatotrimethyl-
  IR spectrum, **2**, 143
Silane, (2-mercaptoethyl)trimethoxy-
  preparation, **2**, 315
Silane, α-metallo-
  synthesis, **7**, 519
Silane, (methoxymethyl)trimethyl-
  deprotonation, **7**, 531
Silane, methyl-
  photolysis, **2**, 112
Silane, α-methylallyltrimethyl-
  sigmatropic 1,3-migration of silicon, **2**, 38
Silane, methylselenotrimethyl-
  reaction with carbonyl compounds, **7**, 607
Silane, (methylthio)trimethyl-
  reaction with bromopentacarbonylmanganese, **4**, 107
Silane, methyltriacetoxy-
  applications, **2**, 319
Silane, monohalomethyl-
  NMR, **2**, 388
Silane, pentadienyl-
  reactions, **7**, 539
Silane, 4-pentenyl-
  intramolecular hydrosilation, **2**, 118
  reaction with chloroplatinic acid, **6**, 676
Silane, permethyl-
  ^{13}C NMR, **2**, 388
  ^{29}Si NMR, **2**, 388
Silane, phenyl-
  phosphine oxide reduction by, **2**, 115
Silane, phenylseleno-
  reactions, **7**, 608
Silane, phenylselenotrimethyl-
  preparation, **2**, 176; **7**, 606
  reactions, **2**, 175
  reaction with esters and lactones, **7**, 607
Silane, phenyltrichloro-
  preparation, **2**, 317
Silane, phenyltris(trimethylsilyl)-
  photolysis, **2**, 376
Silane, pivaloyltris(trimethylsilyl)-
  irradiation, **2**, 82
Silane, polyynylidenebis(triethyl)-
  hydrolysis, **2**, 45
Silane, propargyl-, **7**, 546
Silane, propargyltrimethyl-
  preparation, **7**, 547
Silane, α-siloxyallyl-
  isomerization, **7**, 632
Silane, (silylmethyl)-
  preparation, **2**, 91
Silane, tetraacetoxy-
  decomposition, **2**, 319
Silane, tetraalkyl-
  properties, **2**, 27
Silane, tetra-t-butyl-
  isolation, **2**, 30
  structure, **2**, 58, 59
Silane, tetrachlorodimethyl-
  hydrogenation
    nickel catalysed, **8**, 633
Silane, tetracyclohexyl-
  preparation, **2**, 30
  structure, **2**, 57
Silane, tetraethyl-
  preparation, **2**, 3
  pyrolysis, **2**, 27
  reaction with tetrapropylsilane, **2**, 27
  thermal rearrangement with tetrapropylsilane, **2**, 185
Silane, tetraiodo-
  reaction with sodium tetracarbonylcobaltate, **5**, 166
Silane, tetraisobutyl-
  preparation, **2**, 30
Silane, tetraisopropyl-
  preparation, **2**, 30
Silane, tetrakis(difluoroethyl)-
  preparation, **2**, 28
Silane, tetrakis(pentafluorophenyl)-
  structure, **2**, 57
Silane, tetrakis(trimethylsilyl)-
  preparation, **2**, 105
  structure, **2**, 58
Silane, tetramethoxy-
  toxicity, **2**, 359
Silane, tetramethyl-
  metallation, **2**, 9
  methylation by, **2**, 28
  in NMR, **2**, 29
  properties, **2**, 180
  pyrolysis, **2**, 27, 80
  thermal stability, **1**, 7
Silane, tetranaphthyl-
  preparation, **2**, 30
Silane, tetraphenyl-
  pyrolysis, **2**, 27
  reaction with chlorosilanes, **2**, 181
  stability, **2**, 8
  structure, **2**, 57
Silane, tetrapropyl-
  preparation, **2**, 3
  pyrolysis, **2**, 27
  reaction with tetraethylsilane, **2**, 27
  thermal rearrangement with tetraethylsilane, **2**, 185
Silane, thio-
  silylation with, **7**, 600
Silane, p-tolylselenotrimethyl-
  preparation, **2**, 176
Silane, p-tolyltellurotrimethyl-
  preparation, **2**, 176
Silane, trialkyl-
  electrophilic character at α-position, **7**, 518
Silane, trialkylvinyl-
  copolymerization, **7**, 10
Silane, tri-t-butyl-
  structure, **2**, 57
  synthesis, **2**, 110
Silane, tri-t-butylchloro-
  hydrolysis, **2**, 12
  preparation, **2**, 11
Silane, tri-t-butylmethyl-
  structure, **2**, 57
Silane, trichloro-
  as by-product from Rochow process, **2**, 11
  preparation, **2**, 10, 109
  reaction with acetylene
    platinum catalyzed, **2**, 313
  reaction with alkenes, **2**, 310
  reaction with alkylidynenonacarbonyltricobalt, **5**, 173
  reaction with vanadocene, **3**, 680
Silane, trichloro(chloromethyl)-
  preparation, **2**, 26
Silane, trichloro(cyclopropyl)-
  reduction, **2**, 32
Silane, trichloromethyl-

Silane
- free radical chlorination, **2**, 182
- preparation, **2**, 317
- properties, **2**, 180
- pyrolysis, **2**, 79
- reaction with sodium tetracarbonylcobaltate, **5**, 166

Silane, trichlorophenyl-
- preparation, **2**, 318

Silane, trichlorovinyl-
- preparation, **2**, 318

Silane, triethoxy-
- redistribution reactions, **2**, 315

Silane, triethoxyvinyl-
- hydrocyanation
  - nickel catalysed, **8**, 632
- reaction with hydrocyanic acid, **2**, 316

Silane, triethyl-
- hydrosilation by
  - transition metal catalysed, **2**, 117
- organic halide reduction by, **2**, 114

Silane, triethylamino-
- reaction with hydrogen halides, **2**, 124

Silane, trifluoromethyl-
- microwave spectrum, **2**, 180

Silane, trifluorophenyl-
- preparation, **2**, 180

Silane, trimesityl-
- structure, **2**, 57

Silane, trimethoxy-
- preparation, **2**, 319
- toxicity, **2**, 359

Silane, trimethyl-
- pyrolysis, **2**, 112
- reaction with di-t-butyl peroxide, **2**, 91
- reaction with platinum(II)-carbon σ-compounds, **6**, 556

Silane, trimethylallyl-
- hydroalumination, **7**, 381

Silane, trimethylazido-
- photolysis, **2**, 143

Silane, ((trimethylgermyl)methylamino)trimethyl-
- reaction with methyl isocyanate, **2**, 124

Silane, trimethylphenyl-
- reduction, **2**, 59

Silane, trimethyl(phenylethynyl)-
- hydralumination, **1**, 605, 641
- kinetics, **7**, 390

Silane, ((trimethylstannyl)methylamino)trimethyl-
- reaction with methyl isocyanate, **2**, 124

Silane, trimethylvinyl-
- reductive silylation, **2**, 30
- C-silylaziridines from, **2**, 32

Silane, triphenyl-
- reaction with tricarbonyl(η-methylcyclopentadienyl)manganese, **4**, 131

Silane, tripropyl-
- preparation, **2**, 3

Silane, tris(p-diphenyl)phenyl-
- pyrolysis, **2**, 27

Silane, vinyl-
- codimerization with butadiene, **8**, 423
- cooligomerization with dienes
  - nickel catalysed, **8**, 684
- cyclic, **7**, 517
- epoxides, **7**, 544
- geometrical isomers
  - preparation, **7**, 534
- oligomerization
  - nickel catalysed, **8**, 617
- photooxygenation, **7**, 544
- preparation
  - organoaluminum compounds in, **1**, 664
- reaction with hydrogen sulfide, **2**, 315
- reaction with organoalkali metal compounds, **1**, 63
- reaction with organometallic compounds, **7**, 5
- reactivity to electrophiles, **7**, 517
- synthesis, **7**, 521, 541–545

Silane coupling agents, **2**, 336
- on mineral surfaces, **2**, 336
- in polysiloxanes, **2**, 336

Silanediol, di-t-butyl-
- distillation, **2**, 155

Silanediol, diethyl-
- structure, **2**, 155

Silanediol, diisobutyl-
- structure, **2**, 155

Silanediol, dimethyl-
- preparation, **2**, 155

Silanediol, diphenyl-
- dehydration, **2**, 156

Silanepolysulfides, **2**, 171

Silanes
- acyl, **2**, 71–74
  - ^{13}C NMR, **2**, 72
  - electronic spectra, **2**, 72
  - IR spectra, **2**, 72
  - photolysis, **2**, 72
  - preparation, **2**, 44; **8**, 923
  - reactions, **2**, 74
  - rearrangement, **2**, 76
- alcoholysis
  - catalysis by iron group complexes, **6**, 1074
- alkenyl, **2**, 33
  - coupling reactions, **8**, 920
  - hydroboration, **7**, 243
- alkyl, **2**, 27–30
- alkylperoxy
  - properties, **2**, 166
- alkylthio
  - preparation, **2**, 172
- alkynyl, **2**, 33, 40–47
  - carbometallation, titanium catalysed, **3**, 277
  - hydrolysis, **2**, 59
- allyl, **2**, 37–40
  - cleavage by base, **2**, 38
  - electrophilic attack, **2**, 38
  - metallation, **2**, 39
  - nucleophilic attack, **2**, 59
  - structure, **2**, 40
  - as synthetic intermediates, **2**, 38
- allyloxy
  - rearrangement, **2**, 71
- amino, **2**, 120–137
  - preparation, **2**, 121
  - properties, **2**, 122–125
  - reaction with carbon dioxide, **2**, 123
  - reaction with carbon disulfide, **2**, 123
  - reaction with halides, **2**, 125
  - reaction with isocyanates, **2**, 123
  - reaction with isothiocyanates, **2**, 123
  - reaction with tetrasulfur tetranitride, **2**, 123
  - thiosilanes from, **2**, 173
- aryl, **2**, 47–51
  - coupling reactions, **8**, 920
  - hydrolysis, **2**, 48
  - in synthesis, **7**, 550

azido
  photolysis, **2**, 142
base catalysed cleavage, **2**, 29
benzyl, **2**, 47–51
  cleavage, **2**, 59
  coupling reactions, **8**, 920
  oxidative hydrolysis, **2**, 71
boroalkyl
  hydrolysis, **2**, 77
bridgehead
  reactivity, **2**, 14
bromo, **2**, 182
  reactions, **2**, 183
  reaction with Grignard reagents, **2**, 21
carbacyclic, **2**, 205–296
chiral
  asymmetric synthesis, **8**, 482
  S_N2-Si reaction, **2**, 14
chloro
  fluorination, **2**, 181
  hydrolysis, **2**, 13
  preparation, **2**, 10
  properties, **2**, 12, 180
  racemization, **2**, 14
  reaction with Grignard reagents, **2**, 20
  reaction with sodium tetracarbonylcobaltates, **5**, 165
chloroalkyl
  pyrolysis, **2**, 77
chloroethyl
  preparation, **2**, 11
chloromethyl
  preparation, **2**, 4, 10
chlorophenyl
  preparation, **2**, 11
cyano, **2**, 59–65
cyclopentadienyl, **2**, 51–57
cyclopropyl
  in preparation of cyclopropanesulphonic acid, **2**, 32
dianilino-
  preparation, **2**, 124
diperoxy
  preparation, **2**, 166
divinyl
  reductive coupling, **2**, 36
α,β-epoxy
  deprotonation, **7**, 531
ethynyl, **2**, 40
  cleavage by fluoride, **2**, 46
  electrophilic attack, **2**, 44
  oligomerization, **2**, 35
fluoro
  hydrolysis, **2**, 12
  preparation, **2**, 11, 178
  properties, **2**, 179
halo
  preparation, **2**, 178
  properties, **2**, 178
α-haloalkyl, **2**, 76
  synthesis, **2**, 76
o-halophenyl
  nucleophilic attack, **2**, 48
α-hydroxy, **2**, 76
  preparation, **7**, 611
α-hydroxyalkyl
  synthesis, **2**, 76
iodo, **2**, 182
  reactions, **2**, 183
  reaction with Grignard reagents, **2**, 21
methylbromo
  preparation, **2**, 182
methylchloro
  preparation, **2**, 180
organometallic complexes
  reaction with carbon dioxide, **8**, 264
organovanadium compounds, **6**, 1060
perhalomethyl
  reactions, **2**, 182
phenyl
  structure, **2**, 8
phenylchloro
  preparation, **2**, 181
  reactions, **2**, 181
phosphino
  reactions, **2**, 148
photolysis, **2**, 366
polyhalogenation, **2**, 11
preparation, **2**, 109
reactions
  catalysis by ruthenium complexes, **4**, 959
reaction with alkenes, **2**, 115–120
reaction with alkynes, **2**, 115–120
reaction with dienes, **8**, 850
reaction with dodecacarbonyltriruthenium, **4**, 911
as reducing agents, **2**, 113
rhenium complexes, **4**, 204
rotation barrier, **2**, 29
seleno
  preparation, **7**, 606
structure, **2**, 57–59
telomerization with butadienes, **8**, 439
telomerization with isoprene, **8**, 447
thio
  preparation, **2**, 172
  as silylating agents, **2**, 174
  stability, **2**, 173
titanium compounds, **6**, 1058
transition metal carbonyl compounds, **6**, 1066
trianilinol-
  preparation, **2**, 124
trifluoromethylarsino, **2**, 146
trifluoromethylphosphino, **2**, 146
triperoxy
  preparation, **2**, 166
vinyl, **2**, 34–37
  cleavage, **2**, 59
  hydrosilation, **2**, 118
  oligomerization, **2**, 35
  preparation, **2**, 95, 313
  purification, **2**, 35
  structure, **2**, 8
trans-vinyl
  halogenation, **2**, 36
zirconium compounds, **6**, 1059
Silanes, α-bromovinyl-
  in synthesis, **7**, 533
Silanes, dimethyl-
  block copolymer with diphenylsilanes, **2**, 384
Silanethiol, triphenyl-
  preparation, **2**, 171
Silanethiols, **2**, 171
Silanetriol, phenyl-
  preparation, **2**, 156
Silanetriols
  preparation, **2**, 156
Silanol, t-butyldimethyl-
  dehydration, **2**, 155
Silanol, triethyl-
  dehydration, **2**, 155
Silanol, trimethyl-

Silanol

    hydrolysis, **2**, 8
    preparation, **2**, 155
    telomerization with butadiene, **8**, 433
    toxicity, **2**, 359
Silanol, triphenyl-
    dehydration, **2**, 155
Silanolates
    tetrabutylphosphonium
        octamethylcyclotetrasiloxane polymerization by, **2**, 325
    tetramethylammonium
        octamethylcyclotetrasiloxane polymerization by, **2**, 325
Silanols, **2**, 155, **7**, 575
    condensation, **2**, 328
    preparation, **2**, 4, 160
    telomerization with butadiene, **8**, 433
Silanone
    formation, **2**, 219
Silanone, dimethyl-
    elimination, **2**, 163
    formation, **2**, 224
1-Silanorbornadiene
    preparation, **2**, 261
7-Silanorbornadiene
    cothermolysis with anthracene, **2**, 108
    photochemical decomposition, **2**, 260
    preparation, **2**, 258
    silylene extrusion, **2**, 260
    thermal decomposition, **2**, 260
    thermolysis, **2**, 88
7-Silanorbornene
    preparation, **2**, 215, 258
Silanorcaradiene
    generation, **2**, 282
Silanorcarane
    preparation, **2**, 212
    rearrangement, **2**, 215
2-Silaoxetanes, **2**, 233
Silapalladacyclobutene
    formation, **2**, 224
1-Silaphenalene, 1,1-dichloro-
    synthesis, **2**, 273
2-Silaphosphetane
    decomposition, **2**, 150
Silapridinol, **7**, 575
1-Sila[4.4.4]propellane
    synthesis, **2**, 293
Sila-Pummerer rearrangement, **7**, 632
Silapyridinol
    biological activity, **2**, 78
Silascaphanes
    preparation, **2**, 294
6-Silaspiro[5.4]decadiene
    synthesis, **2**, 293
4-Silaspiro[3.3]heptane
    synthesis, **2**, 292
5-Silaspiro[4.4]nonadiene
    preparation, **2**, 293
5-Silaspiro[4.4]nona-2,7-diene
    synthesis, **2**, 292
1-Sila-5-thiacyclooctane, 1,1-dimethyl-
    preparation, **2**, 279
Silathiacyclopentane
    preparation, **2**, 172
Silathione
    formation, **2**, 169, 170
Silathione, dimethyl-
    elimination, **2**, 171
Silatoluene, **2**, 83
    photoelectron spectrum, **2**, 84

Silatrane, **7**, 575
Silatrane, chloromethyl-
    toxicity, **2**, 79
Silatrane, *p*-chlorophenyl-
    toxicity, **2**, 79
Silatrane, ethoxy-
    toxicity, **2**, 79
Silatrane, 1-phenyl-
    structure, **2**, 166
Silatranes
    biological activity, **2**, 79
    preparation, **2**, 166
    structure, **2**, 166, 167
Silatranones
    structure, **2**, 166
Silatropic rearrangement
    silyl enol ether synthesis by, **7**, 553
Silazacyclobutane
    decomposition, **2**, 81
Silazanes, **2**, 120–137
    preparation, **2**, 121
Silene
    generation from bicyclo[2.2.2]octadienes, **2**, 275
    preparation, **2**, 7, 80
    reaction with carbonyl compounds, **2**, 233
    reaction with enols, **2**, 218
Silene, dimethyl-
    preparation, **2**, 206
Silene, 1,1-dimethyl-
    bond energy, **2**, 6
    electron diffraction, **2**, 83
    generation, **2**, 163
Silene, 1,1,3-trimethyl-
    IR spectrum, **2**, 82
Silepins — *see* Silacycloheptatrienes
Silica
    amorphous
        in silicones, **2**, 347
    reinforcing
        in silicones, **2**, 337
    as support for homogeneous catalysts, **8**, 553
    as support for Ziegler–Natta alkene polymerization catalysts, **3**, 529
Silicates
    trimethylsilylation, **2**, 157
Silicenium ions, **2**, 180
Silicides
    transition metal preparation, **6**, 1068
Silicon
    carbonyl iron complexes, **4**, 308
    –metal bonds
        organometallic compounds, **6**, 1043–1110
    multiple bonds, **2**, 5
    nucleophilic substitution
        mechanism, **2**, 14–20
        pseudorotation mechanism, **2**, 15–20
    organotransition metal compounds, **6**, 1044, 1045, 1047
    polynuclear cobalt complexes, **6**, 1090
    properties, **2**, 5
    reaction with methyl chloride, **2**, 306
    substitution at, **2**, 5
    transition metal compounds
        bond lengths, **6**, 1102
Silicon, tetrakis(trimethylsilyl)-
    structure, **2**, 385
Silicon atoms
    recoiling
        reaction with 1,3-butadiene, **2**, 252
Silicon carbide

from methylpolysilanes, **2**, 365
preparation and properties, **2**, 79
preparation from poly(dimethylsilane), **2**, 384
Silicon complexes
reaction with nickel tetracarbonyl, **6**, 17
Silicon composites, **2**, 339
Silicon compounds
biological activity, **2**, 77
bond strengths and lengths, **2**, 6
cyclopentadienylruthenium complexes, **4**, 793
Grignard reagents from, **1**, 176
stereochemistry of substitution reactions, **2**, 16
Silicone elastomers, **2**, 328
Silicone fluids, **2**, 328
dielectric constant, **2**, 351
dielectric strength, **2**, 353
physical properties, **2**, 346
Silicone liquids
thermal conductivity, **2**, 346
Silicone resins, **2**, 328
preparation, **2**, 328
Silicone rubbers
chemical and oil resistance, **2**, 345
compression molding, **2**, 331
silica reinforced
strength, **2**, 348
temperature
service life and, **2**, 343
vulcanization, **2**, 329
Silicones, **2**, 305–360
applications, **2**, 306
isolation, **2**, 5
in medicine, **2**, 78
preparation, **2**, 4
Silicone sealants
curing, **2**, 329
Silicon hydrides
crosslinker
in polydimethylsiloxane, **2**, 332
reaction with alkylidynenonacarbonyltricobalt, **5**, 173
substitution reactions, **2**, 317
Siliconium ions, **2**, 14
Silicon ligands
rhenium complexes, **4**, 204
technetium complexes, **4**, 204
Silicon nitride
from phenylmethylpolysilane polymers, **2**, 384
Silicon tetrachloride
alkylation, **2**, 10
Siliranes — *see* Silacyclopropanes
Silirenes — *see* Silacyclopropenes
Silk fibroin
palladium supported on
enantioselective hydrogenation by, **8**, 581
Silol — *see* Silacyclopentadienes
Siloxane, dimethyl-
block copolymers, **2**, 326
copolymerization with phenylmethylsiloxane, **2**, 345
styrene block copolymer, **2**, 238
Siloxane, phenylmethyl-
copolymerization with dimethylsiloxane, **2**, 345
Siloxane, trifluoropropylmethyl-
polymer
swelling, **2**, 341
Siloxane polymers
carboranes, **1**, 460
closo-carborane units in, **1**, 443
tricarbonylchromium group incorporation in, **3**, 1051
Siloxanes, **7**, 575
cyclic, **2**, 160–163
emulsion polymerization, **2**, 328
equilibration, **2**, 324
gaseous permeability, **2**, 358
linear, **2**, 160, 160–163
polymerization, **2**, 322
preparation, **2**, 4
Siloxanolate anion
preparation, **2**, 325
Siloxapinone
formation, **2**, 259
Siloxides
metal, **2**, 156
Siloxthiane
preparation, **2**, 170
Silsesquioxane, phenyl-
in silicones, **2**, 329
Silthianes
linear, **2**, 168
Silthione, dimethyl-
dimerization, **2**, 207
Silver
arylation
organozinc compounds in, **2**, 845
catalyst
in halide reactions with organometallic compounds, **7**, 47
cobalt compounds, **6**, 765
Group IV complexes, **6**, 1100
iron carbonyl complexes, **4**, 306
Silver, alkyl-
in silver-catalysed reactions, **7**, 722
Silver, alkynyl-
reaction with acid chlorides, **7**, 722
Silver, aryl-
protonolysis, **2**, 743
Silver, butyl(tributylphosphine)-
thermolysis, **2**, 747
Silver, [carboxy(μ-hydrido)dihydroborate]tris(trimethylphosphine)-
preparation, **6**, 914
Silver, (2-chloroferrocenyl)-
preparation, **2**, 722
Silver, (η^5-cyclopentadienyl)(triphenylphosphine)-
structure, **2**, 730
Silver, {*o*-[(dimethylamino)methyl]phenyl}-
structure, **2**, 733
Silver, [(ethoxycarbonyl)(μ-hydrido)hydroborate]-tris(methyldiphenylphosphine)-
preparation, **6**, 914
Silver, ethyl-
preparation, **2**, 641, 718
Silver, ferrocenyl-
transmetallation, **2**, 757
Silver, (heptafluoroisopropyl)-
phenyl, **8**, 254
Silver, ω-hexenyl-
rearrangement, **2**, 747
Silver, isobutenyl-
preparation, **2**, 719
Silver, lithiobis(tolyl)-
structure, **2**, 735
Silver, lithiodialkyl-
hydrolysis, **2**, 744
Silver, 2-norbornyl-
epimerization, **2**, 747
Silver, (octahydrotriborate)bis(*p*-tolyl)-

preparation, **6**, 919
Silver, (octahydrotriborate)bis(triphenylphosphine)-
　preparation, **6**, 919
Silver, (pentafluorophenyl)-
　oxidation, **2**, 745
Silver, perfluoroisopropenyl-
　preparation, **2**, 719
Silver, perfluoroisopropyl-
　preparation, **2**, 718
Silver, phenyl-
　preparation, **2**, 719
　structure, **2**, 732
Silver, 1-propenyl-
　thermolysis, **2**, 747
Silver, styrenyl-
　preparation, **2**, 719
Silver, (tetrahydroborate)-
　decomposition, **6**, 912
Silver, (trimethylphosphine)(phenylethynyl)-
　structure, **2**, 732
Silver, tris{[(p-tolyl)imino]ethoxymethyl}tris-
　structure, **2**, 736
Silver complexes
　phenyl
　　reaction with carbon dioxide, **8**, 254
Silver compounds
　in organic synthesis, **7**, 661–724
Silver enolates
　preparation from silyl enol ethers, **7**, 557
Silver hexacyanocobaltate(III)
　alkylation, **5**, 24
Silver hexafluorophosphate
　reaction with isocyanide manganese complexes, **4**, 143
Silver hydrides
　catalysts
　　hydrogenation, **8**, 294
Silver oxide
　reaction with (hexaisocyanide)manganese iodide, **4**, 146
Silver perchlorate
　reaction with bromopentacarbonylmanganese, **4**, 37
Silver salts
　reaction with alkenylboranes, **7**, 308
　reaction with alkylboranes, **7**, 277
Silver siloxide, **2**, 157
Silver(I) ammine complexes
　catalysts
　　hydrogenation, **8**, 296
Silver(I) salts
　reaction with chloroplatinum(II) salts and olefins, **6**, 634
　reaction with cobalamins, **5**, 129
Silylamide
　as reducing agents, **7**, 596
　in synthesis, **7**, 592
Silylamine
　in synthesis, **7**, 592
Silylating agents, **2**, 320
Silylation
　benzene
　　boron trichloride catalyst, **2**, 317
　in protection of hydroxyl functions, **7**, 576
　thiols, **7**, 599
　with thiosilanes, **7**, 600
Silylation reagents, **2**, 319
α-Silyl carbanions, **7**, 517
Silylene, bis(trimethylsilyl)-
　preparation, **2**, 86

Silylene, dichloro-
　generation, **2**, 211
　reaction with cyclooctatetraene, **2**, 216
Silylene, difluoro-
　preparation, **2**, 89
　reaction with ethylene, **2**, 210
Silylene, dimethyl-
　formation, **2**, 106
　generation, **2**, 111, 206
　photochemical generation, **2**, 213
　preparation, **2**, 88, 210, 367
　reaction with 2-adamantanone, **2**, 220
　reaction with 1,3-cyclohexadiene, **2**, 215
　reaction with cyclooctatetraene, **2**, 216
　reaction with ethers, **2**, 88
　reaction with 7-norbornone, **2**, 220
　transfer to bis(trimethylsilyl)acetylene, **2**, 223
Silylene, methylphenyl-
　generation, **2**, 108
　photochemical generation, **2**, 212
Silylene, phenyltrimethylsilyl-
　photochemical generation, **2**, 213
Silylene, silyl-
　generation, **2**, 221
Silylene, trimethylsilyl(methyl)-
　cothermolysis with anthracene, **2**, 108
Silylene bridges
　bis(dicarbonyl(η-cyclopentadienyl)iron complexes, **4**, 532
Silylene extrusion, **2**, 210
Silylene insertion reactions
　into silicon–hydrogen bonds, **2**, 111
　organopolysilanes from, **2**, 367
Silylenes, **2**, 86–92
　photochemical generation, **2**, 212
　preparation and properties, **2**, 86–89
　reactions with carbonyl compounds, **2**, 218
　reaction with alkenes, **2**, 210
　reaction with alkynes, **2**, 221
　reaction with cyclic conjugated dienes, **2**, 214
　reaction with 1,3-dienes, **2**, 214
　in synthesis of organochlorosilanes, **2**, 309
Silyl enol ethers, **7**, 551–574
　reactions, **7**, 556
　reaction with carbon electrophiles, **7**, 567
　reaction with electrophiles, **7**, 562
　synthesis, **7**, 551
Silylenones, 2-trimethyl-
　preparation, **7**, 549
Silyl esters, **2**, 156; **7**, 576
　inorganic acids, **2**, 158
　organic acids, **2**, 159
　as synthetic mediators, **7**, 583
Silyl ethers, **2**, 159; **7**, 576
　as synthetic mediators, **7**, 583
Silyl groups
　exchange reactions
　　perfluoroorganomagnesium compound preparation by, **1**, 166
Silyl hydrides
　as reducing agents, **7**, 620
Silylmetal derivatives
　in synthesis, **7**, 608–614
Silylmetal reagents
　reactions, **7**, 610
Silyl nitrite, **2**, 158
Silyl perchlorate, **2**, 158
Silylperoxy radicals
　generation, **2**, 166

Silyl phosphate, **2**, 158
Silyl phosphite, **7**, 584
Silyl radicals, **2**, 86–92
  preparation, **2**, 91
Silyl sulfate, **2**, 158
Simmons–Smith reaction, **7**, 666
  copper carbene complexes, **7**, 700
  diethylzinc in, **7**, 668
  1,1-diiodoalkanes, **7**, 668
  tricarbonyl(polyene)iron complexes, **4**, 470
Simmons–Smith reagents, **2**, 836, 847
(±)-Sirenin
  synthesis, **7**, 703
Sirotherm resins
  catalyst supports, **8**, 604
Site isolation hypothesis
  in supported titanocene catalysis, **8**, 577
Size exclusion chromatography
  phosphine nickel carbonyl complexes, **6**, 30
Skeletal electron pair theory
  bonding in osmium cluster complexes, **4**, 1053
Skeletal electron population
  polyhedral structure and, **1**, 467
'Slip' distortion
  in half sandwich compounds, **3**, 40, 45
  icosahedral complexes, **1**, 519
  in metalloboranes, **3**, 33
  in metallocarboranes, **3**, 42
  in pentadienyl complexes, **3**, 66
  in transition metal alkene complexes, **3**, 68
'Slip' distortions
  complexes of boron-containing ring ligands, **1**, 383
'Slipped' sandwich compounds
  from carboranes
    bonding, **3**, 32
Slurry process
  for Ziegler–Natta alkene polymerization, **3**, 506
Small-ring compounds
  rearrangements
    silver catalysed, **7**, 723
Sodiation
  ferrocene, **8**, 1041
Sodium
  hexamethyldisilazane derivatives, **2**, 128
  metallic
    reaction with carbon dioxide, **8**, 266
    reaction with organoaluminum sesquihalides, **1**, 626
    reaction with organotin halides, **2**, 560
Sodium, alkyl-
  reaction with alkenes, **7**, 2
  reaction with ketones, **7**, 24
Sodium, bis(diethyl ether)bis(diethylhydroberyllium)-
  structure, **1**, 18
Sodium, butyl-
  as metallating agent, **1**, 55
Sodium, cyclopentadienyl-
  reaction with tetraaminebis(isothiocyanate)cobalt, **5**, 244
  structure, **1**, 91
Sodium, cyclopentadienyl(tetramethylethylenediamine)-
  structure, **1**, 16
Sodium, cyclopropyl-
  chiral, **1**, 73
Sodium, ethyl-
  preparation, **1**, 634
  structure in solid state, **1**, 66
  tetramer
    structure, **1**, 21
Sodium, indenyl-
  reaction with cyclopentadienylrhenium complexes, **4**, 210
Sodium, methyl-
  anion
    bonding, calculation, **1**, 77
  bonding
    calculation, **1**, 77, 79
  structure in solid state, **1**, 66
  tetramer
    structure, **1**, 21
Sodium, methyldiphenyl-
  oxidation, **1**, 47
Sodium, pentyl-
  as metallating agent, **1**, 55
Sodium, (triethylsilyl)-, **2**, 101
Sodium, (triphenyllead)-
  preparation, **2**, 666
Sodium, (triphenylsilyl)-
  preparation, **7**, 609
Sodium, trityl-
  as metallating agent, **1**, 55
Sodium acetylide
  platinum(II) acetylide complexes
    preparation from, **6**, 516
Sodium amalgam
  in nitrogen fixation
    molybdenum system, **8**, 1097
Sodium biphenylide
  electron affinities of aromatic hydrocarbons and, **1**, 109
Sodium bis(η-pentamethylcyclopentadienyl)manganate
  preparation, **4**, 114
Sodium bis(trimethylsilyl)amide, **7**, 594
Sodium bis((trimethylsilyl)methyl)gallate
  molecular weight, **1**, 684
Sodium borohydride
  hydrazido tungsten reduction by, **8**, 1091
  reaction with dodecacarbonyltriruthenium, **4**, 863, 864, 900
  reaction with nickel dihalide, **6**, 38
  tricarbonyl(1-5-η-4-methoxy-1-methylcyclohexadienylium)iron hexafluorophosphate reduction with, **8**, 996
Sodium chloride
  reaction with ethylaluminum dichloride, **1**, 612
Sodium compounds
  tin, **2**, 587
Sodium dicarbonyltris(trimethylphosphine)manganate
  preparation, **4**, 25
Sodium dicyanomethanide
  platinum(II) complexes
    nucleophilic cleavage, **6**, 558
Sodium diethylaluminum dihydride
  ester reduction by, **7**, 412
Sodium diethylaluminum dihydrides
  reduction by, **7**, 433
Sodium diethyldihydridoaluminate
  carbonyl compound reductions by, **7**, 423
Sodium diethyldi-2-phenylethynylaluminate
  reaction with aldehydes, **7**, 414
Sodium diethylhydridoberylate, **1**, 141
  complex with diethyl ether, **1**, 141
Sodium diisobutylaluminum dihydride
  ester reduction by, **7**, 412
  reduction by, **7**, 433

Sodium diisobutylhydridoberylate, **1**, 142
Sodium dithionite
　in preparation of symmetrical diorganomercurials, **2**, 894
Sodium ethoxy(triethyl)aluminate
　reaction with triethylaluminum, **1**, 613
Sodium hexaethylhydridotriberylate, **1**, 142
Sodium hexamethyldigallate
　preparation, **1**, 684
Sodium hexa-1-propynyl cobaltate(II)
　oxidation, **5**, 78
Sodium nitrite
　reaction with tetracarbonylcobaltates, **5**, 25
Sodium pentacarbonylmanganate
　IR spectrum, **4**, 27
　preparation, **4**, 3, 22, 24
　reaction with arsines, **4**, 110
　reaction with 1,4-dibromobutane, **4**, 24
　reaction with halophosphines, **4**, 110
　reaction with perfluoroacyl chlorides, **4**, 94
Sodium periodate
　organoboranes, **1**, 288
Sodium stannite
　in preparation of symmetrical diorganomercurials, **2**, 895
Sodium tetra-*t*-butylhydridodiberylate
　complex with diethyl ether, **1**, 141
Sodium tetra-*s*-butylhydridodimagnesate
　formation, **1**, 209
Sodium tetracarbonylcobaltate
　catalyst
　　in stoichiometric synthesis of saturated carboxylic esters, **8**, 189
　reaction with acyl chloride, **5**, 183
　reaction with acyl halides, **5**, 51
　reaction with allyl halides, **5**, 211
　reaction with chlorodifluoroacetyl chloride, **5**, 157
　reaction with chlorodiphenylphosphine, **5**, 37
　reaction with (chloromethallyl)allyl chloride, **5**, 215
　reaction with *N*-(chlorophenylmethylene)aniline, **5**, 157
　reaction with chlorosilanes, **5**, 165
　reaction with crotyl bromide, **5**, 214
　reaction with 3,4-dichlorocyclobutene, **5**, 241
　reaction with dichlorodimethylsilane, **5**, 165
　reaction with phosphorus trichloride, **5**, 45
　reaction with tetraiodosilane, **5**, 166
　reaction with trichlorocyclopentadienyltitanium, **5**, 166
　reaction with trichloromethylsilane, **5**, 166
Sodium tetracarbonylferrate
　catalyst
　　in stoichiometric synthesis of saturated carboxylic esters, **8**, 189
　reaction with alkylidynenonacarbonyltricobalt, **5**, 177
Sodium tetracarbonylhydridoosmate
　preparation and properties, **4**, 969
Sodium tetracarbonylmanganate
　preparation, **4**, 26
　reactions, **4**, 29
Sodium tetracarbonylosmate, **4**, 969
　reactivity, **4**, 969
Sodium tetraethylaluminate
　reaction with aldehydes, **7**, 413
　reaction with benzyloxirane, **7**, 426
Sodium tetra-1-heptylaluminate
　oxidation, **7**, 392
Sodium trichloro(ethyl)aluminate
　preparation, **1**, 612
Sodium triethylzinc, **2**, 824
Sodium trimesitylborane
　properties, **1**, 293
Sodium trimethylaluminum hydride
　reaction with alkynes, **7**, 391
　reaction with amines, **7**, 434
Sodium tri-β-methylnaphthylborane
　properties, **1**, 293
Sodium trimethylsiloxide
　preparation, **2**, 156
Sodium tri-α-naphthylborane
　properties, **1**, 293
Sodium triphenylborane
　preparation, **1**, 293
Sohio process, **8**, 359
Soil
　arsenic in, **2**, 1013
Solar energy storage processes
　rhodium isocyanide complexes in, **5**, 344
Solid-state studies
　NMR
　　platinum(II) olefin complexes, **6**, 651
Solubility
　diorganylmagnesium compounds, **1**, 203
　organoaluminum compounds, **1**, 582
　silicones, **2**, 341
Solution processes
　for Ziegler–Natta alkene polymerization, **3**, 509
Solution properties
　polysiloxanes, **2**, 340
Solutions
　platinum(II) olefin complexes in, **6**, 663
Solution studies
　NMR
　　platinum(II) olefin complexes, **6**, 652
Solvay catalyst
　for alkene polymerization, **3**, 516
Solvent effects
　on Grignard reagent reactivity, **1**, 193
　in halide reactions with organometallic compounds, **7**, 45
　in hydroboration, **7**, 154
　NMR
　　organomercury compounds, **2**, 944
　in oxo process, **8**, 126
Solvent resistance
　silicones, **2**, 349
Solvents
　hydrocarbons
　　aggregation of alkyl and aryl alkali metal compounds in, **1**, 67
　in hydrogermane reactions, **2**, 428
　for organoaluminum compounds, **1**, 658
　in preparation of Grignard reagents, **1**, 157
　in preparation of organo-calcium, -strontium and -barium compounds, **1**, 224
　reaction with organoalkali metal compounds, **1**, 49
Solvomercuration, **2**, 873, 878
　alkenes, **2**, 880
Solvothallation, **7**, 466
　without oxidative rearrangement, **7**, 494
Sorbic acid
　methyl ester
　　arylation, **8**, 874
Soyabean oil
　hydrogenation
　　supported palladium catalysts in, **8**, 567

selective hydrogenation
  supported catalysts and, **8**, 567
Specific heat
  silicones, **2**, 346
Spectroscopy
  actinides, **3**, 177, 178
  acylsilanes, **7**, 634
  lanthanides, **3**, 177, 178
  platinum(II)–carbon σ-compounds, **6**, 541–547
Speier's catalyst—*See* Chloroplatinic acid
Sphingosine, D-*erythro*-
  synthesis, **7**, 414
Spin–lattice relaxation
  nuclear spin distribution and
    organometallic compounds, **3**, 95
Spin–lattice relaxation measurements
  in solution, **3**, 97
Spin–lattice relaxation time, **3**, 97
  organometallic compounds, **3**, 96
Spin–rotation relaxation
  spin–lattice relaxation time and, **3**, 98
Spin saturation studies
  organometallic compounds, **3**, 96
Spin-saturation transfer
  σ-cyclopentadienyl compounds, **3**, 116
  NMR
    organometallic compounds, **3**, 95
  tricarbonyl(η^4-cycloheptatrienone)iron complexes, **4**, 452
Spin–spin coupling
  diorganothallium compounds, **1**, 738
  thallium(I) compounds, **1**, 751
Spin–spin relaxation time
  ligand scrambling and, **3**, 116
Spiranes
  reaction with iron carbonyls, **4**, 436
Spiro-9*H*-borepino[2,3-*b*:7,6-*b'*]dithiophene-9,2'-[1.3.2]oxazaborolidine
  X-ray study, **1**, 363
Spirocyclic compounds
  hydrogenation
    homogeneous catalysts, **8**, 333
  iron carbonyl complexes, **8**, 999
Spirocyclopentadiene
  reaction with nonacarbonyldiiron, **4**, 584
Spirocyclopropane
  synthesis
    Simmons–Smith reaction, **7**, 666
Spiro[4.5]decane
  synthesis
    tricarbonyldieneiron complexes in, **8**, 999
Spiro-germametallazanes
  preparation, **2**, 450
Spiroheptadiene
  reaction with nickel tetracarbonyl, **6**, 87, 199
Spiro[3.3]hepta-1,5-diene
  resolution, **7**, 250
Spironorcaradiene
  reaction with nonacarbonyldiiron, **4**, 603
Spiropentane
  reaction with ethylenepalladium(II) complexes, **6**, 400
Spiro[5.5]undecane
  synthesis, **8**, 999
Squalene, perhydro-
  synthesis, **8**, 844
Squaric acid
  derivatives
    synthesis from carbon monoxide, **8**, 21
    synthesis from carbon monoxide, **8**, 21
Stability
  platinum(II) olefin complexes, **6**, 660
  silicones, **2**, 342
Stabilization
  heptafulvene
    iron carbonyl complexes and, **8**, 982
  unstable species
    tricarbonyliron in, **8**, 976–983
Stannacarboranes, **1**, 545, **1**, 546
  structures, **1**, 494
Stannacycloalkanes, **2**, 542
  angle strain, **2**, 543
  unsaturated
    preparation, **2**, 544
Stannacyclobutane, 1,1-dimethyl-
  preparation, **2**, 542
Stannacyclohexa-2,5-diene
  preparation, **2**, 544
Stannacyclohexadienes
  boracyclohexadiene preparation from, **1**, 330
Stannacyclohexanes, **2**, 542
Stannacyclopenta-2,5-diene, 2,5-diphenyl-
  preparation, **2**, 544
Stannacyclopenta-2,5-diene, 2,3,4,5-tetraphenyl-
  preparation, **2**, 544
Stannacyclopentane
  structure, **2**, 543
Stannacyclopentane, 1,1-dimethyl-
  reactions, **2**, 543
Stannacyclopentanes, **2**, 542
  ^{119}Sn NMR, **2**, 543
Stannadicarbadodecaboranes
  preparation, **1**, 517
Stannane
  amino, **2**, 599
  aryl
    synthesis, **8**, 920
  aryl transfer from, **8**, 857
  enol
    monoalkylation, **8**, 826
  organotransition metal compounds, **6**, 1060
  reaction with dodecacarbonyltriruthenium, **4**, 911
  titanium compounds, **6**, 1058
  transition metal carbonyl compounds, **6**, 1066
Stannane, (alkylthio)trimethyl-
  reaction with pentacarbonylhalomanganese, **4**, 103
Stannane, allyl-
  alkylation, **8**, 826
Stannane, bis(alkylthio)dimethyl-
  reaction with pentacarbonylhalomanganese, **4**, 103
Stannane, butyl-
  environmental
    detection, **2**, 1008
Stannane, chlorotrimethyl-
  elimination
    in heteronuclear metal–metal bond formation, **6**, 778
Stannane, dichlorodimethyl-
  rhenium complexes, **4**, 205
Stannane, dimethyl-
  environmental
    detection, **2**, 1008, 1009
Stannane, (dimethylamino)trimethyl-
  reaction with organoboranes, **1**, 284
Stannane, hexamethyldi-
  reaction with M—M bonds, **6**, 1052

Stannane, methyl-
  environmental
    detection, **2**, 1009
Stannane, tetraallyl-
  reaction with (acetonitrile)chloronitrosylbis(triphenylphospnine)rhodium, **5**, 494
Stannane, tetramethyl-
  environmental
    detection, **2**, 1009
Stannane, trichloromethyl-
  reaction with tetracarbonylferrates, **4**, 254
Stannane, triethyl-
  reaction with vanadocene, **3**, 680
Stannane, trimethyl-
  environmental
    detection, **2**, 1009
  reaction with platinum(II)-carbon σ-compounds, **6**, 556
Stannane, vinyl-
  preparation
    organoaluminum compounds in, **1**, 664
Stannates, hexachloro-
  reaction with tricarbonylnitrosoferrates, **4**, 311
Stannate(II), trichloro-
  complexes
    hydrogenation catalysts, **8**, 305
  in hydrogenation catalysts, **8**, 330
  metal complexes
    hydrogenation catalysts, **8**, 309
Stannatranes
  preparation, **2**, 579
Stannaundecaborane, trimethyl-
  preparation, **1**, 514
Stannazanes, **2**, 599
Stannonic acids
  structure, **2**, 576
Stannous chloride
  exchange reactions with (η^3-allyl)halopalladium complexes, **6**, 422
  in hydrogenation of platinum(II) olefin complexes
  palladium(II) complexes, **6**, 291
  reaction with hexachloroplatinic acid
Stannoxanes, **2**, 576
  exchange reaction with germylmercury derivatives, **2**, 439
Stannylamines, **2**, 599
  acidolysis, **2**, 535
Stannyl anionoids
  preparation, **2**, 532
Stannylene
  manganese complexes, **6**, 1070
  transition metal carbene complexes, **6**, 1065
  transition metal complexes, **6**, 1054
  (trimethylsilyl)methyl derivatives, **2**, 96
Stannylene, dialkyl-
  formation, **2**, 595
  preparation, **2**, 597
Stannylene bridges
  bis(dicarbonyl(η-cyclopentadienyl)iron complexes, **4**, 532
Stannylene ligands
  bis(dicarbonyl(η-cyclopentadienyl)iron) complexes, **4**, 522
Stannylenes, dialkyl-
  as intermediates, **2**, 593
Stannylperoxyl radicals
  formation, **2**, 596
Stannyl radicals
  preparation, **2**, 542

  reaction with alkyl halides, **2**, 596
Steam gasification
  coal, **8**, 22
Stearates
  transition metal complexes
    hydrogenation catalysts, **8**, 328
Stearic acid, carboxy-
  preparation by oxacarbonylation, **8**, 191
Sterculic acid
  methyl ester
    synthesis, **7**, 699
  synthesis, **7**, 669
Stereochemical non-rigidity
  fluorocarbon cobalt(I) carbonyl complexes, **5**, 65
  in organometallic compounds, **3**, 90
  tetracarbonyl(η^2-tetramethylallene)iron, **4**, 391
  tricarbonyl(diene)iron complexes, **4**, 451
Stereochemistry
  alkene polymerization, **1**, 559
  alkyne preparation from alkenyl halides, **7**, 684
  carbalumination, **1**, 639
  carbonylation of 1-alkenylmercuric halides, **7**, 682
  cyclopropane formation
    trihalogenoalkylmercurials in, **7**, 678
  in halide reaction with organometallic compounds, **7**, 46
  hexacarbonyl(cyclooctatetraene)diruthenium, **4**, 832
  iron–allyl complexes, **4**, 423
  ligand-slip rearrangements, **8**, 1046
  metathesis, **8**, 536–546
  nucleophilic addition
    tetracarbonyl(η^2-hydrocarbon)iron complexes, **4**, 394
  of nucleophilic attack at iron–dienyl complexes, **4**, 494
  in organoaluminum reactions, **1**, 637
  organocobalt(III) complexes, **5**, 98
  organohafnium compounds, **3**, 551
  organozirconium compounds, **3**, 551
  oxymercuration
    alkenes, **7**, 672
  platinum(II) olefin complex reactions, **6**, 659
  in preparation of three-coordinate acyclic organoboranes, **1**, 271
  reaction of lithium organocuprates with alkyl or alkenyl halides, **7**, 703
  Reformatsky reaction, **7**, 664
  ruthenocene derivatives, **4**, 771
  in Simmons–Smith reaction, **7**, 666
  substituted iron carbonyls, **4**, 289
  η^1 to η^3 conversion of allyl iron complexes, **4**, 402
  tricarbonyliron complexes reactions, **8**, 974
  $\alpha\beta$-unsaturated ketone reactions with lithium organocuprates, **7**, 711
Stereocontrol
  organopalladium chemistry, **8**, 800
Stereoelectronic control
  tricarbonyliron complexes reactions, **8**, 974
Stereoisomerism
  (η^3-allyl)iron complexes, **4**, 402
Stereoregulation
  in Ziegler–Natta α-alkene polymerization, **3**, 496–502
  in Ziegler–Natta diene polymerization, **3**, 504
Stereoselection

in alkene polymerization, **3**, 542
in polymerization catalysis
definition, **3**, 541-543, 541-543
Stereoselectivity
insertion reactions
carbon monoxide, **8**, 109
metathesis, **8**, 536-546, 538
catalysts, **8**, 538
steric bulk and, **8**, 539
nucleophilic addition
iron-dienyl complexes, **4**, 431
supported catalysts, **8**, 566
Stereospecificity
in metathesis reactions, **8**, 510
tricarbonylcyclohexadienyliumiron complexes, **8**, 988
in Ziegler-Natta polymerization
mechanism, **3**, 497
Steric bulk
in metathesis
stereoselectivity and, **8**, 539
Steric hindrance
in rotation about metal-carbon σ-bonds, **3**, 99
Steroids
π-allylpalladium complexes, **8**, 802
hydrogenation, **8**, 335, 336, 337
homogeneous catalysts, **8**, 333
17-keto
stereocontrolled introduction of side chains, **8**, 830
olefinic
circular dichroism, **6**, 656
synthesis, **7**, 549; **8**, 997
dicarbonylcyclopentadienylcobalt in, **5**, 205
hydrocyanation in, **8**, 353
iron tricarbonyl complexes in, **8**, 980
$\Delta^{1(2)}$-Steroids
π-allylpalladium complexes from, **8**, 808
$\Delta^{4(5)}$-Steroids
π-allylpalladium complexes from, **8**, 809
$\Delta^{5(6)}$-Steroids
π-allylpalladium complexes from, **8**, 809
Stibabenzene
photoelectron spectrum, **2**, 84
Stibaboranes
11-vertex
transition metal insertion reactions, **1**, 528
Stibacarboranes, **1**, 547
Stibine, (p-carboxyphenyl)(1-naphthyl)phenyl-
racemization, **2**, 691
Stibine, methyl((trimethylsilyl)methyl)-
preparation, **2**, 99
Stibine, trialkyl-
mononuclear ruthenium complexes, **4**, 692
reaction with halogens, **2**, 688
Stibine, trichloro-
reaction with pentacarbonyliron, **4**, 287
Stibine, triorganothio-, **2**, 701
Stibine, triphenyl-
reaction with η^3-allyl palladium complexes, **6**, 418
reaction with bis(cyclooctadiene)rhodium cations, **5**, 473
Stibine, tris(triethylsilyl)-
stability, **2**, 154
Stibine, tris(trifluoromethyl)-
synthesis, **2**, 684
Stibine, tris(trimethylsilyl)-
stability, **2**, 154
Stibine bridges
dicyclopentadienyldiiron complexes, **4**, 593
Stibines
aromatic, **4**, 296
organogermyl
physical properties, **2**, 468
osmium carbonyl complexes, **4**, 977
osmium halide complexes, **4**, 979
reaction with alkyl and acyl tetracarbonyl cobalt complexes, **5**, 55
reaction with chloro(diene)rhodium dimer, **5**, 469
reaction with dodecacarbonyltriiron, **4**, 294
reaction with pentacarbonyliron, **4**, 286
reaction with tricarbonylnitrosoferrates, **4**, 297
rhenium complexes, **4**, 200
silyl, **2**, 154
tertiary
reaction with perfluoroalkyltetracarbonylcobalt complexes, **5**, 66
trinuclear ruthenium complexes, **4**, 878
triaryl
carbonyl rhodium complexes, **5**, 314
Stibinic acids, **2**, 700
preparation, **2**, 693
reduction, **2**, 689
Stibole, tetraphenyl-
rhenium complexes, **4**, 200
Stibonic acids, **2**, 700
preparation, **2**, 693
reduction, **2**, 690
Stibonium salts
configurational stability, **2**, 697
Stiborane
configurational stability, **2**, 697
decomposition, **2**, 99
Stilbene
dianion alkali metal compounds
structure, **1**, 113
platinum(0) complexes, **6**, 619
radical anion alkali compounds, **1**, 109
preparation, **1**, 111
synthesis, **7**, 23
Stilbene, 4,4'-dinitro-
platinum(0) complexes, **6**, 619
Stilbene, (E)-2-methyl-
isomerization
palladium complexes in, **8**, 812
Stilbene, α-methyl-
oxidative rearrangement
organothallium compounds in, **7**, 470
Stilbene, triphenyl-
palladium(0) complexes, **6**, 245
Stonework
preservation
organotin compounds in, **2**, 612
Storage
organoaluminum compounds, **1**, 579
Strain
alkenes
organometallic addition reactions, **7**, 3
alkynes
organometallic addition reactions, **7**, 3
Strauss reaction
ene-yne preparation by, **7**, 694
Stress
deformation and
silicones, **2**, 334
Stretch-distorted geometry
metallacarboranes, **1**, 473

Stretching frequency
  heteronuclear metal–metal bonded compounds, **6**, 796

Strontium
  reaction with carbon dioxide, **8**, 266
  reaction with organic halides
    mechanism, **1**, 226

Strontium, diallyl-
  preparation, **1**, 231

Strontium, dicumyl-
  preparation, **1**, 232

Strontium, divinyl-
  preparation, **1**, 231

Strontium bis(tetra-1-propylaluminate)
  reaction with acetic anhydride, **7**, 408

Structure
  main group organometallic compounds, **1**, 1–39
    types, **1**, 2–5

Styrene
  arylation, **8**, 858, 862, 866
  in carbonylation
    nickel catalysed, **8**, 784
  cationic polymerization
    organoaluminum compounds and, **1**, 667
  co-dimerization with olefins
    catalysis by ruthenium complexes, **4**, 956
  cooligomerization with alkynes, **8**, 426
  cooligomerization with butadiene, **8**, 421
  copolymerization with isoprene
    nickel catalysed, **8**, 702
  copolymerization with N-vinylimidazole
    supported catalyst preparation by, **8**, 563
  copolymerization with 4-vinylpyridine
    supported catalyst preparation by, **8**, 563
  copolymer with (S)-3,7-dimethyloct-1-ene
    support for rhodium complexes, asymmetric hydrogenation and, **8**, 581
  copolymer with (S)-4-methylhex-1-ene
    support for rhodium complexes, asymmetric hydrogenation and, **8**, 581
  cotrimerization with ethylene
    supported catalysts in, **8**, 567
  derivatives
    hydroboration, directive effects, **7**, 146
    hydroboration, mechanism, **7**, 154
  dimethylsiloxane block copolymer, **2**, 238
  –divinylbenzene resins
    as support for catalysts, **8**, 554
  homogeneous hydrogenation
    catalysis by ruthenium complexes, **4**, 933
  hydroalumination, **7**, 381
  hydroformylation, **8**, 128
    stereoselectivity, **8**, 139
  hydrogenation
    mixed metal cluster compounds as catalysts, **6**, 822
  hydrosilylation
    nickel catalysed, **8**, 629
  oligomerization, **8**, 392
  oxidative rearrangement
    organothallium compounds in, **7**, 470
  palladium chloride complexes
    structure, **6**, 353
  palladium complexes, **6**, 351
  polymerization
    alkoxyaluminum titanium complexes as catalysts in, **3**, 322
    in Grignard reagent reactions, **1**, 193
    organoaluminum compounds in, **1**, 577; **7**, 392
  production, **8**, 501
  reaction with 2-alkenylhalogenomagnesium, **1**, 167
  reaction with (butadiene)tricarbonyliron and palladium acetate, **4**, 472
  reaction with dodeceneplatinum complexes, **6**, 663
  reaction with iron carbonyls, **4**, 453
  reaction with methyltris(triphenylphosphine)-cobalt, **5**, 73
  reaction with oxygen
    catalysis by ruthenium complexes, **4**, 962
  reaction with strontium or barium, **1**, 237
  resins
    chloromethylated, **8**, 554
    as support for catalysts, **8**, 554

Styrene, β-bromo-
  reaction with cobalt(I) complexes, **5**, 95

Styrene, o-bromo-
  reaction with iron pentacarbonyl, **4**, 625

Styrene, p-(diphenylphosphino)-
  supported catalyst preparation from, **8**, 562

Styrene, α-ethyl-
  asymmetric hydrogenation
    styrene–DVB–diop supported catalysts in, **8**, 582

Styrene, α-lithio-β,β-bis(o-tolyl)-
  topomerization, **1**, 95

Styrene, α-methyl-
  oxidative rearrangement
    organothallium compounds in, **7**, 470
  reaction with barium, **1**, 236
  reaction with dibenzylbarium, **1**, 232

Styrene, β-nitro-
  reaction with diketones
    nickel catalysed, **8**, 737

Styrene, $trans$-silyl-
  oxidative coupling, **2**, 35

Styrene, $trans$-(triphenylsilyl)-
  reaction with bromine, **2**, 36

Substituent effects
  cationic arene–metal complexes
    nucleophilic addition reactions, **8**, 1032
  cationic cyclopentadienyl metal complexes
    nucleophilic addition reactions, **8**, 1032
  lithiation
    ferrocene, **8**, 1041
  nucleophilic addition reactions
    benchrotrene, **8**, 1036
  β-oxygenated cyclohexadienyliumiron complexes, **8**, 1002
  transmission, **1**, 392

Substitution reactions
  aliphatic organoboranes, **7**, 269
  alkyl and acyl tetracarbonyl cobalt complexes, **5**, 55
  alkylcarbonylmanganese complexes, **4**, 73
  alkyldiynenonacarbonyltricobalt, **5**, 174
  (alkyne) carbonyl cobalt complexes, **5**, 198
  π-allylpalladium complexes, **8**, 834
  bridge-assisted
    heteronuclear metal–metal bond formation by, **6**, 780
  carbonyl Group IVB–ruthenium complexes, **4**, 914
  carbonylhalomanganese complexes, **4**, 45
  cyclobutadieneiron complexes, **4**, 471
  decacarbonyldimanganese, **4**, 14
  dinuclear Group VI bridged iron complexes, **4**, 280
  dodecacarbonyltetracobalt, **5**, 44

Grignard reagents
 copper catalysed, **7**, 721
 heteronuclear metal–metal bonded compounds, **6**, 808
 hexacarbonylvanadium, **3**, 651
 iron group–Group IV compounds, **6**, 1082
 ligand
  in heteronuclear metal–metal bonded compound formation, **6**, 768
 nickel tetracarbonyl
  by Lewis bases, **6**, 16
 nickel tetracarbonyl donor ligands, **6**, 8
 nonacarbonyldiiron, **4**, 257
 octacarbonyldicobalt, **5**, 6
 organoaluminum compounds, **1**, 651
 organocobalt(III) complexes, **5**, 130
 organocuprates, **7**, 702
 palladium(II) olefin complexes, **6**, 356
 pentacarbonyliron, **4**, 249
 pentacarbonylruthenium, **4**, 662
 perfluoroalkyltetracarbonylcobalt complexes, **5**, 66
 rhenium carbonyl complexes, **4**, 171
 silicon hydrides, **2**, 317
 tetracarbonylcobaltate, **5**, 13
 tin–nitrogen bonds, **2**, 601
 transition metal complexes
  heteronuclear metal–metal bond formation by, **6**, 768
 transition metal ligands
  heteronuclear metal–metal bond formation by, **6**, 786
 transition metal–mercury compounds, **6**, 997
 triiron nonacarbonyl dichalcogenides, **4**, 283
Succinic, 2-phenyl-
 esters
  synthesis, **8**, 898
Succinic acid
 dialkyl esters
  preparation by oxacarbonylation, mechanism, **8**, 204
 esters, substituted
  synthesis, **7**, 684
Succinic acid, 2,3-diaryl-
 dimethyl ester
  preparation, **7**, 483
Succinic acid, (ferrocenylbenzylidine)-
 annulation reactions, **8**, 1025
Succinic acid, α-phenyl-
 dimethyl ester
  preparation, **7**, 483
Succinic anhydride, **6**, 117
 reaction with organoaluminum compounds, **1**, 648; **7**, 408, 409
Succinimide, N-bromo-
 reaction with organomercury compounds, **2**, 963
Succinimidyl radicals
 reaction with organotin compounds, **2**, 537, 538
Succinonitrile
 reaction with carbonylhalomanganese complexes, **4**, 55
Succinoyl chloride
 reaction with organoaluminum compounds, **7**, 406
Sugars
 anhydro
  reaction with organoaluminum compounds, **7**, 428
Sulfate ligands
 ruthenium complexes, **4**, 711

Sulfates
 dialkyl
  reaction with organometallic compounds, **7**, 52
 reaction with organometallic compounds, **7**, 52
Sulfenamides, N-alkylidine-
 reaction with organometallic compounds, **7**, 14
Sulfidation
 alkylboranes, **7**, 274
 arylboranes, **7**, 327
Sulfide, bis(trimethylsilyl)-
 vibrational spectra, **2**, 168
Sulfide, bis(trimethylstannyl)-
 reaction with pentacarbonylhalomanganese, **4**, 107
Sulfide ligands
 ruthenium complexes, **4**, 711
Sulfides
 α-acetylenic
  synthesis, **7**, 691
 allylic
  hydroboration, **7**, 234
 cleavage
  organoalkali metal compound preparation by, **1**, 62
 cyclopentadienylvanadium complexes, **3**, 670
 dialkyl
  reaction with nickel tetracarbonyl, **6**, 9
 diaryl
  reaction with nickel tetracarbonyl, **6**, 9
 organoborane adducts, **1**, 301
 organotin derivatives, **2**, 604
 reaction with dodecacarbonyltriiron, **4**, 274
 reaction with Grignard reagents
  nickel catalysed, **8**, 740
 reaction with pentacarbonyliron, **4**, 275
 unsaturated
  platinum(II) complexes, **6**, 640
 vinyl
  as enolonium equivalents, **8**, 870
Sulfides, allyl phenyl
 reaction with magnesium, **1**, 215
Sulfides, bis(t-butylamino)
 reaction with dicarbonylcyclopentadienylcobalt, **5**, 254
Sulfides, bis(diethylaluminum)
 ester thiocarbonylation with, **7**, 410
Sulfides, bis(triphenyltin)
 structures, **2**, 606
Sulfides, cyclohexyl
 reaction with tetracarbonylcyclopentadienylvanadium, **3**, 671
Sulfides, dialkyltin
 structure, **2**, 607
Sulfides, di-t-butyltin
 structure, **2**, 607
Sulfides, dimethyltin
 trimer, **2**, 607
Sulfides, diphenyl
 reaction with nickel carbonyl complexes, **6**, 32
Sulfides, diphenyllead
 preparation, **2**, 661
Sulfides, vinyl
 reaction with organoalkali metal compounds, **1**, 63
Sulfinates
 in Heck arylation, **8**, 867
 organogallium compounds, **1**, 717

Sulfinates
   organoindium compounds, **1**, 717
   reaction with organometallic compounds, **7**, 53
Sulfines
   reaction with organometallic compounds, **7**, 42, 69
Sulfinic acid
   anhydrides
      reaction with organometallic compounds, **7**, 70
   esters
      reaction with organometallic compounds, **7**, 70
   preparation, **7**, 71
      organoaluminum compounds in, **7**, 396
   telomerization with butadiene, **8**, 439
Sulfinic acid, alkane-
   from organoaluminum compounds, **7**, 379
Sulfinic acid, cyclohexyl-
   preparation, **8**, 439
Sulfinylamine
   reaction with organometallic compounds, **7**, 70
   silyl, **2**, 145
Sulfinylamine, germyl-
   preparation, **2**, 453
Sulfinylamine, N-(trimethylsilyl)-, **2**, 145
N-Sulfinyl compounds
   nickel complexes, **6**, 131
Sulfodiimide, germyl-
   preparation, **2**, 453
Sulfodiimides
   silyl, **2**, 145
Sulfolenes
   2-metallo-
      reaction with organometallic compounds, **7**, 93
Sulfonamide, bis(trimethylsilyl)-
   in trans-silylation, **2**, 123
Sulfonamides
   N-stannylated, **2**, 600
Sulfonates
   alkyl
      reaction with organometallic compounds, **7**, 52
   reaction with organoaluminum compounds, **7**, 402
   reaction with organometallic compounds, **7**, 52
Sulfonation
   catalysis by (η^6-arene)tricarbonylchromium complexes, **3**, 1050
   cyclobutadiene iron complexes, **4**, 447
   ferrocenes, **4**, 476
   iron isocyanide complexes, **4**, 269
   ruthenocene, **4**, 764, 770
Sulfones
   α-lithio-
      oxidation, **7**, 65
   preparation, **7**, 70, 71; **8**, 895
      organoaluminum compounds in, **7**, 396
   reaction with organoaluminum compounds, **7**, 442
   reaction with organometallic compounds, **7**, 52, 70
   telomerization with butadiene, **8**, 438
   α,β-unsaturated
      addition reactions, **7**, 6
   unsymmetrical diaryl
      preparation, **7**, 505
Sulfones, allyl-
   allylation by, **8**, 827
Sulfonic acid, thio-
   allyl ester
      reaction with alkenylalanates, **7**, 442
Sulfonic acids
   anhydrides
      reaction with organometallic compounds, **7**, 70
   esters
      reaction with organometallic compounds, **7**, 70
Sulfonium, trimethyl-
   in metal methylation, **2**, 983
Sulfonium salts
   organomercury compounds, **2**, 901
   ylide formation from, **7**, 83
Sulfonium ylides
   gold complexes, **2**, 798
Sulfonylamine, germyl-
   preparation, **2**, 453
Sulfonyl chloride
   organo-
      reaction with nickel tetracarbonyl, **6**, 9
Sulfonyl chlorides
   synthesis, **7**, 71
Sulfonyl compounds
   reaction with organoaluminum compounds, **1**, 650
Sulfonyl halides
   reaction with organoaluminum compounds, **7**, 409
   synthesis, **7**, 72
Sulfoxides
   $\alpha\beta$-acetylenic
      reaction with lithium organocuprates, **7**, 714
   chiral metallated, **7**, 27
   deoxygenation
      pentacarbonyliron in, **4**, 251
   reaction with organometallic compounds, **7**, 70
   synthesis, **7**, 71
Sulfoximide, germyl-
   preparation, **2**, 453
Sulfoxonium ylides
   gold complexes, **2**, 798
Sulfur
   in amination of halosilanes, **2**, 315
   dicyclopentadienylvanadium complexes, **3**, 682
   germanium–carbon bond cleavage by, **2**, 416
   insertion into carbon–aluminum bonds, **1**, 663
   octakis
      reaction with dicarbonylcyclopentadienyl-cobalt, **5**, 260
   in osmium cluster compounds, **4**, 1030
   osmium complexes, **4**, 998
   in oxidation of organoboranes, **1**, 288
   reaction with carboranes, **1**, 440
   reaction with cobaloximes, **5**, 124
   reaction with cobalt carbonyls, **5**, 46
   reaction with 2,3-dithia-1-silacyclopentane, **2**, 207
   reaction with ditin compounds, **2**, 594
   reaction with dodecacarbonyltriruthenium, **4**, 882
   reaction with nickel carbonyl complexes, **6**, 32
   reaction with nickel tetracarbonyl, **6**, 9
   reaction with organoaluminum compounds, **1**, 650; **7**, 396

reaction with organometallic compounds, **7**, 65, 66
reaction with tetracarbonylbis(η-cyclopentadienyl)iron, **4**, 641
reaction with tetracarbonylcyclopentadienylvanadium, **3**, 671
rhodium complex support preparation and, **8**, 558
silicon derivatives, **2**, 167–177
Sulfurane
 synthesis, **7**, 72
Sulfur bridges
 asymmetric dinuclear iron complexes, **4**, 604
 dinuclear dicarbonyl(η-cyclopentadienyl)iron complexes, **4**, 534
 tetranuclear iron complexes, **4**, 637
 trinuclear iron complexes, **4**, 625, 635
Sulfur chloride
 reaction with organoaluminum compounds, **7**, 396
Sulfur compounds
 catalyst poisoning by
  in oxo process, **8**, 127
 impurities
  in synthesis gas, **8**, 4
 organoborane adducts, **1**, 301
 palladations, **6**, 325
 reaction with iron carbonyls, **8**, 953
 reaction with organoaluminum compounds, **7**, 442
 reaction with organometallic compounds, **7**, 61
 reaction with palladium diene complexes, **6**, 374, 379
 removal from synthesis gas, **8**, 8
 ruthenium complexes, **4**, 708
Sulfur diimine, N,N'-diaryl-
 nickel complexes, **6**, 131
Sulfur diimines
 exchange reactions with (η^3-allyl)halopalladium complexes, **6**, 422
Sulfur dioxide
 elimination from platinum complexes, **6**, 526
 insertion into carbon–aluminum bonds, **1**, 650
 insertion into mercury–carbon bonds, **2**, 899
 insertion into platinum(II) η^3-allyl complexes, **6**, 731
 insertion reactions
  platinum(II) alkyl complexes, **6**, 559, 560
  non-conjugated diene rhodium complexes, **5**, 472
 osmium complexes, **4**, 999
 oxidation
  palladium dioxygen complexes in, **6**, 258
 palladium complexes
  oxidation, **6**, 257
 reaction with alkylcarbonylmanganese complexes, **4**, 87
 reaction with η^3-allyl(alkyl)nickel complexes, **6**, 84
 reaction with allyl halides
  nickel catalysed, **8**, 731
 reaction with bis(η^3-allyl)palladium, **6**, 431
 reaction with bis(π-allylpalladium) complexes, **8**, 812
 reaction with carbon–aluminum bonds, **1**, 663
 reaction with carbonylhalo(dioxygen)bis(triphenylphosphine)iridium, **5**, 544
 reaction with η-cyclopentadienyl(alkyl)nickel complexes, **6**, 85
 reaction with (η-cyclopentadienyl)bis(ethylene)rhodium, **5**, 435
 reaction with cyclopentadienylnickel complexes, **6**, 207
 reaction with 1,1-dialkylsilacyclobutanes, **2**, 233
 reaction with hexacarbonyldiiron disulfide, **4**, 280
 reaction with σ-hydrocarbyl bis(η-cyclopentadienyl)titanium complexes, **3**, 405
 reaction with nickel alkyl complexes, **6**, 78
 reaction with nickel carbonyl complexes, **6**, 32
 reaction with nonacarbonyldiiron, **4**, 276
 reaction with organoaluminum compounds, **7**, 396
 reaction with organocobalt(III) complexes, **5**, 122, 149
 reaction with organogold complexes, **2**, 811
 reaction with η^1-organoiron complexes, **4**, 356
 reaction with organometallic compounds, **7**, 71
 reaction with organotin compounds, **2**, 536
 reaction with sodium η^1-allyldicarbonyl-η^5-cyclopentadienylferrate complexes, **8**, 962
 reaction with tetrakis(triphenylphosphine)palladium, **6**, 253
 reaction with tribenzylaluminum, **1**, 650
 reaction with trimethylindium, **1**, 717
 reaction with trimethyl-β-styryltin, **2**, 539
 reaction with Vaska's compounds, **5**, 547
 reaction with zerovalent nickel species, **6**, 163
 ruthenium complexes, **4**, 809
 telomerization with butadiene, **8**, 439
Sulfur dioxide bridges
 dicyclopentadienyldiiron complexes, **4**, 595
Sulfur dioxide insertion reactions
 η^1-carbon rhenium complexes, **4**, 228
Sulfur dioxide ligands
 isocyanide rhodium complexes, **5**, 347
Sulfur donors
 rhodium carbonyl complexes, **5**, 285
Sulfur halides
 reaction with organometallic compounds, **7**, 71
Sulfuric acid
 reaction with dicyanotetrakis(methyl isocyanide)iron, **4**, 270
Sulfur ligands
 alkene rhodium complexes, **5**, 421
 pentamethylcyclopentadienyl rhodium complexes, **5**, 369
 reaction with dodecacarbonyltriruthenium, **4**, 881
Sulfur oxide ligands
 ruthenium complexes, **4**, 711
Sulfur oxides
 reaction with organoaluminum compounds, **7**, 396
Sulfur oxyhalides
 reaction with organometallic compounds, **7**, 71
Sulfur trioxide
 insertion into carbon–aluminum bonds, **1**, 650
 insertion into germanium–carbon bonds, **2**, 417
 insertion into mercury–carbon bonds, **2**, 899
 reaction with carbon–aluminum bonds, **1**, 663
 reaction with 1,1-dialkylsilacyclobutanes, **2**, 233
 reaction with organoaluminum compounds, **7**, 396
Sulfuryl chloride

Sulfuryl chloride
  carbalumination, **1**, 650
Sulfur ylides
  gold complexes, **2**, 797
Sulphide, dimethyl
  complexes with dialkylberyllium, **1**, 130
Sulphides
  α-iodo-
    preparation, **7**, 641
  mercury methylation and, **2**, 998
Sulphoxide ligands
  as hydrogenation catalysts, **8**, 338
Sulphoxides
  deoxygenation, **7**, 601
  reduction
    selenosilanes in, **7**, 608
Sulphur-containing complexes
  as hydrogenation catalysts, **8**, 338
Sulphur poisoning
  hydrogenation catalysts, **8**, 338
Superacids
  for hydrogenation, **8**, 325, 347
Supersandwich complexes, **6**, 197
Supported catalysts
  alkene oligomerization, **8**, 616
  for hydrogenation, **8**, 329
  in hydrogenation reactions, **8**, 351
  magnesium compounds in, **3**, 528
  magnesium halide
    for alkene polymerization, **3**, 521
  nickel
    in cyclodimerization of 1,3-dienes, **8**, 672
  ruthenium complexes, **4**, 960
  for Ziegler–Natta polymerization, **3**, 532

[1,5]-Suprafacial shifts
  σ-cyclopentadienyl compounds, **3**, 130
Surface characteristics
  polysiloxanes, **2**, 336
Surface lubricity
  dimethylsiloxane–styrene block copolymer
    blended with polystyrene, **2**, 238
Surface tension
  polydimethylsiloxane, **2**, 336
Surfactants
  in hydrogenation systems, **8**, 351
Swelling
  polysiloxanes, **2**, 340
  silicones, **2**, 329
Symmetries
  transition metal carbonyl complexes, **3**, 2
Symmetrization
  organomercury salts, **2**, 893
  symmetrical diorganomercurial formation by, **2**, 892
  transition metal–mercury bond formation by, **6**, 996
  transition metal–mercury compounds, **6**, 999
Synergic bonding model
  in transition metal alkene complexes, **3**, 48, 50
Synergic interaction
  between tricarbonyliron and dienylium cations, **8**, 993
Synol syntheses, **8**, 63
Synthesis gas
  composition, **8**, 5
  hydroformylation, **8**, 115
  reaction with dicarbonylbis(η-cyclopentadienyl)-titanium, **3**, 290

T

Tachrosin
  synthesis, **7**, 478
Tantalabicyclic compounds, **3**, 749
Tantalacyclic complexes, **3**, 745
  structures, **3**, 749
Tantalacyclic compounds, **3**, 745
Tantalacyclization, **3**, 757
Tantalacyclobutanes
  decomposition, **3**, 746
Tantalacyclopentanes, **3**, 746
  in metathesis reactions, **8**, 515
Tantalates, hexacarbonyl-
  preparation, **3**, 706, 708
Tantalocenes, **3**, 761
  bent
    structure, **3**, 770
Tantalum
  dinitrogen reduction catalysed by, **8**, 1082–1087, 1086
  Group IV complexes, **6**, 1060
  Group IV organocompounds, **6**, 1059
  molybdenum compounds, **6**, 788
Tantalum, alkylbis(cyclopentadienyl)halo-, **3**, 736
Tantalum, alkylbis(cyclopentadienyl)(ligand)-, **3**, 737
Tantalum, (alkylmethyl)cyclopentadienyldihalo-(neopentylidene)-, **3**, 741
Tantalum, alkyltetrahalo-, **3**, 733
Tantalum, allylbis(cyclopentadienyl)-
  structure, **3**, 759
Tantalum, allylpentakis(trifluorophosphine)-
  preparation, **3**, 759
Tantalum, (bipyridyl)dichlorotrimethyl-
  structure, **3**, 738
Tantalum, bis(cyclooctatetraene)phenyl-
  preparation, **3**, 777
Tantalum, bis(cyclopentadienyl)bis(η^1-cyclopentadiene)-
  preparation, **3**, 761
Tantalum, bis(cyclopentadienyl)dihalo-, **3**, 767
  structure, **3**, 770
Tantalum, bis(cyclopentadienyl)(dmpe)-
  cation, **3**, 772
Tantalum, bis(cyclopentadienyl)hydridopropenyl-
  preparation, **3**, 722
Tantalum, bis(cyclopentadienyl)(methyl isocyanide)propyl-
  adduct with triethylaluminum, **3**, 719
Tantalum, bis(cyclopentadienyl)trihydrido-
  acetone reduction by, **3**, 717
  adduct with triethylaluminum
    NMR, **3**, 707
  deprotonation, **3**, 774
  NMR, **3**, 707
  preparation, **3**, 761, 773
Tantalum, bis(dmpe)methyl(η^4-naphthalene)-
  preparation, **3**, 738
Tantalum, bis(neopentylidene)(mesityl)bis(trimethylphosphine)-
  structure, **3**, 720
Tantalum, bis(neopentylidene)neopentylbis(trimethylphosphine)-
  reaction with alkenes, **3**, 728
  reaction with ethylene, **3**, 758
Tantalum, bis(tetrahydroborate)trimethyl-
  preparation, **6**, 905
Tantalum, (butylcyclopentadienyl)tricarbonyl(dioctadecanylsilylene)-
  dimer, **3**, 712
Tantalum, carbonylbis(cyclopentadienyl)halo-
  properties, **3**, 713
Tantalum, carbonylbis(cyclopentadienyl)hydrido-
  synthesis, **3**, 712
Tantalum, chlorobis(cyclooctatetraene)-
  preparation, **3**, 777
Tantalum, chloromethyl-
  reaction with isocyanides, **3**, 719
Tantalum, chloro(neopentylidene)hydrido(pentamethylcyclopentadienyl)(trimethylphosphine)-
  preparation, **3**, 741
Tantalum, chloro(neopentylidene)tetrakis(trimethylphosphine)-
  NMR, **3**, 726
Tantalum, (η^2-cyclooctatetraene)bis(cyclopentadienyl)propyl-
  preparation, **3**, 778
Tantalum, (cyclooctatetraene)trimethyl-
  preparation, **3**, 778
Tantalum, cyclopentadienyltetrahalo-
  structure, **3**, 764
Tantalum, dialkylbis(cyclopentadienyl)-, **3**, 735
Tantalum, dialkyltrihalo-, **3**, 732
Tantalum, dicarbonylbis(dmpe)halo-, **3**, 709
  preparation, **3**, 709
Tantalum, dicarbonylbis(dmpe)methyl-
  preparation, **3**, 738
Tantalum, dichlorobis(cyclopentadienyl)-
  transformations, **3**, 769
Tantalum, dichlorocyclopentadienyl(neopentylidene)-
  reaction with alkenes, **3**, 727
Tantalum, dichlorohydrido(pentamethylcyclopentadienyl)-
  dimer
    reaction with carbon monoxide, **3**, 718
Tantalum, dichloro(neopentylidene)hydridotris(trimethylphosphine)-
  NMR, **3**, 726
  preparation, **3**, 741
Tantalum, dichlorotrimethyl-
  decomposition, **3**, 740
  insertion products
    structure, **3**, 738
  preparation, **3**, 706
Tantalum, dihalo(pentamethylcyclopentadienyl)-(alkene)-
  reaction with alkenes, **3**, 757
Tantalum, dodecacarbonyldi-

Tantalum

preparation, **3**, 708
Tantalum, (ethylene)(neopentylidene)(pentamethylcyclopentadienyl)(trimethylphosphine)-
structure, **3**, 729, 753
Tantalum, hexacarbonyl(alkylmercury)-
preparation, **3**, 710
Tantalum, hexacarbonylhydrido-
formation, **3**, 709
Tantalum, hexachlorotris(hexamethylbenzene)trichloride
preparation, **3**, 776
Tantalum, (neopentylidene)tris(neopentyl)-
formation, **3**, 740
preparation, **3**, 706, 720
Tantalum, pentabenzyl-
decomposition, **3**, 740
Tantalum, pentachloro-
adducts with arenes, **3**, 775
reaction with methyl isocyanide, **3**, 719
reaction with [(trimethylsilyl)methyl]lithium, **3**, 741
Tantalum, pentamethyl-
decomposition, **3**, 740
Tantalum, (pentamethylcyclopentadienyl)dihalo(alkene)-
preparation, **3**, 751
Tantalum, tetraalkylhalo-, **3**, 731
Tantalum, tetracarbonylcyclopentadienyl-
derivatives, **3**, 711
preparation, **3**, 706, 710
Tantalum, tetrachlorobis(hexamethylbenzene)di-
preparation, **3**, 776
Tantalum, tetrakis(allyl)-
as polymerization catalyst, **3**, 759
Tantalum, tetramethyl(pentamethylcyclopentadienyl)-
carbon monoxide insertion, **3**, 743
Tantalum, trialkyldihalo-, **3**, 732
Tantalum, tribromobis(cyclopentadienyl)-
preparation, **3**, 706
Tantalum, trichlorobis(cycloheptatrienyl)-
preparation, **3**, 776
Tantalum, trichloro(ethylene)bis(trimethylphosphine)-
reaction with ethylmagnesium bromide, **3**, 758
Tantalum, trichloro(neopentylidene)bis(tetrahydrofuran)-
reaction with but-1-ene, **3**, 728
Tantalum, trihydridobis(isopropylcyclopentadienyl)-
reactions, **3**, 774
Tantalum, trihydridobis(methylcyclopentadienyl)-
reactions, **3**, 774
Tantalum, trimethylbis(trideuteromethyl)-
decomposition, **3**, 740
Tantalum, tris(allyl)-
as polymerization catalyst, **3**, 759
Tantalum, tris(cyclooctatetraene)-
cation, **3**, 777
Tantalum(benzyne)(pentamethylcyclopentadienyl)dihalo-
preparation, **3**, 755
Tantalum complexes
alkylidene
in ethylene oligomerization, **8**, 380
catalyst
in 1-butene oligomerization, **8**, 389
Tantalum compounds
alkylidine complexes
in alkene oligomerization, **8**, 375
metallacyclopentane complexes
in alkene oligomerization, **8**, 374
Tartronates
preparation
carbon dioxide reduction in, **8**, 267
Tautomerism
hydrido-2-methylallylruthenium complexes, **4**, 744
Tear strength
silicones, **2**, 349
'Tebbe' catalyst
in metathesis reactions, **8**, 512
Technetiates, (borane)pentacarbonyl-
preparation, **6**, 882
Technetium
dinitrogen complexes, **8**, 1098–1101
hydrocarbonyl complexes
properties, **4**, 166
natural abundance, **4**, 162
Technetium, bis(acetonitrile)carbonylchlorotris-(dimethylphenylphosphine)-
cation
synthesis, **4**, 181
Technetium, carbonyltrichlorotris(dimethylphenylphosphine)-
preparation, **4**, 181
Technetium, carbonyltrihalotris(dimethylphenylphosphine)-
preparation, **4**, 181
Technetium, decacarbonyldi-
crystal structure, **4**, 163
synthesis, **4**, 162
Technetium, dicarbonyltetrakis(diethoxyphenylphosphine)-
cis- and trans-
preparation, **4**, 179
Technetium, dodecacarbonyltrihydridotri-
isolation, **4**, 165
preparation, **4**, 165
Technetium, hexacarbonyl-
cation, **4**, 164
Technetium, nonacarbonyl(triphenylphosphine)di-
preparation, **4**, 171
Technetium, octacarbonylbis(triphenylphosphine)di-
structure, **4**, 171
Technetium, pentacarbonyl-
preparation, **4**, 164
radical
in substitution reactions of decacarbonylditechnetium, **4**, 164
Technetium, pentacarbonylhydrido-
isolation, **4**, 165
Technetium, tricarbonylbis(triphenylphosphine)-
ax,ax-
preparation, **4**, 172
eq,eq-
preparation, **4**, 172
Technetium, tricarbonylchloro(diphenylchalcogenide)-
dimer
reaction with pyrrolidine, **4**, 184
Technetium, tricarbonyl(η-cyclopentadienyl)-, **4**, 207
Technetium complexes
antimony, **4**, 200
arsenic, **4**, 200
azide, **4**, 195
bis(η-cyclopentadienylhydrido), **4**, 206
carbene or carbyne, **4**, 223
carbonyl
substitution reactions, **4**, 171

trisubstitution derivatives, **4**, 171
  carbonylhydrido, **4**, 172
  carbonyl isocyanide, **4**, 181
  carbonylnitrosyl, **4**, 193
  carbonyl oxygen, **4**, 183
  carbonyl selenium, **4**, 183
  carbonyl sulfur, **4**, 183
  carbonyl tellurium, **4**, 183
  cationic carbonyl, **4**, 178
  diazo, **4**, 195
  germanium, **4**, 204
  halocarbon, **4**, 167
  halocarbonyl, **4**, 176
  isocyanate, **4**, 195
  lead, **4**, 204
  phosphorus, **4**, 200
  porphyrin, **4**, 197
  silicon, **4**, 204
  tin, **4**, 204
Technetium(I) complexes
  halocarbonyl
    properties, **4**, 173
    substitution reactions, **4**, 172
  nitratocarbonyl
    substitution reactions, **4**, 172
Technetium(II) complexes
  halocarbonyl, **4**, 180
Technetium(III) complexes
  halocarbonyl, **4**, 180
  properties, **4**, 180
Telluraboranes
  11-vertex
    transition metal insertion reactions, **1**, 528
  12-vertex, **1**, 527
Telluride ligands
  ruthenium complexes, **4**, 711
Tellurides
  aryl
    in carboxylic acid preparation, **8**, 784
  organotin derivatives, **2**, 604
Tellurides, bis(trimethylgermyl)
  transition metal complexes, **2**, 447
Tellurides, bis(trimethylsilyl)
  properties, **2**, 176
  reactions, **2**, 176
  vibrational spectra, **2**, 168
Tellurides, di-*t*-butyltin
  structure, **2**, 607
Tellurides, diphenyl
  reaction with decacarbonyldimanganese, **4**, 110
Tellurium
  reaction with dodecacarbonyltriruthenium, **4**, 882
  reaction with organometallic compounds, **7**, 65, 66
  ruthenium complexes, **4**, 708
  silicon derivatives, **2**, 167–177
  silyl derivatives, **2**, 175
Tellurium, diphenyl-
  iron carbonyl complexes, **4**, 273
Tellurium, tetraphenyl-
  synthesis, **7**, 72
Tellurium bridges
  bis(dicarbonyl(η-cyclopentadienyl)iron) complexes, **4**, 537
Tellurium compounds
  dinuclear bridged iron complexes, **4**, 276
  methylation
    S. brevicaulis in, **2**, 1004
Tellurium donors
  rhodium carbonyl complexes, **5**, 285
Tellurium halides
  reaction with organometallic compounds, **7**, 71
Tellurium ligands
  reaction with dodecacarbonyltriruthenium, **4**, 881
Tellurium oxyhalides
  reaction with organometallic compounds, **7**, 71
Tellurocarbonyl ligands
  osmium complexes, **4**, 984
Tellurophen, tetraphenyl-
  synthesis, **7**, 72
Telluroxides
  reduction
    selenosilanes in, **7**, 608
Telomerization, **8**, 430–454
  alkenes and alkynes, **8**, 371–454
  butadiene with alcohols, **8**, 432
  butadiene with amines, **8**, 435
  butadiene with carbonyl compounds, **8**, 443
  butadiene with silanes, **8**, 439
  1,2-dienes
    nickel catalysed, **8**, 666
  1,3-dienes
    nickel catalysed, **8**, 690, 691
  isoprene, **8**, 488
  isoprene with alcohols, **8**, 447
  isoprene with carbonyl compounds, **8**, 448
  mechanism, **8**, 452
  1,3-pentadiene, **8**, 449
Template effect
  in Diels–Alder reactions of ruthenium complexes, **4**, 754
Tensile strength
  silicones, **2**, 347, 349
Terbium
  ions
    properties, **3**, 175
  oxidation states, **3**, 177
  tris(cyclopentadienyl), **3**, 180
Terbium complexes
  neopentyl, **3**, 198
  tetrakis(hydrocarbyl) anions, **3**, 198
  tris[(trimethylsilyl)methyl], **3**, 199
Terpenes
  acyclic
    synthesis, **8**, 399
  hydrogenation, **8**, 337
    homogeneous catalysts, **8**, 333
  olefinic
    circular dichroism, **6**, 656
  reaction with organoaluminum compounds, **7**, 384
  synthesis, **8**, 407, 446
    nickel catalysed, **8**, 722
Terpenols
  synthesis, **8**, 446
p-Terphenyl
  magnesium compounds, **1**, 218
  reaction with alkaline earth metals, **1**, 235
α-Terpinene
  reaction with tetracarbonylmethylcobalt, **5**, 220
Testosterone
  hydrogenation
    catalysis by supported palladium, **8**, 568
Tetraaza[14]annulene
  reaction with tetraacetatochlorodiruthenium, **4**, 717

Tetraazacyclodecadiene

Tetraazacyclodecadiene, dimethyl-
  synthesis
    nickel catalysed, **8**, 675
Tetraazadiene
  nickel complexes, **6**, 127
  reaction with nickelocene, **6**, 198
Tetraborane, bismethylene-
  preparation, **1**, 445
Tetraborane, 1,2-dimethyl-
  preparation, **1**, 446
Tetraborane, 2,2-dimethyl-
  preparation, **1**, 446
Tetraborane, 2,4-dimethyl-
  preparation, **1**, 446
Tetraborane, 2,4-dimethylene-
  hydrolysis, **1**, 451
Tetraborane, 2-methyl-
  preparation, **1**, 446, 448
closo-Tetraborane, tetrachloro-
  structure, **1**, 463
Tetraborane carbonyl
  reactions, **1**, 451
  reaction with alkenes, **1**, 337
Tetraborates, hexahydro-
  organotransition metal complexes, **6**, 924
Tetraborates, nonahydro-
  organotransition metal complexes, **6**, 922
Tetraborates, octahydro-
  organotransition metal complexes, **6**, 922
Tetraborates, tetrahydro-
  organotransition metal complexes, **6**, 924
Tetracarbadecaborane
  synthesis, **1**, 431
Tetracarbadodecaborane
  reduction, **1**, 435
Tetracarbadodecaborane, tetramethyl-
  dianion
    reaction with metal ions, **1**, 526
    insertion of metal-ligand groups, **1**, 474
    metal insertion reactions, **1**, 526
    structure, **1**, 415, 434, 465
2,3,7,8-Tetracarba-*nido*-dodecaborane, tetra-*C*-methyl-
  synthesis, **1**, 431
Tetracarbahexaborane
  peralkyl derivatives
    synthesis, **1**, 430
Tetracarbahexaborane, difluoro-
  structure, **1**, 473
Tetracarba-*nido*-hexaborane
  dipole moment, **1**, 421
2,3,4,5-Tetracarba-*nido*-hexaborane
  derivatives
    synthesis, **1**, 430
  fluorination, **1**, 415
  synthesis, **1**, 423
2,3,4,5-Tetracarba-*nido*-hexaborane, 2,3-dimethyl-
  synthesis, **1**, 423
2,3,4,5-Tetracarba-*nido*-hexaborane, 3,4-dimethyl-
  synthesis, **1**, 423
2,3,4,5-Tetracarba-*nido*-hexaborane, 2-methyl-
  synthesis, **1**, 423
2,3,4,5-Tetracarba-*nido*-hexaborane, 3-methyl-
  synthesis, **1**, 423
Tetracarbaoctaborane
  peralkyl derivatives
    synthesis, **1**, 430
Tetracarbaoctaborane, *C,C'C'',C'''*-tetramethyl-
  synthesis, **1**, 430

Tetracarbaoctaborane, tetramethyl-
  preparation, **1**, 505
  structure, **1**, 433
Tetracarbatetradecaborane, tetramethyl-
  transition metal insertion reactions, **1**, 531
Tetracarboranes
  bonding, **1**, 467
Tetraccobaltaoctaborane, tetrakis(cyclopentadienyl)tetrahydro-
  structure, **6**, 924
Tetracene
  magnesium compounds, **1**, 219
  reaction with barium, **1**, 235
Tetracobaltaoctaborane, tetrakis(η-cyclopentadienyl)-
  preparation, **1**, 505
Tetracyclines
  synthesis
    iron tricarbonyl complexes in, **8**, 980
Tetracyclone
  reaction with bis(η^3-allyl)nickel complexes, **6**, 156
  reaction with cobalt carbonyls, **5**, 227
Tetradecatetraenoic acid
  methyl esters
    formation, nickel catalysed, **8**, 780
Tetraethylammonium tetracarbonyl(hexaisothiocyanate)diruthenate
  preparation, **4**, 675
Tetragermanes
  with diethylphosphine group, **2**, 460
  photolysis, **2**, 479
Tetragonal compression
  hexacarbonylvanadium, **3**, 650
Tetrakis(1,7-dicarba-*closo*-dodecaborane)
  synthesis, **1**, 430
Tetralin, 1-cyano-
  preparation, **3**, 1044
Tetralithiotetrahedrane
  bonding, **1**, 79
Tetralone, α-bromo-
  aromatization, **8**, 839
1-Tetralone
  reaction with thallium trinitrate, **7**, 483
1-Tetralone, 2-methoxy-
  methyl ester
    preparation, **7**, 483
Tetrametallic systems
  fluctionality, **3**, 161
Tetramethyltetrahedrane
  bonding, **1**, 79
Tetranickelanonaborane, tetrakis(η-cyclopentadienyl)-
  structure, **1**, 506
Tetranickelanonaborane, tetrakis(cyclopentadienyl)pentahydro-
  preparation, **6**, 925
Tetranickelaoctaborane, tetrakis(η-cyclopentadienyl)-
  preparation, **1**, 505
Tetranickelaoctaborane, tetrakis(cyclopentadienyl)tetrahydro-
  preparation, **6**, 925
Tetraphenylphospholyl ligands
  manganese complexes
    preparation, **4**, 138
Tetraphos
  reaction with hexacarbonylvanadates, **3**, 653
Tetraphosphabicyclo[2.2.0]hexane
  synthesis, **7**, 604
2,3,5,6-Tetraphosphabicyclo[2.2.0]hexane, **2**, 149

Tetraphosphahexadiene
  synthesis, **7**, 605
1,3,4,6-Tetraphospha-1,5-hexadiene, **2**, 149
Tetraphosphine, hexakis(alkylgermyl)-
  preparation, **2**, 461
2,2′:6′,2″-Tetrapyridyl, 4,4′,4″-triethyl-
  methylmercury complexes
    structure, **2**, 929
Tetrasilaadamantane
  preparation, **2**, 237
1,3,5,7-Tetrasilaadamantane
  preparation, **2**, 294
1,3,5,7-Tetrasilaadamantane, tetrachloro-
  preparation, **2**, 294
Tetrasilabicyclo[3.3.1]octane
  synthesis, **2**, 291
1,2,6,7-Tetrasilacyclodecane
  preparation, **2**, 288
1,4,7,10-Tetrasilacyclododeca-2,5,8,11-tetrayne,
    1,1,4,4,7,7,10,10-octamethyl-
  preparation, **2**, 288
1,4,8,11-Tetrasilacyclotetradeca-2,9-diene
  synthesis, **2**, 287
Tetrasilane, octaphenyl-
  dihalo derivatives
    reactions, **2**, 371
  dilithio derivatives
    reactions, **2**, 371
Tetrasilane, permethyl-
  structure, **2**, 385
Tetrasilicates
  silver, **2**, 157
Tetrastibine, tetra-*t*-butyl-
  preparation, **2**, 703
Tetrasulfur tetranitride
  reaction with nickel tetracarbonyl, **6**, 9
Tetrayne, bis(trimethylsilyl)-
  structure, **2**, 45
Tetraynes
  keto
    preparation, **2**, 44
Tetrazine, germyl-
  preparation, **2**, 453
Tetrazine, tetrakis(trimethylsilyl)-
  preparation, **2**, 141
Tetrazine, tetramethyl-
  complexes with organoberyllium compounds, **1**, 133
Tetrazines
  silyl, **2**, 141
Tetrazoles
  palladium(II) complexes, **6**, 291
Thallaboranes
  metathesis, **1**, 491
Thalladicarbadodecaborane
  synthesis, **1**, 486
3,1,2-Thalladicarbadodecaborane anion
  structure, **1**, 519
Thallate complexes, **1**, 728
Thallation
  aromatic
    orientation, **7**, 500
    reversibility, **7**, 500
  aromatic compounds, **8**, 857
  aromatic hydrocarbons, **1**, 741
  electrophilic aromatic, **7**, 499–510
Thallaundecaborane, dimethyl-
  anion
    synthesis, **1**, 488
Thallaundecaborane anion, dimethyl-
  preparation, **1**, 512

Thallinium ions, **7**, 468
Thallium, **1**, 725–752
  catalyst
    in halide reactions with organometallic compounds, **7**, 47
  environmental methylation
    methylcobalamin and, **2**, 981
  hexamethyldisilazane derivatives, **2**, 128
  metal bonded compounds, **1**, 729
  organosilyl derivatives, **2**, 103
  reaction with hexacarbonylvanadium, **3**, 655
  (trimethylsilyl)methyl derivatives, **2**, 96
Thallium, acetatoarylchlorato-, **1**, 747
Thallium, alkyl-
  diacetate
    solvothallation by, **7**, 466
Thallium, aryl-
  bis(trifluoroacetates)
    aryltrimethylsilanes in reactions of, **7**, 503
  carbonylation, **7**, 507
  preparation, **7**, 499
  dibromides
    preparation, **7**, 504
  dichlorides
    preparation, **7**, 504
  difluorides
    preparation, **7**, 504
  exchange reactions with (η^3-allyl)halopalladium complexes, **6**, 422
  platinum(II)–carbon η^1-compound preparation from, **6**, 517
Thallium, bis(4-dibenzofuryl)-
  chloride
    preparation, **7**, 499
Thallium, cyclopentadienyl-, **1**, 749
  crystal structure, **1**, 750
  mass spectra, **1**, 750
  microwave spectra, **1**, 750
  NMR, **1**, 751
  preparation, **2**, 51
  reactions, **1**, 751
  reaction with bis(η-allyl)chlororhodium dimer, **5**, 499
  reaction with pentacarbonylchloromanganese, **4**, 124
  SCF calculation, **1**, 750
Thallium, cyclopentadienyldimethyl-
  cyclopentadienyl exchange, **1**, 729
Thallium, diacetatomethyl-
  decomposition, **1**, 745
Thallium, diaryl-, **1**, 730
Thallium, dimethyl-
  environmental formation, **2**, 1004
Thallium, dimethyl(cyclopentadienyl)-, **1**, 726
Thallium, dimethyl(ethynyl)-, **1**, 726
Thallium, dimethylvinyl-
  vinyl group exchange, **1**, 729
Thallium, hydropentalenyl-
  reaction with chloro(cyclooctadiene)rhodium dimer, **5**, 467
Thallium, methoxy-
  diacetate
    solvothallation by, **7**, 466
Thallium, methyl-
  diisobutyrate
    structure, **7**, 466
Thallium, methyldivinyl-
  vinyl group exchange, **1**, 729
Thallium, methyl(phenylethynyl)-, **1**, 730
Thallium, (pentachlorocyclopentadienyl)-, **1**, 749

Thallium

Thallium, polychloroaryl-
  C-arylation by
    π-allylarylpalladium complexes in, **8**, 815
Thallium, *p*-tolyl-
  bis(trifluoroacetate)
    rearrangement, **7**, 500
Thallium, trialkyl-
  protolysis, **1**, 729
  reaction with copper salts, **2**, 759
Thallium, triethyl-
  decomposition, **1**, 726
  ethyl exchange in, **1**, 729
  reaction with oxygen, **1**, 730
Thallium, triferrocenyl-, **1**, 726
Thallium, trimethyl-
  crystal structure, **1**, 727
  decomposition, **1**, 726
  dissociation energy, **1**, 726
  intermolecular exchange of methyl groups, **1**, 728
  methyl exchange in, **1**, 729
  reaction with bis(trimethylsilyl)mercury, **1**, 729
  reaction with diazomethane, **1**, 729
  reaction with lithium, **1**, 728
  reaction with mercury, **1**, 728
  reaction with potassium, **1**, 728
  structure, **1**, 15
Thallium, triphenyl-
  mass spectra, **1**, 619
  polarographic reduction, **1**, 728
  reaction with mercury, **1**, 728
Thallium, tris(pentafluorophenyl)-, **1**, 726
Thallium, tris(polychlorophenyl)-, **1**, 726
Thallium, tris(polyfluorophenyl)-, **1**, 726
Thallium, tris(trimethylsilyl)-
  preparation, **2**, 104
Thallium alkoxides, dialkyl-
  reactions, **1**, 740
Thallium amides, dialkyl-
  reactions, **1**, 740
Thallium borinates
  synthesis, **1**, 394
Thallium bromide, bis(tetrafluorophenyl)-
  crystal structure, **1**, 734, 735
Thallium carboxylates
  diorgano-
    structure, **1**, 735
Thallium cation
  monoorgano-
    acidity, **1**, 743
  organo-
    hydrophobic character, **1**, 735
Thallium cation, dimethyl-
  dicyclohexyl-18-crown-6 complex, **1**, 733
Thallium chloride, bis(diisopentyl)-
  X-ray spectroscopy, **1**, 734
Thallium chloride, bis(tetrafluorophenyl)(triphenylphosphino)-
  X-ray spectroscopy, **1**, 734
Thallium chloride, bis[(trimethylsilyl)methyl]-
  X-ray spectroscopy, **1**, 734
Thallium chloride, diaryl-
  reaction with stannous chloride, **1**, 737
Thallium chloride, diisobutyl-
  X-ray spectroscopy, **1**, 734
Thallium chloride, dimethyl-
  crystal structure, **1**, 733
  mass spectra, **1**, 734
Thallium chloride, divinyl-
  reaction with stannous chloride, **1**, 737

Thallium complexes
  reaction with iridium complexes, **6**, 977
Thallium compounds
  in organic synthesis, **7**, 465–510
Thallium cyclopentadienide, **6**, 449
Thallium diacetate, methyl-
  decomposition, **1**, 746
Thallium dicarboxylates
  monoorgano-
    structure, **1**, 743
Thallium dichloride, aryl-, **1**, 741
Thallium dichloride, phenyl-
  reaction with chlorides, **1**, 743
  reaction with iodides, **1**, 747
Thallium dichloride, vinyl-, **1**, 741
Thallium dihalide, phenyl-
  solubility, **1**, 742
Thallium divinyl-, **1**, 730
Thallium fluoride
  diorgano-
    association, **1**, 734
Thallium halides
  diorgano-, **1**, 730
  properties, **1**, 731
Thallium halides, diethyl-, **1**, 731
Thallium halides, dimethyl-, **1**, 731
Thallium halides, diphenyl-, **1**, 731
  solubility, **1**, 742
Thallium halides, divinyl-, **1**, 731
Thallium hydroxide
  diorgano-
    reactions, **1**, 740
Thallium hydroxide, bis(pentafluorophenyl)-
  crystal structure, **1**, 735
Thallium salts
  diorgano-, **1**, 731
    coordination chemistry, **1**, 732
Thallium sulfinates
  diorgano-
    structure, **1**, 735
Thallium tryptophanate, dimethyl-
  X-ray spectroscopy, **1**, 735
Thallium(VII) compounds, **1**, 735
Thallium(I), cyclopentadienyl-
  structure, **1**, 15
Thallium(I), methyl-, **1**, 726
Thallium(I) compounds, **1**, 749–752
  bonding, **1**, 750–752
  organo-, **1**, 749
    properties, **1**, 750
  preparation, **1**, 749
  properties, **1**, 749
  structure, **1**, 750–752
Thallium(II) compounds, **1**, 728
Thallium(III) acetate
  cyclohexene oxidation by, **7**, 468
  oxythallation, **7**, 468
Thallium(III) compounds, **1**, 725–749
  aryl
    aryl group transfer in, **1**, 739
    photolysis, **1**, 747
    reaction with trimethyl phosphite, **1**, 731
  bis(polyfluorophenyl)-
    trigonal bipyramidal structure, **1**, 737
  coordination chemistry, **1**, 732–737
  cyclopropyl
    crystal structure, **1**, 743
  diorgano-, **1**, 730–740
    basic, **1**, 740
    chelate bond formation in, **1**, 735
    chelates, polymerization, **1**, 735

coordination geometry, **1**, 732
β-diketonates, **1**, 735
mixed, **1**, 730
photolysis, **1**, 738
preparation, **1**, 730
properties, **1**, 730
X-ray spectroscopy, **1**, 732
ethyl-, **1**, 741
methyl-, **1**, 741
monoalkyl-, **1**, 739
stability, **1**, 746; **7**, 466, 467
monoorgano-, **1**, 741–749
coordination chemistry, **1**, 743
preparation, **1**, 741–743
properties, **1**, 741–743
reactions, **1**, 745–749
organo-
crystal structure, **1**, 744
reactions, **1**, 737–740
reaction with Lewis bases, **1**, 733
triorgano-
coordination compounds, **1**, 728
preparation, **1**, 726
properties, **1**, 726, 727
Thallium(III) electrophiles
reaction with η^1-organoiron complexes, **4**, 353
Thallium(III) halides
oxidative addition to platinum(II) alkyl compounds, **6**, 583
Thallium(III) ions
reaction with η^1-organoiron complexes, **4**, 353
Thallium(III) nitrate
olefin oxidation by, **7**, 468
supported, **7**, 469
Thallium(III) salts
eletrophilic thallation by, **7**, 499
solvothallation by, **7**, 466
Thallium(III) trifluoroacetate
electrophilic thallation by, **7**, 499
Thallocarboranes, **1**, 545
Theobromine
reaction with chloropentaammineruthenium dichloride, **4**, 686
Thermal cleavage reactions
platinum(II)–carbon σ-compounds, **6**, 549
Thermal conductivity
silicone liquids, **2**, 346
silicones, **2**, 346
Thermal decomposition
(η^3-allyl)palladium complexes, **6**, 424
η^1-organoiron complexes, **4**, 361
palladium(II) alkyl and aryl complexes, **6**, 335
palladium(II) cyclopentadiene complexes, **6**, 451
platinum(IV) alkyl complexes, **6**, 590
tetracarbonylsilylcobalt, **6**, 1087
transition metal–Group IV compounds, **6**, 1068
Thermal methods
germylphosphine preparation by, **2**, 461
Thermal properties
silicones, **2**, 345
Thermal reactions
in preparation of supported catalysts, **8**, 555
Thermal rearrangement
platinacycles, **6**, 575
Thermal sigmatropic rearrangements
organometallic compounds, **3**, 128, 130
[1,5]-Thermal sigmatropic rearrangements
organometallic compounds, **3**, 130
[1,7]-Thermal sigmatropic shifts

Woodward–Hoffmann, **3**, 130
[1,9]-Thermal sigmatropic shifts
organometallic compounds, **3**, 130
Thermal stability
main group organometallic compounds, **1**, 6
organopolyborane, **1**, 451
Thermochemistry
main group organometallic compounds, **1**, 5–9
platinum(0) acetylene complexes, **6**, 697
platinum(0) olefin complexes, **6**, 628
platinum(II) olefin complexes, **6**, 657, 709
platinum(IV) alkyl complexes, **6**, 590
Thermodynamics
metathesis reactions, **8**, 525–536
platinum(0) acetylene complexes, **6**, 697
platinum(0) olefin complexes, **6**, 628
Thermolysis
bis(η^3-allyl)nickel complexes, **6**, 160
cyclopentadienyl(alkyl)nickel complexes, **6**, 86
dialkylcadmium, **2**, 859
dialkylzinc compounds, **2**, 851
germanium–metal compounds, **2**, 473
σ-hydrocarbyl bis(η-cyclopentadienyl)titanium(IV) complexes, **3**, 401
nickel acyl complexes, **6**, 75
nickel alkyl complexes, **6**, 75
organomercury compounds, **2**, 953
platinacycles, **6**, 577
Thermoplastics
consumption, **3**, 482
definition, **3**, 480
Thermosets
definition, **3**, 480
Thetin, dimethyl-
in metal methylation, **2**, 983
Thexylborane — *see* Borane, 2-butyl-2,3-dimethyl-
Thexylchloroborane — *see* Borane, chloro(2,3-dimethyl-2-butyl)-
Thiabenzene
synthesis, **7**, 69
Thiaboranes
reaction with transition metal halides, **1**, 489
synthesis, **1**, 462
11-vertex
transition metal insertion reactions, **1**, 528
1,2-Thiaborolane, 2-butyl-
preparation, **1**, 353
Thiaborolanes
insertion of carbonyl compounds, **1**, 351
Thiacarborane ligands
triple decker sandwich compounds
bonding, **3**, 35
Thiacarboranes, **1**, 549, 550
synthesis, **1**, 551
Thiacyclohexane, 4-*t*-butyl-2-lithio-
structure, **1**, 80
Thiadiazaboretidine
synthesis, **1**, 369
Thiadiborolene
aromatic
synthesis, **1**, 353
1,2,5-Thiadiborolene
complexes, **1**, 383
Δ^3-1,2,5-Thiadiborolene
Δ^3-1,2,5-azadiborolene synthesis from, **1**, 405
1,2-diaza-3,6-diboracyclohex-4-enes synthesis from, **1**, 405

Δ^3-1,2,5-Thiadiborolene
   preparation, **1**, 353
Δ^3-1,2,5-Thiadiborolenes
   complexes, **1**, 407
Thialumination
   carbonyl compounds, **1**, 647
Thianaphthenes
   synthesis
      Castro reaction, **7**, 691
6,9-Thiaplatinadecaborane, 9,9'-bis(triphenylphosphine)-
   structure, **1**, 508
2-Thiasilacyclopentanes
   nucleophilic substitution reactions, **2**, 243
Thiazole, 2-cyclohex-1-enyl-
   reaction with organometallic compounds, **7**, 17
Thiazoles
   synthesis, **7**, 41
Thiazoline-4,5-dione, 2-phenyl-
   reaction with chlorotris(triphenylphosphine)rhodium, **5**, 401
Thiazolium, N-methyl-2-chloro-4-methyl-tetrafluoroborate
      reaction with pentacarbonylmanganates, **4**, 40
Thiazolium, N-methyl-2-chloro-5-methyl-tetrafluoroborate
      palladium(II) carbene complex preparation from, **6**, 296
Thienylation
   regioselectivity, **8**, 873
Thietane, 2-methyl-
   reaction with organometallic compounds, **7**, 53
Thietanes
   heterophilic cleavage, **7**, 74
Thietes
   reaction with dicarbonylcyclopentadienylcobalt, **5**, 180, 185
   ring opening
      by reaction with iron carbonyls, **4**, 443
Thiiranes
   heterophilic cleavage, **7**, 74
   reaction with iron carbonyls, **8**, 953
   reaction with organometallic compounds, **7**, 53
   silyl, **2**, 33
   synthesis, **7**, 40
Thiirene
   1,1-dioxide
      palladium(0) complexes, **6**, 253
η^4-Thioacrolein ligands
   iron complexes, **4**, 443
Thioaldehydes
   reaction with organometallic compounds, **7**, 40
Thioamides
   dehydration
      iron carbonyls in, **8**, 951
   silyl
      preparation, **2**, 123
   synthesis
      from amides, **7**, 439
Thioanhydrides
   decarbonylation
      nickel catalysed, **8**, 792
Thioates
   aliphatic
      decarbonylation, nickel catalysed, **8**, 791
Thiocarbamoyl chloride, dimethyl-
   reaction with nickel tetracarbonyl, **6**, 9

Thiocarbonates
   reaction with iron carbonyls, **8**, 953
Thiocarbonylation
   esters
      organoaluminum compounds in, **7**, 410
Thiocarbonyl bridges
   bis(dicarbonyl(η-cyclopentadienyl)iron) derivatives, **4**, 528
Thiocarbonyl compounds
   carbophilic addition reactions, **7**, 40
   reaction with organoaluminum compounds, **1**, 650
   reaction with organozinc compounds, **2**, 850
   thiophilic addition reactions, **7**, 40, 68
Thiocarbonyl ligands
   carbonyl(η-alkylcyclopentadienyl)nitrosylmanganese complexes, **4**, 134
   cyclopentadienyl cobalt complexes, **5**, 252
   cyclopentadienylrhodium complexes, **5**, 359
   cyclopentadienylruthenium complexes, **4**, 780
   cyclopentadienylvanadium complexes, **3**, 665
   dicarbonyl(η-cyclopentadienyl)ruthenium complexes, **4**, 825
   manganese complexes, **4**, 126
   mononuclear ruthenium complexes, **4**, 692
   osmium complexes, **4**, 984, 994, 1012
   rhodium complexes, **5**, 339–342
   ruthenium complexes, **4**, 700
   ruthenium halide complexes, **4**, 677
   transition metal complexes
      bonding, **3**, 4
Thiocarbonyls
   reaction with dodecacarbonyltriruthenium, **4**, 881
Thiocarboxamides
   nickel complexes, **6**, 128
   palladium(II) complexes, **6**, 325
Thiocarboxylate ligands
   iridium complexes, **5**, 577
Thiocyan, o-phenylazophenyl-
   reaction with bromopentacarbonylrhenium, **4**, 192
Thiocyanates
   aryl
      preparation, **7**, 505
   cyclopentadienylruthenium complexes, **4**, 777
   methoxy-
      preparation, **7**, 494
   reactions with organocobalt(III) complexes, **5**, 147
   reaction with η^3-allyl palladium complexes, **6**, 419
   reaction with organoaluminum compounds, **7**, 442
   ruthenium complexes, **4**, 704
   trimethylsilyl derivatives, **2**, 143
Thiocyanato ligands
   rhenium carbonyl complexes, **4**, 197
Thiocyanodethallation, **7**, 497
Thiocyanogen
   reaction with dodecacarbonyltriruthenium, **4**, 883
   reaction with organoboranes, **1**, 289
   ruthenium complexes, **4**, 705
Thioesters
   synthesis
      organoaluminum compounds in, **7**, 411
Thioethers
   germylated
      preparation, **2**, 409
   Grignard reagents from, **1**, 176

heterophilic cleavage, **7**, 73, 74
reaction with organometallic compounds, **7**, 79
synthesis, **7**, 67, 68, 70, 71
Thioformamide, phenylazo-
reaction with nickel tetracarbonyl, **6**, 9
Thioketenes
preparation, **2**, 74
reaction with amines and alcohols, **2**, 74
Thiolactones
reaction with nonacarbonyldiiron, **4**, 576
Thiolate bridged compounds
rhodium complexes, **5**, 287
Thiolate bridged dimers
cyclopentadienylrhodium complexes, **5**, 365
non-conjugated diene rhodium complexes, **5**, 463
Thiolates
metal
synthesis, **7**, 65
nucleophilic substitution reactions
nickel catalysed, **8**, 734
reaction with bis(η-cyclopentadienyl)carbonyl-nickel complexes, **6**, 202
reaction with organocobalt(III) complexes, **5**, 105
reaction with organometallic compounds, **7**, 53
Thiolato bridges
dicyclopentadienyldiiron complexes, **4**, 594
Thio ligands
ruthenium complexes, **4**, 808
Thiols
arene-
preparation, **7**, 505
catalysts in protodeboronation, **1**, 287
cyclopentadienylvanadium complexes, **3**, 670
esters
synthesis, α-bora carbanions in, **7**, 297
germylated
preparation, **2**, 409
organoborane adducts, **1**, 301
oxidation
resin bound cobalt porphyrin catalyst, catalyst leaching in, **8**, 592
reaction with acyl cobalt(III) complexes, **5**, 106
reaction with alkylidynenonacarbonyltricobalt, **5**, 172
reaction with allylboranes, **1**, 277
reaction with dodecacarbonyltriiron, **4**, 274
reaction with dodecacarbonyltriruthenium, **4**, 881, 882
reaction with halogermanes, **2**, 422
reaction with iron carbonyls, **4**, 638
reaction with nickelocene, **6**, 196
reaction with octacarbonyldicobalt, **5**, 43
reaction with organoaluminum compounds, **7**, 442
reaction with organohydrogermanes, **2**, 432
reaction with organomercury compounds, **2**, 966
reaction with organometallic compounds, **7**, 57
reaction with pentacarbonyliron, **4**, 275
reaction with tetracarbonyldihydroiron, **4**, 274
ruthenium complexes, **4**, 711
silylation, **7**, 599
synthesis, **7**, 66
tertiary
synthesis, **7**, 40
triosmium cluster complexes, **4**, 1032
Thiones
carbophilic addition reactions, **7**, 40
platinum complexes, **6**, 689
reaction with dodecacarbonyltriruthenium, **4**, 881
reaction with Grignard reagents, **1**, 171
reaction with iron carbonyls, **8**, 954
synthesis
from ketones, **7**, 418
thiophilic addition reactions, **7**, 68
Thionitrosyl ligands
transition metal complexes
bonding, **3**, 4
Thiooximes
reaction with organometallic compounds, **7**, 14
Thiophene
cycloaddition reactions
iron carbonyls and, **8**, 945
dithallation, **7**, 499
oxidative dimerization, **8**, 925
palladation, **6**, 323
permercurated, **2**, 865
preparation
nickel catalysed, **8**, 739
reaction with hexacarbonylchromium, **3**, 974
thallation, **7**, 499
Thiophene, bromo-
coupling reactions with alkynes, **8**, 914
Thiophene, tetrahydro-
reaction with nonacarbonyldiiron, **4**, 636
Thiophene, tetramethyl-
reaction with tris(acetone)(η-pentamethylcyclopentadienyl)rhodium, **5**, 451
Thiophene, trichloro-
metallation, **1**, 163
Thiophene, 2-vinyl-
reaction with butadiene
nickel catalysed, **8**, 674, 680
Thiophenol
dicyclopentadienylvanadium complexes, **3**, 682
metal complexes
deprotonation, **8**, 1057
Thiophosgene
reaction with dodecacarbonyltriruthenium, **4**, 881
Thiopyrylium salts
reaction with organometallic compounds, **7**, 69
Thio sugars
boron cyclic compounds, **1**, 364
Thoria
catalyst
in hydrocondensation of carbon monoxide and hydrogen, **8**, 21
in Fischer–Tropsch synthesis, **8**, 41, 43
Thorium
hexamethyldisilazane derivatives, **2**, 130
ions
properties, **3**, 175
Thorium, alkyltris(cyclopentadienyl)-, **3**, 243
β-hydride elimination reactions, **3**, 247
stability, **3**, 246
Thorium, allyltris(cyclopentadienyl)-, **3**, 243
Thorium, bis(cyclooctatetraene)-, **3**, 195
bonding, **3**, 31
Thorium, bis(cyclopentadienyl) dihalo-, **3**, 220
Thorium, bis(pentamethylcyclopentadienyl)dichloro-, **3**, 226
Thorium, chlorobis(cyclopentadienyl)-, **3**, 219

Thorium, chlorotris(indenyl)-, **3**, 223
Thorium, dialkylbis(pentamethylcyclopentadienyl)-, **3**, 248
Thorium, dihydrobis(pentamethylcyclopentadienyl)-, **3**, 252, 256, 257
Thorium, hydrotris(hexamethyldisilylamido)-, **3**, 257
Thorium, methyltris(hexamethyldisilylamido)-, **3**, 256
Thorium, tetraallyl-, **3**, 238, 239
Thorium, tetrabenzyl-, **3**, 242
Thorium, tetrakis(cyclopentadienyl)-, **3**, 213
Thorium, tribenzyl(tetrahydrofuran)-, **3**, 242
Thorium, tris(cyclopentadienyl)-, **3**, 212
Thorium, tris(cyclopentadienyl) halo-, **3**, 218
Thorium complexes
   pentamethylcyclopentadienyl carbamoyl, **3**, 227
   tris(indenyl) alkyl, **3**, 254
Thorium ethyl chloride, **3**, 249
Thorium(IV)
   half-sandwich complexes with cyclooctatetraene, **3**, 237
Thorocene, **3**, 232
   photoelectron spectra, **3**, 233
α-Thujaplicin
   synthesis
      iron carbonyls and, **8**, 946
β-Thujaplicin
   synthesis, **8**, 973
      iron carbonyls and, **8**, 946
Thujopsene
   synthesis, **7**, 667
Thulium
   ions
      properties, **3**, 175
   Mössbauer spectroscopy, **3**, 179
   tris[(trimethylsilyl)methyl], **3**, 199
Thulium complexes
   bis(cyclopentadienyl)methyl, **3**, 204
   tris(cyclopentadienyl), **3**, 180
   tris(cyclopentadienyl) boron, **3**, 183
Thymidine
   methylmercury binding to, **2**, 933
Thymine
   methylmercury binding to, **2**, 933
   synthesis, **8**, 895
Tiglic acid
   asymmetric transfer hydrogenation
      catalysis by chiral ruthenium complexes, **4**, 951
Timney equation, **3**, 10
Tin, **2**, 519–616
   bacterial methylation, **2**, 999
   carbonyl iron complexes, **4**, 308
   carbonylvanadium complexes, **3**, 655
   di- or tri-manganese bonds, **6**, 1070
   environmental methylation
      methylcobalamin and, **2**, 981
   hexamethyldisilazane derivatives, **2**, 128
   isotopes, **2**, 523
   –metal bonds
      organometallic compounds, **6**, 1043–1110
   methylation
      iodomethane and, **2**, 983
   nuclear magnetic moments, **2**, 523
   organosilyl derivatives, **2**, 104
   organotransition metal compounds, **6**, 1044, 1045
   oxygen derivatives
      reduction by organosilanes, **2**, 115
   platinum chloride complexes, **6**, 1099
   polynuclear cobalt complexes, **6**, 1090
   promoters
      in resin-bound metathesis catalysts, **8**, 604
   reaction with alkyl halides, **2**, 545
   reaction with carbon dioxide, **8**, 266
   reaction with organic halides, **2**, 532
   reference data, **2**, 523
   transition metal compounds
      bond lengths, **6**, 1102
Tin, acetatotrimethyl-
   reaction with methylcobalamin, **2**, 1000
Tin, acetatotriphenyl-
   in agriculture, **2**, 610
   in environment, **2**, 987
   excretion from cows, **2**, 989
Tin, alkoxybutyl-
   ^{119}Sn NMR, **2**, 580
Tin, alkoxytrialkyl-
   preparation, **2**, 577
Tin, alkyl-
   compounds
      spin–spin coupling constants, **2**, 530
Tin, alkylcarboxy-
   preparation, **2**, 537
Tin, alkylchloro-
   bimolecular homolytic substitution, **2**, 562
   ^{119}Sn NMR, **2**, 528
Tin, alkylhydroxy-, **2**, 576
Tin, (alkylseleno)trimethyl-
   reaction with pentacarbonylhalomanganese, **4**, 107
Tin, alkyltrichloro-
   hydrolysis, **2**, 576
Tin, allyltrimethyl-
   in synthesis of allylruthenium complexes, **4**, 744
Tin, azidotrimethyl-
   structure, **2**, 555
Tin, bis(bis(trimethylsilyl)methyl)-
   properties, **2**, 597
Tin, bis(methylneophylphenyl-
   preparation, **2**, 592
Tin, bromotriorgano-
   asymmetric
      synthesis, **2**, 549
Tin, butyl-
   environmental
      detection, **2**, 1008
Tin, butyltrichloro-
   as precursor for surface films of tin dioxide on glass, **2**, 616
   toxicity, **2**, 991
Tin, carbonatobis(tributyl-
   preparation, **2**, 572
Tin, carbonatodimethyl-
   preparation, **2**, 572
Tin, chloromethylneophylphenyl-
   preparation, **2**, 552
Tin, chlorotrimethyl-
   structure, **2**, 554
Tin, cyanotrimethyl-
   structure, **2**, 555
Tin, diacetatodibutyl-
   as homogeneous catalyst, **2**, 616
Tin, dialkoxy(cyclic organo)-
   preparation, **2**, 578
Tin, dialkoxydialkyl-
   preparation, **2**, 578
Tin, dialkyl-
   oligomers, **2**, 593
   toxicity, **2**, 990

Tin, dialkylcarboxychloro-
    structure, 2, 566
Tin, dialkylchlorohydroxy-
    preparation, 2, 575
Tin, dialkyldihydro-
    preparation, 2, 585
Tin, dialkylhydroxyhalo-, 2, 574
Tin, dialkylhydroxynitrato-
    preparation, 2, 575
Tin, dialkyloxy-, 2, 574
Tin, dibutyl-
    environmental
        detection, 2, 1008
Tin, di-t-butylchlorofluoro-
    synthesis, 2, 550
Tin, dibutyl(chloromethyl)tritio-
    synthesis, 2, 551
Tin, dibutyldi(2-ethylhexoato)-
    as homogeneous catalyst, 2, 616
Tin, dibutyldilaurato-
    as homogeneous catalyst, 2, 616
Tin, dichlorobis(chloromethyl)-
    structure, 2, 556
Tin, dichlorobis(cyclopentadienyl)-
    reaction with bipyridyl, 2, 541
Tin, dichlorodimethyl-
    as precursor for surface films of tin dioxide on
        glass, 2, 615
    structure, 2, 555
    uses, 2, 545, 990
Tin, dichlorodiphenyl-
    structure, 2, 555
Tin, dicyanodimethyl-
    structure, 2, 555
Tin, diethyldiiodo-
    preparation, 2, 545
    structure, 2, 556
Tin, difluorodimethyl-
    structure, 2, 555
Tin, diiododimethyl-
    environmental formation, 2, 999
Tin, diisothiocyanatodimethyl-
    structure, 2, 556
Tin, dimethyl-
    complexes
        octahedral, ΔE_Q values, 2, 526
Tin, dimethyldinitrato-
    properties, 2, 569
    reactions, 2, 569
    structure, 2, 569
Tin, diphenyl-
    elimination from platinum complexes, 6, 526
Tin, fluorotriphenyl-
    uses, 2, 545
Tin, hexabutylhexathiotetra-
    toxicity, 2, 991
Tin, hexakis(diphenyl-
    structure, 2, 593
Tin, hydromethyl(neophyl)phenyl-
    preparation, 2, 586
Tin, hydroxytrimethyl-
    properties, 2, 574
Tin, hydroxytriphenyl-
    in agriculture, 2, 610
Tin, hydroxytripropyl-
    properties, 2, 574
Tin, isocyanatotriphenyl-
    structure, 2, 555
Tin, isothiocyanatotrimethyl-
    preparation, 2, 552

Tin, methyl-
    environmental, 2, 980
Tin, methylneophylphenyl(triphenylmethyl)-
    preparation, 2, 536
Tin, methyltrinitrato-
    structure, 2, 569
Tin, monoalkyloxy-, 2, 576
Tin, oxybis(trialkyl-, 2, 573
Tin, oxybis(tributyl-
    degradation in soil, 2, 989
    as preservative, 2, 612
    properties, 2, 574
Tin, oxybis(trimethyl-
    reactions, 2, 574
Tin, oxybis(trineophyl-
    in agriculture, 2, 610
Tin, tetraalkyl-
    mixed
        preparation, 2, 531
Tin, tetraallyl-
    reactions, 2, 540
    in synthesis of allylruthenium complexes, 4, 745
Tin, tetrabutyl-
    preparation, 2, 531
    toxicity, 2, 991
    uses, 2, 991
Tin, tetraethyl-
    toxicity, 2, 991
Tin, tetrakis(cyclopentadienyl)-
    acidolysis, 2, 541
    structure, 2, 541
Tin, tetramethyl-
    enthalpy of combustion, 1, 8
    environmental formation, 2, 999
    preparation, 2, 531
    reaction with diorganothallium compounds, 1, 739
    toxicity, 2, 991
Tin, tetraoctyl-
    preparation, 2, 531
    toxicity, 2, 991
Tin, tetraphenyl-
    uses, 2, 991
Tin, tetravinyl-
    preparation, 2, 539
Tin, thiobis(trimethyl-
    dismutation, 2, 1000
Tin, trialkoxyalkyl-
    preparation, 2, 578
Tin, trialkyl-
    accumulation in soil, 2, 989
    degradation, 2, 988
Tin, trialkylhydroxy-, 2, 573
Tin, triarylhydroxy-
    properties, 2, 574
Tin, tribenzylchloro-
    preparation, 2, 546
Tin, tributyl-
    toxicity, 2, 988, 989
Tin, tributylfluoro-
    uses, 2, 545
Tin, tributylhydro-
    preparation, 2, 585
Tin, tributylhydroxy-
    properties, 2, 574
Tin, tributyl(methylcarboxylate)-
    preparation, 2, 572
Tin, trichloroethyl-
    toxicity, 2, 991
Tin, trichloromethyl-

Tin

toxicity, **2**, 991
Tin, trichlorooctyl-
  toxicity, **2**, 991
Tin, tricyclohexyl-
  phytotoxicity, **2**, 988
Tin, tricyclohexylhydroxy-
  in agriculture, **2**, 610
  degradation, **2**, 989
Tin, triethylhydroxy-
  properties, **2**, 574
Tin, triiodo(^{13}C-methyl)-
  synthesis, **2**, 547
Tin, trimethyl-
  environmental formation, **2**, 999
  environmental methylation, **2**, 1000
Tin, trimethylnitrato-
  structure, **2**, 569
Tin, trimethyl(trimethylsilyl)-
  preparation, **2**, 104
Tin, triphenyl-
  degradation, **2**, 988
  metabolism, **2**, 989
  toxicity, **2**, 988
Tin, vinyl-
  homolytic hydrostannation, **2**, 534
Tin alkyls
  preparation by electrolysis of aluminate complexes, **1**, 656
Tin amides, **2**, 599
  preparation, **2**, 600
Tin bridges
  dinuclear dicarbonyl(η-cyclopentadienyl)iron complexes, **4**, 591
Tin chloride
  platinum catalyst
    catalyst for hydrogenation, **8**, 344
Tin complexes
  reaction with nickel tetracarbonyl, **6**, 17
Tin compounds
  aryl
    preparation, **2**, 531
  cyclopentadienylruthenium complexes, **4**, 793
  ethynyl
    preparation, **2**, 531
  Grignard reagents from, **1**, 176
  in preparation of monoarylboranes, **1**, 283
  in preparation of three-coordinate acyclic organoboranes, **1**, 273, 283
  vinyl
    preparation, **2**, 531
Tin dioxide
  films on glass, **2**, 615
Tin halides
  oxidative addition to platinum(II) alkyl compounds, **6**, 583
Tin hydrides
  heterolytic addition reactions, **2**, 587
Tin ligands
  rhenium complexes, **4**, 204
  technetium complexes, **4**, 204
Tin salts
  reductive cleavage of organocobalamins by, **5**, 109
Tin tetrachloride
  alkylation, **2**, 530
Tin(II), bis(cyclopentadienyl)-
  preparation, **2**, 598
Tin(II), bis(pentamethylcyclopentadienyl)-
  preparation, **2**, 598
Tin(II), chloro(η-cyclopentadienyl)-
  structure, **2**, 556

Tin(II) chloride
  in hydrogenation of platinum(II) olefin complexes, **6**, 673
  insertion into ruthenium–halide bonds, **4**, 910
  platinum chloride complex
    supported, **8**, 586
  reaction with chloro(cyclopentadienyl)ruthenium complexes, **4**, 785
  reaction with hexachloroplatinic acid, **6**, 672
  reaction with hydrated ruthenium trichloride, **4**, 909
Tin(II) complexes
  platinum(II)
    in hydrogenation, **6**, 674
Tin(II) dichloride
  reaction with dichlorotetrakis(ethyl isocyanide)ruthenium, **4**, 682
Tin(II) halides
  reaction with alkyl halides, **2**, 547
Tin(II) ligands
  in hydrogenation
    platinum(II) olefins and, **6**, 672
Tin(II) octoate
  catalyst
    polysiloxane crosslinking and, **2**, 330
  catalysts
    polysiloxane crosslinking and, **2**, 331
Tin(IV), (pentamethylcyclopentadienyl)-
  preparation, **2**, 541
Tin(IV) chloride
  reaction with dodecacarbonyltriruthenium, **4**, 911
  reaction with Vaska's compounds, **5**, 547
Tin(IV) complexes
  dichlorotetraphenylporphine
    with decacarbonyldirhenium, **4**, 228
Tin(IV) halides
  alkylation, **2**, 547
  reaction with ruthenocene, **4**, 764
Tishchenko reaction, **7**, 413
  with aldehydes, **1**, 645
  catalysis by organoaluminum compounds, **7**, 403
  in hydroformylation of alkenes, **8**, 153
Titanacarborane complexes
  preparation, **3**, 337
Titanacenacyclobutanes
  reductive elimination, **8**, 533
Titanates, tetraisopropyl-
  catalysts
    polysiloxane crosslinking and, **2**, 331
Titanates, tetrakis(mesityl)-
  preparation, **3**, 298
Titaniacyclobutane
  preparation, **3**, 421
Titaniacyclobutene, **7**, 391
Titaniacyclopentadiene, **3**, 413
Titaniadithiacyclopentane, bis(η-cyclopentadienyl)-
  preparation, **3**, 390
Titaniadithiacyclopentene, bis(η-cyclopentadienyl)-
  structure, **3**, 390
Titaniafluorene, **3**, 420
Titaniapentathiin, bis(η-cyclopentadienyl)-
  preparation, **3**, 385
  reactions, **3**, 389
Titaniatetrasilole, bis(η-cyclopentadienyl)hexaphenyl-
  preparation, **3**, 423
Titanium
  active

phenol deoxygenation and, **3**, 275
benzyne complex, **8**, 1082
binuclear dinitrogen complex, **8**, 1080
cyclopentadienyl complex
    reduction under dinitrogen, **8**, 1076
cyclopentadienyl complexes
    intramolecular site-exchange reactions, **8**, 1047
    nitrogen fixation and, **8**, 1076
dinitrogen reactions promoted by, **8**, 1076–1082
Group IV complexes, **6**, 1058
Group IV compound
    bond lengths, **6**, 1102
Group IV organo compounds, **6**, 1057
hexamethyldisilazane derivatives, **2**, 129, 130
molybdenum compounds, **6**, 777, 780
nitride complex in dinitrogen reduction, **8**, 1080
nitride removal from
    aluminum in, **8**, 1080
polyethylene production and, **1**, 559
Titanium, (acetato)(η-cyclopentadienyl)diethoxy-
    preparation, **3**, 349
Titanium, (acetylacetonate)bis(η-cyclopentadienyl)-
    cation
        preparation, **3**, 309
    preparation, **3**, 309
Titanium, (alkoxy)bis(tetrahydroborate)-
    dimer, **6**, 900
Titanium, alkylbis(η-cyclopentadienyl)-
    properties, **3**, 310
Titanium, alkylchlorobis(η-cyclopentadienyl)-
    preparation, **3**, 396
Titanium, alkyltris(dialkylamino)-
    properties, **3**, 454
Titanium, alkyltris(diethylamino)-
    decomposition, **3**, 458
Titanium, (η^3-allyl)bis(η-cyclopentadienyl)-, **3**, 313
Titanium, (aryl)bis(η-cyclopentadienyl)-
    cyanide complexes, **3**, 312
Titanium, azidochlorobis(η-cyclopentadienyl)-
    preparation, **3**, 394
Titanium, (azido)chloro(η-cyclopentadienyl)-
    preparation, **3**, 356
Titanium, (azido)dichloro(η-cyclopentadienyl)-
    preparation, **3**, 356
    reaction with diethylamine, **3**, 355
Titanium, (azobenzene)bis(η-cyclopentadienyl)-
    preparation, **3**, 394
Titanium, (bipyridyl)trichloro(η-allyl)-
    preparation, **3**, 426
Titanium, bis(acetylacetone)chloro(η-cyclopentadienyl)-
    preparation, **3**, 349
Titanium, bis(alane)bis(η-cyclopentadienyl)-
    formation, **3**, 322
Titanium, bis(η-allyl)dichloro-
    preparation, **3**, 426
Titanium, bis(arene)-
    alkene formation and, **3**, 274
    preparation, **3**, 273, 282
Titanium, bis(azido)bis(η-cyclopentadienyl)-
    preparation, **3**, 394
Titanium, bis(η-benzene)-
    structure, **3**, 282
Titanium, bis(benzyl)bis(η-cyclopentadienyl)-
    reaction with carbon monoxide, **3**, 360
Titanium, bis(borohydride)(η-cyclopentadienyl)-
    preparation, **3**, 320
Titanium, bis(butadiene)[1,2-bis(dimethylphosphino)ethane]-
    preparation, **3**, 291
Titanium, bis(cyclooctatetraene)-
    structure, **3**, 426
Titanium, bis(cyclooctatetraenyl)-
    NMR, **3**, 294
    preparation, **3**, 294
Titanium, bis(η-cyclopentadienyl)-
    cation
        preparation, **3**, 309
Titanium, bis(η-cyclopentadienyl)bis(chlorato)-
    preparation, **3**, 382
Titanium, bis(cyclopentadienyl)bis(μ-hydrido)-(dichloroaluminum)-
    preparation, **6**, 948
Titanium, bis(cyclopentadienyl)[bis(μ-hydrido)-dihydridoborate]-
    preparation, **6**, 900
    redox behaviour, **6**, 900
Titanium, bis(cyclopentadienyl)bis(μ-hydrido)-(dihydroaluminum)-, **6**, 948
Titanium, bis(cyclopentadienyl)bis(μ-hydrido)-(dimethylaluminum)-
    preparation, **6**, 949
Titanium, bis(η-cyclopentadienyl)bis(isocyanato)-
    structure, **3**, 373
Titanium, bis(η-cyclopentadienyl)bis(isothiocyanato)-
    structure, **3**, 373
Titanium, bis(cyclopentadienyl)bis(μ-methyl)-(dimethylaluminum)-
    preparation, **6**, 953
Titanium, bis(η-cyclopentadienyl)bis(methylthio)-
    preparation, **3**, 384
Titanium, bis(η-cyclopentadienyl)bis(pentafluorophenyl)-
    preparation, **3**, 408
Titanium, bis(η-cyclopentadienyl)bis(phenylethynyl)-
    preparation, **3**, 409
Titanium, bis(η-cyclopentadienyl)bis(phenylthio)-
    preparation, **3**, 384
    structure, **3**, 385
Titanium, bis(η-cyclopentadienyl)bis(pyrrole)-
    preparation, **3**, 392
Titanium, bis(η-cyclopentadienyl)bis(pyrrolyl)-
    structure, **3**, 426
Titanium, bis(η-cyclopentadienyl)bis[σ-tricarbonyl(η-cyclopentadienyl)manganese]-
    preparation, **3**, 426
Titanium, bis(η-cyclopentadienyl)bis(trideuteromethyl)-
    decomposition, **3**, 401
Titanium, bis(η-cyclopentadienyl)bis(trifluoromethanesulfonato)-
    preparation, **3**, 382
Titanium, bis(η-cyclopentadienyl)bis(trifluoropropynyl)-
    preparation, **3**, 409
Titanium, bis(cyclopentadienyl)bis(trihydroaluminum)-, **6**, 948
Titanium, bis(cyclopentadienyl)bis(trihydroaluminum)(1-octene)-
    preparation, **6**, 948
Titanium, bis(η-cyclopentadienyl)bis(trimethyl phosphite)-

Titanium

preparation, **3**, 291
Titanium, bis(η-cyclopentadienyl)bis(triphenylgermyl)-
  photolysis, **3**, 423
Titanium, bis(η-cyclopentadienyl)(3-butenyloxy)methyl-
  preparation, **3**, 408
Titanium, bis(cyclopentadienyl)(chlorotrimethylaluminum)-
  preparation, **6**, 953
Titanium, bis(cyclopentadienyl)(diethylaluminum)-
  structure, **6**, 949
Titanium, bis(η-cyclopentadienyl)(diethyl ether)methyl-
  preparation, **3**, 310
Titanium, bis(η-cyclopentadienyl)difluoro-
  preparation, **3**, 361
Titanium, bis(η-cyclopentadienyl)dihalo-
  electrochemistry, **3**, 361
  electronic spectra, **3**, 363
  IR spectroscopy, **3**, 362
  mass spectroscopy, **3**, 363
  preparation, **3**, 367
  properties, **3**, 362
Titanium, bis(η-cyclopentadienyl)diiodo-
  preparation, **3**, 361
Titanium, bis(η-cyclopentadienyl)dimercapto-
  preparation, **3**, 384
Titanium, bis(cyclopentadienyl)dimethyl-
  as catalyst in Ziegler-Natta polymerization, **3**, 536
  catalysts in ethylene polymerization, **3**, 272
  photolysis, **3**, 403
  preparation, **3**, 396
  reactions, **3**, 405
  reaction with hydrogen, **3**, 405
  reaction with trimethylaluminum, **3**, 324
  reaction with water, **3**, 358
  reduction, **3**, 302
  thermal decomposition, **3**, 401
Titanium, bis(η-cyclopentadienyl)(dimethylamino)-
  dimer
    preparation, **3**, 306
Titanium, bis(η-cyclopentadienyl)dinitrato-
  preparation, **3**, 382
Titanium, bis(η-cyclopentadienyl)diphenyl-
  photolysis, **3**, 403
  preparation, **3**, 396
  reaction with triethylaluminum, **3**, 322
Titanium, bis(η-cyclopentadienyl)fluoro-
  dimer
    preparation, **3**, 303
Titanium, bis(η-cyclopentadienyl)halo-
  preparation, **3**, 302
Titanium, bis(η-cyclopentadienyl)hydrido-
  polymer, **3**, 316
Titanium, bis(η-cyclopentadienyl)hydroxy(pentafluorophenyl)-
  preparation, **3**, 408
Titanium, bis(η-cyclopentadienyl)iodo-
  dimer
    preparation, **3**, 303
Titanium, bis(η-cyclopentadienyl)methyl-
  ESR spectra, **3**, 311
Titanium, bis(η-cyclopentadienyl)methyl(1,2-diphenylpropenyl)-
  preparation, **3**, 403
Titanium, bis(cyclopentadienyl)(nonahydrohexaborate)-
  dimer
    properties, **6**, 931
Titanium, bis(cyclopentadienyl)(octahydrotriborate)-
  preparation, **6**, 917
Titanium, bis(η-cyclopentadienyl)(pentafluorophenyl)-
  preparation, **3**, 408
Titanium, bis(η-cyclopentadienyl)(triborane)-
  preparation, **3**, 320
Titanium, bis(isopropoxy)dimethyl-
  preparation, **3**, 446
Titanium, bis(naphthalene)-
  reactions, **3**, 283
Titanium, bis(μ-oxy)[μ-(η^1:η^5-tetramethylmethylenecyclopentadienyl)]bis(η^5-pentamethylcyclopentadienyl-
  preparation, **3**, 381
Titanium, bis(η-pentamethylcyclopentadienyl)dimethyl-
  preparation, **3**, 396
  reactions, **3**, 405
Titanium, bis(permethylcyclopentadienyl)-, **8**, 1079
Titanium, bis(tetrahydroborate)bis(cyclopentadienyl)-
  preparation, **6**, 900
Titanium, bis(tetrahydroborate)chloro-
  dimer, **6**, 900
Titanium, bis(tetrahydroborate)(cyclopentadienyl)-
  preparation, **6**, 900
Titanium, bis(tetrahydroborate)halo-
  dimer
    preparation, **6**, 900
Titanium, bis[(trimethylsilyl)methyl]-
  preparation, **3**, 284
Titanium, (borohydride)bis(η-cyclopentadienyl)-
  preparation, **3**, 320
Titanium, (borohydride)chloro(η-cyclopentadienyl)-
  preparation, **3**, 320
Titanium, bromobis(butoxy)(η-cyclopentadienyl)-
  preparation, **3**, 338
Titanium, bromobis(η-cyclopentadienyl)-
  dimer
    preparation, **3**, 303
Titanium, bromobis(cyclopentadienyl)(dibromoboryl)-
  preparation, **6**, 886
Titanium, bromobis(η-cyclopentadienyl)(pentafluorophenyl)-
  preparation, **3**, 408
Titanium, bromobis(η-methylcyclopentadienyl)-
  dimer
    structure, **3**, 303
Titanium, bromochlorobis(η-cyclopentadienyl)-
  preparation, **3**, 361
Titanium, bromo(η-cyclopentadienyl)bis(diethylamino)-
  preparation, **3**, 355
Titanium, bromodichloro(η-cyclopentadienyl)-
  preparation, **3**, 332
Titanium, (η-butadiene)(η-cyclopentadienyl)(η-1-methylallyl)-
  preparation, **3**, 292
Titanium, 2-butene-1,4-diyldioxybis(dichloro(η-cyclopentadienyl)-
  preparation, **3**, 339
Titanium, (3-butenyloxy)(η-cyclopentadienyl)dimethyl-

preparation, **3**, 360
Titanium, (*t*-butoxy)dichloro(methyl)-
  preparation, **3**, 446
Titanium, chlorobis(η-cyclopentadienyl)-
  dimer
    cationic complexes, **3**, 306
    coordination complexes, **3**, 306
    preparation, **3**, 302, 303, 321
    reactions, **3**, 305
    structure, **3**, 303
  reaction with hexamethyldialuminum, **3**, 325
  reaction with lithium tetramethylaluminate, **3**, 325
Titanium, chlorobis(cyclopentadienyl)(dichloroboryl)-
  preparation, **6**, 886
Titanium, chlorobis(cyclopentadienyl)(diphenylboryl)-
  preparation, **6**, 886
Titanium, chlorobis(η-cyclopentadienyl)ethyl-
  formation, **3**, 321
  reaction with triethylaluminum, **3**, 322
Titanium, chlorobis(η-cyclopentadienyl)(isothiocyanato)-
  preparation, **3**, 373
Titanium, chlorobis(η-cyclopentadienyl)(methanesulfinate)-
  preparation, **3**, 383
Titanium, chlorobis(η-cyclopentadienyl)methyl-
  properties, **3**, 405
  reaction with carbon monoxide, **3**, 360
Titanium, chlorobis(η-cyclopentadienyl)(methylamino)-
  preparation, **3**, 392
Titanium, chlorobis(η-cyclopentadienyl)(pentafluorophenyl)-
  preparation, **3**, 408
Titanium, chlorobis(η-cyclopentadienyl)(phenylacetyl)-
  preparation, **3**, 412
Titanium, chlorobis(η-cyclopentadienyl)(phenyldiazenido)-
  preparation, **3**, 356
Titanium, chlorobis(η-cyclopentadienyl)(triethylplumbyl)-
  preparation, **3**, 423
Titanium, chlorobis(η-cyclopentadienyl)(triethylstannyl)-
  preparation, **3**, 423
Titanium, chlorobis(η-cyclopentadienyl)(triphenylgermyl)-
  preparation, **3**, 423
Titanium, chlorobis(η-cyclopentadienyl)(triphenylstannyl)-
  preparation, **3**, 423
Titanium, chlorobis(isopropoxy)methyl-
  preparation, **3**, 446
Titanium, chlorobis(η-methylcyclopentadienyl)-
  dimer
    structure, **3**, 303
Titanium, chloro(η-cyclooctatetraene)
  tetramer
    preparation, **3**, 273
Titanium, chloro(cyclooctatetraenyl)-
  preparation, **3**, 295
Titanium, chloro(cyclopentadienyl)bis(μ-hydrido)-(dihydroaluminum)-, **6**, 948
Titanium, chloro(η-cyclopentadienyl)(methylthio)-
  synthesis, **3**, 352
Titanium, chloro(η-cyclopentadienyl)(μ-oxy)-
  tetramer
    structure, **3**, 351
Titanium, chloro(η-cyclopentadienyl)(pentafluorophenyl)(η-*t*-butylcyclopentadienyl)-
  preparation, **3**, 370
Titanium, chloro(η-cyclopentadienyl)(phenylenedioxy)-
  preparation, **3**, 339
Titanium, chloro(η-cyclopentadienyl)(polypyrazolylborate)-
  preparation, **3**, 357
Titanium, chloro(η-cyclopentadienyl)(tripyrazolylborate)-
  preparation, **3**, 301
Titanium, chloro(η-methylcyclopentadienyl)(μ-oxy)-
  tetramer
    structure, **3**, 350, 351
Titanium, chlorotris(η-cyclopentadienyl)-, **3**, 424
Titanium, chlorotris(*N*,*N*-dimethyldithiocarbamato)-
  structure, **3**, 354
Titanium, chlorotris(η-methylallyl)-
  preparation, **3**, 426
Titanium, chlorotris[(trimethylsilyl)methyl]-
  preparation, **3**, 437
Titanium, cyanochlorobis(η-cyclopentadienyl)-
  preparation, **3**, 373
Titanium, (cycloheptadienyl)(cycloheptatrienyl)-
  preparation, **3**, 292
Titanium, (cycloheptatrienyl)(cyclopentadienyl)-
  preparation, **3**, 293
Titanium, (η-cycloheptatrienyl)(η-methylcyclopentadienyl)-
  preparation, **3**, 294
Titanium, (η-cyclooctatetraene)(dicarbaundecaborane)-
  cations
    preparation, **3**, 326
Titanium, (η-cyclopentadienediyl)(η-cyclopentadienyl)(diethylaluminum)hydrido-
  dimer, **3**, 322
Titanium, (μ-cyclopentadienediyl)tris(η-cyclopentadienyl)di-
  dinitrogen complex, **3**, 320
Titanium, (η-cyclopentadienyl)bis(dimethylamino)-
  dimer
    reaction with phenyl isocyanate, **3**, 301
Titanium, (η-cyclopentadienyl)bis(1,3-dinitrosopropane)methyl-
  preparation, **3**, 360
Titanium, (η-cyclopentadienyl)bis(isothiocyanato)-
  structure, **3**, 356
Titanium, (η-cyclopentadienyl)(η-cycloheptatrienyl)-
  alkyl derivatives, **3**, 293
Titanium, (η-cyclopentadienyl)(η-cyclooctatetraene)iodo-
  preparation, **3**, 296
Titanium, (η-cyclopentadienyl)(η-cyclooctatetraene)triiodo-
  preparation, **3**, 296
Titanium, (cyclopentadienyl)(η^1,η-cyclopentadienyl)(μ-hydrido)(diethylaluminum)-
  structure, **6**, 949
Titanium, (η-cyclopentadienyl)(dicarbadodecaborane)-
  preparation, **3**, 326

Titanium

Titanium, (η-cyclopentadienyl)dihalo-
  magnetic moments, **3**, 298
  preparation and properties, **3**, 298
Titanium, cyclopentadienylhalo-
  as Ziegler–Natta alkene polymerization catalysts, **3**, 493
Titanium, (η-cyclopentadienyl)hydrido-
  fulvalene complex, **3**, 323
Titanium, (cyclopentadienyl)(η-hydrido)(diethylaluminum)-
  preparation, **6**, 949
Titanium, (η-cyclopentadienyl)methylbis(2,2,2-trifluoroethoxy)-
  preparation, **3**, 358
Titanium, (η-cyclopentadienyl)(η-methylcycloheptatrienyl)-
  preparation, **3**, 294
Titanium, (η-cyclopentadienyl)(methyl sulfone)dimethyl-
  preparation, **3**, 360
Titanium, (η-cyclopentadienyl)(nonaicosaoxyphosphaundecatungsten)-
  synthesis, **3**, 351
Titanium, (η-cyclopentadienyl)(octadecaoxypentamolybdenum)-
  synthesis, **3**, 351
Titanium, cyclopentadienyl(phenyl)-
  preparation, **3**, 285
Titanium, (η-cyclopentadienyl)tribenzyl-
  in codimerization of monoalkenes and dienes, **3**, 359
Titanium, (η-cyclopentadienyl)triethoxy-
  preparation, **3**, 338
  reaction with aluminum alkyls, **3**, 322
Titanium, (η-cyclopentadienyl)triiodo-
  preparation, **3**, 332
Titanium, (η-cyclopentadienyl)triisopropoxy-
  preparation, **3**, 338
Titanium, (η-cyclopentadienyl)trimethyl-
  insertion reactions, **3**, 360
  Lewis acidity, **3**, 360
  preparation, **3**, 337, 357
  properties, **3**, 358
  propylene polymerization and, **3**, 358
  reaction with air, **3**, 358
  reaction with carbon monoxide, **3**, 360
  reaction with methyl isocyanate, **3**, 360
Titanium, (η-cyclopentadienyl)triphenyl-
  preparation, **3**, 337, 358
  properties, **3**, 358
Titanium, (η-cyclopentadienyl)tris(diethylamino)-
  preparation, **3**, 355
Titanium, (η-cyclopentadienyl)tris(dimethylamino)-
  reaction with Group VI carbonyls, **3**, 355
  reaction with isopropanol, **3**, 354
Titanium, (η-cyclopentadienyl)tris(N,N-dimethyldithiocarbamato)-
  preparation, **3**, 353
Titanium, (η-cyclopentadienyl)tris(methylthio)-
  synthesis, **3**, 352
Titanium, (η-cyclopentadienyl)tris(phenylthio)-
  preparation, **3**, 352
Titanium, (η-cyclopentadienyl)tris[(trimethylsilyl)methyl]-
  preparation, **3**, 358
Titanium, dialkoxy(η-cyclopentadienyl)-
  dimer, **3**, 302
Titanium, dialkoxy(η-cyclopentadienyl)methyl-
  sulfur dioxide complexes, **3**, 360
Titanium, dialkoxy(cyclopentadienyl sulfone)-(methyl sulfone)-
  preparation, **3**, 360
Titanium, diamido(η-cyclopentadienyl)-
  dimers, **3**, 301
Titanium, diaquobis(η-cyclopentadienyl)-
  dichlorate, complex with THF, **3**, 382
Titanium, diarylbis(η-cyclopentadienyl)-
  decomposition, **3**, 402
Titanium, diaryldicyclopentadienyl-
  thermolysis, **8**, 1082
Titanium, dibenzoato(η-cyclopentadienyl)-
  dimers
    X-ray crystallography, **3**, 300
Titanium, dibenzyl-
  preparation, **3**, 284
Titanium, dibenzylbis(η-cyclopentadienyl)-
  reduction, **3**, 302
  thermal decomposition, **3**, 402
Titanium, dibenzyl(η-cyclopentadienyl)-
  preparation, **3**, 302
Titanium, dibenzyldiethoxy-
  preparation, **3**, 449
Titanium, dibenzyltris(dioxane)-
  preparation, **3**, 285
Titanium, dibromobis(η-cyclopentadienyl)-
  photolysis, **3**, 332
  preparation, **3**, 361
Titanium, dibromo(bromophenoxy)(η-cyclopentadienyl)-
  preparation, **3**, 342
Titanium, dibromo(dimethyl)-
  synthesis, **3**, 434
Titanium, dibutylbis(η-cyclopentadienyl)-
  thermolysis, **3**, 420
Titanium, dicarbonylbis(η-cyclopentadienyl)-
  crystal structure, **3**, 285
  preparation, **3**, 285
  reactions, **3**, 287
  spectroscopy, **3**, 285
Titanium, dicarboxylato(η-cyclopentadienyl)-
  dimers
    preparation, **3**, 300
Titanium, dichlorobis(η-cyclopentadienyl)-
  cancerostatic activity, **3**, 360
  catalyst in hydromagnesiation of alkenes and alkynes, **3**, 276
  as catalyst in Ziegler–Natta polymerization, **3**, 535
  complex with bis(triethylgermyl)cadmium, **3**, 423
  hydrolysis, **3**, 378
  IR spectroscopy, **3**, 361
  NMR, **3**, 361
  organic halide reduction by, **3**, 275
  organotitanium compound preparation from, **3**, 271
  photoelectron spectra, **3**, 363
  photolysis, **3**, 332
  preparation, **3**, 361
  propene oxide deoxygenation and, **3**, 274
  purification, **3**, 361
  reaction with aluminum alkyl derivatives, **3**, 322
  reaction with chlorodiethylaluminum, **3**, 321
  reaction with dichloroethylaluminum, **3**, 321
  reaction with lithium decacarbonyltricobaltate, **3**, 377
  reaction with octacarbonyldicobalt, **3**, 375
  reaction with triethylaluminum, **3**, 321, 322
  reaction with trimethylaluminum, **3**, 324

reduction with ethylaluminum complexes, **3**, 321
X-ray crystal structure, **3**, 363
Titanium, dichlorobis(η-ethyltetramethylcyclopentadienyl)-
  properties, **3**, 366
Titanium, dichlorobis(η-indenyl)-
  preparation, **3**, 370
Titanium, dichlorobis(η-methylcyclopentadienyl)-
  photoelectron spectra, **3**, 363
  preparation, **3**, 332
  structure, **3**, 363
Titanium, dichlorobis(η-pentadeuterocyclopentadienyl)-
  preparation, **3**, 365
Titanium, dichlorobis(η-pentamethylcyclopentadienyl)-
  structure, **3**, 363
Titanium, dichlorobis[(trimethylsilyl)methyl]-
  preparation, **3**, 437
Titanium, dichloro(η-cyclopentadienyl)-
  coordination complexes, **3**, 299
  dicationic complexes, **3**, 299
  reaction with lithium reagents of chelating benzyl and phenyl ligands, **3**, 302
  reaction with magnesium and fluorobenzene, **8**, 1082
  reduction with sodium dicarbadodecaborane, **3**, 326
Titanium, dichloro(η-cyclopentadienyl)(dimethylphenylphosphiniminato)-
  preparation, **3**, 356
Titanium, dichloro(η-cyclopentadienyl)(dinitrogen)phenyl-
  preparation, **3**, 337
Titanium, dichloro(η-cyclopentadienyl)[(4-hydroxy-2-butenyl)oxy]-
  preparation, **3**, 339
Titanium, dichloro(η-cyclopentadienyl)(η-indenyl)-
  preparation, **3**, 370
Titanium, dichloro(η-cyclopentadienyl)methoxy-
  preparation, **3**, 339
Titanium, dichloro(η-cyclopentadienyl)(η-methylcyclopentadienyl)-
  preparation, **3**, 373
Titanium, dichloro(η-cyclopentadienyl)(naphthylthio)-
  preparation, **3**, 352
Titanium, dichloro(η-cyclopentadienyl)(η-pentadeuterocyclopentadienyl)-
  preparation, **3**, 366
Titanium, dichloro(η-cyclopentadienyl)(phenylthio)-
  preparation, **3**, 352
Titanium, dichloro(η-cyclopentadienyl)[η-(1-phenylvinyl)cyclopentadienyl]-
  preparation, **3**, 366
Titanium, dichloro(η-cyclopentadienyl)(polypyrazolylborate)-
  preparation, **3**, 357
Titanium, dichloro(η-cyclopentadienyl)(2,2,2-trifluoroethoxy)-
  preparation, **3**, 339
Titanium, dichloro(η-cyclopentadienyl)(trimethylphosphiniminato)-
  preparation, **3**, 356
Titanium, dichlorodicyclopentadienyl-
  dinitrogen reaction with, **8**, 1082
  reaction with dinitrogen
    aromatic amine preparation, **8**, 1081
  reaction with EtMgBr, **8**, 1077
  reaction with isopropylmagnesium chloride under dinitrogen, **8**, 1077
  reaction with octacarbonyldicobalt, **5**, 165
Titanium, dichloro(dimethyl)-
  synthesis, **3**, 434
  thermal stability, **3**, 438
Titanium, dichloro(isopropoxy)methyl-
  properties, **3**, 446
Titanium, dichloro[methylenebis(cyclopentadienyl)]-
  structure, **3**, 363
Titanium, dichloro(methyl)tris(pyridine)-
  preparation, **3**, 297
Titanium, dichloro(phenyl)tris(pyridine)-
  preparation, **3**, 297
Titanium, dicyclopentadienyldiphenyl-
  benzyne preparation from, **8**, 1082
  reaction with dinitrogen
    aromatic amine preparation, **8**, 1081
Titanium, dihalobis(η-indenyl)-
  preparation, **3**, 366
Titanium, diphenoxybis[(trimethylsilyl)methyl]-
  preparation, **3**, 448
Titanium, diphenyl-
  addition reactions, **3**, 285
  preparation, **3**, 284
Titanium, (dipyridyl)bis(η-cyclopentadienyl)-
  properties, **3**, 287
Titanium, ditoluene-
  alumina supported
    as catalyst in Ziegler–Natta polymerization, **3**, 584
Titanium, ethyltris(diethylamine)-
  preparation, **3**, 272
Titanium, hexacarbonyl-
  geometry, **3**, 15
  preparation, **3**, 285
Titanium, hexachlorotris(hexamethylbenzene)tri-
  structure, **3**, 283
Titanium, hexakis(η-cyclopentadienyl)octakis(μ$_3$-oxy)hexa-
  structure, **3**, 351
Titanium, hexakis(η-cyclopentadienyl)octaoxyhexa-
  structure, **3**, 290
Titanium, hexamethoxybis(dimethylphosphinidinedimethylene-
  preparation, **3**, 450
Titanium, (μ-hydrido)[bis(μ-hydrido)(diethylaluminum)]bis[(cyclopentadienyl)-
  preparation, **6**, 949
Titanium, iodotrimethyl-
  preparation, **3**, 437
Titanium, oxybis(aquobis(η-cyclopentadienyl)-
  preparation, **3**, 380
Titanium, oxybis[bis(acetato)(η-cyclopentadienyl)-
  preparation, **3**, 349
Titanium, oxybis(bis(η-cyclopentadienyl)methyl-
  preparation, **3**, 381
Titanium, oxybis[dichloro(η-cyclopentadienyl)-
  preparation, **3**, 349
  structure, **3**, 351
Titanium, oxypoly[chloro(η-cyclopentadienyl)-
  structure, **3**, 350
Titanium, phenyltris(isopropoxy)-
  preparation, **3**, 444
Titanium, (pinacolate)bis[dichloro(η-cyclopentadienyl)-
  structure, **3**, 348

Titanium

Titanium, silylenebis[bis(η-cyclopentadienyl)-
  preparation, **3**, 423
Titanium, tetraadamantyl-
  preparation, **3**, 471
Titanium, tetrabenzyl-, **3**, 464
  as alkene polymerization catalysts, **3**, 272
  as butadiene polymerization catalyst, **3**, 469
  as catalyst in polymerization of butadiene, **3**, 537
  as ethylene polymerization catalyst, **3**, 467
  as hydrogenation catalyst, **3**, 467
  NMR, **3**, 465
  preparation, **3**, 434
  in preparation of Ziegler–Natta polymerization catalysts, **3**, 531
  reaction with aluminum, **3**, 534
  reaction with boranes, **3**, 463
  reaction with carbon dioxide, **3**, 466; **8**, 252
  reaction with oxygen, **3**, 466
  reaction with tribenzylaluminum, **3**, 468
  stability, **3**, 458
  as Ziegler–Natta alkene polymerization catalysts, **3**, 493
Titanium, tetrabutoxy-
  reaction with dinitrogen
    aromatic amine preparation, **8**, 1081
Titanium, tetrabutyl-
  preparation, **3**, 464
Titanium, tetrachloro-
  reaction with diethyl zinc, **3**, 271
Titanium, tetracyclohexyl-
  preparation, **3**, 472
Titanium, tetrakis(2-butenyl)-
  as catalyst in polymerization of butadiene, **3**, 537, 539
Titanium, tetrakis(cyanomethyl)-
  preparation, **3**, 471
Titanium, tetrakis(η-cyclopentadienyl)-, **3**, 424
Titanium, tetrakis(deutoxy)-
  reaction with triethylaluminum, **3**, 322
Titanium, tetrakis(dimethylamino)-
  reaction with acetylenedicarboxylic esters, **3**, 458
Titanium, tetrakis(isopropoxy)-
  in dinitrogen reduction, **8**, 1080
  dinitrogen reduction by, **8**, 1079
Titanium, tetrakis(η-methylallyl)-
  preparation, **3**, 426
Titanium, tetrakis(2-methyl-1-phenylpropenyl)-
  preparation, **3**, 472
Titanium, tetrakis(pentafluorophenyl)-
  properties, **3**, 464
Titanium, tetrakis(silylmethyl)-, **3**, 469
Titanium, tetrakis[(trimethylsilyl)methyl]-
  autoxidation, **3**, 470
  preparation, **3**, 469
  reaction with nitric oxide, **3**, 470
  stability, **3**, 458
  thermal decomposition, **3**, 470
Titanium, tetrakis[(trimethylstannyl)methyl]-
  thermal decomposition, **3**, 470
Titanium, tetramesityl-
  preparation, **3**, 464
Titanium, tetramethyl-, **3**, 459
  adducts, **3**, 94, 462
  exchange reactions, **3**, 463
  preparation, **3**, 271, 433
  reactions with boranes, **3**, 463
  reaction with carboxylic acids, **3**, 462
  thermal stability, **1**, 7

Titanium, tetraneopentyl-, **3**, 469
  preparation, **3**, 469
Titanium, tetranorbornyl-
  preparation, **3**, 272, 471
Titanium, tetraphenyl-, **3**, 464
  preparation
    Grignard reagents in, **1**, 196
Titanium, trialkoxy(η-cyclopentadienyl)-
  preparation, **3**, 338
Titanium, tribenzylchloro-
  as catalyst in Ziegler–Natta polymerization, **3**, 584
Titanium, tribenzyl(diethylamino)-
  decomposition, **3**, 458
Titanium, tribenzyliodo-
  as catalyst in cis-1,4-polybutadiene preparation, **3**, 537
  as catalyst in polymerization of butadiene, **3**, 539
Titanium, tribenzylmethyl-
  reaction with boranes, **3**, 463
Titanium, tribromo(η-cyclopentadienyl)-
  preparation, **3**, 332
  structure, **3**, 336
Titanium, tribromo(methyl)-
  adducts, **3**, 438
  synthesis, **3**, 434
  thermal stability, **3**, 438
  thioxane adduct, **3**, 439
Titanium, tribromo(η-pentamethylcyclopentadienyl)-
  preparation, **3**, 342
Titanium, tribromo(phenyl)-
  thermal stability, **3**, 438
Titanium, tribromo(p-tolyl)-
  dioxane adduct, **3**, 439
  thermal stability, **3**, 438
Titanium, trichloro(η-cyclopentadienyl)-
  aryldiazenido complexes, **3**, 356
  hydrolysis, **3**, 336
  Lewis acidity, **3**, 336
  preparation, **3**, 332
  properties, **3**, 336
  reaction with dinitrogen
    aromatic amine preparation, **8**, 1081
  reaction with ethylaluminum complexes, **3**, 321
  reaction with sodium tetracarbonylcobaltate, **3**, 337; **5**, 166
  reduction, **3**, 273
  structure, **3**, 332
Titanium, trichloro(methyl)-
  adducts, **3**, 438, 439, 441
  diethyl ether adduct, **3**, 438
  preparation, **3**, 271, 433, 434
  reactions, **3**, 440
  reaction with iodine, **3**, 440
  reaction with olefins, **3**, 442
  synthesis, **3**, 434
  thermal stability, **3**, 438
  THF adduct, **3**, 438
Titanium, trichloro(pentafluorophenyl)-
  preparation, **3**, 437
Titanium, trichloro(η-pentamethylcyclopentadienyl)-
  hydrolysis, **3**, 336
  preparation, **3**, 332
Titanium, trichloro(phenyl)-
  preparation, **3**, 437
  thermal stability, **3**, 438
Titanium, trichloro[(trimethylsilyl)methyl]-
  preparation, **3**, 437

thermal stability, **3**, 438
Titanium, trichlorotris(tetrahydrofuran)-
  magnesium reduction, **8**, 1079
Titanium, trichloro(vinyl)-
  preparation, **3**, 437
Titanium, trihydrido[1,2-bis(dimethylphosphino)-
  ethane]-
  preparation, **3**, 296
Titanium, triisopropoxy(phenyl)-
  preparation, **3**, 271, 433
Titanium, tris(acetato)(η-cyclopentadienyl)-
  preparation, **3**, 348
Titanium, tris(acetato)(η-pentamethylcyclopenta-
  dienyl)-
  preparation, **3**, 348
Titanium, tris(benzoato)(η-cyclopentadienyl)-
  preparation, **3**, 348
Titanium, tris[bis(trimethylsilyl)methyl]-
  preparation, **3**, 272, 297
Titanium, tris(cyclohexenyl)-
  preparation, **3**, 298
Titanium, tris(cyclooctatetraenyl)di-
  preparation, **3**, 294
Titanium, tris(cyclopentadienyl)nitrosotetraoxy-
  preparation, **3**, 357
Titanium, tris(diethylamino)(phenylethynyl)-
  preparation, **3**, 452
Titanium, tris(isopropoxy)methyl-
  preparation, **3**, 444
Titanium, tris(isopropoxy)phenyl-
  structure, **3**, 445
Titanium, tris(2-pentenyl)-
  preparation, **3**, 298
Titanium, tris(tetrahydroborate)-
  preparation, **6**, 900
Titanium, tris(tetrahydroborate)bis(tetrahydro-
  furan)-
  preparation, **6**, 900
Titanium alkoxides
  in ethylene oligomerization, **8**, 377
  in Ziegler–Natta alkene polymerization cata-
    lysts, **3**, 531
  as Ziegler–Natta catalysts, **3**, 533
Titanium complexes
  acyl
    synthesis, **8**, 112
  ammonia production by thermolysis, **8**, 1077
  asymmetric epoxidation and, **8**, 494
  catalyst
    in 1-butene oligomerization, **8**, 389
  catalysts
    in oligomerization of isoprene, **8**, 401
  support on polymers
    cyclopentadienyl ligands and, **8**, 554
  ylide ligands, **3**, 450
Titanium compounds
  aluminum alkyl oxidation catalysts, **7**, 378
  in butadiene polymerization, **7**, 450
  in carbometallation of alkynes, **7**, 390
  catalyst
    organoaluminum compound reactions, **7**, 384
  metallacyclopentane complexes
    in alkene oligomerization, **8**, 374
  nitrogen fixation, **8**, 1080
Titanium salts
  alkyne cyclotrimerization and, **1**, 666
  aluminum tribromide complex, **8**, 1080
  catalysts
    hydrogenolysis of triorganoaluminum com-
      pounds, **1**, 630
    hydralumination promotion by, **1**, 642

Titanium tetraalkoxides
  as catalysts in preparation of 1,4-polypenta-
    diene, **3**, 541
Titanium tetrachloride
  complex with aluminum trichloride, **8**, 1080
  complex with ethyl anisate
    as catalyst for propylene polymerization, **3**, 520
  in polyethylene catalysts, **7**, 447
  in polypropylene catalysts, **7**, 448
  reaction with dinitrogen
    aromatic amine preparation, **8**, 1081
  as reagent in organic chemistry, **3**, 273
  sodium naphthalenide reduction
    ammonia preparation from dinitrogen, **8**, 1079
Titanium tetraiodide
  as catalyst in polymerization of isoprene, **3**, 539
Titanium tetralkoxides
  in preparation of catalysts for polymerization of
    isoprene, **3**, 539
Titanium trichloride
  alkyl reduced
    as propylene polymerization catalysts, **3**, 516
  as catalyst for polymerization of butadiene, **3**, 539
  as catalyst in ethylene polymerization, **3**, 521
  in isoprene polymerization, **7**, 450
  in polypropylene catalysts, **7**, 448
  structure, **3**, 519
    Ziegler–Natta polymerization and, **3**, 486
  in Ziegler–Natta polymerization
    modifications during, **3**, 486
  as Ziegler–Natta polymerization catalysts for
    propylene
    Lewis bases in, **3**, 511
  in Ziegler–Natta polymerization of propylene, **3**, 510
Titanium(II) complexes
  reaction with carbon dioxide, **8**, 238
Titanium(III), tris(cyclopentadienyl)-
  preparation, **3**, 314
Titanium(III) complexes
  reaction with carbon dioxide, **8**, 238
Titanium(III) polymers
  inorganic, **3**, 299
Titanium(III) salts
  in stoichiometric hydrogenation, **8**, 315
Titanium(IV)
  σ-bonded hydrocarbyl, **3**, 433–472
  reduction to titanium(II), **8**, 1080
Titanium(IV), alkoxy(η-cyclopentadienyl)-
  properties, **3**, 347
Titanium(IV), (η-cyclopentadienyl)phenoxy-
  properties, **3**, 347
Titanium(IV), (η-cyclopentadienyl)siloxy-
  properties, **3**, 347
Titanium(IV), trichloro(η-cyclopentadienyl)-
  solubility in ammonia, **3**, 355
  solubility in methylamine, **3**, 355
Titanium(IV), tris(amido)(η-cyclopentadienyl)-
  preparation, **3**, 354
Titanium(IV) chloride
  reaction with alkyllithium, **1**, 50
Titanium(IV) complexes
  alkyl halides, **3**, 434–444
    synthesis, **3**, 434
  mono(η-cyclopentadienyl) alkoxide halides, **3**, 343

Titanium(IV) salts
  hydralumination with lithium aluminum hydride and, **1**, 644
Titanocene, **3**, 314–320
  catalyst
    in transformation of ethylene, **3**, 272
  chemistry, **3**, 272
  complexes
    metathesis reactions and, **8**, 511
  dimeric complex, **8**, 1079
  dinuclear dinitrogen complex, **8**, 1077
  metathesis catalysts, **8**, 523
  preparation, **3**, 315
  reaction with deuterium, **3**, 317
  supported
    hydrogenation catalyst, **8**, 576
Titanocene, decamethyl-
  decomposition, **3**, 318
  dinitrogen derivatives
    decomposition, **3**, 318
    X-ray crystallography, **3**, 318
  hydrogen replacement by deuterium, **3**, 318
  magnetic moment, **3**, 318
  reaction with dinitrogen, **3**, 317
  synthesis, **3**, 317
Titanocene, diferrocenyl-
  preparation, **3**, 425
Titanocene dichloride
  exchange reactions, **8**, 1048
Titanocyclobutanes
  preparation, **8**, 531
Titanous chloride
  in nitrogen fixation
    molybdenum systems, **8**, 1097
Tocol, methyl-
  synthesis
    nickel catalysed, **8**, 722
Tolan
  reaction with cyclobutadienenickel complexes, **6**, 187
  reaction with 1-methyl-1-trimethylsilyl-2,5-diphenylsilole, **2**, 261
  reaction with silole, **2**, 259
Tolman's 16–18-electron analysis, **3**, 67
Toluene
  dithallation, **7**, 499
  hydrogen/deuterium exchange, **6**, 611
  mercuration, **2**, 875
  nickel complexes, **6**, 229
  polylithiation, **1**, 56
  thallation, **7**, 500
Toluene, bromo-
  reaction with tris(triethylphosphine)platinum, **6**, 520
Toluene-3,4-dithiol
  reaction with dimethylindium acetate, **1**, 718
  reaction with trimethylindium, **1**, 719
p-Toluenesulfonamide, *N*-methyl-*N*-nitroso-
  reaction with pentacarbonylhydridomanganese, **4**, 68
p-Toluenesulphonyl azide
  reaction with nonacarbonyltris(triphenylphosphine)triruthenium, **4**, 875
p-Toluidine
  reaction with dialkylzinc, **2**, 842
Tosylates
  chiral
    reaction with organometallic compounds, **7**, 52
  reaction with lithium organocuprates, **7**, 702

Tosylhydrazones
  Shapiro reaction, **7**, 54
Toughness
  silicones, **2**, 349
Toxicity
  beryllium compounds, **1**, 122
  nickel tetracarbonyl, **6**, 7–8
  organoboranes, **1**, 270
  organolead compounds, **2**, 673
  organomercurials, **2**, 864
  organotin compounds, **2**, 608–610
Toxicology
  silicones, **2**, 359
Transalkoxylation
  germanium–oxygen compounds, **2**, 443
Transalkylation
  alkyltris(cyclopentadienyl)uranium, **3**, 246
  lead alkyls, **2**, 641
  from lead to mercury
    abiotic, **2**, 982
  from methyltin to mercury, **2**, 982
Transamination
  aminosilane preparation by, **2**, 121
  germanium–nitrogen bond preparation by, **2**, 447
  germanium–nitrogen bonds, **2**, 454
  stannylamines, **2**, 601
Transannular addition
  alkyl halides
    to tetrakis(propylene isocyanides)di-, **5**, 382
Trans-annular coupling
  chelated η^3-allyl–iron complexes, **4**, 424
Transannular reactions
  thallium(III) compounds, **7**, 491
Trans effect
  in palladium(II) compounds, **6**, 236
Transesterification
  supported catalysts in, **8**, 602
Transfer reactions
  (η^3allyl)palladium complexes, **6**, 423
  intermolecular
    alkenylboron compounds, **7**, 316
    arylborates, **7**, 332
  intramolecular
    alkenylboron compounds, **7**, 312, 315
    arylboranes, **7**, 329
    arylborates, **7**, 330
    α-haloalkenylboranes, **7**, 310
    γ-hetero-substituted alkenylboranes, **7**, 311
  organoboranes, **7**, 130
Trans influence
  in palladium(II) compounds, **6**, 236
Transition elements
  silylmethyl derivatives, **2**, 93
Transition metal alkoxides
  reaction with carbon dioxide, **8**, 258
Transition metal alkyls
  propagation at
    in Ziegler–Natta polymerization, **3**, 490
Transition metal amides
  reaction with carbon dioxide, **8**, 258
Transition metal catalysts
  supported
    reactions catalyzed by, **8**, 594
Transition metal clusters
  in catalytic hydrogenation, **8**, 326
Transition metal complexes
  anionic carbonyl
    nucleophilicites, **4**, 29
  σ-bonded organo

reaction with carbon dioxide, **8**, 249
carbon dioxide, **8**, 231, 234
carbon dioxide hydrides, **8**, 240
carbonyl
   C_{3v}, frontier molecular orbitals;, **3**, 20
   18-electron rule, **3**, 17
carbonyl gallium, **1**, 719
carbonyl indium, **1**, 719
reaction with carbon dioxide, **8**, 229–265
reaction with organohydrogermanes, **2**, 433
supported
   as catalysts for hydrogenation, **8**, 288
transition metal–mercury bond formation from, **6**, 996
Transition metal compounds
   σ-bonded organo
      reaction with carbon dioxide, **8**, 250
   cadmium, **6**, 1003–1010
   dinitrogen reactions promoted by, **8**, 1073–1104
   organogermyl
      preparation, **2**, 470
   zinc, **6**, 1003–1010
Transition metal dimers
   in catalytic hydrogenation, **8**, 326
Transition metal halides
   reaction with decaborane anions, **1**, 489
   reaction with triborane anions, **1**, 491
Transition metal hydrides
   reaction with mercury compounds, **6**, 996
   transition metal–cadmium or –zinc compound preparation from, **6**, 1003
Transition metal hydroxides
   reaction with carbon dioxide, **8**, 258
Transition metal reagents
   reactions with *nido*-carborane anions, **1**, 502
Transition metals
   as active centre in Ziegler–Natta alkene polymerization, **3**, 493
   alkene and polyene complexes
      bonding, **3**, 47–75
   alkylated anions
      preparation by Grignard reagents, **1**, 197
   alkylation
      Grignard reagents in, **1**, 196
   aluminum alkyl systems, **7**, 390
   σ-bonded boron derivatives, **1**, 329
   bonding to carbonyl complexes, **3**, 2
   bonding to unsaturated compounds, **3**, 1–80
   cadmium compounds, **6**, 983–1039
   carbometallation and, **1**, 661
   carbonyl complexes
      bonding, **3**, 16
      force constants, **3**, 9
      frontier molecular orbitals, **3**, 18
      frontier molecular orbitals, molecular orbital analysis, **3**, 18
      geometries, **3**, 12
      cis-labilization, **3**, 24
      methyl migration in, **3**, 26
      reactions, theory, **3**, 24
      synergic bonding, **3**, 3
      UV photoelectron spectra, **3**, 5, 6
   catalysts
      in alkylation of organomercury compounds, **2**, 964
      in Grignard reactions with alkenes, **1**, 169
      in Grignard reaction with alkynes, **1**, 170
      hydrosilylation and, **2**, 310
      in thermal decomposition of organomercury compounds, **2**, 956
   as centre in Ziegler–Natta polymerization
      asymmetry and, **3**, 500
   cluster compounds
      structure, **1**, 32
   coordination geometry in Group IV complexes, **6**, 1106
   dinitrogen bonding to, **8**, 1075
   donor–acceptor adducts with mercury halides, **6**, 985
   effect on organoaluminum reactions, **1**, 658
   Group IV complexes
      bonding, **6**, 1101–1110
   Group IV compounds
      bond lengths, **6**, 1102
   Group IV triangles, **6**, 1107, 1109
   heteronuclear metal–metal bonds between, **6**, 763–873
   hexamethyldisilazane derivatives, **2**, 129
   hydrides
      reaction with carbon dioxide, **8**, 239
   insertion into 11-vertex boranes, **1**, 528
   insertion reactions
      into tetradecaboranes, **1**, 531
   iron group–Group IV complexes, **6**, 1080
   magnesium compounds, **6**, 983–1039, 1011–1039
   magnesium derivatives
      properties, **6**, 1037
   mercury bonds, **6**, 993–1003
   mercury compounds, **6**, 983–1039
      properties, **6**, 997
      structure, **6**, 1001
   metallacarboranes
      skeletal electron population, **1**, 468
   organolead compounds, **2**, 668
   organometallic
      with metal–metal bonds, **6**, 1043–1110
   oxo bonds
      in metathesis of functionalized olefins, **8**, 547
   phospha- and arsa-metallocarborane derivatives, **1**, 549
   polyhedra derivatives
      Wade's rules and, **1**, 473
   reaction with diorganylmagnesium compounds, **1**, 207
   sandwich compounds, **3**, 28
   siloxy derivatives, **2**, 158
   silylcarbene derivatives, **2**, 92–94
   zinc compounds, **6**, 983–1039
Transition metal salts
   aluminum alkyl dissociation catalyzed by, **1**, 638
   hydralumination promotion by, **1**, 642
Transmercuration, **2**, 874
Transmetallation
   alkenylboranes, **7**, 308
   alkenylboron compounds, **7**, 316
   alkyl and aryl rhodium complex preparation by, **5**, 375
   allylic alkali metal compound preparation by, **1**, 97
   allylic organoborane preparation by, **7**, 351
   allylic organoboranes, **7**, 356
   in π-allylpalladium complex formation, **8**, 810
   in arylation
      organopalladium complexes in, **8**, 855
   arylboranes, **7**, 327
   chloro(diene)rhodium complexes, **5**, 473
   2,4-diboracyclohexa-1,4-diene preparation by, **1**, 332

Transmetallation

diorganylmagnesium compound preparation by, **1**, 199
in germanium–metal compounds, **2**, 471
germanium–nitrogen bond preparation by, **2**, 447
germylene preparation by, **2**, 449
mercury
  mechanism, **2**, 871
organoalkali metal compound preparation by, **1**, 61, 62
organoarsenic compound preparation by, **2**, 685
organoboranes, **1**, 272
organogermanethiolate preparation by, **2**, 444
organogermylphosphine preparation by, **2**, 459
organomercury compound preparation by, **2**, 869
organomercury compounds, **2**, 961
organozinc compounds preparation by, **2**, 833
(η-pentamethylcyclopentadienyl)diiodo(triphenylphosphine)rhodium, **5**, 407
in preparation of dialkyl and diaryl compounds of alkaline earth metals, **1**, 230
in preparation of three-coordinate acyclic organoboranes, **1**, 271, 283
  tin compounds in, **1**, 283
thallation, **7**, 502
three-coordinated organoboranes, **1**, 284
vinylalkali metal compound preparation by, **1**, 92
vinylpalladium complexes, **8**, 877
Transparency
  silicones
    applications, **2**, 356
Transphosphination
  germylphosphine preparation by, **2**, 461
Trans-silylation, **7**, 627
  amino silanes, **2**, 123
Transylidation, **7**, 627
Trialkylsilane group
  carbanions adjacent to, **7**, 519
Trialkylstannyl radicals
  reactions, **2**, 596
Trialkyltin radicals
  generation, **2**, 594
1,2,6-Triarsatricyclo[2.2.1.0^{2,6}]heptane, 4-methyl-
  preparation, **2**, 702
1,8,10,9-Triazaboradecalin
  synthesis, **1**, 358
1,2,4,3,5-Triazadiborolidine
  as ligand precursor, **1**, 402
1,3,4,2,5-Triazadiborolidine
  preparation, **1**, 369
Triazene, diaryl-
  anions
    reaction with chloro(cyclooctadiene)rhodium dimer, **5**, 468
Triazene, 1,3-diphenyl-
  exchange reactions with (η^3-allyl)halopalladium complexes, **6**, 422
Triazene, 1-methyl-3-phenyl-
  exchange reactions with (η^3-allyl)halopalladium complexes, **6**, 422
Triazenes
  silyl, **2**, 140
Triazenide ligands
  cyclopentadienyl cobalt complexes, **5**, 254
Triazenido ligands
  pentamethylcyclopentadienyl rhodium complexes, **5**, 368
  rhodium complexes, **5**, 291
  ruthenium complexes, **4**, 705
  preparation, **4**, 706
Triazenone, tetrahydro-
  from palladium(II) carbene complexes, **6**, 299
Triazides
  trimethylsilyl
    IR spectra, **2**, 143
Triazine, dihydro-
  synthesis, **7**, 21
Triazine, diphenyl-
  rhenium complexes, **4**, 200
Triazines
  synthesis, **7**, 59
1,3,5-Triazines
  alkylation
    organometallic compounds in, **7**, 17
Triazole, 2-aryl-
  cyclometallation
    rhodium complexes in, **5**, 396
Triazole, 2,4,6-triphenyl-
  preparation, **1**, 701
1,2,4-Triazole, 1-(tricyclohexylstannyl)-
  in agriculture, **2**, 611
1,2,4-Triazole, N-(trimethylsilyl)-
  preparation, **2**, 138
Tribenzosilepin, tetraphenyl-
  synthesis, **2**, 284
9H-Tribenzo[b,d,f]silepin, 9,9-dimethyl-
  synthesis, **2**, 284
Tribenzo[b,e,h]-1,4,7-trimercuronin
  structure, **2**, 906
Tribomechanical activation
  in metallic nickel reaction with CO, **6**, 4
1,2,4-Triboracyclopenta-3,5-diyl
  triple-decked complexes, **1**, 390
1,2,3-Triboracyclopent-4-ene
  triple-decked complexes, **1**, 390
Triborane
  anions
    reaction with transition metal halides, **1**, 491
  nickel complexes, **6**, 215
Triborane anions
  reaction with metal reagents, **1**, 490
Triboraphosphane, 1,2,3,4,5,6-hexahydro-
  preparation, **1**, 371
Triborates, heptahydro-
  organotransition metal complexes, **6**, 919, 920
Triborates, octahydro-
  organotransition metal complexes, **6**, 916, 918
Triborates, trihydro-
  organotransition metal complexes, **6**, 921
Tributyl borate
  reaction with lithium ruthenocene, **4**, 769
Tricarbahexaborane, 2-methyl-
  insertion of metal-ligand groups, **1**, 474
Tricarba-$nido$-hexaborane
  bridging-proton abstraction, **1**, 437
Tricarba-$nido$-hexaborane, 2-methyl-
  reaction with manganese reagents, **1**, 461
2,3,4-Tricarba-$nido$-hexaborane
  alkyl derivatives
    synthesis, **1**, 422
Tricarba-$closo$-octaborane
  mass spectrometry, **1**, 420
  NMR, **1**, 433
  stability, **1**, 432
  structure, **1**, 415
  synthesis, **1**, 427
Trichodermin

synthesis, **8**, 997
Trichosene
 synthesis from 2-hexadecene and 9-octadecene, **8**, 502
Trichothecane
 stereocontrolled synthesis, **8**, 998
 synthesis, **8**, 997
Tricobaltaheptaborane, tris(η-cyclopentadienyl)-
 preparation, **1**, 498
 structure, **1**, 460
Tricobaltaheptaborane, tris(cyclopentadienyl)tetrahydro-
 structure, **6**, 924
Tricobaltaheptaborane, tris(η-pentamethylcyclopentadienyl)-
 preparation, **1**, 498
Tricobaltahexaborane, tris(η-cyclopentadienyl)-
 preparation, **1**, 497
 structure, **1**, 468
1,2,3-Tricobaltahexaborane, tris(η-cyclopentadienyl)-
 preparation, **1**, 497
Tricobaltaoctaborane, tris(η-cyclopentadienyl)-
 preparation, **1**, 505, 506
1,2,3-Tricobaltaoctaborate, 8-cyclopentyltris(cyclopentadienyl)tetrahydro-
 structure, **6**, 930
1,2,3-Tricobaltaoctaborate, tris(cyclopentadienyl)pentahydro-
 structure, **6**, 930
Tricobaltatetraborane, nonacarbonyl(triethylamino)-
 preparation, **1**, 487
 synthesis, **1**, 491
Tricyclododecadiene
 palladium complexes, **6**, 364, 365
Tricyclo[4.1.0.0]heptane
 ring opening
  palladium η^3-allylic complex formation from, **6**, 399
Tricyclohexyllead radicals
 electron spin resonance, **2**, 635
Tridecyl chloride
 preparation, **7**, 721
η-Triene ligands
 rotation, **3**, 111, 115
η^4-Triene ligands
 fluctionality, **3**, 146
η^6-Triene ligands
 rhodium complexes, **5**, 492
Trienes
 acyclic
  reaction with dodecacarbonyltriruthenium, **4**, 751
 conjugated
  germylene addition reactions, **2**, 486
 cyclic
  reaction with dodecacarbonyltriruthenium, **4**, 850
  hydroboration, **7**, 208
  hydrogenation, **8**, 342
 preparation from alkynes
  organoaluminum compounds in, **1**, 664
 reaction with (cyclooctadiene)(η^3-cyclooctenyl)cobalt, **5**, 222
 reaction with thallium(III) compounds, **7**, 498
 selective hydrogenation, **8**, 336
 selective reduction, **6**, 673
 unconjugated
  hydrogenation, **8**, 337
1,2,3-Trienes

rhodium complexes, **5**, 440
Triethylamine
 complexes with organoberyllium compounds, **1**, 131
 Grignard reagent structure in, **1**, 182
 heat of interaction with ethyllithium, **1**, 69
 in preparation of Grignard reagents, **1**, 158
 reaction with 6-benzyldecaborane, **1**, 450
η^5-1,2,3-Triethylcyclopentadienyl ligands
 trinuclear iron complexes, **4**, 621
Triflate — see Copper(I) triflate
Trifluoroacetic anhydride
 reaction with alkenylboranes, **7**, 310
Trifluorophosphine ligands
 transition metal complexes
  photoelectron spectra, **3**, 6
Trifluorophosphole ligands
 cobalt complexes, **5**, 235
Trigonal bipyramidal structure
 bis(polyfluorophenyl)thallium compounds, **1**, 737
Trigonal twist mechanism, **3**, 113
Triketonates
 η^3-allylnickel complexes
  coupling reactions, **6**, 168
Trilithium pentamethylmagnesate, **1**, 221
Trimerization
 acetylenes, **8**, 548
  palladium(II) compounds and, **6**, 461
 acyclic alkynes, **8**, 411
 alkynes
  diorganoaluminum hydride in, **1**, 665
  rhodium complexes in, **5**, 409
  of alkynes with dicarbonyl(η^5-cyclopentadienyl)methyliron, **4**, 495
 dienes, **8**, 844
 ethylene
  actinide complexes in, **3**, 262
Trimetallic systems
 fluctionality, **3**, 157, 166
Trimethylamine
 adduct with dihydridomethylgallium, **1**, 708
 adduct with hydridodimethylgallium, **1**, 708
 complexes with organoberyllium compounds, **1**, 131
 complexes with organoberyllium hydrides, **1**, 143
 oxide
  reaction with dicarbonyl(η-cyclopentadienyl)rhodium, **5**, 360
 reaction with 5,7-dicarba-*nido*-decaborane, **1**, 440
 reaction with organoberyllium halides, **1**, 138
 reaction with tri-*t*-butylaluminum etherate, **1**, 615
Trimethylamine oxide
 carbon monoxide abstraction by, **5**, 442
 organoaluminum compound oxidation by, **7**, 392
 in oxidation of organoboranes, **1**, 288
 reaction with tricarbonyl(η-methylcyclopentadienyl)manganese, **4**, 125
 vinylborane oxidation by, **1**, 664
Trimethylenemethane ligand
 liberation from iron tricarbonyl complexes, **8**, 978
1,3,6-Trimethylhexa-1,3,5-triene-1,5-diyl ligands
 trinuclear iron complexes, **4**, 621
Trimethyl phosphite
 reaction with arylthallium compounds, **1**, 731
 reaction with dodecacarbonyltriiron, **4**, 294

Trimethyl phosphite
   reaction with trimethyltris(trimethylphosphine)-cobalt, **5**, 146
Trimethylplumbylperoxyl radicals
   electron spin resonance, **2**, 635
Trimethylplumbyl radical
   electron spin resonance, **2**, 635
Trimethylsilylallyl anion, **7**, 531
Trimethylsilylation
   in preparation of silicon containing drugs, **2**, 78
   silicates, **2**, 157
Trimethylsilyl azide
   reaction with dodecacarbonyltriruthenium, **4**, 869
Trimethylsilyl group
   arsenic ylide stabilization by, **2**, 99
   phosphorus ylide stabilization by, **2**, 99
   in protection of hydroxyl functions, **7**, 576
   steric effects, **7**, 519
Trimethylsilyl groups
   as endblocks in polysiloxanes, **2**, 327
   in silicones
      effects, **2**, 338
Trimethylsilylmethyl groups
   main group elements, **2**, 94–99
Trimethylsilylmethyl ligands
   transition metal complexes, **2**, 93
Trimethylsilyl radicals
   preparation, **2**, 91, 102
(Trimethylstannyl)cyclopentadienyl radicals
   preparation, **2**, 542
Trinickelacarbanonaborane, tris(η-cyclopentdienyl)-
   structure, **1**, 504
Trinickel disulfide, tris(η-cyclopentadienyl)-
   structure, **1**, 473
Triocta-2,7-dienylamine
   preparation, **8**, 436
Triolefin processes, **8**, 500
2,8,9-Trioxa-5-aza-1-silabicyclo[3.3.3]undecane, 1-phenyl — *see* Silatrane, 1-phenyl-
Triphenylenes
   synthesis, **7**, 82
Triphenylmethyl tetrafluoroborate
   in hydride abstraction from dieneruthenium complexes, **4**, 747
Triphenylphosphine ligands
   catalyst support and, **8**, 558
Triphos — *see* Ethane, 1,1,1-tris(diphenylphosphinomethyl)-
1,2,3-Triphosphaindane, 1,2,3-triphenyl-
   reaction with dodecacarbonyltriiron, **4**, 630
Triphosphines
   silyl, **2**, 151
Triple-decked complexes
   boron-containing, **1**, 386
   history, **1**, 386
   molecular orbital analysis, **1**, 386
   number of valency electrons, **1**, 386
Triple decker sandwich compounds
   bonding, **3**, 35
   cobaltacarboranes, **1**, 496
   theory, **3**, 28–47
Triply bridged hydroxo complexes
   pentamethylcyclopentadienyl rhodium complexes, **5**, 369
Triquinacene, dihydro-
   derivatives, **8**, 1005
Tris(bis(trimethylsilyl)methyl)silyl radicals, **2**, 96
Tris(bis(trimethylsilyl)methyl)stannyl radicals
   preparation, **2**, 596
Tris(dialkylamino)sulphonium enolates
   preparation from silyl enol ethers, **7**, 557
Trisgermylamines
   structure, **2**, 502
Trisilabicyclo[3.2.2]nonadiene
   synthesis, **2**, 291
Trisilacycloheptane
   silylene preparation from, **2**, 375
   synthesis, **2**, 375
1,2,3-Trisilacycloheptane
   dimethylsilylene extrusion from, **2**, 278
   synthesis, **2**, 278
1,3,5-Trisilacyclohexane
   preparation, **2**, 237
   synthesis, **2**, 264
1,3,5-Trisilacyclohexane, perchloro-
   rearrangement, **2**, 267
1,4,7-Trisilacyclononane
   preparation, **2**, 288
1,2,4-Trisilacyclopentane
   synthesis, **2**, 243
Trisilane
   irradiation, **2**, 212
Trisilane, 2-chloroheptamethyl-
   preparation, **2**, 374
Trisilane, 1,3-dimethoxyhexamethyl-
   preparation, **2**, 374
Trisilane, octamethyl-
   preparation, **2**, 372
Trisilane, pentamethyl-2-phenyl-
   photolysis, **2**, 212
Trisilane, 2-phenylheptamethyl-
   photolysis, **2**, 376
Trisilane, phenylpermethyl-
   photolysis, **2**, 87
Trisilanorborn-5-ene
   preparation, **2**, 89
Trisilthianes
   preparation, **2**, 172
Trisilylamines, **2**, 120–137
   mesocrystalline properties, **2**, 131
   preparation, **2**, 121
Tris-2,7-octadienylamine
   synthesis, **8**, 849
1,3,5-Tristannacyclohexane
   preparation, **2**, 542
Tris(trialkylgermyl)amines
   preparation, **2**, 449
Tris(2,4,6-triethylphenyl)stannyl radicals
   formation, **2**, 596
Tris(2,4,6-trimethylphenyl)stannyl radicals
   formation, **2**, 596
Tris(trimethylplumbyl)amine
   preparation, **2**, 662
Tris(trimethylsilyl)amine
   preparation, **2**, 121, 130
   properties, **2**, 131
Tris(trimethylsilyl)methyl group
   substitution reactions, **2**, 97
Tris(trimethylstannyl)amine
   structure, **2**, 601
Trisulphide, allyl
   synthesis, **7**, 592
Trisulphides
   symmetrical
      synthesis, **7**, 592
Trithiadiborolanes
   synthesis, **1**, 370
Trithianes, alkoxy-
   reaction with organometallic compounds, **7**, 48

Trithiocarbonate ligands
  ruthenium complexes
    preparation, **4**, 714
Tritiation
  organometallic compounds, **7**, 56
  prostaglandin E_1, **8**, 334
Tritium
  labelling with
    organometallic compounds in, **7**, 56
Trityl cations
  reaction with (η-cyclooctadiene)(η-cyclopentadienyl)rhodium, **5**, 467
Trityl chloride
  reaction with calcium, **1**, 226
  reaction with tetrakis(tetrachloroplatinum), **6**, 583
Trityl tetrafluoroborate
  in cleavage of allylruthenium complexes, **4**, 747
  reaction with carbonyl manganese complexes, **4**, 41
  reaction with cyclopentadienyl(cyclooctadiene)-cobalt, **5**, 192
  reaction with cyclopentadienyl(norbornadiene)-cobalt, **5**, 192
Triynes
  cyclooligomerization, **8**, 413
Tropane
  cyclopentadienylvanadium complexes, **3**, 690
  vanadium complexes, **3**, 693
Tropane alkaloids
  synthesis
    iron carbonyls and, **8**, 945
Tropanoid compounds
  synthesis
    iron carbonyls and, **8**, 946
Tropolone
  dicarbonyl rhodium complexes, **5**, 283
  Friedel–Crafts acylation
    tricarbonyliron complexes and, **8**, 973
Tropone
  Friedel–Crafts acylation
    tricarbonyliron complexes and, **8**, 973
  iron complexes, **4**, 439
  reaction with decacarbonyldimanganese, **4**, 123
Tropone ligands
  iron complexes
    synthesis, **4**, 434
Tropylium complexes
  by ring expansion of benzene complexes, **8**, 1016
Tropylium ligands
  iron complexes
    preparation, **4**, 405
Tungstaazocyclopropene, N-t-butyl-W-(t-butylimino)W-[t-butyl(1,2-dimethylpropenyl)-amino]trimethyl-
  structure, **3**, 1308
Tungstacene
  photolysis, **8**, 535
Tungstatetracarbatridecaborane, tricarbonyltetramethyl-
  preparation, **1**, 531
Tungsten
  amides
    reaction with carbon dioxide, **8**, 258
  ammonia production and, **8**, 1095
  ammonia production from dinitrogen and, **8**, 1095
  benzyldiazenido complex, **8**, 1090
  copper compounds, **6**, 778
  dialkylhydrazido derivatives, **8**, 1089
  diazenido complex
    ^{15}N NMR, **8**, 1092
  diazoalkane complexes
    reactions, **8**, 1090
  diazoalkane derivatives, **8**, 1090
  diazobutanol complex, **8**, 1089
  dinitrogen complex
    reduction, **8**, 1093
  dinitrogen complexes, **8**, 1087–1098
  2,4-dinitrophenyldiazenido complex, **8**, 1087
  ethyldiazenido complex, **8**, 1090
  Group IV complexes, **6**, 1061
  hydrazido complexes, **8**, 1094
    ^{15}N NMR, **8**, 1094
    X-ray structure, **8**, 1092
  iron compounds, **6**, 769, 773, 785
  methoxydiazomethane complex, **8**, 1090
  methyldiazenido complex, **8**, 1090
  molybdenum compounds, **6**, 771, 774, 783, 787
    IR spectra, **6**, 795
    NMR, **6**, 797
    reaction with halogens, **6**, 821
  molybdenum/iron/cobalt compounds, **6**, 786
  monophosphine diazoalkane complexes, **8**, 1091
  osmium compounds, **6**, 777
  platinum compounds, **6**, 778, 784
  platinum/iron compounds, **6**, 784
  rhenium compounds, **6**, 769
  rhodium compounds, **6**, 774
  rhodium/iron compounds, **6**, 784
  trimethylsilyl, **2**, 158
Tungsten, (acetone hydrazone)tricarbonyl(η-cyclopentadienyl)-
  cation
    preparation, **3**, 1334
Tungsten, (acetone)pentacarbonyl-
  reactions, **3**, 1274
Tungsten, (acetonitrile)bis(η-2-butyne)(η-cyclopentadienyl)-
  cation
    preparation, **3**, 1378
Tungsten, (acetonitrile)(η-cyclopentadienyl)dinitrosyl-
  cation
    preparation, **3**, 1342
Tungsten, (acetonitrile)tricarbonyl(η-cyclopentadienyl)-
  cation
    preparation, **3**, 1334
Tungsten, (acetonitrile)tris(η-hexafluoro-2-butyne)-
  preparation, **3**, 1375
Tungsten, (η-acetylene)carbonyl(η-cyclopentadienyl)methyl-
  preparation, **3**, 1377
Tungsten, (μ-acetylene)tetracarbonylbis(η-cyclopentadienyl)di-
  structure, **3**, 1376
Tungsten, (acrylonitrile)pentacarbonyl-
  preparation, **3**, 1323
Tungsten, acylpentacarbonyl-
  preparation, **3**, 1276
Tungsten, (η^2-alkene)bis(η-cyclopentadienyl)-
  preparation, **3**, 1349
Tungsten, alkylbis(η-cyclopentadienyl)(η-ethylene)-
  cation
    preparation, **3**, 1349
Tungsten, alkylpentacarbonyl-
  synthesis, **3**, 1276

Tungsten

Tungsten, alkyltricarbonyl(η-cyclopentadienyl)-
  reaction with sulfur dioxide, **3**, 1341
Tungsten, (η^2-alkyne)bis(η-cyclopentadienyl)-
  preparation, **3**, 1343
Tungsten, (η-alkyne)carbonyl(η-cyclopentadienyl)halo-
  preparation, **3**, 1376
Tungsten, (η-alkyne)carbonyl(η-cyclopentadienyl)[(trifluoromethyl)thio]-
  preparation, **3**, 1377
Tungsten, (η^3-allyl)bis(η-cyclopentadienyl)-
  cation
    preparation, **3**, 1348
  cations
    metallocyclobutane derivatives, **3**, 1351
Tungsten, (η-allyl)(η-cyclopentadienyl)iodonitrosyl-
  preparation, **3**, 1328
Tungsten, (η-allyl)dicarbonylchloro(1,2-dimethoxyethane)-
  structure, **3**, 1326
Tungsten, (η^3-allyl)dicarbonyl(η-cyclopentadienyl)-, **3**, 1327
Tungsten, (η-allyl)hexacarbonyltrichlorodi-
  preparation, **3**, 1326
Tungsten, (η-allyl)tetracarbonylhalo-
  preparation, **3**, 1326
Tungsten, (amine)pentacarbonyl-
  reaction kinetics, **3**, 1273
Tungsten, (η^6-arene)carbonyl(η-cyclopentadienyl)-
  preparation, **3**, 1356
Tungsten, (aryldiazo)dicarbonyl[η^5-(triphenylphosphino)cyclopentadienyl]-
  cation
    preparation, **3**, 1342
Tungsten, arylpentacarbonyl-
  synthesis, **3**, 1276
Tungsten, (η-benzene)carbonyl(η-cyclopentadienyl)-
  reaction with sodium borohydride, **3**, 1366
Tungsten, (η-benzene)(η-cyclopentadienyl)hydrido-
  preparation, **3**, 1356
Tungsten, (benzene)pentacarbonyl-
  preparation, **3**, 1323
Tungsten, (η-benzene)tricarbonyl-
  MO calculations, **3**, 1363
  preparation, **3**, 1359, 1374
Tungsten, (p-benzoylphenyl)bis(η-cyclopentadienyl)hydrido-
  preparation, **3**, 1348
Tungsten, (η^3-benzyl)dicarbonyl(η-cyclopentadienyl)-
  preparation, **3**, 1328
Tungsten, (bicyclo[4.2.1]nona-2,4,7-triene)tricarbonyl-
  preparation, **3**, 1370
Tungsten, (bicyclo[6.1.0]nona-2,4,6-triene)tricarbonyl-
  preparation, **3**, 1370
Tungsten, (bipyridyl)chlorotricarbonyl(chloromercury)-
  structure, **6**, 991
Tungsten, (bipyridyl)tetracarbonyl-
  adducts with mercury dihalides, **6**, 991
  adduct with mercury dibromide, **6**, 991
  adduct with mercury dichloride
    in oxidative elimination reactions, **6**, 991
Tungsten, bis(acetonitrile)(η^3-allyl)dicarbonylhalo-
  preparation, **3**, 1326
Tungsten, bis(alkene)bis(η-cyclopentadienyl)-
  preparation, **3**, 1351
Tungsten, bis(η-alkyne)carbonyl(η-cyclopentadienyl)-
  cations, **3**, 1378
Tungsten, bis(η-alkyne)(η-cyclopentadienyl)halo-
  preparation, **3**, 1376
Tungsten, bis(η^6-arene)-
  cations
    preparation, **3**, 1358
Tungsten, bis(η-benzene)-
  preparation, **3**, 1357
  UV photoelectron spectra, **3**, 1358
Tungsten, bis(η^2-butadiene)tetracarbonyl-
  preparation, **3**, 1323
Tungsten, bis(η^2-butylcyclooctatetraene)tetracarbonyl-
  preparation, **3**, 1323
Tungsten, bis(carbamato)bis(η-cyclopentadienyl)-
  preparation, **3**, 1346
Tungsten, bis(μ-carbonyl)[carbonyl(η-cyclopentadienyl)rhenium]bis(η-cyclopentadienyl)-
  preparation, **3**, 1355
Tungsten, bis(η-cyclopentadienyl)-
  carbon–hydrogen bond activation by, **3**, 1352
  metallocyclobutane derivatives, **3**, 1351
  metallo derivatives, **3**, 1348
  reaction with aliphatic hydrocarbons, **3**, 1355
Tungsten, bis(η-cyclopentadienyl)bis(isocyanato)-
  preparation, **3**, 1346
Tungsten, bis(η-cyclopentadienyl)bis(thiocyanato)-
  preparation, **3**, 1346
Tungsten, bis(η-cyclopentadienyl)bis(triazido)-
  preparation, **3**, 1346
Tungsten, bis(η-cyclopentadienyl)(dichloromethyl)hydrido-
  preparation, **3**, 1345
Tungsten, bis(η-cyclopentadienyl)dihalo-
  preparation, **3**, 1346
Tungsten, bis(η-cyclopentadienyl)dihalooxy-, **3**, 1347
Tungsten, bis(η-cyclopentadienyl)dihydrido-, **3**, 1344
  calorimetry, **3**, 1346
  electrochemical oxidation, **3**, 1345
  irradiation in tetramethylsilane, **3**, 1355
  photolysis, **3**, 1345
  photolysis in methyl propionate, **3**, 1355
  reaction with alkenes, **3**, 1344
  reaction with alkynes, **3**, 1344
  reaction with aromatic solvents, **3**, 1353
  reaction with Grignard reagents, **3**, 1348
  reaction with halocarbons, **3**, 1345
  reaction with pentacarbonylmethylmanganese, **3**, 1344
Tungsten, bis(η-cyclopentadienyl)(dimethylbenzyl)hydrido-
  photolysis, **3**, 1354
Tungsten, bis(η-cyclopentadienyl)(dimethylbenzyl)(t-methylbenzyl)-
  preparation, **3**, 1354
Tungsten, bis(η-cyclopentadienyl)dithio-
  preparation, **3**, 1348
Tungsten, bis(η-cyclopentadienyl)(η-ethylene)-
  preparation, **3**, 1323, 1343
Tungsten, bis(η-cyclopentadienyl)(η-ethylene)hydrido-
  cation

preparation, **3**, 1343, 1349
Tungsten, bis(η-cyclopentadienyl)(η-ethylene)methyl-
   cation
      preparation, **3**, 1323
Tungsten, bis(η-cyclopentadienyl)(η-ethylene)(trideuteromethyl)-
   cation
      α-elimination of deuterium, **3**, 1350
Tungsten, bis(η-cyclopentadienyl)ethyl(triphenylphosphine)-
   preparation, **3**, 1349
Tungsten, bis(η-cyclopentadienyl)(fluorophenyl)hydrido-
   preparation, **3**, 1354
Tungsten, bis(η-cyclopentadienyl)hydridolithiotetramer, **3**, 1348
Tungsten, bis(η-cyclopentadienyl)hydridomethoxy-
   preparation, **3**, 1355
Tungsten, bis(η-cyclopentadienyl)hydridomethyl-
   photolysis, **3**, 1343
   thermolysis, **3**, 1353
Tungsten, bis(η-cyclopentadienyl)hydridophenyl-
   electrochemical oxidation, **3**, 1345
   preparation, **3**, 1353
Tungsten, bis(η-cyclopentadienyl)hydrido(propionato)-
   preparation, **3**, 1355
Tungsten, bis(η-cyclopentadienyl)hydrido(η^1-tolyl)-
   preparation, **3**, 1343
Tungsten, bis(η-cyclopentadienyl)hydrido[(trimethylsilyl)methyl]-
   preparation, **3**, 1355
Tungsten, bis(η-cyclopentadienyl)methoxymethyl-
   preparation, **3**, 1355
Tungsten, bis(η-cyclopentadienyl)methyl[(dimethylphenylphosphinyl)ethyl]-
   cation
      preparation, **3**, 1324
Tungsten, bis(η-cyclopentadienyl)methyl(triphenylphosphine)-
   cation
      preparation, **3**, 1349
Tungsten, bis(cyclopentadienyl)oxy[bis(μ-hydrido)dihydridoborate]-
   preparation, **6**, 905
Tungsten, bis(η-cyclopentadienyl)oxythio-
   preparation, **3**, 1348
Tungsten, bis(η-cyclopentadienyl)(η^2-propenyl)-
   preparation, **3**, 1351
Tungsten, bis(η-cyclopentadienyl)propyl(triphenylphosphine)-
   preparation, **3**, 1349
Tungsten, bis(η-cyclopentadienyl)tetrathio-
   structure, **3**, 1348
Tungsten, bis(η-cyclopentadienyl)(thiocyanato)(isothiocyanato)-
   preparation, **3**, 1346
Tungsten, bis(η-cyclopentadienyl)trihydrido-
   cation
      preparation, **3**, 1344
Tungsten, bis(η-mesitylene)-
   UV photoelectron spectra, **3**, 1358
Tungsten, bis(η^2-propene)tetracarbonyl-
   preparation, **3**, 1323
Tungsten, bis[(trimethylsilyl)carbyne]bis[(trimethylsilyl)methyl]-
   structure, **3**, 1316
Tungsten, bromodicarbonyl[1,2-bis(cyclohexylimino)ethane](η^3-2-methylallyl)-
   structure, **3**, 1326
Tungsten, (bromoindium)bis[tricarbonyl(cyclopentadienyl)-
   preparation, **6**, 962
Tungsten, bromotricarbonyl(cyclopentadienyl)-
   preparation, **6**, 886
Tungsten, (η^4-butadiene)carbonylchloro(η-cyclopentadienyl)-
   preparation, **3**, 1377
Tungsten, (η^2-butadiene)pentacarbonyl-
   preparation, **3**, 1323
Tungsten, (η-2-butyne)bis(η-cyclopentadienyl)-
   preparation, **3**, 1379
Tungsten, (η^2-2-butyne)bis(η-cyclopentadienyl)-
   preparation, **3**, 1343
Tungsten, (η^2-2-butyne)bis(η-cyclopentadienyl)methyl-
   cation
      preparation, **3**, 1349
Tungsten, (η-2-butyne)(η-cyclopentadienyl)(diphos)-
   preparation, **3**, 1378
Tungsten, carbaundecaboranonetetracarbonyl-
   anion
      preparation, **3**, 1356
Tungsten, carbonylbis(η-cyclopentadienyl)-
   IR spectrum, **3**, 1343
   photolysis, **3**, 1343
Tungsten, carbonylbis(η-cyclopentadienyl)methyl-
   cation
      preparation, **3**, 1349
Tungsten, carbonylbis(diphos)(thiocarbonyl)-
   reactions, **3**, 1292
Tungsten, carbonylchloro(η-cyclopentadienyl)bis(triphenylphosphine)-
   preparation, **3**, 1335
Tungsten, carbonylcyano(η-cyclopentadienyl)nitrosyl-
   anion
      preparation, **3**, 1342
Tungsten, carbonyl(η^4-cyclohexadiene)(η-cyclopentadienyl)hydrido-
   preparation, **3**, 1356
Tungsten, carbonyl(η-cyclopentadienyl)(dichloromercury)nitrosyl(triphenylphosphine)-
   preparation, **3**, 1342
Tungsten, carbonyl(η-cyclopentadienyl)dinitrosyl-
   cation
      preparation, **3**, 1342
Tungsten, carbonyl(η-cyclopentadienyl)halo(η^4-tetraphenylcyclobutadiene)-
   preparation, **3**, 1331
Tungsten, carbonyl(η-tropylium)iodo(trialkyl phosphite)-
   preparation, **3**, 1374
Tungsten, carbynechloro(trimethylalane)[tris(trimethylphosphine)]-
   structure, **3**, 1316
Tungsten, chlorobis(η-cyclopentadienyl)(thiocyanato)-
   cation
      preparation, **3**, 1346
   preparation, **3**, 1346
Tungsten, chloro(η-cyclopentadienyl)bis(η^2-1-phenyl-1-propyne)-
   preparation, **3**, 1376
Tungsten, chloro(η-cyclopentadienyl)dinitrosyl-
   structure, **3**, 1342
Tungsten, chloro(η-cyclopentadienyl)(η^2-hexafluoro-2-butyne)-

Tungsten

preparation, **3**, 1376
Tungsten, (chloroindium)bis[tricarbonyl(cyclopentadienyl)-
　preparation, **6**, 962
Tungsten, (cyanomethyl)bis(η-cyclopentadienyl)-(dimethylphenylphosphine)-
　preparation, **3**, 1349
Tungsten, (η^5-cycloheptadienyl)(η-cycloheptatrienyl)-
　preparation, **3**, 1356
Tungsten, (η-cycloheptatrienyl)(η-cyclopentadienyl)-
　cation
　　preparation, **3**, 1356
　preparation, **3**, 1356
Tungsten, (η-cyclopentadienyl)[μ-(η^1:η^5-cyclopentadienylidine)]hydrido-
　dimer
　　preparation, **3**, 1343
Tungsten, (η-cyclopentadienyl)[μ-(η^1:η^5-cyclopentadienylidine)]methyl-
　dimer
　　preparation, **3**, 1343
Tungsten, (η-cyclopentadienyl)(η-diphenylacetylene)oxyphenyl-
　preparation, **3**, 1379
Tungsten, (η-cyclopentadienyl)halodinitrosyl-, **3**, 1342
Tungsten, (η-cyclopentadienyl)hydridodinitrosyl-
　preparation, **3**, 1342
Tungsten, (η-cyclopentadienyl)hydrido(η-toluene)-
　preparation, **3**, 1356
Tungsten, (η-cyclopentadienyl)iododinitrosyl-
　preparation, **3**, 1342
Tungsten, decacarbonylhydridodi-
　anion
　　preparation, **3**, 1267
　　spectroscopy, **3**, 1270
　　structure, **3**, 1269
Tungsten, [η^1-(di-t-butylmethylene)amino]dicarbonyl(η-cyclopentadienyl)diiodo-
　preparation, **3**, 1339
Tungsten, dicarbonylbis(η^4-cyclohexadiene)-
　preparation, **3**, 1330
Tungsten, dicarbonylbis(1,3,6-cyclooctatriene)-
　preparation, **3**, 1330
Tungsten, dicarbonylbis(cyclopentadiene)-
　bonding, **3**, 35
Tungsten, dicarbonylbis(cyclopentadienyl)-
　preparation, **3**, 1343
Tungsten, dicarbonylchloro(η-cyclopentadienyl)-
　dimer, **3**, 1335
Tungsten, dicarbonylchloro(η-cyclopentadienyl)-(triphenylphosphine)-
　preparation, **3**, 1335
Tungsten, dicarbonyl(η^3-cyclohexenyl)(η-cyclopentadienyl)-
　preparation, **3**, 1327
Tungsten, dicarbonyl(η-cyclopentadienyl)(acetone phenylhydrazone)-
　preparation, **3**, 1325
Tungsten, dicarbonyl(η-cyclopentadienyl)[bis(diarylmethylene)amino]-
　preparation, **3**, 1339
Tungsten, dicarbonyl(η-cyclopentadienyl)bis(η-2-heptyne)-
　cation
　　preparation, **3**, 1378
Tungsten, dicarbonyl(η-cyclopentadienyl)(η^3-cyclopentadienyl)-
　structure, **3**, 1327, 1343
Tungsten, dicarbonyl(η^3-cyclopentadienyl)(η^5-cyclopentadienyl)-
　structure, **3**, 1354
Tungsten, dicarbonyl(η-cyclopentadienyl)diazo-
　preparation, **3**, 1340
Tungsten, dicarbonyl(cyclopentadienyl)(dimethylgallium)(triphenylphosphine)-
　preparation, **6**, 957
Tungsten, dicarbonyl(η-cyclopentadienyl)[μ-(diphenylmethylene)amino]dicarbonyl(η-cyclopentadienyl)-
　dimer
　　preparation, **3**, 1339
Tungsten, dicarbonyl(η-cyclopentadienyl)iodo(thiocarbonyl)-
　preparation, **3**, 1335
Tungsten, dicarbonyl(cyclopentadienyl)(methyldiazo)-
　structure, **3**, 1283
Tungsten, dicarbonyl(η-cyclopentadienyl)nitrosyl-, **3**, 1341
Tungsten, dicarbonyl(cyclopentadienyl)(octahydrotriborate)-
　preparation, **6**, 917
Tungsten, dicarbonyl(η-cyclopentadienyl)[η^2-α-(phenylimino)benzyl]-
　preparation, **3**, 1325
Tungsten, dicarbonyl(η-cyclopentadienyl)(thiocarbonyl)-
　anion
　　preparation, **3**, 1334
Tungsten, dicarbonyl(η-cyclopentadienyl)(triazinido)-
　preparation, **3**, 1339
Tungsten, dicarbonyl(η-cyclopentadienyl)(triborane)-
　preparation, **3**, 1342
Tungsten, dicarbonyl(η-cyclopentadienyl)(η^3-tropylium)-
　preparation, **3**, 1327, 1374
Tungsten, dicarbonyldicyano(η-cyclopentadienyl)-
　cation
　　preparation, **3**, 1336
Tungsten, dicarbonyl(dimethylphenylphosphine)-(η-mesitylene)-
　protonation, **3**, 1364
Tungsten, dicarbonyl(η^3-indenyl)(η^5-indenyl)-
　structure, **3**, 1328
Tungsten, dicarbonyl(η-tropylium)iodo-
　preparation, **3**, 1373
Tungsten, dichlorobis(η-cyclopentadienyl)-
　reduction, **3**, 1343
Tungsten, dichlorobis(η-cyclopentadienyl)oxy-
　preparation, **3**, 1347
Tungsten, dichloro(2,2-dimethylpropylidene)oxy-(triethylphosphine)-
　structure, **3**, 1316
Tungsten, dicyclopentadienyl-, **3**, 1343
Tungsten, dicyclopentadienyldicarbonyl-
　electron configuration, **8**, 1048
Tungsten, (2,2-dimethylpropylidene)(2,2-dimethylpropylidyne)(2,2-dimethylpropyl)-(dmpe)-
　structure, **3**, 1316
Tungsten, dodecacarbonyltetrahydridotetrahydroxytetra-
　preparation, **3**, 1267
　structure, **3**, 1270
Tungsten, galliumtris[tricarbonyl(cyclopentadienyl)-
　preparation, **6**, 957

Tungsten, hexabenzyldi-
  oxidation, **3**, 1313
Tungsten, hexacarbonyl-
  bonding, **3**, 1257
  bonds, **3**, 793
  carbon monoxide replacement reactions, **3**, 1360
  irradiation, **3**, 1361
  molecular structure, **3**, 1257
  oxidation, **3**, 1257, 1261
  physical properties, **3**, 1256
  redox reactions, **3**, 1257
  reduction, **3**, 1257
  spectroscopy, **3**, 1257, 1259
  substitution reactions, **3**, 797, 801, 802, 1259, 1262, 1263
    kinetics, **3**, 805
  synthesis, **3**, 1256
  thermodynamic data, **3**, 1257, 1258
Tungsten, hexacarbonylbis(η-cyclopentadienyl)di-
  preparation, **3**, 1331
  protonation, **3**, 1335
  reactions, **3**, 1332
  reaction with amines, **3**, 1332
Tungsten, hexacarbonylbis[η-(1-ethylpropyl)cyclopentadienyl]di-
  preparation, **3**, 1331
Tungsten, hexacarbonylbis(η^5-indenyl)di-
  preparation, **3**, 1331
Tungsten, hexacarbonylbis(η-isopropylcyclopentadienyl)-
  preparation, **3**, 1331
Tungsten, hexacarbonylbis(η^5-phenylcyclopentadienyl)di-
  preparation, **3**, 1331
Tungsten, hexacarbonylbis[η^5-(trimethylsilyl)cyclopentadienyl]di-
  preparation, **3**, 1331
Tungsten, hexakis[(trimethylsilyl)methyl]di-
  stability, **3**, 1313
Tungsten, hexamethyl-
  reactions, **3**, 1308
  structure, **3**, 1308
Tungsten, indiumtris{tris[tricarbonyl(cyclopentadienyl)-
  preparation, **6**, 962
Tungsten, nonacarbonyl(μ-hydrido)nitrosyldi-
  structure, **3**, 1282
Tungsten, octacarbonyl(η^5-1,2-dicarbaundecaborane)di-
  anion
    preparation, **3**, 1356
Tungsten, octacarbonyldihydridodi-
  anion
    preparation, **3**, 1267
    structure, **3**, 1270
Tungsten, octacarbonyl(μ-hydrido)nitrosyl(trimethyl phosphite)di-
  structure, **3**, 1282
Tungsten, pentacarbonyl(diphenylcarbene)-
  preparation, **3**, 1298
Tungsten, pentacarbonylformyl-
  preparation, **3**, 1276
Tungsten, pentacarbonyl(methoxyphenylcarbene)-
  preparation, **3**, 1294
Tungsten, pentacarbonyl(nitrile)-
  synthesis, **3**, 1271
Tungsten, pentacarbonyl(η^2-stilbene)-
  preparation, **3**, 1323
Tungsten, pentacarbonyl(thiocarbonyl)-
  mass spectra, **3**, 1291
  structure, **3**, 1291
Tungsten, pentacarbonyl(tribromoindium)-
  preparation, **6**, 962
Tungsten, (pentachlorostannyl)(carbonyl)(η-cyclopentadienyl)nitrosyl(triphenylphosphine)(trichlorostannyl)-
  preparation, **3**, 1342
Tungsten, pentamethyl-
  reactions, **3**, 1308
Tungsten, m-phenylenebis[tricarbonyl(cyclopentadienylmethyl)-
  preparation, **3**, 1334
Tungsten, (η^2-propene)pentacarbonyl-
  preparation, **3**, 1323
Tungsten, selenylbis[tricarbonyl(η-cyclopentadienyl)-
  preparation, **3**, 1336
Tungsten, tetrabenzyl-
  reactions, **3**, 1308
Tungsten, tetracarbonyl[bis(t-butylimino)thio]-
  structure, **3**, 1272
Tungsten, tetracarbonylbis(cyclooctatetraene)-
  preparation, **3**, 1330
Tungsten, tetracarbonylbis(η-cyclopentadienyl)bis(trimethylphosphine)di-
  preparation, **3**, 1332
Tungsten, tetracarbonylbis(η-cyclopentadienyl)di-
  preparation, **3**, 1332
Tungsten, tetracarbonylbis(η-cyclopentadienyl)(μ-dimethyl acetylenedicarboxylate)di-
  preparation, **3**, 1376
Tungsten, tetracarbonylbis(η^5-pentamethylcyclopentadienyl)di-
  preparation, **3**, 1332
Tungsten, tetracarbonyl(cyclohexyl cyanide)(thiocarbonyl)-
  structure, **3**, 1291
Tungsten, tetracarbonyl(η^4-1,5-cyclooctadiene)-
  preparation, **3**, 1329
Tungsten, tetracarbonyl(η^4-cyclooctatetraene)-
  preparation, **3**, 1330
Tungsten, tetracarbonyl(η-cyclopentadienyl)-
  cation, **3**, 1334
Tungsten, tetracarbonyl(diene)-
  rearrangements, **3**, 1330
Tungsten, tetracarbonyl[diphenyl(propenylphenyl)phosphine]-
  preparation, **3**, 1324
Tungsten, tetracarbonyl(octahydrotriborate)-
  preparation
Tungsten, tetracarbonyl[octakis(dimethylamino)tetraphosphatetraazocene]-
  preparation, **3**, 1272
Tungsten, tetracarbonyl(phenylene)-
  adducts with mercury dihalides, **6**, 991
Tungsten, tetracarbonyl(thiocarbonyl)(triphenylphosphine)-
  reaction with amines, **3**, 1292
Tungsten, tetrakis(cyclopentadienyl)oxy-
  preparation, **3**, 1348
Tungsten, tetrakis(cyclopentadienyl)thio-
  preparation, **3**, 1348
Tungsten, tetrakis[μ-(trimethylsilyl)carbyne]tetrakis[(trimethylsilyl)methyl]di-
  structure, **3**, 1313
Tungsten, thalliumtris[tricarbonyl(cyclopentadienyl)-
  preparation, **6**, 973
Tungsten, tricarbonylbis(η-cyclopentadienyl)-
  mercury derivative, **3**, 1336
Tungsten, tricarbonylbis(N,N-diethyldithiocarbamate)-

Tungsten

structure, **3**, 1284
Tungsten, tricarbonylbis(η^6-tropylium)-
  preparation, **3**, 1374
Tungsten, tricarbonylchloro(η-cyclopentadienyl)-
  preparation, **3**, 1335
  reaction with bis(η-cyclopentadienyl)lithium-(pentamethyldiethylenetriamine)rhenium, **3**, 1355
Tungsten, tricarbonylcyano(η-cyclopentadienyl)-
  preparation, **3**, 1336
Tungsten, tricarbonyl(η^6-cycloheptatriene)-, **3**, 1366
  exchange reactions, **3**, 1366
  hydride abstraction reactions, **3**, 1367
  IR spectrum, **3**, 1366
  mass spectra, **3**, 1366
  microcalorimetry, **3**, 1366
  NMR, **3**, 1366
  photoelectron spectra, **3**, 1366
  protonation, **3**, 1367
  reduction, **3**, 1368
  structure, **3**, 1366
  synthesis, **3**, 1366
Tungsten, tricarbonyl(η^6-cyclooctatetraene)-
  IR spectrum, **3**, 1369
  NMR, **3**, 1369
  preparation, **3**, 1330, 1369
Tungsten, tricarbonyl(η^6-cyclooctatriene)-
  hydride abstraction, **3**, 1368
  preparation, **3**, 1368
Tungsten, tricarbonyl(η^6-1,3,5-cyclooctatriene)-
  preparation, **3**, 1330
Tungsten, tricarbonyl(η-cyclopentadienyl)-
  anion, **3**, 1333
    electrophilic substitution, **3**, 1333
    metallo derivatives, **3**, 1336
    nucleophilicity, **3**, 1333
  dimer
    mercury insertion reactions, **6**, 995
    reaction with zinc, **6**, 1004
  Group IV derivatives, **3**, 1338
  Group V derivatives, **3**, 1339
  Group VI derivatives, **3**, 1341
  reaction with cadmium, **6**, 1004
  reaction with tri-*t*-butylcyclopropenium cation, **8**, 1017
Tungsten, tricarbonyl(η^5-cyclopentadienyl)-
  anions
    metallo derivatives, **3**, 1337
Tungsten, tricarbonyl(cyclopentadienyl)bis(tetracarbonylcobalt)thallium-
  preparation, **6**, 973
Tungsten, tricarbonyl(η-cyclopentadienyl)(2-cyanoethyl)-
  preparation, **3**, 1323
Tungsten, tricarbonyl(cyclopentadienyl)(dibromoindium)-
  preparation, **6**, 962
Tungsten, tricarbonyl(cyclopentadienyl)(dichloroboryl)(triethylamine)-
  preparation, **6**, 886
Tungsten, tricarbonyl(cyclopentadienyl)(dichloroindium)-
  preparation, **6**, 962
Tungsten, tricarbonyl(cyclopentadienyl)(diethylgallium)-
  preparation, **6**, 957
Tungsten, tricarbonyl(cyclopentadienyl)(dimethylgallium)-
  preparation, **6**, 957
Tungsten, tricarbonyl(η-cyclopentadienyl)(diphenylstannyl)-
  structure, **3**, 1338
Tungsten, tricarbonyl(η-cyclopentadienyl)(η-ethylene)-
  cation
    preparation, **3**, 1323
Tungsten, tricarbonyl(η-cyclopentadienyl)halo-, **3**, 1335
Tungsten, tricarbonyl(η-cyclopentadienyl)hydrido-, **3**, 1334
  protonation, **3**, 1335
  reaction with trimethylgallium, **1**, 719
  reactivity, **3**, 1334
Tungsten, tricarbonyl(η-cyclopentadienyl)(η^1-isopropyl)-
  preparation, **3**, 1323
Tungsten, tricarbonyl(η-cyclopentadienyl)(methylthio)-
  preparation, **3**, 1341
Tungsten, tricarbonyl(η-cyclopentadienyl)[η^1-α-(phenylimino)benzyl]-
  preparation, **3**, 1325
Tungsten, tricarbonyl(η-cyclopentadienyl)pseudohalo-, **3**, 1335
Tungsten, tricarbonyl(η-cyclopentadienyl)(selenocyanato)-
  preparation, **3**, 1336
Tungsten, tricarbonyl(η-cyclopentadienyl)(trialkylgermyl)-
  reactions, **3**, 1339
Tungsten, tricarbonyl(η-cyclopentadienyl)(tribromoindium)(triphenylphosphine)-
  preparation, **6**, 962
Tungsten, tricarbonyl(η-cyclopentadienyl)(trifluoroacetato)-
  preparation, **3**, 1336
Tungsten, tricarbonyl(η-cyclopentadienyl)trihalo-
  preparation, **3**, 1335
Tungsten, tricarbonyl(cyclopentadienyl)(triphenylgallium)-
  preparation, **6**, 957
Tungsten, tricarbonylcyclopentadienyl(triphenylgermanyl)-
  rearrangements, **8**, 1046
Tungsten, tricarbonyl(cyclopentadienyl)(triphenylindium)-
  preparation, **6**, 962
Tungsten, tricarbonyl(η-cyclopentadienyl)(triphenylphosphine)-
  reaction with tetrahydroborate, **3**, 1334
Tungsten, tricarbonyl(η^5-1,2-dicarbaundecaborane)-
  anion
    preparation, **3**, 1356
Tungsten, tricarbonyl(η^5-1,2-dicarbaundecaborane)methyl-
  anion
    preparation, **3**, 1356
Tungsten, tricarbonyl[η^5-(dimethylthio)cyclopentadienyl]-
  preparation, **3**, 1342
Tungsten, tricarbonyl(η^6-diphenylfulvene)-
  synthesis, **3**, 1370
Tungsten, tricarbonyl(η^6-heptafulvene)-
  preparation, **3**, 1370
Tungsten, tricarbonyl(η-hexamethylbenzene)
  oxidation, **3**, 1363
  preparation, **3**, 1362
Tungsten, tricarbonyl(η^7-homotropylium)-
  cation, **3**, 1374
  preparation, **3**, 1368

Tungsten, tricarbonylhydrido(η^5-pentamethylcyclopentadienyl)-
    preparation, 3, 1334
Tungsten, tricarbonylhydrido[η^5-(triphenylphosphino)cyclopentadienyl]-
    cation
        preparation, 3, 1342
Tungsten, tricarbonyliodo(η^5-pentamethylcyclopentadienyl)-
    preparation, 3, 1335
Tungsten, tricarbonyl(η-mesitylene)-
    microcalorimetry, 3, 1363
    photoelectron spectrum, 3, 1363
Tungsten, tricarbonyl(1-methyl-3,5-diphenylthiabenzene 1-oxide)-
    synthesis, 3, 1371
Tungsten, tricarbonylmethyl(η^5-pentamethylcyclopentadienyl)-
    preparation, 3, 1332
Tungsten, tricarbonyl(η^6-naphthalene)-
    preparation, 3, 1361
Tungsten, tricarbonyl([2.2]paracyclophane)-
    preparation, 3, 1361
Tungsten, tricarbonyl(η^6-1,3,5,7-tetramethylcyclooctatetraene)-
    preparation, 3, 1369
Tungsten, tricarbonyl(toluene)-
    arene exchange reactions, 3, 1362
    reaction with dimethyl disulfide, 3, 1365
    homogeneous catalysts, 3, 1365
Tungsten, tricarbonyl[tricarbonyl(η-cyclopentadienyl)molybdenum](η-cyclopentadienyl)-
    preparation, 3, 1333
Tungsten, tricarbonyl(trifluoroborane)[η^5-(triphenylphosphino)cyclopentadienyl]-
    preparation, 3, 1342
Tungsten, tricarbonyltriiodo(η^5-pentamethylcyclopentadienyl)-
    preparation, 3, 1335
Tungsten, tricarbonyl(B,B',B''-triphenylborathiin)-
    preparation, 3, 1371
Tungsten, tricarbonyltris(cyclopentadienyl)(trimethylaluminum)-
    structure, 6, 954
Tungsten, tricarbonyl[tris(dimethylamino)borane]-
    preparation, 6, 882
Tungsten, tricarbonyl(η-tropylium)-
    field desorption mass spectrometry, 3, 1374
Tungsten, tricarbonyl(η^7-tropylium)-
    cation, 3, 1372
        carbon monoxide ligand displacement reactions, 3, 1373
        ring addition reactions, 3, 1372
        ring displacement reactions, 3, 1373
Tungsten, trihydridobis[bis(η-cyclopentadienyl)-
    cation
        preparation, 3, 1345
Tungsten, tris(acetonitrile)tricarbonyl-
    reaction with arenes, 3, 1361
Tungsten, tris(η^2-acrylonitrile)tricarbonyl-
    preparation, 3, 1323
Tungsten, tris(η-allyl)chloro-
    preparation, 3, 1326
Tungsten, tris(benzoquinone)haloanions
    preparation, 3, 1330
Tungsten, tris(butadiene)-
    preparation, 3, 1329
Tungsten, tris(cyclooctatetraene)di-
    preparation, 3, 1329
Tungsten, tris(μ-halo)bis[(η^3-allyl)dicarbonyl-
    anion
        preparation, 3, 1327
Tungsten, tris(η^4-3-keto-1-butenyl)-
    preparation, 3, 1329
Tungsten, η^5-(vinylcyclopentadienyl)tricarbonylmethyl-
    supported catalysts preparation from, 8, 564
Tungsten catalysts
    alkene and alkyne metathesis, 8, 500
    methanation of carbon monoxide, 8, 24
Tungsten complexes
    alkylamide
        reaction with carbon dioxide, 8, 253
    dinitrogen
        reaction with tetracarbonyldihydroiron, 4, 315
    metathesis catalysts
        preparation, 8, 517
    methyl
        metathesis catalyst, 8, 518
    oxo-carbenes
        metathesis catalysts, 8, 512, 523, 527
    platinum carbonyl complexes, 6, 483, 484
Tungsten hexachloride
    in olefin metathesis catalysts, 7, 452
Tungstenocene — see Tungsten, dicyclopentadienyl-
Tungstenocyclobutanes
    photolysis, 3, 1352
Tungsten vapour
    in synthesis of bis(arene)tungsten complexes, 3, 1357
Tungsten(0), bis(arene)-, 3, 1357
    mass spectra, 3, 1358
Tungsten(0), bis(η^6-arene)-
    arene displacement reactions, 3, 1359
Twisting
    about olefinic double bond
        platinum(II) olefin complexes, 6, 652
    about olefins double bond
        platinum(II) olefin complexes
Twitch mechanism
    bimetallic cyclooctatriene systems, 3, 164
Twitch motion
    cyclooctatriene bimetallic systems, 3, 165

U

Ullmann coupling
  1,1′-dihaloferrocenes, **8**, 1061
Ullmann reaction, **7**, 685–690
  diaryl ethers and diarylamine preparation from, **7**, 690
  homogeneous solution, **7**, 687
  iodoferrocene, **8**, 1038
  mechanism, **7**, 689
Ultraviolet and visible spectra
  η^3-allyl palladium complexes, **6**, 408
Ultraviolet radiation
  polysiloxanes and, **2**, 355
Umpolung
  organometallic compounds and, **7**, 95
Undecanoic acid
  preparation
    organoaluminates in, **7**, 394
Undecene
  hydroalumination, **7**, 383
Union Oil of California
  oxo process, **8**, 156
Unsaturated compounds
  activation, **8**, 305
  addition reactions
    organopalladium complexes in, **8**, 854–910
  bonding to transition metals, **3**, 1–80
  carbalumination, **1**, 628
  heteroalkene
    nickel complexes, **6**, 123, 123–132
  hydralumination, **1**, 628
  reaction with alkylidene niobium complexes, **3**, 727
  reaction with alkylidene tantalum complexes, **3**, 727
  reaction with organoboranes, **1**, 294
  reaction with organogold complexes, **2**, 809
  saturated azaboraoxa analogues, **1**, 362
  synthesis
    organoboranes in, **7**, 135
Unsaturated heterocycles
  dioxabora analogues, **1**, 366
Unsaturated hydrocarbons
  hydralumination, **1**, 625
Unstable species
  stabilization
    tricarbonyliron complexes in, **8**, 976–983
Uracil
  methylmercury binding to, **2**, 933
  6-substituted
    preparation, **7**, 640
  synthesis, **8**, 895
Uranacarboranes
  preparation, **1**, 517
Uranates, hexaalkyl-, **3**, 241
Uranium
  hexamethyldisilazane derivatives, **2**, 129
  ions
    properties, **3**, 175
    spectroscopy, **3**, 178
Uranium, alkoxytris(cyclopentadienyl)-, **3**, 245
Uranium, alkyltris(cyclopentadienyl)-, **3**, 241, 243
  β-hydride elimination reactions, **3**, 247
  stability, **3**, 246
Uranium, allyltris(cyclopentadienyl)-, **3**, 243
Uranium, (benzene)tris(tetrachloroaluminate)-, **3**, 258
Uranium, bis(cyclooctatetraene)-, **3**, 195
Uranium, bis(cyclopentadienyl)bis(tetrahydroborate), **3**, 220
Uranium, bis(diallyldialkoxy-, **3**, 239
Uranium, bis(pentamethylcyclopentadienyl)dichloro-, **3**, 226
Uranium, bis(1,3,5,7-tetramethylcyclooctatetraene)-
  ^{1}H NMR, **3**, 234
Uranium, (borane)tris(cyclopentadienyl)-
  IR and Raman spectroscopy, **3**, 217
Uranium, butoxytris(cyclopentadienyl)-, **3**, 217
Uranium, *n*-butyl tris(cyclopentadienyl)-, **3**, 243
Uranium, chlorobis(pentamethylcyclopentadienyl)-, **3**, 229, 248
Uranium, chlorotris(cyclopentadienyl)-, **3**, 214
Uranium, chlorotris(2,5-dimethylpyrrolide)-, **3**, 259
Uranium, chlorotris(indenyl)-, **3**, 223
Uranium, cyanobis(cyclopentadienyl)-, **3**, 219
Uranium, dialkylbis(pentamethylcyclopentadienyl)-, **3**, 248
Uranium, dihydrobis(pentamethylcyclopentadienyl)-, **3**, 257
Uranium, hexakis(cyclopentadienyl)bis-, **3**, 246
Uranium, hydrotris(hexamethyldisilylamido)-, **3**, 257
Uranium, methyltris(hexamethyldisilylamido)-, **3**, 256
Uranium, (pentamethylcyclopentadienyl)tris(dialkylamido)-, **3**, 228
Uranium, tetraallyl-, **3**, 239
  reaction with alcohols, **3**, 239
Uranium, tetraethyl-, **3**, 241
Uranium, tetrakis(cyclopentadienyl)-, **3**, 213
Uranium, tetrakis(diethylamine)-, **3**, 241
Uranium, tetrakis(2,5-dimethylpyrrolide)-, **3**, 259
Uranium, tetrakis(2-methylallyl)-, **3**, 239
Uranium, tetramethyl-, **3**, 241
Uranium, trichloro(cyclopentadienyl)-
  dimethyl ether adduct, **3**, 221
Uranium, trichloro(cyclopentadienyl)bis(tetrahydrofuran)-, **3**, 186
Uranium, trichloro(methylcyclopentadienyl)-
  tetrahydrofuran adduct, **3**, 221
Uranium, tris(cyclopentadienyl)-, **3**, 211
  tetrahydrofuran adduct, **3**, 211

Uranium, tris(cyclopentadienyl)(dialkylamide)-, **3**, 218
Uranium, tris(cyclopentadienyl)(dialkylamino)-, **3**, 245
Uranium, tris(cyclopentadienyl)ethynyl-, **3**, 243
Uranium, tris(cyclopentadienyl)isopropyl-, **3**, 243
Uranium, tris(cyclopentadienyl)(*p*-methylbenzyl)-, **3**, 243
Uranium, tris(indenyl)methyl-, **3**, 255
Uranium complexes
    bis(indenyl) dialkyls, **3**, 254
    tris(indenyl) alkyl, **3**, 254
Uranium metallocycles, **3**, 249
Uranium trifluoride
    EPR, **3**, 179
Uranium(IV), bis(cyclobutenocyclooctatetraene)-, **3**, 235
Uranium(IV), bis(1,3,5,7-tetraphenylcyclooctatetraene)-, **3**, 235
Uranium(IV) complexes
    bis(dicarbollide), **3**, 260
    pyrrolyl, **3**, 259
    ring-substituted tris(cyclopentadienyl), **3**, 218
Uranium(V), octaalkyl-, **3**, 241
Uranocene, **3**, 192, 230
    bonding, **3**, 31
    bonds, **3**, 232
    1,1'-disubstituted, **3**, 234
    ^{1}H NMR, **3**, 234
    magnetic susceptibility, **3**, 233
    photoelectron spectra, **3**, 233
        bonding, **3**, 31
    Raman spectroscopy, **3**, 233
    reactions, **3**, 231
Uranocene, 1,3,5,7,1',3',5',7'-octamethyl-, **3**, 235
Uranocene cations, **3**, 231
Uranocycloheptane
    in trimerization of ethylene, **3**, 262
Urea
    decarbonylation

US Bureau of Mines
    homologous alcohol synthesis, **8**, 66
Uspulun, **2**, 864
UV photoelectron spectra
    alkyl complexes, **3**, 77
    bent sandwich compounds, **3**, 37
    metal carbonyl, **3**, 5
    substituted transition metal carbonyl complexes, **3**, 6
    thiocarbonyl complexes, **3**, 4
    thionitrosyl complexes, **3**, 4
        nickel catalysed, **8**, 792
    derivatives
        preparation by carbon dioxide reaction with hydrogen, **8**, 269
    N-germyl
        preparation, **2**, 452
    synthesis
        azacarbonylation in, **8**, 173
        carbon dioxide in, **8**, 229
    synthesis by azacarbonylation
        mechanism, **8**, 176
Urea, 1,3-diaryl-
    preparation by azacarbonylation, **8**, 175
Urea, dibenzyl-
    catalytic formation
        osmium carbonyl complexes in, **4**, 1025
Urea, diphenyl-
    formation by azacarbonylation, **8**, 176
Urea, thio-
    N-germyl
        preparation, **2**, 452
Ureylene, diphenyl-
    complex with dicarbonylbis(η-cyclopentadienyl)titanium, **3**, 289
Ureylene ligands
    osmium complexes, **4**, 997
Uridine
    methylmercury binding to, **2**, 933

V

Valence bond description
 platinum olefin complexes, **6**, 618
Valence Shell Electron Pair Repulsion, **3**, 12
(R)-($-$)-Valene
 synthesis, **7**, 250
($-$)-Valeranone
 synthesis, **7**, 666
δ-Valerolactone
 preparation by hydroformylation, **8**, 206
 synthesis, **8**, 903
δ-Valerolactones, α-methylene-
 synthesis, **8**, 899
Valorane
 synthesis, **7**, 712
Vanadacycles, **3**, 656
Vanadates, amminepentacarbonyl-, **3**, 653
Vanadates, dicarbonylcyanocyclopentadienyl-, **3**, 668
Vanadates, dicarbonylcyclopentadienylbis(trichlorostannyl)-, **3**, 668
Vanadates, dicarbonyldicyanocyclopentadienyl-, **3**, 668
Vanadates, dicarbonyldicyclopentadienyl-, **3**, 676
Vanadates, dicyclopentadienyl-
 ESR, **3**, 683
Vanadates, hexacarbonyl-, **3**, 648–654
 electronic structure, **3**, 649
 IR spectroscopy, **3**, 649
 NMR, **3**, 649
 preparation, **3**, 648
 structure, **3**, 650
 tetrabutylammonium salts
  preparation, **3**, 648
 triphenylcyclopropenium salt, **3**, 662
Vanadates, pentacarbonylcyano-
 bis(tetraphenylphosphonium) salts, **3**, 653
Vanadates, pentacarbonyl(tetrahydro-2-methylfuran)-, **3**, 653
Vanadates, tetrakis(mesitylene)-, **3**, 658, 661
Vanadates, tetrakis(tetrahydroborate)tris(dimethyl ether)-
 preparation, **6**, 901
Vanadates, tricarbonylcyanocyclopentadienyl-, **3**, 668
Vanadates, tricarbonylcyclopentadienyl-, **3**, 667
Vanadates, tricarbonylcyclopentadienyl(triphenylstannyl)-, **3**, 668
Vanadates, tricarbonyltriphos-, **3**, 653
Vanadium
 carbonylcyanidecyclopentadienyl complexes, **3**, 667
 carbonylcyclopentadienylnitrosyl complexes, **3**, 667
 dinitrogen reduction catalysed by, **8**, 1082–1087
 Group IV complexes, **6**, 1060
 Group IV organo compounds, **6**, 1059
 hexamethyldisilazane derivatives, **2**, 129, 130

nitride complex
 isocyanate formation from, **8**, 1084
 silane derivatives, **6**, 1045
 siloxides, **2**, 158
 tetranuclear intermediate complexes
  in dinitrogen reduction, **8**, 1086
Vanadium, alkyldicyclopentadienyl-
 ESR, **3**, 678
Vanadium, alkyl(or aryl)cyclopentadienyl-
 properties, **3**, 677
Vanadium, alkyltris(diethylamino)-, **3**, 660
Vanadium, (η^3-allyl)tetracarbonyl(triphenylphosphine)-, **3**, 662
Vanadium, bis(acetato)cyclopentadienylbis-, **3**, 669
Vanadium, bis(benzene)-, **3**, 687
Vanadium, bis(η^6-biphenyl)-, **3**, 687
Vanadium, bis(cyclooctatriene)-, **3**, 694
Vanadium, bis(cyclopentadienyl)[bis(μ-hydrido)-dihydridoborate]-
 preparation, **6**, 901
Vanadium, bis(η-cyclopentadienyl)dithio-
 electron spin resonance studies, **3**, 38
Vanadium, bis(cyclopentadienyl)halo-, **3**, 685
Vanadium, biscyclopentadienylphenyl-
 rearrangements, **8**, 1046
Vanadium, bis(η-ethylbenzene)-, **3**, 687
Vanadium, bis(fulvalene)bis-, **3**, 674
Vanadium, bis(η-mesitylene)-, **3**, 687
 cation
  properties, **3**, 689
Vanadium, bis[η^5-{(methylboryl)cyclopentadienyl}]-, **3**, 674
Vanadium, bis(η^6-1-methylnaphthalene)-, **3**, 688
Vanadium, bis(η^6-naphthalene)-, **3**, 688
Vanadium, bis(η-tetrafluorobenzene)-
 properties, **3**, 689
Vanadium, bis(η-tetramethylbenzene)-, **3**, 687
Vanadium, bis(η-toluene)-, **3**, 688
Vanadium, bromochlorodicyclopentadienyl-, **3**, 684
Vanadium, carbonylbis(η-cyclopentadienyl)-
 reduction, **3**, 663
Vanadium, carbonylcyclopentadienyl-
 oxidation, **3**, 666
Vanadium, chlorodicyclopentadienyl-, **3**, 683
Vanadium, cyclopentadienylbis[{(difluorophosphino)methylamino}difluorophosphine]-, **3**, 665
Vanadium, cyclopentadienyl(η-cycloheptatriene)-, **3**, 690
 cation, **3**, 690
Vanadium, cyclopentadienyl(tripyrazolylborate)-, **3**, 674
Vanadium, dialkoxymethyloxo-, **3**, 661
Vanadium, dibromodicyclopentadienyl-, **3**, 684
Vanadium, dichlorocyclopentadienyloxo-
 preparation, **3**, 671
Vanadium, dichlorodicyclopentadienyl-, **3**, 683
Vanadium, dichlorooxophenyl-, **3**, 661

Vanadium, dicyclopentadienyl-
  reaction with diorganocadmium compounds, **2**, 858
Vanadium, dicyclopentadienyldimethyl-, **3**, 679
Vanadium, dicyclopentadienylhalo-
  magnetic properties, **3**, 684
  X-ray structure, **3**, 686
Vanadium, dicyclopentadienylmethyl-
  photolytic decomposition, **3**, 678
Vanadium, dicyclopentadienyloxychloro-, **3**, 685
Vanadium, dicyclopentadienylphenyl-
  carbonylation, **3**, 667
Vanadium, hexacarbonyl-, **3**, 648–654
  bonding, **3**, 18
  electronic structure, **3**, 649
  IR spectroscopy, **3**, 649
  mass spectroscopy, **3**, 649
  molecular structure, **3**, 650
  preparation, **3**, 649
  properties, **3**, 649
Vanadium, hexacarbonylhydrido-, **3**, 654
  decomposition, **3**, 649
Vanadium, hexacarbonylthallium-
  preparation, **6**, 968
Vanadium, hydridohexakis(trifluorophosphine)-, **3**, 655
Vanadium, octacarbonyldinitroso(μ-tetraphenyl-diphosphine)bis-, **3**, 652
Vanadium, pentacarbonyl(η^3-allyl)-, **3**, 662
Vanadium, pentacarbonyldicyclopentadienylbis-, **3**, 668
Vanadium, pentacarbonyl(triphenylphosphine)-, **3**, 652
Vanadium, peroxybis[tris(mesitylene)di-, **3**, 658
Vanadium, tetrabenzyl-, **3**, 660
Vanadium, tetracarbonyl[(2-allylphenyl)diphenyl-phosphine]-, **3**, 661
Vanadium, tetracarbonyl(η-cyclopentadienyl)-, **3**, 663
  Group VB donor ligand derivatives, **3**, 665
Vanadium, tetracarbonyl(diarsine)methyl-, **3**, 655
Vanadium, tetracarbonyl(η^5-fluorenyl)-, **3**, 664
Vanadium, tetracarbonylnitrosyl(triphenylphos-phine)-, **3**, 652
Vanadium, tetracarbonyl[(2-cis-propenylphenyl)-diphenylphosphine]-, **3**, 661
Vanadium, tetrakis(2,6-dimethoxyphenyl)di-, **3**, 658
Vanadium, tetrakis(mesitylene)-, **3**, 661
Vanadium, tetrakis(neopentyl)-, **3**, 660
Vanadium, tetrakis(1-norbornyl)-, **3**, 661
Vanadium, tetrakis(pentafluorophenyl)-, **3**, 661
Vanadium, tetrakis(2,3,3-trimethylnorbornyl)-, **3**, 661
Vanadium, tetrakis((trimethylsilyl)methyl)-, **2**, 93; **3**, 660
Vanadium, tetraphenyl-, **3**, 658
Vanadium, tribenzoatocyclopentadienyl-, **3**, 670
Vanadium, tricarbonylcyclopentadienyl(triphenyl-phosphine)-, **3**, 665
  IR spectroscopy, **3**, 666
Vanadium, tricarbonyl(η-hexaphenylbenzene)-, **3**, 690
Vanadium, tricarbonyliodo(η-mesitylene)-, **3**, 690
Vanadium, tricarbonyltrihydrido(diarsine)-, **3**, 656
Vanadium, trichlorobis(η^2-4-methylpent-1-ene)-, **3**, 661
Vanadium, trichlorophenyl-, **3**, 659
Vanadium, trichlorotris(tetryhydrofuran)-
  in dinitrogen reduction, **8**, 1083
Vanadium, triphenyl-, **3**, 658
Vanadium, tris(η^3-allyl)-, **3**, 662
Vanadium, tris[o-{(diphenylphosphino)methyl}-phenyl]-, **3**, 659
Vanadium, tris(isopropoxy)methyl-, **3**, 660
Vanadium, tris(N-phenylpyrazole)-, **3**, 659
Vanadium, tris[(trimethylsilyl)methyl]-, **3**, 660
Vanadium, tris[(trimethylsilyl)methyl]oxo-, **3**, 661
Vanadium, tris((trimethylsilyl)methyl)oxy-, **2**, 93
Vanadium complexes
  η^2-alkene, **3**, 661
  alkene dicyclopentadienyl, **3**, 679
  alkyne dicyclopentadienyl, **3**, 679
  η^3-allyl, **3**, 662
  η^6-arene, **3**, 687–690
  η^6-arenecarbonyl, **3**, 690
  aryl, **3**, 656
  bis(η^6-arene), **3**, 687
  bis(η-cyclopentadienyl), **3**, 672–687
  bis(cyclopentadienyl)halo, **3**, 683
  bis(cyclopentadienyl)oxyhalo, **3**, 683
  bis(cyclopentadienyl)pseudohalo, **3**, 683
  carbene derivatives, **3**, 665
  carbonyl, **3**, 654
    IR spectroscopy, **3**, 653
    seven-coordinate metal–metal bonded, **3**, 656
  carbonylcarboxylatocyclopentadienyl, **3**, 669
  carbonyl-η^5-cyclohexadienyl, **3**, 690
  carbonylcyclopentadienyl-
    IR spectroscopy, **3**, 665
  carbonylcyclopentadienyl nitrosyl, **3**, 668
  carbonyldicyclopentadienyl, **3**, 675
  catalysts
    in asymmetric epoxidation, **8**, 493
  η^5-cyclohexadienyl, **3**, 687–690
  cyclopentadienylhalo, **3**, 671
  cyclopentadienylhydrocarbon derivatives, **3**, 666
  cyclopentadienyloxo, **3**, 671
  cyclopentadienylsulfido, **3**, 670
  cyclopentadienylthiolato, **3**, 670
  cyclopropenyl, **3**, 662
  dicyclopentadienylhydrocarbon, **3**, 677–680
  dicyclopentadienyl isocyanide, **3**, 675
  2,6-dimethoxyphenyl, **3**, 658
  physical properties and bonding, **3**, 689
  polynuclear carbonylcyclopentadienyl, **3**, 668
  thiocarbonyl, **3**, 665
Vanadium compounds
  in ethylene–propylene copolymerization, **7**, 449
  in isoprene polymerization, **7**, 450
  nitrogen fixation and
    in aprotic media, **8**, 1083
    in protic media, **8**, 1084
Vanadium nitride
  magnesium adduct, **8**, 1084
Vanadium oxide
  reaction with cyclopentadiene, **3**, 671
Vanadium trichloride
  reduction by lithium naphthalenide under dini-trogen, **8**, 1083
Vanadium(II)
  dinitrogen reduction and, **8**, 1085
  –magnesium hydroxide complex
    in dintrogen reduction, **8**, 1084

Vanadium(II)
  single tetrameric unit
    in dinitrogen reduction, **8**, 1086
  tetranuclear cluster
    in dinitrogen reduction, **8**, 1085
Vanadium(II) complexes, **3**, 657
  o-metallated, **3**, 659
Vanadium(II) salts
  –pyrocatechol systems
    in methanol synthesis, **8**, 37
  in stoichiometric hydrogenation, **8**, 315
Vanadium(III) complexes, **3**, 657
  o-metallated, **3**, 659
Vanadium(IV) complexes, **3**, 659–662
  dialkyl, **3**, 660
  diaryl, **3**, 660
  tetraalkyl, **3**, 660
  tetraaryl, **3**, 660
Vanadium(V) complexes
  oxo, **3**, 661
Vanadium(VI) complexes
  monoalkyl, **3**, 659
  monoaryl, **3**, 659
Vanadocene, **3**, 672–674
  carbonylation, **3**, 663
  catalyst
    in acetylene polymerization, **3**, 672
  complex with bis(trimethylsilyl)diazene, **2**, 140
  heat capacity, **3**, 673
  mass spectrum, **3**, 673
  molecular structure, **3**, 673
  NMR, **3**, 674
  polymer-supported, **3**, 673
  preparation, **3**, 672
  pyrolysis, **3**, 673
  reaction with benzoyl peroxide, **3**, 670
  reaction with carboxylic acids, **3**, 670
  reaction with nitrobenzoyl peroxides, **3**, 670
  ring exchange reactions, **3**, 673
  thermochemistry, **3**, 673
  UV–visible spectrum, **3**, 674
  vibrational spectrum, **3**, 673
Vanadocene, carbonyldicyclopentadienyl-, **3**, 676
Vandenburg catalyst, **1**, 667
Vapor phase chromatography
  organoboranes, **1**, 270
Vapour density
  dimethylberyllium, **1**, 125
Vapour plating
  beryllium, **1**, 127
Vaska's complex
  polymer-bound
    hydrogenation catalyst, **8**, 579
Vaska's compounds, **5**, 542
  analogues, **5**, 548
  preparation, **5**, 542
Vaska-type compounds
  reactivity to hydrogen, **8**, 294
Vernolepin
  synthesis, **8**, 899
Vibrational frequencies
  internal ligands
    iron–diene complexes, **4**, 457
Vibrational spectroscopy
  cyclobutadiene iron complexes, **4**, 461
  dibutylberyllium, **1**, 127
  organomercury compounds, **2**, 942
Vilsmeier formylation
  cycloheptatrienetricarbonyliron complex, **8**, 972
  ferrocenes, **8**, 1017
  tricarbonylcyclobutadieneiron, **8**, 977
  tricarbonylcycloheptatrieneiron, **8**, 1006
Vilsmeier reaction
  tricarbonyl(diene)iron complexes, **4**, 468
Vinyl acetate
  industrial synthesis, **8**, 79
  palladium(II) ethylene complexes in, **6**, 358
  synthesis, **8**, 890
Vinylacyl ligands
  iron complexes, **4**, 406, 419
η^5-Vinylacyl ligands
  iron complexes
    reactions, **4**, 424
Vinyl alcohol
  platinum(II) complexes, **6**, 637, 641
Vinylation
  acrylates, **8**, 876
  aromatic compounds
    organopalladium complexes in, **8**, 857
    organopalladium compounds in, **8**, 874–883
σ,π-Vinyl bridges
  asymmetric dinuclear iron complexes, **4**, 581
  bis(dicarbonyl(η-cyclopentadienyl)iron) derivatives, **4**, 528
  dinuclear hexacarbonyliron complexes, **4**, 571
Vinylcarbene ligands
  iron complexes, **4**, 406, 419
η^3-Vinylcarbene ligands
  iron complexes, **4**, 432
Vinyl chloride
  hydroboration, **1**, 292
  hydrolysis
    organopalladium complexes in, **8**, 891
  photochemical polymerization
    tetracarbonyl(η-cyclopentadienyl)vanadium as catalyst, **3**, 665
Vinyl complexes
  platinum(II)
    X-ray diffraction, **6**, 536
Vinyl compounds
  palladium(II) complexes, **6**, 306–339
  transmetallation
    organoalkali metal compound preparation by, **1**, 61
Vinyl ethers
  cleavage
    hydralumination and, **1**, 655
  polyether preparation from
    aluminum alkyls in, **1**, 578
  reactions with organoboranes, **1**, 294
  reaction with cobaloximes and cobalamins, **5**, 87
  reaction with organoaluminum compounds, **7**, 381
  reaction with stabilized carbenes, **8**, 506
Vinyl halides
  carbonylation
    nickel catalysed, **8**, 786
  coupling reactions
    nickel catalysed, **8**, 734
  coupling reactions with allyl halides
    nickel catalysed, **8**, 722
  hydroboration, **7**, 244, 282
  reaction with organoaluminum compounds, **7**, 400
Vinylic chlorides
  reaction with tetrakis(triphenylphosphine)palladium, **6**, 254
Vinylic compounds
  hydroboration, **7**, 240
    directive effects, **7**, 148

Vinylidene fluoride
  reaction with trichlorosilane, **2**, 310
Vinylidene ligands
  bis(dicarbonyl(η-cyclopentadienyl)iron) derivatives, **4**, 529
  cationic cyclopentadienylruthenium complexes, **4**, 792
  cyclopentadienylruthenium complexes, **4**, 785
  osmium complexes, **4**, 1011
  preparation in 1-butene oligomerization, **8**, 389
μ-Vinylidene ligands
  dicarbonyl(η-cyclopentadienyl)diruthenium complexes, **4**, 828
Vinyl iodides
  preparation
    organoaluminum compounds in, **1**, 663
Vinyl isocyanide ligands
  manganese complexes, **4**, 146
Vinylketene ligands
  iron complexes
    structures, **4**, 458
η^4-Vinylketene ligands
  iron complexes, **4**, 402, 432
Vinyl ligands
  osmium complexes, **4**, 1006
  platinum(II)
    halogen oxidation, **6**, 582
  platinum(II) complexes, **6**, 630
    preparation from platinum acetylide complexes, **6**, 571
    reactions, **6**, 567
  ruthenium complexes, **4**, 732
σ,π-Vinyl ligands
  dinuclear iron complexes
    protonation, **4**, 571
Vinyl mercuration, **2**, 873
Vinyl monomers
  heteroatom-substituted
    polymerization, aluminum alkyls in, **1**, 667
  polymerization, **7**, 9

organolithium compounds and, **7**, 9
Viscosity
  fluid containing hard spheres, **2**, 338
  polydimethylsiloxanes
    molecular weight and, **2**, 349
  polysiloxanes
    temperature and, **2**, 349
Viscous properties
  polysiloxanes, **2**, 341
Vitamin A
  esters
    synthesis, **8**, 838
  preparation
    nickel catalysed, **8**, 697
  synthesis, **7**, 433, 664
Vitamin B_{12}
  methyl derivatives
    reaction with gold chlorides, **2**, 766
  organocobalt(III) model systems, **5**, 81
  preparation, **5**, 81
Vitamin B_{12} coenzymes
  structure, **5**, 3, 80
Vitamin B_{12r}
  reaction with cyclohexyl isocyanide, **5**, 23
  reaction with organic halides, **5**, 91
Vitamin B_{12s}
  preparation, **5**, 92
Vitamin D_3
  monohydrogenation, organozirconium compounds as catalysts in, **3**, 555
Vitamin E
  side chains
    introduction, **8**, 831
Vitamin K
  side chains
    introduction, **8**, 831
Volumetric titration
  organolithium compounds, **7**, 55
Vulcanizing agents
  for silicone rubbers, **2**, 331

W

Wacker oxidation
  natural products, **8**, 886
Wacker process, **6**, 637, 664; **8**, 854
Wacker reaction, **8**, 490, 884
Wade's rules
  carboranes, **1**, 468
  violations, **1**, 501
    8-vertex metallaboranes, **1**, 505
  violations and limitations, **1**, 473
Wagner-Meerwein carbenium rearrangements
  organoaluminum compound reaction with carbonyls and, **1**, 576
Wagner-Meerwein rearrangement
  chloroalkylsilanes, **2**, 77
  organoborates, **7**, 259
(±)-Warburganal
  synthesis, **7**, 523
(±)-Warburganol
  synthesis, **7**, 577
Water
  catalyst poisoning by
    in oxo process, **8**, 127
  cotelomerization with butadiene and isoprene, **8**, 452
  as hydride source, **8**, 302
  in hydroformylation, **8**, 157
  hydrogenation in, **8**, 337, 338
  as hydrogen donor, **8**, 324
  photolysis, **8**, 289
  reaction with alkyl and acyl tetracarbonyl cobalt complexes, **5**, 55
  reaction with allylboranes, **1**, 277
  reaction with carbon monoxide, **8**, 43
  reaction with dodecacarbonyltriruthenium, **4**, 881
  reaction with halopentacarbonylmanganese, **4**, 34
  reaction with organocobalt(III) complexes, **5**, 141
  reaction with organotin halides, **2**, 557
  reaction with platinum(II) olefin complexes, **6**, 664
  telomerization with butadiene, **8**, 434
  telomerization with isoprene, **8**, 446
Water-gas-shift reaction, **8**, 4, 9, 21, 288
  anionic halocarbon rhodium complexes in, **5**, 281
  catalysis
    ruthenium complexes in, **4**, 941
  catalysis by organometallic compounds, **8**, 12
  catalysis by supported ruthenium complexes, **4**, 961
  kinetics and mechanisms, **8**, 10
  metal cluster catalysis of, **6**, 822
  organoiron complexes as catalyst in, **4**, 339
  reaction systems, **8**, 12
  reverse, **8**, 229, 262
  supported catalysts in, **8**, 558, 602
  technology, **8**, 10
  water as hydrogen donor, **8**, 324
Water repellent chemicals
  organotin compounds, **2**, 616
Water soluble catalysts
  for hydrogenation, **8**, 338
Weathering
  silicones, **2**, 343
Widdrol
  synthesis, **7**, 558
Wilkinson's catalyst
  in hydrosilation, **2**, 119
  modifications, **8**, 466-479
  preparation, **8**, 467
  theoretical studies, **3**, 72
α-Willemite
  dehydration, **2**, 157
Wittig reaction, **7**, 84
  tricarbonyl(1,2-cyclobutadienedicarboxaldehyde)-iron, **4**, 446
Wittig reagents
  derived
    from sodium η^2-alkenedicarbonyl-η^5-cyclopentadienylferrate complexes, **8**, 966
Wittig's solvation-reactivity theory
  monomeric trimethylaluminum, **1**, 617
Wood
  destructive distillation, **8**, 29
  preservation
    organotin compounds in, **2**, 612
Woodward-Hoffmann rules
  benzyl complexes, **3**, 141
  carbonyl scrambling in organometallic compounds, **3**, 140
  σ-cyclopentadienyl compounds, **3**, 130
  iron tricarbonyl complexes and, **8**, 975
  in organometallic chemistry, **3**, 67
  organometallic compounds, **3**, 128, 130, 137
    fluctionality, **3**, 131
    optical activity and, **3**, 131
  [1,n]-thermal sigmatropic shifts, **3**, 131
Woodward-Hoffmann theory
  [1,n]-thermal sigmatropic shifts, **3**, 131
Wurtz coupling
  in Grignard reagent reactions, **1**, 193
  organohalogermane, **2**, 423
  in reaction of organic halides with alkali metals, **1**, 52
Wurtz-Fittig reaction
  hydrocarbon preparation by, **7**, 45
Wurtz reaction
  hydrocarbon preparation by, **7**, 45
  in preparation of tetraorganotin compounds, **2**, 532
Wurtz-type coupling
  in preparation of Grignard reagents, **1**, 158

X

Xanthates
  S-alkyl
    reaction with octacarbonyldicobalt, **5**, 167
    exchange reactions with (η^3-allyl)halopalladium complexes, **6**, 422
Xanthine
  reaction with chloropentaammineruthenium dichloride, **4**, 686
X_α calculations
  nickel tetracarbonyl, **3**, 6
X-ray analysis
  organocopper compound structure and, **2**, 724–732
X-ray crystallography
  (η^3-allylic)palladium complexes, **6**, 405
  iron carbene complexes, **4**, 369
X-ray diffraction
  η^5-cyclopentadienylplatinum(II) complexes, **6**, 735
  heteronuclear metal–metal bonded compounds, **6**, 801
  hexacarbonylvanadates, **3**, 650
  platinum(0) acetylene complexes, **6**, 696
  platinum(0) olefin complexes, **6**, 623
  platinum(II) acetylene complexes, **6**, 706
  platinum(II) acetylide complexes, **6**, 538
  platinum(II) σ-alkyl complexes, **6**, 532
  platinum(II) η^3-allyl complexes, **6**, 721
  platinum(II) aryl complexes, **6**, 536
  platinum(II) carbene complexes, **6**, 508
  platinum(II)–carbon η^1-compounds, **6**, 532
  platinum(II) olefin complexes, **6**, 641
  platinum(II) σ-vinyl complexes, **6**, 536
  platinum(IV) η^5-cyclopentadiene complexes, **6**, 735
  tetracarbonyl(η-cyclopentadienyl)vanadium, **3**, 664
X-ray microprobe analysis
  distribution of organometallic catalysts in polymers, **8**, 555
X-ray photoelectron spectra
  phosphine nickel carbonyl complexes, **6**, 30
  transition metal alkene complexes, **3**, 52
X-ray spectroscopy
  aluminacarboranes, **1**, 544, 545
  cyclooctatetraene complexes
    interchange reactions, **3**, 151
  η^3-dienyl complexes, **3**, 143
  ferrophosphacarboranes, **1**, 549
  gallacarboranes, **1**, 544
  phosphacarboranes, **1**, 548
  thallocarboranes, **1**, 545
  uranocene, **3**, 231
Xylene, o-dibromo-
  coupling reactions
    nickel catalysed, **8**, 733
m-Xylene
  dithallation, **7**, 499
2,6-Xylyl isocyanide
  platinum(0) complexes, **6**, 495

Y

Ylide ligands
  in hydrogenation catalysts, **8**, 328
  iron complexes
    nucleophilic addition, **4**, 394
  lanthanide complexes, **3**, 200, 204
  ruthenium complexes, **4**, 726
  titanium complexes, **3**, 450
Ylides
  formation, **7**, 83
  imidazolium
    ruthenium complexes, **4**, 686
  nickel complexes, **6**, 47, 66, 84
  palladium(II) complexes, **6**, 299–303, 300
    structure, **6**, 303
    synthesis, **6**, 299–303
  platinum complexes, **6**, 511–514
  platinum(II) complexes, **6**, 577
    bonding, **6**, 513
    preparation, **6**, 511
    reactions, **6**, 513
    structure, **6**, 513
    X-ray diffraction, **6**, 513
    X-ray photoelectron spectroscopy, **6**, 513
  platinum(IV) complexes
    preparation, **6**, 513
    X-ray diffraction, **6**, 513
  reaction with alkylnickel, **6**, 52
  reaction with palladium dichloride, **6**, 299
  reaction with triorganoboranes, **1**, 292
  silylated, **7**, 626–631
    preparation, **7**, 626
    reactions, **7**, 628
  sulfur
    reaction with organoboranes, **7**, 278
    reaction with trialkylboranes, **7**, 279
Ynamines
  reaction with palladium complexes, **6**, 458
  silyl derivatives, **2**, 122
Yohimbane
  synthesis, **8**, 907
Ytterbium
  bis(cyclopentadienyl)(tetrahydrofuran) complexes, **3**, 186
  Group IV complexes, **6**, 1101
  hydrides, **3**, 205
  ions
    properties, **3**, 175
  oxidation states, **3**, 176
  reaction with propyne, **3**, 201
  tetrakis(hydrocarbyl) anions, **3**, 197
  tris[(trimethylsilyl)methyl], **3**, 199
Ytterbium, bis(methylacyclopentadienyl)(tetrahydrofuran)-, **3**, 188
Ytterbium, (cyclooctatetraene)-, **3**, 195
Ytterbium complexes
  alkyne, **3**, 206
  alkyne hydrogenation and, **3**, 210
  bis(cyclopentadienyl) halides, **3**, 184
  bis(cyclopentadienyl)methyl, **3**, 204
  carbonyl, **3**, 180
  cyclopentadienyl hydrocarbyl, **3**, 203
  divalent bis(cyclopentadienyl), **3**, 187
  divalent cyclooctatetraene, **3**, 194
  hydrocarbyl, **3**, 201
  isocarbonyl or isonitrosyl complexes, **3**, 206
  mono(cyclopentadienyl), **3**, 186, 187
  neopentyl, **3**, 198
  in organic synthesis, **3**, 209
  pentamethylcyclopentadienyl, **3**, 191
  tris(cyclopentadienyl), **3**, 180, 182
  tris(cyclopentadienyl) boron, **3**, 183
  tris(cyclopentadienyl) pyrazine complexes, **3**, 183
Yttrium
  bis(cyclopentadienyl)methyl, **3**, 204
  cyclopentadienyl hydrocarbyl, **3**, 203
  ions
    properties, **3**, 175
Yttrium, bis(cyclopentadienyl)bis(μ-ethyl)(diethylaluminum)-
  preparation, **6**, 952
Yttrium, bis(cyclopentadienyl)bis(μ-methyl)(dimethylaluminum)-
  preparation, **6**, 952
Yttrium, (cyclopentadienyl)(cyclooctatetraenyl)-, **3**, 194
Yttrium complexes
  carbonyl, **3**, 180–210
  carbonyl fluoro, **3**, 180
  mono(cyclopentadienyl), **3**, 186
  neopentyl, **3**, 198, 200
  triphenyl compounds, **3**, 197
  tris(cyclopentadienyl), **3**, 180
  tris[(trimethylsilyl)methyl], **3**, 199
  ylide, **3**, 204
Yttrium compounds, **3**, 173–263
  properties, **3**, 174–179

Z

Zealeranone
  synthesis, **8**, 905
(±)-Zearalenone
  synthesis, **8**, 847
Zeise's dimer
  platinacyclobutane preparation from, **8**, 529
Zeise's salt, **6**, 473, 614
  bonding, **3**, 47
  ethylene exchange in, **6**, 654
  IR and Raman spectra, **6**, 655
  preparation, **6**, 633
  SCF-X_α-SW calculations, **3**, 48
  thermal aquation, **6**, 680
  UV–visible spectra, **6**, 656
  X-ray diffraction, **6**, 641
Zeolite
  ruthenium(III) complex containing, **4**, 961
Ziegler, Karl, **7**, 367
  organoaluminum chemistry, **1**, 558
Ziegler catalysis
  ethylene polymerization by
    dinitrogen inhibition, **8**, 1079
Ziegler catalysts
  alkene and alkyne metathesis, **8**, 500
  hydrogenation, **8**, 300, 340
  in hydrogenation of fats, **8**, 343
  mechanism, **8**, 503
Ziegler growth reaction, **1**, 664
Ziegler–Natta catalysis
  theoretical aspects, **3**, 72
Ziegler–Natta catalysts, **1**, 667; **3**, 271, 475–545;
    7, 368
  alkyl reduced, **3**, 517
  aluminum compounds in, **7**, 442–450
  definition, **7**, 443
  organoaluminum compounds in, **7**, 444
  polymerization initiation and, **7**, 444
  polymerization propagation and, **7**, 444
  polymerizations
    chain transfer reactions, **7**, 445
  in polymer technology, **1**, 559
  reduced, **3**, 530
    for alkene polymerization, **3**, 529
  third components, **7**, 443
  uses, **3**, 543–545
Ziegler–Natta polymerization
  α-alkene
    stereoregulation, **3**, 496–502
  alkenes
    catalysts, **3**, 510–536
    mechanism, **3**, 490
    processes for, **3**, 506–510
    ring opening in, **3**, 543
  conjugated dienes, **3**, 536–541
  dienes
    mechanism, **3**, 503–506, 504
  ethylene
    catalysts, **3**, 521
    kinetics, **3**, 484
    mechanism, **3**, 487–496
    experimental evidence, **3**, 492
  propylene
    solution processes, **3**, 509
    titanium catalysts, **3**, 510
Ziegler–Natta-type catalysts
  in alkene oligomerization, **8**, 377
  in hydrogenation, **8**, 340
  in propene oligomerization, **8**, 384–387
Ziegler synthesis
  triethylaluminum, **1**, 629
Ziegler systems
  as hydrogenation catalyst, **8**, 309
  hydrogenation catalysts, **8**, 338
Ziegler-type catalysts
  in asymmetric hydrogenation of olefins, **8**, 479
  for hydrogenation, **8**, 287
Zinc
  dimetallic transition metal derivatives, **6**, 1036
  –ethyl trifluoroacetate system
    in preparation of symmetrical diorganomer-
      curials, **2**, 895
  Group IV complexes, **6**, 1100
  hexamethyldisilazane derivatives, **2**, 128
  iron carbonyl complexes, **4**, 307
  organosilyl derivatives, **2**, 102
  reaction with octacarbonyldiferrates, **4**, 260
  siloxides, **2**, 156
  –sodium hydroxide system
    in preparation of symmetrical diorganomer-
      curials, **2**, 895
  transition metal carbonyl derivatives
    preparation, **6**, 999
  transition metal compounds, **6**, 983–1039,
    1003–1010
    structure, **6**, 1007
  transition metal derivatives
    properties, **6**, 1005
  trimetallic transition metal derivatives, **6**, 1034
  (trimethylsilyl)methyl derivatives, **2**, 94–99
Zinc, (acetylacetonate)ethyl-
  coordination behaviour, **2**, 839
  properties, **2**, 839
Zinc, alkenylhalo-
  in organic synthesis, **2**, 836
Zinc, alkylhalo-
  dioxane complexes, **2**, 835
  reaction with acid chlorides, **7**, 669
Zinc, alkylsilyl-
  preparation, **7**, 614
Zinc, alkynyl-
  coupling reactions with unsaturated halides, **8**,
    914
Zinc, alkynylhalo-
  in organic synthesis, **2**, 836

Zinc, allylbromo-
   reactions, **2**, 847
   reaction with alkynes, **2**, 846
   reaction with terminal acetylenes, **7**, 665
Zinc, allylhalo-
   reaction with unsaturated carbon compounds, **2**, 846
Zinc, arylhalo-
   dioxane complexes, **2**, 835
   properties, **2**, 836
Zinc, benzylhalo-
   reaction with halogenobenzenes, **7**, 669
Zinc, bis(benzoyloxymethyl)-
   reaction with alkenes, **7**, 669
Zinc, bis(decaboranyl)-
   dianion
      preparation, **1**, 513
   synthesis, **1**, 488
Zinc, bis[dicarbonyl(cyclopentadienyl)iron]-
   preparation, **6**, 1003
Zinc, bis(dichloromethyl)-
   reaction with alkenes, **7**, 669
Zinc, bis(iodomethyl)-
   reaction with alkenes, **7**, 669
Zinc, bis(neopentyl)-
   reaction with niobium halide, **2**, 845
   reaction with tantalum halide, **2**, 845
Zinc, bis(pentacarbonylmanganese)-
   cleavage reactions, **6**, 1006
Zinc, bis(pentafluorophenyl)-
   properties, **2**, 829
   synthesis, **2**, 833
Zinc, bis(phenylethynyl)-
   properties, **2**, 825
Zinc, bis(tetracarbonylcobalt)-
   condensation, **6**, 1007
   preparation, **6**, 1004
Zinc, bis[tricarbonyl(cyclopentadienyl)molybdenum]-
   preparation, **6**, 1004
   structure, **6**, 1008
Zinc, bis[tricarbonyl(cyclopentadienyl)tungsten]-
   preparation, **6**, 1004
Zinc, bis(trifluoromethyl)-
   properties, **2**, 829
Zinc, bis(trimethylsilyl)-
   preparation, **2**, 844
Zinc, bis((trimethylsilyl)methyl)-
   preparation, **2**, 829
   properties, **2**, 95
   reaction with niobium halides, **2**, 845
   reaction with tantalum halides, **2**, 845
Zinc, bis[tris(pentafluorophenyl)germyl]-
   reaction with tris(triphenylphosphine)platinum, **6**, 1003
Zinc, bromoethyl-
   structure, **2**, 835
Zinc, *t*-butyl-*t*-butoxy-
   structure, **2**, 837
Zinc, (*t*-butylthio)methyl-
   structure, **2**, 843
Zinc, carbonyl[bis(cyclopentadienyl)niobium](μ-hydrido)bis(borohydride)-
   benzene complex
      preparation, **6**, 1005
Zinc, carboxyethyl-
   structure, **2**, 840
Zinc, chloroethyl-
   structure, **2**, 835
Zinc, chlorophenyl-
   reaction with halogenobenzenes, **7**, 669
Zinc, chloro[tricarbonyl(cyclopentadienyl)molybdenum]-
   reaction with Lewis bases, **6**, 1006
Zinc, chloro[tricarbonyl(cyclopentadienyl)tungsten]-
   reaction with Lewis bases, **6**, 1006
Zinc, (cyclopentadienyl)[bis(cyclopentadienyl)molybdenum]-
   symmetrization, **6**, 1006
Zinc, (cyclopentadienyl)[bis(cyclopentadienyl)tungsten]-
   symmetrization, **6**, 1006
Zinc, cyclopentadienyl(methyl)-
   structure, **1**, 18, 22; **2**, 828
   symmetrization, **2**, 828
Zinc, (cyclopentadienylmolybdenum)-
   polymer, **6**, 1007
Zinc, (cyclopentadienyl)(pentacarbonylmanganese)-
   symmetrization, **6**, 1006
Zinc, cyclopentadienylphenyl-
   properties, **2**, 829
Zinc, (cyclopentadienyltungsten)-
   polymer, **6**, 1007
Zinc, (cyclopentdienyl)[tricarbonyl(cyclopentadienyl)manganese]-
   symmetrization, **6**, 1006
Zinc, dialkenyl-
   properties, **2**, 825, 828
   α,β-unsaturated
      properties, **2**, 828
Zinc, dialkyl-
   autoxidation, **2**, 851
   in preparation of organocopper compounds, **2**, 715
   properties, **2**, 825, 827
   protonolysis by amines, **2**, 842
   reaction with acid chlorides, **7**, 669
   reaction with alkaline earth metals, **1**, 237
   structure, **1**, 9
   thermal stability, **2**, 827
   thermolysis and photolysis, **2**, 851
   vibrational spectra, **2**, 831
Zinc, dialkynyl-
   properties, **2**, 825, 828
Zinc, diallyl-
   preparation, **2**, 833
   properties, **2**, 825
Zinc, diaryl-
   properties, **2**, 825, 828
   structure, **1**, 9
Zinc, dibenzyl-
   preparation, **2**, 833
Zinc, di-*t*-butyl-
   thermal stability, **2**, 827
   thermolysis, **2**, 851
Zinc, dicycloalkyl-
   thermal stability, **2**, 827
Zinc, dicyclopentadienyl-
   preparation, **2**, 833
   properties, **2**, 828
Zinc, diethyl-
   as chain transfer agent in olefin polymerizations, **7**, 445
   preparation, **2**, 824
   preparation in triethylaluminum reaction with zinc chloride, **1**, 613
   protonolysis, **2**, 846
   reaction with bromoform and alkenes, **7**, 668
   in Simmons–Smith reaction, **7**, 668

synthesis, **2**, 832
vibrational spectra, **2**, 831
Zinc, dimethyl-
complexes, **2**, 830
in cyclohexane solution
dipole moment, **2**, 825
dimethyl ether complex, **2**, 824
ether complexes, **2**, 830
methyl group exchange with dimethylcadmium, **2**, 827
oxidation, **1**, 8
photoelectron spectra, **2**, 831
preparation, **2**, 824, 833
reaction with triisopropylvanadate, **2**, 845
synthesis, **2**, 832
thermal stability, **2**, 827
thermodynamic properties, **2**, 832
vibrational spectra, **2**, 831
Zinc, di-1-naphthyl-
preparation, **2**, 833
Zinc, (diphenylamido)methyl-
structure, **2**, 840
Zinc, dipropynyl-
properties, **2**, 825
Zinc, divinyl-
properties, **2**, 825
structure, **2**, 828
Zinc, ethyliodo-
properties, **2**, 835
Zinc, ethyl(isopropylthio)-
structure, **2**, 843
Zinc, ethylmethoxy-
recombination reactions, **2**, 838
Zinc, ethyl(pentafluorophenoxy)-
structure, **2**, 838
Zinc, ethylphenoxy-
structure, **2**, 838
Zinc, ethyl(phenylethynyl)-
symmetrization, **2**, 828
Zinc, hexadeuterodimethyl-
thermodynamic properties, **2**, 832
Zinc, iodo(iodomethyl)-
reaction with alkenes, **7**, 669
Zinc, (2-methoxyethoxy)methyl-
structure, **2**, 838
Zinc, (2-methoxyethoxy)phenyl-
structure, **2**, 838
Zinc, methoxymethyl-
recombination reactions, **2**, 838
structure, **2**, 837
Zinc, octamethoxyhexamethylhepta-
preparation, **2**, 838
Zinc, phenyl(phenylethynyl)-
properties, **2**, 829
Zinc, phenyl(triphenylmethoxy)-
structure, **2**, 837
Zinc, tetrakis(acetylacetonate)diphenyltri-
structure, **2**, 839
Zinc, trihydridophenyldi-
preparation, **2**, 834
Zinc, (triphenylgold)-
preparation, **2**, 844, 845
Zinc alkyls
in control of molecular weight during Ziegler-Natta polymerization, **3**, 485
preparation by electrolysis of aluminate complexes, **1**, 656
in preparation of trialkylgallium compounds, **1**, 687
in preparation of trialkylindium compounds, **1**, 687

Zincates, (tetrahydroaluminum)dimethyl-
preparation, **2**, 834
Zincates, (tetrahydroaluminum)tetramethyldi-
preparation, **2**, 834
Zincates, trihydridodimethyldi-
preparation, **2**, 834
Zinc bridges
dinuclear dicarbonyl(η-cyclopentadienyl)iron complexes, **4**, 591
Zinc chloride
reaction with triethylaluminum, **1**, 613
Zinc compounds
magnesium, **1**, 222
in organic synthesis, **7**, 661-724
Zinc-copper couple
in Reformatsky reaction, **7**, 663
in Simmons-Smith reaction, **7**, 666
Zinc group
Group IV compound
bond lengths, **6**, 1102
Zinc halides
neutral donor-acceptor adducts with transition metals, **6**, 984
Zinc insertion reactions
transition metal-zinc compound preparation by, **6**, 1004
Zinc oxide
alkaline
catalyst in hydrocondensation of carbon monoxide, **8**, 66
catalyst
in hydrocondensation of carbon monoxide and hydrogen, **8**, 21
chromium promoted catalysts
industrial methanol synthesis, **8**, 29
copper promoted
in industrial methanol synthesis, **8**, 30
Zinc salts
alkylation, **2**, 832
arylation, **2**, 832
reaction with methylcobalamin, **2**, 1004
reaction with tetracarbonylferrates, **4**, 254
Zinc-silver couple
in Simmons-Smith reaction, **7**, 666
Zinc(II) halides
neutral donor-acceptor adducts with transition metal compounds, **6**, 992
Zingiberene
synthesis, **8**, 993
Zirconate, pentakis(tetrahydroborate)-
preparation, **6**, 901
Zirconates, bis(η-cyclopentadienyl)bis(diphenylphosphino)-
preparation, **3**, 607
Zirconate(III), bis(cyclopentadienyl)-, **3**, 609
Zirconate(III), bis(η-cyclopentadienyl)bis(diphenylphosphino)-
preparation, **3**, 609
Zirconate(III), chlorobis(η-cyclopentadienyl)[(o-tolyl)(trimethylsilyl)methyl]-
preparation, **3**, 609
Zirconate(III), chlorobis(η-methylcyclopentadienyl)[bis(trimethylsilyl)methyl]-
lifetime, **3**, 609
Zirconate(III), dibenzylbis(η-cyclopentadienyl)-
lifetime, **3**, 609
Zirconate(III), dichlorobis(η-alkylcyclopentadienyl)-
preparation, **3**, 609
Zirconia
in Fischer-Tropsch synthesis, **8**, 43

Zirconiacyclopentane, bis(η-pentamethylcyclopentadienyl)-
preparation, **3**, 587
Zirconiacyclopentene, bis(η-cyclopentadienyl)-
X-ray spectroscopy, **3**, 552
Zirconiapentathiane, bis(η-cyclopentadienyl)-
preparation, **3**, 577
Zirconium
cyclopentadienyl complexes
nitrogen fixation and, **8**, 1076
dinitrogen complex, **8**, 1075
dinitrogen cyclopentadienyl complexes
in dinitrogen reduction, **8**, 1079
dinitrogen reactions promoted by, **8**, 1076–1082
Group IV complexes, **6**, 1058
Group IV organo compounds, **6**, 1057
hexamethyldisilazane derivatives, **2**, 130
molybdenum compounds, **6**, 777
Zirconium, acetatobis(acetylacetonato)(η-cyclopentadienyl)-
preparation, **3**, 561
Zirconium, alkylbis(η-alkylcyclopentadienyl)(η^2-dinitrogen)-, **3**, 608
Zirconium, alkylbis(η-cyclopentadienyl)[bis(trimethylsilyl)methyl]-
preparation, **3**, 581
Zirconium, alkylbis(η-cyclopentadienyl)halo-
preparation, **3**, 587
Zirconium, alkylchlorobis(η-t-butylcyclopentadienyl)-
preparation, **3**, 585
Zirconium, alkylchlorobis(cyclopentadienyl)-
preparation, **3**, 585
reaction with aluminum trichloride, **3**, 553
reaction with carbon monoxide, **3**, 585
Zirconium, allyl(η-allyl)bis(η-cyclopentadienyl)-
structure, **3**, 621
Zirconium, allyl(cyclooctatetraenyl)-
structure, **3**, 621
Zirconium, (benzylbenzyl)dibenzylhydrido-
formation, **3**, 638
Zirconium, (benzyltolyl)dibenzylhydrido-
preparation, **3**, 640
Zirconium, bis(acetylacetonato)chloro(η-cyclopentadienyl)-
cis-, **3**, 564
structure, **3**, 565
Zirconium, bis(acetylacetonato)(η-cyclopentadienyl)(dibenzoylmethane)-
preparation, **3**, 562
Zirconium, bis(acetylacetonato)(η-cyclopentadienyl)halo-
configuration, **3**, 564
Zirconium, bis(acetylacetonato)(dibenzoylmethane)(η-cyclopentadienyl)-
NMR, **3**, 563
Zirconium, bis(acetylacetone)bis[(trimethylsilyl)methyl]-
preparation, **3**, 639
Zirconium, bis(η-alkylcyclopentadienyl)dimethyl-
reaction with hydrogen, **3**, 583
Zirconium, bis(η-alkylcyclopentadienyl)(η^2-dinitrogen)[bis(trimethylsilyl)methyl]-
preparation, **3**, 607
Zirconium, bis(allyl)(η-allyl)chlorotetrakis(η-cyclopentadienyl)-
preparation, **3**, 621
Zirconium, bis(allyl)bis(η-cyclopentadienyl)-
preparation, **3**, 620
Zirconium, bis(azido)bis(η-cyclopentadienyl)-
preparation, **3**, 524
Zirconium, bis(η-benzene)(trimethylphosphine)-, **3**, 550
Zirconium, bis(η-buta-1,3-diene)(dmpe)-
catalyst
hydrogenation and dimerization of alkenes, **3**, 643
preparation, **3**, 642
structure, **3**, 643
Zirconium, bis(cyclopentadienyl)bis[bis(μ-hydrido)dihydridoborate]-
preparation, **6**, 901
Zirconium, bis(η-cyclopentadienyl)bis(bisulfato)-
preparation, **3**, 575
Zirconium, bis(η-cyclopentadienyl)bis(diphenylmethyl)-
structure, **3**, 596
Zirconium, bis(η-cyclopentadienyl)bis[(diphenylphosphino)methyl]-
stability, **3**, 581
Zirconium, bis(η-cyclopentadienyl)bis(isocyanato)-
structure, **3**, 575
Zirconium, bis(η-cyclopentadienyl)bis(mercapto)-
preparation, **3**, 577
Zirconium, bis(η-cyclopentadienyl)bis(2-methyl-1-phenylpropenyl)-
preparation, **3**, 590
Zirconium, bis(η-cyclopentadienyl)bis(neopentyl)-
structure, **3**, 596
Zirconium, bis(η-cyclopentadienyl)bis(oxymethylidinetricobaltnonacarbonyl)-
structure, **3**, 571
Zirconium, bis(η-cyclopentadienyl)bis(phenylselenyl)-
preparation, **3**, 577
Zirconium, bis(η-cyclopentadienyl)bis(phenylthio)-
preparation, **3**, 577
Zirconium, bis(η-cyclopentadienyl)bis(phosphine)-
preparation, **3**, 611
Zirconium, bis(η-cyclopentadienyl)bis(tetrahydroborates)-
preparation, **3**, 601
Zirconium, bis(η-cyclopentadienyl)bis(thiocyanato)-
preparation, **3**, 524
Zirconium, bis(η-cyclopentadienyl)bis[(o-tolyl)(trimethylsilyl)methyl]-
structure, **3**, 594
Zirconium, bis(η-cyclopentadienyl)bis[(trimethylsilyl)methyl]-
structure, **3**, 596
Zirconium, bis(η-cyclopentadienyl)bis[(trimethylsilyl)(o-tolyl)methyl]-
preparation, **3**, 581
Zirconium, bis(η-cyclopentadienyl)(η^4-diene)-
preparation, **3**, 596
Zirconium, bis(η-cyclopentadienyl)difluoro-
conformation, **3**, 568
Zirconium, bis(cyclopentadienyl)dihydrido-
polymer, **6**, 901
reaction with diphenylacetylene, **3**, 591
Zirconium, bis(η-cyclopentadienyl)dihyrido-
as catalyst in hydrogenation, **3**, 555
Zirconium, bis(η-cyclopentadienyl)diiodo-
bonding, **3**, 37
preparation, **3**, 569

Zirconium, bis(η-cyclopentadienyl)dimethyl-
  decomposition, 3, 583
  insertion reactions with nitric oxide, 3, 583
  insertion reactions with sulfur dioxide, 3, 583
  photodecomposition, 3, 583
  reaction with carbon monoxide, 3, 581
  reaction with lithium alkyls, 3, 583
Zirconium, bis(η-cyclopentadienyl)dinitrato-
  preparation, 3, 524
Zirconium, bis(η-cyclopentadienyl)(η^2-dinitrogen)[bis(trimethylsilyl)methyl]-
  preparation, 3, 586
Zirconium, bis(η-cyclopentadienyl)diphenyl-
  decomposition, 3, 583
  photochemistry, 3, 590
  reaction with 1,3-dienes, 3, 591
  reaction with lithium alkyls, 3, 583
  stability, 3, 580
Zirconium, bis(cyclopentadienyl)hydrido[bis(μ-hydrido)dihydridoborate]-
  preparation, 6, 901
Zirconium, bis(η-cyclopentadienyl)hydrido(bis(trimethylsilyl)methyl)-
  preparation, 3, 586
Zirconium, bis(cyclopentadienyl)hydrido(tetrahydroaluminum)-
  preparation, 6, 949
Zirconium, bis(η-cyclopentadienyl)methyl(diphenylmethyl)-
  reaction with methyl isocyanide, 3, 600
Zirconium, bis(η-cyclopentadienyl)methylene(methyldiphenylphosphine)-
  preparation, 3, 580
Zirconium, bis(η-cyclopentadienyl)phenyl[bis(trimethylsilyl)methyl]-
  structure, 3, 595
Zirconium, bis(cyclopentadienyl)tris(μ-hydrido)(diisobutylaluminum)-
  preparation, 6, 950
Zirconium, bis(dibenzoylmethane)chloro(η-cyclopentadienyl)-
  preparation, 3, 563
Zirconium, bis(fluorenyl)dimethyl-
  photochemistry, 3, 622
  photolysis, 3, 583
  preparation, 3, 580
Zirconium, bis(η^5-fluorenyl)dimethyl-
  preparation, 3, 621
Zirconium, bis(μ-hydrido)bis(trimethylaluminum)bis[bis(cyclopentadienyl)(μ-hydrido)-
  preparation, 6, 950
Zirconium, bis(η-indenyl)dimethyl-
  as catalyst in hydrogenation of alkenes, 3, 622
  photochemistry, 3, 622
  photolysis, 3, 583
  preparation, 3, 580
Zirconium, bis(η^5-indenyl)dimethyl-
  structure, 3, 595, 623
Zirconium, bis(η-pentamethylcyclopentadienyl)dihydrido-
  reaction with carbon monoxide, 3, 598
Zirconium, bis(η-pentamethylcyclopentadienyl)dimethyl-
  reaction with carbon monoxide, 3, 581
Zirconium, bis(η-pentamethylcyclopentadienyl)hydrido(isobutyl)-
  preparation, 3, 585
Zirconium, bis(η-toluene)bis(trimethylstannyl)-
  preparation, 3, 644

Zirconium, bis(η-toluene)(trimethylphosphine)-
  preparation, 3, 644
Zirconium, (borohydride)chlorobis(η-cyclopentadienyl)-
  in reduction of carbonyl compounds to alcohols, 3, 555
Zirconium, bromodichloro(η-cyclopentadienyl)-
  preparation, 3, 561
Zirconium, butylbis(η-cyclopentadienyl)[bis(trimethylsilyl)methyl]-
  decomposition, 3, 583
Zirconium, chlorobis(η-alkylcyclopentadienyl)(bis(trimethylsilyl)methyl)-
  electrochemical reduction, 3, 586
  preparation, 3, 585
Zirconium, chlorobis(η-t-butylcyclopentadienyl)nitrato-
  preparation, 3, 524
Zirconium, chlorobis(η-cyclopentadienyl)-
  bipyridyl complex
    preparation, 3, 607
Zirconium, chlorobis(η-cyclopentadienyl)(bis(trimethylsilyl)methyl)-
  rotational barriers, 3, 587
Zirconium, chlorobis(η-cyclopentadienyl)[(diphenylphosphino)methyl]-
  structure, 3, 595
Zirconium, chlorobis(η-cyclopentadienyl)ethyl-
  reaction with triethylalane, 3, 597
Zirconium, chlorobis(η-cyclopentadienyl)hydrido-
  as catalyst in organic chemistry, 3, 552
  reaction with lithiumaluminum hydride, 6, 949
Zirconium, (μ-chloro)bis(cyclopentadienyl)hydridobis(μ-hydrido)bis(diisobutylaluminum)-
  preparation, 6, 950
Zirconium, chlorobis(η-cyclopentadienyl)(2-methyl-1-phenylpropenyl)-
  stability, 3, 590
  structure, 3, 594
Zirconium, chlorobis(η-cyclopentadienyl)nitrato-
  preparation, 3, 524
Zirconium, chlorobis(η-cyclopentadienyl)(oxymethylidinetricobaltnonacarbonyl)-
  structure, 3, 571
Zirconium, chlorobis(η-cyclopentadienyl)(tetrahydridoborates)-
  preparation, 3, 601
Zirconium, chlorobis(cyclopentadienyl)(tetrahydroborate)-
  preparation, 6, 901
Zirconium, chlorobis(η-cyclopentadienyl)[η^2-1-(p-tolylimino)ethyl]-
  reaction with sodium amalgam, 3, 586
Zirconium, chlorobis(η-cyclopentadienyl)[(o-tolyl)(trimethylsilyl)methyl]-
  structure, 3, 594
Zirconium, chlorobis(η-cyclopentadienyl)(triethylgermyl)-
  preparation, 3, 600
Zirconium, chlorobis(η-cyclopentadienyl)(trimethylstannyl)-
  preparation, 3, 600
Zirconium, chlorobis(η-cyclopentadienyl)[(triphenylphosphino)methylene]-
  structure, 3, 600
Zirconium, chlorobis(η-cyclopentadienyl)(triphenylsilyl)-
  structure, 3, 601
Zirconium, chlorobis[η-(trimethylsilyl)cyclopentadienyl][bis(trimethylsilyl)methyl]-
  structure, 3, 593, 594, 595

Zirconium

Zirconium, chlorobis[η-(trimethylsilyl)cyclopentadienyl](pentamethylbenzyl)-
  structure, 3, 594
Zirconium, chloro(η-cyclopentadienyl)bis(diketonato)-
  preparation, 3, 562
Zirconium, chloro(η-cyclopentadienyl)bis(8-quinolinolato)-
  preparation, 3, 565
Zirconium, chloro(η^1-methylcyclopentadienyl)bis(η^5-methylcyclopentadienyl)-
  structure, 3, 616
Zirconium, chloro(pentamethylbenzyl)bis[η-(trimethylsilyl)cyclopentadienyl]-
  preparation, 3, 585
Zirconium, chlorotris[bis(trimethylsilyl)methyl]-
  preparation, 3, 641
Zirconium, chlorotris(neopentyl)-
  reaction with trimethylphosphine, 3, 641
Zirconium, (η^5-cycloheptadienyl)(η-cycloheptatrienyl)-
  preparation, 3, 622
Zirconium, (η^5-cyclohexadienyl)bis(dmpe)hydrido-
  preparation, 3, 642
Zirconium, (η-cyclooctatetraene)(η^4-cyclooctatetraene)(tetrahydrofuran)-
  structure, 3, 552
Zirconium, (η-cyclopentadienyl)(ethanesulfonato)bis(methanesulfonato)-
  preparation, 3, 561
Zirconium, (η-cyclopentadienyl)halo-
  preparation, 3, 561
Zirconium, (η-cyclopentadienyl)tris[bis(trifluoroacetyl)methane]-
  crystal structure, 3, 563
Zirconium, (cyclopentadienyl)tris(η-cyclopentadienyl)-
  reaction with triethylalane, 3, 597
Zirconium, (η^1-cyclopentadienyl)tris(η-cyclopentadienyl)-
  structure, 3, 551, 552
Zirconium, (η-cyclopentadienyl)tris(dibenzoylmethane)-
  preparation, 3, 562
Zirconium, (η-cyclopentadienyl)tris(N,N-diethyldithiocarbamato)-
  preparation, 3, 562
Zirconium, (η-cyclopentadienyl)tris(diketonato)-
  preparation, 3, 562
Zirconium, (η-cyclopentadienyl)tris(N,N-dimethyldithiocarbamato)-
  NMR, 3, 566
  preparation, 3, 562
  structure, 3, 566
Zirconium, (η-cyclopentadienyl)tris(ethyl xanthate)-
  preparation, 3, 561
Zirconium, (η-cyclopentadienyl)tris(hexafluoroacetylacetonato)-
  NMR, 3, 566
  structure, 3, 566
Zirconium, (η-cyclopentadienyl)tris(8-hydroxyquinolinolato)-
  preparation, 3, 562
Zirconium, (η-cyclopentadienyl)tris(methyl xanthate)-
  preparation, 3, 561
Zirconium, (η-cyclopentadienyl)tris(tropolonato)-
  preparation, 3, 562
  structure, 3, 566
Zirconium, dialkylbis(η-alkylcyclopentadienyl)-
  reduction, 3, 583
Zirconium, dialkylbis(η-t-butylcyclopentadienyl)-
  preparation, 3, 585
Zirconium, dibenzylbis(η-cyclopentadienyl)-
  reaction with carbon monoxide, 3, 581
Zirconium, dibenzylbis(diphenylamino)-
  preparation, 3, 641
Zirconium, dibenzyldichloro-
  stability, 3, 641
Zirconium, dibromobis(η-cyclopentadienyl)-
  preparation, 3, 569
Zirconium, dibutylbis(η-cyclopentadienyl)-
  decomposition, 3, 583
  β-hydrogen elimination, 3, 551
Zirconium, dicarbonylbis(η-cyclopentadienyl)-
  preparation, 3, 611; 6, 901
  reactions, 3, 612
  structure, 3, 615
Zirconium, dicarbonylbis(η-pentamethylcyclopentadienyl)-
  preparation, 3, 614
  structure, 3, 615
Zirconium, dichlorobis(η-benzylcyclopentadienyl)-
  structure, 3, 570
Zirconium, dichlorobis(η-cyclopentadienyl)-
  as catalysts in organic chemistry, 3, 552, 555
  conformation, 3, 568
  exchange reactions, 3, 573
  preparation, 3, 569
  reaction with sodium nitrate, 3, 575
  reaction with triethylalane, 3, 597
  structure, 3, 570
  zirconium enolates from, 3, 554
Zirconium, dichlorobis(fluorenyl)-
  preparation, 3, 621
  structure, 3, 571
Zirconium, dichlorobis(η^5-fluorenyl)-
  structure, 3, 623
Zirconium, dichlorobis(η-menthylcyclopentadienyl)-
  preparation, 3, 570
Zirconium, dichlorobis(2-methyl-1-phenylpropenyl)-
  preparation, 3, 641
Zirconium, dichlorobis(η-neomenthylcyclopentadienyl)-
  preparation, 3, 570
Zirconium, dichlorobis(neopentyl)-
  stability, 3, 641
Zirconium, dichlorobis(neopentyl)bis(trimethylphosphine)-
  decomposition, 3, 641
  photolysis, 3, 641
Zirconium, dichlorobis(permethylcyclopentadienyl)-
  reduction under dinitrogen, 8, 1079
Zirconium, dichloro(μ-chloro)bis(trimethylphosphine)-
  dimer
    preparation, 3, 641
Zirconium, dichloro(cyclohexadiene)(dmpe)-
  dimer
    preparation, 3, 642
Zirconium, dichloro(η-cyclooctatetraene)-
  preparation, 3, 626
Zirconium, dichlorodicyclopentadienyl-

ammonia preparation from, **8**, 1079
Zirconium, dichloro[methylenebis(η-methylenecyclopentadienyl)]-
  structure, **3**, 570
Zirconium, dichloro[1,1'-trimethylenebis(cyclopentadienyl)]-
  spectroscopy, **3**, 572
Zirconium, (diethyl ether)diphenyl-
  dimer
    thermolysis, **3**, 641
Zirconium, dihalobis(pentamethylcyclopentadienyl)-
  preparation, **3**, 569
Zirconium, dihydridobis(pentamethylcyclopentadienyl)-
  chemical properties, **3**, 603
  reaction with carbon monoxide, **3**, 582
  reaction with isocyanides, **3**, 585
Zirconium, dihydro(η-cyclooctatetraene)-
  preparation, **3**, 627
Zirconium, dinitrogenbis[dinitrogenbis(η-pentamethylcyclopentadienyl)-
  preparation, **3**, 613
  reaction with allenes, **3**, 597
  structure, **3**, 551, 615
Zirconium, (dmpe)bis[bis(η-buta-1,3-diene)-(dmpe)-
  preparation, **3**, 642
Zirconium, (dmpe)bis[bis(η-1,3-diene)(dmpe)-
  dissociation, **3**, 644
Zirconium, hexaallyl(dihydropentalene)di-
  stability, **3**, 621
Zirconium, hydridobis(η-pentamethylcyclopentadienyl)[(trimethylsilyl)methyl]-
  reaction with carbon monoxide, **3**, 582
Zirconium, hydridoisobutylbis(η-pentamethylcyclopentadienyl)-
  thermal decomposition, **3**, 587
Zirconium, hydridoneopentylbis(η-pentamethylcyclopentadienyl)-
  reaction with carbon monoxide, **3**, 582
Zirconium, (η-methylcyclopentadienyl)tris(8-hydroxyquinolinolato)-
  preparation, **3**, 562
Zirconium, oxybis[bis(η-cyclopentadienyl)methyl-
  structure, **3**, 574, 595
Zirconium, oxybis[bis(η-cyclopentadienyl)(phenylthio)-
  crystal structure, **3**, 577
  structure, **3**, 574
Zirconium, oxybis[chlorobis(η-cyclopentadienyl)-
  spectroscopy, **3**, 573
Zirconium, oxybis(η-cyclopentadienyl)-
  trimer
    structure, **3**, 574
Zirconium, oxybis[fluorobis(η-cyclopentadienyl)-
  structure, **3**, 573
Zirconium, tetrabenzyl-, **3**, 242
  adducts, **3**, 639
  adduct with tribenzylaluminum, **3**, 639
  as alkene polymerization catalysts, **3**, 272
  hydrogenation, **3**, 639
  NMR, **3**, 637
  preparation, **3**, 636
  reaction with carbon dioxide, **3**, 639
  reaction with iodine, **3**, 639
  reaction with methyl isothiocyanate, **3**, 639
  reaction with nitric oxide, **3**, 639
  reaction with oxygen, **3**, 638
  reaction with phenyl isocyanate, **3**, 639
  reaction with sulfur dioxide, **3**, 639
  stability, **3**, 637, 638
  thermal decomposition, **3**, 638
  as Ziegler–Natta alkene polymerization catalysts, **3**, 493
Zirconium, tetrachloro-
  reaction with lithium alkyls, **3**, 636
Zirconium, tetrakis(adamantylmethyl)-
  preparation, **3**, 636
Zirconium, tetrakis(η-cyclopentadienyl)(μ-hydrido)(μ-naphthyl)-
  structure, **3**, 606
Zirconium, tetrakis(η-cyclopentadienyl)(μ-hydrido)(μ-naphthyl)di-
  preparation, **3**, 610
Zirconium, tetrakis(neopentyl)-
  NMR, **3**, 637
  photoelectron spectrum, **3**, 636
  reaction with nitric oxide, **3**, 639
  thermal decomposition, **3**, 638
Zirconium, tetrakis((trimethylsilyl)methyl)-, **2**, 93
  IR spectrum, **3**, 637
  photoelectron spectra, **3**, 636
  preparation, **3**, 636
  reaction with acetylacetone, **3**, 639
  reaction with iodine, **3**, 639
  reaction with nitric oxide, **3**, 639
  thermal decomposition, **3**, 638
Zirconium, tetrakis[(trimethylstannyl)methyl]-
  thermal decomposition, **3**, 638
Zirconium, tetrakis[tris(μ-hydrido)hydridoborate]-
  preparation, **6**, 901
Zirconium, tetranorbornyl-
  photolysis, **3**, 638
Zirconium, tribenzoato(η-cyclopentadienyl)-
  dimer
    preparation, **3**, 561
Zirconium, trichloro[(butylimino)chloromethyl]-
  preparation, **3**, 641
Zirconium, trichloro(2-methyl-1-phenylpropenyl)-
  preparation, **3**, 641
Zirconium, trichlorophenyl-
  alkylation, **3**, 641
Zirconium, tris(acetylacetonato)(η-cyclopentadienyl)-
  reactions, **3**, 563
Zirconium, triscyclopentadienyl-
  fluxional behaviour, **8**, 1048
Zirconium, tris(cyclopentadienyl)(μ-hydrido)(triethylaluminum)-
  preparation, **6**, 951
Zirconium, tris(η-cyclopentadienyl)(triethylalane)-
  structure, **3**, 617
Zirconium, tris(dibenzoylmethane)(η-cyclopentadienyl)-
  NMR, **3**, 563
Zirconium, tris(diethyl ether)methylphenyl-
  decomposition, **3**, 640
  preparation, **3**, 641
Zirconium, tris(η-hexamethylbenzene)hexachlorotris-
  anion, **3**, 645
  structure, **3**, 645
Zirconium alkoxides
  in ethylene oligomerization, **8**, 377
Zirconium atoms
  reaction with isobutane, **3**, 642
  reaction with neopentane, **3**, 642
Zirconium catalysts

catalysts
  in 1,3-pentadiene dimerization, **8**, 401
Zirconium complexes
  acyl
    synthesis, **8**, 112
  alkenyl
    coupling reactions with π-allylpalladium complexes, **8**, 815
  catalyst
    in 1-butene oligomerization, **8**, 389
  hydrido
    reaction with carbon dioxide, **8**, 248
    reaction with carbon dioxide, **8**, 238
Zirconium compounds
  catalyst
    for hydroalumination, **7**, 385
  catalysts
    in butadiene oligomerization, **8**, 398
    in ethylene oligomerization, **8**, 380
  metallacyclopentane complexes
    in alkene oligomerization, **8**, 374
Zirconium salts
  hydralumination promotion by, **1**, 642
Zirconium(II), bis(pentamethylcyclopentadienyl)-, **3**, 613
Zirconium(II) complexes, **3**, 610–616
  bis(phosphine)
    reaction with alkyl halides, **3**, 612
Zirconium(III), alkylbis(cyclopentadienyl)-, **3**, 608
Zirconium(III), alkyl(dinitrogen)-, **3**, 608
Zirconium(III) complexes, **3**, 606–609
Zirconium(IV) complexes
  tris(cyclopentadienyl), **3**, 616
Zirconobenzocyclopentane, bis(η-cyclopentadienyl)-
  reactions, **3**, 593
  structure, **3**, 596
Zirconobenzocyclopentane, bis(trimethylsilyl) bis(η-cyclopentadienyl)-
  reactions, **3**, 593
Zirconocene, **3**, 610
Zirconocene, alkenylchloro-
  preparation, **3**, 590
Zirconocene, alkyl-
  autoxidation, **3**, 580
Zirconocene, dibenzyl-
  autoxidation, **3**, 580
Zirconocene, dimethyl-
  reaction with carbon monoxide, **3**, 598
  reaction with tricarbonyl(η-cyclopentadienyl)hydridomolybdenum, **3**, 599
  structure, **3**, 595
Zirconocene, oxybis(halo-
  properties, **3**, 573
Zirconocene dichloride
  alkylation, **3**, 551
Zirconocene(II), (diphenylketene)-
  preparation, **3**, 611
Zirconocene(IV)
  monoalkyl, **3**, 585–588
Zirconocene(IV), diaryl-
  UV irradiation, **3**, 589
Zirconocene(IV), hydrido-
  properties, **3**, 606
Zirconocene(IV) alkoxides, **3**, 575
  chemical properties, **3**, 576

NMR, **3**, 575
  synthesis, **3**, 575
Zirconocene(IV) alkyls
  structure, **3**, 593–600
Zirconocene(IV) allyls
  preparation, **3**, 590
Zirconocene(IV) bisulfates, **3**, 574
Zirconocene(IV) carboxylates
  chemical properties, **3**, 576
  spectroscopy, **3**, 576
  synthesis, **3**, 576
Zirconocene(IV) complexes
  alkyl, **3**, 579
  amido, **3**, 577
    chemical properties, **3**, 578
    spectroscopy, **3**, 578
  dialkyl, **3**, 580–584
  σ-hydrocarbyl, **3**, 579
  ketimido, **3**, 577
    chemical properties, **3**, 578
    spectroscopy, **3**, 578
  phosphido, **3**, 579
  selenium-centred ligands, **3**, 577
  sulfur-centred ligands, **3**, 577
  triorganogermyl, **3**, 600
  triorganosilyl, **3**, 600
  triorganostannyl, **3**, 600
Zirconocene(IV) dialkenyls, **3**, 590
Zirconocene(IV) dialkynyls, **3**, 590
Zirconocene(IV) diallyls, **3**, 590
Zirconocene(IV) diaryls, **3**, 589
Zirconocene(IV) halides, **3**, 569–574
  chemical properties, **3**, 572
  spectroscopy, **3**, 572
  structure, **3**, 570
  synthesis, **3**, 569
Zirconocene(IV) hydrides
  properties, **3**, 603
  synthesis, **3**, 602
Zirconocene(IV) σ-hydrocarbyls
  structure, **3**, 593–600
Zirconocene(IV) metallocycles, **3**, 591–593
Zirconocene(IV) nitrates, **3**, 574
Zirconocene(IV) phenoxides, **3**, 575
  chemical properties, **3**, 576
  IR spectra, **3**, 575
Zirconocene(IV) pseudohalides, **3**, 574
Zirconocene(IV) tetrahydridoborates, **3**, 601
Zirconocyclic compounds
  monocyclopentadienyl
    preparation, **3**, 561
Zirconocyclopentadiene
  preparation, **3**, 591
Zirconocyclopentadiene, bis(η-indenyl)tetraphenyl-
  preparation, **3**, 591
Zirconocyclopentane
  reactions, **3**, 592
Zirconocyclopentane, bis(η-cyclopentadienyl)dimethyl-
  preparation, **3**, 591
Zirconocyclopentene
  preparation, **3**, 590, 591

Formula Index

J. D. COYLE

The Open University, Milton Keynes

This Formula Index consists of over 32 000 compounds that occur in Volumes 1–8. The main criterion for inclusion is that a compound must contain a metal–carbon bond. Compounds that have been indexed may occur in the text, equations, Schemes, Figures or Tables. However, limitations of space could not permit every organometallic compound to be indexed each time it was mentioned. Therefore compounds have been indexed only when considered important in the context of the topic under discussion.

Where a general compound or reaction type is given with large numbers of specific examples (usually in Tables but sometimes in equations or text), a selection has been made on the basis of choosing simple or common representative examples. Therefore a chloro compound will be indexed, but not the bromo or iodo equivalents; the methyl derivative will be included in preference to higher homologues; the PPh_3 complex will be indexed but not the PPh_2Me equivalent, *etc*. Readers should therefore bear this in mind when searching the Index for specific compounds.

The element symbols within each formula are arranged according to a modified Hill system, in which the order is metal(s), C, H, and then any remaining symbols arranged alphabetically. Compounds containing two (or more) different metals appear twice (or more), being listed under each metal. Common ligand abbreviations that occur in the text have also been used in the Index. These include cdt (cyclododecatriene), dmpe ($Me_2PCH_2CH_2PMe_2$), Fc (ferrocenyl), Fp ($Fe(CO)_2Cp$), nbd (norbornadiene), *etc*.

A

AgB$_8$C$_{20}$H$_{26}$P
 (Ph$_3$P)AgC$_2$B$_8$H$_{11}$, **1**, 510
AgB$_8$C$_{38}$H$_{41}$P$_2$
 (Ph$_3$P)$_2$AgC$_2$B$_8$H$_{11}$, **1**, 510
AgCH$_3$
 AgMe, **2**, 723
AgC$_3$F$_5$
 Ag{C(CF$_3$)=CF$_2$}, **2**, 714, 719
AgC$_5$H$_3$F$_7$N
 Ag{CF(CF$_3$)$_2$}(MeCN), **2**, 714, 718; **8**, 254
AgC$_5$H$_7$
 Ag(C≡CPr^i), **2**, 744
AgC$_6$F$_5$
 Ag(C$_6$F$_5$), **2**, 714
AgC$_6$H$_5$
 AgPh, **2**, 714, 845
AgC$_6$H$_9$
 AgC≡CBu, **7**, 723
AgC$_7$H$_7$
 Ag(Tol), **2**, 714
AgC$_7$H$_7$O
 Ag(C$_6$H$_4$OMe), **2**, 714
AgC$_8$Cl$_5$
 Ag(C≡CC$_6$Cl$_5$), **2**, 744
AgC$_8$H$_5$
 AgC≡CPh, **7**, 723
AgC$_8$H$_7$
 Ag(CH=CHPh), **2**, 714
AgC$_8$H$_7$ClN
 AgCl(CNTol), **2**, 751
AgC$_9$H$_{10}$NO
 Ag{C(OMe)=NTol}, **2**, 751
AgC$_9$H$_{12}$N
 Ag(C$_6$H$_4$CH$_2$NMe$_2$), **2**, 714, 719
AgC$_{11}$H$_{14}$P
 Ag(C≡CPh)(PMe$_3$), **2**, 732
AgC$_{15}$H$_{32}$P
 Ag(CH=CHMe)(PBu$_3$), **2**, 747
AgC$_{16}$H$_{36}$P
 AgBu(PBu$_3$), **2**, 747
 AgBu^s(PBu$_3$), **2**, 746
AgC$_{18}$H$_{40}$P
 Ag(C$_6$H$_{13}$)(PBu$_3$), **2**, 747
AgC$_{19}$H$_{38}$P
 Ag(C$_7$H$_{11}$)(PBu$_3$), **2**, 747
AgC$_{23}$H$_{20}$P
 AgCp(PPh$_3$), **2**, 714
AgC$_{26}$H$_{20}$P
 Ag(C≡CPh)(PPh$_3$), **2**, 731
AgC$_{38}$H$_{34}$P$_2$
 [Ag(CH$_2$PPh$_3$)$_2$]$^+$, **2**, 736
AgCoC$_{14}$H$_8$N$_2$O$_4$
 CoAg(CO)$_4$(bipy), **6**, 837
AgCo$_2$C$_8$H$_3$O$_6$
 Co$_2$Ag(CMe)(CO)$_6$, **5**, 168
AgCo$_2$C$_8$O$_8$
 [Co$_2$Ag(CO)$_8$]$^-$, **6**, 849
AgCr$_2$C$_{16}$H$_{10}$O$_6$
 [Ag{Cr(CO)$_3$Cp}$_2$]$^-$, **3**, 963, 965; **6**, 846
AgFeC$_{10}$H$_8$Cl
 Fe(η^5-C$_5$H$_4$Ag)(η^5-C$_5$H$_4$Cl), **2**, 714
 FeCp{η^5-C$_5$H$_3$(Ag)(Cl)}, **2**, 722
AgFeC$_{13}$H$_{16}$N
 FeCp{η^5-C$_5$H$_3$(Ag)(CH$_2$NMe$_2$)}, **2**, 714
AgFeC$_{20}$H$_{15}$NO$_6$P
 FeAg(CO)$_2$(NO){P(OPh)$_3$}, **6**, 836
AgFe$_2$C$_{27}$H$_{20}$NO$_6$P
 [Fe$_2$Ag(PPh$_2$){CHC(Ph)NHMe}(CO)$_6$]$^+$, **6**, 862
AgFe$_8$C$_{40}$H$_{40}$S$_{12}$
 [Ag{Fe$_4$(S$_6$)Cp$_4$}$_2$]$^+$, **4**, 641
AgGeC$_{72}$H$_{60}$P$_3$
 Ph$_3$GeAg(PPh$_3$)$_3$, **6**, 1100
AgIrC$_{37}$H$_{30}$Cl$_2$O$_9$P$_2$
 IrAg(ClO$_4$)$_2$(CO)(PPh$_3$)$_2$, **6**, 838
AgIrC$_{37}$H$_{30}$N$_2$O$_7$P$_2$
 IrAg(NO$_3$)$_2$(CO)(PPh$_3$)$_2$, **6**, 838
AgIrC$_{39}$H$_{36}$ClN$_3$OP$_2$
 IrAgCl(CO)(PPh$_3$)$_2$(MeN$_3$Me), **6**, 838
AgIrC$_{41}$H$_{30}$F$_6$O$_5$P$_2$
 IrAg(O$_2$CCF$_3$)$_2$(CO)(PPh$_3$)$_2$, **6**, 838
AgIrC$_{46}$H$_{41}$ClN$_2$OP$_2$
 IrAgCl(CO)(PPh$_3$)$_2$(MeNCHNTol), **6**, 838
AgLiC$_{12}$F$_{10}$
 LiAg(C$_6$F$_5$)$_2$, **2**, 714
AgMoC$_8$H$_5$O$_3$
 MoAg(CO)$_3$Cp, **6**, 829
AgMoWC$_{16}$H$_{10}$O$_6$
 [Ag{Mo(CO)$_3$Cp}{W(CO)$_3$Cp}]$^-$, **6**, 846
AgMo$_2$C$_{16}$H$_{10}$O$_6$
 [Ag{Mo(CO)$_3$Cp}$_2$]$^-$, **3**, 1187; **6**, 846
AgRhC$_{37}$H$_{30}$Cl$_2$O$_9$P$_2$
 RhAg(ClO$_4$)$_2$(CO)(PPh$_3$)$_2$, **6**, 837
AgRhC$_{88}$H$_{45}$F$_{20}$P$_3$
 Rh(C≡CC$_6$F$_5$)$_4$(PPh$_3$)$_2$(AgPPh$_3$), **5**, 377
AgRhCoC$_{39}$H$_{36}$ClN$_3$OP$_2$
 RhAgCo(CO)(PPh$_3$)$_2$(MeN$_3$Me), **6**, 837
AgSiC$_7$H$_{19}$P
 [Ag{CH(SiMe$_3$)(PMe$_3$)}]$^+$, **2**, 714
AgSiC$_{12}$H$_{36}$OP$_3$
 Ag(OSiMe$_3$)(PMe$_3$)$_3$, **2**, 157
AgWC$_8$H$_5$O$_3$
 AgW(CO)$_3$Cp, **3**, 1337; **6**, 831
AgW$_2$C$_{16}$H$_{10}$O$_6$
 [Ag{W(CO)$_3$Cp}$_2$]$^-$, **3**, 1337; **6**, 847

AgW$_2$C$_{108}$H$_{96}$O$_2$P$_8$S$_2$
 [Ag{SCW(CO)(diphos)$_2$}$_2$]$^+$, **3**, 1292
AgW$_4$C$_{32}$H$_{20}$I$_4$O$_{12}$
 Ag{W(CO)$_3$Cp}$_4$, **3**, 1337
Ag$_2$As$_2$C$_8$H$_{20}$
 Ag$_2${(CH$_2$)$_2$AsMe$_2$}$_2$, **2**, 736
Ag$_2$As$_6$FeC$_{38}$H$_{46}$O$_4$
 Fe(CO)$_4$[Ag{AsMe(C$_6$H$_4$AsMe$_2$)$_2$}]$_2$, **4**, 306
Ag$_2$C$_7$H$_5$O$_2$
 Ag$_2$Ph(CO$_2$), **2**, 750; **8**, 254
Ag$_2$C$_9$H$_{12}$BrN
 Ag$_2$Br(C$_6$H$_4$CH$_2$NMe$_2$), **2**, 714, 720
Ag$_2$Fe$_2$C$_{64}$H$_{40}$O$_8$
 [Fe(CO)$_3${C$_5$Ph$_4$(OAg)}]$_2$, **4**, 469
Ag$_2$Li$_2$C$_{32}$H$_{40}$O$_2$
 Li$_2$Ag$_2$Ph$_4$(OEt$_2$)$_2$, **2**, 714
Ag$_2$Li$_2$C$_{36}$H$_{48}$N$_4$
 Li$_2$Ag$_2$(C$_6$H$_4$CH$_2$NMe$_2$)$_4$, **2**, 714, 734
Ag$_2$Li$_2$C$_{36}$H$_{48}$O$_2$
 Li$_2$Ag$_2$(Tol)$_4$(OEt$_2$)$_2$, **2**, 714, 734
Ag$_2$RhC$_{94}$H$_{45}$F$_{25}$P$_3$
 Rh(C≡CC$_6$F$_5$)$_5$(PPh$_3$)(AgPPh$_3$)$_2$, **5**, 377
Ag$_3$C$_6$H$_5$N$_2$O$_6$
 Ag$_3$(NO$_3$)$_2$Ph, **2**, 714
Ag$_3$C$_{18}$H$_{24}$BrN$_2$
 Ag$_3$Br(C$_6$H$_4$CH$_2$NMe$_2$)$_2$, **2**, 714, 720
Ag$_3$C$_{30}$H$_{36}$N$_3$O$_3$
 [Ag{C(OEt)=NTol}]$_3$, **2**, 737; **6**, 505
Ag$_4$C$_{76}$H$_{68}$Cl$_4$P$_4$
 {AgCl(CH$_2$PPh$_3$)}$_4$, **2**, 736
Ag$_4$Co$_4$C$_{16}$O$_{16}$
 {AgCo(CO)$_4$}$_4$, **5**, 12; **6**, 765, 849
Ag$_4$Fe$_4$C$_{52}$H$_{64}$N$_4$
 [FeCp{η^5-C$_5$H$_3$Ag(CH$_2$NMe$_2$)}]$_4$, **4**, 486
Ag$_4$Rh$_2$C$_{100}$H$_{30}$F$_{40}$P$_2$
 Rh$_2$Ag$_4$(C≡CC$_6$F$_5$)$_8$(PPh$_3$)$_2$, **5**, 377
Ag$_7$C$_{30}$H$_{25}$N$_2$O$_6$
 Ag$_7$(NO$_3$)$_2$Ph$_5$, **2**, 714
AlB$_4$C$_4$H$_{13}$
 Me$_2$Al(C$_2$B$_4$H$_7$), **1**, 544
AlB$_9$C$_4$H$_{16}$
 EtAlC$_2$B$_9$H$_{11}$, **1**, 517, 544
AlB$_9$C$_4$H$_{18}$
 Me$_2$Al(C$_2$B$_9$H$_{12}$), **1**, 545
AlB$_9$C$_6$H$_{20}$
 Et$_2$Al(C$_2$B$_9$H$_{12}$), **1**, 544
AlB$_9$C$_{12}$H$_{32}$O$_2$
 EtAl(C$_2$B$_9$H$_{11}$){$\overline{\text{O(CH}_2\text{)}_3\text{CH}_2}$}$_2$, **1**, 545
AlBe$_3$C$_{27}$H$_{63}$O$_6$
 Me$_3$AlBe$_3$(OBu^t)$_6$, **1**, 135
AlCH$_3$Cl$_2$
 AlCl$_2$(Me), **1**, 658; **7**, 369
AlCH$_3$Cl$_3$
 [AlCl$_3$(Me)]$^-$, **1**, 601
AlC$_2$H$_5$Br$_2$
 AlBr$_2$(Et), **7**, 410
AlC$_2$H$_5$Cl$_2$
 AlCl$_2$(Et), **1**, 611, 658; **7**, 368, 369
AlC$_2$H$_6$Cl
 AlCl(Me)$_2$, **1**, 583; **7**, 391
AlC$_2$H$_6$I
 AlI(Me)$_2$, **7**, 369
AlC$_2$H$_7$
 AlH(Me)$_2$, **1**, 583

AlC$_2$H$_8$N
 AlMe$_2$(NH$_2$), **1**, 566
AlC$_3$H$_9$
 AlMe$_3$, **1**, 566, 583; **7**, 393, 398; **8**, 746
AlC$_3$H$_9$S$_2$
 AlMe(SMe)$_2$, **7**, 387, 395, 442
AlC$_3$H$_9$Se
 AlMe$_2$(SeMe), **7**, 411, 418, 428
AlC$_3$H$_{10}$
 [AlHMe$_3$]$^-$, **7**, 391, 434
AlC$_3$H$_{12}$N
 AlMe$_3$(NH$_3$), **1**, 566
AlC$_4$H$_4$Cl$_3$
 AlCl$_3$(C$_4$H$_4$), **3**, 128
AlC$_4$H$_6$Cl
 AlCl(CH=CH$_2$)$_2$, **7**, 399
AlC$_4$H$_7$
 AlMe$_2$(C≡CH), **7**, 428; **8**, 764
AlC$_4$H$_9$ClN
 AlCl(Me)$_2$(MeCN), **7**, 431
AlC$_4$H$_9$Cl$_2$
 AlCl$_2$(Bu^i), **1**, 658; **7**, 369
AlC$_4$H$_{10}$Cl
 AlCl(Et)$_2$, **1**, 578, 611; **7**, 368
AlC$_4$H$_{10}$F
 AlF(Et)$_2$, **1**, 583, 632
AlC$_4$H$_{10}$F$_2$N
 AlEt$_2$(NF$_2$), **7**, 434
AlC$_4$H$_{10}$I
 AlI(Et)$_2$, **7**, 369, 450
AlC$_4$H$_{10}$N
 AlMe$_2$($\overline{\text{NCH}_2\text{CH}_2}$), **7**, 434
AlC$_4$H$_{11}$
 AlH(Et)$_2$, **1**, 583; **7**, 381
AlC$_4$H$_{12}$
 [AlH$_2$(Et)$_2$]$^-$, **1**, 601, 635; **7**, 412, 423
 [AlMe$_4$]$^-$, **1**, 601; **7**, 413
AlC$_4$H$_{12}$N
 AlMe$_2$(NMe$_2$), **1**, 566; **7**, 411
AlC$_4$H$_{12}$PS$_2$
 AlMe$_2$(S$_2$PMe$_2$), **1**, 596
AlC$_5$H$_5$
 AlMe(C≡CH)$_2$, **7**, 428
AlC$_5$H$_9$
 $\overline{\text{AlMe(CH}_2\text{CH=CHCH}_2\text{)}}$, **7**, 430
 AlMe$_2$(C≡CMe), **7**, 434
AlC$_5$H$_{10}$N
 AlEt$_2$(CN), **2**, 61; **7**, 387, 421
AlC$_5$H$_{11}$
 AlMe$_2$(CH$_2$CH=CH$_2$), **7**, 356
AlC$_5$H$_{12}$I
 AlEt$_2$(CH$_2$I), **7**, 435, 439
AlC$_5$H$_{12}$N
 AlMe$_2$(N=CMe$_2$), **7**, 442
 AlMe$_3$(MeCN), **1**, 596; **7**, 431
AlC$_5$H$_{13}$O
 AlEt$_2$(OMe), **1**, 584
AlC$_5$H$_{15}$O
 AlMe$_3$(OMe$_2$), **1**, 596
AlC$_5$H$_{15}$OS
 AlMe$_3$(OSMe$_2$), **1**, 596
AlC$_5$H$_{16}$N
 AlMe$_3$(NHMe$_2$), **1**, 566
AlC$_6$Br$_2$F$_5$
 AlBr$_2$(C$_6$F$_5$), **7**, 380
AlC$_6$H$_5$Cl$_2$

AlC$_6$H$_5$Cl$_2$
  AlCl$_2$(Ph), **1**, 583
AlC$_6$H$_9$
  Al(CH=CH$_2$)$_3$, **1**, 583; **7**, 398, 399
  AlMe$_2$(C≡CCH=CH$_2$), **1**, 627
AlC$_6$H$_{12}$
  [AlMe$_2$(CH$_2$CH=CHCH$_2$)]$^-$, **1**, 635
AlC$_6$H$_{12}$Cl$_3$O
  AlEt$_2$(OCH$_2$CCl$_3$), **1**, 565
AlC$_6$H$_{13}$
  EtAl{(CH$_2$)$_3$CH$_2$}, **1**, 581
AlC$_6$H$_{13}$Cl$_2$
  AlCl$_2$(C$_6$H$_{13}$), **7**, 409
AlC$_6$H$_{15}$
  AlEt$_3$, **1**, 273, 284, 559, 583, 637; **7**, 368, 373, 398
  AlMe$_2$Bu, **7**, 380
  AlMe$_2$Bu^i, **7**, 434
AlC$_6$H$_{15}$F
  [AlF(Et)$_3$]$^-$, **1**, 578, 601
AlC$_6$H$_{15}$FO
  [AlF(Et)$_2$(OEt)]$^-$, **1**, 601
AlC$_6$H$_{15}$O
  AlEt$_2$(OEt), **1**, 654; **6**, 529
AlC$_6$H$_{15}$S
  AlEt$_2$(SEt), **1**, 650; **7**, 410, 436, 441
AlC$_6$H$_{16}$
  [AlH(Et)$_3$]$^-$, **1**, 634
AlC$_6$H$_{16}$N
  AlEt$_2$(NMe$_2$), **7**, 409, 436, 441
AlC$_7$H$_{11}$
  AlMe$_2$(Cp), **1**, 22, 580, 607; **7**, 398, 399
AlC$_7$H$_{15}$
  AlEt$_2$(CH$_2$CH=CH$_2$), **1**, 564, 597
AlC$_7$H$_{15}$O
  AlBu^i(OCH$_2$CH$_2$CH$_2$), **7**, 381
AlC$_7$H$_{17}$N$_2$
  AlEt$_3$(CH$_2$N$_2$), **7**, 439
AlC$_8$H$_{11}$O
  AlMe$_2$(OPh), **1**, 632
AlC$_8$H$_{11}$S
  AlMe$_2$(SPh), **7**, 418, 419
AlC$_8$H$_{12}$Cl$_3$
  AlCl$_3$(C$_4$Me$_4$), **1**, 604, 622; **3**, 128
AlC$_8$H$_{15}$
  AlMe$_2$(C≡CBu^t), **8**, 746, 764
AlC$_8$H$_{15}$O
  AlEt$_2$(C≡COEt), **7**, 428
AlC$_8$H$_{17}$
  AlEt$_2$(CH=CHEt), **1**, 565, 624, 629; **7**, 423, 424, 439
AlC$_8$H$_{17}$Cl$_2$
  AlCl$_2$(C$_8$H$_{17}$), **7**, 406
AlC$_8$H$_{17}$O$_2$
  AlEt$_2$(O$_2$CPr), **1**, 598
AlC$_8$H$_{18}$Cl
  AlCl(Bu^i)$_2$, **1**, 630
AlC$_8$H$_{18}$I
  AlI(Bu^i)$_2$, **7**, 369
AlC$_8$H$_{18}$N
  AlEt$_3$(MeCN), **7**, 431
  AlMe$_3$(Bu^{t}CN), **7**, 431
AlC$_8$H$_{19}$
  AlEt$_2$(Bu), **7**, 373
  AlH(Bu^i)$_2$, **1**, 641; **7**, 422, 436
  AlH(Bu^t)$_2$, **7**, 669
AlC$_8$H$_{19}$O
  AlEt$_2$(OBu^t), **1**, 653

  AlMe$_2${(CH$_2$)$_4$OEt}, **1**, 596
AlC$_8$H$_{20}$
  [AlEt$_4$]$^-$, **1**, 558, 565, 601, 613; **7**, 413, 425
  [AlH$_2$Bu$^i_2$]$^-$, **7**, 412
AlC$_8$H$_{20}$N
  AlMe$_2$(NPr$^i_2$), **7**, 417
AlC$_8$H$_{20}$O
  [AlEt$_3$(OEt)]$^-$, **1**, 613
AlC$_9$H$_{15}$
  Al(CHCH$_2$CH$_2$)$_3$, **1**, 625
  Al(CH$_2$CH=CH$_2$)$_3$, **7**, 381
  AlEt$_2$(Cp), **1**, 627
AlC$_9$H$_{15}$ClN
  AlCl(Et)$_2$(py), **1**, 621
AlC$_9$H$_{17}$
  AlBu^i{CH$_2$C(Me)=CHCH$_2$}, **7**, 394, 417, 432
AlC$_9$H$_{17}$O
  AlMe$_2${OC=CHCH(Me)CH$_2$CH$_2$CH$_2$}, **8**, 746
AlC$_9$H$_{19}$
  AlBu^i{(CH$_2$)$_4$CH$_2$}, **7**, 383
  AlEt$_2$(CH$_2$CH=CHEt), **7**, 439
AlC$_9$H$_{19}$O
  AlMe$_2${OC(Me)=CHBu^t}, **7**, 408, 418, 441
AlC$_9$H$_{20}$N
  AlEt$_2$(N=CHBu^t), **7**, 431
AlC$_9$H$_{20}$NO$_2$
  AlEt$_2$(O$_2$CNEt$_2$), **7**, 395
AlC$_9$H$_{21}$
  AlEt$_2${CH$_2$CH(Me)(Et)}, **1**, 665
  AlPr$_3$, **1**, 577, 583; **7**, 379, 418
AlC$_9$H$_{21}$O
  AlEt$_2${OCH(Me)Pr}, **7**, 424
  AlEt$_2${OCH$_2$CH(Me)Et}, **7**, 424
AlC$_9$H$_{22}$
  [AlH(Me)(Bu^i)$_2$]$^-$, **1**, 661
  [AlH(Me)(Bu$^i_2$)]$^-$, **7**, 389
AlC$_9$H$_{22}$N
  AlMe$_2${(CH$_2$)$_3$NEt$_2$}, **1**, 596
AlC$_9$H$_{23}$O
  AlEt$_2$(Me)(OEt$_2$), **1**, 610
AlC$_{10}$H$_{11}$S
  AlMe(SMe)(C≡CPh), **7**, 388
AlC$_{10}$H$_{12}$O
  Al(C≡CH)$_3$(OEt$_2$), **1**, 625
AlC$_{10}$H$_{13}$O
  Al(C≡CH)$_3$(OEt$_2$), **1**, 583
AlC$_{10}$H$_{14}$N
  AlMe$_3$(PhCN), **7**, 431
AlC$_{10}$H$_{17}$O$_2$
  AlBu^i[CH$_2$CH{C(Me)=CH$_2$}COO], **7**, 394
AlC$_{10}$H$_{19}$
  AlMe$_2$(C≡CC$_6$H$_{13}$), **7**, 391
AlC$_{10}$H$_{21}$
  AlBu$^i_2$(CH=CH$_2$), **7**, 400
  AlEt$_2${CH$_2$CH(Et)CH=CH$_2$}, **7**, 439
AlC$_{10}$H$_{22}$F
  AlF{CH$_2$CH(Me)Et}$_2$, **7**, 395
AlC$_{10}$H$_{23}$O
  AlBu$^i_2$(OEt), **1**, 659
  AlBu$^t_2$(OEt), **1**, 624, 652
  AlMe$_2$(CH$_2$CH=CHMe)(OEt$_2$), **1**, 606
AlC$_{10}$H$_{25}$O
  AlEt$_3$(OEt$_2$), **1**, 565
AlC$_{11}$H$_{14}$ClO
  AlCl(Et)(OC$_6$H$_4$CH$_2$CH=CH$_2$), **7**, 403
AlC$_{11}$H$_{15}$S$_2$

AlMe(SMe){CH=C(Ph)SMe}, **7**, 387
AlC$_{11}$H$_{16}$N
  AlEt$_2$(N=CHPh), **7**, 431
AlC$_{11}$H$_{24}$N
  AlEt$_3$(Bu^{t}CN), **7**, 431
  AlMe$_2$(NC$_6$H$_8$Me$_2$), **7**, 429
AlC$_{12}$H$_{10}$Cl
  AlCl(Ph)$_2$, **1**, 563, 583
AlC$_{12}$H$_{11}$
  AlH(Ph)$_2$, **1**, 583, 629
AlC$_{12}$H$_{18}$Cl
  AlCl(C≡CBu)$_2$, **1**, 652
AlC$_{12}$H$_{19}$
  AlEt$_2$(CH$_2$CH$_2$Ph), **7**, 381
AlC$_{12}$H$_{21}$O
  AlMe$_2$(Ph)(OEt$_2$), **1**, 610
AlC$_{12}$H$_{23}$
  AlEt$_2$(C≡CC$_6$H$_{13}$), **7**, 427
  AlEt$_2$(C$_8$H$_{11}$), **7**, 382
AlC$_{12}$H$_{25}$
  AlEt$_2${C(Et)=CEt$_2$}, **7**, 388
AlC$_{12}$H$_{27}$
  AlBu$_3$, **1**, 559, 583
  AlBu$^i_3$, **1**, 561; **7**, 369, 384, 429, **8**, 651, 741
  AlBu$^t_3$, **7**, 380
AlC$_{12}$H$_{28}$
  [AlHBuBu$^i_2$]$^-$, **7**, 412
  [AlH(Bu^i)$_3$]$^-$, **1**, 601
  [AlPr$_4$]$^-$, **7**, 408
AlC$_{13}$H$_{20}$N
  AlEt$_3$(PhCN), **7**, 431
AlC$_{13}$H$_{20}$NO
  AlEt$_2${N(Ph)COEt}, **7**, 441
AlC$_{13}$H$_{21}$N$_2$
  AlEt$_2${N=C(Ph)NMe$_2$}, **1**, 649
AlC$_{13}$H$_{23}$
  AlBu$^i_2$(C$_5$H$_5$), **7**, 382
AlC$_{13}$H$_{25}$O$_2$
  AlBu$^i_2$(acac), **1**, 632
AlC$_{13}$H$_{27}$O
  AlMe$_2${OC(Me)(CH$_2$CH$_2$)$_2$CHBu^t}, **1**, 646
AlC$_{13}$H$_{28}$N
  AlBu$^i_2${$\overline{N(CH_2)_4CH_2}$}, **7**, 438
  AlMe$_2$(NC$_6$H$_6$Me$_4$), **7**, 428
AlC$_{13}$H$_{30}$
  [AlMe(Bu^i)$_3$]$^-$, **7**, 417
AlC$_{13}$H$_{31}$O
  AlMe(Bu^i)$_2$(OEt$_2$), **1**, 610
AlC$_{14}$H$_{11}$
  Ph$\overline{\text{Al}(\text{C}_6\text{H}_4\text{CH}=\text{C}}$H), **1**, 581
AlC$_{14}$H$_{16}$N
  AlMe$_2$(NPh$_2$), **7**, 442
AlC$_{14}$H$_{23}$O
  AlBu$^i_2$(OPh), **7**, 417
AlC$_{14}$H$_{27}$
  AlMe$_2${C≡CCH(Bu^t)(CH$_2$)$_4$Me}, **7**, 427
AlC$_{14}$H$_{27}$O
  $\overline{\text{AlBu}^i{\text{CH}_2\text{CMe}(\text{CH}=\text{CH}_2)\text{CEt}_2\text{O}}}$, **7**, 417
  AlEt$_2$(OC$_{10}$H$_{17}$), **8**, 495
  AlMe(OMe){C≡CCH(Bu^t)(CH$_2$)$_4$Me}, **7**, 427
AlC$_{14}$H$_{29}$
  AlBu$^i_2$(CH=CHBu), **1**, 601; **8**, 762

AlBu$^i_2$(CH=CHBu^t), **8**, 762
AlBu$^i_2${CH$_2$(C$_5$H$_9$)}, **1**, 598
AlC$_{14}$H$_{29}$O
  AlBu$^i_2$(OCH=CHBu), **7**, 385
AlC$_{14}$H$_{30}$Cl
  AlCl(C$_7$H$_{15}$)$_2$, **7**, 392
AlC$_{14}$H$_{33}$
  AlBu$^t_2$(CH$_2$CH$_2$Bu^t), **1**, 636
AlC$_{15}$H$_{15}$
  AlCp$_3$, **1**, 583
AlC$_{15}$H$_{16}$N
  $\overline{\text{AlEt}(\text{C}_6\text{H}_4\text{CH}_2\text{N}}$Ph), **7**, 436
AlC$_{15}$H$_{16}$NS$_2$
  AlMe$_2$(S$_2$CNPh$_2$), **7**, 442
AlC$_{15}$H$_{23}$
  Al{CH$_2$CH(Me)(Et)}$_3$, **1**, 608
AlC$_{15}$H$_{28}$
  [AlH(C$_5$H$_9$)$_3$]$^-$, **1**, 634
AlC$_{15}$H$_{31}$
  AlBu$^i_2$(CH=CHC$_5$H$_{11}$), **7**, 414; **8**, 741, 762
AlC$_{15}$H$_{32}$
  [AlMe(Bu^i)$_2${C(Et)=CHEt}]$^-$, **1**, 634
  [AlMe(Bu^i)$_2$(CH=CHBu)]$^-$, **7**, 414
AlC$_{15}$H$_{33}$
  Al(CH$_2$Bu^t)$_3$, **1**, 610; **7**, 379
  Al{CH$_2$CH(Me)Et}$_3$, **7**, 384, 422; **8**, 762
AlC$_{15}$H$_{36}$N
  AlBu$^t_3$(NMe$_3$), **1**, 615
AlC$_{16}$H$_{12}$O$_4$
  [Al($\overline{\text{C}=\text{CHCH}=\text{CH}}$O)$_4$]$^-$, **1**, 634
AlC$_{16}$H$_{12}$S$_4$
  [Al($\overline{\text{C}=\text{CHCH}=\text{CH}}$S)$_4$]$^-$, **1**, 634
AlC$_{16}$H$_{19}$O
  AlMe$_2${OCMe(Ph)$_2$}, **1**, 566; **7**, 416
AlC$_{16}$H$_{20}$N
  AlEt$_2$(NPh$_2$), **7**, 436
AlC$_{16}$H$_{20}$P
  AlEt$_2$(PPh$_2$), **8**, 680
AlC$_{16}$H$_{22}$N
  $\overline{\text{AlBu}^i{\text{N}=\text{C}(\text{Ph})\text{CH}(\text{CMe}=\text{CH}_2)\text{CH}_2}}$, **7**, 432
AlC$_{16}$H$_{29}$
  AlBu$^i_2$(η^5-C$_5$H$_4$Pr^i), **1**, 629; **7**, 382
AlC$_{16}$H$_{29}$O$_2$
  AlEt$_2${C≡C(CH$_2$)$_5$O(THP)}, **7**, 427
AlC$_{16}$H$_{31}$
  AlBu$^i_2$(CH=CHCy), **8**, 762
AlC$_{16}$H$_{35}$
  AlBu$_2$(C$_8$H$_{17}$), **1**, 611
AlC$_{16}$H$_{36}$
  [AlBu(Bu^i)$_3$]$^-$, **7**, 423
  [AlBu$_4$]$^-$, **7**, 413, 425
AlC$_{17}$H$_{19}$O
  AlMe$_2${OC(Me)=CPh$_2$}, **7**, 408
AlC$_{17}$H$_{22}$N
  AlEt$_2${NPh(Bz)}, **1**, 633; **7**, 436
AlC$_{17}$H$_{29}$O
  AlBu$^i_2${(CH$_2$)$_3$OPh}, **1**, 598
AlC$_{17}$H$_{37}$
  AlPr$^i_2${CH(Bu^i)(C$_6$H$_{13}$)}, **1**, 639
AlC$_{18}$H$_{12}$F$_3$
  Al(C$_6$H$_4$F)$_3$, **1**, 624
AlC$_{18}$H$_{13}$

AlC$_{18}$H$_{13}$
  PhAl($\overline{\text{C}_6\text{H}_4\text{C}_6\text{H}_4}$), **1**, 599
AlC$_{18}$H$_{15}$
  AlH(Ph)(C$_6$H$_4$Ph), **1**, 657
  AlPh$_3$, **1**, 561, 583; **7**, 389
AlC$_{18}$H$_{27}$
  Al(C≡CBu)$_3$, **1**, 652
AlC$_{18}$H$_{28}$N
  AlBu$^i_2$(NPh$_2$), **1**, 616
AlC$_{18}$H$_{35}$
  AlEt$_2${C(Et)=C(Et)C(Et)=CEt$_2$}, **7**, 388
AlC$_{18}$H$_{39}$
  Al{(CH$_2$)$_2$CBu^t}$_3$, **1**, 603
  Al{CH$_2$CH(Me)CHMe$_2$}$_3$, **7**, 395
  Al{CH$_2$CH(Me)(Pr)}$_3$, **1**, 564
  Al(C$_6$H$_{13}$)$_3$, **1**, 593; **7**, 369
AlC$_{19}$H$_{16}$N
  PhAl($\overline{\text{C}_6\text{H}_4\text{C}_6\text{H}_4\text{N}}$Me), **1**, 655
AlC$_{19}$H$_{31}$
  AlBu$^i_2${$\overline{\text{CH(C}_6\text{H}_4\text{)CMe}_2\text{CH}_2}$}, **1**, 606
AlC$_{19}$H$_{43}$O
  Al{CH$_2$CH(Me)(Et)}$_3$(OEt$_2$), **1**, 597, 625
AlC$_{20}$H$_{15}$
  AlPh$_2$(C≡CPh), **1**, 628; **7**, 387
  PhAl{$\overline{\text{C(Ph)=CPh}}$}, **1**, 657
AlC$_{20}$H$_{18}$N
  AlPh$_3$(MeCN), **7**, 431
AlC$_{20}$H$_{20}$
  [AlCp$_4$]$^-$, **1**, 634
  [AlEt$_2$(C≡CPh)$_2$]$^-$, **7**, 414
AlC$_{20}$H$_{27}$
  AlBu$_2${$\overline{\text{CH(C}_{10}\text{H}_7\text{)CH}_2}$}, **1**, 564
  AlBu$^i_2${$\overline{\text{CH(C}_{10}\text{H}_7\text{)CH}_2}$}, **1**, 606
AlC$_{20}$H$_{33}$
  AlBu$^i_2${C(Ph)=CHBu^t}, **1**, 643
AlC$_{20}$H$_{39}$
  AlH{C(Bu^t)=CHBu^t}$_2$, **1**, 629
AlC$_{20}$H$_{42}$Cl
  AlCl(C$_{10}$H$_{31}$)$_2$, **7**, 394
AlC$_{20}$H$_{42}$N
  AlBu$^i_2$(C≡CBu)(NMe$_3$), **1**, 628
AlC$_{20}$H$_{43}$
  AlBu$^t_3${CH(CH$_2$Bu^t)(C$_6$H$_{13}$)}, **1**, 639
AlC$_{21}$H$_{21}$
  AlBz$_3$, **1**, 583, 606; **3**, 468; **7**, 387, 439
  Al(Tol)$_3$, **1**, 583
AlC$_{21}$H$_{21}$O
  AlMe$_2$(OCPh$_3$), **1**, 576
AlC$_{21}$H$_{24}$N
  AlPh$_3$(NMe$_3$), **1**, 625
AlC$_{21}$H$_{29}$O
  AlBu$^i_2$(OCHPh$_2$), **1**, 646; **7**, 422
AlC$_{21}$H$_{42}$
  [AlBu(Bu^i)$_2${CH=CH(CH$_2$)$_5$CH=CH$_2$}]$^-$, **7**, 424
AlC$_{21}$H$_{45}$
  Al{CH$_2$CH(Me)Bu^t}$_3$, **7**, 395
  Al(C$_7$H$_{15}$)$_3$, **7**, 392
AlC$_{22}$H$_{25}$O
  AlPh$_3$(OEt$_2$), **1**, 563
AlC$_{22}$H$_{29}$
  AlBu$^i_2${C(Ph)=CHPh}, **1**, 576
AlC$_{22}$H$_{31}$
  AlBu$^i_2$(CH$_2$CHPh$_2$), **1**, 644
AlC$_{23}$H$_{29}$O$_2$
  AlBu$^i_2${O$_2$CC(Ph)=CHPh}, **1**, 576
  AlMe$_2${OC(=CPh$_2$)CH(Bu^t)COMe}, **7**, 408
AlC$_{23}$H$_{31}$

  AlBu$^i_2$(CH$_2$CH=CPh$_2$), **1**, 643
AlC$_{23}$H$_{41}$O
  AlBu$^i_2${$\overline{\text{CH(C}_6\text{H}_4\text{)CMe}_2\text{CH}_2}$}(OEt$_2$), **1**, 629
  AlBu$^i_2$(OC$_6$H$_2$MeBu$^t_2$), **7**, 423
AlC$_{23}$H$_{47}$
  AlBu$^i_2$(CH=CHC$_{13}$H$_{27}$), **7**, 414
AlC$_{24}$H$_{19}$
  AlPh$_2$(C$_6$H$_4$Ph), **1**, 599, 627
AlC$_{24}$H$_{20}$
  [AlPh$_4$]$^-$, **1**, 634
AlC$_{24}$H$_{33}$
  AlBu$^i_2$(CH$_2$CH$_2$CH=CPh$_2$), **1**, 644
AlC$_{24}$H$_{39}$
  Al(C≡CC$_6$H$_{13}$)$_3$, **7**, 420
  Al{CH$_2$CH$_2$CH(Me)CH=CHCH=CH$_2$}$_3$, **7**, 382
  Al{CH$_2$CH$_2$(C$_6$H$_9$)}$_3$, **7**, 387
AlC$_{24}$H$_{51}$
  Al{CH$_2$CH(Me)CH$_2$Bu^t}$_3$, **1**, 608
  Al(C$_8$H$_{17}$)$_3$, **1**, 593, 611; **7**, 369, 395, 408
AlC$_{24}$H$_{52}$
  [Al(C$_6$H$_{13}$)$_4$]$^-$, **7**, 401
AlC$_{25}$H$_{22}$N
  AlPh$_2${N(Me)(C$_6$H$_4$Ph)}, **1**, 655
AlC$_{26}$H$_{19}$
  PhAl{$\overline{\text{C}_6\text{H}_4\text{C(Ph)=CPh}}$}, **1**, 624, 640; **7**, 389
AlC$_{27}$H$_{23}$
  AlPh$_2${C(Ph)=C(Me)Ph}, **1**, 570
AlC$_{27}$H$_{41}$O
  AlBu$_2${CPh$_2$(CH=CH$_2$)}(OEt$_2$), **1**, 564
AlC$_{27}$H$_{58}$
  [AlPr(C$_8$H$_{17}$)$_3$]$^-$, **7**, 417
AlC$_{28}$H$_{60}$
  [Al(C$_7$H$_{15}$)$_4$]$^-$, **7**, 392
AlC$_{29}$H$_{46}$N
  AlBu$_2${CPh$_2$(CH=CH$_2$)}(NEt$_3$), **1**, 564
AlC$_{30}$H$_{21}$
  Al(Nap)$_3$, **1**, 583, 625
AlC$_{30}$H$_{29}$
  AlPh$_2${C(Bu^t)=CPh$_2$}, **1**, 570; **7**, 389
AlC$_{30}$H$_{39}$O
  [AlPh$_2${OC$_6$H$_2$(Bu^t)$_3$}]$^-$, **1**, 621
AlC$_{30}$H$_{57}$
  Al{CH$_2$CH$_2$CH(Me)CH$_2$CH$_2$CH=CMe$_2$}$_3$, **7**, 384
AlC$_{30}$H$_{63}$
  Al(C$_{10}$H$_{21}$)$_3$, **1**, 593; **7**, 394, 402
AlC$_{31}$H$_{25}$
  AlPh$_2$(CPh$_3$), **1**, 623; **7**, 439
AlC$_{32}$H$_{20}$
  [Al(C≡CPh)$_4$]$^-$, **1**, 626, 634
AlC$_{32}$H$_{25}$
  AlPh$_2${C(Ph)=CPh$_2$}, **1**, 624; **7**, 389
AlC$_{32}$H$_{27}$
  AlPh$_2${CH(Ph)CHPh$_2$}, **1**, 569
AlC$_{33}$H$_{27}$O
  AlPh$_2${OC(Ph)=CHCHPh$_2$}, **1**, 571
AlC$_{34}$H$_{35}$
  AlEt$_2${C(Ph)=C(Ph)C(Ph)=C(Ph)Et}, **1**, 639
AlC$_{36}$H$_{75}$
  Al(C$_{12}$H$_{25}$)$_3$, **1**, 593
AlC$_{38}$H$_{35}$O
  (Et$_2$O)(Ph)Al{C(Ph)=C(Ph)C(Ph)=CPh}, **1**, 617
AlC$_{40}$H$_{29}$
  PhAl{$\overline{\text{C(Ph)=C(Ph)C}_6\text{H}_4\text{C(Ph)=CPh}}$}, **1**, 640
AlCaInC$_8$H$_{20}$

CaIn(AlEt$_4$), **1**, 240

AlCeC$_{18}$H$_{32}$O$_2$
CeAlEt$_2$(OPr^i)$_2$(cot), **3**, 210

AlCoC$_{18}$H$_{30}$
Co(AlMe$_2$)(cod)$_2$, **5**, 189

AlCoC$_{22}$H$_{15}$O$_4$
[Co(AlPh$_3$)(CO)$_4$]$^-$, **6**, 956

AlCoC$_{24}$H$_{42}$
Co(AlBu$^i_2$)(cod)$_2$, **5**, 189

AlCoC$_{58}$H$_{64}$P$_4$
Et$_3$Al(H)Co(diphos)$_2$, **8**, 420

AlCo$_2$C$_8$Br$_3$O$_8$
Co$_2$(CO)$_8$(AlBr$_3$), **5**, 165

AlCo$_3$C$_9$O$_9$
AlCo$_3$(CO)$_9$, **6**, 956

AlCo$_3$C$_{10}$Br$_2$O$_{10}$
Co$_3$(COAlBr$_2$)(CO)$_9$, **5**, 166

AlCrC$_9$H$_6$Cl$_3$O$_3$
Cr(AlCl$_3$)(CO)$_3$(C$_6$H$_6$), **3**, 1039

AlDyC$_{14}$H$_{22}$
DyAlMe$_4$(Cp)$_2$, **3**, 204

AlErC$_{14}$H$_{22}$
ErAlMe$_4$(Cp)$_2$, **3**, 204

AlFeC$_{25}$H$_{20}$O$_2$
Fe(AlPh$_3$)(CO)$_2$Cp, **4**, 492; **6**, 955

AlFe$_2$C$_9$Br$_3$O$_9$
Fe$_2$(CO)$_9$(AlBr$_3$), **4**, 258

AlGdC$_{14}$H$_{22}$
GdAlMe$_4$(Cp)$_2$, **3**, 204

AlGeC$_{18}$H$_{18}$
[Ph$_3$GeAlH$_3$]$^-$, **2**, 469

AlGe$_3$C$_9$H$_{27}$
Al(GeMe$_3$)$_3$, **1**, 624; **2**, 466, 469

AlHoC$_{14}$H$_{22}$
HoAlMe$_4$(Cp)$_2$, **3**, 204

AlHoC$_{18}$H$_{30}$
HoAlEt$_4$(Cp)$_2$, **3**, 204

AlLiSi$_4$C$_{24}$H$_{66}$O$_3$
LiAl(SiMe$_3$)$_4$(OEt$_2$)$_3$, **7**, 610

AlMgC$_2$H$_9$
MgAlH$_4$(Et), **1**, 209

AlMgC$_4$H$_{12}$N$_6$
[Me$_2$Mg(N$_3$)$_2$AlMe$_2$]$^-$, **1**, 223

AlMgC$_5$H$_{15}$
MgMe(AlMe$_4$), **1**, 222, 634

AlMgC$_6$H$_9$
MgAlH$_4$(Ph), **1**, 209

AlMgC$_9$H$_{18}$
Et$_2$MgAl{CH$_2$C(Me)=CHCH$_2$}, **1**, 223

AlMgC$_{10}$H$_{25}$
MgAlEt$_5$, **1**, 222

AlMg$_2$C$_8$H$_{22}$Br
AlMg$_2$Br(H)$_4$(Bu)$_2$, **1**, 210

AlMnC$_5$Br$_4$O$_5$
Mn(AlBr$_4$)(CO)$_5$, **4**, 37

AlMnC$_6$H$_3$Br$_3$O$_5$
Mn{C(Me)OAlBr$_3$}(CO)$_4$, **4**, 75

AlMnC$_{23}$H$_{15}$O$_5$
[Mn(AlPh$_3$)(CO)$_5$]$^-$, **6**, 954

AlMn$_3$C$_{24}$H$_{18}$O$_{18}$
Al{OC(Me)Mn(CO)$_4$C(Me)O}$_3$, **4**, 5, 84

AlMoC$_{10}$H$_{11}$O$_3$
Mo(AlMe$_2$)(CO)$_3$Cp, **3**, 1187

AlMoC$_{12}$H$_{12}$Cl$_3$O$_3$
Mo(CO)$_3$(AlCl$_3$)(η^6-C$_6$H$_3$Me$_3$), **3**, 1217

AlMoC$_{13}$H$_{21}$
MoH$_2$(AlMe$_3$)Cp$_2$, **6**, 954

AlMoC$_{16}$H$_{27}$
MoH$_2$(AlEt$_3$)Cp$_2$, **6**, 954

AlMoC$_{28}$H$_{27}$
MoH$_2$(AlPh$_3$)Cp$_2$, **6**, 954

AlNbC$_9$H$_5$Cl$_3$O$_4$
Nb(CO)$_4$Cp(AlCl$_3$), **3**, 710

AlNbC$_{10}$H$_{14}$
Nb(AlH$_4$)Cp$_2$, **3**, 769, 773

AlNbC$_{14}$H$_{22}$
Nb(AlH$_2$Et$_2$)Cp$_2$, **3**, 769, 774; **6**, 951

AlNbC$_{17}$H$_{26}$O
Nb(HAlEt$_3$)(CO)Cp$_2$, **3**, 713; **6**, 951

AlNbC$_{18}$H$_{30}$
Nb(HAlEt$_3$)Cp$_2$(CH$_2$=CH$_2$), **3**, 750; **6**, 951

AlNbC$_{19}$H$_{35}$P
Nb(HAlEt$_3$)Cp$_2$(PMe$_3$), **3**, 774; **6**, 951

AlNiC$_7$H$_{17}$
Ni(AlMe$_4$)(CH$_2$CHCH$_2$), **6**, 953

AlNiC$_8$H$_{19}$
Ni(AlMe$_4$)(C$_4$H$_7$), **6**, 953

AlNiC$_9$H$_{21}$
(MeCHCHCHMe)Ni(Me)$_2$AlMe$_2$, **6**, 82, 161

AlNiC$_{15}$H$_{23}$N$_2$
Ni(AlMe$_4$)Me(bipy), **6**, 80

AlNiC$_{16}$H$_{29}$
NiH(AlEt$_2$)(cdt), **6**, 39, 952

AlNiC$_{22}$H$_{41}$Cl$_3$P
Ni(ClAlCl$_2$Me)(PCy$_3$)(CH$_2$CHCH$_2$), **6**, 166, 171; **8**, 618

AlNiC$_{42}$H$_{37}$
Ni(C$_4$Ph$_4$AlPh)(cod), **6**, 112

AlNiC$_{47}$H$_{52}$NP$_2$
Ni(PPh$_3$)$_2$(CH$_2$=CHCH=NAlBu$^i_2$), **6**, 119

AlPbC$_4$H$_{12}$Cl$_3$
PbCl(Me)$_3$(AlCl$_2$Me), **2**, 652

AlPd$_3$C$_{27}$H$_{51}$O$_{18}$P$_6$
$\overline{\text{Al\{OP(OMe)}_2\text{Pd(Cp)P(OMe)}_2\text{O\}}_3}$, **6**, 451

AlReC$_{13}$H$_{20}$
ReH(AlMe$_3$)Cp$_2$, **4**, 206; **6**, 954

AlReC$_{21}$H$_{20}$Br$_3$O$_5$P
Re(COCH$_2$CMe$_2$CH$_2$OPPh$_2$)(AlBr$_3$)(CO)$_3$, **4**, 222

AlScC$_{14}$H$_{22}$
Sc(AlMe$_4$)Cp$_2$, **3**, 204; **6**, 952

AlScC$_{18}$H$_{30}$
Sc(AlEt$_4$)Cp$_2$, **3**, 204; **6**, 952

AlSiC$_6$H$_{18}$O
[AlMe$_3$(OSiMe$_3$)]$^-$, **2**, 156

AlSiC$_7$H$_{15}$
AlMe$_2$(C≡CSiMe$_3$), **8**, 764

AlSiC$_{10}$H$_{30}$N$_2$P$_2$
[Me$_2$Al(NPMe$_3$)$_2$SiMe$_2$]$^+$, **1**, 596

AlSiC$_{16}$H$_{37}$
AlBu$^i_2${CH(Me)SiEt$_3$}, **2**, 36

AlSiC$_{19}$H$_{33}$
AlBu$^i_2${C(SiMe$_3$)=CHPh}, **1**, 643

AlSiC$_{23}$H$_{49}$O
AlBu$^i_2${CH=CHCH$_2$CMe(Bu)OSiEt$_3$}, **7**, 419

AlSi$_2$C$_8$H$_{24}$O$_2$
[AlMe$_2$(OSiMe$_3$)$_2$]$^-$, **1**, 714

AlSi$_2$C$_9$H$_{26}$N
Al(CH$_2$SiMe$_3$)$_2$(NHMe), **7**, 434

AlSi$_3$C$_9$H$_{27}$

AlSi$_3$C$_9$H$_{27}$
    Al(SiMe$_3$)$_3$, **1**, 624; **2**, 104; **7**, 610

AlSi$_3$C$_{12}$H$_{33}$
    Al(CH$_2$SiMe$_3$)$_3$, **2**, 96; **7**, 396, 434

AlSi$_3$C$_{13}$H$_{35}$O
    Al(SiMe$_3$)$_3$\{$\overline{\text{O(CH}_2\text{)}_2\text{CH}_2}$\}, **1**, 622

AlSi$_3$C$_{18}$H$_{45}$
    Al(CH$_2$CH$_2$CH$_2$SiMe$_3$)$_3$, **7**, 381, 407

AlSi$_4$C$_{12}$H$_{36}$
    [Al(SiMe$_3$)$_4$]$^-$, **2**, 102

AlSi$_4$C$_{12}$H$_{36}$O$_4$
    [Al(OSiMe$_3$)$_4$]$^-$, **2**, 156

AlSi$_4$C$_{14}$H$_{38}$Cl
    AlCl\{CH(SiMe$_3$)$_2$\}$_2$, **2**, 96

AlSi$_6$C$_{18}$H$_{54}$P
    Al(SiMe$_3$)$_3$\{P(SiMe$_3$)$_3$\}, **2**, 104

AlTaC$_{15}$H$_{24}$
    TaMe(CH$_2$AlMe$_3$)Cp$_2$, **3**, 727; **8**, 514

AlTaC$_{16}$H$_{28}$
    TaH$_2$(HAlEt$_3$)Cp$_2$, **3**, 774; **6**, 951

AlTiC$_5$H$_9$Cl
    TiCl(AlH$_4$)Cp, **6**, 948

AlTiC$_7$H$_{21}$
    TiAlMe$_7$, **3**, 463

AlTiC$_{10}$H$_{10}$Cl$_4$
    Ti(AlCl$_4$)Cp$_2$, **3**, 283, 321

AlTiC$_{10}$H$_{12}$Cl$_2$
    Ti(H$_2$AlCl$_2$)Cp$_2$, **6**, 948

AlTiC$_{10}$H$_{14}$
    Ti(AlH$_4$)Cp$_2$, **6**, 948

AlTiC$_{12}$H$_{15}$Cl$_3$
    Ti(AlCl$_3$Et)Cp$_2$, **3**, 303, 321

AlTiC$_{12}$H$_{18}$
    Ti(H$_2$AlMe$_2$)Cp$_2$, **6**, 949

AlTiC$_{13}$H$_{18}$Cl
    Cp$_2$Ti(Cl)(CH$_2$)AlMe$_2$, **3**, 278, 324, 422; **7**, 391; **8**, 511

AlTiC$_{13}$H$_{19}$Cl
    Ti(ClAlMe$_3$)Cp$_2$, **3**, 325; **6**, 953

AlTiC$_{14}$H$_{20}$Cl$_2$
    Ti(Cl$_2$AlEt$_2$)Cp$_2$, **3**, 321

AlTiC$_{14}$H$_{21}$
    Ti(CH$_2$AlMe$_3$)Cp$_2$, **3**, 405

AlTiC$_{14}$H$_{22}$
    Ti(AlMe$_4$)Cp$_2$, **3**, 325; **6**, 953

AlTiC$_{18}$H$_{26}$Cl
    TiCl\{C(AlMe$_2$)=C(Me)Pr\}Cp$_2$, **3**, 412

AlTiC$_{20}$H$_{46}$ClO$_4$
    TiAlCl(Et)$_2$(OBu)$_4$, **3**, 445

AlTiC$_{24}$H$_{26}$Cl
    TiCl\{C(AlMe$_2$)=CMe$_2$\}(C$_9$H$_7$)$_2$, **3**, 412

AlTiC$_{26}$H$_{30}$Cl
    TiCl\{C(AlMe$_2$)=C(Me)Pr\}(C$_9$H$_7$)$_2$, **3**, 412

AlTi$_2$C$_{24}$H$_{31}$
    (CpTi)$_2$(H$_3$AlEt$_2$), **3**, 324; **6**, 949

AlTmC$_{14}$H$_{22}$
    Tm(AlMe$_4$)(Cp)$_2$, **3**, 204

AlVC$_{26}$H$_{20}$Cl$_3$O$_3$P
    V(AlCl$_3$)(CO)$_3$Cp(PPh$_3$), **3**, 666

AlV$_3$C$_{66}$H$_{84}$O$_{18}$
    \{VBz(acac)$_2$\}$_3$\{Al(acac)$_3$\}, **3**, 657

AlWC$_9$H$_6$Cl$_3$O$_3$
    W(AlCl$_3$)(CO)$_3$(C$_6$H$_6$), **3**, 1364

AlWC$_{12}$H$_{19}$
    WH$_2$(AlHMe$_2$)Cp$_2$, **6**, 954

AlWC$_{13}$H$_{21}$
    WH$_2$(AlMe$_3$)Cp$_2$, **3**, 1344; **6**, 954

AlWC$_{16}$H$_{27}$
    WH$_2$(AlEt$_3$)Cp$_2$, **6**, 954

AlWC$_{26}$H$_{20}$O$_3$
    [W(AlPh$_3$)(CO)$_3$Cp]$^-$, **3**, 1337

AlWC$_{28}$H$_{27}$
    WH$_2$(AlPh$_3$)Cp$_2$, **6**, 954

AlW$_2$C$_{17}$H$_{13}$O$_6$
    AlMe\{W(CO)$_3$Cp\}$_2$, **3**, 1337

AlW$_3$C$_{36}$H$_{39}$O$_{12}$
    Al\{W(CO)$_3$Cp\}$_3$\{$\overline{\text{O(CH}_2\text{)}_3\text{CH}_2}$\}$_3$, **3**, 1336

AlYC$_{14}$H$_{22}$
    Y(AlMe$_4$)Cp$_2$, **1**, 623; **3**, 204; **6**, 952

AlYC$_{18}$H$_{30}$
    Y(AlEt$_4$)Cp$_2$, **3**, 204; **6**, 952

AlYbC$_{14}$H$_{22}$
    Yb(AlMe$_4$)Cp$_2$, **1**, 16, 623; **3**, 204

AlZnC$_2$H$_{10}$
    [Me$_2$ZnAlH$_4$]$^-$, **2**, 834

AlZn$_2$C$_4$H$_{16}$
    [(Me$_2$Zn)$_2$AlH$_4$]$^-$, **2**, 834

AlZrC$_{10}$H$_{15}$
    ZrH(AlH$_4$)Cp$_2$, **6**, 949

AlZrC$_{18}$H$_{26}$Cl
    ZrCl\{C(AlMe$_2$)=C(Me)Pr\}Cp$_2$, **3**, 585

AlZrC$_{18}$H$_{31}$
    Zr(H$_3$AlBu$^i_2$)Cp$_2$, **6**, 950

AlZrC$_{21}$H$_{31}$
    Zr(HAlEt$_3$)Cp$_3$, **3**, 617; **6**, 951

Al$_2$BaC$_{12}$H$_{32}$
    Ba(AlHEt$_3$)$_2$, **1**, 239

Al$_2$BaC$_{16}$H$_{40}$
    Ba(AlEt$_4$)$_2$, **1**, 240

Al$_2$BeC$_8$H$_{24}$
    \{Me$_2$Al(Me)$_2$\}$_2$Be, **1**, 148

Al$_2$CH$_2$Br$_4$
    (Br$_2$Al)$_2$CH$_2$, **7**, 414

Al$_2$C$_2$H$_6$Cl$_4$
    \{AlCl$_2$(Me)\}$_2$, **1**, 590

Al$_2$C$_3$H$_9$Cl$_3$
    Al$_2$Cl$_3$(Me)$_3$, **1**, 658; **7**, 369; **8**, 509

Al$_2$C$_4$H$_{12}$O
    (Me$_2$Al)$_2$O, **7**, 430

Al$_2$C$_4$H$_{14}$
    \{AlH(Me)$_2$\}$_2$, **1**, 588

Al$_2$C$_6$H$_{15}$Cl$_3$
    Al$_2$Cl$_3$(Et)$_3$, **1**, 658; **7**, 368, 369

Al$_2$C$_6$H$_{16}$S$_2$
    (Me$_2$AlSCH$_2$)$_2$, **7**, 411

Al$_2$C$_6$H$_{18}$
    Al$_2$Me$_6$, **1**, 4, 144, 557; **7**, 415

Al$_2$C$_7$H$_{18}$S$_2$
    (Me$_2$AlSCH$_2$)$_2$CH$_2$, **7**, 411

Al$_2$C$_7$H$_{21}$N
    [(Me$_3$Al)$_2$NMe]$^{2-}$, **7**, 434

Al$_2$C$_8$H$_{20}$O
    (Et$_2$Al)$_2$O, **1**, 632

Al$_2$C$_8$H$_{20}$S
    (Et$_2$Al)$_2$S, **7**, 410, 439

Al$_2$C$_8$H$_{24}$N$_2$
    Al$_2$Me$_4$(NMe$_2$)$_2$, **1**, 12

Al$_2$C$_9$H$_9$Br$_3$
    Al$_2$Br$_3$(CH$_2$C≡CH)$_3$, **7**, 435, 440

Al$_2$C$_9$H$_{24}$O
    Me$_2$Al(Me)(OBu^t)AlMe$_2$, **7**, 415

$Al_2C_{10}H_{22}$
{$AlMe_2(\overline{CHCH_2CH_2})$}$_2$, **1**, 627

$Al_2C_{12}H_{15}Br_3$
$Al_2Br_3(CH_2C≡CMe)_3$, **7**, 440

$Al_2C_{12}H_{21}Br_3$
$Al_2Br_3(CH_2CH=CHMe)_3$, **7**, 351, 392, 431, 440

$Al_2C_{12}H_{26}$
[$AlMe_2${$CH_2C(Me)=CH_2$}]$_2$, **1**, 606

$Al_2C_{12}H_{27}Cl_3$
$Al_2Cl_3(Bu^i)_3$, **1**, 658

$Al_2C_{12}H_{30}F$
[$Al_2F(Et)_6$]$^-$, **1**, 601

$Al_2C_{12}H_{31}$
[$Al_2H(Et)_6$]$^-$, **1**, 601

$Al_2C_{13}H_{23}N$
$Me_2Al(Me)${$N=C(Me)Ph$}$AlMe_2$, **7**, 431

$Al_2C_{14}H_{22}$
$Al_2Me_4(Ph)_2$, **1**, 14

$Al_2C_{15}H_{21}Br_3$
$Al_2Br_3(CH_2C≡CEt)_3$, **7**, 440

$Al_2C_{15}H_{21}Cl_3$
$Al_2Cl_3(CH_2CH=CHCH=CH_2)_3$, **7**, 417

$Al_2C_{15}H_{25}NO$
$(Et_2Al)_2O(PhCN)$, **1**, 596

$Al_2C_{15}H_{32}$
$(Et_2Al)_2CH(Cy)$, **1**, 644; **7**, 388

$Al_2C_{16}H_{22}$
{$AlMe_2(Ph)$}$_2$, **1**, 576, 627

$Al_2C_{16}H_{30}$
{$AlEt_2(CH=CHEt)$}$_2$, **1**, 592

$Al_2C_{16}H_{36}$
$(AlBu^i_2)_2$, **1**, 600

$Al_2C_{16}H_{36}O$
$(Bu^i_2Al)_2O$, **7**, 402, 430

$Al_2C_{17}H_{25}N$
$Al_2Me_5(NPh_2)$, **1**, 12, 585

$Al_2C_{18}H_{26}O$
$Al_2Me_5(OCHPh_2)$, **1**, 646

$Al_2C_{18}H_{28}N_2$
[$AlMe_2${$NMe(Ph)$}]$_2$, **1**, 602

$Al_2C_{18}H_{30}$
$Al_2(\overline{CHCH_2CH_2})_6$, **1**, 13, 585

$Al_2C_{18}H_{42}$
{$AlMe(Bu^i)_2$}$_2$, **1**, 589

$Al_2C_{19}H_{28}O$
Al_2Me_5{$OCMe(Ph)_2$}, **1**, 595

$Al_2C_{20}H_{22}$
{$AlMe_2(C≡CPh)$}$_2$, **1**, 627

$Al_2C_{21}H_{33}Br_3$
$Al_2Br_3(CH_2C≡CBu)_3$, **7**, 440

$Al_2C_{21}H_{42}$
Me_2C{$CH_2CH_2Al(CH_2CH_2)_2CMe_2$}$_2$, **1**, 599

$Al_2C_{22}H_{30}$
$Et_2AlC(Ph)=C(Ph)AlEt_2$, **1**, 581

$Al_2C_{22}H_{48}$
$AlBu^i_2(C_5H_{10}CH_2AlBu^i_2)$, **7**, 388
$(Bu^i_2Al)_2CH(CH_2Bu)$, **1**, 644

$Al_2C_{26}H_{40}$
[$Et_3AlC(Ph)=C(Ph)AlEt_3$]$^{2-}$, **1**, 657

$Al_2C_{27}H_{27}Cl_3$
$Al_2Cl_3(CH_2CH=CHPh)_3$, **7**, 417

$Al_2C_{28}H_{54}$
{$AlEt(Cy)_2$}$_2$, **1**, 612

$Al_2C_{28}H_{58}$

$Al_2Bu^i_4(CH=CHBu^t)_2$, **1**, 14

$Al_2C_{30}H_{46}$
$Bu^i_2AlC(Ph)=C(Ph)AlBu^i_2$, **1**, 578

$Al_2C_{30}H_{50}O_2$
$(Et_2O)Et_2AlC(Ph)=C(Ph)AlEt_2(OEt_2)$, **1**, 657

$Al_2C_{32}H_{30}$
$EtAl${$C(Ph)=C(Ph)$}$_2AlEt$, **1**, 578

$Al_2C_{32}H_{38}O_2$
[$AlMe_2${$OC(Me)(Ph)$}]$_2$, **1**, 646

$Al_2C_{36}H_{30}$
Al_2Ph_6, **1**, 14, 586

$Al_2C_{40}H_{30}$
$Al_2Ph_4(C≡CPh)_2$, **1**, 14, 567, 585

$Al_2C_{40}H_{50}O_2$
$(Et_2O)(Et)Al${$C(Ph)=C(Ph)$}$_2AlEt(OEt_2)$, **1**, 617, 657

$Al_2C_{42}H_{42}$
$Al_2(Tol)_6$, **1**, 578

$Al_2CaC_8H_{24}$
$Ca(AlMe_4)_2$, **1**, 240

$Al_2CaC_{16}H_{40}$
$Ca(AlEt_4)_2$, **1**, 240

$Al_2FeC_{14}H_{21}Cl$
$Fc(Al_2ClMe_4)$, **4**, 485; **8**, 1044

$Al_2Fe_2C_{10}H_{12}Br_4N_2O_6$
{$FeBr_2(AlNMe_2)(CO)_3$}$_2$, **6**, 955

$Al_2Fe_2C_{11}H_{12}Br_4N_2O_8$
{$FeBr_2(CO)_3$}$_2${$Al_2(NMe_2)(CO_2NMe_2)$}, **6**, 955

$Al_2Fe_2C_{26}H_{40}O_4$
{$Fe(CO)_2Cp(AlEt_3)$}$_2$, **4**, 518

$Al_2Fe_2C_{34}H_{66}Br_4N_2O_6P_2$
{$FeBr_2(CO)_2(PBu_3)$}$_2${$Al(CONMe_2)$}$_2$, **6**, 955

$Al_2Hg_2C_{12}H_{12}Cl_8$
$Hg_2(C_6H_6)_2(AlCl_4)_2$, **2**, 867

$Al_2Li_2C_{22}H_{28}$
Et_2Al{$C_6H_4C(Li)=C(Li)C_6H_4$}$AlEt_2$, **1**, 658

$Al_2MgC_2H_{12}$
$Mg(AlH_3Me)_2$, **1**, 209

$Al_2MgC_8H_{24}$
$Mg(AlMe_4)_2$, **1**, 17, 223

$Al_2MgC_{16}H_{40}$
$Mg(AlEt_4)_2$, **1**, 222, 223

$Al_2Mg_2C_{10}H_{30}$
$(MeMgAlMe_4)_2$, **1**, 223

$Al_2Nb_2C_{32}H_{50}$
{$Nb(C_5H_4)(HAlEt_3)Cp$}$_2$, **6**, 951

$Al_2PbC_{12}H_{12}Cl_8$
$Pb(AlCl_4)_2(C_6H_6)_2$, **2**, 672

$Al_2Pd_2C_{12}H_{12}Cl_8$
{$Pd(C_6H_6)(AlCl_4)$}$_2$, **6**, 267

$Al_2PtC_{42}H_{42}P_2$
$Pt(AlMe_3)_2(PPh_3)_2$, **6**, 956

$Al_2Si_2C_{10}H_{30}O_2$
{$AlMe_2(OSiMe_3)$}$_2$, **1**, 597

$Al_2Si_4C_{14}H_{42}O_4$
{$AlMe(OSiMe_3)_2$}$_2$, **1**, 714

$Al_2Si_6C_{18}H_{54}O_6$
{$Al(OSiMe_3)_3$}$_2$, **2**, 156

$Al_2SrC_{16}H_{40}$
$Sr(AlEt_4)_2$, **1**, 240

$Al_2TiC_5H_5Cl_8$
$Ti(AlCl_4)_2Cp$, **3**, 283, 322

$Al_2TiC_6H_6Cl_8$
$Ti(AlCl_4)_2(C_6H_6)$, **3**, 283; **8**, 1080

$Al_2TiC_{10}H_{16}$
$Ti(AlH_3)_2Cp_2$, **3**, 322; **6**, 948

$Al_2TiC_{18}H_{32}$
　　$Ti(AlH_3)_2Cp_2(C_8H_{16})$, **6**, 948
$Al_2TiC_{21}H_{45}O_3$
　　$Et_2Al(OEt)_2TiCp(Et)(OEt)AlEt_2$, **3**, 322
$Al_2TiC_{24}H_{56}Cl_2O_4$
　　$TiAl_2Cl_2(Et)_4(OBu)_4$, **3**, 445
$Al_2TiC_{26}H_{60}Cl_2O_5$
　　$TiAl_2Cl_2(Et)_3(OBu)_5$, **3**, 445
$Al_2Ti_2C_{18}H_{30}$
　　$(CpTiAlEt_2)_2$, **1**, 622
$Al_2Ti_2C_{28}H_{38}$
　　$\{(C_5H_4)Ti(HAlEt_2)\}_2(C_5H_4C_5H_4)$, **6**, 949
$Al_2Ti_2C_{28}H_{40}$
　　$\{Cp(C_5H_4)Ti(HAlEt_2)\}_2$, **3**, 322; **6**, 949
　　$\{Ti(AlEt_2)Cp_2\}_2$, **6**, 949
$Al_2W_2C_{20}H_{22}O_6$
　　$\{W(CO)_3Cp(AlMe_2)\}_2$, **3**, 1337
$Al_2W_2C_{22}H_{28}O_6$
　　$\{W(CO)_3Cp(AlMe_3)\}_2$, **6**, 954
$Al_2ZrC_{20}H_{33}Cl$
　　$ZrCl\{CH_2CH(AlEt_2)_2\}Cp_2$, **3**, 597
$Al_2ZrC_{21}H_{40}$
　　$ZrH_3(Me)(AlMe_2)(AlBu^i_2)Cp_2$, **6**, 950
$Al_2ZrC_{26}H_{49}Cl$
　　$ZrCl(H)(HAlBu^i_2)_2Cp_2$, **6**, 950; **8**, 37
$Al_2Zr_2C_{26}H_{42}$
　　$\{ZrH(HAlMe_3)Cp_2\}_2$, **3**, 603; **6**, 950
$Al_2Zr_2C_{34}H_{54}Cl_2$
　　$\{Zr(ClAlEt_3)Cp_2\}_2(CH_2CH_2)$, **3**, 598
$Al_3C_6H_{15}Cl_3N_9$
　　$\{AlCl(Et)(N_3)\}_3$, **1**, 590
$Al_3C_6H_{18}N_9$
　　$\{AlMe_2(N_3)\}_3$, **1**, 591
$Al_3C_7H_{21}N_2$
　　$Al_2Me_3(NMe_2)_2$, **1**, 600
$Al_3C_9H_{30}N_3$
　　$\{AlMe_2(NHMe)\}_3$, **1**, 590
$Al_3C_{10}H_{30}Se$
　　$[(Me_3Al)_3SeMe]^-$, **1**, 623
$Al_3C_{12}H_{30}N_9$
　　$\{AlEt_2(N_3)\}_3$, **1**, 591
$Al_3C_{15}H_{30}N_3S_3$
　　$\{AlEt_2(SCN)\}_3$, **1**, 590
$Al_3GaC_{12}H_{30}Cl_6$
　　$Ga\{AlCl_2(Et)_2\}_3$, **1**, 613
$Al_3Mo_2C_{25}H_{35}$
　　$Mo_2(HAlMe_2)_2(AlMe)(C_5H_4)_2Cp_2$, **3**, 1202; **6**, 956
$Al_3UC_6H_6Cl_{12}$
　　$U(AlCl_4)_3(C_6H_6)$, **3**, 258
$Al_4BC_{12}H_{36}N_3$
　　$Al_4BMe_6(NMe_2)_3$, **1**, 599, 600
$Al_4C_{12}H_{24}N_4$
　　$\{AlMe_2(CN)\}_4$, **1**, 597
$Al_4C_{24}H_{34}$
　　$(Me_2Al)_2C(Ph)C{\equiv}CC(Ph)(AlMe_2)_2$, **1**, 658
$Al_4Fe_2C_{26}H_{34}Cl_2$
　　$[FeCp\{\eta^5-C_5H_3(Al_2ClMe_3)\}]_2$, **4**, 485
$Al_4Mo_2C_{26}H_{34}$
　　$Mo_2(Al_4Me_6)(C_5H_4)_4$, **3**, 1202
$Al_4Mo_2C_{26}H_{36}$
　　$\{Mo(AlMe)(AlMe_2)(C_5H_4)Cp\}_2$, **6**, 956
$Al_4Pd_2C_{12}H_{12}Cl_{14}$
　　$\{Pd(C_6H_6)(Al_2Cl_7)\}_2$, **6**, 267
$Al_4W_2C_{26}H_{34}$
　　$\{W(C_5H_4)_2(Al_2Me_3)\}_2$, **3**, 1349

$Al_5C_5H_{15}O_5$
　　$(MeAlO)_5$, **3**, 536
$Al_7C_{14}H_{52}N_7$
　　$\{AlMe(NMe)\}_7$, **1**, 212
$AmC_{15}H_{15}$
　　$AmCp_3$, **3**, 212
$AmC_{16}H_{16}$
　　$[Am(cot)_2]^-$, **3**, 237
$AsAuC_6H_{18}$
　　$AuMe_3(AsMe_3)$, **2**, 795, 796
$AsAuC_{14}H_{20}$
　　$Au(C{\equiv}CPh)(AsEt_3)$, **2**, 769
$AsAuC_{24}H_{15}Cl_7$
　　$AuCl_2(C_6Cl_5)(AsPh_3)$, **2**, 785
$AsAuC_{24}H_{15}F_5$
　　$Au(C_6F_5)(AsPh_3)$, **2**, 770
$AsAuMnC_{23}H_{15}O_5$
　　$MnAu(CO)_5(AsPh_3)$, **6**, 833
$AsBCH_8$
　　$AsH_2(Me)(BH_3)$, **2**, 701
$AsBCoC_{21}H_{15}Cl_2O_3$
　　$Co(BCl_2)(CO)_3(AsPh_3)$, **6**, 890
$AsBCoC_{33}H_{25}O_3$
　　$Co(BPh_2)(CO)_3(AsPh_3)$, **6**, 890
AsB_9CH_{10}
　　$[AsCB_9H_{10}]^{2-}$, **1**, 525
$AsB_9C_2H_{11}Br$
　　$BrAs(C_2B_9H_{11})$, **1**, 549
$AsB_9C_2H_{14}$
　　$MeAs(CB_9H_{11})$, **1**, 549
$AsB_9C_6H_{23}O$
　　$Me_2As\{C_2B_9H_{11}(OEt)\}$, **1**, 550
$AsB_9C_8H_{16}$
　　$PhAs(C_2B_9H_{11})$, **1**, 549
$AsB_9CoSbC_5H_{14}$
　　$CpCoAsSbB_9H_9$, **1**, 529
AsB_9GeCH_{10}
　　$GeAsCB_9H_{10}$, **1**, 546
$AsB_9MoC_6H_{11}O_5$
　　$[(CO)_5MoAs(CB_9H_{11})]^-$, **1**, 549
$AsB_{10}CH_{11}$
　　$AsCB_{10}H_{11}$, **1**, 525, 547
$AsB_{10}C_2H_{11}O_2$
　　$As\{C(CO_2H)B_{10}H_{10}\}$, **1**, 548
$AsB_{10}C_8H_{15}O$
　　$As\{C(COPh)B_{10}H_{10}\}$, **1**, 548
$AsB_{10}C_{10}H_{24}N$
　　$(Me_3N)\{C(AsPh)B_{10}H_{10}\}$, **1**, 548
$AsB_{10}CoC_5H_{15}$
　　$[CpCoAsB_{10}H_{10}]^-$, **1**, 528
$AsB_{10}HgC_2H_{13}$
　　$As\{C(HgMe)B_{10}H_{10}\}$, **1**, 548
$AsB_{10}LiCH_{10}$
　　$As\{C(Li)B_{10}H_{10}\}$, **1**, 548
$AsB_{10}MoC_9H_{19}O_2$
　　$Mo(AsB_{10}H_{12})(CO)_2(C_7H_7)$, **3**, 1234
$AsCF_3I_2$
　　$AsI_2(CF_3)$, **2**, 684
$AsCH_2Cl_3$
　　$AsCl_2(CH_2Cl)$, **2**, 687
$AsCH_3Br_2$
　　$AsBr_2(Me)$, **2**, 684
$AsCH_3I_2$
　　$AsI_2(Me)$, **2**, 690
$AsCH_5O_3$
　　$AsO(OH)_2(Me)$, **2**, 700, 702, 1003

AsC$_2$F$_6$I
 AsI(CF$_3$)$_2$, **2**, 684
AsC$_2$H$_2$F$_6$P
 As(CF$_3$)$_2$(PH$_2$), **2**, 147
AsC$_2$H$_4$Cl$_3$
 AsCl(CH$_2$Cl)$_2$, **2**, 687
AsC$_2$H$_6$Br
 AsBr(Me)$_2$, **2**, 684
AsC$_2$H$_6$I
 AsI(Me)$_2$, **2**, 688
AsC$_2$H$_7$
 AsH(Me)$_2$, **2**, 686, 1003
AsC$_2$H$_7$O$_2$
 AsMe$_2$(OOH), **2**, 1003
 AsO(OH)(Me)$_2$, **2**, 700
AsC$_3$F$_9$
 As(CF$_3$)$_3$, **2**, 684
AsC$_3$H$_6$Cl$_3$
 As(CH$_2$Cl)$_3$, **2**, 687
AsC$_3$H$_9$
 AsMe$_3$, **1**, 4; **2**, 685, 1003
AsC$_3$H$_9$Br$_2$
 AsBr$_2$(Me)$_3$, **2**, 696
AsC$_3$H$_9$O
 AsO(Me)$_3$, **2**, 1003
AsC$_3$H$_{10}$N
 AsMe$_3$(NH), **2**, 702
AsC$_4$H$_9$
 MeAs{(CH$_2$)$_2$CH$_2$}, **2**, 686
AsC$_4$H$_{11}$
 AsMe$_3$(CH$_2$), **1**, 36; **2**, 699
AsC$_4$H$_{11}$O$_2$
 AsO(OH)(Et)$_2$, **2**, 691
AsC$_4$H$_{12}$
 [AsMe$_4$]$^+$, **2**, 688
AsC$_4$H$_{12}$Br
 AsBr(Me)$_4$, **2**, 696
AsC$_5$H$_5$
 As=CHCH=CHCH=CH, **1**, 37; **2**, 544, 692
AsC$_5$H$_5$Cl$_2$
 AsCl$_2$(Cp), **2**, 686
AsC$_5$H$_7$F$_6$
 AsMe$_2${CF$_2$CH(F)CF$_3$}, **2**, 686
AsC$_5$H$_{11}$
 MeAs{(CH$_2$)$_3$CH$_2$}, **2**, 686
AsC$_5$H$_{11}$O$_2$
 AsMe$_3$(CH$_2$CO$_2$), **2**, 684, 1003
AsC$_5$H$_{14}$O
 [AsMe$_3$(CH$_2$CH$_2$OH)]$^+$, **2**, 1003
AsC$_5$H$_{15}$
 AsMe$_5$, **2**, 695
AsC$_5$H$_{15}$O
 AsMe$_4$(OMe), **2**, 69, 700
AsC$_6$H$_5$Cl$_2$
 AsCl$_2$(Ph), **2**, 698
AsC$_6$H$_6$ClF$_6$
 AsMe$_2${C(CF$_3$)=CCl(CF$_3$)}, **2**, 687
AsC$_6$H$_7$O$_3$
 AsO(OH)$_2$(Ph), **2**, 700, 1003
AsC$_6$H$_{15}$
 AsEt$_3$, **2**, 686
AsC$_8$H$_9$OS
 PhAs{O(CH$_2$)$_2$S}, **2**, 685
AsC$_8$H$_{10}$Cl
 AsCl(Me)(Bz), **2**, 686
AsC$_8$H$_{11}$

AsMe$_2$(Ph), **2**, 688
AsC$_9$H$_5$F$_6$
 As(CH=CH)$_2${C(CF$_3$)=C(CF$_3$)}CH, **2**, 693
AsC$_9$H$_{11}$
 PhAs{(CH$_2$)$_2$CH$_2$}, **2**, 686
AsC$_{10}$H$_{13}$
 PhAs{(CH$_2$)$_3$CH$_2$}, **2**, 686
AsC$_{10}$H$_{15}$
 AsEt$_2$(Ph), **2**, 685
AsC$_{12}$H$_8$ClO
 ClAs(C$_6$H$_4$OC$_6$H$_4$), **2**, 685
AsC$_{12}$H$_9$ClN
 ClAs(C$_6$H$_4$NHC$_6$H$_4$), **2**, 685
AsC$_{12}$H$_{10}$Cl
 AsCl(Ph)$_2$, **2**, 698
AsC$_{12}$H$_{10}$Cl$_3$
 AsCl$_3$(Ph)$_2$, **2**, 698
AsC$_{13}$H$_{13}$
 AsMe(Ph)$_2$, **2**, 690
AsC$_{13}$H$_{13}$O
 AsO(Me)(Ph)$_2$, **2**, 691
AsC$_{14}$H$_{15}$O
 AsO(Et)(Ph)$_2$, **2**, 689
AsC$_{15}$H$_{15}$
 As(C$_5$H$_5$)$_3$, **3**, 124
AsC$_{15}$H$_{15}$O$_2$
 AsEt(Ph)(C$_6$H$_4$CO$_2$H), **2**, 701
AsC$_{15}$H$_{15}$O$_2$S
 AsS(Et)(Ph)(C$_6$H$_4$CO$_2$H), **2**, 701
AsC$_{16}$H$_{17}$O$_2$S
 AsPh(C$_6$H$_4$CO$_2$H)(SPr), **2**, 701
AsC$_{16}$H$_{20}$
 [AsMe(Et)(Ph)(Bz)]$^+$, **2**, 697
AsC$_{18}$F$_{15}$
 As(C$_6$F$_5$)$_3$, **2**, 691
AsC$_{18}$H$_{15}$
 AsPh$_3$, **2**, 685
AsC$_{18}$H$_{15}$F$_2$
 AsF$_2$(Ph)$_3$, **2**, 696
AsC$_{18}$H$_{15}$O
 AsO(Ph)$_3$, **2**, 695
AsC$_{18}$H$_{16}$N
 AsPh$_3$(NH), **2**, 702
AsC$_{18}$H$_{17}$ClN
 AsCl(Ph)$_3$(NH$_2$), **2**, 702
AsC$_{19}$H$_{16}$NO$_2$
 AsPh$_3$(CHNO$_2$), **2**, 699
AsC$_{19}$H$_{17}$
 AsPh$_3$(CH$_2$), **2**, 698, 699
AsC$_{22}$F$_{27}$N$_2$O$_2$
 As(C$_6$F$_5$)$_3${ON(CF$_3$)$_2$}$_2$, **2**, 691
AsC$_{22}$H$_{22}$
 As(Mes)(CPh$_2$), **2**, 683
AsC$_{24}$H$_{20}$I
 AsI(Ph)$_4$, **2**, 696
AsC$_{25}$H$_{19}$
 AsMe(C$_6$H$_4$C$_6$H$_4$)$_2$, **2**, 688
AsC$_{26}$H$_{21}$
 AsEt(C$_6$H$_4$C$_6$H$_4$)$_2$, **2**, 688
AsC$_{28}$H$_{25}$
 AsBu(C$_6$H$_4$C$_6$H$_4$)$_2$, **2**, 688
AsC$_{30}$H$_{21}$
 AsPh(C$_6$H$_4$C$_6$H$_4$)$_2$, **2**, 688
AsC$_{30}$H$_{25}$
 AsPh$_5$, **2**, 687
AsC$_{34}$H$_{25}$

AsC₃₄H₂₅
   PhAs{C(Ph)=C(Ph)C(Ph)=CPh}, **1**, 37

AsC₃₅H₃₅
   As(Tol)₅, **2**, 696

AsC₃₆H₂₇
   PhAs{(C₆H₄)(C₁₀H₆)}{(C₆H₃Me)(C₆H₃Me)}, **2**, 697

AsC₄₃H₃₃O
   AsPh₃{C₅Ph₃(Ac)}, **2**, 699

AsC₄₇H₃₅
   AsPh₃(C₅Ph₄), **1**, 37; **2**, 699

AsCoB₉C₆H₁₅
   CpCoAsCB₉H₁₀, **1**, 526

AsCoC₂₀H₁₅NO₃
   Co(CO)₂(NO)(AsPh₃), **5**, 27

AsCoC₂₃H₁₅F₅O₃
   Co(C₂F₅)(CO)₃(AsPh₃), **5**, 63, 66

AsCoC₂₅H₂₆
   CoMe₂(Cp)(AsPh₃), **5**, 134

AsCoC₃₈H₅₁N₄
   [Co(CNBuᵗ)₄(AsPh₃)]⁺, **5**, 21

AsCoC₄₆H₃₅N₄
   [Co(CNPh)₄(AsPh₃)]⁺, **5**, 21

AsCoCrC₁₀H₁₁O₃
   CrCo(AsMe₂)(CO)₃Cp, **6**, 826

AsCoFeC₉H₆O₇
   FeCo(AsMe₂)(CO)₇, **6**, 819, 822, 834

AsCoFeC₁₅H₁₄O₆
   (CO)₄Fe(AsMe₂)Co(CO)₂(nbd), **5**, 188; **6**, 822

AsCoFeMoWC₁₉H₁₆O₇S
   MoWFeCo(AsMe₂)(S)(CO)₇Cp₂, **6**, 786, 853

AsCoMnC₁₂H₁₁O₅
   CoMn(AsMe₂)(CO)₅Cp, **6**, 781, 832

AsCoMnC₁₃H₁₁O₆
   MnCo(AsMe₂)(CO)₆Cp, **6**, 781

AsCoMoC₁₂H₁₁NO₆
   Cp(CO)₃Mo(AsMe₂)Co(CO)₂(NO), **3**, 1191

AsCoMoC₁₅H₁₆O₃
   Cp(CO)₂Mo(AsMe₂)Co(CO)Cp, **3**, 1191; **6**, 782, 828

AsCoWC₁₂H₁₁NO₆
   Cp(CO)₃W(AsMe₂)Co(CO)₂(NO), **3**, 1340

AsCoWC₁₅H₁₆O₃
   WCo(AsMe₂)(CO)₃Cp₂, **6**, 830

AsCoWC₁₆H₁₆O₄
   WCo(AsMe₂)(CO)₄Cp₂, **3**, 1340

AsCo₂C₆O₆
   {CoAs(CO)₃}₂, **5**, 38

AsCo₂FeC₂₆H₁₅O₈S
   FeCo₂(S)(CO)₈(AsPh₃), **6**, 858

AsCo₂FeMoC₁₅H₁₁O₈S
   MoFeCo₂(AsMe₂)(S)(CO)₈Cp, **6**, 853

AsCo₂FeMoC₁₇H₁₁O₁₀S
   MoFeCo₂(AsMe₂)(S)(CO)₁₀Cp, **6**, 853

AsCo₂FeMoC₁₈H₁₁O₁₁S
   MoFeCo₂(AsMe₂)(S)(CO)₁₁Cp, **6**, 853

AsCo₂FeMoC₂₄H₁₆O₁₁P
   MoFeCo₂(AsMe₂)(PPh)(CO)₁₁Cp, **6**, 853

AsCo₂MnC₁₁H₃O₁₀
   MnCo₂(AsMe)(CO)₁₀, **6**, 855

AsCo₂MoC₁₄H₈O₈
   MoCo₂(AsMe)(CO)₈Cp, **6**, 853

AsCo₂MoC₁₄H₁₁O₇S
   MoCo₂(AsMe₂)(S)(CO)₇Cp, **6**, 853

AsCo₂MoC₁₉H₁₆O₆P
   MoCo₂(AsMe₂)(PPh)(CO)₆Cp, **6**, 853

AsCo₃MoC₂₀H₁₄O₁₁
   Co₃(CMe)(CO)₈[AsMe₂{Mo(CO)₃Cp}], **5**, 177

AsCo₄C₂₄H₂₀O₄
   [As{Co(CO)Cp}₄]⁺, **5**, 261

AsCo₆C₂₄H₃O₁₈
   {Co₂(CO)₆}₃{As(C≡CH)₃}, **5**, 193

AsCrC₅H₃O₅
   Cr(CO)₅(AsH₃), **3**, 797, 863

AsCrC₈H₅Cl₂O₃
   Cr(AsCl₂)(CO)₃Cp, **3**, 966

AsCrC₈H₉O₅S
   Cr(CO)₅(SAsMe₃), **3**, 877

AsCrC₈H₁₂ClO₃
   CrCl(CMe)(CO)₃(AsMe₃), **3**, 909

AsCrC₉H₁₂O₄P
   [Cr(CMe)(CO)₄(AsMe₃)]⁺, **3**, 908

AsCrC₁₀H₅O₅
   Cr(CO)₅(C₅H₅As), **3**, 864

AsCrC₁₀H₁₁O₅
   Cr(AsMe₂)(CO)₃Cp, **2**, 704; **3**, 963; **6**, 786

AsCrC₁₁H₇O₅
   Cr(CO)₅(AsH₂Ph), **2**, 683

AsCrC₁₁H₁₄O₃
   [Cr(CO)₃Cp(AsMe₃)]⁺, **2**, 704

AsCrC₁₁H₁₈N₃O₅
   Cr(CO)₅{As(NMe₂)₃}, **3**, 867

AsCrC₁₄H₁₃O₄
   Cr(CO)₄(Me₂AsC₆H₄CH=CH₂), **3**, 955

AsCrC₂₃H₁₅O₅
   Cr(CO)₅(AsPh₃), **3**, 881

AsCrC₂₃H₂₀N₂O₂
   [Cr(NO)₂Cp(AsPh₃)]⁺, **3**, 968

AsCrC₂₄H₁₇O₅
   Cr(CH₂AsPh₃)(CO)₅, **3**, 828

AsCrFeC₁₃H₁₁O₆
   FeCr(AsMe₂)(CO)₆Cp, **6**, 826

AsCrFe₂C₁₇H₁₇O₈
   Cp(CO)₃Cr(AsMe₂){Fe₂(SMe₂)(CO)₅}, **3**, 966

AsCrFe₂C₁₉H₅O₁₃
   {(CO)₄Fe}₂(AsPh){Cr(CO)₅}, **4**, 303

AsCrGe₃C₁₄H₂₇O₅
   Cr(CO)₅{As(GeMe₃)₃}, **3**, 797

AsCrMnC₁₂H₆O₁₀
   (CO)₅Cr(AsMe₂)Mn(CO)₅, **4**, 104

AsCrMoC₁₄H₁₁O₇
   CrMo(AsMe₂)(CO)₇Cp, **6**, 825

AsCrMoC₁₅H₁₁O₈
   CrMo(AsMe₂)(CO)₈Cp, **3**, 966, 1191

AsCrMoC₁₇H₂₀O₁₀P
   Cp(CO)₂{P(OMe)₃}Mo(AsMe₂)Cr(CO)₅, **3**, 1191

AsCrNiC₁₃H₁₁O₆
   Ni(CO)₃{AsMe₂Cr(CO)₃Cp}, **6**, 20

AsCrSi₃C₁₄H₂₇O₅
   Cr(CO)₅{As(SiMe₃)₃}, **3**, 797

AsCrSn₃C₁₄H₂₇O₅
   Cr(CO)₅{As(SnMe₃)₃}, **3**, 797

AsCrWC₁₄H₁₁O₇
   CrW(AsMe₂)(CO)₇Cp, **6**, 825

AsCrWC₁₅H₁₁O₈
   (CO)₅W(AsMe₂)Cr(CO)₃Cp, **3**, 966
   Cp(CO)₃W(AsMe₂)Cr(CO)₅, **3**, 1340

AsCr₂C₁₅H₁₁O₈
   (CO)₅Cr(AsMe₂)Cr(CO)₃Cp, **3**, 966

AsCr₂C₁₆H₅O₁₀
   {(CO)₅Cr}₂(AsPh), **2**, 683; **3**, 868, 871

AsFeC₆H₆ClO₄
  Fe(CO)₄(AsClMe₂), **4**, 604
AsFeC₇H₉O₄
  Fe(CO)₄(AsMe₃), **4**, 290
AsFeC₂₂H₁₅O₄
  Fe(CO)₄(AsPh₃), **4**, 314
AsFeC₂₂H₁₇O₄
  FeH₂(CO)₄(AsPh₃), **4**, 296
AsFeC₂₈H₁₆F₄O₄P
  Fe(CO)₄{Ph₂PC=C(AsMe₂)CF₂CF₂}, **4**, 290
AsFeMnC₁₀H₆O₈
  FeMn(AsMe₂)(CO)₈, **4**, 111; **6**, 781, 786, 810, 832
AsFeMnC₁₁H₆O₉
  (CO)₄Fe(AsMe₂)Mn(CO)₅, **4**, 104, 111; **6**, 781, 819
AsFeMnC₁₄H₂₄O₆P₂
  FeMn(AsMe₂)(CO)₆(PMe₃)₂, **6**, 786
AsFeMoC₁₂H₁₁N₂O₇
  Cp(CO)₃Mo(AsMe₂)Fe(CO)₂(NO)₂, **3**, 1191
AsFeMoC₁₂H₁₁O₅
  FeMo(AsMe₂)(CO)₅Cp, **6**, 786
AsFeMoC₁₃H₁₁O₆
  FeMo(AsMe₂)(CO)₆Cp, **6**, 828
AsFeMoC₁₄H₁₁O₇
  Cp(CO)₃Mo(AsMe₂)Fe(CO)₄, **3**, 1191
AsFeNiC₁₂H₁₁O₅
  Ni(CO)₃{AsMe₂Fe(CO)₂Cp}, **6**, 20
AsFeReC₁₀H₆O₈
  FeRe(AsMe₂)(CO)₈, **6**, 833
AsFeRu₃C₂₀H₁₁O₁₃
  Ru₃(CO)₁₁[AsMe₂{Fe(CO)₂Cp}], **4**, 877
AsFeWC₁₂H₁₁N₂O₇
  Cp(CO)₃W(AsMe₂)Fe(CO)₂(NO)₂, **3**, 1340
AsFeWC₁₄H₁₁O₇
  Cp(CO)₃W(AsMe₂)Fe(CO)₄, **3**, 1340
AsFe₂C₈H₆NO₇
  Fe₂(AsMe₂)(CO)₆(NO), **6**, 822
AsFe₂C₉H₁₂ClO₅S₂
  Fe₂(CO)₅(SMe)₂(AsClMe₂), **4**, 281
AsFe₂C₁₁H₁₂NO₇
  {Fe(CO)₃}₂(AsMe₂)(OCNMe₂), **4**, 302
AsFe₂C₁₃H₁₁O₆
  Fp(AsMe₂)Fe(CO)₄, **4**, 604
AsFe₂PtC₂₇H₁₅O₉
  Pt{Fe(CO)₄}₂(CO)(AsPh₃), **6**, 482, 861
AsFe₂WC₁₇H₁₇O₈S₂
  Cp(CO)₃W(AsMe₂){Fe₂(SMe)₂(CO)₅}, **3**, 1340
AsFe₄C₁₄ClO₁₄
  Fe₄(CO)₁₄(AsCl), **4**, 304
AsGaC₂H₆
  GaMe(AsMe), **1**, 698
AsGaC₄H₁₂
  GaMe₂(AsMe₂), **1**, 698
AsGaC₄H₁₄
  GaMe₃(AsH₂Me), **1**, 698
AsGaC₆H₁₈
  GaMe₃(AsMe₃), **1**, 695
AsGaC₁₅H₂₀
  GaMe₃(AsHPh₂), **1**, 698
AsGeC₂H₉
  H₃GeAsMe₂, **2**, 467
AsGeC₃H₁₁
  Me₃GeAsH₂, **2**, 467
AsGeC₅H₉F₆
  Me₃GeAs(CF₃)₂, **2**, 462
AsGeC₁₈H₁₅Cl₂
  Cl₂GeAsPh₃, **2**, 489
AsGeC₃₀H₂₅
  Ph₃GeAsPh₂, **2**, 467
AsGeC₃₀H₂₅O₂
  Ph₃GeOAs(O)Ph₂, **2**, 467
AsGe₃MoC₁₄H₂₇O₅
  Mo(CO)₅{As(GeMe₃)₃}, **3**, 797
AsGe₃WC₁₄H₂₇O₅
  W(CO)₅{As(GeMe₃)₃}, **3**, 797
AsHgRhC₂₆H₂₇Cl₃
  RhCl(cod)(AsPh₃)(HgCl₂), **6**, 987
AsInC₄H₁₂
  InMe₂(AsMe₂), **1**, 698
AsInC₆H₁₈
  InMe₃(AsMe₃), **1**, 695
AsIrC₁₄H₁₀Cl₂O₂
  IrCl₂(AsPh₂)(CO)₂, **5**, 613
AsIrC₂₀H₁₅BrO₂
  IrBr(CO)₂(AsPh₃), **5**, 558
AsIrC₂₀H₁₅I₃O₂
  IrI₃(CO)₂(AsPh₃), **5**, 559
AsIrC₂₁H₁₈Cl₂O
  IrCl₂(Me)(CO)₂(AsPh₃), **5**, 563
AsKC₁₂H₁₀
  KAsPh₂, **2**, 687
AsLi₂C₆H₅
  Li₂AsPh, **2**, 703
AsMnC₅F₆O₅
  Mn(AsF₆)(CO)₅, **4**, 37
AsMnC₇F₆O₅
  Mn{As(CF₃)₂}(CO)₅, **4**, 104
AsMnC₁₃H₁₂O₄
  Mn(C₆H₄CH₂AsMe₂)(CO)₄, **4**, 80
AsMnC₂₀H₁₅NO₂
  Mn(CO)₂(CNAsPh₂)Cp, **4**, 149
AsMnC₂₂H₁₅ClO₄
  MnCl(CO)₄(AsPh₃), **4**, 46
AsMnC₂₂H₁₅NO₇
  Mn(NO₃)(CO)₄(AsPh₃), **4**, 61
AsMnC₂₂H₂₀N₂O₄
  Mn(CONH₂)(CO)₃(AsPh₃)(NH₃), **4**, 57
AsMnC₂₃H₁₅O₅
  [Mn(CO)₅(AsPh₃)]⁺, **4**, 31
AsMnC₂₄H₂₀NOS
  [Mn(CS)(NO)Cp(AsPh₃)]⁺, **4**, 134
AsMnC₃₀H₂₄BrO₄P
  MnBr(CO)₄(Ph₂AsCH₂CH₂PPh₂), **4**, 59
AsMnC₃₁H₂₀O₃
  Mn(CO)₃(C₄Ph₄As), **4**, 138
AsMnMoC₁₂H₆O₁₀
  (CO)₅Mo(AsMe₂)Mn(CO)₅, **4**, 104
AsMnMoC₁₇H₁₆O₅
  Cp(CO)₃Mo(AsMe₂)Mn(CO)₂Cp, **3**, 1191
AsMnReC₁₃H₁₁O₆
  MnRe(AsMe₂)(CO)₆Cp, **6**, 831
AsMnWC₁₇H₁₆O₅
  Cp(CO)₃W(AsMe₂)Mn(CO)₂Cp, **3**, 1340
AsMn₂C₁₀H₆IO₈
  Mn₂I(AsMe₂)(CO)₈, **4**, 110
AsMn₂C₁₃H₁₁O₆
  Mn₂(AsMe₂)(CO)₆Cp, **4**, 129
AsMn₂C₁₄H₁₁O₇
  Mn₂(AsMe₂)(CO)₇Cp, **4**, 129
AsMn₂C₂₀H₁₅O₄

AsMn$_2$C$_{20}$H$_{15}$O$_4$
   PhAs{Mn(CO)$_2$Cp}$_2$, **4**, 127
AsMoC$_5$H$_3$O$_5$
   Mo(CO)$_5$(AsH$_3$), **3**, 797, 863
AsMoC$_8$H$_5$O$_3$
   Mo(CO)$_3$(C$_5$H$_5$As), **3**, 867
AsMoC$_{10}$H$_5$F$_6$O$_3$
   Mo{As(CF$_3$)$_2$}(CO)$_3$Cp, **3**, 1190
AsMoC$_{10}$H$_{11}$O$_3$
   Mo(AsMe$_2$)(CO)$_3$Cp, **3**, 1191
AsMoC$_{11}$H$_{18}$N$_3$O$_5$
   Mo(CO)$_5${As(NMe$_2$)$_3$}, **3**, 867
AsMoC$_{12}$H$_{17}$O$_2$
   Mo{(CH$_2$)$_3$AsMe$_2$}(CO)$_2$Cp, **3**, 1153
AsMoC$_{12}$H$_{20}$O$_5$P
   Mo(CO)$_2$Cp{PO(OMe)$_2$}(AsMe$_3$), **3**, 1191
AsMoC$_{25}$H$_{21}$O$_5$
   Mo{C(OMe)Me}(CO)$_4$(AsPh$_3$), **3**, 1124
AsMoC$_{27}$H$_{22}$O$_2$
   Mo(CO)$_2$(C$_7$H$_7$)(AsPh$_3$), **3**, 1235
AsMoC$_{28}$H$_{19}$O$_3$
   Mo(CO)$_3$(η^5-C$_5$H$_4$AsPh$_3$), **3**, 1195
AsMoNiC$_{10}$H$_{11}$N$_3$O$_6$
   Cp(CO)$_3$Mo(AsMe$_2$)Ni(NO)$_3$, **3**, 1191
AsMoNiC$_{13}$H$_{11}$O$_6$
   Cp(CO)$_3$Mo(AsMe$_2$)Ni(CO)$_3$, **6**, 20
AsMoRuC$_{13}$H$_{11}$O$_6$
   (CO)$_4$Ru(AsMe$_2$)Mo(CO)$_2$Cp, **4**, 923; **6**, 828
AsMoRu$_3$C$_{21}$H$_{11}$O$_{14}$
   Ru$_3$(CO)$_{11}$[AsMe$_2${Mo(CO)$_3$Cp}], **4**, 877
AsMoSi$_3$C$_{14}$H$_{27}$O$_5$
   Mo(CO)$_5${As(SiMe$_3$)$_3$}, **3**, 797
AsMoSnC$_{28}$H$_{29}$O$_2$
   Mo(SnMe$_3$)(CO)$_2$Cp(AsPh$_3$), **3**, 1188
AsMoSn$_3$C$_{14}$H$_{27}$O$_5$
   Mo(CO)$_5${As(SnMe$_3$)$_3$}, **3**, 797
AsMoWC$_{14}$H$_{11}$O$_7$
   MoW(AsMe$_2$)(CO)$_7$Cp, **6**, 827
AsMoWC$_{15}$H$_{11}$O$_8$
   Cp(CO)$_3$Mo(AsMe$_2$)W(CO)$_5$, **3**, 1191
   Cp(CO)$_3$W(AsMe$_2$)Mo(CO)$_5$, **3**, 1340
AsMo$_2$C$_{15}$H$_{11}$O$_8$
   Mo$_2$(AsMe$_2$)(CO)$_8$Cp, **3**, 1191
AsNaC$_{12}$H$_{10}$
   NaAsPh$_2$, **2**, 703
AsNbC$_{26}$H$_{20}$O$_3$
   Nb(CO)$_3$Cp(AsPh$_3$), **3**, 711
AsNiC$_6$H$_6$O$_6$P
   Ni(CO)$_3${P(CH$_2$O)$_3$As}, **6**, 19
AsNiC$_{21}$H$_{15}$O$_3$
   Ni(CO)$_3$(AsPh$_3$), **6**, 20
AsNiWC$_{10}$H$_{11}$N$_3$O$_6$
   Cp(CO)$_3$W(AsMe$_2$)Ni(NO)$_3$, **3**, 1340
AsNiWC$_{13}$H$_{11}$O$_6$
   Cp(CO)$_3$W(AsMe$_2$)Ni(CO)$_3$, **6**, 20
AsOsC$_{34}$H$_{29}$Cl$_3$N$_2$
   OsCl$_3$(CNTol)$_2$(AsPh$_3$), **4**, 982
AsOs$_3$C$_{27}$H$_{18}$O$_9$
   [Os$_3$H$_3$(CO)$_9$(AsPh$_3$)]$^+$, **4**, 1053
AsOs$_3$PtC$_{46}$H$_{32}$O$_{10}$P
   Os$_3$PtH$_2$(CO)$_{10}$(AsPh$_3$)(PPh$_3$), **6**, 864
AsPbC$_6$H$_{15}$N$_2$
   PbMe$_3${C(N$_2$)AsMe$_2$}, **2**, 647
AsPbC$_{20}$H$_{21}$O$_2$
   PbPh$_3${OAsO(Me)$_2$}, **2**, 660
AsPdC$_8$H$_{18}$ClN
   PdCl(CNMe)(AsEt$_3$), **6**, 286
AsPdC$_{12}$H$_{21}$Cl$_2$
   PdCl$_2${As(CH$_2$CH$_2$CH=CH$_2$)$_3$}, **6**, 353
AsPdC$_{22}$H$_{22}$Cl
   PdCl(CH$_2$CMeCH$_2$)(AsPh$_3$), **6**, 418
AsPdC$_{23}$H$_{24}$Cl
   PdCl(CH$_2$CHCMe$_2$)(AsPh$_3$), **6**, 414
AsPdC$_{23}$H$_{24}$ClO
   PdCl(CH$_2$CMeCHOMe)(AsPh$_3$), **6**, 418
AsPdC$_{24}$H$_{26}$Cl
   PdCl(CH$_2$CMeCMe$_2$)(AsPh$_3$), **6**, 414
AsPdC$_{25}$H$_{20}$Cl$_2$N
   PdCl$_2$(CNPh)(AsPh$_3$), **6**, 292
AsPdC$_{31}$H$_{20}$N$_5$P
   Pd(CNPh)(PPh$_3$){(CN)$_2$C=C(CN)$_2$}, **6**, 246
AsPdC$_{31}$H$_{27}$F$_6$O$_3$
   Pd{C$_7$H$_8$(OMe)}(hfacac)(AsPh$_3$), **6**, 316
AsPdC$_{38}$H$_{32}$O$_2$P
   Pd(CH$_2$COO)(PPh$_3$)(AsPh$_3$), **6**, 259
AsPd$_2$C$_{26}$H$_{29}$Cl$_2$
   (AsPh$_3$)(CH$_2$CMeCH$_2$)Pd(Cl)PdCl(CH$_2$CMe-
      CH$_2$), **6**, 418
AsPtC$_9$H$_{20}$Cl$_3$
   PtCl$_3$(CH$_2$=CHCH$_2$AsEt$_3$), **6**, 662
AsPtC$_{10}$H$_{13}$Br$_2$
   PtBr$_2$(CH$_2$=CHC$_6$H$_4$AsMe$_2$), **6**, 670
AsPtC$_{11}$H$_{15}$Br$_2$
   PtBr$_2$(CH$_2$=CHCH$_2$C$_6$H$_4$AsMe$_2$), **6**, 603
AsPtC$_{20}$H$_{17}$Cl$_2$
   PtCl$_2$(CH$_2$=CHC$_6$H$_4$AsPh$_2$), **6**, 602, 664
AsPtC$_{20}$H$_{19}$Cl$_2$
   PtCl$_2$(CH$_2$=CH$_2$)(AsPh$_3$), **3**, 107; **6**, 684
AsPtC$_{21}$H$_{19}$Cl$_2$
   PtCl$_2${CH$_2$=C(Me)C$_6$H$_4$AsPh$_2$}, **6**, 640
AsPtC$_{21}$H$_{20}$ClO
   PtCl(Et)(CO)(AsPh$_3$), **6**, 560
AsPtC$_{22}$H$_{23}$
   Pt(AsPh$_3$)(CH$_2$=CH$_2$)$_2$, **3**, 106; **6**, 626
AsPtC$_{23}$H$_{23}$Cl$_2$
   PtCl$_2$(CH$_2$=C=CMe$_2$)(AsPh$_3$), **6**, 684
AsPtC$_{26}$H$_{26}$O$_2$
   [Pt(acac){CH$_2$=C(Me)C$_6$H$_4$AsPh$_2$}]$^+$, **6**, 640
AsPtC$_{30}$H$_{26}$N$_2$P
   Pt(NCCH=CHCN)(Ph$_2$PCH$_2$CH$_2$AsPh$_2$), **6**,
      626
AsPtC$_{38}$H$_{33}$IOP
   PtI(COMe)(AsPh$_3$)(PPh$_3$), **6**, 491
AsPtC$_{50}$H$_{45}$ClOP$_2$
   [PtCl{CH(COPh)PPh$_2$(CH$_2$)$_2$PPh$_2$}(AsPh$_3$)]$^+$, **6**,
      513
AsPtSnC$_{19}$H$_{16}$Cl$_3$O
   PtH(SnCl$_3$)(CO)(AsPh$_3$), **6**, 671
AsReC$_5$F$_6$O$_5$
   Re(AsF$_6$)(CO)$_5$, **4**, 170
AsReC$_7$F$_6$O$_5$
   Re{As(CF$_3$)$_2$}(CO)$_5$, **4**, 200
AsReC$_{25}$H$_{20}$O$_2$
   Re(CO)$_2$Cp(AsPh$_3$), **4**, 207, 209
AsReC$_{31}$H$_{20}$O$_3$
   Re(CO)$_3$(C$_4$Ph$_4$As), **4**, 232
AsReC$_{33}$H$_{20}$O$_5$
   Re(CO)$_5$(C$_4$Ph$_4$As), **4**, 200
AsRhC$_{21}$H$_{21}$NO$_2$
   Rh{O(CH$_2$)$_2$NH$_2$}(CO)(AsPh$_3$), **5**, 294
AsRhC$_{24}$H$_{21}$Cl
   RhCl{As(C$_6$H$_4$CH=CH$_2$)$_3$}, **5**, 429
AsRhC$_{24}$H$_{22}$O$_3$
   Rh(CO)(acac)(AsPh$_3$), **5**, 283
AsRhC$_{24}$H$_{25}$Cl
   RhCl(CH$_2$CHCH$_2$)$_2$(AsPh$_3$), **5**, 507

AsRhC$_{25}$H$_{23}$Cl
  RhCl(nbd)(AsPh$_3$), **5**, 472
AsRhC$_{25}$H$_{24}$
  RhCp(CH$_2$=CH$_2$)(AsPh$_3$), **5**, 435, 438
AsRhC$_{26}$H$_{27}$
  [RhMe(Cp)(CH$_2$=CH$_2$)(AsPh$_3$)]$^+$, **5**, 436
AsRhC$_{27}$H$_{27}$
  [RhCp(MeCHCHCH$_2$)(AsPh$_3$)]$^+$, **5**, 500
AsRhC$_{31}$H$_{34}$F$_4$O$_2$
  Rh(CF$_2$=CF$_2$)(Bu^{t}COCHCOBu^t)(AsPh$_3$), **5**, 428
AsRhC$_{32}$H$_{31}$
  [Rh(nbd)$_2$(AsPh$_3$)]$^+$, **5**, 473
AsRhC$_{32}$H$_{32}$
  RhPh(cod)(AsPh$_3$), **5**, 473
AsRhC$_{61}$H$_{53}$P$_2$
  [Rh(nbd)(PPh$_3$)$_2$(AsPh$_3$)]$^+$, **5**, 476
AsRhSbC$_{37}$H$_{30}$ClO
  RhCl(CO)(AsPh$_3$)(SbPh$_3$), **5**, 316
AsRh$_2$C$_{33}$H$_{25}$F$_6$O
  Rh$_2$(CO)(Cp)$_2$(CF$_3$CCCF$_3$)(AsPh$_3$), **5**, 442
AsRh$_4$C$_{29}$H$_{15}$O$_{11}$
  Rh$_4$(CO)$_{11}$(AsPh$_3$), **5**, 331
AsRh$_9$C$_{21}$O$_{21}$
  [Rh$_9$As(CO)$_{21}$]$^{2-}$, **5**, 337
AsRh$_{10}$C$_{22}$O$_{22}$
  [Rh$_{10}$As(CO)$_{22}$]$^{3-}$, **5**, 338
AsRuC$_{25}$H$_{23}$Cl$_2$
  RuCl$_2$(C$_7$H$_8$)(AsPh$_3$), **4**, 757
AsRuC$_{26}$H$_{23}$Cl$_2$O
  RuCl$_2$(CO)(nbd)(AsPh$_3$), **4**, 748
AsRuC$_{32}$H$_{24}$ClN$_2$O$_2$
  RuCl(C$_6$H$_4$NNPh)(CO)$_2$(AsPh$_3$), **4**, 740
AsRu$_3$WC$_{21}$H$_{11}$O$_{14}$
  Ru$_3$(CO)$_{11}$[AsMe$_2${W(CO)$_3$Cp}], **4**, 877
AsRu$_6$C$_{35}$H$_{15}$O$_{16}$
  Ru$_6$(CO)$_{16}$C(AsPh$_3$), **4**, 905
AsSiC$_5$H$_9$F$_6$
  As(CF$_3$)$_2$(SiMe$_3$), **2**, 146
AsSiC$_7$H$_{19}$
  AsMe$_2$(CHSiMe$_3$), **2**, 69, 699; **7**, 626
AsSiC$_{14}$H$_{23}$O
  AsPh{C(Bu^t)(OSiMe$_3$)}, **2**, 153, 683
AsSi$_2$C$_{12}$H$_{23}$
  AsPh(SiMe$_3$)$_2$, **2**, 153
AsSi$_2$C$_{14}$H$_{36}$N
  AsBu$^t_2${N(SiMe$_3$)$_2$}, **2**, 126
AsSi$_3$C$_9$H$_{27}$
  As(SiMe$_3$)$_3$, **2**, 153
AsSi$_3$WC$_{14}$H$_{27}$O$_5$
  W(CO)$_5${As(SiMe$_3$)$_3$}, **3**, 797
AsSi$_4$C$_{14}$H$_{38}$
  As{CH(SiMe$_3$)$_2$}$_2$, **2**, 683
AsSi$_4$C$_{14}$H$_{38}$Cl
  AsCl{CH(SiMe$_3$)$_2$}$_2$, **2**, 129
AsSnC$_{20}$H$_{21}$
  SnPh$_3$(AsMe$_2$), **2**, 599
AsSnC$_{30}$H$_{25}$
  SnPh$_3$(AsPh$_2$), **2**, 599
AsSnC$_{30}$H$_{25}$N$_2$O$_7$
  SnPh$_2$(NO$_3$)$_2$(Ph$_3$AsO), **2**, 570
AsSn$_2$C$_{42}$H$_{35}$
  (Ph$_3$Sn)$_2$AsPh, **2**, 599
AsSn$_3$C$_9$H$_{27}$
  As(SnMe$_3$)$_3$, **2**, 604
AsSn$_3$C$_{54}$H$_{45}$
  As(SnPh$_3$)$_3$, **2**, 602
AsSn$_3$WC$_{14}$H$_{27}$O$_5$
  W(CO)$_5${As(SnMe$_3$)$_3$}, **3**, 797
AsTiC$_7$H$_{10}$Cl$_3$
  TiCl$_3$(η^5-C$_5$H$_4$AsMe$_2$), **3**, 333
AsVC$_{12}$H$_{16}$S$_2$
  [V(S$_2$AsMe$_2$)Cp$_2$]$^+$, **3**, 683
AsVC$_{48}$H$_{41}$O$_4$P
  V(CO)$_3${CO(C$_3$H$_2$Ph$_3$)}(arphos), **3**, 663
AsWC$_5$H$_3$O$_5$
  W(CO)$_5$(AsH$_3$), **3**, 797, 863
AsWC$_8$H$_5$Cl$_2$O$_3$
  W(AsCl$_2$)(CO)$_3$Cp, **3**, 1340
AsWC$_8$H$_9$O$_5$S
  W(CO)$_5$(SAsMe$_3$), **3**, 877
AsWC$_{10}$H$_{11}$O$_3$
  W(AsMe$_2$)(CO)$_3$Cp, **3**, 1340; **6**, 786
AsWC$_{12}$H$_{20}$O$_2$P
  W(AsMe$_2$)(CO)$_2$Cp(PMe$_3$), **3**, 1340
AsWC$_{23}$H$_{15}$O$_5$
  W(CO)$_5$(AsPh$_3$), **3**, 1274
AsWC$_{24}$H$_{17}$O$_4$
  W(CO)$_4$(Ph$_2$AsC$_6$H$_4$CH=CH$_2$), **3**, 1324
AsW$_2$C$_{15}$H$_{11}$O$_8$
  Cp(CO)$_3$W(AsMe$_2$)W(CO)$_5$, **3**, 1340
As$_2$Ag$_2$C$_8$H$_{20}$
  Ag$_2${(CH$_2$)$_2$AsMe$_2$}$_2$, **2**, 736
As$_2$AuC$_{38}$H$_{34}$
  [Au(CH$_2$AsPh$_3$)$_2$]$^+$, **2**, 775
As$_2$Au$_2$C$_8$H$_{20}$
  Au$_2${(CH$_2$)$_2$AsMe$_2$}$_2$, **2**, 775
As$_2$B$_7$C$_2$H$_9$
  As$_2$C$_2$B$_7$H$_9$, **1**, 550
As$_2$B$_7$CoC$_7$H$_{14}$
  (CpCo)As$_2$(C$_2$B$_7$H$_9$), **1**, 550
As$_2$B$_9$C$_6$H$_{23}$
  (Me$_2$As)$_2$(C$_2$B$_9$H$_{11}$), **1**, 550
As$_2$B$_9$CoC$_5$H$_{14}$
  (CpCo)As$_2$B$_9$H$_9$, **1**, 528
As$_2$B$_{18}$Cr$_2$FeC$_{12}$H$_{20}$O$_{10}$
  [{(CO)$_5$CrAsCB$_9$H$_{10}$}$_2$Fe]$^{2-}$, **1**, 525, 549
As$_2$B$_{18}$FeMo$_2$C$_{12}$H$_{20}$O$_{10}$
  [{(CO)$_5$MoAsCB$_9$H$_{10}$}$_2$Fe]$^{2-}$, **1**, 525
As$_2$B$_{18}$FeW$_2$C$_{12}$H$_{20}$O$_{10}$
  [{(CO)$_5$WAsCB$_9$H$_{10}$}$_2$Fe]$^{2-}$, **1**, 525
As$_2$C$_4$H$_{12}$
  As$_2$Me$_4$, **2**, 703
As$_2$C$_{10}$H$_{12}$
  As(C$_6$H$_4$){(CH$_2$)$_2$}$_2$As, **2**, 688
As$_2$C$_{10}$H$_{14}$
  MeAs(C$_6$H$_4$){(CH$_2$)$_2$}AsMe, **2**, 688
As$_2$C$_{10}$H$_{16}$
  (Me$_2$As)$_2$(C$_6$H$_4$), **2**, 688
As$_2$C$_{18}$F$_{12}$
  As(C$_6$F$_4$)$_3$As, **2**, 685
As$_2$C$_{24}$H$_{20}$O
  (Ph$_2$As)$_2$O, **2**, 701
As$_2$CdFe$_2$C$_{40}$H$_{30}$N$_2$O$_6$P$_2$
  Cd{Fe(CO)$_2$(NO)(AsPh$_3$)}$_2$, **6**, 1031
As$_2$CoC$_{37}$H$_{30}$NO$_2$
  Co(CO)(NO)(AsPh$_3$)$_2$, **5**, 29
As$_2$CoC$_{39}$H$_{30}$O$_3$
  [Co(CO)$_3$(AsPh$_3$)$_2$]$^+$, **5**, 32
As$_2$CoFe$_2$C$_{16}$H$_{22}$O$_2$
  Fe$_2$Co(AsMe$_2$)$_2$(CO)$_2$Cp$_2$, **6**, 835
As$_2$CoFe$_2$C$_{22}$H$_{27}$O$_3$

$As_2CoFe_2C_{22}H_{27}O_3$
  Fe$_2$Co(AsMe$_2$)$_2$(CO)$_3$Cp$_3$, **6**, 765
$As_2Co_2C_{13}H_{12}F_4O_5$
  Co$_2$(CO)$_5${Me$_2$As$\overline{C=C(AsMe_2)CF_2CF_2}$}, **5**, 180
$As_2Co_2C_{14}H_{12}F_4O_6$
  Co$_2$(CO)$_6${Me$_2$As$\overline{C=C(AsMe_2)CF_2CF_2}$}, **5**, 37
$As_2Co_2C_{31}H_{22}O_6$
  Co$_2$(CO)$_6$(Ph$_2$AsCH$_2$AsPh$_2$), **5**, 200
$As_2Co_2C_{43}H_{32}O_4$
  Co$_2$(CO)$_4$(PhCCPh)(Ph$_2$AsCH$_2$AsPh$_2$), **5**, 200
$As_2Co_2C_{44}H_{30}O_8$
  Co$_2$(CO)$_8$(AsPh$_3$)$_2$, **5**, 34
$As_2Co_2C_{46}H_{30}F_6O_6$
  {Co(CO)$_3$(AsPh$_3$)}$_2$(CF$_3$C≡CCF$_3$), **5**, 196
$As_2Co_2C_{46}H_{36}O_6$
  Co$_2$(CO)$_6$(CH$_2$=CHCH=CH$_2$)(AsPh$_3$)$_2$, **5**, 227
$As_2Co_2MoC_{15}H_{14}O_7$
  MoCo$_2$(AsMe)(AsMe$_2$)(CO)$_7$Cp, **6**, 853
$As_2CrC_{27}H_{22}O_2$
  Cr(CO)$_2$(η^6-C$_6$H$_5$AsPhCH$_2$AsPh$_2$), **3**, 868, 1014
$As_2CrFeC_{11}H_{12}O_7$
  FeCr(AsMe$_2$)$_2$(CO)$_7$, **6**, 826
$As_2CrFeMoC_{22}H_{22}O_8$
  FeCrMo(AsMe$_2$)$_2$(CO)$_8$Cp$_2$, **6**, 786, 828
$As_2CrMn_2C_{18}H_{12}O_{14}$
  Cr(CO)$_4${Me$_2$AsMn(CO)$_5$}$_2$, **3**, 871; **4**, 104
$As_2CrRe_2C_{18}H_{12}O_{14}$
  Cr(CO)$_4${Me$_2$AsRe(CO)$_5$}$_2$, **3**, 871
$As_2Cr_2C_{14}H_{12}O_{10}$
  Cr$_2$(CO)$_{10}$(Me$_2$AsAsMe$_2$), **3**, 871
$As_2Cr_2MoC_{24}H_{22}O_{10}$
  Mo(CO)$_4${(AsMe$_2$)Cr(CO)$_3$Cp}$_2$, **3**, 966
$As_2Cr_2WC_{24}H_{22}O_{10}$
  W(CO)$_4${(AsMe$_2$)Cr(CO)$_3$Cp}$_2$, **3**, 966
$As_2Cr_3C_{24}H_{22}O_{10}$
  Cr(CO)$_4${(AsMe$_2$)Cr(CO)$_3$Cp}$_2$, **3**, 966
$As_2Cr_3C_{27}H_{10}O_{15}$
  {(CO)$_5$Cr}$_3$(PhAsAsPh), **3**, 866, 956
$As_2CuIrC_{39}H_{36}ClN_3O$
  IrCuCl(CO)(AsPh$_3$)$_2$(MeN$_3$Me), **6**, 838
$As_2CuRhC_{39}H_{36}ClN_3O$
  RhCuCl(CO)(AsPh$_3$)$_2$(MeN$_3$Me), **6**, 837
$As_2Cu_2FeC_{40}H_{30}O_4$
  Fe(CO)$_4$(CuAsPh$_3$)$_2$, **4**, 306
$As_2FeC_{12}H_{16}$
  Fe(η^5-C$_4$H$_2$Me$_2$As)$_2$, **4**, 487
$As_2FeC_{13}H_{16}O_3$
  Fe(CO)$_3$(diars), **4**, 289
$As_2FeC_{14}H_{20}$
  Fe(η^5-C$_5$H$_4$AsMe$_2$)$_2$, **4**, 489
$As_2FeC_{39}H_{30}O_3$
  Fe(CO)$_3$(AsPh$_3$)$_2$, **4**, 314
$As_2FeHgC_{39}H_{30}Cl_2O_3$
  Fe(CO)$_3$(HgCl$_2$)(AsPh$_3$)$_2$, **6**, 985
$As_2FeMoC_{11}H_{12}O_7$
  FeMo(AsMe$_2$)$_2$(CO)$_7$, **6**, 828
$As_2FeMoWC_{22}H_{22}O_8$
  FeMoW(AsMe$_2$)$_2$(CO)$_8$Cp$_2$, **6**, 828
$As_2FeMoWC_{23}H_{22}O_9$
  FeMoW(AsMe$_2$)$_2$(CO)$_9$Cp$_2$, **6**, 830
$As_2FeMo_2C_{22}H_{22}O_8$
  FeMo$_2$(AsMe$_2$)$_2$(CO)$_8$Cp$_2$, **6**, 828
$As_2FeNiC_{15}H_{20}I_2O$
  Fe{(η^5-C$_5$H$_4$AsMe$_2$)$_2$NiI$_2$(CO)}, **4**, 489; **6**, 31

$As_2FeWC_{11}H_{12}O_7$
  FeW(AsMe$_2$)$_2$(CO)$_7$, **6**, 829
$As_2FeWC_{14}H_{17}O_5$
  [FeW(AsMe$_2$)$_2$(CO)$_5$Cp]$^+$, **6**, 830
$As_2FeW_2C_{23}H_{22}O_9$
  FeW$_2$(AsMe$_2$)$_2$(CO)$_9$Cp$_2$, **6**, 830
$As_2Fe_2C_4H_{12}N_4O_4$
  {Fe(NO)$_2$(AsMe$_2$)}$_2$, **4**, 302
$As_2Fe_2C_8H_6O_6$
  {Fe(CO)$_3$(AsMe)}$_2$, **4**, 300
$As_2Fe_2C_{10}H_{12}O_6$
  {Fe(CO)$_3$(AsMe$_2$)}$_2$, **3**, 155; **4**, 302, 604
$As_2Fe_2C_{14}H_{12}F_4O_6$
  {(CO)$_3$Fe}$_2${Me$_2$As$\overline{C=C(AsMe_2)CF_2CF_2}$}, **4**, 295, 579
$As_2Fe_2C_{30}F_{20}O_6$
  [Fe(CO)$_3${As(C$_6$F$_5$)$_2$}]$_2$, **4**, 301
$As_2Fe_2C_{40}H_{32}F_8O_4P_2$
  Fe$_2$(CO)$_4${Me$_2$As$\overline{C=C(PPh_2)CF_2CF_2}$}$_2$, **4**, 579
$As_2Fe_2WC_{23}H_{22}O_9$
  WFe$_2$(AsMe$_2$)$_2$(CO)$_9$Cp$_2$, **6**, 830
$As_2Fe_3C_9O_9$
  {Fe(CO)$_3$}$_3$As$_2$, **4**, 304
$As_2Fe_3C_{11}O_{11}$
  Fe$_3$(CO)$_{11}$As$_2$, **4**, 304
$As_2Fe_3C_{14}H_{14}O_9$
  {Fe(CO)$_3$}$_3$(AsMe$_2$)(CH$_2$AsMe$_2$), **4**, 632
$As_2Fe_3C_{17}H_{12}F_4O_9$
  {Fe(CO)$_3$}$_3${(AsMe$_2$)$\overline{C=C(AsMe_2)CF_2CF_2}$}, **4**, 294, 632
$As_2Fe_3C_{18}H_{12}F_4O_{10}$
  Fe$_3$(CO)$_{10}${Me$_2$As$\overline{C=C(AsMe_2)CF_2CF_2}$}, **4**, 294
$As_2Ga_2C_{28}H_{32}$
  {GaMe$_2$(AsPh$_2$)}$_2$, **1**, 698
$As_2Hg_2C_{49}H_{22}F_{20}$
  {Hg(C$_6$F$_5$)$_2$}$_2$(Ph$_2$AsCH$_2$AsPh$_2$), **2**, 935
$As_2IrC_{11}H_{16}O_2$
  [Ir(CO$_2$)(diars)]$^+$, **8**, 234
$As_2IrC_{13}H_{30}Cl_3O$
  IrCl$_3$(CO)(AsEt$_3$)$_2$, **5**, 554
$As_2IrC_{27}H_{22}ClO$
  IrCl(CO)(Ph$_2$AsCH=CHAsPh$_2$), **5**, 550
$As_2IrC_{37}H_{30}ClO$
  IrCl(CO)(AsPh$_3$)$_2$, **5**, 545
$As_2IrC_{37}H_{33}O$
  IrH$_3$(CO)(AsPh$_3$)$_2$, **5**, 555
$As_2IrC_{38}H_{30}O_2$
  [Ir(CO)$_2$(AsPh$_3$)$_2$]$^+$, **5**, 558
$As_2IrC_{39}H_{33}Cl_2O$
  IrCl$_2$(COMe)(CO)(AsPh$_3$)$_2$, **5**, 563
$As_2IrC_{41}H_{37}O$
  Ir(CO)(MeCHCHCH$_2$)(AsPh$_3$)$_2$, **5**, 591
$As_2IrTlC_{43}H_{39}ClO_7$
  IrCl(OAc){Tl(OAc)$_2$}(CO)(AsPh$_3$)$_2$, **6**, 977
$As_2IrTlC_{45}H_{30}F_{12}O_9$
  Ir(O$_2$CCF$_3$)$_2${Tl(O$_2$CCF$_3$)$_2$}(CO)(AsPh$_3$)$_2$, **6**, 977
$As_2IrTlC_{45}H_{42}O_9$
  Ir(OAc)$_2${Tl(OAc)$_2$}(CO)(AsPh$_3$)$_2$, **6**, 977
$As_2MgC_{24}H_{20}$
  Mg(AsPh$_2$)$_2$, **1**, 216
$As_2MnC_{10}H_{18}ClO_3$
  MnCl(CO)$_3${Me$_2$As(CH$_2$)$_3$AsMe$_2$}, **4**, 56
$As_2MnC_{18}H_{24}N_2O_2$
  [Mn(CO)$_2$(Me$_2$AsC$_6$H$_4$NH$_2$)$_2$]$^+$, **4**, 36
$As_2MnC_{39}H_{30}ClO_3$
  MnCl(CO)$_3$(AsPh$_3$)$_2$, **4**, 46

As₂MnC₄₀H₃₀NO₃S
  Mn(SCN)(CO)₃(AsPh₃)₂, **4**, 60
As₂MnC₄₂H₃₅O
  Mn(CO)Cp(AsPh₃)₂, **4**, 125
As₂MnReC₁₂F₁₂O₈
  MnRe{As(CF₃)₂}₂(CO)₈, **4**, 104, 201; **6**, 831
As₂Mn₂C₁₂F₁₂O₈
  Mn₂{As(CF₃)₂}₂(CO)₈, **4**, 109
As₂Mn₂C₁₂H₁₂O₈
  Mn₂(AsMe₂)₂(CO)₈, **4**, 109
As₂Mn₂C₁₆H₁₂F₄O₈
  Mn₂(CO)₈{Me₂AsC=C(AsMe₂)CF₂CF₂}, **4**, 19
As₂Mn₂C₁₈H₂₂O₄
  {Cp(CO)₂Mn}₂(Me₂AsAsMe₂), **2**, 703
As₂Mn₂C₃₂H₂₀O₈
  Mn₂(AsPh₂)₂(CO)₈, **4**, 104
As₂Mn₂C₄₄H₃₀O₈
  Mn₂(CO)₈(AsPh₃)₂, **4**, 11
As₂Mn₂C₆₄H₄₀O₁₆
  Mn₂(CO)₈(C₄Ph₄As)₂, **3**, 871; **4**, 104
As₂Mn₂MoC₁₈H₁₂O₁₄
  Mo(CO)₄{Me₂AsMn(CO)₅}₂, **3**, 871; **4**, 104
As₂Mn₂WC₁₈H₁₂O₁₄
  W(CO)₄[AsMe₂{Mn(CO)₅}]₂, **3**, 871
As₂MoC₁₀H₁₈O₄P₂
  Mo(CO)₄{Me₂P(AsMe)₂PMe₂}, **3**, 853
As₂MoC₂₄H₂₀O₄
  Mo(CO)₄{Ph(Me)AsC₆H₄As(Me)Ph}, **3**, 871
As₂MoC₂₇H₂₂O₂
  Mo(CO)₂{C₆H₅As(Ph)CH₂AsPh₂}, **3**, 1216
As₂MoC₃₃H₃₀O₃
  Mo(CO)₃{Ph₂As(CH₂)₂CH=CH(CH₂)₂AsPh₂}, **3**, 1153
As₂MoC₃₉H₃₀Cl₂O₃
  MoCl₂(CO)₃(AsPh₃)₂, **3**, 1216
As₂MoRe₂C₁₈H₁₂O₁₄
  Mo(CO)₄{Me₂AsRe(CO)₅}₂, **3**, 871
As₂Mo₂C₁₀H₆O₈
  {Mo(AsMe)(CO)₄}₂, **3**, 865
As₂Mo₂C₁₂H₆O₁₀
  {Mo(CO)₅}₂(MeAsAsMe), **3**, 865
As₂Mo₂C₁₄H₁₂O₁₀
  Mo₂(CO)₁₀(Me₂AsAsMe₂), **3**, 871
As₂Mo₂C₁₈H₁₀F₁₂O₄
  [Mo{As(CF₃)₂}(CO)₂Cp]₂, **3**, 1191
As₂Mo₂C₁₈H₂₂O₄
  {Mo(AsMe₂)(CO)₂Cp}₂, **3**, 1178, 1190
As₂NbC₃₂H₃₇
  Nb(C₈H₈)(C₈H₈Ph)(diars), **3**, 775
As₂NbC₃₈H₂₄Cl₃F₁₀
  NbCl₃(C₆F₅)₂(Ph₂AsCH₂CH₂AsPh₂), **3**, 733
As₂NiC₇H₁₂O₃
  Ni(CO)₃(AsMe₂AsMe₂), **6**, 21
As₂NiC₈H₁₂O₈P₂
  Ni(CO)₂{P(CH₂O)₃As}₂, **6**, 21
As₂NiC₈H₁₆O₂
  Ni(CO)₂(Me₂AsCH₂CH₂AsMe₂), **6**, 16
As₂NiC₂₀H₂₂F₆
  Ni(AsMe₂Ph)₂(CF₃C≡CCF₃), **6**, 134
As₂NiC₂₈H₂₄O₂
  Ni(CO)₂(AsPh₂CH₂CH₂AsPh₂), **6**, 22
As₂NiC₄₁H₃₅
  [Ni(AsPh₃)₂Cp]⁺, **6**, 209
As₂OsC₃₈H₃₀Cl₂O₂
  OsCl₂(CO)₂(AsPh₃)₂, **4**, 976
  [OsCl₂(CO)₂(AsPh₃)₂]²⁺, **4**, 981

As₂Os₂C₄₄H₃₆O₈
  {Os(O₂CMe)(CO)₂(AsPh₃)}₂, **4**, 1050
As₂Os₃C₁₇H₁₆O₇
  Os₃(C₆H₄)(CO)₇(AsMe₂)₂, **3**, 167
As₂PbC₂₄H₁₈N₂O₁₀
  PbPh₂(O₃AsC₆H₄NO₂)₂, **2**, 660
As₂Pb₂PtC₄₈H₆₀
  Pt(PbPh₃)₂(AsEt₃)₂, **2**, 669
As₂PdC₁₄H₃₃ClN
  PdCl(CNMe)(AsEt₃)₂, **6**, 286
As₂PdC₁₉H₃₅ClN
  PdCl(CNPh)(AsEt₃)₂, **6**, 286
As₂PdC₃₁H₃₃
  [Pd(MeCHCHCHMe)(Ph₂AsCH₂CH₂AsPh₂)]⁺, **6**, 396
As₂PdC₄₀H₃₂N₂
  Pd(AsPh₃)₂(NCCH=CHCN), **6**, 247
As₂PdC₄₃H₃₀F₅O
  [Pd(C₆F₅)(CO)(AsPh₃)₂]⁺, **6**, 281
As₂PdC₄₃H₃₂N₄
  Pd{C(CN)₂CH₂C(CN)₂}(AsPh₃)₂, **6**, 255, 313
As₂PdC₄₅H₃₆N₄
  Pd{C(CN)₂CMe₂C(CN)₂}(AsPh₃)₂, **6**, 255, 313
As₂Pd₂C₄₈H₃₀Cl₂F₁₀
  {PdCl(C₆F₅)(AsPh₃)}₂, **6**, 311
As₂Pd₂C₅₄H₆₄Cl₂
  [PdCl{(C₆H₂Me₂)CH₂AsMes₂}]₂, **6**, 324
As₂PtC₇H₂₁Cl
  PtCl(Me)(AsMe₃)₂, **6**, 504, 705, 713
As₂PtC₈H₂₁O
  [PtMe(AsMe₃)₂(CO)]⁺, **6**, 591
As₂PtC₈H₂₄
  PtMe₂(AsMe₃)₂, **6**, 713
As₂PtC₉H₂₁Cl
  PtCl(C≡CMe)(AsMe₃)₂, **6**, 572
As₂PtC₉H₂₁ClF₄
  PtCl(Me)(CF₂=CF₂)(AsMe₃)₂, **6**, 658
As₂PtC₁₀H₂₀
  Pt(C≡CH)₂(AsMe₃)₂, **6**, 504
As₂PtC₁₁H₂₁ClF₆
  PtCl(Me)(CF₃C≡CCF₃)(AsMe₃)₂, **6**, 705, 707
As₂PtC₁₁H₂₅O
  Pt(C≡CH){C(Me)OMe}(AsMe₂), **6**, 504
As₂PtC₁₂H₂₁ClF₆O
  PtCl(C≡CMe)(AsMe₃)₂{(CF₃)₂CO}, **6**, 572
As₂PtC₁₂H₂₂
  PtMe₂(diars), **6**, 555
As₂PtC₁₂H₂₄
  Pt(C≡CMe)₂(AsMe₃)₂, **6**, 571
As₂PtC₁₄H₂₃
  [Pt(CH₂CMeCH₂)(diars)]⁺, **6**, 728
As₂PtC₁₄H₂₅ClO
  PtCl(Me)₂(COMe)(diars), **6**, 555
As₂PtC₁₄H₃₂N
  [PtMe₃(py)(AsMe₃)₂]⁺, **6**, 591
As₂PtC₁₅H₂₇
  PtMe(PhC≡CH)(AsMe₃)₂, **6**, 711
As₂PtC₁₇H₂₅Br
  PtBr(Me)(AsMe₂Ph)₂, **6**, 542
As₂PtC₁₇H₂₅I₃
  PtI₃(Me)(AsMe₂Ph)₂, **6**, 582
As₂PtC₁₈H₂₄N₄
  Pt{C(CN)₂C(CN)₂C=CMe}(C≡CMe)(AsMe₃)₂, **6**, 571
As₂PtC₁₈H₂₈
  PtMe₂(AsMe₂Ph)₂, **6**, 584
As₂PtC₁₈H₂₈Br₂
  PtBr₂Me₂(AsMe₂Ph)₂, **6**, 584

$As_2PtC_{18}H_{28}Cl_2$
  $PtCl_2Me_2(AsMe_2Ph)_2$, **6**, 584
$As_2PtC_{19}H_{29}I$
  $PtIMe_3(PhMeAsCH_2CH_2AsMePh)$, **6**, 588
$As_2PtC_{20}H_{26}Br_4$
  $PtBr_3\{CH(CH_2Br)C_6H_4AsMe_2\}\{AsMe_2-(C_6H_4CH=CH_2)\}$, **6**, 603
$As_2PtC_{20}H_{27}Br_3O$
  $PtBr_3\{CH_2CH(OH)C_6H_4AsMe_2\}\{AsMe_2-(C_6H_4CH=CH_2)\}$, **6**, 603
$As_2PtC_{21}H_{31}$
  $[PtMe(PhC\equiv CPh)(AsMe_3)_2]^+$, **6**, 708
$As_2PtC_{22}H_{30}Br_4$
  $PtBr_3\{CH(CH_2Br)CH_2C_6H_4AsMe_2\}\{AsMe_2(C_6H_4CH_2CH=CH_2)\}$, **6**, 603
$As_2PtC_{22}H_{34}P$
  $[Pt\{CH_2C(Me)=CH_2\}(diars)(PMe_2Ph)]^+$, **6**, 728
$As_2PtC_{24}H_{25}Br$
  $PtBr(C_{10}H_6AsMe_2)(AsMe_2Nap)$, **6**, 602
$As_2PtC_{25}H_{36}P$
  $[PtMe(AsMe_3)_2(PPh_3)]^+$, **6**, 591
$As_2PtC_{28}H_{40}$
  $Pt(C\equiv CPh)_2(AsEt_3)_2$, **6**, 516
$As_2PtC_{36}H_{30}Cl_2$
  $PtCl_2(AsPh_3)_2$, **6**, 672
$As_2PtC_{37}H_{30}O_3$
  $Pt(CO_3)(AsPh_3)_2$, **6**, 619
$As_2PtC_{38}H_{30}F_4$
  $Pt(CF_2=CF_2)(AsPh_3)_2$, **6**, 495, 619, 623, 625
$As_2PtC_{39}H_{30}F_6$
  $Pt(CF_2=CFCF_3)(AsPh_3)_2$, **6**, 630
$As_2PtC_{44}H_{50}$
  $Pt\{CH_2C(Me)=CH_2\}_2(AsPh_3)_2$, **6**, 730
$As_2PtC_{54}H_{38}O_6$
  $Pt\{C_6H_4(CO)_3\}_2(AsPh_3)_2$, **6**, 687
$As_2PtSbC_{12}H_{36}$
  $[PtMe_3(AsMe_3)_2(SbMe_3)]^+$, **6**, 591
$As_2PtSbC_{25}H_{36}$
  $[PtMe(AsMe_3)_2(SbPh_3)]^+$, **6**, 591
$As_2Pt_2C_{20}H_{26}Br_6$
  $\{PtBr_3(CH_2CHBrC_6H_4AsMe_2)\}_2$, **6**, 670
$As_2Pt_2C_{22}H_{30}Br_8$
  $[PtBr_3\{CH(CH_2Br)CH_2C_6H_4AsMe_2\}]_2$, **6**, 603
$As_2Pt_2C_{42}H_{40}Cl_2O_2$
  $[PtCl\{CH(CH_2OMe)C_6H_4AsPh_2\}]_2$, **6**, 602, 664
$As_2Re_2C_{30}H_{20}Cl_2O_6$
  $Re_2Cl_2(CO)_6(As_2Ph_4)$, **4**, 178
$As_2Re_2WC_{18}H_{12}O_{14}$
  $W(CO)_4\{Me_2AsRe(CO)_5\}_2$, **3**, 871
$As_2RhC_{13}H_{18}ClF_6O$
  $RhCl(C\equiv CCF_3)_2(CO)(AsMe_3)_2$, **5**, 393
$As_2RhC_{14}H_{20}ClF_{12}O$
  $\overline{RhCl\{C(CF_3)=C(CF_3)C(CF_3)=CCF_3\}(H_2O)(AsMe_3)_2}$, **5**, 409
$As_2RhC_{16}H_{21}F_{12}O_2$
  $\overline{Rh(OAc)\{C(CF_3)=C(CF_3)C(CF_3)=CCF_3\}(AsMe_3)_2}$, **5**, 409
$As_2RhC_{19}H_{25}F_{12}O_2$
  $\overline{Rh\{C(CF_3)=C(CF_3)C(CF_3)=CCF_3\}(acac)(AsMe_3)_2}$, **5**, 409
$As_2RhC_{30}H_{30}Cl$
  $RhCl\{Ph_2As(CH_2)_2CH=CH(CH_2)_2AsPh_2\}$, **5**, 432
$As_2RhC_{37}H_{30}ClO$
  $RhCl(CO)(AsPh_3)_2$, **5**, 315
$As_2RhC_{37}H_{31}Cl_2O$
  $RhCl_2(H)(CO)(AsPh_3)_2$, **5**, 355
$As_2RhC_{38}H_{30}ClF_4$
  $RhCl(CF_2=CF_2)(AsPh_3)_2$, **5**, 428
$As_2RhC_{38}H_{30}NO$
  $Rh(CN)(CO)(AsPh_3)_2$, **5**, 315
$As_2RhC_{38}H_{33}I_2O$
  $RhI_2(Me)(CO)(AsPh_3)_2$, **5**, 386
$As_2RhC_{38}H_{34}Cl$
  $RhCl(CH_2=CH_2)(AsPh_3)_2$, **5**, 428, 438
$As_2RhC_{39}H_{28}ClO$
  $RhCl(CO)\{(Ph_2AsC_6H_4CH_2)_2\}$, **5**, 315
$As_2RhC_{39}H_{34}ClO$
  $RhCl(CH_2CH_2CO)(AsPh_3)_2$, **5**, 405
$As_2RhC_{39}H_{35}Cl_2$
  $RhCl_2(CH_2CHCH_2)(AsPh_3)_2$, **5**, 497
$As_2RhC_{40}H_{34}Cl$
  $RhCl(CH_2=CHC_6H_4AsPh_2)_2$, **5**, 430
$As_2RhC_{40}H_{37}Cl_2$
  $RhCl_2(CH_2CMeCH_2)(AsPh_3)_2$, **5**, 497
$As_2RhC_{41}H_{39}ClN$
  $RhCl(CNBu^t)(AsPh_3)_2$, **5**, 348
$As_2RhC_{41}H_{39}ClNO_2$
  $RhCl(CNBu^t)(O_2)(AsPh_3)_2$, **5**, 352
$As_2RhC_{42}H_{35}NO$
  $Rh(CO)(AsPh_3)_2(py)$, **5**, 314
$As_2RhC_{42}H_{36}$
  $Rh\{As(C_6H_4CH=CH_2)_3\}(AsPh_3)$, **5**, 429
$As_2RhC_{42}H_{36}ClO_2$
  $RhCl\{COC(Me)=C(Me)CO\}(AsPh_3)_2$, **5**, 407
$As_2RhC_{43}H_{30}ClN_4O$
  $RhCl(CO)\{C(CN)_2=C(CN)_2\}(AsPh_3)_2$, **5**, 426
$As_2RhC_{43}H_{38}$
  $[Rh(nbd)(AsPh_3)_2]^+$, **5**, 474
$As_2RhC_{43}H_{38}ClO$
  $RhCl\{COCH_2C(=CH_2)C(CH_2)_2\}(AsPh_3)_2$, **5**, 499
$As_2RhC_{44}H_{30}ClF_{12}$
  $\overline{RhCl\{C(CF_3)=C(CF_3)C(CF_3)=CCF_3\}(AsPh_3)_2}$, **5**, 408
$As_2RhC_{44}H_{42}$
  $[Rh(cod)(AsPh_3)_2]^+$, **5**, 473
$As_2RhC_{45}H_{37}F_6O_2$
  $Rh(CF_3C\equiv CCF_3)(acac)(AsPh_3)_2$, **5**, 441
$As_2RhC_{48}H_{42}ClO_8$
  $\overline{RhCl\{C(CO_2Me)=C(CO_2Me)C(CO_2Me)=C(CO_2Me)\}(AsPh_3)_2}$, **5**, 409
$As_2RhC_{50}H_{40}Cl$
  $RhCl(PhC\equiv CPh)(AsPh_3)_2$, **5**, 444
$As_2Rh_2C_{38}H_{30}Cl_2O_2$
  $\{RhCl(CO)(AsPh_3)\}_2$, **5**, 316
$As_2Rh_4C_{46}H_{30}O_{10}$
  $Rh_4(CO)_{10}(AsPh_3)_2$, **5**, 331
$As_2RuC_{28}H_{22}Cl_2O_2$
  $RuCl_2(CO)_2(Ph_2AsCH=CHAsPh_2)$, **4**, 693
$As_2RuC_{32}H_{30}Cl$
  $[RuCl(C_6H_6)(Ph_2AsCH_2CH_2AsPh_2)]^+$, **4**, 797
$As_2RuC_{36}H_{31}Br_2$
  $RuBr_2(H)(AsPh_3)_2$, **8**, 297
$As_2RuC_{37}H_{30}Cl_3O$
  $[RuCl_3(CO)(AsPh_3)_2]^-$, **4**, 696
$As_2RuC_{38}H_{30}Cl_2O_2$
  $RuCl_2(CO)_2(AsPh_3)_2$, **4**, 693
$As_2RuC_{42}H_{36}Cl$
  $[RuCl(C_6H_6)(AsPh_3)_2]^+$, **4**, 799
$As_2RuC_{43}H_{38}Cl_2$
  $RuCl_2(nbd)(AsPh_3)_2$, **4**, 748
$As_2RuC_{52}H_{44}Cl_2N_2$
  $RuCl_2(CNTol)_2(AsPh_3)_2$, **4**, 702
$As_2RuSiC_{42}H_{48}O_3$
  $RuH_3\{Si(OEt)_3\}(AsPh_3)_2$, **4**, 920
$As_2Ru_2C_{10}H_{12}Cl_2O_6$

{RuCl(AsMe$_2$)(CO)$_3$}$_2$, **4**, 833

As$_2$Ru$_2$C$_{10}$H$_{12}$O$_6$
  {Ru(AsMe$_2$)(CO)$_3$}$_2$, **4**, 833

As$_2$Ru$_2$C$_{14}$H$_{12}$F$_4$O$_6$
  Ru$_2$(CO)$_6${Me$_2$AsC=C(AsMe$_2$)CF$_2$CF$_2$}, **4**, 835

As$_2$Ru$_3$C$_{46}$H$_{30}$O$_{10}$
  Ru$_3$(CO)$_{10}$(AsPh$_3$)$_2$, **4**, 872

As$_2$Tc$_2$C$_{30}$H$_{20}$I$_2$O$_6$
  Tc$_2$I$_2$(CO)$_6$(As$_2$Ph$_4$), **4**, 178

As$_2$VC$_{13}$H$_{19}$O$_3$
  VH$_3$(CO)$_3$(diars), **3**, 656

As$_2$VC$_{14}$H$_{17}$O$_4$
  VH(CO)$_4$(diars), **3**, 656

As$_2$VC$_{15}$H$_{19}$O$_4$
  VMe(CO)$_4$(diars), **3**, 655

As$_2$VC$_{17}$H$_{23}$O$_3$
  V(CO)$_3$(MeCHCHCH$_2$)(diars), **3**, 662

As$_2$VC$_{29}$H$_{20}$O$_5$
  [V(CO)$_5$(Ph$_2$AsAsPh$_2$)]$^-$, **3**, 653

As$_2$VC$_{32}$H$_{25}$O$_3$
  V(CO)$_3$(Ph$_2$AsAsPh$_2$)Cp, **3**, 665

As$_2$WC$_{38}$H$_{30}$ClNO$_3$
  WCl(CO)$_2$(NO)(AsPh$_3$)$_2$, **3**, 1282

As$_2$WC$_{39}$H$_{30}$Cl$_2$O$_3$
  WCl$_2$(CO)$_3$(AsPh$_3$)$_2$, **3**, 1265, 1364

As$_2$W$_2$C$_{10}$H$_6$O$_8$
  {W(AsMe)(CO)$_4$}$_2$, **3**, 865

As$_2$W$_2$C$_{12}$H$_6$O$_{10}$
  {W(CO)$_5$}$_2$(MeAsAsMe), **3**, 865

As$_2$W$_2$C$_{14}$H$_{12}$O$_{10}$
  W$_2$(CO)$_{10}$(Me$_2$AsAsMe$_2$), **3**, 871

As$_2$W$_2$C$_{22}$H$_{22}$O$_4$
  {W(AsMe$_2$)(CO)$_2$Cp}$_2$, **3**, 1340

As$_2$W$_2$C$_{34}$H$_{28}$Cl$_2$O$_5$
  W$_2$Cl$_2$(CO)$_5$(MeCCMe)(Ph$_2$AsCH$_2$AsPh$_2$), **3**, 1379

As$_3$B$_8$RhC$_{11}$H$_{38}$
  (Me$_3$As)$_3$RhC$_2$B$_8$H$_{11}$, **1**, 509

As$_3$C$_5$H$_9$
  (AsCH$_2$)$_3$CMe, **2**, 703

As$_3$C$_5$H$_9$I$_6$
  (I$_2$AsCH$_2$)$_3$CMe, **2**, 703

As$_3$C$_5$H$_9$O$_3$
  (OAsCH$_2$)$_3$CMe, **2**, 703

As$_3$Co$_3$TlC$_{63}$H$_{45}$O$_9$
  Tl{Co(CO)$_3$(AsPh$_3$)}$_3$, **6**, 976

As$_3$CrC$_{27}$H$_{36}$
  Cr(C$_6$H$_4$CH$_2$AsMe$_2$)$_3$, **3**, 920

As$_3$CuWC$_{25}$H$_{28}$O$_3$
  WCu(CO)$_3$(triars)(Cp)$_3$, **6**, 778

As$_3$MoC$_3$Cl$_9$O$_3$
  Mo(CO)$_3$(AsCl$_3$)$_3$, **3**, 844

As$_3$MoC$_{57}$H$_{45}$O$_3$
  Mo(CO)$_3$(AsPh$_3$)$_3$, **3**, 1225

As$_3$MoSiC$_{10}$H$_{21}$O$_3$
  Mo(CO)$_3${MeSi(AsMe$_2$)$_3$}, **3**, 1226

As$_3$NiC$_{43}$H$_{39}$F$_4$
  Ni{(AsPh$_2$CH$_2$)$_3$CMe}(CF$_2$=CF$_2$), **6**, 67

As$_3$NiC$_{45}$H$_{39}$F$_8$
  {MeC(CH$_2$AsPh$_2$)$_3$}Ni(CF$_2$)$_3$CF$_2$, **6**, 67

As$_3$NiC$_{48}$H$_{47}$N
  NiPh{(AsPh$_2$CH$_2$CH$_2$)$_3$N}, **6**, 70

As$_3$PtC$_{17}$H$_{32}$
  Pt(C≡CPh)(AsMe$_3$)$_3$, **6**, 711

As$_3$PtC$_{25}$H$_{36}$
  [PtMe(AsMe$_3$)$_2$(AsPh$_3$)]$^+$, **6**, 591

As$_3$Pt$_2$RuC$_{59}$H$_{45}$O$_5$
  Pt$_2$Ru(CO)$_5$(AsPh$_3$)$_3$, **6**, 482, 863

As$_3$Pt$_4$C$_{59}$H$_{45}$O$_5$
  Pt$_4$(CO)$_5$(AsPh$_3$)$_3$, **6**, 477

As$_3$Re$_2$C$_{31}$H$_{33}$O$_7$P$_3$
  Re$_2$(CO)$_7$(AsMe$_2$Ph)$_3$, **4**, 171

As$_3$RhC$_{17}$H$_{27}$ClF$_{12}$
  RhCl{C(CF$_3$)=C(CF$_3$)C(CF$_3$)=CCF$_3$}(AsMe$_3$)$_3$, **5**, 409

As$_3$RhC$_{56}$H$_{45}$O$_2$
  [Rh(CO)$_2$(AsPh$_3$)$_3$]$^+$, **5**, 316

As$_3$RuC$_{55}$H$_{45}$Cl$_2$O
  RuCl$_2$(CO)(AsPh$_3$)$_3$, **4**, 693

As$_3$RuC$_{55}$H$_{46}$ClO
  RuCl(H)(CO)(AsPh$_3$)$_3$, **4**, 721

As$_3$SnC$_{42}$H$_{35}$
  SnPh(AsPh$_2$)$_3$, **2**, 603

As$_4$CrC$_{12}$H$_{24}$O$_4$
  Cr(CO)$_4${(Me$_2$As)$_4$}, **3**, 866

As$_4$Cr$_2$C$_{16}$H$_{24}$O$_8$
  {Cr(CO)$_4$(Me$_2$AsAsMe$_2$)}$_2$, **3**, 868

As$_4$Fe$_2$C$_{10}$H$_{12}$O$_6$
  {Fe(CO)$_3$(AsMe)$_2$}$_2$, **4**, 300

As$_4$Fe$_2$RhC$_{32}$H$_{40}$F$_6$
  [Rh(CF$_3$C≡CCF$_3$){Fe(η^5-C$_5$H$_4$AsMe$_2$)$_2$}$_2$]$^+$, **5**, 441

As$_4$Fe$_3$C$_{20}$H$_{15}$O$_{10}$
  [Fe(CO)Cp(As$_4$O$_5$)Fp$_2$]$^+$, **4**, 633

As$_4$Fe$_4$C$_{16}$H$_{12}$O$_{12}$
  {Fe(CO)$_3$(AsMe)}$_4$, **4**, 304

As$_4$IrC$_{53}$H$_{48}$OP$_4$
  [Ir(CO)(Ph$_2$AsCH$_2$CH$_2$AsPh$_2$)$_2$]$^+$, **5**, 552

As$_4$Mn$_2$C$_{12}$H$_{12}$O$_8$
  Mn$_2$(AsMe)$_4$(CO)$_8$, **4**, 104

As$_4$NiC$_{20}$H$_{32}$
  Ni(diars)$_2$, **6**, 244

As$_4$OsC$_{21}$H$_{32}$ClO
  [OsCl(CO)(diars)$_2$]$^+$, **4**, 980

As$_4$OsC$_{21}$H$_{32}$Cl$_2$O
  OsCl$_2$(CO)(diars)$_2$, **4**, 979

As$_4$PdC$_{20}$H$_{32}$
  Pd(diars)$_2$, **6**, 244

As$_4$PdC$_{72}$H$_{60}$
  Pd(AsPh$_3$)$_4$, **6**, 244

As$_4$Pd$_2$C$_{51}$H$_{44}$Cl$_2$O
  {PdCl(Ph$_2$AsCH$_2$AsPh$_2$)}$_2$(CO), **6**, 270

As$_4$Pt$_2$C$_{51}$H$_{44}$ClO
  [Pt$_2$Cl(CO)(Ph$_2$AsCH$_2$AsPh$_2$)$_2$]$^+$, **6**, 487

As$_4$Pt$_4$C$_{77}$H$_{60}$O$_5$
  Pt$_4$(CO)$_5$(AsPh$_3$)$_4$, **6**, 477

As$_4$RhC$_{21}$H$_{32}$O
  [Rh(CO)(diars)$_2$]$^+$, **5**, 316

As$_4$RhC$_{22}$H$_{35}$ClO
  [RhCl(COMe)(diars)$_2$]$^+$, **5**, 381

As$_4$RhC$_{25}$H$_{33}$I
  [RhI(Me){(Me$_2$AsC$_6$H$_4$)$_3$As}]$^+$, **5**, 382

As$_4$RhC$_{34}$H$_{42}$F$_6$P$_2$
  {Rh(PF$_3$)(diars)}$_2$(PhC≡CPh), **5**, 443

As$_4$RhC$_{53}$H$_{48}$O
  [Rh(CO)(Ph$_2$AsCH$_2$CH$_2$AsPh$_2$)$_2$]$^+$, **5**, 316

As$_4$Rh$_2$C$_{52}$H$_{44}$ClO$_2$
  [Rh$_2$Cl(CO)$_2$(Ph$_2$AsCH$_2$AsPh$_2$)$_2$]$^+$, **5**, 351

As$_4$Rh$_2$C$_{52}$H$_{44}$Cl$_2$O$_2$
  {RhCl(CO)(Ph$_2$AsCH$_2$AsPh$_2$)}$_2$, **5**, 316

As$_4$Rh$_2$C$_{57}$H$_{53}$ClNO$_2$
  [Rh$_2$Cl(CO)$_2$(CNBu^t)(Ph$_2$AsCH$_2$AsPh$_2$)$_2$]$^+$, **5**, 351

As$_4$Rh$_2$C$_{58}$H$_{56}$N$_4$
  [{Rh(CNMe)$_2$(Ph$_2$AsCH$_2$AsPh$_2$)}$_2$]$^{2+}$, **5**, 352

$As_4Rh_2C_{61}H_{62}ClN_2OP_4$
  $[Rh_2Cl(CO)(CNBu^t)_2(Ph_2AsCH_2AsPh_2)_2]^+$, **5**, 351
$As_4Rh_2C_{70}H_{80}N_4$
  $[\{Rh(CNBu^t)_4(Ph_2AsCH_2AsPh_2)\}_2]^{2+}$, **5**, 351
$As_4Rh_2C_{76}H_{60}O_4$
  $\{Rh(CO)_2(AsPh_3)_2\}_2$, **8**, 119
$As_4RuC_{52}H_{44}Cl_2O_2$
  $RuCl_2(CO)_2(Ph_2AsCH_2AsPh_2)_2$, **4**, 693
$As_4RuC_{74}H_{60}Cl_2O_{10}$
  $Ru(ClO_4)_2(CO)_2(AsPh_3)_4$, **4**, 693
$As_4Si_4C_{12}H_{36}$
  $(Me_2SiAsMe)_4$, **2**, 153
$As_4Si_6C_{12}H_{36}$
  $As_4(SiMe_2)_6$, **2**, 153
$As_4VC_{23}H_{32}O_3$
  $[V(CO)_3(diars)_2]^+$, **3**, 655
$As_6Ag_2FeC_{38}H_{46}O_4$
  $Fe(CO)_4[Ag\{AsMe(C_6H_4AsMe_2)_2\}]_2$, **4**, 306
$As_6Cu_2FeC_{86}H_{78}O_4$
  $Fe\{Cu(triars)\}_2(CO)_4$, **6**, 769
$As_6Os_3C_{36}H_{48}O_6$
  $Os_3(CO)_6(diars)_3$, **4**, 1027
$As_7Si_3C_9H_{27}$
  $As_7(SiMe_3)_3$, **2**, 153
$As_8Mo_2C_{30}H_{56}O_6$
  $\{Mo(CO)_3\}_2\{(AsPr^i)_8\}$, **3**, 868
$As_9Cr_2C_{15}H_{27}O_6$
  $\{Cr(CO)_3\}_2\{(AsMe)_9\}$, **3**, 868
$As_9Rh_6C_{169}H_{135}O_7$
  $Rh_6(CO)_7(AsPh_3)_9$, **5**, 331
$As_{10}MoC_{13}H_{30}O_3$
  $Mo(CO)_3\{(AsMe)_5\}_2$, **3**, 1219
$AuAsC_6H_{18}$
  $AuMe_3(AsMe_3)$, **2**, 795, 796
$AuAsC_{14}H_{20}$
  $Au(C{\equiv}CPh)(AsEt_3)$, **2**, 769
$AuAsC_{24}H_{15}Cl_7$
  $AuCl_2(C_6Cl_5)(AsPh_3)$, **2**, 785
$AuAsC_{24}H_{15}F_5$
  $Au(C_6F_5)(AsPh_3)$, **2**, 770
$AuAsMnC_{23}H_{15}O_5$
  $MnAu(CO)_5(AsPh_3)$, **6**, 833
$AuAs_2C_{38}H_{34}$
  $[Au(CH_2AsPh_3)_2]^+$, **2**, 775
$AuBC_8H_{24}P_2$
  $AuMe_2\{(CH_2PMe_2)_2BH_2\}$, **2**, 798
$AuBC_{66}H_{55}P_3$
  $Au(BPh_2)(PPh_3)_3$, **6**, 894
$AuB_8C_{20}H_{26}P$
  $(Ph_3P)AuC_2B_8H_{11}$, **1**, 510
$AuB_{18}C_4H_{22}$
  $[Au(C_2B_9H_{11})_2]^{2-}$, **1**, 519
$AuCClO$
  $AuCl(CO)$, **2**, 781, 817
AuC_2H_4
  $Au(CH_2{=}CH_2)$, **2**, 812
AuC_2H_6
  $[AuMe_2]^-$, **2**, 774
$AuC_2H_6Cl_2$
  $[AuCl_2Me_2]^-$, **2**, 800
$AuC_2H_8O_2$
  $[Au(OH)_2Me_2]^-$, **2**, 789
AuC_2O_4
  $\overline{(OC)AuC(O)OO}$, **2**, 817
$AuC_3H_8F_3O_4S$
  $AuMe_2(O_3SCF_3)(OH_2)$, **2**, 790

AuC_3H_9Br
  $[AuBrMe_3]^-$, **2**, 795
AuC_4H_2
  $[Au(C{\equiv}CH)_2]^-$, **2**, 772
$AuC_4H_6N_2$
  $[Au(CNMe)_2]^+$, **2**, 816
$AuC_4H_6N_5$
  $Au(\overline{C{=}NN{=}NN}Me)(CNMe)$, **2**, 774
$AuC_4H_6N_8$
  $Au(CN_4Me)_2$, **2**, 774
AuC_4H_{10}
  $[AuMePr^i]^-$, **2**, 775
$AuC_4H_{10}N_3S_2$
  $AuMe_2(SCN)\{SC(NH_2)_2\}$, **2**, 792
AuC_4H_{12}
  $[AuMe_4]^-$, **2**, 797, 802
$AuC_4H_{12}ClS$
  $AuCl(Me)_2(SMe_2)$, **2**, 792
$AuC_4H_{12}P$
  $AuMe(PMe_3)$, **2**, 775
$AuC_4H_{13}BrN$
  $AuBrEt_2(NH_3)$, **2**, 793
AuC_5H_5
  $Au(C_5H_5)$, **2**, 772
$AuC_5H_{11}OS_2$
  $Me_2\overline{AuSC(OEt)S}$, **2**, 792
AuC_5H_{12}
  $[AuMeBu^t]^-$, **2**, 806
$AuC_5H_{12}F_3IP$
  $AuIMe(CF_3)(PMe_3)$, **2**, 805
$AuC_5H_{12}NS_2$
  $Me_2\overline{AuSC(NMe_2)S}$, **2**, 792
$AuC_5H_{14}P$
  $AuMe(CH_2PMe_2)$, **2**, 775
$AuC_5H_{15}IP$
  $AuIMe_2(PMe_3)$, **2**, 807
AuC_6F_5I
  $[AuI(C_6F_5)]^-$, **2**, 771
$AuC_6H_5Br_3$
  $[AuBr_3Ph]^-$, **2**, 784
$AuC_6H_5Cl_3$
  $[AuCl_3Ph]^-$, **2**, 785
$AuC_6H_{10}Cl$
  $AuCl(C_6H_{10})$, **2**, 812
AuC_6H_{15}
  $AuMe_2Bu^t$, **2**, 799
$AuC_6H_{15}F_3P$
  $AuMe_2(CF_3)(PMe_3)$, **2**, 805, 808
$AuC_6H_{16}I_2N_4$
  $AuI_2\{C(NHMe)_2\}_2$, **2**, 816
$AuC_6H_{16}N_4$
  $Au\{C(NHMe)_2\}_2$, **2**, 816
$AuC_6H_{16}S_2$
  $Me_2\overline{AuSMe(CH_2)_2S}Me$, **2**, 792
$AuC_6H_{17}BrP$
  $AuBrMe_2(CH_2PMe_3)$, **2**, 805
$AuC_6H_{17}ClP$
  $AuClMe_2(CH_2PMe_3)$, **2**, 805
$AuC_6H_{17}OS$
  $Me_3\overset{+}{Au}CH_2\overset{-}{S}(O)Me_2$, **2**, 798
$AuC_6H_{17}S$
  $Me_3\overset{+}{Au}CH_2\overset{-}{S}Me_2$, **2**, 798
$AuC_6H_{18}O_2PS$
  $AuMe_2(SO_2Me)(PMe_3)$, **2**, 811
AuC_7F_5N
  $[Au(C_6F_5)CN]^-$, **2**, 771

$AuC_7H_{11}IN$
　$AuIMe_2(C_5H_5N)$, **2**, 793
$AuC_7H_{13}O_2$
　$AuMe_2(acac)$, **2**, 791
$AuC_7H_{14}P_2$
　$\overset{+}{Au(CH_2PMe_3)}(PMe_3)$, **2**, 773
$AuC_7H_{18}P$
　$AuMe(PEt_3)$, **2**, 766
$AuC_7H_{20}P$
　$AuMe_3(CH_2PMe_3)$, **2**, 797, 805
AuC_8H_5
　$Au(C{\equiv}CPh)$, **2**, 772
AuC_8H_8N
　$Au(C{\equiv}CPh)(NH_3)$, **2**, 769
AuC_8H_{12}
　$[Au(MeC{\equiv}CMe)_2]^+$, **2**, 813
$AuC_8H_{12}Cl_2$
　$[AuCl_2(cod)]^+$, **2**, 813
$AuC_8H_{12}F_6P$
　$Me_3PAuC(CF_3){=}C(Me)CF_3$, **2**, 802, 811
$AuC_8H_{12}N_{16}$
　$Au(\overline{C{=}NN{=}NNMe})_4$, **2**, 797
$AuC_8H_{14}N_2O_2$
　$[Au\{\overline{CNH(CH_2)_3O}\}_2]^+$, **2**, 816
$AuC_8H_{20}N_4$
　$[Au\{C(NHMe)(NMe_2)\}_2]^+$, **2**, 816
$AuC_8H_{22}NP_2$
　$Me_2Au\overline{CH_2PMe_2NPMe_2CH_2}$, **2**, 798
$AuC_8H_{22}P_2$
　$[Au(CH_2PMe_3)_2]^+$, **2**, 775
$AuC_9H_{11}ClNO$
　$AuCl\{C(OMe)NHC_6H_4Me\}$, **2**, 814
$AuC_9H_{14}P$
　$AuMe(PMe_2Ph)$, **2**, 772, 806, 807; **6**, 556
$AuC_9H_{16}F_6P$
　$AuMe_2(PMe_3)\{C(CF_3){=}CHCF_3\}$, **2**, 806
$AuC_9H_{18}ClF_3P$
　$Au(CFClCF_2Me)(PPh_3)$, **2**, 767
$AuC_9H_{23}P_2$
　$Me_2Au\overline{CH_2PMe_2CHPMe_2CH_2}$, **2**, 798
$AuC_{10}H_8F_5S$
　$Au(C_6F_5)(SC_4H_8)$, **2**, 771
$AuC_{10}H_{12}N_4P$
　$AuMe(PMe_3)\{C_2(CN)_4\}$, **2**, 814
$AuC_{10}H_{15}NS_2$
　$Me_2Au\overline{SC(NMePh)S}$, **2**, 792
$AuC_{10}H_{17}BrP$
　$AuBrMe_2(PMe_2Ph)$, **2**, 794
$AuC_{10}H_{17}NO_2P$
　$Au(NO_2)Me_2(PMe_2Ph)$, **2**, 812
$AuC_{10}H_{18}O_4P$
　$Au\{C(CO_2Me){=}C(CO_2Me)Me\}(PMe_3)$, **2**, 810
$AuC_{10}H_{20}N_4$
　$[Au\{\overline{CN(Me)(CH_2)_2N}Me\}_2]^+$, **2**, 817
$AuC_{10}H_{28}P_2$
　$[AuMe_2(CH_2PMe_3)_2]^+$, **2**, 797, 802
$AuC_{11}H_{11}F_3P$
　$Au(C{\equiv}CCF_3)(PMe_2Ph)$, **2**, 772, 806
$AuC_{11}H_{11}NO$
　$Me_2AuO(C_9H_6N)$, **2**, 791
$AuC_{11}H_{14}N$
　$Au(C{\equiv}CPh)(Pr^iNH_2)$, **2**, 772
$AuC_{11}H_{15}OS_2$
　$Me_2Au\overline{SC(OC_6H_3Me_2)S}$, **2**, 792
$AuC_{11}H_{19}BrN$
　$AuBrPr_2(C_5H_5N)$, **2**, 793

$AuC_{11}H_{20}O_2PS$
　$AuMePh(SO_2Me)(PMe_3)$, **2**, 812
$AuC_{11}H_{20}P$
　$AuMe_2Ph(PMe_3)$, **2**, 812
　$AuMe_3(PMe_2Ph)$, **2**, 807
$AuC_{11}H_{26}N_3$
　$[Au\{C(NHBu^t)(NHPr^i)_2\}]^+$, **2**, 815
$AuC_{12}F_{10}$
　$[Au(C_6F_5)_2]^-$, **2**, 789
　$Au(C_6F_5)_2$, **2**, 797
$AuC_{12}H_6F_4$
　$[Au(C_6H_3F_2)_2]^-$, **2**, 775
$AuC_{12}H_{10}$
　$[AuPh_2]^-$, **2**, 781
$AuC_{12}H_{14}N_2$
　$AuMe_2(bipy)$, **2**, 793
$AuC_{12}H_{16}ClN_2$
　$AuClMe_2(C_8H_4N_2Me_2)$, **2**, 793
$AuC_{12}H_{18}Cl$
　$AuCl(C_6Me_6)$, **2**, 814
$AuC_{12}H_{19}Cl_2S$
　$AuCl_2Ph(SPr_2)$, **2**, 784
$AuC_{13}H_8F_2N$
　$Au(C_6H_4F)(FC_6H_4NC)$, **2**, 771
$AuC_{14}H_9F_3NO$
　$Au(C_6F_5)\{C(OMe)NHPh\}$, **2**, 771
$AuC_{14}H_{10}Cl$
　$AuCl(PhC{\equiv}CPh)$, **2**, 812
$AuC_{14}H_{10}F_5N_2$
　$Au(C_6F_5)\{C(NHMe)NHPh\}$, **2**, 771
$AuC_{14}H_{31}ClN_3$
　$AuCl\{C(NHBu^t)_2\}(Bu^tNH_2)$, **2**, 815
$AuC_{15}H_{26}N_2O$
　$[Au(CNCy)\{C(NHCy)(OMe)\}]^+$, **2**, 816
$AuC_{16}H_{16}ClN_2$
　$AuCl\{C(NHC_6H_4Me)_2\}$, **2**, 814
$AuC_{16}H_{24}Br$
　$AuBr(C_8H_{12})_2$, **2**, 812
$AuC_{18}BrF_{15}$
　$[AuBr(C_6F_5)_3]^-$, **2**, 795
$AuC_{19}H_{15}F_3P$
　$Au(CF_3)(PPh_3)$, **2**, 767, 808
$AuC_{19}H_{17}ClP$
　$Au(CH_2Cl)(PPh_3)$, **2**, 767
$AuC_{19}H_{18}P$
　$AuMe(PPh_3)$, **2**, 767, 803; **3**, 100
$AuC_{20}H_{17}Br_3P$
　$Br_2Au\overline{CH(CH_2Br)C_6H_4PPh_2}$, **2**, 785
$AuC_{20}H_{18}OP$
　$Au(CH_2CHO)(PPh_3)$, **2**, 767
$AuC_{20}H_{18}P$
　$Au(CH{=}CH_2)(PPh_3)$, **2**, 767, 769, 805
$AuC_{20}H_{21}IP$
　$AuIMe_2(PPh_3)$, **2**, 803
$AuC_{20}H_{26}N_2O_2$
　$[Au\{C(NHC_6H_4Me)(OEt)\}_2]^+$, **2**, 815
$AuC_{21}H_{18}ClF_3P$
　$Au(CClFCF_2Me)(PPh_3)$, **2**, 809
$AuC_{21}H_{18}F_4P$
　$Au(CF_2CF_2Me)(PPh_3)$, **2**, 809
$AuC_{21}H_{19}Br_3P$
　$Br_2Au\overline{CH(CH_2Br)CH_2C_6H_4PPh_2}$, **2**, 786
$AuC_{21}H_{20}Br_2P$
　$Br_2Au\overline{CH_2CH(OMe)C_6H_4PPh_2}$, **2**, 786
$AuC_{21}H_{20}OP$
　$Au(CH_2COMe)(PPh_3)$, **2**, 767

$AuC_{21}H_{21}F_3O_3PS$
  $AuMe_2(O_3SCF_3)(PPh_3)$, **2**, 801
$AuC_{21}H_{22}P$
  $AuPr^i(PPh_3)$, **2**, 775, 803
$AuC_{21}H_{24}P$
  $AuMe_3(PPh_3)$, **2**, 795, 798, 802, 807
$AuC_{22}H_{22}P$
  $Au(CH=CHPh)(PPh_3)$, **2**, 807
$AuC_{22}H_{24}P$
  $AuBu^t(PPh_3)$, **2**, 766, 806
$AuC_{22}H_{26}P$
  $AuMe_2Et(PPh_3)$, **2**, 795, 799, 808
$AuC_{23}H_{20}P$
  $Au(C_5H_5)(PPh_3)$, **2**, 772, 773
$AuC_{23}H_{22}O_2P$
  $Au\{CH(COMe)_2\}(PPh_3)$, **2**, 767
$AuC_{24}F_{20}$
  $[Au(C_6F_5)_4]^-$, **2**, 797
$AuC_{24}H_{15}Br_5Cl_2P$
  $AuCl_2(C_6Br_5)(PPh_3)$, **2**, 785
$AuC_{24}H_{15}Br_5P$
  $Au(C_6Br_5)(PPh_3)$, **2**, 785
$AuC_{24}H_{15}Cl_2F_5P$
  $AuCl_2(C_6F_5)(PPh_3)$, **2**, 800
$AuC_{24}H_{15}Cl_5P$
  $Au(C_6Cl_5)(PPh_3)$, **2**, 771
$AuC_{24}H_{15}F_5P$
  $Au(C_6F_5)(PPh_3)$, **2**, 771, 801
$AuC_{24}H_{20}P$
  $AuPh(PPh_3)$, **2**, 769, 803, 807
$AuC_{24}H_{30}P$
  $AuMe_2Bu^i(PPh_3)$, **2**, 797
  $AuMe_2Bu^t(PPh_3)$, **2**, 795
$AuC_{24}H_{36}$
  $Au(C{\equiv}CBu^t)_4$, **2**, 772
$AuC_{25}H_{15}F_5O_2P$
  $Au(CO_2C_6F_5)(PPh_3)$, **2**, 771
$AuC_{25}H_{20}P_2$
  $AuCH(PPh_2)_2$, **2**, 777
$AuC_{25}H_{22}P$
  $Au(C_6H_4Me)(PPh_3)$, **2**, 779
$AuC_{25}H_{26}P$
  $AuMe_2(C_5H_5)(PPh_3)$, **2**, 795
$AuC_{26}H_{22}OP$
  $Au(CH_2COPh)(PPh_3)$, **2**, 767
$AuC_{26}H_{22}P$
  $Au(CH=CHPh)(PPh_3)$, **2**, 769, 803
  $Au(C_6H_4CH=CH_2)(PPh_3)$, **2**, 804
$AuC_{26}H_{24}O_2P$
  $Au\{C_6H_3(OMe)_2\}(PPh_3)$, **2**, 771
$AuC_{26}H_{26}P$
  $AuMe_2Ph(PPh_3)$, **2**, 808
$AuC_{27}H_{26}P$
  $Au(CH_2C_6H_4Et)(PPh_3)$, **2**, 767
$AuC_{28}H_{30}P_2$
  $[AuMe_2(diphos)]^+$, **2**, 794
$AuC_{30}H_{15}ClF_{10}O_4P$
  $Au(ClO_4)(C_6F_5)_2(PPh_3)$, **2**, 795
$AuC_{30}H_{15}ClF_{10}P$
  $AuCl(C_6F_5)_2(PPh_3)$, **2**, 794; **6**, 311
$AuC_{30}H_{15}F_{10}NO_3P$
  $Au(C_6F_5)_2(NO_3)(PPh_3)$, **2**, 801
$AuC_{31}H_{15}F_{10}NPS$
  $Au(SCN)(C_6F_5)_2(PPh_3)$, **2**, 795
$AuC_{36}H_{15}Br_5F_{10}P$
  $Au(C_6F_5)_2(C_6Br_5)(PPh_3)$, **2**, 795

$AuC_{36}H_{30}F_{10}P_2$
  $[Au(C_6F_5)_2(PEt_3)(PPh_3)]^+$, **2**, 795
$AuC_{38}H_{36}P_2$
  $[AuMe_2(PPh_3)_2]^+$, **2**, 800
$AuC_{44}H_{48}P_2$
  $[AuBu_2(PPh_3)_2]^+$, **2**, 800
$AuCdC_{12}H_{10}Cl$
  $AuCdClPh_2$, **2**, 781
$AuCoC_{22}H_{15}O_4P$
  $Co(CO)_4(AuPPh_3)$, **6**, 777, 805, 814, 837
$AuCo_2C_8O_8$
  $[Co_2Au(CO)_8]^-$, **6**, 849
$AuCrC_{26}H_{20}O_3P$
  $Cr(AuPPh_3)(CO)_3Cp$, **3**, 965; **6**, 827
$AuCr_2C_{16}H_{10}O_6$
  $[Cr_2Au(CO)_6Cp_2]^-$, **6**, 801, 846
$AuFeC_{24}H_{20}O_3P$
  $Fe(AuPPh_3)(CO)_3(CH_2CHCH_2)$, **4**, 414; **6**, 804, 836
$AuFeC_{28}H_{24}P$
  $FcAuPPh_3$, **2**, 773, 778, 804; **4**, 485; **8**, 1043
$AuFeC_{32}H_{24}N_2P$
  $FcC(CN)=C(CN)AuPPh_3$, **2**, 810
$AuFe_2C_{14}H_{10}O_4$
  $[Fe_2Au(CO)_4Cp_2]^-$, **6**, 848
$AuFe_2C_{38}H_{33}ClP$
  $AuClFc_2(PPh_3)$, **2**, 794
$AuGeC_{21}H_{24}P$
  $Me_3GeAuPPh_3$, **6**, 1100
$AuGeC_{36}H_{30}P$
  $Ph_3GeAuPPh_3$, **6**, 1047, 1100
$AuGeRuC_{25}H_{24}O_4P$
  $Ru(GeMe_3)(AuPPh_3)(CO)_4$, **4**, 912; **6**, 836
$AuGe_2C_{36}H_{30}$
  $[Au(GePh_3)_2]^-$, **6**, 1100
$AuHgC_{12}H_{10}Cl$
  $AuHgClPh_2$, **2**, 781
$AuInC_{18}H_{15}Cl_2P$
  $Au(InCl_2)(PPh_3)$, **6**, 967
$AuIrC_{39}H_{30}O_3P_2$
  $Ir(AuPPh_3)(CO)_3(PPh_3)$, **5**, 560; **6**, 838
$AuIrC_{55}H_{45}Cl_2OP_3$
  $IrCl_2(CO)(AuPPh_3)(PPh_3)_2$, **6**, 776, 838
$AuMnC_{23}H_{15}O_5P$
  $Mn(CO)_5(AuPPh_3)$, **6**, 777, 821, 833
$AuMnC_{26}H_{19}O_3P$
  $Mn(CO)_3(\eta^5\text{-}C_5H_4AuPPh_3)$, **2**, 773
$AuMnSbC_{23}H_{15}O_5$
  $MnAu(CO)_5(SbPh_3)$, **6**, 833
$AuMn_2C_{10}H_{10}$
  $[Mn_2Au(CO)_{10}]^-$, **6**, 848
$AuMoC_{26}H_{20}O_3P$
  $Mo(AuPPh_3)(CO)_3Cp$, **3**, 1127
$AuMo_2C_{16}H_{10}O_6$
  $[Mo_2Au(CO)_6Cp_2]^-$, **6**, 846
$AuMo_3C_{24}H_{15}O_9$
  $Au\{Mo(CO)_3Cp\}_3$, **3**, 1187
$AuNbC_{24}H_{15}O_6P$
  $Nb(CO)_6(AuPPh_3)$, **3**, 710; **6**, 769, 825
$AuOs_3C_{28}H_{15}ClO_{10}P$
  $Os_3Cl(AuPPh_3)(CO)_{10}$, **6**, 804, 865
$AuOs_3C_{28}H_{16}O_{10}P$

Os$_3$H(AuPPh$_3$)(CO)$_{10}$, **2**, 808; **6**, 777, 865
AuOs$_3$C$_{30}$H$_{15}$ClO$_{12}$P
   Os$_3$Cl(AuPPh$_3$)(CO)$_{12}$, **4**, 616; **6**, 849
AuReC$_{23}$H$_{15}$O$_5$P
   Re(CO)$_5$(AuPPh$_3$), **6**, 834
AuRe$_2$C$_{27}$H$_{16}$O$_3$P
   Re$_2$AuH(CO)$_9$(PPh$_3$), **6**, 857
AuRhC$_{55}$H$_{45}$Cl$_2$OP$_3$
   RhCl$_2$(CO)(AuPPh$_3$)(PPh$_3$)$_2$, **6**, 776
AuRuSiC$_{25}$H$_{24}$O$_4$P
   Ru(SiMe$_3$)(AuPPh$_3$)(CO)$_4$, **4**, 912; **6**, 836
AuSbC$_{14}$H$_{20}$
   Au(C≡CPh)(SbEt$_3$), **2**, 769
AuSiC$_8$H$_{28}$P
   Au(CH$_2$SiMe$_3$)(CH$_2$PMe$_3$), **2**, 775
AuSiC$_{22}$H$_{26}$P
   Au(CH$_2$SiMe$_3$)(PPh$_3$), **2**, 767
AuSiC$_{36}$H$_{30}$P
   Au(SiPh$_3$)(PPh$_3$), **6**, 1100
AuSi$_2$C$_{13}$H$_{36}$P$_2$
   [Au{C(SiMe$_3$)$_2$(PMe$_3$)}(PMe$_3$)]$^+$, **2**, 69
AuSi$_3$C$_{28}$H$_{42}$P
   Au{C(SiMe$_3$)$_3$}(PPh$_3$), **2**, 767
AuTaC$_{24}$H$_{15}$O$_6$P
   Ta(CO)$_6$(AuPPh$_3$), **6**, 819, 825
   TaH$_2$(HAlEt$_3$)Cp$_2$, **3**, 710
AuVC$_{24}$H$_{15}$O$_6$P
   V(CO)$_6$(AuPPh$_3$), **3**, 656; **6**, 824
AuWC$_{26}$H$_{20}$O$_3$P
   W(CO)$_3$(AuPPh$_3$)Cp, **3**, 1337; **6**, 802, 831
AuW$_2$C$_{16}$H$_{10}$O$_6$
   [W$_2$Au(CO)$_6$Cp$_2$]$^-$, **6**, 847
AuZnC$_{18}$H$_{15}$
   ZnAuPh$_3$, **2**, 844
Au$_2$As$_2$C$_8$H$_{20}$
   Au$_2${(CH$_2$)$_2$AsMe$_2$}$_2$, **2**, 775
Au$_2$CCl$_4$O
   (OC)Au(Cl)AuCl$_3$, **2**, 817
Au$_2$C$_2$H$_6$Br$_4$
   Au$_2$Br$_4$Me$_2$, **2**, 786
Au$_2$C$_2$O
   Au$_2$(C=C=O), **2**, 782
Au$_2$C$_4$H$_6$Cl$_6$
   Cl$_2$Au(Cl)$_2$AuCl{C(Me)=C(Cl)Me}, **2**, 814
Au$_2$C$_4$H$_{12}$Br$_2$
   Me$_2$Au(Br)$_2$AuMe$_2$, **2**, 787
Au$_2$C$_4$H$_{12}$Cl$_2$
   Me$_2$Au(Cl)$_2$AuMe$_2$, **2**, 787, 792
Au$_2$C$_4$H$_{12}$I$_2$
   Me$_2$Au(I)$_2$AuMe$_2$, **2**, 786, 791
Au$_2$C$_4$H$_{12}$N$_6$
   Me$_2$Au(N$_3$)$_2$AuMe$_2$, **2**, 788
Au$_2$C$_4$H$_{14}$O$_2$
   Me$_2$Au(OH)$_2$AuMe$_2$, **2**, 789
Au$_2$C$_6$H$_2$
   [HC≡CAuC≡CAuC≡CH]$^{2-}$, **2**, 772
Au$_2$C$_6$H$_{12}$N$_2$O$_2$
   Me$_2$Au(NCO)$_2$AuMe$_2$, **2**, 788
Au$_2$C$_6$H$_{12}$N$_2$S$_2$
   Me$_2$Au(NCS)$_2$AuMe$_2$, **2**, 788
Au$_2$C$_6$H$_{12}$N$_2$Se$_2$
   Me$_2$Au(NCSe)$_2$AuMe$_2$, **2**, 788
Au$_2$C$_8$H$_{12}$Cl$_2$
   (AuCl)$_2$(cod), **2**, 813
Au$_2$C$_8$H$_{12}$Cl$_6$
   MeC(Cl)=C(Me)Au(Cl)(Cl)$_2$AuCl{C-(Me)=C(Cl)Me}, **2**, 814
Au$_2$C$_8$H$_{12}$S$_4$
   Me$_2$AuS$_2$C$_4$S$_2$AuMe$_2$, **2**, 792
Au$_2$C$_8$H$_{18}$O$_4$
   Me$_2$Au(OCMeO)$_2$AuMe$_2$, **2**, 790
Au$_2$C$_8$H$_{20}$Br$_2$
   Et$_2$Au(Br)$_2$AuEt$_2$, **1**, 196; **2**, 786
Au$_2$C$_8$H$_{20}$Cl$_2$
   Et$_2$Au(Cl)$_2$AuEt$_2$, **2**, 787
Au$_2$C$_8$H$_{20}$Cl$_4$P$_2$
   Cl$_2$AuCH$_2$PMe$_2$CH$_2$AuCl$_2$CH$_2$PMe$_2$CH$_2$, **2**, 789
Au$_2$C$_8$H$_{20}$P$_2$
   AuCH$_2$PMe$_2$CH$_2$AuCH$_2$PMe$_2$CH$_2$, **2**, 775, 782, 789
Au$_2$C$_9$H$_{24}$P$_2$
   (MeAu)$_2$C(PMe$_2$)$_2$, **2**, 776
Au$_2$C$_{10}$H$_{18}$F$_6$P$_2$
   Me$_3$PAuC(CF$_3$)=C(CF$_3$)AuPMe$_3$, **2**, 811
Au$_2$C$_{10}$H$_{20}$Br$_2$
   (CH$_2$)$_5$Au(Br)$_2$Au(CH$_2$)$_5$, **2**, 787
Au$_2$C$_{10}$H$_{20}$O$_4$
   Et$_2$Au(OCO)$_2$AuEt$_2$, **2**, 790
Au$_2$C$_{10}$H$_{26}$P$_2$
   Me$_2$AuCH$_2$PMe$_2$CH$_2$AuCH$_2$PMe$_2$CH$_2$, **2**, 798, 802
Au$_2$C$_{12}$H$_{10}$Cl$_4$
   (AuCl$_2$Ph)$_2$, **2**, 783, 784
Au$_2$C$_{12}$H$_{24}$F$_6$P$_2$
   Me$_3$PAuC(CF$_3$)=C(CF$_3$)AuMe$_2$(PMe$_3$), **2**, 802, 810
Au$_2$C$_{14}$H$_{14}$Cl$_4$
   Au$_2$Cl$_2$(μ-Cl)$_2$(C$_6$H$_4$Me)$_2$, **2**, 800
Au$_2$C$_{16}$H$_{22}$Se$_2$
   Me$_2$Au(SePh)$_2$AuMe$_2$, **2**, 791
Au$_2$C$_{16}$H$_{32}$P$_2$
   Au$_2${(CH$_2$)$_2$PMe(C$_5$H$_9$)}$_2$, **2**, 776
Au$_2$C$_{28}$H$_{30}$P$_2$
   Au$_2$Me$_2$(diphos), **2**, 767
Au$_2$C$_{28}$H$_{32}$P$_2$
   Me$_2$Au(PPh$_2$)$_2$AuMe$_2$, **2**, 793
Au$_2$C$_{31}$H$_{35}$P$_3$
   AuPPh$_2$CHPPh$_2$AuCH$_2$PEt$_2$CH$_2$, **2**, 777
Au$_2$C$_{38}$H$_{32}$P$_2$
   AuC$_6$H$_4$CH$_2$PPh$_2$AuC$_6$H$_4$CH$_2$PPh$_2$, **2**, 777
Au$_2$C$_{39}$H$_{30}$F$_6$OP$_2$
   Ph$_3$PAuOC(CF$_3$)$_2$AuPPh$_3$, **2**, 812
Au$_2$C$_{42}$H$_{35}$P$_2$
   (Ph$_3$PAu)$_2$(μ-C$_6$H$_5$), **2**, 780
Au$_2$C$_{43}$H$_{37}$P$_2$
   [Au$_2$(C$_6$H$_4$Me)(PPh$_3$)$_2$]$^+$, **2**, 779
Au$_2$C$_{56}$H$_{40}$Cl$_2$
   (CPh)$_4$Au(Cl)$_2$Au(CPh)$_4$, **2**, 787
Au$_2$C$_{56}$H$_{42}$O$_2$
   (CPh)$_4$Au(OH)$_2$Au(CPh)$_4$, **2**, 790
Au$_2$C$_{60}$H$_{30}$F$_{20}$N$_3$P$_2$
   {(C$_6$F$_5$)$_2$(PPh$_3$)Au}$_2$(N$_3$), **2**, 795
Au$_2$Cu$_2$C$_{36}$H$_{48}$N$_4$
   {AuCu(C$_6$H$_4$CH$_2$NMe$_2$)$_2$}$_2$, **2**, 717, 781
Au$_2$FeC$_{28}$H$_{39}$P$_2$
   [Fc(AuPPh$_3$)$_2$]$^+$, **4**, 485
Au$_2$FeC$_{40}$H$_{28}$O$_4$P$_2$
   Fe(CO)$_4${(AuPPh$_2$C$_6$H$_4$)$_2$}, **6**, 778
Au$_2$FeC$_{40}$H$_{30}$O$_4$P$_2$
   Fe(CO)$_4$(AuPPh$_3$)$_2$, **4**, 306; **6**, 848
Au$_2$FeC$_{46}$H$_{38}$P$_2$
   Fe(η^5-C$_5$H$_4$AuPPh$_3$)$_2$, **2**, 773
Au$_2$FeC$_{46}$H$_{39}$P$_2$

$Au_2FeC_{46}H_{39}P_2$
   [FcAu$_2$(PPh$_3$)$_2$]$^+$, **2**, 778; **6**, 848
   FcAu$_2$(PPh$_3$)$_2$, **2**, 779; **8**, 1044
$Au_2Li_2C_{36}H_{48}N_4$
   Au$_2$Li$_2$(C$_6$H$_4$CH$_2$NMe$_2$)$_2$, **2**, 717, 734, 781
$Au_2Li_2C_{36}H_{48}O_2$
   {LiAu(C$_6$H$_4$Me)$_2$(OEt$_2$)}$_2$, **2**, 781
$Au_2MnC_{44}H_{34}O_3P_2$
   Mn(CO)$_3$(C$_5$H$_4$)(AuPPh$_3$)$_2$, **2**, 780
$Au_2OsC_{40}H_{30}O_4P_2$
   Os(AuPPh$_3$)$_2$(CO)$_4$, **6**, 849
$Au_2Os_3C_{46}H_{30}O_{10}P_2S_2$
   Os$_3$Au$_2$(S)$_2$(CO)$_{10}$(PPh$_3$)$_2$, **6**, 865
$Au_2RuC_{40}H_{30}O_4P_2$
   Ru(AuPPh$_3$)$_2$(CO)$_4$, **4**, 667; **6**, 849
$Au_2Si_2C_{10}H_{30}O_2$
   Me$_2$Au(OSiMe$_3$)$_2$AuMe$_2$, **2**, 790
$Au_2Zn_2C_{36}H_{30}$
   (ZnAuPh$_3$)$_2$, **2**, 781, 844
$Au_3C_{12}H_{30}O_4P$
   (Et$_2$Au)$_3$PO$_4$, **2**, 790
$Au_3C_{15}H_{12}N_3$
   {Au(C$_5$H$_4$N)}$_3$, **2**, 778
$Au_3C_{30}H_{36}N_3O_3$
   {AuC(OEt)=N(C$_6$H$_4$Me)}$_3$, **2**, 777
$Au_3MnC_{58}H_{45}O_4P_3$
   Mn(CO)$_4$(AuPPh$_3$)$_3$, **4**, 26, 29; **6**, 848
$Au_3ReC_{58}H_{45}O_4P_3$
   Re(CO)$_4$(AuPPh$_3$)$_3$, **6**, 848
$Au_3VC_{59}H_{45}O_5P_3$
   V(CO)$_5$(AuPPh$_3$)$_3$, **3**, 656; **6**, 846
$Au_4C_{12}H_{24}N_4$
   (Me$_2$AuCN)$_4$, **2**, 788
$Au_4C_{16}H_{40}O_8S_2$
   {(Et$_2$Au)$_2$SO$_4$}$_2$, **2**, 790
$Au_4C_{22}H_{44}O_8$
   (Et$_2$Au)$_4${CH$_2$(CO$_2$)$_2$}$_2$, **2**, 790
$Au_4C_{28}H_{56}N_4$
   {Au(CN)Pr$_2$}$_4$, **2**, 788
$Au_6C_{144}H_{114}N_3P_9$
   (Ph$_3$PAuC$_6$H$_4$O)$_6$P$_3$N$_3$, **2**, 776

B

BAl$_4$C$_{12}$H$_{36}$N$_3$
   Al$_4$BMe$_6$(NMe$_2$)$_3$, **1**, 599, 600
BAsCH$_8$
   AsH$_2$(Me)(BH$_3$), **2**, 701
BAsCoC$_{21}$H$_{15}$Cl$_2$O$_3$
   Co(BCl$_2$)(CO)$_3$(AsPh$_3$), **6**, 890
BAsCoC$_{33}$H$_{25}$O$_3$
   Co(BPh$_2$)(CO)$_3$(AsPh$_3$), **6**, 890
BAs$_2$RhC$_{37}$H$_{30}$Br$_3$ClOP$_2$
   RhCl(BBr$_3$)(CO)(AsPh$_3$)$_2$, **6**, 885
BAuC$_8$H$_{24}$P$_2$
   AuMe{(CH$_2$PMe$_2$)$_2$BH$_2$}, **2**, 798
BAuC$_{66}$H$_{55}$P$_3$
   Au(BPh$_2$)(PPh$_3$)$_3$, **6**, 894
BBeCH$_7$
   MeBe(BH$_4$), **1**, 144
BBeC$_5$H$_9$
   CpBe(BH$_4$), **1**, 146, 147
BCF$_5$
   F$_2$BCF$_3$, **1**, 282
BCF$_6$
   [F$_3$BCF$_3$]$^-$, **1**, 297
BCH$_3$Cl$_2$
   Cl$_2$BMe, **1**, 254
BCH$_3$F$_2$
   F$_2$BMe, **1**, 256; **3**, 100
BCH$_3$I$_2$
   I$_2$BMe, **1**, 301
BCH$_3$O
   BH$_3$(CO), **1**, 301
BCH$_5$O$_2$
   BMe(OH)$_2$, **1**, 254
BCH$_6$
   [BH$_3$Me]$^-$, **1**, 299
BC$_2$HF$_2$
   F$_2$B(C≡CH), **1**, 263
BC$_2$H$_2$Br$_3$
   Br$_2$B(CH=CHBr), **1**, 292
BC$_2$H$_3$Cl$_2$
   Cl$_2$B(CH=CH$_2$), **1**, 255, 271; **7**, 320
BC$_2$H$_3$F$_2$
   F$_2$B(CH=CH$_2$), **1**, 257, 271
BC$_2$H$_3$O$_2$
   B(OH)$_2$(C≡CH), **1**, 265
BC$_2$H$_5$F$_2$
   F$_2$BEt, **1**, 257
BC$_2$H$_6$Cl
   ClBMe$_2$, **1**, 254
BC$_2$H$_6$F
   FBMe$_2$, **1**, 264
BC$_2$H$_7$O
   BMe$_2$(OH), **1**, 254
BC$_2$H$_8$N
   BH$_2$(CH=CH$_2$)(NH$_3$), **1**, 299
   BMe$_2$(NH$_2$), **1**, 261
   H$_2$B(CH$_2$)$_2$NH$_2$, **1**, 337
BC$_2$H$_{12}$N$_2$
   [BMe$_2$(NH$_3$)$_2$]$^+$, **1**, 296
BC$_3$H$_4$Br$_3$
   Br$_2$B{CH$_2$C(Br)=CH$_2$}, **1**, 276
BC$_3$H$_5$F$_2$
   F$_2$B(CHCH$_2$CH$_2$), **1**, 263
BC$_3$H$_6$NO
   BMe$_2$(NCO), **1**, 261
BC$_3$H$_7$F$_2$
   F$_2$BPr^i, **1**, 257
BC$_3$H$_9$
   BMe$_3$, **1**, 4, 257, 271, 427
BC$_3$H$_9$Br$_2$S
   Br$_2$BMe(SMe$_2$), **1**, 301
BC$_3$H$_9$Br$_2$Se
   Br$_2$BMe(SeMe$_2$), **1**, 301
BC$_3$H$_9$O
   BMe$_2$(OMe), **1**, 255, 261
BC$_3$H$_9$O$_2$
   BMe(OMe)$_2$, **1**, 254
BC$_3$H$_9$S
   BMe$_2$(SMe), **1**, 264
BC$_3$H$_9$S$_2$
   BMe(SMe)$_2$, **1**, 264
BC$_3$H$_{10}$
   [BHMe$_3$]$^-$, **1**, 297
BC$_3$H$_{10}$N
   BH(Me)(NMe$_2$), **1**, 282
BC$_4$H$_6$Cl
   ClB(CH=CH$_2$)$_2$, **1**, 255
BC$_4$H$_6$NO
   HOB=NHCH=CHCH=CH, **1**, 341
BC$_4$H$_7$O$_2$
   B(OMe)$_2$(C≡CH), **1**, 265
   (CH$_2$=CH)B{O(CH$_2$)$_2$O}, **7**, 319
BC$_4$H$_8$Cl
   ClB(CH$_2$)$_3$CH$_2$, **1**, 315
BC$_4$H$_9$
   BMe$_2$(CH=CH$_2$), **1**, 259
BC$_4$H$_9$Cl$_2$
   Cl$_2$BBu, **1**, 255; **7**, 188
BC$_4$H$_9$O$_2$
   MeBO(CH$_2$)$_3$O, **1**, 364
BC$_4$H$_{10}$Cl
   BCl(H)(Bu^n), **7**, 186
BC$_4$H$_{10}$ClN$_2$

BC₄H₁₀ClN₂
  ClB̄NMe(CH₂)₂N̄Me, **1**, 355
BC₄H₁₀Cl₃O
  Cl₂B(CH₂CH₂Cl)(OMe₂), **1**, 300
BC₄H₁₀N
  HB̄=NH(CH₂)₃C̄H₂, **1**, 341
BC₄H₁₀NO₂
  H₂B̄OCOCH₂N̄Me₂, **1**, 361
BC₄H₁₁S
  BH₂{(CH₂)₃SMe}, **7**, 234
BC₄H₁₂
  [BMe₄]⁻, **1**, 297
BC₄H₁₂BrS
  BrBMe₂(SMe₂), **1**, 301
BC₄H₁₂BrSe
  BrBMe₂(SeMe₂), **1**, 301
BC₄H₁₂N
  BMe₂(NMe₂), **1**, 261
  H₂B̄CH₂NMe₂C̄H₂, **1**, 372
BC₄H₁₄N
  BH₂(Me)(NMe₃), **1**, 299
BC₅H₄NO₂S
  HOB̄(C₄H₂S)CH=NŌ, **1**, 352
BC₅H₅N₂OS
  HOB̄=NHN=CH(C̄₄H₂S), **1**, 346
BC₅H₅N₂OSe
  HOB̄=NHN=CH(C̄₄H₂Se), **1**, 347
BC₅H₅O₃S
  (HO)₂B̄{C=C(CHO)SCH=C̄H}, **1**, 346
BC₅H₈N
  HB̄=N(Me)CH=CHCH=C̄H, **1**, 341
BC₅H₉Cl₂
  BCl₂(C₅H₉), **7**, 188
BC₅H₁₀Br
  BrB̄(CH₂)₂CHMeC̄H₂, **1**, 316
BC₅H₁₀Cl
  ClB̄(CH₂)₂CHMeC̄H₂, **1**, 316
BC₅H₁₁
  HB̄(CH₂)₄C̄H₂, **1**, 317; **7**, 210, 285, 311
BC₅H₁₁S
  (MeS)B̄(CH₂)₃C̄H₂, **7**, 212
BC₅H₁₂N
  HB̄=NMe(CH₂)₃C̄H₂, **1**, 341
BC₅H₁₄N
  BH₂{(CH₂)₃NMe₂}, **1**, 338; **7**, 230, 234
BC₅H₁₅N₂
  BMe(NMe₂)₂, **1**, 266
BC₅H₁₅O
  BMe₃(OMe₂), **1**, 300
BC₅H₁₆P
  BMe₃(PHMe₂), **1**, 300
BC₆F₉
  B(CF=CF₂)₃, **1**, 259
BC₆H₅Br₂
  Br₂BPh, **1**, 271
BC₆H₅Cl₂
  Cl₂BPh, **1**, 294; **7**, 131, 323
BC₆H₅F₂
  F₂BPh, **1**, 259; **7**, 328
BC₆H₅I₂
  I₂BPh, **1**, 298
BC₆H₆NO₄
  (HO)₂BC₆H₄NO₂, **1**, 352
BC₆H₇N₂OS
  HOB̄=NMeN=CH(C̄₄H₂S), **1**, 346
BC₆H₇O₂
  BPh(OH)₂, **1**, 287; **7**, 328
BC₆H₈
  [BH₃Ph]⁻, **1**, 297
  [C₅H₅BMe]⁻, **1**, 394
BC₆H₉
  B(CH=CH₂)₃, **1**, 259
  MeB(CH=CH)₂C̄H₂, **1**, 269
BC₆H₉Br₂
  Br₂B̄{C=CH(CH₂)₃C̄H₂}, **1**, 276
BC₆H₁₀N₂
  [H₂B(C₅H₄N)CH₂NH₂]⁺, **1**, 359
BC₆H₁₁Br₂
  Br₂BCy, **1**, 276
BC₆H₁₁Cl₂
  BCl₂{C(Et)=CHEt}, **7**, 118
  BCl₂(CH=CHBuⁿ), **7**, 219
  BCl₂{C̄H(CH₂)₃C̄HMe}, **7**, 118
BC₆H₁₁O₃
  EtB̄OCOCH₂CH(Me)Ō, **1**, 367
BC₆H₁₂N
  B̄{(CH₂)₃}₂N̄, **1**, 339
  B̄{(CH₂)₂}₃N̄, **1**, 340
BC₆H₁₃
  BH₂{C̄H(CH₂)₃C̄HMe}, **7**, 168
  EtB̄{(CH₂)₃C̄H₂}, **7**, 267
  HB̄(CH₂)₅C̄H₂, **1**, 317
BC₆H₁₃Br₂
  BBr₂(C₆H₁₃), **7**, 188
BC₆H₁₃O
  (MeO)B̄(CH₂)₄C̄H₂, **7**, 211
BC₆H₁₄Cl
  BCl(H)(CMe₂CHMe₂), **7**, 194, 220
BC₆H₁₄NOS
  H₂NCH₂CH₂OB(CH₂CH₂)₂S, **1**, 334
BC₆H₁₄NO₂
  Et₂B̄OCOCH₂N̄H₂, **1**, 361
  H₂B̄OCOCMe₂N̄Me₂, **1**, 361
BC₆H₁₅
  BEt₃, **1**, 257, 284; **7**, 133, 281
  BH₂(CMe₂CHMe₂), **7**, 114, 145, 164, 166, 206, 285, 311, 344
BC₆H₁₅I₂S
  I₂BBu(SMe₂), **1**, 301
BC₆H₁₆
  [BHEt₃]⁻, **1**, 297
BC₆H₁₆N
  BH₂{(CH₂)₄NMe₂}, **7**, 163, 230
BC₆H₁₆N₂
  [Me₂BNH{(CH₂)₂}₂N̄H]⁺, **1**, 360
BC₆H₁₈N
  BEt₃(NH₃), **1**, 287
  BH₃(NEt₃), **1**, 290
  BMe₃(NMe₃), **1**, 299
BC₆H₁₈P
  BMe₃(PMe₃), **1**, 299
BC₇H₅Cl₆
  BCl₂(C₇H₅Cl₄), **7**, 320
BC₇H₆NO₂
  HOB̄C₆H₄CH=NŌ, **1**, 352
BC₇H₇O₂
  HOB̄C₆H₄CH₂Ō, **1**, 351
BC₇H₇O₃
  (HO)₂BC₆H₄CHO, **1**, 352
BC₇H₉N₂
  H₂B̄C₆H₄CH=N̄NH₂, **1**, 347
BC₇H₁₁
  BMe₂(C₅H₅), **3**, 123

$BC_7H_{14}Cl$
  $ClB\{(CH_2)_6CH_2\}$, **7**, 186
$BC_7H_{14}NO_2$
  $CH_2{=}CHB(OCH_2CH_2)_2NMe$, **1**, 361
BC_7H_{15}
  $\overline{B(CH_2)_4CH(CH_2)_2CH_2}$, **1**, 322
  $HB(CH_2CHMe)_2CH_2$, **7**, 145, 297
$BC_7H_{15}Cl_2O_2$
  $B(CHCl_2)(OPr^i)_2$, **7**, 298
$BC_7H_{15}O$
  Et_2BCOEt, **1**, 350
$BC_7H_{15}S$
  $Bu\overline{B(CH_2)_3S}$, **1**, 353
$BC_7H_{16}NO_2$
  $Et_2\overline{BOCO(CH_2)_2NH_2}$, **1**, 361
BC_7H_{17}
  $BEt_2(Pr)$, **7**, 171
$BC_7H_{18}N$
  $BH_2\{(CH_2)_5NMe_2\}$, **7**, 230
$BC_7H_{19}BrN_2$
  $[Me\overline{B(Br)NMe_2(CH_2)_2NMe_2}]^+$, **1**, 360
$BC_7H_{20}N$
  $BH_2(Bu^t)(NMe_3)$, **7**, 164
BC_8H_5
  $BH(C{\equiv}CH)_4$, **1**, 297
BC_8H_7ClN
  $Cl\overline{B{=}NHC_6H_4CH{=}CH}$, **1**, 342
$BC_8H_7Cl_2$
  $Cl_2B(CH{=}CHPh)$, **1**, 276
BC_8H_8N
  $\overline{B(CH{=}CHCH{=}CH)_2N}$, **1**, 340
$BC_8H_8NO_2$
  $HO\overline{BC_6H_4N{=}C(Me)O}$, **1**, 352
$BC_8H_9I_2$
  $I_2B(C_6H_3Me_2)$, **1**, 354
BC_8H_9OS
  $Ph\overline{BOCH_2CH_2S}$, **1**, 368
$BC_8H_9O_2$
  $Ph\overline{BO(CH_2)_2O}$, **1**, 364
$BC_8H_{11}ClN$
  $ClBPh(NMe_2)$, **1**, 282
$BC_8H_{11}Cl_2S$
  $Cl_2BPh(SMe_2)$, **1**, 301
$BC_8H_{11}I_2Se$
  $I_2BPh(SeMe_2)$, **1**, 301
BC_8H_{12}
  $[B(CH{=}CH_2)_4]^-$, **1**, 266
$BC_8H_{12}N$
  $B(C{\equiv}CH)_2(NEt_2)$, **1**, 268
$BC_8H_{13}O_2$
  $(HC{\equiv}C)\overline{B\{OCMe_2CH_2CH(Me)O\}}$, **7**, 345
$BC_8H_{14}Cl$
  $Cl\overline{BCH\{(CH_2)_3\}_2CH}$, **1**, 319; **7**, 186
$BC_8H_{14}N_2$
  $[Me_2\overline{BNH_2C_6H_4NH_2}]^+$, **1**, 360
BC_8H_{15}
  $\overline{B(CH_2)_4CH(CH_2)_2CH_2}$, **7**, 269
  $HB\overline{CH\{(CH_2)_4\}\{(CH_2)_2\}CH}$, **1**, 319
  $H\overline{B[CH\{(CH_2)_3\}_2CH]}$, **1**, 319; **7**, 116, 145, 176, 268, 350
  $MeCH{=}CHCH_2\overline{B(CH_2)_3CH_2}$, **1**, 316
$BC_8H_{15}O$
  $MeO\overline{B(CH_2)_3CMe(CH_2)CH}$, **1**, 317
$BC_8H_{15}O_2$
  $(CH_2{=}CH)\overline{B\{OCMe_2CH_2CH(Me)O\}}$, **7**, 320
BC_8H_{16}
  $[H_2\overline{B[CH\{(CH_2)_3\}_2CH]}]^-$, **7**, 215
$BC_8H_{16}Cl$
  $Cl\overline{B\{CH_2CH(Me)CH_2CH_2CH(Me)CH_2\}}$, **7**, 212
$BC_8H_{16}N$
  $\overline{B\{(CH_2)_4\}_2N}$, **1**, 340; **7**, 163
  $MeBCH{=}CHCH_2NBu^t$, **1**, 405
BC_8H_{17}
  $Bu\overline{B(CH_2)_3CH_2}$, **1**, 280
  $Bu^t\overline{B(CH_2)_3CH_2}$, **7**, 212
  $Et\overline{BCH_2CHMeCHMeCH_2}$, **1**, 314
  $Me\overline{B(CH_2)_4CHEt}$, **1**, 280
$BC_8H_{17}Br_2S$
  $BBr_2(CH{=}CHBu)(SMe_2)$, **7**, 118
$BC_8H_{17}Cl_2$
  $BCl_2(C_8H_{17})$, **7**, 188
$BC_8H_{17}O$
  $MeO\overline{BCH\{(CH_2)_3\}_2CH}$, **1**, 319
$BC_8H_{17}OS$
  $BuOB(CH_2CH_2)_2S$, **1**, 334
$BC_8H_{18}Cl$
  $ClBBu_2$, **7**, 185
$BC_8H_{18}N$
  $HB{=}NHC_6H_4CH{=}CH$, **1**, 342
  $(H_3N)\overline{B(H)CH\{(CH_2)_3\}_2CH}$, **1**, 320
$BC_8H_{18}NO$
  $HO\overline{B\{(CH_2)_4\}_2NH}$, **1**, 340
BC_8H_{19}
  $BPr_2(Et)$, **7**, 171
BC_8H_{20}
  $[BEt_4]^-$, **1**, 298; **7**, 276
$BC_8H_{20}ClS$
  $BCl(H)(CMe_2CHMe_2)(SMe_2)$, **7**, 193, 204, 287
$BC_8H_{22}N_3$
  $[Me_2\overline{BNMe_2(CH_2)_2NMe_2}]^+$, **1**, 360
$BC_9H_8N_5O$
  $Ph\overline{BNH(C_2HN_3)CONH}$, **1**, 359
$BC_9H_{10}N_2O$
  $Ph\overline{BNHCMe{=}NCHO}$, **1**, 363
$BC_9H_{11}Cl_3N$
  $BPh(CCl_3)(NMe_2)$, **1**, 282
$BC_9H_{11}O_2$
  $Ph\overline{BO(CH_2)_3O}$, **1**, 364
$BC_9H_{12}NS$
  $Me\overline{BNPh(CH_2)_2S}$, **1**, 361
$BC_9H_{13}I_2S$
  $I_2B(Tol)(SMe_2)$, **1**, 301
$BC_9H_{13}N_2$
  $Ph\overline{BNH(CH_2)_3NH}$, **1**, 356
BC_9H_{14}
  $[C_5H_5BBu^t]^-$, **1**, 394
BC_9H_{15}
  $B(CH_2CH{=}CH_2)_3$, **1**, 271, 278, 324; **3**, 126; **7**, 171, 285, 351, 355, 356, 363
$BC_9H_{15}Cl_2O_2$
  $(CCl_2CH_2CH)\overline{B\{OCMe_2CH_2CH(Me)O\}}$, **7**, 320
$BC_9H_{15}O_2$
  $(C_6H_{11}Me)\overline{B\{O(CH_2)_2O\}}$, **7**, 319
BC_9H_{16}
  $Me\overline{B[CH\{(CH_2)_3\}_2CH]}$, **7**, 132
$BC_9H_{16}N$
  $BH_2(Ph)(NMe_3)$, **7**, 236
BC_9H_{17}
  $\overline{B\{(CH_2)_4\}_2CH}$, **1**, 280, 322; **7**, 211, 268, 285
  $Me\overline{B[CH\{(CH_2)_3\}_2CH]}$, **7**, 296
$BC_9H_{17}O$
  $(MeO)\overline{B[CH\{(CH_2)_3\}_2CH]}$, **7**, 214, 282
$BC_9H_{18}F_3$

BC$_9$H$_{18}$F$_3$
  BBu$_2$(CF$_3$), **1**, 282
BC$_9$H$_{18}$N
  $\overline{\text{B}\{(\text{CH}_2)_3\}_3\text{N}}$, **1**, 339
  BEt$_2$(N=C=CHPr), **1**, 290
BC$_9$H$_{19}$
  Bu$^t\overline{\text{B}\{(\text{CH}_2)_4\text{CH}_2\}}$, **7**, 183
  Bu$^n\overline{\text{B}\{(\text{CH}_2)_4\text{CH}_2\}}$, **7**, 183
BC$_9$H$_{19}$O$_2$
  Et$\overline{\text{BCEt}_2\text{OCH(Me)O}}$, **1**, 350
  Et$_2$BO$_2$CBu^t, **1**, 351
BC$_9$H$_{20}$N
  $\overline{\text{MeB=NHC}_6\text{H}_4\text{CH=CH}}$, **1**, 342
BC$_9$H$_{21}$
  BPr$^i_3$, **1**, 255
  BPr$_3$, **1**, 284
BC$_9$H$_{22}$NO
  BEt$_3$(HCONMe$_2$), **1**, 300
BC$_{10}$H$_9$N$_4$O
  Ph$\overline{\text{BNH(C}_3\text{H}_2\text{N}_2)\text{CONH}}$, **1**, 359
BC$_{10}$H$_{10}$N
  (py)$\overline{\text{B}\{(\text{CH})_4\text{CH}\}}$, **1**, 392
BC$_{10}$H$_{12}$O$_2$NS
  B(C$_4$H$_3$O)(C$_4$H$_3$S)(OCH$_2$CH$_2$NH$_2$), **7**, 329
BC$_{10}$H$_{13}$
  Ph$\overline{\text{B(CH}_2)_3\text{CH}_2}$, **1**, 314; **7**, 212
BC$_{10}$H$_{13}$S
  (PhS)$\overline{\text{B(CH}_2)_3\text{CH}_2}$, **7**, 212
BC$_{10}$H$_{14}$N
  H$\overline{\text{B(CH}_2)_3\text{N}}$Bz, **1**, 338
  Ph$\overline{\text{B(CH}_2)_4\text{NH}}$, **1**, 339
  Ph$\overline{\text{B(CH}_2)_3\text{NMe}}$, **1**, 338; **7**, 236
BC$_{10}$H$_{14}$NO
  H$_2$NCH$_2$CH$_2$O$\overline{\text{BC}_6\text{H}_4\text{CH}_2\text{CH}_2}$, **1**, 327
BC$_{10}$H$_{15}$Cl$_2$O
  Cl$_2$BPh(OEt$_2$), **1**, 300
BC$_{10}$H$_{15}$I
  [IBC$_5$Me$_5$]$^+$, **1**, 27
BC$_{10}$H$_{15}$I$_2$S
  I$_2$BPh(SEt$_2$), **1**, 301
BC$_{10}$H$_{15}$N$_2$
  Me$_2$BC$_6$H$_4$CH=NNHMe, **1**, 347
BC$_{10}$H$_{15}$S
  PhB(SEt)$_2$, **1**, 368
BC$_{10}$H$_{16}$
  [C$_5$BHMe$_5$]$^+$, **1**, 430
BC$_{10}$H$_{16}$N
  B(C≡CMe)$_2$(NEt$_2$), **7**, 346
BC$_{10}$H$_{17}$O
  (MeO)$\overline{\text{B}\{\text{CH}_2\text{CH(CH}_2)\text{CH}_2\text{C(=CH}_2)\text{CH}_2\text{CH-}}$
  $\overline{\text{H}_2\}}$, **7**, 362
BC$_{10}$H$_{18}$Cl
  BCl(C$_5$H$_9$)$_2$, **7**, 117, 131, 185
BC$_{10}$H$_{19}$
  $\overline{\text{B}\{(\text{CH}_2)_4\}_2}$CMe, **1**, 322; **7**, 126, 268
  BH$_2$(C$_{10}$H$_{17}$), **7**, 169
BC$_{10}$H$_{19}$Br$_2$O$_2$
  B(OBu)$_2${C(Br)=CHBr}, **7**, 346
BC$_{10}$H$_{19}$O
  B(CH$_2$CH=CH$_2$)$_2$(OBu), **7**, 360
  BEt$_2${OC(Me)=C=CHEt}, **1**, 290
  B(OH)(C$_5$H$_9$)$_2$, **7**, 132
BC$_{10}$H$_{19}$O$_2$
  B(OBu)$_2$(C≡CH), **7**, 346
BC$_{10}$H$_{20}$
  [$\overline{\text{CH}_2(\text{CH}_2)_4\overline{\text{B}(\text{CH}_2)_4\text{CH}_2}}$]$^-$, **1**, 167

BC$_{10}$H$_{20}$BrO$_2$
  B(OBu)$_2$(CH=CHBr), **7**, 346
BC$_{10}$H$_{20}$N$_3$
  Et$_2$NC≡C$\overline{\text{BNMe(CH}_2)_2\text{N}}$Me, **1**, 355
BC$_{10}$H$_{21}$
  (C$_5$H$_{11}$)$\overline{\text{B}\{(\text{CH}_2)_3\text{CHMe}\}}$, **7**, 269
  (C$_5$H$_{11}$)$\overline{\text{B}\{(\text{CH}_2)_4\text{CH}_2\}}$, **7**, 183
  Et$\overline{\text{B}\{\text{CH}_2\text{CH(Me)CH}_2\text{CH}_2\text{CH(Me)CH}_2\}}$, **7**, 212
  (Me$_2$CHCMe$_2$)$\overline{\text{B}\{(\text{CH}_2)_3\text{CH}_2\}}$, **7**, 164
  (Me$_2$CHCMe$_2$)$\overline{\text{B}(\text{CH}_2)_3\text{CH}_2}$, **7**, 212
BC$_{10}$H$_{21}$O$_2$
  B(OBu)$_2$(CH=CH$_2$), **7**, 319
BC$_{10}$H$_{22}$Cl
  BCl(Bu^n)(CMe$_2$CHMe$_2$), **7**, 194
BC$_{10}$H$_{23}$
  BH(Bu^i)(CMe$_2$CHMe$_2$), **7**, 165
  BH{CH(Me)CHMe$_2$}$_2$, **7**, 114, 156, 172, 203
  BH{CH$_2$CH(Me)Et}$_2$, **7**, 251
  Et$\overline{\text{B}\{\text{CH}_2\text{CHMe(CH}_2)_2\text{CHMeCH}_2\}}$, **1**, 317
BC$_{10}$H$_{24}$N
  BBu$_2$(NMe$_2$), **1**, 291
BC$_{11}$H$_{10}$
  [C$_5$H$_5$BPh]$^-$, **1**, 394
  [Ph$\overline{\text{B=CHCH=CHCH=CH}}$]$^-$, **1**, 330
BC$_{11}$H$_{11}$
  Ph$\overline{\text{B(CH=CH)}_2\text{CH}_2}$, **1**, 401; **7**, 317
  Ph$\overline{\text{BCH=CHCH}_2\text{CH=CH}}$, **2**, 544
BC$_{11}$H$_{11}$BrN$_2$
  [MeB(Br)(bipy)]$^+$, **1**, 360
BC$_{11}$H$_{13}$
  PhB(CH=CHCH$_2$)$_2$, **1**, 333
BC$_{11}$H$_{15}$
  Ph$\overline{\text{B}\{(\text{CH}_2)_2\text{CH(Me)CH}_2\}}$, **7**, 212
BC$_{11}$H$_{16}$N
  H$\overline{\text{B(CH}_2)_4\text{N}}$Bz, **7**, 230
BC$_{11}$H$_{17}$
  B(CH$_2$CH=CH$_2$)$_2$(CH=CHCH$_2$CH=CH$_2$), **1**, 278
BC$_{11}$H$_{19}$
  ($\overline{\text{CH}_2\text{CH}_2\text{CH}}$)$\overline{\text{B}[\text{CH}\{(\text{CH}_2)_3\}_2\text{CH}]}$, **7**, 289
  (C$_5$H$_9$)$\overline{\text{B}\{(\text{CH}_2)_4\text{CH}_2\}}$, **7**, 183
  EtB{CH(CH$_2$)$_2$CH}$_2$CH$_2$, **1**, 325
BC$_{11}$H$_{19}$BrCl$_3$O$_2$
  B(OBu$_2$){C(Br)=CHCCl$_3$}, **7**, 346
BC$_{11}$H$_{21}$
  Cy$\overline{\text{B}\{(\text{CH}_2)_4\text{CH}_2\}}$, **7**, 128
  Pr$^i\overline{\text{B}[\text{CH}\{(\text{CH}_2)_3\}_2\text{CH}]}$, **7**, 131, 260
BC$_{11}$H$_{21}$BrCl$_3$O$_2$
  B(OBu)$_2${CH(Br)CH$_2$CCl$_3$}, **7**, 321
BC$_{11}$H$_{21}$O
  Et$\overline{\text{BCEt=CEtCMe}_2\text{O}}$, **1**, 350
BC$_{11}$H$_{21}$O$_2$
  B(OBu)$_2$(CH=C=CH$_2$), **7**, 319
BC$_{11}$H$_{23}$
  BH(C$_5$H$_9$)(CMe$_2$CHMe$_2$), **7**, 132, 165
  Bu^{t}B{CH$_2$CH(Me)}$_2$CH$_2$, **7**, 133, 184
  (Me$_2$CHCMe$_2$)$\overline{\text{B}\{(\text{CH}_2)_2\text{CH(Me)CH}_2\}}$, **7**, 127
  (Me$_2$CHCMe$_2$)$\overline{\text{B}\{(\text{CH}_2)_4\text{CH}_2\}}$, **7**, 184, 212
BC$_{11}$H$_{23}$N$_2$
  Me$\overline{\text{BNBu}^t\text{CH=CHNBu}^t}$, **1**, 357, 404
BC$_{11}$H$_{25}$
  BH(C$_5$H$_{11}$)(CMe$_2$CHMe$_2$), **7**, 114, 165
BC$_{11}$H$_{25}$O
  B(OMe){CH(Me)CHMe$_2$}$_2$, **7**, 137, 343

$BC_{12}H_8Cl$
　$ClB(C_6H_4C_6H_4)$, **1**, 329

$BC_{12}H_8ClO$
　$Cl\overline{BC_6H_4C_6H_4O}$, **1**, 352

$BC_{12}H_9ClN$
　$Cl\overline{B=NHC_6H_4C_6H_4}$, **1**, 342

$BC_{12}H_9O_2$
　$HO\overline{BC_6H_4C_6H_4O}$, **1**, 352
　$Ph\overline{BOC_6H_4O}$, **1**, 366

$BC_{12}H_{10}Cl$
　$ClBPh_2$, **1**, 276, 296

$BC_{12}H_{10}I$
　$IBPh_2$, **1**, 298

$BC_{12}H_{10}N$
　$\overline{B=N(CH=CHCH=CH)C_6H_4CH=CH}$, **1**, 345
　$H\overline{B=NHC_6H_4C_6H_4}$, **1**, 342

$BC_{12}H_{10}NO$
　$HO\overline{B=NHC_6H_4C_6H_4}$, **1**, 342

$BC_{12}H_{11}O$
　$BPh_2(OH)$, **1**, 287

$BC_{12}H_{13}$
　$PhB(CH=CHCH_2)_2$, **1**, 328
　$Ph\overline{B\{CH=CH(CH_2)_2CH=CH\}}$, **1**, 388

$BC_{12}H_{14}N$
　$\overline{B=N\{(CH_2)_3CH_2\}C_6H_4CH=CH}$, **1**, 345

$BC_{12}H_{14}N_2$
　$[Me_2B(bipy)]^+$, **1**, 360

$BC_{12}H_{15}O_2$
　$(Bu^tCH=CH)\overline{B(OC_6H_4O)}$, **7**, 150

$BC_{12}H_{17}N_4O_4S$
　$Ph\overline{BN(CONMe_2)SO_2N(CONMe_2)}$, **1**, 370

$BC_{12}H_{18}Cl$
　$(CH_2=CHCH_2)$-
　　$\overline{B\{CH_2CH(CH_2CH=CH_2)CH_2C(=CH_2)C\text{-}HCl\}}$, **1**, 318

$BC_{12}H_{19}$
　$(CH_2=CHCH_2)$-
　　$\overline{B\{CH_2CH(\underline{CH_2)CH_2C(=CH_2)CH_2}CHCH_2\}}$,
　　7, 362

$BC_{12}H_{19}I_2S$
　$I_2BPh(SPr_2)$, **1**, 301

$BC_{12}H_{19}O_2$
　$(C_6H_7)\overline{B\{OCMe_2CH_2CH(Me)O\}}$, **7**, 345

$BC_{12}H_{21}$
　$B\{CH(CH_2)_3\}_3$, **1**, 322; **7**, 126, 163, 213, 268, 285
　$B(CH_2CH=CHMe)_3$, **7**, 351, 354
　$\overline{\{CH_2(CH_2)_2CH\}B[CH\{(CH_2)_3\}_2CH]}$, **7**, 289
　$Cy\overline{B\{(CH_2)_4CH_2\}}$, **7**, 183

$BC_{12}H_{22}Cl$
　$BCl\{C(Et)=CHEt\}_2$, **7**, 138
　$BCl(CH=CHBu^n)_2$, **7**, 219
　$BCl\{\overline{CH(CH_2)_3CHMe}\}_2$, **7**, 128

$BC_{12}H_{23}$
　$BH(Cy)_2$, **7**, 115, 174, 221, 307, 312, 352; **8**, 924
　$Bu^s\overline{B[CH\{(CH_2)_3\}_2CH]}$, **7**, 329

$BC_{12}H_{23}O_3S$
　$B(OBu)_2(CH=CHSAc)$, **7**, 346

$BC_{12}H_{25}$
　$BH(Cy)(CMe_2CHMe_2)$, **7**, 165, 166
　$Bu^tCMe_2\overline{B(CH_2)_2CHMeCH_2}$, **1**, 314
　$(Me_2CHCMe_2)\overline{B\{(CH_2)_5CH_2\}}$, **7**, 114, 127, 165, 212

$BC_{12}H_{25}O$
　$C_6H_{13}\overline{B(CH_2)_4CH(Me)O}$, **1**, 339

$BC_{12}H_{26}Cl$
　$BCl(C_6H_{13})(CMe_2CHMe_2)$, **7**, 194

$BC_{12}H_{26}I$
　$BI(C_6H_{13})_2$, **7**, 185

$BC_{12}H_{26}NO$
　$(Me_2NCH_2CH_2O)$-
　　$\overline{B\{CH_2CH(Me)CH_2CH_2CH(Me)CH_2\}}$, **7**, 211

$BC_{12}H_{27}$
　$BBu^i_2(Bu^t)$, **1**, 281
　BBu_3, **1**, 257, 280; **7**, 124
　BBu^i_3, **1**, 281
　BBu^s_3, **7**, 113, 132, 281
　$BH\{CH_2CH(Me)Pr\}(CMe_2CHMe_2)$, **7**, 165
　$BH(CMe_2CHMe_2)_2$, **7**, 256

$BC_{12}H_{28}$
　$[BHBu_3]^-$, **1**, 297

$BC_{12}H_{28}N$
　$BH_2(Cy)(NEt_3)$, **7**, 167

$BC_{12}H_{31}N_2$
　$BH_2(CMe_2CHMe_2)(TMEDA)$, **7**, 168

$BC_{13}H_{11}BrN_2$
　$[MeB(Br)(phen)]^+$, **1**, 360

$BC_{13}H_{11}N_2O$
　$Ph\overline{BNHCOC_6H_4NH}$, **1**, 359

$BC_{13}H_{12}N$
　$Me\overline{B=NHC_6H_4C_6H_4}$, **1**, 343

$BC_{13}H_{12}N_3$
　$Ph\overline{BN=C(NH_2)C_6H_4NH}$, **1**, 359

$BC_{13}H_{13}I_2Se$
　$I_2BMe(SePh_2)$, **1**, 301

$BC_{13}H_{13}O_2S_2$
　$B(OH)_2\{CH(SPh)_2\}$, **7**, 297

$BC_{13}H_{15}$
　$PhB(CH=CH)_2CMe_2$, **1**, 401

$BC_{13}H_{15}O_2$
　$(C_7H_{11})\overline{B(OC_6H_4O)}$, **7**, 117

$BC_{13}H_{19}O_2$
　$(C_7H_7)\overline{B\{OCMe_2CH_2CH(Me)O\}}$, **7**, 345

$BC_{13}H_{21}$
　$B(CH_2CH=CH_2)_2\{CH_2C(Me)=CHCH_2CH=CH_2\}$, **1**, 278; **7**, 361

$BC_{13}H_{23}$
　$(C_5H_9)\overline{B[CH\{(CH_2)_3\}_2CH]}$, **7**, 329
　$(C_5H_9)B\{CH_2CH(Me)\}_2CH_2$, **7**, 183
　$(Me_2C=CHCH_2)\overline{B[CH\{(CH_2)_3\}_2CH]}$, **7**, 354

$BC_{13}H_{23}N_2O_2$
　$B(OBu)_2\{CH_2CH_2CH(CN)_2\}$, **7**, 321

$BC_{13}H_{23}O$
　$\{(CH_2)_4O\}B(CH_2CHCH_2)_3$, **1**, 324

$BC_{13}H_{24}Cl$
　$(ClCMe_2CH_2CH_2)\overline{B[CH\{(CH_2)_3\}_2CH]}$, **7**, 289

$BC_{13}H_{25}$
　$CyB\{CH_2CH(Me)\}_2CH_2$, **7**, 134, 216, 274
　$\{Me_2CHCH(Me)\}\overline{B[CH\{(CH_2)_3\}_2CH]}$, **7**, 295

$BC_{13}H_{25}S$
　$BCy_2(SMe)$, **7**, 343

$BC_{13}H_{27}$
　$Bu^tCMe_2\overline{BCH_2CHMeCHMeCH_2}$, **1**, 314

$BC_{13}H_{27}N$
　$[BBu_3(CN)]^-$, **7**, 127

$BC_{13}H_{28}N$
　$Et_2\overline{BCEt=CEtCH_2NMe_2}$, **1**, 340

$BC_{13}H_{29}$
　$BMe(C_6H_{13})(CMe_2CHMe_2)$, **7**, 194

$BC_{14}H_{11}$
　$HB(C_6H_4CH=CHC_6H_4)$, **1**, 333

$BC_{14}H_{11}O$
　$HOB(C_6H_4CH=CHC_6H_4)$, **1**, 333

$BC_{14}H_{12}ClO$
   $ClBPh(CH_2COPh)$, **1**, 276

$BC_{14}H_{13}N_2O_3S$
   $HOB=N(Tos)N=CHC_6H_4$, **1**, 346

$BC_{14}H_{14}N_2$
   $[Me_2B(phen)]^+$, **1**, 360

$BC_{14}H_{16}IS$
   $IBPh_2(SMe_2)$, **1**, 301

$BC_{14}H_{16}ISe$
   $IBPh_2(SeMe_2)$, **1**, 301

$BC_{14}H_{16}N$
   $Me_2BNH_2C_6H_4C_6H_4$, **1**, 343

$BC_{14}H_{16}N_2P$
   $PhBNMePPhNMe$, **1**, 370

$BC_{14}H_{17}O_2$
   $(CyCH=CH)\overline{B(OC_6H_4O)}$, **7**, 117

$BC_{14}H_{19}$
   $PhB[\overline{CH\{(CH_2)_3\}_2CH}]$, **7**, 129, 328

$BC_{14}H_{19}O_2$
   $(C_6H_{13}CH=CH)\overline{B(OC_6H_4O)}$, **7**, 192

$BC_{14}H_{20}N$
   $PhB\overline{C(Me)=CHCH_2NBu^t}$, **1**, 405

$BC_{14}H_{22}Cl$
   $(CH_2=CHCH_2)$-
     $\overline{B\{CH(CH_2CH_2CH=CH_2)CH_2CMe_2C}$-
     $=CHCl\}$, **1**, 316

$BC_{14}H_{23}$
   $(CH_2=CHCH_2)$-
     $\overline{B\{CH_2CH(CH_2)C(=CH_2)CMe_2CH_2CHC}$-
     $H_2\}$, **1**, 278
   $(C_6H_9)\overline{B[CH\{(CH_2)_3\}_2CH]}$, **7**, 350

$BC_{14}H_{23}I_2S$
   $I_2BPh(SBu_2)$, **1**, 301

$BC_{14}H_{25}$
   $Cy\overline{B[CH\{(CH_2)_3\}_2CH]}$, **7**, 129, 314
   $\{EtCH=C(Et)\}\overline{B[CH\{(CH_2)_3\}_2CH]}$, **7**, 179
   $\{Me\overline{CH(CH_2)_3CH}\}\overline{B[CH\{(CH_2)_3\}_2CH]}$, **7**, 277

$BC_{14}H_{25}O_2$
   $\{AcO(CH_2)_4\}\overline{B[CH\{(CH_2)_3\}_2CH]}$, **7**, 284

$BC_{14}H_{27}$
   $BBu^t(C_5H_9)_2$, **7**, 285
   $\{Bu^iCH(Me)\}\overline{B[CH\{(CH_2)_3\}_2CH]}$, **7**, 180
   $(C_6H_{13})B\overline{\{CH_2CH(Me)\}_2CH_2}$, **7**, 183
   $(Me_2CHCMe_2)B\overline{CH(CH_2)_4CHCH_2CH_2}$, **7**, 285
   $(Me_2CHCMe_2)\overline{B(C_6H_{10}CH_2CH_2)}$, **7**, 212
   $Pr^iCMe_2B(CH_2)_2\overline{CH(CH_2)_4CH}$, **1**, 317

$BC_{14}H_{29}$
   $(Me_2CHCMe_2)\overline{B\{CH_2CMe_2CH_2CH(Me)CH_2\}}$, **7**, 120, 166, 269

$BC_{15}H_{12}Cl$
   $Cl\overline{BCH=CPhC_6H_4CH_2}$, **1**, 330

$BC_{15}H_{13}$
   $Ph\overline{BCH=CHC_6H_4CH_2}$, **1**, 330

$BC_{15}H_{15}S$
   $Me_2SB(C_6H_4)_2CH$, **1**, 331

$BC_{15}H_{17}N_2$
   $Me\overline{BNPh(CH_2)_2N}Ph$, **1**, 354

$BC_{15}H_{21}O$
   $(MeOC_6H_4)\overline{B[CH\{(CH_2)_3\}_2CH]}$, **7**, 328

$BC_{15}H_{23}N$
   $[BEt_3(\overline{C=CHC_6H_4N}Me)]^-$, **7**, 332

$BC_{15}H_{25}$
   $(C_7H_{11})\overline{B[CH\{(CH_2)_3\}_2CH]}$, **7**, 126

$BC_{15}H_{25}O_2$
   $C_{13}H_{21}\overline{B\{O(CH_2)_2O\}}$, **1**, 323

$BC_{15}H_{26}Cl$
   $BCy_2(CH=CHCH_2Cl)$, **7**, 175, 312

$BC_{15}H_{27}$
   $B(C_5H_9)_3$, **7**, 112, 128, 329
   $\{Me\overline{CH(CH_2)_4CH}\}\overline{B[CH\{(CH_2)_3\}_2CH]}$, **7**, 180
   $(Me_2C=CHCMe_2)\overline{B[CH\{(CH_2)_3\}_2CH]}$, **7**, 181

$BC_{15}H_{27}O$
   $\{(CH_2)_4O\}B(CH_2CMeCH_2)_2(CH_2CHCH_2)$, **1**, 325

$BC_{15}H_{27}O_2$
   $B(OBu)_2(C_7H_9)$, **7**, 319

$BC_{15}H_{28}O$
   $[\{EtCH=C(Et)\}(MeO)\overline{B[CH\{(CH_2)_3\}_2C}$-
     $H]]^-$, **7**, 137

$BC_{15}H_{29}$
   $(Me_2CHCMe_2)\overline{B\{C_6H_{10}(CH_2)_2CH_2\}}$, **7**, 214
   $(Me_2CHCMe_2)\overline{B(C_7H_{12}CH_2CH_2)}$, **7**, 212
   $Pr^iCMe_2\overline{B(CH_2)_2CH(CH_2)_5CH}$, **1**, 317
   $Pr^iCMe_2\overline{B(CH_2)_3CH(CH_2)_4CH}$, **1**, 317

$BC_{15}H_{32}N$
   $C_6H_{13}\overline{B(CH_2)_4CH(Me)N}Pr$, **1**, 339

$BC_{15}H_{33}$
   $B(C_5H_{11})_3$, **7**, 269, 722
   $B(C_5H_{11})\{CH(Me)CHMe_2\}_2$, **7**, 173

$BC_{16}H_{11}O_2$
   $HO\overline{BC_{10}H_6C_6H_4O}$, **1**, 352

$BC_{16}H_{12}N$
   $\overline{B=N(CH=CHCH=CH)C_6H_4C_6H_4}$, **1**, 345
   $H\overline{B=NC_6H_4C_{10}H_6}$, **1**, 344

$BC_{16}H_{12}NO$
   $HO\overline{B=NHC_6H_4C_{10}H_6}$, **1**, 344
   $HO\overline{B=NHC_{10}H_6C_6H_4}$, **1**, 344

$BC_{16}H_{13}$
   $Ph\overline{BCH=CHC_6H_4CH=CH}$, **1**, 334

$BC_{16}H_{16}N$
   $\overline{B=N\{(CH_2)_3CH_2\}C_6H_4C_6H_4}$, **1**, 345

$BC_{16}H_{17}$
   $BuB(C_6H_4C_6H_4)$, **1**, 329
   $PhCH_2CH_2\overline{BC_6H_4CH_2CH_2}$, **1**, 326

$BC_{16}H_{19}$
   $Et_2BC_6H_4Ph$, **1**, 337

$BC_{16}H_{20}BrO$
   $BrBPh_2(OEt_2)$, **1**, 300

$BC_{16}H_{20}N$
   $Me_2BNMe_2C_6H_4C_6H_4$, **1**, 343

$BC_{16}H_{22}Cl$
   $BCl(C\equiv CCy)_2$, **7**, 219

$BC_{16}H_{23}NP$
   $(Et_2N)B\{CH=C(Me)\}_2PPh$, **1**, 335; **7**, 346

$BC_{16}H_{23}O$
   $\{(C_6H_3Me_2)O\}\overline{B[CH\{(CH_2)_3\}_2CH]}$, **7**, 286
   $(MeOC_6H_4CH_2)\overline{B[CH\{(CH_2)_3\}_3CH]}$, **7**, 328

$BC_{16}H_{24}N$
   $(py)B(CH_2CMeCH_2)_2(CH_2CHCH_2)$, **1**, 325

$BC_{16}H_{24}N_2$
   $[BPh_2(NH_2Et)_2]^+$, **1**, 296

$BC_{16}H_{25}O_2S$
   $B(OBu)_2(CH=CHSPh)$, **7**, 346

$BC_{16}H_{27}$
   $B\{CH=CHC(Me)=CH_2\}_2(CMe_2CHMe_2)$, **7**, 220

$BC_{16}H_{27}N_2$
   $Ph\overline{BNBu(CH_2)_2N}Bu$, **1**, 356

$BC_{16}H_{29}$
   $BMe(Cy)(CH_2CH=CHCy)$, **7**, 312
   $\{Me_2C=CHCH(Pr^i)\}\overline{B[CH\{(CH_2)_3\}_2CH]}$, **7**, 351, 354

$BC_{16}H_{30}N$
   $Et_2\overline{B\{CEt=C(C\equiv CPr)CH_2NMe_2\}}$, **1**, 340

$BC_{16}H_{31}$
   $(Me_2CHCMe_2)\overline{B\{C_7H_{12}(CH_2)_2CH_2\}}$, **7**, 212

$BC_{16}H_{32}$
    $Pr^iCMe_2\overline{B(CH_2)_3\underline{CH(CH_2)_5}C}H$, **1**, 317
$BC_{16}H_{32}$
    $[Bu_2\overline{B[CH\{(CH_2)_3\}_2CH]}]^-$, **7**, 288
$BC_{16}H_{33}$
    $B(CH=CHBu)\{CH(Me)CHMe_2\}_2$, **7**, 172
    $B(CH=CHBu)\{CH_2CH(Me)Et\}_2$, **7**, 251
    $B\{CH(Me)CHMe_2\}_2\{(CH_2)_3C(Me)=CH_2\}$, **7**, 178
    $B(C_5H_9)(C_5H_{11})(CMe_2CHMe_2)$, **7**, 286
$BC_{16}H_{33}O_2S$
    $B(OBu)_2\{CH=CHS(C_6H_{13})\}$, **7**, 346
$BC_{16}H_{34}$
    $[BBu_3(CH_2CH=CHMe)]^-$, **7**, 357
$BC_{16}H_{34}Cl$
    $BCl(C_{10}H_{21})(CMe_2CHMe_2)$, **7**, 194
$BC_{16}H_{35}$
    $B(C_5H_{11})_2(CMe_2CHMe_2)$, **7**, 165
$BC_{16}H_{35}O_2S$
    $B(OBu)_2\{CH_2CH_2S(C_6H_{13})\}$, **7**, 321
$BC_{16}H_{36}$
    $[BBu_4]^-$, **7**, 288
$BC_{17}H_{13}N_2$
    $\overline{Ph\overline{B}=NH(C_5H_3N)C_6H_4}$, **1**, 344
$BC_{17}H_{16}N$
    $BH(Ph)_2(py)$, **1**, 299; **7**, 171
$BC_{17}H_{18}NO$
    $Ph_2\overline{BNHCMe=CHC(Me)O}$, **1**, 362
$BC_{17}H_{19}N_2$
    $Me\overline{BNPhCMe=CMeNPh}$, **1**, 357
    $Pr\overline{B\{C_6H_4N=C(Me)NPh\}}$, **1**, 347; **7**, 325
$BC_{17}H_{25}$
    $(CH_2=CHCH_2)$-
        $\overline{B\{CH_2CH(CH_2CH=CH_2)CH_2C(C_6H_9)=C-}$
        $H\}$, **1**, 318
    $\{Ph(Me)CHCH_2\}\overline{B(C_6H_{10}CH_2CH_2)}$, **1**, 280
$BC_{17}H_{26}N$
    $(py)\overline{BCH\{(CH_2)_3CHCH_2\}_2CH_2}$, **1**, 324
$BC_{17}H_{26}NO_4S$
    $Et_2\overline{BCEt=CEtSO(CH_2C_6H_4NO_2)O}$, **1**, 351
$BC_{17}H_{28}N$
    $BH(Cy)_2(py)$, **1**, 296
$BC_{17}H_{29}$
    $BCy_2\{CH=CHC(Me)=CH_2\}$, **7**, 175, 320
    $Cy\overline{B\{CH_2C(Me)=CHCH(Cy)\}}$, **7**, 356
$BC_{17}H_{29}ClI$
    $BCy_2\{C(I)=CH(CH_2)_3Cl\}$, **7**, 311
$BC_{17}H_{29}O_2$
    $BCy_2\{C(CO_2Me)=CHMe\}$, **7**, 175
$BC_{17}H_{30}Cl$
    $BCy_2\{CH=CH(CH_2)_3Cl\}$, **7**, 311
$BC_{17}H_{31}$
    $\{Me\overline{CH(CH_2)_6CH}\}\overline{B[CH\{(CH_2)_3\}_2CH]}$, **7**, 268
$BC_{17}H_{33}$
    $BCy(C_5H_9)(CMe_2CHMe_2)$, **7**, 128
$BC_{17}H_{33}O_2$
    $B(C_5H_9)(CMe_2CHMe_2)\{(CH_2)_3CO_2Et\}$, **7**, 282
$BC_{17}H_{34}Cl$
    $B(CH=CHPr)\{C(Cl)=CHBu^n\}(CMe_2CHMe_2)$, **7**, 167
$BC_{17}H_{35}$
    $B\{C(Pr^i)=CMe_2\}\{CH(Me)CMe_2\}_2$, **7**, 181
$BC_{17}H_{36}Cl$
    $B(C_5H_{11})\{C(Cl)=CHBu^n\}(CMe_2CHMe_2)$, **7**, 167
$BC_{18}H_{13}O$
    $Ph\overline{BC_6H_4C_6H_4O}$, **1**, 352
$BC_{18}H_{13}O_2$
    $Ph\overline{BOC_6H_4C_6H_4O}$, **1**, 366
$BC_{18}H_{15}$
    BPh_3, **1**, 298; **7**, 112, 130, 327
$BC_{18}H_{15}N_2O_2$
    $Ph_2B(C_5H_4N)NHCOO$, **1**, 363
$BC_{18}H_{17}O$
    $EtBCH=CPhCH=C(Ph)O$, **1**, 351
$BC_{18}H_{21}$
    $\{PhCH(Me)CH_2\}\overline{B\{C_6H_4CH(Me)CH_2\}}$, **1**, 326; **7**, 269
$BC_{18}H_{21}O$
    $BuOB(C_6H_4CH_2)_2$, **1**, 333
$BC_{18}H_{22}P$
    $Ph\overline{B\{(CH_2)_3\}_2PPh}$, **1**, 353
$BC_{18}H_{25}Cl_2$
    $ClB\{CH=C(Cl)Bu\}\{CH=C(Bu)Ph\}$, **1**, 294
$BC_{18}H_{29}$
    $B(CH=CHPh)\{CH(Me)Pr^i\}_2$, **8**, 924
$BC_{18}H_{31}$
    $(C_{10}H_{17})\overline{B[CH\{(CH_2)_3\}_2CH]}$, **7**, 248
$BC_{18}H_{32}Br$
    $BCy_2\{C(Br)=CHBu^n\}$, **7**, 175
$BC_{18}H_{33}$
    $\overline{B\{CH(CH_2)_3CHMe\}_3}$, **7**, 122, 274
    $BCy_2(CH=CHBu)$, **7**, 175, 176, 310
    BCy_3, **7**, 122
$BC_{18}H_{35}$
    $B(CH=CHBu^n)_2(CMe_2CHMe_2)$, **7**, 167
    $B\{CH(Me)CHMe_2\}_2\{CH_2CH_2(C_6H_9)\}$, **7**, 121, 271
$BC_{18}H_{39}$
    $B(C_6H_{13})_3$, **7**, 119, 164, 171, 277
$BC_{19}H_{14}$
    $[PhB(C_6H_4)_2CH]^-$, **1**, 331
$BC_{19}H_{15}$
    $PhB(C_6H_4)_2CH_2$, **1**, 331
$BC_{19}H_{16}N$
    $\overline{Ph\overline{B}=NH(C_6H_3Me)C_6H_4}$, **1**, 343
$BC_{19}H_{17}$
    $BPh_2(Bz)$, **7**, 130, 328
$BC_{19}H_{20}P$
    $BH_3(CH_2PPh_3)$, **1**, 297
$BC_{19}H_{22}$
    $[Ph\overline{B(Bu)CH=CHC_6H_4CH_2}]^-$, **1**, 330
$BC_{19}H_{22}N$
    $Me_3N\overline{B(Ph)(CH=CHC_6H_4CH=CH)}$, **1**, 334
$BC_{19}H_{25}$
    $\{PhC\equiv C(CH_2)_3\}\overline{B[CH\{(CH_2)_3\}_2CH]}$, **7**, 179
$BC_{19}H_{26}NO_3$
    $Et_3NCH_2C_6H_4\overline{B(OH)OC_6H_4O}$, **1**, 366
$BC_{19}H_{32}I$
    $B(C_5H_9)(CMe_2CHMe_2)\{C(I)=CH(C_6H_9)\}$, **7**, 321
$BC_{20}H_{15}N_2O_3S$
    $HOB=N(Tos)N=CHC_{10}H_6$, **1**, 346
$BC_{20}H_{15}O_2$
    $PhBOCPh=C(Ph)O$, **1**, 367
$BC_{20}H_{20}N$
    $Ph_2B=NH(C_6H_3Me_2)$, **1**, 343
$BC_{20}H_{20}NO_2$
    $Ph\overline{B=NHC(CH_2CH_2CO_2Me)=CHCH=CPh}$, **1**, 341
$BC_{20}H_{21}S$
    $BPh_2(SMe_2)$, **1**, 301
$BC_{20}H_{27}N_2$
    $BPr_2\{N(Ph)C(Me)=NPh\}$, **7**, 325
$BC_{20}H_{30}Cl$
    $(C_5Me_5)_2BCl$, **1**, 430
$BC_{20}H_{31}O$
    $(C_6H_3Pr^i_2)O\overline{B[CH\{(CH_2)_3\}_2CH]}$, **7**, 215
$BC_{20}H_{33}N$
    $[B(C_5H_9)_3(\overline{C=CHCH=CHNMe})]^-$, **7**, 329

BC₂₀H₃₄
 [B(C≡CH){$\overline{\text{CH(CH}_2\text{)}_3\text{CHMe}}$}₃]⁻, **7**, 136
BC₂₀H₃₅
 BCy₂{CH₂CH₂(C₆H₉)}, **7**, 276
 BH(C₁₀H₁₇)₂, **7**, 115, 169
BC₂₀H₃₆Cl
 B(CH=CHCy){C(Cl)=CHBu}(CMe₂CHMe₂), **7**, 138
BC₂₀H₃₆ClO
 BCl(OMe){CCy₂(CH=CHBu)}, **7**, 310
BC₂₀H₄₁
 B(C₆H₁₃)(CMe₂CHMe₂)(CH=CHC₆H₁₃), **7**, 220
 BCy(C₈H₁₇)(CMe₂CHMe₂), **7**, 166
BC₂₁H₁₆O₂
 [$\overline{\text{PhBOCPhCHCPhO}}$]⁺, **1**, 366
BC₂₁H₂₀
 [BPh₃{C(Me)=CH₂}]⁻, **7**, 329
BC₂₁H₂₁
 BBz₃, **1**, 255; **7**, 350
BC₂₁H₃₉
 B(CH₂Cy)₃, **7**, 119
BC₂₁H₄₀
 [BMe(C₆H₁₀Me)₂(CH=CHBu)]⁻, **7**, 313
BC₂₂H₁₆N₂O
 [(bipy)B(C₆H₄)₂O]⁺, **1**, 335
BC₂₂H₁₈N₂
 [BPh₂(bipy)]⁺, **1**, 296
BC₂₂H₂₃N₂
 Ph₂$\overline{\text{BNPr=CHC}_6\text{H}_4\text{N}}$H, **1**, 359
BC₂₂H₂₅O₃
 ($\overline{\text{CPh}_2\text{COCH}_2\text{CH}}$)B{$\overline{\text{OCMe}_2\text{CH}_2\text{CH(Me)O}}$}, **7**, 320
BC₂₂H₃₂N₂
 [BCy₂(py)₂]⁺, **1**, 296
BC₂₂H₃₄
 [BBu₃(Nap)]⁻, **7**, 291, 330
BC₂₂H₃₉O₂
 BCy₂{CH=CHCH(OAc)(C₅H₁₁)}, **7**, 312
BC₂₄H₁₆
 [B(C₆H₄C₆H₄)₂]⁻, **1**, 329
BC₂₄H₂₀
 [BPh₄]⁻, **1**, 296, 326; **7**, 326
BC₂₄H₂₀N₃O
 Ph₂$\overline{\text{BNPh=NN(Ph)O}}$, **1**, 371
BC₂₄H₂₁N₄
 Ph₂$\overline{\text{BNHNPhN=N}}$Ph, **1**, 369
BC₂₄H₂₂N₂OP
 Ph₂$\overline{\text{BNHNHPPh}_2\text{O}}$, **1**, 363
BC₂₄H₂₄
 [BPh₃(C≡CBuᵗ)]⁻, **7**, 136
BC₂₄H₂₇
 B(CH₂CH₂Ph)₃, **1**, 326
BC₂₄H₃₃
 B{CH(Me)CHMe₂}₂{C(Ph)=CHPh}, **7**, 121
BC₂₄H₄₃
 BBuˢ(C₁₀H₁₇)₂, **7**, 271
BC₂₄H₄₄O₂
 [B{CH(Me)CHMe₂}₂(C≡CEt){CH=CH-(CH₂)₆OAc}]⁻, **7**, 343
BC₂₄H₅₁
 B(C₈H₁₇)₃, **1**, 280; **7**, 164, 171, 269
BC₂₅H₂₂
 [BPh₃(Tol)]⁻, **7**, 326
BC₂₅H₂₇O
 BBz₂{CH=C(OEt)(Tol)}, **7**, 350
BC₂₅H₄₆O₂
 [BCy₂(Bu){CH=CH(CH₂)₂O(C₅H₉O)}]⁻, **7**, 306
BC₂₆H₂₀
 [Ph₂$\overline{\text{B{C(Ph)=C(Ph)}}}$]⁻, **1**, 326

BC₂₆H₂₀NO
 Ph$\overline{\text{BNPhCPh=C(Ph)O}}$, **1**, 367
BC₂₆H₅₀
 [BCy₂(Bu){C(Bu)=CHBu}]⁻, **7**, 313
BC₂₆H₅₃
 B(C₁₀H₂₁)(CMe₂CHMe₂){(CH₂)₃CH=CH-C₅H₁₁}, **7**, 194
BC₂₇H₂₁O₂
 Ph₂$\overline{\text{BOCPhCCPhO}}$, **1**, 366
BC₂₇H₃₃
 B{CH₂CH(Me)Ph}₃, **1**, 280; **7**, 269
BC₂₈H₂₂N₃
 Ph₂$\overline{\text{BNPh=NC}_{10}\text{H}_6\text{N}}$H, **1**, 359
BC₂₈H₂₃O
 B(C≡CPh)₃{$\overline{\text{O(CH}_2\text{)}_3\text{CH}_2}$}, **1**, 300
BC₂₈H₂₈
 [B(Tol)₄]⁻, **3**, 100; **7**, 326
BC₃₀H₂₁
 B(Nap)₃, **7**, 261, 327
BC₃₀H₃₇N₄O₂
 Ph$\overline{\text{BNPhCONBu(CH}_2\text{)}_2\text{NBuCON}}$Ph, **1**, 356
BC₃₀H₅₇
 B{C(Bu)=CHBu}₃, **7**, 305
BC₃₂H₂₀
 [B(C≡CPh)₄]⁻, **1**, 266
 [B(C₁₀H₆C₆H₄)₂]⁻, **1**, 329
BC₃₃H₆₉
 B(C₁₁H₂₃)₃, **1**, 280
BC₃₄H₂₅
 Ph$\overline{\text{B{C(Ph)=C(Ph)C(Ph)=CPh}}}$, **1**, 328, 388; **7**, 320, 353
BC₄₈H₃₅
 Ph$\overline{\text{B(CPh=CPh)}_2\text{(CPh=CPh)}}$, **1**, 314, 328, 334; **7**, 320, 353
BCoC₃H₉N₃O₃
 Co(BMe₃)(NO)₃, **6**, 884
BCoC₄Cl₂O₄
 Co(BCl₂)(CO)₄, **6**, 890
BCoC₄F₃O₄
 [Co(BF₃)(CO)₄]⁻, **6**, 885
BCoC₄H₃O₄
 [Co(BH₃)(CO)₄]⁻, **6**, 885
BCoC₈H₁₂N₂O₄
 Co{B(NMe₂)₂}(CO)₄, **6**, 890
BCoC₉H₁₁Cl
 Co{BCl(CH=CH₂)₂}Cp, **6**, 897
BCoC₁₁H₁₃
 CoCp(C₅H₅BMe), **1**, 393
 [CoCp(C₅H₅BMe)]⁺, **5**, 248
BCoC₁₂H₁₀F₁₂P₄
 Co(BPh₂)(PF₃)₄, **6**, 890
BCoC₁₂H₂₀
 CpCo{PhB(CH=CH)₂CMe₂}, **1**, 330
BCoC₁₃H₁₀O₂
 Co(CO)₂(C₅H₅BPh), **5**, 263
BCoC₁₄H₂₀
 Co(η⁴-C₄Me₄)(C₅H₅BMe), **1**, 398
 Co(cod)(C₅H₅BMe), **1**, 397
BCoC₁₆H₁₀O₄
 Co(BPh₂)(CO)₄, **6**, 890
BCoC₁₆H₁₅
 CoCp(C₅H₅BPh), **1**, 393
 [CoCp(C₅H₅BPh)]⁺, **1**, 331; **5**, 235, 263
BCoC₁₆H₂₂O
 Co(η⁴-C₄Me₄){C₅H₄(Ac)BMe}, **1**, 399
BCoC₁₇H₁₈
 CoCp{PhB(CHCHCH₂)₂}, **5**, 191

BCoC$_{18}$H$_{18}$
  Co(C$_5$H$_5$BPh)(nbd), **5**, 191
BCoC$_{18}$H$_{24}$O$_2$
  Co(η^4-C$_4$Me$_4$){C$_5$H$_3$(Ac)$_2$BMe}, **1**, 399
BCoC$_{19}$H$_{22}$
  Co(C$_5$H$_5$BPh)(cod), **1**, 397; **5**, 191
BCoC$_{21}$H$_{15}$Cl$_2$O$_3$P
  Co(BCl$_2$)(CO)$_3$(PPh$_3$), **6**, 890
BCoC$_{25}$H$_{27}$N$_2$O$_3$P
  Co{B(NMe$_2$)$_2$}(CO)$_3$(PPh$_3$), **6**, 890
BCoC$_{33}$H$_{25}$O$_3$P
  Co(BPh$_2$)(CO)$_3$(PPh$_3$), **6**, 890
BCoC$_{39}$H$_{30}$
  CoCp(C$_4$BPh$_5$), **1**, 387
BCoSiC$_{17}$H$_{20}$
  CoCp{PhB(CH=CH)$_2$SiMe$_2$}, **1**, 402; **5**, 191
BCo$_3$C$_{13}$H$_{11}$NO$_{10}$
  Co$_3${COBH$_2$(NMe$_3$)}(CO)$_9$, **5**, 16, 165
BCo$_3$C$_{15}$H$_{15}$NO$_9$
  {(CO)$_3$Co}$_3$BNEt$_3$, **1**, 491
BCo$_3$C$_{15}$H$_{15}$O$_9$
  {(CO)$_3$Co}$_3$BNEt$_3$, **1**, 487
BCo$_3$C$_{16}$H$_{15}$Br$_2$NO$_{10}$
  Co$_3${COBBr$_2$(NEt$_3$)}(CO)$_9$, **5**, 165
BCrC$_6$H$_3$NO$_5$
  [Cr(CO)$_5$(NCBH$_3$)]$^-$, **3**, 818
BCrC$_6$H$_3$O$_3$S$_3$
  Cr{B(SMe)$_3$}(CO)$_3$, **6**, 880
BCrC$_8$H$_3$O$_5$S
  Cr{BMe$_2$(SMe)}(CO)$_5$, **6**, 882
BCrC$_8$H$_{12}$F$_4$O$_3$P
  Cr(CMe)(BF$_4$)(CO)$_3$(PMe$_3$), **3**, 912
BCrC$_9$H$_7$O$_5$
  Cr(CO)$_3${η^6-C$_6$H$_5$B(OH)$_2$}, **3**, 1018
BCrC$_{12}$H$_{13}$O$_4$
  Cr(CO)$_4${PhBCHCH(CH$_2$)$_2$CHCH}, **3**, 974
BCrC$_{13}$H$_{23}$N$_3$O$_3$
  [Cr(CO)$_2$(NO){MeBN(Bu^t)CHCHNBu^t}]$^+$, **1**, 404
BCrC$_{14}$H$_{15}$O$_3$
  Cr(CO)$_3${η^6-C$_6$H$_5$B(CH$_2$)$_4$CH$_2$}, **3**, 1009
BCrC$_{14}$H$_{23}$N$_2$O$_3$
  Cr(CO)$_3${MeBN(Bu^t)CHCHNBu^t}, **1**, 357, 404
BCrC$_{16}$H$_{13}$O$_4$
  Cr(CO)$_4${PhBCHCH(CH$_2$)$_2$CHCH}, **1**, 401
BCr$_2$C$_{30}$H$_{20}$O$_6$
  [{(CO)$_3$Cr}$_2${(η^6-C$_6$H$_5$)$_2$BPh$_2$}]$^-$, **3**, 1014
BCuC$_{24}$H$_{20}$
  CuBPh$_4$, **7**, 334
BErC$_{14}$H$_{22}$O
  Er(BH$_4$)Cp$_2${O(CH$_2$)$_3$CH$_2$}, **3**, 185
BFeC$_5$H$_5$Br$_2$
  Fe(BBr$_2$)Cp, **1**, 332
BFeC$_6$H$_6$NO$_4$
  Fe(BNMe$_2$)(CO)$_4$, **6**, 894
BFeC$_7$H$_5$Cl$_2$O$_2$
  Fe(BCl$_2$)(CO)$_2$Cp, **6**, 889
BFeC$_7$H$_5$O$_3$
  (CO)$_3$FeC$_4$BH$_5$, **1**, 480
BFeC$_7$H$_6$ClO$_3$
  Fe(CO)$_3${BCl(CH=CH)$_2$}, **6**, 896
BFeC$_8$H$_{10}$NO$_4$
  Fe(BNEt$_2$)(CO)$_4$, **6**, 894
BFeC$_8$H$_{15}$N$_2$O$_3$
  Fe(CO)$_3${BMe(NMe$_2$)$_2$}, **6**, 895
BFeC$_{10}$H$_9$Cl$_2$
  FcBCl$_2$, **4**, 483; **8**, 1019

BFeC$_{10}$H$_{10}$ClO$_2$
  FeCp[η^5-C$_5$H$_3$(Cl){B(OH)$_2$}], **2**, 722
BFeC$_{10}$H$_{11}$O$_2$
  FcB(OH)$_2$, **4**, 477; **8**, 1024, 1062
BFeC$_{11}$H$_{13}$
  FeCp(C$_5$H$_5$BMe), **1**, 395
BFeC$_{11}$H$_{17}$N$_2$O$_2$
  Fe{B(NMe$_2$)$_2$}(CO)$_2$Cp, **6**, 889
BFeC$_{15}$H$_{13}$O$_3$
  Fe(CO)$_3${PhB(CH)$_3$CEt}, **1**, 388
  Fe(CO)$_3${PhBCHCH(CH$_2$)$_2$CHCH}, **1**, 401
BFeC$_{16}$H$_{15}$
  FeCp(C$_5$H$_5$BPh), **1**, 395
BFeC$_{16}$H$_{15}$O$_3$
  Fe(CO)$_3${PhB(CH=CH)$_2$CMe$_2$}, **1**, 330, 401
BFeC$_{16}$H$_{19}$INO$_2$
  FeI(CO)$_2${PhBC(Me)CHCHNBu^t}, **1**, 405
BFeC$_{19}$H$_{15}$O$_2$
  Fe(BPh$_2$)(CO)$_2$Cp, **6**, 889
BFeC$_{25}$H$_{20}$O$_2$
  [Fe(BPh$_3$)(CO)$_2$Cp]$^-$, **6**, 884
BFeC$_{37}$H$_{25}$O$_3$
  Fe(CO)$_3$(C$_4$BPh$_5$), **1**, 387
BFeSiC$_{15}$H$_{15}$O$_3$
  Fe(CO)$_3${PhB(CH=CH)$_2$SiMe$_2$}, **1**, 401; **2**, 43
BFeSiC$_{19}$H$_{28}$NO$_2$
  Fe(SiMe$_3$)(CO)$_2${PhBC(Me)CHCHNBu^t}, **1**, 405
BFe$_2$C$_8$H$_6$NO$_6$S$_2$
  {Fe(CO)$_3$}$_2$(S$_2$BNMe$_2$), **4**, 275
BFe$_2$C$_{32}$H$_{24}$O$_4$
  [Fe$_2$(CO)$_4$Cp(η^5-C$_5$H$_4$BPh$_3$)]$^-$, **4**, 492, 541
BFe$_3$C$_{11}$HF$_3$O$_{11}$
  Fe$_3$H(CO)$_{10}$(COBF$_3$), **4**, 316
BGaC$_2$H$_{10}$
  GaMe$_2$(BH$_4$), **1**, 699, 714
BHgC$_{10}$H$_{12}$ClO$_2$
  BzCH(HgCl)(BOCH$_2$CH$_2$O), **1**, 365
BIrC$_4$H$_3$O$_4$
  Ir(BH$_3$)(CO)$_4$, **6**, 885
BIrC$_{37}$H$_{30}$ClF$_3$OP$_2$
  IrCl(BF$_3$)(CO)(PPh$_3$)$_2$, **6**, 884
BIrC$_{37}$H$_{30}$ClF$_3$P$_2$S
  IrCl(BF$_3$)(CS)(PPh$_3$)$_2$, **5**, 570
BIrC$_{37}$H$_{34}$OP$_2$
  Ir(BH$_4$)(CO)(PPh$_3$)$_2$, **5**, 552
BIrC$_{38}$H$_{69}$NOP$_2$
  Ir{BH$_3$(CN)}(CO)(PCy$_3$)$_2$, **5**, 542
BIrC$_{43}$H$_{35}$F$_4$N$_3$O$_3$P$_2$
  Ir{C$_6$H$_3$(NO$_2$)NHNH}(BF$_4$)(CO)(PPh$_3$)$_2$, **5**, 585
BIrC$_{55}$H$_{30}$ClF$_{15}$OP$_2$
  IrCl{B(C$_6$F$_5$)$_3$}(CO)(PPh$_3$)$_2$, **6**, 885
BIrC$_{66}$H$_{55}$Cl$_2$P$_3$
  IrCl$_2$(BPh$_2$)(PPh$_3$)$_3$, **6**, 891
BKC$_{14}$H$_{33}$N
  KBBu$_2$(NEt$_3$), **1**, 282
BLiC$_9$H$_{16}$
  LiCH$_2$B[CH{(CH$_2$)$_3$}$_2$CH], **7**, 296
BLi$_2$C$_8$H$_{14}$N
  Li$_2$NBCH{(CH$_2$)$_3$}$_2$CH, **1**, 321
BMgC$_2$H$_9$
  MgEt(BH$_4$), **1**, 209
BMgC$_4$H$_{13}$
  MgBu^s(BH$_4$), **1**, 209
BMgC$_6$H$_9$
  MgPh(BH$_4$), **1**, 209
BMnC$_5$H$_3$O$_5$

BMnC$_5$H$_3$O$_5$
[Mn(BH$_3$)(CO)$_5$]$^-$, **4**, 28; **6**, 882
BMnC$_5$H$_4$O$_5$
Mn(BH$_4$)(CO)$_5$, **6**, 905
BMnC$_8$H$_6$O$_5$
Mn(CO)$_3$[η^5-C$_5$H$_4$\{B(OH)$_2$\}], **2**, 712
BMnC$_9$H$_8$O$_3$
Mn(CO)$_3$(C$_5$H$_5$BMe), **1**, 395, 398
BMnC$_9$H$_{12}$N$_2$O$_5$
Mn\{B(NMe$_2$)$_2$\}(CO)$_5$, **6**, 888
BMnC$_9$H$_{12}$N$_2$O$_7$S
Mn\{B(NMe$_2$)$_2$\}(CO)$_5$(SO$_2$), **6**, 888
BMnC$_{11}$H$_{10}$O$_4$
Mn(CO)$_3$\{C$_5$H$_4$(Ac)BMe\}, **1**, 399
BMnC$_{14}$H$_{10}$O$_3$
Mn(CO)$_3$(C$_5$H$_5$BPh), **1**, 383, 395
BMnC$_{15}$H$_{12}$O$_3$
Mn(CO)$_3$\{PhB(CH=CH)$_2$CMe\}, **1**, 395; **4**, 139
BMnC$_{17}$H$_{10}$O$_5$
Mn(BPh$_2$)(CO)$_5$, **6**, 888
BMnC$_{18}$H$_{18}$O
Mn(CO)Cp(PhB̄CH=CHCH$_2$CH$_2$CH=C̄H), **4**, 139
BMnC$_{22}$H$_{15}$Cl$_2$O$_4$P
Mn(BCl$_2$)(CO)$_4$(PPh$_3$), **6**, 888
BMnC$_{22}$H$_{18}$O$_4$P
[Mn(BH$_3$)(CO)$_4$(PPh$_3$)]$^-$, **4**, 28; **6**, 882
BMnC$_{23}$H$_{15}$O$_5$
[Mn(BPh$_3$)(CO)$_5$]$^-$, **6**, 882
BMnC$_{24}$H$_{21}$O$_6$P
Mn\{B(OMe)$_2$\}(CO)$_4$(PPh$_3$), **6**, 888
BMnC$_{26}$H$_{27}$N$_2$O$_4$P
Mn\{B(NMe$_2$)$_2$\}(CO)$_4$(PPh$_3$), **6**, 888
BMnC$_{28}$H$_{21}$N$_2$O$_4$P
Mn\{B(NH)$_2$C$_6$H$_4$\}(CO)$_4$(PPh$_3$), **6**, 888
BMnC$_{30}$H$_{15}$F$_{10}$O$_4$P
Mn\{B(C$_6$F$_5$)$_2$\}(CO)$_4$(PPh$_3$), **6**, 888
BMnC$_{34}$H$_{23}$O$_4$P
Mn(BC$_{12}$H$_8$)(CO)$_4$(PPh$_3$), **6**, 888
BMnC$_{34}$H$_{25}$O$_4$P
Mn(BPh$_2$)(CO)$_4$(PPh$_3$), **6**, 888
BMn$_2$C$_{12}$H$_6$NO$_{10}$
\{Mn(CO)$_5$\}$_2$(BNMe$_2$), **6**, 894
BMn$_2$C$_{18}$H$_{13}$O$_6$
\{(CO)$_3$Mn\}$_2$(PhB̄CH=CHCH=C̄Et), **1**, 328, 388; **4**, 139
BMn$_2$C$_{44}$H$_{30}$ClO$_8$P$_2$
\{Mn(CO)$_4$(PPh$_3$)\}$_2$(BCl), **6**, 894
BMn$_2$C$_{48}$H$_{40}$NO$_8$P$_2$
\{Mn(CO)$_4$(PPh$_3$)\}$_2$(BNEt$_2$), **6**, 894
BMoC$_4$H$_4$O
[Mo(BH$_4$)(CO)$_4$]$^-$, **6**, 905
BMoC$_8$H$_5$Cl$_2$O$_3$
Mo(BCl$_2$)(CO)$_3$Cp, **3**, 1187; **6**, 887
BMoC$_{10}$H$_{12}$F$_3$
MoH$_2$(BF$_3$)Cp$_2$, **6**, 881
BMoC$_{11}$H$_{15}$N$_2$O$_2$
Mo(CHNMeBH$_2$NMeCH)(CO)$_2$Cp, **3**, 1184
BMoC$_{15}$H$_{21}$N$_4$O$_2$
Mo(CO)$_2$(CH$_2$CHCH$_2$)\{H$_2$B(C$_3$HN$_2$Me$_2$)$_2$\}, **3**, 1158
BMoC$_{16}$H$_{13}$O$_4$
Mo(CO)$_4$\{PhB̄CHCH(CH$_2$)$_2$C̄HCH\}, **1**, 401; **3**, 1204
BMoC$_{20}$H$_{15}$O$_3$
Mo(BPh$_2$)(CO)$_3$Cp, **6**, 887
BMoC$_{26}$H$_{19}$F$_3$O$_3$P
Mo(BF$_3$)(CO)$_3$(η^5-C$_5$H$_4$PPh$_3$), **3**, 1195; **6**, 881
BMoC$_{27}$H$_{20}$O$_3$
[Mo(CO)$_3$(C$_6$H$_5$BPh$_3$)]$^-$, **3**, 1215

BMoC$_{31}$H$_{27}$
Mo(C$_6$H$_5$BPh$_3$)(C$_7$H$_7$), **3**, 1223; **8**, 339
BMoC$_{31}$H$_{33}$P$_2$
Mo(BH$_4$)Cp(diphos), **3**, 1200
BNaC$_{18}$H$_{15}$
NaBPh$_3$, **1**, 293
BNaC$_{27}$H$_{33}$
NaB(Mes)$_3$, **1**, 293
BNaC$_{30}$H$_{21}$
NaB(Nap)$_3$, **1**, 293
BNaC$_{33}$H$_{27}$
NaB(C$_{10}$H$_6$Me)$_3$, **1**, 293
BNbC$_4$H$_9$Cl$_3$
NbCl$_3$(BBu), **6**, 886
BNbC$_8$H$_{18}$Cl$_4$
NbCl$_4$(BBu$_2$), **6**, 886
BNbC$_{10}$H$_{14}$
Nb(BH$_4$)Cp$_2$, **3**, 716, 760, 769, 770; **6**, 905
BNbC$_{10}$H$_{14}$Cl
NbCl(BH$_4$)Cp$_2$, **3**, 768; **6**, 905
BNbC$_{11}$H$_{11}$F$_3$O
NbH(CO)Cp$_2$(BF$_3$), **3**, 713
BNbC$_{11}$H$_{26}$P$_2$
NbH(BH$_4$)Cp(dmpe), **3**, 763, 765
BNiC$_7$H$_{17}$N
Ni\{BMe$_2$(NMe$_2$)\}(CH$_2$CHCH$_2$), **6**, 897
BNiC$_9$H$_{17}$F$_2$O$_6$P$_2$
CpNi\{P(OMe)$_2$O\}$_2$BF$_2$, **6**, 197
BNiC$_{11}$H$_{21}$N$_3$O$_3$P
Ni(CO)$_3$\{P(NMeCH$_2$)$_3$BH$_3$\}, **6**, 20
BNiC$_{21}$H$_{40}$P
Ni\{PCy$_2$(CH$_2$)$_3$B(Et)CH=CH$_2$\}(CH$_2$=CH$_2$), **6**, 108
BNiC$_{23}$H$_{37}$N$_3$
NiEt(bipy)\{N(=CBu^t)BEt$_3$\}, **6**, 72
BNiC$_{36}$H$_{25}$O$_2$
Ni(CO)$_2$(C$_4$BPh$_5$), **1**, 387; **6**, 223
BOsC$_{43}$H$_{36}$ClF$_4$N$_2$OP$_2$
OsCl(BF$_4$)(CO)(PhNNH)(PPh$_3$)$_2$, **4**, 990
BPbC$_7$H$_{19}$N$_2$
PbMe$_3$\{B̄N(Me)CH$_2$CH$_2$N̄Me\}, **2**, 633
BPbC$_{10}$H$_{10}$F$_3$
PbCp$_2$(BF$_3$), **2**, 672
BPdC$_5$H$_{15}$Cl$_2$N$_2$
PdCl$_2$\{BMe(NMe$_2$)$_2$\}, **6**, 897
BPtC$_{10}$H$_{13}$N$_6$
PtMe\{HB(C$_3$H$_3$N$_2$)$_3$\}, **6**, 634
BPtC$_{11}$H$_{13}$N$_6$O
PtMe(CO)\{HB(C$_3$H$_3$N$_2$)$_3$\}, **6**, 490
BPtC$_{12}$H$_{17}$N$_6$
PtMe(CH$_2$=CH$_2$)\{HB(C$_3$H$_3$N$_2$)$_3$\}, **6**, 652
BPtC$_{12}$H$_{19}$F$_4$N$_2$
Pt\{C$_6$H$_3$(CH$_2$NMe$_2$)$_2$\}(BF$_4$), **6**, 593
BPtC$_{17}$H$_{25}$N$_4$O$_4$
Pt\{C(CO$_2$Me)=C(Me)CO$_2$Me\}\{(C$_3$H$_3$N$_2$)$_2$BEt$_2$\}, **6**, 710
BPtC$_{31}$H$_{46}$NP$_2$
PtH(PEt$_3$)$_2$(Ph$_3$BNC), **6**, 498
BPtC$_{38}$H$_{36}$Br$_3$P$_2$
PtBr$_3$(BMe$_2$)(PPh$_3$)$_2$, **6**, 894
BPtC$_{42}$H$_{37}$
Pt(cod)(C$_4$BPh$_5$), **1**, 388
BPtC$_{48}$H$_{40}$BrP$_2$
PtBr(BPh$_2$)(PPh$_3$)$_2$, **6**, 893
BReC$_5$F$_3$O$_5$
[Re(BF$_3$)(CO)$_5$]$^-$, **6**, 883
BReC$_5$H$_3$O$_5$
[Re(BH$_3$)(CO)$_5$]$^-$, **6**, 883

BReC$_8$H$_6$O$_5$
  Re(CO)$_3${η^5-C$_5$H$_4$B(OH)$_2$}, **4**, 207
BReC$_9$H$_{12}$N$_2$O$_5$
  Re{B(NMe$_2$)$_2$}(CO)$_5$, **6**, 888
BReC$_{10}$H$_{11}$F$_3$
  ReH(BF$_3$)Cp$_2$, **4**, 206; **6**, 883
BReC$_{12}$H$_{12}$N$_6$O$_3$
  Re(CO)$_3$(C$_3$H$_4$N$_2$){(C$_3$H$_3$N$_2$)$_2$BH$_2$}, **4**, 200
BRhC$_4$F$_3$O$_4$
  Rh(BF$_3$)(CO)$_4$, **6**, 885
BRhC$_4$H$_3$O$_4$
  Rh(BH$_3$)(CO)$_4$, **6**, 885
BRhC$_8$H$_8$N$_4$O$_2$
  Rh(CO)$_2${H$_2$B(C$_3$H$_3$N$_2$)$_2$}, **5**, 295
BRhC$_{10}$H$_{10}$Cl$_2$N$_6$O
  RhCl$_2$(CO){HB(C$_3$H$_3$N$_2$)$_3$}, **5**, 296
BRhC$_{13}$H$_{18}$N$_6$
  Rh{HB(C$_3$H$_3$N$_2$)$_3$}(CH$_2$=CH$_2$)$_2$, **5**, 425
BRhC$_{14}$H$_{20}$
  Rh(cod)(C$_5$H$_5$BMe), **1**, 394
BRhC$_{17}$H$_{25}$
  [Rh(η^5-C$_5$Me$_5$){C$_5$H$_4$(Me)BMe}]$^+$, **1**, 401
BRhC$_{19}$H$_{22}$
  Rh(cod)(η^6-C$_5$H$_5$BPh), **1**, 394; **5**, 492
BRhC$_{21}$H$_{25}$
  [Rh(η^5-C$_5$Me$_5$)(η^6-C$_5$H$_5$BPh)]$^+$, **1**, 395; **5**, 492
BRhC$_{22}$H$_{25}$N
  Rh(η^5-C$_5$Me$_5$){C$_5$H$_5$B(CN)Ph}, **5**, 514
BRhC$_{28}$H$_{28}$
  Rh(BPh$_4$)(CH$_2$=CH$_2$)$_2$, **5**, 489
BRhC$_{30}$H$_{38}$O$_6$P$_2$
  Rh(BPh$_4$){P(OMe)$_3$}$_2$, **1**, 258
BRhC$_{31}$H$_{28}$
  Rh(BPh$_4$)(nbd), **5**, 489
BRhC$_{32}$H$_{32}$
  Rh(BPh$_4$)(cod), **5**, 489
BRhC$_{37}$H$_{30}$Cl$_4$OP$_2$
  RhCl(BCl$_3$)(CO)(PPh$_3$)$_2$, **6**, 885
BRhC$_{37}$H$_{34}$OP$_2$
  Rh(BH$_4$)(CO)(PPh$_3$)$_2$, **5**, 305; **6**, 909
BRhC$_{60}$H$_{50}$O$_6$P$_2$
  Rh(BPh$_4$){P(OPh)$_3$}$_2$, **5**, 489
BRuC$_{10}$H$_{11}$O$_2$
  RuCp{η^5-C$_5$H$_4$B(OH)$_2$}, **4**, 769
BRuC$_{14}$H$_{16}$F$_3$
  Ru(C$_8$H$_{11}$)(C$_6$H$_5$BF$_3$), **4**, 802
BRuC$_{17}$H$_{16}$
  [Ru(η^6-C$_6$H$_6$)(η^6-C$_5$H$_5$BPh)]$^+$, **1**, 395; **4**, 806
BRuC$_{26}$H$_{20}$NO$_2$
  Ru{BPh$_3$(CN)}(CO)$_2$Cp, **4**, 777
BRuC$_{29}$H$_{25}$
  RuCp(C$_6$H$_5$BPh$_3$), **4**, 802
BRuC$_{32}$H$_{31}$
  Ru(C$_8$H$_{11}$)(C$_6$H$_5$BPh$_3$), **4**, 802
BRuC$_{38}$H$_{71}$O$_2$P$_2$
  RuH(BH$_4$)(CO)$_2$(PCy$_3$)$_2$, **4**, 723
BRuC$_{41}$H$_{39}$P$_2$
  Ru(BH$_4$)(Cp)(PPh$_3$)$_2$, **4**, 784; **6**, 908
BRuC$_{55}$H$_{50}$OP$_3$
  RuH(BH$_4$)(CO)(PPh$_3$)$_3$, **4**, 722; **6**, 907
BRuC$_{60}$H$_{51}$P$_2$
  RuH(C$_6$H$_5$BPh$_3$)(PPh$_3$)$_2$, **4**, 802
BRu$_4$C$_{12}$H$_3$O$_{12}$
  Ru$_4$H(BH$_2$)(CO)$_{12}$, **4**, 900
BSiC$_3$H$_{11}$F$_3$
  SiMe$_3${NH$_2$(BF$_3$)}, **2**, 125

BSiC$_6$H$_{17}$N$_2$
  MeB̄NMeSiMe$_2$CH$_2$N̄Me, **1**, 356
BSiC$_6$H$_{18}$N$_3$
  Me$_2$S̄iNMeBMeNMeN̄Me, **1**, 370
BSiC$_{11}$H$_{24}$
  [BEt$_3$(C≡CSiMe$_3$)]$^-$, **7**, 341
BSiC$_{12}$H$_{15}$
  PhB(CH=CH)$_2$SiMe$_2$, **1**, 401; **2**, 43
BSiC$_{14}$H$_{32}$N
  Et$_2$B̄{CEt=C(SiMe$_3$)CH$_2$N̄Me$_2$}, **1**, 340
BSiC$_{23}$H$_{52}$O$_3$
  B(OMe)$_2$(C$_5$H$_8$Et){CH=CHCH(OSiMe$_2$Bu^t)-(C$_5$H$_{11}$)}, **7**, 314
BSiC$_{36}$H$_{30}$
  [SiPh$_3$(BPh$_3$)]$^-$, **2**, 99
BSi$_2$C$_6$H$_{18}$Br$_2$N
  (Me$_3$Si)$_2$NBBr$_2$, **2**, 127
BSi$_2$C$_6$H$_{18}$F$_2$N
  (Me$_3$Si)$_2$NBF$_2$, **2**, 125
BSi$_2$C$_6$H$_{19}$F$_3$N
  (Me$_3$Si)$_2$NH(BF$_3$), **2**, 125
BSi$_2$C$_7$H$_{21}$N$_2$
  MeB̄NMeSiMe$_2$SiMe$_2$N̄Me, **1**, 356
BSi$_2$C$_8$H$_{24}$N$_3$
  Me$_2$S̄iNMeBMeNMeSiMe$_2$N̄Me, **1**, 371
BSi$_2$C$_{10}$H$_{29}$N$_4$
  Me$_3$SiNHN(SiMe$_3$)B̄NMe(CH$_2$)$_2$N̄Me, **1**, 355
BSi$_2$C$_{11}$H$_{20}$NO$_2$
  PhB(OSiMe$_2$)$_2$NMe, **1**, 372
BSi$_2$C$_{11}$H$_{28}$N
  (Me$_3$Si)$_2$NB̄(CH$_2$)$_2$CHMeC̄H$_2$, **1**, 316
BSi$_2$C$_{12}$H$_{31}$
  BH{CH(Et)(SiMe$_3$)}$_2$, **7**, 243
BSi$_2$C$_{14}$H$_{32}$
  [(Me$_3$Si)$_2$B̄CH{(CH$_2$)$_3$}$_2$C̄H]$^-$, **2**, 104
BSi$_3$C$_9$H$_{27}$S$_3$
  B(SSiMe$_3$)$_3$, **2**, 168
BSi$_3$C$_{12}$H$_{33}$
  B(CH$_2$SiMe$_3$)$_3$, **2**, 95, 96
BSi$_4$C$_{14}$H$_{29}$O$_3$
  PhB(OSiMe$_2$SiMe$_2$)$_2$O, **1**, 372
BSi$_4$C$_{14}$H$_{38}$Cl
  BCl{CH(SiMe$_3$)$_2$}$_2$, **2**, 96
BSi$_4$C$_{14}$H$_{39}$O
  B(OH){CH(SiMe$_3$)$_2$}$_2$, **2**, 96
BSi$_4$C$_{50}$H$_{46}$N
  Me$_2$NB̄(SiPh$_2$)$_3$S̄iPh$_2$, **1**, 372
BSi$_6$ThC$_{18}$H$_{58}$N$_3$
  Th(BH$_4$){N(SiMe$_3$)$_2$}$_3$, **3**, 256
BSi$_6$UC$_{18}$H$_{58}$N$_3$
  U(BH$_4$){N(SiMe$_3$)$_2$}$_3$, **3**, 256
BSmC$_{14}$H$_{22}$O
  Sm(BH$_4$)Cp$_2${Ō(CH$_2$)$_3$C̄H$_2$}, **3**, 185
BSnC$_{10}$H$_{10}$F$_3$
  SnCp$_2$(BF$_3$), **2**, 598
BSnC$_{12}$H$_{24}$N
  Et$_2$NB(CH=CMe)$_2$SnMe$_2$, **1**, 335
BSn$_2$C$_{11}$H$_{28}$N
  (Me$_3$Sn)$_2$NB̄(CH$_2$)$_2$CHMeC̄H$_2$, **1**, 316
BSn$_3$C$_9$H$_{27}$O$_3$
  B(OSnMe$_3$)$_3$, **2**, 572
BSn$_3$C$_{36}$H$_{81}$O$_3$
  B(OSnBu$_3$)$_3$, **2**, 572, 577
BTcC$_5$H$_3$O$_5$
  [Tc(BH$_3$)(CO)$_5$]$^-$, **6**, 883
BThC$_{27}$H$_{25}$
  Th(BH$_4$)(C$_9$H$_7$)$_3$, **3**, 223

BTiC$_5$H$_9$Cl

BTiC$_5$H$_9$Cl
   TiCl(BH$_4$)Cp, **3**, 320
BTiC$_{10}$H$_{10}$Cl$_3$
   TiCl(BCl$_2$)Cp$_2$, **6**, 886
BTiC$_{10}$H$_{10}$Cl$_4$
   Ti(BCl$_4$)Cp$_2$, **3**, 322
BTiC$_{10}$H$_{14}$
   Ti(BH$_4$)Cp$_2$, **3**, 316, 320; **6**, 900; **8**, 1076
BTiC$_{14}$H$_{15}$Cl$_2$N$_6$
   TiCl$_2${BH(C$_3$H$_3$N$_2$)$_3$}Cp, **3**, 338
BTiC$_{16}$H$_{18}$N$_4$
   Ti{BH$_2$(C$_3$H$_3$N$_2$)$_2$}Cp$_2$, **3**, 308
BTiC$_{19}$H$_{20}$N$_6$
   Ti{BH(C$_3$H$_3$N$_2$)$_3$}Cp$_2$, **3**, 308
BTiC$_{22}$H$_{20}$Cl
   TiCl(BPh$_2$)Cp$_2$, **6**, 886
BTiC$_{22}$H$_{22}$N$_8$
   Ti{B(C$_3$H$_3$N$_2$)$_4$}Cp$_2$, **3**, 308
BTi$_2$C$_{32}$H$_{32}$N$_8$
   (Cp$_2$Ti)$_2${B(C$_3$H$_3$N$_2$)$_4$}, **3**, 308
BTlC$_6$H$_8$
   Tl(C$_5$H$_5$BMe), **1**, 332, 394, 749, 750
BTlC$_{11}$H$_{10}$
   Tl(C$_5$H$_5$BPh), **1**, 332, 394, 749, 750
BUC$_{15}$H$_{19}$
   U(BH$_4$)Cp$_3$, **3**, 215
BUC$_{16}$H$_{18}$N
   U{BH$_3$(CN)}Cp$_3$, **3**, 217
BUC$_{17}$H$_{23}$
   U{BH$_3$(Et)}Cp$_3$, **3**, 217
BUC$_{19}$H$_{20}$ClN$_6$
   UCl{BH(C$_3$H$_3$N$_2$)$_3$}Cp$_2$, **3**, 220
BUC$_{21}$H$_{23}$
   U{BH$_3$(Ph)}Cp$_3$, **3**, 217
BUC$_{34}$H$_{30}$N
   U{BPh$_3$(CN)}Cp$_3$, **3**, 215
BUC$_{39}$H$_{35}$
   U(BPh$_4$)Cp$_3$, **3**, 215
BVC$_7$H$_9$O$_2$
   [V(BH$_4$)(CO)$_2$Cp]$^-$, **3**, 668; **6**, 904
BVC$_{10}$H$_{14}$
   V(BH$_4$)Cp$_2$, **3**, 685; **6**, 901
BWC$_6$H$_3$F$_4$O$_4$
   W(CMe)(BF$_4$)(CO)$_4$, **3**, 1307
BWC$_8$H$_5$Cl$_2$O$_3$
   W(BCl$_2$)(CO)$_3$Cp, **3**, 1337; **6**, 887
BWC$_9$H$_{18}$N$_3$O$_3$
   W{B(NMe$_2$)$_3$}(CO)$_3$, **6**, 881
BWC$_{10}$H$_{12}$F$_3$
   WH$_2$(BF$_3$)Cp$_2$, **3**, 1344; **6**, 881
BWC$_{15}$H$_{11}$O$_4$
   W(CO)$_4$(C$_5$H$_6$BPh), **3**, 1356
BWC$_{16}$H$_{13}$O$_4$
   W(CO)$_4${Ph$\overline{\text{BCHCH(CH}_2\text{)}_2\text{CHCH}}$}, **1**, 401
BWC$_{20}$H$_{15}$O$_3$
   W(BPh$_2$)(CO)$_3$Cp, **6**, 887
BWC$_{26}$H$_{19}$F$_3$O$_3$P
   W(BF$_3$)(CO)$_3$(η^5-C$_5$H$_4$PPh$_3$), **6**, 881
BW$_2$C$_{30}$H$_{20}$O$_6$
   [BPh$_4${W(CO)$_3$}$_2$]$^-$, **3**, 1361
BYbC$_{14}$H$_{22}$O
   Yb(BH$_4$)Cp$_2${$\overline{\text{O(CH}_2\text{)}_3\text{CH}_2}$}, **3**, 185
BZrC$_{10}$H$_{14}$Cl
   ZrCl(BH$_4$)Cp$_2$, **3**, 555, 601; **6**, 901
BZrC$_{10}$H$_{15}$
   ZrH(BH$_4$)Cp$_2$, **3**, 602; **6**, 901

B$_2$BaC$_{12}$H$_{32}$
   Ba(BHEt$_3$)$_2$, **1**, 239
B$_2$BaC$_{16}$H$_{40}$
   Ba(BEt$_4$)$_2$, **1**, 239
B$_2$Be$_2$C$_2$H$_{14}$
   {MeBe(BH$_4$)}$_2$, **1**, 144
B$_2$CCl$_6$
   (Cl$_2$B)$_2$CCl$_2$, **1**, 282
B$_2$CH$_2$Cl$_4$
   (Cl$_2$B)$_2$CH, **1**, 336
B$_2$C$_2$Cl$_6$
   Cl$_2$BC(Cl)=C(Cl)BCl$_2$, **1**, 282
B$_2$C$_2$H$_4$Cl$_4$
   (Cl$_2$BCH$_2$)$_2$, **1**, 258
B$_2$C$_2$H$_6$S$_3$
   MeB(S$_3$)BMe, **1**, 264
B$_2$C$_2$H$_{10}$
   (BH$_2$Me)$_2$, **1**, 264, 446
B$_2$C$_3$H$_9$NOS
   Me$\overline{\text{BN(Me)OB(Me)S}}$, **1**, 370
B$_2$C$_3$H$_{10}$
   H$_2$B(CH$_2$)$_3$BH$_2$, **1**, 336
B$_2$C$_3$H$_{10}$N$_2$S
   Me$\overline{\text{BN(Me)SBMeNH}}$, **1**, 370
B$_2$C$_4$H$_2$I$_2$S$_2$
   IB($\overline{\text{C}_4\text{H}_2\text{S)B(I)S}}$, **1**, 354
B$_2$C$_4$H$_6$
   C$_4$B$_2$H$_6$, **1**, 4, 27
   nido-2,3,4,5-C$_4$B$_2$H$_6$, **1**, 423, 430
B$_2$C$_4$H$_{12}$
   (CH$_2$)$_4$B$_2$H$_4$, **1**, 428
   (H$_2$BCH$_2$CH$_2$)$_2$, **1**, 336
   H$_2$BCH$_2$CH$_2$CH(Me)BH$_2$, **1**, 336
B$_2$C$_4$H$_{12}$N$_2$O
   Me$\overline{\text{BNMeNMeB(Me)}}$O, **1**, 370
   Me$\overline{\text{BN(Me)OBMeN}}$Me, **1**, 370
B$_2$C$_4$H$_{12}$N$_2$S
   Me$\overline{\text{BNMeNMeB(Me)}}$S, **1**, 370
B$_2$C$_4$H$_{12}$O
   (Me$_2$B)$_2$O, **1**, 264
B$_2$C$_4$H$_{12}$S$_2$
   (Me$_2$BS)$_2$, **1**, 264
B$_2$C$_4$H$_{14}$
   (BHMe$_2$)$_2$, **1**, 256, 296
B$_2$C$_5$H$_8$
   nido-2,3,4,5-C$_4$B$_2$H$_5$Me, **1**, 423
B$_2$C$_5$H$_9$O$_4$
   [HC($\overline{\text{BOCH}_2\text{CH}_2\text{O}}$)$_2$]$^-$, **1**, 365
B$_2$C$_5$H$_{15}$ClN$_3$P
   Me$\overline{\text{BNMeBMeNMePClN}}$Me, **1**, 371
B$_2$C$_5$H$_{15}$N
   (Me$_2$B)$_2$NMe, **1**, 266
B$_2$C$_5$H$_{17}$IN$_2$
   IB(H)$\overline{\text{NMe}_2\text{BH}_2\text{NMe}_2\text{CH}_2}$, **1**, 348
B$_2$C$_5$H$_{18}$N$_2$
   H$_2\overline{\text{BNMe}_2\text{BH}_2\text{NMe}_2\text{CH}_2}$, **1**, 347
B$_2$C$_6$H$_4$I$_2$S
   I$\overline{\text{BC}_6\text{H}_4\text{B(I)S}}$, **1**, 354, 406
B$_2$C$_6$H$_{10}$
   nido-2,3,4,5-C$_4$B$_2$H$_4$Me$_2$, **1**, 423
B$_2$C$_6$H$_{10}$I$_2$S
   I$\overline{\text{BC(Et)=C(Et)B(I)S}}$, **1**, 353, 406
B$_2$C$_6$H$_{10}$O$_2$
   MeOB(CH=CH)$_2$BOMe, **1**, 400
B$_2$C$_6$H$_{16}$
   {MeB(H)CH$_2$CH$_2$}$_2$, **1**, 315

$B_2C_6H_{16}O_4$
{(MeO)$_2$BCH$_2$}$_2$, **1**, 451

$B_2C_6H_{19}$
[B$_2$HMe$_6$]$^-$, **1**, 297

$B_2C_6H_{20}N_2$
H$_2\overline{\text{BCH}_2\text{NMe}_2\text{BH}_2\text{CH}_2\text{NMe}_2}$, **1**, 348

$B_2C_7H_{14}O_4$
CH$_2$$\overline{\{\text{BO(CH}_2)_3\text{O}\}_2}$, **7**, 296

$B_2C_8H_4I_2S_2$
IB(C$_4$H$_2$S)$_2$BI, **1**, 354

$B_2C_8H_8I_2Se$
$\overline{\text{IB(C}_6\text{H}_2\text{Me}_2)\text{B(I)Se}}$, **1**, 354

$B_2C_8H_{10}O_3$
HOBCH$_2$C$_6$H$_4$CH$_2$B(OH)O, **1**, 351

$B_2C_8H_{10}S$
$\overline{\text{Me}\overline{\text{B}}\text{C}_6\text{H}_4\text{BMeS}}$, **1**, 349

$B_2C_8H_{12}$
[B(CMe=CMe)$_2$B]$^-$, **1**, 332
H$_2$B(H)$_2\overline{\text{BC}_6\text{H}_4\text{CH}_2\text{CH}_2}$, **1**, 327

$B_2C_8H_{12}F_2$
FB{C(Me)=CMe}$_2$BF, **1**, 332, 400

$B_2C_8H_{12}N_2$
MeB=NHNH=BMeC$_6$H$_4$, **1**, 349

$B_2C_8H_{16}O$
MeBC$_6$H$_{10}$BMeO, **1**, 350

$B_2C_8H_{16}S$
MeBC(Et)=C(Et)B(Me)S, **1**, 348, 405

$B_2C_8H_{18}$
HB{(CH$_2$)$_4$}$_2$BH, **1**, 336; **7**, 210

$B_2C_8H_{18}NH$
MeBC(Et)=C(Et)B(Me)NHNH, **1**, 405

$B_2C_8H_{19}$
[HB{(CH$_2$)$_4$}$_2$BH$_2$]$^-$, **7**, 215

$B_2C_8H_{20}N_2$
{MeN(CH$_2$)$_2$N(Me)B}$_2$, **1**, 355

$B_2C_8H_{22}$
(BHEt$_2$)$_2$, **7**, 171

$B_2C_9H_{19}N$
MeBC(Et)=C(Et)B(Me)NMe, **1**, 405

$B_2C_{10}H_{16}$
$\overline{\text{CH}_2(\text{CH}_2)_3\text{BC}}\equiv\overline{\text{CB}(\text{CH}_2)_3\text{CH}_2}$, **1**, 316

$B_2C_{10}H_{22}$
{HB(CH$_2$)$_4$CH$_2$}$_2$, **1**, 317; **7**, 183, 211, 267

$B_2C_{10}H_{22}N_2$
MeBCEt=CEtBMeNMeNMe, **1**, 348

$B_2C_{10}H_{24}N_2$
MeBN(Bu^t)B(Me)NBu^t, **2**, 602
Me$_2$BN(=CMe$_2$)BMe$_2$N(=CMe$_2$), **1**, 368

$B_2C_{11}H_{20}N_3PS$
MeBNMeBMeNMeP(S)PhNMe, **1**, 371

$B_2C_{11}H_{22}$
{CH$_2$(CH$_2$)$_3$BCH$_2$}$_2$CH$_2$, **1**, 315

$B_2C_{12}H_8Cl_2$
ClB(C$_6$H$_4$)$_2$BCl, **1**, 333

$B_2C_{12}H_8I_2$
IB(C$_6$H$_4$)$_2$BI, **1**, 333, 354

$B_2C_{12}H_{12}$
(H$_2$BC$_6$H$_4$)$_2$, **1**, 337

$B_2C_{12}H_{12}F_2$
(FC$_6$H$_4$BH$_2$)$_2$, **1**, 446

$B_2C_{12}H_{16}O_4$
BzCH(BOCH$_2$CH$_2$O)$_2$, **1**, 365

$B_2C_{12}H_{23}N_4P$
Me$_2$NBNMePPhNMeBNMe$_2$, **1**, 370

$B_2C_{12}H_{24}$
$\overline{\text{CH}_2(\text{CH}_2)_3\text{BCH}_2\text{CH}_2\text{CH(Me)}\overline{\text{B}(\text{CH}_2)_3\text{CH}_2}}$, **1**, 315
{CH$_2$(CH$_2$)$_3$B}$_2${(CH$_2$)$_4$}, **7**, 209
EtBC(Et)=C(Et)B(Et)CHMe, **1**, 388

$B_2C_{12}H_{25}$
[CH$_2$(CH$_2$)$_3$BHCH(Pr)B(CH$_2$)$_3$CH$_2$]$^-$, **1**, 336
[CH$_2$(CH$_2$)$_3$BH(CH$_2$)$_4$B(CH$_2$)$_3$CH$_2$]$^-$, **1**, 336

$B_2C_{12}H_{26}$
{HB(CH$_2$)$_5$CH$_2$}$_2$, **1**, 317

$B_2C_{12}H_{30}$
(BHPr$_2$)$_2$, **7**, 171

$B_2C_{13}H_{24}Br_2O_4$
Br$_2$C(BOCMe$_2$CMe$_2$O)$_2$, **1**, 365

$B_2C_{13}H_{41}NO_2$
Et$_2$BOCH(Bu^t)OBEt$_2$NH$_2$, **1**, 363

$B_2C_{14}H_{11}Cl_3O_3$
PhBOCH(CCl$_3$)OBPhO, **1**, 367

$B_2C_{14}H_{12}O_4$
(HO)$_2$BC$_6$H$_4$C≡CC$_6$H$_4$B(OH)$_2$, **1**, 352

$B_2C_{14}H_{17}N_3$
PhB(NMe)$_2$B(Ph)NH, **1**, 403

$B_2C_{14}H_{30}$
[HB{CH$_2$CH(Me)}$_2$CH$_2$]$_2$, **7**, 183

$B_2C_{14}H_{30}O_2$
EtBCEt$_2$OBEtCEt$_2$O, **1**, 350

$B_2C_{15}H_{27}Cl$
ClB{CMe=CEtC(BEt$_2$)=CBu^t}, **1**, 328

$B_2C_{15}H_{30}$
{CHMe(CH$_2$)$_3$BCH$_2$CH$_2$}$_2$CH$_2$, **1**, 315
{CH$_2$(CH$_2$)$_4$BCH$_2$CH$_2$}$_2$CH$_2$, **1**, 317; **7**, 183, 209, 267

$B_2C_{16}H_{18}$
(HBC$_6$H$_4$CH$_2$CH$_2$)$_2$, **1**, 327

$B_2C_{16}H_{20}$
(EtBHC$_6$H$_4$)$_2$, **1**, 337

$B_2C_{16}H_{22}N_2$
{Me$_2$N(Ph)B}$_2$, **1**, 282

$B_2C_{16}H_{29}N$
HN[BCH{(CH$_2$)$_3$}$_2$CH]$_2$, **1**, 320

$B_2C_{16}H_{30}$
C$_4$B$_2$Et$_6$, **1**, 431
[HBCH{(CH$_2$)$_3$}$_2$CH]$_2$, **1**, 319; **7**, 171

$B_2C_{16}H_{32}N_2$
[H$_2$NBCH{(CH$_2$)$_3$}$_2$CH]$_2$, **1**, 320

$B_2C_{16}H_{34}$
[HB{CH$_2$CH(Me)CH$_2$CH$_2$CH(Me)CH$_2$}]$_2$, **7**, 211, 267

$B_2C_{16}H_{38}$
(BHBu$^n_2$)$_2$, **7**, 171

$B_2C_{17}H_{33}N$
Me$_2$NB{CMe=CEtC(BEt$_2$)=CBu^t}, **1**, 328

$B_2C_{18}H_{30}$
{HB(C$_9$H$_{14}$)}$_2$, **7**, 213

$B_2C_{18}H_{36}$
{CH$_2$(CH$_2$)$_5$BCH$_2$CH$_2$CH$_2$}$_2$, **1**, 317

$B_2C_{24}H_{18}$
(HBC$_6$H$_4$C$_6$H$_4$)$_2$, **1**, 337

$B_2C_{24}H_{18}N_2$
PhB=NHC$_6$H$_3$NH=BPhC$_6$H$_3$, **1**, 345

$B_2C_{29}H_{54}$
(Cy$_2$B)$_2$CHBu^n, **7**, 175

$B_2C_{30}H_{54}$
B$_2$H$_3$(C$_{10}$H$_{17}$)$_3$, **7**, 246

$B_2C_{34}H_{26}N_2$
(HN=BPhCPh=CH)$_2$(C$_6$H$_2$), **1**, 345

$B_2C_{34}H_{32}O_4$
(Ph$_2$BOCMeCCMeO)$_2$, **1**, 366

$B_2C_{40}H_{30}$
C$_4$B$_2$Ph$_6$, **1**, 431

B₂C₄₀H₇₀

{BH(C₁₀H₁₇)₂}₂, **7**, 182

B₂C₄₂H₄₄O₄

C₄Ph₄C=C($\overline{\text{BOCMe}_2\text{CMe}_2\text{O}}$)₂, **1**, 365

B₂CaC₁₆H₄₀

Ca(BEt₄)₂, **1**, 239

B₂CoC₉H₁₁

CoCp(C₄B₂H₆), **1**, 384

B₂CoC₁₁H₁₅

CoCp{C₄H₄(BMe)₂}, **1**, 384

B₂CoC₁₂H₁₆

Co(C₅H₅BMe)₂, **1**, 258, 393

B₂CoC₁₂H₁₆O₂

Co(C₅H₅BOMe)₂, **1**, 258

B₂CoC₁₃H₂₁S

CoCp{Me$\overline{\text{BC(Et)C(Et)B(Me)S}}$}, **1**, 407

B₂CoC₁₄H₂₄N

CoCp{Me$\overline{\text{BC(Et)C(Et)B(Me)NMe}}$}, **1**, 406

B₂CoC₁₈H₂₁

Co(C₅H₅BMe){C₅H₅(Ph)BMe}, **1**, 398

B₂CoC₂₂H₂₀

[Co(C₅H₅BPh)₂]⁻, **1**, 385; **5**, 191
Co(C₅H₅BPh)₂, **1**, 393; **5**, 263

B₂CoC₄₄H₄₈P₄

{(C₆H₄C₆H₄)B}₂Co(Me₂PC₆H₄PMe₂)₂, **1**, 329

B₂CoC₇₆H₆₄P₄

{(C₆H₄C₆H₄)B}₂Co(diphos)₂, **1**, 329

B₂CoC₇₆H₆₈P₄

[Co(BPh₂)₂(diphos)₂]⁻, **6**, 892

B₂CoFeC₂₀H₂₉

FeCoCp₂{Me$\overline{\text{BC(Et)C(Et)B(Me)C}}$Me}, **1**, 389

B₂CoNiC₁₃H₁₃

CpNi(C₃B₂H₃)CoCp, **6**, 223

B₂CoNiC₂₀H₂₉

CoNiCp₂{Me$\overline{\text{BC(Et)C(Et)B(Me)C}}$Me}, **1**, 389

B₂Co₂C₂₀H₂₉

Co₂Cp₂{Me$\overline{\text{BC(Et)C(Et)B(Me)C}}$Me}, **1**, 389

B₂CrC₅H₁₃

Cr(BH₄)₂Cp, **6**, 905

B₂CrC₁₁H₁₆N₂O₃

Cr(CO)₃{Et$\overline{\text{CB(Me)NHNHB(Me)C}}$Et}, **1**, 383

B₂CrC₁₂H₁₆

Cr(η⁶-C₅H₅BMe)₂, **3**, 1063

B₂CrC₁₂H₁₆O₄S

Cr(CO)₄{Me$\overline{\text{BC(Et)C(Et)B(Me)S}}$}, **1**, 407

B₂CrC₁₃H₂₂N₂O₃

Cr(CO)₃{η⁶-Et-$\overline{\text{CB(Me)N(Me)N(Me)B(Me)C}}$Et}, **1**, 348; **3**, 1063

B₂FeC₄H₅O₄

[Fe(CO)₄(B₂H₅)]⁻, **6**, 915

B₂FeC₅H₂Cl₂O₃S

Fe(CO)₃{Cl$\overline{\text{BCHCHB(Cl)S}}$}, **1**, 407

B₂FeC₅H₄O₃S

Fe(CO)₃(H$\overline{\text{BCHCHBHS}}$), **1**, 384, 407

B₂FeC₇H₈O₃S

Fe(CO)₃{Me$\overline{\text{BCHCHB(Me)S}}$}, **1**, 407

B₂FeC₇H₈O₃S₃

Fe(CO)₃{(MeS)$\overline{\text{BCHCHB(SMe)S}}$}, **1**, 407

B₂FeC₇H₁₀O₂

Fe(B₂H₅)(CO)₂Cp, **6**, 915

B₂FeC₉H₁₀I₂O₃S

Fe(CO)₃{I$\overline{\text{BC(Et)C(Et)B(I)S}}$}, **1**, 384

B₂FeC₉H₁₂O₃S

Fe(CO)₃{H$\overline{\text{BC(Et)C(Et)BHS}}$}, **1**, 384

B₂FeC₉H₁₂O₅S

Fe(CO)₃{(EtO)$\overline{\text{BCHCHB(OEt)S}}$}, **1**, 407

B₂FeC₉H₁₄N₂O₃S

Fe(CO)₃{(Me₂N)$\overline{\text{BCHCHB(NMe₂)S}}$}, **1**, 407

B₂FeC₁₀H₈Cl₄

Fe(η⁵-C₅H₄BCl₂)₂, **8**, 1019

B₂FeC₁₀H₁₂O₄

Fe{η⁵-C₅H₄B(OH)₂}₂, **4**, 477

B₂FeC₁₁H₁₀O₃S

Fe(CO)₃{Me$\overline{\text{B(C₆H₄)B(Me)S}}$}, **1**, 384

B₂FeC₁₂H₁₆

Fe(C₅H₅BMe)₂, **1**, 394

B₂FeC₁₂H₁₉NO₃

Fe(CO)₃{Me$\overline{\text{BC(Et)C(Et)B(Me)NMe}}$}, **1**, 406

B₂FeC₁₃H₁₈

Fe(C₅H₅BMe){C₅H₄(Me)BMe}, **1**, 398

B₂FeC₁₃H₂₁S

[FeCp{Me$\overline{\text{BC(Et)C(Et)B(Me)S}}$}]⁻, **1**, 408

B₂FeC₁₄H₁₈O

Fe(C₅H₅BMe){C₅H₄(Ac)BMe}, **1**, 398

B₂FeC₂₂H₂₀

[Fe(C₅H₅BPh)₂]⁻, **1**, 385
Fe(C₅H₅BPh)₂, **1**, 394

B₂FeC₃₀H₃₈N₂O₂

Fe(CO)₂{Ph$\overline{\text{BC(Me)CHCHN}}$Buᵗ}₂, **1**, 405

B₂FeMnC₁₆H₂₁O₃S

{Mn(CO)₃}{Me$\overline{\text{BC(Et)C(Et)B(Me)S}}$}-FeCp, **1**, 408; **4**, 140

B₂Fe₂C₆H₆O₆

{(CO)₃Fe}₂B₂H₆, **1**, 490; **6**, 914

B₂Fe₂C₁₂H₁₄S

Fe₂Cp₂(H$\overline{\text{BCHCHBHS}}$), **3**, 35

B₂Fe₂C₁₄H₁₄

CpFeB(CH=CH)₂BFeCp, **1**, 332

B₂Fe₂C₂₄H₂₂

FcB(CH=CH)₂BFc, **1**, 400

B₂Fe₂NiC₁₆H₁₄O₂

(CO)₂Ni{CpFeB(CH=CH)₂BFeCp}, **1**, 332

B₂Fe₂NiC₃₂H₃₄

Ni(η⁴-C₄Me₄){FcB(CH=CH)₂BFc}, **1**, 400

B₂HfC₁₀H₁₈

Hf(BH₄)₂Cp₂, **3**, 601; **6**, 901

B₂HgC₁₂H₃₆P₄

Hg(CH₂PMe₂BH₂PMe₂CH₂)₂, **2**, 902

B₂IrC₄H₆O₄

[Ir(BH₃)₂(CO)₄]⁻, **5**, 560
Ir(BH₃)₂(CO)₄, **6**, 885

B₂IrC₃₇H₃₀ClF₆OP₂

IrCl(BF₃)₂(CO)(PPh₃)₂, **6**, 884

B₂LiC₅H₉O₄

LiCH{$\overline{\text{BO(CH₂)₂O}}$}₂, **7**, 297

B₂MgC₂H₁₂

Mg(BH₃Me)₂, **1**, 209

B₂MgC₁₆H₄₀

Mg(BEt₄)₂, **1**, 239

B₂MnC₁₁H₁₆O₃S

[Mn(CO)₃{Me$\overline{\text{BC(Et)C(Et)B(Me)S}}$}]⁻, **1**, 408

B₂Mn₂C₁₄H₁₆O₆S

{Mn(CO)₃}₂{Me$\overline{\text{BC(Et)C(Et)B(Me)S}}$}, **1**, 408; **4**, 140

B₂Mn₃C₁₀H₇O₁₀

Mn₃H(B₂H₆)(CO)₁₀, **4**, 5, 25; **6**, 914

B₂MoC₁₀H₁₈O

MoO(BH₄)₂Cp₂, **3**, 1203; **6**, 905

B₂MoC₁₂H₁₆O₄S

Mo(CO)$_4${MeB̄C(Et)C(Et)B(Me)S̄}, **1**, 407

B$_2$NbZnC$_{11}$H$_{19}$O
NbH(CO)Cp$_2${Zn(BH$_4$)$_2$}, **3**, 714

B$_2$NiC$_{10}$H$_{12}$F$_2$O$_2$
Ni(CO)$_2${FB(CMe=CMe)$_2$BF}, **1**, 400; **6**, 117

B$_2$NiC$_{10}$H$_{16}$O$_2$S
Ni(CO)$_2${MeB̄C(Et)C(Et)B(Me)S̄}, **1**, 407; **6**, 223

B$_2$NiC$_{14}$H$_{36}$P$_4$
Ni(CH$_2$PMe$_2$BH$_2$PMe$_2$CH$_2$)$_2$, **6**, 49

B$_2$NiC$_{15}$H$_{24}$
NiCp{MeB̄C(Et)C(Et)B(Me)C̄Me}, **1**, 389

B$_2$NiC$_{17}$H$_{28}$
NiCp{EtB̄C(Et)C(Et)B(Et)C̄Me}, **6**, 223

B$_2$NiC$_{50}$H$_{44}$P$_2$
Ni(BPh$_2$)$_2$(diphos), **6**, 893

B$_2$NiSi$_2$C$_{24}$H$_{30}$
Ni{PhB(CH=CH)$_2$SiMe$_2$}$_2$, **1**, 401; **6**, 117

B$_2$Ni$_2$C$_{13}$H$_{13}$
(NiCp)$_2$(C$_3$B$_2$H$_3$), **6**, 223

B$_2$Ni$_2$C$_{20}$H$_{29}$
(NiCp)$_2${MeB̄C(Et)C(Et)B(Me)C̄Me}, **1**, 389

B$_2$Ni$_2$C$_{100}$H$_{90}$OP$_4$
Ni$_2$(BPh$_2$)$_2$(PPh$_3$)$_4$(Et$_2$O), **6**, 892

B$_2$PdSi$_2$C$_{24}$H$_{30}$
Pd{PhB(CH=CH)$_2$SiMe$_2$}$_2$, **1**, 401

B$_2$PtC$_{40}$H$_{42}$Br$_2$P$_2$
PtBr$_2$(BMe$_2$)$_2$(PPh$_3$)$_2$, **6**, 894

B$_2$PtC$_{60}$H$_{50}$P$_2$
Pt(BPh$_2$)$_2$(PPh$_3$)$_2$, **6**, 893

B$_2$PtSi$_2$C$_{24}$H$_{30}$
Pt{PhB(CH=CH)$_2$SiMe$_2$}$_2$, **1**, 401

B$_2$Pt$_2$C$_{30}$H$_{50}$N$_8$
{Et$_2$B(C$_3$H$_3$N$_2$)$_2$Pt(Me)}$_2$(cod), **6**, 710

B$_2$ReC$_5$H$_6$O$_5$
[Re(BH$_3$)$_2$(CO)$_5$]$^-$, **6**, 883

B$_2$RhC$_{16}$H$_{18}$N$_8$O$_2$
Rh(CO)$_2${(C$_3$H$_3$N$_2$)$_2$BMe}$_2$, **5**, 291

B$_2$RhC$_{16}$H$_{25}$
Rh(η^5-C$_5$Me$_5$){MeB(CHCH)$_2$BMe}, **1**, 401

B$_2$RhC$_{16}$H$_{25}$O$_2$
Rh(η^5-C$_5$Me$_5$){MeOB(CHCH)$_2$BOMe}, **1**, 400

B$_2$Rh$_2$C$_{26}$H$_{40}$
Rh$_2$(η^5-C$_5$Me$_5$)$_2${MeB(CHCH)$_2$BMe}, **1**, 386

B$_2$Rh$_2$C$_{52}$H$_{54}$Cl$_2$F$_6$P$_2$
{RhCl(BF$_3$)(PPh$_3$)(cod)}$_2$, **5**, 472

B$_2$RuC$_{12}$H$_{16}$
Ru(C$_5$H$_5$BMe)$_2$, **4**, 806

B$_2$RuC$_{22}$H$_{20}$
Ru(C$_5$H$_5$BPh)$_2$, **4**, 806

B$_2$Ru$_3$C$_9$H$_6$O$_9$
Ru$_3$(CO)$_9$(B$_2$H$_6$), **4**, 864

B$_2$SiC$_6$H$_{18}$N$_2$S$_2$
Me$_2$Si{S(BNMe$_2$)$_2$S̄}, **2**, 170

B$_2$SiC$_7$H$_{21}$N$_3$
Me$_2$S̄iNMeBMeNMeBMeN̄Me, **1**, 371

B$_2$SnC$_{13}$H$_{29}$N
Me$_3$SnN̄{B̄(CH$_2$)$_2$CHMeCH$_2$}$_2$, **1**, 316

B$_2$SrC$_{16}$H$_{40}$
Sr(BEt$_4$)$_2$, **1**, 239

B$_2$TaC$_3$H$_{17}$
TaMe$_3$(BH$_4$)$_2$, **6**, 905

B$_2$TcC$_5$H$_6$O$_5$
[Tc(BH$_3$)$_2$(CO)$_5$]$^-$, **6**, 883

B$_2$ThC$_{16}$H$_{32}$O$_2$
Th(BH$_4$)$_2$(cot){Ō(CH$_2$)$_3$C̄H$_2$}$_2$, **3**, 237

B$_2$TiC$_5$H$_{13}$
Ti(BH$_4$)$_2$Cp, **3**, 320; **6**, 900

B$_2$TiC$_{10}$H$_{18}$
Ti(BH$_4$)$_2$Cp$_2$, **6**, 900

B$_2$Ti$_2$C$_{10}$H$_{18}$Cl$_2$
{TiCl(BH$_4$)Cp}$_2$, **6**, 902

B$_2$UC$_{10}$H$_{18}$
U(BH$_4$)$_2$Cp$_2$, **3**, 220

B$_2$VC$_{12}$H$_{16}$
V(η^5-C$_5$H$_5$BMe)$_2$, **3**, 674

B$_2$WC$_{10}$H$_{18}$O
WO(BH$_4$)$_2$Cp$_2$, **3**, 1347; **6**, 905

B$_2$ZrC$_{10}$H$_{18}$
Zr(BH$_4$)$_2$Cp$_2$, **3**, 601; **6**, 901

B$_3$BeC$_5$H$_{13}$
CpBeB$_3$H$_8$, **1**, 147

B$_3$CCl$_7$
(Cl$_2$B)$_3$CCl, **1**, 282

B$_3$CH$_7$
CB$_3$H$_7$, **1**, 431

B$_3$C$_2$H$_3$Cl$_6$
Cl$_2$BCH$_2$CH(BCl$_2$)$_2$, **1**, 277

B$_3$C$_2$H$_4$Cl
1,5-C$_2$B$_3$H$_4$Cl, **1**, 441

B$_3$C$_2$H$_5$
closo-1,2-C$_2$B$_3$H$_5$, **1**, 424
closo-1,5-C$_2$B$_3$H$_5$, **1**, 422, 425, 427, 428, 439
HB̄(BH)$_2$CHC̄H, **1**, 390
1,5-C$_2$B$_3$H$_5$, **1**, 429, 438

B$_3$C$_2$H$_5$S
1,5-C$_2$B$_3$H$_4$(SH), **1**, 440

B$_3$C$_2$H$_7$
nido-1,2-C$_2$B$_3$H$_7$, **1**, 423

B$_3$C$_3$H$_7$
C$_3$B$_3$H$_7$, **1**, 27, 437

B$_3$C$_4$H$_4$F$_5$
FB(CH=CHBF$_2$)$_2$, **1**, 282

B$_3$C$_4$H$_9$
C$_3$B$_3$H$_6$Me, **1**, 422

B$_3$C$_5$H$_{11}$
C$_2$B$_3$H$_2$Me$_3$, **1**, 427
C$_3$B$_3$H$_5$Me$_2$, **1**, 422
1,5-C$_2$B$_3$H$_2$Me$_3$, **1**, 431

B$_3$C$_6$H$_{18}$N$_3$
(EtBNH)$_3$, **1**, 287

B$_3$C$_7$H$_{13}$O$_6$
HC(B̄OCH$_2$CH$_2$Ō)$_3$, **1**, 365; **7**, 297

B$_3$C$_9$H$_{22}$N
(Me$_2$B)$_2$NB̄(CH$_2$)$_2$CHMeC̄H$_2$, **1**, 316

B$_3$C$_{10}$H$_{18}$O$_6$
[C{B̄O(CH$_2$)$_3$Ō}$_3$]$^-$, **1**, 365

B$_3$C$_{12}$H$_{12}$N$_3$
(B̄=NCH=CHCH=C̄H)$_3$, **1**, 341

B$_3$C$_{12}$H$_{24}$N$_3$
B$_3$N$_3${(CH$_2$)$_4$}$_3$, **7**, 230

B$_3$C$_{12}$H$_{24}$O$_6$
EtB{OCH(C̄HOBEtOCH$_2$)}$_2$, **1**, 364

B$_3$C$_{12}$H$_{25}$O$_5$
Et$_2$BOC̄HOBEtOC̄HOBEtOC̄H$_2$, **1**, 364

B$_3$C$_{12}$H$_{26}$N
Me$_2$BN̄{B̄(CH$_2$)$_2$CHMeC̄H$_2$}$_2$, **1**, 316

B$_3$C$_{13}$H$_{31}$
(Et$_2$B)$_3$CH, **1**, 325

B$_3$C$_{15}$H$_{30}$N
N{B̄(CH$_2$)$_2$CHMeC̄H$_2$}$_3$, **1**, 316

B$_3$C$_{18}$H$_{15}$O$_3$

B₃C₁₈H₁₅O₃

(PhBO)$_3$, **1**, 287

B₃C₁₉H₃₆BrO₆
$\overline{\text{BrC(BOCMe}_2\text{CMe}_2\text{O})_3}$, **1**, 365

B₃C₁₉H₃₆O₆
$[\overline{\text{C(BOCMe}_2\text{CMe}_2\text{O})_3}]^-$, **1**, 365

B₃C₂₀H₃₈N
Et$_2$BN[$\overline{\text{BCH}\{(\text{CH}_2)_3\}_2\text{CH}}$]$_2$, **1**, 321

B₃C₂₂H₃₄N₃
$\overline{\text{BN}\{(\text{CH}_2)_3\text{NBPhNMe}_2\}_2}$, **1**, 358

B₃C₂₄H₄₂N
N[$\overline{\text{BCH}\{(\text{CH}_2)_3\}_2\text{CH}}$]$_3$, **1**, 321

B₃CoC₇H₁₂
CpCoC$_2$B$_3$H$_7$, **1**, 391, 479, 487, 496

B₃CoC₉H₁₆
CpCo(Me$_2$C$_2$B$_3$H$_5$), **1**, 487

B₃CoC₃₃H₂₈
CpCo(Ph$_4$C$_4$B$_3$H$_3$), **1**, 480, 500

B₃CoFeC₉H₁₅
FeCoHCp(C$_2$B$_3$H$_3$Me$_2$), **6**, 835

B₃CoFeC₁₂H₁₄O₃
FeCo(CO)$_3$Cp(C$_2$B$_3$H$_3$Me$_2$), **1**, 392

B₃CoFeC₁₄H₂₀
FeCoHCp$_2$(C$_2$B$_3$H$_3$Me$_2$), **6**, 835

B₃CoFeC₁₄H₂₂
(CpFeH)(CpCo)(Me$_2$C$_2$B$_3$H$_5$), **1**, 496

B₃Co₂C₁₂H₁₅
(CpCo)$_2$C$_2$B$_3$H$_5$, **1**, 330, 385, 390, 482, 493, 496; **3**, 35

B₃Co₂C₁₅H₁₇
(CpCo)$_2$(C$_3$H$_4$)B$_3$H$_3$, **1**, 479

B₃Co₂FeC₁₄H₁₃O₄
(CpCo)$_2${Fe(CO)$_4$}(B$_3$H$_3$), **1**, 489; **6**, 921

B₃Co₃C₁₅H₁₈
(CpCo)$_3$B$_3$H$_3$, **6**, 921

B₃Co₃C₁₅H₂₀
(CpCo)$_3$B$_3$H$_5$, **1**, 462, 498

B₃CrC₄H₈O₄
[Cr(B$_3$H$_8$)(CO)$_4$]$^-$, **6**, 917

B₃CrC₆H₁₂N₃O₃
Cr(CO)$_3${η^6-(MeBNH)$_3$}, **1**, 403; **3**, 1063

B₃CrC₉H₁₈N₃O₃
Cr(CO)$_3${η^6-(MeBNMe)$_3$}, **1**, 404; **3**, 1062

B₃CrC₁₂H₂₄N₃O₃
Cr(CO)$_3${η^6-(EtBNMe)$_3$}, **3**, 1063

B₃CrC₁₅H₃₀N₃O₃
Cr(CO)$_3$(B$_3$N$_3$Et$_6$), **1**, 258, 384

B₃CrC₂₁H₁₅O₃S₃
Cr(CO)$_3${η^6-(PhBS)$_3$}, **3**, 880, 1063

B₃FeC₃H₉O₃
FeH(B$_3$H$_8$)(CO)$_3$, **6**, 919

B₃FeC₅H₇O₃
(CO)$_3$FeC$_2$B$_3$H$_7$, **1**, 481

B₃FeC₆H₁₃O
Fe(B$_3$H$_8$)(CO)Cp, **6**, 919

B₃Fe₂C₆H₇O₆
{(CO)$_3$Fe}$_2$B$_3$H$_7$, **1**, 470, 490, 493; **6**, 919

B₃Fe₂C₈H₅O₆
{(CO)$_3$Fe}$_2$C$_2$B$_3$H$_5$, **1**, 493

B₃IrC₃₇H₃₈OP₂
IrH(B$_3$H$_7$)(CO)(PPh$_3$)$_2$, **6**, 920

B₃MnC₃H₈F₃OP
Mn(B$_3$H$_8$)(CO)$_3$(PF$_3$), **6**, 918

B₃MnC₃H₈O₃
Mn(B$_3$H$_8$)(CO)$_3$, **6**, 917

B₃MnC₃H₁₁NO₃
Mn(B$_3$H$_8$)(CO)$_3$(NH$_3$), **6**, 918

B₃MnC₄H₇ClO₄
Mn{H$_2$BBH(Cl)BH$_2$}(CO)$_4$, **6**, 917

B₃MnC₄H₈O₄
Mn(B$_3$H$_8$)(CO)$_4$, **4**, 5; **6**, 917

B₃MnC₆H₅O₃
(CO)$_3$MnC$_3$B$_3$H$_5$, **1**, 461

B₃MnC₆H₆O₃
(CO)$_3$MnC$_3$B$_3$H$_6$, **1**, 470

B₃MnC₇H₈O₃
(CO)$_3$Mn(MeC$_3$B$_3$H$_5$), **1**, 493

B₃MnC₂₁H₂₃O₃P
Mn(B$_3$H$_8$)(CO)$_3$(PPh$_3$), **6**, 917

B₃MoC₄H₈O₄
[Mo(B$_3$H$_8$)(CO)$_4$]$^-$, **6**, 917

B₃MoC₇H₁₃O₂
Mo(B$_3$H$_8$)(CO)$_2$Cp, **3**, 1187; **6**, 917

B₃MoC₁₂H₂₄N₃O₃
Mo(CO)$_3$(B$_3$N$_3$Me$_3$Et$_3$), **1**, 404; **3**, 1232

B₃MoC₁₅H₁₅O₃S₃
Mo(CO)$_3${(SBPh)$_3$}, **3**, 1232

B₃ReC₃H₈O₃
Re(B$_3$H$_8$)(CO)$_3$, **4**, 203

B₃ReC₄H₈O₄
Re(B$_3$H$_8$)(CO)$_4$, **6**, 917

B₃RuC₄₁H₄₃P₂
Ru(B$_3$H$_8$)(Cp)(PPh$_3$)$_2$, **4**, 784

B₃SiC₂H₇
1,5-C$_2$B$_3$H$_4$(SiH$_3$), **1**, 431

B₃SiC₃H₉
1,5-C$_2$B$_3$H$_4$(SiH$_2$Me), **1**, 431

B₃TiC₁₀H₁₈
Ti(B$_3$H$_8$)Cp$_2$, **3**, 320; **6**, 917

B₃WC₄H₈O₄
[W(B$_3$H$_8$)(CO)$_4$]$^-$, **6**, 917

B₃WC₇H₁₃O₂
W(B$_3$H$_8$)(CO)$_2$Cp, **3**, 1342; **6**, 917

B₃WC₂₁H₁₅O₃S₃
W(CO)$_3${(PhBS)$_3$}, **3**, 1372

B₄AlC₄H₁₃
Me$_2$Al(C$_2$B$_4$H$_7$), **1**, 544

B₄CCl₈
(Cl$_2$B)$_4$C, **1**, 282

B₄CH₈O
B$_4$H$_8$(CO), **1**, 337, 447, 451

B₄CH₁₀
CB$_4$H$_{10}$, **1**, 431

B₄CH₁₂
B$_4$H$_9$Me, **1**, 446, 448

B₄C₂H₄Cl₂
1,6-C$_2$B$_4$H$_4$Cl$_2$, **1**, 441

B₄C₂H₅Cl
1,6-C$_2$B$_4$H$_5$Cl, **1**, 441

B₄C₂H₅I
closo-1,6-C$_2$B$_4$H$_5$I, **1**, 441

B₄C₂H₆
C$_2$B$_4$H$_6$, **1**, 4, 390
closo-1,2-C$_2$B$_4$H$_6$, **1**, 425
closo-1,6-C$_2$B$_4$H$_6$, **1**, 422, 424, 427, 431, 435, 438, 439
1,2-C$_2$B$_4$H$_6$, **1**, 431

B₄C₂H₆S
1,6-C$_2$B$_4$H$_5$(SH), **1**, 440

B₄C₂H₇

[nido-2,3-$C_2B_4H_7$]$^-$, **1**, 434
[nido-2,4-$C_2B_4H_7$]$^-$, **1**, 435
[2,3-$C_2B_4H_7$]$^-$, **1**, 438

$B_4C_2H_7Br$
 nido-2,3-$C_2B_4H_7Br$, **1**, 441

$B_4C_2H_7Cl$
 nido-2,3-$C_2B_4H_7Cl$, **1**, 441

$B_4C_2H_7I$
 nido-2,3-$C_2B_4H_7I$, **1**, 441

$B_4C_2H_8$
 $C_2B_4H_8$, **1**, 27, 390, 437
 nido-2,3-$C_2B_4H_8$, **1**, 423, 425, 441
 2,3-$C_2B_4H_8$, **1**, 442

$B_4C_2H_{12}$
 $B_4H_8(CH_2)_2$, **1**, 445, 451
 {$CH_2(BH_2)_2$}$_2$, **1**, 336
 $C_2B_4H_{12}$, **1**, 337

$B_4C_2H_{14}$
 $B_4H_8Me_2$, **1**, 446

$B_4C_3H_7Br$
 closo-2,4-$C_2B_4H_4MeBr$, **1**, 436

$B_4C_3H_{14}O_2$
 $B_4H_8(CO)(OMe_2)$, **1**, 451

$B_4C_4H_{11}$
 [2,3-$C_2B_4H_5Me_2$]$^-$, **1**, 430

$B_4C_4H_{12}$
 2,3-$C_2B_4H_6Me_2$, **1**, 442

$B_4C_4H_{12}N_2S_2$
 $\overline{N\{B(Me)SBMe\}_2N}$, **1**, 370

$B_4C_4H_{16}$
 $B_4H_8(CHMe)_2$, **1**, 451

$B_4C_4H_{17}NO$
 $B_4H_8(CO)(NMe_3)$, **1**, 451

$B_4C_5H_{15}N$
 nido-$C_2\bar{B}_4H_6(\overset{+}{N}Me_3)$, **1**, 432

$B_4C_6H_{18}N_4$
 $\overline{N(BMeNMeBMe)_2N}$, **1**, 370

$B_4C_8H_{16}$
 $C_4B_4H_4Me_4$, **1**, 430, 433

$B_4C_9H_{16}O_8$
 $C(\overline{BOCH_2CH_2O})_4$, **1**, 365

$B_4C_9H_{24}O_8$
 $C\{B(OMe)_2\}_4$, **1**, 282, 364

$B_4C_{10}H_{16}$
 nido-2,3-$C_2B_4H_5Me_2Ph$, **1**, 430, 439

$B_4C_{12}H_{22}$
 $C_6B_4H_4Me_6$, **1**, 430

$B_4C_{13}H_{24}O_8$
 $C\{\overline{BO(CH_2)_3O}\}_4$, **1**, 365

$B_4C_{16}H_{28}$
 $C_8B_4H_4Me_8$, **1**, 430

$B_4C_{25}H_{48}O_8$
 $C(\overline{BOCMe_2CMe_2O})_4$, **1**, 365

$B_4CoC_5H_3$
 $CpCoB_4H_8$, **6**, 923

$B_4CoC_5H_{13}$
 $CpCoB_4H_8$, **1**, 462, 479, 492

$B_4CoC_7H_{11}$
 $CpCoC_2B_4H_6$, **1**, 391, 493, 500

$B_4CoC_{16}H_{32}S_2$
 [Co{$Me\overline{BC(Et)C(Et)B(Me)S}$}$_2$]$^-$, **1**, 408

$B_4CoFe_2C_{15}H_{15}O_6$
 {$(CO)_3Fe$}$_2(CpCo)(Me_2C_2B_4H_4)$, **1**, 500

$B_4CoSnC_9H_{15}$
 $CpCoSn(Me_2C_2B_4H_4)$, **1**, 500, 546

$B_4Co_2C_{10}H_{16}$
 $(CpCo)_2B_4H_6$, **1**, 462, 498; **6**, 923

$B_4Co_3C_{15}H_{19}$
 $(CpCo)_3B_4H_4$, **1**, 462, 466; **6**, 923

$B_4Co_4C_{20}H_{24}$
 $(CpCo)_4B_4H_4$, **1**, 462, 506; **6**, 923

$B_4FeC_3H_8O_3$
 $(CO)_3FeB_4H_8$, **1**, 430, 479, 488, 492; **6**, 922

$B_4FeC_5H_6O_3$
 $(CO)_3FeC_2B_4H_6$, **1**, 481, 493

$B_4FeC_7H_{11}$
 $CpFeC_2B_4H_6$, **1**, 493

$B_4FeC_7H_{12}$
 $CpFeH(C_2B_4H_6)$, **1**, 478

$B_4FeC_9H_{12}O_2$
 $CpFe(CO)_2(C_2B_4H_7)$, **1**, 478

$B_4FeC_{11}H_{16}O_3$
 $(CO)_3Fe(Me_4C_4B_4H_4)$, **1**, 505

$B_4FeC_{28}H_{32}N_6$
 $Fe\{Ph\overline{B(NMe)_2B(Ph)N}\}_2$, **1**, 403

$B_4FeMn_2C_{22}H_{32}O_6S_2$
 $Fe[\{Me\overline{BC(Et)C(Et)B(Me)S}\}Mn(CO)_3]_2$, **1**, 386; **4**, 140

$B_4Fe_2ZnC_{26}H_{42}S_2$
 $Zn[FeCp\{Me\overline{BC(Et)C(Et)B(Me)S}\}]_2$, **1**, 408

$B_4GaC_3H_9$
 $MeGa(C_2B_4H_6)$, **1**, 493, 544

$B_4GaC_4H_{13}$
 $GaMe_2(C_2B_4H_7)$, **1**, 544, 714

$B_4GeC_2H_6$
 $GeC_2B_4H_6$, **1**, 546

$B_4GeC_2H_{10}$
 $H_3Ge(C_2B_4H_7)$, **1**, 547

$B_4GeC_5H_{16}$
 $Me_3Ge(C_2B_4H_7)$, **1**, 547
 nido-$C_2B_4H_7(GeMe_3)$, **1**, 439

$B_4InC_3H_9$
 $MeInC_2B_4H_6$, **1**, 493, 544

$B_4IrC_{17}H_{31}OP_2$
 $Ir(B_4H_9)(CO)(PMe_2Ph)_2$, **6**, 922

$B_4Nb_2C_{20}H_{42}$
 {$Nb(B_2H_6)(\eta^5$-$C_5Me_5)$}$_2$, **3**, 765; **6**, 914

$B_4NiC_{16}H_{24}F_4$
 $Ni\{FB(CMe{=}CMe)_2BF\}_2$, **1**, 332; **6**, 117

$B_4NiC_{16}H_{32}S_2$
 $Ni\{Me\overline{BC(Et)C(Et)B(Me)S}\}_2$, **1**, 384, 407; **6**, 223

$B_4NiC_{18}H_{38}N_2$
 $Ni\{Me\overline{BC(Et)C(Et)B(Me)NMe}\}_2$, **1**, 406

$B_4NiC_{28}H_{30}P_2$
 $Ni(diphos)(2,3$-$C_2B_4H_6)$, **1**, 493; **6**, 219

$B_4NiC_{38}H_{36}P_2$
 $Ni(PPh_3)_2(2,4$-$C_2B_4H_6)$, **6**, 218

$B_4Ni_2C_{14}H_{20}$
 $(NiCp)_2(C_2B_4H_4Me_2)$, **6**, 219

$B_4Ni_4C_{20}H_{24}$
 $(CpNi)_4B_4H_4$, **1**, 462, 506; **6**, 217, 925

$B_4PbC_2H_6$
 $PbC_2B_4H_6$, **1**, 493, 546; **2**, 673

$B_4PbC_4H_{10}$
 $Pb(C_2B_4H_4Me_2)$, **2**, 673

$B_4PbC_5H_{16}$
 $Me_3Pb(C_2B_4H_7)$, **1**, 547; **2**, 668
 $PbMe_3(nido$-$C_2B_4H_7)$, **1**, 439

$B_4Pd_2C_{30}H_{58}Br_6N_{10}$

B$_4$Pd$_2$C$_{30}$H$_{58}$Br$_6$N$_{10}$
  [PdBr[N{B(NMe$_2$)$_2$}$_2${CBr$_2$Ph}]]$_2$, **6**, 897
B$_4$PtC$_{14}$H$_{36}$P$_2$
  (Et$_3$P)$_2$PtC$_2$B$_4$H$_6$, **1**, 481
B$_4$PtC$_{14}$H$_{38}$P$_2$
  (Et$_3$P)$_2$PtH(C$_2$B$_4$H$_7$), **1**, 481
B$_4$PtC$_{16}$H$_{40}$P$_2$
  (Et$_3$P)$_2$Pt(Me$_2$C$_2$B$_4$H$_4$), **1**, 497
B$_4$PtC$_{38}$H$_{36}$P$_2$
  (Ph$_3$P)$_2$PtC$_2$B$_4$H$_6$, **1**, 497
B$_4$PtC$_{38}$H$_{37}$P$_2$
  (Ph$_3$P)$_2$PtC$_2$B$_4$H$_7$, **1**, 497
B$_4$SiC$_2$H$_{10}$
  C$_2$B$_4$H$_7$(SiH$_3$), **1**, 547
B$_4$SiC$_5$H$_{15}$Cl
  C$_2$B$_4$H$_7$(CH$_2$SiMe$_2$Cl), **1**, 425
  nido-C$_2$B$_4$H$_7$(SiMe$_2$CH$_2$Cl), **1**, 439
B$_4$SiC$_5$H$_{16}$
  C$_2$B$_4$H$_7$(SiMe$_3$), **1**, 547
  nido-C$_2$B$_4$H$_7$(SiMe$_3$), **1**, 439
  2,3-C$_2$B$_4$H$_7$(SiMe$_3$), **1**, 438
B$_4$Si$_2$C$_8$H$_{24}$
  nido-C$_2$B$_4$H$_6$(SiMe$_3$)$_2$, **1**, 439
B$_4$SnC$_2$H$_6$
  SnC$_2$B$_4$H$_6$, **1**, 493, 546
B$_4$SnC$_5$H$_{16}$
  C$_2$B$_4$H$_7$(SnMe$_3$), **1**, 547
  nido-C$_2$B$_4$H$_7$(SnMe$_3$), **1**, 439
B$_5$BeCH$_{13}$
  MeBeB$_5$H$_{10}$, **1**, 144
B$_5$BeC$_5$H$_{13}$
  CpBeB$_5$H$_8$, **1**, 146, 147
B$_5$BeC$_5$H$_{15}$
  CpBeB$_5$H$_{10}$, **1**, 144, 498
B$_5$Be$_2$C$_5$H$_{15}$
  CpBeBeB$_5$H$_{10}$, **1**, 147
B$_5$CH$_6$
  [closo-CB$_5$H$_6$]$^-$, **1**, 438
B$_5$CH$_7$
  closo-1-CB$_5$H$_7$, **1**, 428, 434
B$_5$CH$_9$
  CB$_5$H$_9$, **1**, 27, 429, 437
  nido-2-CB$_5$H$_9$, **1**, 427
B$_5$CH$_9$Br
  [B$_5$H$_6$BrMe]$^-$, **1**, 446
B$_5$CH$_{10}$
  [B$_5$H$_7$Me]$^-$, **1**, 450
B$_5$CH$_{11}$
  B$_5$H$_8$Me, **1**, 443, 449
  1-B$_5$H$_8$Me, **1**, 428
B$_5$CH$_{12}$
  B$_5$H$_9$Me, **1**, 448
B$_5$C$_2$H$_5$
  [2,4-C$_2$B$_5$H$_5$]$^{2-}$, **1**, 443
B$_5$C$_2$H$_5$Cl$_2$
  2,4-C$_2$B$_5$H$_5$Cl$_2$, **1**, 432
B$_5$C$_2$H$_6$Cl
  closo-2,4-C$_2$B$_5$H$_6$Cl, **1**, 435
  2,4-C$_2$B$_5$H$_6$Cl, **1**, 432, 441
B$_5$C$_2$H$_6$F
  2,4-C$_2$B$_5$H$_6$F, **1**, 441
B$_5$C$_2$H$_7$
  closo-C$_2$B$_5$H$_7$, **1**, 422
  closo-2,4-C$_2$B$_5$H$_7$, **1**, 422, 424, 427, 438, 439
  2,4-C$_2$B$_5$H$_7$, **1**, 425, 432
B$_5$C$_2$H$_7$S
  2,4-C$_2$B$_5$H$_6$(SH), **1**, 429, 440
B$_5$C$_2$H$_9$
  closo-CB$_5$H$_6$Me, **1**, 431
  closo-1-CB$_5$H$_6$Me, **1**, 428
B$_5$C$_2$H$_{11}$
  nido-CB$_5$H$_8$Me, **1**, 423
  nido-2-CB$_5$H$_8$Me, **1**, 427, 428
B$_5$C$_2$H$_{12}$Cl
  B$_5$H$_6$Me$_2$Cl, **1**, 449
B$_5$C$_2$H$_{13}$
  B$_5$H$_7$Me$_2$, **1**, 449
  1,2-B$_5$H$_7$Me$_2$, **1**, 428
B$_5$C$_2$H$_{15}$
  B$_5$H$_{10}$Et, **1**, 445
B$_5$C$_3$H$_7$
  C$_3$B$_5$H$_7$, **1**, 432
  closo-C$_3$B$_5$H$_7$, **1**, 427
B$_5$C$_3$H$_{13}$
  B$_5$H$_8$(CH$_2$CH=CH$_2$), **1**, 447
  2-CB$_5$H$_8$Et, **1**, 424
B$_5$C$_3$H$_{15}$
  B$_5$H$_6$Me$_3$, **1**, 449
B$_5$C$_4$H$_6$F$_6$P
  closo-2,4-C$_2$B$_5$H$_6${P(CF$_3$)$_2$}, **1**, 436
B$_5$C$_4$H$_{11}$
  2,4-C$_2$B$_5$H$_5$Me$_2$, **1**, 432
B$_5$C$_4$H$_{17}$
  B$_5$H$_8$Bu, **1**, 445
B$_5$C$_4$H$_{19}$
  B$_5$H$_9$Et$_2$, **1**, 445
B$_5$C$_4$H$_{20}$N
  hypho-C$\bar{B}_5$H$_{11}$($\overset{+}{N}$Me$_3$), **1**, 429
B$_5$C$_5$H$_{21}$N
  closo-2,4-C$_2\bar{B}_5$H$_6$($\overset{+}{N}$Me$_3$), **1**, 435
B$_5$C$_7$H$_{15}$
  B$_5$H$_8$Bz, **1**, 447
B$_5$C$_7$H$_{17}$
  C$_2$B$_5$H$_2$Me$_5$, **1**, 427
B$_5$CoC$_5$H$_{14}$
  CpCoB$_5$H$_9$, **1**, 489, 498; **6**, 927
B$_5$CoC$_7$H$_{12}$
  CpCoC$_2$B$_5$H$_7$, **1**, 486, 499, 500
B$_5$Co$_2$C$_{12}$H$_{17}$
  (CpCo)$_2$C$_2$B$_5$H$_7$, **1**, 482, 486, 500
B$_5$Co$_3$C$_{15}$H$_{20}$
  (CpCo)$_3$B$_5$H$_5$, **1**, 506; **6**, 930
B$_5$Co$_3$C$_{17}$H$_{22}$
  (CpCo)$_3$C$_2$B$_5$H$_7$, **1**, 500
B$_5$CuFeC$_{39}$H$_{38}$O$_3$P$_2$
  {Fe(CO)$_3$}{Cu(PPh$_3$)$_2$}(B$_5$H$_8$), **1**, 499
B$_5$Cu$_2$FeC$_{75}$H$_{68}$O$_3$P$_4$
  {(Ph$_3$P)$_2$Cu}$_2${Fe(CO)$_3$}B$_5$H$_8$, **6**, 926
B$_5$FeC$_3$H$_9$O$_3$
  (CO)$_3$FeB$_5$H$_9$, **1**, 488; **3**, 117; **6**, 926
B$_5$FeC$_5$H$_3$O$_5$
  (CO)$_3$FeB$_5$H$_3$(CO)$_2$, **1**, 488, 497; **6**, 930
B$_5$FeC$_5$H$_7$O$_3$
  (CO)$_3$FeC$_2$B$_5$H$_7$, **1**, 499
B$_5$FeC$_5$H$_{15}$
  CpFeB$_5$H$_{10}$, **1**, 462, 490, 498
B$_5$FeC$_5$H$_{15}$O$_5$
  (CO)$_5$FeB$_5$H$_{10}$, **6**, 926
B$_5$FeC$_7$H$_{13}$O$_2$
  Fe(CO)$_2$Cp(B$_5$H$_8$), **4**, 591; **6**, 929
B$_5$Fe$_2$C$_{14}$H$_{17}$O$_4$

{Fe(CO)$_2$Cp}(B$_5$H$_7$), **4**, 591; **6**, 928

B$_5$IrC$_7$H$_{26}$Br$_2$OP$_2$
IrBr$_2$(B$_5$H$_8$)(CO)(PMe$_3$)$_2$, **5**, 554; **6**, 927

B$_5$IrC$_{37}$H$_{38}$OP$_2$
Ir(B$_5$H$_8$)(CO)(PPh$_3$)$_2$, **6**, 929

B$_5$MnC$_3$H$_9$O$_3$
(CO)$_3$MnB$_5$H$_9$, **6**, 925

B$_5$MnC$_3$H$_{10}$O$_3$
(CO)$_3$MnB$_5$H$_{10}$, **1**, 488, 498; **6**, 925

B$_5$MnC$_5$H$_8$O$_5$
(CO)$_5$MnB$_5$H$_8$, **6**, 927

B$_5$NiC$_5$H$_8$F$_6$O$_3$P
Ni(CO)$_3${P(CF$_3$)$_2$(B$_5$H$_8$)}, **6**, 19

B$_5$Ni$_2$C$_{12}$H$_{17}$
(NiCp)$_2$(C$_2$B$_5$H$_7$), **6**, 221

B$_5$Ni$_2$C$_{14}$H$_{21}$
(NiCp)$_2$(C$_2$B$_5$H$_5$Me$_2$), **6**, 219

B$_5$Ni$_3$C$_{16}$H$_{21}$
(CpNi)$_3$(1-CB$_5$H$_6$), **6**, 219
(NiCp)$_3$CB$_5$H$_6$, **1**, 478, 504

B$_5$Ni$_4$C$_{20}$H$_{25}$
(NiCp)$_4$(B$_5$H$_5$), **1**, 506; **6**, 217, 925

B$_5$PbC$_3$H$_{17}$
PbMe$_3$(B$_5$H$_8$), **2**, 668

B$_5$Pt$_2$C$_{14}$H$_{37}$P$_2$
(Et$_3$P)$_2$Pt$_2$C$_2$B$_5$H$_7$, **1**, 500

B$_5$ReC$_5$H$_8$O$_5$
Re(B$_5$H$_8$)(CO)$_5$, **4**, 203; **6**, 928

B$_5$SiCH$_{10}$Cl$_3$
B$_5$H$_8$(CH$_2$SiCl$_3$), **1**, 445

B$_5$SiC$_3$H$_{16}$Cl
B$_5$H$_8$(CH$_2$SiMe$_2$Cl), **1**, 448

B$_5$SnC$_2$H$_7$
SnC$_2$B$_5$H$_7$, **1**, 546

B$_6$CH$_{10}$Cl$_2$
B$_5$H$_8$(CH$_2$BCl$_2$), **1**, 445

B$_6$CH$_{12}$
B$_6$H$_9$Me, **1**, 446, 450

B$_6$C$_2$H$_8$
closo-C$_2$B$_6$H$_8$, **1**, 433
closo-1,7-C$_2$B$_6$H$_8$, **1**, 426

B$_6$C$_2$H$_{10}$
nido-C$_2$B$_6$H$_{10}$, **1**, 427

B$_6$C$_2$H$_{14}$
B$_6$H$_8$Me$_2$, **1**, 446

B$_6$C$_4$H$_8$
(C$_2$B$_3$H$_4$)$_2$, **1**, 438
(1,5-C$_2$B$_3$H$_4$)$_2$, **1**, 429

B$_6$C$_4$H$_{10}$
C$_4$B$_6$H$_{10}$, **1**, 431

B$_6$C$_4$H$_{12}$
closo-C$_2$B$_6$H$_6$Me$_2$, **1**, 422
closo-1,7-C$_2$B$_6$H$_6$Me$_2$, **1**, 426

B$_6$C$_{10}$H$_{22}$
CH(BMeCHBMe)$_3$, **1**, 325

B$_6$C$_{16}$H$_{34}$
CH(BEtCHBEt)$_3$, **1**, 325

B$_6$CoC$_7$H$_{13}$
CpCoC$_2$B$_6$H$_8$, **1**, 485, 502

B$_6$CoC$_{13}$H$_{23}$
CpCo(Me$_4$C$_4$B$_6$H$_6$), **1**, 509, 526, 531

B$_6$Co$_2$C$_{12}$H$_{18}$
(CpCo)$_2$C$_2$B$_6$H$_8$, **1**, 502

B$_6$Co$_2$C$_{14}$H$_{20}$
(CpCo)$_2$C$_4$B$_6$H$_{10}$, **1**, 471, 527

B$_6$Co$_2$C$_{18}$H$_{28}$
(CpCo)$_2$(Me$_4$C$_4$B$_6$H$_6$), **1**, 471, 487, 526

B$_6$Co$_2$C$_{24}$H$_{48}$S$_3$
Co$_2${MeBC(Et)C(Et)B(Me)S}$_3$, **1**, 408

B$_6$FeC$_4$H$_{10}$O$_4$
(CO)$_4$FeB$_6$H$_{10}$, **6**, 931

B$_6$FeC$_7$H$_{13}$
CpFeC$_2$B$_6$H$_8$, **1**, 503

B$_6$Fe$_2$C$_{12}$H$_{18}$
(CpFe)$_2$C$_2$B$_6$H$_8$, **1**, 503

B$_6$MnC$_5$H$_{10}$O$_3$
[(CO)$_3$MnC$_2$B$_6$H$_8$]$^-$, **1**, 502

B$_6$NiC$_3$H$_{10}$O$_3$
Ni(B$_6$H$_{10}$)(CO)$_3$, **6**, 216, 931

B$_6$NiC$_8$H$_{26}$P$_2$
(Me$_3$P)$_2$NiC$_2$B$_6$H$_8$, **1**, 501

B$_6$NiC$_{10}$H$_{30}$P$_2$
(Me$_3$P)$_2$Ni(Me$_2$C$_2$B$_6$H$_6$), **1**, 501

B$_6$NiC$_{16}$H$_{42}$P$_2$
(Et$_3$P)$_2$Ni(Me$_2$C$_2$B$_6$H$_6$), **1**, 500

B$_6$PtC$_8$H$_{26}$P$_2$
(Me$_3$P)$_2$PtC$_2$B$_6$H$_8$, **1**, 501

B$_6$PtC$_{10}$H$_{30}$P$_2$
(Me$_3$P)$_2$Pt(Me$_2$C$_2$B$_6$H$_6$), **1**, 500, 501

B$_6$PtC$_{14}$H$_{38}$P$_2$
(Et$_3$P)$_2$PtC$_2$B$_6$H$_8$, **1**, 501

B$_6$PtC$_{16}$H$_{42}$P$_2$
(Et$_3$P)$_2$Pt(Me$_2$C$_2$B$_6$H$_6$), **1**, 501

B$_6$SiC$_5$H$_{22}$
B$_5$H$_7$(SiMe$_3$)(BMe$_2$), **1**, 431

B$_7$As$_2$C$_2$H$_9$
As$_2$C$_2$B$_7$H$_9$, **1**, 550

B$_7$As$_2$CoC$_7$H$_{14}$
(CpCo)As$_2$(C$_2$B$_7$H$_9$), **1**, 550

B$_7$CH$_{11}$S
SCB$_7$H$_{11}$, **1**, 551

B$_7$C$_2$H$_8$Br
closo-1,6-C$_2$B$_7$H$_8$Br, **1**, 441

B$_7$C$_2$H$_9$
closo-1,6-C$_2$B$_7$H$_9$, **1**, 426

B$_7$C$_2$H$_{11}$
4,5-C$_2$B$_7$H$_{11}$, **1**, 428

B$_7$C$_2$H$_{11}$Se
SeC$_2$B$_7$H$_{11}$, **1**, 551

B$_7$C$_2$H$_{12}$
[arachno-C$_2$B$_7$H$_{12}$]$^-$, **1**, 428

B$_7$C$_2$H$_{13}$
arachno-1,3-C$_2$B$_7$H$_{13}$, **1**, 426, 427, 428, 437, 442

B$_7$C$_3$H$_{15}$
6,8-C$_2$B$_7$H$_{12}$Me, **1**, 439

B$_7$C$_4$H$_{15}$
C$_2$B$_7$H$_9$Me$_2$, **1**, 423, 426

B$_7$CoC$_6$H$_{13}$
[CpCoCB$_7$H$_8$]$^-$, **1**, 504

B$_7$CoC$_7$H$_{14}$
CpCoC$_2$B$_7$H$_9$, **1**, 485, 502, 503

B$_7$CoC$_7$H$_{16}$
CpCoC$_2$B$_7$H$_{11}$, **1**, 504

B$_7$CoC$_8$H$_{22}$
CoH(Me$_2$C$_2$B$_3$H$_5$)(Me$_2$C$_2$B$_4$H$_4$), **1**, 495

B$_7$CoC$_{13}$H$_{24}$
CpCo(Me$_4$C$_4$B$_7$H$_7$), **1**, 466, 471, 485, 526, 531

B$_7$CoFeC$_{12}$H$_{19}$
(CpCo)(CpFe)C$_2$B$_7$H$_9$, **1**, 512

$B_7CoFeC_{13}H_{26}$
FeCoH$_2$(C$_2$B$_3$H$_3$Me$_2$)(C$_2$B$_4$H$_4$Me$_2$)Cp, **6**, 835

$B_7CoFeC_{13}H_{28}$
CpCo(Me$_2$C$_2$B$_3$H$_5$)(FeH$_2$)(Me$_2$C$_2$B$_4$H$_4$), **1**, 496

$B_7CoNiC_{11}H_{18}$
(CpCo)(CpNi)CB$_7$H$_8$, **1**, 482, 505; **6**, 219, 222, 837

$B_7Co_2C_{12}H_{19}$
(CpCo)$_2$C$_2$B$_7$H$_9$, **1**, 483

$B_7Co_2C_{18}H_{30}$
[(Me$_2$C$_2$B$_3$H$_5$)CoH(Me$_2$C$_2$B$_4$H$_3$)(C$_5$H$_4$)CoCp]$^+$, **1**, 470

$B_7Co_3C_{17}H_{24}$
(CpCo)$_3$C$_2$B$_7$H$_9$, **1**, 518

$B_7FeC_4H_{11}O_4$
(CO)$_4$FeB$_7$H$_{11}$, **6**, 932

$B_7FeC_4H_{12}O_4$
[(CO)$_4$FeB$_7$H$_{12}$]$^-$, **1**, 499, 506; **6**, 932

$B_7FeC_7H_{13}O_3$
(CO)$_3$Fe(Me$_2$C$_2$B$_7$H$_7$), **1**, 505

$B_7FeC_{13}H_{25}$
CpFe(Me$_4$C$_4$B$_7$H$_8$), **1**, 471, 478, 526

$B_7NiC_8H_{27}P_2$
(Me$_3$P)$_2$NiC$_2$B$_7$H$_9$, **1**, 501

$B_7NiC_{16}H_{45}P_2$
Ni(PEt$_3$)$_2$(5,9-C$_2$B$_7$H$_9$Me$_2$), **6**, 218

$B_7NiC_{34}H_{43}P_2$
Ni(diphos)(C$_4$B$_7$H$_7$Me$_4$), **6**, 221

$B_7PtC_8H_{27}P_2$
(Me$_3$P)$_2$PtC$_2$B$_7$H$_9$, **1**, 501

$B_7PtC_{14}H_{39}P_2$
(Et$_3$P)$_2$PtC$_2$B$_7$H$_9$, **1**, 501

$B_7RuC_{38}H_{39}P_2$
(Ph$_3$P)$_2$RuC$_2$B$_7$H$_9$, **1**, 502; **4**, 807

$B_8AgC_{20}H_{26}P$
(Ph$_3$P)AgC$_2$B$_8$H$_{11}$, **1**, 510

$B_8AgC_{38}H_{41}P_2$
(Ph$_3$P)$_2$AgC$_2$B$_8$H$_{11}$, **1**, 510

$B_8As_3RhC_{11}H_{38}$
(Me$_3$As)$_3$RhC$_2$B$_8$H$_{11}$, **1**, 509

$B_8AuC_{20}H_{26}P$
(Ph$_3$P)AuC$_2$B$_8$H$_{11}$, **1**, 510

B_8CH_{12}
CB$_8$H$_{12}$, **1**, 426

B_8CH_{14}
arachno-4-CB$_8$H$_{14}$, **1**, 426, 429

$B_8C_2H_2Cl_8$
closo-1,10-C$_2$B$_8$H$_2$Cl$_8$, **1**, 441

$B_8C_2H_9$
[1,10-C$_2$B$_8$H$_9$]$^-$, **1**, 435

$B_8C_2H_{10}$
[closo-1,2-C$_2$B$_8$H$_{10}$]$^{2-}$, **1**, 435
closo-1,6-C$_2$B$_8$H$_{10}$, **1**, 426
closo-1,10-C$_2$B$_8$H$_{10}$, **1**, 430
1,6-C$_2$B$_8$H$_{10}$, **1**, 428
1,10-C$_2$B$_8$H$_{10}$, **1**, 431

$B_8C_2H_{10}S$
SC$_2$B$_8$H$_{10}$, **1**, 550

$B_8C_2H_{11}Cl$
5,6-C$_2$B$_8$H$_{11}$Cl, **1**, 428
5,7-C$_2$B$_8$H$_{11}$Cl, **1**, 442

$B_8C_2H_{11}N$
HN(C$_2$B$_8$H$_{10}$), **1**, 549

$B_8C_2H_{12}$
nido-5,6-C$_2$B$_8$H$_{12}$, **1**, 435
nido-5,7-C$_2$B$_8$H$_{12}$, **1**, 426, 427, 440
5,6-C$_2$B$_8$H$_{12}$, **1**, 428

$B_8C_2H_{12}O$
5,6-C$_2$B$_8$H$_{11}$(OH), **1**, 428

$B_8C_2H_{12}S$
nido-5,6-C$_2$B$_8$H$_{11}$(SH), **1**, 440

$B_8C_2H_{13}N$
C$_2$B$_8$H$_{11}$(NH$_2$), **1**, 549

$B_8C_2H_{14}$
arachno-6,9-C$_2$B$_8$H$_{14}$, **1**, 435

$B_8C_2H_{14}S$
arachno-6,9-C$_2$B$_8$H$_{13}$(SH), **1**, 440

$B_8C_4Cl_{14}$
closo-1,10-C$_2$B$_8$Cl$_8$(CCl$_3$)$_2$, **1**, 441

$B_8C_4H_{10}O_4$
closo-1,10-C$_2$B$_8$H$_8$(CO$_2$H)$_2$, **1**, 436

$B_8C_4H_{14}$
closo-1,2-C$_2$B$_8$H$_8$Me$_2$, **1**, 426
1,6-C$_2$B$_8$H$_8$Me$_2$, **1**, 427

$B_8C_4H_{16}$
nido-5,6-C$_2$B$_8$H$_{10}$Me$_2$, **1**, 423

$B_8C_8H_{20}$
C$_4$B$_8$H$_8$Me$_4$, **1**, 434, 440, 465
nido-2,3,7,8-C$_4$B$_8$H$_8$Me$_4$, **1**, 431

$B_8C_8H_{22}$
(C$_2$B$_4$H$_5$Me$_2$)$_2$, **1**, 430, 439, 487

$B_8C_9H_{17}N$
BzN(C$_2$B$_8$H$_{10}$), **1**, 550

$B_8CoC_7H_{15}$
(CpCo)C$_2$B$_8$H$_{10}$, **1**, 483, 485

$B_8CoC_8H_{21}$
CoH(Me$_2$C$_2$B$_4$H$_4$)$_2$, **1**, 431, 486, 494

$B_8CoC_{12}H_{20}N$
CpCoC$_2$B$_8$H$_{10}$(py), **1**, 511

$B_8CoC_{18}H_{30}$
CpCo(C$_5$H$_4$)(Me$_4$C$_4$B$_8$H$_8$), **1**, 531

$B_8CoFeC_{13}H_{25}$
CpCoFe(Me$_4$C$_4$B$_8$H$_8$), **1**, 495; **6**, 835

$B_8CoNiC_{12}H_{20}$
(CpCo)(CpNi)C$_2$B$_8$H$_{10}$, **6**, 214

$B_8CoNiC_{15}H_{27}$
{Ni(cod)}(CoCp)(7,8-C$_2$B$_8$H$_{10}$), **6**, 218

$B_8CoRhC_{43}H_{46}P_2$
CoRhH(C$_2$B$_8$H$_{10}$)Cp(PPh$_3$)$_2$, **6**, 836

$B_8Co_2C_{10}H_{20}$
(CpCo)$_2$B$_8$H$_{10}$, **1**, 518

$B_8Co_2C_{10}H_{22}$
(CpCo)$_2$B$_8$H$_{12}$, **1**, 507

$B_8Co_2C_{12}H_{20}$
(CpCo)$_2$C$_2$B$_8$H$_{10}$, **1**, 517

$B_8Co_3C_{28}H_{49}$
(η^5-C$_5$Me$_5$)$_2$Co$_3$(Me$_4$C$_4$B$_8$H$_7$), **1**, 500

$B_8CuC_{20}H_{26}P$
(Ph$_3$P)CuC$_2$B$_8$H$_{11}$, **1**, 510

$B_8FeC_7H_{15}$
(CpFe)C$_2$B$_8$H$_{10}$, **1**, 503

$B_8FeC_7H_{16}$
(CpFe)C$_2$B$_8$H$_{11}$, **1**, 510

$B_8FeC_8H_{22}$
FeH$_2$(Me$_2$C$_2$B$_4$H$_4$)$_2$, **1**, 431, 495

$B_8FeC_{12}H_{22}$
FeH$_2$(Me$_2$C$_2$B$_4$H$_4$)$_2$, **1**, 486

$B_8FeGeC_8H_{20}$
GeFe(Me$_4$C$_4$B$_8$H$_8$), **1**, 495, 547

$B_8FeSnC_8H_{20}$
SnFe(Me$_4$C$_4$B$_8$H$_8$), **1**, 495, 546

$B_8Fe_2C_{18}H_{30}$

$B_8HgC_8H_{22}$
  $Hg(Me_2C_2B_4H_5)_2$, **1**, 476, 477
$B_8IrC_{38}H_{41}P_2$
  $IrH(C_2B_8H_{10})(PPh_3)_2$, **1**, 477
$B_8MnC_3H_{13}O_3$
  $Mn(B_8H_{13})(CO)_3$, **6**, 932
$B_8MoC_{11}H_{20}O_3$
  $(CO)_3Mo(Me_4C_4B_8H_8)$, **1**, 474
$B_8Nb_2C_{20}H_{54}$
  $\{Nb(B_2H_6)_2(\eta^5-C_5Me_5)\}_2$, **3**, 764
$B_8NiC_6H_{14}$
  $(NiCp)(1-CB_8H_9)$, **6**, 219
$B_8NiC_{34}H_{44}P_2$
  $Ni(diphos)(C_4B_8H_8Me_4)$, **1**, 537; **6**, 218
$B_8Ni_2C_{10}H_{18}$
  $(CpNi)_2B_8H_8$, **1**, 490; **6**, 217
$B_8PtC_8H_{28}P_2$
  $(Me_3P)_2PtC_2B_8H_{10}$, **1**, 501
$B_8Pt_2C_{12}H_{40}P_4$
  $\{(Me_2P)_2Pt\}\{(Me_3P)_2Pt\}C_2B_8H_{10}$, **1**, 501
$B_8Pt_2C_{14}H_{46}P_4$
  $\{(Me_3P)_2Pt\}_2C_2B_8H_{10}$, **1**, 509
$B_8RhC_{11}H_{38}P_3$
  $(Me_3P)_3RhC_2B_8H_{11}$, **1**, 509
$B_8RhC_{38}H_{41}P_2$
  $(Ph_3P)_2RhC_2B_8H_{11}$, **1**, 509
$B_8RhSb_3C_{11}H_{38}$
  $(Me_3Sb)_3RhC_2B_8H_{11}$, **1**, 509
$B_8RuC_{56}H_{55}P_3$
  $RuH(C_2B_8H_9)(PPh_3)_3$, **1**, 510; **4**, 807; **8**, 304
$B_8SiC_4H_{16}$
  $H_2Si(C_2B_4H_7)_2$, **1**, 547
$B_9AlC_4H_{16}$
  $EtAl(C_2B_9H_{11})$, **1**, 517, 544
$B_9AlC_4H_{18}$
  $Me_2Al(C_2B_9H_{12})$, **1**, 545
$B_9AlC_6H_{20}$
  $Et_2Al(C_2B_9H_{12})$, **1**, 544
$B_9AlC_{12}H_{32}O_2$
  $EtAl(C_2B_9H_{11})\{\overline{O(CH_2)_3CH_2}\}_2$, **1**, 545
B_9AsCH_{10}
  $[AsCB_9H_{10}]^{2-}$, **1**, 525
$B_9AsC_2H_{11}Br$
  $BrAs(C_2B_9H_{11})$, **1**, 549
$B_9AsC_2H_{14}$
  $MeAs(CB_9H_{11})$, **1**, 549
$B_9AsC_6H_{23}O$
  $Me_2As\{C_2B_9H_{11}(OEt)\}$, **1**, 550
$B_9AsC_8H_{16}$
  $PhAs(C_2B_9H_{11})$, **1**, 549
$B_9AsCoC_6H_{15}$
  $CpCoAsCB_9H_{10}$, **1**, 526
$B_9AsCoSbC_5H_{14}$
  $CpCoAsSbB_9H_9$, **1**, 529
$B_9AsGeCH_{10}$
  $GeAsCB_9H_{10}$, **1**, 546
$B_9AsMoC_6H_{11}O_5$
  $[(CO)_5MoAs(CB_9H_{11})]^-$, **1**, 549
$B_9As_2C_6H_{23}$
  $(Me_2As)_2(C_2B_9H_{11})$, **1**, 550
$B_9As_2CoC_5H_{14}$
  $(CpCo)As_2B_9H_9$, **1**, 528
$B_9BeC_5H_{20}N$
  $BeC_2B_9H_{11}(NMe_3)$, **1**, 544

$3-Be(NMe_3)-1,2-C_2B_9H_{11}$, **1**, 148
$B_9BeC_6H_{21}O$
  $BeC_2B_9H_{11}(OEt_2)$, **1**, 543
B_9CH_{10}
  $[closo-CB_9H_{10}]^-$, **1**, 425, 426
$B_9CH_{10}P$
  $[PCB_9H_{10}]^{2-}$, **1**, 525
$B_9CH_{11}NS$
  $[SB_9H_{11}(CN)]^-$, **1**, 551
B_9CH_{12}
  $[CB_9H_{12}]^-$, **1**, 435
$B_9CH_{12}NS$
  $H_3NCSB_9H_9$, **1**, 551
$B_9CH_{13}O$
  $B_9H_{13}(CO)$, **1**, 447
B_9CH_{17}
  $B_9H_{14}Me$, **1**, 446
$B_9C_2H_{11}$
  $closo-C_2B_9H_{11}$, **1**, 426
  $closo-2,3-C_2B_9H_{11}$, **1**, 426, 435
  $[1,2-C_2B_9H_{11}]^-$, **1**, 476
  $[C_2B_9H_{11}]^{2-}$, **1**, 30
  $[7,8-C_2B_9H_{11}]^{2-}$, **1**, 427, 438, 439
$B_9C_2H_{12}$
  $[C_2B_9H_{12}]^-$, **1**, 437
  $[nido-C_2B_9H_{12}]^-$, **1**, 438
  $[nido-7,8-C_2B_9H_{12}]^-$, **1**, 430, 434, 443
  $[7,8-C_2B_9H_{12}]^-$, **1**, 428
  $[7,9-C_2B_9H_{12}]^-$, **1**, 428
$B_9C_2H_{13}$
  $nido-C_2B_9H_{13}$, **1**, 426, 438
$B_9C_2H_{14}P$
  $MeP(CB_9H_{11})$, **1**, 549
$B_9C_3H_{14}$
  $7,9-C_2B_9H_{11}Me$, **1**, 435
  $[7,9-C_2B_9H_{11}Me]^-$, **1**, 438
$B_9C_3H_{15}$
  $2,7-C_2B_9H_{12}Me$, **1**, 438
$B_9C_4H_{15}$
  $nido-C_2B_9H_9Me_2$, **1**, 440
$B_9C_4H_{15}O_2$
  $nido-C_2B_9H_7Me_2(OH)_2$, **1**, 440
$B_9C_4H_{16}$
  $[2,7-C_2B_9H_{11}Et]^-$, **1**, 438
$B_9C_4H_{17}S$
  $nido-C_2B_9H_{11}(SMe_2)$, **1**, 440
$B_9C_4H_{18}NSe$
  $Me_3N(SeCB_9H_9)$, **1**, 551
$B_9C_4H_{20}N$
  $nido-C\bar{B}_9H_{11}(\overset{+}{N}Me_3)$, **1**, 426, 429
  $6-C\bar{B}_9H_{11}(\overset{+}{N}Me_3)$, **1**, 435
$B_9C_5H_{16}$
  $[2,7-C_2B_9H_{11}C_3H_5]^-$, **1**, 438
$B_9C_5H_{20}$
  $[7,9-C_2B_9H_8Me_3]^{2-}$, **1**, 439
$B_9C_5H_{20}NS$
  $(Bu^t)H_2NCSB_9H_9$, **1**, 551
$B_9C_6H_{11}$
  $(C_2B_3H_4)(C_2B_3H_3)(C_2B_3H_4)$, **1**, 429
$B_9C_6H_{20}$
  $[2,7-C_2B_9H_{11}Bu]^-$, **1**, 438
$B_9C_6H_{21}O$
  $[7,9-C_2B_9H_8Me_4(OH)]^{2-}$, **1**, 439
$B_9C_6H_{22}N$
  $[7,9-C_2B_9H_8Me_4(NH_2)]^{2-}$, **1**, 439

B₉C₈H₁₆
[7,8-C₂B₉H₁₁Ph]⁻, **1**, 427

B₉C₁₄H₂₁P
[7,8-C₂B₉H₁₁(PPh₂)]⁻, **1**, 440

B₉CoC₅H₁₄SSe
CpCoSSeB₉H₉, **1**, 490, 528

B₉CoC₅H₁₄Se₂
CpCoSe₂B₉H₉, **1**, 471, 528

B₉CoC₅H₁₈
CpCoB₉H₁₃, **1**, 469, 489, 507; **6**, 935

B₉CoC₆H₁₅
[CpCoCB₉H₁₀]⁻, **1**, 478

B₉CoC₇H₁₆
CpCoC₂B₉H₁₁, **1**, 474, 511, 517

B₉CoC₉H₂₃N
CpCo(Me₃NCB₉H₉), **1**, 470, 478

B₉CoC₁₀H₂₈
(η^5-C₅Me₅)CoB₉H₁₃, **1**, 507

B₉CoC₁₂H₂₀
CoCp{η^5-C₅H₄(C₂B₉H₁₁)}, **5**, 245

B₉CoFeC₁₂H₂₁
(CpCo)(CpFe)C₂B₉H₁₁, **1**, 530

B₉CoSb₂C₅H₁₄
CpCoSb₂B₉H₉, **1**, 529

B₉Co₂C₁₀H₁₉Se
(CpCo)₂SeB₉H₉, **1**, 528

B₉Co₂C₁₁H₂₀
[(CpCo)₂CB₉H₁₀]⁻, **1**, 525

B₉Co₂C₁₂H₂₁
(CpCo)₂C₂B₉H₁₁, **1**, 530

B₉CrC₅H₁₁O₃
[(CO)₃CrC₂B₉H₁₁]²⁻, **1**, 516; **3**, 973

B₉CrC₇H₁₆
(CpCr)C₂B₉H₁₁, **1**, 516; **3**, 973

B₉FeC₆H₁₅
[CpFeCB₉H₁₀]⁻, **1**, 478

B₉FeC₇H₁₆
CpFeC₂B₉H₁₁, **1**, 461
[CpFeC₂B₉H₁₁]⁻, **1**, 30, 516

B₉Fe₂C₁₂H₂₁
(CpFe)₂C₂B₉H₁₁, **1**, 530

B₉GaC₄H₁₆
EtGa(C₂B₉H₁₁), **1**, 545

B₉GeCH₁₀P
GePCB₉H₁₀, **1**, 546

B₉GeC₂H₁₁
GeC₂B₉H₁₁, **1**, 478, 517, 545

B₉HgC₂₀H₂₆P
(Ph₃P)HgC₂B₉H₁₁, **1**, 519

B₉IrC₈H₂₅Cl
IrCl(B₉H₁₃)(cod), **6**, 935

B₉IrC₃₈H₄₂P₂
IrH(C₂B₉H₁₁)(PPh₃)₂, **8**, 304

B₉MnC₃H₁₃O₃
[(CO)₃MnB₉H₁₃]⁻, **1**, 506; **6**, 935

B₉MnC₄H₁₀O₃P
[(CO)₃MnPCB₉H₁₀]⁻, **1**, 525

B₉MnC₅H₁₁O₃
[(CO)₃MnC₂B₉H₁₁]⁻, **1**, 516

B₉MnC₁₃H₃₅NO₄
(CO)₃MnB₉H₁₂{O(CH₂)₄NEt₃}, **1**, 507

B₉Mn₂C₁₀H₁₁O₉P
[(CO)₉Mn₂P(CB₉H₁₁)]⁻, **1**, 549

B₉MoC₅H₁₁O₃
[(CO)₃MoC₂B₉H₁₁]²⁻, **1**, 516; **3**, 1203

B₉MoC₆H₁₄O₃
[MoMe(CO)₃(C₂B₉H₁₁)]⁻, **3**, 1203

B₉MoC₁₀H₁₈O₂P
(C₇H₇)(CO)₂MoP(CB₉H₁₁), **1**, 549; **3**, 1234

B₉MoWC₁₀H₁₁O₈
[MoW(C₂B₉H₁₁)(CO)₈]²⁻, **6**, 771, 827

B₉Mo₂C₁₀H₁₁O₈
[Mo₂(C₂B₉H₁₁)(CO)₈]²⁻, **3**, 1203

B₉NiC₂H₁₃NOP
Ni(NO)(CB₉H₁₀PMe), **6**, 220

B₉NiC₅H₅Cl₉
CpNiB₉Cl₉, **1**, 508
[CpNiB₉Cl₉]⁻, **1**, 491
[CpNiB₉Cl₉]²⁻, **6**, 935

B₉NiC₅H₁₄
CpNiB₉H₉, **1**, 490
[CpNiB₉H₉]⁻, **1**, 508; **6**, 217
[CpNiB₉H₉]²⁻, **6**, 935

B₉NiC₁₂H₂₇
Ni(C₂B₉H₉Me₂)(cod), **6**, 105

B₉NiC₁₄H₁₈P
Ni(CH₂CHCH₂)(CB₉H₁₀PMe), **6**, 220

B₉NiC₂₃H₂₈P
Ni(η^3-C₃Ph₃)(CB₉H₁₀PMe), **6**, 220

B₉NiC₃₈H₄₀ClP₂
NiCl(PPh₃){C₂B₉H₁₀(PPh₃)}, **6**, 221

B₉NiC₃₈H₄₁P₂
NiH(PPh₃){C₂B₉H₁₀(PPh₃)}, **6**, 221
Ni(PPh₃)₂(C₂B₉H₁₁), **1**, 481; **6**, 42
Ni(PPh₃)₂(1,2-C₂B₉H₁₁), **6**, 218

B₉PbC₂H₁₁
PbC₂B₉H₁₁, **1**, 478, 545; **2**, 673

B₉PdC₁₄H₃₃N₂
Pd(C₂B₉H₉Me₂)(CNBuᵗ)₂, **6**, 287

B₉PtC₂₂H₆₀P₃
(Et₃P)₃Pt(Me₂C₂B₉H₉), **1**, 518

B₉ReC₃H₁₃O₃
[(CO)₃ReB₉H₁₃]⁻, **1**, 506; **6**, 935

B₉ReC₅H₁₁O₃
[(CO)₃ReC₂B₉H₁₁]⁻, **1**, 516; **4**, 203

B₉ReC₇H₁₁O₅
[(CO)₅ReC₂B₉H₁₁]⁻, **4**, 203

B₉RhC₈H₂₅Cl
RhCl(B₉H₁₃)(cod), **6**, 935

B₉RhC₂₀H₂₇P
RhH(C₂B₉H₁₁)(PPh₃), **1**, 523

B₉RhC₃₈H₄₂O₄P₂S
Rh(HSO₄)(C₂B₉H₁₁)(PPh₃)₂, **8**, 296

B₉RhC₃₈H₄₂P₂
RhH(C₂B₉H₁₁)(PPh₃)₂, **1**, 523; **8**, 304

B₉RuC₅H₁₁O₃
(CO)₃RuC₂B₉H₁₁, **4**, 806

B₉RuC₃₈H₄₁P₂
(Ph₃P)₂RuC₂B₉H₁₁, **1**, 523; **4**, 806

B₉RuC₃₈H₄₂ClP₂
RuH(Cl)(C₂B₉H₁₁)(PPh₃)₂, **1**, 523

B₉RuC₃₈H₄₃P₂
(Ph₃P)₂RuH₂(C₂B₉H₁₁), **1**, 517; **4**, 806; **8**, 304

B₉RuC₃₉H₄₁OP₂
(Ph₃P)₂Ru(CO)(C₂B₉H₁₁), **1**, 523; **4**, 806

$B_9SiC_4H_{20}NS$
   $SB_9H_{11}(CNSiMe_3)$, **1**, 551
$B_9SnC_2H_{11}$
   $SnC_2B_9H_{11}$, **1**, 4, 478, 545
$B_9TiC_{10}H_{19}$
   $[Ti(C_2B_9H_{11})(cot)]^-$, **3**, 326
$B_9TlC_2H_{11}$
   $[TlC_2B_9H_{11}]^-$, **1**, 486, 519
$B_9TlC_3H_{14}$
   $Tl(C_2B_9H_{11}Me)$, **1**, 545
$B_9Tl_2C_2H_{11}$
   $Tl_2(C_2B_9H_{11})$, **1**, 545
$B_9WC_5H_{11}O_3$
   $[(CO)_3WC_2B_9H_{11}]^{2-}$, **1**, 516; **3**, 1356
$B_{10}AsCH_{11}$
   $AsCB_{10}H_{11}$, **1**, 525, 547
$B_{10}AsC_2H_{11}O_2$
   $As\{C(CO_2H)B_{10}H_{10}\}$, **1**, 548
$B_{10}AsC_8H_{15}O$
   $As\{C(COPh)B_{10}H_{10}\}$, **1**, 548
$B_{10}AsC_{10}H_{24}N$
   $(Me_3N)\{C(AsPh)B_{10}H_{10}\}$, **1**, 548
$B_{10}AsCoC_5H_{15}$
   $[CpCoAsB_{10}H_{10}]^-$, **1**, 528
$B_{10}AsHgC_2H_{13}$
   $As\{C(HgMe)B_{10}H_{10}\}$, **1**, 548
$B_{10}AsLiCH_{10}$
   $As\{C(Li)B_{10}H_{10}\}$, **1**, 548
$B_{10}AsMoC_9H_{19}O_2$
   $Mo(AsB_{10}H_{12})(CO)_2(C_7H_7)$, **3**, 1234
$B_{10}CH_{11}$
   $[CB_{10}H_{11}]^-$, **1**, 432
   $[closo\text{-}CB_{10}H_{11}]^-$, **1**, 424, 425
$B_{10}CH_{11}P$
   $PCB_{10}H_{11}$, **1**, 525, 547, 548
$B_{10}CH_{12}BrN$
   $[B_{10}H_{12}Br(CN)]^{2-}$, **1**, 447
$B_{10}CH_{13}$
   $[nido\text{-}CB_{10}H_{13}]^-$, **1**, 424, 426
$B_{10}CH_{13}N$
   $[B_{10}H_{13}(CN)]^{2-}$, **1**, 424, 447
$B_{10}CH_{15}N$
   $CB_{10}H_{12}(NH_3)$, **1**, 524
$B_{10}CH_{16}$
   $B_{10}H_{13}Me$, **1**, 447
$B_{10}C_2Cl_8O_2$
   $B_{10}Cl_8(CO)_2$, **1**, 451
$B_{10}C_2H_2Cl_{10}$
   $1,2\text{-}C_2B_{10}H_2Cl_{10}$, **1**, 442
$B_{10}C_2H_2F_{10}$
   $1,12\text{-}C_2B_{10}H_2F_{10}$, **1**, 441
$B_{10}C_2H_6Cl_8O_2$
   $[B_{10}Cl_8(CH_2OH)_2]^{2-}$, **1**, 451
$B_{10}C_2H_8N_2$
   $[B_{10}H_8(CN)_2]^{2-}$, **1**, 449, 451
$B_{10}C_2H_8O_2$
   $B_{10}H_8(CO)_2$, **1**, 447, 451
$B_{10}C_2H_{10}$
   $[C_2B_{10}H_{10}]^{2-}$, **1**, 436
$B_{10}C_2H_{10}O_4$
   $[B_{10}H_8(CO_2H)_2]^{2-}$, **1**, 451
$B_{10}C_2H_{11}Br$
   $closo\text{-}1,2\text{-}C_2B_{10}H_{11}Br$, **1**, 436
   $1,7\text{-}C_2B_{10}H_{11}Br$, **1**, 441
$B_{10}C_2H_{12}$

$C_2B_{10}H_{12}$, **1**, 30, 432
$closo\text{-}1,2\text{-}C_2B_{10}H_{12}$, **1**, 423, 441
$1,2\text{-}C_2B_{10}H_{12}$, **1**, 437
$1,7\text{-}C_2B_{10}H_{12}$, **1**, 427, 428, 436
$1,12\text{-}C_2B_{10}H_{12}$, **1**, 431
$[C_2B_{10}H_{12}]^{2-}$, **1**, 434
$B_{10}C_2H_{12}N_2O_2$
   $[B_{10}H_8(CONH_2)_2]^{2-}$, **1**, 451
$B_{10}C_2H_{12}O$
   $1,2\text{-}C_2B_{10}H_{11}(OH)$, **1**, 428
$B_{10}C_2H_{12}S$
   $1,2\text{-}C_2B_{10}H_{11}(SH)$, **1**, 440
$B_{10}C_2H_{13}$
   $[C_2B_{10}H_{13}]^-$, **1**, 432
   $[nido\text{-}C_2B_{10}H_{13}]^-$, **1**, 434
$B_{10}C_2H_{14}$
   $[B_{10}H_8Me_2]^{2-}$, **1**, 451
   $[closo\text{-}B_{10}H_9Et]^{2-}$, **1**, 452
$B_{10}C_2H_{17}N$
   $CB_{10}H_{12}(MeNH_2)$, **1**, 524
$B_{10}C_2H_{18}$
   $B_{10}H_{13}Et$, **1**, 443, 447, 452
$B_{10}C_3H_{11}Br_3$
   $1,7\text{-}C_2B_{10}H_8MeBr_3$, **1**, 441
$B_{10}C_3H_{12}O_2$
   $1,7\text{-}C_2B_{10}H_{11}(CO_2H)$, **1**, 439
$B_{10}C_3H_{14}$
   $1,2\text{-}C_2B_{10}H_{11}Me$, **1**, 439
$B_{10}C_3H_{14}O$
   $closo\text{-}1,2\text{-}C_2B_{10}H_{10}Me(OH)$, **1**, 436
$B_{10}C_3H_{16}OS$
   $B_{10}H_8(CO)(SMe_2)$, **1**, 447
$B_{10}C_3H_{18}$
   $B_{10}H_{13}(CH_2CH=CH_2)$, **1**, 447
$B_{10}C_4H_{12}$
   $C_2B_{10}H_{11}(C\equiv CH)$, **1**, 424
   $(2,4\text{-}C_2B_5H_6)_2$, **1**, 429
$B_{10}C_4H_{12}S_2$
   $(2,4\text{-}C_2B_5H_6)_2S_2$, **1**, 440
$B_{10}C_4H_{14}$
   $1,2\text{-}C_2B_{10}H_{10}(CH_2)_2$, **1**, 439
   $1,2\text{-}C_2B_{10}H_{11}(CH=CH_2)$, **1**, 439
$B_{10}C_4H_{14}Cl_2$
   $closo\text{-}1,7\text{-}C_2B_{10}H_8Cl_2Me_2$, **1**, 432
$B_{10}C_4H_{14}N_2$
   $1,2\text{-}C_2B_{10}H_{10}Me(CHN_2)$, **1**, 439
$B_{10}C_4H_{16}$
   $1,2\text{-}C_2B_{10}H_{10}Me_2$, **1**, 439
   $1,7\text{-}C_2B_{10}H_{10}Me_2$, **1**, 427
   $closo\text{-}1,7\text{-}C_2B_{10}H_{10}Me_2$, **1**, 428
$B_{10}C_4H_{17}N$
   $closo\text{-}1,2\text{-}C_2B_{10}H_9Me_2(NH_2)$, **1**, 440
$B_{10}C_4H_{17}NS$
   $B_{10}H_8(CO)(NMe_3)$, **1**, 447
$B_{10}C_4H_{22}$
   $B_{10}H_{13}Bu$, **1**, 447
$B_{10}C_6H_{14}$
   $C_2B_{10}H_{10}(CH=CH-CH=CH)$, **1**, 437
$B_{10}C_6H_{17}F$
   $B_{10}H_{13}(C_6H_4F)$, **1**, 446
$B_{10}C_6H_{18}$
   $B_{10}H_{13}Ph$, **1**, 446, 448
$B_{10}C_6H_{20}$
   $closo\text{-}B_{10}H_9(C_6H_{11})$, **1**, 445
   $1,2\text{-}C_2B_{10}H_{11}Bu$, **1**, 439
$B_{10}C_6H_{22}N_2$

B₁₀C₆H₂₂N₂

B₁₀H₁₂(CNEt)₂, **1**, 447
B₁₀C₇H₁₄
　[B₁₀H₉(COPh)]²⁻, **1**, 444
B₁₀C₇H₁₅
　[B₁₀H₉(C₇H₆)]⁻, **1**, 448
B₁₀C₇H₂₀
　B₁₀H₁₃Bz, **1**, 447, 450
B₁₀C₈H₁₅F
　1,2-C₂B₁₀H₁₁(C₆H₄F), **1**, 439
B₁₀C₈H₁₆
　closo-1,2-C₂B₁₀H₁₁Ph, **1**, 427
　1,2-C₂B₁₀H₁₁Ph, **1**, 439
B₁₀C₈H₁₈O₂
　B₁₀H₇(CO)₂(C₆H₁₁), **1**, 447
B₁₀C₈H₂₈S
　nido-B₁₀H₁₁(SMe₂)(C₆H₁₁), **1**, 445
B₁₀C₉H₁₈
　1,2-C₂B₁₀H₁₁(C₆H₄Me), **1**, 439
B₁₀C₁₀H₁₈
　1,2-C₂B₁₀H₁₁(CH=CHPh), **1**, 439
B₁₀C₁₀H₂₄NP
　Me₃NC(PPh)B₁₀H₁₀, **1**, 549
B₁₀C₁₄H₂₀
　closo-1,2-C₂B₁₀H₁₀Ph₂, **1**, 427
B₁₀C₁₄H₂₁NP₂
　C₂B₁₀H₁₀(PPhNHPPh), **1**, 437
B₁₀C₁₄H₂₆
　B₁₀H₁₂Bz₂, **1**, 450
B₁₀C₁₄H₂₈O₂
　B₁₀H₆(CO)₂(C₆H₁₁)₂, **1**, 447
B₁₀CoC₃H₁₂O₃
　[Co(B₁₀H₁₂)(CO)₃]⁻, **6**, 936
B₁₀CoC₅H₁₅P
　[CpCoPB₁₀H₁₀]⁻, **1**, 528
B₁₀CoC₅H₁₅S
　CpCoSB₁₀H₁₀, **1**, 528
B₁₀CoC₅H₁₅Se
　CpCoSeB₁₀H₁₀, **1**, 528
B₁₀CoC₅H₁₅Te
　CpCoTeB₁₀H₁₀, **1**, 528
B₁₀CoC₆H₁₆
　[CpCoCB₁₀H₁₁]⁻, **1**, 524
B₁₀CoC₇H₁₇
　CpCoC₂B₁₀H₁₂, **1**, 485, 530
B₁₀CoC₁₃H₂₁
　(C₅H₅BPh)CoC₂B₉H₁₁, **1**, 521
B₁₀CoNiC₁₀H₂₀
　[(CpCo)(CpNi)(B₁₀H₁₀)]⁻, **1**, 527; **6**, 217, 837
　(CpCo)(CpNi)(B₁₀H₁₀), **6**, 939
B₁₀Co₂C₁₂H₂₂
　(CpCo)₂C₂B₁₀H₁₂, **1**, 530
B₁₀Co₂C₁₄H₂₂
　(CpCo)₂(C₂B₅H₆)(C₂B₅H₆), **1**, 484, 500
B₁₀CrC₄H₁₂O₄
　[(CO)₄CrB₁₀H₁₂]²⁻, **1**, 525; **3**, 974
B₁₀CrC₅H₁₀O₅
　[(CO)₄CrB₁₀H₁₀CO)]²⁻, **3**, 974
B₁₀CrC₅H₁₁O₅
　[(CO)₄Cr(HOCB₁₀H₁₀)]⁻, **1**, 480
　(CO)₄Cr(HOCB₁₀H₁₀), **1**, 525
B₁₀CrGeC₆H₁₁O₅
　[(CO)₅CrGe(CB₁₀H₁₁)]⁻, **1**, 546
B₁₀FeC₅H₂₀
　CpFeB₁₀H₁₅, **1**, 490, 514
B₁₀FeC₇H₁₇

CpFeC₂B₁₀H₁₂, **1**, 485
B₁₀FeC₇H₁₇BrO₂
　FeBr(B₁₀H₁₃)(CO)₂(η⁵-C₅H₄), **6**, 936
B₁₀FeC₇H₁₈O₂
　Cp(CO)₂FeB₁₀H₁₃, **1**, 479, 525; **6**, 936
B₁₀FeC₁₀H₁₈O₃
　Fe(CO)₃{C₄H₅(C₂B₁₀H₁₀Me)}, **4**, 428
B₁₀FeC₁₀H₂₅O
　CpFeCB₁₀H₁₀(OEt₂), **1**, 479; **6**, 936
B₁₀FeGeC₈H₁₆O₂
　FpGe(CB₁₀H₁₁), **1**, 546
B₁₀Fe₂C₁₆H₁₈O₄
　Fe₂(CO)₄{C₂B₁₀H₁₀(C₅H₄)₂}, **4**, 538
B₁₀GeCH₁₁
　[Ge(CB₁₀H₁₁)]⁻, **1**, 546
B₁₀GeC₂H₁₄
　MeGe(CB₁₀H₁₁), **1**, 546
B₁₀GeC₃H₂₁
　Me₃GeB₁₀H₁₂, **1**, 514
B₁₀GeMoC₁₀H₁₈
　Mo(GeCHB₁₀H₁₀)(CO)₂(C₇H₇), **3**, 1234
B₁₀Ge₂C₆H₂₂O
　C₂B₁₀H₁₀(GeMe₂OGeMe₂), **1**, 437
B₁₀HgCH₁₅
　[MeHgB₁₀H₁₂]⁻, **1**, 491, 512
B₁₀InCH₁₅
　MeInB₁₀H₁₂, **1**, 512
B₁₀InC₂H₁₈
　[Me₂InB₁₀H₁₂]⁻, **1**, 513, 712
B₁₀IrC₃₇H₄₂OP₂
　Ir(B₁₀H₁₂)(CO)(PPh₃)₂, **1**, 514
　[Ir(B₁₀H₁₂)(CO)(PPh₃)₂]⁻, **5**, 552; **6**, 936
B₁₀IrC₃₉H₄₁OP₂
　Ir(C₂B₁₀H₁₁)(CO)(PPh₃)₂, **5**, 552
B₁₀IrC₄₀H₄₃OP₂
　Ir(C₂B₁₀H₁₀Me)(CO)(PPh₃)₂, **5**, 552
B₁₀LiCH₁₀P
　PC(Li)B₁₀H₁₀, **1**, 548
B₁₀MnC₉H₁₅O₃P
　[{(CO)₃Mn}(PhP)B₁₀H₁₀]⁻, **1**, 528
B₁₀MoC₄H₁₂O₄
　[(CO)₄MoB₁₀H₁₂]²⁻, **1**, 525
B₁₀MoC₅H₁₀O₅
　[(CO)₄Mo(B₁₀H₁₀CO)]²⁻, **3**, 1203
B₁₀MoC₅H₁₁O₅
　[(CO)₄Mo(HOCB₁₀H₁₀)]⁻, **1**, 480
　(CO)₄Mo(HOCB₁₀H₁₀), **1**, 525
B₁₀MoC₉H₁₉O₂P
　Mo(PB₁₀H₁₂)(CO)₂(C₇H₇), **3**, 1234
B₁₀NiC₅H₁₇
　[CpNiB₁₀H₁₂]⁻, **6**, 217, 936
B₁₀NiC₅H₁₈
　CpNiB₁₀H₁₃, **1**, 488, 512; **6**, 217, 936
B₁₀NiC₆H₁₆
　CpNiCB₁₀H₁₁, **1**, 524; **6**, 222
B₁₀NiC₃₈H₄₀P₂
　Ni(PPh₃)₂(C₂B₁₀H₁₀), **6**, 218
B₁₀Ni₂C₁₀H₂₀
　(CpNi)₂B₁₀H₁₀, **1**, 462, 490, 527; **6**, 217, 940
B₁₀PdC₂H₁₂N₂
　[Pd(CN)₂(B₁₀H₁₂)]²⁻, **6**, 937
B₁₀PdC₁₅H₄₂P₂

Pd(CH$_2$CH$_2$PEt$_2$)(C$_2$B$_{10}$H$_{10}$Me)(PEt$_3$), **6**, 309

B$_{10}$PdC$_{18}$H$_{22}$Br$_2$N$_2$
PdBr$_2${C$_6$H$_4$(C$_2$B$_{10}$H$_{10}$)}(bipy), **6**, 340

B$_{10}$PdC$_{18}$H$_{22}$N$_2$
Pd{C$_6$H$_4$(C$_2$B$_{10}$H$_{10}$)}(bipy), **6**, 309, 340

B$_{10}$PdC$_{38}$H$_{40}$P$_2$
Pd(C$_2$B$_{10}$H$_{10}$)(PPh$_3$)$_2$, **6**, 309

B$_{10}$ReC$_3$H$_{10}$O$_3$S
[(CO)$_3$ReSB$_{10}$H$_{10}$]$^-$, **1**, 528

B$_{10}$RhC$_{14}$H$_{39}$P$_2$
RhH(C$_2$B$_{10}$H$_8$)(PEt$_3$)$_2$, **8**, 304

B$_{10}$RhC$_{37}$H$_{42}$OP$_2$
[Rh(B$_{10}$H$_{12}$)(CO)(PPh$_3$)$_2$]$^-$, **6**, 936

B$_{10}$SbCH$_{11}$
SbCB$_{10}$H$_{11}$, **1**, 547

B$_{10}$SnC$_3$H$_{21}$
Me$_3$SnB$_{10}$H$_{12}$, **1**, 514

B$_{10}$TiC$_4$H$_{16}$
Ti(C$_2$B$_{10}$H$_{10}$Me$_2$), **3**, 325

B$_{10}$TiC$_7$H$_{17}$
Ti(C$_2$B$_{10}$H$_{12}$)Cp, **3**, 326

B$_{10}$TlC$_2$H$_{18}$
[Me$_2$TlB$_{10}$H$_{12}$]$^-$, **1**, 488, 512, 729

B$_{10}$WC$_4$H$_{12}$O$_4$
[W(B$_{10}$H$_{12}$)(CO)$_4$]$^{2-}$, **1**, 525

B$_{10}$WC$_5$H$_{10}$O$_5$
[(CO)$_4$W(OCB$_{10}$H$_{10}$)]$^{2-}$, **3**, 1356

B$_{10}$WC$_5$H$_{11}$O$_5$
[W(CO)$_4$(HOCB$_{10}$H$_{10}$)]$^-$, **1**, 480
W(CO)$_4$(HOCB$_{10}$H$_{10}$), **1**, 525

B$_{11}$CH$_{12}$
[closo-CB$_{11}$H$_{12}$]$^-$, **1**, 425, 426, 427

B$_{11}$FeC$_8$H$_{25}$
FeH$_2$(Me$_2$C$_2$B$_4$H$_4$)(Me$_2$C$_2$B$_7$H$_7$), **1**, 494

B$_{11}$NiC$_5$H$_{16}$
[CpNiB$_{11}$H$_{11}$]$^-$, **1**, 490, 527; **6**, 217, 940

B$_{12}$CH$_{11}$O
[B$_{12}$H$_{11}$(CO)]$^-$, **1**, 447

B$_{12}$C$_2$H$_{10}$O$_2$
B$_{12}$H$_{10}$(CO)$_2$, **1**, 450

B$_{12}$C$_2$H$_{12}$O$_2$
B$_{12}$H$_{10}$(CO)$_2$, **1**, 447

B$_{12}$C$_2$H$_{12}$O$_4$
[closo-1,12-B$_{12}$H$_{10}$(CO$_2$H)$_2$]$^{2-}$, **1**, 450

B$_{12}$C$_3$H$_{18}$
[B$_{12}$H$_{11}$Pr]$^{2-}$, **1**, 445

B$_{12}$C$_7$H$_{17}$
[B$_{12}$H$_{11}$(C$_7$H$_6$)]$^-$, **1**, 448

B$_{12}$Ti$_2$C$_{20}$H$_{38}$
{Ti(B$_6$H$_9$)Cp$_2$}$_2$, **6**, 931

B$_{14}$CoC$_4$H$_{18}$
[Co(C$_2$B$_7$H$_9$)$_2$]$^-$, **1**, 502

B$_{16}$C$_4$H$_{18}$
(1,10-C$_2$B$_8$H$_{10}$)$_2$, **1**, 430

B$_{16}$Co$_2$C$_9$H$_{25}$
[CpCo(C$_2$B$_8$H$_{10}$)Co(C$_2$B$_8$H$_{10}$)]$^-$, **1**, 510

B$_{17}$C$_4$H$_{20}$
(1,10-C$_2$B$_8$H$_9$)(7,9-C$_2$B$_9$H$_{11}$), **1**, 435

B$_{17}$CoC$_9$H$_{26}$N
[Co(C$_2$B$_9$H$_{11}$)(C$_2$B$_8$H$_{10}$·py)]$^-$, **1**, 511

B$_{18}$As$_2$Cr$_2$FeC$_{12}$H$_{20}$O$_{10}$
[{(CO)$_5$CrAsCB$_9$H$_{10}$}$_2$Fe]$^{2-}$, **1**, 525, 549

B$_{18}$As$_2$FeMo$_2$C$_{12}$H$_{20}$O$_{10}$
[{(CO)$_5$MoAsCB$_9$H$_{10}$}$_2$Fe]$^{2-}$, **1**, 525

B$_{18}$As$_2$FeW$_2$C$_{12}$H$_{20}$O$_{10}$
[{(CO)$_5$WAsCB$_9$H$_{10}$}$_2$Fe]$^{2-}$, **1**, 525

B$_{18}$AuC$_4$H$_{22}$
[Au(C$_2$B$_9$H$_{11}$)$_2$]$^{2-}$, **1**, 519

B$_{18}$C$_2$H$_{18}$
[(closo-1-CB$_9$H$_9$)$_2$]$^{2-}$, **1**, 430

B$_{18}$C$_4$H$_{12}$
(nido-C$_2$B$_9$H$_6$)$_2$, **1**, 430

B$_{18}$C$_4$H$_{22}$
(7,8-C$_2$B$_9$H$_{11}$)$_2$, **1**, 440

B$_{18}$C$_4$H$_{23}$
[C$_4$B$_{18}$H$_{23}$]$^-$, **1**, 430

B$_{18}$C$_7$H$_{33}$N
nido-CB$_{18}$H$_{20}$(C$_6$H$_{11}$NH$_2$), **1**, 424

B$_{18}$CoC$_3$H$_{20}$O$_3$
[Co(B$_{18}$H$_{20}$)(CO)$_3$]$^-$, **6**, 941

B$_{18}$CoC$_4$H$_{21}$S
Co(C$_2$B$_9$H$_{10}$)$_2$(SH), **1**, 520

B$_{18}$CoC$_4$H$_{22}$
[Co(C$_2$B$_9$H$_{11}$)$_2$]$^-$, **1**, 476, 486, 511, 516

B$_{18}$CoC$_5$H$_{21}$S$_2$
Co(C$_2$B$_9$H$_{10}$)$_2$(S$_2$CH), **1**, 520

B$_{18}$CrC$_4$H$_{22}$
[Cr(C$_2$B$_9$H$_{11}$)$_2$]$^-$, **3**, 973

B$_{18}$CrC$_8$H$_{30}$
[Cr(Me$_2$C$_2$B$_9$H$_9$)$_2$]$^-$, **1**, 516; **3**, 973

B$_{18}$Cr$_2$FeC$_{12}$H$_{20}$O$_{10}$P$_2$
[{(CO)$_5$CrPCB$_9$H$_{10}$}$_2$Fe]$^{2-}$, **1**, 525

B$_{18}$CuC$_4$H$_{22}$
[Cu(C$_2$B$_9$H$_{11}$)$_2$]$^-$, **1**, 518

B$_{18}$FeC$_2$H$_{20}$P$_2$
[Fe(PCB$_9$H$_{10}$)$_2$]$^{2-}$, **1**, 525, 549

B$_{18}$FeC$_4$H$_{22}$
[Fe(C$_2$B$_9$H$_{11}$)$_2$]$^{2-}$, **1**, 30
[Fe(C$_2$B$_9$H$_{11}$)$_2$]$^-$, **1**, 516; **3**, 32

B$_{18}$FeC$_4$H$_{26}$P$_2$
Fe(MePCB$_9$H$_{10}$)$_2$, **1**, 525, 549

B$_{18}$FeMo$_2$C$_{12}$H$_{20}$O$_{10}$P$_2$
[{(CO)$_5$MoPCB$_9$H$_{10}$}$_2$Fe]$^{2-}$, **1**, 525

B$_{18}$FeW$_2$C$_{12}$H$_{20}$O$_{10}$P$_2$
[{(CO)$_5$WPCB$_9$H$_{10}$}$_2$Fe]$^{2-}$, **1**, 525

B$_{18}$NiC$_2$H$_{20}$O$_2$
(CO)$_2$NiB$_{18}$H$_{20}$, **1**, 514

B$_{18}$NiC$_4$H$_{22}$
Ni(C$_2$B$_9$H$_{11}$)$_2$, **1**, 518, 522; **3**, 33

B$_{18}$NiC$_8$H$_{30}$
Ni(1,2-C$_2$B$_9$H$_9$Me$_2$)$_2$, **6**, 220

B$_{18}$NiC$_{33}$H$_{57}$NP$_2$
Ni(diphos){CB$_{18}$H$_{20}$(NH$_2$Cy)}, **6**, 221

B$_{18}$PdC$_4$H$_{22}$
[Pd(C$_2$B$_9$H$_{11}$)$_2$]$^{2-}$, **1**, 519

B$_{18}$RhC$_{37}$H$_{50}$OP$_2$
[Rh(B$_{18}$H$_{20}$)(CO)(PPh$_3$)$_2$]$^-$, **6**, 941

B$_{18}$Rh$_2$C$_{40}$H$_{52}$P$_2$
{(Ph$_3$P)RhC$_2$B$_9$H$_{11}$}$_2$, **1**, 524

B$_{18}$UC$_4$H$_{22}$Cl$_2$
[UCl$_2$(C$_2$B$_9$H$_{11}$)$_2$]$^{2-}$, **1**, 517; **3**, 260

B$_{20}$C$_2$HCl$_{17}$O$_3$
[B$_{10}$Cl$_9$(CO)B$_{10}$Cl$_8$CO$_2$H]$^{4-}$, **1**, 450

B$_{20}$C$_4$H$_{22}$
(C$_2$B$_{10}$H$_{11}$)$_2$, **1**, 424
(1,2-C$_2$B$_{10}$H$_{11}$)$_2$, **1**, 429
(1,7-C$_2$B$_{10}$H$_{11}$)$_2$, **1**, 430

B$_{20}$C$_4$H$_{22}$S$_2$
(1,2-C$_2$B$_{10}$H$_{11}$)$_2$S$_2$, **1**, 440

B$_{20}$CoC$_4$H$_{24}$
[Co(C$_2$B$_{10}$H$_{12}$)$_2$]$^-$, **1**, 529

$B_{20}CrC_4H_{24}$
  $[Cr(C_2B_{10}H_{12})_2]^-$, **1**, 529; **3**, 973
$B_{20}FeC_4H_{24}$
  $[Fe(C_2B_{10}H_{12})_2]^{2-}$, **1**, 529
$B_{20}HfC_4H_{24}$
  $Hf(C_2B_{10}H_{12})_2$, **1**, 529
$B_{20}HfC_8H_{32}$
  $[Hf(Me_2C_2B_{10}H_{10})_2]^{2-}$, **3**, 623
$B_{20}IrC_{45}H_{54}ClOP_2$
  $IrCl\{CH=CH(C_2B_{10}H_{11})\}\{C\equiv C(C_2B_{10}H_{11})\}(CO)(PPh_3)_2$, **5**, 573, 575
$B_{20}MnC_4H_{24}$
  $[Mn(C_2B_{10}H_{12})_2]^-$, **1**, 529
$B_{20}NiC_4H_{24}$
  $[Ni(C_2B_{10}H_{12})_2]^{2-}$, **1**, 529; **6**, 218
$B_{20}NiC_{42}H_{56}P_2$
  $Ni(PPh_3)_2(C_2B_{10}H_{10}Me)_2$, **6**, 219
$B_{20}TiC_4H_{24}$
  $[Ti(C_2B_{10}H_{12})_2]^{2-}$, **1**, 478
  $Ti(C_2B_{10}H_{12})_2$, **1**, 529
$B_{20}TiC_8H_{32}$
  $[Ti(Me_2C_2B_{10}H_{10})_2]^{2-}$, **1**, 529
$B_{20}VC_4H_{24}$
  $V(C_2B_{10}H_{12})_2$, **1**, 529
  $[V(C_2B_{10}H_{12})_2]^{2-}$, **1**, 478; **3**, 674
$B_{20}VC_8H_{32}$
  $[V(C_2B_{10}H_{10}Me_2)_2]^{2-}$, **3**, 674
$B_{20}ZrC_4H_{24}$
  $[Zr(C_2B_{10}H_{12})_2]^{2-}$, **1**, 478
  $Zr(C_2B_{10}H_{12})_2$, **1**, 529
$B_{20}ZrC_8H_{32}$
  $[Zr(Me_2C_2B_{10}H_{10})_2]^{2-}$, **3**, 623
$B_{34}Co_3C_8H_{42}$
  $[Co\{(C_2B_9H_{11})Co(C_2B_8H_{10})\}_2]^{3-}$, **1**, 517
$B_{40}C_8H_{42}$
  $(1,7-C_2B_{10}H_{11})(1,7-C_2B_{10}H_{10})_2(1,7-C_2B_{10}H_{11})$, **1**, 430
$BaAl_2C_{12}H_{32}$
  $Ba(AlHEt_3)_2$, **1**, 239
$BaAl_2C_{16}H_{40}$
  $Ba(AlEt_4)_2$, **1**, 240
$BaB_2C_{12}H_{32}$
  $Ba(BHEt_3)_2$, **1**, 239
$BaB_2C_{16}H_{40}$
  $Ba(BEt_4)_2$, **1**, 239
$BaCH_3I$
  $IBaMe$, **1**, 225
BaC_2H_5I
  $IBaEt$, **1**, 225
BaC_2H_6
  $BaMe_2$, **1**, 230
BaC_3H_7I
  $IBaPr$, **1**, 225
BaC_4H_2
  $Ba(C\equiv CH)_2$, **1**, 231
BaC_6H_5I
  $IBaPh$, **1**, 225
BaC_8H_8
  $Ba(cot)$, **1**, 237
$BaC_{10}H_{10}$
  $BaCp_2$, **1**, 233
$BaC_{12}H_{10}$
  $BaPh_2$, **1**, 230, 239
$BaC_{14}H_{14}$
  $BaBz_2$, **1**, 231, 232
$BaC_{16}H_{10}$
  $Ba(C\equiv CPh)_2$, **1**, 231

$BaC_{18}H_{14}$
  $Ba(C_9H_7)_2$, **1**, 233
$BaC_{18}H_{22}$
  $Ba(CMe_2Ph)_2$, **1**, 232
$BaC_{19}H_{15}Cl$
  $ClBa(CPh_3)$, **1**, 226
$BaC_{26}H_{18}$
  $Ba(C_{13}H_9)_2$, **1**, 234
$BaC_{26}H_{18}O_2$
  $Ba(C_{13}H_9O)_2$, **1**, 234
$BaC_{26}H_{20}$
  $Ba(Ph_2CCPh_2)$, **1**, 236
$BaC_{26}H_{22}$
  $Ba(CHPh_2)_2$, **1**, 232
$BaC_{38}H_{30}$
  $Ba(CPh_3)_2$, **1**, 232
$BaGe_2C_{36}H_{30}$
  $Ba(GePh_3)_2$, **2**, 469
$BaHgC_8H_4$
  $BaHg(C\equiv CH)_4$, **1**, 239
$BaHgC_{32}H_{20}$
  $BaHg(C\equiv CPh)_4$, **1**, 239
$BaZnC_8H_{20}$
  $BaZnEt_4$, **1**, 237, 238
$BeAl_2C_8H_{24}$
  $\{Me_2Al(Me)_2\}_2Be$, **1**, 148
$BeBCH_7$
  $MeBe(BH_4)$, **1**, 144
$BeBC_5H_9$
  $CpBe(BH_4)$, **1**, 146, 147
$BeB_3C_5H_{13}$
  $CpBeB_3H_8$, **1**, 147
BeB_5CH_{13}
  $MeBeB_5H_{10}$, **1**, 144
$BeB_5C_5H_{13}$
  $CpBeB_5H_8$, **1**, 146, 147
$BeB_5C_5H_{15}$
  $CpBeB_5H_{10}$, **1**, 144, 498
$BeB_9C_5H_{20}N$
  $BeC_2B_9H_{11}(NMe_3)$, **1**, 544
  $3-Be(NMe_3)-1,2-C_2B_9H_{11}$, **1**, 148
$BeB_9C_6H_{21}O$
  $BeC_2B_9H_{11}(OEt_2)$, **1**, 543
$BeCCl_4$
  $ClBeCCl_3$, **1**, 124
$BeCH_3Cl$
  $ClBeMe$, **1**, 130, 138
$BeCH_4$
  $MeBeH$, **1**, 142
BeC_2Cl_6
  $Be(CCl_3)_2$, **1**, 124
BeC_2H_3ClO
  $ClBeCOMe$, **1**, 139
BeC_2H_3N
  $MeBeCN$, **1**, 138
BeC_2H_5Cl
  $ClBeEt$, **1**, 138
BeC_2H_6
  $BeMe_2$, **1**, 122, 125, 134
  $EtBeH$, **1**, 142
BeC_2H_6O
  $MeBeOMe$, **1**, 134
BeC_3H_8
  Pr^iBeH, **1**, 127, 142
BeC_3H_8O

MeBeOEt, **1**, 134
BeC$_3$H$_9$N
  MeBeNMe$_2$, **1**, 136
BeC$_4$H$_9$Cl
  ClBeBu^t, **1**, 138
BeC$_4$H$_{10}$
  BeEt$_2$, **1**, 122, 125
  Bu^{t}BeH, **1**, 142
BeC$_4$H$_{10}$O
  MeBeOPr, **1**, 134
BeC$_4$H$_{12}$S
  Me$_2$BeSMe$_2$, **1**, 130
BeC$_5$H$_5$Br
  BrBeCp, **1**, 146
BeC$_5$H$_5$Cl
  ClBeCp, **1**, 146
BeC$_5$H$_6$
  CpBeH, **1**, 146, 147
BeC$_5$H$_{11}$Cl
  ClBeCH$_2$Bu^t, **1**, 138
BeC$_5$H$_{12}$
  MeBeBu^t, **1**, 124
BeC$_5$H$_{12}$O
  MeBeOBu^t, **1**, 134
BeC$_5$H$_{13}$N
  MeBeNEt$_2$, **1**, 136
BeC$_5$H$_{15}$N
  BeMe$_2$(NMe$_3$), **1**, 131
BeC$_6$H$_6$
  Be(C≡CMe)$_2$, **1**, 123, 128
  PhBeH, **1**, 142
BeC$_6$H$_8$
  CpBeMe, **1**, 4, 22, 125, 145, 146
BeC$_6$H$_{10}$
  Be(CH$_2$CH=CH$_2$)$_2$, **1**, 124
BeC$_6$H$_{14}$
  BePr$_2$, **1**, 122, 125, 284
  BePr$^i_2$, **1**, 127
  EtBeBu^t, **1**, 124
BeC$_6$H$_{15}$N
  EtBeNEt$_2$, **1**, 136
BeC$_6$H$_{16}$O$_2$
  BeMe$_2$(MeOCH$_2$CH$_2$OMe), **1**, 133
BeC$_6$H$_{18}$S$_2$
  BeMe$_2$(SMe$_2$)$_2$, **1**, 130
BeC$_7$H$_6$
  CpBe(C≡CH), **1**, 125, 146
BeC$_7$H$_8$
  (Tol)BeH, **1**, 142
BeC$_7$H$_8$O
  PhBeOMe, **1**, 134
BeC$_7$H$_{10}$N
  EtBe(NC$_5$H$_5$), **1**, 126
BeC$_7$H$_{17}$N
  MeBeNPr$_2$, **1**, 136
BeC$_7$H$_{19}$N
  BeEt$_2$(NMe$_3$), **1**, 131, 143
BeC$_8$H$_{10}$O
  MeBeOBz, **1**, 134
BeC$_8$H$_{18}$
  BeBu$_2$, **1**, 122, 125
  BeBu$^t_2$, **1**, 17, 124
BeC$_8$H$_{19}$ClO
  ClBeBu^t(OEt$_2$), **1**, 138

BeC$_8$H$_{22}$N$_2$
  BeMe$_2$(TMEDA), **1**, 132
BeC$_8$H$_{22}$N$_4$
  BeEt$_2$(Me$_2$N$_4$Me$_2$), **1**, 133
BeC$_9$H$_{14}$
  Bu^{t}BeCp, **1**, 125
BeC$_9$H$_{18}$ClN
  ClBeBu^t(NCBu^t), **1**, 138
BeC$_9$H$_{23}$N
  BePr$^i_2$(NMe$_3$), **1**, 131
BeC$_{10}$H$_{10}$
  BeCp$_2$, **1**, 125, 144, 145, 146
BeC$_{10}$H$_{15}$N
  BeMe$_2$(MeN=CHPh), **1**, 132
BeC$_{10}$H$_{22}$
  Be(CH$_2$Bu^t)$_2$, **1**, 125, 128
  Be{CH$_2$CH(Me)Et}$_2$, **1**, 128
  Be(C$_5$H$_{11}$)$_2$, **1**, 123
  EtBe{CH$_2$C(Me)(Et)Pr}, **1**, 124
BeC$_{10}$H$_{22}$Cl$_4$O$_2$
  Cl$_2$Be{MeO(CH$_2$)$_4$Cl}$_2$, **1**, 129
BeC$_{10}$H$_{22}$O$_2$
  Be{(CH$_2$)$_4$OMe}$_2$, **1**, 129
BeC$_{10}$H$_{22}$S$_2$
  Be{(CH$_2$)$_3$SEt}$_2$, **1**, 129
BeC$_{10}$H$_{24}$O
  BeBu$^t_2$(OMe$_2$), **1**, 130
BeC$_{10}$H$_{25}$N
  BeBu$^t_2$(NHMe$_2$), **1**, 136
BeC$_{11}$H$_5$F$_5$
  CpBe(C$_6$F$_5$), **1**, 124, 146
BeC$_{11}$H$_{10}$
  CpBePh, **1**, 147
BeC$_{11}$H$_{16}$
  Bu^{t}Be(Tol), **1**, 124
BeC$_{11}$H$_{27}$N
  BeBu$^t_2$(NMe$_3$), **1**, 131
BeC$_{12}$F$_{10}$
  Be(C$_6$F$_5$)$_2$, **1**, 123
BeC$_{12}$H$_8$Cl$_2$
  Be(C$_6$H$_4$Cl)$_2$, **1**, 124, 128
BeC$_{12}$H$_{10}$
  BePh$_2$, **1**, 123, 128
BeC$_{12}$H$_{14}$N$_2$
  BeMe$_2$(bipy), **1**, 133, 135
BeC$_{12}$H$_{14}$O
  (PhC≡C)BeOBu^t, **1**, 134
BeC$_{12}$H$_{18}$
  Be(C≡CBu^t)$_2$, **1**, 123, 128
  Bu^{t}Be(C$_6$H$_3$Me$_2$), **1**, 124
BeC$_{12}$H$_{22}$N$_2$
  BePh$_2$(Me$_2$NC$_6$H$_4$NMe$_2$), **1**, 132
BeC$_{12}$H$_{28}$O
  BeBu$^t_2$(OEt$_2$), **1**, 130
BeC$_{13}$H$_{13}$N
  MeBeNPh$_2$, **1**, 136
BeC$_{13}$H$_{19}$N
  EtBe(C$_6$H$_4$CH=NBu^t), **1**, 132
BeC$_{13}$H$_{27}$N
  BeBu$^t_2$(NCBu^t), **1**, 132
BeC$_{14}$H$_{14}$
  BeBz$_2$, **1**, 123, 128
  Be(Tol)$_2$, **1**, 125, 128
BeC$_{14}$H$_{20}$N$_2$Se
  BeEt(SeEt)(py)$_2$, **1**, 135

BeC$_{14}$H$_{32}$O
    Be(CH$_2$Bu^t)$_2$(OEt$_2$), **1**, 130
BeC$_{15}$H$_{21}$N
    Bu^{t}Be(C$_6$H$_4$CH=NBu^t), **1**, 132
BeC$_{16}$H$_{10}$
    Be(C≡CPh)$_2$, **1**, 123
BeC$_{16}$H$_{18}$
    Be(C$_6$H$_3$Me$_2$)$_2$, **1**, 128
BeC$_{16}$H$_{20}$S$_2$
    BePh$_2$(MeSCH$_2$CH$_2$SMe), **1**, 133
BeC$_{16}$H$_{22}$O$_2$
    BePh$_2$(OMe$_2$)$_2$, **1**, 130
BeC$_{16}$H$_{30}$N$_2$
    Be(CH$_2$CH=CHCH=CH$_2$)$_2$(TMEDA), **3**, 129
BeC$_{18}$H$_{24}$O
    BeBz$_2$(OEt$_2$), **1**, 130
BeC$_{18}$H$_{28}$P$_2$
    BePh$_2$(PMe$_3$)$_2$, **1**, 132
BeC$_{20}$H$_{14}$
    Be(Nap)$_2$, **1**, 124, 128
BeC$_{20}$H$_{20}$O
    Be(C≡CPh)$_2$(OEt$_2$), **1**, 130
BeC$_{21}$H$_{28}$O
    BePh$_2$(OCBu^t$_2$), **1**, 130
BeC$_{22}$H$_{28}$N$_2$
    BeBu^t$_2$(NCPh)$_2$, **1**, 132
BeCsC$_4$H$_{10}$N$_3$
    CsN$_3$(BeEt$_2$), **1**, 140
BeLiC$_4$H$_{11}$
    LiEt$_2$BeH, **1**, 141
BeLiC$_8$H$_{19}$
    LiBu^i$_2$BeH, **1**, 141, 142
BeLiC$_8$H$_{21}$N$_2$
    LiBu^{t}Be(NMe$_2$)$_2$, **1**, 140
BeLiC$_8$H$_{21}$O$_2$
    LiEt$_2$BeH(OEt$_2$)$_2$, **1**, 141
BeLiC$_{16}$H$_{21}$O
    LiPh$_2$BeH(OEt$_2$), **1**, 142
BeLiC$_{18}$H$_{15}$
    LiBePh$_3$, **1**, 140
BeLiC$_{21}$H$_{21}$
    LiBe(Tol)$_3$, **1**, 140
BeLi$_2$C$_4$H$_{12}$
    Li$_2$BeMe$_4$, **1**, 140
BeLi$_2$C$_{16}$H$_{36}$O$_3$
    Li$_2$BeBu^t(OBu^t)$_3$, **1**, 140
BeLi$_2$C$_{32}$H$_{20}$
    Li$_2$Be(C≡CPh)$_4$, **1**, 140
BeNaC$_2$H$_7$
    NaMe$_2$BeH, **1**, 141
BeNaC$_4$H$_{11}$
    NaEt$_2$BeH, **1**, 141
BeNaC$_6$H$_{15}$
    NaBeEt$_3$, **1**, 140
    NaPr^i$_2$BeH, **1**, 142
BeNaC$_8$H$_{19}$
    NaBu^i$_2$BeH, **1**, 142
BeNaC$_{35}$H$_{35}$O$_2$
    NaBePh$_2$(CPh$_3$)(OEt$_2$)$_2$, **1**, 140
BeRbC$_4$H$_{10}$F
    RbF(BeEt$_2$), **1**, 140
BeSiC$_4$H$_{12}$O
    MeBeOSiMe$_3$, **1**, 134; **2**, 156
BeSi$_2$C$_6$H$_{18}$N$_2$
    Be($\overline{\text{NMeSiMe}_2\text{CH}_2\text{SiMe}_2\text{N}}$Me), **2**, 295
BeSi$_2$C$_8$H$_{22}$
    Be(CH$_2$SiMe$_3$)$_2$, **1**, 124, 125; **2**, 95
BeSi$_2$C$_{17}$H$_{40}$O
    Be(CH$_2$SiMe$_3$)$_2$(OCBu^t$_2$), **1**, 130
BeTi$_2$C$_{20}$H$_{20}$Cl$_4$
    {Cp$_2$(Cl)Ti}$_2$(BeCl$_2$), **3**, 305
BeTi$_2$C$_{32}$H$_{32}$Cl$_4$
    {Cp$_2$(Cl)Ti}$_2$(BeCl$_2$)(C$_6$H$_6$)$_2$, **3**, 305
Be$_2$B$_2$C$_2$H$_{14}$
    {MeBe(BH$_4$)}$_2$, **1**, 144
Be$_2$B$_5$C$_5$H$_{15}$
    CpBeBeB$_5$H$_{10}$, **1**, 147
Be$_2$C
    Be$_2$C, **1**, 125
Be$_2$C$_6$H$_{16}$
    Be$_2$Et$_3$H, **1**, 124, 142
Be$_2$C$_8$H$_{26}$N$_2$
    {MeBeH(NMe$_3$)}$_2$, **1**, 142
Be$_2$C$_{10}$H$_{30}$N$_2$
    {EtBe(H)(NMe$_3$)}$_2$, **1**, 143
Be$_2$C$_{12}$H$_{32}$N$_2$
    (Et$_2$Be)$_2$(Me$_2$NNMe$_2$), **1**, 133
Be$_2$C$_{12}$H$_{32}$N$_4$
    (Et$_2$Be)$_2$(Me$_2$N$_4$Me$_2$), **1**, 133
Be$_2$C$_{14}$H$_{30}$N$_2$
    {BeMe(C≡CMe)(NMe$_3$)}$_2$, **1**, 17, 18, 128, 131, 144
Be$_2$C$_{16}$H$_{30}$N$_2$
    {Be(C≡CMe)$_2$(NMe$_3$)}$_2$, **1**, 18
Be$_2$C$_{16}$H$_{38}$Cl$_2$O$_2$
    {Bu^{t}BeCl(OEt$_2$)}$_2$, **1**, 122
Be$_2$C$_{16}$H$_{40}$N$_4$
    (Pr^i$_2$Be)$_2$(Me$_2$N$_4$Me$_2$), **1**, 133
Be$_2$C$_{18}$H$_{30}$P$_2$
    {PhBeH(PMe$_3$)}$_2$, **1**, 143
Be$_2$C$_{18}$H$_{44}$N$_4$
    {BeMe(Bu^{t}CH=N)(NMe$_3$)}$_2$, **1**, 136
Be$_2$C$_{20}$H$_{18}$N$_2$O$_2$
    {MeBe(OC$_9$H$_6$N)}$_2$, **1**, 137
Be$_2$C$_{20}$H$_{48}$N$_4$
    (Bu^t$_2$Be)$_2$(Me$_2$N$_4$Me$_2$), **1**, 133
Be$_2$C$_{22}$H$_{36}$N$_4$
    {BeMe(PhCH=N)(NMe$_3$)}$_2$, **1**, 136
Be$_2$C$_{24}$H$_{40}$N$_4$
    {BeMe(TolCH=N)(NMe$_3$)}$_2$, **1**, 136
Be$_2$C$_{26}$H$_{26}$
    (Cp$_2$Be)$_2$(C$_6$H$_6$), **1**, 146
Be$_2$C$_{26}$H$_{28}$N$_4$
    {BeMe(PhCH=N)(py)}$_2$, **1**, 136
Be$_2$C$_{28}$H$_{30}$N$_2$
    {MeBeN(Ph)Bz}$_2$, **1**, 143
Be$_2$C$_{28}$H$_{48}$N$_4$
    {BeBu^t(Bu^{t}CH=N)(py)}$_2$, **1**, 136
Be$_2$C$_{32}$H$_{40}$N$_4$
    {BeBu^t(PhCH=N)(py)}$_2$, **1**, 136
Be$_2$C$_{36}$H$_{30}$N$_2$
    (PhBeNPh$_2$)$_2$, **1**, 136
Be$_2$KC$_8$H$_{20}$F
    KF(BeEt$_2$)$_2$, **1**, 140
Be$_2$K$_2$C$_{16}$H$_{38}$O$_2$
    {KEt$_2$Be(OBu^t)}$_2$, **1**, 141
Be$_2$K$_3$C$_{30}$H$_{50}$O$_2$
    K$_3$Et$_2$Be$_2$(OBu^t)$_2$(C$_6$H$_2$Me$_3$)$_2$, **1**, 141
Be$_2$Li$_2$C$_{20}$H$_{46}$O$_4$
    {LiEtBe(OBu^t)$_2$}$_2$, **1**, 140

$Be_2NaC_{16}H_{42}O_2$
  {Na(OEt)$_2$}$_2$(Be$_2$Et$_4$H$_2$), **1**, 141
$Be_2NaC_{32}H_{77}O_4$
  NaBe$_2$H(Bu^t)$_4$(OEt$_2$)$_4$, **1**, 141
$Be_2Na_2C_{16}H_{38}O_2$
  {NaBeEt$_2$(OBu^t)}$_2$, **1**, 141
$Be_2Na_2C_{20}H_{46}O_4$
  {NaBeEt(OBu^t)$_2$}$_2$, **1**, 140
$Be_2RbC_8H_{20}F$
  RbF(BeEt$_2$)$_2$, **1**, 140
$Be_2Rb_2C_{18}H_{37}O_3$
  Rb$_2$Be$_2$Et$_3$(OBu^t)$_3$, **1**, 141
$Be_3AlC_{27}H_{63}O_6$
  Me$_3$AlBe$_3$(OBu^t)$_6$, **1**, 135
$Be_3C_9H_{27}N_3$
  (MeBeNMe$_2$)$_3$, **1**, 136
$Be_3C_{10}H_{30}N_4$
  Be$_3$Me$_2$(NMe$_2$)$_4$, **1**, 137
$Be_3C_{15}H_{36}$
  {MeBeBu^t)$_3$, **1**, 129
$Be_3C_{15}H_{39}N_3S_3$
  {MeBe(SCH$_2$CH$_2$NMe$_2$)}$_3$, **1**, 137
$Be_3C_{16}H_{36}Cl_2O_4$
  Be$_3$Cl$_2$(OBu^t)$_4$, **1**, 135
$Be_3C_{24}H_{54}O_4$
  Be$_3$Bu$^t_2$(OBu^t)$_4$, **1**, 135
$Be_3K_5C_{48}H_{74}O_4$
  K$_5$Et$_2$Be$_3$(OBu^t)$_4$(Bz)$_4$, **1**, 141
$Be_3NaC_{12}H_{31}$
  NaBe$_3$HEt$_6$, **1**, 142
$Be_3RbC_{12}H_{30}F$
  RbF(BeEt$_2$)$_3$, **1**, 140
$Be_3Rb_5C_{50}H_{77}O_2$
  Rb$_5$Be$_3$Et$_3$(OBu^t)$_2$(C$_6$H$_2$Me$_3$)$_4$, **1**, 141
$Be_4C_8H_{24}O_4$
  (MeBeOMe)$_4$, **1**, 133
$Be_4C_{16}H_{40}O_4$
  (MeBeOPr)$_4$, **1**, 134
$Be_4C_{16}H_{40}O_8$
  (MeBeOCH$_2$CH$_2$OMe)$_4$, **1**, 137
$Be_4C_{16}H_{40}S_4$
  (EtBeSEt)$_4$, **1**, 135
$Be_4C_{20}H_{48}O_4$
  (MeBeOBu^t)$_4$, **1**, 133
$Be_4C_{20}H_{48}S_4$
  (MeBeSBu^t)$_4$, **1**, 135
$Be_4C_{32}H_{32}N_4$
  (MeBeN=CPh)$_4$, **1**, 143
$Be_4C_{32}H_{40}O_4$
  (MeBeOBz)$_4$, **1**, 135, 143
$Be_4KC_{17}H_{40}N$
  KCN(BeEt$_2$)$_4$, **1**, 140
$Be_4Si_4C_{16}H_{48}O_4$
  (MeBeOSiMe$_3$)$_4$, **1**, 18, 134
BiC_2H_6Br
  BiBr(Me)$_2$, **2**, 702
BiC_3H_9
  BiMe$_3$, **2**, 685
BiC_5H_5
  $\overline{\text{Bi(CH=CHCH=CHCH)}}$, **1**, 38; **2**, 692
BiC_6H_{15}
  BiEt$_3$, **2**, 686
$BiC_6H_{15}O$
  BiEt$_2$(OEt), **2**, 691
$BiC_7H_7Br_2$
  BiBr$_2$(Tol), **2**, 689

$BiC_9H_5F_6$
  Bi(CH=CH)$_2${C(CF$_3$)=C(CF$_3$)}CH, **2**, 693
$BiC_{12}H_{10}Cl$
  BiCl(Ph)$_2$, **2**, 704
$BiC_{18}H_{13}$
  $\overline{\text{PhBi(C}_6\text{H}_4\text{C}_6\text{H}_4\text{)}}$, **1**, 38
$BiC_{18}H_{15}$
  BiPh$_3$, **2**, 685
$BiC_{18}H_{15}Cl_2$
  BiCl$_2$(Ph)$_3$, **1**, 194; **2**, 696
$BiC_{18}H_{15}O$
  BiO(Ph)$_3$, **2**, 699
$BiC_{18}H_{15}S_2$
  BiPh(SPh)$_2$, **2**, 690
$BiC_{21}H_{21}$
  Bi(Tol)$_3$, **2**, 689
$BiC_{30}H_{25}$
  BiPh$_5$, **2**, 687
$BiC_{47}H_{35}$
  BiPh$_3$(C$_5$Ph$_4$), **1**, 37; **2**, 699
$BiCo_3C_{12}O_{12}$
  Bi{Co(CO)$_4$}$_3$, **5**, 12
$BiCrC_8H_5O_3$
  Cr(CO)$_3$(C$_5$H$_5$Bi), **3**, 864
$BiCrC_8H_9O_5$
  Cr(CO)$_5$(BiMe$_3$), **3**, 866
$BiCrC_{23}H_{15}O_5$
  Cr(CO)$_5$(BiPh$_3$), **3**, 797, 863
$BiCrGe_3C_{14}H_{27}O_5$
  Cr(CO)$_5${Bi(GeMe$_3$)$_3$}, **3**, 797
$BiCrSn_3C_{14}H_{27}O_5$
  Cr(CO)$_5${Bi(SnMe$_3$)$_3$}, **3**, 797
$BiFe_5C_{20}O_{20}$
  Fe$_5$(CO)$_{20}$Bi, **4**, 304
$BiGeC_{30}H_{25}$
  Ph$_3$GeBiPh$_2$, **2**, 467
$BiGe_3C_9H_{27}$
  (Me$_3$Ge)$_3$Bi, **2**, 466, 468
$BiGe_3C_{18}H_{45}$
  (Et$_3$Ge)$_3$Bi, **2**, 467
$BiGe_3MoC_{14}H_{27}O_5$
  Mo(CO)$_5${Bi(GeMe$_3$)$_3$}, **3**, 797
$BiGe_3WC_{14}H_{27}O_5$
  W(CO)$_5${Bi(GeMe$_3$)$_3$}, **3**, 797
$BiMoC_{23}H_{15}O_5$
  Mo(CO)$_5$(BiPh$_3$), **3**, 797, 863
$BiMoSn_3C_{14}H_{27}O_5$
  Mo(CO)$_5${Bi(SnMe$_3$)$_3$}, **3**, 797
$BiMo_2C_{17}H_{13}O_6$
  BiMe{Mo(CO)$_3$Cp}$_2$, **3**, 1187
$BiNaC_{12}H_{10}$
  NaBiPh$_2$, **2**, 703
$BiReC_{17}H_{10}O_5$
  Re(BiPh$_2$)(CO)$_5$, **2**, 704
$BiSiC_6H_{18}N$
  BiMe$_2${N(Me)SiMe$_3$}, **2**, 702
$BiSi_3C_{54}H_{45}$
  Bi(SiPh$_3$)$_3$, **2**, 154
$BiSn_3WC_{14}H_{27}O_5$
  W(CO)$_5${Bi(SnMe$_3$)$_3$}, **3**, 797
$BiWC_{23}H_{15}O_5$
  W(CO)$_5$(BiPh$_3$), **3**, 797, 863
$Bi_2C_4H_{12}$
  Bi$_2$Me$_4$, **2**, 682, 703
$Bi_2C_{18}F_{12}$
  Bi(C$_6$F$_4$)$_3$Bi, **2**, 685

$Bi_2C_{36}H_{30}Cl_2O_9$

$Bi_2C_{36}H_{30}Cl_2O_9$
  {(ClO$_4$)Ph$_3$Bi}$_2$O, **2**, 699
$Bi_2C_{72}H_{60}O_3P_2$
  [{(Ph$_3$PO)Ph$_3$Bi}$_2$O]$^{2+}$, **2**, 699
$Bi_2RhC_{44}H_{42}$
  [Rh(cod)(BiPh$_3$)$_2$]$^+$, **5**, 473

$BkC_{10}H_{10}Cl$
  BkCl(Cp)$_2$, **3**, 219
$BkC_{15}H_{15}$
  BkCp$_3$, **3**, 212
$Bk_2C_{20}H_{20}Cl_2$
  {BkCl(Cp)$_2$}$_2$, **3**, 219

C

CaAlInC$_8$H$_{20}$
   CaIn(AlEt$_4$), **1**, 240
CaAl$_2$C$_8$H$_{24}$
   Ca(AlMe$_4$)$_2$, **1**, 240
CaAl$_2$C$_{16}$H$_{40}$
   Ca(AlEt$_4$)$_2$, **1**, 240
CaB$_2$C$_{16}$H$_{40}$
   Ca(BEt$_4$)$_2$, **1**, 239
CaCH$_3$I
   ICaMe, **1**, 225
CaC$_2$H$_5$I
   ICaEt, **1**, 225, 228
CaC$_2$H$_6$
   CaMe$_2$, **1**, 230
CaC$_3$H$_5$I
   ICa(CH$_2$CH=CH$_2$), **1**, 226
CaC$_3$H$_7$I
   ICaPr, **1**, 225
CaC$_4$H$_2$
   Ca(C≡CH)$_2$, **1**, 231
CaC$_4$H$_3$IS
   ICa($\overline{\text{C=CHCH=CHS}}$), **1**, 226
CaC$_4$H$_9$Cl
   ClCaBu, **1**, 225
CaC$_4$H$_9$I
   ICaBu^t, **1**, 225
CaC$_4$H$_{10}$
   CaEt$_2$, **1**, 230
CaC$_5$H$_7$I
   ICa(C≡CPr), **1**, 227
CaC$_6$H$_5$I
   ICaPh, **1**, 225, 228
CaC$_6$H$_9$I
   ICa(C≡CBu), **1**, 227
CaC$_6$H$_{10}$
   Ca(CH$_2$CH=CH$_2$)$_2$, **1**, 231
CaC$_6$H$_{13}$I
   ICa(C$_6$H$_{13}$), **1**, 226
CaC$_7$H$_7$I
   ICaBz, **1**, 226
   ICa(Tol), **1**, 225
CaC$_7$H$_7$IO
   ICa(C$_6$H$_4$OMe), **1**, 227
CaC$_8$H$_5$I
   ICa(C≡CPh), **1**, 227
CaC$_8$H$_8$
   Ca(cot), **1**, 237
CaC$_9$H$_{15}$I
   ICa{C(Pr)=C=CHPr}, **1**, 228
CaC$_{10}$H$_7$I
   ICa(Nap), **1**, 225, 228
CaC$_{10}$H$_{10}$
   CaCp$_2$, **1**, 232, 233

CaC$_{10}$H$_{16}$N$_2$
   CaCp$_2$(NH$_3$)$_2$, **1**, 233
CaC$_{12}$H$_7$IO
   ICa(C$_{12}$H$_7$O), **1**, 227
CaC$_{12}$H$_7$IS
   ICa(C$_{12}$H$_7$S), **1**, 227
CaC$_{12}$H$_8$
   $\overline{\text{Ca}\{\text{CH}(\text{C}_{10}\text{H}_6)\text{CH}\}}$, **1**, 236
CaC$_{13}$H$_{21}$IO$_2$
   ICaCp{$\overline{\text{O(CH}_2)_3\text{CH}_2}$}$_2$, **1**, 227
CaC$_{14}$H$_{12}$IN
   ICa(C$_{12}$H$_7$NEt), **1**, 227
CaC$_{14}$H$_{14}$
   CaBz$_2$, **1**, 231
CaC$_{16}$H$_{10}$
   Ca(C≡CPh)$_2$, **1**, 231
CaC$_{17}$H$_{23}$ClO$_2$
   ClCa(C$_9$H$_7$){$\overline{\text{O(CH}_2)_3\text{CH}_2}$}$_2$, **1**, 227
CaC$_{18}$H$_{14}$
   Ca(C$_9$H$_7$)$_2$, **1**, 233
CaC$_{19}$H$_{15}$Cl
   ClCa(CPh$_3$), **1**, 227, 229
CaC$_{20}$H$_{20}$N$_2$
   CaCp$_2$(py)$_2$, **1**, 233
CaC$_{26}$H$_{18}$
   Ca(C$_{13}$H$_9$)$_2$, **1**, 234
CaC$_{27}$H$_{31}$ClO$_2$
   ClCa(CPh$_3$){$\overline{\text{O(CH}_2)_3\text{CH}_2}$}$_2$, **1**, 226, 230
CaC$_{28}$H$_{24}$
   Ca(Ph$_2$CCH$_2$CH$_2$CPh$_2$), **1**, 235
CaC$_{38}$H$_{30}$
   Ca(CPh$_3$)$_2$, **1**, 232
CaZnC$_8$H$_{20}$
   CaZnEt$_4$, **1**, 237, 238
CaZnC$_{16}$H$_{36}$
   CaZnBu$_4$, **1**, 237
Ca$_2$CH$_2$I$_2$
   (ICa)$_2$CH$_2$, **1**, 225
Ca$_2$C$_4$H$_2$I$_2$S
   ICa{$\overline{\text{C=CHCH=C(CaI)S}}$}, **1**, 226
CdAs$_2$Fe$_2$C$_{40}$H$_{30}$N$_2$O$_6$P$_2$
   Cd{Fe(CO)$_2$(NO)(AsPh$_3$)}$_2$, **6**, 1031
CdAuC$_{12}$H$_{10}$Cl
   AuCdClPh$_2$, **2**, 781
CdC$_2$F$_6$
   Cd(CF$_3$)$_2$, **2**, 853
CdC$_2$H$_6$
   CdMe$_2$, **2**, 853
CdC$_2$H$_6$O
   CdMe(OMe), **2**, 857
CdC$_2$H$_6$S
   CdMe(SMe), **2**, 857

CdC$_4$H$_2$
　Cd(C≡CH)$_2$, **2**, 852
CdC$_4$H$_{10}$
　CdEt$_2$, **2**, 853; **7**, 670, 671
CdC$_4$H$_{12}$NP
　CdMe(N=PMe$_3$), **2**, 857
CdC$_6$H$_{10}$
　Cd(CH$_2$CH=CH$_2$)$_2$, **2**, 853; **7**, 356
CdC$_6$H$_{14}$
　CdPr$_2$, **2**, 853
CdC$_8$H$_{14}$
　Cd(CH$_2$CH=CHMe)$_2$, **8**, 991
CdC$_8$H$_{18}$
　CdBu$_2$, **2**, 853; **7**, 671
CdC$_8$H$_{22}$N$_2$
　CdMe$_2$(TMEDA), **2**, 857
CdC$_{10}$H$_{10}$
　Cd(C$_5$H$_5$)$_2$, **2**, 853
CdC$_{10}$H$_{22}$
　Cd(CH$_2$CH$_2$CHMe$_2$)$_2$, **7**, 671
CdC$_{12}$F$_{10}$
　Cd(C$_6$F$_5$)$_2$, **2**, 853
CdC$_{12}$H$_{10}$
　CdPh$_2$, **2**, 853
CdC$_{14}$H$_{14}$
　Cd(Tol)$_2$, **2**, 853
CdC$_{16}$H$_{10}$
　Cd(C≡CPh)$_2$, **2**, 852
CdC$_{16}$H$_{18}$
　Cd(CH$_2$CH$_2$Ph)$_2$, **7**, 670
CdC$_{16}$H$_{30}$
　Cd(CHMeCH$_2$CH$_2$CH=CMe$_2$)$_2$, **8**, 993
CdCoC$_8$H$_{10}$Br$_2$O
　[CdBr$_2${Co(CO)$_4$}(OEt$_2$)]$^-$, **6**, 1033
CdCo$_2$C$_8$O$_8$
　Cd{Co(CO)$_4$}$_2$, **5**, 12; **6**, 1031
CdCr$_2$C$_{16}$H$_{10}$O$_6$
　Cd{Cr(CO)$_3$Cp}$_2$, **3**, 962, 965; **6**, 1030
CdFeC$_4$H$_6$N$_2$O$_4$
　Fe(CO)$_4${Cd(NH$_3$)$_2$}, **4**, 254, 307; **6**, 1003
CdFeC$_{14}$H$_{10}$N$_2$O$_4$
　Fe(CO)$_4${Cd(py)$_2$}, **4**, 254; **6**, 1006
CdFe$_2$C$_8$O$_8$
　[Cd{Fe(CO)$_4$}$_2$]$^-$, **6**, 1030
CdFe$_2$C$_{14}$H$_{10}$O$_4$
　CdFp$_2$, **6**, 1031
CdFe$_2$C$_{40}$H$_{30}$N$_2$O$_6$P$_2$
　Cd{Fe(CO)$_2$(NO)(PPh$_3$)}$_2$, **6**, 1031
CdGeC$_{12}$H$_{30}$
　Cd(GeEt$_3$)$_2$, **2**, 436, 857; **6**, 1059
CdGe$_2$C$_{36}$H$_{30}$
　Cd(GePh$_3$)$_2$, **6**, 1005
CdGe$_2$C$_{42}$H$_{46}$N$_2$
　Cd(GePh$_3$)$_2$(TMEDA), **2**, 857
CdGe$_2$C$_{46}$H$_{38}$N$_2$
　Cd(GePh$_3$)$_2$(bipy), **2**, 857
CdGe$_2$PdC$_{72}$H$_{60}$P$_2$
　Pd(GePh$_3$)(CdGePh$_3$)(PPh$_3$)$_2$, **6**, 256, 1033
CdGe$_2$PtC$_{72}$H$_{30}$F$_{30}$P$_2$
　Pt{Ge(C$_6$F$_5$)$_3$}{CdGe(C$_6$F$_5$)$_3$}(PPh$_3$)$_2$, **6**, 1033
CdGe$_2$TiC$_{22}$H$_{40}$Cl$_2$
　TiCl$_2$(Cp)$_2${Cd(GeEt$_3$)$_2$}, **3**, 423
CdMnC$_5$BrO$_5$
　Mn(CdBr)(CO)$_5$, **6**, 1005
CdMnC$_5$ClO$_5$
　Mn(CdCl)(CO)$_5$, **6**, 1033
CdMn$_2$C$_{10}$O$_{10}$
　Cd{Mn(CO)$_5$}$_2$, **4**, 71; **6**, 1005, 1030
CdMn$_2$C$_{20}$H$_8$N$_2$O$_{10}$
　Cd{Mn(CO)$_5$}$_2$(bipy), **6**, 1009
CdMoC$_8$H$_5$BrO$_3$
　Mo(CdBr)(CO)$_3$Cp, **6**, 1033
CdMoC$_{26}$H$_{19}$I$_2$O$_3$P
　Mo(CO)$_3$(CdI$_2$)(η^5-C$_5$H$_4$PPh$_3$), **6**, 985, 992
CdMo$_2$C$_{16}$H$_{10}$O$_6$
　Cd{Mo(CO)$_3$Cp}$_2$, **3**, 1187; **6**, 1030
CdNiC$_5$H$_5$Br$_2$
　NiBr(CdBr)Cp, **6**, 164, 205
CdNiC$_5$H$_5$Br$_4$
　NiBr(CdBr)(η^3-C$_5$H$_5$Br$_2$), **6**, 164
CdNiC$_5$H$_9$Br$_2$
　NiBr(CdBr)(MeCHCHCHMe), **6**, 165
CdRe$_2$C$_{10}$O$_{10}$
　Cd{Re(CO)$_5$}$_2$, **6**, 1030
CdSiC$_4$H$_{12}$O
　CdMe(OSiMe$_3$), **2**, 857
CdSi$_2$C$_6$H$_{18}$
　Cd(SiMe$_3$)$_2$, **2**, 102, 857; **7**, 614
CdSi$_2$C$_8$H$_{22}$
　Cd(CH$_2$SiMe$_3$)$_2$, **2**, 68, 853
CdSi$_2$C$_{24}$H$_{54}$
　Cd(SiBu$^t_3$)$_2$, **2**, 102; **6**, 1101
CdSi$_2$C$_{36}$F$_{30}$
　Cd{Si(C$_6$F$_5$)$_3$}$_2$, **2**, 102
CdSi$_3$C$_{15}$H$_{41}$P
　Cd(CH$_2$SiMe$_3$)$_2${CH(SiMe$_3$)(PMe$_3$)}, **2**, 68
CdSi$_4$C$_{12}$H$_{36}$N$_2$
　Cd{N(SiMe$_3$)$_2$}$_2$, **2**, 102
CdSi$_4$C$_{14}$H$_{38}$
　Cd{CH(SiMe$_3$)$_2$}$_2$, **2**, 853
CdSi$_6$Sn$_2$C$_{24}$H$_{66}$
　Cd{Sn(CH$_2$SiMe$_3$)$_3$}$_2$, **6**, 1101
CdSn$_2$C$_{42}$H$_{46}$N$_2$
　Cd(SnPh$_3$)$_2$(TMEDA), **2**, 857
CdSn$_2$C$_{46}$H$_{38}$N$_2$
　Cd(SnPh$_3$)$_2$(bipy), **2**, 857
CdTaC$_{14}$H$_{23}$
　TaH$_3$(Cp)$_2$(CdEt$_2$), **3**, 774
CdWC$_8$H$_5$BrO$_3$
　W(CdBr)(CO)$_3$Cp, **6**, 1033
CdW$_2$C$_{16}$H$_{10}$O$_6$
　Cd{W(CO)$_3$Cp}$_2$, **3**, 1336; **6**, 1030
Cd$_2$C$_{24}$H$_{26}$N$_2$O$_2$
　{CdMe(OPh)(py)}$_2$, **2**, 856
Cd$_3$Fe$_3$C$_{42}$H$_{24}$N$_6$O$_{12}$
　[Fe(CO)$_4${Cd(bipy)}]$_3$, **4**, 307
Cd$_3$Ge$_4$Ni$_2$C$_{82}$H$_{70}$
　Cd{Ni(GePh$_3$)(CdGePh$_3$)Cp}$_2$, **6**, 208, 1005, 1031, 1095
Cd$_4$Fe$_4$C$_{16}$O$_{16}$
　{CdFe(CO)$_4$}$_4$, **4**, 307; **6**, 1006, 1008
CeAlC$_{18}$H$_{32}$O$_2$
　CeAlEt$_2$(OPr^i)$_2$(cot), **3**, 210
CeC$_{13}$H$_{14}$Cl
　CeCl{C$_5$H$_4$(CH$_2$)$_3$C$_5$H$_4$}, **3**, 190
CeC$_{15}$H$_{15}$
　CeCp$_3$, **3**, 180
CeC$_{15}$H$_{15}$Cl
　CeCl(Cp)$_3$, **3**, 189
CeC$_{16}$H$_{16}$
　[Ce(cot)$_2$]$^-$, **3**, 192

Ce(cot)$_2$, **3**, 195

CeC$_{18}$H$_{14}$Cl$_2$
  CeCl$_2$(C$_9$H$_7$)$_2$, **3**, 189

CeC$_{18}$H$_{22}$O
  Ce(OPr^i)Cp$_3$, **3**, 189

CeC$_{20}$H$_{20}$
  CeCp$_4$, **3**, 189

CeC$_{21}$H$_{19}$
  Ce(C≡CPh){C$_5$H$_4$(CH$_2$)$_3$C$_5$H$_4$}, **3**, 203

CeC$_{36}$H$_{28}$
  Ce(C$_9$H$_7$)$_4$, **3**, 189

CeC$_{52}$H$_{36}$
  Ce(C$_{13}$H$_9$)$_4$, **3**, 189

CeLiC$_{12}$H$_{20}$
  LiCe(CH$_2$CHCH$_2$)$_4$, **3**, 197

Ce$_2$C$_{24}$H$_{24}$
  Ce$_2$(cot)$_3$, **3**, 195

Ce$_2$C$_{32}$H$_{48}$Cl$_2$O$_4$
  [CeCl(cot){$\overline{\text{O(CH}_2\text{)}_3\text{CH}_2}$}$_2$]$_2$, **3**, 193

CmC$_{15}$H$_{15}$
  CmCp$_3$, **3**, 212

CoAgC$_{14}$H$_8$N$_2$O$_4$
  CoAg(CO)$_4$(bipy), **6**, 837

CoAlC$_{18}$H$_{30}$
  Co(AlMe$_2$)(cod)$_2$, **5**, 189

CoAlC$_{22}$H$_{15}$O$_4$
  [Co(AlPh$_3$)(CO)$_4$]$^-$, **6**, 956

CoAlC$_{24}$H$_{42}$
  Co(AlBu$^i_2$)(cod)$_2$, **5**, 189

CoAlC$_{58}$H$_{64}$P$_4$
  Et$_3$Al(H)Co(diphos)$_2$, **8**, 420

CoAsBC$_{21}$H$_{15}$Cl$_2$O$_3$
  Co(BCl$_2$)(CO)$_3$(AsPh$_3$), **6**, 890

CoAsBC$_{33}$H$_{25}$O$_3$
  Co(BPh$_2$)(CO)$_3$(AsPh$_3$), **6**, 890

CoAsB$_9$C$_6$H$_{15}$
  CpCoAsCB$_9$H$_{10}$, **1**, 526

CoAsB$_9$SbC$_5$H$_{14}$
  CpCoAsSbB$_9$H$_9$, **1**, 529

CoAsB$_{10}$C$_5$H$_{15}$
  [CpCoAsB$_{10}$H$_{10}$]$^-$, **1**, 528

CoAsC$_{20}$H$_{15}$NO$_3$
  Co(CO)$_2$(NO)(AsPh$_3$), **5**, 27

CoAsC$_{23}$H$_{15}$F$_5$O$_3$
  Co(C$_2$F$_5$)(CO)$_3$(AsPh$_3$), **5**, 63, 66

CoAsC$_{25}$H$_{26}$
  CoMe$_2$(Cp)(AsPh$_3$), **5**, 134

CoAsC$_{38}$H$_{51}$N$_4$
  [Co(CNBu^t)$_4$(AsPh$_3$)]$^+$, **5**, 21

CoAsC$_{46}$H$_{35}$N$_4$
  [Co(CNPh)$_4$(AsPh$_3$)]$^+$, **5**, 21

CoAsCrC$_{10}$H$_{11}$O$_3$
  CrCo(AsMe$_2$)(CO)$_3$Cp, **6**, 826

CoAsFeC$_9$H$_6$O$_7$
  FeCo(AsMe$_2$)(CO)$_7$, **6**, 819, 822, 834

CoAsFeC$_{15}$H$_{14}$O$_6$
  (CO)$_4$Fe(AsMe$_2$)Co(CO)$_2$(nbd), **5**, 188; **6**, 822

CoAsFeMoWC$_{19}$H$_{16}$O$_7$S
  MoWFeCo(AsMe$_2$)(S)(CO)$_7$Cp$_2$, **6**, 786, 853

CoAsMnC$_{12}$H$_{11}$O$_5$
  CoMn(AsMe$_2$)(CO)$_5$Cp, **6**, 781, 832

CoAsMnC$_{13}$H$_{11}$O$_6$
  MnCo(AsMe$_2$)(CO)$_6$Cp, **6**, 781

CoAsMoC$_{10}$H$_{11}$O$_3$
  MoCo(AsMe$_2$)(CO)$_3$Cp$_2$, **6**, 782

CoAsMoC$_{12}$H$_{11}$NO$_6$
  Cp(CO)$_3$Mo(AsMe$_2$)Co(CO)$_2$(NO), **3**, 1191

CoAsMoC$_{15}$H$_{16}$O$_3$
  Cp(CO)$_2$Mo(AsMe$_2$)Co(CO)Cp, **3**, 1191; **6**, 828

CoAsWC$_{12}$H$_{11}$NO$_6$
  Cp(CO)$_3$W(AsMe$_2$)Co(CO)$_2$(NO), **3**, 1340

CoAsWC$_{15}$H$_{16}$O$_3$
  WCo(AsMe$_2$)(CO)$_3$Cp$_2$, **6**, 830

CoAsWC$_{16}$H$_{16}$O$_4$
  WCo(AsMe$_2$)(CO)$_4$Cp$_2$, **3**, 1340

CoAs$_2$B$_7$C$_7$H$_{14}$
  (CpCo)As$_2$(C$_2$B$_7$H$_9$), **1**, 550

CoAs$_2$B$_9$C$_5$H$_{14}$
  (CpCo)As$_2$B$_9$H$_9$, **1**, 528

CoAs$_2$C$_{37}$H$_{30}$NO$_2$
  Co(CO)(NO)(AsPh$_3$)$_2$, **5**, 29

CoAs$_2$C$_{39}$H$_{30}$O$_3$
  [Co(CO)$_3$(AsPh$_3$)$_2$]$^+$, **5**, 32

CoAs$_2$Fe$_2$C$_{16}$H$_{22}$O$_2$
  Fe$_2$Co(AsMe$_2$)$_2$(CO)$_2$Cp$_2$, **6**, 835

CoAs$_2$Fe$_2$C$_{22}$H$_{27}$O$_3$
  Fe$_2$Co(AsMe$_2$)$_2$(CO)$_3$Cp$_3$, **6**, 765

CoAuC$_{22}$H$_{15}$O$_4$P
  Co(CO)$_4$(AuPPh$_3$), **6**, 777, 805, 814, 837

CoBC$_3$H$_9$N$_3$O$_3$
  Co(BMe$_3$)(NO)$_3$, **6**, 884

CoBC$_4$Cl$_2$O$_4$
  Co(BCl$_2$)(CO)$_4$, **6**, 890

CoBC$_4$F$_3$O$_4$
  [Co(BF$_3$)(CO)$_4$]$^-$, **6**, 885

CoBC$_4$H$_3$O$_4$
  [Co(BH$_3$)(CO)$_4$]$^-$, **6**, 885

CoBC$_8$H$_{12}$N$_2$O$_4$
  Co{B(NMe$_2$)$_2$}(CO)$_4$, **6**, 890

CoBC$_9$H$_{11}$Cl
  Co{BCl(CH=CH$_2$)$_2$}Cp, **6**, 897

CoBC$_{11}$H$_{13}$
  CoCp(C$_5$H$_5$BMe), **1**, 393
  [CoCp(C$_5$H$_5$BMe)]$^+$, **5**, 248

CoBC$_{12}$H$_{10}$F$_{12}$P$_4$
  Co(BPh$_2$)(PF$_3$)$_4$, **6**, 890

CoBC$_{12}$H$_{20}$
  CpCo{PhB(CH=CH)$_2$CMe$_2$}, **1**, 330

CoBC$_{13}$H$_{10}$O$_2$
  Co(CO)$_2$(C$_5$H$_5$BPh), **5**, 263

CoBC$_{14}$H$_{20}$
  Co(η^4-C$_4$Me$_4$)(C$_5$H$_5$BMe), **1**, 398
  Co(cod)(C$_5$H$_5$BMe), **1**, 397

CoBC$_{16}$H$_{10}$O$_4$
  Co(BPh$_2$)(CO)$_4$, **6**, 890

CoBC$_{16}$H$_{15}$
  [CoCp(C$_5$H$_5$BPh)]$^+$, **1**, 331; **5**, 235, 263
  CoCp(C$_5$H$_5$BPh), **1**, 393

CoBC$_{16}$H$_{22}$O
  Co(η^4-C$_4$Me$_4$){C$_5$H$_4$(Ac)BMe}, **1**, 399

CoBC$_{17}$H$_{18}$
  CoCp{PhB(CHCHCH$_2$)$_2$}, **5**, 191

CoBC$_{18}$H$_{18}$
  Co(C$_5$H$_5$BPh)(nbd), **5**, 191

CoBC$_{18}$H$_{24}$O$_2$
  Co(η^4-C$_4$Me$_4$){C$_5$H$_3$(Ac)$_2$BMe}, **1**, 399

CoBC$_{19}$H$_{22}$
  Co(C$_5$H$_5$BPh)(cod), **1**, 397; **5**, 191

CoBC$_{21}$H$_{15}$Cl$_2$O$_3$P
  Co(BCl$_2$)(CO)$_3$(PPh$_3$), **6**, 890
CoBC$_{25}$H$_{27}$N$_2$O$_3$P
  Co{B(NMe$_2$)$_2$}(CO)$_3$(PPh$_3$), **6**, 890
CoBC$_{33}$H$_{25}$O$_3$P
  Co(BPh$_2$)(CO)$_3$(PPh$_3$), **6**, 890
CoBC$_{39}$H$_{30}$
  CoCp(C$_4$BPh$_5$), **1**, 387
CoBSiC$_{17}$H$_{20}$
  CoCp{PhB(CH=CH)$_2$SiMe$_2$}, **1**, 402; **5**, 191
CoB$_2$C$_9$H$_{11}$
  CoCp(C$_4$B$_2$H$_6$), **1**, 384
CoB$_2$C$_{11}$H$_{15}$
  CoCp{C$_4$H$_4$(BMe)$_2$}, **1**, 384
CoB$_2$C$_{12}$H$_{16}$
  Co(C$_5$H$_5$BMe)$_2$, **1**, 258, 393
CoB$_2$C$_{12}$H$_{16}$O$_2$
  Co(C$_5$H$_5$BOMe)$_2$, **1**, 258
CoB$_2$C$_{13}$H$_{21}$S
  CoCp{MeB$\overline{\text{C(Et)C(Et)B(Me)S}}$}, **1**, 407
CoB$_2$C$_{14}$H$_{24}$N
  CoCp{MeB$\overline{\text{C(Et)C(Et)B(Me)NMe}}$}, **1**, 406
CoB$_2$C$_{18}$H$_{21}$
  Co(C$_5$H$_5$BMe){C$_5$H$_5$(Ph)BMe}, **1**, 398
CoB$_2$C$_{22}$H$_{20}$
  [Co(C$_5$H$_5$BPh)$_2$]$^-$, **1**, 385; **5**, 191
  Co(C$_5$H$_5$BPh)$_2$, **1**, 393; **5**, 263
CoB$_2$C$_{44}$H$_{48}$P$_4$
  {(C$_6$H$_4$C$_6$H$_4$)B}$_2$Co(Me$_2$PC$_6$H$_4$PMe$_2$)$_2$, **1**, 329
CoB$_2$C$_{76}$H$_{64}$P$_4$
  {(C$_6$H$_4$C$_6$H$_4$)B}$_2$Co(diphos)$_2$, **1**, 329
CoB$_2$C$_{76}$H$_{68}$P$_4$
  [Co(BPh$_2$)$_2$(diphos)$_2$]$^-$, **6**, 892
CoB$_2$FeC$_{20}$H$_{29}$
  FeCoCp$_2${MeB$\overline{\text{C(Et)C(Et)B(Me)CMe}}$}, **1**, 389
CoB$_2$NiC$_{13}$H$_{13}$
  CpNi(C$_3$B$_2$H$_3$)CoCp, **6**, 223
CoB$_2$NiC$_{20}$H$_{29}$
  CoNiCp$_2${MeB$\overline{\text{C(Et)C(Et)B(Me)CMe}}$}, **1**, 389
CoB$_3$C$_7$H$_{12}$
  CpCoC$_2$B$_3$H$_7$, **1**, 391, 479, 487, 496
CoB$_3$C$_9$H$_{16}$
  CpCo(Me$_2$C$_2$B$_3$H$_5$), **1**, 487
CoB$_3$C$_{33}$H$_{28}$
  CpCo(Ph$_4$C$_4$B$_3$H$_3$), **1**, 480, 500
CoB$_3$FeC$_9$H$_{15}$
  FeCoHCp(C$_2$B$_3$H$_3$Me$_2$), **6**, 835
CoB$_3$FeC$_{12}$H$_{14}$O$_3$
  FeCo(CO)$_3$Cp(C$_2$B$_3$H$_3$Me$_2$), **1**, 392
CoB$_3$FeC$_{14}$H$_{20}$
  FeCoHCp$_2$(C$_2$B$_3$H$_3$Me$_2$), **6**, 835
CoB$_3$FeC$_{14}$H$_{22}$
  (CpFeH)(CpCo)(Me$_2$C$_2$B$_3$H$_5$), **1**, 496
CoB$_4$C$_5$H$_3$
  CpCoB$_4$H$_8$, **6**, 923
CoB$_4$C$_5$H$_{13}$
  CpCoB$_4$H$_8$, **1**, 462, 479, 492
CoB$_4$C$_7$H$_{11}$
  CpCoC$_2$B$_4$H$_6$, **1**, 391, 493, 500
CoB$_4$C$_{16}$H$_{32}$S$_2$
  [Co{MeB$\overline{\text{C(Et)C(Et)B(Me)S}}$}$_2$]$^-$, **1**, 408
CoB$_4$Fe$_2$C$_{15}$H$_{15}$O$_6$
  {(CO)$_3$Fe}$_2$(CpCo)(Me$_2$C$_2$B$_4$H$_4$), **1**, 500

CoB$_4$SnC$_9$H$_{15}$
  CpCoSn(Me$_2$C$_2$B$_4$H$_4$), **1**, 500, 546
CoB$_5$C$_5$H$_{14}$
  CpCoB$_5$H$_9$, **1**, 489, 498; **6**, 927
CoB$_5$C$_7$H$_{12}$
  CpCoC$_2$B$_5$H$_7$, **1**, 486, 499, 500
CoB$_6$C$_7$H$_{13}$
  CpCoC$_2$B$_6$H$_8$, **1**, 485, 502
CoB$_6$C$_{13}$H$_{23}$
  CpCo(Me$_4$C$_4$B$_6$H$_6$), **1**, 509, 526, 531
CoB$_7$C$_6$H$_{13}$
  [CpCoCB$_7$H$_8$]$^-$, **1**, 504
CoB$_7$C$_7$H$_{14}$
  CpCoC$_2$B$_7$H$_9$, **1**, 485, 502, 503
CoB$_7$C$_7$H$_{16}$
  CpCoC$_2$B$_7$H$_{11}$, **1**, 504
CoB$_7$C$_8$H$_{22}$
  CoH(Me$_2$C$_2$B$_3$H$_5$)(Me$_2$C$_2$B$_4$H$_4$), **1**, 495
CoB$_7$C$_{13}$H$_{24}$
  CpCo(Me$_4$C$_4$B$_7$H$_7$), **1**, 466, 471, 485, 526, 531
CoB$_7$FeC$_{12}$H$_{19}$
  (CpCo)(CpFe)C$_2$B$_7$H$_9$, **1**, 512
CoB$_7$FeC$_{13}$H$_{26}$
  FeCoH$_2$(C$_2$B$_3$H$_3$Me$_2$)(C$_2$B$_4$H$_4$Me$_2$)Cp, **6**, 835
CoB$_7$FeC$_{13}$H$_{28}$
  CpCo(Me$_2$C$_2$B$_3$H$_5$)(FeH$_2$)(Me$_2$C$_2$B$_4$H$_4$), **1**, 496
CoB$_7$NiC$_{11}$H$_{18}$
  (CpCo)(CpNi)CB$_7$H$_8$, **1**, 482, 505; **6**, 219, 222, 837
CoB$_8$C$_7$H$_{15}$
  CpCoC$_2$B$_8$H$_{10}$, **1**, 483, 485
CoB$_8$C$_8$H$_{21}$
  CoH(Me$_2$C$_2$B$_4$H$_4$)$_2$, **1**, 431, 486, 494
CoB$_8$C$_{12}$H$_{20}$N
  CpCoC$_2$B$_8$H$_{10}$(py), **1**, 511
CoB$_8$C$_{18}$H$_{30}$
  CpCo(C$_5$H$_4$)(Me$_4$C$_4$B$_8$H$_8$), **1**, 531
CoB$_8$FeC$_{13}$H$_{25}$
  CpCoFe(Me$_4$C$_4$B$_8$H$_8$), **1**, 495; **6**, 835
CoB$_8$NiC$_{12}$H$_{20}$
  (CpCo)(CpNi)C$_2$B$_8$H$_{10}$, **6**, 214
CoB$_8$NiC$_{15}$H$_{27}$
  {Ni(cod)}(CoCp)(7,8-C$_2$B$_8$H$_{10}$), **6**, 218
CoB$_8$RhC$_{43}$H$_{46}$P$_2$
  CoRhH(C$_2$B$_8$H$_{10}$)Cp(PPh$_3$)$_2$, **6**, 836
CoB$_9$C$_5$H$_{14}$SSe
  CpCoSSeB$_9$H$_9$, **1**, 490, 528
CoB$_9$C$_5$H$_{14}$Se$_2$
  CpCoSe$_2$B$_9$H$_9$, **1**, 471, 528
CoB$_9$C$_5$H$_{18}$
  CpCoB$_9$H$_{13}$, **1**, 469, 489, 507; **6**, 935
CoB$_9$C$_6$H$_{15}$
  [CpCoCB$_9$H$_{10}$]$^-$, **1**, 478
CoB$_9$C$_7$H$_{16}$
  CpCoC$_2$B$_9$H$_{11}$, **1**, 474, 511, 517
CoB$_9$C$_9$H$_{23}$N
  CpCo(Me$_3$NCB$_9$H$_9$), **1**, 470, 478
CoB$_9$C$_{10}$H$_{28}$
  (η^5-C$_5$Me$_5$)CoB$_9$H$_{13}$, **1**, 507
CoB$_9$C$_{12}$H$_{20}$
  CoCp{η^5-C$_5$H$_4$(C$_2$B$_9$H$_{11}$)}, **5**, 245
CoB$_9$FeC$_{12}$H$_{21}$
  (CpCo)(CpFe)C$_2$B$_9$H$_{11}$, **1**, 530
CoB$_9$Sb$_2$C$_5$H$_{14}$
  CpCoSb$_2$B$_9$H$_9$, **1**, 529
CoB$_{10}$C$_3$H$_{12}$O$_3$

[Co(B$_{10}$H$_{12}$)(CO)$_3$]$^-$, **6**, 936
CoB$_{10}$C$_5$H$_{15}$P
 [CpCoPB$_{10}$H$_{10}$]$^-$, **1**, 528
CoB$_{10}$C$_5$H$_{15}$S
 CpCoSB$_{10}$H$_{10}$, **1**, 528
CoB$_{10}$C$_5$H$_{15}$Se
 CpCoSeB$_{10}$H$_{10}$, **1**, 528
CoB$_{10}$C$_5$H$_{15}$Te
 CpCoTeB$_{10}$H$_{10}$, **1**, 528
CoB$_{10}$C$_6$H$_{16}$
 [CpCoCB$_{10}$H$_{11}$]$^-$, **1**, 524
CoB$_{10}$C$_7$H$_{17}$
 CpCoC$_2$B$_{10}$H$_{12}$, **1**, 485, 530
CoB$_{10}$C$_{13}$H$_{21}$
 (C$_5$H$_5$BPh)CoC$_2$B$_9$H$_{11}$, **1**, 521
CoB$_{10}$NiC$_{10}$H$_{20}$
 [((CpCo)(CpNi)(B$_{10}$H$_{10}$)]$^-$, **1**, 527; **6**, 217, 837
 (CpCo)(CpNi)(B$_{10}$H$_{10}$), **6**, 939
CoB$_{14}$C$_4$H$_{18}$
 [Co(C$_2$B$_7$H$_9$)$_2$]$^-$, **1**, 502
CoB$_{17}$C$_9$H$_{26}$N
 [Co(C$_2$B$_9$H$_{11}$)(C$_2$B$_8$H$_{10}$·py)]$^-$, **1**, 511
CoB$_{18}$C$_3$H$_{20}$O$_3$
 [Co(B$_{18}$H$_{20}$)(CO)$_3$]$^-$, **6**, 941
CoB$_{18}$C$_4$H$_{21}$S
 Co(C$_2$B$_9$H$_{10}$)$_2$(SH), **1**, 520
CoB$_{18}$C$_4$H$_{22}$
 [Co(C$_2$B$_9$H$_{11}$)$_2$]$^-$, **1**, 476, 486, 511, 516
CoB$_{18}$C$_5$H$_{21}$S$_2$
 Co(C$_2$B$_9$H$_{10}$)$_2$(S$_2$CH), **1**, 520
CoB$_{20}$C$_4$H$_{24}$
 [Co(C$_2$B$_{10}$H$_{12}$)$_2$]$^-$, **1**, 529
CoCF$_9$OP$_3$
 [Co(CO)(PF$_3$)$_3$]$^-$, **5**, 39
CoCF$_{15}$P$_4$
 Co(CF$_3$)(PF$_3$)$_4$, **5**, 68
CoCH$_3$F$_{12}$P$_4$
 CoMe(PF$_3$)$_4$, **5**, 68
CoCI$_2$O
 CoI$_2$(CO), **5**, 14
CoC$_2$F$_3$NO$_3$P
 Co(CO)$_2$(NO)(PF$_3$), **5**, 27
CoC$_2$F$_9$NO$_3$P$_3$
 Co(CO)$_2$(NO){P(CF$_3$)$_3$}, **5**, 28
CoC$_2$F$_{12}$OP$_3$
 Co(CF$_3$)(CO)(PF$_3$)$_3$, **5**, 66
CoC$_2$H$_3$NO$_3$P
 Co(CO)$_2$(NO)(PH$_3$), **5**, 27
CoC$_2$N$_3$O$_3$
 Co(CO)$_2$(NO)(N$_2$), **5**, 26
CoC$_3$F$_9$O$_2$P$_2$
 Co(CF$_3$)(CO)$_2$(PF$_3$)$_2$, **5**, 66
CoC$_3$HO$_3$
 CoH(CO)$_3$, **5**, 10
CoC$_3$NO$_4$
 Co(CO)$_3$(NO), **5**, 6, 25, 26
CoC$_3$N$_3$O$_2$
 Co(CN)$_2$(CO)(NO), **5**, 29
CoC$_3$O$_3$
 [Co(CO)$_3$]$^{3-}$, **5**, 14
CoC$_3$O$_3$P$_3$
 Co(CO)$_3$P$_3$, **5**, 37
CoC$_4$HO$_4$
 CoH(CO)$_4$, **5**, 11; **8**, 37, 71, 116, 314, 597
CoC$_4$H$_7$Cl$_3$
 CoCl$_2${MeC(Cl)=CHMe}, **5**, 185
CoC$_4$H$_7$F$_9$P$_3$
 Co(MeCHCHCH$_2$)(PF$_3$)$_3$, **5**, 217
CoC$_4$H$_{12}$
 [CoMe$_4$]$^{2-}$, **5**, 75
CoC$_4$N$_5$O$_2$
 Co(CN)$_3$(NO)$_2$C, **5**, 69
CoC$_4$O$_4$
 [Co(CO)$_4$]$^-$, **5**, 6; **8**, 163
CoC$_4$O$_6$
 Co(CO)$_4$(O$_2$), **5**, 14
CoC$_5$BrN$_5$
 [CoBr(CN)$_5$]$^{3-}$, **5**, 133
CoC$_5$F$_3$O$_4$
 Co(CF$_3$)(CO)$_4$, **3**, 118; **5**, 52, 63
CoC$_5$HN$_5$
 [CoH(CN)$_5$]$^{3-}$, **5**, 97; **8**, 290, 324, 357
CoC$_5$HN$_5$O
 [Co(OH)(CN)$_5$]$^{3-}$, **8**, 324
CoC$_5$H$_3$O$_4$
 Co(COMe)(CO)$_3$, **8**, 76
 CoMe(CO)$_4$, **5**, 48
CoC$_5$H$_5$F$_6$P$_2$
 CoCp(PF$_3$)$_2$, **5**, 255
CoC$_5$H$_5$INO
 CoI(NO)Cp, **5**, 252
CoC$_5$H$_9$F$_9$P$_3$
 Co(Me$_2$CCHCH$_2$)(PF$_3$)$_3$, **5**, 217, 218
CoC$_5$N$_3$O$_2$
 [Co(CN)$_3$(CO)$_2$]$^{2-}$, **5**, 14, 41
CoC$_5$N$_5$
 [Co(CN)$_5$]$^{3-}$, **5**, 14, 138; **8**, 290, 359
CoC$_6$F$_3$O$_5$
 Co(COCF$_3$)(CO)$_4$, **5**, 52, 63
CoC$_6$F$_5$O$_3$
 Co(CO)$_3$(CF$_2$CFCF$_2$), **5**, 214
CoC$_6$F$_5$O$_4$
 Co(C$_2$F$_5$)(CO)$_4$, **5**, 66
CoC$_6$HF$_4$O$_4$
 Co(CF$_2$CHF$_2$)(CO)$_4$, **5**, 62
CoC$_6$H$_3$O$_4$
 Co(CO)$_3$(CH$_2$CHCO), **5**, 59, 184
CoC$_6$H$_3$O$_5$
 Co(COMe)(CO)$_4$, **5**, 51; **8**, 164
CoC$_6$H$_4$IO$_2$
 CoI(CO)$_2$(η^4-C$_4$H$_4$), **4**, 520; **5**, 241
CoC$_6$H$_5$I$_2$O
 CoI$_2$(CO)Cp, **5**, 250
CoC$_6$H$_5$O$_3$
 Co(CO)$_3$(CH$_2$CHCH$_2$), **5**, 58, 183, 211, 224
CoC$_6$H$_5$O$_4$
 CoEt(CO)$_4$, **5**, 48
CoC$_6$H$_5$O$_5$
 Co(CH$_2$CH$_2$OH)(CO)$_4$, **5**, 50
CoC$_6$H$_9$O$_3$P
 [Co(CO)$_3$(PMe$_3$)]$^-$, **5**, 39
CoC$_6$H$_{10}$I
 CoI(CH$_2$CHCH$_2$)$_2$, **5**, 224
CoC$_6$H$_{11}$F$_9$P$_3$
 Co(Me$_2$CCMeCH$_2$)(PF$_3$)$_3$, **5**, 217
CoC$_6$H$_{12}$N$_3$
 Co(C≡CH)$_3$(NH$_3$)$_3$, **5**, 134
CoC$_6$N$_6$
 [Co(CN)$_6$]$^{3-}$, **5**, 14
CoC$_7$F$_5$O$_5$
 Co(COC$_2$F$_5$)(CO)$_4$, **5**, 62

CoC$_7$HF$_4$N$_5$
  [Co(CF$_2$CHF$_2$)(CN)$_5$]$^{3-}$, **5**, 142
CoC$_7$H$_3$N$_5$
  [Co(CH=CH$_2$)(CN)$_5$]$^{3-}$, **5**, 140
CoC$_7$H$_3$N$_6$
  [Co(CN)$_5$(CNMe)]$^{2-}$, **5**, 24
CoC$_7$H$_3$O$_5$
  Co(COCH=CH$_2$)(CO)$_4$, **5**, 58, 215
CoC$_7$H$_5$F$_3$IO
  CoI(CF$_3$)(CO)Cp, **5**, 134, 139
CoC$_7$H$_5$INS$_2$
  CoI(S$_2$CCN)Cp, **5**, 258
CoC$_7$H$_5$N$_4$
  [Co(CN)$_4$(CH$_2$CHCH$_2$)]$^{3-}$, **5**, 212
CoC$_7$H$_5$OS
  Co(CO)(CS)Cp, **5**, 252
CoC$_7$H$_5$O$_2$
  Co(CO)$_2$Cp, **3**, 40; **5**, 144, 154, 248; **7**, 551; **8**, 341, 412, 413
CoC$_7$H$_5$O$_4$
  Co(COCH=CHMe)(CO)$_3$, **5**, 59, 184
CoC$_7$H$_5$O$_6$
  Co(COCH$_2$OMe)(CO)$_4$, **5**, 56
CoC$_7$H$_5$S$_2$
  Co(CS)$_2$Cp, **5**, 252
CoC$_7$H$_7$O$_3$
  Co(CO)$_3$(MeCHCHCH$_2$), **5**, 58, 183, 216, 217
CoC$_7$H$_7$O$_5$
  Co{(CH$_2$)$_3$OH}(CO)$_4$, **5**, 50
CoC$_7$H$_9$F$_6$P$_2$
  Co(C$_7$H$_9$)(PF$_3$)$_2$, **5**, 218
CoC$_7$H$_{11}$
  Co(CH$_2$CHCH$_2$)(CH$_2$=CHCH=CH$_2$), **5**, 224
CoC$_7$H$_{11}$N$_2$O$_4$
  Co{C(OEt)NMe$_2$}(CO)$_2$(NO), **5**, 156, 158
CoC$_8$F$_{12}$N$_2$
  Co{C(CN)(CF$_3$)$_2$}$_2$, **5**, 74
CoC$_8$H$_4$F$_3$O$_3$
  Co(CO)$_3$(C$_5$H$_4$F$_3$), **5**, 221
CoC$_8$H$_5$F$_4$O$_3$
  Co(CF$_2$CF$_2$CH$_2$CH=CH$_2$)(CO)$_3$, **5**, 185
CoC$_8$H$_5$F$_8$I
  [CoF(I)(C$_3$F$_7$)Cp]$^-$, **5**, 147
CoC$_8$H$_5$N$_3$
  [Co(CN)$_3$Cp]$^-$, **5**, 258
CoC$_8$H$_5$O$_5$
  Co(COCH=CHMe)(CO)$_4$, **5**, 59, 184
  Co(COCH$_2$CH=CH$_2$)(CO)$_4$, **5**, 214
CoC$_8$H$_6$N$_6$
  [Co(CN)$_4$(CNMe)$_2$]$^-$, **5**, 24
CoC$_8$H$_7$N$_4$
  [Co(CN)$_4$(MeCHCHCH$_2$)]$^{2-}$, **5**, 141
CoC$_8$H$_7$N$_6$
  CoH$_2$(CN)$_5$(CNEt), **5**, 24
CoC$_8$H$_7$O$_4$
  Co(CH$_2$CH=CHMe)(CO)$_4$, **5**, 216
  Co(CO)$_3${CH$_2$C(Ac)CH$_2$}, **5**, 215
  Co(COCH$_2$CH$_2$CH=CH$_2$)(CO)$_3$, **5**, 58, 183, 184
CoC$_8$H$_7$O$_5$
  Co{COCH(Me)OCH=CH$_2$}(CO)$_3$, **5**, 185
  Co(COPr^i)(CO)$_4$, **5**, 56
CoC$_8$H$_7$O$_6$
  Co(CH$_2$CH$_2$OCOMe)(CO)$_4$, **5**, 50
  Co(COCH$_2$CO$_2$Et)(CO)$_3$, **5**, 58
CoC$_8$H$_9$O$_3$
  Co(CO)$_3$(MeCHCHCHMe), **5**, 219
CoC$_8$H$_9$O$_4$
  CoBu^t(CO)$_4$, **5**, 50
CoC$_8$H$_9$S
  Co(CH$_2$CH=CHS)Cp, **5**, 181
CoC$_8$H$_{12}$N$_4$
  [Co(CNMe)$_4$]$^{2+}$, **5**, 23
CoC$_8$H$_{13}$F$_3$P
  Co(MeCHCHCH$_2$)(CH$_2$=CHCH=CH$_2$)(PF$_3$), **5**, 217
CoC$_8$H$_{14}$O$_5$P
  Co(CO)$_2$(CH$_2$CHCH$_2$){P(OMe)$_3$}, **5**, 221
CoC$_8$H$_{14}$PS$_5$
  CoCp(S$_5$)(PMe$_3$), **5**, 258
CoC$_8$H$_{22}$Cl$_2$P$_2$
  CoCl$_2$(CH$_2$PMe$_3$)$_2$, **5**, 77, 78
CoC$_8$H$_{24}$NOP$_2$
  CoMe$_2$(NO)(PMe$_3$)$_2$, **5**, 80
CoC$_9$H$_2$BrN$_5$O$_4$
  [Co{CH(CO$_2$)CH(Br)CO$_2$}(CN)$_5$]$^{5-}$, **5**, 133
CoC$_9$H$_5$ClF$_7$O$_5$
  Co(ClO$_4$)(C$_3$F$_7$)(CO)Cp, **5**, 147
CoC$_9$H$_5$F$_6$O$_3$
  Co{C(CF$_3$)$_2$CH$_2$CH=CH$_2$}(CO)$_3$, **5**, 221
CoC$_9$H$_5$F$_6$S$_2$
  CoCp(CF$_3$CSCSCF$_3$), **5**, 257
CoC$_9$H$_5$F$_7$N
  Co(CN)(C$_3$F$_7$)Cp, **5**, 147
CoC$_9$H$_5$N$_2$S$_2$
  CoCp(NCCSCSCN), **5**, 257
CoC$_9$H$_5$O$_5$
  Co(COCH=CHCH=CH$_2$)(CO)$_4$, **5**, 59
CoC$_9$H$_6$N$_6$
  [Co{CMe$_2$(CN)}(CN)$_5$]$^{3-}$, **5**, 142
CoC$_9$H$_7$N$_5$
  [Co(CH$_2$CH=CHMe)(CN)$_5$]$^{3-}$, **5**, 141, 146
CoC$_9$H$_7$O$_2$
  Co(CO)$_2$(η^5-C$_5$H$_4$CH=CH$_2$), **5**, 249
CoC$_9$H$_8$O$_3$
  Co(CO)$_3$(C$_6$H$_8$), **5**, 228
CoC$_9$H$_9$
  CoCp(η^4-C$_4$H$_4$), **4**, 520; **5**, 240, 241; **8**, 1016
CoC$_9$H$_9$N$_6$
  Co(CN)$_3$(CNMe)$_3$, **5**, 24
CoC$_9$H$_9$O$_2$
  Co(CO)$_2$(η^5-C$_5$H$_4$Et), **5**, 249
CoC$_9$H$_9$O$_4$
  Co(CH$_2$CHCHCH$_2$COMe)(CO)$_3$, **5**, 220
  Co{CO(CH$_2$)$_3$CH=CH$_2$}(CO)$_3$, **5**, 55
  Co(COCH$_2$CH$_2$CH=CHMe)(CO)$_3$, **5**, 59, 184, 221
CoC$_9$H$_9$O$_5$
  Co(COBu^t)(CO)$_4$, **5**, 56
CoC$_9$H$_{10}$O
  [Co(CO)Cp(CH$_2$CHCH$_2$)]$^+$, **5**, 225
CoC$_9$H$_{11}$O$_4$
  Co(C$_5$H$_{11}$)(CO)$_4$, **5**, 50
CoC$_9$H$_{14}$OP
  Co(CO)Cp(PMe$_3$), **5**, 147
CoC$_9$H$_{14}$PS
  Co(CS)Cp(PMe$_3$), **5**, 182, 252
CoC$_9$H$_{14}$PSSe
  Co(CSSe)Cp(PMe$_3$), **5**, 182
CoC$_9$H$_{14}$PS$_2$
  Co(CS$_2$)Cp(PMe$_3$), **5**, 180, 182
CoC$_9$H$_{15}$
  Co(CH$_2$CHCH$_2$)$_3$, **5**, 224; **8**, 396
CoC$_9$H$_{15}$N$_3$O$_3$
  Co(CH$_2$=CHCONH$_2$)$_3$, **5**, 185
CoC$_9$H$_{19}$O$_2$P

CoMe(acac)(PMe$_3$), **5**, 79
CoC$_{10}$F$_5$O$_4$
  Co(C$_6$F$_5$)(CO)$_4$, **5**, 62, 63
CoC$_{10}$H$_5$F$_8$O
  $\overline{\text{Co}\{(\text{CF}_2)_3\text{CF}_2\}(\text{CO})\text{Cp}}$, **5**, 140, 181
CoC$_{10}$H$_7$O$_3$
  Co(CO)$_3$(C$_7$H$_7$), **3**, 133; **5**, 222
CoC$_{10}$H$_9$F$_6$O
  Co(CH$_2$CF$_3$)$_2$(CO)Cp, **5**, 154
CoC$_{10}$H$_9$O$_4$
  Co(COCH$_2$CH$_2$CH=CHCH=CH$_2$)(CO)$_3$, **5**, 184
CoC$_{10}$H$_9$O$_5$
  Co{CO(CH$_2$)$_3$CH=CH$_2$}(CO)$_4$, **5**, 58; **8**, 169
  Co(COCH$_2$CH$_2$CH=CHMe)(CO)$_4$, **5**, 59
CoC$_{10}$H$_{10}$
  CoCp$_2$, **1**, 331; **3**, 29, 113; **5**, 232, 244; **6**, 620; **8**, 1026, 1038
  [CoCp$_2$]$^+$, **5**, 234; **8**, 1031
  [Co(PhH)(C$_4$H$_4$)]$^+$, **8**, 1032
CoC$_{10}$H$_{10}$Cl
  (CoCp$_2$)Cl, **5**, 232
CoC$_{10}$H$_{10}$I$_2$N
  CoI$_2$(Cp)(py), **5**, 250
CoC$_{10}$H$_{10}$O
  [CoCp(η^5-C$_5$H$_4$OH)]$^+$, **5**, 245
CoC$_{10}$H$_{11}$
  CoCp(C$_5$H$_6$), **5**, 192, 234
CoC$_{10}$H$_{11}$N
  [CoCp(η^5-C$_5$H$_4$NH$_2$)]$^+$, **8**, 1051
CoC$_{10}$H$_{11}$O$_4$
  Co(MeCHCHCHCH$_2$COMe)(CO)$_3$, **5**, 220
CoC$_{10}$H$_{12}$IO$_{12}$
  CoI(CO)$_2$(η^4-C$_4$Me$_4$), **5**, 241
CoC$_{10}$H$_{15}$N$_5$
  [Co(CNMe)$_5$]$^+$, **5**, 20
  [Co(CNMe)$_5$]$^{2+}$, **5**, 22
CoC$_{10}$H$_{17}$N$_5$O
  [Co(CNMe)$_5$(H$_2$O)]$^{2+}$, **5**, 22
CoC$_{10}$H$_{17}$OP
  [CoMe(CO)Cp(PMe$_3$)]$^+$, **5**, 134
CoC$_{10}$H$_{20}$P
  CoMe$_2$(Cp)(PMe$_3$), **5**, 148
CoC$_{10}$H$_{21}$O$_3$P$_2$
  Co(COMe)(CO)$_2$(PMe$_3$)$_2$, **5**, 80
CoC$_{10}$H$_{21}$O$_9$P$_2$
  Co(COMe)(CO)$_2${P(OMe)$_3$}$_2$, **5**, 60
CoC$_{11}$F$_{15}$O$_4$
  Co(C$_7$F$_{15}$)(CO)$_4$, **5**, 65
CoC$_{11}$H$_5$F$_6$O
  Co(CO)Cp(C$_5$F$_6$), **5**, 181
CoC$_{11}$H$_5$N$_5$
  [CoPh(CN)$_5$]$^{3-}$, **5**, 138
CoC$_{11}$H$_5$O$_5$
  Co(COPh)(CO)$_4$, **5**, 56
CoC$_{11}$H$_7$O$_4$
  CoBz(CO)$_4$, **5**, 48
CoC$_{11}$H$_8$O$_3$
  Cr(CO)$_3$(PhCH=CH$_2$), **8**, 1059
CoC$_{11}$H$_9$O$_2$
  $\overline{\text{Co}(\text{OC}_6\text{H}_4\text{O})\text{Cp}}$, **5**, 257
CoC$_{11}$H$_9$O$_3$
  Co(CO)$_3$(C$_8$H$_9$), **5**, 218
CoC$_{11}$H$_{10}$Cl$_3$
  CoCp(C$_5$H$_5$CCl$_3$), **5**, 232
CoC$_{11}$H$_{10}$O$_2$
  [CoCp(η^5-C$_5$H$_4$CO$_2$H)]$^+$, **5**, 245
  CoCp(η^4-C$_5$H$_5$CO$_2^-$), **8**, 1026
CoC$_{11}$H$_{11}$
  [CoCp(C$_6$H$_6$)]$^{2+}$, **5**, 239, 246
CoC$_{11}$H$_{11}$N$_2$
  $\overline{\text{Co}(\text{NHC}_6\text{H}_4\text{NH})\text{Cp}}$, **5**, 254
CoC$_{11}$H$_{11}$O$_2$
  Co(CO)$_2$(η^5-C$_5$H$_4$CH=CHEt), **5**, 249
  Co(CO)$_2${η^5-C$_5$H$_4$C(Me)=CHMe}, **5**, 179
CoC$_{11}$H$_{12}$Cl
  CoCp{C$_5$H$_5$(CH$_2$Cl)}, **5**, 234
CoC$_{11}$H$_{13}$
  CoCp(C$_6$H$_8$), **5**, 150, 236
CoC$_{11}$H$_{13}$O
  (CoCp$_2$)(OMe), **5**, 232
CoC$_{11}$H$_{13}$O$_3$
  Co(CO)$_3$(C$_8$H$_{13}$), **5**, 223
CoC$_{11}$H$_{14}$N$_3$
  [CoCp(MeCN)$_3$]$^{2+}$, **5**, 253
CoC$_{11}$H$_{15}$
  Co(CH$_2$CH=CH$_2$)Cp(CH$_2$CHCH$_2$), **5**, 225
CoC$_{11}$H$_{17}$O$_2$P
  [Co(COMe)(CO)Cp(PMe$_3$)]$^+$, **5**, 134
CoC$_{11}$H$_{23}$P$_2$
  CoCp(PMe$_3$)$_2$, **5**, 182; **8**, 1016
CoC$_{11}$H$_{24}$P$_2$
  [CoH(Cp)(PMe$_3$)$_2$]$^+$, **5**, 254; **8**, 1016
CoC$_{11}$H$_{30}$OP$_3$
  CoMe(CO)(PMe$_3$)$_3$, **5**, 74
CoC$_{11}$H$_{32}$P$_3$
  CoH(CH$_2$=CH$_2$)(PMe$_3$)$_3$, **5**, 185
CoC$_{11}$H$_{33}$BrP$_3$
  CoBr(Me)$_2$(PMe$_3$)$_3$, **5**, 72, 134
CoC$_{11}$H$_{33}$IP$_3$
  CoI(Me)$_2$(PMe$_3$)$_3$, **5**, 67, 79
CoC$_{11}$H$_{33}$P$_3$
  CoMe$_2$(PMe$_3$)$_3$, **5**, 77
CoC$_{11}$H$_{36}$NP$_3$
  [CoMe$_2$(NH$_3$)(PMe$_3$)$_3$]$^+$, **5**, 145
CoC$_{12}$H$_6$
  [Co(C≡CH)$_6$]$^{4-}$, **5**, 75
  [Co(C≡CH)$_6$]$^{3-}$, **5**, 138, 141
CoC$_{12}$H$_7$N$_4$O
  [Co(CN)$_4$(CH$_2$COPh)]$^{2-}$, **5**, 225
CoC$_{12}$H$_7$N$_5$
  [CoBz(CN)$_5$]$^{3-}$, **5**, 142
CoC$_{12}$H$_7$O$_5$
  Co(COBz)(CO)$_4$, **5**, 53, 57
CoC$_{12}$H$_{11}$O$_3$
  $\overline{\text{Co}\{\text{COC}(\text{Me})=\text{C}(\text{Me})\text{CO}\}(\text{CO})\text{Cp}}$, **5**, 238
CoC$_{12}$H$_{11}$O$_6$
  Co{COC(CO$_2$Me)$_2$}(CO)Cp, **5**, 140
CoC$_{12}$H$_{12}$N$_4$O$_4$
  [Co(CN)$_4$(EtO$_2$CCH=CHCO$_2$Et)]$^{3-}$, **5**, 185
CoC$_{12}$H$_{12}$O$_2$
  [CoCp(η^5-C$_5$H$_4$CO$_2$Me)]$^+$, **8**, 1026
CoC$_{12}$H$_{13}$
  CoCp(nbd), **5**, 190
CoC$_{12}$H$_{13}$O$_2$
  CoCp(C$_5$H$_5$CO$_2$Me), **5**, 233
CoC$_{12}$H$_{13}$O$_5$
  $\overline{\text{Co}(\text{CO})_3\{\text{C}(\text{Me})\text{C}(\text{Et})\text{C}(\text{Et})\text{COO}\}}$, **8**, 164
CoC$_{12}$H$_{14}$F$_8$O$_5$P
  Co{CF(CF$_3$)CF(CF$_3$)CH$_2$CH=CH$_2$}-(CO)$_2${P(OMe)$_3$}, **5**, 221
CoC$_{12}$H$_{15}$O$_2$

CoC$_{12}$H$_{15}$O$_2$
 Co(CO)$_2$(η^5-C$_5$Me$_5$), **3**, 43; **5**, 249, 250
CoC$_{12}$H$_{18}$N$_6$
 [Co(CNMe)$_6$]$^{2+}$, **5**, 22
CoC$_{12}$H$_{25}$NOP$_2$
 Co(CONH$_2$)Cp(PMe$_3$)$_2$, **5**, 132
 [Co(CONH$_2$)Cp(PMe$_3$)$_2$]$^+$, **5**, 134
CoC$_{12}$H$_{26}$P$_2$
 [CoMe(Cp)(PMe$_3$)$_2$]$^-$, **5**, 139
 [CoMe(Cp)(PMe$_3$)$_2$]$^+$, **5**, 148
 CoMe(Cp)(PMe$_3$)$_2$, **5**, 254
CoC$_{12}$H$_{32}$O$_9$P$_3$
 Co(CH$_2$CHCH$_2$){P(OMe)$_3$}$_3$, **5**, 216
CoC$_{12}$H$_{32}$P$_3$
 Co(CH$_2$CHCH$_2$)(PMe$_3$)$_3$, **5**, 216
CoC$_{12}$H$_{33}$P$_3$
 [Co(CH$_3$CH=CH$_2$)(PMe$_3$)$_3$]$^-$, **5**, 178
CoC$_{12}$H$_{34}$P$_3$
 CoMe$_2$(CH$_2$PMe$_2$CH$_2$)(PMe$_3$)$_2$, **5**, 143
CoC$_{12}$H$_{35}$P$_4$
 Co(CH$_2$PMe$_2$)(PMe$_3$)$_3$, **5**, 69, 80
CoC$_{12}$H$_{36}$P$_3$
 CoMe$_3$(PMe$_3$)$_3$, **5**, 134, 142, 143
CoC$_{13}$H$_5$F$_{15}$P
 CoCp{C$_4$(CF$_3$)$_4$PF$_3$}, **5**, 235
CoC$_{13}$H$_7$N$_5$
 [Co(CN)$_5${C(Ph)=CH$_2$}]$^{3-}$, **5**, 141
CoC$_{13}$H$_7$N$_5$
 [Co(CN)$_5$(CH=CHPh)]$^{3-}$, **8**, 360
CoC$_{13}$H$_{13}$
 CoCp(cot), **5**, 187, 230
CoC$_{13}$H$_{14}$
 CoCp(C$_8$H$_9$), **5**, 238
CoC$_{13}$H$_{15}$
 CoCp(C$_8$H$_{10}$), **5**, 230
CoC$_{13}$H$_{17}$
 CoCp(η^4-C$_4$Me$_4$), **5**, 151, 152, 206
 CoCp(C$_6$H$_6$Me$_2$), **5**, 153
 CoCp(cod), **5**, 187, 189
CoC$_{13}$H$_{26}$OP$_2$
 [Co(COMe)Cp(PMe$_3$)$_2$]$^-$, **5**, 139
 [Co(COMe)Cp(PMe$_3$)$_2$]$^+$, **5**, 147; **8**, 112
 [CoMe(CO)Cp(PMe$_3$)$_2$]$^-$, **5**, 139
CoC$_{13}$H$_{26}$O$_2$P$_2$
 Co(CO$_2$Me)Cp(PMe$_3$)$_2$, **5**, 132
 [Co(CO$_2$Me)Cp(PMe$_3$)$_2$]$^+$, **5**, 134
CoC$_{13}$H$_{28}$P$_2$
 [CoEt(Cp)(PMe$_3$)$_2$]$^-$, **5**, 139
CoC$_{13}$H$_{36}$OP$_4$
 [Co(CO)(PMe$_3$)$_4$]$^+$, **5**, 30
CoC$_{13}$H$_{39}$O$_{12}$P$_4$
 CoMe{P(OMe)$_3$}$_4$, **5**, 72
CoC$_{13}$H$_{39}$P$_4$
 CoMe(PMe$_3$)$_4$, **5**, 67
CoC$_{14}$H$_5$F$_{12}$O
 CoCp{C$_4$(CF$_3$)$_4$CO}, **5**, 238
CoC$_{14}$H$_{12}$N$_8$
 [Co{(NC)$_2$C=C(CN)$_2$}(MeCN)$_4$]$^+$, **5**, 182
CoC$_{14}$H$_{14}$N
 CoCp(C$_8$H$_9$CN), **5**, 239
CoC$_{14}$H$_{15}$
 CoCp(C$_9$H$_{10}$), **5**, 231
CoC$_{14}$H$_{16}$N
 CoCp(C$_8$H$_{11}$CN), **5**, 239
CoC$_{14}$H$_{16}$O$_2$
 [Co(η^5-C$_5$H$_4$Me){η^5-C$_5$H$_3$Me(CO$_2$Me)}]$^+$, **8**, 1033
CoC$_{14}$H$_{17}$

CoCp(C$_9$H$_{12}$), **5**, 231
CoC$_{14}$H$_{17}$O
 CoCp(C$_4$Me$_4$CO), **5**, 144, 151, 206, 238
CoC$_{14}$H$_{20}$O$_4$P
 CoCp(MeO$_2$CC≡CCO$_2$Me)(PMe$_3$), **5**, 152
CoC$_{14}$H$_{30}$P$_2$
 [CoH(η^5-C$_5$H$_4$Pr^i)(PMe$_3$)$_2$]$^+$, **5**, 140, 255
 CoH(η^5-C$_5$H$_4$Pr^i)(PMe$_3$)$_2$, **8**, 1017
CoC$_{14}$H$_{31}$O$_6$P$_2$
 Co(C$_8$H$_{13}$){P(OMe)$_3$}$_2$, **5**, 188
CoC$_{14}$H$_{41}$OP$_4$
 Co(CH$_2$OMe)(PMe$_3$)$_4$, **5**, 70
CoC$_{14}$H$_{42}$P$_4$
 [CoMe$_2$(PMe$_3$)$_4$]$^+$, **5**, 145
CoC$_{15}$H$_9$N$_2$O$_3$
 Co(C$_6$H$_4$N=NPh)(CO)$_3$, **5**, 49; **8**, 187
CoC$_{15}$H$_{13}$IN$_2$
 [CoI(Cp)(bipy)]$^+$, **5**, 250
CoC$_{15}$H$_{17}$O$_2$
 CoCp[O=C{C(Me)=CMe}$_2$C=O], **5**, 190; **8**, 1026
CoC$_{15}$H$_{18}$OP
 Co(CO)(η^5-C$_5$H$_4$Ph)(PMe$_3$), **5**, 147
CoC$_{15}$H$_{19}$
 [Co(η^4-C$_4$Me$_4$)(η^6-C$_6$H$_5$Me)]$^+$, **1**, 399
CoC$_{15}$H$_{19}$O$_2$
 [CoCp{C$_6$Me$_4$(OH)$_2$}]$^{2+}$, **8**, 1026
CoC$_{15}$H$_{21}$
 Co(cod)(C$_7$H$_9$), **5**, 223
CoC$_{15}$H$_{22}$O
 [Co(CO)(η^5-C$_5$Me$_4$Et)(CH$_2$CHCH$_2$)]$^+$, **5**, 225
CoC$_{15}$H$_{25}$
 Co(CH$_2$=CH$_2$)$_2$(η^5-C$_5$Me$_4$Et), **5**, 180
CoC$_{15}$H$_{27}$N$_4$O
 Co(CNBu^t)$_3$(NO), **5**, 18
CoC$_{15}$H$_{28}$O$_3$P
 CoH(CO)$_3$(PBu$_3$), **8**, 124, 156
CoC$_{15}$H$_{31}$N$_2$OP$_2$
 CoH(CN)$_2$(CO)(PEt$_3$)$_2$, **5**, 41
CoC$_{15}$H$_{32}$P$_2$
 CoH(PMe$_3$)$_2$(η^5-C$_5$H$_4$Bu^t), **8**, 1017
CoC$_{16}$H$_{10}$PO$_4$
 Co(PPh$_2$)(CO)$_4$, **5**, 166
CoC$_{16}$H$_{11}$N$_2$O$_3$
 Co(C$_6$H$_4$N=NTol)(CO)$_3$, **5**, 56
CoC$_{16}$H$_{17}$
 Co(C$_8$H$_9$)(cot), **5**, 218
CoC$_{16}$H$_{24}$
 Co(cod)$_2$, **5**, 188
CoC$_{16}$H$_{24}$N$_3$
 [Co(η^5-C$_5$Me$_5$)(MeCN)$_3$]$^{2+}$, **5**, 253
CoC$_{16}$H$_{25}$
 Co(cod)(C$_8$H$_{13}$), **5**, 189, 222; **8**, 303, 382, 397
CoC$_{16}$H$_{26}$P
 Co(C$_4$Me$_4$)Cp(PMe$_3$), **5**, 152
CoC$_{16}$H$_{34}$O$_9$P$_3$
 Co(CH$_2$Ph){P(OMe)$_3$}$_3$, **3**, 142
CoC$_{16}$H$_{37}$P$_3$
 Co(C$_7$H$_{10}$)(PMe$_3$)$_3$, **5**, 178
CoC$_{17}$H$_5$F$_{18}$
 CoCp{C$_6$(CF$_3$)$_6$}, **3**, 131; **5**, 238
CoC$_{17}$H$_{15}$N$_2$
 Co(NHC$_6$H$_4$NPh)Cp, **5**, 254
CoC$_{17}$H$_{21}$O
 [Co(η^4-C$_4$Me$_4$){η^6-C$_6$H$_4$Me(Ac)}]$^+$, **1**, 399
CoC$_{17}$H$_{30}$O$_4$P

Co(COMe)(CO)$_3$(PBu$_3$), **5**, 54

CoC$_{17}$H$_{39}$O$_9$P$_3$
Co(cod){P(OMe)$_3$}$_3$, **5**, 228

CoC$_{18}$H$_5$F$_{10}$OS$_2$
Co(SC$_6$F$_5$)$_2$(CO)Cp, **5**, 258

CoC$_{18}$H$_6$F$_{10}$
Co(C$_6$F$_5$)$_2$(η^6-C$_6$H$_6$), **8**, 347

CoC$_{18}$H$_8$F$_6$N$_2$O$_2$
Co[C$_6$H$_4$N=NC$_6$H$_4${C(CF$_3$)=CH(CF$_3$)}](CO)$_2$, **5**, 56

CoC$_{18}$H$_{18}$
[Co(C≡CMe)$_6$]$^{4-}$, **5**, 75
[Co(C≡CMe)$_6$]$^{3-}$, **5**, 138, 141

CoC$_{18}$H$_{22}$N$_2$
[Co(MeCHCHCH$_2$)$_2$(bipy)]$^+$, **5**, 225

CoC$_{18}$H$_{25}$F$_7$N$_3$S$_4$
Co(C$_3$F$_7$)(S$_2$CNEt$_2$)$_2$(py), **5**, 90

CoC$_{18}$H$_{29}$
CoEt(cod)$_2$, **5**, 189

CoC$_{18}$H$_{33}$NO$_2$P
CoMe$_2$(acac)(py)(PEt$_3$), **5**, 146

CoC$_{19}$H$_8$F$_{10}$
Co(C$_6$F$_5$)$_2$(η^6-C$_6$H$_5$Me), **3**, 40; **5**, 78

CoC$_{19}$H$_9$F$_6$N$_2$O$_3$
Co{COC(CF$_3$)=C(CF$_3$)C$_6$H$_4$N=NPh}(CO)$_2$, **5**, 56

CoC$_{19}$H$_{15}$F$_3$NO$_5$P
Co(CF$_3$)(NO){P(OPh)$_3$}, **5**, 67

CoC$_{19}$H$_{29}$
Co(cod)(η^5-C$_5$Me$_4$Et), **5**, 189

CoC$_{19}$H$_{30}$OP$_2$
[Co{CO(Tol)}Cp(PMe$_3$)$_2$]$^+$, **5**, 147

CoC$_{19}$H$_{38}$P$_3$
CoMe$_2$(C≡CPh)(PMe$_3$)$_3$, **5**, 145

CoC$_{19}$H$_{39}$P$_2$
Co(η^5-C$_5$H$_3$Bu$^t_2$)(PMe$_3$)$_2$, **5**, 255

CoC$_{19}$H$_{43}$O$_2$P$_2$
CoMe$_2$(acac)(PEt$_3$)$_2$, **5**, 146

CoC$_{19}$H$_{45}$O$_9$P$_3$S$_2$
Co(CS$_2$){P(OEt)$_3$}$_3$, **5**, 178

CoC$_{20}$H$_{15}$NO$_3$P
Co(CO)$_2$(NO)(PPh$_3$), **5**, 27

CoC$_{20}$H$_{27}$O$_2$
Co(η^5-C$_5$Me$_5$)[O=C{C(Me)=CMe}$_2$C=O], **5**, 190

CoC$_{20}$H$_{30}$
Co(η^5-C$_5$Me$_5$)$_2$, **3**, 29; **5**, 232

CoC$_{20}$H$_{30}$N$_2$O$_8$
Co(EtO$_2$CCH=CHCO$_2$Et)$_2$(MeCN)$_2$, **5**, 178

CoC$_{21}$H$_{16}$O$_3$P
CoH(CO)$_3$(PPh$_3$), **5**, 38

CoC$_{21}$H$_{17}$
CoCp(η^4-C$_4$H$_2$Ph$_2$), **5**, 242

CoC$_{21}$H$_{19}$N$_4$
CoMe(bipy)$_2$, **5**, 74

CoC$_{21}$H$_{30}$
Co(C$_7$H$_{10}$)$_3$, **5**, 178

CoC$_{21}$H$_{33}$
Co(η^5-C$_5$Me$_5$)(C$_5$Me$_6$), **5**, 233

CoC$_{22}$H$_{15}$N$_5$O$_2$P
Co{N=C=C(CN)$_2$}(NO)$_2$(PPh$_3$), **5**, 69

CoC$_{22}$H$_{17}$NO$_4$P
Co(CONH$_2$)(CO)$_3$(PPh$_3$), **8**, 174

CoC$_{22}$H$_{18}$Br
CoCp(η^4-C$_5$H$_5$)CHPhCH$_2$Br, **8**, 1039

CoC$_{22}$H$_{21}$N$_4$
CoEt(bipy)$_2$, **5**, 69

CoC$_{22}$H$_{22}$N$_3$O$_2$
CoMe{(OC$_6$H$_4$CH=NCH$_2$)$_2$}(py), **5**, 114

CoC$_{22}$H$_{22}$N$_4$
[CoMe$_2$(bipy)$_2$]$^+$, **5**, 134, 141

CoC$_{23}$H$_{15}$F$_5$O$_3$P
Co(C$_2$F$_5$)(CO)$_3$(PPh$_3$), **5**, 63, 66

CoC$_{23}$H$_{16}$F$_4$O$_3$P
Co(CF$_2$CHF$_2$)(CO)$_3$(PPh$_3$), **5**, 52, 65; **8**, 141

CoC$_{23}$H$_{18}$N$_2$
Co{CN(C$_6$H$_3$Me$_2$)}$_2$Cp, **5**, 19

CoC$_{23}$H$_{18}$O$_3$P
Co(CO)$_2$(CH$_2$CHCO)(PPh$_3$), **5**, 184, 215

CoC$_{23}$H$_{18}$O$_4$P
Co(COMe)(CO)$_3$(PPh$_3$), **5**, 51

CoC$_{23}$H$_{20}$
[CoCp(η^5-C$_5$H$_4$CHPh$_2$)]$^+$, **8**, 1057

CoC$_{23}$H$_{20}$ClP
CoCl(Cp)(PPh$_3$), **5**, 254

CoC$_{23}$H$_{20}$I$_2$P
CoI$_2$(Cp)(PPh$_3$), **5**, 132, 251

CoC$_{23}$H$_{20}$NOP
[Co(NO)Cp(PPh$_3$)]$^+$, **5**, 251

CoC$_{23}$H$_{20}$O
[CoCp(η^5-C$_5$H$_4$CPh$_2$OH)]$^+$, **8**, 1055

CoC$_{23}$H$_{20}$O$_2$P
Co(CO)$_2$(CH$_2$CHCH$_2$)(PPh$_3$), **5**, 216, 218; **6**, 423

CoC$_{23}$H$_{26}$N$_2$O$_4$
[Co[{OC$_6$H$_4$C(Pr)=NCH$_2$}$_2$](CO$_2$)]$^-$, **8**, 233

CoC$_{24}$Cl$_{20}$
[Co(C$_6$Cl$_5$)$_4$]$^{2-}$, **5**, 78

CoC$_{24}$F$_{20}$
[Co(C$_6$F$_5$)$_4$]$^{2-}$, **5**, 75

CoC$_{24}$H$_{15}$F$_5$O$_3$P
Co(CF=CFCF$_3$)(CO)$_3$(PPh$_3$), **5**, 214

CoC$_{24}$H$_{15}$O$_3$
Co(CO)$_3$(η^3-C$_3$Ph$_3$), **5**, 209

CoC$_{24}$H$_{16}$O$_2$
[Co(C$_6$H$_4$OC$_6$H$_4$)$_2$]$^{2-}$, **5**, 77

CoC$_{24}$H$_{18}$O$_4$P
Co(COCH=CH$_2$)(CO)$_3$(PPh$_3$), **5**, 184

CoC$_{24}$H$_{20}$F$_3$IP
CoI(CF$_3$)(Cp)(PPh$_3$), **5**, 132

CoC$_{24}$H$_{20}$OP
Co(CO)Cp(PPh$_3$), **5**, 238

CoC$_{24}$H$_{20}$PS$_2$
Co(CS$_2$)Cp(PPh$_3$), **5**, 181

CoC$_{24}$H$_{21}$N$_4$O
Co(CNTol)$_3$(NO), **5**, 29

CoC$_{24}$H$_{22}$O$_2$P
Co(CO)$_2$(MeCHCHCH)(PPh$_3$), **5**, 218

CoC$_{24}$H$_{23}$IP
CoI(Me)(Cp)(PPh$_3$), **5**, 132

CoC$_{24}$H$_{26}$O$_3$P
Co(CO)$_2${C$_3$H(Ph)$_2$CO}(PEt$_3$), **5**, 211

CoC$_{24}$H$_{30}$F$_{10}$P$_2$
Co(C$_6$F$_5$)$_2$(PEt$_3$)$_2$, **5**, 74

CoC$_{24}$H$_{34}$
Co{(C$_6$H$_2$Me$_3$)CH(Me)C(Me)=C(Me)(C$_5$HMe$_4$)}, **5**, 262

CoC$_{24}$H$_{36}$
Co(η^6-C$_6$Me$_6$)$_2$, **5**, 261

CoC$_{25}$H$_{15}$O$_4$
Co(CO)$_3$(C$_3$Ph$_3$CO), **5**, 210

CoC$_{25}$H$_{19}$O$_2$P
[Co(CO)$_2$(η^5-C$_5$H$_4$PPh$_3$)]$^+$, **5**, 250

CoC$_{25}$H$_{20}$N$_2$P
Co(CN)$_2$Cp(PPh$_3$), **5**, 258

CoC$_{25}$H$_{20}$O$_3$P
Co(CO)$_2$(C$_5$H$_5$O)(PPh$_3$), **5**, 220

$CoC_{25}H_{22}O_5P$
  $Co\{COCH_2CH(OH)Me\}(CO)_3(PPh_3)$, **8**, 138
$CoC_{25}H_{24}P$
  $CoCp(CH_2=CH_2)(PPh_3)$, **3**, 493; **5**, 149, 181
$CoC_{25}H_{26}P$
  $CoMe_2(Cp)(PPh_3)$, **5**, 132, 134, 148
$CoC_{25}H_{39}O_2P_2$
  $CoEt_2(acac)(PMe_2Ph)_2$, **5**, 141
$CoC_{25}H_{45}N_5$
  $[Co(CNBu^t)_5]^+$, **5**, 20
$CoC_{26}H_{20}F_5OP$
  $Co(C_2F_5)(CO)Cp(PPh_3)$, **5**, 144
$CoC_{26}H_{20}N_2O_2P$
  $Co(NNPh)(CO)_2(PPh_3)$, **5**, 28
$CoC_{26}H_{22}O_4P$
  $Co(COCH_2CH=CHMe)(CO)_3(PPh_3)$, **5**, 214
$CoC_{26}H_{23}NP$
  $CoCp(CH_2=CHCN)(PPh_3)$, **5**, 140, 180
$CoC_{26}H_{24}O_4P$
  $Co(COBu^s)(CO)_2(PPh_3)$, **8**, 150
$CoC_{26}H_{25}O_4$
  $CoCp\{Ph_2C=C(CO_2Me)C(Me)=CHCO_2Me\}$, **5**, 237
$CoC_{26}H_{36}N_8$
  $[Co(CNBu^t)_4\{(NC)_2C=C(CN)_2\}]^+$, **3**, 106; **5**, 182
$CoC_{27}H_{22}N_2P$
  $CoCp(NCCH=CHCN)(PPh_3)$, **5**, 181
$CoC_{27}H_{24}O_2P$
  $Co(CO)_2(C_7H_9)(PPh_3)$, **3**, 144, 146; **5**, 217
$CoC_{27}H_{24}O_3P$
  $Co\{CH_2(CH=CH)_2Me\}(CO)_3(PPh_3)$, **8**, 163
$CoC_{27}H_{28}P$
  $\overline{Co\{(CH_2)_3CH_2\}Cp}(PPh_3)$, **5**, 132, 143
$CoC_{27}H_{40}F_3N_3O_6P_2$
  $[Co\{CN(C_6H_4F)\}_3\{P(OMe)_3\}_2]^+$, **5**, 20
$CoC_{27}H_{42}P_3$
  $CoMe_3(PMe_2Ph)_3$, **5**, 142
$CoC_{28}H_{44}$
  $Co(C_7H_{11})_4$, **5**, 153
$CoC_{29}H_{24}NO_2P_2$
  $Co(CN)(CO)_2(diphos)$, **5**, 40
$CoC_{29}H_{26}N_2P$
  $\overline{Co\{CH(CN)CH_2CH_2CHCN\}Cp}(PPh_3)$, **5**, 140
$CoC_{29}H_{26}O_4P$
  $CoCp\{MeO_2CCH=C(CO_2Me)C_6H_4PPh_2\}$, **5**, 168, 207
$CoC_{29}H_{28}O_4P$
  $Co(CO)_2\{Et\overline{CC(Et)C(Me)OCO}\}(PPh_3)$, **5**, 55
  $CoCp(MeO_2CCH=CHCO_2Me)(PPh_3)$, **5**, 181
$CoC_{29}H_{47}O_2P_2$
  $CoBu^i_2(acac)(PMe_2Ph)_2$, **5**, 142
$CoC_{30}H_{20}BrO_2$
  $CoBr(CO)_2(\eta^4-C_4Ph_4)$, **5**, 243
$CoC_{30}H_{20}ClO_2$
  $CoCl(CO)_2(\eta^4-C_4Ph_4)$, **5**, 241
$CoC_{30}H_{68}O_9P_3$
  $Co(CH_2CHCH_2)\{P(OPr^i)_3\}_3$, **8**, 300
$CoC_{31}H_{32}P$
  $CoCp(C_4Me_4)(PPh_3)$, **5**, 152
$CoC_{32}H_{22}O_5P_2$
  $Co(CO)_3\{Ph_2P\overline{C=C(PPh_2)COCH_2CO}\}$, **5**, 31
$CoC_{32}H_{25}O$
  $Co(CO)(CH_2CHCH_2)(\eta^4-C_4Ph_4)$, **5**, 243
$CoC_{32}H_{30}Cl_{10}P_2$
  $Co(C_6Cl_5)_2(PEt_2Ph)_2$, **5**, 77
$CoC_{32}H_{50}N_2$
  $[Co(C\equiv CCy)_4(NH_3)_2]^{2-}$, **5**, 78
$CoC_{33}H_5F_{20}$
  $Co\{C_4(C_6F_5)_4\}Cp$, **5**, 238
$CoC_{33}H_{25}$
  $CoCp(\eta^4-C_4Ph_4)$, **5**, 132, 151, 206, 239; **6**, 382, 452; **8**, 1016
$CoC_{33}H_{25}O$
  $Co(CO)Cp(Ph_2C=C=CPh_2)$, **5**, 181
$CoC_{34}H_{25}NO_3P$
  $Co\{C(Ph)=NPh\}(CO)_3(PPh_3)$, **5**, 52
$CoC_{34}H_{25}O$
  $CoCp(C_4Ph_4CO)$, **5**, 151, 206, 238, 239
$CoC_{34}H_{26}$
  $[Co(\eta^4-C_4Ph_4)(C_6H_6)]^+$, **5**, 243
$CoC_{34}H_{28}O_2P$
  $CoCp\{C_4Ph_4P(O)(OMe)\}$, **5**, 235
$CoC_{34}H_{28}P_2$
  $[Co(\eta^5-C_5H_4PPh_2)_2]^+$, **5**, 247
$CoC_{35}H_{20}Cl_5N_5$
  $[Co\{CN(C_6H_4Cl)\}_5]^+$, **5**, 19
$CoC_{35}H_{25}N_5$
  $[Co(CNPh)_5]^+$, **5**, 19, 20
$CoC_{35}H_{28}$
  $[Co(\eta^4-C_4Ph_4)(C_7H_8)]^+$, **5**, 243
$CoC_{35}H_{55}N_5$
  $[Co(CNCy)_5]^+$, **5**, 20
$CoC_{36}H_{20}F_5O_2$
  $Co(C_6F_5)(CO)_2(\eta^4-C_4Ph_4)$, **5**, 243
$CoC_{36}H_{28}$
  $[Co(C_4H_4C=CPh_2)_2]^+$, **5**, 263
$CoC_{36}H_{36}Br_2N_4$
  $CoBr_2\{CN(C_6H_3Me_2)_4\}$, **5**, 19
$CoC_{36}H_{54}F_{10}P_2$
  $Co(C_6F_5)_2(PBu_3)_2$, **5**, 77
$CoC_{37}H_{30}NO_2P_2$
  $Co(CO)(NO)(PPh_3)_2$, **5**, 28, 29
$CoC_{37}H_{30}P$
  $CoCp(PhC\equiv CPh)(PPh_3)$, **5**, 140, 150, 181, 208
$CoC_{37}H_{33}P_2$
  $CoMe(PPh_3)_2$, **5**, 68, 69, 73
$CoC_{38}H_{24}F_{10}P_2$
  $Co(C_6F_5)_2(diphos)$, **5**, 77
$CoC_{38}H_{30}OPS$
  $\overline{Co\{C(Ph)=C(Ph)COS\}Cp}(PPh_3)$, **5**, 140
$CoC_{38}H_{30}PS_2$
  $\overline{Co\{C(Ph)=C(Ph)CSS\}Cp}(PPh_3)$, **5**, 140
$CoC_{38}H_{31}O_2P_2$
  $CoH(CO)_2(PPh_3)_2$, **5**, 42
$CoC_{38}H_{34}$
  $[Co(\eta^4-C_4Ph_4)(C_6H_5Bu)]^+$, **5**, 243
$CoC_{38}H_{34}O_4P$
  $\overline{Co\{C(CO_2Me)=C(Ph)C(Me)=C-CO_2Me\}Cp}(PPh_3)$, **5**, 140
$CoC_{38}H_{51}N_4P$
  $[Co(CNBu^t)_4(PPh_3)]^+$, **5**, 21
$CoC_{38}H_{52}P_2$
  $Co(Mes)_2(PEt_2Ph)_2$, **5**, 74
$CoC_{39}H_{30}O_3P_2$
  $[Co(CO)_3(PPh_3)_2]^+$, **5**, 32
$CoC_{39}H_{35}OP_2$
  $CoEt(CO)(PPh_3)_2$, **8**, 255
$CoC_{39}H_{35}P_2$
  $Co(CH=CHMe)(PPh_3)_2$, **5**, 73
$CoC_{39}H_{36}O_6P$
  $\overline{Co\{CH(CO_2Me)CH(CO_2Me)C(CO_2Me)=C-Ph\}Cp}(PPh_3)$, **5**, 143
$CoC_{40}H_{46}O_4P_4$
  $Co(CO)\{P(OMe)_3\}[PhP\{(CH_2)_3PPh_2\}_2]$, **5**, 31

CoC$_{41}$H$_{35}$P$_2$
   CoCp(PPh$_3$)$_2$, **5**, 139
CoC$_{41}$H$_{39}$P$_2$
   Co(EtCHCHCH$_2$)(PPh$_3$)$_2$, **5**, 73
CoC$_{42}$H$_{30}$N$_6$
   [Co(CNPh)$_6$]$^{2+}$, **5**, 22
CoC$_{42}$H$_{41}$P$_2$
   Co(PrCHCHCH$_2$)(PPh$_3$)$_2$, **5**, 73
CoC$_{43}$H$_{15}$F$_{14}$O
   Co(C$_6$F$_4$C≡CPh){C$_4$Ph$_2$(C$_6$F$_5$)$_2$CO}, **5**, 202
CoC$_{43}$H$_{36}$O$_4$P
   $\overline{\text{Co{C(CO}_2\text{Me)=C(Ph)C(CO}_2\text{Me)=C-}}$
   Ph}Cp(PPh$_3$), **5**, 140
CoC$_{43}$H$_{39}$P$_2$
   Co(C$_7$H$_9$)(PPh$_3$)$_2$, **5**, 218
CoC$_{43}$H$_{41}$O$_2$P$_2$
   Co(CH$_2$=CH$_2$)(acac)(PPh$_3$)$_2$, **5**, 69
CoC$_{43}$H$_{41}$P$_2$
   CoMe$_2$(Cp)(PPh$_3$)$_2$, **3**, 493
CoC$_{43}$H$_{42}$NOP$_3$
   Co(CO){N(CH$_2$CH$_2$PPh$_2$)$_3$}, **5**, 31
CoC$_{46}$H$_{34}$
   Co(η^4-C$_4$Ph$_4$)(C$_4$H$_4$C=CPh$_2$), **5**, 242; **8**, 1055
CoC$_{46}$H$_{35}$N$_4$P
   [Co(CNPh)$_4$(PPh$_3$)]$^+$, **5**, 21
CoC$_{46}$H$_{35}$O
   Co(η^4-C$_4$Ph$_4$)(η^5-C$_5$H$_4$CPh$_2$OH), **8**, 1055
CoC$_{47}$H$_{35}$BrOP
   CoBr(CO)(η^4-C$_4$Ph$_4$)(PPh$_3$), **5**, 243
CoC$_{48}$H$_{30}$
   [Co(C≡CPh)$_6$]$^{4-}$, **5**, 75
CoC$_{48}$H$_{34}$O$_2$P$_2$
   CoBz(acac)(PPh$_3$)$_2$, **5**, 133
CoC$_{48}$H$_{66}$
   [Co(C≡CCy)$_6$]$^{4-}$, **5**, 78
CoC$_{51}$H$_{20}$F$_{20}$P
   Co{C$_4$(C$_6$F$_5$)$_4$}Cp(PPh$_3$), **5**, 143
CoC$_{51}$H$_{57}$O$_2$P$_2$
   CoBz(PPh$_3$)$_2$(OEt$_2$)$_2$, **5**, 133
CoC$_{52}$H$_{52}$P$_2$
   Co(C≡CCy)$_2$(PPh$_3$)$_2$, **5**, 78
CoC$_{53}$H$_{48}$OP$_4$
   [Co(CO)(diphos)$_2$]$^+$, **5**, 41
CoC$_{53}$H$_{51}$P$_4$
   CoMe(diphos)$_2$, **5**, 68, 69, 133
CoC$_{54}$H$_{44}$P$_3$
   Co(C$_6$H$_4$PPh$_2$)(PPh$_3$)$_2$, **5**, 71
CoC$_{55}$H$_{46}$OP$_3$
   CoH(CO)(PPh$_3$)$_3$, **5**, 38
CoC$_{55}$H$_{48}$P$_3$
   CoMe(PPh$_3$)$_3$, **5**, 68, 71
CoC$_{56}$H$_{49}$P$_3$
   Co(CH$_2$=CH$_2$)(PPh$_3$)$_3$, **5**, 178
CoC$_{57}$H$_{59}$P$_4$
   CoH(Et)$_2${C(CH$_2$PPh$_2$)$_4$}, **5**, 141
CoC$_{58}$H$_{40}$O$_2$
   [Co(C$_4$Ph$_4$CO)$_2$]$^-$, **5**, 227
CoC$_{62}$H$_{52}$P$_3$
   Co(C$_6$H$_4$PPh$_2$)(PhCH=CH$_2$)(PPh$_3$)$_2$, **5**, 69
CoC$_{68}$H$_{50}$P$_2$
   [Co(C≡CPh)$_4$(PPh$_3$)$_2$]$^{2-}$, **5**, 78
CoC$_{72}$H$_{59}$O$_{12}$P$_4$
   Co{C$_6$H$_4$OP(OPh)$_2$}{P(OPh)$_3$}$_3$, **5**, 69
CoCdC$_8$H$_{10}$Br$_2$O
   [CdBr$_2${Co(CO)$_4$}(OEt$_2$)]$^-$, **6**, 1033
CoCrC$_9$O$_9$

[CrCo(CO)$_9$]$^-$, **6**, 826
CoCrC$_{12}$H$_5$O$_7$
   CrCo(CO)$_7$Cp, **6**, 792, 826
CoCrC$_{14}$H$_{14}$O$_5$PS$_2$
   Co{CS$_2$Cr(CO)$_5$}Cp(PMe$_3$), **5**, 182
CoCrC$_{38}$H$_{28}$O$_4$P$_2$
   [Cr(CO)$_4${Co(η^5-C$_5$H$_4$PPh$_2$)$_2$}]$^+$, **3**, 853; **5**, 247
CoCrFeC$_{13}$H$_5$O$_8$S
   CrFeCo(S)(CO)$_8$Cp, **6**, 852
CoCuC$_{17}$H$_{41}$ClP$_4$
   CoCuCl(PMe$_3$)$_4$Cp, **6**, 837
CoCuC$_{69}$H$_{72}$O$_3$P$_4$
   Co{Cu(PPh$_3$)$_3$}(CO)$_3$(PBu$_3$), **6**, 1038
CoFeC$_8$O$_8$
   [FeCo(CO)$_8$]$^-$, **5**, 13; **6**, 771, 834
   FeCo(CO)$_8$, **6**, 803
CoFeC$_9$H$_6$O$_7$P
   FeCo(PMe$_2$)(CO)$_7$, **6**, 834
CoFeC$_{11}$H$_5$O$_6$
   FeCo(CO)$_6$Cp, **6**, 779, 792, 803, 835
CoFeC$_{12}$H$_5$O$_7$
   FeCo(CO)$_7$Cp, **6**, 779
CoFeC$_{14}$H$_{13}$O$_4$
   FeCo(CO)$_4$(η^5-C$_5$H$_4$Me)(CH$_2$=CHCH=CH$_2$), **5**, 226
CoFeC$_{15}$H$_{13}$O$_4$
   FeCo(CO)$_4$Cp(C$_6$H$_8$), **6**, 835
CoFeC$_{16}$H$_{13}$O$_4$
   FeCo(CO)$_4$Cp(nbd), **5**, 187; **6**, 803
CoFeC$_{18}$H$_{10}$O$_6$P
   FeCo(PPh$_2$)(CO)$_7$, **6**, 785
CoFeC$_{21}$H$_{15}$IO$_4$P
   FeCoI(PPh$_2$)(CO)$_4$Cp, **6**, 835
CoFeC$_{32}$H$_{25}$O$_3$P$_2$
   FeCo(PPh$_2$)$_2$(CO)$_3$Cp, **6**, 835
CoFeC$_{36}$H$_{25}$O$_3$
   $\overline{\text{(CO)}_3\text{Fe{C(Ph)=C(Ph)C(Ph)=CPh}CoCp}}$, **6**, 788
CoFeC$_{39}$H$_{30}$N$_2$O$_5$P$_2$
   FeCo(CO)$_3$(NO)$_2$(PPh$_3$)$_2$, **6**, 835
CoFeHgC$_{11}$H$_5$O$_6$
   HgFp{Co(CO)$_4$}, **6**, 1016
CoFeMoC$_{12}$H$_5$O$_7$S
   MoFeCo(S)(CO)$_7$Cp, **6**, 786
CoFeMoC$_{13}$H$_5$O$_8$S
   FeCoMo(CO)$_8$Cp(S), **6**, 853
CoFeMoC$_{19}$H$_{11}$O$_8$P
   FeCoMo(PPh)(CO)$_8$Cp, **6**, 853
CoFeRu$_2$C$_{13}$O$_{13}$
   [FeRu$_2$Co(CO)$_{13}$]$^-$, **4**, 926; **6**, 772, 857
CoFeSnC$_{11}$H$_5$Cl$_2$O$_6$
   (CO)$_4$CoSnCl$_2$Fe(CO)$_2$Cp, **6**, 1046, 1080
CoFeWC$_{13}$H$_5$O$_8$S
   W(CO)$_2$Cp(S){Fe(CO)$_3$}{Co(CO)$_3$}, **6**, 854
   WFeCo(S)(CO)$_8$Cp, **3**, 1336, 1337
CoFeZnC$_{11}$H$_5$O$_6$
   ZnFp{Co(CO)$_4$}, **6**, 1034
CoFe$_2$C$_9$H$_{18}$N$_2$O$_5$P$_3$
   Fe$_2$Co(PMe$_2$)$_3$(CO)$_5$(NO)$_2$, **6**, 785
CoFe$_2$C$_{10}$H$_3$O$_9$
   Fe$_2$CoH$_2$(CH)(CO)$_9$, **6**, 860
CoFe$_2$C$_{11}$H$_{18}$N$_2$O$_7$P$_3$
   Fe$_2$Co(PMe$_2$)$_3$(CO)$_5$(NO)$_2$, **6**, 848
CoFe$_2$C$_{13}$H$_5$O$_8$
   Fe$_2$Co(CO)$_8$Cp, **6**, 800
CoFe$_2$C$_{14}$H$_5$O$_9$
   Fe$_2$Co(CO)$_9$Cp, **6**, 774, 860

CoFe$_2$RuC$_{13}$O$_{13}$
 [Fe$_2$RuCo(CO)$_{13}$]$^-$, **4**, 926; **6**, 858
CoFe$_4$C$_{49}$H$_{41}$
 CoCp(η^4-C$_4$Fc$_4$), **5**, 240
CoGaC$_4$Br$_3$O$_4$
 [Co(CO)$_4$(GaBr$_3$)]$^-$, **6**, 961
CoGaC$_8$H$_8$Cl$_2$O$_5$
 Co(GaCl$_2$)(CO)$_4$$\{\overline{\text{O(CH}_2)_3\text{C}}\text{H}_2\}$, **6**, 961
CoGaC$_9$H$_7$BrO$_6$
 Co(CO)$_4$\{GaBr(acac)\}, **6**, 961
CoGaC$_{22}$H$_{15}$O$_4$
 [Co(CO)$_4$(GaPh$_3$)]$^-$, **6**, 961
 [Co(GaPh$_3$)(CO)$_4$]$^-$, **1**, 719
CoGeC$_4$Cl$_3$O$_4$
 Co(GeCl$_3$)(CO)$_4$, **3**, 118
CoGeC$_4$H$_3$O$_4$
 Co(GeH$_3$)(CO)$_4$, **6**, 1084
CoGeC$_7$H$_9$O$_4$
 Co(GeMe$_3$)(CO)$_4$, **2**, 433
CoGeC$_{22}$H$_{15}$O$_4$
 Co(GePh$_3$)(CO)$_4$, **3**, 118; **6**, 1087
CoGeC$_{23}$H$_{18}$O$_4$
 [Co(GePh$_3$)(COMe)(CO)$_3$]$^-$, **5**, 156
CoGeC$_{25}$H$_{23}$O$_4$
 Co\{C(OEt)Me(GePh$_3$)\}(CO)$_3$, **5**, 158
 Co(GePh$_3$)\{C(OEt)Me\}(CO)$_3$, **5**, 161
CoGeC$_{26}$H$_{25}$O$_4$
 Co(GePh$_3$)\{C(OEt)Et\}(CO)$_3$, **5**, 161
CoGeC$_{27}$H$_{27}$O$_4$
 Co(GePh$_3$)\{C(OEt)Pr\}(CO)$_3$, **5**, 161
CoGeC$_{28}$H$_{20}$O$_4$
 [Co(GePh$_3$)(COPh)(CO)$_3$]$^-$, **5**, 156
CoGeC$_{30}$H$_{25}$O$_4$
 Co\{C(OEt)Ph\}(GePh$_3$)(CO)$_3$, **5**, 156
CoGeC$_{39}$H$_{30}$O$_3$P
 Co(GePh$_3$)(CO)$_3$(PPh$_3$), **6**, 1084
CoGe$_2$C$_4$H$_5$O$_4$
 Co(Ge$_2$H$_5$)(CO)$_4$, **6**, 1084
CoGe$_2$C$_{39}$H$_{30}$O$_3$
 [Co(GePh$_3$)$_2$(CO)$_3$]$^-$, **5**, 13, 32
CoHgC$_4$ClO$_4$
 Co(HgCl)(CO)$_4$, **6**, 1026
CoHgC$_7$H$_5$Cl$_2$O$_2$
 Co(CO)$_2$Cp(HgCl$_2$), **5**, 250, 252; **6**, 986
CoHgC$_{11}$H$_{23}$Cl$_2$P$_2$
 CoCp(HgCl$_2$)(PMe$_3$)$_2$, **6**, 988
CoHgC$_{12}$H$_{13}$Cl$_2$
 CoCp(nbd)(HgCl$_2$), **5**, 191
CoHgMnC$_9$O$_9$
 Hg\{Co(CO)$_4$\}\{Mn(CO)$_5$\}, **6**, 996, 1016
CoHgMoC$_{12}$H$_5$O$_7$
 Hg\{Mo(CO)$_3$Cp\}\{Co(CO)$_4$\}, **6**, 1014
CoHgSiC$_8$H$_{11}$O$_4$
 Co\{Hg(CH$_2$SiMe$_3$)\}(CO)$_4$, **6**, 1025
CoHgWC$_{12}$H$_5$O$_7$
 Hg\{W(CO)$_3$Cp\}\{Co(CO)$_4$\}, **6**, 1014
CoInC$_4$Br$_3$O$_4$
 [Co(CO)$_4$(InBr$_3$)]$^-$, **6**, 966
CoInC$_{22}$H$_{15}$O$_4$
 [Co(InPh$_3$)(CO)$_4$]$^-$, **1**, 719; **6**, 966
CoIrC$_{41}$H$_{30}$O$_5$P$_2$
 CoIr(CO)$_5$(PPh$_3$)$_2$, **6**, 836
CoLiC$_{20}$H$_{40}$O$_2$
 Co(cod)$_2$[Li\{$\overline{\text{O(CH}_2)_3\text{C}}\text{H}_2$\}$_2$], **5**, 187

CoLiC$_{28}$H$_{54}$O$_6$
 Co(cod)$_2$Li(MeOCH$_2$CH$_2$OMe)$_3$, **5**, 187
CoLiC$_{43}$H$_{65}$O$_4$
 Co(Mes)$_3$[Li\{$\overline{\text{O(CH}_2)_3\text{C}}\text{H}_2$\}$_4$], **5**, 74
CoLi$_2$C$_9$H$_{15}$
 CoLi$_2$(CH$_2$CHCH$_2$)$_3$, **5**, 224
CoLi$_2$C$_{30}$H$_{45}$O$_2$
 CoLi$_2$(C$_6$H$_4$)(C$_8$H$_9$)(cod)(OEt$_2$)$_2$, **5**, 189
CoMgC$_9$H$_{15}$
 CoMg(CH$_2$CHCH$_2$)$_3$, **5**, 224
CoMnC$_8$F$_3$O$_7$S
 MnCo(SCF$_3$)(CO)$_7$, **4**, 104
CoMnC$_9$O$_9$
 (CO)$_4$CoMn(CO)$_5$, **5**, 13; **6**, 792, 832
CoMnC$_{11}$H$_{12}$O$_7$P$_2$
 MnCo(PMe$_2$)$_2$(CO)$_7$, **6**, 832
CoMnC$_{16}$H$_{19}$O$_2$PS$_2$
 Co\{CS$_2$Mn(CO)$_2$Cp\}Cp(PMe$_3$), **5**, 182
CoMnC$_{17}$H$_{21}$O$_3$P
 MnCo(CO)$_3$(PMe$_3$)Cp(η^5-C$_5$H$_4$Me), **6**, 832
CoMnC$_{23}$H$_{15}$N$_2$O$_7$P
 MnCo(CO)$_5$(NO)$_2$(PPh$_3$), **6**, 832
CoMnC$_{26}$H$_{15}$O$_8$P
 MnCo(CO)$_8$(PPh$_3$), **6**, 792, 832
CoMoC$_{12}$H$_5$O$_7$
 MoCo(CO)$_7$Cp, **3**, 1187; **6**, 779, 828
CoMoC$_{12}$H$_{16}$Cl$_2$S$_2$
 MoCoCl$_2$(SMe)$_2$Cp$_2$, **6**, 828
CoMoC$_{38}$H$_{28}$O$_4$P$_2$
 [Mo(CO)$_4$\{Co(η^5-C$_5$H$_4$PPh$_2$)$_2$\}]$^+$, **3**, 853; **5**, 247
CoMoSbC$_{10}$H$_5$Br$_2$NO$_6$
 Cp(CO)$_3$Mo(SbBr$_2$)Co(CO)$_2$(NO), **3**, 1191
CoNbC$_{15}$H$_{10}$O$_5$
 NbCo(CO)$_5$Cp$_2$, **3**, 716; **6**, 801, 825
CoNbC$_{24}$H$_{20}$O$_2$S$_2$
 Co(CO)$_2$\{Nb(SPh)$_2$Cp$_2$\}, **3**, 768
CoNiC$_{10}$H$_5$O$_5$
 CoNi(CO)$_5$Cp, **6**, 203, 792, 836
 Ni(bipy)\{Cl$_3$SiC(Ph)=C(Ph)SiCl$_3$\}, **6**, 199
CoNiC$_{15}$H$_{20}$O$_4$P
 CoNi(CO)$_4$Cp(PEt$_3$), **6**, 200, 201, 805
CoNiC$_{16}$H$_{11}$O$_3$
 CoNi(CO)$_3$Cp(PhC≡CH), **6**, 837
CoNiC$_{22}$H$_{15}$O$_3$
 (NiCp)\{Co(CO)$_3$\}(PhC≡CPh), **6**, 137
CoNiC$_{27}$H$_{17}$F$_3$O$_4$P
 CpNi(CO)$_2$Co(CO)$_2$\{P(C$_6$H$_4$F)$_3$\}, **6**, 200
CoNiC$_{28}$H$_{28}$O$_4$P
 (η^5-C$_5$H$_4$Me)Ni(CO)$_2$Co(CO)$_2$(PPh$_2$Cy), **6**, 200
CoNiC$_{40}$H$_{30}$NO$_5$P$_2$
 CoNi(CO)$_4$(NO)(PPh$_3$)$_2$, **6**, 836
CoNiC$_{50}$H$_{40}$P
 Ni(η^4-C$_4$Ph$_3$CoCp)(PPh$_3$)Cp, **6**, 91
CoNi$_2$C$_{17}$H$_{15}$O$_2$
 CoNi$_2$(CO)$_2$Cp$_3$, **6**, 775, 866
CoNi$_2$C$_{18}$H$_{34}$O$_{12}$P$_4$
 [NiCp\{P(O)(OMe)$_2$\}$_2$]$_2$Co, **6**, 197
CoNi$_3$C$_{11}$O$_{11}$
 [Ni$_3$Co(CO)$_{11}$]$^-$, **6**, 12
CoOsC$_8$HO$_8$
 OsCoH(CO)$_8$, **6**, 836
CoOsRu$_2$C$_{13}$HO$_{13}$
 Ru$_2$OsCoH(CO)$_{13}$, **4**, 926; **6**, 863
CoOs$_2$RuC$_{12}$HO$_{12}$
 RuOs$_2$CoH(CO)$_{12}$, **4**, 926

CoOs₂RuC₁₃HO₁₃
  RuOs₂CoH(CO)₁₃, **6**, 862
CoOs₃C₁₂H₃O₁₂
  Os₃CoH₃(CO)₁₂, **6**, 804, 864
CoOs₃C₁₃O₁₃
  [Os₃Co(CO)₁₃]⁻, **6**, 773, 864
CoOs₃C₁₅H₇O₁₀
  Os₃CoH₂(CO)₁₀Cp, **6**, 864
CoPbC₂₂H₁₅O₄
  Co(PbPh₃)(CO)₄, **3**, 118
CoPbC₃₀H₂₅O₄
  Co{C(OEt)Ph}(PbPh₃)(CO)₃, **5**, 156
CoPb₂C₃₉H₃₀O₃
  [Co(PbPh₃)₂(CO)₃]⁻, **2**, 669; **5**, 13, 32
CoPdC₂₃H₁₈N₃O₄
  Pd{C₆H₄C(Me)=NNHPh}{Co(CO)₄}(py), **5**, 49
CoPdC₂₈H₂₆O₄P
  Pd{Co(CO)₄}(CH₂CMeCMe₂)(PPh₃), **6**, 423
  PdCo(CO)₄(C₆H₁₁)(PPh₃), **6**, 837
CoPtC₁₈H₂₂N₂O₄
  CoPt(CO)₄(CNCy)₂, **6**, 837
CoReC₉O₉
  ReCo(CO)₉, **6**, 771, 796, 834
CoRhC₁₇H₃₀O₅P₂
  RhCo(CO)₅(PEt₃)₂, **6**, 769, 814, 819, 836
CoRhC₃₄H₃₀P₂
  RhCo(PPh₂)₂Cp₂, **6**, 836
CoRh₃C₁₂O₁₂
  Rh₃Co(CO)₁₂, **6**, 865
CoRuC₁₁H₅O₆
  RuCo(CO)₆Cp, **4**, 794, 926; **6**, 836
CoRu₃C₁₂HO₁₂
  Ru₃CoH(CO)₁₂, **4**, 926
CoRu₃C₁₂H₃O₁₂
  Ru₃CoH₃(CO)₁₂, **6**, 804, 863
CoRu₃C₁₃HO₁₃
  Ru₃CoH(CO)₁₃, **4**, 926; **6**, 787, 815, 863
CoRu₃C₁₃H₂O₁₃
  Ru₃CoH₂(CO)₁₃, **6**, 820
CoRu₃C₁₃H₃O₁₃
  Ru₃CoH₃(CO)₁₃, **6**, 772
CoRu₃C₁₃O₁₃
  [Ru₃Co(CO)₁₃]⁻, **6**, 767, 772, 804, 863
CoSbC₂₀H₁₅NO₃
  Co(CO)₂(NO)(SbPh₃), **5**, 27
CoSbC₂₃H₁₅F₅O₃
  Co(C₂F₅)(CO)₃(SbPh₃), **5**, 63, 66
CoSb₂C₃₇H₃₀NO₂
  Co(CO)(NO)(SbPh₃)₂, **5**, 29
CoSiC₄Cl₃O₄
  Co(SiCl₃)(CO)₄, **6**, 1051
CoSiC₄F₃O₄
  Co(SiF₃)(CO)₄, **3**, 118
CoSiC₄H₃O₄
  Co(SiH₃)(CO)₄, **6**, 997, 1084, 1087
CoSiC₆H₆Cl₃O
  CoH(SiCl₃)(CO)Cp, **5**, 250
CoSiC₇H₉O₄
  Co(SiMe₃)(CO)₄, **2**, 125; **5**, 6, 166; **6**, 1051
CoSiC₉H₁₃O₃
  Co(CO)₃{CH₂C(SiMe₃)CH₂}, **5**, 212
CoSiC₁₃H₁₉O
  CoCp{SiMe₂(CH=CH₂)(CH=CHAc)}, **1**, 402; **5**, 191
CoSiC₂₂H₁₅O₄
  Co(SiPh₃)(CO)₄, **3**, 118
CoSiC₂₃H₂₃
  CoCp{Me₂SiC(Ph)=CHCH=CPh}, **2**, 258
CoSi₂C₁₄H₁₆O₄
  (CO)₄CoSiMe₂C₆H₄SiMe₂, **2**, 295
CoSi₂C₂₇H₃₃
  CoCp{η⁴-C₄Ph₂(SiMe₃)₂}, **5**, 242
CoSi₂C₂₈H₃₀N₄
  [Co(CH₂SiMe₃)₂(bipy)₂]⁺, **5**, 134
CoSi₂C₃₇H₄₆P
  CoCp{Me₃SiC≡C(CH₂)₄C≡CSiMe₃}(PPh₃), **5**, 193
CoSi₄C₁₂H₃₆N₂
  Co{N(SiMe₃)₂}₂, **2**, 129
CoSi₄C₁₆H₄₄
  [Co(CH₂SiMe₃)₄]²⁻, **5**, 75, 78
CoSi₄C₂₁H₄₁
  CoCp{η⁴-C₄(SiMe₃)₄}, **2**, 44; **5**, 207
CoSnC₄Cl₃O₄
  Co(SnCl₃)(CO)₄, **3**, 118; **5**, 188
CoSnC₇H₉O₄
  Co(SnMe₃)(CO)₄, **5**, 62; **6**, 778, 1052
CoSnC₉H₈Cl₃O₂
  Co(SnCl₃)(CO)₂(nbd), **5**, 188
CoSnC₁₅H₁₅O₃
  Co(SnEt₃)(CO)₃, **5**, 40
CoSnC₂₂H₁₅O₄
  Co(SnPh₃)(CO)₄, **3**, 118
CoSnC₃₀H₂₅O₄
  Co{C(OEt)Ph}(SnPh₃)(CO)₃, **5**, 156
CoSnC₃₉H₃₀O₃P
  Co(SnPh₃)(CO)₃(PPh₃), **6**, 1084
CoSnC₄₁H₃₉O₂P₂
  Co(SnMe₃)(CO)₂(PPh₃)₂, **6**, 1084
CoSn₂C₃₉H₃₀O₃
  [Co(SnPh₃)₂(CO)₃]⁻, **5**, 13, 32
CoSn₂C₅₇H₄₅
  CoCp{η⁴-C₄Ph₂(SnPh₃)₂}, **5**, 242
CoTcC₉O₉
  TcCo(CO)₉, **6**, 833
CoTlC₄O₄
  TlCo(CO)₄, **5**, 12; **6**, 976
CoTlC₂₁H₁₅O₃P
  TlCo(CO)₃(PPh₃), **6**, 977
CoU₃C₂₅H₁₅O₁₀
  U{Co₃(CO)₁₀}Cp₃, **3**, 215
CoWC₉O₉
  [WCo(CO)₉]⁻, **6**, 830
CoWC₁₂H₅O₇
  W{Co(CO)₄}(CO)₃Cp, **3**, 1337; **6**, 779, 830
CoWC₁₆H₁₅O
  WCo(CO)Cp₃, **3**, 1333
CoWC₃₈H₂₈O₄P₂
  [W(CO)₄{Co(η⁵-C₅H₄PPh₂)₂}], **3**, 853
  [W(CO)₄{Co(η⁵-C₅H₄PPh₂)₂}]⁺, **5**, 247
CoZnC₁₁H₂₃Cl₂P₂
  CoCp(ZnCl₂)(PMe₃)₂, **6**, 987
CoZrC₂₇H₃₅O₂
  Zr(CoCp)(CO)₂(η⁵-C₅Me₅)₂, **3**, 616
CoZrC₃₂H₄₅O₂
  Zr{Co(η⁵-C₅Me₅)}(CO)₂(η⁵-C₅Me₅)₂, **8**, 58
Co₂AgC₈H₃O₆
  Co₂Ag(CMe)(CO)₆, **5**, 168
Co₂AgC₈O₈
  [Co₂Ag(CO)₈]⁻, **6**, 849
Co₂AlC₈Br₃O₈
  Co₂(CO)₈(AlBr₃), **5**, 165

Co$_2$AsFeC$_{26}$H$_{15}$O$_8$S
  FeCo$_2$(S)(CO)$_8$(AsPh$_3$), **6**, 858
Co$_2$AsFeMoC$_{15}$H$_{11}$O$_8$S
  MoFeCo$_2$(AsMe$_2$)(S)(CO)$_8$Cp, **6**, 853
Co$_2$AsFeMoC$_{17}$H$_{11}$O$_{10}$S
  MoFeCo$_2$(AsMe$_2$)(S)(CO)$_{10}$Cp, **6**, 853
Co$_2$AsFeMoC$_{18}$H$_{11}$O$_{11}$S
  MoFeCo$_2$(AsMe$_2$)(S)(CO)$_{11}$Cp, **6**, 853
Co$_2$AsFeMoC$_{24}$H$_{16}$O$_{11}$P
  MoFeCo$_2$(AsMe$_2$)(PPh)(CO)$_{11}$Cp, **6**, 853
Co$_2$AsMnC$_{11}$H$_3$O$_{10}$
  MnCo$_2$(AsMe)(CO)$_{10}$, **6**, 855
Co$_2$AsMoC$_{14}$H$_8$O$_8$
  MoCo$_2$(AsMe)(CO)$_8$Cp, **6**, 853
Co$_2$AsMoC$_{14}$H$_{11}$O$_7$S
  MoCo$_2$(AsMe$_2$)(S)(CO)$_7$Cp, **6**, 853
Co$_2$AsMoC$_{19}$H$_{16}$O$_6$P
  MoCo$_2$(AsMe$_2$)(PPh)(CO)$_6$Cp, **6**, 853
Co$_2$As$_2$C$_6$O$_6$
  {CoAs(CO)$_3$}$_2$, **5**, 38
Co$_2$As$_2$C$_{13}$H$_{12}$F$_4$O$_5$
  Co$_2$(CO)$_5$\{Me$_2$AsC$\equiv$C(AsMe$_2$)CF$_2$CF$_2$\}, **5**, 180
Co$_2$As$_2$C$_{14}$H$_{12}$F$_4$O$_6$
  Co$_2$(CO)$_6$\{Me$_2$AsC$\equiv$C(AsMe$_2$)CF$_2$CF$_2$\}, **5**, 37
Co$_2$As$_2$C$_{31}$H$_{22}$O$_6$
  Co$_2$(CO)$_6$(Ph$_2$AsCH$_2$AsPh$_2$), **5**, 200
Co$_2$As$_2$C$_{43}$H$_{32}$O$_4$
  Co$_2$(CO)$_4$(PhCCPh)(Ph$_2$AsCH$_2$AsPh$_2$), **5**, 200
Co$_2$As$_2$C$_{44}$H$_{30}$O$_8$
  Co$_2$(CO)$_8$(AsPh$_3$)$_2$, **5**, 34
Co$_2$As$_2$C$_{46}$H$_{30}$F$_6$O$_6$
  {Co(CO)$_3$(AsPh$_3$)}$_2$(CF$_3$C$\equiv$CCF$_3$), **5**, 196
Co$_2$As$_2$C$_{46}$H$_{36}$O$_6$
  Co$_2$(CO)$_6$(CH$_2$=CHCH=CH$_2$)(AsPh$_3$)$_2$, **5**, 227
Co$_2$As$_2$MoC$_{15}$H$_{14}$O$_7$
  MoCo$_2$(AsMe)(AsMe$_2$)(CO)$_7$Cp, **6**, 853
Co$_2$AuC$_8$O$_8$
  [Co$_2$Au(CO)$_8$]$^-$, **6**, 849
Co$_2$B$_2$C$_{20}$H$_{29}$
  Co$_2$Cp$_2$\{MeBC(Et)C(Et)B(Me)CMe\}, **1**, 389
Co$_2$B$_3$C$_{12}$H$_{15}$
  (CpCo)$_2$C$_2$B$_3$H$_5$, **1**, 330, 385, 390, 482, 493, 496; **3**, 35
Co$_2$B$_3$C$_{15}$H$_{17}$
  (CpCo)$_2$(C$_3$H$_4$)B$_3$H$_3$, **1**, 479
Co$_2$B$_3$FeC$_{14}$H$_{13}$O$_4$
  (CpCo)$_2$\{Fe(CO)$_4$\}(B$_3$H$_3$), **1**, 489; **6**, 921
Co$_2$B$_4$C$_{10}$H$_{16}$
  (CpCo)$_2$B$_4$H$_6$, **1**, 462, 498; **6**, 923
Co$_2$B$_5$C$_{12}$H$_{17}$
  (CpCo)$_2$C$_2$B$_5$H$_7$, **1**, 482, 486, 500
Co$_2$B$_6$C$_{12}$H$_{18}$
  (CpCo)$_2$C$_2$B$_6$H$_8$, **1**, 502
Co$_2$B$_6$C$_{14}$H$_{20}$
  (CpCo)$_2$C$_4$B$_6$H$_{10}$, **1**, 471, 527
Co$_2$B$_6$C$_{18}$H$_{28}$
  (CpCo)$_2$(Me$_4$C$_4$B$_6$H$_6$), **1**, 471, 487, 526
Co$_2$B$_6$C$_{24}$H$_{48}$S$_3$
  Co$_2$\{MeBC(Et)C(Et)B(Me)S\}$_3$, **1**, 408
Co$_2$B$_7$C$_{12}$H$_{19}$
  (CpCo)$_2$C$_2$B$_7$H$_9$, **1**, 483
Co$_2$B$_7$C$_{18}$H$_{30}$
  [(Me$_2$C$_2$B$_3$H$_5$)CoH(Me$_2$C$_2$B$_4$H$_3$)(C$_5$H$_4$)CoCp]$^+$, **1**, 470
Co$_2$B$_8$C$_{10}$H$_{20}$
  (CpCo)$_2$B$_8$H$_{10}$, **1**, 518
Co$_2$B$_8$C$_{10}$H$_{22}$
  (CpCo)$_2$B$_8$H$_{12}$, **1**, 507

Co$_2$B$_8$C$_{12}$H$_{20}$
  (CpCo)$_2$C$_2$B$_8$H$_{10}$, **1**, 517
Co$_2$B$_9$C$_{10}$H$_{19}$Se
  (CpCo)$_2$SeB$_9$H$_9$, **1**, 528
Co$_2$B$_9$C$_{11}$H$_{20}$
  [(CpCo)$_2$CB$_9$H$_{10}$]$^-$, **1**, 525
Co$_2$B$_9$C$_{12}$H$_{21}$
  (CpCo)$_2$C$_2$B$_9$H$_{11}$, **1**, 530
Co$_2$B$_{10}$C$_{12}$H$_{22}$
  (CpCo)$_2$C$_2$B$_{10}$H$_{12}$, **1**, 530
Co$_2$B$_{10}$C$_{14}$H$_{22}$
  (CpCo)$_2$(C$_2$B$_5$H$_6$)(C$_2$B$_5$H$_6$), **1**, 484, 500
Co$_2$B$_{16}$C$_9$H$_{25}$
  [CpCo(C$_2$B$_8$H$_{10}$)Co(C$_2$B$_8$H$_{10}$)]$^-$, **1**, 510
Co$_2$C$_4$H$_2$O$_2$
  Co$_2$(CO)$_2$(HC$\equiv$CH), **8**, 204
Co$_2$C$_5$H$_9$F$_{12}$N$_3$O$_2$P$_6$
  Co$_2$(CO)$_2$(F$_2$PNMePF$_2$)$_3$, **5**, 34
Co$_2$C$_6$O$_6$P$_2$
  Co$_2$(CO)$_6$P$_2$, **5**, 37
Co$_2$C$_8$F$_2$O$_7$
  Co$_2$(CF$_2$)(CO)$_7$, **5**, 159
Co$_2$C$_8$F$_4$O$_6$
  {Co(CF$_2$)(CO)$_3$}$_2$, **5**, 159
Co$_2$C$_8$F$_{12}$N$_2$O$_4$P$_2$
  [Co\{P(CF$_3$)$_2$\}(CNO)(CO)]$_2$, **5**, 28
Co$_2$C$_8$H$_2$O$_6$
  Co$_2$(CO)$_6$(HCCH), **5**, 162, 193, 195
Co$_2$C$_8$H$_3$O$_6$P
  Co$_2$(CMe)(CO)$_6$P, **5**, 168
Co$_2$C$_8$O$_8$
  Co$_2$(CO)$_8$, **3**, 18, 153; **5**, 5, 6; **6**, 823; **8**, 75, 120, 287, 354, 597
Co$_2$C$_9$F$_4$O$_7$
  Co$_2$\{CF(CF$_3$)\}(CO)$_7$, **5**, 65, 159
Co$_2$C$_9$F$_6$O$_6$
  Co$_2$(CF$_2$)\{CF(CF$_3$)\}(CO)$_6$, **5**, 159
Co$_2$C$_9$H$_4$O$_7$
  Co$_2$(CO)$_6$(HC$\equiv$CCH$_2$OH), **5**, 202
Co$_2$C$_{10}$F$_4$O$_8$
  (CO)$_4$CoCF$_2$CF$_2$Co(CO)$_4$, **5**, 62
Co$_2$C$_{10}$F$_6$O$_6$
  Co$_2$(CO)$_6$(CF$_2$=CFCF=CF$_2$), **5**, 227
Co$_2$C$_{10}$F$_6$O$_7$
  Co$_2$\{C(CF$_3$)$_2$\}(CO)$_7$, **5**, 159, 164
Co$_2$C$_{10}$F$_{12}$O$_6$P$_2$
  [Co\{P(CF$_3$)$_2$\}(CO)$_3$]$_2$, **5**, 33, 42
Co$_2$C$_{10}$H$_4$O$_6$
  Co$_2$(CO)$_6$(η^4-C$_4$H$_4$), **5**, 241, 242
Co$_2$C$_{10}$H$_8$N$_{10}$
  [Co$_2$(CN)$_8$(en)]$^+$, **8**, 293
Co$_2$C$_{10}$H$_{10}$N$_2$O$_2$
  {Co(NO)Cp}$_2$, **5**, 250
Co$_2$C$_{10}$N$_{10}$
  [Co$_2$(CN)$_{10}$]$^{6-}$, **8**, 290
Co$_2$C$_{11}$F$_6$O$_8$
  (OC)$_4$Co(CF$_2$)$_3$Co(CO)$_4$, **5**, 164
Co$_2$C$_{11}$H$_2$O$_9$
  Co$_2$(CCH=CHCOO)(CO)$_7$, **5**, 157
Co$_2$C$_{11}$H$_{10}$NO$_2$
  Co$_2$(CO)(NO)Cp$_2$, **5**, 251
Co$_2$C$_{11}$H$_{11}$O$_4$P
  Co$_2$(PMe$_2$)(CO)$_4$Cp, **5**, 251
Co$_2$C$_{11}$N$_{10}$S$_2$
  [(NC)$_5$Co(CS$_2$)Co(CN)$_5$]$^{6-}$, **5**, 138
Co$_2$C$_{12}$F$_4$N$_{10}$
  [(NC)$_5$Co(CF$_2$CF$_2$)Co(CN)$_5$]$^{6-}$, **5**, 138

$Co_2C_{12}F_6O_6$
　$Co_2(CO)_6(C_6F_6)$, **5**, 196
$Co_2C_{12}F_6O_7$
　$Co_2(C_5F_6)(CO)_7$, **5**, 65, 214
$Co_2C_{12}F_{12}O_4S$
　$Co_2\{C_4(CF_3)_4S\}(CO)_4$, **5**, 204
$Co_2C_{12}H_2N_{10}$
　$[(NC)_5Co(CH{=}CH)Co(CN)_5]^{6-}$, **5**, 138
$Co_2C_{12}H_8O_4$
　$Co_2(CO)_4(cot)$, **5**, 226
$Co_2C_{12}H_8O_6$
　$[Co\{COC(CH_2)_2\}(CO)_2]_2$, **5**, 219
$Co_2C_{12}H_{10}F_6S_2$
　$\{Co(SCF_3)Cp\}_2$, **5**, 257
$Co_2C_{12}H_{10}O_2$
　$[\{Co(CO)Cp\}_2]^-$, **5**, 252; **8**, 532
$Co_2C_{12}H_{10}O_6$
　$\{Co(CO)_3\}_2(EtCCEt)$, **8**, 164
$Co_2C_{12}H_{12}O_4$
　$Co_2(CO)_4(CH_2{=}CHCH{=}CH_2)_2$, **5**, 226
$Co_2C_{12}H_{16}S_2$
　$\{Co(SMe)Cp\}_2$, **5**, 257
$Co_2C_{12}H_{18}O_{12}P_2$
　$[Co(CO)_3\{P(OMe)_3\}]_2$, **5**, 13
$Co_2C_{13}H_3F_9O_4$
　$Co_2(CO)_4(HCCCF_3)_3$, **5**, 202
$Co_2C_{13}H_5O_6P$
　$Co_2(CPh)(CO)_6P$, **5**, 168
$Co_2C_{13}H_5O_7P$
　$Co_2(PPh)(CO)_7$, **5**, 37
$Co_2C_{13}H_8O_6$
　$Co_2(CO)_6(C_5H_7C{\equiv}CH)$, **5**, 201
　$Co_2(CO)_6(nbd)$, **5**, 187, 188, 229
$Co_2C_{13}H_{10}O_3$
　$Co_2(CO)_3Cp_2$, **5**, 252
$Co_2C_{13}H_{12}O_2$
　$\{Co(CO)Cp\}_2(CH_2)$, **8**, 532
$Co_2C_{13}H_{13}S$
　$[Co_2(C_3H_3S)Cp_2]^+$, **5**, 181
$Co_2C_{14}H_5O_8P$
　$\{Co(CO)_4\}_2(PPh)$, **5**, 37
$Co_2C_{14}H_6O_6$
　$Co_2(CO)_6(PhCCH)$, **5**, 195
$Co_2C_{14}H_8N_2O_4$
　$Co_2(CO)_4(bipy)$, **5**, 188
$Co_2C_{14}H_{12}O_6$
　$[Co(CO)_3\{(CH_2)_2CCH_2\}]_2$, **5**, 215
　$Co_2(CO)_6(\eta^4{-}C_4Me_4)$, **5**, 241; **6**, 186
　$Co_2(CO)_6(C_8H_{12})$, **5**, 196
$Co_2C_{14}H_{14}$
　$Co_2(C_4H_4)Cp_2$, **5**, 140
　$(CpCo)_2(CH{=}CHCH{=}CH)$, **3**, 166
$Co_2C_{14}H_{14}O_8$
　$Co_2(CO)_6\{HOCH_2CH(Me)C{\equiv}CCH(Me)CH_2$-
　$OH\}$, **5**, 201
$Co_2C_{14}H_{16}O_2$
　$\{CoMe(CO)Cp\}_2$, **5**, 154, 155
$Co_2C_{14}H_{22}P_2$
　$\{Co(PMe_2)Cp\}_2$, **5**, 256
$Co_2C_{15}H_{10}O_4$
　$\{Co(CO)_2\}_2(C_5H_4CH_2C_5H_4)$, **5**, 154
$Co_2C_{15}H_{12}O_7$
　$[Co(CO)_3\{(CH_2)_2CCH_2\}]_2CO$, **5**, 215
$Co_2C_{15}H_{16}O_2$
　$\{Co(CO)Cp\}_2\{(CH_2)_3\}$, **8**, 532
　$\{CoMe(CO)\}_2(C_5H_4CH_2C_5H_4)$, **5**, 154
$Co_2C_{15}H_{32}O_4P_4$
　$Co_2(CH_2PMe_2)(PMe_2)(CO)_4(PMe_3)_2$, **5**, 73
$Co_2C_{16}F_{18}O_4$
　$Co_2(CO)_4(CF_3CCCF_3)_3$, **5**, 203, 204
$Co_2C_{16}H_{10}F_{14}I_2$
　$\{CoI(C_3F_7)Cp\}_2$, **5**, 147
$Co_2C_{16}H_{10}N_{12}O_4$
　$[(NC)_5Co\{N(CO_2Et)N(CO_2Et)\}Co(CN)_5]^{6-}$, **5**, 138
$Co_2C_{16}H_{15}NOS$
　$Co_2(SPh)(NO)Cp_2$, **5**, 253
$Co_2C_{16}H_{15}NOSe$
　$Co_2(SePh)(NO)Cp_2$, **5**, 253
$Co_2C_{16}H_{16}O_4$
　$Co_2(CO)_4(C_6H_8)_2$, **5**, 185, 226
$Co_2C_{16}H_{18}O_6$
　$Co_2(CO)_6(Bu^tC{\equiv}CBu^t)$, **4**, 546
$Co_2C_{16}H_{22}O_2P_4$
　$\{Co(CO)Cp\}_2(Me_2PPMe_2)$, **5**, 250
$Co_2C_{16}H_{36}O_4P_4$
　$\{Co(CO)_2(PMe_3)_2\}_2$, **5**, 33, 74
$Co_2C_{16}H_{48}N_2O_2P_4$
　$\{CoMe(MeNO)(PMe_3)_2\}_2$, **5**, 80
$Co_2C_{17}H_6O_9$
　$Co_2\{CCH{=}C(Ph)COO\}(CO)_7$, **5**, 161
$Co_2C_{17}H_{16}O_6$
　$Co_2\{C(CO_2Me)_2\}(CO)_2Cp_2$, **5**, 159
$Co_2C_{17}H_{50}P_6$
　$Co_2(CH_2PMe_2)(PMe_2)(PMe_3)_4$, **5**, 69
$Co_2C_{18}H_{16}O_4$
　$\{Co(CO)_2(\eta^5{-}C_5H_4CH_2CH_2)\}_2$, **5**, 249
　$\{Co(CO)_2(nbd)\}_2$, **5**, 187, 188, 229
$Co_2C_{18}H_{18}$
　$Co_2Cp_2(cot)$, **3**, 37; **5**, 230
　$[Co_2Cp_2(cot)]^{2+}$, **5**, 230
$Co_2C_{18}H_{22}$
　$Co_2(C_4Me_4)Cp_2$, **5**, 140
$Co_2C_{18}H_{22}O_4$
　$Co_2(CO)_4(HCCH)(Bu^tCCH)_2$, **5**, 201
$Co_2C_{19}H_{28}N_2O$
　$Co_2(Bu^tNCONBu^t)Cp_2$, **5**, 254
$Co_2C_{20}H_{10}O_6$
　$Co_2(CO)_6(PhCCPh)$, **5**, 195, 197
$Co_2C_{20}H_{14}O_7$
　$Co_2\{CH{=}C(Ph)CO_2CCHCMeCHCMe\}(CO)_5$, **5**, 161
$Co_2C_{20}H_{18}$
　$Co_2Cp_2(C_5H_4C_5H_4)$, **5**, 245
$Co_2C_{20}H_{20}O_2$
　$\{CoCp(\eta^4{-}C_5H_5O)\}_2$, **5**, 232; **8**, 1039
$Co_2C_{21}H_{20}F_2$
　$\{CoCp(\eta^4{-}C_5H_5)\}_2CF_2$, **5**, 232; **8**, 1039
$Co_2C_{22}H_{10}F_{10}S_2$
　$\{Co(SC_6F_5)Cp\}_2$, **5**, 257
$Co_2C_{22}H_{12}O_7$
　$Co_2(CO)_6\{PhC{\equiv}C(C_6H_4Ac)\}$, **5**, 201
$Co_2C_{22}H_{20}F_4$
　$\{CoCp(\eta^4{-}C_5H_5CF_2)\}_2$, **5**, 232; **8**, 1039
$Co_2C_{22}H_{20}NOP$
　$Co_2(PPh_2)(NO)Cp_2$, **5**, 253
$Co_2C_{22}H_{30}O_2$
　$[\{Co(CO)(\eta^5{-}C_5Me_5)\}_2]^-$, **5**, 251
$Co_2C_{22}H_{30}O_4$
　$Co_2(CO)_4(Bu^tCCH)_3$, **5**, 204
$Co_2C_{22}H_{34}Cl_4$
　$\{CoCl_2(\eta^5{-}C_5Me_4Et)\}_2$, **5**, 180
$Co_2C_{23}H_{15}O_5P_3$
　$Co_2(CO)_5P_2(PPh_3)$, **5**, 37
$Co_2C_{23}H_{24}O$

$Co_2C_{23}H_{24}O$
  CpCo(η^4-C_5H_5)CH_2COCH_2(η^4-C_5H_5)CoCp, **8**, 1039
$Co_2C_{24}H_{19}O_6P$
  $Co_2(CBu^t)(CPPh_2)(CO)_6$, **5**, 200
$Co_2C_{24}H_{19}O_7P$
  $Co_2(CBu^t)\{CP(O)Ph_2\}(CO)_6$, **5**, 200
$Co_2C_{24}H_{20}O$
  $Co_2(CPh_2)(CO)Cp_2$, **5**, 159
$Co_2C_{26}H_{32}$
  $\{CoCp(C_8H_{11})\}_2$, **5**, 191
$Co_2C_{30}H_{54}O_6P_2$
  $\{Co(CO)_3(PBu_3)\}_2$, **5**, 34; **8**, 124
$Co_2C_{32}H_{20}N_2O_6$
  $Co_2\{C(Ph)N(Ph)C(Ph)=NPh\}(CO)_6$, **5**, 157
$Co_2C_{32}H_{54}O_8P_2$
  $Co_2(CO)_8(PBu_3)_2$, **8**, 351
$Co_2C_{34}H_{24}O_{10}$
  $Co_2(CO)_4(PhCCCO_2Me)_3$, **5**, 203
$Co_2C_{34}H_{30}P_2$
  $\{Co(PPh_2)Cp\}_2$, **5**, 256
  $[\{Co(PPh_2)Cp\}_2]^+$, **5**, 256
$Co_2C_{34}H_{31}OP_2$
  $[\{Co(PPh_2)Cp\}_2(OH)]^+$, **5**, 256
$Co_2C_{38}H_{22}O_8$
  $[Co\{CO_2(C_4HPh_2)\}(CO)_2]_2$, **5**, 211
$Co_2C_{40}H_{72}N_8$
  $Co_2(CNBu^t)_8$, **5**, 17
$Co_2C_{42}H_{28}O_6$
  $\{Co(CO)_3(C_4H_4C=CPh_2)\}_2$, **5**, 179
$Co_2C_{42}H_{30}O_6P_2$
  $\{Co(CO)_3(PPh_3)\}_2$, **5**, 42; **8**, 356, 569
$Co_2C_{42}H_{30}O_{10}P_2$
  $Co_2(CO)_6\{PPh(OPh)_2\}_2$, **8**, 356
$Co_2C_{42}H_{38}O_6P_2$
  $\{Co(CO)_3(Ph_2PCCBu^t)\}_2$, **5**, 200
$Co_2C_{42}H_{64}O_4P_2$
  $\{Co(CPh)(CO)_2(PBu_3)\}_2$, **5**, 199
$Co_2C_{44}H_{30}O_8P_2$
  $Co_2(CO)_8(PPh_3)_2$, **5**, 34
$Co_2C_{44}H_{40}O_4P_2$
  $\{Co(CO)_2(nbd)\}_2(diphos)$, **5**, 188
$Co_2C_{46}H_{30}F_6O_6P_2$
  $\{Co(CO)_3(PPh_3)\}_2(CF_3C=CCF_3)$, **5**, 196
$Co_2C_{46}H_{30}O_4$
  $Co_2(CO)_4(PhC\equiv CPh)_3$, **5**, 203
$Co_2C_{46}H_{36}O_6P_2$
  $Co_2(CO)_6(CH_2=CHCH=CH_2)(PPh_3)_2$, **5**, 227
$Co_2C_{56}H_{40}I_3N_8$
  $[Co_2I_3(CNPh)_8]^+$, **5**, 23
$Co_2C_{56}H_{48}O_4P_4$
  $\{Co(CO)_2(diphos)\}_2$, **5**, 42
$Co_2C_{60}H_{40}F_6O_2S_2$
  $\{Co(SCF_3)(CO)(\eta^4$-$C_4Ph_4)\}_2$, **5**, 243
$Co_2C_{72}H_{72}N_8$
  $Co_2\{CN(C_6H_3Me_2)\}_8$, **5**, 17
$Co_2C_{73}H_{75}N_8$
  $[Co_2\{CN(Me)(C_6H_3Me_2)\}\{C=N(C_6H_3Me_2)-\}\{CN(C_6H_3Me_2)\}_6]^+$, **5**, 19
$Co_2C_{76}H_{60}O_4P_4$
  $\{Co(CO)_2(PPh_3)_2\}_2$, **5**, 42
$Co_2CdC_8O_8$
  $Cd\{Co(CO)_4\}_2$, **5**, 12; **6**, 1031
$Co_2CrC_{11}HO_{11}P$
  $CrCo_2(CO)_{11}(PH)$, **6**, 783, 846
$Co_2CrC_{13}H_3O_{11}P$
  $Co_2(CMe)\{PCr(CO)_5\}(CO)_6$, **5**, 168
$Co_2CrC_{14}H_6O_8$
  $CrCo_2(CH)(CO)_8Cp$, **5**, 177; **6**, 852
$Co_2CrC_{31}H_{37}O_4$
  $CrCo_2(CO)_4(\eta^5$-$C_5Me_5)_2(C_6H_5Me)$, **6**, 852
$Co_2CrFeC_{14}O_{14}S$
  $FeCrCo_2(S)(CO)_{14}$, **6**, 852
$Co_2CuC_8O_8$
  $[Co_2Cu(CO)_8]^-$, **6**, 849
$Co_2FeC_9O_9S$
  $FeCo_2(CO)_9S$, **3**, 120; **6**, 858
$Co_2FeC_9O_9Se$
  $FeCo_2(CO)_9Se$, **5**, 43
$Co_2FeC_{11}H_4O_9$
  $FeCo_2H(CMe)(CO)_9$, **6**, 859
$Co_2FeC_{12}H_9O_6$
  $FeCo_2(CO)_6(EtC_2CHMe)$, **6**, 859
$Co_2FeC_{15}H_5O_9P$
  $FeCo_2(PPh)(CO)_9$, **5**, 37, 42; **6**, 858
$Co_2FeC_{15}H_{10}O_9$
  $FeCo_2(CO)_9(EtC\equiv CEt)$, **6**, 859
$Co_2FeC_{16}H_5O_{10}P$
  $FeCo_2(PPh)(CO)_{10}$, **6**, 800
$Co_2FeC_{22}H_{10}O_8$
  $FeCo_2(CO)_8(PhC\equiv CPh)$, **6**, 859
$Co_2FeC_{26}H_{15}O_8PS$
  $FeCo_2(S)(CO)_8(PPh_3)$, **6**, 858
$Co_2FeC_{26}H_{30}O_6$
  $FeCo_2(CO)_6(\eta^5$-$C_5Me_5)_2$, **6**, 859
$Co_2FeC_{28}H_{34}O_4$
  $FeCo_2(CO)_4(\eta^5$-$C_5Me_5)_2(\eta^4$-$C_4H_4)$, **6**, 859
$Co_2FeC_{43}H_{30}O_7P_2S$
  $FeCo_2(S)(CO)_7(PPh_3)_2$, **6**, 859
$Co_2FeC_{60}H_{45}O_6P_3S$
  $FeCo_2(S)(CO)_6(PPh_3)_3$, **6**, 859
$Co_2FeGe_2C_{14}H_{10}Cl_4O_6$
  $Fe(CO)_4(GeCl_2)_2Co_2(CO)_2Cp_2$, **6**, 1081
$Co_2FeMn_2Si_2C_{21}Cl_2O_{21}$
  $\{Fe(CO)_4\}\{SiClMn(CO)_5\}_2Co_2(CO)_7$, **6**, 1088
$Co_2Fe_2C_{28}H_{18}O_6$
  $Co_2(CO)_6(FcCCFc)$, **5**, 193
$Co_2GaC_4H_8Br_4O_8$
  $Co_2GaBr_4(CO)_4(H_2O)_4$, **6**, 961
$Co_2GaC_6Br_4O_6$
  $Co_2GaBr_4(CO)_6$, **6**, 960
$Co_2GaC_8BrO_8$
  $GaBr\{Co(CO)_4\}_2$, **6**, 961
$Co_2GaC_{12}H_{16}Br_4O_6$
  $Co_2GaBr_4(CO)_4\{\overline{O(CH_2)_3CH_2}\}_2$, **6**, 961
$Co_2GaC_{17}H_5O_{10}$
  $Ga(acac)\{Co(CO)_4\}_2$, **6**, 961
$Co_2GaC_{76}H_{60}Br_4O_4P_4$
  $Co_2GaBr_4(CO)_4(PPh_3)_4$, **6**, 961
$Co_2GeC_8I_2O_8$
  $GeI_2\{Co(CO)_4\}_2$, **5**, 6
$Co_2GeC_{19}H_{10}O_7$
  $Co_2(GePh_2)(CO)_7$, **5**, 197
$Co_2GeC_{20}H_{10}O_8$
  $GePh_2\{Co(CO)_4\}_2$, **6**, 1088
$Co_2Ge_2C_8H_4O_8$
  $(CO)_4CoGeH_2GeH_2Co(CO)_4$, **6**, 1084
$Co_2Ge_2C_{10}H_{12}O_6$
  $Co_2(CO)_6(GeMe_2)_2$, **3**, 156; **6**, 1057, 1088
$Co_2HgC_8O_8$
  $Hg\{Co(CO)_4\}_2$, **5**, 6; **6**, 995, 997, 1055; **8**, 161
$Co_2HgC_{10}N_{10}$
  $[Hg\{Co(CN)_5\}_2]^{6-}$, **6**, 1017
$Co_2HgC_{20}H_{12}O_4$

HgCo$_2$(CO)$_4$(PhCCH)$_2$, **5**, 244
Co$_2$HgC$_{42}$H$_{30}$O$_6$P$_2$
  Hg{Co(CO)$_3$(PPh$_3$)}$_2$, **6**, 997
Co$_2$HgC$_{62}$H$_{40}$O$_6$
  Hg{Co(CO)$_2$(C$_4$Ph$_4$CO)}$_2$, **5**, 227
Co$_2$InC$_6$Br$_4$O$_6$
  Co$_2$InBr$_4$(CO)$_6$, **6**, 966
Co$_2$InC$_8$BrO$_8$
  InBr{Co(CO)$_4$}$_2$, **6**, 966
Co$_2$InC$_8$Br$_2$O$_8$
  [InBr$_2${Co(CO)$_4$}$_2$]$^-$, **6**, 966
Co$_2$InC$_{12}$H$_8$ClO$_9$
  InCl{Co(CO)$_4$}$_2${$\overline{O(CH_2)_3CH_2}$}, **6**, 966
Co$_2$InC$_{13}$H$_7$O$_{10}$
  In(acac){Co(CO)$_4$}$_2$, **6**, 966
Co$_2$Ir$_2$C$_8$F$_{12}$O$_8$P$_4$
  Co$_2$Ir$_2$(CO)$_8$(PF$_3$)$_4$, **6**, 866
Co$_2$Ir$_2$C$_{12}$O$_{12}$
  Co$_2$Ir$_2$(CO)$_{12}$, **6**, 788, 866
Co$_2$MnC$_{10}$O$_{10}$S
  MnCo$_2$(S)(CO)$_{10}$, **6**, 855
Co$_2$MnC$_{26}$H$_{22}$O$_4$P
  Co$_2$[PBz{Mn(CO)$_2$Cp}](CO)$_2$Cp$_2$, **4**, 128
Co$_2$MnC$_{31}$H$_{37}$O$_4$
  MnCo$_2$(η^5-C$_5$Me$_5$)$_2$(C$_6$H$_4$Me), **6**, 855
Co$_2$MoC$_{13}$H$_5$O$_8$S
  MoCo$_2$(S)(CO)$_8$Cp, **6**, 853
Co$_2$MoC$_{14}$H$_6$O$_8$
  MoCo$_2$(CH)(CO)$_8$Cp, **5**, 177; **6**, 853
Co$_2$NiC$_{44}$H$_{30}$O$_8$P$_2$
  Co$_2$Ni(CO)$_8$(PPh$_3$)$_2$, **6**, 849
Co$_2$Ni$_2$C$_{30}$H$_{20}$O$_6$
  (NiCp)$_2${Co(CO)$_3$}$_2$(PhC≡CC≡CPh), **6**, 137
Co$_2$OsC$_{11}$O$_{11}$
  OsCo$_2$(CO)$_{11}$, **6**, 864
Co$_2$Os$_2$C$_{12}$H$_2$O$_{12}$
  Os$_2$Co$_2$H$_2$(CO)$_{12}$, **6**, 864
Co$_2$PbC$_8$O$_8$
  Pb{Co(CO)$_4$}$_2$, **6**, 997
Co$_2$PbC$_{20}$H$_{10}$O$_8$
  PbPh$_2${Co(CO)$_4$}$_2$, **2**, 669
Co$_2$PdC$_{18}$H$_{10}$N$_2$O$_8$
  PdCo$_2$(CO)$_8$(py)$_2$, **6**, 849
Co$_2$PdC$_{33}$H$_{24}$O$_7$P$_2$
  PdCo$_2$(CO)$_7$(diphos), **6**, 823, 866
Co$_2$PtC$_{17}$H$_{10}$N$_2$O$_7$
  PtCo$_2$(CO)$_7$(py)$_2$, **6**, 821
Co$_2$PtC$_{18}$H$_{10}$N$_2$O$_8$
  PtCo$_2$(CO)$_8$(py)$_2$, **6**, 485, 805
Co$_2$PtC$_{18}$H$_{18}$N$_2$O$_8$
  PtCo$_2$(CO)$_8$(CNBu^t)$_2$, **6**, 849
Co$_2$PtC$_{26}$H$_{15}$O$_8$P
  PtCo$_2$(CO)$_8$(PPh$_3$), **6**, 866
Co$_2$PtC$_{33}$H$_{24}$O$_7$P$_2$
  Co$_2$Pt(CO)$_7$(diphos), **6**, 770, 823
  PtCo$_2$(CO)$_7$(diphos), **6**, 866
Co$_2$PtC$_{52}$H$_{40}$N$_2$O$_6$P$_2$
  Pt{Fe(CO)$_4$}$_2$(CO)(PPh$_3$), **6**, 769
Co$_2$Pt$_2$C$_{20}$H$_{30}$O$_8$P$_2$
  Pt$_2$Co$_2$(CO)$_8$(PEt$_3$)$_2$, **6**, 485
Co$_2$Pt$_2$C$_{44}$H$_{30}$O$_8$P$_2$
  Pt$_2$Co$_2$(CO)$_8$(PPh$_3$)$_2$, **6**, 485, 770, 866
Co$_2$Pt$_3$C$_{27}$H$_{45}$O$_9$P$_3$
  Pt$_3$Co$_2$(CO)$_9$(PEt$_3$)$_3$, **6**, 485, 866

Co$_2$Rh$_2$C$_8$F$_{12}$O$_8$P$_4$
  Co$_2$Rh$_2$(CO)$_8$(PF$_3$)$_4$, **6**, 865
Co$_2$Rh$_2$C$_{10}$F$_6$O$_{10}$P$_2$
  Co$_2$Rh$_2$(CO)$_{10}$(PF$_3$)$_2$, **6**, 865
Co$_2$Rh$_2$C$_{12}$O$_{12}$
  Co$_2$Rh$_2$(CO)$_{12}$, **6**, 822, 865; **8**, 328
Co$_2$Rh$_2$C$_{14}$H$_9$O$_{14}$P
  Co$_2$Rh$_2$(CO)$_{11}${P(OMe)$_3$}, **6**, 865
Co$_2$Rh$_2$C$_{18}$H$_{27}$O$_{18}$P$_3$
  Co$_2$Rh$_2$(CO)$_9${P(OMe)$_3$}$_3$, **6**, 865
Co$_2$Rh$_4$C$_{16}$O$_{15}$
  [Co$_2$Rh$_4$(CO)$_{15}$C]$^{2-}$, **6**, 865
Co$_2$Rh$_4$C$_{16}$O$_{16}$
  Co$_2$Rh$_4$(CO)$_{16}$, **6**, 865
Co$_2$Sb$_2$C$_{11}$H$_{14}$O$_6$
  Co$_2$(CO)$_6$(Me$_2$SbCH$_2$SbMe$_2$), **5**, 200
Co$_2$Sb$_2$C$_{23}$H$_{24}$O$_4$
  Co$_2$(CO)$_4$(PhCCPh)(Me$_2$SbCH$_2$SbMe$_2$), **5**, 200
Co$_2$Sb$_2$C$_{31}$H$_{22}$O$_6$
  Co$_2$(CO)$_6$(Ph$_2$SbCH$_2$SbPh$_2$), **5**, 200
Co$_2$Sb$_2$C$_{43}$H$_{32}$O$_4$
  Co$_2$(CO)$_4$(PhCCPh)(Ph$_2$SbCH$_2$SbPh$_2$), **5**, 200
Co$_2$SiC$_8$H$_2$O$_8$
  SiH$_2${Co(CO)$_4$}$_2$, **6**, 1088
Co$_2$SiC$_{16}$H$_{14}$O$_4$
  SiMe$_2${C$_5$H$_4$Co(CO)$_2$}$_2$, **2**, 52
Co$_2$Si$_2$C$_{14}$H$_{16}$O$_8$
  (CO)$_4$CoSiMe$_2$CH$_2$CH$_2$SiMe$_2$Co(CO)$_4$, **6**, 1084
Co$_2$Si$_2$C$_{14}$H$_{18}$O$_6$
  Co$_2$(CO)$_6$(Me$_3$SiC≡CSiMe$_3$), **5**, 202
Co$_2$Si$_2$C$_{16}$H$_{18}$O$_6$
  Co$_2$(CO)$_6$(Me$_3$SiC≡CC≡CSiMe$_3$), **5**, 193
Co$_2$Si$_2$C$_{19}$H$_{28}$O
  Co$_2$(CO)Cp$_2$(Me$_3$SiC≡CSiMe$_3$), **5**, 193, 207
Co$_2$Si$_3$C$_{19}$H$_{30}$O$_4$
  Co$_2$(CO)$_4$(HC≡CSiMe$_3$)$_3$, **5**, 203
Co$_2$Sm$_2$C$_{44}$H$_{42}$O$_8$
  Co$_2$(CO)$_8${Sm(C$_5$H$_4$Me)$_3$}$_2$, **3**, 207
Co$_2$SnC$_{10}$H$_6$O$_8$
  SnMe$_2${Co(CO)$_4$}$_2$, **6**, 1052
Co$_2$SnC$_{18}$H$_{14}$O$_{12}$
  Sn(acac)$_2${Co(CO)$_4$}$_2$, **6**, 1053
Co$_2$SnC$_{18}$H$_{16}$Cl$_2$O$_4$
  Cl$_2$Sn{Co(CO)$_2$(nbd)}$_2$, **5**, 188
Co$_2$SnC$_{30}$H$_{26}$O$_4$
  Ph$_2$Sn{Co(CO)$_2$(nbd)}$_2$, **5**, 188
Co$_2$SnC$_{30}$H$_{54}$I$_2$O$_6$P$_2$
  SnI$_2${Co(CO)$_3$(PBu$_3$)}$_2$, **6**, 1053
Co$_2$Sn$_2$C$_{10}$H$_{12}$O$_6$
  Co$_2$(CO)$_6$(SnMe$_2$)$_2$, **3**, 156; **6**, 1088
Co$_2$Sn$_2$C$_{16}$H$_{22}$O$_2$
  {Co(CO)Cp(SnMe$_2$)}$_2${Co(CO)Cp}, **6**, 1088
Co$_2$TiC$_{18}$H$_{10}$O$_8$
  TiCo$_2$(CO)$_8$Cp$_2$, **6**, 852
Co$_2$TlC$_{10}$N$_{10}$
  [Co$_2$Tl(CN)$_{10}$]$^{5-}$, **6**, 977
Co$_2$TlWC$_{16}$H$_5$O$_{11}$
  Tl{Co(CO)$_4$}$_2${W(CO)$_3$Cp}, **6**, 973
Co$_2$WC$_{13}$H$_3$O$_{11}$P
  Co$_2$(CMe){PW(CO)$_5$}(CO)$_6$, **5**, 168
Co$_2$WC$_{14}$H$_6$O$_8$
  WCo$_2$(CH)(CO)$_8$Cp, **5**, 177; **6**, 854
Co$_2$WC$_{21}$H$_{12}$O$_8$
  WCo$_2$(CTol)(CO)$_8$Cp, **5**, 168
Co$_2$ZnC$_8$O$_8$

Co₂ZnC₈O₈

Zn{Co(CO)₄}₂, **5**, 12; **6**, 1006

Co₂Zr₂C₁₅H₁₀O₅
Zr₂Co₂(CO)₅Cp₂, **6**, 852

Co₃AlC₉O₉
AlCo₃(CO)₉, **6**, 956

Co₃AlC₁₀Br₂O₁₀
Co₃(COAlBr₂)(CO)₉, **5**, 166

Co₃AsMoC₂₀H₁₄O₁₁
Co₃(CMe)(CO)₈[AsMe₂{Mo(CO)₃Cp}], **5**, 177

Co₃As₃TlC₆₃H₄₅O₉
Tl{Co(CO)₃(AsPh₃)}₃, **6**, 976

Co₃BC₁₃H₁₁NO₁₀
Co₃{COBH₂(NMe₃)}(CO)₉, **5**, 16, 165

Co₃BC₁₅H₁₅NO₉
{(CO)₃Co}₃BNEt₃, **1**, 487, 491

Co₃BC₁₆H₁₅Br₂NO₁₀
Co₃{COBBr₂(NEt₃)}(CO)₉, **5**, 165

Co₃B₃C₁₅H₁₈
(CpCo)₃B₃H₃, **6**, 921

Co₃B₃C₁₅H₂₀
(CpCo)₃B₃H₅, **1**, 462, 498

Co₃B₄C₁₅H₁₉
(CpCo)₃B₄H₄, **1**, 462, 466; **6**, 923

Co₃B₅C₁₅H₂₀
(CpCo)₃B₅H₅, **1**, 506; **6**, 930

Co₃B₅C₁₇H₂₂
(CpCo)₃C₂B₅H₇, **1**, 500

Co₃B₇C₁₇H₂₄
(CpCo)₃C₂B₇H₉, **1**, 518

Co₃B₈C₂₈H₄₉
(η^5-C₅Me₅)₂Co₃(Me₄C₄B₈H₇), **1**, 500

Co₃B₃₄C₈H₄₂
[Co{(C₂B₉H₁₁)Co(C₂B₈H₁₀)}₂]³⁻, **1**, 517

Co₃BiC₁₂O₁₂
Bi{Co(CO)₄}₃, **5**, 12

Co₃C₈H₅O₆S₂
Co₃(SEt)(CO)₆S, **5**, 43

Co₃C₉HO₉
Co₃H(CO)₉, **5**, 16

Co₃C₉H₆O₇PS₂
Co₃(PMe₂)(CO)₇S₂, **5**, 43

Co₃C₉H₁₅O₄S₅
Co₃(SMe)₅(CO)₄, **5**, 43

Co₃C₉O₉P
Co₃(CO)₉P, **5**, 37, 42

Co₃C₉O₉PS
Co₃(PS)(CO)₉, **5**, 42

Co₃C₉O₉S
Co₃(CO)₉S, **5**, 43, 47

Co₃C₉O₉Se
Co₃(CO)₉Se, **5**, 43

Co₃C₁₀ClO₉
Co₃(CCl)(CO)₉, **5**, 163

Co₃C₁₀HO₉
Co₃(CH)(CO)₉, **5**, 170, 174

Co₃C₁₀HO₁₀
Co₃(COH)(CO)₉, **5**, 16, 164

Co₃C₁₀H₃O₁₀
Co₃(CH₂OH)(CO)₉, **5**, 173

Co₃C₁₀O₁₀
[Co₃(CO)₁₀]⁻, **5**, 6

Co₃C₁₁F₃O₉
Co₃(CCF₃)(CO)₉, **5**, 62, 160, 167, 180

Co₃C₁₁H₃O₉
Co₃(CMe)(CO)₉, **5**, 162, 167, 171

Co₃C₁₁H₃O₉S
Co₃(CSMe)(CO)₉, **5**, 167

Co₃C₁₁H₃O₁₀
Co₃(COMe)(CO)₉, **5**, 162

Co₃C₁₁O₁₀
[Co₃(CCO)(CO)₉]⁺, **5**, 171

Co₃C₁₂F₁₈O₆P₃
[Co{P(CF₃)₂}(CO)₂]₃, **5**, 42

Co₃C₁₂F₂₇N₃P₃
[Co(CO)(NO){P(CF₃)₃}]₃, **5**, 28

Co₃C₁₂H₃O₉
Co₃(CCH=CH₂)(CO)₉, **5**, 173

Co₃C₁₂H₃O₁₀
Co₃(CCOMe)(CO)₉, **7**, 624

Co₃C₁₂H₃O₁₁
Co₃(COAc)(CO)₉, **5**, 16, 164, 172

Co₃C₁₂H₅O₉
Co₃(CEt)(CO)₉, **5**, 164, 171; **7**, 624

Co₃C₁₂H₆NO₉
Co₃(CNMe₂)(CO)₉, **5**, 157, 163

Co₃C₁₂H₁₈O₆P₃
{Co(PMe₂)(CO)₂}₃, **5**, 42, 44

Co₃C₁₃H₃O₁₁
Co₃(CCH=CHCO₂H)(CO)₉, **5**, 161

Co₃C₁₃H₅O₉
Co₃{CC(Me)=CH₂}(CO)₉, **5**, 173

Co₃C₁₃H₅O₁₁
Co₃(CCO₂Et)(CO)₉, **5**, 169

Co₃C₁₄H₅O₁₁
Co₃(CCO₂CH₂CH=CH₂)(CO)₉, **5**, 172

Co₃C₁₄H₉O₉
Co₃(CBu)(CO)₉, **5**, 166

Co₃C₁₄H₉O₁₀
Co₃{C(CH₂)₄OH}(CO)₉, **5**, 166

Co₃C₁₄H₂₅O₄S₅
Co₃(SEt)₅(CO)₄, **5**, 43

Co₃C₁₅H₉O₉P
Co₃(PPh)(CO)₉, **5**, 42; **6**, 800

Co₃C₁₅H₁₅S₂
Co₃(S)₂Cp₃, **5**, 259

Co₃C₁₆H₅O₉
Co₃(CPh)(CO)₉, **5**, 162, 167, 172; **8**, 120, 331

Co₃C₁₆H₅O₉S
Co₃(CSPh)(CO)₉, **5**, 172

Co₃C₁₆H₁₅OS
Co₃(CO)(S)Cp₃, **5**, 259

Co₃C₁₆H₁₅O₂
Co₃(CO)(O)Cp₃, **5**, 259

Co₃C₁₆H₁₅S₂
Co₃(CS)(S)Cp₃, **5**, 259

Co₃C₁₇H₅O₁₀
Co₃(CCOPh)(CO)₉, **5**, 172

Co₃C₁₇H₇O₉
Co₃(CBz)(CO)₉, **5**, 162

Co₃C₁₇H₁₃O₇
Co₃(CEt)(CO)₇(nbd), **5**, 188

Co₃C₁₈H₈O₉
Co₃(CO)₉{C(C₆H₅CH=CH₂)}, **8**, 566

Co₃C₁₈H₁₅O₃
{Co(CO)Cp}₃, **3**, 159; **5**, 250, 251

Co₃C₁₉H₁₀O₇P
Co₃(PPh₂)(CO)₇, **5**, 165

Co₃C₂₀H₁₅O
Co₃(CO)Cp(PhCCPh), **5**, 207

$Co_3C_{20}H_{18}O_2$
  $[Co_3(CO)_2(C_6H_6)_3]^+$, **5**, 263
$Co_3C_{20}O_{18}$
  $\{Co_3(CO)_9C\}_2$, **5**, 176
$Co_3C_{22}H_{30}O_8P$
  $Co_3(CMe)(CO)_8(PBu_3)$, **5**, 176
$Co_3C_{25}H_{35}N_2$
  $Co_3(CNEt_2)_2Cp_3$, **5**, 207
$Co_3C_{27}H_{15}ClO_8P$
  $Co_3(CCl)(CO)_8(PPh_3)$, **5**, 177
$Co_3C_{27}H_{15}F_{21}N_3S_3$
  $\{Co(SCN)(C_3F_7)Cp\}_3$, **5**, 147
$Co_3C_{28}H_{36}O_8P_3$
  $Co_3(CMe)(CO)_8(PCy_3)$, **3**, 160
$Co_3C_{29}H_{25}$
  $Co_3(CPh)_2Cp_3$, **5**, 168
$Co_3C_{31}H_{21}O_7P_2$
  $Co_3H(PPh_2)_2(CO)_7$, **5**, 41
$Co_3C_{43}H_{30}O_7P_2$
  $Co_3(CO)_7(PPh_3)_2$, **5**, 41, 201
$Co_3C_{60}H_{45}O_6P_3$
  $\{Co(CO)_2(PPh_3)\}_3$, **5**, 42
$Co_3C_{116}H_{80}O_4$
  $Co_3(C_4Ph_4CO)_4$, **5**, 227
$Co_3ErC_{28}H_{32}O_{16}$
  $Er\{Co(CO)_4\}_3\{\overline{O(CH_2)_3CH_2}\}_4$, **3**, 206
$Co_3FeC_{12}HO_{12}$
  $FeCo_3H(CO)_{12}$, **6**, 810, 859
$Co_3FeC_{12}O_{12}$
  $[FeCo_3(CO)_{12}]^-$, **6**, 766, 860
$Co_3FeC_{13}O_{13}P$
  $FeCo_3(CO)_{13}P$, **5**, 42
$Co_3FeC_{18}H_{28}O_{18}P_3$
  $FeCo_3H(CO)_9\{P(OMe)_3\}_3$, **6**, 811, 859
$Co_3FeC_{20}H_{37}O_{20}P_4$
  $FeCo_3H(CO)_8\{P(OMe)_3\}_4$, **6**, 859
$Co_3FeC_{24}H_{10}O_{10}$
  $[FeCo_3(CO)_{10}(PhC\equiv CPh)]^-$, **6**, 860
$Co_3FeC_{29}H_{15}O_{11}P$
  $[FeCo_3(CO)_{11}(PPh_3)]^-$, **6**, 860
$Co_3FeC_{29}H_{16}O_{11}P$
  $FeCo_3H(CO)_{11}(PPh_3)$, **6**, 859
$Co_3FeC_{36}H_{24}O_{10}P_2$
  $[FeCo_3(CO)_{10}(diphos)]^-$, **6**, 860
$Co_3FeC_{36}H_{25}O_{10}P_2$
  $FeCo_3H(CO)_{10}(diphos)$, **6**, 859
$Co_3FeC_{48}H_{31}O_{10}P_2$
  $FeCo_3H(CO)_{10}(PPh_3)_2$, **6**, 859
$Co_3GaC_{12}O_{12}$
  $Ga\{Co(CO)_4\}_3$, **6**, 962
$Co_3GeC_{15}H_5O_9$
  $PhGeCo_3(CO)_9$, **6**, 1057
$Co_3GeC_{17}H_5O_{11}$
  $PhGe\{Co(CO)_4\}Co_2(CO)_7$, **6**, 1089
$Co_3GeC_{18}H_5O_{12}$
  $PhGe\{Co(CO)_4\}_3$, **6**, 1057
$Co_3HfC_{20}H_{10}ClO_{10}$
  $HfCl\{Co_3(CO)_{10}\}Cp_2$, **3**, 573; **5**, 165
$Co_3HgC_{12}O_{12}$
  $[Hg\{Co(CO)_4\}_3]^-$, **5**, 13; **6**, 998
$Co_3InC_{12}O_{12}$
  $In\{Co(CO)_4\}_3$, **5**, 12; **6**, 966
$Co_3MoC_{16}H_5O_{11}$
  $MoCo_3(CO)_{11}Cp$, **6**, 771, 802, 853
$Co_3NiC_{11}O_{11}$

$[Co_3Ni(CO)_{11}]^-$, **6**, 866
$Co_3NiC_{14}H_5O_9$
  $Co_3Ni(CO)_9Cp$, **6**, 212, 866
$Co_3NiC_{15}H_8NO_8$
  $Co_3Ni(CO)_8(CNMe)Cp$, **6**, 866
$Co_3OsC_{12}HO_{12}$
  $OsCo_3H(CO)_{12}$, **6**, 864
$Co_3RhC_{12}O_{12}$
  $Co_3Rh(CO)_{12}$, **6**, 822, 865; **8**, 328
$Co_3RhC_{14}H_9O_{14}P$
  $Co_3Rh(CO)_{11}\{P(OMe)_3\}$, **6**, 866
$Co_3RuC_{12}HO_{12}$
  $RuCo_3H(CO)_{12}$, **4**, 926
$Co_3RuC_{12}O_{12}$
  $[RuCo_3(CO)_{12}]^-$, **6**, 822, 863
$Co_3RuC_{13}HO_{13}$
  $RuCo_3H(CO)_{13}$, **6**, 863
$Co_3Sb_3TlC_{63}H_{45}O_9$
  $Tl\{Co(CO)_3(SbPh_3)\}_3$, **6**, 976
$Co_3SiC_{10}H_3O_{12}$
  $Co_3\{CSi(OH)_3\}(CO)_9$, **5**, 173
$Co_3SiC_{11}H_5O_{11}$
  $Co_3\{CSiMe(OH)_2\}(CO)_9$, **5**, 173
$Co_3SiC_{13}H_9O_{10}$
  $Co_3(COSiMe_3)(CO)_9$, **5**, 165, 166
$Co_3SiC_{14}H_{11}O_9$
  $Co_3(CCH_2SiMe_3)(CO)_9$, **5**, 171
$Co_3SiC_{15}H_{11}O_9$
  $Co_3(CCH=CHSiMe_3)(CO)_9$, **5**, 164
$Co_3SiC_{19}H_{24}NO$
  $Co_3(NSiMe_3)(CO)Cp_3$, **2**, 144
$Co_3SiC_{28}H_{15}O_{10}$
  $Co_3(COSiPh_3)(CO)_9$, **5**, 16
$Co_3Si_2C_{25}H_{33}$
  $Co_3(CSiMe_3)(CC\equiv CSiMe_3)Cp_3$, **2**, 44; **5**, 207
$Co_3Si_2C_{27}H_{33}$
  $Co_3(CC\equiv CSiMe_3)_2Cp_3$, **2**, 45
$Co_3SnC_{12}BrO_{12}$
  $SnBr\{Co(CO)_4\}_3$, **6**, 1090
$Co_3SnC_{12}ClO_{12}$
  $SnCl\{Co(CO)_4\}_3$, **6**, 1089, 1090
$Co_3SnC_{45}H_{82}O_9P_3$
  $SnH\{Co(CO)_3(PBu_3)\}_3$, **6**, 1052
$Co_3TiC_{20}H_{10}ClO_{10}$
  $TiCl\{Co_3(CO)_{10}\}Cp_2$, **3**, 377; **5**, 165
$Co_3TlC_{12}O_{12}$
  $Tl\{Co(CO)_4\}_3$, **5**, 12; **6**, 976
$Co_3TlC_{63}H_{45}O_9P_3$
  $Tl\{Co(CO)_3(PPh_3)\}_3$, **6**, 976
$Co_3UC_{25}H_{15}O_{10}$
  $U\{Co_3(CO)_{10}\}Cp_3$, **5**, 165
$Co_3VC_{14}H_5O_9$
  $VCo_3(CO)_9Cp$, **6**, 852
$Co_3VC_{17}H_5O_{12}$
  $VCo_3(CO)_{12}Cp$, **3**, 670
$Co_3WC_{16}H_5O_{11}$
  $W(CO)_2Cp\{Co_3(CO)_9\}$, **3**, 1336, 1337; **6**, 771, 854
$Co_3ZrC_{20}H_{10}ClO_{10}$
  $ZrCl\{Co_3(CO)_{10}\}Cp_2$, **3**, 573; **5**, 165
$Co_4Ag_4C_{16}O_{16}$
  $\{AgCo(CO)_4\}_4$, **5**, 12; **6**, 765, 849
$Co_4AsC_{24}H_{20}O_4$
  $[As\{Co(CO)Cp\}_4]^+$, **5**, 261
$Co_4B_4C_{20}H_{24}$

$Co_4B_4C_{20}H_{24}$
  (CpCo)$_4$B$_4$H$_4$, **1**, 462, 506; **6**, 923
$Co_4C_{10}O_{10}S_2$
  Co$_4$(CO)$_{10}$S$_2$, **5**, 44
$Co_4C_{12}O_{12}$
  Co$_4$(CO)$_{12}$, **3**, 161; **5**, 8; **8**, 119, 411
$Co_4C_{13}HF_3O_{10}$
  Co$_4$(CO)$_{10}$(HC≡CCF$_3$), **5**, 197
$Co_4C_{13}H_{12}O_7P_2S$
  Co$_4$(PMe$_2$)$_2$(CO)$_7$S, **5**, 43
$Co_4C_{14}H_9O_{14}P$
  Co$_4$(CO)$_{11}${P(OMe)$_3$}, **5**, 44
$Co_4C_{15}H_6O_9$
  Co$_4$(CO)$_9$(C$_6$H$_6$), **5**, 263
$Co_4C_{16}F_4O_{10}$
  Co$_4$(CO)$_{10}$(C$_6$F$_4$), **5**, 197
$Co_4C_{16}H_8O_9$
  Co$_4$(CO)$_9$(C$_7$H$_8$), **5**, 226, 264
$Co_4C_{16}H_{10}O_{10}$
  Co$_4$(CO)$_{10}$(EtCCEt), **1**, 34; **5**, 198
$Co_4C_{18}H_6O_{10}$
  Co$_4$(CO)$_{10}$(PhCCH), **5**, 197
$Co_4C_{20}F_{12}O_{12}$
  {Co$_2$(CO)$_6$(CF$_3$C═CCF$_3$)}$_2$, **5**, 196
$Co_4C_{20}H_{16}O_6$
  Co$_4$(CO)$_6$(C$_7$H$_8$)$_2$, **5**, 264
$Co_4C_{20}H_{20}P_4$
  {Co(P)Cp}$_4$, **5**, 261
$Co_4C_{20}H_{20}S_4$
  {Co(S)Cp}$_4$, **5**, 260
$Co_4C_{20}H_{20}S_6$
  Co$_4$(S)$_6$Cp$_4$, **5**, 260
$Co_4C_{20}H_{24}$
  {CoH(Cp)}$_4$, **5**, 260
$Co_4C_{20}H_{40}O_4S_8$
  {Co(SEt)$_2$(CO)}$_4$, **5**, 44
$Co_4C_{22}H_{10}O_{10}P_2$
  Co$_4$(PPh)$_2$(CO)$_{10}$, **5**, 44
$Co_4C_{22}H_{11}O_{10}P$
  [Co$_4$H(PPh$_2$)(CO)$_{10}$]$^-$, **5**, 44
$Co_4C_{22}H_{20}O_2$
  Co$_4$(CO)$_2$Cp$_4$, **5**, 154
$Co_4C_{24}H_{10}O_{10}$
  Co$_4$(CO)$_{10}$(PhCCPh), **5**, 197
$Co_4C_{26}H_{20}O_{10}P_2$
  Co$_4$(PPh$_2$)$_2$(CO)$_{10}$, **8**, 331
$Co_4C_{27}H_{30}O_7$
  Co$_4$(CO)$_7$(η^5-C$_5$Me$_5$)$_2$, **5**, 260
$Co_4C_{30}H_{30}O_{10}$
  Co$_4$(CO)$_{10}$(η^5-C$_5$Me$_5$)$_2$, **6**, 767
$Co_4C_{34}H_{20}O_{10}P_2$
  Co$_4$(CO)$_{10}$(PPh$_2$)$_2$, **8**, 120
$Co_4C_{36}H_{22}O_{10}P_2$
  {Co$_2$(CH)(PPh$_2$)(CO)$_5$}$_2$, **5**, 200
$Co_4C_{42}H_{32}O_{10}P_2$
  {Co$_2$(CO)$_5$(HCCH)}$_2${Ph$_2$P(CH$_2$)$_4$PPh$_2$}, **5**, 200
$Co_4GeC_{13}O_{13}$
  (CO)$_4$CoGeCo$_3$(CO)$_9$, **2**, 423, 470; **6**, 1090
$Co_4GeC_{14}O_{14}$
  Ge{Co$_2$(CO)$_7$}$_2$, **6**, 1046, 1051, 1057, 1089
$Co_4GeC_{16}O_{16}$
  Ge{Co(CO)$_4$}$_4$, **6**, 1046
$Co_4GeC_{17}O_{17}$
  (CO)$_4$CoGeCo$_3$(CO)$_{13}$, **6**, 1057
$Co_4Hg_2C_{28}H_{10}O_{12}$
  Hg$_2$Co$_4$(CO)$_{12}$(PhC≡CH)$_2$, **6**, 1017
$Co_4InC_{16}O_{16}$
  [In{Co(CO)$_4$}$_4$]$^-$, **6**, 966
$Co_4In_3C_{15}Br_3O_{15}$
  Co$_4$In$_3$Br$_3$(CO)$_{15}$, **6**, 968
$Co_4Ni_2C_{14}O_{14}$
  [Co$_4$Ni$_2$(CO)$_{14}$]$^{2-}$, **6**, 12, 866
$Co_4PbC_{16}O_{16}$
  Pb{Co(CO)$_4$}$_4$, **5**, 12; **6**, 1055
$Co_4Sb_4C_{12}O_{12}$
  {Co(CO)$_3$Sb}$_4$, **5**, 44
$Co_4SiC_{13}O_{13}$
  (CO)$_4$CoSiCo$_3$(CO)$_9$, **5**, 166; **6**, 1090
$Co_4SnC_{16}O_{16}$
  Sn{Co(CO)$_4$}$_4$, **5**, 12; **6**, 1055
$Co_4TlC_{16}O_{16}$
  [Tl{Co(CO)$_4$}$_4$]$^-$, **6**, 976
$Co_4Zn_2C_{15}O_{15}$
  Co$_2${ZnCo(CO)$_4$}$_2$(CO)$_7$, **6**, 1007
$Co_4Zn_4C_{20}H_{12}O_{20}$
  [Co{Zn(OMe)}(CO)$_4$]$_4$, **6**, 1036
$Co_5C_{17}H_{18}O_{11}P_2$
  Co$_5$(CO)$_{11}$(PMe$_3$)$_2$, **6**, 785
$Co_5C_{17}H_{18}O_{11}P_3$
  Co$_5$(PMe$_2$)$_3$(CO)$_{11}$, **5**, 44
$Co_5C_{20}H_{30}O_8S_6$
  Co$_5$(SEt)$_6$(CO)$_8$, **5**, 44
$Co_5GeC_{16}O_{16}$
  {Co$_2$(CO)$_7$}GeCo$_3$(CO)$_9$, **6**, 1091
  [GeCo$_5$(CO)$_{16}$]$^-$, **6**, 1090
$Co_6AsC_{24}H_3O_{18}$
  {Co$_2$(CO)$_6$}$_3${As(C≡CH)$_3$}, **5**, 193
$Co_6C_{13}O_{12}S_2$
  Co$_6$(CO)$_{12}$C(S)$_2$, **5**, 47, 167
$Co_6C_{14}O_{14}$
  [Co$_6$(CO)$_{14}$]$^{4-}$, **5**, 8
$Co_6C_{14}O_{14}S_4$
  Co$_6$(CO)$_{14}$S$_4$, **5**, 46
$Co_6C_{15}HO_{15}$
  [Co$_6$H(CO)$_{15}$]$^-$, **5**, 17
$Co_6C_{15}NO_{15}$
  [Co$_6$(CO)$_{15}$N]$^-$, **5**, 45
$Co_6C_{15}O_{14}$
  [Co$_6$(CO)$_{14}$C]$^-$, **5**, 45
$Co_6C_{15}O_{15}$
  [Co$_6$(CO)$_{15}$]$^{2-}$, **5**, 8
$Co_6C_{16}O_{15}$
  [Co$_6$(CO)$_{15}$C]$^{2-}$, **5**, 45
$Co_6C_{16}O_{15}S_3$
  Co$_6$(CO)$_{15}$(CS$_2$)S, **5**, 47, 167
$Co_6C_{16}O_{16}$
  Co$_6$(CO)$_{16}$, **5**, 9
$Co_6C_{16}O_{16}P$
  [Co$_6$(CO)$_{16}$P]$^-$, **5**, 45
$Co_6C_{18}O_{16}S_3$
  Co$_6$(CO)$_{16}$(CSCS)S, **5**, 167
  Co$_6$(CO)$_{16}$(CS$_2$)C(S), **5**, 47
$Co_6C_{20}O_{18}$
  {Co$_3$(CO)$_9$C}$_2$, **5**, 47, 164
$Co_6C_{20}O_{18}S_2$
  {Co$_3$(CO)$_9$CS}$_2$, **5**, 47, 167, 170
$Co_6C_{21}H_{25}O_{11}S_6$
  Co$_6$(SEt)$_5$(CO)$_{11}$S, **5**, 47
$Co_6C_{21}O_{19}$
  {Co$_3$(CO)$_9$C}$_2$(CO), **5**, 47, 170

Co₆C₂₂O₁₈
  (CO)₉Co₃CC≡CCCo₃(CO)₉, **5**, 196
Co₆C₄₀H₂₅O₁₀S₆
  Co₆(SPh)₅(CO)₁₀S, **5**, 46, 47
Co₆HfC₃₀H₁₀O₂₀
  Hf{Co₃(CO)₁₀}₂Cp₂, **3**, 575; **5**, 165
Co₆Hf₂C₄₀H₂₀O₂₁
  [Hf{Co₃(CO)₁₀}Cp₂]₂O, **3**, 576
Co₆Hg₃C₄₈H₂₄O₁₆
  Hg₃Co₆(CO)₁₆(PhCCH)₄, **5**, 244; **6**, 1017
Co₆Si₂C₄₀H₄₈
  {Co₃(CSiMe₃)(Cp)₃C}₂, **2**, 45
Co₆Si₂C₄₂H₄₈
  Co₆(CSiMe₃)(CC≡CSiMe₃)Cp₆(C)₂, **2**, 45
Co₆TiC₃₀H₁₀O₂₀
  Ti{Co₃(CO)₁₀}Cp₂, **5**, 165
Co₆ZrC₃₀H₁₀O₂₀
  Zr{Co₃(CO)₁₀}₂Cp₂, **3**, 575; **5**, 165
Co₆Zr₂C₄₀H₂₀O₂₁
  [Zr{Co₃(CO)₁₀}Cp₂]₂O, **3**, 576
Co₇TiC₂₉H₅O₂₄
  TiCo₇(CO)₂₄Cp, **3**, 338; **5**, 166; **6**, 765, 824
Co₈C₁₉O₁₈
  Co₈(CO)₁₈C, **5**, 45
Co₈C₃₀O₂₄
  Co₂{CCo₃(CO)₉}{CC≡CCCo₃(CO)₉}(CO)₆, **5**, 167
Co₉C₂₄O₂₄P₃
  {Co₃(CO)₈P}₃, **5**, 42
CrAlC₉H₆Cl₃O₃
  Cr(AlCl₃)(CO)₃(C₆H₆), **3**, 1039
CrAsC₅H₃O₅
  Cr(CO)₅(AsH₃), **3**, 797, 863
CrAsC₈H₅Cl₂O₃
  Cr(AsCl₂)(CO)₃Cp, **3**, 966
CrAsC₈H₉O₅S
  Cr(CO)₅(SAsMe₃), **3**, 877
CrAsC₈H₁₂ClO₃
  CrCl(CMe)(CO)₃(AsMe₃), **3**, 909
CrAsC₉H₁₂O₄P
  [Cr(CMe)(CO)₄(AsMe₃)]⁺, **3**, 908
CrAsC₁₀H₅O₅
  Cr(CO)₅(C₅H₅As), **3**, 864
CrAsC₁₀H₁₁O₃
  Cr(AsMe₂)(CO)₃Cp, **2**, 704; **3**, 963; **6**, 786
CrAsC₁₁H₇O₅
  Cr(CO)₅(AsH₂Ph), **2**, 683
CrAsC₁₁H₁₄O₃
  [Cr(CO)₃Cp(AsMe₃)]⁺, **2**, 704
CrAsC₁₁H₁₈N₃O₅
  Cr(CO)₅{As(NMe₂)₃}, **3**, 867
CrAsC₁₄H₁₃O₄
  Cr(CO)₄(Me₂AsC₆H₄CH=CH₂), **3**, 955
CrAsC₂₃H₁₅O₅
  Cr(CO)₅(AsPh₃), **3**, 881
CrAsC₂₃H₂₀N₂O₂
  [Cr(NO)₂Cp(AsPh₃)]⁺, **3**, 968
CrAsC₂₄H₁₇O₅
  Cr(CH₂AsPh₃)(CO)₅, **3**, 828
CrAsCoC₁₀H₁₁O₃
  CrCo(AsMe₂)(CO)₃Cp, **6**, 826
CrAsFeC₁₃H₁₁O₆
  FeCr(AsMe₂)(CO)₆Cp, **6**, 826
CrAsFe₂C₁₇H₁₇O₈
  Cp(CO)₃Cr(AsMe₂){Fe₂(SMe₂)(CO)₅}, **3**, 966
CrAsFe₂C₁₉H₅O₁₃
  {(CO)₄Fe}₂(AsPh){Cr(CO)₅}, **4**, 303
CrAsGe₃C₁₄H₂₇O₅
  Cr(CO)₅{As(GeMe₃)₃}, **3**, 797
CrAsMnC₁₂H₆O₁₀
  (CO)₅Cr(AsMe₂)Mn(CO)₅, **4**, 104
CrAsMoC₁₄H₁₁O₇
  CrMo(AsMe₂)(CO)₇Cp, **6**, 825
CrAsMoC₁₅H₁₁O₈
  CrMo(AsMe₂)(CO)₈Cp, **3**, 966, 1191
CrAsMoC₁₇H₂₀O₁₀P
  Cp(CO)₂{P(OMe)₃}Mo(AsMe₂)Cr(CO)₅, **3**, 1191
CrAsNiC₁₃H₁₁O₆
  Ni(CO)₃{AsMe₂Cr(CO)₃Cp}, **6**, 20
CrAsSi₃C₁₄H₂₇O₅
  Cr(CO)₅{As(SiMe₃)₃}, **3**, 797
CrAsSn₃C₁₄H₂₇O₅
  Cr(CO)₅{As(SnMe₃)₃}, **3**, 797
CrAsWC₁₄H₁₁O₇
  CrW(AsMe₂)(CO)₇Cp, **6**, 825
CrAsWC₁₅H₁₁O₈
  (CO)₅W(AsMe₂)Cr(CO)₃Cp, **3**, 966
  Cp(CO)₃W(AsMe₂)Cr(CO)₅, **3**, 1340
CrAs₂C₂₇H₂₂O₂
  Cr(CO)₂{η⁶-C₆H₅As(Ph)CH₂AsPh₂}, **3**, 868, 1014
CrAs₂FeC₁₁H₁₂O₇
  FeCr(AsMe₂)₂(CO)₇, **6**, 826
CrAs₂FeMoC₂₂H₂₂O₈
  FeCrMo(AsMe₂)₂(CO)₈Cp₂, **6**, 786, 828
CrAs₂Mn₂C₁₈H₁₂O₁₄
  Cr(CO)₄{Me₂AsMn(CO)₅}₂, **3**, 871; **4**, 104
CrAs₂Re₂C₁₈H₁₂O₁₄
  Cr(CO)₄{Me₂AsRe(CO)₅}₂, **3**, 871
CrAs₃C₂₇H₃₆
  Cr(C₆H₄CH₂AsMe₂)₃, **3**, 920
CrAs₄C₁₂H₂₄O₄
  Cr(CO)₄{(Me₂As)₄}, **3**, 866
CrAuC₂₆H₂₀O₃P
  Cr(AuPPh₃)(CO)₃Cp, **3**, 965; **6**, 827
CrBC₆H₃NO₅
  [Cr(CO)₅(NCBH₃)]⁻, **3**, 818
CrBC₆H₃O₃S₃
  Cr{B(SMe)₃}(CO)₃, **6**, 880
CrBC₈H₃O₅S
  Cr{BMe₂(SMe)}(CO)₅, **6**, 882
CrBC₈H₁₂F₄O₃P
  Cr(CMe)(BF₄)(CO)₃(PMe₃), **3**, 912
CrBC₉H₇O₅
  Cr(CO)₃{η⁶-C₆H₅B(OH)₂}, **3**, 1018
CrBC₁₂H₁₃O₄
  Cr(CO)₄{PhBCHCH(CH₂)₂CHCH}, **3**, 974
CrBC₁₃H₂₃N₃O₃
  [Cr(CO)₂(NO){MeBN(Buᵗ)CHCHNBuᵗ}]⁺, **1**, 404
CrBC₁₄H₁₅O₃
  Cr(CO)₃{η⁶-C₆H₅B(CH₂)₄CH₂}, **3**, 1009
CrBC₁₄H₂₃N₂O₃
  Cr(CO)₃{MeBN(Buᵗ)CHCHNBuᵗ}, **1**, 357, 404
CrBC₁₆H₁₃O₄
  Cr(CO)₄{PhBCHCH(CH₂)₂CHCH}, **1**, 401
CrB₂C₅H₁₃
  Cr(BH₄)₂Cp, **6**, 905
CrB₂C₁₁H₁₆N₂O₃
  Cr(CO)₃{EtCB(Me)NHNHB(Me)CEt}, **1**, 383
CrB₂C₁₂H₁₆
  Cr(η⁶-C₅H₅BMe)₂, **3**, 1063

CrB$_2$C$_{12}$H$_{16}$O$_4$S
Cr(CO)$_4$∣MeBC(Et)C(Et)B(Me)S∣, **1**, 407
CrB$_2$C$_{13}$H$_{22}$N$_2$O$_3$
Cr(CO)$_3$∣η^6-Et-CB(Me)N(Me)N(Me)B(Me)CEt∣, **1**, 348; **3**, 1063
CrB$_3$C$_4$H$_8$O$_4$
[Cr(B$_3$H$_8$)(CO)$_4$]$^-$, **6**, 917
CrB$_3$C$_6$H$_{12}$N$_3$O$_3$
Cr(CO)$_3$(B$_3$N$_3$H$_3$Me$_3$), **1**, 403
Cr(CO)$_3$∣η^6-(MeBNH)$_3$∣, **3**, 1063
CrB$_3$C$_9$H$_{18}$N$_3$O$_3$
Cr(CO)$_3$∣η^6-(MeBNMe)$_3$∣, **1**, 404; **3**, 1062
CrB$_3$C$_{12}$H$_{24}$N$_3$O$_3$
Cr(CO)$_3$∣η^6-(EtBNMe)$_3$∣, **3**, 1063
CrB$_3$C$_{15}$H$_{30}$N$_3$O$_3$
Cr(CO)$_3$(B$_3$N$_3$Et$_6$), **1**, 258, 384
CrB$_3$C$_{21}$H$_{15}$O$_3$S$_3$
Cr(CO)$_3$∣η^6-(PhBS)$_3$∣, **3**, 880, 1063
CrB$_9$C$_5$H$_{11}$O$_3$
[(CO)$_3$CrC$_2$B$_9$H$_{11}$]$^{2-}$, **1**, 516; **3**, 973
CrB$_9$C$_7$H$_{16}$
(CpCr)C$_2$B$_9$H$_{11}$, **1**, 516; **3**, 973
CrB$_{10}$C$_4$H$_{12}$O$_4$
[(CO)$_4$CrB$_{10}$H$_{12}$]$^{2-}$, **1**, 525; **3**, 974
CrB$_{10}$C$_5$H$_{10}$O$_5$
[(CO)$_4$CrB$_{10}$H$_{10}$CO)]$^{2-}$, **3**, 974
CrB$_{10}$C$_5$H$_{11}$O$_5$
[(CO)$_4$Cr(HOCB$_{10}$H$_{10}$)]$^-$, **1**, 480, 525
CrB$_{10}$GeC$_6$H$_{11}$O$_5$
[(CO)$_5$CrGe(CB$_{10}$H$_{11}$)]$^-$, **1**, 546
CrB$_{18}$C$_4$H$_{22}$
[Cr(C$_2$B$_9$H$_{11}$)$_2$]$^-$, **3**, 973
CrB$_{18}$C$_8$H$_{30}$
[Cr(Me$_2$C$_2$B$_9$H$_9$)$_2$]$^-$, **1**, 516; **3**, 973
CrB$_{20}$C$_4$H$_{24}$
[Cr(C$_2$B$_{10}$H$_{12}$)$_2$]$^-$, **1**, 529; **3**, 973
CrBiC$_8$H$_5$O$_3$
Cr(CO)$_3$(C$_5$H$_5$Bi), **3**, 864
CrBiC$_8$H$_9$O$_5$
Cr(CO)$_5$(BiMe$_3$), **3**, 866
CrBiC$_{23}$H$_{15}$O$_5$
Cr(CO)$_5$(BiPh$_3$), **3**, 797, 863
CrBiGe$_3$C$_{14}$H$_{27}$O$_5$
Cr(CO)$_5$∣Bi(GeMe$_3$)$_3$∣, **3**, 797
CrBiSn$_3$C$_{14}$H$_{27}$O$_5$
Cr(CO)$_5$∣Bi(SnMe$_3$)$_3$∣, **3**, 797
CrCH$_{11}$Cl$_2$O$_5$
[Cr(CHCl$_2$)(H$_2$O)$_5$]$^+$, **3**, 923
CrCH$_{12}$IO$_5$
[Cr(CH$_2$I)(H$_2$O)$_5$]$^{2+}$, **3**, 928
CrCH$_{13}$O$_5$
[CrMe(H$_2$O)$_5$]$^{2+}$, **3**, 925
CrCH$_{13}$O$_6$
[Cr(CH$_2$OH)(H$_2$O)$_5$]$^{2+}$, **3**, 923
CrC$_2$ClNO$_3$
CrCl(CO)$_2$(NO), **3**, 872
CrC$_2$H$_{12}$N$_4$O$_2$
[Cr(CO)$_2$(NH$_3$)$_4$]$^+$, **3**, 812
CrC$_2$H$_{12}$O$_2$P$_4$
Cr(CO)$_2$(PH$_3$)$_4$, **3**, 842
CrC$_3$Cl$_6$N$_3$O$_3$P$_3$
Cr(CO)$_3$∣(Cl$_2$PN)$_3$∣, **3**, 874
CrC$_3$H$_9$O$_3$P$_3$
Cr(CO)$_3$(PH$_3$)$_3$, **3**, 843
CrC$_3$N$_2$O$_5$
Cr(CO)$_3$(NO)$_2$, **3**, 872
CrC$_3$N$_3$O$_4$
[Cr(CN)$_3$(O$_2$)$_2$]$^{3-}$, **3**, 944
CrC$_4$H$_6$F$_{12}$P$_4$
Cr(CH$_2$=CHCH=CH$_2$)(PF$_3$)$_4$, **3**, 958
CrC$_4$H$_6$O$_4$P$_2$
Cr(CO)$_4$(PH$_3$)$_2$, **3**, 904
CrC$_4$I$_3$O$_4$P$_2$
Cr(CO)$_4$(P$_2$I$_3$), **3**, 853
CrC$_4$O$_4$
[Cr(CO)$_4$]$^{4-}$, **3**, 807, 808
CrC$_5$ClO$_5$
[CrCl(CO)$_5$]$^-$, **3**, 820
CrC$_5$Cl$_3$O$_5$P
Cr(CO)$_5$(PCl$_3$), **3**, 836
CrC$_5$FO$_5$
[CrF(CO)$_5$]$^-$, **3**, 810
CrC$_5$HO$_5$
[CrH(CO)$_5$]$^-$, **3**, 814
CrC$_5$HO$_5$S
[Cr(SH)(CO)$_5$]$^-$, **3**, 877
CrC$_5$HO$_6$
[Cr(OH)(CO)$_5$]$^-$, **3**, 796
CrC$_5$H$_2$N$_5$O
[Cr(CN)$_5$(H$_2$O)]$^{2-}$, **3**, 943
CrC$_5$H$_3$NO$_5$
Cr(CO)$_5$(NH$_3$), **3**, 818, 822
CrC$_5$H$_3$O$_5$P
Cr(CO)$_5$(PH$_3$), **3**, 797, 832
CrC$_5$H$_4$N$_2$O$_5$
Cr(CO)$_5$(N$_2$H$_4$), **3**, 821
CrC$_5$H$_5$ClN$_2$O$_2$
CrCl(NO)$_2$Cp, **3**, 968
CrC$_5$H$_5$Cl$_2$
CrCl$_2$(Cp), **3**, 969, 971
CrC$_5$H$_5$F$_9$NP$_3$
Cr(η^6-C$_5$H$_5$N)(PF$_3$)$_3$, **3**, 1061
CrC$_5$H$_6$N$_3$O$_5$P
Cr(CO)$_5$∣P(NH$_2$)$_3$∣, **3**, 836
CrC$_5$IO$_5$
[CrI(CO)$_5$]$^-$, **3**, 811
CrC$_5$NO$_8$
[Cr(NO$_3$)(CO)$_5$]$^-$, **3**, 826
CrC$_5$N$_3$O$_5$
[Cr(N$_3$)(CO)$_5$]$^-$, **3**, 799
CrC$_5$N$_6$O
[Cr(CN)$_5$(NO)]$^{3-}$, **3**, 943
CrC$_5$O$_5$
[Cr(CO)$_5$]$^{2-}$, **3**, 808
CrC$_5$O$_{11}$P$_4$
Cr(CO)$_5$(P$_4$O$_6$), **3**, 839
CrC$_6$F$_3$O$_5$S
[Cr(SCF$_3$)(CO)$_5$]$^-$, **3**, 877
CrC$_6$HO$_6$
[Cr(CHO)(CO)$_5$]$^-$, **3**, 828
CrC$_6$H$_3$ClO$_4$
CrCl(CMe)(CO)$_4$, **3**, 902, 908
CrC$_6$H$_5$N$_2$O$_2$S
[Cr(CS)(NO)$_2$Cp]$^+$, **3**, 967
CrC$_6$H$_5$N$_3$O$_2$S
Cr(SCN)(NO)$_2$Cp, **3**, 968
CrC$_6$H$_7$ClN$_2$O$_2$
Cr(CH$_2$Cl)(NO)$_2$Cp, **3**, 968
CrC$_6$H$_8$F$_9$P$_3$
CrH(C$_6$H$_7$)(PF$_3$)$_3$, **3**, 959
CrC$_6$H$_8$N$_2$O$_2$

CrMe(NO)$_2$Cp, **1**, 196; **3**, 968
CrC$_6$H$_8$N$_2$O$_4$
   Cr(CO)$_4$(en), **3**, 796
CrC$_6$H$_{18}$
   [CrMe$_6$]$^{3-}$, **3**, 931
   [CrMe$_6$]$^{3-}$, **3**, 932
CrC$_6$NO$_5$
   Cr(CN)(CO)$_5$, **3**, 812
   [Cr(CN)(CO)$_5$]$^-$, **3**, 883
CrC$_6$NO$_5$S
   [Cr(NCS)(CO)$_5$]$^-$, **3**, 820
CrC$_6$NO$_5$Se
   [Cr(NCSe)(CO)$_6$]$^-$, **3**, 820
CrC$_6$NO$_6$
   [Cr(NCO)(CO)$_6$]$^-$, **3**, 820
CrC$_6$N$_2$O$_4$
   [Cr(CN)$_2$(CO)$_4$]$^{2-}$, **3**, 809, 883
CrC$_6$N$_3$O$_3$
   [Cr(CN)$_3$(CO)$_3$]$^{3-}$, **3**, 882, 883, 943
CrC$_6$N$_4$O$_2$
   [Cr(CN)$_4$(CO)$_2$]$^{4-}$, **3**, 883
CrC$_6$N$_6$
   [Cr(CN)$_6$]$^{3-}$, **3**, 943
CrC$_6$O$_5$S
   Cr(CO)$_5$(CS), **3**, 809, 888
CrC$_6$O$_5$Se
   Cr(CO)$_5$(CSe), **3**, 888
CrC$_6$O$_6$
   Cr(CO)$_6$, **2**, 683; **3**, 9, 529, 784, 793; **8**, 12, 594
CrC$_7$F$_3$O$_7$
   Cr(O$_2$CCF$_3$)(CO)$_5$, **3**, 826
CrC$_7$H$_3$NO$_5$
   Cr(CO)$_5$(CNMe), **3**, 885
   Cr(CO)$_5$(MeCN), **3**, 818, 826
CrC$_7$H$_3$NO$_5$S
   Cr(CO)$_5$(NCSMe), **3**, 820
CrC$_7$H$_3$NO$_6$
   Cr(CO)$_5$(NCOMe), **3**, 820
CrC$_7$H$_4$O$_3$
   Cr(CO)$_3$(η^4-C$_4$H$_4$), **3**, 47
CrC$_7$H$_4$O$_3$S
   Cr(CO)$_3$(C$_4$H$_4$S), **3**, 975
CrC$_7$H$_4$O$_6$
   Cr{C(OH)Me}(CO)$_5$, **3**, 890
CrC$_7$H$_5$NO$_2$S
   Cr(CO)(CS)(NO)Cp, **3**, 967
   Cr(CO)$_2$(NS)Cp, **3**, 873, 967
CrC$_7$H$_5$NO$_3$
   Cr(CO)$_2$(NO)Cp, **3**, 872, 914, 962; **8**, 1016
CrC$_7$H$_5$NO$_5$
   Cr{C(NH$_2$)Me}(CO)$_5$, **3**, 892
CrC$_7$H$_5$N$_2$O$_2$
   [Cr(CN)(CO)(NO)Cp]$^-$, **3**, 967
CrC$_7$H$_6$INO$_4$
   CrI(CNMe$_2$)(CO)$_4$, **3**, 912
CrC$_7$H$_7$O$_5$PS
   Cr(CO)$_5$(Me$_2$PSH), **3**, 881
CrC$_7$H$_{10}$O
   Cr(CO)(CH$_2$CHCH$_2$)$_2$, **3**, 957
CrC$_7$H$_{13}$N$_3$O$_3$
   Cr(CO)$_3${HN(CH$_2$CH$_2$NH$_2$)$_2$}, **3**, 823
CrC$_7$H$_{17}$O$_5$
   [CrBz(H$_2$O)$_5$]$^+$, **3**, 916, 923
CrC$_7$H$_{19}$NO$_5$
   [Cr{CH(Me)(C$_5$H$_6$N)}(H$_2$O)$_5$]$^{2+}$, **3**, 923
CrC$_8$H$_3$O$_5$

[Cr(C≡CMe)(CO)$_5$]$^-$, **3**, 884
CrC$_8$H$_4$O$_4$
   Cr(CO)$_4$(η^4-C$_4$H$_4$), **3**, 915, 960
CrC$_8$H$_4$O$_4$S
   Cr(CO)$_4$($\overline{\text{SCH=CHCH=CH}}$), **3**, 799
CrC$_8$H$_5$Cl$_2$O$_3$P
   Cr(PCl$_2$)(CO)$_3$Cp, **3**, 966
CrC$_8$H$_5$IO$_3$
   CrI(CO)$_3$Cp, **3**, 964
CrC$_8$H$_5$NO$_5$
   Cr(CO)$_5$(EtCN), **3**, 903
CrC$_8$H$_5$O$_3$
   [Cr(CO)$_3$Cp]$^-$, **3**, 799, 913, 963
CrC$_8$H$_6$ClNO$_5$
   Cr{CCl(NMe$_2$)}(CO)$_5$, **3**, 910
CrC$_8$H$_6$NO$_3$
   Cr(CO)$_3$(C$_5$H$_6$N), **3**, 974
CrC$_8$H$_6$NO$_5$
   [Cr(CNMe$_2$)(CO)$_5$]$^+$, **3**, 895
CrC$_8$H$_6$N$_2$O$_2$
   Cr(CO)$_2$(N$_2$)(C$_6$H$_6$), **3**, 1036, 1051, 1054
CrC$_8$H$_6$O$_3$
   CrH(CO)$_3$Cp, **3**, 962
CrC$_8$H$_6$O$_4$
   Cr(CO)$_4${C(CH$_2$)$_3$}, **3**, 961
   Cr(CO)$_4$(CH$_2$=CHCH=CH$_2$), **3**, 111, 112, 915, 958
CrC$_8$H$_6$O$_5$S
   Cr(CO)$_5$(Me$_2$CS), **3**, 881
CrC$_8$H$_6$O$_6$
   Cr{C(OMe)Me}(CO)$_5$, **3**, 891; **8**, 111
CrC$_8$H$_7$NO$_2$
   Cr(CO)(NO)Cp(HC≡CH), **3**, 109, 1066
CrC$_8$H$_7$NO$_5$
   Cr{C(Me)NHMe}(CO)$_5$, **3**, 891
   Cr(CO)$_5$(HN=CMe$_2$), **3**, 822
CrC$_8$H$_8$N$_2$O$_5$
   Cr(CO)$_5$(H$_2$NN=CMe$_2$), **3**, 821
CrC$_8$H$_9$NO$_2$
   Cr(CO)(NO)Cp(CH$_2$=CH$_2$), **3**, 105
CrC$_8$H$_9$O$_5$PS
   Cr(CO)$_5$(SPMe$_3$), **3**, 877
CrC$_8$H$_{10}$N$_2$O$_2$
   Cr(CO)$_2$(N$_2$H$_4$)(C$_6$H$_6$), **3**, 1054
CrC$_8$H$_{10}$N$_4$O$_4$
   Cr(CO)$_4${H$_2$NN=C(Me)C(Me)=NNH$_2$}, **3**, 876
CrC$_8$H$_{12}$ClO$_3$P
   CrCl(CMe)(CO)$_3$(PMe$_3$), **3**, 909
CrC$_8$H$_{12}$F$_9$P$_3$
   CrH(C$_8$H$_{11}$)(PF$_3$)$_3$, **3**, 964
CrC$_8$H$_{12}$F$_{12}$P$_4$
   Cr(cod)(PF$_3$)$_4$, **3**, 958
CrC$_8$H$_{12}$N
   [Cr(CHNMe$_2$)Cp]$^+$, **3**, 963
CrC$_8$H$_{14}$O$_4$P
   [Cr(CMe)(CO)$_3$(PMe$_3$)(H$_2$O)]$^+$, **3**, 912
CrC$_9$H$_4$O$_3$
   Cr(CO)$_3$(C$_6$H$_4$), **3**, 1044
CrC$_9$H$_5$ClO$_3$
   Cr(CO)$_3$(η^6-C$_6$H$_5$Cl), **3**, 1043; **8**, 1027, 1028, 1036
CrC$_9$H$_5$FO$_3$
   Cr(CO)$_3$(η^6-C$_6$H$_5$F), **3**, 1003; **8**, 1027, 1028
CrC$_9$H$_5$IO$_3$
   Cr(CO)$_3$(η^6-C$_6$H$_5$I), **3**, 1041
CrC$_9$H$_5$O$_4$
   [Cr(CO)$_4$Cp]$^+$, **3**, 964

CrC$_9$H$_6$ClNO$_3$
   Cr(CO)$_3$(H$_2$NC$_6$H$_4$Cl), **8**, 1028
CrC$_9$H$_6$NO$_2$
   Cr(CN)(CO)$_2$(C$_6$H$_6$), **3**, 1051
CrC$_9$H$_6$N$_2$O$_5$
   Cr{C(NMe$_2$)CN}(CO)$_5$, **3**, 895
CrC$_9$H$_6$O$_2$S
   Cr(CO)$_2$(CS)(C$_6$H$_6$), **3**, 1051, 1053
CrC$_9$H$_6$O$_2$S$_2$
   Cr(CO)$_2$(CS$_2$)(C$_6$H$_6$), **3**, 1051, 1053
CrC$_9$H$_6$O$_3$
   Cr(CO)$_3$(η^6-C$_6$H$_6$), **1**, 34; **3**, 799, 913, 992; **8**, 1016, 1020, 1035
CrC$_9$H$_6$O$_4$
   Cr(CO)$_3$(η^6-C$_6$H$_5$OH), **3**, 1003, 1028; **8**, 1051
CrC$_9$H$_6$O$_6$
   Cr{$\overline{\text{C(CH}_2)_3\text{O}}$}(CO)$_5$, **3**, 892, 904; **8**, 524
CrC$_9$H$_7$NO$_3$
   Cr(CO)$_3$(η^6-C$_6$H$_5$NH$_2$), **3**, 1003, 1014; **8**, 1051
   Cr(CO)$_2$(NO)(η^5-C$_5$H$_4$CH=CH$_2$), **8**, 564
CrC$_9$H$_7$O$_6$
   [Cr(acac)(CO)$_4$]$^-$, **3**, 826
CrC$_9$H$_8$O$_3$
   CrMe(CO)$_3$Cp, **3**, 962
CrC$_9$H$_8$O$_6$
   Cr(CO)$_5${$\overline{\text{O(CH}_2)_3\text{CH}_2}$}, **3**, 816, 826
CrC$_9$H$_9$NO$_5$
   Cr{C(Me)NMe$_2$}(CO)$_5$, **3**, 898
CrC$_9$H$_9$NO$_6$
   Cr(CO)$_5$(Me$_2$NCOMe), **3**, 826
CrC$_9$H$_9$N$_3$O$_3$
   Cr(CO)$_3$(CNMe)$_3$, **3**, 885, 1056
   Cr(CO)$_3$(MeCN)$_3$, **8**, 350
CrC$_9$H$_{12}$O$_4$P
   [Cr(CMe)(CO)$_4$(PMe$_3$)]$^+$, **3**, 908
CrC$_9$H$_{15}$
   Cr(CH$_2$CHCH$_2$)$_3$, **3**, 956
CrC$_{10}$H$_3$O$_7$
   [Cr{CO(C$_4$H$_3$O)}(CO)$_5$]$^-$, **3**, 903
CrC$_{10}$H$_5$F$_3$O$_3$
   Cr(CO)$_3$(PhCF$_3$), **8**, 1036
CrC$_{10}$H$_5$NO$_3$
   Cr(CO)$_3$(η^6-C$_6$H$_5$CN), **3**, 1007
CrC$_{10}$H$_5$NO$_5$
   Cr(CO)$_5$(py), **3**, 808
CrC$_{10}$H$_5$O$_5$P
   Cr(CO)$_5$(C$_5$H$_5$P), **3**, 864
CrC$_{10}$H$_6$O$_4$
   Cr(CO)$_3${$\overline{\text{CH=CH(CH=CH)}_2\text{CO}}$}, **3**, 1060
CrC$_{10}$H$_6$O$_5$
   Cr(CO)$_3$(η^6-C$_6$H$_5$CO$_2$H), **3**, 914, 1041; **8**, 1051, 1056
CrC$_{10}$H$_7$ClO$_3$
   Cr(CO)$_3$(η^6-C$_6$H$_5$CH$_2$Cl), **3**, 1032
   Cr(CO)$_3$(MeC$_6$H$_4$Cl), **8**, 1028
   Cr(CO)$_3$(PhCH$_2$Cl), **8**, 1056
CrC$_{10}$H$_7$O$_3$
   [Cr(CO)$_3$(C$_6$H$_5$CH$_2$)]$^+$, **3**, 1034
   [Cr(CO)$_3$(C$_7$H$_7$)]$^+$, **3**, 913, 1057; **8**, 1035, 1061
CrC$_{10}$H$_8$F$_9$P$_3$
   Cr(C$_{10}$H$_8$)(PF$_3$)$_3$, **3**, 991
CrC$_{10}$H$_8$N$_2$O$_5$
   Cr{$\overline{\text{CN(Me)CHCHNMe}}$}(CO)$_5$, **3**, 894
   Cr(CO)$_5${$\overline{\text{N=C(Me)CH=C(Me)NH}}$}, **3**, 822
CrC$_{10}$H$_8$O$_3$
   Cr(CO)$_3$(η^6-C$_6$H$_5$Me), **3**, 1042; **8**, 1022, 1023, 1036
   Cr(CO)$_3$(C$_7$H$_8$), **3**, 115, 799, 1056
   Cr(CO)$_3$(nbd), **3**, 958

CrH(CO)$_3$(C$_7$H$_7$), **3**, 1055
CrC$_{10}$H$_8$O$_4$
   Cr(CO)$_3$(η^6-C$_6$H$_5$CH$_2$OH), **3**, 1018
   Cr(CO)$_3$(η^6-C$_6$H$_5$OMe), **3**, 1003; **7**, 12; **8**, 1022, 1025, 1036
CrC$_{10}$H$_8$O$_6$
   Cr{$\overline{\text{CCH(Me)(CH}_2)_2\text{O}}$}(CO)$_5$, **3**, 892
CrC$_{10}$H$_9$O$_4$
   [CrH(CO)$_3$(η^6-C$_6$H$_5$OMe)]$^+$, **8**, 1025
CrC$_{10}$H$_{10}$
   CrCp$_2$, **3**, 29, 799, 970
CrC$_{10}$H$_{10}$Br
   CrBr(Cp)$_2$, **3**, 969
CrC$_{10}$H$_{10}$FNO$_5$
   Cr{CF(NEt$_2$)}(CO)$_5$, **3**, 895
CrC$_{10}$H$_{10}$NO$_5$
   [Cr(CNEt$_2$)(CO)$_5$]$^+$, **3**, 895
CrC$_{10}$H$_{10}$N$_2$O$_2$
   Cr(C$_5$H$_5$)(NO)$_2$Cp, **3**, 123, 149, 968
CrC$_{10}$H$_{10}$N$_2$O$_5$
   Cr(CO)$_5$(NCNEt$_2$), **3**, 820, 912
CrC$_{10}$H$_{10}$O$_2$
   Cr(CO)$_2$(C$_6$H$_6$)(CH$_2$=CH$_2$), **3**, 1051
CrC$_{10}$H$_{10}$O$_3$S
   Cr(CO)$_3$(η^5-C$_5$H$_4$SMe$_2$), **3**, 970
CrC$_{10}$H$_{10}$O$_5$S
   Cr{C(SEt)$_2$}(CO)$_5$, **3**, 895
CrC$_{10}$H$_{10}$O$_8$
   Cr{C(OMe)CH$_2$CH$_2$CO$_2$Me}(CO)$_5$, **3**, 892
CrC$_{10}$H$_{11}$NO$_5$
   Cr{C(Me)NHPr^i}(CO)$_5$, **3**, 891
   Cr(CO)$_5${$\overline{\text{HN(CH}_2)_4\text{CH}_2}$}, **3**, 1103
CrC$_{10}$H$_{12}$N$_2$
   Cr($\overline{\text{C=CHCH=CHN}}$Me)$_2$, **3**, 920, 924
CrC$_{10}$H$_{12}$N$_2$O$_5$
   Cr{C(NMe$_2$)$_2$}(CO)$_5$, **3**, 895
CrC$_{10}$H$_{13}$NO$_4$
   Cr(CO)$_4$(CH$_2$=CHCH$_2$CH$_2$NMe$_2$), **3**, 818
CrC$_{10}$H$_{14}$
   Cr(C$_5$H$_7$)$_2$, **3**, 973
CrC$_{10}$H$_{22}$N$_4$
   CrCp$_2$(NH$_3$)$_4$, **3**, 971
CrC$_{10}$H$_{27}$ClNO$_2$P$_3$
   CrCl(CO)(NO)(PPh$_3$)$_2$, **3**, 872
CrC$_{10}$H$_{37}$N$_9$
   CrCp$_2$(NH$_3$)$_9$, **3**, 971
CrC$_{11}$C$_7$NS
   Cr(CO)$_3$(PhCH$_2$SCN), **8**, 1056
CrC$_{11}$H$_5$IO$_4$
   CrI(CPh)(CO)$_4$, **3**, 910
CrC$_{11}$H$_6$O$_3$
   Cr(CO)$_3$(η^6-C$_6$H$_5$C≡CH), **3**, 1006
CrC$_{11}$H$_7$ClO$_5$
   Cr(CO)$_3$(MeO$_2$CC$_6$H$_4$Cl), **8**, 1028
CrC$_{11}$H$_7$NO$_3$
   Cr(CO)$_3$(η^6-C$_6$H$_5$CH$_2$CN), **3**, 1007
CrC$_{11}$H$_7$NO$_3$S
   Cr(CO)$_3$(η^6-C$_6$H$_5$CH$_2$SCN), **3**, 1046
CrC$_{11}$H$_8$O$_3$
   Cr(CO)$_3$(η^6-C$_6$H$_5$CH=CH$_2$), **3**, 955, 1002, 1018; **8**, 564
   Cr(CO)$_3$(C$_8$H$_8$), **3**, 136
   Cr(CO)$_3$(cot), **3**, 1059
CrC$_{11}$H$_8$O$_4$
   Cr(CO)$_3$(C$_8$H$_8$O), **3**, 1060
   Cr(CO)$_3$(PhCOMe), **8**, 1057
   Cr(CO)$_4$(nbd), **3**, 799, 818, 915, 958; **8**, 350
CrC$_{11}$H$_8$O$_5$

Cr(CO)$_3${η^6-C$_6$H$_4$(Me)(CO$_2$H)}, **3**, 1027
Cr(CO)$_3$(PhCO$_2$Me), **8**, 1056
CrC$_{11}$H$_8$O$_6$
  Cr{CPh(OMe)}(CO)$_5$, **8**, 506
CrC$_{11}$H$_{10}$N$_2$O$_5$S
  Cr{C(NCS)NEt$_2$}(CO)$_5$, **3**, 895
CrC$_{11}$H$_{10}$N$_2$O$_6$
  Cr{C(NCO)NEt$_2$}(CO)$_5$, **3**, 895
CrC$_{11}$H$_{10}$O
  Cr(CO)Cp$_2$, **3**, 971
CrC$_{11}$H$_{10}$O$_3$
  Cr(CO)$_2$(η-C$_3$H$_5$)(η^5-C$_6$H$_5$O), **8**, 1061
  Cr(CO)$_3$(η^6-C$_6$H$_5$Et), **3**, 1042; **8**, 1022, 1035
  Cr(CO)$_2$(η^6-C$_6$H$_5$OCH$_2$CH=CH$_2$), **3**, 955
  Cr(CO)$_3$(C$_8$H$_{10}$), **3**, 799, 1058
CrC$_{11}$H$_{10}$O$_4$
  Cr(CO)$_3$(C$_7$H$_7$OMe), **3**, 1059
CrC$_{11}$H$_{10}$O$_5$
  Cr(CO)$_3${η^6-C$_6$H$_4$(OMe)(CH$_2$OH)}, **3**, 1042
CrC$_{11}$H$_{10}$O$_6$
  Cr{C(OMe)CH=CMe$_2$}(CO)$_5$, **3**, 889, 903
CrC$_{11}$H$_{11}$
  CrCp(C$_6$H$_6$), **3**, 972; **8**, 1016
CrC$_{11}$H$_{11}$NO$_3$
  Cr(CO)$_3$(η^5-C$_5$H$_4$CHNMe$_2$), **3**, 970
  Cr(CO)$_3$(PhNMe$_2$), **8**, 1036
CrC$_{11}$H$_{12}$O$_2$
  Cr(CO)$_2$Cp(MeCHCHCH$_2$), **3**, 957, 962
CrC$_{11}$H$_{14}$ClO$_3$P
  Cr(CO)$_3$(η^6-C$_6$H$_5$Cl)(PMe$_3$), **3**, 1043
CrC$_{11}$H$_{17}$O$_5$P
  Cr{C(OEt)Me}(CO)$_4$(PMe$_3$), **3**, 911
CrC$_{11}$N$_4$O$_5$
  Cr(CO)$_5${(NC)$_2$C=C(CN)$_2$}, **3**, 954
CrC$_{12}$H$_5$NO$_5$
  Cr(CO)$_5$(CNPh), **3**, 885
CrC$_{12}$H$_5$O$_6$
  [Cr(COPh)(CO)$_5$]$^-$, **3**, 910
CrC$_{12}$H$_6$
  [Cr(C≡CH)$_6$]$^{3-}$, **3**, 1139
CrC$_{12}$H$_6$F$_6$
  Cr(η^6-C$_6$H$_6$)(η^6-C$_6$F$_6$), **3**, 997; **8**, 1028
CrC$_{12}$H$_6$O$_6$
  Cr{C(OH)Ph}(CO)$_5$, **3**, 903
CrC$_{12}$H$_7$F$_5$
  Cr(η^6-C$_6$H$_6$)(η^6-C$_6$HF$_5$), **3**, 997; **8**, 1041
CrC$_{12}$H$_7$O$_3$
  [Cr(CO)$_3$(η^5-indenyl)]$^-$, **8**, 1046
CrC$_{12}$H$_8$ClN$_3$O$_3$
  CrCl(CO)$_2$(NO)(bipy), **3**, 872
CrC$_{12}$H$_8$O$_4$
  Cr(CO)$_4$(cot), **3**, 960
CrC$_{12}$H$_9$NO$_3$
  Cr(CO)$_3$(N-methylindole), **8**, 1037
CrC$_{12}$H$_{10}$
  CrPh$_2$, **3**, 924
CrC$_{12}$H$_{10}$F$_2$
  Cr(η^6-C$_6$H$_5$F)$_2$, **3**, 980; **8**, 1028
CrC$_{12}$H$_{10}$N$_2$Se$_2$
  Cr(NCSe)(SeCN)Cp$_2$, **3**, 971
CrC$_{12}$H$_{10}$O$_3$
  Cr(CO)$_3$(η^6-indan), **8**, 1057
CrC$_{12}$H$_{10}$O$_4$
  Cr(CO)$_3$(η^6-C$_6$H$_5$OCH$_2$CH=CH$_2$), **3**, 1002
CrC$_{12}$H$_{10}$O$_6$
  Cr{C(OMe)(C$_5$H$_7$)}(CO)$_5$, **3**, 906
CrC$_{12}$H$_{11}$Br
  Cr(η^6-C$_6$H$_6$)(η^6-C$_6$H$_5$Br), **3**, 997
CrC$_{12}$H$_{11}$Cl
  Cr(η^6-C$_6$H$_6$)(η^6-C$_6$H$_5$Cl), **3**, 980
CrC$_{12}$H$_{11}$ClO$_3$
  Cr(CO)$_3$(η^6-C$_6$H$_5$CMe$_2$Cl), **3**, 1045; **8**, 1056
CrC$_{12}$H$_{11}$FO$_4$
  Cr(CO)$_3${η^6-FC$_6$H$_4$(CH$_2$)$_3$OH}, **8**, 1027
CrC$_{12}$H$_{11}$NO$_4$
  Cr(CO)$_3${η^6-C$_6$H$_4$(CHO)(NMe$_2$)}, **3**, 1026
CrC$_{12}$H$_{12}$
  Cr(η^6-C$_6$H$_6$)$_2$, **3**, 29, 913, 977; **8**, 1041
  [CrCp(C$_7$H$_7$)]$^+$, **3**, 972
  CrCp(C$_7$H$_7$), **8**, 1041
CrC$_{12}$H$_{12}$O$_3$
  Cr(CO)$_3$(η^6-C$_6$H$_5$Pr^i), **3**, 1042; **8**, 1022
CrC$_{12}$H$_{12}$O$_4$
  Cr(CO)$_4$(cod), **3**, 799, 915, 958
CrC$_{12}$H$_{13}$O$_3$
  Cr(CO)$_2$(η-C$_3$H$_5$)(η^6-C$_6$H$_5$CH$_2$OH), **8**, 1061
CrC$_{12}$H$_{15}$F$_6$O$_3$P$_3$
  Cr{η^6-C$_6$H$_3$(CH$_2$CH$_2$OPF$_2$)$_3$}, **3**, 1007
CrC$_{12}$H$_{15}$NO$_3$
  Cr(CO)$_2$(NO)(η^5-C$_5$Me$_5$), **3**, 963, 967
CrC$_{12}$H$_{15}$NO$_6$
  Cr{C(OEt)NEt$_2$}(CO)$_5$, **3**, 890
CrC$_{12}$H$_{16}$F$_6$P$_2$
  Cr(C$_6$H$_8$)$_2$(PF$_3$)$_2$, **3**, 959
CrC$_{12}$H$_{18}$N$_2$O$_4$S
  Cr(CO)$_4$(Bu^{t}NSNBu^t), **3**, 873
CrC$_{12}$H$_{21}$
  Cr(MeCHCHCH$_2$)$_3$, **3**, 956
CrC$_{12}$H$_{24}$
  [$\overline{\text{Cr}}${(CH$_2$)$_3\overline{\text{CH}_2}$}$_3$]$^{3-}$, **3**, 932
CrC$_{12}$H$_{28}$
  CrPr$^i{}_4$, **3**, 937
CrC$_{12}$H$_{30}$P$_3$
  $\overline{\text{Cr}}$(CH$_2$PMe$_2\overline{\text{CH}_2}$)$_3$, **3**, 936
CrC$_{13}$H$_5$O$_5$
  [Cr(C≡CPh)(CO)$_5$]$^-$, **3**, 884
CrC$_{13}$H$_8$O$_3$
  Cr(CO)$_3$(C$_{10}$H$_8$), **3**, 1015, 1023; **8**, 1037
CrC$_{13}$H$_8$O$_6$
  Cr{C(OMe)Ph}(CO)$_5$, **3**, 891, 1020
CrC$_{13}$H$_{10}$O$_3$
  Cr(CO)$_3$Me(η^5-indenyl), **8**, 1046
  Cr(CO)$_3$(η^6-3-Me-indene), **8**, 1046
CrC$_{13}$H$_{10}$O$_5$
  Cr(CO)$_3${η^6-C$_6$H$_5$(CH$_2$O$_2$CCH=CH$_2$)}, **8**, 564
CrC$_{13}$H$_{10}$O$_6$
  Cr(CO)$_3${η^6-C$_6$H$_4$(OMe)(CH$_2$CO$_2$Me)}, **3**, 1050
CrC$_{13}$H$_{11}$NO$_2$
  Cr(CO)$_2$(C$_6$H$_6$)(η^6-C$_5$H$_5$N), **3**, 1036, 1051
CrC$_{13}$H$_{11}$NO$_3$
  Cr(CO)$_3${Ph(CH$_2$)$_3$CN}, **8**, 1036
CrC$_{13}$H$_{12}$O
  Cr(η^6-C$_6$H$_6$)(η^6-C$_6$H$_5$CHO), **3**, 994
CrC$_{13}$H$_{12}$O$_4$
  Cr(CO)$_3$(PhCOPr^i), **8**, 1057
CrC$_{13}$H$_{12}$O$_5$
  Cr(CO)$_3$(PhCH$_2$CH$_2$CO$_2$Me), **8**, 1057
CrC$_{13}$H$_{13}$
  CrCp(cot), **3**, 972
CrC$_{13}$H$_{14}$

CrC$_{13}$H$_{14}$
[CrCp(C$_7$H$_6$Me)]$^+$, **3**, 972
CrC$_{13}$H$_{14}$O
Cr(η^6-C$_6$H$_6$)(η^6-C$_6$H$_5$CH$_2$OH), **3**, 994
CrC$_{13}$H$_{14}$O$_3$
Cr(CO)$_3$(η^6-C$_6$H$_5$Bu^t), **3**, 1042; **8**, 1022, 1036
CrC$_{13}$H$_{15}$
CrCp(C$_8$H$_{10}$), **3**, 972
CrC$_{13}$H$_{15}$IO$_3$
CrI(CO)$_3$(η^5-C$_5$Me$_5$), **3**, 965
CrC$_{13}$H$_{15}$O$_3$
[Cr(CO)$_3$(η^5-C$_5$Me$_5$)]$^-$, **3**, 963
CrC$_{13}$H$_{18}$N$_2$O$_5$S
Cr(CO)$_5$(Bu^{t}NSNBu^t), **3**, 822
CrC$_{13}$H$_{19}$N$_2$O$_4$
Cr(CO)$_4$(Bu^{t}NCHNBu^t), **3**, 873
CrC$_{14}$H$_8$N$_2$O$_4$
Cr(CO)$_4$(bipy), **3**, 875
CrC$_{14}$H$_{10}$F$_6$
CrCp$_2$(CF$_3$CCCF$_3$), **3**, 971
CrC$_{14}$H$_{10}$O$_6$
Cr{C(OMe)CH=CHPh}(CO)$_5$, **3**, 892, 903
CrC$_{14}$H$_{12}$O$_2$
Cr(η^6-C$_6$H$_5$CHO)$_2$, **3**, 995
CrC$_{14}$H$_{12}$O$_5$
Cr(CO)$_3${η^6-C$_6$H$_5$(CH$_2$CH$_2$O$_2$CCH=CH$_2$)}, **8**, 564
CrC$_{14}$H$_{13}$NO$_3$
Cr(CO)$_3${Ph(CH$_2$)$_4$CN}, **8**, 1036
CrC$_{14}$H$_{13}$O$_4$P
Cr(CO)$_4$(Me$_2$PC$_6$H$_4$CH=CH$_2$), **3**, 955
CrC$_{14}$H$_{14}$
Cr(Tol)$_2$, **3**, 924
CrC$_{14}$H$_{14}$O$_2$
Cr(C$_6$H$_4$OMe)$_2$, **3**, 923, 924
Cr(η^6-C$_6$H$_6$)(η^6-C$_6$H$_5$CO$_2$Me), **3**, 994
CrC$_{14}$H$_{14}$O$_3$
Cr(CO)$_3${η^6-1,3-Me$_2$(indan)}, **8**, 1023
CrC$_{14}$H$_{14}$O$_4$
Cr(CO)$_3$(PhCOBu^t), **8**, 1057
CrC$_{14}$H$_{14}$O$_5$
Cr(CO)$_3$(PhCH$_2$CHMeCO$_2$Me), **8**, 1057
CrC$_{14}$H$_{15}$BrO
CrBr(Nap){$\overline{O(CH_2)_3CH_2}$}, **3**, 924
CrC$_{14}$H$_{15}$NO$_6$
Cr{C(COMe)NHCy}(CO)$_5$, **3**, 905
CrC$_{14}$H$_{16}$
Cr(η^6-C$_6$H$_5$Me)$_2$, **3**, 992
CrC$_{14}$H$_{16}$N$_4$O$_4$
Cr{$\overline{CN(Me)CH=CHNMe}$}$_2(CO)_4$, **3**, 898
CrC$_{14}$H$_{16}$O
Cr(η^6-C$_6$H$_6$){η^6-C$_6$H$_5$CH(OH)Me}, **3**, 994
CrC$_{14}$H$_{16}$O$_2$
Cr(CO)$_3$(C$_6$H$_6$)(C$_6$H$_{10}$), **3**, 1053
Cr(η^6-C$_6$H$_5$OMe)$_2$, **3**, 980, 999; **8**, 1028
CrC$_{14}$H$_{16}$O$_6$S
Cr(CO)$_3$(PhCMe$_2$CH$_2$OSO$_2$Me), **8**, 1056
CrC$_{14}$H$_{17}$
Cr(C$_7$H$_7$)(C$_7$H$_{10}$), **3**, 960
CrC$_{14}$H$_{18}$NO$_3$
[Cr(CO)$_2$(NO)(η^6-C$_6$Me$_6$)]$^+$, **3**, 1052
CrC$_{14}$H$_{18}$N$_2$
Cr(η^6-C$_5$H$_3$Me$_2$N)$_2$, **3**, 1062
CrC$_{14}$H$_{19}$NO$_2$
Cr(CO)(NO)Cp(C$_8$H$_{14}$), **3**, 954
CrC$_{14}$H$_{20}$N$_4$O$_4$
Cr(CO)$_4${$\overline{CN(Me)CH_2CH_2NMe}$}$_2$, **3**, 103
CrC$_{14}$H$_{33}$O$_9$P$_3$
CrH(Cp){P(OMe)$_3$}$_3$, **3**, 964
CrC$_{15}$H$_6$N$_4$O$_3$
Cr(CO)$_3$(C$_6$H$_6$){(NC)$_2$C=C(CN)$_2$}, **3**, 1039
CrC$_{15}$H$_8$O$_6$
Cr(CO)$_3$(C$_6$H$_4$C$_6$H$_4$), **3**, 1018
CrC$_{15}$H$_{10}$N$_2$O$_3$
Cr(CO)$_3$(η^6-C$_6$H$_5$N=NPh), **3**, 1013
CrC$_{15}$H$_{10}$O$_3$S
Cr(CO)$_3$(η^6-C$_6$H$_5$SPh), **3**, 1014
CrC$_{15}$H$_{15}$F$_6$O$_6$P$_3$
Cr(CO)$_3${η^6-C$_6$H$_3$(CH$_2$CH$_2$OPF$_2$)$_3$}, **3**, 1007
CrC$_{15}$H$_{15}$NO$_3$
Cr(CO)$_3${Ph(CH$_2$)$_5$CN}, **8**, 1036
CrC$_{15}$H$_{16}$O$_3$
Cr(CO)$_3$(C$_8$H$_4$Me$_4$), **3**, 139, 1059
CrC$_{15}$H$_{16}$O$_5$
Cr(CO)$_3$(PhCH$_2$CMe$_2$CO$_2$Me), **8**, 1057
CrC$_{16}$H$_8$F$_{12}$
Cr{η^6-C$_6$H$_4$(CF$_3$)$_2$}$_2$, **3**, 985
CrC$_{16}$H$_{10}$N$_3$O$_4$
Cr(CO)$_5$(PhNNNPh), **3**, 822
CrC$_{16}$H$_{10}$O$_3$
Cr(CO)$_3$(η^6-fluorene), **8**, 1045
CrC$_{16}$H$_{10}$O$_4$
Cr(CO)$_3$(η^6-C$_6$H$_5$COPh), **3**, 1010
CrC$_{16}$H$_{11}$ClO$_3$
Cr(CO)$_3$(PhCHClPh), **8**, 1056
CrC$_{16}$H$_{11}$NO$_5$
Cr{C=C=C(Ph)NMe$_2$}(CO)$_5$, **3**, 902
CrC$_{16}$H$_{12}$O$_3$
Cr(CO)$_3$(C$_7$H$_7$Ph), **3**, 1055
CrC$_{16}$H$_{12}$O$_4$
Cr(CO)$_3${η^6-C$_6$H$_5$CH(OH)Ph}, **3**, 1041
CrC$_{16}$H$_{14}$O$_3$
Cr{C(OMe)Ph}(CO)$_2$(C$_6$H$_6$), **3**, 1050
CrC$_{16}$H$_{16}$
Cr(η^6-C$_6$H$_4$CH$_2$CH$_2$)$_2$, **3**, 982
CrC$_{16}$H$_{16}$O$_4$
Cr(η^6-C$_6$H$_5$CO$_2$Me)$_2$, **3**, 980
CrC$_{16}$H$_{18}$
Cr{C$_6$H$_5$(CH$_2$)$_4$C$_6$H$_5$}, **3**, 980
CrC$_{16}$H$_{18}$Cl$_2$N$_3$
CrCl$_2$(Me)(py)$_3$, **3**, 918
CrC$_{16}$H$_{18}$O$_2$P
[CrH(CO)$_2$(η^6-C$_6$H$_6$)(PMe$_2$Ph)]$^+$, **3**, 121, 1041
CrC$_{16}$H$_{18}$O$_4$
Cr(CO)$_4$[MeC$\overline{\{C(Me)=C(Me)\}_2}$CMe], **3**, 959
CrC$_{16}$H$_{19}$O$_4$
CrPh(acac)$_2$, **3**, 917
CrC$_{16}$H$_{20}$
Cr(η^6-C$_6$H$_4$Me$_2$)$_2$, **3**, 987
[Cr(η^6-C$_6$H$_5$Et)$_2$]$^+$, **3**, 989
CrC$_{16}$H$_{22}$
Cr(C$_8$H$_{11}$)$_2$, **3**, 973
CrC$_{16}$H$_{22}$N$_2$
Cr(η^6-C$_6$H$_5$NMe$_2$)$_2$, **3**, 980
CrC$_{16}$H$_{36}$
CrBu$^t{}_4$, **3**, 916, 937
CrC$_{17}$H$_{10}$O$_3$
Cr(CO)$_3$(C$_{14}$H$_{10}$), **3**, 1015, 1023
CrC$_{17}$H$_{10}$O$_6$
Cr{C(OMe)(Nap)}(CO)$_5$, **3**, 906
CrC$_{17}$H$_{14}$O$_3$
Cr(CO)$_3$Me(η^5-fluorenyl), **8**, 1046
Cr(CO)$_3$(PhCH$_2$CH$_2$Ph), **8**, 1060
CrC$_{17}$H$_{14}$O$_4$

$CrC_{17}H_{20}O_8$
  $Cr(CO)_3\{\eta^6\text{-}C_6H_5CMe(OH)Ph\}$, **3**, 1019
  $Cr(CO)_3\{\eta^6\text{-}\overline{C_6H_4(OCH_2CH_2)_4O}\}$, **3**, 1009
$CrC_{17}H_{22}N_2O_5$
  $Cr(CO)_5(CyN=NCy)$, **3**, 822
$CrC_{18}H_{10}N_2O_4$
  $Cr(CO)_4(CNPh)_2$, **3**, 885
$CrC_{18}H_{10}O_5$
  $Cr(CPh_2)(CO)_5$, **3**, 906
$CrC_{18}H_{10}O_5S$
  $Cr\{C(SPh)Ph\}(CO)_5$, **3**, 891
$CrC_{18}H_{11}F_5$
  $Cr(C_6H_6)(C_6F_5Ph)$, **8**, 1028
$CrC_{18}H_{13}NO_4$
  $Cr(CO)_2(C_6H_6)\{\overline{CH=CHCON(Ph)CO}\}$, **3**, 1054
$CrC_{18}H_{15}NO_3$
  $Cr(CO)_3\{\eta^6\text{-}C_6H_4(Me)CH=N(Tol)\}$, **3**, 1013
$CrC_{18}H_{15}NO_5$
  $Cr(CO)_3\{\eta^6\text{-}C_6H_3(NH_2)(Tol)(CO_2Me)\}$, **3**, 1026
$CrC_{18}H_{16}$
  $Cr(\eta^6\text{-}C_6H_6)(\eta^6\text{-}C_6H_5Ph)$, **3**, 975
  $[CrCp(C_7H_6Ph)]^+$, **3**, 972
$CrC_{18}H_{16}O_3$
  $Cr(CO)_3\{\eta^6\text{-}C_6H_5(CH_2)_3Ph\}$, **3**, 1040
$CrC_{18}H_{17}NO_3$
  $Cr(CO)_3\{C_7H_7(C_6H_4NMe_2)\}$, **3**, 1064
$CrC_{18}H_{24}$
  $Cr(\eta^6\text{-}C_6H_3Me_3)_2$, **3**, 977
$CrC_{18}H_{25}NO_5S_2$
  $Cr[C(OEt)\{C(OEt)=\overline{CS(CH_2)_3S}\}]\text{-}(CO)_3(CNBu^t)$, **3**, 887
$CrC_{18}H_{29}Cl_2O_3$
  $CrCl_2(Ph)\{\overline{O(CH_2)_3CH_2}\}_3$, **3**, 917
$CrC_{19}H_{14}O_3$
  $Cr(CO)_3(\eta^6\text{-}C_6H_5CH=CHCH=CHPh)$, **3**, 1014
$CrC_{19}H_{16}O$
  $Cr(\eta^6\text{-}C_6H_6)(\eta^6\text{-}C_6H_5COPh)$, **3**, 987, 994
$CrC_{19}H_{16}O_2$
  $[Cr(\eta^6\text{-}C_6H_5CO_2H)(\eta^6\text{-}C_6H_5Ph)]^+$, **3**, 977; **8**, 253
$CrC_{19}H_{18}O$
  $Cr(\eta^6\text{-}C_6H_6)\{\eta^6\text{-}C_6H_5CH(OH)Ph\}$, **3**, 994
$CrC_{19}H_{18}O_3$
  $Cr(CO)_3\{Ph(CH_2)_4Ph\}$, **8**, 1057
$CrC_{19}H_{24}O_2P$
  $[CrH(CO)_2(PMe_2Ph)(\eta^6\text{-}C_6H_3Me_3)]^+$, **3**, 121
$CrC_{19}H_{35}P_3$
  $Cr(C_{10}H_8)(PMe_3)_3$, **3**, 991
$CrC_{20}H_{10}O_5$
  $Cr\{\overline{CC(Ph)C}Ph\}(CO)_5$, **3**, 894, 896
$CrC_{20}H_{16}$
  $Cr(C_{10}H_8)_2$, **3**, 982
$CrC_{20}H_{20}O_4$
  $Cr(\eta^6\text{-}C_6H_5CH=CHCO_2Me)_2$, **3**, 995
$CrC_{20}H_{23}N_2O_2$
  $Cr(NNPh)(CO)_2(\eta^6\text{-}C_6Me_6)$, **3**, 1052
  $[Cr(N_2Ph)(CO)_2(\eta^6\text{-}C_6Me_6)]^+$, **3**, 1037
$CrC_{20}H_{24}F_4$
  $Cr(\eta^6\text{-}C_6H_6)(\eta^6\text{-}C_6F_4Bu^t_2)$, **3**, 998
$CrC_{20}H_{44}$
  $Cr(CH_2Bu^t)_4$, **3**, 937
$CrC_{21}H_{12}O_3$
  $Cr(CO)_3(\overline{C_6H_4C_6H_4C_6H_4})$, **3**, 1016
$CrC_{21}H_{14}O_3$
  $Cr(CO)_3(\eta^5\text{-}C_5H_4CPh_2)$, **3**, 970; **8**, 1052
$CrC_{21}H_{15}O_3P$
  $Cr(CO)_3(\eta^6\text{-}C_6H_5PPh_2)$, **3**, 1041

$CrC_{21}H_{16}O_4S$
  $Cr(CO)_3\{\eta^6\text{-}\overline{CHC(Ph)CHC(Ph)CHS}\text{-}(O)Me\}$, **3**, 1062
$CrC_{21}H_{27}Cl_2O_2$
  $CrCl_2(CHPh_2)\{\overline{O(CH_2)_3CH_2}\}_2$, **3**, 917
$CrC_{21}H_{27}F_9O_3$
  $Cr(CO)_3\{Bu^tC(F)=CF_2\}_3$, **3**, 954
$CrC_{21}H_{30}O_3$
  $Cr(CO)_3(\eta^6\text{-}C_6Et_6)$, **3**, 1024
  $Cr(CO)_3(\eta^6\text{-}C_6H_3Bu^t_3)$, **3**, 1025
$CrC_{22}H_{16}O_2$
  $Cr(CO)_2(C_6H_6)(PhC\equiv CPh)$, **3**, 1051
$CrC_{22}H_{22}Cl_2N_3$
  $CrCl_2(Bz)(py)_3$, **3**, 917
$CrC_{22}H_{24}O_3$
  $Cr(CO)_3\{\eta^6\text{-}C_6H_2(Me)_3CH_2(Mes)\}$, **3**, 1025
$CrC_{22}H_{28}O_4$
  $Cr(\eta^6\text{-}C_6H_5CH_2CH_2CO_2Et)_2$, **3**, 995
$CrC_{23}H_{14}O_3$
  $Cr(CO)_3\{\overline{HC(C_6H_4)_3CH}\}$, **3**, 1016
$CrC_{23}H_{15}O_5P$
  $Cr(CO)_5(PPh_3)$, **8**, 406
$CrC_{23}H_{20}Br_2P$
  $CrBr_2(Cp)(PPh_3)$, **3**, 969
$CrC_{24}H_{15}N_3O_3$
  $Cr(CO)_3(CNPh)_3$, **3**, 885
$CrC_{24}H_{20}$
  $Cr(\eta^6\text{-}C_6H_5Ph)_2$, **3**, 975
  $[CrPh_4]^-$, **3**, 932, 936
$CrC_{24}H_{21}O_3P$
  $Cr(CO)_3\{\eta^6\text{-}C_6H_4(Me)P(Tol)_2\}$, **3**, 1014
$CrC_{24}H_{33}O_3S_3$
  $Cr(\overline{C=CHCH=CHS})_3\{\overline{O(CH_2)_3CH_2}\}_3$, **3**, 921
$CrC_{24}H_{36}$
  $Cr(\eta^6\text{-}C_6Me_6)_2$, **3**, 29, 984
$CrC_{25}H_{19}O_4P$
  $Cr(CO)_4(MeCH=CHC_6H_4PPh_2)$, **3**, 956
$CrC_{25}H_{22}O$
  $Cr(\eta^6\text{-}C_6H_6)(\eta^6\text{-}C_6H_5CPh_2OH)$, **3**, 994
$CrC_{26}H_{17}O_3P$
  $Cr(CO)_3(\eta^6\text{-}C_5H_2Ph_3P)$, **3**, 1062
$CrC_{26}H_{19}O_3P$
  $Cr(CO)_3(\eta^5\text{-}C_5H_4PPh_3)$, **3**, 970
$CrC_{26}H_{21}O_2P$
  $Cr(CO)_2(C_6H_6)(PPh_3)$, **3**, 1039, 1051
$CrC_{26}H_{21}O_5P$
  $Cr\{C(OEt)C_6H_4CH_2PPh_2\}(CO)_4$, **3**, 895
$CrC_{26}H_{24}$
  $Cr(C_6H_5CH_2C_6H_5)_2$, **3**, 980
$CrC_{26}H_{31}O_2$
  $CrPh_3\{\overline{O(CH_2)_3CH_2}\}_2$, **3**, 921, 976
$CrC_{27}H_{18}O_3$
  $Cr(CO)_3(\eta^6\text{-}C_6H_3Ph_3)$, **3**, 1011
$CrC_{27}H_{23}N_2O_4P$
  $Cr\{\overline{CN(Me)CH=CHNMe}\}(CO)_4(PPh_3)$, **3**, 898
$CrC_{27}H_{36}N_3$
  $Cr(CH_2C_6H_4NMe_2)_3$, **8**, 253
$CrC_{28}H_{22}O_2$
  $Cr(CO)_2(\eta^6\text{-}C_6Me_6)(PhC\equiv CPh)$, **3**, 1052
$CrC_{28}H_{22}O_3P$
  $[Cr(CO)_3(C_7H_7PPh_3)]^+$, **3**, 1064
$CrC_{28}H_{23}O_3P$
  $Cr(CO)_3(nbd)(PPh_3)$, **3**, 959
$CrC_{28}H_{25}O_4PS$

CrC$_{28}$H$_{25}$O$_4$PS
    Cr(CO)(CS)(η^6-C$_6$H$_4$Me$_2$){P(OPh)$_3$}, **3**, 1053
CrC$_{28}$H$_{26}$
    [Cr(η^6-C$_6$H$_5$CH$_2$CHPh)$_2$]$^+$, **3**, 979
CrC$_{28}$H$_{28}$O$_2$
    Cr(η^6-C$_6$H$_5$CH$_2$OBz)$_2$, **3**, 983
CrC$_{28}$H$_{28}$O$_4$
    [Cr(C$_6$H$_4$OMe)$_4$]$^-$, **3**, 923
CrC$_{28}$H$_{36}$N$_3$O$_2$
    Cr(CH$_2$C$_6$H$_4$NMe$_2$)$_2$(O$_2$CCH$_2$C$_6$H$_4$NMe$_2$), **8**, 253
CrC$_{29}$H$_{24}$O$_3$P
    [Cr(CO)$_3$(C$_8$H$_9$PPh$_3$)]$^+$, **3**, 1066
CrC$_{29}$H$_{25}$O$_6$PS
    Cr(CO)(CS){η^6-C$_6$H$_4$(Me)(CO$_2$Me)}{P(OPh)$_3$}, **3**, 1053
CrC$_{30}$H$_{20}$N$_4$O$_2$
    Cr(CO)$_2$(CNPh)$_4$, **3**, 885
CrC$_{30}$H$_{23}$N$_2$O$_4$PS
    Cr(CO)$_2$(SO$_2$)(bipy)(PPh$_3$), **3**, 846
CrC$_{30}$H$_{25}$
    [CrPh$_5$]$^{3-}$, **3**, 917
    [CrPh$_5$]$^{2-}$, **3**, 932
CrC$_{30}$H$_{39}$O$_3$
    CrPh$_3${$\overline{\text{O(CH}_2\text{)}_3\text{CH}_2}$}$_3$, **3**, 916, 920; **8**, 253
CrC$_{30}$H$_{54}$N$_6$
    Cr(CNBu^t)$_6$, **3**, 991
CrC$_{31}$H$_{20}$O$_4$
    Cr(CO)$_3${$\overline{\eta^6\text{-C}_6\text{H}_5\text{-}}$
    $\overline{\text{C=C(Ph)C(Ph)=C(Ph)O}}$}, **3**, 1011
CrC$_{32}$H$_{26}$N$_4$
    CrPh$_2$(bipy)$_2$, **3**, 923
    [CrPh$_2$(bipy)$_2$]$^+$, **3**, 926
CrC$_{32}$H$_{32}$
    Cr(η^6-$\overline{\text{C}_6\text{H}_4\text{CH}_2\text{CH}_2\text{C}_6\text{H}_4\text{CH}_2}$)$_2$, **3**, 982
CrC$_{32}$H$_{33}$O$_2$P
    Cr(CO)$_2$(η^6-C$_6$Me$_6$)(PPh$_3$), **3**, 1052
CrC$_{32}$H$_{36}$
    Cr{C$_6$H$_5$(CH$_2$)$_4$C$_6$H$_5$}$_2$, **3**, 980
CrC$_{33}$H$_{24}$N$_3$
    Cr{C$_6$H$_4$(C$_5$H$_4$N)}$_3$, **3**, 920
CrC$_{33}$H$_{48}$N$_3$
    Cr(C$_6$H$_4$CH$_2$NEt$_2$)$_3$, **3**, 920
CrC$_{35}$H$_{28}$NO$_7$P
    Cr(CNCOPh)(CO)(η^6-C$_6$H$_5$CO$_2$Me){P(OPh)$_3$}, **3**, 1053
CrC$_{36}$H$_{25}$N$_5$O
    Cr(CO)(CNPh)$_5$, **3**, 885
CrC$_{36}$H$_{30}$
    [CrPh$_6$]$^{3-}$, **3**, 916, 932
CrC$_{36}$H$_{30}$P$_2$
    Cr(η^6-C$_6$H$_5$PPh$_2$)$_2$, **3**, 983, 996
CrC$_{36}$H$_{48}$P$_3$
    [Cr(C≡CPh)$_3$(CH$_2$PMe$_3$)$_3$], **3**, 936
CrC$_{37}$H$_{38}$N$_2$OP
    Cr(NNPh)(CO)(η^6-C$_6$Me$_6$)(PPh$_3$), **3**, 1052
CrC$_{38}$H$_{31}$N$_4$
    [CrPh$_3$(bipy)$_2$]$^+$, **3**, 924
CrC$_{38}$H$_{45}$O$_2$P
    Cr(CO)$_2$(η^6-C$_6$Et$_6$)(PPh$_3$), **3**, 1051
CrC$_{39}$H$_{30}$O$_3$P$_3$
    [Cr(PPh$_2$)$_3$(CO)$_3$]$^{3-}$, **3**, 839
CrC$_{40}$H$_{30}$O$_4$P$_2$
    Cr(CO)$_4$(PPh$_3$)$_2$, **3**, 817
CrC$_{40}$H$_{44}$
    Cr{C(Ph)=CMe$_2$}$_4$, **3**, 938
CrC$_{42}$H$_{30}$N$_6$
    Cr(CNPh)$_6$, **3**, 1140
CrC$_{44}$H$_{30}$O$_4$P$_2$
    Cr(CO)$_4$(Ph$_2$PC≡CPh)$_2$, **3**, 836

CrC$_{44}$H$_{46}$N$_2$O$_2$
    [CrPh$_2$(NPh$_2$)$_2${$\overline{\text{O(CH}_2\text{)}_3\text{CH}_2}$}$_2$]$^{2-}$, **3**, 930
CrC$_{54}$H$_{48}$O$_2$P$_4$
    Cr(CO)$_2$(diphos)$_2$, **3**, 814
CrC$_{56}$H$_{48}$O$_4$P$_4$
    Cr(CO)$_4$(diphos)$_2$, **3**, 841
CrC$_{57}$H$_{48}$P$_3$
    $\overline{\text{Cr(C}_6\text{H}_4\text{PPh}_2\text{CH}_2\text{)}_3}$, **3**, 936
CrCoC$_9$O$_9$
    [CrCo(CO)$_9$]$^-$, **6**, 826
CrCoC$_{12}$H$_5$O$_7$
    CrCo(CO)$_7$Cp, **6**, 792, 826
CrCoC$_{14}$H$_{14}$O$_5$PS$_2$
    Co{CS$_2$Cr(CO)$_5$}Cp(PMe$_3$), **5**, 182
CrCoC$_{38}$H$_{28}$O$_4$P$_2$
    [Cr(CO)$_4${Co(η^5-C$_5$H$_4$PPh$_2$)$_2$}]$^+$, **3**, 853; **5**, 247
CrCoFeC$_{13}$H$_5$O$_8$S
    CrFeCo(S)(CO)$_8$Cp, **6**, 852
CrCo$_2$C$_{11}$HO$_{11}$P
    CrCo$_2$(CO)$_{11}$(PH), **6**, 783, 846
CrCo$_2$C$_{13}$H$_3$O$_{11}$P
    Co$_2$(CMe){PCr(CO)$_5$}(CO)$_6$, **5**, 168
CrCo$_2$C$_{14}$H$_6$O$_8$
    CrCo$_2$(CH)(CO)$_8$Cp, **5**, 177; **6**, 852
CrCo$_2$C$_{31}$H$_{37}$O$_4$
    CrCo$_2$(CO)$_4$(η^5-C$_5$Me$_5$)$_2$(C$_6$H$_5$Me), **6**, 852
CrCo$_2$FeC$_{14}$O$_{14}$S
    FeCrCo$_2$(S)(CO)$_{14}$, **6**, 852
CrCuC$_8$H$_7$O$_4$
    Cr{Cu(H$_2$O)}(CO)$_3$Cp, **3**, 963
CrFeC$_9$O$_9$
    [CrFe(CO)$_9$]$^{2-}$, **6**, 826
CrFeC$_{11}$H$_5$O$_6$
    [CrFe(CO)$_6$Cp]$^-$, **6**, 826
CrFeC$_{11}$H$_{12}$O$_7$P$_2$
    (CO)$_3$Fe(PMe$_2$PMe$_2$)Cr(CO)$_4$, **4**, 301
CrFe(PMe$_2$)$_2$(CO)$_7$, **6**, 826
CrFeC$_{14}$H$_9$BrO$_4$
    CrBr(CFc)(CO)$_4$, **3**, 911
CrFeC$_{15}$H$_{10}$O$_5$
    CrFe(CO)$_5$Cp$_2$, **6**, 792, 826
CrFeC$_{17}$H$_{12}$O$_6$
    Cr{C(OMe)Fc}(CO)$_5$, **3**, 1021; **8**, 1058
CrFeC$_{19}$H$_{11}$F$_5$O$_2$
    Cr(η^6-C$_6$H$_6$){η^6-C$_6$F$_5$(Fp)}, **3**, 998
CrFeC$_{20}$H$_{14}$O$_4$
    Cr(CO)$_3$(η^6-C$_6$H$_5$COFc), **3**, 1014
CrFeC$_{20}$H$_{14}$O$_6$
    (CO)$_3$Cr(C$_7$H$_7$C$_7$H$_7$)Fe(CO)$_3$, **3**, 1064
CrFeC$_{21}$H$_{18}$O$_3$
    Cr(CO)$_3$(η^6-C$_6$H$_5$CH$_2$CH$_2$Fc), **3**, 1014
CrFeC$_{22}$H$_{14}$O$_6$
    Cr(CO)$_3$(η^6-C$_6$H$_5$CH=CHCH=CHPh)Fe(CO)$_3$, **3**, 1014
CrFeC$_{23}$H$_{17}$F$_5$O
    Cr(η^6-C$_6$H$_6$){η^6-C$_6$F$_5$CH(OH)Fc}, **3**, 998
CrFeC$_{30}$H$_{22}$O$_5$
    Cr(CO)$_3${$\overline{\eta^6\text{-C}_6\text{H}_5\text{C=C(OMe)OC(Fc)=C}}$-Ph}, **3**, 1021
CrFeC$_{31}$H$_{20}$O$_7$P$_2$
    (CO)$_4$Cr(PPh$_2$)$_2$Fe(CO)$_3$, **8**, 331
CrFeC$_{38}$H$_{28}$O$_4$P$_2$
    Cr(CO)$_4$[{Ph$_2$P(C$_5$H$_4$)}$_2$Fe], **3**, 853
CrFe$_2$C$_{17}$H$_5$O$_{11}$P
    CrFe$_2$(PPh)(CO)$_{11}$, **6**, 852
CrFe$_2$C$_{19}$H$_5$O$_{13}$P
    {(CO)$_4$Fe}$_2$(PPh)}Cr(CO)$_5$}, **4**, 303

CrFe$_2$C$_{32}$H$_{28}$
  Cr(η^6-C$_6$H$_5$Fc)$_2$, **3**, 979
CrFe$_2$SbC$_{19}$H$_5$O$_{13}$
  {(CO)$_4$Fe}$_2$(SbPh){Cr(CO)$_5$}, **4**, 303
CrFe$_4$C$_7$O$_6$
  CrFe$_4$(CO)$_6$C, **6**, 852
CrFe$_4$C$_{17}$O$_{16}$
  CrFe$_4$(CO)$_{16}$C, **4**, 647
CrFe$_5$C$_{18}$O$_{17}$
  [CrFe$_5$(CO)$_{17}$C]$^{2-}$, **4**, 647; **6**, 773
  CrFe$_5$(CO)$_{17}$C, **6**, 852
CrGeC$_5$Cl$_2$O$_5$
  Cr(GeCl$_2$)(CO)$_5$, **3**, 809
CrGeC$_7$H$_6$O$_5$S$_2$
  Cr{Ge(SMe)$_2$}(CO)$_5$, **2**, 489
CrGeC$_9$H$_8$Cl$_2$O$_6$
  Cr(GeCl$_2$)(CO)$_5${$\overline{O(CH_2)_3CH_2}$}, **1**, 198
CrGeC$_{11}$H$_{14}$O$_3$
  Cr(GeMe$_3$)(CO)$_3$Cp, **3**, 963
CrGeC$_{11}$H$_{14}$O$_6$
  Cr(GeMe$_2$)(CO)$_5${$\overline{O(CH_2)_3CH_2}$}, **6**, 1054
CrGeC$_{12}$H$_{14}$O$_3$
  Cr(CO)$_3${η^6-C$_6$H$_5$(GeMe$_3$)}, **3**, 1003
CrGeC$_{17}$H$_{20}$O$_3$
  Cr(CO)$_3$(η^6-C$_6$H$_5$C≡CGeEt$_3$), **3**, 1006, 1046; **8**, 1056
CrGeC$_{23}$H$_{15}$O$_5$
  [Cr(GePh$_3$)(CO)$_5$]$^-$, **6**, 1046
CrGeC$_{23}$H$_{22}$O$_5$
  Cr(GeMes$_2$)(CO)$_5$, **1**, 198; **2**, 489
CrGeC$_{23}$H$_{22}$O$_5$S$_2$
  Cr{Ge(SMes)$_2$}(CO)$_5$, **6**, 1054
CrGeSi$_4$C$_{19}$H$_{38}$O$_5$
  Cr[Ge{CH(SiMe$_3$)$_2$}$_2$](CO)$_5$, **2**, 130
CrGe$_2$C$_{11}$H$_{18}$O$_5$Se
  Cr(CO)$_5${Se(GeMe$_3$)$_2$}, **3**, 796
CrGe$_2$C$_{11}$H$_{18}$O$_5$Te
  Cr(CO)$_5${Te(GeMe$_3$)$_2$}, **2**, 447; **3**, 880
CrGe$_2$Si$_8$C$_{32}$H$_{78}$O$_4$
  Cr[Ge{CH(SiMe$_3$)$_2$}$_2$]$_2$(CO)$_4$, **6**, 1054
CrGe$_3$C$_{14}$H$_{27}$O$_5$P
  Cr(CO)$_5${P(GeMe$_3$)$_3$}, **3**, 832
CrGe$_3$SbC$_{14}$H$_{27}$O$_5$
  Cr(CO)$_5${Sb(GeMe$_3$)$_3$}, **3**, 797
CrHgC$_8$H$_5$ClO$_3$
  Cr(HgCl)(CO)$_3$Cp, **3**, 962
CrHgC$_9$H$_5$ClO$_3$
  Cr(CO)$_3$(η^6-C$_6$H$_5$HgCl), **3**, 1043
CrHgC$_{12}$H$_{12}$Cl$_2$O$_3$
  Cr(CO)$_3$(HgCl$_2$)(η^6-C$_6$H$_3$Me$_3$), **3**, 1039
CrHgC$_{13}$H$_{15}$ClO$_3$
  Cr(HgCl)(CO)$_3$(η^5-C$_5$Me$_5$), **3**, 963
CrHg$_2$C$_{12}$H$_{11}$Cl$_4$O$_3$
  Cr(Mes)(HgCl$_2$)$_2$(CO)$_3$, **6**, 985
CrInC$_5$Br$_3$O$_5$
  [Cr(InBr$_3$)(CO)$_5$]$^{2-}$, **6**, 962
CrLiC$_9$H$_5$O$_3$
  Cr(CO)$_3$(η^6-C$_6$H$_5$Li), **3**, 1041; **8**, 1041
CrLiC$_{12}$H$_6$F$_5$
  Cr(η^6-C$_6$H$_6$)(η^6-C$_6$F$_5$Li), **3**, 998
CrLi$_2$C$_{12}$H$_{10}$
  Cr(η^6-C$_6$H$_5$Li)$_2$, **3**, 995
CrMnC$_{10}$O$_{10}$
  [CrMn(CO)$_{10}$]$^-$, **4**, 28; **6**, 771, 796, 825
CrMnC$_{12}$H$_5$N$_2$O$_7$
  (CO)$_5$Cr(N$_2$)Mn(CO)$_2$Cp, **4**, 129
CrMnC$_{12}$H$_6$P

(CO)$_5$Cr(PMe$_2$)Mn(CO)$_5$, **3**, 846
CrMnC$_{12}$H$_9$N$_2$O$_7$
  (CO)$_5$Cr(N$_2$H$_4$)Mn(CO)$_2$Cp, **4**, 129
CrMnC$_{13}$H$_5$O$_8$
  CrMn(CO)$_8$Cp, **6**, 792, 826
CrMnC$_{16}$H$_5$O$_9$
  CrMn(CPh)(CO)$_9$, **6**, 826
CrMnC$_{17}$H$_{11}$NO$_6$
  Cr(CO)$_3$[η^6-C$_6$H$_5$CH$_2$$\overline{C=CHCH=CHN}$-H{Mn(CO)$_3$}], **3**, 1015
CrMnC$_{42}$H$_{33}$BrO$_8$P$_3$
  MnBr(CO)$_3$[Ph$_2$P(CH$_2$)$_2$P(Ph)(CH$_2$)$_2$PPh$_2${Cr(CO)$_5$}], **4**, 54
CrMn$_2$C$_{18}$H$_{12}$O$_{14}$P$_2$
  Cr(CO)$_4${(PMe$_2$)Mn(CO)$_5$}$_2$, **3**, 846
CrMoC$_{10}$HO$_{10}$
  [(CO)$_5$Cr(H)Mo(CO)$_5$]$^-$, **3**, 816
CrMoC$_{10}$O$_{10}$
  [CrMo(CO)$_{10}$]$^{2-}$, **6**, 825
CrMoC$_{12}$H$_{12}$O$_8$P$_2$
  (CO)$_4$Cr(PMe$_2$)$_2$Mo(CO)$_4$, **3**, 861; **6**, 782, 825; **8**, 331
CrMoC$_{14}$H$_7$NO$_8$
  CrMo(CO)$_8$(η^6-C$_6$H$_5$NH$_2$), **3**, 1014
CrMoC$_{14}$H$_8$O$_8$S
  (CO)$_5$Cr(SMe)Mo(CO)$_3$Cp, **3**, 1191
CrMoC$_{14}$H$_{12}$O$_{10}$P$_2$
  CrMo(Me$_2$PPMe$_2$)(CO)$_{10}$, **6**, 782
CrMoC$_{15}$H$_{12}$O$_5$
  CrMoH$_2$(CO)$_5$Cp$_2$, **6**, 819, 825
CrMoC$_{16}$H$_{10}$O$_6$
  Cp(CO)$_3$MoCr(CO)$_3$Cp, **3**, 1187; **6**, 792, 825
CrMoC$_{16}$H$_{16}$O$_{10}$P$_2$
  (CO)$_5$Cr(dmpe)Mo(CO)$_5$, **3**, 847
CrMoC$_{40}$H$_{30}$O$_4$P$_2$
  Mo(CO)$_4$[{Ph$_2$P(C$_6$H$_5$)}$_2$Cr], **3**, 854
CrMoSbC$_{13}$H$_5$Br$_2$O$_8$
  Cp(CO)$_3$Mo(SbBr$_2$)Cr(CO)$_5$, **3**, 1191
CrNbC$_{16}$H$_{11}$O$_6$
  NbCrH(CO)$_6$Cp$_2$, **3**, 714
CrNiC$_9$H$_5$O$_4$
  CrNi(CO)$_4$Cp, **6**, 826
CrNiC$_{14}$H$_{10}$O$_4$
  CpNi(CO)Cr(CO)$_3$Cp, **6**, 200, 203, 778, 792
CrNiSbC$_{13}$H$_{11}$O$_6$
  Ni(CO)$_3${SbMe$_2$Cr(CO)$_3$Cp}, **6**, 20
CrPbC$_{11}$H$_{14}$O$_3$
  Cr(PbMe$_3$)(CO)$_3$Cp, **3**, 963
CrPbC$_{23}$H$_{15}$O$_5$
  [Cr(PbPh$_3$)(CO)$_5$]$^-$, **2**, 668; **6**, 1046
CrPbC$_{26}$H$_{20}$O$_3$
  Cr(PbPh$_3$)(CO)$_3$Cp, **3**, 962
CrPb$_2$C$_{11}$H$_{18}$O$_5$Se
  Cr(CO)$_5${Se(PbMe$_3$)$_2$}, **3**, 796
CrPb$_2$C$_{11}$H$_{18}$O$_5$Te
  Cr(CO)$_5${Te(PbMe$_3$)$_2$}, **3**, 880
CrPdC$_{36}$H$_{30}$Cl$_2$P$_2$
  PdCl$_2${(Ph$_2$PC$_6$H$_5$)$_2$Cr}, **3**, 983
CrPtC$_{18}$H$_{23}$N$_2$O$_3$
  CrPt(CO)$_3$(CNBu^t)$_2$Cp, **6**, 826
CrPtC$_{18}$H$_{23}$O$_5$P$_2$
  [CrPt(CPh)(CO)$_5$(PMe$_3$)$_2$]$^+$, **6**, 826
CrPtC$_{19}$H$_{26}$O$_6$P$_2$
  CrPt{C(Ph)OMe}(CO)$_5$(PMe$_3$)$_2$, **6**, 826
CrPtC$_{20}$H$_{32}$O$_4$P$_3$
  [CrPt(CPh)(CO)$_4$(PMe$_3$)$_3$]$^+$, **6**, 483

CrPtC$_{22}$H$_{35}$O$_6$P$_3$
    CrPt{C(Ph)CO$_2$Me}(CO)$_4$(PMe$_3$)$_3$, **6**, 483, 826
CrPt$_2$C$_{25}$H$_{44}$O$_7$P$_4$
    {(Me$_3$P)$_2$Pt}$_2${C(OMe)Ph}{Cr(CO)$_6$}, **6**, 484
CrPt$_2$C$_{50}$H$_{74}$O$_7$P$_2$
    CrPt{C(Ph)OMe}(CO)$_6$(PCy$_3$)$_2$, **6**, 852
CrReC$_{10}$O$_{10}$
    [CrRe(CO)$_{10}$]$^-$, **6**, 796, 826
CrReC$_{12}$H$_6$P
    (CO)$_5$Cr(PMe$_2$)Re(CO)$_5$, **3**, 846
CrReC$_{16}$H$_5$O$_9$
    CrRe(CPh)(CO)$_9$, **6**, 826
CrReC$_{17}$H$_6$F$_5$O$_5$
    Cr(η^6-C$_6$H$_6$){η^6-C$_6$F$_5$Re(CO)$_5$}, **3**, 998
CrRuC$_{18}$H$_{14}$O$_6$
    RuCp[η^5-C$_5$H$_4${C(OEt)Cr(CO)$_5$}], **4**, 769
CrSbC$_5$H$_3$O$_5$
    Cr(CO)$_5$(SbH$_3$), **3**, 797, 863
CrSbC$_8$H$_5$Br$_2$O$_3$
    Cr(SbBr$_2$)(CO)$_3$Cp, **3**, 966
CrSbC$_8$H$_5$O$_3$
    Cr(CO)$_3$(C$_5$H$_5$Sb), **3**, 864
CrSbC$_8$H$_{12}$ClO$_3$
    CrCl(CMe)(CO)$_3$(SbMe$_3$), **3**, 909
CrSbC$_9$H$_{12}$O$_4$
    [Cr(CMe)(CO)$_4$(SbMe$_3$)]$^+$, **3**, 908
CrSbC$_{11}$H$_{18}$N$_3$O$_5$
    Cr(CO)$_5${Sb(NMe$_2$)$_3$}, **3**, 867
CrSbC$_{23}$H$_{15}$O$_5$
    Cr(CO)$_5$(SbPh$_3$), **3**, 881
CrSbC$_{23}$H$_{20}$N$_2$O$_2$
    [Cr(NO)$_2$Cp(SbPh$_3$)]$^+$, **3**, 968
CrSbSn$_3$C$_{14}$H$_{27}$O$_5$
    Cr(CO)$_5${Sb(SnMe$_3$)$_3$}, **3**, 797
CrSbWC$_{13}$H$_5$Br$_2$O$_8$
    Cp(CO)$_3$W(SbBr$_2$)Cr(CO)$_5$, **3**, 1340
CrSiC$_8$H$_7$Cl$_3$O$_2$
    CrH(SiCl$_3$)(CO)$_2$(η^6-C$_6$H$_6$), **3**, 1036; **6**, 1064
CrSiC$_8$H$_8$O$_3$
    Cr(SiH$_3$)(CO)$_3$Cp, **3**, 966; **6**, 1045
CrSiC$_9$H$_5$Cl$_3$O$_3$
    Cr(CO)$_3${η^6-C$_6$H$_5$(SiCl$_3$)}, **3**, 1003
CrSiC$_{10}$H$_{12}$O$_6$
    Cr{C(Me)OSiMe$_3$}(CO)$_5$, **3**, 890
CrSiC$_{11}$H$_{14}$O$_3$
    Cr(SiMe$_3$)(CO)$_3$Cp, **6**, 1049
CrSiC$_{12}$H$_{14}$O$_3$
    Cr(CO)$_3${η^6-C$_6$H$_5$(SiMe$_3$)}, **3**, 1003, 1041, 1046; **8**, 1036, 1056
CrSiC$_{13}$H$_{14}$O$_3$
    Cr(CO)$_3$(η^6-$\overline{\text{C}_6\text{H}_4\text{CH}_2\text{SiMe}_2\text{CH}_2}$), **3**, 1008
CrSiC$_{13}$H$_{16}$O$_3$
    Cr(CO)$_3$(η^6-C$_6$H$_5$CH$_2$SiMe$_3$), **3**, 1003, 1046; **8**, 1056
CrSiC$_{14}$H$_{14}$O$_3$
    Cr(CO)$_3$(η^6-C$_6$H$_5$C≡CSiMe$_3$), **3**, 1006
CrSiC$_{15}$H$_{15}$F$_5$
    Cr(η^6-C$_6$H$_6$){η^6-C$_6$F$_5$(SiMe$_3$)}, **3**, 998
CrSiC$_{16}$H$_{18}$O$_5$
    Cr(CO)$_3${C$_{10}$H$_5$(OH)(OMe)(SiMe$_3$)}, **2**, 43
CrSiC$_{17}$H$_{32}$N$_2$O
    CrPh(OSiMe$_3$)(NBu^t)$_2$, **2**, 158
CrSiC$_{21}$H$_{18}$O$_3$
    Cr(CO)$_3${Me$_2$$\overline{\text{SiC(Ph)}}$=CHCH=$\overline{\text{CCPh}}$}, **2**, 258
CrSiC$_{26}$H$_{20}$O$_6$
    Cr{C(OEt)(SiPh$_3$)}(CO)$_5$, **2**, 94
CrSiC$_{26}$H$_{21}$NO$_5$
    Cr{C(NMe$_2$)SiPh$_3$}(CO)$_5$, **3**, 892
CrSi$_2$C$_8$H$_6$Cl$_6$O$_2$
    Cr(SiCl$_3$)$_2$(CO)$_2$(η^6-C$_6$H$_6$), **3**, 1036; **6**, 1064
CrSi$_2$C$_8$H$_{22}$
    Cr(CH$_2$SiMe$_3$)$_2$, **3**, 924
CrSi$_2$C$_{13}$H$_{20}$O$_3$
    Cr(Si$_2$Me$_5$)(CO)$_3$Cp, **3**, 966
CrSi$_2$C$_{15}$H$_{22}$O$_3$
    Cr(CO)$_3${η^6-C$_6$H$_4$(SiMe$_3$)$_2$}, **3**, 1003, 1018
CrSi$_2$C$_{18}$H$_{28}$
    Cr(η^6-C$_6$H$_5$SiMe$_3$)$_2$, **3**, 996
CrSi$_2$C$_{20}$H$_{26}$O$_5$
    Cr(CO)$_3${η^6-C$_6$H$_5$C(OMe)=C(SiMe$_3$)C(SiMe$_3$)=CO}, **2**, 43
CrSi$_2$C$_{28}$H$_{38}$N$_4$
    [Cr(CH$_2$SiMe$_3$)$_2$(bipy)$_2$]$^+$, **3**, 919
CrSi$_4$C$_{16}$H$_{44}$
    Cr(CH$_2$SiMe$_3$)$_4$, **2**, 130; **3**, 916, 937
CrSi$_4$SnC$_{19}$H$_{38}$O$_5$
    CrSn{CH(SiMe$_3$)$_2$}(CO)$_5$, **2**, 598
CrSi$_6$C$_{18}$H$_{54}$N$_3$
    Cr{N(SiMe$_3$)$_2$}$_3$, **2**, 130
CrSi$_6$C$_{21}$H$_{57}$
    Cr{CH(SiMe$_3$)$_2$}$_3$, **3**, 937, 938
CrSnC$_5$Cl$_2$O$_5$
    Cr(SnCl$_2$)(CO)$_5$, **3**, 809
CrSnC$_9$H$_9$NO$_5$
    Cr(CO)$_5$(CNSnMe$_3$), **3**, 884, 885
CrSnC$_{11}$H$_{14}$O$_3$
    Cr(SnMe$_3$)(CO)$_3$Cp, **3**, 963
CrSnC$_{11}$H$_{14}$O$_6$
    Cr[SnMe$_2${$\overline{\text{O(CH}_2)_3\text{CH}_2}$}](CO)$_5$, **6**, 1054
CrSnC$_{12}$H$_{14}$O$_3$
    Cr(CO)$_3${η^6-C$_6$H$_5$(SnMe$_3$)}, **3**, 1003
CrSnC$_{13}$H$_{16}$O$_3$
    Cr(CO)$_3${η^6-C$_6$H$_5$(CH$_2$SnMe$_3$)}, **3**, 1003
CrSnC$_{15}$H$_{15}$F$_5$
    Cr(η^6-C$_6$H$_6$){η^6-C$_6$F$_5$(SnMe$_3$)}, **3**, 998
CrSnC$_{18}$H$_{23}$NO$_5$
    Cr{SnBu$_2$(py)}(CO)$_5$, **6**, 1065
CrSnC$_{21}$H$_{36}$O$_5$P$_2$
    Cr{Sn(PBu^t)$_2$}(CO)$_5$, **2**, 147
CrSnC$_{23}$H$_{15}$O$_5$
    [Cr(SnPh$_3$)(CO)$_5$]$^-$, **6**, 1046
CrSnC$_{26}$H$_{20}$O$_3$
    Cr(SnPh$_3$)(CO)$_3$Cp, **3**, 962, 965
CrSnC$_{27}$H$_{20}$O$_3$
    Cr(CO)$_3${η^6-C$_6$H$_5$(SnPh$_3$)}, **3**, 1014
CrSnC$_{27}$H$_{25}$NO$_4$
    Cr(CNEt$_2$)(SnPh$_3$)(CO)$_4$, **6**, 1065
CrSnC$_{31}$H$_{30}$O$_3$
    Cr(SnPh$_3$)(CO)$_3$(η^5-C$_5$Me$_5$), **3**, 963; **6**, 1062
CrSn$_2$C$_{11}$H$_{18}$O$_5$Se
    Cr(CO)$_5${Se(SnMe$_3$)$_2$}, **3**, 796
CrSn$_2$C$_{11}$H$_{18}$O$_5$Te
    Cr(CO)$_5${Te(SnMe$_3$)$_2$}, **3**, 880
CrSn$_2$C$_{15}$H$_{22}$O$_3$
    Cr(CO)$_3${η^6-C$_6$H$_4$(SnMe$_3$)$_2$}, **3**, 1003
CrSn$_2$C$_{40}$H$_{30}$O$_4$
    [Cr(SnPh$_3$)$_2$(CO)$_4$]$^{2-}$, **6**, 1047
CrSn$_3$C$_{14}$H$_{27}$O$_5$P
    Cr(CO)$_5${P(SnMe$_3$)$_3$}, **3**, 832
CrSn$_3$C$_{58}$H$_{45}$O$_4$
    [Cr(SnPh$_3$)$_3$(CO)$_4$]$^-$, **3**, 809
CrTiC$_{16}$H$_{16}$O$_4$S$_2$

TiCr(SMe)$_2$(CO)$_4$Cp$_2$, **6**, 824
CrTiC$_{17}$H$_{26}$O$_6$
    Cr{Ti(OPr^i)$_3$}(CO)$_3$Cp, **3**, 965
CrTiC$_{18}$H$_{15}$O$_3$
    TiCr(CO)$_3$Cp$_3$, **6**, 824
CrTiC$_{19}$H$_{28}$N$_3$O$_3$
    TiCr(NMe$_2$)$_3$(CO)$_3$Cp$_2$, **6**, 824
CrTlC$_8$H$_5$O$_3$
    Tl{Cr(CO)$_3$Cp}, **3**, 962, 965; **6**, 968
CrTlC$_{21}$H$_{15}$O$_3$
    TlCr(CO)$_3$(η^5-C$_5$H$_4$CHPh$_2$), **6**, 968
CrVC$_{18}$H$_{15}$O$_3$
    Cp$_2$VCr(CO)$_3$Cp, **3**, 680; **6**, 824
CrWC$_{10}$HO$_{10}$
    [(CO)$_5$Cr(H)W(CO)$_5$]$^-$, **3**, 816
CrWC$_{10}$O$_{10}$
    [CrW(CO)$_{10}$]$^{2-}$, **6**, 825
CrWC$_{12}$H$_{12}$O$_8$P$_2$
    CrW(PMe$_2$)$_2$(CO)$_8$, **3**, 861; **6**, 782, 825
CrWC$_{13}$H$_5$Cl$_2$O$_8$P
    Cp(CO)$_3$W(PCl$_2$)Cr(CO)$_5$, **3**, 1340
CrWC$_{14}$H$_7$NO$_8$
    CrW(CO)$_8$(η^6-C$_6$H$_5$NH$_2$), **3**, 1014
CrWC$_{14}$H$_8$O$_8$S
    (CO)$_5$Cr(SMe)W(CO)$_3$Cp, **3**, 1341
CrWC$_{14}$H$_{12}$O$_{10}$P$_2$
    CrW(Me$_2$PPMe$_2$)(CO)$_{10}$, **6**, 782
CrWC$_{15}$H$_{12}$O$_5$
    CrWH$_2$(CO)$_5$Cp$_2$, **6**, 825
CrWC$_{16}$H$_{10}$O$_6$
    CrW(CO)$_6$Cp$_2$, **6**, 792, 825
CrWC$_{16}$H$_{16}$O$_{10}$P$_2$
    (CO)$_5$Cr(dmpe)W(CO)$_5$, **3**, 847
CrWC$_{26}$H$_{20}$O$_4$S$_2$
    Cp$_2$W(SPh)$_2$Cr(CO)$_4$, **3**, 1346
CrWC$_{40}$H$_{30}$O$_4$P$_2$
    W(CO)$_4$[{Ph$_2$P(C$_6$H$_5$)}$_2$Cr], **3**, 854
CrZrC$_{31}$H$_{42}$O
    ZrH(OCHCrCp$_2$)(η^5-C$_5$Me$_5$)$_2$, **3**, 605
CrZrC$_{41}$H$_{34}$P$_2$O$_5$
    Cr(CO)$_5${Zr(CH$_2$PPh$_2$)$_2$Cp$_2$}, **3**, 581
Cr$_2$AgC$_{16}$H$_{10}$O$_6$
    [Ag{Cr(CO)$_3$Cp}$_2$]$^-$, **3**, 963, 965; **6**, 846
Cr$_2$AsC$_{15}$H$_{11}$O$_8$
    (CO)$_5$Cr(AsMe$_2$)Cr(CO)$_3$Cp, **3**, 966
Cr$_2$AsC$_{16}$H$_5$O$_{10}$
    {(CO)$_5$Cr}$_2$(AsPh), **2**, 683; **3**, 868, 871
Cr$_2$As$_2$B$_{18}$FeC$_{12}$H$_{20}$O$_{10}$
    [{(CO)$_5$CrAsCB$_9$H$_{10}$}$_2$Fe]$^{2-}$, **1**, 525, 549
Cr$_2$As$_2$C$_{14}$H$_{12}$O$_{10}$
    Cr$_2$(CO)$_{10}$(Me$_2$AsAsMe$_2$), **3**, 871
Cr$_2$As$_2$MoC$_{24}$H$_{22}$O$_{10}$
    Mo(CO)$_4${(AsMe$_2$)Cr(CO)$_3$Cp}$_2$, **3**, 966
Cr$_2$As$_2$WC$_{24}$H$_{22}$O$_{10}$
    W(CO)$_4${(AsMe$_2$)Cr(CO)$_3$Cp}$_2$, **3**, 966
Cr$_2$As$_4$C$_{16}$H$_{24}$O$_8$
    {Cr(CO)$_4$(Me$_2$AsAsMe$_2$)}$_2$, **3**, 868
Cr$_2$As$_9$C$_{15}$H$_{27}$O$_6$
    {Cr(CO)$_3$}$_2${(AsMe)$_9$}, **3**, 868
Cr$_2$AuC$_{16}$H$_{10}$O$_6$
    [Cr$_2$Au(CO)$_6$Cp$_2$]$^-$, **6**, 801, 846
Cr$_2$BC$_{30}$H$_{20}$O$_6$
    [{(CO)$_3$Cr}$_2${(η^6-C$_6$H$_5$)$_2$BPh$_2$}]$^-$, **3**, 1014
Cr$_2$B$_{18}$FeC$_{12}$H$_{20}$O$_{10}$P$_2$
    [{(CO)$_5$CrPCB$_9$H$_{10}$}$_2$Fe]$^{2-}$, **1**, 525

Cr$_2$C$_6$Cl$_3$O$_6$
    [Cr$_2$Cl$_3$(CO)$_6$]$^{3-}$, **3**, 810
Cr$_2$C$_6$H$_3$O$_9$
    [Cr$_2$(OH)$_3$(CO)$_6$]$^{3-}$, **3**, 826
Cr$_2$C$_6$H$_4$O$_9$
    [Cr$_2$(OH)$_2$(CO)$_6$(H$_2$O)]$^{2+}$, **3**, 814
Cr$_2$C$_6$H$_{10}$Cl$_2$
    {CrCl(CH$_2$CHCH$_2$)}$_2$, **3**, 957
Cr$_2$C$_6$N$_9$O$_6$
    [(CO)$_3$Cr(N$_3$)$_3$Cr(CO)$_3$]$^{3-}$, **3**, 822
Cr$_2$C$_8$H$_{24}$
    [Cr$_2$Me$_8$]$^{4-}$, **3**, 936
Cr$_2$C$_9$O$_9$
    [Cr$_2$(CO)$_9$]$^{4-}$, **3**, 807
Cr$_2$C$_{10}$HO$_{10}$
    [Cr$_2$H(CO)$_{10}$]$^-$, **3**, 800, 1269; **8**, 270
Cr$_2$C$_{10}$H$_2$N$_2$O$_{10}$
    (CO)$_5$Cr(NH=NH)Cr(CO)$_5$, **3**, 821
Cr$_2$C$_{10}$H$_{10}$N$_4$O$_4$
    {Cr(NO)$_2$Cp}$_2$, **3**, 968
Cr$_2$C$_{10}$H$_{12}$N$_4$O$_3$
    Cr$_2$(NH$_2$)(NO)$_3$Cp$_2$, **3**, 968
Cr$_2$C$_{10}$H$_{16}$N$_2$O$_6$
    {Cr(OH)(NO)Cp(H$_2$O)}$_2$, **3**, 968
Cr$_2$C$_{10}$IO$_{10}$
    [Cr$_2$I(CO)$_{10}$]$^-$, **3**, 812
Cr$_2$C$_{10}$O$_{10}$
    [Cr$_2$(CO)$_{10}$]$^{2-}$, **3**, 795
Cr$_2$C$_{10}$O$_{12}$S
    [Cr$_2$(CO)$_{10}$(SO$_2$)]$^{2-}$, **3**, 809
Cr$_2$C$_{11}$NO$_{10}$
    [Cr$_2$(CN)(CO)$_{10}$]$^-$, **3**, 883
Cr$_2$C$_{11}$NO$_{10}$S
    [Cr$_2$(NCS)(CO)$_{10}$]$^-$, **3**, 796, 820
Cr$_2$C$_{12}$H$_6$O$_{10}$PS
    [(CO)$_5$Cr(Me$_2$PS)Cr(CO)$_5$]$^-$, **3**, 841
Cr$_2$C$_{12}$H$_{14}$O$_2$
    {Cr(CO)(C$_5$H$_7$)}$_2$, **3**, 973
Cr$_2$C$_{12}$H$_{16}$N$_2$O$_4$
    {Cr(OMe)(NO)Cp}$_2$, **3**, 969
Cr$_2$C$_{12}$H$_{20}$
    Cr$_2$(CH$_2$CHCH$_2$)$_4$, **3**, 956
Cr$_2$C$_{12}$H$_{24}$N$_6$O$_6$
    Cr$_2$(CO)$_6$(en)$_3$, **3**, 818
Cr$_2$C$_{12}$N$_2$O$_{10}$
    Cr$_2$(CO)$_{10}$(NCCN), **3**, 818
Cr$_2$C$_{13}$H$_{19}$S$_3$
    Cr$_2$(SMe)$_3$Cp$_2$, **3**, 962, 965
Cr$_2$C$_{14}$F$_{12}$N$_2$O$_8$P$_2$
    [Cr(CO)$_4${NCP(CF$_3$)$_2$}]$_2$, **3**, 820
Cr$_2$C$_{14}$H$_7$NO$_8$
    Cr$_2$(CO)$_8$(η^6-C$_6$H$_5$NH$_2$), **3**, 1014
Cr$_2$C$_{14}$H$_{10}$O$_4$
    {Cr(CO)$_2$Cp}$_2$, **3**, 914, 963; **8**, 337
Cr$_2$C$_{14}$H$_{10}$O$_4$S
    {Cp(CO)$_2$Cr}$_2$S, **3**, 880, 881, 966
Cr$_2$C$_{14}$H$_{19}$S$_2$
    Cr$_2$S(SBu)Cp$_2$, **3**, 971
Cr$_2$C$_{14}$H$_{22}$N$_4$O$_2$
    {Cr(NMe$_2$)(NO)Cp}$_2$, **3**, 969
Cr$_2$C$_{16}$H$_8$N$_2$O$_{10}$
    Cr$_2$(CO)$_{10}$(H$_2$NC$_6$H$_4$NH$_2$), **3**, 818
Cr$_2$C$_{16}$H$_{10}$O$_6$
    {Cr(CO)$_3$Cp}$_2$, **3**, 104, 913, 961; **8**, 293
Cr$_2$C$_{16}$H$_{12}$N$_2$O$_4$

$Cr_2C_{16}H_{12}N_2O_4$
 $\{(C_6H_6)(CO)_2Cr\}_2(N_2)$, **3**, 1054
$Cr_2C_{16}H_{12}N_2O_{10}$
 $\{Cr(CO)_5\}_2\{C(Me)NH(CH_2)_2NHC(Me)\}$, **3**, 891
$Cr_2C_{16}H_{16}$
 $Cr_2(C_8H_8)(cot)$, **8**, 412
$Cr_2C_{16}H_{24}O_8P_4$
 $\{Cr(CO)_4(Me_2PPMe_2)\}_2$, **3**, 846
$Cr_2C_{16}H_{32}$
 $[[\overline{Cr\{(CH_2)_3CH_2\}_2}]_2]^{4-}$, **3**, 932
$Cr_2C_{18}H_4N_2O_{10}$
 $Cr_2(CO)_{10}(NCC_6H_4CN)$, **3**, 818
$Cr_2C_{18}H_8O_6$
 $\{(CO)_3Cr\}_2(C_6H_4C_6H_4)$, **3**, 1017
$Cr_2C_{18}H_{10}F_{12}S_4$
 $[Cr\{SC(CF_3)=C(CF_3)S\}Cp]_2$, **3**, 966
$Cr_2C_{18}H_{10}O_6$
 $\{(CO)_3Cr\}_2(C_6H_5C_6H_5)$, **3**, 1010
$Cr_2C_{18}H_{16}N_2O_{10}$
 $\{Cr(CO)_5\}_2\{CNH(CH_2)_6NHC\}$, **3**, 892
$Cr_2C_{18}H_{18}$
 $CpCr\{(CH=CH)_4\}CrCp$, **3**, 165
$Cr_2C_{18}H_{20}$
 $Cr_2Cp_2\{CH_2(CHCH)_3CH_2\}$, **3**, 973
$Cr_2C_{18}H_{24}O_{12}$
 $(CO)_3Cr\{O(CH_2CH_2)_2O\}_3Cr(CO)_3$, **1**, 403
$Cr_2C_{18}H_{28}O_2$
 $\{Cr(OBu^t)Cp\}_2$, **3**, 966
$Cr_2C_{19}H_{10}O_7$
 $\{(CO)_3Cr\}_2(C_6H_5COC_6H_5)$, **3**, 1010
$Cr_2C_{19}H_{11}O_6$
 $[\{(CO)_3Cr\}_2\{(C_6H_5)_2CH\}]^+$, **3**, 1033
$Cr_2C_{20}H_{14}O_6$
 $Cr_2(CO)_6(C_{14}H_{14})$, **3**, 1061
$Cr_2C_{20}H_{28}O_4P_2$
 $Cr_2(CO)_4Cp_2(PMe_3)_2$, **3**, 962
$Cr_2C_{20}H_{28}O_{10}P_2$
 $[Cr(CO)_2Cp\{P(OMe)_3\}]_2$, **3**, 962
$Cr_2C_{21}H_{16}O_5$
 $Cr_2(CO)_5(PhCH=CH_2)_2$, **3**, 955, 1002
$Cr_2C_{21}H_{16}O_7$
 $\{(CO)_3Cr\}_2[\{\eta^6-C_6H_4(Me)\}_2CHOH]$, **3**, 1010
$Cr_2C_{22}H_{14}O_6$
 $\{(CO)_3Cr\}_2(C_6H_5CH=CHCH=CHC_6H_5)$, **3**, 1010
$Cr_2C_{22}H_{18}O_7$
 $\{(CO)_3Cr\}_2[\{\eta^6-C_6H_4(Me)\}_2CHOMe]$, **3**, 1047
$Cr_2C_{22}H_{20}N_2O_2S_2$
 $\{Cr(SPh)(NO)Cp\}_2$, **3**, 969
$Cr_2C_{24}H_{10}O_{11}$
 $\{Cr(CO)_5\}_2\{C(Ph)OC(Ph)\}$, **3**, 903
$Cr_2C_{24}H_{11}F_{11}$
 $(C_6H_6)Cr(C_6F_5Ph)Cr(C_6F_6)$, **8**, 1028
$Cr_2C_{24}H_{16}O_4$
 $[\{Cr(C_6H_4O)_2\}_2]^{4-}$, **3**, 941
$Cr_2C_{24}H_{20}$
 $Cr(C_6H_5C_6H_5)_2Cr$, **3**, 982; **8**, 1062
$Cr_2C_{24}H_{24}$
 $Cr_2(cot)_3$, **3**, 960
$Cr_2C_{24}H_{30}O_4$
 $\{Cr(CO)_2(\eta^5-C_5Me_5)\}_2$, **3**, 962
$Cr_2C_{26}H_{20}O_6$
 $\{Cr(CO)_3Cp_2\}_2$, **8**, 311
$Cr_2C_{26}H_{30}O_6$
 $\{Cr(CO)_3(\eta^6-C_5Me_5)\}_2$, **3**, 962
$Cr_2C_{30}H_{26}$
 $Cr_2(\eta^6-C_6H_6)(C_6H_5C_6H_5)_2$, **3**, 982
$Cr_2C_{32}H_{20}O_8P_2$
 $\{Cr(PPh_2)(CO)_4\}_2$, **3**, 846
$Cr_2C_{36}H_{30}$
 $[Cr_2Ph_6]^{2-}$, **3**, 932, 936
$Cr_2C_{36}H_{33}$
 $[Cr_2H_3(Ph)_6]^{3-}$, **3**, 936
$Cr_2C_{39}H_{30}O$
 $Cr_2(CO)\{(CPh)_4\}Cp_2$, **3**, 1066
$Cr_2C_{40}H_{30}O_4P_2$
 $Cr(CO)_4[\{Ph_2P(C_6H_5)\}_2Cr]$, **3**, 854
$Cr_2C_{42}H_{30}O_6$
 $\{Cr(CO)_3(\eta^5-C_5H_4CHPh_2)\}_2$, **3**, 970
$Cr_2C_{46}H_{42}O_6P_4$
 $(Ph_3P)(CO)_3Cr(PMe_2)_2Cr(CO)_3(PPh_3)$, **3**, 861
$Cr_2C_{48}H_{54}$
 $Cr_2\{C_6H_5(CH_2)_4C_6H_5\}_3$, **3**, 980
$Cr_2C_{50}H_{40}O_4P_2$
 $\{Cr(CO)_2Cp(PPh_3)\}_2$, **3**, 962
$Cr_2CdC_{16}H_{10}O_6$
 $Cd\{Cr(CO)_3Cp\}_2$, **3**, 962, 965; **6**, 1030
$Cr_2CuC_{16}H_{10}O_6$
 $[Cu\{Cr(CO)_3Cp\}_2]^-$, **3**, 963, 965; **6**, 846
$Cr_2Ge_2C_{18}H_{22}O_4$
 $\{Cr(GeMe_2)(CO)_2Cp\}_2$, **3**, 966
$Cr_2HgC_{10}O_{10}$
 $[Hg\{Cr(CO)_5\}_2]^{2-}$, **6**, 1014
$Cr_2HgC_{16}H_{10}O_6$
 $Hg\{Cr(CO)_3Cp\}_2$, **3**, 962
$Cr_2HgC_{18}H_{10}O_6$
 $Hg\{C_6H_5Cr(CO)_3\}_2$, **3**, 1010, 1041; **8**, 1041
$Cr_2HgC_{26}H_{30}O_6$
 $Hg\{Cr(CO)_3(\eta^5-C_5Me_5)\}_2$, **3**, 963
$Cr_2MnC_{36}H_{30}N_4O_6$
 $Mn\{Cr(CO)_3Cp\}_2(py)_4$, **3**, 965
$Cr_2Na_2C_{36}H_{30}$
 $\{Na(CrPh_3)\}_2$, **3**, 936
$Cr_2Ni_3C_{16}O_{16}$
 $[Cr_2Ni_3(CO)_{16}]^{3-}$, **6**, 852
$Cr_2Pd_2C_{28}H_{40}O_6P_2$
 $Cr_2Pd_2(CO)_6(PEt_3)_2Cp_2$, **6**, 852
$Cr_2Pd_2C_{34}H_{20}Cl_2O_{10}P_2$
 $\{(CO)_5Cr(PPh_2)PdCl\}_2$, **8**, 331
$Cr_2PtC_{26}H_{28}N_2O_6$
 $Pt\{Cr(CO)_3Cp\}_2(CNBu^t)_2$, **6**, 816, 846
$Cr_2Sb_2C_{14}H_{12}O_{10}$
 $\{Cr(CO)_5\}_2(Me_2SbSbMe_2)$, **3**, 865
$Cr_2Si_4C_{22}H_{62}P_2$
 $\{Cr(CH_2SiMe_3)_2(PMe_3)\}_2$, **1**, 207; **3**, 941
$Cr_2SnC_{10}I_2O_{10}$
 $[Cr_2(SnI_2)(CO)_{10}]^{2-}$, **3**, 809
$Cr_2SnC_{16}H_{10}Cl_2O_6$
 $SnCl_2\{Cr(CO)_3Cp\}_2$, **3**, 966
$Cr_2SnC_{18}H_{16}O_6$
 $SnMe_2\{C_6H_5Cr(CO)_3\}_2$, **3**, 1011
$Cr_2SnC_{28}H_{20}O_6$
 $SnPh_2\{Cr(CO)_3Cp\}_2$, **3**, 966
$Cr_2TiC_{24}H_{16}O_{12}$
 $Ti\{OC(Me)Cr(CO)_5\}_2Cp_2$, **3**, 377
$Cr_2ZnC_{16}H_{10}O_6$
 $Zn\{Cr(CO)_3Cp\}_2$, **3**, 965; **6**, 1034
$Cr_3As_2C_{24}H_{22}O_{10}$
 $Cr(CO)_4\{(AsMe_2)Cr(CO)_3Cp\}_2$, **3**, 966
$Cr_3As_2C_{27}H_{10}O_{15}$
 $\{(CO)_5Cr\}_3(PhAsAsPh)$, **3**, 866, 956
$Cr_3C_{14}O_{14}$
 $[Cr_3(CO)_{14}]^{2-}$, **3**, 807

$Cr_3C_{22}H_{28}O_{12}$
   $Cr_3(OAc)_6Cp_2$, **3**, 971

$Cr_3C_{30}H_{46}O_{12}P_6$
   {(CO)$_4$Cr}$_3$(Me$_2$PCH$_2$CH$_2$PMeCH$_2$CH$_2$PMe$_2$)$_2$, **3**, 859

$Cr_3C_{32}H_{17}NO_9$
   {(CO)$_3$Cr}$_3${C$_5$H$_2$(C$_6$H$_5$)$_3$N}, **3**, 1011

$Cr_3TlC_{24}H_{15}O_9$
   Tl{Cr(CO)$_3$Cp}$_3$, **3**, 965; **6**, 968

$Cr_4C_{20}H_{20}S_4$
   {CrS(Cp)}$_4$, **3**, 971

$CsBeC_4H_{10}N_3$
   CsN$_3$(BeEt$_2$), **1**, 140

$CsCCl_3$
   Cs(CCl$_3$), **1**, 82

$CsCH_3$
   CsMe, **1**, 65

CsC_3H_5
   Cs(CH$_2$CH=CH$_2$), **1**, 101

CsC_4H_7
   Cs(MeCHCHCH$_2$), **1**, 102

$CsC_9H_{15}O$
   Cs(C$_5$H$_7$){$\overline{\text{O(CH}_2\text{)}_3\text{CH}_2}$}, **1**, 104

$CsC_{16}H_{17}$
   Cs{(CH$_2$)$_4$C$_6$H$_4$Ph}, **1**, 51

$CsC_{21}H_{19}$
   Cs(CH$_2$CPh$_2$CH$_2$Ph), **1**, 52

$CsMgC_{12}H_{27}$
   CsMgBu$_3$, **1**, 221

$CsSiC_4H_{11}$
   Cs(CH$_2$SiMe$_3$), **1**, 55; **2**, 95

$CuAs_2IrC_{39}H_{36}ClN_3O$
   IrCuCl(CO)(AsPh$_3$)$_2$(MeN$_3$Me), **6**, 838

$CuAs_2RhC_{39}H_{36}ClN_3O$
   RhCuCl(CO)(AsPh$_3$)$_2$(MeN$_3$Me), **6**, 837

$CuAs_3WC_{25}H_{28}O_3$
   WCu(CO)$_3$(triars)(Cp)$_3$, **6**, 778

$CuBC_4H_9F_3$
   Cu(Bu)BF$_3$, **7**, 716

$CuBC_{24}H_{20}$
   CuBPh$_4$, **7**, 334

$CuB_5FeC_{39}H_{38}O_3P_2$
   {Fe(CO)$_3$}{Cu(PPh$_3$)$_2$}(B$_5$H$_8$), **1**, 499

$CuB_8C_{20}H_{26}P$
   (Ph$_3$P)CuC$_2$B$_8$H$_{11}$, **1**, 510

$CuB_{18}C_4H_{22}$
   [Cu(C$_2$B$_9$H$_{11}$)$_2$]$^-$, **1**, 518

$CuCH_3$
   CuMe, **2**, 711, 715

CuC_2H_3
   CuCH=CH$_2$, **7**, 713

CuC_2H_5
   CuEt, **2**, 711

CuC_3I_3
   CuC≡CMe, **7**, 691

CuC_3H_7
   CuPr, **2**, 711

CuC_4F_9
   Cu{C(CF$_3$)$_3$}, **2**, 721

CuC_4H_3S
   Cu($\overline{\text{C=CHCH=CHS}}$), **2**, 755

CuC_5H_5
   CuC≡CCMe=CH$_2$, **7**, 692

CuC_5H_7
   CuC≡CPr, **7**, 691, 714

$CuC_5H_{10}N$
   Cu$\overline{\text{N(CH}_2\text{)}_4\text{CH}_2}$, **7**, 58

CuC_6F_5
   Cu(C$_6$F$_5$), **2**, 739

CuC_6H_5
   CuPh, **2**, 733

CuC_6H_5O
   Cu(CO)Cp, **3**, 41

CuC_6H_9
   CuC≡CBu^t, **7**, 714

CuC_6H_9O
   CuC≡CCMe$_2$OMe, **7**, 715

CuC_6H_{11}
   Cu{C(Et)=CHEt}, **7**, 137
   Cu{(CH$_2$)$_2$CH=CMe$_2$}, **2**, 751

CuC_7F_{15}
   Cu(C$_7$F$_{15}$), **2**, 711

$CuC_7H_4F_3$
   Cu(C$_6$H$_4$CF$_3$), **2**, 721

CuC_7H_7
   Cu(Tol), **2**, 711

CuC_8F_5
   CuC≡CC$_6$F$_5$, **6**, 516

CuC_8H_5
   Cu(C≡CPh), **2**, 715, 720; **7**, 691, 692

$CuC_8H_{10}N$
   Cu(C$_6$H$_4$NMe$_2$), **2**, 733

$CuC_8H_{10}NO_2S$
   Cu(C$_6$H$_4$SO$_2$NMe$_2$), **2**, 711

CuC_8H_{15}
   Cu(CH=CHC$_6$H$_{13}$), **7**, 192

$CuC_9H_{12}N$
   Cu(C$_6$H$_4$CH$_2$NMe$_2$), **2**, 715

CuC_9H_{15}
   Cu{CH=C(Me)(CH$_2$)$_2$CH=CMe$_2$}, **2**, 751; **7**, 717

$CuC_{10}H_{14}N$
   CuCp(CNBu^t), **2**, 712

$CuC_{10}H_{14}O_4$
   Cu(acac)$_2$, **7**, 698

$CuC_{10}H_{17}S$
   Cu{C(=CHBu)CH=CHSEt}, **7**, 720

$CuC_{11}H_{20}P$
   Cu(C$_5$H$_5$)(PEt$_3$), **2**, 720; **3**, 123

$CuC_{12}H_{10}I$
   CuI(Ph)$_2$, **7**, 705

$CuC_{12}H_{13}O_2S_2$
   Cu[C$_6$H$_2$(OCH$_2$O){CMe(SCH$_2$CH$_2$CH$_2$S)}], **7**, 689

$CuC_{12}H_{19}O_2$
   Cu{C≡C(CH$_2$)$_8$CO$_2$Me}, **7**, 694

$CuC_{12}H_{21}O_2$
   Cu{C(CO$_2$Me)=C(Me)C$_7$H$_{15}$}, **7**, 713

$CuC_{14}H_{19}$
   Cu{CH=C(Ph)C$_6$H$_{13}$}, **7**, 717

$CuC_{15}H_7F_5N$
   Cu(C$_6$F$_5$)(C$_9$H$_7$N), **2**, 721

$CuC_{15}H_{14}NO$
   Cu{C$_6$H$_2$Me(OMe)(CH=NPh)}, **7**, 688

$CuC_{15}H_{32}P$
   Cu(CH=CHMe)(PBu$_3$), **2**, 747

$CuC_{16}H_{12}N$
   Cu{$\overline{\text{C(NC)CH}_2\text{CPh}_2}$}, **2**, 743

$CuC_{16}H_{23}N_2$
   Cu{C(C$_6$H$_4$NMe$_2$)=NCy}, **2**, 721

$CuC_{16}H_{28}N_3O_3$
   Cu(O$_2$COH)(CNBu^t)$_3$, **8**, 261

$CuC_{16}H_{36}P$
   CuBu(PBu$_3$), **2**, 751

$CuC_{17}H_{25}N_2$

CuC$_{17}$H$_{25}$N$_2$
  Cu{C(C$_6$H$_4$CH$_2$NMe$_2$)=NCy}, **2**, 746
CuC$_{17}$H$_{32}$P
  CuCp(PBu$_3$), **2**, 755
CuC$_{18}$H$_{14}$P
  Cu(C$_6$H$_4$PPh$_2$), **2**, 711
CuC$_{18}$H$_{20}$N
  Cu{C(C$_6$H$_4$NMe$_2$)=C(Me)(Tol)}, **2**, 715
CuC$_{19}$H$_{16}$P
  Cu(C$_6$H$_4$CH$_2$PPh$_2$), **2**, 711
CuC$_{19}$H$_{36}$P
  CuMe(PCy$_3$), **2**, 724
CuC$_{20}$H$_{36}$N$_3$O$_3$
  Cu(O$_2$COBu^t)(CNBu^t)$_3$, **8**, 260
CuC$_{22}$H$_{40}$P
  Cu{CH$_2$CMe$_2$(Ph)}(PBu$_3$), **2**, 747
CuC$_{23}$H$_{20}$P
  CuCp(PPh$_3$), **2**, 715
CuC$_{35}$H$_{36}$NP$_2$
  Cu(C$_6$H$_4$CH$_2$NMe$_2$)(diphos), **2**, 711
CuC$_{37}$H$_{33}$P$_2$
  CuMe(PPh$_3$)$_2$, **2**, 744
CuC$_{38}$H$_{32}$NP$_2$
  Cu(CH$_2$CN)(PPh$_3$)$_2$, **2**, 711
CuC$_{38}$H$_{35}$P$_2$
  CuEt(PPh$_3$)$_2$, **2**, 711
CuC$_{38}$H$_{83}$NP$_3$
  Cu(CH$_2$CN)(PBu$_3$)$_3$, **8**, 254
CuC$_{39}$H$_{31}$N$_2$P$_2$
  Cu{CH(CN)$_2$}(PPh$_3$)$_2$, **2**, 711
CuC$_{39}$H$_{34}$NP$_2$
  Cu{CH(Me)CN}(PPh$_3$)$_2$, **2**, 711
CuC$_{40}$H$_{35}$O$_2$P$_2$
  Cu(CH=CHOAc)(PPh$_3$)$_2$, **2**, 711, 744
CuC$_{40}$H$_{42}$P$_3$
  CuMe(PPh$_2$Me)$_3$, **8**, 254
CuC$_{43}$H$_{35}$N$_2$O$_4$P$_2$
  Cu{CPh(NO$_2$)$_2$}(PPh$_3$)$_2$, **2**, 744
CuC$_{44}$H$_{40}$P$_3$
  Cu(C$_6$H$_6$)(PPh$_2$)(diphos), **2**, 741
CuC$_{44}$H$_{86}$P$_3$
  Cu(C≡CPh)(PBu$_3$)$_3$, **8**, 254
CuC$_{55}$H$_{48}$P$_3$
  CuMe(PPh$_3$)$_3$, **8**, 254
CuCoC$_{17}$H$_{41}$ClP$_4$
  CoCuCl(PMe$_3$)$_4$Cp, **6**, 837
CuCoC$_{69}$H$_{72}$O$_3$P$_4$
  Co{Cu(PPh$_3$)$_3$}(CO)$_3$(PBu$_3$), **6**, 1038
CuCo$_2$C$_8$O$_8$
  [Co$_2$Cu(CO)$_8$]$^-$, **6**, 849
CuCrC$_8$H$_7$O$_4$
  Cr{Cu(H$_2$O)}(CO)$_3$Cp, **3**, 963
CuCr$_2$C$_{16}$H$_{10}$O$_6$
  [Cu{Cr(CO)$_3$Cp}$_2$]$^-$, **3**, 963, 965; **6**, 846
CuFeC$_{10}$H$_9$
  CuFc, **2**, 712; **4**, 485
CuFeC$_{13}$H$_{16}$N
  FeCp{η^5-C$_5$H$_3$(Cu)(CH$_2$NMe$_2$)}, **2**, 715
CuFe$_5$C$_{17}$H$_3$NO$_{14}$
  [CuFe$_5$(CO)$_{14}$C(MeCN)]$^-$, **4**, 647; **6**, 773
CuGeC$_{72}$H$_{60}$P$_3$
  Ph$_3$GeCu(PPh$_3$)$_3$, **6**, 1100
CuIrC$_{39}$H$_{36}$ClN$_3$OP$_2$
  IrCuCl(CO)(PPh$_3$)$_2$(MeN$_3$Me), **6**, 838
CuIrC$_{46}$H$_{41}$ClN$_2$OP$_2$
  IrCuCl(CO)(PPh$_3$)$_2$(MeNCHNTol), **6**, 838

CuIrC$_{55}$H$_{45}$Cl$_2$OP$_3$
  IrCuCl$_2$(CO)(PPh$_3$)$_3$, **6**, 776, 838
CuLiC$_2$H$_3$N
  LiCu(CN)Me, **7**, 708
CuLiC$_2$H$_6$
  LiCuMe$_2$, **2**, 720; **7**, 701, 702, 706, 709, 713; **8**, 967
CuLiC$_4$H$_6$
  LiCu(CH=CH$_2$)$_2$, **7**, 709
CuLiC$_4$H$_{10}$
  LiCuEt$_2$, **7**, 704
CuLiC$_6$H$_5$I
  Li(I)CuPh, **7**, 709
CuLiC$_6$H$_{10}$
  LiCu(CH=CHMe)$_2$, **7**, 709, 713
  LiCu{C(Me)=CH$_2$}$_2$, **2**, 755
CuLiC$_6$H$_{10}$O$_2$
  LiCu{C(OMe)=CH$_2$}$_2$, **7**, 704, 710
CuLiC$_8$H$_{14}$
  LiCu(CH=CHEt)$_2$, **7**, 704
CuLiC$_8$H$_{18}$
  LiCuBu$_2$, **2**, 751; **7**, 702, 705, 718; **8**, 917
  LiCuBu$^t_2$, **7**, 712
CuLiC$_{10}$H$_{14}$S
  LiCu(SPh)Bu^t, **7**, 715
CuLiC$_{12}$F$_{10}$
  LiCu(C$_6$F$_5$)$_2$, **2**, 720
CuLiC$_{12}$H$_{10}$
  LiCuPh$_2$, **7**, 703
CuLiC$_{12}$H$_{22}$
  LiCu(CH=CHBu)$_2$, **7**, 718
  LiCu(CH$_2$CH$_2$CH=CMe$_2$)$_2$, **7**, 703
CuLiC$_{14}$H$_{14}$
  LiCu(Tol)$_2$, **2**, 712
CuLiC$_{14}$H$_{26}$O$_4$
  LiCu{C(=CH$_2$)CH(OEt)$_2$}$_2$, **7**, 708
CuLiC$_{16}$H$_{20}$N$_2$
  LiCu(C$_6$H$_4$NMe$_2$)$_2$, **2**, 712
CuLiC$_{16}$H$_{26}$
  LiCu(CH=CHCH$_2$CH$_2$CH=CHEt)$_2$, **7**, 704
CuLiC$_{18}$H$_{34}$N$_4$
  LiCu{(C$_6$H$_8$Me)=NNMe$_2$}$_2$, **7**, 711
CuLiC$_{20}$H$_{30}$N$_2$
  LiCu(Tol)$_2$(TMEDA), **2**, 741
CuLiC$_{20}$H$_{38}$O$_4$
  LiCu{CH=CHCH(C$_5$H$_{11}$)OCH$_2$OMe}$_2$, **7**, 704
CuLiC$_{24}$H$_{46}$
  LiCu(CH=CBuC$_6$H$_{13}$)$_2$, **7**, 718
CuLiSiC$_{19}$H$_{36}$O
  LiCu(C≡CPr){CH=CHCH(C$_5$H$_{11}$)OSiMe$_2$Bu^t}, **7**, 708
CuLiSi$_2$C$_8$H$_{22}$
  LiCu(CH$_2$SiMe$_3$)$_2$, **7**, 525
CuLiSi$_2$C$_{10}$H$_{22}$
  LiCu{C(SiMe$_3$)=CH$_2$}$_2$, **7**, 535
CuLiSi$_2$C$_{16}$H$_{22}$
  LiCu(SiMe$_2$Ph)$_2$, **7**, 610
CuMgC$_2$H$_5$Br$_2$
  Cu(Et)MgBr$_2$, **7**, 718
CuMgC$_3$H$_7$Br$_2$
  Cu(Pr^i)MgBr$_2$, **7**, 718
CuMgC$_4$H$_9$Br$_2$
  Cu(Bu)MgBr$_2$, **7**, 720
CuMgC$_4$H$_{11}$Br$_2$S
  {Cu(Et)SMe$_2$}MgBr$_2$, **7**, 719
CuMgC$_5$H$_9$Br$_2$
  {Cu(Br)CH=CHPr^i}MgBr, **7**, 718

CuMgC$_7$H$_{15}$Br$_2$
　Cu(C$_7$H$_{15}$)MgBr$_2$, **7**, 719
CuMgC$_8$H$_9$Br$_2$O
　Cu(C$_6$H$_4$CH$_2$OMe)MgBr$_2$, **2**, 713
CuMgC$_8$H$_{15}$Br$_2$
　Cu(CH=CEtBu)MgBr$_2$, **7**, 718
CuMnC$_8$H$_4$O$_3$
　Mn(CO)$_3$(η^5-C$_5$H$_4$Cu), **2**, 712
CuMoWC$_{16}$H$_{10}$O$_6$
　[MoWCu(CO)$_6$Cp$_2$]$^-$, **6**, 846
CuMo$_2$C$_{16}$H$_{10}$O$_6$
　[Cu{Mo(CO)$_3$Cp}$_2$]$^-$, **3**, 1187; **6**, 846
CuNb$_2$C$_{24}$H$_{32}$Cl$_2$S$_4$
　CuCl$_2${Nb(SMe)$_2$Cp$_2$}$_2$, **3**, 768
CuNb$_2$C$_{36}$H$_{32}$S$_4$
　Cu{Nb(C$_4$H$_3$S)$_2$Cp$_2$}$_2$, **3**, 736
CuReC$_{55}$H$_{30}$F$_{10}$O$_3$P$_2$
　Re(C≡CC$_6$F$_5$)$_2$(CuPPh$_3$)(CO)$_3$(PPh$_3$), **2**, 757
CuRhC$_{39}$H$_{36}$ClN$_3$OP$_2$
　RhCuCl(CO)(PPh$_3$)$_2$(MeN$_3$Me), **6**, 837
CuRhC$_{55}$H$_{45}$Cl$_2$OP$_3$
　RhCuCl$_2$(CO)(PPh$_3$)$_3$, **6**, 776, 837
CuRh$_6$C$_{18}$H$_3$NO$_{15}$
　[Rh$_6$Cu(CO)$_{15}$C(MeCN)]$^-$, **6**, 867
CuRuC$_{41}$H$_{34}$P
　RuCp(C≡CTol)$_2$(CuPPh$_3$), **2**, 758; **4**, 790
CuRuC$_{44}$H$_{38}$ClP$_2$
　Ru{C=CMe(CuCl)}Cp(PPh$_3$)$_2$, **4**, 790
CuRuC$_{49}$H$_{40}$ClP$_2$
　Ru{C≡CPh(CuCl)}Cp(PPh$_3$)$_2$, **2**, 757; **4**, 790
CuSiC$_9$H$_{19}$O
　CuCH=CEtCH$_2$CH$_2$OSiMe$_3$, **7**, 718
CuSiC$_{12}$H$_{36}$OP$_3$
　Cu(OSiMe$_3$)(PMe$_3$)$_3$, **2**, 157
CuSi$_2$C$_6$H$_{18}$N
　Cu{N(SiMe$_3$)$_2$}, **8**, 261
CuTiC$_{12}$H$_{16}$ClS$_2$
　Cp$_2$Ti(SMe)$_2$CuCl, **3**, 390; **6**, 824
CuVC$_{26}$H$_{16}$N$_4$O$_6$
　V{Cu(bipy)$_2$}(CO)$_6$, **3**, 656
CuWC$_8$H$_7$O$_4$
　Cu{W(CO)$_3$Cp}(H$_2$O), **3**, 1337
CuW$_2$C$_{16}$H$_{10}$O$_6$
　Cu{W(CO)$_3$Cp}$_2$, **3**, 1337
　[Cu{W(CO)$_3$Cp}$_2$]$^-$, **6**, 847
Cu$_2$As$_2$FeC$_{40}$H$_{30}$O$_4$
　Fe(CO)$_4$(CuAsPh$_3$)$_2$, **4**, 306
Cu$_2$As$_6$FeC$_{86}$H$_{78}$O$_4$
　Fe{Cu(triars)}$_2$(CO)$_4$, **6**, 769
Cu$_2$Au$_2$C$_{36}$H$_{48}$N$_4$
　{AuCu(C$_6$H$_4$CH$_2$NMe$_2$)$_2$}$_2$, **2**, 717, 781
Cu$_2$B$_5$FeC$_{75}$H$_{68}$O$_3$P$_4$
　{(Ph$_3$P)$_2$Cu}$_2${Fe(CO)$_3$}B$_5$H$_8$, **6**, 926
Cu$_2$C$_8$H$_{20}$P$_2$
　{Cu(CH$_2$PMe$_2$CH$_2$)}$_2$, **2**, 721
Cu$_2$C$_9$H$_{12}$BrN
　Cu$_2$Br(C$_6$H$_4$CH$_2$NMe$_2$), **2**, 716
Cu$_2$C$_{18}$H$_8$
　CuC≡CC$_6$H$_4$C≡CC$_6$H$_4$C≡CCu, **7**, 695
Cu$_2$C$_{30}$H$_{35}$P
　(CuPh)$_2$(PPh$_3$), **2**, 711
Cu$_2$C$_{32}$H$_{46}$N$_4$
　[Cu{C(C$_6$H$_4$CH$_2$NMe$_2$)=NCy}]$_2$, **2**, 737

Cu$_2$C$_{40}$H$_{38}$P$_2$
　Cu$_2$(Tol)$_2$(diphos), **2**, 711
Cu$_2$C$_{80}$H$_{76}$P$_6$
　(CuMe)$_2$(diphos)$_3$, **2**, 711
Cu$_2$FeC$_4$H$_6$N$_2$O$_4$
　Fe(CO)$_4${Cu(NH$_3$)}$_2$, **4**, 306; **6**, 848
Cu$_2$Fe$_2$C$_{30}$H$_{20}$Cl$_2$O$_4$
　{CuCl(C≡CPh)Fp}$_2$, **2**, 757; **4**, 587
Cu$_2$Li$_2$C$_4$H$_{12}$
　(LiCuMe$_2$)$_2$, **2**, 753, 755
Cu$_2$Li$_2$C$_{28}$H$_{28}$
　{LiCu(Tol)$_2$}$_2$, **2**, 736
Cu$_2$Li$_2$C$_{36}$H$_{48}$N$_4$
　{LiCu(C$_6$H$_4$CH$_2$NMe$_2$)$_2$}$_2$, **2**, 712, 717, 734
Cu$_2$Li$_2$C$_{36}$H$_{48}$O$_2$
　Li$_2$Cu$_2$(Tol)$_4$(OEt$_2$)$_2$, **2**, 734
Cu$_2$Li$_2$Si$_4$C$_{16}$H$_{44}$
　{LiCu(CH$_2$SiMe$_3$)$_2$}$_2$, **2**, 712
Cu$_2$Rh$_6$C$_{20}$H$_6$N$_2$O$_{15}$
　Rh$_6$Cu$_2$(CO)$_{15}$C(MeCN)$_2$, **6**, 867
Cu$_2$Ru$_2$C$_{78}$H$_{40}$F$_{10}$P$_2$
　{RuCu(C≡CC$_6$F$_5$)$_2$Cp(PPh$_3$)}$_2$, **4**, 790
Cu$_3$IrC$_{70}$H$_{55}$P$_3$
　IrCu$_3$(CCPh)$_2$(PPh$_3$)$_3$, **6**, 867
Cu$_4$C$_{24}$F$_{20}$
　{Cu(C$_6$F$_5$)}$_4$, **2**, 712, 739
Cu$_4$C$_{28}$H$_{16}$F$_{12}$
　{Cu(C$_6$H$_4$CF$_3$)}$_4$, **2**, 711, 739
Cu$_4$C$_{28}$H$_{28}$
　{Cu(Tol)}$_4$, **2**, 742, 748; **7**, 688
Cu$_4$C$_{36}$H$_{40}$Br$_2$N$_2$
　[Cu$_2$Br{C(C$_6$H$_4$NMe$_2$)=C(Me)(Tol)}]$_2$, **2**, 718, 743
Cu$_4$C$_{36}$H$_{44}$N$_4$
　[{CuC$_6$H$_4$CH$_2$N(Me)CH$_2$}$_2$]$_2$, **2**, 748
Cu$_4$C$_{36}$H$_{48}$N$_4$
　{Cu(C$_6$H$_4$CH$_2$NMe$_2$)}$_4$, **2**, 716
Cu$_4$C$_{40}$H$_{52}$N$_4$
　[Cu{C$_6$H$_4$CH(Me)NMe$_2$}]$_4$, **2**, 742
Cu$_4$C$_{40}$H$_{56}$N$_4$
　[Cu{C$_6$H$_3$(Me)(CH$_2$NMe$_2$)}]$_4$, **1**, 21
Cu$_4$C$_{52}$H$_{60}$N$_4$
　Cu$_4$(C$_6$H$_4$NMe$_2$)$_2${C(C$_6$H$_4$NMe$_2$)=C(Me)(Tol)}$_2$, **2**, 718
Cu$_4$Fe$_4$C$_{52}$H$_{64}$N$_4$
　[FeCp{η^5-C$_5$H$_3$Cu(CH$_2$NMe$_2$)}]$_4$, **4**, 486
Cu$_4$Ir$_2$C$_{100}$H$_{70}$P$_2$
　{IrCu$_2$(C≡CPh)$_4$(PPh$_3$)}$_2$, **2**, 757; **6**, 867
Cu$_4$Ir$_2$C$_{108}$H$_{86}$P$_2$
　{IrCu$_2$(C≡CTol)$_4$(PPh$_3$)}$_2$, **6**, 867
Cu$_4$LiC$_{30}$H$_{25}$
　LiCu$_4$Ph$_5$, **2**, 716
Cu$_4$MgC$_{40}$H$_{40}$O
　Cu$_4$MgPh$_6$(OEt$_2$), **2**, 713
Cu$_4$MgC$_{46}$H$_{52}$O
　Cu$_4$Mg(Tol)$_6$(OEt$_2$), **2**, 713
Cu$_4$Rh$_2$C$_{100}$H$_{70}$P$_2$
　{RhCu$_2$(C≡CPh)$_4$(PPh$_3$)}$_2$, **6**, 867
Cu$_4$Si$_4$C$_{12}$H$_{36}$O$_4$
　(CuOSiMe$_3$)$_4$, **2**, 157
Cu$_4$Si$_4$C$_{16}$H$_{44}$
　{Cu(CH$_2$SiMe$_3$)}$_4$, **1**, 21; **2**, 93, 725
Cu$_6$C$_{32}$H$_{40}$Br$_2$N$_4$
　Cu$_6$Br$_2$(C$_6$H$_4$NMe$_2$)$_4$, **1**, 21; **2**, 716
Cu$_6$C$_{32}$H$_{40}$I$_2$N$_4$

$Cu_6C_{32}H_{40}I_2N_4$
    $Cu_6I_2(C_6H_4NMe_2)_4$, **2**, 711
$Cu_6C_{48}H_{50}N_4$
    $Cu_6(C_6H_4NMe_2)_4(C{\equiv}CPh)_2$, **2**, 712
$Cu_6C_{50}H_{54}N_4$
    $Cu_6(C_6H_4NMe_2)_4(C{\equiv}CTol)_2$, **2**, 718
$Cu_8C_{56}H_{56}O_8$
    $\{Cu(C_6H_4OMe)\}_8$, **2**, 711

D

$DyAlC_{14}H_{22}$
   $DyAlMe_4(Cp)_2$, **3**, 204
$DyC_{11}H_{13}$
   $DyMe(Cp)_2$, **3**, 203
$DyC_{12}H_{14}Cl$
   $DyCl(C_5H_4Me)_2$, **3**, 184
$DyC_{15}H_{15}$
   $DyCp_3$, **3**, 180
$DyC_{17}H_{29}Cl_2O_3$
   $DyCl_2(Cp)\{\overline{O(CH_2)_3CH_2}\}_3$, **3**, 186
$DyC_{31}H_{29}O$
   $Dy(C_9H_7)_3\{\overline{O(CH_2)_3CH_2}\}$, **3**, 189
$DyLiC_{12}H_{20}$
   $LiDy(CH_2CHCH_2)_4$, **3**, 197
$DyWC_{18}H_{15}O_3$
   $DyW(CO)_3Cp_3$, **3**, 207
$Dy_2C_{22}H_{26}$
   $\{DyMe(Cp)_2\}_2$, **3**, 204

E

$ErAlC_{14}H_{22}$
    $ErAlMe_4(Cp)_2$, **3**, 204
$ErBC_{14}H_{22}O$
    $Er(BH_4)Cp_2\{\overline{O(CH_2)_3CH_2}\}$, **3**, 185
ErC_6H_{18}
    $[ErMe_6]^{3-}$, **3**, 198
$ErC_{10}H_{12}N$
    $Er(NH_2)Cp_2$, **3**, 185
$ErC_{11}H_{11}O_2$
    $Er(O_2CH)Cp_2$, **3**, 185
$ErC_{11}H_{13}$
    $ErMe(Cp)_2$, **3**, 203
$ErC_{11}H_{13}O$
    $Er(OMe)Cp_2$, **3**, 185
$ErC_{12}H_{14}Cl$
    $ErCl(C_5H_4Me)_2$, **3**, 184
$ErC_{12}H_{18}$
    $Er(C_4H_6)_3$, **3**, 205
$ErC_{12}H_{30}P_3$
    $Er(CH_2PMe_2CH_2)_3$, **3**, 200
$ErC_{12}H_{33}Cl_3P_3$
    $ErCl_3(CH_2PMe_3)_3$, **3**, 200
$ErC_{13}H_{13}$
    $ErCp(cot)$, **3**, 194
$ErC_{13}H_{15}$
    $ErCp_2(CH_2CHCH_2)$, **3**, 196
$ErC_{15}H_{15}$
    $ErCp_3$, **3**, 180
$ErC_{15}H_{33}Cl$
    $[ErCl(CH_2Bu^t)_3]^-$, **3**, 200
$ErC_{16}H_{19}$
    $Er(C{\equiv}CBu^t)Cp_2$, **3**, 203
$ErC_{16}H_{36}$
    $[ErBu^t_4]^-$, **3**, 198
$ErC_{17}H_{21}O$
    $ErCp(cot)\{\overline{O(CH_2)_3CH_2}\}$, **3**, 194
$ErC_{17}H_{29}Cl_2O_3$
    $ErCl_2(Cp)\{\overline{O(CH_2)_3CH_2}\}_3$, **3**, 186
$ErC_{18}H_{27}O$
    $ErBu^t(Cp)_2\{\overline{O(CH_2)_3CH_2}\}$, **3**, 202
$ErC_{18}H_{28}P$
    $Er(PBu_2)Cp_2$, **3**, 185
$ErC_{24}H_{59}N_4$
    $ErBu^t_3(TMEDA)_2$, **3**, 198
$ErCo_3C_{28}H_{32}O_{16}$
    $Er\{Co(CO)_4\}_3\{\overline{O(CH_2)_3CH_2}\}_4$, **3**, 206
$ErGeC_{28}H_{25}$
    $Er(GePh_3)Cp_2$, **3**, 185, 208; **6**, 1101
$ErMo_3C_{24}H_{29}O_{16}$
    $Er\{Mo(CO)_3Cp\}_3(H_2O)_7$, **3**, 207
$ErSiC_{16}H_{25}$
    $Er(CH_2SiMe_3)(C_5H_4Me)_2$, **3**, 203
$ErSi_2C_8H_{21}$
    $Er(CH_2SiMe_3)(CHSiMe_3)$, **3**, 199
$ErSi_3C_{20}H_{49}O_2$
    $Er(CH_2SiMe_3)_3\{\overline{O(CH_2)_3CH_2}\}_2$, **3**, 198
$ErSi_4C_{16}H_{44}$
    $[Er(CH_2SiMe_3)_4]^-$, **3**, 199
$ErSnC_{28}H_{25}$
    $Er(SnPh_3)Cp_2$, **3**, 185, 208; **6**, 1101
$ErWC_{18}H_{15}O_3$
    $ErW(CO)_3Cp_3$, **3**, 207
$Er_2C_{22}H_{26}$
    $\{ErMe(Cp)_2\}_2$, **3**, 204
$Er_2C_{24}H_{28}Cl_2$
    $\{ErCl(C_5H_4Me)_2\}_2$, **3**, 203
$Er_2C_{24}H_{30}$
    $\{ErH(C_5H_4Me)_2\}_2$, **3**, 205
$EuCH_3I$
    $EuI(Me)$, **3**, 201
EuC_6H_5I
    $EuI(Ph)$, **3**, 209
EuC_6H_6
    $Eu(C{\equiv}CMe)_2$, **3**, 201
EuC_8H_8
    $Eu(cot)$, **3**, 194
$EuC_{15}H_{15}$
    $EuCp_3$, **3**, 180
$EuC_{17}H_{29}Cl_2O_3$
    $EuCl_2(Cp)\{\overline{O(CH_2)_3CH_2}\}_3$, **3**, 186
$EuC_{24}H_{38}O$
    $Eu(C_5Me_5)_2\{\overline{O(CH_2)_3CH_2}\}$, **3**, 191

F

FeAgC$_{10}$H$_8$Cl
  Fe(η^5-C$_5$H$_4$Ag)(η^5-C$_5$H$_4$Cl), **2**, 714
  FeCp{η^5-C$_5$H$_3$(Ag)(Cl)}, **2**, 722
FeAgC$_{13}$H$_{16}$N
  FeCp{η^5-C$_5$H$_3$(Ag)(CH$_2$NMe$_2$)}, **2**, 714
FeAgC$_{20}$H$_{15}$NO$_6$P
  FeAg(CO)$_2$(NO){P(OPh)$_3$}, **6**, 836
FeAg$_2$As$_6$C$_{38}$H$_{46}$O$_4$
  Fe(CO)$_4$[Ag{AsMe(C$_6$H$_4$AsMe$_2$)$_2$}]$_2$, **4**, 306
FeAlC$_{25}$H$_{20}$O$_2$
  [Fp(AlPh$_3$)]$^-$, **4**, 492; **6**, 955
FeAl$_2$C$_{14}$H$_{21}$Cl
  Fc(Al$_2$ClMe$_4$), **4**, 485; **8**, 1044
FeAsC$_6$H$_6$ClO$_4$
  Fe(CO)$_4$(AsClMe$_2$), **4**, 604
FeAsC$_7$H$_9$O$_4$
  Fe(CO)$_4$(AsMe$_3$), **4**, 290
FeAsC$_{22}$H$_{15}$O$_4$
  Fe(CO)$_4$(AsPh$_3$), **4**, 314
FeAsC$_{22}$H$_{17}$O$_4$
  FeH$_2$(CO)$_4$(AsPh$_3$), **4**, 296
FeAsC$_{28}$H$_{16}$F$_4$O$_4$P
  Fe(CO)$_4${Ph$_2$PC=C(AsMe$_2$)CF$_2$CF$_2$}, **4**, 290
FeAsCoC$_9$H$_6$O$_7$
  FeCo(AsMe$_2$)(CO)$_7$, **6**, 819, 822, 834
FeAsCoC$_{15}$H$_{14}$O$_6$
  FeCo(AsMe$_2$)(CO)$_6$(nbd), **5**, 188; **6**, 822
FeAsCoMoWC$_{19}$H$_{16}$O$_7$S
  MoWFeCo(AsMe$_2$)(S)(CO)$_7$Cp$_2$, **6**, 786, 853
FeAsCo$_2$C$_{26}$H$_{15}$O$_8$S
  FeCo$_2$(S)(CO)$_8$(AsPh$_3$), **6**, 858
FeAsCo$_2$MoC$_{15}$H$_{11}$O$_8$S
  MoFeCo$_2$(AsMe$_2$)(S)(CO)$_8$Cp, **6**, 853
FeAsCo$_2$MoC$_{17}$H$_{11}$O$_{10}$S
  MoFeCo$_2$(AsMe$_2$)(S)(CO)$_{10}$Cp, **6**, 853
FeAsCo$_2$MoC$_{18}$H$_{11}$O$_{11}$S
  MoFeCo$_2$(AsMe$_2$)(S)(CO)$_{11}$Cp, **6**, 853
FeAsCo$_2$MoC$_{24}$H$_{16}$O$_{11}$P
  MoFeCo$_2$(AsMe$_2$)(PPh)(CO)$_{11}$Cp, **6**, 853
FeAsCrC$_{13}$H$_{11}$O$_6$
  FeCr(AsMe$_2$)(CO)$_6$Cp, **6**, 826
FeAsMnC$_{10}$H$_6$O$_8$
  FeMn(AsMe$_2$)(CO)$_8$, **4**, 111; **6**, 781, 786, 810, 832
FeAsMnC$_{11}$H$_6$O$_9$
  FeMn(AsMe$_2$)(CO)$_9$, **4**, 104, 111; **6**, 781, 819
FeAsMnC$_{14}$H$_{24}$O$_6$P$_2$
  FeMn(AsMe$_2$)(CO)$_6$(PMe$_3$)$_2$, **6**, 786
FeAsMoC$_{12}$H$_{11}$NO$_7$
  Cp(CO)$_3$Mo(AsMe$_2$)Fe(CO)$_2$(NO)$_2$, **3**, 1191
FeAsMoC$_{12}$H$_{11}$O$_5$
  FeMo(AsMe$_2$)(CO)$_5$Cp, **6**, 786

FeAsMoC$_{13}$H$_{11}$O$_6$
  FeMo(AsMe$_2$)(CO)$_6$Cp, **6**, 828
FeAsMoC$_{14}$H$_{11}$O$_7$
  Cp(CO)$_3$Mo(AsMe$_2$)Fe(CO)$_4$, **3**, 1191
FeAsNiC$_{12}$H$_{11}$O$_5$
  Ni(CO)$_3${AsMe$_2$Fe(CO)$_2$Cp}, **6**, 20
FeAsReC$_{10}$H$_6$O$_8$
  FeRe(AsMe$_2$)(CO)$_8$, **6**, 833
FeAsRu$_3$C$_{20}$H$_{11}$O$_{13}$
  Ru$_3$(CO)$_{11}$[AsMe$_2${Fe(CO)$_2$Cp}], **4**, 877
FeAsWC$_{12}$H$_{11}$N$_2$O$_7$
  Cp(CO)$_3$W(AsMe$_2$)Fe(CO)$_2$(NO)$_2$, **3**, 1340
FeAsWC$_{14}$H$_{11}$O$_7$
  Cp(CO)$_3$W(AsMe$_2$)Fe(CO)$_4$, **3**, 1340
FeAs$_2$B$_{18}$Cr$_2$C$_{12}$H$_{20}$O$_{10}$
  [{(CO)$_5$CrAsCB$_9$H$_{10}$}$_2$Fe]$^{2-}$, **1**, 549
FeAs$_2$B$_{18}$Mo$_2$C$_{12}$H$_{20}$O$_{10}$
  [{(CO)$_5$MoAsCB$_9$H$_{10}$}$_2$Fe]$^{2-}$, **1**, 525
FeAs$_2$B$_{18}$W$_2$C$_{12}$H$_{20}$O$_{10}$
  [{(CO)$_5$WAsCB$_9$H$_{10}$}$_2$Fe]$^{2-}$, **1**, 525
FeAs$_2$C$_{12}$H$_{16}$
  Fe(η^5-C$_4$H$_2$Me$_2$As)$_2$, **4**, 487
FeAs$_2$C$_{13}$H$_{16}$O$_3$
  Fe(CO)$_3$(diars), **4**, 289
FeAs$_2$C$_{14}$H$_{20}$
  Fe(η^5-C$_5$H$_4$AsMe$_2$)$_2$, **4**, 489
FeAs$_2$C$_{39}$H$_{30}$O$_3$
  Fe(CO)$_3$(AsPh$_3$)$_2$, **4**, 314
FeAs$_2$CrC$_{11}$H$_{12}$O$_7$
  FeCr(AsMe$_2$)$_2$(CO)$_7$, **6**, 826
FeAs$_2$CrMoC$_{22}$H$_{22}$O$_8$
  FeCrMo(AsMe$_2$)$_2$(CO)$_8$Cp$_2$, **6**, 786, 828
FeAs$_2$Cu$_2$C$_{40}$H$_{30}$O$_4$
  Fe(CO)$_4$(CuAsPh$_3$)$_2$, **4**, 306
FeAs$_2$HgC$_{39}$H$_{30}$Cl$_2$O$_3$
  Fe(CO)$_3$(HgCl$_2$)(AsPh$_3$)$_2$, **6**, 985
FeAs$_2$MoC$_{11}$H$_{12}$O$_7$
  FcMo(AsMe$_2$)$_2$(CO)$_7$, **6**, 828
FeAs$_2$MoWC$_{22}$H$_{22}$O$_8$
  FeMoW(AsMe$_2$)$_2$(CO)$_8$Cp$_2$, **6**, 828
FeAs$_2$MoWC$_{23}$H$_{22}$O$_9$
  FeMoW(AsMe$_2$)$_2$(CO)$_9$Cp$_2$, **6**, 830
FeAs$_2$Mo$_2$C$_{22}$H$_{22}$O$_8$
  FeMo$_2$(AsMe$_2$)$_2$(CO)$_8$Cp$_2$, **6**, 828
FeAs$_2$NiC$_{15}$H$_{20}$I$_2$O
  Fe{(η^5-C$_5$H$_4$AsMe$_2$)$_2$NiI$_2$(CO)}, **4**, 489; **6**, 31
FeAs$_2$WC$_{11}$H$_{12}$O$_7$
  FeW(AsMe$_2$)$_2$(CO)$_7$, **6**, 829
FeAs$_2$WC$_{14}$H$_{17}$O$_5$
  [FeW(AsMe$_2$)$_2$(CO)$_5$Cp]$^+$, **6**, 830
FeAs$_2$W$_2$C$_{23}$H$_{22}$O$_9$

FeAs$_2$W$_2$C$_{23}$H$_{22}$O$_9$
  FeW$_2$(AsMe$_2$)$_2$(CO)$_9$Cp$_2$, **6**, 830
FeAs$_6$Cu$_2$C$_{86}$H$_{78}$O$_4$
  Fe{Cu(triars)}$_2$(CO)$_4$, **6**, 769
FeAuC$_{24}$H$_{20}$O$_3$P
  Fe(AuPPh$_3$)(CO)$_3$(CH$_2$CHCH$_2$), **4**, 414; **6**, 804, 836
FeAuC$_{28}$H$_{24}$P
  FcAuPPh$_3$, **2**, 773, 778, 804; **4**, 485; **8**, 1043
FeAuC$_{32}$H$_{24}$N$_2$P
  FcC(CN)=C(CN)AuPPh$_3$, **2**, 810
FeAu$_2$C$_{28}$H$_{39}$P$_2$
  [Fc(AuPPh$_3$)$_2$]$^+$, **4**, 485
FeAu$_2$C$_{40}$H$_{28}$O$_4$P$_2$
  Fe(CO)$_4${(AuPPh$_2$C$_6$H$_4$)$_2$}, **6**, 778
FeAu$_2$C$_{40}$H$_{30}$O$_4$P$_2$
  Fe(CO)$_4$(AuPPh$_3$)$_2$, **4**, 306; **6**, 848
FeAu$_2$C$_{46}$H$_{38}$P$_2$
  Fe(η^5-C$_5$H$_4$AuPPh$_3$)$_2$, **2**, 773
FeAu$_2$C$_{46}$H$_{39}$P$_2$
  Au$_2$Fc(PPh$_3$)$_2$, **2**, 779; **8**, 1044
  [Au$_2$Fc(PPh$_3$)$_2$]$^+$, **2**, 778; **6**, 848
FeBC$_5$H$_5$Br$_2$
  Fe(BBr$_2$)Cp, **1**, 332
FeBC$_6$H$_6$NO$_4$
  Fe(BNMe$_2$)(CO)$_4$, **6**, 894
FeBC$_7$H$_5$Cl$_2$O$_2$
  Fe(BCl$_2$)(CO)$_2$Cp, **6**, 889
FeBC$_7$H$_5$O$_3$
  (CO)$_3$FeC$_4$BH$_5$, **1**, 480
FeBC$_7$H$_6$ClO$_3$
  Fe(CO)$_3${BCl(CH=CH$_2$)$_2$}, **6**, 896
FeBC$_8$H$_{10}$NO$_4$
  Fe(BNEt$_2$)(CO)$_4$, **6**, 894
FeBC$_8$H$_{15}$N$_2$O$_3$
  Fe(CO)$_3${BMe(NMe$_2$)$_2$}, **6**, 895
FeBC$_{10}$H$_9$Cl$_2$
  FcBCl$_2$, **4**, 483; **8**, 1019
FeBC$_{10}$H$_{10}$ClO$_2$
  FeCp[η^5-C$_5$H$_3$(Cl){B(OH)$_2$}], **2**, 722
FeBC$_{10}$H$_{11}$O$_2$
  FcB(OH)$_2$, **4**, 477; **8**, 1024, 1062
FeBC$_{11}$H$_{13}$
  FeCp(C$_5$H$_5$BMe), **1**, 395
FeBC$_{11}$H$_{17}$N$_2$O$_2$
  Fe{B(NMe$_2$)$_2$}(CO)$_2$Cp, **6**, 889
FeBC$_{15}$H$_{13}$O$_3$
  Fe(CO)$_3${PhB(CH)$_3$CEt}, **1**, 388
  Fe(CO)$_3${PhBCHCH(CH$_2$)$_2$CHCH}, **1**, 401
FeBC$_{15}$H$_{23}$O$_5$
  Fe(CO)$_3${CH$_2$=CHC(=CH$_2$)CH$_2$CH$_2$CH(Pr^i)-B(OMe)$_2$}, **8**, 973
FeBC$_{16}$H$_{15}$
  FeCp(C$_5$H$_5$BPh), **1**, 395
FeBC$_{16}$H$_{15}$O$_3$
  Fe(CO)$_3${PhB(CH=CH)$_2$CMe$_2$}, **1**, 330, 401
FeBC$_{16}$H$_{19}$INO$_2$
  FeI(CO)$_2${PhBC(Me)CHCHNBu^t}, **1**, 405
FeBC$_{19}$H$_{15}$O$_2$
  Fe(BPh$_2$)(CO)$_2$Cp, **6**, 889
FeBC$_{25}$H$_{20}$O$_2$
  [Fe(BPh$_3$)(CO)$_2$Cp]$^-$, **6**, 884
FeBC$_{37}$H$_{25}$O$_3$
  Fe(CO)$_3$(C$_4$BPh$_5$), **1**, 387
FeBSiC$_{15}$H$_{15}$O$_3$
  Fe(CO)$_3${PhB(CH=CH)$_2$SiMe$_2$}, **1**, 401; **2**, 43

FeBSiC$_{19}$H$_{28}$NO$_2$
  Fe(SiMe$_3$)(CO)$_2${PhBC(Me)CHCHNBu^t}, **1**, 405
FeB$_2$C$_4$H$_5$O$_4$
  [Fe(CO)$_4$(B$_2$H$_5$)]$^-$, **6**, 915
FeB$_2$C$_5$H$_2$Cl$_2$O$_3$S
  Fe(CO)$_3${ClBCHCHB(Cl)S}, **1**, 407
FeB$_2$C$_5$H$_4$O$_3$S
  Fe(CO)$_3$(HBCHCHBHS), **1**, 384, 407
FeB$_2$C$_7$H$_8$O$_3$S
  Fe(CO)$_3${MeBCHCHB(Me)S}, **1**, 407
FeB$_2$C$_7$H$_8$O$_3$S$_3$
  Fe(CO)$_3${(MeS)BCHCHB(SMe)S}, **1**, 407
FeB$_2$C$_7$H$_{10}$O$_2$
  Fe(B$_2$H$_5$)(CO)$_2$Cp, **6**, 915
FeB$_2$C$_9$H$_{10}$I$_2$O$_3$S
  Fe(CO)$_3${IBC(Et)C(Et)B(I)S}, **1**, 384
FeB$_2$C$_9$H$_{12}$O$_3$S
  Fe(CO)$_3${HBC(Et)C(Et)BHS}, **1**, 384
FeB$_2$C$_9$H$_{12}$O$_5$S
  Fe(CO)$_3${(EtO)BCHCHB(OEt)S}, **1**, 407
FeB$_2$C$_9$H$_{14}$N$_2$O$_3$S
  Fe(CO)$_3${(Me$_2$N)BCHCHB(NMe$_2$)S}, **1**, 407
FeB$_2$C$_{10}$H$_8$Cl$_4$
  Fe(η^5-C$_5$H$_4$BCl$_2$)$_2$, **8**, 1019
FeB$_2$C$_{10}$H$_{12}$O$_4$
  Fe{η^5-C$_5$H$_4$B(OH)$_2$}$_2$, **4**, 477
FeB$_2$C$_{11}$H$_{10}$O$_3$S
  Fe(CO)$_3${MeB(C$_6$H$_4$)B(Me)S}, **1**, 384
FeB$_2$C$_{12}$H$_{16}$
  Fe(C$_5$H$_5$BMe)$_2$, **1**, 394
FeB$_2$C$_{12}$H$_{19}$NO$_3$
  Fe(CO)$_3${MeBC(Et)C(Et)B(Me)NMe}, **1**, 406
FeB$_2$C$_{13}$H$_{18}$
  Fe(C$_5$H$_5$BMe){C$_5$H$_4$(Me)BMe}, **1**, 398
FeB$_2$C$_{13}$H$_{21}$S
  [FeCp{MeBC(Et)C(Et)B(Me)S}]$^-$, **1**, 408
FeB$_2$C$_{14}$H$_{18}$O
  Fe(C$_5$H$_5$BMe){C$_5$H$_4$(Ac)BMe}, **1**, 398
FeB$_2$C$_{22}$H$_{20}$
  [Fe(C$_5$H$_5$BPh)$_2$]$^-$, **1**, 385
  Fe(C$_5$H$_5$BPh)$_2$, **1**, 394
FeB$_2$C$_{30}$H$_{38}$N$_2$O$_2$
  Fe(CO)$_2${PhBC(Me)CHCHNBu^t}$_2$, **1**, 405
FeB$_2$CoC$_{20}$H$_{29}$
  FeCoCp$_2${MeBC(Et)C(Et)B(Me)CMe}, **1**, 389
FeB$_2$MnC$_{16}$H$_{21}$O$_3$S
  FeMn(CO)$_3$Cp{MeBC(Et)C(Et)B(Me)S}, **1**, 408; **4**, 140
FeB$_3$C$_3$H$_9$O$_3$
  FeH(B$_3$H$_8$)(CO)$_3$, **6**, 919
FeB$_3$C$_5$H$_7$O$_3$
  (CO)$_3$FeC$_2$B$_3$H$_7$, **1**, 481
FeB$_3$C$_6$H$_{13}$O
  Fe(B$_3$H$_8$)(CO)Cp, **6**, 919
FeB$_3$CoC$_9$H$_{15}$
  FeCoHCp(C$_2$B$_3$H$_3$Me$_2$), **6**, 835
FeB$_3$CoC$_{12}$H$_{14}$O$_3$
  FeCo(CO)$_3$Cp(C$_2$B$_3$H$_3$Me$_2$), **1**, 392
FeB$_3$CoC$_{14}$H$_{20}$
  FeCoHCp$_2$(C$_2$B$_3$H$_3$Me$_2$), **6**, 835
FeB$_3$CoC$_{14}$H$_{22}$
  (CpFeH)(CpCo)(Me$_2$C$_2$B$_3$H$_5$), **1**, 496
FeB$_3$Co$_2$C$_{14}$H$_{13}$O$_4$
  (CpCo)$_2${Fe(CO)$_4$}(B$_3$H$_3$), **1**, 489; **6**, 921
FeB$_4$C$_3$H$_8$O$_3$

FeB$_4$C$_5$H$_6$O$_3$
  (CO)$_3$FeB$_4$H$_8$, **1**, 430, 479, 488, 492; **6**, 922

FeB$_4$C$_5$H$_6$O$_3$
  (CO)$_3$FeC$_2$B$_4$H$_6$, **1**, 481, 493

FeB$_4$C$_7$H$_{11}$
  CpFeC$_2$B$_4$H$_6$, **1**, 493

FeB$_4$C$_7$H$_{12}$
  CpFeH(C$_2$B$_4$H$_6$), **1**, 478

FeB$_4$C$_9$H$_{12}$O$_2$
  CpFe(CO)$_2$(C$_2$B$_4$H$_7$), **1**, 478

FeB$_4$C$_{11}$H$_{16}$O$_3$
  (CO)$_3$Fe(Me$_4$C$_4$B$_4$H$_4$), **1**, 505

FeB$_4$C$_{28}$H$_{32}$N$_6$
  Fe{PhB(NMe)$_2$B(Ph)N}$_2$, **1**, 403

FeB$_4$Mn$_2$C$_{22}$H$_{32}$O$_6$S$_2$
  Fe[{MeBC(Et)C(Et)B(Me)S}Mn(CO)$_3$]$_2$, **1**, 386; **4**, 140

FeB$_5$C$_3$H$_9$O$_3$
  (CO)$_3$FeB$_5$H$_9$, **1**, 488; **3**, 117; **6**, 926

FeB$_5$C$_5$H$_3$O$_5$
  (CO)$_3$FeB$_5$H$_3$(CO)$_2$, **1**, 488, 497; **6**, 930

FeB$_5$C$_5$H$_7$O$_3$
  (CO)$_3$FeC$_2$B$_5$H$_7$, **1**, 499

FeB$_5$C$_5$H$_{15}$
  CpFeB$_5$H$_{10}$, **1**, 462, 490, 498

FeB$_5$C$_5$H$_{15}$O$_5$
  (CO)$_5$FeB$_5$H$_{10}$, **6**, 926

FeB$_5$C$_7$H$_{13}$O$_2$
  Fe(B$_5$H$_8$)(CO)$_2$Cp, **4**, 591; **6**, 929

FeB$_5$CuC$_{39}$H$_{38}$O$_3$P$_2$
  {Fe(CO)$_3$}{Cu(PPh$_3$)$_2$}(B$_5$H$_8$), **1**, 499

FeB$_5$Cu$_2$C$_{75}$H$_{68}$O$_3$P$_4$
  {(Ph$_3$P)$_2$Cu}$_2${Fe(CO)$_3$}B$_5$H$_8$, **6**, 926

FeB$_6$C$_4$H$_{10}$O$_4$
  (CO)$_4$FeB$_6$H$_{10}$, **6**, 931

FeB$_6$C$_7$H$_{13}$
  CpFeC$_2$B$_6$H$_8$, **1**, 503

FeB$_7$C$_4$H$_{11}$O$_4$
  (CO)$_4$FeB$_7$H$_{11}$, **6**, 932

FeB$_7$C$_4$H$_{12}$O$_4$
  [(CO)$_4$FeB$_7$H$_{12}$]$^-$, **1**, 499, 506; **6**, 932

FeB$_7$C$_7$H$_{13}$O$_3$
  (CO)$_3$Fe(Me$_2$C$_2$B$_7$H$_7$), **1**, 505

FeB$_7$C$_{13}$H$_{25}$
  CpFe(Me$_4$C$_4$B$_7$H$_8$), **1**, 471, 478, 526

FeB$_7$CoC$_{12}$H$_{19}$
  (CpCo)(CpFe)C$_2$B$_7$H$_9$, **1**, 512

FeB$_7$CoC$_{13}$H$_{26}$
  FeCoH$_2$(C$_2$B$_3$H$_3$Me$_2$)(C$_2$B$_4$H$_4$Me$_2$)Cp, **6**, 835

FeB$_7$CoC$_{13}$H$_{28}$
  CpCo(Me$_2$C$_2$B$_3$H$_5$)(FeH$_2$)(Me$_2$C$_2$B$_4$H$_4$), **1**, 496

FeB$_8$C$_7$H$_{15}$
  CpFeC$_2$B$_8$H$_{10}$, **1**, 503

FeB$_8$C$_7$H$_{16}$
  (CpFe)C$_2$B$_8$H$_{11}$, **1**, 510

FeB$_8$C$_8$H$_{22}$
  FeH$_2$(Me$_2$C$_2$B$_4$H$_4$)$_2$, **1**, 431, 495

FeB$_8$C$_{12}$H$_{22}$
  FeH$_2$(Me$_2$C$_2$B$_4$H$_4$)$_2$, **1**, 486

FeB$_8$CoC$_{13}$H$_{25}$
  CpCoFe(Me$_4$C$_4$B$_8$H$_8$), **1**, 495; **6**, 835

FeB$_8$GeC$_8$H$_{20}$
  GeFe(Me$_4$C$_4$B$_8$H$_8$), **1**, 495, 547

FeB$_8$SnC$_8$H$_{20}$
  SnFe(Me$_4$C$_4$B$_8$H$_8$), **1**, 495, 546

FeB$_9$C$_6$H$_{15}$
  [CpFeCB$_9$H$_{10}$]$^-$, **1**, 478

FeB$_9$C$_7$H$_{16}$
  [CpFeC$_2$B$_9$H$_{11}$]$^-$, **1**, 30, 516
  CpFeC$_2$B$_9$H$_{11}$, **1**, 461

FeB$_9$CoC$_{12}$H$_{21}$
  (CpCo)(CpFe)C$_2$B$_9$H$_{11}$, **1**, 530

FeB$_{10}$C$_5$H$_{20}$
  CpFeB$_{10}$H$_{15}$, **1**, 490, 514

FeB$_{10}$C$_7$H$_{17}$
  CpFeC$_2$B$_{10}$H$_{12}$, **1**, 485

FeB$_{10}$C$_7$H$_{17}$BrO$_2$
  FeBr(B$_{10}$H$_{13}$)(CO)$_2$(η^5-C$_5$H$_4$), **6**, 936

FeB$_{10}$C$_7$H$_{18}$O$_2$
  Cp(CO)$_2$FeB$_{10}$H$_{13}$, **1**, 479, 525; **6**, 936

FeB$_{10}$C$_{10}$H$_{18}$O$_3$
  Fe(CO)$_3$[C$_4$H$_5$(C$_2$B$_{10}$H$_{10}$Me)], **4**, 428

FeB$_{10}$C$_{10}$H$_{25}$O
  CpFeCB$_{10}$H$_{10}$(OEt$_2$), **1**, 479; **6**, 936

FeB$_{10}$GeC$_8$H$_{16}$O$_2$
  FpGe(CB$_{10}$H$_{11}$), **1**, 546

FeB$_{11}$C$_8$H$_{25}$
  FeH$_2$(Me$_2$C$_2$B$_4$H$_4$)(Me$_2$C$_2$B$_7$H$_7$), **1**, 494

FeB$_{18}$C$_2$H$_{20}$P$_2$
  [Fe(PCB$_9$H$_{10}$)$_2$]$^{2-}$, **1**, 525, 549

FeB$_{18}$C$_4$H$_{22}$
  [Fe(C$_2$B$_9$H$_{11}$)$_2$]$^{2-}$, **1**, 30
  [Fe(C$_2$B$_9$H$_{11}$)$_2$]$^-$, **1**, 516; **3**, 32

FeB$_{18}$C$_4$H$_{26}$P$_2$
  Fe(MePCB$_9$H$_{10}$)$_2$, **1**, 525, 549

FeB$_{18}$Cr$_2$C$_{12}$H$_{20}$O$_{10}$P$_2$
  [{(CO)$_5$CrPCB$_9$H$_{10}$}$_2$Fe]$^{2-}$, **1**, 525

FeB$_{18}$Mo$_2$C$_{12}$H$_{20}$O$_{10}$P$_2$
  [{(CO)$_5$MoPCB$_9$H$_{10}$}$_2$Fe]$^{2-}$, **1**, 525

FeB$_{18}$W$_2$C$_{12}$H$_{20}$O$_{10}$P$_2$
  [{(CO)$_5$WPCB$_9$H$_{10}$}$_2$Fe]$^{2-}$, **1**, 525

FeB$_{20}$C$_4$H$_{24}$
  [Fe(C$_2$B$_{10}$H$_{12}$)$_2$]$^{2-}$, **1**, 529

FeC$_2$Cl$_2$O$_2$
  FeCl$_2$(CO)$_2$, **4**, 251

FeC$_2$I$_2$O$_2$
  FeI$_2$(CO)$_2$, **4**, 272

FeC$_2$N$_2$O$_4$
  Fe(CO)$_2$(NO)$_2$, **4**, 273, 296

FeC$_3$HNO$_4$
  FeH(CO)$_3$(NO), **4**, 313

FeC$_3$H$_5$BrF$_9$P$_3$
  FeBr(CH$_2$CHCH$_2$)(PF$_3$)$_3$, **4**, 399, 402

FeC$_3$H$_5$N$_2$O$_2$
  Fe(NO)$_2$(CH$_2$CHCH$_2$), **8**, 408

FeC$_3$NO$_4$
  [Fe(CO)$_3$(NO)]$^-$, **4**, 297; **8**, 405, 970

FeC$_4$Br$_2$O$_4$
  FeBr$_2$(CO)$_4$, **4**, 273

FeC$_4$Cl$_2$O$_4$
  FeCl$_2$(CO)$_4$, **4**, 270

FeC$_4$F$_3$O$_4$P
  Fe(CO)$_4$(PF$_3$), **4**, 288

FeC$_4$HO$_4$
  [FeH(CO)$_4$]$^-$, **4**, 249; **8**, 270, 304, 954

FeC$_4$H$_2$O$_4$
  FeH$_2$(CO)$_4$, **4**, 254, 306, 313; **8**, 158

FeC$_4$H$_3$NO$_4$
  Fe(CO)$_4$(NH$_3$), **4**, 286

FeC$_4$H$_4$F$_9$P$_3$
  Fe(η^4-C$_4$H$_4$)(PF$_3$)$_3$, **4**, 449

FeC$_4$H$_6$F$_9$P$_3$

FeC$_4$H$_6$F$_9$P$_3$
  Fe(CH$_2$=CHCH=CH$_2$)(PF$_3$)$_3$, **4**, 436
FeC$_4$H$_7$N$_2$O$_3$P
  Fe(CO)(NO)$_2$(PHMe$_2$), **4**, 298
FeC$_4$H$_{12}$
  [FeMe$_4$]$^{2-}$, **4**, 332
FeC$_4$IO$_4$
  [FeI(CO)$_4$]$^-$, **4**, 270
FeC$_4$I$_2$O$_4$
  FeI$_2$(CO)$_4$, **4**, 271, 306
FeC$_4$N$_2$O$_2$S$_2$
  Fe(CO)$_2$(SCN)$_2$, **4**, 273
FeC$_4$O$_4$
  Fe(CO)$_4$, **4**, 248
  [Fe(CO)$_4$]$^{2-}$, **4**, 254; **8**, 162, 955
FeC$_4$O$_{10}$P$_4$
  Fe(CO)$_4$(P$_4$O$_6$), **4**, 288
FeC$_5$ClO$_5$
  [FeCl(CO)$_5$]$^+$, **4**, 251
FeC$_5$HO$_5$
  [Fe(CHO)(CO)$_4$]$^-$, **4**, 333
  [FeH(CO)$_5$]$^+$, **4**, 312
FeC$_5$H$_5$IO$_2$
  FeI(CO)$_2$(CH$_2$CHCH$_2$), **4**, 563
FeC$_5$H$_5$NO$_3$
  Fe(CO)$_2$(NO)(CH$_2$CHCH$_2$), **4**, 403, 563; **8**, 405
FeC$_5$H$_5$NO$_4$
  Fe(NCO)(CO)$_3$(CH$_2$CHCH$_2$), **4**, 413
FeC$_5$H$_6$F$_6$P$_2$
  FeH(Cp)(PF$_3$)$_2$, **4**, 436
FeC$_5$H$_6$N$_4$O$_3$
  Fe(CO)$_3$(MeN=NN=NMe), **4**, 286
FeC$_5$H$_{13}$P$_2$
  [Fe(C$_5$H$_7$)(PH$_3$)$_2$]$^-$, **3**, 66
FeC$_5$NO$_4$
  [Fe(CO)$_4$(CN)]$^-$, **4**, 252, 267
FeC$_5$N$_4$O$_4$
  Fe(CN$_4$)(CO)$_4$, **4**, 367
FeC$_5$O$_4$S
  Fe(CO)$_4$(CS), **4**, 254
FeC$_5$O$_4$S$_2$
  Fe(CO)$_4$(CS$_2$), **4**, 273
FeC$_5$O$_5$
  Fe(CO)$_5$, **3**, 24, 90, 529; **4**, 244, 297, 335, 381; **8**, 13, 157, 350, 413, 600, 940, 952, 968
FeC$_6$Cl$_2$F$_2$O$_4$
  Fe(CO)$_4$(CF$_2$=CCl$_2$), **3**, 105
FeC$_6$F$_4$O$_4$
  Fe(CO)$_4$(CF$_2$=CF$_2$), **4**, 381, 388
FeC$_6$H$_2$Br$_2$O$_4$
  Fe(CO)$_4$(BrCH=CHBr), **4**, 398
FeC$_6$H$_3$NO$_4$
  Fe(CO)$_4$(CNMe), **4**, 266
FeC$_6$H$_4$NO$_3$
  [Fe(CO)$_2$(NO)(η^4-C$_4$H$_4$)]$^+$, **4**, 447; **8**, 1035
FeC$_6$H$_4$O$_3$S
  Fe(CO)$_3$(CH$_2$=CHCHS), **4**, 444
FeC$_6$H$_4$O$_4$
  Fe(CO)$_4$(CH$_2$=CH$_2$), **3**, 48; **4**, 378, 388; **8**, 964
FeC$_6$H$_4$O$_5$
  Fe(CO)$_4$(CH$_2$=CHOH), **4**, 381
FeC$_6$H$_5$BrO$_3$
  FeBr(CO)$_3$(CH$_2$CHCH$_2$), **3**, 110
FeC$_6$H$_5$ClO$_3$
  FeCl(CO)$_3$(CH$_2$CHCH$_2$), **6**, 423
FeC$_6$H$_5$IO$_3$
  FeI(CO)$_3$(CH$_2$CHCH$_2$), **4**, 414; **8**, 969
FeC$_6$H$_5$NO$_6$
  Fe(NO$_3$)(CO)$_3$(CH$_2$CHCH$_2$), **4**, 415, 423
FeC$_6$H$_5$O$_3$
  [Fe(CO)$_3$(CH$_2$CHCH$_2$)]$^-$, **4**, 399, 403, 406
FeC$_6$H$_6$ClO$_4$P
  Fe(CO)$_4$(PClMe$_2$), **4**, 604
FeC$_6$H$_6$F$_3$O$_2$P
  Fe(CO)$_2$\{C(CH$_2$)$_3$\}(PF$_3$), **4**, 462
FeC$_6$H$_6$N$_2$O$_2$
  Fe(CO)$_2$(CH$_2$=CHCH=CH$_2$)(N$_2$), **4**, 470
FeC$_6$H$_7$NO$_3$
  Fe(CO)$_2$(NO)(η^3-C$_4$H$_7$), **8**, 970
FeC$_6$H$_{10}$F$_9$P$_3$
  Fe(CH$_2$=CHCH=CHEt)(PF$_3$)$_3$, **4**, 402
FeC$_7$F$_7$IO$_4$
  FeI(C$_3$F$_7$)(CO)$_4$, **4**, 340, 581
FeC$_7$H$_3$ClO$_3$
  Fe(CO)$_3$(η^4-C$_4$H$_3$Cl), **4**, 445
FeC$_7$H$_3$NO$_4$
  Fe(CO)$_4$(CH$_2$=CHCN), **4**, 378, 387
FeC$_7$H$_4$Cl$_2$O$_3$
  Fe(CO)$_3$\{CH$_2$=C(Cl)C(Cl)=CH$_2$\}, **4**, 428
FeC$_7$H$_4$I$_2$O$_2$
  FeI(CO)$_2$(η^5-C$_5$H$_4$I), **4**, 540
FeC$_7$H$_4$O$_3$
  (CO)$_3$Fe$\overline{\text{CH=CHCH=CH}}$, **4**, 551
  Fe(CO)$_3$(η^4-C$_4$H$_4$), **3**, 47; **4**, 410, 445, 471; **8**, 859, 976
FeC$_7$H$_4$O$_5$S
  Fe(CO)$_3$($\overline{\text{CH=CHCH=CHSO}_2}$), **4**, 437
FeC$_7$H$_4$O$_6$
  Fe(CO)$_4$(CH$_2$=CHCO$_2$H), **4**, 389
FeC$_7$H$_5$ClO$_2$
  FeCl(CO)$_2$Cp, **8**, 341
FeC$_7$H$_5$ClO$_3$
  Fe(CO)$_3$\{CH$_2$=C(Cl)CH=CH$_2$\}, **4**, 428
FeC$_7$H$_5$NO$_4$
  Fe(CO)$_4$(CNEt), **4**, 266
  Fe(NCO)(CO)$_3$(CH$_2$CHCH$_2$), **4**, 414
FeC$_7$H$_5$N$_3$O$_2$
  Fp(N$_3$), **4**, 393
FeC$_7$H$_5$OS
  [Fe(CO)(CS)Cp]$^-$, **4**, 529
FeC$_7$H$_5$O$_2$
  [Fe(CO)$_2$Cp]$^-$, **4**, 333; **8**, 263, 958, 1017
  [Fe(CO)$_2$Cp]$^+$, **8**, 1031
FeC$_7$H$_5$O$_4$
  [Fe(CO)$_4$(CH$_2$CHCH$_2$)]$^+$, **4**, 399; **8**, 969
FeC$_7$H$_6$Br$_2$O$_3$
  FeBr(CO)$_3$\{CH$_2$C(CH$_2$Br)CH$_2$\}, **4**, 474
FeC$_7$H$_6$O$_2$
  FeH(CO)$_2$Cp, **8**, 578
FeC$_7$H$_6$O$_3$
  Fe(CO)$_3$\{C(CH$_2$)$_3$\}, **4**, 448, 463; **8**, 978
  Fe(CO)$_3$(CH$_2$=CHCH=CH$_2$), **3**, 61, 112; **4**, 426, 454; **8**, 947, 969, 970, 971
FeC$_7$H$_6$O$_4$
  Fe(CO)$_3$\{CH$_2$=C(OH)CH=CH$_2$\}, **4**, 428
FeC$_7$H$_6$O$_4$S
  Fe(CO)$_3$($\overline{\text{CH=CHCH}_2\text{SOCH}}$), **4**, 379
FeC$_7$H$_6$O$_5$
  Fe(CO)$_3$(CH$_2$=CHCO$_2$Me), **4**, 381
FeC$_7$H$_7$ClO$_3$
  FeCl(CO)$_3$(CH$_2$CMeCH$_2$), **4**, 474
FeC$_7$H$_7$ClO$_4$
  FeCl(CO)$_3$\{CH$_2$C(OMe)CH$_2$\}, **4**, 401
FeC$_7$H$_7$FO$_6$S
  Fe(SO$_3$F)(CO)$_3$(C$_4$H$_7$), **4**, 417
FeC$_7$H$_7$IO$_3$

FeI(CO)₃(CH₂CMeCH₂), **4**, 401
FeC₇H₇O₃
  [Fe(CO)₃(MeCHCHCH₂)]⁺, **4**, 417, 418
FeC₇H₇O₄
  [FePr(CO)₄]⁻, **4**, 344
FeC₇H₈F₉P₃
  Fe(nbd)(PF₃)₃, **4**, 436
FeC₇H₈N₂O₄
  Fe{C(NHMe)₂}(CO)₄, **4**, 367
FeC₇H₉NO₄
  Fe(CO)₄(NMe₃), **4**, 427
FeC₇H₁₀NO₃P
  Fe(CO)₃($\overline{\text{PNMeCH}_2\text{CH}_2\text{N}}$Me), **4**, 292
FeC₇H₁₀O₃
  Fe(CO)₃(MeCH=CHCH=CHCH=CH₂), **7**, 208
FeC₇I₄O₄
  Fe(CO)₃(η⁴-C₄I₄), **4**, 447
FeC₈F₈O₄
  (CO)₄Fe{$\overline{\text{(CF}_2\text{)}_3\text{CF}_2}$}, **4**, 381
FeC₈H₂F₈O₄
  Fe(CF₂CHF₂)₂(CO)₄, **4**, 344
FeC₈H₂O₆
  (CO)₄Fe($\overline{\text{COCH=CHCO}}$), **4**, 574
FeC₈H₄O₄
  Fe(CO)₃(η⁴-C₄H₃CHO), **4**, 472
  Fe(CO)₃(C₄H₄CO), **4**, 433; **8**, 159, 980
FeC₈H₄O₅
  Fe(CO)₃($\overline{\text{CH=CHCH=CHOCO}}$), **4**, 446; **8**, 976
  Fe(CO)₃(η⁴-C₄H₃CO₂H), **4**, 474
FeC₈H₄O₈
  Fe(CO)₄(HO₂CCH=CHCO₂H), **3**, 48; **4**, 387, 389
FeC₈H₅BrO₄
  Fe(CO)₄{CH₂=C(Br)CH=CH₂}, **4**, 427
FeC₈H₅ClO₃
  Fe(CO)₃{η⁴-C₄H₃(CH₂Cl)}, **4**, 473
FeC₈H₅IO₅
  Fe(CO)₄(MeCOCH=CHI), **4**, 581
FeC₈H₅NO₂
  Fp(CN), **4**, 370, 393
FeC₈H₅NO₃
  Fp(NCO), **4**, 393
FeC₈H₅N₂O
  [Fe(CO)(CN)₂Cp]⁻, **4**, 587
FeC₈H₅O₃
  [Fe(CO)₃(η⁴-C₄H₃CH₂)]⁺, **4**, 474
  [Fe(CO)₃Cp]⁺, **4**, 371, 435; **8**, 1032
FeC₈H₅O₆
  [Fe(CO)₃{CH₂C(CO₂Me)C=O}]⁻, **4**, 425
FeC₈H₆N₂O₃
  Fe(CO)₃(C₅H₆N₂), **3**, 147
FeC₈H₆O₃
  Fe(CO)₃(C₅H₆), **4**, 433, 435, 515
FeC₈H₆O₄
  Fe(CO)₃(CH₂=CHCH=CHCHO), **4**, 429
  Fp(CO₂H), **4**, 339
FeC₈H₆O₅
  Fe(CO)₃{CH₂=C(OMe)CH=C=O}, **4**, 401
  Fe(CO)₃(CO₂CH₂CH=CHCH₂), **8**, 943
  Fe{CO₂CH₂C(CH₂)₂}(CO)₃, **4**, 412
FeC₈H₆O₆
  Fe(CO)₄(CH₂=CHCO₂Me), **4**, 398; **8**, 964
FeC₈H₇ClO₂
  Fe(CO)₂Cp(CH₂Cl), **8**, 958
FeC₈H₇IO₂
  FeI(CO)₂(C₆H₇), **4**, 497
FeC₈H₇NO₅
  Fe(CO)₄(CH₂=CHCONHMe), **4**, 396
FeC₈H₇O₂
  [Fe(CO)₂Cp(CH₂)]⁺, **4**, 370; **8**, 958
FeC₈H₇O₃
  [Fe(CO)₃{(CH₂)₂CCHCH₂}]⁺, **4**, 494
  [Fe(CO)₃(CH₂CHCHCHCH₂)]⁺, **8**, 984
  [Fe(CO)₃(C₅H₇)]⁺, **4**, 493, 494
FeC₈H₇O₄
  [Fe(CO)₄(MeCHCHCH₂)]⁺, **4**, 404; **8**, 969
FeC₈H₈N₂O₃
  Fe(CO)₃(CNMe)(CNEt), **4**, 266
FeC₈H₈O₂
  FpMe, **3**, 100
FeC₈H₈O₂S
  FpSMe, **4**, 604, 635
FeC₈H₈O₃
  Fe(CH₂CH₂CHCHCH₂)(CO)₃, **4**, 412
  Fe(CO)₃{C(CH₂)₂(CHMe)}, **8**, 978
  Fe(CO)₃(CH₂=CHCH=CHMe), **4**, 427; **8**, 940, 969
  Fe(CO)₃{CH₂=C(Me)CH=CH₂}, **4**, 409
  [Fe(CO)₃(C₅H₈)]⁺, **3**, 114
FeC₈H₈O₄
  Fe(CO)₃(CH₂=CHCH=CHCH₂OH), **4**, 432; **8**, 984
  Fe(CO)₃(CH₂=CHCOEt), **4**, 443
  Fe(CO)₃{CH₂=C(OMe)CH=CH₂}, **8**, 971
FeC₈H₈O₄S₂
  Fe(CO)₄{$\overline{\text{S(CH}_2\text{)}_3\text{SCH}_2}$}, **4**, 257
FeC₈H₉BrO₃
  FeBr(CO)₃{MeCHC(Me)CH₂}, **4**, 448
FeC₈H₉NO
  FeH(CO)(CNMe)Cp, **4**, 528
FeC₈H₁₀FN₂O₄P
  Fe(CO)₄{MeN(CH₂)₂N(Me)PF}, **4**, 288
FeC₈H₁₀O₂
  Fe(CO)₂(CH₂CHCH₂)₂, **3**, 111; **4**, 400, 403, 416
FeC₈H₁₂F₉P₃
  Fe(cod)(PF₃)₃, **4**, 385
FeC₈H₁₂N₂O₂S₃
  Fe(CO)₂(S₂CNMe₂)(SCNMe₂), **4**, 274
FeC₈H₁₂N₂O₂S₄
  Fe(CO)₂(S₂CNMe₂)₂, **4**, 273
FeC₈H₁₂O₄P₂
  Fe(CO)₄(PMe₂PMe₂), **4**, 288
FeC₈H₁₂O₄P₂S
  Fe(CO)₄{PMe₂P(S)Me₂}, **4**, 288
FeC₈H₁₄NO₃P
  Fe(CO)₂(NO)(CH₂=CHCH₂PMe₃), **4**, 423
FeC₈H₁₆N₄O₂
  [Fe(CNMe)₄(H₂O)₂]²⁺, **4**, 269
FeC₉F₈O₃
  Fe(CO)₃(C₆F₈), **4**, 451
FeC₉F₉O₃
  [Fe(CO)₃(C₆F₉)]⁻, **4**, 399
FeC₉H₄F₆O₃
  Fe(CO)₂(η⁴-C₄H₄){OC(CF₃)₂}, **4**, 410
FeC₉H₅F₃O₂
  Fp(CF=CF₂), **4**, 334
FeC₉H₅NO₄
  Fe(CO)₄(py), **4**, 285
FeC₉H₆F₄O₂
  Fp(CF₂CHF₂), **4**, 334
FeC₉H₆O₃
  Fe(CO)₃{η⁴-C₄H₃(CH=CH₂)}, **4**, 474
FeC₉H₆O₄
  Fe(CO)₃($\overline{\text{CH=CHCH=CHCOCH}_2}$), **4**, 438
  Fe(CO)₃(η⁴-C₄H₃Ac), **4**, 472

FeC$_9$H$_6$O$_4$
    Fe(CO)$_3$(C$_6$H$_6$O), **8**, 983

FeC$_9$H$_6$O$_5$
    Fe(CO)$_3$(η^4-C$_4$H$_3$CH$_2$CO$_2$H), **4**, 474

FeC$_9$H$_7$IO$_3$
    Fe(CO)$_3${$\overline{\text{CH=CHCH=CHCH(I)CH}_2}$}, **4**, 497

FeC$_9$H$_7$NO$_4$
    Fe(CHNMe$_2$)(CO)$_4$, **4**, 367

FeC$_9$H$_7$NO$_4$S
    Fe{$\overline{\text{CN(Me)C(Me)CHS}}$}(CO)$_4$, **4**, 367

FeC$_9$H$_7$O$_3$
    [Fe(CO)$_3$(C$_6$H$_7$)]$^+$, **4**, 496, 498; **7**, 332; **8**, 989, 1018

FeC$_9$H$_7$O$_6$
    [Fe(CO)$_3${MeO$_2$CCHC(Me)C=O}]$^-$, **4**, 406

FeC$_9$H$_8$NO$_2$
    [Fp(CH$_2$=C=NH)]$^+$, **4**, 383

FeC$_9$H$_8$O$_3$
    Fe(CO)$_3${CH$_2$=$\overline{\text{C(CH}_2\text{)}_2\text{C}}$=CH$_2$}, **4**, 406
    Fe(CO)$_3$(C$_6$H$_8$), **4**, 408, 433, 437; **8**, 941, 971, 972, 984, 986, 990
    Fe(COMe)(CO)$_2$Cp, **4**, 360
    Fe(CO)$_3$(chd), **4**, 252

FeC$_9$H$_8$O$_4$
    Fe(CO)$_3$(CH$_2$=CHCH=CHCOMe), **4**, 467; **8**, 971
    Fe{$\overline{\text{CO(CH}_2\text{)}_2\text{CHCHCH}_2}$}(CO)$_3$, **4**, 412
    Fe(CO)$_3$(C$_6$H$_7$OH), **8**, 983
    Fe(CO)$_3$(MeCH=CHCH=CHCHO), **8**, 984
    Fe(CO)$_3$(Me$_2$C=CHCH=C=O), **4**, 458

FeC$_9$H$_8$O$_4$S$_2$
    Fe(CO)$_4$($\overline{\text{SCH}_2\text{CH=CHCH}_2\text{SCH}_2}$), **4**, 273

FeC$_9$H$_8$O$_5$
    Fe(CO)$_3${CH$_2$=C(CO$_2$Me)CH=CH$_2$}, **4**, 430
    Fe(CO)$_3${CH$_2$=C(OAc)CH=CH$_2$}, **4**, 428

FeC$_9$H$_8$O$_5$S
    Fe(CO)$_3${$\overline{\text{MeC=CHCH=C(Me)SO}_2}$}, **4**, 470

FeC$_9$H$_8$O$_6$
    Fe{$\overline{\text{C(OMe)C(CO}_2\text{Me)CH}_2}$}(CO)$_3$, **4**, 425, 432
    Fe(CO)$_4$(MeCH=CHCO$_2$Me), **8**, 964

FeC$_9$H$_8$O$_6$S
    Fe(CO)$_3$(C$_6$H$_7$SO$_3$H), **8**, 993

FeC$_9$H$_9$N
    FeCp(η^5-C$_4$H$_4$N), **4**, 487

FeC$_9$H$_9$O$_2$
    [Fp(CH$_2$=CH$_2$)]$^+$, **3**, 68, 105; **4**, 338, 350, 391, 393; **8**, 966

FeC$_9$H$_9$O$_3$
    [Fe(CO)$_3$(MeCHCHCHCHCH$_2$)]$^+$, **8**, 984
    [Fp(CHOMe)]$^+$, **4**, 369
    [Fp(CH$_2$=CHOH)]$^+$, **4**, 383

FeC$_9$H$_9$O$_4$
    [Fe(CO)$_3$(CH$_2$CHCHCH$_2$COMe)]$^+$, **4**, 407
    [Fe(CO)$_4$(MeCHCHCHMe)]$^+$, **8**, 969
    [Fe(CO)$_4$(Me$_2$CCHCH$_2$)]$^+$, **4**, 466

FeC$_9$H$_9$P
    FeCp(η^5-C$_4$H$_4$P), **4**, 486

FeC$_9$H$_{10}$N$_2$O$_4$
    Fe{$\overline{\text{CN(Me)CH}_2\text{CH}_2\text{NMe}}$}(CO)$_4$, **4**, 366

FeC$_9$H$_{10}$O
    Fe(CO)Cp(CH$_2$CHCH$_2$), **4**, 400

FeC$_9$H$_{10}$O$_2$
    FeMe(CO)$_2$(η^5-C$_5$H$_4$Me), **4**, 436
    FpEt, **4**, 352, 393

FeC$_9$H$_{10}$O$_2$S
    FpCH$_2$SMe, **8**, 958

FeC$_9$H$_{10}$O$_3$
    Fe(CO)$_3$(CH$_2$=CHCH=CHEt), **4**, 426
    Fe(CO)$_3$(CH$_2$=CHCH=CMe$_2$), **4**, 427
    Fe(CO)$_3$(MeCH=CHCH=CHMe), **8**, 1020
    FpCH$_2$OMe, **4**, 371; **8**, 958

FeC$_9$H$_{10}$O$_4$
    Fe(CO)$_3${CH$_2$=CHCH=CHCH(OH)Me}, **8**, 985
    Fe(CO)$_3$(MeCH=CHCH=CHCH$_2$OH), **8**, 564, 984
    Fe(CO)$_4$(MeCH=CHEt), **4**, 382

FeC$_9$H$_{11}$NO$_4$
    Fe(CO)$_4$(NHC$_5$H$_{10}$), **4**, 284

FeC$_9$H$_{12}$O
    Fe(CO)(CH$_2$=CHCH=CH$_2$)$_2$, **4**, 441, 456

FeC$_9$H$_{12}$O$_7$
    Fe(CO)$_3$(CH$_2$=CHCO$_2$Me)$_2$, **4**, 390

FeC$_9$H$_{13}$
    [FeCp(CH$_2$=CH$_2$)$_2$]$^-$, **4**, 385

FeC$_9$H$_{15}$
    Fe(CH$_2$CHCH$_2$)$_3$, **4**, 400, 403

FeC$_9$H$_{18}$O$_2$P$_2$S$_2$
    Fe(CS$_2$)(CO)$_2$(PMe$_3$)$_2$, **4**, 368

FeC$_9$H$_{18}$O$_3$P$_2$
    Fe(CO)$_3$(PMe$_3$)$_2$, **4**, 335

FeC$_9$H$_{18}$O$_9$P$_2$
    Fe(CO)$_3${P(OMe)$_3$}$_2$, **4**, 290

FeC$_{10}$Cl$_{10}$
    Fe(C$_5$Cl$_5$)$_2$, **8**, 1042

FeC$_{10}$F$_{10}$O$_3$
    Fe(CO)$_3$(C$_7$F$_{10}$), **4**, 450

FeC$_{10}$H$_6$F$_6$O$_2$
    Fp{CH(CF$_3$)$_2$}, **4**, 341

FeC$_{10}$H$_6$O$_4$
    Fe(CO)$_3${$\overline{\text{CH=CH(CH=CH)}_2\text{CO}}$}, **4**, 410, 433; **8**, 159, 972, 982

FeC$_{10}$H$_6$O$_6$
    Fe(CO)$_3${η^4-C$_4$H$_2$(CO$_2$H)(COMe)}, **4**, 461

FeC$_{10}$H$_7$F$_3$O$_2$
    Fp{C(CF$_3$)=CH$_2$}, **4**, 334
    Fp(CH=CHCF$_3$), **4**, 334

FeC$_{10}$H$_7$NO$_2$
    Fe(CO)$_3$(C$_6$H$_7$CN), **8**, 972

FeC$_{10}$H$_7$NO$_3$
    Fe(CO)$_3${$\overline{\text{CH=CHCH=CHCH(CN)CH}_2}$}, **4**, 497
    Fe(CO)$_3$(C$_6$H$_7$CN), **4**, 498

FeC$_{10}$H$_7$O$_3$
    [Fe(CO)$_3$(C$_7$H$_7$)]$^-$, **3**, 46; **4**, 399, 405
    [Fe(CO)$_3$(C$_7$H$_7$)]$^+$, **4**, 497, 604; **8**, 963

FeC$_{10}$H$_7$O$_4$
    [Fe(CO)$_3${HO$\overline{\text{C(CH=CH)}_2\text{CH=CH}}$}]$^+$, **4**, 466

FeC$_{10}$H$_8$Br$_2$O$_3$
    Fe(CO)$_3${$\overline{\text{CH=CHCH=CHCH(CHBr}_2\text{)CH}_2}$}, **4**, 470

FeC$_{10}$H$_8$O$_2$
    Fp(CH=C=CH$_2$), **4**, 333, 604; **8**, 961, 964

FeC$_{10}$H$_8$O$_3$
    Fe(CO)$_2${COCH$_2$CH$_2$(C$_5$H$_4$)}, **4**, 584
    Fe(CO)$_3$(C$_7$H$_8$), **3**, 146; **4**, 410, 433, 623; **7**, 208; **8**, 972, 1004, 1005
    Fe(CO)$_3$(nbd), **4**, 455

FeC$_{10}$H$_8$O$_4$
    Fe(CO)$_3${$\overline{\text{CH=CHCH=CH(CH}_2\text{)}_2\text{CO}}$}, **4**, 408

FeC$_{10}$H$_8$O$_4$S
    Fp($\overline{\text{C=CHSO}_2\text{CH}_2}$), **4**, 344

FeC$_{10}$H$_8$O$_5$
    Fe(CO)$_3${$\overline{\text{CH=CHCH=C(CO}_2\text{H)CH}_2\text{CH}_2}$}, **4**, 451
    Fe(CO)$_3$(CH$_2$=CH$\overline{\text{CHCH}_2\text{OCOC}}$=CH$_2$), **4**, 398
    Fe(CO)$_3$(CO$_2$C$_6$H$_8$), **8**, 944

FeC$_{10}$H$_8$O$_6$
    Fe(CO)$_3${MeO$_2$C(CH=CH)$_2$CHO}, **4**, 464

FeC$_{10}$H$_8$O$_7$
    Fe(CO)$_3${CH$_2$=C(CO$_2$Me)C(OMe)=C=O}, **4**, 425

$FeC_{10}H_8O_8$
   $Fe(CO)_4(MeO_2CCH=CHCO_2Me)$, **4**, 385, 396
$FeC_{10}H_8S_3$
   $Fe\{(\eta^5\text{-}C_5H_4S)_2S\}$, **4**, 488; **7**, 66
$FeC_{10}H_8Se_3$
   $Fe(\eta^5\text{-}C_5H_4)_2Se_3$, **7**, 65
$FeC_{10}H_9Br$
   FcBr, **2**, 804; **4**, 477; **8**, 1062
$FeC_{10}H_9BrO_2$
   $Fp(CH_2CH=CHBr)$, **4**, 347; **8**, 961, 963
$FeC_{10}H_9Cl$
   FcCl, **8**, 1062
$FeC_{10}H_9F$
   FcF, **8**, 1062
$FeC_{10}H_9I$
   FcI, **4**, 477; **8**, 864, 1038, 1062
$FeC_{10}H_9NO_2$
   $FcNO_2$, **8**, 1063
   $Fp\{CH(Me)CN\}$, **4**, 334, 351
   $Fp(CH_2CH_2CN)$, **4**, 393
$FeC_{10}H_9NO_2S$
   $Fe(\eta^5\text{-}C_5H_4SO_2NHC_5H_4)$, **4**, 488, 491; **8**, 1058
$FeC_{10}H_9NO_5$
   $Fe(CO)_3\{\overline{CH=CHCH=CHCH(CH_2NO_2)CH_2}\}$, **4**, 497
   $Fe(CO)_3(C_6H_7CH_2NO_2)$, **8**, 993
$FeC_{10}H_9O_2$
   $[Fp(CH_2=C=CH_2)]^+$, **4**, 383
   $[Fp(MeC\equiv CH)]^+$, **4**, 378
$FeC_{10}H_9O_3$
   $[Fe(CO)_3(C_7H_9)]^+$, **4**, 442, 466, 496; **8**, 1004
   $[Fe(CO)_3(MeC_6H_6)]^+$, **8**, 1060
$FeC_{10}H_9O_4$
   $[Fe(CO)_3(C_6H_6OMe)]^+$, **8**, 983, 986, 989
$FeC_{10}H_{10}$
   FcH, **2**, 773; **3**, 29, 113; **4**, 476, 478; **8**, 347, 1016, 1020, 1049
   $[FcH]^+$, **3**, 29; **4**, 480; **8**, 1018, 1037
$FeC_{10}H_{10}Br_2O_3$
   $Fe(CO)_3\{CH_2=CHCH=CHCH(Me)CHBr_2\}$, **4**, 470
$FeC_{10}H_{10}NO_3$
   $[Fp(\overline{CNHCH_2CH_2O})]^+$, **4**, 367
$FeC_{10}H_{10}O$
   FcOH, **8**, 1051, 1063
$FeC_{10}H_{10}O_2$
   $Fe(\eta^5\text{-}C_5H_4OH)_2$, **8**, 1063
   $Fp(CH_2CH=CH_2)$, **3**, 116; **4**, 347, 394; **8**, 959, 960, 962
   $FpC(Me)=CH_2$, **4**, 604
$FeC_{10}H_{10}O_3$
   $Fe(CO)_3\{\eta^4\ C_4H_2(Me)Et\}$, **4**, 461
   $Fe(CO)_3(C_6H_7Me)$, **8**, 986
   $Fe(CO)_3(C_7H_{10})$, **8**, 1004
   $Fp(CH_2COMe)$, **4**, 394
$FeC_{10}H_{10}O_3S$
   $FcSO_3H$, **4**, 476
$FeC_{10}H_{10}O_4$
   $Fe(CO)_3(C_6H_7OMe)$, **8**, 941, 986, 990
   $Fe(CO)_3(MeCH=CHCH=CHCOMe)$, **4**, 465
   $Fe(CO)_3(MeO\overline{C=CHCH=CHCH_2CH_2})$, **4**, 438
$FeC_{10}H_{10}O_5$
   $Fe(CO)_3\{CH_2=C(OMe)CH=CHAc\}$, **8**, 971
   $Fe(CO)_3(CO_2CHMeCH=CHCHMe)$, **4**, 411; **8**, 943
   $Fe(CO)_3(CO_2CH_2CMe=CMeCH_2)$, **8**, 944

$FeC_{10}H_{10}O_6S_2$
   $Fe(\eta^5\text{-}C_5H_4SO_3H)_2$, **4**, 476
$FeC_{10}H_{10}S$
   FcSH, **8**, 1063
$FeC_{10}H_{10}S_2$
   $Fe(\eta^5\text{-}C_5H_4SH)_2$, **4**, 489; **8**, 1063
$FeC_{10}H_{11}$
   $[FeH(Cp)_2]^+$, **4**, 483; **8**, 1025
$FeC_{10}H_{11}N$
   $FcNH_2$, **8**, 1063
$FeC_{10}H_{11}NO$
   $Fe(CH_2CN)(CO)(CNMe)Cp$, **4**, 528
$FeC_{10}H_{11}NO_5$
   $Fe(CO)_4\{CH_2=CHC(OEt)=NMe\}$, **4**, 396
$FeC_{10}H_{11}N_2O_2$
   $[Fp(\overline{CNHCH_2CH_2NH})]^+$, **4**, 367
$FeC_{10}H_{11}O_2$
   $[Fp(MeCH=CH_2)]^+$, **4**, 383
$FeC_{10}H_{11}O_2S_2$
   $[Fp\{C(SMe)_2\}]^+$, **4**, 370
$FeC_{10}H_{11}O_3$
   $[Fe(CO)_3(MeCHCHCHCHCHMe)]^+$, **4**, 494; **8**, 984
   $[Fp(CHOEt)]^+$, **4**, 369
   $[Fp\{C(Me)(OMe)\}]^+$, **4**, 370
$FeC_{10}H_{12}$
   $FeCp(C_5H_7)$, **4**, 493
$FeC_{10}H_{12}NO_5$
   $[Fe(CO)_4\{CH_2=CHC(OEt)(NHMe)\}]^+$, **4**, 396
$FeC_{10}H_{12}N_2$
   $Fe(\eta^5\text{-}C_5H_4NH_2)_2$, **8**, 1063
$FeC_{10}H_{12}N_2O_4$
   $Fe\{CONMeC(NMe_2)CH=CH_2\}(CO)_3$, **4**, 396
$FeC_{10}H_{12}N_6$
   $Fe(CN)_2(CNMe)_2$, **4**, 268
$FeC_{10}H_{12}O_2$
   $Fe(CO)Cp(CH_2CHCHOMe)$, **4**, 416
   $FpPr^i$, **4**, 352
   FpPr, **8**, 966
$FeC_{10}H_{12}O_3$
   $Fp(CH_2CH_2OMe)$, **3**, 68; **4**, 393; **8**, 966
$FeC_{10}H_{12}O_4$
   $Fe(CO)_3\{CH_2=CHCH=CHCH(OMe)Me\}$, **8**, 985
   $Fe(CO)_3\{MeCH=CHCH=CHCH(OH)Me\}$, **8**, 984
$FeC_{10}H_{13}NO_2$
   $Fp(CH_2NMe_2)$, **4**, 367
$FeC_{10}H_{13}N_3O$
   $Fe\{C(NHMe)_2\}(CN)(CO)Cp$, **4**, 369
$FeC_{10}H_{13}O_2S$
   $[Fp(CH_2SMe_2)]^+$, **4**, 372; **8**, 958
$FeC_{10}H_{14}$
   $Fe(C_5H_7)_2$, **4**, 493
$FeC_{11}HO_{11}$
   $[FeH(CO)_{11}]^-$, **8**, 94
$FeC_{11}H_5NO_4$
   $Fe(CO)_4(CNPh)$, **4**, 268
$FeC_{11}H_6N_2O_2$
   $Fp\{CH=C(CN)_2\}$, **4**, 333
$FeC_{11}H_6O_3$
   $Fe(CO)_3(\text{benzo-cbd})$, **8**, 976
$FeC_{11}H_8O_3$
   $\{CH_2=\overline{C(CH=CH)_2}C=CH_2\}$, **8**, 979
   $Fe(CO)_3\{\overline{CH=CH(CH=CH)_2}C=CH_2\}$, **4**, 433
   $Fe(CO)_3\{CH_2=\overline{C(CH=CH)_2}C=CH_2\}$, **4**, 430; **8**, 979
   $Fe(CO)_3(C_7H_6CH_2)$, **8**, 981

FeC$_{11}$H$_8$O$_3$
    Fe(CO)$_3$(cot), **3**, 134, 135, 140, 141; **4**, 287, 404, 433, 624; **8**, 975, 1005

FeC$_{11}$H$_8$O$_4$
    Fe(CO)$_3$(C$_7$H$_7$CHO), **4**, 469; **8**, 972, 982
    Fe(CO)$_3$$\{\overline{OC(CH=CH)_3CH_2}\}$, **4**, 465

FeC$_{11}$H$_8$O$_6$
    Fe(CO)$_4$(CH$_2$=$\overline{CCO_2CH_2CHCH}$=CH$_2$), **4**, 398

FeC$_{11}$H$_8$O$_7$
    Fe(CO)$_3$$\{\eta^4$-C$_4H_2$(CO$_2$Me)$_2\}$, **4**, 446

FeC$_{11}$H$_9$ClO$_2$
    Fp($\overline{CHCH=CHCHCl}$), **4**, 349

FeC$_{11}$H$_9$ClO$_3$
    FeCl(CO)$_3$(C$_8$H$_9$), **4**, 404

FeC$_{11}$H$_9$N
    FcCN, **4**, 476

FeC$_{11}$H$_9$NO$_2$
    Fp(η^5-C$_4$H$_4$N), **4**, 486

FeC$_{11}$H$_9$O$_2$
    [Fp(η^4-C$_4$H$_4$)]$^+$, **4**, 349, 383, 588

FeC$_{11}$H$_9$O$_3$
    [Fe(CO)$_3$(C$_7$H$_6$Me)]$^+$, **8**, 982

FeC$_{11}$H$_{10}$Cl
    [Fe(η^5-C$_5$H$_4$Cl)(PhH)]$^+$, **8**, 1029
    [FeCp(PhCl)]$^+$, **8**, 1028, 1030, 1033
    FeCp(PhCl), **8**, 1033

FeC$_{11}$H$_{10}$F
    [FeCp(PhF)]$^+$, **8**, 1028, 1029
    FeCp(PhF), **8**, 1030

FeC$_{11}$H$_{10}$O
    FcCHO, **4**, 476; **8**, 1017

FeC$_{11}$H$_{10}$O$_2$
    FcCO$_2$H, **4**, 476; **8**, 1051
    Fe(CO)$_2$Cp(C$_4$H$_5$), **8**, 960
    Fp(CH$_2$C≡CMe), **4**, 604; **8**, 964

FeC$_{11}$H$_{10}$O$_3$
    Fe(CO)$_2\{$COCH$_2$CH(Me)(C$_5$H$_4$)$\}$, **4**, 541
    Fe(CO)$_3$(C$_8$H$_{10}$), **3**, 147; **4**, 433; **8**, 1005

FeC$_{11}$H$_{10}$O$_4$
    Fe(CO)$_3$(C$_6$H$_7$Ac), **8**, 972
    Fe(CO)$_3$(C$_7$H$_7$CH$_2$OH), **4**, 440
    Fe(CO)$_3$(C$_7$H$_7$OMe), **4**, 497
    Fe(CO)$_3\{$Me$_2$C(CH=CH)$_2$CO$\}$, **4**, 455

FeC$_{11}$H$_{10}$O$_5$
    Fe(CO)$_3$($\overline{C_6H_7CO_2Me}$), **8**, 941, 987
    Fe$\{\overline{CO_2CH(CH_2)_3CCHCH_2}\}(CO)_3$, **4**, 411, 424; **8**, 944

FeC$_{11}$H$_{10}$O$_7$
    Fe(CO)$_3$(AcOCH=CHCH=CHCO$_2$Me), **4**, 429

FeC$_{11}$H$_{11}$
    [FeCp(η^6-C$_6$H$_6$)]$^+$, **3**, 69; **4**, 490, 500; **8**, 1032
    FeCp(C$_6$H$_6$), **8**, 1040

FeC$_{11}$H$_{11}$NO$_5$
    Fe(CO)$_3\{$C$_6$H$_6$Me(CH$_2$NO$_2$)$\}$, **8**, 993

FeC$_{11}$H$_{11}$NO$_6$
    Fe(CO)$_3\{$C$_6$H$_6$(OMe)(CH$_2$NO$_2$)$\}$, **8**, 993

FeC$_{11}$H$_{11}$O$_2$
    Fp(CH$_2$=C=CHMe), **3**, 109

FeC$_{11}$H$_{11}$O$_3$
    [Fe($\overline{CO)_3(C_8H_{11}}$)]$^+$, **4**, 424
    [Fp$\{\overline{CH=CH(CH_2)_2O}\}$]$^+$, **4**, 384
    [Fp(CH$_2$=CHCOMe)]$^+$, **8**, 967

FeC$_{11}$H$_{11}$O$_4$
    [Fe(CO)$_3$(MeC$_6$H$_5$OMe)]$^+$, **8**, 996

FeC$_{11}$H$_{11}$S
    FeCp(C$_6$H$_5$SH), **8**, 1057

FeC$_{11}$H$_{12}$
    FcMe, **4**, 481; **8**, 1018, 1022
    FeCp(C$_6$H$_7$), **4**, 437, 495

FeC$_{11}$H$_{12}$N
    [FeCp(C$_6$H$_5$NH$_2$)]$^+$, **8**, 1051

FeC$_{11}$H$_{12}$O
    FcOMe, **8**, 1022

FeC$_{11}$H$_{12}$O$_2$
    Fe$\{$(CH$_2$)$_4$C$_5$H$_4\}$(CO)$_2$, **4**, 436
    Fp(CMe=CHMe), **8**, 967
    Fp(CH$_2$CH=CHMe), **4**, 334, 347
    Fp$\{$CH$_2$C(Me)=CH$_2\}$, **4**, 347
    Fp(CH$_2$C$_3$H$_5$), **8**, 961

FeC$_{11}$H$_{12}$O$_3$
    Fe(CO)$_3\{$CH$_2$=C($\overline{CHCH_2CH_2}$)CH=CHMe$\}$, **4**, 432
    Fe(CO)$_3$(η^4-C$_4$Me$_4$), **4**, 473; **6**, 186; **8**, 1061
    Fe(CO)$_3$(C$_6$H$_7$Et), **8**, 941
    Fe(CO)$_3$(C$_8$H$_{12}$), **4**, 424
    Fe(CO)$_3$(cod), **4**, 433, 455
    Fp(CH$_2$CH=CHOMe), **8**, 961

FeC$_{11}$H$_{12}$O$_4$
    Fe(CO)$_3\{$C$_6$H$_6$Me(OMe)$\}$, **8**, 987, 997
    Fe(CO)$_3$(η-C$_6$H$_7$CH$_2$OMe), **8**, 1060
    Fe(CO)$_4$(Me$_2$C=C=CMe$_2$), **4**, 391
    Fe(CO)$_3\{$Me$_2$C=C(Me)C(Me)=C=O$\}$, **4**, 432

FeC$_{11}$H$_{12}$O$_4$S
    Fp(CH$_2$CH=CHSO$_2$Me), **8**, 962

FeC$_{11}$H$_{12}$O$_5$
    Fe$\{$CH(CO$_2$Me)CH$_2$CH$_2$CHCHCH$_2\}$(CO)$_3$, **4**, 409
    Fe(CO)$_3\{$C$_6$H$_6$(OMe)$_2\}$, **8**, 994

FeC$_{11}$H$_{12}$O$_7$
    Fe(CO)$_3$(CH$_2$=CHCO$_2$Me)$_2$, **4**, 378, 381

FeC$_{11}$H$_{12}$S
    FcSMe, **8**, 1022, 1063

FeC$_{11}$H$_{13}$O$_2$
    [Fp(Me$_2$C=CH$_2$)]$^+$, **4**, 338, 384, 393; **8**, 959, 965
    Fp(Me$_2$C=CH$_2$), **8**, 965

FeC$_{11}$H$_{13}$O$_3$
    [Fe(CO)$_3$(Me$_2$CCHCHCHCHMe)]$^+$, **4**, 493

FeC$_{11}$H$_{13}$O$_4$
    [Fe(CO)$_3\{$MeCHCHCHCH(Me)COMe$\}$]$^+$, **4**, 408
    [Fe(CO)$_4\{$Pr^{i}CHC(Me)CH$_2\}$]$^+$, **4**, 416

FeC$_{11}$H$_{13}$O$_6$P
    Fe(CO)$_3\{$C$_6$H$_7$PO(OMe)$_2\}$, **8**, 993

FeC$_{11}$H$_{13}$P
    FeCp(η^5-C$_4$H$_2$Me$_2$P), **4**, 487

FeC$_{11}$H$_{14}$O$_2$
    FpBu, **4**, 352
    FpBu^i, **4**, 356; **8**, 966

FeC$_{11}$H$_{14}$O$_3$
    Fe(CO)$_3\{$CH$_2$=C(Me)CH=CHPr$^i\}$, **4**, 427

FeC$_{11}$H$_{14}$O$_4$
    Fe(CO)$_3\{$CH$_2$=CHCH=CHCH(OEt)Me$\}$, **8**, 985

FeC$_{11}$H$_{16}$NO$_2$
    Fp(CH$_2$CH$_2$NHMe$_2$), **8**, 966

FeC$_{11}$H$_{16}$N$_3$O
    [Fe$\{$C(NHMe)$_2\}$(CO)Cp(CNMe)]$^+$, **4**, 369

FeC$_{11}$H$_{18}$N$_3$O$_2$S$_3$
    Fe(CO)$_2$(S$_2$CNMe$_2$)(Me$_2$NCSCNMe$_2$), **4**, 274

FeC$_{11}$H$_{27}$O$_4$P$_3$
    Fe(CO)(CO$_3$)(PMe$_3$)$_3$, **8**, 243

FeC$_{12}$H$_8$Cl$_2$O$_2$
    Fe(η^5-C$_5$H$_4$COCl)$_2$, **4**, 489

FeC$_{12}$H$_8$N$_2$
    Fe(η^5-C$_5$H$_4$CN)$_2$, **4**, 476

FeC$_{12}$H$_8$O$_4$

$FeC_{12}H_8O_3$
  $Fe(CO)_3(C_8H_7CHO)$, **8**, 1006
  $Fe(CO)_4(C_8H_8)$, **3**, 27, 46; **8**, 975
  $Fe(CO)_3(PhCH=CHCH=O)$, **4**, 459
  $Fe(CO)_4(PhCH=CH_2)$, **4**, 382

$FeC_{12}H_8O_5$
  $Fe(CO)_3\{C_7H_5(Ac)O\}$, **8**, 973
  $Fe\{CPh(OMe)\}(CO)_4$, **4**, 367

$FeC_{12}H_9NO_4$
  $Fe(CO)_3\{C_8H_8(NHCO)\}$, **8**, 1006

$FeC_{12}H_9N_3O_3$
  $Fe\{\overline{NNC_6H_4N}(CH_2CH=CH_2)\}(CO)_3$, **4**, 424

$FeC_{12}H_{10}NO_4$
  $[Fe(CO)_4\{CH_2=CHCH_2(NC_5H_5)\}]^+$, **4**, 382

$FeC_{12}H_{10}O_2$
  $Fe(C_5H_5)(CO)_2Cp$, **3**, 90, 123; **4**, 363; **8**, 960

$FeC_{12}H_{10}O_3$
  $Fe(CO)_3(C_8H_7Me)$, **4**, 468
  $Fe(CO)_3(C_9H_{10})$, **4**, 433, 582

$FeC_{12}H_{10}O_4$
  $Fe(CO)_3(C_7H_7Ac)$, **4**, 468; **8**, 972
  $Fe(CO)_3(C_9H_{10}O)$, **8**, 1007

$FeC_{12}H_{11}N$
  $FcCH_2CN$, **8**, 1017, 1057

$FeC_{12}H_{11}NO_4$
  $Fe(CO)_3\{C_6H_5Me(OMe)(CN)\}$, **8**, 997

$FeC_{12}H_{11}O_2$
  $[Fe(\eta^5-C_5H_4CO_2H)(C_6H_6)]^+$, **8**, 1051
  $[FeCp(C_6H_5CO_2H)]^+$, **8**, 1051

$FeC_{12}H_{11}O_3$
  $[Fe(CO)_3Cp(CH_2=CHCH=CH_2)]^-$, **1**, 34

$FeC_{12}H_{12}$
  $FcCH=CH_2$, **7**, 8; **8**, 564, 1059
  $Fe\{(\eta^5-C_5H_4CH_2)_2\}$, **4**, 489
  $Fe(C_6H_6)_2$, **4**, 500
  $[Fe(C_6H_6)_2]^{2+}$, **4**, 501; **8**, 1031, 1035

$FeC_{12}H_{12}Br$
  $[FeCp(MeC_6H_4Br)]^+$, **8**, 1033
  $FeCp(MeC_6H_4Br)$, **8**, 1033

$FeC_{12}H_{12}BrO_2$
  $[Fe(CO)_2Cp(C_5H_7Br)]^+$, **8**, 960

$FeC_{12}H_{12}Cl$
  $[FeCp(MeC_6H_4Cl)]^+$, **8**, 1029, 1033
  $FeCp(MeC_6H_4Cl)$, **8**, 1030, 1033

$FeC_{12}H_{12}O$
  $FcCOMe$, **4**, 476; **8**, 1017, 1021, 1043

$FeC_{12}H_{12}O_2$
  $FcOAc$, **4**, 477; **8**, 1063
  $Fe(CO)_2Cp(C_5H_7)$, **8**, 960
  $Fp(CH_2CH_2CH=C=CH_2)$, **4**, 395

$FeC_{12}H_{12}O_3$
  $Fe(CO)_3(C_6H_7CH=CHMe)$, **8**, 990
  $Fe(CO)_3(C_6H_7CH_2CH=CH_2)$, **8**, 990
  $Fp(CH=CHCH=CHOMe)$, **4**, 351

$FeC_{12}H_{12}O_6$
  $Fe(CO)_2(\eta^4-C_4H_4)(MeO_2CCH=CHCO_2Me)$, **4**, 447
  $Fe(CO)_3\{C_6H_6(OMe)(CO_2Me)\}$, **8**, 987

$FeC_{12}H_{12}O_8$
  $Fe(CO)_4\{C_4H_6(CO_2Me)_2\}$, **4**, 381

$FeC_{12}H_{13}$
  $[FeCp(C_6H_5Me)]^+$, **8**, 1033
  $FeCp(C_6H_5Me)$, **8**, 1033

$FeC_{12}H_{13}O$
  $[FeCp(C_6H_5OMe)]^+$, **8**, 1033
  $FeCp(C_6H_5OMe)$, **8**, 1033

$FeC_{12}H_{13}O_2$
  $[Fp(CH_2=CHCH=CHMe)]^+$, **8**, 965
  $[Fp\{CH_2=CHC(Me)=CH_2\}]^+$, **4**, 338
  $[Fp(C_5H_8)]^+$, **4**, 338
  $Fp(C_5H_8)$, **8**, 966

$FeC_{12}H_{14}$
  $FcEt$, **4**, 481; **8**, 1022
  $Fe(\eta^5-C_5H_4Me)_2$, **4**, 481
  $Fe(C_6H_6)(C_6H_8)$, **4**, 433

$FeC_{12}H_{14}O$
  $FcCH(OH)Me$, **8**, 1054

$FeC_{12}H_{14}O_2$
  $Fe(\eta^5-C_5H_4OMe)_2$, **8**, 1022
  $Fp\{CH_2CH_2C(Me)=CH_2\}$, **4**, 363
  $Fp(C_5H_9)$, **8**, 966

$FeC_{12}H_{14}O_3$
  $Fe(CO)_3(C_6H_7Pr^i)$, **8**, 990

$FeC_{12}H_{14}O_4$
  $Fe(CO)_3\{C_6H_5Me_2(OMe)\}$, **8**, 988
  $Fe(CO)_3\{C_6H_7CH_2CH(OH)Me\}$, **7**, 490; **8**, 994
  $Fe(CO)_3\{C_7H_9(OEt)\}$, **4**, 498

$FeC_{12}H_{14}O_5$
  $Fe(CO)_3\{C_6H_7CH(CH_2OH)_2\}$, **8**, 995

$FeC_{12}H_{14}S_2$
  $Fe(\eta^5-C_5H_4SMe)_2$, **8**, 1022

$FeC_{12}H_{15}N$
  $FcCH_2CH_2NH_2$, **8**, 1017

$FeC_{12}H_{16}O_2$
  $Fp(CH_2Bu^t)$, **4**, 356

$FeC_{12}H_{16}P_2$
  $Fe(\eta^5-C_4H_2Me_2P)_2$, **4**, 487

$FeC_{12}H_{17}N_2O_4$
  $[Fe\{C(OEt)NMeC(NMe_2)CH=CH_2\}(CO)_3]^+$, **4**, 396

$FeC_{12}H_{18}NO_2$
  $Fp(CH_2CH_2NMe_3)$, **8**, 966

$FeC_{12}H_{18}N_6$
  $[Fe(CNMe)_6]^{2+}$, **4**, 269

$FeC_{12}H_{20}I_2N_4O_2$
  $FeI_2\{\overline{CN(Me)CH_2CH_2NMe}\}_2(CO)_2$, **4**, 371

$FeC_{12}H_{20}N_4O_4P_2$
  $Fe(CO)_4\{(\overline{PNMeCH_2CH_2NMe})_2\}$, **4**, 289

$FeC_{12}H_{24}O_6P_2$
  $Fe(C_6H_6)\{P(OMe)_3\}_2$, **4**, 500

$FeC_{12}H_{36}P_4$
  $FeH(CH_2PMe_2)(PMe_3)_3$, **4**, 335

$FeC_{13}F_{12}O_4$
  $Fe(C_3F_7)(C_6F_5)(CO)_4$, **4**, 340

$FeC_{13}H_5BrF_4O_2$
  $Fp(C_6BrF_4)$, **4**, 339

$FeC_{13}H_5F_5O_2$
  $Fp(C_6F_5)$, **8**, 1032

$FeC_{13}H_6F_4O_2$
  $Fp(C_6HF_4)$, **4**, 333

$FeC_{13}H_{10}F_6O$
  $FcC(CF_3)_2OH$, **8**, 1018

$FeC_{13}H_{10}F_6O_3$
  $Fp\{\overline{CHCH_2C(CF_3)_2OCH_2}\}$, **4**, 347

$FeC_{13}H_{10}N_2O_3Te$
  $Fe(CO)(NO)_2(TePh_2)$, **4**, 273

$FeC_{13}H_{10}O_2$
  $FpPh$, **4**, 333, 336, 360; **8**, 1016

$FeC_{13}H_{10}O_2S$
  $FpSPh$, **4**, 604

$FeC_{13}H_{10}O_3$

FeC$_{13}$H$_{10}$O$_3$
Fe(CO)$_3${(CH$_2$)$_2$C(CHPh)}, **4**, 399, 463
FeC$_{13}$H$_{10}$O$_4$
Fe(CO)$_3${CH$_2$=$\overline{\text{CCH=C(Ac)CH=CHC}}$=CH$_2$}, **4**, 468; **8**, 980
Fe(CO)$_3${C$_6$H$_7$(C$_4$H$_3$O)}, **8**, 992
Fe(CO)$_3$(C$_8$H$_7$COMe), **4**, 408; **8**, 1006
Fe(CO)$_3$(PhCH=CHCOMe), **4**, 428, 429; **8**, 970
FeC$_{13}$H$_{11}$F$_5$O
FcC(OH)(CHF$_2$)CF$_3$, **8**, 1018
FeC$_{13}$H$_{11}$NO$_2$
Fp{CH$_2$(C$_5$H$_4$N)}, **4**, 346
Fp(C$_5$H$_6$CN), **8**, 960
FeC$_{13}$H$_{11}$O$_4$
[Fe(CO)$_3$(C$_8$H$_8$Ac)]$^+$, **4**, 407
FeC$_{13}$H$_{12}$O
Fe(CO)Cp(C$_7$H$_7$), **3**, 133, 140
Fe(η^5-C$_5$H$_4$CH$_2$CH$_2$COC$_5$H$_4$), **4**, 488, 491; **8**, 1019
FeC$_{13}$H$_{12}$O$_3$
Fe(CO)$_3${$\overline{\text{CH=CH(CH=CH)}_2\text{C}}$=CMe$_2$}, **4**, 433; **8**, 982
Fe(CO)$_3$(C$_{10}$H$_{12}$), **4**, 433, 555
FeC$_{13}$H$_{12}$O$_4$
FeCp{η^5-C$_5$H$_3$(CO$_2$H)(CO$_2$Me)}, **4**, 480
FeC$_{13}$H$_{12}$O$_5$
Fe(CO)$_3${C$_6$H$_6$(=CHCO$_2$Et)}, **8**, 983
Fe(CO)$_3${OC{C(Me)=CMe}$_2$CO}, **4**, 455
FeC$_{13}$H$_{12}$O$_6$
Fe(CO)$_3${C$_6$H$_5$(OMe)(=CHCO$_2$Me)}, **8**, 1003
FeC$_{13}$H$_{13}$O$_2$
[FeCp(η^6-C$_6$H$_5$CO$_2$Me)]$^+$, **4**, 495; **8**, 1033
FeCp(C$_6$H$_5$CO$_2$Me), **8**, 1033
FeC$_{13}$H$_{13}$O$_3$
[Fe(CO)$_3$(C$_{10}$H$_{13}$)]$^+$, **8**, 963
FeC$_{13}$H$_{14}$
FcC(Me)=CH$_2$, **8**, 1018, 1059
Fe{(η^5-C$_5$H$_4$CH$_2$)$_2$CH$_2$}, **4**, 488; **8**, 1022
FeC$_{13}$H$_{14}$O$_0$
Fc(OCH$_2$CH=CH$_2$), **8**, 1063
FeC$_{13}$H$_{14}$O
Fe(CO)(cot)(CH$_2$=CHCH=CH$_2$), **3**, 140; **4**, 433, 442
FeC$_{13}$H$_{14}$O$_2$
Fc(CH$_2$CH$_2$CO$_2$H), **4**, 488; **8**, 1024
Fc(CH$_2$CO$_2$Me), **8**, 1017
Fp(C$_6$H$_9$), **8**, 960
FeC$_{13}$H$_{14}$O$_3$
Fe(CO)$_3${C$_6$H$_7$CH(Me)CH=CH$_2$}, **8**, 991
FeC$_{13}$H$_{14}$O$_4$
Fe(CO)$_3${C$_6$H$_6$(OMe)(CH=CHMe)}, **8**, 990
Fe(CO)$_3${C$_6$H$_6$(OMe)(CH$_2$CH=CH$_2$)}, **8**, 990
Fe(CO)$_3$(C$_9$H$_{11}$OMe), **8**, 1002
Fp{CH$_2$CH=CHCH(OCH$_2$CH$_2$O)}, **8**, 963
FeC$_{13}$H$_{14}$O$_6$
Fe(CO)$_3${C$_6$H$_6$(OH)(CH$_2$CO$_2$Et)}, **8**, 983
Fe(CO)$_3${C$_6$H$_6$(OMe)(CH$_2$CO$_2$Me)}, **8**, 1003
FeC$_{13}$H$_{15}$
[FeCp(η^6-C$_6$H$_4$Me$_2$)]$^+$, **4**, 501
FeC$_{13}$H$_{15}$NO$_2$
Fe(η^4-C$_4$H$_4$){$\overline{\text{CH=CH(CH=CH)}_2\text{NCO}_2\text{Et}}$}, **4**, 447
FeC$_{13}$H$_{15}$NO$_4$
Fe(CO)$_3${C$_6$H$_7$N(CH$_2$CH$_2$)$_2$O}, **8**, 989
FeC$_{13}$H$_{15}$O
[FeCp(MeC$_6$H$_4$OMe)]$^+$, **8**, 1033
FeCp(MeC$_6$H$_4$OMe), **8**, 1033
FeC$_{13}$H$_{15}$O$_2$
[Fp(C$_6$H$_{10}$)]$^+$, **4**, 383
Fp(C$_6$H$_{10}$), **8**, 966

FeC$_{13}$H$_{15}$O$_5$
[Fe(CO)$_3${C$_6$H$_5$(OMe)(CH$_2$CH$_2$OMe)}]$^+$, **8**, 1003
[Fe(CO)$_4${Me$_2$CC(COMe)CMe$_2$}]$^+$, **4**, 395
FeC$_{13}$H$_{16}$
FcPr^i, **8**, 1022
FeC$_{13}$H$_{16}$O
Fc(CMe$_2$OH), **8**, 1018
Fe(CO)(C$_6$H$_8$)$_2$, **4**, 457
FeC$_{13}$H$_{16}$O$_2$
Fp{CH$_2$CH=C(Me)Et}, **4**, 338
FeC$_{13}$H$_{16}$O$_3$
Fe(CO)$_3${C$_6$H$_6$Me(Pr^i)}, **8**, 988
Fe(CO)$_3$(myrcene), **8**, 969, 973
FeC$_{13}$H$_{16}$O$_4$
Fe(CO)$_3${C$_6$H$_6$(OMe)(Pr^i)}, **8**, 990
Fe(CO)$_3${C$_6$H$_7$O(Me)(=CMe$_2$)}, **8**, 1004
FeC$_{13}$H$_{17}$
[FeCp(cod)]$^-$, **4**, 385
FeCp(cod), **4**, 385
FeC$_{13}$H$_{17}$N
FcCH$_2$NMe$_2$, **4**, 476; **8**, 1017, 1043
FeC$_{13}$H$_{18}$O$_2$
Fp(CH$_2$CH$_2$Bu^t), **4**, 343
FeC$_{13}$H$_{18}$O$_2$S
Fp(CH$_2$CH$_2$SBu^t), **8**, 966
FeC$_{13}$H$_{19}$O$_4$
Fe(acac)$_2$(CH$_2$CHCH$_2$), **4**, 400
[Fe{(CH$_2$)$_8$Me}(CO)$_4$]$^-$, **4**, 359
FeC$_{13}$H$_{19}$O$_5$P
Fp{CH$_2$CH$_2$PO(OEt)$_2$}, **8**, 966
FeC$_{13}$H$_{20}$N$_2$O$_3$
Fe(CO)$_3$(Bu^{t}N=CHCH=NBu^t), **4**, 459
FeC$_{13}$H$_{20}$N$_4$O$_3$
Fe{CN(Me)CH$_2$CH$_2$NMe}$_2$(CO)$_3$, **4**, 371
FeC$_{13}$H$_{26}$O$_6$P$_2$
Fe(η^6-C$_6$H$_5$Me){P(OMe)$_3$}$_2$, **4**, 500
FeC$_{13}$H$_{34}$O$_9$P$_3$
[Fe(MeCHCHCH$_2$){P(OMe)$_3$}$_3$]$^+$, **4**, 418
FeC$_{13}$H$_{35}$IP$_4$
FeI(Me)(dmpe)$_2$, **4**, 335
FeC$_{13}$H$_{36}$O$_2$P$_4$
Fe(CO$_2$)(PMe$_3$)$_4$, **8**, 240
FeC$_{14}$H$_5$F$_5$O$_3$
Fe(CO)$_3${C$_5$H$_5$(C$_6$F$_5$)}, **4**, 437
Fp(COC$_6$F$_5$), **8**, 1032
FeC$_{14}$H$_5$F$_{11}$O$_2$
Fp[C{=C(CF$_3$)$_2$}C(CF$_3$)=CF$_2$], **4**, 402
FeC$_{14}$H$_8$O$_4$
Fe(CO)$_3${η^4-C$_4$H$_3$(COPh)}, **4**, 472
FeC$_{14}$H$_{10}$O$_3$
Fp(COPh), **4**, 336
FeC$_{14}$H$_{10}$O$_5$
Fe(CO)$_4$(PhCH=CHCOMe), **4**, 397
FeC$_{14}$H$_{11}$O$_2$
[Fp(CHPh)]$^+$, **4**, 369, 373; **8**, 528
FeC$_{14}$H$_{12}$O$_2$
FpBz, **4**, 346, 492; **8**, 1016, 1026, 1046
FeC$_{14}$H$_{12}$O$_3$
Fe(CO)$_3${C(CH$_2$)$_2$(CMePh)}, **8**, 978
Fe(CO)$_3${CH$_2$=C(Me)CH=CHPh}, **4**, 403
Fe(CO)$_3$(C$_9$H$_6$Me$_2$), **8**, 979
FeC$_{14}$H$_{12}$O$_4$
Fe(CO)$_3${C$_6$H$_7$(C$_5$H$_5$O)}, **8**, 991
FeC$_{14}$H$_{13}$
[FeCp(η^6-indene)]$^+$, **8**, 1045
FeC$_{14}$H$_{13}$Br$_2$O$_2$

FeC$_{14}$H$_{13}$NO$_4$
Fp(C$_7$H$_8$Br$_2$)]$^+$, **8**, 968
FeC$_{14}$H$_{13}$NO$_4$
Fe(CO)$_3${C$_9$H$_{10}$(CN)(OMe)}, **8**, 1002
FeC$_{14}$H$_{13}$O$_2$
[Fp(nbd)]$^+$, **4**, 396; **8**, 968
FeC$_{14}$H$_{14}$
Fe(C$_6$H$_6$)(cot), **4**, 499, 502
FeC$_{14}$H$_{14}$O$_2$
Fe(η^5-C$_5$H$_4$COMe)$_2$, **4**, 476; **8**, 1049
FeC$_{14}$H$_{14}$O$_3$
FcCO(CH$_2$)$_2$CO$_2$H, **8**, 1017
FeC$_{14}$H$_{14}$O$_5$
Fe(CO)$_3${C$_8$H$_8$(OMe)(COMe)}, **8**, 1006
FeC$_{14}$H$_{14}$O$_7$
Fe(CO)$_3${C$_6$H$_7$CH(CO$_2$Me)$_2$}, **8**, 995
FeC$_{14}$H$_{15}$
[Fe{η^5-C$_5$H$_4$(CH$_2$)$_3$Ph}]$^+$, **4**, 499; **8**, 1061
FeC$_{14}$H$_{15}$O$_2$
[Fp(C$_7$H$_{10}$)]$^+$, **4**, 350; **8**, 968
FeC$_{14}$H$_{15}$O$_6$
[Fe(CO)$_3${C$_6$H$_5$(OMe)(CH$_2$CH$_2$OAc)}]$^+$, **8**, 1003
FeC$_{14}$H$_{16}$
FcCH=CMe$_2$, **8**, 1059
Fe{η^5-C$_5$H$_4$(CH$_2$)$_4$(η^5-C$_5$H$_4$)}, **8**, 1022
Fe(η^6-C$_6$H$_5$Me)$_2$, **4**, 500
Fe(C$_7$H$_7$)(C$_7$H$_9$), **3**, 134
FeC$_{14}$H$_{16}$O
FcCH=CHCH(OH)Me, **4**, 604
FeC$_{14}$H$_{16}$O$_2$
FcCH(Me)OAc, **8**, 1054
Fc(CH$_2$)$_3$CO$_2$H, **8**, 1024
FeC$_{14}$H$_{16}$O$_4$
Fe(CO)$_3$(C$_{10}$H$_{13}$OMe), **8**, 1002
FeC$_{14}$H$_{16}$O$_6$
Fe(CO)$_3${C$_6$H$_6$(OMe)(CH$_2$CH$_2$CO$_2$Me)}, **8**, 999
FeC$_{14}$H$_{17}$NO$_5$
Fe(CO)$_3${C$_6$H$_6$(OMe)N(CH$_2$CH$_2$)$_2$O}, **8**, 989
FeC$_{14}$H$_{17}$O
FeCp(C$_6$H$_3$Me$_2$OMe), **8**, 1033
FeC$_{14}$H$_{17}$O$_2$
[Fp(CH$_2$=CHCH$_2$CH$_2$CMe=CH$_2$)]$^+$, **8**, 965
[Fp(Me$_2$C=C=CMe$_2$)]$^+$, **4**, 391
FeC$_{14}$H$_{18}$
FcBu^t, **8**, 1022
Fe(C$_7$H$_9$)$_2$, **4**, 440
FeC$_{14}$H$_{18}$NO
FcN(O)Bu^t, **8**, 1059
FeC$_{14}$H$_{18}$O
Fe(CO)(C$_6$H$_8$)(C$_7$H$_{10}$), **4**, 442; **8**, 1005
FeC$_{14}$H$_{18}$O$_3$
Fe(COMe)(CO)$_2$(η^5-C$_5$Me$_5$), **4**, 436
Fe{C$_6$H$_{10}$OC(OMe)}(CO)Cp, **4**, 365; **8**, 1026
FeC$_{14}$H$_{18}$O$_4$
Fe(CO)$_4$(Bu^{t}C≡CBu^t), **4**, 378
FeC$_{14}$H$_{19}$N
Fc{CH(Me)NMe$_2$}, **4**, 486; **8**, 1042, 1054
Fc{CH(NH$_2$)Pr^i}, **8**, 1059
FeC$_{14}$H$_{19}$O$_3$
[Fe{C(OMe)(OCy)}(CO)Cp]$^+$, **4**, 372
FeC$_{14}$H$_{20}$N
FcCH$_2$NMe$_3$, **7**, 52
FeC$_{14}$H$_{20}$N$_6$
Fe(CN)$_2$(CNEt)$_4$, **4**, 268
FeC$_{14}$H$_{20}$O$_2$
Fe(CO)$_2$Cp(C$_6$H$_{13}$), **8**, 966
FeC$_{14}$H$_{22}$
Fe(C$_5$H$_5$Me$_2$)$_2$, **4**, 493
FeC$_{14}$H$_{34}$P$_4$
FeH(C≡CH)(dmpe)$_2$, **4**, 335
FeC$_{14}$H$_{35}$NP$_4$
FeH(CH$_2$CN)(dmpe)$_2$, **4**, 335
FeC$_{14}$H$_{35}$O$_9$P$_3$
FeH{CH$_2$C(CH=CH$_2$)CH$_2$}{P(OMe)$_3$}$_3$, **4**, 429
FeC$_{14}$H$_{36}$O$_4$P$_4$
Fe(CO)(CO$_3$)(PMe$_3$)$_4$, **8**, 263
FeC$_{14}$H$_{36}$P$_4$
Fe(CH$_2$=CH$_2$)(dmpe)$_2$, **4**, 390
FeC$_{15}$H$_6$F$_{16}$
FeCp{(CF$_3$)$_2$=CC(F)C(CF$_3$)CHC(CF$_3$)$_2$}, **4**, 493
FeC$_{15}$H$_{10}$Br$_2$O$_3$Te
FeBr$_2$(CO)$_3$(TePh$_2$), **4**, 273
FeC$_{15}$H$_{10}$O$_2$
Fp(C≡CPh), **4**, 344, 587, 619
FeC$_{15}$H$_{10}$O$_3$
Fe(CO)$_3${(CHCH)$_3$C$_6$H$_4$}, **3**, 134
Fe(CO)$_3${η^4-C$_4$H$_3$(CH=CHPh)}, **8**, 859
FeC$_{15}$H$_{10}$O$_5$
Fe(CO)$_5$(CH$_2$=CHCH$_2$COPh), **4**, 384
FeC$_{15}$H$_{11}$O$_2$
[Fp($\overline{\text{CC}_6\text{H}_4\text{CH}_2}$)]$^+$, **4**, 351
[Fp($\overline{\text{CH}=\text{CHC}_6\text{H}_4}$)]$^+$, **4**, 588
FeC$_{15}$H$_{12}$F$_6$O$_3$
Fe(CO)$_3${η^6-C$_6$Me$_4$(CF$_3$)$_2$}, **4**, 439, 473
FeC$_{15}$H$_{12}$O$_2$
FpCHC$_6$H$_4$CH$_2$, **4**, 333
FeC$_{15}$H$_{12}$O$_3$
Fe(CO)$_3$(C$_6$H$_7$Ph), **8**, 990
FeC$_{15}$H$_{12}$O$_{11}$
Fe(CO)$_3${η^4-C$_4$(OAc)$_4$}, **4**, 447
FeC$_{15}$H$_{13}$
FeCp(C$_{10}$H$_8$), **4**, 499
FeC$_{15}$H$_{13}$N
Fc(2-pyridyl), **8**, 1043
FeC$_{15}$H$_{13}$O$_2$
[Fp(CHTol)]$^+$, **4**, 368
[Fp{CH$_2$(C$_7$H$_6$)}]$^+$, **4**, 383
[Fp(PhCH=CH$_2$)]$^+$, **4**, 338, 383
FeC$_{15}$H$_{14}$O$_2$
Fp{CH(Me)Ph}, **4**, 341
Fp(CH$_2$CH$_2$Ph), **4**, 343; **8**, 966
Fp(CH$_2$C$_7$H$_7$), **8**, 982
FeC$_{15}$H$_{14}$O$_3$
[Fe(CO)$_3$(η-C$_6$H$_7$)]$^+$, **8**, 1035
FeC$_{15}$H$_{14}$O$_5$
Fe(CO)$_3${C$_6$H$_6$(OMe)(C$_5$H$_5$O)}, **8**, 991
Fe(CO)$_3${C$_7$H$_4$(Pr^i)(Ac)O}, **8**, 973
FeC$_{15}$H$_{15}$NO$_4$
Fe(CO)$_3${C$_{10}$H$_{12}$(CN)(OMe)}, **8**, 1002
FeC$_{15}$H$_{16}$
Fc(C$_5$H$_7$), **8**, 1018
Fe{(η^5-C$_5$H$_4$)C$_5$H$_8$-(η^5-C$_5$H$_4$)}, **8**, 1018
FeC$_{15}$H$_{16}$O
Fe(CO)(cot)(C$_6$H$_8$), **4**, 442
FeC$_{15}$H$_{16}$O$_2$
FcCH=CHCO$_2$Et, **8**, 864
FeC$_{15}$H$_{16}$O$_3$
Fe(CO)$_3$[C$_4${(CH$_2$)$_4$}$_2$], **4**, 445
FeC$_{15}$H$_{16}$O$_4$
Fe(CO)$_3${C$_6$H$_7$(C$_6$H$_9$O)}, **8**, 990
Fe(CO)$_3${C$_{10}$H$_{10}$Me(OMe)}, **8**, 1002
FeC$_{15}$H$_{17}$O$_2$

FeC$_{15}$H$_{17}$O$_2$
  [Fp(CH$_2$=CHCH$_2$C≡CPr)]$^+$, **8**, 965
  [Fp(CH$_2$=CHC$_6$H$_9$)]$^+$, **8**, 965
FeC$_{15}$H$_{17}$O$_4$
  [Fe(CO)$_3$\{C$_{10}$H$_{11}$Me(OMe)\}]$^+$, **8**, 1002
FeC$_{15}$H$_{18}$
  Fe\{η^5-C$_5$H$_4$(CH$_2$)$_5$(η^5-C$_5$H$_4$)\}, **8**, 1022
FeC$_{15}$H$_{18}$O$_2$
  FcCH$_2$CH$_2$CO$_2$Et, **8**, 1017
  FcCH$_2$CMe$_2$CO$_2$H, **8**, 1024
  Fc(CH$_2$)$_4$CO$_2$H, **8**, 1024
FeC$_{15}$H$_{18}$O$_3$
  Fp\{CH$_2$CH$_2$(C$_6$H$_9$O)\}, **8**, 966
FeC$_{15}$H$_{18}$O$_4$
  Fe(CO)$_3$(CH$_2$=CHCH=CHCH$_2$CHAcC-Me=CH$_2$), **8**, 974
FeC$_{15}$H$_{18}$O$_5$
  Fe(CO)$_3$\{C$_6$H$_6$(OMe)(CH$_2$CH$_2$CH$_2$COMe)\}, **8**, 1000
  Fp\{C(CO$_2$Me)=CHCH$_2$CMe$_2$OH\}, **4**, 338
FeC$_{15}$H$_{18}$O$_6$
  Fe(CO)$_3$\{C$_6$H$_6$(OMe)(CH$_2$CH$_2$CH$_2$CO$_2$Me)\}, **8**, 999
FeC$_{15}$H$_{18}$S
  FcC(=S)Bu^t, **8**, 1043
FeC$_{15}$H$_{19}$O$_2$
  [Fp(CH$_2$=CHC$_6$H$_{11}$)]$^+$, **8**, 968
FeC$_{15}$H$_{19}$O$_4$
  [Fp\{C(OMe)(OCy)\}]$^+$, **4**, 372
FeC$_{15}$H$_{21}$NO$_2$
  Fp\{(Et$_2$NCH$_2$)C=CHMe\}, **8**, 967
FeC$_{15}$H$_{21}$O$_2$
  [Fp(CH$_2$=CHC$_6$H$_{13}$)]$^+$, **8**, 968
FeC$_{15}$H$_{22}$N
  FcCH(Me)NMe$_3$, **8**, 1054
FeC$_{15}$H$_{24}$O$_6$P$_2$S$_2$
  Fe\{CSC(CO$_2$Me)C(CO$_2$Me)S\}-(CO)$_2$(PMe$_3$)$_2$, **4**, 368
FeC$_{15}$H$_{25}$N$_5$
  Fe(CNEt)$_5$, **4**, 542
FeC$_{16}$H$_8$N$_4$O$_2$
  Fp\{C$_5$H$_3$(CN)$_4$\}, **8**, 961
FeC$_{16}$H$_8$N$_4$O$_3$
  Fe(CO)$_3$[C$_7$H$_8$\{C(CN)$_2$C(CN)$_2$\}], **8**, 1005
FeC$_{16}$H$_9$BrN$_4$O$_2$
  Fp\{C$_5$H$_4$Br(CN)$_4$\}, **8**, 961
FeC$_{16}$H$_{10}$ClO$_4$P
  Fe(CO)$_4$(PClPh$_2$), **4**, 288, 604
FeC$_{16}$H$_{10}$F$_6$N$_2$O$_2$
  Fp\{C$_5$H$_5$(CN)$_2$(CF$_3$)$_2$\}, **8**, 962
FeC$_{16}$H$_{10}$N$_4$O$_2$
  Fp\{CHCH$_2$C(CN)$_2$C(CN)$_2$CH$_2$\}, **4**, 384
FeC$_{16}$H$_{10}$O$_4$P
  [Fe(CO)$_4$(PPh$_2$)]$^-$, **4**, 288
FeC$_{16}$H$_{10}$O$_4$Te
  Fe(CO)$_4$(TePh$_2$), **4**, 273
FeC$_{16}$H$_{12}$O$_2$
  Fp(CH$_2$C≡CPh), **4**, 348, 384; **8**, 962
FeC$_{16}$H$_{12}$O$_3$
  Fe(CO)$_3$(C$_7$H$_7$Ph), **4**, 497
FeC$_{16}$H$_{13}$O$_2$
  [Fp(CH$_2$=C=CHPh)]$^+$, **4**, 394
FeC$_{16}$H$_{13}$P
  Fe\{(η^5-C$_5$H$_4$)$_2$PPh\}, **4**, 488; **7**, 60
FeC$_{16}$H$_{14}$
  FcPh, **4**, 481; **7**, 334; **8**, 1022
FeC$_{16}$H$_{14}$N$_2$
  FcN=NPh, **8**, 1063
FeC$_{16}$H$_{14}$O$_2$
  FcCp(C$_{11}$H$_9$O$_2$), **8**, 1025

Fp(CH$_2$CH=CHPh), **8**, 960
Fp(CMe=CHPh), **8**, 967
FeC$_{16}$H$_{14}$O$_3$
  Fe(CO)$_3$(C$_6$H$_7$Bz), **8**, 990
  Fp\{COCH(Me)Ph\}, **4**, 336
FeC$_{16}$H$_{14}$O$_4$
  Fe(CO)$_3$\{C$_6$H$_6$(OMe)(Ph)\}, **8**, 990
FeC$_{16}$H$_{15}$NO$_9$
  Fe(CO)$_3$\{(MeO$_2$C)$_2$C=CHCO$_2$Me\}(py), **4**, 385
FeC$_{16}$H$_{15}$N$_2$O$_4$
  Fe(CO)$_2$[C$_6$H$_5$(OMe)\{(CH$_2$)$_3$CH(CN)$_2$\}], **8**, 1000
FeC$_{16}$H$_{15}$N$_3$
  FcN=NNHPh, **8**, 1063
FeC$_{16}$H$_{16}$
  Fe(C$_8$H$_8$)$_2$, **3**, 136, 150
  Fe(cot)$_2$, **4**, 433, 453
FeC$_{16}$H$_{16}$O$_2$
  Fp(CH$_2$CH$_2$CH$_2$Ph), **8**, 966
FeC$_{16}$H$_{16}$O$_4$
  MeO$_2$CC(Fc)=CHCO$_2$Me, **8**, 1038
FeC$_{16}$H$_{17}$NO$_4$
  [Fe(CO)$_3$\{C$_{10}$H$_{11}$Me(CN)(OMe)\}]$^+$, **8**, 1002
FeC$_{16}$H$_{17}$O$_7$
  [Fe(CO)$_3$\{C$_6$H$_5$(OMe)(CH$_2$CH$_2$COCH$_2$-CO$_2$Me)\}]$^+$, **8**, 1000
FeC$_{16}$H$_{18}$
  Fe[η^5-C$_5$H$_3$\{(CH$_2$)$_3$\}$_2$C$_5$H$_3$], **4**, 488
FeC$_{16}$H$_{18}$O$_4$
  FcCH(CO$_2$H)(CH$_2$)$_3$CO$_2$H, **8**, 1024
FeC$_{16}$H$_{18}$O$_5$
  Fe(CO)$_3$\{C$_6$H$_6$(OMe)(C$_6$H$_9$O)\}, **8**, 990
FeC$_{16}$H$_{18}$O$_6$
  Fp\{C$_5$H$_7$(CO$_2$Me)$_2$\}, **8**, 960
FeC$_{16}$H$_{20}$
  FcC(Bu^t)=CH$_2$, **8**, 1059
  Fe\{η^5-C$_5$H$_4$C(Me)=CH$_2$\}(η^5-C$_5$H$_4$Pr^i), **4**, 437
  Fe\{(η^5-C$_5$H$_4$CMe$_2$)$_2$\}, **4**, 489, 503
  Fe(C$_8$H$_{10}$)$_2$, **4**, 503
FeC$_{16}$H$_{20}$O$_6$
  Fe(CO)$_3$[C$_6$H$_5$Me(OMe)\{C$_5$H$_6$(CO$_2$Me)\}], **8**, 999
FeC$_{16}$H$_{20}$O$_7$
  Fe(CO)$_3$\{C$_6$H$_5$Me(OMe)C$_5$H$_6$(CO$_2$Me)O\}, **8**, 997
FeC$_{16}$H$_{22}$
  Fe(η^5-C$_5$H$_4$Pr^i)$_2$, **8**, 1022
  Fe(cod)(C$_8$H$_{10}$), **4**, 433
FeC$_{16}$H$_{22}$O$_7$
  Fe(CO)$_3$[C$_6$H$_5$Me(OMe)\{C$_5$H$_7$(OH)(CO$_2$Me)\}], **8**, 998
FeC$_{16}$H$_{23}$O$_3$
  [Fe\{C(OMe)(OCy)\}(CO)Cp(CH$_2$=CH$_2$)]$^+$, **4**, 372, 386; **8**, 527
FeC$_{16}$H$_{24}$
  Fe(cod)$_2$, **4**, 379
FeC$_{16}$H$_{24}$NP
  FeCp[η^5-C$_5$H$_3$(PMe$_2$)\{CH(Me)NMe$_2$\}], **8**, 469
FeC$_{16}$H$_{24}$N$_2$
  Fe(η^5-C$_5$H$_4$CH$_2$NMe$_2$)$_2$, **4**, 476
FeC$_{16}$H$_{27}$O$_4$P
  Fe(CO)$_4$(PBu$_3$), **4**, 290
FeC$_{16}$H$_{38}$P$_4$
  Fe(CH$_2$=CHCH=CH$_2$)(dmpe)$_2$, **4**, 431
FeC$_{17}$H$_8$N$_4$O$_3$
  Fe(CO)$_3$[C$_8$H$_8$\{C(CN)$_2$C(CN)$_2$\}], **8**, 1005
FeC$_{17}$H$_{10}$N$_4$O$_2$
  Fp\{C$_6$H$_5$(CN)$_4$\}, **8**, 960
FeC$_{17}$H$_{12}$N$_4$O$_2$
  Fp\{C(Me)CH$_2$C(CN)$_2$C(CN)$_2$CH$_2$\}, **4**, 347
  Fp\{C$_6$H$_7$(CN)$_4$\}, **8**, 961
FeC$_{17}$H$_{12}$N$_4$O$_3$

FeC$_{17}$H$_{12}$N$_4$O$_4$S
    Fp{C$_5$H$_4$(OMe)(CN)$_4$}, **8**, 961
FeC$_{17}$H$_{12}$N$_4$O$_4$S
    Fp{C$_5$H$_4$(CN)$_4$(SO$_2$Me)}, **8**, 962
FeC$_{17}$H$_{13}$BrO$_3$
    Fe(CO)$_3${CH$_2$$\overline{\text{CCHCH=C(Br)CH(Bz)CH}}$}, **4**, 448
FeC$_{17}$H$_{14}$O
    FcCOPh, **8**, 1043
FeC$_{17}$H$_{14}$O$_2$
    2-FcC$_6$H$_4$CO$_2$H, **8**, 1025
FeC$_{17}$H$_{14}$O$_3$
    Fp(CH$_2$CH=CHCOPh), **4**, 347
FeC$_{17}$H$_{15}$
    Fc(C$_7$H$_6$)$^+$, **8**, 1018
FeC$_{17}$H$_{16}$BrO$_4$
    [Fp{CH$_2$=CHCH$_2$C$_6$H$_2$Br(OH)(OMe)}]$^+$, **8**, 968
FeC$_{17}$H$_{16}$O
    Fc(C$_6$H$_4$OMe), **8**, 1022
FeC$_{17}$H$_{16}$O$_4$
    Fe(CO)$_3${C$_6$H$_6$(OMe)(Bz)}, **8**, 990
FeC$_{17}$H$_{16}$O$_5$
    Fe(CO)$_3${C$_6$H$_7$C$_6$H$_3$(OMe)$_2$}, **8**, 992
FeC$_{17}$H$_{17}$NO$_3$
    Fe(CO)$_3${$\overline{\text{CH=CHCH=CHCH(C}_6\text{H}_4\text{NMe}_2\text{)C}}$-H$_2$}, **4**, 497
FeC$_{17}$H$_{17}$O$_4$
    [Fp{CH$_2$=CHCH$_2$C$_6$H$_3$(OH)(OMe)}]$^+$, **8**, 968
FeC$_{17}$H$_{18}$
    FeCp(η^6-C$_6$Me$_6$), **4**, 496
FeC$_{17}$H$_{18}$O$_5$
    Fe(CO)$_3${C$_6$H$_7$CH(COCH$_2$)$_2$CMe$_2$}, **8**, 989
FeC$_{17}$H$_{19}$NO
    FeCp{η^5-C$_5$H$_3$(CH$_2$NMe$_2$)(CH=CHCOMe)}, **8**, 860
FeC$_{17}$H$_{19}$O$_7$
    [Fe(CO)$_3${C$_6$H$_5$(OMe)(CH$_2$CH$_2$CH$_2$CO-CH$_2$CO$_2$Me)}]$^+$, **8**, 1000
FeC$_{17}$H$_{20}$
    Fe(cot)(η^6-C$_6$H$_3$Me$_3$), **4**, 502
FeC$_{17}$H$_{20}$O$_2$
    FeCp{η^5-C$_5$H$_3$CH$_2$CH$_2$CH$_2$CH(CH$_2$)$_2$CO$_2$H}, **8**, 1020
FeC$_{17}$H$_{20}$O$_4$
    Fp{CHAcCH$_2$(C$_6$H$_9$O)}, **8**, 967
FeC$_{17}$H$_{20}$O$_6$
    Fp{$\overline{\text{CH(CH}_2\text{)}_3\text{CHCH(CO}_2\text{Me)}_2}$}, **4**, 338
FeC$_{17}$H$_{22}$O$_7$
    Fe(CO)$_3${C$_6$H$_5$Me(OMe)C$_6$H$_8$(CO$_2$Me)O}, **8**, 997
FeC$_{17}$H$_{23}$
    [FeCp(η^6-C$_6$Me$_6$)]$^+$, **4**, 502; **8**, 1034
FeC$_{17}$H$_{40}$O$_9$P$_3$
    Fe(C$_8$H$_{13}$){P(OMe)$_3$}$_3$, **4**, 417
FeC$_{18}$H$_{10}$Cl$_2$N$_2$O$_4$
    Fp{C$_9$H$_5$O(CN)$_2$Cl$_2$}, **8**, 960
FeC$_{18}$H$_{10}$N$_4$O$_2$
    Fp{C$_7$H$_5$(CN)$_4$}, **8**, 960
FeC$_{18}$H$_{12}$N$_4$O$_2$
    Fp{C$_7$H$_7$(CN)$_4$}, **8**, 960
FeC$_{18}$H$_{14}$OS$_2$
    Fe(CO)(SC$_6$H$_4$SPh)Cp, **4**, 537
FeC$_{18}$H$_{14}$O$_3$
    Fe(CO)$_3${C$_7$H$_7$(CH=CHPh)}, **4**, 468
FeC$_{18}$H$_{15}$
    [FeCp(η^6-fluorene)]$^+$, **8**, 1045, 1058
    [Fe(η^6-indene)(η^5-indenyl)]$^+$, **8**, 1045
FeC$_{18}$H$_{16}$
    FcCH=CHPh, **8**, 1019
FeC$_{18}$H$_{16}$O$_2$
    2-FcCH$_2$C$_6$H$_4$CO$_2$H, **8**, 1025

FeC$_{18}$H$_{18}$O
    FcCH$_2$OCH$_2$Ph, **8**, 1057
FeC$_{18}$H$_{18}$O$_3$
    Fe(CO)Cp{CH$_2$C(CO$_2$Et)CHPh}, **4**, 394
FeC$_{18}$H$_{20}$O$_6$
    Fe(CO)$_3${C$_6$H$_6$(OMe)CH(COCH$_2$)$_2$CMe$_2$}, **8**, 989
FeC$_{18}$H$_{20}$O$_8$
    Fe(CO)$_3$[C$_6$H$_5$(OMe){=CHCH$_2$CH$_2$CH-(CO$_2$Me)$_2$}], **8**, 1000
FeC$_{18}$H$_{22}$
    [Fe(C$_6$H$_3$Me$_3$)$_2$]$^{2+}$, **4**, 495
FeC$_{18}$H$_{23}$OPS$_4$
    Fe(CO)(PMe$_3$)(SC$_6$H$_4$SMe), **4**, 273
FeC$_{18}$H$_{24}$
    [Fe(C$_6$H$_3$Me$_3$)$_2$]$^{2+}$, **8**, 1031
FeC$_{18}$H$_{24}$O$_3$
    Fe(CO)$_3${C$_6$H$_6$Me(CHMeCH$_2$CH$_2$CH=CMe$_2$)}, **8**, 993
FeC$_{18}$H$_{24}$O$_4$
    Fp{CH$_2$CH=CHC(C$_5$H$_{11}$)(OCH$_2$CH$_2$O)}, **8**, 963
FeC$_{18}$H$_{26}$
    Fe(η^6-C$_6$Me$_6$)(η^4-C$_5$H$_5$Me), **8**, 1034
    Fe(η^6-C$_6$Me$_6$)(C$_6$H$_8$), **4**, 439
FeC$_{18}$H$_{32}$O$_6$P$_2$
    Fe(C$_6$H$_8$)$_2${P(OMe)$_3$}$_2$, **4**, 385
FeC$_{18}$H$_{40}$P$_4$
    Fe(C$_6$H$_8$)(dmpe)$_2$, **4**, 431
FeC$_{19}$H$_{11}$N$_5$O$_2$
    Fp{C$_7$H$_6$(CN)$_5$}, **8**, 960
FeC$_{19}$H$_{12}$O$_3$
    Fe(CO)$_3${(CHCH)$_3$C$_{10}$H$_6$}, **3**, 134
FeC$_{19}$H$_{14}$N$_4$O$_2$
    Fp{C$_8$H$_9$(CN)$_4$}, **8**, 960
FeC$_{19}$H$_{14}$O$_2$
    Fp($\overline{\text{CHC}_{10}\text{H}_6\text{CH}_2}$), **4**, 362
FeC$_{19}$H$_{14}$O$_3$
    Fe(CO)$_3${C(CH$_2$)$_2$(CPh$_2$)}, **8**, 978
FeC$_{19}$H$_{16}$
    FcC≡C(C$_7$H$_7$), **8**, 1054
FeC$_{19}$H$_{16}$O
    Fe{η^5-C$_5$H$_4$CH(Ph)CH$_2$COC$_5$H$_4$}, **4**, 491
FeC$_{19}$H$_{16}$O$_3$
    Fe(CO)$_3$(C$_{16}$H$_{16}$), **4**, 624
FeC$_{19}$H$_{17}$
    [FeCp(C$_{14}$H$_{12}$)]$^+$, **8**, 323
    [FeCp(η^6-9-Me-fluorene)]$^+$, **8**, 1045
FeC$_{19}$H$_{18}$O$_4$
    Fp{CH$_2$CH=CHC(OCH$_2$CH$_2$O)Ph}, **8**, 963
FeC$_{19}$H$_{22}$
    Fe[η^5-C$_5$H$_2${(CH$_2$)$_3$}$_3$C$_5$H$_2$], **4**, 488
FeC$_{19}$H$_{22}$O$_2$
    FeBz(CO)$_2$(η^5-C$_5$Me$_5$), **4**, 356
FeC$_{20}$H$_{12}$ClN$_2$O$_2$
    Fp{C$_5$H$_4$(CN)$_2$(C$_6$H$_4$Cl)}, **8**, 961
FeC$_{20}$H$_{12}$O$_4$
    Fe(CO)$_3${C$_5$H$_2$Ph$_2$O}, **8**, 980
FeC$_{20}$H$_{12}$O$_6$
    Fe(CO)$_4$(PhCOCH=CHCOPh), **4**, 387
FeC$_{20}$H$_{14}$
    FeCp(η^5-C$_5$H$_3$C$_{10}$H$_6$), **8**, 1038
FeC$_{20}$H$_{15}$NO$_3$P
    [Fe(CO)$_2$(NO)(PPh$_3$)]$^-$, **4**, 297
FeC$_{20}$H$_{16}$NO$_3$P
    FeH(CO)$_2$(NO)(PPh$_3$), **4**, 313
FeC$_{20}$H$_{16}$O$_3$
    Fe(CO)$_3$(PhCH=CHCH=CHBz), **4**, 464
FeC$_{20}$H$_{21}$NO$_4$
    Fe(CO)$_3${C$_6$H$_5$(OMe)(CH$_2$CH$_2$CH$_2$NBz)}, **8**, 1004

FeC$_{20}$H$_{22}$
    Fe{(η^5-C$_5$H$_3$)(C$_5$H$_8$)$_2$(η^5-C$_5$H$_3$)}, **8**, 1018

FeC$_{20}$H$_{23}$NO$_2$
    Fp{Et$_2$NCH$_2$)C=CHPh}, **8**, 967

FeC$_{20}$H$_{25}$P
    Fe{CH$_2$=C(Me)C(Me)=CH$_2$}(η^6-C$_6$H$_5$PEtPh), **4**, 441

FeC$_{20}$H$_{26}$
    Fe(cot)(η^6-C$_6$Me$_6$), **4**, 502

FeC$_{20}$H$_{26}$O$_5$
    Fe(CO)$_3$(C$_9$H$_{14}$CHCH=CMeCH$_2$CO$_2$Et), **8**, 941

FeC$_{20}$H$_{30}$
    Fe(η^5-C$_5$Me$_5$)$_2$, **3**, 29

FeC$_{21}$H$_{15}$I$_2$O$_3$P
    FeI$_2$(CO)$_3$(PPh$_3$), **4**, 271

FeC$_{21}$H$_{16}$O$_3$
    Fe(CO)$_3${C$_6$H$_7$(C$_6$H$_4$Ph)}, **7**, 332

FeC$_{21}$H$_{17}$O$_3$P
    FeH$_2$(CO)$_3$(PPh$_3$), **4**, 271

FeC$_{21}$H$_{20}$O$_4$
    Fp{CH$_2$CH$_2$C(CO$_2$Et)=CHPh}, **4**, 338

FeC$_{21}$H$_{21}$
    FeCp(η^6-C$_{14}$H$_{10}$Me$_2$), **8**, 1050

FeC$_{21}$H$_{22}$O$_3$
    Fp{CH$_2$CH(Ph)(C$_6$H$_9$O)}, **4**, 338

FeC$_{21}$H$_{23}$NO$_4$
    Fe(CO)$_3${C$_6$H$_5$(OMe)(CH$_2$CH$_2$CH$_2$CH$_2$NBz)}, **8**, 1004

FeC$_{22}$H$_{12}$F$_6$N$_2$O$_2$
    Fp{C=C(Ph)C(CF$_3$)(CN)C(CF$_3$)(CN)C-H$_2$}, **4**, 348
    Fp{C$_5$H$_3$(CN)$_2$(CF$_3$)$_2$}, **8**, 962

FeC$_{22}$H$_{15}$O$_4$P
    Fe(CO)$_4$(PPh$_3$), **4**, 250, 262, 287

FeC$_{22}$H$_{16}$Br$_2$
    Fe(η^5-C$_5$H$_4$C$_6$H$_4$Br)$_2$, **8**, 1022

FeC$_{22}$H$_{16}$O$_4$
    Fe(CO)$_3${C$_5$Me$_2$Ph$_2$O}, **8**, 981

FeC$_{22}$H$_{16}$O$_7$
    [Fe(CHO)(CO)$_3${P(OPh)$_3$}]$^-$, **4**, 339; **8**, 58

FeC$_{22}$H$_{18}$
    Fe(η^5-C$_5$H$_4$Ph)$_2$, **4**, 481; **8**, 1022

FeC$_{22}$H$_{18}$N$_4$
    Fe(η^5-C$_5$H$_4$N=NPh)$_2$, **8**, 1063

FeC$_{22}$H$_{18}$O$_3$
    Fc(C$_{12}$H$_9$O$_3$), **8**, 1025

FeC$_{22}$H$_{18}$O$_4$
    FcC(Ph)=C(CO$_2$Me)CH$_2$CO$_2$H, **8**, 1025

FeC$_{22}$H$_{20}$NO$_2$P
    Fe(CO)(NO)(CH$_2$CHCH$_2$)(PPh$_3$), **4**, 403

FeC$_{22}$H$_{32}$O$_2$
    Fe(CO)Cp(C$_4$Bu$^t_3$O), **8**, 1017

FeC$_{23}$H$_{17}$O$_3$P
    Fe(CO)$_3$(CH$_2$=CHC$_6$H$_4$PPh$_2$), **4**, 379, 395

FeC$_{23}$H$_{18}$ClO$_3$P
    FeCl{CH(Me)C$_6$H$_4$PPh$_2$}(CO)$_3$, **4**, 395

FeC$_{23}$H$_{19}$
    [FeCp(C$_5$H$_4$CPh$_2$)]$^+$, **4**, 437

FeC$_{23}$H$_{19}$NO$_2$P
    [Fe(CO)(NO)(η^4-C$_4$H$_4$)(PPh$_3$)]$^+$, **4**, 447

FeC$_{23}$H$_{19}$O$_2$PS
    Fe(CO)$_2$(CH$_2$=CHCH=S)(PPh$_3$), **4**, 459

FeC$_{23}$H$_{20}$IO$_2$P
    FeI(CO)$_2$(CH$_2$CHCH$_2$)(PPh$_3$), **4**, 414

FeC$_{23}$H$_{20}$O$_2$
    Fe(η^5-C$_5$H$_4$C$_6$H$_4$OMe)$_2$, **8**, 1022

FeC$_{23}$H$_{23}$N$_2$O$_2$
    FeBz(salen), **4**, 333

FeC$_{23}$H$_{31}$N$_4$
    FeMe{NC$_6$H$_4$NCH(Me)CH$_2$CH$_2$CH(Me)}$_2$, **4**, 341

FeC$_{23}$H$_{35}$
    [FeCp(η^6-C$_6$Et$_6$)]$^+$, **4**, 502

FeC$_{24}$H$_{19}$O$_4$P
    Fe{C$_6$H$_4$OP(OPh)$_2$}(CO)Cp, **4**, 360

FeC$_{24}$H$_{20}$
    FeCp(C$_6$H$_5$CPh$_2$), **4**, 495

FeC$_{24}$H$_{20}$IO$_4$P
    FeI(CO)Cp{P(OPh)$_3$}, **4**, 337

FeC$_{24}$H$_{21}$
    [FeCp(η^6-C$_6$H$_5$CHPh$_2$)]$^+$, **4**, 495

FeC$_{24}$H$_{21}$NO$_7$
    Fe(CO)$_3${CON(CH$_2$CHCHCH$_2$)CH(CO$_2$Me)-C$_6$H$_4$OBz}, **8**, 944

FeC$_{24}$H$_{23}$OP
    FeCp[η^5-C$_5$H$_3$(PPh$_2$){CH(OH)Me}], **8**, 469

FeC$_{24}$H$_{24}$O$_2$P$_2$S$_2$
    Fe(CO)$_2$(PMe$_3$)(PPh$_3$)(CS$_2$), **4**, 273

FeC$_{24}$H$_{26}$N$_4$
    FeEt$_2$(bipy)$_2$, **4**, 361; **8**, 405

FeC$_{24}$H$_{36}$
    Fe(η^6-C$_6$Me$_6$)$_2$, **4**, 439, 499
    [Fe(η^6-C$_6$Me$_6$)$_2$]$^{2+}$, **4**, 502; **8**, 1058

FeC$_{25}$H$_{20}$O$_2$P
    [Fe(CO)$_2$(PPh$_3$)Cp]$^+$, **8**, 982

FeC$_{25}$H$_{20}$O$_4$P
    [Fe(CO)$_4$(CH$_2$=CHCH$_2$PPh$_3$)]$^+$, **4**, 382

FeC$_{25}$H$_{21}$O$_3$P
    Fe(CO$_2$H)(CO)Cp(PPh$_3$), **8**, 12

FeC$_{25}$H$_{22}$ClOP
    Fe(CH$_2$Cl)(CO)Cp(PPh$_3$), **4**, 342

FeC$_{25}$H$_{23}$OP
    FeMe(CO)Cp(PPh$_3$), **4**, 342, 353, 360

FeC$_{25}$H$_{23}$O$_4$P
    Fe{C(Me)(OEt)}(CO)$_3$(PPh$_3$), **4**, 371

FeC$_{25}$H$_{24}$O$_2$P
    [Fe(CHOMe)(CO)Cp(PPh$_3$)]$^+$, **4**, 369

FeC$_{26}$H$_{18}$
    Fe(η^5-C$_5$H$_4$C≡CPh)$_2$, **4**, 489

FeC$_{26}$H$_{20}$F$_3$O$_3$P
    Fe(O$_2$CCF$_3$)(CO)Cp(PPh$_3$), **4**, 353

FeC$_{26}$H$_{20}$N$_3$
    [FeCp(CNPh)$_3$]$^+$, **4**, 525

FeC$_{26}$H$_{23}$O$_2$P
    Fe(COMe)(CO)Cp(PPh$_3$), **4**, 360
    Fe(CO)$_2$(PPh$_3$)(C$_6$H$_8$), **8**, 972

FeC$_{26}$H$_{23}$O$_3$P
    Fe(CO$_2$Me)(CO)Cp(PPh$_3$), **4**, 361

FeC$_{26}$H$_{24}$OP
    [Fe(CO)Cp(CH$_2$=CH$_2$)(PPh$_3$)]$^+$, **4**, 391

FeC$_{26}$H$_{25}$OP
    FeEt(CO)Cp(PPh$_3$), **4**, 360

FeC$_{26}$H$_{25}$O$_2$P
    FeCp[η^5-C$_5$H$_3$(PPh$_2$){CH(OAc)Me}], **8**, 469

FeC$_{26}$H$_{26}$O$_2$P
    [Fe(CHOEt)(CO)Cp(PPh$_3$)]$^+$, **4**, 369

FeC$_{26}$H$_{28}$NP
    FeCp[η^5-C$_5$H$_3$(PPh$_2$){CH(Me)NMe$_2$}], **5**, 478; **8**, 469, 1042

FeC$_{26}$H$_{35}$P
    Fe{CH$_2$=C(Me)C(Me)=CH$_2$}$_2$(PEtPh$_2$), **4**, 441

FeC$_{26}$H$_{36}$O$_4$
    Fe(CO)$_4$(Bu$^t_2$C=C=C=C=C=CBu$^t_2$), **4**, 378

FeC$_{26}$H$_{42}$
    Fe(η^5-C$_5$H$_3$Bu$^t_2$)$_2$, **4**, 484

FeC$_{26}$H$_{42}$P$_4$

FeC$_{14}$H$_{10}$)(dmpe)$_2$, **4**, 431
FeC$_{27}$H$_{24}$O$_2$P
  [Fe(CO)$_2$(PPh$_3$)(C$_7$H$_9$)]$^+$, **8**, 1005
  [Fp(CH$_2$CH$_2$PPh$_3$)]$^+$, **4**, 392; **8**, 966
FeC$_{27}$H$_{24}$O$_4$P
  Fe(CO)$_4$(Me$_2$C=CHCH$_2$$\overset{+}{P}Ph_3$), **8**, 969
FeC$_{27}$H$_{25}$O$_2$P
  Fe(CO)$_2$(C$_7$H$_{10}$)(PPh$_3$), **4**, 413
  Fe(COEt)(CO)Cp(PPh$_3$), **4**, 360
FeC$_{27}$H$_{30}$P
  [FeCp(PPh$_3$)(MeC≡CMe)]$^+$, **3**, 109
FeC$_{28}$H$_{18}$O$_4$
  Fe(CO)$_3$[$\overline{\text{C}}$(Ph)=CH{C(Ph=CH)}$_2$CO], **4**, 439
FeC$_{28}$H$_{20}$O$_2$
  Fe(CO)Cp(C$_3$Ph$_3$CO), **4**, 403
FeC$_{28}$H$_{22}$O$_3$P$_2$
  Fe(CO)$_3$(Ph$_2$PCH$_2$PPh$_2$), **4**, 289
FeC$_{28}$H$_{24}$NO$_2$P
  Fe(CO)$_2$(C$_7$H$_9$CN)(PPh$_3$), **4**, 413
FeC$_{28}$H$_{25}$O$_3$P
  Fe(CO)$_2$(PPh$_3$)(C$_6$H$_7$Ac), **8**, 972
FeC$_{28}$H$_{26}$OP
  [Fe(CO)Cp(MeC≡CMe)(PPh$_3$)]$^+$, **4**, 338, 391
FeC$_{28}$H$_{26}$O$_2$P
  [Fe(CO)$_2$(C$_8$H$_{11}$)(PPh$_3$)]$^+$, **4**, 424
FeC$_{28}$H$_{29}$O$_4$P
  FeBu^s(CO)Cp{P(OPh)$_3$}, **4**, 337, 361
FeC$_{28}$H$_{30}$
  Fe{η^5-C$_5$H$_4$(CH$_2$)$_3$Ph}$_2$, **4**, 500; **8**, 1061
FeC$_{28}$H$_{44}$
  Fe(C$_7$H$_{11}$)$_4$, **4**, 332
FeC$_{29}$H$_{21}$O$_4$P
  Fe(CO)$_4$(CHPh)(PPh$_3$), **4**, 311
FeC$_{29}$H$_{24}$
  FcCPh$_3$, **8**, 1018
FeC$_{29}$H$_{25}$OP
  Fe(C$_5$H$_5$)(CO)Cp(PPh$_3$), **4**, 363
FeC$_{29}$H$_{26}$O$_2$P
  Fp{(Ph$_3\overset{+}{P}$CH$_2$)C=CHMe}, **8**, 967
FeC$_{29}$H$_{31}$OP
  Fe(CH$_2$CH$_2$Pr^i)(CO)Cp(PPh$_3$), **4**, 361
FeC$_{30}$H$_{20}$F$_{11}$P
  FeCp{CF$_2$C(CF$_3$)C=C(CF$_3$)$_2$}(PPh$_3$), **4**, 402
FeC$_{30}$H$_{26}$O$_2$P
  [Fe(CHOPh)(CO)Cp(PPh$_3$)]$^+$, **4**, 369
FeC$_{30}$H$_{30}$OP
  [Fe(CO)Cp(EtC≡CEt)(PPh$_3$)]$^+$, **4**, 391
FeC$_{31}$H$_{16}$O$_3$
  Fe(CO)$_3$[{C(C$_6$H$_4$C$_6$H$_4$)C}$_2$], **4**, 444
FeC$_{31}$H$_{18}$O$_3$
  Fe(CO)$_3${C$_4$Ph$_2$(C$_6$H$_4$C$_6$H$_4$)}, **4**, 445
FeC$_{31}$H$_{20}$O$_3$
  Fe(CO)$_3$(η^4-C$_4$Ph$_4$), **1**, 34; **4**, 444; **6**, 382, 734
FeC$_{31}$H$_{23}$N$_4$OP
  Fe(COMe)Cp{(NC)$_2$C=C(CN)$_2$}(PPh$_3$), **4**, 386
FeC$_{31}$H$_{25}$O$_5$P
  FePh(CO)$_2$Cp{P(OPh)$_3$}, **4**, 360
FeC$_{31}$H$_{26}$IOP
  FeI(CO){η^5-C$_5$H$_3$Me(Ph)}(PPh$_3$), **4**, 356
FeC$_{31}$H$_{28}$O$_2$
  Fe(CO)(η^4-C$_4$H$_4$)(diphos), **4**, 447, 459, 460
FeC$_{31}$H$_{30}$OP$_2$
  Fe(CO)(CH$_2$=CHCH=CH$_2$)(diphos), **4**, 452
FeC$_{31}$H$_{44}$O$_4$
  Fe(CO)$_3$(ergosterol), **8**, 974
FeC$_{32}$H$_{20}$O$_4$
  Fe(CO)$_3$(C$_4$Ph$_4$CO), **4**, 444, 469
  Fe(CO)$_4$(Ph$_2$C=C=C=CPh$_2$), **4**, 387
FeC$_{32}$H$_{24}$P$_2$
  Fe(η^5-C$_4$H$_2$P$_2$P)$_2$, **4**, 487
FeC$_{32}$H$_{27}$O$_2$P
  Fe(CO)$_2$(C$_5$H$_5$Bz)(PPh$_3$), **4**, 436, 492; **8**, 1047
FeC$_{32}$H$_{29}$OP
  FeMe(CO){η^5-C$_5$H$_3$Me(Ph)}(PPh$_3$), **4**, 342; **8**, 109
FeC$_{32}$H$_{29}$O$_3$PS
  Fe(SO$_2$Me)(CO){η^5-C$_5$H$_3$Me(Ph)}(PPh$_3$), **4**, 356
FeC$_{32}$H$_{30}$Cl$_{10}$P$_2$
  Fe(C$_6$Cl$_5$)$_2$(PPhEt$_2$)$_2$, **4**, 340
FeC$_{32}$H$_{31}$P$_2$
  [Fe(CH$_2$)Cp(diphos)]$^+$, **3**, 103; **4**, 366, 369, 392
FeC$_{32}$H$_{35}$OPS
  Fe{C(Me)=C(Me)(SBu)}(CO)Cp(PPh$_3$), **4**, 338
FeC$_{33}$H$_{29}$O$_2$P
  Fe(COMe)(CO){η^5-C$_5$H$_3$Me(Ph)}(PPh$_3$), **8**, 109
FeC$_{33}$H$_{32}$O$_3$
  $\overline{\text{Fe}}$(CO)(η^5-C$_5$H$_4$CPh$_3$)(C$_6$H$_{10}$O$\dot{\text{C}}$OMe), **8**, 1026
FeC$_{33}$H$_{34}$OP$_2$
  Fe(CH$_2$OMe)Cp(diphos), **4**, 366
FeC$_{34}$H$_{28}$O$_2$P
  Fp{(Ph$_3\overset{+}{P}$CH$_2$)C=CHPh}, **8**, 967
FeC$_{34}$H$_{28}$P$_2$
  Fe(η^5-C$_5$H$_4$PPh$_2$)$_2$, **4**, 489
FeC$_{34}$H$_{31}$OP
  Fe{C(Me)=C(Me)Ph}(CO)Cp(PPh$_3$), **4**, 338
FeC$_{35}$H$_{35}$P$_2$
  [Fe(C=CMe$_2$)Cp(diphos)]$^+$, **4**, 369
FeC$_{36}$H$_{32}$OP$_2$
  Fe(η^5-C$_5$H$_4$PPh$_2$)[η^5-C$_5$H$_3$(PPh$_2$){CH(OH)Me}], **8**, 470
FeC$_{38}$H$_{30}$I$_5$O$_2$P$_2$
  FeI$_5$(CO)$_2$(PPh$_3$)$_2$, **4**, 271
FeC$_{38}$H$_{32}$O$_2$P$_2$
  FeH$_2$(CO)$_2$(PPh$_3$)$_2$, **4**, 295
FeC$_{38}$H$_{37}$NP$_2$
  Fe(η^5-C$_5$H$_4$PPh$_2$)[η^5-C$_5$H$_3$(PPh$_2$){CH(Me)-NMe$_2$}], **5**, 478; **8**, 470
FeC$_{39}$H$_{30}$NO$_4$P$_2$
  [Fe(CO)$_3$(NO)(PPh$_3$)$_2$]$^+$, **4**, 295
FeC$_{39}$H$_{30}$NO$_5$P$_2$
  [Fe(CO)$_3$(NO$_2$)(PPh$_3$)$_2$]$^+$, **4**, 295
FeC$_{39}$H$_{30}$O$_2$P$_2$S$_2$
  Fe(CO)$_2$(PPh$_3$)$_2$(CS$_2$), **4**, 273
FeC$_{39}$H$_{30}$O$_3$P$_2$
  Fe(CO)$_3$(PPh$_3$)$_2$, **4**, 262, 287
FeC$_{39}$H$_{55}$N$_5$
  Fe(CNBu^t)$_5${Bu^{t}N=C=C(Ph)C(Ph)=C=NBu^t}, **4**, 432
FeC$_{40}$H$_{28}$
  Fe{(η^5-C$_5$H$_4$)$_2$(C$_6$H$_4$)}, **4**, 489
FeC$_{40}$H$_{34}$O$_2$P$_2$S$_2$
  Fe(CO)$_2$(SPh)$_2$(diphos), **4**, 281
FeC$_{40}$H$_{41}$OP$_3$
  FeH$_2$(CO)(PPh$_2$Me)$_3$, **4**, 295
FeC$_{41}$H$_{34}$O$_6$P$_2$
  Fe{C$_6$H$_4$OP(OPh)$_2$}Cp{P(OPh)$_3$}, **4**, 360
FeC$_{41}$H$_{35}$N$_6$
  [Fe(CN)(CNBz)$_5$]$^+$, **4**, 270
FeC$_{45}$H$_{41}$O$_2$P$_2$
  [Fe{(CH$_2$)$_3$PPh$_3$}(CO)Cp(PPh$_3$)]$^+$, **4**, 394
FeC$_{48}$H$_{38}$
  Fe(η^5-C$_5$H$_4$CPh$_3$)$_2$, **8**, 1018
FeC$_{49}$H$_{35}$O$_3$P
  Fe(CO)$_2$(PPh$_3$)(CPh$_4$CO), **4**, 549
FeC$_{52}$H$_{48}$P$_4$

FeC$_{52}$H$_{48}$P$_4$
    FeH{C$_6$H$_4$P(Ph)CH$_2$CH$_2$PPh$_2$}(diphos), **4**, 335
FeC$_{54}$H$_{50}$P$_4$
    FeH(C≡CH)(diphos)$_2$, **4**, 335
FeC$_{54}$H$_{52}$P$_4$
    Fe(CH$_2$=CH$_2$)(diphos)$_2$, **4**, 378, 386
FeC$_{54}$H$_{54}$P$_4$
    FeMe$_2$(diphos)$_2$, **4**, 335
FeC$_{55}$H$_{53}$O$_3$P$_5$
    Fe{P(OMe)$_3$}(Ph$_2$PCH=CHPPh$_2$)$_2$, **8**, 355
FeC$_{56}$H$_{45}$O$_2$P$_3$
    Fe(CO)$_2$(PPh$_3$)$_3$, **4**, 287
FeCdC$_4$H$_6$N$_2$O$_4$
    Fe(CO)$_4${Cd(NH$_3$)$_2$}, **4**, 254, 307; **6**, 1003
FeCdC$_{14}$H$_8$N$_2$O$_4$
    Fe(CO)$_4${Cd(py)$_2$}, **4**, 254
FeCdC$_{14}$H$_{10}$N$_2$O$_4$
    Fe(CO)$_4${Cd(py)$_2$}, **6**, 1006
FeCoC$_8$O$_8$
    [FeCo(CO)$_8$]$^-$, **5**, 13; **6**, 771, 834
    FeCo(CO)$_8$, **6**, 803
FeCoC$_9$H$_6$O$_7$P
    FeCo(PMe$_2$)(CO)$_7$, **6**, 834
FeCoC$_{11}$H$_5$O$_6$
    FeCo(CO)$_6$Cp, **6**, 779, 792, 803, 835
FeCoC$_{12}$H$_5$O$_7$
    FeCo(CO)$_7$Cp, **6**, 779
FeCoC$_{14}$H$_{13}$O$_4$
    FeCo(CO)$_4$(η^5-C$_5$H$_4$Me)(CH$_2$=CHCH=CH$_2$), **5**, 226
FeCoC$_{15}$H$_{13}$O$_4$
    FeCo(CO)$_4$Cp(C$_6$H$_8$), **6**, 835
FeCoC$_{16}$H$_{13}$O$_4$
    FeCo(CO)$_4$Cp(nbd), **5**, 187; **6**, 803
FeCoC$_{19}$H$_{10}$O$_7$P
    FeCo(PPh$_2$)(CO)$_7$, **6**, 785
FeCoC$_{21}$H$_{15}$IO$_4$P
    FeCoI(PPh$_2$)(CO)$_4$Cp, **6**, 835
FeCoC$_{32}$H$_{25}$O$_3$P$_2$
    FeCo(PPh$_2$)$_2$(CO)$_3$Cp, **6**, 835
FeCoC$_{36}$H$_{25}$O$_3$
    (CO)$_3$Fe{$\overline{\text{C(Ph)=C(Ph)C(Ph)=CPh}}$}CoCp, **6**, 788
FeCoC$_{39}$H$_{30}$N$_2$O$_5$P$_2$
    FeCo(CO)$_3$(NO)$_2$(PPh$_3$)$_2$, **6**, 835
FeCoCrC$_{13}$H$_5$O$_8$S
    CrFeCo(S)(CO)$_8$Cp, **6**, 852
FeCoHgC$_{11}$H$_5$O$_6$
    HgFp{Co(CO)$_4$}, **6**, 1016
FeCoMoC$_{12}$H$_5$O$_7$S
    MoFeCo(S)(CO)$_7$Cp, **6**, 786
FeCoMoC$_{13}$H$_5$O$_8$S
    FeCoMo(S)(CO)$_8$Cp, **6**, 853
FeCoMoC$_{19}$H$_{11}$O$_8$P
    FeCoMo(PPh)(CO)$_8$Cp, **6**, 853
FeCoRu$_2$C$_{13}$O$_{13}$
    [FeRu$_2$Co(CO)$_{13}$]$^-$, **4**, 926; **6**, 772, 857
FeCoSnC$_{11}$H$_5$Cl$_2$O$_6$
    (CO)$_4$CoSnCl$_2$Fe(CO)$_2$Cp, **6**, 1046, 1080
FeCoWC$_{13}$H$_5$O$_8$S
    W(CO)$_2$Cp(S){Fe(CO)$_3$}{Co(CO)$_3$}, **3**, 1336, 1337; **6**, 854
FeCoZnC$_{11}$H$_5$O$_6$
    ZnFp{Co(CO)$_4$}, **6**, 1034
FeCo$_2$C$_9$O$_9$S
    FeCo$_2$(CO)$_9$S, **3**, 120; **6**, 858
FeCo$_2$C$_9$O$_9$Se
    FeCo$_2$(CO)$_9$Se, **5**, 43
FeCo$_2$C$_{11}$H$_4$O$_9$
    FeCo$_2$H(CMe)(CO)$_9$, **6**, 859
FeCo$_2$C$_{12}$H$_9$O$_6$
    FeCo$_2$(CO)$_6$(EtC$_2$CHMe), **6**, 859
FeCo$_2$C$_{15}$H$_5$O$_9$P
    FeCo$_2$(PPh)(CO)$_9$, **5**, 37, 42; **6**, 858
FeCo$_2$C$_{15}$H$_{10}$O$_9$
    FeCo$_2$(CO)$_9$(EtC≡CEt), **6**, 859
FeCo$_2$C$_{16}$H$_5$O$_{10}$P
    FeCo$_2$(PPh)(CO)$_{10}$, **6**, 800
FeCo$_2$C$_{22}$H$_{10}$O$_8$
    FeCo$_2$(CO)$_8$(PhC≡CPh), **6**, 859
FeCo$_2$C$_{26}$H$_{15}$O$_8$PS
    FeCo$_2$(S)(CO)$_8$(PPh$_3$), **6**, 858
FeCo$_2$C$_{26}$H$_{30}$O$_6$
    FeCo$_2$(CO)$_6$(η^5-C$_5$Me$_5$)$_2$, **6**, 859
FeCo$_2$C$_{28}$H$_{34}$O$_4$
    FeCo$_2$(CO)$_4$(η^5-C$_5$Me$_5$)$_2$(η^4-C$_4$H$_4$), **6**, 859
FeCo$_2$C$_{43}$H$_{30}$O$_7$P$_2$S
    FeCo$_2$(S)(CO)$_7$(PPh$_3$)$_2$, **6**, 859
FeCo$_2$C$_{60}$H$_{45}$O$_6$P$_3$S
    FeCo$_2$(S)(CO)$_6$(PPh$_3$)$_3$, **6**, 859
FeCo$_2$CrC$_{14}$O$_{14}$S
    FeCrCo$_2$(S)(CO)$_{14}$, **6**, 852
FeCo$_2$Ge$_2$C$_{14}$H$_{10}$Cl$_4$O$_6$
    Fe(CO)$_4$(GeCl$_2$)$_2$Co$_2$(CO)$_2$Cp$_2$, **6**, 1081
FeCo$_2$Mn$_2$Si$_2$C$_{21}$Cl$_2$O$_{21}$
    {Fe(CO)$_4$}{SiClMn(CO)$_5$}$_2$Co$_2$(CO)$_7$, **6**, 1088
FeCo$_3$C$_{12}$HO$_{12}$
    FeCo$_3$H(CO)$_{12}$, **6**, 810, 859
FeCo$_3$C$_{12}$O$_{12}$
    [FeCo$_3$(CO)$_{12}$]$^-$, **6**, 766, 860
FeCo$_3$C$_{13}$O$_{13}$P
    FeCo$_3$(CO)$_{13}$P, **5**, 42
FeCo$_3$C$_{18}$H$_{28}$O$_{18}$P$_3$
    FeCo$_3$H(CO)$_9${P(OMe)$_3$}$_3$, **6**, 811, 859
FeCo$_3$C$_{20}$H$_{37}$O$_{20}$P$_4$
    FeCo$_3$H(CO)$_8${P(OMe)$_3$}$_4$, **6**, 859
FeCo$_3$C$_{24}$H$_{10}$O$_{10}$
    [FeCo$_3$(CO)$_{10}$(PhC≡CPh)]$^-$, **6**, 860
FeCo$_3$C$_{29}$H$_{15}$O$_{11}$P
    [FeCo$_3$(CO)$_{11}$(PPh$_3$)]$^-$, **6**, 860
FeCo$_3$C$_{29}$H$_{16}$O$_{11}$P
    FeCo$_3$H(CO)$_{11}$(PPh$_3$), **6**, 859
FeCo$_3$C$_{36}$H$_{24}$O$_{10}$P$_2$
    [FeCo$_3$(CO)$_{10}$(diphos)]$^-$, **6**, 860
FeCo$_3$C$_{36}$H$_{25}$O$_{10}$P$_2$
    FeCo$_3$H(CO)$_{10}$(diphos), **6**, 859
FeCo$_3$C$_{48}$H$_{31}$O$_{10}$P$_2$
    FeCo$_3$H(CO)$_{10}$(PPh$_3$)$_2$, **6**, 859
FeCrC$_9$O$_9$
    [CrFe(CO)$_9$]$^{2-}$, **6**, 826
FeCrC$_{11}$H$_5$O$_6$
    [CrFe(CO)$_6$Cp]$^-$, **6**, 826
FeCrC$_{11}$H$_{12}$O$_7$P$_2$
    (CO)$_3$Fe(PMe$_2$PMe$_2$)Cr(CO)$_4$, **4**, 301; **6**, 826
FeCrC$_{14}$H$_9$BrO$_4$
    CrBr(CFc)(CO)$_4$, **3**, 911
FeCrC$_{15}$H$_{10}$O$_5$
    CrFe(CO)$_5$Cp$_2$, **6**, 792, 826
FeCrC$_{17}$H$_{12}$O$_6$
    Cr{C(OMe)Fc}(CO)$_5$, **3**, 1021; **8**, 1058
FeCrC$_{19}$H$_{11}$F$_5$O$_2$
    Cr(η^6-C$_6$H$_6$){η^6-C$_6$F$_5$(Fp)}, **3**, 998
FeCrC$_{20}$H$_{14}$O$_4$

FeCrC$_{20}$H$_{14}$O$_6$
  Cr(CO)$_3$(η^6-C$_6$H$_5$COFc), **3**, 1014
FeCrC$_{20}$H$_{14}$O$_6$
  (CO)$_3$Cr(C$_7$H$_7$C$_7$H$_7$)Fe(CO)$_3$, **3**, 1064
FeCrC$_{21}$H$_{18}$O$_3$
  Cr(CO)$_3$(η^6-C$_6$H$_5$CH$_2$CH$_2$Fc), **3**, 1014
FeCrC$_{22}$H$_{14}$O$_6$
  Cr(CO)$_3$(η^6-C$_6$H$_5$CH=CHCH=CHPh)-Fe(CO)$_3$, **3**, 1014
FeCrC$_{23}$H$_{17}$F$_5$O
  Cr(η^6-C$_6$H$_6$){η^6-C$_6$F$_5$CH(OH)Fc}, **3**, 998
FeCrC$_{30}$H$_{22}$O$_5$
  Cr(CO)$_3$\{η^6-C$_6$H$_5$$\overline{\text{C}=\text{C(OMe)OC(Fc)}=\text{C}}$-Ph\}, **3**, 1021
FeCrC$_{31}$H$_{20}$O$_7$P$_2$
  (CO)$_4$Cr(PPh$_2$)$_2$Fe(CO)$_3$, **8**, 331
FeCrC$_{38}$H$_{28}$O$_4$P$_2$
  Cr(CO)$_4$[{Ph$_2$P(C$_5$H$_4$)}$_2$Fe], **3**, 853
FeCuC$_{10}$H$_9$
  CuFc, **2**, 712; **4**, 485
FeCuC$_{13}$H$_{16}$N
  FeCp{η^5-C$_5$H$_3$(Cu)(CH$_2$NMe$_2$)}, **2**, 715
FeCu$_2$C$_4$H$_6$N$_2$O$_4$
  Fe(CO)$_4${Cu(NH$_3$)}$_2$, **4**, 306; **6**, 848
FeFe$_2$C$_8$H$_6$N$_2$O$_6$
  {Fe(CO)$_3$(NMe)}$_2$, **4**, 299
FeGaC$_4$Br$_3$O$_4$
  [Fe(CO)$_4$(GrBr$_3$)]$^-$, **6**, 960
FeGaC$_{10}$H$_{13}$O$_5$
  Fe(GaEt)(CO)$_4$\{$\overline{\text{O(CH}_2\text{)}_3\text{CH}_2}$\}, **6**, 960
FeGaC$_{12}$H$_{21}$N$_2$O$_4$
  Fe(GaEt)(CO)$_4$(TMEDA), **6**, 960
FeGaC$_{16}$H$_{13}$N$_2$O$_4$
  Fe(GaEt)(CO)$_4$(bipy), **6**, 960
FeGaC$_{16}$H$_{15}$N$_2$O$_4$
  Fe(GaEt)(CO)$_4$(py)$_2$, **6**, 960
FeGaC$_{25}$H$_{20}$O$_2$
  [Fe(GaPh$_3$)(CO)$_2$Cp]$^-$, **1**, 719; **6**, 960
FeGeC$_4$Cl$_3$O$_4$
  [Fe(GeCl$_3$)(CO)$_4$]$^-$, **4**, 309
FeGeC$_4$H$_4$O$_4$
  FeH(GeH$_3$)(CO)$_4$, **4**, 313
FeGeC$_7$H$_5$Cl$_3$O$_2$
  Fe(GeCl$_3$)(CO)$_2$Cp, **4**, 592; **6**, 202
FeGeC$_7$H$_8$Cl$_2$O$_2$
  Fe(GeCl$_2$Me)(CO)$_2$Cp, **6**, 1053
FeGeC$_{10}$H$_{14}$ClNO
  Fe(GeClMe$_2$)(CO)(CNMe)Cp, **4**, 528
FeGeC$_{10}$H$_{14}$Cl$_2$
  Fe(GeCl$_2$Me)Cp(CH$_2$=CHCH=CH$_2$), **4**, 453
FeGeC$_{10}$H$_{14}$O$_2$
  Fe(GeMe$_3$)(CO)$_2$Cp, **6**, 1045
FeGeC$_{12}$H$_{14}$S$_2$
  Fe{(η^5-C$_5$H$_4$S)$_2$GeMe$_2$}, **4**, 489
FeGeC$_{14}$H$_{16}$O$_3$
  Fe(CO)$_3$(C$_8$H$_7$GeMe$_3$), **4**, 440
FeGeC$_{21}$H$_{15}$O$_4$
  [Fe{GeMe(Ph)(C$_{10}$H$_7$)}(CO)$_4$]$^-$, **6**, 1072
FeGeC$_{22}$H$_{15}$O$_4$
  [Fe(GePh$_3$)(CO)$_4$]$^-$, **4**, 309
FeGeC$_{22}$H$_{18}$
  Fe{(η^5-C$_5$H$_4$)$_2$GePh$_2$}, **4**, 488
FeGeC$_{32}$H$_{23}$O$_3$
  [Fe(CO)$_3$\{$\overline{\text{C(Ph)}=\text{C(Ph)C(Ph)}=\text{C(Ph)Ge-Me}}$\}]$^+$, **4**, 437
FeGeC$_{32}$H$_{24}$O$_3$
  Fe(CO)$_3$\{$\overline{\text{C(Ph)}=\text{C(Ph)C(Ph)}=\text{C(Ph)Ge-}}$

H(Me)\}, **4**, 437
FeGeNiC$_{13}$H$_{10}$Cl$_2$O$_3$
  Cp(CO)Ni(GeCl$_2$)Fe(CO)$_2$Cp, **6**, 202
FeGe$_2$C$_4$Br$_6$O$_4$
  Fe(GeBr$_3$)$_2$(CO)$_4$, **4**, 308
FeGe$_2$C$_4$H$_6$O$_4$
  Fe(GeH$_3$)$_2$(CO)$_4$, **6**, 1082
FeGe$_2$C$_6$H$_{10}$O$_4$
  Fe(GeH$_2$Me)$_2$(CO)$_4$, **4**, 310
FeGe$_2$C$_8$H$_{14}$O$_4$
  Fe(GeHMe$_2$)$_2$(CO)$_4$, **4**, 310
FeGe$_2$C$_{10}$H$_{18}$O$_4$
  Fe(GeMe$_3$)$_2$(CO)$_4$, **3**, 119
FeGe$_3$C$_4$H$_8$O$_4$
  Fe(GeH$_3$)(Ge$_2$H$_5$)(CO)$_4$, **6**, 1057
FeHgC$_4$O$_4$
  HgFe(CO)$_4$, **4**, 270, 307
FeHgC$_5$Cl$_2$O$_5$
  Fe(CO)$_5$(HgCl$_2$), **6**, 985
FeHgC$_7$H$_3$ClO$_3$
  Fe(CO)$_3${η^4-C$_4$H$_3$(HgCl)}, **4**, 472
FeHgC$_9$H$_{18}$Cl$_2$O$_3$P$_2$
  Fe(CO)$_3$(HgCl$_2$)(PMe$_3$)$_2$, **6**, 988
FeHgC$_{10}$H$_9$Cl
  FcHgCl, **4**, 477; **8**, 1023, 1044, 1062
FeHgC$_{10}$H$_{10}$ClO$_2$
  [Fp(CH$_2$=CHCH$_2$HgCl)]$^+$, **4**, 347
FeHgC$_{13}$H$_{10}$O$_2$
  HgPh(Fp), **6**, 996
FeHgC$_{38}$H$_{30}$Cl$_2$O$_2$P$_2$
  FeCl(HgCl)(CO)$_2$(PPh$_3$)$_2$, **4**, 308; **6**, 994
FeHgC$_{39}$H$_{30}$Cl$_2$O$_3$P$_2$
  Fe(CO)$_3$(HgCl$_2$)(PPh$_3$)$_2$, **6**, 985
FeHgSb$_2$C$_{39}$H$_{30}$Cl$_2$O$_3$
  Fe(CO)$_3$(HgCl$_2$)(SbPh$_3$)$_2$, **6**, 985
FeHg$_2$C$_4$Br$_2$O$_4$
  Fe(HgBr)$_2$(CO)$_4$, **6**, 996
FeHg$_2$C$_4$Cl$_2$O$_4$
  Fe(HgCl)$_2$(CO)$_4$, **4**, 306; **6**, 994
FeHg$_2$C$_5$Cl$_4$O$_5$
  Fe(CO)$_5$(HgCl$_2$)$_2$, **6**, 985
FeHg$_2$C$_6$N$_2$O$_4$
  Fe(HgCN)$_2$(CO)$_4$, **4**, 306
FeHg$_2$C$_6$N$_2$O$_4$S$_2$
  Fe(HgCNS)$_2$(CO)$_4$, **4**, 306
FeHg$_2$C$_{10}$H$_8$Cl$_2$
  Fe(η^5-C$_5$H$_4$HgCl)$_2$, **4**, 477
FeHg$_2$C$_{10}$H$_{10}$Cl$_4$
  FeCp$_2$(HgCl$_2$)$_2$, **4**, 485
FeHg$_2$C$_{12}$H$_{18}$I$_6$N$_6$
  {Fe(CNMe)$_6$}I$_2$(HgI$_2$)$_2$, **4**, 268
FeHg$_2$C$_{14}$H$_{10}$Cl$_2$N$_2$O$_4$
  Fe(CO)$_4${HgCl(py)}$_2$, **4**, 306
FeHg$_2$Si$_6$C$_{24}$H$_{54}$O$_4$
  Fe{HgC(SiMe$_3$)$_3$}$_2$(CO)$_4$, **6**, 1000
FeHg$_7$C$_{10}$H$_{10}$Cl$_{14}$
  FeCp$_2$(HgCl$_2$)$_7$, **4**, 485; **6**, 986
FeInC$_4$Br$_2$O$_4$
  [Fe(InBr$_2$)(CO)$_4$]$^-$, **6**, 965
FeInC$_4$Br$_3$O$_4$
  [Fe(InBr$_3$)(CO)$_4$]$^{2-}$, **6**, 965
FeInC$_7$H$_5$Cl$_2$O$_2$
  Fe(InCl$_2$)(CO)$_2$Cp, **6**, 965
FeInC$_9$H$_5$Br$_2$NO$_4$
  [Fe(InBr$_2$)(CO)$_4$(py)]$^-$, **6**, 965

FeInC$_{10}$H$_{15}$Br$_2$NO$_4$
  [Fe(InBr$_2$)(CO)$_4$(NEt$_3$)]$^-$, **6**, 965
FeInC$_{11}$H$_{13}$Br$_2$O$_3$
  Fe(InBr$_2$)(CO)$_2$Cp{$\overline{\text{O(CH}_2\text{)CH}_2}$}, **6**, 965
FeInC$_{25}$H$_{20}$O$_2$
  [Fe(InPh$_3$)(CO)$_2$Cp]$^-$, **1**, 719; **6**, 965
FeIrC$_{52}$H$_{40}$O$_4$P$_3$
  FeIr(PPh$_2$)(CO)$_4$(PPh$_3$)$_2$, **6**, 835
FeIrC$_{53}$H$_{40}$O$_5$P$_3$
  FeIr(PPh$_2$)(CO)$_5$(PPh$_3$)$_2$, **6**, 813
FeIrC$_{54}$H$_{40}$O$_6$P$_3$
  FeIr(PPh$_2$)(CO)$_6$(PPh$_3$)$_2$, **6**, 813
FeK$_2$C$_{10}$H$_8$
  Fe(η^5-C$_5$H$_4$K)$_2$, **8**, 1041
FeLiC$_{10}$H$_9$
  FcLi, **1**, 67; **8**, 1041
  FeCp(η^5-C$_5$H$_4$Li), **4**, 477
FeLiC$_{13}$H$_5$F$_4$O$_2$
  Fp(C$_6$F$_4$Li), **4**, 339
FeLiC$_{14}$H$_{18}$N
  FeCp[η^5-C$_5$H$_3$Li{CH(Me)NMe$_2$}], **4**, 486
FeLiC$_{15}$H$_{27}$N$_2$
  FeCp(CH$_2$=CHCH=CH$_2$){Li(TMEDA)}, **4**, 430
FeLiC$_{15}$H$_{29}$N$_2$
  FeCp(CH$_2$=CH$_2$)$_2${Li(TMEDA)}, **4**, 392
FeLi$_2$C$_{10}$H$_8$
  Fe(η^5-C$_5$H$_4$Li)$_2$, **4**, 477; **7**, 60, 65; **8**, 1041
FeLi$_2$C$_{20}$H$_{48}$N$_4$
  Fe(CH$_2$=CH$_2$)$_4${Li(TMEDA)}$_2$, **4**, 379, 392
FeMgC$_7$H$_5$BrO$_2$
  BrMgFp, **6**, 1013, 1037
FeMgC$_{31}$H$_{29}$BrP$_2$
  Fe(MgBr)Cp(diphos), **6**, 1037
FeMgC$_{39}$H$_{45}$BrO$_2$P$_2$
  Fe[MgBr{$\overline{\text{O(CH}_2\text{)}_3\text{CH}_2}$}$_2$]Cp(diphos), **6**, 1011, 1013, 1038
FeMnC$_9$O$_9$
  [MnFe(CO)$_9$]$^-$, **4**, 29; **6**, 787, 832
FeMnC$_{12}$H$_5$O$_7$
  MnFe(CO)$_7$Cp, **6**, 803, 816, 832
FeMnC$_{12}$H$_6$O$_7$
  [MnFeH(CO)$_7$Cp]$^+$, **6**, 814
FeMnC$_{12}$H$_{12}$BrO$_8$P$_2$
  MnBr(CO)$_4$(PMe$_2$PMe$_2$)Fe(CO)$_4$, **4**, 54
FeMnC$_{13}$H$_7$O$_6$
  MnFe(CO)$_6$(C$_7$H$_7$), **4**, 122; **6**, 832
FeMnC$_{14}$H$_9$NO$_9$
  Fe(CO)$_4${Me$_2$C=$\overline{\text{CN(Me)Mn(CO)}_5\text{CO}}$}, **4**, 379
FeMnC$_{16}$H$_{11}$O$_5$
  FeCp[η^5-C$_5$H$_3$Ac{Mn(CO)$_5$}], **8**, 1044
FeMnC$_{17}$H$_{10}$O$_7$
  MnFe(CO)$_7$Cp$_2$, **6**, 792
FeMnC$_{19}$H$_{11}$O$_6$
  MnFe{C(CO)CHPh}(CO)$_5$Cp, **6**, 832
FeMnC$_{20}$H$_{10}$O$_8$P
  MnFe(PPh$_2$)(CO)$_8$, **4**, 112; **6**, 787, 832
FeMnC$_{23}$H$_{15}$N$_2$O$_7$P
  MnFe(CO)$_5$(NO)$_2$(PPh$_3$), **6**, 832
FeMnReC$_{14}$O$_{14}$
  MnReFe(CO)$_{14}$, **6**, 847
FeMn$_2$C$_{14}$O$_{14}$
  Mn$_2$Fe(CO)$_{14}$, **6**, 765, 802, 847
FeMoC$_{12}$H$_{16}$Cl$_2$S$_2$
  MoFeCl$_2$(SMe)$_2$Cp$_2$, **6**, 828
FeMoC$_{15}$H$_{10}$O$_5$
  MoFe(CO)$_5$Cp$_2$, **3**, 1127, 1187; **4**, 519
  MoFp(CO)$_3$Cp, **6**, 779, 828
FeMoC$_{19}$H$_{18}$O$_6$
  Mo{(CH$_2$)$_2$O(CH$_2$)$_2$Fp}(CO)$_3$Cp, **4**, 393
FeMoC$_{20}$H$_{14}$O$_6$
  (CO)$_3$Mo{(C$_7$H$_7$)(C$_7$H$_7$)}Fe(CO)$_3$, **3**, 1235
FeMoC$_{31}$H$_{20}$O$_7$P$_2$
  (CO)$_4$Mo(PPh$_2$)$_2$Fe(CO)$_3$, **6**, 828; **8**, 331
FeMoC$_{38}$H$_{28}$O$_4$P$_2$
  Mo(CO)$_4$[{Ph$_2$P(C$_5$H$_4$)}$_2$Fe], **3**, 853
FeMoSbC$_{10}$H$_5$Br$_2$N$_2$O$_7$
  Cp(CO)$_3$Mo(SbBr$_2$)Fe(CO)$_2$(NO)$_2$, **3**, 1191
FeMoSbC$_{12}$H$_5$Br$_2$O$_7$
  Cp(CO)$_3$Mo(SbBr$_2$)Fe(CO)$_4$, **3**, 1191
FeMo$_2$C$_{15}$H$_5$O$_{10}$
  [Mo$_2$Fe$_2$(CO)$_{10}$Cp]$^{2-}$, **6**, 853
FeMo$_2$C$_{18}$H$_{10}$O$_8$
  Mo$_2$Fe(CO)$_8$Cp$_2$, **3**, 1181; **6**, 770, 853
FeMo$_{11}$SnC$_7$H$_5$O$_{41}$P
  [Cp(CO)$_2$FeSnMo$_{11}$PO$_{39}$]$^{4-}$, **6**, 1073
FeNa$_2$C$_{10}$H$_8$
  Fe(η^5-C$_5$H$_4$Na)$_2$, **8**, 1041
FeNa$_5$C$_3$NO$_4$
  Na$_5$Fe(CO)$_3$(NO), **4**, 297
FeNbC$_{14}$H$_{11}$O$_4$
  NbFeH(CO)$_4$Cp$_2$, **6**, 825
FeNbC$_{15}$H$_{11}$O$_5$
  NbFeH(CO)$_5$Cp$_2$, **3**, 714
FeNbC$_{15}$H$_{13}$O$_4$
  NbH$_2$(Cp)$_2${(OCH)Fe(CO)$_4$}, **3**, 717
FeNbC$_{17}$H$_{15}$O$_2$
  NbH(C$_5$H$_4$)Cp$_2${Fe(CO)$_2$}, **3**, 716
FeNbC$_{23}$H$_{20}$NO$_2$S$_2$
  Nb(SPh)$_2$Cp$_2${Fe(CO)(NO)}, **3**, 768
FeNb$_2$C$_{36}$H$_{32}$S$_4$
  Fe{Nb(C$_4$H$_3$S)$_2$Cp$_2$}$_2$, **3**, 736
FeNiC$_9$H$_{12}$O$_5$P$_2$
  (CO)$_3$Fe(PMe$_2$PMe$_2$)Ni(CO)$_2$, **4**, 301; **6**, 835
FeNiC$_{12}$H$_5$F$_6$O$_5$P
  Ni(CO)$_3${P(CF$_3$)$_2$Fe(CO)$_2$Cp}, **6**, 19
FeNiC$_{13}$H$_{10}$O$_3$
  FeNi(CO)$_3$Cp$_2$, **3**, 155; **6**, 199, 201, 792
FeNiC$_{15}$H$_{19}$O$_2$P
  FeNi(CO)$_2$Cp$_2$(PMe$_3$), **6**, 836
FeNiC$_{19}$H$_{24}$O$_3$
  Ni(η^4-C$_4$Ph$_4$){(CO)$_3$Fe(C$_4$Ph$_4$)}, **6**, 185
FeNiC$_{20}$H$_{24}$O$_4$
  FeNi(CO)$_4$(C$_8$Me$_8$), **6**, 836
FeNiC$_{21}$H$_{15}$O$_4$P
  CpNi(CO)(PPh$_2$)Fe(CO)$_3$, **6**, 88, 137, 835
FeNiC$_{22}$H$_{15}$O$_4$P
  CpNi(CO)(PPh$_2$)Fe(CO)$_3$, **6**, 785
FeNiC$_{22}$H$_{15}$O$_5$P
  CpNi(CO)(PPh$_2$)Fe(CO)$_3$, **6**, 785
FeNiC$_{28}$H$_{21}$O$_3$P
  (NiCp){Fe(CO)$_3$}(Ph$_3$$\overset{+}{\text{P}}$C≡CH), **6**, 137
FeNiC$_{34}$H$_{25}$O$_3$P
  (NiCp){Fe(CO)$_3$}(PPh$_2$)(PhC≡CPh), **6**, 137
FeNiC$_{35}$H$_{25}$O$_4$P
  CpNi(CPh)(CPhPPh$_2$)Fe(CO)$_3$, **6**, 88
FeNiC$_{39}$H$_{30}$N$_2$O$_5$P$_2$
  FeNi(CO)$_3$(NO)$_2$(PPh$_3$)$_2$, **6**, 835
FeNiSnC$_{13}$H$_{10}$Cl$_2$O$_3$
  Cp(CO)Ni(SnCl$_2$)Fe(CO)$_2$Cp, **6**, 202, 203

FeNi₂C₈H₅O₃S
   FeNi₂(S)(CO)₃Cp, **6**, 861
FeNi₂C₁₃H₁₀O₃S
   (NiCp)₂SFe(CO)₃, **6**, 212
FeNi₂C₁₅H₁₀O₅
   (NiCp)₂Fe(CO)₅, **6**, 211, 861
FeNi₂C₂₁H₁₆O₃
   FeNi₂(CO)₃Cp₂(PhC≡CH), **6**, 861
FeNi₂C₂₇H₂₀O₃
   FeNi₂(CO)₃Cp₂(PhC≡CPh), **6**, 137
FeOsRu₂C₁₃H₂O₁₃
   FeRu₂OsH₂(CO)₁₃, **4**, 655; **6**, 772, 857
FeOs₂C₁₂O₁₂
   FeOs₂(CO)₁₂, **6**, 858
FeOs₂RuC₁₃H₂O₁₃
   FeRuOs₂H₂(CO)₁₃, **4**, 655, 925; **6**, 772, 798, 820, 857
FeOs₃C₁₃H₂O₁₃
   FeOs₃H₂(CO)₁₃, **6**, 775, 858
FePbC₁₀H₁₄O₂
   Fp(PbMe₃), **2**, 668
FePbC₂₁H₁₅NO₄
   Fe(PbPh₃)(CO)₃(NO), **2**, 669
FePb₂C₁₀H₁₈O₄
   Fe(PbMe₃)₂(CO)₄, **6**, 1045
FePb₂C₄₀H₃₀O₄
   Fe(PbPh₃)₂(CO)₄, **2**, 669; **6**, 1048
FePdC₁₀H₉Cl
   FcPdCl, **8**, 1043
FePdC₂₅H₂₀O₄P
   Pd{Fe(CO)₄}(CH₂CHCH₂)(PPh₃), **6**, 423
FePdC₃₄H₂₈Cl₂P₂
   Fe{(η⁵-C₅H₄PPh₂)₂PdCl₂}, **4**, 489
FePtC₁₃H₁₈N₃O₄
   FePt(CO)₃(NO)(CNBuᵗ)₂, **6**, 836
FePtC₁₈H₂₁Cl
   FcPtCl(cod), **8**, 1044
FePtC₄₃H₃₅ClO₂P₂
   FePtCl(CO)₂Cp(PPh₃)₂, **6**, 776, 836
FePtWC₂₀H₁₂O₇
   WFePt(CTol)(CO)₇Cp, **6**, 854
FePtW₂C₃₃H₂₄O₇
   W₂FePt(CTol)₂(CO)₇Cp₂, **6**, 854
FePt₂C₂₄H₂₀Cl₂N₄O₄
   FePt₂Cl₂(CO)₄(py)₄, **6**, 848
FePt₂C₅₉H₄₅O₁₄P₃
   FePt₂(CO)₅{P(OPh)₃}₃, **6**, 482, 765, 861
FeReC₁₂H₅O₇
   ReFe(CO)₇Cp, **6**, 834
FeReC₁₃H₇O₆
   ReFe(CO)₆(C₇H₇), **6**, 833
FeReC₁₆H₁₁O₅
   FeCp[η⁵-C₅H₃(COMe){Re(CO)₄}], **4**, 222; **8**, 1044
FeReC₁₇H₁₆NO₄
   FeCp[η⁵-C₅H₃{Re(CO)₄}(CH₂NMe₂)], **4**, 219
FeRe₂C₁₄O₁₄
   Re₂Fe(CO)₁₄, **6**, 848
FeRhC₁₂H₇O₅
   FeRh(CO)₅(C₇H₇), **6**, 835
FeRhC₂₇H₂₇O₂P
   [FeRh(PPh₂)(CO)₂(cod)Cp]⁺, **6**, 835
FeRhC₂₈H₄₀O₄P₃
   FeRh(PPh₂)(CO)₄(PEt₃)₂, **6**, 781, 797, 835
FeRhC₂₉H₄₀O₅P₃
   FeRh(PPh₂)(CO)₅(PEt₃)₂, **6**, 835
FeRhC₃₂H₂₅O₃P₂
   FeRh(PPh₂)₂(CO)₃Cp, **6**, 786, 835
FeRhWC₂₈H₁₉O₆
   WFeRh(CTol)(CO)₆Cp(C₉H₇), **6**, 854
FeRh₂C₁₆H₁₀O₆
   FeRh₂(CO)₆Cp₂, **6**, 860
FeRh₃C₄₄H₃₀O₈P₃
   FeRh₃(PPh₂)₃(CO)₈, **6**, 860
FeRuC₈H₁₈Cl₅O₂P₂
   RuCl(FeCl₄)(CO)₂(PMe₃)₂, **4**, 696
FeRuC₁₃H₈O₅
   FeRu(CO)₅(cot), **4**, 830
FeRuC₁₄H₁₀O₄
   [FeRu(CO)₄Cp₂]⁺, **4**, 794
FeRuC₂₁H₁₅O₄P
   [FeRu(PPh₂)(CO)₄Cp]⁺, **4**, 925
FeRuC₂₁H₁₈O
   RuCp(η⁵-C₅H₄COFc), **4**, 773
FeRuC₂₁H₂₀
   RuCp(η⁵-C₅H₄CH₂Fc), **4**, 773
FeRuC₂₂H₁₅O₅P
   FeRu(PPh₂)(CO)₅Cp, **4**, 794, 925; **6**, 780, 834
FeRuC₂₂H₁₈
   RuCp(η⁵-C₅H₄C≡CFc), **4**, 773
FeRuC₂₆H₂₀O₄P
   [FeRu(PPh₂)(CO)₄Cp₂]⁺, **4**, 794
FeRuOs₂C₁₂H₂O₁₂
   FeRuOs₂H₂(CO)₁₂, **8**, 61
FeRuSi₂C₁₉H₂₆O₅
   FeRu(SiMe₃)(CO)₅(C₈H₈SiMe₃), **6**, 783, 834
FeRu₂C₁₂O₁₂
   FeRu₂(CO)₁₂, **4**, 924; **6**, 788, 857
FeRu₂C₁₄H₁₈ClO₈P₂
   FeRu₂Cl(CO)₈(PMe₃)₂, **6**, 848
FeRu₂OsC₁₃H₂O₁₃
   FeRu₂OsH₂(CO)₁₃, **4**, 925; **6**, 820
FeRu₃C₁₂H₄O₁₂
   FeRu₃H₄(CO)₁₂, **6**, 857; **8**, 294
FeRu₃C₁₃HO₁₃
   [FeRu₃H(CO)₁₃]⁻, **6**, 787, 820, 857
FeRu₃C₁₃H₂O₁₃
   FeRu₃H₂(CO)₁₃, **4**, 655, 924; **6**, 772, 788, 857; **8**, 12
FeRu₃C₁₃O₁₃
   [FeRu₃(CO)₁₃]²⁻, **6**, 815
FeRu₃C₁₅H₁₁O₁₂P
   FeRu₃H₂(CO)₁₂(PMe₃), **6**, 811, 857
FeRu₃C₁₆H₆O₁₂
   FeRu₃(CO)₁₂(MeC≡CMe), **6**, 857
FeRu₃C₁₇H₂₀O₁₁P₂
   FeRu₃H₂(CO)₁₁(PMe₃)₂, **6**, 811
FeRu₃C₃₀H₁₇O₁₂P
   FeRu₃H₂(CO)₁₂(PPh₃), **6**, 812
FeSbC₇H₉O₄
   Fe(CO)₄(SbMe₃), **4**, 290
FeSbC₂₂H₁₅O₄
   Fe(CO)₄(SbPh₃), **4**, 290
FeSbC₂₅H₂₀O₂
   [SbPh₃(Fp)]⁺, **4**, 634
FeSb₂C₃Cl₆O₃
   Fe(CO)₃(SbCl₃)₂, **4**, 287
FeSiC₄Cl₃O₄
   [Fe(SiCl₃)(CO)₄]⁻, **4**, 309
FeSiC₄HCl₃O₄
   FeH(SiCl₃)(CO)₄, **6**, 1050
FeSiC₄H₄O₄
   FeH(SiH₃)(CO)₄, **4**, 309, 313

FeSiC$_8$H$_9$ClO$_4$
    (CO)$_4$$\overline{\text{Fe(CH}_2)_3\text{SiCl}}$(Me), **2**, 232

FeSiC$_8$H$_9$NO$_4$
    Fe(CO)$_4$(CNSiMe$_3$), **2**, 143

FeSiC$_8$H$_{10}$O$_4$
    FeH(CO)$_4$$\{Me\overline{\text{Si(CH}_2)_2\text{CH}_2}\}$, **4**, 308, 309

FeSiC$_9$H$_{10}$O$_3$
    Fe(CO)$_3$($\overline{\text{CH=CHCH=CHSiMe}_2}$), **4**, 437

FeSiC$_9$H$_{10}$O$_4$
    Fe(CO)$_3\{$Me$_2\overline{\text{Si(CH=CH)}_2\text{O}}\}$, **2**, 272

FeSiC$_9$H$_{12}$O$_3$
    Fe(CO)$_3\{$(CH$_2$=CH)$_2$SiMe$_2\}$, **4**, 455

FeSiC$_9$H$_{12}$O$_4$
    (CO)$_4$$\overline{\text{Fe(CH}_2)_3\text{SiMe}_2}$, **2**, 232, 295; **6**, 1046

FeSiC$_{10}$H$_{12}$O$_3$
    Fe(CO)$_3\{$Me$_2\overline{\text{Si(CH=CH)}_2\text{CH}_2}\}$, **2**, 275

FeSiC$_{10}$H$_{17}$NO$_4$
    Fe$\{$SiMe$_2$(NHEt$_2$)$\}$(CO)$_4$, **2**, 94

FeSiC$_{11}$H$_{14}$O$_2$
    Fp$\{$(Me)$\overline{\text{Si(CH}_2)_2\text{CH}_2}\}$, **2**, 232; **6**, 1082

FeSiC$_{11}$H$_{16}$O$_2$
    Fp(CH$_2$SiMe$_3$), **4**, 352

FeSiC$_{12}$H$_{14}$S$_2$
    Fe$\{$(η^5-C$_5$H$_4$S)$_2$SiMe$_2\}$, **4**, 489

FeSiC$_{12}$H$_{15}$Cl
    FcSiMe$_2$Cl, **8**, 1019

FeSiC$_{13}$H$_{15}$F$_3$O$_2$
    Fe$\{$CH(CF$_3$)SiMe$_3\}$(CO)$_2$Cp, **6**, 1082

FeSiC$_{13}$H$_{18}$
    FcSiMe$_3$, **8**, 1024

FeSiC$_{14}$H$_{16}$O$_3$
    Fe(CO)$_3$(C$_8$H$_7$SiMe$_3$), **4**, 440

FeSiC$_{21}$H$_{18}$O$_3$
    Fe(CO)$_3\{$Me$_2\overline{\text{SiC(Ph)=CHCH=CPh}}\}$, **2**, 258

FeSiC$_{22}$H$_{15}$O$_4$
    [Fe(SiPh$_3$)(CO)$_4$]$^-$, **4**, 309

FeSiC$_{22}$H$_{18}$
    Fe$\{$(η^5-C$_5$H$_4$)$_2$SiPh$_2\}$, **2**, 296; **4**, 488

FeSiC$_{32}$H$_{23}$FO$_3$
    Fe(CO)$_3\{$F(Me)$\overline{\text{SiC(Ph)=C(Ph)C(Ph)=C-Ph}}\}$, **2**, 85

FeSiC$_{33}$H$_{26}$O$_3$
    Fe(CO)$_3\{$Me$_2\overline{\text{SiC(Ph)=C(Ph)C(Ph)=C-Ph}}\}$, **2**, 258

FeSiC$_{34}$H$_{38}$P$_2$
    Fe(SiMe$_3$)Cp(diphos), **6**, 1037

FeSi$_2$C$_4$Cl$_6$O$_4$
    Fe(SiCl$_3$)$_2$(CO)$_4$, **4**, 309

FeSi$_2$C$_4$H$_6$O$_4$
    Fe(SiH$_3$)$_2$(CO)$_4$, **4**, 309; **6**, 1083

FeSi$_2$C$_6$H$_6$Cl$_6$O
    FeH(SiCl$_3$)$_2$(CO)Cp, **6**, 1075

FeSi$_2$C$_8$H$_{16}$O$_3$
    FeH(SiMe$_2$)(SiMe$_3$)(CO)$_3$, **2**, 94; **6**, 1054, 1081

FeSi$_2$C$_{10}$H$_{16}$O$_4$
    (CO)$_4$$\overline{\text{Fe}\{\text{SiMe}_2(\text{CH}_2)_2\text{SiMe}_2\}}$, **2**, 295; **4**, 309

FeSi$_2$C$_{10}$H$_{18}$O$_4$
    Fe(SiMe$_3$)$_2$(CO)$_4$, **3**, 119; **4**, 310

FeSi$_2$C$_{12}$H$_{18}$O$_4$
    Fe(CO)$_4$(Me$_3$SiC≡CSiMe$_3$), **4**, 385

FeSi$_2$C$_{13}$H$_{22}$O$_2$
    Me$_3$SiCH$_2$SiMe$_2$Fe(CO)$_2$Cp, **6**, 1083

FeSi$_2$C$_{14}$H$_{16}$O$_4$
    (CO)$_4$$\overline{\text{FeSiMe}_2\text{C}_6\text{H}_4\text{SiMe}_2}$, **2**, 295

FeSi$_2$C$_{17}$H$_{24}$O$_4$
    Fe$\{$CH(Ph)SiMe$_3\}$(CO)$_4$(SiMe$_3$), **4**, 311

FeSi$_2$C$_{22}$H$_{22}$O$_4$
    (CO)$_4$$\overline{\text{FeSiMe}_2\text{C(Ph)=C(Ph)SiMe}_2}$, **2**, 240

FeSi$_6$C$_{18}$H$_{38}$O$_2$
    Fe(Si$_6$Me$_{11}$)(CO)$_2$Cp, **2**, 387

FeSi$_6$C$_{18}$H$_{54}$N$_3$
    Fe$\{$N(SiMe$_3$)$_2\}_3$, **2**, 130

FeSnC$_4$Cl$_3$O$_4$
    [Fe(SnCl$_3$)(CO)$_4$]$^-$, **4**, 309

FeSnC$_8$H$_8$Cl$_2$O$_2$
    Fp$\{$SnCl$_2$(Me)$\}$, **4**, 592; **6**, 1053

FeSnC$_{10}$H$_{14}$O$_2$
    Fe(SnMe$_3$)(CO)$_2$Cp, **6**, 1052

FeSnC$_{11}$H$_{17}$NO
    Fe(SnMe$_3$)(CO)(CNMe)Cp, **4**, 528

FeSnC$_{11}$H$_{18}$O
    Fe(SnMe$_3$)(CO)Cp(CH$_2$=CH$_2$), **3**, 105

FeSnC$_{12}$H$_{14}$S$_2$
    Fe$\{$(η^5-C$_5$H$_4$S)$_2$SnMe$_2\}$, **4**, 489

FeSnC$_{14}$H$_{16}$O$_3$
    Fe(CO)$_3$(C$_8$H$_7$SnMe$_3$), **4**, 440

FeSnC$_{21}$H$_{15}$Cl$_4$O$_3$P
    FeCl(SnCl$_3$)(CO)$_3$(PPh$_3$), **4**, 311

FeSnC$_{22}$H$_{15}$O$_4$
    [Fe(SnPh$_3$)(CO)$_4$]$^-$, **4**, 309

FeSnC$_{34}$H$_{38}$P$_2$
    Fe(SnMe$_3$)Cp(diphos), **6**, 1073

FeSnTlC$_{22}$H$_{15}$O$_4$
    TlFe(SnPh$_3$)(CO)$_4$, **6**, 976

FeSnTlC$_{33}$H$_{42}$O$_3$P
    TlFe(SnPh$_3$)(CO)$_3$(PBu$_3$), **6**, 976

FeSnTlC$_{39}$H$_{30}$O$_3$P
    TlFe(SnPh$_3$)(CO)$_3$(PPh$_3$), **6**, 976

FeSnW$_{11}$C$_7$H$_5$O$_{41}$P
    [Cp(CO)$_2$FeSnW$_{11}$PO$_{39}$]$^{4-}$, **6**, 1073

FeSn$_2$C$_{10}$H$_{18}$O$_4$
    Fe(SnMe$_3$)$_2$(CO)$_4$, **3**, 119

FeSn$_2$C$_{12}$H$_{18}$Cl$_4$O$_4$
    Fe$\{$SnCl$_2$(Bu)$\}_2$(CO)$_4$, **4**, 309

FeSn$_2$C$_{40}$H$_{30}$O$_4$
    Fe(SnPh$_3$)$_2$(CO)$_4$, **4**, 310

FeSn$_4$C$_{50}$H$_{44}$O$_6$P$_2$
    (Me$_3$Sn)$_3$SnFe$\{$P(OPh)$_3\}_2$Cp, **6**, 1047

FeTaC$_{15}$H$_{11}$O$_5$
    TaFeH(CO)$_5$Cp$_2$, **6**, 825

FeTiC$_{12}$H$_{16}$N$_2$O$_2$S$_2$
    (NO)$_2$Fe(SMe)$_2$TiCp$_2$, **3**, 391

FeTiC$_{16}$H$_{27}$N$_3$
    TiFc(NMe$_2$)$_3$, **3**, 454

FeTiC$_{22}$H$_{39}$N$_3$
    TiFc(NEt$_2$)$_3$, **3**, 454

FeTi$_2$C$_{34}$H$_{68}$N$_6$
    Fe$\{\eta^5$-C$_5$H$_4$Ti(NEt$_2$)$_3\}_2$, **3**, 451

FeTlC$_3$NO$_4$
    TlFe(CO)$_3$(NO), **6**, 976

FeTlC$_5$NO$_4$
    TlFe(CN)(CO)$_4$, **6**, 976

FeTlC$_6$H$_2$NO$_4$
    TlFe(CO)$_4$(CH$_2$CN), **6**, 976

FeTlC$_9$H$_{11}$O$_2$
    Fe(TlMe$_2$)(CO)$_2$Cp, **6**, 976

FeTlC$_{11}$H$_5$O$_5$
    TlFe(CO)$_4$(COPh), **6**, 976

FeTlC$_{19}$H$_{15}$O$_2$

Fe(TlPh$_2$)(CO)$_2$Cp, **6**, 976
FeTlC$_{20}$H$_{12}$Cl$_3$NO$_6$P
   Tl{Fe(CO)$_2$(NO){P(OC$_6$H$_4$Cl)$_3$}, **6**, 976
FeUC$_{25}$H$_{24}$
   UFc(Cp)$_3$, **3**, 243
FeU$_2$C$_{40}$H$_{38}$
   Fe{C$_5$H$_4$(UCp$_3$)}$_2$, **3**, 245
FeWC$_{12}$H$_8$O$_5$
   WFe(CH=CH$_2$)(CO)$_5$Cp, **6**, 830
FeWC$_{15}$H$_9$BrO$_4$
   WBr(CFc)(CO)$_4$, **3**, 1301, 1305
FeWC$_{15}$H$_{10}$O$_5$
   WFe(CO)$_5$Cp$_2$, **6**, 769, 779, 830
FeWC$_{18}$H$_{14}$O$_6$
   W{C(OEt)Fc}(CO)$_5$, **3**, 1301
FeWC$_{20}$H$_{13}$O$_7$
   WFe(CO)$_6$Cp(CH$_2$=CHCOPh), **6**, 784
FeWC$_{20}$H$_{14}$O$_6$
   (CO)$_3$W(C$_7$H$_7$C$_7$H$_7$)Fe(CO)$_3$, **3**, 1373
FeWC$_{31}$H$_{20}$O$_7$P$_2$
   (CO)$_4$W(PPh$_2$)$_2$Fe(CO)$_3$, **6**, 829; **8**, 331
FeWC$_{38}$H$_{28}$O$_4$P$_2$
   W(CO)$_4$[{Ph$_2$P(C$_5$H$_4$)}$_2$Fe], **3**, 853
FeYbC$_{22}$H$_{19}$
   Yb(C≡CFc)Cp$_2$, **3**, 203
FeZnC$_4$HO$_4$
   [ZnFeH(CO)$_4$]$^+$, **4**, 308
FeZnC$_4$H$_6$N$_2$O$_4$
   Fe{Zn(NH$_3$)$_2$}(CO)$_4$, **6**, 1034
FeZnC$_4$H$_9$N$_3$O$_4$
   Fe{Zn(NH$_3$)$_3$}(CO)$_4$, **4**, 307
FeZnC$_4$O$_4$
   ZnFe(CO)$_4$, **4**, 254, 307, 308
FeZn$_2$C$_4$Cl$_2$O$_4$
   Fe(ZnCl)$_2$(CO)$_4$, **6**, 999, 1004
FeZn$_2$C$_4$H$_2$O$_6$
   Fe{Zn(OH)}$_2$(CO)$_4$, **4**, 308
FeZn$_2$C$_4$O$_4$
   [Zn$_2$Fe(CO)$_4$]$^{2+}$, **4**, 308
FeZrC$_{40}$H$_{34}$O$_4$P$_2$
   Fe(CO)$_4${Zr(CH$_2$PPh$_2$)$_2$Cp$_2$}, **3**, 581
Fe$_2$AgC$_{27}$H$_{20}$NO$_6$P
   [Fe$_2$Ag(PPh$_2$){CHC(Ph)NHMe}(CO)$_6$]$^+$, **6**, 862
Fe$_2$Ag$_2$C$_{64}$H$_{40}$O$_8$
   [Fe(CO)$_3${C$_5$Ph$_4$(OAg)}]$_2$, **4**, 469
Fe$_2$AlC$_9$Br$_3$O$_9$
   Fe$_2$(CO)$_9$(AlBr$_3$), **4**, 258
Fe$_2$Al$_2$C$_{10}$H$_{12}$Br$_4$N$_2$O$_6$
   {FeBr$_2$(AlNMe$_2$)(CO)$_3$}$_2$, **6**, 955
Fe$_2$Al$_2$C$_{11}$H$_{12}$Br$_4$N$_2$O$_8$
   {FeBr$_2$(CO)$_3$}$_2${Al$_2$(NMe$_2$)(CO$_2$NMe$_2$)}, **6**, 955
Fe$_2$Al$_2$C$_{26}$H$_{40}$O$_4$
   {Fe(CO)$_2$Cp(AlEt$_3$)}$_2$, **4**, 518
Fe$_2$Al$_2$C$_{34}$H$_{66}$Br$_4$N$_2$O$_6$P$_2$
   {FeBr$_2$(CO)$_2$(PBu$_3$)}$_2${Al(CONMe$_2$)}$_2$, **6**, 955
Fe$_2$Al$_4$C$_{26}$H$_{34}$Cl$_2$
   [FeCp{η^5-C$_5$H$_3$(Al$_2$ClMe$_3$)}]$_2$, **4**, 485
Fe$_2$AsC$_8$H$_6$NO$_7$
   Fe$_2$(AsMe$_2$)(CO)$_6$(NO), **6**, 822
Fe$_2$AsC$_9$H$_{12}$ClO$_5$S$_2$
   Fe$_2$(CO)$_5$(SMe)$_2$(AsClMe$_2$), **4**, 281
Fe$_2$AsC$_{11}$H$_{12}$NO$_7$
   {Fe(CO)$_3$}$_2$(AsMe$_2$)(OCNMe$_2$), **4**, 302
Fe$_2$AsC$_{13}$H$_{11}$O$_6$

Fp(AsMe$_2$)Fe(CO)$_4$, **4**, 604
Fe$_2$AsCrC$_{17}$H$_{17}$O$_8$
   Cp(CO)$_3$Cr(AsMe$_2$){Fe$_2$(SMe$_2$)(CO)$_5$}, **3**, 966
Fe$_2$AsCrC$_{19}$H$_5$O$_{13}$
   {(CO)$_4$Fe}$_2$(AsPh){Cr(CO)$_5$}, **4**, 303
Fe$_2$AsPtC$_{27}$H$_{15}$O$_9$
   Pt{Fe(CO)$_4$}$_2$(CO)(AsPh$_3$), **6**, 482, 861
Fe$_2$AsWC$_{17}$H$_{17}$O$_8$S$_2$
   Cp(CO)$_3$W(AsMe$_2$){Fe$_2$(SMe)$_2$(CO)$_5$}, **3**, 1340
Fe$_2$As$_2$C$_4$H$_{12}$N$_4$O$_4$
   {Fe(NO)$_2$(AsMe$_2$)}$_2$, **4**, 302
Fe$_2$As$_2$C$_8$H$_6$O$_6$
   {Fe(CO)$_3$(AsMe)}$_2$, **4**, 300
Fe$_2$As$_2$C$_{10}$H$_{12}$O$_6$
   {Fe(CO)$_3$(AsMe$_2$)}$_2$, **3**, 155; **4**, 302, 604
Fe$_2$As$_2$C$_{14}$H$_{12}$F$_4$O$_6$
   {(CO)$_3$Fe}$_2${Me$_2$AsC=C(AsMe$_2$)CF$_2$CF$_2$}, **4**, 295, 579
Fe$_2$As$_2$C$_{30}$F$_{20}$O$_6$
   [Fe(CO)$_3${As(C$_6$F$_5$)$_2$}]$_2$, **4**, 301
Fe$_2$As$_2$C$_{40}$H$_{32}$F$_8$O$_4$P$_2$
   Fe$_2$(CO)$_4${Me$_2$AsC=C(PPh$_2$)CF$_2$CF$_2$}$_2$, **4**, 579
Fe$_2$As$_2$CdC$_{40}$H$_{30}$N$_2$O$_6$P$_2$
   Cd{Fe(CO)$_2$(NO)(AsPh$_3$)}$_2$, **6**, 1031
Fe$_2$As$_2$CoC$_{16}$H$_{22}$O$_2$
   Fe$_2$Co(AsMe$_2$)$_2$(CO)$_2$Cp$_2$, **6**, 835
Fe$_2$As$_2$WC$_{23}$H$_{22}$O$_9$
   WFe$_2$(AsMe$_2$)$_2$(CO)$_9$Cp$_2$, **6**, 830
Fe$_2$As$_4$C$_{10}$H$_{12}$O$_6$
   {Fe(CO)$_3$(AsMe)$_2$}$_2$, **4**, 300
Fe$_2$As$_4$RhC$_{32}$H$_{40}$F$_6$
   [Rh(CF$_3$C≡CCF$_3$){Fe(η^5-C$_5$H$_4$AsMe$_2$)$_2$}$_2$]$^+$, **5**, 441
Fe$_2$AuC$_{14}$H$_{10}$O$_4$
   [Fe$_2$Au(CO)$_4$Cp$_2$]$^-$, **6**, 848
Fe$_2$AuC$_{38}$H$_{33}$ClP
   AuClFc$_2$(PPh$_3$), **2**, 794
Fe$_2$BC$_8$H$_6$NO$_6$S$_2$
   {Fe(CO)$_3$}$_2$(S$_2$BNMe$_2$), **4**, 275
Fe$_2$BC$_{32}$H$_{24}$O$_4$
   [Fe$_2$(CO)$_4$Cp(η^5-C$_5$H$_4$BPh$_3$)]$^-$, **4**, 492, 541
Fe$_2$B$_2$C$_6$H$_6$O$_6$
   {(CO)$_3$Fe}$_2$B$_2$H$_6$, **1**, 490; **6**, 914
Fe$_2$B$_2$C$_{12}$H$_{14}$S
   Fe$_2$Cp$_2$(HBCHCHBHS), **3**, 35
Fe$_2$B$_2$C$_{14}$H$_{14}$
   CpFeB(CH=CH)$_2$BFeCp, **1**, 332
Fe$_2$B$_2$C$_{18}$H$_{26}$S
   Fe$_2$Cp$_2${MeBC(Et)C(Et)B(Me)S}, **1**, 408
Fe$_2$B$_2$C$_{24}$H$_{22}$
   FcB(CH=CH)$_2$BFc, **1**, 400
Fe$_2$B$_2$NiC$_{16}$H$_{14}$O$_2$
   (CO)$_2$Ni{CpFeB(CH=CH)$_2$BFeCp}, **1**, 332
Fe$_2$B$_2$NiC$_{32}$H$_{34}$
   Ni(η^4-C$_4$Me$_4$){FcB(CH=CH)$_2$BFc}, **1**, 400
Fe$_2$B$_3$C$_6$H$_7$O$_6$
   {(CO)$_3$Fe}$_2$B$_3$H$_7$, **1**, 470, 490, 493; **6**, 919
Fe$_2$B$_3$C$_8$H$_5$O$_6$
   {(CO)$_3$Fe}$_2$C$_2$B$_3$H$_5$, **1**, 493
Fe$_2$B$_4$CoC$_{15}$H$_{15}$O$_6$
   {(CO)$_3$Fe}$_2$(CpCo)(Me$_2$C$_2$B$_4$H$_4$), **1**, 500
Fe$_2$B$_4$ZnC$_{26}$H$_{42}$S$_2$
   Zn[FeCp{MeBC(Et)C(Et)B(Me)S}]$_2$, **1**, 408
Fe$_2$B$_5$C$_{14}$H$_{17}$O$_4$
   Fp$_2$(B$_5$H$_7$), **4**, 591; **6**, 928
Fe$_2$B$_6$C$_{12}$H$_{18}$

$Fe_2B_6C_{12}H_{18}$
    $(CpFe)_2C_2B_6H_8$, **1**, 503
$Fe_2B_8C_{18}H_{30}$
    $(CpFe)_2(Me_4C_4B_8H_8)$, **1**, 478, 484, 531, 532
$Fe_2B_9C_{12}H_{21}$
    $(CpFe)_2C_2B_9H_{11}$, **1**, 530
$Fe_2B_{10}C_{16}H_{18}O_4$
    $Fe_2(CO)_4\{C_2B_{10}H_{10}(C_5H_4)_2\}$, **4**, 538
$Fe_2C_4N_{12}O_4$
    $[\{Fe(CO)_2(N_3)_2\}_2]^{2+}$, **4**, 298
$Fe_2C_5H_{12}F_{16}N_4OP_8$
    $Fe_2(CO)(PF_2)(PF_2NMe)(PF_2NMePF_2)_3$, **4**, 294
$Fe_2C_6H_4N_2O_6$
    $\{Fe(CO)_3(NH_2)\}_2$, **4**, 299
$Fe_2C_6H_7N_3O_3$
    $Fe_2(NO)_3(CH_2)Cp$, **4**, 530
$Fe_2C_6H_{12}N_4O_6P_2$
    $\{Fe(CO)(NO)_2(PMe_2)\}_2$, **4**, 302
$Fe_2C_6O_6S_2$
    $\{Fe(CO)_3\}_2S_2$, **4**, 275
$Fe_2C_6O_6S_3$
    $\{Fe(CO)_3\}_2S_3$, **4**, 275
$Fe_2C_6O_6Se_2$
    $\{Fe(CO)_3Se\}_2$, **4**, 278
$Fe_2C_7H_2O_6S_2$
    $\{Fe(CO)_3\}_2(SCH_2S)$, **4**, 278
$Fe_2C_7H_6F_8N_2O_5P_4$
    $Fe_2(CO)_5(PF_2NMePF_2)_2$, **4**, 294
$Fe_2C_7H_{10}O_8$
    $\{(CO)_3Fe\}_2\{EtC=C(Et)CO_2\}$, **4**, 577
$Fe_2C_8F_6O_6S_2$
    $\{Fe(CO)_3(SCF_3)\}_2$, **4**, 258
$Fe_2C_8F_6O_6S_3$
    $\{Fe(CO)_3\}_2(S)(SCF_3)_2$, **4**, 276
$Fe_2C_8HO_8$
    $[Fe_2H(CO)_8]^-$, **4**, 315; **8**, 331
$Fe_2C_8H_2Br_2O_6$
    $\{(CO)_3Fe\}_2(Br)(CH=CHBr)$, **4**, 571
$Fe_2C_8H_2F_6O_6P_2$
    $[Fe(CO)_3\{PH(CF_3)\}]_2$, **4**, 300
$Fe_2C_8H_3F_4NO_7P_2$
    $Fe_2(CO)_7(PF_2NMePF_2)$, **4**, 293
$Fe_2C_8H_6F_8N_2O_6P_4$
    $\{Fe(CO)_3(PF_2NMePF_2)\}_2$, **4**, 288
$Fe_2C_8H_6O_6S_2$
    $\{Fe(CO)_3(SMe)\}_2$, **4**, 275, 278, 604
$Fe_2C_8H_{10}O_6$
    $\{Fe(CO)_3(CH_2CHCH_2)\}_2$, **4**, 563
$Fe_2C_8H_{18}N_2O_6$
    $\{Fe(CO_3)(NMe_3)\}_2$, **4**, 299
$Fe_2C_8I_2O_8$
    $\{FeI(CO)_4\}_2$, **4**, 262, 263
$Fe_2C_8O_8$
    $[Fe_2(CO)_8]^{2-}$, **4**, 257, 259
    $Fe_2(CO)_8$, **4**, 257
$Fe_2C_8O_{10}S$
    $\{Fe(CO)_4\}_2(SO_2)$, **4**, 276
$Fe_2C_9F_4O_7$
    $Fe_2(CO)_7(CF_2)_2$, **4**, 543
$Fe_2C_9H_2O_7S$
    $\{(CO)_3Fe\}_2(CH=CHCOS)$, **4**, 576
$Fe_2C_9H_2O_8$
    $Fe_2(CO)_8(CH_2)$, **4**, 543
$Fe_2C_9NO_8$
    $\{Fe(CO)_4\}_2(CN)$, **4**, 267
$Fe_2C_9O_9$
    $Fe_2(CO)_9$, **3**, 154; **4**, 255, 256, 381, 542; **8**, 943, 968, 976
$Fe_2C_{10}F_{12}O_6P_2$
    $[Fe(CO)_3\{P(CF_3)_2\}]_2$, **4**, 300, 301
$Fe_2C_{10}H_2F_{12}O_6P_2$
    $[FeH(CO)_3\{P(CF_3)_2\}]_2$, **4**, 301, 315
$Fe_2C_{10}H_3BrO_8$
    $Fe_2Br(CH=CH_2)(CO)_8$, **4**, 379
$Fe_2C_{10}H_4O_6$
    $\{(CO)_3Fe\}_2(CH_2=C=C=CH_2)$, **4**, 428, 430
$Fe_2C_{10}H_4O_7$
    $Fe_2(CO)_7(CH_2CCH_2)$, **4**, 566
$Fe_2C_{10}H_8O_4S_2$
    $\{Fe(CO)_2(CH_2=CHCHS)\}_2$, **4**, 444
$Fe_2C_{10}H_9NO_6S$
    $\{Fe(CO)_3\}_2(SNBu^t)$, **4**, 303
$Fe_2C_{10}H_{10}N_2O_2$
    $\{Fe(NO)Cp\}_2$, **4**, 530, 533
$Fe_2C_{10}H_{10}O_6S_2$
    $\{Fe(CO)_3(SEt)\}_2$, **4**, 274
$Fe_2C_{10}H_{12}I_2O_6P_2$
    $\{FeI(CO)_3(PMe_2)\}_2$, **4**, 272
$Fe_2C_{10}H_{12}O_6P_2$
    $\{Fe(CO)_3(PMe_2)\}_2$, **3**, 155; **4**, 301, 302, 604
$Fe_2C_{10}H_{20}O_4S_2$
    $[Fe(CO)_2\{SCHC(Et)CHMe\}]_2$, **4**, 580
$Fe_2C_{11}H_4N_2O_7$
    $Fe_2(CO)_7(C_4H_4N_2)$, **4**, 293
$Fe_2C_{11}H_4O_7$
    $\{Fe(CO)_3\}_2(C_5H_4O)$, **8**, 159
$Fe_2C_{11}H_6O_6S$
    $\{(CO)_3Fe\}_2\{CH=CHCH=C(Me)S\}$, **4**, 577
$Fe_2C_{11}H_7O_6P$
    $Fe_2(CO)_6(PH_2)Cp$, **4**, 604
$Fe_2C_{11}H_8O_3$
    $Fe_2(CO)_3(\eta^4\text{-}C_4H_4)_2$, **4**, 447, 543
$Fe_2C_{11}H_{12}N_2O_6S$
    $\{(CO)_3Fe\}_2\{SC(NMe_2)_2\}$, **4**, 576
$Fe_2C_{12}F_{14}I_2O_6$
    $\{(CO)_3(C_3F_7)Fe\}_2(I_2)$, **4**, 581
$Fe_2C_{12}H_5NO_6S$
    $\{Fe(CO)_3\}_2(SC_6H_4NH)$, **4**, 277, 303
$Fe_2C_{12}H_6NO_{10}$
    $\{(CO)_3Fe\}_2\{MeO_2CC=C(CO_2Me)N\}$, **4**, 579
$Fe_2C_{12}H_6O_6$
    $\{(CO)_3Fe\}_2\{CH=CHC(=CH_2)CH=CH\}$, **4**, 548, 584
$Fe_2C_{12}H_6O_8$
    $\{(CO)_4Fe\}_2(CH_2=CHCH=CH_2)$, **4**, 387, 596
$Fe_2C_{12}H_8O_5$
    $Fe_2(CO)_5Cp(CH=CH_2)$, **4**, 581
$Fe_2C_{12}H_8O_6$
    $\{Fe(CO)_3\}_2\{(CH_2)_2CC(CH_2)_2\}$, **4**, 448
    $Fe_2(CO)_6(C_6H_8)$, **4**, 566
$Fe_2C_{12}H_8O_6S$
    $Fp(SMe)Fe(CO)_4$, **4**, 604
$Fe_2C_{12}H_{10}O_6$
    $\{Fe(CO)_3(CH_2CHCH_2)\}_2$, **4**, 405, 419, 620
$Fe_2C_{12}H_{10}O_6S_4$
    $\{Fe(CO)_3(CS_2Et)\}_2$, **4**, 545
$Fe_2C_{12}H_{11}O_5P$
    $Fe_2(CO)_5Cp(PMe_2)$, **4**, 585
$Fe_2C_{12}H_{12}N_2O_6$
    $\{Fe(CO)_6(N=CMe_2)\}_2$, **4**, 299
$Fe_2C_{12}H_{12}N_2O_7$
    $\{Fe(CO)_3\}_2(NCMe_2)(ONCMe_2)$, **4**, 300
$Fe_2C_{12}H_{12}O_8P_2$
    $\{Fe(CO)_4\}_2(PMe_2PMe_2)$, **4**, 293, 301
$Fe_2C_{12}H_{16}N_2O_2$
    $\{FeMe(NO)Cp\}_2$, **4**, 533

$Fe_2C_{12}H_{24}O_6P_2S_3$
  {Fe(CO)$_2$(SMe)(PMe$_3$)}$_2$(SO$_2$), **4**, 280
$Fe_2C_{13}H_6O_5$
  Fe$_2$(CO)$_5$(C$_8$H$_6$), **4**, 563
$Fe_2C_{13}H_6O_6$
  Fe$_2$(CO)$_6$($\overline{CH=CHCH=CHC=C=CH_2}$), **4**, 584
$Fe_2C_{13}H_8O_6$
  Fe$_2$(CO)$_6${CH(C$_6$H$_7$)}, **4**, 544
  Fe$_2$(CO)$_6${CH$_2$CH$_2$(C$_5$H$_4$)}, **4**, 584
$Fe_2C_{13}H_8O_6S_2$
  {Fe(CO)$_3$}$_2$(S$_2$C$_7$H$_8$), **4**, 275
$Fe_2C_{13}H_8O_7$
  Fe$_2$(CO)$_7$(CH$_2$=CHCH=CHCH=CH$_2$), **4**, 597
$Fe_2C_{13}H_{10}O_5S$
  Fe$_2$(CO)$_3$(SO$_2$)Cp$_2$, **4**, 534
$Fe_2C_{13}H_{10}O_8$
  (CO)$_3$Fe{C(Et)=C(Et)CO$_2$}Fe(CO)$_3$, **3**, 147
$Fe_2C_{13}H_{11}O_6P$
  Fp(PMe$_2$)Fe(CO)$_4$, **4**, 585, 604
$Fe_2C_{14}F_4O_8$
  {(CO)$_4$Fe}$_2$(C$_6$F$_4$), **4**, 554
$Fe_2C_{14}F_{20}O_6S_2$
  {Fe(CO)$_3$(C$_3$F$_7$)(SCF$_3$)}$_2$, **4**, 581
$Fe_2C_{14}H_6O_6$
  [Fe(CO)$_3${η^4-C$_4$H$_3$}]$_2$, **4**, 445
$Fe_2C_{14}H_6O_7S$
  $\overline{Fe(CO)_3(C_8H_6OS)Fe(CO)_3}$, **8**, 954
$Fe_2C_{14}H_8I_2O_2$
  {Fe(CO)$_2$(η^5-C$_5$H$_4$I)}$_2$, **4**, 540
$Fe_2C_{14}H_8O_5$
  Fe$_2$(CO)$_5$(C$_9$H$_8$), **3**, 154; **4**, 582
$Fe_2C_{14}H_8O_6$
  {(CO)$_3$Fe}$_2${C$_7$H$_6$(CH$_2$)}, **4**, 598
  {(CO)$_3$Fe}$_2$(cot), **4**, 560, 597
  {Fe(CO)$_2$(OC$_5$H$_4$)}$_2$, **4**, 594
  Fe(CO)$_3$(o-xylylene)Fe(CO)$_3$, **8**, 980
$Fe_2C_{14}H_{10}IO_4$
  [Fp$_2$I]$^+$, **4**, 595
$Fe_2C_{14}H_{10}O_2S_2$
  {Fe(CO)(CS)Cp}$_2$, **4**, 528
$Fe_2C_{14}H_{10}O_3S$
  Fe$_2$(CO)$_3$(CS)Cp$_2$, **4**, 528
$Fe_2C_{14}H_{10}O_4$
  {Fe(CO)$_2$Cp}$_2$, **3**, 104, 153, 155; **4**, 337, 514, 515; **8**, 214, 331, 515, 958
$Fe_2C_{14}H_{10}O_6$
  {(CO)$_3$Fe}$_2${CH$_2$=CHC(=CH$_2$)C(=CH$_2$)-CH=CH$_2$}, **4**, 600
  Fe$_2$(CO)$_6$(C$_8$H$_{10}$), **3**, 154, 164
  Fe$_2$(CO)$_5$Cp(CH=CHCOMe), **4**, 581
$Fe_2C_{14}H_{10}O_6S$
  Fp$_2$(SO$_2$), **4**, 595
$Fe_2C_{14}H_{10}O_8S_2$
  (FpSO$_2$)$_2$, **4**, 595
$Fe_2C_{14}H_{11}O_4$
  [Fp$_2$H]$^+$, **4**, 590
$Fe_2C_{14}H_{16}O_2S_2$
  {Fe(CO)(SMe)Cp}$_2$, **4**, 534, 635
$Fe_2C_{14}H_{17}O_2P$
  Fe$_2$H(CO)$_2$Cp$_2$(PMe$_2$), **4**, 590
$Fe_2C_{14}H_{18}O_6S_2$
  {Fe(CO)$_3$(SBu)}$_2$, **4**, 280
  {Fe(CO)$_3$(SBu^t)}$_2$, **4**, 281
$Fe_2C_{14}H_{20}S_4$
  {Fe(S)(SEt)Cp}$_2$, **4**, 534
$Fe_2C_{15}H_6O_8$
  {(CO)$_4$Fe}$_2$(CHPh), **4**, 543
$Fe_2C_{15}H_8Cl_2O_7$

[Fe(CO)$_3${CH$_2$=C(Cl)C(=CH$_2$)}]$_2$CO, **4**, 428
$Fe_2C_{15}H_8O_5$
  Fe$_2$(CO)$_5$(azulene), **3**, 165
$Fe_2C_{15}H_8O_7$
  [Fe(CO)$_3${CH$_2$=CC(=CH$_2$)}]$_2$CO, **4**, 430
$Fe_2C_{15}H_{10}O_4S_2$
  FpCS$_2$Fp, **4**, 595
$Fe_2C_{15}H_{10}O_6$
  Fe$_2$(CO)$_6${C(=CHMe)CH$_2$(C$_5$H$_4$)}, **4**, 585
  Fe$_2$(CO)$_6$(C$_9$H$_{10}$), **4**, 582
$Fe_2C_{15}H_{10}O_7$
  {(CO)$_3$Fe}$_2${(CH$_2$=CHCH=CH)$_2$CO}, **4**, 601
$Fe_2C_{15}H_{10}O_{11}$
  Fe$_2$(CO)$_7${Ch$_2$C(CHCO$_2$Me)$_2$}, **4**, 585
$Fe_2C_{15}H_{11}O_6PS$
  {Fe(CO)$_3$}$_2${S(CH$_2$)$_3$PPh}, **4**, 278
$Fe_2C_{15}H_{11}O_7$
  {(CO)$_3$Fe}$_2${(C$_5$H$_5$O)CHCHCHMe}, **4**, 566
$Fe_2C_{15}H_{12}O_6$
  Fe(CO)$_3${(CH$_2$)$_2$CCHC(=CH$_2$)C(=CH$_2$)Me}Fe(CO)$_3$, **4**, 598
  Fe(CO)$_3${CH$_2$C(=CH$_2$)C(=CH$_2$)CH$_2$C(CH$_2$)$_2$}-Fe(CO)$_3$, **4**, 598
$Fe_2C_{15}H_{12}O_7$
  {(CO)$_3$Fe}$_2${C(Me)=C(Me)COC(Me)=CMe}, **4**, 548
$Fe_2C_{15}H_{13}NO_3$
  Fe$_2$(CO)$_3$(CNMe)Cp$_2$, **4**, 523
$Fe_2C_{15}H_{13}O_3$
  Fe$_2$(CO)$_3$(CH=CH$_2$)Cp$_2$, **4**, 531
  [Fe$_2$(CO)$_3$(CMe)Cp$_2$]$^+$, **4**, 532
$Fe_2C_{15}H_{13}O_4P$
  FeCp[η^5-C$_4$H$_2$Me$_2$P{Fe(CO)$_4$}], **4**, 487, 605
$Fe_2C_{15}H_{14}O_3$
  Fe$_2$(CO)$_3$(CHMe)Cp$_2$, **4**, 531
$Fe_2C_{15}H_{15}O_3S$
  [Fe$_2$(CO)$_3$(SEt)Cp$_2$]$^+$, **4**, 534
$Fe_2C_{16}H_4N_2O_{12}$
  {Fe(CO)$_4$($\overline{CH=CHCONCO}$)}$_2$, **4**, 603
$Fe_2C_{16}H_{10}N_2O_3$
  Fe$_2$(CO)$_3$Cp$_2${C(CN)$_2$}, **4**, 530
$Fe_2C_{16}H_{10}O_6$
  {(CO)$_3$Fe}$_2${C$_6$H$_4$(CH=CH$_2$)$_2$}, **3**, 62; **4**, 598
  {(CO)$_3$Fe}$_2$(C$_{10}$H$_{10}$), **3**, 147; **4**, 562, 599
$Fe_2C_{16}H_{11}NO_6$
  {(CO)$_3$Fe}$_2$(C≡CPh)(NMe$_2$), **4**, 575
$Fe_2C_{16}H_{12}O_6$
  {(CO)$_3$Fe}$_2$[C$_6$H$_4$Me{C(Me)=CH$_2$}], **4**, 598
  {(CO)$_3$Fe}$_2$(C$_{10}$H$_{12}$), **4**, 555
  Fe(CO)$_3$(CH$_2$CHCH=CHCH=CHCHCH$_2$)Fe(CO)$_3$, **4**, 600
$Fe_2C_{16}H_{12}O_7S$
  {(CO)$_3$Fe}$_2${C$_6$H$_4$CH(OPr^i)S}, **4**, 576
$Fe_2C_{16}H_{12}O_8$
  {Fe(CO)$_4$}$_2$(cod), **4**, 387, 596
$Fe_2C_{16}H_{14}N_2O_2$
  Fe$_2$(CO)$_2$Cp$_2$(C$_4$H$_4$N$_2$), **4**, 522
$Fe_2C_{16}H_{14}O_4$
  {Fe(CO)$_2$(η^5-C$_5$H$_4$Me)}$_2$, **4**, 436
  {Fe(CO)$_2$(C$_6$H$_7$)}$_2$, **4**, 438
$Fe_2C_{16}H_{14}O_6$
  {(CO)$_3$Fe}$_2${(CH$_2$=CHCH=CHCH$_2$)$_2$}, **4**, 601
  [Fe(CO)$_3${(CH$_2$)$_2$CCHCH$_2$}]$_2$, **4**, 448
$Fe_2C_{16}H_{15}O_3S$
  [Fe$_2$(CO)$_3$Cp$_2$(CSEt)]$^+$, **4**, 529
$Fe_2C_{16}H_{16}N_2O_2$
  {Fe(CO)(CNMe)Cp}$_2$, **4**, 523
$Fe_2C_{16}H_{18}O_6$

$Fe_2C_{16}H_{18}O_6$
{(CO)$_3$Fe}$_2$(Bu^{t}C≡CBu^t), **4**, 546, 624

$Fe_2C_{16}H_{20}N_2O_6$
{Fe(CO)$_3$(CNEt$_2$)}$_2$, **4**, 544, 637

$Fe_2C_{16}H_{20}N_2S_2$
{Fe(CN)(SEt)Cp}$_2$, **4**, 534

$Fe_2C_{16}H_{20}O_6P$
[Fp(H)Fe(CO)Cp{P(OMe)$_3$}]$^+$, **4**, 590

$Fe_2C_{17}H_8N_2O_7$
Fe$_2$(CO)$_7$(bipy), **4**, 257

$Fe_2C_{17}H_8O_5$
Fe$_2$(CO)$_5$(C$_{12}$H$_8$), **4**, 582

$Fe_2C_{17}H_9O_7P$
Fe$_2$(CO)$_7$(C$_4$H$_4$PPh), **4**, 580

$Fe_2C_{17}H_{10}F_6O_4$
Fp(CF$_2$)$_3$Fp, **4**, 586

$Fe_2C_{17}H_{10}F_{12}O_4P_2$
Fe$_2$(CO)$_3$Cp$_2${P(CF$_3$)$_2$}{OP(CF$_3$)$_2$}, **4**, 594

$Fe_2C_{17}H_{10}O_3N_2$
Fe$_2$(CO)$_3$Cp$_2${C=C(CN)$_2$}, **4**, 529

$Fe_2C_{17}H_{10}O_6S$
Fp(SPh)Fe(CO)$_4$, **4**, 604

$Fe_2C_{17}H_{13}NO_6$
{(CO)$_3$Fe}$_2$(EtC=CHCH$_2$NPh), **4**, 578

$Fe_2C_{17}H_{14}O_5$
Fe$_2$(CO)$_5${C$_8$H$_5$Me$_3$(=CH$_2$)}, **4**, 560

$Fe_2C_{17}H_{15}O_4$
[(FpCH$_2$)$_2$CH]$^+$, **4**, 351, 586

$Fe_2C_{17}H_{16}O_4$
Fp(CH$_2$)$_3$Fp, **4**, 333

$Fe_2C_{17}H_{16}O_5$
Fe$_2$(CO)$_3$Cp$_2$(CHCO$_2$Et), **4**, 530

$Fe_2C_{17}H_{16}O_8S_2$
FpSO$_2$(CH$_2$)$_3$SO$_2$Fp, **4**, 595

$Fe_2C_{17}H_{18}O_6S$
{(CO)$_3$Fe}$_2${SC=$\overline{\text{CCMe}_2(\text{CH}_2)_3\text{C}}Me_2$}, **4**, 575

$Fe_2C_{18}F_{10}O_6S_2$
{Fe(CO)$_3$(SC$_6$F$_5$)}$_2$, **4**, 276, 279

$Fe_2C_{18}F_{10}O_6Se_2$
{Fe(CO)$_3$(SeC$_6$F$_5$)}$_2$, **4**, 279

$Fe_2C_{18}H_{10}ClO_6P$
{Fe(CO)$_3$}$_2$(Cl)(PPh$_2$), **4**, 303

$Fe_2C_{18}H_{10}N_2O_4S_2$
FpSC(CN)=C(CN)SFp, **4**, 595

$Fe_2C_{18}H_{10}N_2O_6$
{Fe(CO)$_3$}$_2$(PhNC$_6$H$_4$NH), **4**, 299

$Fe_2C_{18}H_{10}N_2O_8$
{Fe(CO)$_3$(ONPh)}$_2$, **4**, 277, 300

$Fe_2C_{18}H_{10}O_6$
$\overline{\text{Fe(CO)}_2\{(\text{C}_5\text{H}_4)(\text{C}_6\text{H}_6)\text{CO}\}\text{Fe(CO)}_3}$, **4**, 604

$Fe_2C_{18}H_{10}O_6S_2$
{Fe(CO)$_3$(SPh)}$_2$, **4**, 278, 604

$Fe_2C_{18}H_{12}O_5$
Fe$_2$(CO)$_5$Cp(CH=CHPh), **4**, 581

$Fe_2C_{18}H_{12}O_6$
{(CO)$_3$Fe}$_2$(C$_{10}$H$_6$Me$_2$), **4**, 598

$Fe_2C_{18}H_{14}ClO_4$
[Fp{CH$_2$=C=C(Cl)CH$_2$Fp}]$^+$, **4**, 589

$Fe_2C_{18}H_{14}O_4$
Fp(CH=CHCH=CH)Fp, **4**, 344
Fp$\overline{\text{CHCH=CHCH}}$Fp, **4**, 351
FpCH$_2$C≡CCH$_2$Fp, **4**, 588
[Fp$_2$(CH$_2$=C=C=CH$_2$)]$^{2+}$, **4**, 589
[Fp$_2$(C$_4$H$_4$)]$^{2+}$, **4**, 379

$Fe_2C_{18}H_{14}O_5$
FpCH$_2$COC(Fp)=CH$_2$, **4**, 589

$Fe_2C_{18}H_{14}O_6$
{Fe(CO)$_3$(C$_6$H$_7$)}$_2$, **4**, 498, 603

$Fe_2C_{18}H_{14}O_8$
{(CO)$_3$Fe}$_2${(MeCOCH=CHCH=CH)$_2$}, **4**, 600

$Fe_2C_{18}H_{15}NO_5$
Fe$_2$(CO)$_5$[(C$_5$H$_4$)CH{C$_5$H$_3$(CHNMe$_2$)}], **4**, 584

$Fe_2C_{18}H_{15}NO_8$
{(CO)$_3$Fe}$_2${PhCH(Me)NCHCO$_2$Et}, **4**, 575

$Fe_2C_{18}H_{15}O_4$
[Fp(CH$_2$=CHCH=CHFp)]$^+$, **4**, 588

$Fe_2C_{18}H_{16}O_3$
{(CO)$_3$Fe}$_2$[C$_4${(CH$_2$)$_4$}$_2$], **4**, 445

$Fe_2C_{18}H_{16}O_5$
Fp(CH$_2$)$_3$COFp, **4**, 586

$Fe_2C_{18}H_{16}O_6$
{Fe(CO)$_3$}$_2${(CH$_2$)$_2$CC(CH$_2$CH$_2$)$_2$CC(CH$_2$)$_2$}, **4**, 448
{Fe(CO)$_3$}$_2${(CH$_2$)$_2$C(C$_6$H$_8$)C(CH$_2$)$_2$}, **4**, 598

$Fe_2C_{18}H_{18}O_6$
{Fe(CO)$_3$(CH$_2$=CHCH=CHCHMe)}$_2$, **8**, 985

$Fe_2C_{18}H_{18}O_7$
Fe$_2$(CO)$_7$(C$_{11}$H$_{18}$), **4**, 566

$Fe_2C_{18}H_{19}NO_3$
Fe$_2$(CO)$_3$(CNBu^t)Cp$_2$, **4**, 523

$Fe_2C_{18}H_{20}NO_4$
[(FpCH$_2$CH$_2$)$_2$NH$_2$]$^+$, **4**, 393

$Fe_2C_{18}H_{20}O_4S_2$
[Fp$_2$(MeSCH$_2$CH$_2$SMe)]$^{2+}$, **4**, 594

$Fe_2C_{18}H_{22}N_4$
{Fe(CNMe)$_2$Cp}$_2$, **4**, 523

$Fe_2C_{18}H_{42}O_4P_4S_2$
{Fe(CO)$_2$(PMe$_3$)$_2$(SMe)}$_2$, **4**, 281

$Fe_2C_{19}H_{10}F_6O_6$
FpCO(CF$_2$)$_3$COFp, **4**, 586

$Fe_2C_{19}H_{10}N_2O_7$
{Fe(CO)$_3$}$_2$(PhNCONPh), **4**, 299

$Fe_2C_{19}H_{10}O_6S_2$
{Fe(CO)$_3$}$_2$(S)(SCPh$_2$), **4**, 275, 576

$Fe_2C_{19}H_{14}N_2O_{10}$
{(CO)$_3$Fe}$_2${NC(CO$_2$Me)$_2$CH(Ph)CH$_2$N}, **4**, 579

$Fe_2C_{19}H_{16}O_3$
Fe(CO)$_3$(η^4-5-FcC$_6$H$_7$), **8**, 1018

$Fe_2C_{19}H_{17}O_3$
Fe$_2${C(C$_5$H$_7$)}(CO)$_3$Cp$_2$, **4**, 373
[Fe$_2${C(C$_5$H$_7$)}(CO)$_3$Cp$_2$]$^+$, **4**, 531

$Fe_2C_{19}H_{19}O_4$
Fp{CH$_2$=CH(CH$_2$)$_3$Fp}, **8**, 966

$Fe_2C_{19}H_{20}O_4$
Fp(CH$_2$)$_5$Fp, **4**, 586

$Fe_2C_{19}H_{25}O_6P$
Fe$_2$(CO)$_3$Cp$_2${P(OEt)$_3$}, **4**, 520

$Fe_2C_{20}H_{10}F_4O_4$
Fp(C$_6$F$_4$)Fp, **4**, 339

$Fe_2C_{20}H_{10}F_{12}O_2$
Fe$_2$(CO)Cp$_2${C$_4$(CF$_3$)$_4$CO}, **4**, 530

$Fe_2C_{20}H_{10}N_2O_8$
{Fe(CO)$_3$(PhNCO)}$_2$, **4**, 268

$Fe_2C_{20}H_{10}O_6$
{Fe(CO)$_3$}$_2$(PhC≡CPh), **4**, 548

$Fe_2C_{20}H_{10}O_6S$
{Fe(CO)$_3$}$_2${PhC=C(Ph)S}, **4**, 577

$Fe_2C_{20}H_{10}O_6S_2$
{Fe(CO)$_3$(CSPh)}$_2$, **4**, 576
{Fe(CO)$_3$}$_2${SC(Ph)=C(Ph)S}, **4**, 278

$Fe_2C_{20}H_{10}O_8$
{Fe(CO)$_3$(COPh)}$_2$, **4**, 545

$Fe_2C_{20}H_{12}N_2O_6$
  {(CO)$_3$Fe}$_2$(C$_6$H$_4$CH$_2$NN=CHPh), **4**, 575
$Fe_2C_{20}H_{13}NO_6$
  {(CO)$_3$Fe}$_2$(C$_6$H$_4$CH$_2$NTol), **4**, 578
$Fe_2C_{20}H_{13}O_8P$
  {Fe(CO)$_3$}$_2$(OAc)(PPh$_2$), **4**, 303
$Fe_2C_{20}H_{14}O_6$
  {Fe(CO)$_3$(C$_7$H$_7$)}$_2$, **4**, 440
$Fe_2C_{20}H_{15}NO_3$
  Fe$_2$(CO)$_3$(CNPh)Cp$_2$, **4**, 523
$Fe_2C_{20}H_{15}O_3$
  [Fe$_2$(CO)$_3$(CPh)Cp$_2$]$^+$, **4**, 532
$Fe_2C_{20}H_{15}O_7P$
  {Fe(CO)$_3$}$_2$(OH)(PTol$_2$), **4**, 276
$Fe_2C_{20}H_{15}O_7P_2$
  {Fe(CO)$_3$}$_2$(OH)(PTol$_2$), **4**, 302
$Fe_2C_{20}H_{16}$
  {Fe(C$_5$H$_4$C$_5$H$_4$)}$_2$, **4**, 483; **8**, 1062
$Fe_2C_{20}H_{16}O_6P_2$
  {Fe(CO)$_3$(PPh$_2$)}$_2$, **4**, 604
$Fe_2C_{20}H_{18}$
  Fc$_2$, **4**, 477; **8**, 1038, 1049
$Fe_2C_{20}H_{18}N_2$
  FcN=NFc, **8**, 1063
$Fe_2C_{20}H_{18}O_2S$
  Fc$_2$SO$_2$, **4**, 477
$Fe_2C_{20}H_{18}O_5$
  Fe$_2$(CO)$_5$(C$_{10}$H$_5$Me$_2$Pr^i), **4**, 582
$Fe_2C_{20}H_{18}O_8$
  {(CO)$_4$Fe}$_2$(C$_8$H$_6$Me$_4$), **4**, 555
$Fe_2C_{20}H_{18}P$
  [Fc$_2$P]$^+$, **4**, 483
$Fe_2C_{20}H_{18}S$
  Fc$_2$S, **4**, 477
$Fe_2C_{20}H_{18}S_2$
  (FcS)$_2$, **8**, 1063
$Fe_2C_{20}H_{18}Se$
  Fc$_2$Se, **4**, 482
$Fe_2C_{20}H_{19}O_6P$
  {(CO)$_3$Fe}$_2$(C≡CBu^t)(PPh$_2$), **4**, 569
$Fe_2C_{20}H_{20}O_4$
  Fe$_2$(CO)$_4$(C$_5$H$_4$CMe$_2$CMe$_2$C$_5$H$_4$), **3**, 153
$Fe_2C_{20}H_{20}O_6$
  {(CO)$_3$Fe}$_2${(CH$_2$=CHCH=CH)$_2$(C$_6$H$_{10}$)}, **4**, 431
$Fe_2C_{20}H_{22}ClN_2O_4$
  [FeCl(CO)$_2${C$_5$H$_4$CH(NMe$_2$)CH(NMe$_2$)C$_5$H$_4$}Fe(CO)$_2$]$^+$, **4**, 595
$Fe_2C_{20}H_{24}N_2O_6$
  {(CO)$_3$Fe}$_2$(CyNCHCH=NCy), **4**, 578
$Fe_2C_{21}H_{13}NO_6$
  {(CO)$_3$Fe}$_2$(Ph$_2$C=C=NMe), **4**, 575
$Fe_2C_{21}H_{13}O_6$
  [{(CO)$_3$Fe(η^4-C$_4$H$_3$)}$_2$CPh]$^+$, **4**, 603
$Fe_2C_{21}H_{16}O_4$
  FpC$_6$H$_4$CH$_2$Fp, **4**, 586
$Fe_2C_{21}H_{17}O_3$
  [Fe$_2$(CO)$_3$(CBz)Cp$_2$]$^+$, **4**, 531
$Fe_2C_{21}H_{18}O$
  Fc$_2$CO, **8**, 1049
$Fe_2C_{21}H_{20}$
  Fc$_2$CH$_2$, **8**, 1018
$Fe_2C_{21}H_{21}O_4$
  [FpCH$_2$CH$_2$(C$_5$H$_7$)Fp]$^+$, **4**, 587
  [Fp{C$_6$H$_9$(CH$_2$Fp)}]$^+$, **4**, 349
$Fe_2C_{21}H_{24}O_5$
  Fe$_2$(CO)$_3$Cp$_2${C(OMe)(OCy)}, **4**, 522
$Fe_2C_{22}H_{10}O_8$
  Fe$_2$(CO)$_8$(CCPh$_2$), **4**, 544
$Fe_2C_{22}H_{14}O_6$
  Fe(CO)$_3$(C$_7$H$_5$CH$_2$CH$_2$C$_7$H$_5$)Fe(CO)$_3$, **8**, 982
$Fe_2C_{22}H_{16}O_4$
  FpCHC$_6$H$_4$CHFp, **4**, 588
$Fe_2C_{22}H_{16}O_6$
  Fe$_2$(CO)$_6$(C$_{16}$H$_{16}$), **4**, 599
$Fe_2C_{22}H_{18}$
  FcC≡CFc, **4**, 482
$Fe_2C_{22}H_{18}O_4$
  {Fe(CO)$_2$(C$_9$H$_9$)}$_2$, **4**, 582
  [Fp$_2$(C$_8$H$_8$)]$^{2+}$, **4**, 349, 588
$Fe_2C_{22}H_{20}$
  [CpFe{(η^6-C$_6$H$_5$)(η^6-C$_6$H$_5$)}FeCp]$^{2+}$, **8**, 1062
  FcCH=CHFc, **8**, 1017
$Fe_2C_{22}H_{22}$
  {CpFe(C$_6$H$_6$)}$_2$, **4**, 590; **8**, 1040
  FcCH$_2$CH$_2$Fc, **8**, 1018
  Fc$_2$CHMe, **8**, 1017
$Fe_2C_{22}H_{24}NO_4$
  [FpC=C(Fp)CH$_2$NEt$_2$CH$_2$]$^+$, **4**, 589
$Fe_2C_{22}H_{28}N_2O_2$
  {Fe(CO)(CNBu^t)Cp}$_2$, **4**, 523, 527
$Fe_2C_{22}H_{28}O_{10}P_2S_2$
  [Fe(CO)$_2${P(OMe)$_3$}(SMe)]$_2$, **4**, 281
$Fe_2C_{22}H_{29}O_4P_2S_2$
  [{Fe(CO)$_2$(SMe)(PMe$_2$Ph)}$_2$(H)]$^+$, **4**, 280
$Fe_2C_{23}H_{14}O_5$
  Fe$_2$(CO)$_5${C$_5$H$_4$(CPh$_2$)}, **4**, 583
$Fe_2C_{23}H_{15}O_6P$
  Fe(CO)$_4${PPh$_2$(Fp)}, **4**, 288, 604
$Fe_2C_{23}H_{22}F_5O_6P$
  {(CO)$_3$Fe}$_2${CFCC(PCy$_2$)CF$_2$CF$_2$}, **4**, 566
$Fe_2C_{23}H_{22}O_5P_2S_2$
  Fe$_2$(CO)$_5${S(CH$_2$)$_3$PPh}$_2$, **4**, 278
$Fe_2C_{24}H_{10}F_6N_2O_4$
  {Fp(C$_5$F$_3$N)}$_2$, **4**, 586
$Fe_2C_{24}H_{15}O_6PS$
  {Fe(CO)$_3$}$_2$(SPh)(PPh$_2$), **4**, 277, 302
$Fe_2C_{24}H_{16}$
  {Fe(C$_5$H$_4$C≡CC$_5$H$_4$)}$_2$, **4**, 483
$Fe_2C_{24}H_{19}O_5$
  [Fp{CH$_2$=C=C(OPh)CH$_2$Fp}]$^+$, **4**, 589
$Fe_2C_{24}H_{20}O_2S_2$
  {Fe(CO)(SPh)Cp}$_2$, **4**, 534
$Fe_2C_{24}H_{20}O_2Se_2$
  {Fe(CO)(SePh)Cp}$_2$, **4**, 537
$Fe_2C_{24}H_{20}O_2Te_2$
  {Fe(CO)(TePh)Cp}$_2$, **4**, 537
$Fe_2C_{24}H_{21}O_2P$
  Fe$_2$H(CO)$_2$Cp$_2$(PPh$_2$), **4**, 590
$Fe_2C_{24}H_{24}F_6O_4$
  {Fe(CO)$_2$(η^5-C$_5$Me$_4$CF$_3$)}$_2$, **8**, 1061
$Fe_2C_{24}H_{25}O_4P$
  Fe(CO)$_4$(PEtPh$_2$)Fe{CH$_2$=C(Me)C(Me)=CH$_2$}, **4**, 605
$Fe_2C_{24}H_{26}O_4$
  [Fe(CO)$_2${η^5-C$_5$H$_4$C(Et)=CHMe}]$_2$, **4**, 541
$Fe_2C_{24}H_{30}O_4$
  {Fe(CO)$_2$(η^5-C$_5$Me$_5$)}$_2$, **4**, 540
$Fe_2C_{24}H_{32}O_4S_2$
  {Fe(CO)$_2$(C≡CCMe$_2$CH$_2$SCH$_2$CMe$_2$)}$_2$, **4**, 547
$Fe_2C_{24}H_{36}O_4$
  {Fe(CO)$_2$(Bu^{t}C≡CBu^t)}$_2$, **4**, 547
$Fe_2C_{25}H_{18}O_8$
  {(CO)$_3$Fe}$_2${Ph$_2$C=C(OMe)CHCHCOMe}, **4**, 554

$Fe_2C_{25}H_{23}O_3P$
  $Fe_2(CO)_3Cp_2\{Ph\overline{PCH=C(Me)C(Me)=CH}\}$, **4**, 520
$Fe_2C_{25}H_{24}O_4$
  $(FcCH_2)_2C(CO_2H)_2$, **8**, 1024
$Fe_2C_{26}H_{14}N_2O_9$
  $\{(CO)_3Fe\}_2(\overline{CHCHCO_2CO})(C_4H_2Ph_2N_2)$, **4**, 554
$Fe_2C_{26}H_{14}O_8$
  $\{Fe(CO)_4\}_2(C_5H_4CPh_2)$, **4**, 379
$Fe_2C_{26}H_{15}O_6P$
  $\{(CO)_3Fe\}_2(C\equiv CPh)(PPh_2)$, **4**, 572
$Fe_2C_{26}H_{15}O_7P$
  $Fe_2(CO)_6\{C_6H_4PPh_2(CCHO)\}$, **4**, 545
$Fe_2C_{26}H_{18}$
  $Fe\{(\eta^5\text{-}C_5H_4)(C(Fc)MeCH_2CMe_2)(\eta^5\text{-}C_5H_4)\}$, **8**, 1019
$Fe_2C_{26}H_{19}O_8P$
  $\{Fe(CO)_4\}_2(Bu^t C\equiv CPPh_2)$, **4**, 387
$Fe_2C_{26}H_{20}N_2O_2$
  $\{Fe(CO)(CNPh)Cp\}_2$, **4**, 523
$Fe_2C_{26}H_{20}O_5P$
  $Fe_2(CO)_5(C_3H_5)(PPh_3)$, **4**, 566
$Fe_2C_{26}H_{26}$
  $CpFe(C_{14}H_{10}Me_2)FeCp$, **8**, 1050
$Fe_2C_{26}H_{30}$
  $\{Fe(\eta^5\text{-}C_5H_4Et)(\eta^5\text{-}C_6H_6)\}_2$, **8**, 1040
$Fe_2C_{27}H_{19}O_5P$
  $Fe_2(CO)_5(H_2C=CC=CH_2)(PPh_3)$, **4**, 547
$Fe_2C_{27}H_{45}N_9$
  $Fe_2(CNEt)_9$, **4**, 542
$Fe_2C_{28}H_{20}O_4$
  $Fp(CO)_2FeCp(PhC\equiv CPh)$, **4**, 522
$Fe_2C_{28}H_{38}O_4$
  $\{Fe(CO)_2(\eta^5\text{-}C_5Me_4Pr^i)\}_2$, **4**, 540
$Fe_2C_{30}F_{20}O_6P_2$
  $[Fe(CO)_3\{P(C_6F_5)_2\}]_2$, **4**, 301
$Fe_2C_{30}H_{20}O_6P_2$
  $\{Fe(CO)_3(PPh_2)\}_2$, **4**, 301
$Fe_2C_{30}H_{21}O_4$
  $[Fp\overline{CCH(Ph)C(Fp)CPh}]^+$, **4**, 587
$Fe_2C_{30}H_{30}N_2O_{10}$
  $\{(CO)_3Fe\}_2\{PhCH(Me)NCH(CO_2Et)CH(CO_2Et)NCH(Me)Ph\}$, **4**, 579
$Fe_2C_{31}H_{23}O_6P_2$
  $[Fe_2(CO)_5(COMe)(PPh_2)_2]^-$, **4**, 580
$Fe_2C_{31}H_{24}NO_6P$
  $\{(CO)_3Fe\}_2(PhC=CC\equiv NBu^t)(PPh_2)$, **4**, 572
$Fe_2C_{31}H_{25}O_6P$
  $Fe_2(CO)_3Cp_2\{P(OPh)_3\}$, **4**, 520
$Fe_2C_{31}H_{28}O_4P_2S_2$
  $\{Fe(CO)_2(SMe)\}_2(PPh_2CH_2PPh_2)$, **4**, 281
$Fe_2C_{32}H_{20}O_8P$
  $\{Fe(CO)_3(OCPh)\}_2(PPh_2)$, **4**, 277
$Fe_2C_{32}H_{22}O_7P_2$
  $Fe_2(CO)_7(Ph_2PCH_2PPh_2)$, **4**, 257, 293
$Fe_2C_{32}H_{24}O_4$
  $Fp_2\{CH_2=C=C(Ph)C(Ph)=C=CH_2\}$, **4**, 384, 587
$Fe_2C_{32}H_{29}O_{10}P$
  $Fe_2(CO)_5\{EtO_2CC=C(CO_2Et)C=C(Bu^t)COPPh_2\}$, **4**, 573
$Fe_2C_{33}H_{24}N_2O_{10}$
  $\{(CO)_3Fe\}_2\{PhC=C(Ph)NC(CO_2Me)_2CH(Ph)CH_2N\}$, **4**, 579
$Fe_2C_{34}H_{20}O_6$
  $\{(CO)_3Fe\}_2(C_4Ph_4)$, **4**, 444
$Fe_2C_{34}H_{26}$
  $[FeCp(\eta^5\text{-}C_{12}H_8)]_2^{2+}$, **8**, 1053
$Fe_2C_{34}H_{36}O_4P_4$
  $\{Fe(CO)_2(PMe_2)\}_2(diphos)$, **4**, 302
$Fe_2C_{35}H_{20}O_7$

$Fe_2(CO)_6\{C(Ph)=C(Ph)COC(Ph)=CPh\}$, **4**, 548
$Fe_2C_{36}H_{20}F_6O_7P_2$
  $Fe_2(CO)_7\{Ph_2P\overline{C=C(PPh_2)CF_2CF_2CF_2}\}$, **4**, 580
$Fe_2C_{37}H_{32}O_2P_2$
  $Fe_2(CO)_2Cp_2(Ph_2PCH_2PPh_2)$, **4**, 521
$Fe_2C_{38}H_{20}O_6$
  $\{(CO)_3Fe\}_2(PhC\equiv CC\equiv CPh)_2$, **4**, 549
$Fe_2C_{38}H_{30}N_4$
  $\{FeCp(CNPh)_2\}_2$, **4**, 523, 525
$Fe_2C_{38}H_{34}O_2P_2$
  $Fe_2(CO)_2Cp_2(diphos)$, **4**, 521
  $[Fe_2(CO)_2Cp_2(diphos)]^+$, **4**, 521
$Fe_2C_{38}H_{38}O_6P_2$
  $\{(CO)_3Fe\}_2\{C=C(Ph)PHCy_2\}(PPh_2)$, **4**, 572
$Fe_2C_{39}H_{36}O_2P_2$
  $Fe_2(CO)_2Cp_2\{Ph_2P(CH_2)_3PPh_2\}$, **4**, 521
$Fe_2C_{39}H_{39}O_{13}P$
  $Fe_2(CO)_4\{EtO_2CC=C(CO_2Et)COC(Bu^t)=CC(CO_2Et)=C(CO_2Et)PPh_2\}$, **4**, 573
$Fe_2C_{40}H_{25}O_6P$
  $\{(CO)_3Fe\}_2(C_4Ph_5P)$, **4**, 580
$Fe_2C_{40}H_{30}O_4P_2$
  $Fp_2(Ph_2PC\equiv CPPh_2)$, **4**, 594
$Fe_2C_{40}H_{40}NO_2P_2$
  $Fe_2(CO)_2Cp_2\{Ph_2PN(Et)_2PPh_2\}$, **4**, 521
$Fe_2C_{44}H_{36}F_{14}N_4O_4P_2$
  $[\{Fe(CO)_2(NCMe)_2(C_3F_7)\}_2(diphos)]^{2+}$, **4**, 581
$Fe_2C_{46}H_{30}O_6P_2$
  $\{Fe(CO)_3(PhC\equiv CPPh_2)\}_2$, **4**, 596
$Fe_2C_{48}H_{38}O_6$
  $\{(CO)_3Fe\}_2(C_{10}Bu^t_2Ph_4)$, **4**, 598
$Fe_2C_{51}H_{56}O_3$
  $Fe_2(CO)_3(\eta^4\text{-}C_4Ph_2Bu^t_2)_2$, **4**, 447, 460, 543; **6**, 457
$Fe_2C_{52}H_{34}O_8$
  $\{(CO)_3Fe\}_2\{(C_5H_2Ph_3O)_2\}$, **4**, 603
$Fe_2C_{53}H_{52}INP_3$
  $[FeI(CO)Cp[Ph_2P(CH_2)_2N\{(CH_2)_2PPh_2\}_2FeCp]]^+$, **4**, 594
$Fe_2C_{78}H_{75}N_2P_4$
  $(Ph_3P)_2H(Pr^i)Fe(N_2)FePr^i(PPh_3)_2$, **8**, 1101
$Fe_2C_{82}H_{62}P_6$
  $[FeCp(PHPh_2)(PPh_2PPh_2)_2FeCp(PHPh_2)]^{2+}$, **4**, 594
$Fe_2CdC_8O_8$
  $[Cd\{Fe(CO)_4\}_2]^-$, **6**, 1030
$Fe_2CdC_{14}H_{10}O_4$
  $CdFp_2$, **6**, 1031
$Fe_2CdC_{40}H_{30}N_2O_6P_2$
  $Cd\{Fe(CO)_2(NO)(PPh_3)\}_2$, **6**, 1031
$Fe_2CoC_9H_{18}N_2O_5P_3$
  $Fe_2Co(PMe_2)_3(CO)_5(NO)_2$, **6**, 785
$Fe_2CoC_{10}H_3O_9$
  $Fe_2CoH_2(CH)(CO)_9$, **6**, 860
$Fe_2CoC_{11}H_{18}N_2O_7P_3$
  $Fe_2Co(PMe_2)_3(CO)_5(NO)_2$, **6**, 848
$Fe_2CoC_{13}H_5O_8$
  $Fe_2Co(CO)_8Cp$, **6**, 800
$Fe_2CoC_{14}H_5O_9$
  $Fe_2Co(CO)_9Cp$, **6**, 774, 860
$Fe_2CoRuC_{13}O_{13}$
  $[Fe_2RuCo(CO)_{13}]^-$, **4**, 926; **6**, 858
$Fe_2Co_2C_{28}H_{18}O_6$
  $Co_2(CO)_6(FcCCFc)$, **5**, 193
$Fe_2CrC_{17}H_5O_{11}P$
  $CrFe_2(PPh)(CO)_{11}$, **6**, 852
$Fe_2CrC_{19}H_5O_{13}P$
  $\{(CO)_4Fe\}_2(PPh)\{Cr(CO)_5\}$, **4**, 303
$Fe_2CrC_{32}H_{28}$
  $Cr(\eta^6\text{-}C_6H_5Fc)_2$, **3**, 979
$Fe_2CrSbC_{19}H_5O_{13}$

{(CO)₄Fe}₂(SbPh){Cr(CO)₅}, **4**, 303

$Fe_2Cu_2C_{30}H_{20}Cl_2O_4$
{CuCl(C≡CPh)Fp}₂, **2**, 757; **4**, 587

$Fe_2GeC_{14}H_{10}Cl_2O_4$
GeCl₂(Fp)₂, **2**, 484; **4**, 592

$Fe_2GeC_{14}H_{10}F_2O_4$
GeF₂(Fp)₂, **4**, 593

$Fe_2GeC_{14}H_{10}I_2O_4$
GeI₂(Fp)₂, **4**, 592

$Fe_2GeC_{14}H_{12}O_4$
GeH₂(Fp)₂, **4**, 592

$Fe_2GeC_{15}H_{16}O_3$
Fe₂(CO)₃(GeMe₂)Cp₂, **4**, 532, 593

$Fe_2GeC_{16}H_{16}O_4$
GeMe₂(Fp)₂, **4**, 532, 592

$Fe_2GeC_{18}H_{16}O_8$
Ge(OAc)₂Fp₂, **4**, 593

$Fe_2GeC_{24}H_{20}O_4$
Ge(C₅H₅)₂Fp₂, **4**, 592

$Fe_2GeC_{36}H_{22}O_8$
{Fe(CO)₄}₂(HGeC₄HPh₄), **4**, 310

$Fe_2GeC_{42}H_{26}O_8$
{Fe(CO)₄}₂(PhGeC₄HPh₄), **4**, 309; **6**, 1072

$Fe_2Ge_2C_7H_4O_7$
Fe₂(GeH₂)₂(CO)₇, **6**, 1082

$Fe_2Ge_2C_8H_4O_8$
{Fe(GeH₂)(CO)₄}₂, **6**, 1083

$Fe_2Ge_2C_{10}H_8O_8$
{Fe(GeHMe)(CO)₄}₂, **4**, 310

$Fe_2Ge_2C_{11}H_{12}O_7$
Fe₂(GeMe₂)₂(CO)₇, **4**, 310

$Fe_2Ge_2C_{12}H_{12}O_8$
{Fe(GeMe₂)(CO)₄}₂, **2**, 489; **6**, 1057

$Fe_2Ge_2C_{12}H_{12}O_9$
{Fe(CO)₄}₂(Me₂GeOGeMe₂), **4**, 309

$Fe_2Ge_2C_{13}H_{14}O_8$
{Fe(CO)₄}₂(Me₂GeCH₂GeMe₂), **4**, 309

$Fe_2Ge_2C_{16}H_{16}O_4$
GeMe₂Fp₂, **4**, 532

$Fe_2Ge_2C_{16}H_{20}O_8$
{Fe(GeEt₂)(CO)₄}₂, **4**, 310

$Fe_2Ge_2C_{18}H_{22}O_5$
(FpGeMe₂)₂O, **4**, 593

$Fe_2Ge_2C_{32}H_{20}O_8$
{Fe(GePh₂)(CO)₄}₂, **2**, 489

$Fe_2Ge_3C_{12}H_{18}O_6$
(CO)₃Fe(μ-GeMe₂)₃Fe(CO)₃, **4**, 309, 310; **6**, 1076, 1109

$Fe_2Ge_3C_{14}H_{18}O_8$
Me₂GeFe(CO)₄(GeMe₂)₂Fe(CO)₄, **6**, 1046

$Fe_2Ge_4C_{16}H_{24}O_8$
Me₂GeFe(CO)₄(GeMe₂)₂Fe(CO)₄GeMe₂, **6**, 1046

$Fe_2HgC_6N_2O_8$
Hg{Fe(CO)₃(NO)}₂, **4**, 296

$Fe_2HgC_{14}F_{14}O_8$
Hg{Fe(CO)₄(C₃F₇)}₂, **4**, 581

$Fe_2HgC_{14}H_{10}O_4$
HgFp₂, **6**, 1015

$Fe_2HgC_{16}H_{30}N_2O_6P_2$
Hg{Fe(CO)₂(NO)(PEt₃)}₂, **6**, 1001

$Fe_2HgC_{20}H_{18}$
HgFc₂, **2**, 956; **4**, 477; **8**, 1023, 1038

$Fe_2HgSi_2C_{14}H_{18}O_8$
Hg{Fe(SiMe₃)(CO)₄}₂, **6**, 1015, 1055

$Fe_2InC_{18}H_{18}ClO_5$
InCl(Fp)₂{O(CH₂)₃CH₂}, **6**, 965

$Fe_2In_2Mn_2C_{18}O_{18}$
[Fe{InMn(CO)₅}(CO)₄]₂, **6**, 967

$Fe_2IrC_{38}H_{30}O_4P_2$
[Fe₂Ir(PPh₂)₂(CO)₄Cp₂]⁺, **6**, 848

$Fe_2IrC_{38}H_{32}O_4P_2$
[Fe₂IrH₂(PPh₂)₂(CO)₄Cp₂]⁺, **6**, 848

$Fe_2IrC_{42}H_{38}O_4P_2$
[Ir{Fe{P(Tol)₂}(CO)₂Cp]₂]⁺, **8**, 294

$Fe_2MgC_{22}H_{26}O_6$
MgFp₂{O(CH₂)₃CH₂}₂, **6**, 1013

$Fe_2MgC_{24}H_{20}N_2O_4$
MgFp₂(py)₂, **6**, 1012, 1013

$Fe_2MnC_{12}O_{12}$
[MnFe₂(CO)₁₂]⁻, **6**, 772, 855

$Fe_2MnC_{19}H_{10}O_8P$
MnFe₂(PPh)(CO)₈Cp, **4**, 128; **6**, 819, 855

$Fe_2MnC_{20}H_{10}O_9P$
MnFe₂(PPh)(CO)₉Cp, **4**, 128; **6**, 847

$Fe_2MnC_{29}H_{15}O_{11}P$
[MnFe₂(CO)₁₁(PPh₃)]⁻, **6**, 855

$Fe_2MoC_{13}H_5O_8$
[MoFe₂(CO)₈Cp]²⁻, **3**, 1187

$Fe_2Mo_2C_{20}H_{10}O_{10}$
[Mo₂Fe₂(CO)₁₀Cp₂]²⁻, **6**, 771

$Fe_2Na_2C_{12}H_8O_9$
Na₂Fe₂(CO)₈{O(CH₂)₃CH₂}, **4**, 254

$Fe_2NbC_{30}H_{28}$
NbFc₂(Cp)₂, **3**, 736

$Fe_2NbC_{30}H_{28}S_2$
Nb(SFc)₂Cp₂, **3**, 768

$Fe_2NbC_{32}H_{32}$
Nb(CH₂Fc)₂Cp₂, **3**, 736

$Fe_2NiC_{14}H_{12}N_2O_{10}$
Ni{(CONMe₂)Fe(CO)₄}₂, **6**, 783, 848

$Fe_2NiC_{15}H_{10}O_7$
Fe₂Ni(CEt)(CO)₇Cp, **6**, 92, 861

$Fe_2NiC_{17}H_{14}O_6$
Fe₂Ni(C≡CBuᵗ)(CO)₆Cp, **6**, 137, 861

$Fe_2NiC_{18}H_{16}O_7$
(NiCp){Fe₂(CO)₇}(BuᵗCH₂C), **6**, 137

$Fe_2Ni_2C_{17}H_{10}O_7$
Fe₂Ni₂(CO)₇Cp₂, **6**, 212, 804, 861

$Fe_2Ni_2C_{22}H_{20}O_6$
(NiCp)₂{Fe(CO)₃}₂(EtC≡CEt), **6**, 88, 137, 861

$Fe_2OsC_{12}O_{12}$
Fe₂Os(CO)₁₂, **6**, 858

$Fe_2Os_3C_{16}H_2O_{16}$
Fe₂Os₃H₂(CO)₁₆, **6**, 858

$Fe_2PbC_{16}H_{16}O_4$
PbMe₂(Fp)₂, **2**, 630; **4**, 591

$Fe_2Pb_2C_{16}H_{20}O_8$
{Fe(PbEt₂)(CO)₄}₂, **4**, 309

$Fe_2Pb_2C_{32}H_{20}O_8$
{Fe(PbPh₂)(CO)₄}₂, **4**, 310

$Fe_2Pd_2C_{26}H_{32}Cl_2N_2$
[FeCp{η⁵-C₅H₃(PdCl)(CH₂NMe₂)}]₂, **6**, 322; **8**, 860, 1043

$Fe_2Pd_2C_{28}H_{30}Cl_2$
{PdCl(CH₂CHCHCH₂Fc)}₂, **6**, 398

$Fe_2Pd_2C_{28}H_{36}Cl_2N_2$
[FeCp{η⁵-C₅H₃(PdCl)(CHMeNMe₂)}]₂, **8**, 1043

$Fe_2Pd_2C_{30}H_{24}Cl_2N_2$
[FeCp{η⁵-C₅H₃(PdCl)(C₅H₄N)}]₂, **8**, 861

$Fe_2Pd_2C_{30}H_{34}Cl_2S_2$
[FeCp{η⁵-C₅H₃(PdCl)(CSBuᵗ)}]₂, **6**, 325

$Fe_2Pd_2C_{32}H_{20}Cl_2O_8P_2$
  $[PdCl\{Fe(CO)_4\}(PPh_2)]_2$, **6**, 423, 777, 836; **8**, 331
$Fe_2PtC_{12}O_{12}$
  $Fe_2Pt(CO)_{12}$, **8**, 594
$Fe_2PtC_{16}H_{12}O_8$
  $Fe_2Pt(CO)_8(C_8H_{12})$, **6**, 862
$Fe_2PtC_{16}H_{18}N_4O_8$
  $Fe_2Pt(CO)_6(NO)_2(CNBu^t)_2$, **6**, 848
$Fe_2PtC_{27}H_{15}O_9P$
  $Pt\{Fe(CO)_4\}_2(CO)(PPh_3)$, **6**, 482, 861
$Fe_2PtC_{34}H_{26}O_8P_2$
  $Fe_2Pt(CO)_8(PMePh_2)_2$, **6**, 774
$Fe_2PtC_{44}H_{30}O_8P_2$
  $Fe_2Pt(CO)_8(PPh_3)_2$, **6**, 770, 862
$Fe_2PtC_{44}H_{30}O_{14}P_2$
  $Fe_2Pt(CO)_8\{P(OPh)_3\}_2$, **6**, 482
$Fe_2Pt_2C_{44}H_{31}O_8P_2$
  $[Fe_2Pt_2H(CO)_8(PPh_3)_2]^-$, **6**, 862
$Fe_2Pt_2C_{44}H_{32}O_8P_2$
  $Fe_2Pt_2H_2(CO)_8(PPh_3)_2$, **6**, 862
$Fe_2ReC_{12}O_{12}$
  $[ReFe_2(CO)_{12}]^-$, **6**, 856
$Fe_2RhC_{14}H_5O_9$
  $Fe_2Rh(CO)_9Cp$, **6**, 800, 860
$Fe_2RhC_{18}H_{20}O_4S_2$
  $[Fe_2Rh(SEt)_2(CO)_4Cp_2]^+$, **6**, 848
$Fe_2RhC_{26}H_{20}O_4P$
  $Fe_2Rh(PPh_2)(CO)_4Cp_2$, **6**, 799
$Fe_2RhC_{38}H_{30}O_4P_2$
  $Fe_2Rh(PPh_2)_2(CO)_4Cp_2$, **3**, 160; **6**, 782
  $[Fe_2Rh(PPh_2)_2(CO)_4Cp_2]^+$, **6**, 819, 848
$Fe_2RhC_{56}H_{45}O_4P_3$
  $[Fe_2Rh(PPh_2)_2(CO)_4Cp_2(PPh_3)]^+$, **6**, 848
$Fe_2Rh_2C_{18}H_{10}O_8$
  $Fe_2Rh_2(CO)_8Cp_2$, **6**, 803, 860
$Fe_2RuC_8H_{18}Cl_8O_2P_2$
  $Ru(FeCl_4)_2(CO)_2(PMe_3)_2$, **4**, 696
$Fe_2RuC_{12}O_{12}$
  $Fe_2Ru(CO)_{12}$, **4**, 655, 924; **6**, 788, 858
$Fe_2RuC_{37}H_{25}O_6P$
  $Fe_2Ru(C\equiv CPh)(CO)_6Cp(PPh_3)$, **4**, 790; **6**, 858
$Fe_2Ru_2C_{13}HO_{13}$
  $[Fe_2Ru_2H(CO)_{13}]^-$, **6**, 858
$Fe_2Ru_2C_{13}H_2O_{13}$
  $Fe_2Ru_2H_2(CO)_{13}$, **6**, 858
$Fe_2SbC_8O_8$
  $Sb\{Fe(CO)_4\}_2$, **4**, 303
$Fe_2SbC_{14}H_{10}BrO_4$
  $SbBr(Fp)_2$, **4**, 594
$Fe_2SbC_{14}H_{10}Br_2O_4$
  $[SbBr_2(Fp)_2]^+$, **4**, 634
$Fe_2SbC_{14}H_{10}Cl_2O_4$
  $[SbCl_2(Fp)_2]^+$, **4**, 594
$Fe_2SbC_{26}H_{20}O_4$
  $[SbPh_2(Fp)_2]^+$, **4**, 634
$Fe_2Sb_2C_{42}H_{30}O_6$
  $Fe(CO)_4[SbPh_2\{FePh(CO)_2(SbPh_3)\}]$, **4**, 596
$Fe_2SiC_6I_4O_6$
  $\{Fe(CO)_3\}_2(SiI_4)$, **4**, 272
$Fe_2SiC_{10}H_6O_8$
  $Me_2SiFe(CO)_4Fe(CO)_4$, **6**, 1072
$Fe_2SiC_{14}H_{10}Cl_2O_4$
  $SiCl_2(Fp)_2$, **4**, 593
$Fe_2SiC_{14}H_{12}O_4$
  $SiH_2(Fp)_2$, **4**, 593; **6**, 1046

$Fe_2SiC_{14}H_{14}O_3$
  $Fe_2\{SiH(Me)\}(CO)_3Cp_2$, **2**, 94; **6**, 1073, 1075
$Fe_2SiC_{15}H_{14}O_4$
  $SiH(Me)(Fp)_2$, **2**, 94; **6**, 1073
$Fe_2SiC_{15}H_{16}O_3$
  $Fe_2(SiMe_2)(CO)_3Cp_2$, **4**, 532
$Fe_2SiC_{20}H_8$
  $\{Fe(\eta^5-C_5H_4)_2\}_2Si$, **2**, 296
$Fe_2SiC_{22}H_{19}NO_6$
  $\{(CO)_3Fe\}_2\{C_6H_4CH(Ph)NSiMe_3\}$, **4**, 575
$Fe_2Si_2C_{11}H_{12}O_7$
  $Fe_2(SiMe_2)_2(CO)_7$, **2**, 94; **6**, 1052, 1083
$Fe_2Si_2C_{12}H_{12}O_9$
  $\{Fe(CO)_4\}_2(Me_2SiOSiMe_2)$, **4**, 309
$Fe_2Si_2C_{13}H_{14}O_8$
  $(CO)_4\overline{Fe(SiMe_2)CH_2(SiMe_2)}Fe(CO)_4$, **4**, 309; **6**, 1073
$Fe_2Si_2C_{16}H_{16}O_4$
  $SiMe_2(Fp)_2$, **4**, 532
$Fe_2Si_2C_{16}H_{23}O_5P$
  $Fe_2\{P(SiMe_3)_2\}(CO)_5Cp$, **4**, 585
$Fe_2Si_2C_{17}H_{23}O_6P$
  $Fe_2\{P(SiMe_3)_2\}(CO)_6Cp$, **4**, 585
$Fe_2Si_2C_{22}H_{30}O_6$
  $[Fe(CO)_2\{C_5H_4(SiMe_2OEt)\}]_2$, **4**, 537
$Fe_2Si_2C_{32}H_{20}O_8$
  $\{Fe(SiPh_2)(CO)_4\}_2$, **4**, 548
$Fe_2Si_4C_{22}H_{36}O_{10}$
  $Fe_2(CO)_6\{C(OSiMe_3)\}_4$, **6**, 1081
$Fe_2Si_4C_{27}H_{36}O_7$
  $Fe_2(CO)_6[\{C(C\equiv CSiMe_3)=C(SiMe_3)\}_2CO]$, **2**, 43; **4**, 548
$Fe_2Si_4SnC_{27}H_{48}O_3$
  $Fe_2(CO)_3Cp_2[Sn\{CH(SiMe_3)_2\}_2]$, **4**, 522; **6**, 1081
$Fe_2Sm_2C_{50}H_{52}O_4$
  $\{FpSm(C_5H_4Me)_3\}_2$, **3**, 207
$Fe_2SnC_6H_{10}Cl_2N_4O_4$
  $Cl_2Sn\{Fe(NO)_2(CH_2CHCH_2)\}_2$, **4**, 400, 593; **6**, 1055
$Fe_2SnC_8H_6O_6S_2$
  $\{Fe(CO)_3\}_2(S_2SnMe_2)$, **4**, 279
$Fe_2SnC_{14}H_{10}Cl_2O_4$
  $SnCl_2(Fp)_2$, **4**, 592, 593
$Fe_2SnC_{14}H_{10}O_4S_4$
  $SnFp_2(S_4)$, **4**, 592
$Fe_2SnC_{15}H_{16}O_3$
  $Fe_2(SnMe_2)(CO)_3Cp_2$, **4**, 532; **6**, 1057
$Fe_2SnC_{16}H_{10}N_2O_4S_2$
  $SnFp_2(NCS)_2$, **4**, 592
$Fe_2SnC_{16}H_{16}O_4$
  $SnMe_2(Fp)_2$, **4**, 532, 591
$Fe_2SnC_{20}H_{15}ClO_4$
  $SnClPh(Fp)_2$, **4**, 593
$Fe_2SnC_{24}H_{20}O_4$
  $SnCp_2(Fp)_2$, **4**, 591
$Fe_2SnC_{26}H_{20}O_4$
  $SnPh_2(Fp)_2$, **4**, 593
$Fe_2SnC_{26}H_{20}O_8S_2$
  $Sn(SO_2Ph)_2(Fp)_2$, **4**, 593
$Fe_2Sn_2C_8Br_4O_8$
  $\{Fe(CO)_4(SnBr_2)\}_2$, **4**, 309
$Fe_2Sn_2C_8Cl_4O_8$
  $\{Fe(CO)_4(SnCl_2)\}_2$, **4**, 309, 310
$Fe_2Sn_2C_{12}H_{12}O_8$
  $\{Fe(CO)_4(SnMe_2)\}_2$, **4**, 254, 310; **6**, 1057
$Fe_2Sn_2C_{23}H_{36}O_7$

Fe$_2$(SnBu$_2$)$_2$(CO)$_7$, **3**, 155
Fe$_2$Sn$_2$C$_{24}$H$_{36}$O$_8$
{Fe(SnBu$_2$)(CO)$_4$}$_2$, **4**, 309; **6**, 1055
Fe$_2$Sn$_2$C$_{28}$H$_{20}$O$_8$
{Fe(CO)$_4$(SnCp$_2$)}$_2$, **4**, 309, 310; **6**, 1076
Fe$_2$Sn$_2$C$_{32}$H$_{20}$Cl$_2$O$_8$
{Fe(SnClPh$_2$)(CO)$_4$}$_2$, **4**, 310
Fe$_2$Sn$_2$C$_{32}$H$_{20}$O$_8$
{Fe(CO)$_4$(SnPh$_2$)}$_2$, **4**, 309, 310
Fe$_2$Sn$_2$C$_{44}$H$_{30}$O$_8$
{Fe(SnPh$_3$)(CO)$_4$}$_2$, **4**, 260, 310
Fe$_2$TcC$_{12}$O$_{12}$
[TcFe$_2$(CO)$_{12}$]$^-$, **6**, 855
Fe$_2$TiC$_{28}$H$_{38}$N$_2$
TiFc$_2$(NEt$_2$)$_2$, **3**, 456
Fe$_2$TiC$_{30}$H$_{28}$
TiFc$_2$(Cp)$_2$, **3**, 425
Fe$_2$W$_2$C$_{20}$H$_{10}$O$_{10}$
[W$_2$Fe$_2$(CO)$_{10}$Cp$_2$]$^{2-}$, **6**, 854
Fe$_2$ZnC$_8$O$_8$
[Zn{Fe(CO)$_4$}$_2$]$^{2-}$, **6**, 1034
Fe$_2$ZnC$_{14}$H$_{10}$O$_4$
ZnFp$_2$, **6**, 1007, 1034
Fe$_2$ZnC$_{18}$H$_{22}$
Zn{FeCp(CH$_2$=CHCH=CH$_2$)}$_2$, **4**, 430
Fe$_2$ZnC$_{26}$H$_{34}$
Zn{FeCp(cod)}$_2$, **1**, 408; **4**, 385
Fe$_2$Zn$_2$C$_{28}$H$_{16}$N$_4$O$_8$
[Fe(CO)$_4${Zn(bipy)}]$_2$, **4**, 307
Fe$_3$As$_2$C$_9$O$_9$
{Fe(CO)$_3$}$_3$As$_2$, **4**, 304
Fe$_3$As$_2$C$_{11}$O$_{11}$
Fe$_3$(CO)$_{11}$As$_2$, **4**, 304
Fe$_3$As$_2$C$_{14}$H$_{14}$O$_9$
{Fe(CO)$_3$}$_3$(AsMe$_2$)(CH$_2$AsMe$_2$), **4**, 632
Fe$_3$As$_2$C$_{17}$H$_{12}$F$_4$O$_9$
Fe$_3$(CO)$_9${Me$_2$As$\overline{\text{C=C(AsMe}_2\text{)CF}_2\text{CF}_2}$}, **4**, 294, 632
Fe$_3$As$_2$C$_{18}$H$_{12}$F$_4$O$_{10}$
Fe$_3$(CO)$_{10}${Me$_2$As$\overline{\text{C=C(AsMe}_2\text{)CF}_2\text{CF}_2}$}, **4**, 294
Fe$_3$As$_4$C$_{20}$H$_{15}$O$_{10}$
[Fe(CO)Cp(As$_4$O$_5$)Fp$_2$]$^+$, **4**, 633
Fe$_3$BC$_{11}$HF$_3$O$_{11}$
Fe$_3$H(CO)$_{10}$(COBF$_3$), **4**, 316
Fe$_3$C$_8$O$_8$S$_2$
Fe$_3$(CO)$_8$S$_2$, **4**, 283
Fe$_3$C$_8$O$_8$Se$_2$
Fe$_3$(CO)$_8$Se$_2$, **4**, 283
Fe$_3$C$_9$O$_9$S$_2$
{Fe(CO)$_3$}$_3$S$_2$, **4**, 262, 275, 282
Fe$_3$C$_9$O$_9$Se$_2$
{Fe(CO)$_3$}$_3$Se$_2$, **4**, 282
Fe$_3$C$_9$O$_9$Te$_2$
{Fe(CO)$_3$}$_3$Te$_2$, **4**, 282
Fe$_3$C$_9$O$_{10}$S$_2$
{Fe(CO)$_3$}$_3$(S)(SO), **4**, 265
Fe$_3$C$_{10}$O$_{10}$S
Fe$_3$(CO)$_{10}$S, **4**, 283
Fe$_3$C$_{11}$HO$_{11}$
[Fe$_3$H(CO)$_{11}$]$^-$, **4**, 250, 264, 315, 316; **8**, 270, 331
Fe$_3$C$_{11}$H$_2$O$_{11}$
Fe$_3$H(CO)$_{10}$(COH), **4**, 316
Fe$_3$C$_{11}$H$_4$NO$_9$
[Fe$_3$(CO)$_9$(MeC=NH)]$^-$, **4**, 304
Fe$_3$C$_{11}$H$_5$NO$_9$
Fe$_3$H(CO)$_9$(N=CHMe), **4**, 305, 626
Fe$_3$C$_{11}$H$_6$N$_2$O$_9$
{Fe(CO)$_3$}$_3$(NH)(NEt), **4**, 303
{Fe(CO)$_3$}$_3$(NMe)$_2$, **4**, 303
Fe$_3$C$_{11}$H$_6$O$_{10}$
Fe$_3$H$_3$(COMe)(CO)$_9$, **4**, 634
Fe$_3$C$_{11}$H$_{21}$N$_3$O$_7$P$_3$
Fe$_3$(CO)$_4$(NO)$_3$(PMe$_2$)$_2$(PMe$_3$), **4**, 298
Fe$_3$C$_{11}$O$_{11}$
[Fe$_3$(CO)$_{11}$]$^{2-}$, **4**, 263
Fe$_3$C$_{12}$H$_2$O$_{10}$
Fe$_3$(CO)$_{10}$(HC≡CH), **4**, 397, 621
Fe$_3$C$_{12}$H$_3$O$_{11}$
[Fe$_3$(CO)$_{10}$(COMe)]$^-$, **4**, 264
Fe$_3$C$_{12}$H$_4$O$_{11}$
Fe$_3$H(CO)$_{10}$(COMe), **4**, 316
Fe$_3$C$_{12}$H$_5$NO$_{10}$
Fe$_3$(CO)$_{10}$(NEt), **4**, 303
Fe$_3$C$_{12}$O$_{12}$
Fe$_3$(CO)$_{12}$, **3**, 157; **4**, 260, 261, 336, 381, 618; **8**, 600, 953
Fe$_3$C$_{13}$H$_4$O$_{12}$
Fe$_3$H(OAc)(CO)$_{10}$, **4**, 635
Fe$_3$C$_{13}$H$_7$NO$_9$
Fe$_3$(CO)$_9$(NCPr), **4**, 305
Fe$_3$C$_{13}$H$_7$NO$_{10}$
Fe$_3$H(CNMe$_2$)(CO)$_{10}$, **4**, 616, 628
Fe$_3$C$_{13}$H$_9$NO$_9$
{Fe(CO)$_3$}$_3$(H)(N=CHPr), **4**, 626
Fe$_3$C$_{14}$H$_8$N$_2$O$_9$
{Fe(CO)$_3$}$_3$(C$_5$H$_6$N$_2$), **4**, 629
Fe$_3$C$_{14}$H$_8$O$_8$
Fe$_3$(CO)$_8$(MeCCH)$_2$, **4**, 621
Fe$_3$C$_{14}$H$_9$O$_{14}$P
Fe$_3$(CO)$_{11}${P(OMe)$_3$}, **4**, 294
Fe$_3$C$_{16}$F$_{12}$O$_{10}$P$_2$
Fe$_3$(CO)$_{10}${$\overline{\text{CF}_3\text{PC(CF}_3\text{)=C(CF}_3\text{)PCF}_3}$}, **4**, 630
Fe$_3$C$_{16}$H$_7$NO$_9$
{Fe(CO)$_3$}$_3$(H)(N=CHPh), **4**, 626
Fe$_3$C$_{16}$H$_{16}$O$_8$S$_2$
Fe$_3$(CO)$_8${$\overline{\text{S(CH}_2\text{)}_3\text{CH}_2}$}$_2$, **4**, 636
Fe$_3$C$_{17}$H$_6$O$_9$
{Fe(CO)$_3$}$_3$(C$_6$H$_4$CH=CH), **4**, 625
Fe$_3$C$_{17}$H$_{12}$O$_8$
Fe$_3$(CO)$_8$(MeCCH)$_3$, **4**, 621
Fe$_3$C$_{17}$H$_{18}$O$_9$S$_2$
{Fe(CO)$_3$}$_3$(SBu^t)$_2$, **4**, 283
Fe$_3$C$_{18}$H$_{18}$O$_2$S$_2$
Fe$_3$S(SMe)(CO)$_2$Cp$_3$, **4**, 635
Fe$_3$C$_{20}$H$_{16}$O$_8$
Fe$_3$(CO)$_8$(CEt){η^5-C$_5$H$_2$Me$_2$(CH=CH$_2$)}, **4**, 621
Fe$_3$C$_{21}$H$_{10}$O$_9$
Fe$_3$(CO)$_9$(PhC≡CPh), **4**, 618
Fe$_3$C$_{21}$H$_{14}$O$_9$
{Fe(CO)$_3$}$_3${CH$_2$=CHC(=CH$_2$)CH(Me)C(=CH$_2$)-C≡CCH=CH$_2$}, **4**, 624
Fe$_3$C$_{21}$H$_{17}$NO$_5$
{Fe(CO)Cp}$_2$(OCNCH$_2$Fp), **4**, 628
Fe$_3$C$_{23}$H$_{16}$O$_9$
{Fe(CO)$_3$}$_3$(C$_7$H$_8$)$_2$, **4**, 623
Fe$_3$C$_{23}$H$_{24}$O$_7$
Fe$_3$(CO)$_7$(EtCCHCH)(η^5-C$_5$H$_2$Et$_3$), **4**, 622
Fe$_3$C$_{24}$H$_{14}$N$_2$O$_{10}$
Fe$_3$(CO)$_{10}${HN(C$_6$H$_3$Me)NTol}, **4**, 629
Fe$_3$C$_{24}$H$_{14}$O$_8$
Fe$_3$(CO)$_8$(C$_{14}$H$_8$Me$_2$), **4**, 623
Fe$_3$C$_{25}$H$_{16}$O$_9$

$Fe_3C_{25}H_{16}O_9$
    {Fe(CO)$_3$}$_3$(C$_{16}$H$_{16}$), **4**, 624
$Fe_3C_{26}H_{10}F_3O_{11}P$
    Fe$_3$(CO)$_{11}$(Ph$_2$PCCCF$_3$), **4**, 295, 622
$Fe_3C_{26}H_{15}O_7$
    Fe$_3$(CO)$_7$Cp(PhC≡CPh), **4**, 619
$Fe_3C_{28}H_{18}O_{10}$
    {Fe(CO)$_3$}$_3${C$_9$Me$_4$(C≡CMe)$_2$O}, **4**, 620
$Fe_3C_{29}H_{15}O_{11}P$
    Fe$_3$(CO)$_{11}$(PPh$_3$), **4**, 262, 294
$Fe_3C_{30}H_{27}P$
    Fc$_3$P, **8**, 1019
$Fe_3C_{32}H_{30}$
    Fe(η-C$_5$H$_4$CH$_2$Fc)$_2$, **8**, 1018
$Fe_3C_{33}H_{19}O_9P_3$
    {Fe(CO)$_3$}$_3${PhP$\overline{C_6H_4P(Ph)}$PPh}, **4**, 630
$Fe_3C_{33}H_{33}O_9P_3$
    Fe$_3$(CO)$_9$(PMe$_2$Ph)$_3$, **4**, 294
$Fe_3C_{35}H_{20}N_4O_9$
    {Fe(CO)$_3$}$_3$(NNCPh$_2$)$_2$, **4**, 303, 629
$Fe_3C_{35}H_{20}O_9$
    Fe$_3$(CO)$_9$(PhC≡CPh)$_2$, **4**, 618
$Fe_3C_{36}H_{20}O_8$
    Fe$_3$(CO)$_8$(η^4-C$_4$Ph$_4$), **1**, 34
$Fe_3C_{36}H_{30}$
    FcC≡CC(=CHFc)CH=CHFc, **8**, 651
$Fe_3C_{38}H_{20}F_6O_8P_2$
    Fe$_3$(CO)$_8${C(CF$_3$)=C(PPh$_2$)C(PPh$_2$)=CCF$_3$}, **4**, 295
    Fe$_3$(CO)$_8$(PPh$_2$){CF$_3$C=CC(PPh$_2$)=CCF$_3$}, **4**, 622
$Fe_3C_{39}H_{20}F_6O_9P_2$
    {Fe(CO)$_3$}$_3$(PPh$_2$){CF$_3$C=CC(PPh$_2$)=CCF$_3$}, **4**, 622
$Fe_3C_{40}H_{20}F_6O_{10}P_2$
    Fe$_3$(CO)$_{10}$(Ph$_2$PCCCF$_3$)$_2$, **4**, 622
$Fe_3Cd_3C_{42}H_{24}N_6O_{12}$
    [Fe(CO)$_4${Cd(bipy)}]$_3$, **4**, 307
$Fe_3GeC_{30}H_{27}Cl$
    Fc$_3$GeCl, **8**, 1019
$Fe_3Ge_3C_{15}H_{18}O_9$
    (Me$_2$Ge)$_3${Fe(CO)$_3$}$_3$, **6**, 1078
$Fe_3NiC_{12}HO_{12}$
    [Fe$_3$NiH(CO)$_{12}$]$^-$, **6**, 861
$Fe_3NiC_{12}O_{12}$
    [Fe$_3$Ni(CO)$_{12}$]$^{2-}$, **6**, 12, 861
$Fe_3PbC_{12}O_{12}$
    Fe$_3$(CO)$_{12}$Pb, **4**, 311
$Fe_3PtC_{29}H_{16}O_{11}P$
    [Fe$_3$PtH(CO)$_{11}$(PPh$_3$)]$^-$, **6**, 862
$Fe_3Pt_3C_{15}HO_{15}$
    [Fe$_3$Pt$_3$H(CO)$_{15}$]$^-$, **6**, 862
$Fe_3Pt_3C_{15}O_{15}$
    [Fe$_3$Pt$_3$(CO)$_{15}$]$^{2-}$, **6**, 804, 862
$Fe_3RhC_{16}H_5O_{11}$
    Fe$_3$Rh(CO)$_{11}$Cp, **6**, 803, 860
$Fe_3SbC_{21}H_{15}BrO_6$
    [SbBr(Fp)$_3$]$^+$, **4**, 634
$Fe_3SbC_{21}H_{15}ClO_6$
    SbCl(Fp)$_3$, **4**, 633
    [SbCl(Fp)$_3$]$^+$, **4**, 644
$Fe_3SbC_{21}H_{15}O_6$
    SbFp$_3$, **4**, 594
$Fe_3SbC_{27}H_{20}O_6$
    [SbPh(Fp)$_3$]$^+$, **4**, 634
$Fe_3SiC_{12}H_{11}NO_9$
    Fe$_3$H$_2$(NSiMe$_3$)(CO)$_9$, **8**, 350
$Fe_3SiC_{13}H_9NO_{10}$
    Fe$_3$(NSiMe$_3$)(CO)$_{10}$, **2**, 144; **4**, 304, 616
$Fe_3SiC_{14}H_{10}O_9$

$Fe_3H(C≡CSiMe_3)(CO)_9$, **4**, 385
$Fe_3SnC_9ClN_3O_{12}$
    SnCl{Fe(CO)$_3$(NO)}$_3$, **4**, 297
$Fe_3TlC_{21}H_{15}O_6$
    TlFp$_3$, **6**, 976
$Fe_3TlC_{30}H_{27}$
    Tl{CpFe(C$_5$H$_4$)}$_3$, **1**, 727
$Fe_3TlC_{60}H_{45}N_3O_9P_3$
    Tl{Fe(CO)$_2$(NO)(PPh$_3$)}$_3$, **6**, 976
$Fe_4Ag_4C_{52}H_{64}N_4$
    [FeCp{η^5-C$_5$H$_3$Ag(CH$_2$NMe$_2$)}]$_4$, **4**, 486
$Fe_4AsC_{14}ClO_{14}$
    Fe$_4$(CO)$_{14}$(AsCl), **4**, 304
$Fe_4As_4C_{16}H_{12}O_{12}$
    {Fe(CO)$_3$(AsMe)}$_4$, **4**, 304
$Fe_4BC_{40}H_{36}$
    [BFc$_4$]$^-$, **4**, 483
$Fe_4C_{12}HNO_{12}$
    {Fe(CO)$_3$}$_4$(H)(N), **4**, 305, 319
$Fe_4C_{12}NO_{12}$
    [{Fe(CO)$_3$}$_4$N]$^-$, **4**, 319
$Fe_4C_{13}HO_{12}$
    [{Fe(CO)$_3$}$_4$(H)(C)]$^-$, **4**, 317
$Fe_4C_{13}HO_{13}$
    [Fe$_4$H(CO)$_{13}$]$^-$, **4**, 317; **8**, 58
$Fe_4C_{13}H_2O_{12}$
    {Fe(CO)$_3$}$_4$(H)(CH), **4**, 305
$Fe_4C_{13}H_2O_{13}$
    Fe$_4$H$_2$(CO)$_{13}$, **4**, 317
$Fe_4C_{13}O_{12}$
    [Fe$_4$(CO)$_{12}$C]$^{2-}$, **8**, 56
$Fe_4C_{13}O_{13}$
    [Fe$_4$(CO)$_{13}$]$^{2-}$, **4**, 249, 265, 317
    [Fe$_4$(CO)$_{13}$]$^-$, **4**, 1052
$Fe_4C_{14}H_3O_{13}$
    [Fe$_4$(CO)$_{12}$(COMe)]$^-$, **4**, 266
$Fe_4C_{14}H_4O_{13}$
    {Fe(CO)$_3$}$_4$(H)(COMe), **4**, 317
$Fe_4C_{14}H_6O_{12}S_3$
    {Fe(CO)$_3$}$_4$(S)(SMe)$_2$, **4**, 276
$Fe_4C_{15}H_3O_{14}$
    [{Fe(CO)$_3$}$_4$(CCO$_2$Me)]$^-$, **4**, 318
    Fe$_4$(CO)$_{12}$(CCO$_2$Me), **4**, 646; **8**, 56
$Fe_4C_{15}H_{10}N_2O_{12}$
    Fe$_4$(CO)$_{11}$(NEt)(ONEt), **4**, 305
$Fe_4C_{15}O_{13}$
    {Fe(CO)$_3$}$_4$(C)(CCO), **4**, 318
$Fe_4C_{18}H_{12}N_2O_{12}S_2$
    {Fe(CO)$_3$}$_4$(S)(CNMe$_2$)(SCNMe$_2$), **4**, 274, 638
$Fe_4C_{20}H_{12}O_{12}$
    Fe$_4$(CO)$_{12}$(EtCCH)$_2$, **4**, 636
$Fe_4C_{20}H_{18}O_{12}S_3$
    {Fe(CO)$_3$}$_4$(S)(SBu^t)$_2$, **4**, 283
$Fe_4C_{20}H_{20}S_4$
    Fe$_4$(S)$_4$Cp$_4$, **4**, 518, 639
$Fe_4C_{20}H_{20}S_6$
    Fe$_4$(S)$_6$Cp$_4$, **4**, 641
$Fe_4C_{22}H_4O_{12}S_4$
    {Fe(CO)$_3$}$_4$(S$_4$C$_{10}$H$_4$), **4**, 638
$Fe_4C_{22}H_8N_2O_{12}S_2$
    {Fe(CO)$_3$}$_4$(S)(C$_5$H$_4$N)(SC$_5$H$_4$N), **4**, 277, 638
$Fe_4C_{24}H_{20}O_4$
    {Fe(CO)Cp}$_4$, **4**, 518, 642; **8**, 327
$Fe_4C_{30}H_{16}O_{10}$
    Fe$_4$(CO)$_{10}$(C$_{10}$H$_8$C$_{10}$H$_8$), **4**, 637
$Fe_4Cd_4C_{16}O_{16}$

{CdFe(CO)$_4$}$_4$, **4**, 307; **6**, 1006, 1008

Fe$_4$CoC$_{49}$H$_{41}$
CoCp(η^4-C$_4$Fc$_4$), **5**, 240

Fe$_4$CrC$_7$O$_6$
CrFe$_4$(CO)$_6$C, **6**, 852

Fe$_4$CrC$_{17}$O$_{16}$
CrFe$_4$(CO)$_{16}$C, **4**, 647

Fe$_4$Cu$_4$C$_{52}$H$_{64}$N$_4$
[FeCp{η^5-C$_5$H$_3$Cu(CH$_2$NMe$_2$)}]$_4$, **4**, 486

Fe$_4$GeC$_{12}$O$_{12}$S$_4$
{Fe(CO)$_3$S}$_4$Ge, **4**, 280

Fe$_4$Hg$_4$C$_{16}$O$_{16}$
{HgFe(CO)$_4$}$_4$, **6**, 996, 1000

Fe$_4$MoC$_{17}$O$_{16}$
MoFe$_4$(CO)$_{16}$C, **4**, 647; **6**, 853

Fe$_4$Pb$_2$C$_{18}$H$_6$O$_{16}$
Me$_2$Pb{Fe(CO)$_4$}$_2$Pb{Fe(CO)$_4$}$_2$, **6**, 1079

Fe$_4$PdC$_{16}$O$_{16}$
[Fe$_4$Pd(CO)$_{16}$]$^{2-}$, **6**, 804, 861

Fe$_4$PtC$_{16}$O$_{16}$
[Fe$_4$Pt(CO)$_{16}$]$^{2-}$, **6**, 804, 862

Fe$_4$Pt$_6$C$_{22}$O$_{22}$
[Fe$_4$Pt$_6$(CO)$_{22}$]$^{2-}$, **6**, 804, 862

Fe$_4$RhC$_{15}$O$_{14}$
[Fe$_4$Rh(CO)$_{14}$C]$^-$, **4**, 647; **6**, 860

Fe$_4$Sb$_2$C$_{28}$H$_{20}$Cl$_{10}$O$_8$
Sb$_2$Cl$_{10}$Fp$_4$, **4**, 644

Fe$_4$Sb$_4$C$_{28}$H$_{20}$Cl$_{16}$O$_8$
Sb$_4$Cl$_{16}$Fp$_4$, **4**, 644

Fe$_4$SiC$_{16}$O$_{16}$
{Fe(CO)$_4$}$_4$Si, **4**, 309, 310

Fe$_4$SnC$_{12}$N$_4$O$_{16}$
Sn{Fe(CO)$_3$(NO)}$_4$, **4**, 297, 311

Fe$_4$SnC$_{12}$O$_{12}$
Sn{Fe(CO)$_3$}$_4$, **4**, 309

Fe$_4$SnC$_{16}$O$_{16}$
Sn{Fe(CO)$_4$}$_4$, **4**, 310; **6**, 1055, 1079

Fe$_4$Sn$_2$C$_{20}$H$_6$O$_{16}$
(CH$_2$=CH)$_2$Sn{Fe(CO)$_4$}$_2$Sn{Fe(CO)$_4$}$_2$, **4**, 311; **6**, 1079

Fe$_4$Sn$_3$C$_{20}$H$_{12}$O$_{16}$
Me$_2$Sn{Fe(CO)$_4$}$_2$Sn{Fe(CO)$_4$}$_2$SnMe$_2$, **4**, 254, 310; **6**, 1079

Fe$_4$Sn$_3$C$_{28}$H$_{36}$O$_{12}$
{Fe(CO)$_3$}$_4$(Sn)(SnBu$_2$)$_2$, **4**, 309

Fe$_4$Sn$_3$C$_{32}$H$_{36}$O$_{16}$
Sn$_3$Bu$_4${Fe(CO)$_4$}$_4$, **6**, 1055

Fe$_4$Zn$_4$C$_{32}$H$_{32}$O$_{12}$
{Zn(OMe)Fp}$_4$, **6**, 1007, 1010

Fe$_5$BiC$_{20}$O$_{20}$
Fe$_5$(CO)$_{20}$Bi, **4**, 304

Fe$_5$C$_{14}$HNO$_{14}$
Fe$_5$H(CO)$_{14}$(N), **4**, 305

Fe$_5$C$_{15}$O$_{14}$
[Fe$_5$(CO)$_{14}$C]$^{2-}$, **4**, 645

Fe$_5$C$_{16}$O$_{15}$
Fe$_5$(CO)$_{15}$C, **1**, 35; **4**, 295, 305, 644

Fe$_5$CrC$_{18}$O$_{17}$
[CrFe$_5$(CO)$_{17}$C]$^{2-}$, **4**, 647; **6**, 773
CrFe$_5$(CO)$_{17}$C, **6**, 852

Fe$_5$CuC$_{17}$H$_3$NO$_{14}$
[CuFe$_5$(CO)$_{14}$C(MeCN)]$^-$, **4**, 647; **6**, 773

Fe$_5$IrC$_{23}$H$_{12}$O$_4$
[IrFe$_5$(CO)$_{14}$C(cod)]$^-$, **4**, 647

Fe$_5$IrC$_{23}$H$_{12}$O$_{14}$
[IrFe$_5$(CO)$_{14}$C(cod)]$^-$, **6**, 773, 861

Fe$_5$MoC$_{17}$HO$_{16}$
[MoFe$_5$H(CO)$_{16}$C]$^{3-}$, **6**, 853

Fe$_5$MoC$_{18}$O$_{17}$
[MoFe$_5$(CO)$_{17}$C]$^{2-}$, **4**, 647; **6**, 767, 773, 853

Fe$_5$NiC$_{16}$O$_{15}$
[NiFe$_5$(CO)$_{15}$C]$^{2-}$, **4**, 647; **6**, 773, 861

Fe$_5$NiC$_{17}$O$_{16}$
[NiFe$_5$(CO)$_{16}$C]$^-$, **6**, 861

Fe$_5$NiC$_{22}$H$_{12}$O$_{13}$
[NiFe$_5$(CO)$_{13}$C(cod)]$^-$, **6**, 773
[NiFe$_5$(CO)$_{13}$C(cod)]$^{2-}$, **4**, 647; **6**, 861

Fe$_5$PdC$_{18}$H$_5$O$_{14}$
[PdFe$_5$(CO)$_{14}$C(CH$_2$CHCH$_2$)]$^-$, **6**, 773

Fe$_5$PdC$_{18}$H$_{15}$O$_{14}$
[PdFe$_5$(CO)$_{14}$C(CH$_2$CHCH$_2$)]$^-$, **4**, 647

Fe$_5$RhC$_{17}$O$_{16}$
[RhFe$_5$(CO)$_{16}$C]$^-$, **4**, 647; **6**, 773, 860

Fe$_5$RhC$_{23}$H$_{12}$O$_{14}$
[RhFe$_5$(CO)$_{14}$C(cod)]$^-$, **4**, 647; **6**, 773, 860

Fe$_5$Sn$_2$C$_{20}$O$_{20}$
Fe$_5$(CO)$_{20}$Sn$_2$, **4**, 311

Fe$_5$Sn$_2$C$_{23}$H$_{10}$O$_{13}$
{Fe(CO)$_2$Cp}Sn{Fe(CO)$_3$}$_3$Sn{Fe(CO)$_2$Cp}, **6**, 1079

Fe$_5$WC$_{18}$O$_{17}$
[WFe$_5$(CO)$_{17}$C]$^{2-}$, **4**, 647; **6**, 773, 854

Fe$_6$C$_{16}$O$_{16}$
[Fe$_6$(CO)$_{16}$]$^{2-}$, **4**, 645

Fe$_6$C$_{17}$O$_{16}$
[Fe$_6$(CO)$_{16}$C]$^{2-}$, **4**, 644, 646; **8**, 56

Fe$_6$Pd$_6$C$_{24}$HO$_{24}$
[Fe$_6$Pd$_6$H(CO)$_{24}$]$^{3-}$, **6**, 804, 861

Fe$_6$Pd$_6$C$_{24}$O$_{24}$
[Fe$_6$Pd$_6$(CO)$_{24}$]$^{4-}$, **6**, 861

Fe$_8$AgC$_{40}$H$_{40}$S$_{12}$
[Ag{Fe$_4$(S$_6$)Cp$_4$}$_2$]$^+$, **4**, 641

G

$GaAl_3C_{12}H_{30}Cl_6$
   $Ga\{AlCl_2(Et)_2\}_3$, **1**, 613
$GaAsC_2H_6$
   $GaMe(AsMe)$, **1**, 698
$GaAsC_4H_{12}$
   $GaMe_2(AsMe_2)$, **1**, 698
$GaAsC_4H_{14}$
   $GaMe_3(AsH_2Me)$, **1**, 698
$GaAsC_6H_{18}$
   $GaMe_3(AsMe_3)$, **1**, 695
$GaAsC_{15}H_{20}$
   $GaMe_3(AsHPh_2)$, **1**, 698
$GaBC_2H_{10}$
   $GaMe_2(BH_4)$, **1**, 699, 714
$GaB_4C_3H_9$
   $MeGa(C_2B_4H_6)$, **1**, 493, 544
$GaB_4C_4H_{13}$
   $Me_2Ga(C_2B_4H_7)$, **1**, 544, 714
$GaB_9C_4H_{16}$
   $EtGa(C_2B_9H_{11})$, **1**, 545
$GaCH_3Cl_3$
   $[GaCl_3(Me)]^-$, **1**, 704
$GaC_2H_5Cl_2$
   $GaCl_2(Et)$, **1**, 701
$GaC_2H_6ClO_4$
   $GaMe_2(ClO_4)$, **1**, 712
$GaC_2H_6Cl_2$
   $[GaCl_2(Me)_2]^-$, **1**, 704
GaC_2H_6F
   $GaF(Me)_2$, **1**, 705
$GaC_2H_6NO_3$
   $GaMe_2(NO_3)$, **1**, 712
$GaC_2H_6N_3$
   $GaMe_2(N_3)$, **1**, 706
$GaC_2H_6N_6$
   $[GaMe_2(N_3)_2]^-$, **1**, 710
GaC_2H_7O
   $Ga(OH)(Me)_2$, **1**, 706
$GaC_3H_7Cl_2$
   $GaCl_2(Pr)$, **1**, 701
GaC_3H_9
   $GaMe_3$, **1**, 602, 688, 693
GaC_3H_9F
   $[GaF(Me)_3]^-$, **1**, 709
$GaC_3H_9O_2$
   $GaMe_2(OOMe)$, **1**, 713
GaC_3H_{10}
   $[GaH(Me)_3]^-$, **1**, 711
$GaC_3H_{12}N$
   $GaMe_3(NH_3)$, **1**, 695, 698
$GaC_4H_9Cl_2$
   $GaCl_2(Bu)$, **1**, 701

GaC_4H_9N
   $Ga(CN)(Me)_3$, **1**, 710
GaC_4H_9NO
   $GaMe_3(OCN)$, **1**, 710
GaC_4H_9NS
   $GaMe_3(SCN)$, **1**, 710
$GaC_4H_9O_2$
   $GaMe_2(OAc)$, **1**, 717
$GaC_4H_{10}F$
   $GaF(Et)_2$, **1**, 705
GaC_4H_{11}
   $GaH(Et)_2$, **1**, 708
$GaC_4H_{11}O$
   $GaEt_2(OH)$, **1**, 712
GaC_4H_{12}
   $[GaMe_4]^-$, **1**, 689
$GaC_4H_{12}NO$
   $GaMe_2(OCH_2CH_2NH_2)$, **1**, 716
$GaC_4H_{12}P$
   $GaMe_2(PMe_2)$, **1**, 698
$GaC_4H_{12}PS_2$
   $GaMe_2(S_2PMe_2)$, **1**, 719
$GaC_4H_{14}N$
   $GaMe_3(NH_2Me)$, **1**, 698
GaC_5H_9
   $GaMe_2(C{\equiv}CMe)$, **1**, 688
$GaC_5H_9O_4$
   $GaMe(OAc)_2$, **1**, 699, 717
$GaC_5H_{15}O$
   $GaMe_3(OMe_2)$, **1**, 691
$GaC_5H_{15}S$
   $GaMe_3(SMe_2)$, **1**, 695
$GaC_5H_{15}Se$
   $GaMe_3(SeMe_2)$, **1**, 695
$GaC_5H_{15}Te$
   $GaMe_3(TeMe_2)$, **1**, 695
$GaC_5H_{16}N$
   $GaMe_3(NHMe_2)$, **1**, 698
GaC_6H_9
   $Ga(CH{=}CH_2)_3$, **1**, 688
$GaC_6H_{11}Cl_2$
   $GaCl_2(Cy)$, **1**, 701
GaC_6H_{15}
   $GaEt_3$, **1**, 613, 654, 688
$GaC_6H_{15}F$
   $[GaF(Et)_3]^-$, **1**, 709
$GaC_6H_{15}N$
   $Ga(CN)(Et)_3$, **1**, 710
$GaC_6H_{15}NO$
   $GaEt_3(OCN)$, **1**, 710
$GaC_6H_{15}NS$
   $GaEt_3(SCN)$, **1**, 710

GaC$_6$H$_{16}$
  [GaH(Et)$_3$]$^-$, **1**, 711
GaC$_6$H$_{18}$N
  GaMe$_3$(NMe$_3$), **1**, 689
GaC$_6$H$_{18}$P
  GaMe$_3$(PMe$_3$), **1**, 689
GaC$_7$H$_{11}$
  GaMe$_2$(Cp), **1**, 688
GaC$_7$H$_{15}$Cl$_2$
  GaCl$_2$(C$_7$H$_{15}$), **1**, 701
GaC$_8$H$_{19}$
  GaH(Bu^i)$_2$, **1**, 693
GaC$_9$H$_{15}$
  GaEt$_2$(Cp), **1**, 688
GaC$_9$H$_{21}$
  GaPr$_3$, **1**, 688
GaC$_9$H$_{21}$O
  GaBu$^t_2$(OMe), **1**, 713
GaC$_9$H$_{23}$P$_2$
  $\overline{\text{GaMe}_2(\text{CH}_2\text{PMe}_2\text{CHPMe}_2\text{CH}_2)}$, **1**, 715
GaC$_{10}$H$_{11}$
  GaMe$_2$(C≡CPh), **1**, 688
GaC$_{10}$H$_{11}$O$_4$
  GaPh(OAc)$_2$, **1**, 718
GaC$_{10}$H$_{21}$O$_2$
  GaBu$^t_2$(OAc), **1**, 717
GaC$_{12}$H$_{27}$
  GaBu$_3$, **1**, 688
  GaBu$^i_3$, **1**, 693
GaC$_{12}$H$_{27}$O
  GaBu$^t_2$(OBu^t), **1**, 713
GaC$_{14}$H$_{18}$O$_2$
  GaPh$_2$(OAc), **1**, 718
GaC$_{14}$H$_{31}$
  GaEt$_2$(C$_{10}$H$_{21}$), **1**, 708
GaC$_{15}$H$_{20}$N
  GaMe$_3$(NHPh$_2$), **1**, 698
GaC$_{15}$H$_{20}$P
  GaMe$_3$(PHPh$_2$), **1**, 698
GaC$_{18}$F$_{15}$
  Ga(C$_6$F$_5$)$_3$, **1**, 688
GaC$_{18}$H$_{15}$
  GaPh$_3$, **1**, 656, 688
GaC$_{18}$H$_{33}$
  Ga{CH$_2$(C$_5$H$_9$)}$_3$, **1**, 687
GaC$_{21}$H$_{21}$
  GaBz$_3$, **1**, 688
GaC$_{24}$H$_{44}$
  [Ga{CH=CH(CH$_2$)$_3$Me}$_4$]$^-$, **1**, 709
GaC$_{28}$H$_{52}$
  [Ga{CH=CH(CH$_2$)$_4$Me}$_4$]$^-$, **1**, 709
GaC$_{30}$H$_{21}$
  Ga(Nap)$_3$, **1**, 688
GaC$_{30}$H$_{63}$
  Ga(C$_{10}$H$_{21}$)$_3$, **1**, 687
GaC$_{32}$H$_{28}$
  [Ga{C(CH$_2$)Ph}$_4$]$^-$, **1**, 709
GaC$_{32}$H$_{60}$
  [Ga{CH=CH(CH$_2$)$_5$Me}$_4$]$^-$, **1**, 709
GaCoC$_4$Br$_3$O$_4$
  [Co(CO)$_4$(GaBr$_3$)]$^-$, **6**, 961
GaCoC$_8$H$_8$Cl$_2$O$_5$
  $\overline{\text{Co(GaCl}_2)(\text{CO})_4\{\text{O(CH}_2)_3\text{CH}_2\}}$, **6**, 961
GaCoC$_9$H$_7$BrO$_6$
  Co(CO)$_4${GaBr(acac)}, **6**, 961

GaCoC$_{22}$H$_{15}$O$_4$
  [Co(CO)$_4$(GaPh$_3$)]$^-$, **1**, 719; **6**, 961
GaCo$_2$C$_4$H$_8$Br$_4$O$_8$
  Co$_2$GaBr$_4$(CO)$_4$(H$_2$O)$_4$, **6**, 961
GaCo$_2$C$_6$Br$_4$O$_6$
  Co$_2$GaBr$_4$(CO)$_6$, **6**, 960
GaCo$_2$C$_8$BrO$_8$
  GaBr{Co(CO)$_4$}$_2$, **6**, 961
GaCo$_2$C$_{12}$H$_{16}$Br$_4$O$_6$
  $\overline{\text{Co}_2\text{GaBr}_4(\text{CO})_4\{\text{O(CH}_2)_3\text{CH}_2\}_2}$, **6**, 961
GaCo$_2$C$_{17}$H$_5$O$_{10}$
  Ga(acac){Co(CO)$_4$}$_2$, **6**, 961
GaCo$_2$C$_{76}$H$_{60}$Br$_4$O$_4$P$_4$
  Co$_2$GaBr$_4$(CO)$_4$(PPh$_3$)$_4$, **6**, 961
GaCo$_3$C$_{12}$O$_{12}$
  Ga{Co(CO)$_4$}$_3$, **6**, 962
GaFeC$_4$Br$_3$O$_4$
  [Fe(CO)$_4$(GaBr$_3$)]$^-$, **6**, 960
GaFeC$_{10}$H$_{13}$O$_5$
  $\overline{\text{Fe(GaEt)(CO)}_4\{\text{O(CH}_2)_3\text{CH}_2\}}$, **6**, 960
GaFeC$_{12}$H$_{21}$N$_2$O$_4$
  Fe(GaEt)(CO)$_4$(TMEDA), **6**, 960
GaFeC$_{16}$H$_{13}$N$_2$O$_4$
  Fe(GaEt)(CO)$_4$(bipy), **6**, 960
GaFeC$_{16}$H$_{15}$N$_2$O$_4$
  Fe(GaEt)(CO)$_4$(py)$_2$, **6**, 960
GaFeC$_{25}$H$_{20}$O$_2$
  [Fe(CO)$_2$Cp(GaPh$_3$)]$^-$, **1**, 719; **6**, 960
GaKSi$_2$C$_8$H$_{22}$
  KGa(CH$_2$SiMe$_3$)$_2$, **1**, 684
GaMnC$_5$Br$_2$O$_5$
  Mn(GaBr$_2$)(CO)$_5$, **6**, 960
GaMnC$_9$H$_8$Cl$_2$O$_6$
  $\overline{\text{Mn(GaCl}_2)(\text{CO})_5\{\text{O(CH}_2)_3\text{CH}_2\}}$, **6**, 960
GaMnC$_{23}$H$_{15}$O$_5$
  [Mn(CO)$_5$(GaPh$_3$)]$^-$, **6**, 960
GaMoC$_{10}$H$_{11}$O$_3$
  Mo(GaMe$_2$)(CO)$_3$Cp, **3**, 1187; **6**, 957
GaMoC$_{26}$H$_{19}$Br$_3$O$_3$P
  Mo(GaBr$_2$)(CO)$_3$(η^5-C$_5$H$_4$PPh$_3$), **6**, 957
GaMo$_2$C$_{17}$H$_{13}$O$_6$
  {Mo(CO)$_3$Cp}$_2$(GaMe), **6**, 957
GaMo$_3$C$_{24}$H$_{15}$O$_9$
  Ga{Mo(CO)$_3$Cp}$_3$, **1**, 719; **6**, 957
GaNaSi$_2$C$_8$H$_{22}$
  NaGa(CH$_2$SiMe$_3$)$_2$, **1**, 684
GaSbC$_6$H$_{18}$
  GaMe$_3$(SbMe$_3$), **1**, 695
GaSiC$_4$H$_{11}$Cl$_2$
  GaCl$_2$(CH$_2$SiMe$_3$), **1**, 705
GaSi$_2$C$_8$H$_{22}$Cl
  GaCl(CH$_2$SiMe$_3$)$_2$, **1**, 705
GaSi$_2$C$_8$H$_{24}$O$_2$
  [GaMe$_2$(OSiMe$_3$)$_2$]$^-$, **1**, 714
GaSi$_2$C$_{20}$H$_{34}$N$_2$P
  $\overline{\text{Me}_2\text{Ga}\{\text{N(SiMe}_3)\text{PPh}_2\text{N(SiMe}_3)\}}$, **1**, 715
GaSi$_3$C$_9$H$_{27}$
  Ga(SiMe$_3$)$_3$, **2**, 104
GaSi$_3$C$_{12}$H$_{33}$
  Ga(CH$_2$SiMe$_3$)$_3$, **1**, 688; **2**, 96
GaSi$_6$C$_{18}$H$_{54}$N$_3$
  Ga{N(SiMe$_3$)$_2$}$_3$, **2**, 130
GaSnC$_4$H$_{12}$Cl$_3$
  GaCl$_2$(Me){SnCl(Me)$_3$}, **1**, 701
GaTaC$_{16}$H$_{28}$

GaTaC$_{16}$H$_{28}$
  TaH$_3$(Cp)$_2$(GaEt$_3$), **3**, 774
GaTiC$_{10}$H$_{10}$Cl$_4$
  Ti(GaCl$_4$)Cp$_2$, **3**, 322
GaWC$_{10}$H$_{11}$O$_3$
  W(GaMe$_2$)(CO)$_3$Cp, **1**, 719; **6**, 957
GaWC$_{12}$H$_{15}$O$_3$
  W(GaEt$_2$)(CO)$_3$Cp, **1**, 719; **6**, 957
GaWC$_{26}$H$_{20}$O$_3$
  [W(GaPh$_3$)(CO)$_3$Cp]$^-$, **3**, 1337; **6**, 957
GaWC$_{27}$H$_{26}$O$_2$P
  W(GaMe$_2$)(CO)$_2$Cp(PPh$_3$), **1**, 719; **6**, 957
GaW$_3$C$_{24}$H$_{15}$O$_9$
  Ga{W(CO)$_3$Cp}$_3$, **1**, 719; **3**, 1337; **6**, 957
Ga$_2$As$_2$C$_{28}$H$_{32}$
  {GaMe$_2$(AsPh$_2$)}$_2$, **1**, 698
Ga$_2$CH$_3$Br$_5$
  Ga$_2$Br$_5$(Me), **1**, 702
Ga$_2$C$_2$H$_5$Br$_5$
  Ga$_2$Br$_5$(Et), **1**, 702
Ga$_2$C$_2$H$_5$Cl$_4$
  {GaCl$_2$(Me)}$_2$, **1**, 701
Ga$_2$C$_6$H$_{18}$F
  [(Me$_3$Ga)$_2$F]$^-$, **1**, 709
Ga$_2$C$_6$H$_{18}$O$_2$
  {GaMe$_2$(OMe)}$_2$, **1**, 713
Ga$_2$C$_6$H$_{20}$N$_2$
  {GaMe$_2$(NHMe)}$_2$, **1**, 698
Ga$_2$C$_7$H$_{18}$N
  [(Me$_3$Ga)$_2$(CN)]$^-$, **1**, 711
Ga$_2$C$_8$H$_{24}$N$_2$
  {GaMe$_2$(NMe$_2$)}$_2$, **1**, 698
Ga$_2$C$_{10}$H$_{24}$N$_2$
  {GaMe$_2$(N=CMe$_2$)}$_2$, **1**, 698
Ga$_2$C$_{10}$H$_{24}$N$_2$O$_2$
  {GaMe$_2$(ON=CMe$_2$)}$_2$, **1**, 716
Ga$_2$C$_{10}$H$_{30}$N$_2$P$_2$
  {GaMe$_2$(NPMe$_3$)}$_2$, **1**, 715
Ga$_2$C$_{12}$H$_{30}$F
  [(Et$_3$Ga)$_2$F]$^-$, **1**, 709
Ga$_2$C$_{12}$H$_{30}$N$_4$
  [GaMe$_2${MeNC(Me)NMe}]$_2$, **1**, 715
Ga$_2$C$_{16}$H$_{22}$O$_2$
  {GaMe$_2$(OPh)}$_2$, **1**, 713
Ga$_2$C$_{16}$H$_{36}$Cl$_2$
  {GaCl(Bu$^t_2$)}$_2$, **1**, 705
Ga$_2$C$_{16}$H$_{42}$N$_2$P$_2$
  {GaMe$_2$(NPEt$_3$)}$_2$, **1**, 715
Ga$_2$C$_{28}$H$_{32}$N$_2$
  {GaMe$_2$(NPh$_2$)}$_2$, **1**, 698
Ga$_2$Ge$_2$C$_{10}$H$_{30}$O$_2$
  {GaMe$_2$(OGeMe$_3$)}$_2$, **1**, 713
Ga$_2$Ge$_2$C$_{30}$H$_{38}$O$_2$
  {GaPh$_2$(OGeMe$_3$)}$_2$, **1**, 713
Ga$_2$Ge$_2$C$_{40}$H$_{42}$O$_2$
  {GaMe$_2$(OGePh$_3$)}$_2$, **1**, 713
Ga$_2$Ge$_2$C$_{60}$H$_{50}$O$_2$
  {GaPh$_2$(OGePh$_3$)}$_2$, **1**, 713
Ga$_2$Mn$_2$C$_8$Cl$_4$O$_8$
  {Mn(GaCl$_2$)(CO)$_4$}$_2$, **6**, 961
Ga$_2$Mn$_4$C$_{18}$O$_{18}$
  Mn$_2${GaMn(CO)$_5$}$_2$(CO)$_8$, **6**, 960
Ga$_2$Mn$_4$C$_{20}$O$_{20}$
  Ga$_2${Mn(CO)$_5$}$_4$, **6**, 960
Ga$_2$Mn$_4$C$_{28}$H$_{10}$N$_2$O$_{18}$
  Mn$_2$[Ga{Mn(CO)$_5$}(py)]$_2$(CO)$_8$, **6**, 961

Ga$_2$Si$_2$C$_{10}$H$_{30}$O$_2$
  {GaMe$_2$(OSiMe$_3$)}$_2$, **1**, 713
Ga$_2$Si$_4$C$_{14}$H$_{42}$O$_4$
  {GaMe(OSiMe$_3$)$_2$}$_2$, **1**, 714
Ga$_3$C$_6$H$_{18}$F$_3$
  {GaF(Me)$_2$}$_3$, **1**, 705
Ga$_3$C$_6$H$_{18}$N$_9$
  {GaMe$_2$(N$_3$)}$_3$, **1**, 707
Ga$_3$C$_8$H$_{24}$N$_6$
  Me$_2$Ga(N$_3$)$_2$(GaMe$_3$)$_2$, **1**, 710
Ga$_3$C$_{15}$H$_{30}$N$_3$S$_3$
  {GaEt$_2$(SCN)}$_3$, **1**, 706
Ga$_4$C$_4$H$_{12}$O
  [(MeGa)$_4$O]$^{2-}$, **1**, 710
Ga$_4$C$_4$H$_{12}$S
  [(MeGa)$_4$S]$^{2-}$, **1**, 710
Ga$_4$C$_4$H$_{12}$Se
  [(MeGa)$_4$Se]$^{2-}$, **1**, 710
Ga$_4$C$_8$H$_{24}$F$_4$
  {GaF(Me)$_2$}$_4$, **1**, 705
Ga$_4$C$_{12}$H$_{24}$N$_4$
  {Ga(CN)(Me)$_2$}$_4$, **1**, 706
GdAlC$_{14}$H$_{22}$
  GdAlMe$_4$(Cp)$_2$, **3**, 204
GdC$_{12}$H$_{14}$Cl
  GdCl(C$_5$H$_4$Me)$_2$, **3**, 184
GdC$_{12}$H$_{30}$P$_3$
  Gd(CH$_2$PMe$_2$CH$_2$)$_3$, **3**, 200
GdC$_{12}$H$_{33}$Cl$_3$P$_3$
  GdCl$_3$(CH$_2$PMe$_3$)$_3$, **3**, 200
GdC$_{15}$H$_{15}$
  GdCp$_3$, **3**, 180
GdC$_{16}$H$_{16}$
  [Gd(cot)$_2$]$^-$, **3**, 192
GdC$_{17}$H$_{29}$Cl$_2$O$_3$
  GdCl$_2$(Cp){O(CH$_2$)$_3$CH$_2$}$_3$, **3**, 186
GdC$_{18}$H$_{15}$
  Gd(C≡CPh)Cp$_2$, **3**, 179
GdC$_{31}$H$_{29}$O
  Gd(C$_9$H$_7$)$_3${O(CH$_2$)$_3$CH$_2$}, **3**, 189
GdLiC$_{12}$H$_{20}$
  LiGd(CH$_2$CHCH$_2$)$_4$, **3**, 197
Gd$_2$C$_{20}$H$_{20}$Cl$_2$
  {GdCl(Cp)$_2$}$_2$, **3**, 179
Gd$_2$C$_{22}$H$_{26}$
  {GdMe(Cp)$_2$}$_2$, **3**, 179
GeAgC$_{72}$H$_{60}$P$_3$
  Ph$_3$GeAg(PPh$_3$)$_3$, **6**, 1100
GeAlC$_{18}$H$_{18}$
  [Ph$_3$GeAlH$_3$]$^-$, **2**, 469
GeAsB$_9$CH$_{10}$
  GeAsCB$_9$H$_{10}$, **1**, 546
GeAsC$_2$H$_9$
  H$_3$GeAsMe$_2$, **2**, 467
GeAsC$_3$H$_{11}$
  Me$_3$GeAsH$_2$, **2**, 467
GeAsC$_5$H$_9$F$_6$
  Me$_3$GeAs(CF$_3$)$_2$, **2**, 462
GeAsC$_{18}$H$_{15}$Cl$_2$
  Cl$_2$GeAsPh$_3$, **2**, 489
GeAsC$_{30}$H$_{25}$
  Ph$_3$GeAsPh$_2$, **2**, 467
GeAsC$_{30}$H$_{25}$O$_2$
  Ph$_3$GeOAs(O)Ph$_2$, **2**, 467
GeAuC$_{21}$H$_{24}$P
  Me$_3$GeAuPPh$_3$, **6**, 1100

GeAuC$_{36}$H$_{30}$P
 Ph$_3$GeAuPPh$_3$, **6**, 1047, 1100
GeAuRuC$_{25}$H$_{24}$O$_4$P
 Ru(GeMe$_3$)(AuPPh$_3$)(CO)$_4$, **4**, 912; **6**, 836
GeB$_4$C$_2$H$_6$
 GeC$_2$B$_4$H$_6$, **1**, 546
GeB$_4$C$_2$H$_{10}$
 H$_3$Ge(C$_2$B$_4$H$_7$), **1**, 547
GeB$_4$C$_5$H$_{16}$
 Me$_3$Ge(C$_2$B$_4$H$_7$), **1**, 547
 nido-C$_2$B$_4$H$_7$(GeMe$_3$), **1**, 439
GeB$_8$FeC$_8$H$_{20}$
 GeFe(Me$_4$C$_4$B$_8$H$_8$), **1**, 495, 547
GeB$_9$CH$_{10}$P
 GePCB$_9$H$_{10}$, **1**, 546
GeB$_9$C$_2$H$_{11}$
 GeC$_2$B$_9$H$_{11}$, **1**, 478, 517, 545
GeB$_{10}$CH$_{11}$
 [GeCB$_{10}$H$_{11}$]$^-$, **1**, 546
GeB$_{10}$C$_2$H$_{14}$
 MeGe(CB$_{10}$H$_{11}$), **1**, 546
GeB$_{10}$C$_3$H$_{21}$
 Me$_3$GeB$_{10}$H$_{12}$, **1**, 514
GeB$_{10}$CrC$_6$H$_{11}$O$_5$
 [(CO)$_5$CrGe(CB$_{10}$H$_{11}$)]$^-$, **1**, 546
GeB$_{10}$FeC$_8$H$_{16}$O$_2$
 FpGe(CB$_{10}$H$_{11}$), **1**, 546
GeB$_{10}$MoC$_{10}$H$_{18}$
 Mo(GeCHB$_{10}$H$_{10}$)(CO)$_2$(C$_7$H$_7$), **3**, 1234
GeBiC$_{30}$H$_{25}$
 Ph$_3$GeBiPh$_2$, **2**, 467
GeCH$_2$Cl$_4$
 GeCl$_3$(CH$_2$Cl), **2**, 421
GeCH$_3$Cl$_3$
 GeCl$_3$(Me), **3**, 101
GeCH$_3$Cl$_3$O
 GeCl$_3$(CH$_2$OH), **2**, 487
GeCH$_4$Cl$_3$
 GeHCl$_2$(Me), **2**, 434
GeCH$_6$
 GeH$_3$(Me), **3**, 101
GeCH$_6$ClP
 GeHCl(Me)(PH$_2$), **2**, 460
GeCH$_7$P
 GeH$_2$Me(PH$_2$), **2**, 460
GeC$_2$H$_3$Cl$_3$
 Cl$_3$GeCH=CH$_2$, **2**, 420
GeC$_2$H$_6$Br$_2$
 GeBr$_2$Me$_2$, **2**, 419
GeC$_2$H$_6$Cl$_2$
 GeCl$_2$Me$_2$, **2**, 419
 GeHCl$_2$(Et), **2**, 434
GeC$_2$H$_6$S
 Me$_2$GeS, **2**, 498
GeC$_2$H$_9$P
 Me$_2$GeH(PH$_2$), **2**, 461
GeC$_2$H$_{10}$P$_2$
 Me$_2$Ge(PH$_2$)$_2$, **2**, 461
GeC$_3$H$_5$Cl$_3$
 EtGeCCl$_3$, **2**, 484
GeC$_3$H$_8$Cl$_2$
 GeCl$_2$(Me)(Et), **2**, 434
GeC$_3$H$_8$O$_5$
 (HO)$_3$GeCH$_2$CH$_2$CO$_2$H, **2**, 403

GeC$_3$H$_9$Cl
 Me$_3$GeCl, **2**, 409, 415, 420
GeC$_3$H$_9$NOS
 Me$_3$GeNSO, **2**, 454
GeC$_3$H$_{11}$P
 Me$_3$GePH$_2$, **2**, 463
GeC$_4$H$_6$Cl$_4$O
 Cl$_3$GeCH=C(Cl)OEt, **2**, 424
GeC$_4$H$_8$Br$_2$
 Br$_2$$\overline{\text{Ge(CH}_2\text{CH}_2\text{CH}_2\text{CH}_2\text{)}}$, **2**, 407
GeC$_4$H$_8$Cl$_2$
 Cl$_2$$\overline{\text{Ge(CH}_2\text{CH}_2\text{CH}_2\text{CH}_2\text{)}}$, **2**, 407
GeC$_4$H$_{10}$S
 Et$_2$GeS, **2**, 493
GeC$_4$H$_{11}$Cl
 Et$_2$GeH(Cl), **2**, 434
 Me$_3$GeCH$_2$Cl, **2**, 409
GeC$_4$H$_{12}$
 Et$_2$GeH$_2$, **2**, 432
 GeMe$_4$, **1**, 654; **2**, 404, 409, 415, 420, 475; **3**, 101
GeC$_4$H$_{12}$O$_3$S
 Me$_3$GeOSO$_2$Me, **2**, 417
GeC$_4$H$_{20}$
 Ge(CH$_2$CH=CH$_2$)$_4$, **3**, 126
GeC$_5$H$_5$Cl$_3$
 Cl$_3$GeCp, **2**, 420
GeC$_5$H$_9$F$_6$P
 Me$_3$GeP(CF$_3$)$_2$, **2**, 462
GeC$_5$H$_{10}$Br$_2$
 Br$_2$$\overline{\text{Ge(CH}_2\text{CH}_2\text{CH}_2\text{CH}_2\text{CH}_2\text{)}}$, **2**, 407
GeC$_5$H$_{10}$Cl$_2$
 Cl$_2$$\overline{\text{Ge(CH}_2\text{CH}_2\text{CH}_2\text{CH}_2\text{CH}_2\text{)}}$, **2**, 407
GeC$_5$H$_{10}$O
 Me$_3$GeCH=CO, **2**, 440
GeC$_5$H$_{11}$Cl$_3$
 Et$_2$Ge(Cl){(CH$_2$)$_3$Cl}, **2**, 434
GeC$_5$H$_{15}$N
 Me$_3$GeNMe$_2$, **2**, 453
GeC$_5$H$_{15}$NOS
 Me$_3$GeNSOMe$_2$, **2**, 454
GeC$_5$H$_{15}$P
 Me$_3$GePMe$_2$, **2**, 409
GeC$_6$H$_6$Cl$_2$
 Cl$_2$GeH(Ph), **2**, 427, 433
GeC$_6$H$_6$I$_2$
 I$_2$GeH(Ph), **2**, 433
GeC$_6$H$_9$Cl$_2$
 Me$_3$Ge(CH$_2$CH=CCl$_2$), **2**, 39
GeC$_6$H$_{11}$Cl$_3$O
 Cl$_3$GeCMe$_2$CH$_2$COMe, **2**, 487
GeC$_6$H$_{14}$
 MeH$\overline{\text{Ge(CH}_2\text{)}_3\text{CHMe}}$, **2**, 456
GeC$_6$H$_{15}$Br
 Et$_3$GeBr, **2**, 458
GeC$_6$H$_{15}$Cl
 Et$_3$GeCl, **2**, 434, 437
GeC$_6$H$_{15}$F$_2$P
 Me$_3$GeCF$_2$PMe$_2$, **2**, 409
GeC$_6$H$_{15}$I
 Et$_3$GeI, **2**, 462
GeC$_6$H$_{16}$
 Et$_3$GeH, **2**, 427, 434
GeC$_6$H$_{16}$ClN
 Me$_2$ClGeNEt$_2$, **2**, 449

GeC$_6$H$_{17}$N
  Et$_2$GeH(NMe$_2$), **2**, 449
GeC$_6$H$_{25}$PS$_2$
  Et$_3$GeS$_2$CPEt$_2$, **2**, 463
GeC$_7$H$_9$ClO
  ClGeH(Ph)(OMe), **2**, 437
GeC$_7$H$_{10}$O$_4$
  $\overline{\text{Me}_2\text{GeO}_2\text{CCH}=\text{C}}CO_2$Me, **2**, 485
GeC$_7$H$_{14}$O
  $\overline{\text{Me}_2\text{GeCH}=\text{CHCMe}_2\text{O}}$, **2**, 438
GeC$_7$H$_{15}$Cl
  $\text{BuGe(Cl)}\overline{(\text{CH}_2\text{CH}_2\text{CH}_2)}$, **2**, 406
GeC$_7$H$_{16}$
  $\text{BuGe(H)}\overline{(\text{CH}_2\text{CH}_2\text{CH}_2)}$, **2**, 406
GeC$_7$H$_{16}$O
  $\text{Et}_2\overline{\text{Ge}(\text{CH}_2)_3\text{O}}$, **2**, 493
GeC$_7$H$_{18}$O
  Et$_3$GeOMe, **2**, 437, 458
GeC$_7$H$_{19}$N
  Me$_3$GeNEt$_2$, **2**, 457
GeC$_7$H$_{19}$P
  Me$_3$GePEt$_2$, **2**, 463
GeC$_8$H$_4$
  Ge(C≡CH)$_4$, **2**, 412
GeC$_8$H$_8$Cl$_2$
  $\text{Cl}_2\overline{\text{GeCH(CH}=\text{CH)}_2\text{CHCH}=\text{C}}$H, **2**, 486
GeC$_8$H$_{11}$N
  PhGeNMe$_2$, **2**, 480
GeC$_8$H$_{12}$Br$_2$N$_2$
  Br$_2$Ge{(CH$_2$)$_3$CN}$_2$, **2**, 414
GeC$_8$H$_{12}$O$_4$
  $\overline{\text{Me}_2\text{GeC(CO}_2\text{Me})=\text{C}}CO_2$Me, **2**, 485
GeC$_8$H$_{14}$
  Me$_3$Ge(C$_5$H$_5$), **3**, 124
GeC$_8$H$_{16}$O
  Et$_3$GeCH=CO, **2**, 440
GeC$_8$H$_{17}$N
  Et$_3$GeCH$_2$CN, **2**, 410, 417
GeC$_8$H$_{18}$O$_2$
  Et$_3$GeOAc, **2**, 465
GeC$_8$H$_{20}$
  Bu$_2$GeH$_2$, **2**, 431, 435
GeC$_8$H$_{20}$O$_2$
  Et$_3$GeOCH$_2$OMe, **2**, 442
GeC$_8$H$_{21}$N
  Et$_3$GeNMe$_2$, **2**, 448, 449
GeC$_9$H$_{10}$Cl$_2$O
  PhGe(Cl)$_2${CH(OH)CH=CH$_2$}, **2**, 434
GeC$_9$H$_{11}$NOS
  $\overline{\text{Me}_2\text{GeON}=\text{C(Ph)S}}$, **2**, 498
GeC$_9$H$_{12}$
  H$_3$Ge(C$_9$H$_9$), **3**, 128
GeC$_9$H$_{14}$
  Me$_3$GePh, **2**, 415
GeC$_9$H$_{14}$S
  Me$_3$GeSPh, **2**, 454
GeC$_9$H$_{14}$S$_3$
  PhGe(SMe)$_3$, **2**, 447
GeC$_9$H$_{15}$N
  Et$_2$GeNC$_5$H$_5$, **2**, 481
GeC$_9$H$_{18}$
  $\overline{\text{CH}_2(\text{CH}_2)_4\text{Ge}(\text{CH}_2)_3\text{CH}_2}$, **2**, 407
GeC$_9$H$_{18}$O
  $\overline{\text{Et}_2\text{GeCH}=\text{CHCMe}_2\text{O}}$, **2**, 438
GeC$_9$H$_{20}$
  Et$_3$GeCH$_2$CH=CH$_2$, **2**, 434

GeC$_9$H$_{20}$O
  Et$_3$GeCH$_2$CH$_2$CHO, **2**, 434
  Et$_3$GeCH$_2$COMe, **2**, 439
GeC$_9$H$_{21}$Br
  Pr^i$_3$GeBr, **2**, 448
GeC$_9$H$_{21}$Cl
  Et$_3$Ge(CH$_2$)$_3$Cl, **2**, 434
GeC$_9$H$_{23}$N
  Pr^i$_3$GeNH$_2$, **2**, 448
GeC$_{10}$H$_{10}$
  GeCp$_2$, **2**, 480, 481
GeC$_{10}$H$_{14}$N$_2$
  Me$_3$Ge{C(N$_2$)Ph}, **2**, 406
GeC$_{10}$H$_{16}$ClP
  Me$_2$GeCl{(CH$_2$)$_2$PHPh}, **2**, 496
GeC$_{10}$H$_{17}$ClN$_2$
  ClGePh(NMe$_2$)$_2$, **2**, 449
GeC$_{10}$H$_{18}$
  Et$_3$GeC≡CCH=CH$_2$, **7**, 5
GeC$_{10}$H$_{22}$Cl$_3$NO
  Et$_3$GeOCH(CCl$_3$)NMe$_2$, **2**, 458
GeC$_{10}$H$_{22}$O$_2$
  Et$_3$GeCH$_2$CO$_2$Et, **2**, 436
GeC$_{10}$H$_{23}$N
  Me(Et$_2$N)$\overline{\text{Ge}(\text{CH}_2)_3\text{CHMe}}$, **2**, 456
GeC$_{10}$H$_{23}$NO$_2$
  Me$_3$GeO$_2$CCH$_2$CH$_2$NEt$_2$, **2**, 457
GeC$_{10}$H$_{23}$P
  Me(Et$_2$P)$\overline{\text{Ge}(\text{CH}_2)_3\text{CHMe}}$, **2**, 464
GeC$_{10}$H$_{24}$
  Et$_3$GeBu, **2**, 462
GeC$_{10}$H$_{24}$ClP
  Me$_2$GeCl(PBu^t$_2$), **2**, 461
GeC$_{10}$H$_{24}$O
  Et$_3$GeOBu^t, **2**, 441
GeC$_{10}$H$_{24}$S
  Et$_3$GeSBu, **2**, 446
GeC$_{10}$H$_{25}$N
  Et$_3$GeNHBu, **2**, 448
GeC$_{10}$H$_{25}$O$_2$P
  Me$_3$GeOCMe(PEt$_2$)COMe, **2**, 464
GeC$_{10}$H$_{25}$P
  Et$_3$GePEt$_2$, **2**, 460, 463
GeC$_{10}$H$_{26}$N$_2$
  Me$_2$Ge(NEt$_2$)$_2$, **2**, 448
GeC$_{11}$H$_{14}$
  Me$_3$Ge(C≡CPh), **7**, 390
GeC$_{11}$H$_{17}$P
  Me$_2\overline{\text{Ge}(\text{CH}_2)_3\text{P}}$Ph, **2**, 460, 463
GeC$_{11}$H$_{17}$PS$_2$
  Me$_2\overline{\text{Ge}(\text{CH}_2)_3\text{P}}$(S)PhS, **2**, 463
GeC$_{11}$H$_{19}$Cl
  $\overline{\text{Et}_2\text{GeCH}=\text{CMeCCl}=\text{CMeCH}_2}$, **2**, 491
GeC$_{11}$H$_{22}$
  $\overline{\text{Et}_2\text{GeCH}_2\text{CMe}=\text{CMeCH}_2\text{CH}_2}$, **2**, 491
GeC$_{11}$H$_{23}$O$_2$P
  Me$_3$GeOC(=CH$_2$)CH$_2$COPEt$_2$, **2**, 465
GeC$_{11}$H$_{27}$OP
  Et$_3$GeOCH$_2$PEt$_2$, **2**, 464
GeC$_{11}$H$_{27}$P
  Me$_3$GePBu^t$_2$, **2**, 177, 461, 462
GeC$_{12}$Br$_2$F$_{10}$
  (C$_6$F$_5$)$_2$GeBr$_2$, **2**, 426
GeC$_{12}$HBrF$_{10}$
  (C$_6$F$_5$)$_2$GeBr(H), **2**, 426
GeC$_{12}$H$_2$F$_{10}$

$(C_6F_5)_2GeH_2$, **2**, 431
$GeC_{12}H_{10}$
  $(GePh_2)_n$, **2**, 481
$GeC_{12}H_{10}Br_2$
  Ph_2GeBr_2, **2**, 407, 414
$GeC_{12}H_{10}Cl_2$
  Ph_2GeCl_2, **2**, 404
$GeC_{12}H_{11}Cl$
  $Ph_2GeH(Cl)$, **2**, 428, 434
$GeC_{12}H_{12}$
  Ph_2GeH_2, **2**, 412
$GeC_{12}H_{20}NP$
  $\overline{Me_2Ge(CH_2)_3P}(=NMe)Ph$, **2**, 466
$GeC_{12}H_{21}N$
  $Et_3GeNHPh$, **2**, 462
$GeC_{12}H_{21}OP$
  $Me_2Ge(OMe)\{(CH_2)_3PHPh\}$, **2**, 460
$GeC_{12}H_{27}NO_2$
  $Et_3GeO(CH_2)_3CONMe_2$, **2**, 457
$GeC_{12}H_{27}OP$
  $Et_3GeOC(=CH_2)PEt_2$, **2**, 463
$GeC_{12}H_{28}$
  Bu_3GeH, **2**, 427
$GeC_{12}H_{29}OP$
  $Et_3GeO(CH_2)_2PEt_2$, **2**, 465
$GeC_{13}H_{12}Cl_2O$
  $PhGe(Cl)_2(CHOHPh)$, **2**, 434
$GeC_{13}H_{13}ClO$
  $Ph_2GeCl(OMe)$, **2**, 428
$GeC_{13}H_{13}Cl_2N$
  $PhGeCl_2(CH_2NHPh)$, **2**, 451
$GeC_{13}H_{21}NOS$
  $\overline{Me_2GeON(Bu^t)CHPhS}$, **2**, 498
$GeC_{13}H_{22}$
  $Me_2GeH(CH_2CH_2CMe_2Ph)$, **2**, 418
$GeC_{13}H_{22}O$
  Et_3GeOBz, **2**, 434
$GeC_{13}H_{22}S$
  Et_3GeSBz, **2**, 446
$GeC_{13}H_{23}N_2P$
  $\overline{Me_2Ge(CH_2)_3P}(=NMe)PhNMe$, **2**, 466
$GeC_{13}H_{23}P$
  $Me_3GeP(Ph)Bu^t$, **2**, 460
$GeC_{13}H_{24}N_2$
  $Et_3GeN=C=C(CN)Bu^t$, **2**, 452
$GeC_{13}H_{26}O_4$
  $Et_3GeCH(CO_2Et)_2$, **2**, 455
$GeC_{13}H_{28}NP$
  $Me_3GeCH(CN)CH_2PEt_2$, **2**, 463
$GeC_{14}H_{11}Cl_3O$
  $Cl_3GeCOCHPh_2$, **2**, 413, 428, 434
$GeC_{14}H_{13}N$
  $Ph_2GeMe(CN)$, **2**, 410
$GeC_{14}H_{16}O_2$
  $Me_2Ge(OPh)_2$, **2**, 448
$GeC_{14}H_{16}S_2$
  $Ph_2Ge(SMe)_2$, **2**, 446
$GeC_{14}H_{17}F_5O$
  $Et_3GeOC(C_6F_5)=CH_2$, **2**, 439
$GeC_{14}H_{20}$
  $Et_3GeC\equiv CPh$, **2**, 462
$GeC_{14}H_{22}O$
  $Et_3GeOC(Ph)=CH_2$, **2**, 439
$GeC_{14}H_{32}O_2$
  $\overline{Et_2Ge(CH_2)_4CH(OH)CO(CH_2)_3CH_2}$, **2**, 408
$GeC_{14}H_{32}O_2P_2$
  $\overline{Me_2GeO\{CMe(PEt_2)\}_2O}$, **2**, 464
$GeC_{14}H_{34}$
  $\overline{Et_2Ge(CH_2)_9CH_2}$, **2**, 408
$GeC_{15}H_{17}N$
  $\overline{Ph_2GeCH_2CH_2NMe}$, **2**, 451
$GeC_{15}H_{17}NOS$
  $\overline{Me_2GeON(Ph)CHPhS}$, **2**, 498
$GeC_{15}H_{26}N_2O$
  $Et_3GeN(Ph)CONMe_2$, **2**, 448
$GeC_{15}H_{30}NP$
  $Me_3GeN(Ph)C(=CMe_2)PEt_2$, **2**, 463
$GeC_{15}H_{33}NO_4$
  $Et_3GeOC(OEt)(NMe_2)CH_2CO_2Et$, **2**, 455
$GeC_{16}H_{17}O$
  $\overline{Ph_2Ge(CH_2)_2CHMeO}$, **2**, 477
  $Ph_2GeH\{(CH_2)_2COMe\}$, **2**, 477
$GeC_{16}H_{18}$
  $\overline{Ph_2Ge(CH_2CH_2CH_2CH_2)}$, **2**, 407
$GeC_{16}H_{19}P$
  $\overline{MePhGe(CH_2)_3P}Ph$, **2**, 465
$GeC_{16}H_{20}$
  Ph_2GeEt_2, **2**, 404
$GeC_{16}H_{20}P_2$
  $\overline{Me_2Ge(CH_2)_2PPhP}Ph$, **2**, 496
  $\overline{Me_2GePPhCH_2CH_2P}Ph$, **2**, 460, 462
$GeC_{16}H_{22}N_2$
  $Et_2Ge(NHPh)_2$, **2**, 449
$GeC_{16}H_{34}O$
  $Bu_3GeOCH_2C(Me)=CH_2$, **2**, 427
$GeC_{16}H_{36}$
  $GeBu_4$, **2**, 416
$GeC_{16}H_{36}O$
  $Bu_3GeCH_2CHMeCH_2OH$, **2**, 427
$GeC_{16}H_{36}S_2$
  $Bu_2Ge(SBu)_2$, **2**, 416
$GeC_{17}H_{15}Br$
  $GeBr(Me)(Ph)(C_{10}H_7)$, **2**, 425
$GeC_{17}H_{15}Cl$
  $GeCl(Me)(Ph)(C_{10}H_7)$, **2**, 421, 476
$GeC_{17}H_{15}N$
  $Ph_2GeNC_5H_5$, **2**, 481
$GeC_{17}H_{16}$
  $GeH(Me)(Ph)(C_{10}H_7)$, **2**, 405, 409, 425, 428, 432, 441; **8**, 741
$GeC_{17}H_{19}F_2P$
  $\overline{MePhGe(CH_2)_3P}PhCF_2$, **2**, 465
$GeC_{17}H_{20}Cl_2NO$
  $Cl_2GePh\{CHPhN(O)Bu^t\}$, **2**, 474
$GeC_{17}H_{21}Cl_2NO$
  $Cl_2GePh\{CHPhN(OH)Bu^t\}$, **2**, 413
$GeC_{17}H_{22}$
  $Me_2GeH(CH_2CH_2CHPh_2)$, **2**, 418
$GeC_{17}H_{26}Cl_2O$
  $Cl_2GePh\{(CH_2)_{10}CHO\}$, **2**, 428
$GeC_{17}H_{30}NOP$
  $Et_3GeN(Ph)COPEt_2$, **2**, 463
$GeC_{17}H_{30}NPS$
  $Et_3GeN(Ph)CSPEt_2$, **2**, 463
$GeC_{18}HF_{15}$
  $(C_6F_5)_3GeH$, **2**, 432
$GeC_{18}H_{15}Br$
  Ph_3GeBr, **2**, 404, 423
$GeC_{18}H_{15}N_3$
  Ph_3GeN_3, **2**, 453
$GeC_{18}H_{16}$
  Ph_3GeH, **2**, 405, 429, 432, 434

$GeC_{18}H_{16}Br_2$
    $Ge(CHBr_2)(Me)(Ph)(C_{10}H_7)$, **2**, 405
$GeC_{18}H_{16}O$
    Ph_3GeOH, **2**, 436, 437
$GeC_{18}H_{16}O_2$
    $Ge(CO_2H)(Me)(Ph)(C_{10}H_7)$, **2**, 472
$GeC_{18}H_{16}S$
    Ph_3GeSH, **2**, 444
$GeC_{18}H_{17}N$
    Ph_3GeNH_2, **2**, 121
$GeC_{18}H_{18}$
    $GeH(Et)(Ph)(C_{10}H_7)$, **2**, 432
$GeC_{18}H_{18}N_2$
    $Ph_2Ge\{(CH_2)_2CN\}_2$, **2**, 414
$GeC_{18}H_{18}O$
    $Ge(OMe)(Me)(Ph)(C_{10}H_7)$, **2**, 425
$GeC_{18}H_{21}Cl$
    $Ph_2Ge(Cl)CH=CHBu$, **2**, 434
$GeC_{18}H_{25}N$
    Et_3GeNPh_2, **2**, 457
$GeC_{18}H_{25}P$
    Et_3GePPh_2, **2**, 462
$GeC_{18}H_{34}O$
    Cy_3GeOH, **2**, 436
$GeC_{18}H_{35}P_3$
    $PhGe(PEt_2)_3$, **2**, 460
$GeC_{19}H_{15}N$
    Ph_3GeCN, **2**, 410
$GeC_{19}H_{17}ClO$
    $Ph_2GeCl(OBz)$, **2**, 430
$GeC_{19}H_{17}Cl_2N$
    $PhGeCl_2(CHPhNHPh)$, **2**, 412, 434
$GeC_{19}H_{17}Cl_2NO$
    $PhGeCl_2\{CHPhN(OH)Ph\}$, **2**, 434
$GeC_{19}H_{18}$
    Ph_3GeMe, **2**, 405
$GeC_{19}H_{18}O$
    $Ph_2GeH\{CH(OH)Ph\}$, **2**, 412
    Ph_3GeOMe, **2**, 413
$GeC_{19}H_{18}S$
    Ph_3GeSMe, **2**, 445
$GeC_{19}H_{20}$
    $GeH(Pr^i)(Ph)(C_{10}H_7)$, **2**, 432
$GeC_{19}H_{23}P$
    $\overline{Me_2Ge(CH_2)_3PPhCH=CPh}$, **2**, 463
$GeC_{20}H_{15}F_3O_2$
    $Ph_3GeO_2CCF_3$, **2**, 415
$GeC_{20}H_{16}Cl_2O$
    $PhGeCl_2\{COCHPh_2\}$, **2**, 434
$GeC_{20}H_{18}N_2O$
    $Ph_2GeNMeCONPh$, **2**, 495
$GeC_{20}H_{18}O_2$
    Ph_3GeCO_2Me, **2**, 413
$GeC_{20}H_{20}$
    $GeMe(CH_2CH=CH_2)(Ph)(C_{10}H_7)$, **2**, 418; **8**, 741
$GeC_{20}H_{20}O_2$
    $GeMe(CH_2CO_2Me)(Ph)(C_{10}H_7)$, **2**, 472
$GeC_{20}H_{22}$
    $GeMe(Pr)(Ph)(C_{10}H_7)$, **2**, 418
$GeC_{20}H_{22}N_2$
    $Ph_2Ge\{(CH_2)_3CN\}_2$, **2**, 414
$GeC_{20}H_{26}O$
    $Et_3GeOCH=CPh_2$, **2**, 428, 434
$GeC_{20}H_{36}O_2$
    Cy_3GeOAc, **2**, 436
$GeC_{21}H_{19}N$
    $Ph_3GeCH_2CH_2CN$, **2**, 505
$GeC_{21}H_{20}O$
    $Ph_3GeCH_2CH_2CHO$, **2**, 434
$GeC_{21}H_{22}$
    $GeMe(Pr)(Ph)(C_{10}H_7)$, **2**, 441
$GeC_{22}H_{22}N_2O_4$
    $Ph_3GeN(CO_2Me)NHCO_2Me$, **2**, 453
$GeC_{22}H_{22}O_2$
    $Ph_3GeCH_2CH_2CO_2Me$, **2**, 505
$GeC_{22}H_{24}$
    Ph_3GeBu, **2**, 404
$GeC_{24}F_{20}$
    $Ge(C_6F_5)_4$, **2**, 403
$GeC_{24}H_{20}$
    $GePh_4$, **2**, 415, 416
$GeC_{24}H_{22}$
    $GeMe(Bz)(Ph)(C_{10}H_7)$, **2**, 470
$GeC_{24}H_{26}O$
    $Ph_3Ge(CH_2)_4COMe$, **2**, 428
$GeC_{24}H_{27}Br$
    $(C_6H_3Me_2)_3GeBr$, **2**, 404
$GeC_{24}H_{28}$
    $Ph_3GeC_6H_{13}$, **2**, 434
$GeC_{24}H_{30}$
    $GeMe\{(CH_2)_6Me\}(Ph)(C_{10}H_7)$, **2**, 428
$GeC_{24}H_{35}OP$
    $Et_3GeOC(=CPh_2)PEt_2$, **2**, 463
$GeC_{25}H_{22}O$
    Ph_3GeOBz, **2**, 434
$GeC_{26}H_{30}O$
    $Ph_3GeOCHMe(CH_2)_2CH=CMe_2$, **2**, 428
$GeC_{27}H_{25}ClN_2O_2$
    $ClGePh(OMe)\{CHPhN(Ph)CONHPh\}$, **2**, 451
$GeC_{27}H_{26}O$
    $Ph_3GeOOCMe_2Ph$, **2**, 440
$GeC_{28}H_{46}N_2$
    $Ph_2Ge(NBu_2)_2$, **2**, 449
$GeC_{31}H_{25}N$
    $Ph_3GeC(Ph)=NPh$, **2**, 410
$GeC_{31}H_{27}N$
    $Ph_3GeN(Ph)Bz$, **2**, 434
$GeC_{31}H_{27}NO$
    $Ph_3GeON(Ph)Bz$, **2**, 434
$GeC_{31}H_{31}N$
    $Ph_3GeC(Ph)=NCy$, **2**, 410
$GeC_{32}H_{36}$
    $Ge(C_6H_3Me_2)_4$, **2**, 404
$GeCoC_4Cl_3O_4$
    $Co(GeCl_3)(CO)_4$, **3**, 118
$GeCoC_4H_3O_4$
    $Co(GeH_3)(CO)_4$, **6**, 1084
$GeCoC_7H_9O_4$
    $Co(GeMe_3)(CO)_4$, **2**, 433
$GeCoC_{22}H_{15}O_4$
    $Co(GePh_3)(CO)_4$, **3**, 118; **6**, 1087
$GeCoC_{23}H_{18}O_4$
    $[Co(GePh_3)(COMe)(CO)_3]^-$, **5**, 156
$GeCoC_{25}H_{23}O_4$
    $Co\{C(OEt)Me\}(GePh_3)(CO)_3$, **5**, 158, 161
$GeCoC_{26}H_{25}O_4$
    $Co(GePh_3)\{C(OEt)Et\}(CO)_3$, **5**, 161
$GeCoC_{27}H_{27}O_4$
    $Co(GePh_3)\{C(OEt)Pr\}(CO)_3$, **5**, 161
$GeCoC_{28}H_{20}O_4$
    $[Co(GePh_3)(COPh)(CO)_3]^-$, **5**, 156

GeCoC$_{30}$H$_{25}$O$_4$
  Co{C(OEt)Ph}(GePh$_3$)(CO)$_3$, **5**, 156
GeCoC$_{39}$H$_{30}$O$_3$P
  Co(GePh$_3$)(CO)$_3$(PPh$_3$), **6**, 1084
GeCo$_2$C$_8$I$_2$O$_8$
  GeI$_2${Co(CO)$_4$}$_2$, **5**, 6
GeCo$_2$C$_{19}$H$_{10}$O$_7$
  Co$_2$(GePh$_2$)(CO)$_7$, **5**, 197
GeCo$_2$C$_{20}$H$_{10}$O$_8$
  GePh$_2${Co(CO)$_4$}$_2$, **6**, 1088
GeCo$_3$C$_{15}$H$_5$O$_9$
  PhGeCo$_3$(CO)$_9$, **6**, 1057
GeCo$_3$C$_{17}$H$_5$O$_{11}$
  PhGe{Co(CO)$_4$}Co$_2$(CO)$_7$, **6**, 1089
GeCo$_3$C$_{18}$H$_5$O$_{12}$
  PhGe{Co(CO)$_4$}$_3$, **6**, 1057
GeCo$_4$C$_{13}$O$_{13}$
  (CO)$_4$CoGeCo$_3$(CO)$_9$, **2**, 423, 470; **6**, 1090
GeCo$_4$C$_{14}$O$_{14}$
  Ge{Co$_2$(CO)$_7$}$_2$, **6**, 1046, 1051, 1057, 1089
GeCo$_4$C$_{16}$O$_{16}$
  Ge{Co(CO)$_4$}$_4$, **6**, 1046
GeCo$_4$C$_{17}$O$_{17}$
  (CO)$_4$CoGeCo$_3$(CO)$_{13}$, **6**, 1057
GeCo$_5$C$_{16}$O$_{16}$
  {Co$_2$(CO)$_7$}GeCo$_3$(CO)$_9$, **6**, 1091
  [GeCo$_5$(CO)$_{16}$]$^-$, **6**, 1090
GeCrC$_5$Cl$_2$O$_5$
  Cr(GeCl$_2$)(CO)$_5$, **3**, 809
GeCrC$_7$H$_6$O$_5$S$_2$
  Cr{Ge(SMe)$_2$}(CO)$_5$, **2**, 489
GeCrC$_9$H$_8$Cl$_2$O$_6$
  Cr(GeCl$_2$)(CO)$_5${$\overline{\text{O(CH}_2\text{)}_3\text{CH}_2}$}, **1**, 198
GeCrC$_{11}$H$_{14}$O$_3$
  Cr(GeMe$_3$)(CO)$_3$Cp, **3**, 963
GeCrC$_{11}$H$_{14}$O$_6$
  Cr(GeMe$_2$)(CO)$_5${$\overline{\text{O(CH}_2\text{)}_3\text{CH}_2}$}, **6**, 1054
GeCrC$_{12}$H$_{14}$O$_3$
  Cr(CO)$_3${η^6-C$_6$H$_5$(GeMe$_3$)}, **3**, 1003
GeCrC$_{17}$H$_{20}$O$_3$
  Cr(CO)$_3$(η^6-C$_6$H$_5$C≡CGeEt$_3$), **3**, 1006, 1046; **8**, 1056
GeCrC$_{23}$H$_{15}$O$_5$
  [Cr(GePh$_3$)(CO)$_5$]$^-$, **6**, 1046
GeCrC$_{23}$H$_{22}$O$_5$
  Cr(GeMes$_2$)(CO)$_5$, **1**, 198; **2**, 489
GeCrC$_{23}$H$_{22}$O$_5$S$_2$
  Cr{Ge(SMes)$_2$}(CO)$_5$, **6**, 1054
GeCrSi$_4$C$_{19}$H$_{38}$O$_5$
  Cr[Ge{CH(SiMe$_3$)$_2$}$_2$](CO)$_5$, **2**, 130
GeCuC$_{72}$H$_{60}$P$_3$
  Ph$_3$GeCu(PPh$_3$)$_3$, **6**, 1100
GeErC$_{28}$H$_{25}$
  Er(GePh$_3$)Cp$_2$, **3**, 185, 208; **6**, 1101
GeFeC$_4$Cl$_3$O$_4$
  [Fe(GeCl$_3$)(CO)$_4$]$^-$, **4**, 309
GeFeC$_4$H$_4$O$_4$
  FeH(GeH$_3$)(CO)$_4$, **4**, 313
GeFeC$_7$H$_5$Cl$_3$O$_2$
  Fe(GeCl$_3$)(CO)$_2$Cp, **4**, 592; **6**, 202
GeFeC$_7$H$_8$Cl$_2$O$_2$
  Fe(GeCl$_2$Me)(CO)$_2$Cp, **6**, 1053
GeFeC$_{10}$H$_{14}$ClNO
  Fe(GeClMe$_2$)(CO)(CNMe)Cp, **4**, 528
GeFeC$_{10}$H$_{14}$Cl$_2$
  Fe(GeCl$_2$Me)Cp(CH$_2$=CHCH=CH$_2$), **4**, 453

GeFeC$_{10}$H$_{14}$O$_2$
  Fe(GeMe$_3$)(CO)$_2$Cp, **6**, 1045
GeFeC$_{12}$H$_{14}$S$_2$
  Fe{(η^5-C$_5$H$_4$S)$_2$GeMe$_2$}, **4**, 489
GeFeC$_{14}$H$_{16}$O$_3$
  Fe(CO)$_3$(C$_8$H$_7$GeMe$_3$), **4**, 440
GeFeC$_{21}$H$_{15}$O$_4$
  [Fe{GeMe(Ph)(C$_{10}$H$_7$)}(CO)$_4$]$^-$, **6**, 1072
GeFeC$_{22}$H$_{15}$O$_4$
  [Fe(GePh$_3$)(CO)$_4$]$^-$, **4**, 309
GeFeC$_{22}$H$_{18}$
  Fe{(η^5-C$_5$H$_4$)$_2$GePh$_2$}, **4**, 488
GeFeC$_{32}$H$_{23}$O$_3$
  [Fe(CO)$_3${$\overline{\text{C(Ph)=C(Ph)C(Ph)=C(Ph)Ge-Me}}$}]$^+$, **4**, 437
GeFeC$_{32}$H$_{24}$O$_3$
  Fe(CO)$_3${$\overline{\text{C(Ph)=C(Ph)C(Ph)=C(Ph)Ge-H(Me)}}$}, **4**, 437
GeFeNiC$_{13}$H$_{10}$Cl$_2$O$_3$
  Cp(CO)Ni(GeCl$_2$)Fe(CO)$_2$Cp, **6**, 202
GeFe$_2$C$_{14}$H$_{10}$Cl$_2$O$_4$
  Cl$_2$GeFp$_2$, **2**, 484; **4**, 592
GeFe$_2$C$_{14}$H$_{10}$F$_2$O$_4$
  F$_2$GeFp$_2$, **4**, 593
GeFe$_2$C$_{14}$H$_{10}$I$_2$O$_4$
  I$_2$GeFp$_2$, **4**, 592
GeFe$_2$C$_{14}$H$_{12}$O$_4$
  GeH$_2$Fp$_2$, **4**, 592
GeFe$_2$C$_{15}$H$_{16}$O$_3$
  Fe$_2$(GeMe$_2$)(CO)$_3$Cp$_2$, **4**, 532, 593
GeFe$_2$C$_{16}$H$_{16}$O$_4$
  GeMe$_2$(Fp)$_2$, **4**, 532, 592
GeFe$_2$C$_{18}$H$_{16}$O$_8$
  Ge(OAc)$_2$Fp$_2$, **4**, 593
GeFe$_2$C$_{24}$H$_{20}$O$_4$
  Ge(C$_5$H$_5$)$_2$Fp$_2$, **4**, 592
GeFe$_2$C$_{36}$H$_{22}$O$_8$
  {Fe(CO)$_4$}$_2$(HGeC$_4$HPh$_4$), **4**, 310
GeFe$_2$C$_{42}$H$_{26}$O$_8$
  {Fe(CO)$_4$}$_2$(PhGeC$_4$HPh$_4$), **4**, 309; **6**, 1072
GeFe$_3$C$_{30}$H$_{27}$Cl
  Fc$_3$GeCl, **8**, 1019
GeFe$_4$C$_{12}$O$_{12}$S$_4$
  {Fe(CO)$_3$S}$_4$Ge, **4**, 280
GeHfC$_{28}$H$_{25}$Cl
  HfCl(GePh$_3$)Cp$_2$, **3**, 573, 600; **6**, 1058
GeHgPtC$_{56}$H$_{35}$F$_{15}$P$_2$
  Pt(HgEt){Ge(C$_6$F$_5$)$_3$}(PPh$_3$)$_2$, **6**, 1027
GeHgPtSnC$_{72}$H$_{30}$F$_{30}$P$_2$
  Pt{Sn(C$_6$F$_5$)$_3$}{HgGe(C$_6$F$_5$)$_3$}(PPh$_3$)$_2$, **6**, 1027
GeIrC$_{39}$H$_{30}$O$_3$P
  Ir(GePh$_3$)(CO)$_3$(PPh$_3$), **5**, 559
GeIrC$_{43}$H$_{45}$OP$_2$
  Ir(GeEt$_3$)(CO)(PPh$_3$)$_2$, **5**, 543
GeIrC$_{43}$H$_{47}$OP$_2$
  IrH$_2$(GeEt$_3$)(CO)(PPh$_3$)$_2$, **8**, 300
GeLiC$_3$H$_9$O
  Me$_3$GeOLi, **2**, 437
GeLiC$_6$H$_{15}$
  Et$_3$GeLi, **2**, 469, 472
GeLiC$_{12}$H$_{11}$
  Ph$_2$HGeLi, **2**, 469
GeLiC$_{18}$H$_{15}$
  Ph$_3$GeLi, **2**, 410, 423, 469
GeLiC$_{18}$H$_{15}$S

GeLiC$_{18}$H$_{15}$S
    Ph$_3$GeSLi, **2**, 662
GeLiC$_{18}$H$_{17}$
    Ge(CH$_2$Li)(Me)(Ph)(C$_{10}$H$_7$), **2**, 409
GeLiC$_{19}$H$_{17}$
    Ph$_3$GeCH$_2$Li, **2**, 409
GeLiC$_{26}$H$_{23}$
    Li{CH(Bz)GePh$_3$}, **1**, 63
GeMgC$_{18}$H$_{15}$Br
    Ph$_3$GeMgBr, **6**, 1100
GeMnC$_5$Cl$_3$O$_5$
    Mn(GeCl$_3$)(CO)$_5$, **6**, 1048, 1052, 1068
GeMnC$_5$H$_3$O$_5$
    Mn(GeH$_3$)(CO)$_5$, **4**, 5; **6**, 1045, 1057
GeMnC$_5$H$_5$Cl$_3$F$_6$P$_2$
    [Mn(GeCl$_3$)Cp(PF$_3$)$_2$]$^-$, **4**, 125
GeMnC$_8$H$_9$O$_5$
    Mn(GeMe$_3$)(CO)$_5$, **4**, 76
GeMnC$_{10}$H$_9$F$_4$O$_5$
    Mn(CF$_2$CF$_2$GeMe$_3$)(CO)$_5$, **4**, 76; **6**, 1067
GeMnC$_{22}$H$_{18}$NO$_4$
    Mn(GePh$_3$)(CO)$_4$(CNMe), **4**, 148
GeMnC$_{23}$H$_{15}$O$_5$
    Mn(GePh$_3$)(CO)$_5$, **6**, 1056
GeMnC$_{40}$H$_{30}$O$_4$P
    Mn(GePh$_3$)(CO)$_4$(PPh$_3$), **6**, 1068
GeMn$_2$C$_9$Cl$_3$O$_9$
    [Mn$_2$(GeCl$_3$)(CO)$_9$]$^-$, **4**, 11
GeMn$_2$C$_{13}$H$_9$NO$_9$
    Mn$_2$(CO)$_9$(CNGeMe$_3$), **4**, 147
GeMoC$_9$H$_7$Cl$_3$O$_2$
    Mo(GeCl$_3$)(CO)$_2$(C$_7$H$_7$), **3**, 1237
GeMoC$_9$H$_8$Cl$_2$O$_6$
    Me(GeCl$_2$)(CO)$_5${$\overline{\text{O(CH}_2\text{)}_3\text{CH}_2}$}, **6**, 1055
GeMoC$_{11}$H$_{14}$O$_3$
    Mo(GeMe$_3$)(CO)$_3$Cp, **3**, 1188
GeMoC$_{14}$H$_{20}$O$_3$
    Mo(GeEt$_3$)(CO)$_3$Cp, **6**, 1055
GeMoC$_{23}$H$_{15}$O$_5$
    [Mo(GePh$_3$)(CO)$_5$]$^-$, **6**, 1046
GeMoC$_{26}$H$_{20}$O$_3$
    Mo(GePh$_3$)(CO)$_3$Ph, **8**, 1046
GeNaC$_{18}$H$_{15}$
    NaGePh$_3$, **2**, 469
GeNbC$_{16}$H$_{25}$Cl
    NbCl(GeEt$_3$)Cp$_2$, **3**, 768
GeNiC$_3$Cl$_3$O$_3$
    [Ni(GeCl$_3$)(CO)$_3$]$^-$, **6**, 18
GeNiC$_{12}$H$_{20}$O
    Ni(GeEt$_3$)(CO)Cp, **6**, 203
GeNiC$_{14}$H$_{27}$O$_3$P
    Ni(CO)$_3$(PBu$^t_2$GeMe$_3$), **6**, 20
GeNiC$_{23}$H$_{20}$Cl$_3$P
    Ni(GeCl$_3$)Cp(PPh$_3$), **6**, 207
GeNiC$_{26}$H$_{29}$O$_3$P
    Ni{Ge(OMe)$_3$}Cp(PPh$_3$), **8**, 339
GeNiC$_{29}$H$_{35}$P
    Ni(GeEt$_3$)Cp(PPh$_3$), **6**, 1095
GeNiC$_{54}$H$_{31}$F$_{15}$P$_2$
    Ni{Ge(C$_6$F$_5$)$_3$}(H)(PPh$_3$)$_2$, **6**, 43
GeNiSb$_2$C$_{28}$H$_{26}$O$_2$
    Ni(CO)$_2$(Ph$_2$SbGeMe$_2$SbPh$_2$), **6**, 22
GeNiSiC$_{16}$H$_{33}$O$_4$P
    Ni(CO)$_3$(PBu$^t_2$GeMe$_2$OSiMe$_3$), **6**, 20
GeNi$_2$C$_{12}$H$_{10}$Cl$_2$O$_2$
    {Cp(CO)Ni}$_2$GeCl$_2$, **6**, 202
GeOsC$_7$H$_9$BrO$_4$
    OsBr(GeMe$_3$)(CO)$_4$, **4**, 1023
GeOsC$_{12}$H$_{18}$O$_2$
    Os(GeMe$_3$)(CO)$_2$(C$_7$H$_9$), **4**, 1016
GeOs$_2$C$_{15}$H$_{16}$O$_5$
    Os$_2$(GeMe$_3$)(CO)$_5$(C$_7$H$_7$), **4**, 1016
GePbC$_7$H$_{21}$N
    PbMe$_3${N(Me)GeMe$_3$}, **2**, 663
GePbC$_{30}$H$_{42}$
    PbBu$_3$(GePh$_3$), **2**, 667
GePbC$_{36}$H$_{30}$
    PbPh$_3$(GePh$_3$), **2**, 667
GePbC$_{37}$H$_{32}$
    PbPh$_3$(CH$_2$GePh$_3$), **2**, 409
GePbC$_{38}$H$_{30}$
    Ph$_3$PbC≡CGePh$_3$, **2**, 644
GePb$_4$C$_{72}$H$_{60}$
    Ge(PbPh$_3$)$_4$, **2**, 667
GePdC$_{30}$H$_{46}$P$_2$
    PdH(GePh$_3$)(PEt$_3$)$_2$, **6**, 341
GePtC$_{29}$H$_{34}$P$_2$
    PtMe(GeMe$_3$)(Ph$_2$PCH$_2$PPh$_2$), **6**, 556
GePtC$_{30}$H$_{45}$ClP$_2$
    PtCl(GePh$_3$)(PEt$_3$)$_2$, **6**, 1100
GePtC$_{30}$H$_{46}$OP$_2$
    PtPh{GePh$_2$(OH)}(PEt$_3$)$_2$, **6**, 536
GePtC$_{30}$H$_{46}$P$_2$
    PtH(GePh$_3$)(PEt$_3$)$_2$, **8**, 300
GePtWC$_{52}$H$_{44}$O$_3$P$_2$
    Pt{W(CO)$_3$Cp}(GePh$_3$)(diphos), **6**, 778, 830
GeReC$_5$H$_3$O$_5$
    Re(GeH$_3$)(CO)$_5$, **4**, 204
GeReC$_8$H$_9$O$_5$
    Re(GeMe$_3$)(CO)$_5$, **4**, 204, 222
GeReC$_{26}$H$_{19}$O$_3$
    Re(CO)$_3$(η^5-C$_5$H$_4$GePh$_3$), **4**, 207
GeReRuC$_{12}$H$_9$O$_9$
    Ru(GeMe$_3$){Re(CO)$_5$}(CO)$_4$, **4**, 912; **6**, 834
GeRe$_2$C$_{10}$H$_2$O$_{10}$
    Re$_2$(GeH$_2$)(CO)$_{10}$, **4**, 204
GeRhC$_{37}$H$_{30}$Cl$_3$OP$_2$
    Rh(GeCl$_3$)(CO)(PPh$_3$)$_2$, **6**, 1052
GeRuC$_7$H$_9$O$_4$
    [Ru(GeMe$_3$)(CO)$_4$]$^-$, **4**, 912
GeRuC$_{10}$H$_{14}$O$_2$
    Ru(GeMe$_3$)(CO)$_2$Cp, **4**, 776
GeRuC$_{13}$H$_{18}$
    RuCp(η^5-C$_5$H$_4$GeMe$_3$), **4**, 769
GeRuC$_{13}$H$_{18}$O$_2$
    Ru(GeMe$_3$)(CO)$_2$(C$_8$H$_9$), **4**, 855
GeRuSiC$_{15}$H$_{25}$O$_2$
    Ru(GeMe$_3$)(CO)$_2$(C$_7$H$_8$SiMe$_3$), **4**, 916
GeRuSiC$_{19}$H$_{36}$O$_4$
    Ru(SiMe$_3$)(GeBu$_3$)(CO)$_4$, **4**, 912
GeRuSnC$_{10}$H$_{18}$O$_4$
    Ru(GeMe$_3$)(SnMe$_3$)(CO)$_4$, **4**, 912; **6**, 1046
GeRu$_2$C$_{14}$H$_{10}$I$_2$O$_4$
    {Ru(CO)$_2$Cp}$_2$GeI$_2$, **4**, 793, 825
GeRu$_2$C$_{17}$H$_{16}$O$_6$
    Ru$_2$(CO)$_6$(C$_8$H$_7$GeMe$_3$), **4**, 655
GeSbC$_{30}$H$_{25}$
    Ph$_3$GeSbPh$_2$, **2**, 467
GeSbC$_{30}$H$_{25}$O$_2$
    Ph$_3$GeOSb(O)Ph$_2$, **2**, 467
GeSiC$_3$H$_9$Cl$_3$O
    Me$_3$SiOGeCl$_3$, **2**, 438

GeSiC$_3$H$_{10}$
    HGeSiMe$_3$, **2**, 480
GeSiC$_6$H$_{16}$
    $\overline{\text{Me}_2\text{GeCH}_2\text{SiMe}_2\text{CH}_2}$, **2**, 295
GeSiC$_6$H$_{19}$N
    GeMe$_3$(NHSiMe$_3$), **2**, 448
GeSiC$_7$H$_{21}$N
    Me$_3$Ge{NMe(SiMe$_3$)}, **2**, 124
GeSiC$_8$H$_{11}$Cl$_3$
    HC(SiMe$_2$)(CH=CH){CH=C(GeCl$_3$)}CH, **2**, 260
GeSiC$_{10}$H$_{26}$O
    Et$_3$GeOCH$_2$SiMe$_3$, **2**, 437
GeSiC$_{10}$H$_{27}$N
    Me$_3$Ge{NBu^t(SiMe$_3$)}, **2**, 121
GeSiC$_{12}$H$_{23}$P
    (Me$_3$Ge)(Me$_3$Si)PPh, **2**, 459
GeSiC$_{13}$H$_{32}$O
    Pr$_3$GeOCH$_2$SiMe$_3$, **2**, 437
GeSiC$_{21}$H$_{24}$
    Ph$_3$GeSiMe$_3$, **2**, 100
GeSiC$_{21}$H$_{24}$O
    GePh$_3$(OSiMe$_3$), **2**, 436
GeSiC$_{21}$H$_{24}$O$_2$
    Ph$_3$Ge(OOSiMe$_3$), **2**, 165
GeSiC$_{22}$H$_{24}$
    $\overline{(\text{Ph}_3\text{Ge})(\text{Me})\text{Si}(\text{CH}_2)_2\text{CH}_2}$, **2**, 229
GeSiC$_{36}$H$_{30}$O$_2$
    Ph$_3$Ge(OOSiPh$_3$), **2**, 165
GeSi$_2$C$_6$H$_{18}$Cl$_3$N
    Cl$_3$GeN(SiMe$_3$)$_2$, **2**, 448
GeSi$_2$C$_{12}$H$_{33}$NO$_3$
    (EtO)$_3$GeN(SiMe$_3$)$_2$, **2**, 448
GeSi$_3$C$_{16}$H$_{42}$O
    Ge(OBu^t)(CH$_2$SiMe$_3$)$_3$, **2**, 439
GeSi$_4$C$_{12}$H$_{36}$N$_2$
    Ge{N(SiMe$_3$)$_2$}$_2$, **2**, 129
GeSi$_4$C$_{14}$H$_{38}$
    Ge{CH(SiMe$_3$)$_2$}$_2$, **2**, 96, 129, 481
GeSi$_4$WC$_{18}$H$_{38}$O$_4$
    W[Ge{CH(SiMe$_3$)$_2$}$_2$](CO)$_4$, **2**, 129
GeSi$_6$C$_{18}$H$_{54}$N$_3$
    $\dot{\text{Ge}}${N(SiMe$_3$)$_2$}$_3$, **2**, 474, 475
GeSnC$_{12}$H$_{30}$
    Et$_3$GeSnEt$_3$, **2**, 439
GeSnC$_{15}$H$_{36}$O
    Me$_3$GeOSnBu$_3$, **2**, 443
GeSnC$_{28}$H$_{30}$
    Ph$_3$GeSnMePr^{i}Ph, **2**, 470
GeSn$_2$C$_{21}$H$_{24}$F$_2$
    Ph$_3$SnGeF$_2$SnMe$_3$, **2**, 484
GeTiC$_8$H$_{13}$Cl$_3$
    TiCl$_3$(η^5-C$_5$H$_4$GeMe$_3$), **3**, 333
GeTiC$_{12}$H$_{14}$Cl$_2$
    TiCl$_2${(η^5-C$_5$H$_4$)$_2$GeMe$_2$}, **3**, 369
GeTiC$_{12}$H$_{14}$S$_5$
    Ti(S$_5$){(η^5-C$_5$H$_4$)$_2$GeMe$_2$}, **3**, 369
GeTiC$_{13}$H$_{19}$Cl
    TiCl(GeMe$_3$)Cp$_2$, **3**, 424
GeTiC$_{14}$H$_{31}$N$_3$
    Ti(NMe$_2$)$_3$(η^5-C$_5$H$_4$GeMe$_3$), **3**, 355
GeTiC$_{16}$H$_{25}$Cl
    TiCl(GeEt$_3$)Cp$_2$, **3**, 423
GeTiC$_{24}$H$_{33}$N$_3$
    Ti(GePh$_3$)(NMe$_2$)$_3$, **6**, 1058
GeTiC$_{28}$H$_{25}$
    Ti(GePh$_3$)Cp$_2$, **6**, 1058
GeTiC$_{28}$H$_{25}$Cl
    TiCl(GePh$_3$)Cp$_2$, **3**, 424
GeTiC$_{32}$H$_{33}$O
    $\overline{\text{Ti}(\text{GePh}_3)\text{Cp}_2\{\text{O}(\text{CH}_2)_3\text{CH}_2\}}$, **3**, 310
GeVC$_{16}$H$_{25}$
    V(GeEt$_3$)Cp$_2$, **3**, 680; **6**, 1060
GeVC$_{19}$H$_{31}$
    V(GePr$^i_3$)Cp$_2$, **3**, 680
GeVC$_{28}$H$_{25}$
    V(GePh$_3$)Cp$_2$, **3**, 680
GeWC$_9$H$_8$Cl$_2$O$_6$
    $\overline{\text{W}(\text{GeCl}_2)(\text{CO})_5\{\text{O}(\text{CH}_2)_3\text{CH}_2\}}$, **6**, 1054
GeWC$_{11}$H$_{14}$O$_3$
    W(GeMe$_3$)(CO)$_3$Cp, **3**, 1338
GeWC$_{23}$H$_{15}$O$_5$
    [W(GePh$_3$)(CO)$_5$]$^-$, **6**, 1046
GeWC$_{26}$H$_{20}$O$_3$
    W(GePh$_3$)(CO)$_3$Cp, **8**, 1046
GeWC$_{28}$H$_{26}$
    WH(GePh$_3$)Cp$_2$, **3**, 1348
GeYbC$_{28}$H$_{25}$
    Yb(GePh$_3$)Cp$_2$, **3**, 185; **6**, 1101
GeZnC$_{20}$H$_{20}$O
    ZnEt(OGePh$_3$), **2**, 436
GeZrC$_{16}$H$_{25}$Cl
    ZrCl(GeEt$_3$)Cp$_2$, **3**, 600
GeZrC$_{28}$H$_{25}$Cl
    ZrCl(GePh$_3$)Cp$_2$, **3**, 573, 600; **6**, 1058
Ge$_2$AuC$_{36}$H$_{30}$
    [Au(GePh$_3$)$_2$]$^-$, **6**, 1100
Ge$_2$B$_{10}$C$_6$H$_{22}$O
    C$_2$B$_{10}$H$_{10}$(GeMe$_2$OGeMe$_2$), **1**, 437
Ge$_2$BaC$_{36}$H$_{30}$
    Ba(GePh$_3$)$_2$, **2**, 469
Ge$_2$C$_3$H$_9$Se
    Me$_3$GeSeGeH$_3$, **2**, 446
Ge$_2$C$_4$H$_{14}$O
    (Me$_2$HGe)$_2$O, **2**, 435
Ge$_2$C$_5$H$_{14}$N$_2$
    Me$_2$HGeN=C=NGeHMe$_2$, **2**, 452
Ge$_2$C$_5$H$_{16}$
    Me$_3$GeGeMe$_2$H, **2**, 483
Ge$_2$C$_6$H$_{14}$Cl$_2$
    {EtGe(Cl)CH$_2$}$_2$, **2**, 434
Ge$_2$C$_6$H$_{16}$Cl$_2$
    (Me$_2$ClGeCH$_2$)$_2$, **2**, 459
Ge$_2$C$_6$H$_{16}$Cl$_2$S
    {(ClCH$_2$)Me$_2$Ge}$_2$S, **2**, 409
Ge$_2$C$_6$H$_{16}$S$_2$
    $\overline{\text{Me}_2\text{GeSGeMe}_2\text{CH}_2\text{SCH}_2}$, **2**, 409
Ge$_2$C$_6$H$_{18}$
    (Me$_3$Ge)$_2$, **2**, 476
Ge$_2$C$_6$H$_{18}$O
    (Me$_3$Ge)$_2$O, **2**, 435, 437, 443
Ge$_2$C$_6$H$_{18}$Se
    (Me$_3$Ge)$_2$Se, **2**, 446
Ge$_2$C$_6$H$_{18}$Te
    (Me$_3$Ge)$_2$Te, **2**, 447; **3**, 880
Ge$_2$C$_6$H$_{19}$O$_3$P
    (Me$_3$GeO)$_2$P(O)H, **2**, 463
Ge$_2$C$_7$H$_{18}$N$_2$
    (Me$_3$Ge)$_2$CN$_2$, **2**, 410, 491
Ge$_2$C$_7$H$_{22}$O
    Me$_3$GeCHMeGeMe$_2$(OMe), **2**, 491
Ge$_2$C$_8$H$_{22}$

$Ge_2C_8H_{22}$
  $(Et_2HGe)_2$, **2**, 432
$Ge_2C_{10}H_{18}O_4$
  $\overline{Me_2GeC(CO_2Me)=C(CO_2Me)GeMe_2}$, **2**, 485
$Ge_2C_{10}H_{24}$
  $\overline{Et_2GeCH_2GeEt_2CH_2}$, **2**, 491
$Ge_2C_{10}H_{25}Cl$
  $Et_3GeGeClEt_2$, **2**, 481
$Ge_2C_{11}H_{26}$
  $\overline{Et_2Ge(CH_2)_3GeEt_2}$, **2**, 407
$Ge_2C_{12}H_{10}Br_2$
  $(Ph_2BrGe)_2$, **2**, 432
$Ge_2C_{12}H_{10}Br_3Cl$
  $PhClBrGeGeBr_2Ph$, **2**, 470
$Ge_2C_{12}H_{10}Cl_4$
  $(PhCl_2Ge)_2$, **2**, 476, 483
$Ge_2C_{12}H_{10}Cl_4O$
  $(PhCl_2Ge)_2O$, **2**, 413
$Ge_2C_{12}H_{14}$
  $(PhH_2Ge)_2$, **2**, 407
$Ge_2C_{12}H_{21}P$
  $\overline{PhPGeMe_2CH_2CH_2GeMe_2}$, **2**, 459
$Ge_2C_{12}H_{22}N$
  $[Et_3GeNMe_2GeHEt_2]^+$, **2**, 449
$Ge_2C_{12}H_{28}$
  $\overline{Et_2Ge(CH_2)_4GeEt_2}$, **2**, 407
$Ge_2C_{12}H_{30}$
  $(Et_3Ge)_2$, **2**, 441
$Ge_2C_{12}H_{30}O$
  $(Et_3Ge)_2O$, **2**, 436
$Ge_2C_{12}H_{30}S$
  $(Et_3Ge)_2S$, **2**, 457
$Ge_2C_{12}H_{31}N$
  $(Et_3Ge)_2NH$, **2**, 457
$Ge_2C_{16}H_{19}F_2P$
  $\overline{MePhGe(CH_2)_3PPhGeF_2}$, **2**, 466
$Ge_2C_{16}H_{36}$
  $Et_2Ge(CH_2CH_2)_2GeBu_2$, **2**, 407
$Ge_2C_{18}H_{30}Cl_4O_2$
  $(Et_3GeO)_2C_6Cl_4$, **2**, 438
$Ge_2C_{18}H_{34}$
  $(Et_3Ge)_2C_6H_4$, **2**, 417
$Ge_2C_{18}H_{34}O_3S$
  $Et_3GeC_6H_4SO_2OGeEt_3$, **2**, 417
$Ge_2C_{19}H_{36}N_2S$
  $Et_3GeN(Ph)CSNHGeEt_3$, **2**, 457
$Ge_2C_{20}H_{30}N_2$
  $Et_2Ge(NPh)_2GeEt_2$, **2**, 449
$Ge_2C_{20}H_{30}P_2$
  $\overline{Me_2Ge(CH_2)_2PPhGeMe_2(CH_2)_2PPh}$, **2**, 496
$Ge_2C_{22}H_{30}$
  $\overline{\{PhGe(CH_2)_4CH_2\}_2}$, **2**, 407
$Ge_2C_{24}F_{20}S_2$
  $(C_6F_5)_2GeS_2Ge(C_6F_5)_2$, **2**, 431
$Ge_2C_{24}H_{20}Cl_2$
  $(Ph_2ClGe)_2$, **2**, 428, 432
$Ge_2C_{24}H_{22}$
  $(Ph_2HGe)_2$, **2**, 408, 497
$Ge_2C_{24}H_{30}$
  $(PhGeCH_2CMe=CMeCH_2)_2$, **2**, 474
$Ge_2C_{26}H_{26}N_2$
  $Ph_2GeNMeGePh_2NMe$, **2**, 495
$Ge_2C_{28}H_{26}O_2$
  $Ph_2GeOCMe=CMeOGePh_2$, **2**, 497
$Ge_2C_{28}H_{30}N_2$
  $Ph_2GeCH_2CH_2NMeGePh_2NMe$, **2**, 451
$Ge_2C_{30}H_{30}$
  $\overline{Ph_2Ge(CH_2)_5GePh_2}$, **2**, 408
$Ge_2C_{34}H_{30}$
  $\{MePh(C_{10}H_7)Ge\}_2$, **2**, 470
$Ge_2C_{35}H_{30}$
  $MePh(C_{10}H_7)GeGePh_3$, **2**, 471
$Ge_2C_{36}F_{30}$
  $\{(C_6F_5)_3Ge\}_2$, **2**, 471
$Ge_2C_{36}F_{30}S$
  $\{(C_6F_5)_3Ge\}_2S$, **2**, 471
$Ge_2C_{36}F_{30}Se$
  $\{(C_6F_5)_3Ge\}_2Se$, **2**, 471
$Ge_2C_{36}H_{30}$
  $(Ph_3Ge)_2$, **2**, 423, 469, 473
$Ge_2C_{36}H_{30}O$
  $(Ph_3Ge)_2O$, **2**, 445
$Ge_2C_{36}H_{30}S_2$
  $(Ph_3GeS)_2$, **2**, 444
$Ge_2C_{36}H_{30}S_3$
  $(Ph_3Ge)_2S_3$, **2**, 444
$Ge_2C_{37}H_{30}N_2$
  $(Ph_3Ge)_2CN_2$, **2**, 410
$Ge_2C_{37}H_{30}O$
  $(Ph_3Ge)_2CO$, **2**, 474
$Ge_2C_{37}H_{30}O_2$
  $Ph_3GeCOOGePh_3$, **2**, 436
$Ge_2C_{42}H_5F_{30}P$
  $\{(C_6F_5)_3Ge\}_2PPh$, **2**, 472
$Ge_2C_{43}H_{12}O_2$
  $Bz_3GeCOOGeBz_3$, **2**, 436
$Ge_2CdC_{12}H_{30}$
  $Cd(GeEt_3)_2$, **2**, 436, 857; **6**, 1059
$Ge_2CdC_{36}H_{30}$
  $Cd(GePh_3)_2$, **6**, 1005
$Ge_2CdC_{42}H_{46}N_2$
  $Cd(GePh_3)_2(TMEDA)$, **2**, 857
$Ge_2CdC_{46}H_{38}N_2$
  $Cd(GePh_3)_2(bipy)$, **2**, 857
$Ge_2CdPdC_{72}H_{60}P_2$
  $Pd(GePh_3)(CdGePh_3)(PPh_3)_2$, **6**, 256, 1033
$Ge_2CdPtC_{72}H_{30}F_{30}P_2$
  $Pt\{Ge(C_6F_5)_3\}\{CdGe(C_6F_5)_3\}(PPh_3)_2$, **6**, 1033
$Ge_2CdTiC_{22}H_{40}Cl_2$
  $TiCl_2(Cp)_2\{Cd(GeEt_3)_2\}$, **3**, 423
$Ge_2CoC_4H_5O_4$
  $Co(Ge_2H_5)(CO)_4$, **6**, 1084
$Ge_2CoC_{39}H_{30}O_3$
  $[Co(GePh_3)_2(CO)_3]^-$, **5**, 13, 32
$Ge_2Co_2C_8H_4O_8$
  $(CO)_4CoGeH_2GeH_2Co(CO)_4$, **6**, 1084
$Ge_2Co_2C_{10}H_{12}O_6$
  $Co_2(GeMe_2)_2(CO)_6$, **3**, 156; **6**, 1057, 1088
$Ge_2Co_2FeC_{14}H_{10}Cl_4O_6$
  $Fe(CO)_4(GeCl_2)_2Co_2(CO)_2Cp_2$, **6**, 1081
$Ge_2CrC_{11}H_{18}O_5Se$
  $Cr(CO)_5\{Se(GeMe_3)_2\}$, **3**, 796
$Ge_2CrC_{11}H_{18}O_5Te$
  $Cr(CO)_5\{Te(GeMe_3)_2\}$, **2**, 447; **3**, 880
$Ge_2CrSi_8C_{32}H_{78}O_4$
  $Cr[Ge\{CH(SiMe_3)_2\}_2]_2(CO)_4$, **6**, 1054
$Ge_2Cr_2C_{18}H_{22}O_4$
  $\{Cr(GeMe_2)(CO)_2Cp\}_2$, **3**, 966
$Ge_2FeC_4Br_6O_4$
  $Fe(GeBr_3)_2(CO)_4$, **4**, 308
$Ge_2FeC_4H_6O_4$
  $Fe(GeH_3)_2(CO)_4$, **6**, 1082
$Ge_2FeC_6H_{10}O_4$

Fe(GeH$_2$Me)$_2$(CO)$_4$, **4**, 310
Ge$_2$FeC$_8$H$_{14}$O$_4$
   Fe(GeHMe$_2$)$_2$(CO)$_4$, **4**, 310
Ge$_2$FeC$_{10}$H$_{18}$O$_4$
   Fe(GeMe$_3$)$_2$(CO)$_4$, **3**, 119
Ge$_2$Fe$_2$C$_7$H$_4$O$_7$
   Fe$_2$(GeH$_2$)$_2$(CO)$_7$, **6**, 1082
Ge$_2$Fe$_2$C$_8$H$_4$O$_8$
   {Fe(GeH$_2$)(CO)$_4$}$_2$, **6**, 1083
Ge$_2$Fe$_2$C$_{10}$H$_8$O$_8$
   {Fe(GeHMe)(CO)$_4$}$_2$, **4**, 310
Ge$_2$Fe$_2$C$_{11}$H$_{12}$O$_7$
   Fe$_2$(GeMe$_2$)$_2$(CO)$_7$, **4**, 310
Ge$_2$Fe$_2$C$_{12}$H$_{12}$O$_8$
   {Fe(GeMe$_2$)(CO)$_4$}$_2$, **2**, 489; **6**, 1057
Ge$_2$Fe$_2$C$_{12}$H$_{12}$O$_9$
   {Fe(CO)$_4$}$_2$(Me$_2$GeOGeMe$_2$), **4**, 309
Ge$_2$Fe$_2$C$_{13}$H$_{14}$O$_8$
   {Fe(CO)$_4$}$_2$(Me$_2$GeCH$_2$GeMe$_2$), **4**, 309
Ge$_2$Fe$_2$C$_{16}$H$_{20}$O$_8$
   {Fe(GeEt$_2$)(CO)$_4$}$_2$, **4**, 310
Ge$_2$Fe$_2$C$_{18}$H$_{22}$O$_5$
   (FpGeMe$_2$)$_2$O, **4**, 593
Ge$_2$Fe$_2$C$_{32}$H$_{20}$O$_8$
   {Fe(GePh$_2$)(CO)$_4$}$_2$, **2**, 489
Ge$_2$Ga$_2$C$_{10}$H$_{30}$O$_2$
   {GaMe$_2$(OGeMe$_3$)}$_2$, **1**, 713
Ge$_2$Ga$_2$C$_{30}$H$_{38}$O$_2$
   {GaPh$_2$(OGeMe$_3$)}$_2$, **1**, 713
Ge$_2$Ga$_2$C$_{40}$H$_{42}$O$_2$
   {GaMe$_2$(OGePh$_3$)}$_2$, **1**, 713
Ge$_2$Ga$_2$C$_{60}$H$_{50}$O$_2$
   {GaPh$_2$(OGePh$_3$)}$_2$, **1**, 713
Ge$_2$HgC$_6$H$_{18}$
   Hg(GeMe$_3$)$_2$, **2**, 469
Ge$_2$HgC$_{12}$H$_{10}$Cl$_4$
   Hg(GeCl$_2$Ph)$_2$, **2**, 474
Ge$_2$HgC$_{12}$H$_{30}$
   Hg(GeEt$_3$)$_2$, **2**, 436, 438; **6**, 1059
Ge$_2$HgC$_{34}$H$_{30}$
   Hg{GeMe(Ph)(C$_{10}$H$_7$)}$_2$, **2**, 469
Ge$_2$HgC$_{36}$F$_{30}$
   Hg{Ge(C$_6$F$_5$)$_3$}$_2$, **6**, 994
Ge$_2$HgIrC$_{19}$H$_{48}$ClOP$_2$
   Ir(HgCl)(GeMe$_3$)$_2$(CO)(PEt$_3$)$_2$, **6**, 1026
Ge$_2$HgPdC$_{72}$H$_{30}$F$_{30}$P$_2$
   Pd{Ge(C$_6$F$_5$)$_3$}{HgGe(C$_6$F$_5$)$_3$}(PPh$_3$)$_2$, **6**, 256
Ge$_2$HgPdC$_{72}$H$_{60}$P$_2$
   Pd(GePh$_3$)(HgGePh$_3$)(PPh$_3$)$_2$, **6**, 1027
Ge$_2$HgPtC$_{72}$H$_{30}$F$_{30}$P$_2$
   Pt{Ge(C$_6$F$_5$)$_3$}{HgGe(C$_6$F$_5$)$_3$}(PPh$_3$)$_2$, **6**, 994, 1027
Ge$_2$HgRu$_2$C$_{14}$H$_{18}$O$_8$
   Hg{Ru(GeMe$_3$)(CO)$_4$}$_2$, **4**, 912; **6**, 1016
Ge$_2$In$_2$C$_{10}$H$_{30}$O$_2$
   {InMe$_2$(OGeMe$_3$)}$_2$, **1**, 713
Ge$_2$IrC$_{39}$H$_{30}$O$_3$
   [Ir(GePh$_3$)$_2$(CO)$_3$]$^-$, **5**, 559
Ge$_2$MnC$_{10}$H$_{18}$O$_4$
   [Mn(GeMe$_3$)$_2$(CO)$_4$]$^-$, **4**, 26
Ge$_2$MnC$_{40}$H$_{30}$O$_4$
   [Mn(GePh$_3$)$_2$(CO)$_4$]$^-$, **4**, 26, 29
Ge$_2$Mn$_2$C$_{10}$H$_4$O$_{10}$
   (CO)$_5$Mn(GeH$_2$)$_2$Mn(CO)$_5$, **6**, 1046
Ge$_2$Mn$_2$C$_{14}$H$_{18}$P$_2$

Mn$_2${P(GeMe$_3$)$_2$}(CO)$_8$, **4**, 104
Ge$_2$MoC$_4$Cl$_6$O$_4$
   [Mo(GeCl$_3$)$_2$(CO)$_4$]$^{2-}$, **6**, 1063
Ge$_2$MoC$_{11}$H$_{18}$O$_5$Se
   Mo(CO)$_5${Se(GeMe$_3$)$_2$}, **3**, 1084
Ge$_2$MoC$_{11}$H$_{18}$O$_5$Te
   Mo(CO)$_5${Te(GeMe$_3$)$_2$}, **2**, 447; **3**, 880, 1084
Ge$_2$Mo$_2$C$_{16}$H$_{10}$I$_4$O$_6$
   {Mo(GeI$_2$)(CO)$_3$Cp}$_2$, **3**, 1188
Ge$_2$NbC$_{58}$H$_{45}$O
   Nb(CO)Cp(PhC≡CGePh$_3$)$_2$, **3**, 753
Ge$_2$NiC$_{13}$H$_{27}$O$_3$P
   Ni(CO)$_3${P(GeMe$_3$)$_2$Bu^t}, **6**, 20
Ge$_2$OsC$_{10}$H$_{18}$O$_4$
   Os(GeMe$_3$)$_2$(CO)$_4$, **4**, 1016, 1023
Ge$_2$PdC$_{54}$H$_{60}$P$_2$
   Pd(GePh$_3$)$_2$(PEt$_3$)$_2$, **6**, 1096
Ge$_2$PrC$_{36}$ClF$_{30}$
   PrCl{Ge(C$_6$F$_5$)$_3$}$_2$, **3**, 208
Ge$_2$PrC$_{36}$F$_{30}$
   [Pr{Ge(C$_6$F$_5$)$_3$}$_2$]$^+$, **3**, 208
Ge$_2$PtC$_{48}$H$_{60}$P$_2$
   Pt(GePh$_3$)$_2$(PEt$_3$)$_2$, **8**, 300
Ge$_2$PtZnC$_{72}$H$_{30}$F$_{30}$P$_2$
   Pt{Ge(C$_6$F$_5$)$_3$}{ZnGe(C$_6$F$_5$)$_3$}(PPh$_3$)$_2$, **6**, 1036
Ge$_2$ReC$_{40}$H$_{30}$O$_4$
   [Re(GePh$_3$)$_2$(CO)$_4$]$^-$, **4**, 204
Ge$_2$Re$_2$C$_{16}$H$_{18}$O$_{10}$
   Me$_2$GeOC(Me)Re(CO)$_4$GeMe$_2$OC(Me)Re-(CO)$_4$, **4**, 222; **6**, 1107
Ge$_2$RhC$_{39}$H$_{30}$O$_3$
   [Rh(GePh$_3$)$_2$(CO)$_3$]$^-$, **5**, 280
Ge$_2$RuC$_7$H$_6$Cl$_6$O
   Ru(GeCl$_3$)$_2$(CO)(η^6-C$_6$H$_6$), **4**, 919
Ge$_2$RuC$_{10}$H$_{18}$O$_4$
   Ru(GeMe$_3$)$_2$(CO)$_4$, **4**, 752; **6**, 1056
Ge$_2$RuC$_{16}$H$_{30}$O$_2$
   Ru(GeMe$_3$)$_2$(CO)$_2$(cod), **4**, 915
Ge$_2$RuC$_{44}$H$_{48}$O$_2$P$_2$
   Ru(GeMe$_3$)$_2$(CO)$_2$(PPh$_3$)$_2$, **4**, 914
Ge$_2$Ru$_2$C$_{14}$H$_{18}$O$_8$
   {Ru(GeMe$_3$)(CO)$_4$}$_2$, **4**, 912; **6**, 1051
Ge$_2$Ru$_2$C$_{18}$H$_{24}$O$_4$
   {Ru(GeMe$_3$)(CO)$_2$}$_2$(C$_8$H$_6$), **4**, 855
Ge$_2$Si$_2$C$_{10}$H$_{26}$Cl$_2$
   {Me(Cl)SiCH$_2$GeMe$_2$CH$_2$}$_2$, **2**, 288
Ge$_2$SrC$_{36}$H$_{30}$
   Sr(GePh$_3$)$_2$, **2**, 469
Ge$_2$TiC$_{18}$H$_{32}$
   Ti(CH$_2$GeMe$_3$)$_2$Cp$_2$, **3**, 397
Ge$_2$TiC$_{46}$H$_{38}$Cl$_2$
   TiCl$_2$(η^5-C$_5$H$_4$GePh$_3$)$_2$, **3**, 367
Ge$_2$TiC$_{46}$H$_{40}$
   Ti(GePh$_3$)$_2$Cp$_2$, **3**, 424; **6**, 1059
Ge$_2$WC$_{11}$H$_{18}$O$_5$Se
   W(CO)$_5${Se(GeMe$_3$)$_2$}, **3**, 1262
Ge$_2$WC$_{11}$H$_{18}$O$_5$Te
   W(CO)$_5${Te(GeMe$_3$)$_2$}, **2**, 447; **3**, 880, 1262
Ge$_2$ZnC$_{36}$H$_{30}$
   Zn(GePh$_3$)$_2$, **2**, 469
Ge$_3$AlC$_9$H$_{27}$
   Al(GeMe$_3$)$_3$, **1**, 624; **2**, 466, 469
Ge$_3$AsCrC$_{14}$H$_{27}$O$_5$
   Cr(CO)$_5${As(GeMe$_3$)$_3$}, **3**, 797

Ge$_3$AsMoC$_{14}$H$_{27}$O$_5$
  Mo(CO)$_5${As(GeMe$_3$)$_3$}, **3**, 797
Ge$_3$AsWC$_{14}$H$_{27}$O$_5$
  W(CO)$_5${As(GeMe$_3$)$_3$}, **3**, 797
Ge$_3$BiC$_9$H$_{27}$
  (Me$_3$Ge)$_3$Bi, **2**, 466, 468
Ge$_3$BiC$_{18}$H$_{45}$
  (Et$_3$Ge)$_3$Bi, **2**, 467
Ge$_3$BiCrC$_{14}$H$_{27}$O$_5$
  Cr(CO)$_5${Bi(GeMe$_3$)$_3$}, **3**, 797
Ge$_3$BiMoC$_{14}$H$_{27}$O$_5$
  Mo(CO)$_5${Bi(GeMe$_3$)$_3$}, **3**, 797
Ge$_3$BiWC$_{14}$H$_{27}$O$_5$
  W(CO)$_5${Bi(GeMe$_3$)$_3$}, **3**, 797
Ge$_3$C$_7$H$_{22}$
  Me$_3$GeGeMe$_2$GeMe$_2$H, **2**, 483
Ge$_3$C$_9$H$_{27}$N
  (Me$_3$Ge)$_3$N, **2**, 449
Ge$_3$C$_9$H$_{27}$P
  (Me$_3$Ge)$_3$P, **2**, 459, 461, 466
Ge$_3$C$_{12}$H$_{30}$S$_3$
  (Et$_2$GeS)$_3$, **2**, 493
Ge$_3$C$_{12}$H$_{32}$
  (Et$_2$HGe)$_2$GeEt$_2$, **2**, 432
Ge$_3$C$_{18}$H$_{15}$Br$_3$Cl$_2$
  (PhClBrGe)$_2$GeBrPh, **2**, 470
Ge$_3$C$_{18}$H$_{15}$Cl$_5$
  (PhCl$_2$Ge)$_2$GeClPh, **2**, 483
Ge$_3$C$_{24}$H$_{33}$P$_3$
  (Me$_2$GePPh)$_3$, **2**, 496
Ge$_3$C$_{24}$H$_{54}$S$_3$
  (Bu$_2$GeS)$_3$, **2**, 416
Ge$_3$C$_{36}$F$_{32}$
  {(C$_6$F$_5$)$_3$Ge}$_2$GeF$_2$, **2**, 472
Ge$_3$C$_{36}$H$_{30}$
  (Ph$_3$Ge)$_2$Ge, **2**, 484
Ge$_3$CrC$_{14}$H$_{27}$O$_5$P
  Cr(CO)$_5${P(GeMe$_3$)$_3$}, **3**, 832
Ge$_3$CrSbC$_{14}$H$_{27}$O$_5$
  Cr(CO)$_5${Sb(GeMe$_3$)$_3$}, **3**, 797
Ge$_3$FeC$_4$H$_8$O$_4$
  Fe(GeH$_3$)(Ge$_2$H$_5$)(CO)$_4$, **6**, 1057
Ge$_3$Fe$_2$C$_{12}$H$_{18}$O$_6$
  (CO)$_3$Fe(μ-GeMe$_2$)$_3$Fe(CO)$_3$, **4**, 309, 310; **6**, 1076, 1109
Ge$_3$Fe$_2$C$_{14}$H$_{18}$O$_8$
  Me$_2$GeFe(CO)$_4$(GeMe$_2$)$_2$Fe(CO)$_4$, **6**, 1046
Ge$_3$Fe$_3$C$_{15}$H$_{18}$O$_9$
  (Me$_2$Ge)$_3${Fe(CO)$_3$}$_3$, **6**, 1078
Ge$_3$MoC$_{14}$H$_{27}$O$_5$P
  Mo(CO)$_5${P(GeMe$_3$)$_3$}, **3**, 832
Ge$_3$MoSbC$_{14}$H$_{27}$O$_5$
  Mo(CO)$_5${Sb(GeMe$_3$)$_3$}, **3**, 797
Ge$_3$NiC$_9$H$_{27}$O$_3$P
  Ni(CO)$_3${P(GeMe$_3$)$_3$}, **6**, 20
Ge$_3$NiSbC$_{12}$H$_{27}$O$_3$
  Ni(CO)$_3${Sb(GeMe$_3$)$_3$}, **6**, 20
Ge$_3$Os$_2$C$_{12}$H$_{18}$O$_6$
  Os$_2$(GeMe$_2$)$_3$(CO)$_6$, **4**, 1023
Ge$_3$Os$_3$C$_{15}$H$_{18}$O$_9$
  {Os(GeMe$_2$)(CO)$_3$}$_3$, **4**, 1023
Ge$_3$Ru$_2$C$_{12}$H$_{18}$O$_6$
  (CO)$_3$Ru(GeMe$_2$)$_3$Ru(CO)$_3$, **4**, 911; **6**, 1051
Ge$_3$Ru$_3$C$_{15}$H$_{18}$O$_9$
  {Ru(GeMe$_2$)(CO)$_3$}$_3$, **4**, 910, 911; **6**, 1051, 1078
Ge$_3$Ru$_3$C$_{33}$H$_{54}$O$_9$
  {Ru(GeBu$_2$)(CO)$_3$}$_3$, **4**, 912
Ge$_3$SbC$_9$H$_{27}$
  (Me$_3$Ge)$_3$Sb, **2**, 466
Ge$_3$SbC$_{18}$H$_{45}$
  (Et$_3$Ge)$_3$Sb, **2**, 467
Ge$_3$SbWC$_{14}$H$_{27}$O$_5$
  W(CO)$_5${Sb(GeMe$_3$)$_3$}, **3**, 797
Ge$_3$TlC$_{18}$H$_{45}$
  Tl(GeEt$_3$)$_3$, **1**, 729
Ge$_3$WC$_{14}$H$_{27}$O$_5$P
  W(CO)$_5${P(GeMe$_3$)$_3$}, **3**, 832
Ge$_4$C$_{12}$H$_{36}$N$_4$
  (Me$_3$Ge)$_2$N$_4$(GeMe$_3$)$_2$, **2**, 453
Ge$_4$C$_{15}$H$_{36}$
  (Me$_3$Ge)$_2$C=C=C(GeMe$_3$)$_2$, **2**, 410
Ge$_4$C$_{16}$H$_{42}$
  Et$_2$HGe(GeEt$_2$)$_2$GeHEt$_2$, **2**, 432
Ge$_4$C$_{19}$H$_{48}$
  (Et$_3$Ge)$_3$GeMe, **2**, 472
Ge$_4$C$_{24}$H$_{20}$Cl$_6$
  (PhCl$_2$Ge)$_3$GePh, **2**, 460, 483
Ge$_4$C$_{30}$H$_{38}$S$_3$
  {Ph(SMe)$_2$Ge}$_3$GePh, **2**, 447
Ge$_4$C$_{48}$H$_{40}$
  (Ph$_2$Ge)$_4$, **2**, 497
Ge$_4$C$_{54}$H$_{46}$
  (Ph$_3$Ge)$_3$GeH, **2**, 484
Ge$_4$Cd$_3$Ni$_2$C$_{82}$H$_{70}$
  Cd{Ni(GePh$_3$)(CdGePh$_3$)Cp}$_2$, **6**, 208, 1005, 1031, 1095
Ge$_4$Fe$_2$C$_{16}$H$_{24}$O$_8$
  Me$_2$GeFe(CO)$_4$(GeMe$_2$)$_2$Fe(CO)$_4$GeMe$_2$, **6**, 1046
Ge$_4$Hg$_3$Ni$_2$C$_{82}$H$_{70}$
  Hg{Ni(GePh$_3$)(HgGePh$_3$)Cp}$_2$, **6**, 208, 1017, 1026
Ge$_4$Os$_2$C$_{12}$H$_{30}$O$_6$
  {Os(GeMe$_2$)(GeMe$_3$)(CO)$_3$}$_2$, **6**, 1052
Ge$_4$Os$_2$C$_{16}$H$_{30}$O$_6$
  {Os(GeMe$_2$)(GeMe$_3$)(CO)$_3$}$_2$, **4**, 1023
Ge$_4$Sb$_2$C$_6$H$_{18}$
  {(Me$_3$Ge)$_2$Sb}$_2$, **2**, 467
Ge$_5$C$_{60}$H$_{50}$
  (Ph$_2$Ge)$_5$, **2**, 497
Ge$_5$HgPrC$_{90}$F$_{75}$
  Pr{Ge(C$_6$F$_5$)$_3$}$_3$[Hg{Ge(C$_6$F$_5$)$_3$}$_2$], **3**, 208
Ge$_6$C$_{12}$H$_{36}$P$_4$
  (Me$_2$Ge)$_6$P$_4$, **2**, 461
Ge$_6$C$_{24}$H$_{60}$P$_4$
  (Et$_2$Ge)$_6$P$_4$, **2**, 461
Ge$_6$C$_{72}$H$_{60}$
  (Ph$_2$Ge)$_6$, **2**, 497
Ge$_7$C$_{18}$H$_{54}$N$_3$
  {(Me$_3$Ge)$_2$N}$_3$Ge·, **2**, 474
Ge$_7$C$_{42}$H$_{35}$P
  (PhGeP)$_7$, **2**, 459

H

$HfB_2C_{10}H_{18}$
  $Hf(BH_4)_2Cp_2$, **3**, 601; **6**, 901
$HfB_{20}C_4H_{24}$
  $Hf(C_2B_{10}H_{12})_2$, **1**, 529
$HfB_{20}C_8H_{32}$
  $[Hf(Me_2C_2B_{10}H_{10})_2]^{2-}$, **3**, 623
$HfC_5H_5Cl_3$
  $HfCl_3(Cp)$, **3**, 561
$HfC_7H_9F_3$
  $HfF_3(\eta^5-C_5H_4Et)$, **3**, 561
$HfC_8H_{12}Cl_4N_4$
  $Hf\{C(Cl)=NMe\}_4$, **3**, 640
$HfC_{10}H_{10}ClNO_3$
  $HfCl(NO_3)Cp_2$, **3**, 574
$HfC_{10}H_{10}Cl_2$
  $HfCl_2(Cp)_2$, **3**, 569; **8**, 1049
$HfC_{10}H_{10}F_2$
  $HfF_2(Cp)_2$, **3**, 572
$HfC_{10}H_{10}N_2O_6$
  $Hf(NO_3)_2Cp_2$, **3**, 574
$HfC_{10}H_{10}S_5$
  $Hf(S_5)Cp_2$, **3**, 577
$HfC_{10}H_{12}$
  $HfH_2(Cp)_2$, **3**, 602; **8**, 300
$HfC_{12}H_{10}O_2$
  $Hf(CO)_2Cp_2$, **3**, 611, 615
$HfC_{12}H_{16}$
  $HfMe_2(Cp)_2$, **3**, 580; **8**, 300
$HfC_{12}H_{16}Se_2$
  $Hf(SeMe)_2Cp_2$, **3**, 583
$HfC_{12}H_{20}$
  $Hf(CH_2CHCH_2)_4$, **3**, 620
$HfC_{13}H_{14}Cl_2$
  $HfCl_2\{(\eta^5-C_5H_4CH_2)_2CH_2\}$, **3**, 570, 571
$HfC_{14}H_{10}Cl_6O_4$
  $Hf(O_2CCCl_3)_2Cp_2$, **3**, 576
$HfC_{14}H_{16}$
  $Hf(C_7H_7)(C_7H_9)$, **3**, 622
$HfC_{14}H_{22}N_2$
  $Hf(NMe_2)_2Cp_2$, **3**, 569
$HfC_{15}H_{19}ClO_4$
  $HfCl(acac)_2Cp$, **3**, 564
$HfC_{15}H_{21}P$
  $Hf(C_6H_6)_2(PMe_3)$, **3**, 644
$HfC_{16}H_{14}Cl_2$
  $HfCl_2(C_8H_7)_2$, **3**, 628
$HfC_{16}H_{16}$
  $Hf(cot)_2$, **1**, 219; **3**, 624
$HfC_{16}H_{16}Cl_2N_2$
  $HfCl_2(Ph)_2(MeCN)_2$, **3**, 641
$HfC_{16}H_{22}Cl_2$
  $HfCl_2(\eta^5-C_5H_4Pr^i)_2$, **3**, 570

$HfC_{17}H_{25}P$
  $Hf(\eta^6-C_6H_5Me)_2(PMe_3)$, **3**, 644
$HfC_{18}H_{18}$
  $\overline{Hf(CH_2C_6H_4CH_2)Cp_2}$, **3**, 593
$HfC_{18}H_{28}S_2$
  $Hf(SBu^t)_2Cp_2$, **3**, 577
$HfC_{18}H_{30}N_2$
  $Hf(NEt_2)_2Cp_2$, **3**, 577
$HfC_{20}H_{20}$
  $Hf(C_5H_5)_2Cp_2$, **3**, 619
$HfC_{20}H_{24}O$
  $Hf\{C_6H_4(CH_2)_2\}\{\overline{O(CH_2)_3CH_2}\}$, **3**, 639
$HfC_{20}H_{26}O_6$
  $Hf(acac)_3Cp$, **3**, 562
$HfC_{20}H_{44}$
  $Hf(CH_2Bu^t)_4$, **3**, 636
$HfC_{22}H_{30}O_2$
  $Hf(CO)_2(\eta^5-C_5Me_5)_2$, **3**, 568
$HfC_{23}H_{20}O$
  $HfPh(COPh)Cp_2$, **3**, 589
$HfC_{24}H_{24}$
  $HfBz_2(Cp)_2$, **3**, 580
$HfC_{26}H_{20}$
  $Hf(C\equiv CPh)_2Cp_2$, **3**, 590
$HfC_{28}H_{28}$
  $HfBz_4$, **8**, 300
$HfC_{29}H_{26}ClP$
  $HfCl(CHPPh_3)Cp_2$, **3**, 580
$HfC_{36}H_{32}$
  $Hf(CHPh_2)_2Cp_2$, **3**, 596
$HfC_{38}H_{30}$
  $\overline{Hf\{C(Ph)=C(Ph)C(Ph)=CPh\}Cp_2}$, **3**, 597
$HfC_{40}H_{44}$
  $Hf\{C(Ph)=CMe_2\}_4$, **3**, 472, 640
$HfCo_3C_{20}H_{10}ClO_{10}$
  $HfCl\{Co_3(CO)_{10}\}Cp_2$, **3**, 573; **5**, 165
$HfCo_6C_{30}H_{10}O_{20}$
  $Hf\{Co_3(CO)_{10}\}_2Cp_2$, **3**, 575; **5**, 165
$HfGeC_{28}H_{25}Cl$
  $HfCl(GePh_3)Cp_2$, **3**, 573, 600; **6**, 1058
$HfSiC_{28}H_{25}Cl$
  $HfCl(SiPh_3)Cp_2$, **3**, 573, 600; **6**, 1058
$HfSiSnC_{18}H_{32}$
  $Hf(CH_2SiMe_3)(CH_2SnMe_3)Cp_2$, **3**, 585
$HfSi_2C_{24}H_{34}$
  $\overline{Hf\{CH(SiMe_3)C_6H_4CH(SiMe_3)\}Cp_2}$, **3**, 567
$HfSi_3C_{12}H_{33}Cl$
  $HfCl(CH_2SiMe_3)_3$, **3**, 636
$HfSi_4C_{14}H_{42}N_2$
  $HfMe_2\{N(SiMe_3)_2\}_2$, **3**, 642; **8**, 259
$HfSi_4C_{16}H_{42}N_2O_4$
  $HfMe_2\{O_2CN(SiMe_3)_2\}_2$, **3**, 642; **8**, 259

HfSi$_4$C$_{16}$H$_{44}$
  Hf(CH$_2$SiMe$_3$)$_4$, **3**, 636
HfSi$_4$C$_{16}$H$_{46}$N$_2$
  HfEt$_2$\{N(SiMe$_3$)$_2$\}$_2$, **8**, 259
HfSi$_4$C$_{17}$H$_{47}$ClN$_2$
  HfCl(CH$_2$Bu^t)\{N(SiMe$_3$)$_2$\}$_2$, **3**, 641
HfSi$_4$C$_{18}$H$_{46}$N$_2$O$_4$
  HfEt$_2$\{O$_2$CN(SiMe$_3$)$_2$\}$_2$, **8**, 259
HfSi$_4$C$_{24}$H$_{60}$N$_4$
  Hf\{C(Me)=NBu^t\}$_2$\{N(SiMe$_3$)$_2$\}$_2$, **3**, 641
HfSi$_6$C$_{19}$H$_{57}$N$_3$
  HfMe\{N(SiMe$_3$)$_2$\}$_3$, **3**, 641
HfSi$_6$C$_{20}$H$_{58}$N$_2$
  Hf(CH$_2$SiMe$_3$)$_2$\{N(SiMe$_3$)$_2$\}$_2$, **3**, 641
HfSnC$_{28}$H$_{25}$Cl
  HfCl(SnPh$_3$)Cp$_2$, **3**, 573; **6**, 1058
HfSn$_2$C$_{20}$H$_{34}$
  Hf(SnMe$_3$)$_2$(η^6-C$_6$H$_5$Me)$_2$, **3**, 644
Hf$_2$C$_{22}$H$_{26}$O
  \{HfMe(Cp)$_2$\}$_2$O, **3**, 574
Hf$_2$C$_{30}$H$_{54}$Cl$_8$N$_6$
  [HfCl$_3$\{C(Cl)=NBu^t\}(CNBu^t)$_2$]$_2$, **3**, 440
Hf$_2$Co$_6$C$_{40}$H$_{20}$O$_{21}$
  [Hf\{Co$_3$(CO)$_{10}$\}Cp$_2$]$_2$O, **3**, 576
HgAsB$_{10}$C$_2$H$_{13}$
  As\{C(HgMe)B$_{10}$H$_{10}$\}, **1**, 548
HgAsRhC$_{26}$H$_{27}$Cl$_3$
  RhCl(cod)(AsPh$_3$)(HgCl$_2$), **6**, 987
HgAs$_2$FeC$_{39}$H$_{30}$Cl$_2$O$_3$
  Fe(CO)$_3$(HgCl$_2$)(AsPh$_3$)$_2$, **6**, 985
HgAuC$_{12}$H$_{10}$Cl
  AuHgClPh$_2$, **2**, 781
HgBC$_{10}$H$_{12}$ClO$_2$
  BzCH(HgCl)($\overline{\text{BOCH}_2\text{CH}_2\text{O}}$), **1**, 365
HgB$_2$C$_{12}$H$_{36}$P$_4$
  Hg($\overline{\text{CH}_2\text{PMe}_2\text{BH}_2\text{PMe}_2\text{CH}_2}$)$_2$, **2**, 902
HgB$_8$C$_8$H$_{22}$
  Hg(Me$_2$C$_2$B$_4$H$_5$)$_2$, **1**, 476, 477
HgB$_9$C$_{20}$H$_{26}$P
  (Ph$_3$P)HgC$_2$B$_9$H$_{11}$, **1**, 519
HgB$_{10}$CH$_{15}$
  [MeHgB$_{10}$H$_{12}$]$^-$, **1**, 491, 512
HgBaC$_8$H$_4$
  BaHg(C≡CH)$_4$, **1**, 239
HgBaC$_{32}$H$_{20}$
  BaHg(C≡CPh)$_4$, **1**, 239
HgCBrCl$_3$
  HgBr(CCl$_3$), **2**, 907
HgCF$_3$N$_3$
  Hg(N$_3$)(CF$_3$), **2**, 908, 949
HgCH$_2$Br$_2$
  Hg(CH$_2$Br)Br, **7**, 679
HgCH$_3$Cl
  ClHgMe, **2**, 985
HgCH$_3$F
  FHgMe, **2**, 898
HgCH$_3$I
  IHgMe, **2**, 904
HgCH$_3$NO$_3$
  Hg(NO$_3$)Me, **2**, 900
HgCH$_3$N$_3$
  Hg(N$_3$)Me, **2**, 904
HgCH$_6$N
  [HgMe(NH$_3$)]$^+$, **2**, 900
HgC$_2$Cl$_4$
  Hg\{C(Cl)=CCl$_2$\}, **2**, 893

HgC$_2$Cl$_6$
  Hg(CCl$_3$)$_2$, **2**, 938
HgC$_2$F$_2$N$_4$O$_8$
  Hg\{CF(NO$_2$)$_2$\}$_2$, **2**, 872
HgC$_2$F$_3$N
  Hg(CN)(CF$_3$), **2**, 949
HgC$_2$F$_3$NO
  Hg(CNO)(CF$_3$), **2**, 908, 949
HgC$_2$F$_6$
  Hg(CF$_3$)$_2$, **2**, 643, 888, 958
HgC$_2$F$_6$S
  Hg(CF$_3$)(SCF$_3$), **2**, 949
HgC$_2$HF$_6$O
  [Hg(OH)(CF$_3$)$_2$]$^-$, **2**, 901
HgC$_2$H$_2$ClN
  ClHg(CH$_2$CN), **2**, 893
HgC$_2$H$_2$Cl$_2$
  ClHg(CH=CHCl), **2**, 886, 893
HgC$_2$H$_3$Br
  BrHg(CH=CH$_2$), **2**, 896
HgC$_2$H$_3$ClO
  ClHg(CH$_2$CHO), **2**, 921
HgC$_2$H$_3$ClO$_2$
  ClHg(CO$_2$Me), **2**, 907; **7**, 684
HgC$_2$H$_3$F$_3$
  HgMe(CF$_3$), **2**, 949
HgC$_2$H$_3$N
  Hg(CN)Me, **2**, 904
HgC$_2$H$_4$Br$_2$
  Hg(CH$_2$Br)$_2$, **2**, 957; **7**, 679
HgC$_2$H$_5$Br
  BrHgEt, **2**, 938
HgC$_2$H$_5$Cl
  ClHgEt, **1**, 654; **2**, 898, 985
HgC$_2$H$_6$
  HgMe$_2$, **1**, 4, 8, 728; **2**, 868, 889, 945, 985, 998
HgC$_2$H$_6$O$_3$S
  HgMe(O$_3$SMe), **2**, 899
HgC$_2$H$_6$S
  HgMe(SMe), **2**, 901, 986
HgC$_3$F$_6$O$_2$
  Hg(CF$_3$)(O$_2$CCF$_3$), **2**, 888
HgC$_3$H$_3$F$_6$N
  HgMe\{N(CF$_3$)$_2$\}, **2**, 898
HgC$_3$H$_4$Br$_2$
  BrHg\{C(Br)=CHMe\}, **2**, 962
HgC$_3$H$_4$ClN$_3$O$_6$
  ClHg\{CH$_2$CH$_2$C(NO$_2$)$_3$\}, **2**, 893
HgC$_3$H$_4$Cl$_2$O
  ClHg(CH=CClCH$_2$OH), **7**, 682
HgC$_3$H$_5$BrO
  BrHg(CH$_2$COMe), **2**, 907, 921
HgC$_3$H$_5$Cl
  ClHg(CH$_2$CH=CH$_2$), **2**, 943
HgC$_3$H$_6$ClNO$_6$
  Hg(ClO$_4$)\{CH$_2$CH(NO$_2$)Me\}, **2**, 879
HgC$_3$H$_6$N$_4$
  HgMe\{NHC(=NH)NHCN\}, **2**, 985
HgC$_3$H$_6$O$_2$
  HgMe(OAc), **2**, 900, 983
HgC$_3$H$_7$Br
  BrHgPr, **2**, 938
HgC$_3$H$_7$Cl
  ClHgPr, **2**, 38, 985
HgC$_3$H$_7$ClO
  ClHg(CH$_2$CH$_2$OMe), **2**, 884, 985

HgC₃H₇ClO₅
  Hg(ClO₄){CH₂CH(OH)Me}, **2**, 879
HgC₄Cl₆
  Hg{C(Cl)=CCl₂}₂, **2**, 893
HgC₄H₃ClO
  ClHg($\overline{\text{C=CHCH=CHO}}$), **2**, 878
HgC₄H₃F₃
  Hg(CH=CH₂)(CF=CF₂), **2**, 896
HgC₄H₃N₃S₃
  [Hg(SCN)₃Me]²⁻, **2**, 930
HgC₄H₄Cl₂
  Hg{C(Cl)=CH₂}₂, **2**, 927
  Hg(CH=CHCl)₂, **2**, 893
HgC₄H₄N₂
  Hg(CH₂CN)₂, **2**, 410, 893
HgC₄H₆Br₂
  BrHg(CBr=CMe₂), **7**, 679
HgC₄H₆N₂O₂
  HgMe{C(N₂)CO₂Me}, **2**, 960
HgC₄H₆N₄O₄P₂
  Hg{C(N₂)PO(OMe)}₂, **2**, 872
HgC₄H₆O₂
  Hg(CH₂CHO)₂, **2**, 896
HgC₄H₆O₄
  Hg(OAc)(CO₂Me), **8**, 899
HgC₄H₇Br
  BrHg{C(Me)=CHMe}, **2**, 962; **7**, 684
HgC₄H₈O₂
  Hg(OAc)Et, **2**, 898
HgC₄H₉Br
  BrHgBuˢ, **2**, 895
HgC₄H₉Cl
  ClHgBu, **2**, 985
HgC₄H₉NO₃
  Hg(NO₃)Bu, **2**, 941
HgC₄H₁₀
  HgEt₂, **2**, 898, 943
HgC₅ClF₉O
  ClHg{COC(CF₃)₃}, **2**, 891
HgC₅H₅Br
  BrHg(C₅H₅), **3**, 126
HgC₅H₅Cl
  ClHg(C₅H₅), **2**, 925; **3**, 123
HgC₅H₅N₃
  Hg(N₃)Cp, **2**, 925
HgC₅H₇Cl
  ClHg{CH=CHC(Me)=CH₂}, **7**, 682, 683; **8**, 924
HgC₅H₇ClO₂
  ClHg{CH₂(C₄H₅O₂)}, **7**, 674
HgC₅H₈N₂O₂
  HgMe{C(N₂)CO₂Et}, **2**, 896
HgC₅H₉Cl
  ClHg(CH=CHPr), **7**, 682
HgC₅H₉ClO
  ClHg{$\overline{\text{CH(CH}_2\text{)}_3\text{CHOH}}$}, **2**, 880
  ClHg(CMe₂COMe), **2**, 888
HgC₅H₁₀O₃
  Hg(OAc)(CH₂CH₂OMe), **2**, 883
HgC₅H₁₁Br
  BrHg(CH₂Buᵗ), **2**, 967
HgC₅H₁₁ClO
  ClHg{CH(Me)CH(Me)OMe}, **2**, 884
HgC₆ClF₅
  ClHg(C₆F₅), **2**, 878
HgC₆H₂N₄
  Hg{CH(CN)₂}₂, **2**, 872
HgC₆H₄ClNO₂
  ClHg(C₆H₄NO₂), **2**, 878; **7**, 683; **8**, 871
HgC₆H₄Cl₂
  ClHg(C₆H₄Cl), **8**, 727
  Hg(C≡CCH₂Cl)₂, **2**, 936
HgC₆H₅Br
  BrHgPh, **2**, 908; **7**, 677
HgC₆H₅Cl
  ClHgPh, **2**, 870; **7**, 324, 328, 680; **8**, 785, 855
HgC₆H₅ClO₃
  ClHg{$\overline{\text{C=CHCH=C(CO}_2\text{Me)O}}$}, **8**, 903
HgC₆H₅FO
  Hg(OH)(C₆H₄F), **2**, 900
HgC₆H₅NO₃
  HgPh(NO₃), **2**, 985
HgC₆H₆
  Hg(C≡CMe)₂, **2**, 943
HgC₆H₆ClN
  ClHg{CH₂(C₅H₄N)}, **2**, 966
HgC₆H₆N₄O₂
  Hg{C(N₂)COMe}₂, **2**, 872
HgC₆H₆O
  Hg(OH)Ph, **2**, 899
HgC₆H₈
  HgMe(Cp), **2**, 925
HgC₆H₈N
  [HgMe(py)]⁺, **2**, 929
HgC₆H₉ClO
  ClHg{$\overline{\text{CH(CH}_2\text{)}_4\text{CO}}$}, **2**, 921
HgC₆H₉ClO₂
  ClHg(CMe=CMeCO₂Me), **7**, 683
HgC₆H₉N₃S
  HgMe{S$\overline{\text{C=NCH=C(Me)C(NH}_2\text{)=N}}$}, **2**, 901
HgC₆H₁₀
  Hg(CH=CHMe)₂, **2**, 948; **8**, 918
  Hg(CH₂CH=CH₂)₂, **2**, 943; **3**, 126; **6**, 423
HgC₆H₁₀ClNO₂
  ClHg{$\overline{\text{CH(CH}_2\text{)}_4\text{CH(NO}_2\text{)}}$}, **2**, 880; **7**, 674
HgC₆H₁₀ClN₃
  ClHg{$\overline{\text{CH(CH}_2\text{)}_4\text{CHN}_3}$}, **2**, 880
HgC₆H₁₀O₂
  Hg(CH₂COMe)₂, **2**, 922
  HgMe{CH(COMe)₂}, **2**, 924
HgC₆H₁₁Br
  BrHg{(CH₂)₄CH=CH₂}, **2**, 967
HgC₆H₁₁Cl
  ClHg(CH=CHBu), **7**, 684
  ClHg(CH=CHBuᵗ), **2**, 964; **7**, 682, 684; **8**, 877
HgC₆H₁₂
  Hg($\overline{\text{(CH}_2\text{)}_5\text{CH}_2}$), **2**, 954
HgC₆H₁₃Cl
  ClHg(CH₂CH₂Buᵗ), **2**, 870
HgC₆H₁₃ClO₂
  ClHg{(CH₂)₂O(CH₂)₂OEt}, **2**, 880
HgC₆H₁₄
  HgPr₂, **2**, 954
  HgPrⁱ₂, **2**, 890, 960
HgC₆H₁₄ClN
  ClHg(CH₂CH₂NEt₂), **2**, 885
HgC₇H₅BrClI
  Hg(CBrClI)Ph, **7**, 677
HgC₇H₅BrCl₂
  Hg(CBrCl₂)Ph, **2**, 958; **7**, 676, 677, 680
HgC₇H₅Br₂Cl

HgC₇H₅Br₂Cl

$HgC_7H_5Br_2Cl$
  Hg(CBr₂Cl)Ph, **7**, 677
$HgC_7H_5Br_2I$
  Hg(CBr₂I)Ph, **7**, 677
$HgC_7H_5Br_3$
  Hg(CBr₃)Ph, **7**, 677
$HgC_7H_5ClO_2$
  ClHg(C₆H₄CO₂H), **2**, 893; **8**, 902
$HgC_7H_5ClO_3$
  ClHg{C₆H₂(OH)(OCH₂O)}, **8**, 856
$HgC_7H_5Cl_2I$
  Hg(CCl₂I)Ph, **7**, 677
$HgC_7H_5Cl_3$
  Hg(CCl₃)Ph, **7**, 320
$HgC_7H_5F_3$
  Hg(CF₃)Ph, **2**, 949, 958; **7**, 678
HgC_7H_5N
  Hg(CN)Ph, **2**, 908, 936
HgC_7H_5NO
  HgPh(CNO), **2**, 898
$HgC_7H_5N_3O_6$
  HgPh{C(NO₂)₃}, **2**, 877
HgC_7H_6BrCl
  Hg(CHBrCl)Ph, **7**, 679, 681
$HgC_7H_6Br_2$
  Hg(CHBr₂)Ph, **7**, 679
HgC_7H_7Cl
  ClHg(Tol), **2**, 889, 893; **8**, 784, 855
HgC_7H_7ClO
  ClHg(C₆H₄OMe), **8**, 870
HgC_7H_7I
  IHgBz, **2**, 896; **7**, 680
$HgC_7H_7NO_2$
  Hg(OAc)(C₅H₄N), **2**, 878
HgC_7H_8O
  Hg(OMe)Ph, **2**, 900
$HgC_7H_{11}BrCl_2$
  Hg(CBrCl₂)Cy, **7**, 679
$HgC_7H_{11}Br_2Cl$
  Hg(CBr₂Cl)Cy, **2**, 958; **7**, 679
$HgC_7H_{13}Cl$
  ClHg(CMe=CHBuᵗ), **7**, 682
$HgC_7H_{14}ClN$
  ClHg{CH₂CH₂$\overline{N(CH_2)_4CH_2}$}, **2**, 880
$HgC_7H_{14}O$
  Hg(OMe)Cy, **2**, 870
$HgC_8H_5F_3O_2$
  HgPh(O₂CCF₃), **2**, 913
HgC_8H_7Br
  BrHg(CH=CHPh), **2**, 807
HgC_8H_7Cl
  ClHg(CH=CHPh), **7**, 683
HgC_8H_7IO
  IHg(CH₂COPh), **2**, 898
HgC_8H_8ClF
  ClHg(C₆H₂FMe₂), **2**, 897
$HgC_8H_8Cl_2$
  HgPh(CCl₂CH₃), **2**, 896
HgC_8H_8FNO
  Hg(NHAc)(C₆H₄F), **2**, 900
$HgC_8H_8O_2$
  HgPh(OAc), **2**, 899, 917, 985; **8**, 856
HgC_8H_9I
  Hg(CH₂I)Bz, **2**, 896; **7**, 679, 680
$HgC_8H_9NO_2$
  Hg(OAc)(C₆H₄NH₂), **8**, 924
HgC_8H_{10}
  Hg{$\overline{C(CH_2)_2CH}$}₂, **2**, 869
$HgC_8H_{10}N_4O_4$
  Hg{C(N₂)CO₂Et}₂, **2**, 959
$HgC_8H_{13}Cl$
  ClHg(CH=CHCy), **8**, 924
$HgC_8H_{14}O_2$
  Hg(CH₂CH₂COMe)₂, **2**, 890
  Hg(OAc)Cy, **2**, 948
$HgC_8H_{14}O_3$
  Hg(OAc){C(=CHMe)CH(OMe)Me}, **2**, 885
  Hg(OAc){$\overline{CH(CH_2)_3CH(OMe)}$}, **2**, 879
  Hg(OAc){$\overline{CH(CH_2)_2OCHEt}$}, **2**, 880
  Hg(OAc){CH₂CH(OH)CH₂CH₂CH=CH₂}, **7**, 673
$HgC_8H_{15}Cl$
  ClHg(CH=CHC₆H₁₃), **7**, 192
$HgC_8H_{16}ClN$
  ClHg{CH₂CH(Me)N(C₅H₁₀)}, **7**, 675
$HgC_8H_{16}ClNO$
  ClHg{CH₂CH(Bu)NHAc}, **2**, 879
$HgC_8H_{16}N_2O_4$
  Hg(NO₃){CH₂CH(Buᵗ)NHAc}, **7**, 675
$HgC_8H_{16}O_3$
  Hg(OAc){CH₂CH(OH)Bu}, **7**, 672
HgC_8H_{18}
  HgBu₂, **2**, 955
  HgBuˢ₂, **2**, 898
  HgBuᵗ(Buⁱ), **2**, 954
  HgBuᵗ₂, **2**, 896; **7**, 610
$HgC_9H_8BrClO_2$
  Hg{C(CO₂Me)BrCl}Ph, **7**, 679
$HgC_9H_8Br_2O_2$
  Hg(CBr₂CO₂Me)Ph, **7**, 679
$HgC_9H_8Cl_2O_2$
  Hg(CCl₂CO₂Me)Ph, **7**, 679, 680
$HgC_9H_{10}O_2$
  Hg(OAc)Bz, **2**, 968
$HgC_9H_{12}BrN$
  BrHg{CH₂CH₂N(Me)Ph}, **2**, 968
$HgC_9H_{15}BrO$
  BrHg{CH$\overline{CH(CH_2CH_2)_2C}$(OEt)}, **2**, 869
$HgC_9H_{15}F_3O_3$
  Hg(O₂CCF₃){CH(Me)CH(Me)CH(OMe)Me}, **2**, 887
$HgC_9H_{16}ClNO$
  ClHg{CH₂$\overline{CH(CH_2)_4CH}$(NHAc)}, **2**, 886
$HgC_9H_{19}NO_4$
  Hg(NO₃){CH₂CH(OMe)(CH₂)₅Me}, **2**, 879
$HgC_{10}H_6$
  Hg(C≡CC≡CMe)₂, **2**, 872
$HgC_{10}H_{10}$
  Hg(C₅H₅)₂, **2**, 873, 900; **3**, 126
$HgC_{10}H_{11}BrO_2$
  BrHg{CH(Ph)CO₂Et}, **2**, 963
$HgC_{10}H_{13}Br$
  BrHg(CH₂CMe₂Ph), **7**, 685
$HgC_{10}H_{14}O_2$
  Hg(OAc){CH₂CH₂(C₆H₉)}, **2**, 870
$HgC_{10}H_{14}O_4$
  Hg{CH(COMe)₂}₂, **2**, 872
  Hg(C₅H₇O₂)₂, **2**, 923
$HgC_{10}H_{14}O_8$
  Hg{CH(CO₂Me)₂}₂, **2**, 872
$HgC_{10}H_{15}N$
  HgPh(NEt₂), **2**, 900
$HgC_{10}H_{16}O_2$
  Hg(OAc){CH₂CH₂(C₆H₉)}, **7**, 276

$HgC_{10}H_{16}O_5$
  $Hg(OAc)\{CH_2CH_2CH(Ac)CO_2Et\}$, **2**, 882
$HgC_{10}H_{20}N_2O_2$
  $Hg(CONEt_2)_2$, **2**, 902
$HgC_{11}H_{10}N$
  $[HgPh(py)]^+$, **2**, 909
$HgC_{11}H_{11}ClO_2$
  $ClHg\{C(Me)=C(OAc)Ph\}$, **7**, 676
$HgC_{11}H_{11}N_2$
  $[HgMe(bipy)]^+$, **2**, 929
$HgC_{11}H_{14}O_2$
  $HgBu(O_2CPh)$, **2**, 955
$HgC_{11}H_{14}O_3$
  $Hg(OAc)(CH_2CH_2C_6H_4OMe)$, **2**, 882
$HgC_{11}H_{16}O$
  $Hg(OBu^t)Bz$, **2**, 900
$HgC_{11}H_{20}O_3$
  $Hg(OAc)\{\overline{CH(CH_2)_6CH(OMe)}\}$, **2**, 879
$HgC_{11}H_{21}Br$
  $BrHg(C_{11}H_{21})$, **2**, 887
$HgC_{12}Br_{10}$
  $Hg(C_6Br_5)_2$, **2**, 892, 956
$HgC_{12}Cl_{10}$
  $Hg(C_6Cl_5)_2$, **2**, 888
$HgC_{12}F_{10}$
  $Hg(C_6F_5)_2$, **1**, 738; **2**, 876, 938
$HgC_{12}H_2Cl_8$
  $Hg(C_6HCl_4)_2$, **2**, 888
$HgC_{12}H_2F_8$
  $Hg(C_6HF_4)_2$, **2**, 889
$HgC_{12}H_5Br_5$
  $HgPh(C_6Br_5)$, **2**, 888
$HgC_{12}H_5F_5$
  $HgPh(C_6F_5)$, **2**, 896
$HgC_{12}H_8F_2$
  $Hg(C_6H_4F)_2$, **2**, 889
$HgC_{12}H_9Cl$
  $ClHgC_6H_4Ph$, **1**, 329
$HgC_{12}H_{10}$
  $HgPh_2$, **1**, 728; **7**, 679; **8**, 855
$HgC_{12}H_{10}O_2$
  $Hg(OAc)(Nap)$, **2**, 878
$HgC_{12}H_{10}O_2S$
  $HgPh(SO_2Ph)$, **2**, 898
$HgC_{12}H_{11}N$
  $HgPh(NHPh)$, **2**, 900
$HgC_{12}H_{14}$
  $Hg(C_5H_4Me)_2$, **2**, 924
$HgC_{12}H_{17}BrO$
  $BrHg\{CH(Me)CH(Me)CH(OMe)Ph\}$, **2**, 886
$HgC_{12}H_{19}ClO_2$
  $ClHg\{\overline{CH(CH_2)_2CMe(O_2CH)CH(CH_2CH_2}\text{-}\overline{CH=CH_2)CH_2}\}$, **2**, 882
$HgC_{12}H_{22}$
  $Hg\{(CH_2)_4CH=CH_2\}_2$, **1**, 687
  $HgCy_2$, **2**, 890
$HgC_{12}H_{26}$
  $Hg(CMe_2CHMe_2)_2$, **2**, 890
$HgC_{13}H_{10}Cl_2$
  $HgPh\{CCl_2(Ph)\}$, **2**, 958
$HgC_{13}H_{22}O_4$
  $Hg(OAc)\{CH(COBu^t)_2\}$, **2**, 956
$HgC_{14}H_{10}$
  $HgPh(C\equiv CPh)$, **2**, 943
$HgC_{14}H_{10}O_4$
  $Hg(C_6H_4CO_2H)_2$, **2**, 893

$HgC_{14}H_{11}Br$
  $BrHg(CH=CPh_2)$, **2**, 872
  $BrHg\{C(Ph)=CHPh\}$, **2**, 893
$HgC_{14}H_{12}N_2O_2$
  $Hg(OAc)(C_6H_4N=NPh)$, **2**, 875
$HgC_{14}H_{12}O_2$
  $Hg(OAc)(C_6H_4Ph)$, **2**, 877
$HgC_{14}H_{13}NO$
  $HgPh(OC_6H_4CH=NMe)$, **2**, 918
$HgC_{14}H_{13}NO_3$
  $Hg\{C_6H_3Me(OH)\}\{OC_6H_3Me(NO)\}$, **2**, 919
$HgC_{14}H_{14}$
  $HgBz_2$, **2**, 902
  $Hg(Tol)_2$, **2**, 893, 906
$HgC_{14}H_{14}O_4S_2$
  $Hg(CH_2SO_2Ph)_2$, **2**, 869
$HgC_{14}H_{14}S$
  $HgPh\{S(C_6H_3Me_2)\}$, **2**, 914
$HgC_{14}H_{24}N_2$
  $HgBu^t\{C(CN)_2CMe_2(Bu^t)\}$, **2**, 896
$HgC_{14}H_{26}O_2$
  $Hg\{CH(CH_2)_4CH(OMe)\}_2$, **2**, 895
$HgC_{14}H_{26}O_4$
  $Hg(OAc)\{(CH_2)_{10}CO_2Me\}$, **2**, 870
$HgC_{15}H_{11}N$
  $Hg(CN)(CH=CPh_2)$, **2**, 898
$HgC_{16}H_{10}$
  $Hg(C\equiv CPh)_2$, **2**, 872, 943
$HgC_{16}H_{14}$
  $Hg(CH=CHPh)_2$, **2**, 769
$HgC_{16}H_{14}O_2$
  $Hg(CH_2COPh)_2$, **2**, 898
$HgC_{16}H_{16}O_2$
  $Hg(\overline{C_6H_4CH_2OCH_2CH_2OCH_2C_6H_4})$, **2**, 905
$HgC_{16}H_{18}N_2$
  $Hg(\overline{C_6H_4CH_2NHCH_2CH_2NHCH_2C_6H_4})$, **2**, 905
$HgC_{16}H_{28}O_4$
  $HgBu^t\{C(CO_2Et)=C(CO_2Et)Bu^t\}$, **2**, 896
$HgC_{18}H_{14}ClN_3$
  $HgPh\{N(Ph)N=N(C_6H_4Cl)\}$, **2**, 900, 909
$HgC_{18}H_{20}O_3$
  $Hg(OAc)\{CH_2CH_2CPh_2(OMe)\}$, **2**, 886; **7**, 676
$HgC_{18}H_{22}$
  $Hg(Mes)_2$, **2**, 893
$HgC_{19}H_{16}N_4S$
  $HgPh\{SC(N=NPh)=NNHPh\}$, **2**, 914
$HgC_{19}H_{16}S_2$
  $HgPh\{CH(SPh)_2\}$, **2**, 959
$HgC_{20}H_{14}$
  $Hg(Nap)_2$, **2**, 901
$HgC_{20}H_{17}Cl$
  $ClHg(CH_2CPh_3)$, **2**, 967
$HgC_{20}H_{20}F_{14}O_4$
  $Hg\{CH(COBu^t)COC_3F_7\}_2$, **2**, 923
$HgC_{20}H_{30}$
  $Hg(C_5Me_5)_2$, **2**, 925
$HgC_{20}H_{42}$
  $Hg(C_{10}H_{21})_2$, **2**, 890
$HgC_{22}H_{38}O_2S_2$
  $Hg\{CH(CSBu^t)(COBu^t)\}_2$, **2**, 924
$HgC_{25}H_{21}BrO_2P_2$
  $BrHg\{CH(POPh_2)\}_2$, **2**, 869
$HgC_{26}H_{22}S$
  $HgBz(SCPh_3)$, **2**, 914
$HgC_{26}H_{22}S_4$
  $Hg\{CH(SPh)_2\}_2$, **2**, 959

HgC$_{28}$H$_{22}$
 Hg(CH=CPh$_2$)$_2$, **2**, 898
 Hg{C(Ph)=CHPh}$_2$, **2**, 893
HgC$_{32}$H$_{30}$
 Hg(CMeCH$_2$CPh$_2$)$_2$, **2**, 890
HgCoC$_4$ClO$_4$
 Co(HgCl)(CO)$_4$, **6**, 1026
HgCoC$_7$H$_5$Cl$_2$O$_2$
 Co(CO)$_2$Cp(HgCl$_2$), **5**, 250, 252; **6**, 986
HgCoC$_8$O$_8$
 Hg{Co(CO)$_4$}$_2$, **6**, 1055
HgCoC$_{11}$H$_{23}$Cl$_2$P$_2$
 CoCp(HgCl$_2$)(PMe$_3$)$_2$, **6**, 988
HgCoC$_{12}$H$_{13}$Cl$_2$
 CoCp(nbd)(HgCl$_2$), **5**, 191
HgCoFeC$_{11}$H$_5$O$_6$
 HgFp{Co(CO)$_4$}, **6**, 1016
HgCoMnC$_9$O$_9$
 Hg{Co(CO)$_4$}{Mn(CO)$_5$}, **6**, 996, 1016
HgCoMoC$_{12}$H$_5$O$_7$
 Hg{Mo(CO)$_3$Cp}{Co(CO)$_4$}, **6**, 1014
HgCoSiC$_8$H$_{11}$O$_4$
 Co{Hg(CH$_2$SiMe$_3$)}(CO)$_4$, **6**, 1025
HgCoWC$_{12}$H$_5$O$_7$
 Hg{W(CO)$_3$Cp}{Co(CO)$_4$}, **6**, 1014
HgCo$_2$C$_8$O$_8$
 Hg{Co(CO)$_4$}$_2$, **5**, 6; **6**, 995, 997; **8**, 161
HgCo$_2$C$_{10}$N$_{10}$
 [Hg{Co(CN)$_5$}$_2$]$^{6-}$, **6**, 1017
HgCo$_2$C$_{20}$H$_{12}$O$_4$
 HgCo$_2$(CO)$_4$(PhCCH)$_2$, **5**, 244
HgCo$_2$C$_{42}$H$_{30}$O$_6$P$_2$
 Hg{Co(CO)$_3$(PPh$_3$)}$_2$, **6**, 997
HgCo$_2$C$_{62}$H$_{40}$O$_6$
 Hg{Co(CO)$_2$(C$_4$Ph$_4$CO)}$_2$, **5**, 227
HgCo$_3$C$_{12}$O$_{12}$
 [Hg{Co(CO)$_4$}$_3$]$^-$, **5**, 13; **6**, 998
HgCrC$_8$H$_5$ClO$_3$
 Cr(HgCl)(CO)$_3$Cp, **3**, 962
HgCrC$_9$H$_5$ClO$_3$
 Cr(CO)$_3$(η^6-C$_6$H$_5$HgCl), **3**, 1043
HgCrC$_{12}$H$_{12}$Cl$_2$O$_3$
 Cr(CO)$_3$(HgCl$_2$)(η^6-C$_6$H$_3$Me$_3$), **3**, 1039
HgCrC$_{13}$H$_{15}$ClO$_3$
 Cr(HgCl)(CO)$_3$(η^5-C$_5$Me$_5$), **3**, 963
HgCr$_2$C$_{10}$O$_{10}$
 [Hg{Cr(CO)$_5$}$_2$]$^{2-}$, **6**, 1014
HgCr$_2$C$_{16}$H$_{10}$O$_6$
 Hg{Cr(CO)$_3$Cp}$_2$, **3**, 962
HgCr$_2$C$_{18}$H$_{10}$O$_6$
 Hg{C$_6$H$_5$Cr(CO)$_3$}$_2$, **3**, 1010, 1041; **8**, 1041
HgCr$_2$C$_{26}$H$_{30}$O$_6$
 Hg{Cr(CO)$_3$(η^5-C$_5$Me$_5$)}$_2$, **3**, 963
HgFeC$_4$O$_4$
 HgFe(CO)$_4$, **4**, 270, 307
HgFeC$_5$Cl$_2$O$_5$
 Fe(CO)$_5$(HgCl$_2$), **6**, 985
HgFeC$_7$H$_3$ClO$_3$
 Fe(CO)$_3${η^4-C$_4$H$_3$(HgCl)}, **4**, 472
HgFeC$_9$H$_{18}$Cl$_2$O$_3$P$_2$
 Fe(CO)$_3$(HgCl$_2$)(PMe$_3$)$_2$, **6**, 988
HgFeC$_{10}$H$_9$Cl
 FcHgCl, **4**, 477; **8**, 1023, 1044, 1062
HgFeC$_{10}$H$_{10}$ClO$_2$
 [Fp(CH$_2$=CHCH$_2$HgCl)]$^+$, **4**, 347
HgFeC$_{13}$H$_{10}$O$_2$
 HgPh(Fp), **6**, 996
HgFeC$_{38}$H$_{30}$Cl$_2$O$_2$P$_2$
 FeCl(HgCl)(CO)$_2$(PPh$_3$)$_2$, **4**, 308; **6**, 994
HgFeC$_{39}$H$_{30}$Cl$_2$O$_3$P$_2$
 Fe(CO)$_3$(HgCl$_2$)(PPh$_3$)$_2$, **6**, 985
HgFeSb$_2$C$_{39}$H$_{30}$Cl$_2$O$_3$
 Fe(CO)$_3$(HgCl$_2$)(SbPh$_3$)$_2$, **6**, 985
HgFe$_2$C$_6$N$_2$O$_8$
 Hg{Fe(CO)$_3$(NO)}$_2$, **4**, 296
HgFe$_2$C$_{14}$F$_{14}$O$_8$
 Hg{Fe(CO)$_4$(C$_3$F$_7$)}$_2$, **4**, 581
HgFe$_2$C$_{14}$H$_{10}$O$_4$
 HgFp$_2$, **6**, 1015
HgFe$_2$C$_{16}$H$_{30}$N$_2$O$_6$P$_2$
 Hg{Fe(CO)$_2$(NO)(PEt$_3$)}$_2$, **6**, 1001
HgFe$_2$C$_{20}$H$_{18}$
 HgFc$_2$, **2**, 956; **4**, 477; **8**, 1023, 1038
HgFe$_2$Si$_2$C$_{14}$H$_{18}$O$_8$
 Hg{Fe(SiMe$_3$)(CO)$_4$}$_2$, **6**, 1015, 1055
HgGePtC$_{56}$H$_{35}$F$_{15}$P$_2$
 Pt(HgEt){Ge(C$_6$F$_5$)$_3$}(PPh$_3$)$_2$, **6**, 1027
HgGePtSnC$_{72}$H$_{30}$F$_{30}$P$_2$
 Pt{Sn(C$_6$F$_5$)$_3$}{HgGe(C$_6$F$_5$)$_3$}(PPh$_3$)$_2$, **6**, 1027
HgGe$_2$C$_6$H$_{18}$
 Hg(GeMe$_3$)$_2$, **2**, 469
HgGe$_2$C$_{12}$H$_{10}$Cl$_4$
 Hg(GeCl$_2$Ph)$_2$, **2**, 474
HgGe$_2$C$_{12}$H$_{30}$
 Hg(GeEt$_3$)$_2$, **2**, 436, 438; **6**, 1059
HgGe$_2$C$_{34}$H$_{30}$
 Hg{GeMe(Ph)(C$_{10}$H$_7$)}$_2$, **2**, 469
HgGe$_2$C$_{36}$F$_{30}$
 Hg{Ge(C$_6$F$_5$)$_3$}$_2$, **6**, 994
HgGe$_2$IrC$_{19}$H$_{48}$ClOP$_2$
 Ir(HgCl)(GeMe$_3$)$_2$(CO)(PEt$_3$)$_2$, **6**, 1026
HgGe$_2$PdC$_{72}$H$_{30}$F$_{30}$P$_2$
 Pd{Ge(C$_6$F$_5$)$_3$}{HgGe(C$_6$F$_5$)$_3$}(PPh$_3$)$_2$, **6**, 256
HgGe$_2$PdC$_{72}$H$_{60}$P$_2$
 Pd(GePh$_3$)(HgGePh$_3$)(PPh$_3$)$_2$, **6**, 1027
HgGe$_2$PtC$_{72}$H$_{30}$F$_{30}$P$_2$
 Pt{Ge(C$_6$F$_5$)$_3$}{HgGe(C$_6$F$_5$)$_3$}(PPh$_3$)$_2$, **6**, 994, 1027
HgGe$_2$Ru$_2$C$_{14}$H$_{18}$O$_8$
 Hg{Ru(GeMe$_3$)(CO)$_4$}$_2$, **4**, 912; **6**, 1016
HgGe$_5$PrC$_{90}$F$_{75}$
 Pr{Ge(C$_6$F$_5$)$_3$}$_3$[Hg{Ge(C$_6$F$_5$)$_3$}$_2$], **3**, 208
HgIrC$_{13}$H$_{17}$Cl$_2$
 IrCp(cod)(HgCl$_2$), **5**, 607
HgIrC$_{24}$H$_{20}$Cl$_2$OP
 Ir(CO)Cp(HgCl$_2$)(PPh$_3$), **5**, 606; **6**, 987, 988
HgIrC$_{27}$H$_{20}$O$_3$P
 Ir(HgPh)(CO)$_3$(PPh$_3$), **5**, 560; **6**, 1026
HgIrC$_{37}$H$_{30}$Cl$_3$OP$_2$
 IrCl$_2$(HgCl)(CO)(PPh$_3$)$_2$, **8**, 300
HgIrSi$_3$C$_{16}$H$_{42}$OP
 Ir{Hg(SiMe$_3$)}(SiMe$_3$)$_2$(CO)(PEt$_3$), **6**, 1026
HgIr$_2$C$_{42}$H$_{30}$O$_6$P$_2$
 Hg{Ir(CO)$_3$(PPh$_3$)}$_2$, **5**, 559; **6**, 1017
HgMnC$_5$BrO$_5$
 Mn(HgBr)(CO)$_5$, **4**, 24
HgMnC$_6$H$_3$INO$_4$
 Mn(HgI)(CO)$_4$(CNMe), **4**, 148
HgMnC$_6$H$_3$O$_5$
 Mn(HgMe)(CO)$_5$, **6**, 996, 1023
HgMnC$_8$H$_4$ClO$_3$
 Mn(CO)$_3$(η^5-C$_5$H$_4$HgCl), **2**, 878
HgMnReC$_{10}$O$_{10}$

Hg{Mn(CO)$_5$}{Re(CO)$_5$}, **6**, 1015
HgMnReC$_{13}$H$_4$O$_8$
 Re(CO)$_3$(η^5-C$_5$H$_4$HgMn(CO)$_5$), **4**, 207
HgMn$_2$C$_{10}$O$_{10}$
 Hg{Mn(CO)$_5$}$_2$, **4**, 28; **6**, 996
HgMn$_2$C$_{12}$H$_6$N$_2$O$_8$
 Hg{Mn(CO)$_4$(CNMe)}$_2$, **4**, 148
HgMn$_2$C$_{16}$H$_8$O$_6$
 Hg{C$_5$H$_4$Mn(CO)$_3$}$_2$, **2**, 893
HgMoC$_8$H$_5$IO$_3$
 Mo(HgI)(CO)$_3$Cp, **3**, 1187
HgMoC$_9$H$_5$NO$_3$S
 Mo{Hg(SCN)}(CO)$_3$Cp, **6**, 996
HgMoC$_9$H$_8$INO$_2$
 Mo(HgI)(CO)$_2$Cp(CNMe), **6**, 995
HgMoC$_9$H$_8$O$_3$
 Mo(HgMe)(CO)$_3$Cp, **6**, 1000
HgMoC$_{12}$H$_{11}$Cl$_2$O$_3$
 Mo(Mes)(CO)$_3$(HgCl$_2$), **6**, 985
HgMoC$_{13}$H$_8$Cl$_2$N$_2$O$_3$
 MoCl(HgCl)(CO)$_3$(bipy), **6**, 989, 991
HgMoC$_{24}$H$_{20}$Cl$_2$NO$_2$P
 Mo(CO)(NO)(HgCl$_2$)Cp(PPh$_3$), **6**, 988
HgMoC$_{26}$H$_{19}$Cl$_2$O$_3$P
 Mo(CO)$_3$(HgCl$_2$)(η^5-C$_5$H$_4$PPh$_3$), **3**, 1195
HgMo$_2$C$_{16}$H$_{10}$O$_6$
 Hg{Mo(CO)$_3$Cp}$_2$, **3**, 1181, 1182, 1187; **6**, 996, 1000, 1014
HgMo$_2$C$_{20}$H$_{22}$N$_4$O$_2$
 Hg{Mo(CO)(CNMe)$_2$Cp}$_2$, **6**, 995
HgNbC$_8$H$_5$O$_6$
 Nb(HgEt)(CO)$_6$, **3**, 709; **6**, 1022
HgNbC$_9$H$_5$O$_6$
 Nb{Hg(C$_3$H$_5$)}(CO)$_6$, **3**, 709
HgOsC$_{10}$H$_{10}$Cl$_2$
 OsCp$_2$(HgCl$_2$), **6**, 986
HgOs$_2$C$_{20}$H$_{20}$
 [Hg(OsCp$_2$)$_2$]$^{2+}$, **4**, 1019; **6**, 1016
HgPtC$_{38}$H$_{30}$F$_6$P$_2$
 Pt(CF$_3$){Hg(CF$_3$)}(PPh$_3$)$_2$, **6**, 994
HgPtC$_{41}$H$_{39}$BrP$_2$
 PtBr{Hg(C$_5$H$_9$)}(PPh$_3$)$_2$, **6**, 1027
HgPtC$_{42}$H$_{41}$BrP$_2$
 PtBr(HgCy)(PPh$_3$)$_2$, **6**, 1000
HgPtSn$_2$C$_{72}$H$_{30}$F$_{30}$P$_2$
 Pt{Sn(C$_6$F$_5$)$_3$}{HgSn(C$_6$F$_5$)$_3$}(PPh$_3$)$_2$, **6**, 1027
HgReC$_5$ClO$_5$
 Re(HgCl)(CO)$_5$, **6**, 1023
HgReC$_8$H$_4$ClO$_3$
 Re(CO)$_3$(η^5-C$_5$H$_4$HgCl), **4**, 207
HgRe$_2$C$_{10}$O$_{10}$
 Hg{Re(CO)$_5$}$_2$, **6**, 1015
HgRe$_2$C$_{13}$H$_4$O$_8$
 Re(CO)$_3${η^5-C$_5$H$_4$HgRe(CO)$_5$}, **4**, 207
HgRhC$_9$H$_{13}$Cl$_2$
 RhCp(CH$_2$=CH$_2$)$_2$(HgCl$_2$), **3**, 106
HgRhC$_{13}$H$_{17}$Cl$_2$
 RhCp(cod)(HgCl$_2$), **6**, 987
HgRhC$_{14}$H$_{23}$Cl$_2$N$_2$
 Rh(Pr^{i}NCHNPr^i)(nbd)(HgCl$_2$), **6**, 995
HgRhC$_{44}$H$_{35}$O$_2$P$_2$
 Rh(HgPh)(CO)$_2$(PPh$_3$)$_2$, **6**, 1025
HgRuC$_8$H$_5$Cl$_2$NO$_3$
 RuCl(HgCl)(CO)$_3$(py), **4**, 928
HgRuC$_{10}$H$_9$Cl
 RuCp(η^5-C$_5$H$_4$HgCl), **4**, 769
HgRuC$_{10}$H$_{10}$Cl$_2$
 RuCp$_2$(HgCl$_2$), **4**, 769; **6**, 986
HgRuC$_{12}$H$_{11}$O$_2$
 RuCp{η^5-C$_5$H$_4$(HgOAc)}, **4**, 765
HgRuC$_{12}$H$_{20}$Cl$_4$N$_4$
 RuCl$_2$(HgCl$_2$)(CNEt)$_4$, **4**, 682
HgRuC$_{39}$H$_{30}$ClO$_3$P$_2$
 [Ru(HgCl)(CO)$_3$(PPh$_3$)$_2$]$^+$, **4**, 699
HgRu$_2$C$_{14}$H$_{10}$O$_4$
 Hg{Ru(CO)$_2$Cp}$_2$, **4**, 793, 928; **6**, 1016
HgRu$_2$C$_{20}$H$_{18}$
 Hg{(η^5-C$_5$H$_4$)RuCp}$_2$, **4**, 769
HgRu$_2$C$_{20}$H$_{20}$
 [Hg(RuCp$_2$)$_2$]$^{2+}$, **4**, 762
HgRu$_3$C$_{17}$H$_{12}$O$_{11}$
 Ru$_3$(HgOAc)(CO)$_9$(CCBu^t), **4**, 928
HgSiC$_4$H$_{12}$O
 HgMe(OSiMe$_3$), **2**, 156, 917
HgSiC$_5$H$_{13}$ClO
 HgCl{CH(SiMe$_3$)CH$_2$OH}, **2**, 880
HgSiC$_8$H$_{21}$P
 HgMe{C(SiMe$_3$)(PMe$_3$)}, **2**, 69
HgSiC$_{18}$H$_{15}$Cl
 HgCl(SiPh$_3$), **7**, 610
HgSi$_2$C$_6$H$_8$
 Hg(SiMe$_3$)$_2$, **2**, 317
HgSi$_2$C$_6$H$_{18}$
 Hg(SiMe$_3$)$_2$, **2**, 91, 92, 101; **6**, 1101; **7**, 609
HgSi$_2$C$_7$H$_{21}$N
 HgMe{N(SiMe$_3$)$_2$}, **2**, 896, 900
HgSi$_2$C$_8$H$_{18}$Cl$_4$
 Hg(CCl$_2$SiMe$_3$)$_2$, **2**, 31, 92; **7**, 533
HgSi$_2$C$_8$H$_{20}$Br$_2$
 Hg{CH(Br)SiMe$_3$}$_2$, **7**, 533
HgSi$_2$C$_8$H$_{20}$I$_2$
 Hg{CH(I)SiMe$_3$}$_2$, **2**, 31
HgSi$_2$C$_8$H$_{22}$
 Hg(CH$_2$SiMe$_3$)$_2$, **2**, 95
HgSi$_2$C$_{11}$H$_{23}$N
 HgCp{N(SiMe$_3$)$_2$}, **2**, 900, 925
HgSi$_2$C$_{12}$H$_{30}$
 Hg(SiEt$_3$)$_2$, **2**, 101
HgSi$_2$C$_{14}$H$_{38}$P$_2$
 [Hg{SiMe$_3$(CHPMe$_3$)}$_2$]$^{2+}$, **2**, 69
HgSi$_2$C$_{24}$H$_{54}$
 Hg(SiBu$^t_3$)$_2$, **2**, 102
HgSi$_2$C$_{36}$H$_{30}$
 Hg(SiPh$_3$)$_2$, **2**, 102; **7**, 610
HgSi$_2$C$_{42}$H$_{42}$
 Hg(SiBz$_3$)$_2$, **7**, 599
HgSi$_3$C$_9$H$_{27}$
 [Hg(SiMe$_3$)$_3$]$^-$, **2**, 101
HgSi$_4$C$_{12}$H$_{36}$
 [Hg(SiMe$_3$)$_4$]$^{2-}$, **2**, 102
HgSi$_6$C$_{20}$H$_{54}$
 Hg{C(SiMe$_3$)$_3$}$_2$, **2**, 902
HgSi$_6$Sn$_2$C$_{24}$H$_{66}$
 Hg{Sn(CH$_2$SiMe$_3$)$_3$}$_2$, **6**, 202
HgTaC$_7$H$_3$O$_6$
 Ta(HgMe)(CO)$_6$, **3**, 709; **6**, 1022
HgTaC$_8$H$_5$O$_6$
 Ta(HgEt)(CO)$_6$, **3**, 709
HgVC$_8$H$_5$O$_6$
 V(HgEt)(CO)$_6$, **3**, 656; **6**, 1022
HgWC$_8$H$_5$ClO$_3$
 W(HgCl)(CO)$_3$Cp, **3**, 1339
HgWC$_8$H$_5$IO$_2$S

HgWC$_8$H$_5$IO$_2$S
  W(HgI)(CO)$_2$(CS)Cp, **3**, 1334
HgWC$_{13}$H$_8$Cl$_2$N$_2$O$_3$
  WCl(HgCl)(CO)$_3$(bipy), **6**, 991
HgWC$_{24}$H$_{20}$Cl$_2$NO$_2$P
  W(CO)(NO)Cp(HgCl$_2$)(PPh$_3$), **3**, 1342
HgWC$_{30}$H$_{24}$Cl$_2$O$_4$P$_2$
  W(CO)$_4$(HgCl$_2$)(diphos), **6**, 988
HgW$_2$C$_{16}$H$_{10}$O$_6$
  Hg{W(CO)$_3$Cp}$_2$, **3**, 1333, 1336; **6**, 1014
Hg$_2$Al$_2$C$_{12}$H$_{12}$Cl$_8$
  Hg$_2$(C$_6$H$_6$)$_2$(AlCl$_4$)$_2$, **2**, 867
Hg$_2$As$_2$C$_{49}$H$_{22}$F$_{20}$
  {Hg(C$_6$F$_5$)$_2$}$_2$(Ph$_2$AsCH$_2$AsPh$_2$), **2**, 935
Hg$_2$C$_2$F$_6$O
  {(CF$_3$)Hg}$_2$O, **2**, 949
Hg$_2$C$_2$H$_6$O
  (MeHg)$_2$O, **2**, 899
Hg$_2$C$_2$H$_6$S
  (MeHg)$_2$S, **2**, 901, 998
Hg$_2$C$_3$H$_6$O$_3$
  (MeHgO)$_2$CO, **2**, 899
Hg$_2$C$_4$H$_2$Cl$_2$O
  ClHg{$\overline{C=CCH=C}$(HgCl)O}, **2**, 878
Hg$_2$C$_5$H$_6$Cl$_2$O$_2$
  (ClHg)$_2$C(COMe)$_2$, **2**, 907, 922
Hg$_2$C$_5$H$_{10}$Br$_2$
  BrHg(CH$_2$)$_5$HgBr, **2**, 893
Hg$_2$C$_7$H$_{12}$O$_2$
  (MeHg)$_2${C(COMe)$_2$}, **2**, 924
Hg$_2$C$_8$H$_{16}$O$_2$
  {Hg(CH$_2$)$_2$O(CH$_2$)$_2$}$_2$, **2**, 902, 905
Hg$_2$C$_8$H$_{16}$S$_2$
  (MeHgS)$_2$(C$_6$H$_{10}$), **2**, 914
Hg$_2$C$_9$H$_{16}$O$_6$
  {(AcO)HgCH$_2$}$_2$C(OMe)$_2$, **2**, 885
Hg$_2$C$_{10}$H$_{16}$O$_5$
  Hg(OAc){CH$_2$(C$_4$H$_6$O)CH$_2$}Hg(OAc), **7**, 673
Hg$_2$C$_{12}$H$_8$
  Hg(C$_6$H$_4$)$_2$Hg, **1**, 333
Hg$_2$C$_{12}$H$_8$Cl$_2$
  (ClHgC$_6$H$_4$)$_2$, **1**, 329
Hg$_2$C$_{12}$H$_{10}$O
  (PhHg)$_2$O, **2**, 899
Hg$_2$C$_{12}$H$_{10}$S
  (PhHg)$_2$S, **2**, 899
Hg$_2$C$_{12}$H$_{18}$Cl$_2$O
  (ClHgCH=CH)$_2$C(OMe)Cy, **2**, 869
Hg$_2$C$_{12}$H$_{26}$N$_2$S$_4$
  {HgMe(S$_2$CNEt$_2$)}$_2$, **2**, 914
Hg$_2$C$_{13}$H$_{10}$S$_3$
  (PhHgS)$_2$CS, **2**, 899
Hg$_2$C$_{15}$H$_{20}$O$_6$
  Hg$_2$(C$_5$H$_6$O$_2$)(C$_5$H$_7$O$_2$)$_2$, **2**, 923
Hg$_2$C$_{18}$H$_{16}$O$_6$
  Hg(OAc)(COPh)$_2$Hg(OAc), **2**, 924
Hg$_2$C$_{46}$H$_{38}$I$_4$P$_2$
  {HgI$_2$(C$_5$H$_4$PPh$_3$)}$_2$, **2**, 902, 908
Hg$_2$Co$_4$C$_{28}$H$_{10}$O$_{12}$
  Hg$_2$Co$_4$(CO)$_{12}$(PhC≡CH)$_2$, **6**, 1017
Hg$_2$CrC$_{12}$H$_{11}$Cl$_4$O$_3$
  Cr(Mes)(HgCl$_2$)$_2$(CO)$_3$, **6**, 985
Hg$_2$FeC$_4$Br$_2$O$_4$
  Fe(HgBr)$_2$(CO)$_4$, **6**, 996
Hg$_2$FeC$_4$Cl$_2$O$_4$
  Fe(HgCl)$_2$(CO)$_4$, **4**, 306; **6**, 994
Hg$_2$FeC$_5$Cl$_4$O$_5$
  Fe(CO)$_5$(HgCl$_2$)$_2$, **6**, 985
Hg$_2$FeC$_6$N$_2$O$_4$
  Fe(HgCN)$_2$(CO)$_4$, **4**, 306
Hg$_2$FeC$_6$N$_2$O$_4$S$_2$
  Fe(HgCNS)$_2$(CO)$_4$, **4**, 306
Hg$_2$FeC$_{10}$H$_8$Cl$_2$
  Fe(η^5-C$_5$H$_4$HgCl)$_2$, **4**, 477
Hg$_2$FeC$_{10}$H$_{10}$Cl$_4$
  FeCp$_2$(HgCl$_2$)$_2$, **4**, 485
Hg$_2$FeC$_{12}$H$_{18}$I$_6$N$_6$
  {Fe(CNMe)$_6$}I$_2$(HgI$_2$), **4**, 268
Hg$_2$FeC$_{14}$H$_{10}$Cl$_2$N$_2$O$_4$
  Fe(CO)$_4${HgCl(py)}$_2$, **4**, 306
Hg$_2$FeSi$_6$C$_{24}$H$_{54}$O$_4$
  Fe{HgC(SiMe$_3$)$_3$}$_2$(CO)$_4$, **6**, 1000
Hg$_2$Ir$_2$C$_{22}$H$_{40}$Cl$_2$N$_6$
  {Ir(HgCl)(MeN$_3$Et)(cod)}$_2$, **6**, 995
Hg$_2$Ir$_2$C$_{52}$H$_{72}$Cl$_2$N$_6$
  {Ir(HgCl)(TolN$_3$Et)$_2$(cod)}$_2$, **6**, 1002
Hg$_2$MnC$_8$H$_3$Cl$_2$O$_3$
  Mn(CO)$_3${η^5-C$_5$H$_3$(HgCl)$_2$}, **2**, 878
Hg$_2$MoC$_{12}$H$_{11}$Cl$_4$O$_3$
  Mo(Mes)(HgCl$_2$)$_2$(CO)$_3$, **6**, 985, 989
Hg$_2$OsC$_4$Cl$_2$O$_4$
  Os(HgCl)$_2$(CO)$_4$, **6**, 1025
Hg$_2$ReC$_{10}$H$_9$Cl$_2$
  ReH(η^5-C$_5$H$_4$HgCl)$_2$, **4**, 206
Hg$_2$RuC$_4$Cl$_2$O$_4$
  Ru(HgCl)$_2$(CO)$_4$, **4**, 928; **6**, 1024
Hg$_2$Ru$_2$C$_6$Cl$_4$O$_6$
  {RuCl(HgCl)(CO)$_3$}$_2$, **4**, 928
Hg$_2$Ru$_2$C$_{20}$H$_{20}$Br$_4$
  {RuCp$_2$(HgBr$_2$)}$_2$, **4**, 485, 764
Hg$_2$Ru$_6$C$_{30}$H$_{18}$Br$_2$O$_{18}$
  {Ru$_3$(HgBr)(CCBu^t)(CO)$_9$}$_2$, **4**, 928
Hg$_2$Ru$_6$C$_{30}$H$_{18}$O$_{18}$
  {Ru$_3$Hg(CCBu^t)(CO)$_9$}$_2$, **4**, 928
Hg$_2$Si$_4$C$_8$H$_{24}$
  (HgSiMe$_2$SiMe$_2$)$_2$, **2**, 102
Hg$_2$Si$_4$C$_{12}$H$_{28}$
  CH$_2$(SiMe$_2$HgSiMe$_2$)$_2$CH$_2$, **6**, 1107
Hg$_2$WC$_{14}$H$_8$Cl$_4$N$_2$O$_4$
  W(CO)$_4$(HgCl$_2$)$_2$(bipy), **6**, 985
Hg$_3$C$_3$H$_9$N
  (MeHg)$_3$N, **2**, 900
Hg$_3$C$_3$H$_9$O
  [(MeHg)$_3$O]$^+$, **2**, 899
Hg$_3$C$_3$H$_9$S
  [(MeHg)$_3$S]$^+$, **2**, 931
Hg$_3$Co$_6$C$_{48}$H$_{24}$O$_{16}$
  Hg$_3$Co$_6$(CO)$_{16}$(PhCCH)$_4$, **5**, 244; **6**, 1017
Hg$_3$Ge$_4$Ni$_2$C$_{82}$H$_{70}$
  Hg{Ni(GePh$_3$)(HgGePh$_3$)Cp}$_2$, **6**, 208, 1017, 1026
Hg$_3$RuC$_{10}$H$_{10}$Cl$_6$
  RuCp$_2$(HgCl$_2$)$_3$, **6**, 986
Hg$_3$Ru$_2$C$_{20}$H$_{20}$Cl$_6$
  (RuCp$_2$)$_2$(HgCl$_2$)$_3$, **6**, 990
Hg$_4$C$_4$H$_3$Br$_2$ClO$_7$
  (AcO)HgHgCBr(HgHgClO$_4$)COBr, **2**, 865
Hg$_4$C$_5$N$_4$
  C(HgCN)$_4$, **2**, 916
Hg$_4$C$_9$H$_{12}$O$_8$
  C{Hg(OAc)}$_4$, **2**, 916
Hg$_4$C$_{20}$H$_{40}$
  {Hg(CH$_2$)$_5$}$_4$, **2**, 893

Hg$_4$Fe$_4$C$_{16}$O$_{16}$
  {HgFe(CO)$_4$}$_4$, **6**, 996, 1000
Hg$_4$Mo$_2$C$_{24}$H$_{24}$Cl$_8$O$_6$
  {Mo(Hg$_2$Cl$_4$)(CO)$_3$(C$_6$H$_3$Me$_3$)}$_2$, **3**, 1217
Hg$_4$Mo$_4$C$_{32}$H$_{20}$O$_{12}$
  {HgMo(CO)$_3$Cp}$_4$, **3**, 1187
Hg$_4$Mo$_8$C$_{32}$H$_{20}$O$_{12}$
  [MoHg{Mo(CO)$_3$Cp}]$_4$, **6**, 1002
Hg$_4$Si$_4$C$_{16}$H$_{48}$O$_4$
  {HgMe(OSiMe$_3$)}$_4$, **2**, 904, 917
Hg$_6$C$_5$Cl$_6$
  (ClHg)$_2$$\overline{\text{CC(HgCl)}=\text{C(HgCl)C(HgCl)}=\text{C-}}$
  (HgCl), **2**, 873
Hg$_6$C$_{18}$F$_{18}$O$_{12}$
  C$_6${Hg(O$_2$CCF$_3$)}$_6$, **2**, 877
Hg$_6$C$_{36}$H$_{24}$
  {Hg(C$_6$H$_4$)}$_6$, **2**, 903
Hg$_7$FeC$_{10}$H$_{10}$Cl$_{14}$
  FeCp$_2$(HgCl$_2$)$_7$, **4**, 485; **6**, 986
Hg$_8$C$_{26}$F$_{24}$O$_{16}$
  C$_{10}${Hg(O$_2$CCF$_3$)}$_8$, **2**, 877
HoAlC$_{14}$H$_{22}$
  HoAlMe$_4$(Cp)$_2$, **3**, 204
HoAlC$_{18}$H$_{30}$
  HoAlEt$_4$(Cp)$_2$, **3**, 204
HoC$_{11}$H$_{13}$
  HoMe(Cp)$_2$, **3**, 203
HoC$_{12}$H$_{14}$Cl
  HoCl(C$_5$H$_4$Me)$_2$, **3**, 184
HoC$_{12}$H$_{30}$P$_3$
  Ho($\overline{\text{CH}_2\text{PMe}_2\text{CH}_2}$)$_3$, **3**, 200
HoC$_{12}$H$_{33}$Cl$_3$P$_3$
  HoCl$_3$(CH$_2$PMe$_3$)$_3$, **3**, 200
HoC$_{13}$H$_{13}$
  HoCp(cot), **3**, 194
HoC$_{13}$H$_{15}$
  HoCp$_2$(CH$_2$CHCH$_2$), **3**, 196
HoC$_{15}$H$_{15}$
  HoCp$_3$, **3**, 180
HoC$_{17}$H$_{21}$O
  HoCp(cot){$\overline{\text{O(CH}_2)_3\text{CH}_2}$}, **3**, 194
HoC$_{17}$H$_{29}$Cl$_2$O$_3$
  HoCl$_2$(Cp){$\overline{\text{O(CH}_2)_3\text{CH}_2}$}$_3$, **3**, 186
HoC$_{18}$H$_{28}$P
  Ho(PBu$_2$)Cp$_2$, **3**, 185
HoC$_{21}$H$_{15}$
  Ho(C≡CPh)$_2$Cp, **3**, 203
HoWC$_{18}$H$_{15}$O$_3$
  HoW(CO)$_3$Cp$_3$, **3**, 207
Ho$_2$C$_{22}$H$_{26}$
  {HoMe(Cp)$_2$}$_2$, **3**, 204

I

InAlCaC$_8$H$_{20}$
   CaIn(AlEt$_4$), **1**, 240
InAsC$_4$H$_{12}$
   InMe$_2$(AsMe$_2$), **1**, 698
InAsC$_6$H$_{18}$
   InMe$_3$(AsMe$_3$), **1**, 695
InAuC$_{18}$H$_{15}$Cl$_2$P
   Au(InCl$_2$)(PPh$_3$), **6**, 967
InB$_4$C$_3$H$_9$
   MeInC$_2$B$_4$H$_6$, **1**, 493, 544
InB$_{10}$CH$_{15}$
   MeInB$_{10}$H$_{12}$, **1**, 512
InB$_{10}$C$_2$H$_{18}$
   [Me$_2$InB$_{10}$H$_{12}$]$^-$, **1**, 513, 712
InCH$_3$Cl$_3$
   [InCl$_3$(Me)]$^-$, **1**, 704
InCH$_3$I$_2$
   InI$_2$(Me), **1**, 703
InCH$_4$P
   InMe(PH), **1**, 698
InC$_2$H$_5$S
   InEt(S), **1**, 713
InC$_2$H$_6$Br
   InBr(Me)$_2$, **1**, 704
InC$_2$H$_6$Br$_2$
   [InBr$_2$(Me)$_2$]$^-$, **1**, 704, 710
InC$_2$H$_6$Cl
   InCl(Me)$_2$, **1**, 703
InC$_2$H$_6$F
   InF(Me)$_2$, **1**, 705, 706
InC$_2$H$_6$I
   InI(Me)$_2$, **1**, 701
InC$_2$H$_6$N$_3$
   InMe$_2$(N$_3$), **1**, 706
InC$_3$H$_9$
   InMe$_3$, **1**, 688, 693
InC$_3$H$_9$O
   InMe$_2$(OMe), **1**, 713
InC$_3$H$_{10}$
   [InH(Me)$_3$]$^-$, **1**, 711
InC$_3$H$_{12}$N
   InMe$_3$(NH$_3$), **1**, 695
InC$_3$H$_{12}$P
   InMe$_3$(PH$_3$), **1**, 695
InC$_4$H$_9$O$_2$
   InMe$_2$(OAc), **1**, 717, 718
InC$_4$H$_{10}$Cl
   InCl(Et)$_2$, **1**, 705
InC$_4$H$_{10}$F
   InF(Et)$_2$, **1**, 706
InC$_4$H$_{12}$
   [InMe$_4$]$^-$, **1**, 689
InC$_4$H$_{12}$P
   InMe$_2$(PMe$_2$), **1**, 698
InC$_5$H$_5$
   In(C$_5$H$_5$), **1**, 16, 685
InC$_5$H$_5$I$_2$
   InI$_2$(Cp), **1**, 685
InC$_5$H$_5$I$_3$
   [InI$_3$(Cp)]$^-$, **1**, 685
InC$_5$H$_9$
   InMe$_2$(C≡CMe), **1**, 688, 690
InC$_5$H$_{12}$NS$_2$
   InMe$_2$(S$_2$CNMe$_2$), **1**, 719
InC$_5$H$_{15}$S
   InMe$_3$(SMe$_2$), **1**, 695
InC$_5$H$_{16}$N
   InMe$_3$(NHMe$_2$), **1**, 698
InC$_6$H$_5$I$_2$
   InI$_2$(Ph), **1**, 705
InC$_6$H$_7$
   In(C$_5$H$_4$Me), **1**, 685
InC$_6$H$_9$
   In(CH=CH$_2$)$_3$, **1**, 688
InC$_6$H$_{13}$OS
   InEt$_2$(SAc), **1**, 699
InC$_6$H$_{13}$O$_2$
   InEt$_2$(OAc), **1**, 699
InC$_6$H$_{15}$
   InEt$_3$, **1**, 688, 713
InC$_6$H$_{16}$
   [InH(Et)$_3$]$^-$, **1**, 711
InC$_6$H$_{18}$N
   InMe$_3$(NMe$_3$), **1**, 691
InC$_6$H$_{18}$P
   InMe$_3$(PMe$_3$), **1**, 695
InC$_7$H$_{11}$
   InMe$_2$(Cp), **1**, 686, 688
InC$_7$H$_{15}$N$_2$S$_4$
   InMe(S$_2$CNMe$_2$)$_2$, **1**, 719
InC$_8$H$_{20}$N
   InEt$_2$(NEt$_2$), **1**, 698
InC$_9$H$_5$F$_6$S$_2$
   CpIn{SC(CF$_3$)=C(CF$_3$)S}, **1**, 685
InC$_9$H$_{15}$
   InEt$_2$(Cp), **1**, 688
InC$_9$H$_{21}$
   InPr$_3$, **1**, 688
InC$_{10}$H$_{10}$I
   InI(Cp)$_2$, **1**, 685
InC$_{10}$H$_{11}$
   InMe$_2$(C≡CPh), **1**, 688
InC$_{10}$H$_{11}$O$_4$
   InPh(OAc)$_2$, **1**, 718
InC$_{12}$H$_{27}$
   InBu$_3$, **1**, 688

InC$_{14}$H$_{13}$O$_2$
  InPh$_2$(OAc), **1**, 718
InC$_{15}$H$_{15}$
  InCp$_3$, **1**, 685
InC$_{18}$H$_{15}$
  InPh$_3$, **1**, 656, 688
InC$_{18}$H$_{33}$
  In{CH$_2$(C$_5$H$_9$)}$_3$, **1**, 687
InC$_{20}$H$_{14}$Br
  InBr(Nap)$_2$, **1**, 705
InC$_{24}$H$_{20}$
  [InPh$_4$]$^-$, **1**, 689
InCoC$_4$Br$_3$O$_4$
  [Co(CO)$_4$(InBr$_3$)]$^-$, **6**, 966
InCoC$_{22}$H$_{15}$O$_4$
  [Co(CO)$_4$(InPh$_3$)]$^-$, **1**, 719; **6**, 966
InCo$_2$C$_6$Br$_4$O$_6$
  Co$_2$InBr$_4$(CO)$_6$, **6**, 966
InCo$_2$C$_8$BrO$_8$
  InBr{Co(CO)$_4$}$_2$, **6**, 966
InCo$_2$C$_8$Br$_2$O$_8$
  [InBr$_2${Co(CO)$_4$}$_2$]$^-$, **6**, 966
InCo$_2$C$_{12}$H$_8$ClO$_9$
  InCl{Co(CO)$_4$}$_2${$\overline{\text{O(CH}_2\text{)}_3\text{CH}_2}$}, **6**, 966
InCo$_2$C$_{13}$H$_7$O$_{10}$
  In(acac){Co(CO)$_4$}$_2$, **6**, 966
InCo$_3$C$_{12}$O$_{12}$
  In{Co(CO)$_4$}$_3$, **5**, 12, 13; **6**, 966
InCo$_4$C$_{16}$O$_{16}$
  [In{Co(CO)$_4$}$_4$]$^-$, **6**, 966
InCrC$_5$Br$_3$O$_5$
  [Cr(InBr$_3$)(CO)$_5$]$^{2-}$, **6**, 962
InFeC$_4$Br$_2$O$_4$
  [Fe(InBr$_2$)(CO)$_4$]$^-$, **6**, 965
InFeC$_4$Br$_3$O$_4$
  [Fe(InBr$_3$)(CO)$_4$]$^{2-}$, **6**, 965
InFeC$_7$H$_5$Cl$_2$O$_2$
  Fe(InCl$_2$)(CO)$_2$Cp, **6**, 965
InFeC$_9$H$_5$Br$_2$NO$_4$
  [Fe(InBr$_2$)(CO)$_4$(py)]$^-$, **6**, 965
InFeC$_{10}$H$_{15}$Br$_2$NO$_4$
  [Fe(InBr$_2$)(CO)$_4$(NEt$_3$)]$^-$, **6**, 965
InFeC$_{11}$H$_{13}$Br$_2$O$_3$
  Fe(InBr$_2$)(CO)$_2$Cp{$\overline{\text{O(CH}_2\text{)}\text{CH}_2}$}, **6**, 965
InFeC$_{25}$H$_{20}$O$_2$
  [Fe(CO)$_2$Cp(InPh$_3$)]$^-$, **1**, 719; **6**, 965
InFe$_2$C$_{18}$H$_{18}$ClO$_5$
  InCl(Fp)$_2${$\overline{\text{O(CH}_2\text{)}_3\text{CH}_2}$}, **6**, 965
InMnC$_5$Cl$_2$O$_5$
  Mn(InCl$_2$)(CO)$_5$, **6**, 964
InMnC$_5$Cl$_3$O$_5$
  [Mn(InCl$_3$)(CO)$_5$]$^+$, **6**, 965
InMnC$_{23}$H$_{15}$O$_5$
  [Mn(CO)$_5$(InPh$_3$)]$^-$, **1**, 719; **6**, 962
InMn$_2$C$_{10}$Br$_3$O$_{10}$
  [InBr$_3${Mn(CO)$_5$}$_2$]$^{2-}$, **6**, 965
InMn$_2$C$_{10}$ClO$_{10}$
  InCl{Mn(CO)$_5$}$_2$, **6**, 964
InMn$_2$C$_{10}$Cl$_2$O$_{10}$
  [InCl$_2${Mn(CO)$_5$}$_2$]$^+$, **6**, 965
InMn$_2$C$_{14}$H$_6$N$_2$O$_{10}$
  [In{Mn(CO)$_5$}$_2$(MeCN)$_2$]$^+$, **6**, 965
InMn$_2$C$_{17}$H$_5$O$_{12}$
  In(acac){Mn(CO)$_5$}$_2$, **6**, 964
InMn$_2$C$_{20}$H$_{10}$N$_2$O$_{10}$
  [In{Mn(CO)$_5$}$_2$(py)$_2$]$^+$, **6**, 965
InMn$_3$C$_{15}$ClO$_{15}$
  [InCl{Mn(CO)$_5$}$_3$]$^+$, **6**, 965
InMn$_3$C$_{15}$O$_{15}$
  In{Mn(CO)$_5$}$_3$, **6**, 962
InMoC$_8$H$_5$Br$_3$O$_3$
  [Mo(InBr$_3$)(CO)$_3$Cp]$^-$, **6**, 962
InMoC$_8$H$_5$Cl$_2$O$_3$
  Mo(InCl$_2$)(CO)$_3$Cp, **3**, 1187; **6**, 962
InMoC$_{26}$H$_{19}$Br$_3$O$_3$P
  Mo(InBr$_3$)(CO)$_3$(η^5-C$_5$H$_4$PPh$_3$), **6**, 962
InMo$_2$C$_{16}$H$_{10}$BrO$_6$
  InBr{Mo(CO)$_3$Cp}$_2$, **6**, 962
InMo$_3$C$_{24}$H$_{15}$O$_9$
  In{Mo(CO)$_3$Cp}$_3$, **6**, 962
InNaC$_4$H$_{12}$
  NaInH$_2$(Et)$_2$, **1**, 711
InPtC$_{20}$H$_{37}$Cl$_2$NOP$_2$
  [Pt(InCl$_2$)(CNC$_6$H$_4$OMe)(PEt$_3$)$_2$]$^+$, **6**, 967
InPtSiC$_{34}$H$_{37}$Cl$_2$P$_2$
  Pt(InCl$_2$)(SiPh$_3$)(PMe$_2$Ph)$_2$, **6**, 967
InReC$_2$H$_6$O$_4$
  InMe$_2$(ReO$_4$), **1**, 712
InReC$_5$Cl$_2$O$_5$
  Re(InCl$_2$)(CO)$_5$, **4**, 203
InRe$_2$C$_{10}$ClO$_{10}$
  InCl{Re(CO)$_5$}$_2$, **6**, 965
InRe$_3$C$_{15}$O$_{15}$
  In{Re(CO)$_5$}$_3$, **6**, 965
InRhC$_{37}$H$_{30}$Cl$_2$OP$_2$
  Rh(InCl$_2$)(CO)(PPh$_3$)$_2$, **6**, 966
InSbC$_2$H$_6$Cl$_6$
  InMe$_2$(SbCl$_6$), **1**, 712
InSbC$_9$H$_{24}$
  InMe$_3$(SbEt$_3$), **1**, 695
InSi$_2$C$_8$H$_{24}$O$_2$
  [InMe$_2$(OSiMe$_3$)$_2$]$^-$, **1**, 714
InSi$_3$C$_9$H$_{27}$
  In(SiMe$_3$)$_3$, **2**, 104
InSi$_3$C$_{12}$H$_{33}$
  In(CH$_2$SiMe$_3$)$_3$, **1**, 688; **2**, 96
InSi$_6$C$_{18}$H$_{54}$N$_3$
  In{N(SiMe$_3$)$_2$}$_3$, **2**, 130
InTiC$_{10}$H$_{10}$Cl$_4$
  Ti(InCl$_4$)Cp$_2$, **3**, 322
InWC$_5$Br$_3$O$_5$
  [W(InBr$_3$)(CO)$_5$]$^{2-}$, **6**, 962
InWC$_8$H$_5$Cl$_2$O$_3$
  W(InCl$_2$)(CO)$_3$Cp, **6**, 962
InWC$_{26}$H$_{19}$Br$_3$O$_3$P
  W(InBr$_3$)(CO)$_3$(η^5-C$_5$H$_4$PPh$_3$), **6**, 962
InWC$_{26}$H$_{20}$O$_3$
  [W(CO)$_3$Cp(InPh$_3$)]$^-$, **1**, 719; **3**, 1337; **6**, 962
InW$_2$C$_{16}$H$_{10}$ClO$_6$
  InCl{W(CO)$_3$Cp}$_2$, **6**, 962
InW$_3$C$_{24}$H$_{15}$O$_9$
  In{W(CO)$_3$Cp}$_3$, **6**, 962
In$_2$CH$_3$I$_5$
  In$_2$I$_5$(Me), **1**, 703
In$_2$C$_3$H$_9$I$_3$
  In$_2$I$_3$(Me)$_3$, **1**, 703
In$_2$C$_4$H$_{12}$N$_6$

In₂C₄H₁₂N₆

$In_2C_4H_{12}N_6$
  {InMe$_2$(N$_3$)}$_2$, **1**, 707
$In_2C_4H_{12}O$
  (Me$_2$In)$_2$O, **1**, 712
$In_2C_6H_{18}O_4S_2$
  {InMe$_2$(O$_2$SMe)}$_2$, **1**, 717
$In_2C_8H_{24}N_2$
  {InMe$_2$(NMe$_2$)}$_2$, **1**, 698
$In_2C_{10}H_{10}O$
  (CpIn)$_2$O, **1**, 685
$In_2C_{10}H_{24}N_2O_2$
  {InMe$_2$(ON=CMe$_2$)}$_2$, **1**, 716
$In_2C_{16}H_{22}N_4O_2$
  [InMe$_2${ON=CH(C$_5$H$_4$N)}]$_2$, **1**, 716
$In_2Fe_2Mn_2C_{18}O_{18}$
  [Fe{InMn(CO)$_5$}(CO)$_4$]$_2$, **6**, 967
$In_2Ge_2C_{10}H_{30}O_2$
  {InMe$_2$(OGeMe$_3$)}$_2$, **1**, 713
$In_2Mn_4C_{18}O_{18}$
  [Mn{InMn(CO)$_5$}(CO)$_4$]$_2$, **6**, 967
$In_2Mn_4C_{28}H_{10}N_2O_{18}$
  [Mn{InMn(CO)$_5$}(CO)$_4$(py)]$_2$, **6**, 967
$In_2Re_4C_{18}O_{18}$
  [Re{InRe(CO)$_5$}(CO)$_4$]$_2$, **4**, 203; **6**, 967
$In_2Si_2C_{10}H_{30}O_2$
  {InMe$_2$(OSiMe$_3$)}$_2$, **1**, 713
$In_3C_{15}H_{30}N_3S_3$
  {InEt$_2$(SCN)}$_3$, **1**, 706
$In_3Co_4C_{15}Br_3O_{15}$
  Co$_4$In$_3$Br$_3$(CO)$_{15}$, **6**, 968
$In_4C_4H_{12}S$
  [(MeIn)$_4$S]$^{2-}$, **1**, 710
$In_4C_4H_{12}Se$
  [(MeIn)$_4$Se]$^{2-}$, **1**, 710
$In_4C_{12}H_{24}N_4$
  {In(CN)(Me)$_2$}$_4$, **1**, 706
$In_4Re_8C_{32}O_{32}$
  [Re{InRe(CO)$_5$}(CO)$_3$]$_4$, **4**, 203; **6**, 967
$IrAgC_{37}H_{30}Cl_2O_9P_2$
  IrAg(ClO$_4$)$_2$(CO)(PPh$_3$)$_2$, **6**, 838
$IrAgC_{37}H_{30}N_2O_7P_2$
  IrAg(NO$_3$)$_2$(CO)(PPh$_3$)$_2$, **6**, 838
$IrAgC_{39}H_{36}ClN_3OP_2$
  IrAgCl(CO)(PPh$_3$)$_2$(MeN$_3$Me), **6**, 838
$IrAgC_{41}H_{30}F_6O_5P_2$
  IrAg(O$_2$CCF$_3$)$_2$(CO)(PPh$_3$)$_2$, **6**, 838
$IrAgC_{46}H_{41}ClN_2OP_2$
  IrAgCl(CO)(PPh$_3$)$_2$(MeNCHNTol), **6**, 838
$IrAsC_{14}H_{10}Cl_2O_2$
  IrCl$_2$(AsPh$_2$)(CO)$_2$, **5**, 613
$IrAsC_{20}H_{15}BrO_2$
  IrBr(CO)$_2$(AsPh$_3$), **5**, 558
$IrAsC_{20}H_{15}I_3O_2$
  IrI$_3$(CO)$_2$(AsPh$_3$), **5**, 559
$IrAsC_{21}H_{18}Cl_2O$
  IrCl$_2$(Me)(CO)$_2$(AsPh$_3$), **5**, 563
$IrAs_2C_{11}H_{16}O_2$
  [Ir(CO$_2$)(diars)]$^+$, **8**, 234
$IrAs_2C_{13}H_{30}Cl_3O$
  IrCl$_3$(CO)(AsEt$_3$)$_2$, **5**, 554
$IrAs_2C_{27}H_{22}ClO$
  IrCl(CO)(Ph$_2$AsCH=CHAsPh$_2$), **5**, 550
$IrAs_2C_{37}H_{30}ClO$
  IrCl(CO)(AsPh$_3$)$_2$, **5**, 545
$IrAs_2C_{37}H_{33}O$
  IrH$_3$(CO)(AsPh$_3$)$_2$, **5**, 555
$IrAs_2C_{38}H_{30}O_2$
  [Ir(CO)$_2$(AsPh$_3$)$_2$]$^+$, **5**, 558
$IrAs_2C_{39}H_{33}Cl_2O$
  IrCl$_2$(COMe)(CO)(AsPh$_3$)$_2$, **5**, 563
$IrAs_2C_{41}H_{37}O$
  Ir(CO)(MeCHCHCH$_2$)(AsPh$_3$)$_2$, **5**, 591
$IrAs_2CuC_{39}H_{36}ClN_3O$
  IrCuCl(CO)(AsPh$_3$)$_2$(MeN$_3$Me), **6**, 838
$IrAs_2TlC_{43}H_{39}ClO_7$
  IrCl(OAc){Tl(OAc)$_2$}(CO)(AsPh$_3$)$_2$, **6**, 977
$IrAs_2TlC_{45}H_{30}F_{12}O_9$
  Ir(O$_2$CCF$_3$)$_2${Tl(O$_2$CCF$_3$)$_2$}(CO)(AsPh$_3$)$_2$, **6**, 977
$IrAs_2TlC_{45}H_{42}O_9$
  Ir(OAc)$_2${Tl(OAc)$_2$}(CO)(AsPh$_3$)$_2$, **6**, 977
$IrAs_4C_{53}H_{48}OP_4$
  [Ir(CO)(Ph$_2$AsCH$_2$CH$_2$AsPh$_2$)$_2$]$^+$, **5**, 552
$IrAuC_{39}H_{30}O_3P_2$
  Ir(AuPPh$_3$)(CO)$_3$(PPh$_3$), **5**, 560; **6**, 838
$IrAuC_{55}H_{45}Cl_2OP_3$
  IrCl$_2$(CO)(AuPPh$_3$)(PPh$_3$)$_2$, **6**, 838, 776
$IrBC_4H_3O_4$
  Ir(BH$_3$)(CO)$_4$, **6**, 885
$IrBC_{37}H_{30}ClF_3OP_2$
  IrCl(BF$_3$)(CO)(PPh$_3$)$_2$, **6**, 884
$IrBC_{37}H_{30}ClF_3P_2S$
  IrCl(BF$_3$)(CS)(PPh$_3$)$_2$, **5**, 570
$IrBC_{37}H_{34}OP_2$
  Ir(BH$_4$)(CO)(PPh$_3$)$_2$, **5**, 552
$IrBC_{38}H_{69}NOP_2$
  Ir{BH$_3$(CN)}(CO)(PCy$_3$)$_2$, **5**, 542
$IrBC_{43}H_{35}F_4N_3O_3P_2$
  Ir{C$_6$H$_3$(NO$_2$)NHNH}(BF$_4$)(CO)(PPh$_3$)$_2$, **5**, 585
$IrBC_{55}H_{30}ClF_{15}OP_2$
  IrCl{B(C$_6$F$_5$)$_3$}(CO)(PPh$_3$)$_2$, **6**, 885
$IrBC_{66}H_{55}Cl_2P_3$
  IrCl$_2$(BPh$_2$)(PPh$_3$)$_3$, **6**, 891
$IrB_2C_4H_6O_4$
  [Ir(BH$_3$)$_2$(CO)$_4$]$^-$, **5**, 560
  Ir(BH$_3$)$_2$(CO)$_4$, **6**, 885
$IrB_2C_{37}H_{30}ClF_6OP_2$
  IrCl(BF$_3$)$_2$(CO)(PPh$_3$)$_2$, **6**, 884
$IrB_3C_{37}H_{38}OP_2$
  IrH(B$_3$H$_7$)(CO)(PPh$_3$)$_2$, **6**, 920
$IrB_4C_{17}H_{31}OP_2$
  Ir(B$_4$H$_9$)(CO)(PMe$_2$Ph)$_2$, **6**, 922
$IrB_5C_7H_{26}Br_2OP_2$
  IrBr$_2$(B$_5$H$_8$)(CO)(PMe$_3$)$_2$, **5**, 554; **6**, 927
$IrB_5C_{37}H_{38}OP_2$
  Ir(B$_5$H$_8$)(CO)(PPh$_3$)$_2$, **6**, 929
$IrB_8C_{38}H_{41}P_2$
  IrH(C$_2$B$_8$H$_{10}$)(PPh$_3$)$_2$, **1**, 477
$IrB_9C_8H_{25}Cl$
  IrCl(B$_9$H$_{13}$)(cod), **6**, 935
$IrB_9C_{38}H_{42}P_2$
  IrH(C$_2$B$_9$H$_{11}$)(PPh$_3$)$_2$, **8**, 304
$IrB_{10}C_{37}H_{42}OP_2$
  Ir(B$_{10}$H$_{12}$)(CO)(PPh$_3$)$_2$, **1**, 514
  [Ir(B$_{10}$H$_{12}$)(CO)(PPh$_3$)$_2$]$^-$, **5**, 552; **6**, 936
$IrB_{10}C_{39}H_{41}OP_2$
  Ir(C$_2$B$_{10}$H$_{11}$)(CO)(PPh$_3$)$_2$, **5**, 552
$IrB_{10}C_{40}H_{43}OP_2$
  Ir(C$_2$B$_{10}$H$_{10}$Me)(CO)(PPh$_3$)$_2$, **5**, 552
$IrB_{20}C_{45}H_{54}ClOP_2$
  IrCl{CH=CH(C$_2$B$_{10}$H$_{11}$)}{C≡C(C$_2$B$_{10}$H$_{11}$)}(CO)-(PPh$_3$)$_2$, **5**, 573, 575
$IrCl_4O$

$IrI_4(CO)]^-$, **5**, 557
IrC_2IO_2
  $IrI(CO)_2$, **8**, 77
$IrC_2I_2O_2$
  $[IrI_2(CO)_2]^-$, **8**, 78
IrC_3ClO_3
  $IrCl(CO)_3$, **5**, 559
IrC_3O_3
  $[Ir(CO)_3]^{3-}$, **5**, 559
IrC_4HO_4
  $IrH(CO)_4$, **5**, 560
$IrC_5H_5Cl_2$
  $IrCl_2(Cp)$, **5**, 605
$IrC_5H_5I_2$
  $IrI_2(Cp)$, **5**, 604
$IrC_6H_5Br_2O$
  $IrBr_2(CO)Cp$, **5**, 605
IrC_6H_5ClO
  $[IrCl(CO)Cp]^+$, **5**, 606
$IrC_6H_5ClO_2N$
  $IrCl(CO)_2(py)$, **5**, 558
$IrC_7H_5O_2$
  $Ir(CO)_2Cp$, **5**, 605, 606
$IrC_7H_6BrO_3$
  $\overline{IrBr\{COC(Me){=}C(Me)\dot{C}O\}(CO)}$, **5**, 574
$IrC_7H_{16}O_2P_2$
  $[Ir(CO_2)(PMe_2CH_2CH_2PMe_2)]^+$, **8**, 234
$IrC_7H_{18}ClOP_2$
  $IrCl(CO)(PMe_3)_2$, **5**, 549
$IrC_8H_7F_4O_3$
  $Ir(CO)(CF_2{=}CF_2)(acac)$, **5**, 589
IrC_8H_{10}
  $[Ir(C_8H_{10})]^+$, **8**, 317
$IrC_8H_{12}Cl_2NO$
  $IrCl_2(NO)(cod)$, **5**, 600
$IrC_8H_{14}ClF_3P$
  $IrCl(C_8H_{14})(PF_3)$, **5**, 589
$IrC_8H_{16}Cl$
  $IrCl(CH_2{=}CH_2)_4$, **5**, 589, 593
$IrC_9H_7F_6O$
  $Ir(CF_3CCCF_3)\{CH_2C(Me)CH_2\}(CO)$, **5**, 598
$IrC_9H_7F_8O_2$
  $Ir(CF_2{=}CF_2)_2(acac)$, **5**, 592
$IrC_9H_{12}Cl$
  $IrCl(Cp)(MeCHCHCH_2)$, **5**, 609, 610
$IrC_9H_{12}N_4O$
  $[Ir(CO)(CNMe)_4]^+$, **5**, 569
$IrC_9H_{13}ClN$
  $IrH(Cl)(CN)(cod)$, **8**, 357
IrC_9H_{15}
  $Ir(CH_2CHCH_2)_3$, **5**, 595
$IrC_9H_{15}O_2$
  $Ir(CH_2{=}CH_2)_2(acac)$, **5**, 589, 591
$IrC_{10}H_{10}$
  $[IrCp_2]^+$, **5**, 605; **8**, 1039
$IrC_{10}H_{15}N_5$
  $[Ir(CNMe)_5]^+$, **5**, 569
$IrC_{11}H_{11}$
  $[Ir(C_6H_6)Cp]^{2+}$, **8**, 1032
$IrC_{11}H_{13}$
  $IrCp(C_6H_8)$, **5**, 608, 609
$IrC_{11}H_{17}Cl_2$
  $IrCl(cod)(CH_2{=}CHCH_2Cl)$, **5**, 597, 601
$IrC_{11}H_{27}ClO_4P_3$
  $IrCl(CO_2CO_2)(PMe_3)_3$, **8**, 233, 263
$IrC_{12}H_{10}IO$
  $IrI(Ph)(CO)Cp$, **5**, 605
$IrC_{12}H_{14}$
  $[Ir(C_6H_6)(C_6H_8)]^+$, **8**, 1049
$IrC_{12}H_{15}O_2$
  $Ir(CO)_2(\eta^5\text{-}C_5Me_5)$, **5**, 605
$IrC_{12}H_{19}Cl_2O$
  $IrCl_2(CO)(CH_2CHCH_2)(C_8H_{14})$, **5**, 572
$IrC_{12}H_{19}O$
  $[Ir(C_8H_{11})\{\overline{O(CH_2)_3CH_2}\}]^+$, **5**, 597
$IrC_{12}H_{20}Cl$
  $IrCl(C_6H_8)_2$, **5**, 611
$IrC_{12}H_{22}O_3P$
  $IrH(CO)_3(PPr^i_3)$, **8**, 291
$IrC_{13}H_{11}ClNO_2$
  $IrCl(C_6H_4CONPh)(H_2O)$, **5**, 587
$IrC_{13}H_{11}I_2N_2O_3$
  $IrI_2(CO_2Me)(CO)(bipy)$, **5**, 576
$IrC_{13}H_{13}$
  $IrCp(cot)$, **5**, 608
$IrC_{13}H_{15}$
  $IrCp(C_8H_{10})$, **5**, 608
$IrC_{13}H_{16}$
  $[IrCp(C_8H_{11})]^+$, **5**, 610
$IrC_{13}H_{17}$
  $IrCp(cod)$, **3**, 113; **5**, 603, 608
$IrC_{13}H_{19}O_2$
  $Ir(cod)(acac)$, **8**, 594
$IrC_{13}H_{21}F_3O_2P$
  $Ir(C_8H_{14})(acac)(PF_3)$, **5**, 589
$IrC_{13}H_{32}ClO_2P_4$
  $IrCl(CO_2)(PMe_2CH_2CH_2PMe_2)_2$, **8**, 236, 256
$IrC_{13}H_{32}O_2P_4$
  $[Ir(CO)_2(Me_2PCH_2CH_2PMe_2)_2]^+$, **8**, 339
$IrC_{13}H_{36}OP_4$
  $[Ir(CO)(PMe_3)_4]^+$, **5**, 552
$IrC_{14}H_{10}Cl_2O_2P$
  $IrCl_2(PPh_2)(CO)_2$, **5**, 613
$IrC_{14}H_{18}$
  $[Ir(C_6H_6)(cod)]^+$, **5**, 611
$IrC_{14}H_{19}ClO_2P_2$
  $[IrCl(CO_2Me)(PMe_2CH_2CH_2PMe_2)]^+$, **8**, 236
$IrC_{14}H_{21}$
  $Ir(cod)(C_6H_9)$, **5**, 601
$IrC_{14}H_{38}$
  $Ir(CH_2{=}CH_2)_2(\eta^5\text{-}C_5Me_5)$, **5**, 607
$IrC_{14}H_{39}NP_4$
  $[IrH(CH_2CN)(PMe_3)_4]^+$, **5**, 582; **8**, 257
$IrC_{15}H_{20}$
  $[IrCp(\eta^5\text{-}C_5Me_5)]^+$, **5**, 605
$IrC_{15}H_{38}O_2P_4$
  $[IrH(CO_2Et)(dmpe)_2]^+$, **5**, 576
$IrC_{16}H_{16}Cl$
  $IrCl(cot)_2$, **8**, 601
$IrC_{16}H_{20}$
  $[Ir(C_8H_{10})_2]^+$, **5**, 611
$IrC_{16}H_{20}N_2$
  $[Ir(CH_2CHCH_2)_2(py)_2]^+$, **5**, 595
$IrC_{16}H_{21}O$
  $[Ir(\eta^5\text{-}C_5Me_5)(\eta^6\text{-}C_6H_5OH)]^{2+}$, **5**, 612
$IrC_{16}H_{24}$
  $[Ir(cod)_2]^+$, **5**, 599; **8**, 291
$IrC_{16}H_{24}O$
  $[Ir\{CH_2C(OH)CHC(Me)CH_2\}(\eta^5\text{-}C_5Me_5)]^+$, **5**, 609
$IrC_{16}H_{25}$
  $Ir(cod)(C_8H_{13})$, **8**, 303
$IrC_{16}H_{27}$

IrC$_{16}$H$_{27}$
    [Ir(C$_8$H$_{14}$)(C$_8$H$_{13}$)]$^+$, **5**, 597
IrC$_{16}$H$_{30}$N$_6$O
    [Ir{$\overline{\text{CN(Me)CH}_2\text{CH}_2\text{NMe}}$}$_3$(CO)]$^+$, **5**, 577
IrC$_{18}$H$_{13}$O
    Ir($\overline{\text{C}_6\text{H}_4\text{C}_6\text{H}_4}$)(CO)Cp, **5**, 607
IrC$_{18}$H$_{14}$ClN$_4$
    IrCl{C$_6$H$_4$(C$_3$H$_3$N$_2$)}$_2$, **5**, 587
IrC$_{18}$H$_{20}$N$_2$
    [Ir(cod)(bipy)]$^+$, **8**, 324
IrC$_{18}$H$_{22}$Cl$_2$O$_2$P$_2$
    IrCl$_2$(CO)$_2$(PMe$_2$Ph)$_2$, **5**, 576
IrC$_{18}$H$_{22}$N
    [Ir(η^5-C$_5$Me$_5$)(η^6-indole)]$^{2+}$, **8**, 1045
IrC$_{18}$H$_{25}$ClIOP$_2$
    IrCl(I)(Me)(CO)(PMe$_2$Ph)$_2$, **5**, 566
IrC$_{18}$H$_{28}$Cl
    IrCl(η^5-C$_5$Me$_5$){$\overline{\text{CHCHCH(CH}_2\text{)}_4\text{CH}_2}$}, **5**, 596
IrC$_{19}$H$_{23}$
    [Ir(η^5-C$_5$Me$_5$)(η^6-indene)]$^{2+}$, **8**, 1045
IrC$_{19}$H$_{25}$Cl$_2$O$_2$P$_2$
    IrCl$_2$(COMe)(CO)(PMe$_2$Ph)$_2$, **5**, 562
IrC$_{19}$H$_{25}$Cl$_2$O$_3$P$_2$
    IrCl$_2$(CO$_2$Me)(CO)(PMe$_2$Ph)$_2$, **5**, 576
IrC$_{19}$H$_{27}$Cl$_2$O$_3$S$_2$
    IrCl$_2${CH(Ph)CH$_2$COPh}(Me$_2$SO)$_2$, **8**, 313
IrC$_{19}$H$_{33}$O$_3$
    [Ir(η^5-C$_5$Me$_5$)(Me$_2$CO)$_3$]$^{2+}$, **5**, 609
IrC$_{19}$H$_{36}$BrOP$_2$
    IrH(Br)(Ph)(CO)(PEt$_3$)$_2$, **5**, 567
IrC$_{20}$H$_{15}$Br$_3$O$_2$P
    IrBr$_3$(CO)$_2$(PPh$_3$), **5**, 559
IrC$_{20}$H$_{23}$
    [Ir(C$_{10}$H$_8$)(η^5-C$_5$Me$_5$)]$^{2+}$, **5**, 611
IrC$_{20}$H$_{27}$BrClOP$_2$
    IrBr(Cl)(CH$_2$CH=CH$_2$)(CO)(PMe$_2$Ph)$_2$, **5**, 564
IrC$_{20}$H$_{36}$Br$_2$N$_4$
    [IrBr$_2$(CNBu^t)$_4$]$^+$, **5**, 569
IrC$_{20}$H$_{36}$N$_4$
    [Ir(CNBu^t)$_4$]$^+$, **5**, 566
IrC$_{20}$H$_{36}$N$_4$O$_2$
    [Ir(CNBu^t)$_4$(O$_2$)]$^+$, **5**, 569
IrC$_{21}$H$_{15}$O$_3$P
    [Ir(CO)$_3$(PPh$_3$)]$^-$, **5**, 559
IrC$_{21}$H$_{16}$O$_3$P
    IrH(CO)$_3$(PPh$_3$), **5**, 560
IrC$_{21}$H$_{24}$Cl
    IrCl(nbd)$_3$, **5**, 603
IrC$_{21}$H$_{29}$Cl$_2$OP$_2$
    IrCl$_2$(CH=CMe$_2$)(CO)(PMe$_2$Ph)$_2$, **5**, 573
IrC$_{21}$H$_{31}$ClO$_2$P$_2$
    [IrCl(Me){C(OMe)Me}(CO)(PMe$_2$Ph)$_2$]$^+$, **5**, 566
IrC$_{21}$H$_{46}$ClP$_2$
    IrH(Cl){CH(CH$_2$CH$_2$PBu^t$_2$)$_2$}, **5**, 581
IrC$_{21}$H$_{47}$P$_2$
    Ir(CH$_2$CHCH$_2$)(PPr^i$_3$)$_2$, **5**, 598
IrC$_{21}$H$_{54}$P$_3$
    IrMe$_3$(PEt$_3$)$_3$, **5**, 562
IrC$_{22}$H$_{31}$ClO$_2$P$_2$
    [IrCl(Me){$\overline{\text{C(CH}_2\text{)}_3\text{O}}$}(CO)(PMe$_2$Ph)$_2$]$^+$, **5**, 566
IrC$_{22}$H$_{33}$
    [Ir(η^5-C$_5$Me$_5$)(η^6-C$_6$Me$_6$)]$^{2+}$, **5**, 611
IrC$_{23}$H$_{20}$Cl$_2$P
    IrCl$_2$(Cp)(PPh$_3$), **5**, 604
IrC$_{23}$H$_{40}$ClOP$_2$
    IrH(Cl){C$_6$H$_3$(PBu^t$_2$)$_2$}(CO), **5**, 581
IrC$_{24}$H$_{20}$OP
    Ir(CO)Cp(PPh$_3$), **5**, 605, 606

IrC$_{24}$H$_{20}$PS
    Ir(CS)Cp(PPh$_3$), **5**, 569, 570
IrC$_{24}$H$_{21}$PS
    [IrH(CS)Cp(PPh$_3$)]$^+$, **5**, 570
IrC$_{24}$H$_{26}$Cl$_2$NO$_2$P$_2$
    IrCl$_2$($\overline{\text{C=NC}_6\text{H}_4\text{O}}$)(CO)(PMe$_2$Ph)$_2$, **5**, 577
IrC$_{24}$H$_{36}$P$_2$
    IrH$_2$(cod)(PMe$_2$Ph)$_2$, **8**, 320
IrC$_{25}$H$_{23}$OP
    [IrMe(CO)Cp(PPh$_3$)]$^+$, **5**, 605, 606
IrC$_{25}$H$_{33}$ClOP$_3$
    IrCl(CO)(PMe$_2$Ph)$_3$, **8**, 291
IrC$_{25}$H$_{35}$P$_2$
    IrMe(PMe$_2$Ph)$_2$(cod), **3**, 118
IrC$_{25}$H$_{42}$ClO
    IrCl(CO)(C$_8$H$_{14}$)$_3$, **5**, 593
IrC$_{26}$H$_{22}$F$_8$P
    Ir{CF$_2$CF$_2$CH$_2$C(Me)=CH$_2$}(CF$_2$CF$_2$)(PPh$_3$), **5**, 598
IrC$_{26}$H$_{27}$ClP
    IrCl(cod)(PPh$_3$), **5**, 600; **8**, 317
IrC$_{26}$H$_{31}$O$_2$
    Ir(nbd)$_3$(acac), **5**, 603
IrC$_{27}$H$_{22}$F$_8$OP
    Ir{CF$_2$CF$_2$CH$_2$C(Me)=CH$_2$}(CF$_2$CF$_2$)(CO)(PPh$_3$), **5**, 591
IrC$_{27}$H$_{28}$P
    Ir{$\overline{\text{(CH}_2\text{)}_3\text{CH}_2}$}Cp(PPh$_3$), **5**, 607
IrC$_{27}$H$_{56}$ClOP$_2$
    IrCl(CO){Bu^t$_2$P(CH$_2$)$_2$PBu^t$_2$}, **5**, 550
IrC$_{28}$H$_{22}$F$_6$O$_2$P
    Ir{C(CF$_3$)=C(CF$_3$)CH$_2$C(Me)=CH$_2$}(CO)$_2$(PPh$_3$), **5**, 598
IrC$_{28}$H$_{57}$ClNP$_2$
    IrH(Cl){(CH$_2$)$_3$PBu^t$_3$}(PBu^t$_2$Pr){C$_5$H$_4$(Me)N}, **5**, 581
IrC$_{30}$H$_{30}$ClP$_2$
    IrCl{Ph$_2$P(CH$_2$)$_2$CH=CH(CH$_2$)$_2$PPh$_2$}, **5**, 588, 602
IrC$_{32}$H$_{26}$P
    IrH(PhCCPh)(PPh$_3$), **5**, 594
IrC$_{32}$H$_{50}$NO$_4$P$_2$
    Ir{CH$_2$CMe$_2$PBu^{t}C$_6$H$_3$(OMe)O}{OC$_6$H$_3$(OMe)PBu^t$_2$}(CNMe), **5**, 581
IrC$_{33}$H$_{31}$F$_4$OP$_2$
    Ir{CH$_2$C(Me)=CH$_2$}(CF$_2$CF$_2$)(CO)(diphos), **5**, 591
IrC$_{33}$H$_{33}$ClN$_2$O$_3$P
    IrCl[{C$_6$H$_3$(Me)O}$_2$P(OTol)]{C$_5$H$_4$(Me)N}$_2$, **5**, 583
IrC$_{34}$H$_{38}$P$_2$
    [Ir(cod)(PPh$_2$Me)$_2$]$^+$, **8**, 291
IrC$_{36}$H$_{64}$ClP$_2$
    IrCl{P(C$_6$H$_9$)Cy$_2$}(PCy$_3$), **8**, 292
IrC$_{37}$H$_{30}$ClNOP$_2$S
    [IrCl(NO)(CS)(PPh$_3$)$_2$]$^+$, **5**, 570
IrC$_{37}$H$_{30}$ClNO$_2$P$_2$
    [IrCl(CO)(NO)(PPh$_3$)$_2$]$^+$, **5**, 552
IrC$_{37}$H$_{30}$ClOP$_2$
    IrCl(CO)(PPh$_3$)$_2$, **8**, 122, 287, 579
IrC$_{37}$H$_{30}$ClO$_3$P$_2$S
    IrCl(CO)(SO$_2$)(PPh$_3$)$_2$, **5**, 547
IrC$_{37}$H$_{30}$ClP$_2$S
    IrCl(CS)(PPh$_3$)$_2$, **5**, 570, 571
IrC$_{37}$H$_{30}$Cl$_3$OP$_2$
    IrCl$_3$(CO)(PPh$_3$)$_2$, **5**, 554
IrC$_{37}$H$_{30}$IO$_3$P$_2$
    IrI(CO)(O$_2$)(PPh$_3$)$_2$, **5**, 544
IrC$_{37}$H$_{30}$N$_4$O$_2$P$_2$
    [Ir(N$_3$)(CO)(NO)(PPh$_3$)$_2$]$^+$, **5**, 551
IrC$_{37}$H$_{30}$N$_4$O$_9$P$_2$

Ir(CO)(NO)$_2$(NO$_3$)$_2$(PPh$_3$)$_2$, **5**, 542
IrC$_{37}$H$_{31}$Cl$_2$OP$_2$
  IrH(Cl)$_2$(CO)(PPh$_3$)$_2$, **8**, 300
IrC$_{37}$H$_{31}$Cl$_2$P$_2$S
  IrH(Cl)$_2$(CS)(PPh$_3$)$_2$, **5**, 570
IrC$_{37}$H$_{31}$OP$_2$
  IrH(CO)(PPh$_3$)$_2$, **5**, 543; **8**, 297
  IrH$_2$(C$_6$H$_4$PPh$_2$)(CO)(PPh$_3$), **5**, 579
IrC$_{37}$H$_{31}$O$_2$P$_2$
  Ir(OH)(CO)(PPh$_3$)$_2$, **8**, 262
IrC$_{37}$H$_{32}$ClOP$_2$
  IrCl(H)$_2$(CO)(PPh$_3$)$_2$, **8**, 287
IrC$_{37}$H$_{33}$Cl$_2$P$_2$
  IrCl$_2$(Me)(PPh$_3$)$_2$, **5**, 562
IrC$_{37}$H$_{33}$INOP$_2$
  IrI(Me)(NO)(PPh$_3$)$_2$, **5**, 560
IrC$_{37}$H$_{33}$OP$_2$
  IrH$_3$(CO)(PPh$_3$)$_2$, **5**, 555; **8**, 300
IrC$_{37}$H$_{66}$ClOP$_2$
  IrCl(CO)(PCy$_3$)$_2$, **5**, 549
IrC$_{38}$H$_{29}$O$_2$P$_2$
  Ir(C$_6$H$_4$PPh$_2$)(CO)$_2$(PPh$_3$), **5**, 579
IrC$_{38}$H$_{30}$ClNO$_3$P$_2$
  [IrCl(CO)$_2$(NO)(PPh$_3$)$_2$]$^+$, **5**, 557
IrC$_{38}$H$_{30}$ClP$_2$S$_4$
  $\overline{\text{IrCl(S}_2\text{CS)}}$(CS)(PPh$_3$)$_2$, **5**, 570
  $\overline{\text{IrCl(S}_2\text{CS)}}$(CS)(PPh$_3$)$_2$, **5**, 571
IrC$_{38}$H$_{30}$F$_4$ClP$_2$
  IrCl(C$_2$F$_4$)(PPh$_3$)$_2$, **5**, 589
IrC$_{38}$H$_{30}$F$_4$NOP$_2$
  Ir(NO)(CF$_2$=CF$_2$)(PPh$_3$)$_2$, **5**, 589
IrC$_{38}$H$_{30}$I$_2$O$_2$P$_2$
  IrI$_2$(CO)$_2$(PPh$_3$)$_2$, **5**, 557
IrC$_{38}$H$_{30}$NOP$_2$
  Ir(CN)(CO)(PPh$_3$)$_2$, **5**, 543
IrC$_{38}$H$_{30}$O$_2$P$_2$
  [Ir(CO)$_2$(PPh$_3$)$_2$]$^-$, **5**, 557
IrC$_{38}$H$_{30}$P$_2$S$_3$
  [Ir(CS)(CS$_2$)(PPh$_3$)$_2$]$^+$, **5**, 570, 571
IrC$_{38}$H$_{31}$Cl$_2$F$_2$OP$_2$
  IrCl$_2$(CHF$_2$)(CO)(PPh$_3$)$_2$, **5**, 566
IrC$_{38}$H$_{31}$O$_2$P$_2$
  IrH(CO)$_2$(PPh$_3$)$_2$, **5**, 558
IrC$_{38}$H$_{31}$O$_4$P$_2$
  Ir(O$_2$COH)(CO)(PPh$_3$)$_2$, **8**, 262
IrC$_{38}$H$_{32}$ClOP$_2$
  Ir(CH$_2$Cl)(CO)(PPh$_3$)$_2$, **5**, 561
IrC$_{38}$H$_{33}$ClFO$_4$P$_2$S
  IrCl(Me)(OSO$_2$F)(CO)(PPh$_3$)$_2$, **5**, 565
IrC$_{38}$H$_{33}$NO$_2$P$_2$
  [IrMe(CO)(NO)(PPh$_3$)$_2$]$^+$, **5**, 561
IrC$_{38}$H$_{33}$OP$_2$
  IrMe(CO)(PPh$_3$)$_2$, **5**, 542, 561
IrC$_{38}$H$_{34}$ClP$_2$
  IrCl(CH$_2$=CH$_2$)(PPh$_3$)$_2$, **5**, 588
IrC$_{38}$H$_{68}$OP$_2$S
  [IrH$_2$(CO)(CS)(PCy$_3$)$_2$]$^+$, **8**, 294
IrC$_{39}$H$_{30}$ClF$_6$N$_2$
  $\overline{\text{IrCl}\{C(CF_3)_2N=N\}}$(PPh$_3$)$_2$, **5**, 566
IrC$_{39}$H$_{30}$ClOP$_2$S$_4$
  IrCl(C$_2$S$_4$)(CO)(PPh$_3$)$_2$, **5**, 571
IrC$_{39}$H$_{30}$ClO$_2$P$_2$S
  IrCl(CO)$_2$(CS)(PPh$_3$)$_2$, **5**, 569
IrC$_{39}$H$_{30}$O$_2$P$_2$S
  [Ir(CO)$_2$(CS)(PPh$_3$)$_2$]$^+$, **5**, 570
IrC$_{39}$H$_{32}$ClOP$_2$
  $\overline{\text{IrH(Cl)}\{CH(C_6H_4PPh_2)CH_2C_6H_4PPh_2\}}$(CO), **5**, 581, 602
IrC$_{39}$H$_{33}$ClOP$_2$S$_2$
  [IrCl(CS$_2$Me)(CO)(PPh$_3$)$_2$]$^+$, **5**, 577
IrC$_{39}$H$_{35}$OP$_2$
  IrEt(CO)(PPh$_3$)$_2$, **5**, 561
IrC$_{39}$H$_{42}$Cl$_2$O$_2$P$_2$
  $\overline{\text{IrCl(cod)}\{Ph_2PCH(OCMe_2O)CHPPh_2\}}$, **8**, 478
IrC$_{39}$H$_{66}$O$_2$P$_2$S
  [Ir(CO)$_2$(CS)(PCy$_3$)$_2$]$^+$, **5**, 570; **8**, 292
IrC$_{40}$H$_{30}$ClF$_6$P$_2$
  IrCl(CF$_3$CCCF$_3$)(PPh$_3$)$_2$, **5**, 593
IrC$_{40}$H$_{33}$O$_4$P$_2$
  Ir(CO$_2$Me)(CO)$_2$(PPh$_3$)$_2$, **5**, 575
IrC$_{40}$H$_{35}$OP$_2$
  Ir(CH=CHMe)(CO)(PPh$_3$)$_2$, **5**, 573
  Ir(CO)(CH$_2$CHCH$_2$)(PPh$_3$)$_2$, **5**, 595
IrC$_{40}$H$_{37}$NOP$_2$S
  [IrH(CO)(CSNMe$_2$)(PPh$_3$)$_2$]$^+$, **5**, 557
IrC$_{40}$H$_{37}$P$_2$
  Ir(C$_6$H$_4$PPh$_2$)(CH$_2$=CH$_2$)$_2$(PPh$_3$), **5**, 579
IrC$_{41}$H$_{30}$N$_3$OP$_2$
  Ir{C(CN)$_3$}(CO)(PPh$_3$)$_2$, **5**, 561
IrC$_{41}$H$_{35}$O$_2$P$_2$
  Ir(C≡CCH$_2$CH$_2$OH)(CO)(PPh$_3$)$_2$, **5**, 575
IrC$_{41}$H$_{35}$O$_3$P$_2$
  Ir(COEt)(CO)$_2$(PPh$_3$)$_2$, **8**, 149
  Ir(CO$_2$CH$_2$CH=CH$_2$)(CO)(PPh$_3$)$_2$, **5**, 576
IrC$_{41}$H$_{36}$P$_2$
  [IrH(Cp)(PPh$_3$)$_2$]$^+$, **5**, 603
IrC$_{41}$H$_{37}$OP$_2$
  Ir(CO){CH$_2$C(Me)CH$_2$}(PPh$_3$)$_2$, **5**, 598
  Ir(CO)(MeCHCHCH$_2$)(PPh$_3$)$_2$, **5**, 573, 591
IrC$_{42}$H$_{30}$F$_5$O$_2$P$_2$
  $\overline{\text{Ir(C}=CFCF_2CF_2)}(CO)_2$(PPh$_3$)$_2$, **5**, 574
IrC$_{42}$H$_{35}$Cl$_2$O$_2$P$_2$S
  IrCl$_2$(Ph)(SO$_2$)(PPh$_3$)$_2$, **5**, 568
IrC$_{42}$H$_{37}$Cl$_3$NP$_2$
  IrCl$_3$($\overline{\text{CCHCHCHCHNMe}}$)(PPh$_3$)$_2$, **5**, 578
IrC$_{43}$H$_{30}$BrN$_4$OP$_2$
  IrBr{C(CN)$_2$C(CN)$_2$}(CO)(PPh$_3$)$_2$, **5**, 547
IrC$_{43}$H$_{30}$ClN$_4$OP$_2$
  IrCl(CO){(NC)$_2$C=C(CN)$_2$}(PPh$_3$)$_2$, **5**, 590
IrC$_{43}$H$_{30}$F$_5$OP$_2$
  Ir(C$_6$F$_5$)(CO)(PPh$_3$)$_2$, **5**, 561, 567
IrC$_{43}$H$_{34}$F$_2$N$_2$OP$_2$
  [IrF{C$_6$H$_3$(F)N=NH}(CO)(PPh$_3$)$_2$]$^+$, **5**, 586
IrC$_{43}$H$_{35}$ClN$_2$OP$_2$
  IrCl(C$_6$H$_4$N=NH)(CO)(PPh$_3$)$_2$, **5**, 584
IrC$_{43}$H$_{35}$Cl$_2$OP$_2$
  IrCl$_2$(Ph)(CO)(PPh$_3$)$_2$, **5**, 562
IrC$_{43}$H$_{35}$OP$_2$
  IrPh(CO)(PPh$_3$)$_2$, **5**, 561
IrC$_{43}$H$_{37}$Cl$_3$NP$_2$
  IrCl$_3$(CHNMe$_2$)(PPh$_3$)$_2$, **5**, 578
IrC$_{43}$H$_{37}$NOP$_2$
  [Ir($\overline{\text{CCHCHCHCHNMe}}$)(CO)(PPh$_3$)$_2$]$^+$, **5**, 578
IrC$_{43}$H$_{37}$N$_2$OP$_2$
  Ir(CH$_2$CH$_2$CN)(CO)(CH$_2$=CHCN)(PPh$_3$)$_2$, **5**, 589
IrC$_{43}$H$_{38}$IN$_2$OP$_2$
  IrH(I){C$_6$H$_3$(OMe)N=NH}(PPh$_3$)$_2$, **5**, 586
IrC$_{43}$H$_{38}$NOP$_2$S
  Ir{$\overline{\text{CSCHCHC(Me)NMe}}$}(CO)(PPh$_3$)$_2$, **5**, 578
IrC$_{43}$H$_{39}$OP$_2$
  Ir(C≡CBu)(CO)(PPh$_3$)$_2$, **5**, 574
IrC$_{44}$H$_{30}$F$_5$P$_2$S
  Ir(C$_6$F$_5$)(CS)(PPh$_3$)$_2$, **5**, 570

$IrC_{44}H_{33}F_5IOP_2$
  $IrI(Me)(C_6F_5)(CO)(PPh_3)_2$, **5**, 561
$IrC_{44}H_{34}F_4N_2OP_2$
  $[IrF\{C_6H_3(CF_3)N=NH\}(CO)(PPh_3)_2]^+$, **5**, 585
$IrC_{44}H_{36}Cl_3OP_2$
  $IrCl_2(C_6H_4CH_2Cl)(CO)(PPh_3)_2$, **5**, 567
$IrC_{44}H_{37}OP_2$
  $Ir(Tol)(CO)(PPh_3)_2$, **5**, 567
$IrC_{44}H_{37}O_4P_2$
  $Ir(CO_2CH_2CH_2C≡CMe)(CO)_2(PPh_3)_2$, **5**, 576
$IrC_{44}H_{39}ClNP_2$
  $IrH(Cl)(C_6H_4CH=NMe)(PPh_3)_2$, **5**, 586
$IrC_{44}H_{42}ClP_2$
  $IrCl(cod)(PPh_3)_2$, **8**, 291
$IrC_{44}H_{42}P_2$
  $[Ir(cod)(PPh_3)_2]^+$, **5**, 600
$IrC_{45}H_{35}Cl_2OP_2$
  $IrCl_2(C≡CPh)(CO)(PPh_3)_2$, **5**, 575
$IrC_{45}H_{35}OP_2$
  $Ir(C≡CPh)(CO)(PPh_3)_2$, **5**, 574
$IrC_{45}H_{37}Br_2OP_2$
  $IrH(Br)\{CH=C(Br)Ph\}(CO)(PPh_3)_2$, **5**, 575
$IrC_{45}H_{38}Cl_3OP_2$
  $IrH(Cl)(CH_2CCl_2Ph)(CO)(PPh_3)_2$, **5**, 575
$IrC_{45}H_{39}Cl_2OP_2$
  $IrCl_2(CH_2CH_2Ph)(CO)(PPh_3)_2$, **5**, 566
$IrC_{45}H_{40}ClP_2$
  $IrH(Cl)(PhCHCHCH_2)(PPh_3)_2$, **5**, 584, 598
$IrC_{46}H_{37}O_3P_2$
  $Ir(CO_2CH=CHPh)(CO)(PPh_3)_2$, **5**, 576
$IrC_{46}H_{43}ClNP_2$
  $IrH(Cl)(C_6H_4CH=NPr)(PPh_3)_2$, **5**, 586
$IrC_{48}H_{31}N_8OP_2$
  $Ir\{C(CN)_2C(CN)_2\}(CO)\{NC(CN)CH(CN)_2\}(PPh_3)_2$, **5**, 590
$IrC_{48}H_{32}OP_2$
  $[IrH_2(CO)(PPh_3)_2]^+$, **5**, 556
$IrC_{48}H_{40}ClN_2P_2$
  $IrH(Cl)(C_6H_4N=NPh)(PPh_3)_2$, **5**, 586
$IrC_{48}H_{42}ClO_8P_2$
  $IrCl\{C(CO_2Me)=C(CO_2Me)C(CO_2Me)=C(CO_2Me)\}(PPh_3)_2$, **5**, 574
$IrC_{48}H_{81}ClNP_2$
  $IrH(Cl)\{C(Ph)=CHCH=NPr\}(PCy_3)_2$, **5**, 586
$IrC_{49}H_{30}ClF_{10}OP_2$
  $IrCl(C_6F_5)_2(CO)(PPh_3)_2$, **5**, 561, 567
$IrC_{50}H_{40}ClP_2$
  $IrCl(PhCCPh)(PPh_3)_2$, **5**, 594
$IrC_{53}H_{44}OP_4$
  $[Ir(CO)(Ph_2PCH=CHPPh_2)_2]^+$, **8**, 292
$IrC_{53}H_{48}OP_4$
  $[Ir(CO)(diphos)_2]^+$, **5**, 552
$IrC_{53}H_{48}P_4S$
  $[Ir(CS)(diphos)_2]^+$, **5**, 570
$IrC_{54}H_{43}ClO_9P_3$
  $IrCl\{C_6H_4OP(OPh)_2\}_2\{P(OPh)_3\}$, **5**, 582
$IrC_{54}H_{44}P_3$
  $Ir(C_6H_4PPh_2)(PPh_3)_2$, **5**, 579
  $IrH(C_6H_4PPh_2)_2(PPh_3)$, **5**, 580
$IrC_{54}H_{45}ClO_9P_3$
  $IrH(Cl)\{C_6H_4OP(OPh)_2\}\{P(OPh)_3\}_2$, **5**, 582
$IrC_{54}H_{45}ClP_3$
  $IrH(Cl)(C_6H_4PPh_2)(PPh_3)_2$, **5**, 579
$IrC_{55}H_{44}OP_3$
  $Ir(C_6H_4PPh_2)(CO)(PPh_3)_2$, **5**, 579

$IrC_{55}H_{45}ClP_3S_2$
  $IrCl(CS_2)(PPh_3)_3$, **5**, 570, 571
$IrC_{55}H_{45}NO_2P_3$
  $Ir(CO)(NO)(PPh_3)_3$, **5**, 542
$IrC_{55}H_{45}OP_3$
  $Ir(CO)(PPh_3)_3$, **5**, 542
$IrC_{55}H_{46}OP_3$
  $IrH(CO)(PPh_3)_3$, **5**, 550; **8**, 122
$IrC_{55}H_{46}P_3S$
  $IrH(CS)(PPh_3)_3$, **5**, 569, 570
$IrC_{55}H_{47}OP_3$
  $[IrH_2(CO)(PPh_3)_3]^+$, **5**, 556
$IrC_{55}H_{48}OP_3$
  $IrH_3(CO)(PPh_3)_3$, **5**, 591
$IrC_{55}H_{48}P_3$
  $IrMe(PPh_3)_3$, **5**, 561
$IrC_{56}H_{45}ClO_4P_3$
  $IrCl(CO_2CO_2)(PPh_3)_3$, **8**, 234
$IrC_{56}H_{45}F_4NOP_3$
  $Ir(CF_2=CF_2)(NO)(PPh_3)_3$, **5**, 589
$IrC_{56}H_{45}OP_3S_2$
  $[Ir(CO)(CS_2)(PPh_3)_3]^+$, **5**, 570, 571
  $[Ir(CS_2PPh_3)(CO)(PPh_3)_2]^+$, **5**, 551
$IrC_{57}H_{45}ClP_3S_6$
  $IrCl(CS_2)_3(PPh_3)_2$, **5**, 570
$IrC_{57}H_{46}OP_3$
  $Ir(C≡CH)(CO)(PPh_3)_3$, **5**, 574
$IrC_{57}H_{50}OP_3$
  $IrEt(CO)(PPh_3)_3$, **5**, 561
  $IrH(CO)(CH_2=CH_2)(PPh_3)_3$, **5**, 591
$IrC_{58}H_{52}Cl_2NOP_3$
  $[IrCl_2(CHNMe_2)(CO)(PPh_3)_3]^+$, **5**, 578
$IrC_{59}H_{46}F_6OP_3$
  $Ir\{C(CF_3)=CHCF_3\}(CO)(PPh_3)_3$, **5**, 574
$IrC_{61}H_{53}N_2OP_3$
  $[IrH\{C_6H_3(OMe)N=NH\}(PPh_3)_3]^+$, **5**, 585
$IrCoC_{41}H_{30}O_5P_2$
  $CoIr(CO)_5(PPh_3)_2$, **6**, 836
$IrCuC_{39}H_{36}ClN_3OP_2$
  $IrCuCl(CO)(PPh_3)_2(MeN_3Me)$, **6**, 838
$IrCuC_{46}H_{41}ClN_2OP_2$
  $IrCuCl(CO)(PPh_3)_2(MeNCHNTol)$, **6**, 838
$IrCuC_{55}H_{45}Cl_2OP_3$
  $IrCuCl_2(CO)(PPh_3)_3$, **6**, 776, 838
$IrCu_3C_{70}H_{55}P_3$
  $IrCu_3(CCPh)_2(PPh_3)_3$, **6**, 867
$IrFeC_{52}H_{40}O_4P_3$
  $FeIr(PPh_2)(CO)_4(PPh_3)_2$, **6**, 835
$IrFeC_{53}H_{40}O_5P_3$
  $FeIr(PPh_2)(CO)_5(PPh_3)_2$, **6**, 813
$IrFeC_{54}H_{40}O_6P_3$
  $FeIr(PPh_2)(CO)_6(PPh_3)_2$, **6**, 813
$IrFe_2C_{38}H_{30}O_4P_2$
  $[Fe_2Ir(PPh_2)_2(CO)_4Cp_2]^+$, **6**, 848
$IrFe_2C_{38}H_{32}O_4P_2$
  $[Fe_2IrH_2(PPh_2)_2(CO)_4Cp_2]^+$, **6**, 848
$IrFe_2C_{42}H_{38}O_4P_2$
  $[Ir[Fe\{P(Tol)_2\}(CO)_2Cp]_2]^+$, **8**, 294
$IrFe_5C_{23}H_{12}O_{14}$
  $[IrFe_5(CO)_{14}C(cod)]^-$, **4**, 647; **6**, 773, 861
$IrGeC_{39}H_{30}O_3P$
  $Ir(GePh_3)(CO)_3(PPh_3)$, **5**, 559
$IrGeC_{43}H_{45}OP_2$
  $Ir(GeEt_3)(CO)(PPh_3)_2$, **5**, 543
$IrGeC_{43}H_{47}OP_2$

IrH$_2$(GeEt$_3$)(CO)(PPh$_3$)$_2$, **8**, 300
IrGe$_2$C$_{39}$H$_{30}$O$_3$
   [Ir(GePh$_3$)$_2$(CO)$_3$]$^-$, **5**, 559
IrGe$_2$HgC$_{19}$H$_{48}$ClOP$_2$
   Ir(HgCl)(GeMe$_3$)$_2$(CO)(PEt$_3$)$_2$, **6**, 1026
IrHgC$_{13}$H$_{17}$Cl$_2$
   IrCp(cod)(HgCl$_2$), **5**, 607
IrHgC$_{24}$H$_{20}$Cl$_2$OP
   Ir(CO)Cp(HgCl$_2$)(PPh$_3$), **5**, 606; **6**, 987, 988
IrHgC$_{27}$H$_{20}$O$_3$P
   Ir(HgPh)(CO)$_3$(PPh$_3$), **5**, 560; **6**, 1026
IrHgC$_{37}$H$_{30}$Cl$_3$OP$_2$
   IrCl$_2$(HgCl)(CO)(PPh$_3$)$_2$, **8**, 300
IrHgSi$_3$C$_{16}$H$_{42}$OP
   Ir{Hg(SiMe$_3$)}(SiMe$_3$)$_2$(CO)(PEt$_3$), **6**, 1026
IrMnC$_{22}$H$_{15}$O$_5$P
   MnIr(PPh$_2$)(CO)$_5$Cp, **4**, 93; **5**, 606; **6**, 833
IrMnC$_{29}$H$_{23}$O$_5$P
   (CO)$_3$Mn(PPh$_2$)(COMe)(COPh)IrCp, **4**, 93; **5**, 606
IrPtC$_{38}$H$_{30}$O$_2$P$_2$
   IrPt(CO)$_2$(PPh$_3$)$_2$, **6**, 837
IrRh$_3$C$_{12}$O$_{12}$
   Rh$_3$Ir(CO)$_{12}$, **6**, 867
IrRu$_2$C$_{38}$H$_{30}$O$_4$P$_2$
   [Ru$_2$Ir(PPh$_2$)$_2$(CO)$_4$Cp$_2$]$^+$, **4**, 927; **6**, 849
IrRu$_2$C$_{39}$H$_{30}$ClO$_5$P$_2$
   Ru$_2$IrCl(PPh$_2$)$_2$(CO)$_5$Cp$_2$, **4**, 794
IrRu$_2$C$_{42}$H$_{38}$O$_4$P$_2$
   [Ru$_2$Ir{P(Tol)$_2$}$_2$(CO)$_4$Cp$_2$]$^+$, **8**, 294
IrSb$_2$C$_{37}$H$_{30}$ClO
   IrCl(CO)(SbPh$_3$)$_2$, **5**, 549
IrSb$_2$C$_{37}$H$_{30}$Cl$_3$O
   IrCl$_3$(CO)(SbPh$_3$)$_2$, **5**, 554
IrSb$_3$C$_{56}$H$_{45}$O$_2$
   [Ir(CO)$_2$(SbPh$_3$)$_3$]$^+$, **5**, 558
IrSb$_3$C$_{57}$H$_{48}$O$_3$
   Ir(CO$_2$Me)(CO)(SbPh$_3$)$_3$, **5**, 575
IrSiC$_{37}$H$_{31}$Cl$_4$OP$_2$
   IrH(Cl)(SiCl$_3$)(CO)(PPh$_3$)$_2$, **5**, 555
IrSiC$_{43}$H$_{46}$ClO$_4$P$_2$
   IrH(Cl){Si(OEt)$_3$}(CO)(PPh$_3$)$_2$, **6**, 1049
IrSiC$_{55}$H$_{47}$OP$_2$
   IrH$_2$(SiPh$_3$)(CO)(PPh$_3$)$_2$, **5**, 555
IrSi$_2$C$_{23}$H$_{28}$O$_2$P
   IrH(SiMe$_2$OSiMe$_2$)(CO)(PPh$_3$), **2**, 295
IrSi$_2$C$_{41}$H$_{43}$O$_2$P$_2$
   IrH(SiMe$_2$OSiMe$_2$)(CO)(PPh$_3$)$_2$, **2**, 164
IrSnC$_{16}$H$_{24}$Cl$_3$
   Ir(SnCl$_3$)(cod)$_2$, **5**, 599
IrSnC$_{23}$H$_{30}$Cl$_3$P$_2$
   Ir(SnCl$_3$)(nbd)(PMe$_2$Ph)$_2$, **6**, 1092
IrSnC$_{24}$H$_{74}$O$_3$P
   Ir(SnMe$_3$)(CO)$_3$(PPh$_3$), **5**, 560
IrSnC$_{26}$H$_{54}$Cl$_3$O$_2$P$_2$
   Ir(SnCl$_3$)(CO)$_2$(PBu$_3$)$_2$, **6**, 1091
IrSnC$_{37}$H$_{30}$Cl$_3$OP$_2$
   Ir(SnCl$_3$)(CO)(PPh$_3$)$_2$, **5**, 590
IrSnC$_{37}$H$_{31}$Cl$_4$OP$_2$
   IrH(Cl)(SnCl$_3$)(CO)(PPh$_3$)$_2$, **5**, 555
IrSnC$_{55}$H$_{47}$OP$_2$
   IrH$_2$(SnPh$_3$)(CO)(PPh$_3$)$_2$, **5**, 555
IrSnC$_{56}$H$_{49}$OP$_2$
   Ir(C≡CPh)$_2$(SnMe$_3$)(CO)(PPh$_3$)$_2$, **5**, 575
IrSn$_2$CCl$_7$O
   IrCl(SnCl$_3$)$_2$(CO), **5**, 553
IrSn$_2$C$_{39}$H$_{30}$O$_3$
   [Ir(SnPh$_3$)$_2$(CO)$_3$]$^-$, **5**, 559
IrSn$_3$C$_{37}$H$_{30}$Cl$_9$OP$_2$
   Ir(SnCl$_3$)$_3$(CO)(PPh$_3$)$_2$, **5**, 554
IrTlC$_{37}$H$_{30}$Cl$_4$OP$_2$
   IrCl$_2$(TlCl$_2$)(CO)(PPh$_3$)$_2$, **6**, 977
IrTlC$_{43}$H$_{39}$ClO$_7$P$_2$
   IrCl(OAc){Tl(OAc)$_2$}(CO)(PPh$_3$)$_2$, **6**, 977
IrTlC$_{45}$H$_{30}$F$_{12}$O$_9$P$_2$
   Ir(O$_2$CCF$_3$)$_2${Tl(O$_2$CCF$_3$)$_2$}(CO)(PPh$_3$)$_2$, **6**, 977
IrTlC$_{45}$H$_{42}$O$_9$P$_2$
   Ir(OAc)$_2${Tl(OAc)$_2$}(CO)(PPh$_3$)$_2$, **6**, 977
IrZnC$_{24}$H$_{20}$Br$_2$OP
   Ir(CO)Cp(ZnBr$_2$)(PPh$_3$), **6**, 987, 992
Ir$_2$C$_2$Cl$_8$O$_2$
   [{IrCl$_4$(CO)}$_2$]$^{2-}$, **5**, 612
Ir$_2$C$_4$Cl$_2$O$_4$
   {IrCl(CO)$_2$}$_2$, **5**, 612
Ir$_2$C$_4$H$_6$Cl$_6$O$_2$
   {IrCl$_3$(Me)(CO)}$_2$, **5**, 562
Ir$_2$C$_6$H$_6$Cl$_4$O$_4$
   {IrCl$_2$(Me)(CO)$_2$}$_2$, **5**, 613
Ir$_2$C$_6$I$_6$O$_6$
   {IrI$_3$(CO)$_3$}$_2$, **5**, 559
Ir$_2$C$_8$H$_{16}$Cl$_2$
   {IrCl(CH$_2$=CH$_2$)$_2$}$_2$, **5**, 593
Ir$_2$C$_8$O$_8$
   Ir$_2$(CO)$_8$, **5**, 612
Ir$_2$C$_{10}$H$_{10}$I$_4$
   {IrI$_2$(Cp)}$_2$, **5**, 609
Ir$_2$C$_{12}$H$_{20}$Cl$_2$
   {IrCl(CH$_2$CHCH$_2$)$_2$}$_2$, **5**, 595
Ir$_2$C$_{12}$H$_{20}$Cl$_4$
   Ir$_2$Cl$_4$(MeCHCHCH$_2$)$_2$(CH$_2$=CHCH=CH$_2$), **5**, 596
Ir$_2$C$_{16}$H$_{10}$Cl$_4$O$_4$
   {IrCl$_2$(Ph)(CO)$_2$}$_2$, **5**, 568
Ir$_2$C$_{16}$H$_{10}$O$_4$S$_2$
   {Ir(SPh)(CO)$_2$}$_2$, **5**, 602, 613
Ir$_2$C$_{16}$H$_{24}$Cl$_2$
   {IrCl(cod)}$_2$, **5**, 599
Ir$_2$C$_{16}$H$_{26}$Cl$_4$
   {IrH(Cl)$_2$(cod)}$_2$, **5**, 600; **8**, 306
Ir$_2$C$_{18}$H$_{14}$O$_2$
   Ir$_2$(C$_6$H$_4$)(CO)$_2$Cp$_2$, **5**, 606
Ir$_2$C$_{18}$H$_{24}$Cl$_2$S$_4$
   {IrCl(CS$_2$)(cod)}$_2$, **5**, 571
Ir$_2$C$_{18}$H$_{30}$O$_2$
   {Ir(OMe)(cod)}$_2$, **5**, 582
Ir$_2$C$_{18}$H$_{30}$S$_2$
   {Ir(SMe)(cod)}$_2$, **5**, 614
Ir$_2$C$_{19}$H$_{24}$Cl$_2$S$_6$
   Ir$_2$Cl$_2$(CS$_2$)$_3$(cod)$_2$, **5**, 570
Ir$_2$C$_{20}$H$_{20}$
   {CpIr(η^4-C$_5$H$_5$)}$_2$, **8**, 1040
Ir$_2$C$_{20}$H$_{30}$Cl$_4$
   {IrCl$_2$(η^5-C$_5$Me$_5$)}$_2$, **5**, 605, 614; **8**, 1061
Ir$_2$C$_{20}$H$_{30}$O$_4$
   {Ir(OAc)(cod)}$_2$, **5**, 600
Ir$_2$C$_{20}$H$_{31}$Cl$_3$
   Ir$_2$H(Cl)$_3$(η^5-C$_5$Me$_5$)$_2$, **5**, 596; **8**, 328
Ir$_2$C$_{20}$H$_{32}$Cl$_2$
   {IrH(Cl)(η^5-C$_5$Me$_5$)}$_2$, **5**, 596
Ir$_2$C$_{20}$H$_{33}$
   [Ir$_2$H$_3$(η^5-C$_5$Me$_5$)$_2$]$^+$, **5**, 604, 614
Ir$_2$C$_{22}$H$_{24}$Cl$_2$F$_{12}$
   {IrCl{C(CF$_3$)=CHCF$_3$}(C$_8$H$_{11}$)}$_2$, **5**, 597

$Ir_2C_{25}H_{15}O_7P$
    $Ir_2(CO)_7(PPh_3)$, **5**, 612
$Ir_2C_{26}H_{10}F_{10}O_2$
    $Ir_2(CO)_2Cp_2(C_6F_5C\equiv CC_6F_5)$, **5**, 609
$Ir_2C_{28}H_{34}S_2$
    $\{Ir(SPh)(cod)\}_2$, **5**, 602
$Ir_2C_{30}H_{20}O_6P_2$
    $\{Ir(PPh_2)(CO)_3\}_2$, **5**, 613
$Ir_2C_{32}H_{48}Cl_2$
    $\{IrCl(cod_2)\}_2$, **8**, 390
$Ir_2C_{32}H_{56}Cl_2$
    $\{IrCl(C_8H_{14})_2\}_2$, **5**, 593; **8**, 317
$Ir_2C_{34}H_{32}Cl_2P_3$
    $Ir_2Cl_2\{(Ph_2PCH_2CH_2)_2PC_6H_4\}$, **8**, 291
$Ir_2C_{42}H_{30}O_6P_2$
    $Ir_2(CO)_6(PPh_3)_2$, **5**, 612
$Ir_2C_{44}H_{44}Cl_2P_2$
    $Ir_2Cl_2(H)_2(cod)(PPh_3)_2$, **8**, 311
$Ir_2C_{44}H_{48}Cl_2N_{12}$
    $[IrCl\{C_6H_3(Me)(C_2Me_2N_3)\}_2]_2$, **5**, 587
$Ir_2C_{46}H_{48}O_2P_2S_2$
    $\{Ir(SBu^t)(CO)(PPh_3)\}_2$, **8**, 292
$Ir_2C_{46}H_{50}O_2P_2S_2$
    $\{IrH(SBu^t)(CO)(PPh_3)\}_2$, **8**, 292
$Ir_2C_{48}H_{34}Br_2O_2P_2S_4$
    $Ir_2Br_2\{S_2(C_{10}H_6)S_2\}(CO)_2(PPh_3)_2$, **5**, 613
$Ir_2C_{52}H_{44}O_2P_4S$
    $Ir_2(S)(CO)_2(Ph_2PCH_2PPh_2)_2$, **8**, 292
$Ir_2C_{53}H_{44}ClO_3P_4$
    $[Ir_2Cl(CO)_3(Ph_2PCH_2PPh_2)_2]^+$, **8**, 331
$Ir_2C_{59}H_{45}O_5P_3$
    $Ir_2(CO)_5(PPh_3)_3$, **5**, 612
$Ir_2C_{62}H_{50}O_2P_4$
    $\{Ir(PPh_2)(CO)(PPh_3)\}_2$, **5**, 613
$Ir_2C_{74}H_{60}N_3O_2P_4$
    $Ir_2(CO)_2(N_3)(PPh_3)_4$, **5**, 551
$Ir_2C_{76}H_{60}O_4P_4$
    $Ir_2(CO)_4(PPh_3)_4$, **5**, 612
$Ir_2Co_2C_8F_{12}O_8P_4$
    $Co_2Ir_2(CO)_8(PF_3)_4$, **6**, 866
$Ir_2Co_2C_{12}O_{12}$
    $Co_2Ir_2(CO)_{12}$, **6**, 788, 866
$Ir_2Cu_4C_{100}H_{70}P_2$
    $\{IrCu_2(C\equiv CPh)_4(PPh_3)\}_2$, **2**, 757; **6**, 867
$Ir_2Cu_4C_{108}H_{86}P_2$
    $\{IrCu_2(C\equiv CTol)_4(PPh_3)\}_2$, **6**, 867
$Ir_2HgC_{42}H_{30}O_6P_2$
    $Hg\{Ir(CO)_3(PPh_3)\}_2$, **5**, 559; **6**, 1017
$Ir_2Hg_2C_{22}H_{40}Cl_2N_6$
    $\{Ir(HgCl)(MeN_3Et)(cod)\}_2$, **6**, 995
$Ir_2Hg_2C_{52}H_{72}Cl_2N_6$
    $\{Ir(HgCl)(TolN_3Et)_2(cod)\}_2$, **6**, 1002

$Ir_2Rh_2C_{12}O_{12}$
    $Rh_2Ir_2(CO)_{12}$, **6**, 866
$Ir_2SnC_{44}H_{36}O_6P_2$
    $SnMe_2\{Ir(CO)_3(PPh_3)\}_2$, **5**, 559
$Ir_3C_{29}H_{15}F_{10}$
    $(CpIr)_3(C_6F_5CCC_6F_5)$, **5**, 609
$Ir_3C_{30}H_{15}F_{10}O$
    $(CpIr)_3(CO)(C_6F_5CCC_6F_5)$, **5**, 609
$Ir_4C_{10}H_2O_{10}$
    $Ir_4H_2(CO)_{10}$, **5**, 615
$Ir_4C_{11}BrO_{11}$
    $[Ir_4Br(CO)_{11}]^-$, **5**, 615
$Ir_4C_{12}O_{12}$
    $Ir_4(CO)_{12}$, **3**, 161; **5**, 614, 615; **8**, 12, 157, 324, 594
$Ir_4C_{13}H_3O_{13}$
    $[Ir_4(CO_2Me)(CO)_{11}]^-$, **5**, 615
$Ir_4C_{16}H_9NO_{11}$
    $Ir_4(CO)_{11}(CNBu^t)$, **3**, 162
$Ir_4C_{18}H_{12}O_{10}$
    $Ir_4(CO)_{10}(cod)$, **5**, 618
$Ir_4C_{23}H_{22}O_7$
    $Ir_4(CO)_7(cod)(C_8H_{10})$, **5**, 618
$Ir_4C_{24}H_{13}O_{11}P$
    $Ir_4(CO)_{11}(PMePh_2)$, **3**, 162
$Ir_4C_{24}H_{24}O_8$
    $Ir_4(CO)_8(cod)_2$, **5**, 618
$Ir_4C_{29}H_{15}O_{11}P$
    $Ir_4(CO)_{11}(PPh_3)$, **5**, 616, 617
$Ir_4C_{29}H_{34}O_5$
    $Ir_4(CO)_5(cod)_2(C_8H_{10})$, **5**, 617
$Ir_4C_{30}H_{34}O_6$
    $Ir_4(CO)_6(cod)_2(C_8H_{10})$, **5**, 618
$Ir_4C_{30}H_{36}O_6$
    $Ir_4(CO)_6(cod)_3$, **5**, 617
$Ir_4C_{32}H_{24}O_{24}$
    $Ir_4(CO)_8(MeO_2CCCCO_2Me)_4$, **5**, 618
$Ir_4C_{46}H_{30}O_{10}P_2$
    $Ir_4(CO)_{10}(PPh_3)_2$, **5**, 617
$Ir_4C_{60}H_{52}O_8P_4$
    $Ir_4(CO)_8(PMePh_2)_4$, **5**, 616
$Ir_4C_{63}H_{45}O_9P_3$
    $Ir_4(CO)_9(PPh_3)_3$, **5**, 616
$Ir_4RuC_{15}O_{15}$
    $[RuIr_4(CO)_{15}]^{2-}$, **6**, 863
$Ir_6C_{15}O_{15}$
    $[Ir_6(CO)_{15}]^{2-}$, **5**, 615
$Ir_6C_{16}O_{16}$
    $Ir_6(CO)_{16}$, **5**, 619
$Ir_8C_{20}O_{20}$
    $[Ir_8(CO)_{20}]^{2-}$, **5**, 619
$Ir_8C_{22}O_{22}$
    $[Ir_8(CO)_{22}]^{2-}$, **5**, 619

K

$KAsC_{12}H_{10}$
    $KAsPh_2$, **2**, 687
$KBC_{14}H_{33}N$
    $KBBu_2(NEt_3)$, **1**, 282
$KBe_2C_8H_{20}F$
    $KF(BeEt_2)_2$, **1**, 140
$KBe_4C_{17}H_{40}N$
    $KCN(BeEt_2)_4$, **1**, 140
$KCCl_3$
    $K(CCl_3)$, **1**, 82
KCH_3
    KMe, **1**, 65, 66
KC_2H_3
    $K(CH=CH_2)$, **1**, 53
KC_3H_5
    $K(CH_2CH=CH_2)$, **1**, 101
KC_4H_7
    $K(MeCHCHCH_2)$, **1**, 102
KC_4H_9
    KBu, **1**, 55
KC_5H_5
    KCp, **1**, 91
KC_5H_{11}
    $K(C_5H_{11})$, **1**, 53
KC_6H_5
    KPh, **1**, 53, 63
KC_9H_{11}
    $K(CMe_2Ph)$, **1**, 63, 558
$KC_9H_{15}O$
    $K(C_5H_7)\{\overline{O(CH_2)_3CH_2}\}$, **1**, 104
$KC_{16}H_{17}$
    $K\{(CH_2)_4C_6H_4Ph\}$, **1**, 51
$KC_{18}H_{21}$
    $K\{CH(Ph)CH(Me)CMe_2Ph\}$, **1**, 63
$KC_{19}H_{15}$
    $K(CPh_3)$, **1**, 63
$KGaSi_2C_8H_{22}$
    $KGa(CH_2SiMe_3)_2$, **1**, 684
$KMgC_8H_{19}$
    $KMgH(Bu^s)_2$, **1**, 209
$KMgC_{12}H_{27}$
    $KMgBu_3$, **1**, 221
$KMg_2C_{24}H_{21}$
    $KMg_2H(Ph)_4$, **1**, 209
$KSiC_3H_9$
    $K(SiMe_3)$, **2**, 367; **7**, 609
$KSiC_4H_{11}$
    $K(CH_2SiMe_3)$, **1**, 55; **2**, 95
$KSiC_{18}H_{15}$
    $K(SiPh_3)$, **7**, 609
$K_2Be_2C_{16}H_{38}O_2$
    $\{KEt_2Be(OBu^t)\}_2$, **1**, 141
$K_2C_8H_8$
    $(KCH_2)_2(C_6H_4)$, **1**, 56
$K_2FeC_{10}H_8$
    $Fe(\eta^5-C_5H_4K)_2$, **8**, 1041
$K_3Be_2C_{30}H_{50}O_2$
    $K_3Et_2Be_2(OBu^t)_2(C_6H_2Me_3)_2$, **1**, 141
$K_3C_8H_7$
    $K_2\{CHC_6H_4(CH_2K)\}$, **1**, 56
$K_4Si_4C_{12}H_{36}O_4$
    $(Me_3SiOK)_4$, **2**, 156
$K_5Be_3C_{48}H_{74}O_4$
    $K_5Et_2Be_3(OBu^t)_4(Bz)_4$, **1**, 141

L

$LaC_{12}H_{30}P_3$
    $La(CH_2PMe_2CH_2)_3$, **3**, 200
$LaC_{12}H_{33}Cl_3P_3$
    $LaCl_3(CH_2PMe_3)_3$, **3**, 200
$LaC_{13}H_{14}Cl$
    $LaCl\{C_5H_4(CH_2)_3C_5H_4\}$, **3**, 190
$LaC_{15}H_{15}$
    $LaCp_3$, **3**, 180
$LaC_{16}H_{16}$
    $[La(cot)_2]^-$, **3**, 192
$LaC_{21}H_{19}$
    $La(C{\equiv}CPh)\{C_5H_4(CH_2)_3C_5H_4\}$, **3**, 203
$LaC_{31}H_{29}O$
    $La(C_9H_7)_3\{\overline{O(CH_2)_3CH_2}\}$, **3**, 189
$LaLiC_{24}H_{20}$
    $LiLaPh_4$, **3**, 197
$LiAgC_{12}F_{10}$
    $LiAg(C_6F_5)_2$, **2**, 714
$LiAlSi_4C_{24}H_{66}O_3$
    $LiAl(SiMe_3)_4(OEt_2)_3$, **7**, 610
$LiAsB_{10}CH_{10}$
    $As\{C(Li)B_{10}H_{10}\}$, **1**, 548
$LiBC_9H_{16}$
    $Li\overline{CH_2B[CH\{(CH_2)_3\}_2CH]}$, **7**, 296
$LiB_2C_5H_9O_4$
    $Li\overline{CH\{BO(CH_2)_2O\}_2}$, **7**, 297
$LiB_{10}CH_{10}P$
    $PC(Li)B_{10}H_{10}$, **1**, 548
$LiBeC_4H_{11}$
    $LiEt_2BeH$, **1**, 141
$LiBeC_8H_{19}$
    $LiBu^i_2BeH$, **1**, 141, 142
$LiBeC_8H_{21}N_2$
    $LiBu^tBe(NMe_2)_2$, **1**, 140
$LiBeC_8H_{21}O_2$
    $LiEt_2BeH(OEt_2)_2$, **1**, 141
$LiBeC_{16}H_{21}O$
    $LiPh_2BeH(OEt_2)$, **1**, 142
$LiBeC_{18}H_{15}$
    $LiBePh_3$, **1**, 140
$LiBeC_{21}H_{21}$
    $LiBe(Tol)_3$, **1**, 140
$LiCBr_3$
    $Li(CBr_3)$, **1**, 68
$LiCCl_2F$
    $Li(CCl_2F)$, **7**, 90
$LiCCl_3$
    $Li(CCl_3)$, **1**, 60, 82
$LiCHCl_2$
    $Li(CHCl_2)$, **7**, 669
$LiCH_2Cl$
    $Li(CH_2Cl)$, **7**, 91
$LiCH_3$

$LiMe$, **1**, 48, 65; **7**, 18, 26, 59; **8**, 762, 785
LiC_2H_2N
    $Li(CH_2CN)$, **1**, 81
LiC_2H_3
    $Li(CH{=}CH_2)$, **7**, 38, 134
$LiC_2H_3Br_2$
    $Li\{CBr_2(Me)\}$, **1**, 83
LiC_2H_3O
    $Li(CH_2CHO)$, **1**, 81
LiC_2H_4Br
    $Li\{CH(Br)Me\}$, **7**, 91
LiC_2H_5
    $LiEt$, **1**, 558
LiC_2H_5S
    $Li(CH_2SMe)$, **1**, 62
LiC_3H_2Cl
    $Li(C{\equiv}CCH_2Cl)$, **7**, 279
$LiC_3H_2F_3$
    $Li\{C(CF_3){=}CH_2\}$, **1**, 60
LiC_3H_3
    $Li(C{\equiv}CMe)$, **1**, 107, 108
$LiC_3H_3Cl_2$
    $Li(CCl_2CH{=}CH_2)$, **7**, 90
LiC_3H_5
    $Li(CH{=}CHMe)$, **7**, 64
    $Li(\overline{CHCH_2CH_2})$, **1**, 53
    $Li(CH_2CH{=}CH_2)$, **1**, 63, 68, 101; **7**, 26
    $Li\{C(Me){=}CH_2\}$, **7**, 314
LiC_3H_5O
    $Li\{C(OMe){=}CH_2\}$, **7**, 38, 704
$LiC_3H_5S_3$
    $Li\overline{CH(SCH_2)_2S}$, **7**, 44
LiC_3H_6Cl
    $Li\{CH(Cl)OEt\}$, **7**, 90
LiC_3H_7
    $LiPr^i$, **1**, 48
LiC_3H_8N
    $Li(CH_2NMe_2)$, **1**, 61
LiC_4HCl_2Se
    $Li\overline{C{=}CClSeCCl{=}CH}$, **7**, 67
LiC_4H_3O
    $Li(\overline{C{=}CHCH{=}CHO})$, **7**, 36, 66, 75, 81, 280
LiC_4H_3S
    $Li(\overline{C{=}CHCH{=}CHS})$, **7**, 66, 77
$LiC_4H_3S_2$
    $Li(\overline{C{=}CHSCH{=}CHS})$, **7**, 86
LiC_4H_6BrO
    $Li\{C(Br){=}CH(OEt)\}$, **1**, 95
LiC_4H_6Cl
    $Li\{C(Cl){=}CMe_2\}$, **7**, 90
    $Li\{CMe(Cl)CH{=}CH_2\}$, **7**, 91
LiC_4H_6N
    $Li(CMe_2CN)$, **7**, 11

LiC$_4$H$_7$
  Li(CH=CMe$_2$), **1**, 64
  Li(MeCHCHCH$_2$), **1**, 102
LiC$_4$H$_7$N$_2$O
  LiCH(CH$_2$)$_3$NNO, **7**, 26
LiC$_4$H$_7$O
  Li(CH=CHOEt), **1**, 92
LiC$_4$H$_7$OS
  LiCHS(CH$_2$)$_3$O, **7**, 96
LiC$_4$H$_7$O$_2$
  LiCH$_2$CO$_2$Et, **7**, 26; **8**, 762
LiC$_4$H$_7$S$_2$
  LiCHS(CH$_2$)$_3$S, **7**, 11, 22, 44
LiC$_4$H$_8$NS$_2$
  LiCHSCH$_2$NMeCH$_2$S, **7**, 96
LiC$_4$H$_9$
  LiBu, **1**, 46; **7**, 21, 39
  LiBu^s, **7**, 56
  LiBu^t, **1**, 63
LiC$_5$Cl$_4$N
  Li(C$_5$Cl$_4$N), **7**, 66, 74
LiC$_5$F$_{11}$
  Li{CF$_2$C(CF$_3$)$_3$}, **1**, 46
LiC$_5$H$_3$BrN
  Li{C=CHCH=CHC(Br)=N}, **7**, 280
LiC$_5$H$_5$
  LiCp, **1**, 91
LiC$_5$H$_5$S$_2$
  LiC=CHCH=C(SMe)S, **7**, 73
LiC$_5$H$_6$NO
  LiCH$_2$C=CHC(Me)=NO, **7**, 42
LiC$_5$H$_7$N$_2$
  LiC=CHN=CMeNMe, **7**, 76
LiC$_5$H$_7$O
  LiC=CHO(CH$_2$)$_2$CH$_2$, **7**, 86
LiC$_5$H$_7$S
  Li{C(SMe)=CHCH=CH$_2$}, **7**, 74
LiC$_5$H$_8$BrO
  LiCBrCH$_2$CHOEt, **7**, 98
LiC$_5$H$_9$
  Li{CH$_2$CH$_2$C(Me)=CH$_2$}, **1**, 51
  Li(C$_5$H$_9$), **7**, 20
LiC$_5$H$_9$O$_3$S
  LiCHOCH$_2$CMe$_2$SO$_2$, **7**, 96
LiC$_5$H$_9$S$_2$
  Li{CH(SMe)CH=CHSMe}, **7**, 50
LiC$_5$H$_{11}$
  Li(CH$_2$Bu^t), **1**, 53; **8**, 506
LiC$_5$H$_{12}$N
  Li{(CH$_2$)$_3$NMe$_2$}, **1**, 68
LiC$_6$Cl$_5$
  LiC$_6$Cl$_5$, **7**, 45, 81
LiC$_6$F$_5$
  LiC$_6$F$_5$, **1**, 60
LiC$_6$H$_4$Br
  Li(C$_6$H$_4$Br), **7**, 80
LiC$_6$H$_4$Cl
  Li(C$_6$H$_4$Cl), **1**, 59
LiC$_6$H$_4$F
  Li(C$_6$H$_4$F), **7**, 722
LiC$_6$H$_5$
  LiPh, **1**, 59; **7**, 36; **8**, 952
LiC$_6$H$_6$N
  LiCH$_2$(C$_5$H$_4$N), **7**, 35, 44
LiC$_6$H$_7$
  Li(C$_5$H$_4$Me), **1**, 91
LiC$_6$H$_9$
  LiC≡CBu^t, **7**, 66
LiC$_6$H$_9$O$_2$
  LiCH$_2$CH=CHCO$_2$Et, **8**, 762
LiC$_6$H$_{10}$N
  LiCEt$_2$CN, **7**, 51
LiC$_6$H$_{11}$
  LiCH=CHBu, **7**, 67
  LiCH$_2$CH$_2$CHMeCH=CH$_2$, **7**, 3
  LiCy, **1**, 53
LiC$_6$H$_{11}$O
  LiCH$_2$COBu^t, **7**, 11
LiC$_6$H$_{11}$OS$_2$
  Li{C(SEt)=CH(SOEt)}, **1**, 95
LiC$_6$H$_{11}$O$_2$
  LiCH$_2$CO$_2$Bu^t, **7**, 665; **8**, 741
  LiCMe$_2$CO$_2$Et, **8**, 762
LiC$_6$H$_{11}$S$_2$
  Li{CHSCH(Me)CH$_2$CH(Me)S}, **1**, 80
LiC$_6$H$_{12}$ClO
  LiCH(Cl)OCH$_2$Bu^t, **7**, 90
LiC$_6$H$_{13}$
  Li(C$_6$H$_{13}$), **1**, 49
LiC$_6$H$_{14}$O$_3$P
  LiCH(Me)P(O)(OEt)$_2$, **7**, 67
LiC$_7$H$_4$ClO$_2$
  Li{C(Cl)OC$_6$H$_4$O}, **7**, 279
LiC$_7$H$_4$F$_3$
  Li(C$_6$H$_4$CF$_3$), **1**, 59; **7**, 42
LiC$_7$H$_4$N
  Li(C$_6$H$_4$CN), **1**, 60
LiC$_7$H$_4$NSe
  LiC=NSeC$_6$H$_4$, **7**, 86
LiC$_7$H$_6$Br
  LiCH(Br)Ph, **7**, 91
LiC$_7$H$_6$Cl
  LiCH(Cl)Ph, **7**, 90
LiC$_7$H$_7$
  LiBz, **1**, 83
  Li(C$_6$H$_4$Me), **1**, 59; **7**, 25; **8**, 784, 952
LiC$_7$H$_7$S
  LiCH$_2$SPh, **7**, 92
LiC$_7$H$_8$N
  LiCH$_2$(C$_5$H$_3$N)Me, **7**, 31
LiC$_7$H$_{10}$NS
  LiC=C(CH$_2$NMe$_2$)CH=CHS, **7**, 76
LiC$_7$H$_{13}$
  Li{(CH$_2$)$_5$CH=CH$_2$}, **1**, 63
LiC$_7$H$_{13}$O$_2$
  LiCH(Me)CO$_2$Bu^t, **8**, 762
  LiCH(Pr^i)CO$_2$Et, **7**, 66
LiC$_7$H$_{14}$NS
  LiCH$_2$N(Me)CSBu^t, **7**, 41
LiC$_7$H$_{15}$
  Li(CH$_2$)$_6$Me, **7**, 83
LiC$_7$H$_{16}$N
  Li{(CH$_2$)$_3$NEt$_2$}, **1**, 68
LiC$_8$H$_5$S
  LiC=CHSC$_6$H$_4$, **7**, 86
LiC$_8$H$_7$N$_2$
  LiC=NN(Me)C$_6$H$_4$, **7**, 86
LiC$_8$H$_7$O
  LiCH$_2$COPh, **8**, 762
LiC$_8$H$_7$O$_2$

LiC$_8$H$_7$O$_2$
  Li$\overline{\text{CHCH}_2\text{OC}_6\text{H}_4\text{O}}$, **7**, 87
LiC$_8$H$_8$Br
  LiC$_6$H$_4$(CH$_2$)$_2$Br, **7**, 46
LiC$_8$H$_8$Cl
  LiCH(Cl)C$_6$H$_4$Me, **7**, 90
LiC$_8$H$_8$FO$_2$
  Li{C$_6$H$_2$F(OMe)$_2$}, **7**, 83
LiC$_8$H$_9$
  Li{CH(Me)(Ph)}, **1**, 56
  Li(C$_6$H$_3$Me$_2$), **8**, 952
LiC$_8$H$_{10}$N
  Li(C$_6$H$_4$NMe$_2$), **2**, 716
LiC$_8$H$_{13}$
  Li$\overline{\text{C}{=}\text{CH(CH}_2)_5\text{CH}_2}$, **7**, 64
LiC$_8$H$_{15}$
  LiC(Bu)=CMe$_2$, **7**, 90
  LiCH=CHC$_6$H$_{13}$, **7**, 709
  LiCH=CH(Et)(CH$_2$)$_3$Me, **7**, 49
  Li(CH$_2$CH=CHCH$_2$Bu^t), **1**, 63
  Li{C(Me)=CH(C$_5$H$_{11}$)}, **1**, 92
LiC$_8$H$_{17}$
  Li(CH$_2$)$_7$Me, **1**, 68; **7**, 33
LiC$_9$H$_6$N
  Li{C(CN)=CHPh}, **1**, 92
LiC$_9$H$_7$OS
  LiC=CHS(C$_6$H$_3$OMe), **7**, 35
LiC$_9$H$_{12}$N
  Li{CH$_2$NMe(Bz)}, **1**, 62
  Li(C$_6$H$_4$CH$_2$NMe$_2$), **1**, 58, 59; **7**, 75
LiC$_9$H$_{15}$O
  Li(C$_5$H$_7$){$\overline{\text{O(CH}_2)_3\text{CH}_2}$}, **1**, 104
LiC$_{10}$H$_7$
  LiC$_{10}$H$_7$, **7**, 70, 333
LiC$_{10}$H$_9$ClNO
  Li$\overline{\text{CHC(Ph)}{=}\text{NOCH(CH}_2\text{Cl)}}$, **7**, 86
LiC$_{10}$H$_{11}$
  Li{C(Ph)=CHEt}, **1**, 47, 94
  Li{C(Ph)=CMe$_2$}, **1**, 96
LiC$_{10}$H$_{11}$S$_2$
  Li$\overline{\text{C(Ph)S(CH}_2)_3\text{S}}$, **7**, 52
LiC$_{10}$H$_{13}$
  LiCMe$_2$C$_6$H$_4$Me, **7**, 42
LiC$_{10}$H$_{13}$O$_2$
  LiC$_6$H$_3$(OEt)$_2$, **7**, 58
LiC$_{10}$H$_{13}$O$_2$S
  LiC$_6$H$_4$SO$_2$Bu^t, **7**, 66
LiC$_{10}$H$_{15}$O$_4$
  Li$\overline{\text{C}{=}\text{CHC(OMe)}_2\text{CH}{=}\text{CHC(OMe)}_2}$, **7**, 35
LiC$_{10}$H$_{17}$
  LiC≡C(CH$_2$)$_7$Me, **7**, 50
LiC$_{10}$H$_{19}$
  Li(C$_6$H$_{10}$)Bu^t, **7**, 75
LiC$_{10}$H$_{21}$O$_2$
  LiCH(Ph)CO$_2$Et, **8**, 762
LiC$_{11}$H$_{13}$O$_3$
  LiCH$_2$C$_6$H$_3$(OMe)(CO$_2$Et), **7**, 67
LiC$_{11}$H$_{14}$NO
  LiC$_6$H$_4$$\overline{\text{C}{=}\text{NCMe}_2\text{CH}_2\text{O}}$, **7**, 98
LiC$_{11}$H$_{14}$NS
  LiC(SPh)=CHCH$_2$NMe$_2$, **7**, 40
LiC$_{11}$H$_{15}$N$_2$
  LiC$_6$H$_4$$\overline{\text{CHNMe(CH}_2)_2\text{N}}$Me, **7**, 98
LiC$_{11}$H$_{18}$Br
  Li{C(Br)=$\overline{\text{C(CH}_2)_2\text{CH(Bu}^t)\text{CH}_2\text{CH}_2}$}, **1**, 82
LiC$_{12}$H$_7$S

LiC$_{12}$H$_7$S
  Li(C$_{12}$H$_7$S), **7**, 35
LiC$_{12}$H$_9$
  Li(C$_6$H$_4$Ph), **1**, 59
LiC$_{12}$H$_{17}$S
  Li{CH(C$_5$H$_{11}$)SPh}, **1**, 63
LiC$_{12}$H$_{21}$
  LiCH$_2$(C$_6$H$_8$)CH$_2$Bu^t, **7**, 6
LiC$_{12}$H$_{23}$N$_2$O
  LiCH$_2$NMeCO$\overline{\text{NCMe}_2\text{(CH}_2)_3\text{C}}Me_2$, **7**, 97
LiC$_{13}$H$_{18}$NO
  LiCHPh$\overline{\text{C}{=}\text{NCMe}_2\text{CH}_2\text{CHMeO}}$, **7**, 44
LiC$_{13}$H$_{19}$N$_2$
  Li(CH$_2$C$_6$H$_5$){N(CH$_2$CH$_2$)$_3$N}, **1**, 4
LiC$_{13}$H$_{19}$Se
  LiCH(SePh)(CH$_2$)$_5$Me, **7**, 50
LiC$_{14}$H$_{11}$
  Li{C(Ph)=CHPh}, **1**, 60
LiC$_{14}$H$_{11}$O$_2$
  LiC$_6$H$_3$(Me)O$_2$CPh, **7**, 94
LiC$_{14}$H$_{13}$S$_2$
  LiC(SPh)$_2$Me, **7**, 5
LiC$_{14}$H$_{14}$O$_2$P
  LiCH(OMe)P(O)Ph$_2$, **7**, 96
LiC$_{15}$H$_{13}$
  Li(PhCHCHCHPh), **1**, 104
LiC$_{15}$H$_{14}$NO
  Li{C$_6$H$_2$Me(OMe)(CH=NPh)}, **7**, 688
LiC$_{15}$H$_{23}$O$_2$
  LiC$_6$H$_2$(OMe)$_2$(C$_7$H$_{15}$), **7**, 83
LiC$_{16}$H$_{12}$N
  Li{PhCHC(CN)CHPh}, **1**, 104
LiC$_{16}$H$_{15}$
  Li{$\overline{\text{C(Me)CH}_2\text{CPh}_2}$}, **1**, 74
  Li(PhCHCMeCHPh), **1**, 104
LiC$_{18}$H$_{19}$N$_2$
  Li(C$_6$H$_4$)(C$_6$N$_2$H$_{10}$Ph), **7**, 27
LiC$_{18}$H$_{21}$
  LiCPh$_2$CH$_2$Bu, **7**, 78
LiC$_{18}$H$_{27}$O$_2$
  LiCH(Me)O$_2$CC$_6$H$_2$Pr$^i_3$, **7**, 97
LiC$_{18}$H$_{29}$
  LiC$_6$H$_2$Bu$^t_3$, **7**, 61
LiC$_{19}$H$_{15}$S$_3$
  LiC(SPh)$_3$, **7**, 90, 96
LiC$_{19}$H$_{16}$P
  LiC$_6$H$_4$(CH$_2$PPh$_2$), **2**, 777
LiC$_{20}$H$_{21}$
  Li{C(Ph)=$\overline{\text{CCMe}_2\text{C}_6\text{H}_4\text{C}}Me_2$}, **1**, 95
LiC$_{21}$H$_{19}$
  Li(CH$_2$CPh$_2$CH$_2$Ph), **1**, 52
LiC$_{21}$H$_{34}$NO$_2$
  LiCH$_2$NMeCO$_2$C$_6$H$_2$Bu$^t_3$, **7**, 97
LiC$_{25}$H$_{31}$N$_2$
  Li(CPh$_3$)(TMEDA), **1**, 85
LiCeC$_{12}$H$_{20}$
  LiCe(CH$_2$CHCH$_2$)$_4$, **3**, 197
LiCoC$_{20}$H$_{40}$O$_2$
  Co(cod)$_2$[Li{$\overline{\text{O(CH}_2)_3\text{CH}_2}$}$_2$], **5**, 187
LiCoC$_{28}$H$_{54}$O$_6$
  Co(cod)$_2$Li(MeOCH$_2$CH$_2$OMe)$_3$, **5**, 187
LiCoC$_{43}$H$_{65}$O$_4$
  Co(Mes)$_3$[Li{$\overline{\text{O(CH}_2)_3\text{CH}_2}$}$_4$], **5**, 74
LiCrC$_9$H$_5$O$_3$
  Cr(CO)$_3$(η^6-C$_6$H$_5$Li), **3**, 1041; **8**, 1041
LiCrC$_{12}$H$_6$F$_5$
  Cr(η^6-C$_6$H$_6$)(η^6-C$_6$F$_5$Li), **3**, 998

LiCuC₂H₃N
  LiCu(CN)Me, **7**, 708
LiCuC₂H₆
  LiCuMe₂, **2**, 720; **7**, 701, 702, 706, 709, 713; **8**, 967
LiCuC₄H₆
  LiCu(CH=CH₂)₂, **7**, 709
LiCuC₄H₁₀
  LiCuEt₂, **7**, 704
LiCuC₆H₅I
  Li(I)CuPh, **7**, 709
LiCuC₆H₁₀
  LiCu(CH=CHMe)₂, **7**, 709, 713
  LiCu{C(Me)=CH₂}₂, **2**, 755
LiCuC₆H₁₀O₂
  LiCu{C(OMe)=CH₂}₂, **7**, 704, 710
LiCuC₈H₁₄
  LiCu(CH=CHEt)₂, **7**, 704
LiCuC₈H₁₈
  LiCuBu₂, **2**, 751; **7**, 702, 705, 718; **8**, 917
  LiCuBu^{t}₂, **7**, 712
LiCuC₁₀H₁₄S
  LiCu(SPh)Bu^t, **7**, 715
LiCuC₁₂F₁₀
  LiCu(C₆F₅)₂, **2**, 720
LiCuC₁₂H₁₀
  LiCuPh₂, **7**, 703
LiCuC₁₂H₂₂
  LiCu(CH=CHBu)₂, **7**, 718
  LiCu(CH₂CH₂CH=CMe₂)₂, **7**, 703
LiCuC₁₄H₁₄
  LiCu(Tol)₂, **2**, 712
LiCuC₁₄H₂₆O₄
  LiCu{C(=CH₂)CH(OEt)₂}₂, **7**, 708
LiCuC₁₆H₂₀N₂
  LiCu(C₆H₄NMe₂)₂, **2**, 712
LiCuC₁₆H₂₆
  LiCu(CH=CHCH₂CH₂CH=CHEt)₂, **7**, 704
LiCuC₁₈H₃₄N₄
  LiCu{(C₆H₈Me)=NNMe₂}₂, **7**, 711
LiCuC₂₀H₃₀N₂
  LiCu(Tol)₂(TMEDA), **2**, 741
LiCuC₂₀H₃₈O₄
  LiCu{CH=CHCH(C₅H₁₁)OCH₂OMe}₂, **7**, 704
LiCuC₂₄H₄₆
  LiCu(CH=CBuC₆H₁₃)₂, **7**, 718
LiCuSiC₁₉H₃₆O
  LiCu(C≡CPr){CH=CHCH(C₅H₁₁)OSiMe₂Bu^t}, **7**, 708
LiCuSi₂C₈H₂₂
  LiCu(CH₂SiMe₃)₂, **7**, 525
LiCuSi₂C₁₀H₂₂
  LiCu{C(SiMe₃)=CH₂}₂, **7**, 535
LiCuSi₂C₁₆H₂₂
  LiCu(SiMe₂Ph)₂, **7**, 610
LiCu₄C₃₀H₂₅
  LiCu₄Ph₅, **2**, 716
LiDyC₁₂H₂₀
  LiDy(CH₂CHCH₂)₄, **3**, 197
LiErC₂₈H₅₂O
  LiEr(C≡CBu^t)₄{$\overline{O(CH_2)_3CH_2}$}, **3**, 198
LiFeC₁₀H₉
  FeCp(η^5-C₅H₄Li), **1**, 67; **4**, 477; **8**, 1041
LiFeC₁₃H₅F₄O₂
  Fp(C₆F₄Li), **4**, 339
LiFeC₁₄H₁₈N
  FeCp[η^5-C₅H₃Li{CH(Me)NMe₂}], **4**, 486

LiFeC₁₅H₂₇N₂
  FeCp(CH₂=CHCH=CH₂){Li(TMEDA)}, **4**, 430
LiFeC₁₅H₂₉N₂
  FeCp(CH₂=CH₂)₂{Li(TMEDA)}, **4**, 392
LiFe₂C₁₀H₈
  Fe(η^5-C₅H₄Li)₂, **8**, 1041
LiGdC₁₂H₂₀
  LiGd(CH₂CHCH₂)₄, **3**, 197
LiGeC₃H₉O
  Me₃GeOLi, **2**, 437
LiGeC₆H₁₅
  Et₃GeLi, **2**, 469, 472
LiGeC₁₂H₁₁
  Ph₂HGeLi, **2**, 469
LiGeC₁₈H₁₅
  Ph₃GeLi, **2**, 410, 423, 469
LiGeC₁₈H₁₅S
  Ph₃GeSLi, **2**, 662
LiGeC₁₈H₁₇
  GeMe(CH₂Li)(Ph)(C₁₀H₇), **2**, 409
LiGeC₁₉H₁₇
  Ph₃GeCH₂Li, **2**, 409
LiGeC₂₆H₂₃
  Li{CH(Bz)GePh₃}, **1**, 63
LiLaC₂₄H₂₀
  LiLaPh₄, **3**, 197
LiLuC₂₈H₅₂O
  LiLu(C≡CBu^t)₄{$\overline{O(CH_2)_3CH_2}$}, **3**, 198
LiMgC₂H₈
  LiMgH₂(Me)₂, **1**, 209
LiMgC₈H₁₉
  LiMgH(Bu^s)₂, **1**, 209
LiMgC₁₀H₃₅O
  LiMgMe₂(Bu)(OEt₂), **1**, 221
LiMgC₁₂H₂₇
  LiMgBu₃, **1**, 221
LiMgC₁₈H₁₅
  LiMgPh₃, **1**, 221
LiMg₂C₈H₂₁
  LiMg₂H₃(Bu)₂, **1**, 209
LiMg₂C₁₆H₃₇
  LiMg₂H(Bu^s)₄, **1**, 209
LiNdC₁₂H₂₀
  LiNd(CH₂CHCH₂)₄, **3**, 197
LiNi₃C₃₂H₅₀O₂
  [{Ni(C₁₂H₁₇)}₂Ni]Li(THF)₂, **6**, 115
LiPbC₁₈H₁₅
  LiPbPh₃, **2**, 667
LiPbC₁₈H₁₅S
  PbPh₃(SLi), **2**, 662
LiPbC₁₈H₁₅Te
  PbPh₃(TeLi), **2**, 662
LiPbC₁₉H₁₇
  PbPh₃(CH₂Li), **2**, 646
LiPrC₂₄H₂₀
  LiPrPh₄, **3**, 197
LiRuC₁₀H₉
  RuCp(η^5-C₅H₄Li), **4**, 765; **8**, 1041
LiSiC₃H₉
  Li(SiMe₃), **2**, 367; **7**, 609
LiSiC₄H₉Cl₂
  Li(CCl₂SiMe₃), **7**, 533
LiSiC₄H₉N₂
  Li{C(N₂)SiMe₃}, **2**, 65
LiSiC₄H₁₀Cl

LiSiC$_4$H$_{10}$Cl

Li{CH(Cl)SiMe$_3$}, **7**, 279, 529
LiSiC$_4$H$_{11}$
  Li(CH$_2$SiMe$_3$), **7**, 38, 522; **8**, 518
LiSiC$_5$H$_9$Se
  Li(SeC≡CSiMe$_3$), **2**, 176
LiSiC$_5$H$_{11}$
  Li(CH=CHSiMe$_3$), **1**, 92
  Li{C(SiMe$_3$)=CH$_2$}, **7**, 534
LiSiC$_5$H$_{12}$Cl
  Li{CCl(Me)(SiMe$_3$)}, **7**, 91, 530
LiSiC$_5$H$_{13}$O
  Li{CH(OMe)SiMe$_3$}, **7**, 96, 523
  Li(CH$_2$SiMe$_2$CH$_2$OMe), **7**, 531
LiSiC$_5$H$_{13}$S
  Li{CH(SMe)SiMe$_3$}, **2**, 9
LiSiC$_6$H$_{11}$Cl$_2$
  Li{C(CH$_2$SiMe$_3$)=CCl$_2$}, **2**, 40
LiSiC$_6$H$_{12}$Cl
  Li{CCl(SiMe$_3$)(CH=CH$_2$)}, **7**, 533
  Li{CH$_2$CHC(Cl)SiMe$_3$}, **2**, 39
LiSiC$_6$H$_{13}$O
  LiCH$_2$CH=CHOSiMe$_3$, **7**, 97
LiSiC$_6$H$_{15}$S$_2$
  Li{C(SMe)$_2$(SiMe$_3$)}, **7**, 527
LiSiC$_7$H$_{13}$O
  LiCH=C=C(OMe)SiMe$_3$, **7**, 98
LiSiC$_8$H$_{11}$
  Li(SiMe$_2$Ph), **7**, 609
LiSiC$_8$H$_{18}$Cl
  Li{CH(CO$_2$Bu^t)SiMe$_3$}, **7**, 78
LiSiC$_8$H$_{20}$O$_3$P
  Li[CH(SiMe$_3$){P(O)(OEt)$_2$}], **7**, 521
LiSiC$_9$H$_{19}$O$_2$
  Li{CH(SiMe$_3$)CO$_2$Bu^t}, **7**, 35
LiSiC$_9$H$_{21}$
  Li{CH(SiMe$_3$)CH$_2$Bu^t}, **7**, 536
LiSiC$_{10}$H$_{15}$S
  Li{CH(SPh)SiMe$_3$}, **7**, 96
LiSiC$_{10}$H$_{15}$Se
  Li{CH(SePh)SiMe$_3$}, **7**, 96
LiSiC$_{12}$H$_{15}$O
  Li{CH(OPh)C≡CSiMe$_3$}, **7**, 351
LiSiC$_{12}$H$_{27}$FN
  Li[NBu^t{SiF(Bu^t)$_2$}], **2**, 137
LiSiC$_{18}$H$_{15}$
  Li(SiPh$_3$), **2**, 99, 366; **7**, 609
LiSiC$_{20}$H$_{17}$
  Li{C(SiPh$_3$)=CH$_2$}, **7**, 534
LiSiC$_{20}$H$_{17}$O
  Ph$_3$SiC(Li)CH$_2$O, **7**, 35
LiSi$_2$C$_7$H$_{18}$Br
  Li{CBr(SiMe$_3$)$_2$}, **2**, 543; **7**, 91
LiSi$_2$C$_7$H$_{18}$Cl
  Li{CCl(SiMe$_3$)$_2$}, **7**, 533
LiSi$_2$C$_7$H$_{19}$
  Li{CH(SiMe$_3$)$_2$}, **2**, 9; **7**, 522
LiSi$_2$C$_9$H$_{19}$O$_4$
  Li{CH(CO$_2$SiMe$_3$)$_2$}, **7**, 581
LiSi$_2$C$_{12}$H$_{22}$N
  Li{C$_6$H$_4$N(SiMe$_3$)$_2$}, **7**, 589
LiSi$_3$C$_{10}$H$_{27}$
  Li{C(SiMe$_3$)$_3$}, **2**, 9, 95; **7**, 528
LiSi$_4$C$_9$H$_{27}$
  Li{Si(SiMe$_3$)$_3$}, **2**, 367
LiSmC$_{12}$H$_{20}$
  LiSm(CH$_2$CHCH$_2$)$_4$, **3**, 197

LiSmC$_{28}$H$_{52}$O
  LiSm(C≡CBu^t)$_4${$\overline{\text{O(CH}_2)_3\text{CH}_2}$}, **3**, 198
LiSnC$_{14}$H$_{29}$
  Li(CH=CHSnBu$_3$), **1**, 92
LiSnC$_{18}$H$_{15}$S
  SnPh$_3$(SLi), **2**, 662
LiTeC$_8$H$_5$
  Li$\overline{\text{C=CHTeC}_6\text{H}_4}$, **7**, 86
Li$_2$Ag$_2$C$_{32}$H$_{40}$O$_2$
  Li$_2$Ag$_2$Ph$_4$(OEt$_2$)$_2$, **2**, 714
Li$_2$Ag$_2$C$_{36}$H$_{48}$N$_4$
  Li$_2$Ag$_2$(C$_6$H$_4$CH$_2$NMe$_2$)$_4$, **2**, 714, 734
Li$_2$Ag$_2$C$_{36}$H$_{48}$O$_2$
  Li$_2$Ag$_2$(Tol)$_4$(OEt$_2$)$_2$, **2**, 714, 734
Li$_2$Al$_2$C$_{22}$H$_{28}$
  Et$_2$Al{C$_6$H$_4$C(Li)=C(Li)C$_6$H$_4$}AlEt$_2$, **1**, 658
Li$_2$AsC$_6$H$_5$
  Li$_2$AsPh, **2**, 703
Li$_2$Au$_2$C$_{36}$H$_{48}$N$_4$
  {LiAu(C$_6$H$_4$CH$_2$NMe$_2$)$_2$}$_2$, **2**, 717, 734, 781
Li$_2$Au$_2$C$_{36}$H$_{48}$O$_2$
  {LiAu(C$_6$H$_4$Me)$_2$(OEt$_2$)}$_2$, **2**, 781
Li$_2$BC$_8$H$_{14}$N
  Li$_2$N$\overline{\text{BCH{(CH}_2)_3}}$$_2$CH, **1**, 321
Li$_2$BeC$_4$H$_{12}$
  Li$_2$BeMe$_4$, **1**, 140
Li$_2$BeC$_{16}$H$_{36}$O$_3$
  Li$_2$BeBu^t(OBu^t)$_3$, **1**, 140
Li$_2$BeC$_{32}$H$_{20}$
  Li$_2$Be(C≡CPh)$_4$, **1**, 140
Li$_2$Be$_2$C$_{20}$H$_{46}$O$_4$
  {LiEtBe(OBu^t)$_2$}$_2$, **1**, 140
Li$_2$CH$_2$
  Li$_2$CH$_2$, **1**, 46
Li$_2$CH$_2$O
  LiCH$_2$OLi, **7**, 97
Li$_2$C$_2$
  C$_2$Li$_2$, **1**, 64, 107
Li$_2$C$_3$H$_2$
  LiC≡CCH$_2$Li, **7**, 45
  Li$_2$(C$_3$H$_2$), **1**, 107
Li$_2$C$_3$H$_6$O
  Li{(CH$_2$)$_3$OLi}, **1**, 61
Li$_2$C$_3$H$_7$N
  (LiCH$_2$)$_2$NMe, **1**, 62
Li$_2$C$_4$H$_6$
  Li$_2$(C=CMe$_2$), **1**, 64
Li$_2$C$_4$H$_8$
  Li(CH$_2$)$_4$Li, **1**, 53, 314
Li$_2$C$_5$H$_3$N
  Li$_2$(C$_5$H$_3$N), **1**, 60
Li$_2$C$_5$H$_9$P
  Li$_2$C=PMe$_3$, **2**, 410
Li$_2$C$_5$H$_{10}$
  Li(CH$_2$)$_5$Li, **1**, 64
Li$_2$C$_6$F$_4$
  Li(C$_6$F$_4$)Li, **2**, 685
Li$_2$C$_6$H$_6$O$_2$S
  Li$\overline{\text{C=C(OMe)SC(OMe)=CLi}}$, **7**, 86
Li$_2$C$_6$H$_8$
  LiC≡CCH(Pr)Li, **7**, 44
Li$_2$C$_7$H$_6$O
  LiC$_6$H$_4$CH$_2$OLi, **7**, 64
Li$_2$C$_8$H$_7$NO
  LiCH$_2$C(Ph)=NOLi, **7**, 50

Li$_2$C$_8$H$_7$NS
  LiC$_6$H$_4$C(=NMe)SLi, **7**, 67
Li$_2$C$_8$H$_8$
  (LiCH$_2$)$_2$(C$_6$H$_4$), **1**, 56
Li$_2$C$_8$H$_{12}$O$_2$S
  LiCHSO$_2$CH(Li)$\overline{\text{CH(CH}_2)_4}$CH, **7**, 44
Li$_2$C$_9$H$_4$F$_6$O
  LiC$_6$H$_4$C(CF$_3$)$_2$OLi, **7**, 72
Li$_2$C$_{10}$H$_6$
  Li$_2$(C$_{10}$H$_6$), **1**, 60
Li$_2$C$_{11}$H$_{13}$N
  LiC$_6$H$_4$N=C(Bu^t)Li, **7**, 64, 72
Li$_2$C$_{12}$F$_8$
  (LiC$_6$F$_4$)$_2$, **7**, 83
Li$_2$C$_{12}$H$_8$
  (LiC$_6$H$_4$)$_2$, **7**, 62
Li$_2$C$_{12}$H$_{10}$
  (LiPh)$_2$, **1**, 48
Li$_2$C$_{14}$H$_{12}$
  (LiCH$_2$C$_6$H$_4$)$_2$, **1**, 333; **2**, 642
Li$_2$C$_{14}$H$_{13}$N
  (LiC$_6$H$_4$)$_2$NEt, **2**, 642
Li$_2$C$_{15}$H$_{16}$O$_2$
  Li(C$_6$H$_4$)CH$_2$CH$_2$(C$_6$H$_4$)CO$_2$Li, **7**, 38
Li$_2$C$_{16}$H$_{30}$O$_2$
  LiCH(CO$_2$Li)(CH$_2$)$_{13}$Me, **7**, 67
Li$_2$C$_{22}$H$_{50}$N$_4$S$_4$
  [Li{$\overline{\text{C(Me)S(CH}_2)_3\text{S}}$}(TMEDA)]$_2$, **1**, 80
Li$_2$C$_{28}$H$_{20}$
  LiC(Ph)=CPhCPh=C(Ph)Li, **7**, 72
Li$_2$C$_{36}$H$_{40}$N$_2$
  [Li{C(C$_6$H$_4$NMe$_2$)=C(Me)(Tol)}]$_2$, **1**, 93
Li$_2$CoC$_9$H$_{15}$
  CoLi$_2$(CH$_2$CHCH$_2$)$_3$, **5**, 224
Li$_2$CoC$_{30}$H$_{45}$O$_2$
  CoLi$_2$(C$_6$H$_4$)(C$_8$H$_9$)(cod)(OEt$_2$)$_2$, **5**, 189
Li$_2$CrC$_{12}$H$_{10}$
  Cr(η^6-C$_6$H$_5$Li)$_2$, **3**, 995
Li$_2$Cu$_2$C$_4$H$_{12}$
  (LiCuMe$_2$)$_2$, **2**, 753, 755
Li$_2$Cu$_2$C$_{28}$H$_{28}$
  {LiCu(Tol)$_2$}$_2$, **2**, 736
Li$_2$Cu$_2$C$_{36}$H$_{48}$N$_4$
  {LiCu(C$_6$H$_4$CH$_2$NMe$_2$)$_2$}$_2$, **2**, 712, 717, 734
Li$_2$Cu$_2$C$_{36}$H$_{48}$O$_2$
  Li$_2$Cu$_2$(Tol)$_4$(OEt$_2$)$_2$, **2**, 734
Li$_2$Cu$_2$Si$_4$C$_{16}$H$_{44}$
  {LiCu(CH$_2$SiMe$_3$)$_2$}$_2$, **2**, 712
Li$_2$FeC$_{10}$H$_8$
  Fe(η^5-C$_5$H$_4$Li)$_2$, **4**, 477; **7**, 60, 65
Li$_2$FeC$_{20}$H$_{48}$N$_4$
  Fe(CH$_2$=CH$_2$)$_4${Li(TMEDA)}$_2$, **4**, 379, 392
Li$_2$MgC$_4$H$_{12}$
  Li$_2$MgMe$_4$, **1**, 221, 222
Li$_2$MgC$_{24}$H$_{20}$
  Li$_2$MgPh$_4$, **1**, 221
Li$_2$MnC$_4$H$_{12}$
  Li$_2$MnMe$_4$, **4**, 70
Li$_2$MoC$_{12}$H$_{12}$
  Li$_2$MoH$_2$(Ph)$_2$, **3**, 1128
Li$_2$MoC$_{30}$H$_{25}$
  Li$_2$MoPh$_5$, **3**, 1129
Li$_2$NiC$_{17}$H$_{16}$O$_2$P$_2$
  Ni(CO)$_2${PhLiP(CH$_2$)$_3$PPhLi}, **6**, 25
Li$_2$NiC$_{24}$H$_{50}$N$_4$

Ni(cdt){Li(TMEDA)}$_2$, **6**, 114
Li$_2$NiC$_{24}$H$_{54}$N$_6$
  NiLi$_2$(Me$_2$NCH$_2$CH=CHCH$_2$NMe$_2$)$_3$, **6**, 114
Li$_2$NiC$_{26}$H$_{52}$N$_4$
  Ni(norbornene)$_2${Li(TMEDA)}$_2$, **6**, 115
Li$_2$NiC$_{32}$H$_{56}$O$_4$
  Ni(cod)$_2${Li(THF)$_2$}$_2$, **6**, 114
Li$_2$NiC$_{48}$H$_{68}$N$_4$O$_6$
  [Ni(PhN=NPh)$_2$][Li(THF)$_3$]$_2$, **6**, 130
Li$_2$NiSn$_2$C$_{92}$H$_{100}$O$_5$P$_2$
  [Ni(PPh$_3$)$_2$(SnPh$_3$)$_2$][Li$_2${$\overline{\text{O(CH}_2)_3\text{C-H}_2}$}$_5$], **6**, 109
Li$_2$OsC$_{10}$H$_8$
  Os(η^5-C$_5$H$_4$Li)$_2$, **4**, 1019
Li$_2$RuC$_{10}$H$_8$
  Ru(η^5-C$_5$H$_4$Li)$_2$, **4**, 765
Li$_2$RuC$_{47}$H$_{60}$O$_2$P$_2$
  RuH(Me)$_3${Li(OEt$_2$)}$_2$(PPh$_3$)$_2$, **4**, 726
Li$_2$SbC$_6$H$_5$
  Li$_2$SbPh, **2**, 703
Li$_2$Si$_4$C$_{48}$H$_{40}$
  Li(SiPh$_2$)$_4$Li, **2**, 370
Li$_2$Si$_5$C$_{60}$H$_{50}$
  Li(SiPh$_2$)$_5$Li, **2**, 370
Li$_2$Si$_6$UC$_{56}$H$_{120}$O$_8$
  Li$_2$U(CH$_2$SiMe$_3$)$_6${$\overline{\text{O(CH}_2)_3\text{CH}_2}$}$_8$, **3**, 241
Li$_2$UC$_{38}$H$_{82}$O$_8$
  Li$_2$UMe$_6${$\overline{\text{O(CH}_2)_3\text{CH}_2}$}$_8$, **3**, 241
Li$_2$UC$_{68}$H$_{94}$O$_8$
  Li$_2$UPh$_6${$\overline{\text{O(CH}_2)_3\text{CH}_2}$}$_8$, **3**, 241
Li$_2$VC$_{12}$H$_{10}$
  V(C$_6$H$_5$Li)$_2$, **3**, 688
Li$_3$C$_3$H
  Li$_3$(C$_3$H), **1**, 107
Li$_3$C$_4$H$_3$
  Li$_3$(C$_3$Me), **1**, 107
Li$_3$C$_9$H$_5$
  Li$_3$(C$_3$Ph), **1**, 107
Li$_3$MgC$_5$H$_{15}$
  Li$_3$MgMe$_5$, **1**, 221, 222
Li$_3$MgC$_{20}$H$_{45}$
  Li$_3$MgBu^s$_5$, **1**, 221
Li$_3$MoC$_{36}$H$_{30}$
  Li$_3$MoPh$_6$, **3**, 1128
Li$_3$Si$_8$UC$_{44}$H$_{112}$O$_6$
  Li$_3$U(CH$_2$SiMe$_3$)$_8${O(CH$_2$CH$_2$)$_2$O}$_3$, **3**, 241
Li$_3$UC$_{20}$H$_{48}$O$_6$
  Li$_3$UMe$_8${O(CH$_2$CH$_2$)$_2$O}$_3$, **3**, 241
Li$_3$UC$_{52}$H$_{112}$O$_6$
  Li$_3$U(CH$_2$Bu^t)$_8${O(CH$_2$CH$_2$)$_2$O}$_3$, **3**, 241
Li$_4$C
  CLi$_4$, **1**, 45, 64
Li$_4$C$_2$
  C$_2$Li$_4$, **1**, 64
Li$_4$C$_3$
  C$_3$Li$_4$, **1**, 64; **2**, 410
Li$_4$C$_4$
  C$_4$Li$_4$, **1**, 79
Li$_4$C$_4$H$_6$
  Li$_3$CC(Li)Me$_2$, **1**, 64
Li$_4$C$_4$H$_{12}$
  (LiMe)$_4$, **1**, 4, 70, 77
Li$_4$C$_5$
  C$_5$Li$_4$, **1**, 45, 107
Li$_4$C$_8$H$_{20}$
  (LiEt)$_4$, **1**, 48

$Li_4C_9H_4$
  $Li_3\{C_3(C_6H_4Li)\}$, **1**, 107

$Li_4C_{12}H_{20}$
  $\{Li(CH=CHMe)\}_4$, **1**, 48

$Li_4C_{16}H_{36}$
  $(LiBu^t)_4$, **1**, 76

$Li_4MoC_{14}H_{18}$
  $Li_4MoH_2(Me)_2(Ph)_2$, **3**, 1128

$Li_4Mo_2C_{24}H_{24}$
  $Li_4Mo_2H_4(Ph)_4$, **3**, 1128

$Li_4Mo_4C_{40}H_{44}$
  $\{MoH(Cp)_2Li\}_4$, **3**, 1201

$Li_4Si_4C_{16}H_{44}$
  $\{Li(CH_2SiMe_3)\}_4$, **1**, 69

$Li_4WC_{24}H_{21}$
  $WH(LiPh)_4$, **3**, 1310

$Li_4WC_{36}H_{30}$
  $WPh_2(LiPh)_4$, **3**, 1310

$Li_4WC_{52}H_{70}O_4$
  $WPh_2(LiPh)_4(Et_2O)_4$, **3**, 1310

$Li_4W_4C_{40}H_{44}$
  $\{LiWH(Cp)_2\}_4$, **3**, 1348

Li_6C_2
  C_2Li_6, **1**, 64

Li_6C_3
  C_3Li_6, **1**, 64

$Li_6C_{18}H_{42}$
  $(LiPr)_6$, **1**, 68

$Li_6C_{36}H_{66}$
  $(LiCy)_6$, **1**, 20

$Li_6C_{48}H_{78}$
  $(LiCy)_6(C_6H_6)_2$, **1**, 66

$Li_6Si_6C_{18}H_{54}$
  $\{Li(SiMe_3)\}_6$, **1**, 65, 67

$Li_6Si_6C_{24}H_{66}$
  $\{Li(CH_2SiMe_3)\}_6$, **1**, 69

Li_8C_3
  C_3Li_8, **1**, 64

Li_8C_4
  $Li_3CC(Li)=C(Li)CLi_3$, **1**, 64

$Li_8C_{24}H_{56}$
  $(LiPr)_8$, **1**, 68

$Li_{12}Na_6Ni_4C_{76}H_{130}N_4O_{14}$
  $\{Ph(NaOEt_2)_2Ph_2Ni_2(N_2)NaLi_6(OEt)_4(OEt_2)\}_2$, **8**, 1102

$Li_{12}Ni_4C_{88}H_{100}N_4O_4$
  $\{(PhLi)_6Ni_2(N_2)(Et_2O)_2\}_2$, **6**, 46; **8**, 1075, 1102

LuC_6H_{18}
  $[LuMe_6]^{3-}$, **3**, 198

$LuC_{12}H_{14}Cl$
  $LuCl(C_5H_4Me)_2$, **3**, 184

$LuC_{12}H_{30}P_3$
  $\overline{Lu(CH_2PMe_2CH_2)_3}$, **3**, 200

$LuC_{12}H_{33}Cl_3P_3$
  $LuCl_3(CH_2PMe_3)_3$, **3**, 200

$LuC_{15}H_{15}$
  $LuCp_3$, **3**, 180

$LuC_{17}H_{29}Cl_2O_3$
  $LuCl_2(Cp)\{\overline{O(CH_2)_3CH_2}\}_3$, **3**, 186

$LuC_{18}H_{27}O$
  $LuBu^t(Cp)_2\{\overline{O(CH_2)_3CH_2}\}$, **3**, 202

$LuC_{32}H_{36}$
  $[Lu(C_8H_9)_4]^-$, **3**, 197, 198

$LuLiC_{28}H_{52}O$
  $LiLu(C\equiv CBu^t)_4\{\overline{O(CH_2)_3CH_2}\}$, **3**, 198

$LuSi_2C_8H_{21}$
  $Lu(CH_2SiMe_3)(CHSiMe_3)$, **3**, 199

$LuSi_3C_{12}H_{32}$
  $[Lu(CH_2SiMe_3)_2(CHSiMe_3)]^-$, **3**, 199

$LuSi_4C_{16}H_{44}$
  $[Lu(CH_2SiMe_3)_4]^-$, **3**, 199

M

MgAlC$_2$H$_9$
   MgAlH$_4$(Et), **1**, 209
MgAlC$_4$H$_{12}$N$_6$
   [Me$_2$Mg(N$_3$)$_2$AlMe$_2$]$^-$, **1**, 223
MgAlC$_5$H$_{15}$
   MgMe(AlMe$_4$), **1**, 222, 634
MgAlC$_6$H$_9$
   MgAlH$_4$(Ph), **1**, 209
MgAlC$_9$H$_{18}$
   Et$_2$Mg$\overline{\text{Al}\{\text{CH}_2\text{C}(\text{Me})}$=CHCH$_2\}$, **1**, 223
MgAlC$_{10}$H$_{25}$
   MgAlEt$_5$, **1**, 222
MgAl$_2$C$_2$H$_{12}$
   Mg(AlH$_3$Me)$_2$, **1**, 209
MgAl$_2$C$_8$H$_{24}$
   Mg(AlMe$_4$)$_2$, **1**, 17, 223
MgAl$_2$C$_{16}$H$_{40}$
   Mg(AlEt$_4$)$_2$, **1**, 222, 223
MgAs$_2$C$_{24}$H$_{20}$
   Mg(AsPh$_2$)$_2$, **1**, 216
MgBC$_2$H$_9$
   MgEt(BH$_4$), **1**, 209
MgBC$_4$H$_{13}$
   MgBu^s(BH$_4$), **1**, 209
MgBC$_6$H$_9$
   MgPh(BH$_4$), **1**, 209
MgB$_2$C$_2$H$_{12}$
   Mg(BH$_3$Me)$_2$, **1**, 209
MgB$_2$C$_{16}$H$_{40}$
   Mg(BEt$_4$)$_2$, **1**, 239
MgCBrF$_3$
   BrMg(CF$_3$), **1**, 174
MgCBr$_3$Cl
   ClMg(CBr$_3$), **1**, 163
MgCCl$_4$
   ClMg(CCl$_3$), **1**, 163
MgCH$_3$Br
   BrMgMe, **1**, 181; **7**, 18, 26, 717, 720; **8**, 663, 745
MgCH$_3$Cl
   ClMgMe, **7**, 26
MgCH$_3$F
   FMgMe, **1**, 157
MgCH$_3$I
   IMgMe, **7**, 20, 27, 720
MgCH$_4$
   MgH(Me), **1**, 208
MgC$_2$HBr
   BrMgC≡CH, **7**, 26
MgC$_2$H$_3$Br
   BrMgCH=CH$_2$, **7**, 712; **8**, 741

MgC$_2$H$_3$Cl
   ClMgCH=CH$_2$, **1**, 185; **7**, 720
MgC$_2$H$_5$Br
   BrMgEt, **1**, 181; **7**, 21; **8**, 663, 739
MgC$_2$H$_5$F
   FMgEt, **1**, 157
MgC$_2$H$_6$
   MgH(Et), **1**, 208
   MgMe$_2$, **1**, 202; **8**, 518
MgC$_3$F$_7$I
   IMg(C$_3$F$_7$), **1**, 175
MgC$_3$H$_3$Br
   BrMg(CH=C=CH$_2$), **1**, 174
MgC$_3$H$_5$Br
   BrMgCH=CHMe, **8**, 739
   BrMg($\overline{\text{CHCH}_2\text{CH}_2}$), **8**, 752
   BrMgCH$_2$CH=CH$_2$, **7**, 26; **8**, 741
   BrMg{C(Me)=CH$_2$}, **8**, 749
MgC$_3$H$_6$O
   $\overline{\text{Mg(CH}_2)_3\text{O}}$, **1**, 211
MgC$_3$H$_7$Br
   BrMgPr^i, **7**, 26, 721; **8**, 663
MgC$_3$H$_7$Cl
   ClMgPr^i, **1**, 163; **8**, 739
MgC$_3$H$_8$
   MgH(Pr^i), **1**, 208
MgC$_4$H$_3$BrS
   BrMg$\overline{\text{C=CHCH=CHS}}$, **7**, 64; **8**, 749
MgC$_4$H$_3$IS
   IMg$\overline{\text{C=CHCH=CHS}}$, **7**, 66
MgC$_4$H$_5$Cl
   ClMgC(=CH$_2$)CH=CH$_2$, **7**, 50
MgC$_4$H$_6$
   Mg(C$_4$H$_6$), **1**, 220
MgC$_4$H$_7$Br
   BrMg(CH$_2\overline{\text{CHCH}_2\text{CH}_2}$), **1**, 172
   BrMg(CH$_2$CH$_2$CH=CH$_2$), **8**, 915
MgC$_4$H$_7$Cl
   ClMg(CH$_2$CH=CHMe), **1**, 187, 190; **7**, 5; **8**, 700
MgC$_4$H$_8$
   $\overline{\text{Mg(CH}_2)_3\text{CH}_2}$, **1**, 199
MgC$_4$H$_8$O
   $\overline{\text{Mg(CH}_2)_4\text{O}}$, **1**, 160
MgC$_4$H$_9$Br
   BrMgBu, **7**, 49, 706, 721
   BrMgBu^i, **7**, 669
   BrMgBu^t, **7**, 32, 721; **8**, 663
MgC$_4$H$_9$Cl
   ClMgBu^s, **7**, 39; **8**, 743, 917

MgC₄H₉Cl

ClMgBuᵗ, **1**, 160; **7**, 29; **8**, 739

MgC₄H₁₀
  MgEt₂, **1**, 198, 201, 202; **7**, 50

MgC₄H₁₀O
  MgEt(OEt), **1**, 210
  MgMe(OPr), **1**, 213

MgC₄H₁₀S₂
  MgEt₂(S)₂, **1**, 203

MgC₅BrF₄N
  BrMg(C₅F₄N), **1**, 175

MgC₅F₁₁IO
  IMg{(CF₂)₂OCF(CF₃)₂}, **1**, 176

MgC₅H₆
  MgH(Cp), **1**, 208

MgC₅H₇Br
  BrMg($\overline{\text{CHCH}_2\text{CH=CHCH}_2}$), **1**, 186
  BrMg(CH₂CH₂CH=C=CH₂), **1**, 173

MgC₅H₉Br
  BrMg(CH=CHPr), **8**, 752

MgC₅H₉Cl
  ClMg(CH₂CH=CHEt), **1**, 187
  ClMg(CH₂CH=CMe₂), **1**, 168
  ClMg(CMe₂CH=CH₂), **7**, 71

MgC₅H₁₀
  $\overline{\text{Mg(CH}_2\text{)}_4\text{CH}_2}$, **1**, 199

MgC₅H₁₁Br
  BrMg(C₅H₁₁), **8**, 757

MgC₅H₁₁Cl
  ClMgCH₂Buᵗ, **7**, 29

MgC₅H₁₁ClO
  ClMg(CH₂)₄OMe, **1**, 129

MgC₅H₁₂O
  MgEt(OPr), **1**, 213
  MgMe(OBuᵗ), **1**, 214

MgC₆BrF₅
  BrMg(C₆F₅), **1**, 167

MgC₆Br₆
  BrMg(C₆Br₅), **1**, 165

MgC₆ClF₅
  ClMg(C₆F₅), **1**, 175

MgC₆Cl₆
  ClMg(C₆Cl₅), **7**, 39

MgC₆H₄BrCl
  BrMg(C₆H₄Cl), **1**, 188; **7**, 26; **8**, 748

MgC₆H₄ClF
  ClMg(C₆H₄F), **2**, 771

MgC₆H₅Br
  BrMgPh, **7**, 20, 26, 72, 722; **8**, 663, 740, 785

MgC₆H₅Cl
  ClMgPh, **1**, 181

MgC₆H₆
  MgH(Ph), **1**, 208

MgC₆H₈
  MgMe(Cp), **1**, 201

MgC₆H₉Br
  BrMg{$\overline{\text{CH(CH}_2\text{)}_2\text{CH=CHCH}_2}$}, **1**, 186, 189
  BrMg(CH₂C=CHCH₂CH₂CH₂), **1**, 174

MgC₆H₁₀
  Mg(CH₂CH=CH₂)₂, **3**, 126

MgC₆H₁₁Br
  BrMgCy, **7**, 44; **8**, 748

MgC₆H₁₁Cl
  ClMg(CH₂CH=CHPrⁱ), **1**, 187
  ClMgCy, **7**, 26

MgC₆H₁₂
  $\overline{\text{Mg(CH}_2\text{)}_5\text{CH}_2}$, **1**, 199

MgC₆H₁₂O
  Mg(CH₂CH₂CH₂)₂O, **1**, 211

MgC₆H₁₃Br
  BrMg(C₆H₁₃), **7**, 717

MgC₆H₁₃F
  FMg(C₆H₁₃), **1**, 157

MgC₆H₁₄
  MgPr₂, **1**, 198

MgC₆H₁₄O
  MgEt(OBuᵗ), **1**, 214
  MgPrⁱ(OPrⁱ), **1**, 213

MgC₆H₁₆N₂
  MgMe(NMeCH₂CH₂NMe₂), **1**, 216

MgC₇F₉I
  IMg(C₇F₉), **1**, 175

MgC₇H₅BrO₂
  BrMg{C₆H₃(OCH₂O)}, **8**, 749

MgC₇H₇Br
  BrMgBz, **8**, 740
  BrMg(Tol), **7**, 26; **8**, 663

MgC₇H₇BrO
  BrMg(C₆H₄OMe), **7**, 26; **8**, 663

MgC₇H₇Cl
  ClMgBz, **7**, 26, 52

MgC₇H₇F
  FMg(Tol), **1**, 157

MgC₇H₁₁Br
  BrMg{CH₂CH₂$\overline{\text{CH(CH}_2\text{)}_2\text{CH=CH}}$}, **1**, 190

MgC₇H₁₁Cl
  ClMg(C₇H₁₁), **7**, 39

MgC₇H₁₃Cl
  ClMg(CH₂CH=CHBuᵗ), **1**, 182, 187
  ClMg{(CH₂)₃C(Me)CH₂CH₂}, **1**, 175
  ClMg(C₆H₁₀Me), **8**, 749

MgC₇H₁₅Br
  BrMg(CH₂)₆Me, **7**, 42

MgC₇H₁₅BrO₂
  BrMg{CH₂CH₂CH₂OCH(Me)OEt}, **7**, 721

MgC₇H₁₆O
  MgBu(OPrⁱ), **1**, 213

MgC₇H₁₈N₂
  MgEt(NMeCH₂CH₂NMe₂), **1**, 217

MgC₈H₇Br
  BrMgCH=CHPh, **8**, 752

MgC₈H₈
  Mg(cot), **1**, 219

MgC₈H₈BrCl
  BrMg(CH₂CH₂C₆H₄Cl), **8**, 757

MgC₈H₉BrO₂
  BrMg{C₆H₃(OMe)₂}, **8**, 749

MgC₈H₉Cl
  ClMg{CH(Me)Ph}, **8**, 745

MgC₈H₁₀ClN
  ClMg{CMe₂(C₅H₄N)}, **1**, 172

MgC₈H₁₁Cl
  ClMg{$\overline{\text{CHCH}_2\text{CH(CH}_2\text{CH=CH}_2\text{)CH=CH}}$}, **1**, 191

MgC₈H₁₂
  Mg(C₈H₁₂), **1**, 220

MgC₈H₁₃Br
  BrMg{CH₂(C₅H₈)CH=CH₂}, **1**, 169

MgC₈H₁₅Cl
  ClMg{CH(Me)(CH₂)₄CH=CH₂}, **1**, 191

MgC₈H₁₇Br

BrMg(C_8H_{17}), **8**, 748, 915

MgC$_8$H$_{17}$Cl
ClMg(C_8H_{17}), **1**, 192; **8**, 739

MgC$_8$H$_{18}$
MgBu$_2$, **1**, 198, 200, 216, 284
MgBu$^s_2$, **7**, 50

MgC$_8$H$_{19}$
[MgH(Bu^s)$_2$]$^-$, **1**, 209

MgC$_9$H$_7$BrN$_2$
BrMg{$C_6H_4(\overline{NCH=CHCH=N})$}, **1**, 164

MgC$_9$H$_8$BrNO
BrMg{$C_6H_4(\overline{C=NCH_2CH_2O})$}, **1**, 177

MgC$_9$H$_{10}$BrO
BrMg{C_7H_{10}(OEt)}, **1**, 176

MgC$_9$H$_{11}$Br
BrMg{(CH$_2$)$_3$Ph}, **8**, 748
BrMg($C_6H_4Pr^i$), **8**, 748
BrMg(Mes), **7**, 39, 52; **8**, 740, 911

MgC$_9$H$_{11}$BrO
BrMg(CH$_2$CH$_2$C$_6$H$_4$OMe), **1**, 169

MgC$_9$H$_{11}$Cl
ClMg{CH(Me)(Tol)}, **8**, 742

MgC$_9$H$_{11}$N
MgMe{N=C(Me)Ph}, **1**, 216, 217

MgC$_9$H$_{13}$N
MgMe{N(Et)Ph}, **1**, 218

MgC$_9$H$_{17}$Cl
ClMgCH$_2$CHMeCH$_2$CMe$_2$CH=CH$_2$, **7**, 3

MgC$_9$H$_{21}$N
MgPr^i(NPr$^i_2$), **1**, 217

MgC$_{10}$H$_7$Br
BrMg(Nap), **7**, 39; **8**, 748

MgC$_{10}$H$_9$Br
BrMg{$\overline{C=C(Ph)CH_2CH_2}$}, **1**, 174
BrMg(CH$_2$CH$_2$C≡CPh), **1**, 173

MgC$_{10}$H$_{10}$
MgCp$_2$, **1**, 200

MgC$_{10}$H$_{13}$Cl
ClMg(CH$_2$C$_6$H$_4$Pr^i), **8**, 750

MgC$_{10}$H$_{14}$ClN
ClMg{(CH$_2$)$_2$CMe$_2$(C$_5$H$_4$N)}, **1**, 172

MgC$_{10}$H$_{16}$
[MgH$_2$(Bu^s)(Ph)]$^{2-}$, **1**, 209

MgC$_{10}$H$_{22}$
Mg(CH$_2$Bu^t)$_2$, **1**, 198, 205
Mg(C$_5$H$_{11}$)$_2$, **1**, 200

MgC$_{10}$H$_{25}$BrO$_2$
BrMgEt(OEt$_2$)$_2$, **1**, 178, 179

MgC$_{11}$H$_9$Br
BrMg(C$_{10}$H$_6$Me), **8**, 744

MgC$_{11}$H$_{10}$
MgPh(Cp), **1**, 201

MgC$_{11}$H$_{15}$Br
BrMgCH$_2$CH$_2$CH(Me)(Tol), **8**, 749

MgC$_{11}$H$_{16}$
MgPh(CH$_2$Bu^t), **1**, 206

MgC$_{11}$H$_{17}$Cl
ClMg{CH(CH=CH$_2$)-$\overline{CHCH_2CH_2CH(CH=CHMe)CH_2}$}, **1**, 190

MgC$_{11}$H$_{23}$Br
BrMg{CH(Bu^i)(C$_6$H$_{13}$)}, **1**, 167

MgC$_{12}$F$_{10}$
Mg(C$_6$F$_5$)$_2$, **1**, 200

MgC$_{12}$H$_{10}$
MgC$_{12}$H$_{10}$, **1**, 208
MgPh$_2$, **1**, 198; **7**, 64

MgC$_{12}$H$_{11}$Cl
ClMg{CH(Me)(Nap)}, **8**, 743

MgC$_{12}$H$_{18}$
Mg(C≡CBu)$_2$, **1**, 200
Mg(C$_{12}$H$_{18}$), **1**, 220

MgC$_{12}$H$_{22}$
Mg{CH$_2$(C$_5$H$_9$)}$_2$, **1**, 206

MgC$_{12}$H$_{25}$Br
BrMg{CH(CH$_2$Bu^t)(C$_6$H$_{13}$)}, **1**, 167

MgC$_{12}$H$_{32}$N$_2$P$_4$
Mg(CH$_2$PMe$_2$NPMe$_2$CH$_2$)$_2$, **1**, 201

MgC$_{13}$H$_{12}$S
MgBz(SPh), **1**, 215

MgC$_{13}$H$_{13}$N
MgMe(NPh$_2$), **1**, 216

MgC$_{13}$H$_{15}$Br
BrMg{(CH$_2$)$_5$C≡CPh}, **1**, 191

MgC$_{13}$H$_{19}$IS$_2$
IMg{C(SEt)$_2$CH$_2$CH$_2$Ph}, **7**, 68

MgC$_{13}$H$_{27}$BrO$_3$
BrMgMe{$\overline{O(CH_2)_3CH_2}$}$_3$, **1**, 179

MgC$_{14}$H$_{14}$ClN
ClMg(CH$_2$CH$_2$NPh$_2$), **1**, 176

MgC$_{14}$H$_{15}$N
MgEt(NPh$_2$), **1**, 216, 217

MgC$_{14}$H$_{20}$N$_2$
MgEt$_2$(py)$_2$, **1**, 199

MgC$_{14}$H$_{25}$BrO$_2$
BrMgPh(OEt$_2$)$_2$, **1**, 178, 179

MgC$_{14}$H$_{34}$N$_2$
MgBu$_2$(TMEDA), **1**, 199

MgC$_{15}$H$_{14}$O
Mg{CH$_2$C(Ph)=CH$_2$}(OPh), **1**, 211

MgC$_{15}$H$_{16}$O
MgMe{OC(Me)Ph$_2$}, **1**, 213

MgC$_{15}$H$_{17}$N
MgPr^i(NPh$_2$), **1**, 216, 217

MgC$_{15}$H$_{29}$BrN$_2$
BrMgCp(Et$_2$NCH$_2$CH$_2$NEt$_2$), **1**, 179

MgC$_{16}$H$_{10}$
Mg(C≡CPh)$_2$, **1**, 200

MgC$_{16}$H$_{15}$Br
BrMg{$\overline{C(Me)CH_2CPh_2}$}, **1**, 172

MgC$_{16}$H$_{30}$
Mg(CH$_2$CH=CHCH$_2$Bu^t)$_2$, **1**, 205

MgC$_{16}$H$_{30}$N$_2$
Mg(CH$_2$CH=CHCH=CH$_2$)$_2$(TMEDA), **3**, 129

MgC$_{18}$H$_{14}$
Mg(C$_9$H$_7$)$_2$, **1**, 200

MgC$_{18}$H$_{22}$
Mg(Mes)$_2$, **1**, 206

MgC$_{18}$H$_{26}$N$_2$
MgPh$_2$(TMEDA), **1**, 202

MgC$_{18}$H$_{28}$N$_2$
MgBu$_2$(py)$_2$, **1**, 199

MgC$_{19}$H$_{15}$Br
BrMgCPh$_3$, **7**, 51

MgC$_{19}$H$_{15}$BrO
BrMg{CPh$_2$(OPh)}, **1**, 176

MgC$_{19}$H$_{24}$
Mg(C$_9$H$_7$){CH$_2$CH=C(Me)CH$_2$CH$_2$CH=C-Me$_2$}, **1**, 220

MgC$_{20}$H$_{16}$
    Mg(C$_{10}$H$_8$)$_2$, **1**, 218
MgC$_{20}$H$_{17}$Cl
    ClMg(CH$_2$CPh$_3$), **1**, 172
MgC$_{20}$H$_{38}$N$_2$
    Mg(C$_7$H$_{11}$)$_2$(TMEDA), **1**, 202
MgC$_{22}$H$_{20}$N$_2$
    MgPh$_2$(py)$_2$, **1**, 199
MgC$_{23}$H$_{19}$BrO
    BrMg{$\overline{\text{C}=\text{C(Ph)C}_6\text{H}_4\text{C}}$(Ph)OEt}, **1**, 176
MgC$_{27}$H$_{19}$
    Mg(C$_9$H$_6$)$_2$(C$_9$H$_7$), **1**, 203
MgC$_{32}$H$_{42}$O$_4$
    Mg(C≡CPh)$_2${$\overline{\text{O(CH}_2)_3\text{CH}_2}$}$_4$, **1**, 203
MgCoC$_9$H$_{15}$
    CoMg(CH$_2$CHCH$_2$)$_3$, **5**, 224
MgCsC$_{12}$H$_{27}$
    CsMgBu$_3$, **1**, 221
MgCuC$_2$H$_5$Br$_2$
    Cu(Et)MgBr$_2$, **7**, 718
MgCuC$_3$H$_7$Br$_2$
    Cu(Pr^i)MgBr$_2$, **7**, 718
MgCuC$_4$H$_9$Br$_2$
    Cu(Bu)MgBr$_2$, **7**, 720
MgCuC$_4$H$_{11}$Br$_2$S
    {Cu(Et)SMe$_2$}MgBr$_2$, **7**, 719
MgCuC$_5$H$_9$Br$_2$
    {Cu(Br)CH=CHPr^i}MgBr, **7**, 718
MgCuC$_7$H$_{15}$Br$_2$
    Cu(C$_7$H$_{15}$)MgBr$_2$, **7**, 719
MgCuC$_8$H$_9$Br$_2$O
    Cu(C$_6$H$_4$CH$_2$OMe)MgBr$_2$, **2**, 713
MgCuC$_8$H$_{15}$Br$_2$
    Cu(CH=CEtBu)MgBr$_2$, **7**, 718
MgCu$_4$C$_{40}$H$_{40}$O
    Cu$_4$MgPh$_6$(OEt$_2$), **2**, 713
MgCu$_4$C$_{46}$H$_{52}$O
    Cu$_4$Mg(Tol)$_6$(OEt$_2$), **2**, 713
MgFeC$_7$H$_5$BrO$_2$
    BrMgFp, **6**, 1013, 1037
MgFeC$_{31}$H$_{29}$BrP$_2$
    Fe(MgBr)Cp(diphos), **6**, 1037
MgFeC$_{39}$H$_{45}$BrO$_2$P$_2$
    Fe[MgBr{$\overline{\text{O(CH}_2)_3\text{CH}_2}$}$_2$]Cp(diphos), **6**, 1011, 1013, 1038
MgFe$_2$C$_{22}$H$_{26}$O$_6$
    MgFp$_2${$\overline{\text{O(CH}_2)_3\text{CH}_2}$}$_2$, **6**, 1013
MgFe$_2$C$_{24}$H$_{20}$N$_2$O$_4$
    MgFp$_2$(py)$_2$, **6**, 1012, 1013
MgGeC$_{18}$H$_{15}$Br
    Ph$_3$GeMgBr, **6**, 1100
MgKC$_8$H$_{19}$
    KMgH(Bu^s)$_2$, **1**, 209
MgKC$_{12}$H$_{27}$
    KMgBu$_3$, **1**, 221
MgLiC$_2$H$_8$
    LiMgH$_2$(Me)$_2$, **1**, 209
MgLiC$_8$H$_{19}$
    LiMgH(Bu^s)$_2$, **1**, 209
MgLiC$_{10}$H$_{35}$O
    LiMgMe$_2$(Bu)(OEt$_2$), **1**, 221
MgLiC$_{12}$H$_{27}$
    LiMgBu$_3$, **1**, 221
MgLiC$_{18}$H$_{15}$
    LiMgPh$_3$, **1**, 221
MgLi$_2$C$_4$H$_{12}$
    Li$_2$MgMe$_4$, **1**, 221, 222

MgLi$_2$C$_{24}$H$_{20}$
    Li$_2$MgPh$_4$, **1**, 221
MgLi$_3$C$_5$H$_{15}$
    Li$_3$MgMe$_5$, **1**, 221, 222
MgLi$_3$C$_{20}$H$_{45}$
    Li$_3$MgBu^s$_5$, **1**, 221
MgMnC$_5$BrO$_5$
    Mn(MgBr)(CO)$_5$, **4**, 24
MgMoC$_{14}$H$_{19}$BrO
    MoH(Cp)$_2$[MgBr{$\overline{\text{O(CH}_2)_3\text{CH}_2}$}], **3**, 1201
MgMoC$_{18}$H$_{27}$BrO$_2$
    MoH(Cp)$_2$[MgBr{$\overline{\text{O(CH}_2)_3\text{CH}_2}$}$_2$], **1**, 195; **6**, 1037
MgNaC$_8$H$_{19}$
    NaMgH(Bu^s)$_2$, **1**, 209
MgNaC$_{12}$H$_{27}$
    NaMgBu$_3$, **1**, 221
MgNiC$_{23}$H$_{20}$BrP
    Ni(MgBr)Cp(PPh$_3$), **6**, 25; **8**, 263, 664
MgPbC$_3$H$_9$Cl
    PbMe$_3$(MgCl), **2**, 668
MgPbC$_{18}$H$_{15}$Cl
    PbPh$_3$(MgCl), **2**, 668
MgPbSi$_3$C$_{12}$H$_{33}$Cl
    Pb(CH$_2$SiMe$_3$)$_3$(MgCl), **2**, 668
MgRbC$_{12}$H$_{27}$
    RbMgBu$_3$, **1**, 221
MgSiC$_4$H$_9$Br$_2$Cl
    ClMg(CBr$_2$SiMe$_3$), **1**, 165
MgSiC$_4$H$_{11}$Cl
    ClMg(CH$_2$SiMe$_3$), **2**, 93; **3**, 724; **7**, 520; **8**, 741
MgSiC$_5$H$_9$Br
    BrMg(C≡CSiMe$_3$), **2**, 41
MgSiC$_5$H$_{11}$Br
    BrMg{C(SiMe$_3$)=CH$_2$}, **7**, 26, 533
MgSiC$_{10}$H$_{15}$Cl
    ClMg{CH(Ph)SiMe$_3$}, **7**, 525
MgSiC$_{12}$H$_{19}$Br
    BrMg{C(SiMe$_3$)=C(Me)C$_6$H$_{13}$}, **8**, 748
MgSi$_2$C$_6$H$_{17}$Cl
    ClMgCH$_2$SiMe$_2$SiMe$_3$, **8**, 752
MgSi$_2$C$_8$H$_{22}$
    Mg(CH$_2$SiMe$_3$)$_2$, **1**, 198; **2**, 95; **3**, 1314
MgSnC$_4$H$_9$Br$_2$Cl
    ClMg(CBr$_2$SnMe$_3$), **1**, 165
MgSnC$_{12}$H$_{27}$Br
    BrMgSnBu$_3$, **2**, 585
MgSn$_2$C$_{36}$H$_{30}$
    Mg(SnPh$_3$)$_2$, **2**, 560
MgTiC$_{10}$H$_{10}$ClN$_2$
    TiCp$_2$(N$_2$MgCl), **8**, 1077
MgTi$_2$C$_{20}$H$_{20}$Cl$_4$
    {Cp$_2$(Cl)Ti}$_2$(MgCl$_2$), **3**, 305
MgVC$_{22}$H$_{30}$Cl$_3$O$_2$
    (VBz$_2$Cl)(MgCl$_2$){$\overline{\text{O(CH}_2)_3\text{CH}_2}$}$_3$, **3**, 657
MgV$_2$C$_{44}$H$_{56}$O$_{12}$
    {VBz(acac)$_2$}$_2${Mg(acac)$_2$}, **3**, 657
MgWC$_{12}$H$_{13}$BrO$_4$
    W[MgBr{$\overline{\text{O(CH}_2)_3\text{CH}_2}$}](CO)$_3$Cp, **3**, 1339
MgZnC$_4$H$_{12}$
    MgZnMe$_4$, **1**, 222
MgZn$_2$C$_6$H$_{18}$
    MgZn$_2$Me$_6$, **1**, 222
Mg$_2$AlC$_8$H$_{22}$Br
    AlMg$_2$Br(H)$_4$(Bu)$_2$, **1**, 210
Mg$_2$Al$_2$C$_{10}$H$_{30}$
    (MeMgAlMe$_4$)$_2$, **1**, 223

Mg$_2$CH$_2$Br$_2$
  (BrMg)$_2$CH$_2$, **1**, 177
Mg$_2$CH$_6$
  Mg$_2$H$_3$(Me), **1**, 208
Mg$_2$C$_3$H$_6$Br$_2$
  (BrMgCH$_2$)$_2$CH$_2$, **1**, 166
Mg$_2$C$_3$H$_6$Cl$_2$O
  ClMg(CH$_2$)$_3$OMgCl, **1**, 177
Mg$_2$C$_4$H$_8$Br$_2$
  (BrMgCH$_2$CH$_2$)$_2$, **1**, 197; **7**, 31, 33
Mg$_2$C$_4$H$_8$Cl$_2$
  (ClMgCH$_2$CH$_2$)$_2$, **2**, 642
Mg$_2$C$_4$H$_8$Cl$_2$O
  ClMg(CH$_2$)$_4$OMgCl, **1**, 177
Mg$_2$C$_4$H$_{12}$Cl$_2$
  [{MgCl(Me)$_2$}$_2$]$^{2-}$, **1**, 206
Mg$_2$C$_5$H$_4$Br$_2$O$_2$
  BrMg{C≡C(CH$_2$)$_2$CO$_2$MgBr}, **1**, 177
Mg$_2$C$_5$H$_{10}$Br$_2$
  (BrMgCH$_2$CH$_2$)$_2$CH$_2$, **1**, 167, 182; **7**, 60
Mg$_2$C$_6$Br$_2$F$_4$
  (BrMg)$_2$(C$_6$F$_4$), **1**, 163
Mg$_2$C$_6$Br$_2$F$_{12}$
  {BrMg(CF$_2$)$_3$}$_2$, **1**, 167
Mg$_2$C$_6$Br$_6$
  (BrMg)$_2$(C$_6$Br$_4$), **1**, 165
Mg$_2$C$_6$H$_8$
  Mg$_2$H$_3$(Ph), **1**, 208
Mg$_2$C$_6$H$_{12}$Br$_2$O
  {BrMg(CH$_2$)$_3$}$_2$O, **1**, 177
Mg$_2$C$_6$H$_{12}$Cl$_2$O
  ClMg(CH$_2$)$_6$OMgCl, **1**, 177
Mg$_2$C$_6$H$_{15}$Br
  Mg$_2$Br(Et)$_3$, **1**, 206
Mg$_2$C$_7$Br$_2$F$_{10}$
  (BrMg)$_2$(C$_7$F$_{10}$), **1**, 175
Mg$_2$C$_7$H$_{18}$O
  Mg$_2$Me$_3$(OBu^t), **1**, 213
Mg$_2$C$_8$H$_8$Br$_2$
  (BrMgCH$_2$)$_2$(C$_6$H$_4$), **1**, 197
Mg$_2$C$_8$H$_{20}$S$_2$
  {MgEt$_2$(S)}$_2$, **1**, 203
Mg$_2$C$_{10}$H$_{20}$Br$_2$
  BrMg(CH$_2$)$_5$MgBr, **2**, 744
Mg$_2$C$_{11}$H$_{22}$Br$_2$
  BrMgCH$_2$CH(Me)(CH$_2$)$_8$MgBr, **8**, 740
Mg$_2$C$_{12}$H$_8$Br$_2$O
  (BrMgC$_6$H$_4$)$_2$O, **1**, 182
Mg$_2$C$_{12}$H$_{20}$
  {Mg(CH$_2$CHCH$_2$)$_2$}$_2$, **1**, 202
Mg$_2$C$_{12}$H$_{30}$N$_2$
  {MgEt(NEt$_2$)}$_2$, **1**, 217
Mg$_2$C$_{12}$H$_{32}$N$_4$
  [MgMe{N(Me)CH$_2$CH$_2$NMe$_2$}]$_2$, **1**, 217
Mg$_2$C$_{16}$H$_{16}$Br$_2$O$_2$
  (BrMgC$_6$H$_4$CH$_2$OCH$_2$)$_2$, **1**, 178
Mg$_2$C$_{16}$H$_{38}$Br$_2$O$_2$
  {BrMgEt(OPr$^i_2$)}$_2$, **1**, 179
Mg$_2$C$_{16}$H$_{38}$N$_2$S$_2$
  {MgBu^t(SCH$_2$CH$_2$NMe$_2$)}$_2$, **1**, 215
Mg$_2$C$_{16}$H$_{40}$Br$_2$N$_2$
  {BrMgEt(NEt$_3$)}$_2$, **1**, 179
Mg$_2$C$_{17}$H$_{31}$N
  MgBu{(CH$_2$)$_4$(C$_5$H$_5$N)MgBu}, **1**, 216
Mg$_2$C$_{18}$H$_{22}$Br$_2$N$_2$
  {BrMgC$_6$H$_4$CH$_2$N(Me)CH$_2$}$_2$, **1**, 178

Mg$_2$C$_{18}$H$_{40}$O$_2$S$_2$
  [MgMe(SBu^t){$\overline{\text{O(CH}_2\text{)}_3\text{CH}_2}$}]$_2$, **1**, 215
Mg$_2$C$_{20}$H$_{36}$O$_2$
  {MgMe(Cp)(OEt$_2$)}$_2$, **1**, 203
Mg$_2$C$_{20}$H$_{44}$O$_2$S$_2$
  [MgEt(SBu^t){$\overline{\text{O(CH}_2\text{)}_3\text{CH}_2}$}]$_2$, **1**, 215
Mg$_2$C$_{22}$H$_{52}$O$_2$S$_2$
  {MgBu^t(SPr^i)(OEt$_2$)}$_2$, **1**, 215
Mg$_2$C$_{26}$H$_{32}$O$_4$
  [Mg{(CH$_2$)$_5$}{$\overline{\text{O(CH}_2\text{)}_3\text{CH}_2}$}$_2$]$_2$, **1**, 202
Mg$_2$C$_{26}$H$_{52}$O$_4$
  [Mg{(CH$_2$)$_5$}{$\overline{\text{O(CH}_2\text{)}_3\text{CH}_2}$}$_2$]$_2$, **1**, 202
Mg$_2$KC$_{24}$H$_{21}$
  KMg$_2$H(Ph)$_4$, **1**, 209
Mg$_2$LiC$_8$H$_{21}$
  LiMg$_2$H$_3$(Bu)$_2$, **1**, 209
Mg$_2$LiC$_{16}$H$_{37}$
  LiMg$_2$H(Bu^s)$_4$, **1**, 209
Mg$_2$NaC$_{16}$H$_{37}$
  NaMg$_2$H(Bu^s)$_4$, **1**, 209
Mg$_2$NaC$_{20}$H$_{45}$
  NaMg$_2$Bu$_5$, **1**, 221
Mg$_2$SiC$_4$H$_{10}$Br$_2$
  (BrMg)$_2$CHSiMe$_3$, **1**, 167
Mg$_2$Si$_2$C$_6$H$_{16}$Br$_2$
  (BrMgCH$_2$SiMe$_2$)$_2$, **1**, 177
Mg$_4$C$_8$H$_{24}$F$_2$
  [{(MgMe$_2$)$_2$F}$_2$]$^{2-}$, **1**, 206
Mg$_4$C$_{12}$H$_{24}$N$_4$
  [{Mg(CN)Me$_2$}$_4$]$^{4-}$, **1**, 206
Mg$_4$C$_{20}$H$_{52}$N$_4$S$_4$
  {MgMe(SCH$_2$CH$_2$NMe$_2$)}$_4$, **1**, 215
Mg$_4$C$_{24}$H$_{56}$O$_4$
  {MgEt(SBu^t)}$_4$, **1**, 215
Mg$_4$C$_{28}$H$_{58}$Cl$_6$O$_6$
  [Mg$_2$Cl$_3$(Et){$\overline{\text{O(CH}_2\text{)}_3\text{CH}_2}$}$_3$]$_2$, **1**, 179
Mg$_4$Mo$_2$C$_{30}$H$_{48}$Br$_4$O$_2$
  [MoH(Cp)$_2${Mg$_2$Br$_2$(Me)(Et$_2$O)}]$_2$, **3**, 1201
Mg$_4$W$_2$C$_{30}$H$_{48}$Br$_4$O$_2$
  [WH(Cp)$_2${Mg$_2$Br$_2$(Me)(OEt$_2$)}]$_2$, **3**, 1349
MnAlC$_5$Br$_4$O$_5$
  Mn(AlBr$_4$)(CO)$_5$, **4**, 37
MnAlC$_6$H$_3$Br$_3$O$_5$
  Mn{C(Me)OAlBr$_3$}(CO)$_4$, **4**, 75
MnAlC$_{23}$H$_{15}$O$_5$
  [Mn(AlPh$_3$)(CO)$_5$]$^-$, **6**, 954
MnAsAuC$_{23}$H$_{15}$O$_5$
  MnAu(CO)$_5$(AsPh$_3$), **6**, 833
MnAsC$_5$F$_6$O$_5$
  Mn(AsF$_6$)(CO)$_5$, **4**, 37
MnAsC$_7$F$_6$O$_5$
  Mn{As(CF$_3$)$_2$}(CO)$_5$, **4**, 104
MnAsC$_{13}$H$_{12}$O$_4$
  Mn(C$_6$H$_4$CH$_2$AsMe$_2$)(CO)$_4$, **4**, 80
MnAsC$_{20}$H$_{15}$NO$_2$
  Mn(CO)$_2$(CNAsPh$_2$)Cp, **4**, 149
MnAsC$_{22}$H$_{15}$ClO$_4$
  MnCl(CO)$_4$(AsPh$_3$), **4**, 46
MnAsC$_{22}$H$_{15}$NO$_7$
  Mn(NO$_3$)(CO)$_4$(AsPh$_3$), **4**, 61
MnAsC$_{22}$H$_{20}$N$_2$O$_4$
  Mn(CONH$_2$)(CO)$_3$(AsPh$_3$)(NH$_3$), **4**, 57
MnAsC$_{23}$H$_{15}$O$_5$
  [Mn(CO)$_5$(AsPh$_3$)]$^+$, **4**, 31
MnAsC$_{24}$H$_{20}$NOS
  [Mn(CS)(NO)Cp(AsPh$_3$)]$^+$, **4**, 134

MnAsC$_{30}$H$_{24}$BrO$_4$P

MnAsC$_{30}$H$_{24}$BrO$_4$P
  MnBr(CO)$_4$(Ph$_2$AsCH$_2$CH$_2$PPh$_2$), **4**, 59
MnAsC$_{31}$H$_{20}$O$_3$
  Mn(CO)$_3$(C$_4$Ph$_4$As), **4**, 138
MnAsCoC$_{12}$H$_{11}$O$_5$
  MnCo(AsMe$_2$)(CO)$_5$Cp, **6**, 781, 832
MnAsCoC$_{13}$H$_{11}$O$_6$
  MnCo(AsMe$_2$)(CO)$_6$Cp, **6**, 781
MnAsCo$_2$C$_{11}$H$_3$O$_{10}$
  MnCo$_2$(AsMe)(CO)$_{10}$, **6**, 855
MnAsCrC$_{12}$H$_6$O$_{10}$
  (CO)$_5$Cr(AsMe$_2$)Mn(CO)$_5$, **4**, 104
MnAsFeC$_{10}$H$_6$O$_8$
  FeMn(AsMe$_2$)(CO)$_8$, **4**, 111; **6**, 781, 786, 810, 832
MnAsFeC$_{11}$H$_6$O$_9$
  (CO)$_4$Fe(AsMe$_2$)Mn(CO)$_5$, **4**, 104, 111; **6**, 781, 819
MnAsFeC$_{14}$H$_{24}$O$_6$P$_2$
  FeMn(AsMe$_2$)(CO)$_6$(PMe$_3$)$_2$, **6**, 786
MnAsMoC$_{12}$H$_6$O$_{10}$
  (CO)$_5$Mo(AsMe$_2$)Mn(CO)$_5$, **4**, 104
MnAsMoC$_{17}$H$_{16}$O$_5$
  Cp(CO)$_3$Mo(AsMe$_2$)Mn(CO)$_2$Cp, **3**, 1191
MnAsReC$_{13}$H$_{11}$O$_6$
  MnRe(AsMe$_2$)(CO)$_6$Cp, **6**, 831
MnAsWC$_{17}$H$_{16}$O$_5$
  Cp(CO)$_3$W(AsMe$_2$)Mn(CO)$_2$Cp, **3**, 1340
MnAs$_2$C$_{10}$H$_{18}$ClO$_3$
  MnCl(CO)$_3${Me$_2$As(CH$_2$)$_3$AsMe$_2$}, **4**, 56
MnAs$_2$C$_{18}$H$_{24}$N$_2$O$_2$
  [Mn(CO)$_2$(Me$_2$AsC$_6$H$_4$NH$_2$)$_2$]$^+$, **4**, 36
MnAs$_2$C$_{39}$H$_{30}$ClO$_3$
  MnCl(CO)$_3$(AsPh$_3$)$_2$, **4**, 46
MnAs$_2$C$_{40}$H$_{30}$NO$_3$S
  Mn(SCN)(CO)$_3$(AsPh$_3$)$_2$, **4**, 60
MnAs$_2$C$_{42}$H$_{35}$O
  Mn(CO)Cp(AsPh$_3$)$_2$, **4**, 125
MnAs$_2$ReC$_{12}$F$_{12}$O$_8$
  MnRe{As(CF$_3$)$_2$}$_2$(CO)$_8$, **4**, 104, 201; **6**, 831
MnAuC$_{23}$H$_{15}$O$_5$P
  Mn(CO)$_5$(AuPPh$_3$), **6**, 777, 821, 833
MnAuC$_{26}$H$_{19}$O$_3$P
  Mn(CO)$_3$(η^5-C$_5$H$_4$AuPPh$_3$), **2**, 773
MnAuSbC$_{23}$H$_{15}$O$_5$
  MnAu(CO)$_5$(SbPh$_3$), **6**, 833
MnAu$_2$C$_{44}$H$_{34}$O$_3$P$_2$
  Mn(CO)$_3$(C$_5$H$_4$)(AuPPh$_3$)$_2$, **2**, 780
MnAu$_3$C$_{58}$H$_{45}$O$_4$P$_3$
  Mn(CO)$_4$(AuPPh$_3$)$_3$, **4**, 26, 29; **6**, 848
MnBC$_5$H$_3$O$_5$
  [Mn(BH$_3$)(CO)$_5$]$^-$, **4**, 28; **6**, 882
MnBC$_5$H$_4$O$_5$
  Mn(BH$_4$)(CO)$_5$, **6**, 905
MnBC$_8$H$_6$O$_5$
  Mn(CO)$_3$[η^5-C$_5$H$_4${B(OH)$_2$}], **2**, 712
MnBC$_9$H$_8$O$_3$
  Mn(CO)$_3$(C$_5$H$_5$BMe), **1**, 395, 398
MnBC$_9$H$_{12}$N$_2$O$_5$
  Mn{B(NMe$_2$)$_2$}(CO)$_5$, **6**, 888
MnBC$_9$H$_{12}$N$_2$O$_7$S
  Mn{B(NMe$_2$)$_2$}(CO)$_5$(SO$_2$), **6**, 888
MnBC$_{11}$H$_{10}$O$_4$
  Mn(CO)$_3${C$_5$H$_4$(Ac)BMe}, **1**, 399
MnBC$_{14}$H$_{10}$O$_3$
  Mn(CO)$_3$(C$_5$H$_5$BPh), **1**, 383, 395

MnBC$_{15}$H$_{12}$O$_3$
  Mn(CO)$_3${PhB(CH=CH)$_2$CMe}, **1**, 395; **4**, 139
MnBC$_{17}$H$_{10}$O$_5$
  Mn(BPh$_2$)(CO)$_5$, **6**, 888
MnBC$_{18}$H$_{18}$O
  Mn(CO)Cp(PhB$\overline{\text{CH=CHCH}_2\text{CH}_2\text{CH}}$=CH), **4**, 139
MnBC$_{22}$H$_{15}$Cl$_2$O$_4$P
  Mn(BCl$_2$)(CO)$_4$(PPh$_3$), **6**, 888
MnBC$_{22}$H$_{18}$O$_4$P
  [Mn(BH$_3$)(CO)$_4$(PPh$_3$)]$^-$, **4**, 28; **6**, 882
MnBC$_{23}$H$_{15}$O$_5$
  [Mn(BPh$_3$)(CO)$_5$]$^-$, **6**, 882
MnBC$_{24}$H$_{21}$O$_6$P
  Mn{B(OMe)$_2$}(CO)$_4$(PPh$_3$), **6**, 888
MnBC$_{26}$H$_{27}$N$_2$O$_4$P
  Mn{B(NMe$_2$)$_2$}(CO)$_4$(PPh$_3$), **6**, 888
MnBC$_{28}$H$_{21}$N$_2$O$_4$P
  Mn{B(NH)$_2$C$_6$H$_4$}(CO)$_4$(PPh$_3$), **6**, 888
MnBC$_{30}$H$_{15}$F$_{10}$O$_4$P
  Mn{B(C$_6$F$_5$)$_2$}(CO)$_4$(PPh$_3$), **6**, 888
MnBC$_{34}$H$_{23}$O$_4$P
  Mn(BC$_{12}$H$_8$)(CO)$_4$(PPh$_3$), **6**, 888
MnBC$_{34}$H$_{25}$O$_4$P
  Mn(BPh$_2$)(CO)$_4$(PPh$_3$), **6**, 888
MnB$_2$C$_{11}$H$_{16}$O$_3$S
  [Mn(CO)$_3${Me$\overline{\text{BC(Et)C(Et)B(Me)S}}$}]$^-$, **1**, 408
MnB$_2$FeC$_{16}$H$_{21}$O$_3$S
  {Mn(CO)$_3$}{Me$\overline{\text{BC(Et)C(Et)B(Me)S}}$}-FeCp, **1**, 408; **4**, 140
MnB$_3$C$_3$H$_8$F$_3$OP
  Mn(B$_3$H$_8$)(CO)$_3$(PF$_3$), **6**, 918
MnB$_3$C$_3$H$_8$O$_3$
  Mn(B$_3$H$_8$)(CO)$_3$, **6**, 917
MnB$_3$C$_3$H$_{11}$NO$_3$
  Mn(B$_3$H$_8$)(CO)$_3$(NH$_3$), **6**, 918
MnB$_3$C$_4$H$_7$ClO$_4$
  Mn{H$_2$BBH(Cl)BH$_2$}(CO)$_4$, **6**, 917
MnB$_3$C$_4$H$_8$O$_4$
  Mn(B$_3$H$_8$)(CO)$_4$, **4**, 5; **6**, 917
MnB$_3$C$_6$H$_5$O$_3$
  (CO)$_3$MnC$_3$B$_3$H$_5$, **1**, 461
MnB$_3$C$_6$H$_6$O$_3$
  (CO)$_3$MnC$_3$B$_3$H$_6$, **1**, 470
MnB$_3$C$_7$H$_8$O$_3$
  (CO)$_3$Mn(MeC$_3$B$_3$H$_5$), **1**, 493
MnB$_3$C$_{21}$H$_{23}$O$_3$P
  Mn(B$_3$H$_8$)(CO)$_3$(PPh$_3$), **6**, 917
MnB$_5$C$_3$H$_9$O$_3$
  (CO)$_3$MnB$_5$H$_9$, **6**, 925
MnB$_5$C$_3$H$_{10}$O$_3$
  (CO)$_3$MnB$_5$H$_{10}$, **1**, 488, 498; **6**, 925
MnB$_5$C$_5$H$_8$O$_5$
  (CO)$_5$MnB$_5$H$_8$, **6**, 927
MnB$_6$C$_5$H$_{10}$O$_3$
  [(CO)$_3$MnC$_2$B$_6$H$_8$]$^-$, **1**, 502
MnB$_8$C$_3$H$_{13}$O$_3$
  Mn(B$_8$H$_{13}$)(CO)$_3$, **6**, 932
MnB$_9$C$_3$H$_{13}$O$_3$
  [(CO)$_3$MnB$_9$H$_{13}$]$^-$, **1**, 506; **6**, 935
MnB$_9$C$_4$H$_{10}$O$_3$P
  [(CO)$_3$MnPCB$_9$H$_{10}$]$^-$, **1**, 525
MnB$_9$C$_5$H$_{11}$O$_3$
  [(CO)$_3$MnC$_2$B$_9$H$_{11}$]$^-$, **1**, 516

MnB₉C₁₃H₃₅NO₄
  (CO)₃MnB₉H₁₂{O(CH₂)₄NEt₃}, **1**, 507

MnB₁₀C₉H₁₅O₃P
  [{(CO)₃Mn}(PhP)B₁₀H₁₀]⁻, **1**, 528

MnB₂₀C₄H₂₄
  [Mn(C₂B₁₀H₁₂)₂]⁻, **1**, 529

MnCN₃O₄
  Mn(CO)(NO)₃, **4**, 5, 140

MnC₃H₄ClO₅
  MnCl(CO)₃(H₂O)₂, **4**, 46

MnC₃H₉N₃O₃
  [Mn(CO)₃(NH₃)₃]⁺, **4**, 35

MnC₄Cl₂O₄
  [MnCl₂(CO)₄]⁻, **4**, 59

MnC₄H₃BrO₄P
  MnBr(CO)₄(PH₃), **4**, 46

MnC₄H₆N₂O₄
  [Mn(CO)₄(NH₃)₂]⁺, **4**, 31

MnC₄H₆N₃O₃
  Mn(CN)(CO)₃(NH₃)₂, **4**, 60

MnC₄H₆N₃O₄
  Mn(NCO)(CO)₃(NH₃)₂, **4**, 60

MnC₄NO₅
  Mn(CO)₄(NO), **4**, 68, 140

MnC₄O₄
  [Mn(CO)₄]⁻, **4**, 8

MnC₅BrO₅
  MnBr(CO)₅, **3**, 24

MnC₅ClO₅
  MnCl(CO)₅, **3**, 529; **4**, 3, 44

MnC₅ClO₉
  Mn(ClO₄)(CO)₅, **4**, 37

MnC₅HO₅
  MnH(CO)₅, **3**, 7; **4**, 3, 63, 67; **8**, 114, 314

MnC₅HO₅S
  Mn(SH)(CO)₅, **4**, 104

MnC₅HO₉S
  Mn(HSO₄)(CO)₅, **4**, 61

MnC₅H₂O₄
  [Mn(CH₂)(CO)₅]⁺, **8**, 529

MnC₅H₃IO₆S
  [MnI(SO₂Me)(CO)₄]⁻, **4**, 88

MnC₅H₃NO₅
  [Mn(CO)₅(NH₃)]⁺, **4**, 31

MnC₅H₅N₂O₅
  Mn(CONH₂)(CO)₄(NH₃), **4**, 35

MnC₅NO₈
  Mn(NO₃)(CO)₅, **4**, 61

MnC₅N₆O
  [Mn(CN)₅(NO)]³⁻, **4**, 149

MnC₅O₅
  Mn(CO)₅, **3**, 529
  [Mn(CO)₅]⁻, **4**, 12; **6**, 477

MnC₆F₃O₈S
  Mn(O₃SCF₃)(CO)₅, **4**, 37

MnC₆H₂FO₅
  Mn(CH₂F)(CO)₅, **8**, 516

MnC₆H₃BrNO₄
  MnBr(CO)₄(CNMe), **4**, 108, 148

MnC₆H₃ClNO₄
  MnCl(CO)₄(CNMe), **4**, 56

MnC₆H₃NO₄
  [Mn(CO)₄(CNMe)]⁻, **4**, 108

MnC₆H₃O₄S₃
  Mn(S₂CSMe)(CO)₄, **4**, 28

MnC₆H₃O₅
  MnMe(CO)₅, **3**, 7; **4**, 3; **8**, 106, 160

MnC₆H₃O₇S
  Mn(SO₂Me)(CO)₅, **4**, 68

MnC₆H₄NO₄S₂
  Mn(S₂CNHMe)(CO)₄, **4**, 102

MnC₆H₅INO₂
  MnI(CO)(NO)Cp, **4**, 134

MnC₆H₆NO₃
  Mn(CO)₂(NO)(CH₂=CHCH=CH₂), **4**, 140

MnC₆H₇BrO₄PS
  MnBr(CO)₄(S=PHMe₂), **4**, 55

MnC₆N₂O₄
  [Mn(CN)₂(CO)₄]⁻, **4**, 59

MnC₆N₂O₄S₂
  [Mn(NCS)₂(CO)₄]⁻, **4**, 59

MnC₆N₃O₃
  [Mn(CN)₃(CO)₃]²⁻, **4**, 59

MnC₆N₄O₂
  [Mn(CN)₄(CO)₂]³⁻, **4**, 59

MnC₆O₆
  [Mn(CO)₆]⁺, **4**, 8, 36

MnC₇F₃O₆
  Mn(COCF₃)(CO)₅, **4**, 84; **8**, 111

MnC₇F₃O₇
  Mn(O₂CCF₃)(CO)₅, **4**, 61

MnC₇F₅O₅
  Mn(C₂F₅)(CO)₅, **4**, 94

MnC₇F₆O₅P
  Mn{P(CF₃)₂}(CO)₅, **4**, 103, 104

MnC₇HClF₃O₅
  Mn{CF₂CH(Cl)F}(CO)₅, **4**, 94

MnC₇HF₄O₅
  Mn(CF₂CHF₂)(CO)₅, **4**, 68

MnC₇H₃NO₅
  [Mn(CO)₅(CNMe)]⁺, **4**, 108
  [Mn(CO)₅(MeCN)]⁺, **4**, 36

MnC₇H₃O₆
  Mn(COMe)(CO)₅, **4**, 3; **8**, 111

MnC₇H₃O₇
  Mn(CH₂CO₂H)(CO)₅, **4**, 90
  Mn(CO₂Me)(CO)₅, **4**, 101

MnC₇H₄NO₃
  Mn(CO)₃(C₄H₄N), **4**, 8, 137

MnC₇H₄NO₆
  Mn(CH₂CONH₂)(CO)₅, **4**, 90

MnC₇H₄O₅
  [Mn(CO)₅(CH₂=CH₂)]⁺, **4**, 31

MnC₇H₅NO₂S
  [Mn(CO)(CS)(NO)Cp]⁺, **4**, 134

MnC₇H₅NO₃
  [Mn(CO)₂(NO)Cp]⁺, **4**, 3, 132

MnC₇H₅N₂O₂
  Mn(CO)₂Cp(N₂), **4**, 129; **7**, 60; **8**, 1098, 1099

MnC₇H₅O₄
  Mn(CO)₄(CH₂CHCH₂), **4**, 115, 116

MnC₇H₅O₄S
  Mn(CO)₂(SO₂)Cp, **4**, 126

MnC₇H₅O₅
  MnEt(CO)₅, **4**, 42

MnC₇H₆BrN₂O₃
  MnBr(CO)₃(CNMe)₂, **4**, 108

MnC₇H₆N₂O₃
  [Mn(CO)₃(CNMe)₂]⁻, **4**, 108

MnC₇H₉N₂O₂
  Mn(CO)₂Cp(N₂H₄), **4**, 129; **8**, 1098

MnC₇H₉N₂O₅

MnC$_7$H$_9$N$_2$O$_5$

Mn(CONHMe)(CO)$_4$(MeNH$_2$), **4**, 35, 102

MnC$_8$Cl$_5$O$_3$
Mn(CO)$_3$(η^5-C$_5$Cl$_5$), **4**, 5

MnC$_8$F$_5$O$_5$
Mn(CF=CFCF$_3$)(CO)$_5$, **4**, 98

MnC$_8$F$_6$O$_4$S
Mn{$\overline{\text{C(CF}_3\text{)=C(CF}_3\text{)S}}$}(CO)$_4$, **4**, 95

MnC$_8$HF$_6$O$_5$
Mn{CH(CF$_3$)$_2$}(CO)$_5$, **4**, 95

MnC$_8$H$_3$O$_5$
Mn(CH$_2$C≡CH)(CO)$_5$, **4**, 91

MnC$_8$H$_3$O$_7$
Mn(COCOMe)(CO)$_5$, **4**, 92; **8**, 108

MnC$_8$H$_4$
[Mn(C≡CH)$_4$]$^{2-}$, **4**, 71

MnC$_8$H$_4$NO$_5$
Mn(CO)$_3$(η^5-C$_5$H$_4$NO$_2$), **8**, 1063

MnC$_8$H$_5$N$_2$O$_4$
Mn(CH$_2$CN)(CO)$_4$(CNMe), **4**, 148

MnC$_8$H$_5$OS$_2$
Mn(CO)(CS)$_2$Cp, **4**, 126

MnC$_8$H$_5$O$_2$S
Mn(CO)$_2$(CS)Cp, **4**, 5, 125, 126

MnC$_8$H$_5$O$_2$S$_2$
Mn(CO)$_2$(CS$_2$)Cp, **4**, 126

MnC$_8$H$_5$O$_2$Se
Mn(CO)$_2$(CSe)Cp, **4**, 126

MnC$_8$H$_5$O$_3$
Mn(CO)$_3$Cp, **1**, 34; **3**, 40; **4**, 8, 123, 130; **8**, 1016, 1026, 1041

MnC$_8$H$_5$O$_5$
Mn(CH$_2$CH=CH$_2$)(CO)$_5$, **3**, 126; **4**, 42, 116

MnC$_8$H$_5$O$_7$
Mn(CO$_2$Et)(CO)$_5$, **4**, 38, 101

MnC$_8$H$_5$S$_3$
Mn(CS)$_3$Cp, **4**, 126

MnC$_8$H$_6$BrO$_5$
Mn(CH$_2$CH$_2$CH$_2$Br)(CO)$_5$, **4**, 17

MnC$_8$H$_6$NO$_3$
Mn(CO)$_3$(η^5-C$_5$H$_4$NH$_2$), **8**, 1051, 1063

MnC$_8$H$_6$N$_2$O$_4$
[Mn(CO)$_4$(CNMe)$_2$]$^+$, **4**, 108

MnC$_8$H$_6$O$_6$
[Mn(COMe)$_2$(CO)$_4$]$^-$, **4**, 84

MnC$_8$H$_7$O$_4$
Mn(CO)$_4$(MeCHCHCH$_2$), **4**, 116

MnC$_8$H$_7$O$_5$
MnPr(CO)$_5$, **4**, 100

MnC$_8$H$_7$O$_6$
Mn(CH$_2$OEt)(CO)$_5$, **4**, 75

MnC$_8$H$_8$NO$_4$
Mn(CO$_2$Me)(CO)(NO)Cp, **4**, 135

MnC$_8$H$_9$BrN$_3$O$_2$
MnBr(CO)$_2$(CNMe)$_3$, **4**, 108

MnC$_8$H$_9$N$_2$O$_3$
Mn(CONHMe)(NO)(CO)Cp, **4**, 135

MnC$_8$H$_9$N$_3$O$_2$
[Mn(CO)$_2$(CNMe)$_3$]$^-$, **4**, 108

MnC$_9$F$_5$O$_5$
Mn($\overline{\text{C=CFCF}_2\text{CF}_2}$)(CO)$_5$, **4**, 72

MnC$_9$F$_7$O$_5$
Mn{C(CF$_3$)=CF(CF$_3$)}(CO)$_5$, **4**, 78

MnC$_9$H$_3$O$_9$
Mn{C(CO$_2$H)=CHCO$_2$H}(CO)$_5$, **4**, 76

MnC$_9$H$_4$F$_3$O$_6$
Mn(CO)$_4$(CF$_3$COCHCOMe), **4**, 112

MnC$_9$H$_4$NO$_3$
Mn(CO)$_3$(η^5-C$_5$H$_4$CN), **4**, 120

MnC$_9$H$_5$ClO$_3$
[Mn(CO)$_3$(η^6-C$_6$H$_5$Cl)]$^+$, **4**, 120; **8**, 1028, 1029
Mn(CO)$_3$(C$_6$H$_5$Cl), **8**, 1030, 1034

MnC$_9$H$_5$N$_3$O$_3$
[Mn(CO)$_3$(η^6-C$_6$H$_5$N$_3$)]$^+$, **4**, 120

MnC$_9$H$_5$O$_4$S
Mn(CO)$_4$(CH$_2$$\overline{\text{CCHCH=CHS}}$), **4**, 91

MnC$_9$H$_5$O$_5$
Mn(CO)$_3$(η^5-C$_5$H$_4$CO$_2$H), **8**, 1051

MnC$_9$H$_6$ClO$_6$
Mn{CO(CH$_2$)$_3$Cl}(CO)$_5$, **4**, 40

MnC$_9$H$_6$O$_3$
[Mn(CO)$_3$(C$_6$H$_6$)]$^+$, **4**, 39, 118; **8**, 1032, 1034
Mn(CO)$_3$(C$_6$H$_6$), **8**, 1034

MnC$_9$H$_6$O$_6$
[Mn{$\overline{\text{C(CH}_2\text{)}_3\text{O}}$}(CO)$_5$]$^+$, **4**, 40

MnC$_9$H$_7$O$_3$
Mn(CO)$_3$(η^5-C$_5$H$_4$Me), **4**, 6, 118, 124
Mn(CO)$_3$(C$_6$H$_7$), **4**, 118
MnH(CO)$_3$(C$_6$H$_6$), **4**, 122

MnC$_9$H$_7$O$_5$
Mn(CH$_2$CH=CHMe)(CO)$_5$, **4**, 68

MnC$_9$H$_7$O$_6$
Mn(CO)$_4${CH$_2$C(CO$_2$Me)CH$_2$}, **4**, 91

MnC$_9$H$_7$O$_7$
Mn(CH$_2$CH$_2$CO$_2$Me)(CO)$_5$, **4**, 92

MnC$_9$H$_7$O$_7$S
Mn{SO$_2$CH(Me)CH=CH$_2$}(CO)$_5$, **4**, 87

MnC$_9$H$_8$O$_2$
[Mn(CMe)(CO)$_2$Cp]$^+$, **4**, 130

MnC$_9$H$_9$N$_3$O$_3$
[Mn(CO)$_3$(CNMe)$_3$]$^+$, **4**, 108
[Mn(CO)$_3$(MeCN)$_3$]$^+$, **4**, 34

MnC$_9$H$_9$O$_2$
Mn(CO)$_2$Cp(CH$_2$=CH$_2$), **3**, 105

MnC$_9$H$_{11}$N$_2$O$_2$
Mn(CO)$_2$Cp(MeN=NMe), **4**, 129; **7**, 60; **8**, 1099

MnC$_9$H$_{12}$BrN$_4$O
MnBr(CO)(CNMe)$_4$, **4**, 108

MnC$_9$H$_{12}$O
Mn(CO)(CH$_2$=CHCH=CH$_2$)$_2$, **4**, 21

MnC$_9$H$_{18}$BrO$_3$P$_2$
[MnBr(CO)$_3$(PMe$_3$)$_2$]$^+$, **4**, 57

MnC$_{10}$Cl$_5$O$_5$
Mn(C$_5$Cl$_5$)(CO)$_5$, **4**, 5

MnC$_{10}$H$_5$NO$_5$
[Mn(CO)$_5$(py)]$^+$, **4**, 39

MnC$_{10}$H$_7$ClO$_3$
[Mn(CO)$_3$(MeC$_6$H$_4$Cl)]$^+$, **8**, 1029, 1033
Mn(CO)$_3$(MeC$_6$H$_4$Cl), **8**, 1033, 1034

MnC$_{10}$H$_7$NO$_5$S
[Mn{$\overline{\text{CN(Me)CHC(Me)S}}$}(CO)$_5$]$^+$, **4**, 41

MnC$_{10}$H$_7$O$_3$
Mn(CO)$_3$(η^5-C$_5$H$_4$CH=CH$_2$), **8**, 564
[Mn(CO)$_3$(η^6-C$_6$H$_5$Me)]$^+$, **1**, 399
Mn(CO)$_3$(C$_7$H$_7$), **3**, 134; **4**, 91

MnC$_{10}$H$_7$O$_4$
Mn(CO)$_3$(η^5-C$_5$H$_4$Ac), **4**, 125

MnC$_{10}$H$_7$O$_7$
Mn{$\overline{\text{C(Me)CH}_2\text{CH}_2\text{COO}}$}(CO)$_5$, **4**, 77

MnC$_{10}$H$_8$O$_3$
Mn(CO)$_3$(C$_6$H$_5$Me), **8**, 1034
[Mn(CO)$_3$(C$_7$H$_8$)]$^+$, **4**, 121; **8**, 1035

$MnC_{10}H_8O_4$
　$[Mn(CO)_3(\eta^6-C_6H_5OMe)]^+$, **4**, 119
　$Mn(CO)_3(\eta^6-C_6H_5OMe)$, **8**, 1034
$MnC_{10}H_9O_3$
　$Mn(CO)_3(C_7H_9)$, **4**, 120
$MnC_{10}H_9O_4$
　$Mn(CO)_2(CO_2Me)(C_6H_6)$, **8**, 1032
$MnC_{10}H_9O_5$
　$Mn(CO)_4(MeCHCHCHCOMe)$, **4**, 116
$MnC_{10}H_9O_7$
　$Mn\{CH(Me)CO_2Et\}(CO)_5$, **4**, 89
$MnC_{10}H_{10}$
　$MnCp_2$, **3**, 29; **4**, 3, 113; **8**, 1015
$MnC_{10}H_{11}O_2$
　$Mn(CMe_2)(CO)_2Cp$, **4**, 130
$MnC_{10}H_{11}O_3$
　$Mn\{CMe(OMe)\}(CO)_2Cp$, **4**, 130
$MnC_{10}H_{12}N_4O_2$
　$[Mn(CO)_2(CNMe)_4]^+$, **4**, 108
$MnC_{11}F_5O_5$
　$Mn(C_6F_5)(CO)_5$, **4**, 78, 95
$MnC_{11}F_5O_5S$
　$Mn(SC_6F_5)(CO)_5$, **4**, 104
$MnC_{11}H_4FO_5$
　$Mn(C_6H_4F)(CO)_5$, **4**, 86
$MnC_{11}H_5O_5$
　$MnPh(CO)_5$, **4**, 87
$MnC_{11}H_5O_5S$
　$Mn(SPh)(CO)_5$, **4**, 104
$MnC_{11}H_5O_7S$
　$MnPh(CO)_5(SO_2)$, **4**, 87
$MnC_{11}H_7NO_5$
　$[Mn\{\overline{CN(Me)CHCHCHCH}\}(CO)_5]^+$, **4**, 41
$MnC_{11}H_9O_4$
　$Mn(CO)_2Cp(HC\equiv CCO_2Me)$, **4**, 131
$MnC_{11}H_9O_5$
　$Mn(CO)_3\{\eta^5-C_5H_3Me(CO_2Me)\}$, **4**, 132
$MnC_{11}H_9O_7$
　$Mn(CH_2O_2CBu^t)(CO)_5$, **8**, 35
$MnC_{11}H_{10}O_3$
　$Mn(CO)_3(C_6H_4Me_2)$, **8**, 1034
$MnC_{11}H_{10}O_4$
　$[Mn(CO)_3(MeC_6H_4OMe)]^+$, **8**, 1033
　$Mn(CO)_3(MeC_6H_4OMe)$, **8**, 1033
$MnC_{11}H_{11}$
　$MnCp(\eta^6-C_6H_6)$, **3**, 29; **8**, 1016
$MnC_{11}H_{11}O_3$
　$Mn(CO)_3(C_8H_{11})$, **4**, 117, 120
$MnC_{11}H_{11}O_7$
　$Mn(CH_2O_2CBu^t)(CO)_5$, **4**, 75
$MnC_{11}H_{15}N_5O$
　$[Mn(CO)(CNMe)_5]^+$, **4**, 31, 108, 141
$MnC_{11}H_{17}N_2OS_2$
　$Mn(S_2CNEt_2)(NO)(\eta^5-C_5H_4Me)$, **4**, 134
$MnC_{11}H_{27}BrO_2P_3$
　$MnBr(CO)_2(PMe_3)_3$, **4**, 53
$MnC_{11}N_4O_5$
　$Mn\{N=C=C(CN)C(CN)_2\}(CO)_5$, **4**, 22
$MnC_{12}F_4NO_5$
　$Mn\{C_6F_4(CN)\}(CO)_5$, **4**, 72
$MnC_{12}H_5O_6$
　$Mn(COPh)(CO)_5$, **4**, 71
$MnC_{12}H_6NO_5$
　$Mn\{CH_2(C_5H_4N)\}(CO)_5$, **4**, 89
$MnC_{12}H_7O_3$
　$Mn(CO)_3(C_9H_7)$, **4**, 124

$MnC_{12}H_7O_4S_2$
　$Mn(S_2CTol)(CO)_4$, **4**, 88
$MnC_{12}H_7O_5$
　$MnBz(CO)_5$, **4**, 75; **8**, 114
　$Mn(C_6H_4COMe)(CO)_4$, **4**, 80
　$Mn(Tol)(CO)_5$, **4**, 88
$MnC_{12}H_9O_4S$
　$Mn(C_6H_4CH_2SMe)(CO)_4$, **4**, 80
$MnC_{12}H_{12}$
　$[Mn(C\equiv CMe)_4]^{2-}$, **4**, 71
$MnC_{12}H_{12}O_3$
　$[Mn(CO)_3(\eta^6-C_6H_3Me_3)]^+$, **4**, 39, 118
$MnC_{12}H_{13}NO_3$
　$[Mn(CO)_3(MeC_6H_4NMe_2)]^+$, **8**, 1033
　$Mn(CO)_3(MeC_6H_4NMe_2)$, **8**, 1033
$MnC_{12}H_{13}O_6$
　$Mn(COCH_2CHEt_2)(CO)_5$, **4**, 92
$MnC_{12}H_{14}$
　$Mn(\eta-C_5H_4Me)_2$, **8**, 1015
$MnC_{12}H_{18}N_6$
　$[Mn(CNMe)_6]^+$, **4**, 108
$MnC_{13}H_5F_4O_5$
　$Mn(CF_2CF_2Ph)(CO)_5$, **4**, 94
$MnC_{13}H_5O_7$
　$Mn(COCOPh)(CO)_5$, **4**, 93
$MnC_{13}H_7O_6$
　$Mn(COC_7H_7)(CO)_5$, **4**, 91
$MnC_{13}H_8ClN_2O_7$
　$Mn(ClO_4)(CO)_3(bipy)$, **4**, 37
$MnC_{13}H_8O_3$
　$[Mn(CO)_3(C_{10}H_8)]^+$, **4**, 118
$MnC_{13}H_8O_6$
　$[Mn(COMe)(COPh)(CO)_4]^-$, **4**, 85
$MnC_{13}H_9O_5$
　$Mn\{CH(Me)Ph\}(CO)_5$, **8**, 109
$MnC_{13}H_{11}N_2O_2$
　$Mn(CO)_2Cp(PhN=NH)$, **8**, 1099
$MnC_{13}H_{12}NO_4$
　$Mn(C_6H_4CH_2NMe_2)(CO)_4$, **4**, 79
$MnC_{13}H_{12}O_2P$
　$Mn(CO)_2Cp(PHPh_2)$, **4**, 127
$MnC_{13}H_{13}NOS_2$
　$Mn(S_2C_6H_3Me)(NO)(\eta^5-C_5H_4Me)$, **4**, 134
$MnC_{13}H_{13}N_2O_2$
　$Mn(CO)_2(PhNHNH_2)Cp$, **8**, 1099
$MnC_{13}H_{15}NO_3$
　$[Mn(CO)_3(\eta^6-C_6H_5NEt_2)]^+$, **4**, 120
$MnC_{13}H_{15}O_3$
　$Mn(CO)_3(\eta^5-C_5Me_5)$, **2**, 1014
$MnC_{13}H_{36}BrO_{13}P_4$
　$MnBr(CO)\{P(OMe)_3\}_4$, **4**, 54
$MnC_{14}H_7O_5$
　$Mn(CH_2C\equiv CPh)(CO)_5$, **4**, 90
$MnC_{14}H_7O_7S$
　$Mn\{\overline{C=C(Ph)SO_2CH_2}\}(CO)_5$, **4**, 90
$MnC_{14}H_8N_2O_4$
　$[Mn(CO)_4(bipy)]^+$, **4**, 31
$MnC_{14}H_9O_6$
　$Mn\{COCH(Me)Ph\}(CO)_5$, **8**, 109
$MnC_{15}H_7ClNO_8S$
　$Mn\{\overline{C=C(Ph)CON(SO_2Cl)CH_2}\}(CO)_5$, **4**, 90
$MnC_{15}H_9O_6$
　$Mn\{CH_2C\equiv CCH(Ph)OH\}(CO)_5$, **4**, 91
$MnC_{15}H_{10}N_2O_2P$
　$Mn(CO)_2Cp\{PPh(CN)_2\}$, **4**, 128
$MnC_{15}H_{10}O_4$

MnC$_{15}$H$_{10}$O$_4$
  [Mn(CO)$_3$(η^6-C$_6$H$_5$OPh)]$^+$, **4**, 120
MnC$_{15}$H$_{11}$O$_2$
  Mn(C=CHPh)(CO)$_2$Cp, **4**, 131
MnC$_{15}$H$_{13}$O$_3$
  Mn{CPh(OMe)}(CO)$_2$Cp, **4**, 129
MnC$_{15}$H$_{17}$O$_2$P
  [MnH(CO)$_2$Cp(PMe$_2$Ph)]$^+$, **3**, 121
MnC$_{15}$H$_{18}$O$_3$
  [Mn(CO)$_3$(η^6-C$_6$Me$_6$)]$^+$, **4**, 118; **8**, 1034
MnC$_{15}$H$_{19}$O$_2$
  Mn(CO)$_2$Cp(C$_8$H$_{14}$), **4**, 126
MnC$_{15}$H$_{21}$O$_2$
  MnMe(CO)$_2$(η^6-C$_6$Me$_6$), **4**, 119; **8**, 1034
MnC$_{16}$H$_9$N$_2$O$_4$
  Mn(C$_6$H$_4$N=NPh)(CO)$_4$, **4**, 78
MnC$_{16}$H$_9$O$_3$
  Mn(CO)$_3$(C$_{13}$H$_9$), **4**, 124
  Mn(CO)$_3$(η^5-indenyl), **8**, 1045
MnC$_{16}$H$_{10}$N$_3$O$_4$
  Mn(PhN$_3$Ph)(CO)$_4$, **4**, 112
MnC$_{16}$H$_{10}$O$_3$
  [Mn(CO)$_3$(η^6-fluorene)]$^+$, **8**, 1045
MnC$_{16}$H$_{21}$O$_3$
  Mn(CO)$_2$(COMe)(C$_6$Me$_6$), **8**, 1034
MnC$_{16}$H$_{38}$N$_2$
  MnBu$^t_2$(TMEDA), **4**, 69
MnC$_{17}$H$_{10}$NO$_4$
  Mn(C$_6$H$_4$CH=NPh)(CO)$_4$, **4**, 80
MnC$_{17}$H$_{10}$O$_5$P
  Mn(PPh$_2$)(CO)$_5$, **4**, 104
MnC$_{17}$H$_{12}$O$_3$
  [Mn(CO)$_3$(η^6-9-Me-fluorene)]$^+$, **8**, 1045
MnC$_{17}$H$_{15}$
  MnCp(C$_6$H$_5$C$_6$H$_5$), **8**, 405
MnC$_{17}$H$_{35}$O$_2$P$_2$
  Mn(CO)$_2$(CH$_2$CHCH$_2$)(PEt$_3$)$_2$, **8**, 349
MnC$_{18}$H$_{13}$O$_3$S
  Mn(CO)$_3${PhCHC(Ph)CH(SH)}, **4**, 117
MnC$_{18}$H$_{18}$N$_6$
  [Mn(CNCH=CH$_2$)$_6$]$^{2+}$, **4**, 146
MnC$_{18}$H$_{25}$
  Mn(η^6-C$_6$Me$_6$)(C$_6$H$_7$), **4**, 114
MnC$_{19}$H$_{14}$NO$_4$S
  Mn{C$_6$H$_3$(NMe$_2$)(CSPh)}(CO)$_4$, **4**, 80
MnC$_{19}$H$_{15}$N$_3$O$_4$P
  Mn(CO)(NO)$_3$(PPh$_3$), **4**, 140
MnC$_{19}$H$_{16}$O$_4$P
  Mn{(CH$_2$)$_3$PPh$_2$}(CO)$_4$, **4**, 78
MnC$_{19}$H$_{26}$N$_3$O$_3$P$_2$
  Mn(NCO)(CO)$_2$(N$_2$H$_4$)(PPhMe$_2$)$_2$, **4**, 61
MnC$_{20}$H$_7$N$_4$O$_5$
  Mn{C=C(Ph)C(CN)$_2$C(CN)$_2$CH$_2$}(CO)$_5$, **4**, 90
MnC$_{20}$H$_{14}$O$_6$
  [Mn(COCH$_2$Ph)$_2$(CO)$_4$]$^-$, **4**, 26, 29
MnC$_{20}$H$_{15}$NO$_2$P
  Mn(CO)$_2$(CNPPh$_2$)Cp, **4**, 149
MnC$_{20}$H$_{15}$O$_2$
  Mn(CPh$_2$)(CO)$_2$Cp, **4**, 130; **8**, 57
MnC$_{20}$H$_{30}$
  Mn(η^5-C$_5$Me$_5$)$_2$, **3**, 29; **4**, 114; **8**, 1015
MnC$_{21}$H$_{15}$O$_3$
  Mn{CPh(COPh)}(CO)$_2$Cp, **4**, 130
MnC$_{21}$H$_{17}$O$_4$
  Mn(CO)$_3${PhCHC(Me)CHCOCH$_2$Ph}, **4**, 123
MnC$_{21}$H$_{23}$O$_3$
  Mn(CO)$_2$(COPh)(C$_6$Me$_6$), **8**, 1034
MnC$_{21}$H$_{31}$O$_3$
  Mn(CO)$_3$(C$_6$HEt$_6$), **4**, 120
MnC$_{21}$H$_{33}$O$_3$P
  Mn(CO)$_3$(C$_6$H$_6$PBu$_3$), **4**, 120
MnC$_{22}$H$_{14}$O$_4$P
  Mn(C$_6$H$_4$PPh$_2$)(CO)$_4$, **4**, 80
MnC$_{22}$H$_{15}$ClO$_4$P
  MnCl(CO)$_4$(PPh$_3$), **4**, 56
MnC$_{22}$H$_{15}$NO$_7$P
  Mn(NO$_3$)(CO)$_4$(PPh$_3$), **4**, 61
MnC$_{22}$H$_{15}$O$_4$P
  [Mn(CO)$_4$(PPh$_3$)]$^-$, **4**, 23, 24
MnC$_{22}$H$_{16}$O$_4$P
  MnH(CO)$_4$(PPh$_3$), **4**, 41, 64
MnC$_{22}$H$_{17}$O$_5$P
  [Mn(CO)$_4$(PPh$_3$)(H$_2$O)]$^+$, **4**, 41
MnC$_{22}$H$_{18}$N$_2$O$_3$P
  Mn(CN)(CO)$_3$(PPh$_3$)(NH$_3$), **4**, 57
MnC$_{22}$H$_{20}$N$_2$O$_4$P
  Mn(CONH$_2$)(CO)$_3$(PPh$_3$)(NH$_3$), **4**, 57
MnC$_{23}$H$_{14}$O$_5$P
  Mn(COC$_6$H$_4$PPh$_2$)(CO)$_4$, **4**, 80
MnC$_{23}$H$_{15}$O$_5$P
  [Mn(CO)$_5$(PPh$_3$)]$^+$, **4**, 31, 36
MnC$_{23}$H$_{18}$O$_4$P
  MnMe(CO)$_4$(PPh$_3$), **4**, 41
MnC$_{23}$H$_{33}$O$_4$PS$_2$
  [Mn(CO)$_4$(CS$_2$)(PCy$_3$)]$^-$, **4**, 28
MnC$_{24}$H$_{15}$BrO$_4$P
  MnBr(C$_2$PPh$_3$)(CO)$_4$, **4**, 57
MnC$_{24}$H$_{18}$NO$_4$P
  [Mn(CO)$_4$(PPh$_3$)(MeCN)]$^+$, **4**, 38
MnC$_{24}$H$_{18}$O$_4$P
  Mn(CH$_2$CH$_2$C$_6$H$_4$PPh$_2$)(CO)$_4$, **4**, 78
MnC$_{24}$H$_{20}$NOPS
  [Mn(CS)(NO)Cp(PPh$_3$)]$^+$, **4**, 134
MnC$_{24}$H$_{20}$NO$_2$P
  [Mn(CO)(NO)Cp(PPh$_3$)]$^+$, **3**, 117; **4**, 135; **8**, 1032
MnC$_{24}$H$_{21}$NO$_3$PS
  Mn(CSNMe$_2$)(CO)$_3$(PPh$_3$), **4**, 102
MnC$_{25}$H$_{18}$F$_4$O$_4$P
  Mn(CF$_2$CF$_2$Me)(CO)$_4$(PPh$_3$), **4**, 94
MnC$_{25}$H$_{20}$O$_4$P
  Mn{C(COMe)(Me)C$_6$H$_4$PPh$_2$}(CO)$_3$, **4**, 78
  Mn{CH(CH$_2$COMe)C$_6$H$_4$PPh$_2$}(CO)$_3$, **4**, 78
MnC$_{25}$H$_{23}$NO$_2$P
  Mn(CO)(NO)(C$_5$H$_5$Me)(PPh$_3$), **4**, 136
MnC$_{25}$H$_{23}$NO$_3$P
  Mn(CO$_2$Me)(NO)Cp(PPh$_3$), **4**, 135
MnC$_{25}$H$_{24}$NO$_3$PS
  Mn{C(SMe)NMe$_2$}(CO)$_3$(PPh$_3$), **4**, 102
MnC$_{26}$H$_{17}$O$_3$
  Mn{OC(Ph)CHC(Ph)CHCPh}(CO)$_3$, **4**, 76
MnC$_{26}$H$_{20}$N$_3$
  Mn(CNPh)$_3$Cp, **4**, 149
MnC$_{27}$H$_{22}$BrO$_3$P$_2$
  MnBr(CO)$_3$(PHPh$_2$)$_2$, **4**, 58
MnC$_{28}$H$_{20}$O$_4$P
  MnPh(CO)$_4$(PPh$_3$), **4**, 41
MnC$_{28}$H$_{22}$P
  MnCp(C$_5$H$_2$Ph$_3$P), **4**, 139
MnC$_{28}$H$_{44}$
  Mn(C$_7$H$_{11}$)$_4$, **4**, 70
MnC$_{29}$H$_{33}$O$_4$P$_2$
  Mn(CO)(η^5-C$_5$H$_3$Me$_2$)(PPh$_3$){P(OMe)$_3$}, **4**, 132
MnC$_{30}$H$_{24}$BrO$_4$P$_2$

MnBr(CO)$_4$(diphos), **4**, 59
MnC$_{30}$H$_{43}$P
 MnPh$_2$(PCy$_3$), **4**, 70
MnC$_{31}$H$_{20}$O$_3$P
 Mn(CO)$_3$(C$_4$Ph$_4$P), **4**, 138
MnC$_{31}$H$_{27}$O$_4$P$_2$
 Mn(COMe)(CO)$_3$(diphos), **4**, 41
MnC$_{32}$H$_{20}$
 [Mn(C≡CPh)$_4$]$^{2-}$, **4**, 71
MnC$_{32}$H$_{29}$OP$_2$
 Mn(CO)Cp(diphos), **4**, 132
MnC$_{32}$H$_{30}$O$_4$P$_2$
 [Mn{CMe(OMe)}(CO)$_3$(diphos)]$^+$, **4**, 41
MnC$_{33}$H$_{28}$BrO$_7$P$_2$
 MnBr(CO)$_3${Ph$_2$PCH(CO$_2$Me)CH(CO$_2$Me)-PPh$_2$}, **4**, 58
MnC$_{34}$H$_{44}$O$_{10}$P$_4$
 [Mn(CO)$_2${PPh(OMe)$_2$}$_4$]$^+$, **4**, 39
MnC$_{35}$H$_{25}$BrN$_5$
 MnBr(CNPh)$_5$, **4**, 141
MnC$_{35}$H$_{25}$ClN$_5$
 MnCl(CNPh)$_5$, **4**, 108
MnC$_{36}$H$_{25}$N$_5$O
 [Mn(CO)(CNPh)$_5$]$^+$, **4**, 141
MnC$_{39}$H$_{30}$BrO$_9$P$_2$
 MnBr(CO)$_3${P(OPh)$_3$}$_2$, **4**, 53
MnC$_{39}$H$_{30}$ClO$_3$P$_2$
 MnCl(CO)$_3$(PPh$_3$)$_2$, **4**, 46
MnC$_{39}$H$_{30}$N$_3$O$_3$P$_2$
 Mn(N$_3$)(CO)$_3$(PPh$_3$)$_2$, **4**, 61
MnC$_{39}$H$_{30}$O$_3$P$_2$
 [Mn(CO)$_3$(PPh$_3$)$_2$]$^-$, **4**, 23
MnC$_{39}$H$_{31}$O$_3$P$_2$
 MnH(CO)$_3$(PPh$_3$)$_2$, **4**, 64
MnC$_{40}$H$_{30}$O$_4$P$_2$
 [Mn(CO)$_4$(PPh$_3$)$_2$]$^+$, **4**, 31
MnC$_{40}$H$_{33}$O$_4$P$_2$
 Mn(O$_2$CMe)(CO)$_2$(PPh$_3$)$_2$, **4**, 62
MnC$_{41}$H$_{34}$NO$_4$P$_2$
 Mn(CONHMe)(CO)$_3$(PPh$_3$)$_2$, **4**, 101
MnC$_{42}$H$_{30}$IN$_6$
 MnI(CNPh)$_6$, **4**, 142
MnC$_{42}$H$_{30}$N$_6$
 [Mn(CNPh)$_6$]$^+$, **4**, 3, 108, 141, 142
MnC$_{42}$H$_{35}$OP$_2$
 Mn(CO)Cp(PPh$_3$)$_2$, **4**, 125; **8**, 1026
MnC$_{44}$H$_{29}$O$_8$P$_2$
 Mn$_2$(COC$_6$H$_4$PPh$_2$)(CO)$_7$(PPh$_3$), **4**, 86
MnC$_{54}$H$_{47}$O$_2$P$_4$
 Mn{COC$_6$H$_4$P(Ph)CH$_2$CH$_2$PPh$_2$}(CO)(diphos), **4**, 22, 86
MnC$_{54}$H$_{48}$O$_2$P$_4$
 [Mn(CO)$_2$(diphos)$_2$]$^+$, **4**, 10
MnCdC$_5$BrO$_5$
 Mn(CdBr)(CO)$_5$, **6**, 1005
MnCdC$_5$ClO$_5$
 Mn(CdCl)(CO)$_5$, **6**, 1033
MnCoC$_8$F$_3$O$_7$S
 MnCo(SCF$_3$)(CO)$_7$, **4**, 104
MnCoC$_9$O$_9$
 (CO)$_4$CoMn(CO)$_5$, **5**, 13; **6**, 792, 832
MnCoC$_{11}$H$_{12}$O$_7$P$_2$
 MnCo(PMe$_2$)$_2$(CO)$_7$, **6**, 832
MnCoC$_{16}$H$_{19}$O$_2$PS$_2$
 Co{CS$_2$Mn(CO)$_2$Cp}Cp(PMe$_3$), **5**, 182
MnCoC$_{17}$H$_{21}$O$_3$P
 MnCo(CO)$_3$(PMe$_3$)Cp(η^5-C$_5$H$_4$Me), **6**, 832
MnCoC$_{23}$H$_{15}$N$_2$O$_7$P
 MnCo(CO)$_5$(NO)$_2$(PPh$_3$), **6**, 832
MnCoC$_{26}$H$_{15}$O$_8$P
 MnCo(CO)$_8$(PPh$_3$), **6**, 792, 832
MnCoHgC$_9$O$_9$
 Hg{Co(CO)$_4$}{Mn(CO)$_5$}, **6**, 996, 1016
MnCo$_2$C$_{10}$O$_{10}$S
 MnCo$_2$(S)(CO)$_{10}$, **6**, 855
MnCo$_2$C$_{26}$H$_{22}$O$_4$P
 Co$_2$[PBz{Mn(CO)$_2$Cp}](CO)$_2$Cp$_2$, **4**, 128
MnCo$_2$C$_{31}$H$_{37}$O$_4$
 MnCo$_2$(η^5-C$_5$Me$_5$)$_2$(C$_6$H$_4$Me), **6**, 855
MnCrC$_{10}$O$_{10}$
 [CrMn(CO)$_{10}$]$^-$, **4**, 28; **6**, 771, 796, 825
MnCrC$_{12}$H$_5$N$_2$O$_7$
 (CO)$_5$Cr(N$_2$)Mn(CO)$_2$Cp, **4**, 129
MnCrC$_{12}$H$_6$P
 (CO)$_5$Cr(PMe$_2$)Mn(CO)$_5$, **3**, 846
MnCrC$_{12}$H$_9$N$_2$O$_7$
 (CO)$_5$Cr(N$_2$H$_4$)Mn(CO)$_2$Cp, **4**, 129
MnCrC$_{13}$H$_5$O$_8$
 CrMn(CO)$_8$Cp, **6**, 792, 826
MnCrC$_{16}$H$_5$O$_9$
 CrMn(CPh)(CO)$_9$, **6**, 826
MnCrC$_{17}$H$_{11}$NO$_6$
 Cr(CO)$_3$[η^6-C$_6$H$_5$CH$_2$$\overline{\text{C=CHCH=CHN-}}$H{Mn(CO)$_3$}], **3**, 1015
MnCrC$_{42}$H$_{33}$BrO$_8$P$_3$
 MnBr(CO)$_3$[Ph$_2$P(CH$_2$)$_2$P(Ph)(CH$_2$)$_2$PPh$_2$-{Cr(CO)$_5$}], **4**, 54
MnCr$_2$C$_{36}$H$_{30}$N$_4$O$_6$
 Mn{Cr(CO)$_3$Cp}$_2$(py)$_4$, **3**, 965
MnCuC$_8$H$_4$O$_3$
 Mn(CO)$_3$(η^5-C$_5$H$_4$Cu), **2**, 712
MnFeC$_9$O$_9$
 [MnFe(CO)$_9$]$^-$, **4**, 29; **6**, 787, 832
MnFeC$_{12}$H$_5$O$_7$
 MnFe(CO)$_7$Cp, **6**, 803, 816, 832
MnFeC$_{12}$H$_6$O$_7$
 [MnFeH(CO)$_7$Cp]$^+$, **6**, 814
MnFeC$_{12}$H$_{12}$BrO$_8$P$_2$
 MnBr(CO)$_4$(PMe$_2$PMe$_2$)Fe(CO)$_4$, **4**, 54
MnFeC$_{13}$H$_7$O$_6$
 MnFe(CO)$_6$(C$_7$H$_7$), **4**, 122; **6**, 832
MnFeC$_{14}$H$_9$NO$_9$
 Fe(CO)$_4${Me$_2$C=$\overline{\text{CN(Me)Mn(CO)}_5\text{CO}}$}, **4**, 379
MnFeC$_{16}$H$_{11}$O$_5$
 FeCp[η^5-C$_5$H$_3$Ac{Mn(CO)$_5$}], **8**, 1044
MnFeC$_{17}$H$_{10}$O$_7$
 MnFe(CO)$_7$Cp$_2$, **6**, 792
MnFeC$_{19}$H$_{11}$O$_6$
 MnFe{C(CO)CHPh}(CO)$_5$Cp, **6**, 832
MnFeC$_{20}$H$_{10}$O$_8$P
 MnFe(PPh$_2$)(CO)$_8$, **4**, 112; **6**, 787, 832
MnFeC$_{23}$H$_{15}$N$_2$O$_7$P
 MnFe(CO)$_5$(NO)$_2$(PPh$_3$), **6**, 832
MnFeReC$_{14}$O$_{14}$
 MnReFe(CO)$_{14}$, **6**, 847
MnFe$_2$C$_{12}$O$_{12}$
 [MnFe$_2$(CO)$_{12}$]$^-$, **6**, 772, 855
MnFe$_2$C$_{19}$H$_{10}$O$_8$P
 MnFe$_2$(PPh)(CO)$_8$Cp, **4**, 128; **6**, 819, 855
MnFe$_2$C$_{20}$H$_{10}$O$_9$P
 MnFe$_2$(PPh)(CO)$_9$Cp, **4**, 128; **6**, 847
MnFe$_2$C$_{29}$H$_{15}$O$_{11}$P
 [MnFe$_2$(CO)$_{11}$(PPh$_3$)]$^-$, **6**, 855
MnGaC$_5$Br$_2$O$_5$
 Mn(GaBr$_2$)(CO)$_5$, **6**, 960

MnGaC₉H₈Cl₂O₆

MnGaC₉H₈Cl₂O₆
  Mn(GaCl₂)(CO)₅{$\overline{\text{O(CH}_2)_3\text{CH}_2}$}, **6**, 960
MnGaC₂₃H₁₅O₅
  [Mn(CO)₅(GaPh₃)]⁻, **6**, 960
MnGeC₅Cl₃O₅
  Mn(GeCl₃)(CO)₅, **6**, 1048, 1052, 1068
MnGeC₅H₃O₅
  Mn(GeH₃)(CO)₅, **4**, 5; **6**, 1045, 1057
MnGeC₅H₅Cl₃F₆P₂
  [Mn(GeCl₃)Cp(PF₃)₂]⁻, **4**, 125
MnGeC₈H₉O₅
  Mn(GeMe₃)(CO)₅, **4**, 76
MnGeC₁₀H₉F₄O₅
  Mn(CF₂CF₂GeMe₃)(CO)₅, **4**, 76; **6**, 1067
MnGeC₂₂H₁₈NO₄
  Mn(GePh₃)(CO)₄(CNMe), **4**, 148
MnGeC₂₃H₁₅O₅
  Mn(GePh₃)(CO)₅, **6**, 1056
MnGeC₄₀H₃₀O₄P
  Mn(GePh₃)(CO)₄(PPh₃), **6**, 1068
MnGe₂C₁₀H₁₈O₄
  [Mn(GeMe₃)₂(CO)₄]⁻, **4**, 26
MnGe₂C₄₀H₃₀O₄
  [Mn(GePh₃)₂(CO)₄]⁻, **4**, 26, 29
MnHgC₅BrO₅
  Mn(HgBr)(CO)₅, **4**, 24
MnHgC₆H₃INO₄
  Mn(HgI)(CO)₄(CNMe), **4**, 148
MnHgC₆H₃O₅
  Mn(HgMe)(CO)₅, **6**, 996, 1023
MnHgC₈H₄ClO₃
  Mn(CO)₃(η^5-C₅H₄HgCl), **2**, 878
MnHgReC₁₀O₁₀
  Hg{Mn(CO)₅}{Re(CO)₅}, **6**, 1015
MnHgReC₁₃H₄O₈
  Re(CO)₃{η^5-C₅H₄HgMn(CO)₅}, **4**, 207
MnHg₂C₈H₃Cl₂O₃
  Mn(CO)₃{η^5-C₅H₃(HgCl)₂}, **2**, 878
MnInC₅Cl₂O₅
  Mn(InCl₂)(CO)₅, **6**, 964
MnInC₅Cl₃O₅
  [Mn(InCl₃)(CO)₅]⁺, **6**, 965
MnInC₂₃H₁₅O₅
  [Mn(CO)₅(InPh₃)]⁻, **1**, 719; **6**, 962
MnIrC₂₂H₁₅O₅P
  MnIr(PPh₂)(CO)₅Cp, **4**, 93; **5**, 606; **6**, 833
MnIrC₂₉H₂₃O₅P
  (CO)₃Mn(PPh₂)(COMe)(COPh)IrCp, **4**, 93; **5**, 606
MnLi₂C₄H₁₂
  Li₂MnMe₄, **4**, 70
MnMgC₅BrO₅
  Mn(MgBr)(CO)₅, **4**, 24
MnMoC₁₀O₁₀
  [MoMn(CO)₁₀]⁻, **6**, 796, 827
MnMoC₁₂H₆P
  (CO)₅Mo(PMe₂)Mn(CO)₅, **3**, 846
MnMoC₁₃H₅O₈
  MoMn(CO)₈Cp, **3**, 1187; **6**, 779, 801, 827
MnMoC₁₄H₇O₇
  MoMn(CO)₇(C₇H₇), **3**, 1237; **6**, 827
MnMoC₁₅H₉O₅
  MoMn(CO)₅(C₅H₄)Cp, **4**, 80, 86; **6**, 827; **8**, 1044
MnMoC₁₅H₁₀O₅
  MoMn(CO)₅Cp₂, **3**, 1198

MnMoC₁₆H₅O₉
  MoMn(CPh)(CO)₉, **6**, 827
MnMoC₁₆H₁₃O₅
  Mo{MnMe(CO)₄}(CO)Cp₂, **3**, 1198
MnMoSbC₁₅H₁₀Br₂O₅
  Cp(CO)₃Mo(SbBr₂)Mn(CO)₂Cp, **3**, 1191
MnNbC₁₈H₁₆O₃
  NbMnH(CO)₃Cp₃, **3**, 714
MnNb₂C₂₄H₃₂Cl₂S₄
  MnCl₂{Nb(SMe)₂Cp₂}₂, **3**, 768
MnNb₂C₃₆H₃₂S₄
  Mn{Nb(C₄H₃S)₂Cp₂}₂, **3**, 736
MnNiC₁₁H₅O₆
  MnNi(CO)₆Cp, **6**, 202, 203, 792, 833
MnNiC₂₁H₃₁O₃P₂
  MnNi{C(Ph)OMe}(CO)₂Cp(PMe₃)₂, **6**, 833
MnNiC₃₁H₂₄O₃P
  Ni{η^5-C₅H₄Mn(CO)₃}(PPh₃)Cp, **6**, 91
MnNi₂C₁₄H₁₀O₄
  [MnNi₂(CO)₄Cp₂]⁻, **6**, 771
MnNi₂C₁₅H₁₀O₅
  [MnNi₂(CO)₅Cp₂]⁻, **6**, 211, 855
MnOs₂C₁₂HO₁₂
  MnOs₂H(CO)₁₂, **6**, 855
MnOs₂C₁₂O₁₂
  [MnOs₂(CO)₁₂]⁻, **6**, 855
MnOs₃C₁₃H₃O₁₃
  MnOs₃H₃(CO)₁₃, **6**, 855
MnOs₃C₁₆HO₁₆
  MnOs₃H(CO)₁₆, **6**, 855
MnPbC₅Cl₃O₅
  Mn(PbCl₃)(CO)₅, **6**, 1067
MnPbC₈H₉O₅
  Mn(PbMe₃)(CO)₅, **2**, 668
MnPbC₁₁H₁₅O₅
  Mn(PbEt₃)(CO)₅, **2**, 668
MnPbC₂₂H₁₈NO₄
  Mn(PbPh₃)(CO)₄(CNMe), **4**, 148
MnPb₂C₄₀H₃₀O₄
  [Mn(PbPh₃)₂(CO)₄]⁻, **2**, 668; **4**, 26
MnPdC₂₁H₃₁O₃P₂
  MnPd{C(Ph)OMe}(CO)₂Cp(PMe₃)₂, **6**, 833
MnPtC₁₄H₂₃O₅P₂
  MnPt{$\overline{\text{C}=\text{CH(CH}_2)_2\text{O}}$}(CO)₄(PMe₃)₂, **6**, 484, 833
MnPtC₁₅H₁₈N₂O₅
  MnPt(CO)₅(CNBuᵗ)₂, **6**, 833
MnPtC₁₇H₂₇IO₅P
  MnPtI{$\overline{\text{CO(CH}_2)_2\text{CH}_2}$}(CO)₄(PBuᵗ₂Me), **6**, 833
MnPtC₂₁H₂₈O₂P₂
  MnPt(CPh)(CO)₂Cp(PMe₃)₂, **6**, 787
MnPtC₂₁H₃₀O₂P₂
  MnPt(CTol)(CO)₂(PMe₃)₂Cp, **6**, 483, 833
MnPtC₂₁H₃₁O₃P₂
  MnPt{C(Ph)OMe}(CO)₂Cp(PMe₃)₂, **6**, 833
MnPtC₂₂H₃₃O₃P₂
  MnPt{C(OMe)Tol}(CO)₂Cp(PMe₃)₂, **6**, 784
MnReC₁₀HO₁₀
  MnRe(CHO)(CO)₉, **6**, 787
  [MnRe(CHO)(CO)₉]⁻, **6**, 831
MnReC₁₀O₉S₃
  MnRe(CS₃)(CO)₉, **4**, 191
MnReC₁₀O₁₀
  MnRe(CO)₁₀, **4**, 8, 162; **6**, 778, 816, 831
MnReC₁₁H₃O₁₀
  [MnRe(COMe)(CO)₉]⁻, **6**, 774

MnReC$_{12}$H$_6$O$_{10}$
    MnRe{C(Me)OMe}(CO)$_9$, **4**, 225; **6**, 802, 831

MnReC$_{13}$H$_4$O$_8$
    Mn(CO)$_3${η^5-C$_5$H$_4$)Re(CO)$_5$}, **8**, 1043
    Re(CO)$_3${η^5-C$_5$H$_4$Mn(CO)$_5$}, **4**, 207

MnReC$_{14}$H$_9$NO$_5$
    MnRe(CO)$_5$Cp(C$_4$H$_4$N), **4**, 138

MnReC$_{14}$H$_{10}$O$_4$
    ReH(Cp){η^5-C$_5$H$_4$Mn(CO)$_4$}, **4**, 80, 222

MnReC$_{16}$H$_5$O$_9$
    MnRe(CPh)(CO)$_9$, **6**, 765

MnReC$_{16}$H$_8$O$_9$
    MnRe{C(Ph)OMe}(CO)$_8$, **6**, 787

MnReC$_{17}$H$_8$O$_{10}$
    MnRe{C(Ph)OMe}(CO)$_9$, **4**, 224

MnReC$_{19}$H$_{10}$O$_7$
    MnRe{C(Ph)=C=O}(CO)$_6$Cp, **4**, 227; **6**, 784, 831

MnReC$_{20}$H$_8$N$_2$O$_8$
    Mn{Re(CO)$_5$}(CO)$_3$(phen), **4**, 16

MnReC$_{22}$H$_{16}$O$_4$
    MnRe(C≡CHPh)(CO)$_4$Cp$_2$, **4**, 224; **6**, 831

MnReC$_{27}$H$_{13}$O$_9$P
    Re[COC$_6$H$_3${Mn(CO)$_4$}(PPh$_2$)](CO)$_4$, **4**, 220

MnReC$_{27}$H$_{15}$O$_9$P
    MnRe(CO)$_9$(PPh$_3$), **6**, 792, 808, 831

MnReC$_{44}$H$_{30}$O$_8$P$_2$
    MnRe(CO)$_8$(PPh$_3$)$_2$, **6**, 831

MnRe$_2$C$_{14}$HO$_{14}$
    MnRe$_2$H(CO)$_{14}$, **6**, 802, 831

MnRhC$_{22}$H$_{15}$O$_5$P
    MnRh(PPh$_2$)(CO)$_5$Cp, **4**, 93; **6**, 833

MnRhC$_{29}$H$_{23}$O$_5$P
    Mn(PPh$_2$)(CO)$_3${OC(Me)Rh(Cp)C(Ph)O}, **4**, 93

MnRuC$_{15}$H$_7$O$_7$
    MnRu(CO)$_7$(C$_8$H$_7$), **4**, 924; **6**, 832

MnRuSiC$_{12}$H$_9$O$_9$
    MnRu(SiMe$_3$)(CO)$_9$, **4**, 912; **6**, 832

MnSbC$_{13}$H$_{10}$I$_2$O$_2$
    Mn(CO)$_2$Cp(SbI$_2$Ph), **4**, 127

MnSbC$_{22}$H$_{15}$BrO$_4$
    MnBr(CO)$_4$(SbPh$_3$), **4**, 46

MnSbC$_{23}$H$_{15}$O$_5$
    [Mn(CO)$_5$(SbPh$_3$)]$^+$, **4**, 31

MnSbC$_{24}$H$_{20}$NOS
    [Mn(CS)(NO)Cp(SbPh$_3$)]$^+$, **4**, 134

MnSb$_2$C$_{39}$H$_{30}$ClO$_3$
    MnCl(CO)$_3$(SbPh$_3$)$_2$, **4**, 46

MnSb$_2$C$_{40}$H$_{30}$NO$_3$S
    Mn(SCN)(CO)$_3$(SbPh$_3$)$_2$, **4**, 60

MnSiC$_5$Br$_3$O$_5$
    Mn(SiBr$_3$)(CO)$_5$, **6**, 1068

MnSiC$_5$Cl$_3$O$_5$
    Mn(SiCl$_3$)(CO)$_5$, **6**, 1066

MnSiC$_5$F$_3$O$_5$
    Mn(SiF$_3$)(CO)$_5$, **6**, 1051

MnSiC$_5$H$_3$O$_5$
    Mn(SiH$_3$)(CO)$_5$, **6**, 1056, 1068

MnSiC$_7$H$_6$Cl$_3$O$_2$
    MnH(SiCl$_3$)(CO)$_2$Cp, **4**, 131; **6**, 1070

MnSiC$_8$H$_9$O$_5$
    Mn(SiMe$_3$)(CO)$_5$, **4**, 63, 76; **6**, 1047

MnSiC$_8$H$_{10}$Cl$_2$O$_4$P
    Mn(CO)$_4$(SiCl$_2$CH$_2$CH$_2$PMe$_2$), **2**, 295

MnSiC$_9$H$_{11}$O$_5$
    Mn(CH$_2$SiMe$_3$)(CO)$_5$, **4**, 78

MnSiC$_{10}$H$_9$F$_4$O$_5$
    Mn(CF$_2$CF$_2$SiMe$_3$)(CO)$_5$, **4**, 76; **6**, 1067

MnSiC$_{11}$H$_{13}$O$_3$
    Mn(CO)$_3${C$_5$H$_4$(SiMe$_3$)}, **2**, 52

MnSiC$_{15}$H$_{15}$O$_6$
    Mn{CH(Ph)OSiMe$_3$}(CO)$_5$, **4**, 93

MnSiC$_{19}$H$_{20}$O$_2$P
    Mn(CO)$_2$Cp[PH(Ph){CH=CHSiMe$_2$(C≡CH)}], **2**, 43

MnSiC$_{22}$H$_{16}$O$_4$
    [MnH(SiPh$_3$)(CO)$_4$]$^-$, **4**, 28, 64, 68; **6**, 1066, 1071

MnSiC$_{22}$H$_{21}$O$_2$
    $\overline{\text{Cp(CO)}_2\text{Mn(CH}_2\text{)}_3\text{SiPh}_2}$, **2**, 295

MnSiC$_{25}$H$_{24}$O$_4$P
    Mn(SiMe$_3$)(CO)$_4$(PPh$_3$), **6**, 1068

MnSiSnC$_7$H$_5$Cl$_6$O$_2$
    Mn(SiCl$_3$)(SnCl$_3$)(CO)$_2$Cp, **6**, 1071

MnSiSnC$_8$H$_7$Cl$_6$O$_2$
    Mn(SiCl$_3$)(SnCl$_3$)(CO)$_2$(η^5-C$_5$H$_4$Me), **4**, 131

MnSi$_2$C$_8$H$_{22}$
    Mn(CH$_2$SiMe$_3$)$_2$, **1**, 196; **4**, 69

MnSi$_2$C$_{14}$H$_{38}$N$_2$
    Mn(CH$_2$SiMe$_3$)$_2$(TMEDA), **4**, 69

MnSi$_4$C$_{12}$H$_{36}$N$_2$
    Mn{N(SiMe$_3$)$_2$}$_2$, **2**, 129

MnSi$_4$C$_{14}$H$_{27}$O$_5$
    Mn{Si(SiMe$_3$)$_3$}(CO)$_5$, **6**, 1066

MnSi$_4$C$_{16}$H$_{44}$
    Mn(CH$_2$SiMe$_3$)$_4$, **4**, 70

MnSnC$_5$Cl$_3$O$_5$
    Mn(SnCl$_3$)(CO)$_5$, **6**, 1068

MnSnC$_5$H$_5$Cl$_3$F$_6$P$_2$
    [Mn(SnCl$_3$)Cp(PF$_3$)$_2$]$^-$, **4**, 125

MnSnC$_8$H$_9$O$_5$
    Mn(SnMe$_3$)(CO)$_5$, **4**, 76; **6**, 1045, 1052, 1067

MnSnC$_{10}$H$_9$F$_4$O$_5$
    Mn(CF$_2$CF$_2$SnMe$_3$)(CO)$_5$, **4**, 76; **6**, 1067

MnSnC$_{22}$H$_{18}$NO$_4$
    Mn(SnPh$_3$)(CO)$_4$(CNMe), **4**, 148

MnSnC$_{23}$H$_{15}$O$_5$
    Mn(SnPh$_3$)(CO)$_5$, **4**, 24, 28; **6**, 1106

MnSnC$_{25}$H$_{20}$Cl$_3$O$_2$P
    [Mn(SnCl$_3$)(CO)$_2$Cp(PPh$_3$)]$^+$, **4**, 132

MnSnC$_{41}$H$_{48}$O$_4$PS$_2$
    Mn(CS$_2$SnPh$_3$)(CO)$_4$(PCy$_3$), **4**, 28

MnSnC$_{42}$H$_{39}$O$_3$P$_2$
    Mn(SnMe$_3$)(CO)$_3$(PPh$_3$)$_2$, **6**, 1068

MnSnC$_{42}$H$_{39}$O$_9$P$_2$
    Mn(SnMe$_3$)(CO)$_3${P(OPh)$_3$}$_2$, **3**, 119

MnSn$_2$C$_{10}$H$_{18}$O$_4$
    [Mn(SnMe$_3$)$_2$(CO)$_4$]$^-$, **4**, 26

MnSn$_2$C$_{40}$H$_{30}$O$_4$
    [Mn(SnPh$_3$)$_2$(CO)$_4$]$^-$, **4**, 26, 29; **6**, 1071

MnTcC$_{10}$O$_{10}$
    MnTc(CO)$_{10}$, **6**, 831

MnTi$_2$C$_{28}$H$_{36}$Cl$_4$O$_2$
    {Cp$_2$(Cl)Ti}$_2${MnCl$_2$}{$\overline{\text{O(CH}_2\text{)}_3\text{CH}_2}$}$_2$, **3**, 305

MnTlC$_5$O$_5$
    TlMn(CO)$_5$, **6**, 974

MnTlC$_7$H$_6$O$_5$
    Mn(TlMe$_2$)(CO)$_5$, **6**, 974

MnTlC$_{11}$H$_{14}$O$_5$
    Mn(TlPr$_2$)(CO)$_5$, **6**, 974

MnTlC$_{17}$H$_{10}$O$_5$
    Mn(TlPh$_2$)(CO)$_5$, **6**, 974

MnWC$_{10}$O$_{10}$
    [MnW(CO)$_{10}$]$^-$, **6**, 796, 829

MnWC$_{12}$H$_6$O$_{10}$P
  (CO)$_5$W(PMe$_2$)Mn(CO)$_5$, **3**, 846
MnWC$_{13}$H$_5$BrO$_7$
  WBr{CMn(CO)$_3$Cp}(CO)$_4$, **3**, 1301, 1305
MnWC$_{13}$H$_5$O$_8$
  WMn(CO)$_8$Cp, **3**, 1337; **6**, 779, 802, 829
MnWC$_{15}$H$_9$O$_5$
  WMn(CO)$_5$(C$_5$H$_4$)Cp, **4**, 80; **6**, 829
MnWC$_{16}$H$_5$O$_9$
  WMn(CPh)(CO)$_9$, **6**, 829
MnWC$_{16}$H$_{10}$O$_9$
  W[C(OEt){Mn(CO)$_3$Cp}](CO)$_5$, **3**, 1301
MnW$_2$C$_{36}$H$_{30}$N$_4$O$_6$
  Mn{W(CO)$_3$Cp}$_2$(py)$_4$, **3**, 1336
MnZnC$_{10}$H$_5$O$_5$
  Mn(ZnCp)(CO)$_5$, **2**, 845; **6**, 1036
Mn$_2$AsC$_{10}$H$_6$IO$_8$
  Mn$_2$I(AsMe$_2$)(CO)$_8$, **4**, 110
Mn$_2$AsC$_{13}$H$_{11}$O$_6$
  Mn$_2$(AsMe$_2$)(CO)$_6$Cp, **4**, 129
Mn$_2$AsC$_{14}$H$_{11}$O$_7$
  Mn$_2$(AsMe$_2$)(CO)$_7$Cp, **4**, 129
Mn$_2$AsC$_{20}$H$_{15}$O$_4$
  PhAs{Mn(CO)$_2$Cp}$_2$, **4**, 127
Mn$_2$As$_2$C$_{12}$F$_{12}$O$_8$
  Mn$_2${As(CF$_3$)$_2$}$_2$(CO)$_8$, **4**, 109
Mn$_2$As$_2$C$_{12}$H$_{12}$O$_8$
  Mn$_2$(AsMe$_2$)$_2$(CO)$_8$, **4**, 109
Mn$_2$As$_2$C$_{16}$H$_{12}$F$_4$O$_8$
  Mn$_2$(CO)$_8${Me$_2$As$\overline{\text{C}}$=C(AsMe$_2$)CF$_2\overline{\text{CF}_2}$}, **4**, 19
Mn$_2$As$_2$C$_{18}$H$_{22}$O$_4$
  {Cp(CO)$_2$Mn}$_2$(Me$_2$AsAsMe$_2$), **2**, 703
Mn$_2$As$_2$C$_{32}$H$_{20}$O$_8$
  Mn$_2$(AsPh$_2$)$_2$(CO)$_8$, **4**, 104
Mn$_2$As$_2$C$_{44}$H$_{30}$O$_8$
  Mn$_2$(CO)$_8$(AsPh$_3$)$_2$, **4**, 11
Mn$_2$As$_2$C$_{64}$H$_{40}$O$_{16}$
  Mn$_2$(CO)$_8$(C$_4$PH$_4$As)$_2$, **4**, 104
Mn$_2$As$_2$CrC$_{18}$H$_{12}$O$_{14}$
  Cr(CO)$_4$[AsMe$_2${Mn(CO)$_5$}]$_2$, **3**, 871; **4**, 104
Mn$_2$As$_2$MoC$_{18}$H$_{12}$O$_{14}$
  Mo(CO)$_4$[AsMe$_2${Mn(CO)$_5$}]$_2$, **3**, 871; **4**, 104
Mn$_2$As$_2$WC$_{18}$H$_{12}$O$_{14}$
  W(CO)$_4$[AsMe$_2${Mn(CO)$_5$}]$_2$, **3**, 871
Mn$_2$As$_4$C$_{12}$H$_{12}$O$_8$
  Mn$_2$(AsMe)$_4$(CO)$_8$, **4**, 104
Mn$_2$AuC$_{10}$O$_{10}$
  [Mn$_2$Au(CO)$_{10}$]$^-$, **6**, 848
Mn$_2$BC$_{12}$H$_6$NO$_{10}$
  {Mn(CO)$_5$}$_2$(BNMe$_2$), **6**, 894
Mn$_2$BC$_{18}$H$_{13}$O$_6$
  {(CO)$_3$Mn}$_2$(Ph$\overline{\text{BCH}}$=CHCH=$\overline{\text{C}}$Et), **1**, 328, 388; **4**, 139
Mn$_2$BC$_{44}$H$_{30}$ClO$_8$P$_2$
  {Mn(CO)$_4$(PPh$_3$)}$_2$(BCl), **6**, 894
Mn$_2$BC$_{48}$H$_{40}$NO$_8$P$_2$
  {Mn(CO)$_4$(PPh$_3$)}$_2$(BNEt$_2$), **6**, 894
Mn$_2$B$_2$C$_{14}$H$_{16}$O$_6$S
  {(CO)$_3$Mn}$_2${Me$\overline{\text{BC}}$(Et)C(Et)B(Me)$\overline{\text{S}}$}, **1**, 408; **4**, 140
Mn$_2$B$_4$FeC$_{22}$H$_{32}$O$_6$S$_2$
  Fe[{Me$\overline{\text{BC}}$(Et)C(Et)B(Me)$\overline{\text{S}}$}Mn(CO)$_3$]$_2$, **1**, 386; **4**, 140
Mn$_2$B$_9$C$_{10}$H$_{11}$O$_9$P
  [(CO)$_9$Mn$_2$P(CB$_9$H$_{11}$)]$^-$, **1**, 549
Mn$_2$C$_6$Cl$_3$O$_6$
  [Mn$_2$Cl$_3$(CO)$_6$]$^-$, **4**, 59

Mn$_2$C$_6$N$_9$O$_6$
  [Mn$_2$(N$_3$)$_3$(CO)$_6$]$^-$, **4**, 60
Mn$_2$C$_7$F$_9$O$_7$P$_3$
  Mn$_2$(CO)$_7$(PF$_3$)$_3$, **4**, 11
Mn$_2$C$_8$Cl$_2$N$_2$O$_6$Se$_2$
  [Mn$_2$Cl$_2$(SCN)$_2$(CO)$_6$]$^{2-}$, **4**, 60
Mn$_2$C$_8$Cl$_2$O$_8$
  {MnCl(CO)$_4$}$_2$, **4**, 44
Mn$_2$C$_8$F$_6$O$_8$P$_2$
  Mn$_2$(CO)$_8$(PF$_3$)$_2$, **4**, 11, 18
Mn$_2$C$_8$O$_8$S$_2$
  Mn$_2$(S)$_2$(CO)$_8$, **4**, 104
Mn$_2$C$_9$H$_2$O$_9$
  Mn$_2$H$_2$(CO)$_9$, **4**, 64, 68
Mn$_2$C$_9$H$_3$NO$_9$
  Mn$_2$(CO)$_9$(NH$_3$), **4**, 11
Mn$_2$C$_9$H$_3$O$_9$P
  Mn$_2$(CO)$_9$(PH$_3$), **4**, 11
Mn$_2$C$_{10}$ClF$_6$O$_8$P
  Mn$_2$Cl{P(CF$_3$)$_2$}(CO)$_8$, **4**, 68, 103
Mn$_2$C$_{10}$F$_6$IO$_8$P
  Mn$_2$I{P(CF$_3$)$_2$}(CO)$_8$, **4**, 110
Mn$_2$C$_{10}$HF$_6$O$_8$P
  Mn$_2$H{P(CF$_3$)$_2$}(CO)$_8$, **4**, 64
Mn$_2$C$_{10}$H$_2$F$_6$O$_8$P$_2$
  Mn$_2$(PH$_2$){P(CF$_3$)$_2$}(CO)$_8$, **4**, 104
Mn$_2$C$_{10}$H$_6$Cl$_2$N$_2$O$_6$
  {MnCl(CO)$_3$(CNMe)}$_2$, **4**, 28
Mn$_2$C$_{10}$H$_6$O$_6$S$_6$
  {Mn(S$_2$CSMe)(CO)$_3$}$_2$, **4**, 113
Mn$_2$C$_{10}$H$_6$O$_8$S$_2$
  Mn$_2$(SMe)$_2$(CO)$_8$, **4**, 103
Mn$_2$C$_{10}$H$_{10}$IN$_3$O$_3$
  Mn$_2$I(NO)$_3$Cp$_2$, **4**, 133, 136
Mn$_2$C$_{10}$H$_{10}$N$_4$O$_5$
  Mn$_2$(NO)$_3$(NO$_2$)Cp$_2$, **4**, 136
Mn$_2$C$_{10}$NO$_9$
  [Mn$_2$(CN)(CO)$_9$]$^-$, **2**, 128; **4**, 147
Mn$_2$C$_{10}$N$_4$O$_6$S$_4$
  [Mn$_2$(SCN)$_4$(CO)$_6$]$^{2-}$, **4**, 60
Mn$_2$C$_{10}$O$_{10}$
  Mn$_2$(CO)$_{10}$, **3**, 18; **4**, 6; **8**, 343
Mn$_2$C$_{11}$H$_2$N$_2$O$_{10}$
  Mn$_2$(NN=CH$_2$)(CO)$_{10}$, **4**, 103
Mn$_2$C$_{11}$H$_3$NO$_9$
  Mn$_2$(CO)$_9$(CNMe), **4**, 16, 108
Mn$_2$C$_{11}$H$_{13}$N$_3$O$_3$
  Mn$_2$Me(NO)$_3$Cp$_2$, **4**, 136
Mn$_2$C$_{12}$H$_5$NO$_9$
  Mn$_2$(CO)$_9$(CNEt), **4**, 147
Mn$_2$C$_{12}$H$_6$O$_8$
  Mn$_2$(CO)$_8$(CH$_2$=CHCH=CH$_2$), **4**, 19
Mn$_2$C$_{12}$H$_6$O$_{10}$
  Mn$_2${CMe(OMe)}(CO)$_9$, **4**, 8
Mn$_2$C$_{12}$H$_{10}$N$_2$O$_2$S$_2$
  {Mn(CS)(NO)Cp}$_2$, **4**, 137
Mn$_2$C$_{12}$H$_{10}$N$_2$O$_4$
  Mn$_2$(CO)$_2$(NO)$_2$Cp$_2$, **4**, 137
Mn$_2$C$_{12}$H$_{10}$O$_8$S$_2$
  Mn$_2$(SEt)$_2$(CO)$_8$, **4**, 104
Mn$_2$C$_{12}$H$_{12}$O$_8$P$_2$
  {Mn(PMe$_2$)(CO)$_4$}$_2$, **4**, 8
Mn$_2$C$_{12}$H$_{12}$O$_8$P$_2$S$_2$
  {Mn(SPMe$_2$)(CO)$_4$}$_2$, **4**, 58
Mn$_2$C$_{13}$F$_6$O$_{10}$

$Mn_2C_{13}F_{12}N_2O_7$
    $Mn_2\{N=C(CF_3)_2\}_2(CO)_7$, **4**, 104

$Mn_2C_{13}H_4O_8$
    $(OC)_3Mn(\eta^5\text{-}C_5H_4)Mn(CO)_5$, **8**, 1043

$Mn_2C_{13}H_6NO_8$
    $Mn_2(CO)_7\{C_4H_3(Ac)N\}$, **4**, 138

$Mn_2C_{13}H_6O_{10}$
    $Mn_2\{C(CH_2)_3O\}(CO)_9$, **4**, 17

$Mn_2C_{13}H_9NO_9$
    $Mn_2\{CMe(NMe_2)\}(CO)_9$, **4**, 16

$Mn_2C_{13}H_9N_3O_7$
    $Mn_2(CO)_7(CNMe)_3$, **3**, 155; **4**, 108, 147

$Mn_2C_{13}H_{12}O_9P_2$
    $Mn_2(PMe_2)_2(CO)_9$, **4**, 110

$Mn_2C_{14}H_8O_{10}$
    $Mn_2\{CCH(Me)CH_2CH_2O\}(CO)_9$, **4**, 17

$Mn_2C_{14}H_9NO_5$
    $Mn_2(CO)_4Cp(C_4H_4N)$, **4**, 138

$Mn_2C_{14}H_{10}N_2O_4$
    $Mn_2(CO)_4Cp_2(N_2)$, **4**, 129

$Mn_2C_{14}H_{10}N_2O_8$
    $Mn_2(CO)_8(CNEt)_2$, **4**, 147

$Mn_2C_{14}H_{10}O_4S$
    $Mn_2(S)(CO)_4Cp_2$, **4**, 127

$Mn_2C_{14}H_{12}N_2O_4$
    $\{Mn(CO)_2Cp\}_2(HN=NH)$, **4**, 129

$Mn_2C_{15}H_{10}O_4S_2$
    $Mn_2(CO)_4(CS_2)Cp_2$, **4**, 126

$Mn_2C_{15}H_{12}O_4$
    $Mn_2(CH_2)(CO)_4Cp_2$, **4**, 130

$Mn_2C_{16}H_{13}O_4$
    $[Mn_2(CMe)(CO)_4Cp_2]^+$, **4**, 131

$Mn_2C_{16}H_{14}O_3$
    $Mn_2(CO)_3Cp_2(CH_2=C=CH_2)$, **4**, 131

$Mn_2C_{16}H_{15}O_4S$
    $[Mn_2(SEt)(CO)_4Cp_2]^+$, **4**, 126

$Mn_2C_{17}H_{11}O_9P$
    $Mn_2(CO)_9(PPhMe_2)$, **4**, 18

$Mn_2C_{17}H_{14}O_4$
    $Mn_2(C=CHMe)(CO)_4Cp_2$, **4**, 131

$Mn_2C_{18}H_8N_2O_8$
    $Mn_2(CO)_8(bipy)$, **4**, 13, 15

$Mn_2C_{19}H_{13}O_7P$
    $Mn_2(CO)_7\{PH\overline{PCH=C(Me)C(Me)=CH}\}$, **4**, 138

$Mn_2C_{20}H_8N_2O_8$
    $(CO)_4Mn(C_6H_4N=NC_6H_4)Mn(CO)_4$, **4**, 80

$Mn_2C_{20}H_{10}N_4O_8$
    $Mn_2(N_2Ph)_2(CO)_8$, **4**, 104

$Mn_2C_{20}H_{10}O_8S_2$
    $Mn_2(SPh)_2(CO)_8$, **4**, 104

$Mn_2C_{20}H_{10}O_8Te_2$
    $Mn_2(TePh)_2(CO)_8$, **4**, 104

$Mn_2C_{20}H_{11}O_8P$
    $Mn_2H(PPh_2)(CO)_8$, **4**, 64, 68, 107

$Mn_2C_{20}H_{15}O_4P$
    $PhP\{Mn(CO)_2Cp\}_2$, **4**, 127

$Mn_2C_{22}H_{16}O_4$
    $Mn_2(C=CHPh)(CO)_4Cp_2$, **4**, 131

$Mn_2C_{26}H_{16}N_4O_6$
    $Mn_2(CO)_6(bipy)_2$, **4**, 13, 15

$Mn_2C_{30}H_{20}Br_2O_6P_2$
    $Mn_2Br_2(CO)_6(Ph_2PPPh_2)$, **4**, 56

$Mn_2C_{30}H_{20}O_8P_2S_2$
    $[Mn\{SP(O)Ph_2\}(CO)_3]_2$, **4**, 112

$Mn_2C_{32}H_{20}O_8P_2$
    $\{Mn(PPh_2)(CO)_4\}_2$, **4**, 58

$Mn_2C_{32}H_{54}O_8P_2$
    $\{Mn(CO)_4(PBu_3)\}_2$, **8**, 347

$Mn_2C_{33}H_{22}Br_2O_8P_2$
    $Mn_2Br_2(CO)_8(dppm)$, **4**, 56

$Mn_2C_{33}H_{22}O_8P_2$
    $Mn_2(CO)_8(dppm)$, **4**, 19

$Mn_2C_{34}H_{24}O_8P_2$
    $Mn_2(CO)_8(diphos)$, **4**, 13, 19

$Mn_2C_{34}H_{26}O_8P_2$
    $\{Mn(CO)_4(PPh_2Me)\}_2$, **4**, 18

$Mn_2C_{36}H_{48}N_4$
    $Mn_2(CH_2C_6H_4NMe_2)_4$, **4**, 70
    $Mn_2(C_6H_4CH_2NMe_2)_4$, **4**, 70

$Mn_2C_{40}H_{52}$
    $Mn_2(CH_2CMe_2Ph)_4$, **1**, 196, 207; **4**, 69

$Mn_2C_{44}H_{30}O_8P_2$
    $Mn_2(CO)_8(PPh_3)_2$, **4**, 24

$Mn_2C_{55}H_{44}O_5P_4$
    $Mn_2(CO)_5(Ph_2PCH_2PPh_2)_2$, **4**, 15

$Mn_2C_{56}H_{44}O_6P_4$
    $\{Mn(CO)_3(Ph_2PCH_2PPh_2)\}_2$, **4**, 15

$Mn_2C_{58}H_{48}O_6P_4$
    $Mn_2(CO)_6(diphos)_2$, **4**, 13

$Mn_2CdC_{10}O_{10}$
    $Cd\{Mn(CO)_5\}_2$, **4**, 71; **6**, 1005, 1030

$Mn_2CdC_{20}H_8N_2O_{10}$
    $Cd\{Mn(CO)_5\}_2(bipy)$, **6**, 1009

$Mn_2Co_2FeSi_2C_{21}Cl_2O_{21}$
    $\{Fe(CO)_4\}\{SiClMn(CO)_5\}_2Co_2(CO)_7$, **6**, 1088

$Mn_2CrC_{18}H_{12}O_{14}P_2$
    $Cr(CO)_4\{(PMe_2)Mn(CO)_5\}_2$, **3**, 846

$Mn_2FeC_{14}O_{14}$
    $Mn_2Fe(CO)_{14}$, **6**, 765, 802, 847

$Mn_2Fe_2In_2C_{18}O_{18}$
    $[Fe\{InMn(CO)_5\}(CO)_4]_2$, **6**, 967

$Mn_2Ga_2C_8Cl_4O_8$
    $\{Mn(GaCl_2)(CO)_4\}_2$, **6**, 961

$Mn_2GeC_9Cl_3O_9$
    $[Mn_2(GeCl_3)(CO)_9]^-$, **4**, 11

$Mn_2GeC_{13}H_9NO_9$
    $Mn_2(CO)_9(CNGeMe_3)$, **4**, 147

$Mn_2Ge_2C_{10}H_4O_{10}$
    $(CO)_5Mn(GeH_2)_2Mn(CO)_5$, **6**, 1046

$Mn_2Ge_2C_{14}H_{18}P_2$
    $Mn_2\{P(GeMe_3)_2\}(CO)_8$, **4**, 104

$Mn_2HgC_{10}O_{10}$
    $Hg\{Mn(CO)_5\}_2$, **4**, 28; **6**, 996

$Mn_2HgC_{12}H_6N_2O_8$
    $Hg\{Mn(CO)_4(CNMe)\}_2$, **4**, 148

$Mn_2HgC_{16}H_8O_6$
    $Hg\{C_5H_4Mn(CO)_3\}_2$, **2**, 893

$Mn_2InC_{10}Br_3O_{10}$
    $[InBr_3\{Mn(CO)_5\}_2]^{2-}$, **6**, 965

$Mn_2InC_{10}ClO_{10}$
    $InCl\{Mn(CO)_5\}_2$, **6**, 964

$Mn_2InC_{10}Cl_2O_{10}$
    $[InCl_2\{Mn(CO)_5\}_2]^+$, **6**, 965

$Mn_2InC_{14}H_6N_2O_{10}$
    $[In\{Mn(CO)_5\}_2(MeCN)_2]^+$, **6**, 965

$Mn_2InC_{17}H_5O_{12}$
    $In(acac)\{Mn(CO)_5\}_2$, **6**, 964

$Mn_2InC_{20}H_{10}N_2O_{10}$
    $[In\{Mn(CO)_5\}_2(py)_2]^+$, **6**, 965

$Mn_2MoC_{18}H_{12}O_{14}P_2$
    $Mo(CO)_4\{(PMe_2)Mn(CO)_5\}_2$, **3**, 846

Mn$_2$OsC$_{14}$O$_{14}$
  Mn$_2$Os(CO)$_{14}$, **6**, 847
Mn$_2$PbC$_{12}$H$_6$O$_{10}$
  PbMe$_2${Mn(CO)$_5$}$_2$, **2**, 668
Mn$_2$PdC$_{20}$H$_{10}$N$_2$O$_{10}$
  Mn$_2$Pd(CO)$_{10}$(py)$_2$, **6**, 847
Mn$_2$PtC$_{12}$O$_{12}$
  Mn$_2$Pt(CO)$_{12}$, **6**, 847
Mn$_2$PtC$_{20}$H$_{10}$N$_2$O$_{10}$
  Mn$_2$Pt(CO)$_{10}$(py)$_2$, **6**, 485, 803, 847
Mn$_2$PtC$_{32}$H$_{20}$O$_8$P$_2$
  MnPt(PPh$_2$)$_2$(CO)$_8$, **6**, 785
Mn$_2$PtC$_{32}$H$_{21}$O$_8$P$_2$
  Mn$_2$PtH(PPh$_2$)$_2$(CO)$_8$, **6**, 833
Mn$_2$PtC$_{33}$H$_{20}$O$_9$P$_2$
  Mn$_2$Pt(PPh$_2$)$_2$(CO)$_9$, **6**, 847
Mn$_2$ReC$_{14}$HO$_{14}$
  Mn$_2$ReH(CO)$_{14}$, **6**, 831
Mn$_2$Re$_2$Sn$_2$C$_{14}$Br$_2$O$_{14}$
  {(CO)$_4$Re(SnBr)Mn(CO)$_5$}$_2$, **4**, 205
Mn$_2$RuC$_{14}$O$_{14}$
  Mn$_2$Ru(CO)$_{14}$, **4**, 924; **6**, 847
Mn$_2$SbC$_{20}$H$_{15}$O$_4$
  {Mn(CO)$_2$Cp}$_2$(SbPh), **4**, 127
Mn$_2$Sb$_2$C$_{64}$H$_{40}$O$_8$
  Mn$_2$(CO)$_8$(C$_4$Ph$_4$Sb)$_2$, **4**, 104
Mn$_2$Sb$_2$ZnC$_{54}$H$_{38}$N$_2$O$_8$
  Zn{Mn(CO)$_4$(SbPh$_3$)}$_2$(bipy), **6**, 1034
Mn$_2$SiC$_{10}$H$_2$O$_{10}$
  H$_2$Si{Mn(CO)$_5$}$_2$, **6**, 1046, 1088
Mn$_2$SiC$_{13}$H$_9$NO$_9$
  Mn$_2$(CO)$_9$(CNSiMe$_3$), **4**, 147
Mn$_2$Si$_2$C$_{14}$H$_{18}$BrO$_8$P
  Mn$_2$Br{P(SiMe$_3$)$_2$}(CO)$_8$, **4**, 104
Mn$_2$Si$_2$C$_{32}$H$_{20}$O$_8$
  (CO)$_4$Mn(SiPh$_2$)$_2$Mn(CO)$_4$, **6**, 1070
Mn$_2$Si$_2$SnC$_{16}$H$_{14}$Cl$_8$O$_4$
  SnCl$_2${Mn(SiCl$_3$)(CO)$_2$(η^5-C$_5$H$_4$Me)}$_2$, **4**, 131
Mn$_2$SnC$_9$Cl$_3$O$_9$
  [Mn$_2$(SnCl$_3$)(CO)$_9$]$^-$, **4**, 11
Mn$_2$SnC$_{10}$Cl$_2$O$_{10}$
  SnCl$_2${Mn(CO)$_5$}$_2$, **4**, 8
Mn$_2$SnC$_{13}$H$_9$NO$_9$
  MnFe$_2$(PPh)(CO)$_9$Cp, **4**, 147
Mn$_2$SnC$_{22}$H$_{10}$O$_{10}$
  SnPh$_2${Mn(CO)$_5$}$_2$, **6**, 1067
Mn$_2$Sn$_2$C$_{14}$H$_{18}$O$_8$S$_2$
  Mn$_2$(SSnMe$_3$)$_2$(CO)$_8$, **4**, 107
Mn$_2$Sn$_2$C$_{14}$H$_{18}$O$_8$Te$_2$
  Mn$_2$(TeSnMe$_3$)$_2$(CO)$_8$, **4**, 104
Mn$_2$Sn$_2$C$_{14}$H$_{18}$P
  Mn$_2${P(SnMe$_3$)}(CO)$_8$, **4**, 104
Mn$_2$TiC$_{26}$H$_{18}$O$_6$
  Ti{C$_5$H$_4$Mn(CO)$_3$}$_2$Cp$_2$, **3**, 426
Mn$_2$TlC$_{10}$O$_{10}$Cl
  TlCl{Mn(CO)$_5$}$_2$, **6**, 974
Mn$_2$TlC$_{16}$H$_5$O$_{10}$
  TlPh{Mn(CO)$_5$}$_2$, **6**, 974
Mn$_2$ZnC$_{10}$O$_{10}$
  Zn{Mn(CO)$_5$}$_2$, **6**, 1034
Mn$_2$ZnC$_{54}$H$_{38}$N$_2$O$_8$P$_2$
  Zn{Mn(CO)$_4$(PPh$_3$)}$_2$(bipy), **6**, 1034
Mn$_3$AlC$_{24}$H$_{18}$O$_{18}$
  Al{OC(Me)Mn(CO)$_4$C(Me)O}$_3$, **4**, 5, 84
Mn$_3$B$_2$C$_{10}$H$_7$O$_{10}$
  Mn$_3$H(B$_2$H$_6$)(CO)$_{10}$, **4**, 5, 25; **6**, 914
Mn$_3$C$_{12}$H$_3$O$_{12}$
  Mn$_3$H$_3$(CO)$_{12}$, **4**, 8, 25, 68
Mn$_3$C$_{13}$H$_3$N$_2$O$_{12}$
  Mn$_3$(NNMe)(CO)$_{12}$, **4**, 103
Mn$_3$C$_{14}$O$_{14}$
  [Mn$_3$(CO)$_{14}$]$^-$, **4**, 8
  Mn$_3$(CO)$_{14}$, **4**, 26
Mn$_3$C$_{15}$H$_{15}$N$_4$O$_4$
  Mn$_3$(NO)$_4$Cp$_3$, **4**, 133, 137
Mn$_3$C$_{15}$H$_{15}$O$_{12}$
  {Mn(OEt)(CO)$_3$}$_3$, **4**, 110
Mn$_3$C$_{18}$H$_8$O$_{12}$P
  Mn$_2$(CO)$_7${(CO)$_5$MnPCH=C(Me)C(Me)=C-H}, **4**, 138
Mn$_3$C$_{39}$H$_{30}$O$_6$P$_3$
  {Mn(CO)$_2$Cp}$_3$(P$_3$Ph$_3$), **4**, 127
Mn$_3$InC$_{15}$ClO$_{15}$
  [InCl{Mn(CO)$_5$}$_3$]$^+$, **6**, 965
Mn$_3$InC$_{15}$O$_{15}$
  In{Mn(CO)$_5$}$_3$, **6**, 962
Mn$_3$TlC$_{15}$O$_{15}$
  Tl{Mn(CO)$_5$}$_3$, **4**, 71; **6**, 964
Mn$_4$C$_5$O$_5$S$_4$
  Mn$_4$(S$_4$)(CO)$_5$, **4**, 104
Mn$_4$C$_{12}$H$_4$O$_{16}$
  {Mn(OH)(CO)$_3$}$_4$, **4**, 104
Mn$_4$C$_{16}$H$_{12}$O$_{12}$S$_4$
  {Mn(SMe)(CO)$_3$}$_4$, **4**, 104
Mn$_4$C$_{30}$H$_{15}$BrO$_{12}$S$_3$
  Mn$_4$Br(SPh)$_3$(CO)$_{12}$, **4**, 104
Mn$_4$C$_{36}$H$_{20}$O$_{12}$S$_4$
  {Mn(SPh)(CO)$_3$}$_4$, **4**, 104
Mn$_4$C$_{40}$H$_{88}$
  {Mn(CH$_2$Bu^t)$_2$}$_4$, **4**, 69
Mn$_4$Ga$_2$C$_{18}$O$_{18}$
  Mn$_2${GaMn(CO)$_5$}$_2$(CO)$_8$, **6**, 960
Mn$_4$Ga$_2$C$_{20}$O$_{20}$
  Ga$_2${Mn(CO)$_5$}$_4$, **6**, 960
Mn$_4$Ga$_2$C$_{28}$H$_{10}$N$_2$O$_{18}$
  Mn$_2$[Ga{Mn(CO)$_5$}(py)]$_2$(CO)$_8$, **6**, 961
Mn$_4$In$_2$C$_{18}$O$_{18}$
  [Mn{InMn(CO)$_5$}(CO)$_4$]$_2$, **6**, 967
Mn$_4$In$_2$C$_{28}$H$_{10}$N$_2$O$_{18}$
  [Mn{InMn(CO)$_5$}(CO)$_4$(py)]$_2$, **6**, 967
Mn$_4$Pd$_2$C$_{42}$H$_{22}$Cl$_2$O$_{16}$
  [PdCl{(CO)$_3$Mn(C$_5$H$_4$)CO-CHCHCHCO(C$_5$H$_4$)Mn(CO)$_3$}]$_2$, **6**, 398
Mn$_4$Sn$_2$C$_{10}$H$_2$O$_{10}$
  {(CO)$_5$Mn}$_2$Sn(H)Sn(H){Mn(CO)$_5$}$_2$, **6**, 1070
Mn$_4$Sn$_2$C$_{18}$Cl$_2$O$_{18}$
  (CO)$_5$MnSn(Cl){Mn(CO)$_4$}$_2$Sn(Cl)Mn(CO)$_5$, **6**, 1053
Mn$_4$Sn$_4$C$_{24}$H$_{36}$O$_{12}$S$_4$
  {Mn(SSnMe$_3$)(CO)$_3$}$_4$, **4**, 104
Mn$_4$UC$_{20}$O$_{20}$
  U{Mn(CO)$_5$}$_4$, **3**, 261
MoAgC$_8$H$_5$O$_3$
  MoAg(CO)$_3$Cp, **6**, 829
MoAgWC$_{16}$H$_{10}$O$_6$
  [Ag{Mo(CO)$_3$Cp}{W(CO)$_3$Cp}]$^-$, **6**, 846
MoAlC$_{10}$H$_{11}$O$_3$
  Mo(AlMe$_2$)(CO)$_3$Cp, **3**, 1187
MoAlC$_{12}$H$_{12}$Cl$_3$O$_3$
  Mo(CO)$_3$(AlCl$_3$)(η^6-C$_6$H$_3$Me$_3$), **3**, 1217
MoAlC$_{13}$H$_{21}$
  MoH$_2$(AlMe$_3$)Cp$_2$, **6**, 954
MoAlC$_{16}$H$_{27}$
  MoH$_2$(AlEt$_3$)Cp$_2$, **6**, 954
MoAlC$_{28}$H$_{27}$

MoH$_2$(AlPh$_3$)Cp$_2$, **6**, 954

MoAsB$_9$C$_6$H$_{11}$O$_5$
[(CO)$_5$MoAs(CB$_9$H$_{11}$)]$^-$, **1**, 549

MoAsB$_{10}$C$_9$H$_{19}$O$_2$
Mo(AsB$_{10}$H$_{12}$)(CO)$_2$(C$_7$H$_7$), **3**, 1234

MoAsC$_5$H$_3$O$_5$
Mo(CO)$_5$(AsH$_3$), **3**, 797, 863

MoAsC$_8$H$_5$O$_3$
Mo(CO)$_3$(C$_5$H$_5$As), **3**, 867

MoAsC$_{10}$H$_5$F$_6$O$_3$
Mo{As(CF$_3$)$_2$}(CO)$_3$Cp, **3**, 1190

MoAsC$_{10}$H$_{11}$O$_3$
Mo(AsMe$_2$)(CO)$_3$Cp, **3**, 1191

MoAsC$_{11}$H$_{18}$N$_3$O$_5$
Mo(CO)$_5${As(NMe$_2$)$_3$}, **3**, 867

MoAsC$_{12}$H$_{17}$O$_2$
Mo{(CH$_2$)$_3$AsMe$_2$}(CO)$_2$Cp, **3**, 1153

MoAsC$_{12}$H$_{20}$O$_5$P
Mo(CO)$_2$Cp{PO(OMe)$_2$}(AsMe$_3$), **3**, 1191

MoAsC$_{25}$H$_{21}$O$_5$
Mo{C(OMe)Me}(CO)$_4$(AsPh$_3$), **3**, 1124

MoAsC$_{27}$H$_{22}$O$_2$
Mo(CO)$_2$(C$_7$H$_7$)(AsPh$_3$), **3**, 1235

MoAsC$_{28}$H$_{19}$O$_3$
Mo(CO)$_3$(η^5-C$_5$H$_4$AsPh$_3$), **3**, 1195

MoAsCoC$_{10}$H$_{11}$O$_3$
MoCo(AsMe$_2$)(CO)$_3$Cp$_2$, **6**, 782

MoAsCoC$_{12}$H$_{11}$NO$_6$
Cp(CO)$_3$Mo(AsMe$_2$)Co(CO)$_2$(NO), **3**, 1191

MoAsCoC$_{15}$H$_{16}$O$_3$
MoCo(AsMe$_2$)(CO)$_3$Cp$_2$, **3**, 1191; **6**, 828

MoAsCo$_2$C$_{14}$H$_8$O$_8$
MoCo$_2$(AsMe)(CO)$_8$Cp, **6**, 853

MoAsCo$_2$C$_{14}$H$_{11}$O$_7$S
MoCo$_2$(AsMe$_2$)(S)(CO)$_7$Cp, **6**, 853

MoAsCo$_2$C$_{19}$H$_{16}$O$_6$P
MoCo$_2$(AsMe$_2$)(PPh)(CO)$_6$Cp, **6**, 853

MoAsCo$_3$C$_{20}$H$_{14}$O$_{11}$
Co$_3$(CMe)(CO)$_8$[AsMe$_2${Mo(CO)$_3$Cp}], **5**, 177

MoAsCrC$_{14}$H$_{11}$O$_7$
CrMo(AsMe$_2$)(CO)$_7$Cp, **6**, 825

MoAsCrC$_{15}$H$_{11}$O$_8$
CrMo(AsMe$_2$)(CO)$_8$Cp, **3**, 966, 1191

MoAsCrC$_{17}$H$_{20}$O$_{10}$P
Cp(CO)$_2$(P(OMe)$_3$)Mo(AsMe$_2$)Cr(CO)$_5$, **3**, 1191

MoAsFeC$_{12}$H$_{11}$N$_2$O$_7$
Cp(CO)$_3$Mo(AsMe$_2$)Fe(CO)$_2$(NO)$_2$, **3**, 1191

MoAsFeC$_{12}$H$_{11}$O$_5$
FeMo(AsMe$_2$)(CO)$_5$Cp, **6**, 786

MoAsFeC$_{13}$H$_{11}$O$_6$
FeMo(AsMe$_2$)(CO)$_6$Cp, **6**, 828

MoAsFeC$_{14}$H$_{11}$O$_7$
Cp(CO)$_3$Mo(AsMe$_2$)Fe(CO)$_4$, **3**, 1191

MoAsGe$_3$C$_{14}$H$_{27}$O$_5$
Mo(CO)$_5${As(GeMe$_3$)$_3$}, **3**, 797

MoAsMnC$_{12}$H$_6$O$_{10}$
(CO)$_5$Mo(AsMe$_2$)Mn(CO)$_5$, **4**, 104

MoAsMnC$_{17}$H$_{16}$O$_5$
Cp(CO)$_3$Mo(AsMe$_2$)Mn(CO)$_2$Cp, **3**, 1191

MoAsNiC$_{10}$H$_{11}$N$_3$O$_6$
Cp(CO)$_3$Mo(AsMe$_2$)Ni(NO)$_3$, **3**, 1191

MoAsNiC$_{13}$H$_{11}$O$_6$
Cp(CO)$_3$Mo(AsMe$_2$)Ni(CO)$_3$, **6**, 20

MoAsRuC$_{13}$H$_{11}$O$_6$
(CO)$_4$Ru(AsMe$_2$)Mo(CO)$_2$Cp, **4**, 923; **6**, 828

MoAsRu$_3$C$_{21}$H$_{11}$O$_{14}$
Ru$_3$(CO)$_{11}$[AsMe$_2${Mo(CO)$_3$Cp}], **4**, 877

MoAsSi$_3$C$_{14}$H$_{27}$O$_5$
Mo(CO)$_5${As(SiMe$_3$)$_3$}, **3**, 797

MoAsSnC$_{28}$H$_{29}$O$_2$
Mo(SnMe$_3$)(CO)$_2$Cp(AsPh$_3$), **3**, 1188

MoAsSn$_3$C$_{14}$H$_{27}$O$_5$
Mo(CO)$_5${As(SnMe$_3$)$_3$}, **3**, 797

MoAsWC$_{14}$H$_{11}$O$_7$
MoW(AsMe$_2$)(CO)$_7$Cp, **6**, 827

MoAsWC$_{15}$H$_{11}$O$_8$
Cp(CO)$_3$Mo(AsMe$_2$)W(CO)$_5$, **3**, 1191
Cp(CO)$_3$W(AsMe$_2$)Mo(CO)$_5$, **3**, 1340

MoAs$_2$C$_{10}$H$_{18}$O$_4$P$_2$
Mo(CO)$_4${Me$_2$P(AsMe)$_2$PMe$_2$}, **3**, 853

MoAs$_2$C$_{24}$H$_{20}$O$_4$
Mo(CO)$_4${Ph(Me)AsC$_6$H$_4$As(Me)Ph}, **3**, 871

MoAs$_2$C$_{27}$H$_{22}$O$_2$
Mo(CO)$_2${C$_6$H$_5$As(Ph)CH$_2$AsPh$_2$}, **3**, 1216

MoAs$_2$C$_{33}$H$_{30}$O$_3$
Mo(CO)$_3${Ph$_2$As(CH$_2$)$_2$CH=CH(CH$_2$)$_2$AsPh$_2$}, **3**, 1153

MoAs$_2$C$_{39}$H$_{30}$Cl$_2$O$_3$
MoCl$_2$(CO)$_3$(AsPh$_3$)$_2$, **3**, 1216

MoAs$_2$Co$_2$C$_{15}$H$_{14}$O$_7$
MoCo$_2$(AsMe)(AsMe$_2$)(CO)$_7$Cp, **6**, 853

MoAs$_2$Cr$_2$C$_{24}$H$_{22}$O$_{10}$
Mo(CO)$_4${(AsMe$_2$)Cr(CO)$_3$Cp}$_2$, **3**, 966

MoAs$_2$FeC$_{11}$H$_{12}$O$_7$
FeMo(AsMe$_2$)$_2$(CO)$_7$, **6**, 828

MoAs$_2$FeWC$_{22}$H$_{22}$O$_8$
FeMoW(AsMe$_2$)$_2$(CO)$_8$Cp$_2$, **6**, 828

MoAs$_2$FeWC$_{23}$H$_{22}$O$_9$
FeMoW(AsMe$_2$)$_2$(CO)$_9$Cp$_2$, **6**, 830

MoAs$_2$Mn$_2$C$_{18}$H$_{12}$O$_{14}$
Mo(CO)$_4$[AsMe$_2${Mn(CO)$_5$}]$_2$, **3**, 871; **4**, 104

MoAs$_2$Re$_2$C$_{18}$H$_{12}$O$_{14}$
Mo(CO)$_4${Me$_2$AsRe(CO)$_5$}$_2$, **3**, 871

MoAs$_3$C$_3$Cl$_9$O$_3$
Mo(CO)$_3$(AsCl$_3$)$_3$, **3**, 844

MoAs$_3$C$_{57}$H$_{45}$O$_3$
Mo(CO)$_3$(AsPh$_3$)$_3$, **3**, 1225

MoAs$_3$SiC$_{10}$H$_{21}$O$_3$
Mo(CO)$_3${MeSi(AsMe$_2$)$_3$}, **3**, 1226

MoAs$_{10}$C$_{13}$H$_{30}$O$_3$
Mo(CO)$_3${(AsMe)$_5$}$_2$, **3**, 1219

MoAuC$_{26}$H$_{20}$O$_3$P
Mo(AuPPh$_3$)(CO)$_3$Cp, **3**, 1127

MoBC$_4$H$_4$O
[Mo(BH$_4$)(CO)$_4$]$^-$, **6**, 905

MoBC$_8$H$_5$Cl$_2$O$_3$
Mo(BCl$_2$)(CO)$_3$Cp, **3**, 1187; **6**, 887

MoBC$_{10}$H$_{12}$F$_3$
MoH$_2$(BF$_3$)Cp$_2$, **6**, 881

MoBC$_{11}$H$_{15}$N$_2$O$_2$
Mo(CHNMeBH$_2$NMeCH)(CO)$_2$Cp, **3**, 1184

MoBC$_{15}$H$_{21}$N$_4$O$_2$
Mo(CO)$_2$(CH$_2$CHCH$_2$){H$_2$B(C$_3$HN$_2$Me$_2$)$_2$}, **3**, 1158

MoBC$_{16}$H$_{13}$O$_4$
Mo(CO)$_4${Ph$\overline{\text{BCHCH(CH}_2\text{)}_2\text{CHCH}}$}, **1**, 401; **3**, 1204

MoBC$_{20}$H$_{15}$O$_3$
Mo(BPh$_2$)(CO)$_3$Cp, **6**, 887

MoBC$_{26}$H$_{19}$F$_3$O$_3$P
Mo(CO)$_3$(BF$_3$)(η^5-C$_5$H$_4$PPh$_3$), **3**, 1195; **6**, 881

MoBC$_{27}$H$_{20}$O$_3$
  [Mo(CO)$_3$(C$_6$H$_5$BPh$_3$)]$^-$, **3**, 1215
MoBC$_{31}$H$_{27}$
  Mo(C$_6$H$_5$BPh$_3$)(C$_7$H$_7$), **3**, 1223; **8**, 339
MoBC$_{31}$H$_{33}$P$_2$
  Mo(BH$_4$)Cp(diphos), **3**, 1200
MoB$_2$C$_{10}$H$_{18}$O
  MoO(BH$_4$)$_2$Cp$_2$, **3**, 1203; **6**, 905
MoB$_2$C$_{12}$H$_{16}$O$_4$S
  Mo(CO)$_4${MeBC(Et)C(Et)B(Me)S}, **1**, 407
MoB$_3$C$_4$H$_8$O$_4$
  [Mo(B$_3$H$_8$)(CO)$_4$]$^-$, **6**, 917
MoB$_3$C$_7$H$_{13}$O$_2$
  Mo(B$_3$H$_8$)(CO)$_2$Cp, **3**, 1187; **6**, 917
MoB$_3$C$_{12}$H$_{24}$N$_3$O$_3$
  Mo(CO)$_3$(B$_3$N$_3$Me$_3$Et$_3$), **1**, 404
  Mo(CO)$_3${(EtBNMe)$_3$}, **3**, 1232
  Mo(CO)$_3${(MeBNEt)$_3$}, **3**, 1232
MoB$_3$C$_{15}$H$_{15}$O$_3$S$_3$
  Mo(CO)$_3${(SBPh)$_3$}, **3**, 1232
MoB$_8$C$_{11}$H$_{20}$O$_3$
  (CO)$_3$Mo(Me$_4$C$_4$B$_8$H$_8$), **1**, 474
MoB$_9$C$_5$H$_{11}$O$_3$
  [(CO)$_3$MoC$_2$B$_9$H$_{11}$]$^{2-}$, **1**, 516; **3**, 1203
MoB$_9$C$_6$H$_{14}$O$_3$
  [MoMe(CO)$_3$(C$_2$B$_9$H$_{11}$)]$^-$, **3**, 1203
MoB$_9$C$_{10}$H$_{18}$O$_2$P
  (C$_7$H$_7$)(CO)$_2$MoP(CB$_9$H$_{11}$), **1**, 549; **3**, 1234
MoB$_9$WC$_{10}$H$_{11}$O$_8$
  [MoW(C$_2$B$_9$H$_{11}$)(CO)$_8$]$^{2-}$, **6**, 771, 827
MoB$_{10}$C$_4$H$_{12}$O$_4$
  [(CO)$_4$MoB$_{10}$H$_{12}$]$^{2-}$, **1**, 525
MoB$_{10}$C$_5$H$_{10}$O$_5$
  [(CO)$_4$Mo(B$_{10}$H$_{10}$CO)]$^{2-}$, **3**, 1203
MoB$_{10}$C$_5$H$_{11}$O$_5$
  [(CO)$_4$Mo(HOCB$_{10}$H$_{10}$)]$^-$, **1**, 480
  (CO)$_4$Mo(HOCB$_{10}$H$_{10}$), **1**, 525
MoB$_{10}$C$_9$H$_{19}$O$_2$P
  Mo(PB$_{10}$H$_{12}$)(CO)$_2$(C$_7$H$_7$), **3**, 1234
MoB$_{10}$GeC$_{10}$H$_{18}$
  Mo(GeCHB$_{10}$H$_{10}$)(CO)$_2$(C$_7$H$_7$), **3**, 1234
MoBiC$_{23}$H$_{15}$O$_5$
  Mo(CO)$_5$(BiPh$_3$), **3**, 797, 863
MoBiGe$_3$C$_{14}$H$_{27}$O$_5$
  Mo(CO)$_5${Bi(GeMe$_3$)$_3$}, **3**, 797
MoBiSn$_3$C$_{14}$H$_{27}$O$_5$
  Mo(CO)$_5${Bi(SnMe$_3$)$_3$}, **3**, 797
MoC$_2$ClN$_3$O$_2$
  MoCl(CO)$_2$(N$_3$), **3**, 1098
MoC$_2$N$_6$O$_2$
  Mo(CO)$_2$(N$_3$)$_2$, **3**, 1098
MoC$_3$F$_9$O$_3$P$_3$
  Mo(CO)$_3$(PF$_3$)$_3$, **3**, 844
MoC$_4$H$_2$N$_4$O$_2$
  MoO(CN)$_4$(H$_2$O), **8**, 1098
MoC$_4$N$_4$O$_2$
  [Mo(O)$_2$(CN)$_4$]$^{4-}$, **3**, 1139
MoC$_4$N$_4$S
  [MoS(CN)$_4$]$^{3-}$, **3**, 1136
MoC$_4$O$_4$
  [Mo(CO)$_4$]$^{4-}$, **3**, 1087
MoC$_4$O$_{11}$S$_2$
  Mo(CO)$_4$(S$_2$O$_7$), **3**, 1083
MoC$_5$ClO$_5$
  [MoCl(CO)$_5$]$^-$, **3**, 1089
MoC$_5$Cl$_3$O$_5$P
  Mo(CO)$_5$(PCl$_3$), **3**, 836
MoC$_5$FO$_5$
  [MoF(CO)$_5$]$^-$, **3**, 1084
MoC$_5$F$_3$O$_5$P
  Mo(CO)$_5$(PF$_3$), **3**, 1110
MoC$_5$HO$_6$
  [Mo(OH)(CO)$_5$]$^-$, **3**, 1084
MoC$_5$H$_3$NO$_5$
  Mo(CO)$_5$(NH$_3$), **3**, 1103
MoC$_5$H$_3$O$_5$P
  Mo(CO)$_5$(PH$_3$), **3**, 797, 832
MoC$_5$H$_5$BrO$_2$
  MoO$_2$(Br)Cp, **3**, 1193
MoC$_5$H$_5$Br$_2$O
  MoO(Br)$_2$Cp, **3**, 1193
MoC$_5$H$_5$ClN$_2$O$_2$
  MoCl(NO)$_2$Cp, **3**, 1192
MoC$_5$H$_5$ClO$_2$
  MoO$_2$(Cl)Cp, **3**, 1193
MoC$_5$H$_5$Cl$_3$NO
  [MoCl$_3$(NO)Cp]$^-$, **3**, 1193
MoC$_5$H$_5$Cl$_4$
  MoCl$_4$(Cp), **3**, 1193
MoC$_5$H$_6$INOS
  MoI(SH)(NO)Cp, **3**, 1202
MoC$_5$H$_6$INO$_2$
  MoI(OH)(NO)Cp, **3**, 1202
MoC$_5$H$_6$N$_2$O$_2$
  MoH(NO)$_2$Cp, **3**, 1192
MoC$_5$H$_6$N$_3$O$_5$P
  Mo(CO)$_5${P(NH$_2$)$_3$}, **3**, 836
MoC$_5$NO$_8$
  [Mo(NO$_3$)(CO)$_5$]$^-$, **3**, 1106
MoC$_5$N$_6$O
  [Mo(CN)$_5$(NO)]$^{4-}$, **3**, 1136, 1192
MoC$_5$O$_5$
  [Mo(CO)$_5$]$^{2-}$, **3**, 1087
MoC$_5$O$_{11}$P
  Mo(CO)$_5$(P$_4$O$_6$), **3**, 839
MoC$_6$F$_3$O$_5$S
  [Mo(SCF$_3$)(CO)$_5$]$^-$, **3**, 877
MoC$_6$HNO$_5$
  Mo(CO)$_5$(CNH), **3**, 1121
MoC$_6$H$_3$ClO$_4$
  MoCl(CMe)(CO)$_4$, **3**, 902, 908
MoC$_6$H$_5$N$_2$O$_3$
  [Mo(CO)(NO)$_2$Cp]$^+$, **3**, 1192
MoC$_6$H$_8$N$_2$O$_2$
  MoMe(NO)$_2$Cp, **3**, 1192
MoC$_6$H$_8$N$_2$O$_4$
  Mo(CO)$_4$(en), **3**, 1084
MoC$_6$H$_{12}$N$_6$O$_3$S$_3$
  Mo(CO)$_3${S=C(NH$_2$)$_2$}$_3$, **3**, 1118
MoC$_6$NO$_5$
  [Mo(CN)(CO)$_5$]$^-$, **3**, 1120
MoC$_6$NO$_5$S
  [Mo(NCS)(CO)$_5$]$^-$, **3**, 1084
MoC$_6$N$_2$O$_4$
  [Mo(CN)$_2$(CO)$_4$]$^{2-}$, **3**, 1120
MoC$_6$N$_3$O$_3$
  [Mo(CN)$_3$(CO)$_3$]$^{3-}$, **3**, 1120
MoC$_6$N$_4$O$_2$
  [Mo(CN)$_4$(CO)$_2$]$^{4-}$, **3**, 1120
MoC$_6$N$_6$
  [Mo(CN)$_6$]$^{3-}$, **3**, 1139

MoC$_6$O$_5$S
  Mo(CO)$_5$(CS), **3**, 1122
MoC$_6$O$_6$
  Mo(CO)$_6$, **3**, 9, 529, 793, 1080; **8**, 12, 548, 601
MoC$_7$F$_3$O$_7$
  [Mo(O$_2$CCF$_3$)(CO)$_5$]$^-$, **3**, 1108
MoC$_7$H$_2$O$_5$
  Mo(CO)$_5$(HC≡CH), **3**, 1086
MoC$_7$H$_3$NO$_5$
  Mo(CO)$_5$(CNMe), **3**, 1121
MoC$_7$H$_3$O$_7$
  [Mo(OAc)(CO)$_5$]$^-$, **3**, 1108
MoC$_7$H$_5$Br$_3$O$_2$
  MoBr$_3$(CO)$_2$Cp, **3**, 1127
MoC$_7$H$_5$Cl$_3$O$_2$
  MoCl$_3$(CO)$_2$Cp, **3**, 1187
MoC$_7$H$_5$F$_2$O$_2$PS$_2$
  Mo(S$_2$PF$_2$)(CO)$_2$Cp, **3**, 1191
MoC$_7$H$_5$NO$_3$
  Mo(CO)$_2$(NO)Cp, **3**, 1127, 1182, 1192
MoC$_7$H$_5$NO$_5$S
  Mo(CO)$_5${S=C(Me)NH$_2$}, **3**, 1118
MoC$_7$H$_5$N$_2$O$_2$
  [Mo(CN)(CO)(NO)Cp]$^-$, **3**, 1192
MoC$_7$H$_7$S$_2$
  Mo(SCH=CHS)Cp, **8**, 329
MoC$_7$H$_9$S$_2$
  Mo(SCH$_2$CH$_2$S)Cp, **8**, 329
MoC$_7$N$_7$
  [Mo(CN)$_7$]$^{5-}$, **3**, 12
MoC$_8$H$_3$N$_8$
  MoH$_3$(CN)$_8$, **3**, 1139
MoC$_8$H$_3$O$_5$
  [Mo(C≡CMe)(CO)$_5$]$^-$, **3**, 884
MoC$_8$H$_4$NO$_5$S
  Mo(N=CHCH$_2$CHS)(CO)$_5$, **3**, 1104
MoC$_8$H$_4$O$_4$
  Mo(CO)$_4$(η^4-C$_4$H$_4$), **3**, 1173
MoC$_8$H$_5$Br$_3$O$_3$
  MoBr$_3$(CO)$_3$Cp, **3**, 1186
MoC$_8$H$_5$F$_3$O$_4$
  Mo(O$_2$CCF$_3$)(CO)$_2$Cp, **3**, 1185
MoC$_8$H$_5$IO$_3$
  MoI(CO)$_3$Cp, **3**, 1127, 1182
MoC$_8$H$_5$O$_3$
  [Mo(CO)$_3$Cp]$^-$, **3**, 1126, 1176, 1181, 1182; **8**, 1017
  Mo(CO)$_3$Cp, **8**, 341
MoC$_8$H$_6$N$_2$O$_4$
  Mo(CO)$_4$(CNMe)$_2$, **3**, 1121
MoC$_8$H$_6$O$_3$
  MoH(CO)$_3$Cp, **3**, 1127, 1182, 1184
MoC$_8$H$_6$O$_4$
  Mo(CO)$_4${C(CH$_2$)$_3$}, **3**, 1176
MoC$_8$H$_6$O$_6$
  Mo{C(OMe)Me}(CO)$_5$, **3**, 1124
MoC$_8$H$_8$NO$_3$
  [Mo(CO)$_3$(NH$_3$)Cp]$^+$, **3**, 1183
MoC$_8$H$_{10}$INO
  MoI(NO)Cp(CH$_2$CHCH$_2$), **3**, 1165
MoC$_8$H$_{12}$O$_4$P$_2$
  [Mo(PMe$_2$)$_2$(CO)$_4$]$^{2-}$, **3**, 853
MoC$_8$H$_{16}$O$_4$P$_2$S
  [Mo(CO)$_2$(SO$_2$)(dmpe)]$^{2+}$, **3**, 862
MoC$_8$H$_{20}$Br$_2$N$_6$O$_2$
  MoBr$_2${CN(Me)CH$_2$CH$_2$NMe}$_2$(NO)$_2$, **3**, 1123

MoC$_8$N$_8$
  [Mo(CN)$_8$]$^{4-}$, **3**, 1135, 1136
MoC$_9$H$_5$Cl$_3$O$_3$
  Mo(CCl$_3$)(CO)$_3$Cp, **3**, 1180
MoC$_9$H$_5$FO$_3$
  Mo(CO)$_3$(η^6-C$_6$H$_5$F), **3**, 1210; **8**, 1028, 1029
MoC$_9$H$_5$O$_4$
  [Mo(CO)$_4$Cp]$^+$, **3**, 1181, 1183
MoC$_9$H$_6$O$_3$
  Mo(CO)$_3$(C$_6$H$_6$), **3**, 1086, 1219
MoC$_9$H$_6$O$_4$
  Mo(CO)$_3$(η^6-C$_6$H$_5$OH), **3**, 1220
MoC$_9$H$_7$ClO$_2$
  MoCl(CO)$_2$(C$_7$H$_7$), **3**, 1126
MoC$_9$H$_7$IO$_2$
  MoI(CO)$_2$(C$_7$H$_7$), **3**, 1234, 1236
MoC$_9$H$_7$NO$_3$
  Mo(CO)$_3$(η^6-C$_6$H$_5$NH$_2$), **3**, 1210
MoC$_9$H$_7$O$_2$
  [Mo(CO)$_2$(C$_7$H$_7$)]$^-$, **3**, 1237
MoC$_9$H$_7$O$_6$
  [Mo(CO)$_4$(acac)]$^-$, **3**, 1106
MoC$_9$H$_8$NO$_2$S
  Mo(CO)$_2$(MeNCS)Cp, **3**, 1155
MoC$_9$H$_8$O$_3$
  MoMe(CO)$_3$Cp, **3**, 100, 1127, 1184
MoC$_9$H$_9$N$_3$O$_3$
  Mo(CO)$_3$(CNMe)$_3$, **3**, 1121
  Mo(CO)$_3$(MeCN)$_3$, **3**, 1218
MoC$_9$H$_{10}$NO$_2$
  [Mo(CO)(NO)Cp(CH$_2$CHCH$_2$)]$^+$, **3**, 70
  Mo(CO)(NO)Cp(CH$_2$CHCH$_2$), **3**, 1164
MoC$_9$H$_{10}$O
  MoMe(CO)Cp(HC≡CH), **3**, 59
MoC$_9$H$_{10}$O$_2$S
  Mo(CH$_2$SMe)(CO)$_2$Cp, **3**, 1154
MoC$_9$H$_{10}$O$_6$
  Mo(CO)$_5$(OEt$_2$), **3**, 1106
MoC$_9$H$_{11}$ClNO
  MoCl(CO)(NO)Cp(MeCHCHCH$_2$), **3**, 1164
MoC$_9$H$_{11}$IN$_2$O$_2$
  MoI(CO)$_2$(CH$_2$CHCH$_2$)(MeCN)$_2$, **3**, 1105
MoC$_9$H$_{11}$NO$_2$
  Mo(CO)(NO)Cp(CH$_2$=CHMe), **3**, 1152
MoC$_9$H$_{16}$NO$_4$P$_2$
  [Mo(CO)$_3$(NO)(dmpe)]$^+$, **3**, 862
MoC$_9$H$_{18}$O$_6$S$_3$
  Mo(CO)$_3$(OSMe$_2$)$_3$, **3**, 1118
MoC$_{10}$H$_5$NO$_5$
  Mo(CO)$_5$(py), **3**, 1104
MoC$_{10}$H$_6$F$_4$O$_3$
  Mo(CF$_2$CHF$_2$)(CO)$_3$Cp, **3**, 1184
MoC$_{10}$H$_6$N$_2$O$_4$
  Mo(CO)$_4$(CH$_2$=CHCN)$_2$, **3**, 1151
MoC$_{10}$H$_7$O$_3$
  [Mo(CO)$_3$(C$_7$H$_7$)]$^+$, **3**, 68, 1221
MoC$_{10}$H$_8$N$_2$O$_4$S$_2$
  Mo(CO)$_4${N=CSCH$_2$CH$_2$}$_2$, **3**, 1113
MoC$_{10}$H$_8$O$_2$
  Mo(CH$_2$C≡CH)(CO)$_2$Cp, **3**, 1161
MoC$_{10}$H$_8$O$_3$
  Mo(CO)$_3$(C$_7$H$_8$), **3**, 115, 1224, 1225
  [Mo(CO)$_3$(C$_7$H$_8$)]$^+$, **3**, 1170
MoC$_{10}$H$_9$O$_3$
  [Mo(CO)$_3$Cp(CH$_2$=CH$_2$)]$^+$, **3**, 1152

MoC$_{10}$H$_{10}$
   MoCp$_2$, **3**, 1196
MoC$_{10}$H$_{10}$Cl$_2$
   MoCl$_2$(Cp)$_2$, **8**, 290
MoC$_{10}$H$_{10}$INO
   MoI(NO)Cp$_2$, **3**, 1202, 1244
MoC$_{10}$H$_{10}$N$_2$O$_5$
   Mo{$\overline{\text{CN(Me)CH}_2\text{CH}_2\text{NMe}}$}(CO)$_5$, **3**, 1123
MoC$_{10}$H$_{10}$O$_2$
   Mo(CO)$_2$Cp(CH$_2$CHCH$_2$), **3**, 110, 111, 1159, 1165
MoC$_{10}$H$_{10}$O$_3$S
   Mo(CO)$_3$(η^5-C$_5$H$_4$SMe$_2$), **3**, 1195
MoC$_{10}$H$_{10}$S$_2$
   MoS$_2$(Cp)$_2$, **3**, 1203
MoC$_{10}$H$_{11}$NO$_2$
   Mo(CO)$_2$Cp(MeC=NMe), **3**, 105
   Mo(CO)(NO)Cp(CH$_2$=CHCH=CH$_2$), **3**, 1164
MoC$_{10}$H$_{11}$NO$_3$
   Mo{CO(CH$_2$)$_2$NH$_2$}(CO)$_2$Cp, **3**, 1190
   Mo(CO)$_2$(Me$_2$C=NO)Cp, **3**, 1154
MoC$_{10}$H$_{11}$NO$_5$
   Mo(CO)$_5${$\overline{\text{HN(CH}_2\text{)}_4\text{CH}_2}$}, **3**, 1101
MoC$_{10}$H$_{11}$N$_2$O
   [Mo(CO)(CNMe)$_2$Cp]$^-$, **3**, 1168, 1182
MoC$_{10}$H$_{12}$
   MoH$_2$(Cp)$_2$, **3**, 38, 1196, 1198; **8**, 290, 1043
MoC$_{10}$H$_{12}$NO$_2$
   [Mo(CO)(NO)Cp(MeCHCHCH$_2$)]$^+$, **3**, 1164
MoC$_{10}$H$_{12}$O$_2$
   Mo(CO)$_2$(CH$_2$=CHCH=CH$_2$)$_2$, **3**, 1086, 1170
MoC$_{10}$H$_{12}$P$_2$
   Mo(P$_2$H$_2$)Cp$_2$, **3**, 1203
MoC$_{10}$H$_{14}$N$_2$O$_2$S$_4$
   Mo(CO)$_2$(S$_2$CNPr^i)$_2$, **3**, 16
MoC$_{10}$H$_{15}$N$_6$O
   [Mo(NO)(CNMe)$_5$]$^+$, **3**, 1144
MoC$_{10}$H$_{18}$O$_4$P$_4$
   Mo(CO)$_4${Me$_2$P(PMe)$_2$PMe$_2$}, **3**, 853
MoC$_{10}$H$_{20}$Br$_2$N$_4$O$_2$
   MoBr$_2${$\overline{\text{CN(Me)CH}_2\text{CH}_2\text{NMe}}$}$_2(CO)_2$, **3**, 1123
MoC$_{11}$H$_5$N$_3$O$_3$
   Mo(CN)$_3$(CO)$_3$Cp, **3**, 1186
MoC$_{11}$H$_7$NO$_2$
   Mo(CO)$_5$(PhNH$_2$), **3**, 1214
MoC$_{11}$H$_8$O$_3$
   Mo(CO)$_3$(C$_6$H$_5$CH=CH$_2$), **3**, 1153
   Mo(CO)$_3$(C$_8$H$_8$), **3**, 136
   Mo(CO)$_3$(cot), **3**, 1229
MoC$_{11}$H$_8$O$_4$
   Mo(CO)$_4$(nbd), **3**, 1086, 1170, 1171
MoC$_{11}$H$_{10}$O
   Mo(CO)Cp$_2$, **3**, 1196
MoC$_{11}$H$_{10}$O$_3$
   Mo(CO)$_3$(C$_8$H$_{10}$), **3**, 1170, 1228
   Mo(CO)$_3$Cp(CH$_2$CHCH$_2$), **3**, 1182
MoC$_{11}$H$_{11}$
   MoCp(C$_6$H$_6$), **3**, 1166, 1203
MoC$_{11}$H$_{11}$Cl
   MoCl(Cp)(C$_6$H$_6$), **3**, 1172
MoC$_{11}$H$_{11}$I
   MoI(Cp)(C$_6$H$_6$), **3**, 1166
MoC$_{11}$H$_{11}$NO$_3$
   Mo(CO)$_3$(η^5-C$_5$H$_4$CHNMe$_2$), **3**, 1195
MoC$_{11}$H$_{11}$NO$_5$
   Mo(CO)$_5${HN=$\overline{\text{C(CH}_2\text{)}_4\text{CH}_2}$}, **3**, 1099
MoC$_{11}$H$_{11}$O$_2$
   Mo(CO)$_2$Cp{C(CH$_2$)$_3$}, **3**, 1176
   [Mo(CO)$_2$Cp(CH$_2$=CHCH=CH$_2$)]$^+$, **3**, 112, 1173
MoC$_{11}$H$_{12}$O$_2$
   Mo(CO)$_2$Cp(MeCHCHCH$_2$), **3**, 1160, 1172
MoC$_{11}$H$_{12}$O$_3$
   Mo(CO)$_3${(CH$_2$)$_2$CCH$_2$CH$_2$C(CH$_2$)$_2$}, **3**, 1176
MoC$_{11}$H$_{13}$NO
   MoMe(NO)Cp$_2$, **3**, 1202
MoC$_{11}$H$_{14}$NO$_2$S
   [Mo(CO)$_2$(Me$_2$NCSMe)Cp]$^+$, **3**, 1155
MoC$_{11}$H$_{14}$O$_2$
   Mo(O$_2$CMe)(C$_6$H$_6$)(CH$_2$CHCH$_2$), **3**, 1207
MoC$_{12}$F$_{18}$Cl
   [MoCl(CF$_3$C≡CCF$_3$)$_3$]$^-$, **3**, 1237
MoC$_{12}$H$_7$O$_3$
   [Mo(CO)$_3$(η^5-indenyl)]$^-$, **8**, 1046
MoC$_{12}$H$_8$ClN$_3$O$_3$
   MoCl(CO)$_2$(NO)(bipy), **3**, 1112
MoC$_{12}$H$_8$F$_6$O$_2$S
   Mo{COC(CF$_3$)=C(CF$_3$)COSMe}Cp, **3**, 1243
MoC$_{12}$H$_8$N$_2$O$_4$S
   Mo(CO)$_2$(SO$_2$)(bipy), **3**, 1117
MoC$_{12}$H$_8$O$_4$
   Mo(CO)$_4$(cot), **3**, 1170, 1229
MoC$_{12}$H$_9$N$_3$O$_3$
   Mo(CO)$_3$(CH$_2$=CHCN)$_3$, **3**, 1098, 1151
MoC$_{12}$H$_9$N$_8$
   Mo(CN)$_4$(CNMe)$_4$, **3**, 1139
MoC$_{12}$H$_{10}$Cl$_2$
   Mo(η^6-C$_6$H$_5$Cl)$_2$, **3**, 1205, 1209
MoC$_{12}$H$_{10}$F$_2$
   Mo(η^6-C$_6$H$_5$F)$_2$, **3**, 1205
MoC$_{12}$H$_{10}$N$_2$O$_4$
   Mo(CO)$_4${MeCH=NCH$_2$(C$_5$H$_4$N)}, **3**, 1113
MoC$_{12}$H$_{10}$O$_2$
   Mo(CO)$_2$Cp$_2$, **3**, 35
MoC$_{12}$H$_{10}$O$_2$S
   Mo(CO)$_2$Cp(CH$_2$$\overline{\text{CCHCH=CHS}}$), **3**, 1162
MoC$_{12}$H$_{10}$O$_3$
   Mo(CO)$_3$(C$_6$H$_5$CH$_2$CH=CH$_2$), **3**, 1213
MoC$_{12}$H$_{11}$O
   [Mo(CO)Cp(C$_6$H$_6$)]$^+$, **3**, 1203
MoC$_{12}$H$_{12}$
   Mo(η^6-C$_6$H$_6$)$_2$, **3**, 29, 1205, 1207
   [Mo(C$_6$H$_6$)$_2$]$^+$, **3**, 1205
MoC$_{12}$H$_{12}$O$_2$
   Mo(CO)$_2$Cp(C$_5$H$_7$), **3**, 1160, 1199
MoC$_{12}$H$_{12}$O$_3$
   Mo(CO)$_3$(η^6-C$_6$H$_3$Me$_3$), **3**, 1214, 1215, 1217
MoC$_{12}$H$_{12}$O$_4$
   Mo(CO)$_4$(cod), **3**, 1086, 1170
MoC$_{12}$H$_{14}$
   MoCp$_2$(CH$_2$=CH$_2$), **3**, 1152, 1196
   MoMe(Cp)(C$_6$H$_6$), **3**, 1203
MoC$_{12}$H$_{14}$O
   MoH(COMe)Cp$_2$, **3**, 1201
MoC$_{12}$H$_{14}$O$_2$
   Mo(CO)$_2$Cp(EtCHCHCH$_2$), **3**, 1173
   Mo(CO)$_2$Cp(MeCHCHCHMe), **3**, 1160
MoC$_{12}$H$_{14}$S$_2$
   Mo($\overline{\text{SCH}_2\text{CH}_2\text{S}}$)Cp$_2$, **3**, 1200
MoC$_{12}$H$_{15}$
   [MoH(CH$_2$=CH$_2$)Cp$_2$]$^+$, **8**, 305

MoC$_{12}$H$_{15}$Cl
  MoCl(Et)Cp$_2$, **3**, 1152; **8**, 1046
MoC$_{12}$H$_{16}$
  MoMe$_2$(Cp)$_2$, **3**, 1195
MoC$_{12}$H$_{16}$N$_2$O$_4$
  Mo(CO)$_4$(Pr^{i}N=CHCH=NPr^i), **3**, 1114
MoC$_{12}$H$_{16}$O$_3$
  Mo(acac)(C$_7$H$_7$)(H$_2$O), **3**, 1222
  [Mo(acac)(C$_7$H$_7$)(H$_2$O)]$^+$, **3**, 1234
MoC$_{12}$H$_{16}$Se$_2$
  Mo(SeMe)$_2$Cp$_2$, **3**, 1200
MoC$_{12}$H$_{17}$F$_3$O$_6$
  MoH(O$_2$CCF$_3$)(CO)$_2$$\overline{\{O(CH_2)_3CH_2\}_2}$, **8**, 341
MoC$_{12}$H$_{17}$IN$_2$O
  MoI(CO)Cp{MeNC(Me)CNMe$_2$}, **3**, 1168, 1183
MoC$_{12}$H$_{17}$N$_2$O
  [Mo(NO)Cp(MeCHCHCH$_2$)(py)]$^+$, **3**, 1164
MoC$_{12}$H$_{18}$
  Mo(CH$_2$=CHCH=CH$_2$)$_3$, **1**, 220; **3**, 1169
MoC$_{12}$H$_{18}$N$_2$O$_4$S
  Mo(CO)$_4$(Bu^{t}NSNBu^t), **3**, 873
MoC$_{12}$H$_{20}$
  Mo(CH$_2$CHCH$_2$)$_4$, **3**, 1155
MoC$_{12}$H$_{20}$N$_2$O$_2$S$_4$
  Mo(CO)$_2$(S$_2$CNEt$_2$)$_2$, **3**, 1120
MoC$_{12}$H$_{20}$N$_4$O$_4$
  Mo$\overline{\{CN(Me)CH_2CH_2NMe\}_2}(CO)_4$, **3**, 1123
MoC$_{12}$H$_{27}$O$_9$P$_3$
  Mo(CO)$_3$\{P(OMe)$_3$\}$_3$, **3**, 1218
MoC$_{13}$H$_5$F$_{12}$IO
  MoI(CO)Cp{η^4-C$_4$(CF$_3$)$_4$}, **3**, 1174
MoC$_{13}$H$_5$O$_5$
  [Mo(C≡CPh)(CO)$_5$]$^-$, **3**, 884
MoC$_{13}$H$_8$Br$_2$N$_2$O$_3$
  MoBr$_2$(CO)$_3$(bipy), **3**, 1116
MoC$_{13}$H$_8$N$_3$O$_4$
  [Mo(CO)$_3$(NO)(bipy)]$^+$, **3**, 1112
MoC$_{13}$H$_8$N$_5$O$_3$
  [Mo(CO)$_3$(N$_3$)(bipy)]$^-$, **3**, 1098, 1099
MoC$_{13}$H$_8$O$_4$
  Mo(CO)$_3$($\overline{OCH=CHC_6H_4CH=CH}$), **3**, 1214
MoC$_{13}$H$_{10}$N$_2$O$_2$
  Mo(NNPh)(CO)$_2$Cp, **3**, 1182
MoC$_{13}$H$_{12}$O$_3$
  Mo(CO)$_3$(C$_{10}$H$_{12}$), **3**, 1231
MoC$_{13}$H$_{13}$
  [Mo(η^6-C$_6$H$_6$)(C$_7$H$_7$)]$^+$, **3**, 69; **8**, 1032
  Mo(η^6-C$_6$H$_6$)(C$_7$H$_7$), **3**, 1222
  [MoCp(cot)]$^+$, **3**, 1172
  MoCp(cot), **3**, 1239
MoC$_{13}$H$_{14}$
  Mo(C$_7$H$_7$)(C$_6$H$_7$), **3**, 1222
MoC$_{13}$H$_{15}$
  [MoCp$_2$(CH$_2$CHCH$_2$)]$^+$, **3**, 69; **8**, 531
MoC$_{13}$H$_{15}$O$_3$
  [Mo(CO)$_3$(η^5-C$_5$Me$_5$)]$^-$, **3**, 1182
MoC$_{13}$H$_{16}$
  Mo$\overline{(CH_2CH_2CH_2)}Cp_2$, **8**, 531
MoC$_{13}$H$_{16}$O$_2$
  Mo(CO)$_2$(CH$_2$=CH$_2$)(η^6-C$_6$H$_3$Me$_3$), **3**, 1220
MoC$_{13}$H$_{17}$
  [Mo(CH$_2$CHCH$_2$)(C$_6$H$_6$)(CH$_2$=CH-CH=CH$_2$)]$^+$, **8**, 1032
MoC$_{13}$H$_{18}$N$_2$O$_3$
  Mo{CONH(CH$_2$)$_5$NH$_2$}(CO)$_2$Cp, **3**, 1099, 1190
MoC$_{13}$H$_{19}$N$_2$O$_4$

Mo(CO)$_4$(Bu^{t}NCHNBu^t), **3**, 873
MoC$_{13}$H$_{20}$N$_2$O$_3$S$_4$
  Mo(CO)$_3$(S$_2$CNEt$_2$)$_2$, **3**, 1120
MoC$_{13}$H$_{32}$N$_2$O$_4$P$_4$
  Mo(CO)(NO)(NO$_2$)(dmpe)$_2$, **3**, 862
MoC$_{14}$H$_3$F$_{12}$N
  Mo(CF$_3$C≡CCF$_3$)$_3$(MeCN), **3**, 1240
MoC$_{14}$H$_5$F$_{15}$
  Mo(CF$_3$)(CF$_3$CCCF$_3$)$_2$Cp, **3**, 1243
MoC$_{14}$H$_8$N$_3$O$_3$
  [Mo(CN)(CO)$_3$(bipy)]$^-$, **3**, 1120
MoC$_{14}$H$_{10}$NO$_2$
  [Mo(CO)$_2$(CNPh)Cp]$^-$, **3**, 1154
MoC$_{14}$H$_{10}$N$_2$O$_4$
  Mo(CO)$_4$(py)$_2$, **3**, 1104
MoC$_{14}$H$_{12}$O$_2$
  Mo(CO)$_2$Cp(CH$_2$Ph), **3**, 143
  Mo(CO)$_2$Cp(C$_7$H$_7$), **3**, 132, 133, 1159
MoC$_{14}$H$_{13}$NO$_3$
  Mo{CPh(OMe)}(CO)(NO)Cp, **4**, 367
MoC$_{14}$H$_{13}$N$_2$O$_2$
  Mo(CO)$_2${C$_5$H$_4$N(CH=NMe)}Cp, **3**, 1155
MoC$_{14}$H$_{14}$O$_3$
  Mo{C(Me)=$\overline{C(CH_2)_3CO}$}(CO)$_2$Cp, **3**, 1243
MoC$_{14}$H$_{16}$N$_2$
  [MoCp$_2$(MeCN)$_2$]$^{2+}$, **3**, 1200
MoC$_{14}$H$_{16}$O$_2$
  Mo(CO)$_2$(C$_6$H$_9$)(C$_6$H$_7$), **3**, 1170
  Mo(η^6-C$_6$H$_5$OMe)$_2$, **3**, 1205
MoC$_{14}$H$_{16}$O$_3$
  Mo(CO)$_3$(C$_7$H$_7$Bu^t), **3**, 1235
MoC$_{14}$H$_{16}$O$_3$S
  Mo(SCy)(CO)$_3$Cp, **3**, 1191
MoC$_{14}$H$_{17}$
  [MoCp$_2$(MeCHCHCH$_2$)]$^+$, **3**, 1167, 1201
MoC$_{14}$H$_{17}$O
  [Mo(CO)(MeCCMe)$_2$Cp]$^+$, **3**, 1244
MoC$_{14}$H$_{17}$O$_5$
  [Mo(CO)Cp(HOCH$_2$C≡CCH$_2$OH)$_2$]$^+$, **3**, 109
MoC$_{14}$H$_{19}$NO$_3$
  Mo(CO)(NO)Cp(MeCH=CHCH$_2$CMe$_2$CHO), **3**, 1164
MoC$_{14}$H$_{20}$N$_2$O$_4$
  Mo(CO)$_4$(Bu^{t}N=CHCH=NBu^t), **3**, 1114
MoC$_{14}$H$_{20}$N$_4$O$_4$
  Mo(CO)$_4$$\overline{\{CN(Me)CH_2CH_2NMe\}_2}$, **3**, 103
MoC$_{14}$H$_{21}$N$_7$
  [Mo(CNMe)$_7$]$^{2+}$, **3**, 1140
MoC$_{14}$H$_{25}$O$_4$P$_5$
  Mo(CO)$_4${(PEt)$_5$}, **3**, 855
MoC$_{14}$H$_{32}$NO$_5$P$_4$
  [Mo(NO$_3$)(CO)$_2$(dmpe)$_2$]$^-$, **3**, 862
MoC$_{15}$H$_5$F$_5$O$_4$
  Mo(COC$_6$F$_5$)(CO)$_3$Cp, **3**, 1183
MoC$_{15}$H$_5$F$_{11}$OS
  MoO(SC$_6$H$_5$)(CF$_3$CCCF$_3$)Cp, **3**, 1242
MoC$_{15}$H$_7$F$_5$O$_2$
  Mo(C$_6$F$_5$)(CO)$_2$(C$_7$H$_7$), **3**, 1237
MoC$_{15}$H$_{12}$O$_2$S
  Mo(SPh)(CO)$_2$(C$_7$H$_7$), **3**, 1237
MoC$_{15}$H$_{13}$IN$_3$O
  [MoI(NO)Cp(bipy)]$^+$, **3**, 1193
MoC$_{15}$H$_{14}$O$_2$
  Mo(CH$_2$C$_6$H$_4$Me)(CO)$_2$Cp, **3**, 142, 1163
MoC$_{15}$H$_{15}$BrN$_2$O$_2$
  MoBr(CO)$_2$(CH$_2$CHCH$_2$)(py)$_2$, **3**, 1156
MoC$_{15}$H$_{15}$NO

MoC$_{15}$H$_{15}$NO
  Mo(C$_5$H$_5$)(NO)Cp$_2$, **3**, 123, 149
  Mo(NO)Cp$_3$, **3**, 151, 1202
MoC$_{15}$H$_{16}$O$_3$
  Mo(CO)$_3$(C$_8$H$_4$Me$_4$), **3**, 139
MoC$_{15}$H$_{17}$O$_2$
  [Mo(acac)Cp$_2$]$^+$, **3**, 1200
MoC$_{15}$H$_{18}$ClO$_3$
  [MoCl(CO)$_3$(η^6-C$_6$Me$_6$)]$^+$, **3**, 1216
MoC$_{15}$H$_{18}$F$_6$O$_3$
  Mo(CO)$_3${EtC(F)=CHF}$_3$, **3**, 1152
MoC$_{15}$H$_{18}$IO$_3$
  [MoI(CO)$_3$(η^6-C$_6$Me$_6$)]$^+$, **3**, 1089
MoC$_{15}$H$_{18}$O$_3$
  Mo(CO)$_3$(η^6-C$_6$Me$_6$), **3**, 1210
MoC$_{15}$H$_{33}$O$_9$P$_3$
  Mo(C$_6$H$_6$){P(OMe)$_3$}$_3$, **3**, 1207
MoC$_{16}$H$_5$F$_{11}$OS
  Mo(SC$_6$F$_5$)(CO)(CF$_3$C≡CCF$_3$)Cp, **3**, 1242
MoC$_{16}$H$_{12}$O$_{12}$
  Mo(CO)$_4${η^4-C$_4$(CO$_2$Me)$_4$}, **3**, 1173
MoC$_{16}$H$_{13}$N$_3$O$_2$S
  Mo(NCS)(CO)$_2$(CH$_2$CHCH$_2$)(bipy), **3**, 1100
MoC$_{16}$H$_{15}$NS
  Mo(SC$_6$H$_4$NH)Cp$_2$, **3**, 1200
MoC$_{16}$H$_{16}$N$_2$O$_2$
  Mo(CO)$_2$(Me$_2$C=NNPh)Cp, **3**, 1154
MoC$_{16}$H$_{17}$ClO$_3$
  MoCl(CO)Cp(C$_6$Me$_4$O$_2$), **3**, 1174
MoC$_{16}$H$_{20}$
  Mo(η^6-C$_6$H$_5$Et)$_2$, **3**, 1205
MoC$_{16}$H$_{28}$N$_2$O$_2$S$_4$
  Mo(CO)$_2$(S$_2$CNPr$^i_2$)$_2$, **3**, 1117
MoC$_{16}$H$_{36}$N$_6$O$_4$P$_2$
  Mo(CO)$_4${P(NMe$_2$)$_3$}$_2$, **3**, 1225
MoC$_{17}$H$_{10}$F$_{12}$O
  Mo{C(CF$_3$)=C(CF$_3$)C(CF$_3$)=C(CF$_3$)CH$_2$-CH=CH$_2$}(CO)Cp, **3**, 1175
MoC$_{17}$H$_{10}$O$_3$
  Mo(CO)$_3$(C$_6$H$_5$C≡CPh), **3**, 1213
MoC$_{17}$H$_{10}$O$_5$S
  Mo(CO)$_5$(SPh$_2$), **3**, 1110
MoC$_{17}$H$_{11}$F$_9$N$_4$
  MoCp{CF$_3$CC(CF$_3$)C(CF$_3$)}(C$_3$H$_3$N$_2$)$_2$, **3**, 1168
MoC$_{17}$H$_{15}$ClO
  MoCl(COPh)Cp$_2$, **3**, 1201
MoC$_{17}$H$_{15}$S$_2$
  Mo(SPh)$_2$Cp, **3**, 1194
MoC$_{17}$H$_{16}$O
  MoH(COPh)Cp$_2$, **3**, 1201
MoC$_{17}$H$_{16}$O$_2$P
  Mo(PC$_8$H$_8$)(CO)$_2$(C$_7$H$_8$), **3**, 1226
MoC$_{17}$H$_{17}$F$_3$O$_2$
  Mo{COC(Me)C(Me)C(Me)C(Me)=C(CF$_3$)O}(CO)Cp, **3**, 1163
MoC$_{17}$H$_{23}$NO$_3$
  Mo(NCBu$^t_2$)(CO)$_3$Cp, **3**, 1100
MoC$_{18}$H$_{10}$F$_{12}$
  Mo{C(CF$_3$)=C(CF$_3$)(C$_5$H$_5$)}Cp(CF$_3$C≡CCF$_3$), **3**, 1174
MoC$_{18}$H$_{10}$O$_5$
  Mo(CPh$_2$)(CO)$_5$, **3**, 1123, 1124
MoC$_{18}$H$_{13}$N$_3$O$_3$
  Mo(CO)$_3$(py)(bipy), **3**, 1100
MoC$_{18}$H$_{20}$O$_2$
  Mo(CO)$_2$(C$_8$H$_{10}$)$_2$, **3**, 1170
MoC$_{18}$H$_{22}$O$_2$
  MoO$_2$(Mes)$_2$, **3**, 1129
MoC$_{18}$H$_{23}$NO$_3$
  Mo(CO)(CNBu^t)Cp{OC(Me)C(Me)C(Me)CO}, **3**, 1163
MoC$_{18}$H$_{24}$N$_2$O$_4$
  Mo(OPr^i)$_2$(CO)$_2$(py)$_2$, **3**, 1109
MoC$_{18}$H$_{28}$O$_2$P
  [Mo(CO)$_2$(C$_7$H$_7$)(PPr$^i_3$)]$^+$, **3**, 1236
MoC$_{19}$H$_{12}$O$_5$S
  Mo{C(STol)Ph}(CO)$_5$, **3**, 1124
MoC$_{19}$H$_{14}$N$_2$O$_2$
  Mo(C$_6$H$_4$N=NPh)(CO)$_2$Cp, **3**, 1190
MoC$_{19}$H$_{14}$O$_3$
  Mo(CO)$_3$(PhCH=CHCH=CHPh), **3**, 1212
MoC$_{19}$H$_{15}$NO$_4$
  Mo(OC$_6$H$_4$CH=NPh)(CO)$_3$(CH$_2$CHCH$_2$), **3**, 1157
MoC$_{19}$H$_{15}$N$_2$O$_2$
  Mo(CO)$_2${C$_5$H$_4$N(CH=NPh)}Cp, **3**, 1155
MoC$_{19}$H$_{16}$O$_3$
  Mo(CO)$_3${C$_6$H$_4$(CH$_2$CH$_2$)$_2$C$_6$H$_4$}, **3**, 1212
MoC$_{19}$H$_{24}$O$_2$P
  [MoH(CO)$_2$(PMe$_2$Ph)(η^6-C$_6$H$_3$Me$_3$)]$^+$, **3**, 121
MoC$_{20}$H$_{10}$O$_5$
  Mo{CC(Ph)CPh}(CO)$_5$, **3**, 1124
MoC$_{20}$H$_{16}$
  Mo(C$_{10}$H$_8$)$_2$, **3**, 1205
MoC$_{20}$H$_{16}$O$_4$
  Mo(CO)$_4$(C$_{16}$H$_{16}$), **3**, 1170
  Mo(CO)$_4$(cot)$_2$, **3**, 1169
MoC$_{20}$H$_{20}$
  Mo(C$_5$H$_5$)$_2$Cp$_2$, **3**, 1203
MoC$_{20}$H$_{26}$ClP
  MoClCp(η^4-C$_5$H$_5$Et)(PMe$_2$Ph), **8**, 1047
MoC$_{20}$H$_{26}$P
  [MoEtCp$_2$(PMe$_2$Ph)]$^+$, **8**, 1046
MoC$_{20}$H$_{28}$
  Mo(η^6-C$_6$H$_5$Bu)$_2$, **3**, 1209
MoC$_{20}$H$_{28}$N$_2$O$_4$
  Mo(OBu^t)$_2$(CO)$_2$(py)$_2$, **3**, 16, 1106, 1107, 1117
MoC$_{20}$H$_{30}$
  Mo(η^5-C$_5$Me$_5$)$_2$, **3**, 1196
MoC$_{20}$H$_{43}$O$_9$P$_3$
  Mo(CH=CHBu^t)Cp{P(OMe)$_3$}$_3$, **3**, 1244
MoC$_{21}$H$_{15}$I$_3$O$_3$P
  [MoI$_3$(CO)$_3$(PPh$_3$)]$^-$, **3**, 1091
MoC$_{21}$H$_{16}$O$_4$S
  Mo(CO)$_3${Me(O)SCHC(Ph)CHC(Ph)CH}, **3**, 1232
MoC$_{22}$H$_{10}$F$_{10}$
  Mo(C$_6$F$_5$)$_2$Cp$_2$, **3**, 1201
MoC$_{22}$H$_{16}$ClN$_4$O$_2$
  [MoCl(CO)$_2$(bipy)$_2$]$^+$, **3**, 1216
MoC$_{22}$H$_{19}$N$_2$O$_2$
  Mo(CO)$_2$Cp[C$_5$H$_4$N{CH=NCH(Me)Ph}], **3**, 1190
MoC$_{22}$H$_{20}$O$_2$
  Mo(CO)$_2$Cp{C$_5$H$_5$(C$_5$H$_5$)$_2$}, **3**, 1160
  Mo(C$_5$H$_5$)$_3$(CO)$_2$Cp, **3**, 1203
MoC$_{22}$H$_{20}$Se$_2$
  Mo(SePh)$_2$Cp$_2$, **3**, 1200
MoC$_{23}$H$_{15}$O$_5$P
  Mo(CO)$_5$(PPh$_3$), **3**, 1110
MoC$_{23}$H$_{15}$O$_6$P
  Mo(CO)$_5$(OPPh$_3$), **3**, 846
MoC$_{23}$H$_{21}$Cl
  MoCl(PhCCMe)$_2$Cp, **3**, 1243
MoC$_{23}$H$_{32}$O$_3$
  MoH(CO)$_3${η^5-C$_5$H$_4$(C$_3$Bu$^t_3$)}, **3**, 1183; **8**, 1017
MoC$_{24}$H$_{20}$
  MoCp$_2$(PhCCPh), **3**, 1244; **8**, 323

MoC$_{24}$H$_{20}$NO$_2$P
   Mo(CO)(NO)Cp(PPh$_3$), **3**, 1164, 1192
MoC$_{24}$H$_{23}$F$_{15}$N$_2$
   Mo(CF$_3$)(CNBu^t)Cp{C$_4$(CF$_3$)$_4$C=NBu^t}, **3**, 1175
MoC$_{24}$H$_{24}$
   MoBz$_2$(Cp)$_2$, **3**, 1201; **6**, 1037
MoC$_{25}$H$_{17}$O$_6$P
   Mo(CO)$_5$(Ph$_3$PCHCHO), **3**, 1168
MoC$_{25}$H$_{19}$O$_3$P
   Mo(CO)$_3$(η^4-C$_4$H$_4$)(PPh$_3$), **3**, 1173
MoC$_{25}$H$_{19}$O$_4$P
   Mo(CO)$_4$(CH$_2$CHCHPPh$_3$), **3**, 1168
MoC$_{25}$H$_{20}$IO$_2$P
   MoI(CO)$_2$Cp(PPh$_3$), **3**, 1180
MoC$_{25}$H$_{20}$NO$_2$P
   Mo(NCO)(CO)Cp(PPh$_3$), **3**, 1192
MoC$_{25}$H$_{21}$O$_2$P
   MoH(CO)$_2$Cp(PPh$_3$), **3**, 119, 1184
MoC$_{25}$H$_{21}$O$_5$P
   Mo{C(OMe)Me}(CO)$_4$(PPh$_3$), **3**, 1124
MoC$_{25}$H$_{36}$O
   Mo(CO){$\overline{\text{C}\equiv\text{C(CH}_2)_5\text{CH}_2}$}$_3$, **3**, 1240
MoC$_{26}$H$_{17}$O$_3$P
   Mo(CO)$_3$(C$_5$H$_2$Ph$_3$P), **3**, 1231
MoC$_{26}$H$_{19}$O$_3$P
   Mo(CO)$_3$(η^5-C$_5$H$_4$PPh$_3$), **3**, 1195; **6**, 993
MoC$_{26}$H$_{22}$IOP
   MoI(CO)(C$_7$H$_7$)(PPh$_3$), **3**, 1238
MoC$_{26}$H$_{23}$O$_2$P
   MoMe(CO)$_2$Cp(PPh$_3$), **3**, 1183
MoC$_{26}$H$_{24}$N$_4$O$_4$
   Mo(CO)$_4${$\overline{\text{MeC}=\text{NC}_6\text{H}_4\text{N}=\text{C(Me)CH}=\text{C(Me)-}}$
   $\overline{\text{NHC}_6\text{H}_4\text{N}=\text{C(Me)CH}_2}$}, **3**, 1114
MoC$_{27}$H$_{22}$O$_2$P
   Mo(CO)$_2$(C$_7$H$_7$)(PPh$_3$), **3**, 1235
MoC$_{27}$H$_{26}$ClP
   MoCl(C$_6$H$_6$)(CH$_2$CHCH$_2$)(PPh$_3$), **3**, 1165
MoC$_{28}$H$_{20}$O$_2$
   Mo(CO)$_2$Cp(η^3-C$_3$Ph$_3$), **3**, 1168
MoC$_{28}$H$_{23}$O$_5$P
   Mo(CO)$_3${$\overline{\text{(MeO)}_2\text{PC(Ph)CHC(Ph)CHC-}}$
   $\overline{\text{(Ph)}}$}, **3**, 1231
MoC$_{28}$H$_{25}$P
   MoCp$_2$(PPh$_3$), **3**, 1196
MoC$_{29}$H$_{24}$NO$_4$P$_2$
   [Mo(CO)$_3$(NO)(diphos)]$^+$, **3**, 873, 1116
MoC$_{29}$H$_{25}$ClN$_3$O$_2$P
   MoCl(CO)(NO)(PPh$_3$)(py)$_2$, **3**, 1116
MoC$_{29}$H$_{27}$NOP
   Mo(CO)(CNEt)(C$_7$H$_7$)(PPh$_3$), **3**, 1238
MoC$_{29}$H$_{51}$N$_5$O$_4$
   Mo(OAc)$_2$(CNBu^t)$_5$, **3**, 1142
MoC$_{30}$H$_{20}$N$_2$O$_4$
   Mo(CO)$_4${PhN=C(Ph)C(Ph)=NPh}, **3**, 1113
MoC$_{30}$H$_{23}$N$_2$O$_4$PS
   Mo(CO)$_2$(SO$_2$)(bipy)(PPh$_3$), **3**, 846
MoC$_{30}$H$_{29}$O$_2$P
   Mo(acac)(C$_7$H$_7$)(PPh$_3$), **3**, 1222
MoC$_{30}$H$_{30}$P
   [MoEt(Cp)$_2$(PPh$_3$)]$^+$, **3**, 1199
MoC$_{30}$H$_{35}$N$_2$O$_2$PS$_4$
   Mo(CO)$_2$(PPh$_3$)(S$_2$CNEt$_2$)$_2$, **3**, 1120
MoC$_{30}$H$_{54}$ClN$_6$
   [MoCl(CNBu^t)$_6$]$^+$, **3**, 1142
MoC$_{30}$H$_{54}$IN$_6$
   MoI(CNBu^t)$_6$, **3**, 1245
MoC$_{31}$H$_{27}$NOP
   [Mo(CO)(C$_7$H$_7$)(py)(PPh$_3$)]$^+$, **3**, 1238
MoC$_{31}$H$_{29}$ClO$_2$P$_2$
   MoCl(CO)$_2$(CH$_2$CHCH$_2$)(diphos), **3**, 1157
MoC$_{33}$H$_{26}$
   MoH(η^4-C$_4$Ph$_4$)Cp, **3**, 1174
MoC$_{33}$H$_{30}$O$_3$P$_2$
   Mo(CO)$_3${Ph$_2$P(CH$_2$)$_2$CH=CH(CH$_2$)$_2$PPh$_2$}, **3**, 1153
MoC$_{33}$H$_{31}$ClP$_2$
   MoCl(C$_7$H$_7$)(diphos), **3**, 1221
MoC$_{34}$H$_{25}$ClO
   MoCl(CO)(η^4-C$_4$Ph$_4$)Cp, **3**, 1174
MoC$_{34}$H$_{25}$O
   Mo(CO)(η^4-C$_4$Ph$_4$)Cp, **3**, 1174
MoC$_{34}$H$_{28}$O$_2$
   Mo(CO)$_2$(PhCH=CHCH=CHPh)$_2$, **3**, 1212
MoC$_{34}$H$_{29}$O$_2$P$_2$
   [Mo(CO)$_2$(C$_7$H$_7$)(dppm)]$^+$, **3**, 1233
MoC$_{34}$H$_{31}$OP$_2$
   [Mo(CO)(C$_7$H$_7$)(diphos)]$^+$, **3**, 1221, 1233
MoC$_{34}$H$_{34}$P$_2$
   MoMe(C$_7$H$_7$)(diphos), **3**, 1221
MoC$_{34}$H$_{44}$O$_4$P$_4$
   Mo(CO$_2$)$_2$(PMe$_2$Ph)$_4$, **8**, 238
MoC$_{35}$H$_{35}$P$_2$
   [Mo(CH$_2$CHCH$_2$)(C$_6$H$_6$)(diphos)]$^+$, **3**, 1207; **8**, 1032
   [MoCp(CH$_2$=CHCH=CH$_2$)(diphos)]$^+$, **3**, 1172
MoC$_{35}$H$_{63}$N$_7$
   [Mo(CNBu^t)$_7$]$^{2+}$, **3**, 12, 1142
MoC$_{36}$H$_{34}$P$_2$
   [MoCp$_2$(diphos)]$^{2+}$, **3**, 1200
   [MoCp$_2$(diphos)]$^+$, **8**, 1031
MoC$_{37}$H$_{30}$Cl$_3$O$_3$P$_2$
   MoCl$_3$(CO)(OPPh$_3$)$_2$, **3**, 846, 1111
MoC$_{37}$H$_{37}$P$_2$
   [MoCp(C$_6$H$_8$)(diphos)]$^+$, **3**, 1172
MoC$_{38}$H$_{30}$Br$_2$O$_2$P$_2$
   MoBr$_2$(CO)$_2$(PPh$_3$)$_2$, **3**, 1093
MoC$_{39}$H$_{30}$Cl$_2$O$_3$P$_2$
   MoCl$_2$(CO)$_3$(PPh$_3$)$_2$, **3**, 1216
MoC$_{39}$H$_{30}$O$_3$P$_3$
   [Mo(PPh$_2$)$_3$(CO)$_3$]$^{3-}$, **3**, 839
MoC$_{39}$H$_{33}$ClN$_2$O$_2$P$_2$
   MoCl(CO)(NO)(PPh$_3$)$_2$(MeCN), **3**, 1116
MoC$_{39}$H$_{37}$P$_2$
   [MoCp(cot)(diphos)]$^+$, **3**, 135, 1172
MoC$_{40}$H$_{32}$N$_2$O$_4$P$_2$
   Mo(CO)$_4$(HNPPh$_3$)$_2$, **3**, 1099
MoC$_{41}$H$_{35}$INOP$_2$
   [MoI(NO)Cp(PPh$_3$)$_2$]$^+$, **3**, 1202
MoC$_{42}$H$_{30}$N$_6$
   Mo(CNPh)$_6$, **3**, 1140
MoC$_{42}$H$_{36}$N$_2$O$_2$P$_2$
   Mo(CO)$_2$(PPh$_3$)$_2$(MeCN)$_2$, **3**, 1105
MoC$_{42}$H$_{38}$P$_2$
   MoH$_2$(C$_6$H$_6$)(PPh$_3$)$_2$, **3**, 1165
MoC$_{43}$H$_{30}$O
   Mo(CO)(PhC≡CPh)$_3$, **3**, 1086, 1239
MoC$_{43}$H$_{35}$NO$_2$P$_2$
   Mo(NCO)(CO)Cp(PPh$_3$)$_2$, **3**, 1100
MoC$_{43}$H$_{38}$N$_2$P$_2$
   Mo(η^6-C$_6$H$_5$Me)(N$_2$)(PPh$_3$)$_2$, **8**, 1087
MoC$_{43}$H$_{40}$P$_2$
   MoH$_2$(η^6-C$_6$H$_5$Me)(PPh$_3$)$_2$, **8**, 347

MoC$_{47}$H$_{39}$O$_3$P$_3$
    Mo(CO)$_3$(diphos)(PPh$_3$), **3**, 860
MoC$_{52}$H$_{44}$Cl$_2$O$_2$P$_4$
    MoCl$_2$(CO)$_2$(dppm)$_2$, **3**, 1094
MoC$_{53}$H$_{44}$O$_3$P$_4$
    Mo(CO)$_3$(dppm)$_2$, **3**, 853
MoC$_{53}$H$_{48}$N$_2$OP$_4$
    Mo(CO)(N$_2$)(diphos)$_2$, **3**, 853
MoC$_{54}$H$_{48}$O$_2$P$_4$
    Mo(CO)$_2$(diphos)$_2$, **3**, 1111; **8**, 238
MoC$_{54}$H$_{52}$P$_2$
    Mo(diphos)$_2$(CH$_2$=CH$_2$), **8**, 238
MoC$_{55}$H$_{54}$P$_4$
    MoH(CH$_2$CHCH$_2$)(diphos)$_2$, **3**, 1151
MoC$_{56}$H$_{48}$O$_4$P$_4$
    Mo(CO)$_4$(diphos)$_2$, **3**, 841
MoC$_{56}$H$_{54}$N$_2$P$_4$
    Mo(CNMe)$_2$(diphos)$_2$, **3**, 1145
MoC$_{56}$H$_{56}$P$_4$
    Mo(CH$_2$=CH$_2$)$_2$(diphos)$_2$, **3**, 1151
MoC$_{57}$H$_{40}$O
    Mo(CO)(PhC≡CPh)$_2$(η^4-C$_4$Ph$_4$), **3**, 1175
MoC$_{57}$H$_{45}$O$_3$P$_3$
    Mo(CO)$_3$(PPh$_3$)$_3$, **3**, 1225
MoC$_{57}$H$_{45}$O$_6$P$_3$
    Mo(CO)$_3$(OPPh$_3$)$_3$, **3**, 1110
MoC$_{57}$H$_{53}$P$_4$
    [MoCp(diphos)$_2$]$^+$, **3**, 1172
MoC$_{58}$H$_{40}$O$_2$
    Mo(CO)$_2$(η^4-C$_4$Ph$_4$)$_2$, **3**, 1086, 1175, 1307
MoC$_{66}$H$_{63}$O$_{12}$P$_3$
    Mo(CO)$_3${P(OTol)$_3$}$_3$, **8**, 355
MoC$_{70}$H$_{50}$
    Mo(η^5-C$_5$Ph$_5$)$_2$, **3**, 1196
MoC$_{74}$H$_{60}$O$_2$P$_4$
    Mo(CO)$_2$(PPh$_3$)$_4$, **3**, 837
MoCdC$_8$H$_5$BrO$_3$
    Mo(CdBr)(CO)$_3$Cp, **6**, 1033
MoCdC$_{26}$H$_{19}$I$_2$O$_3$P
    Mo(CO)$_3$(CdI$_2$)(η^5-C$_5$H$_4$PPh$_3$), **6**, 985, 992
MoCoC$_{12}$H$_5$O$_7$
    MoCo(CO)$_7$Cp, **3**, 1187; **6**, 779, 828
MoCoC$_{12}$H$_{16}$Cl$_2$S$_2$
    MoCoCl$_2$(SMe)$_2$Cp$_2$, **6**, 828
MoCoC$_{38}$H$_{28}$O$_4$P$_2$
    [Mo(CO)$_4${Co(η^5-C$_5$H$_4$PPh$_2$)$_2$}]$^+$, **3**, 853; **5**, 247
MoCoFeC$_{12}$H$_5$O$_7$S
    MoFeCo(CO)$_7$Cp(S), **6**, 786
MoCoFeC$_{13}$H$_5$O$_8$S
    FeCoMo(CO)$_8$Cp(S), **6**, 853
MoCoFeC$_{19}$H$_{11}$O$_8$P
    FeCoMo(PPh)(CO)$_8$Cp, **6**, 853
MoCoHgC$_{12}$H$_5$O$_7$
    Hg{Mo(CO)$_3$Cp}{Co(CO)$_4$}, **6**, 1014
MoCoSbC$_{10}$H$_5$Br$_2$NO$_6$
    Cp(CO)$_3$Mo(SbBr$_2$)Co(CO)$_2$(NO), **3**, 1191
MoCo$_2$C$_{13}$H$_5$O$_8$S
    MoCo$_2$(S)(CO)$_8$Cp, **6**, 853
MoCo$_2$C$_{14}$H$_6$O$_8$
    MoCo$_2$(CH)(CO)$_8$Cp, **5**, 177; **6**, 853
MoCo$_3$C$_{16}$H$_5$O$_{11}$
    MoCo$_3$(CO)$_{11}$Cp, **6**, 771, 802, 853
MoCrC$_{10}$HO$_{10}$
    [(CO)$_5$Cr(H)Mo(CO)$_5$]$^-$, **3**, 816
MoCrC$_{10}$O$_{10}$

[CrMo(CO)$_{10}$]$^{2-}$, **6**, 825
MoCrC$_{12}$H$_{12}$O$_8$P$_2$
    (CO)$_4$Cr(PMe$_2$)$_2$Mo(CO)$_4$, **3**, 861; **6**, 782, 825; **8**, 331
MoCrC$_{14}$H$_7$NO$_8$
    CrMo(CO)$_8$(η^6-C$_6$H$_5$NH$_2$), **3**, 1014
MoCrC$_{14}$H$_8$O$_8$S
    (CO)$_5$Cr(SMe)Mo(CO)$_3$Cp, **3**, 1191
MoCrC$_{14}$H$_{12}$O$_{10}$P$_2$
    CrMo(Me$_2$PPMe$_2$)(CO)$_{10}$, **6**, 782
MoCrC$_{15}$H$_{12}$O$_5$
    CrMoH$_2$(CO)$_5$Cp$_2$, **6**, 819, 825
MoCrC$_{16}$H$_{10}$O$_6$
    CrMo(CO)$_6$Cp$_2$, **3**, 1187; **6**, 792, 825
MoCrC$_{16}$H$_{16}$O$_{10}$P$_2$
    (CO)$_5$Cr(dmpe)Mo(CO)$_5$, **3**, 847
MoCrC$_{40}$H$_{30}$O$_4$P$_2$
    Mo(CO)$_4$[{Ph$_2$P(C$_6$H$_5$)}$_2$Cr], **3**, 854
MoCrSbC$_{13}$H$_5$Br$_2$O$_8$
    Cp(CO)$_3$Mo(SbBr$_2$)Cr(CO)$_5$, **3**, 1191
MoCuWC$_{16}$H$_{10}$O$_6$
    [MoWCu(CO)$_6$Cp$_2$]$^-$, **6**, 846
MoFeC$_{12}$H$_{16}$Cl$_2$S$_2$
    MoFeCl$_2$(SMe)$_2$Cp$_2$, **6**, 828
MoFeC$_{15}$H$_{10}$O$_5$
    MoFe(CO)$_5$Cp$_2$, **3**, 1127, 1187; **4**, 519; **6**, 779, 828
MoFeC$_{19}$H$_{18}$O$_6$
    Mo{(CH$_2$)$_2$O(CH$_2$)$_2$Fp}(CO)$_3$Cp, **4**, 393
MoFeC$_{20}$H$_{14}$O$_6$
    (CO)$_3$Mo{(C$_7$H$_7$)(C$_7$H$_7$)}Fe(CO)$_3$, **3**, 1235
MoFeC$_{31}$H$_{20}$O$_7$P$_2$
    MoFe(PPh$_2$)$_2$(CO)$_7$, **6**, 828; **8**, 331
MoFeC$_{38}$H$_{28}$O$_4$P$_2$
    Mo(CO)$_4$[{Ph$_2$P(C$_5$H$_4$)}$_2$Fe], **3**, 853
MoFeSbC$_{10}$H$_5$Br$_2$N$_2$O$_7$
    Cp(CO)$_3$Mo(SbBr$_2$)Fe(CO)$_2$(NO)$_2$, **3**, 1191
MoFeSbC$_{12}$H$_5$Br$_2$O$_7$
    Cp(CO)$_3$Mo(SbBr$_2$)Fe(CO)$_4$, **3**, 1191
MoFe$_2$C$_{13}$H$_5$O$_8$
    [MoFe$_2$(CO)$_8$Cp]$^{2-}$, **3**, 1187
MoFe$_4$C$_{17}$O$_{16}$
    MoFe$_4$(CO)$_{16}$C, **4**, 647; **6**, 853
MoFe$_5$C$_{17}$HO$_{16}$
    [MoFe$_5$H(CO)$_{16}$C]$^{3-}$, **6**, 853
MoFe$_5$C$_{18}$O$_{17}$
    [MoFe$_5$(CO)$_{17}$C]$^{2-}$, **4**, 647; **6**, 767, 773, 853
MoGaC$_{10}$H$_{11}$O$_3$
    Mo(GaMe$_2$)(CO)$_3$Cp, **3**, 1187; **6**, 957
MoGaC$_{26}$H$_{19}$Br$_3$O$_3$P
    Mo(GaBr$_3$)(CO)$_3$(η^5-C$_5$H$_4$PPh$_3$), **6**, 957
MoGeC$_9$H$_7$Cl$_3$O$_2$
    Mo(GeCl$_3$)(CO)$_2$(C$_7$H$_7$), **3**, 1237
MoGeC$_{11}$H$_{14}$O$_3$
    Mo(GeMe$_3$)(CO)$_3$Cp, **3**, 1188
MoGeC$_{14}$H$_{20}$O$_3$
    Mo(GeEt$_3$)(CO)$_3$Cp, **6**, 1055
MoGeC$_{23}$H$_{15}$O$_5$
    [Mo(GePh$_3$)(CO)$_5$]$^-$, **6**, 1046
MoGeC$_{26}$H$_{20}$O$_3$
    Mo(GePh$_3$)(CO)$_3$Ph, **8**, 1046
MoGe$_2$C$_4$Cl$_6$O$_4$
    [Mo(GeCl$_3$)$_2$(CO)$_4$]$^{2-}$, **6**, 1063
MoGe$_2$C$_{11}$H$_{18}$O$_5$Se
    Mo(CO)$_5${Se(GeMe$_3$)$_2$}, **3**, 1084
MoGe$_2$C$_{11}$H$_{18}$O$_5$Te

Mo(CO)$_5$\{Te(GeMe$_3$)$_2$\}, **2**, 447; **3**, 880, 1084

MoGe$_3$C$_{14}$H$_{27}$O$_5$P
Mo(CO)$_5$\{P(GeMe$_3$)$_3$\}, **3**, 832

MoGe$_3$SbC$_{14}$H$_{27}$O$_5$
Mo(CO)$_5$\{Sb(GeMe$_3$)$_3$\}, **3**, 797

MoHgC$_8$H$_5$IO$_3$
Mo(HgI)(CO)$_3$Cp, **3**, 1187

MoHgC$_9$H$_5$NO$_3$S
Mo\{Hg(SCN)\}(CO)$_3$Cp, **6**, 996

MoHgC$_9$H$_8$INO$_2$
Mo(HgI)(CO)$_2$Cp(CNMe), **6**, 995

MoHgC$_9$H$_8$O$_3$
Mo(HgMe)(CO)$_3$Cp, **6**, 1000

MoHgC$_{12}$H$_{11}$Cl$_2$O$_3$
Mo(Mes)(CO)$_3$(HgCl$_2$), **6**, 985

MoHgC$_{13}$H$_8$Cl$_2$N$_2$O$_3$
MoCl(HgCl)(CO)$_3$(bipy), **6**, 989, 991

MoHgC$_{24}$H$_{20}$Cl$_2$NO$_2$P
Mo(CO)(NO)(HgCl$_2$)Cp(PPh$_3$), **6**, 988

MoHgC$_{26}$H$_{19}$Cl$_2$O$_3$P
Mo(CO)$_3$(HgCl$_2$)(η^5-C$_5$H$_4$PPh$_3$), **3**, 1195

MoHg$_2$C$_{12}$H$_{11}$Cl$_4$O$_3$
Mo(Mes)(HgCl$_2$)$_2$(CO)$_3$, **6**, 985, 989

MoInC$_8$H$_5$Br$_3$O$_3$
[Mo(InBr$_3$)(CO)$_3$Cp]$^-$, **6**, 962

MoInC$_8$H$_5$Cl$_2$O$_3$
Mo(InCl$_2$)(CO)$_3$Cp, **3**, 1187; **6**, 962

MoInC$_{26}$H$_{19}$Br$_3$O$_3$P
Mo(InBr$_3$)(CO)$_3$(η^5-C$_5$H$_4$PPh$_3$), **6**, 962

MoLi$_2$C$_{12}$H$_{12}$
Li$_2$MoH$_2$(Ph)$_2$, **3**, 1128

MoLi$_2$C$_{30}$H$_{25}$
Li$_2$MoPh$_5$, **3**, 1129

MoLi$_3$C$_{36}$H$_{30}$
Li$_3$MoPh$_6$, **3**, 1128

MoLi$_4$C$_{14}$H$_{18}$
Li$_4$MoH$_2$(Me)$_2$(Ph)$_2$, **3**, 1128

MoMgC$_{14}$H$_{19}$BrO
MoH(Cp)$_2$[MgBr$\overline{\text{O(CH}_2)_3\text{CH}_2}$], **3**, 1201

MoMgC$_{18}$H$_{27}$BrO$_2$
MoH(Cp)$_2$[MgBr$\overline{\text{O(CH}_2)_3\text{CH}_2}$]$_2$, **1**, 195; **6**, 1037

MoMnC$_{10}$O$_{10}$
[MoMn(CO)$_{10}$]$^-$, **6**, 796, 827

MoMnC$_{12}$H$_6$P
(CO)$_5$Mo(PMe$_2$)Mn(CO)$_5$, **3**, 846

MoMnC$_{13}$H$_5$O$_8$
MoMn(CO)$_8$Cp, **3**, 1187; **6**, 779, 801, 827

MoMnC$_{14}$H$_7$O$_7$
MoMn(CO)$_7$(C$_7$H$_7$), **3**, 1237; **6**, 827

MoMnC$_{15}$H$_9$O$_5$
MoMn(CO)$_5$(C$_5$H$_4$)Cp, **4**, 80, 86; **6**, 827; **8**, 1044

MoMnC$_{15}$H$_{10}$O$_5$
MoMn(CO)$_5$Cp$_2$, **3**, 1198

MoMnC$_{16}$H$_5$O$_9$
MoMn(CPh)(CO)$_9$, **6**, 827

MoMnC$_{16}$H$_{13}$O$_5$
Mo\{MnMe(CO)$_4$\}(CO)Cp$_2$, **3**, 1198

MoMnSbC$_{15}$H$_{10}$Br$_2$O$_5$
Cp(CO)$_3$Mo(SbBr$_2$)Mn(CO)$_2$Cp, **3**, 1191

MoMn$_2$C$_{18}$H$_{12}$O$_{14}$P$_2$
Mo(CO)$_4$\{(PMe$_2$)Mn(CO)$_5$\}$_2$, **3**, 846

MoNbC$_{16}$H$_{11}$O$_6$
NbMoH(CO)$_6$Cp$_2$, **3**, 714; **6**, 825

MoNbC$_{16}$H$_{16}$O$_4$S$_2$
NbMo(SMe)$_2$(CO)$_4$Cp$_2$, **6**, 824

MoNbC$_{18}$H$_{15}$O$_3$
NbMo(CO)$_3$Cp$_3$, **3**, 716, 1187; **6**, 777, 801, 825

MoNiC$_{14}$H$_{10}$O$_4$
MoNi(CO)$_4$Cp$_2$, **6**, 202, 203, 792, 828

MoNiC$_{26}$H$_{16}$O$_8$P$_2$
Ni(CO)$_3$\{PPh$_2$P(Ph)HMo(CO)$_5$\}, **6**, 19

MoNiSbC$_8$H$_5$Br$_2$N$_3$O$_6$
Cp(CO)$_3$Mo(SbBr$_2$)Ni(NO)$_3$, **3**, 1191

MoNiSbC$_{13}$H$_{11}$O$_6$
Cp(CO)$_3$Mo(SbMe$_2$)Ni(CO)$_3$, **6**, 20

MoNi$_4$C$_{14}$O$_{14}$
[MoNi$_4$(CO)$_{14}$]$^{2-}$, **6**, 12, 854

MoOs$_3$C$_{16}$H$_8$O$_{11}$
MoOs$_3$H$_3$(CO)$_{11}$Cp, **6**, 853

MoOs$_3$C$_{17}$H$_6$O$_{12}$
MoOs$_3$H(CO)$_{12}$Cp, **6**, 853

MoPbC$_{23}$H$_{15}$O$_5$
[Mo(PbPh$_3$)(CO)$_5$]$^-$, **2**, 668; **6**, 1046

MoPbC$_{26}$H$_{20}$O$_3$
Mo(PbPh$_3$)(CO)$_3$Cp, **2**, 630; **3**, 1127, 1188

MoPbSi$_4$C$_{19}$H$_{38}$O$_5$
Mo(CO)$_5$[Pb\{CH(SiMe$_3$)$_2$\}$_2$], **2**, 671

MoPb$_2$C$_{11}$H$_{18}$O$_5$Se
Mo(CO)$_5$\{Se(PbMe$_3$)$_2$\}, **3**, 1084

MoPb$_2$C$_{11}$H$_{18}$O$_5$Te
Mo(CO)$_5$\{Te(PbMe$_3$)$_2$\}, **3**, 880, 1084

MoPtC$_{18}$H$_{15}$ClN$_2$O$_3$
MoPtCl(CO)$_3$Cp(py)$_2$, **6**, 829

MoPtC$_{18}$H$_{23}$N$_2$O$_3$
MoPt(CO)$_3$(CNBu^t)$_2$Cp, **6**, 829

MoPtC$_{21}$H$_{20}$O$_6$
MoPt\{C(Ph)OMe\}(CO)$_5$(cod), **6**, 829

MoReC$_{10}$O$_{10}$
[MoRe(CO)$_{10}$]$^-$, **6**, 796, 827

MoReC$_{12}$H$_6$P
(CO)$_5$Mo(PMe$_2$)Re(CO)$_5$, **3**, 846

MoReC$_{13}$H$_5$O$_8$
MoRe(CO)$_8$Cp, **3**, 1187; **6**, 792, 802, 828

MoReC$_{16}$H$_5$O$_9$
MoRe(CPh)(CO)$_9$, **6**, 802, 827

MoReC$_{17}$H$_{15}$O$_2$
MoRe(CO)$_2$Cp$_3$, **3**, 1201

MoReC$_{18}$H$_{15}$O$_3$
MoRe(CO)$_3$Cp$_3$, **6**, 802, 828

MoRhC$_{18}$H$_{27}$O$_4$P$_2$
MoRh(PMe$_2$)$_2$(CO)$_4$(η^5-C$_5$Me$_5$), **6**, 828

MoRhC$_{46}$H$_{42}$P$_2$
[MoRhH$_2$(PPh$_3$)$_2$Cp$_2$]$^+$, **6**, 828

MoRuC$_{15}$H$_9$ClO$_4$
RuCp\{η^5-C$_5$H$_4$CMoCl(CO)$_4$\}, **4**, 769

MoRuC$_{18}$H$_{14}$O$_6$
RuCp[η^5-C$_5$H$_4$\{C(OEt)Mo(CO)$_5$\}], **4**, 769

MoSbC$_5$H$_3$O$_5$
Mo(CO)$_5$(SbH$_3$), **3**, 797, 863

MoSbC$_{10}$H$_{11}$O$_3$
Mo(SbMe$_2$)(CO)$_3$Cp, **3**, 1191

MoSbC$_{11}$H$_{18}$N$_3$O$_5$
Mo(CO)$_5$\{Sb(NMe$_2$)$_3$\}, **3**, 867

MoSbC$_{12}$H$_{20}$O$_5$P
Mo(CO)$_2$Cp\{PO(OMe)$_2$\}(SbMe$_3$), **3**, 1191

MoSbC$_{25}$H$_{21}$O$_2$
MoH(CO)$_2$Cp(SbPh$_3$), **3**, 1184

MoSbC$_{25}$H$_{21}$O$_5$
Mo\{C(OMe)Me\}(CO)$_4$(SbPh$_3$), **3**, 1124

MoSbC$_{27}$H$_{22}$O$_2$
Mo(CO)$_2$(C$_7$H$_7$)(SbPh$_3$), **3**, 1235

MoSbC$_{28}$H$_{19}$O$_3$
   Mo(CO)$_3$(η^5-C$_5$H$_4$SbPh$_3$), **3**, 1195

MoSbSnC$_{28}$H$_{29}$O$_2$
   Mo(SnMe$_3$)(CO)$_2$Cp(SbPh$_3$), **3**, 1188

MoSbSn$_3$C$_{14}$H$_{27}$O$_5$
   Mo(CO)$_5$|Sb(SnMe$_3$)$_3$|, **3**, 797

MoSbWC$_{13}$H$_5$Br$_2$O$_8$
   Cp(CO)$_3$Mo(SbBr$_2$)W(CO)$_5$, **3**, 1191
   Cp(CO)$_3$W(SbBr$_2$)Mo(CO)$_5$, **3**, 1340

MoSb$_3$C$_3$Cl$_9$O$_3$
   Mo(CO)$_3$(SbCl$_3$)$_3$, **3**, 844

MoSb$_3$C$_{57}$H$_{45}$O$_3$
   Mo(CO)$_3$(SbPh$_3$)$_3$, **3**, 1225

MoSiC$_8$H$_8$O$_3$
   Mo(SiH$_3$)(CO)$_3$Cp, **3**, 1188; **6**, 1045

MoSiC$_9$H$_7$Cl$_3$O$_2$
   Mo(SiCl$_3$)(CO)$_2$(C$_7$H$_7$), **3**, 1237

MoSiC$_{10}$H$_{12}$O$_4$
   Mo(CO)$_4$|(CH$_2$=CH)$_2$SiMe$_2$|, **3**, 1170

MoSiC$_{11}$H$_{14}$O$_3$
   Mo(SiMe$_3$)(CO)$_3$Cp, **6**, 1049

MoSiC$_{13}$H$_{18}$O$_2$
   Mo(CO)$_2$Cp(CH$_2$CHCHSiMe$_3$), **3**, 1161

MoSiC$_{26}$H$_{20}$O$_6$
   Mo|C(OEt)(SiPh$_3$)|(CO)$_5$, **2**, 94; **3**, 1124, 1299

MoSiC$_{43}$H$_{35}$O$_2$P
   Mo(SiPh$_3$)(CO)$_2$Cp(PPh$_3$), **3**, 1188

MoSi$_2$C$_{12}$H$_{24}$O$_4$P$_2$
   Mo(CO)$_4$|Me$_2$P(SiMe$_2$)$_2$PMe$_2$|, **3**, 853

MoSi$_2$C$_{13}$H$_{20}$O$_3$
   Mo(Si$_2$Me$_5$)(CO)$_3$Cp, **3**, 1188

MoSi$_2$C$_{18}$H$_{28}$
   Mo(η^6-C$_6$H$_5$SiMe$_3$)$_2$, **3**, 1209

MoSi$_3$C$_{15}$H$_{42}$C^{l}P
   MoCl(CH$_2$SiMe$_3$)$_3$(PMe$_3$), **3**, 1129, 1130

MoSi$_3$C$_{57}$H$_{45}$O$_3$P$_3$
   Mo(CO)$_3$|(Ph$_2$SiPPh)$_3$|, **2**, 153

MoSnC$_8$H$_5$Cl$_3$O$_3$
   Mo(SnCl$_3$)(CO)$_3$Cp, **3**, 1178

MoSnC$_9$H$_7$Cl$_3$O$_2$
   Mo(SnCl$_3$)(CO)$_2$(C$_7$H$_7$), **3**, 1237

MoSnC$_9$H$_8$Cl$_2$O$_6$
   Mo[SnCl$_2$|$\overline{O(CH_2)_3CH_2}$|](CO)$_5$, **6**, 1054

MoSnC$_9$H$_9$NO$_5$
   Mo(CO)$_5$(CNSnMe$_3$), **3**, 884, 1121

MoSnC$_{10}$H$_{10}$Br$_4$
   MoBr(SnBr$_3$)Cp$_2$, **6**, 1064

MoSnC$_{11}$H$_{14}$O$_3$
   Mo(SnMe$_3$)(CO)$_3$Cp, **3**, 1127, 1188; **6**, 1000, 1045, 1052

MoSnC$_{12}$H$_{14}$O$_3$
   Mo(CO)$_3$(η^6-C$_6$H$_5$SnMe$_3$), **3**, 1210

MoSnC$_{13}$H$_{19}$Cl
   MoCl(SnMe$_3$)Cp$_2$, **6**, 1064

MoSnC$_{21}$H$_{36}$O$_5$P$_2$
   Mo|Sn(PBu$^t{}_2$)$_2$|(CO)$_5$, **2**, 147

MoSnC$_{23}$H$_{15}$O$_5$
   [Mo(SnPh$_3$)(CO)$_5$]$^-$, **6**, 1046

MoSnC$_{26}$H$_{20}$O$_3$
   Mo(SnPh$_3$)(CO)$_3$Cp, **3**, 1182, 1188

MoSnC$_{28}$H$_{29}$O$_2$P
   Mo(SnMe$_3$)(CO)$_2$Cp(PPh$_3$), **3**, 1188

MoSnC$_{43}$H$_{58}$P$_2$
   MoH$_2$(SnBu$_3$)Cp(diphos), **3**, 1200

MoSn$_2$C$_{11}$H$_{18}$O$_5$Se
   Mo(CO)$_5$|Se(SnMe$_3$)$_2$|, **3**, 1084

MoSn$_2$C$_{11}$H$_{18}$O$_5$Te
   Mo(CO)$_5$|Te(SnMe$_3$)$_2$|, **3**, 880, 1084

MoSn$_2$C$_{24}$H$_{54}$O$_4$
   (Bu$_3$Sn)$_2$MoO$_4$, **2**, 559, 572

MoTiC$_{16}$H$_{16}$O$_4$S
   TiMo(SMe)$_2$(CO)$_4$Cp$_2$, **3**, 390

MoTiC$_{16}$H$_{16}$O$_4$S$_2$
   (CO)$_4$Mo(SMe)$_2$TiCp$_2$, **3**, 391; **6**, 824

MoTiC$_{17}$H$_{26}$O$_6$
   TiMo(OPr^i)$_3$(CO)$_3$Cp, **3**, 1187; **6**, 777, 824

MoTiC$_{18}$H$_{15}$O$_3$
   TiMo(CO)$_3$Cp$_3$, **6**, 824

MoTiC$_{18}$H$_{22}$O$_4$P$_2$
   TiMo(CO)$_3$Cp$_3$, **3**, 853
   TiMo(PMe$_2$)$_2$(CO)$_4$Cp$_2$, **6**, 824

MoTiC$_{19}$H$_{28}$N$_3$O$_3$
   TiMo(NMe$_2$)$_3$(CO)$_3$Cp$_2$, **6**, 824

MoTiC$_{26}$H$_{20}$O$_4$S$_2$
   TiMo(SPh)$_2$(CO)$_4$Cp$_2$, **6**, 780

MoTiC$_{26}$H$_{20}$O$_6$
   TiMo(OPh)$_2$(CO)$_4$Cp$_2$, **6**, 780

MoTlC$_8$H$_5$O$_3$
   TlMo(CO)$_3$Cp, **3**, 1187; **6**, 968

MoTlC$_{10}$H$_{11}$O$_3$
   Mo(TlMe$_2$)(CO)$_3$Cp, **1**, 729; **3**, 1187; **6**, 972

MoTlC$_{12}$H$_{15}$O$_3$
   Mo(TlEt$_2$)(CO)$_3$Cp, **6**, 972

MoTlC$_{20}$H$_{15}$O$_3$
   Mo(TlPh$_2$)(CO)$_3$Cp, **6**, 972

MoTlC$_{27}$H$_{26}$O$_2$P
   Mo(TlMe$_2$)(CO)$_2$Cp(PPh$_3$), **6**, 972

MoTlC$_{37}$H$_{30}$O$_2$P
   Mo(TlPh$_2$)(CO)$_2$Cp(PPh$_3$), **6**, 972

MoWC$_{12}$H$_{12}$O$_8$P$_2$
   MoW(PMe$_2$)$_2$(CO)$_8$, **3**, 861; **6**, 782, 827

MoWC$_{13}$H$_5$Cl$_2$O$_8$P
   Cp(CO)$_3$W(PCl$_2$)Mo(CO)$_5$, **3**, 1340

MoWC$_{14}$H$_5$NO$_7$
   MoW(CO)$_7$(PhCN), **6**, 783

MoWC$_{14}$H$_{10}$O$_4$
   MoW(CO)$_4$Cp$_2$, **3**, 1181

MoWC$_{14}$H$_{12}$O$_{10}$P$_2$
   MoW(Me$_2$PPMe$_2$)(CO)$_{10}$, **6**, 782

MoWC$_{15}$H$_{12}$O$_5$
   MoWH$_2$(CO)$_5$Cp$_2$, **6**, 774, 827

MoWC$_{16}$H$_{10}$O$_6$
   MoW(CO)$_6$Cp$_2$, **3**, 1182, 1187, 1333; **6**, 779, 797, 827

MoWC$_{16}$H$_{16}$O$_{10}$P$_2$
   (CO)$_5$Mo(dmpe)W(CO)$_5$, **3**, 847

MoWC$_{19}$H$_{10}$O$_7$
   MoW(CPh)(CO)$_7$Cp, **6**, 827

MoWC$_{20}$H$_{17}$NO$_7$
   MoW(CO)$_7$|Mes(CH$_2$)$_3$CN|, **3**, 1271

MoWC$_{26}$H$_{20}$O$_4$S$_2$
   Cp$_2$W(SPh)$_2$Mo(CO)$_4$, **3**, 1346

MoZnC$_{13}$H$_{10}$O$_3$
   Mo(ZnCp)(CO)$_3$Cp, **2**, 845; **6**, 1035

MoZnC$_{13}$H$_{19}$Br$_2$NO
   MoH$_2$|ZnBr$_2$(HCONMe$_2$)|Cp$_2$, **3**, 1201

MoZnC$_{14}$H$_{10}$O$_3$
   Mo(ZnPh)(CO)$_3$Cp, **6**, 1006

MoZnC$_{16}$H$_{21}$BrO$_5$
   Mo[ZnBr|$\overline{O(CH_2)_3CH_2}$|](CO)$_3$Cp, **6**, 1005

MoZn$_2$C$_{20}$H$_{20}$
   Mo(ZnCp)$_2$Cp$_2$, **2**, 845; **6**, 1036

MoZrC$_8$H$_{12}$O$_4$P$_2$

ZrMo(PMe$_2$)$_2$(CO)$_4$, **6**, 824
MoZrC$_{18}$H$_{22}$O$_4$P$_2$
  (CO)$_4$Mo(PMe$_2$)$_2$ZrCp$_2$, **3**, 579, 853
MoZrC$_{19}$H$_{18}$O$_3$
  Zr(COMe){Mo(CO)$_2$Cp}Cp$_2$, **3**, 582, 600
  ZrMe{Mo(CO)$_3$Cp}Cp$_2$, **3**, 599, 1187; **6**, 777, 824
MoZrC$_{23}$H$_{28}$O
  ZrMe{OCH(Me)MoH(Cp)$_2$}Cp$_2$, **3**, 582
MoZrC$_{31}$H$_{42}$O
  ZrH(OCHMoCp$_2$)(η^5-C$_5$Me$_5$)$_2$, **3**, 605
Mo$_2$AgC$_{16}$H$_{10}$O$_6$
  [Ag{Mo(CO)$_3$Cp}$_2$]$^-$, **3**, 1187; **6**, 846
Mo$_2$Al$_3$C$_{25}$H$_{35}$
  Mo$_2$(HAlMe$_2$)$_2$(AlMe)(C$_5$H$_4$)$_2$Cp$_2$, **3**, 1202; **6**, 956
Mo$_2$Al$_4$C$_{26}$H$_{34}$
  Mo$_2$(Al$_4$Me$_6$)(C$_5$H$_4$)$_4$, **3**, 1202
Mo$_2$Al$_4$C$_{26}$H$_{36}$
  {Mo(AlMe)(AlMe$_2$)(C$_5$H$_4$)Cp}$_2$, **6**, 956
Mo$_2$AsC$_{15}$H$_{11}$O$_8$
  Mo$_2$(AsMe$_2$)(CO)$_8$Cp, **3**, 1191
Mo$_2$As$_2$C$_{10}$H$_6$O$_8$
  {Mo(AsMe)(CO)$_4$}$_2$, **3**, 865
Mo$_2$As$_2$C$_{12}$H$_6$O$_{10}$
  {Mo(CO)$_5$}$_2$(MeAsAsMe), **3**, 865
Mo$_2$As$_2$C$_{14}$H$_{12}$O$_{10}$
  Mo$_2$(CO)$_{10}$(Me$_2$AsAsMe$_2$), **3**, 871
Mo$_2$As$_2$C$_{18}$H$_{10}$F$_{12}$O$_4$
  [Mo{As(CF$_3$)$_2$}(CO)$_2$Cp]$_2$, **3**, 1191
Mo$_2$As$_2$C$_{18}$H$_{22}$O$_4$
  {Mo(AsMe$_2$)(CO)$_2$Cp}$_2$, **3**, 1178, 1190
Mo$_2$As$_2$FeC$_{22}$H$_{22}$O$_8$
  FeMo$_2$(AsMe$_2$)$_2$(CO)$_8$Cp$_2$, **6**, 828
Mo$_2$As$_8$C$_{30}$H$_{56}$O$_6$
  {Mo(CO)$_3$}$_2${(AsPr^i)$_8$}, **3**, 868
Mo$_2$AuC$_{16}$H$_{10}$O$_6$
  [Mo$_2$Au(CO)$_6$Cp$_2$]$^-$, **6**, 846
Mo$_2$B$_9$C$_{10}$H$_{11}$O$_8$
  [Mo$_2$(C$_2$B$_9$H$_{11}$)(CO)$_8$]$^{2-}$, **3**, 1203
Mo$_2$B$_{18}$FeC$_{12}$H$_{20}$O$_{10}$P$_2$
  [{(CO)$_5$MoPCB$_9$H$_{10}$}$_2$Fe]$^{2-}$, **1**, 525
Mo$_2$BiC$_{17}$H$_{13}$O$_6$
  BiMe{Mo(CO)$_3$Cp}$_2$, **3**, 1187
Mo$_2$C$_4$F$_8$O$_4$
  {MoF$_4$(CO)$_2$}$_2$, **3**, 1083
Mo$_2$C$_6$Cl$_3$O$_6$
  [Mo$_2$Cl$_3$(CO)$_6$]$^{3-}$, **3**, 1089
Mo$_2$C$_6$H$_3$O$_9$
  [Mo$_2$(OH)$_3$(CO)$_6$]$^{3-}$, **3**, 1095, 1107
Mo$_2$C$_8$H$_{24}$
  [Mo$_2$Me$_8$]$^{4-}$, **3**, 940, 1131
Mo$_2$C$_8$I$_2$O$_8$
  {MoI(CO)$_4$}$_2$, **3**, 1091
Mo$_2$C$_8$I$_4$O$_8$
  {MoI$_2$(CO)$_4$}$_2$, **3**, 1083, 1091
Mo$_2$C$_9$HNO$_{10}$
  Mo$_2$H(CO)$_9$(NO), **3**, 1112
Mo$_2$C$_{10}$ClO$_{10}$
  [Mo$_2$Cl(CO)$_{10}$]$^-$, **3**, 1089
Mo$_2$C$_{10}$HO$_{10}$
  [Mo$_2$H(CO)$_{10}$]$^-$, **3**, 1096, 1269
Mo$_2$C$_{10}$H$_{10}$Cl$_3$O$_4$
  Mo$_2$Cl$_3$(CO)$_4$(CH$_2$CHCH$_2$)$_2$, **8**, 331
Mo$_2$C$_{10}$H$_{10}$Cl$_4$N$_2$O$_2$
  {MoCl$_2$(NO)Cp}$_2$, **3**, 1191, 1193
Mo$_2$C$_{10}$H$_{10}$I$_4$N$_2$O$_2$
  {MoI$_2$(NO)Cp}$_2$, **3**, 1127, 1202

Mo$_2$C$_{10}$H$_{10}$O$_2$S$_2$
  {MoO(S)Cp}$_2$, **3**, 1193
Mo$_2$C$_{10}$H$_{10}$O$_4$
  {MoO$_2$(Cp)}$_2$, **3**, 1184, 1193
Mo$_2$C$_{10}$H$_{10}$O$_4$P
  Mo$_2$(PO$_4$)Cp$_2$, **3**, 1199
Mo$_2$C$_{10}$H$_{10}$O$_5$
  {MoO$_2$(Cp)}$_2$O, **3**, 1193
Mo$_2$C$_{10}$H$_{10}$S$_4$
  {Mo(S$_2$)Cp}$_2$, **3**, 1194, 1199
Mo$_2$C$_{10}$H$_{13}$O$_7$
  [Mo$_2$(OH)$_3$(CO)$_4$(CH$_2$CHCH$_2$)$_2$]$^-$, **3**, 1158
Mo$_2$C$_{10}$H$_{30}$N$_4$
  Mo$_2$Me$_2$(NMe$_2$)$_4$, **3**, 1134
Mo$_2$C$_{10}$N$_{10}$
  [Mo$_2$(CN)$_{10}$]$^{3-}$, **3**, 1136
Mo$_2$C$_{10}$O$_{10}$
  [Mo$_2$(CO)$_{10}$]$^{2-}$, **3**, 1087, 1088
Mo$_2$C$_{12}$H$_{12}$O$_8$P$_2$
  {Mo(PMe$_2$)(CO)$_4$}$_2$, **3**, 853
Mo$_2$C$_{12}$H$_{20}$
  Mo$_2$(CH$_2$CHCH$_2$)$_4$, **3**, 1155
Mo$_2$C$_{12}$H$_{34}$N$_4$
  Mo$_2$Et$_2$(NMe$_2$)$_4$, **3**, 1134
Mo$_2$C$_{12}$N$_{12}$S
  [Mo$_2$S(CN)$_{12}$]$^{6-}$, **3**, 1136
Mo$_2$C$_{14}$H$_6$N$_4$O$_8$
  [{Mo(CO)$_4$(C$_3$H$_3$N$_2$)}$_2$]$^{2-}$, **3**, 1098
Mo$_2$C$_{14}$H$_8$O$_8$S
  Mo$_2$(SMe)(CO)$_8$Cp, **3**, 1191
Mo$_2$C$_{14}$H$_{10}$F$_6$O$_4$P$_2$
  {Mo(CO)$_2$Cp(PF$_3$)}$_2$, **3**, 1179
Mo$_2$C$_{14}$H$_{10}$I$_2$O$_4$
  {MoI(CO)$_2$Cp}$_2$, **3**, 1181
Mo$_2$C$_{14}$H$_{10}$O$_4$
  {Mo(CO)$_2$Cp}$_2$, **3**, 1110, 1180, 1181; **8**, 323
Mo$_2$C$_{14}$H$_{13}$ClO$_4$
  Mo$_2$H(Cl)(CO)$_4$Cp$_2$, **3**, 1181
Mo$_2$C$_{14}$H$_{14}$Cl$_3$
  Mo$_2$Cl$_3$(C$_7$H$_7$)$_2$, **3**, 1234
Mo$_2$C$_{14}$H$_{16}$I$_2$N$_2$O$_4$
  {MoI(CO)$_2$(CH$_2$CHCH$_2$)(MeCN)}$_2$, **3**, 1105
Mo$_2$C$_{14}$H$_{18}$S$_4$
  {Mo(SCH$_2$CH$_2$S)Cp}$_2$, **8**, 329
Mo$_2$C$_{14}$H$_{22}$S$_4$
  {Mo(SMe)$_2$Cp}$_2$, **3**, 1127, 1178, 1194
Mo$_2$C$_{14}$H$_{30}$N$_4$O$_4$
  Mo$_2$Me$_2$(O$_2$CNMe$_2$)$_4$, **3**, 1134
Mo$_2$C$_{15}$H$_{10}$F$_3$O$_5$P
  Mo$_2$(CO)$_5$Cp$_2$(PF$_3$), **3**, 1179
Mo$_2$C$_{15}$H$_{10}$NO$_4$
  [Mo$_2$(CN)(CO)$_4$Cp$_2$]$^-$, **3**, 1181
Mo$_2$C$_{15}$H$_{10}$O$_5$
  Mo$_2$(CO)$_5$Cp$_2$, **3**, 1177
Mo$_2$C$_{16}$H$_{10}$O$_6$
  {Mo(CO)$_3$Cp}$_2$, **3**, 104, 1086, 1110, 1126, 1176, 1178, 1185; **6**, 202; **8**, 212
Mo$_2$C$_{16}$H$_{12}$O$_4$
  Mo$_2$(CO)$_4$(HC≡CH)Cp$_2$, **3**, 1241
Mo$_2$C$_{16}$H$_{16}$O$_4$S$_2$
  {Mo(SMe)(CO)$_2$Cp}$_2$, **3**, 1127, 1184
Mo$_2$C$_{16}$H$_{17}$O$_4$P
  Mo$_2$H(PMe$_2$)(CO)$_4$Cp$_2$, **3**, 1190
Mo$_2$C$_{16}$H$_{36}$O$_{16}$P$_4$
  [Mo$_2$(CO)$_4${P(OMe)$_3$}$_4$]$^{n+}$, **3**, 1094
Mo$_2$C$_{16}$H$_{40}$P$_4$
  Mo(CH$_2$PMe$_2$CH$_2$)$_4$, **3**, 1131

$Mo_2C_{16}H_{48}P_4$
 $\{MoMe_2(PMe_3)_2\}_2$, **1**, 207; **3**, 1131
$Mo_2C_{17}H_{13}NO_5$
 $Mo_2(CO)_5(CNMe)Cp_2$, **3**, 1178, 1179
$Mo_2C_{17}H_{14}O_4$
 $Mo_2(CO)_4(H_2C=C=CH_2)Cp_2$, **3**, 1242
$Mo_2C_{17}H_{16}N_2O_4$
 $\{Mo(CO)_2Cp\}_2(N\equiv CNMe_2)$, **3**, 166
$Mo_2C_{17}H_{23}NS_4$
 $Mo_2(SMe)_4(C_6H_6)(\eta^6\text{-}C_6H_5CN)$, **3**, 1208
$Mo_2C_{17}H_{23}O_3$
 $Mo_2(OMe)_3(C_7H_7)_2$, **3**, 1222
$Mo_2C_{18}H_8O_6$
 $\{Mo(CO)_3\}_2(C_6H_4C_6H_4)$, **3**, 1214
$Mo_2C_{18}H_{10}Cl_2F_{12}$
 $\{MoCl(CF_3CCCF_3)Cp\}_2$, **3**, 1243
$Mo_2C_{18}H_{10}F_6O_4$
 $Mo_2(CO)_4(CF_3CCCF_3)Cp_2$, **3**, 1243
$Mo_2C_{18}H_{10}F_{12}O_4P_2$
 $[Mo\{P(CF_3)_2\}(CO)_2Cp]_2$, **3**, 1191
$Mo_2C_{18}H_{22}Cl_2$
 $\{MoCl(C_6H_6)(CH_2CHCH_2)\}_2$, **3**, 1165, 1207
$Mo_2C_{18}H_{22}O_4P_2$
 $\{Mo(PMe_2)(CO)_2Cp\}_2$, **3**, 1178, 1190
$Mo_2C_{18}H_{28}N_2S_2$
 $\{MoS(NBu^t)Cp\}_2$, **3**, 1193
$Mo_2C_{18}H_{28}OS_4$
 $[Mo_2(SOMe)(SMe)_3(\eta^6\text{-}C_6H_5Me)_2]^{2+}$, **3**, 1209
$Mo_2C_{19}H_{23}O_5$
 $Mo_2(OMe)_3(CO)_2(C_7H_7)_2$, **3**, 1158
$Mo_2C_{20}H_{10}I_4N_2O_2$
 $\{MoI_2(NO)Cp\}_2$, **3**, 1192
$Mo_2C_{20}H_{16}O_4$
 $\{Mo(CO)_2(cot)\}_2$, **3**, 1168
$Mo_2C_{20}H_{18}I_2$
 $\{MoI(C_5H_4)Cp\}_2$, **3**, 1197
$Mo_2C_{20}H_{19}NO_6$
 $\overline{Cp(CO)_2Mo\{COCH_2CH_2NHCH_2\text{-}CH_2Mo(CO)_3Cp\}}$, **3**, 1152
$Mo_2C_{20}H_{20}$
 $\{MoH(Cp)\}_2(C_5H_4C_5H_4)$, **3**, 1197
$Mo_2C_{20}H_{20}O_2$
 $Mo_2(CO)_2Cp_2(C_8H_{10})$, **3**, 1242
$Mo_2C_{20}H_{22}O_2$
 $Mo_2(CO)_2Cp_2(C_8H_{12})$, **3**, 1229
$Mo_2C_{20}H_{26}Cl_2$
 $\{MoCl(CH_2CHCH_2)(\eta^6\text{-}C_6H_5Me)\}_2$, **8**, 347
$Mo_2C_{21}H_{16}O_5$
 $Mo_2(CO)_5(PhCH=CH_2)_2$, **3**, 1153
$Mo_2C_{21}H_{18}O$
 $Mo_2(CO)Cp_2(C_5H_4C_5H_4)$, **3**, 1196
$Mo_2C_{21}H_{20}O$
 $Mo_2H_2(CO)Cp_2(C_5H_4C_5H_4)$, **3**, 1197
$Mo_2C_{22}H_{18}N_4$
 $\{Mo(NC_6H_4N)Cp\}_2$, **3**, 1190
$Mo_2C_{24}H_{16}N_6O_6$
 $\{Mo(CO)_2(NO)(bipy)\}_2$, **3**, 1112
$Mo_2C_{24}H_{24}$
 $Mo_2(cot)_3$, **3**, 1169
$Mo_2C_{24}H_{24}I_2N_2O_2S_2$
 $\{MoI(SBz)(NO)Cp\}_2$, **3**, 1202
$Mo_2C_{24}H_{30}O_4$
 $\{Mo(CO)_2(\eta^5\text{-}C_5Me_5)\}_2$, **3**, 1180
$Mo_2C_{25}H_{54}O_7$
 $Mo_2(OBu^t)_6(CO)$, **3**, 1107
$Mo_2C_{26}H_{14}N_4O_8$
 $\{Mo(CO)_4\}_2[\{(C_5H_4N)CH=N\}_2(C_6H_4)]$, **3**, 1113
$Mo_2C_{26}H_{16}N_4O_6$
 $\{Mo(CO)_3(bipy)\}_2$, **3**, 1226
$Mo_2C_{26}H_{20}O_4S_2$
 $\{Mo(SPh)(CO)_2Cp\}_2$, **3**, 1191
$Mo_2C_{26}H_{30}O_6$
 $\{Mo(CO)_3(\eta^5\text{-}C_5Me_5)\}_2$, **3**, 1175
$Mo_2C_{26}H_{40}N_4O_6$
 $\{Mo(CO)_3(Bu^tN=CHCH=NBu^t)\}_2$, **3**, 1114
$Mo_2C_{26}H_{56}O_{10}$
 $Mo_2(OPr^i)_8(CO)_2$, **3**, 1107
$Mo_2C_{27}H_{16}O_9P$
 $[Mo_2H(CO)_9(PPh_3)]^-$, **3**, 1097
$Mo_2C_{28}H_{24}O_2Te_2$
 $\{Mo(TePh)(CO)(C_7H_7)\}_2$, **3**, 1237
$Mo_2C_{28}H_{36}$
 $\{MoBu(Cp)\}_2(C_5H_4C_5H_4)$, **3**, 1197
$Mo_2C_{30}H_{40}N_4O_6$
 $[Mo(CO)_3\{Bu^tN=CHCH(NBu^t)\}]_2$, **3**, 1115
$Mo_2C_{30}H_{66}$
 $Mo_2(CH_2Bu^t)_6$, **3**, 1134
$Mo_2C_{32}H_{20}O_8P_2$
 $\{Mo(PPh_2)(CO)_4\}_2$, **3**, 846
$Mo_2C_{32}H_{36}O_8$
 $Mo_2\{C_6H_3(OMe)_2\}_4$, **3**, 1131
$Mo_2C_{32}H_{40}N_6O_4$
 $[Mo(CO)_2\{NC(C_3H_5)_2\}\{N(CN)(C_3H_5)\}(CH_2CH\text{-}CH_2)]_2$, **3**, 1157
$Mo_2C_{34}H_{20}O_{10}P_2$
 $\{Mo(CO)_5\}_2(Ph_2PPPh_2)$, **3**, 846
$Mo_2C_{39}H_{32}O_3P_2$
 $Mo_2(CO)_3Cp_2(Ph_2PCH=CHPPh_2)$, **3**, 1180
$Mo_2C_{40}H_{60}$
 $\{Mo(\eta^5\text{-}C_5Me_5)_2\}_2$, **8**, 291
$Mo_2C_{42}H_{32}N_4O_8$
 $[Mo(CO)_4\{\overline{N=C(Ph)CMe_2C(Ph)=N}\}]_2$, **3**, 1219
$Mo_2C_{42}H_{42}$
 Mo_2Bz_6, **3**, 1131
$Mo_2C_{44}H_{40}O_4P_2$
 $[\{Mo(CO)_2(C_7H_7)\}_2(diphos)]^{2+}$, **3**, 1233
$Mo_2C_{46}H_{42}O_6P_4$
 $(Ph_3P)(CO)_3Mo(PMe_2)_2Mo(CO)_3(PPh_3)$, **3**, 861
$Mo_2C_{50}H_{40}O_4P_2$
 $\{Mo(CO)_2Cp(PPh_3)\}_2$, **3**, 1181
$Mo_2C_{51}H_{66}O_5P_6$
 $\{Mo(CO)(PMe_2Ph)_3\}_2(CO_3)$, **8**, 238
$Mo_2C_{52}H_{66}O_8P_6$
 $\{Mo(CO)(CO_3)(PMe_2Ph)_3\}_2$, **8**, 235
$Mo_2C_{60}H_{48}N_3O_6P_3$
 $Mo_2(CO)_6(HNPPh_3)_3$, **3**, 1099
$Mo_2C_{62}H_{40}Cl_2O_6$
 $\{MoCl(CO)_3(\eta^4\text{-}C_4Ph_4)\}_2$, **3**, 1174
$Mo_2C_{74}H_{50}O_4$
 $Mo_2(CO)_3(\eta^4\text{-}C_4Ph_4)(PhC\equiv CPh)(C_4Ph_4CO)$, **3**, 1175
$Mo_2C_{84}H_{72}N_2P_4$
 $\{Mo(C_6H_6)(PPh_3)\}_2(N_2)$, **3**, 1165
$Mo_2CdC_{16}H_{10}O_6$
 $Cd\{Mo(CO)_3Cp\}_2$, **3**, 1187; **6**, 1030
$Mo_2CuC_{16}H_{10}O_6$
 $[Cu\{Mo(CO)_3Cp\}_2]^-$, **3**, 1187; **6**, 846
$Mo_2FeC_{15}H_5O_{10}$
 $[Mo_2Fe_2(CO)_{10}Cp]^{2-}$, **6**, 853
$Mo_2FeC_{18}H_{10}O_8$

Mo$_2$Fe(CO)$_8$Cp$_2$, **3**, 1181; **6**, 770, 853
Mo$_2$Fe$_2$C$_{20}$H$_{10}$O$_{10}$
  [Mo$_2$Fe$_2$(CO)$_{10}$Cp$_2$]$^{2-}$, **6**, 771
Mo$_2$GaC$_{17}$H$_{13}$O$_6$
  {Mo(CO)$_3$Cp}$_2$(GaMe), **6**, 957
Mo$_2$Ge$_2$C$_{16}$H$_{10}$I$_4$O$_6$
  {Mo(GeI$_2$)(CO)$_3$Cp}$_2$, **3**, 1188
Mo$_2$HgC$_{16}$H$_{10}$O$_6$
  Hg{Mo(CO)$_3$Cp}$_2$, **3**, 1181, 1182, 1187; **6**, 996, 1000, 1014
Mo$_2$HgC$_{20}$H$_{22}$N$_4$O$_2$
  Hg{Mo(CO)(CNMe)$_2$Cp}$_2$, **6**, 995
Mo$_2$Hg$_4$C$_{24}$H$_{24}$Cl$_8$O$_6$
  {Mo(Hg$_2$Cl$_4$)(CO)$_3$(C$_6$H$_3$Me$_3$)}$_2$, **3**, 1217
Mo$_2$InC$_{16}$H$_{10}$BrO$_6$
  InBr{Mo(CO)$_3$Cp}$_2$, **6**, 962
Mo$_2$Li$_4$C$_{24}$H$_{24}$
  Li$_4$Mo$_2$H$_4$(Ph)$_4$, **3**, 1128
Mo$_2$Mg$_4$C$_{30}$H$_{48}$Br$_4$O$_2$
  [MoH(Cp)$_2${Mg$_2$Br$_2$(Me)(Et$_2$O)}]$_2$, **3**, 1201
Mo$_2$Ni$_3$C$_{16}$O$_{16}$
  [Mo$_2$Ni$_3$(CO)$_{16}$]$^{2-}$, **6**, 12, 802, 854
Mo$_2$PdC$_{26}$H$_{20}$N$_2$O$_6$
  Mo$_2$Pd(CO)$_6$Cp$_2$(py)$_2$, **3**, 1187; **6**, 846
Mo$_2$Pd$_2$C$_{52}$H$_{40}$O$_6$P$_2$
  Mo$_2$Pd$_2$(CO)$_6$(PPh$_3$)$_2$Cp$_2$, **6**, 854
Mo$_2$PtC$_{26}$H$_{20}$N$_2$O$_6$
  Pt{Mo(CO)$_3$Cp}$_2$(py)$_2$, **3**, 1187
Mo$_2$PtC$_{26}$H$_{28}$N$_2$O$_6$
  Pt{Mo(CO)$_3$Cp}$_2$(CNBu^t)$_2$, **6**, 816, 846
Mo$_2$PtC$_{50}$H$_{40}$O$_4$P$_2$
  Mo$_2$Pt(CO)$_4$(PPh$_3$)$_2$Cp$_2$, **6**, 775, 854
Mo$_2$Pt$_2$C$_{28}$H$_{40}$O$_6$P$_2$
  Mo$_2$Pt$_2$(CO)$_6$Cp$_2$(PEt$_3$)$_2$, **6**, 485
Mo$_2$Pt$_2$C$_{34}$H$_{25}$O$_6$P
  Mo$_2$Pt$_2$(CO)$_6$Cp$_2$(PPh$_3$), **6**, 854
Mo$_2$Re$_2$C$_{20}$H$_{10}$O$_{10}$S$_2$
  Mo$_2$Re$_2$(S)$_2$(CO)$_{10}$Cp$_2$, **3**, 1191
Mo$_2$Re$_2$C$_{21}$H$_{10}$O$_{11}$S$_2$
  Mo$_2$Re$_2$(CO)$_{11}$(S)$_2$Cp$_2$, **4**, 188; **6**, 788, 846
Mo$_2$SbC$_{13}$H$_5$BrO$_8$
  Mo$_2$(SbBr$_2$)(CO)$_8$Cp, **3**, 1191
Mo$_2$Si$_2$C$_{20}$H$_{40}$O$_6$P$_2$
  {Mo(COCH$_2$SiMe$_3$)(CO)$_2$(PMe$_3$)}$_2$, **3**, 1130
Mo$_2$Si$_2$C$_{28}$H$_{26}$O$_6$
  {Mo(CO)$_3$(η^5-C$_5$H$_4$SiMe$_3$)}$_2$, **3**, 1177
Mo$_2$Si$_3$C$_{21}$H$_{59}$P$_3$
  Mo$_2$(CH$_2$SiMe$_2$CH$_2$)(CH$_2$SiMe$_3$)$_2$(PMe$_3$)$_3$, **3**, 1133
Mo$_2$Si$_4$C$_{16}$H$_{44}$Br$_2$
  Mo$_2$Br$_2$(CH$_2$SiMe$_3$)$_4$, **3**, 1134
Mo$_2$Si$_4$C$_{18}$H$_{50}$
  Mo$_2$Me$_2$(CH$_2$SiMe$_3$)$_4$, **3**, 1134
Mo$_2$Si$_4$C$_{20}$H$_{56}$N$_2$
  Mo$_2$(NMe$_2$)$_2$(CH$_2$SiMe$_3$)$_4$, **3**, 1134
Mo$_2$Si$_4$C$_{22}$H$_{58}$O$_2$
  Mo$_2$(OPr^i)$_2$(CH$_2$SiMe$_3$)$_4$, **3**, 1134
Mo$_2$Si$_4$C$_{28}$H$_{42}$O$_6$
  [Mo(CO)$_3${C$_5$H$_3$(SiMe$_3$)$_2$}]$_2$, **2**, 52
Mo$_2$Si$_6$C$_{24}$H$_{66}$
  Mo$_2$(CH$_2$SiMe$_3$)$_6$, **1**, 196; **2**, 93; **3**, 1134
Mo$_2$SnC$_{18}$H$_{16}$O$_6$
  SnMe$_2${Mo(CO)$_3$Cp}$_2$, **3**, 1188
Mo$_2$SnC$_{28}$H$_{20}$O$_6$
  SnPh$_2${Mo(CO)$_3$Cp}$_2$, **3**, 1188
Mo$_2$UC$_{26}$H$_{20}$O$_6$

U{Mo(CO)$_3$Cp}$_2$Cp$_2$, **3**, 261
Mo$_2$ZnC$_{16}$H$_{10}$O$_6$
  Zn{Mo(CO)$_3$Cp}$_2$, **2**, 845; **3**, 1187; **6**, 1005, 1034
Mo$_2$Zn$_2$C$_{16}$H$_{10}$Cl$_2$O$_6$
  {Mo(ZnCl)(CO)$_3$Cp}$_2$, **3**, 1187
Mo$_2$Zn$_2$C$_{24}$H$_{30}$Cl$_2$O$_8$
  {Mo(ZnCl)(CO)$_3$Cp(OEt$_2$)}$_2$, **6**, 1010
Mo$_3$AuC$_{24}$H$_{15}$O$_9$
  Au{Mo(CO)$_3$Cp}$_3$, **3**, 1187
Mo$_3$C$_{10}$H$_{12}$N$_3$O$_{13}$
  [Mo$_3$(OMe)$_4$(CO)$_6$(NO)$_3$]$^-$, **3**, 1106, 1107, 1108, 1112
Mo$_3$C$_{14}$H$_{27}$O$_{16}$
  [Mo$_3$O(CMe)(OAc)$_6$(H$_2$O)$_3$]$^+$, **3**, 1145
Mo$_3$C$_{14}$O$_{14}$
  [Mo$_3$(CO)$_{14}$]$^{2-}$, **3**, 1087
Mo$_3$C$_{15}$H$_{15}$S$_4$
  Mo$_3$(S)$_4$Cp$_3$, **3**, 1194
  [Mo$_3$(S)$_4$Cp$_3$]$^+$, **3**, 1194
Mo$_3$C$_{16}$H$_{30}$O$_{15}$
  [Mo$_3$(CMe)$_2$(OAc)$_6$(H$_2$O)$_3$]$^+$, **3**, 1145
Mo$_3$C$_{25}$H$_{20}$O$_5$
  Mo$_3$(CO)$_5$Cp$_4$, **3**, 1196
Mo$_3$C$_{36}$H$_{30}$N$_4$O$_6$
  Mo{(CO)Mo(CO)$_2$Cp}$_2$(py)$_4$, **6**, 1012
Mo$_3$C$_{41}$H$_{44}$O$_2$
  Mo$_3$(CO)$_2$(PhC≡CPh)$_2$(C$_6$H$_5$Me)$_3$, **3**, 1240
Mo$_3$C$_{54}$H$_{45}$O$_3$P$_3$
  {Mo(PPh$_2$)(CO)Cp}$_3$, **3**, 1190
Mo$_3$ErC$_{24}$H$_{29}$O$_{16}$
  Er{Mo(CO)$_3$Cp}$_3$(H$_2$O)$_7$, **3**, 207
Mo$_3$GaC$_{24}$H$_{15}$O$_9$
  Ga{Mo(CO)$_3$Cp}$_3$, **1**, 719; **6**, 957
Mo$_3$InC$_{24}$H$_{15}$O$_9$
  In{Mo(CO)$_3$Cp}$_3$, **6**, 962
Mo$_3$SnC$_{24}$H$_{15}$ClO$_9$
  ClSn{Mo(CO)$_3$Cp}$_3$, **3**, 1188
Mo$_3$SnC$_{24}$H$_{16}$O$_9$
  HSn{Mo(CO)$_3$Cp}$_3$, **3**, 1188; **6**, 1053
Mo$_3$Sn$_3$C$_{14}$H$_{27}$O$_5$P
  Mo(CO)$_5${P(SnMe$_3$)$_3$}, **3**, 832
Mo$_3$TlC$_{24}$H$_{15}$O$_9$
  Tl{Mo(CO)$_3$Cp}$_3$, **3**, 1187; **6**, 968
Mo$_3$ZnC$_{24}$H$_{15}$O$_9$
  [Zn{Mo(CO)$_3$Cp}$_3$]$^-$, **3**, 1187
Mo$_4$C$_8$H$_4$N$_4$O$_{16}$
  Mo$_4$(OH)$_4$(CO)$_8$(NO)$_4$, **3**, 1097, 1108, 1110, 1112
Mo$_4$C$_{12}$H$_8$O$_{16}$
  Mo$_4$H$_4$(OH)$_4$(CO)$_{12}$, **3**, 1095, 1110
Mo$_4$C$_{17}$O$_{17}$
  [Mo$_4$(CO)$_{17}$]$^{2-}$, **3**, 1087
Mo$_4$C$_{20}$H$_{20}$O$_8$
  {MoO$_2$(Cp)}$_4$, **3**, 1193, 1199
Mo$_4$C$_{28}$H$_{32}$O$_4$
  {Mo(OH)(C$_7$H$_7$)}$_4$, **3**, 1234
Mo$_4$C$_{37}$H$_{84}$O$_{13}$
  Mo$_4$(OPr^i)$_{12}$(CO), **3**, 1107
Mo$_4$Hg$_4$C$_{32}$H$_{20}$O$_{12}$
  {HgMo(CO)$_3$Cp}$_4$, **3**, 1187
Mo$_4$Li$_4$C$_{40}$H$_{44}$
  {MoH(Cp)$_2$Li}$_4$, **3**, 1201
Mo$_5$C$_{19}$O$_{19}$
  [Mo$_5$(CO)$_{19}$]$^{2-}$, **3**, 1087
Mo$_5$TiC$_5$H$_5$O$_{18}$
  [Ti(Mo$_5$O$_{18}$)Cp]$^{3-}$, **3**, 351

$Mo_6NaC_{18}H_{18}N_6O_{26}$
 $[Na\{Mo_3O(OMe)_3(CO)_6(NO)_3\}_2]^{3-}$, **3**, 1107
$Mo_8Hg_4C_{32}H_{20}O_{12}$
 $[MoHg\{Mo(CO)_3Cp\}]_4$, **6**, 1002
$Mo_{11}FeSnC_7H_5O_{41}P$
 $[Cp(CO)_2FeSnMo_{11}PO_{39}]^{4-}$, **6**, 1073

N

NaAsC$_{12}$H$_{10}$
  NaAsPh$_2$, **2**, 703
NaBC$_{18}$H$_{15}$
  NaBPh$_3$, **1**, 293
NaBC$_{27}$H$_{33}$
  NaB(Mes)$_3$, **1**, 293
NaBC$_{30}$H$_{21}$
  NaB(Nap)$_3$, **1**, 293
NaBC$_{33}$H$_{27}$
  NaB(C$_{10}$H$_6$Me)$_3$, **1**, 293
NaBeC$_2$H$_7$
  NaMe$_2$BeH, **1**, 141
NaBeC$_4$H$_{11}$
  NaEt$_2$BeH, **1**, 141
NaBeC$_6$H$_{15}$
  NaBeEt$_3$, **1**, 140
  NaPr$^i_2$BeH, **1**, 142
NaBeC$_8$H$_{19}$
  NaBu$^i_2$BeH, **1**, 142
NaBeC$_{35}$H$_{35}$O$_2$
  NaBePh$_2$(CPh$_3$)(OEt$_2$)$_2$, **1**, 140
NaBe$_2$C$_{16}$H$_{42}$O$_2$
  {Na(OEt$_2$)}$_2$(Be$_2$Et$_4$H$_2$), **1**, 141
NaBe$_2$C$_{32}$H$_{77}$O$_4$
  NaBe$_2$H(Bu^t)$_4$(OEt$_2$)$_4$, **1**, 141
NaBe$_3$C$_{12}$H$_{31}$
  NaBe$_3$HEt$_6$, **1**, 142
NaBiC$_{12}$H$_{10}$
  NaBiPh$_2$, **2**, 703
NaCCl$_3$
  Na(CCl$_3$), **1**, 82
NaCH$_3$
  NaMe, **1**, 65
NaC$_2$H$_3$
  Na(CH=CH$_2$), **1**, 53
NaC$_2$H$_5$
  NaEt, **1**, 46, 62
NaC$_3$H$_5$
  Na(CH$_2$CH=CH$_2$), **1**, 101
NaC$_4$H$_7$
  Na(MeCHCHCH$_2$), **1**, 102
NaC$_4$H$_9$
  NaBu, **1**, 55
NaC$_5$H$_7$O
  Na$\overline{\text{C=CHO(CH}_2)_2\text{CH}_2}$, **7**, 86
NaC$_5$H$_{11}$
  Na(C$_5$H$_{11}$), **1**, 53, 63
NaC$_6$H$_5$
  NaPh, **1**, 53
NaC$_7$H$_7$
  NaBz, **1**, 63
NaC$_8$H$_9$
  Na(CH$_2$C$_6$H$_4$Me), **1**, 56
  Na(C$_6$H$_4$Et), **1**, 56
NaC$_9$H$_{11}$
  Na{CH(Et)(Ph)}, **1**, 63
NaC$_9$H$_{15}$O
  Na(C$_5$H$_7$){$\overline{\text{O(CH}_2)_3\text{CH}_2}$}, **1**, 104
NaC$_{11}$H$_{21}$N$_2$
  NaCp(TMEDA), **1**, 84
NaC$_{13}$H$_{11}$
  Na(CHPh$_2$), **1**, 47
NaC$_{16}$H$_{15}$
  Na{$\overline{\text{C(Me)CH}_2\text{CPh}_2}$}, **1**, 74
NaC$_{19}$H$_{15}$
  Na(CPh$_3$), **1**, 53
NaC$_{19}$H$_{23}$
  Na{CPh$_2$CH$_2$(C$_5$H$_{11}$)}, **1**, 63
NaGaSi$_2$C$_8$H$_{22}$
  NaGa(CH$_2$SiMe$_3$)$_2$, **1**, 684
NaGeC$_{18}$H$_{15}$
  NaGePh$_3$, **2**, 469
NaInC$_4$H$_{12}$
  NaInH$_2$(Et)$_2$, **1**, 711
NaMgC$_8$H$_{19}$
  NaMgH(Bu^s)$_2$, **1**, 209
NaMgC$_{12}$H$_{27}$
  NaMgBu$_3$, **1**, 221
NaMg$_2$C$_{16}$H$_{37}$
  NaMg$_2$H(Bu^s)$_4$, **1**, 209
NaMg$_2$C$_{20}$H$_{45}$
  NaMg$_2$Bu$_5$, **1**, 221
NaMo$_6$C$_{18}$H$_{18}$N$_6$O$_{26}$
  [Na{Mo$_3$O(OMe)$_3$(CO)$_6$(NO)$_3$}$_2$]$^{3-}$, **3**, 1107
NaNiC$_{23}$H$_{29}$O$_2$
  {Ni(duroquinone)(cod)Na}Cp, **6**, 117
NaNiPbC$_{92}$H$_{100}$O$_5$P$_3$
  NaNi(PbPh$_3$)(PPh$_3$)$_3${$\overline{\text{O(CH}_2)_3\text{CH}_2}$}$_5$, **2**, 669
NaPbC$_{18}$H$_{15}$
  NaPbPh$_3$, **2**, 667
NaPbC$_{20}$H$_{15}$
  NaC≡CPbPh$_3$, **2**, 644
NaSbC$_2$H$_6$
  NaSbMe$_2$, **2**, 687
NaSbC$_{12}$H$_{10}$
  NaSbPh$_2$, **2**, 703
NaSiC$_3$H$_9$
  Na(SiMe$_3$), **2**, 100; **7**, 609
NaSiC$_4$H$_{11}$
  Na(CH$_2$SiMe$_3$), **2**, 95
NaSiC$_{18}$H$_{15}$
  Na(SiPh$_3$), **7**, 609
NaZn$_2$C$_2$H$_9$
  NaZn$_2$H$_3$Me$_2$, **2**, 834
Na$_2$Be$_2$C$_{16}$H$_{38}$O$_2$
  {NaBeEt$_2$(OBu^t)}$_2$, **1**, 141

$Na_2Be_2C_{20}H_{46}O_4$
  {$NaBeEt(OBu^t)_2$}$_2$, **1**, 140
$Na_2C_8H_8$
  Na_2{$C(Me)(Ph)$}, **1**, 56
$Na_2Cr_2C_{36}H_{30}$
  {$Na(CrPh_3)$}$_2$, **3**, 936
$Na_2FeC_{10}H_8$
  $Fe(\eta^5-C_5H_4Na)_2$, **8**, 1041
$Na_2Fe_2C_{12}H_8O_9$
  $Na_2Fe_2(CO)_8\{\overline{O(CH_2)_3CH_2}\}$, **4**, 254
$Na_5FeC_3NO_4$
  $Na_5Fe(CO)_3(NO)$, **4**, 297
$Na_6Li_{12}Ni_4C_{76}H_{130}N_4O_{14}$
  {$Ph(NaOEt_2)_2Ph_2Ni_2(N_2)NaLi_6(OEt)_4(OEt_2)$}$_2$, **8**, 1102
$NbAlC_9H_5Cl_3O_4$
  $Nb(CO)_4Cp(AlCl_3)$, **3**, 710
$NbAlC_{10}H_{14}$
  $Nb(AlH_4)Cp_2$, **3**, 769, 773
$NbAlC_{14}H_{22}$
  $Nb(AlH_2Et_2)Cp_2$, **3**, 769, 774; **6**, 951
$NbAlC_{17}H_{26}O$
  $Nb(HAlEt_3)(CO)Cp_2$, **3**, 713; **6**, 951
$NbAlC_{18}H_{30}$
  $Nb(HAlEt_3)Cp_2(CH_2=CH_2)$, **3**, 750; **6**, 951
$NbAlC_{19}H_{35}P$
  $Nb(HAlEt_3)Cp_2(PMe_3)$, **3**, 774; **6**, 951
$NbAsC_{26}H_{20}O_3$
  $Nb(CO)_3Cp(AsPh_3)$, **3**, 711
$NbAs_2C_{32}H_{37}$
  $Nb(C_8H_8)(C_8H_8Ph)(diars)$, **3**, 775
$NbAs_2C_{38}H_{24}Cl_3F_{10}$
  $NbCl_3(C_6F_5)_2(Ph_2AsCH_2CH_2AsPh_2)$, **3**, 733
$NbAuC_{24}H_{15}O_6P$
  $NbAu(CO)_6(PPh_3)$, **3**, 710; **6**, 769, 825
$NbBC_4H_9Cl_3$
  $NbCl_3(BBu)$, **6**, 886
$NbBC_8H_{18}Cl_4$
  $NbCl_4(BBu_2)$, **6**, 886
$NbBC_{10}H_{14}$
  $Nb(BH_4)Cp_2$, **3**, 716, 760, 769, 770; **6**, 905
$NbBC_{10}H_{14}Cl$
  $NbCl(BH_4)Cp_2$, **3**, 768; **6**, 905
$NbBC_{11}H_{11}F_3O$
  $NbH(CO)Cp_2(BF_3)$, **3**, 713
$NbBC_{11}H_{26}P_2$
  $NbH(BH_4)Cp(dmpe)$, **3**, 763, 765
$NbB_2ZnC_{10}H_{19}$
  $NbH(Cp)_2\{Zn(BH_4)\}_2$, **6**, 1010
$NbB_2ZnC_{11}H_{19}O$
  $NbH(CO)Cp_2\{Zn(BH_4)_2\}$, **3**, 714
$NbCH_3Cl_4$
  $NbCl_4(Me)$, **3**, 733
$NbC_2H_6Cl_3$
  $NbCl_3(Me)_2$, **3**, 732, 743
$NbC_2H_6Cl_4$
  $[NbCl_4(Me)_2]^-$, **3**, 733
$NbC_3H_9Cl_2$
  $NbCl_2(Me)_3$, **3**, 732
$NbC_3H_9Cl_3$
  $[NbCl_3(Me)_3]^-$, **3**, 732
$NbC_4H_6Cl_5N_2$
  $NbCl_4\{C(Cl)=NMe\}(CNMe)$, **3**, 719
$NbC_5H_5Br_3$
  $NbBr_3(Cp)$, **3**, 763
$NbC_5H_5Cl_4$
  $NbCl_4(Cp)$, **1**, 207; **3**, 763, 764
$NbC_5H_9Cl_3N$
  $NbCl_3(Me)_2(CH_2=CHCN)$, **3**, 732
$NbC_5H_9Cl_5N_3$
  $NbCl_3\{C(Cl)=NMe\}_2(CNMe)$, **3**, 719
NbC_5H_{15}
  $NbMe_5$, **3**, 731, 740
NbC_6O_6
  $[Nb(CO)_6]^-$, **3**, 709
NbC_7H_{21}
  $[NbMe_7]^{2-}$, **3**, 731
$NbC_8H_5Cl_2O_3$
  $NbCl_2(CO)_3Cp$, **3**, 711
$NbC_9H_5O_4$
  $Nb(CO)_4Cp$, **3**, 710, 754
$NbC_9H_{11}Cl_4$
  $NbCl_4(Mes)$, **3**, 733
$NbC_{10}H_{10}BrS_2$
  $NbBr(S)_2Cp_2$, **3**, 769
$NbC_{10}H_{10}Br_3$
  $NbBr_3(Cp)_2$, **3**, 766
$NbC_{10}H_{10}Cl$
  $NbCl(Cp)_2$, **3**, 769
$NbC_{10}H_{10}ClO$
  $NbCl(O)Cp_2$, **3**, 766, 770
$NbC_{10}H_{10}ClO_2$
  $NbCl(O_2)Cp_2$, **3**, 770
$NbC_{10}H_{10}Cl_2$
  $NbCl_2(Cp)_2$, **3**, 746, 762; **8**, 1086
$NbC_{10}H_{10}F_2$
  $NbF_2(Cp)_2$, **3**, 757, 767
$NbC_{10}H_{11}ClO$
  $NbCl(OH)Cp_2$, **3**, 768
$NbC_{10}H_{11}Cl_2O$
  $NbCl_2(OH)Cp_2$, **3**, 766
$NbC_{10}H_{12}$
  $NbH_2(Cp)_2$, **3**, 774
$NbC_{10}H_{12}ClO_2$
  $NbCl(OH)_2Cp_2$, **3**, 766
$NbC_{10}H_{13}$
  $NbH_3(Cp)_2$, **3**, 716, 718, 773, 774
$NbC_{10}H_{15}Cl_2$
  $NbCl_2(CHBu^t)Cp$, **3**, 721
$NbC_{10}H_{22}Cl_3$
  $NbCl_3(CH_2Bu^t)_2$, **3**, 732
$NbC_{11}H_{10}ClO$
  $NbCl(CO)Cp_2$, **3**, 713
$NbC_{11}H_{10}O$
  $[Nb(CO)Cp_2]^+$, **3**, 716
$NbC_{11}H_{11}O$
  $NbH(CO)Cp_2$, **3**, 713, 717
$NbC_{11}H_{11}OS$
  $Nb(SH)(CO)Cp_2$, **3**, 713
$NbC_{11}H_{11}O_2$
  $Nb(CO)_2Cp(CH_2=CHCH=CH_2)$, **3**, 760
$NbC_{11}H_{13}$
  $NbMe(Cp)_2$, **3**, 737, 741
$NbC_{11}H_{13}Cl$
  $NbCl(Me)Cp_2$, **3**, 736
$NbC_{11}H_{13}I$
  $[NbI(Me)(Cp)_2]^+$, **3**, 735
$NbC_{11}H_{13}N_2O_3$
  $NbO\{\overline{ON(Me)NO}\}Cp_2$, **3**, 744
$NbC_{11}H_{13}O$
  $NbO(Me)Cp_2$, **3**, 744

NbC₁₁H₁₃S₂
  NbMe(S₂)Cp₂, **3**, 737
NbC₁₁H₂₃N₃
  Nb(NMe₂)₃Cp, **3**, 764
NbC₁₁H₃₁P₂
  NbMe₅(Me₂PCH₂CH₂PMe₂), **3**, 121, 731
NbC₁₁H₃₃P₂
  NbMe₅(PMe₃)₂, **3**, 731
NbC₁₂Cl₃F₁₀
  NbCl₃(C₆F₅)₂, **3**, 732
NbC₁₂H₁₀N₂
  Nb(CN)₂Cp₂, **3**, 768
NbC₁₂H₁₀N₂S₂
  Nb(NCS)₂Cp₂, **3**, 766
NbC₁₂H₁₀O₂
  [Nb(CO)₂Cp₂]⁺, **3**, 713
NbC₁₂H₁₁OS₂
  Nb(S₂CH)(CO)Cp₂, **3**, 713
NbC₁₂H₁₂
  Nb(C₆H₆)₂, **3**, 776
  NbCp(C₇H₇), **3**, 776
NbC₁₂H₁₃O
  NbMe(CO)Cp₂, **3**, 713, 737, 742
NbC₁₂H₁₃S₂
  NbMe(CS₂)Cp₂, **3**, 737
NbC₁₂H₁₄Cl
  NbCl(Cp)₂(CH₂=CH₂), **3**, 750
NbC₁₂H₁₅
  NbH(Cp)₂(CH₂=CH₂), **3**, 750
NbC₁₂H₁₆
  NbMe₂(Cp)₂, **3**, 744
NbC₁₂H₁₆Cl₂O
  NbCl₂(cot){$\overline{\text{O(CH}_2)_3\text{CH}_2}$}, **3**, 760
NbC₁₂H₁₆S₂
  [Nb(SMe)₂Cp₂]⁺, **3**, 766
  Nb(SMe)₂Cp₂, **3**, 771
NbC₁₂H₁₇Cl₂OP₂
  NbCl₂(CO)Cp(dmpe), **3**, 761
NbC₁₂H₁₉
  Nb(MeCHCHCH₂)(CH₂=CHCH=CH₂)₂, **3**, 759
NbC₁₂H₂₀
  Nb(CH₂CHCH₂)₄, **3**, 759
NbC₁₂H₂₁
  Nb(MeCHCHCH₂)₃, **3**, 759
NbC₁₂H₃₁P₂
  NbEt(CH₂=CH₂)₂(PMe₃)₂, **3**, 752
NbC₁₃H₁₃O₂
  Nb(COMe)(CO)Cp₂, **3**, 742
NbC₁₃H₁₄Cl
  NbCl(Cp)₂($\overline{\text{CH=CHCH}_2}$), **3**, 750
  NbCl(Cp)₂(MeC≡CH), **3**, 753
NbC₁₃H₁₅
  Nb(CH₂CHCH₂)Cp₂, **3**, 759
NbC₁₃H₁₅O
  NbEt(CO)Cp₂, **3**, 737
NbC₁₃H₁₆N
  NbMe(Cp)₂(MeNC), **3**, 744
NbC₁₃H₁₇
  NbMe(Cp)₂(CH₂=CH₂), **3**, 750
NbC₁₃H₁₇Cl₂N₂
  NbCl₂(Me)₃(bipy), **3**, 732
NbC₁₃H₁₉Cl₂
  NbCl₂(Cp){MeCH=C(Me)C(Me)=CHMe}, **3**, 761
NbC₁₃H₁₉Cl₂N₂
  NbCl₂(Me)₃(py)₂, **3**, 732
NbC₁₃H₁₉O₃
  Nb(OMe)₃Cp₂, **3**, 766
NbC₁₃H₂₀P
  NbH(Cp)₂(PMe₃), **3**, 774
NbC₁₄H₁₀ClF₆
  NbCl(Cp)₂(CF₃C≡CCF₃), **3**, 753
NbC₁₄H₁₀F₇
  NbF(Cp)₂(CF₃C≡CCF₃), **3**, 757
NbC₁₄H₁₁F₆
  NbH(Cp)₂(CF₃C≡CCF₃), **3**, 757
NbC₁₄H₁₁F₇
  NbF(Cp)₂{C(CF₃)=CHCF₃}, **3**, 757
NbC₁₄H₁₄Cl₂
  NbCl₂(Bz)₂, **3**, 734
NbC₁₄H₁₅
  NbH(Cp)₂(CH₂=CH₂), **3**, 750
NbC₁₄H₁₅O₂
  Nb(COEt)(CO)Cp₂, **3**, 742
NbC₁₄H₁₅S₂
  Nb(CH₂CH=CH₂)(CS₂)Cp₂, **3**, 737
NbC₁₄H₁₆
  Nb(C₆H₅Me)₂, **3**, 776
NbC₁₄H₁₆I
  NbI(Cp)₂(MeC≡CMe), **3**, 753
NbC₁₄H₁₇
  NbH(Cp)₂(MeC≡CMe), **3**, 753
  Nb(MeCHCHCH₂)Cp₂, **3**, 759
NbC₁₄H₁₉
  NbEt(Cp)₂(CH₂=CH₂), **3**, 737, 750
NbC₁₄H₃₂ClO₂P₄
  NbCl(CO)₂(dmpe)₂, **3**, 709
NbC₁₄H₃₃O₂P₄
  NbH(CO)₂(dmpe)₂, **3**, 709
NbC₁₅H₁₃F₆S
  Nb(SMe)(Cp)₂(CF₃C≡CCF₃), **3**, 753
NbC₁₅H₁₈S₂
  [Nb(CH₂CH=CH₂)(CS₂Me)Cp₂]⁺, **3**, 735
NbC₁₅H₂₀Cl
  NbCl(CHBuᵗ)Cp₂, **3**, 103
NbC₁₅H₂₀NS₂
  [Nb(S₂CNEt₂)Cp₂]⁺, **3**, 770
NbC₁₅H₂₁Cl
  NbCl(CH₂Buᵗ)Cp₂, **3**, 736
NbC₁₆H₁₅O
  Nb(C₅H₅)(CO)Cp₂, **3**, 737
NbC₁₆H₁₉
  NbEt(Cp)₂(CH₂=CH₂), **3**, 750
NbC₁₆H₂₆P
  NbH(Cp)₂(PEt₃), **3**, 774
NbC₁₆H₃₇ClO₂P
  NbCl(OBuᵗ)₂(CHBuᵗ)(PMe₃), **3**, 721
NbC₁₆H₃₉N₄
  Nb(NEt₂)₃(MeCHNEt), **3**, 733, 756
NbC₁₇H₁₅O
  NbPh(CO)Cp₂, **3**, 737
NbC₁₇H₁₆Cl₃N₂
  NbCl₃(CHPh)(py)₂, **3**, 721
NbC₁₇H₁₉
  NbMe(C₈H₈)(cot), **3**, 135, 778
NbC₁₇H₁₉O₄S
  Nb(SMe)(Cp)₂(MeO₂CC≡CCO₂Me), **3**, 753
NbC₁₇H₂₁O
  Nb{C(Me)=CHPrⁱ}(CO)Cp₂, **3**, 742
NbC₁₇H₃₇Cl₂N₄
  NbCl₂(Me){N(Prⁱ)C(Me)NPrⁱ}₂, **3**, 743
NbC₁₇H₃₇P₄
  NbCp(dmpe)₂, **3**, 765

$NbC_{17}H_{41}P_2$
  $NbMe(CHBu^t)_2(PMe_3)_2$, **3**, 721
$NbC_{18}H_{10}F_{12}$
  $Nb\{C(CF_3)=C(CF_3)C(CF_3)=C(CF_3)\}Cp_2$, **3**, 746
  $NbCp_2\{C_4(CF_3)_4\}$, **3**, 757
$NbC_{18}H_{17}O$
  $NbBz(CO)Cp_2$, **3**, 737
$NbC_{18}H_{18}$
  $Cp_2Nb(CH_2C_6H_4CH_2)$, **3**, 745, 746
  $NbCp_2(cot)$, **3**, 760, 778
$NbC_{18}H_{19}$
  $NbCp_2(C_8H_9)$, **3**, 760
$NbC_{18}H_{22}Cl_3$
  $NbCl_3(Mes)_2$, **3**, 100, 732
$NbC_{18}H_{23}P$
  $[NbH_2(Cp)_2(PMe_2Ph)]^+$, **3**, 774
$NbC_{18}H_{24}$
  $Nb(C_6H_3Me_3)_2$, **3**, 776
$NbC_{18}H_{28}O_2$
  $Nb(OBu^t)_2Cp_2$, **3**, 768
$NbC_{19}H_{19}$
  $NbCp_2(C_9H_9)$, **3**, 134
  $NbMe(C_8H_8)(cot)$, **3**, 150
$NbC_{20}H_{20}$
  $Nb(C_5H_5)_2Cp_2$, **3**, 736
$NbC_{20}H_{21}Cl_3P$
  $NbCl_3(Me)_2(PPh_3)$, **3**, 732
$NbC_{20}H_{29}$
  $Me_2(\eta^5\text{-}C_5Me_5)\overline{Nb(C_6H_4CH_2CH_2)}$, **3**, 745
$NbC_{20}H_{32}$
  $Nb(CH_2Bu^t)_2Cp_2$, **3**, 735
$NbC_{21}H_{15}O_2$
  $Nb(CO)_2Cp(PhC\equiv CPh)$, **3**, 753, 754
$NbC_{22}H_{20}$
  $NbPh_2(Cp)_2$, **3**, 736
$NbC_{22}H_{20}S_2$
  $Nb(SPh)_2Cp_2$, **3**, 768
$NbC_{22}H_{20}Se_2$
  $Nb(SePh)_2Cp_2$, **3**, 768
$NbC_{22}H_{20}Te_2$
  $Nb(TePh)_2Cp_2$, **3**, 768
$NbC_{22}H_{21}$
  $NbPh(cot)_2$, **3**, 775, 777
$NbC_{22}H_{21}Cl_5N_2P$
  $NbCl_3\{C(Cl)=NMe\}_2(PPh_3)$, **3**, 719
$NbC_{23}H_{15}O_5P$
  $[Nb(CO)_5(PPh_3)]^-$, **3**, 709
$NbC_{24}H_{21}$
  $NbH(Cp)_2(PhC\equiv CPh)$, **3**, 744, 753
$NbC_{24}H_{24}$
  $NbBz(Cp)_2$, **3**, 735
  $[Nb(cot)_3]^-$, **3**, 777, 778
$NbC_{25}H_{23}$
  $NbMe(Cp)_2(PhC\equiv CPh)$, **3**, 753
$NbC_{26}H_{20}O_3P$
  $Nb(CO)_3Cp(PPh_3)$, **3**, 711
$NbC_{26}H_{26}O_3$
  $Nb(OBz)_3Cp$, **3**, 763
$NbC_{27}H_{33}Cl_2$
  $NbCl_2(Mes)_3$, **3**, 732
$NbC_{28}H_{25}BrP$
  $NbBr(Cp)_2(PPh_3)$, **3**, 769
$NbC_{28}H_{26}P$
  $NbH(Cp)_2(PPh_3)$, **3**, 774
$NbC_{29}H_{29}O_2$
  $Nb(O_2CBu^t)(Cp)_2(PhC\equiv CPh)$, **3**, 753

$NbC_{30}H_{24}O_4P_2$
  $[Nb(CO)_4(diphos)]^-$, **3**, 708
$NbC_{31}H_{29}Cl_3P_2$
  $NbCl_3(Cp)(diphos)$, **3**, 764
$NbC_{34}H_{25}O$
  $Nb(CO)Cp(PhC\equiv CPh)_2$, **3**, 753, 754
$NbC_{35}H_{33}NP$
  $Nb\{PhCH=C(Ph)C(Ph)=C(Ph)C\text{-}(Me)=NH\}Cp(PH_3)$, **3**, 775
$NbC_{36}H_{30}$
  $[NbPh_6]^{2-}$, **3**, 731
$NbC_{38}H_{30}$
  $\overline{Nb\{C(Ph)=C(Ph)C(Ph)=CPh\}Cp_2}$, **3**, 746
$NbC_{42}H_{37}OP_2$
  $NbH_2(CO)Cp(PPh_3)_2$, **3**, 711, 712
$NbC_{43}H_{35}O_2P_2$
  $Nb(CO)_2Cp(PPh_3)_2$, **3**, 711, 712
$NbC_{48}H_{35}O$
  $Nb(CO)Cp(C_4Ph_4)(PhC\equiv CPh)$, **3**, 754, 760
$NbCoC_{15}H_{10}O_5$
  $NbCo(CO)_5Cp_2$, **3**, 716; **6**, 801, 825
$NbCoC_{24}H_{20}O_2S_2$
  $Co(CO)_2\{Nb(SPh)_2Cp_2\}$, **3**, 768
$NbCrC_{16}H_{11}O_6$
  $NbCrH(CO)_6Cp_2$, **3**, 714
$NbFeC_{14}H_{11}O_4$
  $NbFeH(CO)_4Cp_2$, **6**, 825
$NbFeC_{15}H_{11}O_5$
  $NbFeH(CO)_5Cp_2$, **3**, 714
$NbFeC_{15}H_{13}O_4$
  $NbH_2(Cp)_2\{(OCH)Fe(CO)_4\}$, **3**, 717
$NbFeC_{17}H_{15}O_2$
  $NbH(C_5H_4)Cp_2\{Fe(CO)_2\}$, **3**, 716
$NbFeC_{23}H_{20}NO_2S_2$
  $Nb(SPh)_2Cp_2\{Fe(CO)(NO)\}$, **3**, 768
$NbFe_2C_{30}H_{28}$
  $NbFc_2(Cp)_2$, **3**, 736
$NbFe_2C_{30}H_{28}S_2$
  $Nb(SFc)_2Cp_2$, **3**, 768
$NbFe_2C_{32}H_{32}$
  $Nb(CH_2Fc)_2Cp_2$, **3**, 736
$NbGeC_{16}H_{25}Cl$
  $NbCl(GeEt_3)Cp_2$, **3**, 768
$NbGe_2C_{58}H_{45}O$
  $Nb(CO)Cp(PhC\equiv CGePh_3)_2$, **3**, 753
$NbHgC_8H_5O_6$
  $Nb(HgEt)(CO)_6$, **3**, 709; **6**, 1022
$NbHgC_9H_5O_6$
  $Nb\{Hg(C_3H_5)\}(CO)_6$, **3**, 709
$NbMnC_{18}H_{16}O_3$
  $NbMnH(CO)_3Cp_3$, **3**, 714
$NbMoC_{16}H_{11}O_6$
  $NbMoH(CO)_6Cp_2$, **3**, 714; **6**, 825
$NbMoC_{16}H_{16}O_4S_2$
  $NbMo(SMe)_2(CO)_4Cp_2$, **6**, 824
$NbMoC_{18}H_{15}O_3$
  $NbMo(CO)_3Cp_3$, **3**, 716, 1187; **6**, 777, 801, 825
$NbSbC_{26}H_{20}O_3$
  $Nb(CO)_3Cp(SbPh_3)$, **3**, 711
$NbSiC_{14}H_{21}Cl$
  $NbCl(CH_2SiMe_3)Cp_2$, **3**, 736
$NbSi_2C_{14}H_{20}Cl_2O$
  $NbCl_2(C_5H_4SiMe_2OSiMe_2C_5H_4)$, **3**, 762
$NbSi_2C_{18}H_{31}$
  $Nb(CH_2SiMe_3)(CHSiMe_3)Cp_2$, **3**, 722
$NbSi_2C_{18}H_{32}$
  $Nb(CH_2SiMe_3)_2Cp_2$, **3**, 735

NbMe$_2$(η^5-C$_5$H$_4$SiMe$_3$)$_2$, **3**, 735
NbSi$_2$C$_{24}$H$_{34}$
  (η^5-C$_5$H$_4$SiMe$_3$)$\overline{\text{Nb}(\text{CH}_2\text{C}_6\text{H}_4\dot{\text{C}}\text{H}_2)}$, **3**, 745
NbSi$_2$C$_{58}$H$_{45}$O
  Nb(CO)Cp(PhC≡CSiPh$_3$)$_2$, **3**, 753
NbSi$_3$C$_{12}$H$_{33}$Cl$_2$
  NbCl$_2$(CH$_2$SiMe$_3$)$_3$, **3**, 732
NbSnC$_{24}$H$_{15}$O$_6$
  Nb(SnPh$_3$)(CO)$_6$, **3**, 709; **6**, 1060
NbSnC$_{41}$H$_{30}$O$_5$P
  Nb(SnPh$_3$)(CO)$_5$(PPh$_3$), **3**, 709
NbSnC$_{48}$H$_{39}$O$_4$P$_2$
  Nb(SnPh$_3$)(CO)$_4$(diphos), **3**, 709
NbSn$_2$C$_{58}$H$_{45}$O
  Nb(CO)Cp(PhC≡CSnPh$_3$)$_2$, **3**, 753
NbVC$_{19}$H$_{16}$O$_4$
  NbVH(CO)$_4$Cp$_3$, **3**, 714
NbWC$_{16}$H$_{11}$O$_6$
  NbWH(CO)$_6$Cp$_2$, **3**, 714
NbWC$_{18}$H$_{15}$O$_3$
  NbW(CO)$_3$Cp$_3$, **6**, 825
NbZrC$_{31}$H$_{43}$O
  NbH{CHOZrH(η^5-C$_5$Me$_5$)$_2$}Cp$_2$, **3**, 605, 744
NbZrC$_{32}$H$_{43}$O$_2$
  Nb{CH$_2$OZrH(η^5-C$_5$Me$_5$)$_2$}(CO)Cp$_2$, **3**, 717
NbZrC$_{34}$H$_{45}$O$_2$
  Zr(OCH=CH$_2$){OCH$_2$Nb(CO)Cp}(η^5-C$_5$Me$_5$)$_2$, **3**, 744
NbZr$_2$C$_{52}$H$_{75}$O$_2$
  Nb{CH$_2$OZrH(η^5-C$_5$Me$_5$)$_2$}{CHOZrH(η^5-C$_5$-Me$_5$)$_2$}Cp$_2$, **3**, 722
Nb$_2$Al$_2$C$_{32}$H$_{50}$
  {Nb(C$_5$H$_4$)(HAlEt$_3$)Cp}$_2$, **6**, 951
Nb$_2$B$_4$C$_{20}$H$_{42}$
  {Nb(B$_2$H$_6$)(η^5-C$_5$Me$_5$)}$_2$, **3**, 765; **6**, 914
Nb$_2$B$_8$C$_{20}$H$_{54}$
  {Nb(B$_2$H$_6$)$_2$(η^5-C$_5$Me$_5$)}$_2$, **3**, 764
Nb$_2$C$_{12}$H$_{18}$Cl$_6$O$_3$
  {NbCl$_3$(η^5-C$_5$H$_4$Me)(OH$_2$)}$_2$O, **3**, 764
Nb$_2$C$_{12}$O$_{12}$
  Nb$_2$(CO)$_{12}$, **3**, 708
Nb$_2$C$_{14}$H$_{10}$O$_4$S$_2$
  {Nb(S)(CO)$_2$Cp}$_2$, **3**, 711
Nb$_2$C$_{14}$H$_{10}$O$_4$S$_3$
  {Nb(CO)$_2$Cp}$_2$(S)$_3$, **3**, 711
Nb$_2$C$_{16}$H$_{16}$O$_4$S$_2$
  {Nb(SMe)(CO)$_2$Cp}$_2$, **3**, 711
Nb$_2$C$_{16}$H$_{38}$Cl$_6$P$_2$
  {NbCl$_3$(CHBu^t)(PMe$_3$)}$_2$, **3**, 721
Nb$_2$C$_{19}$H$_{16}$O$_4$
  Nb$_2$H(CO)$_4$Cp$_3$, **3**, 714
Nb$_2$C$_{20}$H$_{18}$Cl
  Nb$_2$Cl(Cp)$_2$(C$_5$H$_4$C$_5$H$_4$), **3**, 762
Nb$_2$C$_{20}$H$_{20}$
  {NbH(C$_5$H$_4$)Cp}$_2$, **3**, 762
Nb$_2$C$_{20}$H$_{20}$Cl$_4$O
  {NbCl$_2$(Cp)}$_2$O, **3**, 766
  [{NbCl$_2$(Cp)}$_2$O]$^{2+}$, **3**, 766
Nb$_2$C$_{20}$H$_{36}$Cl$_8$N$_4$
  [NbCl$_3${C(Cl)=NBu^t}(CNBu^t)]$_2$, **3**, 719
Nb$_2$C$_{24}$H$_{36}$Cl$_4$
  Nb$_2$Cl$_4$(C$_6$Me$_6$)$_2$, **3**, 776
Nb$_2$C$_{28}$H$_{38}$N$_2$O$_2$
  (NbCp$_2$Bu)$_2$(O$_2$)(N$_2$), **8**, 1086
Nb$_2$C$_{28}$H$_{38}$O
  {NbBu(Cp)$_2$}$_2$O, **3**, 736
Nb$_2$C$_{32}$H$_{28}$N$_2$
  Nb$_2$(NPh)$_2$Cp$_2$(C$_5$H$_4$C$_5$H$_4$), **3**, 762

Nb$_2$C$_{34}$H$_{46}$P$_4$
  {NbH$_2$(Cp)(dmpe)}$_2$, **3**, 765
Nb$_2$C$_{40}$H$_{30}$O$_2$
  {Nb(CO)Cp(PhC≡CPh)}$_2$, **3**, 753, 754
Nb$_2$C$_{42}$H$_{30}$O$_4$
  {Nb(CO)$_2$Cp(PhC≡CPh)}$_2$, **3**, 754
Nb$_2$CuC$_{24}$H$_{32}$Cl$_2$S$_4$
  CuCl$_2${Nb(SMe)$_2$Cp$_2$}$_2$, **3**, 768
Nb$_2$CuC$_{36}$H$_{32}$S$_4$
  Cu{Nb(C$_4$H$_3$S)$_2$Cp$_2$}$_2$, **3**, 736
Nb$_2$FeC$_{36}$H$_{32}$S$_4$
  Fe{Nb(C$_4$H$_3$S)$_2$Cp$_2$}$_2$, **3**, 736
Nb$_2$MnC$_{24}$H$_{32}$Cl$_2$S$_4$
  MnCl$_2${Nb(SMe)$_2$Cp$_2$}$_2$, **3**, 768
Nb$_2$MnC$_{36}$H$_{32}$S$_4$
  Mn{Nb(C$_4$H$_3$S)$_2$Cp$_2$}$_2$, **3**, 736
Nb$_2$NiC$_{24}$H$_{32}$Cl$_2$S$_4$
  NiCl$_2${Nb(SMe)$_2$Cp$_2$}$_2$, **3**, 768
Nb$_2$NiC$_{24}$H$_{32}$S$_4$
  Ni{Nb(SMe)$_2$Cp$_2$}$_2$, **6**, 764
  [Ni{Nb(SMe)$_2$Cp$_2$}$_2$]$^{2+}$, **3**, 768, 771; **6**, 846
Nb$_2$PdC$_{24}$H$_{32}$S$_4$
  [Pd{Nb(SMe)$_2$Cp$_2$}$_2$]$^+$, **3**, 768
  [Pd{Nb(SMe)$_2$Cp$_2$}$_2$]$^{2+}$, **6**, 846
Nb$_2$PtC$_{24}$H$_{32}$S$_4$
  [Pt{Nb(SMe)$_2$Cp$_2$}$_2$]$^+$, **3**, 768
  [Pt{Nb(SMe)$_2$Cp$_2$}$_2$]$^{2+}$, **6**, 846
Nb$_2$Si$_4$C$_{28}$H$_{40}$O$_2$
  {NbH(C$_5$H$_3$SiMe$_2$OSiMe$_2$C$_5$H$_4$)}$_2$, **3**, 762
Nb$_2$Si$_6$C$_{24}$H$_{62}$
  {Nb(CH$_2$SiMe$_3$)$_2$(CSiMe$_3$)}$_2$, **1**, 196; **2**, 93; **3**, 723, 724
Nb$_3$C$_{18}$H$_{20}$O$_{10}$
  Nb$_3$(O)$_2$(OH)$_2$(O$_2$CH)$_3$Cp$_3$, **3**, 763, 766
Nb$_3$C$_{22}$H$_{15}$O$_7$
  Nb$_3$(CO)$_7$Cp$_3$, **3**, 714, 715
Nb$_3$C$_{36}$H$_{54}$Cl$_6$
  [Nb$_3$Cl$_6$(C$_6$Me$_6$)$_3$]$^+$, **3**, 776
NdC$_{12}$H$_{18}$
  Nd(C$_4$H$_6$)$_3$, **3**, 205
NdC$_{12}$H$_{30}$P$_3$
  $\overline{\text{Nd}(\text{CH}_2\text{PMe}_2\text{CH}_2)_3}$, **3**, 200
NdC$_{12}$H$_{33}$Cl$_3$P$_3$
  NdCl$_3$(CH$_2$PMe$_3$)$_3$, **3**, 200
NdC$_{13}$H$_{13}$
  NdCp(cot), **3**, 194
NdC$_{15}$H$_{15}$
  NdCp$_3$, **3**, 180
NdC$_{16}$H$_{16}$
  [Nd(cot)$_2$]$^-$, **3**, 192
NdC$_{17}$H$_{21}$O
  NdCp(cot){$\overline{\text{O}(\text{CH}_2)_3\text{CH}_2}$}, **3**, 194
NdC$_{18}$H$_{21}$
  Nd(C$_5$H$_4$Me)$_3$, **3**, 182
NdC$_{20}$H$_{30}$Cl$_2$
  [NdCl$_2$(C$_5$Me$_5$)$_2$]$^-$, **3**, 185
NdLiC$_{12}$H$_{20}$
  LiNd(CH$_2$CHCH$_2$)$_4$, **3**, 197
NdSi$_3$SnC$_{16}$H$_{43}$O$_2$
  Nd{Sn(CH$_2$SiMe$_3$)$_3$}(MeOCH$_2$CH$_2$OMe), **3**, 209
Nd$_2$C$_{24}$H$_{24}$
  Nd$_2$(cot)$_3$, **3**, 196
Nd$_2$C$_{32}$H$_{40}$O$_2$
  Nd$_2$(cot)$_3${$\overline{\text{O}(\text{CH}_2)_3\text{CH}_2}$}$_2$, **3**, 196
Nd$_2$C$_{32}$H$_{48}$Cl$_2$O$_4$

Nd$_2$C$_{32}$H$_{48}$Cl$_2$O$_4$
 [NdCl(cot){$\overline{\text{O(CH}_2)_3\text{CH}_2}$}$_2$]$_2$, **3**, 193
NiAlC$_7$H$_{17}$
 Ni(AlMe$_4$)(CH$_2$CHCH$_2$), **6**, 953
 NiAlC$_7$H$_{17}$Cl$_3$P, **8**, 618
 NiCl(AlCl$_2$Me)(CH$_2$CHCH$_2$)(PMe$_3$), **8**, 618
NiAlC$_8$H$_{19}$
 Ni(AlMe$_4$)(C$_4$H$_7$), **6**, 953
NiAlC$_9$H$_{21}$
 Ni(AlMe$_4$)(MeCHCHCHMe), **6**, 82, 161
NiAlC$_{15}$H$_{23}$N$_2$
 Ni(AlMe$_4$)Me(bipy), **6**, 80
NiAlC$_{16}$H$_{29}$
 Ni(HAlEt$_2$)(cdt), **6**, 39, 952
NiAlC$_{22}$H$_{41}$Cl$_3$P
 Ni(ClAlCl$_2$Me)(PCy$_3$)(CH$_2$CHCH$_2$), **6**, 166, 171
NiAlC$_{42}$H$_{37}$
 Ni(C$_4$Ph$_4$AlPh)(cod), **6**, 112
NiAlC$_{47}$H$_{52}$NP$_2$
 Ni(PPh$_3$)$_2$(CH$_2$=CHCH=NAlBu$^i_2$), **6**, 119
NiAsC$_6$H$_6$O$_6$P
 Ni(CO)$_3${P(CH$_2$O)$_3$As}, **6**, 19
NiAsC$_{21}$H$_{15}$O$_3$
 Ni(CO)$_3$(AsPh$_3$), **6**, 20
NiAsCrC$_{13}$H$_{11}$O$_6$
 Ni(CO)$_3${AsMe$_2$Cr(CO)$_3$Cp}, **6**, 20
NiAsFeC$_{12}$H$_{11}$O$_5$
 Ni(CO)$_3${AsMe$_2$Fe(CO)$_2$Cp}, **6**, 20
NiAsMoC$_{10}$H$_{11}$N$_3$O$_6$
 Cp(CO)$_3$Mo(AsMe$_2$)Ni(NO)$_3$, **3**, 1191
NiAsMoC$_{13}$H$_{11}$O$_6$
 Cp(CO)$_3$Mo(AsMe$_2$)Ni(CO)$_3$, **6**, 20
NiAsWC$_{10}$H$_{11}$N$_3$O$_6$
 Cp(CO)$_3$W(AsMe$_2$)Ni(NO)$_3$, **3**, 1340
NiAsWC$_{13}$H$_{11}$O$_6$
 Cp(CO)$_3$W(AsMe$_2$)Ni(CO)$_3$, **6**, 20
NiAs$_2$C$_7$H$_{12}$O$_3$
 Ni(CO)$_3$(AsMe$_2$AsMe$_2$), **6**, 21
NiAs$_2$C$_8$H$_{12}$O$_8$P$_2$
 Ni(CO)$_2${P(CH$_2$O)$_3$As}$_2$, **6**, 21
NiAs$_2$C$_8$H$_{16}$O$_2$
 Ni(CO)$_2$(Me$_2$AsCH$_2$CH$_2$AsMe$_2$), **6**, 16
NiAs$_2$C$_{20}$H$_{22}$F$_6$
 Ni(AsMe$_2$Ph)$_2$(CF$_3$C≡CCF$_3$), **6**, 134
NiAs$_2$C$_{28}$H$_{24}$O$_2$
 Ni(CO)$_2$(AsPh$_2$CH$_2$CH$_2$AsPh$_2$), **6**, 22
NiAs$_2$C$_{41}$H$_{35}$
 [Ni(AsPh$_3$)$_2$Cp]$^+$, **6**, 209
NiAs$_2$FeC$_{15}$H$_{20}$I$_2$O
 NiI$_2$(CO){(Me$_2$AsC$_5$H$_4$)$_2$Fe}, **4**, 489; **6**, 31
NiAs$_3$C$_{43}$H$_{39}$F$_4$
 Ni{(AsPh$_2$CH$_2$)$_3$CMe}(CF$_2$=CF$_2$), **6**, 67
NiAs$_3$C$_{45}$H$_{39}$F$_8$
 {MeC(CH$_2$AsPh$_2$)$_3$}$\overline{\text{Ni(CF}_2)_3}CF_2$, **6**, 67
NiAs$_3$C$_{48}$H$_{47}$N
 NiPh{(AsPh$_2$CH$_2$CH$_2$)$_3$N}, **6**, 70
NiAs$_4$C$_{20}$H$_{32}$
 Ni(diars)$_2$, **6**, 244
NiBC$_7$H$_{17}$N
 Ni{BMe$_2$(NMe$_2$)}(CH$_2$CHCH$_2$), **6**, 897
NiBC$_9$H$_{17}$F$_2$O$_6$P$_2$
 CpNi{P(OMe)$_2$O}$_2$BF$_2$, **6**, 197
NiBC$_{11}$H$_{21}$N$_3$O$_3$P
 Ni(CO)$_3${P(NMeCH$_2$)$_3$BH$_3$}, **6**, 20
NiBC$_{21}$H$_{40}$P
 Ni{PCy$_2$(CH$_2$)$_3$B(Et)CH=CH$_2$}(CH$_2$=CH$_2$), **6**, 108

NiBC$_{23}$H$_{37}$N$_3$
 NiEt(bipy){N(=CBu^t)BEt$_3$}, **6**, 72
NiBC$_{36}$H$_{25}$O$_2$
 Ni(CO)$_2$(C$_4$BPh$_5$), **1**, 387; **6**, 223
NiB$_2$C$_{10}$H$_{12}$F$_2$O$_2$
 Ni(CO)$_2${FB(CMe=CMe)$_2$BF}, **1**, 400; **6**, 117
NiB$_2$C$_{10}$H$_{16}$O$_2$S
 Ni(CO)$_2${Me$\overline{\text{BC(Et)C(Et)B(Me)S}}$}, **1**, 407; **6**, 223
NiB$_2$C$_{14}$H$_{36}$P$_4$
 Ni(CH$_2$PMe$_2$BH$_2$PMe$_2$CH$_2$)$_2$, **6**, 49
NiB$_2$C$_{15}$H$_{24}$
 NiCp{Me$\overline{\text{BC(Et)C(Et)B(Me)CMe}}$}, **1**, 389
NiB$_2$C$_{17}$H$_{28}$
 NiCp{Et$\overline{\text{BC(Et)C(Et)B(Et)CMe}}$}, **6**, 223
NiB$_2$C$_{50}$H$_{44}$P$_2$
 Ni(BPh$_2$)$_2$(diphos), **6**, 893
NiB$_2$CoC$_{13}$H$_{13}$
 CpNi(C$_3$B$_2$H$_3$)CoCp, **6**, 223
NiB$_2$CoC$_{20}$H$_{29}$
 CoNiCp$_2${Me$\overline{\text{BC(Et)C(Et)B(Me)CMe}}$}, **1**, 389
NiB$_2$Fe$_2$C$_{16}$H$_{14}$O$_2$
 (CO)$_2$Ni{CpFeB(CH=CH)$_2$BFeCp}, **1**, 332
NiB$_2$Fe$_2$C$_{32}$H$_{34}$
 Ni(η^4-C$_4$Me$_4$){FcB(CH=CH)$_2$BFc}, **1**, 400
NiB$_2$Si$_2$C$_{24}$H$_{30}$
 Ni{PhB(CH=CH)$_2$SiMe$_2$}$_2$, **1**, 401; **6**, 117
NiB$_4$C$_{16}$H$_{24}$F$_4$
 Ni{FB(CMe=CMe)$_2$BF}$_2$, **1**, 332; **6**, 117
NiB$_4$C$_{16}$H$_{32}$S$_2$
 Ni{Me$\overline{\text{BC(Et)C(Et)B(Me)S}}$}$_2$, **1**, 384, 407; **6**, 223
NiB$_4$C$_{18}$H$_{38}$N$_2$
 Ni{Me$\overline{\text{BC(Et)C(Et)B(Me)NMe}}$}$_2$, **1**, 406
NiB$_4$C$_{28}$H$_{30}$P$_2$
 Ni(diphos)(2,3-C$_2$B$_4$H$_6$), **1**, 493; **6**, 219
NiB$_4$C$_{38}$H$_{36}$P$_2$
 Ni(PPh$_3$)$_2$(2,4-C$_2$B$_4$H$_6$), **6**, 218
NiB$_5$C$_5$H$_8$F$_6$O$_3$P
 Ni(CO)$_3${P(CF$_3$)$_2$(B$_5$H$_8$)}, **6**, 19
NiB$_6$C$_3$H$_{10}$O$_3$
 Ni(B$_6$H$_{10}$)(CO)$_3$, **6**, 216, 931
NiB$_6$C$_8$H$_{26}$P$_2$
 (Me$_3$P)$_2$NiC$_2$B$_6$H$_8$, **1**, 501
NiB$_6$C$_{10}$H$_{30}$P$_2$
 (Me$_3$P)$_2$Ni(Me$_2$C$_2$B$_6$H$_6$), **1**, 501
NiB$_6$C$_{16}$H$_{42}$P$_2$
 (Et$_3$P)$_2$Ni(Me$_2$C$_2$B$_6$H$_6$), **1**, 500
NiB$_7$C$_8$H$_{27}$P$_2$
 (Me$_3$P)$_2$NiC$_2$B$_7$H$_9$, **1**, 501
NiB$_7$C$_{16}$H$_{45}$P$_2$
 Ni(PEt$_3$)$_2$(5,9-C$_2$B$_7$H$_9$Me$_2$), **6**, 218
NiB$_7$C$_{34}$H$_{43}$P$_2$
 Ni(diphos)(C$_4$B$_7$H$_7$Me$_4$), **6**, 221
NiB$_7$CoC$_{11}$H$_{18}$
 (CpCo)(CpNi)CB$_7$H$_8$, **1**, 482, 505; **6**, 219, 837
NiB$_8$C$_6$H$_{14}$
 (NiCp)(1-CB$_8$H$_9$), **6**, 219
NiB$_8$C$_{34}$H$_{44}$P$_2$
 Ni(diphos)(C$_4$B$_8$H$_8$Me$_4$), **1**, 537; **6**, 218
NiB$_8$CoC$_{12}$H$_{20}$
 (CpCo)(CpNi)C$_2$B$_8$H$_{10}$, **6**, 214
NiB$_8$CoC$_{15}$H$_{27}$
 {Ni(cod)}(CoCp)(7,8-C$_2$B$_8$H$_{10}$), **6**, 218
NiB$_9$C$_2$H$_{13}$NOP
 Ni(NO)(CB$_9$H$_{10}$PMe), **6**, 220
NiB$_9$C$_5$H$_5$Cl$_9$

CpNiB$_9$Cl$_9$, **1**, 508
[CpNiB$_9$Cl$_9$]$^-$, **1**, 491; **6**, 214
[CpNiB$_9$Cl$_9$]$^{2-}$, **6**, 935
NiB$_9$C$_5$H$_{14}$
  CpNiB$_9$H$_9$, **1**, 490
  [CpNiB$_9$H$_9$]$^-$, **1**, 508; **6**, 217
  [CpNiB$_9$H$_9$]$^{2-}$, **6**, 935
NiB$_9$C$_{12}$H$_{27}$
  Ni(C$_2$B$_9$H$_9$Me$_2$)(cod), **6**, 105
NiB$_9$C$_{14}$H$_{18}$P
  Ni(CH$_2$CHCH$_2$)(CB$_9$H$_{10}$PMe), **6**, 220
NiB$_9$C$_{23}$H$_{28}$P
  Ni(η^3-C$_3$Ph$_3$)(CB$_9$H$_{10}$PMe), **6**, 220
NiB$_9$C$_{38}$H$_{40}$ClP$_2$
  NiCl(PPh$_3$){C$_2$B$_9$H$_{10}$(PPh$_3$)}, **6**, 221
NiB$_9$C$_{38}$H$_{41}$P$_2$
  NiH(PPh$_3$){C$_2$B$_9$H$_{10}$(PPh$_3$)}, **6**, 221
  Ni(PPh$_3$)$_2$(C$_2$B$_9$H$_{11}$), **1**, 481; **6**, 42, 218
NiB$_{10}$C$_5$H$_{17}$
  [Ni(B$_{10}$H$_{12}$)Cp]$^-$, **6**, 217, 936
NiB$_{10}$C$_5$H$_{18}$
  Ni(B$_{10}$H$_{13}$)Cp, **1**, 488, 512; **6**, 217, 936
NiB$_{10}$C$_6$H$_{16}$
  CpNiCB$_{10}$H$_{11}$, **1**, 524; **6**, 222
NiB$_{10}$C$_{38}$H$_{40}$P$_2$
  Ni(PPh$_3$)$_2$(C$_2$B$_{10}$H$_{10}$), **6**, 218
NiB$_{10}$CoC$_{10}$H$_{20}$
  [(CpCo)(CpNi)B$_{10}$H$_{10}$]$^-$, **1**, 527; **6**, 217, 837
  (CpCo)(CpNi)(B$_{10}$H$_{10}$), **6**, 939
NiB$_{11}$C$_5$H$_{16}$
  [CpNiB$_{11}$H$_{11}$]$^-$, **1**, 490, 527; **6**, 217, 940
NiB$_{18}$C$_2$H$_{20}$O$_2$
  (CO)$_2$NiB$_{18}$H$_{20}$, **1**, 514
NiB$_{18}$C$_4$H$_{22}$
  Ni(C$_2$B$_9$H$_{11}$)$_2$, **1**, 518, 522; **3**, 33
NiB$_{18}$C$_8$H$_{30}$
  Ni(1,2-C$_2$B$_9$H$_9$Me$_2$)$_2$, **6**, 220
NiB$_{18}$C$_{33}$H$_{57}$NP$_2$
  Ni(diphos){CB$_{18}$H$_{20}$(NH$_2$Cy)}, **6**, 221
NiB$_{20}$C$_4$H$_{24}$
  [Ni(C$_2$B$_{10}$H$_{12}$)$_2$]$^{2-}$, **1**, 529; **6**, 218
NiB$_{20}$C$_{42}$H$_{56}$P$_2$
  Ni(PPh$_3$)$_2$(C$_2$B$_{10}$H$_{10}$Me)$_2$, **6**, 219
NiC$_2$H$_{10}$N$_2$
  Ni(CH$_2$=CH$_2$)(NH$_3$)$_2$, **3**, 52
NiC$_3$ClO$_3$
  [NiCl(CO)$_3$]$^-$, **6**, 33
NiC$_3$Cl$_3$O$_3$P
  Ni(CO)$_3$(PCl$_3$), **6**, 24
NiC$_3$F$_3$O$_3$P
  Ni(CO)$_3$(PF$_3$), **6**, 28
NiC$_3$H$_5$BrN$_2$O$_2$
  NiBr(NO)(CH$_2$=CHCH=NOH), **6**, 119, 122, 160
NiC$_3$H$_6$F$_3$P
  NiH(CH$_2$CHCH$_2$)(PF$_3$), **6**, 41; **8**, 619
NiC$_3$IO$_3$
  [NiI(CO)$_3$]$^-$, **8**, 200
NiC$_3$O$_5$
  Ni(CO)$_3$(O$_2$), **6**, 8
NiC$_4$H$_{12}$
  [NiMe$_4$]$^{2-}$, **6**, 45
NiC$_4$N$_4$
  [Ni(CN)$_4$]$^{2-}$, **8**, 359
NiC$_4$O$_4$
  Ni(CO)$_4$, **3**, 9, 529; **6**, 3, 156; **8**, 159, 634, 672, 728, 733
NiC$_4$S$_4$
  Ni(CS)$_4$, **6**, 12
NiC$_5$H$_5$
  [NiCp]$^+$, **6**, 196
NiC$_5$H$_5$NO
  Ni(NO)Cp, **3**, 40; **6**, 42, 209
NiC$_5$H$_6$ClO$_3$P
  Ni(CO)$_3$(PMe$_2$Cl), **6**, 25
NiC$_5$H$_8$N
  [Ni(NH$_3$)Cp]$^+$, **6**, 210
NiC$_5$H$_{11}$
  [NiMe(CH$_2$=CH$_2$)$_2$]$^-$, **6**, 46, 113
NiC$_5$H$_{13}$ClN$_4$S$_2$
  NiCl{SC(NH$_2$)$_2$}$_2$(CH$_2$CHCH$_2$), **6**, 174
NiC$_5$N$_5$
  [Ni(CN)$_5$]$^{2-}$, **3**, 15
NiC$_6$BrF$_5$
  NiBr(C$_6$F$_5$), **6**, 50
NiC$_6$F$_6$O$_2$
  Ni(CO)$_2$(CF$_3$C≡CCF$_3$), **6**, 134
NiC$_6$H$_5$IO
  NiI(CO)Cp, **6**, 202
NiC$_6$H$_5$O
  [Ni(CO)Cp]$^-$, **6**, 85, 205
NiC$_6$H$_6$NO$_4$
  [Ni(CO)$_3$(CONMe$_2$)]$^-$, **6**, 16
NiC$_6$H$_6$N$_2$
  Ni(CH$_2$=CHCN)$_2$, **6**, 119; **8**, 406, 635
NiC$_6$H$_7$
  [Ni(η^5-C$_5$H$_4$Me)]$^+$, **6**, 210
NiC$_6$H$_7$NO
  Ni(NO)(η^5-C$_5$H$_4$Me), **6**, 210
NiC$_6$H$_9$O$_6$P
  Ni(CO)$_3${P(OMe)$_3$}, **6**, 19
NiC$_6$H$_{10}$
  Ni(CH$_2$CHCH$_2$)$_2$, **6**, 146; **8**, 256, 616, 653, 680, 731
NiC$_6$H$_{10}$Cl
  NiCl(CH$_2$CHCH$_2$)$_2$, **8**, 311
NiC$_6$H$_{12}$
  Ni(CH$_2$=CH$_2$)$_3$, **6**, 39, 103, 109; **8**, 640
NiC$_6$H$_{13}$
  [NiEt(CH$_2$=CH$_2$)$_2$]$^-$, **6**, 39
NiC$_6$H$_{14}$
  [NiEt$_2$(CH$_2$=CH$_2$)]$^{2-}$, **6**, 50
NiC$_6$H$_{14}$ClP
  NiCl(CH$_2$CHCH$_2$)(PMe$_3$), **8**, 626, 627
NiC$_7$H$_7$Cl
  NiCl(Bz), **6**, 50
NiC$_7$H$_9$
  [Ni(CH$_2$=CH$_2$)Cp]$^+$, **6**, 104, 210
NiC$_7$H$_9$ClO
  NiCl{COCH=CHCH$_2$C(Me)=CH$_2$}, **8**, 172
NiC$_7$H$_{10}$O$_3$S
  Ni(CO)$_3$(SEt$_2$), **6**, 33
NiC$_7$H$_{12}$NO$_3$P
  Ni(CO)$_3$(PMe$_2$NMe$_2$), **6**, 25
NiC$_7$H$_{18}$I$_2$OP$_2$
  NiI$_2$(CO)(PMe$_3$)$_2$, **6**, 31
NiC$_7$H$_{21}$ClP$_2$
  NiCl(Me)(PMe$_3$)$_2$, **6**, 52
NiC$_7$H$_{21}$IP$_2$

$NiC_7H_{21}IP_2$

NiI(Me)(PMe$_3$)$_2$, **6**, 73

$NiC_8H_8O_2$
Ni(COMe)(CO)Cp, **6**, 205

NiC_8H_{10}
Ni(CH$_2$CHCH$_2$)Cp, **6**, 175

NiC_8H_{12}
Ni(C$_3$H$_7$)Cp, **8**, 341

$NiC_8H_{12}BrNO_2$
NiBr(NCMe)(CH$_2$CMeCHCO$_2$Me), **6**, 170

$NiC_8H_{13}Cl$
NiCl(C$_8$H$_{13}$), **6**, 51

NiC_8H_{14}
Ni(CH$_2$CMeCH$_2$)$_2$, **6**, 84, 146, 151
Ni(MeCHCHCH$_2$)$_2$, **6**, 149

$NiC_8H_{14}ClO_3P$
NiCl{P(OMe)$_3$}Cp, **6**, 206

$NiC_8H_{14}IO_3P$
NiI{P(OMe)$_3$}Cp, **6**, 206

$NiC_8H_{14}IP$
NiI(PMe$_3$)Cp, **6**, 204

$NiC_8H_{18}O_2P_2$
Ni(CO)$_2$(PMe$_3$)$_2$, **6**, 21, 24

$NiC_8H_{18}O_8P_2$
Ni(CO)$_2${P(OMe)$_3$}$_2$, **6**, 21

$NiC_8H_{21}ClOP_2$
NiCl(COMe)(PMe$_3$)$_2$, **6**, 24, 58, 74

$NiC_9H_5IO_3$
NiI(COPh)(CO)$_2$, **8**, 160

NiC_9H_{10}
NiPh(CH$_2$CHCH$_2$), **6**, 85

$NiC_9H_{10}O_2$
Ni(COEt)(CO)Cp, **6**, 85

NiC_9H_{11}
[Ni(CH$_2$CHCH$_2$)(C$_6$H$_6$)]$^+$, **6**, 230

NiC_9H_{12}
Ni{(CH$_2$)$_2$CC(=CH$_2$)CH$_2$C(CH$_2$)$_2$}, **6**, 148; **8**, 451
Ni(CH$_2$CMeCH$_2$)Cp, **6**, 174
Ni(MeCHCHCH$_2$)Cp, **6**, 86, 175, 176; **8**, 700

NiC_9H_{15}
Ni{CH(CH$_2$CH$_2$CH=CH$_2$)$_2$}, **8**, 373

$NiC_9H_{15}N_2$
[Ni(NCMe)$_2$(CH$_2$CHCMe$_2$)]$^+$, **6**, 158

NiC_9H_{16}
NiMe(C$_8$H$_{13}$), **6**, 51

$NiC_9H_{16}O$
Ni(OMe)(C$_8$H$_{13}$), **6**, 51

$NiC_9H_{17}O_3P$
NiMe{P(OMe)$_3$}Cp, **6**, 206

$NiC_9H_{18}N_3S_3$
[Ni(Me$_2$NCS)$_3$]$^+$, **6**, 9, 128

$NiC_9H_{18}O_6P_2$
Ni{P(O)(OMe)$_2$}{P(OH)(OMe)$_2$}Cp, **6**, 197

$NiC_9H_{19}O_2P$
NiMe(PMe$_3$)(acac), **6**, 49

$NiC_9H_{19}O_2PS$
Ni(SO$_2$CH$_2$CH=CH$_2$)(CH$_2$CHCH$_2$)(PMe$_3$), **6**, 168; **8**, 731

$NiC_9H_{19}P$
Ni(CH$_2$CHCH$_2$)$_2$(PMe$_3$), **6**, 153

$NiC_{10}H_{10}$
NiCp$_2$, **3**, 29, 113; **6**, 87, 110, 174, 190; **8**, 382, 657, 690, 729, 793, 1025, 1040, 1049
[NiCp$_2$]$^+$, **6**, 113

$NiC_{10}H_{10}O$
Ni(CO){CH$_2$CH=CHCH$_2$(η^5-C$_5$H$_4$)}, **6**, 87

$NiC_{10}H_{11}$
[NiCp(η^4-C$_5$H$_6$)]$^+$, **6**, 105; **8**, 1025

$NiC_{10}H_{12}$
NiCp(C$_5$H$_7$), **6**, 177; **8**, 382, 383, 621

$NiC_{10}H_{12}O$
Ni(CH$_2$CHCH$_2$CH$_2$)(CO)Cp, **6**, 89
Ni(COCH$_2$CH$_2$CH=CH$_2$)Cp, **6**, 89

$NiC_{10}H_{14}$
Ni(CH$_2$CHCMe$_2$)Cp, **6**, 175

$NiC_{10}H_{14}N_2O_3$
Ni{CN(Et)CH$_2$CH$_2$NEt}(CO)$_3$, **6**, 16, 109, 201

$NiC_{10}H_{18}$
Ni(CH$_2$CHCMe$_2$)$_2$, **6**, 82, 149

$NiC_{10}H_{18}F_6O_6P_2$
Ni(CF$_3$C≡CCF$_3$){P(OMe)$_3$}$_2$, **8**, 654

$NiC_{10}H_{18}N_2O_2$
Ni(CNBu^t)$_2$(O$_2$), **6**, 132

$NiC_{10}H_{18}N_2O_3$
Ni(TMEDA)(C$_4$H$_2$O$_3$), **6**, 118

$NiC_{10}H_{18}N_4O_2$
Ni(CO)$_2${Me$_2$NN=C(Me)C(Me)=NNMe$_2$}, **6**, 127

$NiC_{10}H_{19}N_2S_2$
[Ni(SCNMe$_2$)$_2$(CH$_2$CMeCH$_2$)]$^+$, **6**, 172

$NiC_{10}H_{19}O_2P$
Ni(O$_2$CCH$_2$CH=CH$_2$)(CH$_2$CHCH$_2$)(PMe$_3$), **8**, 251

$NiC_{10}H_{19}O_3P$
Ni(COMe)(PMe$_3$)(acac), **6**, 49

$NiC_{10}H_{27}OP_3$
Ni(CO)(PMe$_3$)$_3$, **6**, 22, 24, 32

$NiC_{10}H_{27}O_{10}P_3$
Ni(CO){P(OMe)$_3$}$_3$, **6**, 22

$NiC_{11}H_8N_2OS$
Ni(bipy)(COS), **6**, 128

$NiC_{11}H_{10}O_2$
Ni(CO){COC(=CHMe)CH$_2$(η^5-C$_5$H$_4$)}, **6**, 87

$NiC_{11}H_{12}F_6$
Ni(cod)(CF$_2$=CFCF$_3$), **6**, 120

$NiC_{11}H_{15}IO$
NiI(CO)(η^5-C$_5$Me$_5$), **6**, 202

$NiC_{11}H_{16}$
Ni{(CH$_2$)$_2$CHMeCH=CH$_2$}Cp, **6**, 89
Ni{(CH$_2$)$_3$CMe=CH$_2$}Cp, **6**, 89
Ni(CH$_2$CMeCMe$_2$)Cp, **6**, 175

$NiC_{11}H_{17}Cl$
NiCl(CH$_2$CMeCH$_2$)(C$_7$H$_{10}$), **6**, 51; **8**, 790
NiCl(CH$_2$CMeCH$_2$)(norbornene), **6**, 108, 164

$NiC_{11}H_{23}P$
Ni(MeCHCHCH$_2$)$_2$(PMe$_3$), **6**, 153

$NiC_{11}H_{31}ClP_3$
[NiCl(CH$_2$PMe$_3$)$_2$(PMe$_3$)]$^+$, **6**, 48

$NiC_{11}H_{33}P_3$
NiMe$_2$(PMe$_3$)$_3$, **6**, 51

$NiC_{12}F_{10}$
Ni(C$_6$F$_5$)$_2$, **6**, 45

$NiC_{12}H_6F_{10}N_2$
Ni(C$_6$F$_5$)$_2$(NH$_3$)$_2$, **6**, 73

$NiC_{12}H_8N_2O_2$
Ni(CO)$_2$(bipy), **6**, 18, 78; **8**, 775

$NiC_{12}H_{10}F_4$
Ni{η^3-C$_5$H$_5$(CF$_2$)$_2$}Cp, **6**, 177

$NiC_{12}H_{13}$
[NiCp(nbd)]$^+$, **6**, 90, 104, 113, 208

$NiC_{12}H_{13}BrN_2$
NiBr(Et)(bipy), **6**, 72

$NiC_{12}H_{14}$

Ni(η^5-C$_5$H$_4$Me)$_2$, **6**, 198

NiC$_{12}$H$_{14}$N$_2$
NiMe$_2$(bipy), **6**, 71, 78; **8**, 779

NiC$_{12}$H$_{16}$
Ni{(CH$_2$)$_2$CCH$_2$C(=CH$_2$)}$_2$, **6**, 148

NiC$_{12}$H$_{18}$
Ni{CH$_2$CHCH(CH$_2$)$_2$CH=CH(CH$_2$)$_2$CH-CHCH$_2$}, **8**, 166, 429, 728, 782, 793
Ni(C$_{12}$H$_{18}$), **6**, 148, 156
Ni(cdt), **6**, 39, 46, 103

NiC$_{12}$H$_{18}$O$_2$
Ni(OAc){C$_7$H$_{10}$(CH$_2$CH=CH$_2$)}, **8**, 731

NiC$_{12}$H$_{20}$
Ni{CH$_2$=C(Me)C(Me)=CH$_2$}$_2$, **6**, 112, 167; **8**, 679

NiC$_{12}$H$_{20}$O$_4$
Ni(CO)$_2$(EtOC$_6$H$_{10}$OEt), **6**, 33

NiC$_{12}$H$_{23}$O$_2$P
Ni{O$_2$CCH$_2$C(Me)=CH$_2$}(CH$_2$C-MeCH$_2$)(PMe$_3$), **6**, 84, 163

NiC$_{12}$H$_{24}$P$_2$
Ni{(CH$_2$)$_2$P(CH$_2$)$_4$}$_2$, **6**, 48

NiC$_{12}$H$_{32}$N$_2$P$_4$
$\overline{\text{Ni(CH}_2\text{PMe}_2\text{CHPMe}_2\text{CH}_2\text{)}_2}$, **6**, 49

NiC$_{12}$H$_{34}$P$_3$
[NiMe(PMe$_3$)(CH$_2$PMe$_3$)$_2$]$^+$, **6**, 73

NiC$_{13}$H$_6$F$_{12}$
Ni{C(CF$_3$)=C(CF$_3$)C(CF$_3$)=CHCF$_3$}Cp, **6**, 90

NiC$_{13}$H$_{12}$N$_2$O$_2$
$\overline{\text{(bipy)NiCH}_2\text{CH}_2\text{COO}}$, **6**, 74

NiC$_{13}$H$_{12}$S$_2$
Ni(S$_2$CBz)Cp, **6**, 207

NiC$_{13}$H$_{14}$F$_6$O$_2$
Ni(C$_8$H$_{13}$)(CF$_3$COCHCOCF$_3$), **8**, 383, 388

NiC$_{13}$H$_{15}$NO
Ni{C(Ph)=NPh}(CO)Cp, **6**, 85

NiC$_{13}$H$_{16}$
Ni(C$_8$H$_{11}$)Cp, **6**, 177

NiC$_{13}$H$_{16}$O
Ni{OCH(Ph)CH$_2$CH=CH$_2$}(CH$_2$CHCH$_2$), **8**, 732

NiC$_{13}$H$_{17}$
[Ni(cod)Cp]$^+$, **6**, 105, 177

NiC$_{13}$H$_{18}$
Ni(C$_8$H$_{13}$)Cp, **6**, 90

NiC$_{13}$H$_{18}$BrNO$_2$
NiBr(CH$_2$CMeCHCO$_2$Me)(C$_5$H$_3$Me$_2$N), **6**, 170

NiC$_{13}$H$_{18}$F$_6$N$_2$O
$\overline{\text{(Bu}^t\text{NC)}_2\text{NiC(CF}_3\text{)}_2\text{O}}$, **6**, 68

NiC$_{13}$H$_{20}$O$_2$
Ni(C$_8$H$_{13}$)(acac), **6**, 51

NiC$_{13}$H$_{27}$P
Ni(CH$_2$CH=CMe$_2$)(CH$_2$CHCMe$_2$)(PMe$_3$), **6**, 82, 166

NiC$_{13}$H$_{30}$Br$_2$OP$_2$
NiBr$_2$(CO)(PEt$_3$)$_2$, **6**, 31

NiC$_{13}$H$_{30}$O$_2$P$_2$
Ni(CO$_2$)(PEt$_3$)$_2$, **8**, 234

NiC$_{13}$H$_{39}$P$_4$
[NiMe(PMe$_3$)$_4$]$^+$, **6**, 62, 73

NiC$_{14}$H$_8$N$_2$O$_2$
Ni(CO)$_2$(phen), **6**, 15

NiC$_{14}$H$_{10}$N$_2$O$_3$
Ni(bipy)(C$_4$H$_2$O$_3$), **6**, 77

NiC$_{14}$H$_{12}$N$_2$O$_3$
$\overline{\text{(bipy)NiCOCH}_2\text{CH}_2\text{COO}}$, **6**, 74

NiC$_{14}$H$_{14}$
[NiPh$_2$(C$_2$H$_4$)]$^{2-}$, **6**, 46

NiC$_{14}$H$_{14}$F$_6$O$_2$
Ni(hfacac)(C$_8$H$_{13}$), **8**, 617

NiC$_{14}$H$_{14}$O$_2$P$_2$
Ni(CO)$_2$(PPhH$_2$)$_2$, **6**, 25

NiC$_{14}$H$_{16}$N$_2$
$\overline{\text{(bipy)Ni(CH}_2\text{)}_3\text{CH}_2}$, **6**, 66; **8**, 735

NiC$_{14}$H$_{17}$
[NiPh(CH$_2$CH=CHCH$_2$CH$_2$CHCHCH$_2$)]$^-$, **6**, 82, 167

NiC$_{14}$H$_{18}$F$_8$N$_2$
$\overline{\text{(Bu}^t\text{NC)}_2\text{Ni(CF}_2\text{)}_3\text{CF}_2}$, **6**, 73
Ni(CNBu^t)$_2$(C$_4$F$_8$), **6**, 132

NiC$_{14}$H$_{18}$N$_2$
NiEt$_2$(bipy), **6**, 70, 77, 117; **8**, 253, 598, 660

NiC$_{14}$H$_{19}$
[Ni(cod)(η^5-C$_5$H$_4$Me)]$^+$, **6**, 208

NiC$_{14}$H$_{20}$F$_6$
NiCp{C$_7$H$_7$(CF$_3$)$_2$}, **8**, 1040

NiC$_{14}$H$_{22}$
Ni(CH$_2$CHCH$_2$){η^3-C$_4$Me$_4$(CH$_2$CH=CH$_2$)}, **6**, 146

NiC$_{14}$H$_{22}$N
NiMe(NHCHMePh)(MeCHCHCHMe), **6**, 172

NiC$_{14}$H$_{30}$Cl$_4$P$_2$
NiCl(CCl=CCl$_2$)(PEt$_3$)$_2$, **6**, 70

NiC$_{14}$H$_{30}$O$_2$P$_2$
Ni(CO)$_2$(PEt$_3$)$_2$, **6**, 24, 78

NiC$_{14}$H$_{34}$P$_4$
$\overline{\text{Ni(CH}_2\text{PMe}_2\text{CHPMe}_2\text{CH}_2\text{)}_2}$, **6**, 48, 302

NiC$_{14}$H$_{35}$NOP$_2$
Ni(PPh$_3$)$_2$(EtNO), **6**, 124

NiC$_{14}$H$_{36}$P$_2$
NiMe$_2$(PEt$_3$)$_2$, **6**, 24

NiC$_{15}$H$_{13}$N$_2$
[Ni(bipy)Cp]$^+$, **6**, 208

NiC$_{15}$H$_{16}$O
Ni{(η^5-C$_5$H$_4$CH$_2$CH$_2$)$_2$CO}, **6**, 193, 199

NiC$_{15}$H$_{18}$N$_2$O$_2$
NiEt(O$_2$CEt)(bipy), **6**, 71; **8**, 660

NiC$_{15}$H$_{20}$
NiCp(η^5-C$_5$Me$_5$), **6**, 192, 193

NiC$_{15}$H$_{20}$P
[Ni(PMe$_2$Ph)(CH$_2$=CH$_2$)Cp]$^+$, **6**, 113

NiC$_{15}$H$_{22}$
Ni{(CH$_2$)$_2$CCH$_2$CH=CH(CH$_2$)$_2$CH=CH(CH$_2$)$_2$-CHCHCH$_2$}, **6**, 148

NiC$_{15}$H$_{27}$O$_3$P
Ni(CO)$_3$(PBu$_3$), **6**, 24
Ni(CO)$_3$(PBu^t$_3$), **6**, 26

NiC$_{15}$H$_{27}$P
Ni(cdt)(PMe$_3$), **6**, 112, 156; **8**, 679

NiC$_{15}$H$_{35}$N$_4$
[NiMe{MeN(CH$_2$)$_2$NMe(CH$_2$)$_3$}$_2$]$^+$, **6**, 65

NiC$_{16}$H$_{10}$F$_{12}$N$_2$
Ni{C(CF$_3$)$_2$N=NC(CF$_3$)$_2$(C$_5$H$_5$}Cp, **6**, 92

NiC$_{16}$H$_{13}$ClN$_2$
NiCl(Ph)(bipy), **6**, 70

NiC$_{16}$H$_{16}$
Ni(cot)$_2$, **6**, 147

NiC$_{16}$H$_{16}$N$_2$O$_2$
Ni(bipy)(CH$_2$=CHCHO)$_2$, **6**, 117

NiC$_{16}$H$_{16}$O$_4$
NiCp{C$_7$H$_5$(CO$_2$Me)$_2$}, **6**, 90; **8**, 1040

NiC$_{16}$H$_{17}$N$_2$O$_2$
Ni(OC$_6$H$_4$CH=NMe)(HOC$_6$H$_4$CH=NMe), **6**, 126

NiC$_{16}$H$_{18}$
Ni(C$_8$H$_9$)$_2$, **6**, 146, 151

NiC$_{16}$H$_{18}$F$_6$
Ni(cdt)(CF$_3$C≡CCF$_3$), **6**, 134

$NiC_{16}H_{18}N_6$
    $Ni(CNBu^t)_2\{(CN)_2C=C(CN)_2\}$, **6**, 119
$NiC_{16}H_{18}P$
    $[Ni(PPh_2)(CH_2=CH_2)_2]^-$, **6**, 114
$NiC_{16}H_{19}F_{12}N_3O$
    $(Bu^tNC)_2\overline{NiC(CF_3)_2NHC(CF_3)_2O}$, **6**, 68
$NiC_{16}H_{22}N_2$
    $NiPr_2(bipy)$, **6**, 75
$NiC_{16}H_{22}O_4$
    $Ni\{C(CO_2Et)=C(CO_2Et)CH=CH(CH_2)_3$-$CHCH_2\}$, **8**, 683
    $Ni\{C(CO_2Et)=C(CO_2Et)CH_2CH=CH(CH_2)_2$-$CHCH_2\}$, **6**, 83, 158
$NiC_{16}H_{23}N_3O$
    $Ni(CNBu^t)_2(PhNO)$, **6**, 131
$NiC_{16}H_{24}$
    $Ni(cdt)(CH_2=CHCH=CH_2)$, **6**, 112; **8**, 679
    $Ni(cod)_2$, **1**, 664; **6**, 25, 39, 106, 110, 147, 168, 195; **8**, 275, 339, 382, 391, 598, 616, 665, 672, 676, 728, 792
$NiC_{16}H_{25}F_8N_3$
    $(Bu^tNC)\{Bu^tNHC(NMe_2)\}\overline{Ni(CF_2)_3}CF_2$, **6**, 73
$NiC_{16}H_{25}P$
    $Ni(PMe_3)(PhCHCHCH_2)_2$, **6**, 153
$NiC_{16}H_{26}$
    $Ni(C_8H_{13})_2$, **8**, 782
$NiC_{16}H_{26}N_2$
    $Ni\{(CH_2=CHCH_2)_2NCH_2CH=CH$-$CH_2N(CH_2CH=CH_2)_2\}$, **6**, 106
$NiC_{16}H_{27}N_3O$
    $Ni(CO)(CNBu^t)_3$, **6**, 17
$NiC_{16}H_{31}BrN_2$
    $NiBr(CH_2CHMeCHPr^iN=CHCH=NCHPr^i_2)$, **6**, 70
$NiC_{16}H_{35}ClP_2$
    $NiCl\{C(=CH_2)CH=CH_2\}(PEt_3)_2$, **6**, 65
$NiC_{16}H_{35}P$
    $NiMe(CH_2PPr^i_3)(MeCHCHCHMe)$, **6**, 172
$NiC_{16}H_{37}O_6P_2$
    $[Ni(MeCHCHCH_2)\{P(OEt)_3\}_2]^+$, **8**, 730
    $Ni(MeCHCHCH_2)\{P(OEt)_3\}_2$, **6**, 169
$NiC_{16}H_{39}NOP_2$
    $Ni(PEt_3)_2(Bu^tNO)$, **6**, 131
$NiC_{17}H_{12}N_2O_2$
    $\overline{Ni(C_6H_4COO)}(bipy)$, **8**, 792
$NiC_{17}H_{12}O_4$
    $Ni\{OC_{14}H_6O_2(OH)\}(CH_2CHCH_2)$, **6**, 157
$NiC_{17}H_{13}ClN_2$
    $Ni(C_6H_4N=NC_6H_4Cl)Cp$, **6**, 88
$NiC_{17}H_{14}N_2O$
    $Ni(bipy)(PhCHO)$, **6**, 127
$NiC_{17}H_{14}S_2$
    $Ni(SC_6H_4SPh)Cp$, **6**, 207
$NiC_{17}H_{16}Cl_5P$
    $Ni(C_6Cl_5)(PMe_2Ph)(CH_2CHCH_2)$, **6**, 82, 164
$NiC_{17}H_{18}O_2P_2$
    $Ni(CO)_2\{PhHP(CH_2)_3PPhH\}$, **6**, 25
$NiC_{17}H_{21}N_3$
    $NiEt_2(bipy)(CH_2=CHCN)$, **6**, 73
$NiC_{17}H_{29}P$
    $Ni(PMe_3)(norbornene)_2$, **6**, 106
$NiC_{18}H_6F_{10}$
    $Ni(C_6F_5)_2(\eta^6-C_6H_6)$, **3**, 40; **8**, 347
$NiC_{18}H_{12}N_2O_3$
    $(bipy)\overline{NiCOC_6H_4COO}$, **6**, 65
$NiC_{18}H_{14}$
    $Ni(indenyl)_2$, **6**, 147
$NiC_{18}H_{14}N_4$
    $Ni(C_6H_4\overline{NCH=CHCH}=N)_2$, **6**, 65
$NiC_{18}H_{15}$
    $[NiPh_3]^{3-}$, **6**, 46

$NiC_{18}H_{15}N$
    $Ni(C_6H_4CH=NPh)Cp$, **6**, 88
$NiC_{18}H_{16}O_2$
    $Ni(PhCH=CHCHO)_2$, **8**, 697
$NiC_{18}H_{18}$
    $Ni(PhCHCHCH_2)_2$, **6**, 146
$NiC_{18}H_{18}F_{18}O_6P_2$
    $Ni\{CF_3C=C(CF_3)\}_3\{P(OMe)_3\}_2$, **8**, 654
    $Ni\{C_6(CF_3)_6\}\{P(OMe)_3\}_2$, **6**, 120
$NiC_{18}H_{18}F_{18}P_2$
    $(PMe_3)_2\overline{Ni\{C(CF_3)=C(CF_3)\}_2}C(CF_3)=C$-$(CF_3)\}$, **6**, 68
$NiC_{18}H_{20}BrP$
    $NiBr(\eta^3-C_3H_5)(PCy_3)$, **8**, 387
$NiC_{18}H_{20}N_2$
    $(bipy)\overline{Ni\{C(CH_2)_2CH_2C(CH_2)_2CH_2\}}$, **6**, 67; **8**, 391
    $Ni(\eta^4-C_4Me_4)(bipy)$, **6**, 185; **8**, 653, 656
    $Ni(cod)(bipy)$, **6**, 65; **8**, 633, 653, 792
$NiC_{18}H_{22}$
    $Ni(Mes)_2$, **6**, 44, 52
$NiC_{18}H_{22}Cl_4P_2$
    $NiCl(CCl=CCl_2)(PMe_2Ph)_2$, **6**, 77
$NiC_{18}H_{23}$
    $[NiPh(cdt)]^-$, **6**, 46, 167
$NiC_{18}H_{24}$
    $Ni\{\eta^3-C_4Me_4(C_5H_7)\}Cp$, **6**, 177
$NiC_{18}H_{24}O_2$
    $Ni(duroquinone)(cod)$, **6**, 116, 230
$NiC_{18}H_{26}$
    $Ni(\eta^5-C_5H_4Bu)_2$, **6**, 192
$NiC_{18}H_{26}O_2$
    $Ni\{C_6Me_4(OH)_2\}(cod)$, **6**, 230
$NiC_{18}H_{27}NO_8$
    $Ni(MeCN)(EtO_2CCH=CHCO_2Et)_2$, **6**, 118
$NiC_{18}H_{27}N_5$
    $Ni(CNBu^t)_2\{Bu^tN=C=C(CN)_2\}$, **6**, 126
$NiC_{18}H_{28}O_2$
    $[Ni\{C_6Me_4(OH)_2\}(cod)]^{2+}$, **6**, 117
$NiC_{18}H_{30}BrF_5P_2$
    $NiBr(C_6F_5)(PEt_3)_2$, **6**, 45
$NiC_{18}H_{31}P$
    $NiMe(PPhPr^i_2)(MeCHCHCHMe)$, **6**, 163, 170
$NiC_{18}H_{32}N_3PS_2$
    $Ni(\overline{NN_2SCS})(PBu_3)Cp$, **6**, 207
$NiC_{18}H_{34}BrClP_2$
    $NiCl(C_6H_4Br)(PEt_3)_2$, **6**, 64
$NiC_{18}H_{35}BrP_2$
    $NiBr(Ph)(PEt_3)_2$, **6**, 70; **8**, 790
$NiC_{18}H_{35}IO_6P_2$
    $NiI(Ph)\{P(OEt)_3\}_2$, **8**, 734
$NiC_{18}H_{35}O_2PS$
    $Ni(SO_2Me)(PBu_3)Cp$, **6**, 207
$NiC_{18}H_{35}P$
    $NiMe(PBu_3)Cp$, **6**, 207
$NiC_{19}H_8F_{10}$
    $Ni(C_6F_5)_2(\eta^6-C_6H_5Me)$, **6**, 45, 229; **8**, 672
$NiC_{19}H_{15}N_3O_2$
    $NiMe(bipy)\{N(CO)_2C_6H_4\}$, **6**, 71
$NiC_{19}H_{18}N_2$
    $Ni(C_6H_3MeN=NTol)Cp$, **6**, 87
$NiC_{19}H_{26}N_2O$
    $Ni(TMEDA)(Ph_2CO)$, **6**, 127
$NiC_{19}H_{33}NP_2$
    $Ni(CN)(Ph)\{PEt_2(CH_2)_4PEt_2\}$, **8**, 790
$NiC_{19}H_{37}BrOP_2$
    $NiBr\{C_6H_4(OMe)\}(PEt_3)_2$, **8**, 733
$NiC_{19}H_{37}BrP_2$

NiBr(Tol)(PEt$_3$)$_2$, **8**, 691
NiC$_{19}$H$_{37}$ClP$_2$
  NiCl(Tol)(PEt$_3$)$_2$, **6**, 71; **8**, 405
NiC$_{19}$H$_{38}$P$_2$
  Ni(Me)(Ph)(PEt$_3$)$_2$, **6**, 61
NiC$_{19}$H$_{45}$BrP$_2$
  NiBr(Me)(PPr$^i_3$)$_2$, **6**, 167, 172
NiC$_{20}$H$_{12}$F$_{18}$
  Ni(cod){C$_6$(CF$_3$)$_6$}, **6**, 122, 229
NiC$_{20}$H$_{16}$F$_{10}$O$_4$
  Ni(C$_6$F$_5$)$_2$(dioxane)$_2$, **6**, 73
NiC$_{20}$H$_{22}$
  Ni{η^5-C$_5$H$_3$(C$_5$H$_8$)}$_2$, **6**, 192
  [NiPh$_2$(cod)]$^{2-}$, **6**, 46
NiC$_{20}$H$_{22}$N$_2$
  Ni(cod)(PhN=NPh), **6**, 130
NiC$_{20}$H$_{24}$N$_2$
  Ni{$\overline{\text{CH(CMe}_2\text{)CHCH(CMe}_2\text{)}}$CH}(bipy), **8**, 638, 653, 735
NiC$_{20}$H$_{24}$N$_6$O$_2$P$_2$
  Ni(CO)$_2${P(CH$_2$CH$_2$CN)$_3$}$_2$, **8**, 411
NiC$_{20}$H$_{24}$O$_4$
  Ni(duroquinone)$_2$, **6**, 116
NiC$_{20}$H$_{30}$
  Ni(η^5-C$_5$Me$_5$)$_2$, **6**, 113
NiC$_{20}$H$_{32}$Br$_2$S$_2$
  NiBr$_2${η^4-C$_4$(CMe$_2$CH$_2$SCH$_2$CMe$_2$)$_2$}, **6**, 184
NiC$_{20}$H$_{33}$N$_2$P
  Ni{CH(CN)$_2$}(PBu$_3$)Cp, **6**, 207
NiC$_{20}$H$_{36}$N$_4$
  Ni(CNBu^t)$_4$, **8**, 794
NiC$_{20}$H$_{37}$BrP$_2$
  NiBr(CH=CHPh)(PEt$_3$)$_2$, **6**, 79
NiC$_{20}$H$_{39}$P
  NiMe$_2$(PCy$_3$), **6**, 52
NiC$_{20}$H$_{40}$P$_2$
  NiMe(Tol)(PEt$_3$)$_2$, **6**, 70
NiC$_{21}$H$_{12}$F$_{10}$
  Ni(C$_6$F$_5$)$_2$(C$_6$H$_3$Me$_3$), **6**, 229
NiC$_{21}$H$_{15}$O$_3$P$_3$
  Ni(CO)$_3$(PPh$_3$), **6**, 26
NiC$_{21}$H$_{20}$BrOP
  NiBr(CO)(CH$_2$CHCH$_2$)(PPh$_3$), **8**, 199
NiC$_{21}$H$_{20}$BrP
  NiBr(CO)(CH$_2$CHCH$_2$)(PPh$_3$), **6**, 41, 164, 165, 172
NiC$_{21}$H$_{20}$NP
  Ni(PPh$_3$)(CH$_2$=CHCH=NH), **6**, 119
NiC$_{21}$H$_{21}$P
  NiH(CH$_2$CHCH$_2$)(PPh$_3$), **6**, 41, 83
NiC$_{21}$H$_{23}$ClNP
  NiCl(PPh$_3$)(CH$_2$=NMe$_2$), **6**, 86, 126
NiC$_{21}$H$_{30}$
  Ni(norbornene)$_3$, **6**, 106
NiC$_{21}$H$_{30}$Cl$_3$
  [Ni(η^5-C$_5$Me$_5$)(C$_5$Me$_5$CCl$_3$)]$^+$, **6**, 208
NiC$_{21}$H$_{33}$
  [Ni(C$_5$Me$_6$)(η^5-C$_5$Me$_5$)]$^+$, **6**, 112
NiC$_{21}$H$_{33}$O$_3$P
  Ni(CO)$_3$(PCy$_3$), **6**, 168
NiC$_{21}$H$_{37}$NO$_2$P$_2$
  NiMe($\overline{\text{NCOC}_6\text{H}_4\text{CO}}$)(PEt$_3$)$_2$, **6**, 80; **8**, 733
NiC$_{21}$H$_{38}$BrP
  NiBr(CH$_2$CHCH$_2$)(PCy$_3$), **8**, 617
NiC$_{21}$H$_{38}$ClP
  NiCl(CH$_2$CHCH$_2$)(PCy$_3$), **6**, 166

NiC$_{21}$H$_{39}$ClP$_2$
  NiCl(C$_6$H$_4$CH$_2$CH=CH$_2$)(PEt$_3$)$_2$, **6**, 70, 80; **8**, 736
NiC$_{21}$H$_{40}$NOP
  (PCy$_3$)NiCH$_2$CHMeCONH, **6**, 52
NiC$_{22}$H$_{15}$BrO
  NiBr(CO)(η^3-C$_3$Ph$_3$), **6**, 178
NiC$_{22}$H$_{15}$ClO
  NiCl(CO)(η^3-C$_3$Ph$_3$), **8**, 629
NiC$_{22}$H$_{20}$IOP
  NiI(CO)(CH$_2$CHCH$_2$)(PPh$_3$), **6**, 169; **8**, 788
NiC$_{22}$H$_{22}$
  Ni(cod)(PhC≡CPh), **6**, 133
NiC$_{22}$H$_{22}$BrCl$_5$P$_2$
  NiBr(C$_6$Cl$_5$)(PMe$_2$Ph)$_2$, **6**, 73
NiC$_{22}$H$_{22}$BrOP
  NiBr(PPh$_3$){CH$_2$C(OMe)CH$_2$}, **6**, 163
NiC$_{22}$H$_{22}$Br$_2$Cl$_5$P$_2$
  NiBr$_2$(C$_6$Cl$_5$)(PMe$_2$Ph)$_2$, **6**, 73
NiC$_{22}$H$_{22}$ClP
  NiCl(PPh$_3$)(MeCHCHCH$_2$), **6**, 165, 169
NiC$_{22}$H$_{22}$Cl$_6$P$_2$
  NiCl(C$_6$Cl$_5$)(PMe$_2$Ph)$_2$, **6**, 32, 69
NiC$_{22}$H$_{22}$O$_2$
  Ni{$\overline{\text{OCH(CH=CHPh)CH}_2\text{CH=CHCH}_2\text{CH-(CH=CHPh)O}}$}, **8**, 697
NiC$_{22}$H$_{23}$P
  NiMe(PPh$_3$)(CH$_2$CHCH$_2$), **6**, 82, 164, 165
NiC$_{22}$H$_{28}$N$_4$
  Ni(CNBu^t)$_2$(PhN=NPh), **6**, 129
NiC$_{22}$H$_{35}$ClP$_2$
  NiCl(Ph)(PEt$_2$Ph)$_2$, **6**, 70
NiC$_{22}$H$_{35}$Cl$_3$P$_2$
  Ni(C≡CPh)(CCl=CCl$_2$)(PEt$_3$)$_2$, **6**, 74
NiC$_{22}$H$_{40}$BrP
  NiBr(PCy$_3$)(MeCHCHCH$_2$), **6**, 82
NiC$_{22}$H$_{40}$NOP
  Ni{$\overline{\text{CH}_2\text{CH(Me)CONH}}$}(PCy$_3$), **8**, 779
NiC$_{22}$H$_{40}$P$_2$
  NiPh$_2$(PEt$_3$)$_2$, **6**, 60
NiC$_{22}$H$_{41}$BrP$_2$
  NiBr{C(Me)=C(Me)Ph}(PEt$_3$)$_2$, **8**, 790
NiC$_{22}$H$_{41}$P
  NiMe(PCy$_3$)(CH$_2$CHCH$_2$), **6**, 52
  Ni(PCy$_3$)(CH$_2$=CH$_2$)$_2$, **6**, 109
NiC$_{23}$H$_{19}$N$_3$
  Ni(bipy)(PhCH=NPh), **6**, 125
NiC$_{23}$H$_{19}$OP
  CpNiPPh$_2$C$_6$H$_4$O, **6**, 206
NiC$_{23}$H$_{20}$BrP
  NiBr(PPh$_3$)Cp, **6**, 208
NiC$_{23}$H$_{20}$ClP
  NiCl(PPh$_3$)Cp, **6**, 85, 206
NiC$_{23}$H$_{22}$Cl$_5$NP$_2$
  Ni(CN)(C$_6$Cl$_5$)(PMe$_2$Ph)$_2$, **6**, 73
NiC$_{23}$H$_{22}$Cl$_5$OP$_2$
  Ni(C$_6$Cl$_5$)(CO)(PMe$_2$Ph)$_2$, **6**, 32
  [Ni(C$_6$Cl$_5$)(CO)(PMe$_2$Ph)$_2$]$^+$, **6**, 78
NiC$_{23}$H$_{24}$ClP
  NiCl(PPh$_3$)(MeCHCMeCH$_2$), **6**, 164
NiC$_{23}$H$_{25}$P
  NiEt(PPh$_3$)(CH$_2$CHCH$_2$), **6**, 83
NiC$_{23}$H$_{26}$N$_4$
  Ni(CNBu^t)$_2$(C$_{13}$H$_8$N$_2$), **6**, 130
NiC$_{23}$H$_{30}$OP$_2$
  NiMe(OPh)(PMe$_2$Ph)$_2$, **6**, 71
NiC$_{23}$H$_{37}$O$_3$P

$NiC_{23}H_{37}O_3P$
  Ni(CO)₃(CHMePCy₃), **6**, 17
$NiC_{23}H_{39}P$
  NiH(PCy₃)Cp, **6**, 42
$NiC_{23}H_{43}P$
  NiMe(PCy₃)(MeCHCHCH₂), **6**, 82
$NiC_{24}F_{20}$
  [Ni(C₆F₅)₄]²⁻, **6**, 45
$NiC_{24}H_{18}N_2$
  Ni(PhC≡CPh)(bipy), **8**, 778
$NiC_{24}H_{18}N_2O_2$
  Ni(bipy)(PhCOCOPh), **6**, 127
$NiC_{24}H_{20}$
  [NiPh₄]²⁻, **6**, 46
$NiC_{24}H_{22}BrCl_5P_2$
  Ni(C≡CBr)(C₆Cl₅)(PMe₂Ph)₂, **6**, 73
$NiC_{24}H_{23}Cl_5P_2$
  Ni(C≡CH)(C₆Cl₅)(PMe₂Ph)₂, **6**, 69
$NiC_{24}H_{23}P$
  NiMe(PPh₃)Cp, **1**, 196; **6**, 91
$NiC_{24}H_{24}$
  Ni(PhCH=CH₂)₃, **6**, 104
$NiC_{24}H_{25}Cl_5NP_2$
  [Ni(C₆Cl₅)(CNMe)(PMe₂Ph)₂]⁺, **6**, 73
$NiC_{24}H_{25}OP$
  Ni(PPh₃){(CH₂=CHCH₂)₂O}, **6**, 104
$NiC_{24}H_{25}O_2P$
  NiMe(acac)(PPh₃), **8**, 655
$NiC_{24}H_{28}$
  [NiPh₂(cdt)]²⁻, **6**, 46
$NiC_{24}H_{28}N_2$
  Ni(CNBuᵗ)₂(PhC≡CPh), **6**, 134
  Ni(C₇H₁₀—C₇H₁₀)(bipy), **8**, 638
$NiC_{24}H_{30}N_2O_8$
  Ni{CH(CO₂Et)₂}₂(bipy), **6**, 79
$NiC_{24}H_{36}$
  [Ni(C₆Me₆)₂]²⁺, **6**, 230
$NiC_{24}H_{37}N_4PS$
  Ni(NN₂NPhCS)(PBu₃)Cp, **6**, 207
$NiC_{24}H_{37}P$
  Ni(Mes)₂(PEt₃), **6**, 52
$NiC_{24}H_{39}PS_2$
  Ni(S₂CBz)(PBu₃)Cp, **6**, 206
$NiC_{24}H_{41}P$
  Ni(PCy₃)(CH₂=CHCH=CHCH=CH₂), **6**, 107
$NiC_{24}H_{43}ClP_2$
  NiCl{C₆H₃(CH₂PBuᵗ₂)₂}, **6**, 69
$NiC_{24}H_{43}O_2P$
  NiMe(PCy₃)(acac), **6**, 49
$NiC_{24}H_{43}O_2PS$
  Ni(SO₂CH₂CH=CH₂)(PCy₃)(CH₂CHCH₂), **6**, 163
$NiC_{24}H_{43}P$
  Ni(PCy₃)(CH₂CHCH₂)₂, **6**, 154, 164
  Ni(PCy₃)(CH₂=CHCH₂CH₂CH=CH₂), **6**, 107
$NiC_{24}H_{45}P$
  Ni(PCy₃)(CH₂=CHMe)₂, **6**, 106
$NiC_{25}H_{21}P$
  Ni(C≡CH)(PPh₃)Cp, **6**, 91
$NiC_{25}H_{22}ClP$
  NiCl(PPh₃)(C₆H₅CH₂), **6**, 163
$NiC_{25}H_{25}O_2P$
  NiMe(PPh₃)(acac), **6**, 49
$NiC_{25}H_{25}P$
  NiEt(PPh₃)Cp, **6**, 206
$NiC_{25}H_{27}Cl_5OP_2$
  Ni{C(OMe)=CH₂}(C₆Cl₅)(PMe₂Ph)₂, **6**, 70
$NiC_{25}H_{28}Cl_5NOP_2$
  [Ni(C₆Cl₅){C(OMe)=NMe}(PMe₂Ph)₂]⁺, **6**, 73
$NiC_{25}H_{29}Cl_5NOP_2$
  [Ni(C₆Cl₅){NH=C(Me)OMe}(PMe₂Ph)₂]⁺, **6**, 73
$NiC_{25}H_{29}P$
  NiMe(CH₂PPh₃)(MeCHCHCHMe), **6**, 84
$NiC_{25}H_{32}N_2$
  Ni{C(Ph)=NCy}(CNCy)Cp, **6**, 85, 209
$NiC_{25}H_{33}N_2$
  [Ni(CNCy)(PhCNHCy)Cp⁺, **6**, 209
$NiC_{25}H_{39}PS_2$
  Ni(S₂CBz)(PBu₃)Cp, **6**, 207
$NiC_{25}H_{40}OP_2$
  Ni(PEt₃)₂(Ph₂CO), **6**, 127
$NiC_{25}H_{43}O_2P$
  Ni(PCy₃)(O₂CCH₂CH=CH₂)(CH₂CHCH₂), **6**, 164
$NiC_{25}H_{45}O_2P$
  Ni(acac)(Et)(PCy₃), **6**, 40, 49
$NiC_{26}H_{18}N_2O_2$
  (bipy)NiCOC(Ph)=C(Ph)CO, **6**, 68; **8**, 735, 775
$NiC_{26}H_{20}$
  Ni(η³-C₃Ph₃)Cp, **6**, 178
$NiC_{26}H_{25}OPS_2$
  Ni(S₂COEt)(PPh₃)Cp, **6**, 206
$NiC_{26}H_{25}P$
  Ni(CHCH₂CH₂)(PPh₃)Cp, **6**, 85
$NiC_{26}H_{26}ClO_3P$
  NiCl{P(OTol)₃}Cp, **6**, 208
$NiC_{26}H_{26}IOP$
  NiI{PMePh(CH₂CPh₂OH)}Cp, **6**, 206
$NiC_{26}H_{26}O_3P$
  Ni{P(OTol)₃}Cp, **6**, 208
$NiC_{26}H_{26}P$
  [Ni(PPh₃)(CH₂=CHMe)Cp]⁺, **6**, 104
$NiC_{26}H_{27}O_3P$
  Ni(COEt)(PPh₃)(acac), **6**, 50
$NiC_{26}H_{27}P$
  Ni{(CH₂CHCHCH₂)₂}(PPh₃), **6**, 83, 155; **8**, 696, 729, 783, 793
  NiPr(PPh₃)Cp, **6**, 86
$NiC_{26}H_{28}ClP$
  NiCl(CH₂CHCHCH₂CH₂CH=CHMe)(PPh₃), **6**, 164; **8**, 699
$NiC_{26}H_{28}NP$
  Ni(CH₂NMe₂)(PPh₃)Cp, **6**, 86
$NiC_{26}H_{29}Br_2Cl_3O_2P_2$
  Ni{C₆HBr₂(OMe₂)}(CCl=CCl₂)(PMe₂Ph)₂, **6**, 73
$NiC_{26}H_{31}Cl_3O_2P_2$
  Ni{C₆H₃(OMe)₂}(CCl=CCl₂)(PMe₂Ph)₂, **6**, 73
$NiC_{26}H_{34}OP_2$
  NiMe(PMe₂Ph)₂(MeCOCHPh), **6**, 173
$NiC_{26}H_{45}P$
  Ni{CH₂CH=CH(CH₂)₂CHCHCH₂}(PCy₃), **6**, 71, 82; **8**, 696
$NiC_{27}H_{24}N_2$
  Ni{C(Ph)=NTol}(CNTol)Cp, **6**, 85
$NiC_{27}H_{25}OP$
  Ni(OPh)(PPh₃)(CH₂CHCH₂), **6**, 163
$NiC_{27}H_{27}P$
  Ni{(CH₂)₂CC(=CH₂)CH₂C(CH₂)₂}(PPh₃), **8**, 782
  Ni(CH₂CH₂CH=CH₂)(PPh₃)Cp, **6**, 86
$NiC_{27}H_{29}P$
  NiBu(PPh₃)Cp, **6**, 86
$NiC_{27}H_{38}N_3PS$
  Ni{SC(NHPh)=C(CN)₂}(PBu₃)Cp, **6**, 207
$NiC_{27}H_{45}P$
  Ni{(CH₂)₂CC(=CH₂)CH₂C(CH₂)₂}(PCy₃), **6**, 154; **8**, 665
$NiC_{27}H_{46}NOP$
  Ni{NCOCH(CH=CH₂)(CH₂)₂CHCHCH₂}(PCy₃), **6**, 164

$NiC_{27}H_{47}O_2P$
  $Ni\{O_2CCH_2C(Me)=CH_2\}(PCy_3)(CH_2C-MeCH_2)$, **6**, 168
$NiC_{28}H_{24}$
  $Ni(C_8H_7Ph)_2$, **6**, 111
$NiC_{28}H_{24}O_2P_2$
  $Ni(CO)_2(diphos)$, **6**, 22, 78; **8**, 665, 778
$NiC_{28}H_{26}O_2P_2$
  $Ni(CO)_2(PPh_2Me)_2$, **6**, 23
$NiC_{28}H_{27}Cl_5P_2$
  $Ni(Ph)(C_6Cl_5)(PMe_2Ph)_2$, **6**, 62
$NiC_{28}H_{30}BrP$
  $NiBr(PPh_3)(\eta^5-C_5Me_5)$, **6**, 206
$NiC_{28}H_{30}IP$
  $NiI(PPh_3)(\eta^5-C_5Me_5)$, **6**, 85, 206
$NiC_{28}H_{31}P$
  $Ni\{CH_2CH=C(Me)CH_2CH_2CHC(Me)CH_2\}-(PPh_3)$, **8**, 697
$NiC_{28}H_{39}Cl_3P_2$
  $Ni(C_6H_4C\equiv CPh)(CCl=CCl_2)(PEt_3)_2$, **6**, 74
$NiC_{28}H_{40}P_2$
  $Ni(C\equiv CPh)_2(PEt_3)_2$, **6**, 69
$NiC_{28}H_{49}O_2PS$
  $Ni\{SO_2CMe(CH=CH_2)(CH_2)_2CMeCHCH_2\}-(PCy_3)$, **6**, 84, 171
$NiC_{28}H_{49}P$
  $Ni\{CH_2CH=CHCH(Me)CH(Me)CHCHCH_2\}-(PCy_3)$, **6**, 171; **8**, 676
  $Ni(CH_2CH=CMeCH_2CH_2CMeCHCH_2)(PCy_3)$, **6**, 84
  $Ni(CH_2CH=CMeCH_2CH_2CH=CMeCH_2)-(PCy_3)$, **6**, 107
  $Ni(CH_2CH=CMeCH_2CH_2CHCMeCH_2)(PCy_3)$, **6**, 171
$NiC_{28}H_{51}ClP_2$
  $NiCl(CH=CH_2)(PCy_2CH_2CH_2PCy_2)$, **6**, 76
$NiC_{28}H_{52}P_2$
  $Ni(dcpe)(CH_2=CH_2)$, **6**, 109
$NiC_{28}H_{56}P_2$
  $Ni(C\equiv CH)_2(PBu_3)_2$, **6**, 60, 71
$NiC_{29}H_{20}Cl_6NP$
  $NiCl(C_6Cl_5)(PPh_3)(py)$, **6**, 71
$NiC_{29}H_{25}P$
  $NiPh(PPh_3)Cp$, **6**, 85, 86, 91
$NiC_{29}H_{27}O_2P$
  $NiPh(PPh_3)(acac)$, **6**, 53
$NiC_{29}H_{29}Cl_5P_2$
  $Ni(Tol)(C_6Cl_5)(PMe_2Ph)_2$, **6**, 74; **8**, 779
$NiC_{29}H_{31}P_3$
  $(PPh_2)_2CH\overline{NiCH_2PMe_2}CH_2$, **6**, 48
$NiC_{29}H_{32}P_2$
  $NiMe_2\{PPh_2(CH_2)_3PPh_2\}$, **6**, 73
$NiC_{29}H_{33}P$
  $NiMe(PPh_3)(\eta^5-C_5Me_5)$, **6**, 85
$NiC_{29}H_{59}P_2$
  $[Ni(PBu_3)_2Cp]^+$, **6**, 206, 207, 208
$NiC_{30}H_{21}N_7O_3$
  $Ni(NCC_6H_4OMe)_3\{(CN)_2C=C(CN)_2\}$, **6**, 119
$NiC_{30}H_{27}O_3P$
  $Ni(COPh)(PPh_3)(acac)$, **6**, 50
$NiC_{30}H_{29}Cl_5OP_2$
  $Ni(COTol)(C_6Cl_5)(PMe_2Ph)_2$, **6**, 74
$NiC_{30}H_{31}BrP_2$
  $NiBr(diphos)(CH_2CMeCH_2)$, **6**, 174
$NiC_{30}H_{31}P$
  $Ni\{(CH_2)_2CCH_2C(=CH_2)\}_2(PPh_3)$, **6**, 154; **8**, 665
  $Ni(CH_2=CHCH=CHCH=CH_2)_2(PPh_3)$, **6**, 104
$NiC_{30}H_{33}P$
  $Ni(cdt)(PPh_3)$, **8**, 676
$NiC_{30}H_{34}P_2$

$NiEt_2(diphos)$, **6**, 78
$NiC_{30}H_{51}P$
  $Ni(PCy_3)(cdt)$, **6**, 82, 106
$NiC_{30}H_{53}P$
  $Ni\{CH_2C(Me)=C(Me)CH_2CH_2C(Me)C-(Me)CH_2\}(PCy_3)$, **6**, 167; **8**, 679
$NiC_{30}H_{54}P_2$
  $Ni(dcpe)(CH_2=CHCH=CH_2)$, **6**, 112
$NiC_{30}H_{57}P$
  $Ni(PCy_3)(CH_2=CHBu)_2$, **6**, 107
$NiC_{31}H_{25}ClN_2$
  $NiCl(py)_2(\eta^3-C_3Ph_3)$, **6**, 178
$NiC_{31}H_{26}F_{12}N_2P_2$
  $Ni(PPh_2Me)_2\{(CF_3)_2C=NN(CF_3)_2\}$, **6**, 125
$NiC_{31}H_{29}P_2$
  $[Ni(diphos)Cp]^+$, **6**, 208
$NiC_{31}H_{32}Cl_5OP_2$
  $[Ni(C_6Cl_5)\{C(OMe)(Tol)\}(PMe_2Ph)_2]^+$, **6**, 74
$NiC_{32}H_{20}$
  $[Ni(C\equiv CPh)_4]^{2-}$, **6**, 46
$NiC_{32}H_{26}BrF_5P_2$
  $NiBr(C_6F_5)(PPh_2Me)_2$, **6**, 64
$NiC_{32}H_{35}P$
  $Ni\{[(CH_2)_2CCH_2CH=CHCH_2]_2\}(PPh_3)$, **8**, 783
$NiC_{32}H_{36}N_8$
  $Ni\{(C_6H_3Me_2)N_4(C_6H_3Me_2)\}_2$, **6**, 127
$NiC_{32}H_{38}OP_2$
  $Ni\{OC(Me)=CPh_2\}(Me)(PMe_2Ph)_2$, **6**, 71
$NiC_{32}H_{54}P_2$
  $Ni(dcpe)(C_6H_6)$, **6**, 108
$NiC_{32}H_{56}P_2$
  $Ni\{CH_2C(=CH_2)C(=CH_2)CH_2\}(Cy_2PCH_2-CH_2PCy_2)$, **6**, 67, 172; **8**, 395, 653, 779
$NiC_{32}H_{60}O_2P_2$
  $Ni\{C\equiv CCOMe\}_2(PBu_3)_2$, **6**, 73
$NiC_{32}H_{60}P_2$
  $Ni(dcpe)(Me_2C=CMe_2)$, **6**, 109
$NiC_{32}H_{64}O_2P_2$
  $Ni\{C\equiv CCH(OH)Me\}_2(PBu_3)_2$, **6**, 73
$NiC_{32}H_{66}P_2$
  $Ni(PBu_3)_2(cod)$, **6**, 110
$NiC_{33}H_{25}$
  $Ni(\eta^4-C_4Ph_4)Cp$, **6**, 176
  $[Ni(\eta^4-C_4Ph_4)Cp]^+$, **6**, 185
$NiC_{33}H_{51}P_2$
  $Ni(PBu_2Ph)_2Cp$, **6**, 197
$NiC_{33}H_{56}O_2P_2$
  $Ni\{OCOCH_2C(=CH_2)C(CH_2)_2\}(Cy_2PCH_2CH_2P-Cy_2)$, **6**, 172; **8**, 660
$NiC_{33}H_{56}P_2$
  $Ni\{PCy_2(CH_2)_3PCy_2\}(\eta^2-C_6H_6)$, **6**, 39
$NiC_{33}H_{63}P_2$
  $[Ni(PBu_3)_2(CH_2CPhCH_2)]^+$, **6**, 169
$NiC_{34}H_{28}O$
  $[Ni\{\eta^3-C_4H_4(OMe)\}Cp]^-$, **6**, 176
$NiC_{34}H_{36}N_2O_2$
  $Ni\{C(=CPh_2)OCOCPh_2\}(TMEDA)$, **6**, 68; **8**, 779
$NiC_{34}H_{38}O_2P_2S_2$
  $Ni(CO)_2(Ph_2PCH_2CH_2SEt)_2$, **6**, 24
$NiC_{34}H_{60}P_2$
  $Ni(cod)(Cy_2PCH_2CH_2PCy_2)$, **6**, 67, 112; **8**, 779
$NiC_{35}H_{36}P_3$
  $[NiMe\{(Ph_2PCH_2CH_2)_2PPh\}]^+$, **6**, 78
$NiC_{35}H_{56}NO_2P$
  $Ni(OMe)(PCy_3)\{CH_2CHCH(CH_2)_2CH(CH=C-H_2)CONHPh\}$, **6**, 164
$NiC_{36}H_{28}$
  $Ni(\eta^4-C_4Ph_4)(cot)$, **6**, 186
$NiC_{36}H_{32}$
  $Ni(\eta^4-C_4Ph_4)(cod)$, **6**, 105, 110, 185

NiC$_{36}$H$_{40}$P$_2$
    Ni(C≡CPh)$_2$(PEt$_2$Ph)$_2$, **6**, 72
NiC$_{36}$H$_{56}$P$_2$
    Ni(dcpe)(C$_{10}$H$_8$), **6**, 105
NiC$_{37}$H$_{66}$O$_2$P$_2$
    Ni(CO$_2$)(PCy$_3$)$_2$, **6**, 128; **8**, 263
NiC$_{38}$H$_{29}$ClP$_2$
    NiCl{C(C$_6$H$_4$PPh$_2$)=CH(C$_6$H$_4$PPh$_2$)}, **6**, 69
NiC$_{38}$H$_{30}$BrO$_2$P$_2$
    NiBr(CO)$_2$(PPh$_3$)$_2$, **6**, 32
NiC$_{38}$H$_{30}$O$_2$P$_2$
    Ni(CO)$_2$(PPh$_3$)$_2$, **6**, 21, 23, 26, 78; **8**, 219, 412, 579, 657, 673
NiC$_{38}$H$_{30}$O$_8$P$_2$
    Ni(CO)$_2${P(OPh)$_3$}$_2$, **6**, 201
NiC$_{38}$H$_{33}$ClO$_2$P$_2$
    NiCl(CO$_2$Me)(PPh$_3$)$_2$, **6**, 65
NiC$_{38}$H$_{34}$P$_2$
    Ni(CH$_2$=CH$_2$)(PPh$_3$)$_2$, **3**, 48; **6**, 46, 67, 106; **8**, 733, 779
NiC$_{38}$H$_{35}$ClP$_2$
    NiCl(Et)(PPh$_3$)$_2$, **6**, 54
NiC$_{38}$H$_{35}$O$_2$P
    Ni{C(Ph)=C(Me)Ph}(acac)(PPh$_3$), **6**, 49; **8**, 655
NiC$_{38}$H$_{66}$O$_2$P$_2$
    Ni(CO)$_2$(PCy$_3$)$_2$, **8**, 263
NiC$_{38}$H$_{66}$P$_2$
    Ni(cdt)(Cy$_2$PCH$_2$CH$_2$PCy$_2$), **8**, 653
NiC$_{38}$H$_{70}$P$_2$
    Ni(PCy$_3$)$_2$(CH$_2$=CH$_2$), **6**, 107
NiC$_{39}$H$_{30}$F$_6$OP$_2$
    Ni(PPh$_3$)$_2${(CF$_3$)$_2$CO}, **6**, 127
NiC$_{39}$H$_{31}$ClP$_2$
    NiCl(Ph$_2$PC$_6$H$_4$CHCHCHC$_6$H$_4$PPh$_2$), **6**, 173
NiC$_{39}$H$_{33}$NP$_2$
    Ni(PPh$_3$)$_2$(CH$_2$=CHCN), **6**, 119
NiC$_{39}$H$_{34}$OP$_2$
    Ni(PPh$_3$)$_2$(CH$_2$=CHCHO), **6**, 119
NiC$_{39}$H$_{34}$P$_2$
    Ni(CH$_2$=C=CH$_2$)(PPh$_3$)$_2$, **8**, 665
NiC$_{39}$H$_{35}$BrP$_2$
    NiBr(PPh$_3$)$_2$(CH$_2$CHCH$_2$), **6**, 172
NiC$_{39}$H$_{35}$P$_2$
    [Ni(CH$_2$CHCH$_2$)(PPh$_3$)$_2$]$^+$, **6**, 173; **8**, 701
NiC$_{39}$H$_{36}$OP$_2$
    Ni(PPh$_3$)$_2$(EtCHO), **6**, 123
NiC$_{39}$H$_{38}$NP$_2$
    [Ni(PPh$_3$)$_2$(CH$_2$=NMe$_2$)]$^+$, **6**, 123
NiC$_{40}$H$_{28}$N$_2$
    Ni(η^4-C$_4$Ph$_4$)(phen), **6**, 186
NiC$_{40}$H$_{36}$P$_2$
    Ni(PPh$_3$)$_2$(MeC≡CMe), **6**, 134
NiC$_{40}$H$_{37}$P$_2$
    [Ni(PPh$_3$)$_2$(MeCHCHCH$_2$)]$^+$, **6**, 173
NiC$_{40}$H$_{38}$P$_2$
    Ni(C$_2$H$_4$)$_2$(PPh$_3$)$_2$, **8**, 375
    (PPh$_3$)$_2$Ni(CH$_2$)$_3$CH$_2$, **6**, 67, 79; **8**, 779
NiC$_{41}$H$_{35}$NOP$_2$S
    Ni(PPh$_3$)$_2$(PhNSO), **6**, 131
NiC$_{41}$H$_{35}$O$_6$P$_2$
    [Ni{P(OPh)$_3$}$_2$Cp]$^+$, **6**, 208
NiC$_{41}$H$_{35}$P$_2$
    [Ni(PPh$_3$)$_2$Cp]$^+$, **6**, 87, 209
NiC$_{41}$H$_{38}$P$_2$
    Ni(PPh$_3$)$_2$(CH$_2$=C=CMe$_2$), **6**, 106
NiC$_{41}$H$_{39}$P$_2$
    [Ni(PPh$_3$)$_2$(MeCHCMeCH$_2$)]$^+$, **6**, 164
NiC$_{41}$H$_{40}$P$_3$
    (Ph$_3$P)$_3\overline{\text{Ni(CH}_2)_4}CH_2$, **6**, 76
NiC$_{41}$H$_{74}$P$_2$
    Ni(PCy$_3$)$_2$(CH$_2$=CHCMe=CH$_2$), **6**, 84, 107
NiC$_{42}$H$_{30}$ClF$_5$P$_2$
    NiCl(C$_6$F$_5$)(PPh$_3$)$_2$, **6**, 64
NiC$_{42}$H$_{30}$F$_5$NO$_2$P$_2$
    Ni(NO$_2$)(C$_6$F$_5$)(PPh$_3$)$_2$, **6**, 72
NiC$_{42}$H$_{32}$Cl$_4$P$_2$
    NiCl(C$_6$H$_2$Cl$_3$)(PPh$_3$)$_2$, **6**, 79
NiC$_{42}$H$_{35}$BrP$_2$
    NiBr(Ph)(PPh$_3$)$_2$, **8**, 655, 790
NiC$_{42}$H$_{35}$NOP$_2$
    Ni(NO)Ph(PPh$_3$)$_2$, **6**, 64, 79
NiC$_{42}$H$_{36}$N$_2$P$_2$
    Ni(CH$_2$=CHCN)$_2$(PPh$_3$)$_2$, **8**, 405
NiC$_{42}$H$_{37}$P$_2$
    [Ni(CH$_2$PPh$_3$)(PPh$_3$)Cp]$^+$, **6**, 208
NiC$_{42}$H$_{40}$O$_2$P$_2$
    Ni(PPh$_3$)$_2${CH$_2$=C(Me)CO$_2$Et}, **6**, 118
NiC$_{42}$H$_{41}$P$_2$
    Ni(PPh$_3$)$_2$(CH$_2$CMeCMe$_2$), **6**, 174
NiC$_{42}$H$_{43}$NP$_3$
    NiH{N(CH$_2$CH$_2$PPh$_2$)$_3$}, **6**, 41
NiC$_{42}$H$_{72}$P$_2$
    NiH(Ph)(PCy$_3$)$_2$, **6**, 40
NiC$_{42}$H$_{78}$P$_2$
    Ni(PCy$_3$)$_2$(CH$_2$=CHBu), **6**, 107
NiC$_{43}$H$_{35}$ClOP$_2$
    NiCl(COPh)(PPh$_3$)$_2$, **6**, 117; **8**, 736
NiC$_{43}$H$_{35}$NOP$_2$
    Ni(PPh$_3$)$_2$(PhN=C=O), **6**, 126
NiC$_{43}$H$_{35}$NP$_2$
    Ni(CN)(Ph)(PPh$_3$)$_2$, **6**, 77
NiC$_{43}$H$_{37}$ClP$_2$
    NiCl(Bz)(PPh$_3$)$_2$, **6**, 55, 77
NiC$_{43}$H$_{39}$F$_4$P$_3$
    Ni{(Ph$_2$PCH$_2$)$_3$CMe}(CF$_2$=CF$_2$), **6**, 120
NiC$_{43}$H$_{39}$P$_2$
    [Ni(CH$_2$PPh$_3$)$_2$Cp]$^+$, **6**, 208
NiC$_{43}$H$_{42}$NOP$_3$
    Ni(CO){N(CH$_2$CH$_2$PPh$_2$)$_3$}, **6**, 24
    [Ni(CO){N(CH$_2$CH$_2$PPh$_2$)$_3$}]$^+$, **6**, 32
NiC$_{43}$H$_{45}$NP$_3$
    [NiMe{N(CH$_2$CH$_2$PPh$_2$)$_3$}]$^+$, **6**, 65
NiC$_{43}$H$_{54}$P$_2$
    Ni(PCy$_3$)(C$_5$H$_2$PPh$_3$)(CH$_2$=CH$_2$), **6**, 107
NiC$_{43}$H$_{71}$NP$_2$
    Ni(CN)(Ph)(PCy$_3$)$_2$, **8**, 358
NiC$_{44}$H$_{30}$Cl$_3$F$_5$O$_2$P$_2$
    Ni(O$_2$CCCl$_3$)(C$_6$F$_5$)(PPh$_3$)$_2$, **6**, 73
NiC$_{44}$H$_{36}$OP$_2$
    NiPh{OC(Ph)=CHPPh$_2$}(PPh$_3$), **6**, 66; **8**, 383, 616
NiC$_{44}$H$_{36}$P$_2$
    NiH(C≡CPh)(PPh$_3$)$_2$, **6**, 40
NiC$_{44}$H$_{37}$BrP$_2$
    NiBr(CH=CHPh)(PPh$_3$)$_2$, **6**, 75
NiC$_{44}$H$_{39}$O$_3$P
    Ni{P(OC$_6$H$_4$Ph)$_3$}(CH$_2$CHCHCH$_2$)$_2$, **6**, 155
NiC$_{44}$H$_{42}$N$_2$P$_2$
    Ni(CMe$_2$CN)$_2$(PPh$_3$)$_2$, **6**, 72
NiC$_{44}$H$_{42}$P$_2$
    Ni(cod)(PPh$_3$)$_2$, **6**, 75; **8**, 598, 736
NiC$_{44}$H$_{44}$P$_2$
    (Ph$_3$P)$_2\overline{\text{NiCH}_2\text{C}_6\text{H}_{10}}CH_2$, **6**, 68, 110
NiC$_{44}$H$_{45}$NOP$_3$
    Ni(COMe){(Ph$_2$PCH$_2$CH$_2$)$_3$N}, **6**, 74

NiC$_{44}$H$_{46}$O$_6$P$_2$
  Ni(CH$_2$=CH$_2$){P(OTol)$_3$}$_2$, **8**, 627
NiC$_{44}$H$_{46}$P$_2$
  Ni(CH$_2$=CH$_2$)(PTol$_3$)$_2$, **6**, 106
NiC$_{44}$H$_{64}$P$_2$
  Ni(C≡CC$_6$H$_4$C≡CH)$_2$(PBu$_3$)$_2$, **6**, 69
NiC$_{44}$H$_{74}$O$_2$P$_2$
  Ni(PCy$_3$)$_2$(CO$_2$)(C$_6$H$_5$Me), **8**, 234
NiC$_{45}$H$_{20}$O$_3$
  Ni(CO){CPh=C(Ph)CO$_2$(η^5-C$_5$Ph$_4$)}, **6**, 87
NiC$_{45}$H$_{39}$P$_2$
  [Ni(PPh$_3$)$_2$(CH$_2$CPhCH$_2$)]$^+$, **6**, 173
NiC$_{45}$H$_{45}$NO$_6$P$_2$
  Ni{P(OTol)$_3$}(CH$_2$=CHCN), **6**, 119
NiC$_{45}$H$_{45}$P$_3$S$_2$
  Ni{(Ph$_2$PCH$_2$CH$_2$)$_3$CMe}(CS$_2$), **6**, 128
NiC$_{46}$H$_{35}$BrP
  NiBr(PPh$_3$)(η^4-C$_4$Ph$_4$), **6**, 185
NiC$_{46}$H$_{37}$BrP$_2$
  NiBr(C$_{10}$H$_7$)(PPh$_3$)$_2$, **6**, 80
NiC$_{46}$H$_{40}$O$_3$P$_2$
  Ni(PPh$_3$)$_2$(PhCOCH=CHCO$_2$Me), **6**, 117
NiC$_{46}$H$_{41}$BrP$_2$
  NiBr{C(Me)=C(Me)Ph}(PPh$_3$)$_2$, **6**, 74; **8**, 655
NiC$_{46}$H$_{42}$F$_8$O$_6$P$_2$
  Ni{P(OTol)$_3$}$_2$(CF$_2$)$_4$, **6**, 120
NiC$_{46}$H$_{44}$P$_2$
  $\overline{\text{Ni{CH}_2(\text{C}_6\text{H}_{10})\text{CH}_2}}$(PPh$_3$)$_2$, **8**, 779
NiC$_{46}$H$_{55}$P$_3$
  Ni(C≡CPh)$_2$(PEt$_2$Ph)$_3$, **6**, 72
NiC$_{48}$H$_{30}$F$_{18}$P$_2$
  Ni(PPh$_3$)$_2${C$_6$(CF$_3$)$_6$}, **3**, 131; **6**, 120
NiC$_{48}$H$_{40}$N$_2$P$_2$
  Ni(PPh$_3$)$_2$(PhN=NPh), **6**, 124
NiC$_{48}$H$_{40}$P$_2$
  [NiPh$_2$(PPh$_3$)$_2$]$^{2-}$, **6**, 46
NiC$_{48}$H$_{45}$F$_5$P$_3$
  [Ni(C$_6$F$_5$)(PEt$_3$)(PPh$_3$)$_2$]$^+$, **6**, 73
NiC$_{48}$H$_{47}$ClP$_2$
  NiCl(Ph)(PTol$_3$)$_2$, **6**, 75
NiC$_{49}$H$_{40}$N$_2$P$_2$
  Ni(PPh$_3$)$_2$(PhN=C=NPh), **6**, 126, 130
NiC$_{50}$H$_{40}$OP$_2$
  Ni(PPh$_3$)$_2$(Ph$_2$C=C=O), **6**, 127; **8**, 660
NiC$_{50}$H$_{76}$P$_2$
  Ni(PCy$_3$)$_2$(C$_{14}$H$_{10}$), **6**, 108, 229
NiC$_{51}$H$_{43}$NP$_2$
  Ni(PPh$_3$)$_2$(PhCH=CHCH=NPh), **6**, 119
NiC$_{53}$H$_{57}$P$_3$
  Ni{(Ph$_2$PCH$_2$)$_3$CMe}(cdt), **6**, 120
NiC$_{54}$H$_{42}$
  Ni(η^3-C$_3$HPh$_4$)$_2$, **6**, 147, 169
NiC$_{54}$H$_{44}$P$_2$
  $\overline{\text{Ni{C(Ph)=C(Ph)C(Ph)=CPh}}}$(diphos), **6**, 65; **8**, 653, 778
  Ni(η^4-C$_4$Ph$_4$)(diphos), **6**, 185; **8**, 653
NiC$_{54}$H$_{46}$P$_2$
  Ni(C$_5$H$_2$PPh$_3$)$_2$(cod), **6**, 110
NiC$_{54}$H$_{52}$N$_2$P$_2$
  Ni(PTol$_3$)$_2$(PhN=NPh), **6**, 130
NiC$_{54}$H$_{68}$P$_2$
  Ni(Cy$_2$PCH$_2$CH$_2$PCy$_2$)(C$_4$Ph$_4$), **6**, 76
NiC$_{55}$H$_{45}$OP
  Ni(CO)(PPh$_3$)$_3$, **6**, 25
NiC$_{55}$H$_{45}$OP$_3$
  Ni(CO)(PPh$_3$)$_3$, **6**, 22
NiC$_{55}$H$_{52}$OP$_4$
  Ni(CO)(dppp)$_2$, **6**, 24
NiC$_{56}$H$_{40}$
  Ni(η^4-C$_4$Ph$_4$)$_2$, **6**, 185
NiC$_{56}$H$_{54}$P$_2$
  Ni(PTol$_3$)$_2$(PhCH=CHPh), **6**, 106
NiC$_{57}$H$_{45}$P$_2$
  [Ni(η^3-C$_3$Ph$_3$)(PPh$_3$)$_2$]$^+$, **3**, 44; **6**, 178
NiC$_{57}$H$_{57}$NP$_4$
  NiH(CN){Ph$_2$P(CH$_2$)$_4$PPh$_2$}$_2$, **6**, 40
NiC$_{58}$H$_{53}$P$_3$
  $\overline{\text{Ni{(CH}_2)_3\text{CH}_2}}$(PPh$_3$)$_3$, **8**, 390, 621
NiC$_{60}$H$_{45}$F$_5$P$_3$
  [Ni(C$_6$F$_5$)(PPh$_3$)$_3$]$^+$, **6**, 63
NiC$_{60}$H$_{60}$Br$_2$P$_4$
  {NiBr(diphos)}$_2$(CH$_2$CHCHCH$_2$)$_2$, **6**, 172
NiC$_{79}$H$_{62}$O$_6$P$_2$
  Ni{P(OC$_6$H$_4$Ph)$_3$}$_2$(nbd), **6**, 111
NiCdC$_5$H$_5$Br$_2$
  NiBr(CdBr)Cp, **6**, 164, 205
NiCdC$_5$H$_5$Br$_4$
  NiBr(CdBr)(η^3-C$_5$H$_5$Br$_2$), **6**, 164
NiCdC$_5$H$_9$Br$_2$
  NiBr(CdBr)(MeCHCHCHMe), **6**, 165
NiCoB$_7$C$_{11}$H$_{18}$
  (CpCo)(CpNi)CB$_7$H$_8$, **6**, 222
NiCoC$_{10}$H$_5$O$_5$
  CoNi(CO)$_5$Cp, **6**, 203, 792, 836
NiCoC$_{15}$H$_{20}$O$_4$P
  CoNi(CO)$_4$Cp(PEt$_3$), **6**, 200, 201, 805
NiCoC$_{16}$H$_{11}$O$_3$
  CoNi(CO)$_3$Cp(PhC≡CH), **6**, 837
NiCoC$_{22}$H$_{15}$O$_3$
  (NiCp){Co(CO)$_3$}(PhC≡CPh), **6**, 137
NiCoC$_{27}$H$_{17}$F$_3$O$_4$P
  CpNi(CO)$_2$Co(CO)$_2${P(C$_6$H$_4$F)$_3$}, **6**, 200
NiCoC$_{28}$H$_{28}$O$_4$P
  (η^5-C$_5$H$_4$Me)Ni(CO)$_2$Co(CO)$_2$(PPh$_2$Cy), **6**, 200
NiCoC$_{40}$H$_{30}$NO$_5$P$_2$
  CoNi(CO)$_4$(NO)(PPh$_3$)$_2$, **6**, 836
NiCoC$_{50}$H$_{40}$P
  Ni(η^4-C$_4$Ph$_3$CoCp)(PPh$_3$)Cp, **6**, 91
NiCo$_2$C$_{44}$H$_{30}$O$_8$P$_2$
  Co$_2$Ni(CO)$_8$(PPh$_3$)$_2$, **6**, 849
NiCo$_3$C$_{11}$O$_{11}$
  [Co$_3$Ni(CO)$_{11}$]$^-$, **6**, 866
NiCo$_3$C$_{14}$H$_5$O$_9$
  Co$_3$Ni(CO)$_9$Cp, **6**, 212, 866
NiCo$_3$C$_{15}$H$_8$NO$_8$
  Co$_3$Ni(CO)$_8$(CNMe)Cp, **6**, 866
NiCrC$_9$H$_5$O$_4$
  CrNi(CO)$_4$Cp, **6**, 826
NiCrC$_{14}$H$_{10}$O$_4$
  CrNi(CO)$_4$Cp$_2$, **6**, 200, 203, 778, 792
NiCrSbC$_{13}$H$_{11}$O$_6$
  Ni(CO)$_3${SbMe$_2$Cr(CO)$_3$Cp}, **6**, 20
NiFeC$_9$H$_{12}$O$_5$P$_2$
  FeNi(PMe$_2$)$_2$(CO)$_5$, **4**, 301; **6**, 835
NiFeC$_{12}$H$_5$F$_6$O$_5$P
  Ni(CO)$_3${P(CF$_3$)$_2$Fe(CO)$_2$Cp}, **6**, 19
NiFeC$_{13}$H$_{10}$O$_3$

NiFeC$_{13}$H$_{10}$O$_3$
    FeNi(CO)$_3$Cp$_2$, **3**, 155; **6**, 199, 201, 792
NiFeC$_{15}$H$_{19}$O$_2$P
    FeNi(CO)$_2$Cp$_2$(PMe$_3$), **6**, 836
NiFeC$_{19}$H$_{24}$O$_3$
    Ni(η^4-C$_4$Ph$_4$){(CO)$_3$Fe(C$_4$Ph$_4$)}, **6**, 185
NiFeC$_{20}$H$_{24}$O$_4$
    FeNi(CO)$_4$(C$_8$Me$_8$), **6**, 836
NiFeC$_{21}$H$_{15}$O$_4$P
    FeNi(PPh$_2$)(CO)$_4$Cp, **6**, 88, 137, 785, 835
NiFeC$_{28}$H$_{21}$O$_3$P
    (NiCp){Fe(CO)$_3$}(Ph$_3$ṖC≡CH), **6**, 137
NiFeC$_{34}$H$_{25}$O$_3$P
    (NiCp){Fe(CO)$_3$}(PPh$_2$)(PhC≡CPh), **6**, 137
NiFeC$_{35}$H$_{25}$O$_4$P
    CpNi(CPh)(CPhPPh$_2$)Fe(CO)$_3$, **6**, 88
NiFeC$_{39}$H$_{30}$N$_2$O$_5$P$_2$
    FeNi(CO)$_3$(NO)$_2$(PPh$_3$)$_2$, **6**, 835
NiFeGeC$_{13}$H$_{10}$Cl$_2$O$_3$
    Cp(CO)Ni(GeCl$_2$)Fe(CO)$_2$Cp, **6**, 202
NiFeSnC$_{13}$H$_{10}$Cl$_2$O$_3$
    Cp(CO)Ni(SnCl$_2$)Fe(CO)$_2$Cp, **6**, 202, 203
NiFe$_2$C$_{14}$H$_{12}$N$_2$O$_{10}$
    Fe$_2$Ni(CONMe$_2$)$_2$(CO)$_8$, **6**, 783, 848
NiFe$_2$C$_{15}$H$_{10}$O$_7$
    Fe$_2$Ni(CEt)(CO)$_7$Cp, **6**, 92, 861
NiFe$_2$C$_{17}$H$_{14}$O$_6$
    Fe$_2$Ni(C≡CBu^t)(CO)$_6$Cp, **6**, 137, 861
NiFe$_2$C$_{18}$H$_{16}$O$_7$
    (NiCp){Fe$_2$(CO)$_7$}(Bu^{t}CH$_2$C), **6**, 137
NiFe$_3$C$_{12}$HO$_{12}$
    [Fe$_3$NiH(CO)$_{12}$]$^-$, **6**, 861
NiFe$_3$C$_{12}$O$_{12}$
    [Fe$_3$Ni(CO)$_{12}$]$^{2-}$, **6**, 12, 861
NiFe$_5$C$_{16}$O$_{15}$
    [Fe$_5$Ni(CO)$_{15}$C]$^{2-}$, **4**, 647; **6**, 773, 861
NiFe$_5$C$_{17}$O$_{16}$
    NiFe$_5$(CO)$_{16}$C, **6**, 861
NiFe$_5$C$_{22}$H$_{12}$O$_{13}$
    [Fe$_5$Ni(CO)$_{13}$C(cod)]$^{2-}$, **4**, 647; **6**, 861
    [Fe$_5$Ni(CO)$_{13}$C(cod)]$^-$, **6**, 773
NiGeC$_3$Cl$_3$O$_3$
    [Ni(GeCl$_3$)(CO)$_3$]$^-$, **6**, 18
NiGeC$_{12}$H$_{20}$O
    Ni(GeEt$_3$)(CO)Cp, **6**, 203
NiGeC$_{14}$H$_{27}$O$_3$P
    Ni(CO)$_3$(PBu$^t_2$GeMe$_3$), **6**, 20
NiGeC$_{23}$H$_{20}$Cl$_3$P
    Ni(GeCl$_3$)Cp(PPh$_3$), **6**, 207
NiGeC$_{26}$H$_{29}$O$_3$P
    Ni{Ge(OMe)$_3$}Cp(PPh$_3$), **8**, 339
NiGeC$_{29}$H$_{35}$P
    Ni(GeEt$_3$)(PPh$_3$)Cp, **6**, 1095
NiGeC$_{54}$H$_{31}$F$_{15}$P$_2$
    Ni{Ge(C$_6$F$_5$)$_3$}(H)(PPh$_3$)$_2$, **6**, 43
NiGeSb$_2$C$_{28}$H$_{26}$O$_2$
    Ni(CO)$_2$(Ph$_2$SbGeMe$_2$SbPh$_2$), **6**, 22
NiGeSiC$_{16}$H$_{33}$O$_4$P
    Ni(CO)$_3$(PBu$^t_2$GeMe$_2$OSiMe$_3$), **6**, 20
NiGe$_2$C$_{13}$H$_{27}$O$_3$P
    Ni(CO)$_3${P(GeMe$_3$)$_2$Bu^t}, **6**, 20
NiGe$_3$C$_9$H$_{27}$O$_3$P
    Ni(CO)$_3${P(GeMe$_3$)$_3$}, **6**, 20

NiGe$_3$SbC$_{12}$H$_{27}$O$_3$
    Ni(CO)$_3${Sb(GeMe$_3$)$_3$}, **6**, 20
NiLi$_2$C$_{17}$H$_{16}$O$_2$P$_2$
    Ni(CO)$_2${PhLiP(CH$_2$)$_3$PPhLi}, **6**, 25
NiLi$_2$C$_{24}$H$_{50}$N$_4$
    Ni(cdt){Li(TMEDA)}$_2$, **6**, 114
NiLi$_2$C$_{24}$H$_{54}$N$_6$
    NiLi$_2$(Me$_2$NCH$_2$CH=CHCH$_2$NMe$_2$)$_3$, **6**, 114
NiLi$_2$C$_{26}$H$_{52}$N$_4$
    Ni(norbornene)$_2${Li(TMEDA)}$_2$, **6**, 115
NiLi$_2$C$_{32}$H$_{56}$O$_4$
    Ni(cod)$_2${Li(THF)}$_2$, **6**, 114
NiLi$_2$C$_{48}$H$_{68}$N$_4$O$_6$
    [Ni(PhN=NPh)$_2$][Li(THF)$_3$]$_2$, **6**, 130
NiLi$_2$Sn$_2$C$_{92}$H$_{100}$O$_5$P$_2$
    [Ni(PPh$_3$)$_2$(SnPh$_3$)$_2$][Li$_2${$\overline{\text{O(CH}_2)_3\text{CH}_2}$}$_5$], **6**, 109
NiMgC$_{23}$H$_{20}$BrP
    Ni(MgBr)Cp(PPh$_3$), **6**, 25; **8**, 263, 664
NiMnC$_{11}$H$_5$O$_6$
    MnNi(CO)$_6$Cp, **6**, 202, 203, 792, 833
NiMnC$_{21}$H$_{31}$O$_3$P$_2$
    MnNi{C(Ph)OMe}(CO)$_2$Cp(PMe$_3$)$_2$, **6**, 833
NiMnC$_{31}$H$_{24}$O$_3$P
    Ni{η^5-C$_5$H$_4$Mn(CO)$_3$}(PPh$_3$)Cp, **6**, 91
NiMoC$_{14}$H$_{10}$O$_4$
    MoNi(CO)$_4$Cp$_2$, **6**, 202, 203, 792, 828
NiMoC$_{26}$H$_{16}$O$_8$P$_2$
    Ni(CO)$_3${PPh$_2$P(Ph)HMo(CO)$_5$}, **6**, 19
NiMoC$_{44}$H$_{35}$ClO$_3$P$_2$
    Mo{NiCl(PPh$_3$)$_2$}(CO)$_3$Cp
NiMoSbC$_8$H$_5$Br$_2$N$_3$O$_6$
    Cp(CO)$_3$Mo(SbBr$_2$)Ni(NO)$_3$, **3**, 1191
NiMoSbC$_{13}$H$_{11}$O$_6$
    Cp(CO)$_3$Mo(SbMe$_2$)Ni(CO)$_3$, **6**, 20
NiNaC$_{23}$H$_{29}$O$_2$
    {Ni(duroquinone)(cod)Na}Cp, **6**, 117
NiNaPbC$_{92}$H$_{100}$O$_5$P$_3$
    NaNi(PbPh$_3$)(PPh$_3$)$_3${$\overline{\text{O(CH}_2)_3\text{CH}_2}$}$_5$, **2**, 669
NiNb$_2$C$_{24}$H$_{32}$Cl$_2$S$_4$
    NiCl$_2${Nb(SMe)$_2$Cp$_2$}$_2$, **3**, 768
NiNb$_2$C$_{24}$H$_{32}$S$_4$
    Ni{Nb(SMe)$_2$Cp$_2$}$_2$, **6**, 764
    [Ni{Nb(SMe)$_2$Cp$_2$}$_2$]$^+$, **3**, 768
    [Ni{Nb(SMe)$_2$Cp$_2$}$_2$]$^{2+}$, **3**, 771; **6**, 846
NiOs$_3$C$_{46}$H$_{32}$O$_{10}$P$_2$
    Os$_3$NiH$_2$(CO)$_{10}$(PPh$_3$)$_2$, **6**, 44, 864
NiPbC$_{41}$H$_{35}$P
    Ni(PbPh$_3$)(PPh$_3$)Cp, **6**, 87
NiPdC$_6$H$_8$Cl$_2$
    ClNi{(CH$_2$)$_2$CC(CH$_2$)$_2$}PdCl, **6**, 176
NiPdC$_{16}$H$_{18}$
    CpNi{(CH$_2$)$_2$CC(CH$_2$)$_2$}PdCp, **6**, 176
NiRh$_2$C$_{30}$H$_{42}$O$_2$
    Rh$_2$Ni(CO)$_2$(η^5-C$_5$Me$_5$)$_2$(cod), **6**, 775, 867
NiRh$_4$C$_{14}$O$_{14}$
    [Rh$_4$Ni(CO)$_{14}$]$^{2-}$, **6**, 867
NiRh$_5$C$_{15}$O$_{15}$
    [Rh$_5$Ni(CO)$_{15}$]$^-$, **6**, 867
NiRh$_6$C$_{16}$O$_{16}$
    [Rh$_6$Ni(CO)$_{16}$]$^{2-}$, **6**, 805, 867
NiRuC$_{13}$H$_{10}$O$_3$
    RuNi(CO)$_3$Cp$_2$, **4**, 794, 927; **6**, 836
NiRu$_2$C$_{26}$H$_{20}$O$_4$

Ru$_2$Ni(CO)$_4$Cp$_2$(PhCCPh), **6**, 863
NiRu$_3$C$_{18}$H$_{12}$O$_8$
  Ru$_3$Ni(CO)$_8$Cp(MeCCHCMe), **6**, 863
NiRu$_3$C$_{19}$H$_{14}$O$_8$
  Ru$_3$Ni(CO)$_8$Cp(MeCCHCEt), **1**, 472; **4**, 927; **6**, 89
NiRu$_3$C$_{20}$H$_{15}$O$_9$
  Ru$_3$Ni(CO)$_9$Cp(CCHBu^t), **4**, 927; **6**, 89
NiRu$_3$C$_{21}$H$_{15}$O$_9$
  Ru$_3$Ni(CO)$_9$Cp(C$_2$CHBu^t), **6**, 863
NiSbC$_{21}$H$_{15}$O$_3$
  Ni(CO)$_3$(SbPh$_3$), **6**, 20
NiSbSi$_3$C$_{12}$H$_{27}$O$_3$
  Ni(CO)$_3${Sb(SiMe$_3$)$_3$}, **6**, 20
NiSbSn$_3$C$_{12}$H$_{27}$O$_3$
  Ni(CO)$_3${Sb(SnMe$_3$)$_3$}, **6**, 20
NiSbWC$_{13}$H$_{11}$O$_6$
  Ni(CO)$_3${SbMe$_2$W(CO)$_3$Cp}, **6**, 20
NiSb$_2$C$_{28}$H$_{26}$O$_2$Si
  Ni(CO)$_2$(SbPh$_2$SiMe$_2$SbPh$_2$), **6**, 22
NiSb$_2$SnC$_{28}$H$_{26}$O$_2$
  Ni(CO)$_2$(Ph$_2$SbSnMe$_2$SbPh$_2$), **6**, 22
NiSb$_4$C$_{84}$H$_{84}$
  Ni(SbTol$_3$)$_4$, **6**, 111
NiSiC$_7$H$_9$O$_6$P
  Ni(CO)$_3${P(CH$_2$O)$_3$SiMe}, **6**, 19
NiSiC$_{10}$H$_{29}$ClP$_2$
  NiCl(CH$_2$SiMe$_3$)(PMe$_3$)$_2$, **6**, 64, 73
NiSiC$_{11}$H$_{29}$ClOP$_2$
  NiCl(COCH$_2$SiMe$_3$)(PMe$_3$)$_2$, **6**, 73
NiSiC$_{21}$H$_{15}$O$_3$
  [Ni(SiPh$_3$)(CO)$_3$]$^-$, **2**, 99
NiSiC$_{23}$H$_{20}$Cl$_3$P
  Ni(SiCl$_3$)(PPh$_3$)Cp, **6**, 206, 1095
NiSi$_2$C$_6$H$_{18}$O$_2$
  Ni(OSiMe$_3$)$_2$, **2**, 165
NiSi$_2$C$_8$H$_{10}$F$_4$O$_2$
  $\overline{\text{(CO)}_2\text{Ni}\{\text{SiF}_2\text{C(Bu}^t\text{)}=\text{CHSiF}_2\}}$, **2**, 240, 295; **6**, 18
NiSi$_2$C$_{10}$H$_{18}$O$_8$P$_2$
  Ni(CO)$_2${P(CH$_2$O)$_3$SiMe}$_2$, **6**, 21
NiSi$_2$C$_{12}$H$_{26}$
  Ni{CH$_2$C(SiMe$_3$)CH$_2$}$_2$, **6**, 146
NiSi$_2$C$_{13}$H$_{27}$O$_3$P
  Ni(CO)$_3${P(SiMe$_3$)$_2$Bu^t}, **6**, 20
NiSi$_2$C$_{16}$H$_{26}$
  Ni(η^5-C$_5$H$_4$SiMe$_3$)$_2$, **6**, 193
NiSi$_2$C$_{24}$H$_{18}$Cl$_6$N$_2$
  Ni{Cl$_3$SiC(Ph)=C(Ph)SiCl$_3$}(bipy), **6**, 107; **8**, 661
NiSi$_2$C$_{29}$H$_{38}$P$_2$
  Ni{P(SiMe$_3$)$_2$}(PPh$_3$)Cp, **6**, 202, 206
NiSi$_2$C$_{42}$H$_{46}$P$_2$
  $\overline{\text{Ni(CH}_2\text{SiMe}_2\text{SiMe}_2\text{CH}_2)}$(PPh$_3$)$_2$, **2**, 295; **6**, 80
NiSi$_3$C$_9$H$_{27}$O$_3$P
  Ni(CO)$_3${P(SiMe$_3$)$_3$}, **6**, 20
NiSi$_3$C$_{54}$H$_{45}$
  [Ni(SiPh$_3$)$_3$]$^{3-}$, **6**, 46
NiSi$_3$SnC$_{18}$H$_{38}$O
  Ni{Sn(CH$_2$SiMe$_3$)$_3$}(CO)Cp, **6**, 202
NiSi$_4$C$_{12}$H$_{36}$N$_2$
  Ni{N(SiMe$_3$)$_2$}$_2$, **2**, 129
NiSnC$_9$H$_{14}$O
  Ni(SnMe$_3$)(CO)Cp, **6**, 1048, 1052, 1055
NiSnC$_{14}$H$_{27}$O$_3$P
  Ni(CO)$_3$(PBu$^t_2$SnMe$_3$), **6**, 20
NiSnC$_{20}$H$_{42}$O$_2$P$_2$
  Ni(CO)$_2$(PBu$^t_2$SnMe$_2$PBu$^t_2$), **6**, 22
NiSnC$_{24}$H$_{20}$O
  Ni(SnPh$_3$)(CO)Cp, **6**, 203, 205
NiSnC$_{33}$H$_{25}$O$_3$P
  Ni(CO)$_3$(PPh$_2$SnPh$_3$), **6**, 19
NiSnC$_{47}$H$_{44}$P$_2$
  Ni(SnMe$_3$)(C≡CPh)(PPh$_3$)$_2$, **6**, 55
NiSn$_2$C$_{13}$H$_{27}$O$_3$P
  Ni(CO)$_3${P(SnMe$_3$)$_2$Bu^t}, **6**, 20
NiSn$_3$C$_{12}$H$_{27}$O$_3$P
  Ni(CO)$_3${P(SnMe$_3$)$_3$}, **6**, 20
NiSn$_4$C$_{72}$H$_{60}$
  Ni(SnPh$_3$)$_4$, **6**, 111
NiTiC$_6$H$_{10}$Cl$_4$
  NiCl{TiCl$_3$(C$_3$H$_5$)}(CH$_2$CHCH$_2$), **6**, 161
NiTiC$_{27}$H$_{20}$O
  Ti(C≡CPh)$_2${Ni(CO)}Cp$_2$, **3**, 409
NiWC$_{14}$H$_{10}$O$_4$
  WNi(CO)$_4$Cp$_2$, **6**, 203, 792, 830
NiWC$_{44}$H$_{35}$ClO$_3$P$_2$
  NiCl{W(CO)$_3$Cp}(PPh$_3$)$_2$, **3**, 1337
NiW$_2$C$_{24}$H$_{32}$S$_4$
  Ni{W(SMe)$_2$Cp$_2$}$_2$, **3**, 1346
NiW$_2$C$_{30}$H$_{24}$O$_4$
  W$_2$Ni(CTol)$_2$(CO)$_4$Cp$_2$, **6**, 847
NiW$_2$C$_{64}$H$_{48}$O$_{12}$P$_4$
  Ni(CO)$_2${(diphos)W(CO)$_5$}$_2$, **6**, 21
Ni$_2$B$_2$C$_{13}$H$_{13}$
  (NiCp)$_2$(C$_3$B$_2$H$_3$), **6**, 223
Ni$_2$B$_2$C$_{20}$H$_{29}$
  $\overline{\text{(NiCp)}_2\{\text{MeBC(Et)C(Et)B(Me)CMe}\}}$, **1**, 389
Ni$_2$B$_2$C$_{100}$H$_{90}$OP$_4$
  Ni$_2$(BPh$_2$)$_2$(PPh$_3$)$_4$(Et$_2$O), **6**, 892
Ni$_2$B$_4$C$_{14}$H$_{20}$
  (NiCp)$_2$(C$_2$B$_4$H$_4$Me$_2$), **6**, 219
Ni$_2$B$_5$C$_{12}$H$_{17}$
  (NiCp)$_2$(C$_2$B$_5$H$_7$), **6**, 221
Ni$_2$B$_5$C$_{14}$H$_{21}$
  (NiCp)$_2$(C$_2$B$_5$H$_5$Me$_2$), **6**, 219
Ni$_2$B$_8$C$_{10}$H$_{18}$
  (CpNi)$_2$B$_8$H$_8$, **1**, 490; **6**, 217
Ni$_2$B$_{10}$C$_{10}$H$_{20}$
  (CpNi)$_2$B$_{10}$H$_{10}$, **1**, 462, 490, 527; **6**, 217, 940
Ni$_2$C$_3$Cl$_4$O$_3$
  Cl$_2$Ni(CO)$_3$NiCl$_2$, **6**, 9
Ni$_2$C$_6$HO$_6$
  {(CO)$_3$Ni}$_2$H, **6**, 42
Ni$_2$C$_6$H$_{10}$Br$_2$
  {NiBr(CH$_2$CHCH$_2$)}$_2$, **6**, 44, 158; **8**, 623, 672, 722, 781
Ni$_2$C$_6$H$_{10}$Cl$_2$
  {NiCl(CH$_2$CHCH$_2$)}$_2$, **6**, 176; **8**, 788
Ni$_2$C$_6$H$_{10}$I$_2$
  {NiI(CH$_2$CHCH$_2$)}$_2$, **8**, 392, 665, 702
Ni$_2$C$_6$H$_{12}$S$_2$
  {Ni(SH)(CH$_2$CHCH$_2$)}$_2$, **6**, 160, 161, 168
Ni$_2$C$_6$N$_6$
  [Ni$_2$(CN)$_6$]$^{4-}$, **8**, 311, 786
Ni$_2$C$_6$O$_6$
  [Ni$_2$(CO)$_6$]$^{2-}$, **6**, 10
Ni$_2$C$_8$H$_{14}$Br$_2$
  {NiBr(CH$_2$CMeCH$_2$)}$_2$, **6**, 157; **8**, 729
Ni$_2$C$_8$H$_{14}$Br$_2$O$_2$
  [NiBr{CH$_2$C(OMe)CH$_2$}]$_2$, **6**, 156, 163; **8**, 728
Ni$_2$C$_8$H$_{14}$Cl$_2$

$Ni_2C_8H_{14}Cl_2$

{NiCl(CH$_2$CMeCH$_2$)}$_2$, **8**, 790
{NiCl(MeCHCHCH$_2$)}$_2$, **6**, 160
$Ni_2C_8H_{16}$
{NiMe(CH$_2$CHCH$_2$)}$_2$, **6**, 81, 147, 159
$Ni_2C_8H_{16}O_2S_2$
[Ni(SH){CH$_2$C(OMe)CH$_2$}]$_2$, **6**, 157
$Ni_2C_8H_{16}S_2$
{Ni(SMe)(CH$_2$CHCH$_2$)}$_2$, **6**, 161
$Ni_2C_8H_{17}$
[{(C$_2$H$_4$)$_2$Ni}$_2$H]$^-$, **6**, 39
$Ni_2C_8H_{24}Cl_2P_2$
{NiCl(Me)(PMe$_3$)}$_2$, **6**, 53
$Ni_2C_8H_{26}O_2P_2$
{Ni(OH)(Me)(PMe$_3$)}$_2$, **6**, 53
$Ni_2C_{10}H_{10}F_6O_4$
{Ni(O$_2$CCF$_3$)(CH$_2$CHCH$_2$)}$_2$, **6**, 162; **8**, 701
$Ni_2C_{10}H_{14}$
{Ni(CH$_2$CHCHCH$_2$)}$_2$, **6**, 147, 151
$Ni_2C_{10}H_{14}P_2$
{Ni(PH$_2$)Cp}$_2$, **6**, 202
$Ni_2C_{10}H_{18}Br_2$
{NiBr(CH$_2$CHCMe$_2$)}$_2$, **8**, 714
{NiBr(MeCHCHCHMe)}$_2$, **6**, 81, 157
$Ni_2C_{10}H_{20}$
{NiMe(CH$_2$CMeCH$_2$)}$_2$, **6**, 147, 159
$Ni_2C_{10}H_{20}O_2$
{Ni(OMe)(CH$_2$CMeCH$_2$)}$_2$, **6**, 161
$Ni_2C_{10}H_{30}O_2P_2$
{Ni(OMe)Me(PMe$_3$)}$_2$, **6**, 51
$Ni_2C_{11}F_{24}O_3P_4S_2$
Ni$_2$(CO)$_3${(CF$_3$)$_2$PSP(CF$_3$)$_2$}$_2$, **6**, 31
$Ni_2C_{12}H_{10}F_6S_2$
{Ni(SCF$_3$)Cp}$_2$, **6**, 92, 136
$Ni_2C_{12}H_{10}N_2O_6$
{(CO)$_3$Ni}$_2$(C$_4$H$_4$N$_2$Me$_2$), **6**, 18
$Ni_2C_{12}H_{10}O_2$
{Ni(CO)Cp}$_2$, **6**, 25, 89, 198; **8**, 633
$Ni_2C_{12}H_{12}$
(NiCp)$_2$(HC≡CH), **6**, 136
Ni$_2$(fulvene)$_2$, **6**, 194
$Ni_2C_{12}H_{18}Br_2O_4$
[NiBr{CH$_2$C(CO$_2$Et)CH$_2$}]$_2$, **6**, 161; **8**, 729
$Ni_2C_{12}H_{24}$
{NiMe(MeCHCHCHMe)}$_2$, **6**, 29, 81, 157, 161, 163
$Ni_2C_{12}H_{24}O_2$
{Ni(OMe)(MeCHCHCHMe)}$_2$, **6**, 169
$Ni_2C_{12}H_{26}N_2$
{Ni(NMe$_2$)(CH$_2$CMeCH$_2$)}$_2$, **6**, 157
$Ni_2C_{12}H_{36}O_4P_4$
{Ni(OPMe$_2$O)Me(PMe$_3$)}$_2$, **6**, 51
$Ni_2C_{13}H_{14}$
(NiCp)$_2$(HC≡CMe), **6**, 88
$Ni_2C_{13}H_{18}O_3$
{Ni(CH$_2$CHCH$_2$)}$_2$(MeCOCHCOCHCOMe), **6**, 158, 168
$Ni_2C_{13}H_{18}S_3$
{Ni(CH$_2$CHCH$_2$)}$_2$(MeCSCHCSCHCSMe), **6**, 157
$Ni_2C_{14}H_{10}F_6$
(NiCp)$_2$(CF$_3$C≡CCF$_3$), **6**, 92, 136
$Ni_2C_{14}H_{10}F_{12}P_2$
[Ni{P(CF$_3$)$_2$}Cp]$_2$, **6**, 196
$Ni_2C_{14}H_{14}O_2$
{Ni(CO)(η^5-C$_5$H$_4$Me)}$_2$, **6**, 198
$Ni_2C_{14}H_{16}$
{Ni(CH$_2$CHCH$_2$)}$_2$(C$_8$H$_6$), **6**, 176
(NiCp)$_2$(MeC≡CMe), **6**, 133
$Ni_2C_{14}H_{16}N_2$

{Ni(CNMe)Cp}$_2$, **6**, 200
$Ni_2C_{14}H_{24}O_8P_2$
NiCp{P(O)(OMe)$_2$}$_2$Ni(acac), **6**, 197
$Ni_2C_{15}H_{15}$
[Ni$_2$Cp$_3$]$^+$, **1**, 385; **3**, 37; **6**, 136, 192, 194
$Ni_2C_{16}C_{40}P_4$
Ni$_2$(CH$_2$PMe$_2$CH$_2$)$_4$, **6**, 48
$Ni_2C_{16}H_{16}$
{Ni(cot)}$_2$, **6**, 147; **8**, 413, 654
$Ni_2C_{16}H_{16}O_4$
(NiCp)$_2$(MeO$_2$CC≡CCO$_2$Me), **6**, 136
$Ni_2C_{16}H_{18}$
(NiCp)$_2${(CH$_2$)$_2$CC(CH$_2$)$_2$}, **6**, 176, 432
$Ni_2C_{16}H_{20}$
(NiCp)$_2$(HC≡CBu^t), **6**, 88
$Ni_2C_{16}H_{24}Br_4$
{NiBr$_2$(η^4-C$_4$Me$_4$)}$_2$, **6**, 184
$Ni_2C_{16}H_{24}Cl_4$
{NiCl$_2$(η^4-C$_4$Me$_4$)}$_2$, **6**, 146, 158, 177; **8**, 617
$Ni_2C_{16}H_{26}Cl_2$
{NiCl(C$_8$H$_{13}$)}$_2$, **8**, 788
$Ni_2C_{16}H_{40}P_4$
Me$_2$P(CH$_2$)$_2$Ni(CH$_2$PMe$_2$CH$_2$)$_2$Ni(CH$_2$)$_2$PMe$_2$, **6**, 48
$Ni_2C_{16}H_{44}P_4$
(Me$_3$P)(Me)Ni(CH$_2$PMe$_2$CH$_2$)$_2$Ni(Me)(PMe$_3$), **6**, 52
$Ni_2C_{17}H_{16}O_3$
{Ni(CO)}$_2${(η^5-C$_5$H$_4$CH$_2$CH$_2$)$_2$CO}, **6**, 193
$Ni_2C_{18}H_{18}Br_2$
{NiBr(CH$_2$CPhCH$_2$)}$_2$, **6**, 159
$Ni_2C_{18}H_{18}Cl_2$
{NiCl(PhCHCHCH$_2$)}$_2$, **8**, 719
$Ni_2C_{18}H_{20}$
{NiPh(CH$_2$CHCH$_2$)}$_2$, **6**, 159
$Ni_2C_{18}H_{24}Cl_4$
{NiCl$_2$(η^4-C$_4$Me$_4$)}$_2$, **6**, 185
$Ni_2C_{18}H_{24}ON_2$
CpNi(CO)($\overline{CNEtCH_2CH_2NEt}$)NiCp, **6**, 201
$Ni_2C_{18}H_{30}Cl_2$
{NiCl(η^3-C$_4$Me$_5$)}$_2$, **6**, 158, 186
$Ni_2C_{18}H_{30}F_4O_4P_2$
[Ni(OPF$_2$O){CH(CH$_2$CH$_2$CH=CH$_2$)$_2$}]$_2$, **6**, 68
$Ni_2C_{20}H_{16}$
Ni$_2$(C$_5$H$_4$C$_5$H$_4$)$_2$, **6**, 192
$Ni_2C_{20}H_{26}N_2$
{Ni(NMePh)(CH$_2$CHCH$_2$)}$_2$, **6**, 161; **8**, 698
$Ni_2C_{20}H_{38}P$
[{(CH$_2$=CH$_2$)$_2$Ni}$_2$PCy$_2$]$^-$, **6**, 82, 113
$Ni_2C_{22}H_{18}N_2$
Ni(Cp)C$_6$H$_4$N=NC$_6$H$_4$NiCp, **6**, 88
$Ni_2C_{22}H_{20}S_2$
{Ni(SPh)Cp}$_2$, **6**, 196
$Ni_2C_{22}H_{26}Br_2O_2$
{NiBr(CH$_2$CMeCHCH$_2$OPh)}$_2$, **8**, 714
$Ni_2C_{22}H_{30}O_2$
{Ni(CO)(η^5-C$_5$Me$_5$)}$_2$, **6**, 199, 201, 202
$Ni_2C_{22}H_{42}Br_2$
[NiBr{CH$_2$C(C$_8$H$_{17}$)CH$_2$}]$_2$, **8**, 714
$Ni_2C_{24}H_{20}$
(NiCp)$_2$(PhC≡CPh), **6**, 133, 136, 194
$Ni_2C_{24}H_{20}N_2$
{Ni(CNPh)Cp}$_2$, **6**, 200
$Ni_2C_{24}H_{30}Br_2O_2$
[NiBr{CH$_2$C(Me)CHCH$_2$OBz}]$_2$, **8**, 728
$Ni_2C_{24}H_{40}Br_4$
{NiBr$_2$(η^4-C$_4$Et$_4$)}$_2$, **6**, 184
$Ni_2C_{25}H_{20}F_3OP$

Ni_2C_{26}
(NiCp)$_2${CF$_3$C≡CP(O)Ph$_2$}, **6**, 135

$Ni_2C_{26}F_{20}N_2$
[{Ni(C$_6$F$_5$)$_2$CN}$_2$]$^{2-}$, **6**, 46

$Ni_2C_{26}H_{54}Br_2P_2$
{NiBr(PPr$^i_3$)}$_2$(CH$_2$CHCHCH$_2$)$_2$, **6**, 167, 170

$Ni_2C_{28}H_{20}O_4P_2$
(CO)$_2$Ni(PPh$_2$)$_2$Ni(CO)$_2$, **6**, 31

$Ni_2C_{28}H_{24}$
{Ni(C$_8$H$_7$Ph)}$_2$, **6**, 151

$Ni_2C_{28}H_{46}P$
{CH$_2$CHCH(CH$_2$)$_2$CH=CHCH$_2$Ni}$_2$PCy$_2$, **6**, 167

$Ni_2C_{28}H_{50}P$
[{CH$_2$CHCH(CH$_2$)$_5$Ni}$_2$PCy$_2$]$^-$, **6**, 82

$Ni_2C_{28}H_{52}P_2$
(CH$_2$=CH$_2$)Ni(PCy$_2$)$_2$Ni(CH$_2$=CH$_2$), **6**, 108

$Ni_2C_{30}H_{20}O_6P_2$
{Ni(PPh$_2$)(CO)$_3$}$_2$, **6**, 26

$Ni_2C_{30}H_{34}$
{Ni(cod)}$_2$(PhC≡CPh), **6**, 138; **8**, 658

$Ni_2C_{32}H_{48}Br_4$
[NiBr$_2$(η^4-C$_4${(CH$_2$)$_6$}$_2$)]$_2$, **6**, 184

$Ni_2C_{34}H_{30}P_2$
{Ni(PPh$_2$)Cp}$_2$, **6**, 201

$Ni_2C_{36}H_{68}P_4$
(PEt$_3$)$_2$Ni(C$_6$H$_4$)$_2$Ni(PEt$_3$)$_2$, **6**, 64

$Ni_2C_{36}H_{70}O_4P_2$
[Ni{O$_2$CCH(CH=CH$_2$)(CH$_2$)$_6$CHCH-CH$_2$}(PMe$_3$)]$_2$, **8**, 278

$Ni_2C_{38}H_{30}P_2S_4$
Ni$_2$(CS$_2$)$_2$(PPh$_3$)$_2$, **6**, 32

$Ni_2C_{38}H_{38}O_2P_2$
{Ni(CO)(Bu^{t}C≡CPPh$_2$)}$_2$, **6**, 135

$Ni_2C_{40}H_{78}Br_2$
[NiBr{CH$_2$CHC(Me)C$_{16}$H$_{33}$}]$_2$, **6**, 160; **8**, 722

$Ni_2C_{42}H_{30}Br_2$
{NiBr(η^3-C$_3$Ph$_3$)}$_2$, **6**, 178

$Ni_2C_{44}H_{44}Cl_2P_2$
{NiCl(C$_5$H$_2$Ph$_3$PEt)}$_2$, **6**, 166

$Ni_2C_{46}H_{38}Cl_2N_2P_2$
(PPh$_3$)(C$_5$H$_4$N)Ni(Cl)$_2$Ni(C$_5$H$_4$N)(PPh$_3$), **6**, 52

$Ni_2C_{50}H_{44}Cl_2P_2$
{NiCl(C$_5$H$_2$Ph$_3$PEt)}$_2$, **6**, 171

$Ni_2C_{52}H_{48}P_2$
Ni$_2$(C$_5$H$_2$Ph$_3$PEt)$_2$(CH$_2$=CH$_2$), **6**, 134, 148, 151

$Ni_2C_{54}H_{50}P_2$
Ni$_2$(C$_5$H$_2$Ph$_3$PEt)$_2$(MeC≡CMe), **6**, 134

$Ni_2C_{54}H_{54}O_4P_2$
[Ni{O$_2$CCH(CH=CH$_2$)(CH$_2$)$_2$CHCHCH$_2$}(PPh$_3$)]$_2$, **6**, 171

$Ni_2C_{56}H_{40}Br_4$
{NiBr$_2$(η^4-C$_4$Ph$_4$)}$_2$, **6**, 184, 381

$Ni_2C_{58}H_{98}O_4P_2$
[Ni{O$_2$CCH(CMe=CH$_2$)(CH$_2$)$_2$CHCMeCH$_2$}(PCy$_3$)]$_2$, **6**, 170

$Ni_2C_{60}H_{60}Br_2P_4$
{NiBr(diphos)}$_2$(CH$_2$CHCHCH$_2$)$_2$, **6**, 174

$Ni_2C_{64}H_{48}$
{(η^4-C$_4$Ph$_4$)Ni}$_2$(cot), **6**, 186

$Ni_2C_{64}H_{58}N_4P_2S_2$
{Ni(PPh$_3$)(TolNSNTol)}$_2$, **6**, 131

$Ni_2C_{66}H_{61}P_3$
Ni(PCy$_3$){(CH$_2$)$_2$CCH$_2$C(=CH$_2$)}$_2$Ni(PPh$_3$)$_2$, **6**, 154

$Ni_2C_{73}H_{132}O_2P_4$
{(Cy$_3$P)$_2$Ni}$_2$(CO$_2$), **6**, 128

$Ni_2C_{82}H_{72}O_2P_4$
{(Ph$_3$P)$_2$Ni}$_2$(duroquinone), **6**, 116

$Ni_2C_{82}H_{100}P_4$
{Ni(PCy$_3$)(C$_5$H$_2$Ph$_3$P)}$_2$, **6**, 230

$Ni_2C_{84}H_{60}$
(η^4-C$_4$Ph$_4$)Ni(C$_3$Ph$_3$)Ni(η^5-C$_5$Ph$_5$), **6**, 89, 160, 185

$Ni_2C_{100}H_{76}P_4$
{Ni(C$_5$H$_2$Ph$_3$P)$_2$}$_2$(C$_8$H$_8$), **6**, 173

$Ni_2Cd_3Ge_4C_{82}H_{70}$
Cd{Ni(GePh$_3$)(CdGePh$_3$)Cp}$_2$, **6**, 208, 1005, 1031, 1095

$Ni_2CoC_{17}H_{15}O_2$
CoNi$_2$(CO)$_2$Cp$_3$, **6**, 775, 866

$Ni_2CoC_{18}H_{34}O_{12}P_4$
[NiCp{P(O)(OMe)$_2$}$_2$]$_2$Co, **6**, 197

$Ni_2Co_2C_{30}H_{20}O_6$
(NiCp)$_2${Co(CO)$_3$}$_2$(PhC≡CC≡CPh), **6**, 137

$Ni_2Co_4C_{14}O_{14}$
[Co$_4$Ni$_2$(CO)$_{14}$]$^{2-}$, **6**, 12, 866

$Ni_2FeC_8H_5O_3S$
FeNi$_2$(S)(CO)$_3$Cp, **6**, 861

$Ni_2FeC_{13}H_{10}O_3S$
(NiCp)$_2$SFe(CO)$_3$, **6**, 212

$Ni_2FeC_{15}H_{10}O_5$
FeNi$_2$(CO)$_5$Cp$_2$, **6**, 211, 861

$Ni_2FeC_{21}H_{16}O_3$
FeNi$_2$(CO)$_3$Cp$_2$(PhC≡CH), **6**, 861

$Ni_2FeC_{27}H_{20}O_3$
FeNi$_2$(CO)$_3$Cp$_2$(PhC≡CPh), **6**, 137

$Ni_2Fe_2C_{17}H_{10}O_7$
Fe$_2$Ni$_2$(CO)$_7$Cp$_2$, **6**, 212, 804, 861

$Ni_2Fe_2C_{22}H_{20}O_6$
Fe$_2$Ni$_2$(CO)$_6$Cp$_2$(EtC≡CEt), **6**, 88, 137, 861

$Ni_2GeC_{12}H_{10}Cl_2O_2$
{Cp(CO)Ni}$_2$GeCl$_2$, **6**, 202

$Ni_2Ge_4Hg_3C_{82}H_{70}$
Hg{Ni(GePh$_3$)(HgGePh$_3$)Cp}$_2$, **6**, 208, 1017, 1026

$Ni_2MnC_{14}H_{10}O_4$
[MnNi$_2$(CO)$_4$Cp$_2$]$^-$, **6**, 771

$Ni_2MnC_{15}H_{10}O_5$
[MnNi$_2$(CO)$_5$Cp$_2$]$^-$, **6**, 211, 855

$Ni_2Si_2C_{12}H_{26}Cl_2$
[NiCl{CH$_2$C(SiMe$_3$)CH$_2$}]$_2$, **6**, 146, 159

$Ni_2Si_2C_{24}H_{42}$
{Ni(cod)}$_2$(Me$_3$SiC≡CSiMe$_3$), **6**, 105, 134

$Ni_2Si_4C_{22}H_{46}P_2$
[Ni{P(SiMe$_3$)$_2$}Cp]$_2$, **6**, 202

$Ni_2ZnC_{18}H_{34}O_{12}P_4$
[NiCp{P(O)(OMe)$_2$}$_2$]$_2$Zn, **6**, 197

$Ni_3B_5C_{16}H_{21}$
(CpNi)$_3$(1-CB$_5$H$_6$), **6**, 219
(NiCp)$_3$CB$_5$H$_6$, **1**, 478, 504

$Ni_3C_8O_8$
[Ni$_3$(CO)$_8$]$^{2-}$, **6**, 10

$Ni_3C_{14}H_{10}F_6$
Ni$_3$(CF$_3$C≡CCF$_3$)Cp$_2$, **6**, 136

$Ni_3C_{15}H_8F_6O_3$
(NiCO)$_3$(cot)(CF$_3$C≡CCF$_3$), **6**, 138

$Ni_3C_{15}H_{15}S_2$
(NiCp)$_3$S$_2$, **6**, 197, 211

$Ni_3C_{15}H_{21}P_3$
{Ni(PH$_2$)Cp}$_3$, **6**, 202

$Ni_3C_{17}H_{15}O_2$
(NiCp)$_3$(CO)$_2$, **6**, 205, 211; **8**, 329, 622

$Ni_3C_{19}H_{24}N$
(NiCp)$_3$NBu^t, **6**, 212

$Ni_3C_{20}H_{24}$
(NiCp)$_3$CBu^t, **6**, 213

$Ni_3C_{21}H_{20}N$

$Ni_3C_{21}H_{20}N$
 $(NiCp)_3NPh$, **6**, 213
$Ni_3C_{21}H_{30}N_6O_3$
 $\{Ni(CO)(C_5H_{10}NCN)\}_3$, **6**, 129
$Ni_3C_{22}H_{10}F_{18}$
 $\overline{CpNi\{C(CF_3)=C(CF_3)C(CF_3)=CCF_3\}}$-$Ni(CF_3C\equiv CCF_3)NiCp$, **6**, 90
$Ni_3C_{22}H_{20}$
 $(NiCp)_3CPh$, **6**, 92
$Ni_3C_{33}H_{25}O_3P$
 $Ni(CO)_3\{PPh_2C\equiv CPhNi_2Cp_2\}$, **6**, 19
$Ni_3C_{78}H_{66}N_6$
 $\{Ni(Ph_2C=NH)_2\}_3$, **6**, 125
$Ni_3CoC_{11}O_{11}$
 $[Ni_3Co(CO)_{11}]^-$, **6**, 12
$Ni_3Cr_2C_{16}O_{16}$
 $[Cr_2Ni_3(CO)_{16}]^{3-}$, **6**, 852
$Ni_3LiC_{32}H_{50}O_2$
 $[\{Ni(C_{12}H_{17})\}_2Ni]Li(THF)_2$, **6**, 115
$Ni_3Mo_2C_{16}O_{16}$
 $[Mo_2Ni_3(CO)_{16}]^{2-}$, **6**, 12, 802, 854
$Ni_3Pt_3C_{12}O_{12}$
 $[Ni_3Pt_3(CO)_{12}]^{2-}$, **6**, 867
$Ni_3SiC_{29}H_{24}$
 $(NiCp)_3CSiMe_3$, **6**, 92
$Ni_3W_2C_{16}O_{16}$
 $[W_2Ni_3(CO)_{16}]^{2-}$, **6**, 802, 855
$Ni_4B_4C_{20}H_{24}$
 $(CpNi)_4B_4H_4$, **1**, 462, 506; **6**, 217, 925
$Ni_4B_5C_{20}H_{25}$
 $(CpNi)_4B_5H_5$, **1**, 506; **6**, 217, 925
$Ni_4C_{10}Cl_8O_4$
 $\{Ni(CO)\}_4(C_3Cl_4)_2$, **6**, 162
$Ni_4C_{16}F_{18}O_4$
 $(NiCO)_4(CF_3C\equiv CCF_3)_3$, **6**, 138
$Ni_4C_{20}H_{23}$
 $(NiCp)_4H_3$, **6**, 42, 43, 213; **8**, 632
$Ni_4C_{32}H_{36}$
 $\overline{(NiCp)_4\{C\equiv C(CH_2)_4C\equiv C(CH_2)_4\}}$, **6**, 137
$Ni_4C_{35}H_{63}N_7$
 $Ni_4(CNBu^t)_7$, **6**, 129; **8**, 327, 632, 657, 672
$Ni_4C_{36}H_{20}F_{24}$
 $\{Ni(CF_3CCCF_3)Cp\}_4$, **6**, 173
$Ni_4C_{36}H_{30}$
 $(NiCp)_4(PhC\equiv CC\equiv CPh)$, **6**, 137
$Ni_4C_{42}H_{48}N_{12}O_6P_4$
 $Ni_4(CO)_6\{P(CH_2CH_2CN)_3\}_4$, **6**, 31
$Ni_4C_{49}H_{77}N_7$
 $Ni_4(CNCy)_7$, **8**, 327
$Ni_4C_{100}H_{80}N_4P_4$
 $\{Ni(PPh_3)(PhCN)\}_4$, **6**, 129

$Ni_4Li_{12}C_{88}H_{100}N_4O_4$
 $\{(PhLi)_6Ni_2(N_2)(Et_2O)_2\}_2$, **6**, 46, 131; **8**, 1075, 1102
$Ni_4MoC_{14}O_{14}$
 $[MoNi_4(CO)_{14}]^{2-}$, **6**, 12
$Ni_4Mo_2C_{14}O_{14}$
 $[MoNi_4(CO)_{14}]^{2-}$, **6**, 854
$Ni_5C_{12}O_{12}$
 $[Ni_5(CO)_{12}]^{2-}$, **6**, 10; **8**, 780
$Ni_5C_{20}H_{20}S_4$
 $(NiCpS)_4Ni$, **6**, 197
$Ni_6C_{11}O_{11}$
 $[Ni_6(CO)_{11}]^{2-}$, **6**, 10
$Ni_6C_{12}O_{12}$
 $[Ni_6(CO)_{12}]^{2-}$, **6**, 10; **8**, 780
$Ni_6C_{18}H_{30}S_3$
 $\{Ni(CH_2CHCH_2)\}_6S_3$, **6**, 157, 168
$Ni_6C_{30}H_{30}$
 Ni_6Cp_6, **6**, 213
 $[Ni_6Cp_6]^+$, **6**, 213
$Ni_8C_{44}H_{30}O_8P_6$
 $(NiCO)_8(PPh)_6$, **6**, 26
$Ni_9C_{18}O_{18}$
 $[Ni_9(CO)_{18}]^{2-}$, **6**, 10
$Ni_{12}C_{12}HO_{12}$
 $[Ni_{12}H(CO)_{12}]^{3-}$, **6**, 10, 43
$Ni_{12}C_{21}HO_{21}$
 $[Ni_{12}H(CO)_{21}]^{2-}$, **6**, 42
 $[Ni_{12}H(CO)_{21}]^{3-}$, **8**, 657
$Ni_{12}C_{21}H_2O_{21}$
 $[Ni_{12}H_2(CO)_{21}]^{2-}$, **6**, 43
$Ni_{12}C_{21}O_{21}$
 $[Ni_{12}(CO)_{21}]^{4-}$, **6**, 10
$Ni_{16}C_{12}O_{12}$
 $[Ni_{16}(CO)_{12}]^{2-}$, **6**, 26
$NpC_{14}H_{15}Cl_3O$
 $\overline{NpCl_3(C_9H_7)\{O(CH_2)_3CH_2\}}$, **3**, 224
$NpC_{14}H_{23}Cl_3O_2$
 $\overline{NpCl_3(C_5H_4Me)\{O(CH_2)_3CH_2\}_2}$, **3**, 223
$NpC_{15}H_{15}Cl$
 $NpCl(Cp)_3$, **3**, 212, 218
$NpC_{16}H_{16}$
 $Np(cot)_2$, **3**, 232
$NpC_{20}H_{20}$
 $NpCp_4$, **3**, 214
$NpC_{24}H_{32}O_2$
 $[Np(cot)_2\{\overline{O(CH_2)_3CH_2}\}_2]^-$, **3**, 237
$NpC_{27}H_{22}Cl_3OP$
 $NpCl_3(C_9H_7)(OPPh_3)$, **3**, 224
$NpC_{27}H_{39}O_3$
 $\overline{NpCp_3\{O(CH_2)_3CH_2\}_3}$, **3**, 212

O

OsAsC$_{34}$H$_{29}$Cl$_3$N$_2$
 OsCl$_3$(CNTol)$_2$(AsPh$_3$), **4**, 982
OsAs$_2$C$_{38}$H$_{30}$Cl$_2$O$_2$
 OsCl$_2$(CO)$_2$(AsPh$_3$)$_2$, **4**, 976
 [OsCl$_2$(CO)$_2$(AsPh$_3$)$_2$]$^{2+}$, **4**, 981
OsAs$_4$C$_{21}$H$_{32}$ClO
 [OsCl(CO)(diars)$_2$]$^+$, **4**, 980
OsAs$_4$C$_{21}$H$_{32}$Cl$_2$O
 OsCl$_2$(CO)(diars)$_2$, **4**, 979
OsAu$_2$C$_{40}$H$_{30}$O$_4$P$_2$
 Os(AuPPh$_3$)$_2$(CO)$_4$, **6**, 849
OsBC$_{43}$H$_{36}$ClF$_4$N$_2$OP$_2$
 OsCl(BF$_4$)(CO)(PhNNH)(PPh$_3$)$_2$, **4**, 990
OsCCl$_5$O
 [OsCl$_5$(CO)]$^{2-}$, **4**, 974
OsCH$_2$Cl$_4$O$_2$
 [OsCl$_4$(CO)(H$_2$O)]$^-$, **4**, 974
OsCH$_{12}$N$_6$O
 [Os(CO)(N$_2$)(NH$_3$)$_4$]$^{2+}$, **4**, 992
OsCH$_{15}$N$_5$O
 [Os(CO)(NH$_3$)$_5$]$^{2+}$, **4**, 992
OsC$_2$Cl$_4$O$_2$
 [OsCl$_4$(CO)$_2$]$^{2-}$, **4**, 974, 993
OsC$_2$H$_3$Cl$_3$NO$_2$
 [OsCl$_3$(CO)$_2$(NH$_3$)]$^-$, **4**, 993
OsC$_2$H$_6$Cl$_2$N$_2$O$_2$
 OsCl$_2$(CO)$_2$(NH$_3$)$_2$, **4**, 993
OsC$_2$H$_9$ClN$_3$O$_2$
 [OsCl(CO)$_2$(NH$_3$)$_3$]$^+$, **4**, 993
OsC$_2$H$_{12}$N$_4$O$_2$
 [Os(CO)$_2$(NH$_3$)$_4$]$^{2+}$, **4**, 993
OsC$_2$N$_2$
 Os(CN)$_2$, **4**, 976
OsC$_2$N$_2$O$_4$
 Os(CO)$_2$(NO)$_2$, **4**, 969, 987
OsC$_3$Cl$_3$O$_3$
 [OsCl$_3$(CO)$_3$]$^-$, **4**, 974
OsC$_3$N$_3$O$_{12}$
 [Os(NO$_3$)$_3$(CO)$_3$]$^-$, **4**, 1002
OsC$_4$Cl$_2$O$_4$
 OsCl$_2$(CO)$_4$, **4**, 974
OsC$_4$HO$_4$
 [OsH(CO)$_4$]$^-$, **4**, 969
OsC$_4$H$_2$O$_4$
 OsH$_2$(CO)$_4$, **4**, 969
OsC$_4$O$_4$
 [Os(CO)$_4$]$^{2-}$, **4**, 969
OsC$_5$HO$_5$
 [OsH(CO)$_5$]$^+$, **4**, 969
OsC$_5$H$_3$IO$_4$
 OsI(Me)(CO)$_4$, **4**, 1004
OsC$_5$H$_4$O$_4$
 Os(CO)$_4$(CH$_4$), **4**, 969

OsH(Me)(CO)$_4$, **4**, 1005
OsC$_5$O$_5$
 Os(CO)$_5$, **4**, 968; **8**, 292
OsC$_6$H$_4$O$_4$
 Os(CO)$_4$(CH$_2$=CH$_2$), **4**, 1014
OsC$_6$H$_6$Br$_2$O$_6$
 [OsBr$_2$(CO$_2$Me)$_2$(CO)$_2$]$^{2-}$, **4**, 1008
OsC$_6$H$_6$Cl$_2$
 OsCl$_2$(η^6-C$_6$H$_6$), **4**, 1021
OsC$_6$H$_6$O$_4$
 OsMe$_2$(CO)$_4$, **3**, 100; **4**, 1004
OsC$_6$N$_6$
 [Os(CN)$_6$]$^{4-}$, **4**, 976
OsC$_6$O$_6$
 [Os(CO)$_6$]$^{2+}$, **4**, 969
OsC$_7$H$_5$BrO$_2$
 OsBr(CO)$_2$Cp, **4**, 1020
OsC$_7$H$_6$O$_2$
 OsH(CO)$_2$Cp, **4**, 1015
OsC$_7$H$_6$O$_3$
 Os(CO)$_3$(CH$_2$=CHCH=CH$_2$), **4**, 1015
OsC$_8$H$_2$F$_8$O$_4$
 Os(CF$_2$CHF$_2$)$_2$(CO)$_4$, **4**, 1004
OsC$_8$H$_6$O$_3$
 Os(CO)$_3$(C$_5$H$_6$), **4**, 1015
OsC$_8$H$_{12}$Br$_2$N$_4$
 OsBr$_2$(CNMe)$_4$, **4**, 981
OsC$_8$H$_{12}$Cl$_2$
 OsCl$_2$(cod), **4**, 1014
OsC$_9$H$_5$NO$_4$
 Os(CO)$_4$(py), **4**, 992
OsC$_9$H$_7$NO$_4$S
 Os{$\overline{\text{CN(Me)C(Me)CHS}}$}(CO)$_4$, **4**, 1009
OsC$_9$H$_8$O$_3$
 Os(CO)$_3${CH=C(Me)C(Me)=CH}, **4**, 1042
 Os(CO)$_3$(C$_6$H$_8$), **4**, 1016
OsC$_9$H$_9$IO$_2$
 OsI(CO)$_2$(C$_7$H$_9$), **4**, 1016
OsC$_9$H$_9$O$_4$
 Os(CO$_2$Me)(CO)$_2$(C$_5$H$_6$), **4**, 1007
OsC$_9$H$_{11}$Cl
 OsCl(η^6-C$_6$H$_6$)(CH$_2$CHCH$_2$), **4**, 1015
OsC$_{10}$H$_{10}$
 OsCp$_2$, **4**, 1019; **8**, 1016
OsC$_{10}$H$_{10}$O$_4$
 Os(CO$_2$Me)(CO)$_2$(C$_6$H$_9$), **4**, 1016
OsC$_{10}$H$_{13}$Cl
 OsCl(η^6-C$_6$H$_6$)(CH$_2$CMeCH$_2$), **4**, 1015
OsC$_{10}$H$_{18}$F$_4$O$_8$P$_2$
 Os(CO)$_2$(CF$_2$CF$_2$){P(OMe)$_3$}$_2$, **4**, 1014
OsC$_{10}$H$_{18}$IP
 OsI(Me)(η^6-C$_6$H$_6$)(PMe$_3$), **4**, 1021
OsC$_{10}$H$_{18}$P

$OsC_{10}H_{18}P$
$\quad$ OsMe(η^6-C_6H_6)(PMe$_3$), **4**, 1021
$OsC_{11}H_8O_3$
$\quad$ Os(CO)$_3$(cot), **4**, 1017
$OsC_{11}H_{11}Cl_2N$
$\quad$ OsCl$_2$(η^6-C_6H_6)(py), **4**, 1021
$OsC_{11}H_{12}O_3$
$\quad$ Os(CO)$_3$(C_8H_{12}), **4**, 1017
$OsC_{11}H_{19}P$
$\quad$ Os(CH$_2$=CH$_2$)(η^6-C_6H_6)(PMe$_3$), **4**, 1021
$OsC_{11}H_{23}BrO_6P_2$
$\quad$ OsBr(Cp){P(OMe)$_3$}$_2$, **4**, 1020
$OsC_{12}H_7NO_4S$
$\quad$ Os{$\overline{CN(Me)C_6H_4S}$}(CO)$_4$, **4**, 1009
$OsC_{12}H_{10}Cl_2N_2O_2$
$\quad$ OsCl$_2$(CO)$_2$(py)$_2$, **4**, 992
$OsC_{12}H_{10}O_4$
$\quad$ Os(η^5-$C_5H_4CO_2H$)$_2$, **4**, 1019
$OsC_{12}H_{12}$
$\quad$ [Os(η^6-C_6H_6)$_2$]$^{2+}$, **4**, 1021
$\quad$ OsCp(η^5-C_5H_4CH=CH$_2$), **4**, 1019
$OsC_{12}H_{12}O$
$\quad$ OsCp(η^5-C_5H_4COMe), **4**, 1019
$OsC_{12}H_{12}O_4$
$\quad$ Os(CO)$_3$(C_4Me_4CO), **4**, 1015, 1035
$OsC_{12}H_{14}$
$\quad$ Os(η^5-C_5H_4Me)$_2$, **3**, 29
$\quad$ Os(η^6-C_6H_6)(C_6H_8), **4**, 1015
$OsC_{12}H_{18}F_6O_8P_2$
$\quad$ Os(CO)$_2${P(OMe)$_3$}$_2$(CF$_3$CCCF$_3$), **4**, 1006
$OsC_{12}H_{18}N_6$
$\quad$ [Os(CNMe)$_6$]$^{2+}$, **4**, 981
$OsC_{14}H_{14}$
$\quad$ Os(η^6-C_6H_6)(cot), **4**, 1017
$OsC_{14}H_{22}$
$\quad$ Os(cod)(CH$_2$CHCH$_2$)$_2$, **4**, 1014
$OsC_{14}H_{28}N_8$
$\quad$ [Os{C(NHMe)$_2$}$_2$(CNMe)$_4$]$^{2+}$, **4**, 1010
$OsC_{14}H_{29}P_2$
$\quad$ [OsEt(η^6-C_6H_6)(PPh$_3$)$_2$]$^+$, **4**, 1021
$OsC_{15}H_{23}N_2$
$\quad$ [Os(cod)(CH$_2$CHCH$_2$)(MeCN)$_2$]$^+$, **4**, 1014
$OsC_{15}H_{33}N_9$
$\quad$ [Os{C(NHMe)$_2$}$_3$(CNMe)$_3$]$^{2+}$, **4**, 1010
$OsC_{16}H_{20}$
$\quad$ Os(cod)(cot), **4**, 1017
$OsC_{16}H_{24}N_4$
$\quad$ [Os(cod)(MeCN)$_4$]$^{2+}$, **4**, 1014
$OsC_{17}H_{14}O$
$\quad$ OsCp(η^5-C_5H_4COPh), **4**, 1019
$OsC_{17}H_{20}$
$\quad$ Os(C_8H_8)($C_6H_3Me_3$), **3**, 135
$OsC_{18}H_{12}O_{10}$
$\quad$ Os$_3$(CO)$_9$(C_4Me_4CO), **4**, 1035
$OsC_{18}H_{22}$
$\quad$ [Os(η^6-$C_6H_3Me_3$)$_2$]$^{2+}$, **4**, 1020
$OsC_{19}H_{45}Cl_2OP_3$
$\quad$ OsCl$_2$(CO)(PEt$_3$)$_3$, **4**, 979
$OsC_{20}H_{21}O_3P$
$\quad$ OsMe$_2$(CO)$_3$(PPh$_3$), **4**, 1004
$OsC_{20}H_{23}F_3O_2P_2$
$\quad$ Os(CO)$_2$(CF$_2$CHF)(PMe$_2$Ph)$_2$, **4**, 1014
$OsC_{20}H_{40}ClN_9O$
$\quad$ [OsCl(NO){$\overline{CN(Me)CH_2CH_2NMe}$}$_4$]$^+$, **3**, 103
$OsC_{20}H_{40}Cl_2N_2P_2$
$\quad$ OsCl$_2$(CNPh)(MeNH$_2$)(PEt$_3$)$_2$, **4**, 992
$OsC_{20}H_{40}Cl_2N_8$
$\quad$ OsCl$_2${$\overline{CN(Me)CH_2CH_2NMe}$}$_4$, **4**, 1010
$OsC_{20}H_{40}N_9O$
$\quad$ [Os(NO){$\overline{CN(Me)CH_2CH_2NMe}$}$_4$]$^+$, **4**, 1010
$OsC_{21}H_{15}Br_2O_3P$
$\quad$ OsBr$_2$(CO)$_3$(PPh$_3$), **4**, 974
$OsC_{21}H_{17}O_3P$
$\quad$ OsH$_2$(CO)$_3$(PPh$_3$), **4**, 979
$OsC_{21}H_{22}F_6O_3P_2$
$\quad$ Os(CO)$_2${(CF$_3$)$_2$CO}(PMe$_2$Ph)$_2$, **4**, 999
$OsC_{22}H_{15}O_4P$
$\quad$ Os(CO)$_4$(PPh$_3$), **4**, 977
$OsC_{22}H_{40}P_4$
$\quad$ OsH(Nap)(dmpe)$_2$, **4**, 1006
$OsC_{23}H_{39}N_3$
$\quad$ Os(CNBu^t)$_3$(cod), **4**, 981
$OsC_{24}H_{15}O_4P$
$\quad$ Os(CO)$_4$(PPh$_3$), **8**, 292
$OsC_{24}H_{20}BrOP$
$\quad$ OsBr(CO)Cp(PPh$_3$), **4**, 1020
$OsC_{24}H_{21}I_2P$
$\quad$ OsI$_2$(η^6-C_6H_6)(PPh$_3$), **4**, 1021
$OsC_{24}H_{27}O_2P_3S_4$
$\quad$ Os(S$_2$PMe$_2$)$_2$(CO)$_2$(PPh$_3$), **4**, 1003
$OsC_{26}H_{22}NO_3PS$
$\quad$ Os{$\overline{CN(Me)C(Me)CHS}$}(CO)$_3$(PPh$_3$), **4**, 1008
$OsC_{26}H_{56}O_2P_2$
$\quad$ OsH$_2$(CO)$_2$(PBu$_3$)$_2$, **4**, 978
$OsC_{31}H_{20}O_3$
$\quad$ Os(C_4Ph_4)(CO)$_3$, **4**, 1034
$OsC_{31}H_{33}ClNP_2$
$\quad$ [OsCl(CNBu^t)(diphos)]$^+$, **4**, 983
$OsC_{37}H_{30}ClNO_2P_2$
$\quad$ OsCl(CO)(NO)(PPh$_3$)$_2$, **4**, 988; **8**, 237
$OsC_{37}H_{30}ClNO_4P_2$
$\quad$ OsCl(CO$_3$)(NO)(PPh$_3$)$_2$, **4**, 988
$OsC_{37}H_{31}Cl_2NO_2P_2$
$\quad$ OsCl$_2$(CO)(HNO)(PPh$_3$)$_2$, **4**, 989
$OsC_{37}H_{31}NO_2P_2$
$\quad$ OsH(CO)(NO)(PPh$_3$)$_2$, **4**, 988
$OsC_{37}H_{32}NO_2P_2$
$\quad$ [OsH$_2$(CO)(NO)(PPh$_3$)$_2$]$^+$, **4**, 988
$OsC_{37}H_{67}ClOP_2$
$\quad$ OsCl(H)(CO)(PCy$_3$)$_2$, **4**, 981
$OsC_{37}H_{67}ClO_3P_2S$
$\quad$ OsCl(H)(CO)(SO$_2$)(PCy$_3$)$_2$, **4**, 999
$OsC_{38}H_{30}Cl_2OP_2S$
$\quad$ OsCl$_2$(CO)(CS)(PPh$_3$)$_2$, **4**, 986
$OsC_{38}H_{30}Cl_2OP_2Se$
$\quad$ OsCl$_2$(CO)(CSe)(PPh$_3$)$_2$, **4**, 986, 1009
$OsC_{38}H_{30}Cl_2OP_2Te$
$\quad$ OsCl$_2$(CO)(CTe)(PPh$_3$)$_2$, **4**, 986
$OsC_{38}H_{30}Cl_2O_2P_2$
$\quad$ OsCl$_2$(CO)$_2$(PPh$_3$)$_2$, **4**, 974, 976, 986, 988
$OsC_{38}H_{30}Cl_2P_2S_2$
$\quad$ OsCl$_2$(CS)$_2$(PPh$_3$)$_2$, **4**, 985
$OsC_{38}H_{30}Cl_4OP_2$
$\quad$ OsCl$_2$(CCl$_2$)(CO)(PPh$_3$)$_2$, **4**, 986, 1009
$OsC_{38}H_{30}I_2O_2P_2$
$\quad$ OsI$_2$(CO)$_2$(PPh$_3$)$_2$, **4**, 998
$OsC_{38}H_{30}NO_3P_2$
$\quad$ [Os(CO)$_2$(NO)(PPh$_3$)$_2$]$^+$, **4**, 988
$OsC_{38}H_{30}N_2O_6P_2$
$\quad$ Os(NO$_2$)$_2$(CO)$_2$(PPh$_3$)$_2$, **4**, 987, 999
$OsC_{38}H_{30}N_2O_8P_2$
$\quad$ Os(NO$_3$)$_2$(CO)$_2$(PPh$_3$)$_2$, **4**, 998, 1001

OsC$_{38}$H$_{30}$OP$_2$S
  Os(CO)(CS)(PPh$_3$)$_2$, **4**, 985
OsC$_{38}$H$_{31}$ClOP$_2$S$_2$
  OsCl(S$_2$CH)(CO)(PPh$_3$)$_2$, **4**, 996
OsC$_{38}$H$_{31}$NO$_5$P$_2$
  OsH(NO$_3$)(CO)$_2$(PPh$_3$)$_2$, **4**, 1001
OsC$_{38}$H$_{32}$O$_2$P$_2$
  OsH$_2$(CO)$_2$(PPh$_3$)$_2$, **4**, 978
OsC$_{38}$H$_{36}$O$_2$P$_2$S$_2$
  Os(CO)$_2$(S$_2$)(PPh$_3$)$_2$, **4**, 998
OsC$_{38}$H$_{36}$O$_2$P$_2$Se$_2$
  Os(CO)$_2$(Se$_2$)(PPh$_3$)$_2$, **4**, 998
OsC$_{38}$H$_{67}$ClOP$_2$S$_2$
  OsCl(H)(CO)(CS$_2$)(PCy$_3$)$_2$, **4**, 994
OsC$_{39}$H$_{30}$F$_3$NO$_6$P$_2$
  Os(NO$_3$)(O$_2$CCF$_3$)(CO)(PPh$_3$)$_2$, **4**, 1002
OsC$_{39}$H$_{30}$OP$_2$S$_3$
  Os(CO)(CS)(CS$_2$)(PPh$_3$)$_2$, **4**, 985, 994
OsC$_{39}$H$_{30}$O$_2$P$_2$S
  Os(CO)$_2$(CS)(PPh$_3$)$_2$, **4**, 984
OsC$_{39}$H$_{30}$O$_2$P$_2$SSe
  Os(CO)$_2$(CSSe)(PPh$_3$)$_2$, **4**, 994
OsC$_{39}$H$_{30}$O$_2$P$_2$S$_2$
  Os(CO)$_2$(CS$_2$)(PPh$_3$)$_2$, **4**, 994
OsC$_{39}$H$_{30}$O$_3$P$_2$
  Os(CO)$_3$(PPh$_3$)$_2$, **4**, 977; **8**, 292
OsC$_{39}$H$_{31}$ClO$_2$P$_2$S
  OsCl(CHS)(CO)$_2$(PPh$_3$)$_2$, **4**, 985
OsC$_{39}$H$_{31}$F$_3$O$_3$P$_2$
  OsH(O$_2$CCF$_3$)(CO)(PPh$_3$)$_2$, **4**, 1002
OsC$_{39}$H$_{31}$O$_3$P$_2$
  [OsH(CO)$_3$(PPh$_3$)$_2$]$^+$, **4**, 979
OsC$_{39}$H$_{32}$NO$_2$P$_2$
  [Os(CO)(NO)(PPh$_3$)$_2$(HC≡CH)]$^+$, **3**, 109
OsC$_{39}$H$_{32}$O$_2$P$_2$S
  Os(CO)$_2$(CH$_2$S)(PPh$_3$)$_2$, **4**, 1004
OsC$_{39}$H$_{32}$O$_3$P$_2$
  Os(CO)$_2$(CH$_2$O)(PPh$_3$)$_2$, **4**, 1004; **8**, 58
  OsH(CHO)(CO)$_2$(PPh$_3$)$_2$, **4**, 1013
OsC$_{39}$H$_{33}$ClO$_3$P$_2$
  OsCl(CH$_2$OH)(CO)$_2$(PPh$_3$)$_2$, **4**, 1013
OsC$_{39}$H$_{33}$IO$_2$P$_2$
  OsI(Me)(CO)$_2$(PPh$_3$)$_2$, **4**, 1013
OsC$_{39}$H$_{33}$NO$_4$P$_2$
  Os(CO$_2$Me)(CO)(NO)(PPh$_3$)$_2$, **4**, 988
OsC$_{39}$H$_{34}$ClNOP$_2$S
  OsCl(SCHNMe)(CO)(PPh$_3$)$_2$, **4**, 996
OsC$_{39}$H$_{34}$NO$_2$P$_2$
  [Os(CO)(NO)(CH$_2$=CH$_2$)(PPh$_3$)$_2$]$^+$, **3**, 106; **4**, 1014
  Os(CO)(NO)(CH$_2$=CH$_2$)(PPh$_3$)$_2$, **3**, 109
OsC$_{39}$H$_{34}$O$_2$P
  OsH(Me)(CO)$_2$(PPh$_3$)$_2$, **4**, 1013
OsC$_{39}$H$_{34}$O$_3$P$_2$
  OsH(CH$_2$OH)(CO)$_2$(PPh$_3$)$_2$, **4**, 1013
OsC$_{39}$H$_{36}$ClNOP$_2$S$_2$
  OsCl(S$_2$NMe$_2$)(CO)(PPh$_3$)$_2$, **4**, 1003
OsC$_{39}$H$_{40}$O$_2$P$_2$S$_2$
  OsH(CS$_2$Me)(CO)$_2$(PPh$_3$)$_2$, **4**, 998
OsC$_{39}$H$_{40}$O$_2$P$_2$Se$_2$
  OsH(CSe$_2$Me)(CO)$_2$(PPh$_3$)$_2$, **4**, 998
OsC$_{39}$H$_{40}$O$_3$P$_2$
  OsH(O$_2$CMe)(CO)(PPh$_3$)$_2$, **4**, 1002
OsC$_{40}$H$_{30}$O$_4$P$_2$
  Os(CO)$_4$(PPh$_3$)$_2$, **4**, 977
OsC$_{40}$H$_{32}$O$_6$P$_2$
  Os(O$_2$CH)$_2$(CO)$_2$(PPh$_3$)$_2$, **4**, 1000
OsC$_{40}$H$_{33}$Cl$_2$NO
  OsCl$_2$(CO)(CNMe)(PPh$_3$)$_2$, **4**, 986
OsC$_{40}$H$_{33}$OP$_2$S$_3$
  [Os(CS$_2$Me)(CO)(CS)(PPh$_3$)$_2$]$^+$, **4**, 985
OsC$_{40}$H$_{34}$Br$_2$OP$_2$S$_2$
  OsBr$_2${$\overline{\text{CS(CH}_2)_2\text{S}}$}(CO)(PPh$_3$)$_2$, **4**, 995
OsC$_{40}$H$_{34}$NO$_2$P$_2$
  [OsH(CO)$_2$(PPh$_3$)$_2$(MeCN)]$^+$, **4**, 977
OsC$_{40}$H$_{34}$O$_2$P$_2$
  Os(CO)$_2$(CH$_2$=CH$_2$)(PPh$_3$)$_2$, **4**, 1014
OsC$_{40}$H$_{34}$O$_2$P$_2$S$_2$
  OsH(CS$_2$Me)(CO)$_2$(PPh$_3$)$_2$, **4**, 995
OsC$_{40}$H$_{34}$O$_3$P$_2$
  OsH(COMe)(CO)$_2$(PPh$_3$)$_2$, **4**, 1013
OsC$_{40}$H$_{35}$ClO$_3$P$_2$
  OsCl(CH$_2$OMe)(CO)$_2$(PPh$_3$)$_2$, **4**, 1013
OsC$_{40}$H$_{36}$NO$_3$P$_2$
  [Os(CO)(NO)(Me$_2$CO)(PPh$_3$)$_2$]$^+$, **4**, 999
OsC$_{41}$H$_{30}$F$_6$O$_5$P$_2$
  Os(O$_2$CCF$_3$)$_2$(CO)(PPh$_3$)$_2$, **4**, 1002
OsC$_{41}$H$_{31}$F$_6$NO$_2$P$_2$
  Os{NCF$_2$CH(F)CF$_3$}(CO)$_2$(PPh$_3$)$_2$, **4**, 993
OsC$_{41}$H$_{35}$BrP$_2$
  OsBr(Cp)(PPh$_3$)$_2$, **4**, 1020
OsC$_{41}$H$_{36}$Br$_2$OP$_2$S$_2$
  OsBr$_2${$\overline{\text{CS(CH}_2)_3\text{S}}$}(CO)(PPh$_3$)$_2$, **4**, 995
OsC$_{41}$H$_{36}$IO$_2$P$_2$S$_2$
  [OsI{C(SMe)$_2$}(CO)$_2$(PPh$_3$)$_2$]$^+$, **4**, 995
OsC$_{41}$H$_{37}$N$_2$OP$_2$
  [OsH(CO)(PPh$_3$)$_2$(MeCN)$_2$]$^+$, **4**, 977, 993
OsC$_{41}$H$_{42}$OP$_4$S$_4$
  Os(S$_2$PMe$_2$)$_2$(CO)(PPh$_3$)$_2$, **4**, 1003
OsC$_{42}$H$_{30}$F$_6$O$_6$P$_2$
  Os(O$_2$CCF$_3$)$_2$(CO)$_2$(PPh$_3$)$_2$, **4**, 1000
OsC$_{42}$H$_{36}$Cl$_2$N$_2$P$_2$
  OsCl$_2$(CNMe)$_2$(PPh$_3$)$_2$, **4**, 983
OsC$_{42}$H$_{36}$IP$_2$
  [OsI(η^6-C$_6$H$_6$)(PPh$_3$)$_2$]$^+$, **4**, 1021
OsC$_{42}$H$_{36}$P$_2$
  Os(η^6-C$_6$H$_6$)(PPh$_3$)$_2$, **4**, 1021
OsC$_{42}$H$_{38}$O$_3$P$_2$
  OsH(CO)(acac)(PPh$_3$)$_2$, **4**, 1002
OsC$_{42}$H$_{40}$ClNO$_3$P$_2$
  OsH(Cl){$\overline{\text{CNHCH(OMe)CH(Me)O}}$}-(CO)(PPh$_3$)$_2$, **4**, 1011
OsC$_{43}$H$_{36}$N$_2$OP$_2$
  OsH(CO)(N$_2$Ph)(PPh$_3$)$_2$, **4**, 991
OsC$_{43}$H$_{38}$NP$_2$
  [OsCp(PPh$_3$)$_2$(MeCN)]$^+$, **4**, 1020
OsC$_{43}$H$_{39}$P$_2$
  [OsMe(η^6-C$_6$H$_6$)(PPh$_3$)$_2$]$^+$, **4**, 1021
OsC$_{43}$H$_{40}$NP$_2$S$_4$
  [Os(S$_2$CNEt$_2$)(CS)$_2$(PPh$_3$)$_2$]$^+$, **4**, 985
OsC$_{44}$H$_{35}$N$_2$O$_2$P$_2$
  [Os(CO)$_2$(N$_2$Ph)(PPh$_3$)$_2$]$^+$, **4**, 991
OsC$_{44}$H$_{36}$ClNOP$_2$S
  OsCl(SCHNPh)(CO)(PPh$_3$)$_2$, **4**, 996
OsC$_{44}$H$_{37}$ClOP$_2$
  OsCl(Tol)(CO)(PPh$_3$)$_2$, **4**, 1005
OsC$_{44}$H$_{37}$F$_3$O$_5$P$_2$
  Os(O$_2$CCF$_3$)(CO)(acac)(PPh$_3$)$_2$, **4**, 1002
OsC$_{44}$H$_{37}$NOP$_2$S
  OsH{N(Ph)CHS}(CO)(PPh$_3$)$_2$, **4**, 997
OsC$_{44}$H$_{37}$NOP$_2$SSe
  Os(CO)(CSSe)(CNTol)(PPh$_3$)$_2$, **4**, 984

OsC$_{44}$H$_{43}$NP$_2$S$_5$
  Os(CS$_2$Me)(S$_2$CNEt$_2$)(CS)(PPh$_3$)$_2$, **4**, 985
OsC$_{44}$H$_{46}$N$_2$OP$_2$
  OsH(Pr^{i}NCHNPr^i)(CO)(PPh$_3$)$_2$, **4**, 997
OsC$_{45}$H$_{37}$ClOP$_2$
  OsCl(CTol)(CO)(PPh$_3$)$_2$, **4**, 1009
OsC$_{45}$H$_{37}$ClOP$_2$S
  OsCl(CSTol)(CO)(PPh$_3$)$_2$, **4**, 1009
  OsCl(Tol)(CO)(CS)(PPh$_3$)$_2$, **4**, 1008
OsC$_{45}$H$_{37}$ClO$_2$P$_2$
  OsCl(Tol)(CO)$_2$(PPh$_3$)$_2$, **4**, 1005
OsC$_{45}$H$_{37}$Cl$_2$NP$_2$S
  OsCl$_2$(CS)(CNTol)(PPh$_3$)$_2$, **4**, 985
OsC$_{45}$H$_{38}$ClNOP$_2$
  OsCl(H)(CO)(CNTol)(PPh$_3$)$_2$, **4**, 982
OsC$_{45}$H$_{39}$NO$_2$P$_2$
  OsH{N(Tol)CHO}(CO)(PPh$_3$)$_2$, **4**, 997
OsC$_{45}$H$_{40}$ClNO$_3$P$_2$S
  OsH(Cl)(CO)(CNCH$_2$SO$_2$Tol)(PPh$_3$)$_2$, **4**, 1011
OsC$_{46}$H$_{37}$ClNOP$_2$S
  [OsCl(CO)(CS)(CNTol)(PPh$_3$)$_2$]$^+$, **4**, 985
OsC$_{46}$H$_{37}$O$_2$P$_2$
  [Os(CTol)(CO)$_2$(PPh$_3$)$_2$]$^+$, **4**, 1009
OsC$_{46}$H$_{38}$ClNO$_2$P$_2$
  OsCl(CHO)(CO)(CNTol)(PPh$_3$)$_2$, **4**, 1012
  OsH(Cl){CNHCH=C(Ph)O}(CO)(PPh$_3$)$_2$, **4**, 1011
OsC$_{46}$H$_{39}$ClO$_2$P$_2$
  OsCl(CH$_2$Tol)(CO)$_2$(PPh$_3$)$_2$, **4**, 1004, 1009
OsC$_{46}$H$_{39}$NOP$_2$S
  Os(CO)(CNTol)(CH$_2$S)(PPh$_3$)$_2$, **4**, 1012
OsC$_{47}$H$_{40}$ClNO$_3$P$_2$
  OsCl(CO$_2$Me)(CO)(CNTol)(PPh$_3$)$_2$, **4**, 984
OsC$_{47}$H$_{41}$ClN$_2$OP$_2$
  OsCl(CH=NMe)(CO)(CNTol)(PPh$_3$)$_2$, **4**, 1012
OsC$_{47}$H$_{41}$NOP$_2$S$_2$
  OsH{CSN(Me)(Tol)}(CO)(CS)(PPh$_3$)$_2$, **4**, 995
OsC$_{48}$H$_{41}$ClNO$_3$P$_2$
  [OsCl{CO(CH$_2$)$_2$O}-(CO)(CNTol)(PPh$_3$)$_2$]$^+$, **4**, 984
OsC$_{48}$H$_{44}$NOP$_2$S$_2$
  OsH[C(SMe)SC{N(Me)(Tol)}](CO)(PPh$_3$)$_2$, **4**, 995
OsC$_{48}$H$_{45}$ClNOP$_2$S
  [OsCl(CH$_2$SMe$_2$)(CO)(CNTol)(PPh$_3$)$_2$]$^+$, **4**, 1012
OsC$_{49}$H$_{40}$P$_2$
  Os(C≡CPh)Cp(PPh$_3$)$_2$, **4**, 1006, 1020
OsC$_{49}$H$_{42}$ClNO$_5$P$_2$S
  OsCl{C=NCH(SO$_2$Tol)CH(Me)O}-(CO)$_2$(PPh$_3$)$_2$, **4**, 1011
OsC$_{51}$H$_{40}$NO$_2$P$_2$
  [Os(CO)(NO)(PhC≡CPh)(PPh$_3$)$_2$]$^+$, **4**, 1014
OsC$_{51}$H$_{45}$N$_3$OP$_2$
  OsH(CO)(TolN$_3$Tol)(PPh$_3$)$_2$, **4**, 993
OsC$_{52}$H$_{44}$ClNP$_2$S
  OsCl(CSTol)(CNTol)(PPh$_3$)$_2$, **4**, 1011
OsC$_{52}$H$_{45}$ClN$_2$OP$_2$
  OsCl(TolNHCHNHTol)(CO)(PPh$_3$)$_2$, **4**, 996
OsC$_{52}$H$_{46}$N$_2$OP$_2$
  OsH(TolNHCHNHTol)(CO)(PPh$_3$)$_2$, **4**, 998
OsC$_{53}$H$_{41}$F$_3$O$_3$P$_2$
  Os{C(Ph)=CHPh}(O$_2$CCF$_3$)(CO)(PPh$_3$)$_2$, **4**, 1001
OsC$_{53}$H$_{44}$N$_2$O$_3$P$_2$
  Os(CO)$_2$(TolNCONTol)(PPh$_3$)$_2$, **4**, 997
OsC$_{55}$H$_{43}$O$_{10}$P$_3$
  Os{C$_6$H$_4$OP(OPh)$_2$}$_2$(CO){P(OPh)$_3$}, **4**, 1007
OsC$_{55}$H$_{45}$Cl$_2$OP$_3$
  OsCl$_2$(CO)(PPh$_3$)$_3$, **4**, 979
OsC$_{55}$H$_{45}$Cl$_2$P$_3$S
  OsCl$_2$(CS)(PPh$_3$)$_3$, **4**, 985, 986
OsC$_{55}$H$_{46}$ClOP$_3$
  OsCl(H)(CO)(PPh$_3$)$_3$, **4**, 977, 981
OsC$_{55}$H$_{47}$OP$_3$
  OsH$_2$(CO)(PPh$_3$)$_3$, **4**, 977, 978
OsC$_{56}$H$_{45}$O$_2$P$_3$
  Os(CO)$_2$(PPh$_3$)$_3$, **4**, 977
OsC$_{56}$H$_{48}$Cl$_2$NP$_3$
  OsCl$_2$(CNMe)(PPh$_3$)$_3$, **4**, 983
OsC$_{57}$H$_{45}$ClF$_3$O$_3$P$_3$
  OsCl(O$_2$CCF$_3$)(CO)(PPh$_3$)$_3$, **4**, 1000
OsC$_{57}$H$_{46}$F$_3$O$_3$P$_3$
  OsH(O$_2$CCF$_3$)(CO)(PPh$_3$)$_3$, **4**, 1000
OsC$_{58}$H$_{51}$ClN$_2$P$_3$
  [OsCl(CNMe)$_2$(PPh$_3$)$_3$]$^+$, **4**, 983
OsC$_{63}$H$_{52}$NOP$_3$
  Os(CO)(CNTol)(PPh$_3$)$_3$, **4**, 982
OsC$_{68}$H$_{72}$ClN$_9$O
  [OsCl(NO){CN(Bz)CH$_2$CH$_2$NBz}$_4$]$^{2+}$, **4**, 1010
OsC$_{72}$H$_{58}$O$_{12}$P$_4$
  Os{C$_6$H$_4$OP(OPh)$_2$}$_2${P(OPh)$_3$}$_2$, **4**, 1007
OsCoC$_8$HO$_8$
  OsCoH(CO)$_8$, **6**, 836
OsCoRu$_2$C$_{13}$HO$_{13}$
  Ru$_2$OsCoH(CO)$_{13}$, **4**, 926; **6**, 863
OsCo$_2$C$_{11}$O$_{11}$
  OsCo$_2$(CO)$_{11}$, **6**, 864
OsCo$_3$C$_{12}$HO$_{12}$
  OsCo$_3$H(CO)$_{12}$, **6**, 864
OsFeRu$_2$C$_{13}$H$_2$O$_{13}$
  FeRu$_2$OsH$_2$(CO)$_{13}$, **4**, 655, 925; **6**, 772, 820, 857
OsFe$_2$C$_{12}$O$_{12}$
  Fe$_2$Os(CO)$_{12}$, **6**, 858
OsGeC$_7$H$_9$BrO$_4$
  OsBr(GeMe$_3$)(CO)$_4$, **4**, 1023
OsGeC$_{12}$H$_{18}$O$_2$
  Os(GeMe$_3$)(CO)$_2$(C$_7$H$_9$), **4**, 1016
OsGe$_2$C$_{10}$H$_{18}$O$_4$
  Os(GeMe$_3$)$_2$(CO)$_4$, **4**, 1016, 1023
OsHgC$_{10}$H$_{10}$Cl$_2$
  OsCp$_2$(HgCl$_2$), **6**, 986
OsHg$_2$C$_4$Cl$_2$O$_4$
  Os(HgCl)$_2$(CO)$_4$, **6**, 1025
OsLi$_2$C$_{10}$H$_8$
  Os(η^5-C$_5$H$_4$Li)$_2$, **4**, 1019
OsMn$_2$C$_{14}$O$_{14}$
  Mn$_2$Os(CO)$_{14}$, **6**, 847
OsPt$_2$C$_{45}$H$_{36}$O$_5$P$_2$
  OsPt$_2$(CO)$_5$(PPh$_3$)$_2$(MeCCMe), **6**, 849, 864
OsPt$_2$C$_{58}$H$_{45}$O$_4$P$_3$
  OsPt$_2$(CO)$_4$(PPh$_3$)$_3$, **6**, 482
OsPt$_2$C$_{59}$H$_{45}$O$_5$P$_3$
  OsPt$_2$(CO)$_5$(PPh$_3$)$_3$, **6**, 864
OsReC$_9$HO$_9$
  ReOsH(CO)$_9$, **6**, 834
OsReC$_{14}$H$_9$O$_7$
  (CO)$_5$ReOs(CO)$_2$(C$_7$H$_9$), **4**, 1016
OsRe$_2$C$_{14}$O$_{14}$
  Re$_2$Os(CO)$_{14}$, **6**, 848
OsRuSi$_2$C$_{14}$H$_{18}$O$_8$
  RuOs(SiMe$_3$)$_2$(CO)$_8$, **6**, 836
OsRu$_2$C$_{12}$O$_{12}$
  Ru$_2$Os(CO)$_{12}$, **4**, 925; **6**, 779, 818, 863
OsRu$_3$C$_{12}$H$_4$O$_{12}$

Ru₃OsH₄(CO)₁₂, **6**, 863
OsSb₂C₃₈H₃₀Cl₂O₂
    OsCl₂(CO)₂(SbPh₃)₂, **4**, 976
OsSb₃C₅₅H₄₅Cl₂O
    OsCl₂(CO)(SbPh₃)₃, **4**, 979
OsSiC₇H₉BrO₄
    OsBr(SiMe₃)(CO)₄, **4**, 1023
OsSiC₇H₁₀O₄
    OsH(SiMe₃)(CO)₄, **4**, 1023
OsSiC₁₂H₁₈O₂
    Os(SiMe₃)(CO)₂(C₇H₉), **4**, 1016
OsSiC₁₃H₁₈
    OsCp(η⁵-C₅H₄SiMe₃), **4**, 1019
OsSi₂C₄Cl₆O₄
    Os(SiCl₃)₂(CO)₄, **4**, 1022
OsSi₂C₁₀H₁₆O₄
    $\overline{(CO)_4Os\{SiMe_2(CH_2)_2SiMe_2\}}$, **2**, 295
OsSi₂C₁₀H₁₈O₄
    Os(SiMe₃)₂(CO)₄, **3**, 120; **4**, 1016, 1023
OsSi₃C₁₀H₁₂Cl₉O
    Os(SiCl₃)₃(CO)(η⁶-C₆H₃Me₃), **4**, 1022
OsSnC₇H₁₀O₄
    OsH(SnMe₃)(CO)₄, **4**, 1023
OsSnC₁₂H₁₉ClO₄
    OsH(SiClBu₂)(CO)₄, **6**, 1073
OsSn₂C₁₀H₁₈O₄
    Os(SnMe₃)₂(CO)₄, **4**, 1025
OsSn₂C₂₀H₃₆Cl₂O₄
    Os(SiClBu₂)₂(CO)₄, **6**, 1073
Os₂As₂C₄₄H₃₆O₈
    {Os(O₂CMe)(CO)₂(AsPh₃)}₂, **4**, 1050
Os₂C₂H₂₄N₁₀
    [{Os(CO)(NH₃)₄}₂(N₂)]⁴⁺, **4**, 992
Os₂C₆Cl₂O₆
    Os₂Cl₂(CO)₆, **4**, 976
Os₂C₈Cl₂O₈
    Os₂Cl₂(CO)₈, **4**, 976
Os₂C₈H₂O₈
    Os₂H₂(CO)₈, **4**, 970
Os₂C₉H₃ClO₈
    Os₂Cl(Me)(CO)₈, **4**, 1024
Os₂C₉H₄O₈
    Os₂H(Me)(CO)₈, **4**, 1005
Os₂C₉O₉
    Os₂(CO)₉, **4**, 970
Os₂C₁₀H₆O₁₀
    {Os(O₂CMe)(CO)₃}₂, **4**, 1050
Os₂C₁₁H₈O₈
    Os₂Me(Et)(CO)₈, **4**, 1004
Os₂C₁₂H₁₀O₆
    Os₂(CHCHMe)₂(CO)₆, **4**, 1038
Os₂C₁₇H₁₂Cl₃
    [Os₂Cl₃(η⁶-C₆H₆)₂]⁺, **4**, 1021
Os₂C₁₄H₆O₆
    Os₂(CO)₆(C₈H₆), **4**, 1018
Os₂C₁₄H₁₀O₄
    {Os(CO)₂Cp}₂, **4**, 1020
Os₂C₁₄H₁₀O₆
    Os₂(CO)₆(C₈H₁₀), **4**, 1018
Os₂C₁₄H₁₂O₆
    Os₂(C₄Me₄)(CO)₆, **4**, 1035
Os₂C₁₆H₈N₂O₆
    {Os(CO)₃(C₅H₄N)}₂, **4**, 1027
Os₂C₂₂H₁₂O₆
    Os₂(CO)₆(C₄H₂Ph₂), **4**, 1036, 1038
Os₂C₂₄H₂₈O₆
    {Os(C₉H₁₄)(CO)₃}₂, **4**, 1043
Os₂C₂₆H₁₉O₇P
    Os₂H(Me)(CO)₇(PPh₃), **4**, 1005, 1024
Os₂C₃₄H₂₀O₆
    Os₂(C₄Ph₄)(CO)₆, **4**, 1034
Os₂C₄₃H₃₄O₆P₂
    Os₂H(Me)(CO)₆(PPh₃)₂, **4**, 1024
Os₂C₄₄H₃₆O₈P₂
    {Os(O₂CMe)(CO)₂(PPh₃)}₂, **4**, 1050
Os₂C₉₁H₇₅Cl₃OP₅
    [Os₂Cl₃(CO)(PPh₃)₅]³⁺, **4**, 981
Os₂CoRuC₁₂HO₁₂
    RuOs₂CoH(CO)₁₂, **4**, 926
Os₂CoRuC₁₃HO₁₃
    RuOs₂CoH(CO)₁₃, **6**, 862
Os₂Co₂C₁₂H₂O₁₂
    Os₂Co₂H₂(CO)₁₂, **6**, 864
Os₂FeC₁₂O₁₂
    FeOs₂(CO)₁₂, **6**, 858
Os₂FeRuC₁₂H₂O₁₂
    FeRuOs₂H₂(CO)₁₂, **8**, 61
Os₂FeRuC₁₃H₂O₁₃
    FeRuOs₂H₂(CO)₁₃, **4**, 655, 925; **6**, 772, 798, 820, 857
Os₂GeC₁₅H₁₆O₅
    Os₂(GeMe₃)(CO)₅(C₇H₇), **4**, 1016
Os₂Ge₃C₁₂H₁₈O₆
    Os₂(GeMe₂)₃(CO)₆, **4**, 1023
Os₂Ge₄C₁₂H₃₀O₆
    {Os(GeMe₂)(GeMe₃)(CO)₃}₂, **6**, 1052
Os₂Ge₄C₁₆H₃₀O₆
    {Os(GeMe₂)(GeMe₃)(CO)₃}₂, **4**, 1023
Os₂HgC₂₀H₂₀
    [Hg(OsCp₂)₂]²⁺, **4**, 1019; **6**, 1016
Os₂MnC₁₂HO₁₂
    MnOs₂H(CO)₁₂, **6**, 855
Os₂MnC₁₂O₁₂
    [MnOs₂(CO)₁₂]⁻, **6**, 855
Os₂PtC₃₁H₃₃O₇P₃
    PtOs₂(CO)₇(PMe₂Ph)₃, **6**, 482, 864
Os₂Pt₂C₄₄H₃₂O₈P₂
    Pt₂Os₂H₂(CO)₈(PPh₃)₂, **6**, 483, 864
Os₂ReC₁₂HO₁₂
    ReOs₂H(CO)₁₂, **6**, 856
Os₂ReC₁₂O₁₂
    [ReOs₂(CO)₁₂]⁻, **6**, 856
Os₂RuC₁₂O₁₂
    RuOs₂(CO)₁₂, **4**, 925; **6**, 779, 818, 862
Os₂Ru₂C₁₂H₄O₁₂
    Ru₂Os₂H₄(CO)₁₂, **6**, 863
Os₂SiC₁₅H₁₆O₅
    Os₂(SiMe₃)(CO)₅(C₇H₇), **4**, 1016
Os₂Si₂C₁₄H₁₈O₈
    {Os(SiMe₃)(CO)₄}₂, **4**, 1023
Os₂Si₄C₁₆H₃₀O₆
    {Os(SiMe₂)(SiMe₃)(CO)₃}₂, **4**, 1023; **6**, 1052
Os₃AsC₂₇H₁₈O₉
    [Os₃H₃(CO)₉(AsPh₃)]⁺, **4**, 1053
Os₃AsPtC₄₆H₃₂O₁₀P
    Os₃PtH₂(CO)₁₀(AsPh₃)(PPh₃), **6**, 864
Os₃As₂C₁₇H₁₆O₇
    Os₃(C₆H₄)(CO)₇(AsMe₂)₂, **3**, 167
Os₃As₆C₃₆H₄₈O₆
    Os₃(CO)₆(diars)₃, **4**, 1027
Os₃AuC₂₈H₁₅ClO₁₀P
    Os₃Cl(AuPPh₃)(CO)₁₀, **6**, 804, 865

$Os_3AuC_{28}H_{16}O_{10}P$
  $Os_3AuH(CO)_{10}(PPh_3)$, **2**, 808; **6**, 777, 865
$Os_3AuC_{30}H_{15}ClO_{12}P$
  $Os_3AuCl(CO)_{12}(PPh_3)$, **4**, 616; **6**, 489
$Os_3Au_2C_{46}H_{30}O_{10}P_2S_2$
  $Os_3Au_2(S)_2(CO)_{10}(PPh_3)_2$, **6**, 865
$Os_3C_8HO_8S$
  $[Os_3H(S)(CO)_8]^-$, **4**, 1050
$Os_3C_8H_4O_8S$
  $Os_3H_4(S)(CO)_8$, **4**, 1051
$Os_3C_9HO_9S$
  $[Os_3H(S)(CO)_9]^-$, **4**, 1051
$Os_3C_9H_2O_8S_3$
  $Os_3H_2(S)_2(CO)_8(CS)$, **4**, 1047
$Os_3C_9H_2O_9S$
  $Os_3H_2(S)(CO)_9$, **4**, 1032
$Os_3C_9H_2O_9Se$
  $Os_3H_2(Se)(CO)_9$, **4**, 1032
$Os_3C_9N_2O_{11}$
  $Os_3(CO)_9(NO)_2$, **4**, 1045
$Os_3C_9O_8S_3$
  $Os(S)_2(CO)_8(CS)$, **4**, 1047
$Os_3C_9O_9S_2$
  $Os_3(S)_2(CO)_9$, **4**, 1032
$Os_3C_9O_9Se_2$
  $Os_3(Se)_2(CO)_9$, **4**, 1032
$Os_3C_9O_9Te_2$
  $Os_3(Te)_2(CO)_9$, **4**, 1032
$Os_3C_{10}Cl_2O_{10}$
  $Os_3Cl_2(CO)_{10}$, **4**, 616
$Os_3C_{10}HClO_{10}$
  $Os_3Cl(H)(CO)_{10}$, **4**, 616, 976
$Os_3C_{10}H_2O_2$
  $Os_3H_2(CO)_{10}$, **4**, 972
$Os_3C_{10}H_2O_{10}$
  $Os_3H_2(CO)_{10}$, **2**, 808; **4**, 616, 1031; **8**, 12, 157, 324, 601
$Os_3C_{10}H_2O_{11}$
  $Os_3H(OH)(CO)_{10}$, **4**, 971, 1030
$Os_3C_{10}H_3BrO_9$
  $Os_3H_3(CBr)(CO)_9$, **4**, 1052
$Os_3C_{10}H_4O_8S$
  $Os_3H(CH=CH_2)(S)(CO)_8$, **4**, 1051
$Os_3C_{10}H_4O_9$
  $Os_3H_3(CH)(CO)_9$, **4**, 1048
$Os_3C_{10}H_4O_9S$
  $Os_3H(SMe)(CO)_9$, **4**, 1051
$Os_3C_{10}H_4O_{10}$
  $Os_3H_4(CO)_{10}$, **4**, 1053
$Os_3C_{10}H_5NO_9$
  $Os_3H_2(NMe)(CO)_9$, **4**, 1025
$Os_3C_{10}H_6O_8S$
  $Os_3H_2(S)(CO)_8(CH_2=CH_2)$, **4**, 1051
$Os_3C_{10}N_2O_{12}$
  $Os_3(CO)_{10}(NO)_2$, **4**, 1044
$Os_3C_{11}HO_{11}$
  $[Os_3H(CO)_{11}]^-$, **4**, 972
$Os_3C_{11}H_2O_{10}S_2$
  $Os_3H(S_2CH)(CO)_{10}$, **4**, 1050
$Os_3C_{11}H_2O_{11}$
  $Os_3H_2(CO)_{11}$, **4**, 972
$Os_3C_{11}H_2O_{12}$
  $Os_3H(O_2CH)(CO)_{10}$, **4**, 1050
$Os_3C_{11}H_4O_9$

$Os_3H_2(C=CH_2)(CO)_9$, **3**, 167; **8**, 326
$Os_3C_{11}H_4O_{10}$
  $Os_3H(COMe)(CO)_9$, **4**, 1048
  $Os_3H(Me)(CO)_{10}$, **8**, 59
  $Os_3H_2(CHCHO)(CO)_9$, **4**, 1048
  $Os_3H_2(CH_2)(CO)_{10}$, **4**, 1048
$Os_3C_{11}H_4O_{10}S$
  $Os_3H(SMe)(CO)_{10}$, **4**, 1050
$Os_3C_{11}H_4O_{11}$
  $Os_3H(OMe)(CO)_{10}$, **4**, 1031
$Os_3C_{11}H_5NO_9$
  $Os_3H(CH=NMe)(CO)_9$, **4**, 1026, 1044
$Os_3C_{11}H_6O_9$
  $Os_3H_3(CMe)(CO)_9$, **4**, 1037
$Os_3C_{11}H_6O_{10}$
  $Os_3H_3(COMe)(CO)_9$, **4**, 634
$Os_3C_{12}Br_2O_{12}$
  $Os_3Br_2(CO)_{12}$, **4**, 1024
$Os_3C_{12}Cl_2O_{12}$
  $Os_3Cl_2(CO)_{12}$, **4**, 616, 975
$Os_3C_{12}H_2O_{12}$
  $Os_3H_2(CO)_{12}$, **4**, 972
$Os_3C_{12}H_3O_{10}$
  $Os_3(CHCH_2)(CO)_{10}$, **4**, 1036
$Os_3C_{12}H_4O_9$
  $Os_3(CCMe)(CO)_9$, **4**, 1038
$Os_3C_{12}H_4O_{10}$
  $Os_3H(CH=CH_2)(CO)_{10}$, **3**, 167; **8**, 326
  $Os_3H(HCCHCHO)(CO)_9$, **4**, 1036
$Os_3C_{12}H_4O_{11}$
  $Os_3H(COMe)(CO)_{10}$, **4**, 1052
  $Os_3H(OCH=CH_2)(CO)_{10}$, **4**, 1048
$Os_3C_{12}H_5NO_{10}$
  $Os_3H(CH=NMe)(CO)_{10}$, **4**, 1044
$Os_3C_{12}H_5NO_{11}$
  $Os_3H(CONHMe)(CO)_{10}$, **4**, 1046
$Os_3C_{12}H_6O_{10}S$
  $Os_3H(SEt)(CO)_{10}$, **4**, 1032
$Os_3C_{12}H_6O_{12}$
  $Os_3(OMe)_2(CO)_{10}$, **4**, 1031
$Os_3C_{12}O_{12}$
  $Os_3(CO)_{12}$, **3**, 157; **4**, 615, 970; **8**, 12, 157, 326
$Os_3C_{13}H_3BrO_{12}$
  $Os_3Br(Me)(CO)_{12}$, **4**, 1024
$Os_3C_{13}H_3NO_{11}$
  $Os_3(CO)_{11}(MeCN)$, **4**, 1027
$Os_3C_{13}H_6O_9$
  $Os_3H(MeCC=CH_2)(CO)_9$, **4**, 1035
  $Os_3H(MeCCH=CH)(CO)_9$, **4**, 1035
$Os_3C_{13}H_7NO_{10}$
  $Os_3H(C=NMe_2)(CO)_{10}$, **4**, 1026
$Os_3C_{13}H_7NO_{11}$
  $Os_4H_4(CO)_{11}(CNMe)$, **4**, 1033
$Os_3C_{14}H_2F_6O_{10}$
  $Os_3H\{C(CF_3)CHCF_3\}(CO)_{10}$, **4**, 1035
$Os_3C_{14}H_6N_2O_{10}$
  $Os_3(CO)_{10}(MeCN)_2$, **4**, 1027
$Os_3C_{14}H_6O_{10}$
  $Os_3(CO)_{10}(CH_2=CHCH=CH_2)$, **4**, 1043
  $Os_3(CO)_{10}(MeCCMe)$, **4**, 1035
$Os_3C_{14}H_8N_2O_{12}$
  $Os_3H\{C(O_2CNHMe)=NMe\}(CO)_{10}$, **4**, 1046
$Os_3C_{14}H_9NO_{11}$
  $Os_3H(CONHPr)(CO)_{10}$, **4**, 1025
$Os_3C_{14}H_9O_{14}P$
  $Os_3(CO)_{11}\{P(OMe)_3\}$, **4**, 1027

$Os_3C_{14}H_{13}O_{14}P$
    $Os_3H_4(CO)_{11}\{P(OMe)_3\}$, **4**, 1033

$Os_3C_{14}H_{16}O_{12}$
    $Os_3Me_2(CO)_{12}$, **4**, 1005

$Os_3C_{15}H_5NO_{10}$
    $Os_3H(C_5H_4N)(CO)_{10}$, **4**, 1027

$Os_3C_{15}H_6NO_9$
    $Os_3H_2(NC_6H_4)(CO)_9$, **4**, 1025

$Os_3C_{15}H_6O_9$
    $Os_3H_2(C_6H_4)(CO)_9$, **4**, 1039; **8**, 326

$Os_3C_{15}H_6O_{10}$
    $Os_3H_2(C_6H_4O)(CO)_9$, **4**, 1031

$Os_3C_{15}H_7NO_9$
    $Os_3H_2(NPh)(CO)_9$, **4**, 1025

$Os_3C_{15}H_8O_9$
    $Os_3H(C_6H_7)(CO)_9$, **4**, 1043

$Os_3C_{15}H_9O_9$
    $Os_3\{C(Me)=CHCH=CHMe\}(CO)_9$, **4**, 1042

$Os_3C_{15}H_{10}O_9$
    $Os_3H\{C(Et)=C=CHMe\}(CO)_9$, **4**, 1042

$Os_3C_{15}H_{10}O_{10}$
    $Os_3H_2\{O=CC(CH_2)_4\}(CO)_9$, **4**, 1049

$Os_3C_{15}H_{11}NO_{10}$
    $Os_3H(CNHBu^t)(CO)_{10}$, **4**, 1044

$Os_3C_{15}H_{12}O_9$
    $Os_3H_2(CO)_9(C_6H_{10})$, **4**, 1042

$Os_3C_{16}H_7NO_{10}$
    $Os_3H(NHPh)(CO)_{10}$, **4**, 1025

$Os_3C_{16}H_8O_{10}$
    $Os_3(CO)_{10}(C_6H_8)$, **3**, 158; **4**, 1043

$Os_3C_{16}H_9NO_{10}$
    $Os_3H\{C(Ph)=NMe\}(CO)_{10}$, **4**, 1026

$Os_3C_{16}H_9NO_{11}$
    $Os_3(CO)_{11}(CNBu^t)$, **4**, 1044

$Os_3C_{16}H_{13}NO_{10}$
    $Os_3H(CHCH=NEt_2)(CO)_{10}$, **4**, 1026

$Os_3C_{17}H_6O_9$
    $Os_3(CO)_9(PhCCH)$, **4**, 1036
    $Os_3H(CCPh)(CO)_9$, **4**, 1037

$Os_3C_{17}H_7NO_{10}$
    $Os_3H_2(CO)_{10}(CNPh)$, **4**, 1045

$Os_3C_{17}H_7O_{11}$
    $Os_3H(C_6H_4CH_2O)(CO)_{10}$, **4**, 1031

$Os_3C_{17}H_8O_{10}$
    $Os_3(CO)_{10}(nbd)$, **3**, 158, 160

$Os_3C_{17}H_9O_9P$
    $Os_3(C_6H_4)(PEt)(CO)_9$, **4**, 1029

$Os_3C_{17}H_{11}NO_9$
    $Os_3H_2(C_6H_4CH_2NMe)(CO)_9$, **4**, 1049

$Os_3C_{17}H_{12}O_9$
    $Os_3H\{OC_5H_2(Et)(CHMe)\}(CO)_8$, **4**, 1037

$Os_3C_{17}H_{13}O_8PS_2$
    $Os_3S(CH_2S)(CO)_8(PMe_2Ph)$, **4**, 1047

$Os_3C_{17}H_{14}ClO_8PS_2$
    $Os_3Cl(H)(S)(CH_2S)(CO)_8(PMe_2Ph)$, **4**, 1047

$Os_3C_{17}H_{15}O_{11}P$
    $Os_3(CO)_{11}(PEt_3)$, **3**, 157

$Os_3C_{17}H_{16}O_7P_2$
    $Os_3(C_6H_4)(CO)_7(PMe_2)_2$, **3**, 167

$Os_3C_{18}H_6O_9$
    $Os_3(CO)_9(C_9H_6)$, **4**, 1039

$Os_3C_{18}H_6O_{10}$
    $Os_3(CO)_{10}(PhCCH)$, **4**, 1036
    $Os_3H(CCPh)(CO)_{10}$, **4**, 1038

$Os_3C_{18}H_9NO_{11}$
    $Os_3H(CONHTol)(CO)_{10}$, **4**, 1046

$Os_3C_{18}H_{13}O_9PS_2$
    $Os_3H(S_2CH)(CO)_9(PMe_2Ph)$, **4**, 1047
    $Os_3S(CH_2S)(CO)_9(PMe_2Ph)$, **4**, 1047

$Os_3C_{18}H_{14}O_9PS_2$
    $Os_3H(S_2CH_2)(CO)_9(PMe_2Ph)$, **4**, 1047

$Os_3C_{18}H_{14}O_{14}$
    $Os_3H\{OC(OEt)CHCH_2CO_2Et\}(CO)_{10}$, **4**, 1040

$Os_3C_{20}H_{15}NO_8$
    $Os_3H_2[C\{C(Me)CH_2\}C(Me)=NPh](CO)_8$, **4**, 1049

$Os_3C_{20}H_{17}F_6O_{10}P$
    $Os_3H\{C(CF_3)CHCF_3\}(CO)_{10}(PEt_3)$, **4**, 1052

$Os_3C_{20}H_{21}O_8PS$
    $Os_3H(SPh)(CO)_8(PEt_3)$, **4**, 1050

$Os_3C_{21}H_{10}NO_8$
    $Os_3(C_6H_4)(CH=NPh)(CO)_8$, **4**, 1045

$Os_3C_{21}H_{12}N_2O_9$
    $Os_3H\{N(Bz)C_5H_4N\}(CO)_9$, **4**, 1050

$Os_3C_{21}H_{13}NO_8$
    $Os_3H_3(C_6H_4)(CH=NPh)(CO)_8$, **4**, 1044

$Os_3C_{21}H_{16}NO_9$
    $Os_3H\{C(Pr^i)C(Me)=NPh\}(CO)_9$, **4**, 1049

$Os_3C_{21}H_{21}O_9PS$
    $Os_3H(SPh)(CO)_9(PEt_3)$, **4**, 1050

$Os_3C_{21}H_{22}O_9PS$
    $[Os_3H_2(SPh)(CO)_9(PEt_3)]^+$, **4**, 1053

$Os_3C_{22}H_{30}O_{10}P_2$
    $Os_3(CO)_{10}(PEt_3)_2$, **3**, 157

$Os_3C_{23}H_{12}O_9$
    $Os_3H_2(PhCCPh)(CO)_9$, **4**, 1034

$Os_3C_{24}H_{11}O_{10}$
    $Os_3\{C(Ph)=CHPh\}(CO)_{10}$, **4**, 1034

$Os_3C_{26}H_{12}O_{10}$
    $Os_3\{CH=C(Ph)OCC(Ph)CH\}(CO)_9$, **4**, 1036
    $Os_3(CO)_{10}(C_4H_2Ph_2)$, **4**, 1036

$Os_3C_{26}H_{28}O_{10}$
    $Os_3(CO)_{10}(C_8H_{14})_2$, **4**, 1027

$Os_3C_{27}H_{17}O_9P$
    $Os_3H_2(CO)_9(PPh_3)$, **4**, 1032

$Os_3C_{27}H_{18}O_9P$
    $[Os_3H_3(CO)_9(PPh_3)]^+$, **4**, 1053

$Os_3C_{28}H_{17}O_{10}P$
    $Os_3H_2(CO)_{10}(PPh_3)$, **4**, 1032

$Os_3C_{36}H_{19}O_8$
    $Os_3\{C_4Ph_3(C_6H_4)\}(CO)_8$, **4**, 1034

$Os_3C_{37}H_{20}O_9$
    $Os_3(C_4Ph_4)(CO)_9$, **4**, 1035

$Os_3C_{37}H_{24}O_7P_2$
    $Os_3(C_6H_4)(PPh_2)_2(CO)_7$, **4**, 1029

$Os_3C_{38}H_{24}O_8P_2$
    $Os_3Ph(C_6H_4PPh)(PPh_2)(CO)_8$, **4**, 1029

$Os_3C_{41}H_{25}O_9P$
    $Os_3(CO)_9(PhCCPh)(PPh_3)$, **4**, 1035

$Os_3C_{43}H_{27}O_7P_2$
    $Os_3(C_6H_3C_6H_4PPh_2)(PPh_2)(CO)_7$, **4**, 1029

$Os_3C_{43}H_{29}O_7P_2$
    $Os_3(C_6H_4)(PPh_2)(CO)_7(PPh_3)$, **4**, 1029

$Os_3C_{44}H_{29}O_8P_2$
    $Os_3(C_6H_4)(PPh_2)(CO)_8(PPh_3)$, **4**, 1029

$Os_3C_{45}H_{29}O_9P_2$
    $Os_3(C_6H_4PPh_2)(CO)_9(PPh_3)$, **4**, 1029

$Os_3C_{48}H_{30}O_6$
    $Os_3(C_6Ph_6)(CO)_6$, **4**, 1034

$Os_3C_{51}H_{30}O_9$
    $Os_3(C_4Ph_4)(PhCCPh)(CO)_9$, **4**, 1034

$Os_3CoC_{12}H_3O_{12}$

$Os_3CoC_{12}H_3O_{12}$
  $Os_3CoH_3(CO)_{12}$, **6**, 804, 864
$Os_3CoC_{13}O_{13}$
  $[Os_3Co(CO)_{13}]^-$, **6**, 773, 864
$Os_3CoC_{15}H_7O_{10}$
  $Os_3CoH_2(CO)_{10}Cp$, **6**, 864
$Os_3FeC_{13}H_2O_{13}$
  $FeOs_3H_2(CO)_{13}$, **6**, 775, 858
$Os_3Fe_2C_{16}H_2O_{16}$
  $Fe_2Os_3H_2(CO)_{16}$, **6**, 858
$Os_3Ge_3C_{15}H_{18}O_9$
  $\{Os(GeMe_2)(CO)_3\}_3$, **4**, 1023
$Os_3MnC_{13}H_3O_{13}$
  $MnOs_3H_3(CO)_{13}$, **6**, 855
$Os_3MnC_{16}HO_{16}$
  $MnOs_3H(CO)_{16}$, **6**, 855
$Os_3MoC_{16}H_8O_{11}$
  $MoOs_3H_3(CO)_{11}Cp$, **6**, 853
$Os_3MoC_{17}H_6O_{12}$
  $MoOs_3H(CO)_{12}Cp$, **6**, 853
$Os_3NiC_{46}H_{32}O_{10}P_2$
  $NiOs_3H_2(CO)_{10}(PPh_3)_2$, **6**, 44, 864
$Os_3PtC_{28}H_{17}O_{10}P$
  $Os_3PtH_2(CO)_{10}(PPh_3)$, **6**, 865
$Os_3PtC_{28}H_{35}O_{10}$
  $Os_3PtH_2(CO)_{10}(PCy_3)$, **6**, 483
$Os_3PtC_{46}H_{32}O_{10}P_2$
  $Os_3PtH_2(CO)_{10}(PPh_3)_2$, **6**, 775, 864
$Os_3PtC_{46}H_{68}O_{10}P_2$
  $Os_3PtH_2(CO)_{10}(PCy_3)_2$, **6**, 865
$Os_3ReC_{12}H_5O_{12}$
  $ReOs_3H_5(CO)_{12}$, **6**, 856
$Os_3ReC_{13}H_3O_{13}$
  $ReOs_3H_3(CO)_{13}$, **6**, 856
$Os_3ReC_{15}HO_{15}$
  $ReOs_3H(CO)_{15}$, **6**, 856
$Os_3ReC_{16}HO_{16}$
  $ReOs_3H(CO)_{16}$, **6**, 777, 856
$Os_3ReC_{17}H_4NO_{15}$
  $ReOs_3H(CO)_{15}(MeCN)$, **6**, 856
$Os_3Re_2C_{16}H_2O_{16}$
  $Re_2Os_3H_2(CO)_{16}$, **6**, 856
$Os_3Re_2C_{19}H_2O_{19}$
  $Re_2Os_3H_2(CO)_{19}$, **6**, 856
$Os_3Re_2C_{20}H_2O_{20}$
  $Re_2Os_3H_2(CO)_{20}$, **6**, 777, 803, 857
$Os_3RhC_{15}H_9O_{12}$
  $Os_3RhH_2(acac)(CO)_{10}$, **6**, 864
$Os_3RuC_{12}H_4O_{12}$
  $RuOs_3H_4(CO)_{12}$, **6**, 862
$Os_3RuC_{13}H_2O_{13}$
  $RuOs_3H_2(CO)_{13}$, **6**, 862
$Os_3Ru_6C_{28}HO_{28}$
  $[Os_3H(CO)_{10}(CO_2)Ru_6(CO)_{16}C]^-$, **4**, 905
$Os_3Si_3C_{15}H_{18}O_9$
  $\{Os(SiMe_2)(CO)_3\}_3$, **4**, 1023; **6**, 1052
$Os_3SnC_{12}Cl_4O_{12}$
  $Os_3Cl(SnCl_3)(CO)_{12}$, **4**, 616, 1023
$Os_3WC_{16}H_7O_{11}$
  $WOs_3H_2(CO)_{11}Cp$, **3**, 1337
$Os_3WC_{16}H_8O_{11}$
  $WOs_3H_3(CO)_{11}Cp$, **6**, 777, 802, 854
$Os_3WC_{17}H_6O_{12}$
  $WOs_3H(CO)_{12}Cp$, **6**, 777, 802, 854
$Os_4C_{10}H_4O_{10}$
  $Os_4H_4(CO)_{10}$, **8**, 324

$Os_4C_{12}H_2O_{12}$
  $[Os_4H_2(CO)_{12}]^{2-}$, **4**, 972
$Os_4C_{12}H_2O_{12}S_2$
  $Os_4H_2(S)_2(CO)_{12}$, **4**, 1032
$Os_4C_{12}H_2O_{12}Se_2$
  $Os_4H_2(Se)_2(CO)_{12}$, **4**, 1032
$Os_4C_{12}H_3IO_{12}$
  $Os_4I(H)_3(CO)_{12}$, **4**, 1033
$Os_4C_{12}H_4O_{12}$
  $Os_4H_4(CO)_{12}$, **4**, 971; **8**, 12, 157, 294
$Os_4C_{12}H_4O_{13}$
  $Os_4H_3(OH)(CO)_{12}$, **4**, 1033
$Os_4C_{12}H_5O_{13}$
  $[Os_4H_4(OH)(CO)_{12}]^+$, **4**, 1033
$Os_4C_{13}HO_{13}$
  $[Os_4H(CO)_{13}]^-$, **4**, 973
$Os_4C_{13}H_3NO_{12}$
  $Os_4(NMe)(CO)_{12}$, **4**, 1025
$Os_4C_{13}H_7O_{13}$
  $[Os_4H_4(CO_2Me)(CO)_{11}]^-$, **4**, 973
$Os_4C_{13}O_{13}$
  $[Os_4(CO)_{13}]^-$, **4**, 1052
$Os_4C_{14}H_2O_{12}$
  $Os_4(CO)_{12}(HCCH)$, **4**, 1040
$Os_4C_{16}H_6O_{12}$
  $Os_4(CCHEt)(CO)_{12}$, **4**, 1039
$Os_4C_{17}H_{12}O_{11}$
  $Os_4H_3(CO)_{11}(C_6H_9)$, **4**, 1041
$Os_4C_{20}H_6O_{12}$
  $Os_4(CO)_{12}(PhCCH)$, **4**, 1042
$Os_4C_{20}H_{10}O_{12}$
  $Os_4H_2(CHBz)(CO)_{12}$, **4**, 1042
$Os_4C_{27}H_{16}O_{11}$
  $Os_4H_2\{MeCC(Ph)CHPh\}(CO)_{11}$, **4**, 1041
$Os_5C_{15}H_2IO_{15}$
  $[Os_5I(H)_2(CO)_{15}]^-$, **4**, 1054
$Os_5C_{15}H_2O_{15}$
  $Os_5H_2(CO)_{15}$, **4**, 1054
$Os_5C_{15}H_5N_3O_{25}$
  $[Os_4H_4(OH)(CO)_{12}][Os(NO_3)_3(CO)_3]$, **4**, 1001
$Os_5C_{15}IO_{15}$
  $[Os_5I(CO)_{15}]^-$, **4**, 1053
$Os_5C_{15}O_{15}$
  $[Os_5(CO)_{15}]^{2-}$, **4**, 1054
$Os_5C_{16}H_2O_{16}$
  $Os_5H_2(CO)_{16}$, **4**, 1030
$Os_5C_{16}H_3O_{16}P$
  $Os_5(POMe)(CO)_{15}$, **4**, 1028, 1029
$Os_5C_{16}IO_{15}$
  $[Os_5I(CO)_{15}C]^-$, **4**, 1056
$Os_5C_{16}O_{15}$
  $Os_5(CO)_{15}C$, **4**, 644, 971, 1056
$Os_5C_{16}O_{16}$
  $Os_5(CO)_{16}$, **1**, 35; **4**, 971, 1054
$Os_5C_{17}H_7O_{17}P$
  $Os_5H\{OP(OMe)_2\}(CO)_{14}C$, **4**, 1028
$Os_5C_{17}H_{10}O_{18}P_2$
  $Os_5H(OPOMe)\{OP(OMe)_2\}(CO)_{13}C$, **4**, 1028
$Os_5C_{25}H_9N_2O_{13}$
  $Os_5(NC_6H_4NPh)(CO)_{13}$, **4**, 1049
$Os_5C_{26}H_{10}N_2O_{14}$
  $Os_5H(NC_6H_4NPh)(CO)_{14}$, **4**, 1050
$Os_6C_{18}H_2O_{18}$
  $Os_6H_2(CO)_{18}$, **4**, 1030
$Os_6C_{18}O_{18}$
  $Os_6(CO)_{18}$, **1**, 35; **3**, 118, 120; **4**, 971, 1054, 1055

$Os_6C_{20}H_6O_{16}$
　$Os_6(CMe)_2(CO)_{16}$, **4**, 1056
$Os_6C_{21}H_4O_{20}S_2$
　$\{Os_3H(CO)_{10}\}_2(S_2CH_2)$, **4**, 1047
$Os_6C_{21}H_6O_{16}$
　$Os_6(CO)_{16}C(MeCCMe)$, **4**, 1057
$Os_6C_{22}H_9NO_{17}$
　$Os_6(CO)_{17}(CNBu^t)$, **4**, 1044
$Os_6C_{30}H_{10}O_{16}$
　$Os_6(CPh)_2(CO)_{16}$, **4**, 1056
$Os_6C_{34}H_{14}N_2O_{18}$
　$Os_6(CO)_{18}(CNTol)_2$, **4**, 1056
$Os_7C_{20}H_2O_{19}$
　$Os_7H_2(CO)_{19}C$, **4**, 1030, 1056
$Os_7C_{20}O_{20}$
　$[Os_7(CO)_{20}]^{2-}$, **4**, 1055
$Os_7C_{21}O_{21}$
　$Os_7(CO)_{21}$, **4**, 971, 1055
$Os_8C_{22}O_{21}$
　$Os_8(CO)_{21}C$, **4**, 644, 971, 1056
$Os_8C_{22}O_{22}$
　$[Os_8(CO)_{22}]^{2-}$, **4**, 1055
$Os_8C_{23}O_{23}$
　$Os_8(CO)_{23}$, **4**, 971, 1055
$Os_8C_{26}HO_{27}$
　$[Os_8H(CO)_{25}(CO_2)]^-$, **8**, 241
$Os_9C_{28}HO_{29}$
　$Os_9H(CO)_{27}(CO_2)$, **4**, 1052
$Os_{10}C_{25}O_{24}$
　$[Os_{10}(CO)_{24}C]^{2-}$, **4**, 1057

P

PaC$_{16}$H$_{16}$
   Pa(cot)$_2$, **3**, 232
PaC$_{20}$H$_{20}$
   PaCp$_4$, **3**, 214
PbAlC$_4$H$_{12}$Cl$_3$
   PbCl(Me$_3$)(AlCl$_2$Me), **2**, 652
PbAl$_2$C$_{12}$H$_{12}$Cl$_8$
   Pb(AlCl$_4$)$_2$(C$_6$H$_6$)$_2$, **2**, 672
PbAsC$_6$H$_{15}$N$_2$
   PbMe$_3${C(N$_2$)AsMe$_2$}, **2**, 647
PbAsC$_{20}$H$_{21}$O$_2$
   PbPh$_3${OAsO(Me)$_2$}, **2**, 660
PbAs$_2$C$_{24}$H$_{18}$N$_2$O$_{10}$
   PbPh$_2$(O$_3$AsC$_6$H$_4$NO$_2$)$_2$, **2**, 660
PbBC$_7$H$_{19}$N$_2$
   PbMe$_3${$\overline{\text{BN(Me)CH}_2\text{CH}_2\text{NMe}}$}, **2**, 633
PbBC$_{10}$H$_{10}$F$_3$
   PbCp$_2$(BF$_3$), **2**, 672
PbB$_4$C$_2$H$_6$
   PbC$_2$B$_4$H$_6$, **1**, 493, 546; **2**, 673
PbB$_4$C$_4$H$_{10}$
   Pb(C$_2$B$_4$H$_4$Me$_2$), **2**, 673
PbB$_4$C$_5$H$_{16}$
   PbMe$_3$(C$_2$B$_4$H$_7$), **1**, 547; **2**, 668
   PbMe$_3$(nido-C$_2$B$_4$H$_7$), **1**, 439
PbB$_5$C$_3$H$_{17}$
   PbMe$_3$(B$_5$H$_8$), **2**, 668
PbB$_9$C$_2$H$_{11}$
   PbC$_2$B$_9$H$_{11}$, **1**, 478, 545; **2**, 673
PbC$_2$H$_6$Br$_2$
   PbBr$_2$(Me)$_2$, **2**, 642
PbC$_2$H$_6$Cl$_2$
   PbCl$_2$(Me)$_2$, **2**, 995
PbC$_2$H$_6$S
   PbS(Me)$_2$, **2**, 1000
PbC$_2$H$_8$
   PbH$_2$(Me)$_2$, **2**, 648
PbC$_3$H$_9$Cl
   PbCl(Me)$_3$, **2**, 644, 663, 995
PbC$_3$H$_9$Cl$_2$O$_2$P
   PbMe$_3$(O$_2$PCl$_2$), **2**, 660
PbC$_3$H$_{10}$
   PbH(Me)$_3$, **2**, 648
PbC$_4$F$_{12}$
   Pb(CF$_3$)$_4$, **2**, 643
PbC$_4$H$_6$Cl$_2$
   PbCl$_2$(CH=CH$_2$)$_2$, **2**, 644
PbC$_4$H$_9$F$_3$
   PbMe$_3$(CF$_3$), **2**, 643
PbC$_4$H$_9$NO
   PbMe$_3$(NCO), **2**, 653
PbC$_4$H$_9$NS
   PbMe$_3$(NCS), **2**, 653

PbC$_4$H$_{10}$Cl$_2$
   PbCl$_2$(Et)$_2$, **2**, 995
PbC$_4$H$_{10}$N$_2$O$_6$
   PbEt$_2$(NO$_3$)$_2$, **2**, 660
PbC$_4$H$_{12}$
   PbMe$_4$, **1**, 6; **2**, 633, 638, 994, 1000; **3**, 101
PbC$_4$H$_{12}$O
   PbMe$_3$(OMe), **2**, 633, 644
PbC$_4$H$_{12}$O$_2$
   Pb(OH)$_2$Et$_2$, **2**, 654
PbC$_4$H$_{12}$O$_4$S$_2$
   PbMe$_2$(O$_2$SMe)$_2$, **2**, 659
PbC$_4$H$_{12}$S
   PbMe$_3$(SMe), **2**, 633
PbC$_5$H$_5$
   $\overline{\text{Pb=CHCH=CHCH=CH}}$, **2**, 544
PbC$_5$H$_5$Cl
   PbCl(Cp), **2**, 672
PbC$_5$H$_9$Cl
   PbMe$_3$(C≡CCl), **2**, 644
PbC$_5$H$_{14}$
   PbMe$_3$(Et), **2**, 633
PbC$_5$H$_{15}$N
   PbMe$_3$(NMe$_2$), **2**, 644
PbC$_6$H$_5$F$_3$
   PbF$_3$(Ph), **2**, 651
PbC$_6$H$_5$NO$_3$
   PbEt$_3$(NO$_3$), **2**, 660
PbC$_6$H$_6$O$_2$
   PbO(OH)(Ph), **2**, 651
PbC$_6$H$_9$Cl
   PbCl(CH=CH$_2$)$_3$, **2**, 644
PbC$_6$H$_{11}$N
   PbMe$_3$(CH=CHCN), **2**, 649
PbC$_6$H$_{12}$
   PbMe$_3$(C≡CMe), **2**, 633
PbC$_6$H$_{12}$N$_2$O
   PbMe$_3${C(N$_2$)Ac}, **2**, 647
PbC$_6$H$_{14}$O$_2$
   PbMe$_3$(CH$_2$CO$_2$Me), **2**, 655
PbC$_6$H$_{15}$Cl
   PbCl(Et)$_3$, **2**, 644, 995
PbC$_6$H$_{15}$I
   PbI(Et)$_3$, **2**, 640
PbC$_6$H$_{16}$
   PbH(Et)$_3$, **2**, 648
   PbMe$_2$(Et)$_2$, **2**, 633
PbC$_6$H$_{16}$O
   Pb(OH)Et$_3$, **2**, 654
PbC$_7$H$_8$O$_2$
   Pb(OAc)Cp, **2**, 672
PbC$_7$H$_{15}$NS
   PbEt$_3$(NCS), **2**, 653

PbC$_7$H$_{15}$NSe
  PbEt$_3$(NCSe), **2**, 653
PbC$_7$H$_{18}$
  PbEt$_3$(Me), **2**, 633
PbC$_7$H$_{18}$O
  PbEt$_3$(OMe), **2**, 644
PbC$_7$H$_{18}$O$_2$
  PbMe$_3$(OOBu^t), **2**, 656
PbC$_7$H$_{19}$N
  PbMe$_3$(NEt$_2$), **2**, 646
PbC$_8$H$_{12}$
  Pb(CH=CH$_2$)$_4$, **1**, 299; **2**, 644
  PbMe$_2$(C≡CMe)$_2$, **2**, 633, 654
PbC$_8$H$_{12}$F$_6$O
  PbMe$_3${C(CF$_3$)=C(CF$_3$)(OMe)}, **2**, 644
PbC$_8$H$_{12}$O$_2$
  Pb(CH=CH$_2$)$_3$(OAc), **2**, 644
PbC$_8$H$_{16}$
  $\overline{\text{Pb}\{(\text{CH}_2)_3\text{CH}_2\}_2}$, **2**, 642
PbC$_8$H$_{16}$O$_2$
  Et(AcO)$\overline{\text{Pb}\{(\text{CH}_2)_3\text{CH}_2\}}$, **2**, 642
PbC$_8$H$_{16}$O$_4$
  PbEt$_2$(OAc)$_2$, **2**, 658
PbC$_8$H$_{18}$
  Et$_2$$\overline{\text{Pb}\{(\text{CH}_2)_3\text{CH}_2\}}$, **2**, 642
PbC$_8$H$_{18}$Cl$_2$
  PbCl$_2$(Bu)$_2$, **2**, 995
PbC$_8$H$_{18}$O$_2$
  PbEt$_3$(OAc), **2**, 653, 658
PbC$_8$H$_{20}$
  PbEt$_4$, **1**, 578, 654; **2**, 638, 639, 994; **7**, 276
PbC$_8$H$_{20}$O$_4$S$_2$
  PbEt$_2$(O$_2$SEt)$_2$, **2**, 659
PbC$_9$H$_9$F$_5$
  PbMe$_3$(C$_6$F$_5$), **2**, 643
PbC$_9$H$_{15}$F$_6$N
  PbMe$_3${C(CF$_3$)=C(CF$_3$)(NMe$_2$)}, **2**, 644
PbC$_9$H$_{20}$
  Et$_2$$\overline{\text{Pb}\{(\text{CH}_2)_4\text{CH}_2\}}$, **2**, 642
PbC$_{10}$H$_{10}$
  Pb(C$_5$H$_5$)$_2$, **1**, 16; **2**, 645, 672
PbC$_{10}$H$_{20}$
  $\overline{\text{Pb}\{(\text{CH}_2)_4\text{CH}_2\}_2}$, **2**, 633
  PbEt$_3$(CH=CHCH=CH$_2$), **2**, 644
PbC$_{10}$H$_{21}$NO
  PbEt$_3${CH(CN)CH$_2$OMe}, **2**, 655
PbC$_{10}$H$_{22}$
  PbEt$_3$(CH=CHEt), **2**, 644
  PbEt$_3$(CH=CMe$_2$), **2**, 644
PbC$_{10}$H$_{25}$N
  PbEt$_3$(NEt$_2$), **2**, 663
  PbEt$_3$(NHBu^s), **2**, 663
PbC$_{11}$H$_{14}$
  PbMe$_3$(C≡CPh), **2**, 655
PbC$_{11}$H$_{20}$
  PbEt$_3$(Cp), **2**, 655
PbC$_{11}$H$_{22}$O$_2$
  PbMe$_3$$\overline{\{\text{C}(\text{CO}_2\text{Et})\text{CH}_2\text{CMe}_2\}}$, **2**, 647
PbC$_{11}$H$_{28}$NP
  PbMe$_3${NH(PBu$^t_2$)}, **2**, 663
PbC$_{12}$H$_{10}$Cl$_2$
  PbCl$_2$(Ph)$_2$, **1**, 9; **2**, 642
PbC$_{12}$H$_{10}$F$_2$
  PbF$_2$(Ph)$_2$, **2**, 651
PbC$_{12}$H$_{10}$N$_6$
  PbPh$_2$(N$_3$)$_2$, **2**, 653

PbC$_{12}$H$_{10}$N$_{12}$
  [PbPh$_2$(N$_3$)$_4$]$^{2-}$, **2**, 653
PbC$_{12}$H$_{10}$O
  PbO(Ph)$_2$, **2**, 645, 653
PbC$_{12}$H$_{10}$O$_3$Se
  PbPh$_2$(SeO$_3$), **2**, 659
PbC$_{12}$H$_{12}$
  Pb(C≡CMe)$_4$, **2**, 633
PbC$_{12}$H$_{14}$
  Pb(C$_5$H$_4$Me)$_2$, **2**, 671
PbC$_{12}$H$_{14}$O$_6$
  PbPh(OAc)$_3$, **2**, 657
PbC$_{12}$H$_{16}$
  PbMe$_3$(C$_9$H$_7$), **2**, 646
PbC$_{12}$H$_{20}$O$_4$
  PbMe$_2$(acac)$_2$, **2**, 655
PbC$_{12}$H$_{27}$Cl
  PbCl(Bu)$_3$, **2**, 995
PbC$_{12}$H$_{28}$
  PbH(Bu)$_3$, **2**, 648
PbC$_{13}$H$_{23}$P
  PbMe$_3${PPh(Bu^t)}, **2**, 665
PbC$_{14}$H$_{10}$N$_2$S$_2$
  PbPh$_2$(NCS)$_2$, **2**, 653
PbC$_{14}$H$_{14}$
  Me$_2$$\overline{\text{Pb}(\text{C}_6\text{H}_4\text{C}_6\text{H}_4)}$, **2**, 642
PbC$_{14}$H$_{22}$
  PbEt$_3$(CH=CHPh), **2**, 644
PbC$_{15}$H$_{31}$N
  PbBu$_3$(CH$_2$CH$_2$CN), **2**, 648
PbC$_{16}$H$_{10}$N$_4$S$_4$
  [PbPh$_2$(NCS)$_4$]$^{2-}$, **2**, 653
PbC$_{16}$H$_{16}$
  PbPh$_2$(CH=CH$_2$)$_2$, **2**, 644
PbC$_{16}$H$_{16}$O$_4$
  PbPh$_2$(OAc)$_2$, **2**, 653
PbC$_{16}$H$_{18}$
  PbMe$_3$(C$_{13}$H$_9$), **2**, 646
  Ph$_2$$\overline{\text{Pb}\{(\text{CH}_2)_3\text{CH}_2\}}$, **2**, 642
PbC$_{16}$H$_{34}$O$_2$
  PbBu$_3$(CH$_2$CH$_2$CO$_2$Me), **2**, 648
PbC$_{16}$H$_{36}$
  PbBu$_4$, **2**, 659
PbC$_{16}$H$_{36}$O$_4$S$_2$
  PbBu$_2$(O$_2$SBu)$_2$, **2**, 659
PbC$_{17}$H$_{19}$P
  PbMe$_3$(C≡CPPh$_2$), **2**, 644
PbC$_{17}$H$_{20}$
  Ph$_2$$\overline{\text{Pb}\{(\text{CH}_2)_4\text{CH}_2\}}$, **2**, 642
PbC$_{17}$H$_{32}$N$_2$
  PbBu$_3${N=C=C(Et)CN}, **2**, 664
PbC$_{18}$H$_{15}$
  [PbPh$_3$]$^-$, **2**, 638
PbC$_{18}$H$_{15}$Cl
  PbCl(Ph)$_3$, **2**, 650
PbC$_{18}$H$_{15}$F
  PbF(Ph)$_3$, **2**, 638, 651
PbC$_{18}$H$_{15}$NO
  PbPh$_3$(NO), **2**, 664
PbC$_{18}$H$_{15}$N$_3$
  PbPh$_3$(N$_3$), **2**, 664
PbC$_{18}$H$_{16}$N$_4$
  PbPh$_2$(C$_3$H$_3$N$_2$)$_2$, **2**, 645
PbC$_{18}$H$_{16}$O
  Pb(OH)Ph$_3$, **2**, 655
PbC$_{18}$H$_{19}$O$_6$

PbC$_{18}$H$_{19}$O$_6$
    [PbPh$_2$(OAc)$_3$]$^-$, **2**, 630
PbC$_{19}$H$_{15}$Cl$_3$
    PbPh$_3$(CCl$_3$), **2**, 646
PbC$_{19}$H$_{15}$N
    PbPh$_3$(CN), **2**, 653
PbC$_{19}$H$_{15}$NS
    PbPh$_3$(NCS), **2**, 653
PbC$_{19}$H$_{15}$N$_4$
    [PbPh$_3$(N$_3$)(NCS)]$^-$, **2**, 653
PbC$_{19}$H$_{17}$I
    PbPh$_3$(CH$_2$I), **2**, 646
PbC$_{20}$H$_{15}$N$_3$
    PbPh$_3${N(CN)$_2$}, **2**, 653
PbC$_{20}$H$_{16}$
    PbPh$_3$(C≡CH), **2**, 644
PbC$_{20}$H$_{18}$
    PbPh$_3$(CH=CH$_2$), **2**, 644
PbC$_{20}$H$_{18}$O
    PbPh$_3$(Ac), **2**, 646
    PbPh$_3$(CHCH$_2$O), **2**, 644
PbC$_{20}$H$_{18}$O$_2$
    PbPh$_3$(OAc), **2**, 655
PbC$_{20}$H$_{20}$O
    PbPh$_3$(CH$_2$CH$_2$OH), **2**, 668
    PbPh$_3$(OEt), **2**, 667
PbC$_{20}$H$_{20}$S
    PbPh$_3$(CH$_2$CH$_2$SH), **2**, 668
PbC$_{20}$H$_{21}$S
    [PbPh$_3$(SMe$_2$)]$^+$, **2**, 661
PbC$_{20}$H$_{34}$
    PbBu$_3$(CH=CHPh), **2**, 648
PbC$_{20}$H$_{36}$
    PbBu$_3$(CH$_2$CH$_2$Ph), **2**, 648
PbC$_{21}$H$_{16}$O$_2$
    PbPh$_3$(O$_2$CC≡CH), **2**, 644
PbC$_{21}$H$_{18}$Cl$_2$
    PbPh$_3$(CCl$_2$CH=CH$_2$), **2**, 39
PbC$_{21}$H$_{18}$N$_2$
    PbPh$_3$(C$_3$H$_3$N$_2$), **2**, 644, 645
PbC$_{21}$H$_{20}$O$_2$
    PbPh$_3$(CO$_2$Et), **2**, 646
PbC$_{21}$H$_{22}$O
    PbPh$_3${(CH$_2$)$_3$OH}, **2**, 668
PbC$_{22}$H$_{15}$N$_3$
    PbPh$_3${N=C=C(CN)$_2$}, **2**, 654
PbC$_{22}$H$_{20}$
    PbPh$_2$(Cp)$_2$, **2**, 656
PbC$_{22}$H$_{22}$O$_2$
    PbPh$_3$(CH$_2$CO$_2$Et), **2**, 655
PbC$_{22}$H$_{23}$NO
    PbPh$_3$(CH$_2$CH$_2$NHAc), **2**, 668
PbC$_{22}$H$_{24}$
    PbPh$_3$(Bu^s), **2**, 638
PbC$_{22}$H$_{24}$O$_2$
    PbPh$_3$(OOBu^t), **2**, 656
PbC$_{22}$H$_{25}$N
    PbPh$_3$(NEt$_2$), **2**, 644, 663
PbC$_{22}$H$_{34}$N$_2$
    PbBu$_3${N=C=C(Bz)CN}, **2**, 664
PbC$_{23}$H$_{20}$
    PbPh$_3$(Cp), **2**, 656
PbC$_{23}$H$_{25}$NO
    PbPh$_3$(CONEt$_2$), **2**, 646
PbC$_{23}$H$_{47}$N$_3$
    PbEt$_3${N(Cy)C(NEt$_2$)=NCy}, **2**, 663
PbC$_{24}$F$_{20}$
    Pb(C$_6$F$_5$)$_4$, **2**, 643
PbC$_{24}$H$_{10}$F$_{10}$
    PbPh$_2$(C$_6$F$_5$)$_2$, **2**, 643
PbC$_{24}$H$_{15}$F$_5$
    PbPh$_3$(C$_6$F$_5$), **2**, 643
PbC$_{24}$H$_{18}$Cl$_2$S$_2$
    PbPh$_2$(SC$_6$H$_4$Cl)$_2$, **2**, 661
PbC$_{24}$H$_{19}$Br
    PbPh$_3$(C$_6$H$_4$Br), **1**, 238
PbC$_{24}$H$_{20}$
    PbPh$_4$, **2**, 638
PbC$_{24}$H$_{20}$O$_4$S$_2$
    PbPh$_2$(O$_2$SPh)$_2$, **2**, 659
PbC$_{24}$H$_{20}$S
    PbPh$_3$(SPh), **2**, 660
PbC$_{24}$H$_{20}$S$_2$
    PbPh$_2$(SPh)$_2$, **2**, 661
PbC$_{24}$H$_{21}$N$_3$O$_4$
    PbPh$_3${NN=NC(CO$_2$Me)=C(CO$_2$Me)}, **2**, 664
PbC$_{24}$H$_{26}$
    PbPh$_3$(Cy), **2**, 641
PbC$_{25}$H$_7$F$_{15}$
    PbBz(C$_6$F$_5$)$_3$, **2**, 643
PbC$_{25}$H$_{20}$O
    PbPh$_3$(COPh), **2**, 646
PbC$_{25}$H$_{20}$O$_2$
    PbPh$_3$(C$_6$H$_4$CO$_2$H), **1**, 238
PbC$_{25}$H$_{21}$F
    PbPh$_3$(CH$_2$C$_6$H$_4$F), **2**, 659
PbC$_{25}$H$_{21}$FO$_6$S$_3$
    Pb(CH$_2$C$_6$H$_4$F)(O$_2$SPh)$_3$, **2**, 659
PbC$_{25}$H$_{22}$
    PbPh$_3$(Bz), **2**, 641
PbC$_{26}$H$_{20}$
    PbPh$_3$(C≡CPh), **2**, 644
PbC$_{26}$H$_{22}$
    Ph$_2$Pb(C$_6$H$_4$CH$_2$CH$_2$C$_6$H$_4$), **2**, 642
PbC$_{26}$H$_{23}$N
    Ph$_2$Pb{C$_6$H$_4$N(Et)C$_6$H$_4$}, **2**, 642
PbC$_{26}$H$_{42}$N$_2$
    PbBu$_3${N=C=C(CN)CH(Ph)Bu^t}, **2**, 664
PbC$_{27}$H$_{20}$O$_2$
    PbPh$_3$(O$_2$CC≡CPh), **2**, 644
PbC$_{30}$H$_{25}$P
    PbPh$_3$(PPh$_2$), **2**, 665
PbC$_{30}$H$_{26}$
    Me$_2$Pb{C(Ph)=C(Ph)C(Ph)=CPh}, **2**, 642
PbC$_{31}$H$_{25}$N
    PbPh$_3${C(Ph)=NPh}, **2**, 646
PbC$_{32}$H$_{25}$P
    PbPh$_3$(C≡CPPh$_2$), **2**, 644
PbC$_{36}$H$_{75}$Cl
    PbCl(C$_{12}$H$_{25}$)$_3$, **2**, 650
PbC$_{42}$H$_{35}$N$_2$P
    PbPh$_3${N(Ph)P(Ph)$_2$=NPh}, **2**, 665
PbC$_{46}$H$_{35}$BrN$_4$
    Pb{C(Ph)=NPh}$_3${C(Br)=NPh}, **2**, 652
PbCoC$_{22}$H$_{15}$O$_4$
    Co(PbPh$_3$)(CO)$_4$, **3**, 118
PbCoC$_{30}$H$_{25}$O$_4$
    Co{C(OEt)Ph}(PbPh$_3$)(CO)$_3$, **5**, 156
PbCo$_2$C$_8$O$_8$
    Pb{Co(CO)$_4$}$_2$, **6**, 997
PbCo$_2$C$_{20}$H$_{10}$O$_8$
    PbPh$_2${Co(CO)$_4$}$_2$, **2**, 669
PbCo$_4$C$_{16}$O$_{16}$

Pb{Co(CO)$_4$}$_4$, **5**, 12; **6**, 1055
PbCrC$_{11}$H$_{14}$O$_3$
  Cr(PbMe$_3$)(CO)$_3$Cp, **3**, 963
PbCrC$_{23}$H$_{15}$O$_5$
  [Cr(PbPh$_3$)(CO)$_5$]$^-$, **2**, 668; **6**, 1046
PbCrC$_{26}$H$_{20}$O$_3$
  Cr(PbPh$_3$)(CO)$_3$Cp, **3**, 962
PbFeC$_{10}$H$_{14}$O$_2$
  Fp(PbMe$_3$), **2**, 668
PbFeC$_{21}$H$_{15}$NO$_4$
  Fe(PbPh$_3$)(CO)$_3$(NO), **2**, 669
PbFe$_2$C$_{16}$H$_{16}$O$_4$
  PbMe$_2$(Fp)$_2$, **2**, 630; **4**, 591
PbFe$_3$C$_{12}$O$_{12}$
  Fe$_3$(CO)$_{12}$Pb, **4**, 311
PbGeC$_7$H$_{21}$N
  PbMe$_3${N(Me)GeMe$_3$}, **2**, 663
PbGeC$_{30}$H$_{42}$
  PbBu$_3$(GePh$_3$), **2**, 667
PbGeC$_{36}$H$_{30}$
  PbPh$_3$(GePh$_3$), **2**, 667
PbGeC$_{37}$H$_{32}$
  PbPh$_3$(CH$_2$GePh$_3$), **2**, 409
PbGeC$_{38}$H$_{30}$
  Ph$_3$PbC≡CGePh$_3$, **2**, 644
PbLiC$_{18}$H$_{15}$
  LiPbPh$_3$, **2**, 667
PbLiC$_{18}$H$_{15}$S
  PbPh$_3$(SLi), **2**, 662
PbLiC$_{18}$H$_{15}$Te
  PbPh$_3$(TeLi), **2**, 662
PbLiC$_{19}$H$_{17}$
  PbPh$_3$(CH$_2$Li), **2**, 646
PbMgC$_3$H$_9$Cl
  PbMe$_3$(MgCl), **2**, 668
PbMgC$_{18}$H$_{15}$Cl
  PbPh$_3$(MgCl), **2**, 668
PbMgSi$_3$C$_{12}$H$_{33}$Cl
  Pb(CH$_2$SiMe$_3$)$_3$(MgCl), **2**, 668
PbMnC$_5$Cl$_3$O$_5$
  Mn(PbCl$_3$)(CO)$_5$, **6**, 1067
PbMnC$_8$H$_9$O$_5$
  Mn(PbMe$_3$)(CO)$_5$, **2**, 668
PbMnC$_{11}$H$_{15}$O$_5$
  Mn(PbEt$_3$)(CO)$_5$, **2**, 668
PbMnC$_{22}$H$_{18}$NO$_4$
  Mn(PbPh$_3$)(CO)$_4$(CNMe), **4**, 148
PbMn$_2$C$_{12}$H$_6$O$_{10}$
  PbMe$_2${Mn(CO)$_5$}$_2$, **2**, 668
PbMoC$_{23}$H$_{15}$O$_5$
  [Mo(PbPh$_3$)(CO)$_5$]$^-$, **2**, 668; **6**, 1046
PbMoC$_{26}$H$_{20}$O$_3$
  Mo(PbPh$_3$)(CO)$_3$Cp, **2**, 630; **3**, 1127, 1188
PbMoSi$_4$C$_{19}$H$_{38}$O$_5$
  Mo(CO)$_5$[Pb{CH(SiMe$_3$)$_2$}$_2$], **2**, 671
PbNaC$_{18}$H$_{15}$
  NaPbPh$_3$, **2**, 667
PbNaC$_{20}$H$_{15}$
  NaC≡CPbPh$_3$, **2**, 644
PbNaNiC$_{92}$H$_{100}$O$_5$P$_3$
  NaNi(PbPh$_3$)(PPh$_3$)$_3${$\overline{\text{O(CH}_2\text{)}_3\text{CH}_2}$}$_5$, **2**, 669
PbNiC$_{41}$H$_{35}$P
  Ni(PbPh$_3$)(PPh$_3$)Cp, **6**, 87
PbPdSi$_4$C$_{15}$H$_{41}$ClN$_2$
  {(Me$_3$Si)$_2$N}$_2$PbPd(CH$_2$CHCH$_2$)Cl, **6**, 1054
PbPtC$_{30}$H$_{29}$ClN$_2$
  PtCl(Me)$_2$(PbPh$_3$)(bipy), **6**, 583
PbPtC$_{39}$H$_{39}$ClP$_2$
  PtCl(PbMe$_3$)(PPh$_3$)$_2$, **2**, 670
PbPtC$_{40}$H$_{42}$P$_2$
  PtMe(PbMe$_3$)(PPh$_3$)$_2$, **2**, 670
PbPtC$_{45}$H$_{44}$P$_2$
  PtPh(PbMe$_3$)(PPh$_3$)$_2$, **2**, 670
PbPtC$_{54}$H$_{45}$BrP$_2$
  PtPh{PbBr(Ph)$_2$}(PPh$_3$)$_2$, **2**, 670
PbPtC$_{54}$H$_{45}$ClP$_2$
  PtCl(PbPh$_3$)(PPh$_3$)$_2$, **6**, 1048
PbPtC$_{60}$H$_{50}$P$_2$
  PtPh(PbPh$_3$)(PPh$_3$)$_2$, **2**, 670; **6**, 536
PbReC$_5$Cl$_3$O$_5$
  Re(PbCl$_3$)(CO)$_5$, **6**, 1067
PbReC$_8$H$_9$O$_5$
  Re(PbMe$_3$)(CO)$_5$, **2**, 668; **4**, 204
PbReC$_{26}$H$_{19}$O$_3$
  Re(CO)$_3$(η^5-C$_5$H$_4$PbPh$_3$), **4**, 207
PbRe$_2$C$_{12}$H$_6$O$_{10}$
  PbMe$_2${Re(CO)$_5$}$_2$, **2**, 668
PbSiC$_7$H$_{18}$N$_2$
  PbMe$_3${C(N$_2$)SiMe$_3$}, **2**, 647
PbSiC$_7$H$_{21}$N
  PbMe$_3${NMe(SiMe$_3$)}, **2**, 663
PbSiC$_{10}$H$_{27}$N
  PbMe$_3${NBu^t(SiMe$_3$)}, **2**, 121
PbSiC$_{14}$H$_{26}$N$_2$
  PbMe$_3${N(Me)C(Ph)=NSiMe$_3$}, **2**, 663
PbSiC$_{24}$H$_{27}$Cl
  PbPh$_3${CH$_2$CH=C(Cl)SiMe$_3$}, **2**, 39; **7**, 533
PbSiC$_{36}$H$_{30}$O
  PbPh$_3$(OSiPh$_3$), **2**, 630
PbSiC$_{38}$H$_{30}$
  PbPh$_3$(C≡CSiPh$_3$), **2**, 644
PbSi$_2$C$_9$H$_{27}$N
  PbMe$_3${N(SiMe$_3$)$_2$}, **2**, 647, 663
PbSi$_4$C$_{12}$H$_{36}$N$_2$
  Pb{N(SiMe$_3$)$_2$}$_2$, **2**, 129
PbSi$_4$C$_{14}$H$_{38}$
  Pb{CH(SiMe$_3$)$_2$}$_2$, **2**, 671
PbSnC$_6$H$_{18}$
  PbMe$_3$(SnMe$_3$), **2**, 633
PbSnC$_6$H$_{19}$N$_3$O
  PbMe$_3$(N$_3$){Sn(OH)Me$_3$}, **2**, 653
PbSnC$_{27}$H$_{29}$P
  PbPh$_3${PPh(SnMe$_3$)}, **2**, 665
PbSnC$_{36}$H$_{30}$
  PbPh$_3$(SnPh$_3$), **2**, 667
PbSnC$_{38}$H$_{30}$
  Ph$_3$PbC≡CSnPh$_3$, **2**, 644
PbSn$_2$C$_9$H$_{27}$N
  PbMe$_3${N(SnMe$_3$)$_2$}, **2**, 633
PbSn$_2$C$_{54}$H$_{45}$P
  PbPh$_3${P(SnPh$_3$)$_2$}, **2**, 665
PbTiC$_{16}$H$_{27}$N
  Ti(NH$_2$)(PbEt$_3$)Cp$_2$, **3**, 424
PbTiC$_{28}$H$_{25}$
  Ti(PbPh$_3$)Cp$_2$, **6**, 1058
PbWC$_{11}$H$_{14}$O$_3$
  W(PbMe$_3$)(CO)$_3$Cp, **3**, 1338
PbWC$_{23}$H$_{15}$O$_5$
  [W(PbPh$_3$)(CO)$_5$]$^-$, **2**, 668; **6**, 1046
PbWC$_{28}$H$_{26}$
  WH(PbPh$_3$)Cp$_2$, **3**, 1348
Pb$_2$As$_2$PtC$_{48}$H$_{60}$

$Pb_2As_2PtC_{48}H_{60}$

    $Pt(PbPh_3)_2(AsEt_3)_2$, **2**, 669
$Pb_2C_6H_{18}$
    Pb_2Me_6, **2**, 648, 666
$Pb_2C_6H_{18}S$
    $(Me_3Pb)_2S$, **2**, 1000
$Pb_2C_6H_{18}Te$
    $(Me_3Pb)_2Te$, **3**, 880
$Pb_2C_7H_{18}N_2$
    $(Me_3Pb)_2CN_2$, **2**, 647
$Pb_2C_{16}H_{23}P$
    $(Me_3PbC\equiv C)_2PPh$, **2**, 644
$Pb_2C_{24}H_{24}O_6$
    $Pb_2Ph_3(OAc)_3$, **2**, 667
$Pb_2C_{36}H_{30}$
    Pb_2Ph_6, **2**, 650, 667
$Pb_2C_{36}H_{30}O$
    $(Ph_3Pb)_2O$, **2**, 667
$Pb_2C_{36}H_{30}S$
    $(Ph_3Pb)_2S$, **2**, 662, 667
$Pb_2C_{36}H_{30}Se$
    $(Ph_3Pb)_2Se$, **2**, 662
$Pb_2C_{36}H_{30}Te$
    $(Ph_3Pb)_2Te$, **2**, 662
$Pb_2C_{37}H_{30}Cl_2$
    $(Ph_3Pb)_2CCl_2$, **2**, 646
$Pb_2C_{37}H_{30}N_2$
    $C(=NPbPh_3)_2$, **2**, 654
$Pb_2C_{37}H_{32}$
    $(Ph_3Pb)_2CH_2$, **2**, 646, 668
$Pb_2C_{38}H_{30}$
    $Ph_3PbC\equiv CPbPh_3$, **2**, 644
$Pb_2C_{40}H_{34}O_3$
    $(Ph_3PbCH_2CO)_2O$, **2**, 655
$Pb_2C_{42}H_{35}P$
    $(Ph_3Pb)_2PPh$, **2**, 665
$Pb_2C_{60}H_{50}N_3P$
    $(Ph_3PNPh)_2P(Ph)=NPh$, **2**, 665
$Pb_2C_{72}H_{150}$
    $Pb_2(C_{12}H_{25})_6$, **2**, 650
$Pb_2CoC_{39}H_{30}O_3$
    $[Co(PbPh_3)_2(CO)_3]^-$, **2**, 669; **5**, 13, 32
$Pb_2CrC_{11}H_{18}O_5Se$
    $Cr(CO)_5\{Se(PbMe_3)_2\}$, **3**, 796
$Pb_2CrC_{11}H_{18}O_5Te$
    $Cr(CO)_5\{Te(PbMe_3)_2\}$, **3**, 880
$Pb_2FeC_{10}H_{18}O_4$
    $Fe(PbMe_3)_2(CO)_4$, **6**, 1045
$Pb_2FeC_{40}H_{30}O_4$
    $Fe(PbPh_3)_2(CO)_4$, **2**, 669; **6**, 1048
$Pb_2Fe_2C_{16}H_{20}O_8$
    $\{Fe(PbEt_2)(CO)_4\}_2$, **4**, 309
$Pb_2Fe_2C_{32}H_{20}O_8$
    $\{Fe(PbPh_2)(CO)_4\}_2$, **4**, 310
$Pb_2Fe_4C_{18}H_6O_{16}$
    $Me_2Pb\{Fe(CO)_4\}_2Pb\{Fe(CO)_4\}_2$, **6**, 1079
$Pb_2MnC_{40}H_{30}O_4$
    $[Mn(PbPh_3)_2(CO)_4]^-$, **2**, 668; **4**, 26
$Pb_2MoC_{11}H_{18}O_5Se$
    $Mo(CO)_5\{Se(PbMe_3)_2\}$, **3**, 1084
$Pb_2MoC_{11}H_{18}O_5Te$
    $Mo(CO)_5\{Te(PbMe_3)_2\}$, **3**, 880, 1084
$Pb_2PdC_{48}H_{60}P_2$
    $Pd(PbPh_3)_2(PEt_3)_2$, **2**, 669
$Pb_2PdC_{54}H_{45}P$
    $Pd(PbPh_3)_2(PPh_3)$, **2**, 670
$Pb_2PdC_{72}H_{60}P_2$
    $Pd(PbPh_3)_2(PPh_3)_2$, **6**, 256
$Pb_2PtC_{48}H_{60}P_2$

    $Pt(PbPh_3)_2(PEt_3)_2$, **2**, 669
$Pb_2PtC_{72}H_{60}P_2$
    $PtPh(Pb_2Ph_5)(PPh_3)_2$, **2**, 670
$Pb_2ReC_{40}H_{30}O_4$
    $[Re(PbPh_3)_2(CO)_4]^-$, **2**, 668; **4**, 204
$Pb_2RhC_{12}H_{23}O$
    $Rh(PbMe_3)_2(CO)Cp$, **2**, 669
$Pb_2RuC_{10}H_{18}O_4$
    $Ru(PbMe_3)_2(CO)_4$, **4**, 912
$Pb_2VC_{41}H_{30}O_5$
    $[V(CO)_5(PbPh_3)_2]^-$, **3**, 655; **6**, 1060
$Pb_2WC_{11}H_{18}O_5Se$
    $W(CO)_5\{Se(PbMe_3)_2\}$, **3**, 1262
$Pb_2WC_{11}H_{18}O_5Te$
    $W(CO)_5\{Te(PbMe_3)_2\}$, **3**, 880, 1262
$Pb_3C_9H_{27}N$
    $(Me_3Pb)_3N$, **2**, 663
$Pb_3C_{36}H_{30}S_2$
    $(Ph_2PbS)_3$, **2**, 662
$Pb_3C_{54}H_{45}P$
    $(Ph_3Pb)P$, **2**, 665
$Pb_3C_{55}H_{46}$
    $(Ph_3Pb)_3CH$, **2**, 668
$Pb_4C_{49}H_{40}Br_4$
    $\{PbBr(Ph)_2\}_4C$, **2**, 630
$Pb_4C_{73}H_{60}$
    $(Ph_3Pb)_4C$, **2**, 668
$Pb_4GeC_{72}H_{60}$
    $Ge(PbPh_3)_4$, **2**, 667
$Pb_4SnC_{72}H_{60}$
    $Sn(PbPh_3)_4$, **2**, 667
$Pb_5C_{72}H_{60}$
    $Pb(PbPh_3)_4$, **2**, 665
$PdAsC_8H_{18}ClN$
    $PdCl(CNMe)(AsEt_3)$, **6**, 286
$PdAsC_{12}H_{21}Cl_2$
    $PdCl_2\{As(CH_2CH_2CH=CH_2)_3\}$, **6**, 353
$PdAsC_{13}H_{20}ClN$
    $PdCl(CNPh)(AsEt_3)$, **6**, 286
$PdAsC_{22}H_{22}Cl$
    $PdCl(CH_2CMeCH_2)(AsPh_3)$, **6**, 418
$PdAsC_{23}H_{24}Cl$
    $PdCl(CH_2CHCMe_2)(AsPh_3)$, **6**, 414
$PdAsC_{23}H_{24}ClO$
    $PdCl(CH_2CMeCHOMe)(AsPh_3)$, **6**, 418
$PdAsC_{24}H_{26}Cl$
    $PdCl(CH_2CMeCMe_2)(AsPh_3)$, **6**, 414
$PdAsC_{25}H_{20}Cl_2N$
    $PdCl_2(CNPh)(AsPh_3)$, **6**, 292
$PdAsC_{31}H_{20}N_5P$
    $Pd(CNPh)(PPh_3)\{(CN)_2C=C(CN)_2\}$, **6**, 246
$PdAsC_{31}H_{27}F_6O_3$
    $Pd\{C_7H_8(OMe)\}(hfacac)(AsPh_3)$, **6**, 316
$PdAsC_{38}H_{32}O_2P$
    $Pd(CH_2COO)(PPh_3)(AsPh_3)$, **6**, 259
$PdAs_2C_{14}H_{33}ClN$
    $PdCl(CNMe)(AsEt_3)_2$, **6**, 286
$PdAs_2C_{19}H_{35}ClN$
    $PdCl(CNPh)(AsEt_3)_2$, **6**, 286
$PdAs_2C_{31}H_{33}$
    $[Pd(MeCHCHCHMe)(Ph_2AsCH_2CH_2AsPh_2)]^+$, **6**, 396
$PdAs_2C_{40}H_{32}N_2$
    $Pd(AsPh_3)_2(NCCH=CHCN)$, **6**, 247
$PdAs_2C_{43}H_{30}F_5O$
    $[Pd(C_6F_5)(CO)(AsPh_3)_2]^+$, **6**, 281
$PdAs_2C_{43}H_{32}N_4$
    $\overline{Pd\{C(CN)_2CH_2C(CN)_2\}(AsPh_3)_2}$, **6**, 255, 313
$PdAs_2C_{45}H_{36}N_4$

$\overline{Pd\{C(CN)_2CMe_2C(CN)_2\}}(AsPh_3)_2$, **6**, 255, 313
PdAs$_4$C$_{20}$H$_{32}$
  Pd(diars)$_2$, **6**, 244
PdAs$_4$C$_{72}$H$_{60}$
  Pd(AsPh$_3$)$_4$, **6**, 244
PdBC$_5$H$_{15}$Cl$_2$N$_2$
  PdCl$_2$\{BMe(NMe$_2$)$_2$\}, **6**, 897
PdB$_2$Si$_2$C$_{24}$H$_{30}$
  Pd\{PhB(CH=CH)$_2$SiMe$_2$\}$_2$, **1**, 401
PdB$_9$C$_{14}$H$_{33}$N$_2$
  Pd(C$_2$B$_9$H$_9$Me$_2$)(CNBu^t)$_2$, **6**, 287
PdB$_{10}$C$_2$H$_{12}$N$_2$
  [Pd(CN)$_2$(B$_{10}$H$_{12}$)]$^{2-}$, **6**, 937
PdB$_{10}$C$_{15}$H$_{42}$P$_2$
  Pd(CH$_2$CH$_2$PEt$_2$)(C$_2$B$_{10}$H$_{10}$Me)(PEt$_3$), **6**, 309
PdB$_{10}$C$_{18}$H$_{22}$Br$_2$N$_2$
  PdBr$_2$\{C$_6$H$_4$(C$_2$B$_{10}$H$_{10}$)\}(bipy), **6**, 340
PdB$_{10}$C$_{18}$H$_{22}$N$_2$
  Pd\{C$_6$H$_4$(C$_2$B$_{10}$H$_{10}$)\}(bipy), **6**, 309, 340
PdB$_{10}$C$_{38}$H$_{40}$P$_2$
  Pd(C$_2$B$_{10}$H$_{10}$)(PPh$_3$)$_2$, **6**, 309
PdB$_{18}$C$_4$H$_{22}$
  [Pd(C$_2$B$_9$H$_{11}$)$_2$]$^{2-}$, **1**, 519
PdCBr$_3$O
  [PdBr$_3$(CO)]$^-$, **6**, 280
PdCClO
  PdCl(CO), **6**, 271
PdCCl$_3$O
  [PdCl$_3$(CO)]$^-$, **6**, 283
PdC$_2$H$_4$Cl$_3$
  [PdCl$_3$(CH$_2$=CH$_2$)]$^-$, **6**, 354
PdC$_2$H$_6$Cl$_2$O
  PdCl$_2$(CH$_2$=CH$_2$)(H$_2$O), **6**, 354
PdC$_3$H$_5$Cl$_2$
  [PdCl$_2$(CH$_2$CHCH$_2$)]$^-$, **6**, 421
PdC$_3$H$_6$Cl$_3$
  [PdCl$_3$(MeCH=CH$_2$)]$^-$, **6**, 354
PdC$_3$H$_8$Cl$_2$O
  PdCl$_2$(MeCH=CH$_2$)(H$_2$O), **6**, 354
PdC$_3$H$_8$Cl$_3$N
  PdCl$_3$(CH$_2$=CHCH$_2$NH$_3$), **6**, 352
PdC$_4$H$_8$Cl$_2$
  PdCl$_2$(CH$_2$=CH$_2$), **6**, 352
  PdCl$_2$(H)(CH$_2$CH$_2$CH=CH$_2$), **8**, 376
PdC$_4$H$_8$Cl$_3$
  [PdCl$_3$(EtCH=CH$_2$)]$^-$, **6**, 354
  [PdCl$_3$(Me$_2$C=CH$_2$)]$^-$, **6**, 387
PdC$_4$H$_{10}$Cl$_2$O
  PdCl$_2$(EtCH=CH$_2$)(H$_2$O), **6**, 354
PdC$_4$N$_4$
  [Pd(CN)$_4$]$^{4-}$, **6**, 248
PdC$_4$O$_4$
  Pd(CO)$_4$, **6**, 240
PdC$_5$H$_5$NO
  Pd(NO)Cp, **6**, 448
PdC$_5$H$_6$Cl$_2$
  PdCl$_2$(C$_5$H$_6$), **6**, 337
PdC$_5$H$_{10}$Br$_2$S
  PdBr$_2$(CH$_2$CHCHSMe$_2$), **6**, 302
PdC$_6$ClF$_5$
  PdCl(C$_6$F$_5$), **6**, 314
PdC$_6$Cl$_4$O$_4$
  PdCl$_2$(C$_6$Cl$_2$O$_4$), **6**, 333
PdC$_6$F$_6$O$_2$
  Pd(CO)$_2$(CF$_3$C≡CCF$_3$), **6**, 465
PdC$_6$H$_2$N$_2$

[Pd(C≡CH)$_2$(CN)$_2$]$^{2-}$, **6**, 304
PdC$_6$H$_6$Cl$_2$
  PdCl$_2$(C$_6$H$_6$), **6**, 372
PdC$_6$H$_8$ClO$_5$
  Pd(C$_6$H$_6$)(H$_2$O)(ClO$_4$), **6**, 265
PdC$_6$H$_{10}$
  Pd(CH$_2$CHCH$_2$)$_2$, **6**, 403, 410, 429; **8**, 397
PdC$_6$H$_{10}$Cl$_2$
  PdCl$_2$(CH$_2$=CHCH$_2$CH$_2$CH=CH$_2$), **6**, 367
PdC$_6$H$_{10}$O$_2$S
  Pd(SO$_2$CH$_2$CH=CH$_2$)(CH$_2$CHCH$_2$), **6**, 432
PdC$_6$H$_{10}$O$_4$
  Pd(OAc)$_2$(CH$_2$=CH$_2$), **6**, 355
PdC$_6$H$_{12}$
  Pd(CH$_2$=CH$_2$)$_3$, **6**, 247
PdC$_6$H$_{13}$BrF$_2$NP
  PdBr(MeCHCHCH$_2$)(F$_2$PNMe$_2$), **6**, 417
PdC$_6$H$_{14}$Cl$_2$N$_2$O$_2$
  PdCl$_2$\{C(NHMe)(OMe)\}$_2$, **6**, 298
PdC$_7$H$_5$Cl$_3$N
  [PdCl$_3$(CNPh)]$^-$, **6**, 285, 290
PdC$_7$H$_8$Cl$_2$
  PdCl$_2$(nbd), **6**, 284, 317, 365, 371, 376
PdC$_7$H$_9$Cl$_2$NO
  PdCl$_2$(CH$_2$=CH$_2$)(C$_5$H$_5$NO), **6**, 356
PdC$_7$H$_{21}$IP$_2$
  PdI(Me)(PMe$_3$)$_2$, **6**, 251
PdC$_8$H$_4$
  [Pd(C≡CH)$_4$]$^{2-}$, **6**, 305
PdC$_8$H$_4$N$_4$
  Pd(NCCH=CHCN)$_2$, **6**, 247
PdC$_8$H$_6$N$_4$S$_2$
  Pd[(NC)C(S)=C(S)(CN)](CNMe)$_2$, **6**, 286
PdC$_8$H$_8$Cl$_2$
  PdCl$_2$(cot), **6**, 370
PdC$_8$H$_9$Cl
  PdCp(CH$_2$CClCH$_2$), **6**, 452
PdC$_8$H$_9$Cl$_3$NO
  [PdCl$_3$\{C(NHPh)(OMe)\}]$^-$, **6**, 293
PdC$_8$H$_{10}$
  PdCp(CH$_2$CHCH$_2$), **6**, 421, 449, 450
PdC$_8$H$_{12}$Br$_2$
  PdBr$_2$(cod), **6**, 375
PdC$_8$H$_{12}$Cl$_2$
  PdCl$_2$(C$_6$H$_9$CH=CH$_2$), **6**, 316, 365
  PdCl$_2$(cod), **6**, 247, 284, 364, 370, 374; **8**, 881
PdC$_8$H$_{12}$Cl$_3$P
  Pd\{$\overline{CH(CH=CH_2)CH_2CH_2CHCHCH_2}$\}(PCl$_3$)
PdC$_8$H$_{12}$N$_4$
  [Pd(CNMe)$_4$]$^{2+}$, **6**, 286, 290, 292
PdC$_8$H$_{12}$O$_2$
  Pd(CH$_2$CHCH$_2$)(acac), **6**, 421, 430; **8**, 815
PdC$_8$H$_{13}$O$_6$
  [Pd(OAc)$_3$(CH$_2$=CH$_2$)]$^-$, **6**, 355
PdC$_8$H$_{14}$
  Pd(CH$_2$CMeCH$_2$)$_2$, **6**, 267
  Pd(MeCHCHCH$_2$)$_2$, **6**, 404
PdC$_8$H$_{14}$N$_2$
  Pd(CNPr^i)$_2$, **6**, 248
PdC$_8$H$_{14}$O$_2$
  Pd(OAc)(EtCHCHCHMe), **6**, 389
PdC$_8$H$_{15}$ClS
  PdCl(CH$_2$CMeCH$_2$)\{$\overline{S(CH_2)_3CH_2}$\}, **6**, 409
PdC$_8$H$_{17}$Cl$_2$N
  PdCl$_2$(CH$_2$=CHCMe$_2$CH$_2$NMe$_2$), **6**, 319
PdC$_8$H$_{18}$F$_6$O$_6$P$_2$

PdC$_8$H$_{18}$F$_6$O$_6$P$_2$
Pd(CF$_3$)$_2${P(OMe)$_3$}$_2$, **6**, 311
PdC$_8$H$_{19}$ClN$_2$
PdCl(CH$_2$CHCHCH$_2$NMe$_2$)(Me$_2$NH), **6**, 435
PdC$_9$H$_{12}$
PdCp(CH$_2$CMeCH$_2$), **6**, 452
PdC$_9$H$_{12}$ClN
PdCl(CH$_2$CMeCH$_2$)(py), **6**, 409
PdC$_9$H$_{14}$Cl$_2$
PdCl$_2$(C$_8$H$_{11}$Me), **6**, 366
PdC$_9$H$_{15}$Cl
PdCl(Me)(cod), **6**, 311
PdC$_9$H$_{18}$O$_6$P$_2$
PdCp{MeO)$_2$POHOP(OMe)$_2$}, **6**, 450
PdC$_9$H$_{19}$P
Pd(CH$_2$CH=CH$_2$)(PMe$_3$)(CH$_2$CHCH$_2$), **8**, 256
PdC$_9$H$_{20}$BrP
PdBr(CH$_2$CHCH$_2$)(PEt$_3$), **6**, 403
PdC$_{10}$H$_{10}$ClN
PdCl(CNPh)(CH$_2$CHCH$_2$), **6**, 287, 420
PdC$_{10}$H$_{12}$Cl$_2$
PdCl$_2$(C$_{10}$H$_{12}$), **6**, 364, 378
PdC$_{10}$H$_{14}$Cl$_2$O
PdCl$_2$(C$_8$H$_{11}$Ac), **6**, 433
PdC$_{10}$H$_{16}$Cl$_2$
PdCl$_2$(C$_5$HMe$_5$), **6**, 368, 448
PdCl$_2${C$_6$H$_{10}$(CH=CH$_2$)$_2$}, **6**, 366
PdC$_{10}$H$_{18}$
PdMe$_2$(cod), **6**, 311, 359, 375
PdC$_{10}$H$_{18}$ClN$_3$O$_2$
PdCl(NO$_2$)(CNBu^t)$_2$, **6**, 285
PdC$_{10}$H$_{18}$I$_2$N$_2$
PdI$_2$(CNBu^t)$_2$, **6**, 285, 290
PdC$_{10}$H$_{18}$N$_2$
Pd(CNBu^t)$_2$, **6**, 258, 286, 287
PdC$_{10}$H$_{18}$N$_2$O$_2$
Pd(CNBu^t)$_2$(O$_2$), **6**, 258, 285
PdC$_{10}$H$_{19}$O$_2$P
Pd(O$_2$CCH$_2$CH=CH$_2$)(PMe$_3$)(CH$_2$CHCH$_2$), **8**, 251, 256
PdC$_{10}$H$_{20}$N$_4$
Pd(CH$_2$CN)$_2$(TMEDA), **6**, 308
PdC$_{11}$H$_{16}$O$_2$
Pd{CH$_2$C(CH$_2$CH=CH$_2$)CH$_2$}(acac), **6**, 397
PdC$_{11}$H$_{17}$
[Pd(CH$_2$CHCH$_2$)(cod)]$^+$, **6**, 367
PdC$_{11}$H$_{21}$IN$_2$
PdI(Me)(CNBu^t)$_2$, **6**, 259, 286
PdC$_{11}$H$_{25}$Cl$_2$N$_2$P
PdCl$_2${CN(Me)CH$_2$CH$_2$NMe}(PEt$_3$), **6**, 297
PdC$_{11}$H$_{30}$OP$_3$
[Pd(COMe)(PMe$_3$)$_3$]$^+$, **6**, 326
PdC$_{12}$H$_6$Cl$_2$F$_4$
PdCl$_2$(C$_6$H$_6$C$_6$F$_4$), **6**, 367
PdC$_{12}$H$_{10}$Cl$_2$N$_2$
PdCl$_2$(CNPh)(py), **6**, 285
PdC$_{12}$H$_{12}$O$_8$
Pd{C(CO$_2$Me)=C(CO$_2$Me)C(CO$_2$Me)=C(CO$_2$Me)}, **6**, 312
PdC$_{12}$H$_{14}$N$_2$
PdMe$_2$(bipy), **6**, 336
PdC$_{12}$H$_{15}$O$_2$
[Pd(nbd)(acac)]$^+$, **6**, 375
PdC$_{12}$H$_{18}$Cl$_2$
PdCl$_2$(C$_6$Me$_6$), **6**, 372, 387
PdC$_{12}$H$_{19}$Cl$_3$
PdCl$_2$[C$_5$Me$_5${CH(Cl)Me}], **6**, 368
PdC$_{12}$H$_{20}$Cl$_2$
PdCl$_2$(C$_5$Me$_5$Et), **6**, 373

PdC$_{12}$H$_{23}$IP$_2$
PdI(Ph)(PMe$_3$)$_2$, **6**, 251
PdC$_{12}$H$_{28}$P$_2$
Pd(CH$_2$PEt$_2$CH$_2$)$_2$, **6**, 302
PdC$_{12}$H$_{32}$N$_8$
[Pd{C(NHMe)$_2$}$_4$]$^{2+}$, **6**, 293
PdC$_{13}$H$_{13}$F$_3$O$_2$
Pd(CH$_2$CH=CH$_2$)(O$_2$CCF$_3$)(PhCH=CH$_2$), **6**, 440
PdC$_{13}$H$_{17}$
[PdCp(cod)]$^+$, **6**, 316, 375, 449
PdC$_{13}$H$_{17}$F$_3$O$_2$
Pd(CH$_2$CH=CH$_2$)(O$_2$CCF$_3$)(cod), **6**, 440
PdC$_{13}$H$_{18}$ClNO
PdCl(CH$_2$CH=CHCOMe){PhCH(Me)NH$_2$}, **6**, 419
PdC$_{13}$H$_{18}$O$_2$
Pd(C$_8$H$_{11}$)(acac), **6**, 407
PdC$_{13}$H$_{19}$O$_2$
[Pd(cod)(acac)]$^+$, **6**, 375
PdC$_{13}$H$_{28}$ClON$_3$
PdCl(COCH$_2$CH$_2$NEt$_2$){C(NHMe)(NEt$_2$)}, **6**, 296
PdC$_{13}$H$_{30}$BrF$_3$P$_2$
PdBr(CF$_3$)(PEt$_3$)$_2$, **6**, 257
PdC$_{13}$H$_{30}$ClOP$_2$
[PdCl(CO)(PEt$_3$)$_2$]$^+$, **6**, 281
PdC$_{14}$H$_8$Cl$_2$F$_{10}$N$_2$
PdCl$_2$(C$_6$F$_5$)$_2$(en), **6**, 340
PdC$_{14}$H$_8$Cl$_2$I$_2$N$_2$
PdI$_2$(CNC$_6$H$_4$Cl)$_2$, **6**, 293
PdC$_{14}$H$_8$F$_{10}$N$_2$
Pd(C$_6$F$_5$)$_2$(en), **6**, 340
PdC$_{14}$H$_{10}$Cl$_2$N$_2$
PdCl$_2$(CNPh)$_2$, **6**, 285, 290, 293
PdC$_{14}$H$_{10}$N$_2$
Pd(CNPh)$_2$, **6**, 248
PdC$_{14}$H$_{14}$N$_8$
Pd{C(NHMe)=C(CN)$_2$}$_2$(CNMe)$_2$, **6**, 292
PdC$_{14}$H$_{16}$Cl$_2$N$_2$
PdCl$_2$(CNPh)(CNCy), **6**, 285
PdC$_{14}$H$_{19}$NO$_2$
Pd(C$_6$H$_4$CH$_2$NMe$_2$)(acac), **6**, 467
PdC$_{14}$H$_{20}$ClNO
PdCl{CH(Ac)C(Me)=CH$_2$}{PhCH(Me)NH$_2$}, **6**, 419
PdC$_{14}$H$_{20}$O
Pd{C$_8$H$_{12}$(OMe)}Cp, **6**, 449
PdC$_{14}$H$_{22}$Cl$_2$N$_2$
PdCl$_2$(CNCy)$_2$, **6**, 296
PdC$_{14}$H$_{22}$N$_2$
Pd(CNCy)$_2$, **6**, 248
PdC$_{14}$H$_{24}$Cl$_2$S$_2$
PdCl{C(Bu^t)=CHCH=C(Cl)Bu^t}(SCH$_2$CH$_2$S), **6**, 327
PdC$_{14}$H$_{26}$BrP
PdBr(Cp)(PPr$^i_3$), **6**, 267
PdC$_{14}$H$_{30}$F$_6$O$_6$P$_2$
Pd(CF$_3$)$_2${P(OEt)$_3$}$_2$, **6**, 253
PdC$_{14}$H$_{33}$ClNP$_2$
PdCl(CNMe)(PEt$_3$)$_2$, **6**, 286
PdC$_{14}$H$_{33}$ClOP$_2$
PdCl(COMe)(PEt$_3$)$_2$, **6**, 325
PdC$_{14}$H$_{34}$O$_3$P$_2$
PdMe(O$_2$COH)(PEt$_3$)$_2$, **8**, 247, 255
PdC$_{14}$H$_{34}$P$_4$
Pd(CH$_2$PMe$_2$CHPMe$_2$CH$_2$)$_2$, **6**, 302
PdC$_{14}$H$_{35}$NO$_2$P$_2$
PdMe(O$_2$CNH$_2$)(PEt$_3$)$_2$, **8**, 255
PdC$_{14}$H$_{36}$P$_2$

PdMe$_2$(PEt$_3$)$_2$, **6**, 245, 310, 335; **8**, 255
PdC$_{15}$H$_{13}$ClN$_2$
    PdCl(Me)(PhCN)$_2$, **6**, 556
PdC$_{15}$H$_{15}$ClN$_2$O$_2$
    PdCl(CH$_2$COCH$_2$COMe)(bipy), **6**, 331
PdC$_{15}$H$_{19}$ClO$_2$S
    PdCl(CH$_2$SO$_2$Ph)(cod), **6**, 371, 375; **8**, 879
PdC$_{15}$H$_{27}$BrN$_2$O$_2$
    PdBr{CH(Me)CO$_2$Et}(CNBu^t)$_2$, **6**, 252
PdC$_{15}$H$_{35}$BrP$_2$
    PdBr(PEt$_3$)$_2$(CH$_2$CHCH$_2$), **6**, 314
PdC$_{15}$H$_{36}$O$_3$P$_2$
    PdMe(O$_2$COMe)(PEt$_3$)$_2$, **8**, 255
PdC$_{15}$H$_{38}$OP$_2$
    PdMe(OEt)(PEt$_3$)$_2$, **6**, 337
PdC$_{16}$H$_8$ClF$_5$N$_2$
    PdCl(C$_6$F$_5$)(bipy), **6**, 340
PdC$_{16}$H$_8$Cl$_3$F$_5$N$_2$
    PdCl$_3$(C$_6$F$_5$)(bipy), **6**, 340
PdC$_{16}$H$_{10}$N$_2$
    [Pd(C≡CPh)$_2$(CN)$_2$]$^{2-}$, **6**, 304
PdC$_{16}$H$_{14}$Cl$_2$N$_2$
    PdCl$_2$(CNTol)$_2$, **6**, 294
PdC$_{16}$H$_{14}$N$_2$
    Pd(CNTol)$_2$, **6**, 246
PdC$_{16}$H$_{16}$N$_2$O$_4$
    Pd(bipy)(MeO$_2$CCH=CHCO$_2$Me), **6**, 260
PdC$_{16}$H$_{18}$ClF$_6$P
    PdCl{C(CF$_3$)=C(CF$_3$)CH$_2$C(Me)=CH$_2$}-
    (PMe$_2$Ph), **6**, 328
PdC$_{16}$H$_{18}$F$_{12}$N$_2$
    Pd{C(CF$_3$)$_2$C(CF$_3$)$_2$}(CNBu^t)$_2$, **6**, 287
PdC$_{16}$H$_{18}$F$_{12}$N$_2$O$_2$
    Pd{C(CF$_3$)$_2$OC(CF$_3$)$_2$O}(CNBu^t)$_2$, **6**, 287
PdC$_{16}$H$_{18}$F$_{12}$N$_4$
    Pd{C(CF$_3$)$_2$NN=C(CF$_3$)$_2$}(CNBu^t)$_2$, **6**, 256, 287
PdC$_{16}$H$_{20}$F$_{12}$N$_4$
    Pd{C(CF$_3$)$_2$NHC(CF$_3$)$_2$NH}(CNBu^t)$_2$, **6**, 287
PdC$_{16}$H$_{22}$O$_2$
    Pd[C$_7$H$_8${CH$_2$C(Me)=CH$_2$}](acac), **6**, 440
PdC$_{16}$H$_{24}$
    Pd(cod)$_2$, **6**, 247, 351, 370; **8**, 849
PdC$_{16}$H$_{25}$
    [Pd(CH$_2$CMeCH$_2$)(C$_6$Me$_6$)]$^+$, **6**, 453
PdC$_{16}$H$_{30}$Cl$_2$N$_2$O$_2$
    PdCl$_2${η^4-C$_4$(NEt$_2$)$_2$(CH$_2$OMe)$_2$}, **6**, 371
PdC$_{16}$H$_{30}$Cl$_2$S$_2$
    PdCl{C(Bu^t)=CHCH=C(Cl)Bu^t}-
    (MeSCH$_2$CH$_2$SMe), **6**, 461
PdC$_{16}$H$_{30}$IN$_3$
    PdI{C(Me)=NBu^t}(CNBu^t)$_2$, **6**, 286
PdC$_{16}$H$_{32}$OP$_3$
    [Pd(COPh)(PMe$_3$)$_3$]$^+$, **6**, 326
PdC$_{16}$H$_{37}$P$_2$
    [Pd(CH$_2$CMeCH$_2$)(PEt$_3$)$_2$]$^+$, **6**, 398
PdC$_{17}$H$_8$F$_5$N$_2$O
    [Pd(C$_6$F$_5$)(CO)(bipy)]$^+$, **6**, 281
PdC$_{17}$H$_{16}$N$_2$
    Pd(nbd)(bipy), **6**, 375
PdC$_{17}$H$_{21}$
    [Pd(CH$_2$CPhCH$_2$)(cod)]$^+$, **6**, 439
PdC$_{17}$H$_{24}$O$_2$
    Pd{CH$_2$(C$_6$Me$_5$)}(acac), **6**, 407
PdC$_{17}$H$_{25}$ClP$_2$
    PdCl(Me)(PMe$_2$Ph)$_2$, **6**, 311
PdC$_{17}$H$_{25}$IP$_2$
    PdI(Me)(PMe$_2$Ph)$_2$, **6**, 288
PdC$_{17}$H$_{25}$O$_2$
    Pd(CH$_2$CHCH$_2$)(C$_6$H$_2$Bu^t$_2$O$_2$), **6**, 422
PdC$_{17}$H$_{40}$ClN$_2$P$_2$
    [PdCl(CNMeCH$_2$CH$_2$NMe)(PEt$_3$)$_2$]$^+$, **6**, 297
PdC$_{18}$H$_{14}$F$_{12}$O$_4$
    Pd{C(CF$_3$)=C(CF$_3$)CH(Ac)$_2$}$_2$, **6**, 329, 467
PdC$_{18}$H$_{19}$F$_6$NO$_2$
    Pd(C$_6$H$_4$CH$_2$NMe$_2$){C(CF$_3$)=C(CF$_3$)CHAc$_2$}, **6**, 329, 467
PdC$_{18}$H$_{20}$ClNO
    PdCl(C$_8$H$_{12}$OMe)(py), **6**, 356
PdC$_{18}$H$_{20}$Cl$_2$N$_2$O$_4$
    PdCl{CH(CO$_2$Me)CH(CO$_2$Me)C(Cl)=CH$_2$}-
    (py)$_2$, **6**, 335
PdC$_{18}$H$_{20}$N$_2$
    Pd(cod)(bipy), **6**, 375
PdC$_{18}$H$_{23}$Cl
    PdCl{CH$_2$CH(Ph)(C$_5$Me$_5$)}, **6**, 396
PdC$_{18}$H$_{23}$ClN$_2$
    PdCl{CH$_2$C$_6$H$_4$N(Me)CH$_2$CH$_2$N(Me)Bz}, **6**, 323
PdC$_{18}$H$_{24}$N$_2$
    Pd(CH$_2$C$_6$H$_4$NMe$_2$)$_2$, **8**, 339
    Pd(C$_6$H$_4$CH$_2$NMe$_2$)$_2$, **6**, 308
PdC$_{18}$H$_{25}$BrN$_2$O$_2$
    PdBr(CH$_2$CO$_2$Ph)(CNBu^t)$_2$, **6**, 251
PdC$_{18}$H$_{25}$F$_6$N$_5$
    Pd{C(CF$_3$)$_2$C(CN)$_2$}-
    {C(NHBu^t)NMe$_2$}(CNBu^t), **6**, 296
PdC$_{18}$H$_{25}$F$_{12}$N$_3$O$_2$
    Pd{C(CF$_3$)$_2$OC(CF$_3$)$_2$O}-
    {C(NHBu^t)NMe$_2$}(CNBu^t), **6**, 295
PdC$_{18}$H$_{30}$BrF$_5$P$_2$
    PdBr(C$_6$F$_5$)(PEt$_3$)$_2$, **6**, 314
PdC$_{18}$H$_{30}$Cl$_6$P$_2$
    PdCl(C$_6$Cl$_5$)(PEt$_3$)$_2$, **6**, 309
PdC$_{18}$H$_{30}$F$_6$P$_2$
    Pd(C≡CCF$_3$)$_2$(PEt$_3$)$_2$, **6**, 304
PdC$_{18}$H$_{35}$BrP$_2$
    PdBr(Ph)(PEt$_3$)$_2$, **6**, 246
PdC$_{18}$H$_{35}$ClP$_2$
    PdCl(Ph)(PEt$_3$)$_2$, **6**, 314
PdC$_{19}$H$_{15}$ClN$_2$
    PdCl(Tol)(phen), **6**, 256
PdC$_{19}$H$_{17}$ClN$_2$
    PdCl(Tol)(phen), **6**, 314
PdC$_{19}$H$_{18}$OS
    Pd(CH$_2$CMeCH$_2$)(PhCOCHCSPh), **6**, 408
PdC$_{19}$H$_{20}$O$_8$
    Pd{C(CO$_2$Me)=C(CO$_2$Me)C(CO$_2$Me)=C-
    (CO$_2$Me)}(nbd), **6**, 334
PdC$_{19}$H$_{23}$N$_2$O
    [Pd{C$_8$H$_{12}$(OMe)}(bipy)]$^+$, **6**, 379
PdC$_{19}$H$_{25}$ClN$_2$
    PdCl{CH$_2$C$_6$H$_4$N(Me)(CH$_2$)$_3$N(Me)Bz}, **6**, 323
PdC$_{19}$H$_{27}$P$_2$
    [Pd(CH$_2$CHCH$_2$)(PMe$_2$Ph)$_2$]$^+$, **6**, 413
PdC$_{19}$H$_{31}$O$_2$
    [Pd(cod)(Bu^{t}COCHCOBu^t)]$^+$, **6**, 376
PdC$_{19}$H$_{31}$P
    Pd(C$_5$H$_5$)Cp(PPr^i$_3$), **3**, 123, 149; **6**, 268
PdC$_{19}$H$_{35}$ClNP$_2$
    PdCl(CNPh)(PEt$_3$)$_2$, **6**, 286
PdC$_{19}$H$_{35}$NP$_2$
    Pd(CN)(Ph)(PEt$_3$)$_2$, **6**, 314
PdC$_{19}$H$_{37}$P$_2$
    [PdBz(PEt$_3$)$_2$]$^+$, **6**, 410
    [Pd(η^3-CH$_2$Ph)(PEt$_3$)$_2$]$^+$, **6**, 398

$PdC_{19}H_{39}ClO_4P_2$
  $PdCl\{C(CO_2Me)=C(Me)CO_2Me\}(PEt_3)_2$, **6**, 329
$PdC_{20}H_{10}Cl_2F_{12}N_2$
  $Pd\{C(CF_3)_2Cl\}_2(NCPh)_2$, **6**, 326
$PdC_{20}H_{16}Cl_{10}S_2$
  $Pd(C_6Cl_5)_2\{S(CH_2)_3CH_2\}_2$, **6**, 307
$PdC_{20}H_{16}F_{10}S_2$
  $Pd(C_6F_5)_2\{S(CH_2)_3CH_2\}_2$, **6**, 307
$PdC_{20}H_{18}ClN$
  $PdCl(py)(CH_2CPhCHPh)$, **8**, 812
$PdC_{20}H_{20}ClPS$
  $PdCl(CH_2SMe)(PPh_3)$, **6**, 253, 312
$PdC_{20}H_{22}F_6P_2$
  $Pd(CF_3C\equiv CCF_3)(PMe_2Ph)_2$, **6**, 353
$PdC_{20}H_{24}Cl_2O_2S_2$
  $PdCl\{CH(SMe_2)COPh\}_2$, **6**, 299, 303
$PdC_{20}H_{24}O_8$
  $Pd\{C(CO_2Me)=C(CO_2Me)C(CO_2Me)=C(CO_2Me)\}(cod)$, **6**, 466
$PdC_{20}H_{28}ClNO$
  $PdCl\{CH_2CC(Bu^t)COC(Bu^t)=CMe\}(py)$, **6**, 419, 461
$PdC_{20}H_{32}Cl_2S_2$
  $PdCl_2\{C_4(CMe_2CH_2SCH_2CMe_2)_2\}$, **6**, 460
$PdC_{21}H_{15}N_3$
  $Pd(CNPh)_3$, **6**, 246
$PdC_{21}H_{19}Br_2P$
  $PdBr_2(CH_2CH=CHPPh_3)$, **6**, 301
$PdC_{21}H_{19}Cl_2P$
  $PdCl(CH_2CClCH_2)(PPh_3)$, **6**, 421
$PdC_{21}H_{20}ClP$
  $PdCl(CH_2CHCH_2)(PPh_3)$, **8**, 338
$PdC_{21}H_{40}ClNP_2$
  $PdCl\{C(Me)=NTol\}(PEt_3)_2$, **6**, 291
$PdC_{22}H_8Cl_2F_{10}N_2$
  $PdCl_2(C_6F_5)_2(bipy)$, **6**, 340
$PdC_{22}H_8F_{10}N_2$
  $Pd(C_6F_5)_2(bipy)$, **6**, 340
$PdC_{22}H_{20}N_2O_8$
  $Pd\{C(CO_2Me)=C(CO_2Me)C(CO_2Me)=C(CO_2Me)\}(bipy)$, **6**, 333
$PdC_{22}H_{22}ClP$
  $PdCl(CH_2CMeCH_2)(PPh_3)$, **6**, 409, 411
$PdC_{22}H_{24}N_2O_4$
  $Pd\{C(Ac)_2CH_2(C_5H_3N)CH_2C(Ac)_2\}(py)$, **6**, 331
$PdC_{22}H_{29}F_{12}N_3$
  $Pd\{C(CF_3)=C(CF_3)C(CF_3)=C(CF_3)\}\{C(NHBu^t)NEt_2\}(CNBu^t)$, **6**, 295
$PdC_{22}H_{35}ClP_2$
  $PdCl(C\equiv CC_6H_4C\equiv CH)(PEt_3)_2$, **6**, 304
$PdC_{23}H_{20}BrP$
  $PdBr(Cp)(PPh_3)$, **6**, 448, 449
$PdC_{23}H_{24}ClOP$
  $PdCl(CH_2CMeCHOMe)(PPh_3)$, **6**, 418
$PdC_{23}H_{24}ClP$
  $PdCl(CH_2CHCMe_2)(PPh_3)$, **6**, 414
$PdC_{23}H_{24}OS$
  $Pd\{CH_2CHCHCH_2CH_2C(Me)=CH_2\}(PhCOCHCSPh)$, **6**, 438
$PdC_{23}H_{26}NPS_3$
  $Pd(CH_2SMe)(S_2CNEt_2)(PPh_3)$, **6**, 253
$PdC_{23}H_{30}O_2$
  $Pd\{CH_2CH(Ph)(C_5Me_5)\}(acac)$, **3**, 148
$PdC_{24}F_{20}$
  $[Pd(C_6F_5)_4]^{2-}$, **6**, 306, 307
$PdC_{24}H_{20}OP$
  $[Pd(CO)Cp(PPh_3)]^+$, **6**, 282, 284
$PdC_{24}H_{22}O_2$
  $Pd(\eta^3\text{-}CPh_3)(acac)$, **3**, 142, 145; **6**, 403, 411

$PdC_{24}H_{23}O_2PS$
  $Pd(SO_2Me)(Cp)(PPh_3)$, **6**, 449
$PdC_{24}H_{23}P$
  $PdMe(Cp)(PPh_3)$, **6**, 309, 449
$PdC_{24}H_{26}ClP$
  $PdCl(CH_2CMeCMe_2)(PPh_3)$, **6**, 414
$PdC_{24}H_{29}ClF_6P_2$
  $PdCl\{C(CF_3)=C(CF_3)CH_2C(Me)=CH_2\}(PMe_2Ph)_2$, **6**, 440
$PdC_{24}H_{30}Cl_5F_5P_2$
  $Pd(C_6F_5)(C_6Cl_5)(PEt_3)_2$, **6**, 309
$PdC_{24}H_{32}Cl_2N_2$
  $PdCl\{C(Bu^t)=C(Me)C(Me)=C(Cl)Bu^t\}(bipy)$, **6**, 236, 457
$PdC_{24}H_{36}INP_2$
  $PdI\{C(Me)=NCy\}(PMe_2Ph)_2$, **6**, 288
$PdC_{24}H_{39}ClN_2P_2$
  $PdCl(C_6H_4N=NPh)(PEt_3)_2$, **6**, 320
$PdC_{24}H_{39}FP_2$
  $PdPh(C_6H_4F)(PEt_3)_2$, **6**, 309
$PdC_{24}H_{53}ClP_2$
  $PdCl(CH_2CMe_2PBu^t_2)(PBu^t_3)$, **6**, 324
$PdC_{25}H_{20}Cl_2NP$
  $PdCl_2(CNPh)(PPh_3)$, **6**, 285, 292
$PdC_{25}H_{22}NO_2P$
  $Pd(CH_2COO)(PPh_3)(py)$, **6**, 330
$PdC_{25}H_{22}NP$
  $Pd(CH_2CN)Cp(PPh_3)$, **6**, 450
$PdC_{25}H_{24}P$
  $[PdCp(CH_2=CH_2)(PPh_3)]^+$, **6**, 284, 358
$PdC_{25}H_{25}O_4P$
  $Pd(CH_2CO_2H)(PPh_3)(acac)$, **6**, 259, 330
$PdC_{25}H_{25}PS$
  $Pd(CH_2SMe)Cp(PPh_3)$, **6**, 450
$PdC_{26}H_{24}Cl_2NOP$
  $PdCl_2\{C(NHPh)(OMe)\}(PPh_3)$, **6**, 295
$PdC_{26}H_{26}OS$
  $Pd[C_7H_8\{CH_2C(Me)=CH_2\}](PhCSCHCOPh)$, **6**, 335
$PdC_{26}H_{27}OP$
  $Pd(CH_2CH_2OMe)Cp(PPh_3)$, **6**, 358
$PdC_{26}H_{40}N_4P_2$
  $Pd\{C(Ph)N_2\}_2(PEt_3)_2$, **6**, 310
$PdC_{26}H_{41}ClO_4P_2$
  $PdCl\{C(CO_2Me)=C(CO_2Me)C\equiv CPh\}(PEt_3)_2$, **6**, 305, 329
$PdC_{26}H_{42}O_4P_2$
  $Pd(C\equiv CPh)\{C(CO_2Me)=CHCO_2Me\}(PEt_3)_2$, **6**, 329, 460
$PdC_{26}H_{43}ClN_2P_2$
  $PdCl\{C_6H_4C(Me)=NNHPh\}(PEt_3)_2$, **6**, 335
$PdC_{27}H_{20}F_5P$
  $Pd(C_6F_5)(PPh_3)(CH_2CHCH_2)$, **6**, 331
$PdC_{27}H_{24}F_3IP_2$
  $PdI(CF_3)(diphos)$, **6**, 312
$PdC_{27}H_{30}ClOP$
  $PdCl(C_8H_{12}OMe)(PPh_3)$, **6**, 356
$PdC_{27}H_{30}IP_2$
  $PdI(Me)(PMePh_2)_2$, **6**, 289
$PdC_{28}H_{23}Cl_4P$
  $Pd(C_6HCl_4)(CH_2CMeCH_2)(PPh_3)$, **8**, 815
$PdC_{28}H_{27}ClP_2$
  $PdCl(CH_2CHCH_2)(Ph_2PCH_2PPh_2)$, **6**, 413
$PdC_{28}H_{27}P_2$
  $[Pd(CH_2CHCH_2)(Ph_2PCH_2PPh_2)]^+$, **6**, 413, 422
$PdC_{28}H_{29}O_4P$
  $Pd\{CH(COMe)_2\}(PPh_3)(acac)$, **6**, 330
$PdC_{28}H_{30}P_2$
  $PdMe_2(diphos)$, **6**, 310
$PdC_{28}H_{32}N_4$

[Pd(C≡CCH$_2$CMe$_2$CN)$_4$]$^{2-}$, **6**, 304
PdC$_{28}$H$_{40}$P$_2$
  Pd(C≡CPh)$_2$(PEt$_3$)$_2$, **6**, 304
PdC$_{28}$H$_{42}$ClN$_3$
  PdCl{C(C$_7$H$_9$)=NCy}(CNCy)$_2$, **6**, 288
PdC$_{29}$H$_{24}$NO$_3$P
  Pd(CH$_2$COOH)(PPh$_3$)(OC$_9$H$_6$N), **6**, 259
PdC$_{29}$H$_{25}$P
  PdPh(Cp)(PPh$_3$), **6**, 309, 448
PdC$_{29}$H$_{26}$F$_7$IP$_2$
  PdI(C$_3$F$_7$)(PMePh$_2$)$_2$, **6**, 311
PdC$_{29}$H$_{29}$BrO$_2$P$_2$
  PdBr(CH=CHCO$_2$Me)(diphos), **6**, 289
PdC$_{29}$H$_{36}$IN$_2$P
  PdI{C(Me)=NBu^t}(CNBu^t)(PPh$_3$), **6**, 286
PdC$_{30}$H$_{20}$Cl$_2$F$_6$P$_2$
  PdCl$_2$(Ph$_2$PC≡CCF$_3$)$_2$, **6**, 246, 467
PdC$_{30}$H$_{20}$F$_6$S$_2$
  Pd(SCF$_3$)$_2$(η^4-C$_4$Ph$_4$), **6**, 379
PdC$_{30}$H$_{26}$O$_3$P$_2$
  Pd(CH=CHCO$_2$CO)(diphos), **6**, 357
PdC$_{30}$H$_{26}$P$_2$
  Pd(C≡CH)$_2$(diphos), **6**, 304
PdC$_{30}$H$_{27}$P
  [Pd(η^5-C$_5$H$_4$PPh$_3$)(nbd)]$^{2+}$, **6**, 302
PdC$_{30}$H$_{28}$N$_2$P$_2$
  Pd(CH$_2$CN)$_2$(diphos), **6**, 308
PdC$_{30}$H$_{32}$P$_2$
  Pd{(CH$_2$)$_3$CH$_2$}(diphos), **6**, 307, 336
PdC$_{30}$H$_{34}$P$_2$
  PdEt$_2$(diphos), **6**, 336
PdC$_{30}$H$_{36}$P$_2$
  PdEt$_2$(PMePh$_2$)$_2$, **6**, 247, 335
PdC$_{30}$H$_{60}$O$_4$P$_2$
  Pd(MeO$_2$CC≡CCO$_2$Me)(PBu$_3$)$_2$, **6**, 352
PdC$_{31}$H$_{20}$N$_5$P
  Pd(CNPh)(PPh$_3$){(CN)$_2$C=C(CN)$_2$}, **6**, 246
PdC$_{31}$H$_{27}$ClF$_6$P$_2$
  PdCl{C(CF$_3$)=C(Me)CF$_3$}(diphos), **6**, 328, 460
PdC$_{31}$H$_{27}$F$_6$O$_3$P
  Pd{C$_7$H$_8$(OMe)}(hfacac)(PPh$_3$), **6**, 316
PdC$_{31}$H$_{31}$P
  [Pd(η^5-C$_5$H$_4$PPh$_3$)(cod)]$^{2+}$, **6**, 302
PdC$_{31}$H$_{31}$P$_2$
  [Pd(diphos)(C$_5$H$_7$)]$^+$, **6**, 342
PdC$_{31}$H$_{33}$P$_2$
  [Pd(MeCHCHCHMe)(diphos)]$^+$, **6**, 396
PdC$_{31}$H$_{35}$P$_3$
  Pd(CH$_2$PEt$_2$CH$_2$)(Ph$_2$PCHPPh$_2$), **6**, 392
PdC$_{32}$H$_{20}$
  [Pd(C≡CPh)$_4$]$^{2-}$, **6**, 305
PdC$_{32}$H$_{24}$N$_4$P$_2$
  Pd(diphos){(CN)$_2$C=C(CN)$_2$}, **6**, 246
PdC$_{32}$H$_{26}$ClF$_5$P$_2$
  PdCl(C$_6$F$_5$)(PMePh$_2$)$_2$, **6**, 311
PdC$_{32}$H$_{33}$P$_2$
  [Pd(C$_7$H$_9$)(diphos)]$^+$, **6**, 396
PdC$_{32}$H$_{56}$P$_2$
  Pd(C≡CC≡CH)$_2$(PBu$_3$)$_2$, **6**, 305
PdC$_{32}$H$_{61}$ClP$_2$
  PdCl{C$_6$H$_4$(CH$_2$PBu^t$_3$)$_2$}, **6**, 341
PdC$_{32}$H$_{62}$P$_2$
  PdH{C$_6$H$_4$(CH$_2$PBu^t$_3$)$_2$}, **6**, 341
PdC$_{32}$H$_{66}$P$_2$
  Pd(C≡CPh){C$_6$H$_3$(CH$_2$PBu^t$_2$)$_2$}, **6**, 304
PdC$_{33}$H$_{25}$

[PdCp(η^4-C$_4$Ph$_4$)]$^+$, **6**, 375, 449
PdC$_{33}$H$_{28}$Cl$_2$OP$_2$
  PdCl$_2$(PhCOCHPPh$_2$CH$_2$PPh$_2$), **6**, 303
PdC$_{33}$H$_{32}$P$_2$
  Pd(nbd)(diphos), **6**, 375
PdC$_{33}$H$_{33}$ClO$_4$P$_2$
  PdCl{C(CO$_2$Me)=C(Me)CO$_2$Me}(diphos), **6**, 460
PdC$_{34}$H$_{28}$O$_2$
  Pd(PhCH=CHCOCH=CHPh)$_2$, **6**, 259; **8**, 852
PdC$_{34}$H$_{30}$Cl$_2$OP$_2$
  PdCl$_2${CH(COPh)PPh$_2$(CH$_2$)$_2$PPh$_2$}, **6**, 303
PdC$_{34}$H$_{34}$P$_2$
  Pd(PMePh$_2$)$_2$(PhCH=CH$_2$), **6**, 247
PdC$_{34}$H$_{35}$ClOP$_2$
  PdCl{C$_7$H$_8$(OMe)}(diphos), **6**, 316, 336
PdC$_{34}$H$_{36}$P$_2$
  Pd(cod)(diphos), **6**, 375
PdC$_{34}$H$_{37}$P$_2$
  [Pd(C$_8$H$_{13}$)(diphos)]$^+$, **6**, 396
PdC$_{34}$H$_{40}$P$_2$
  Pd(C$_6$H$_4$CH$_2$PBu^t$_2$)(C$_6$H$_4$CH$_2$PPh$_2$), **6**, 308
PdC$_{34}$H$_{42}$P$_2$
  PdBu$_2$(diphos), **6**, 336
PdC$_{35}$H$_{25}$NO
  Pd(NO)(η^5-C$_5$Ph$_5$), **6**, 273
PdC$_{35}$H$_{29}$F$_5$P$_2$
  Pd(C$_6$F$_5$)(CH$_2$CH=CH$_2$)(diphos), **6**, 331
PdC$_{35}$H$_{31}$O$_8$P
  Pd{C(CO$_2$Me)=C(CO$_2$Me)C(CO$_2$Me)=C-(CO$_2$Me)}(C$_5$H$_4$PPh$_3$), **6**, 302
PdC$_{35}$H$_{32}$O$_3$
  Pd{C$_4$Ph$_4$(OEt)}(acac), **6**, 332
PdC$_{35}$H$_{50}$IN$_3$P
  PdI{C(=NCy)C(=NCy)C(Me)=NCy}-(PMePh$_2$), **6**, 289
PdC$_{36}$H$_{29}$ClP$_2$
  PdCl(C≡CC$_6$H$_4$C≡CH)(diphos), **6**, 304
PdC$_{37}$H$_{30}$P$_2$S$_2$
  Pd(CS$_2$)(PPh$_3$)$_2$, **6**, 313
PdC$_{37}$H$_{31}$Cl$_3$P$_2$
  PdCl(CHCl$_2$)(PPh$_3$)$_2$, **6**, 254
PdC$_{37}$H$_{31}$NO$_6$P$_2$
  PdH(CN){P(OPh)$_3$}$_2$, **8**, 880
PdC$_{37}$H$_{33}$IP$_2$
  PdI(Me)(PPh$_3$)$_2$, **6**, 251
PdC$_{38}$H$_{24}$Cl$_{10}$P$_2$
  Pd(C$_6$Cl$_5$)$_2$(diphos), **6**, 337
PdC$_{38}$H$_{30}$BrF$_3$P$_2$
  PdBr(CF=CF$_2$)(PPh$_3$)$_2$, **6**, 254
PdC$_{38}$H$_{30}$F$_6$P$_2$
  Pd(CF$_3$)$_2$(PPh$_3$)$_2$, **6**, 252
PdC$_{38}$H$_{31}$Cl$_3$P$_2$
  PdCl(CH=CCl$_2$)(PPh$_3$)$_2$, **6**, 255
PdC$_{38}$H$_{32}$ClNP$_2$
  PdCl(CH$_2$CN)(PPh$_3$)$_2$, **6**, 253
PdC$_{38}$H$_{32}$Cl$_2$P$_2$
  PdCl(CH=CHCl)(PPh$_3$)$_2$, **6**, 255
PdC$_{38}$H$_{32}$O$_2$P$_2$
  Pd(CH$_2$COO)(PPh$_3$)$_2$, **6**, 259, 330
PdC$_{38}$H$_{32}$P$_2$
  Pd(CH$_2$C$_6$H$_4$PPh$_2$)$_2$, **6**, 308
  Pd(C$_6$H$_4$CH$_2$PPh$_2$)$_2$, **6**, 308
PdC$_{38}$H$_{33}$ClOP$_2$
  PdCl(COMe)(PPh$_3$)$_2$, **6**, 252
PdC$_{38}$H$_{33}$ClO$_2$P$_2$
  PdCl(CO$_2$Me)(PPh$_3$)$_2$, **6**, 310
PdC$_{38}$H$_{34}$P$_2$

PdC$_{38}$H$_{34}$P$_2$
 Pd(PPh$_3$)$_2$(CH$_2$=CH$_2$), **6**, 247
PdC$_{38}$H$_{35}$ClP$_2$S
 PdCl(CH$_2$SMe)(PPh$_3$)$_2$, **6**, 253, 451
PdC$_{38}$H$_{35}$NO$_2$P$_2$
 PdMe(O$_2$CNH$_2$)(PPh$_3$)$_2$, **8**, 255
PdC$_{38}$H$_{35}$SP$_2$
 [Pd(CH$_2$SMe)(PPh$_3$)$_2$]$^+$, **6**, 312
PdC$_{38}$H$_{36}$Cl$_2$O$_8$P$_2$
 PdCl{C(CO$_2$Me)=C(CO$_2$Me)C(CO$_2$Me)=C(Cl)CO$_2$Me}(diphos), **6**, 460
PdC$_{38}$H$_{36}$O$_8$P$_2$
 Pd{C(CO$_2$Me)=C(CO$_2$Me)C(CO$_2$Me)=C(CO$_2$Me)}(diphos), **6**, 466
PdC$_{38}$H$_{36}$P$_2$
 PdMe$_2$(PPh$_3$)$_2$, **8**, 255
PdC$_{38}$H$_{70}$P$_2$
 Pd(PCy$_3$)$_2$(CH$_2$=CH$_2$), **6**, 247
PdC$_{39}$H$_{30}$F$_6$O$_7$P$_2$
 Pd{C(CF$_3$)$_2$O}{P(OPh)$_3$}$_2$, **6**, 256
PdC$_{39}$H$_{30}$N$_9$P
 Pd(C=NN=NNPh)$_2$(CNPh)(PPh$_3$), **6**, 292
PdC$_{39}$H$_{33}$ClN$_2$OP$_2$
 PdCl{C(Ac)N$_2$}(PPh$_3$)$_2$, **6**, 310
PdC$_{39}$H$_{35}$IO$_2$P$_2$
 PdI(CH$_2$CO$_2$Me)(PPh$_3$)$_2$, **6**, 330
PdC$_{39}$H$_{35}$P$_2$
 [Pd(CH$_2$CHCH$_2$)(PPh$_3$)$_2$]$^+$, **6**, 413
PdC$_{40}$H$_{30}$F$_6$P$_2$
 Pd(CF$_3$C≡CCF$_3$)(PPh$_3$)$_2$, **6**, 352, 353
PdC$_{40}$H$_{32}$O$_3$P$_2$
 Pd(CH=CHCO$_2$CO)(PPh$_3$)$_2$, **6**, 357; **8**, 820, 845
PdC$_{40}$H$_{34}$O$_3$P$_2$
 Pd(CH$_2$CO$_2$COCH$_2$)(PPh$_3$)$_2$, **6**, 259, 330
PdC$_{40}$H$_{34}$P$_2$
 Pd(C≡CPh)$_2$(diphos), **6**, 304
PdC$_{40}$H$_{35}$BrO$_2$P$_2$
 PdBr(CH=CHCO$_2$Me)(PPh$_3$)$_2$, **6**, 289
PdC$_{40}$H$_{36}$O$_2$P$_2$S
 Pd(PPh$_3$)$_2$\{MeCH=CH(Me)SO$_2$\}, **6**, 253
PdC$_{40}$H$_{36}$O$_4$P$_2$
 Pd(CO$_2$Me)$_2$(PPh$_3$)$_2$, **8**, 80
PdC$_{40}$H$_{37}$P$_2$
 [Pd(CH$_2$CMeCH$_2$)(PPh$_3$)$_2$]$^+$, **6**, 403
PdC$_{41}$H$_{37}$ClNO$_2$P$_2$
 [PdCl(CNCH$_2$CO$_2$Et)(PPh$_3$)$_2$]$^+$, **6**, 286
PdC$_{41}$H$_{37}$ClNP$_2$S
 [PdCl{CN(Me)CH=C(Me)S}(PPh$_3$)$_2$]$^+$, **6**, 297
PdC$_{42}$H$_{30}$ClF$_5$P$_2$
 PdCl(C$_6$F$_5$)(PPh$_3$)$_2$, **6**, 257
PdC$_{42}$H$_{30}$F$_{12}$O$_8$P$_2$
 Pd{C(CF$_3$)$_2$OC(CF$_3$)$_2$O}{P(OPh)$_3$}$_2$, **6**, 256
PdC$_{42}$H$_{30}$N$_4$O$_2$P$_2$
 Pd{C(CN)$_2$C(CN)$_2$OO}(PPh$_3$)$_2$, **6**, 258
PdC$_{42}$H$_{31}$F$_5$OP$_2$
 Pd(OH)(C$_6$F$_5$)(PPh$_3$)$_2$, **6**, 335
PdC$_{42}$H$_{35}$IP$_2$
 PdI(Ph)(PPh$_3$)$_2$, **6**, 252, 338
PdC$_{42}$H$_{36}$N$_2$O$_2$P$_2$
 Pd{C(CN)$_2$CMe$_2$OO}(PPh$_3$)$_2$, **6**, 258, 337
PdC$_{42}$H$_{36}$N$_4$O$_2$P$_2$
 Pd{C(Ac)N$_2$}$_2$(PPh$_3$)$_2$, **6**, 310
PdC$_{42}$H$_{36}$O$_4$P$_2$
 Pd(MeO$_2$CC≡CCO$_2$Me)(PPh$_3$)$_2$, **6**, 353
PdC$_{42}$H$_{38}$O$_4$P$_2$
 Pd(MeO$_2$CCH=CHCO$_2$Me)(PPh$_3$)$_2$, **6**, 246
PdC$_{43}$H$_{30}$F$_5$OP$_2$
 [Pd(C$_6$F$_5$)(CO)(PPh$_3$)$_2$]$^+$, **6**, 281
PdC$_{43}$H$_{32}$N$_4$P$_2$
 Pd{C(CN)$_2$CH$_2$C(CN)$_2$}(PPh$_3$)$_2$, **6**, 255, 313

PdC$_{43}$H$_{36}$ClF$_3$N$_2$O$_2$P$_2$
 PdCl{C=NC(CF$_3$)=C(CO$_2$Et)NH}(PPh$_3$)$_2$, **6**, 291
PdC$_{43}$H$_{37}$ClP$_2$
 PdCl(Bz)(PPh$_3$)$_2$, **6**, 252; **8**, 922
 PdCl(Tol)(PPh$_3$)$_2$, **6**, 256
PdC$_{43}$H$_{38}$ClO$_2$P
 Pd{C(Ph)=C(Ph)C(Ph)=C(Cl)Ph}(PMe$_2$Ph)(acac), **6**, 459
PdC$_{43}$H$_{38}$O$_5$P$_2$
 Pd{CH(CO$_2$Me)COCH(CO$_2$Me)}(PPh$_3$)$_2$, **6**, 258
PdC$_{43}$H$_{43}$O$_3$P
 Pd{C(Ph)=C(Ph)C(Ph)=C(Ph)OEt}(PMe$_2$Ph)(acac), **6**, 332
PdC$_{44}$H$_{35}$ClP$_2$
 PdCl(C≡CPh)(PPh$_3$)$_2$, **6**, 304
PdC$_{44}$H$_{36}$ClNP$_2$
 PdCl(CH$_2$C$_6$H$_4$CN)(PPh$_3$)$_2$, **6**, 252
PdC$_{44}$H$_{36}$P$_2$
 PdH(C≡CPh)(PPh$_3$)$_2$, **6**, 254
PdC$_{44}$H$_{37}$ClOP$_2$
 PdCl(COBz)(PPh$_3$)$_2$, **6**, 326
PdC$_{44}$H$_{38}$ClP$_2$
 PdCl(C$_6$H$_5$CH=CH$_2$)(PPh$_3$)$_2$, **8**, 564
PdC$_{45}$H$_{35}$F$_5$P$_2$
 Pd(C$_6$F$_5$)(CH$_2$CHCH$_2$)(PPh$_3$)$_2$, **6**, 416
PdC$_{45}$H$_{36}$N$_4$P$_2$
 Pd{C(CN)$_2$CMe$_2$C(CN)$_2$}(PPh$_3$)$_2$, **6**, 255, 313
PdC$_{46}$H$_{36}$O$_2$P$_2$
 Pd(PPh$_3$)$_2$(CH=CPhCOCO), **6**, 247
PdC$_{48}$H$_{42}$BrNO$_2$P$_2$
 PdBr{C(=NTol)CH=CHCO$_2$Me}(PPh$_3$)$_2$, **6**, 289
PdC$_{48}$H$_{42}$Br$_2$O$_8$P$_2$
 PdBr{C(CO$_2$Me)=C(CO$_2$Me)C(CO$_2$Me)=CBr(CO$_2$Me)}(PPh$_3$)$_2$, **6**, 336
PdC$_{48}$H$_{42}$O$_8$P$_2$
 Pd{C(CO$_2$Me)=C(CO$_2$Me)C(CO$_2$Me)=C(CO$_2$Me)}(PPh$_3$)$_2$, **6**, 336, 466
PdC$_{49}$H$_{40}$ClNP$_2$
 PdCl{C(Ph)=NPh}(PPh$_3$)$_2$, **6**, 255, 295
PdC$_{49}$H$_{65}$BrN$_4$O$_2$P$_2$
 PdBr{(C=NBu^t)$_3$CH=CHCO$_2$Me}(CNBu^t)(diphos), **6**, 289
PdC$_{51}$H$_{42}$O$_3$
 Pd(PhCH=CHCOCH=CHPh)$_3$, **6**, 247, 260, 370
PdC$_{51}$H$_{51}$O$_2$P
 Pd{C(Tol)=C(Tol)C(Tol)=C(Ph)Tol}(PMe$_2$Ph)(acac), **6**, 327, 459
PdC$_{51}$H$_{55}$IN$_2$P$_2$
 PdI{C(=NCy)C(=NCy)Me}(PPh$_3$)$_2$, **6**, 289
PdC$_{52}$H$_{40}$P$_2$
 Pd(C≡CPh)$_2$(PPh$_3$)$_2$, **6**, 304
PdC$_{55}$H$_{45}$OP$_3$
 Pd(CO)(PPh$_3$)$_3$, **6**, 247, 275
PdC$_{57}$H$_{47}$ClN$_3$P$_2$
 PdCl{CN(Ph)N=C(Ph)NTol}(PPh$_3$)$_2$, **6**, 292
PdC$_{60}$H$_{42}$O$_6$
 Pd{CH(COPh)C(Ph)=C(COPh)$_2$}$_2$, **6**, 332
PdCdGe$_2$C$_{72}$H$_{60}$P$_2$
 Pd(GePh$_3$)(CdGePh$_3$)(PPh$_3$)$_2$, **6**, 256
PdCoC$_{23}$H$_{18}$N$_3$O$_4$
 Pd{C$_6$H$_4$C(Me)=NNHPh}Co(CO)$_4$(py), **5**, 49
PdCoC$_{28}$H$_{26}$O$_4$P
 Pd{Co(CO)$_4$}(CH$_2$CMeCMe$_2$)(PPh$_3$), **6**, 423
 PdCo(CO)$_4$(PPh$_3$)(C$_6$H$_{11}$), **6**, 837
PdCo$_2$C$_{18}$H$_{10}$N$_2$O$_8$
 PdCo$_2$(CO)$_8$(py)$_2$, **6**, 849
PdCo$_2$C$_{33}$H$_{24}$O$_7$P$_2$
 PdCo$_2$(CO)$_7$(diphos), **6**, 823, 866
PdCrC$_{36}$H$_{30}$Cl$_2$P$_2$

PdCl$_2${(Ph$_2$PC$_6$H$_5$)$_2$Cr}, **3**, 983
PdFeC$_{10}$H$_9$Cl
   FcPdCl, **8**, 1043
PdFeC$_{25}$H$_{20}$O$_4$P
   Pd{Fe(CO)$_4$}(CH$_2$CHCH$_2$)(PPh$_3$), **6**, 423
PdFeC$_{34}$H$_{28}$Cl$_2$P$_2$
   Fe{(η^5-C$_5$H$_4$PPh$_2$)$_2$PdCl$_2$}, **4**, 489
PdFe$_4$C$_{16}$O$_{16}$
   [Fe$_4$Pd(CO)$_{16}$]$^{2-}$, **6**, 804, 861
PdFe$_5$C$_{18}$H$_5$O$_{14}$
   [PdFe$_5$(CO)$_{14}$C(CH$_2$CHCH$_2$)]$^-$, **6**, 773
PdFe$_5$C$_{18}$H$_{15}$O$_{14}$
   [PdFe$_5$(CO)$_{14}$C(CH$_2$CHCH$_2$)]$^-$, **4**, 647
PdGeC$_{30}$H$_{46}$P$_2$
   PdH(GePh$_3$)(PEt$_3$)$_2$, **6**, 341
PdGe$_2$C$_{54}$H$_{60}$P$_2$
   Pd(GePh$_3$)$_2$(PEt$_3$)$_2$, **6**, 1096
PdGe$_2$CdC$_{72}$H$_{60}$P$_2$
   Pd(GePh$_3$)(CdGePh$_3$)(PPh$_3$)$_2$, **6**, 1033
PdGe$_2$HgC$_{72}$H$_{30}$F$_{30}$P$_2$
   Pd{Ge(C$_6$F$_5$)$_3$}{HgGe(C$_6$F$_5$)$_3$}(PPh$_3$)$_2$, **6**, 256
PdGe$_2$HgC$_{72}$H$_{60}$P$_2$
   Pd(GePh$_3$)(HgGePh$_3$)(PPh$_3$)$_2$, **6**, 1027
PdMnC$_{21}$H$_{31}$O$_3$P$_2$
   MnPd{C(Ph)OMe}(CO)$_2$Cp(PMe$_3$)$_2$, **6**, 833
PdMn$_2$C$_{20}$H$_{10}$N$_2$O$_{10}$
   Mn$_2$Pd(CO)$_{10}$(py)$_2$, **6**, 847
PdMo$_2$C$_{26}$H$_{20}$N$_2$O$_6$
   Mo$_2$Pd(CO)$_6$Cp$_2$(py)$_2$, **3**, 1187; **6**, 846
PdNb$_2$C$_{24}$H$_{32}$S$_4$
   [Pd{Nb(SMe)$_2$Cp$_2$}$_2$]$^+$, **3**, 768
   [Pd{Nb(SMe)$_2$Cp$_2$}$_2$]$^{2+}$, **6**, 846
PdNiC$_6$H$_8$Cl$_2$
   ClNi{(CH$_2$)$_2$CC(CH$_2$)$_2$}PdCl, **6**, 176
PdNiC$_{16}$H$_{18}$
   CpNi{(CH$_2$)$_2$CC(CH$_2$)$_2$}PdCp, **6**, 176
PdPbSi$_4$C$_{15}$H$_{41}$ClN$_2$
   {(Me$_3$Si)$_2$N}$_2$PbPd(CH$_2$CHCH$_2$)Cl, **6**, 1054
PdPb$_2$C$_{48}$H$_{60}$P$_2$
   Pd(PbPh$_3$)$_2$(PEt$_3$)$_2$, **2**, 669
PdPb$_2$C$_{54}$H$_{45}$P
   Pd(PbPh$_3$)$_2$(PPh$_3$), **2**, 670
PdPb$_2$C$_{72}$H$_{60}$P$_2$
   Pd(PbPh$_3$)$_2$(PPh$_3$)$_2$, **6**, 256
PdPtC$_{12}$H$_{18}$N$_6$
   [PtPd(MeNC)$_6$]$^{2+}$, **6**, 497
PdPtC$_{44}$H$_{76}$P$_2$
   {(PCy$_3$)Pt}{(CH$_2$CHCH$_2$)(Cp)}Pd(PCy$_3$)}, **6**, 721
PdPtC$_{44}$H$_{80}$P$_2$
   {(PCy$_3$)Pt}{(CH$_2$CMeCH$_2$)$_2$}Pd(PCy$_3$)}, **6**, 721
PdRuC$_{31}$H$_{31}$ClNP
   RuCp[η^5-C$_5$H$_3${PdCl(PPh$_3$)}(CH$_2$NMe$_2$)], **4**, 768
PdSbC$_{21}$H$_{20}$Cl
   PdCl(CH$_2$CHCH$_2$)(SbPh$_3$), **6**, 421
PdSbC$_{23}$H$_{24}$ClO
   PdCl(CH$_2$CMeCHOMe)(SbPh$_3$), **6**, 418
PdSbC$_{31}$H$_{27}$F$_6$O$_3$
   Pd{C$_7$H$_8$(OMe)}(hfacac)(SbPh$_3$), **6**, 316
PdSb$_2$C$_{36}$H$_{30}$Cl$_2$
   PdCl$_2$(SbPh$_3$)$_2$, **6**, 421
PdSb$_2$C$_{36}$H$_{30}$I$_2$
   PdI$_2$(SbPh$_3$)$_2$, **6**, 426
PdSb$_2$C$_{54}$H$_{45}$P
   Pd(SbPh$_3$)$_2$(PPh$_3$), **6**, 243
PdSb$_2$C$_{72}$H$_{60}$P$_2$
   Pd(SbPh$_3$)$_2$(PPh$_3$)$_2$, **6**, 246, 357

PdSb$_4$C$_{72}$H$_{60}$
   Pd(SbPh$_3$)$_4$, **6**, 244
PdSiC$_{19}$H$_{29}$ClP
   [PdCl(Me$_3$SiCHPMe$_2$PH)(nbd)]$^+$, **6**, 300, 365
PdSiC$_{20}$H$_{33}$ClP
   [PdCl(Me$_3$SiCHPMe$_2$PH)(cod)]$^+$, **6**, 300, 365
PdSnC$_{21}$H$_{20}$Cl$_3$P
   Pd(SnCl$_3$)(CH$_2$CHCH$_2$)(PPh$_3$), **6**, 410
PdSn$_2$CCl$_7$O
   [PdCl(SnCl$_3$)$_2$(CO)]$^-$, **6**, 281
PdTlC$_9$H$_{17}$O$_6$P$_2$
   CpPd{P(OMe)$_2$OTlOP(OMe)$_2$}, **6**, 451
PdVC$_{14}$H$_{24}$O$_9$P$_2$
   CpPd{P(OMe)$_2$OV(O)(acac)OP(OMe)$_2$}, **6**, 451
PdW$_2$C$_{24}$H$_{32}$S$_4$
   Pd{W(SMe)$_2$Cp$_2$}$_2$, **3**, 1346
PdW$_2$C$_{30}$H$_{24}$O$_4$
   Pd{W(CTol)(CO)$_2$Cp}$_2$, **6**, 847
Pd$_2$Al$_2$C$_{12}$H$_{12}$Cl$_8$
   {Pd(C$_6$H$_6$)(AlCl$_4$)}$_2$, **6**, 267
Pd$_2$Al$_4$C$_{12}$H$_{12}$Cl$_{14}$
   {Pd(C$_6$H$_6$)(Al$_2$Cl$_7$)}$_2$, **6**, 267
Pd$_2$As$_2$C$_{26}$H$_{29}$Cl$_2$
   (AsPh$_3$)(CH$_2$CMeCH$_2$)Pd(Cl)PdCl(CH$_2$CMeCH$_2$), **6**, 418
Pd$_2$As$_2$C$_{48}$H$_{30}$Cl$_2$F$_{10}$
   {PdCl(C$_6$F$_5$)(AsPh$_3$)}$_2$, **6**, 311
Pd$_2$As$_2$C$_{54}$H$_{64}$Cl$_2$
   [PdCl{(C$_6$H$_2$Me$_2$)CH$_2$AsMes$_2$}]$_2$, **6**, 324
Pd$_2$As$_4$C$_{51}$H$_{44}$Cl$_2$O
   {PdCl(Ph$_2$AsCH$_2$AsPh$_2$)}$_2$(CO), **6**, 270
Pd$_2$B$_4$C$_{30}$H$_{58}$Br$_6$N$_{10}$
   [PdBr[N{B(NMe$_2$)$_2$}$_2${CBr$_2$Ph}]]$_2$, **6**, 897
Pd$_2$C$_2$Br$_4$O$_2$
   {PdBr$_2$(CO)}$_2$, **6**, 283
Pd$_2$C$_2$Cl$_4$O$_2$
   [{PdCl$_2$(CO)}$_2$]$^{2-}$, **6**, 271, 280
   {PdCl$_2$(CO)}$_2$, **6**, 283
Pd$_2$C$_4$H$_8$Cl$_4$
   {PdCl$_2$(CH$_2$=CH$_2$)}$_2$, **6**, 352
Pd$_2$C$_6$H$_8$Cl$_4$
   {PdCl(CH$_2$CClCH$_2$)}$_2$, **6**, 396, 397, 715; **8**, 451, 803
Pd$_2$C$_6$H$_{10}$Br$_2$
   {PdBr(CH$_2$CHCH$_2$)}$_2$, **6**, 424
Pd$_2$C$_6$H$_{10}$Cl$_2$
   {PdCl(CH$_2$CHCH$_2$)}$_2$, **3**, 110; **6**, 245, 360, 367, 402, 425, 433, 451, 714; **8**, 213, 397, 805, 812
Pd$_2$C$_6$H$_{10}$I$_2$
   {PdI(CH$_2$CHCH$_2$)}$_2$, **6**, 267, 424
Pd$_2$C$_6$H$_{10}$N$_6$
   {Pd(N$_3$)(CH$_2$CHCH$_2$)}$_2$, **6**, 422
Pd$_2$C$_6$H$_{12}$Cl$_4$
   {PdCl(MeCH=CH$_2$)}$_2$, **8**, 388
Pd$_2$C$_6$H$_{12}$Cl$_4$O$_2$
   {PdCl$_2$(CH$_2$=CHCH$_2$OH)}$_2$, **6**, 402
Pd$_2$C$_6$H$_{14}$I$_2$O$_2$S$_2$
   [PdI{CH$_2$SO(Me)CH$_2$}]$_2$, **6**, 302
Pd$_2$C$_8$H$_{10}$Cl$_2$O$_2$
   {PdCl(CH$_2$CHCHCHO)}$_2$, **6**, 456
Pd$_2$C$_8$H$_{10}$Cl$_2$O$_6$
   [PdCl{CH$_2$C(OH)CHCO$_2$H}]$_2$, **6**, 390
Pd$_2$C$_8$H$_{12}$Cl$_4$
   {PdCl(CH$_2$CHCHCH$_2$Cl)}$_2$, **6**, 360, 363, 394; **8**, 803
   {PdCl(MeCHCClCH$_2$)}$_2$, **6**, 396, 399

Pd₂C₈H₁₄ClI
  Pd₂Cl(I)(CH₂CMeCH₂)₂, **6**, 420
Pd₂C₈H₁₄Cl₂
  {PdCl(CH₂CMeCH₂)}₂, **6**, 360, 386, 387, 416
  {PdCl(MeCHCHCH₂)}₂, **6**, 404, 435; **8**, 811
Pd₂C₈H₁₄Cl₂O₂
  [PdCl{CH₂C(OMe)CH₂}]₂, **6**, 392
Pd₂C₈H₁₆Cl₄
  {PdCl₂(Me₂C=CH₂)}₂, **6**, 352, 387
Pd₂C₁₀H₁₄Cl₂O₄
  [PdCl{CH₂C(OAc)CH₂}]₂, **6**, 393
  [PdCl{CH₂C(OH)CHCOMe}]₂, **6**, 331, 404
Pd₂C₁₀H₁₄N₂S₂
  {Pd(NCS)(CH₂CMeCH₂)}₂, **6**, 420
Pd₂C₁₀H₁₆Cl₄
  [PdCl{CH₂C(CH₂CH₂Cl)CH₂}]₂, **6**, 400, 427
  {PdCl(CH₂CClCMe₂)}₂, **6**, 396
  {PdCl(CH₂CHCHCH₂Cl)}₂, **6**, 399
  {PdCl₂(C₅H₈)}₂, **6**, 358
Pd₂C₁₀H₁₆O₄
  {Pd(OAc)(CH₂CHCH₂)}₂, **6**, 420; **8**, 397, 845
Pd₂C₁₀H₁₈Cl₂
  {PdCl(CH₂CEtCH₂)}₂, **8**, 806
  {PdCl(MeCHCHCHMe)}₂, **6**, 406; **8**, 807
  {PdCl(MeCHCMeCH₂)}₂, **6**, 386, 425
Pd₂C₁₀H₁₈O₃
  (CH₂CHCH₂)Pd(OAc)(MeOH)Pd-(CH₂=CHCH=CH₂), **6**, 438
Pd₂C₁₀H₂₀Cl₂N₂O₂
  [PdCl{CH₂CMe(OMe)CH₂NMe₂}]₂, **6**, 339
Pd₂C₁₀H₂₀Cl₂O₂S₂
  [PdCl{CH₂CMe(OMe)CH₂S}]₂, **6**, 298
Pd₂C₁₀H₂₀Cl₄
  {PdCl₂(MeCH=CHEt)}₂, **6**, 352
  {PdCl₂(PrCH=CH₂)}₂, **6**, 355, 394
Pd₂C₁₂H₁₂Cl₂
  {PdCl(C₆H₆)}₂, **8**, 379
Pd₂C₁₂H₁₆Cl₄
  [PdCl[CH₂C{C(CH₂Cl)=CH₂}CH₂]]₂, **6**, 396, 397; **8**, 451
Pd₂C₁₂H₁₈Cl₂
  [PdCl{$\overline{\text{CHCHCH(CH}_2)_2\text{CH}_2}$}]₂, **8**, 813
  [PdCl{CH₂$\overline{\text{CCH(CH}_2)_2\text{CH}_2}$}]₂, **6**, 389
  [PdCl[CH₂C{C(Me)=CH₂}CH₂]]₂, **6**, 432
  {PdCl(C₆H₉)}₂, **6**, 284, 394
Pd₂C₁₂H₁₈Cl₂O₂
  {PdCl(CH₂CMeCHCOMe)}₂, **6**, 390
  {PdCl(MeCHCHCHCOMe)}₂, **6**, 389, 715
Pd₂C₁₂H₁₈Cl₂O₄
  {PdCl(CH₂CHCHCO₂Et)}₂, **6**, 431, 435; **8**, 814
  [PdCl{CH₂CMeC(Me)CO₂H}]₂, **6**, 391
Pd₂C₁₂H₁₈Cl₂O₆
  [PdCl{CH₂C(OH)CHCO₂Et}]₂, **6**, 390, 406
Pd₂C₁₂H₁₈N₆
  Pd₂(CNMe)₆, **6**, 272
Pd₂C₁₂H₁₈O₄
  {(AcO)Pd}₂{(CH₂CHCHCH₂)₂}, **8**, 398
Pd₂C₁₂H₁₉O₁₀
  [Pd₂(OAc)₅(CH₂=CH₂)]⁻, **6**, 355
Pd₂C₁₂H₂₀Cl₂
  {PdCl(C₆H₁₀)}₂, **6**, 352
Pd₂C₁₂H₂₀Cl₄
  [PdCl{MeCHC(CHClMe)CH₂}]₂, **6**, 399
  {PdCl(MeCHCHCHCH₂CH₂Cl)}₂, **6**, 400
Pd₂C₁₂H₂₀O₄
  {Pd(OAc)(MeCHCHCH₂)}₂, **6**, 404
Pd₂C₁₂H₂₀O₈
  {Pd(OAc)₂(CH₂=CH₂)}₂, **6**, 355

Pd₂C₁₂H₂₁Cl₂NO
  (CH₂CHCH₂)PdCl(Cl)Pd(CH₂CHCH₂)-{HON=$\overline{\text{C(CH}_2)_4\text{CH}_2}$}, **6**, 418
Pd₂C₁₂H₂₂Cl₂
  {PdCl(CH₂CMeCMe₂)}₂, **6**, 386
  {PdCl(EtCHCMeCH₂)}₂, **6**, 386; **8**, 807
  {PdCl(MeCHCMeCHMe)}₂, **6**, 388; **8**, 805
Pd₂C₁₂H₂₂Cl₂O₂
  {PdCl(MeCHCHCHCH₂OMe)}₂, **6**, 393
Pd₂C₁₂H₂₄Cl₂N₂
  {PdCl(CH₂CHCHCH₂NMe₂)}₂, **6**, 395
Pd₂C₁₂H₂₈Cl₂N₂O₂
  [PdCl{CH₂CH(OMe)CH₂NMe₂}]₂, **6**, 282, 318
Pd₂C₁₂H₃₀Cl₂N₂O₆P₂S₂
  [PdCl(CSNMe₂){P(OMe)₃}]₂, **6**, 325
Pd₂C₁₃H₁₈O₄
  {(AcO)Pd}₂{(CH₂)₂CCH₂C(=CH₂)C(CH₂)₂}, **6**, 398
Pd₂C₁₄H₁₀Cl₄N₂
  {PdCl₂(CNPh)}₂, **6**, 285, 290
Pd₂C₁₄H₁₄Cl₂
  {PdCl(η³-CH₂Ph)}₂, **8**, 880
Pd₂C₁₄H₁₈
  [{(CH₂CHCH₂)Pd}₂(cot)]²⁺, **6**, 367
Pd₂C₁₄H₁₈Br₂
  {PdBr(C₇H₉)}₂, **3**, 144
Pd₂C₁₄H₁₈Cl₂O₄
  {PdCl(CH₂CHCHCH=CHCO₂Me)}₂, **6**, 393
Pd₂C₁₄H₂₀Cl₄
  [PdCl{CH₂$\overline{\text{CCHCH(Cl)(CH}_2)_2\text{CH}_2}$}]₂, **6**, 399
Pd₂C₁₄H₂₂Br₂
  {PdBr(C₇H₁₁)}₂, **6**, 407
Pd₂C₁₄H₂₂Cl₂
  [PdCl{$\overline{\text{CHCMeCH(CH}_2)_2\text{CH}_2}$}]₂, **8**, 806
  [PdCl{CH₂$\overline{\text{CCH(CH}_2)_3\text{CH}_2}$}]₂, **6**, 389, 434
  {PdCl(C₇H₁₁)}₂, **6**, 393
Pd₂C₁₄H₂₂Cl₂O₂
  [PdCl[CH₂C{C(CH₂OMe)=CH₂}CH₂]]₂, **6**, 396
  [PdCl{C₆H₈(OMe)}]₂, **6**, 394
Pd₂C₁₄H₂₂Cl₂O₄
  {PdCl(CH₂CMeCHCH₂OAc)}₂, **6**, 393; **8**, 807
Pd₂C₁₄H₂₄Cl₄
  {PdCl(CMe₂CClCMe₂)}₂, **6**, 396
  {PdCl(EtCHCHCHCH₂CH₂Cl)}₂, **6**, 400
Pd₂C₁₄H₂₄Cl₄N₄
  [PdCl₂{C₃(NMe₂)₂}]₂, **6**, 297
Pd₂C₁₄H₂₄O₆
  {Pd(OAc)(CH₂CHCHCH₂OMe)}₂, **8**, 811
Pd₂C₁₄H₂₆Cl₂
  {PdCl(Me₂CCHCMe₂)}₂, **6**, 406
  {PdCl(PrCHCMeCH₂)}₂, **6**, 386
Pd₂C₁₄H₂₆Cl₂O₂
  {PdCl(CH₂CMeCHCH₂OEt)}₂, **6**, 431
Pd₂C₁₄H₂₈Cl₂N₂O₄
  [PdCl(CO){CH₂CH(OMe)CH₂NMe₂}]₂, **6**, 282
Pd₂C₁₆H₁₆Cl₂F₆S₂
  {PdCl(C₇H₈SCF₃)}₂, **6**, 379
Pd₂C₁₆H₁₆Cl₄
  {PdCl₂(PhCH=CH₂)}₂, **6**, 352, 390
Pd₂C₁₆H₁₈
  {CpPd(CH₂CCH₂)}₂, **6**, 432
Pd₂C₁₆H₁₈Cl₂
  {PdCl(C₈H₉)}₂, **6**, 407
Pd₂C₁₆H₁₈Cl₄
  {PdCl(C₈H₉Cl)}₂, **6**, 367
Pd₂C₁₆H₂₀Cl₂N₂O₂
  [PdCl{CH₂CH(OMe)(C₅H₄N)}]₂, **6**, 319

$Pd_2C_{16}H_{20}Cl_4$
  [PdCl{CH$_2$(C$_7$H$_8$Cl)}]$_2$, **6**, 377
$Pd_2C_{16}H_{22}Cl_2$
  [PdCl{CH$_2$(C$_7$H$_9$)}]$_2$, **8**, 815
  {PdCl(C$_8$H$_{11}$)}$_2$, **6**, 335, 378, 395; **8**, 812
$Pd_2C_{16}H_{22}O_4$
  {(acac)Pd}$_2$(CH$_2$CCH$_2$)$_2$, **6**, 397
  [{C$_7$H$_8$(OMe)}Pd]$_2$(O$_2$), **6**, 335
$Pd_2C_{16}H_{24}Cl_2$
  {PdCl(cod)}$_2$, **6**, 374
$Pd_2C_{16}H_{24}Cl_2N_2O_2$
  [PdCl{C$_6$H$_8$C(Me)=NOH}]$_2$, **6**, 323
$Pd_2C_{16}H_{24}Cl_2N_6$
  {PdCl(C$_8$H$_{12}$N$_3$)}$_2$, **6**, 379
$Pd_2C_{16}H_{24}Cl_2O_4$
  [PdCl{CH$_2$CMeCH$\overline{\text{CHO(CH}_2\text{)}_2\text{OCH}_2}$}]$_2$, **8**, 811
$Pd_2C_{16}H_{24}Cl_4$
  {PdCl$_2$(C$_8$H$_{12}$)}$_2$, **6**, 352
$Pd_2C_{16}H_{24}O_4$
  {(AcO)Pd}$_2${CH$_2$CHCH(CH$_2$)$_2$CH=CH(CH$_2$)$_2$-CHCHCH$_2$}, **6**, 427, 437; **8**, 398
$Pd_2C_{16}H_{26}Cl_2$
  [PdCl{CH$_2\overline{\text{CCH(CH}_2\text{)}_4\text{CH}_2}$}]$_2$, **6**, 389, 434
  {PdCl(CH$_2$CMeCHCH=CMe$_2$)}$_2$, **6**, 393
  [PdCl{MeCH$\overline{\text{CCH(CH}_2\text{)}_3\text{CH}_2}$}]$_2$, **8**, 818
$Pd_2C_{16}H_{26}Cl_2O_2$
  [PdCl{C$_7$H$_{10}$(OMe)}]$_2$, **6**, 393
  {PdCl(C$_8$H$_{12}$OH)}$_2$, **6**, 338
$Pd_2C_{16}H_{26}Cl_2O_4$
  [PdCl{CH$_2$CHCH(CH$_2$)$_3$CO$_2$Me}]$_2$, **8**, 809
$Pd_2C_{16}H_{26}Cl_2O_6$
  [PdCl{MeO$_2$CCHCHCH(Me)OMe}]$_2$, **6**, 393
$Pd_2C_{16}H_{28}Cl_2N_2$
  {PdCl(C$_8$H$_{12}$NH$_2$)}$_2$, **8**, 892
$Pd_2C_{16}H_{28}O_4$
  {Pd(OAc)(PrCHCHCH$_2$)}$_2$, **6**, 389
$Pd_2C_{16}H_{30}Cl_2$
  {PdCl(Bu^{t}CHCMeCH$_2$)}$_2$, **6**, 388
  [PdCl{CH$_2$C(CH$_2$Bu^t)CH$_2$}]$_2$, **6**, 429
  [PdCl{CH$_2$CHCH(CH$_2$)$_4$Me}]$_2$, **8**, 813
  [PdCl{CH$_2$C(Pr)CHEt}]$_2$, **8**, 818
  {PdCl(C$_8$H$_{15}$)}$_2$, **6**, 390
$Pd_2C_{16}H_{32}Cl_2N_2O_2$
  [PdCl{CH(CHO)CMe$_2$CH$_2$NMe$_2$}]$_2$, **6**, 319
$Pd_2C_{16}H_{34}N_2$
  {Pd(NEt$_2$)(CH$_2$CMeCH$_2$)}$_2$, **6**, 428
$Pd_2C_{16}H_{36}Cl_2N_2$
  [PdCl{CH(Me)CMe$_2$CH$_2$NMe$_2$}]$_2$, **6**, 319
$Pd_2C_{16}H_{40}P_4$
  {($\overline{\text{CH}_2\text{PMe}_2\text{CH}_2}$)Pd(CH$_2PMe_2CH_2$)}$_2$, **6**, 303
$Pd_2C_{18}H_{10}F_{12}$
  CpPd{$\overline{\text{C(CF}_3\text{)=C(CF}_3\text{)C(CF}_3\text{)=C-}}$(CF$_3$)}PdCp, **6**, 466
$Pd_2C_{18}H_{18}Cl_2$
  {PdCl(CH$_2$CPhCH$_2$)}$_2$, **6**, 360, 424
  {PdCl(PhCHCHCH$_2$)}$_2$, **6**, 390, 404
$Pd_2C_{18}H_{22}$
  (CpPd)$_2$(CH$_2$CHCHCH$_2$)$_2$, **6**, 449
$Pd_2C_{18}H_{22}Cl_2N_2$
  {(py)ClPd}$_2$(CH$_2$CHCHCH$_2$)$_2$, **6**, 438
$Pd_2C_{18}H_{22}Cl_2O_8$
  [PdCl{(HO$_2$C)$_2$C$\overline{\text{CCH(CH}_2\text{)}_3\text{CH}_2}$}]$_2$, **6**, 391; **8**, 805
$Pd_2C_{18}H_{24}Cl_2N_2$
  {PdCl(C$_6$H$_4$CH$_2$NMe$_2$)}$_2$, **6**, 329, 339; **8**, 868
$Pd_2C_{18}H_{24}Cl_4$
  [PdCl{C$_7$H$_9$Cl(CH=CH$_2$)}]$_2$, **6**, 317
$Pd_2C_{18}H_{26}Cl_2O_8$
  {PdCl(EtO$_2$CCHCHCHCO$_2$Et)}$_2$, **6**, 431
$Pd_2C_{18}H_{28}Cl_4$
  {PdCl$_2$(C$_3$Pr$^i_2$)}$_2$, **6**, 255, 297
$Pd_2C_{18}H_{30}Cl_2$
  [PdCl{CH$_2\overline{\text{CCH(CH}_2\text{)}_5\text{CH}_2}$}]$_2$, **6**, 389
$Pd_2C_{18}H_{36}Cl_2N_2O_4$
  [PdCl{CH(CO$_2$Me)(CMe$_2$CH$_2$NMe$_2$)}]$_2$, **6**, 319
$Pd_2C_{20}H_{10}Cl_4F_{12}N_2$
  [PdCl{C(CF$_3$)$_2$Cl}(NCPh)]$_2$, **6**, 326
$Pd_2C_{20}H_{16}Cl_2N_2$
  [PdCl{CH$_2$(C$_9$H$_6$N)}]$_2$, **6**, 323
$Pd_2C_{20}H_{22}Cl_2$
  {PdCl(CH$_2$CHCHCH$_2$Ph)}$_2$, **8**, 804
$Pd_2C_{20}H_{22}Cl_2O_2$
  {PdCl(CH$_2$CHCHCH$_2$C$_6$H$_4$OH)}$_2$, **6**, 432
$Pd_2C_{20}H_{22}N_2O_6$
  {Pd(OAc)(C$_6$H$_4$NHAc)}$_2$, **8**, 861
$Pd_2C_{20}H_{24}Br_2O_2S_2$
  Pd$_2$Br$_2${CH(SMe$_2$)COPh}$_2$, **6**, 299
$Pd_2C_{20}H_{28}Cl_2N_2O_2$
  [PdCl{MeCH$\overline{\text{CCHCH}_2\text{N(Ac)CH}_2\text{CH}_2}$}]$_2$, **8**, 814
$Pd_2C_{20}H_{30}Cl_2$
  [PdCl{CH$_2$(C$_7$H$_7$Me$_2$)}]$_2$, **6**, 392
$Pd_2C_{20}H_{30}Cl_2O_2$
  [PdCl{C$_7$H$_9$(OMe)(CH=CH$_2$)}]$_2$, **6**, 317
$Pd_2C_{20}H_{30}Cl_2O_8$
  {PdCl(EtO$_2$CCHCHCHCH$_2$CO$_2$Et)}$_2$, **6**, 435
$Pd_2C_{20}H_{32}Cl_4$
  [PdCl{MeC$\overline{\text{CHCHCCl(Pr}^i\text{)CH}_2\text{CH}_2}$}]$_2$, **8**, 805
$Pd_2C_{20}H_{32}O_4$
  [Pd(OAc){CH$_2$CHC(Me)CH$_2$CH$_2$CH=CH$_2$}]$_2$, **6**, 436
$Pd_2C_{20}H_{34}Cl_2$
  [PdCl{Pr$^i\overline{\text{CCHCHCH(Me)CH}_2\text{CH}_2}$}]$_2$, **6**, 402
$Pd_2C_{20}H_{36}Cl_2N_4$
  {PdCl(CNBu^t)$_2$}$_2$, **6**, 271
$Pd_2C_{20}H_{36}Cl_4$
  {PdCl$_2$(Bu^{t}C≡CBu^t)}$_2$, **6**, 352, 353, 455
$Pd_2C_{20}H_{36}I_2N_4$
  {PdI(CNBu^t)$_2$}$_2$, **6**, 285
$Pd_2C_{22}H_{22}Cl_2O_6$
  [PdCl{CH$_2$C(OH)CHCO$_2$Bz}]$_2$, **6**, 390; **8**, 805
$Pd_2C_{22}H_{24}O_4$
  {Pd(OAc)(CH$_2$PhCH$_2$)}$_2$, **6**, 439
  {Pd(OAc)(PhCHCHCH$_2$)}$_2$, **6**, 404
$Pd_2C_{22}H_{26}Cl_4N_2$
  [PdCl{C(Ph)=C(Cl)CH$_2$NMe$_2$}]$_2$, **6**, 327
$Pd_2C_{22}H_{30}N_2O_4$
  {Pd(OAc)(CH$_2$C$_6$H$_4$NMe$_2$)}$_2$, **6**, 323, 328
$Pd_2C_{22}H_{34}Cl_2O_4$
  [PdCl{CH$_2$CMeCH(CH$_2$)$_2$C(Me)=CHCO$_2$-Me}]$_2$, **8**, 817
$Pd_2C_{22}H_{36}Cl_4$
  {PdCl$_2$(C$_3$Bu$^t_2$)}$_2$, **6**, 255
$Pd_2C_{22}H_{38}Cl_2$
  [PdCl{CH$_2$CMeCH(CH$_2$)$_2$CH(Me)-CH$_2$CH=CH$_2$}]$_2$, **8**, 806
$Pd_2C_{22}H_{38}Cl_2O_2$
  [PdCl{CH$_2\overline{\text{CCHCH}_2\text{CH(CMe}_2\text{OMe)CH}_2\text{-}}H_2$}]$_2$, **8**, 805
  [PdCl{CH$_2$CH$\overline{\text{C(CH}_2\text{)}_2\text{CH(CMe}_2\text{OMe)C-}}H_2$}]$_2$, **8**, 804, 812
  {PdCl(MeOCH$_2$CHCMeCHCH$_2$CH=CMe$_2$)}$_2$, **8**, 804
$Pd_2C_{22}H_{38}Cl_2O_4$
  {PdCl(Bu^{t}CHCHCHCH$_2$CO$_2$Et)}$_2$, **8**, 810
$Pd_2C_{22}H_{42}I_2N_4$
  [PdI{C(Me)=NBu^t}(CNBu^t)]$_2$, **6**, 259, 286
$Pd_2C_{24}Br_2F_{20}$

$Pd_2C_{24}Br_2F_{20}$
  $\{PdBr(C_6F_5)_2\}_2$, **6**, 307
$Pd_2C_{24}H_{14}Cl_6N_4$
  $[PdCl\{(C_6H_3Cl)N=N(C_6H_4Cl)\}]_2$, **8**, 904
$Pd_2C_{24}H_{18}Cl_2N_4$
  $\{PdCl(C_6H_4N=NPh)\}_2$, **6**, 310, 320
$Pd_2C_{24}H_{24}Cl_2N_2$
  $\{PdCl(C_{10}H_6NMe_2)\}_2$, **8**, 861
$Pd_2C_{24}H_{26}Cl_2$
  $\{PdCl(C_6H_8Ph)\}_2$, **6**, 395
$Pd_2C_{24}H_{30}Cl_2O_4S_2$
  $\{PdCl\{CH_2CHCHSO_2CMe_2(Ph)\}\}_2$, **8**, 813
$Pd_2C_{24}H_{32}Cl_2N_2O_4$
  $\{PdCl\{C_6H_2(OCH_2O)(CH_2NEt_2)\}\}_2$, **8**, 860
$Pd_2C_{24}H_{34}Cl_2$
  $[PdCl\{CH_2(C_6Me_5)\}]_2$, **8**, 808
$Pd_2C_{24}H_{36}Cl_4$
  $[PdCl\{CCl(Me)(C_5Me_5)\}]_2$, **6**, 328, 463
$Pd_2C_{24}H_{36}O_4$
  $\{Pd(OAc)(C_{10}H_{15})\}_2$, **8**, 490
$Pd_2C_{24}H_{38}Cl_2O_2$
  $[PdCl\{Ac\overline{CCHCHCH(Bu^t)CH_2C}H_2\}]_2$, **8**, 353
$Pd_2C_{24}H_{42}Cl_2$
  $[PdCl\{\overline{CHCHCH(CH_2)_8C}H_2\}]_2$, **6**, 409
$Pd_2C_{24}H_{42}Cl_2O_4$
  $[PdCl\{CH_2CHCH(CH_2)_7CO_2Me\}]_2$, **8**, 809
$Pd_2C_{24}H_{46}Cl_2$
  $[PdCl\{Bu^tCHCHCH(CH_2)_4Me\}]_2$, **8**, 810
$Pd_2C_{24}H_{52}Cl_2P_2$
  $\{PdCl(CH_2CMe_2PBu^t_2)\}_2$, **6**, 324
$Pd_2C_{25}H_{50}O_2P_2$
  $Pd_2Cp(O_2CMe)(PPr^i_3)_2$, **6**, 268
$Pd_2C_{26}H_{16}Cl_2N_2$
  $\{PdCl(C_{13}H_8N)\}_2$, **8**, 861
$Pd_2C_{26}H_{18}Cl_2$
  $\{PdCl(\overline{CHCHCHC_{10}H_6})\}_2$, **8**, 810
$Pd_2C_{26}H_{22}Cl_2N_4$
  $\{PdCl(C_6H_4N=NTol)\}_2$, **6**, 320
$Pd_2C_{26}H_{22}Cl_2S_2$
  $\{PdCl(C_6H_4CH_2SPh)\}_2$, **6**, 325
$Pd_2C_{26}H_{24}Cl_2F_{12}N_2$
  $[PdCl\{C(CF_3)=C(CF_3)C_6H_4CH_2NMe_2\}]_2$, **6**, 329
$Pd_2C_{26}H_{24}Cl_2N_2$
  $[PdCl\{CH_2CH(Ph)(C_5H_4N)\}]_2$, **6**, 319; **8**, 855
$Pd_2C_{26}H_{26}Cl_2$
  $[PdCl\{CH_2CH(Ph)(C_5H_5)\}]_2$, **6**, 339
  $\{PdCl(C_7H_8Ph)\}_2$, **6**, 317, 376
$Pd_2C_{26}H_{26}Cl_2O_2$
  $[PdCl\{PhCHCCH(CH_2)_3CO\}]_2$, **6**, 390
$Pd_2C_{26}H_{28}Cl_2N_2$
  $\{PdCl(C_{10}H_6CH_2NMe_2)\}_2$, **8**, 861
$Pd_2C_{26}H_{28}Cl_2N_2O_2$
  $[PdCl\{C(Ph)=(C_6H_8)=NOH\}]_2$, **6**, 323
$Pd_2C_{26}H_{38}Cl_2O_8$
  $[PdCl\{C_8H_{12}CH(CO_2Me)_2\}]_2$, **6**, 380
$Pd_2C_{26}H_{42}Cl_2O_2$
  $[PdCl\{CH_2C(CH_2CH_2CH=CMe_2)CH-(CH_2)_2COMe\}]_2$, **8**, 818
  $[PdCl\{CH_2CMeCH(CH_2)_2C(Me)=CH(CH_2)_2-COMe\}]_2$, **8**, 808
$Pd_2C_{26}H_{56}P_2$
  $\{Pd(PPr^i_3)(CH_2CHCH_2)\}_2$, **6**, 267
$Pd_2C_{28}H_{24}Cl_2N_2$
  $\{PdCl(C_6H_4CH_2N=CHPh)\}_2$, **8**, 861
  $[PdCl\{C_6H_4C(Me)=NPh\}]_2$, **8**, 861
$Pd_2C_{28}H_{30}N_5P$
  $[Pd_2(CNMe)_5(PPh_3)]^{2+}$, **6**, 272
$Pd_2C_{28}H_{36}Cl_4$
  $[PdCl\{MeCHCPhC(Cl)Bu^t\}]_2$, **6**, 405, 427

$Pd_2C_{28}H_{42}Cl_2O_8$
  $[PdCl\{(EtO_2C)_2CMe\overline{CCH(CH_2)_3C}H\}]_2$, **6**, 391
$Pd_2C_{28}H_{44}Cl_2N_2O_6$
  $[PdCl\{C_6H_2(OMe)(OCH_2OMe)(CH_2NEt_2)\}]_2$, **8**, 861
$Pd_2C_{28}H_{48}Cl_3$
  $[Pd_2Cl_3(\eta^4-C_4Me_2Bu^t_2)_2]^+$, **6**, 369, 457
$Pd_2C_{28}H_{48}Cl_4$
  $[PdCl\{C(Bu^t)=C(Me)C(Me)=C(Cl)Bu^t\}]_2$, **6**, 457
$Pd_2C_{28}H_{52}P_2$
  $\{PdCp(PPr^i_3)\}_2$, **6**, 268
$Pd_2C_{28}H_{68}O_6P_4$
  $\{PdMe(CO_3H)(PEt_3)_2\}_2$, **6**, 333
$Pd_2C_{30}H_{20}Cl_4$
  $\{PdCl_2(C_3Ph_2)\}_2$, **6**, 297, 401
$Pd_2C_{30}H_{26}Cl_2N_4$
  $[PdCl\{C_6H_4\overline{NCH_2CH_2N(Ph)C}\}]_2$, **6**, 298
$Pd_2C_{30}H_{38}Cl_2$
  $\{PdCl(C_8H_{12}Tol)\}_2$, **6**, 318
$Pd_2C_{30}H_{46}Cl_2F_2P_2$
  $[PdCl\{(C_6H_3F)CH_2PBu^t_2\}]_2$, **6**, 324
$Pd_2C_{30}H_{46}Cl_2O_2$
  $[PdCl\{CH_2\overline{CC(Bu^t)COC(Bu^t)}=CMe\}]_2$, **6**, 419
$Pd_2C_{30}H_{48}Cl_2P_2$
  $\{PdCl(C_6H_4CH_2PBu^t_2)\}_2$, **6**, 308, 324
$Pd_2C_{30}H_{54}N_6$
  $Pd_2(CNBu^t)_6$, **6**, 272
$Pd_2C_{30}H_{70}P_2S_2$
  $\{Pd(SEt)(Me)(PBu_3)\}_2$, **6**, 309
$Pd_2C_{32}H_{28}Cl_4$
  $[PdCl\{CH_2C(CH_2Cl)CPh_2\}]_2$, **6**, 399
  $[PdCl\{MeCHCPhC(Cl)Ph\}]_2$, **6**, 405, 431
$Pd_2C_{32}H_{34}Cl_2N_4$
  $[PdCl\{(C_6H_2Me_2)N=N(C_6H_3Me_2)\}]_2$, **8**, 861
$Pd_2C_{32}H_{52}Cl_2P_2$
  $[PdCl\{CH(Me)C_6H_4PBu^t_2\}]_2$, **6**, 323
$Pd_2C_{34}H_{22}Cl_2S_6$
  $[PdCl\{C_6H_4CSCH=\overline{CCH=C(Ph)SS}\}]_2$, **6**, 325
$Pd_2C_{34}H_{26}Cl_2O_4$
  $\{PdCl(PhCOCHCHCHCOPh)\}_2$, **6**, 398
$Pd_2C_{34}H_{30}Cl_2O_4$
  $\{PdCl(PhCHCHCHCH_2CO_2Ph)\}_2$, **6**, 404
$Pd_2C_{34}H_{38}Cl_2P_2$
  $\{PdCl(CH_2CMeCH_2)\}_2(diphos)$, **8**, 278
$Pd_2C_{34}H_{50}Cl_2O_2$
  $[PdCl[CH_2C\{C_6H_2(Bu^t)_2(OH)\}CH_2]]_2$, **6**, 392
$Pd_2C_{34}H_{54}Cl_2N_4$
  $[PdCl\{C(=NCy)CH_2CH=CH_2\}(CNCy)]_2$, **6**, 287, 432
$Pd_2C_{36}H_{36}Br_4O_{24}$
  $[PdBr\{CBr(CO_2Me)C_5(CO_2Me)_5\}]_2$, **6**, 466
$Pd_2C_{36}H_{36}Cl_4O_{24}$
  $[PdCl\{CCl(CO_2Me)C_5(CO_2Me)_5\}]_2$, **6**, 328
$Pd_2C_{36}H_{42}Cl_2N_8$
  $[PdCl\{C_6H_4N(Me)N=C(Me)C(Me)=NN(Me)-Ph\}]_2$, **8**, 861
$Pd_2C_{36}H_{60}Cl_4$
  $[PdCl\{CHC(Bu^t)CHC(=CClBu^t)CH-Bu^t\}]_2$, **6**, 405
  $[PdCl\{\overline{CHC(Bu^t)CHCH(Bu^t)C}=C-(Cl)Bu^t\}]_2$, **6**, 461
$Pd_2C_{39}H_{35}IP_2$
  $Pd_2I(PPh_3)_2(CH_2CHCH_2)$, **6**, 267
$Pd_2C_{39}H_{71}ClP_2$
  $Pd_2Cl(PCy_3)_2(CH_2CHCH_2)$, **6**, 268
$Pd_2C_{40}H_{44}Cl_4$
  $[PdCl\{Bu^tCH_2CHCPhC(Cl)Ph\}]_2$, **6**, 431
$Pd_2C_{40}H_{46}O_8P_2$
  $[Pd(OAc)\{CH_2CH(OAc)CH_2CH_2PPh_2\}]_2$, **6**, 319

$Pd_2C_{40}H_{76}Cl_2O_2P_4$
{$(PEt_3)_2ClPdC_6H_4OCH_2CH_2$}$_2$, **6**, 308
$Pd_2C_{41}H_{35}BrP_2$
$(Ph_3P)Pd(Br)(Cp)Pd(PPh_3)$, **6**, 453
$Pd_2C_{42}H_{32}Cl_4$
[PdCl{PhCHCPhC(Cl)Ph}]$_2$, **6**, 400, 427
$Pd_2C_{42}H_{38}Cl_2P_2$
{PdCl(CH$_2$CHCHP̈Ph$_3$)}$_2$, **6**, 390
$Pd_2C_{42}H_{38}Cl_4O_2P_2$
[PdCl$_2${CH(Ac)PPh$_3$}]$_2$, **6**, 300
$Pd_2C_{44}H_{34}Cl_4N_4P_2$
[Pd{CH(Cl)CN}$_2$(PPh$_3$)]$_2$, **6**, 326
$Pd_2C_{44}H_{40}Cl_2O_6$
[PdCl{(C$_6$H$_3$Me)OC(OTol)$_2$}]$_2$, **8**, 861
$Pd_2C_{44}H_{40}P_2$
$Pd_2Cp(PPh_3)_2(CH_2CHCH_2)$, **6**, 267
$Pd_2C_{45}H_{42}P_2$
$(Ph_3P)Pd(Cp)(CH_2CMeCH_2)Pd(PPh_3)$, **6**, 452
$Pd_2C_{48}H_{30}Cl_2F_{10}P_2$
{PdCl(C$_6$F$_5$)(PPh$_3$)}$_2$, **6**, 311
$Pd_2C_{48}H_{56}Cl_4$
{PdCl$_2$(η^4-C$_4$Ph$_2$Bu$^t_2$)}$_2$, **6**, 369, 381, 457
$Pd_2C_{50}H_{42}Cl_2P_4$
[PdCl{CH(PPh$_2$)$_2$}]$_2$, **6**, 309
$Pd_2C_{50}H_{44}Cl_2O_2P_4S$
{PdCl(Ph$_2$PCH$_2$PPh$_2$)}$_2$(SO$_2$), **6**, 269
$Pd_2C_{50}H_{44}Cl_2P_4$
{PdCl(Ph$_2$PCH$_2$PPh$_2$)}$_2$, **6**, 269
$Pd_2C_{51}H_{42}O_3$
Pd$_2$(PhCH=CHCOCH=CHPh)$_3$, **6**, 260, 274, 313
$Pd_2C_{51}H_{44}Cl_2OP_4$
{PdCl(Ph$_2$PCH$_2$PPh$_2$)}$_2$(CO), **6**, 269
$Pd_2C_{52}H_{47}Cl_2NP_4$
{PdCl(Ph$_2$PCH$_2$PPh$_2$)}$_2$(MeNC), **6**, 269
$Pd_2C_{54}H_{38}Cl_2$
[PdCl{PhC̄C(Ph)C(Ph)C̄$_6$H$_4$}]$_2$, **6**, 400
$Pd_2C_{54}H_{40}Cl_3$
[Pd$_2$Cl$_3$(η^4-C$_4$Ph$_4$)$_2$]$^+$, **6**, 369
$Pd_2C_{54}H_{44}Cl_2F_6P_4$
{PdCl(Ph$_2$PCH$_2$PPh$_2$)}$_2$(CF$_3$CCCF$_3$), **6**, 269, 466
$Pd_2C_{54}H_{64}Cl_2P_2$
[PdCl{(C$_6$H$_2$Me$_2$)CH$_2$PMes$_2$}]$_2$, **6**, 324
$Pd_2C_{56}H_{40}Br_4$
[PdBr$_2$(η^4-C$_4$Ph$_4$)]$_2$, **6**, 450
$Pd_2C_{56}H_{40}Cl_4$
{PdCl$_2$(η^4-C$_4$Ph$_4$)}$_2$, **6**, 368, 374, 381, 395, 456
$Pd_2C_{56}H_{42}Cl_2O_2$
[PdCl{C$_4$Ph$_4$(OH)}]$_2$, **6**, 426, 428
$Pd_2C_{56}H_{50}Cl_2O_4P_4$
{PdCl(Ph$_2$PCH$_2$PPh$_2$)}$_2$(MeO$_2$CCCCO$_2$Me), **6**, 269, 466
$Pd_2C_{56}H_{52}P_4$
[Pd{CH(PPh$_2$)$_2$}{CH$_2$CHCH$_2$}]$_2$, **6**, 309
$Pd_2C_{57}H_{51}O_3P_3$
Pd$_2$Me$_2$(PPh$_3$)$_3$(CO$_3$), **8**, 255
$Pd_2C_{58}H_{46}Cl_2O_2$
[PdCl{C$_4$Ph$_4$(OMe)}]$_2$, **6**, 428
$Pd_2C_{60}H_{50}Cl_2O_2$
[PdCl{C$_4$Ph$_4$(OEt)}]$_2$, **6**, 368, 407, 426, 428
$Pd_2C_{62}H_{50}Cl_2N_2P_2$
[PdCl{C(Ph)=NPh}(PPh$_3$)]$_2$, **6**, 291, 295
$Pd_2C_{62}H_{52}Cl_4$
[PdCl{C(Ph)=C(Ph)C(Ph)=C(Cl)Mes}]$_2$, **6**, 460
$Pd_2C_{64}H_{56}Cl_4$
{PdCl$_2$(η^4-C$_4$Tol$_4$)}$_2$, **6**, 378, 395
$Pd_2C_{64}H_{56}O_6$
[Pd(OAc){C$_4$Ph$_4$(OEt)}]$_2$, **6**, 273

$Pd_2C_{66}H_{50}F_6P_2$
{Pd(PPh$_3$)(Ph$_2$PC≡CCF$_3$)$_2$, **6**, 467
$Pd_2C_{66}H_{50}F_6P_4$
{Pd(PPh$_3$)(Ph$_2$PC≡CCF$_3$)}$_2$, **6**, 246
$Pd_2C_{68}H_{64}Cl_4$
[PdCl{C(Mes)=C(Ph)C(Ph)=C(Cl)Mes}]$_2$, **6**, 327
$Pd_2C_{76}H_{66}Cl_2$
[PdCl(C$_4$PhTol$_4$)]$_2$, **6**, 378, 395, 464
$Pd_2C_{84}H_{60}$
{(η^5-C$_5$Ph$_5$)Pd}$_2$(PhC≡CPh), **6**, 273, 450, 464
$Pd_2C_{84}H_{78}Cl_2$
[PdCl{CPh(Tol)(C$_5$Me$_2$Tol$_3$)}]$_2$, **6**, 464
$Pd_2Cr_2C_{28}H_{40}O_6P_2$
Cr$_2$Pd$_2$(CO)$_6$(PEt$_3$)$_2$Cp$_2$, **6**, 852
$Pd_2Cr_2C_{34}H_{20}Cl_2O_{10}P_2$
{(CO)$_5$Cr(PPh$_2$)PdCl}$_2$, **8**, 331
$Pd_2Fe_2C_{26}H_{32}Cl_2N_2$
[FeCp{η^5-C$_5$H$_3$(PdCl)(CH$_2$NMe$_2$)}]$_2$, **6**, 322; **8**, 860, 1043
$Pd_2Fe_2C_{28}H_{30}Cl_2$
{PdCl(CH$_2$CHCHCH$_2$Fc)}$_2$, **6**, 398
$Pd_2Fe_2C_{28}H_{36}Cl_2N_2$
[FeCp{η^5-C$_5$H$_3$(PdCl)(CHMeNMe$_2$)}]$_2$, **8**, 1043
$Pd_2Fe_2C_{30}H_{24}Cl_2N_2$
[FeCp{η^5-C$_5$H$_3$(PdCl)(C$_5$H$_4$N)}]$_2$, **8**, 861
$Pd_2Fe_2C_{30}H_{34}Cl_2S_2$
[FeCp{η^5-C$_5$H$_3$(PdCl)(CSBu^t)}]$_2$, **6**, 325
$Pd_2Fe_2C_{32}H_{20}Cl_2O_8P_2$
[PdCl{Fe(CO)$_4$}(PPh$_2$)]$_2$, **6**, 423, 777, 836; **8**, 331
$Pd_2Mn_4C_{42}H_{22}Cl_2O_{16}$
[PdCl{(CO)$_3$Mn(C$_5$H$_4$)CO-CHCHCHCO(C$_5$H$_4$)Mn(CO)$_3$}]$_2$, **6**, 398
$Pd_2Mo_2C_{52}H_{40}O_6P_2$
Mo$_2$Pd$_2$(CO)$_6$(PPh$_3$)$_2$Cp$_2$, **6**, 854
$Pd_2Ru_2C_{26}H_{32}Cl_2N_2$
[RuCp{η^5-C$_5$H$_3$(PdCl)(CH$_2$NMe$_2$)}]$_2$, **6**, 322; **8**, 1043
$Pd_2Si_2C_{10}H_{28}Cl_4O_2$
{PdCl$_2$(CH$_2$=CHOSiMe$_3$)}$_2$, **6**, 357
$Pd_2Si_2C_{12}H_{26}Cl_2$
{PdCl(Me$_3$SiCHCHCH$_2$)}$_2$, **6**, 402
$Pd_2Si_2C_{24}H_{42}Cl_4P_2$
[PdCl$_2${CH(SiMe$_3$)(PMe$_2$Ph)}]$_2$, **6**, 299
$Pd_2SnC_{50}H_{42}Cl_4P_4$
Cl$_3$SnPd(Ph$_2$PCH$_2$PPh$_2$)PdCl, **6**, 1096
$Pd_2ZnC_{18}H_{34}O_{12}P_4$
[PdCp{P(O)(OMe)$_2$}$_2$]$_2$Zn, **6**, 451
$Pd_3AlC_{27}H_{51}O_{18}P_6$
Al{OP(OMe)$_2$Pd(Cp)P(OMe)$_2$O}$_3$, **6**, 451
$Pd_3C_6H_{10}Br_4$
Pd$_3$Br$_4$(CH$_2$CHCH$_2$)$_2$, **6**, 402
$Pd_3C_8H_{14}Cl_4$
Pd$_3$Cl$_4$(CH$_2$CMeCH$_2$)$_2$, **6**, 238, 401
$Pd_3C_{16}H_{24}N_8$
Pd$_3$(CNMe)$_8$, **6**, 272
$Pd_3C_{24}H_{40}Cl_6$
Pd$_3$Cl$_4${C(Bu^t)=CHCH=C(Cl)Bu^t}$_2$, **6**, 327
$Pd_3C_{25}H_{45}N_5O_4S_2$
Pd$_3$(CNBu^t)$_5$(SO$_2$)$_2$, **6**, 274
$Pd_3C_{28}H_{48}Cl_6$
Pd$_3$Cl$_4${C(Bu^t)=C(Me)C(Me)=C(Cl)Bu^t}$_2$, **6**, 457
$Pd_3C_{42}H_{30}Br_2$
Pd$_3$Br$_2$(C$_3$Ph$_3$)$_2$, **6**, 260, 275
$Pd_3C_{42}H_{30}Br_4$
Pd$_3$Br$_4$(η^3-C$_3$Ph$_3$)$_2$, **6**, 401
$Pd_3C_{48}H_{48}N_6P_2$
Pd$_3$(CNMe)$_6$(PPh$_3$)$_2$, **6**, 272
$Pd_3C_{52}H_{44}O_4$

$Pd_3C_{52}H_{44}O_4$

$Pd_3(C_3Ph_3)_2(acac)_2$, **3**, 118

$Pd_3C_{54}H_{48}O_6$
  $Pd_3\{C_3Ph_2(C_6H_4OMe)\}_2(acac)_2$, **6**, 401

$Pd_3C_{57}H_{45}O_3P_3$
  $\{Pd(CO)(PPh_3)\}_3$, **6**, 247, 275

$Pd_3C_{75}H_{60}O_3P_4$
  $Pd_3(CO)_3(PPh_3)_4$, **6**, 275

$Pd_3Sn_2C_{24}H_{36}Cl_6$
  $Pd_3(SnCl_3)_2(cod)_3$, **6**, 364, 370

$Pd_4C_{12}H_{12}O_{12}$
  $\{Pd(OAc)(CO)\}_4$, **6**, 277

$Pd_4C_{12}H_{20}S_2$
  $Pd_4(CH_2CHCH_2)_4S_2$, **6**, 420

$Pd_4C_{16}F_{18}O_4$
  $Pd_4(CO)_4(CF_3C\equiv CCF_3)_3$, **6**, 277

$Pd_4C_{20}H_{28}N_4$
  $\{Pd(CN)(CH_2CMeCH_2)\}_4$, **6**, 415

$Pd_4C_{56}H_{56}S_8$
  $Pd_4(CH_2SPh)_8$, **6**, 306, 308

$Pd_4C_{57}H_{52}O_5P_4$
  $Pd_4(CO)_5(PMePh_2)_4$, **6**, 276

$Pd_4C_{60}H_{80}Cl_4N_4$
  $\{PdCl(C_8H_{12}NHBz)\}_4$, **6**, 379

$Pd_6Fe_6C_{24}HO_{24}$
  $[Fe_6Pd_6H(CO)_{24}]^{3-}$, **6**, 804, 861

$Pd_6Fe_6C_{24}O_{24}$
  $[Fe_6Pd_6(CO)_{24}]^{4-}$, **6**, 861

$PmC_{15}H_{15}$
  $PmCp_3$, **3**, 180

$PrC_{12}H_{30}P_3$
  $Pr(CH_2PMe_2CH_2)_3$, **3**, 200

$PrC_{12}H_{33}Cl_3P_3$
  $PrCl_3(CH_2PMe_3)_3$, **3**, 200

$PrC_{15}H_{15}$
  $PrCp_3$, **3**, 180

$PrC_{16}H_{16}$
  $[Pr(cot)_2]^-$, **3**, 192

$PrGe_2C_{36}ClF_{30}$
  $PrCl\{Ge(C_6F_6)_3\}_2$, **3**, 208

$PrGe_2C_{36}F_{30}$
  $[Pr\{Ge(C_6F_5)_3\}_2]^+$, **3**, 208

$PrGe_5HgC_{90}F_{75}$
  $Pr\{Ge(C_6F_5)_3\}_3[Hg\{Ge(C_6F_5)_3\}_2]$, **3**, 208

$PrLiC_{24}H_{20}$
  $LiPrPh_4$, **3**, 197

$PrSi_3SnC_{16}H_{43}O_2$
  $Pr\{Sn(CH_2SiMe_3)_3\}(MeOCH_2CH_2OMe)$, **3**, 209

$Pr_2C_{32}H_{48}Cl_2O_4$
  $[PrCl(cot)\{O(CH_2)_3CH_2\}_2]_2$, **3**, 193

$PtAl_2C_{42}H_{42}P_2$
  $Pt(AlMe_3)_2(PPh_3)_2$, **6**, 956

$PtAsC_9H_{20}Cl_3$
  $PtCl_3(CH_2=CHCH_2AsEt_3)$, **6**, 662

$PtAsC_{10}H_{13}Br_2$
  $PtBr_2(CH_2=CHC_6H_4AsMe_2)$, **6**, 670

$PtAsC_{11}H_{15}Br_2$
  $PtBr_2(CH_2=CHCH_2C_6H_4AsMe_2)$, **6**, 603

$PtAsC_{20}H_{17}Cl_2$
  $PtCl_2(CH_2=CHC_6H_4AsPh_2)$, **6**, 602, 664

$PtAsC_{20}H_{19}Cl_2$
  $PtCl_2(CH_2=CH_2)(AsPh_3)$, **3**, 107; **6**, 684

$PtAsC_{21}H_{19}Cl_2$
  $PtCl_2\{CH_2=C(Me)C_6H_4AsPh_2\}$, **6**, 640

$PtAsC_{21}H_{20}ClO$
  $PtCl(Et)(CO)(AsPh_3)$, **6**, 560

$PtAsC_{22}H_{23}$
  $Pt(CH_2=CH_2)_2(AsPh_3)$, **3**, 106; **6**, 626

$PtAsC_{23}H_{23}Cl_2$
  $PtCl_2(CH_2=C=CMe_2)(AsPh_3)$, **6**, 684

$PtAsC_{26}H_{26}O_2$
  $[Pt(acac)\{CH_2=C(Me)C_6H_4AsPh_2\}]^+$, **6**, 640

$PtAsC_{30}H_{26}N_2P$
  $Pt(NCCH=CHCN)(Ph_2PCH_2CH_2AsPh_2)$, **6**, 626

$PtAsC_{38}H_{33}IOP$
  $PtI(COMe)(AsPh_3)(PPh_3)$, **6**, 491

$PtAsC_{50}H_{45}ClOP_2$
  $[PtCl\{CH(COPh)PPh_2(CH_2)_2PPh_2\}(AsPh_3)]^+$, **6**, 513

$PtAsFe_2C_{27}H_{15}O_9$
  $Pt\{Fe(CO)_4\}_2(CO)(AsPh_3)$, **6**, 482, 861

$PtAsOs_3C_{46}H_{32}O_{10}P$
  $Os_3PtH_2(CO)_{10}(AsPh_3)(PPh_3)$, **6**, 864

$PtAsSnC_{19}H_{16}Cl_3O$
  $PtH(SnCl_3)(CO)(AsPh_3)$, **6**, 671

$PtAs_2C_7H_{21}Cl$
  $PtCl(Me)(AsMe_3)_2$, **6**, 504, 705, 713

$PtAs_2C_8H_{21}O$
  $[PtMe(AsMe_3)_2(CO)]^+$, **6**, 591

$PtAs_2C_8H_{24}$
  $PtMe_2(AsMe_3)_2$, **6**, 713

$PtAs_2C_9H_{21}Cl$
  $PtCl(C\equiv CMe)(AsMe_3)_2$, **6**, 572

$PtAs_2C_9H_{21}ClF_4$
  $PtCl(Me)(CF_2=CF_2)(AsMe_3)_2$, **6**, 658

$PtAs_2C_{10}H_{20}$
  $Pt(C\equiv CH)_2(AsMe_3)_2$, **6**, 504

$PtAs_2C_{11}H_{21}ClF_6$
  $PtCl(Me)(CF_3C\equiv CCF_3)(AsMe_3)_2$, **6**, 705, 707

$PtAs_2C_{11}H_{25}O$
  $Pt(C\equiv CH)\{C(Me)OMe\}(AsMe_2)$, **6**, 504

$PtAs_2C_{12}H_{21}ClF_6O$
  $PtCl(C\equiv CMe)(AsMe_3)_2\{(CF_3)_2CO\}$, **6**, 572

$PtAs_2C_{12}H_{22}$
  $PtMe_2(diars)$, **6**, 555

$PtAs_2C_{12}H_{24}$
  $Pt(C\equiv CMe)_2(AsMe_3)_2$, **6**, 571

$PtAs_2C_{14}H_{23}$
  $[Pt(CH_2CMeCH_2)(diars)]^+$, **6**, 728

$PtAs_2C_{14}H_{25}ClO$
  $PtCl(Me)_2(COMe)(diars)$, **6**, 555

$PtAs_2C_{14}H_{32}N$
  $[PtMe_3(py)(AsMe_3)_2]^+$, **6**, 591

$PtAs_2C_{15}H_{27}$
  $PtMe(PhC\equiv CH)(AsMe_3)_2$, **6**, 711

$PtAs_2C_{17}H_{25}Br$
  $PtBr(Me)(AsMe_2Ph)_2$, **6**, 542

$PtAs_2C_{17}H_{25}I_3$
  $PtI_3(Me)(AsMe_2Ph)_2$, **6**, 582

$PtAs_2C_{18}H_{24}N_4$
  $Pt\{C(CN)_2C(CN)_2C\equiv CMe\}(C\equiv CMe)(AsMe_3)_2$, **6**, 571

$PtAs_2C_{18}H_{28}$
  $PtMe_2(AsMe_2Ph)_2$, **6**, 584

$PtAs_2C_{18}H_{28}Br_2$
  $PtBr_2Me_2(AsMe_2Ph)_2$, **6**, 584

$PtAs_2C_{18}H_{28}Cl_2$
  $PtCl_2Me_2(AsMe_2Ph)_2$, **6**, 584

$PtAs_2C_{19}H_{29}I$
  $PtIMe_3(PhMeAsCH_2CH_2AsMePh)$, **6**, 588

$PtAs_2C_{20}H_{26}Br_4$
  $PtBr_3\{CH(CH_2Br)C_6H_4AsMe_2\}\{AsMe_2(C_6H_4CH=CH_2)\}$, **6**, 603

$PtAs_2C_{20}H_{27}Br_3O$
  $PtBr_3\{CH_2CH(OH)C_6H_4AsMe_2\}\{AsMe_2(C_6H_4CH=CH_2)\}$, **6**, 603

PtAs$_2$C$_{21}$H$_{31}$
   [PtMe(PhC≡CPh)(AsMe$_3$)$_2$]$^+$, **6**, 708
PtAs$_2$C$_{22}$H$_{30}$Br$_4$
   PtBr$_3$[CH(CH$_2$Br)CH$_2$C$_6$H$_4$AsMe$_2$]-
   {AsMe$_2$(C$_6$H$_4$CH$_2$CH=CH$_2$)}, **6**, 603
PtAs$_2$C$_{22}$H$_{34}$P
   [Pt{CH$_2$C(Me)=CH$_2$}(diars)(PMe$_2$Ph)]$^+$, **6**, 728
PtAs$_2$C$_{24}$H$_{25}$Br
   PtBr(C$_{10}$H$_6$AsMe$_2$)(AsMe$_2$Nap), **6**, 602
PtAs$_2$C$_{25}$H$_{36}$P
   [PtMe(AsMe$_3$)$_2$(PPh$_3$)]$^+$, **6**, 591
PtAs$_2$C$_{28}$H$_{40}$
   Pt(C≡CPh)$_2$(AsEt$_3$)$_2$, **6**, 516
PtAs$_2$C$_{36}$H$_{30}$Cl$_2$
   PtCl$_2$(AsPh$_3$)$_2$, **6**, 672
PtAs$_2$C$_{37}$H$_{30}$O$_3$
   Pt(CO$_3$)(AsPh$_3$)$_2$, **6**, 619
PtAs$_2$C$_{38}$H$_{30}$F$_4$
   Pt(CF$_2$=CF$_2$)(AsPh$_3$)$_2$, **6**, 495, 619, 623, 625
PtAs$_2$C$_{39}$H$_{30}$F$_6$
   Pt(CF$_2$=CFCF$_3$)(AsPh$_3$)$_2$, **6**, 630
PtAs$_2$C$_{44}$H$_{50}$
   Pt{CH$_2$C(Me)=CH$_2$}$_2$(AsPh$_3$)$_2$, **6**, 730
PtAs$_2$C$_{54}$H$_{38}$O$_6$
   Pt{C$_6$H$_4$(CO)$_3$}$_2$(AsPh$_3$)$_2$, **6**, 687
PtAs$_2$Pb$_2$C$_{48}$H$_{60}$
   Pt(PbPh$_3$)$_2$(AsEt$_3$)$_2$, **2**, 669
PtAs$_2$SbC$_{12}$H$_{36}$
   [PtMe$_3$(AsMe$_3$)$_2$(SbMe$_3$)]$^+$, **6**, 591
PtAs$_2$SbC$_{25}$H$_{36}$
   [PtMe(AsMe$_3$)$_2$(SbPh$_3$)]$^+$, **6**, 591
PtAs$_3$C$_{17}$H$_{32}$
   Pt(C≡CPh)(AsMe$_3$)$_3$, **6**, 711
PtAs$_3$C$_{25}$H$_{36}$
   [PtMe(AsMe$_3$)$_2$(AsPh$_3$)]$^+$, **6**, 591
PtBC$_{10}$H$_{13}$N$_6$
   PtMe{HB(C$_3$H$_3$N$_2$)$_3$}, **6**, 634
PtBC$_{11}$H$_{13}$N$_6$O
   PtMe(CO){HB(C$_3$H$_3$N$_2$)$_3$}, **6**, 490
PtBC$_{12}$H$_{17}$N$_6$
   PtMe(CH$_2$=CH$_2$){HB(C$_3$H$_3$N$_2$)$_3$}, **6**, 652
PtBC$_{12}$H$_{19}$F$_4$N$_2$
   Pt{C$_6$H$_3$(CH$_2$NMe$_2$)$_2$}(BF$_4$), **6**, 593
PtBC$_{17}$H$_{25}$N$_4$O$_4$
   Pt{C(CO$_2$Me)=C(Me)CO$_2$Me}{(C$_3$H$_3$N$_2$)$_2$BEt$_2$},
   6, 710
PtBC$_{31}$H$_{46}$NP$_2$
   PtH(PEt$_3$)$_2$(Ph$_3$BNC), **6**, 498
PtBC$_{38}$H$_{36}$Br$_3$P$_2$
   PtBr$_3$(BMe$_2$)(PPh$_3$)$_2$, **6**, 894
PtBC$_{42}$H$_{37}$
   Pt(cod)(C$_4$BPh$_5$), **1**, 388
PtBC$_{48}$H$_{40}$BrP$_2$
   PtBr(BPh$_2$)(PPh$_3$)$_2$, **6**, 893
PtB$_2$C$_{40}$H$_{42}$Br$_2$P$_2$
   PtBr$_2$(BMe$_2$)$_2$(PPh$_3$)$_2$, **6**, 894
PtB$_2$C$_{60}$H$_{50}$P$_2$
   Pt(BPh$_2$)$_2$(PPh$_3$)$_2$, **6**, 893
PtB$_2$Si$_2$C$_{24}$H$_{30}$
   Pt{PhB(CH=CH)$_2$SiMe$_2$}$_2$, **1**, 401
PtB$_4$C$_{14}$H$_{36}$P$_2$
   (Et$_3$P)$_2$PtC$_2$B$_4$H$_6$, **1**, 481
PtB$_4$C$_{14}$H$_{38}$P$_2$
   (Et$_3$P)$_2$PtH(C$_2$B$_4$H$_7$), **1**, 481
PtB$_4$C$_{16}$H$_{40}$P$_2$
   (Et$_3$P)$_2$Pt(Me$_2$C$_2$B$_4$H$_4$), **1**, 497
PtB$_4$C$_{38}$H$_{36}$P$_2$
   (Ph$_3$P)$_2$PtC$_2$B$_4$H$_6$, **1**, 497

PtB$_4$C$_{38}$H$_{37}$P$_2$
   (Ph$_3$P)$_2$PtC$_2$B$_4$H$_7$, **1**, 497
PtB$_6$C$_8$H$_{26}$P$_2$
   (Me$_3$P)$_2$PtC$_2$B$_6$H$_8$, **1**, 501
PtB$_6$C$_{10}$H$_{30}$P$_2$
   (Me$_3$P)$_2$Pt(Me$_2$C$_2$B$_6$H$_6$), **1**, 500, 501
PtB$_6$C$_{14}$H$_{38}$P$_2$
   (Et$_3$P)$_2$PtC$_2$B$_6$H$_8$, **1**, 501
PtB$_6$C$_{16}$H$_{42}$P$_2$
   (Et$_3$P)$_2$Pt(Me$_2$C$_2$B$_6$H$_6$), **1**, 501
PtB$_7$C$_8$H$_{27}$P$_2$
   (Me$_3$P)$_2$PtC$_2$B$_7$H$_9$, **1**, 501
PtB$_7$C$_{14}$H$_{39}$P$_2$
   (Et$_3$P)$_2$PtC$_2$B$_7$H$_9$, **1**, 501
PtB$_8$C$_8$H$_{28}$P$_2$
   (Me$_3$P)$_2$PtC$_2$B$_8$H$_{10}$, **1**, 501
PtB$_9$C$_{22}$H$_{60}$P$_3$
   (Et$_3$P)$_3$Pt(Me$_2$C$_2$B$_9$H$_9$), **1**, 518
PtCBr$_3$O
   [PtBr$_3$(CO)]$^-$, **6**, 490
PtCCl$_3$O
   [PtCl$_3$(CO)]$^-$, **6**, 486
PtCHCl$_2$O
   [PtCl$_2$(H)(CO)]$^-$, **6**, 487
PtCH$_2$Br$_3$O
   [PtBr$_3$(H)$_2$(CO)]$^-$, **6**, 494
PtCH$_2$Cl$_2$O
   PtCl$_2$(H)$_2$(CO), **6**, 494
PtCH$_2$Cl$_3$O
   [PtCl$_3$(H)$_2$(CO)]$^-$, **6**, 494
PtCH$_3$Cl$_5$
   [PtCl$_5$Me]$^{2-}$, **6**, 582
PtCH$_3$I$_3$
   PtI$_3$Me, **6**, 581
PtCI$_3$O
   [PtI$_3$(CO)]$^-$, **6**, 490
PtCOCl$_3$
   [PtCl$_3$(CO)]$^-$, **6**, 474
PtC$_2$Br$_2$O$_2$
   PtBr$_2$(CO)$_2$, **6**, 490
PtC$_2$Cl$_2$O$_2$
   PtCl$_2$(CO)$_2$, **6**, 474, 488
PtC$_2$F$_6$O$_2$P$_2$
   Pt(CO)$_2$(PF$_3$)$_2$, **6**, 475
PtC$_2$H$_3$Cl$_2$O
   [PtCl$_2$(Me)(CO)]$^-$, **6**, 487
PtC$_2$H$_3$Cl$_3$N
   [PtCl$_3$(MeNC)]$^-$, **6**, 502
PtC$_2$H$_3$Cl$_5$N
   [PtCl$_5$(MeNC)]$^-$, **6**, 502
PtC$_2$H$_4$Br$_3$
   [PtBr$_3$(CH$_2$=CH$_2$)]$^-$, **6**, 642
PtC$_2$H$_4$Cl$_3$
   [PtCl$_3$(CH$_2$=CH$_2$)]$^-$, **3**, 48; **6**, 489, 614, 633,
   655, 663
PtC$_2$H$_6$Br$_2$
   PtBr$_2$Me$_2$, **6**, 583
PtC$_2$H$_6$Cl$_2$
   PtCl$_2$Me$_2$, **6**, 583
PtC$_2$H$_6$Cl$_2$O
   PtCl$_2$(CH$_2$=CH$_2$)(H$_2$O), **6**, 664, 680
PtC$_2$H$_6$I$_2$
   PtI$_2$Me$_2$, **6**, 581, 583
PtC$_2$H$_6$N$_4$O$_8$
   PtMe$_2$(ONO)$_2$(NO$_2$)$_2$, **6**, 584
PtC$_2$H$_7$BrO
   PtBr(OH)(Me)$_2$, **6**, 584

$PtC_2H_{10}O_4$
  $[PtMe_2(OH)_4]^{2-}$, **6**, 584
$PtC_2H_{12}BrO_3$
  $[PtBrMe_2(H_2O)_3]^+$, **6**, 584
$PtC_2H_{12}O_4$
  $PtMe_2(OH)_2(H_2O)_2$, **6**, 584
$PtC_2I_2O_2$
  $PtI_2(CO)_2$, **6**, 490
$PtC_3H_3Cl_2ON$
  $PtCl_2(CO)(MeCN)$, **6**, 489
PtC_3H_5ClO
  $PtCl(Et)(CO)$, **6**, 489
$PtC_3H_6Cl_2$
  $PtCl_2(CH_2CH_2CH_2)$, **6**, 573
$PtC_3H_6Cl_3$
  $[PtCl_3(CH_2=CHMe)]^-$, **2**, 312; **6**, 653
$PtC_3H_6Cl_3O$
  $[PtCl_3(CH_2=CHCH_2OH)]^-$, **6**, 634, 656, 714
PtC_3H_9
  $[PtMe_3]^+$, **6**, 513
$PtC_3H_{10}O$
  $PtMe_3(OH)$, **6**, 585
$PtC_3H_{15}IN_2$
  $PtIMe_3(NH_3)_2$, **6**, 585
$PtC_3H_{15}O_3$
  $[PtMe_3(H_2O)_3]^+$, **6**, 586
$PtC_4H_6I_2N_2$
  $PtI_2(MeNC)_2$, **6**, 498
$PtC_4H_7Cl_2N$
  $PtCl_2(MeCN)(C_2H_4)$, **6**, 489
$PtC_4H_8Cl_3O_2$
  $[PtCl_3(HOCH_2CH=CHCH_2OH)]^-$, **6**, 645
$PtC_4H_{10}Cl_2N_4$
  $PtCl_2\{C(NHMe)NHNHC(NHMe)\}$, **6**, 510
$PtC_4H_{10}Cl_2O$
  $PtCl_2(CH_2=CH_2)(EtOH)$, **6**, 664
$PtC_4H_{10}Cl_4N_4$
  $PtCl_4\{C(NHMe)NHNHC(NHMe)\}$, **6**, 510
PtC_4H_{12}
  $[PtMe_4]^{2-}$, **6**, 516
PtC_4O_4
  $Pt(CO)_4$, **6**, 474
PtC_5H_5NO
  $PtCp(NO)$, **6**, 734
$PtC_5H_8Cl_2$
  $PtCl_2\{CH_2C(CH_2)_2CH_2\}$, **6**, 573
$PtC_5H_{10}Cl_2$
  $PtCl_2\{CH(Me)CH(Me)CH_2\}$, **8**, 530
$PtC_6H_5Cl_2NO$
  $PtCl_2(CO)(py)$, **6**, 494
PtC_6H_5IO
  $PtI(CO)Cp$, **6**, 486, 734
$PtC_6H_6N_4$
  $Pt(CN)_2(MeNC)_2$, **6**, 498
$PtC_6H_8F_4$
  $Pt(CH_2=CH_2)_2(CF_2=CF_2)$, **6**, 623, 625
$PtC_6H_9BrN_3$
  $[PtBr(MeNC)_3]^+$, **6**, 497, 499
$PtC_6H_9IN_3$
  $[PtI(MeNC)_3]^+$, **6**, 498
$PtC_6H_9N_3$
  $[PtMe_3(CN)_3]^{2-}$, **6**, 588
PtC_6H_{10}
  $Pt(CH_2CHCH_2)_2$, **6**, 716, 727
$PtC_6H_{10}Cl_2$
  $PtCl_2(CH_2=CHCH_2CH_2CH=CH_2)$, **6**, 639, 666, 667

$PtC_6H_{10}Cl_2O$
  $PtCl_2(CH_2=CHCH_2CH_2COMe)$, **6**, 715
  $PtCl_2\{(CH_2=CHCH_2)_2O\}$, **6**, 634
  $PtCl_2\{CH_2=C(Me)CH_2COMe\}$, **6**, 634
$PtC_6H_{10}O_2S$
  $Pt(SO_2CH_2CH=CH_2)(CH_2CHCH_2)$, **6**, 731
PtC_6H_{12}
  $Pt(CH_2=CH_2)_3$, **6**, 621
$PtC_6H_{12}Cl_2OS_2$
  $PtCl_2\{(S)(CH_2)_4SO\}(CH_2=CH_2)$, **6**, 636
$PtC_6H_{14}ClN_2O_2$
  $[PtCl(HCONMe_2)_2]^-$, **6**, 630
$PtC_6H_{14}Cl_2OS$
  $PtCl_2(SOMe_2)(EtCH=CH_2)$, **6**, 668
$PtC_6H_{16}ClN_2P$
  $PtCl(CH_2=CH_2)\{Me_2P(NMe_2)\}$, **6**, 638
PtC_6H_{18}
  $[PtMe_6]^{2-}$, **6**, 581
$PtC_7H_5Cl_3NO$
  $PtCl_2\{CHClCO(C_5H_4N)\}$, **6**, 512
$PtC_7H_6Cl_2O_5$
  $PtCl\{C(CO_2Me)=CClCO_2Me\}(CO)$, **6**, 526
$PtC_7H_8Cl_2$
  $PtCl_2(nbd)$, **6**, 666
$PtC_7H_8I_2$
  $PtI_2(nbd)$, **6**, 515
PtC_7H_8O
  $PtMe(Cp)(CO)$, **6**, 734
$PtC_7H_9Cl_2N$
  $PtCl_2(CH_2=CH_2)(py)$, **6**, 635, 654, 658
$PtC_7H_{11}ClO_2$
  $PtCl(CH_2=CH_2)(acac)$, **6**, 637
$PtC_7H_{11}ClO_3$
  $PtCl(CH_2=CHOH)(acac)$, **6**, 637
$PtC_7H_{12}Cl_2$
  $PtCl_2\{CH_2C(CH_2)_4CH_2\}$, **6**, 573
$PtC_7H_{12}Cl_2O$
  $PtCl_2\{CH_2CH(OMe)CH_2CH_2CH=CH_2\}$, **6**, 665
$PtC_7H_{17}P$
  $Pt(CH_2=CH_2)_2(PMe_3)$, **3**, 106; **6**, 626, 681
$PtC_7H_{21}BrSe_2$
  $PtBrMe_3(SeMe_2)_2$, **6**, 587
$PtC_8H_6F_6O_2$
  $Pt(CH_2CHCH_2)(CF_3COCHCOCF_3)$, **6**, 729, 732
$PtC_8H_8Cl_2$
  $PtCl_2(cot)$, **6**, 682
$PtC_8H_8Cl_3$
  $[PtCl_3(PhCH=CH_2)]^-$, **6**, 635, 661, 663
$PtC_8H_9Cl_2N$
  $PtCl_2\{CH_2=CHCH_2(C_5H_4N)\}$, **6**, 639
  $PtCl_2(CH_2=CHC_6H_4NH_2)$, **6**, 639
PtC_8H_{10}
  $PtCp(CH_2CHCH_2)$, **6**, 714, 734
$PtC_8H_{11}I$
  $PtI(Me)(nbd)$, **6**, 515
$PtC_8H_{12}Br_2$
  $PtBr_2(cod)$, **6**, 635
$PtC_8H_{12}ClO_2$
  $PtCl(CO)\{CH_2CH(OMe)CH_2CH_2CH=CH_2\}$, **6**, 665
$PtC_8H_{12}Cl_2$
  $PtCl_2(CH_2=CHC_6H_9)$, **6**, 667
  $PtCl_2(cod)$, **6**, 620, 638, 664
$PtC_8H_{12}IN_4$
  $[PtI(MeNC)_4]^+$, **6**, 498
$PtC_8H_{12}I_2$
  $PtI_2(cod)$, **6**, 515

$PtC_8H_{12}N_4$
  $[Pt(MeNC)_4]^{2+}$, **6**, 497, 501
$PtC_8H_{13}ClO_2$
  $PtCl(CH_2=CHMe)(acac)$, **6**, 652
$PtC_8H_{13}ClO_3$
  $PtCl\{CH_2=C(Me)OH\}(acac)$, **6**, 637
PtC_8H_{14}
  $Pt(CH_2CMeCH_2)_2$, **6**, 716
  $PtMe_3(Cp)$, **6**, 585, 591, 735
$PtC_8H_{14}Cl_2$
  $PtCl_2\{CH_2C(CH_2)_5CH_2\}$, **6**, 573
$PtC_8H_{14}Cl_2NO_2$
  $[PtCl_2(CO)(CONPr^i_2)]^-$, **6**, 492
$PtC_8H_{14}Cl_3O_2$
  $[PtCl_3(HOCMe_2C{\equiv}CCMe_2OH)]^-$, **6**, 704
$PtC_8H_{14}N_5O$
  $\overline{Pt\{C(NHMe)=NOC(NHMe)\}(MeNC)_2]^+}$, **6**, 501
$PtC_8H_{15}N_6$
  $\overline{[Pt\{C(NHMe)=NNHC(NHMe)\}(MeNC)_2]^+}$, **6**, 501
$PtC_8H_{17}Cl_2NO_2$
  $PtCl_2(NH_3)(HOCMe_2C{\equiv}CCMe_2OH)$, **6**, 704
$PtC_8H_{20}ClNOS$
  $PtCl(SOMe_2)\{CH_2CH(Et)NMe_2\}$, **6**, 668
$PtC_8H_{20}ClN_2$
  $[PtCl(CH_2=CH_2)(TMEDA)]^+$, **6**, 643, 669
$PtC_8H_{20}Cl_2N_2$
  $PtCl_2(CH_2=CH_2)(TMEDA)$, **6**, 669
$PtC_8H_{22}P_2$
  $Pt(PMe_3)_2(C_2H_4)$, **6**, 484
$PtC_8H_{24}O_6P_2$
  $PtMe_2\{P(OMe)_3\}_2$, **6**, 591
PtC_9H_9Cl
  $PtCl(CH_2CHCHPh)$, **6**, 719
$PtC_9H_{10}Cl_2$
  $\overline{PtCl_2(CH_2CH_2CHPh)}$, **6**, 719
$PtC_9H_{11}Cl_2NOS$
  $PtCl\{CHClCO(C_5H_4N)\}(Me_2S)$, **6**, 513
$PtC_9H_{13}Cl_2N$
  $PtCl(MeCH=CHMe)(py)$, **6**, 658
  $PtCl_2(CH_2=CH_2)(C_5H_3Me_2N)$, **6**, 634
$PtC_9H_{15}Cl$
  $PtCl(Me)(cod)$, **6**, 498, 518, 556
$PtC_9H_{15}ClO_2$
  $PtCl(MeCH=CHMe)(acac)$, **6**, 652
$PtC_9H_{15}I$
  $PtI(Me)(cod)$, **6**, 552
$PtC_9H_{16}Cl_2O$
  $[PtCl_2(C{\equiv}CBu^t)(OPr^i)]^{2-}$, **6**, 712
$PtC_9H_{17}O_3P$
  $PtMe(Cp)\{P(OMe)_3\}$, **6**, 734
$PtC_9H_{18}N_5$
  $[Pt\{C(NHMe)NMeCH=NHMe\}(MeNC)_2]^+$, **6**, 501
$PtC_9H_{20}Br_3N$
  $PtBr_3(CH_2=CHCH_2NEt_3)$, **6**, 662
$PtC_9H_{20}Cl_3P$
  $PtCl_3(CH_2=CHCH_2PEt_3)$, **6**, 662
$PtC_9H_{22}Cl_4NP$
  $PtCl_4(CHNMe_2)(PEt_3)$, **6**, 511
$PtC_9H_{23}Cl_4N_2P$
  $PtCl_4\{C(NHMe)_2\}(PEt_3)$, **6**, 510
$PtC_{10}H_{12}Cl_2$
  $PtCl_2(C_{10}H_{12})$, **6**, 660
$PtC_{10}H_{12}Cl_2O_2S$
  $\overline{PtCl_2\{CH(COPh)SMe_2O\}}$, **6**, 513
$PtC_{10}H_{14}Cl_2NO$
  $[PtCl_2Me_2(OC_6H_4CH=NMe)]^-$, **6**, 584

$PtC_{10}H_{14}Cl_2O_3$
  $PtCl_2[\{MeCCH=C(Me)O\}_2O]$, **6**, 651
$PtC_{10}H_{14}Cl_2O_4$
  $[PtCl_2(CHAc_2)_2]^-$, **6**, 528
$PtC_{10}H_{14}F_4N_2$
  $Pt(Pr^iNC)_2(C_2F_4)$, **6**, 495
$PtC_{10}H_{15}ClO_2$
  $PtCl(CO_2Me)(cod)$, **6**, 665
$PtC_{10}H_{15}Cl_2N$
  $PtCl_2(CH_2=CH_2)\{PhCH(Me)NH_2\}$, **6**, 659
  $PtCl_2(CH_2=CH_2)(PhNHEt)$, **6**, 636
$PtC_{10}H_{16}Cl_2$
  $PtCl_2(C_5HMe_5)$, **6**, 736
$PtC_{10}H_{18}$
  $PtMe_2(cod)$, **6**, 515
$PtC_{10}H_{18}Cl_3$
  $[PtCl_3(Bu^tC{\equiv}CBu^t)]^-$, **6**, 705
$PtC_{10}H_{21}Cl_2P$
  $PtCl_2(CH_2=CHCH=CH_2)(PEt_3)$, **6**, 682
$PtC_{10}H_{28}P_2$
  $PtEt_2(PMe_3)_2$, **6**, 546
$PtC_{11}H_8ClN_2O$
  $PtCl(CO)(bipy)$, **6**, 489
  $[PtCl(CO)(bipy)]^+$, **6**, 494
$PtC_{11}H_{11}ClN_2$
  $PtCl(Me)(bipy)$, **6**, 555
$PtC_{11}H_{12}F_6O$
  $Pt(cod)\{(CF_3)_2CO\}$, **6**, 688
$PtC_{11}H_{15}N_5$
  $[Pt\{C(NHMe)NH(C_5H_4N)\}(MeNC)_2]^{2+}$, **6**, 501
$PtC_{11}H_{17}$
  $[Pt(CH_2CHCH_2)(cod)]^+$, **6**, 716, 727
$PtC_{11}H_{17}Cl$
  $PtCl(CH_2CHCH_2)(cod)$, **6**, 726
$PtC_{11}H_{17}Cl_2N$
  $PtCl_2(py)\{CH_2=C(Me)CHMe_2\}$, **6**, 580
$PtC_{11}H_{19}NO$
  $Pt(cod)(HCONMe_2)$, **6**, 630
$PtC_{11}H_{20}IP$
  $PtI(Cp)(PEt_3)$, **6**, 735
$PtC_{11}H_{21}P$
  $Pt(CH_2CH=CHCH_2CH_2CHCHCH_2)(PMe_3)$, **6**, 681
$PtC_{11}H_{25}Cl_2N_2P$
  $PtCl_2\{C(NMeCH_2)_2\}(PEt_3)$, **6**, 510
$PtC_{11}H_{26}ClN_2P$
  $PtCl(H)\{C(NMeCH_2)_2\}(PEt_3)$, **6**, 510
$PtC_{12}H_8F_4N_2$
  $Pt(CF_2=CF_2)(bipy)$, **6**, 629
$PtC_{12}H_9ClF_4N_2$
  $PtCl(CF_2CHF_2)(bipy)$, **6**, 629
$PtC_{12}H_{12}Cl_2N_2$
  $PtCl_2(CH_2=CH_2)(bipy)$, **6**, 668
$PtC_{12}H_{12}F_6$
  $Pt(cod)(CF_3C{\equiv}CCF_3)$, **6**, 695
$PtC_{12}H_{14}N_2$
  $PtMe_2(bipy)$, **6**, 554
$PtC_{12}H_{15}$
  $[Pt(CH_2CMeCH_2)(cot)]^+$, **6**, 721
$PtC_{12}H_{15}F_6N$
  $Pt(cod)\{(CF_3)_2C=NMe\}$, **6**, 690
$PtC_{12}H_{18}ClF_3N_2$
  $PtCl(CF=CF_2)(Bu^tNC)_2$, **6**, 496
$PtC_{12}H_{18}Cl_2$
  $PtCl_2(C_6Me_6)$, **6**, 639
$PtC_{12}H_{18}F_4N_2$
  $Pt(Bu^tNC)_2(C_2F_4)$, **6**, 495

$PtC_{12}H_{18}F_{12}O_8P_2$
  $Pt\{C(CF_3)_2OC(CF_3)_2O\}\{P(OMe)_3\}_2$, **6**, 688
$PtC_{12}H_{18}N_2$
  $[Pt(cod)(MeCN)_2]^{2+}$, **6**, 634
$PtC_{12}H_{18}N_4$
  $Pt(CN)_2(Bu^tNC)_2$, **6**, 500
$PtC_{12}H_{19}Cl_2N$
  $PtCl_2(EtCH=CH_2)\{PhCH(Me)NH_2\}$, **6**, 659
  $PtCl_2(MeCH=CHMe)\{PhCH(Me)NH_2\}$, **6**, 651
$PtC_{12}H_{19}Cl_2OP$
  $PtCl_2\{C(Et)OMe\}(PMe_2Ph)$, **6**, 510
$PtC_{12}H_{19}Cl_2P$
  $PtCl_2(PEt_2Ph)(CH_2=CH_2)$, **6**, 549
$PtC_{12}H_{20}IOP$
  $PtI(C_5H_5)(CO)(PEt_3)$, **6**, 735
$PtC_{12}H_{24}Cl_3$
  $[PtCl_3(CH_2=CHC_{10}H_{21})]^-$, **6**, 663
$PtC_{12}H_{24}N_4S_2$
  $[Pt\{C(SEt)NHMe\}_2(MeNC)_2]^{2+}$, **6**, 500
$PtC_{12}H_{32}N_8$
  $[Pt\{C(NHMe)_2\}_4]^{2+}$, **6**, 500
$PtC_{12}H_{32}P_3$
  $[Pt(CH_2PMe_3)_2(CH_2PMe_2CH_2)]^+$, **6**, 512
$PtC_{13}H_{12}Cl_2N_2O_2$
  $PtCl_2(O_2NC_6H_4CH=CH_2)(py)$, **6**, 658
$PtC_{13}H_{13}Cl_2N$
  $PtCl_2(PhCH=CH_2)(py)$, **6**, 658
$PtC_{13}H_{14}Cl_2N_2$
  $PtCl_2(CH_2CH_2CH_2)(bipy)$, **6**, 577
$PtC_{13}H_{16}Cl_2N_2$
  $PtCl(Me)_2(CH_2Cl)(bipy)$, **6**, 555
  $PtCl_2\{CH(Et)(py)\}(py)$, **6**, 577
  $PtCl_2(CH_2CH_2CH_2)(py)_2$, **6**, 512, 573
$PtC_{13}H_{16}Cl_4N_2$
  $PtCl_4\{CH(Et)py\}(py)$, **6**, 514
$PtC_{13}H_{17}Cl_3N_2$
  $PtHCl_3\{CH(Et)py\}(py)$, **6**, 514
$PtC_{13}H_{18}F_6N_2$
  $Pt(Bu^tNC)_2(CF_2=CFCF_3)$, **6**, 496
$PtC_{13}H_{19}O_2$
  $[Pt(cod)(acac)]^+$, **6**, 634
$PtC_{13}H_{20}Cl_2NP$
  $PtCl_2(PEt_3)(PhNC)$, **6**, 500
$PtC_{13}H_{21}Cl_2N$
  $PtCl_2\{CH_2=CHCH(Me)Et\}(PhCH_2NH_2)$, **6**, 660
$PtC_{13}H_{22}Br_4NP$
  $PtBr_3\{CH_2CHBr(C_5H_4N)\}(PEt_3)$, **6**, 604
$PtC_{13}H_{22}IN_2$
  $[PtI\{C_6H_3Me(CH_2NMe_2)_2\}]^+$, **6**, 593, 610
$PtC_{13}H_{26}P$
  $[PtMe_5(PMe_2Ph)]^-$, **6**, 581
$PtC_{13}H_{30}ClOP_2$
  $[PtCl(CO)(PEt_3)_2]^+$, **6**, 488, 489
$PtC_{13}H_{31}ClO_2P_2$
  $PtCl(CO_2H)(PEt_3)_2$, **8**, 12, 248
$PtC_{13}H_{31}NP_2$
  $PtH(CN)(PEt_3)_2$, **6**, 498
$PtC_{13}H_{33}ClP_2$
  $PtCl(Me)(PEt_3)_2$, **6**, 541, 551, 556
$PtC_{13}H_{33}IP_2$
  $PtI(Me)(PEt_3)_2$, **6**, 515, 526, 546, 555
$PtC_{14}H_{10}Cl_3$
  $[PtCl_3(PhC≡CPh)]^-$, **6**, 704
$PtC_{14}H_{12}F_6O_2$
  $Pt\{C(CF_3)_2OC(CF_3)_2O\}(cod)$, **6**, 688
$PtC_{14}H_{14}N_8$
  $Pt\{C(NHMe)=C(CN)_2\}_2(MeNC)_2$, **6**, 502
$PtC_{14}H_{16}ClOP$
  $PtCl(Ph)(CO)(PMe_2Ph)$, **6**, 560
$PtC_{14}H_{16}Cl_2N_2$
  $PtCl(Me)_2(CCl=CH_2)(bipy)$, **6**, 554
$PtC_{14}H_{18}Cl_2N_2$
  $PtCl_2(CH_2CH_2CHMe)(py)_2$, **6**, 575
$PtC_{14}H_{20}$
  $Pt\{CH_2C(=CH_2)C(=CH_2)CH_2\}(cod)$, **8**, 395
  $PtMe(C_5H_5)(cod)$, **6**, 564, 734
$PtC_{14}H_{20}Cl_2O_2$
  $PtCl_2(C_6Et_4O_2)$, **6**, 732
$PtC_{14}H_{20}O_4$
  $Pt(cod)(MeO_2CCH=CHCO_2Me)$, **6**, 629
$PtC_{14}H_{22}$
  $Pt\{CH_2C(Me)=C(Me)CH_2\}(cod)$, **6**, 681
$PtC_{14}H_{22}S_2$
  $Pt(C_5H_5)_2(Me_2S)_2$, **6**, 734
$PtC_{14}H_{23}BrN_2O_2$
  $PtBr(CH=CHCO_2Me)(Bu^tNC)_2$, **6**, 562
$PtC_{14}H_{24}Br_4NP$
  $PtBr_3\{CH(CH_2Br)CH_2(C_5H_4N)\}(PEt_3)$, **6**, 604
$PtC_{14}H_{24}ClNP$
  $PtCl\{CH_2=CHCH_2(C_5H_4N)\}(PEt_3)$, **6**, 639
$PtC_{14}H_{24}Cl_2NP$
  $PtCl_2\{CH_2=CHCH_2(C_5H_4N)\}(PEt_3)$, **6**, 639
$PtC_{14}H_{26}$
  $PtPr^i_2(cod)$, **6**, 620
$PtC_{14}H_{30}O_2P_2$
  $Pt(CO)_2(PEt_3)_2$, **6**, 475
$PtC_{14}H_{30}P_2$
  $Pt\{CH(CH=CH_2)CH_2CH_2CH(CH=CH_2)\}(PMe_3)_2$, **6**, 681
$PtC_{14}H_{33}BrP_2$
  $PtBr(CH=CH_2)(PEt_3)_2$, **6**, 521
$PtC_{14}H_{33}ClOP_2$
  $PtCl(COMe)(PEt_3)_2$, **6**, 559
$PtC_{14}H_{33}IOP_2$
  $PtI(COMe)(PEt_3)_2$, **6**, 560
$PtC_{14}H_{34}P_4$
  $Pt(CH_2PMe_2CHPMe_2CH_2)_2$, **6**, 302
$PtC_{14}H_{35}ClP_2$
  $PtCl(Et)(PEt_3)_2$, **6**, 524
$PtC_{14}H_{35}P_2$
  $[PtH(CH_2=CH_2)(PEt_3)_2]^+$, **8**, 306
$PtC_{14}H_{36}Cl_2P_2$
  $PtCl_2(Me)_2(PEt_3)_2$, **6**, 582
$PtC_{14}H_{36}I_2P_2$
  $PtI_2(Me)_2(PEt_3)_2$, **6**, 582
$PtC_{14}H_{36}P_2$
  $PtMe_2(PEt_3)_2$, **6**, 515, 551, 582
$PtC_{15}H_{13}Cl$
  $PtCl(CH_2CHCPh_2)$, **6**, 718
$PtC_{15}H_{14}Cl_2$
  $PtCl_2(CH_2CH_2CPh_2)$, **6**, 718
$PtC_{15}H_{18}Cl_2N_2$
  $PtCl(CH_2Cl)\{(CH_2)_3CH_2\}(py)_2$, **6**, 578
$PtC_{15}H_{19}NO_4$
  $Pt(CHAc_2)(py)(acac)$, **6**, 528
$PtC_{15}H_{20}Cl_2N_2$
  $PtCl_2\{CH_2CH(Me)CHMe\}(py)_2$, **8**, 530
$PtC_{15}H_{21}O_6$
  $[Pt(CHAc_2)_2(acac)]^-$, **6**, 528
$PtC_{15}H_{23}Cl_2N$
  $PtCl_2(Bu^tC≡CBu^t)(py)$, **6**, 705
$PtC_{15}H_{26}Cl_2NOP$

PtCl$_2${C(OEt)NHPh}(PEt$_3$), **6**, 500
PtC$_{15}$H$_{35}$BrP$_2$
    PtBr(CH$_2$CH=CH$_2$)(PEt$_3$)$_2$, **6**, 534
PtC$_{15}$H$_{38}$Cl$_3$N$_2$P$_2$
    [PtCl$_3${C(NHMe)$_2$}(PEt$_3$)$_2$]$^+$, **6**, 510
PtC$_{16}$H$_{14}$S$_2$
    Pt(SC$_6$H$_4$CH=CH$_2$)$_2$, **6**, 640
PtC$_{16}$H$_{17}$ClO$_2$N$_2$
    PtCl{C$_6$H$_4$C(Me)=NOH}{PhC(Me)=NOH}, **6**, 596
PtC$_{16}$H$_{17}$Cl$_2$P
    PtCl$_2$(CH$_2$=CHCH$_2$CH$_2$PPh$_2$), **6**, 666
PtC$_{16}$H$_{18}$F$_{12}$N$_2$O$_2$
    Pt{C(CF$_3$)$_2$OC(CF$_3$)$_2$O}(Bu^{t}NC)$_2$, **6**, 496
PtC$_{16}$H$_{21}$F$_3$O$_6$
    Pt{CH(CO$_2$Me)CH$_2$CO$_2$Me}(O$_2$CCF$_3$)(cod), **6**, 629
PtC$_{16}$H$_{22}$Cl$_2$N$_2$
    PtCl$_2$(CH$_2$CMe$_2$CHMe)(py)$_2$, **6**, 580
PtC$_{16}$H$_{24}$
    Pt{CH(CH=CH$_2$)CH$_2$CH$_2$CH-(CH=CH$_2$)}(cod), **6**, 680
    Pt(cod)$_2$, **6**, 495, 523, 620, 682
PtC$_{16}$H$_{24}$O$_4$
    Pt(cod)(EtO$_2$CCH=CHCO$_2$Et), **6**, 632
PtC$_{16}$H$_{25}$
    [Pt(C$_8$H$_{13}$)(cod)]$^+$, **6**, 629
PtC$_{16}$H$_{29}$ClO$_5$
    PtCl(OH)(HOCMe$_2$C≡CCMe$_2$OH)$_2$]$^-$, **6**, 704
PtC$_{16}$H$_{30}$F$_6$P$_2$
    Pt(CF$_3$C≡CCF$_3$)(PEt$_3$)$_2$, **6**, 701
PtC$_{16}$H$_{33}$ClN$_2$
    PtCl(C$_8$H$_{12}$NEt$_2$)(Et$_2$NH), **6**, 667
PtC$_{16}$H$_{35}$ClNP$_2$S
    [PtCl($\overline{\text{CNHCHCMeS}}$)(PEt$_3$)$_2$]$^+$, **6**, 507
PtC$_{16}$H$_{37}$P$_2$
    [Pt(MeCHCHCH$_2$)(PEt$_3$)$_2$]$^+$, **6**, 720
PtC$_{16}$H$_{39}$BrP$_2$
    PtBr(Bu)(PEt$_3$)$_2$, **6**, 521
PtC$_{16}$H$_{40}$P$_2$
    PtEt$_2$(PEt$_3$)$_2$, **6**, 546
PtC$_{17}$H$_{17}$IN$_2$O$_4$
    PtI(Me)(MeO$_2$CC≡CCO$_2$Me)(bipy), **6**, 706
PtC$_{17}$H$_{18}$
    Pt(C$_5$H$_5$)$_2$(nbd), **3**, 123; **6**, 734
PtC$_{17}$H$_{19}$Cl$_2$P
    PtCl$_2${CH$_2$=CH(CH$_2$)$_3$PPh$_2$}, **6**, 666
PtC$_{17}$H$_{19}$Cl$_3$OS$_2$
    PtCl$_2${CH(SMePh)COC$_6$H$_4$Cl}(Me$_2$S), **6**, 512
PtC$_{17}$H$_{22}$Cl$_3$NP$_2$
    PtCl$_3$(CN)(PMe$_2$Ph)$_2$, **6**, 502
PtC$_{17}$H$_{23}$Cl$_2$OP
    PtCl$_2${CBz(OEt)}(PMe$_2$Ph), **6**, 508
PtC$_{17}$H$_{24}$Cl$_2$N$_2$
    PtCl$_2$(CH$_2$CH$_2$CHBu)(py)$_2$, **6**, 575
PtC$_{17}$H$_{25}$BrP$_2$
    PtBr(Me)(PMe$_2$Ph)$_2$, **6**, 542
PtC$_{17}$H$_{25}$ClP$_2$
    PtCl(Me)(PMe$_2$Ph)$_2$, **2**, 807; **6**, 504, 556
PtC$_{17}$H$_{25}$IP$_2$
    PtI(Me)(PMe$_2$Ph)$_2$, **6**, 552, 554, 556, 557
PtC$_{17}$H$_{25}$NO$_3$P$_2$
    PtMe(NO$_3$)(PMe$_2$Ph)$_2$, **6**, 530, 556
PtC$_{17}$H$_{27}$Cl$_2$N
    PtCl$_2$(Bu^{t}C≡CBu^t)(TolNH$_2$), **6**, 707
PtC$_{17}$H$_{32}$ClP
    PtCl(CH$_2$CHCH$_2$)(PBu^t$_3$), **6**, 722
PtC$_{17}$H$_{37}$ClNP$_2$S
    [PtCl($\overline{\text{CNMeCHCMeS}}$)(PEt$_3$)$_2$]$^+$, **6**, 507
PtC$_{17}$H$_{40}$P$_2$
    Pt(CH$_2$CMe$_2$CH$_2$)(PEt$_3$)$_2$, **6**, 605; **8**, 531
PtC$_{18}$H$_{15}$F$_{18}$P
    Pt{C(CF$_3$)=C(CF$_3$)}$_3$(PEt$_3$), **6**, 701
PtC$_{18}$H$_{18}$
    Pt(C$_6$H$_4$CH$_2$CH=CH$_2$)$_2$, **6**, 641
PtC$_{18}$H$_{18}$Cl$_2$N$_2$
    PtCl$_2$(C$_6$H$_3$Me$_2$NC)$_2$, **6**, 495
PtC$_{18}$H$_{18}$F$_{18}$P$_2$
    Pt{C$_6$(CF$_3$)$_6$}(PMe$_3$)$_2$, **6**, 522
PtC$_{18}$H$_{18}$O$_2$
    Pt(OC$_6$H$_4$CH$_2$CH=CH$_2$)$_2$, **6**, 640
PtC$_{18}$H$_{20}$F$_6$
    PtMe{C$_7$H$_5$(CF$_3$)$_2$}(cod), **6**, 735
PtC$_{18}$H$_{22}$F$_4$P$_2$
    Pt(CF$_2$=CF$_2$)(PMe$_2$Ph)$_2$, **6**, 629
PtC$_{18}$H$_{23}$ClP$_2$
    CrPt{C(Ph)CO$_2$Me}(CO)$_4$(PMe$_3$)$_3$, **6**, 569
    PtCl(C≡CH)(PMe$_2$Ph)$_2$, **6**, 519
PtC$_{18}$H$_{23}$Cl$_2$OP
    [PtCl$_2${C(Bz)OEt}(PMe$_2$Ph), **6**, 509
PtC$_{18}$H$_{23}$Cl$_3$P$_2$
    PtCl(CCl=CHCl)(PMe$_2$Ph)$_2$, **6**, 568
PtC$_{18}$H$_{24}$BrClP$_2$
    PtBr(CCl=CH$_2$)(PMe$_2$Ph)$_2$, **6**, 568
PtC$_{18}$H$_{24}$Cl$_2$P$_2$
    PtCl(CH=CHCl)(PMe$_2$Ph)$_2$, **6**, 568
PtC$_{18}$H$_{24}$N$_2$
    Pt(C$_6$H$_4$CH$_2$NMe$_2$)$_2$, **6**, 593
PtC$_{18}$H$_{24}$N$_2$O$_2$
    PtMe$_3$(acac)(bipy), **6**, 588
PtC$_{18}$H$_{25}$ClOP$_2$
    PtCl(COMe)(PMe$_2$Ph)$_2$, **6**, 506
PtC$_{18}$H$_{27}$ClP$_2$
    PtCl(Et)(PMe$_2$Ph)$_2$, **6**, 524
PtC$_{18}$H$_{28}$Br$_2$P$_2$
    PtBr$_2$Me$_2$(PMe$_2$Ph)$_2$, **6**, 584
PtC$_{18}$H$_{28}$Cl$_2$P$_2$
    PtCl$_2$Me$_2$(PMe$_2$Ph)$_2$, **6**, 584
PtC$_{18}$H$_{28}$I$_2$P$_2$
    PtI$_2$Me$_2$(PMe$_2$Ph)$_2$, **6**, 557, 558
PtC$_{18}$H$_{28}$P$_2$
    PtMe$_2$(PMe$_2$Ph)$_2$, **2**, 807; **6**, 554, 557
PtC$_{18}$H$_{30}$ClF$_5$P$_2$
    PtCl(C$_6$F$_5$)(PEt$_3$)$_2$, **6**, 536
PtC$_{18}$H$_{34}$ClNO$_2$P$_2$
    PtCl(C$_6$H$_4$NO$_2$)(PEt$_3$)$_2$, **6**, 526
PtC$_{18}$H$_{35}$ClP$_2$
    PtCl(Ph)(PEt$_3$)$_2$, **6**, 531, 566, 613
PtC$_{18}$H$_{35}$Cl$_3$P$_2$
    PtCl$_3$(Ph)(PEt$_3$)$_2$, **6**, 613
PtC$_{18}$H$_{35}$IP
    PtI(Ph)(PEt$_3$)$_2$, **6**, 591
PtC$_{18}$H$_{37}$ClO$_4$P$_2$
    PtCl{C(CO$_2$Me)=CHCO$_2$Me}(PEt$_3$)$_2$, **6**, 525
PtC$_{18}$H$_{38}$NP$_2$
    [PtMe(PEt$_3$)$_2$(py)]$^+$, **6**, 558
PtC$_{19}$H$_{15}$Cl
    PtCl(η^3-CPh$_3$), **6**, 718
PtC$_{19}$H$_{15}$Cl$_2$OP
    PtCl$_2$(CO)(PPh$_3$), **6**, 490
PtC$_{19}$H$_{15}$OP
    [Pt(CO)(PPh$_3$)]$^+$, **6**, 482
PtC$_{19}$H$_{18}$
    PtPh$_2$(nbd), **6**, 666

PtC$_{19}$H$_{20}$Cl$_2$N$_2$
  PtCl$_2$(CH$_2$CH$_2$CHPh)(py)$_2$, **6**, 575; **8**, 534
PtC$_{19}$H$_{22}$F$_6$OP$_2$
  Pt{(CF$_3$)$_2$CO}(PMe$_2$Ph)$_2$, **6**, 686
PtC$_{19}$H$_{24}$N$_2$
  Pt(C$_6$H$_4$CH$_2$NMe(CH$_2$)$_3$NMeCH$_2$C$_6$H$_4$), **6**, 593
PtC$_{19}$H$_{25}$F$_3$O$_2$P$_2$
  PtMe(O$_2$CCF$_3$)(PMe$_2$Ph)$_2$, **6**, 518
PtC$_{19}$H$_{26}$Cl$_2$P$_2$
  PtCl(CCl=CHMe)(PMe$_2$Ph)$_2$, **6**, 504, 568
PtC$_{19}$H$_{27}$ClOP$_2$
  PtCl(COEt)(PMe$_2$Ph), **6**, 510
  PtCl{C(OMe)=CH$_2$}(PMe$_2$Ph)$_2$, **6**, 509, 568
PtC$_{19}$H$_{27}$P$_2$
  [Pt(CH$_2$CHCH$_2$)(PMe$_2$Ph)$_2$]$^+$, **6**, 719
  PtMe(HC≡CH)(PMe$_2$Ph)$_2$, **6**, 711
PtC$_{19}$H$_{28}$ClOP$_2$
  [PtCl{C(Me)OMe}(PMe$_2$Ph)$_2$]$^+$, **6**, 568
PtC$_{19}$H$_{28}$F$_3$IP$_2$
  PtIMe$_2$(CF$_3$)(PMe$_2$Ph)$_2$, **6**, 511
PtC$_{19}$H$_{28}$OP$_2$
  PtMe(COMe)(PMe$_2$Ph)$_2$, **6**, 711
PtC$_{19}$H$_{31}$IP$_2$
  PtIMe$_3$(PMe$_2$Ph)$_2$, **6**, 557, 558, 591
PtC$_{19}$H$_{31}$N$_5$P$_2$
  PtH(CN){(CN)$_2$C=C(CN)$_2$}(PEt$_3$)$_2$, **6**, 630
PtC$_{19}$H$_{34}$ClOP$_2$
  [Pt(C$_6$H$_4$Cl)(CO)(PEt$_3$)$_2$]$^+$, **6**, 490
PtC$_{19}$H$_{35}$NP$_2$
  PtPh(CN)(PEt$_3$)$_2$, **6**, 522, 565
PtC$_{19}$H$_{37}$BrP$_2$
  PtBr(Bz)(PEt$_3$)$_2$, **6**, 520
PtC$_{19}$H$_{37}$ClP$_2$
  PtCl(Tol)(PEt$_3$)$_2$, **6**, 535
PtC$_{43}$H$_{37}$ClP$_2$
  PtCl(Tol)(PPh$_3$)$_2$, **6**, 536
PtC$_{19}$H$_{43}$OP$_2$
  [PtH(CO)(PPr^i$_3$)$_2$]$^+$, **6**, 488, 493; **8**, 14
PtC$_{19}$H$_{45}$OP$_3$
  Pt(CO)(PEt$_3$)$_3$, **6**, 474
PtC$_{20}$H$_{18}$IOP
  PtI(Me)(CO)(PPh$_3$), **6**, 491, 560
PtC$_{20}$H$_{19}$Cl$_2$P
  PtCl$_2$(CH$_2$=CH$_2$)(PPh$_3$), **3**, 107; **6**, 684
PtC$_{20}$H$_{20}$ClN$_2$P
  PtCl(C$_6$H$_4$N=NPh)(PMe$_2$Ph), **6**, 596
PtC$_{20}$H$_{20}$F$_{10}$S$_2$
  Pt(C$_6$F$_5$)$_2$(SEt$_2$)$_2$, **1**, 197
PtC$_{20}$H$_{22}$Cl$_2$F$_6$P$_2$
  PtCl{C(CF$_3$)=C(Cl)CF$_3$}(PMe$_2$Ph)$_2$, **6**, 703
PtC$_{20}$H$_{22}$Cl$_2$N$_2$
  PtCl$_2$(CH$_2$CH$_2$CHTol)(py)$_2$, **6**, 576
PtC$_{20}$H$_{22}$F$_6$P$_2$
  Pt(CF$_3$C≡CCF$_3$)(PMe$_2$Ph)$_2$, **6**, 703
PtC$_{20}$H$_{24}$Cl$_2$O$_4$S$_2$
  PtCl$_2${Me$_2$S(O)CHCOPh}$_2$, **6**, 511
PtC$_{20}$H$_{24}$P$_2$
  Pt(C≡CH)$_2$(PMe$_2$Ph)$_2$, **6**, 569
PtC$_{20}$H$_{25}$ClP$_2$
  Pt(C≡CH)(CCl=CH$_2$)(PMe$_2$Ph)$_2$, **6**, 571
PtC$_{20}$H$_{26}$Cl$_2$N$_4$
  PtCl$_2$(CH$_2$=CH$_2$){PhN(Me)N=C(Me)}$_2$, **6**, 638
PtC$_{20}$H$_{26}$Cl$_2$P$_2$
  Pt(CCl=CH$_2$)$_2$(PMe$_2$Ph)$_2$, **6**, 537, 569, 571
PtC$_{20}$H$_{28}$Cl$_2$OP$_2$
  PtCl(CCl=CHCH$_2$OMe)(PMe$_2$Ph)$_2$, **6**, 571

PtC$_{20}$H$_{29}$Cl$_2$N$_2$P
  PtCl$_2${C(NPhCH$_2$)$_2$}(PEt$_3$), **6**, 505
PtC$_{20}$H$_{29}$P$_2$
  [Pt(MeCHCHCH$_2$)(PMe$_2$Ph)$_2$]$^+$, **6**, 684, 720
  PtMe(PMe$_2$Ph)$_2$(CH$_2$=C=CH$_2$), **6**, 564
PtC$_{20}$H$_{30}$ClOP$_2$
  PtCl{C(Et)OMe}(PMe$_2$Ph)$_2$, **6**, 504
PtC$_{20}$H$_{30}$I$_2$P$_2$
  PtI$_2${(CH$_2$)$_3$CH$_2$}(PMe$_2$Ph)$_2$, **6**, 574
PtC$_{20}$H$_{30}$P$_2$
  Pt{(CH$_2$)$_3$CH$_2$}(PMe$_2$Ph)$_2$, **6**, 574
PtC$_{20}$H$_{31}$OP$_2$
  [PtMe{C(Me)OMe}(PMe$_2$Ph)$_2$]$^+$, **6**, 506
  PtMe{CMe(OMe)}(PMe$_2$Ph)$_2$, **6**, 508
  PtMe(PMe$_2$Ph)$_2$(Me$_2$CO), **6**, 684
  [PtMe(PMe$_2$Ph)$_2$(Me$_2$CO)]$^+$, **6**, 720
PtC$_{20}$H$_{34}$P$_2$
  PtMe$_4$(PMe$_2$Ph)$_2$, **6**, 581
PtC$_{20}$H$_{36}$N$_4$
  [Pt(Bu^{t}NC)$_4$]$^{2+}$, **6**, 500
PtC$_{20}$H$_{37}$NP$_2$
  Pt(CN)(Tol)(PEt$_3$)$_2$, **6**, 565
PtC$_{20}$H$_{38}$Cl$_3$N$_2$P$_2$
  PtCl$_2${C$_6$H$_3$ClNHC(NHMe)}(PEt$_3$)$_2$, **6**, 510, 511
PtC$_{20}$H$_{38}$NP$_2$
  [PtH(PEt$_3$)$_2$(TolNC)]$^+$, **6**, 502
PtC$_{20}$H$_{38}$P$_2$
  Pt(CH$_2$C$_6$H$_4$CH$_2$)(PEt$_3$)$_2$, **6**, 606
PtC$_{20}$H$_{40}$ClN$_2$P$_2$
  PtCl{C(NHMe)NHPh}(PEt$_3$)$_2$, **6**, 510
PtC$_{20}$H$_{41}$O$_4$P$_2$
  [Pt{CH(CO$_2$Me)CH(CH=CH$_2$)CO$_2$Me}-(PEt$_3$)$_2$]$^+$, **6**, 527
PtC$_{20}$H$_{46}$O$_2$P$_2$
  PtH(CO$_2$Me)(PPr^i$_3$)$_2$, **6**, 493
PtC$_{21}$H$_{15}$O$_3$P
  Pt(CO)$_3$(PPh$_3$), **6**, 475
PtC$_{21}$H$_{19}$Br$_2$OP
  PtBr$_2$(MeOCH=CHC$_6$H$_4$PPh$_2$), **6**, 603
PtC$_{21}$H$_{20}$IP
  PtI(Me)(CH$_2$=CHC$_6$H$_4$PPh$_2$), **6**, 670
PtC$_{21}$H$_{25}$F$_6$P$_2$
  PtMe(CF$_3$C≡CCF$_3$)(PMe$_2$Ph)$_2$, **6**, 711
PtC$_{21}$H$_{28}$Cl$_2$P$_2$
  PtCl{CCl=CHC(Me)=CH$_2$}(PMe$_2$Ph)$_2$, **6**, 571
PtC$_{21}$H$_{29}$Cl$_2$N$_2$P
  PtCl$_2$(CNPhCH$_2$CH$_2$NPh)(PEt$_3$), **6**, 508
PtC$_{21}$H$_{31}$ClNP$_2$
  [PtCl(PMe$_2$Ph)$_2$(Bu^{t}NC)]$^+$, **6**, 502
PtC$_{21}$H$_{31}$P$_2$
  [PtMe(MeC≡CMe)(PMe$_2$Ph)$_2$]$^+$, **6**, 707, 708, 710
PtC$_{21}$H$_{34}$NP$_2$
  [PtMe{C(Me)NMe$_2$}(PMe$_2$Ph)$_2$]$^+$, **6**, 509
PtC$_{21}$H$_{41}$BrP$_2$
  PtBr(Mes)(PEt$_3$)$_2$, **6**, 541
PtC$_{21}$H$_{45}$ClP$_2$
  PtCl{CH(CH$_2$CH$_2$PBu^t$_2$)$_2$}, **6**, 601
PtC$_{22}$H$_{10}$F$_{10}$N$_2$
  Pt(C$_6$F$_5$)$_2$(py)$_2$, **6**, 526
PtC$_{22}$H$_{18}$N$_2$
  PtPh$_2$(bipy), **6**, 583
PtC$_{22}$H$_{22}$F$_6$P$_2$
  Pt(C≡CCF$_3$)$_2$(PMe$_2$Ph)$_2$, **6**, 570
PtC$_{22}$H$_{22}$F$_{12}$O$_2$P$_2$
  Pt{C(CF$_3$)$_2$OC(CF$_3$)$_2$O}(PMe$_2$Ph)$_2$, **6**, 686
PtC$_{22}$H$_{22}$IP

PtI(Me){CH$_2$=C(Me)C$_6$H$_4$PPh$_2$}, **6**, 670
PtC$_{22}$H$_{23}$P
   Pt(CH$_2$=CH$_2$)$_2$(PPh$_3$), **6**, 626, 482
   PtMe$_2$\{PPh$_2$(C$_6$H$_4$CH=CH$_2$)\}, **6**, 670
PtC$_{22}$H$_{24}$Cl$_2$F$_6$P$_2$
   Pt(CCl=CHCF$_3$)$_2$(PMe$_2$Ph)$_2$, **6**, 570
PtC$_{22}$H$_{28}$Cl$_2$O$_4$P$_2$
   PtCl\{C(CO$_2$Me)=CClCO$_2$Me\}(PMe$_2$Ph)$_2$, **6**, 526
PtC$_{22}$H$_{28}$P$_2$
   Pt(C≡CMe)$_2$(PMe$_2$Ph)$_2$, **6**, 570
PtC$_{22}$H$_{29}$P$_2$
   [Pt{CH$_2$C(C≡CMe)CH$_2$}(PMe$_2$Ph)$_2$]$^+$, **6**, 572
PtC$_{22}$H$_{32}$N$_2$
   Pt(C$_6$H$_4$CH$_2$NEt$_2$)$_2$, **6**, 596
PtC$_{22}$H$_{32}$P$_2$
   Pt($\overline{\text{CHCH}_2\text{CH}_2}$)$_2$(PMe$_2$Ph)$_2$, **6**, 515, 719
PtC$_{22}$H$_{34}$F$_3$OP$_2$
   PtMe$_2$(CF$_3$)\{$\overline{\text{C(CH}_2\text{)}_3\text{O}}$\}(PMe$_2$Ph)$_2$, **6**, 511
PtC$_{22}$H$_{34}$OP$_2$
   PtMe\{C(Me)=C(Me)OMe\}(PMe$_2$Ph)$_2$, **6**, 710
PtC$_{22}$H$_{41}$NP$_2$
   Pt(CN)(Mes)(PEt$_3$)$_2$, **6**, 565
PtC$_{22}$H$_{41}$P
   Pt(CH$_2$=CH$_2$)$_2$(PCy$_3$), **6**, 482, 675
PtC$_{22}$H$_{52}$P$_2$
   Pt(CH$_2$Bu^t)$_2$(PEt$_3$)$_2$, **6**, 605; **8**, 531
PtC$_{23}$H$_{20}$ClP
   PtCl(Cp)(PPh$_3$), **6**, 634
PtC$_{23}$H$_{21}$IN$_2$
   PtI(Me)(Ph)(bipy), **6**, 583
PtC$_{23}$H$_{23}$Cl$_2$P
   PtCl$_2$(CH$_2$=C=CMe$_2$)(PPh$_3$), **6**, 684, 714
PtC$_{23}$H$_{23}$NP
   [Pt(CH$_2$CHCH$_2$)(MeNC)(PPh$_3$)]$^+$, **6**, 729
PtC$_{23}$H$_{25}$ClN$_4$P$_2$
   PtCl(Me)\{(CN)$_2$C=C(CN)$_2$\}(PMe$_2$Ph)$_2$, **6**, 658
PtC$_{23}$H$_{29}$IP$_2$
   PtI(Tol)(PMe$_2$Ph)$_2$, **6**, 552
PtC$_{23}$H$_{32}$N$_2$O
   Pt(C$_6$H$_4$CH$_2$NEt$_2$)(COC$_6$H$_4$CH$_2$NEt$_2$), **6**, 596
PtC$_{23}$H$_{45}$F$_3$O$_2$P$_2$
   Pt\{CH(CH$_2$CH$_2$PBu^t$_2$)$_2$\}(O$_2$CCF$_3$), **6**, 602
PtC$_{24}$H$_{20}$OP
   [PtCp(CO)(PPh$_3$)]$^+$, **6**, 734
PtC$_{24}$H$_{22}$O$_2$
   Pt(η^3-CPh$_3$)(acac), **3**, 142; **6**, 718, 729
PtC$_{24}$H$_{26}$ClP
   PtCl(CH$_2$CHCH$_2$)(PTol$_3$), **6**, 722
PtC$_{24}$H$_{27}$O$_2$N$_2$P
   PtMe(PPh$_3$)(MeOC(NH)CHC(NH)OMe), **6**, 558
PtC$_{24}$H$_{30}$F$_{18}$P$_2$
   Pt(PEt$_3$)$_2$\{C$_6$(CF$_3$)$_6$\}, **3**, 131; **6**, 620
PtC$_{24}$H$_{31}$F$_6$OP$_2$
   Pt\{C(CF$_3$)=C(Me)CF$_3$\}(PMe$_2$Ph)$_2$(Me$_2$CO), **6**, 711
PtC$_{24}$H$_{32}$O$_2$P$_2$
   Pt(C≡CCH$_2$OMe)$_2$(PMe$_2$Ph)$_2$, **6**, 571
PtC$_{24}$H$_{40}$I$_2$P$_2$
   PtI$_2$Ph$_2$(PEt$_3$)$_2$, **6**, 591
PtC$_{24}$H$_{40}$P$_2$
   PtPh$_2$(PEt$_3$)$_2$, **6**, 566
PtC$_{24}$H$_{53}$ClP$_2$
   PtCl(CH$_2$CMe$_2$PBu^t$_2$)(PBu^t$_3$), **6**, 597
PtC$_{25}$H$_{16}$N$_5$P
   PtH(CN)\{(CN)$_2$C=C(CN)$_2$\}(PPh$_3$), **6**, 620
PtC$_{25}$H$_{23}$INOP

PtI(COMe)(py)(PPh$_3$), **6**, 491
PtC$_{25}$H$_{24}$Cl$_2$N$_2$
   $\overline{\text{PtCl}_2(\text{CHPhCH}_2\text{CHPh})(\text{py})_2}$, **6**, 576
   $\overline{\text{PtCl}_2(\text{CH}_2\text{CHPhCHPh})(\text{py})_2}$, **6**, 574
PtC$_{25}$H$_{24}$P
   [PtCp(CH$_2$=CH$_2$)(PPh$_3$)]$^+$, **6**, 634, 734
PtC$_{25}$H$_{26}$Cl$_2$NP
   PtCl$_2$(PPh$_3$)(CyNC), **6**, 497
PtC$_{25}$H$_{34}$F$_3$P$_2$
   [Pt(CF$_3$)(η^4-C$_4$Me$_4$)(PMe$_2$Ph)$_2$]$^+$, **6**, 733
PtC$_{25}$H$_{36}$P$_3$
   [PtMe(PMe$_2$Ph)$_3$]$^+$, **6**, 705
PtC$_{25}$H$_{58}$Cl$_2$P$_2$
   PtCl(CH$_2$Cl)(PBu$_3$)$_2$, **6**, 578
PtC$_{26}$H$_{23}$ClONP
   PtCl\{C$_6$H$_4$C(Me)=NOH\}(PPh$_3$), **6**, 596
PtC$_{26}$H$_{24}$F$_{12}$O$_2$P$_2$
   Pt\{C≡CC(CF$_3$)$_2$OH\}$_2$(PMe$_2$Ph)$_2$, **6**, 572
PtC$_{26}$H$_{28}$Cl$_2$F$_6$O$_2$P$_2$
   Pt\{CCl=C(Me)COCF$_3$\}$_2$(PMe$_2$Ph)$_2$, **6**, 572
PtC$_{26}$H$_{30}$ClN$_2$P
   PtCl(CH$_2$CH=CH$_2$)($\overline{\text{CNMeCH}_2\text{CH}_2\text{NMe}}$)-(PPh$_3$), **6**, 507
PtC$_{26}$H$_{32}$Cl$_2$NP
   PtCl$_2$\{C(=CMe$_2$)CH$_2$NMe$_3$\}(PPh$_3$), **6**, 685
PtC$_{26}$H$_{32}$P$_2$
   Pt\{C≡CC(Me)=CH$_2$\}$_2$(PMe$_2$Ph)$_2$, **6**, 571
PtC$_{26}$H$_{35}$OP$_2$
   [Pt(Tol)\{C(Me)OMe\}(PMe$_2$Ph)$_2$]$^+$, **6**, 510
PtC$_{26}$H$_{36}$O$_2$P$_2$
   Pt(C≡CCMe$_2$OH)$_2$(PMe$_2$Ph)$_2$, **6**, 571
PtC$_{26}$H$_{42}$P$_2$
   Pt(PEt$_3$)$_2$(PhCH=CHPh), **6**, 507
PtC$_{26}$H$_{44}$P$_2$
   Pt(Tol)$_2$(PEt$_3$)$_2$, **6**, 541
PtC$_{27}$H$_{20}$F$_5$P
   Pt(C$_6$F$_5$)(CH$_2$CHCH$_2$)(PPh$_3$), **6**, 730
PtC$_{27}$H$_{21}$Cl$_4$P
   Pt(C$_6$HCl$_4$)(PPh$_3$)(CH$_2$CHCH$_2$), **6**, 517
PtC$_{27}$H$_{27}$ClP$_2$
   PtCl(Me)(diphos), **6**, 529, 564
PtC$_{27}$H$_{28}$OP$_2$
   Pt(OH)(Me)(diphos), **6**, 529
PtC$_{27}$H$_{28}$P$_2$
   PtMe$_2$(PPh$_2$CH$_2$PPh$_2$), **6**, 556
PtC$_{27}$H$_{29}$ClP$_2$
   PtCl(Me)(PMePh$_2$)$_2$, **6**, 532
PtC$_{27}$H$_{60}$O$_3$P$_4$
   Pt(CO)$_3$(PEt$_3$)$_4$, **6**, 559
PtC$_{28}$H$_{20}$
   Pt(PhC≡CPh)$_2$, **6**, 694, 695
PtC$_{28}$H$_{26}$ClF$_5$P$_2$
   PtCl(CF$_2$CF$_3$)(PMePh$_2$)$_2$, **6**, 532
PtC$_{28}$H$_{26}$Cl$_2$OP$_2$
   PtCl$_2$\{CH(COMe)PPh$_2$CH$_2$PPh$_2$\}, **6**, 512
PtC$_{28}$H$_{26}$Cl$_2$P$_2$
   PtCl(CCl=CH$_2$)(diphos), **6**, 564
PtC$_{28}$H$_{28}$Cl$_2$NP
   PtCl$_2$\{C(=CMe$_2$)CH$_2$py\}(PPh$_3$), **6**, 685
PtC$_{28}$H$_{28}$Cl$_2$P$_2$
   PtCl(CHClMe)(diphos), **6**, 564
PtC$_{28}$H$_{29}$O$_4$P
   Pt(CHAc$_2$)(PPh$_3$)(acac), **6**, 528
PtC$_{28}$H$_{31}$ClN$_2$P$_2$
   PtCl(C$_6$H$_4$N=NPh)(PMe$_2$Ph)$_2$, **6**, 596
PtC$_{28}$H$_{35}$ClN$_4$P

PtC$_{28}$H$_{35}$ClN$_4$P

[PtCl($\overline{\text{CNMeCH}_2\text{CH}_2\text{NMe}}$)$_2$(PPh$_3$)]$^+$, **6**, 507

PtC$_{28}$H$_{45}$ClP$_2$
PtCl(C$_6$H$_4$PBu$^t_2$)(PBu$^t_2$Ph), **6**, 597

PtC$_{28}$H$_{45}$NO$_3$P$_2$
Pt(C$_6$H$_4$PBu$^t_2$)(PBu$^t_2$Ph)(NO$_3$), **6**, 598

PtC$_{28}$H$_{48}$P$_2$
Pt(CH$_2$Tol)$_2$(PEt$_3$)$_2$, **6**, 605

PtC$_{28}$H$_{62}$Cl$_2$P$_2$
$\overline{\text{PtCl}_2\{(\text{CH}_2)_3\text{CH}_2\}}$(PBu$_3$)$_2$, **6**, 578

PtC$_{28}$H$_{62}$P$_2$
$\overline{\text{Pt}\{(\text{CH}_2)_3\text{CH}_2\}}$(PBu$_3$)$_2$, **6**, 551

PtC$_{29}$H$_{24}$ClF$_5$P$_2$
PtCl(CF=CFCF$_3$)(diphos), **6**, 630

PtC$_{29}$H$_{24}$F$_6$P$_2$
Pt(CF$_2$=CFCF$_3$)(diphos), **6**, 630

PtC$_{29}$H$_{25}$BrNP
PtBr{CH(Me)(C$_9$H$_6$N)}(PPh$_3$), **6**, 593

PtC$_{30}$H$_{30}$O$_2$P$_2$
Pt(CO)$_2$(PPh$_2$Et)$_2$, **6**, 475

PtC$_{30}$H$_{52}$P$_2$
PtPh$_2$(PPr$^i_3$)$_2$, **6**, 516

PtC$_{31}$H$_{32}$P$_2$
$\overline{\text{Pt}\{\text{CH}_2\text{C}_6\text{H}_4\text{P}(\text{Tol})(\text{CH}_2)_3\text{P}(\text{Tol})\text{C}_6\text{H}_4\text{CH}_2\}}$, **6**, 599

PtC$_{31}$H$_{40}$N$_4$P
Pt(CH$_2$CH=CH$_2$)($\overline{\text{CNMeCH}_2\text{CH}_2\text{NMe}}$)$_2$-(PPh$_3$), **6**, 507

PtC$_{32}$H$_{26}$F$_{12}$N$_2$P$_2$
Pt{(CF$_3$)$_2$CNHC(CF$_3$)$_2$NH}(diphos), **6**, 690

PtC$_{32}$H$_{29}$ClP$_2$
PtCl(Ph)(diphos), **6**, 529

PtC$_{32}$H$_{31}$ClP$_2$
PtCl(Ph)(PMePh$_2$)$_2$, **6**, 561

PtC$_{32}$H$_{32}$P$_2$
$\overline{\text{Pt}\{\text{C}\equiv\text{C}(\text{CH}_2)_3\text{CH}_2\}}$(diphos), **6**, 702
Pt(C≡CPh)$_2$(PMe$_2$Ph)$_2$, **6**, 570
Pt(diphos)(C$_6$H$_8$), **6**, 527
PtMe(diphos)Cp, **6**, 529

PtC$_{32}$H$_{34}$OP$_2$
Pt(OH)(C$_6$H$_9$)(diphos), **6**, 702

PtC$_{32}$H$_{36}$P$_2$
Pt(CH=CHPh)$_2$(PMe$_2$Ph)$_2$, **6**, 568, 571

PtC$_{32}$H$_{40}$OP$_2$
Pt(OH)(Ph)(diphos), **6**, 529

PtC$_{32}$H$_{48}$O$_3$P$_2$
Pt(PBu$^t_2$Ph)$_2$($\overline{\text{CH}=\text{CHCO}_2\text{CO}}$), **6**, 621

PtC$_{32}$H$_{48}$P$_3$
[Pt(CH$_2$CH$_2$C$_6$H$_4$PPh$_2$)(PEt$_3$)$_2$]$^+$, **6**, 524

PtC$_{32}$H$_{56}$P$_2$
Pt(C≡C—C≡CH)$_2$(PBu$_3$)$_2$, **6**, 527

PtC$_{34}$H$_{28}$O$_2$
Pt(PhCH=CHCOCH=CHPh)$_2$, **6**, 622

PtC$_{34}$H$_{41}$N$_2$P
$\overline{\text{Pt}\{\text{C}_6\text{H}_8\text{C}(=\text{NBu}^t)\}}$(Bu^{t}NC)(PPh$_3$), **6**, 702

PtC$_{34}$H$_{52}$P$_2$
Pt(C≡CPh)$_2$(PPr$_3$)$_2$, **6**, 526

PtC$_{35}$H$_{40}$P$_3$
[PtMe(PPh$_3$)(PMe$_2$Ph)$_2$]$^+$, **6**, 530

PtC$_{36}$H$_{28}$P$_2$
Pt{C$_6$H$_4$(C≡C)$_2$}(diphos), **6**, 516

PtC$_{36}$H$_{29}$ClO$_6$P$_2$
PtCl{C$_6$H$_4$OP(OPh)$_2$}{P(OPh)$_3$}, **6**, 601

PtC$_{36}$H$_{44}$P$_2$
$\overline{\text{Pt}\{\text{CH}_2\text{C}_6\text{H}_4\text{P}(\text{Bu}^t)\text{C}_6\text{H}_4\text{CH}_2\}}$-{PBu^t(Tol)$_2$}, **6**, 597, 599

PtC$_{37}$H$_{30}$ClOP$_2$
PtCl(CO)(PPh$_3$)$_2$, **6**, 491

PtC$_{37}$H$_{30}$OP$_2$S
Pt(PPh$_3$)$_2$(COS), **6**, 476, 689

PtC$_{37}$H$_{30}$P$_2$S$_2$
Pt(PPh$_3$)$_2$(CS$_2$), **6**, 689

PtC$_{37}$H$_{30}$P$_2$Se$_2$
Pt(PPh$_3$)$_2$(CSe$_2$), **6**, 690

PtC$_{37}$H$_{31}$Cl$_3$P$_2$
PtCl(CH$_2$Cl)(PPh$_3$)$_2$, **6**, 703

PtC$_{37}$H$_{31}$OP$_2$
[PtH(CO)(PPh$_3$)$_2$]$^+$, **6**, 488

PtC$_{37}$H$_{33}$IP$_2$
PtI(Me)(PPh$_3$)$_2$, **6**, 491, 518, 521

PtC$_{37}$H$_{33}$I$_3$P$_2$
PtI$_3$(Me)(PPh$_3$)$_2$, **6**, 582

PtC$_{37}$H$_{48}$P$_2$
PtMe{CH$_2$C$_6$H$_4$PBu^t(Tol)}{PBu^t(Tol)$_2$}, **6**, 599

PtC$_{38}$H$_{29}$ClO$_2$P$_2$
PtCl(COC$_6$H$_4$PPh$_2$){PPh$_2$(C$_6$H$_4$CHO)}, **6**, 602

PtC$_{38}$H$_{29}$ClP$_2$
PtCl{C(C$_6$H$_4$PPh$_2$)=CHC$_6$H$_4$PPh$_2$}, **6**, 601

PtC$_{38}$H$_{30}$BrF$_3$P$_2$
Pt(CF$_2$=CFBr)(PPh$_3$)$_2$, **6**, 630

PtC$_{38}$H$_{30}$ClF$_3$P$_2$
Pt(CF$_2$=CFCl)(PPh$_3$)$_2$, **6**, 626

PtC$_{38}$H$_{30}$Cl$_2$F$_2$P$_2$
Pt(CFCl=CFCl)(PPh$_3$)$_2$, **6**, 631

PtC$_{38}$H$_{30}$Cl$_4$P$_2$
Pt(CCl$_2$=CCl$_2$)(PPh$_3$)$_2$, **3**, 48; **6**, 620, 622, 631

PtC$_{38}$H$_{30}$F$_3$NP$_2$
Pt(CF$_3$CN)(PPh$_3$)$_2$, **6**, 713

PtC$_{38}$H$_{30}$F$_4$P$_2$
Pt(CF$_2$=CF$_2$)(PPh$_3$)$_2$, **6**, 615

PtC$_{38}$H$_{30}$N$_2$O$_2$P$_2$
Pt(CNO)$_2$(PPh$_3$)$_2$, **6**, 522

PtC$_{38}$H$_{30}$N$_2$P$_2$
Pt(CN)$_2$(PPh$_3$)$_2$, **6**, 498

PtC$_{38}$H$_{30}$O$_2$P$_2$
Pt(CO)$_2$(PPh$_3$)$_2$, **6**, 474, 566

PtC$_{38}$H$_{31}$ClP$_2$
PtCl{CH(C$_6$H$_4$PPh$_2$)CH$_2$C$_6$H$_4$PPh$_2$}, **6**, 601

PtC$_{38}$H$_{31}$Cl$_3$OP$_2$
Pt(OH)(CCl=CCl$_2$)(PPh$_3$)$_2$, **6**, 530

PtC$_{38}$H$_{31}$F$_3$O$_2$P$_2$
PtH(O$_2$CCF$_3$)(PPh$_3$)$_2$, **6**, 714

PtC$_{38}$H$_{32}$Cl$_2$P$_2$
PtCl(CH=CHCl)(PPh$_3$)$_2$, **6**, 519

PtC$_{38}$H$_{32}$O$_2$P$_2$S
Pt($\overline{\text{CH}=\text{CHSO}_2}$)(PPh$_3$)$_2$, **6**, 629

PtC$_{38}$H$_{32}$P$_2$
Pt(C$_6$H$_4$CH$_2$PPh$_2$)$_2$, **6**, 600
Pt(HC≡CH)(PPh$_3$)$_2$, **6**, 693

PtC$_{38}$H$_{33}$ClOP$_2$S
PtCl(CSOMe)(PPh$_3$)$_2$, **6**, 505

PtC$_{38}$H$_{33}$ClO$_2$P$_2$
PtCl(CO$_2$Me)(PPh$_3$)$_2$, **6**, 493

PtC$_{38}$H$_{33}$NOP$_2$
Pt(OH)(CH$_2$CN)(PPh$_3$)$_2$, **6**, 529

PtC$_{38}$H$_{33}$NP$_2$
PtH(CH$_2$CN)(PPh$_3$)$_2$, **6**, 533, 565
PtMe(CN)(PPh$_3$)$_2$, **6**, 561

PtC$_{38}$H$_{33}$OP$_2$
[PtMe(CO)(PPh$_3$)$_2$]$^+$, **6**, 492, 560

PtC$_{38}$H$_{34}$ClNOP$_2$
PtCl(CONHMe)(PPh$_3$)$_2$, **6**, 491

PtC$_{38}$H$_{34}$P$_2$

Pt(CH$_2$=CH$_2$)(PPh$_3$)$_2$, **3**, 48; **6**, 615, 694, 717
PtEt(C$_6$H$_4$PPh$_2$)(PPh$_3$), **6**, 632
PtPh$_2$(diphos), **6**, 566
PtC$_{38}$H$_{35}$ClP$_2$S
   PtCl(CH$_2$SMe)(PPh$_3$)$_2$, **6**, 555
PtC$_{38}$H$_{36}$P$_2$
   PtMe$_2$(PPh$_3$)$_2$, **6**, 516
PtC$_{39}$H$_{30}$ClF$_5$OP$_2$
   Pt(PPh$_3$)$_2$(CF$_3$COCF$_2$Cl), **6**, 689
PtC$_{39}$H$_{30}$Cl$_2$F$_4$OP$_2$
   Pt(PPh$_3$)$_2${(CF$_2$Cl)$_2$CO}, **6**, 689
PtC$_{39}$H$_{30}$Cl$_2$F$_4$P$_2$
   PtCl(CCl=CFCF$_3$)(PPh$_3$)$_2$, **6**, 630
PtC$_{39}$H$_{30}$F$_3$OP$_2$
   [Pt(CF=CF$_2$)(CO)(PPh$_3$)$_2$]$^+$, **6**, 630
PtC$_{39}$H$_{30}$F$_6$OP$_2$
   Pt(PPh$_3$)$_2${(CF$_3$)$_2$CO}, **6**, 686, 714
PtC$_{39}$H$_{30}$F$_6$O$_7$P$_2$
   Pt{P(OPh)$_3$}$_2${(CF$_3$)$_2$CO}, **6**, 688
PtC$_{39}$H$_{30}$F$_6$P$_2$
   Pt(CF$_3$CF=CF$_2$)(PPh$_3$)$_2$, **6**, 617
PtC$_{39}$H$_{30}$N$_2$OP$_2$
   Pt(PPh$_3$)$_2${(CN)$_2$CO}, **6**, 688
PtC$_{39}$H$_{31}$ClN$_2$P$_2$
   PtCl{CH(CN)$_2$}(PPh$_3$)$_2$, **6**, 517
PtC$_{39}$H$_{31}$F$_3$P$_2$
   Pt(CF$_3$C≡CH)(PPh$_3$)$_2$, **6**, 693
PtC$_{39}$H$_{31}$F$_5$P$_2$
   Pt(CF$_2$=CHCF$_3$)(PPh$_3$)$_2$, **6**, 690
PtC$_{39}$H$_{31}$F$_6$NP$_2$
   Pt(PPh$_3$)$_2${(CF$_3$)$_2$C=NH}, **6**, 690
PtC$_{39}$H$_{31}$F$_7$P$_2$
   PtF{CH(CF$_3$)$_2$}(PPh$_3$)$_2$, **6**, 690
PtC$_{39}$H$_{33}$Cl$_3$OP$_2$
   Pt(OMe)(CCl=CCl$_2$)(PPh$_3$)$_2$, **6**, 530
PtC$_{39}$H$_{33}$F$_3$O$_2$P$_2$
   PtMe(O$_2$CCF$_3$)(PPh$_3$)$_2$, **6**, 518
PtC$_{39}$H$_{34}$N$_2$O$_2$P$_2$
   Pt(CH$_2$CN)(CH$_2$NO$_2$)(PPh$_3$)$_2$, **6**, 529
PtC$_{39}$H$_{34}$P$_2$
   Pt(CH$_2$=C=CH$_2$)(PPh$_3$)$_2$, **6**, 683
PtC$_{39}$H$_{35}$ClO$_2$P$_2$S
   PtCl(SO$_2$CH=CHMe)(PPh$_3$)$_2$, **6**, 731
PtC$_{39}$H$_{35}$ClP$_2$
   PtCl(CH$_2$CH=CH$_2$)(PPh$_3$)$_2$, **6**, 529, 539
PtC$_{39}$H$_{35}$P$_2$
   [Pt(CH$_2$CHCH$_2$)(PPh$_3$)$_2$]$^+$, **6**, 679, 716, 720, 731
PtC$_{39}$H$_{36}$ClOP$_2$S
   [PtCl{C(SMe)OMe}(PPh$_3$)$_2$]$^+$, **6**, 505
PtC$_{39}$H$_{36}$ClP$_2$
   PtCl(CH$_2$=CHMe)(PPh$_3$)$_2$, **6**, 721
PtC$_{39}$H$_{36}$NP$_2$
   [PtMe(MeNC)(PPh$_3$)$_2$]$^+$, **6**, 561
PtC$_{39}$H$_{38}$P$_2$
   PtMe(Et)(PPh$_3$)$_2$, **6**, 550
PtC$_{39}$H$_{71}$P$_2$
   [Pt(CH$_2$CHCH$_2$)(PCy$_3$)$_2$]$^+$, **6**, 722, 727, 730
PtC$_{40}$H$_{35}$ClP$_2$
   PtCl{CH(Me)C$_6$H$_4$PPh$_2$}{PPh$_2$(C$_6$H$_4$CH=CH$_2$)}, **6**, 600
PtC$_{40}$H$_{35}$Cl$_3$P$_2$
   PtCl$_3${CH(Me)C$_6$H$_4$PPh$_2$}{PPh$_2$(C$_6$H$_4$-CH=CH$_2$)}, **6**, 600
PtC$_{40}$H$_{30}$ClF$_5$P$_2$
   PtCl(CF=CFCF=CF$_2$)(PPh$_3$)$_2$, **6**, 630
PtC$_{40}$H$_{30}$Cl$_2$N$_2$P$_2$
   Pt{CCl$_2$=C(CN)$_2$}(PPh$_3$)$_2$, **6**, 623

PtC$_{40}$H$_{30}$F$_6$P$_2$
   Pt(CF$_2$=CFCF=CF$_2$)(PPh$_3$)$_2$, **6**, 630
PtC$_{40}$H$_{30}$N$_2$P$_2$
   Pt(NCC≡CCN)(PPh$_3$)$_2$, **6**, 704
PtC$_{40}$H$_{31}$F$_6$NO$_2$P$_2$
   Pt{C(CF$_3$)=NH}(O$_2$CCF$_3$)(PPh$_3$)$_2$, **6**, 714
PtC$_{40}$H$_{31}$F$_6$N$_3$P$_2$
   Pt{N=C(CF$_3$)N=C(CF$_3$)NH}(PPh$_3$)$_2$, **6**, 713
PtC$_{40}$H$_{31}$F$_7$O$_2$P$_2$
   Pt(CF$_2$CHF$_2$)(O$_2$CCF$_3$)(PPh$_3$)$_2$, **6**, 629
PtC$_{40}$H$_{32}$N$_2$O$_2$P$_2$
   Pt{C(CN)$_2$CH$_2$OO}(PPh$_3$)$_2$, **6**, 688
PtC$_{40}$H$_{33}$F$_6$NP$_2$
   Pt(PPh$_3$)$_2${(CF$_3$)$_2$C=NMe}, **6**, 690
PtC$_{40}$H$_{34}$O$_2$P$_2$
   Pt{COCH=C(Me)O}(PPh$_3$)$_2$, **6**, 686
PtC$_{40}$H$_{35}$BrO$_2$P$_2$
   PtBr(CH=CHCO$_2$Me)(PPh$_3$)$_2$, **6**, 563
PtC$_{40}$H$_{35}$ClOP$_2$
   PtCl(COCH=CHMe)(PPh$_3$)$_2$, **6**, 731
PtC$_{40}$H$_{36}$ClNO$_3$P$_2$
   PtCl(CONHCH$_2$CO$_2$Me)(PPh$_3$)$_2$, **6**, 492
PtC$_{40}$H$_{36}$N$_2$P$_2$
   [Pt(PPh$_3$)$_2$(MeNC)$_2$]$^{2+}$, **6**, 500
   [Pt(PPh$_3$)$_2$(MeNC)(MeCN)]$^{2+}$, **6**, 501
PtC$_{40}$H$_{36}$O$_2$P$_2$S
   Pt(CMe=CMeSO$_2$)(PPh$_3$)$_2$, **6**, 629
PtC$_{40}$H$_{36}$O$_4$P$_2$
   Pt(CO$_2$Me)$_2$(PPh$_3$)$_2$, **8**, 80
PtC$_{40}$H$_{37}$ClP$_2$
   PtCl(CH$_2$CH=CHMe)(PPh$_3$)$_2$, **6**, 729
PtC$_{40}$H$_{37}$N$_2$OP$_2$
   [Pt(CONHMe)(PPh$_3$)$_2$(MeNC)]$^+$, **6**, 505
PtC$_{40}$H$_{37}$N$_2$P$_2$S
   [Pt(CSNHMe)(PPh$_3$)$_2$(MeNC)]$^+$, **6**, 505
PtC$_{40}$H$_{37}$P$_2$
   [Pt(CH$_2$CMeCH$_2$)(PPh$_3$)$_2$]$^+$, **6**, 717
PtC$_{40}$H$_{38}$ClNOP$_2$
   PtCl(CONMeEt)(PPh$_3$)$_2$, **6**, 492
PtC$_{40}$H$_{38}$P$_2$
   Pt{(CH$_2$)$_3$CH$_2$}(PPh$_3$)$_2$, **1**, 197; **6**, 537, 550
   PtMe$_2${C(PPh$_3$)PPh$_2$(Tol)}, **6**, 514
PtC$_{40}$H$_{39}$P$_2$
   [PtMe$_3${C(PPh$_3$)$_2$}]$^+$, **6**, 514
PtC$_{40}$H$_{40}$P$_2$
   PtEt$_2$(PPh$_3$)$_2$, **6**, 529
PtC$_{41}$H$_{30}$F$_9$NOP$_2$
   Pt{C(CF$_3$)=NC(CF$_3$)$_2$O}(PPh$_3$)$_2$, **6**, 714
PtC$_{41}$H$_{37}$ClOP$_2$
   PtCl(C≡CCMe$_2$OH)(PPh$_3$)$_2$, **6**, 526
PtC$_{41}$H$_{37}$N$_2$OP$_2$
   [Pt(CONHMe)(PPh$_3$)$_2$(MeNC)]$^+$, **6**, 500
PtC$_{41}$H$_{37}$P$_2$
   [Pt(CH$_2$CMeCH$_2$)(PPh$_3$)$_2$]$^+$, **6**, 720
PtC$_{41}$H$_{38}$P$_2$
   Pt(CH$_2$=C=CMe$_2$)(PPh$_3$)$_2$, **6**, 684
PtC$_{41}$H$_{39}$BrO$_2$P$_2$
   PtBr{CH(Me)CO$_2$Et}(PPh$_3$)$_2$, **6**, 520
PtC$_{41}$H$_{40}$ClN$_2$P$_2$
   [PtCl(CNMeCH$_2$CH$_2$NMe)(PPh$_3$)$_2$]$^+$, **6**, 507
PtC$_{41}$H$_{40}$P$_2$
   Pt{(CH$_2$)$_4$CH$_2$}(PPh$_3$)$_2$, **6**, 550
PtC$_{41}$H$_{42}$P$_2$
   PtEt(Pr)(PPh$_3$)$_2$, **6**, 550
PtC$_{41}$H$_{75}$P$_2$
   [PtH(CH$_2$=C=CMe$_2$)(PCy$_3$)$_2$]$^+$, **6**, 684

$PtC_{42}F_{30}F_{12}N_2P_2$
  $Pt\{C(CF_3)_2NN=C(CF_3)_2\}(PPh_3)_2$, **6**, 506
$PtC_{42}H_{30}BrF_5P_2$
  $PtBr(C_6F_5)(PPh_3)_2$, **6**, 561
$PtC_{42}H_{30}ClF_5P_2$
  $PtCl(C_6F_5)(PPh_3)_2$, **6**, 572
$PtC_{42}H_{30}F_6P_2$
  $Pt(C\equiv CCF_3)_2(PPh_3)_2$, **6**, 693
$PtC_{42}H_{30}F_{12}N_2P_2$
  $Pt\{(CF_3)_2C=NN=C(CF_3)_2\}(PPh_3)_2$, **6**, 690
$PtC_{42}H_{30}N_4OP_2$
  $Pt\{\overline{C(CN)_2C(CN)_2O}\}(PPh_3)_2$, **6**, 522
$PtC_{42}H_{30}N_4P_2$
  $Pt\{(CN)_2C=C(CN)_2\}(PPh_3)_2$, **3**, 48; **6**, 615, 658
  $Pt(CN)\{C(CN)=C(CN)_2\}(PPh_3)_2$, **6**, 632
$PtC_{42}H_{31}F_{12}NO$
  $Pt\{\overline{C(CF_3)_2NHC(CF_3)_2O}\}(PPh_3)_2$, **6**, 687
$PtC_{42}H_{35}BrP_2$
  $PtBr(Ph)(PPh_3)_2$, **6**, 518
$PtC_{42}H_{35}ClP_2$
  $PtCl(Ph)(PPh_3)_2$, **6**, 492, 526
$PtC_{42}H_{36}N_2O_2P_2$
  $Pt\{\overline{C(CN)_2CMe_2OO}\}(PPh_3)_2$, **6**, 621
$PtC_{42}H_{36}O_4P_2$
  $Pt(MeO_2CC\equiv CCO_2Me)(PPh_3)_2$, **6**, 703
$PtC_{42}H_{38}P_2$
  $Pt\{\overline{C\equiv C(CH_2)_3CH_2}\}(PPh_3)_2$, **6**, 701
  $Pt(PPh_3)_2(C_6H_8)$, **6**, 519
$PtC_{42}H_{39}NOP_2$
  $Pt(CO)(PPh_3)_2(Bu^tNC)$, **6**, 495
$PtC_{42}H_{40}O_4P_2$
  $Pt(CO_2Et)_2(PPh_3)_2$, **6**, 509
$PtC_{42}H_{42}P_2$
  $Pt\{\overline{(CH_2)_5CH_2}\}(PPh_3)_2$, **6**, 550
$PtC_{42}H_{43}N_2P_2$
  $[PtMe(CNMeCH_2CH_2NMe)(PPh_3)_2]^+$, **6**, 507
$PtC_{43}H_{30}F_5NP_2$
  $Pt(CN)(C_6F_5)(PPh_3)_2$, **6**, 561
$PtC_{43}H_{32}N_4P_2$
  $Pt\{C(CN)_2CH_2C(CN)_2\}(PPh_3)_2$, **6**, 522, 534; **8**, 530
$PtC_{43}H_{33}F_5P_2S$
  $Pt(SMe)(C_6F_5)(PPh_3)_2$, **6**, 572
$PtC_{43}H_{35}OP_2$
  $PtPh(CO)(PPh_3)_2$, **6**, 492
$PtC_{43}H_{37}ClP_2$
  $PtCl(Tol)(PPh_3)_2$, **6**, 565
$PtC_{43}H_{38}N_2O_2P_2$
  $Pt[CH=CMeOC(CN)-\{C(OMe)=NH\}](PPh_3)_2$, **6**, 558
$PtC_{43}H_{38}O_5P_2$
  $Pt\{\overline{CH(CO_2Me)COCH(CO_2Me)}\}(PPh_3)_2$, **6**, 523
$PtC_{43}H_{40}P_2$
  $Pt\{\overline{C\equiv C(CH_2)_4CH_2}\}(PPh_3)_2$, **6**, 698
  $Pt\{\overline{CH=C=CH(CH_2)_3CH_2}\}(PPh_3)_2$, **6**, 683
$PtC_{43}H_{41}IP_2$
  $PtI(C_6H_8Me)(PPh_3)_2$, **6**, 519
$PtC_{43}H_{42}O_2P_2$
  $PtEt(CHAc_2)(PPh_3)_2$, **6**, 529
$PtC_{44}H_{34}O_2P_2$
  $Pt\{\overline{C_6H_4COCO}\}(PPh_3)_2$, **6**, 522
$PtC_{44}H_{35}ClP_2$
  $Pt(PPh_3)_2(PhC\equiv CCl)$, **6**, 519
$PtC_{44}H_{36}P_2$
  $Pt(PPh_3)_2(PhC\equiv CH)$, **6**, 475, 526, 697, 703
$PtC_{44}H_{37}BrP_2$
  $PtBr(CH=CHPh)(PPh_3)_2$, **6**, 518, 536
$PtC_{44}H_{38}INP_2$
  $PtI\{C(Ph)=NMe\}(PPh_3)_2$, **6**, 505
$PtC_{44}H_{39}INP_2$
  $[PtI\{C(Ph)NHMe\}(PPh_3)_2]^+$, **6**, 505
$PtC_{44}H_{42}P_2$
  $Pt(\overline{C\equiv C(CH_2)_5CH_2})(PPh_3)_2$, **6**, 692
  $Pt\{\overline{CH=C=CH(CH_2)_4CH_2}\}(PPh_3)_2$, **6**, 683
$PtC_{44}H_{46}P_2$
  $Pt(CH_2=CH_2)\{P(Tol)_3\}_2$, **6**, 620
$PtC_{44}H_{48}P_2$
  $PtBu_2(PPh_3)_2$, **6**, 554, 549
$PtC_{44}H_{50}P_2$
  $Pt\{CH_2C(Me)=CH_2\}_2(PPh_3)_2$, **6**, 730
$PtC_{45}H_{35}F_5P_2$
  $Pt(C_6F_5)(CH_2CH=CH_2)(PPh_3)_2$, **6**, 730
$PtC_{45}H_{38}P_2$
  $Pt(PhC\equiv CMe)(PPh_3)_2$, **6**, 692, 703
$PtC_{45}H_{44}P_2$
  $Pt\{\overline{CH=C=CH(CH_2)_5CH_2}\}(PPh_3)_2$, **6**, 683
$PtC_{45}H_{47}ClOP_2$
  $PtCl(COC_8H_{17})(PPh_3)_2$, **6**, 560
$PtC_{45}H_{61}N_6P_2$
  $[PtH(\overline{CNMeCH_2CH_2NMe})_3(PPh_3)_2]^+$, **6**, 507
$PtC_{46}H_{39}NOP_2$
  $Pt(CH_2CN)(CH_2COPh)(PPh_3)_2$, **6**, 529
$PtC_{46}H_{42}ClNOP_2$
  $PtCl\{C(OEt)=NTol\}(PPh_3)_2$, **6**, 505
$PtC_{46}H_{42}N_3P_2$
  $Pt\{C(NHMe)=NPh\}(PPh_3)_2(MeNC)$, **6**, 505
$PtC_{46}H_{44}O_2P_2$
  $Pt(C\equiv CCMe_2OH)_2(PPh_3)_2$, **6**, 527
$PtC_{46}H_{45}ClOP_2$
  $PtCl\{C\equiv C(C_6H_{10}OEt)\}(PPh_3)_2$, **6**, 527
$PtC_{46}H_{48}IN_2P_2$
  $[PtI(PPh_3)_2(Bu^tNC)_2]^+$, **6**, 496
$PtC_{46}H_{48}N_2P_2$
  $Pt(PPh_3)_2(Bu^tNC)_2$, **6**, 494
$PtC_{47}H_{40}O_2P_2$
  $Pt(PhC\equiv CCO_2Et)(PPh_3)_2$, **6**, 698
$PtC_{47}H_{42}BrNO_2P_2$
  $PtBr\{C(=NTol)CH=CHCO_2Me\}(PPh_3)_2$, **6**, 563
$PtC_{47}H_{44}N_3P_2$
  $Pt\{C(NHMe)=NTol\}(PPh_3)_2(MeNC)$, **6**, 500
$PtC_{47}H_{48}F_3N_2P_2$
  $[Pt\{C(CF_3)=NBu^t\}(PPh_3)_2(Bu^tNC)]^+$, **6**, 496
$PtC_{47}H_{51}N_2P_2$
  $[Pt\{C(Me)=NBu^t\}(PPh_3)_2(Bu^tNC)]^+$, **6**, 496
$PtC_{48}H_{30}F_{10}P_2$
  $Pt(C_6F_5)_2(PPh_3)_2$, **6**, 572
$PtC_{48}H_{42}O_8P_2$
  $Pt\{C(COOMe)=C(COOMe)\}_2(PPh_3)_2$, **6**, 696
$PtC_{50}H_{40}FN_2P_2$
  $Pt(C\equiv CPh)(HN=NC_6H_4F)(PPh_3)_2$, **6**, 703
$PtC_{50}H_{40}N_2O_4P_2$
  $Pt(O_2NC_6H_4CH=CHC_6H_4NO_2)(PPh_3)_2$, **6**, 626
$PtC_{50}H_{40}OP_2$
  $Pt(Ph_2C=C=O)(PPh_3)_2$, **6**, 686
$PtC_{50}H_{40}O_2P_2S$
  $Pt(\overline{CPh=CPhSO_2})(PPh_3)_2$, **6**, 629
$PtC_{50}H_{41}ClP_2$
  $PtCl\{C(Ph)=CHPh\}(PPh_3)_2$, **8**, 309
$PtC_{50}H_{42}P_2$
  $Pt(PhCH=CHPh)(PPh_3)_2$, **6**, 631, 714
$PtC_{50}H_{44}P_2$
  $Pt(Tol)_2(PPh_3)_2$, **6**, 554, 566, 582

PtC$_{50}$H$_{45}$ClOP$_3$
  [PtCl{CH(COPh)PPh$_2$(CH$_2$)$_2$PPh$_2$}(PPh$_3$)]$^+$, **6**, 513
PtC$_{51}$H$_{40}$OP$_2$
  Pt{C(Ph)C(Ph)CO}(PPh$_3$)$_2$, **6**, 522
PtC$_{51}$H$_{42}$O$_3$
  Pt(PhCH=CHCOCH=CHPh)$_3$, **6**, 622
PtC$_{51}$H$_{43}$OP$_2$
  [Pt(C$_{13}$H$_8$OEt)(PPh$_3$)$_2$]$^+$, **6**, 718
PtC$_{52}$H$_{30}$F$_{10}$P$_2$
  Pt(C≡CC$_6$F$_5$)$_2$(PPh$_3$)$_2$, **6**, 516
PtC$_{52}$H$_{40}$P$_2$
  Pt(C≡CPh)$_2$(PPh$_3$)$_2$, **6**, 713
PtC$_{52}$H$_{42}$P$_2$
  Pt(C≡CPh){C(Ph)=CH$_2$}(PPh$_3$)$_2$, **6**, 538
PtC$_{52}$H$_{64}$P$_2$
  Pt(C$_8$H$_{17}$)$_2$(PPh$_3$)$_2$, **6**, 549
PtC$_{53}$H$_{44}$OP$_2$
  Pt(PhCH=CHCOCH=CHPh)(PPh$_3$)$_2$, **6**, 622
PtC$_{54}$H$_{38}$O$_6$P$_2$
  Pt{C$_6$H$_4$(CO)$_3$}$_2$(PPh$_3$)$_2$, **6**, 687
PtC$_{55}$H$_{45}$OP$_3$
  Pt(CO)(PPh$_3$)$_3$, **6**, 474
PtC$_{55}$H$_{48}$P$_3$
  [PtMe(PPh$_3$)$_3$]$^+$, **6**, 522
PtC$_{55}$H$_{65}$ClON$_6$P$_2$
  PtCl(Ph)(CO){P(C$_6$H$_4$NMe$_2$)$_3$}$_2$, **6**, 559
PtC$_{57}$H$_{45}$P$_2$
  [Pt(η^3-C$_3$Ph$_3$)(PPh$_3$)$_2$]$^+$, **3**, 44; **6**, 722
  Pt(η^3-C$_3$Ph$_3$)(PPh$_3$)$_2$, **6**, 719
PtCdGe$_2$C$_{72}$H$_{30}$F$_{30}$P$_2$
  Pt{Ge(C$_6$F$_5$)$_3$}{CdGe(C$_6$F$_5$)$_3$}(PPh$_3$)$_2$, **6**, 1033
PtCoC$_{18}$H$_{22}$N$_2$O$_4$
  CoPt(CO)$_4$(CNCy)$_2$, **6**, 837
PtCo$_2$C$_{17}$H$_{10}$N$_2$O$_7$
  PtCo$_2$(CO)$_7$(py)$_2$, **6**, 821
PtCo$_2$C$_{18}$H$_{10}$N$_2$O$_8$
  Co$_2$Pt(CO)$_8$(py)$_2$, **6**, 485, 805
PtCo$_2$C$_{18}$H$_{18}$N$_2$O$_8$
  PtCo$_2$(CO)$_8$(CNBu^t)$_2$, **6**, 849
PtCo$_2$C$_{26}$H$_{15}$O$_8$P
  PtCo$_2$(CO)$_8$(PPh$_3$), **6**, 866
PtCo$_2$C$_{33}$H$_{24}$O$_7$P$_2$
  Co$_2$Pt(CO)$_7$(diphos), **6**, 770, 823, 866
PtCo$_2$C$_{52}$H$_{40}$N$_2$O$_6$P$_2$
  Pt{Fe(CO)$_4$}$_2$(CO)(PPh$_3$), **6**, 769
PtCrC$_{18}$H$_{23}$N$_2$O$_3$
  CrPt(CO)$_3$(CNBu^t)$_2$Cp, **6**, 826
PtCrC$_{18}$H$_{23}$O$_5$P$_2$
  [CrPt(CPh)(CO)$_5$(PMe$_3$)$_2$]$^+$, **6**, 826
PtCrC$_{19}$H$_{26}$O$_6$P$_2$
  CrPt{C(Ph)OMe}(CO)$_5$(PMe$_3$)$_2$, **6**, 826
PtCrC$_{20}$H$_{32}$O$_4$P$_3$
  [CrPt(CPh)(CO)$_4$(PMe$_3$)$_3$]$^+$, **6**, 483
PtCrC$_{22}$H$_{35}$O$_6$P$_3$
  CrPt{C(Ph)CO$_2$Me}(CO)$_4$(PMe$_3$)$_3$, **6**, 483, 826
PtCr$_2$C$_{26}$H$_{28}$N$_2$O$_6$
  Cr$_2$Pt(CO)$_6$(CNBu^t)$_2$Cp$_2$, **6**, 816, 846
PtFeC$_{13}$H$_{18}$N$_3$O$_4$
  FePt(CO)$_3$(NO)(CNBu^t)$_2$, **6**, 836
PtFeC$_{18}$H$_{21}$Cl
  FcPtCl(cod), **8**, 1044
PtFeC$_{43}$H$_{35}$ClO$_2$P$_2$

FePtCl(CO)$_2$Cp(PPh$_3$)$_2$, **6**, 776, 836
PtFeWC$_{20}$H$_{12}$O$_7$
  WFePt(CTol)(CO)$_7$Cp, **6**, 854
PtFeW$_2$C$_{33}$H$_{24}$O$_7$
  W$_2$FePt(CTol)$_2$(CO)$_7$Cp$_2$, **6**, 854
PtFe$_2$C$_{12}$O$_{12}$
  Fe$_2$Pt(CO)$_{12}$, **8**, 594
PtFe$_2$C$_{16}$H$_{12}$O$_8$
  Fe$_2$Pt(CO)$_8$(C$_8$H$_{12}$), **6**, 862
PtFe$_2$C$_{16}$H$_{18}$N$_4$O$_8$
  Fe$_2$Pt(CO)$_6$(NO)$_2$(CNBu^t)$_2$, **6**, 848
PtFe$_2$C$_{27}$H$_{15}$O$_9$P
  Fe$_2$Pt(CO)$_9$(PPh$_3$), **6**, 482, 861
PtFe$_2$C$_{34}$H$_{26}$O$_8$P$_2$
  Fe$_2$Pt(CO)$_8$(PMePh$_2$)$_2$, **6**, 774
PtFe$_2$C$_{44}$H$_{30}$O$_8$P$_2$
  Fe$_2$Pt(CO)$_8$(PPh$_3$)$_2$, **6**, 770, 862
PtFe$_2$C$_{44}$H$_{30}$O$_{14}$P$_2$
  Fe$_2$Pt(CO)$_8${P(OPh)$_3$}$_2$, **6**, 482
PtFe$_3$C$_{29}$H$_{16}$O$_{11}$P
  [Fe$_3$PtH(CO)$_{11}$(PPh$_3$)]$^-$, **6**, 862
PtFe$_4$C$_{16}$O$_{16}$
  [Fe$_4$Pt(CO)$_{16}$]$^{2-}$, **6**, 804, 862
PtGeC$_{29}$H$_{34}$P$_2$
  PtMe(GeMe$_3$)(Ph$_2$PCH$_2$PPh$_2$), **6**, 556
PtGeC$_{30}$H$_{45}$ClP$_2$
  PtCl(GePh$_3$)(PEt$_3$)$_2$, **6**, 1100
PtGeC$_{30}$H$_{46}$OP$_2$
  PtPh{GePh$_2$(OH)}(PEt$_3$)$_2$, **6**, 536
PtGeC$_{30}$H$_{46}$P$_2$
  PtH(GePh$_3$)(PEt$_3$)$_2$, **8**, 300
PtGeHgC$_{56}$H$_{35}$F$_{15}$P$_2$
  Pt(HgEt){Ge(C$_6$F$_5$)$_3$}(PPh$_3$)$_2$, **6**, 1027
PtGeHgSnC$_{72}$H$_{30}$F$_{30}$P$_2$
  Pt{Sn(C$_6$F$_5$)$_3$}{HgGe(C$_6$F$_5$)$_3$}(PPh$_3$)$_2$, **6**, 1027
PtGeWC$_{52}$H$_{44}$O$_3$P$_2$
  Pt{W(CO)$_3$Cp}(GePh$_3$)(diphos), **6**, 778, 830
PtGe$_2$C$_{48}$H$_{60}$P$_2$
  Pt(GePh$_3$)$_2$(PEt$_3$)$_2$, **8**, 300
PtGe$_2$HgC$_{72}$H$_{30}$F$_{30}$P$_2$
  Pt{Ge(C$_6$F$_5$)$_3$}{HgGe(C$_6$F$_5$)$_3$}(PPh$_3$)$_2$, **6**, 994, 1027
PtGe$_2$ZnC$_{72}$H$_{30}$F$_{30}$P$_2$
  Pt{Ge(C$_6$F$_5$)$_3$}{ZnGe(C$_6$F$_5$)$_3$}(PPh$_3$)$_2$, **6**, 1036
PtHgC$_{38}$H$_{30}$F$_6$P$_2$
  Pt(CF$_3$){Hg(CF$_3$)}(PPh$_3$)$_2$, **6**, 994
PtHgC$_{41}$H$_{39}$BrP$_2$
  PtBr{Hg(C$_5$H$_9$)}(PPh$_3$)$_2$, **6**, 1027
PtHgC$_{42}$H$_{41}$BrP$_2$
  PtBr(HgCy)(PPh$_3$)$_2$, **6**, 1000
PtHgSn$_2$C$_{72}$H$_{30}$F$_{30}$P$_2$
  Pt{Sn(C$_6$F$_5$)$_3$}{HgSn(C$_6$F$_5$)$_3$}(PPh$_3$)$_2$, **6**, 1027
PtInC$_{20}$H$_{37}$Cl$_2$NOP$_2$
  [Pt(InCl$_2$)(CNC$_6$H$_4$OMe)(PEt$_3$)$_2$]$^+$, **6**, 967
PtInSiC$_{34}$H$_{37}$Cl$_2$P$_2$
  Pt(InCl$_2$)(SiPh$_3$)(PMe$_2$Ph)$_2$, **6**, 967
PtIrC$_{38}$H$_{30}$O$_2$P$_2$
  IrPt(CO)$_2$(PPh$_3$)$_2$, **6**, 837
PtMnC$_{14}$H$_{23}$O$_5$P$_2$
  MnPt{C=CH(CH$_2$)$_2$O}(CO)$_4$(PMe$_3$)$_2$, **6**, 484, 833
PtMnC$_{15}$H$_{18}$N$_2$O$_5$
  MnPt(CO)$_5$(CNBu^t)$_2$, **6**, 833
PtMnC$_{17}$H$_{27}$IO$_5$P
  MnPtI{CO(CH$_2$)$_2$CH$_2$}(CO)$_4$(PBu^t$_2$Me), **6**, 833
PtMnC$_{21}$H$_{28}$O$_2$P$_2$

PtMnC$_{21}$H$_{28}$O$_2$P$_2$
  MnPt(CPh)(CO)$_2$Cp(PMe$_3$)$_2$, **6**, 787
PtMnC$_{21}$H$_{30}$O$_2$P$_2$
  MnPt(CTol)(CO)$_2$(PMe$_3$)$_2$Cp, **6**, 483, 833
PtMnC$_{21}$H$_{31}$O$_3$P$_2$
  MnPt{C(Ph)OMe}(CO)$_2$Cp(PMe$_3$)$_2$, **6**, 833
PtMnC$_{22}$H$_{33}$O$_3$P$_2$
  MnPt{C(OMe)Tol}(CO)$_2$Cp(PMe$_3$)$_2$, **6**, 784
PtMn$_2$C$_{12}$O$_{12}$
  Mn$_2$Pt(CO)$_{12}$, **6**, 847
PtMn$_2$C$_{20}$H$_{10}$N$_2$O$_{10}$
  Mn$_2$Pt(CO)$_{10}$(py)$_2$, **6**, 485, 803, 847
PtMn$_2$C$_{32}$H$_{20}$O$_8$P$_2$
  Mn$_2$Pt(PPh$_2$)$_2$(CO)$_8$, **6**, 785
PtMn$_2$C$_{32}$H$_{21}$O$_8$P$_2$
  Mn$_2$PtH(PPh$_2$)$_2$(CO)$_8$, **6**, 833
PtMn$_2$C$_{33}$H$_{20}$O$_9$P$_2$
  Mn$_2$Pt(PPh$_2$)$_2$(CO)$_9$, **6**, 847
PtMoC$_{18}$H$_{15}$ClN$_2$O$_3$
  MoPtCl(CO)$_3$Cp(py)$_2$, **6**, 829
PtMoC$_{18}$H$_{23}$N$_2$O$_3$
  MoPt(CO)$_3$(CNBu^t)$_2$Cp, **6**, 829
PtMoC$_{21}$H$_{20}$O$_6$
  MoPt{C(Ph)OMe}(CO)$_5$(cod), **6**, 829
PtMo$_2$C$_{26}$H$_{20}$N$_2$O$_6$
  Pt{Mo(CO)$_3$Cp}$_2$(py)$_2$, **3**, 1187
PtMo$_2$C$_{26}$H$_{28}$N$_2$O$_6$
  Pt{Mo(CO)$_3$Cp}$_2$(CNBu^t)$_2$, **6**, 816, 846
PtMo$_2$C$_{50}$H$_{40}$O$_4$P$_2$
  Mo$_2$Pt(CO)$_4$(PPh$_3$)$_2$Cp$_2$, **6**, 775, 854
PtNb$_2$C$_{24}$H$_{32}$S$_4$
  [Pt{Nb(SMe)$_2$Cp$_2$}$_2$]$^+$, **3**, 768
  [Pt{Nb(SMe)$_2$Cp$_2$}$_2$]$^{2+}$, **6**, 846
PtOs$_2$C$_{31}$H$_{33}$O$_7$P$_3$
  Os$_2$Pt(CO)$_7$(PMe$_2$Ph)$_3$, **6**, 482, 864
PtOs$_3$C$_{28}$H$_{17}$O$_{10}$P
  Os$_3$PtH$_2$(CO)$_{10}$(PPh$_3$), **6**, 865
PtOs$_3$C$_{28}$H$_{35}$O$_{10}$
  Os$_3$PtH$_2$(CO)$_{10}$(PCy$_3$), **6**, 483
PtOs$_3$C$_{46}$H$_{32}$O$_{10}$P$_2$
  Os$_3$PtH$_2$(CO)$_{10}$(PPh$_3$)$_2$, **6**, 775, 864
PtOs$_3$C$_{46}$H$_{68}$O$_{10}$P$_2$
  Os$_3$PtH$_2$(CO)$_{10}$(PCy$_3$)$_2$, **6**, 865
PtPbC$_{30}$H$_{29}$ClN$_2$
  PtCl(Me)$_2$(PbPh$_3$)(bipy), **6**, 583
PtPbC$_{39}$H$_{39}$ClP$_2$
  PtCl(PbMe$_3$)(PPh$_3$)$_2$, **2**, 670
PtPbC$_{40}$H$_{42}$P$_2$
  PtMe(PbMe$_3$)(PPh$_3$)$_2$, **2**, 670
PtPbC$_{45}$H$_{44}$P$_2$
  PtPh(PbMe$_3$)(PPh$_3$)$_2$, **2**, 670
PtPbC$_{54}$H$_{45}$BrP$_2$
  PtPh{PbBr(Ph)$_2$}(PPh$_3$)$_2$, **2**, 670
PtPbC$_{54}$H$_{45}$ClP$_2$
  PtCl(PbPh$_3$)(PPh$_3$)$_2$, **6**, 1048
PtPbC$_{60}$H$_{50}$P$_2$
  PtPh(PbPh$_3$)(PPh$_3$)$_2$, **2**, 670; **6**, 536
PtPb$_2$C$_{48}$H$_{60}$P$_2$
  Pt(PbPh$_3$)$_2$(PEt$_3$)$_2$, **2**, 669
PtPb$_2$C$_{72}$H$_{60}$P$_2$
  PtPh(Pb$_2$Ph$_5$)(PPh$_3$)$_2$, **2**, 670
PtPdC$_{12}$H$_{18}$N$_6$
  [PtPd(MeNC)$_6$]$^{2+}$, **6**, 497
PtPdC$_{44}$H$_{76}$P$_2$
  {(PCy$_3$)Pt}(CH$_2$CHCH$_2$)(Cp){Pd(PCy$_3$)}, **6**, 721
PtPdC$_{44}$H$_{80}$P$_2$
  {(PCy$_3$)Pt}(CH$_2$CMeCH$_2$)$_2${Pd(PCy$_3$)}, **6**, 721
PtReC$_{31}$H$_{34}$O$_2$P$_2$
  [Re{C(Tol)}(CO)$_2$Cp{Pt(PMe$_2$Ph)$_2$}]$^+$, **4**, 224
PtRe$_2$C$_{27}$H$_{17}$O$_3$P
  Re$_2$PtH$_2$(CO)$_9$(PPh$_3$), **6**, 857
PtRe$_2$C$_{27}$H$_{17}$O$_9$P
  Re$_2$PtH$_2$(CO)$_9$(PPh$_3$), **6**, 775
PtRh$_2$C$_{30}$H$_{42}$O$_2$
  Rh$_2$Pt(CO)$_2$(η^5-C$_5$Me$_5$)$_2$(cod), **6**, 867
PtRh$_2$C$_{41}$H$_{45}$O$_3$P
  Rh$_2$Pt(CO)$_3$(η^5-C$_5$Me$_5$)$_2$(PPh$_3$), **6**, 867
PtRh$_4$C$_{12}$O$_{12}$
  [Rh$_4$Pt(CO)$_{12}$]$^{2-}$, **6**, 867
PtRh$_4$C$_{14}$O$_{14}$
  [Rh$_4$Pt(CO)$_{14}$]$^{2-}$, **6**, 867
PtRh$_5$C$_{15}$O$_{15}$
  [Rh$_5$Pt(CO)$_{15}$]$^-$, **6**, 484, 805, 867
PtRuSi$_4$C$_{44}$H$_{50}$O$_4$P$_2$
  (CO)$_4$Ru(SiMe$_2$)$_2$(C$_6$H$_4$)(SiMe$_2$)$_2$Pt(diphos), **4**, 911
PtRu$_2$C$_{31}$H$_{33}$O$_7$P$_3$
  Ru$_2$Pt(CO)$_7$(PMe$_2$Ph)$_3$, **6**, 482, 863
PtRu$_2$C$_{34}$H$_{24}$O$_8$P$_2$
  Ru$_2$Pt(CO)$_8$(diphos), **4**, 927; **6**, 482, 863
PtSbC$_{50}$H$_{45}$ClOP$_2$
  [PtCl{CH(COPh)PPh$_2$(CH$_2$)$_2$PPh$_2$}(SbPh$_3$)]$^+$, **6**, 513
PtSiC$_5$H$_{12}$Cl$_3$
  [PtCl$_3$(CH$_2$=CHSiMe$_3$)]$^-$, **6**, 637
PtSiC$_{15}$H$_{39}$ClP$_2$
  PtCl(SiMe$_3$)(PEt$_3$)$_2$, **6**, 1055
PtSiC$_{20}$H$_{33}$ClP$_2$
  PtCl(CH$_2$SiMe$_3$)(PMe$_2$Ph)$_2$, **6**, 533
PtSiC$_{29}$H$_{34}$P$_2$
  PtMe(SiMe$_3$)(Ph$_2$PCH$_2$PPh$_2$), **6**, 556
PtSiC$_{34}$H$_{38}$P$_2$
  PtH(SiPh$_3$)(PMe$_2$Ph)$_2$, **6**, 556
PtSi$_2$C$_{16}$H$_{52}$P$_2$
  Pt(CH$_2$SiMe$_3$)$_2$(PEt$_3$)$_2$, **6**, 672
PtSi$_2$C$_{40}$H$_{42}$OP$_2$
  Pt(SiMe$_2$OSiMe$_2$)(PPh$_3$)$_2$, **2**, 295
PtSi$_2$C$_{41}$H$_{44}$P$_2$
  Pt(SiMe$_2$CH$_2$SiMe$_2$)(PPh$_3$)$_2$, **2**, 295
PtSi$_2$C$_{42}$H$_{44}$P$_2$
  Pt(SiPh$_2$CH=CHSiPh$_2$)(PMe$_2$Ph)$_2$, **2**, 295
PtSi$_2$C$_{44}$H$_{52}$P$_2$
  Pt(CH$_2$SiMe$_3$)$_2$(PPh$_3$)$_2$, **6**, 549
PtSi$_2$C$_{46}$H$_{46}$P$_2$
  (Ph$_3$P)$_2$PtSiMe$_2$C$_6$H$_4$SiMe$_2$, **2**, 295
PtSi$_2$C$_{47}$H$_{48}$P$_2$
  (Ph$_3$P)$_2$PtSiMe$_2$CH$_2$C$_6$H$_4$SiMe$_2$, **2**, 295
PtSi$_4$C$_{84}$H$_{70}$P$_2$
  (Ph$_3$P)$_2$Pt(SiPh$_2$)$_3$SiPh$_2$, **2**, 370
PtSnC$_{15}$H$_{23}$ClN$_2$
  PtCl(Me)$_2$(SnMe$_3$)(bipy), **6**, 583
PtSnC$_{37}$H$_{31}$Cl$_3$OP$_2$
  PtH(SnCl$_3$)(CO)(PPh$_3$)$_2$, **6**, 559, 672; **8**, 123
PtSnC$_{39}$H$_{39}$ClP$_2$
  PtCl(SnMe$_3$)(PPh$_3$)$_2$, **6**, 1049
PtSnC$_{47}$H$_{44}$P$_2$
  Pt(C≡CPh)(SnMe$_3$)(PPh$_3$)$_2$, **6**, 518
PtSnC$_{54}$H$_{45}$ClP$_2$
  PtCl(SnPh$_3$)(PPh$_3$)$_2$, **6**, 526
PtSn$_2$CCl$_7$O
  [PtCl(SnCl$_3$)$_2$(CO)]$^-$, **6**, 488
PtSn$_2$C$_{31}$H$_{40}$P$_2$
  Pt(SnMe$_3$)$_2$(Ph$_2$PCH$_2$PPh$_2$), **6**, 556

PtSn$_2$C$_{42}$H$_{48}$P$_2$
   Pt(SnMe$_3$)$_2$(PPh$_3$)$_2$, **6**, 1052
PtSn$_2$C$_{72}$H$_{60}$P$_2$
   PtPh(Sn$_2$Ph$_5$)(PPh$_3$)$_2$, **6**, 518
PtTa$_2$C$_{24}$H$_{32}$S$_4$
   [Pt{Ta(SMe)$_2$Cp$_2$}$_2$]$^{2+}$, **3**, 768
PtTiC$_{34}$H$_{31}$P
   Cp$_2$Ti(C≡CPh)$_2$Pt(PMe$_2$Ph), **6**, 695
PtTiC$_{44}$H$_{35}$P
   Cp$_2$Ti(C≡CPh)$_2$Pt(PPh$_3$), **3**, 410; **6**, 695
PtTlC$_{24}$H$_{30}$BrCl$_2$F$_{10}$P$_2$
   PtBrCl$_2${Tl(C$_6$F$_5$)$_2$}(PEt$_3$)$_2$, **6**, 583
PtU$_2$C$_{34}$H$_{30}$N$_4$
   Pt(CN)$_4$(UCp$_3$)$_2$, **3**, 216
PtWC$_{14}$H$_{24}$O$_6$P$_2$
   WPt{C(Me)OMe}(CO)$_5$(PMe$_3$)$_2$, **6**, 830
PtWC$_{18}$H$_{23}$N$_2$O$_3$
   WPt(CO)$_3$(CNBu^t)Cp, **6**, 830
PtWC$_{21}$H$_{30}$O$_2$P$_2$
   WPt(CTol)(CO)$_2$Cp(PMe$_3$)$_2$, **6**, 830
PtWC$_{21}$H$_{34}$O$_4$P$_3$
   [WPt(CTol)(CO)$_4$(PMe$_3$)$_3$]$^+$, **6**, 830
PtWC$_{23}$H$_{37}$O$_6$P$_3$
   WPt{C(Tol)CO$_2$Me}(CO)$_4$(PMe$_3$)$_3$, **6**, 830
PtWC$_{30}$H$_{32}$O$_2$P$_2$
   WPt(CPh)(CO)$_2$Cp(PMe$_2$Ph)$_2$, **6**, 483
PtW$_2$C$_{22}$H$_{32}$Cl$_2$O$_{10}$P$_4$
   PtCl$_2${(dmpe)W(CO)$_5$}$_2$, **3**, 847
PtW$_2$C$_{24}$H$_{32}$S$_4$
   Pt{W(SMe)$_2$Cp$_2$}$_2$, **3**, 1346
PtW$_2$C$_{26}$H$_{24}$
   Pt{W(CTol)(CO)$_2$Cp}$_2$, **6**, 784
PtW$_2$C$_{26}$H$_{28}$N$_2$O$_6$
   Pt{W(CO)$_3$Cp}$_2$(CNBu^t)$_2$, **6**, 816, 847
PtW$_2$C$_{30}$H$_{24}$O$_4$
   Pt{W(CTol)(CO)$_2$Cp}$_2$, **6**, 847
Pt$_2$As$_2$C$_{20}$H$_{26}$Br$_6$
   {PtBr$_3$(CH$_2$CHBrC$_6$H$_4$AsMe$_2$)}$_2$, **6**, 670
Pt$_2$As$_2$C$_{22}$H$_{30}$Br$_8$
   [PtBr$_3${CH(CH$_2$Br)CH$_2$C$_6$H$_4$AsMe$_2$}]$_2$, **6**, 603
Pt$_2$As$_2$C$_{42}$H$_{40}$Cl$_2$O$_2$
   [PtCl{CH(CH$_2$OMe)C$_6$H$_4$AsPh$_2$}]$_2$, **6**, 602, 664
Pt$_2$As$_3$RuC$_{59}$H$_{45}$O$_5$
   Pt$_2$Ru(CO)$_5$(AsPh$_3$)$_3$, **6**, 482, 863
Pt$_2$As$_4$C$_{51}$H$_{44}$ClO
   [Pt$_2$Cl(CO)(Ph$_2$AsCH$_2$AsPh$_2$)$_2$]$^+$, **6**, 487
Pt$_2$B$_2$C$_{30}$H$_{50}$N$_8$
   {Et$_2$B(C$_3$H$_3$N$_2$)$_2$Pt(Me)}$_2$(cod), **6**, 710
Pt$_2$B$_5$C$_{14}$H$_{37}$P$_2$
   (Et$_3$P)$_2$Pt$_2$C$_2$B$_5$H$_7$, **1**, 500
Pt$_2$B$_8$C$_{12}$H$_{40}$P$_4$
   {(Me$_2$P)$_2$Pt}{(Me$_3$P)$_2$Pt}C$_2$B$_8$H$_{10}$, **1**, 501
Pt$_2$B$_8$C$_{14}$H$_{46}$P$_4$
   {(Me$_3$P)$_2$Pt}$_2$C$_2$B$_8$H$_{10}$, **1**, 509
Pt$_2$C$_2$Cl$_4$O$_2$
   [PtCl$_2$(CO)]$_2^{2-}$, **6**, 487, 491
Pt$_2$C$_4$H$_6$Cl$_6$
   (Cl$_3$Pt)$_2$(CH$_2$=CHCH=CH$_2$), **6**, 682
   [(Cl$_3$Pt)$_2$(CH$_2$=CHCH=CH$_2$)]$^{2-}$, **6**, 732
Pt$_2$C$_4$H$_8$Cl$_4$
   {PtCl$_2$(CH$_2$=CH$_2$)}$_2$, **6**, 489, 634, 672; **8**, 530
Pt$_2$C$_4$H$_8$Cl$_4$O$_2$
   {PtCl$_2$(CH$_2$=CHOH)}$_2$, **6**, 637
Pt$_2$C$_5$H$_{15}$I$_3$
   Pt$_2$I$_3$Me$_5$, **6**, 581

Pt$_2$C$_6$H$_{10}$I$_2$
   {PtI(CH$_2$CHCH$_2$)}$_2$, **6**, 716
Pt$_2$C$_6$H$_{10}$O$_2$
   {Pt(CO)Cp}$_2$, **6**, 486
Pt$_2$C$_6$H$_{12}$Cl$_4$O$_2$
   {PtCl$_2$(MeCH=CHOH)}$_2$, **6**, 637
Pt$_2$C$_6$H$_{14}$Cl$_4$N$_2$
   {PtCl$_2$(CH$_2$=CHCH$_2$NH$_2$)}$_2$, **6**, 639
Pt$_2$C$_8$H$_{14}$Cl$_2$
   {PtCl(CH$_2$CMeCH$_2$)}$_2$, **6**, 716, 726, 731
Pt$_2$C$_8$H$_{16}$Cl$_4$
   {PtCl$_2$(CH$_2$=CH$_2$)$_2$}$_2$, **8**, 287
   {PtCl$_2$(MeCH=CHMe)}$_2$, **6**, 635
Pt$_2$C$_8$H$_{24}$Br$_2$Se$_2$
   (PtBrMe$_3$)$_2$(MeSeSeMe), **6**, 587
Pt$_2$C$_9$H$_{26}$I$_2$S$_2$
   (PtIMe$_3$)$_2$(MeSCH$_2$SMe), **6**, 586
Pt$_2$C$_9$H$_{26}$I$_2$Se$_2$
   (PtIMe$_3$)$_2$(MeSeCH$_2$SeMe), **6**, 586
Pt$_2$C$_{10}$H$_{16}$Cl$_4$
   {PtCl$_2$(CH$_2$=C=CMe$_2$)}$_2$, **6**, 685
   [PtCl$_2$(C$_5$H$_8$)]$_2$, **6**, 655
Pt$_2$C$_{12}$H$_{10}$O$_2$
   {PtCp(CO)}$_2$, **6**, 734
Pt$_2$C$_{12}$H$_{16}$Cl$_4$N$_4$
   PtCl$_2${CH$_2$=C(NMe$_2$)$_2$}$_2$, **6**, 636
Pt$_2$C$_{12}$H$_{18}$N$_6$
   [Pt$_2$(MeNC)$_6$]$^{2+}$, **6**, 496
Pt$_2$C$_{12}$H$_{24}$Cl$_4$
   {PtCl$_2$(Me$_2$C=C=CMe$_2$)}$_2$, **6**, 647
Pt$_2$C$_{14}$H$_{16}$Cl$_4$
   {PtCl$_2$(C$_7$H$_8$)}$_2$, **6**, 682
Pt$_2$C$_{14}$H$_{26}$Br$_2$O$_4$
   {PtBrMe$_2$(acac)}$_2$, **6**, 584
Pt$_2$C$_{16}$H$_{12}$F$_{12}$O$_4$
   {Pt(CH$_2$CH=CH$_2$)(CF$_3$COCHCOCF$_3$)}$_2$, **6**, 729
Pt$_2$C$_{16}$H$_{18}$Cl$_4$N$_2$S$_2$
   (Cl$_2$Pt)$_2$(H$_2$NC$_6$H$_4$SCH$_2$CH=CHCH$_2$SC$_6$H$_4$-NH$_2$), **6**, 641
Pt$_2$C$_{16}$H$_{24}$O$_4$
   {Pt(CH$_2$CH=CH$_2$)(acac)}$_2$, **3**, 126; **6**, 722
Pt$_2$C$_{16}$H$_{32}$O$_4$
   {PtMe$_3$(acac)}$_2$, **6**, 591
Pt$_2$C$_{18}$H$_{18}$Cl$_2$
   [PtCl(CH$_2$CHCHPh)]$_2$, **6**, 577
Pt$_2$C$_{18}$H$_{30}$Cl$_2$O$_2$
   {PtCl(C$_8$H$_{12}$OMe)}$_2$, **6**, 664
Pt$_2$C$_{18}$H$_{32}$Cl$_2$N$_2$S$_4$
   {(Et$_2$NCS$_2$)ClPt}$_2$(cod), **6**, 670
Pt$_2$C$_{18}$H$_{34}$Cl$_2$O$_2$
   {PtCl(C$_8$H$_{17}$)(CO)}$_2$, **6**, 560
Pt$_2$C$_{19}$H$_{24}$F$_6$
   {(cod)Pt}$_2${C(CF$_3$)$_2$}, **6**, 622
Pt$_2$C$_{19}$H$_{24}$F$_6$O
   {(cod)Pt}$_2${(CF$_3$)$_2$CO}, **6**, 523, 688
Pt$_2$C$_{20}$H$_{19}$
   Pt$_2$Cp$_2$(C$_5$H$_5$C$_5$H$_4$), **6**, 735
Pt$_2$C$_{20}$H$_{20}$
   (CpPt)$_2$(C$_5$H$_5$C$_5$H$_5$), **6**, 447
Pt$_2$C$_{20}$H$_{24}$F$_8$
   {Pt(CF$_2$CF$_2$)(cod)}$_2$, **6**, 523, 622
Pt$_2$C$_{20}$H$_{26}$F$_6$N$_2$O$_4$
   {PtMe$_2$(O$_2$CCF$_3$)(C$_5$H$_4$MeN)}$_2$, **6**, 581
Pt$_2$C$_{20}$H$_{30}$Br$_3$
   [Pt$_2$Br$_3$(η^5-C$_5$Me$_5$)$_2$]$^{3+}$, **6**, 736
Pt$_2$C$_{20}$H$_{36}$Cl$_4$
   {PtCl$_2$(Bu^{t}C≡CBu^t)}$_2$, **6**, 704, 708

$Pt_2C_{20}H_{40}Cl_2N_2$
  [PtCl{$CH_2CH(NEt)_2CH_2CH_2CH=CH$}]$_2$, **6**, 666
$Pt_2C_{22}H_{32}Cl_2O_2P_2$
  {PtCl(COEt)(PMe$_2$Ph)}$_2$, **6**, 510
$Pt_2C_{22}H_{56}Cl_2N_6$
  [{PtCl(TMEDA)($CH_2CH_2NMe_2CH_2$)}$_2$]$^{2+}$, **6**, 669
$Pt_2C_{24}H_{18}Cl_2N_4$
  {PtCl($C_6H_4N=NPh$)}$_2$, **6**, 592
$Pt_2C_{24}H_{24}F_{12}$
  [Pt(cod){$C(CF_3)=C(CF_3)$}]$_2$, **6**, 695
$Pt_2C_{24}H_{34}Cl_2$
  [PtCl{$CH_2(C_6Me_5)$}]$_2$, **6**, 638
$Pt_2C_{24}H_{36}F_8N_4$
  {Pt(CF_2CF_2)(Bu^{t}NC)$_2$}$_2$, **6**, 496
$Pt_2C_{24}H_{40}Cl_4$
  {PtCl$_2$(η^4-C_4Et_4)}$_2$, **6**, 493, 732
$Pt_2C_{26}H_{18}Cl_2S_2$
  {PtCl(C_6H_4CSPh)}$_2$, **6**, 604
$Pt_2C_{26}H_{38}O_8$
  {Pt(CHAc$_2$)(acac)}$_2$($CH_2=CHCH_2$)$_2$, **6**, 528
$Pt_2C_{26}H_{40}Cl_2O_2$
  {PtCl$_2$(C_4Et_4CO)}$_2$, **6**, 493, 732
$Pt_2C_{26}H_{56}Cl_2P_2$
  {PtCl($CH_2CMe_2CH_2PBu^t_2$)}$_2$, **6**, 598
$Pt_2C_{28}H_{40}Cl_4O_4$
  {PtCl$_2$($C_6Et_4O_2$)}$_2$, **6**, 493
$Pt_2C_{28}H_{46}Br_2N_4O_4$
  [PtBr{C(=NBu^t)CH=CHCO$_2$Me}(Bu^{t}NC)]$_2$, **6**, 562
$Pt_2C_{30}H_{48}Cl_2O_2P_2$
  {PtCl($CH_2OC_6H_4PBu^t_2$)}$_2$, **6**, 599
$Pt_2C_{30}H_{52}Br_2Ph_2$
  {PtBr(Ph)(PPr$^i_3$)}$_2$, **6**, 516
$Pt_2C_{32}H_{52}Cl_2P_2$
  [PtCl{CH(Me)$C_6H_4PBu^t_2$}]$_2$, **6**, 598
$Pt_2C_{34}H_{38}P_2$
  Pt$_2$(PhC≡CPh)$_2$(PMe$_3$)$_2$, **6**, 696, 699
$Pt_2C_{34}H_{56}Cl_2P_2$
  {PtCl(CMe$_2$$C_6H_4PBu^t_2$)}$_2$, **6**, 598
$Pt_2C_{34}H_{64}Cl_2P_4$
  {(Et$_3$P)$_2$ClPt}$_2${C_6H_4(C≡C)$_2$}, **6**, 516
$Pt_2C_{35}H_{46}N_4O$
  {(Bu^{t}NC)$_2$Pt}$_2${PhCC(O)CPh}, **6**, 719
$Pt_2C_{38}H_{32}N_2P_2$
  {PtH(CN)(PPh$_3$)}$_2$, **8**, 357
$Pt_2C_{38}H_{36}Cl_2P_2$
  {PtCl(Ph)(PMePh$_2$)}$_2$, **6**, 561
$Pt_2C_{40}H_{34}Br_8P_2$
  [PtBr$_3${CH(CH$_2$Br)C_6H_4PPh$_2$}]$_2$, **6**, 603
$Pt_2C_{40}H_{36}Cl_2O_2P_2$
  {PtCl(COMe)(PPh$_3$)}$_2$, **6**, 517
  {PtCl(COPh)(PMePh$_2$)}$_2$, **6**, 561
$Pt_2C_{40}H_{46}O_8P_2$
  [Pt(OAc){$CH_2CH(OAc)CH_2CH_2PPh_2$}]$_2$, **6**, 666
$Pt_2C_{42}H_{48}P_4$
  {PtMe(PPh$_2$)(PMe$_2$Ph)}$_2$, **6**, 554
$Pt_2C_{44}H_{38}O_2P_2$
  {(PPh$_3$)(CO)Pt}$_2$(C_6H_8), **6**, 701
$Pt_2C_{44}H_{42}N_4P_2$
  [Pt$_2$(PPh$_3$)$_2$(MeNC)$_4$]$^{2+}$, **6**, 497
$Pt_2C_{44}H_{76}P_2$
  {(PCy$_3$)Pt}$_2$(CH_2CHCH_2)(Cp), **6**, 721
$Pt_2C_{44}H_{80}P_2$
  {(PCy$_3$)Pt}$_2$(CH_2CMeCH_2)$_2$, **6**, 721
$Pt_2C_{46}H_{42}Cl_4P_2$
  {(Ph$_3$P)Cl$_2$Pt}$_2$($C_{10}H_{12}$), **6**, 665
$Pt_2C_{46}H_{50}P_2$
  Pt$_2$(PhC≡CPh)$_2$(PEt$_3$)$_2$, **6**, 694
$Pt_2C_{51}H_{44}ClOP_4$
  [Pt$_2$Cl(CO)(Ph$_2$PCH$_2$PPh$_2$)$_2$]$^+$, **6**, 487
$Pt_2C_{51}H_{46}P_4$
  {PtCl(Ph$_2$PCH$_2$PPh$_2$)}$_2$CH$_2$, **6**, 524
$Pt_2C_{52}H_{44}O_2P_4$
  [{Pt(CO)(Ph$_2$PCH$_2$PPh$_2$)}$_2$]$^{2+}$, **6**, 487
$Pt_2C_{55}H_{45}OP_3S$
  (Ph$_3$P)$_2$Pt(S)Pt(CO)(PPh$_3$), **6**, 476, 689
$Pt_2C_{56}H_{40}Cl_4$
  {PtCl$_2$(η^4-C_4Ph_4)}$_2$, **6**, 493, 732
$Pt_2C_{58}H_{46}Cl_2O_2$
  {PtCl(C_4Ph_4OMe)}$_2$, **6**, 733
$Pt_2C_{58}H_{80}P_4$
  Pt$_2$(PhC≡CPh)$_2$(PEt$_3$)$_4$, **6**, 694
$Pt_2C_{64}H_{50}P_2$
  Pt$_2$(PhC≡CPh)$_2$(PPh$_3$)$_2$, **6**, 694
$Pt_2C_{68}H_{60}N_2P_4$
  {Pt($CH_2C_6H_4CN$)(diphos)}$_2$, **6**, 533
$Pt_2C_{76}H_{64}N_2P_4$
  {Pt(CH$_2$CN)(PPh$_3$)$_2$}$_2$, **6**, 529
$Pt_2Co_2C_{20}H_{30}O_8P_2$
  Co$_2$Pt$_2$(CO)$_8$(PEt$_3$)$_2$, **6**, 485
$Pt_2Co_2C_{44}H_{30}O_8P_2$
  Co$_2$Pt$_2$(CO)$_8$(PPh$_3$)$_2$, **6**, 485, 770, 866
$Pt_2CrC_{25}H_{44}O_7P_4$
  {(Me$_3$P)$_2$Pt}$_2${C(OMe)Ph}{Cr(CO)$_6$}, **6**, 484
$Pt_2CrC_{50}H_{74}O_7P_2$
  CrPt{C(Ph)OMe}(CO)$_6$(PCy$_3$)$_2$, **6**, 852
$Pt_2FeC_{24}H_{20}Cl_2N_4O_4$
  FePt$_2$Cl$_2$(CO)$_4$(py)$_4$, **6**, 848
$Pt_2FeC_{59}H_{45}O_{14}P_3$
  FePt$_2$(CO)$_5${P(OPh)$_3$}$_3$, **6**, 482, 765, 861
$Pt_2Fe_2C_{44}H_{31}O_8P_2$
  [Fe$_2$Pt$_2$H(CO)$_8$(PPh$_3$)$_2$]$^-$, **6**, 862
$Pt_2Fe_2C_{44}H_{32}O_8P_2$
  Fe$_2$Pt$_2$H$_2$(CO)$_8$(PPh$_3$)$_2$, **6**, 862
$Pt_2Mo_2C_{28}H_{40}O_6P_2$
  Mo$_2$Pt$_2$(CO)$_6$Cp$_2$(PEt$_3$)$_2$, **6**, 485
$Pt_2Mo_2C_{34}H_{25}O_6P$
  Mo$_2$Pt$_2$(CO)$_6$Cp$_2$(PPh$_3$), **6**, 854
$Pt_2OsC_{45}H_{36}O_5P_2$
  OsPt$_2$(CO)$_5$(PPh$_3$)$_2$(MeCCMe), **6**, 849, 864
$Pt_2OsC_{58}H_{45}O_4P_3$
  OsPt$_2$(CO)$_4$(PPh$_3$)$_3$, **6**, 482
$Pt_2OsC_{59}H_{45}O_5P_3$
  OsPt$_2$(CO)$_5$(PPh$_3$)$_3$, **6**, 864
$Pt_2Os_2C_{44}H_{32}O_8P_2$
  Os$_2$Pt$_2$H$_2$(CO)$_8$(PPh$_3$)$_2$, **6**, 483, 864
$Pt_2RuC_8O_8$
  RuPt$_2$(CO)$_8$, **8**, 594
$Pt_2RuC_{36}H_{44}O_{12}P_4$
  RuPt$_2$(CO)$_4${P(OMe)$_2$Ph}$_4$, **6**, 863
$Pt_2RuC_{59}H_{45}O_5P_3$
  RuPt$_2$(CO)$_5$(PPh$_3$)$_3$, **6**, 482, 863
$Pt_2RuC_{76}H_{60}O_{16}P_4$
  RuPt$_2$(CO)$_4${P(OPh)$_3$}$_4$, **6**, 482
$Pt_2SiC_{54}H_{82}P_2$
  (Cy$_3$P)(PhC≡C)$_2$Pt(SiMe$_2$)Pt(PCy$_3$), **6**, 1099
$Pt_2Si_2C_{10}H_{24}Cl_4$
  {PtCl$_2$(CH$_2$=CHSiMe$_3$)}$_2$, **6**, 637
$Pt_2Si_2C_{40}H_{80}P_2$
  (Cy$_3$P)(H)Pt(SiMe$_2$)$_2$Pt(H)(PCy$_3$), **6**, 1098
$Pt_2Si_2C_{42}H_{50}P_2$
  (Me$_3$Si)(Ph$_3$P)Pt(H)$_2$Pt(PPh$_3$)(SiMe$_3$), **6**, 1098

$Pt_2Si_2C_{48}H_{96}P_2$
  {Pt(SiEt$_3$)(PCy$_3$)}$_2$, **6**, 677
$Pt_2Sn_2C_{44}H_{44}Cl_6P_2$
  Pt$_2$H$_2$(SnCl$_3$)$_2$(cod)(PPh$_3$)$_2$, **8**, 306
$Pt_2WC_{25}H_{44}O_7P_4$
  WPt$_2${C(Ph)OMe}(CO)$_6$(PMe$_3$)$_4$, **6**, 484
$Pt_2WC_{50}H_{74}O_7P_2$
  WPt$_2${C(Ph)OMe}(CO)$_6$(PCy$_3$)$_2$, **6**, 855
$Pt_2W_2C_{28}H_{40}O_6P_2$
  Pt$_2${W(CO)$_3$Cp}$_2$(PEt$_3$)$_2$, **6**, 485
$Pt_2W_2C_{52}H_{40}O_6P_2$
  Pt$_2${W(CO)$_3$Cp}$_2$(PPh$_3$)$_2$, **3**, 1337; **6**, 855
$Pt_3C_6O_6$
  [Pt$_3$(CO)$_6$]$^{2-}$, **6**, 479
  [Pt$_3$(CO)$_6$]$^-$, **8**, 157
$Pt_3C_{12}H_{18}N_6$
  Pt$_3$(MeNC)$_6$, **6**, 495
$Pt_3C_{17}H_{24}Cl_6O$
  {PtCl$_3$(η^4-C$_4$Me$_4$)}$_2$Pt(CO), **6**, 733
$Pt_3C_{18}H_{30}N_6$
  Pt$_3$(EtNC)$_6$, **6**, 495
$Pt_3C_{25}H_{40}Cl_6O$
  {PtCl$_3$(η^4-C$_4$Et$_4$)}$_2$Pt(CO), **6**, 493, 732
$Pt_3C_{27}H_{60}O_3P_4$
  Pt$_3$(CO)$_3$(PEt$_3$)$_4$, **6**, 476
$Pt_3C_{30}H_{54}N_6$
  Pt$_3$(Bu^{t}NC)$_6$, **6**, 495, 694
$Pt_3C_{32}H_{24}F_{24}$
  Pt$_3$(cod)$_2${C(CF$_3$)=C(CF$_3$)}$_4$, **6**, 523, 695
$Pt_3C_{42}H_{30}Br_2$
  Pt$_3$Br$_2$(C$_3$Ph$_3$)$_2$, **6**, 719
$Pt_3C_{42}H_{66}N_6$
  Pt$_3$(CyNC)$_6$, **6**, 495
$Pt_3C_{52}H_{44}O_4$
  Pt$_3$(C$_3$Ph$_3$)$_2$(acac)$_2$, **6**, 719
$Pt_3C_{57}H_{99}O_3P_3$
  Pt$_3$(CO)$_3$(PCy$_3$)$_3$, **6**, 476
$Pt_3C_{75}H_{60}O_3P_4$
  Pt$_3$(CO)$_3$(PPh$_3$)$_4$, **6**, 474, 714
$Pt_3C_{75}H_{132}O_3P_4$
  Pt$_3$(CO)$_3$(PCy$_3$)$_4$, **6**, 476
$Pt_3C_{87}H_{71}OP_4$
  [Pt$_3$(CO){C(Ph)=CHPh}(PPh$_3$)$_4$]$^+$, **6**, 481, 701
$Pt_3C_{100}H_{80}P_4$
  Pt$_3$(PhC≡CPh)$_2$(PPh$_3$)$_4$, **6**, 694
$Pt_3Co_2C_{27}H_{45}O_9P_3$
  Pt$_3$Co$_2$(CO)$_9$(PEt$_3$)$_3$, **6**, 485, 866
$Pt_3Fe_3C_{15}HO_{15}$
  [Fe$_3$Pt$_3$H(CO)$_{15}$]$^-$, **6**, 862
$Pt_3Fe_3C_{15}O_{15}$
  [Fe$_3$Pt$_3$(CO)$_{15}$]$^{2-}$, **6**, 804, 862
$Pt_3Ni_3C_{12}O_{12}$
  [Ni$_3$Pt$_3$(CO)$_{12}$]$^{2-}$, **6**, 867
$Pt_3Sn_2C_{24}H_{36}Cl_6$
  Pt$_3$(SnCl$_3$)$_2$(cod)$_3$, **6**, 1099; **8**, 328
$Pt_4As_3C_{59}H_{45}O_5$
  Pt$_4$(CO)$_5$(AsPh$_3$)$_3$, **6**, 477
$Pt_4As_4C_{77}H_{60}O_5$
  Pt$_4$(CO)$_5$(AsPh$_3$)$_4$, **6**, 477
$Pt_4C_8H_{36}Cl_4O_4$
  {PtCl(Me)$_2$(COMe)}$_4$, **6**, 582
$Pt_4C_{12}H_8Cl_{14}$
  {Pt$_2$Cl$_7$(C$_6$H$_4$)}$_2$, **6**, 583
$Pt_4C_{12}H_{20}Cl_4$
  {PtCl(CH$_2$CHCH$_2$)}$_4$, **6**, 534, 715, 722
$Pt_4C_{12}H_{36}Cl_4$
  (PtClMe$_3$)$_4$, **6**, 581
$Pt_4C_{12}H_{36}Cl_4O_{16}$
  {PtMe$_3$(ClO$_4$)}$_4$, **6**, 586
$Pt_4C_{12}H_{36}I_4$
  {PtI(Me)$_3$}$_4$, **1**, 196; **6**, 555, 581, 585, 670
$Pt_4C_{12}H_{36}N_{12}$
  {PtMe$_3$(N$_3$)}$_4$, **6**, 587
$Pt_4C_{16}H_{36}Cl_4O_4$
  {PtCl(Me)$_2$(COMe)}$_4$, **6**, 555
$Pt_4C_{16}H_{48}S_4$
  {PtMe$_3$(SMe)}$_4$, **6**, 587
$Pt_4C_{24}H_{60}Cl_4$
  (PtClEt$_3$)$_4$, **6**, 585
$Pt_4C_{59}H_{45}O_5P_3$
  Pt$_4$(CO)$_5$(PPh$_3$)$_3$, **6**, 477
$Pt_4C_{120}H_{96}P_8$
  {Pt(C$_6$H$_4$PPh$_2$)(PPh$_2$)}$_4$, **6**, 597
$Pt_5C_{10}O_{10}$
  {Pt(CO)$_2$}$_5$, **6**, 494
$Pt_5C_{30}H_{60}O_6P_4$
  Pt$_5$(CO)$_6$(PEt$_3$)$_4$, **6**, 477
$Pt_5C_{78}H_{60}O_6P_4$
  Pt$_5$(CO)$_6$(PPh$_3$)$_4$, **6**, 477
$Pt_6C_{12}O_{12}$
  [Pt$_6$(CO)$_{12}$]$^{2-}$, **6**, 480
$Pt_6Fe_4C_{22}O_{22}$
  [Fe$_4$Pt$_6$(CO)$_{22}$]$^{2-}$, **6**, 804, 862
$Pt_7C_{108}H_{108}N_{12}$
  Pt$_7$(C$_6$H$_3$Me$_2$NC)$_{12}$, **6**, 495
$Pt_9C_{18}O_{18}$
  [Pt$_9$(CO)$_{18}$]$^{2-}$, **6**, 480
$Pt_{12}C_{24}O_{24}$
  [Pt$_{12}$(CO)$_{24}$]$^{2-}$, **6**, 481
$Pt_{15}C_{30}O_{30}$
  [Pt$_{15}$(CO)$_{30}$]$^{2-}$, **6**, 480; **8**, 324
  [Pt$_{15}$(CO)$_{30}$]$^-$, **8**, 12
$Pt_{19}C_{22}O_{22}$
  [Pt$_{19}$(CO)$_{22}$]$^{4-}$, **6**, 481
$PuC_{15}H_{15}$
  PuCp$_3$, **3**, 212
$PuC_{16}H_{16}$
  Pu(cot)$_2$, **3**, 232
$PuC_{24}H_{32}O_2$
  [Pu(cot)$_2${$\overline{O(CH_2)_3CH_2}$}$_2$]$^-$, **3**, 237

R

RbBeC$_4$H$_{10}$F
   RbF(BeEt$_2$), **1**, 140
RbBe$_2$C$_8$H$_{20}$F
   RbF(BeEt$_2$)$_2$, **1**, 140
RbBe$_3$C$_{12}$H$_{30}$F
   RbF(BeEt$_2$)$_3$, **1**, 140
RbCH$_3$
   RbMe, **1**, 65
RbC$_3$H$_5$
   Rb(CH$_2$CH=CH$_2$), **1**, 101
RbC$_9$H$_{15}$O
   Rb(C$_5$H$_7$){$\overline{O(CH_2)_3CH_2}$}, **1**, 104
RbMgC$_{12}$H$_{27}$
   RbMgBu$_3$, **1**, 221
RbSiC$_4$H$_{11}$
   Rb(CH$_2$SiMe$_3$), **2**, 95
Rb$_2$Be$_2$C$_{18}$H$_{37}$O$_3$
   Rb$_2$Be$_2$Et$_3$(OBu^t)$_3$, **1**, 141
Rb$_5$Be$_3$C$_{50}$H$_{77}$O$_2$
   Rb$_5$Be$_3$Et$_3$(OBu^t)$_2$(C$_6$H$_2$Me$_3$)$_4$, **1**, 141
ReAlC$_{13}$H$_{20}$
   ReH(AlMe$_3$)Cp$_2$, **4**, 206; **6**, 954
ReAlC$_{21}$H$_{20}$Br$_3$O$_5$P
   Re(COCH$_2$CMe$_2$CH$_2$OPPh$_2$)(AlBr$_3$)(CO)$_3$, **4**, 222
ReAsC$_5$F$_6$O$_5$
   Re(AsF$_6$)(CO)$_5$, **4**, 170
ReAsC$_7$F$_6$O$_5$
   Re{As(CF$_3$)$_2$}(CO)$_5$, **4**, 200
ReAsC$_{25}$H$_{20}$O$_2$
   Re(CO)$_2$Cp(AsPh$_3$), **4**, 207, 209
ReAsC$_{31}$H$_{20}$O$_3$
   Re(CO)$_3$(C$_4$Ph$_4$As), **4**, 232
ReAsC$_{33}$H$_{20}$O$_5$
   Re(CO)$_5$(C$_4$Ph$_4$As), **4**, 200
ReAsFeC$_{10}$H$_6$O$_8$
   FeRe(AsMe$_2$)(CO)$_8$, **6**, 833
ReAsMnC$_{13}$H$_{11}$O$_6$
   MnRe(AsMe$_2$)(CO)$_6$Cp, **6**, 831
ReAs$_2$MnC$_{12}$F$_{12}$O$_8$
   MnRe{As(CF$_3$)$_2$}$_2$(CO)$_8$, **4**, 104, 201; **6**, 831
ReAuC$_{23}$H$_{15}$O$_5$P
   Re(CO)$_5$(AuPPh$_3$), **6**, 834
ReAu$_3$C$_{58}$H$_{45}$O$_4$P$_3$
   Re(AuPPh$_3$)$_3$(CO)$_4$, **6**, 848
ReBC$_5$F$_3$O$_5$
   [Re(BF$_3$)(CO)$_5$]$^-$, **6**, 883
ReBC$_5$H$_3$O$_5$
   [Re(BH$_3$)(CO)$_5$]$^-$, **6**, 883
ReBC$_8$H$_6$O$_5$
   Re(CO)$_3${η^5-C$_5$H$_4$B(OH)$_2$}, **4**, 207
ReBC$_9$H$_{12}$N$_2$O$_5$
   Re{B(NMe$_2$)$_2$}(CO)$_5$, **6**, 888

ReBC$_{10}$H$_{11}$F$_3$
   ReH(BF$_3$)Cp$_2$, **4**, 206; **6**, 883
ReBC$_{12}$H$_{12}$N$_6$O$_3$
   Re(CO)$_3$(C$_3$H$_4$N$_2$){(C$_3$H$_3$N$_2$)$_2$BH$_2$}, **4**, 200
ReB$_2$C$_5$H$_6$O$_5$
   [Re(BH$_3$)$_2$(CO)$_5$]$^-$, **6**, 883
ReB$_3$C$_3$H$_8$O$_3$
   Re(B$_3$H$_8$)(CO)$_3$, **4**, 203
ReB$_3$C$_4$H$_8$O$_4$
   Re(B$_3$H$_8$)(CO)$_4$, **6**, 917
ReB$_5$C$_5$H$_8$O$_5$
   Re(B$_5$H$_8$)(CO)$_5$, **4**, 203; **6**, 928
ReB$_9$C$_3$H$_{13}$O$_3$
   [Re(B$_9$H$_{13}$)(CO)$_3$]$^-$, **1**, 506; **6**, 935
ReB$_9$C$_5$H$_{11}$O$_3$
   [Re(C$_2$B$_9$H$_{11}$)(CO)$_3$]$^-$, **1**, 516; **4**, 203
ReB$_9$C$_7$H$_{11}$O$_5$
   [(CO)$_5$ReC$_2$B$_9$H$_{11}$]$^-$, **4**, 203
ReB$_{10}$C$_3$H$_{10}$O$_3$S
   [(CO)$_3$ReSB$_{10}$H$_{10}$]$^-$, **1**, 528
ReBiC$_{17}$H$_{10}$O$_5$
   Re(BiPh$_2$)(CO)$_5$, **2**, 704
ReCH$_3$O$_3$
   ReO$_3$(Me), **4**, 217
ReC$_2$H$_3$Cl$_5$N
   [ReCl$_5$(CNMe)]$^-$, **4**, 183
ReC$_2$I$_4$O$_2$
   [ReI$_4$(CO)$_2$]$^-$, **4**, 182
ReC$_3$Cl$_3$O$_3$
   [ReCl$_3$(CO)$_3$]$^{2-}$, **4**, 169
ReC$_3$H$_6$ClO$_5$
   ReCl(CO)$_3$(H$_2$O)$_2$, **4**, 184
ReC$_3$H$_9$N$_3$O$_3$
   [Re(CO)$_3$(NH$_3$)$_3$]$^+$, **4**, 179
ReC$_3$H$_9$O$_2$
   ReO$_2$(Me)$_3$, **4**, 217
ReC$_4$Cl$_2$O$_4$
   [ReCl$_2$(CO)$_4$]$^-$, **4**, 169
ReC$_4$H$_6$N$_2$O$_4$
   [Re(CO)$_4$(NH$_3$)$_2$]$^+$, **4**, 179
ReC$_4$H$_{12}$O
   ReO(Me)$_4$, **4**, 217
ReC$_4$N$_2$O$_{10}$
   [Re(NO$_3$)$_2$(CO)$_4$]$^-$, **4**, 170
ReC$_5$ClO$_5$
   ReCl(CO)$_5$, **4**, 169; **8**, 517
ReC$_5$FNO$_5$S
   [Re(NSF)(CO)$_5$]$^+$, **4**, 199
ReC$_5$F$_2$NO$_6$S
   Re(NSOF$_2$)(CO)$_5$, **4**, 199
ReC$_5$HO$_5$
   ReH(CO)$_5$, **4**, 200

ReC$_5$H$_3$NO$_5$
   [Re(CO)$_5$(NH$_3$)]$^+$, **4**, 179
ReC$_5$H$_5$N$_2$O$_5$
   Re(CONH$_2$)(CO)$_4$(NH$_3$), **4**, 214
ReC$_5$NF$_2$O$_9$S$_2$
   Re{N(SO$_2$F)$_2$}(CO)$_5$, **4**, 199
ReC$_5$NO$_5$S
   [Re(NS)(CO)$_5$]$^{2+}$, **4**, 199
ReC$_5$NO$_8$
   Re(NO$_3$)(CO)$_5$, **4**, 169
ReC$_5$O$_5$
   [Re(CO)$_5$]$^-$, **4**, 164
ReC$_5$O$_7$S
   [Re(CO)$_5$(SO$_2$)]$^+$, **4**, 178
ReC$_6$F$_3$O$_5$
   Re(CF$_3$)(CO)$_5$, **4**, 192
ReC$_6$F$_3$O$_5$S
   Re(SCF$_3$)(CO)$_5$, **4**, 186
ReC$_6$H$_2$NO$_6$
   Re(CONH$_2$)(CO)$_5$, **4**, 215
ReC$_6$H$_3$N$_2$O$_6$
   Re(CONHNH$_2$)(CO)$_5$, **4**, 197
ReC$_6$H$_3$O$_4$S$_3$
   Re(S$_2$CSMe)(CO)$_4$, **4**, 190
ReC$_6$H$_3$O$_5$
   ReMe(CO)$_5$, **3**, 90; **4**, 221
ReC$_6$H$_3$O$_5$S
   Re(SMe)(CO)$_5$, **4**, 185, 186
ReC$_6$H$_4$ClO$_5$
   ReCl{C(OH)Me}(CO)$_4$, **4**, 224
ReC$_6$H$_4$O$_4$
   [Re(CO)$_4$(CH$_2$=CH$_2$)]$^+$, **4**, 232
ReC$_6$H$_5$BrNO$_2$
   ReBr(CO)(NO)Cp, **4**, 207, 209
ReC$_6$H$_6$NO$_2$
   ReH(CO)(NO)Cp, **4**, 230
ReC$_6$H$_9$NO$_4$PS
   Re(CO)$_4$(NH$_3$)(SPMe$_2$), **4**, 202
ReC$_6$H$_{18}$
   ReMe$_6$, **4**, 217
ReC$_6$NO$_6$
   Re(NCO)(CO)$_5$, **4**, 197
ReC$_6$N$_2$O$_4$
   [Re(CN)$_2$(CO)$_4$]$^-$, **4**, 170
ReC$_6$N$_3$O$_3$
   [Re(CN)$_3$(CO)$_3$]$^-$, **4**, 170
ReC$_6$N$_3$O$_3$S$_3$
   [Re(NCS)$_3$(CO)$_3$]$^{2-}$, **4**, 197
ReC$_6$N$_4$O$_2$
   Re(CN)$_4$(CO)$_2$, **4**, 170
ReC$_6$O$_6$
   [Re(CO)$_6$]$^+$, **4**, 164
ReC$_7$F$_6$O$_5$P
   Re{P(CF$_3$)$_2$}(CO)$_5$, **4**, 200
ReC$_7$HF$_2$O$_5$
   Re{C(F)=CHF}(CO)$_5$, **4**, 229
ReC$_7$H$_3$NO$_5$
   [Re(CO)$_5$(MeCN)]$^+$, **4**, 178
ReC$_7$H$_3$O$_6$
   Re(COMe)(CO)$_5$, **4**, 226
ReC$_7$H$_4$O$_5$
   [Re(CO)$_5$(CH$_2$=CH$_2$)]$^+$, **4**, 232
ReC$_7$H$_5$Br$_2$O$_2$
   ReBr$_2$(CO)$_2$Cp, **4**, 209
ReC$_7$H$_5$NO$_3$
   [Re(CO)$_2$(NO)Cp]$^+$, **4**, 210

ReC$_7$H$_5$N$_2$O$_2$
   Re(CO)$_2$(N$_2$)Cp, **8**, 1098
ReC$_7$H$_5$O$_4$
   Re(CO)$_4$(CH$_2$CHCH$_2$), **4**, 231, 232
ReC$_7$H$_6$NO$_3$
   Re(CHO)(CO)(NO)Cp, **4**, 230
ReC$_7$H$_6$NO$_4$
   Re(CO$_2$H)(CO)(NO)Cp, **8**, 12
ReC$_7$H$_7$NO$_3$
   [Re(CHO)$_2$(NO)Cp]$^-$, **4**, 230
ReC$_7$H$_8$NO$_2$
   ReMe(CO)(NO)Cp, **4**, 207, 210, 230
ReC$_7$H$_8$NO$_4$
   Re(CH$_2$NMe$_2$)(CO)$_4$, **4**, 219
ReC$_7$H$_9$N$_2$O$_2$
   Re(CO)$_2$(N$_2$H$_4$)Cp, **8**, 1098
ReC$_7$H$_{16}$N$_4$O$_3$
   [Re(CO)$_3$(en)$_2$]$^+$, **4**, 191
ReC$_8$ClF$_4$O$_5$
   Re{C(F)=C(Cl)CF$_3$}(CO)$_5$, **4**, 213
ReC$_8$F$_5$O$_5$
   Re{C(F)=C(F)CF$_3$}(CO)$_5$, **4**, 229
ReC$_8$H$_3$O$_5$
   ReMe(CO)$_5$, **3**, 100
ReC$_8$H$_5$O$_2$S
   Re(CO)$_2$(CS)Cp, **4**, 209
ReC$_8$H$_5$O$_3$
   Re(CO)$_3$Cp, **4**, 206, 207; **8**, 1016, 1026, 1041
ReC$_8$H$_5$O$_5$
   Re(CH$_2$CH=CH$_2$)(CO)$_5$, **4**, 231
ReC$_8$H$_5$O$_7$
   Re(CO$_2$Et)(CO)$_5$, **4**, 215
ReC$_8$H$_8$ClO$_2$
   ReCl(Me)(CO)$_2$Cp, **4**, 209
ReC$_8$H$_9$BrN$_3$O$_2$
   ReBr(CO)$_2$(CNMe)$_3$, **4**, 182
ReC$_8$H$_{10}$ClO$_4$S
   ReCl(CO)$_4$(SEt$_2$), **4**, 183
ReC$_8$H$_{10}$INO$_3$S$_2$
   ReI(S$_2$CNEt$_2$)(CO)$_3$, **4**, 189
ReC$_8$H$_{24}$
   [ReMe$_8$]$^{2-}$, **4**, 217
ReC$_9$F$_5$O$_5$
   Re{C(CF$_3$)=C=CF$_2$}(CO)$_5$, **4**, 213
ReC$_9$H$_6$O$_3$
   [Re(CO)$_3$(C$_6$H$_6$)]$^+$, **4**, 232
ReC$_9$H$_9$N$_3$O$_3$
   [Re(CO)$_3$(MeCN)$_3$]$^+$, **4**, 178
ReC$_9$H$_9$O$_3$
   Re{C(OH)Me}(CO)$_2$Cp, **4**, 224
ReC$_9$H$_{11}$O$_2$
   ReMe$_2$(CO)$_2$Cp, **4**, 209
ReC$_{10}$H$_9$O$_5$
   Re(CH$_2$CH=CMe$_2$)(CO)$_5$, **4**, 228
ReC$_{10}$H$_{11}$
   ReH(Cp)$_2$, **4**, 205, 211; **8**, 287
ReC$_{11}$H$_5$O$_5$
   RePh(CO)$_5$, **4**, 211, 229
ReC$_{11}$H$_6$ClO$_5$
   ReCl{C(OH)Ph}(CO)$_4$, **4**, 224
ReC$_{11}$H$_9$O$_3$
   Re(CO)$_3$(C$_8$H$_9$), **4**, 210
ReC$_{11}$H$_{11}$
   ReCp(C$_6$H$_6$), **8**, 1016
ReC$_{11}$H$_{13}$
   ReMe(Cp)$_2$, **4**, 206

ReC₁₁H₁₆BrO₅
 ReBr(CO)₃{O(CH₂)₃CH₂}₂, **4**, 174
ReC₁₂F₁₁O₅
 Re[C{=C(CF₃)₂}C(CF₃)=CF₂](CO)₅, **4**, 213
ReC₁₂H₅O₆
 Re(COPh)(CO)₅, **4**, 226
ReC₁₂H₇O₃
 Re(CO)₃(C₉H₇), **4**, 210
ReC₁₂H₇O₅
 Re(C₆H₄COMe)(CO)₄, **4**, 219
 Re(C₇H₇)(CO)₅, **3**, 127, 130
ReC₁₂H₈Cl₃N₂O₂
 ReCl₃(CO)₂(bipy), **4**, 180
ReC₁₂H₈O₅
 [RePh(COMe)(CO)₄]⁻, **4**, 227
ReC₁₂H₁₁O₅
 Re{C(Et)C(Et)=CH}(CO)₅, **4**, 211
ReC₁₂H₁₂
 [Re(C₆H₆)₂]⁺, **4**, 232; **8**, 1031
ReC₁₂H₁₂O₄
 [Re(CO)₄(cod)]⁺, **4**, 232
ReC₁₂H₁₃
 Re(C₆H₆)(C₆H₇), **4**, 232
ReC₁₂H₁₃O₂
 Re(CO)₂Cp(C₅H₈), **4**, 211
ReC₁₂H₁₄
 [ReCp₂(CH₂=CH₂)]⁺, **4**, 206, 232
ReC₁₂H₁₆
 [ReMe₂(Cp)₂]⁺, **4**, 206; **8**, 1031
ReC₁₃H₈O₆
 [Re(COMe)(COPh)(CO)₄]⁻, **4**, 226
ReC₁₃H₁₅O₃
 Re(CO)₃(η⁵-C₅Me₅), **4**, 207
ReC₁₃H₁₉
 ReMe₂(Cp)(C₅H₅Me), **3**, 685; **4**, 211
ReC₁₃H₂₆NO₂P₂
 ReMe(C₅H₅)(CO)(NO)(PMe₃)₂, **4**, 210
ReC₁₄H₁₀IO₃
 ReI(COPh)(CO)₂Cp, **4**, 209
ReC₁₄H₁₀O₂
 [Re(CPh)(CO)₂Cp]⁺, **4**, 224
ReC₁₄H₂₁N₇
 [Re(CNMe)₇]³⁺, **4**, 182
ReC₁₅H₁₁O₂
 Re(C=CHPh)(CO)₂Cp, **4**, 209
ReC₁₅H₁₈O₃
 [Re(CO)₃(C₆Me₆)]⁺, **8**, 1034
ReC₁₆H₄F₅N₂O₄
 Re(C₆H₄N=NC₆F₅)(CO)₄, **4**, 219
ReC₁₆H₉N₂O₄
 Re(C₆H₄N=NPh)(CO)₄, **4**, 220
ReC₁₆H₁₁BrO₄P
 ReBr(CO)₄(PHPh₂), **4**, 202
ReC₁₆H₁₂Cl
 ReCl(PhC≡CH)₂, **4**, 232
ReC₁₆H₃₀N₃OS₆
 Re(S₂CNEt₂)₃(CO), **4**, 189
ReC₁₇H₈NO₄
 Re(C₁₃H₈N)(CO)₄, **4**, 220
ReC₁₇H₁₀NO₄
 Re(C₆H₄CH=NPh)(CO)₄, **4**, 220
ReC₁₈H₇O₆
 Re(C₁₄H₇O₂)(CO)₄, **4**, 221
ReC₁₈H₃₀N₆
 [Re(CNEt)₆]⁺, **4**, 182

ReC₁₉H₁₃O₄S
 Re{(C₆H₃Me)CS(Tol)}(CO)₄, **4**, 221
ReC₁₉H₁₆O₅P
 Re{(CH₂)₃PPh₂O}(CO)₄, **4**, 229
ReC₁₉H₁₆O₇PS
 Re{SO₂(CH₂)₃PPh₂O}(CO)₄, **4**, 229
ReC₂₀H₁₄N₂O₄
 [Re(CO)₄(CNTol)₂]⁺, **4**, 182
ReC₂₀H₁₈O₄P
 Re{(CH₂)₄PPh₂}(CO)₄, **4**, 219
ReC₂₁H₁₅O₂
 Re(CO)₂Cp(PhC≡CPh), **4**, 232
ReC₂₂H₁₄O₄P
 Re(C₆H₄PPh₂)(CO)₄, **4**, 220
ReC₂₂H₁₅BrO₄P
 ReBr(CO)₄(PPh₃), **4**, 216
ReC₂₂H₁₅NO₇P
 Re(NO₃)(CO)₄(PPh₃), **4**, 176
ReC₂₃H₁₄O₅P
 Re(COC₆H₄PPh₂)(CO)₄, **4**, 220
ReC₂₃H₁₈O₄P
 ReMe(CO)₄(PPh₃), **4**, 216, 220
ReC₂₄H₁₅BrO₄P
 ReBr(C≡CPPh₃)(CO)₄, **4**, 216
ReC₂₄H₁₆O₅P
 Re(CHPPh₃)(CO)₅, **4**, 216
ReC₂₄H₁₈O₄P
 Re(CH₂CH₂C₆H₄PPh₂)(CO)₄, **4**, 219
ReC₂₄H₂₂NOP
 [Re(CH₂)(NO)Cp(PPh₃)]⁺, **4**, 224
ReC₂₄H₂₃NOP
 ReMe(NO)Cp(PPh₃), **4**, 207
ReC₂₄H₃₆
 [Re(η⁶-C₆Me₆)₂]⁺, **4**, 232; **8**, 1034
ReC₂₅H₂₅NOP
 ReEt(NO)Cp(PPh₃), **8**, 515
ReC₂₅H₃₃Cl₃OP₃
 ReCl₃(CO)(PMe₂Ph)₃, **4**, 180
ReC₃₀H₂₄O₄P₂
 [Re(CO)₄(diphos)]⁺, **4**, 178
ReC₃₀H₂₇NOP
 ReBz(NO)Cp(PPh₃), **4**, 226
ReC₃₁H₂₀O₃P
 Re(CO)₃(C₄Ph₄P), **4**, 232
ReC₃₃H₂₀O₅P
 Re(CO)₅(C₄Ph₄P), **4**, 200
ReC₃₃H₄₄ClOP₄
 ReCl(CO)(PMe₂Ph)₄, **8**, 1100
ReC₃₆H₅₄N₆
 [Re(CNBuᵗ)₆]⁺, **4**, 182
ReC₃₇H₃₀F₂NO₂P₂
 ReF₂(CO)(NO)(PPh₃)₂, **4**, 194
ReC₃₇H₃₁FNO₂P₂
 ReH(F)(CO)(NO)(PPh₃)₂, **4**, 194
ReC₃₈H₃₀ClN₂O₂P₂
 ReCl(CO)₂(N₂)(PPh₃)₂, **4**, 177, 196; **8**, 1099
ReC₃₈H₃₀Cl₂NO₃P₂
 ReCl₂(CO)₂(NO)(PPh₃)₂, **4**, 194
ReC₃₈H₃₀NO₃P₂
 Re(CO)₂(NO)(PPh₃)₂, **4**, 194
ReC₃₈H₃₄ClN₂OP₂
 ReCl{C(OH)Me}(N₂)(PPh₃)₂, **4**, 224
ReC₃₈H₄₅P₂
 RePh₃(PEt₂Ph)₂, **4**, 216
ReC₃₉H₃₀ClO₃P₂
 ReCl(CO)₃(PPh₃)₂, **4**, 175

ReC$_{39}$H$_{30}$NO$_6$P$_2$
 Re(NO$_3$)(CO)$_3$(PPh$_3$)$_2$, **4**, 176
ReC$_{39}$H$_{31}$O$_4$P$_2$
 Re(O$_2$CH)(CO)$_2$(PPh$_3$)$_2$, **8**, 241
ReC$_{39}$H$_{34}$ClN$_2$O$_2$P$_2$
 ReCl{C(Me)OH}(CO)(N$_2$)(PPh$_3$)$_2$, **8**, 1099
ReC$_{40}$H$_{35}$IN$_5$
 ReI(CNTol)$_5$, **4**, 182
ReC$_{48}$H$_{40}$P$_2$
 RePh$_2$(PPh$_3$)$_2$, **4**, 215
ReC$_{53}$H$_{48}$ClOP$_4$
 ReCl(CO)(diphos)$_2$, **4**, 177
ReC$_{53}$H$_{49}$OP$_4$
 ReH(CO)(diphos)$_2$, **4**, 172
ReC$_{55}$H$_{45}$FNO$_2$P$_3$
 [ReF(CO)(NO)(PPh$_3$)$_3$]$^+$, **4**, 194
ReC$_{56}$H$_{46}$O$_2$P$_3$
 ReH(CO)$_2$(PPh$_3$)$_3$, **4**, 194
ReCoC$_9$O$_9$
 ReCo(CO)$_9$, **6**, 771, 796, 834
ReCrC$_{10}$O$_{10}$
 [ReCr(CO)$_{10}$]$^-$, **6**, 796, 826
ReCrC$_{12}$H$_6$P
 (CO)$_5$Cr(PMe$_2$)Re(CO)$_5$, **3**, 846
ReCrC$_{16}$H$_5$O$_9$
 CrRe(CPh)(CO)$_9$, **6**, 826
ReCrC$_{17}$H$_6$F$_5$O$_5$
 Cr(η^6-C$_6$H$_6$){η^6-C$_6$F$_5$Re(CO)$_5$}, **3**, 998
ReCuC$_{55}$H$_{30}$F$_{10}$O$_3$P$_2$
 Re(C≡CC$_6$F$_5$)$_2$(CuPPh$_3$)(CO)$_3$(PPh$_3$), **2**, 757
ReFeC$_{12}$H$_5$O$_7$
 ReFe(CO)$_7$Cp, **6**, 834
ReFeC$_{13}$H$_7$O$_6$
 ReFe(CO)$_6$(C$_7$H$_7$), **6**, 833
ReFeC$_{16}$H$_{11}$O$_5$
 FeCp[η^5-C$_5$H$_3$(COMe){Re(CO)$_4$}], **4**, 222
ReFeC$_{17}$H$_{16}$NO$_4$
 FeCp[η^5-C$_5$H$_3${Re(CO)$_4$}(CH$_2$NMe$_2$)], **4**, 219
ReFeMnC$_{14}$O$_{14}$
 MnReFe(CO)$_{14}$, **6**, 847
ReFe$_2$C$_{12}$O$_{12}$
 [ReFe$_2$(CO)$_{12}$]$^-$, **6**, 856
ReGeC$_5$H$_3$O$_5$
 Re(GeH$_3$)(CO)$_5$, **4**, 204
ReGeC$_8$H$_9$O$_5$
 Re(GeMe$_3$)(CO)$_5$, **4**, 204, 222
ReGeC$_{26}$H$_{19}$O$_3$
 Re(CO)$_3$(η^5-C$_5$H$_4$GePh$_3$), **4**, 207
ReGeRuC$_{12}$H$_9$O$_9$
 ReRu(GeMe$_3$)(CO)$_9$, **4**, 912; **6**, 834
ReGe$_2$C$_{40}$H$_{30}$O$_4$
 [Re(GePh$_3$)$_2$(CO)$_4$]$^-$, **4**, 204
ReHgC$_5$ClO$_5$
 Re(HgCl)(CO)$_5$, **6**, 1023
ReHgC$_8$H$_4$ClO$_3$
 Re(CO)$_3$(η^5-C$_5$H$_4$HgCl), **4**, 207
ReHgMnC$_{10}$O$_{10}$
 Hg{Mn(CO)$_5$}{Re(CO)$_5$}, **6**, 1015
ReHgMnC$_{13}$H$_4$O$_8$
 Re(CO)$_3${η^5-C$_5$H$_4$HgMn(CO)$_5$}, **4**, 207
ReHg$_2$C$_{10}$H$_9$Cl$_2$
 ReH(η^5-C$_5$H$_4$HgCl)$_2$, **4**, 206
ReInC$_2$H$_6$O$_4$
 InMe$_2$(ReO$_4$), **1**, 712
ReInC$_5$Cl$_2$O$_5$
 Re(InCl$_2$)(CO)$_5$, **4**, 203
ReMnC$_{10}$HO$_{10}$
 MnRe(CHO)(CO)$_9$, **6**, 787
 [MnRe(CHO)(CO)$_9$]$^-$, **6**, 831
ReMnC$_{10}$O$_9$S$_3$
 MnRe(CS$_3$)(CO)$_9$, **4**, 191
ReMnC$_{10}$O$_{10}$
 MnRe(CO)$_{10}$, **4**, 8, 162; **6**, 778, 816, 831
ReMnC$_{11}$H$_3$O$_{10}$
 [MnRe(COMe)(CO)$_9$]$^-$, **6**, 774
ReMnC$_{12}$H$_6$O$_{10}$
 MnRe{C(Me)OMe}(CO)$_9$, **4**, 225; **6**, 802, 831
ReMnC$_{13}$H$_4$O$_8$
 Mn(CO)$_3${(η^5-C$_5$H$_4$)Re(CO)$_5$}, **8**, 1043
 Re(CO)$_3${η^5-C$_5$H$_4$Mn(CO)$_5$}, **4**, 207
ReMnC$_{14}$H$_9$NO$_5$
 MnRe(CO)$_5$Cp(C$_4$H$_4$N), **4**, 138
ReMnC$_{14}$H$_{10}$O$_4$
 ReH(Cp){η^5-C$_5$H$_4$Mn(CO)$_4$}, **4**, 80, 222
ReMnC$_{16}$H$_5$O$_9$
 MnRe(CPh)(CO)$_9$, **6**, 765
ReMnC$_{16}$H$_8$O$_9$
 MnRe{C(Ph)OMe}(CO)$_8$, **6**, 787
ReMnC$_{17}$H$_8$O$_{10}$
 MnRe{C(Ph)OMe}(CO)$_9$, **4**, 224
ReMnC$_{19}$H$_{10}$O$_7$
 MnRe{C(Ph)=C=O}(CO)$_6$Cp, **4**, 227; **6**, 784, 831
ReMnC$_{20}$H$_8$N$_2$O$_8$
 Mn{Re(CO)$_5$}(CO)$_3$(phen), **4**, 16
ReMnC$_{22}$H$_{16}$O$_4$
 MnRe(C=CHPh)(CO)$_4$Cp$_2$, **4**, 224; **6**, 831
ReMnC$_{27}$H$_{13}$O$_9$P
 Re[COC$_6$H$_3$[Mn(CO)$_4$](PPh$_2$)](CO)$_4$, **4**, 220
ReMnC$_{27}$H$_{15}$O$_9$P
 MnRe(CO)$_9$(PPh$_3$), **6**, 792, 808, 831
ReMnC$_{44}$H$_{30}$O$_8$P$_2$
 MnRe(CO)$_8$(PPh$_3$)$_2$, **6**, 831
ReMn$_2$C$_{14}$HO$_{14}$
 Mn$_2$ReH(CO)$_{14}$, **6**, 831
ReMoC$_{10}$O$_{10}$
 [MoRe(CO)$_{10}$]$^-$, **6**, 796, 827
ReMoC$_{12}$H$_6$P
 (CO)$_5$Mo(PMe$_2$)Re(CO)$_5$, **3**, 846
ReMoC$_{13}$H$_5$O$_8$
 MoRe(CO)$_8$Cp, **3**, 1187; **6**, 792, 802, 828
ReMoC$_{16}$H$_5$O$_9$
 MoRe(CPh)(CO)$_9$, **6**, 802, 827
ReMoC$_{17}$H$_{15}$O$_2$
 MoRe(CO)$_2$Cp$_3$, **3**, 1201
ReMoC$_{18}$H$_{15}$O$_3$
 MoRe(CO)$_3$Cp$_3$, **6**, 802, 828
ReOsC$_9$HO$_9$
 ReOsH(CO)$_9$, **6**, 834
ReOsC$_{14}$H$_9$O$_7$
 (CO)$_5$ReOs(CO)$_2$(C$_7$H$_9$), **4**, 1016
ReOs$_2$C$_{12}$HO$_{12}$
 ReOs$_2$H(CO)$_{12}$, **6**, 856
ReOs$_2$C$_{12}$O$_{12}$
 [ReOs$_2$(CO)$_{12}$]$^-$, **6**, 856
ReOs$_3$C$_{12}$H$_5$O$_{12}$
 ReOs$_3$H$_5$(CO)$_{12}$, **6**, 856
ReOs$_3$C$_{13}$H$_3$O$_{13}$
 ReOs$_3$H$_3$(CO)$_{13}$, **6**, 856
ReOs$_3$C$_{15}$HO$_{15}$
 ReOs$_3$H(CO)$_{15}$, **6**, 856

ReOs$_3$C$_{16}$HO$_{16}$
  ReOs$_3$H(CO)$_{16}$, **6**, 777, 856
ReOs$_3$C$_{17}$H$_4$NO$_{15}$
  ReOs$_3$H(CO)$_{15}$(MeCN), **6**, 856
RePbC$_5$Cl$_3$O$_5$
  Re(PbCl$_3$)(CO)$_5$, **6**, 1067
RePbC$_8$H$_9$O$_5$
  Re(PbMe$_3$)(CO)$_5$, **2**, 668; **4**, 204
RePbC$_{26}$H$_{19}$O$_3$
  Re(CO)$_3$(η^5-C$_5$H$_4$PbPh$_3$), **4**, 207
RePb$_2$C$_{40}$H$_{30}$O$_4$
  [Re(PbPh$_3$)$_2$(CO)$_4$]$^-$, **2**, 668; **4**, 204
RePtC$_{31}$H$_{34}$O$_2$P$_2$
  [Re{C(Tol)}(CO)$_2$Cp{Pt(PMe$_2$Ph)$_2$}]$^+$, **4**, 224
ReRhC$_{22}$H$_{15}$O$_5$P
  ReRh(PPh$_2$)(CO)$_5$Cp, **6**, 834
ReRuC$_{12}$H$_5$O$_7$
  ReRu(CO)$_7$Cp, **4**, 794, 924; **6**, 834
ReRuSiC$_{12}$H$_9$O$_9$
  ReRu(SiMe$_3$)(CO)$_9$, **6**, 834
ReRu$_3$C$_{16}$O$_{16}$
  [ReRu$_3$(CO)$_{16}$]$^-$, **4**, 924; **6**, 856
ReSbC$_{33}$H$_{20}$O$_5$
  Re(CO)$_5$(C$_4$Ph$_4$Sb), **4**, 200
ReSiC$_3$H$_9$O$_4$
  SiMe$_3$(ReO$_4$), **2**, 158
ReSiC$_5$H$_3$O$_5$
  Re(SiH$_3$)(CO)$_5$, **4**, 204
ReSiC$_7$H$_6$Cl$_3$O$_2$
  ReH(SiCl$_3$)(CO)$_2$Cp, **6**, 1070
ReSiC$_8$H$_9$O$_5$
  Re(SiMe$_3$)(CO)$_5$, **4**, 204
ReSiC$_{11}$H$_{13}$O$_3$
  Re(CO)$_3$(η^5-C$_5$H$_4$SiMe$_3$), **4**, 206, 207
ReSiC$_{12}$H$_{15}$O$_3$
  Re(CO)$_3$(η^5-C$_5$H$_4$CH$_2$SiMe$_3$), **4**, 207
ReSiC$_{15}$H$_{36}$N$_3$O
  SiMe$_3${ORe(NBu^t)$_3$}, **2**, 158
ReSiC$_{26}$H$_{19}$O$_3$
  Re(CO)$_3$(η^5-C$_5$H$_4$SiPh$_3$), **4**, 207
ReSiC$_{26}$H$_{20}$O$_2$
  [Re(CSiPh$_3$)(CO)$_2$Cp]$^+$, **4**, 224
ReSiC$_{47}$H$_{39}$O$_3$P$_2$
  Re(SiPh$_3$)(CO)$_3$(diphos), **6**, 1067
ReSi$_4$C$_{14}$H$_{27}$O$_5$
  Re{Si(SiMe$_3$)$_3$}(CO)$_5$, **4**, 204
ReSi$_4$C$_{16}$H$_{44}$O
  ReO(CH$_2$SiMe$_3$)$_4$, **4**, 217
ReSi$_6$C$_{18}$H$_{54}$N$_3$O
  ReO{N(SiMe$_3$)$_2$}$_3$, **2**, 130
ReSnC$_8$H$_9$O$_5$
  Re(SnMe$_3$)(CO)$_5$, **4**, 204; **6**, 1052
ReSnC$_{23}$H$_{15}$O$_5$
  Re(SnPh$_3$)(CO)$_5$, **4**, 204
ReSnC$_{26}$H$_{19}$O$_3$
  Re(CO)$_3$(η^5-C$_5$H$_4$SnPh$_3$), **4**, 207
ReSnWC$_{13}$H$_9$O$_{10}$S
  (CO)$_5$W(SSnMe$_3$)Re(CO)$_5$, **4**, 187
ReSn$_2$C$_{40}$H$_{30}$O$_4$
  [Re(SnPh$_3$)$_2$(CO)$_4$]$^-$, **4**, 204
ReUC$_{15}$H$_{15}$O$_4$
  U(ReO$_4$)Cp$_3$, **3**, 215
ReWC$_{10}$O$_{10}$
  [ReW(CO)$_{10}$]$^-$, **6**, 796, 829
ReWC$_{12}$H$_6$O$_{10}$P
  (CO)$_5$W(PMe$_2$)Re(CO)$_5$, **3**, 846
ReWC$_{13}$H$_5$O$_8$
  WRe(CO)$_8$Cp, **3**, 1337; **6**, 792, 829
ReWC$_{14}$H$_{19}$O$_8$P$_2$S
  (CO)$_5$W(SH)Re(CO)$_3$(PMe$_3$)$_2$, **4**, 187
ReWC$_{16}$H$_5$O$_9$
  WRe(CPh)(CO)$_9$, **6**, 829
ReWC$_{18}$H$_{15}$O$_3$
  WRe(CO)$_3$Cp$_3$, **3**, 1355; **6**, 829
ReWC$_{19}$H$_{14}$O$_9$P
  WRe{C(Ph)PMe$_3$}(CO)$_9$, **4**, 224; **6**, 829
ReWC$_{20}$H$_{19}$O$_9$
  WRe(CO)$_9${C(C$_{10}$H$_{19}$)}, **6**, 769
Re$_2$As$_2$C$_{30}$H$_{20}$Cl$_2$O$_6$
  Re$_2$Cl$_2$(CO)$_6$(As$_2$Ph$_4$), **4**, 178
Re$_2$As$_2$CrC$_{18}$H$_{12}$O$_{14}$
  Cr(CO)$_4${Me$_2$AsRe(CO)$_5$}$_2$, **3**, 871
Re$_2$As$_2$MoC$_{18}$H$_{12}$O$_{14}$
  Mo(CO)$_4${Me$_2$AsRe(CO)$_5$}$_2$, **3**, 871
Re$_2$As$_2$WC$_{18}$H$_{12}$O$_{14}$
  W(CO)$_4${Me$_2$AsRe(CO)$_5$}$_2$, **3**, 871
Re$_2$As$_3$C$_{31}$H$_{33}$O$_7$P$_3$
  Re$_2$(CO)$_7$(AsMe$_2$Ph)$_3$, **4**, 171
Re$_2$AuC$_{27}$H$_{16}$O$_3$P
  Re$_2$AuH(CO)$_9$(PPh$_3$), **6**, 857
Re$_2$C$_4$Cl$_4$N$_2$O$_6$
  {ReCl$_2$(CO)$_2$(NO)}$_2$, **4**, 193
Re$_2$C$_4$N$_6$O$_{18}$
  {Re(NO$_3$)$_2$(CO)$_2$(NO)}$_2$, **4**, 195
Re$_2$C$_5$Cl$_3$NO$_6$
  Re$_2$Cl$_3$(CO)$_5$(NO), **4**, 193
Re$_2$C$_5$F$_6$O$_5$
  Re(ReF$_6$)(CO)$_5$, **4**, 170
Re$_2$C$_6$Cl$_3$O$_6$
  [Re$_2$Cl$_3$(CO)$_6$]$^-$, **4**, 169
Re$_2$C$_6$Cl$_4$O$_6$
  [Re$_2$Cl$_4$(CO)$_6$]$^{2-}$, **4**, 169
Re$_2$C$_6$H$_{12}$Cl$_2$O$_4$
  {ReCl(Me)(O$_2$CMe)}$_2$, **4**, 218
Re$_2$C$_7$Cl$_3$O$_7$
  [Re$_2$Cl$_3$(CO)$_7$]$^-$, **4**, 169
Re$_2$C$_8$Cl$_2$O$_8$
  {ReCl(CO)$_4$}$_2$, **4**, 169, 193
Re$_2$C$_8$F$_4$N$_2$O$_{10}$S$_2$
  {Re(NSOF$_2$)(CO)$_4$}$_2$, **4**, 199
Re$_2$C$_8$H$_8$Cl$_2$O$_8$
  {ReCl(CO)$_3$(MeOH)}$_2$, **4**, 184
Re$_2$C$_8$H$_{24}$
  [Re$_2$Me$_8$]$^{2-}$, **4**, 217
Re$_2$C$_8$N$_8$O$_8$
  [{Re(NCO)(N$_3$)(CO)$_3$}$_2$]$^{2-}$, **4**, 196
Re$_2$C$_9$O$_9$
  [Re$_2$(CO)$_9$]$^{2-}$, **4**, 164
Re$_2$C$_{10}$ClO$_{10}$
  [Re$_2$Cl(CO)$_{10}$]$^+$, **4**, 169
Re$_2$C$_{10}$F$_6$O$_8$S$_2$
  {Re(SCF$_3$)(CO)$_4$}$_2$, **4**, 186
Re$_2$C$_{10}$H$_6$O$_8$Se$_2$
  {Re(SeMe)(CO)$_4$}$_2$, **4**, 186
Re$_2$C$_{10}$H$_{18}$O$_8$
  {ReMe(O$_2$CMe)$_2$}$_2$, **4**, 218
Re$_2$C$_{10}$NO$_9$
  [Re$_2$(CN)(CO)$_9$]$^-$, **2**, 128
Re$_2$C$_{10}$N$_2$O$_{10}$
  {Re(NCO)(CO)$_4$}$_2$, **4**, 197
Re$_2$C$_{10}$N$_{10}$S$_{10}$

$Re_2(NCS)_{10}]^{3-}$, **4**, 197
$Re_2C_{10}O_9S_3$
　$Re_2(CS_3)(CO)_9$, **4**, 190
$Re_2C_{10}O_{10}$
　$Re_2(CO)_{10}$, **4**, 162; **8**, 12
$Re_2C_{12}H_{12}O_8P_2S_2$
　$\{Re(CO)_4(SPMe_2)\}_2$, **4**, 202
$Re_2C_{12}H_{12}O_{10}P_2$
　$\{Re(CO)_4(OPMe_2)\}_2$, **4**, 202
$Re_2C_{12}H_{12}O_{12}P_2$
　$\{Re(O_2PMe_2)(CO)_4\}_2$, **4**, 191
$Re_2C_{12}H_{20}$
　$\{Re(CH_2CHCH_2)_2\}_2$, **4**, 232
$Re_2C_{12}H_{36}P_2$
　$Re_2Me_6(PMe_3)_2$, **4**, 215
$Re_2C_{13}H_4O_8$
　$Re(CO)_3\{\eta^5\text{-}C_5H_4Re(CO)_5\}$, **4**, 207
$Re_2C_{13}H_6O_{10}$
　$Re_2\{C(OMe)Me\}(CO)_9$, **4**, 224
$Re_2C_{14}H_{12}N_2O_6$
　$\{Re(CO)(NO)Cp\}_2(CH_2OCO)$, **4**, 230
$Re_2C_{14}H_{16}Br_2O_8$
　$[ReBr(CO)_3\{\overline{O(CH_2)_3CH_2}\}]_2$, **4**, 175
$Re_2C_{14}H_{20}O_6P_2S_4$
　$\{Re(S_2PEt_2)(CO)_3\}_2$, **4**, 191
$Re_2C_{15}H_5BrO_8$
　$Re_2Br(CPh)(CO)_8$, **4**, 223
$Re_2C_{15}H_{10}O_5$
　$Re_2(CO)_5Cp_2$, **4**, 209
$Re_2C_{16}H_8O_6$
　$\{Re(CO)_3(\eta^5\text{-}C_5H_4)\}_2$, **4**, 207
$Re_2C_{17}H_8O_{10}$
　$Re_2\{C(OMe)Ph\}(CO)_9$, **4**, 223
$Re_2C_{22}H_6O_{10}$
　$\{Re(CO)_4\}_2(C_{14}H_6O_2)$, **4**, 221
$Re_2C_{22}H_{10}O_{10}S_2$
　$\{Re(SCOPh)(CO)_4\}_2$, **4**, 191
$Re_2C_{26}H_{20}O_{10}$
　$[Re\{C(OMe)(Tol)\}(CO)_4]_2$, **4**, 223
$Re_2C_{27}H_{15}O_9P$
　$Re_2(CO)_9(PPh_3)$, **4**, 171
$Re_2C_{27}H_{15}O_{12}P$
　$Re_2(CO)_9\{P(OPh)_3\}$, **4**, 171
$Re_2C_{30}H_{20}Cl_2O_6P_2$
　$Re_2Cl_2(CO)_6(P_2Ph_4)$, **4**, 178
$Re_2C_{30}H_{20}Cl_2O_6S_2$
　$\{ReCl(CO)_3(SPh_2)\}_2$, **4**, 184
$Re_2C_{30}H_{20}Cl_2O_6Se_2$
　$\{ReCl(CO)_3(SePh_2)\}_2$, **4**, 184
$Re_2C_{30}H_{22}O_4$
　$Re_2\{C=C(Ph)C(Ph)=CH_2\}(CO)_4Cp_2$, **4**, 225
$Re_2C_{31}H_{33}O_7P_3$
　$Re_2(CO)_7(PMe_2Ph)_3$, **4**, 171
$Re_2C_{32}H_{20}O_8P_2$
　$\{Re(PPh_2)(CO)_4\}_2$, **4**, 201
$Re_2C_{42}H_{42}O_6$
　$Re_2(C_6H_4OMe)_6$, **1**, 207; **4**, 218
$Re_2C_{44}H_{30}O_8P_2$
　$Re_2(CO)_8(PPh_3)_2$, **4**, 171
$Re_2C_{48}H_{72}$
　$\{(\eta^6\text{-}C_6Me_6)Re(\eta^5\text{-}C_6Me_6)\}_2$, **8**, 1040
$Re_2CdC_{10}O_{10}$
　$Cd\{Re(CO)_5\}_2$, **6**, 1030
$Re_2FeC_{14}O_{14}$
　$Re_2Fe(CO)_{14}$, **6**, 848
$Re_2GeC_{10}H_2O_{10}$
　$Re_2(GeH_2)(CO)_{10}$, **4**, 204
$Re_2Ge_2C_{16}H_{18}O_{10}$
　$\overline{Me_2GeOC(Me)Re(CO)_4GeMe_2OC(Me)Re}$-
　$(CO)_4$, **4**, 222; **6**, 1107
$Re_2HgC_{10}O_{10}$
　$Hg\{Re(CO)_5\}_2$, **6**, 1015
$Re_2HgC_{13}H_4O_8$
　$Re(CO)_3\{\eta^5\text{-}C_5H_4HgRe(CO)_5\}$, **4**, 207
$Re_2InC_{10}ClO_{10}$
　$InCl\{Re(CO)_5\}_2$, **6**, 965
$Re_2MnC_{14}HO_{14}$
　$MnRe_2H(CO)_{14}$, **6**, 802, 831
$Re_2Mn_2Sn_2C_{14}Br_2O_{14}$
　$\{(CO)_4Re(SnBr)Mn(CO)_5\}_2$, **4**, 205
$Re_2Mo_2C_{20}H_{10}O_{10}S_2$
　$Mo_2Re_2(S)_2(CO)_{10}Cp_2$, **3**, 1191
$Re_2Mo_2C_{21}H_{10}O_{11}S_2$
　$Re_2Mo_2(S)_2(CO)_{11}Cp_2$, **4**, 188; **6**, 788, 846
$Re_2OsC_{14}O_{14}$
　$Re_2Os(CO)_{14}$, **6**, 848
$Re_2Os_3C_{16}H_2O_{16}$
　$Re_2Os_3H_2(CO)_{16}$, **6**, 856
$Re_2Os_3C_{19}H_2O_{19}$
　$Re_2Os_3H_2(CO)_{19}$, **6**, 856
$Re_2Os_3C_{20}H_2O_{20}$
　$Re_2Os_3H_2(CO)_{20}$, **6**, 777, 803, 857
$Re_2PbC_{12}H_6O_{10}$
　$PbMe_2\{Re(CO)_5\}_2$, **2**, 668
$Re_2PtC_{27}H_{17}O_9P$
　$Re_2PtH_2(CO)_9(PPh_3)$, **6**, 775, 857
$Re_2RuC_{12}H_2O_{12}$
　$Re_2RuH_2(CO)_{12}$, **4**, 924; **6**, 856
$Re_2Ru_2C_{16}H_2O_{16}$
　$Re_2Ru_2H_2(CO)_{16}$, **4**, 924; **6**, 856
$Re_2SiC_{10}H_2O_{10}$
　$H_2Si\{Re(CO)_5\}_2$, **6**, 1046
$Re_2SiC_{18}H_{14}O_6$
　$Re_2H_4(SiPh_2)(CO)_6$, **4**, 205
$Re_2SiC_{20}H_{10}O_8$
　$Re_2(SiPh_2)(CO)_8$, **4**, 205
$Re_2SiC_{20}H_{12}O_8$
　$Re_2H_2(SiPh_2)(CO)_8$, **4**, 205
$Re_2Si_2C_{14}H_{24}O_6$
　$Re_2H_4(SiEt_2)_2(CO)_6$, **6**, 1070
$Re_2Si_2C_{15}H_{22}O_7$
　$Re_2H_2(SiEt_2)_2(CO)_7$, **6**, 1070
$Re_2Si_2C_{20}H_{58}Cl_2P_4$
　$Re_2Cl_2(CH_2SiMe_3)_2(PMe_3)_4$, **4**, 215
$Re_2Si_2C_{31}H_{22}O_7$
　$Re_2H_2(SiPh_2)_2(CO)_7$, **4**, 205
$Re_2Si_6C_{24}H_{62}$
　$\{Re(CSiMe_3)(CH_2SiMe_3)_2\}_2$, **4**, 217
$Re_2Si_6C_{36}H_{84}Cl_6O_{12}$
　$Re_2Cl_6(CO_2Me)_6(CH_2SiMe_3)_6$, **4**, 215
$Re_2Si_8C_{32}H_{88}N_2$
　$N_2\{Re(CH_2SiMe_3)_4\}_2$, **4**, 217
$Re_2Si_8C_{32}H_{88}O$
　$O\{Re(CH_2SiMe_3)_4\}_2$, **4**, 217
$Re_2SnC_{10}Cl_2O_{10}$
　$Cl_2Sn\{Re(CO)_5\}_2$, **4**, 205
$Re_2Sn_2C_{14}H_{18}O_8S_2$
　$\{Re(SSnMe_3)(CO)_4\}_2$, **4**, 186, 187
$Re_2ZnC_{10}O_{10}$

Re₂ZnC₁₀O₁₀

$Zn\{Re(CO)_5\}_2$, **6**, 1034

Re₃C₉H₃O₁₀
$[Re_3H_3(O)(CO)_9]^{2-}$, **4**, 166

Re₃C₉H₂₇
Re_3Me_9, **4**, 215, 217

Re₃C₁₀H₃O₁₀
$[Re_3H_3(CO)_{10}]^{2-}$, **4**, 166

Re₃C₁₂H₃O₁₂
$Re_3H_3(CO)_{12}$, **4**, 166; **8**, 293

Re₃C₁₄HO₁₄
$Re_3H(CO)_{14}$, **4**, 166

Re₃C₂₁H₃₃I₆N₃
$Re_3I_6(CNCy)_3$, **4**, 182

Re₃C₂₄H₂₁Cl₉N₃
$Re_3Cl_9(CNTol)_3$, **4**, 182

Re₃C₃₉H₇₂P₃
$Re_3Me_9(PEt_2Ph)_3$, **4**, 217

Re₃C₄₂H₄₂Cl₃
$Re_3Cl_3(Bz)_6$, **4**, 215

Re₃C₄₂H₆₆I₆N₆
$Re_3I_6(CNCy)_6$, **4**, 182

Re₃C₆₀H₁₃₂
$Re_3(CH_2Bu^t)_{12}$, **4**, 215

Re₃InC₁₅O₁₅
$In\{Re(CO)_5\}_3$, **6**, 965

Re₃Si₃C₁₂H₃₃Cl₆
$Re_3Cl_6(CH_2SiMe_3)_3$, **4**, 229

Re₃Si₅C₂₀H₅₅Cl₄
$Re_3Cl_4(CH_2SiMe_3)_5$, **4**, 229

Re₃Si₆C₂₄H₆₆Cl₃
$\{ReCl(CH_2SiMe_3)_2\}_3$, **4**, 217

Re₃Si₆C₂₄H₆₆Cl₃N₂O₂
$Re_3Cl_3(CH_2SiMe_3)_5\{ON(CH_2SiMe_3)NO\}$, **4**, 229

Re₃Si₆C₂₇H₆₆Cl₃O₃
$Re_3Cl_3(CH_2SiMe_3)_6(CO)_3$, **4**, 215

Re₃Si₁₂C₄₈H₁₃₂
$Re_3(CH_2SiMe_3)_{12}$, **4**, 215, 217

Re₃SnC₁₄H₇O₁₂
$Re_3H(SnMe_2)(CO)_{12}$, **4**, 205

Re₃SnC₁₆H₉O₁₃S₂
$Re_2(SSnMe_3)\{SRe(CO)_5\}(CO)_8$, **4**, 188

Re₄C₁₂Cl₄O₁₂
$\{ReCl(CO)_3\}_4$, **4**, 169

Re₄C₁₂H₄O₁₂
$Re_4H_4(CO)_{12}$, **4**, 166; **8**, 293

Re₄C₁₂H₄O₁₆
$\{Re(OH)(CO)_3\}_4$, **4**, 185

Re₄C₁₂H₆O₁₂
$[Re_4H_6(CO)_{12}]^{2-}$, **4**, 166

Re₄C₁₃H₄O₁₃
$[Re_4H_4(CO)_{13}]^{2-}$, **4**, 166

Re₄C₁₅H₄O₁₅
$[Re_4H_4(CO)_{15}]^{2-}$, **4**, 166

Re₄C₁₆H₁₂O₁₂S₄
$\{Re(SMe)(CO)_3\}_4$, **4**, 185, 186

Re₄C₁₆O₁₆
$[Re_4(CO)_{16}]^{2-}$, **4**, 165, 166

Re₄C₁₈O₁₆S₆
$\{Re_2(CS_3)(CO)_8\}_2$, **4**, 192

Re₄C₁₈O₁₈Se₂
$Re_4(CO)_{18}(Se)_2$, **4**, 187

Re₄In₂C₁₈O₁₈
$[Re\{InRe(CO)_5\}(CO)_4]_2$, **4**, 203; **6**, 967

Re₄Sn₄C₂₄H₃₆O₁₂S₄
$\{Re(SSnMe_3)(CO)_3\}_4$, **4**, 186

Re₆C₂₂O₂₂S₃
$Re_6(CO)_{22}(S)_3$, **4**, 188

Re₆C₂₄H₅₄O₁₂
$Re_6Me_{12}(CO_2Me)_6$, **4**, 215

Re₈C₃₂O₃₂S₄
$Re_8(CO)_{32}(S)_4$, **4**, 188

Re₈In₄C₃₂O₃₂
$[Re\{InRe(CO)_5\}(CO)_3]_4$, **4**, 203; **6**, 967

RhAgC₃₇H₃₀Cl₂O₉P₂
$RhAg(ClO_4)_2(CO)(PPh_3)_2$, **6**, 837

RhAgC₈₈H₄₅F₂₀P₃
$Rh(C{\equiv}CC_6F_5)_4(PPh_3)_2(AgPPh_3)$, **5**, 377

RhAgCoC₃₉H₃₆ClN₃OP₂
$RhAgCo(CO)(PPh_3)_2(MeN_3Me)$, **6**, 837

RhAg₂C₉₄H₄₅F₂₅P₃
$Rh(C{\equiv}CC_6F_5)_5(PPh_3)(AgPPh_3)_2$, **5**, 377

RhAsC₂₁H₂₁NO₂
$Rh\{O(CH_2)_2NH_2\}(CO)(AsPh_3)$, **5**, 294

RhAsC₂₄H₂₁Cl
$RhCl\{As(C_6H_4CH{=}CH_2)_3\}$, **5**, 429

RhAsC₂₄H₂₂O₃
$Rh(CO)(acac)(AsPh_3)$, **5**, 283

RhAsC₂₄H₂₅Cl
$RhCl(CH_2CHCH_2)_2(AsPh_3)$, **5**, 507

RhAsC₂₅H₂₃Cl
$RhCl(nbd)(AsPh_3)$, **5**, 472

RhAsC₂₅H₂₄
$RhCp(CH_2{=}CH_2)(AsPh_3)$, **5**, 435, 438

RhAsC₂₆H₂₇
$[RhMe(Cp)(CH_2{=}CH_2)(AsPh_3)]^+$, **5**, 436

RhAsC₂₇H₂₇
$[RhCp(MeCHCHCH_2)(AsPh_3)]^+$, **5**, 500

RhAsC₃₁H₃₄F₄O₂
$Rh(CF_2{=}CF_2)(Bu^tCOCHCOBu^t)(AsPh_3)$, **5**, 428

RhAsC₃₂H₃₁
$[Rh(nbd)_2(AsPh_3)]^+$, **5**, 473

RhAsC₃₂H₃₂
$RhPh(cod)(AsPh_3)$, **5**, 473

RhAsC₆₁H₅₃P₂
$[Rh(nbd)(PPh_3)_2(AsPh_3)]^+$, **5**, 476

RhAsHgC₂₆H₂₇Cl₃
$RhCl(cod)(AsPh_3)(HgCl_2)$, **6**, 987

RhAsSbC₃₇H₃₀ClO
$RhCl(CO)(AsPh_3)(SbPh_3)$, **5**, 316

RhAs₂BC₃₇H₃₀Br₃ClOP₂
$RhCl(BBr_3)(CO)(AsPh_3)_2$, **6**, 885

RhAs₂C₁₃H₁₈ClF₆O
$RhCl(C{\equiv}CCF_3)_2(CO)(AsMe_3)_2$, **5**, 393

RhAs₂C₁₄H₂₀ClF₁₂O
$RhCl\{\overline{C(CF_3){=}C(CF_3)C(CF_3){=}C{-}CF_3}\}(H_2O)(AsMe_3)_2$, **5**, 409

RhAs₂C₁₆H₂₁F₁₂O₂
$Rh(OAc)\{\overline{C(CF_3){=}C(CF_3)C(CF_3){=}C{-}CF_3}\}(AsMe_3)_2$, **5**, 409

RhAs₂C₁₉H₂₅F₁₂O₂
$Rh\{\overline{C(CF_3){=}C(CF_3)C(CF_3){=}C{-}CF_3}\}(acac)(AsMe_3)_2$, **5**, 409

RhAs₂C₂₆H₂₂
$[Rh(Ph_2AsCH{=}CHAsPh_2)]^+$, **8**, 292

RhAs₂C₃₀H₃₀Cl
$RhCl\{Ph_2As(CH_2)_2CH{=}CH(CH_2)_2AsPh_2\}$, **5**, 432

RhAs₂C₃₇H₃₀ClO
$RhCl(CO)(AsPh_3)_2$, **5**, 315

RhAs₂C₃₇H₃₁Cl₂O
$RhCl_2(H)(CO)(AsPh_3)_2$, **5**, 355

RhAs₂C₃₈H₃₀ClF₄
$RhCl(CF_2{=}CF_2)(AsPh_3)_2$, **5**, 428

RhAs$_2$C$_{38}$H$_{30}$NO
   Rh(CN)(CO)(AsPh$_3$)$_2$, **5**, 315
RhAs$_2$C$_{38}$H$_{33}$I$_2$O
   RhI$_2$(Me)(CO)(AsPh$_3$)$_2$, **5**, 386
RhAs$_2$C$_{38}$H$_{34}$Cl
   RhCl(CH$_2$=CH$_2$)(AsPh$_3$)$_2$, **5**, 428, 438
RhAs$_2$C$_{39}$H$_{28}$ClO
   RhCl(CO){(Ph$_2$AsC$_6$H$_4$CH$_2$)$_2$}, **5**, 315
RhAs$_2$C$_{39}$H$_{34}$ClO
   RhCl(CH$_2$CH$_2$CO)(AsPh$_3$)$_2$, **5**, 405
RhAs$_2$C$_{39}$H$_{35}$Cl$_2$
   RhCl$_2$(CH$_2$CHCH$_2$)(AsPh$_3$)$_2$, **5**, 497
RhAs$_2$C$_{40}$H$_{34}$Cl
   RhCl(CH$_2$=CHC$_6$H$_4$AsPh$_2$)$_2$, **5**, 430
RhAs$_2$C$_{40}$H$_{37}$Cl$_2$
   RhCl$_2$(CH$_2$CMeCH$_2$)(AsPh$_3$)$_2$, **5**, 497
RhAs$_2$C$_{41}$H$_{39}$ClN
   RhCl(CNBu^t)(AsPh$_3$)$_2$, **5**, 348
RhAs$_2$C$_{41}$H$_{39}$ClNO$_2$
   RhCl(CNBu^t)(O$_2$)(AsPh$_3$)$_2$, **5**, 352
RhAs$_2$C$_{42}$H$_{35}$NO
   Rh(CO)(AsPh$_3$)$_2$(py), **5**, 314
RhAs$_2$C$_{42}$H$_{36}$
   Rh{As(C$_6$H$_4$CH=CH$_2$)$_3$}(AsPh$_3$), **5**, 429
RhAs$_2$C$_{42}$H$_{36}$ClO$_2$
   RhCl{COC(Me)=C(Me)CO}(AsPh$_3$)$_2$, **5**, 407
RhAs$_2$C$_{43}$H$_{30}$ClN$_4$O
   RhCl(CO){C(CN)$_2$=C(CN)$_2$}(AsPh$_3$)$_2$, **5**, 426
RhAs$_2$C$_{43}$H$_{38}$
   [Rh(nbd)(AsPh$_3$)$_2$]$^+$, **5**, 474
RhAs$_2$C$_{43}$H$_{38}$ClO
   RhCl{COCH$_2$C(=CH$_2$)C(CH$_2$)$_2$}(AsPh$_3$)$_2$, **5**, 499
RhAs$_2$C$_{44}$H$_{30}$ClF$_{12}$
   RhCl{C(CF$_3$)=C(CF$_3$)C(CF$_3$)=CCF$_3$}(AsPh$_3$)$_2$, **5**, 408
RhAs$_2$C$_{44}$H$_{42}$
   [Rh(cod)(AsPh$_3$)$_2$]$^+$, **5**, 473
RhAs$_2$C$_{45}$H$_{37}$F$_6$O$_2$
   Rh(CF$_3$C≡CCF$_3$)(acac)(AsPh$_3$)$_2$, **5**, 441
RhAs$_2$C$_{48}$H$_{42}$ClO$_8$
   RhCl{C(CO$_2$Me)=C(CO$_2$Me)C(CO$_2$Me)=C(CO$_2$Me)}(AsPh$_3$)$_2$, **5**, 409
RhAs$_2$C$_{50}$H$_{40}$Cl
   RhCl(PhC≡CPh)(AsPh$_3$)$_2$, **5**, 444
RhAs$_2$CuC$_{39}$H$_{36}$ClN$_3$O
   RhCuCl(CO)(AsPh$_3$)$_2$(MeN$_3$Me), **6**, 837
RhAs$_3$B$_8$C$_{11}$H$_{38}$
   (Me$_3$As)$_3$RhC$_2$B$_8$H$_{11}$, **1**, 509
RhAs$_3$C$_{17}$H$_{27}$ClF$_{12}$
   RhCl{C(CF$_3$)=C(CF$_3$)C(CF$_3$)=CCF$_3$}(AsMe$_3$)$_3$, **5**, 409
RhAs$_3$C$_{56}$H$_{45}$O$_2$
   [Rh(CO)$_2$(AsPh$_3$)$_3$]$^+$, **5**, 316
RhAs$_4$C$_{21}$H$_{32}$O
   [Rh(CO)(diars)$_2$]$^+$, **5**, 316
RhAs$_4$C$_{22}$H$_{35}$ClO
   [RhCl(COMe)(diars)$_2$]$^+$, **5**, 381
RhAs$_4$C$_{25}$H$_{33}$I
   [RhI(Me){(Me$_2$AsC$_6$H$_4$)$_3$As}]$^+$, **5**, 382
RhAs$_4$C$_{34}$H$_{42}$F$_6$P$_2$
   {Rh(PF$_3$)(diars)}$_2$(PhC≡CPh), **5**, 443
RhAs$_4$C$_{53}$H$_{48}$O
   [Rh(CO)(Ph$_2$AsCH$_2$CH$_2$AsPh$_2$)$_2$]$^+$, **5**, 316
RhAs$_4$Fe$_2$C$_{32}$H$_{40}$F$_6$
   [Rh(CF$_3$C≡CCF$_3$){Fe(η^5-C$_5$H$_4$AsMe$_2$)$_2$}$_2$]$^+$, **5**, 441
RhAuC$_{55}$H$_{45}$Cl$_2$OP$_3$

RhCl$_2$(CO)(AuPPh$_3$)(PPh$_3$)$_2$, **6**, 776
RhBC$_4$F$_3$O$_4$
   Rh(BF$_3$)(CO)$_4$, **6**, 885
RhBC$_4$H$_3$O$_4$
   Rh(BH$_3$)(CO)$_4$, **6**, 885
RhBC$_8$H$_8$N$_4$O$_2$
   Rh(CO)$_2${H$_2$B(C$_3$H$_3$N$_2$)$_2$}, **5**, 295
RhBC$_{10}$H$_{10}$Cl$_2$N$_6$O
   RhCl$_2$(CO){HB(C$_3$H$_3$N$_2$)$_3$}, **5**, 296
RhBC$_{13}$H$_{18}$N$_6$
   Rh{HB(C$_3$H$_3$N$_2$)$_3$}(CH$_2$=CH$_2$)$_2$, **5**, 425
RhBC$_{14}$H$_{20}$
   Rh(cod)(C$_5$H$_5$BMe), **1**, 394
RhBC$_{17}$H$_{25}$
   [Rh(η^5-C$_5$Me$_5$){C$_5$H$_4$(Me)BMe}]$^+$, **1**, 401
RhBC$_{19}$H$_{22}$
   Rh(cod)(η^6-C$_5$H$_5$BPh), **1**, 394; **5**, 492
RhBC$_{21}$H$_{25}$
   [Rh(η^5-C$_5$Me$_5$)(η^6-C$_5$H$_5$BPh)]$^+$, **1**, 395; **5**, 492
RhBC$_{22}$H$_{25}$N
   Rh(η^5-C$_5$Me$_5$){C$_5$H$_5$B(CN)Ph}, **5**, 514
RhBC$_{28}$H$_{28}$
   Rh(BPh$_4$)(CH$_2$=CH$_2$)$_2$, **5**, 489
RhBC$_{30}$H$_{38}$O$_6$P$_2$
   Rh(BPh$_4$){P(OMe)$_3$}$_2$, **1**, 258
RhBC$_{31}$H$_{28}$
   Rh(BPh$_4$)(nbd), **5**, 489
RhBC$_{32}$H$_{32}$
   Rh(BPh$_4$)(cod), **5**, 489
RhBC$_{37}$H$_{30}$Cl$_4$OP$_2$
   RhCl(BCl$_3$)(CO)(PPh$_3$)$_2$, **6**, 885
RhBC$_{37}$H$_{34}$OP$_2$
   Rh(BH$_4$)(CO)(PPh$_3$)$_2$, **5**, 305; **6**, 909
RhBC$_{60}$H$_{50}$O$_6$P$_2$
   Rh(BPh$_4$){P(OPh)$_3$}$_2$, **5**, 489
RhB$_2$C$_{16}$H$_{18}$N$_8$O$_2$
   Rh(CO)$_2${(C$_3$H$_3$N$_2$)$_2$BMe}$_2$, **5**, 291
RhB$_2$C$_{16}$H$_{25}$
   Rh(η^5-C$_5$Me$_5$){MeB(CHCH)$_2$BMe}, **1**, 401
RhB$_2$C$_{16}$H$_{25}$O$_2$
   Rh(η^5-C$_5$Me$_5$){MeOB(CHCH)$_2$BOMe}, **1**, 400
RhB$_8$C$_{11}$H$_{38}$P$_3$
   (Me$_3$P)$_3$RhC$_2$B$_8$H$_{11}$, **1**, 509
RhB$_8$C$_{38}$H$_{41}$P$_2$
   (Ph$_3$P)$_2$RhC$_2$B$_8$H$_{11}$, **1**, 509
RhB$_8$CoC$_{43}$H$_{46}$P$_2$
   CoRhH(C$_2$B$_8$H$_{10}$)Cp(PPh$_3$)$_2$, **6**, 836
RhB$_8$Sb$_3$C$_{11}$H$_{38}$
   (Me$_3$Sb)$_3$RhC$_2$B$_8$H$_{11}$, **1**, 509
RhB$_9$C$_8$H$_{25}$Cl
   RhCl(B$_9$H$_{13}$)(cod), **6**, 935
RhB$_9$C$_{20}$H$_{27}$P
   RhH(C$_2$B$_9$H$_{11}$)(PPh$_3$), **1**, 523
RhB$_9$C$_{38}$H$_{42}$O$_4$P$_2$S
   Rh(HSO$_4$)(C$_2$B$_9$H$_{11}$)(PPh$_3$)$_2$, **8**, 296
RhB$_9$C$_{38}$H$_{42}$P$_2$
   RhH(C$_2$B$_9$H$_{11}$)(PPh$_3$)$_2$, **1**, 523; **8**, 304
RhB$_{10}$C$_{14}$H$_{39}$P$_2$
   RhH(C$_2$B$_{10}$H$_8$)(PEt$_3$)$_2$, **8**, 304
RhB$_{10}$C$_{37}$H$_{42}$OP$_2$
   [Rh(B$_{10}$H$_{12}$)(CO)(PPh$_3$)$_2$]$^-$, **6**, 936
RhB$_{18}$C$_{37}$H$_{50}$OP$_2$
   [Rh(B$_{18}$H$_{20}$)(CO)(PPh$_3$)$_2$]$^-$, **6**, 941
RhBi$_2$C$_{44}$H$_{42}$
   [Rh(cod)(BiPh$_3$)$_2$]$^+$, **5**, 473
RhCBr$_3$O

RhCBr₃O

RhBr₃(CO), **5**, 282
RhCBr₅O
  [RhBr₅(CO)]⁻, **5**, 282
RhCCl₅O
  [RhCl₅(CO)]⁻, **5**, 282
RhCH₃ClNO
  RhCl(CO)(NH₃), **5**, 288
RhCI₅O
  [RhI₅(CO)]²⁻, **5**, 281
RhC₂Br₂O₂
  [RhBr₂(CO)₂]⁻, **5**, 282, 319
RhC₂Br₄O₂
  [RhBr₄(CO)₂]⁻, **5**, 282
RhC₂ClF₃O₂P
  RhCl(CO)₂(PF₃), **5**, 300
RhC₂ClO₂
  RhCl(CO)₂, **7**, 683
RhC₂Cl₂O₂
  [RhCl₂(CO)₂]⁻, **8**, 92
RhC₂Cl₄O₂
  [RhCl₄(CO)₂]⁻, **5**, 282
RhC₂H₃ClNO₂
  RhCl(CO)₂(NH₃), **5**, 290
RhC₂H₄Cl₄O₂
  [RhCl₄(CO)(MeOH)]⁻, **5**, 282
RhC₂H₂₀N₅
  [RhEt(NH₃)₅]²⁺, **5**, 398
RhC₂I₂O₂
  [RhI₂(CO)₂]⁻, **8**, 76
RhC₃ClNO₂
  [RhCl(CN)(CO)₂]⁻, **5**, 317
RhC₃H₅Cl₂
  RhCl₂(CH₂CHCH₂), **5**, 497
RhC₃H₅F₉P₃
  Rh(CH₂CHCH₂)(PF₃)₃, **5**, 495; **8**, 300
RhC₃H₆ClF₆P₂
  RhCl(H)(CH₂CHCH₂)(PF₃)₂, **5**, 496
RhC₃H₂₂N₅
  [RhPr(NH₃)₅]²⁺, **5**, 398
RhC₃I₃O₃
  RhI₃(CO)₃, **5**, 281
RhC₃NO₂
  Rh(CN)(CO)₂, **5**, 317
RhC₃O₃
  [Rh(CO)₃]³⁻, **5**, 280
RhC₄H₃I₃O₃
  [RhI₃(COMe)(CO)₂]⁻, **8**, 77
RhC₄H₆ClF₆P₂
  RhCl(CH₂=CHCH=CH₂)(PF₃)₂, **5**, 450
RhC₄H₆NO₃
  Rh{O(CH₂)₂NH₂}(CO)₂, **5**, 294
RhC₄H₇F₉P₃
  Rh(MeCHCHCH₂)(PF₃)₃, **5**, 495
RhC₄H₈Cl₂
  [RhCl₂(C₂H₄)₂]⁻, **8**, 381
RhC₄H₁₆F₆N₅
  [Rh{C(CF₃)=CHCF₃}(NH₃)₅]²⁺, **5**, 399
RhC₄H₂₄N₅
  [RhBu(NH₃)₅]²⁺, **5**, 398
RhC₄N₂O₂
  [Rh(CN)₂(CO)₂]⁻, **5**, 317
RhC₄N₃O
  [Rh(CN)₃(CO)]²⁻, **5**, 317
RhC₄O₄
  [Rh(CO)₄]⁻, **5**, 280, 319
RhC₅HN₅
  [RhH(CN)₅]³⁻, **5**, 355
RhC₅H₃IN₄
  [RhI(Me)(CN)₄]³⁻, **5**, 386
RhC₅H₅Cl₂
  RhCl₂(Cp), **5**, 363
RhC₅H₅N₄O
  [RhMe(CN)₄(H₂O)]²⁻, **5**, 402
RhC₅H₅O₂
  Rh(CO)₂(CH₂CHCH₂), **5**, 493
RhC₅H₆NO₂S₂
  Rh(CO)₂(S₂CNMe₂), **5**, 286
RhC₅H₉F₉P₃
  Rh(MeCHCHCHMe)(PF₃)₃, **5**, 495
RhC₅H₁₂ClOS₂
  RhCl(CO)(SMe₂)₂, **5**, 285
RhC₅H₁₂ClOSe₂
  RhCl(CO)(SeMe₂)₂, **5**, 285
RhC₅H₁₂ClOTe₂
  RhCl(CO)(TeMe₂)₂, **5**, 285
RhC₆H₅I₂O
  RhI₂(CO)Cp, **5**, 359
RhC₆H₅O₄
  RhEt(CO)₄, **5**, 398
RhC₆H₆N₂O₂
  [Rh(CO)₂(MeCN)₂]⁺, **5**, 290
RhC₆H₉F₉P₃
  Rh(C₆H₉)(PF₃)₃, **5**, 495
RhC₆H₉I₃N₃
  RhI₃(CNMe)₃, **5**, 345
RhC₆H₁₀O₂P
  $\overline{\text{Rh(CH}_2\text{PMe}_2\text{CH}_2)}$(CO)₂, **5**, 407
RhC₆N₂O₂S₂
  [Rh(CO)₂{S₂C=C(CN)₂}]⁻, **5**, 287
RhC₇H₄NO₄
  Rh(CO)₂(η⁵-C₅H₄NO₂), **5**, 362; **8**, 1063
RhC₇H₅ClNO₂
  RhCl(CO)₂(py), **5**, 290
RhC₇H₅F₃IO
  RhI(CF₃)(CO)Cp, **5**, 385
RhC₇H₅O₂
  Rh(CO)₂Cp, **5**, 362; **8**, 413, 594
RhC₇H₇O₄
  Rh(CO)₂(acac), **5**, 283; **8**, 594
RhC₇H₇S₂
  RhCp(HCSCSH), **5**, 364
RhC₇H₉ClNO₂
  RhCl(CO)₂(CNBuᵗ), **5**, 344
RhC₇H₉O₂S
  RhCp(CH₂=CH₂)(SO₂), **5**, 435, 436
RhC₇H₁₅ClNO
  RhCl(CO)(CH₂=CH₂)(Et₂NH), **5**, 427
RhC₇H₁₈ClOP₂
  RhCl(CO)(PMe₃)₂, **5**, 306
RhC₇H₁₈Cl₃OP₂
  RhCl₃(CO)(PMe₃)₂, **5**, 306
RhC₈Cl₄O₂S₂
  $\overline{\text{[Rh(CO)}_2\{\text{S(C}_6\text{Cl}_4)\text{S}\}]}$⁻, **5**, 287
RhC₈H₁₀
  [Rh(C₈H₁₀)]⁺, **8**, 317
RhC₈H₁₀Cl
  RhCl(Cp)(CH₂CHCH₂), **5**, 500
RhC₈H₁₁O₃
  Rh(CO)(CH₂=CH₂)(acac), **5**, 421
RhC₈H₁₂Cl
  RhCl(CH₂=CHCH=CH₂)₂, **5**, 447, 500
RhC₈H₁₂Cl₂N₄

[RhCl$_2$(CNMe)$_4$]$^+$, **5**, 346
RhC$_8$H$_{12}$N$_4$
   [Rh(CNMe)$_4$]$^+$, **5**, 344
RhC$_8$H$_{13}$ClN
   RhCl(cot)(NH$_3$), **5**, 470
RhC$_8$H$_{14}$N$_2$
   [Rh(CH$_2$=CH$_2$)$_2$(MeCN)$_2$]$^+$, **8**, 317
RhC$_9$F$_5$O$_3$
   Rh(C$_6$F$_5$)(CO)$_3$, **5**, 402
RhC$_9$H$_5$F$_6$S$_2$
   RhCp(CF$_3$CSCSCF$_3$), **5**, 366
RhC$_9$H$_5$O$_3$
   RhPh(CO)$_3$, **5**, 402
RhC$_9$H$_5$O$_4$
   Rh(CO)$_2$\{O(C$_6$H$_5$O)\}, **5**, 284
RhC$_9$H$_6$O$_2$S$_2$
   [Rh(CO)$_2$\{$\overline{S(C_6H_3Me)S}$\}]$^-$, **5**, 287
RhC$_9$H$_8$N$_2$O$_2$
   [Rh(CO)$_2$\{(C$_5$H$_4$N)(CH=NMe)\}]$^+$, **5**, 292
RhC$_9$H$_9$
   RhCp(η^4-C$_4$H$_4$), **5**, 445, 447; **8**, 1016
RhC$_9$H$_9$F$_4$
   RhCp(CH$_2$=CH$_2$)(CF$_2$=CF$_2$), **3**, 49; **5**, 434
RhC$_9$H$_{11}$
   RhCp(CH$_2$=CHCH=CH$_2$), **5**, 448, 454
RhC$_9$H$_{11}$F$_4$O$_2$
   Rh(acac)(CH$_2$=CH$_2$)(CF$_2$=CF$_2$), **5**, 419
RhC$_9$H$_{12}$Cl
   RhCl(Cp)(MeCHCHCH$_2$), **5**, 500
RhC$_9$H$_{12}$F
   RhCp(CH$_2$=CH$_2$)(CH$_2$=CHF), **5**, 436
RhC$_9$H$_{13}$
   RhCp(CH$_2$=CH$_2$)$_2$, **3**, 106; **5**, 436
RhC$_9$H$_{13}$Cl$_2$O$_2$
   Rh(acac)(CH$_2$=CHCl)$_2$, **5**, 437
RhC$_9$H$_{14}$Cl
   RhCl(Et)(Cp)(CH$_2$=CH$_2$), **5**, 436
RhC$_9$H$_{15}$
   Rh(CH$_2$CHCH$_2$)$_3$, **3**, 111; **5**, 508
RhC$_9$H$_{15}$IN$_4$
   [RhI(Me)(CNMe)$_4$]$^+$, **5**, 382
RhC$_9$H$_{15}$O$_2$
   Rh(acac)(CH$_2$=CH$_2$)$_2$, **5**, 423, 437; **8**, 173
RhC$_9$H$_{17}$N$_2$
   Rh\{MeC(NH)CHC(NH)Me\}(CH$_2$=CH$_2$)$_2$, **5**, 425
RhC$_9$H$_{20}$Cl$_3$OS$_2$
   RhCl$_3$(CO)(SEt$_2$)$_2$, **5**, 285
RhC$_9$H$_{20}$Cl$_3$OSe$_2$
   RhCl$_3$(CO)(SeEt$_2$)$_2$, **5**, 285
RhC$_9$H$_{20}$Cl$_3$OTe$_2$
   RhCl$_3$(CO)(TeEt$_2$)$_2$, **5**, 285
RhC$_{10}$H$_{10}$
   RhCp$_2$, **5**, 356
   [RhCp$_2$]$^+$, **5**, 356; **8**, 1031, 1039
RhC$_{10}$H$_{11}$
   RhCp(C$_5$H$_6$), **5**, 450
RhC$_{10}$H$_{13}$
   RhCp(CH$_2$=CHCH=CHMe), **5**, 453
   RhCp(CH$_2$=CHCH$_2$CH=CH$_2$), **5**, 480
RhC$_{10}$H$_{14}$
   [Rh(η^6-C$_6$H$_6$)(CH$_2$=CH$_2$)$_2$]$^+$, **5**, 489
RhC$_{10}$H$_{14}$PS$_4$
   Rh(C$_2$S$_4$)Cp(PMe$_3$), **5**, 364
RhC$_{10}$H$_{15}$F$_3$I$_2$P
   RhI$_2$(η^5-C$_5$Me$_5$)(PF$_3$), **5**, 368

RhC$_{10}$H$_{15}$F$_6$P$_2$
   Rh(η^5-C$_5$Me$_5$)(PF$_3$)$_2$, **5**, 368
RhC$_{10}$H$_{15}$N$_3$O$_6$
   [Rh(NO$_2$)$_3$(η^5-C$_5$Me$_5$)]$^-$, **5**, 372
RhC$_{10}$H$_{15}$O$_2$
   Rh(acac)(MeCH=CHCH=CH$_2$), **5**, 448
RhC$_{10}$H$_{18}$N$_2$
   [Rh(CH$_2$=CH$_2$)$_3$(MeCN)$_2$]$^+$, **5**, 424
RhC$_{10}$H$_{19}$P
   [RhH(Cp)(CH$_2$=CH$_2$)(PMe$_3$)]$^+$, **3**, 496; **5**, 398; **8**, 306
RhC$_{11}$H$_5$O$_3$
   Rh(C≡CPh)(CO)$_3$, **5**, 402
RhC$_{11}$H$_8$ClN$_2$O
   RhCl(CO)(bipy), **5**, 293
RhC$_{11}$H$_{11}$
   [RhCp(η^6-C$_6$H$_6$)]$^{2+}$, **5**, 491; **8**, 1032
RhC$_{11}$H$_{11}$ClNO$_2$
   RhCl(CO)$_2$\{MeN=CH(Tol)\}, **5**, 289
RhC$_{11}$H$_{11}$F$_6$O$_2$
   Rh(CH$_2$=CH$_2$)(CF$_3$C≡CCF$_3$)(acac), **5**, 441
RhC$_{11}$H$_{11}$O$_4$
   Rh(acac)(benzoquinone), **5**, 482
RhC$_{11}$H$_{12}$ClN$_4$OS$_2$
   RhCl(CO)\{C(CN)$_2$=C(CN)$_2$\}(SMe$_2$)$_2$, **5**, 421
RhC$_{11}$H$_{12}$NO$_2$
   Rh(C$_6$H$_4$CH$_2$NMe$_2$)(CO)$_2$, **2**, 758; **5**, 377
RhC$_{11}$H$_{13}$
   RhCp(C$_6$H$_8$), **5**, 449, 453, 505, 511
RhC$_{11}$H$_{15}$
   Rh(CH$_2$CH=CH$_2$)Cp(CH$_2$CHCH$_2$), **5**, 499
   RhCp(MeCH=CHCH=CHMe), **5**, 453
RhC$_{11}$H$_{15}$O
   RhCp(MeCH=CHCH=CHCH$_2$OH), **5**, 511
RhC$_{11}$H$_{15}$O$_4$
   Rh(acac)(CH$_2$=CHCO$_2$CH$_2$CH=CH$_2$), **5**, 486
RhC$_{11}$H$_{17}$
   Rh(cod)(CH$_2$CHCH$_2$), **5**, 503
RhC$_{11}$H$_{17}$ClN
   RhCl(CH$_2$=CH$_2$)$_2$(C$_5$H$_3$Me$_2$N), **5**, 427
RhC$_{11}$H$_{17}$O$_2$
   Rh(acac)(CH$_2$CHCH$_2$)$_2$, **5**, 507
RhC$_{11}$H$_{18}$ClN$_2$O
   RhCl(CO)(CNBu^t)$_2$, **5**, 346
RhC$_{11}$H$_{23}$P$_2$
   RhCp(PMe$_3$)$_2$, **5**, 366
RhC$_{12}$H$_8$BrN$_2$O$_2$
   RhBr(CO)$_2$(bipy), **5**, 292
RhC$_{12}$H$_8$ClN$_2$O$_2$
   RhCl(CO)$_2$(bipy), **5**, 295
RhC$_{12}$H$_8$N$_2$O$_2$
   Rh(CO)$_2$(bipy), **5**, 293
RhC$_{12}$H$_9$F$_6$O$_3$
   Rh\{COCH$_2$C(=CH$_2$)C(CH$_2$)$_2$\}(hfacac), **5**, 499
RhC$_{12}$H$_{10}$ClO$_3$S
   RhCl(SO$_2$Ph)(CO)Cp, **5**, 359
RhC$_{12}$H$_{10}$N$_2$O$_2$
   [Rh(CO)$_2$(py)$_2$]$^+$, **5**, 290
RhC$_{12}$H$_{11}$F$_6$O$_2$
   Rh(hfacac)\{C$_3$H$_4$(CH=CH$_2$)$_2$\}, **5**, 487
RhC$_{12}$H$_{11}$I$_2$N$_2$O
   RhI$_2$(Me)(CO)(bipy), **5**, 383
RhC$_{12}$H$_{12}$N$_2$S$_2$
   [Rh(NCCSCSCN)(cod)]$^-$, **5**, 464
RhC$_{12}$H$_{13}$
   RhCp(nbd), **5**, 468, 515

$RhC_{12}H_{14}$
  [$Rh(C_6H_6)(C_6H_8)$]$^+$, **8**, 1049
$RhC_{12}H_{14}NO_2$
  $Rh\{OCO(C_5H_4N)\}(CH_2CHCH_2)_2$, **5**, 508
$RhC_{12}H_{15}O_2$
  $Rh(acac)(nbd)$, **5**, 462
  $Rh(CO)_2(\eta^5\text{-}C_5Me_5)$, **5**, 358
$RhC_{12}H_{17}O_2$
  $Rh(acac)\{C_3H_4(CH=CH_2)_2\}$, **5**, 509
$RhC_{12}H_{19}$
  $Rh(cod)(MeCHCHCH_2)$, **5**, 503
$RhC_{12}H_{21}ClP$
  $RhCl\{P(CH_2CH_2CH=CH_2)_3\}$, **5**, 429
$RhC_{12}H_{22}P$
  $\overline{Rh(CH_2PMe_2CH_2)}(cod)$, **8**, 339
$RhC_{12}H_{23}P$
  [$RhEt(Cp)(CH_2=CH_2)(PMe_3)$]$^+$, **5**, 436
$RhC_{12}H_{24}O_2$
  [$Rh(CH_2=CH_2)_2\{\overline{O(CH_2)_3}CH_2\}_2$]$^+$, **5**, 425
$RhC_{12}H_{26}P_2$
  [$RhMe(Cp)(PMe_3)_2$]$^+$, **5**, 402
$RhC_{12}H_{30}P_2$
  [$Rh(CH_2=CH_2)_3(PMe_3)_2$]$^+$, **5**, 425
$RhC_{12}H_{36}P_3$
  $RhMe_3(PMe_3)_3$, **5**, 376
$RhC_{13}H_5F_8$
  $RhCp(C_8F_8)$, **5**, 450
$RhC_{13}H_8N_2O_3$
  [$Rh(CO)_3(bipy)$]$^+$, **5**, 293
$RhC_{13}H_{11}F_6O_2$
  $Rh(acac)(CH_2=CH_2)(C_6F_6)$, **5**, 421
$RhC_{13}H_{12}F_9O_3$
  $Rh(acac)[\overline{O\{C(CF_3)=CH\}_2}C(Me)CF_3]$, **5**, 449
$RhC_{13}H_{12}NO_3$
  $Rh(CO)_2\{MeCOCHC(Me)=NPh\}$, **5**, 294
$RhC_{13}H_{13}$
  $RhCp(cot)$, **5**, 468, 479
$RhC_{13}H_{14}$
  [$Rh(\eta^6\text{-}C_6H_6)(nbd)$]$^+$, **5**, 489
  [$RhCp(C_8H_9)$]$^+$, **5**, 516
$RhC_{13}H_{14}ClN_2O$
  $RhCl(CO)(C_5H_4MeN)_2$, **5**, 290
$RhC_{13}H_{15}$
  $Rh\{C_5H_6(CHCHCH_2)\}Cp$, **5**, 509
$RhC_{13}H_{15}O_2$
  $Rh(acac)(cod)$, **5**, 462
$RhC_{13}H_{16}$
  [$RhCp(C_8H_{11})$]$^+$, **5**, 516
$RhC_{13}H_{17}$
  $RhCp(cod)$, **3**, 113; **5**, 466
$RhC_{13}H_{17}O_2$
  $Rh(acac)(C_8H_{10})$, **5**, 484
$RhC_{13}H_{18}$
  [$RhCp(C_8H_{13})$]$^+$, **5**, 516
$RhC_{13}H_{19}O_2$
  $Rh(acac)(cod)$, **5**, 420, 462
$RhC_{13}H_{21}$
  $Rh(cod)\{MeCHC(Me)CH_2\}$, **5**, 504
$RhC_{13}H_{21}N_2$
  $Rh\{MeC(NH)CHC(NH)Me\}(cod)$, **5**, 469
$RhC_{13}H_{22}NS_2$
  $Rh(S_2CNEt_2)(cod)$, **5**, 464
$RhC_{13}H_{26}OP_2$
  [$Rh(COMe)(Cp)(PMe_3)_2$]$^+$, **5**, 402
$RhC_{13}H_{27}P_2$
  [$RhCp(CH_2=CH_2)(PMe_3)_2$]$^{2+}$, **5**, 437

$RhC_{13}H_{36}O_{12}P_4S$
  [$Rh(CS)\{P(OMe)_3\}_4$]$^+$, **5**, 341
$RhC_{14}H_9N_2O_2$
  $Rh(C_6H_4N=NPh)(CO)_2$, **5**, 395
$RhC_{14}H_{12}N_8$
  [$Rh\{C(CN)_2=C(CN)_2\}(CNMe)_4$]$^+$, **5**, 433
$RhC_{14}H_{14}O_4$
  [$Rh(\eta^5\text{-}C_5H_4CO_2Me)_2$]$^+$, **5**, 357
$RhC_{14}H_{15}$
  $Rh(C_9H_7)\{CH_2=CHC(Me)=CH_2\}$, **5**, 460
$RhC_{14}H_{15}N_2S_2$
  $Rh(NCCSCSCN)(\eta^5\text{-}C_5Me_5)$, **5**, 368
$RhC_{14}H_{16}$
  [$Rh(C_7H_7)(C_7H_9)$]$^+$, **5**, 517
  [$Rh(C_7H_8)(nbd)$]$^+$, **5**, 492
  [$Rh(nbd)_2$]$^+$, **5**, 465, 479
$RhC_{14}H_{16}OP$
  $Rh(CO)Cp(PMe_2Ph)$, **5**, 362
$RhC_{14}H_{17}N$
  [$RhCp(MeCHCHCH_2)(py)$]$^+$, **5**, 500
$RhC_{14}H_{17}N_4$
  $Rh(cod)(C_6H_5N_4)$, **5**, 469
$RhC_{14}H_{17}O$
  $RhCp\{CH_2=CH(\overline{CHCH_2CH=CMeCOCH_2})\}$, **5**, 486
$RhC_{14}H_{18}$
  [$Rh(\eta^6\text{-}C_6H_6)(cod)$]$^+$, **5**, 489
$RhC_{14}H_{19}N$
  [$Rh(\eta^5\text{-}C_5Me_5)(\eta^5\text{-}C_4H_4N)$]$^+$, **5**, 357
$RhC_{14}H_{19}O_2$
  $\overline{Rh(acac)(CH_2=C=CH_2)_3}$, **5**, 411
  $\overline{Rh\{CH_2C(=CH_2)C(=CH_2)CH_2\}(acac)}$-$(CH_2=C=CH_2)$, **5**, 439
$RhC_{14}H_{21}$
  $Rh(\eta^5\text{-}C_5Me_5)(CH_2=CHCH=CH_2)$, **5**, 451
$RhC_{14}H_{22}Cl$
  $RhCl(\eta^5\text{-}C_5Me_5)(MeCHCHCH_2)$, **5**, 501
$RhC_{14}H_{22}O_2PS_2$
  $Rh(CO)_2(S_2PCy_2)$, **5**, 286
$RhC_{14}H_{23}$
  $Rh(\eta^5\text{-}C_5Me_5)(CH_2=CH_2)_2$, **5**, 435
$RhC_{14}H_{24}NP_2$
  $\overline{Rh(CH_2PMe_2NPMe_2CH_2)}(cod)$, **5**, 466
$RhC_{15}H_{10}ClN_2O$
  $RhCl(CO)(CNPh)_2$, **5**, 344
$RhC_{15}H_{16}O$
  [$Rh(CO)(nbd)_2$]$^+$, **5**, 465, 473
$RhC_{15}H_{17}O_2$
  $RhCp(C_6Me_4O_2)$, **5**, 482; **8**, 1026
$RhC_{15}H_{18}$
  [$Rh(nbd)(C_8H_{10})$]$^+$, **5**, 488
$RhC_{15}H_{19}O_2$
  [$RhCp\{C_6Me_4(OH)_2\}$]$^{2+}$, **8**, 1026
$RhC_{15}H_{20}$
  [$Rh(cod)(C_7H_8)$]$^+$, **5**, 492
  [$Rh(cod)(nbd)$]$^+$, **5**, 464, 485
  [$RhCp(\eta^5\text{-}C_5Me_5)$]$^+$, **5**, 356
$RhC_{15}H_{21}$
  $Rh(C_7H_9)(cod)$, **3**, 143, 144
  $RhCp(C_5HMe_5)$, **5**, 451
$RhC_{15}H_{22}ClO_2$
  $RhCl(\eta^5\text{-}C_5Me_5)(acac)$, **5**, 372
$RhC_{15}H_{23}$
  $Rh(\eta^5\text{-}C_5Me_5)\{CH_2=C(Me)CH=CH_2\}$, **5**, 501
$RhC_{15}H_{23}O_2$
  $Rh(CH_2=C=CMe_2)_2(acac)$, **5**, 439
$RhC_{15}H_{25}N_2O_2$

Rh(CNBu^t)$_2$(acac), **5**, 352

RhC$_{15}$H$_{26}$ClN$_2$
RhCl{CN(Et)CH$_2$CH$_2$NEt}(cod), **5**, 466

RhC$_{15}$H$_{28}$ClN$_4$O
RhCl{CN(Et)CH$_2$CH$_2$NEt}$_2$(CO), **3**, 103; **5**, 412

RhC$_{15}$H$_{41}$O$_{12}$P$_4$
[Rh(CH$_2$CHCH$_2$){P(OMe)$_3$}$_4$]$^{2+}$, **5**, 498

RhC$_{16}$H$_{12}$ClN$_2$O$_2$
RhCl(CO)$_2$(PhN=CHCH=NPh), **5**, 289

RhC$_{16}$H$_{14}$
[RhCp(η^5-C$_5$H$_4$Ph)]$^+$, **5**, 356

RhC$_{16}$H$_{14}$NS
Rh{S(C$_9$H$_6$N)}(nbd), **5**, 469

RhC$_{16}$H$_{15}$
RhCp(C$_5$H$_5$Ph), **5**, 450

RhC$_{16}$H$_{18}$
[Rh(C$_8$H$_6$)(cod)]$^-$, **5**, 467

RhC$_{16}$H$_{18}$N$_2$
[Rh{CH$_2$=CH(CH$_2$)$_2$CH=CH$_2$}(bipy)]$^+$, **5**, 483

RhC$_{16}$H$_{20}$
[Rh(C$_8$H$_{10}$)$_2$]$^+$, **5**, 488, 492

RhC$_{16}$H$_{20}$NO
Rh(OC$_6$H$_4$CH=NMe)(cod), **5**, 468

RhC$_{16}$H$_{20}$N$_2$
[Rh(CH$_2$CHCH$_2$)$_2$(py)$_2$]$^+$, **5**, 507

RhC$_{16}$H$_{20}$N$_4$
[Rh(CNPh)$_4$]$^+$, **5**, 344

RhC$_{16}$H$_{20}$O
[Rh(η^5-C$_5$Me$_5$)(η^6-C$_6$H$_5$O)]$^+$, **5**, 491

RhC$_{16}$H$_{21}$
Rh(cod)(C$_8$H$_9$), **5**, 505

RhC$_{16}$H$_{22}$
[Rh(η^5-C$_5$H$_4$Pr^i)$_2$]$^+$, **5**, 357

RhC$_{16}$H$_{23}$
Rh(η^5-C$_5$Me$_5$)(C$_6$H$_8$), **5**, 451, 501

RhC$_{16}$H$_{24}$
[Rh(cod)$_2$]$^+$, **5**, 465, 479

RhC$_{16}$H$_{24}$Cl$_2$
RhCl$_2$(cod)$_2$, **8**, 90

RhC$_{16}$H$_{25}$
Rh(η^5-C$_5$Me$_5$){CH$_2$=C(Me)C(Me)=CH$_2$}, **5**, 501
Rh(cod)(C$_8$H$_{13}$), **5**, 504

RhC$_{16}$H$_{26}$
[Rh(η^6-C$_6$H$_6$)(CH$_2$=CH$_2$)$_2$]$^+$, **5**, 488

RhC$_{16}$H$_{28}$N$_4$O$_2$S
[Rh(CNPr^i)$_4$(SO$_2$)]$^+$, **5**, 347

RhC$_{16}$H$_{34}$OP$_3$
Rh(C$_6$H$_4$OMe)(PMe$_3$)$_3$, **5**, 376

RhC$_{17}$H$_5$F$_{18}$
RhCp{C$_6$(CF$_3$)$_6$}, **3**, 131

RhC$_{17}$H$_{16}$
[Rh(nbd)(azulene)]$^+$, **5**, 466

RhC$_{17}$H$_{16}$Cl$_3$N$_2$O
RhCl$_3${C(Ph)=N(Me)C(Ph)=NMe}(CO), **5**, 414

RhC$_{17}$H$_{17}$N$_2$O$_2$S
Rh(CO)$_2$(TolNSMeNTol), **5**, 292

RhC$_{17}$H$_{18}$N$_2$
[Rh(nbd)(py)$_2$]$^+$, **5**, 474

RhC$_{17}$H$_{23}$
Rh(η^5-C$_5$Me$_5$)(nbd), **5**, 468
[Rh(C$_6$H$_6$)(η^5-C$_5$Me$_4$Et)]$^{2+}$, **8**, 1031

RhC$_{17}$H$_{24}$
[Rh{η^5-C$_5$Me$_4$(Et)}(C$_6$H$_7$)]$^+$, **5**, 514

RhC$_{17}$H$_{24}$Cl
RhCl(C$_7$H$_9$)(η^5-C$_5$Me$_5$), **5**, 515

RhC$_{18}$H$_{13}$O
Rh(C$_6$H$_4$C$_6$H$_4$)(CO)Cp, **5**, 408

RhC$_{18}$H$_{16}$N$_2$
[Rh(cot)(bipy)]$^+$, **5**, 473

RhC$_{18}$H$_{20}$NO$_2$
Rh{O(C$_9$H$_6$N)}(CO)(C$_8$H$_{14}$), **5**, 422

RhC$_{18}$H$_{20}$N$_2$
[Rh(cod)(bipy)]$^+$, **8**, 324

RhC$_{18}$H$_{22}$N$_2$
[Rh(cod)(py)$_2$]$^+$, **5**, 473

RhC$_{18}$H$_{23}$
Rh(η^5-C$_5$Me$_5$)(cot), **5**, 450, 518

RhC$_{18}$H$_{26}$
[Rh(η^5-C$_5$Me$_5$)(C$_8$H$_{11}$)]$^+$, **5**, 512

RhC$_{18}$H$_{27}$
Rh(η^5-C$_5$Me$_5$)(C$_8$H$_{12}$), **5**, 501
Rh(η^5-C$_5$Me$_5$)(cod), **5**, 467

RhC$_{18}$H$_{27}$S
[Rh(η^5-C$_5$Me$_5$)(C$_4$Me$_4$S)]$^{2+}$, **5**, 451

RhC$_{18}$H$_{28}$N$_4$
[Rh{CN(CH$_2$)$_7$NC}$_2$]$^+$, **5**, 344

RhC$_{19}$H$_{15}$F$_2$OP$_2$S$_2$
Rh(CO)(S$_2$PF$_2$)(PPh$_3$), **5**, 286

RhC$_{19}$H$_{23}$
[Rh(η^5-C$_5$Me$_5$)(η^6-indene)]$^{2+}$, **8**, 1045

RhC$_{19}$H$_{26}$
[Rh(η^6-C$_6$Me$_6$)(nbd)]$^+$, **5**, 488

RhC$_{19}$H$_{26}$N
[Rh(η^5-C$_5$Me$_5$)(nbd)(MeCN)]$^+$, **5**, 472

RhC$_{19}$H$_{27}$Cl$_2$OP$_2$
RhCl$_2$(Et)(CO)(PMe$_2$Ph)$_2$, **5**, 398

RhC$_{19}$H$_{27}$Cl$_2$P$_2$
RhCl$_2$(CH$_2$CHCH$_2$)(PMe$_2$Ph)$_2$, **5**, 498

RhC$_{19}$H$_{29}$O$_3$P
[Rh(η^5-C$_5$Me$_4$Et)(η^5-C$_6$H$_6$PO(OMe)$_2$)]$^+$, **8**, 1032

RhC$_{19}$H$_{31}$O$_2$
Rh(Me$_2$C=C=CMe$_2$)$_2$(acac), **5**, 439

RhC$_{20}$H$_{16}$ClNO$_2$P
RhCl(CO)$_2$(HN=PPh$_3$), **5**, 289

RhC$_{20}$H$_{22}$Cl$_4$OP$_2$
[RhCl{C(Cl)C(Cl)CCl}(CO)(PMe$_2$Ph)$_2$]$^+$, **5**, 407

RhC$_{20}$H$_{22}$Cl$_5$OP$_2$
RhCl$_2${C(Cl)C(Cl)C(Cl)CO}(PMe$_2$Ph)$_2$, **5**, 407

RhC$_{20}$H$_{22}$N$_3$
Rh(cod)(PhNNNPh), **5**, 468

RhC$_{20}$H$_{24}$Cl$_3$O$_3$P$_2$
RhCl{COC(Cl)=C(Cl)CO}(PMe$_2$Ph)$_2$(H$_2$O), **5**, 407

RhC$_{20}$H$_{25}$N$_6$
[Rh(η^5-C$_5$Me$_5$){HC(C$_3$H$_3$N$_2$)$_3$}]$^{2+}$, **5**, 370

RhC$_{20}$H$_{30}$
[Rh(η^6-C$_6$Me$_6$)(cod)]$^+$, **5**, 488

RhC$_{20}$H$_{32}$N$_4$
[Rh(C$_{12}$H$_{20}$N$_4$)(cod)]$^+$, **5**, 466

RhC$_{20}$H$_{33}$ClO$_3$P
RhCl(CO)$_2$(OPCy$_3$), **5**, 284

RhC$_{20}$H$_{34}$PS$_2$
Rh(cod)(S$_2$PCy$_2$), **5**, 464

RhC$_{20}$H$_{35}$O$_3$
[Rh(η^5-C$_5$Me$_4$Et)(MeCOMe)$_3$]$^{2+}$, **8**, 1028

RhC$_{20}$H$_{36}$N$_4$
[Rh(CNBu^t)$_4$]$^+$, **5**, 344, 349

RhC$_{20}$H$_{36}$N$_5$O
[Rh(NO)(CNBu^t)$_4$]$^{2+}$, **5**, 352

RhC$_{20}$H$_{43}$O$_4$P$_2$

RhC$_{20}$H$_{43}$O$_4$P$_2$
Rh(CO)(OCO$_2$H)(PPr$^i_3$)$_2$, **8**, 246
RhC$_{21}$H$_{20}$ClNOP
RhCl(CO)(PPh$_2$C$_6$H$_4$NMe$_2$), **5**, 311
RhC$_{21}$H$_{21}$NO$_2$P
Rh{O(CH$_2$)$_2$NH$_2$}(CO)(PPh$_3$), **5**, 294
RhC$_{21}$H$_{22}$P
RhCp{CH$_2$=CH(CH$_2$)$_2$PPh$_2$}, **5**, 437
RhC$_{21}$H$_{23}$N$_3$
[Rh(C$_6$H$_8$)(py)$_3$]$^+$, **5**, 449
RhC$_{21}$H$_{23}$O$_2$
Rh(acac)(CH$_2$=CHPh)$_2$, **5**, 437
RhC$_{21}$H$_{25}$N$_2$O$_2$
Rh{CH$_2$C(=CH$_2$)C(=CH$_2$)CH$_2$}-(acac)(py)$_2$, **5**, 411
RhC$_{21}$H$_{25}$N$_6$O$_2$
Rh{C(CN)$_2$=C(CN)$_2$}(CNBu^t)$_2$(acac), **5**, 434
RhC$_{21}$H$_{38}$NS$_2$
Rh(S$_2$CNEt$_2$)(C$_8$H$_{14}$)$_2$, **5**, 421
RhC$_{21}$H$_{39}$ClN$_4$
[RhCl(Me)(CNBu^t)$_4$]$^+$, **5**, 402
RhC$_{21}$H$_{39}$N$_4$
[RhMe(CNBu^t)$_4$]$^{2+}$, **5**, 382
RhC$_{21}$H$_{46}$ClP$_2$
RhCl(H){CH(CH$_2$CH$_2$PBu$^t_2$)$_2$}, **5**, 394
RhC$_{22}$H$_{15}$F$_{12}$
Rh(C$_9$H$_7$)[C$_6$H$_3$(CF$_3$)$_4${C(Me)=CH$_2$}], **5**, 460
RhC$_{22}$H$_{15}$F$_{18}$
Rh(η^5-C$_5$Me$_5$){η^6-C$_6$(CF$_3$)$_6$}, **5**, 457
RhC$_{22}$H$_{19}$OS
Rh(PhCOCHCSPh)(nbd), **5**, 462
RhC$_{22}$H$_{22}$ClNOP
RhCl(CO)(Ph$_2$PC$_6$H$_4$CH$_2$NMe$_2$), **5**, 311
RhC$_{22}$H$_{24}$ClN$_2$
RhCl(CH$_2$CH=CH$_2$)(CNTol)$_2$(CH$_2$CHCH$_2$), **5**, 499
RhC$_{22}$H$_{25}$P
[RhMe(Cp)(CH$_2$=CHCH$_2$CH$_2$PPh$_2$)]$^+$, **5**, 437
RhC$_{22}$H$_{33}$
[Rh(η^5-C$_5$Me$_5$)(η^6-C$_6$Me$_6$)]$^{2+}$, **5**, 490
RhC$_{22}$H$_{34}$
[Rh(η^5-C$_5$Me$_5$)(C$_6$HMe$_6$)]$^+$, **5**, 514
RhC$_{22}$H$_{44}$IN$_5$
RhI(Me){C(NHBu^t)N(Me)C-(NHBu^t)}(CNBu^t)$_2$, **5**, 414
RhC$_{22}$H$_{46}$ClP$_2$
RhCl{CH$_2$=C(CH$_2$CH$_2$PBu$^t_2$)$_2$}, **5**, 432
RhC$_{23}$H$_{15}$N$_2$OPS$_2$
[Rh(CO){SC(CN)=C(CN)S}(PPh$_3$)]$^-$, **5**, 287
RhC$_{23}$H$_{20}$Cl$_2$P
RhCl$_2$(Cp)(PPh$_3$), **5**, 363
RhC$_{23}$H$_{20}$NOP
[Rh(NO)Cp(PPh$_3$)]$^+$, **5**, 365
RhC$_{23}$H$_{20}$N$_2$O$_6$P
Rh(NO$_3$)$_2$Cp(PPh$_3$), **5**, 365
RhC$_{23}$H$_{20}$PS$_5$
Rh(S$_5$)Cp(PPh$_3$), **5**, 364
RhC$_{23}$H$_{23}$OS
Rh(PhCOCHCSPh)(cod), **5**, 462
RhC$_{23}$H$_{25}$
[Rh(η^5-C$_5$Me$_5$)(fluorene)]$^{2+}$, **5**, 491
RhC$_{23}$H$_{45}$N$_5$
[Rh{C(NHPr)(NHBu^t)}(CNBu^t)$_3$]$^+$, **5**, 414
RhC$_{24}$H$_{18}$N$_2$OPS$_2$
Rh{SC(CN)=C(CN)SMe}(CO)(PPh$_3$), **5**, 286
RhC$_{24}$H$_{20}$ClONP
RhCl(CO)(PPh$_3$)(py), **5**, 305
RhC$_{24}$H$_{20}$OP

RhC$_{24}$H$_{20}$OP
Rh(CO)Cp(PPh$_3$), **5**, 359
RhC$_{24}$H$_{20}$PS
Rh(CS)Cp(PPh$_3$), **5**, 362
RhC$_{24}$H$_{20}$PS$_3$
Rh(CS$_3$)Cp(PPh$_3$), **5**, 364
RhC$_{24}$H$_{21}$ClP
RhCl{P(C$_6$H$_4$CH=CH$_2$)$_3$}, **5**, 429
RhC$_{24}$H$_{22}$O$_3$P
Rh(CO)(acac)(PPh$_3$), **5**, 283
RhC$_{24}$H$_{23}$IP
RhI(Me)(Cp)(PPh$_3$), **5**, 376, 402
RhC$_{24}$H$_{25}$ClP
RhCl(CH$_2$CHCH$_2$)$_2$(PPh$_3$), **5**, 507
RhC$_{24}$H$_{27}$
Rh(cod)(PhCHCHCHCH$_2$Ph), **5**, 504
RhC$_{24}$H$_{27}$ClN$_2$PS$_3$
RhCl(CSNMe$_2$)(S$_2$CNMe$_2$)(PPh$_3$), **5**, 341
RhC$_{24}$H$_{29}$
Rh(cod)(PhCH=CH$_2$)(C$_6$H$_5$CHMe), **5**, 506
RhC$_{24}$H$_{29}$F$_6$O$_3$P$_2$
Rh{OC(CF$_3$)$_2$}(acac)(PMe$_2$Ph)$_2$, **5**, 401
RhC$_{24}$H$_{30}$F$_6$NO$_2$P$_2$
Rh{HNC(CF$_3$)$_2$}(acac)(PMe$_2$Ph)$_2$, **5**, 401
RhC$_{24}$H$_{31}$N$_2$PS
[Rh(CS)(PPh$_3$)(TMEDA)]$^+$, **5**, 340
RhC$_{24}$H$_{33}$P$_2$
RhMe(nbd)(PMe$_2$Ph)$_2$, **5**, 473
RhC$_{24}$H$_{36}$
[Rh(η^6-C$_6$Me$_6$)$_2$]$^{2+}$, **5**, 488
RhC$_{24}$H$_{44}$ClP$_2$
RhCl(H){C$_6$H$_3$(CH$_2$PBu$^t_2$)$_2$}, **5**, 394
RhC$_{25}$H$_{20}$F$_4$P
RhCp(CF$_2$=CF$_2$)(PPh$_3$), **5**, 435
RhC$_{25}$H$_{23}$ClO$_2$PS
RhCl(nbd)(SO$_2$)(PPh$_3$), **5**, 472
RhC$_{25}$H$_{23}$ClP
RhCl(nbd)(PPh$_3$), **5**, 472
RhC$_{25}$H$_{23}$PS
[RhMe(CS)Cp(PPh$_3$)]$^+$, **5**, 415
RhC$_{25}$H$_{24}$P
RhCp(CH$_2$=CH$_2$)(PPh$_3$), **5**, 435, 438
RhC$_{25}$H$_{26}$P
RhMe$_2$(Cp)(PPh$_3$), **5**, 402
RhC$_{25}$H$_{27}$N$_2$OPS$_3$
Rh(CO)(CSNMe$_2$)(S$_2$CNMe$_2$)(PPh$_3$), **5**, 341
RhC$_{25}$H$_{28}$ClP$_2$
RhCl{CH$_2$=CH(CH$_2$)$_2$PPh(CH$_2$)$_3$PPh$_2$}, **5**, 431
RhC$_{25}$H$_{31}$F$_6$O$_2$
Rh(Bu^{t}COCHCOBu^t){CF$_3$CH=C(CF$_3$)C(=CMe$_2$)C(Me)=CH$_2$}, **5**, 480
RhC$_{25}$H$_{37}$P$_2$
RhMe(cod)(PMe$_2$Ph)$_2$, **5**, 473
RhC$_{25}$H$_{42}$N$_3$
[Rh(CNBu^t)$_3$(η^5-C$_5$Me$_5$)]$^{2+}$, **5**, 370
RhC$_{25}$H$_{43}$OP$_2$
Rh{C$_6$H$_3$(CH$_2$PBu$^t_2$)$_2$}(CO), **5**, 395
RhC$_{25}$H$_{54}$ClO$_2$P$_2$
RhCl(CO$_2$)(PBu$_3$)$_2$, **8**, 235
RhC$_{26}$H$_{16}$N$_8$
[Rh{C(CN)$_2$=C(CN)$_2$}(bipy)$_2$]$^+$, **5**, 425
RhC$_{26}$H$_{21}$N$_4$O$_2$
Rh(OAc)(C$_6$H$_4$N=NPh)$_2$, **5**, 395
RhC$_{26}$H$_{23}$ClP
RhCl(cot)(PPh$_3$), **5**, 470
RhC$_{26}$H$_{25}$P
[RhCp(CH$_2$CHCH$_2$)(PPh$_3$)]$^+$, **5**, 500
RhC$_{26}$H$_{26}$IPS

RhC$_{26}$H$_{27}$ClO$_2$PS
   [RhI{C(Me)SMe}Cp(PPh$_3$)]$^+$, **5**, 415
RhC$_{26}$H$_{27}$ClO$_2$PS
   RhCl(cod)(SO$_2$)(PPh$_3$), **5**, 472
RhC$_{26}$H$_{27}$ClP
   RhCl(cod)(PPh$_3$), **5**, 471
RhC$_{26}$H$_{27}$P
   [Rh(CH$_2$=CHCH=CH$_2$)$_2$(PPh$_3$)]$^+$, **5**, 449
RhC$_{26}$H$_{36}$Cl$_2$OP$_3$
   RhCl$_2$(COMe)(PMe$_2$Ph)$_3$, **5**, 381
RhC$_{26}$H$_{36}$N$_8$
   [Rh(CNBu^t)$_4${(CN)$_2$C=C(CN)$_2$}]$^+$, **3**, 106
RhC$_{27}$H$_{15}$ClN$_7$
   RhCl{C(CN)$_2$=C(CN)$_2$}(CNPh)$_3$, **5**, 433
RhC$_{27}$H$_{24}$ClOP$_2$
   RhCl(CO)(diphos), **5**, 307
RhC$_{27}$H$_{25}$NO$_2$P
   Rh(CH$_2$CN)(CO$_2$Me)Cp(PPh$_3$), **5**, 378
RhC$_{27}$H$_{27}$P
   [RhCp(MeCHCHCH$_2$)(PPh$_3$)]$^+$, **5**, 500
RhC$_{27}$H$_{28}$O$_2$P$_2$
   [Rh(CO)$_2${CH$_2$=CH(CH$_2$)$_2$PPh(CH$_2$)$_3$PPh$_2$}]$^+$, **5**, 431
RhC$_{27}$H$_{28}$P
   Rh{(CH$_2$)$_3$CH$_2$}Cp(PPh$_3$), **1**, 198
RhC$_{27}$H$_{29}$O
   Rh(η^5-C$_5$Me$_5$)(PhCH=CHCOCH=CHPh), **5**, 482
RhC$_{27}$H$_{33}$Cl$_2$P$_2$
   RhCl$_2${C(Ph)C(Ph)CPh}(PMe$_3$)$_2$, **5**, 406
RhC$_{27}$H$_{33}$F$_6$O$_2$N$_2$
   Rh{(CH$_2$)$_2$C(CF$_3$)=C(CF$_3$)}(Bu^{t}COCHCOBu^t)(py)$_2$, **5**, 411
RhC$_{27}$H$_{52}$ClOP$_2$
   RhCl(CO){Bu$^t_2$P(CH$_2$)$_4$C≡C(CH$_2$)$_4$PBu$^t_2$}, **5**, 308
RhC$_{27}$H$_{56}$ClOP$_2$
   RhCl(CO){Bu$^t_2$P(CH$_2$)$_{10}$PBu$^t_2$}, **5**, 308
RhC$_{28}$H$_{24}$O$_2$P$_2$
   [Rh(CO)$_2$(diphos)]$^-$, **5**, 307
RhC$_{28}$H$_{29}$ClP
   RhCl{CH$_2$=CH(C$_6$H$_4$)PPh$_2$}(cod), **5**, 470
RhC$_{28}$H$_{30}$
   [Rh{η^5-C$_5$H$_4$(CHPh$_2$)}(η^5-C$_5$Me$_5$)]$^+$, **5**, 357
RhC$_{28}$H$_{30}$Cl$_2$P
   RhCl$_2$(η^5-C$_5$Me$_5$)(PPh$_3$), **5**, 369
RhC$_{28}$H$_{30}$N$_2$O$_4$P
   Rh(NO$_2$)$_2$(η^5-C$_5$Me$_5$)(PPh$_3$), **5**, 368
RhC$_{28}$H$_{33}$BrN$_2$OP$_2$
   [RhBr(COMe)(PMe$_2$Ph)$_2$(bipy)]$^+$, **5**, 384
RhC$_{28}$H$_{33}$N$_3$OPS$_6$
   Rh(CO)(S$_2$CNMe$_2$)$_3$(PPh$_3$), **5**, 286
RhC$_{28}$H$_{44}$N$_2$
   [Rh{η^5-C$_5$H$_4${C$_3$(NPr$^i_2$)$_2$}](cod)]$^+$, **5**, 466
RhC$_{29}$H$_{22}$N$_4$O$_7$P
   Rh(acac){(NC)$_2$C=C(CN)$_2$}(PPh$_3$), **5**, 428
RhC$_{29}$H$_{23}$N$_2$OP
   [Rh(CO)(PPh$_3$)(bipy)]$^+$, **5**, 293
RhC$_{29}$H$_{24}$IP
   RhI(Ph)Cp(PPh$_3$), **5**, 376
RhC$_{29}$H$_{26}$O$_4$P
   RhCp(MeO$_2$CC≡CCO$_2$Me)(PPh$_3$), **5**, 441
RhC$_{29}$H$_{27}$Cl$_3$N$_2$OP
   RhCl$_3${C(NHPh)$_2$}(CO)(PPh$_3$), **5**, 413
RhC$_{29}$H$_{28}$O$_2$P$_2$
   [Rh(CO){Ph$_2$P(CH$_2$)$_2$O(CH$_2$)$_2$PPh$_2$}]$^+$, **5**, 308
RhC$_{30}$H$_{27}$Cl$_2$NP
   RhCl$_2$(CH$_2$C$_6$H$_5$)(py)(PPh$_3$), **5**, 506
RhC$_{30}$H$_{30}$ClP$_2$
   RhCl{Ph$_2$P(CH$_2$)$_2$CH=CH(CH$_2$)$_2$PPh$_2$}, **5**, 432

RhC$_{30}$H$_{34}$P
   Rh(η^5-C$_5$Me$_5$)(CH$_2$=CH$_2$)(PPh$_3$), **3**, 48; **5**, 435
RhC$_{30}$H$_{47}$O$_3$P$_2$
   Rh(CO)(OC$_6$H$_4$PBu$^t_2$){PBu$^t_2$(C$_6$H$_4$OMe)}, **5**, 311
RhC$_{31}$H$_{20}$ClO$_2$
   Rh(CO)$_2$(η^5-C$_5$Ph$_4$Cl), **5**, 358
RhC$_{31}$H$_{27}$NP
   RhPh(CH$_2$CN)Cp(PPh$_3$), **5**, 385
RhC$_{31}$H$_{29}$ClN$_2$OP
   RhCl{CN(Ph)CH$_2$CH$_2$NPh}(CO)(PPh$_3$), **5**, 412
RhC$_{31}$H$_{30}$Cl$_2$N$_2$P
   RhCl$_2$(CH$_2$C$_6$H$_4$PTol$_2$)(py)$_2$, **5**, 394
RhC$_{31}$H$_{32}$NP
   [Rh(cod)(py)(PPh$_3$)]$^+$, **8**, 349
RhC$_{31}$H$_{33}$NP$_2$
   [Rh(CNBu^t)(diphos)]$^+$, **5**, 348
RhC$_{31}$H$_{34}$F$_4$O$_2$P
   Rh(CF$_2$=CF$_2$)(Bu^{t}COCHCOBu^t)(PPh$_3$), **5**, 428
RhC$_{31}$H$_{40}$Cl$_2$OP$_3$
   RhCl$_2$(C$_6$H$_4$OMe)(PMe$_2$Ph)$_3$, **5**, 376
RhC$_{32}$H$_{27}$
   Rh{C$_8$H$_7$(CPh$_3$)}Cp, **5**, 516
RhC$_{32}$H$_{29}$P$_2$
   RhPh(diphos), **8**, 237
RhC$_{32}$H$_{30}$P$_2$
   [Rh(η^6-C$_6$H$_6$)(diphos)]$^+$, **5**, 490; **8**, 317
RhC$_{32}$H$_{31}$
   Rh(cod)(η^5-C$_5$H$_4$CPh$_3$), **5**, 512
RhC$_{32}$H$_{32}$P
   RhPh(cod)(PPh$_3$), **5**, 473
RhC$_{32}$H$_{34}$P$_2$
   [Rh{CH$_2$=CH(CH$_2$)$_2$PPh$_2$}$_2$]$^+$, **5**, 430
RhC$_{32}$H$_{37}$P
   [Rh(η^5-C$_5$Me$_5$)(MeCHCHCH$_2$)(PPh$_3$)]$^+$, **5**, 502
RhC$_{32}$H$_{38}$P
   Rh{(CH$_2$)$_3$CH$_2$}(η^5-C$_5$Me$_5$)(PPh$_3$), **5**, 407
RhC$_{32}$H$_{46}$N$_4$S$_2$
   [Rh(CNBu)$_4$(SPh)$_2$]$^+$, **5**, 352
RhC$_{32}$H$_{46}$N$_4$Se$_2$
   [Rh(CNBu^t)$_4$(SePh)$_2$]$^+$, **5**, 347
   [Rh(CNBu)$_4$(SePh)$_2$]$^+$, **5**, 352
RhC$_{32}$H$_{62}$Cl$_2$NOP$_2$
   RhCl$_2${C$_6$H$_4$C(Me)=NOH}(PBu$_3$)$_2$, **5**, 396
RhC$_{33}$H$_{25}$
   RhCp(η^4-C$_4$Ph$_4$), **5**, 445
RhC$_{33}$H$_{27}$O$_2$
   Rh(acac)(η^4-C$_4$Ph$_4$), **5**, 445
RhC$_{33}$H$_{32}$O$_2$P
   Rh(O$_2$CPh)(cod)(PPh$_3$), **8**, 349
RhC$_{33}$H$_{32}$P$_2$
   [Rh(nbd)(diphos)]$^+$, **8**, 320
RhC$_{33}$H$_{38}$O$_4$P$_2$
   [Rh(CO){Ph$_2$P(CH$_2$)$_2$O(CH$_2$)$_2$O(CH$_2$)$_2$PPh$_2$}(EtOH)]$^+$, **5**, 308
RhC$_{33}$H$_{38}$O$_5$P$_2$
   [Rh(CO){Ph$_2$P(CH$_2$CH$_2$O)$_3$(CH$_2$)$_2$PPh$_2$}(H$_2$O)]$^+$, **5**, 308
RhC$_{33}$H$_{40}$P
   Rh{(CH$_2$)$_4$CH$_2$}(η^5-C$_5$Me$_5$)(PPh$_3$), **5**, 407
RhC$_{33}$H$_{47}$O$_2$P$_2$
   Rh(CO){OC(Ph)=CHPBu$^t_2$}{PBu$^t_2$(C≡CPh)}, **5**, 311
RhC$_{34}$H$_{25}$O
   RhCp{C$_5$Ph$_4$O}, **5**, 457
RhC$_{34}$H$_{26}$O
   [RhCp{η^5-C$_5$Ph$_4$(OH)}]$^+$, **5**, 357
RhC$_{34}$H$_{27}$O$_3$
   Rh(acac)(C$_5$Ph$_4$O), **5**, 456
RhC$_{34}$H$_{31}$ClN$_2$O$_2$P

RhC$_{34}$H$_{31}$ClN$_2$O$_2$P

RhCl{C$_6$H$_4$C(Me)=NOH}$_2$(PPh$_3$), **5**, 396
RhC$_{34}$H$_{38}$P$_2$
   [Rh{CH$_2$=CH(CH$_2$)$_3$PPh$_2$}$_2$]$^+$, **5**, 430
RhC$_{34}$H$_{42}$P
   Rh{(CH$_2$)$_5$CH$_2$}(η^5-C$_5$Me$_5$)(PPh$_3$), **5**, 407
RhC$_{35}$H$_{33}$Cl$_2$F$_4$O$_2$P$_2$
   RhCl{C=C(Cl)CF$_2$CF$_2$}-
      (PPh$_2$Me)$_2$(acac), **5**, 383
RhC$_{35}$H$_{33}$F$_8$O$_2$P$_2$
   Rh{(CF$_2$)$_3$CF$_2$}(acac)(PMePh$_2$)$_2$, **5**, 410
RhC$_{35}$H$_{33}$OP$_3$
   [Rh(CO){(Ph$_2$PCH$_2$CH$_2$)$_2$PPh}]$^+$, **5**, 313
RhC$_{35}$H$_{35}$OP$_3$
   [RhH$_2$(CO){(Ph$_2$PCH$_2$CH$_2$)$_2$PPh}]$^+$, **5**, 354
RhC$_{35}$H$_{62}$Cl$_2$NP$_2$
   RhCl$_2${C$_6$H$_4$(C$_5$H$_4$N)}(PBu$_3$)$_2$, **5**, 397
RhC$_{36}$H$_{33}$F$_{10}$O$_3$P$_2$
   Rh{C(CF$_3$)$_2$OCF$_2$CF$_2$}(acac)(PPh$_2$Me)$_2$, **5**, 411
RhC$_{36}$H$_{40}$O$_2$P$_2$
   [Rh(cod){Ph(MeOC$_6$H$_4$)PCH$_2$CH$_2$PPh(C$_6$H$_4$O-
      Me)}]$^+$, **8**, 474
RhC$_{36}$H$_{64}$ClP$_2$
   RhCl(C$_6$H$_9$PCy$_2$)(PCy$_3$), **5**, 432
RhC$_{37}$H$_{30}$BrOP$_2$
   RhBr(CO)(PPh$_3$)$_2$, **5**, 305
RhC$_{37}$H$_{30}$ClOP$_2$
   RhCl(CO)(PPh$_3$)$_2$, **2**, 313; **5**, 306; **8**, 85
RhC$_{37}$H$_{30}$ClO$_5$P$_2$
   Rh(ClO$_4$)(CO)(PPh$_3$)$_2$, **5**, 302
RhC$_{37}$H$_{30}$ClP$_2$S
   RhCl(CS)(PPh$_3$)$_2$, **5**, 340
RhC$_{37}$H$_{30}$Cl$_3$OP$_2$
   RhCl$_3$(CO)(PPh$_3$)$_2$, **5**, 305
RhC$_{37}$H$_{30}$Cl$_3$P$_2$S
   RhCl$_3$(CS)(PPh$_3$)$_2$, **5**, 341
RhC$_{37}$H$_{30}$FOP$_2$
   RhF(CO)(PPh$_3$)$_2$, **5**, 302
RhC$_{37}$H$_{30}$P
   RhCp(PhC≡CPh)(PPh$_3$), **5**, 441
RhC$_{37}$H$_{31}$ClOP$_2$
   RhCl(H)(CO)(PPh$_3$)$_2$, **8**, 121
RhC$_{37}$H$_{31}$F$_6$O$_2$P$_2$
   Rh(acac)(C$_6$F$_6$)(diphos), **5**, 427
RhC$_{37}$H$_{31}$O$_2$P$_2$
   Rh(OH)(CO)(PPh$_3$)$_2$, **8**, 262
RhC$_{37}$H$_{33}$F$_{12}$O$_4$P$_2$
   Rh{C(CF$_3$)$_2$OC(CF$_3$)$_2$O}-
      (acac)(PMePh$_2$)$_2$, **5**, 401
RhC$_{37}$H$_{33}$I$_2$P$_2$
   RhI$_2$(Me)(PPh$_3$)$_2$, **5**, 381
RhC$_{37}$H$_{39}$ClNP$_3$
   [RhCl(Me){(Ph$_2$PCH$_2$CH$_2$)$_2$PPh}(MeCN)]$^+$, **5**, 382
RhC$_{37}$H$_{66}$ClOP$_2$S
   RhCl(COS)(PCy$_3$)$_2$, **5**, 440
RhC$_{37}$H$_{66}$ClP$_2$S$_2$
   RhCl(CS$_2$)(PCy$_3$)$_2$, **5**, 440
RhC$_{37}$H$_{67}$O$_2$P$_2$
   Rh(OH)(CO)(PCy$_3$)$_3$, **8**, 246
RhC$_{38}$H$_{30}$ClF$_4$P$_2$
   RhCl(CF$_2$=CF$_2$)(PPh$_3$)$_2$, **5**, 428
RhC$_{38}$H$_{30}$ClP$_2$
   RhCl(Ph$_2$PC$_6$H$_4$CH=CHC$_6$H$_4$PPh$_2$), **5**, 399
RhC$_{38}$H$_{30}$ClP$_2$S$_4$
   RhCl(CS$_2$)$_2$(PPh$_3$)$_2$, **5**, 341
RhC$_{38}$H$_{30}$Cl$_3$P$_2$
   RhCl$_3${Ph$_2$P(C$_6$H$_4$)CH=CH(C$_6$H$_4$)PPh$_2$}, **5**, 431
RhC$_{38}$H$_{30}$O$_2$P$_2$

[Rh(CO)$_2$(PPh$_3$)$_2$]$^+$, **5**, 297, 299
RhC$_{38}$H$_{30}$P$_2$S$_3$
   [Rh(CS)(CS$_2$)(PPh$_3$)$_2$]$^+$, **5**, 341
RhC$_{38}$H$_{31}$Cl$_2$F$_4$P$_2$
   RhCl$_2$(CF$_2$CHF$_2$)(PPh$_3$)$_2$, **5**, 398
RhC$_{38}$H$_{31}$O$_4$P$_2$
   Rh(O$_2$COH)(CO)(PPh$_3$)$_2$, **8**, 262
RhC$_{38}$H$_{32}$ClN$_2$P$_2$
   RhH(Cl)(CN)(HCN)(PPh$_3$)$_2$, **8**, 357
RhC$_{38}$H$_{32}$ClOP$_2$
   RhCl(CO){Ph$_2$PC$_6$H$_4$(CH$_2$)$_2$C$_6$H$_4$PPh$_2$}, **5**, 308
RhC$_{38}$H$_{33}$Cl$_2$OP$_2$
   RhCl$_2$(COMe)(PPh$_3$)$_2$, **5**, 380
RhC$_{38}$H$_{33}$N$_4$O$_3$P$_2$
   Rh(CO$_2$Me)(N$_3$)(NO)(PPh$_3$)$_2$, **5**, 377
RhC$_{38}$H$_{33}$OP$_2$
   RhMe(CO)(PPh$_3$)$_2$, **5**, 379
RhC$_{38}$H$_{34}$ClP$_2$
   RhCl(CH$_2$=CH$_2$)(PPh$_3$)$_2$, **5**, 428, 438
RhC$_{38}$H$_{35}$Cl$_2$P$_2$
   RhCl$_2$(Et)(PPh$_3$)$_2$, **5**, 398
RhC$_{38}$H$_{37}$NO$_3$P$_2$
   [Rh{PhC(NHAc)=CHCO$_2$Me}(diphos)]$^+$, **8**, 474
RhC$_{38}$H$_{40}$O$_2$P$_2$
   [Rh(nbd){Ph$_2$PCH(OCMe$_2$O)CHPPh$_2$}]$^+$, **8**, 474
RhC$_{38}$H$_{51}$N$_4$P
   [Rh(CNBu^t)$_4$(PPh$_3$)]$^+$, **5**, 349
RhC$_{38}$H$_{67}$O$_4$P$_2$
   Rh(CO)(OCO$_2$H)(PCy$_3$)$_3$, **8**, 246
RhC$_{39}$H$_{30}$ClN$_2$O
   RhCl{(CPh)$_4$CO}(py)$_2$, **5**, 453
RhC$_{39}$H$_{30}$O$_3$P$_2$
   [Rh(CO)$_3$(PPh$_3$)$_2$]$^+$, **5**, 299
RhC$_{39}$H$_{31}$Cl$_2$OP$_2$
   RhCl$_2$(CO){CH(C$_6$H$_4$PPh$_2$)CH$_2$C$_6$H$_4$PPh$_2$}, **5**, 399
RhC$_{39}$H$_{31}$F$_4$OP$_2$
   Rh(CF$_2$CHF$_2$)(CO)(PPh$_3$)$_2$, **5**, 398
RhC$_{39}$H$_{32}$ClF$_4$OP$_2$
   RhCl(H)(CF$_2$CHF$_2$)(CO)(PPh$_3$)$_2$, **5**, 398
RhC$_{39}$H$_{33}$ClNP$_2$
   RhCl(CH$_2$=CHCN)(PPh$_3$)$_2$, **5**, 428; **8**, 291
RhC$_{39}$H$_{33}$Cl$_2$OP$_2$
   RhCl$_2${CH(Me)C$_6$H$_4$PPh$_2$}(CO)(PPh$_3$), **5**, 398
RhC$_{39}$H$_{34}$ClOP$_2$
   RhCl(CH$_2$CH$_2$CO)(PPh$_3$)$_2$, **5**, 405
RhC$_{39}$H$_{34}$ClP$_2$
   RhCl(CH$_2$=C=CH$_2$)(PPh$_3$)$_2$, **5**, 439
RhC$_{39}$H$_{35}$Cl$_2$P$_2$
   RhCl$_2$(CH$_2$CHCH$_2$)(PPh$_3$)$_2$, **5**, 497
RhC$_{39}$H$_{35}$Cl$_2$P$_2$S$_2$
   RhCl$_2$(CS$_2$Et)(PPh$_3$)$_2$, **5**, 341
RhC$_{39}$H$_{35}$NOP$_2$
   Rh(NO)(CH$_2$CHCH$_2$)(PPh$_3$)$_2$, **5**, 494
RhC$_{39}$H$_{35}$P$_2$
   Rh(CH$_2$CHCH$_2$)(PPh$_3$)$_2$, **5**, 494
RhC$_{39}$H$_{36}$ClI$_2$P$_2$S
   RhCl(I)$_2${C(Me)SMe}(PPh$_3$)$_2$, **5**, 415
RhC$_{39}$H$_{37}$Cl$_3$NP$_2$
   RhCl$_3$(CHNMe$_2$)(PPh$_3$)$_2$, **5**, 413
RhC$_{39}$H$_{37}$NO$_4$P$_2$
   [Rh(CO$_2$Me)(NO)(PPh$_3$)$_2$(MeOH)]$^+$, **5**, 377
RhC$_{39}$H$_{38}$Cl$_2$NP$_2$
   RhCl$_2$H(CHNMe$_2$)(PPh$_3$)$_2$, **5**, 413
RhC$_{39}$H$_{42}$ClO$_2$P$_2$
   RhCl(cod){Ph$_2$PCH(OCMe$_2$O)CHPPh$_2$}, **8**, 478
RhC$_{40}$H$_{30}$ClF$_4$P$_2$

RhCl(CF=CFCF=CF)(PPh$_3$)$_2$, **5**, 409

RhC$_{40}$H$_{30}$ClF$_6$P$_2$
RhCl(CF$_3$C≡CCF$_3$)(PPh$_3$)$_2$, **5**, 444

RhC$_{40}$H$_{30}$F$_3$O$_2$P$_2$
Rh(CF=CF$_2$)(CO)$_2$(PPh$_3$)$_2$, **5**, 386

RhC$_{40}$H$_{32}$O$_2$P$_2$
[Rh(CO)$_2${Ph$_2$PC$_6$H$_4$(CH$_2$)$_2$C$_6$H$_4$PPh$_2$}]$^+$, **5**, 308

RhC$_{40}$H$_{33}$OP$_2$
Rh(C≡CMe)(CO)(PPh$_3$)$_2$, **5**, 393, 402

RhC$_{40}$H$_{33}$O$_4$P$_2$
Rh(CO$_2$Me)(CO)$_2$(PPh$_3$)$_2$, **5**, 402

RhC$_{40}$H$_{34}$ClP$_2$
RhCl(CH$_2$=CHC$_6$H$_4$PPh$_2$)$_2$, **5**, 430

RhC$_{40}$H$_{34}$P$_2$
[Rh{CH$_2$=CH(C$_6$H$_4$)PPh$_2$}$_2$]$^+$, **5**, 430

RhC$_{40}$H$_{35}$OP$_2$
Rh(CO)(CH$_2$CHCH$_2$)(PPh$_3$)$_2$, **5**, 493

RhC$_{40}$H$_{36}$Cl$_2$N$_2$P$_2$
[RhCl$_2$(CNMe)$_2$(PPh$_3$)$_2$]$^+$, **5**, 352

RhC$_{40}$H$_{36}$N$_2$P$_2$
[Rh(CNMe)$_2$(PPh$_3$)$_2$]$^+$, **5**, 352

RhC$_{40}$H$_{36}$P$_2$
[Rh(PPh$_3$)$_2$(CH$_2$=CHCH=CH$_2$)]$^+$, **5**, 450

RhC$_{40}$H$_{37}$Cl$_2$P$_2$
RhCl$_2$(CH$_2$CMeCH$_2$)(PPh$_3$)$_2$, **5**, 497

RhC$_{40}$H$_{37}$P$_2$
Rh(MeCHCHCH$_2$)(PPh$_3$)$_2$, **5**, 494

RhC$_{40}$H$_{39}$ClO$_2$P$_3$
RhCl(CO$_2$)(PPh$_2$Me)$_3$, **8**, 235

RhC$_{41}$H$_{31}$F$_6$OP$_2$
Rh{C(CF$_3$)=CHCF$_3$}(CO)(PPh$_3$)$_2$, **5**, 399

RhC$_{41}$H$_{35}$ClP$_2$
[RhCl(Cp)(PPh$_3$)$_2$]$^+$, **5**, 363

RhC$_{41}$H$_{35}$P$_2$
RhCp(PPh$_3$)$_2$, **5**, 366

RhC$_{41}$H$_{37}$OP$_2$
Rh(CO)(MeCHCHCH$_2$)(PPh$_3$)$_2$, **5**, 494, 496

RhC$_{41}$H$_{39}$ClNO$_2$P$_2$
RhCl(CNBu^t)(O$_2$)(PPh$_3$)$_2$, **5**, 352

RhC$_{41}$H$_{39}$ClNP$_2$
RhCl(CNBu^t)(PPh$_3$)$_2$, **5**, 352

RhC$_{41}$H$_{39}$IN$_2$P$_2$
RhI(Me)(CNMe)$_2$(PPh$_3$)$_2$, **5**, 402

RhC$_{41}$H$_{39}$O$_2$P$_3$
[Rh(CO)$_2$(PPh$_2$Me)$_3$]$^+$, **5**, 298

RhC$_{41}$H$_{43}$NO$_3$P$_2$
[Rh{PhC(NHAc)=CHCO$_2$Et}{Ph$_2$P-CH(Me)CH(Me)PPh$_2$}]$^+$, **8**, 474

RhC$_{42}$H$_{31}$ClF$_9$O$_2$P$_2$
RhCl(O$_2$CCF$_3$){C(CF$_3$)=CHCF$_3$}(PPh$_3$)$_2$, **5**, 400

RhC$_{42}$H$_{35}$OP$_2$
Rh(C$_6$H$_4$O)(PPh$_3$)$_2$, **5**, 511

RhC$_{42}$H$_{36}$ClO$_2$P$_2$
RhCl{COC(Me)=C(Me)CO}(PPh$_3$)$_2$, **5**, 407

RhC$_{42}$H$_{36}$P$_2$
Rh{P(C$_6$H$_4$CH=CH$_2$)$_3$}(PPh$_3$), **5**, 429

RhC$_{42}$H$_{37}$NOP$_2$S
[Rh{CN(Me)C(Me)=CHS}(CO)(PPh$_3$)$_2$]$^+$, **5**, 415

RhC$_{42}$H$_{38}$P$_2$
[RhMe(Cp)(PPh$_3$)$_2$]$^+$, **5**, 402
[Rh(PPh$_3$)$_2$(C$_6$H$_8$)]$^+$, **5**, 450

RhC$_{42}$H$_{39}$ClOP$_3$
RhCl(CO){(Ph$_2$PCH$_2$)$_3$CMe}, **5**, 312

RhC$_{42}$H$_{39}$N$_3$P$_2$
[Rh(CNMe)$_3$(PPh$_3$)$_2$]$^+$, **5**, 352

RhC$_{42}$H$_{40}$IO$_2$P$_2$
RhI(Me)(PPh$_3$)$_2$(acac), **5**, 383

RhC$_{42}$H$_{40}$N$_2$O$_2$P$_2$
[Rh(CO)$_2$(Ph$_2$PC$_6$H$_4$NMe$_2$)$_2$]$^+$, **5**, 311

RhC$_{43}$H$_{23}$IOP
RhI(COMe)Cp(PPh$_3$), **5**, 385

RhC$_{43}$H$_{30}$ClN$_4$OP$_2$
RhCl(CO){(NC)$_2$C=C(CN)$_2$}(PPh$_3$)$_2$, **5**, 426

RhC$_{43}$H$_{30}$ClN$_4$O$_2$P$_2$
RhCl{C(CN)$_2$C(CN)$_2$O}(CO)(PPh$_3$)$_2$, **5**, 401

RhC$_{43}$H$_{35}$ClNO$_2$P$_2$
RhCl(COPh)(NO)(PPh$_3$)$_2$, **5**, 381

RhC$_{43}$H$_{35}$Cl$_2$OP$_2$
RhCl$_2$(COPh)(PPh$_3$)$_2$, **5**, 402
RhCl$_2$(Ph)(CO)(PPh$_3$)$_2$, **8**, 217

RhC$_{43}$H$_{35}$OP$_2$
RhPh(CO)(PPh$_3$)$_2$, **5**, 376, 379

RhC$_{43}$H$_{37}$F$_4$O$_2$P$_2$
Rh(CF$_2$=CF$_2$)(acac)(PPh$_3$)$_2$, **5**, 427

RhC$_{43}$H$_{37}$NOP$_2$
[Rh{C(CH=CH)$_2$NMe}(CO)(PPh$_3$)$_2$]$^+$, **5**, 415

RhC$_{43}$H$_{38}$ClOP$_2$
RhCl{COCH$_2$C(=CH$_2$)C(CH$_2$)$_2$}(PPh$_3$)$_2$, **5**, 499

RhC$_{43}$H$_{38}$ClP$_2$
RhCl(nbd)(PPh$_3$)$_2$, **5**, 470

RhC$_{43}$H$_{38}$P$_2$
[Rh(nbd)(PPh$_3$)$_2$]$^+$, **5**, 474, 479

RhC$_{43}$H$_{39}$O$_2$P$_3$
[Rh(CO)$_2${(Ph$_2$PCH$_2$)$_3$CMe}]$^+$, **5**, 312

RhC$_{43}$H$_{42}$OP$_4$
[Rh(CO){(Ph$_2$PCH$_2$CH$_2$)$_3$P}]$^+$, **5**, 313
[Rh(CO){(Ph$_2$PCH$_2$CH$_2$PPhCH$_2$)$_2$}]$^+$, **5**, 313

RhC$_{43}$H$_{66}$F$_5$OP$_2$
Rh(C$_6$F$_5$)(CO)(PCy$_3$)$_2$, **5**, 393

RhC$_{44}$H$_{30}$F$_3$N$_2$O$_2$P$_2$
Rh{C$_6$F$_3$N(CN)}(CO)$_2$(PPh$_3$)$_2$, **5**, 386

RhC$_{44}$H$_{30}$F$_5$O$_2$P$_2$
Rh(C$_6$F$_5$)(CO)$_2$(PPh$_3$)$_2$, **5**, 386

RhC$_{44}$H$_{33}$ClN$_5$P$_2$
RhCl{(NC)$_2$C=C(CN)$_2$}(CNMe)(PPh$_3$)$_2$, **5**, 434

RhC$_{44}$H$_{40}$F$_6$N$_3$P$_2$
Rh{CN(Me)CH$_2$CH$_2$N-Me}{N=C(CF$_3$)$_2$}(PPh$_3$)$_2$, **5**, 412

RhC$_{44}$H$_{40}$IO$_5$P$_2$
RhI(Me){C(CO$_2$Me)=CHCO$_2$Me}(CO)(PPh$_3$)$_2$, **5**, 399

RhC$_{44}$H$_{42}$ClOP$_2$
RhCl{CH$_2$(C$_6$H$_{10}$)CO}(PPh$_3$)$_2$, **5**, 405

RhC$_{44}$H$_{42}$P$_2$
[Rh(cod)(PPh$_3$)$_2$]$^+$, **5**, 473, 479

RhC$_{44}$H$_{75}$ClNP$_2$
RhCl(H)(C$_6$H$_4$CH=NMe)(PCy$_3$)$_2$, **5**, 396

RhC$_{45}$H$_{30}$F$_5$P$_2$S
Rh(C$_6$F$_5$)(CS)(PPh$_3$)$_2$, **5**, 376

RhC$_{45}$H$_{35}$ClNO$_2$P$_2$S
RhCl{CON=C(Ph)S}(CO)(PPh$_3$)$_2$, **5**, 401

RhC$_{45}$H$_{37}$F$_6$O$_2$P$_2$
Rh(CF$_3$C≡CCF$_3$)(acac)(PPh$_3$)$_2$, **5**, 441

RhC$_{45}$H$_{38}$Cl$_2$O$_2$P$_2$
RhCl{CO(C$_7$H$_8$)CO}(PPh$_3$)$_2$, **5**, 406

RhC$_{46}$H$_{36}$N$_6$P$_2$
[Rh{(NC)$_2$C=C(CN)$_2$}(CNMe)$_2$(PPh$_3$)$_2$]$^+$, **5**, 433

RhC$_{46}$H$_{37}$ClNOP$_2$
RhCl(H){CO(C$_9$H$_6$N)}(PPh$_3$)$_2$, **5**, 392

RhC$_{46}$H$_{37}$F$_9$O$_4$P$_3$
Rh{C(CO$_2$Me)=C(CO$_2$Me)-C(CF$_3$)=CHCF$_3$}(PF$_3$)(PPh$_3$)$_2$, **5**, 400

RhC$_{46}$H$_{44}$O$_6$P$_2$
[Rh{C$_6$H$_4$OP(OPh)$_2$}(η^5-C$_5$Me$_5$){P(OPh)$_3$}]$^+$, **5**, 394

RhC$_{47}$H$_{35}$ClOP

RhC$_{47}$H$_{35}$ClOP
  RhCl{(CPh)$_4$CO}(PPh$_3$), **5**, 453
RhC$_{47}$H$_{38}$N$_2$OP$_2$
  [Rh(CO)(PPh$_3$)$_2$(bipy)]$^+$, **5**, 298
RhC$_{47}$H$_{45}$O$_2$P$_2$
  Rh{CH$_2$C(=CH$_2$)C(=CH$_2$)CH$_2$}(acac)(PPh$_3$)$_2$, **5**, 411
RhC$_{48}$H$_{37}$ClNOP$_2$
  RhCl(H){CO(C$_9$H$_6$N)}(PPh$_3$)$_2$, **8**, 216
RhC$_{48}$H$_{44}$ClN$_2$P$_2$
  RhCl{CN(Ph)CH$_2$CH$_2$NPh}(PPh$_3$)$_2$, **5**, 412
RhC$_{49}$H$_{42}$N$_2$P$_4$S$_2$
  [Rh(CS$_2$)(Ph$_2$PNHPPh$_2$)$_2$]$^+$, **5**, 341
RhC$_{50}$H$_{40}$ClP$_2$
  RhCl(PhC≡CPh)(PPh$_3$)$_2$, **5**, 444
RhC$_{51}$H$_{40}$P
  Rh{C(Ph)=C(Ph)C(Ph)=CPh}Cp(PPh$_3$), **5**, 408
RhC$_{51}$H$_{41}$OP$_2$
  Rh{C(Ph)=CHPh}(CO)(PPh$_3$)$_2$, **5**, 399
RhC$_{51}$H$_{44}$ClN$_2$P$_2$
  RhCl{CN(Ph)CH$_2$CH$_2$NPh}(PPh$_3$)$_2$, **8**, 506
RhC$_{51}$H$_{58}$N$_3$P$_2$
  [RhH(CNBu^t)$_3$(PPh$_3$)$_2$]$^{2+}$, **5**, 354
RhC$_{53}$H$_{48}$OP$_4$
  [Rh(CO)(diphos)$_2$]$^+$, **5**, 310
RhC$_{53}$H$_{48}$P$_4$S
  [Rh(CS)(diphos)$_2$]$^+$, **5**, 340
RhC$_{54}$H$_{44}$O$_9$P$_3$
  Rh{C$_6$H$_4$OP(OPh)$_2$}{P(OPh)$_3$}$_2$, **5**, 394
RhC$_{54}$H$_{44}$P$_3$
  Rh(C$_6$H$_4$PPh$_2$)(PPh$_3$)$_2$, **5**, 375
RhC$_{54}$H$_{45}$N$_3$O$_2$P$_2$
  [Rh{CON=C(Ph)O}(py)$_2$(PPh$_3$)$_2$]$^+$, **5**, 401
RhC$_{55}$H$_{45}$OP$_3$
  [Rh(CO)(PPh$_3$)$_3$]$^-$, **5**, 297
RhC$_{55}$H$_{45}$P$_3$S
  Rh(CS)(PPh$_3$)$_3$, **5**, 341
  [Rh(CS)(PPh$_3$)$_3$]$^+$, **8**, 338
RhC$_{55}$H$_{45}$P$_3$S$_2$
  [Rh(CS$_2$)(PPh$_3$)$_2$]$^+$, **5**, 342
RhC$_{55}$H$_{46}$OP$_3$
  RhH(CO)(PPh$_3$)$_3$, **5**, 355; **8**, 119, 308, 579
RhC$_{55}$H$_{46}$O$_{10}$P$_3$
  RhH(CO){P(OPh)$_3$}$_3$, **8**, 125
RhC$_{55}$H$_{48}$P$_3$
  RhMe(PPh$_3$)$_3$, **5**, 375, 402
RhC$_{56}$H$_{44}$ClP$_2$
  RhCl{C(Ph)=C$_6$H$_4$=CPh}(PPh$_3$)$_2$, **5**, 410
RhC$_{56}$H$_{44}$O$_2$P$_3$
  Rh(COC$_6$H$_4$PPh$_2$)(CO)(PPh$_3$)$_2$, **5**, 393
RhC$_{56}$H$_{45}$OP$_3$S$_2$
  [Rh(CO)(CS$_2$)(PPh$_3$)$_3$]$^+$, **5**, 342
  Rh(CO)(S$_2$CPPh$_3$)(PPh$_3$)$_2$, **5**, 341
RhC$_{56}$H$_{45}$O$_2$P$_3$
  [Rh(CO)$_2$(PPh$_3$)$_3$]$^+$, **5**, 299
RhC$_{58}$H$_{44}$ClP$_2$
  RhCl{C$_6$H$_4$(C≡CPh)$_2$}(PPh$_3$)$_2$, **5**, 440
RhC$_{58}$H$_{51}$N$_2$P$_3$
  [Rh(CNMe)$_2$(PPh$_3$)$_3$]$^+$, **5**, 352
RhC$_{60}$H$_{50}$P$_3$
  RhPh(PPh$_3$)$_3$, **5**, 375
RhC$_{64}$H$_{64}$ON$_3$
  RhH(CO)(NBz$_3$)$_3$, **8**, 126
RhC$_{66}$H$_{48}$P$_2$
  [Rh{η^6-C$_6$Ph$_4$(C$_6$H$_4$PPh$_2$)$_2$}]$^+$, **5**, 490
RhC$_{70}$H$_{53}$ClP$_3$
  RhCl{C(C$_6$H$_4$PPh$_2$)=C(Ph)C(Ph)=C(C$_6$H$_4$PPh$_2$)}(PPh$_3$), **5**, 411, 490

RhC$_{79}$H$_{61}$OP$_2$
  Rh{C(Ph)=C(Ph)C(Ph)=CPh}{C(Ph)=CHPh}(CO)(PPh$_3$)$_2$, **5**, 408
RhCoC$_{17}$H$_{30}$O$_5$P$_2$
  RhCo(CO)$_5$(PEt$_3$)$_2$, **6**, 769, 814, 819, 836
RhCoC$_{34}$H$_{30}$P$_2$
  RhCo(PPh$_2$)$_2$Cp$_2$, **6**, 836
RhCo$_3$C$_{12}$O$_{12}$
  Co$_3$Rh(CO)$_{12}$, **6**, 822, 865; **8**, 328
RhCo$_3$C$_{14}$H$_9$O$_{14}$P
  Co$_3$Rh(CO)$_{11}${P(OMe)$_3$}, **6**, 866
RhCuC$_{39}$H$_{36}$ClN$_3$OP$_2$
  RhCuCl(CO)(PPh$_3$)$_2$(MeN$_3$Me), **6**, 837
RhCuC$_{55}$H$_{45}$Cl$_2$OP$_3$
  RhCuCl$_2$(CO)(PPh$_3$)$_3$, **6**, 776, 837
RhFeC$_{12}$H$_7$O$_5$
  FeRh(CO)$_5$(C$_7$H$_7$), **6**, 835
RhFeC$_{27}$H$_{27}$O$_2$P
  [FeRh(PPh$_2$)(CO)$_2$(cod)Cp]$^+$, **6**, 835
RhFeC$_{28}$H$_{40}$O$_4$P$_3$
  FeRh(PPh$_2$)(CO)$_4$(PEt$_3$)$_2$, **6**, 781, 797, 835
RhFeC$_{29}$H$_{40}$O$_5$P$_3$
  FeRh(PPh$_2$)(CO)$_5$(PEt$_3$)$_2$, **6**, 835
RhFeC$_{32}$H$_{25}$O$_3$P$_2$
  FeRh(PPh$_2$)$_2$(CO)$_3$Cp, **6**, 786, 835
RhFeWC$_{28}$H$_{19}$O$_6$
  WFeRh(CTol)(CO)$_6$Cp(C$_9$H$_7$), **6**, 854
RhFe$_2$C$_{14}$H$_5$O$_9$
  Fe$_2$Rh(CO)$_9$Cp, **6**, 800, 860
RhFe$_2$C$_{18}$H$_{20}$O$_4$S$_2$
  [Fe$_2$Rh(SEt)$_2$(CO)$_4$Cp$_2$]$^+$, **6**, 848
RhFe$_2$C$_{26}$H$_{20}$O$_4$P
  Fe$_2$Rh(PPh$_2$)(CO)$_4$Cp$_2$, **6**, 799
RhFe$_2$C$_{38}$H$_{30}$O$_4$P$_2$
  Fe$_2$Rh(PPh$_2$)$_2$(CO)$_4$Cp$_2$, **3**, 160; **6**, 782
  [Fe$_2$Rh(PPh$_2$)$_2$(CO)$_4$Cp$_2$]$^+$, **6**, 819, 848
RhFe$_2$C$_{56}$H$_{45}$O$_4$P$_3$
  [Fe$_2$Rh(PPh$_2$)$_2$(CO)$_4$Cp$_2$(PPh$_3$)]$^+$, **6**, 848
RhFe$_3$C$_{16}$H$_5$O$_{11}$
  Fe$_3$Rh(CO)$_{11}$Cp, **6**, 803, 860
RhFe$_4$C$_{15}$O$_{14}$
  [Fe$_4$Rh(CO)$_{14}$C]$^-$, **4**, 647; **6**, 860
RhFe$_5$C$_{17}$O$_{16}$
  [Fe$_5$Rh(CO)$_{16}$C]$^-$, **4**, 647; **6**, 773, 860
RhFe$_5$C$_{23}$H$_{12}$O$_{14}$
  [Fe$_5$Rh(CO)$_{14}$C(cod)]$^-$, **4**, 647; **6**, 773, 860
RhGeC$_{37}$H$_{30}$Cl$_3$OP$_2$
  Rh(GeCl$_3$)(CO)PPh$_3$)$_2$, **6**, 1052
RhGe$_2$C$_{39}$H$_{30}$O$_3$
  [Rh(GePh$_3$)$_2$(CO)$_3$]$^-$, **5**, 280
RhHgC$_9$H$_{13}$Cl$_2$
  RhCp(CH$_2$=CH$_2$)$_2$(HgCl$_2$), **3**, 106
RhHgC$_{13}$H$_{17}$Cl$_2$
  RhCp(cod)(HgCl$_2$), **6**, 987
RhHgC$_{14}$H$_{23}$Cl$_2$N$_2$
  Rh(Pr^{i}NCHNPr^i)(nbd)(HgCl$_2$), **6**, 995
RhHgC$_{44}$H$_{35}$O$_2$P$_2$
  Rh(HgPh)(CO)$_2$(PPh$_3$)$_2$, **6**, 1025
RhInC$_{37}$H$_{30}$Cl$_2$OP$_2$
  Rh(InCl$_2$)(CO)(PPh$_3$)$_2$, **6**, 966
RhMnC$_{22}$H$_{15}$O$_5$P
  MnRh(PPh$_2$)(CO)$_5$Cp, **4**, 93; **6**, 833
RhMnC$_{29}$H$_{23}$O$_5$P

Mn(PPh$_2$)(CO)$_3${OC(Me)Rh(Cp)C(Ph)O}, **4**, 93

RhMoC$_{18}$H$_{27}$O$_4$P$_2$
  MoRh(PMe$_3$)$_2$(CO)$_4$(η^5-C$_5$Me$_5$), **6**, 828

RhMoC$_{46}$H$_{42}$P$_2$
  [MoRhH$_2$(PPh$_3$)$_2$Cp$_2$]$^+$, **6**, 828

RhOs$_3$C$_{15}$H$_9$O$_{12}$
  Os$_3$RhH$_2$(acac)(CO)$_{10}$, **6**, 864

RhPb$_2$C$_{12}$H$_{23}$O
  Rh(PbMe$_3$)$_2$(CO)Cp, **2**, 669

RhReC$_{22}$H$_{15}$O$_5$P
  ReRh(PPh$_3$)(CO)$_5$Cp, **6**, 834

RhSbC$_{20}$H$_{15}$ClO$_2$
  RhCl(CO)$_2$(SbPh$_3$), **5**, 314

RhSbC$_{21}$H$_{21}$NO$_2$
  Rh{O(CH$_2$)$_2$NH$_2$}(CO)(SbPh$_3$), **5**, 294

RhSbC$_{25}$H$_{23}$Cl
  RhCl(nbd)(SbPh$_3$), **5**, 472

RhSbC$_{31}$H$_{34}$F$_4$O$_2$
  Rh(CF$_2$=CF$_2$)(Bu^{t}COCHCOBu^t)(SbPh$_3$), **5**, 428

RhSbC$_{32}$H$_{31}$
  [Rh(nbd)$_2$(SbPh$_3$)]$^+$, **5**, 473

RhSbC$_{34}$H$_{39}$
  [Rh(cod)$_2$(SbPh$_3$)]$^+$, **5**, 473

RhSb$_2$C$_{37}$H$_{30}$ClO
  RhCl(CO)(SbPh$_3$)$_2$, **5**, 316

RhSb$_2$C$_{37}$H$_{31}$Cl$_2$O
  RhCl$_2$(H)(CO)(SbPh$_3$)$_2$, **5**, 355

RhSb$_2$C$_{38}$H$_{30}$ClF$_4$
  RhCl(CF$_2$=CF$_2$)(SbPh$_3$)$_2$, **5**, 428

RhSb$_2$C$_{38}$H$_{30}$NO
  Rh(CN)(CO)(SbPh$_3$)$_2$, **5**, 316

RhSb$_2$C$_{38}$H$_{33}$I$_2$O
  RhI$_2$(Me)(CO)(SbPh$_3$)$_2$, **5**, 386

RhSb$_2$C$_{39}$H$_{35}$Cl$_2$
  RhCl$_2$(CH$_2$CHCH$_2$)(SbPh$_3$)$_2$, **5**, 497

RhSb$_2$C$_{40}$H$_{37}$Cl$_2$
  RhCl$_2$(CH$_2$CMeCH$_2$)(SbPh$_3$)$_2$, **5**, 497

RhSb$_2$C$_{42}$H$_{37}$O$_3$
  Rh(CO)(SbPh$_3$)$_2$(acac), **5**, 283

RhSb$_2$C$_{43}$H$_{30}$ClF$_6$O
  RhCl(C≡CCF$_3$)$_2$(CO)(SbPh$_3$)$_2$, **5**, 393

RhSb$_2$C$_{43}$H$_{30}$ClN$_4$O
  RhCl(CO){(NC)$_2$C=C(CN)$_2$}(SbPh$_3$)$_2$, **5**, 426

RhSb$_2$C$_{44}$H$_{30}$ClF$_{12}$
  $\overline{\text{RhCl}\{\text{C(CF}_3\text{)=C(CF}_3\text{)C(CF}_3\text{)=C-}}$
  CF$_3$}(SbPh$_3$)$_2$, **5**, 408

RhSb$_2$C$_{44}$H$_{42}$
  [Rh(cod)(SbPh$_3$)$_2$]$^+$, **5**, 473

RhSb$_2$C$_{45}$H$_{37}$F$_6$O$_2$
  Rh(CF$_3$C≡CCF$_3$)(acac)(SbPh$_3$)$_2$, **5**, 441

RhSb$_2$C$_{50}$H$_{40}$Cl
  RhCl(PhC≡CPh)(SbPh$_3$)$_2$, **5**, 444

RhSb$_3$C$_{55}$H$_{45}$ClO
  RhCl(CO)(SbPh$_3$)$_3$, **5**, 316

RhSb$_3$C$_{56}$H$_{45}$O$_2$
  [Rh(CO)$_2$(SbPh$_3$)$_3$]$^+$, **5**, 316

RhSb$_3$C$_{58}$H$_{45}$ClF$_6$
  RhCl(CF$_3$C≡CCF$_3$)(SbPh$_3$)$_3$, **5**, 440

RhSiC$_{14}$H$_{32}$P$_2$
  [RhH(η^5-C$_5$H$_4$SiMe$_3$)(PMe$_3$)$_2$]$^+$, **5**, 364

RhSiC$_{18}$H$_{15}$F$_{12}$P$_4$
  Rh(SiPh$_3$)(PF$_3$)$_4$, **8**, 300

RhSi$_2$C$_{17}$H$_{48}$P$_3$
  $\overline{\text{Rh(CH}_2\text{SiMe}_2\text{CH}_2)}$(CH$_2$SiMe$_3$)(PMe$_3$)$_3$, **1**, 207;
  2, 295; **5**, 408

RhSi$_6$C$_{19}$H$_{54}$ClOP$_2$
  RhCl(CO){P(SiMe$_3$)$_3$}$_2$, **5**, 306

RhSnC$_{24}$H$_{24}$O$_3$P
  Rh(SnMe$_3$)(CO)$_3$(PPh$_3$), **6**, 1092

RhSnC$_{37}$H$_{30}$Cl$_3$P$_2$S$_2$
  [Rh(SnCl$_3$)(CS$_2$)(PPh$_3$)$_2$]$^+$, **5**, 342

RhSnC$_{41}$H$_{39}$O$_2$P$_2$
  Rh(SnMe$_3$)(CO)$_2$(PPh$_3$)$_2$, **6**, 1092

RhSnC$_{45}$H$_{39}$OP$_2$
  Rh(SnPh$_3$)(CO)$_2$(diphos), **5**, 307

RhSn$_2$C$_{39}$H$_{30}$O$_3$
  [Rh(SnPh$_3$)$_2$(CO)$_3$]$^-$, **5**, 280

RhWC$_{46}$H$_{42}$P$_2$
  WRhH$_2$(PPh$_3$)$_2$Cp$_2$, **6**, 774
  [WRhH$_2$(PPh$_3$)$_2$Cp$_2$]$^+$, **6**, 830

Rh$_2$Ag$_4$C$_{100}$H$_{30}$F$_{40}$P$_2$
  Rh$_2$Ag$_4$(C≡CC$_6$F$_5$)$_8$(PPh$_3$)$_2$, **5**, 377

Rh$_2$AsC$_{33}$H$_{25}$F$_6$O
  Rh$_2$(CO)(Cp)$_2$(CF$_3$CCCF$_3$)(AsPh$_3$), **5**, 442

Rh$_2$As$_2$C$_{38}$H$_{30}$Cl$_2$O$_2$
  {RhCl(CO)(AsPh$_3$)}$_2$, **5**, 316

Rh$_2$As$_4$C$_{52}$H$_{44}$ClO$_2$
  [Rh$_2$Cl(CO)$_2$(Ph$_2$AsCH$_2$AsPh$_2$)$_2$]$^+$, **5**, 351

Rh$_2$As$_4$C$_{52}$H$_{44}$Cl$_2$O$_2$
  {RhCl(CO)(Ph$_2$AsCH$_2$AsPh$_2$)}$_2$, **5**, 316

Rh$_2$As$_4$C$_{57}$H$_{53}$ClNO$_2$
  [Rh$_2$Cl(CO)$_2$(CNBu^t)(Ph$_2$AsCH$_2$AsPh$_2$)$_2$]$^+$, **5**, 351

Rh$_2$As$_4$C$_{58}$H$_{56}$N$_4$
  [{Rh(CNMe)$_2$(Ph$_2$AsCH$_2$AsPh$_2$)}$_2$]$^{2+}$, **5**, 352

Rh$_2$As$_4$C$_{61}$H$_{62}$ClN$_2$O
  [Rh$_2$Cl(CO)(CNBu^t)$_2$(Ph$_2$AsCH$_2$AsPh$_2$)$_2$]$^+$, **5**, 351

Rh$_2$As$_4$C$_{70}$H$_{80}$N$_4$
  [{Rh(CNBu^t)$_4$(Ph$_2$AsCH$_2$AsPh$_2$)}$_2$]$^{2+}$, **5**, 351

Rh$_2$As$_4$C$_{76}$H$_{60}$O$_4$
  {Rh(CO)$_2$(AsPh$_3$)$_2$}$_2$, **8**, 119

Rh$_2$B$_2$C$_{26}$H$_{40}$
  Rh$_2$(η^5-C$_5$Me$_5$)$_2${MeB(CHCH)$_2$BMe}, **1**, 386

Rh$_2$B$_2$C$_{52}$H$_{54}$Cl$_2$F$_6$P$_2$
  {RhCl(BF$_3$)(PPh$_3$)(cod)}$_2$, **5**, 472

Rh$_2$B$_{18}$C$_{40}$H$_{52}$P$_2$
  {(Ph$_3$P)RhC$_2$B$_9$H$_{11}$}$_2$, **1**, 524

Rh$_2$C$_2$H$_2$F$_{18}$P$_6$
  Rh(HC≡CH)(PF$_3$)$_6$, **5**, 443

Rh$_2$C$_4$Br$_2$O$_4$
  {RhBr(CO)$_2$}$_2$, **5**, 282

Rh$_2$C$_4$Cl$_2$O$_4$
  {RhCl(CO)$_2$}$_2$, **5**, 280; **8**, 326, 394

Rh$_2$C$_4$F$_4$O$_4$P$_2$S$_4$
  {Rh(CO)$_2$(S$_2$PF$_2$)}$_2$, **5**, 286

Rh$_2$C$_4$F$_6$O$_4$
  {RhF$_3$(CO)$_2$}$_2$, **5**, 281

Rh$_2$C$_4$H$_6$F$_{18}$P$_6$
  Rh$_2$(MeC≡CMe)(PF$_3$)$_6$, **5**, 443

Rh$_2$C$_4$N$_2$O$_{10}$
  {Rh(CO)$_2$(NO$_3$)}$_2$, **5**, 284

Rh$_2$C$_4$O$_8$S
  {Rh(CO)$_2$}$_2$(SO$_4$), **5**, 284

Rh$_2$C$_5$H$_4$Cl$_2$O$_3$
  Rh$_2$Cl$_2$(CO)$_3$(CH$_2$=CH$_2$), **5**, 421

Rh$_2$C$_6$H$_2$O$_8$
  {Rh(CO)$_2$(O$_2$CH)}$_2$, **5**, 284

Rh$_2$C$_6$H$_6$I$_4$O$_4$
  [{RhI$_2$(COMe)(CO)}$_2$]$^{2-}$, **5**, 384

Rh$_2$C$_6$H$_6$I$_6$O$_4$
  [{RhI$_3$(COMe)(CO)}$_2$]$^{2-}$, **8**, 77

Rh$_2$C$_6$H$_6$O$_6$
  {Rh(OMe)(CO)$_2$}$_2$, **5**, 284

Rh$_2$C$_6$H$_8$Cl$_2$O$_2$

$Rh_2C_6H_8Cl_2O_2$

$\{RhCl(CO)(CH_2=CH_2)\}_2$, **5**, 422

$Rh_2C_7H_{12}Cl_2O$
$\quad Rh_2Cl_2(CO)(CH_2=CH_2)_3$, **5**, 421

$Rh_2C_8H_6O_8$
$\quad \{Rh(CO)_2(O_2CMe)\}_2$, **5**, 284

$Rh_2C_8H_8Br_2Cl_4$
$\quad [RhBr\{CH_2=C(Cl)C(Cl)=CH_2\}]_2$, **5**, 448

$Rh_2C_8H_8Cl_2F_8$
$\quad \{RhCl(CH_2=CH_2)(CF_2=CF_2)\}_2$, **5**, 419

$Rh_2C_8H_8Cl_2O_4$
$\quad \{RhCl(CH_2CH_2CO)(CO)\}_2$, **5**, 405

$Rh_2C_8H_{12}Cl_8N_2O_2$
$\quad [RhCl_3\{C(Cl)NMe_2\}(CO)]_2$, **5**, 414

$Rh_2C_8H_{14}Cl_6N_2O_2$
$\quad \{RhCl_3(CO)(CHNMe_2)\}_2$, **5**, 417

$Rh_2C_8H_{16}Cl_2$
$\quad \{RhCl(CH_2=CH_2)_2\}_2$, **5**, 418; **8**, 394, 594

$Rh_2C_8O_8$
$\quad Rh_2(CO)_8$, **5**, 279

$Rh_2C_{10}H_6N_4O_4$
$\quad \{Rh(CO)_2(C_3H_3N_2)\}_2$, **5**, 292

$Rh_2C_{10}H_{10}N_2O_2$
$\quad \{Rh(NO)Cp\}_2$, **5**, 361, 365

$Rh_2C_{10}H_{10}N_2O_3$
$\quad Rh_2(NO)(NO_2)Cp_2$, **5**, 365

$Rh_2C_{10}H_{12}Cl_2N_4$
$\quad [[RhCl\{CN(CH_2)_3NC\}]_2]^{2+}$, **5**, 345

$Rh_2C_{10}H_{18}F_{15}P_5$
$\quad Rh_2(PF_3)_5(Bu^tC\equiv CBu^t)$, **5**, 443

$Rh_2C_{10}H_{24}Cl_4O_2P_2$
$\quad \{RhCl_2(Me)(CO)(PMe_3)\}_2$, **5**, 384

$Rh_2C_{10}H_{30}I_2S_3$
$\quad Rh_2I_2Me_4(SMe_2)_3$, **5**, 376

$Rh_2C_{12}Cl_2F_{12}O_4$
$\quad \{RhCl(CF_2CF=CFCF_2)(CO)_2\}_2$, **5**, 409

$Rh_2C_{12}H_8Cl_2O_4$
$\quad \{RhCl(benzoquinone)\}_2$, **5**, 482

$Rh_2C_{12}H_{10}Cl_2N_2O_2$
$\quad \{RhCl(CO)(py)\}_2$, **5**, 289

$Rh_2C_{12}H_{10}F_6I_2$
$\quad \{RhI(CF_3)Cp\}_2$, **5**, 385

$Rh_2C_{12}H_{16}Cl_2$
$\quad \{RhCl(C_6H_8)\}_2$, **5**, 448

$Rh_2C_{12}H_{20}Cl_2$
$\quad [RhCl\{CH_2=CH(CH_2)_2CH=CH_2\}]_2$, **5**, 483
$\quad \{RhCl(CH_2CHCH_2)_2\}_2$, **5**, 506, 507
$\quad \{RhCl(MeCH=CHCH=CHMe)\}_2$, **5**, 447

$Rh_2C_{12}H_{20}Cl_4$
$\quad \{RhCl_2(MeCHCHCH_2)\}_2(CH_2=CHCH=CH_2)$, **5**, 499; **8**, 419

$Rh_2C_{12}H_{20}O_4P_2$
$\quad \{Rh(CH_2PMe_2CH_2)(CO)_2\}_2$, **5**, 408; **8**, 328

$Rh_2C_{12}H_{22}Cl_4O_2$
$\quad [RhCl_2\{CH_2CH(CH_2OH)CH=CH_2\}]_2$, **5**, 520

$Rh_2C_{12}H_{22}O_2$
$\quad \{Rh(OH)(CH_2CHCH_2)_2\}_2$, **5**, 507

$Rh_2C_{13}H_{10}O_3$
$\quad Rh_2(CO)_3Cp_2$, **3**, 154, 156; **5**, 360

$Rh_2C_{13}H_{11}O_3$
$\quad [Rh_2H(CO)_3Cp_2]^+$, **5**, 361

$Rh_2C_{13}H_{12}O_2$
$\quad \{Rh(CO)Cp\}_2(CH_2)$, **5**, 417

$Rh_2C_{13}H_{13}O_2$
$\quad [Rh_2H(CH_2)Cp_2(CO)_2]^+$, **5**, 417

$Rh_2C_{14}H_{10}F_{18}P_6$
$\quad Rh(PhC\equiv CPh)(PF_3)_6$, **5**, 443

$Rh_2C_{14}H_{14}Cl_2$
$\quad \{RhCl(C_7H_7)\}_2$, **7**, 426

$Rh_2C_{14}H_{14}O_2$
$\quad \{Rh(CO)Cp\}_2(CHMe)$, **5**, 417

$Rh_2C_{14}H_{14}O_8$
$\quad \{Rh(CO)_2(acac)\}_2$, **8**, 597

$Rh_2C_{14}H_{16}Cl_2$
$\quad \{RhCl(nbd)\}_2$, **5**, 461, 478; **8**, 595

$Rh_2C_{14}H_{16}Cl_2O_4$
$\quad [RhCl\{COCH_2CH_2C(CH_2)_2\}(CO)]_2$, **5**, 499

$Rh_2C_{14}H_{16}Cl_4$
$\quad \{RhCl_2(nbd)\}_2$, **8**, 467

$Rh_2C_{14}H_{18}Cl_2N_2O_4$
$\quad \{RhCl(CO)_2\}_2(Bu^tN=CHCH=NBu^t)$, **5**, 290

$Rh_2C_{15}H_6F_{12}O_6$
$\quad \{Rh(CO)(hfacac)\}_2(CH_2=C=CH_2)$, **5**, 440

$Rh_2C_{16}Cl_2F_{28}P_2$
$\quad [RhCl\{C_4(CF_3)_4PF_2\}]_2$, **5**, 459

$Rh_2C_{16}F_{10}O_4S_2$
$\quad \{Rh(SC_6F_5)(CO)_2\}_2$, **5**, 288

$Rh_2C_{16}H_{10}F_6O_2$
$\quad \{Rh(CO)Cp\}_2(CF_3C\equiv CCF_3)$, **5**, 442

$Rh_2C_{16}H_{11}F_6O_2$
$\quad [\{Rh(CO)Cp\}_2\{C(CF_3)=CHCF_3\}]^+$, **5**, 519

$Rh_2C_{16}H_{16}Cl_2$
$\quad \{RhCl(cot)\}_2$, **5**, 462, 478

$Rh_2C_{16}H_{16}Cl_2O_4$
$\quad [RhCl\{COCH_2C(=CH_2)C(CH_2)_2\}(CO)]_2$, **5**, 499

$Rh_2C_{16}H_{18}Cl_2N_2O_2$
$\quad \{RhCl(CO)(CH_2=CH_2)(py)\}_2$, **5**, 427

$Rh_2C_{16}H_{20}Cl_2$
$\quad \{RhCl(C_8H_{10})\}_2$, **5**, 484
$\quad [RhCl\{HC(CH_2CH_2)(CH=CH)_2CH\}]_2$, **5**, 480

$Rh_2C_{16}H_{20}Cl_2O_4$
$\quad Rh_2Cl_2(CO)_2\{C(Et)C(Et)C(Et)C(Et)\}$, **5**, 456

$Rh_2C_{16}H_{20}O_6$
$\quad \{Rh(acac)(CO)\}_2(CH_2=CHCH=CH_2)$, **5**, 422

$Rh_2C_{16}H_{24}Cl_2$
$\quad \{RhCl(cod)\}_2$, **5**, 461, 479; **8**, 595

$Rh_2C_{16}H_{24}Cl_4$
$\quad \{RhCl_2(cod)\}_2$, **8**, 467

$Rh_2C_{16}H_{24}N_6$
$\quad \{Rh(N_3)(cod)\}_2$, **5**, 461

$Rh_2C_{16}H_{24}O_2$
$\quad \{Rh(cod)\}_2(O_2)$, **5**, 463

$Rh_2C_{16}H_{28}F_2$
$\quad \{RhF(C_8H_{14})\}_2$, **5**, 419

$Rh_2C_{17}H_{18}$
$\quad (RhCp)_2(C_7H_8)$, **5**, 518

$Rh_2C_{17}H_{19}$
$\quad [Rh_2H(Cp)_2(C_7H_8)]^+$, **5**, 518

$Rh_2C_{18}H_{10}N_2O_6$
$\quad \{Rh(CO)_2\}_2(PhCONNCOPh)$, **5**, 294

$Rh_2C_{18}H_{18}$
$\quad (RhCp)_2(cot)$, **5**, 468, 479

$Rh_2C_{18}H_{20}$
$\quad (RhCp)_2(C_8H_{10})$, **3**, 165; **5**, 518

$Rh_2C_{18}H_{22}O_4$
$\quad \{Rh(acac)\}_2(cot)$, **5**, 463, 479

$Rh_2C_{18}H_{30}O_2$
$\quad \{Rh(OMe)(cod)\}_2$, **5**, 463

$Rh_2C_{18}H_{30}S_2$
$\quad \{Rh(SMe)(cod)\}_2$, **5**, 463

Rh$_2$C$_{19}$H$_{20}$O$_6$
  {Rh(CO)Cp}$_2${C(CO$_2$Et)$_2$}, **5**, 416
Rh$_2$C$_{19}$H$_{30}$S$_2$
  {Rh(cod)}$_2${S(CH$_2$)$_3$S}, **5**, 464
Rh$_2$C$_{20}$H$_{16}$F$_{10}$S$_2$
  {Rh(SC$_6$F$_5$)(CH$_2$=CH$_2$)$_2$}$_2$, **5**, 421
Rh$_2$C$_{20}$H$_{20}$
  (CpRh)$_2$(C$_5$H$_5$-C$_5$H$_5$), **5**, 356, 451; **8**, 1040
Rh$_2$C$_{20}$H$_{22}$F$_6$O$_4$
  {Rh(acac)(CH$_2$=CH$_2$)}$_2$(C$_6$F$_6$), **5**, 421
Rh$_2$C$_{20}$H$_{24}$Cl$_2$O$_4$
  {RhCl(duroquinone)}$_2$, **5**, 482
Rh$_2$C$_{20}$H$_{24}$N$_8$
  [Rh$_2${CN(CH$_2$)$_3$NC}$_4$]$^{2+}$, **5**, 344
Rh$_2$C$_{20}$H$_{28}$O$_2$P$_2$S$_2$
  {Rh(SPh)(CO)(PMe$_3$)}$_2$, **5**, 288
Rh$_2$C$_{20}$H$_{30}$Cl$_3$
  [Rh$_2$Cl$_3$(η^5-C$_5$Me$_5$)$_2$]$^+$, **5**, 372
Rh$_2$C$_{20}$H$_{30}$Cl$_4$
  {RhCl$_2$(η^5-C$_5$Me$_5$)}$_2$, **5**, 358, 367, 370, 372; **8**, 1061
Rh$_2$C$_{20}$H$_{31}$Cl$_3$
  Rh$_2$Cl$_3$(H)(η^5-C$_5$Me$_5$)$_2$, **5**, 374, 501; **8**, 328
Rh$_2$C$_{20}$H$_{32}$Cl$_2$
  {RhCl(C$_{10}$H$_{16}$)}$_2$, **5**, 485
Rh$_2$C$_{20}$H$_{33}$O$_3$
  [Rh$_2$(OH)$_3$(η^5-C$_5$Me$_5$)$_2$]$^+$, **5**, 368
Rh$_2$C$_{20}$H$_{36}$Cl$_2$N$_4$
  {RhCl(CNBu^t)$_2$}$_2$, **5**, 345
Rh$_2$C$_{21}$H$_{15}$Cl$_2$O$_3$P
  Rh$_2$Cl$_2$(CO)$_3$(PPh$_3$), **5**, 300
Rh$_2$C$_{22}$H$_{10}$F$_{10}$Cl$_2$
  {RhCl(C$_6$F$_5$)Cp}$_2$, **5**, 385
Rh$_2$C$_{22}$H$_{18}$O$_2$S$_2$
  Rh$_2$(SPh)$_2$(CO)$_2$(cot), **5**, 463
Rh$_2$C$_{22}$H$_{20}$S$_2$
  {Rh(SPh)Cp}$_2$, **5**, 365
Rh$_2$C$_{22}$H$_{28}$N$_4$
  {Rh(cod)}$_2${(C$_3$H$_2$N$_2$)$_2$}, **5**, 469
Rh$_2$C$_{22}$H$_{30}$N$_4$
  {Rh(cod)(C$_3$H$_3$N$_2$)}$_2$, **5**, 469
Rh$_2$C$_{22}$H$_{30}$O$_2$
  {Rh(CO)(η^5-C$_5$Me$_5$)}$_2$, **5**, 361
Rh$_2$C$_{22}$H$_{37}$O$_2$
  [Rh$_2$H(OMe)$_2$(η^5-C$_5$Me$_5$)$_2$]$^+$, **5**, 372
Rh$_2$C$_{23}$H$_{24}$O$_2$
  Rh$_2${CO(C$_5$H$_6$)(CH=CH)}(CO)(nbd)$_2$, **5**, 520
Rh$_2$C$_{23}$H$_{30}$O
  (RhCp)$_2${(CEt)$_4$CO}, **5**, 519
Rh$_2$C$_{24}$Cl$_2$F$_{32}$
  {RhCl(C$_6$F$_8$)$_2$}$_2$, **5**, 450
Rh$_2$C$_{24}$H$_{18}$Cl$_2$F$_6$N$_4$P$_2$
  Rh$_2$Cl$_2$(C$_6$H$_4$N=NPh)$_2$(PF$_3$)$_2$, **5**, 395
Rh$_2$C$_{24}$H$_{30}$
  Rh$_2$(cod)(C$_8$H$_9$)$_2$, **5**, 505
Rh$_2$C$_{24}$H$_{32}$
  {Rh(cod)}$_2$(cot), **5**, 465
Rh$_2$C$_{24}$H$_{36}$Cl$_2$
  {RhCl(C$_6$Me$_6$)}$_2$, **5**, 480
Rh$_2$C$_{24}$H$_{40}$Cl$_2$
  {RhCl(Me$_2$C=CHCH=CH$_2$)$_2$}$_2$, **5**, 419
Rh$_2$C$_{25}$H$_{21}$O$_7$P
  Rh$_2$(CO)$_3$(O$_2$CMe)$_2$(PPh$_3$), **5**, 300
Rh$_2$C$_{26}$Br$_4$O$_2$P$_2$S$_4$
  {RhBr$_2$(CO)(S$_2$PCy$_2$)}$_2$, **5**, 286
Rh$_2$C$_{26}$H$_8$Cl$_2$F$_{10}$N$_4$O$_2$
  Rh$_2$Cl$_2$(CO)$_2$(C$_6$H$_4$N=NC$_6$F$_5$)$_2$, **5**, 395
Rh$_2$C$_{26}$H$_{18}$Cl$_2$N$_4$O$_2$
  Rh$_2$Cl$_2$(CO)$_2$(C$_6$H$_4$N=NPh)$_2$, **5**, 395
Rh$_2$C$_{26}$H$_{26}$
  {RhPh(nbd)}$_2$, **5**, 463
Rh$_2$C$_{27}$H$_{20}$Cl$_2$N$_2$O$_4$
  {RhCl(CO)$_2$}$_2$-{$\overline{\text{N=C(Ph)CH}_2\text{CH(Ph)CH}_2\text{C(Ph)=N}}$}, **5**, 290
Rh$_2$C$_{27}$H$_{43}$IO$_2$P$_2$S$_2$
  Rh$_2$I(SBu^t)$_2$(COMe)(CO)(PMe$_2$Ph)$_2$, **5**, 384
Rh$_2$C$_{28}$H$_{20}$N$_6$O$_4$
  {Rh(CO)$_2$(PhNNNPh)}$_2$, **5**, 291
Rh$_2$C$_{28}$H$_{28}$Cl$_2$F$_{12}$
  [RhCl[HC{C(CF$_3$)=C(CF$_3$)}{C(Me)=CMe}$_2$]]$_2$, **5**, 481
Rh$_2$C$_{28}$H$_{46}$Br$_2$O$_2$P$_2$S$_2$
  Rh$_2$Br$_2$(Me)(COMe)(SBu^t)$_2$(PMe$_2$Ph)$_2$, **5**, 384
Rh$_2$C$_{28}$H$_{54}$O$_4$P$_2$
  {Rh(CO)$_2$(PBu^t$_3$)}$_2$, **5**, 297
Rh$_2$C$_{29}$H$_{20}$Cl$_2$O$_3$
  Rh$_2$Cl$_2$(CPh$_2$)$_2$(CO)$_3$, **5**, 416
Rh$_2$C$_{30}$H$_{22}$N$_4$O$_4$
  {Rh(CO)$_2$(PhNCHNPh)}$_2$, **5**, 291, 295
Rh$_2$C$_{30}$H$_{30}$Cl$_2$P$_2$
  Rh$_2$Cl$_2$(CH$_2$=CH$_2$)$_2$(diphos), **5**, 428
Rh$_2$C$_{32}$H$_{41}$O$_2$
  [{Rh(η^5-C$_5$Me$_5$)}$_2$(PhOHOPh)]$^{3+}$, **5**, 491
Rh$_2$C$_{32}$H$_{56}$Cl$_2$
  {RhCl(C$_8$H$_{14}$)$_2$}$_2$, **8**, 594
Rh$_2$C$_{32}$H$_{59}$ClO$_2$P$_2$S
  Rh$_2$Cl(SPh)(CO)$_2$(PBu^t$_3$)$_2$, **5**, 288
Rh$_2$C$_{32}$H$_{63}$O$_5$P$_3$
  Rh$_2$(CO)$_5$(PPr^i$_3$)$_3$, **5**, 297
Rh$_2$C$_{34}$H$_{32}$Cl$_2$P$_3$
  Rh$_2$Cl$_2${(Ph$_2$PCH$_2$CH$_2$)$_2$PC$_6$H$_4$}, **8**, 291
Rh$_2$C$_{34}$H$_{40}$O
  {Rh(η^5-C$_5$Me$_5$)}$_2$(CO)(CPh$_2$), **5**, 416
Rh$_2$C$_{34}$H$_{42}$S$_4$
  [$\overline{\text{Rh}\{\text{S(C}_6\text{H}_3\text{MeS})\}}$($\eta^5$-C$_5Me_5$)]$_2$, **5**, 368
Rh$_2$C$_{34}$H$_{72}$ClO$_2$P$_3$
  Rh$_2$Cl(CO)$_2$(PBu^t$_2$)(PBu^t$_3$)$_2$, **5**, 300
Rh$_2$C$_{36}$H$_{30}$
  {Rh(CPh$_2$)Cp}$_2$, **5**, 417
Rh$_2$C$_{36}$H$_{34}$I$_2$N$_4$O$_4$
  {RhI(CO)$_2$(TolNCMeNTol)}$_2$, **5**, 291
Rh$_2$C$_{36}$H$_{38}$F$_{18}$O$_6$
  [Rh{C(CF$_3$)=C(CF$_3$)CH(COBu^t)$_2$}-(CO)]$_2$(CF$_3$CCCF$_3$), **5**, 444
Rh$_2$C$_{36}$H$_{50}$Br$_2$O$_2$P$_4$
  [{RhBr(COMe)(PMe$_2$Ph)$_2$}$_2$]$^{2+}$, **5**, 384
Rh$_2$C$_{37}$H$_{30}$O
  Rh$_2$(CPh$_2$)$_2$Cp$_2$(CO), **5**, 416
Rh$_2$C$_{38}$H$_{30}$
  Rh$_2$Cp$_2${C(Ph)C(Ph)C(Ph)CPh}, **5**, 458
Rh$_2$C$_{38}$H$_{30}$Cl$_2$O$_2$P$_2$
  {RhCl(CO)(PPh$_3$)}$_2$, **5**, 300
Rh$_2$C$_{38}$H$_{30}$Cl$_6$O$_2$P$_2$
  {RhCl$_3$(CO)(PPh$_3$)}$_2$, **5**, 300
Rh$_2$C$_{39}$H$_{84}$O$_5$P$_4$
  {Rh(CO)(PPr^i$_3$)$_2$}$_2$(CO$_3$), **8**, 246
Rh$_2$C$_{40}$H$_{38}$Cl$_2$P$_2$
  {RhCl(CH$_2$=CH$_2$)(PPh$_3$)}$_2$, **5**, 428
Rh$_2$C$_{40}$H$_{48}$Cl$_2$O$_2$S$_2$
  {RhCl(C$_8$H$_{14}$)(Ph$_2$SO)}$_2$, **5**, 421
Rh$_2$C$_{42}$H$_{30}$O$_6$P$_2$
  {Rh(CO)$_3$(PPh$_3$)}$_2$, **5**, 299

$Rh_2C_{42}H_{36}Cl_2I_2O_4P_2$
  {RhCl(I)(COMe)(CO)(PPh$_3$)}$_2$, **5**, 384
$Rh_2C_{44}H_{38}Cl_2P_2$
  Rh$_2$Cl$_2$(cot)(PPh$_3$)$_2$, **5**, 470
$Rh_2C_{44}H_{42}Cl_2P_2$
  Rh$_2$Cl$_2$(cod)(PPh$_3$)$_2$, **5**, 470
$Rh_2C_{50}H_{40}O_2P_2S_2$
  {Rh(SPh)(CO)(PPh$_3$)}$_2$, **5**, 287
$Rh_2C_{51}H_{44}Br_2OP_4$
  Rh$_2$Br$_2$(CO)(Ph$_2$PCH$_2$PPh$_2$)$_2$, **5**, 309
$Rh_2C_{52}H_{40}O_4P_2S_2$
  {Rh(SPh)(CO)$_2$(PPh$_3$)}$_2$, **5**, 287, 288
$Rh_2C_{52}H_{44}BrO_2P_4$
  [Rh$_2$Br(CO)$_2$(Ph$_2$PCH$_2$PPh$_2$)$_2$]$^+$, **5**, 309
$Rh_2C_{52}H_{44}ClO_2P_4$
  [Rh$_2$Cl(CO)$_2$(Ph$_2$PCH$_2$PPh$_2$)$_2$]$^+$, **5**, 310
$Rh_2C_{52}H_{44}ClO_4P_4S$
  [Rh$_2$Cl(CO)$_2$(SO$_2$)(Ph$_2$PCH$_2$PPh$_2$)$_2$]$^+$, **5**, 310
$Rh_2C_{52}H_{44}Cl_2O_2P_4$
  {RhCl(CO)(Ph$_2$PCH$_2$PPh$_2$)}$_2$, **5**, 308
$Rh_2C_{52}H_{44}O_2P_4$
  {Rh(CO)(Ph$_2$PCH$_2$PPh$_2$)}$_2$, **5**, 309
$Rh_2C_{52}H_{44}O_2P_4S$
  Rh$_2$(S)(CO)$_2$(Ph$_2$PCH$_2$PPh$_2$)$_2$, **5**, 309
$Rh_2C_{52}H_{44}O_2P_4Se$
  Rh$_2$(Se)(CO)$_2$(Ph$_2$PCH$_2$PPh$_2$)$_2$, **5**, 309
$Rh_2C_{52}H_{44}O_4P_4S_2$
  Rh$_2$(S)(CO)$_2$(SO$_2$)(Ph$_2$PCH$_2$PPh$_2$)$_2$, **5**, 309
$Rh_2C_{52}H_{45}O_2P_4S$
  [Rh$_2$(SH)(CO)$_2$(Ph$_2$PCH$_2$PPh$_2$)$_2$]$^+$, **5**, 309
$Rh_2C_{52}H_{48}P_4$
  [Rh{C$_6$H$_5$P(Ph)CH$_2$CH$_2$PPh$_2$}]$_2$$^{2+}$, **8**, 318
  [{Rh(diphos)}$_2$]$^{2+}$, **5**, 490
$Rh_2C_{52}H_{52}O_4P_2$
  Rh{CH$_2$C(=CH$_2$)C(=CH$_2$)CH$_2$}-
  {CH(COMe)$_2$Rh(PPh$_3$)}(acac)(PPh$_3$), **5**, 453
$Rh_2C_{53}H_{44}ClOP_4S_4$
  Rh$_2$Cl(C$_2$S$_4$)(CO)(Ph$_2$PCH$_2$PPh$_2$)$_2$, **5**, 415
$Rh_2C_{53}H_{44}ClO_3P_4$
  [Rh$_2$Cl(CO)$_3$(Ph$_2$PCH$_2$PPh$_2$)$_2$]$^+$, **5**, 310
$Rh_2C_{53}H_{44}O_3P_4$
  Rh$_2$(CO)$_3$(Ph$_2$PCH$_2$PPh$_2$)$_2$, **5**, 309
$Rh_2C_{54}H_{44}Cl_2F_6P_4$
  {RhCl(Ph$_2$PCH$_2$PPh$_2$)}$_2$(CF$_3$CCCF$_3$), **5**, 444
$Rh_2C_{54}H_{46}N_2O_2P_2S_2$
  [Rh(CO){PhNC(Me)S}(PPh$_3$)]$_2$, **5**, 291
$Rh_2C_{54}H_{47}NO_2P_4$
  Rh$_2$(CO)$_2$(CNMe)(Ph$_2$PCH$_2$PPh$_2$)$_2$, **5**, 352
$Rh_2C_{54}H_{50}N_2P_4S$
  Rh$_2$S(CNMe)$_2$(Ph$_2$PCH$_2$PPh$_2$)$_2$, **5**, 350
$Rh_2C_{54}H_{112}Cl_2O_2P_4$
  [RhCl(CO){Bu$^t_2$P(CH$_2$)$_{10}$PBu$^t_2$}]$_2$, **5**, 308
$Rh_2C_{55}H_{45}Cl_2OP_3$
  Rh$_2$Cl$_2$(CO)(PPh$_3$)$_3$, **5**, 300
$Rh_2C_{56}H_{40}Cl_2$
  {RhCl(η^4-C$_4$Ph$_4$)}$_2$, **5**, 445
$Rh_2C_{56}H_{53}ClNOP_4$
  [Rh$_2$Cl(CO)(CNBu^t)(Ph$_2$PCH$_2$PPh$_2$)$_2$]$^+$, **5**, 351
$Rh_2C_{56}H_{88}I_2N_8$
  [{RhI(CNCy)$_4$}$_2$]$^{2+}$, **5**, 346
$Rh_2C_{57}H_{45}O_4P_3$
  Rh$_2$(CO)$_2$(CO$_2$)(PPh$_3$)$_3$, **5**, 342
$Rh_2C_{57}H_{53}ClNO_2P_4$
  [Rh$_2$Cl(CO)$_2$(CNBu^t)(Ph$_2$PCH$_2$PPh$_2$)$_2$]$^+$, **5**, 351
$Rh_2C_{58}H_{40}Cl_2O_2$
  [RhCl{(CPh)$_4$CO}]$_2$, **5**, 453

$Rh_2C_{58}H_{40}N_8$
  [{Rh(CNPh)$_4$}$_2$]$^{2+}$, **5**, 343
$Rh_2C_{58}H_{56}Cl_2O_4P_4$
  [RhCl(CO){Ph$_2$P(CH$_2$)$_2$O(CH$_2$)$_2$PPh$_2$}]$_2$, **5**, 308
$Rh_2C_{58}H_{56}N_4P_4$
  [{Rh(CNMe)$_2$(Ph$_2$PCH$_2$PPh$_2$)}$_2$]$^{2+}$, **5**, 352
$Rh_2C_{58}H_{60}Cl_2P_4S_4$
  {RhCl(CS$_2$)(PEtPh$_2$)$_2$}$_2$, **5**, 341
$Rh_2C_{61}H_{62}ClN_2OP_4$
  [Rh$_2$Cl(CO)(CNBu^t)$_2$(Ph$_2$PCH$_2$PPh$_2$)$_2$]$^+$, **5**, 351
$Rh_2C_{63}H_{51}O_4P_3$
  Rh$_2$(CO)$_2$(CO$_2$)(PPh$_3$)$_3$(C$_6$H$_6$), **8**, 234
$Rh_2C_{64}H_{50}O_4P_4$
  {Rh(CO)$_2$(PPh$_2$)(PPh$_3$)}$_2$, **5**, 297
$Rh_2C_{64}H_{51}O_6P_3$
  Rh$_2$(CO)$_2$(CO$_2$)$_2$(PPh$_3$)$_3$(C$_6$H$_6$), **8**, 234
$Rh_2C_{66}H_{58}N_6O_2P_2$
  {Rh(CO)(PPh$_3$)(TolNNNTol)}$_2$, **5**, 291
$Rh_2C_{70}H_{80}N_4P_4$
  [{Rh(CNBu^t)$_2$(Ph$_2$PCH$_2$PPh$_2$)}$_2$]$^{2+}$, **5**, 351
$Rh_2C_{71}H_{80}N_4OP_4$
  [Rh$_2$(CO)(CNBu^t)$_4$(Ph$_2$PCH$_2$PPh$_2$)$_2$]$^{2+}$, **5**, 351
$Rh_2C_{74}H_{60}O_2P_4$
  {Rh(CO)(PPh$_3$)$_2$}$_2$, **5**, 299
$Rh_2C_{76}H_{60}O_2P_4S_7$
  Rh$_2$(CO)$_2$(CS$_2$)$_2$(C$_2$S$_3$)(PPh$_3$)$_4$, **5**, 341
$Rh_2C_{76}H_{60}O_4P_4$
  {Rh(CO)$_2$(PPh$_3$)$_2$}$_2$, **5**, 297; **8**, 119, 293
$Rh_2C_{82}H_{68}P_4$
  {Rh(PPh$_3$)$_2$}$_2$(C$_5$H$_4$—C$_5$H$_4$), **5**, 364
$Rh_2C_{84}H_{78}O_2P_6$
  [Rh(CO){(Ph$_2$PCH$_2$)$_3$CMe}]$_2$, **5**, 312
$Rh_2C_{84}H_{132}F_{10}N_2P_4$
  {Rh(C$_6$F$_5$)(PCy$_3$)$_2$}$_2$(N$_2$), **5**, 394
$Rh_2C_{88}H_{84}O_4P_6$
  [Rh$_2$(CO)$_4$(dppb)$_3$]$^{2+}$, **5**, 307
$Rh_2C_{110}H_{90}O_2P_6$
  Rh$_2$(CO)$_2$(PPh$_3$)$_6$, **5**, 297
$Rh_2Co_2C_8F_{12}O_8P_4$
  Co$_2$Rh$_2$(CO)$_8$(PF$_3$)$_4$, **6**, 865
$Rh_2Co_2C_{10}F_6O_{10}P_2$
  Co$_2$Rh$_2$(CO)$_{10}$(PF$_3$)$_2$, **6**, 865
$Rh_2Co_2C_{12}O_{12}$
  Co$_2$Rh$_2$(CO)$_{12}$, **6**, 822, 865; **8**, 328
$Rh_2Co_2C_{14}H_9O_{14}P$
  Co$_2$Rh$_2$(CO)$_{11}${P(OMe)$_3$}, **6**, 865
$Rh_2Co_2C_{18}H_{27}O_{18}P_3$
  Co$_2$Rh$_2$(CO)$_9${P(OMe)$_3$}$_3$, **6**, 865
$Rh_2Cu_4C_{100}H_{70}P_2$
  {RhCu$_2$(C≡CPh)$_4$(PPh$_3$)}$_2$, **6**, 867
$Rh_2FeC_{16}H_{10}O_6$
  FeRh$_2$(CO)$_6$Cp$_2$, **6**, 860
$Rh_2Fe_2C_{18}H_{10}O_8$
  Fe$_2$Rh$_2$(CO)$_8$Cp$_2$, **6**, 803, 860
$Rh_2Ir_2C_{12}O_{12}$
  Rh$_2$Ir$_2$(CO)$_{12}$, **6**, 866
$Rh_2NiC_{30}H_{42}O_2$
  Rh$_2$Ni(CO)$_2$(η^5-C$_5$Me$_5$)$_2$(cod), **6**, 775, 867
$Rh_2PtC_{30}H_{42}O_2$
  Rh$_2$Pt(CO)$_2$(η^5-C$_5$Me$_5$)$_2$(cod), **6**, 867
$Rh_2PtC_{41}H_{45}O_3P$
  Rh$_2$Pt(CO)$_3$(η^5-C$_5$Me$_5$)$_2$(PPh$_3$), **6**, 867
$Rh_2WC_{36}H_{42}O_3$
  WRh$_2$(CTol)(CO)$_3$Cp(η^5-C$_5$Me$_5$)$_2$, **6**, 854
$Rh_3C_{14}H_{10}O_4$
  [Rh$_3$(CO)$_4$Cp$_2$]$^-$, **5**, 361

$Rh_3C_{15}F_{18}O_3S_6$
  $[[Rh\{S_2C_2(CF_3)_2\}(CO)]_3^-$, **5**, 286
$Rh_3C_{15}H_{15}N_2O_2$
  $Rh_3(NO)_2Cp_3$, **5**, 365
$Rh_3C_{18}H_{15}O_3$
  $\{Rh(CO)Cp\}_3$, **3**, 159, 160; **5**, 360
$Rh_3C_{18}H_{16}O_2$
  $[Rh_3(CH)(CO)_2Cp_3]^+$, **5**, 416
$Rh_3C_{18}H_{16}O_3$
  $[Rh_3H(CO)_3Cp_3]^+$, **5**, 361
$Rh_3C_{20}H_{15}F_6O$
  $Rh_3(CO)(Cp)_3(CF_3CCCF_3)$, **5**, 442
$Rh_3C_{20}H_{21}$
  $(RhCp)_3HCp$, **5**, 356
$Rh_3C_{20}H_{21}O$
  $Rh_3(CO)(Cp)_3(MeCCMe)$, **5**, 442
$Rh_3C_{25}H_{35}N_2$
  $(RhCp)_3(CNEt_2)_2$, **5**, 417
$Rh_3C_{29}H_{25}$
  $(RhCp)_3(PhCCPh)$, **5**, 442, 443
$Rh_3C_{30}H_{25}O$
  $Rh_3(CO)(Cp)_3(PhCCPh)$, **5**, 442
$Rh_3C_{30}H_{48}O$
  $[Rh_3H_3(\eta^5-C_5Me_5)_3(O)]^+$, **5**, 370
$Rh_3C_{53}H_{30}F_{24}OP_2S_8$
  $[Rh_3\{S_2C_2(CF_3)_2\}_4(CO)(PPh_3)_2]^-$, **5**, 286
$Rh_3C_{75}H_{60}O_3P_5$
  $Rh_3(CO)_3(PPh_2)_3(PPh_3)_2$, **5**, 330
$Rh_3C_{96}H_{84}I_2N_{12}$
  $[Rh_3I_2(CNBz)_{12}]^{3+}$, **5**, 346
$Rh_3CoC_{12}O_{12}$
  $Rh_3Co(CO)_{12}$, **6**, 865
$Rh_3FeC_{44}H_{30}O_8P_3$
  $FeRh_3(PPh_2)_3(CO)_8$, **6**, 860
$Rh_3IrC_{12}O_{12}$
  $Rh_3Ir(CO)_{12}$, **6**, 867
$Rh_3SiC_{19}H_{24}NO$
  $Rh_3(NSiMe_3)(CO)Cp_3$, **2**, 144; **5**, 361
$Rh_4AsC_{29}H_{15}O_{11}$
  $Rh_4(CO)_{11}(AsPh_3)$, **5**, 331
$Rh_4As_2C_{46}H_{30}O_{10}$
  $Rh_4(CO)_{10}(AsPh_3)_2$, **5**, 331
$Rh_4C_4F_{24}O_4P_8$
  $Rh_4(CO)_4(PF_3)_8$, **5**, 327
$Rh_4C_{11}O_{11}$
  $[Rh_4(CO)_{11}]^{2-}$, **5**, 319
$Rh_4C_{12}O_{12}$
  $Rh_4(CO)_{12}$, **3**, 161; **5**, 317; **8**, 69, 129, 411, 594
$Rh_4C_{13}H_3O_{13}$
  $[Rh_4(CO_2Me)(CO)_{11}]^-$, **5**, 319, 378
$Rh_4C_{14}F_6O_{10}$
  $Rh_4(CO)_{10}(CF_3C\equiv CCF_3)$, **5**, 444
$Rh_4C_{16}H_{10}O_{10}$
  $Rh_4(CO)_{10}\{CH_2=C(Me)C(Me)=CH_2\}$, **5**, 450
$Rh_4C_{19}H_7NO_{11}$
  $Rh_4(CO)_{11}(CNTol)$, **5**, 350
$Rh_4C_{20}H_8N_8O_8$
  $\{Rh(CO)_2\}_4\{(C_3H_2N_2)_2\}_2$, **5**, 292
$Rh_4C_{22}H_{20}O_2$
  $Rh_4(CO)_2Cp_4$, **5**, 360
$Rh_4C_{24}H_{10}O_{10}$
  $Rh_4(CO)_{10}(PhC\equiv CPh)$, **5**, 444
$Rh_4C_{24}H_{16}O_8$
  $Rh_4(CO)_8(cot)_2$, **5**, 450
$Rh_4C_{29}H_{15}O_{11}P$
  $Rh_4(CO)_{11}(PPh_3)$, **5**, 328

$Rh_4C_{40}H_{48}N_{16}$
  $[Rh_4\{CN(CH_2)_3NC\}_8]^{6+}$, **5**, 344
$Rh_4C_{40}H_{64}$
  $[\{RhH(\eta^5-C_5Me_5)\}_4]^{2+}$, **5**, 370
$Rh_4C_{46}H_{30}O_{10}P_2$
  $Rh_4(CO)_{10}(PPh_3)_2$, **5**, 331
$Rh_4C_{46}H_{31}O_9P_3$
  $Rh_4(CO)_9\{HC(PPh_2)_3\}$, **5**, 328
$Rh_4C_{52}H_{44}F_{24}O_8$
  $[Rh\{C_5H_6(CHCHCH_2)\}(hfacac)]_4$, **5**, 510
$Rh_4C_{57}H_{44}O_7P_4$
  $Rh_4(CO)_7(Ph_2PCH_2PPh_2)_2$, **5**, 328
$Rh_4C_{62}H_{70}Cl_4O_2P_2$
  $[Rh_2Cl_2\{C(Et)=C(Et)C(Et)=C(Et)\}-$
    $(CO)(PPh_3)]_2$, **5**, 456
$Rh_4C_{63}H_{45}O_9P_3$
  $Rh_4(CO)_9(PPh_3)_3$, **5**, 331
$Rh_4C_{65}H_{50}O_5P_5$
  $[Rh_4(CO)_5(PPh_2)_5]^-$, **5**, 329
$Rh_4C_{71}H_{55}O_5P_5$
  $Rh_4(CO)_5(PPh_2)_4(PPh_3)$, **5**, 330
$Rh_4C_{80}H_{60}O_8P_4$
  $Rh_4(CO)_8(PPh_3)_4$, **5**, 331
$Rh_4C_{148}H_{120}O_4P_8$
  $\{Rh(CO)(PPh_3)_2\}_4$, **8**, 293
$Rh_4Co_2C_{16}O_{15}$
  $[Co_2Rh_4(CO)_{15}C]^{2-}$, **6**, 865
$Rh_4Co_2C_{16}O_{16}$
  $Co_2Rh_4(CO)_{16}$, **6**, 865
$Rh_4NiC_{14}O_{14}$
  $[Rh_4Ni(CO)_{14}]^{2-}$, **6**, 867
$Rh_4PtC_{12}O_{12}$
  $[Rh_4Pt(CO)_{12}]^{2-}$, **6**, 867
$Rh_4PtC_{14}O_{14}$
  $[Rh_4Pt(CO)_{14}]^{2-}$, **6**, 867
$Rh_5C_{14}IO_{14}$
  $[Rh_5I(CO)_{14}]^-$, **5**, 331, 335
$Rh_5C_{15}O_{15}$
  $[Rh_5(CO)_{15}]^{2-}$, **5**, 319
  $[Rh_5(CO)_{15}]^-$, **6**, 772
$Rh_5NiC_{15}O_{15}$
  $[Rh_5Ni(CO)_{15}]^-$, **6**, 867
$Rh_5PtC_{15}O_{15}$
  $[Rh_5Pt(CO)_{15}]^-$, **6**, 484, 805, 867
$Rh_6As_9C_{169}H_{135}O_7$
  $Rh_6(CO)_7(AsPh_3)_9$, **5**, 331
$Rh_6C_8H_{24}O_8P_8$
  $Rh_6(CO)_8(PH_3)_8$, **5**, 328
$Rh_6C_{14}O_{14}$
  $[Rh_6(CO)_{14}]^{4-}$, **5**, 319
$Rh_6C_{15}HO_{15}$
  $[Rh_6H(CO)_{15}]^-$, **5**, 333; **8**, 159
$Rh_6C_{15}IO_{15}$
  $[Rh_6I(CO)_{15}]^-$, **5**, 326
$Rh_6C_{15}NO_{15}$
  $[Rh_6(CO)_{15}N]^-$, **5**, 326
$Rh_6C_{15}O_{15}$
  $[Rh_6(CO)_{15}]^{2-}$, **5**, 319
$Rh_6C_{16}O_{15}$
  $[Rh_6(CO)_{15}C]^{2-}$, **5**, 335
$Rh_6C_{16}O_{16}$
  $Rh_6(CO)_{16}$, **5**, 318; **8**, 12, 90, 157, 324, 594
$Rh_6C_{17}H_3O_{17}$
  $[Rh_6(CO_2Me)(CO)_{15}]^-$, **5**, 319, 378
$Rh_6C_{17}H_5O_{14}$

$Rh_6C_{17}H_5O_{14}$
    $[Rh_6(CO)_{14}(CH_2CHCH_2)]^-$, **5**, 497

$Rh_6C_{18}H_6O_{18}$
    $[Rh_6(CO_2Me)_2(CO)_{14}]^{2-}$, **5**, 378

$Rh_6C_{19}H_7O_{16}$
    $[Rh_6(COPr)(CO)_{15}]^-$, **8**, 143

$Rh_6C_{21}H_8O_{14}$
    $Rh_6(CO)_{14}(nbd)$, **5**, 465

$Rh_6C_{26}H_{16}O_{12}$
    $Rh_6(CO)_{12}(nbd)_2$, **5**, 465

$Rh_6C_{31}H_{24}O_{10}$
    $Rh_6(CO)_{10}(nbd)_3$, **5**, 465

$Rh_6C_{58}H_{42}N_6O_{10}$
    $Rh_6(CO)_{10}(CNTol)_6$, **5**, 350

$Rh_6C_{60}H_{72}N_{24}$
    $[Rh_6\{CN(CH_2)_3NC\}_{12}]^{8+}$, **5**, 344

$Rh_6C_{88}H_{72}O_{10}P_6$
    $Rh_6(CO)_{10}(diphos)_3$, **5**, 329

$Rh_6C_{118}H_{90}O_{10}P_6$
    $Rh_6(CO)_{10}(PPh_3)_6$, **5**, 331

$Rh_6C_{169}H_{135}O_7P_9$
    $Rh_6(CO)_7(PPh_3)_9$, **5**, 331

$Rh_6CuC_{18}H_3NO_{15}$
    $[Rh_6Cu(CO)_{15}C(MeCN)]^-$, **6**, 867

$Rh_6Cu_2C_{20}H_6N_2O_{15}$
    $Rh_6Cu_2(CO)_{15}C(MeCN)_2$, **6**, 867

$Rh_6NiC_{16}O_{16}$
    $[Rh_6Ni(CO)_{16}]^{2-}$, **6**, 805, 867

$Rh_7C_{16}IO_{16}$
    $[Rh_7I(CO)_{16}]^{2-}$, **5**, 326, 335

$Rh_7C_{16}O_{16}$
    $[Rh_7(CO)_{16}]^{3-}$, **1**, 35; **5**, 319; **6**, 772, 782

$Rh_8C_{20}O_{19}$
    $Rh_8(CO)_{19}C$, **5**, 290, 336

$Rh_8C_{80}H_{96}N_{32}$
    $[Rh_8\{CN(CH_2)_3NC\}_{16}]^{10+}$, **5**, 344

$Rh_9AsC_{21}O_{21}$
    $[Rh_9As(CO)_{21}]^{2-}$, **5**, 337

$Rh_9C_{21}O_{21}P$
    $[Rh_9(CO)_{21}P]^{2-}$, **5**, 337

$Rh_{10}AsC_{22}O_{22}$
    $[Rh_{10}As(CO)_{22}]^{3-}$, **5**, 338

$Rh_{10}C_{22}O_{22}P$
    $[Rh_{10}(CO)_{22}P]^{3-}$, **5**, 338

$Rh_{12}C_{27}O_{25}$
    $Rh_{12}(CO)_{25}C_2$, **5**, 336

$Rh_{12}C_{30}O_{28}$
    $[Rh_{12}(CO)_{28}C_2]^-$, **5**, 337

$Rh_{12}C_{30}O_{30}$
    $[Rh_{12}(CO)_{30}]^{2-}$, **5**, 319; **8**, 159

$Rh_{12}C_{34}O_{34}$
    $[Rh_{12}(CO)_{34}]^{2-}$, **8**, 86, 158

$Rh_{12}C_{120}H_{142}N_{48}$
    $[Rh_{12}\{CN(CH_2)_3NC\}_{24}]^{16+}$, **5**, 344

$Rh_{13}C_{24}HO_{24}$
    $[Rh_{13}H(CO)_{24}]^{4-}$, **5**, 333

$Rh_{13}C_{24}H_2O_{24}$
    $[Rh_{13}H_2(CO)_{24}]^{3-}$, **5**, 333

$Rh_{13}C_{24}H_3O_{24}$
    $[Rh_{13}H_3(CO)_{24}]^{2-}$, **5**, 333

$Rh_{13}C_{24}O_{24}$
    $[Rh_{13}(CO)_{24}]^{5-}$, **5**, 333

$Rh_{14}C_{25}HO_{25}$
    $[Rh_{14}H(CO)_{25}]^{3-}$, **5**, 326

$Rh_{14}C_{25}O_{25}$
    $[Rh_{14}(CO)_{25}]^{4-}$, **5**, 319

$Rh_{14}C_{26}O_{26}$
    $[Rh_{14}(CO)_{26}]^{2-}$, **5**, 319

$Rh_{15}C_{27}O_{27}$
    $[Rh_{15}(CO)_{27}]^{3-}$, **5**, 319

$Rh_{15}C_{30}O_{28}$
    $Rh_{15}(CO)_{28}C_2$, **5**, 336
    $[Rh_{15}(CO)_{28}C_2]^-$, **5**, 337

$Rh_{17}C_{32}O_{32}S_2$
    $[Rh_{17}(CO)_{32}S_2]^{3-}$, **5**, 338

$Rh_{17}C_{32}O_{32}S_7$
    $[Rh_{17}(CO)_{32}S_2]^{3-}$, **3**, 163

$Rh_{22}C_{37}O_{37}$
    $[Rh_{22}(CO)_{37}]^{4-}$, **5**, 319

$RuAsC_{25}H_{23}Cl_2$
    $RuCl_2(C_7H_8)(AsPh_3)$, **4**, 757

$RuAsC_{26}H_{23}Cl_2O$
    $RuCl_2(CO)(nbd)(AsPh_3)$, **4**, 748

$RuAsC_{32}H_{24}ClN_2O_2$
    $RuCl(C_6H_4NNPh)(CO)_2(AsPh_3)$, **4**, 740

$RuAsMoC_{13}H_{11}O_6$
    $(CO)_4Ru(AsMe_2)Mo(CO)_2Cp$, **4**, 923; **6**, 828

$RuAs_2C_{28}H_{22}Cl_2O_2$
    $RuCl_2(CO)_2(Ph_2AsCH=CHAsPh_2)$, **4**, 693

$RuAs_2C_{32}H_{30}Cl$
    $[RuCl(C_6H_6)(Ph_2AsCH_2CH_2AsPh_2)]^+$, **4**, 797

$RuAs_2C_{36}H_{31}Br_2$
    $RuBr_2(H)(AsPh_3)_2$, **8**, 297

$RuAs_2C_{37}H_{30}Cl_3O$
    $[RuCl_3(CO)(AsPh_3)_2]^-$, **4**, 696

$RuAs_2C_{38}H_{30}Cl_2O_2$
    $RuCl_2(CO)_2(AsPh_3)_2$, **4**, 693

$RuAs_2C_{42}H_{36}Cl$
    $[RuCl(C_6H_6)(AsPh_3)_2]^+$, **4**, 799

$RuAs_2C_{43}H_{38}Cl_2$
    $RuCl_2(nbd)(AsPh_3)_2$, **4**, 748

$RuAs_2C_{52}H_{44}Cl_2N_2$
    $RuCl_2(CNTol)_2(AsPh_3)_2$, **4**, 702

$RuAs_2SiC_{42}H_{48}O_3$
    $RuH_3\{Si(OEt)_3\}(AsPh_3)_2$, **4**, 920

$RuAs_3C_{55}H_{45}Cl_2O$
    $RuCl_2(CO)(AsPh_3)_3$, **4**, 693

$RuAs_3C_{55}H_{46}ClO$
    $RuCl(H)(CO)(AsPh_3)_3$, **4**, 721

$RuAs_3Pt_2C_{59}H_{45}O_5$
    $Pt_2Ru(CO)_5(AsPh_3)_3$, **6**, 482, 863

$RuAs_4C_{52}H_{44}Cl_2O_2$
    $RuCl_2(CO)_2(Ph_2AsCH_2AsPh_2)_2$, **4**, 693

$RuAs_4C_{74}H_{60}Cl_2O_{10}$
    $Ru(ClO_4)_2(CO)_2(AsPh_3)_4$, **4**, 693

$RuAuGeC_{25}H_{24}O_4P$
    $Ru(GeMe_3)(AuPPh_3)(CO)_4$, **4**, 912; **6**, 836

$RuAuSiC_{25}H_{24}O_4P$
    $Ru(SiMe_3)(AuPPh_3)(CO)_4$, **4**, 912; **6**, 836

$RuAu_2C_{40}H_{30}O_4P_2$
    $Ru(AuPPh_3)_2(CO)_4$, **4**, 667; **6**, 849

$RuBC_{10}H_{11}O_2$
    $RuCp\{\eta^5-C_5H_4B(OH)_2\}$, **4**, 769

$RuBC_{14}H_{16}F_3$
    $Ru(C_8H_{11})(C_6H_5BF_3)$, **4**, 802

$RuBC_{17}H_{16}$
    $[Ru(\eta^6-C_6H_6)(\eta^6-C_5H_5BPh)]^+$, **1**, 395; **4**, 806

$RuBC_{26}H_{20}NO_2$
    $Ru\{BPh_3(CN)\}(CO)_2Cp$, **4**, 777

$RuBC_{29}H_{25}$
    $RuCp(C_6H_5BPh_3)$, **4**, 802

RuBC$_{32}$H$_{31}$
  Ru(C$_8$H$_{11}$)(C$_6$H$_5$BPh$_3$), **4**, 802
RuBC$_{38}$H$_{71}$O$_2$P$_2$
  RuH(BH$_4$)(CO)$_2$(PCy$_3$)$_2$, **4**, 723
RuBC$_{41}$H$_{39}$P$_2$
  Ru(BH$_4$)(Cp)(PPh$_3$)$_2$, **4**, 784; **6**, 908
RuBC$_{55}$H$_{50}$OP$_3$
  RuH(BH$_4$)(CO)(PPh$_3$)$_3$, **4**, 722; **6**, 907
RuBC$_{60}$H$_{51}$P$_2$
  RuH(C$_6$H$_5$BPh$_3$)(PPh$_3$)$_2$, **4**, 802
RuB$_2$C$_{12}$H$_{16}$
  Ru(C$_5$H$_5$BMe)$_2$, **4**, 806
RuB$_2$C$_{22}$H$_{20}$
  Ru(C$_5$H$_5$BPh)$_2$, **4**, 806
RuB$_3$C$_{41}$H$_{43}$P$_2$
  Ru(B$_3$H$_8$)(Cp)(PPh$_3$)$_2$, **4**, 784
RuB$_7$C$_{38}$H$_{39}$P$_2$
  Ru(C$_2$B$_7$H$_9$)(PPh$_3$)$_2$, **1**, 502; **4**, 807
RuB$_8$C$_{56}$H$_{55}$P$_3$
  RuH(C$_2$B$_8$H$_9$)(PPh$_3$)$_3$, **1**, 510; **4**, 807; **8**, 304
RuB$_9$C$_5$H$_{11}$O$_3$
  (CO)$_3$RuC$_2$B$_9$H$_{11}$, **4**, 806
RuB$_9$C$_{38}$H$_{41}$P$_2$
  Ru(C$_2$B$_9$H$_{11}$)(PPh$_3$)$_2$, **1**, 523; **4**, 806
RuB$_9$C$_{38}$H$_{42}$ClP$_2$
  RuH(Cl)(C$_2$B$_9$H$_{11}$)(PPh$_3$)$_2$, **1**, 523
RuB$_9$C$_{38}$H$_{43}$P$_2$
  RuH$_2$(C$_2$B$_9$H$_{11}$)(PPh$_3$)$_2$, **1**, 517; **4**, 806; **8**, 304
RuB$_9$C$_{39}$H$_{41}$OP$_2$
  Ru(C$_2$B$_9$H$_{11}$)(CO)(PPh$_3$)$_2$, **1**, 523; **4**, 806
RuCCl$_5$O
  [RuCl$_5$(CO)]$^-$, **4**, 652
  [RuCl$_5$(CO)]$^{2-}$, **4**, 672
RuCH$_2$Cl$_2$O$_2$
  RuCl$_2$(CO)(OH$_2$), **4**, 670
RuCH$_2$Cl$_4$O$_2$
  [RuCl$_4$(CO)(OH$_2$)]$^{2-}$, **4**, 652, 672
  RuCl$_4$(CO)(OH$_2$), **4**, 674
RuCH$_{14}$N$_4$O$_2$
  [Ru(CO)(H$_2$O)(NH$_3$)$_4$]$^{2+}$, **4**, 705
RuCH$_{15}$N$_5$O
  [Ru(CO)(NH$_3$)$_5$]$^{2+}$, **4**, 652, 705
RuC$_2$Cl$_2$O$_2$
  RuCl$_2$(CO)$_2$, **4**, 672
RuC$_2$Cl$_4$O$_2$
  [RuCl$_4$(CO)$_2$]$^-$, **4**, 672
RuC$_2$HI$_2$O$_2$
  RuI$_2$(H)(CO)$_2$, **8**, 411
RuC$_2$H$_6$I$_2$N$_2$O$_2$
  RuI$_2$(CO)$_2$(NH$_3$)$_2$, **4**, 705
RuC$_2$H$_{17}$N$_5$
  [Ru(HC≡CH)(NH$_3$)$_5$]$^{2+}$, **4**, 741
RuC$_2$H$_{19}$N$_5$
  [Ru(CH$_2$=CH$_2$)(NH$_3$)$_5$]$^{2+}$, **4**, 741
RuC$_2$I$_2$O$_2$
  RuI$_2$(CO)$_2$, **8**, 174
RuC$_3$Cl$_3$O$_3$
  [RuCl$_3$(CO)$_3$]$^-$, **4**, 672
RuC$_3$F$_3$O$_3$
  RuF$_3$(CO)$_3$, **4**, 677
RuC$_4$Cl$_2$O$_3$S
  RuCl$_2$(CO)$_3$(CS), **4**, 677, 700

RuC$_4$HO$_4$
  [RuH(CO)$_4$]$^-$, **4**, 667
RuC$_4$H$_2$O$_4$
  RuH$_2$(CO)$_4$, **4**, 668
RuC$_4$H$_3$O$_4$
  Ru(OAc)(CO)$_2$, **4**, 835; **8**, 175
RuC$_4$H$_8$I$_2$N$_2$O$_2$
  RuI$_2$(CO)$_2$(en), **4**, 705
RuC$_4$I$_2$O$_4$
  RuI$_2$(CO)$_4$, **4**, 941
RuC$_4$O$_4$
  [Ru(CO)$_4$]$^{2-}$, **4**, 667
RuC$_5$H$_5$ClO$_3$
  RuCl(COEt)(CO)$_2$, **4**, 688
RuC$_5$H$_6$Cl$_2$O$_4$
  RuCl$_2$(CO)$_3$(EtOH), **4**, 673
RuC$_5$O$_5$
  Ru(CO)$_5$, **4**, 662, 699
RuC$_6$H$_4$O$_4$
  Ru(CO)$_4$(CH$_2$=CH$_2$), **4**, 743
RuC$_6$H$_5$ClO$_3$
  RuCl(CO)$_3$(CH$_2$CHCH$_2$), **4**, 688, 744, 944; **8**, 71, 300, 595
RuC$_6$H$_6$Cl$_2$N$_2$O$_2$
  RuCl$_2$(CO)$_2$(CNMe)$_2$, **4**, 705
RuC$_6$H$_6$Cl$_3$
  [RuCl$_3$(C$_6$H$_6$)]$^-$, **4**, 799
RuC$_6$H$_6$O$_2$S$_6$
  Ru(S$_2$CSMe)$_2$(CO)$_2$, **4**, 715
RuC$_6$H$_8$Cl$_2$O
  RuCl$_2$(C$_6$H$_6$)(H$_2$O), **4**, 799
RuC$_6$H$_{12}$I$_2$O$_2$S$_4$
  RuI$_2$(CO)$_2$(HSCH$_2$CH$_2$SH)$_2$, **4**, 712
RuC$_6$H$_{15}$N$_3$
  [Ru(C$_6$H$_6$)(NH$_3$)$_3$]$^{2+}$, **4**, 799, 800
RuC$_6$N$_4$O$_2$S$_4$
  [Ru(NCS)$_4$(CO)$_2$]$^-$, **4**, 675
RuC$_7$H$_4$Cl$_2$O$_2$
  RuCl(CO)$_2$(η^5-C$_5$H$_4$Cl), **4**, 777
RuC$_7$H$_4$O$_3$
  Ru(CO)$_3$(η^4-C$_4$H$_4$), **4**, 759
RuC$_7$H$_5$IOS
  RuI(CO)(CS)Cp, **4**, 780
RuC$_7$H$_5$O$_2$
  [Ru(CO)$_2$Cp]$^-$, **4**, 776
RuC$_7$H$_6$O$_2$
  RuH(CO)$_2$Cp, **4**, 776, 849, 896; **8**, 1047
RuC$_7$H$_6$O$_3$
  Ru(CO)$_3$(CH$_2$=CHCH=CH$_2$), **4**, 750
RuC$_7$H$_8$Cl$_2$
  RuCl$_2$(C$_7$H$_8$), **4**, 757
RuC$_7$H$_8$Cl$_2$O$_4$
  RuCl$_2$(CO)$_3$$\{\overline{O(CH_2)_3CH_2}\}$, **4**, 693
RuC$_7$H$_8$NO$_2$
  [Ru(CO)$_2$Cp(NH$_3$)]$^+$, **4**, 779
RuC$_7$H$_9$Cl$_2$N$_3$O
  RuCl$_2$(CO)(CNMe)$_3$, **4**, 705
RuC$_7$H$_9$O$_7$P
  Ru(CO)$_4$$\{$P(OMe)$_3\}$, **4**, 699
RuC$_7$H$_{12}$N$_2$OS$_4$
  Ru(CO)(S$_2$CNMe$_2$)$_2$, **4**, 676
RuC$_7$H$_{24}$N$_8$
  [Ru(nbd)(NH$_2$NH$_2$)$_4$]$^{2+}$, **4**, 749
RuC$_8$H$_5$ClO$_3$
  RuCl(CO)$_3$Cp, **4**, 883

RuC$_8$H$_5$Cl$_2$NO$_3$

RuC$_8$H$_5$Cl$_2$NO$_3$
  RuCl$_2$(CO)$_3$(py), **4**, 704
RuC$_8$H$_5$NO$_2$
  Ru(CN)(CO)$_2$Cp, **4**, 777
RuC$_8$H$_5$NO$_2$S
  Ru(CNS)(CO)$_2$Cp, **4**, 777
  Ru(NCS)(CO)$_2$Cp, **4**, 780
RuC$_8$H$_5$O$_2$S
  [Ru(CO)$_2$(CS)Cp]$^+$, **4**, 780, 825
RuC$_8$H$_6$N$_2$O$_3$
  Ru(CO)$_3$($\overline{\text{CH=CHCH=CHN=NCH}_2}$), **4**, 755
RuC$_8$H$_6$O$_3$
  Ru(CO)$_3$(C$_5$H$_6$), **4**, 751; **8**, 1047
RuC$_8$H$_7$NO$_3$
  Ru(CONH$_2$)(CO)$_2$Cp, **4**, 778
RuC$_8$H$_8$Cl$_2$
  RuCl$_2$(cot), **4**, 748
RuC$_8$H$_8$Cl$_3$O
  [RuCl$_3$(CO)(nbd)]$^-$, **4**, 748
RuC$_8$H$_8$O$_2$
  RuMe(CO)$_2$Cp, **4**, 777
RuC$_8$H$_{10}$O$_2$
  Ru(CO)$_2$(CH$_2$CHCH$_2$)$_2$, **4**, 655
RuC$_8$H$_{12}$Cl$_2$N$_4$
  RuCl$_2$(CNMe)$_4$, **4**, 682
RuC$_8$H$_{12}$N$_2$O$_2$S$_4$
  Ru(S$_2$CNMe$_2$)$_2$(CO)$_2$, **4**, 712
RuC$_8$H$_{18}$Cl$_2$O$_2$P$_2$
  RuCl$_2$(CO)$_2$(PMe$_3$)$_2$, **4**, 938
RuC$_8$H$_{28}$N$_8$
  [Ru(cod)(NH$_2$NH$_2$)$_4$]$^{2+}$, **4**, 749
RuC$_9$H$_6$O$_4$
  Ru(CO)$_3$($\overline{\text{CH=CHCH=CHCOCH}_2}$), **4**, 752
RuC$_9$H$_7$O$_3$
  [Ru(CO)$_3$(C$_6$H$_7$)]$^+$, **4**, 755
RuC$_9$H$_8$O$_2$
  Ru(CO)$_2$(C$_7$H$_8$), **4**, 752
RuC$_9$H$_8$O$_3$
  Ru(CO)$_3$(C$_6$H$_8$), **3**, 117; **4**, 752, 849
RuC$_9$H$_8$O$_3$S
  Ru(CO$_2$Me)(CO)(CS)Cp, **4**, 780
RuC$_9$H$_8$O$_4$
  Ru(CO$_2$Me)(CO)$_2$Cp, **4**, 778
RuC$_9$H$_8$O$_6$
  Ru(CO)$_4$(CH$_2$=CHCO$_2$Et), **4**, 655
RuC$_9$H$_9$O$_2$
  [Ru(CO)$_2$Cp(CH$_2$=CH$_2$)]$^+$, **3**, 105; **4**, 391
RuC$_9$H$_{11}$Cl
  RuCl(CH$_2$CHCH$_2$)(η^6-C$_6$H$_6$), **4**, 797; **8**, 347
RuC$_9$H$_{11}$Cl$_2$N$_3$O
  RuCl$_2$(OH$_2$)(CH$_2$=CHCN)$_3$, **4**, 956
RuC$_9$H$_{12}$ClNO$_2$
  RuCl{O$_2$CCH(Me)NH$_2$}(η^6-C$_6$H$_6$), **4**, 797
RuC$_9$H$_{12}$NO$_2$
  [Ru(CH$_2$CH$_2$NH$_3$)(CO)$_2$Cp]$^+$, **4**, 779
RuC$_9$H$_{15}$Cl$_2$P
  RuCl$_2$(η^6-C$_6$H$_6$)(PMe$_3$), **4**, 938
RuC$_9$H$_{18}$ClN$_3$S$_5$
  RuCl(CSNMe$_2$)(S$_2$CNMe$_2$)$_2$, **4**, 809
RuC$_9$H$_{18}$O$_3$P$_2$
  Ru(CO)$_3$(PMe$_3$)$_2$, **4**, 838
RuC$_9$H$_{18}$O$_9$P$_2$
  Ru(CO)$_3${P(OMe)$_3$}$_2$, **8**, 172
RuC$_{10}$Cl$_{10}$
  Ru(η^5-C$_5$Cl$_5$)$_2$, **4**, 768; **8**, 1042
RuC$_{10}$H$_5$Cl$_2$NO$_3$

RuCl$_2$(CO)$_3$(CNPh), **4**, 703
RuC$_{10}$H$_5$F$_5$O$_2$
  Ru{CF=CF(CF$_3$)}(CO)$_2$Cp, **4**, 776
RuC$_{10}$H$_8$Cl$_2$
  Ru(η^5-C$_5$H$_4$Cl)$_2$, **4**, 769
RuC$_{10}$H$_8$O$_3$
  Ru(CO)$_3$(C$_7$H$_8$), **4**, 752
RuC$_{10}$H$_9$Cl
  RuCp(η^5-C$_5$H$_4$Cl), **4**, 769
RuC$_{10}$H$_{10}$
  RuCp$_2$, **3**, 29, 113; **4**, 652, 760; **8**, 1016, 1020, 1049
RuC$_{10}$H$_{10}$I
  [RuI(Cp)$_2$]$^+$, **4**, 762
RuC$_{10}$H$_{10}$O$_2$
  Ru(CH$_2$CH=CH$_2$)(CO)$_2$Cp, **4**, 778
RuC$_{10}$H$_{10}$O$_3$
  Ru(CO)$_3$(C$_7$H$_{10}$), **4**, 752, 756
RuC$_{10}$H$_{10}$O$_3$S
  RuCp(η^5-C$_5$H$_4$SO$_3$H), **4**, 765
RuC$_{10}$H$_{10}$O$_4$
  Ru(CO)$_3${$\overline{\text{CH=CHCH=C(OMe)CH}_2\text{CH}_2}$}, **4**, 752
RuC$_{10}$H$_{11}$O$_3$
  [Ru(CO)$_2$Cp(Me$_2$CO)]$^+$, **4**, 825
RuC$_{10}$H$_{12}$N$_6$
  Ru(CN)$_2$(CNMe)$_4$, **4**, 682
RuC$_{10}$H$_{14}$O$_2$
  Ru(CO)$_2$(CH$_2$CMeCH$_2$)$_2$, **3**, 110
RuC$_{10}$H$_{14}$O$_2$P
  [Ru(CO)$_2$Cp(PMe$_3$)]$^+$, **4**, 779
RuC$_{11}$H$_5$F$_6$O$_2$S
  Ru{$\overline{\text{COC(CF}_3\text{)=C(CF}_3\text{)S}}$}(CO)Cp, **4**, 782
RuC$_{11}$H$_6$F$_6$O$_2$
  Ru{C(CF$_3$)=CHCF$_3$}(CO)$_2$Cp, **4**, 828
RuC$_{11}$H$_8$Cl$_3$N$_2$O
  [RuCl$_3$(CO)(bipy)]$^-$, **4**, 705
RuC$_{11}$H$_8$O$_3$
  Ru(CO)$_3$(C$_8$H$_8$), **3**, 134, 135, 141
  Ru(CO)$_3$(cot), **4**, 655, 753
RuC$_{11}$H$_9$ClO$_3$
  RuCl(CO)$_3$(C$_8$H$_9$), **4**, 757
RuC$_{11}$H$_9$NO$_3$
  Ru(CO)$_3$(C$_7$H$_9$CN), **4**, 756
RuC$_{11}$H$_9$NO$_5$
  Ru(CO)$_3${$\overline{\text{CH=CH(CH=CH)}_2\text{NCO}_2\text{Me}}$}, **4**, 755
RuC$_{11}$H$_{10}$Cl$_3$N$_2$O
  [RuCl$_3$(CO)(py)$_2$]$^-$, **4**, 705
RuC$_{11}$H$_{10}$O
  RuCp(η^5-C$_5$H$_4$CHO), **4**, 765
RuC$_{11}$H$_{10}$O$_2$
  RuCp(η^5-C$_5$H$_4$CO$_2$H), **4**, 769; **8**, 1051
RuC$_{11}$H$_{10}$O$_3$
  Ru(CO)$_3$(C$_8$H$_{10}$), **4**, 754
RuC$_{11}$H$_{11}$
  [Ru(C$_6$H$_6$)Cp]$^+$, **8**, 1032
RuC$_{11}$H$_{11}$ClO$_7$
  RuCl{C(CO$_2$Et)=CHCO$_2$Et}(CO)$_3$, **4**, 735
RuC$_{11}$H$_{11}$O$_3$
  [Ru(CO)$_3$(C$_8$H$_{11}$)]$^+$, **4**, 757
RuC$_{11}$H$_{12}$
  RuCp(C$_6$H$_7$), **4**, 755
RuC$_{11}$H$_{12}$O
  RuCp(η^5-C$_5$H$_4$OMe), **4**, 769
RuC$_{11}$H$_{12}$O$_3$
  Ru(CO)$_3$(cod), **4**, 654, 747, 750, 759
RuC$_{11}$H$_{12}$O$_4$
  Ru(CO)$_3${$\overline{\text{CH=CHCH=CH(CH}_2\text{)}_2\text{CH(OMe)}}$}, **4**, 756

RuC$_{11}$H$_{19}$P
    Ru(η^6-C$_6$H$_6$)(CH$_2$=CH$_2$)(PMe$_3$), **4**, 804
RuC$_{11}$H$_{20}$P
    [RuH(η^6-C$_6$H$_6$)(CH$_2$=CH$_2$)(PMe$_3$)]$^+$, **4**, 655
RuC$_{11}$H$_{23}$ClP$_2$
    RuCl(Cp)(PMe$_3$)$_2$, **4**, 784
RuC$_{11}$H$_{23}$Cl$_2$P$_2$
    [RuCl$_2$(Cp)(PMe$_3$)$_2$]$^+$, **4**, 793
RuC$_{12}$F$_{12}$O$_4$
    Ru(CO)$_3${C$_4$(CF$_3$)$_4$CO}, **4**, 859
RuC$_{12}$H$_8$Cl$_2$N$_2$O$_2$
    RuCl$_2$(CO)$_2$(bipy), **4**, 704
RuC$_{12}$H$_{10}$
    RuCp(η^5-C$_5$H$_4$C≡CH), **4**, 767
RuC$_{12}$H$_{10}$Cl$_2$N$_2$O$_2$
    RuCl$_2$(CO)$_2$(py)$_2$, **4**, 704
RuC$_{12}$H$_{10}$O$_2$
    Ru(C$_5$H$_5$)(CO)$_2$Cp, **3**, 123; **4**, 778
RuC$_{12}$H$_{12}$
    Ru(C$_6$H$_6$)$_2$, **4**, 806
    [Ru(C$_6$H$_6$)$_2$]$^{2+}$, **4**, 755, 796; **8**, 1031
    Ru(η^4-C$_6$H$_6$)(η^6-C$_6$H$_6$), **8**, 1048
    RuCp(η^5-C$_5$H$_4$CH=CH$_2$), **4**, 766
RuC$_{12}$H$_{12}$O
    RuCp(η^5-C$_5$H$_4$COMe), **4**, 766
RuC$_{12}$H$_{12}$O$_8$
    Ru(CO)$_4$(EtO$_2$CCH=CHCO$_2$Et), **4**, 655
RuC$_{12}$H$_{14}$
    Ru(C$_6$H$_6$)(C$_6$H$_8$), **4**, 758, 803; **8**, 1031
    Ru(C$_6$H$_7$)$_2$, **4**, 755
RuC$_{12}$H$_{14}$O
    RuCp{η^5-C$_5$H$_4$CH(OH)Me}, **4**, 766
RuC$_{12}$H$_{14}$O$_6$
    Ru(CO)$_2$(acac)$_2$, **4**, 708, 881
RuC$_{12}$H$_{15}$N$_3$
    [Ru(C$_6$H$_6$)(MeCN)$_3$]$^{2+}$, **4**, 800
RuC$_{12}$H$_{16}$F$_6$N$_3$O$_3$P
    Ru{NHC(CF$_3$)NC(CF$_3$)NH}Cp{P(OMe)$_3$}, **4**, 785
RuC$_{12}$H$_{18}$Cl$_2$
    RuCl$_2${CH$_2$CHCH(CH$_2$)$_2$CH=CH(CH$_2$)$_2$CHCH-CH$_2$}, **4**, 745
RuC$_{12}$H$_{18}$N$_6$
    [Ru(CNMe)$_6$]$^{2+}$, **4**, 682
RuC$_{12}$H$_{20}$Cl$_2$N$_4$
    RuCl$_2$(CNEt)$_4$, **4**, 682
RuC$_{13}$H$_5$F$_5$O$_2$
    Ru(C$_6$F$_5$)(CO)$_2$Cp, **4**, 776
RuC$_{13}$H$_{10}$O
    RuCp(η^5-C$_5$H$_4$COC≡CH), **4**, 767
RuC$_{13}$H$_{12}$O$_2$
    Ru(C$_5$H$_4$Me)(CO)$_2$Cp, **4**, 778
RuC$_{13}$H$_{13}$Cl$_2$NO
    RuCl$_2$(CO)(nbd)(py), **4**, 748
RuC$_{13}$H$_{14}$
    Ru{(η^5-C$_5$H$_4$CH$_2$)$_2$CH$_2$}, **4**, 770
RuC$_{13}$H$_{14}$O
    RuCp(η^5-C$_5$H$_4$COEt), **4**, 766
RuC$_{13}$H$_{14}$O$_2$
    RuCp(η^5-C$_5$H$_4$CH$_2$CH$_2$CO$_2$H), **4**, 770
RuC$_{13}$H$_{17}$N
    RuCp(η^5-C$_5$H$_4$CH$_2$NMe$_2$), **4**, 765
RuC$_{13}$H$_{18}$
    Ru(CH$_2$CHCH$_2$)$_2$(nbd), **4**, 746
RuC$_{13}$H$_{23}$ClN$_5$O$_2$
    [RuCl(CNEt)$_4$(MeNO$_2$)]$^+$, **4**, 682
RuC$_{13}$H$_{23}$N$_7$
    [Ru{C(NHMe)$_2$}(CNMe)$_5$]$^{2+}$, **4**, 682
RuC$_{13}$H$_{27}$P$_2$
    [RuCp(CH$_2$=CH$_2$)(PMe$_3$)$_2$]$^+$, **4**, 792
    [RuMe(C$_6$H$_6$)(PMe$_3$)$_2$]$^+$, **4**, 805
RuC$_{13}$H$_{33}$NP$_4$
    RuH(CN)(dmpe)$_2$, **4**, 728
RuC$_{13}$H$_{36}$P$_4$
    Ru(CH$_2$PMe$_2$CH$_2$)(CH$_2$PMe$_2$)(PMe$_3$)$_2$, **4**, 735
RuC$_{14}$H$_6$F$_{12}$O
    Ru{C(CF$_3$)=C(CF$_3$)C(CF$_3$)=CHCF$_3$}(CO)Cp, **4**, 828
RuC$_{14}$H$_{14}$
    Ru(C$_6$H$_6$)(cot), **4**, 804
RuC$_{14}$H$_{14}$O$_2$
    Ru(η^5-C$_5$H$_4$COMe)$_2$, **4**, 771
RuC$_{14}$H$_{16}$
    Ru{(η^5-C$_5$H$_4$CH$_2$CH$_2$)$_2$}, **4**, 770
    Ru(C$_7$H$_7$)(C$_7$H$_9$), **3**, 134; **4**, 756
RuC$_{14}$H$_{18}$
    Ru(C$_6$H$_6$)(cod), **4**, 804, 805
    Ru(C$_7$H$_9$)$_2$, **3**, 114; **4**, 755
RuC$_{14}$H$_{22}$
    Ru(CH$_2$CHCH$_2$)$_2$(cod), **4**, 746
RuC$_{14}$H$_{24}$N$_8$
    [Ru[C(NHMe)N{C(Me)=NH}C-(NHMe)](CNMe)$_4$]$^{2+}$, **4**, 683
RuC$_{14}$H$_{28}$N$_8$
    [Ru{C(NHMe)$_2$}$_2$(CNMe)$_4$]$^{2+}$, **4**, 682
RuC$_{14}$H$_{28}$P$_2$
    [Ru(C$_6$H$_6$)(CH$_2$=CH$_2$)(PMe$_3$)$_2$]$^{2+}$, **4**, 804
RuC$_{14}$H$_{29}$P$_2$
    [RuEt(C$_6$H$_6$)(PMe$_3$)$_2$]$^+$, **4**, 804
RuC$_{14}$H$_{35}$NP$_4$
    RuH(CH$_2$CN)(dmpe)$_2$, **4**, 728
RuC$_{14}$H$_{37}$N$_6$
    [RuH(cod)(Me$_2$NNH$_2$)$_3$]$^+$, **4**, 724, 749
RuC$_{14}$H$_{42}$P$_4$
    RuMe$_2$(PMe$_3$)$_4$, **4**, 726
RuC$_{15}$H$_{10}$O$_3$S$_2$
    Ru(SPh)$_2$(CO)$_3$, **4**, 881
RuC$_{15}$H$_{16}$
    Ru(cot)(nbd), **4**, 655, 754, 938
RuC$_{15}$H$_{20}$
    Ru(cod)(C$_7$H$_8$), **4**, 758; **8**, 311
RuC$_{15}$H$_{20}$O$_2$
    Ru(CH$_2$CHCH$_2$)(acac)(nbd), **4**, 747
RuC$_{15}$H$_{23}$Cl
    RuCl(CH$_2$CHCH$_2$)(η^6-C$_6$Me$_6$), **4**, 798
RuC$_{15}$H$_{23}$ClN$_2$
    RuCl(CNBu^t)$_2$Cp, **4**, 783
RuC$_{15}$H$_{24}$O$_3$
    [Ru(C$_6$H$_6$)(MeCOCH$_2$CMe$_2$OH)(Me$_2$CO)]$^{2+}$, **4**, 801
    [Ru(C$_6$H$_6$)(Me$_2$CO)$_3$]$^{2+}$, **4**, 800
RuC$_{15}$H$_{29}$P$_2$
    [RuCp(CH$_2$=CHCH=CH$_2$)(PMe$_3$)$_2$]$^+$, **4**, 792
RuC$_{15}$H$_{30}$Cl$_2$N$_6$
    RuCl$_2${CN(Me)CH$_2$CH$_2$NMe}$_3$, **4**, 684
RuC$_{15}$H$_{30}$O$_3$P
    Ru(OMe)(CO)$_2$(PBu^t$_3$), **4**, 872
RuC$_{15}$H$_{38}$OP$_4$
    RuH(CH$_2$COCH$_3$)(dmpe)$_2$, **4**, 728
RuC$_{16}$H$_{14}$
    [Ru(C$_6$H$_6$)(C$_{10}$H$_8$)]$^{2+}$, **4**, 801
RuC$_{16}$H$_{14}$ClN$_2$
    [RuCl(C$_6$H$_6$)(bipy)]$^{2+}$, **4**, 801
RuC$_{16}$H$_{14}$I$_2$O$_2$S$_2$
    RuI$_2$(CO)$_2$(PhSCH$_2$CH$_2$SPh), **4**, 711

RuC$_{16}$H$_{14}$I$_2$O$_2$Se$_2$
  RuI$_2$(CO)$_2$(PhSeCH$_2$CH$_2$SePh), **4**, 711
RuC$_{16}$H$_{18}$I$_2$N$_2$O$_2$
  RuI$_2$(CO)$_2$(TolNH$_2$)$_2$, **4**, 693
RuC$_{16}$H$_{20}$
  Ru(cot)(cod), **8**, 594
RuC$_{16}$H$_{20}$O$_5$
  Ru(CO)$_3$(C$_4$Et$_4$CO), **4**, 859
RuC$_{16}$H$_{21}$NO$_2$
  RuCp{η^5-C$_5$H$_3$(CO$_2$Et)(CH$_2$NMe$_2$)}, **4**, 768
RuC$_{16}$H$_{22}$
  Ru(C$_8$H$_{11}$)$_2$, **4**, 756
  Ru(cod)(C$_8$H$_{10}$), **4**, 758
RuC$_{16}$H$_{24}$N$_4$
  [Ru(cod)(MeCN)$_4$]$^{2+}$, **4**, 750
RuC$_{16}$H$_{25}$Cl
  RuCl(MeCHCHCH$_2$)(η^6-C$_6$Me$_6$), **4**, 798
RuC$_{16}$H$_{26}$
  Ru(η^6-C$_6$Me$_6$)(CH$_2$=CH$_2$)$_2$, **4**, 798, 804
RuC$_{16}$H$_{27}$OP
  Ru(CO)(η^6-C$_6$Me$_6$)(PMe$_3$), **4**, 805
RuC$_{16}$H$_{47}$ClP$_5$
  [RuCl(CH$_2$PMe$_3$)(PMe$_3$)$_4$]$^+$, **4**, 726
RuC$_{16}$H$_{48}$O$_{15}$P$_5$
  [RuMe{P(OMe)$_3$}$_5$]$^+$, **4**, 726
RuC$_{17}$H$_{14}$F$_6$O$_5$
  RuCp{η^5-C$_5$(OMe)(CF$_3$)$_2$(CO$_2$Me)$_2$}, **4**, 771
RuC$_{17}$H$_{14}$O
  RuCp(η^5-C$_5$H$_4$COPh), **4**, 767
RuC$_{17}$H$_{18}$Cl$_2$N$_2$
  RuCl$_2$(nbd)(py)$_2$, **4**, 748
RuC$_{17}$H$_{22}$ClN$_2$O$_2$S
  [RuCl(CO)$_2$(CS)(CNCy)$_2$]$^+$, **4**, 703
RuC$_{17}$H$_{22}$O$_4$
  Ru(acac)$_2$(nbd), **4**, 750
RuC$_{17}$H$_{24}$Cl$_2$N$_4$
  RuCl$_2$(nbd)(bipy)$_2$, **4**, 750
RuC$_{18}$H$_{10}$O$_4$
  Ru(CO)$_4$(PhC≡CPh), **4**, 741
RuC$_{18}$H$_{14}$
  Ru(C$_9$H$_7$)$_2$, **4**, 773
RuC$_{18}$H$_{14}$N$_2$O
  Ru(C$_6$H$_4$N=NPh)(CO)Cp, **4**, 780
RuC$_{18}$H$_{14}$OS$_2$
  Ru(SC$_6$H$_4$SPh)(CO)Cp, **4**, 782
RuC$_{18}$H$_{16}$N$_2$O$_2$
  Ru(C$_6$H$_4$CH=NMe)$_2$(CO)$_2$, **4**, 740
RuC$_{18}$H$_{20}$Cl$_2$N$_2$
  RuCl$_2$(cod)(bipy), **4**, 750
RuC$_{18}$H$_{26}$
  Ru(η^6-C$_6$Me$_6$)(C$_6$H$_8$), **4**, 798
RuC$_{18}$H$_{26}$O$_4$
  Ru(acac)$_2$(cod), **4**, 750
RuC$_{18}$H$_{35}$ClN$_2$
  RuCl(H)(cod)(C$_5$H$_{11}$N)$_2$, **4**, 749
RuC$_{18}$H$_{37}$ClP$_4$
  RuCl(Ph)(dmpe)$_2$, **4**, 727
RuC$_{19}$H$_{11}$F$_{12}$O$_3$P
  Ru{C(CF$_3$)=C(CF$_3$)C(CF$_3$)=C-(CF$_3$)}(CO)$_3$(PMe$_2$Ph), **4**, 733
RuC$_{19}$H$_{18}$F$_6$O$_9$P$_2$
  Ru{COC(CF$_3$)=C-(CF$_3$)}(CO)$_2${P(OMe)$_3$}$_2$, **4**, 733
RuC$_{19}$H$_{26}$Cl$_2$OP$_2$
  RuCl$_2$(CO)(CH$_2$=CH$_2$)(PMe$_2$Ph)$_2$, **4**, 742
RuC$_{19}$H$_{27}$O
  Ru(CO)(η^6-C$_6$Me$_6$)(C$_6$H$_9$), **4**, 804
RuC$_{19}$H$_{37}$NP$_4$
  RuH(C$_6$H$_4$CN)(dmpe)$_2$, **4**, 728
RuC$_{19}$H$_{42}$OP$_4$
  Ru(C$_6$H$_4$OCH$_2$)(PMe$_3$)$_4$, **4**, 735
RuC$_{20}$H$_{16}$
  [Ru(C$_{10}$H$_8$)$_2$]$^{2+}$, **4**, 796
RuC$_{20}$H$_{20}$O$_{10}$
  RuCp{η^5-C$_5$(CO$_2$Me)$_5$}, **4**, 771, 792
RuC$_{20}$H$_{22}$ClF$_3$O$_2$P$_2$
  RuCl(CF=CF$_2$)(CO)$_2$(PMe$_2$Ph)$_2$, **4**, 732
RuC$_{20}$H$_{26}$
  Ru(η^6-C$_6$Me$_6$)(cot), **4**, 655
RuC$_{20}$H$_{30}$
  Ru(η^6-C$_6$Me$_6$)(cod), **4**, 798, 804
RuC$_{20}$H$_{36}$Cl$_2$N$_4$
  RuCl$_2$(CNBu^t)$_4$, **4**, 682
RuC$_{20}$H$_{40}$ClN$_9$O
  [RuCl(NO){$\overline{\text{CN(Me)CH}_2\text{CH}_2\text{N}}$Me}$_4$]$^+$, **3**, 103
  [RuCl(NO){$\overline{\text{CN(Me)CH}_2\text{CH}_2\text{N}}$Me}$_4$]$^{2+}$, **4**, 684
RuC$_{20}$H$_{40}$Cl$_2$N$_8$
  RuCl$_2${$\overline{\text{CN(Me)CH}_2\text{CH}_2\text{N}}$Me}$_4$, **4**, 684
RuC$_{21}$H$_{15}$Cl$_2$O$_2$PS
  RuCl$_2$(CO)$_2$(CS)(PPh$_3$), **4**, 700
RuC$_{21}$H$_{16}$ClN$_4$O
  [RuCl(CO)(bipy)$_2$]$^+$, **4**, 704, 941
RuC$_{21}$H$_{17}$O$_3$P
  RuH$_2$(CO)$_3$(PPh$_3$), **4**, 723
RuC$_{21}$H$_{22}$
  Ru{(η^5-C$_5$H$_4$CH$_2$CH$_2$)$_2$CHPh}, **4**, 771
RuC$_{21}$H$_{22}$F$_6$O$_3$P$_2$
  Ru(CO)$_2$(PMe$_2$Ph)$_2${(CF$_3$)$_2$CO}, **4**, 733
RuC$_{21}$H$_{40}$ClN$_8$O
  [RuCl(CO){$\overline{\text{CN(Me)CH}_2\text{CH}_2\text{N}}$Me}$_4$]$^+$, **4**, 684
RuC$_{22}$H$_{15}$O$_4$P
  Ru(CO)$_4$(PPh$_3$), **4**, 699
RuC$_{22}$H$_{22}$
  [Ru(C$_6$H$_6$)(CH$_2$C$_6$H$_4$CH$_2$)$_2$]$^{2+}$, **4**, 801
RuC$_{24}$H$_{20}$ClOP
  RuCl(CO)Cp(PPh$_3$), **4**, 776
RuC$_{24}$H$_{21}$Cl$_2$P
  RuCl$_2$(C$_6$H$_6$)(PPh$_3$), **4**, 799
RuC$_{24}$H$_{21}$OP
  RuH(CO)Cp(PPh$_3$), **4**, 776
RuC$_{24}$H$_{36}$
  Ru(C$_6$Me$_6$)$_2$, **3**, 131, 150; **8**, 1048
  Ru(η^6-C$_6$Me$_6$)(η^4-C$_6$Me$_6$), **3**, 35; **4**, 655, 803, 936; **8**, 346
RuC$_{24}$H$_{39}$P
  [Ru(C$_6$H$_6$)(η^5-C$_6$H$_6$PBu$_3$)]$^{2+}$, **4**, 755
RuC$_{24}$H$_{46}$P$_4$
  RuPh$_2$(PMe$_3$)$_4$, **4**, 727
RuC$_{25}$H$_{23}$Cl$_2$P
  RuCl$_2$(C$_7$H$_8$)(PPh$_3$), **4**, 757
RuC$_{25}$H$_{23}$OP
  RuMe(CO)Cp(PPh$_3$), **4**, 780
RuC$_{25}$H$_{27}$N$_2$OPS$_4$
  Ru(S$_2$CNMe$_2$)$_2$(CO)(PPh$_3$), **4**, 711, 713
RuC$_{25}$H$_{29}$N$_4$O$_2$P
  Ru(NO)$_2${$\overline{\text{CN(Et)CH}_2\text{CH}_2\text{N}}$Et}(PPh$_3$), **4**, 684
RuC$_{25}$H$_{45}$N$_5$
  Ru(CNBu^t)$_5$, **4**, 681
RuC$_{25}$H$_{46}$N$_5$
  [RuH(CNBu^t)$_5$]$^+$, **4**, 682
RuC$_{26}$H$_{23}$ClNO$_2$P
  RuCl(CH$_2$CH=CH$_2$)(CO)$_2$(CH$_2$=CHCN)(PPh$_3$), **4**, 742
RuC$_{26}$H$_{27}$P

Ru(CH$_2$=CHCH=CH$_2$)$_2$(PPh$_3$), **4**, 751
RuC$_{27}$H$_{54}$O$_3$P$_2$
   Ru(CO)$_3$(PBu$^t_3$)$_2$, **4**, 844
RuC$_{28}$H$_{22}$O$_2$
   Ru(η^5-C$_5$H$_4$COCH=CHPh)$_2$, **4**, 771
RuC$_{28}$H$_{24}$Cl$_2$O$_2$P$_2$
   RuCl$_2$(CO)$_2$(diphos), **4**, 693
RuC$_{28}$H$_{27}$O$_2$P
   Ru(CO)$_2$(cod)(PPh$_3$), **4**, 747
RuC$_{28}$H$_{29}$P
   RuCp{CH$_2$C(Et)CH$_2$}(PPh$_3$), **4**, 791
   RuCp(Me$_2$CCHCH$_2$)(PPh$_3$), **4**, 791
RuC$_{28}$H$_{39}$O$_6$P$_3$
   Ru(CH$_2$=CHCH=CH$_2$)(PPh$_3$){P(OMe)$_3$}$_2$, **4**, 751
RuC$_{29}$H$_{24}$O$_3$P$_2$
   Ru(CO)$_3$(diphos), **4**, 700
RuC$_{30}$H$_{27}$P
   [Ru(C$_6$H$_6$)(η^5-C$_6$H$_6$PPh$_3$)]$^{2+}$, **4**, 755
RuC$_{30}$H$_{33}$Cl$_2$P
   RuCl$_2$(η^6-C$_6$Me$_6$)(PPh$_3$), **8**, 296
RuC$_{30}$H$_{34}$ClP
   RuCl(H)(η^6-C$_6$Me$_6$)(PPh$_3$), **4**, 798, 936; **8**, 346
RuC$_{31}$H$_{20}$O$_3$
   Ru(CO)$_3$(η^4-C$_4$Ph$_4$), **4**, 759; **6**, 382
RuC$_{31}$H$_{29}$O$_4$P
   Ru{C(CO$_2$Me)=CHCH=CHCO$_2$Me}Cp(PPh$_3$), **4**, 787
RuC$_{31}$H$_{45}$Cl$_2$OP$_3$
   RuCl$_2$(CO)(PEt$_2$Ph)$_3$, **8**, 215
RuC$_{32}$H$_{20}$O$_4$
   Ru(CO)$_3$(C$_4$Ph$_4$CO), **4**, 752, 853, 862
RuC$_{32}$H$_{22}$F$_9$P
   Ru{C(CF$_3$)=CHC(CF$_3$)=C=CH(CF$_3$)}Cp(PPh$_3$), **4**, 789
RuC$_{32}$H$_{24}$ClN$_2$O$_2$P
   RuCl(C$_6$H$_4$NNPh)(CO)$_2$(PPh$_3$), **4**, 740
RuC$_{32}$H$_{25}$OP
   Ru(C≡CPh)(CO)Cp(PPh$_3$), **4**, 790
RuC$_{32}$H$_{28}$Br$_2$I$_9$N$_4$
   RuBr$_2$(I)$_9$(CNTol)$_4$, **4**, 682
RuC$_{32}$H$_{28}$Br$_2$N$_4$
   RuBr$_2$(CNTol)$_4$, **4**, 682
RuC$_{32}$H$_{28}$I$_2$N$_4$O$_4$
   RuI$_2${CN(C$_6$H$_4$OMe)}$_4$, **4**, 682
RuC$_{32}$H$_{30}$ClP$_2$
   [RuCl(C$_6$H$_6$)(diphos)]$^+$, **4**, 797
RuC$_{32}$H$_{31}$O$_2$P
   Ru{C(Ac)=CHC(Ac)=CHMe}Cp(PPh$_3$), **4**, 789
RuC$_{32}$H$_{39}$ClP$_4$
   RuCl(Nap)(dmpe)$_2$, **4**, 728
RuC$_{32}$H$_{40}$P$_4$
   RuH(Nap)(dmpe)$_2$, **4**, 728
RuC$_{34}$H$_{26}$N$_6$
   [Ru(CNPh)$_2$(bipy)$_2$]$^{2+}$, **4**, 705
RuC$_{34}$H$_{27}$F$_6$P
   Ru{CH$_2$C$_6$H$_4$C(CF$_3$)=CH(CF$_3$)}Cp(PPh$_3$), **4**, 788
RuC$_{35}$H$_{18}$F$_9$N$_2$P
   Ru(C$_6$F$_4$N=NC$_6$F$_5$)(η^5-C$_5$H$_4$C$_6$H$_4$PPh$_2$), **4**, 786
RuC$_{35}$H$_{29}$N$_2$P
   Ru(C$_6$H$_4$N=NPh)Cp(PPh$_3$), **4**, 786
RuC$_{35}$H$_{32}$Cl$_2$N$_3$OP
   RuCl$_2$(NO){C$_6$H$_3$(Me)$\overline{\text{NCH}_2\text{CH}_2\text{N(Tol)}\text{C}}$}-(PPh$_3$), **4**, 685
RuC$_{35}$H$_{33}$O$_6$P
   Ru{CH=C(CO$_2$Me)C(CO$_2$Me)=C=C(Me)-CO$_2$Me}Cp(PPh$_3$), **4**, 788
RuC$_{36}$H$_{29}$ClP$_2$
   RuCl(C$_6$H$_4$PPh$_2$)(PPh$_3$), **4**, 737
RuC$_{36}$H$_{31}$P$_2$S$_2$
   [Ru(S$_2$PPh$_2$)(C$_6$H$_6$)(PPh$_3$)]$^+$, **4**, 798
RuC$_{36}$H$_{33}$I$_2$N$_2$OP
   RuI$_2${CHN(Me)Tol}(CO)(CNTol)(PPh$_3$), **4**, 731
RuC$_{36}$H$_{36}$O$_{24}$
   Ru{η^6-C$_6$(CO$_2$Me)$_6$}$_2$, **4**, 806
RuC$_{37}$H$_{25}$N$_4$P
   RuCp{(NC)$_2$CC(Ph)C=C(CN)$_2$}(PPh$_3$), **4**, 790
RuC$_{37}$H$_{29}$ClOP$_2$
   RuCl(C$_6$H$_4$PPh$_2$)(CO)(PPh$_3$), **4**, 737
RuC$_{37}$H$_{30}$ClNO$_2$P$_2$
   RuCl(CO)(NO)(PPh$_3$)$_2$, **4**, 708
RuC$_{37}$H$_{30}$Cl$_2$OP$_2$
   RuCl$_2$(CO)(PPh$_3$)$_2$, **4**, 944
RuC$_{37}$H$_{30}$Cl$_2$P$_2$S
   RuCl$_2$(CS)(PPh$_3$)$_2$, **4**, 701
RuC$_{37}$H$_{30}$N$_2$O$_7$P$_2$
   Ru(NO$_3$)$_2$(CO)(PPh$_3$)$_2$, **4**, 711, 953
RuC$_{37}$H$_{31}$NO$_4$P$_2$
   RuH(NO$_3$)(CO)(PPh$_3$)$_2$, **4**, 710, 711, 725
RuC$_{37}$H$_{32}$Cl$_2$O$_2$P$_2$
   RuCl$_2$(CO)(H$_2$O)(PPh$_3$)$_2$, **4**, 694
RuC$_{37}$H$_{33}$ClINOP$_2$
   RuCl(I)(Me)(NO)(PPh$_3$)$_2$, **4**, 726
RuC$_{37}$H$_{67}$ClOP$_2$
   RuCl(H)(CO)(PCy$_3$)$_2$, **4**, 722
RuC$_{38}$H$_{28}$O$_8$P$_2$
   Ru{C$_6$H$_4$OP(OPh)$_2$}$_2$(CO)$_2$, **4**, 737
RuC$_{38}$H$_{30}$ClF$_4$NOP$_2$
   RuCl(CF$_2$CF$_2$)(NO)(PPh$_3$)$_2$, **4**, 733
RuC$_{38}$H$_{30}$Cl$_2$OP$_2$S
   RuCl$_2$(CO)(CS)(PPh$_3$)$_2$, **4**, 701, 712
RuC$_{38}$H$_{30}$Cl$_2$OP$_2$Se
   RuCl$_2$(CO)(CSe)(PPh$_3$)$_2$, **4**, 701, 712
RuC$_{38}$H$_{30}$Cl$_2$O$_2$P$_2$
   RuCl$_2$(CO)$_2$(PPh$_3$)$_2$, **4**, 653, 944; **8**, 579
RuC$_{38}$H$_{30}$I$_2$O$_2$P$_2$
   RuI$_2$(CO)$_2$(PPh$_3$)$_2$, **4**, 962
RuC$_{38}$H$_{30}$N$_2$O$_8$P$_2$
   Ru(NO$_3$)$_2$(CO)(PPh$_3$)$_2$, **4**, 710, 711
RuC$_{38}$H$_{30}$O$_4$P$_2$S
   Ru(CO)$_2$(SO$_2$)(PPh$_3$)$_2$, **4**, 711, 809
RuC$_{38}$H$_{30}$O$_6$P$_2$S
   Ru(SO$_4$)(CO)$_2$(PPh$_3$)$_2$, **4**, 711
RuC$_{38}$H$_{31}$ClO$_2$P$_2$
   RuCl(H)(CO)$_2$(PPh$_3$)$_2$, **4**, 723
RuC$_{38}$H$_{31}$NO$_4$P$_2$S$_2$
   Ru(NO$_3$)(S$_2$CH)(CO)(PPh$_3$)$_2$, **4**, 711
RuC$_{38}$H$_{31}$NO$_5$P$_2$
   RuH(NO$_3$)(CO)$_2$(PPh$_3$)$_2$, **4**, 725
RuC$_{38}$H$_{32}$O$_2$P$_2$
   RuH$_2$(CO)$_2$(PPh$_3$)$_2$, **4**, 700, 723; **8**, 122
RuC$_{38}$H$_{33}$Cl$_2$NO$_2$P$_2$
   RuCl$_2$(COMe)(NO)(PPh$_3$)$_2$, **4**, 729
RuC$_{38}$H$_{36}$O$_2$P$_2$
   RuH$_2$(CO)(PPh$_3$)$_2$(MeOH), **4**, 723
RuC$_{38}$H$_{51}$N$_4$P
   Ru(CNBu^t)$_4$(PPh$_3$), **4**, 681, 702
RuC$_{38}$H$_{66}$Cl$_2$O$_2$P$_2$
   RuCl$_2$(CO)$_2$(PCy$_3$)$_2$, **4**, 937, 947
RuC$_{38}$H$_{67}$ClO$_2$P$_2$
   RuCl(H)(CO)$_2$(PCy$_3$)$_2$, **4**, 947
RuC$_{39}$H$_{30}$ClO$_3$P$_2$
   [RuCl(CO)$_3$(PPh$_3$)$_2$]$^+$, **4**, 696
RuC$_{39}$H$_{30}$F$_3$NO$_6$P$_2$
   Ru(NO$_3$)(O$_2$CCF$_3$)(CO)(PPh$_3$)$_2$, **4**, 953
RuC$_{39}$H$_{30}$O$_2$P$_2$S$_2$

$RuC_{39}H_{30}O_2P_2S_2$
  $Ru(CO)_2(CS_2)(PPh_3)_2$, **4**, 701
$RuC_{39}H_{30}O_2P_2Se_2$
  $Ru(CO)_2(CSe_2)(PPh_3)_2$, **4**, 701
$RuC_{39}H_{30}O_3P_2$
  $Ru(CO)_3(PPh_3)_2$, **4**, 653, 699, 939; **8**, 122, 149
$RuC_{39}H_{31}F_3O_3P_2$
  $RuH(O_2CCF_3)(CO)(PPh_3)_2$, **4**, 724, 953
$RuC_{39}H_{32}ClNO_3P_2$
  $RuCl(CONH_2)(CO)_2(PPh_3)_2$, **4**, 696
$RuC_{39}H_{33}ClO_2P_2$
  $RuCl(COMe)(CO)(PPh_3)_2$, **4**, 729
  $RuCl(Me)(CO)_2(PPh_3)_2$, **4**, 726
$RuC_{39}H_{33}ClO_3P_2$
  $RuCl(OAc)(CO)(PPh_3)_2$, **4**, 654, 709
$RuC_{39}H_{33}IOP_2S_2$
  $RuI(CS_2Me)(CO)(PPh_3)_2$, **4**, 712
$RuC_{39}H_{33}IO_2P_2$
  $RuI(COMe)(CO)(PPh_3)_2$, **4**, 730
$RuC_{39}H_{34}O_2P_2S_2$
  $RuH(S_2COMe)(CO)(PPh_3)_2$, **4**, 714
$RuC_{39}H_{34}O_3P_2$
  $RuH(OAc)(CO)(PPh_3)_2$, **4**, 654
$RuC_{39}H_{35}NOP_2$
  $Ru(NO)(CH_2CHCH_2)(PPh_3)_2$, **4**, 745
$RuC_{40}H_{30}ClF_6NOP_2$
  $RuCl\{C(CF_3)=C(CF_3)\}(NO)(PPh_3)_2$, **4**, 733
$RuC_{40}H_{31}F_3O_4P_2$
  $RuH(O_2CCF_3)(CO)_2(PPh_3)_2$, **4**, 725
$RuC_{40}H_{33}O_2P_2S_2$
  $[Ru(CS_2Me)(CO)_2(PPh_3)_2]^+$, **4**, 713
$RuC_{40}H_{35}ClO_2P_2$
  $RuCl(COEt)(CO)(PPh_3)_2$, **4**, 729
$RuC_{40}H_{35}NO_2P_2$
  $Ru(CO)(NO)(CH_2CHCH_2)(PPh_3)_2$, **4**, 745
$RuC_{41}H_{30}F_6OP_2S_2$
  $Ru(CO)(PPh_3)_2\{S_2C_2(CF_3)_2\}$, **4**, 881
$RuC_{41}H_{30}F_6O_5P_2$
  $Ru(O_2CCF_3)_2(CO)(PPh_3)_2$, **4**, 654, 710, 937; **8**, 602
$RuC_{41}H_{31}F_6NO_2P_2$
  $Ru\{NCF_2CH(F)CF_3\}(CO)_2(PPh_3)_2$, **4**, 707
$RuC_{41}H_{33}ClO_2P_2$
  $RuCl\{CH(CH_2C_6H_4PPh_2)_2\}(CO)_2$, **4**, 740
$RuC_{41}H_{34}O_6P_2$
  $Ru\{C_6H_4OP(OPh)_2\}Cp\{OPh)_3\}$, **4**, 785
$RuC_{41}H_{34}P_2$
  $Ru(C_6H_4PPh_2)Cp(PPh_3)$, **4**, 785
$RuC_{41}H_{35}ClOP_2$
  $RuCl\{CH(Me)C_6H_4PPh_2\}(CH_2=CHC_6H_4PPh_2)$-(CO), **4**, 739
$RuC_{41}H_{35}ClP_2$
  $RuCl(Cp)(PPh_3)_2$, **4**, 653, 783, 784
$RuC_{41}H_{35}NOP_2$
  $[Ru(NO)Cp(PPh_3)_2]^{2+}$, **4**, 793
$RuC_{41}H_{36}O_3P_2S_2$
  $Ru(SAc)(OCSMe)(CO)(PPh_3)_2$, **4**, 711
$RuC_{41}H_{36}O_5P_2$
  $Ru(O_2CMe)_2(CO)(PPh_3)_2$, **4**, 679, 709, 711
$RuC_{41}H_{36}P_2$
  $RuH(Cp)(PPh_3)_2$, **4**, 783, 784, 786
$RuC_{41}H_{39}NP_2$
  $RuH(CH_2CHCH_2)(PPh_3)_2(MeCN)$, **4**, 744
$RuC_{42}H_{32}N_2O_2P_2$
  $Ru(CO)_2(NCCH=CHCN)(PPh_3)_2$, **4**, 655
$RuC_{42}H_{34}Cl_2O_2P_2$
  $RuCl_2(CO)_2\{PPh_2(C_6H_4CH=CH_2)\}_2$, **4**, 696
$RuC_{42}H_{34}O_2P_2$
  $Ru\{CH(C_6H_4PPh_2)(CH_2)_2CH$-$(C_6H_4PPh_2)\}(CO)_2$, **4**, 739

$RuC_{42}H_{35}ClO_2P_2$
  $RuCl\{CH(C_6H_4PPh_2)CH_2CH(Me)C_6H_4PPh_2\}$-(CO)_2, **4**, 740
$RuC_{42}H_{35}Cl_2NP_2S$
  $RuCl_2(CS)(py)(PPh_3)_2$, **4**, 704
$RuC_{42}H_{35}NP_2$
  $Ru(CN)Cp(PPh_3)_2$, **4**, 784
$RuC_{42}H_{35}OP_2$
  $[Ru(CO)Cp(PPh_3)_2]^+$, **4**, 793
$RuC_{42}H_{35}O_2P_2$
  $[Ru\{CH(Me)C_6H_4PPh_2\}(CH_2=CHC_6H_4PPh_2)$-$(CO)_2]^+$, **4**, 739
$RuC_{42}H_{36}ClP_2$
  $[RuCl(C_6H_6)(PPh_3)_2]^+$, **4**, 799
$RuC_{42}H_{36}OP_2$
  $RuH(C_6H_5O)(PPh_3)_2$, **4**, 803
$RuC_{42}H_{36}O_6P_2$
  $Ru(OAc)_2(CO)_2(PPh_3)_2$, **4**, 654
$RuC_{42}H_{37}NO_6P_2$
  $Ru(NO_3)(CO)(acac)(PPh_3)_2$, **4**, 711
$RuC_{42}H_{37}P_2$
  $[RuH(C_6H_6)(PPh_3)_2]^+$, **4**, 803
$RuC_{42}H_{38}P_2$
  $RuMe(Cp)(PPh_3)_2$, **4**, 781, 786
$RuC_{42}H_{39}N_2OP_2S_2$
  $Ru(S_2CNMe_2)(CO)(CNMe)(PPh_3)_2$, **4**, 714
$RuC_{42}H_{40}ClNOP_2$
  $RuCl(H)(CO)(CNBu^t)(PPh_3)_2$, **4**, 724
$RuC_{42}H_{40}Cl_2N_2P_2$
  $RuCl_2(CNEt)_2(PPh_3)_2$, **4**, 702
$RuC_{42}H_{41}NP_2$
  $RuH(CH_2CMeCH_2)(PPh_3)_2(MeCN)$, **4**, 744
$RuC_{42}H_{66}N_6O_6$
  $[Ru(CNCMe_2CH_2COMe)_6]^{2+}$, **4**, 682
$RuC_{42}H_{72}ClNOP_2$
  $RuCl(H)(CO)(py)(PCy_3)_2$, **4**, 724
$RuC_{43}H_{36}N_2OP_2$
  $RuH(NNPh)(CO)(PPh_3)_2$, **4**, 706
$RuC_{43}H_{38}Cl_2N_2OP_2$
  $RuCl_2(CO)(PhNHNH_2)(PPh_3)_2$, **4**, 705
$RuC_{43}H_{38}Cl_2P_2$
  $RuCl_2(nbd)(PPh_3)_2$, **4**, 748
$RuC_{43}H_{39}ClO_5P_2$
  $RuCl\{CH(CO_2Me)CH_2CO_2Me\}(CO)(PPh_3)_2$, **4**, 735
$RuC_{43}H_{39}ClP_2$
  $RuCl(H)(nbd)(PPh_3)_2$, **4**, 748; **8**, 305
$RuC_{43}H_{40}NOP_2S_3$
  $[Ru(S_2CNEt_2)(CO)(CS)(PPh_3)_2]^+$, **4**, 713
$RuC_{44}H_{36}ClN_2O_2P_2$
  $[RuCl(CO)_2(PhN=NH)(PPh_3)_2]^+$, **4**, 706
$RuC_{44}H_{37}ClOP_2$
  $RuCl(Tol)(CO)(PPh_3)_2$, **4**, 727
$RuC_{44}H_{37}NOP_2S$
  $RuH(PhNCHS)(CO)(PPh_3)_2$, **4**, 707
$RuC_{44}H_{37}N_2O_2P_2$
  $[RuH(CO)_2(PhN=NH)(PPh_3)_2]^+$, **4**, 706
$RuC_{44}H_{38}ClNOP_2$
  $RuCl\{CH_2CH_2(C_5H_4N)\}(CO)(PPh_3)_2$, **4**, 735
$RuC_{44}H_{38}P_2$
  $Ru(cot)(PPh_3)_2$, **4**, 758, 938
$RuC_{44}H_{39}P_2$
  $[Ru(C=CHMe)Cp(PPh_3)_2]^+$, **4**, 792
$RuC_{44}H_{40}O_6P_2$
  $Ru\{C_6H_4OP(OPh)_2\}_2(cod)$, **4**, 736
$RuC_{44}H_{40}P_2$
  $Ru(C_6H_4PPh_2)(C_8H_{11})(PPh_3)$, **4**, 738
$RuC_{44}H_{42}N_2O_4P_2$
  $Ru(OAc)_2(CNMe)_2(PPh_3)_2$, **4**, 702

RuC$_{44}$H$_{43}$ClN$_2$OP$_2$
  RuCl{PrNCHNC(Me)=CH$_2$}(CO)(PPh$_3$)$_2$, **4**, 707
RuC$_{44}$H$_{44}$P$_2$
  Ru(CH$_2$CMeCH$_2$)$_2$(PPh$_3$)$_2$, **4**, 746
RuC$_{45}$H$_{35}$NO$_4$P$_2$
  Ru(C≡CPh)(NO$_3$)(CO)(PPh$_3$)$_2$, **4**, 711
RuC$_{45}$H$_{37}$ClO$_2$P$_2$
  RuCl(Tol)(CO)$_2$(PPh$_3$)$_2$, **4**, 727
RuC$_{45}$H$_{37}$IO$_2$P$_2$
  RuI(COTol)(CO)(PPh$_3$)$_2$, **4**, 730
RuC$_{45}$H$_{37}$NO$_3$P$_2$
  Ru(CO)(CNTol)(O$_2$)(PPh$_3$)$_2$, **4**, 703
RuC$_{45}$H$_{38}$ClNOP$_2$
  RuCl(H)(CO)(CNTol)(PPh$_3$)$_2$, **4**, 703
RuC$_{45}$H$_{38}$INOP$_2$
  RuI(H)(CO)(CNTol)(PPh$_3$)$_2$, **4**, 730
RuC$_{45}$H$_{39}$Cl$_2$NOP$_2$
  RuCl$_2$(CHNHTol)(CO)(PPh$_3$)$_2$, **4**, 731
RuC$_{45}$H$_{41}$OP$_2$
  [Ru{C(CH$_2$)$_3$O}Cp(PPh$_3$)$_2$]$^+$, **4**, 793
RuC$_{45}$H$_{46}$NOP$_2$S$_4$
  [Ru(S$_2$CNEt$_2$){C(SMe)$_2$}(CO)(PPh$_3$)$_2$]$^+$, **4**, 713
RuC$_{46}$H$_{37}$NO$_4$P$_2$
  Ru(CO$_3$)(CO)(CNTol)(PPh$_3$)$_2$, **4**, 703
RuC$_{46}$H$_{38}$N$_2$P$_2$
  RuH(C$_6$H$_4$PPh$_2$)(PPh$_3$)(bipy), **4**, 739
RuC$_{46}$H$_{41}$Cl$_2$NOP$_2$
  RuCl$_2${CHN(Me)Tol}(CO)(PPh$_3$)$_2$, **4**, 731
RuC$_{46}$H$_{48}$Cl$_2$N$_2$P$_2$
  RuCl$_2$(CNBu^t)$_2$(PPh$_3$)$_2$, **4**, 702
RuC$_{47}$H$_{41}$NO$_3$P$_2$
  Ru(OAc)(CNHTol)(CO)(PPh$_3$)$_2$, **4**, 710
RuC$_{47}$H$_{42}$NO$_3$P$_2$
  [Ru(O$_2$CMe)(CHNHTol)(CO)(PPh$_3$)$_2$]$^+$, **4**, 731
RuC$_{48}$H$_{42}$P$_2$
  RuBz(Cp)(PPh$_3$)$_2$, **4**, 788
RuC$_{48}$H$_{44}$NO$_3$P$_2$
  [Ru(O$_2$CMe){CHN(Me)Tol}(CO)(PPh$_3$)$_2$]$^+$, **4**, 731
RuC$_{48}$H$_{48}$P$_2$
  RuH(C$_6$H$_7$)(C$_6$H$_{10}$)(PPh$_3$)$_2$, **4**, 742
RuC$_{49}$H$_{40}$P$_2$
  Ru(C≡CPh)Cp(PPh$_3$)$_2$, **4**, 654, 790
RuC$_{49}$H$_{41}$P$_2$
  [Ru(C=CHPh)Cp(PPh$_3$)$_2$]$^+$, **4**, 654
RuC$_{49}$H$_{42}$O$_7$P$_2$
  Ru{CH=C(CO$_2$Me)CH=C(CO$_2$Me)C=CHCO$_2$Me}(CO)(PPh$_3$)$_2$, **4**, 735
RuC$_{50}$H$_{48}$N$_2$OP$_2$S$_2$
  Ru(S$_2$CNEt$_2$)(CH=NTol)(CO)(PPh$_3$)$_2$, **4**, 730
RuC$_{51}$H$_{43}$ClN$_2$P$_2$
  RuCl{C$_6$H$_4$NCH$_2$CH$_2$N(Ph)C}(PPh$_3$)$_2$, **4**, 685
RuC$_{52}$H$_{40}$O$_2$P$_2$
  Ru(CO)$_2$(PhC≡CPh)(PPh$_3$)$_2$, **4**, 741
RuC$_{52}$H$_{46}$N$_2$OP$_2$
  Ru(TolNCH$_2$NTol)(CO)(PPh$_3$)$_2$, **4**, 707
RuC$_{52}$H$_{46}$P$_2$
  Ru(PhCH=CH$_2$)$_2$(PPh$_3$)$_2$, **4**, 744
RuC$_{53}$H$_{41}$F$_3$O$_3$P$_2$
  Ru{C(Ph)=CHPh}(O$_2$CCF$_3$)(CO)(PPh$_3$)$_2$, **4**, 732
RuC$_{53}$H$_{44}$N$_2$O$_3$P$_2$
  Ru(TolNCONTol)(CO)$_2$(PPh$_3$)$_2$, **4**, 707
RuC$_{53}$H$_{51}$ClP$_4$
  RuCl(Me)(diphos)$_2$, **4**, 725
RuC$_{53}$H$_{52}$P$_4$
  RuH(Me)(diphos)$_2$, **4**, 962
RuC$_{54}$H$_{30}$N$_{12}$P$_2$
  Ru{(NC)$_2$C=C(CN)$_2$}$_3$(PPh$_3$)$_2$, **4**, 742
RuC$_{54}$H$_{44}$N$_2$O$_2$P$_2$
  Ru(CO)$_2$(CNTol)$_2$(PPh$_3$)$_2$, **4**, 702
RuC$_{54}$H$_{46}$P$_3$
  RuH(η^6-C$_6$H$_5$PPh$_2$)(PPh$_3$)$_2$, **4**, 654
  [RuH(C$_6$H$_5$PPh$_2$)(PPh$_3$)$_2$]$^+$, **4**, 802
  [RuH$_2$(C$_6$H$_4$PPh$_2$)(PPh$_3$)$_2$]$^-$, **4**, 933
RuC$_{55}$H$_{41}$F$_3$O$_3$P$_2$
  Ru{C(C≡CPh)=CHPh}(O$_2$CCF$_3$)(CO)(PPh$_3$)$_2$, **4**, 732
RuC$_{55}$H$_{45}$ClP$_3$S$_2$
  [RuCl(CS$_2$)(PPh$_3$)$_3$]$^+$, **4**, 700
RuC$_{55}$H$_{45}$NO$_2$P$_3$
  [Ru(CO)(NO)(PPh$_3$)$_3$]$^+$, **4**, 708
RuC$_{55}$H$_{46}$ClOP$_3$
  RuCl(H)(CO)(PPh$_3$)$_3$, **4**, 653, 721
RuC$_{55}$H$_{47}$OP$_3$
  RuH$_2$(CO)(PPh$_3$)$_3$, **4**, 653, 722, 947
RuC$_{55}$H$_{48}$ClP$_3$
  RuCl(Me)(PPh$_3$)$_3$, **4**, 725
RuC$_{55}$H$_{48}$N$_2$O$_3$P$_2$
  Ru(OAc)(CH=NTol)(CO)(CNTol)(PPh$_3$)$_2$, **4**, 731
RuC$_{55}$H$_{49}$N$_2$O$_3$P$_2$
  [Ru(OAc)(CHNHTol)(CO)(CNTol)(PPh$_3$)$_2$]$^+$, **4**, 731
RuC$_{56}$H$_{45}$O$_2$P$_3$
  Ru(CO)$_2$(PPh$_3$)$_3$, **4**, 699; **8**, 291
RuC$_{56}$H$_{48}$NP$_3$
  RuH(C$_6$H$_4$PPh$_2$)(PPh$_3$)$_2$(MeCN), **4**, 738
RuC$_{56}$H$_{49}$O$_2$P$_3$
  RuH(CO$_2$Me)(PPh$_3$)$_3$, **8**, 297
RuC$_{56}$H$_{49}$P$_3$
  Ru(CH$_2$=CH$_2$)(PPh$_3$)$_3$, **4**, 737, 742
  RuH(C$_6$H$_4$PPh$_2$)(CH$_2$=CH$_2$)(PPh$_3$)$_2$, **4**, 738, 954
RuC$_{57}$H$_{45}$F$_3$O$_3$P$_3$
  Ru(O$_2$CCF$_3$)(CO)(PPh$_3$)$_3$, **4**, 724
RuC$_{57}$H$_{58}$NP$_4$
  [RuH(CNBu^t)(diphos)$_2$]$^+$, **4**, 724
RuC$_{58}$H$_{51}$P$_3$
  Ru(CH$_2$=CHCH=CH$_2$)(PPh$_3$)$_3$, **4**, 655, 751
RuC$_{59}$H$_{50}$NP$_3$
  RuH(C$_6$H$_4$PPh$_2$)(PPh$_3$)$_2$(py), **4**, 739
RuC$_{59}$H$_{53}$O$_2$P$_3$
  RuH{CH=C(Me)C(OMe)O}(PPh$_3$)$_3$, **4**, 735
RuC$_{60}$H$_{55}$O$_2$P$_3$
  RuH{CH=C(Me)CO$_2$Et}(PPh$_3$)$_3$, **4**, 954
RuC$_{62}$H$_{50}$O$_2$P$_4$S$_4$
  Ru(S$_2$PPh$_2$)$_2$(CO)$_2$(PPh$_3$)$_2$, **4**, 714
RuC$_{62}$H$_{54}$P$_4$
  RuPh$_2$(dppm)$_2$, **4**, 727
RuC$_{63}$H$_{52}$NOP$_3$
  Ru(CO)(CNTol)(PPh$_3$)$_3$, **4**, 703
RuC$_{66}$H$_{54}$ClN$_2$P$_3$
  RuCl(C$_6$H$_4$N=NPh)(PPh$_3$)$_3$, **4**, 740
RuC$_{66}$H$_{56}$N$_3$P$_3$
  RuH(PhN$_3$Ph)(PPh$_3$)$_3$, **4**, 706
RuC$_{72}$H$_{59}$ClO$_{12}$P$_4$
  RuCl{C$_6$H$_4$OP(OPh)$_2$}{P(OPh)$_3$}$_3$, **4**, 736
RuC$_{73}$H$_{60}$OP$_4$
  Ru(CO)(PPh$_3$)$_4$, **4**, 699
RuC$_{84}$H$_{60}$
  Ru(η^6-C$_6$H$_6$)$_2$, **4**, 806
RuCoC$_{11}$H$_5$O$_6$
  RuCo(CO)$_6$Cp, **4**, 794, 926; **6**, 836
RuCoFe$_2$C$_{13}$O$_{13}$
  [Fe$_2$RuCo(CO)$_{13}$]$^-$, **4**, 926; **6**, 858
RuCoOs$_2$C$_{12}$HO$_{12}$
  RuOs$_2$CoH(CO)$_{12}$, **4**, 926

RuCoOs$_2$C$_{13}$HO$_{13}$
   RuOs$_2$CoH(CO)$_{13}$, **6**, 862
RuCo$_3$C$_{12}$HO$_{12}$
   RuCo$_3$H(CO)$_{12}$, **4**, 926
RuCo$_3$C$_{12}$O$_{12}$
   [RuCo$_3$(CO)$_{12}$]$^-$, **6**, 822, 863
RuCo$_3$C$_{13}$HO$_{13}$
   RuCo$_3$H(CO)$_{13}$, **6**, 863
RuCrC$_{18}$H$_{14}$O$_6$
   RuCp[η^5-C$_5$H$_4${C(OEt)Cr(CO)$_5$}], **4**, 769
RuCuC$_{41}$H$_{34}$P
   RuCp(C≡CTol)$_2$(CuPPh$_3$), **2**, 758; **4**, 790
RuCuC$_{44}$H$_{38}$ClP$_2$
   Ru{C≡CMe(CuCl)}Cp(PPh$_3$)$_2$, **4**, 790
RuCuC$_{49}$H$_{40}$ClP$_2$
   Ru{C≡CPh(CuCl)}Cp(PPh$_3$)$_2$, **2**, 757; **4**, 790
RuFeC$_8$H$_{18}$Cl$_5$O$_2$P$_2$
   RuCl(FeCl$_4$)(CO)$_2$(PMe$_3$)$_2$, **4**, 696
RuFeC$_{13}$H$_8$O$_5$
   FeRu(CO)$_5$(cot), **4**, 830
RuFeC$_{14}$H$_{10}$O$_4$
   [FeRu(CO)$_4$Cp$_2$]$^+$, **4**, 794
RuFeC$_{21}$H$_{15}$O$_4$P
   [FeRu(PPh$_2$)(CO)$_4$Cp]$^+$, **4**, 925
RuFeC$_{21}$H$_{18}$O
   RuCp(η^5-C$_5$H$_4$COFc), **4**, 773
RuFeC$_{21}$H$_{20}$
   RuCp(η^5-C$_5$H$_4$CH$_2$Fc), **4**, 773
RuFeC$_{22}$H$_{15}$O$_5$P
   FeRu(PPh$_2$)(CO)$_5$Cp, **4**, 794, 925; **6**, 780, 834
RuFeC$_{22}$H$_{18}$
   RuCp(η^5-C$_5$H$_4$C≡CFc), **4**, 773
RuFeC$_{26}$H$_{20}$O$_4$P
   [FeRu(PPh$_2$)(CO)$_4$Cp$_2$]$^+$, **4**, 794
RuFeOs$_2$C$_{12}$H$_2$O$_{12}$
   FeRuOs$_2$H$_2$(CO)$_{12}$, **8**, 61
RuFeOs$_2$C$_{13}$H$_2$O$_{13}$
   FeRuOs$_2$H$_2$(CO)$_{13}$, **4**, 655, 925; **6**, 772, 798, 820, 857
RuFeSi$_2$C$_{19}$H$_{26}$O$_5$
   FeRu(SiMe$_3$)(CO)$_5$(C$_8$H$_8$SiMe$_3$), **6**, 783, 834
RuFe$_2$C$_8$H$_{18}$Cl$_8$O$_2$P$_2$
   Ru(FeCl$_4$)$_2$(CO)$_2$(PMe$_3$)$_2$, **4**, 696
RuFe$_2$C$_{12}$O$_{12}$
   Fe$_2$Ru(CO)$_{12}$, **4**, 655, 924; **6**, 788, 858
RuFe$_2$C$_{37}$H$_{25}$O$_6$P
   Fe$_2$Ru(C≡CPh)(CO)$_6$Cp(PPh$_3$), **4**, 790; **6**, 858
RuGeC$_7$H$_9$O$_4$
   [Ru(GeMe$_3$)(CO)$_4$]$^-$, **4**, 912
RuGeC$_{10}$H$_{14}$O$_2$
   Ru(GeMe$_3$)(CO)$_2$Cp, **4**, 776
RuGeC$_{13}$H$_{18}$
   RuCp(η^5-C$_5$H$_4$GeMe$_3$), **4**, 769
RuGeC$_{13}$H$_{18}$O$_2$
   Ru(GeMe$_3$)(CO)$_2$(C$_8$H$_9$), **4**, 855
RuGeReC$_{12}$H$_9$O$_9$
   ReRu(GeMe$_3$)(CO)$_9$, **4**, 912; **6**, 834
RuGeSiC$_{15}$H$_{25}$O$_2$
   Ru(GeMe$_3$)(CO)$_2$(C$_7$H$_8$SiMe$_3$), **4**, 916
RuGeSiC$_{19}$H$_{36}$O$_4$
   Ru(SiMe$_3$)(GeBu$_3$)(CO)$_4$, **4**, 912
RuGeSnC$_{10}$H$_{18}$O$_4$
   Ru(GeMe$_3$)(SnMe$_3$)(CO)$_4$, **4**, 912; **6**, 1046
RuGe$_2$C$_7$H$_6$Cl$_6$O
   Ru(GeCl$_3$)$_2$(CO)(η^6-C$_6$H$_6$), **4**, 919
RuGe$_2$C$_{10}$H$_{18}$O$_4$
   Ru(GeMe$_3$)$_2$(CO)$_4$, **4**, 752; **6**, 1056
RuGe$_2$C$_{16}$H$_{30}$O$_2$
   Ru(GeMe$_3$)$_2$(CO)$_2$(cod), **4**, 915
RuGe$_2$C$_{44}$H$_{48}$O$_2$P$_2$
   Ru(GeMe$_3$)$_2$(CO)$_2$(PPh$_3$)$_2$, **4**, 914
RuHgC$_8$H$_5$Cl$_2$NO$_3$
   RuCl(HgCl)(CO)$_3$(py), **4**, 928
RuHgC$_{10}$H$_9$Cl
   RuCp(η^5-C$_5$H$_4$HgCl), **4**, 769
RuHgC$_{10}$H$_{10}$Cl$_2$
   RuCp$_2$(HgCl$_2$), **4**, 769; **6**, 986
RuHgC$_{12}$H$_{12}$O$_2$
   RuCp{η^5-C$_5$H$_4$(HgOAc)}, **4**, 765
RuHgC$_{12}$H$_{20}$Cl$_4$N$_4$
   RuCl$_2$(HgCl$_2$)(CNEt)$_4$, **4**, 682
RuHgC$_{39}$H$_{30}$ClO$_3$P$_2$
   [Ru(HgCl)(CO)$_3$(PPh$_3$)$_2$]$^+$, **4**, 699
RuHg$_2$C$_4$Cl$_2$O$_4$
   Ru(HgCl)$_2$(CO)$_4$, **4**, 928; **6**, 1024
RuHg$_3$C$_{10}$H$_{10}$Cl$_6$
   RuCp$_2$(HgCl$_2$)$_3$, **6**, 986
RuIr$_4$C$_{15}$O$_{15}$
   [RuIr$_4$(CO)$_{15}$]$^{2-}$, **6**, 863
RuLiC$_{10}$H$_9$
   RuCp(η^5-C$_5$H$_4$Li), **4**, 765; **8**, 1041
RuLi$_2$C$_{10}$H$_8$
   Ru(η^5-C$_5$H$_4$Li)$_2$, **4**, 765
RuLi$_2$C$_{47}$H$_{60}$O$_2$P$_2$
   RuH(Me)$_3${Li(OEt$_2$)}$_2$(PPh$_3$)$_2$, **4**, 726
RuMnC$_{15}$H$_7$O$_7$
   MnRu(CO)$_7$(C$_8$H$_7$), **4**, 924; **6**, 832
RuMnSiC$_{12}$H$_9$O$_9$
   MnRu(SiMe$_3$)(CO)$_9$, **4**, 912; **6**, 832
RuMn$_2$C$_{14}$O$_{14}$
   Mn$_2$Ru(CO)$_{14}$, **4**, 924; **6**, 847
RuMoC$_{15}$H$_9$ClO$_4$
   RuCp{η^5-C$_5$H$_4$CMoCl(CO)$_4$}, **4**, 769
RuMoC$_{18}$H$_{14}$O$_6$
   RuCp[η^5-C$_5$H$_4${C(OEt)Mo(CO)$_5$}], **4**, 769
RuNiC$_{13}$H$_{10}$O$_3$
   RuNi(CO)$_3$Cp$_2$, **4**, 794, 927; **6**, 836
RuOsSi$_2$C$_{14}$H$_{18}$O$_8$
   RuOs(SiMe$_3$)$_2$(CO)$_8$, **6**, 836
RuOs$_2$C$_{12}$O$_{12}$
   RuOs$_2$(CO)$_{12}$, **4**, 925; **6**, 779, 818, 862
RuOs$_3$C$_{12}$H$_4$O$_{12}$
   RuOs$_3$H$_4$(CO)$_{12}$, **6**, 862
RuOs$_3$C$_{13}$H$_2$O$_{13}$
   RuOs$_3$H$_2$(CO)$_{13}$, **6**, 862
RuPb$_2$C$_{10}$H$_{18}$O$_4$
   Ru(PbMe$_3$)$_2$(CO)$_4$, **4**, 912
RuPdC$_{31}$H$_{31}$ClNP
   RuCp[η^5-C$_5$H$_3${PdCl(PPh$_3$)}(CH$_2$NMe$_2$)], **4**, 768
RuPtSi$_4$C$_{44}$H$_{50}$O$_4$P$_2$
   (CO)$_4$Ru(SiMe$_2$)$_2$(C$_6$H$_4$)(SiMe$_2$)$_2$Pt(diphos), **4**, 911
RuPt$_2$C$_8$O$_8$
   RuPt$_2$(CO)$_8$, **8**, 594
RuPt$_2$C$_{36}$H$_{44}$O$_{12}$P$_4$
   RuPt$_2$(CO)$_4${P(OMe)$_2$Ph}$_4$, **6**, 863
RuPt$_2$C$_{59}$H$_{45}$O$_5$P$_3$
   RuPt$_2$(CO)$_5$(PPh$_3$)$_3$, **6**, 482, 863
RuPt$_2$C$_{76}$H$_{60}$O$_{16}$P$_4$
   RuPt$_2$(CO)$_4${P(OPh)$_3$}$_4$, **6**, 482
RuReC$_{12}$H$_5$O$_7$
   ReRu(CO)$_7$Cp, **4**, 794, 924; **6**, 834

RuReSiC₁₂H₉O₉
   ReRu(SiMe₃)(CO)₉, **6**, 834

RuRe₂C₁₂H₂O₁₂
   Re₂RuH₂(CO)₁₂, **4**, 924; **6**, 856

RuSbC₂₂H₁₅O₄
   Ru(CO)₄(SbPh₃), **4**, 699, 872

RuSbC₂₄H₂₁Cl₂
   RuCl₂(C₆H₆)(SbPh₃), **4**, 799

RuSbC₂₆H₂₃Cl₂O
   RuCl₂(CO)(nbd)(SbPh₃), **4**, 748

RuSbC₃₆H₃₁PS₂
   [Ru(S₂PPh₂)(C₆H₆)(SbPh₃)]⁺, **4**, 798

RuSb₂C₃₇H₃₀Cl₃OP₂
   [RuCl₃(CO)(SbPh₃)₂]⁻, **4**, 696

RuSb₂C₃₈H₃₀Cl₂O₂
   RuCl₂(CO)₂(SbPh₃)₂, **4**, 693

RuSb₂C₄₂H₄₀Cl₂N₂
   RuCl₂(CNEt)₂(SbPh₃)₂, **4**, 702

RuSb₂C₄₃H₃₈Cl₂
   RuCl₂(nbd)(SbPh₃)₂, **4**, 748

RuSb₃C₅₅H₄₅Cl₂O
   RuCl₂(CO)(SbPh₃)₃, **4**, 693

RuSiC₇H₅Cl₃O₂
   Ru(SiCl₃)(CO)₂Cp, **4**, 793

RuSiC₇H₉IO₄
   RuI(SiMe₃)(CO)₄, **4**, 912

RuSiC₇H₉O₄
   [Ru(SiMe₃)(CO)₄]⁻, **4**, 912

RuSiC₁₀H₁₄O₂
   Ru(SiMe₃)(CO)₂Cp, **4**, 776

RuSiC₁₃H₁₈
   RuCp(η⁵-C₅H₄SiMe₃), **4**, 769

RuSiC₁₄H₂₂O₂
   Ru(SiMe₃)(CO)₂(C₉H₁₃), **4**, 916

RuSiC₁₄H₂₄O₂
   Ru(SiMe₃)(CO)₂(C₁₀H₁₅), **4**, 916

RuSiC₁₆H₂₆O₂
   Ru(SiMe₃)(CO)₂(C₁₁H₁₇), **4**, 916

RuSiC₁₆H₄₆P₄
   $\overline{\text{Ru(CH}_2\text{SiMe}_2\text{CH}_2\text{)}}$(PMe₃)₄, **2**, 295; **4**, 734

RuSiC₂₁H₁₆Cl₃O₃P
   RuH(SiCl₃)(CO)₃(PPh₃), **4**, 914

RuSiC₃₃H₂₆O₃
   Ru(SiMe₂)(CO)₃(C₄Ph₄), **2**, 85

RuSiC₆₁H₆₀ClOP₃
   RuCl(SiEt₃)(CO)(PPh₃)₃, **8**, 263

RuSiSnC₁₀H₁₈O₄
   Ru(SiMe₃)(SnMe₃)(CO)₄, **4**, 912

RuSiSnC₂₅H₂₄O₄
   Ru(SiMe₃)(SnPh₃)(CO)₄, **4**, 912

RuSi₂C₄Cl₆O₄
   Ru(SiCl₃)₂(CO)₄, **3**, 120; **4**, 655

RuSi₂C₇H₆Cl₆O
   Ru(SiCl₃)₂(CO)(η⁶-C₆H₆), **4**, 919

RuSi₂C₉H₈Cl₆O₂
   Ru(SiCl₃)₂(CO)₂(nbd), **4**, 915

RuSi₂C₁₀H₈Cl₆O₂
   Ru(SiCl₃)₂(CO)₂(cot), **4**, 915

RuSi₂C₁₀H₁₂Cl₆O₂
   Ru(SiCl₃)₂(CO)₂(cod), **4**, 915

RuSi₂C₁₀H₁₆O₄
   (CO)₄$\overline{\text{Ru(SiMe}_2\text{CH}_2\text{CH}_2\text{SiMe}_2\text{)}}$, **2**, 295; **4**, 753, 911

RuSi₂C₁₀H₁₈O₄
   Ru(SiMe₃)₂(CO)₄, **6**, 1056

RuSi₂C₁₄H₁₆O₄
   (CO)₄$\overline{\text{Ru(SiMe}_2\text{C}_6\text{H}_4\text{SiMe}_2\text{)}}$, **2**, 295; **4**, 911

RuSi₂C₁₆H₂₆O₂
   Ru(SiMe₃)(CO)₂(C₈H₈SiMe₃), **3**, 148; **4**, 917

RuSi₂C₁₇H₂₆O₃
   Ru(SiMe₃)₂(CO)₃(cot), **4**, 916

RuSi₂C₂₀H₄₈O₂P₂
   Ru(SiMe₃)₂(CO)₂(PEt₃)₂, **4**, 912

RuSi₂C₂₁H₁₅Cl₆O₃P
   Ru(SiCl₃)₂(CO)₃(PPh₃), **4**, 914; **6**, 1073

RuSnC₁₃H₁₈
   RuCp(η⁵-C₅H₄SnMe₃), **4**, 769

RuSnC₁₄H₃₀Cl₃O₂S₃
   [Ru(SnCl₃)(CO)₂(SEt₂)₃]⁺, **4**, 910

RuSnC₄₀H₃₆Cl₄O₂P₂
   RuCl(SnCl₃)(CO)(PPh₃)₂(Me₂CO), **4**, 910

RuSnC₄₁H₃₅Cl₃P₂
   Ru(SnCl₃)(Cp)(PPh₃)₂, **4**, 783

RuSn₂C₁₀H₁₈O₄
   Ru(SnMe₃)₂(CO)₄, **3**, 120; **4**, 655; **6**, 1056

RuSn₂C₁₂H₁₀Cl₆N₂O₂
   Ru(SnCl₃)₂(CO)₂(py)₂, **4**, 910

RuSn₂C₁₂H₂₀Cl₆N₄
   Ru(SnCl₃)₂(CNEt)₄, **4**, 682, 910

RuSn₂C₄₀H₃₀O₄
   Ru(SnPh₃)₂(CO)₄, **4**, 912; **6**, 1048

RuTi₂C₃₄H₆₈N₆
   Ru{η⁵-C₅H₄Ti(NEt₂)₃}₂, **3**, 451; **4**, 769

RuWC₁₅H₉ClO₄
   RuCp{η⁵-C₅H₄CWCl(CO)₄}, **4**, 769

RuWC₁₈H₁₄O₆
   RuCp[η⁵-C₅H₄{C(OEt)W(CO)₅}], **4**, 769

Ru₂As₂C₁₀H₁₂Cl₂O₆
   {RuCl(AsMe₂)(CO)₃}₂, **4**, 833

Ru₂As₂C₁₀H₁₂O₆
   {Ru(AsMe₂)(CO)₃}₂, **4**, 833

Ru₂As₂C₁₄H₁₂F₄O₆
   $\overline{\text{Ru}_2\text{(CO)}_6\{\text{Me}_2\text{AsC}=\text{C(AsMe}_2\text{)CF}_2\text{CF}_2\text{\}}}$, **4**, 835

Ru₂C₆Cl₄O₆
   {RuCl₂(CO)₃}₂, **4**, 652, 654, 672; **8**, 595

Ru₂C₈H₂O₁₀
   {Ru(O₂CH)(CO)₃}₂, **4**, 835

Ru₂C₈H₆O₆S₂
   {Ru(SMe)(CO)₃}₂, **4**, 881

Ru₂C₉O₉
   Ru₂(CO)₉, **4**, 663

Ru₂C₁₀H₆O₁₀
   {Ru(OAc)(CO)₃}₂, **4**, 835

Ru₂C₁₀H₁₀O₄
   {Ru(CO)₂(CH₂CHCH₂)}₂, **4**, 744

Ru₂C₁₀H₁₀O₆S₂
   {Ru(SEt)(CO)₃}₂, **4**, 881

Ru₂C₁₀H₁₂I₂O₆P₂
   {RuI(PMe₂)(CO)₃}₂, **4**, 833

Ru₂C₁₀H₁₂O₆P₂
   {Ru(PMe₂)(CO)₃}₂, **4**, 655, 833

Ru₂C₁₀N₆O₄S₆
   [Ru₂(NCS)₆(CO)₄]²⁻, **4**, 675

Ru₂C₁₁H₆O₇
   Ru₂{CH₂C(CH₂)₂}(CO)₇, **4**, 822

Ru₂C₁₁H₇IO₄
   Ru₂I(CO)₄(C₇H₇), **4**, 898

Ru₂C₁₂H₁₀O₆
   {Ru(CO)₃(CH₂CHCH₂)}₂, **4**, 744

Ru₂C₁₂H₁₂Cl₂
   {RuCl(C₆H₆)}₂, **4**, 796

Ru₂C₁₂H₁₂Cl₃
   [Ru₂Cl₃(C₆H₆)₂]⁺, **4**, 799

$Ru_2C_{12}H_{12}Cl_4$
　　$\{RuCl_2(\eta^6\text{-}C_6H_6)\}_2$, **4**, 944; **8**, 328
$Ru_2C_{12}H_{12}F_6O_6P_3$
　　$[Ru_2(OPF_2O)_3(C_6H_6)_2]^+$, **4**, 801
$Ru_2C_{12}H_{15}O_3$
　　$[Ru_2(OH)_3(C_6H_6)_2]^+$, **4**, 799
$Ru_2C_{13}H_8O_5$
　　$Ru_2(CO)_5(C_5H_4CHCHCH_2)$, **4**, 822
　　$Ru_2(CO)_5(cot)$, **4**, 830, 851
$Ru_2C_{14}H_8O_6$
　　$Ru_2(CO)_6(cot)$, **4**, 655, 831
$Ru_2C_{14}H_{10}O_2S_2$
　　$\{Ru(CO)(CS)Cp\}_2$, **4**, 780, 825
$Ru_2C_{14}H_{10}O_3S$
　　$Ru_2(CO)_3(CS)Cp_2$, **4**, 780, 825
$Ru_2C_{14}H_{10}O_4$
　　$\{Ru(CO)_2Cp\}_2$, **3**, 156; **4**, 655, 776, 824, 849, 896, 940; **8**, 331, 1047
　　$[Ru_2(CO)_4Cp_2]^+$, **4**, 794
$Ru_2C_{14}H_{10}O_6$
　　$Ru_2(CO)_6(C_8H_{10})$, **3**, 165
$Ru_2C_{14}H_{16}O_2S_2$
　　$\{Ru(SMe)(CO)Cp\}_2$, **4**, 781
$Ru_2C_{14}H_{18}O_6S_2$
　　$\{Ru(SBu)(CO)_3\}_2$, **4**, 881
$Ru_2C_{15}H_{10}O_7$
　　$Ru_2H(CO)_6\{PhCH=C(O)Me\}$, **4**, 837
$Ru_2C_{15}H_{12}O_3$
　　$Ru_2(C=CH_2)(CO)_3Cp_2$, **4**, 827
　　$Ru_2(COCH=CH)(CO)_2Cp_2$, **4**, 827
$Ru_2C_{15}H_{12}O_5$
　　$Ru_2(CO)_5(\eta^5\text{-}C_5H_4CHCHCHEt)$, **4**, 829
$Ru_2C_{15}H_{13}NO_3$
　　$Ru_2(CO)_3(CNMe)Cp_2$, **4**, 826
$Ru_2C_{15}H_{14}O_3$
　　$Ru_2(CHMe)(CO)_3Cp_2$, **4**, 827
　　$Ru_2(CO)_3Cp_2(CH_2=CH_2)$, **4**, 827
$Ru_2C_{15}H_{16}O_4S$
　　$Ru_2(SBu^t)(CO)_4(C_7H_7)$, **4**, 829
$Ru_2C_{16}H_{14}O_3$
　　$Ru_2(CO)_3Cp_2(CH_2CCH_2)$, **4**, 827
$Ru_2C_{16}H_{16}Cl_2N_2O_4$
　　$\{RuCl(CH_2CH=CH_2)(CO)_2(CH_2=CHCN)\}_2$, **4**, 742
$Ru_2C_{16}H_{16}Cl_4O_2$
　　$\{RuCl_2(CO)(nbd)\}_2$, **4**, 748
$Ru_2C_{16}H_{16}O_3$
　　$Ru_2(CMe_2)(CO)_3Cp_2$, **4**, 827
$Ru_2C_{17}H_{10}IO_4$
　　$Ru_2I(CO)_4(C_7H_5Ph)$, **3**, 166
$Ru_2C_{17}H_{11}IO_4$
　　$Ru_2I(CO)_4(C_7H_6Ph)$, **4**, 828
$Ru_2C_{18}H_{10}N_2O_6$
　　$Ru_2(CO)_6(NHC_6H_4NPh)$, **4**, 836, 868
$Ru_2C_{18}H_{10}O_6S_2$
　　$\{Ru(SPh)(CO)_3\}_2$, **4**, 881
$Ru_2C_{18}H_{10}O_6Se_2$
　　$\{Ru(SePh)(CO)_3\}_2$, **4**, 881
$Ru_2C_{18}H_{10}O_6Te_2$
　　$\{Ru(TePh)(CO)_3\}_2$, **4**, 881
$Ru_2C_{18}H_{24}Cl_4O_2$
　　$\{RuCl_2(CO)(cod)\}_2$, **4**, 748
$Ru_2C_{18}H_{34}Cl_2N_2$
　　$Ru_2Cl_2(H)_2(cod)_2(Me_2NNH_2)$, **4**, 749
$Ru_2C_{18}H_{38}I_6O_2P_2$
　　$[\{RuI_3(CO)(PHBu^t_2)\}_2]^{2-}$, **4**, 697
$Ru_2C_{20}H_{28}O_2S_3$
　　$Ru_2(SBu^t)(S_2Bu^t)(CO)_2Cp_2$, **4**, 781

$Ru_2C_{20}H_{32}Cl_4$
　　$[RuCl_2\{CH_2C(Me)CHCH_2\}_2]_2$, **4**, 746
$Ru_2C_{20}H_{58}P_6$
　　$[\{Ru(CH_2)(PMe_3)_3\}_2]^{2+}$, **4**, 838
$Ru_2C_{21}H_{60}P_6$
　　$Ru_2(CH_2)_3(PMe_3)_6$, **1**, 207; **4**, 838
$Ru_2C_{22}H_{34}Cl_2$
　　$\{RuCl(CH_2CHCH_2)(cod)\}_2$, **4**, 746
$Ru_2C_{23}H_{14}O_5$
　　$Ru_2(CO)_5(\eta^5\text{-}C_5H_4CPh_2)$, **4**, 829
$Ru_2C_{24}H_{10}F_{10}O_2S_2$
　　$\{Ru(SC_6F_5)(CO)Cp\}_2$, **4**, 782
$Ru_2C_{24}H_{15}O_6PS$
　　$Ru_2(PPh_2)(SPh)(CO)_6$, **4**, 834, 881
$Ru_2C_{24}H_{18}$
　　$\{RuCp(\eta^5\text{-}C_5H_4C\equiv C)\}_2$, **4**, 767
$Ru_2C_{24}H_{20}O_2S_2$
　　$\{Ru(SPh)(CO)Cp\}_2$, **4**, 782
$Ru_2C_{24}H_{20}O_2Se_2$
　　$\{Ru(SePh)(CO)Cp\}_2$, **4**, 781, 782
$Ru_2C_{24}H_{36}Cl_4$
　　$\{RuCl_2(\eta^6\text{-}C_6Me_6)\}_2$, **4**, 798, 802; **8**, 296, 347
$Ru_2C_{24}H_{38}Cl$
　　$[Ru_2Cl(H)_2(\eta^6\text{-}C_6Me_6)_2]^+$, **4**, 798; **8**, 346
$Ru_2C_{24}H_{39}O_3$
　　$[Ru_2(OH)_3(\eta^6\text{-}C_6Me_6)_2]^+$, **4**, 955
$Ru_2C_{26}H_{24}O_2S_2$
　　$\{Ru(SBz)(CO)Cp\}_2$, **4**, 782
$Ru_2C_{26}H_{26}O_4$
　　$[Ru(CO)_2\{\eta^5\text{-}C_5H_4(C_6H_9)\}]_2$, **4**, 823
$Ru_2C_{27}H_{20}O_3$
　　$Ru_2(CO)_2Cp_2(C_2Ph_2CO)$, **4**, 826
$Ru_2C_{27}H_{27}O_9P$
　　$Ru_2(O_2CMe)_4(CO)(PPh_3)$, **4**, 679
$Ru_2C_{28}H_{18}Cl_2N_4O_4$
　　$\{RuCl(C_6H_4NNPh)(CO)_2\}_2$, **4**, 740
$Ru_2C_{28}H_{18}N_4O_4S_4$
　　$\{Ru(SC=NC_6H_4S)(CO)_2(py)\}_2$, **4**, 837
$Ru_2C_{28}H_{20}N_2O_4$
　　$\{Ru(OC_6H_4CH=NPh)(CO)\}_2$, **4**, 867
$Ru_2C_{28}H_{28}$
　　$[\{Ru(C_6H_6)\}_2(CH_2C_6H_4CH_2)_2]^{4+}$, **4**, 801
$Ru_2C_{30}H_{18}N_4O_6$
　　$\{Ru(C_6H_4N=NPh)(CO)_3\}_2$, **4**, 868
$Ru_2C_{30}H_{20}N_4O_6$
　　$\{Ru(CO)_3(PhN=NPh)\}_2$, **4**, 836
$Ru_2C_{30}H_{20}O_6P_2$
　　$\{Ru(PPh_2)(CO)_3\}_2$, **4**, 834
$Ru_2C_{30}H_{56}O_8P_2$
　　$\{Ru(O_2CH)(CO)_2(PBu^t_3)\}_2$, **4**, 836
$Ru_2C_{30}H_{60}O_6P_2$
　　$\{Ru(OMe)(CO)_2(PBu^t_3)\}_2$, **4**, 835
$Ru_2C_{32}H_{60}O_8P_2$
　　$\{Ru(O_2CMe)(CO)_2(PBu^t_3)\}_2$, **4**, 836
$Ru_2C_{33}H_{22}O_6$
　　$Ru_2(CO)_6(C_8H_7CPh_3)$, **4**, 831
$Ru_2C_{34}H_{20}O_6$
　　$Ru_2(CO)_6(PhCCPh)_2$, **4**, 862
$Ru_2C_{34}H_{30}O$
　　$RuCp\{\eta^5\text{-}C_5H_4CH(Ph)\}_2O$, **4**, 766
$Ru_2C_{36}H_{28}Cl_4N_6$
　　$\{RuCl_2(C_6H_4NNPh)\}_2(PhNNPh)$, **4**, 740
$Ru_2C_{38}H_{38}Cl_4N_4O_2P_2$
　　$\{RuCl_2(CO)(NH_2NH_2)(PPh_3)\}_2$, **4**, 705

Ru$_2$C$_{40}$H$_{30}$Cl$_4$O$_4$P$_2$
{RuCl$_2$(CO)$_2$(PPh$_3$)}$_2$, **4**, 697

Ru$_2$C$_{42}$H$_{28}$O$_6$P$_2$
{Ru(C$_6$H$_4$PPh$_2$)(CO)$_3$}$_2$, **4**, 834, 876

Ru$_2$C$_{42}$H$_{38}$I$_2$N$_2$O$_2$P$_2$S$_2$
{RuI(SH)(CO)(CNMe)(PPh$_3$)}$_2$, **4**, 712

Ru$_2$C$_{51}$H$_{35}$O$_5$P
Ru$_2$(CO)$_5$(PPh$_3$)(PhCCPh)$_2$, **4**, 862

Ru$_2$C$_{52}$H$_{38}$F$_6$O$_2$P$_2$
Ru$_2$(CF$_3$C=CCF$_3$)(CO)$_2$Cp(η^5-C$_5$H$_4$C$_6$H$_4$PPh$_2$)-(PPh$_3$), **4**, 788

Ru$_2$C$_{56}$H$_{45}$Cl$_4$O$_2$P$_3$
Ru$_2$Cl$_4$(CO)$_2$(PPh$_3$)$_3$, **4**, 698

Ru$_2$C$_{72}$H$_{58}$Cl$_2$P$_4$
{RuCl(C$_6$H$_4$PPh$_2$)(PPh$_3$)}$_2$, **8**, 323

Ru$_2$C$_{73}$H$_{60}$Cl$_4$OP$_4$
[Ru$_2$Cl$_4$(CO)(PPh$_3$)$_4$]$^+$, **4**, 698
Ru$_2$Cl$_4$(CO)(PPh$_3$)$_4$, **4**, 698

Ru$_2$C$_{73}$H$_{60}$Cl$_4$P$_4$S
Ru$_2$Cl$_4$(CS)(PPh$_3$)$_4$, **4**, 698, 701

Ru$_2$C$_{74}$H$_{60}$Cl$_4$O$_2$P$_4$
{RuCl$_2$(CO)(PPh$_3$)$_2$}$_2$, **4**, 699

Ru$_2$C$_{74}$H$_{60}$Cl$_4$P$_4$S$_2$
{RuCl$_2$(CS)(PPh$_3$)$_2$}$_2$, **4**, 701

Ru$_2$C$_{79}$H$_{72}$Cl$_4$O$_3$P$_4$
Ru$_2$Cl$_4$(CO)(PPh$_3$)$_4$(Me$_2$CO)$_2$, **4**, 698

Ru$_2$C$_{80}$H$_{68}$Cl$_2$N$_2$O$_2$P$_4$
{RuCl{CH(Me)CN}(CO)(PPh$_3$)$_2$}$_2$, **4**, 727

Ru$_2$C$_{80}$H$_{132}$Cl$_4$N$_4$O$_2$P$_4$
{RuCl$_2$(CO)(PCy$_3$)$_2$}$_2${(NC)$_2$C=C(CN)$_2$}, **4**, 743

Ru$_2$CoFeC$_{13}$O$_{13}$
[FeRu$_2$Co(CO)$_{13}$]$^-$, **4**, 926; **6**, 772, 857

Ru$_2$CoOsC$_{13}$HO$_{13}$
Ru$_2$OsCoH(CO)$_{13}$, **4**, 926; **6**, 863

Ru$_2$Cu$_2$C$_{78}$H$_{40}$F$_{10}$P$_2$
{RuCu(C≡CC$_6$F$_5$)$_2$Cp(PPh$_3$)}$_2$, **4**, 790

Ru$_2$FeC$_{12}$O$_{12}$
FeRu$_2$(CO)$_{12}$, **4**, 924; **6**, 788, 857

Ru$_2$FeC$_{14}$H$_{18}$ClO$_8$P$_2$
FeRu$_2$Cl(CO)$_8$(PMe$_3$)$_2$, **6**, 848

Ru$_2$FeOsC$_{13}$H$_2$O$_{13}$
FeRu$_2$OsH$_2$(CO)$_{13}$, **4**, 655, 925; **6**, 772, 820, 857

Ru$_2$Fe$_2$C$_{13}$HO$_{13}$
[Fe$_2$Ru$_2$H(CO)$_{13}$]$^-$, **6**, 858

Ru$_2$Fe$_2$C$_{13}$H$_2$O$_{13}$
Fe$_2$Ru$_2$H$_2$(CO)$_{13}$, **6**, 858

Ru$_2$GeC$_{14}$H$_{10}$I$_2$O$_4$
{Ru(CO)$_2$Cp}$_2$GeI$_2$, **4**, 793, 825

Ru$_2$GeC$_{17}$H$_{16}$O$_6$
Ru$_2$(CO)$_6$(C$_8$H$_7$GeMe$_3$), **4**, 655

Ru$_2$Ge$_2$C$_{14}$H$_{18}$O$_8$
{Ru(GeMe$_3$)(CO)$_4$}$_2$, **4**, 912; **6**, 1051

Ru$_2$Ge$_2$C$_{18}$H$_{24}$O$_4$
{Ru(GeMe$_3$)(CO)$_2$}$_2$(C$_8$H$_6$), **4**, 855

Ru$_2$Ge$_2$HgC$_{14}$H$_{18}$O$_8$
Hg{Ru(GeMe$_3$)(CO)$_4$}$_2$, **4**, 912; **6**, 1016

Ru$_2$Ge$_3$C$_{12}$H$_{18}$O$_6$
Ru$_2$(GeMe$_2$)$_3$(CO)$_6$, **4**, 911; **6**, 1051

Ru$_2$HgC$_{14}$H$_{10}$O$_4$
Hg{Ru(CO)$_2$Cp}$_2$, **4**, 793, 928; **6**, 1016

Ru$_2$HgC$_{20}$H$_{18}$
Hg{(η^5-C$_5$H$_4$)RuCp}$_2$, **4**, 769

Ru$_2$HgC$_{20}$H$_{20}$
[Hg(RuCp$_2$)$_2$]$^{2+}$, **4**, 762

Ru$_2$Hg$_2$C$_6$Cl$_4$O$_6$
{RuCl(HgCl)(CO)$_3$}$_2$, **4**, 928

Ru$_2$Hg$_2$C$_{20}$H$_{20}$Br$_4$
{RuCp(HgBr$_2$)}$_2$, **4**, 485, 764

Ru$_2$Hg$_3$C$_{20}$H$_{20}$Cl$_6$
(RuCp$_2$)$_2$(HgCl$_2$)$_3$, **6**, 990

Ru$_2$IrC$_{38}$H$_{30}$O$_4$P$_2$
[Ru$_2$Ir(PPh$_2$)$_2$(CO)$_4$Cp$_2$]$^+$, **4**, 927; **6**, 849

Ru$_2$IrC$_{39}$H$_{30}$ClO$_5$P$_2$
Ru$_2$IrCl(PPh$_2$)$_2$(CO)$_5$Cp$_2$, **4**, 794

Ru$_2$IrC$_{42}$H$_{38}$O$_4$P$_2$
[Ru$_2$Ir{P(Tol)$_2$}$_2$(CO)$_4$Cp$_2$]$^+$, **8**, 294

Ru$_2$NiC$_{26}$H$_{20}$O$_4$
Ru$_2$Ni(CO)$_4$Cp$_2$(PhCCPh), **6**, 863

Ru$_2$OsC$_{12}$O$_{12}$
Ru$_2$Os(CO)$_{12}$, **4**, 925; **6**, 779, 818, 863

Ru$_2$Os$_2$C$_{12}$H$_4$O$_{12}$
Ru$_2$Os$_2$H$_4$(CO)$_{12}$, **6**, 863

Ru$_2$Pd$_2$C$_{26}$H$_{32}$Cl$_2$N$_2$
[RuCp{η^5-C$_5$H$_3$(PdCl)(CH$_2$NMe$_2$)}]$_2$, **6**, 322; **8**, 1043

Ru$_2$PtC$_{31}$H$_{33}$O$_7$P$_3$
Ru$_2$Pt(CO)$_7$(PMe$_2$Ph)$_3$, **6**, 482, 863

Ru$_2$PtC$_{34}$H$_{24}$O$_8$P$_2$
Ru$_2$Pt(CO)$_8$(diphos), **4**, 927; **6**, 482, 863

Ru$_2$Re$_2$C$_{16}$H$_2$O$_{16}$
Re$_2$Ru$_2$H$_2$(CO)$_{16}$, **4**, 924; **6**, 856

Ru$_2$SiC$_{16}$H$_{16}$O$_5$
Ru$_2$(CO)$_5$(C$_8$H$_7$SiMe$_3$), **4**, 829

Ru$_2$SiC$_{17}$H$_{16}$O$_6$
Ru$_2$(CO)$_6$(C$_8$H$_7$SiMe$_3$), **4**, 655

Ru$_2$Si$_2$C$_8$Cl$_6$O$_8$
{Ru(SiCl$_3$)(CO)$_4$}$_2$, **4**, 913

Ru$_2$Si$_2$C$_{12}$H$_{12}$O$_9$
$\overline{\text{Ru(CO)}_4\text{Ru(CO)}_4\text{SiMe}_2\text{OSiMe}_2}$, **4**, 911

Ru$_2$Si$_2$C$_{13}$H$_{14}$O$_8$
$\overline{\text{(CO)}_4\text{Ru(SiMe}_2\text{)CH}_2\text{(SiMe}_2\text{)Ru(CO)}_4}$, **4**, 911; **6**, 1073

Ru$_2$Si$_2$C$_{14}$H$_{18}$O$_8$
{Ru(SiMe$_3$)(CO)$_4$}$_2$, **4**, 891, 912

Ru$_2$Si$_2$C$_{18}$H$_{24}$O$_4$
{Ru(SiMe$_3$)(CO)$_2$}$_2$(C$_8$H$_6$), **4**, 855

Ru$_2$Si$_2$C$_{18}$H$_{26}$O$_4$
{Ru(SiMe$_3$)$_2$(CO)$_2$}$_2$(cot), **4**, 856

Ru$_2$Si$_2$C$_{20}$H$_{26}$O$_4$
{Cp(CO)$_2$RuSiMe$_2$CH$_2$}$_2$, **4**, 918

Ru$_2$Si$_2$C$_{66}$H$_{46}$O$_8$
$\overline{[\text{Ru(CO)}_4\{\text{MeSiC(Ph)}=\text{C(Ph)C(Ph)}=\text{C-Ph}\}]_2}$, **2**, 258

Ru$_2$Si$_4$C$_{16}$H$_{30}$O$_6$
{Ru(SiMe$_2$)(SiMe$_3$)(CO)$_3$}$_2$, **4**, 911

Ru$_2$SnC$_{14}$H$_{10}$Cl$_2$O$_4$
SnCl$_2${Ru(CO)$_2$Cp}$_2$, **4**, 793, 825

Ru$_2$SnC$_{20}$H$_{20}$Cl$_2$
[(RuCp$_2$)$_2$(SnCl$_2$)]$^{2+}$, **4**, 764

Ru$_2$SnC$_{56}$H$_{45}$Cl$_6$O$_2$P$_3$
Ru$_2$Cl$_3$(SnCl$_3$)(CO)$_2$(PPh$_3$)$_3$, **4**, 910

Ru$_2$Sn$_2$C$_{12}$H$_{12}$O$_8$
{Ru(SnMe$_2$)(CO)$_4$}$_2$, **4**, 912

Ru$_2$Sn$_2$C$_{12}$H$_{18}$I$_2$O$_6$
{RuI(SnMe$_3$)(CO)$_3$}$_2$, **6**, 1078

Ru$_2$Sn$_2$C$_{14}$H$_{18}$O$_8$
{Ru(SnMe$_3$)(CO)$_4$}$_2$, **4**, 912; **6**, 1077

Ru$_2$Sn$_2$C$_{17}$H$_{22}$O$_4$
Ru$_2$(SnMe$_2$)(CO)$_4$(C$_8$H$_7$SnMe$_2$), **4**, 829

Ru$_3$AsFeC$_{20}$H$_{11}$O$_{13}$
Ru$_3$(CO)$_{11}$[AsMe$_2${Fe(CO)$_2$Cp}], **4**, 877

Ru$_3$AsMoC$_{21}$H$_{11}$O$_{14}$

$Ru_3AsMoC_{21}H_{11}O_{14}$
  $Ru_3(CO)_{11}[AsMe_2\{Mo(CO)_3Cp\}]$, **4**, 877
$Ru_3AsWC_{21}H_{11}O_{14}$
  $Ru_3(CO)_{11}[AsMe_2\{W(CO)_3Cp\}]$, **4**, 877
$Ru_3As_2C_{46}H_{30}O_{10}$
  $Ru_3(CO)_{10}(AsPh_3)_2$, **4**, 872
$Ru_3B_2C_9H_6O_9$
  $Ru_3(CO)_9(B_2H_6)$, **4**, 864
$Ru_3C_8H_8Cl_3O$
  $[RuCl_3(CO)(C_7H_8)]^-$, **4**, 698
$Ru_3C_8H_{12}O_8P_4$
  $Ru_3(CO)_8(PH_3)_4$, **4**, 874
$Ru_3C_9H_2O_9S$
  $Ru_3H_2(S)(CO)_9$, **4**, 655, 882
$Ru_3C_9H_2O_9Se$
  $Ru_3H_2(Se)(CO)_9$, **4**, 882
$Ru_3C_9H_2O_9Te$
  $Ru_3H_2(Te)(CO)_9$, **4**, 882
$Ru_3C_{10}HClO_{10}$
  $Ru_3H(Cl)(CO)_{10}$, **4**, 616
$Ru_3C_{10}HNO_{11}$
  $Ru_3H(CO)_{10}(NO)$, **4**, 655, 871
$Ru_3C_{10}H_3BrO_9$
  $Ru_3H_3(CBr)(CO)_9$, **4**, 866
$Ru_3C_{10}H_4O_9$
  $Ru_3H_3(CH)(CO)_9$, **4**, 864
$Ru_3C_{10}N_2O_{12}$
  $Ru_3(CO)_{10}(NO)_2$, **4**, 616, 654, 655, 871, 945; **8**, 327
$Ru_3C_{11}HO_{11}$
  $[Ru_3H(CO)_{11}]^-$, **4**, 655, 902
$Ru_3C_{11}H_2O_{11}$
  $Ru_3H(COH)(CO)_{10}$, **4**, 863
  $Ru_3H_2(CO)_{11}$, **4**, 316, 863
$Ru_3C_{11}H_4O_9$
  $Ru_3H_2(C=CH_2)(CO)_9$, **4**, 848
  $Ru_3H_2(CH=CH)(CO)_9$, **4**, 848
$Ru_3C_{11}H_4O_{10}$
  $Ru_3H_2(CH_2)(CO)_{10}$, **4**, 864
$Ru_3C_{11}H_6O_9$
  $Ru_3H_3(CMe)(CO)_9$, **4**, 655, 864, 896
$Ru_3C_{11}H_6O_{10}$
  $Ru_3H_3(COMe)(CO)_9$, **4**, 634, 864
$Ru_3C_{12}Cl_6O_{12}$
  $Ru_3Cl_6(CO)_{12}$, **4**, 673
$Ru_3C_{12}HO_{12}$
  $[Ru_3H(CO)_{12}]^+$, **4**, 667
$Ru_3C_{12}H_4O_{10}$
  $Ru_3H_2(CO)_{10}(HCCH)$, **4**, 864
$Ru_3C_{12}H_4O_{11}$
  $Ru_3H(COMe)(CO)_{10}$, **4**, 655, 864
$Ru_3C_{12}H_4O_{12}S$
  $Ru_3H(SCH_2CO_2H)(CO)_{10}$, **4**, 883
$Ru_3C_{12}H_6O_{10}$
  $Ru_3H_2(CHMe)(CO)_{10}$, **4**, 864
$Ru_3C_{12}H_6O_{10}S$
  $Ru_3H(SEt)(CO)_{10}$, **4**, 882
$Ru_3C_{12}H_7O_{10}S$
  $[Ru_3H_2(SEt)(CO)_{10}]^+$, **4**, 882
$Ru_3C_{12}O_{12}$
  $Ru_3(CO)_{12}$, **3**, 157; **4**, 261, 652, 664, 677, 844; **8**, 12, 39, 157, 326
$Ru_3C_{13}H_7NO_{11}$
  $Ru_3H(CONMe_2)(CO)_{10}$, **4**, 868
$Ru_3C_{14}H_4N_2O_{10}$
  $Ru_3(CO)_{10}(C_4H_4N_2)$, **3**, 158, 160; **4**, 869
$Ru_3C_{14}H_6O_6$
  $Ru_2(CO)_6(C_6H_4CH=CH)$, **4**, 831
$Ru_3C_{14}H_8O_6S$

$Ru_3(S)(CO)_6(cot)$, **4**, 655, 883
$Ru_3C_{14}H_8O_9$
  $Ru_3H(CO)_9(CCPr)$, **4**, 859
  $Ru_3H(MeCCHCMe)(CO)_9$, **4**, 655
$Ru_3C_{14}H_9O_{11}P$
  $Ru_3(CO)_{11}(PMe_3)$, **4**, 872
$Ru_3C_{14}H_{10}O_8$
  $Ru_3(CO)_8(C_6H_{10})$, **4**, 849
$Ru_3C_{14}H_{10}O_{10}S$
  $Ru_3H(SBu)(CO)_{10}$, **4**, 882
$Ru_3C_{14}H_{11}NO_9$
  $Ru_3H(CO)_9(CHNBu^t)$, **4**, 865
$Ru_3C_{15}H_5NO_{10}$
  $Ru_3H(C_5H_4N)(CO)_{10}$, **4**, 869
$Ru_3C_{15}H_7NO_9$
  $Ru_3H(NPh)(CO)_9$, **4**, 869
$Ru_3C_{15}H_{10}O_9$
  $Ru_3H(CCBu^t)(CO)_9$, **4**, 655, 795, 860
  $Ru_3H(C_6H_9)(CO)_9$, **8**, 326
  $Ru_3H(MeCCHCEt)(CO)_9$, **4**, 655
$Ru_3C_{15}H_{11}NO_{10}$
  $Ru_3H(CNEt_2)(CO)_{10}$, **4**, 866
$Ru_3C_{15}H_{26}O_{16}$
  $Ru_3O(OAc)_6(CO)(MeOH)_2$, **4**, 678
$Ru_3C_{16}H_5NO_{10}$
  $Ru_3(NPh)(CO)_{10}$, **4**, 869
$Ru_3C_{16}H_6O_8$
  $Ru_3(CO)_8(C_8H_6)$, **4**, 856
$Ru_3C_{16}H_7NO_{10}$
  $Ru_3H(NHPh)(CO)_{10}$, **4**, 869
$Ru_3C_{16}H_9NO_{11}$
  $Ru_3(CO)_{11}(CNBu^t)$, **4**, 655, 865
$Ru_3C_{16}H_{28}NO_{17}P_3$
  $Ru_3H(CO)_7(NO)\{P(OMe)_3\}_3$, **4**, 655
$Ru_3C_{17}H_6O_9$
  $Ru_3H(CO)_9(CCPh)$, **4**, 858
$Ru_3C_{17}H_8O_8$
  $Ru_3(CO)_8(C_8H_5Me)$, **3**, 167
$Ru_3C_{17}H_{10}N_2O_{11}$
  $Ru_3(NCO)(N=C_6H_{10})(CO)_{10}$, **4**, 870
$Ru_3C_{17}H_{10}O_9$
  $Ru_3H_2(CO)_9(cot)$, **4**, 655
$Ru_3C_{17}H_{12}O_9$
  $Ru_3H(CO)_9(C_8H_{11})$, **4**, 850
$Ru_3C_{17}H_{14}O_9$
  $Ru_3H_2(CO)_9(C_8H_{12})$, **4**, 849, 896
$Ru_3C_{17}H_{16}O_6S$
  $Ru_3(SBu^t)(CO)_6(C_7H_7)$, **4**, 655, 883
$Ru_3C_{17}H_{32}N_2O_{14}$
  $Ru_3O(OAc)_6(CNMe)_2(MeOH)$, **4**, 679
$Ru_3C_{18}H_{10}O_8$
  $Ru_3(CO)_8Cp_2$, **4**, 794, 849
$Ru_3C_{18}H_{11}NO_{11}$
  $Ru_3(CO)_{11}(CNCy)$, **4**, 872
$Ru_3C_{18}H_{14}N_2O_{11}$
  $Ru_3\{\overline{CN(Et)CH_2CH_2NEt}\}(CO)_{11}$, **4**, 865
$Ru_3C_{18}H_{27}N_3O_{13}$
  $Ru_3O(OAc)_6(CNMe)_3$, **4**, 679
$Ru_3C_{19}H_{13}O_6$
  $Ru_3(CO)_6Cp(cot)$, **4**, 655
$Ru_3C_{19}H_{14}O_6$
  $Ru_3(CO)_6Cp(C_8H_9)$, **4**, 854
$Ru_3C_{19}H_{16}O_4$
  $Ru_3H(CO)_4(C_7H_7)(C_8H_9)$, **4**, 855
$Ru_3C_{19}H_{16}O_8$
  $Ru_3(CCH_2Bu^t)(CO)_8Cp$, **4**, 795, 861

$Ru_3C_{20}H_{16}O_4$
    $Ru_3(CO)_4(cot)_2$, **4**, 655, 852
$Ru_3C_{20}H_{16}O_6$
    $Ru_3(CO)_6(C_7H_7)(C_7H_9)$, **3**, 166; **4**, 655, 850
$Ru_3C_{20}H_{24}O_2S_3$
    $Ru_3(SMe)_3(CO)_2Cp_3$, **4**, 795
$Ru_3C_{21}H_{10}N_2O_9$
    $Ru_3(CO)_9(NHC_6H_4NPh)$, **4**, 870
    $Ru_3(NPh)_2(CO)_9$, **4**, 869
$Ru_3C_{22}H_{10}O_9$
    $Ru_3H(CO)_9(C_6H_4CPh)$, **4**, 866
$Ru_3C_{22}H_{18}O_6$
    $Ru_3(CO)_6(\eta^5-C_8H_9)(\eta^7-C_8H_9)$, **4**, 852
$Ru_3C_{23}H_{10}O_9$
    $Ru_3(CO)_9(PhCCPh)$, **4**, 862
$Ru_3C_{23}H_{28}N_2O_{14}$
    $Ru_3O(OAc)_6(CO)(py)_2$, **4**, 678
$Ru_3C_{24}H_{12}O_8$
    $Ru_3(CO)_8(C_4H_2Ph_2)$, **4**, 849
$Ru_3C_{24}H_{15}O_6S_3$
    $\{Ru(SPh)(CO)_2\}_3$, **4**, 712
$Ru_3C_{26}H_{30}O_8$
    $Ru_3(CO)_8(HCCBu^t)_3$, **4**, 861; **8**, 411
$Ru_3C_{28}H_{80}P_8$
    $[Ru_3(CH_2)_4(PMe_3)_8]^{2+}$, **4**, 839
$Ru_3C_{29}H_{15}O_{11}P$
    $Ru_3(CO)_{11}(PPh_3)$, **4**, 872
$Ru_3C_{29}H_{33}O_{11}P$
    $Ru_3(CO)_{11}(PCy_3)$, **4**, 872
$Ru_3C_{31}H_{40}O_7$
    $Ru_3(CO)_7(HCCBu^t)_4$, **4**, 860
$Ru_3C_{32}H_{24}N_4O_8$
    $Ru_3(CO)_8(H_2NC_6H_4NHPh)_2$, **4**, 870
$Ru_3C_{35}H_{22}O_{10}P_2$
    $Ru_3(CO)_{10}(Ph_2PCH_2PPh_2)$, **3**, 159; **4**, 655, 876
$Ru_3C_{36}H_{20}O_8$
    $Ru_3(CO)_8(C_4Ph_4)$, **4**, 849
    $Ru_3(CO)_8(PhCCPh)_2$, **4**, 862
$Ru_3C_{37}H_{24}O_7P_2$
    $Ru_3(C_6H_4)(PPh_2)_2(CO)_7$, **4**, 876
$Ru_3C_{38}H_{20}O_{10}$
    $Ru_3(CO)_{10}(PhCCPh)_2$, **4**, 862
$Ru_3C_{42}H_{30}O_6S_6$
    $\{Ru(SPh)_2(CO)_2\}_3$, **4**, 676
$Ru_3C_{44}H_{30}N_2O_{10}P_2$
    $Ru_3(CO)_8(NO)_2(PPh_3)_2$, **4**, 871
$Ru_3C_{45}H_{81}O_9P_3$
    $Ru_3(CO)_9(PBu_3)_3$, **6**, 822
$Ru_3C_{51}H_{30}O_9$
    $Ru_3(CO)_9(PhCCPh)_3$, **4**, 862
$Ru_3C_{60}H_{57}O_6P_3$
    $Ru_3(CCBu^t)_2(CO)_6(PPh_2)_2(Ph_2PCCBu^t)$, **4**, 860
$Ru_3C_{63}H_{45}O_9P_3$
    $Ru_3(CO)_9(PPh_3)_3$, **4**, 874, 880; **8**, 351
$Ru_3C_{87}H_{65}O_5P_3$
    $Ru_3(CO)_5(PPh_3)_3(PhCCPh)_2$, **4**, 862
$Ru_3CoC_{12}HO_{12}$
    $Ru_3CoH(CO)_{12}$, **4**, 926
$Ru_3CoC_{12}H_3O_{12}$
    $Ru_3CoH_3(CO)_{12}$, **6**, 804, 863
$Ru_3CoC_{13}HO_{13}$
    $Ru_3CoH(CO)_{13}$, **4**, 926; **6**, 787, 815, 863
$Ru_3CoC_{13}H_2O_{13}$
    $Ru_3CoH_2(CO)_{13}$, **6**, 820
$Ru_3CoC_{13}H_3O_{13}$
    $Ru_3CoH_3(CO)_{13}$, **6**, 772
$Ru_3CoC_{13}O_{13}$
    $[Ru_3Co(CO)_{13}]^-$, **6**, 767, 772, 804, 863
$Ru_3FeC_{12}H_4O_{12}$
    $FeRu_3H_4(CO)_{12}$, **6**, 857; **8**, 294
$Ru_3FeC_{13}HO_{13}$
    $[FeRu_3H(CO)_{13}]^-$, **6**, 787, 820, 857
$Ru_3FeC_{13}H_2O_{13}$
    $FeRu_3H_2(CO)_{13}$, **4**, 655, 924; **6**, 772, 788, 857; **8**, 12
$Ru_3FeC_{13}O_{13}$
    $[FeRu_3(CO)_{13}]^{2-}$, **6**, 815
$Ru_3FeC_{15}H_{11}O_{12}P$
    $FeRu_3H_2(CO)_{12}(PMe_3)$, **6**, 811, 857
$Ru_3FeC_{16}H_6O_{12}$
    $FeRu_3(CO)_{12}(MeC{\equiv}CMe)$, **6**, 857
$Ru_3FeC_{17}H_{20}O_{11}P_2$
    $FeRu_3H_2(CO)_{11}(PMe_3)_2$, **6**, 811
$Ru_3FeC_{30}H_{17}O_{12}P$
    $FeRu_3H_2(CO)_{12}(PPh_3)$, **6**, 812
$Ru_3Ge_3C_{15}H_{18}O_9$
    $\{Ru(GeMe_2)(CO)_3\}_3$, **4**, 910, 911; **6**, 1051, 1078
$Ru_3Ge_3C_{33}H_{54}O_9$
    $\{Ru(GeBu_2)(CO)_3\}_3$, **4**, 912
$Ru_3HgC_{17}H_{12}O_{11}$
    $Ru_3(HgOAc)(CO)_9(CCBu^t)$, **4**, 928
$Ru_3NiC_{18}H_{12}O_8$
    $Ru_3Ni(CO)_8Cp(MeCCHCMe)$, **6**, 863
$Ru_3NiC_{19}H_{14}O_8$
    $CpNi(MeCCHCEt)Ru_3(CO)_8$, **1**, 472; **4**, 927; **6**, 89
$Ru_3NiC_{20}H_{15}O_9$
    $CpNi(CCHBu^t)Ru_3(CO)_9$, **4**, 927; **6**, 89
$Ru_3NiC_{21}H_{15}O_9$
    $Ru_3Ni(CO)_9Cp(C_2CHBu^t)$, **6**, 863
$Ru_3OsC_{12}H_4O_{12}$
    $Ru_3OsH_4(CO)_{12}$, **6**, 863
$Ru_3ReC_{16}O_{16}$
    $[ReRu_3(CO)_{16}]^-$, **4**, 924; **6**, 856
$Ru_3Sb_3C_{63}H_{45}O_9$
    $Ru_3(CO)_9(SbPh_3)_3$, **4**, 878
$Ru_3SiC_{13}H_9NO_{10}$
    $Ru_3(NSiMe_3)(CO)_{10}$, **4**, 616, 869
$Ru_3SiC_{16}H_{16}O_{13}S$
    $Ru_3H\{S(CH_2)_3Si(OMe)_3\}(CO)_{10}$, **4**, 961
$Ru_3SiC_{34}H_{57}O_9P_3$
    $Ru_3(CO)_9\{(Bu_2P)_3SiMe\}$, **2**, 153; **4**, 877
$Ru_3Si_3C_{25}H_{30}O_8$
    $Ru_3(CO)_8\{C_8H_3(SiMe_3)_3\}$, **3**, 167
$Ru_3SnC_{12}Cl_4O_{12}$
    $Ru_3(CO)_{12}(SnCl_4)$, **4**, 911
$Ru_3WC_{17}H_6O_{12}$
    $WRu_3H(CO)_{12}Cp$, **6**, 854
$Ru_4BC_{12}H_3O_{12}$
    $Ru_4H(BH_2)(CO)_{12}$, **4**, 900
$Ru_4C_6F_{14}O_6$
    $\{Ru_2F_7(CO)_3\}_2$, **4**, 676, 677
$Ru_4C_{10}H_2Cl_2O_{12}$
    $Ru_4Cl_2(OH)_2(CO)_{10}$, **4**, 900
$Ru_4C_{11}N_2O_{12}$
    $Ru_4(CO)_{10}(NO)_2C$, **4**, 900
$Ru_4C_{12}F_8O_{12}$
    $Ru_4F_8(CO)_{12}$, **4**, 677
$Ru_4C_{12}H_2O_{12}$
    $[Ru_4H_2(CO)_{12}]^{2-}$, **4**, 890
$Ru_4C_{12}H_3O_{12}$

$Ru_4C_{12}H_3O_{12}$

$Ru_4C_{12}H_3O_{12}$
  $[Ru_4H_3(CO)_{12}]^-$, **4**, 655, 890
$Ru_4C_{12}H_4O_{12}$
  $Ru_4H_4(CO)_{12}$, **4**, 664, 890, 891, 944; **8**, 12, 157, 294, 324, 594
$Ru_4C_{12}H_6Cl_2O_{12}$
  $Ru_4Cl_2(OMe)_2(CO)_{10}$, **4**, 900
$Ru_4C_{12}O_{12}$
  $[Ru_4(CO)_{12}]^{4-}$, **4**, 893
$Ru_4C_{13}ClO_{13}$
  $[Ru_4Cl(CO)_{13}]^-$, **4**, 901
$Ru_4C_{13}HO_{13}$
  $[Ru_4H(CO)_{13}]^-$, **4**, 890
$Ru_4C_{13}H_2O_{13}$
  $Ru_4H_2(CO)_{13}$, **4**, 889, 890
$Ru_4C_{13}O_{13}$
  $[Ru_4(CO)_{13}]^{2-}$, **4**, 890
$Ru_4C_{14}H_2O_{12}$
  $Ru_4(CO)_{12}(HCCH)$, **4**, 900
$Ru_4C_{14}H_{11}ClO_{13}$
  $Ru_4Cl(OH)(OEt)_2(CO)_{10}$, **4**, 900
$Ru_4C_{14}H_{13}O_{14}P$
  $Ru_4H_4(CO)_{11}\{P(OMe)_3\}$, **4**, 894
$Ru_4C_{16}H_6O_{12}$
  $Ru_4(CO)_{12}(MeCCMe)$, **4**, 898
$Ru_4C_{16}H_{13}NO_{11}$
  $Ru_4H_4(CO)_{11}(CNBu^t)$, **4**, 894
$Ru_4C_{18}H_8O_{12}$
  $Ru_4(CO)_{12}(C_6H_8)$, **4**, 849, 898
$Ru_4C_{19}H_{10}O_{11}$
  $Ru_4(CO)_{11}(C_8H_{10})$, **4**, 898
$Ru_4C_{20}H_{10}O_{12}$
  $Ru_4(CO)_{12}(C_8H_{10})$, **4**, 898
$Ru_4C_{20}H_{12}O_{12}$
  $Ru_4(CO)_{12}(C_8H_{12})$, **4**, 898
$Ru_4C_{21}H_{14}O_7$
  $Ru_4(CO)_7(C_7H_7)_2$, **4**, 855, 898
$Ru_4C_{21}H_{14}O_9$
  $Ru_4(CO)_9(C_6H_6)(C_6H_8)$, **4**, 898
$Ru_4C_{22}H_{10}O_{10}$
  $Ru_4(CO)_{19}(C_{12}H_{16})$, **4**, 899
$Ru_4C_{23}H_{31}O_{11}P$
  $Ru_4H_4(CO)_{11}(PBu_3)$, **4**, 894
$Ru_4C_{24}H_{20}O_4$
  $\{Ru(CO)Cp\}_4$, **4**, 795
$Ru_4C_{24}H_{28}O_4$
  $[\{Ru(OH)(C_6H_6)\}_4]^{4+}$, **4**, 799
  $\{Ru(OH)(C_6H_6)\}_4$, **4**, 800
$Ru_4C_{26}H_{10}O_{12}$
  $Ru_4(CO)_{12}(PhCCPh)$, **3**, 162; **4**, 655, 899
$Ru_4C_{27}H_{20}O_7$
  $Ru_4(CO)_7Cp_4$, **4**, 795
$Ru_4C_{29}H_{19}O_{11}P$
  $Ru_4H_4(CO)_{11}(PPh_3)$, **4**, 894
$Ru_4C_{36}H_{28}O_{10}P_2$
  $Ru_4H_4(CO)_{10}(diphos)$, **4**, 655, 895
$Ru_4C_{39}H_{20}O_{11}$

  $Ru_4(CO)_{11}(PhCCPh)_2$, **4**, 899
$Ru_4C_{46}H_{40}O_{10}P_2$
  $Ru_4H_4(CO)_{10}(PPh_3)_2$, **4**, 891, 895
$Ru_4C_{56}H_{112}O_8P_4$
  $Ru_4H_4(CO)_8(PBu_3)_4$, **4**, 896, 938
$Ru_4C_{104}H_{90}O_6P_6$
  $\{Ru_2H_3(OH)(PPh_2)(CO)(PPh_3)_2(Me_2CO)\}_2$, **4**, 720
$Ru_5C_{16}O_{15}$
  $Ru_5(CO)_{15}C$, **4**, 901
$Ru_5C_{17}H_4O_{15}$
  $Ru_5H_2(CO)_{15}(HCCH)$, **4**, 901
$Ru_6AsC_{35}H_{15}O_{16}$
  $Ru_6(CO)_{16}C(AsPh_3)$, **4**, 905
$Ru_6C_{17}O_{16}$
  $[Ru_6(CO)_{16}C]^{2-}$, **4**, 905
$Ru_6C_{18}HO_{18}$
  $[Ru_6H(CO)_{18}]^-$, **4**, 902
$Ru_6C_{18}H_2O_{18}$
  $Ru_6H_2(CO)_{18}$, **4**, 902
$Ru_6C_{18}H_4O_{16}$
  $Ru_6H_2(CO)_{16}(HCCH)$, **4**, 904
$Ru_6C_{18}O_{17}$
  $Ru_6(CO)_{17}C$, **1**, 35; **4**, 644, 904, 905; **8**, 12
$Ru_6C_{18}O_{18}$
  $[Ru_6(CO)_{18}]^{2-}$, **4**, 902
$Ru_6C_{19}H_3O_{18}$
  $[Ru_6(CO_2Me)(CO)_{16}C]^-$, **4**, 905
$Ru_6C_{19}H_{12}O_{15}S_2$
  $Ru_6H_2(SEt)_2(CO)_{15}$, **4**, 905
$Ru_6C_{21}H_6O_{14}$
  $Ru_6(CO)_{14}C(C_6H_6)$, **4**, 904
$Ru_6C_{22}H_8O_{14}$
  $Ru_6(CO)_{14}C(\eta^6\text{-}C_6H_5Me)$, **8**, 346
$Ru_6C_{22}H_{10}O_{15}$
  $Ru_6(CO)_{15}C(MeCH{=}CHCH{=}CHMe)$, **4**, 905
$Ru_6C_{22}H_{16}O_{15}S_3$
  $Ru_6H(SEt)_3(CO)_{15}C$, **4**, 905
$Ru_6C_{24}H_{22}Cl_6O_{18}$
  $\{Ru_3Cl_3(OH)(COEt)_2(CO)_6\}_2$, **4**, 688
$Ru_6C_{29}H_{14}O_{14}$
  $Ru_6(CO)_{14}C(C_{14}H_{14})$, **4**, 905
$Ru_6C_{30}H_{28}Cl_6O_{18}$
  $\{Ru_3Cl_3(OH)(COEt)_2(CO)_6\}_2(C_6H_6)$, **4**, 688
$Ru_6C_{35}H_{15}O_{16}P$
  $Ru_6(CO)_{16}C(PPh_3)$, **4**, 905
$Ru_6C_{52}H_{30}O_{15}P_2$
  $Ru_6(CO)_{15}C(PPh_3)_2$, **4**, 905
$Ru_6Hg_2C_{30}H_{18}Br_2O_{18}$
  $\{Ru_3(HgBr)(CCBu^t)(CO)_9\}_2$, **4**, 928
$Ru_6Hg_2C_{30}H_{18}O_{18}$
  $\{Ru_3Hg(CCBu^t)(CO)_9\}_2$, **4**, 928
$Ru_6Os_3C_{28}HO_{28}$
  $[Os_3H(CO)_{10}(CO_2)Ru_6(CO)_{16}C]^-$, **4**, 905

S

SbAsB$_9$CoC$_5$H$_{14}$
  CpCoAsSbB$_9$H$_9$, **1**, 529
SbAsRhC$_{37}$H$_{30}$ClO
  RhCl(CO)(AsPh$_3$)(SbPh$_3$), **5**, 316
SbAs$_2$PtC$_{12}$H$_{36}$
  [PtMe$_3$(AsMe$_3$)$_2$(SbMe$_3$)]$^+$, **6**, 591
SbAs$_2$PtC$_{25}$H$_{36}$
  [PtMe(AsMe$_3$)$_2$(SbPh$_3$)]$^+$, **6**, 591
SbAuC$_{14}$H$_{20}$
  Au(C≡CPh)(SbEt$_3$), **2**, 769
SbAuMnC$_{23}$H$_{15}$O$_5$
  MnAu(CO)$_5$(SbPh$_3$), **6**, 833
SbB$_{10}$CH$_{11}$
  SbCB$_{10}$H$_{11}$, **1**, 547
SbC$_2$H$_7$
  SbH(Me)$_2$, **2**, 702
SbC$_2$H$_7$O$_2$
  SbO(OH)(Me)$_2$, **2**, 703
SbC$_3$F$_9$
  Sb(CF$_3$)$_3$, **2**, 684
SbC$_3$H$_9$
  SbMe$_3$, **2**, 685
SbC$_3$H$_9$Br$_2$
  SbBr$_2$(Me)$_3$, **2**, 696
SbC$_4$H$_9$Br$_2$
  SbBr$_2$(Bu^t), **2**, 685
SbC$_4$H$_{12}$F
  SbF(Me)$_4$, **2**, 696
SbC$_4$H$_{12}$N
  SbMe$_2$(NMe$_2$), **2**, 702
SbC$_5$H$_5$
  $\overline{\text{Sb=CHCH=CHCH=CH}}$, **2**, 692
SbC$_5$H$_5$Cl$_2$
  SbCl$_2$(Cp), **2**, 686
SbC$_5$H$_{15}$
  SbMe$_5$, **1**, 9; **2**, 695
SbC$_6$H$_5$Cl$_5$
  [SbCl$_5$(Ph)]$^-$, **2**, 698
SbC$_6$H$_7$O$_3$
  SbO(OH)$_2$Ph, **2**, 1014
SbC$_6$H$_8$Cl$_4$N
  SbCl$_4$(Me)(py), **2**, 697
SbC$_6$H$_{15}$
  SbEt$_3$, **2**, 686
SbC$_8$H$_{10}$Cl
  SbCl(Me)(Bz), **2**, 686
SbC$_8$H$_{18}$Cl
  SbCl(Bu^t)$_2$, **2**, 685
SbC$_8$H$_{21}$
  SbMe$_2$(Et)$_3$, **2**, 698
SbC$_9$H$_5$F$_6$
  $\overline{\text{Sb(CH=CH)}_2\{\text{C(CF}_3\text{)=C(CF}_3\text{)}\}\text{CH}}$, **2**, 693
SbC$_{11}$H$_{10}$Cl$_4$N
  SbCl$_4$(Ph)(py), **2**, 697
SbC$_{12}$H$_{10}$Br$_3$
  SbBr$_3$(Ph)$_2$, **2**, 696
SbC$_{12}$H$_{10}$Cl
  SbCl(Ph)$_2$, **2**, 703
SbC$_{12}$H$_{10}$Cl$_4$
  [SbCl$_4$(Ph)$_2$]$^-$, **2**, 698
SbC$_{12}$H$_{11}$
  SbH(Ph)$_2$, **2**, 686
SbC$_{12}$H$_{20}$
  [SbMe(Et)(Pr^i)(Ph)]$^+$, **2**, 697
SbC$_{15}$H$_{15}$
  Sb(C$_5$H$_5$)$_3$, **3**, 124
SbC$_{18}$F$_{15}$
  Sb(C$_6$F$_5$)$_3$, **2**, 691
SbC$_{18}$H$_{13}$
  PhSb($\overline{\text{C}_6\text{H}_4\text{C}_6\text{H}_4}$), **1**, 38
SbC$_{18}$H$_{15}$
  SbPh$_3$, **2**, 685
SbC$_{18}$H$_{15}$Cl$_2$
  SbCl$_2$(Ph)$_3$, **2**, 695
SbC$_{18}$H$_{15}$F$_2$
  SbF$_2$(Ph)$_3$, **2**, 696
SbC$_{19}$H$_{16}$Cl
  SbCl(Tol)(C$_6$H$_4$Ph), **2**, 685
SbC$_{19}$H$_{18}$
  [SbPh$_3$(Me)]$^+$, **2**, 694
SbC$_{19}$H$_{18}$F
  SbF(Me)(Ph)$_3$, **2**, 696
SbC$_{20}$H$_{17}$
  SbPh$_2$(CH=CHPh), **2**, 686
SbC$_{20}$H$_{21}$O$_2$
  SbPh$_3$(OMe)$_2$, **2**, 700
SbC$_{20}$H$_{45}$
  SbBu$_5$, **2**, 697
SbC$_{22}$F$_{27}$N$_2$O$_2$
  Sb(C$_6$F$_5$)$_3$\{ON(CF$_3$)$_2$\}$_2$, **2**, 691
SbC$_{24}$H$_{20}$Cl
  SbCl(Ph)$_4$, **2**, 694, 696
SbC$_{24}$H$_{21}$O
  SbPh$_4$(OH), **2**, 700
SbC$_{25}$H$_{21}$
  SbPh(Tol)(C$_6$H$_4$Ph), **2**, 685
SbC$_{25}$H$_{23}$O
  SbPh$_4$(OMe), **2**, 700
SbC$_{30}$H$_{25}$
  SbPh$_5$, **1**, 9; **2**, 687, 695
SbC$_{30}$H$_{25}$S
  SbPh$_4$(SPh), **2**, 688
SbC$_{31}$H$_{27}$
  SbPh$_4$(Tol), **2**, 698
SbC$_{34}$H$_{25}$
  PhSb$\{\overline{\text{C(Ph)=C(Ph)C(Ph)=CPh}}\}$, **1**, 38

SbC$_{35}$H$_{35}$
   Sb(Tol)$_5$, **2**, 695
SbC$_{36}$H$_{27}$
   PhSb{(C$_6$H$_4$)(C$_{10}$H$_6$)}{(C$_6$H$_3$Me)(C$_6$H$_3$-Me)}, **2**, 697
SbC$_{36}$H$_{30}$
   [SbPh$_6$]$^-$, **2**, 683
SbC$_{47}$H$_{35}$
   SbPh$_3$(C$_5$Ph$_4$), **1**, 37; **2**, 699
SbCoC$_{20}$H$_{15}$NO$_3$
   Co(CO)$_2$(NO)(SbPh$_3$), **5**, 27
SbCoC$_{23}$H$_{15}$F$_5$O$_3$
   Co(C$_2$F$_5$)(CO)$_3$(SbPh$_3$), **5**, 63, 66
SbCoMoC$_{10}$H$_5$Br$_2$NO$_6$
   Cp(CO)$_3$Mo(SbBr$_2$)Co(CO)$_2$(NO), **3**, 1191
SbCrC$_5$H$_3$O$_5$
   Cr(CO)$_5$(SbH$_3$), **3**, 797, 863
SbCrC$_8$H$_5$Br$_2$O$_3$
   Cr(SbBr$_2$)(CO)$_3$Cp, **3**, 966
SbCrC$_8$H$_5$O$_3$
   Cr(CO)$_3$(C$_5$H$_5$Sb), **3**, 864
SbCrC$_8$H$_{12}$ClO$_3$
   CrCl(CMe)(CO)$_3$(SbMe$_3$), **3**, 909
SbCrC$_9$H$_{12}$O$_4$
   [Cr(CMe)(CO)$_4$(SbMe$_3$)]$^+$, **3**, 908
SbCrC$_{11}$H$_{18}$N$_3$O$_5$
   Cr(CO)$_5${Sb(NMe$_2$)$_3$}, **3**, 867
SbCrC$_{23}$H$_{15}$O$_5$
   Cr(CO)$_5$(SbPh$_3$), **3**, 881
SbCrC$_{23}$H$_{20}$N$_2$O$_2$
   [Cr(NO)$_2$Cp(SbPh$_3$)]$^+$, **3**, 968
SbCrFe$_2$C$_{19}$H$_5$O$_{13}$
   {(CO)$_4$Fe}$_2$(SbPh){Cr(CO)$_5$}, **4**, 303
SbCrGe$_3$C$_{14}$H$_{27}$O$_5$
   Cr(CO)$_5${Sb(GeMe$_3$)$_3$}, **3**, 797
SbCrMoC$_{13}$H$_5$Br$_2$O$_8$
   Cp(CO)$_3$Mo(SbBr$_2$)Cr(CO)$_5$, **3**, 1191
SbCrNiC$_{13}$H$_{11}$O$_6$
   Ni(CO)$_3${SbMe$_2$Cr(CO)$_3$Cp}, **6**, 20
SbCrSn$_3$C$_{14}$H$_{27}$O$_5$
   Cr(CO)$_5${Sb(SnMe$_3$)$_3$}, **3**, 797
SbCrWC$_{13}$H$_5$Br$_2$O$_8$
   Cp(CO)$_3$W(SbBr$_2$)Cr(CO)$_5$, **3**, 1340
SbFeC$_7$H$_9$O$_4$
   Fe(CO)$_4$(SbMe$_3$), **4**, 290
SbFeC$_{22}$H$_{15}$O$_4$
   Fe(CO)$_4$(SbPh$_3$), **4**, 290
SbFeC$_{25}$H$_{20}$O$_2$
   [SbPh$_3$(Fp)]$^+$, **4**, 634
SbFeMoC$_{10}$H$_5$Br$_2$N$_2$O$_7$
   Cp(CO)$_3$Mo(SbBr$_2$)Fe(CO)$_2$(NO)$_2$, **3**, 1191
SbFeMoC$_{12}$H$_5$Br$_2$O$_7$
   Cp(CO)$_3$Mo(SbBr$_2$)Fe(CO)$_4$, **3**, 1191
SbFe$_2$C$_8$O$_8$
   Sb{Fe(CO)$_4$}$_2$, **4**, 303
SbFe$_2$C$_{14}$H$_{10}$BrO$_4$
   SbBr(Fp)$_2$, **4**, 594
SbFe$_2$C$_{14}$H$_{10}$Br$_2$O$_4$
   [SbBr$_2$(Fp)$_2$]$^+$, **4**, 634
SbFe$_2$C$_{14}$H$_{10}$Cl$_2$O$_4$
   [SbCl$_2$(Fp)$_2$]$^+$, **4**, 594
SbFe$_2$C$_{26}$H$_{20}$O$_4$
   [SbPh$_2$(Fp)$_2$]$^+$, **4**, 634
SbFe$_3$C$_{21}$H$_{15}$BrO$_6$
   [SbBr(Fp)$_3$]$^+$, **4**, 634
SbFe$_3$C$_{21}$H$_{15}$ClO$_6$

SbCl(Fp)$_3$, **4**, 633
   [SbCl(Fp)$_3$]$^+$, **4**, 644
SbFe$_3$C$_{21}$H$_{15}$O$_6$
   SbFp$_3$, **4**, 594
SbFe$_3$C$_{27}$H$_{20}$O$_6$
   [SbPh(Fp)$_3$]$^+$, **4**, 634
SbGaC$_6$H$_{18}$
   GaMe$_3$(SbMe$_3$), **1**, 695
SbGeC$_{30}$H$_{25}$
   Ph$_3$GeSbPh$_2$, **2**, 467
SbGeC$_{30}$H$_{25}$O$_2$
   Ph$_3$GeOSb(O)Ph$_2$, **2**, 467
SbGe$_3$C$_9$H$_{27}$
   (Me$_3$Ge)$_3$Sb, **2**, 466
SbGe$_3$C$_{18}$H$_{45}$
   (Et$_3$Ge)$_3$Sb, **2**, 467
SbGe$_3$MoC$_{14}$H$_{27}$O$_5$
   Mo(CO)$_5${Sb(GeMe$_3$)$_3$}, **3**, 797
SbGe$_3$NiC$_{12}$H$_{27}$O$_3$
   Ni(CO)$_3${Sb(GeMe$_3$)$_3$}, **6**, 20
SbGe$_3$WC$_{14}$H$_{27}$O$_5$
   W(CO)$_5${Sb(GeMe$_3$)$_3$}, **3**, 797
SbInC$_2$H$_6$Cl$_6$
   InMe$_2$(SbCl$_6$), **1**, 712
SbInC$_9$H$_{24}$
   InMe$_3$(SbEt$_3$), **1**, 695
SbLi$_2$C$_6$H$_5$
   Li$_2$SbPh, **2**, 703
SbMnC$_{13}$H$_{10}$I$_2$O$_2$
   Mn(CO)$_2$Cp(SbI$_2$Ph), **4**, 127
SbMnC$_{22}$H$_{15}$BrO$_4$
   MnBr(CO)$_4$(SbPh$_3$), **4**, 46
SbMnC$_{23}$H$_{15}$O$_5$
   [Mn(CO)$_5$(SbPh$_3$)]$^+$, **4**, 31
SbMnC$_{24}$H$_{20}$NOS
   [Mn(CS)(NO)Cp(SbPh$_3$)]$^+$, **4**, 134
SbMnMoC$_{15}$H$_{10}$Br$_2$O$_5$
   Cp(CO)$_3$Mo(SbBr$_2$)Mn(CO)$_2$Cp, **3**, 1191
SbMn$_2$C$_{20}$H$_{15}$O$_4$
   {Mn(CO)$_2$Cp}$_2$(SbPh), **4**, 127
SbMoC$_5$H$_3$O$_5$
   Mo(CO)$_5$(SbH$_3$), **3**, 797, 863
SbMoC$_{10}$H$_{11}$O$_3$
   Mo(SbMe$_2$)(CO)$_3$Cp, **3**, 1191
SbMoC$_{11}$H$_{18}$N$_3$O$_5$
   Mo(CO)$_5${Sb(NMe$_2$)$_3$}, **3**, 867
SbMoC$_{12}$H$_{20}$O$_5$P
   Mo(CO)$_2$Cp{PO(OMe)$_2$}(SbMe$_3$), **3**, 1191
SbMoC$_{25}$H$_{21}$O$_2$
   MoH(CO)$_2$Cp(SbPh$_3$), **3**, 1184
SbMoC$_{25}$H$_{21}$O$_5$
   Mo{C(OMe)Me}(CO)$_4$(SbPh$_3$), **3**, 1124
SbMoC$_{27}$H$_{22}$O$_2$
   Mo(CO)$_2$(C$_7$H$_7$)(SbPh$_3$), **3**, 1235
SbMoC$_{28}$H$_{19}$O$_3$
   Mo(CO)$_3$(η^5-C$_5$H$_4$SbPh$_3$), **3**, 1195
SbMoNiC$_8$H$_5$Br$_2$N$_3$O$_6$
   Cp(CO)$_3$Mo(SbBr$_2$)Ni(NO)$_3$, **3**, 1191
SbMoNiC$_{13}$H$_{11}$O$_6$
   Cp(CO)$_3$Mo(SbMe$_2$)Ni(CO)$_3$, **6**, 20
SbMoSnC$_{28}$H$_{29}$O$_2$
   Mo(SnMe$_3$)(CO)$_2$Cp(SbPh$_3$), **3**, 1188
SbMoSn$_3$C$_{14}$H$_{27}$O$_5$
   Mo(CO)$_5${Sb(SnMe$_3$)$_3$}, **3**, 797
SbMoWC$_{13}$H$_5$Br$_2$O$_8$
   Cp(CO)$_3$Mo(SbBr$_2$)W(CO)$_5$, **3**, 1191

Cp(CO)$_3$W(SbBr$_2$)Mo(CO)$_5$, **3**, 1340
SbMo$_2$C$_{13}$H$_5$BrO$_8$
    Mo$_2$(SbBr$_2$)(CO)$_8$Cp, **3**, 1191
SbNaC$_2$H$_6$
    NaSbMe$_2$, **2**, 687
SbNaC$_{12}$H$_{10}$
    NaSbPh$_2$, **2**, 703
SbNbC$_{26}$H$_{20}$O$_3$
    Nb(CO)$_3$Cp(SbPh$_3$), **3**, 711
SbNiC$_{21}$H$_{15}$O$_3$
    Ni(CO)$_3$(SbPh$_3$), **6**, 20
SbNiSi$_3$C$_{12}$H$_{27}$O$_3$
    Ni(CO)$_3${Sb(SiMe$_3$)$_3$}, **6**, 20
SbNiSn$_3$C$_{12}$H$_{27}$O$_3$
    Ni(CO)$_3${Sb(SnMe$_3$)$_3$}, **6**, 20
SbNiWC$_{13}$H$_{11}$O$_6$
    Ni(CO)$_3${SbMe$_2$W(CO)$_3$Cp}, **6**, 20
SbPdC$_{21}$H$_{20}$Cl
    PdCl(CH$_2$CHCH$_2$)(SbPh$_3$), **6**, 421
SbPdC$_{23}$H$_{24}$ClO
    PdCl(CH$_2$CMeCHOMe)(SbPh$_3$), **6**, 418
SbPdC$_{31}$H$_{27}$F$_6$O$_3$
    Pd{C$_7$H$_8$(OMe)}(hfacac)(SbPh$_3$), **6**, 316
SbPtC$_{50}$H$_{45}$ClOP$_2$
    [PtCl{CH(COPh)PPh$_2$(CH$_2$)$_2$PPh$_2$}(SbPh$_3$)]$^+$, **6**, 513
SbReC$_{33}$H$_{20}$O$_5$
    Re(CO)$_5$(C$_4$Ph$_4$Sb), **4**, 200
SbRhC$_{20}$H$_{15}$ClO$_2$
    RhCl(CO)$_2$(SbPh$_3$), **5**, 314
SbRhC$_{21}$H$_{21}$NO$_2$
    Rh{O(CH$_2$)$_2$NH$_2$}(CO)(SbPh$_3$), **5**, 294
SbRhC$_{25}$H$_{23}$Cl
    RhCl(nbd)(SbPh$_3$), **5**, 472
SbRhC$_{31}$H$_{34}$F$_4$O$_2$
    Rh(CF$_2$=CF$_2$)(Bu^{t}COCHCOBu^t)(SbPh$_3$), **5**, 428
SbRhC$_{32}$H$_{31}$
    [Rh(nbd)$_2$(SbPh$_3$)]$^+$, **5**, 473
SbRhC$_{34}$H$_{39}$
    [Rh(cod)$_2$(SbPh$_3$)]$^+$, **5**, 473
SbRuC$_{22}$H$_{15}$O$_4$
    Ru(CO)$_4$(SbPh$_3$), **4**, 699, 872
SbRuC$_{24}$H$_{21}$Cl$_2$
    RuCl$_2$(C$_6$H$_6$)(SbPh$_3$), **4**, 799
SbRuC$_{26}$H$_{23}$Cl$_2$O
    RuCl$_2$(CO)(nbd)(SbPh$_3$), **4**, 748
SbRuC$_{36}$H$_{31}$PS$_2$
    [Ru(S$_2$PPh$_2$)(C$_6$H$_6$)(SbPh$_3$)]$^+$, **4**, 798
SbSiC$_3$H$_9$F$_6$
    SiMe$_3$(SbF$_6$), **2**, 179
SbSiC$_7$H$_{19}$
    SbMe$_3$(CHSiMe$_3$), **2**, 99
SbSiC$_{11}$H$_{27}$
    SbBu$_2$(SiMe$_3$), **2**, 154
SbSiC$_{15}$H$_{19}$
    SbPh$_2$(SiMe$_3$), **2**, 154
SbSi$_2$C$_6$H$_{16}$ClO
    ClSbCH$_2$SiMe$_2$OSiMe$_2$CH$_2$, **2**, 295
SbSi$_2$C$_{13}$H$_{27}$
    SbMe$_2${C$_5$H$_3$(SiMe$_3$)$_2$}, **2**, 52
SbSi$_2$C$_{14}$H$_{36}$N
    SbBu$^t_2${N(SiMe$_3$)$_2$}, **2**, 126
SbSi$_2$C$_{54}$H$_{45}$O$_2$
    SbPh$_3$(OSiPh$_3$)$_2$, **2**, 165
SbSi$_3$C$_9$H$_{27}$
    Sb(SiMe$_3$)$_3$, **2**, 154
SbSi$_3$C$_{18}$H$_{45}$

Sb(SiEt$_3$)$_3$, **2**, 154
SbSi$_4$C$_{16}$H$_{43}$
    Sb(CHSiMe$_3$)(CH$_2$SiMe$_3$)$_3$, **2**, 99
    SbMe{C(SiMe$_3$)$_2$}(CH$_2$SiMe$_3$)$_2$, **2**, 99; **7**, 628
SbSi$_4$C$_{16}$H$_{44}$Cl
    SbCl(CH$_2$SiMe$_3$)$_4$, **7**, 628
SbSi$_5$C$_{20}$H$_{55}$
    Sb(CH$_2$SiMe$_3$)$_5$, **2**, 99
SbSnC$_{30}$H$_{25}$
    SnPh$_3$(SbPh$_2$), **2**, 599, 703
SbSn$_2$C$_{42}$H$_{35}$
    (Ph$_3$Sn)$_2$SbPh, **2**, 599
SbSn$_3$C$_9$H$_{27}$
    Sb(SnMe$_3$)$_3$, **2**, 599, 604
SbSn$_3$C$_{54}$H$_{45}$
    Sb(SnPh$_3$)$_3$, **2**, 599
SbSn$_3$WC$_{14}$H$_{27}$O$_5$
    W(CO)$_5${Sb(SnMe$_3$)$_3$}, **3**, 797
SbTiC$_7$H$_{10}$Cl$_3$
    TiCl$_3$(η^5-C$_5$H$_4$SbMe$_2$), **3**, 333
SbWC$_5$H$_3$O$_5$
    W(CO)$_5$(SbH$_3$), **3**, 797, 863
SbWC$_8$H$_5$Br$_2$O$_3$
    W(SbBr$_2$)(CO)$_3$Cp, **3**, 1340
SbWC$_8$H$_5$Cl$_2$O$_3$
    W(SbCl$_2$)(CO)$_3$Cp, **3**, 1340
SbWC$_{11}$H$_{18}$N$_3$O$_5$
    W(CO)$_5${Sb(NMe$_2$)$_3$}, **3**, 867
SbW$_2$C$_{13}$H$_5$Br$_2$O$_8$
    Cp(CO)$_3$W(SbBr$_2$)W(CO)$_5$, **3**, 1340
Sb$_2$B$_9$CoC$_5$H$_{14}$
    CpCoSb$_2$B$_9$H$_9$, **1**, 529
Sb$_2$C$_4$F$_{12}$
    Sb$_2$(CF$_3$)$_4$, **2**, 703
Sb$_2$C$_4$H$_{12}$
    Sb$_2$Me$_4$, **2**, 702
Sb$_2$C$_4$H$_{12}$Cl$_6$
    {SbCl$_3$(Me)$_2$}$_2$, **2**, 696
Sb$_2$C$_8$H$_{20}$
    Sb$_2$Et$_4$, **2**, 703
Sb$_2$C$_{10}$H$_{16}$
    (Me$_2$Sb)$_2$(C$_6$H$_4$), **2**, 687
Sb$_2$C$_{16}$H$_{36}$
    Sb$_2$Bu$^t_4$, **2**, 703
Sb$_2$C$_{18}$F$_{12}$
    Sb(C$_6$F$_4$)$_3$Sb, **2**, 685
Sb$_2$C$_{24}$H$_{20}$
    Sb$_2$Ph$_4$, **2**, 703
Sb$_2$C$_{24}$H$_{20}$Cl$_6$
    {SbCl$_3$(Ph)$_2$}$_2$, **2**, 696
Sb$_2$C$_{24}$H$_{20}$O
    (Ph$_2$Sb)$_2$O, **2**, 701
Sb$_2$C$_{24}$H$_{20}$O$_2$
    (Ph$_2$SbO)$_2$, **2**, 703
Sb$_2$C$_{36}$H$_{30}$Cl$_2$O
    {(Ph)$_3$ClSb}$_2$O, **2**, 699
Sb$_2$CoC$_{37}$H$_{30}$NO$_2$
    Co(CO)(NO)(SbPh$_3$)$_2$, **5**, 29
Sb$_2$Co$_2$C$_{11}$H$_{14}$O$_6$
    Co$_2$(CO)$_6$(Me$_2$SbCH$_2$SbMe$_2$), **5**, 200
Sb$_2$Co$_2$C$_{23}$H$_{24}$O$_4$
    Co$_2$(CO)$_4$(PhCCPh)(Me$_2$SbCH$_2$SbMe$_2$), **5**, 200
Sb$_2$Co$_2$C$_{31}$H$_{22}$O$_6$
    Co$_2$(CO)$_6$(Ph$_2$SbCH$_2$SbPh$_2$), **5**, 200
Sb$_2$Co$_2$C$_{43}$H$_{32}$O$_4$
    Co$_2$(CO)$_4$(PhCCPh)(Ph$_2$SbCH$_2$SbPh$_2$), **5**, 200

$Sb_2Cr_2C_{14}H_{12}O_{10}$
  {$Cr(CO)_5$}$_2$($Me_2SbSbMe_2$), **3**, 865
$Sb_2FeC_3Cl_6O_3$
  $Fe(CO)_3(SbCl_3)_2$, **4**, 287
$Sb_2FeHgC_{39}H_{30}Cl_2O_3$
  $Fe(CO)_3(HgCl_2)(SbPh_3)_2$, **6**, 985
$Sb_2Fe_2C_{42}H_{30}O_6$
  $Fe(CO)_4[SbPh_2\{FePh(CO)_2(SbPh_3)\}]$, **4**, 596
$Sb_2Fe_4C_{28}H_{20}Cl_{10}O_8$
  $Sb_2Cl_{10}Fp_4$, **4**, 644
$Sb_2GeNiC_{28}H_{26}O_2$
  $Ni(CO)_2(Ph_2SbGeMe_2SbPh_2)$, **6**, 22
$Sb_2Ge_4C_6H_{18}$
  {$(Me_3Ge)_2Sb$}$_2$, **2**, 467
$Sb_2IrC_{37}H_{30}ClO$
  $IrCl(CO)(SbPh_3)_2$, **5**, 549
$Sb_2IrC_{37}H_{30}Cl_3O$
  $IrCl_3(CO)(SbPh_3)_2$, **5**, 554
$Sb_2MnC_{39}H_{30}ClO_3$
  $MnCl(CO)_3(SbPh_3)_2$, **4**, 46
$Sb_2MnC_{40}H_{30}NO_3S$
  $Mn(SCN)(CO)_3(SbPh_3)_2$, **4**, 60
$Sb_2Mn_2C_{64}H_{40}O_8$
  $Mn_2(CO)_8(C_4Ph_4Sb)_2$, **4**, 104
$Sb_2Mn_2ZnC_{54}H_{38}N_2O_8$
  $Zn\{Mn(CO)_4(SbPh_3)\}_2(bipy)$, **6**, 1034
$Sb_2NiC_{28}H_{26}O_2Si$
  $Ni(CO)_2(Ph_2SbSiMe_2SbPh_2)$, **6**, 22
$Sb_2NiSnC_{28}H_{26}O_2$
  $Ni(CO)_2(Ph_2SbSnMe_2SbPh_2)$, **6**, 22
$Sb_2OsC_{38}H_{30}Cl_2O_2$
  $OsCl_2(CO)_2(SbPh_3)_2$, **4**, 976
$Sb_2PdC_{36}H_{30}Cl_2$
  $PdCl_2(SbPh_3)_2$, **6**, 421
$Sb_2PdC_{36}H_{30}I_2$
  $PdI_2(SbPh_3)_2$, **6**, 426
$Sb_2PdC_{54}H_{45}P$
  $Pd(SbPh_3)_2(PPh_3)$, **6**, 243
$Sb_2PdC_{72}H_{60}P_2$
  $Pd(SbPh_3)_2(PPh_3)_2$, **6**, 246, 357
$Sb_2RhC_{37}H_{30}ClO$
  $RhCl(CO)(SbPh_3)_2$, **5**, 316
$Sb_2RhC_{37}H_{31}Cl_2O$
  $RhCl_2(H)(CO)(SbPh_3)_2$, **5**, 355
$Sb_2RhC_{38}H_{30}ClF_4$
  $RhCl(CF_2=CF_2)(SbPh_3)_2$, **5**, 428
$Sb_2RhC_{38}H_{30}NO$
  $Rh(CN)(CO)(SbPh_3)_2$, **5**, 316
$Sb_2RhC_{38}H_{33}I_2O$
  $RhI_2(Me)(CO)(SbPh_3)_2$, **5**, 386
$Sb_2RhC_{39}H_{35}Cl_2$
  $RhCl_2(CH_2CHCH_2)(SbPh_3)_2$, **5**, 497
$Sb_2RhC_{40}H_{37}Cl_2$
  $RhCl_2(CH_2CMeCH_2)(SbPh_3)_2$, **5**, 497
$Sb_2RhC_{42}H_{37}O_3$
  $Rh(CO)(SbPh_3)_2(acac)$, **5**, 283
$Sb_2RhC_{43}H_{30}ClF_6O$
  $RhCl(C\equiv CCF_3)_2(CO)(SbPh_3)_2$, **5**, 393
$Sb_2RhC_{43}H_{30}ClN_4O$
  $RhCl(CO)\{(NC)_2C=C(CN)_2\}(SbPh_3)_2$, **5**, 426
$Sb_2RhC_{44}H_{30}ClF_{12}$
  $RhCl\{C(CF_3)=C(CF_3)C(CF_3)=CCF_3\}$-$(SbPh_3)_2$, **5**, 408
$Sb_2RhC_{44}H_{42}$
  $[Rh(cod)(SbPh_3)_2]^+$, **5**, 473
$Sb_2RhC_{45}H_{37}F_6O_2$
  $Rh(CF_3C\equiv CCF_3)(acac)(SbPh_3)_2$, **5**, 441
$Sb_2RhC_{50}H_{40}Cl$
  $RhCl(PhC\equiv CPh)(SbPh_3)_2$, **5**, 444
$Sb_2RuC_{37}H_{30}Cl_3OP_2$
  $[RuCl_3(CO)(SbPh_3)_2]^-$, **4**, 696
$Sb_2RuC_{38}H_{30}Cl_2O_2$
  $RuCl_2(CO)_2(SbPh_3)_2$, **4**, 693
$Sb_2RuC_{42}H_{40}Cl_2N_2$
  $RuCl_2(CNEt)_2(SbPh_3)_2$, **4**, 702
$Sb_2RuC_{43}H_{38}Cl_2$
  $RuCl_2(nbd)(SbPh_3)_2$, **4**, 748
$Sb_2Si_4C_{12}H_{36}$
  $Sb_2(SiMe_3)_4$, **2**, 154
$Sb_2VC_{29}H_{20}O_5$
  $[V(CO)_5(Ph_2SbSbPh_2)]^-$, **3**, 653
$Sb_2VC_{32}H_{25}O_3$
  $V(CO)_3(Ph_2SbSbPh_2)Cp$, **3**, 665
$Sb_2W_2C_{14}H_{12}O_{10}$
  {$W(CO)_5$}$_2$($Me_2SbSbMe_2$), **3**, 865
$Sb_3B_8RhC_{11}H_{38}$
  $(Me_3Sb)_3RhC_2B_8H_{11}$, **1**, 509
$Sb_3Co_3TlC_{63}H_{45}O_9$
  $Tl\{Co(CO)_3(SbPh_3)\}_3$, **6**, 976
$Sb_3IrC_{56}H_{45}O_2$
  $[Ir(CO)_2(SbPh_3)_3]^+$, **5**, 558
$Sb_3IrC_{57}H_{48}O_3$
  $Ir(CO_2Me)(CO)(SbPh_3)_3$, **5**, 575
$Sb_3MoC_3Cl_9O_3$
  $Mo(CO)_3(SbCl_3)_3$, **3**, 844
$Sb_3MoC_{57}H_{45}O_3$
  $Mo(CO)_3(SbPh_3)_3$, **3**, 1225
$Sb_3OsC_{55}H_{45}Cl_2O$
  $OsCl_2(CO)(SbPh_3)_3$, **4**, 979
$Sb_3RhC_{55}H_{45}ClO$
  $RhCl(CO)(SbPh_3)_3$, **5**, 316
$Sb_3RhC_{56}H_{45}O_2$
  $[Rh(CO)_2(SbPh_3)_3]^+$, **5**, 316
$Sb_3RhC_{58}H_{45}ClF_6$
  $RhCl(CF_3C\equiv CCF_3)(SbPh_3)_3$, **5**, 440
$Sb_3RuC_{55}H_{45}Cl_2O$
  $RuCl_2(CO)(SbPh_3)_3$, **4**, 693
$Sb_3Ru_3C_{63}H_{45}O_9$
  $Ru_3(CO)_9(SbPh_3)_3$, **4**, 878
$Sb_4C_{16}H_{36}$
  $(SbBu^t)_4$, **2**, 703
$Sb_4Co_4C_{12}O_{12}$
  {$Co(CO)_3Sb$}$_4$, **5**, 44
$Sb_4Fe_4C_{28}H_{20}Cl_{16}O_8$
  $Sb_4Cl_{16}Fp_4$, **4**, 644
$Sb_4NiC_{84}H_{84}$
  $Ni(SbTol_3)_4$, **6**, 111
$Sb_4PdC_{72}H_{60}$
  $Pd(SbPh_3)_4$, **6**, 244
$ScAlC_{14}H_{22}$
  $Sc(AlMe_4)Cp_2$, **3**, 204; **6**, 952
$ScAlC_{18}H_{30}$
  $Sc(AlEt_4)Cp_2$, **3**, 204; **6**, 952
$ScC_{10}H_{10}Cl$
  $ScCl(Cp)_2$, **1**, 207; **3**, 184
$ScC_{12}H_{14}Cl$
  $ScCl(C_5H_4Me)_2$, **3**, 184
$ScC_{13}H_{13}$
  $ScCp(cot)$, **3**, 194
$ScC_{13}H_{15}$
  $ScCp_2(CH_2CHCH_2)$, **3**, 196
$ScC_{15}H_{15}$

ScCp$_3$, **3**, 180
ScC$_{15}$H$_{17}$O$_2$
   ScCp$_2$(acac), **3**, 185
ScC$_{16}$H$_{16}$
   [Sc(cot)$_2$]$^-$, **3**, 192
ScC$_{16}$H$_{18}$N
   ScMe(Cp)$_2$(py), **3**, 202
ScC$_{18}$H$_{15}$
   ScPh$_3$, **3**, 197
ScC$_{23}$H$_{49}$O$_2$
   Sc(CH$_2$Bu^t)$_3$\{$\overline{\text{O(CH}_2)_3\text{CH}_2}$\}$_2$, **3**, 198
ScC$_{24}$H$_{15}$
   Sc(C≡CPh)$_3$, **3**, 197
ScC$_{24}$H$_{24}$P
   Sc(CH$_2$CH$_2$PPh$_2$)Cp$_2$, **3**, 204
ScC$_{24}$H$_{30}$N$_3$
   Sc(C$_6$H$_4$NMe$_2$)$_3$, **3**, 197
ScC$_{27}$H$_{36}$N$_3$
   Sc(CH$_2$C$_6$H$_4$NMe$_2$)$_3$, **3**, 197
ScSi$_3$C$_{20}$H$_{49}$O$_2$
   Sc(CH$_2$SiMe$_3$)$_3$\{$\overline{\text{O(CH}_2)_3\text{CH}_2}$\}$_2$, **3**, 198
ScSi$_6$C$_{18}$H$_{54}$N$_3$
   Sc\{N(SiMe$_3$)$_2$\}$_3$, **2**, 130
ScSi$_6$C$_{29}$H$_{73}$O$_2$
   Sc\{CH(SiMe$_3$)$_2$\}$_3$\{$\overline{\text{O(CH}_2)_3\text{CH}_2}$\}$_2$, **3**, 199
Sc$_2$C$_{20}$H$_{20}$Cl$_2$
   \{ScCl(Cp)$_2$\}$_2$, **3**, 179
SeTlC$_{13}$H$_{10}$N
   TlPh$_2$(SeCN), **1**, 729
SiAgC$_7$H$_{19}$P
   [Ag\{CH(SiMe$_3$)(PMe$_3$)\}]$^+$, **2**, 714
SiAgC$_{12}$H$_{36}$OP$_3$
   Ag(OSiMe$_3$)(PMe$_3$)$_3$, **2**, 157
SiAlC$_6$H$_{18}$O
   [AlMe$_3$(OSiMe$_3$)]$^-$, **2**, 156
SiAlC$_7$H$_{15}$
   AlMe$_2$(C≡CSiMe$_3$), **8**, 764
SiAlC$_{10}$H$_{30}$N$_2$P$_2$
   [Me$_2$Al(NPMe$_3$)$_2$SiMe$_2$]$^+$, **1**, 596
SiAlC$_{16}$H$_{37}$
   AlBu$^i_2$\{CH(Me)SiEt$_3$\}, **2**, 36
SiAlC$_{19}$H$_{33}$
   AlBu$^i_2$\{C(SiMe$_3$)=CHPh\}, **1**, 643
SiAlC$_{23}$H$_{49}$O
   AlBu$^i_2$\{CH=CHCH$_2$CMe(Bu)OSiEt$_3$\}, **7**, 419
SiAsC$_5$H$_9$F$_6$
   As(CF$_3$)$_2$(SiMe$_3$), **2**, 146
SiAsC$_7$H$_{19}$
   AsMe$_3$(CHSiMe$_3$), **2**, 69, 699; **7**, 626
SiAsC$_{14}$H$_{23}$O
   AsPh\{C(Bu^t)OSiMe$_3$\}, **2**, 153, 683
SiAs$_2$RuC$_{42}$H$_{48}$O$_3$
   RuH$_3$\{Si(OEt)$_3$\}(AsPh$_3$)$_2$, **4**, 920
SiAs$_3$MoC$_{10}$H$_{21}$O$_3$
   Mo(CO)$_3$\{MeSi(AsMe$_2$)$_3$\}, **3**, 1226
SiAuC$_8$H$_{28}$P
   Au(CH$_2$SiMe$_3$)(CH$_2$PMe$_3$), **2**, 775
SiAuC$_{22}$H$_{26}$P
   Au(CH$_2$SiMe$_3$)(PPh$_3$), **2**, 767
SiAuC$_{36}$H$_{30}$P
   Au(SiPh$_3$)(PPh$_3$), **6**, 1100
SiAuRuC$_{25}$H$_{24}$O$_4$P
   Ru(SiMe$_3$)(AuPPh$_3$)(CO)$_4$, **4**, 912; **6**, 836
SiBC$_3$H$_{11}$F$_3$N
   SiMe$_3$\{NH$_2$(BF$_3$)\}, **2**, 125

SiBC$_6$H$_{17}$N$_2$
   Me$\overline{\text{BNMeSiMe}_2\text{CH}_2\text{N}}$Me, **1**, 356
SiBC$_6$H$_{18}$N$_3$
   Me$_2$$\overline{\text{SiNMeBMeNMeN}}$Me, **1**, 370
SiBC$_{11}$H$_{24}$
   [BEt$_3$(C≡CSiMe$_3$)]$^-$, **7**, 341
SiBC$_{12}$H$_{15}$
   PhB(CH=CH)$_2$SiMe$_2$, **1**, 401; **2**, 43
SiBC$_{14}$H$_{32}$N
   Et$_2$B\{$\overline{\text{CEt=C(SiMe}_3)\text{CH}_2\text{NMe}_2}$\}, **1**, 340
SiBC$_{23}$H$_{52}$O$_3$
   B(OMe)$_2$(C$_5$H$_8$Et)\{CH=CHCH(OSiMe$_2$Bu^t)-
   (C$_5$H$_{11}$)\}, **7**, 314
SiBC$_{36}$H$_{30}$
   [SiPh$_3$(BPh$_3$)]$^-$, **2**, 99
SiBCoC$_{17}$H$_{20}$
   CoCp\{PhB(CH=CH)$_2$SiMe$_2$\}, **1**, 402; **5**, 191
SiBFeC$_{15}$H$_{15}$O$_3$
   Fe(CO)$_3$\{PhB(CH=CH)$_2$SiMe$_2$\}, **1**, 401; **2**, 43
SiBFeC$_{19}$H$_{28}$NO$_2$
   Fe(SiMe$_3$)(CO)$_2$\{Ph$\overline{\text{BC(Me)CHCHN}}$Bu^t\}, **1**, 405
SiB$_2$C$_6$H$_{18}$N$_2$S$_2$
   Me$_2$$\overline{\text{Si\{S(BNMe}_2)_2\text{S}}$\}, **2**, 170
SiB$_2$C$_7$H$_{21}$N$_3$
   Me$_2$$\overline{\text{SiNMeBMeNMeBMeN}}$Me, **1**, 371
SiB$_3$C$_2$H$_7$
   1,5-C$_2$B$_3$H$_4$(SiH$_3$), **1**, 431
SiB$_3$C$_3$H$_9$
   1,5-C$_2$B$_3$H$_4$(SiH$_2$Me), **1**, 431
SiB$_4$C$_2$H$_{10}$
   C$_2$B$_4$H$_7$(SiH$_3$), **1**, 547
SiB$_4$C$_5$H$_{15}$Cl
   C$_2$B$_4$H$_7$(CH$_2$SiMe$_2$Cl), **1**, 425
   nido-C$_2$B$_4$H$_7$(SiMe$_2$CH$_2$Cl), **1**, 439
SiB$_4$C$_5$H$_{16}$
   C$_2$B$_4$H$_7$(SiMe$_3$), **1**, 547
   nido-C$_2$B$_4$H$_7$(SiMe$_3$), **1**, 439
   2,3-C$_2$B$_4$H$_7$(SiMe$_3$), **1**, 438
SiB$_5$CH$_{10}$Cl$_3$
   B$_5$H$_8$(CH$_2$SiCl$_3$), **1**, 445
SiB$_5$C$_3$H$_{16}$Cl
   B$_5$H$_8$(CH$_2$SiMe$_2$Cl), **1**, 448
SiB$_6$C$_5$H$_{22}$
   B$_5$H$_7$(SiMe$_3$)(BMe$_2$), **1**, 431
SiB$_8$C$_4$H$_{16}$
   H$_2$Si(C$_2$B$_4$H$_7$)$_2$, **1**, 547
SiB$_9$C$_4$H$_{20}$NS
   SB$_9$H$_{11}$(CNSiMe$_3$), **1**, 551
SiBeC$_4$H$_{12}$O
   BeMe(OSiMe$_3$), **1**, 134; **2**, 156
SiBiC$_6$H$_{18}$N
   BiMe$_2$\{N(Me)SiMe$_3$\}, **2**, 702
SiCCl$_6$
   SiCl$_3$(CCl$_3$), **2**, 77
SiCF$_6$
   SiF$_3$(CF$_3$), **2**, 182
SiCH$_2$Cl$_4$
   SiCl$_3$(CH$_2$Cl), **2**, 21, 26, 77
SiCH$_3$Cl$_3$
   MeSiCl$_3$, **2**, 308, 318
SiCH$_4$Cl$_2$
   MeSiCl$_2$(H), **2**, 115, 308
SiCH$_5$Cl
   MeSiCl(H)$_2$, **2**, 308
   SiH$_3$(CH$_2$Cl), **2**, 67

SiCH₆   *Formula Index*   736

SiCH₆
  MeSiH₃, **2**, 11, 112; **3**, 100
SiCH₆O₃
  MeSi(OH)₃, **2**, 359
SiCH₈P₂
  SiH(Me)(PH₂)₂, **2**, 146
SiC₂HCl₅
  SiCl₃{C(Cl)=CHCl}, **2**, 37
SiC₂HF₇
  SiF₃(CF₂CHF₂), **2**, 77
SiC₂H₂F₄
  SiF₃(CH=CHF), **2**, 89
SiC₂H₃Cl₃
  SiCl₃(CH=CH₂), **2**, 36, 313, 318
SiC₂H₄Cl₂
  SiCl₂H(CH=CH₂), **2**, 211
SiC₂H₅Cl₃
  EtSiCl₃, **2**, 311
SiC₂H₆
  SiMe₂, **2**, 88
SiC₂H₆BrCl
  Me₂SiBr(Cl), **2**, 309
SiC₂H₆Br₂
  Me₂SiBr₂, **2**, 178
SiC₂H₆ClI
  Me₂SiCl(I), **2**, 309
SiC₂H₆Cl₂
  EtSiCl₂(H), **2**, 312
  Me₂SiCl₂, **2**, 10, 27, 308, 309; **7**, 598
SiC₂H₆N₆
  Me₂Si(N₃)₂, **2**, 144
SiC₂H₆O
  EtSiH(O), **2**, 162
  Me₂SiO, **2**, 162, 164
SiC₂H₆S
  Me₂SiS, **2**, 170
SiC₂H₇Cl
  Me₂SiCl(H), **7**, 619
SiC₂H₇F
  Me₂SiF(H), **2**, 309
SiC₂H₇N
  MeSiH(NMe), **2**, 132
SiC₂H₈
  EtSiH₃, **2**, 110, 308
  Me₂SiH₂, **2**, 308
SiC₂H₈O₂
  Me₂Si(OH)₂, **2**, 323
SiC₂H₁₀P₂
  Me₂Si(PH₂)₂, **2**, 152
SiC₃H₄Cl₃N
  SiCl₃(CH₂CH₂CN), **2**, 21, 116, 316
SiC₃H₆BrN
  Me₂SiBr(CN), **2**, 309
SiC₃H₆BrNO
  Me₂SiBr(NCO), **2**, 309
SiC₃H₆Br₄
  SiBr(CH₂Br)₃, **2**, 26
SiC₃H₆ClN
  Me₂SiCl(CN), **2**, 309
SiC₃H₆ClNO
  Me₂SiCl(NCO), **2**, 309
SiC₃H₆ClNS
  Me₂SiCl(NCS), **2**, 309
SiC₃H₆Cl₂
  Cl₂$\overline{\text{Si(CH}_2)_2\text{CH}_2}$, **2**, 227
  MeSiCl₂(CH=CH₂), **2**, 118, 318

SiC₃H₆Cl₄
  Cl₃Si(CH₂)₃Cl, **2**, 314
SiC₃H₆F₂
  F₂$\overline{\text{SiCH}_2\text{CH}_2\text{CH}_2}$, **2**, 68, 228
SiC₃H₇Cl
  Cl(H)$\overline{\text{Si(CH}_2)_2\text{CH}_2}$, **2**, 230
SiC₃H₇Cl₃
  PrSiCl₃, **2**, 184, 318
SiC₃H₈
  H₂$\overline{\text{SiCH}_2\text{CH}_2\text{CH}_2}$, **2**, 69
  SiH₃($\overline{\text{CHCH}_2\text{CH}_2}$), **2**, 32
  SiH₃(CH₂CH=CH₂), **2**, 109; **7**, 615
SiC₃H₈Cl₂
  Me₂SiCl(CH₂Cl), **2**, 234
SiC₃H₉BrO
  Me₂SiBr(OMe), **2**, 309
SiC₃H₉BrS
  Me₂SiBr(SMe), **2**, 309
SiC₃H₉Cl
  Me₃SiCl, **2**, 9, 27, 309; **7**, 529
SiC₃H₉ClO
  Me₂SiCl(OMe), **2**, 309
SiC₃H₉ClO₃S
  Me₃Si(OSO₂Cl), **2**, 28; **7**, 541
SiC₃H₉ClS
  Me₂SiCl(SMe), **2**, 309
SiC₃H₉Cl₂N
  Me₃SiNCl₂, **2**, 122
SiC₃H₉F
  Me₃SiF, **2**, 181, 185
SiC₃H₉F₂
  [Me₃SiF₂]⁻, **7**, 557
SiC₃H₉F₂NOS
  Me₃Si(NSOF₂), **2**, 131
SiC₃H₉F₃
  [Me₃SiF₂]²⁻, **2**, 179
SiC₃H₉I
  Me₃SiI, **2**, 182; **7**, 583, 608, 639
SiC₃H₉NOS
  Me₃Si(NSO), **2**, 131, 145
SiC₃H₉N₃
  Me₃Si(N₃), **7**, 496, 644
SiC₃H₁₀
  Me₃SiH, **2**, 109
SiC₃H₁₀F₅NTe
  Me₃Si{NH(TeF₅)}, **2**, 126
SiC₃H₁₀O
  Me₂SiH(OMe), **2**, 309
  Me₃SiOH, **2**, 155, 359; **7**, 575
SiC₃H₁₀O₂
  Me₃Si(OOH), **2**, 164
SiC₃H₁₀O₄S
  Me₃Si(HSO₄), **2**, 59
SiC₃H₁₀S
  Me₃SiSH, **2**, 171, 321
SiC₃H₁₁N
  Me₃SiNH₂, **2**, 122, 322
SiC₃H₁₁NO
  Me₃Si(ONH₂), **7**, 586
SiC₃H₁₁P
  Me₃SiPH₂, **2**, 146, 147
SiC₃H₁₂N₂
  Me₃Si(NHNH₂), **7**, 586
SiC₄H₄Cl₂O
  Cl₂$\overline{\text{Si(CH=CH)}_2\text{O}}$, **2**, 272
SiC₄H₄F₈

Si(CHF$_2$)$_4$, **2**, 28
SiC$_4$H$_6$Cl$_2$
    Cl$_2$Si(CH$_2$)$_2$CH=CH, **2**, 245
    Cl$_2$SiCH$_2$CH=CHCH$_2$, **2**, 214, 246
SiC$_4$H$_6$F$_2$
    F$_2$SiCH$_2$CH=CHCH$_2$, **2**, 90
SiC$_4$H$_6$N$_2$
    Me$_2$Si(CN)$_2$, **2**, 60; **7**, 553
SiC$_4$H$_6$N$_2$O$_2$
    Me$_2$Si(NCO)$_2$, **7**, 593
SiC$_4$H$_6$N$_2$S
    Me$_2$Si(CN)(NCS), **2**, 309
SiC$_4$H$_7$Cl$_3$
    Cl$_3$SiCH$_2$CH$_2$CH=CH$_2$, **8**, 694
SiC$_4$H$_8$
    H$_2$SiCH$_2$CH=CHCH$_2$, **2**, 252, 293
SiC$_4$H$_8$Cl$_2$
    Cl$_2$Si(CH$_2$)$_3$CH$_2$, **2**, 241, 245
SiC$_4$H$_8$Cl$_4$
    Me$_2$Si(CHCl$_2$)$_2$, **2**, 218
SiC$_4$H$_9$Cl
    Me(Cl)Si(CH$_2$)$_2$CH$_2$, **2**, 227, 232
    Me$_2$SiCl(CH=CH$_2$), **2**, 84
SiC$_4$H$_9$Cl$_3$
    BuSiCl$_3$, **2**, 318
    Bu^{i}SiCl$_3$, **7**, 615
    Bu^{t}SiCl$_3$, **2**, 10
    Me$_3$Si(CCl$_3$), **2**, 77; **7**, 581
SiC$_4$H$_9$F$_3$O$_3$S
    Me$_3$SiOSO$_2$CF$_3$, **2**, 320
SiC$_4$H$_9$F$_3$Se
    Me$_3$Si(SeCF$_3$), **7**, 606
SiC$_4$H$_9$N
    Me$_3$SiCN, **2**, 13, 60, 321; **7**, 642
    Me$_3$SiNC, **2**, 143
SiC$_4$H$_9$NO
    Me$_3$SiNCO, **2**, 143, 321; **7**, 592
SiC$_4$H$_9$NO$_2$
    Me$_2$Si(OMe)(NCO), **2**, 309
SiC$_4$H$_9$NS
    Me$_2$Si(SMe)(NC), **2**, 309
    Me$_3$SiNCS, **2**, 184; **7**, 588
SiC$_4$H$_9$P
    Me$_3$Si(CP), **2**, 98
SiC$_4$H$_{10}$
    H$_2$Si(CH$_2$)$_3$CH$_2$, **2**, 242
    Me(H)Si(CH$_2$)$_2$CH$_2$, **2**, 230
    Me$_2$SiH(CH=CH$_2$), **2**, 206
SiC$_4$H$_{10}$Br$_2$
    Me$_3$Si(CHBr$_2$), **7**, 522
SiC$_4$H$_{10}$Cl$_2$
    Me$_2$Si(CH$_2$Cl)$_2$, **2**, 206
    Me$_3$Si(CHCl$_2$), **2**, 77
SiC$_4$H$_{10}$Cl$_2$O
    MeSiCl$_2$(OPr^i), **2**, 312
SiC$_4$H$_{10}$I$_2$
    Et$_2$SiI$_2$, **2**, 28
SiC$_4$H$_{10}$N$_2$
    SiMe$_3$(CHN$_2$), **2**, 31, 62, 82; **7**, 528
SiC$_4$H$_{10}$O
    Me(HO)Si(CH$_2$)$_2$CH$_2$, **2**, 230
SiC$_4$H$_{10}$OS
    Me$_2$Si{O(CH$_2$)$_2$S}, **2**, 170
SiC$_4$H$_{10}$O$_2$
    SiMe$_3$(O$_2$CH), **2**, 75

SiC$_4$H$_{10}$S$_2$
    Me$_2$Si(SCH$_2$CH$_2$S), **2**, 171; **7**, 602
SiC$_4$H$_{11}$Cl
    Et$_2$SiCl(H), **2**, 312
    SiMe$_3$(CH$_2$Cl), **2**, 28, 76; **7**, 520
SiC$_4$H$_{11}$Cl$_2$P
    SiMe$_3$(CH$_2$PCl$_2$), **2**, 98
SiC$_4$H$_{11}$F
    SiMe$_3$(CH$_2$F), **2**, 28
SiC$_4$H$_{11}$I
    SiMe$_3$(CH$_2$I), **2**, 38; **7**, 518
SiC$_4$H$_{12}$
    BuSiH$_3$, **2**, 115
    Et$_2$SiH$_2$, **2**, 109
    SiMe$_4$, **2**, 28; **3**, 100; **7**, 523
SiC$_4$H$_{12}$ClN
    Me$_2$SiCl(NMe$_2$), **2**, 309
SiC$_4$H$_{12}$N$_2$O$_2$
    SiMe$_3${N(Me)NO$_2$}, **7**, 588
SiC$_4$H$_{12}$O
    SiH(Me)$_2$(CH$_2$CH$_2$OH), **2**, 234
    SiMe$_3$(CH$_2$OH), **2**, 24
SiC$_4$H$_{12}$OS
    Me$_2$Si(OMe)(SMe), **2**, 309
SiC$_4$H$_{12}$O$_2$
    Et$_2$Si(OH)$_2$, **2**, 155
    Me$_2$Si(OMe)$_2$, **2**, 308
SiC$_4$H$_{12}$O$_3$S
    SiMe$_3$(SO$_3$Me), **2**, 28
SiC$_4$H$_{12}$S
    SiMe$_3$(SMe), **7**, 598
SiC$_4$H$_{12}$Se
    SiMe$_3$(SeMe), **7**, 606
SiC$_4$H$_{12}$Te
    SiMe$_3$(TeMe), **2**, 176
SiC$_4$H$_{13}$P
    SiH$_3$(CHPMe$_3$), **2**, 68
SiC$_4$H$_{14}$P
    SiH$_3$(CH$_2$$\overset{+}{\text{P}}Me_3$), **7**, 627
SiC$_4$H$_{20}$
    Si(CH$_2$CH=CH$_2$)$_4$, **3**, 126
SiC$_5$H$_6$
    HSi=CHCH=CHCH=CH, **2**, 7
SiC$_5$H$_6$Cl$_2$
    Cl$_2$Si(CH=CH)$_2$CH$_2$, **2**, 270
SiC$_5$H$_7$BrCl$_2$
    Cl$_2$Si(CH$_2$)$_2$CH(Br)CH=CH, **2**, 270
SiC$_5$H$_8$
    H$_2$Si(CH=CH)$_2$CH$_2$, **2**, 215
    Me(H)SiCH=CHCH=CH, **2**, 254
    SiH$_3$(C$_5$H$_5$), **3**, 123
SiC$_5$H$_8$Cl$_2$
    Cl$_2$Si(CH$_2$)$_3$CH=CH, **2**, 267
    Cl$_2$Si(CH$_2$)$_2$CH=CHCH$_2$, **2**, 270
SiC$_5$H$_9$BrO
    SiMe$_3${C(Br)=C=O}, **2**, 75
SiC$_5$H$_9$Cl
    Me(Cl)SiCH$_2$CH=CHCH$_2$, **2**, 310
SiC$_5$H$_9$Cl$_3$
    SiCl$_3$(CH=CHPr^i), **2**, 116
    SiMe$_3${C(Cl)=CCl$_2$}, **2**, 34, 92
SiC$_5$H$_9$Cl$_3$O$_2$
    SiMe$_3$(O$_2$CCCl$_3$), **7**, 581
SiC$_5$H$_9$F$_2$Cl
    SiMe$_3${C(F)=CF(Cl)}, **2**, 103
SiC$_5$H$_9$F$_6$P

SiC$_5$H$_9$F$_6$P
  SiMe$_3$\{P(CF$_3$)$_2$\}, **2**, 146
SiC$_5$H$_9$I
  SiMe$_3$(C≡CI), **2**, 44
SiC$_5$H$_{10}$
  Me$_2$$\overline{\text{SiCH=CHCH}_2}$, **2**, 238
  SiMe$_3$(C≡CH), **2**, 34, 43; **7**, 545, 720
SiC$_5$H$_{10}$Cl$_2$
  Cl$_2$$\overline{\text{Si(CH}_2)_4\text{CH}_2}$, **2**, 262
  Me\{Cl$_2$(H)C\}$\overline{\text{Si(CH}_2)_2\text{CH}_2}$, **2**, 230
SiC$_5$H$_{10}$O
  SiMe$_3$(CH=C=O), **2**, 44, 440
SiC$_5$H$_{11}$Br
  SiMe$_3$\{C(Br)=CH$_2$\}, **7**, 533
  SiMe$_3$(CH=CHBr), **7**, 535
SiC$_5$H$_{11}$Cl
  Me(Cl)$\overline{\text{Si(CH}_2)_2\text{CHMe}}$, **2**, 229
  Me(Cl)$\overline{\text{Si(CH}_2)_3\text{CH}_2}$, **2**, 243
  SiMe$_3$\{C(Cl)=CH$_2$\}, **7**, 5
  SiMe$_3$(CH=CHCl), **2**, 29, 37
SiC$_5$H$_{11}$Cl$_3$
  SiCl$_3$(C$_5$H$_{11}$), **2**, 117; **7**, 617
SiC$_5$H$_{11}$F$_3$O$_3$S
  SiMe$_3$(OSO$_2$CF$_3$), **7**, 518
SiC$_5$H$_{11}$N
  SiMe$_3$(CH$_2$CN), **7**, 528
SiC$_5$H$_{12}$
  Me$_2$$\overline{\text{Si(CH}_2)_2\text{CH}_2}$, **1**, 36; **2**, 29, 68, 209, 227
  SiMe$_3$(CH=CH$_2$), **2**, 9, 21, 30; **7**, 521, 533
SiC$_5$H$_{12}$Br$_2$
  SiMe$_3$\{CH(Br)CH$_2$Br\}, **7**, 533
SiC$_5$H$_{12}$I$_2$
  SiMe$_3$\{CI$_2$(Me)\}, **2**, 25
SiC$_5$H$_{12}$O
  Me(MeO)$\overline{\text{Si(CH}_2)_2\text{CH}_2}$, **2**, 228
  Me$_2$$\overline{\text{Si(CH}_2)_3\text{O}}$, **2**, 242
  SiMe$_3$(COMe), **7**, 632
SiC$_5$H$_{12}$O$_2$
  SiMe$_3$(CH$_2$CO$_2$H), **7**, 528
  SiMe$_3$(CO$_2$Me), **7**, 635
  SiMe$_3$(OAc), **2**, 13
SiC$_5$H$_{12}$O$_2$S
  Me$_2$$\overline{\text{Si(CH}_2)_3\text{S(O)O}}$, **2**, 233
SiC$_5$H$_{12}$S
  Me$_2$$\overline{\text{Si}}$\{(CH$_2$)$_3$$\overline{\text{S}}$\}, **2**, 172
SiC$_5$H$_{13}$Cl
  SiClMe$_2$(Pr), **2**, 231
  SiMe$_3$\{CH(Cl)Me\}, **7**, 530
SiC$_5$H$_{13}$N
  SiMe$_3$($\overline{\text{CHNHCH}_2}$), **2**, 32
SiC$_5$H$_{13}$NO
  SiMe$_3$(NHAc), **7**, 586
SiC$_5$H$_{14}$
  SiH(Me)Et$_2$, **2**, 117; **7**, 619
SiC$_5$H$_{14}$O
  SiMe$_2$(Pr)(OH), **2**, 230
  SiMe$_3$\{CH(OH)Me\}, **2**, 40
  SiMe$_3$(CH$_2$CH$_2$OH), **2**, 40
  SiMe$_3$(CH$_2$OMe), **7**, 518
  SiMe$_3$(OEt), **2**, 46
SiC$_5$H$_{14}$O$_2$
  SiMe$_2$(OMe)(OEt), **2**, 309
SiC$_5$H$_{14}$O$_3$S
  Si(OMe)$_3$(CH$_2$CH$_2$SH), **2**, 315
SiC$_5$H$_{14}$S
  SiMe$_3$(CH$_2$SMe), **2**, 9; **7**, 526

  SiMe$_3$(SEt), **2**, 173; **7**, 598
SiC$_5$H$_{15}$N
  SiMe$_3$(NHEt), **7**, 586
  SiMe$_3$(NMe$_2$), **2**, 121, 321; **7**, 594
SiC$_5$H$_{15}$NO
  SiMe$_2$(OMe)(NMe$_2$), **2**, 309
SiC$_5$H$_{15}$O$_3$P
  SiMe$_3$\{OP(OMe)$_2$\}, **7**, 584
SiC$_5$H$_{15}$P
  SiMe$_3$(PMe$_2$), **2**, 146; **7**, 603
SiC$_6$F$_8$
  SiF$_3$(C$_6$F$_5$), **2**, 89
SiC$_6$H$_5$Cl$_3$
  PhSiCl$_3$, **2**, 317
SiC$_6$H$_5$F$_3$
  PhSiF$_3$, **2**, 638
SiC$_6$H$_7$N$_3$O$_3$
  SiPr(NCO)$_3$, **2**, 184
SiC$_6$H$_8$
  SiH$_3$(Ph), **2**, 111; **3**, 101
  SiMe$_2$(C≡CH)$_2$, **2**, 43
SiC$_6$H$_8$O$_3$
  Si(OH)$_3$Ph, **2**, 156
SiC$_6$H$_9$Cl
  Cl(Me)$\overline{\text{Si(CH=CHCH=CHCH}_2)}$, **2**, 84
  Cl(Me)$\overline{\text{Si(CH=CHCH}_2\text{CH=CH})}$, **2**, 86
  SiH(Cl)(Me)(C$_5$H$_5$), **3**, 116
SiC$_6$H$_9$Cl$_2$
  SiMe$_3$(CCl$_2$CH=CH$_2$), **2**, 39
SiC$_6$H$_{10}$
  Me$_2$$\overline{\text{SiCH=CHCH=CH}}$, **2**, 254
SiC$_6$H$_{10}$Cl$_2$
  Cl$_2$$\overline{\text{SiCH(CH}_2\text{CH}_2)_2\text{CH}}$, **2**, 290
SiC$_6$H$_{10}$O
  Me$_2$$\overline{\text{Si(CH=CH)}_2\text{O}}$, **2**, 272
SiC$_6$H$_{11}$Cl
  ClSi(CH$_2$)(CH$_2$CH$_2$)$_2$CH, **2**, 290
SiC$_6$H$_{11}$Cl$_3$
  SiCl$_3$(Cy), **2**, 116
SiC$_6$H$_{11}$N$_3$
  (N$_3$)Si(CH$_2$)(CH$_2$CH$_2$)$_2$CH, **2**, 142
SiC$_6$H$_{12}$
  HSi(CH$_2$)(CH$_2$CH$_2$)$_2$CH, **2**, 14
  Me$_2$$\overline{\text{SiCH}_2\text{CH=CHCH}_2}$, **2**, 310
  Me$_2$$\overline{\text{SiC(Me)=CMe}}$, **2**, 223
  $\overline{\text{Si}}$\{(CH$_2$)$_2$$\overline{\text{CH}_2}$\}$_2$, **2**, 228, 293
  SiMe$_2$(CH=CH$_2$)$_2$, **1**, 334
  SiMe$_3$(C≡CMe), **2**, 47
  SiMe$_3$(CH=C=CH$_2$), **2**, 44
SiC$_6$H$_{12}$BrCl
  Cl\{Br(CH$_2$)$_3$\}$\overline{\text{Si(CH}_2)_2\text{CH}_2}$, **2**, 230
SiC$_6$H$_{12}$Cl$_2$
  Cl$_2$$\overline{\text{Si(CH}_2)_5\text{CH}_2}$, **2**, 277
  Me$_2$Si(CH$_2$)$_3$CCl$_2$, **2**, 231
  SiMe$_3$(CCl$_2$CH=CH$_2$), **7**, 533
SiC$_6$H$_{12}$Cl$_2$O$_2$
  SiCl$_2$(Me)\{(CH$_2$)$_3$OAc\}, **2**, 316
SiC$_6$H$_{12}$F$_2$
  F$_2$$\overline{\text{Si(CMe}_2\text{CMe}_2)}$, **2**, 89, 211
SiC$_6$H$_{12}$N$_2$
  SiMe$_3$($\overline{\text{NCH=NCH=CH}}$), **7**, 576, 592
SiC$_6$H$_{12}$N$_2$O$_2$
  SiMe$_3$\{C(N$_2$)CO$_2$Me\}, **2**, 63
SiC$_6$H$_{12}$O
  Me$_2$$\overline{\text{Si(CH}_2\text{CH=CHCH}_2\text{O})}$, **2**, 89
  Me$_2$$\overline{\text{Si(CH}_2)_3\text{CO}}$, **2**, 248

SiMe$_3$(CH=CHCHO), **7**, 543
SiC$_6$H$_{12}$O$_2$
   Me(AcO)$\overline{\text{Si(CH}_2)_2\text{C}}H_2$, **2**, 229
   SiMe$_3$($\overline{\text{CHCO}_2\text{C}}H_2$), **2**, 63
SiC$_6$H$_{13}$
   [Me$_3$Si(CH=CHCH$_2$)]$^-$, **7**, 98
SiC$_6$H$_{13}$BrO
   SiMe$_3${OCH=C(Br)Me}, **8**, 749
SiC$_6$H$_{13}$Cl
   Me(Cl)$\overline{\text{Si(CH}_2)_4\text{C}}H_2$, **2**, 243
   SiMe$_3$(CH$_2$CH=CHCl), **7**, 539
SiC$_6$H$_{13}$N
   SiMe$_3$(CH$_2$CH$_2$CN), **2**, 21
SiC$_6$H$_{13}$NS$_2$
   SiMe$_3$($\overline{\text{NCSCH}_2\text{C}}H_2$S), **7**, 593
SiC$_6$H$_{14}$
   H$_2$$\overline{\text{SiCH(Me)(CH}_2)_2\text{C}}$HMe, **2**, 215
   Me$_2$$\overline{\text{SiCH(Me)C}}$HMe, **2**, 214
   Me$_2$$\overline{\text{Si(CH}_2)_3\text{C}}H_2$, **2**, 212, 232, 241
   SiMe$_3$(CH=CHMe), **7**, 243
   SiMe$_3$($\overline{\text{CHCH}_2\text{C}}H_2$), **2**, 32
   SiMe$_3$(CH$_2$CH=CH$_2$), **2**, 38; **7**, 518, 536; **8**, 994
SiC$_6$H$_{14}$F$_2$
   SiF$_2$(Pr^i)$_2$, **2**, 89
SiC$_6$H$_{14}$NO
   [Me$_3$SiN(Me)COCH$_2$]$^-$, **7**, 98
SiC$_6$H$_{14}$O
   Me$_2$$\overline{\text{SiCH=CHCH(CH}_2\text{OH)C}}H_2$, **2**, 250
   Me$_2$$\overline{\text{SiCH}_2\text{CH(Me)CH}_2\text{O}}$, **2**, 244
   Me$_2$$\overline{\text{Si(CH}_2)_2\text{CH(Me)O}}$, **2**, 249
   Me$_2$$\overline{\text{Si(CH}_2)_2\text{CH(OH)C}}H_2$, **2**, 249
   Me$_2$$\overline{\text{Si(CH}_2)_4\text{O}}$, **2**, 21, 243, 265
   SiMe$_2$(CH=CH$_2$)(OEt), **4**, 959
   SiMe$_3$(CH=CHCH$_2$OH), **7**, 540
   SiMe$_3$($\overline{\text{CHCOCH}_2\text{C}}H_2$), **2**, 75
   SiMe$_3$(COEt), **2**, 72; **7**, 632
   SiMe$_3${OC(Me)=CH$_2$}, **7**, 563
SiC$_6$H$_{14}$S
   Me$_2$$\overline{\text{Si(CH}_2)_3\text{SC}}H_2$, **2**, 265
SiC$_6$H$_{14}$S$_2$
   SiMe$_3${SC(SMe)=CH$_2$}, **7**, 600
SiC$_6$H$_{14}$Se
   Me$_2$$\overline{\text{Si(CH}_2)_3\text{SeC}}H_2$, **2**, 295
SiC$_6$H$_{14}$Te
   Me$_2$$\overline{\text{Si(CH}_2)_3\text{TeC}}H_2$, **2**, 295
SiC$_6$H$_{15}$Cl
   SiCl(Et)$_3$, **2**, 11
   SiCl(Me)$_2$Bu^t, **2**, 10; **7**, 577
SiC$_6$H$_{15}$ClO$_3$
   (MeO)$_3$Si(CH$_2$)$_3$Cl, **2**, 314, 336
SiC$_6$H$_{15}$I
   SiI(Me)$_2$Bu^t, **7**, 608
SiC$_6$H$_{15}$IOS
   SiMe$_3$(OCH$_2$CH$_2$SCH$_2$I), **7**, 640
SiC$_6$H$_{15}$IO$_2$
   SiMe$_3$(OCH$_2$CH$_2$OCH$_2$I), **7**, 640
SiC$_6$H$_{15}$N
   Me$_3$SiNHCH$_2$CH=CH$_2$, **2**, 315
SiC$_6$H$_{15}$NO
   SiMe$_3${N(Me)Ac}, **7**, 590, 593
SiC$_6$H$_{15}$P
   H$_2$Si{$\overline{\text{CHPMe}_2(\text{CH}_2)_2\text{C}}H_2$}, **2**, 68
SiC$_6$H$_{16}$
   SiH(Et)$_3$, **2**, 11, 109; **7**, 615, 620
   SiMe$_3$(Pr), **2**, 10
SiC$_6$H$_{16}$O

SiMe$_3$(CH$_2$OEt), **7**, 518
SiMe$_3${(CH$_2$)$_3$OH}, **2**, 40
SiMe$_3$(OPr^i), **2**, 24
Si(OH)Et$_3$, **2**, 13, 59
SiC$_6$H$_{16}$OS
   SiMe$_3${CHS(O)Me$_2$}, **7**, 627
SiC$_6$H$_{16}$O$_2$
   SiH(Et)(OEt)$_2$, **2**, 308
SiC$_6$H$_{16}$O$_3$S
   (MeO)$_3$Si(CH$_2$)$_3$SH, **2**, 315, 336
SiC$_6$H$_{16}$S
   SiEt$_3$(SH), **2**, 171; **7**, 599
   SiH(Et)$_2$(SEt), **2**, 173
   SiMe$_3$(CHSMe$_2$), **7**, 521, 626
   SiMe$_3$(CH$_2$CH$_2$SMe), **7**, 626
SiC$_6$H$_{16}$Se
   SiEt$_3$(SeH), **2**, 177
SiC$_6$H$_{16}$Te
   SiEt$_3$(TeH), **2**, 177
SiC$_6$H$_{17}$N
   SiEt$_3$(NH$_2$), **2**, 122
   SiH(Me)$_2$(NEt$_2$), **2**, 94
SiC$_6$H$_{18}$OP
   [SiMe$_3$(OPMe$_3$)]$^+$, **2**, 156
SiC$_7$H$_7$Cl$_3$
   BzSiCl$_3$, **2**, 318
SiC$_7$H$_8$Cl$_2$
   SiCl$_2$(Me)(Ph), **2**, 317, 318
SiC$_7$H$_{10}$
   SiMe$_2$(=$\overline{\text{CCH=CHCH=C}}$H), **2**, 85
SiC$_7$H$_{10}$N$_2$
   Me$_2$$\overline{\text{SiCH=CHC(N}_2)\text{CH=C}}$H, **2**, 272
SiC$_7$H$_{10}$O
   Me$_2$$\overline{\text{SiCH=CHCOCH=C}}$H, **2**, 217, 272
SiC$_7$H$_{10}$O$_2$
   Si(OH)$_2$(Me)(Ph), **2**, 323
SiC$_7$H$_{11}$Cl
   Me$_2$$\overline{\text{SiCH=CHC(Cl)=CHC}}H_2$, **2**, 270
SiC$_7$H$_{11}$NO
   SiMe$_3$(CH$_2$$\overline{\text{C=CHCH=N}}$O), **2**, 42
SiC$_7$H$_{12}$
   Me$_2$$\overline{\text{SiCH=CHC(=CH}_2)\text{C}}H_2$, **2**, 252
   Me$_2$$\overline{\text{Si(CH=CH)}_2\text{C}}H_2$, **2**, 215
   Me$_2$$\overline{\text{SiCH=CHCH}_2\text{CH=C}}$H, **2**, 271
   Me$_3$SiC≡CCH=CH$_2$, **7**, 5
SiC$_7$H$_{12}$O
   SiMe$_3$($\overline{\text{C=CHCH=CH}}$O), **2**, 25
   SiMe$_3${C(CH=CH$_2$)=C=O}, **7**, 549
SiC$_7$H$_{12}$O$_2$
   SiMe$_3$($\overline{\text{OC=CHCH=CH}}$O), **7**, 571
SiC$_7$H$_{12}$O$_6$
   MeSi(OAc)$_3$, **2**, 319
SiC$_7$H$_{12}$S
   SiMe$_3$($\overline{\text{C=CHCH=CH}}$S), **2**, 25
SiC$_7$H$_{13}$Cl
   ClSi(CH$_2$CH$_2$)$_3$CH, **2**, 290
SiC$_7$H$_{13}$Cl$_3$
   SiCl$_3${$\overline{\text{CH(CH}_2)_4\text{C}}$HMe}, **7**, 617
   SiCl$_3$(CH$_2$Cy), **2**, 117
SiC$_7$H$_{13}$N
   SiMe$_3$($\overline{\text{NCH=CHCH=C}}$H), **7**, 589
SiC$_7$H$_{13}$NO$_2$
   SiMe$_3$($\overline{\text{NCOCH}_2\text{CH}_2\text{C}}$O), **7**, 593
SiC$_7$H$_{14}$
   HC(CH$_2$SiH$_2$CH$_2$)(CH$_2$)(CH$_2$CH$_2$)CH, **2**, 291
   HSi(CH$_2$CH$_2$)$_3$CH, **2**, 14

SiC$_7$H$_{14}$

HSi$\overline{(CH_2CH_2)_3CH}$, **2**, 91
Me$_2$Si$\overline{CH(CH_2)CHCH_2CH_2}$, **2**, 241
Me$_2$Si$\overline{(CH_2)_2CH=CHCH_2}$, **2**, 266
Me$_2$Si$\overline{CH_2C(Me)=CHCH_2}$, **2**, 250
Me$_2$Si$\overline{(CH_2)_2C(Me)=CH_2}$, **2**, 245
$\overline{Si\{(CH_2)_3CH_2\}\{(CH_2)_2CH_2\}}$, **2**, 229

SiC$_7$H$_{14}$N$_2$O$_2$
SiMe$_3$\{C(N$_2$)CO$_2$Et\}, **2**, 62

SiC$_7$H$_{14}$O
Me$_2$Si$\overline{CH=CHCMe_2O}$, **2**, 438
Me$_2$Si$\overline{\{(CH_2)_4CO\}}$, **2**, 73
Me$_2$Si$\overline{(CH_2)_2COCH_2CH_2}$, **2**, 263
SiMe$_3$\{C(Ac)=CH$_2$\}, **7**, 533, 556
SiMe$_3$(C≡COEt), **2**, 44
SiMe$_3$(CH=CHCOMe), **7**, 543
SiMe$_3$\{C(OMe)=C=CH$_2$\}, **7**, 548
SiMe$_3$\{OC(CH=CH$_2$)=CH$_2$\}, **7**, 559

SiC$_7$H$_{15}$BrO
SiMe$_3$\{OCH=C(Br)Et\}, **8**, 750

SiC$_7$H$_{15}$Cl
Me(Cl)$\overline{Si(CH_2)_5CH_2}$, **2**, 277
SiMe$_3$\{C(Cl)=CMe$_2$\}, **2**, 29, 77
SiMe$_3$\{CCl(Me)CH=CH$_2$\}, **2**, 39
SiMe$_3$\{CH$_2$C(CH$_2$Cl)=CH$_2$\}, **7**, 539

SiC$_7$H$_{15}$NO$_2$
Me$_2$Si$\overline{(CH_2)_3OCONMe}$, **2**, 243

SiC$_7$H$_{16}$
H$_2$Si$\overline{CH_2CH(Me)CH_2CH(Me)CH_2}$, **2**, 262
Me$_2$Si$\overline{(CH_2)_3CHMe}$, **2**, 241
Me$_2$Si$\overline{(CH_2)_2CH(Me)CH_2}$, **2**, 250
Me$_2$Si$\overline{(CH_2)_4CH_2}$, **2**, 242, 262; **6**, 676
SiMe$_3$(CH=CMe$_2$), **7**, 537
SiMe$_3$(CH$_2$CH=CHMe), **2**, 38

SiC$_7$H$_{16}$Cl$_2$
SiEt$_3$(CHCl$_2$), **2**, 77

SiC$_7$H$_{16}$FP
F(Me)Si$\overline{\{CHPMe_2(CH_2)_2CH_2\}}$, **2**, 68

SiC$_7$H$_{16}$O
Me(MeO)$\overline{Si(CH_2)_4CH_2}$, **2**, 262
Me$_2$Si$\overline{(CH_2)_2CH(OH)CH_2CH_2}$, **2**, 263
Me$_2$Si$\overline{(CH_2)_2CMe(OH)CH_2}$, **2**, 245
SiMe$_2$(OMe)\{C(Me)=CHMe\}, **2**, 223
SiMe$_3$(CH=CHCH$_2$OMe), **7**, 543
SiMe$_3$(CH$_2$CH$_2$COMe), **2**, 28
SiMe$_3$(COPr), **2**, 71
SiMe$_3$(OCH=CHEt), **7**, 555; **8**, 751
SiMe$_3$(OCH=CMe$_2$), **7**, 561

SiC$_7$H$_{16}$O$_2$
\{CH$_3$CH=C(Me)\}SiMe(OMe)$_2$, **2**, 310
SiMe$_3$(CH$_2$CO$_2$Et), **2**, 320; **7**, 528, 552
SiMe$_3$\{OC(OMe)=CHMe\}, **7**, 576
Si(OEt)$_2$Me(CH=CH$_2$), **2**, 316

SiC$_7$H$_{16}$O$_2$S
SiMe$_3$(O$_2$CCH$_2$CH$_2$SMe), **2**, 174

SiC$_7$H$_{16}$O$_3$
SiMe$_3$\{CH(OMe)CO$_2$Me\}, **2**, 63

SiC$_7$H$_{17}$N
SiMe$_3$\{$\overline{N(CH_2)_3CH_2}$\}, **7**, 590

SiC$_7$H$_{17}$NO
SiMe$_3$\{N(Pr^i)CHO\}, **7**, 645
SiMe$_3$\{OC(NMe$_2$)=CH$_2$\}, **2**, 321

SiC$_7$H$_{17}$NO$_2$
(EtO)$_2$$\overline{Si(CH_2)_3NH}$, **2**, 315

SiC$_7$H$_{18}$O
SiMe$_3$(OBu^t), **2**, 29, 91

SiC$_7$H$_{18}$OS
SiMe$_3$\{OCH(Me)CH$_2$SMe\}, **2**, 174

SiC$_7$H$_{18}$O$_2$
SiH(OEt)$_2$(Pr), **2**, 312
SiMe$_3$(OOBu^t), **2**, 166; **7**, 578

SiC$_7$H$_{18}$S
SiMe$_2$(Bu^t)(CH$_2$SH), **2**, 175
SiMe$_3$(SBu), **2**, 123

SiC$_7$H$_{19}$N
SiMe$_3$\{CH(Me)NMe$_2$\}, **7**, 627
SiMe$_3$(NEt$_2$), **2**, 123, 125, 321; **7**, 577
SiMe$_3$(NHBu), **7**, 587
SiMe$_3$(NHBu^t), **2**, 121; **7**, 587

SiC$_7$H$_{19}$NOS
SiMe$_3$\{CHS(O)(Me)NMe$_2$\}, **7**, 627

SiC$_7$H$_{19}$NO$_3$S
SiMe$_3$(OSO$_2$NEt$_2$), **2**, 321

SiC$_7$H$_{19}$P
SiMe$_3$(CHPMe$_3$), **2**, 67; **7**, 626
SiMe$_3$(PEt$_2$), **2**, 146, 149; **7**, 603

SiC$_7$H$_{21}$O
SiMe$_3$\{$\overline{C(OH)(CH_2)_4CH_2}$\}, **7**, 244

SiC$_8$H$_6$Cl$_2$
Cl$_2$Si$\overline{C_6H_4CH=CH}$, **2**, 216

SiC$_8$H$_6$F$_{12}$O$_2$S
Me$_2$Si$\overline{\{OC(CF_3)_2SC(CF_3)_2O\}}$, **2**, 170

SiC$_8$H$_8$Cl$_2$
Cl$_2$Si$\overline{CH_2C_6H_4CH_2}$, **2**, 216

SiC$_8$H$_9$Cl$_3$
SiCl$_3$\{CH(Me)Ph\}, **2**, 119; **7**, 620
SiCl$_3$(CH$_2$CH$_2$Ph), **2**, 117

SiC$_8$H$_{10}$
MeSi(CH=CH)$_3$CH, **2**, 84, 290

SiC$_8$H$_{11}$Cl
SiClMe$_2$(Ph), **2**, 309

SiC$_8$H$_{12}$
Si(CH$_2$CH=CHCH$_2$)$_2$, **2**, 292
SiH(Me)$_2$(Ph), **8**, 481

SiC$_8$H$_{13}$NO$_2$
Me$_2$Si$\overline{\{OC(Me)=CHC(Me)(CN)O\}}$, **7**, 553

SiC$_8$H$_{14}$
Me(CH$_2$=CHCH$_2$)$\overline{SiCH_2CH=CHCH_2}$, **2**, 254
Me$_2$Si$\overline{CH(CH_2)_2CHC=CH_2}$, **2**, 289
Me$_2$Si$\overline{(CH_2)_2C≡CCH_2CH_2}$, **2**, 279
SiMe$_2$(CH=CH$_2$)(CH=CHCH=CH$_2$), **2**, 215
SiMe$_3$(C$_5$H$_5$), **2**, 53

SiC$_8$H$_{14}$O$_2$
Me(MeO)$\overline{SiC(Me)=CHCH=C(Me)O}$, **2**, 214, 272
Me$_2$Si$\overline{(CH_2)_2(CO)_2CH_2CH_2}$, **2**, 279

SiC$_8$H$_{15}$Br
SiEt$_3$(C≡CBr), **2**, 41; **8**, 740, 752

SiC$_8$H$_{15}$BrO
SiMe$_3$\{$\overline{OC=C(Br)CH_2CH_2CH_2}$\}, **8**, 750

SiC$_8$H$_{15}$Cl$_3$O$_2$
Me$_2$Si$\overline{CH_2CH(Me)CH_2OCH(CCl_3)O}$, **2**, 244

SiC$_8$H$_{15}$N
Me\{NC(CH$_2$)$_3$\}$\overline{Si(CH_2)_2CH_2}$, **2**, 230
SiMe$_3$\{$\overline{N(CH=CH)_2CH_2}$\}, **2**, 120

SiC$_8$H$_{15}$O
[SiMe$_3$\{$\overline{OC(CHCH_2)_2}$\}]$^-$, **7**, 574

SiC$_8$H$_{16}$
Me$_2$Si$\overline{CH(CH_2)CH(CH_2)_2CH_2}$, **2**, 292
Me$_2$Si$\overline{CH(CH_2CH_2)_2CH}$, **2**, 290
Me$_2$Si$\overline{(CH_2)_2CH=CHCH_2CH_2}$, **2**, 278
Me$_2$Si$\overline{CH_2CH(CH_2CH_2)CHCH_2}$, **2**, 291
Me$_2$Si$\overline{CH_2CH(CH_2)C(Me)CH_2}$, **2**, 250
Me$_2$Si$\overline{CH_2C(Me)=C(Me)CH_2}$, **2**, 214, 260

$\overline{\text{Si}\{(\text{CH}_2)_3\text{CH}_2\}_2}$, **2**, 242
SiMe$_3\{\overline{\text{C}=\text{CH}(\text{CH}_2)_2\text{CH}_2}\}$, **7**, 543
SiMe$_3(\overline{\text{CHCH}=\text{CHCH}_2\text{CH}_2})$, **7**, 537
SiMe$_3\{\text{CH}=\text{CHC}(\text{Me})=\text{CH}_2\}$, **2**, 38
SiMe$_3\{\text{CH}_2\text{C}(=\text{CH}_2)\text{CH}=\text{CH}_2\}$, **7**, 524, 538
SiMe$_3(\text{CH}_2\text{CH}=\text{CHCH}=\text{CH}_2)$, **7**, 539
SiMe$_3(\text{C}_5\text{H}_7)$, **2**, 31

SiC$_8$H$_{16}$Cl$_2$
Me$_2\overline{\text{Si}(\text{CH}_2)_3\text{CH}(\text{CHCl}_2)\text{CH}_2}$, **2**, 266
SiCl$_2$Me(CH$_2$Cy), **2**, 312

SiC$_8$H$_{16}$N$_2$
SiMe$_3\{\overline{\text{NC}(\text{Me})=\text{CHC}(\text{Me})=\text{N}}\}$, **2**, 138

SiC$_8$H$_{16}$O
Me$_2\overline{\text{Si}(\text{CH}_2)_4\text{C}(=\text{CH}_2)\text{O}}$, **2**, 277
Me$_2\overline{\text{Si}(\text{CH}_2)_3\text{COCH}_2\text{CH}_2}$, **2**, 278
SiEt$_3$(CH=CO), **2**, 440
SiMe$_3\{\text{OC}(\text{CH}=\text{CH}_2)=\text{CHMe}\}$, **7**, 559
SiMe$_3(\overline{\text{OC}=\text{CHCH}_2\text{CH}_2\text{CH}_2})$, **7**, 566; **8**, 751
SiMe$_3\{\overline{\text{OC}(=\text{CH}_2)\text{CH}(\text{CH}_2\text{CH}_2)}\}$, **7**, 573
SiMe$_3\{\text{OC}(\text{Me})=\text{CHCH}=\text{CH}_2\}$, **7**, 553

SiC$_8$H$_{16}$O$_2$
SiMe$_3\{\text{CH}_2\text{C}(=\text{CH}_2)\text{CH}_2\text{CO}_2\text{H}\}$, **7**, 525; **8**, 769
SiMe$_3\{\overline{\text{OC}=\text{CH}(\text{CH}_2)_3\text{O}}\}$, **7**, 556
SiMe$_3\{\text{OC}(=\text{CH}_2)\text{CH}=\text{CHOMe}\}$, **7**, 559

SiC$_8$H$_{16}$O$_3$
SiMe$_3\{\text{OC}(\text{Me})=\text{CHCO}_2\text{Me}\}$, **7**, 553

SiC$_8$H$_{17}$Cl
Me{Cl(CH$_2$)$_3$}$\overline{\text{Si}(\text{CH}_2)_3\text{CH}_2}$, **2**, 243

SiC$_8$H$_{17}$NO
SiMe$_3\{\text{OCH}_2\text{CMe}_2(\text{CN})\}$, **2**, 61

SiC$_8$H$_{17}$NO$_2$
SiMe(OEt)$_2$(CH$_2$CH$_2$CN), **2**, 316

SiC$_8$H$_{18}$
Me$_2\overline{\text{Si}(\text{CH}_2)_5\text{CH}_2}$, **2**, 242
Me$_2\overline{\text{SiCMe}_2\text{CMe}_2}$, **2**, 29, 207
SiEt$_3$(CH=CH$_2$), **2**, 36; **7**, 381
SiMe$_3\{\overline{\text{CHCH}(\text{Me})\text{CHMe}}\}$, **2**, 32
SiMe$_3$(CH$_2$CH=CHEt), **2**, 119; **7**, 619
SiMe$_3$(CH$_2$CH=CMe$_2$), **2**, 37; **7**, 537
SiMe$_3$(CMe$_2$CH=CH$_2$), **2**, 39

SiC$_8$H$_{18}$F$_2$
SiF$_2$(Bu^t)$_2$, **2**, 11

SiC$_8$H$_{18}$O
SiEt$_3(\overline{\text{CHOCH}_2})$, **2**, 33
SiMe$_3$(CH$_2$CH$_2$COEt), **2**, 36
SiMe$_3$(COBu^t), **2**, 74; **7**, 632
SiMe$_3\{\text{OC}(\text{Et})=\text{CHMe}\}$, **7**, 552, 564, 567
SiMe$_3\{\text{OC}(\text{Me})=\text{CMe}_2\}$, **7**, 570
SiMe$_3\{\text{OC}(\text{Pr}^i)=\text{CH}_2\}$, **7**, 551
SiMe$_3\{\text{OC}(\text{Pr})=\text{CH}_2\}$, **7**, 554

SiC$_8$H$_{18}$O$_2$
Me$_2\overline{\text{Si}(\text{CH}_2)_2\{\text{CH}(\text{OH})\}_2\text{CH}_2\text{CH}_2}$, **2**, 279
SiMe$_3\{\text{CH}(\text{Me})\text{CO}_2\text{Et}\}$, **2**, 119
SiMe$_3\{\text{CH}(\text{Pr})\text{CO}_2\text{H}\}$, **7**, 536
SiMe$_3\{\text{OC}(\text{OEt})=\text{CHMe}\}$, **7**, 556, 570
SiMe$_3\{\text{OC}(\text{OMe})=\text{CHEt}\}$, **7**, 568

SiC$_8$H$_{18}$O$_3$
Si(OEt)$_3$(CH=CH$_2$), **2**, 336

SiC$_8$H$_{18}$O$_3$S
SiMe$_3\{\text{CH}_2\text{C}(=\text{CH}_2)\text{CH}_2\text{OSO}_2\text{Me}\}$, **7**, 540

SiC$_8$H$_{18}$S
Et$_2\overline{\text{SiCH}(\text{Me})\text{SCHMe}}$, **2**, 228
Me$_2\overline{\text{Si}(\text{CH}_2)_3\text{S}(\text{CH}_2)_2\text{CH}_2}$, **2**, 278

SiC$_8$H$_{18}$S$_2$
Me$_2\overline{\text{Si}\{(\text{CMe}_2)_2\text{SS}\}}$, **2**, 172
Me$_2\overline{\text{Si}(\text{CMe}_2)_2\text{SS}}$, **2**, 207

SiC$_8$H$_{19}$Cl
SiCl(H)Bu$^t_2$, **7**, 575
SiEt$_3\{\text{CH}(\text{Cl})\text{Me}\}$, **2**, 76
SiEt$_3$(CH$_2$CH$_2$Cl), **2**, 59

SiC$_8$H$_{19}$N
Me(Et$_2$N)$\overline{\text{Si}(\text{CH}_2)_2\text{CH}_2}$, **2**, 229

SiC$_8$H$_{19}$NO$_2$
Me$_3$SiO$_2$CNEt$_2$, **2**, 321

SiC$_8$H$_{19}$NS$_2$
Me$_3$SiS$_2$CNEt$_2$, **2**, 321

SiC$_8$H$_{19}$P
Me$_2\overline{\text{Si}\{\text{CHPMe}_2(\text{CH}_2)_2\text{CH}_2\}}$, **2**, 68

SiC$_8$H$_{20}$
SiEt$_4$, **2**, 27
SiH$_2$(Bu^t)$_2$, **2**, 11

SiC$_8$H$_{20}$N$_2$O
SiMe$_3\{\text{CH}_2\text{N}(\text{Bu}^t)\text{NO}\}$, **7**, 528

SiC$_8$H$_{20}$O
SiH(OEt)Pr$_2$, **2**, 312

SiC$_8$H$_{20}$O$_2$
Si(OH)$_2$Bu$^t_2$, **2**, 155; **7**, 575
Si(OH)$_2$Bu$^i_2$, **2**, 155

SiC$_8$H$_{20}$O$_3$
SiEt(OEt)$_3$, **2**, 308

SiC$_8$H$_{20}$S
SiEt$_3$(SEt), **2**, 173

SiC$_8$H$_{21}$OP
SiMe$_3$(OCH$_2$PEt$_2$), **2**, 149; **7**, 604

SiC$_8$H$_{21}$O$_3$P
SiMe$_3\{\text{CH}_2\text{P}(\text{O})(\text{OEt})_2\}$, **7**, 526

SiC$_8$H$_{22}$N$_2$O$_3$
(MeO)$_3$Si(CH$_2$)$_3$NHCH$_2$CH$_2$NH$_2$, **2**, 313

SiC$_9$H$_3$F$_5$
SiMe$_3$(C$_6$F$_5$), **2**, 758

SiC$_9$H$_8$Cl$_2$
Cl$_2\overline{\text{SiCH}=\text{CHC}_6\text{H}_4\text{CH}_2}$, **2**, 268

SiC$_9$H$_9$Cl$_2$F$_3$
SiMe$_3$(C$_6$Cl$_2$F$_3$), **2**, 48

SiC$_9$H$_{10}$
Me(H)$\overline{\text{SiC}_6\text{H}_4\text{CH}=\text{CH}}$, **2**, 217, 255

SiC$_9$H$_{10}$Cl$_2$
Cl$_2\overline{\text{Si}(\text{CH}_2)_2\text{C}_6\text{H}_4\text{CH}_2}$, **2**, 268
Cl$_2$SiMe(CH=CHPh), **8**, 920

SiC$_9$H$_{12}$
Me$_2\overline{\text{SiC}_6\text{H}_4\text{CH}_2}$, **2**, 238
SiH$_3$(C$_9$H$_9$), **2**, 55; **3**, 128

SiC$_9$H$_{13}$NO$_2$
SiMe$_3$(C$_6$H$_4$NO$_2$), **8**, 920

SiC$_9$H$_{13}$N$_3$
SiMe$_3(\overline{\text{NC}_6\text{H}_4\text{N}=\text{N}})$, **7**, 587

SiC$_9$H$_{14}$
HC(SiMe$_2$)(CH=CH)(CH$_2$CH=CH)CH, **2**, 292
SiMe$_3$(Ph), **2**, 48, 100; **8**, 920

SiC$_9$H$_{14}$O
SiMe$_3$(OPh), **2**, 24

SiC$_9$H$_{14}$S
SiMe$_3$(SPh), **7**, 599, 601

SiC$_9$H$_{14}$Se
SiMe$_3$(SePh), **2**, 175; **7**, 606

SiC$_9$H$_{14}$Te
SiMe$_3$(TePh), **2**, 176

SiC$_9$H$_{15}$N
SiMe$_3$(NHPh), **2**, 121

SiC$_9$H$_{16}$
SiH(Me)(Pr^i)(C$_5$H$_5$), **2**, 54; **3**, 130

SiC_9H_{16}
   $SiMe_3(C_6H_7)$, **2**, 317
$SiC_9H_{16}N_2$
   $SiMe_3(NHNHPh)$, **2**, 137
SiC_9H_{18}
   $Me_2Si\{CH_2C(Me){=}C(Me)CH_2CH_2\}$, **2**, 81
   $SiMe_3\{\overline{C}{=}CH(CH_2)_3\overline{CH_2}\}$, **7**, 244
   $SiMe_3(CH_2\overline{C}{=}CHCH_2CH_2\overline{CH_2})$, **7**, 524, 574; **8**, 751
   $SiMe_3(C_6H_9)$, **2**, 76
$SiC_9H_{18}O$
   $Et_2\overline{SiCH{=}CHCMe_2O}$, **2**, 438
   $Me_2\overline{Si(CH_2)_3CO(CH_2)_2CH_2}$, **2**, 286
   $SiMe_3(COCH{=}CHPr^i)$, **7**, 633
   $SiMe_3(COCH{=}CHPr)$, **7**, 633
   $SiMe_3\{\overline{OC}{=}CH(CH_2)_3\overline{CH_2}\}$, **7**, 552; **8**, 751
   $SiMe_3\{\overline{OC}{=}C(Me)(CH_2)_2\overline{CH_2}\}$, **7**, 554
$SiC_9H_{18}O_2$
   $Me_2\overline{Si\{(CH_2)_4C(OCHMe)O\}}$, **2**, 73
   $SiMe_3\{CH_2C({=}CH_2)CH_2OAc\}$, **7**, 540; **8**, 852
   $SiMe_3\{CH_2C(CO_2Et){=}CH_2\}$, **7**, 541
$SiC_9H_{18}O_3$
   $SiMe_3\{OC({=}CH_2)CH{=}C(OMe)_2\}$, **7**, 559
$SiC_9H_{18}S$
   $SiMe_3(SC{\equiv}CBu^t)$, **7**, 66
$SiC_9H_{19}ClO$
   $SiMe_3\{\overline{OCH(CH_2)_4CHCl}\}$, **2**, 12
$SiC_9H_{19}ClO_2$
   $SiMe_3\{CH(Cl)CO_2Bu^t\}$, **7**, 529
$SiC_9H_{19}NO_3$
   $Si(OEt)_3(CH_2CH_2CN)$, **2**, 315
$SiC_9H_{19}O_5P$
   $SiMe_3\{O_2CCH_2P(O)(OEt)_2\}$, **7**, 581
SiC_9H_{20}
   $Me(Bu)\overline{SiCH_2CH(Me)CH_2}$, **2**, 231
   $Me_2\overline{Si(CH_2)_6CH_2}$, **2**, 242, 286
   $Me_2\overline{Si(CMe_2)_2CH_2}$, **2**, 207
   $SiEt_3(CH_2CH{=}CH_2)$, **2**, 37
   $SiMe_3(Cy)$, **2**, 48
$SiC_9H_{20}O$
   $Me_3Si\overline{C(Me)OCHPr}$, **7**, 91
   $SiEt_3(CH{=}CHCH_2OH)$, **7**, 617
   $SiMe_3(COCH_2Bu^i)$, **2**, 72
   $SiMe_3\{\overline{C(OH)(CH_2)_4CH_2}\}$, **2**, 76
   $SiMe_3\{OC(Bu){=}CH_2\}$, **7**, 554
   $SiMe_3\{OC(Bu^t){=}CH_2\}$, **7**, 552, 567, 572
$SiC_9H_{20}O_2$
   $SiEt_3(CH_2CO_2Me)$, **2**, 111
   $SiMe_3\{\overline{OCH(CH_2)_4CH(OH)}\}$, **7**, 566
$SiC_9H_{20}O_5$
   $(MeO)_3Si(CH_2)_3OCH_2\overline{CHCH_2O}$, **2**, 316
$SiC_9H_{21}F$
   $SiF(Pr^i)_3$, **2**, 25
SiC_9H_{22}
   $SiH(Pr^i)_3$, **2**, 11
$SiC_9H_{23}NO_3$
   $(EtO)_3Si(CH_2)_3NH_2$, **2**, 314, 315, 336
$SiC_9H_{23}O_4P$
   $SiMe_3\{OCH(Me)P(O)(OEt)_2\}$, **7**, 585
$SiC_9H_{23}P$
   $SiMe_3\{(CH_2)_3P(Me)_2{=}CH_2\}$, **2**, 231
$SiC_9H_{24}P$
   $[SiMe_3(PEt_3)]^+$, **2**, 147
$SiC_9H_{27}N_3OP$
   $[SiMe_3\{OP(NMe_2)_3\}]^+$, **2**, 19
$SiC_{10}H_7Cl_3$
   $SiCl_3(Nap)$, **2**, 27

$SiC_{10}H_8Cl_2$
   $Cl_2\overline{SiCH{=}CHC_6H_4CH{=}CH}$, **2**, 283
$SiC_{10}H_8F_6$
   $MeSi(CH{=}CH)_2\{C(CF_3){=}C(CF_3)CH\}$, **2**, 290
$SiC_{10}H_{12}$
   $Me_2\overline{SiC_6H_4CH{=}CH}$, **2**, 216
$SiC_{10}H_{12}Cl_2$
   $Cl_2\overline{Si(CH_2)_2C_6H_4CH_2CH_2}$, **2**, 279
$SiC_{10}H_{14}$
   $HC(SiMe_2)(CH{=}CH)\{(CH{=}CH)_2\}CH$, **2**, 216, 292
   $H_2\overline{Si(CH_2)_2C_6H_4CH_2CH_2}$, **2**, 280
   $Me_2\overline{SiCH_2C_6H_4CH_2}$, **2**, 250
   $Me_2\overline{SiC_6H_4CH_2CH_2}$, **2**, 64, 210, 216
$SiC_{10}H_{14}ClP$
   $SiMe_3\{C(Ph)PCl\}$, **2**, 98
$SiC_{10}H_{14}N_2$
   $SiMe_3\{C(N_2)Ph\}$, **2**, 63, 210
$SiC_{10}H_{14}N_4$
   $SiMe_3\{\overline{NN{=}C(Ph)N{=}N}\}$, **2**, 144
   $SiMe_3(\overline{NN{=}NN{=}}CPh)$, **7**, 645
$SiC_{10}H_{14}N_4O$
   $SiMe_3(O\overline{C{=}NN{=}NN}Ph)$, **7**, 645
$SiC_{10}H_{14}O$
   $SiH(Me)_2\{OC(Ph){=}CH_2\}$, **2**, 219
   $SiMe_3(COPh)$, **2**, 22, 63, 71, 112; **7**, 632
$SiC_{10}H_{14}O_2$
   $SiMe_3(C_6H_4CO_2H)$, **2**, 49
$SiC_{10}H_{15}P$
   $Me_2\overline{Si(CH_2CH_2PPh)}$, **2**, 150
$SiC_{10}H_{16}$
   $Si(Et)C{\equiv}CC{\equiv}CH$, **7**, 693
   $SiMe_2(CH_2CH{=}CH_2)(C_5H_5)$, **2**, 85
   $SiMe_3(Bz)$, **2**, 23; **7**, 519, 526; **8**, 752
   $SiMe_3(C_6H_4Me)$, **2**, 47
$SiC_{10}H_{16}O$
   $SiMe_2(Tol)(OMe)$, **2**, 239
   $SiMe_3\{CH(OH)Ph\}$, **7**, 638
   $SiMe_3(C_6H_4OMe)$, **2**, 49; **7**, 550
   $SiMe_3(OBz)$, **2**, 76
$SiC_{10}H_{16}OS$
   $SiMe_3(CH_2SOPh)$, **7**, 527
$SiC_{10}H_{16}O_2$
   $SiMe_3(O_2C\overline{C{=}CHCH_2CH{=}CHCH_2})$, **7**, 559
$SiC_{10}H_{16}O_4S$
   $SiMe_3(O_3SC_6H_4OMe)$, **7**, 581
$SiC_{10}H_{16}S$
   $SiMe_3(CH_2SPh)$, **7**, 526
   $SiMe_3(SBz)$, **2**, 175; **7**, 599
$SiC_{10}H_{16}Se$
   $SiMe_3(CH_2SePh)$, **7**, 527
   $SiMe_3(SeC_6H_4Me)$, **7**, 606
$SiC_{10}H_{16}Te$
   $SiMe_3(TeC_6H_4Me)$, **7**, 66
$SiC_{10}H_{17}N_3$
   $SiMe_3\{N(Me)N{=}NPh\}$, **2**, 141
$SiC_{10}H_{18}$
   $MeSi(CH_2CHCH_2)_3$, **2**, 294
$SiC_{10}H_{18}O$
   $Me(MeO)\overline{SiCH{=}CH(CH_2)_2CH{=}CH}$, **2**, 215
   $SiMe_3\{\overline{OC}{=}CHC(Me){=}CHCH_2\overline{CH_2}\}$, **7**, 566
   $SiMe_3\{O(C_7H_9)\}$, **7**, 565
$SiC_{10}H_{19}N$
   $SiMe_3\{CH(Me)NMe_2\}$, **2**, 98
$SiC_{10}H_{19}NO$
   $SiEt_3\{OC(Me){=}CHCN\}$, **7**, 600
   $SiMe_3\{\overline{OC}(CN)(CH_2)_4\overline{CH_2}\}$, **7**, 563

SiMe₃{OC(Me)=CHCMe₂(CN)}, **2**, 61

SiC₁₀H₂₀
HC(SiMe₂){(CH₂)₃}{(CH₂)₃}CH, **2**, 292
HC(SiMe₂CH₂CH₂)(CH₂){(CH₂)₃}CH, **2**, 292
H₂SiCH=CHC₆H₄CH=CH, **2**, 284
Me₂Si(CH₂)₂CH(Me)CH₂CH=CH, **2**, 292
SiMe₂(CH₂CH=CHCH₃)₂, **8**, 695
SiMe₃{C=CH(CH₂)₃CHMe}, **7**, 544
SiMe₃{CH=C(CH₂)₄CH₂}, **2**, 35; **7**, 522
SiMe₃{CHCH(CH₂)₅CH}, **2**, 93
SiMe₃{CH₂C=CH(CH₂)₃CH₂}, **8**, 751
SiMe₃{CH₂C(Me)=C=CMe₂}, **7**, 548

SiC₁₀H₂₀Cl₂
Me(Bu)SiCH₂C(Me)(CHCl₂)CH₂, **2**, 231

SiC₁₀H₂₀O
SiEt₃{C(Ac)=CH₂}, **7**, 534
SiMe₃{C=C(Me)(CH₂)₃CH(OH)}, **7**, 544
SiMe₃{OC=CHCH(Me)(CH₂)₂CH₂}, **7**, 556
SiMe₃{OC=CH(CH₂)₃CHMe}, **7**, 551

SiC₁₀H₂₀O₂
Me₂Si(CH₂)₃CH(CO₂Et)CH₂, **2**, 262
Me₂Si(CH₂)₃COCH(OH)(CH₂)₂CH₂, **2**, 285
SiMe₃{CH₂C(=CH₂)CH(OAc)Me}, **8**, 853
SiMe₃{OC(OEt)=CHCH=CHMe}, **7**, 569

SiC₁₀H₂₁N
SiMe₃(CH=NCy), **2**, 111

SiC₁₀H₂₂
H(Me)Si(CH₂)₂CH(Buᵗ)CH₂CH₂, **2**, 266
H(Me)Si(CH₂CH₂)₂CHBuᵗ, **2**, 111
Me₂Si(CH₂)₇CH₂, **2**, 286
SiMe₃{C(Me)=CEt₂}, **2**, 34

SiC₁₀H₂₂O
Me₂Si(CH₂)₄CH(OH)(CH₂)₂CH₂, **2**, 285
SiEt₃(OCH=CHEt), **7**, 580
SiH(Buᵗ)₂(COMe), **2**, 72
SiMe₃{OC(Me)=CHBu}, **8**, 751
SiMe₃{OC(Pr)=CHEt}, **7**, 555
SiMe₃{OC(Prⁱ)=CMe₂}, **7**, 567

SiC₁₀H₂₂OS
SiMe₃{OC(SMe)(CH₂)₄CH₂}, **7**, 601

SiC₁₀H₂₂O₂
SiMe(Et)₂{O(CH₂)₄CHO}, **2**, 119
SiMe₂(Buᵗ){OC(OEt)=CH₂}, **7**, 573

SiC₁₀H₂₃NSe
SiMe₃{SeC(NEt₂)=CHMe}, **7**, 606

SiC₁₀H₂₃O₂P
SiMe₃{O₂C(CH₂)₂PEt₂}, **2**, 149

SiC₁₀H₂₄S
SiEt₃(SBuᵗ), **7**, 599

SiC₁₀H₂₅N
SiEt₃(NEt₂), **7**, 577

SiC₁₀H₂₆P₂
SiMe₂(PEt₂)₂, **2**, 149

SiC₁₀H₂₇N₂OP
SiEt₃{OP(NMe₂)₂}, **7**, 584, 585

SiC₁₀H₂₈N₅P
SiMe₃{CH=NNP(NMe₂)₃}, **2**, 65

SiC₁₁H₈Cl₂
Cl₂SiC₁₀H₆CH₂, **2**, 27, 270

SiC₁₁H₉Cl₃
SiCl₃(CH₂Nap), **2**, 27

SiC₁₁H₁₃NO₂
SiMe₃(NCOC₆H₄CO), **7**, 589

SiC₁₁H₁₄
Me₂SiC(Ph)=CHCH₂, **2**, 238
SiMe₃(C≡CPh), **7**, 389, 390

SiC₁₁H₁₄O₂
SiMe₃(CH₂C₆H₄CO₂H), **7**, 549

SiC₁₁H₁₄O₃
SiMe₂(Ph)(COCO₂Me), **2**, 71

SiC₁₁H₁₅N
SiMe₂(Ph){CH(Me)CN}, **2**, 119; **7**, 528, 618

SiC₁₁H₁₆
Me₂Si(CH₂)₂CHPh, **2**, 233
Me₂SiC₆H₄(CH₂)₂CH₂, **2**, 268
SiMe₃(CH=CHPh), **2**, 35; **7**, 522, 543
SiMe₃{C(Ph)=CH₂}, **2**, 74

SiC₁₁H₁₆Br₂O
SiMe₃{CBr₂(C₆H₄OMe)}, **7**, 631

SiC₁₁H₁₆O
SiMe₃(COCH₂Ph), **7**, 555
SiMe₃(COTol), **8**, 923
SiMe₃(OCH=CHPh), **7**, 564
SiMe₃{OC(Ph)=CH₂}, **7**, 557, 567; **8**, 741, 751

SiC₁₁H₁₆O₂
SiMe₃{CO(C₆H₄OMe)}, **7**, 631

SiC₁₁H₁₆S
SiMe₃{C(SPh)=CH₂}, **2**, 36; **7**, 544

SiC₁₁H₁₇ClS
SiMe₃{CH(SPh)CH₂Cl}, **7**, 544

SiC₁₁H₁₇N
Me₂SiC₆H₄N(Et)CH₂, **2**, 249

SiC₁₁H₁₇NO
SiMe₃{C₆H₄(NHAc)}, **7**, 550

SiC₁₁H₁₈O
SiMe₃{C≡CCH(CH₂)₃COCH₂}, **8**, 765
SiMe₃(COCH₂CH₂Ph), **7**, 632

SiC₁₁H₁₈O₄
Me₂Si(CH₂)₃C(CO₂Me)=C(CO₂Me), **2**, 232; **8**, 920

SiC₁₁H₁₉NO₄
SiMe₃{C≡CCH(CO₂Me)NHCO₂Et}, **7**, 546

SiC₁₁H₂₀
Me₂SiCH=CHC(Buᵗ)=CHCH₂, **2**, 275

SiC₁₁H₂₀O
SiMe₃{OC(CH₂CH₂)C=CH(CH₂)₂CH₂}, **7**, 562

SiC₁₁H₂₂
SiMe₃(C≡CC₆H₁₃), **7**, 391, 616
SiMe₃(C=CHCH₂CMe₂CH₂CH₂), **7**, 542
SiMe₃{CH₂C=C(CH₂)₄CH₂}, **7**, 541

SiC₁₁H₂₂O
SiMe₂(Buᵗ){OC=CH(CH₂)₂CH₂}, **7**, 560
SiMe₃(COCH₂Cy), **7**, 631
SiMe₃{OC(=CMe₂)CH=CMe₂}, **7**, 564

SiC₁₁H₂₄
Bu₂Si(CH₂)₂CH₂, **7**, 599
Me₂Si(CH₂)₈CH₂, **2**, 286
SiEt₃(CH=CHPr), **8**, 603
SiMe₃{CH₂C(Me)=CHBu}, **8**, 751

SiC₁₁H₂₄O
Me(C₇H₁₅O)Si(CH₂)₂CH₂, **2**, 229
SiMe₃{CO(C₇H₁₅)}, **7**, 632
SiMe₃{OC(Bu)=CHEt}, **7**, 552
SiMe₃OCH=CH(CH₂)₅Me}, **8**, 751
SiMe₃{O(CH₂)₅C(Me)=CH₂}, **8**, 751

SiC₁₁H₂₄O₂
SiEt₃(CH₂CH₂CO₂Et), **7**, 618

SiC₁₁H₂₄O₃
Si(CH₂CH=CMe₂)(OEt)₃, **8**, 695

SiC₁₁H₂₄S
Bu₂Si(CH₂)₃S, **7**, 599

SiC₁₁H₂₅N
SiEt₃(NHCH=CHPr), **7**, 625

SiC$_{11}$H$_{25}$O$_2$P
  SiMe$_3${O$_2$C(CH$_2$)$_3$PEt$_2$}, **2**, 149
SiC$_{11}$H$_{25}$O$_4$P
  SiMe$_3$[OC{P(O)(OMe)$_2$}(CH$_2$)$_4$CH$_2$], **7**, 584
SiC$_{11}$H$_{26}$
  SiEt$_3$(C$_5$H$_{11}$), **8**, 603
SiC$_{11}$H$_{27}$P
  SiMe$_3$(PBu$^t_2$), **2**, 146, 177; **7**, 603
SiC$_{12}$H$_8$Cl$_2$
  Cl$_2$SiC$_6$H$_4$C$_6$H$_4$, **2**, 26, 254
  Cl$_2$SiC$_{10}$H$_6$CH=CH, **2**, 273
SiC$_{12}$H$_{10}$Cl$_2$
  SiCl$_2$(Ph)$_2$, **2**, 10, 21
SiC$_{12}$H$_{10}$O
  SiO(Ph)$_2$, **2**, 164
SiC$_{12}$H$_{12}$
  SiH$_2$(Ph)$_2$, **2**, 109; **8**, 481
  SiMe$_2$(C$_{10}$H$_{16}$), **2**, 240
SiC$_{12}$H$_{12}$O$_2$
  Si(OH)$_2$Ph$_2$, **2**, 156, 323
SiC$_{12}$H$_{13}$N
  SiMe$_3$(C≡CC$_6$H$_4$CN), **8**, 913
SiC$_{12}$H$_{14}$OS
  SiMe$_3$(C≡CSCOPh), **2**, 75
SiC$_{12}$H$_{15}$NO$_2$
  SiMe$_3${OC=CHN=C(Ph)O}, **7**, 572
SiC$_{12}$H$_{16}$
  Me(CH$_2$=CHCH$_2$)SiCH$_2$C$_6$H$_4$CH$_2$, **2**, 217, 255
  SiMe$_2$(C$_5$H$_5$)$_2$, **2**, 52
  SiMe$_3$(C$_9$H$_7$), **2**, 51
SiC$_{12}$H$_{16}$O
  SiMe$_3$(C≡CCH$_2$OPh), **7**, 548
SiC$_{12}$H$_{17}$N
  SiMe$_3${CMe(Ph)CN}, **2**, 122
SiC$_{12}$H$_{17}$NO$_3$
  PhSi(OCH$_2$CH$_2$)$_3$N, **2**, 19
SiC$_{12}$H$_{18}$
  Me$_2$Si(CH$_2$)$_2$C$_6$H$_4$CH$_2$CH$_2$, **2**, 279
  SiMe$_3${CH(Ph)CH=CH$_2$}, **7**, 525
  SiMe$_3${CH$_2$C(Ph)=CH$_2$}, **8**, 741, 751
SiC$_{12}$H$_{18}$O
  SiMe$_3$(OCH=CHCH$_2$Ph), **7**, 563
  SiMe$_3${OC(Me)=CHPh}, **7**, 571
  SiMe$_3${OC(Ph)=CHMe}, **8**, 751
SiC$_{12}$H$_{18}$OS
  SiMe$_3$(OCH=CHCH$_2$SPh), **7**, 600
SiC$_{12}$H$_{20}$
  Me(H)SiCH=CHC(Cy)=CHCH$_2$, **2**, 275
  SiEt$_3$(Ph), **2**, 8, 101, 113
SiC$_{12}$H$_{20}$OS
  SiMe$_3${OCH(Ph)(SEt)}, **7**, 600
SiC$_{12}$H$_{20}$Se
  SiMe$_2$(Bu^t)(SePh), **7**, 606
SiC$_{12}$H$_{21}$N
  SiEt$_3$(NHPh), **7**, 588
  SiMe$_3${NMeCH(Me)Ph}, **2**, 103
SiC$_{12}$H$_{22}$
  Me$_2$Si{C(CH$_2$CMe$_2$)C(CH$_2$CMe$_2$)}, **2**, 29
  Me$_2$SiC(CH$_2$CMe$_2$)C(CH$_2$CMe$_2$), **2**, 208
  Me$_2$Si(CH$_2$)$_4$C≡C(CH$_2$)$_3$CH$_2$, **2**, 287
SiC$_{12}$H$_{23}$NO
  SiMe$_3${OC(CN)(CH$_2$)$_6$CH$_2$}, **2**, 60
SiC$_{12}$H$_{24}$
  Me$_2$SiCH(CH=CH$_2$)CH$_2$CHCH$_2$Bu^t, **7**, 78
  Me$_2$SiCH=CHC$_6$H$_4$CH=CH, **2**, 284
  Me$_2$SiCH(CH$_2$Bu^t)CH$_2$CH=CHCH$_2$, **2**, 9
  SiMe$_3${CH$_2$C(C$_5$H$_{11}$)=C=CH$_2$}, **7**, 548
SiC$_{12}$H$_{24}$O
  Me$_2$Si(CH$_2$)$_5$CO(CH$_2$)$_3$CH$_2$, **2**, 286
  SiMe(Et)$_2${OCH=C(CH$_2$)$_4$CH$_2$}, **7**, 619
SiC$_{12}$H$_{24}$O$_2$
  Me$_2$Si(CH$_2$)$_4$COCH(OH)(CH$_2$)$_3$CH$_2$, **2**, 286
SiC$_{12}$H$_{25}$I$_3$
  SiI$_3$(C$_{12}$H$_{25}$), **2**, 184
SiC$_{12}$H$_{26}$
  Me$_2$Si(CH$_2$)$_9$CH$_2$, **2**, 286
  SiMe$_3${CH=C(Me)CH$_2$CH$_2$Bu}, **7**, 391
SiC$_{12}$H$_{26}$O
  SiEt$_3$(OCy), **2**, 114
SiC$_{12}$H$_{26}$O$_2$
  SiEt$_3${OC(OEt)=CHEt}, **7**, 618
SiC$_{12}$H$_{27}$F
  SiF(Bu)$_3$, **2**, 13
SiC$_{12}$H$_{27}$I
  SiI(Bu^t)$_3$, **2**, 30
SiC$_{12}$H$_{27}$N$_3$
  SiBu$^t_3$(N$_3$), **2**, 125
SiC$_{12}$H$_{27}$OP
  SiMe$_3${OC(Bu^t)=PBu^t}, **2**, 150
SiC$_{12}$H$_{28}$
  SiH(Bu^t)$_3$, **2**, 11, 110; **7**, 575
  SiPr$_4$, **2**, 27
  SiPr$^i_4$, **2**, 25
SiC$_{12}$H$_{28}$O
  SiBu$^t_3$(OH), **2**, 155; **7**, 575
  SiMe$_2$(Pr)(OC$_7$H$_{15}$), **2**, 231
SiC$_{12}$H$_{28}$O$_2$P$_2$
  Me$_2$Si{OCH(PEt$_2$)CH(PEt$_2$)O}, **2**, 149
SiC$_{12}$H$_{29}$N
  SiBu$^t_3$(NH$_2$), **2**, 125; **7**, 589
SiC$_{12}$H$_{29}$P
  SiMe$_2$(CMe$_2$CHMe$_2$)(CHPMe$_3$), **2**, 207
SiC$_{13}$H$_{10}$Cl$_2$
  Cl$_2$SiC$_6$H$_4$CH$_2$C$_6$H$_4$, **2**, 273
SiC$_{13}$H$_{12}$
  H$_2$SiC$_6$H$_4$CH$_2$C$_6$H$_4$, **2**, 273
  SiPh$_2$(=CH$_2$), **2**, 80
SiC$_{13}$H$_{14}$O
  SiH(Ph)$_2$(OMe), **4**, 959
SiC$_{13}$H$_{16}$O
  SiMe$_3$(ONap), **2**, 47
SiC$_{13}$H$_{16}$O$_2$
  Me$_2$SiCH=CHCH(O$_2$CPh)CH$_2$, **2**, 245
SiC$_{13}$H$_{18}$
  Me(Ph)SiCH(CH$_2$)$_4$CH, **2**, 212
  Me(Ph)Si{CH$_2$C(Me)=C(Me)CH$_2$}, **2**, 88
  SiH(Me)(Ph)(C$_6$H$_9$), **2**, 87
SiC$_{13}$H$_{18}$OSe
  SiMe$_3${COC(SePh)=CHMe}, **7**, 633
SiC$_{13}$H$_{20}$O
  SiMe$_3${O(Bz)=CHMe}, **7**, 555
  SiMe$_3${OCH=C(Et)Ph}, **8**, 750
SiC$_{13}$H$_{21}$N
  SiEt$_3$(N=CHPh), **7**, 625
SiC$_{13}$H$_{22}$OS
  SiMe$_3${OCH(Pr^i)SPh}, **2**, 174
SiC$_{13}$H$_{23}$Cl
  Cl(Bu^t)Si{CH=CHC(Bu^t)=CHCH$_2$}, **2**, 84
SiC$_{13}$H$_{24}$N$_2$O
  SiMe$_3${N=C(NEt$_2$)OPh}, **2**, 321
  SiMe$_3${N(Ph)CONEt$_2$}, **2**, 321
SiC$_{13}$H$_{24}$N$_2$S

SiMe₃{N(Ph)CSNEt₂}, **2**, 321
SiC₁₃H₂₄O
    SiMe₃{OC=C(CH₂CH=CH₂)(CH₂)₃CHMe}, **7**, 553
    SiMe₃{OCH(CH=CHCH=CH₂)CH₂CH₂-CH=CHMe}, **7**, 580
SiC₁₃H₂₆
    SiMe₃{C(Et)=CHCy}, **7**, 542
SiC₁₃H₂₆O
    Me₂Si(CH₂)₅CO(CH₂)₄CH₂, **2**, 287
    SiMe₃{OC(Cy)=CMe₂}, **7**, 553
SiC₁₃H₂₆O₅
    (EtO)₃Si(CH₂)₃O₂C(Me)=CH₂, **2**, 316
SiC₁₃H₂₇NO
    SiBuᵗ₃(NCO), **7**, 588
SiC₁₃H₂₈Cl₂
    SiBuᵗ₃(CHCl₂), **2**, 30
SiC₁₃H₃₀
    SiBuᵗ₃(Me), **2**, 111
SiC₁₄H₁₃Cl
    SiCl(Ph)₂(CH=CH₂), **7**, 586
SiC₁₄H₁₃FO
    Me(F)SiC₆H₄OC₆H₄CH₂, **2**, 281
SiC₁₄H₁₆O₂
    SiPh₂(OMe)₂, **7**, 582
SiC₁₄H₁₆S₂
    SiMe₂(SPh)₂, **7**, 598
SiC₁₄H₁₈
    SiMe₃{C(CH=CH₂)=C(Me)C₆H₁₃}, **8**, 748
    SiMe₃{CH₂(Nap)}, **8**, 754
SiC₁₄H₁₈N₂
    SiMe₂(C₆H₄NH₂)₂, **7**, 589
    SiMe₂(NHPh)₂, **2**, 184
SiC₁₄H₁₉N
    SiMe₃{CH(NH₂)(Nap)}, **2**, 23
SiC₁₄H₂₀
    SiEt₃(C≡CPh), **8**, 740, 752
    SiH₂(Ph)(CH₂CH=CHCH₂CH₂CH=CHCH₃), **8**, 695
    SiMe₃{C(Ph)=C=CMe₂}, **2**, 225
SiC₁₄H₂₀O
    Me₂SiC(Ph)=CHCH₂CMe₂O, **2**, 239
    SiMe₃{OC=C(Ph)CH₂CH₂CH₂}, **8**, 750
SiC₁₄H₂₀O₂Se
    SiMe₃{OC(CH=CHOMe)=CHSePh}, **7**, 559
SiC₁₄H₂₂
    SiMe₂(Ph)(CH=CHBu), **7**, 613
SiC₁₄H₂₂O
    SiMe(Ph)(OMe){CH₂C(Me)=CMe₂}, **2**, 215
    SiMe₃{OC(Bz)=CMe₂}, **7**, 555
SiC₁₄H₂₂S
    SiEt₃(SCH=CHPh), **7**, 599
SiC₁₄H₂₄O
    SiEt₃{CH(OMe)Ph}, **2**, 111
SiC₁₄H₂₄OS
    SiMe₃{OCH(Pr)SBz}, **7**, 641
SiC₁₄H₂₅O₄P
    SiMe₃{OCH(Ph)P(O)(OEt)₂}, **7**, 585
SiC₁₄H₂₆
    Me₂SiC(Et)=C(Et)C(Et)=CEt, **2**, 253; **8**, 661
SiC₁₄H₂₆O₃
    SiMe₃(O₂CCMe₂COCy), **7**, 553
SiC₁₄H₂₈
    SiMe₃{CH₂C(C₅H₁₁)=C=CMe₂}, **7**, 525
SiC₁₄H₂₈O
    Me₂Si(CH₂)₆CO(CH₂)₄CH₂, **2**, 287
SiC₁₄H₂₈O₂
    Me₂Si(CH₂)₅COCH(OH)(CH₂)₄CH₂, **2**, 286
SiC₁₄H₃₀

Me₂Si(CH₂)₁₁CH₂, **2**, 287
SiC₁₄H₃₂O
    Si(OEt)Bu₃, **2**, 13
SiC₁₄H₃₃N₂O₂P
    SiEt₃[OCH{P(O)(NMe₂)₂}CH=CHMe], **7**, 584
SiC₁₅H₁₅Cl
    Me(Cl)SiC₆H₄CH₂C₆H₄CH₂, **2**, 281
SiC₁₅H₁₆
    Me₂SiC₆H₄CH₂C₆H₄, **2**, 273
    Ph(H)SiC₆H₄(CH₂)₂CH₂, **2**, 268
    Ph₂SiCH₂CH₂CH₂, **2**, 81, 228, 233
SiC₁₅H₁₆O
    Me₂SiC₆H₄CH(Ph)O, **2**, 219
    SiMe₂(Ph)(COPh), **7**, 631
SiC₁₅H₁₆S
    Me₂SiC₆H₄SCH₂C₆H₄, **2**, 281
SiC₁₅H₁₈O
    SiH(Ph)₂(OPrⁱ), **4**, 959
SiC₁₅H₁₉P
    SiMe₃(PPh₂), **2**, 146; **7**, 603
SiC₁₅H₂₂O
    SiMe₂(Ph){OC=C(Me)(CH₂)₃CH₂}, **7**, 554
SiC₁₅H₂₄
    SiEt₃{CH=CH(Tol)}, **7**, 620
SiC₁₅H₂₄O
    SiEt₃{OC(Me)=CHPh}, **7**, 561
    SiMe₃{C(OBuᵗ)=CHPh}, **1**, 653
SiC₁₅H₂₄OSe
    SiMe₃{OCH(CH₂)₄CH(SePh)}, **7**, 607
SiC₁₅H₂₄O₂
    SiMe₃{OCH(Ph)CH₂COPrⁱ}, **7**, 572
SiC₁₅H₂₅N₃S₃
    Si(C₁₂H₂₅)(NCS)₃, **2**, 184
SiC₁₅H₂₇NO₄
    SiMe₃{C≡CC(Bu)(CO₂Me)(NHCO₂Et)}, **7**, 547
SiC₁₅H₃₀O
    Me₂Si(CH₂)₆CO(CH₂)₅CH₂, **2**, 287
    SiMe₃{OC=CH(CH₂)₉CH₂}, **7**, 563
SiC₁₅H₃₀O₂
    SiMe₃{OC(OCHPrⁱ₂)=CHC(Me)=CH₂}, **7**, 569
SiC₁₆H₁₄
    SiH₂(Ph)(Nap), **8**, 481
SiC₁₆H₁₆
    Me₂SiC(Ph)=CPh, **2**, 221
    Me₂SiC₆H₄CH=CHC₆H₄, **2**, 284
SiC₁₆H₁₆
    Ph₂Si(CH₂)₂CH=CH, **2**, 245
SiC₁₆H₁₆
    SiPh₂(CH=CH₂)₂, **2**, 36
SiC₁₆H₁₆O
    Ph₂SiCH=CHCH(OH)CH₂, **2**, 245
SiC₁₆H₁₆O₃
    SiMe₂(Ph)(O₂CCOPh), **7**, 631
SiC₁₆H₁₈
    Me₂SiC₆H₄CH₂CH₂C₆H₄, **2**, 280, 284
    Ph₂Si(CH₂)₃CH₂, **2**, 36, 73, 241
SiC₁₆H₁₈FN
    Me(F)SiC₆H₄N(Et)C₆H₄CH₂, **2**, 281
SiC₁₆H₁₈O
    Ph₂Si(CH₂)₄O, **2**, 21, 265
SiC₁₆H₁₈S
    Me₂SiC₆H₄CH₂SCH₂C₆H₄, **2**, 289
SiC₁₆H₁₉N
    Me₃Si(N=CPh₂), **7**, 592
SiC₁₆H₁₉NS
    SiMe₃(SN=CPh₂), **7**, 600

$SiC_{16}H_{19}N_5$
  $SiMe_3\{N(Ph)\overline{C=NN=NN}Ph\}$, **7**, 645
$SiC_{16}H_{19}O_2P$
  $SiMe_3(O_2CPPh_2)$, **2**, 148
$SiC_{16}H_{19}PS_2$
  $SiMe_3(S_2CPPh_2)$, **2**, 148
$SiC_{16}H_{20}ClP$
  $SiMe_3\{CHP(Cl)Ph_2\}$, **7**, 628
$SiC_{16}H_{20}N_2$
  $SiMe_3(NHN=CPh_2)$, **2**, 113
$SiC_{16}H_{20}N_2O$
  $SiMe_3\{N(Ph)CONHPh\}$, **7**, 576
$SiC_{16}H_{20}O$
  $SiMe_3(OCHPh_2)$, **7**, 597, 611
$SiC_{16}H_{20}OSe$
  $SiMe_3\{OCH(Ph)SePh\}$, **2**, 175
$SiC_{16}H_{20}S$
  $SiMe_3\{CH(Ph)SPh\}$, **7**, 526
$SiC_{16}H_{20}Se$
  $SiMe_3\{CH(Ph)SePh\}$, **2**, 71; **7**, 527
$SiC_{16}H_{20}Se_2$
  $SiMe_3\{CH(SePh)_2\}$, **7**, 528
$SiC_{16}H_{21}P$
  $SiMe_3(CH_2PPh_2)$, **2**, 66; **7**, 526
$SiC_{16}H_{21}PS$
  $SiMe_3\{CH_2P(S)Ph_2\}$, **7**, 526
$SiC_{16}H_{22}Se$
  $SiMe_3\{C(Me)(Ph)(SePh)\}$, **7**, 527
$SiC_{16}H_{26}$
  $Me_2Si[\overline{C\{CH(CH_2)_4CH\}}\overline{C\{CH(CH_2)_4CH\}}]$, **2**, 31
  $Me_2\overline{SiC(C_6H_{10})C(C_6H_{10})}$, **2**, 207
  $Me_2Si(CMe_2)_2CH(Ph)CH_2$, **2**, 214
$SiC_{16}H_{26}O_2$
  $Me_2\overline{SiC(C_6H_{10})OC(C_6H_{10})O}$, **2**, 220
$SiC_{16}H_{27}O_4P$
  $SiMe_3\{OCH(CH=CHPh)P(O)(OEt)_2\}$, **7**, 585
$SiC_{16}H_{28}$
  $SiH(Me)_2(C_6H_3Bu^t_2)$, **2**, 91
$SiC_{16}H_{30}O$
  $SiMe_3[\overline{O\{C(Me)=CHCH_2\}_2C=CMe_2}]$, **7**, 580
$SiC_{16}H_{36}$
  $SiBu^i_4$, **2**, 30
$SiC_{17}H_{13}Cl$
  $Cl(Ph)\overline{Si\{(C_{10}H_6)CH_2\}}$, **2**, 17
$SiC_{17}H_{14}$
  $Me(H)\overline{SiC_{10}H_8C_6H_4}$, **2**, 273
$SiC_{17}H_{15}Cl$
  $Ph_2\overline{SiCH=CHC(Cl)=CHCH_2}$, **2**, 270
  $SiCl(Me)(Ph)(Nap)$, **2**, 15
$SiC_{17}H_{16}$
  $Me(H)SiC(Ph)=CHCH=CPh$, **2**, 253
  $SiH(Me)(Ph)(Nap)$, **7**, 635
$SiC_{17}H_{18}$
  $Ph_2\overline{Si(CH_2)_3CH=CH}$, **2**, 267
  $\overline{Si\{(CH_2)_4CH_2\}(C_6H_4C_6H_4)}$, **2**, 293
  $SiPh_2(CH=CH_2)(CH_2CH=CH_2)$, **2**, 40
$SiC_{17}H_{18}O$
  $Ph_2\overline{Si(CH_2)_4CO}$, **2**, 73, 263
$SiC_{17}H_{19}N$
  $SiMe_3(N=C=CPh_2)$, **2**, 122; **7**, 588
$SiC_{17}H_{20}$
  $SiMe_3(CH=CPh_2)$, **2**, 35
  $SiMe_3\{C(Ph)=CHPh\}$, **7**, 597
$SiC_{17}H_{20}O$
  $Ph_2\overline{Si(CH_2)_4CHOH}$, **2**, 263
$SiC_{17}H_{22}OSe$
  $SiMe_3\{OCH(Bz)(SePh)\}$, **7**, 607
$SiC_{17}H_{25}NO_4$
  $SiMe_3\{CH_2(C_6H_{10})(OCOC_6H_4NO_2)\}$, **7**, 519
$SiC_{17}H_{26}O$
  $SiMe_2(Ph)\{CH=C(Bu)COEt\}$, **7**, 613
$SiC_{17}H_{38}P_2$
  $(Et_3PCH)_2\overline{SiCH_2CH_2CH_2}$, **2**, 68
$SiC_{18}HF_{15}$
  $SiH(C_6F_5)_3$, **2**, 102
$SiC_{18}H_{15}Br$
  $SiBr(Ph)_3$, **2**, 11, 21
$SiC_{18}H_{16}$
  $SiH(Ph)_3$, **2**, 110
  $SiMe_2(C\equiv CPh)_2$, **6**, 695
$SiC_{18}H_{16}O$
  $Si(OH)Ph_3$, **2**, 73, 112, 437
$SiC_{18}H_{16}O_2$
  $SiPh_3(OOH)$, **2**, 164; **7**, 584
$SiC_{18}H_{16}S$
  $Si(SH)Ph_3$, **2**, 171; **7**, 598
$SiC_{18}H_{17}N$
  $SiPh_3(NH_2)$, **2**, 121; **7**, 586
$SiC_{18}H_{18}$
  $Me_2\overline{SiCH=C(Ph)C(Ph)=CH}$, **2**, 224
  $Me_2\overline{SiC(Ph)=CHCH=CPh}$, **2**, 7, 251, 253
$SiC_{18}H_{20}$
  $Me_2\overline{SiC(Ph)=CHCH_2CHPh}$, **2**, 257
  $SiMe_2(CH=CHPh)_2$, **2**, 217
  $SiMe_3\{CH_2(C_{14}H_9)\}$, **8**, 754
$SiC_{18}H_{21}N$
  $SiPh_2(CH=CH_2)\{\overline{N(CH_2)_3CH_2}\}$, **7**, 586
$SiC_{18}H_{22}$
  $Me_2\overline{SiCH(Ph)CH_2CH_2CHPh}$, **2**, 251
  $Me_2\overline{SiCH_2CH(Ph)CH(Ph)CH_2}$, **2**, 241
$SiC_{18}H_{30}$
  $SiMe_2(Ph)(CH=CBu_2)$, **7**, 613
$SiC_{18}H_{33}ClO$
  $SiMe_3\{C\equiv C(CH_2)_{12}COCl\}$, **7**, 546
$SiC_{18}H_{33}F$
  $SiF(Cy)_3$, **2**, 25
$SiC_{19}H_{16}$
  $Ph_2\overline{SiC_6H_4CH_2}$, **2**, 238
$SiC_{19}H_{16}O_2$
  $SiPh_3(CO_2H)$, **2**, 99; **7**, 635
$SiC_{19}H_{17}Cl$
  $SiPh_3(CH_2Cl)$, **2**, 21
$SiC_{19}H_{18}$
  $H(Nap)\overline{Si(CH_2)_2C_6H_4CH_2}$, **8**, 741
$SiC_{19}H_{18}ClNO_3S$
  $Me_2\overline{SiC(Ph)=CHCH=C(Ph)C(=NSO_2Cl)O}$, **2**, 257
$SiC_{19}H_{18}O$
  $SiMe(Ph)(Nap)(COMe)$, **7**, 635
  $SiPh_3(OMe)$, **2**, 139
$SiC_{19}H_{20}$
  $Me_2\overline{SiC(Ph)=CHCH=C(Ph)CH_2}$, **2**, 271, 276
$SiC_{19}H_{25}NO$
  $SiPh_2(OH)\{\overline{CH_2CH_2N(CH_2)_4CH_2}\}$, **7**, 575
$SiC_{20}H_{14}F_2$
  $SiF_2(Nap)_2$, **2**, 25
$SiC_{20}H_{18}$
  $Me_2\overline{Si(C_6H_4)_2C_6H_4}$, **2**, 284
  $SiPh_3(CH=CH_2)$, **7**, 381, 535
$SiC_{20}H_{18}N_2$
  $SiPh_3\{C(Me)N_2\}$, **2**, 62
$SiC_{20}H_{18}O$

SiC$_{19}$... (cont.)
  SiPh$_3$($\overline{\text{CHCH}_2\text{O}}$), **2**, 33; **7**, 429, 532
  SiPh$_3$(COMe), **7**, 638
SiC$_{20}$H$_{20}$
  Me$_2$$\overline{\text{SiC(Ph)}=\text{CHCH}=\text{CHCH}=\text{C}}$Ph, **2**, 87, 281
SiC$_{20}$H$_{20}$O
  Si(OEt)Ph$_3$, **2**, 13
  SiPh$_3${CH(OH)Me}, **7**, 611
  SiPh$_3$(CH$_2$CH$_2$OH), **1**, 659; **2**, 100; **7**, 611
SiC$_{21}$H$_{15}$BrO
  Ph$_2$$\overline{\text{SiCH}=\text{C(Br)C}_6\text{H}_4\text{C}}$O, **2**, 269
SiC$_{21}$H$_{18}$
  Ph$_2$$\overline{\text{SiC(Ph)}=\text{CHC}}H_2$, **2**, 238
SiC$_{21}$H$_{18}$O
  Ph$_2$$\overline{\text{SiC}_6\text{H}_4\text{COCH}_2\text{C}}H_2$, **2**, 268
SiC$_{21}$H$_{19}$Br
  Ph$_2$$\overline{\text{Si(CH}_2)_2\text{CBr(Ph)}}$, **2**, 230
SiC$_{21}$H$_{20}$
  (CH$_2$=CH)(Nap)$\overline{\text{Si(CH}_2)_2\text{C}_6\text{H}_4\text{C}}H_2$, **8**, 741
  Ph$_2$$\overline{\text{Si(CH}_2)_2\text{CHP}}$h, **2**, 231
  Ph$_2$$\overline{\text{Si(CH}_2)_2\text{C}_6\text{H}_4\text{C}}H_2$, **2**, 269
  Ph$_2$$\overline{\text{SiC}_6\text{H}_4(\text{CH}_2)_2\text{C}}H_2$, **2**, 268
  SiPh$_3$(CH=CHMe), **2**, 54
  SiPh$_3$(CH$_2$CH=CH$_2$), **7**, 610
  SiPh$_3${C(Me)=CH$_2$}, **7**, 638
SiC$_{21}$H$_{20}$O
  SiPh$_3$(CH$_2$COMe), **7**, 639
SiC$_{21}$H$_{22}$O
  SiPh$_3${(CH$_2$)$_3$OH}, **7**, 611
  SiPh$_3${CMe$_2$(OH)}, **7**, 611
SiC$_{21}$H$_{24}$NP
  SiMe$_3$(NPPh$_3$), **7**, 590
SiC$_{21}$H$_{38}$
  SiH(Bu^t)$_2$(C$_{13}$H$_9$), **2**, 86
SiC$_{22}$H$_{18}$
  Ph$_2$$\overline{\text{SiCH}=\text{CHC}_6\text{H}_4\text{CH}=\text{C}}$H, **2**, 283
SiC$_{22}$H$_{18}$F$_6$
  PhC(SiMe$_2$)(CH=CH){C(CF$_3$)=C(CF$_3$)}CPh, **2**, 260
SiC$_{22}$H$_{20}$O
  Ph$_2$$\overline{\text{SiC}_6\text{H}_4\text{CO(CH}_2)_2\text{C}}H_2$, **2**, 280
SiC$_{22}$H$_{22}$
  Ph$_2$$\overline{\text{Si(CH}_2)_3\text{CHP}}$h, **2**, 241
  Ph$_2$$\overline{\text{Si(CH}_2)_2\text{C}_6\text{H}_4\text{CH}_2\text{C}}H_2$, **2**, 279
  SiPh$_3$(CH$_2$CH=CHMe), **7**, 612
SiC$_{22}$H$_{24}$
  SiPh$_3$(Bu), **7**, 610
SiC$_{22}$H$_{25}$N
  SiMe$_3${CPh$_2$(NHPh)}, **2**, 124
  SiPh$_3$(NEt$_2$), **2**, 121
SiC$_{22}$H$_{25}$P
  SiMe$_3$(CHPPh$_3$), **7**, 522, 629
SiC$_{23}$H$_{24}$
  Ph$_2$$\overline{\text{SiC}_6\text{H}_4(\text{CH}_2)_4\text{C}}H_2$, **2**, 289
SiC$_{23}$H$_{24}$O
  SiPh$_3${CH=CH(CH$_2$)$_3$OH}, **2**, 39
SiC$_{23}$H$_{27}$P
  SiMe$_3$(CH$_2$CHPPh$_3$), **2**, 38
SiC$_{24}$F$_{20}$
  Si(C$_6$F$_5$)$_4$, **2**, 57
SiC$_{24}$H$_{16}$
  $\overline{\text{Si(C}_6\text{H}_4\text{C}_6\text{H}_4)_2}$, **2**, 293
SiC$_{24}$H$_{17}$NO$_3$
  SiPh{(OC$_6$H$_4$)$_3$N}, **2**, 167
SiC$_{24}$H$_{18}$
  Ph$_2$$\overline{\text{SiC}_6\text{H}_4\text{C}_6\text{H}}$$_4$, **2**, 255
SiC$_{24}$H$_{20}$
  SiPh$_4$, **2**, 27, 113; **7**, 610
SiC$_{24}$H$_{26}$
  SiPh$_3${C(Bu)=CH$_2$}, **2**, 33; **7**, 532
SiC$_{24}$H$_{44}$
  SiCy$_4$, **2**, 25, 30
SiC$_{25}$H$_{20}$N$_2$
  SiPh$_3${C(Ph)N$_2$}, **2**, 62
SiC$_{25}$H$_{20}$O
  SiPh$_3$(COPh), **2**, 64, 71; **7**, 612, 638
SiC$_{25}$H$_{21}$F
  SiF(Ph)$_2$(CHPh$_2$), **2**, 77
SiC$_{25}$H$_{22}$
  SiPh$_3$(Bz), **2**, 71; **7**, 610
SiC$_{25}$H$_{22}$N$_2$
  SiPh$_3${C(Ph)=NNH$_2$}, **2**, 62
SiC$_{25}$H$_{57}$P$_3$
  SiMe(PBu$_2$)$_3$, **7**, 603
SiC$_{26}$H$_{20}$
  Ph$_2$$\overline{\text{SiC}_6\text{H}_4\text{CH}=\text{CHC}_6\text{H}}$$_4$, **2**, 284
SiC$_{26}$H$_{22}$
  Ph$_2$$\overline{\text{SiC}_6\text{H}_4\text{CH}_2\text{CH}_2\text{C}_6\text{H}}$$_4$, **2**, 284
  SiPh$_3$(CH=CHPh), **2**, 36
SiC$_{26}$H$_{22}$O
  SiPh$_3${OC(Ph)=CH$_2$}, **7**, 638
SiC$_{26}$H$_{23}$Br
  SiBr(Me)(Ph)(CPh$_3$), **2**, 77
SiC$_{26}$H$_{24}$O
  SiPh$_3${CH(OMe)Ph}, **2**, 64
SiC$_{26}$H$_{24}$O$_2$
  SiPh$_3${OCH(OMe)Ph}, **2**, 73
SiC$_{26}$H$_{58}$NO$_3$
  (MeO)$_3$Si(CH$_2$)$_3$$\overset{+}{\text{N}}Me_2$(C$_{18}H_{37}$), **2**, 359
SiC$_{27}$H$_{24}$
  SiPh$_3${C(Ph)=CHMe}, **2**, 238
SiC$_{27}$H$_{26}$
  SiPh$_3${(CH$_2$)$_3$Ph}, **2**, 231
SiC$_{27}$H$_{28}$N$_2$P$_2$
  Me$_2$Si(NPPh$_2$CH$_2$PPh$_2$N), **2**, 144
SiC$_{28}$H$_{22}$
  SiPh$_3$(C$_{10}$H$_7$), **7**, 611
SiC$_{30}$H$_{25}$Cl
  Me(Cl)$\overline{\text{Si}}${C(Ph)=CPh}$_2$CH$_2$, **2**, 271
SiC$_{30}$H$_{26}$
  Me$_2$$\overline{\text{SiC(Ph)}=\text{C(Ph)C(Ph)}=\text{C}}$Ph, **2**, 251
SiC$_{30}$H$_{26}$N$_2$
  SiPh$_3${N(Ph)NHPh)}, **2**, 113
SiC$_{30}$H$_{28}$
  Ph$_2$$\overline{\text{SiC}_6\text{H}_4\text{C(Bu)}=\text{C}}$Ph, **2**, 254
SiC$_{31}$H$_{26}$O
  SiPh$_3${C(OH)Ph$_2$}, **2**, 74
  SiPh$_3$(OCHPh$_2$), **2**, 113
SiC$_{31}$H$_{28}$
  Me$_2$$\overline{\text{Si}}${C(Ph)=CPh}$_2CH_2$, **2**, 276
SiC$_{32}$H$_{28}$
  PhC(SiMe$_2$)(CH=CH){C(Ph)=CPh}CPh, **2**, 259
  SiPh$_3${CH(Ph)Bz}, **7**, 612
SiC$_{36}$H$_{30}$
  PhC(SiMe$_2$)(C$_6$H$_4$){C(Ph)=CPh}CPh, **2**, 260
SiC$_{37}$H$_{32}$
  Me$_2$$\overline{\text{SiC(Ph)}=\text{C(Ph)CH(Ph)C(Ph)}=\text{C}}$Ph, **2**, 275
SiC$_{40}$H$_{28}$
  Si(Nap)$_4$, **2**, 25, 30
SiC$_{40}$H$_{30}$
  Ph$_2$$\overline{\text{SiC(Ph)}=\text{C(Ph)C(Ph)}=\text{C}}$Ph, **2**, 250
SiC$_{44}$H$_{34}$
  Me$_2$$\overline{\text{SiC}_6\text{H}_4(\text{C}_6\text{Ph}_4)\text{C}_6\text{H}}$$_4$, **2**, 285
SiC$_{46}$H$_{36}$O$_4$

SiC$_{46}$H$_{36}$O$_4$
  Ph$_2$Si{$\overline{\text{C(Ph)}=\text{CPh}}$}$_2$C(CO$_2$Me)=$\overline{\text{C}}$(CO$_2$Me), 2, 283
SiCdC$_4$H$_{12}$O
  CdMe(OSiMe$_3$), 2, 857
SiCoC$_4$Cl$_3$O$_4$
  Co(SiCl$_3$)(CO)$_4$, 6, 1051
SiCoC$_4$F$_3$O$_4$
  Co(SiF$_3$)(CO)$_4$, 3, 118
SiCoC$_4$H$_3$O$_4$
  Co(SiH$_3$)(CO)$_4$, 6, 997, 1084, 1087
SiCoC$_6$H$_6$Cl$_3$O
  CoH(SiCl$_3$)(CO)Cp, 5, 250
SiCoC$_7$H$_9$O$_4$
  Co(SiMe$_3$)(CO)$_4$, 2, 125; 5, 6, 166; 6, 1051
SiCoC$_9$H$_{13}$O$_3$
  Co(CO)$_3${$\overline{\text{CH}_2\text{C(SiMe}_3\text{)CH}_2}$}, 5, 212
SiCoC$_{13}$H$_{19}$O
  CoCp(CH$_2$=CHSiMe$_2$CH=CHCOMe), 1, 402, 5, 191
SiCoC$_{22}$H$_{15}$O$_4$
  Co(SiPh$_3$)(CO)$_4$, 3, 118
SiCoC$_{23}$H$_{23}$
  CoCp{Me$_2$$\overline{\text{SiC(Ph)}=\text{CHCH}=\text{CPh}}$}, 2, 258
SiCoHgC$_8$H$_{11}$O$_4$
  Co{Hg(CH$_2$SiMe$_3$)}(CO)$_4$, 6, 1025
SiCo$_2$C$_8$H$_2$O$_8$
  SiH$_2${Co(CO)$_4$}$_2$, 6, 1088
SiCo$_2$C$_{16}$H$_{14}$O$_4$
  SiMe$_2${C$_5$H$_4$Co(CO)$_2$}$_2$, 2, 52
SiCo$_3$C$_{10}$H$_3$O$_{12}$
  Co$_3${CSi(OH)$_3$}(CO)$_9$, 5, 173
SiCo$_3$C$_{11}$H$_5$O$_{11}$
  Co$_3${CSiMe(OH)$_2$}(CO)$_9$, 5, 173
SiCo$_3$C$_{13}$H$_9$O$_{10}$
  Co$_3$(COSiMe$_3$)(CO)$_9$, 5, 165, 166
SiCo$_3$C$_{14}$H$_{11}$O$_9$
  Co$_3$(CCH$_2$SiMe$_3$)(CO)$_9$, 5, 171
SiCo$_3$C$_{15}$H$_{11}$O$_9$
  Co$_3$(CCH=CHSiMe$_3$)(CO)$_9$, 5, 164
SiCo$_3$C$_{19}$H$_{24}$NO
  Co$_3$(NSiMe$_3$)(CO)Cp$_3$, 2, 144
SiCo$_3$C$_{28}$H$_{15}$O$_{10}$
  Co$_3$(COSiPh$_3$)(CO)$_9$, 5, 16
SiCo$_4$C$_{13}$O$_{13}$
  SiCo$_4$(CO)$_{13}$, 5, 166; 6, 1090
SiCrC$_8$H$_7$Cl$_3$O$_2$
  CrH(SiCl$_3$)(CO)$_2$(C$_6$H$_6$), 3, 1036; 6, 1064
SiCrC$_8$H$_8$O$_3$
  Cr(SiH$_3$)(CO)$_3$Cp, 3, 966; 6, 1045
SiCrC$_9$H$_5$Cl$_3$O$_3$
  Cr(CO)$_3${η^6-C$_6$H$_5$(SiCl$_3$)}, 3, 1003
SiCrC$_{10}$H$_{12}$O$_6$
  Cr{C(Me)OSiMe$_3$}(CO)$_5$, 3, 890
SiCrC$_{11}$H$_{14}$O$_3$
  Cr(SiMe$_3$)(CO)$_3$Cp, 6, 1049
SiCrC$_{12}$H$_{14}$O$_3$
  Cr(CO)$_3${η^6-C$_6$H$_5$(SiMe$_3$)}, 3, 1003, 1041, 1046; 8, 1036, 1056
SiCrC$_{13}$H$_{14}$O$_3$
  Cr(CO)$_3$(η^6-$\overline{\text{C}_6\text{H}_4\text{CH}_2\text{SiMe}_2\text{CH}_2}$), 3, 1008
SiCrC$_{13}$H$_{16}$O$_3$
  Cr(CO)$_3$(η^6-C$_6$H$_5$CH$_2$SiMe$_3$), 3, 1003, 1046; 8, 1056
SiCrC$_{14}$H$_{14}$O$_3$
  Cr(CO)$_3$(η^6-C$_6$H$_5$C≡CSiMe$_3$), 3, 1006

SiCrC$_{15}$H$_{15}$F$_5$
  Cr(η^6-C$_6$H$_6$){η^6-C$_6$F$_5$(SiMe$_3$)}, 3, 998
SiCrC$_{17}$H$_{18}$O$_5$
  Cr(CO)$_3${C$_{10}$H$_5$(OH)(OMe)(SiMe$_3$)}, 2, 43
SiCrC$_{17}$H$_{32}$N$_2$O
  CrPh(OSiMe$_3$)(NBu^t)$_2$, 2, 158
SiCrC$_{21}$H$_{18}$O$_3$
  Cr(CO)$_3${Me$_2$$\overline{\text{SiC(Ph)}=\text{CHCH}=\text{CPh}}$}, 2, 258
SiCrC$_{26}$H$_{20}$O$_6$
  Cr{C(OEt)(SiPh$_3$)}(CO)$_5$, 2, 94
SiCrC$_{26}$H$_{21}$NO$_5$
  Cr{C(NMe$_2$)SiPh$_3$}(CO)$_5$, 3, 892
SiCsC$_4$H$_{11}$
  Cs(CH$_2$SiMe$_3$), 1, 55; 2, 95
SiCuC$_{12}$H$_{36}$OP$_3$
  Cu(OSiMe$_3$)(PMe$_3$)$_3$, 2, 157
SiErC$_{16}$H$_{25}$
  Er(CH$_2$SiMe$_3$)(C$_5$H$_4$Me)$_2$, 3, 203
SiFeC$_4$Cl$_3$O$_4$
  [Fe(SiCl$_3$)(CO)$_4$]$^-$, 4, 309
SiFeC$_4$HCl$_3$O$_4$
  FeH(SiCl$_3$)(CO)$_4$, 6, 1050
SiFeC$_4$H$_4$O$_4$
  FeH(SiH$_3$)(CO)$_4$, 4, 309, 313
SiFeC$_8$H$_9$ClO$_4$
  (CO)$_4$$\overline{\text{Fe(CH}_2)_3\text{SiCl}}$(Me), 2, 232
SiFeC$_8$H$_9$NO$_4$
  Fe(CO)$_4$(CNSiMe$_3$), 2, 143
SiFeC$_8$H$_{10}$O$_4$
  FeH(CO)$_4${Me$\overline{\text{Si(CH}_2)_2\text{CH}_2}$}, 4, 308, 309
SiFeC$_9$H$_{10}$O$_3$
  Fe(CO)$_3$($\overline{\text{CH}=\text{CHCH}=\text{CHSiMe}_2}$), 4, 437
SiFeC$_9$H$_{10}$O$_4$
  Fe(CO)$_3${Me$_2$$\overline{\text{Si(CH}=\text{CH)}_2\text{O}}$}, 2, 272
SiFeC$_9$H$_{12}$O$_3$
  Fe(CO)$_3${(CH$_2$=CH)$_2$SiMe$_2$}, 4, 455
SiFeC$_9$H$_{12}$O$_4$
  (CO)$_4$Fe{$\overline{\text{SiMe}_2(\text{CH}_2)_2\text{CH}_2}$}, 2, 232, 295; 6, 1046
SiFeC$_{10}$H$_{12}$O$_3$
  Fe(CO)$_3${Me$_2$$\overline{\text{Si(CH}=\text{CH)}_2\text{CH}_2}$}, 2, 275
SiFeC$_{10}$H$_{17}$NO$_4$
  Fe{SiMe$_2$(NHEt$_2$)}(CO)$_4$, 2, 94
SiFeC$_{11}$H$_{14}$O$_2$
  Fp(Me)$\overline{\text{Si(CH}_2)_2\text{CH}_2}$, 2, 232; 6, 1082
SiFeC$_{11}$H$_{16}$O$_2$
  Fp(CH$_2$SiMe$_3$), 4, 352
SiFeC$_{12}$H$_{14}$S$_2$
  Fe{(η^5-C$_5$H$_4$S)$_2$SiMe$_2$}, 4, 489
SiFeC$_{12}$H$_{15}$Cl
  FcSiMe$_2$Cl, 8, 1019
SiFeC$_{13}$H$_{15}$F$_3$O$_2$
  Fe{CH(CF$_3$)SiMe$_3$}(CO)$_2$Cp, 6, 1082
SiFeC$_{13}$H$_{18}$
  FcSiMe$_3$, 8, 1024
SiFeC$_{14}$H$_{16}$O$_3$
  Fe(CO)$_3$(C$_8$H$_7$SiMe$_3$), 4, 440
SiFeC$_{21}$H$_{18}$O$_3$
  Fe(CO)$_3${Me$_2$$\overline{\text{SiC(Ph)}=\text{CHCH}=\text{CPh}}$}, 2, 258
SiFeC$_{22}$H$_{15}$O$_4$
  [Fe(SiPh$_3$)(CO)$_4$]$^-$, 4, 309
SiFeC$_{22}$H$_{18}$
  Fe{(η^5-C$_5$H$_4$)$_2$SiPh$_2$}, 2, 296; 4, 488
SiFeC$_{32}$H$_{23}$FO$_3$

SiFeC$_{33}$H$_{26}$O$_3$
    Fe(CO)$_3${F(Me)$\overline{\text{SiC(Ph)}}$=C(Ph)C(Ph)=$\overline{\text{CPh}}$}, 2, 85

SiFeC$_{33}$H$_{26}$O$_3$
    Fe(CO)$_3${Me$_2$$\overline{\text{SiC(Ph)}}$=C(Ph)C(Ph)=$\overline{\text{CPh}}$}, 2, 258

SiFeC$_{34}$H$_{38}$P$_2$
    Fe(SiMe$_3$)Cp(diphos), 6, 1037

SiFe$_2$C$_6$I$_4$O$_6$
    {Fe(CO)$_3$}$_2$(SiI$_4$), 4, 272

SiFe$_2$C$_{10}$H$_6$O$_8$
    Me$_2$$\overline{\text{SiFe(CO)}_4\text{Fe(CO)}_4}$, 6, 1072

SiFe$_2$C$_{14}$H$_{10}$Cl$_2$O$_4$
    SiCl$_2$(Fp)$_2$, 4, 593

SiFe$_2$C$_{14}$H$_{12}$O$_4$
    SiH$_2$(Fp)$_2$, 4, 593; 6, 1046

SiFe$_2$C$_{14}$H$_{14}$O$_3$
    Fe$_2${SiH(Me)}(CO)$_3$Cp$_2$, 2, 94; 6, 1073, 1075

SiFe$_2$C$_{15}$H$_{14}$O$_4$
    SiH(Me)(Fp)$_2$, 2, 94; 6, 1073

SiFe$_2$C$_{15}$H$_{16}$O$_3$
    Fe$_2$(SiMe$_2$)(CO)$_3$Cp$_2$, 4, 532

SiFe$_2$C$_{20}$H$_8$
    {Fe(η^5-C$_5$H$_4$)$_2$}$_2$Si, 2, 296

SiFe$_2$C$_{22}$H$_{19}$NO$_6$
    {(CO)$_3$Fe}$_2${C$_6$H$_4$CH(Ph)NSiMe$_3$}, 4, 575

SiFe$_3$C$_{12}$H$_{11}$NO$_9$
    Fe$_3$H$_2$(NSiMe$_3$)(CO)$_9$, 8, 350

SiFe$_3$C$_{13}$H$_9$NO$_{10}$
    Fe$_3$(NSiMe$_3$)(CO)$_{10}$, 2, 144; 4, 304, 616

SiFe$_3$C$_{14}$H$_{10}$O$_9$
    Fe$_3$H(C≡CSiMe$_3$)(CO)$_9$, 4, 385

SiFe$_4$C$_{16}$O$_{16}$
    Fe$_4$(CO)$_{16}$Si, 4, 309, 310

SiGaC$_4$H$_{11}$Cl$_2$
    GaCl$_2$(CH$_2$SiMe$_3$), 1, 705

SiGeC$_3$H$_9$Cl$_3$O
    Me$_3$SiOGeCl$_3$, 2, 438

SiGeC$_3$H$_{10}$
    HGeSiMe$_3$, 2, 480

SiGeC$_6$H$_{16}$
    Me$_2$$\overline{\text{GeCH}_2\text{SiMe}_2}CH_2$, 2, 295

SiGeC$_6$H$_{19}$N
    GeMe$_3$(NHSiMe$_3$), 2, 448

SiGeC$_7$H$_{21}$N
    Me$_3$Ge{NMe(SiMe$_3$)}, 2, 124

SiGeC$_8$H$_{11}$Cl$_3$
    HC(SiMe$_2$)(CH=CH){CH=C(GeCl$_3$)}CH, 2, 260

SiGeC$_{10}$H$_{26}$O
    Et$_3$GeOCH$_2$SiMe$_3$, 2, 437

SiGeC$_{10}$H$_{27}$N
    Me$_3$Ge{NBu^t(SiMe$_3$)}, 2, 121

SiGeC$_{12}$H$_{23}$P
    (Me$_3$Ge)(Me$_3$Si)PPh, 2, 459

SiGeC$_{13}$H$_{32}$O
    Pr$_3$GeOCH$_2$SiMe$_3$, 2, 437

SiGeC$_{21}$H$_{24}$
    Ph$_3$GeSiMe$_3$, 2, 100

SiGeC$_{21}$H$_{24}$O
    GePh$_3$(OSiMe$_3$), 2, 436

SiGeC$_{21}$H$_{24}$O$_2$
    Ph$_3$Ge(OOSiMe$_3$), 2, 165

SiGeC$_{22}$H$_{24}$
    (Ph$_3$Ge)(Me)$\overline{\text{Si(CH}_2\text{)}_2}CH_2$, 2, 229

SiGeC$_{36}$H$_{30}$O$_2$
    Ph$_3$Ge(OOSiPh$_3$), 2, 165

SiGeNiC$_{16}$H$_{33}$O$_4$P
    Ni(CO)$_3$(PBu$^t_2$GeMe$_2$OSiMe$_3$), 6, 20

SiGeRuC$_{15}$H$_{25}$O$_2$
    Ru(GeMe$_3$)(CO)$_2$(C$_7$H$_8$SiMe$_3$), 4, 916

SiGeRuC$_{19}$H$_{36}$O$_4$
    Ru(SiMe$_3$)(GeBu$_3$)(CO)$_4$, 4, 912

SiHfC$_{28}$H$_{25}$Cl
    HfCl(SiPh$_3$)Cp$_2$, 3, 573, 600; 6, 1058

SiHfSnC$_{18}$H$_{32}$
    Hf(CH$_2$SiMe$_3$)(CH$_2$SnMe$_3$)Cp$_2$, 3, 585

SiHgC$_4$H$_{12}$O
    HgMe(OSiMe$_3$), 2, 156, 917

SiHgC$_5$H$_{13}$ClO
    HgCl{CH(SiMe$_3$)CH$_2$OH}, 2, 880

SiHgC$_8$H$_{21}$P
    HgMe{C(SiMe$_3$)(PMe$_3$)}, 2, 69

SiHgC$_{18}$H$_{15}$Cl
    HgCl(SiPh$_3$), 7, 610

SiInPtC$_{34}$H$_{37}$Cl$_2$P$_2$
    Pt(InCl$_2$)(SiPh$_3$)(PMe$_2$Ph)$_2$, 6, 967

SiIrC$_{37}$H$_{31}$Cl$_4$OP$_2$
    IrH(Cl)(SiCl$_3$)(CO)(PPh$_3$)$_2$, 5, 555

SiIrC$_{43}$H$_{46}$ClO$_4$P$_2$
    IrH(Cl){Si(OEt)$_3$}(CO)(PPh$_3$)$_2$, 6, 1049

SiIrC$_{55}$H$_{47}$OP$_2$
    IrH$_2$(SiPh$_3$)(CO)(PPh$_3$)$_2$, 5, 555

SiKC$_3$H$_9$
    K(SiMe$_3$), 2, 367; 7, 609

SiKC$_4$H$_{11}$
    K(CH$_2$SiMe$_3$), 1, 55; 2, 95

SiKC$_{18}$H$_{15}$
    K(SiPh$_3$), 7, 609

SiLiC$_3$H$_9$
    Li(SiMe$_3$), 2, 367; 7, 609

SiLiC$_4$H$_9$Cl$_2$
    Li(CCl$_2$SiMe$_3$), 7, 533

SiLiC$_4$H$_9$N$_2$
    Li{C(N$_2$)SiMe$_3$}, 2, 65

SiLiC$_4$H$_{10}$Cl
    Li{CH(Cl)SiMe$_3$}, 7, 279, 529

SiLiC$_4$H$_{11}$
    Li(CH$_2$SiMe$_3$), 7, 38, 522; 8, 518

SiLiC$_5$H$_9$Se
    Li(SeC≡CSiMe$_3$), 2, 176

SiLiC$_5$H$_{11}$
    Li(CH=CHSiMe$_3$), 1, 92
    Li{C(SiMe$_3$)=CH$_2$}, 7, 534

SiLiC$_5$H$_{12}$Cl
    Li{CCl(Me)(SiMe$_3$)}, 7, 91, 530

SiLiC$_5$H$_{13}$O
    Li{CH(OMe)SiMe$_3$}, 7, 96, 523
    Li(CH$_2$SiMe$_2$CH$_2$OMe), 7, 531

SiLiC$_5$H$_{13}$S
    Li{CH(SMe)SiMe$_3$}, 2, 9

SiLiC$_6$H$_{11}$Cl$_2$
    Li{C(CH$_2$SiMe$_3$)=CCl$_2$}, 2, 40

SiLiC$_6$H$_{12}$Cl
    Li{CCl(SiMe$_3$)(CH=CH$_2$)}, 7, 533
    Li{CH$_2$CHC(Cl)SiMe$_3$}, 2, 39

SiLiC$_6$H$_{13}$O
    LiCH$_2$CH=CHOSiMe$_3$, 7, 97

SiLiC$_6$H$_{15}$S$_2$
    Li{C(SMe)$_2$(SiMe$_3$)}, 7, 527

SiLiC$_7$H$_{13}$O
    LiCH=C=C(OMe)SiMe$_3$, 7, 98

SiLiC$_8$H$_{11}$

SiLiC$_8$H$_{11}$
  Li(SiMe$_2$Ph), **7**, 609
SiLiC$_8$H$_{18}$Cl
  Li{CH(CH$_2$Bu^t)SiClMe$_3$}, **7**, 78
SiLiC$_8$H$_{20}$O$_3$P
  Li[CH(SiMe$_3$){P(O)(OEt)$_2$}], **7**, 521
SiLiC$_9$H$_{19}$O$_2$
  Li{CH(CO$_2$Bu^t)SiMe$_3$}, **7**, 35
SiLiC$_9$H$_{21}$
  Li{CH(SiMe$_3$)CH$_2$Bu^t}, **7**, 536
SiLiC$_{10}$H$_{15}$S
  Li{CH(SPh)SiMe$_3$}, **7**, 96
SiLiC$_{10}$H$_{15}$Se
  Li{CH(SePh)SiMe$_3$}, **7**, 96
SiLiC$_{12}$H$_{15}$O
  Li{CH(OPh)C≡CSiMe$_3$}, **7**, 351
SiLiC$_{12}$H$_{27}$FN
  Li[NBu^t{SiF(Bu^t)$_2$}], **2**, 137
SiLiC$_{18}$H$_{15}$
  Li(SiPh$_3$), **2**, 99, 366; **7**, 609
SiLiC$_{20}$H$_{17}$
  Li{C(SiPh$_3$)=CH$_2$}, **7**, 534
SiLiC$_{20}$H$_{17}$O
  Ph$_3$SiC(Li)CH$_2$O, **7**, 35
SiMgC$_4$H$_9$Br$_2$Cl
  ClMg(CBr$_2$SiMe$_3$), **1**, 165
SiMgC$_4$H$_{11}$Cl
  ClMg(CH$_2$SiMe$_3$), **2**, 93; **3**, 724; **7**, 520, 548; **8**, 741
SiMgC$_5$H$_9$Br
  BrMg(C≡CSiMe$_3$), **2**, 41
SiMgC$_5$H$_{11}$Br
  BrMg{C(SiMe$_3$)=CH$_2$}, **7**, 26, 533
SiMgC$_{10}$H$_{15}$Cl
  ClMg{CH(Ph)SiMe$_3$}, **7**, 525
SiMgC$_{12}$H$_{19}$Br
  BrMg{C(SiMe$_3$)=C(Me)C$_6$H$_{13}$}, **8**, 748
SiMg$_2$C$_4$H$_{10}$Br$_2$
  (BrMg)$_2$CHSiMe$_3$, **1**, 167
SiMnC$_5$Br$_3$O$_5$
  Mn(SiBr$_3$)(CO)$_5$, **6**, 1068
SiMnC$_5$Cl$_3$O$_5$
  Mn(SiCl$_3$)(CO)$_5$, **6**, 1066
SiMnC$_5$F$_3$O$_5$
  Mn(SiF$_3$)(CO)$_5$, **6**, 1051
SiMnC$_5$H$_3$O$_5$
  Mn(SiH$_3$)(CO)$_5$, **6**, 1056, 1068
SiMnC$_7$H$_6$Cl$_3$O$_2$
  MnH(SiCl$_3$)(CO)$_2$Cp, **4**, 131; **6**, 1070
SiMnC$_8$H$_9$O$_5$
  Mn(SiMe$_3$)(CO)$_5$, **4**, 63, 76; **6**, 1047
SiMnC$_8$H$_{10}$Cl$_2$O$_4$P
  Mn(CO)$_4$(SiCl$_2$CH$_2$CH$_2$PMe$_2$), **2**, 295
SiMnC$_9$H$_{11}$O$_5$
  Mn(CH$_2$SiMe$_3$)(CO)$_5$, **4**, 78
SiMnC$_{10}$H$_9$F$_4$O$_5$
  Mn(CF$_2$CF$_2$SiMe$_3$)(CO)$_5$, **4**, 76; **6**, 1067
SiMnC$_{11}$H$_{13}$O$_3$
  Mn(CO)$_3${C$_5$H$_4$(SiMe$_3$)}, **2**, 52
SiMnC$_{15}$H$_{15}$O$_6$
  Mn{CH(Ph)OSiMe$_3$}(CO)$_5$, **4**, 93
SiMnC$_{19}$H$_{20}$O$_2$P
  Mn(CO$_2$)Cp[PH(Ph){CH=CHSiMe$_2$(C≡CH)}], **2**, 43
SiMnC$_{22}$H$_{16}$O$_4$
  [MnH(SiPh$_3$)(CO)$_4$]$^-$, **4**, 28, 64, 68; **6**, 1066, 1071
SiMnC$_{22}$H$_{21}$O$_2$
  Cp(CO)$_2$Mn(CH$_2$)$_3$SiPh$_2$, **2**, 295
SiMnC$_{25}$H$_{24}$O$_4$P
  Mn(SiMe$_3$)(CO)$_4$(PPh$_3$), **6**, 1068
SiMnRuC$_{12}$H$_9$O$_9$
  MnRu(SiMe$_3$)(CO)$_9$, **4**, 912; **6**, 832
SiMnSnC$_7$H$_5$Cl$_6$O$_2$
  Mn(SiCl$_3$)(SnCl$_3$)(CO)$_2$Cp, **6**, 1071
SiMnSnC$_8$H$_7$Cl$_6$O$_2$
  Mn(SiCl$_3$)(SnCl$_3$)(CO)$_2$(η^5-C$_5$H$_4$Me), **4**, 131
SiMn$_2$C$_{10}$H$_2$O$_{10}$
  H$_2$Si{Mn(CO)$_5$}$_2$, **6**, 1046, 1088
SiMn$_2$C$_{13}$H$_9$NO$_9$
  Mn$_2$(CO)$_9$(CNSiMe$_3$), **4**, 147
SiMoC$_8$H$_8$O$_3$
  Mo(SiH$_3$)(CO)$_3$Cp, **3**, 1188; **6**, 1045
SiMoC$_9$H$_7$Cl$_3$O$_2$
  Mo(SiCl$_3$)(CO)$_2$(C$_7$H$_7$), **3**, 1237
SiMoC$_{10}$H$_{12}$O$_4$
  Mo(CO)$_4${(CH$_2$=CH)$_2$SiMe$_2$}, **3**, 1170
SiMoC$_{11}$H$_{14}$O$_3$
  Mo(SiMe$_3$)(CO)$_3$Cp, **6**, 1049
SiMoC$_{13}$H$_{18}$O$_2$
  Mo(CO)$_2$Cp(CH$_2$CHCHSiMe$_3$), **3**, 1161
SiMoC$_{26}$H$_{20}$O$_6$
  Mo{C(OEt)(SiPh$_3$)}(CO)$_5$, **2**, 94; **3**, 1124, 1299
SiMoC$_{43}$H$_{35}$O$_2$P
  Mo(SiPh$_3$)(CO)$_2$Cp(PPh$_3$), **3**, 1188
SiNaC$_3$H$_9$
  Na(SiMe$_3$), **2**, 100; **7**, 609
SiNaC$_4$H$_{11}$
  Na(CH$_2$SiMe$_3$), **2**, 95
SiNaC$_{18}$H$_{15}$
  Na(SiPh$_3$), **7**, 609
SiNbC$_{14}$H$_{21}$Cl
  NbCl(CH$_2$SiMe$_3$)Cp$_2$, **3**, 736
SiNiC$_7$H$_9$O$_6$P
  Ni(CO)$_3${P(CH$_2$O)$_3$SiMe}, **6**, 19
SiNiC$_{10}$H$_{29}$ClP$_2$
  NiCl(CH$_2$SiMe$_3$)(PMe$_3$)$_2$, **6**, 64, 73
SiNiC$_{11}$H$_{29}$ClOP$_2$
  NiCl(COCH$_2$SiMe$_3$)(PMe$_3$)$_2$, **6**, 73
SiNiC$_{21}$H$_{15}$O$_3$
  [Ni(SiPh$_3$)(CO$_/3$)]$^-$, **2**, 99
SiNiC$_{23}$H$_{20}$Cl$_3$P
  Ni(SiCl$_3$)(PPh$_3$)Cp, **6**, 206, 1095
SiNi$_3$C$_{29}$H$_{24}$
  (NiCp)$_3$CSiMe$_3$, **6**, 92
SiOsC$_7$H$_9$BrO$_4$
  OsBr(SiMe$_3$)(CO)$_4$, **4**, 1023
SiOsC$_7$H$_{10}$O$_4$
  OsH(SiMe$_3$)(CO)$_4$, **4**, 1023
SiOsC$_{12}$H$_{18}$O$_2$
  Os(SiMe$_3$)(CO)$_2$(C$_7$H$_9$), **4**, 1016
SiOsC$_{13}$H$_{18}$
  OsCp(η^5-C$_5$H$_4$SiMe$_3$), **4**, 1019
SiOs$_2$C$_{15}$H$_{16}$O$_5$
  Os$_2$(SiMe$_3$)(CO)$_5$(C$_7$H$_7$), **4**, 1016
SiPbC$_7$H$_{18}$N$_2$
  PbMe$_3${C(N$_2$)SiMe$_3$}, **2**, 647
SiPbC$_7$H$_{21}$N
  PbMe$_3${NMe(SiMe$_3$)}, **2**, 663
SiPbC$_{10}$H$_{27}$N
  PbMe$_3${NBu^t(SiMe$_3$)}, **2**, 121
SiPbC$_{14}$H$_{26}$N$_2$
  PbMe$_3${N(Me)C(Ph)=NSiMe$_3$}, **2**, 663
SiPbC$_{24}$H$_{27}$Cl
  PbPh$_3${CH$_2$CH=C(Cl)SiMe$_3$}, **2**, 39; **7**, 533
SiPbC$_{36}$H$_{30}$O

SiPbC₃H₃₀
    PbPh₃(OSiPh₃), **2**, 630
SiPbC₃₈H₃₀
    PbPh₃(C≡CSiPh₃), **2**, 644
SiPdC₁₉H₂₉ClP
    [PdCl(Me₃SiCHPMe₂Ph)(nbd)]⁺, **6**, 365
SiPdC₂₀H₃₃ClP
    [PdCl(Me₃SiCHPMe₂Ph)(cod)]⁺, **6**, 365
SiPtC₅H₁₂Cl₃
    [PtCl₃(CH₂=CHSiMe₃)]⁻, **6**, 637
SiPtC₁₅H₃₉ClP₂
    PtCl(SiMe₃)(PEt₃)₂, **6**, 1055
SiPtC₂₀H₃₃ClP₂
    PtCl(CH₂SiMe₃)(PMe₂Ph)₂, **6**, 533
SiPtC₂₉H₃₄P₂
    PtMe(SiMe₃)(Ph₂PCH₂PPh₂), **6**, 556
SiPtC₃₄H₃₈P₂
    PtH(SiPh₃)(PMe₂Ph)₂, **6**, 556
SiPt₂C₅₄H₈₂P₂
    (Cy₃P)(PhC≡C)₂Pt(SiMe₂)Pt(PCy₃), **6**, 1099
SiRbC₄H₁₁
    Rb(CH₂SiMe₃), **2**, 95
SiReC₃H₉O₄
    SiMe₃(ReO₄), **2**, 158
SiReC₅H₃O₅
    Re(SiH₃)(CO)₅, **4**, 204
SiReC₇H₆Cl₃O₂
    ReH(SiCl₃)(CO)₂Cp, **6**, 1070
SiReC₈H₉O₅
    Re(SiMe₃)(CO)₅, **4**, 204
SiReC₁₁H₁₃O₃
    Re(CO)₃(η^5-C₅H₄SiMe₃), **4**, 206, 207
SiReC₁₂H₁₅O₃
    Re(CO)₃(η^5-C₅H₄CH₂SiMe₃), **4**, 207
SiReC₁₅H₃₆N₃O
    SiMe₃{ORe(NBuᵗ)₃}, **2**, 158
SiReC₂₆H₁₉O₃
    Re(CO)₃(η^5-C₅H₄SiPh₃), **4**, 207
SiReC₂₆H₂₀O₂
    [Re(CSiPh₃)(CO)₂Cp]⁺, **4**, 224
SiReC₄₇H₃₉O₃P₂
    Re(SiPh₃)(CO)₃(diphos), **6**, 1067
SiReRuC₁₂H₉O₉
    ReRu(SiMe₃)(CO)₉, **6**, 834
SiRe₂C₁₀H₂O₁₀
    H₂Si{Re(CO)₅}₂, **6**, 1046
SiRe₂C₁₈H₁₄O₆
    Re₂H₄(SiPh₂)(CO)₆, **4**, 205
SiRe₂C₂₀H₁₀O₈
    Re₂(SiPh₂)(CO)₈, **4**, 205
SiRe₂C₂₀H₁₂O₈
    Re₂H₂(SiPh₂)(CO)₈, **4**, 205
SiRhC₁₄H₃₂P₂
    [RhH(η^5-C₅H₄SiMe₃)(PMe₃)₂]⁺, **5**, 364
SiRhC₁₈H₁₅F₁₂P₄
    Rh(SiPh₃)(PF₃)₄, **8**, 300
SiRh₃C₁₉H₂₄NO
    Rh₃(NSiMe₃)(CO)Cp₃, **2**, 144; **5**, 361
SiRuC₇H₅Cl₃O₂
    Ru(SiCl₃)(CO)₂Cp, **4**, 793
SiRuC₇H₉IO₄
    RuI(SiMe₃)(CO)₄, **4**, 912
SiRuC₇H₉O₄
    [Ru(SiMe₃)(CO)₄]⁻, **4**, 912
SiRuC₁₀H₁₄O₂
    Ru(SiMe₃)(CO)₂Cp, **4**, 776

SiRuC₁₃H₁₈
    RuCp(η^5-C₅H₄SiMe₃), **4**, 769
SiRuC₁₄H₂₂O₂
    Ru(SiMe₃)(CO)₂(C₉H₁₃), **4**, 916
SiRuC₁₄H₂₄O₂
    Ru(SiMe₃)(CO)₂(C₁₀H₁₅), **4**, 916
SiRuC₁₆H₂₆O₂
    Ru(SiMe₃)(CO)₂(C₁₁H₁₇), **4**, 916
SiRuC₁₆H₄₆P₄
    $\overline{\text{Ru(CH}_2\text{SiMe}_2\text{CH}_2\text{)}}$(PMe₃)₄, **2**, 295; **4**, 734
SiRuC₂₁H₁₆Cl₃O₃P
    RuH(SiCl₃)(CO)₃(PPh₃), **4**, 914
SiRuC₃₃H₂₆O₃
    Ru(SiMe₂)(CO)₃(C₄Ph₄), **2**, 85
SiRuC₆₁H₆₀ClOP₃
    RuCl(SiEt₃)(CO)(PPh₃)₃, **8**, 263
SiRuSnC₁₀H₁₈O₄
    Ru(SiMe₃)(SnMe₃)(CO)₄, **4**, 912
SiRuSnC₂₅H₂₄O₄
    Ru(SiMe₃)(SnPh₃)(CO)₄, **4**, 912
SiRu₂C₁₆H₁₆O₅
    Ru₂(CO)₅(C₈H₇SiMe₃), **4**, 829
SiRu₂C₁₇H₁₆O₆
    Ru₂(CO)₆(C₈H₇SiMe₃), **4**, 655
SiRu₃C₁₃H₉NO₁₀
    Ru₃(NSiMe₃)(CO)₁₀, **4**, 616, 869
SiRu₃C₁₆H₁₆O₁₃S
    Ru₃H{S(CH₂)₃Si(OMe)₃}(CO)₁₀, **4**, 961
SiRu₃C₃₄H₅₇O₉P₃
    Ru₃(CO)₉{(Bu₂P)₃SiMe}, **2**, 153; **4**, 877
SiSbC₃H₉F₆
    SiMe₃(SbF₆), **2**, 179
SiSbC₇H₁₉
    SbMe₂(CHSiMe₃), **2**, 99
SiSbC₁₁H₂₇
    SbBu₂(SiMe₃), **2**, 154
SiSbC₁₅H₁₉
    SbPh₂(SiMe₃), **2**, 154
SiSnC₆H₁₈
    SnMe₃(SiMe₃), **2**, 105
SiSnC₆H₁₈S
    SnMe₃(SSiMe₃), **2**, 124
SiSnC₇H₁₈
    (Me₃Sn)(Me)$\overline{\text{Si(CH}_2\text{)}_2\text{CH}_2}$, **2**, 229
SiSnC₇H₂₁N
    SnMe₃{NMe(SiMe₃)}, **2**, 124
SiSnC₈H₁₆
    Me₂Sn(CH=CH)₂SiMe₂, **2**, 43
SiSnC₈H₂₁NS₂
    SnMe₃{SC(=NMe)SSiMe₃}, **2**, 124
SiSnC₁₀H₂₇N
    SnMe₃{NBuᵗ(SiMe₃)}, **2**, 121
SiSnC₁₄H₂₈
    Bu₂Sn(CH=CH)₂SiMe₂, **2**, 296
SiSnC₁₆H₃₈
    SnBu₃(CH₂SiMe₃), **7**, 524
SiSnC₂₄H₃₆O
    Bu₃SnOSiBu₃, **2**, 577
SiSnC₂₈H₂₈
    Ph₂Sn(CH₂CH₂)₂SiPh₂, **2**, 543
SiSnZrC₁₈H₃₂
    Zr(CH₂SiMe₃)(CH₂SnMe₃)Cp₂, **3**, 585
SiSn₂C₁₄H₃₆
    SiMe₂(SnEt₃)₂, **2**, 105
SiSn₂C₁₈H₃₂

SiSn$_2$C$_{18}$H$_{32}$
  SiMe$_2${C$_5$H$_4$SnMe$_3$}$_2$, **2**, 52
SiTaC$_{14}$H$_{37}$ClNP$_2$
  TaCl(NSiMe$_3$)(CHBu^t)(PMe$_3$)$_2$, **3**, 721
SiTaC$_{15}$H$_{23}$
  TaMe(CHSiMe$_3$)Cp$_2$, **3**, 103, 722
SiTaC$_{15}$H$_{24}$
  [TaMe(CH$_2$SiMe$_3$)Cp$_2$]$^+$, **3**, 727, 735
SiThC$_{14}$H$_{26}$Cl$_2$
  ThCl$_2$(CH$_2$SiMe$_3$)(C$_5$Me$_5$), **3**, 255
SiTiC$_4$H$_{11}$Cl$_3$
  TiCl$_3$(CH$_2$SiMe$_3$), **3**, 437
SiTiC$_8$H$_{13}$Cl$_3$
  TiCl$_3$(η^5-C$_5$H$_4$SiMe$_3$), **3**, 333
SiTiC$_{10}$H$_{29}$N$_3$
  Ti(CH$_2$SiMe$_3$)(NMe$_2$)$_3$, **3**, 454
SiTiC$_{12}$H$_{14}$Cl$_2$
  TiCl$_2${(η^5-C$_5$H$_4$)$_2$SiMe$_2$}, **3**, 369
SiTiC$_{12}$H$_{14}$S$_5$
  Ti(S$_5$){(η^5-C$_5$H$_4$)$_2$SiMe$_2$}, **3**, 369
SiTiC$_{13}$H$_{19}$Cl
  TiCl(SiMe$_3$)Cp$_2$, **3**, 424
SiTiC$_{13}$H$_{19}$ClO
  TiCl(OSiMe$_3$)Cp$_2$, **3**, 376
SiTiC$_{14}$H$_{20}$
  $\overline{\text{Ti(CH$_2$SiMe$_2CH_2$)}}$Cp$_2$, **3**, 421
SiTiC$_{14}$H$_{21}$
  Ti(CH$_2$SiMe$_3$)Cp$_2$, **3**, 310
SiTiC$_{14}$H$_{21}$Cl
  TiCl(CH$_2$SiMe$_3$)Cp$_2$, **3**, 406
SiTiC$_{14}$H$_{31}$N$_3$
  Ti(NMe$_2$)$_3$(η^5-C$_5$H$_4$SiMe$_3$), **3**, 355
SiTiC$_{27}$H$_{28}$
  $\overline{\text{Ti{C$_6H_4$C(Ph)=C(SiMe$_3$)}}}$Cp$_2$, **3**, 420
SiTi$_5$C$_{50}$H$_{46}$Cl$_2$O$_8$
  Ti$_5$Cl$_2$(SiMe$_3$)(OPh)$_8$, **3**, 448
SiTlC$_4$H$_{11}$BrCl
  TlBr(Cl)(CH$_2$SiMe$_3$), **1**, 739
SiTlC$_8$H$_{13}$
  Tl(C$_5$H$_4$SiMe$_3$), **1**, 750
SiTlC$_{12}$H$_{25}$O$_4$
  Tl(CH$_2$SiMe$_3$)(O$_2$CPr^i)$_2$, **1**, 746
SiVC$_6$HO$_6$
  V(SiH$_3$)(CO)$_6$, **6**, 1045
SiVC$_6$H$_3$O$_6$
  V(SiH$_3$)(CO)$_6$, **3**, 656; **6**, 1060
SiVC$_{10}$H$_{19}$
  VMe(CH$_2$SiMe$_3$)Cp, **3**, 679
SiVC$_{13}$H$_{19}$N
  V(NSiMe$_3$)Cp$_2$, **3**, 680
SiVC$_{14}$H$_{21}$Cl
  VCl(CH$_2$SiMe$_3$)Cp$_2$, **3**, 679
SiVC$_{28}$H$_{25}$N
  V(NSiPh$_3$)Cp$_2$, **2**, 144; **3**, 680
SiV$_2$C$_{23}$H$_{29}$N
  (Cp$_2$V)$_2$NSiMe$_3$, **2**, 144; **3**, 680
SiWC$_4$H$_{11}$Cl$_5$
  WCl$_5$(CH$_2$SiMe$_3$), **3**, 1311
SiWC$_8$H$_8$O$_3$
  W(SiH$_3$)(CO)$_3$Cp, **3**, 1338; **6**, 1045
SiWC$_{10}$H$_{11}$Cl$_3$
  WH(SiCl$_3$)Cp$_2$, **6**, 1051
SiWC$_{11}$H$_{14}$O$_3$
  W(SiMe$_3$)(CO)$_3$Cp, **6**, 1049
SiWC$_{23}$H$_{15}$BrO$_4$
  WBr(CSiPh$_3$)(CO)$_4$, **3**, 1301, 1305

SiWC$_{24}$H$_{18}$O$_6$
  W{C(OMe)(SiPh$_3$)}(CO)$_5$, **3**, 1301
SiWC$_{25}$H$_{18}$O$_6$
  W{C(OMe)(SiPh$_3$)}(CO)$_5$, **2**, 94
SiWC$_{26}$H$_{20}$O$_2$
  W(CSiPh$_3$)(CO)$_2$Cp, **2**, 94
SiW$_2$C$_{24}$H$_{30}$
  W$_2$H(CH$_2$SiMe$_3$)(C$_5$H$_4$)$_2$Cp$_2$, **3**, 1355
SiZnC$_4$H$_{12}$O
  ZnMe(OSiMe$_3$), **2**, 838
SiZnC$_6$H$_{13}$Cl
  ZnCl(CH$_2$CH=CHSiMe$_3$), **7**, 532
SiZnC$_7$H$_{13}$Cl
  ZnCl(CH$_2$CH$_2$C≡CSiMe$_3$), **8**, 916
SiZn$_2$C$_4$H$_{10}$Br$_2$
  (BrZn)$_2$CHSiMe$_3$, **1**, 167
SiZrC$_{21}$H$_{27}$Cl
  ZrCl{CH(SiMe$_3$)(C$_6$H$_4$Me)}Cp$_2$, **3**, 594
SiZrC$_{26}$H$_{32}$
  Zr{CH(SiMe$_3$)(C$_6$H$_4$Me)}Cp$_2$, **3**, 594
SiZrC$_{28}$H$_{25}$Cl
  ZrCl(SiPh$_3$)Cp$_2$, **3**, 573, 600; **6**, 1058, 1059
Si$_2$AlC$_8$H$_{24}$O$_2$
  [AlMe$_2$(OSiMe$_3$)$_2$]$^-$, **1**, 714
Si$_2$AlC$_9$H$_{26}$N
  Al(CH$_2$SiMe$_3$)$_2$(NHMe), **7**, 434
Si$_2$Al$_2$C$_{10}$H$_{30}$O$_2$
  {AlMe$_2$(OSiMe$_3$)}$_2$, **1**, 597
Si$_2$AsC$_{12}$H$_{23}$
  AsPh(SiMe$_3$)$_2$, **2**, 153
Si$_2$AsC$_{14}$H$_{36}$N
  AsBu$^t_2${N(SiMe$_3$)$_2$}, **2**, 126
Si$_2$AuC$_{13}$H$_{36}$P$_2$
  [Au{C(SiMe$_3$)$_2$(PMe$_3$)}(PMe$_3$)]$^+$, **2**, 69
Si$_2$Au$_2$C$_{10}$H$_{30}$O$_2$
  Me$_2$Au(OSiMe$_3$)$_2$AuMe$_2$, **2**, 790
Si$_2$BC$_6$H$_{18}$Br$_2$N
  (Me$_3$Si)$_2$NBBr$_2$, **2**, 127
Si$_2$BC$_6$H$_{18}$F$_2$N
  (Me$_3$Si)$_2$NBF$_2$, **2**, 125
Si$_2$BC$_6$H$_{19}$F$_3$N
  (Me$_3$Si)$_2$NH(BF$_3$), **2**, 125
Si$_2$BC$_7$H$_{21}$N$_2$
  $\overline{\text{MeBNMeSiMe$_2$SiMe$_2$NMe}}$, **1**, 356
Si$_2$BC$_8$H$_{24}$N$_3$
  $\overline{\text{Me$_2$SiNMeBMeNMeSiMe$_2$NMe}}$, **1**, 371
Si$_2$BC$_{10}$H$_{29}$N$_4$
  $\overline{\text{Me$_3$SiNHN(SiMe$_3$)BNMe(CH$_2$)$_2$NMe}}$, **1**, 355
Si$_2$BC$_{11}$H$_{20}$NO$_2$
  PhB(OSiMe$_2$)$_2$NMe, **1**, 372
Si$_2$BC$_{11}$H$_{28}$N
  $\overline{\text{(Me$_3$Si)$_2$NB(CH$_2$)$_2$CHMeCH$_2$}}$, **1**, 316
Si$_2$BC$_{12}$H$_{31}$
  BH{CH(Et)(SiMe$_3$)}$_2$, **7**, 243
Si$_2$BC$_{14}$H$_{32}$
  $\overline{\text{[(Me$_3$Si)$_2$BCH{(CH$_2$)$_3$}$_2$CH]}}^-$, **2**, 104
Si$_2$B$_2$NiC$_{24}$H$_{30}$
  Ni{PhB(CH=CH)$_2$SiMe$_2$}$_2$, **1**, 401; **6**, 117
Si$_2$B$_2$PdC$_{24}$H$_{30}$
  Pd{PhB(CH=CH)$_2$SiMe$_2$}$_2$, **1**, 401
Si$_2$B$_2$PtC$_{24}$H$_{30}$
  Pt{PhB(CH=CH)$_2$SiMe$_2$}$_2$, **1**, 401
Si$_2$B$_4$C$_8$H$_{24}$
  nido-C$_2$B$_4$H$_6$(SiMe$_3$)$_2$, **1**, 439
Si$_2$BeC$_6$H$_{18}$N$_2$

Be(NMeSiMe$_2$CH$_2$SiMe$_2$NMe), **2**, 295
Si$_2$BeC$_8$H$_{22}$
  Be(CH$_2$SiMe$_3$)$_2$, **1**, 124, 125; **2**, 95
Si$_2$BeC$_{17}$H$_{40}$O
  Be(CH$_2$SiMe$_3$)$_2$(OBu^t)$_2$, **1**, 130
Si$_2$CCl$_2$F$_6$
  (F$_3$Si)$_2$CCl$_2$, **2**, 25
Si$_2$CCl$_8$
  (Cl$_3$Si)$_2$CCl$_2$, **2**, 21
Si$_2$C$_2$H$_2$F$_4$
  F$_2$Si(CH=CHSiF$_2$), **2**, 90
Si$_2$C$_2$H$_4$Cl$_4$
  (Cl$_2$SiCH$_2$)$_2$, **2**, 237
Si$_2$C$_2$H$_4$Cl$_6$
  (Cl$_3$SiCH$_2$)$_2$, **2**, 313
Si$_2$C$_2$H$_4$F$_4$
  F$_2$Si(CH$_2$)$_2$SiF$_2$, **2**, 211
Si$_2$C$_2$H$_6$Cl$_4$
  {SiCl$_2$(Me)}$_2$, **2**, 86, 310, 372; **8**, 920
Si$_2$C$_2$H$_6$Cl$_4$O
  {SiCl$_2$(Me)}$_2$O, **2**, 312
Si$_2$C$_2$H$_8$
  (H$_2$SiCH$_2$)$_2$, **2**, 237
Si$_2$C$_2$H$_{10}$
  {SiH$_2$(Me)}$_2$, **2**, 112
Si$_2$C$_3$H$_6$Cl$_6$
  (Cl$_3$SiCH$_2$)$_2$CH$_2$, **2**, 314
  (Cl$_3$Si)$_2$CMe$_2$, **2**, 25
Si$_2$C$_3$H$_6$F$_2$
  F$_2$Si{CH(Me)CH$_2$SiF$_2$}, **2**, 90
Si$_2$C$_3$H$_9$Cl$_3$
  SiCl(Me)$_2$(CH$_2$SiHCl$_2$), **2**, 82
Si$_2$C$_3$H$_{10}$Cl$_3$N
  SiMe$_3${NH(SiCl$_3$)}, **2**, 134
Si$_2$C$_4$H$_4$F$_4$
  F$_2$Si(CH=CH)$_2$SiF$_2$, **2**, 271
  HC≡CH(SiF$_2$)$_2$CH=CH$_2$, **2**, 90
Si$_2$C$_4$H$_6$Cl$_4$
  Cl$_2$SiCH=CHCH$_2$SiCl$_2$CH$_2$, **2**, 246
Si$_2$C$_4$H$_6$Cl$_6$
  Cl$_3$SiCH$_2$CH=CHCH$_2$SiCl$_3$, **8**, 694
Si$_2$C$_4$H$_6$F$_4$
  F$_2$Si(CH$_2$CH=CHCH$_2$SiF$_2$), **2**, 90
Si$_2$C$_4$H$_8$F$_4$
  F$_2$Si(CH$_2$)$_4$SiF$_2$, **2**, 211
Si$_2$C$_4$H$_{10}$Cl$_2$
  {Cl(Me)SiCH$_2$}$_2$, **2**, 235
Si$_2$C$_4$H$_{11}$Cl$_3$
  Si$_2$Cl$_2$(Me)$_3$(CH$_2$Cl), **2**, 368
Si$_2$C$_4$H$_{12}$
  {Me(H)SiCH$_2$}$_2$, **2**, 221
  Me$_2$Si(CH$_2$SiH$_2$CH$_2$), **2**, 107
Si$_2$C$_4$H$_{12}$Cl$_2$
  {SiCl(Me)$_2$}$_2$, **2**, 372
Si$_2$C$_4$H$_{12}$F$_2$
  {SiF(Me)$_2$}$_2$, **2**, 309; **8**, 920
Si$_2$C$_4$H$_{12}$S$_2$
  (Me$_2$SiS)$_2$, **2**, 207
Si$_2$C$_4$H$_{12}$Se$_2$
  (Me$_2$SiSe)$_2$, **2**, 178
Si$_2$C$_4$H$_{14}$
  {SiH(Me)$_2$}$_2$, **2**, 309, 366
Si$_2$C$_4$H$_{14}$O
  (Me$_2$HSi)$_2$O, **2**, 308, 327
Si$_2$C$_5$H$_{12}$Cl$_2$
  Cl$_2$SiCH$_2$SiMe$_2$CHMe, **2**, 235
Si$_2$C$_5$H$_{13}$Cl$_3$
  SiMe$_3$(CH$_2$CH$_2$SiCl$_3$), **2**, 116
Si$_2$C$_6$H$_4$Cl$_4$O
  Cl$_2$SiC$_6$H$_4$SiCl$_2$O, **2**, 249
Si$_2$C$_6$H$_{10}$F$_4$
  F$_2$Si(Bu^t)=CHSiF$_2$, **2**, 240; **8**, 656
Si$_2$C$_6$H$_{12}$Cl$_4$
  Cl$_2$(Me)SiCH$_2$CH=CHCH$_2$SiCl$_2$(Me), **2**, 376
Si$_2$C$_6$H$_{12}$F$_4$
  F$_2$Si{CH$_2$CH(Me)CH(Me)CH$_2$SiF$_2$}, **2**, 90
Si$_2$C$_6$H$_{14}$ClI
  ClSiMe$_2$CH$_2$SiMe$_2$CH$_2$I, **2**, 236
Si$_2$C$_6$H$_{14}$Cl$_2$
  Me$_2$Si(CH$_2$)$_3$SiCl$_2$CH$_2$, **2**, 264
Si$_2$C$_6$H$_{15}$N
  Si$_2$Me$_5$(CN), **2**, 374
Si$_2$C$_6$H$_{16}$
  (Me$_2$SiCH$_2$)$_2$, **2**, 232, 233
  Me$_2$SiCH$_2$SiMe$_2$CH$_2$, **2**, 68
Si$_2$C$_6$H$_{16}$Cl$_2$
  {Me$_2$Si(Cl)CH$_2$}$_2$, **7**, 586
Si$_2$C$_6$H$_{16}$O
  Me$_2$Si{OSiMe$_2$CH$_2$CH$_2$}, **2**, 171
Si$_2$C$_6$H$_{16}$O$_2$
  Me$_2$Si(CH$_2$)$_2$OSiMe$_2$O, **2**, 234
Si$_2$C$_6$H$_{16}$S$_2$
  Me$_2$SiS(CH$_2$)$_2$SSiMe$_2$, **2**, 171
Si$_2$C$_6$H$_{17}$Cl
  Me$_3$SiCH$_2$SiCl(Me)$_2$, **2**, 9; **7**, 529
  Si$_2$Me$_5$(CH$_2$Cl), **2**, 77, 368
Si$_2$C$_6$H$_{18}$
  Si$_2$Me$_6$, **2**, 91; **3**, 100, 104
Si$_2$C$_6$H$_{18}$BrN
  (Me$_3$Si)$_2$NBr, **2**, 127; **7**, 591
Si$_2$C$_6$H$_{18}$F$_2$NP
  (Me$_3$Si)$_2$NPF$_2$, **2**, 126
Si$_2$C$_6$H$_{18}$N$_2$
  Me$_3$SiN=NSiMe$_3$, **2**, 122, 139
Si$_2$C$_6$H$_{18}$N$_2$S
  (Me$_3$SiN)$_2$S, **2**, 146
Si$_2$C$_6$H$_{18}$N$_4$S$_3$
  (Me$_3$SiNSN)$_2$S, **2**, 146
Si$_2$C$_6$H$_{18}$O
  (Me$_3$Si)$_2$O, **2**, 12, 28, 155; **7**, 575
Si$_2$C$_6$H$_{18}$O$_2$
  MeO(SiMe$_2$)$_2$OMe, **2**, 86, 212, 308, 367
  Me$_3$SiOOSiMe$_3$, **2**, 165
Si$_2$C$_6$H$_{18}$O$_3$
  {Me$_2$(MeO)Si}$_2$O, **2**, 219
Si$_2$C$_6$H$_{18}$O$_4$S
  (Me$_3$SiO)$_2$SO$_2$, **2**, 165, 321; **7**, 581
Si$_2$C$_6$H$_{18}$S
  (Me$_3$Si)$_2$S, **2**, 169; **7**, 598
Si$_2$C$_6$H$_{18}$Se
  (Me$_3$Si)$_2$Se, **2**, 176, 177
Si$_2$C$_6$H$_{18}$Te
  (Me$_3$Si)$_2$Te, **2**, 176, 177
Si$_2$C$_6$H$_{19}$H
  (Me$_3$Si)$_2$NH, **7**, 594
Si$_2$C$_6$H$_{19}$N
  (Me$_3$Si)$_2$NH, **2**, 121, 320, 321; **7**, 586
Si$_2$C$_6$H$_{19}$NO
  SiMe$_3$(ONHSiMe$_3$), **2**, 139; **7**, 586
Si$_2$C$_6$H$_{19}$NO$_3$S
  SiMe$_3$(NHSO$_3$SiMe$_3$), **2**, 123
Si$_2$C$_6$H$_{19}$P

Si$_2$C$_6$H$_{19}$P
  {H$_2$(Me)Si}$_2$CPMe$_3$, **2**, 67
  (Me$_3$Si)$_2$PH, **2**, 146
Si$_2$C$_6$H$_{20}$N$_2$
  (Me$_3$SiNH)$_2$, **1**, 356; **2**, 137; **7**, 586
Si$_2$C$_7$H$_{16}$
  Me$_2$SiCH=CHSiMe$_2$CH$_2$, **2**, 246
Si$_2$C$_7$H$_{16}$F$_2$O
  SiF(Me)$_2$|CH$_2$CH=CHOSiF(Me)$_2$|, **2**, 376
Si$_2$C$_7$H$_{18}$
  Me$_2$Si(CH$_2$)$_3$SiMe$_2$, **2**, 244, 376; **8**, 851
Si$_2$C$_7$H$_{18}$Br$_2$
  (Me$_3$Si)$_2$CBr$_2$, **7**, 533
Si$_2$C$_7$H$_{18}$Cl$_2$
  (Me$_3$Si)$_2$CCl$_2$, **2**, 25, 77
Si$_2$C$_7$H$_{18}$N$_2$
  Me$_3$SiN=C=NSiMe$_3$, **2**, 128, 145; **7**, 589, 592
Si$_2$C$_7$H$_{18}$N$_2$S
  (Me$_3$Si)$_2$NNCS, **2**, 145
Si$_2$C$_7$H$_{18}$N$_4$O
  SiMe$_3$|NC(OSiMe$_3$)=NN=N|, **2**, 141
Si$_2$C$_7$H$_{19}$Br
  (Me$_3$Si)$_2$CHBr, **7**, 528
Si$_2$C$_7$H$_{20}$
  (Me$_3$Si)$_2$CH$_2$, **2**, 9, 93; **7**, 522
  Si$_2$Me$_5$(Et), **2**, 106; **4**, 959
Si$_2$C$_7$H$_{20}$N$_2$O
  (Me$_3$SiNH)$_2$CO, **7**, 576
Si$_2$C$_7$H$_{20}$O
  SiMe$_3$|CH$_2$SiMe$_2$(OMe)|, **2**, 161
Si$_2$C$_7$H$_{21}$N
  (Me$_3$Si)$_2$NMe, **2**, 124
Si$_2$C$_7$H$_{21}$NS
  (Me$_3$Si)$_2$N(SMe), **7**, 592
Si$_2$C$_8$H$_8$Cl$_6$
  SiCl$_3$|CH(Ph)CH$_2$SiCl$_3$|, **2**, 116; **7**, 616
Si$_2$C$_8$H$_{15}$Cl$_3$
  Me$_2$SiCH=CHCH(CH$_2$CH$_2$SiCl$_3$)CH$_2$, **2**, 250
Si$_2$C$_8$H$_{16}$Cl$_2$
  ClSi{(CH$_2$)$_4$}$_2$SiCl, **2**, 293
Si$_2$C$_8$H$_{18}$
  Me$_2$SiCH$_2$CH=CHCH$_2$SiMe$_2$, **2**, 269
  Me$_2$SiC(Me)=C(Me)SiH(Me)CH$_2$, **2**, 221
  Me$_2$SiC(Me)=C(Me)SiMe$_2$, **2**, 226, 239
  Me$_3$SiC≡CSiMe$_3$, **2**, 26, 34; **7**, 546
Si$_2$C$_8$H$_{18}$Cl$_2$O$_2$
  {Me(Cl)SiO(CH$_2$)$_3$}$_2$, **2**, 244
Si$_2$C$_8$H$_{18}$N$_4$O$_2$
  {Me$_3$SiN(NCO)}$_2$, **2**, 145
Si$_2$C$_8$H$_{18}$O
  Me$_2$SiCH$_2$CH=CHCH$_2$SiMe$_2$O, **2**, 269
Si$_2$C$_8$H$_{18}$S
  (Me$_3$Si)$_2$C=C=S, **2**, 75
  SiMe$_3$(C≡CSSiMe$_3$), **2**, 75
Si$_2$C$_8$H$_{18}$Se
  (Me$_3$Si)$_2$C=C=Se, **2**, 176
  SiMe$_3$(C≡CSeSiMe$_3$), **2**, 176
Si$_2$C$_8$H$_{19}$Cl$_2$P
  Me(Cl)Si{C(PMe$_3$)SiCl(Me)CH$_2$CH$_2$}, **2**, 67
Si$_2$C$_8$H$_{20}$
  (Me$_2$SiCH$_2$CH$_2$)$_2$, **2**, 212, 241
  Me$_2$Si(CH$_2$)$_4$SiMe$_2$, **2**, 266, 375
  (Me$_3$Si)$_2$C=CH$_2$, **2**, 25, 95; **7**, 526, 536
  Me$_3$SiCH=CHSiMe$_3$, **2**, 30, 35; **7**, 532, 543
Si$_2$C$_8$H$_{20}$NO
  [Me$_3$SiNC(OSiMe$_3$)CH$_2$]$^-$, **7**, 97

Si$_2$C$_8$H$_{20}$N$_2$O$_2$
  (Me$_3$SiNHCO)$_2$, **7**, 586
Si$_2$C$_8$H$_{20}$O
  SiMe$_3$(CH=CHOSiMe$_3$), **2**, 22
Si$_2$C$_8$H$_{20}$O$_2$
  {Me(EtO)SiCH$_2$}$_2$, **2**, 237
  Si$_2$Me$_5$(CH$_2$OAc), **2**, 369
Si$_2$C$_8$H$_{21}$NO
  SiMe$_3$|N=CMe(OSiMe$_3$)|, **2**, 123
  SiMe$_3$|OC(Me)=NSiMe$_3$|, **7**, 553, 576, 586, 590, 596
Si$_2$C$_8$H$_{22}$
  SiH(Me)$_2$(SiEt$_3$), **2**, 210, 367, 374
  Si$_2$Me$_5$(Pr^i), **2**, 377
Si$_2$C$_8$H$_{22}$O$_2$
  (Me$_3$SiOCH$_2$)$_2$, **7**, 580, 583
Si$_2$C$_8$H$_{22}$S
  (Me$_2$EtSi)$_2$S, **7**, 599
Si$_2$C$_8$H$_{22}$S$_2$
  (Me$_3$SiSCH$_2$)$_2$, **7**, 601
Si$_2$C$_8$H$_{23}$N
  (Me$_3$Si)$_2$NEt, **7**, 586
Si$_2$C$_8$H$_{24}$N$_2$
  (Me$_3$Si)$_2$NNMe$_2$, **2**, 137
Si$_2$C$_9$H$_{20}$
  Me$_2$SiCH$_2$C(Me)=CHCH$_2$CMe$_2$, **2**, 269
  Me$_2$Si(CH$_2$)$_3$SiMe$_2$CH=CH, **2**, 376
  SiMe$_3$(C≡CCH$_2$SiMe$_3$), **2**, 40
Si$_2$C$_9$H$_{20}$O$_4$
  (Me$_3$SiO$_2$C)$_2$CH$_2$, **2**, 160
Si$_2$C$_9$H$_{21}$Cl
  SiMe$_3$|C(Cl)=CHCH$_2$SiMe$_3$|, **2**, 39
Si$_2$C$_9$H$_{21}$N$_2$
  [Me$_3$Si|CC(SiMe$_3$)NHNHCH|]$^+$, **2**, 158
Si$_2$C$_9$H$_{22}$
  Me$_2$Si(CH$_2$)$_3$SiMe$_2$CH$_2$CH$_2$, **2**, 278
  (Me$_3$Si)$_2$C=CHMe, **2**, 25
  SiMe$_3$(CH=CHCH$_2$SiMe$_3$), **7**, 541
Si$_2$C$_9$H$_{22}$O
  SiMe$_3$|CH(OSiMe$_3$)CH=CH$_2$|, **7**, 539, 580
Si$_2$C$_9$H$_{22}$O$_3$S
  SiMe$_3$|CH(CH=CH$_2$)SO$_2$OSiMe$_3$|, **7**, 541
Si$_2$C$_9$H$_{23}$P
  Me$_2$Si(CHPMe$_2$CH$_2$SiMe$_2$CH$_2$), **2**, 66
  Me$_2$Si(CH$_2$PMe$_2$CHSiMe$_2$CH$_2$), **2**, 67
Si$_2$C$_9$H$_{24}$
  Me$_3$Si(CH$_2$)$_3$SiMe$_3$, **2**, 27
  (Me$_3$Si)$_2$CMe$_2$, **2**, 22
  SiEt$_3$(SiMe$_3$), **2**, 100
Si$_2$C$_9$H$_{24}$N$_2$O
  (Me$_3$SiNMe)$_2$CO, **2**, 126
Si$_2$C$_9$H$_{24}$O
  SiMe$_3$|CMe$_2$(OSiMe$_3$)|, **2**, 24
Si$_2$C$_9$H$_{24}$S$_2$
  (Me$_3$SiSCH$_2$)$_2$CH$_2$, **7**, 601
Si$_2$C$_{10}$H$_{18}$
  (Me$_3$SiC≡C)$_2$, **2**, 42; **5**, 207
Si$_2$C$_{10}$H$_{18}$Cl$_2$
  Me(Cl)SiC(Me)=C(Me)SiMe(Cl)C(Me)=C-Me, **2**, 277
Si$_2$C$_{10}$H$_{18}$Cl$_6$
  Cl$_3$SiC(Bu)=C(Bu)SiCl$_3$, **8**, 661
Si$_2$C$_{10}$H$_{18}$O
  HC(SiMe$_2$OSiMe$_2$)(CH=CH)$_2$CH, **2**, 291
Si$_2$C$_{10}$H$_{20}$
  Me$_2$Si(CH=CH)$_2$CH(SiMe$_3$), **2**, 274
  SiMe$_3$(C≡CCH=CHSiMe$_3$), **8**, 651

$Si_2C_{10}H_{20}F_2$
  {SiF(Me)$_2$(CH$_2$CH=CH)}$_2$, **2**, 376
$Si_2C_{10}H_{20}O_3$
  $\overline{SiMe_3\{OC=CHCH=C(OSiMe_3)O\}}$, **7**, 559, 571
$Si_2C_{10}H_{22}$
  $\overline{SiMe_2(CHCH_2CH_2)(CH_2SiMe_2CH=CH_2)}$, **2**, 32
$Si_2C_{10}H_{22}O_2$
  $\overline{SiMe_3\{C=C(OSiMe_3)OCH_2CH_2\}}$, **7**, 571
  $\overline{SiMe_3\{OC(=CH_2)C(OSiMe_3)=CH_2\}}$, **7**, 562
  $\overline{SiMe_3\{OC=C(OSiMe_3)CH_2CH_2\}}$, **7**, 555
  $\overline{SiMe_3\{OCH=CHC(OSiMe_3)=CH_2\}}$, **7**, 559
$Si_2C_{10}H_{23}NO_2$
  Me$_2$SiCH$_2$CH$_2$SiMe$_2$NCH$_2$CO$_2$Et, **7**, 586
$Si_2C_{10}H_{24}$
  $\overline{Me_2Si(CMe_2)_2SiMe_2}$, **2**, 236
  SiMe$_3$(CH=CHCH$_2$CH$_2$SiMe$_3$), **2**, 35
$Si_2C_{10}H_{24}O$
  $\overline{Me_2Si(CMe_2)_2SiMe_2O}$, **2**, 236
$Si_2C_{10}H_{26}$
  {SiMe$_2$(Pr^i)}$_2$, **2**, 377
$Si_2C_{10}H_{26}N_2$
  Me$_3$SiN(CH$_2$CH$_2$)$_2$NSiMe$_3$, **7**, 593
$Si_2C_{10}H_{26}O_2$
  Me$_3$SiO(CH$_2$)$_4$OSiMe$_3$, **2**, 21
$Si_2C_{10}H_{27}N$
  (Me$_3$Si)$_2$NBu^t, **2**, 121, 137; **7**, 587
$Si_2C_{10}H_{27}P$
  (Me$_3$Si)$_2$CPMe$_3$, **2**, 67; **7**, 627
  (Me$_3$Si)$_2$PBu^t, **7**, 604
  SiMe$_3$(CH$_2$SiMe$_2$CHPMe$_3$), **2**, 68
$Si_2C_{11}H_8Cl_4$
  $\overline{Cl_2SiC_{10}H_6SiCl_2CH_2}$, **2**, 270
$Si_2C_{11}H_{18}$
  $\overline{Me_2SiC_6H_4CH_2SiMe_2}$, **2**, 249
$Si_2C_{11}H_{20}$
  Si$_2$Me$_5$(Ph), **2**, 88, 375
$Si_2C_{11}H_{22}$
  C$_5$H$_4$(SiMe$_3$)$_2$, **2**, 52
$Si_2C_{11}H_{22}BrCl$
  Cl(SiMe$_2$)$_2$CBr(C$_6$H$_{10}$), **2**, 221
$Si_2C_{11}H_{24}O$
  $\overline{Me_2SiCH_2CH(CH_2CH_2SiMe_3)COCH_2}$, **2**, 248
$Si_2C_{11}H_{24}O_2$
  $\overline{SiMe_3\{OC=C(OSiMe_3)(CH_2)_2CH_2\}}$, **7**, 561
$Si_2C_{11}H_{24}O_3$
  SiMe$_3${OC(OMe)=CHC(OSiMe$_3$)=CH$_2$}, **7**, 553, 571
$Si_2C_{11}H_{27}N$
  SiEt$_3${N(CH=CH$_2$)SiMe$_3$}, **7**, 646
$Si_2C_{11}H_{28}$
  SiEt$_3$(CH$_2$CH$_2$SiMe$_3$), **2**, 101
$Si_2C_{11}H_{28}N_2$
  $\overline{Me_3SiN(CH_2)_3N(SiMe_3)CH_2CH_2}$, **7**, 593
$Si_2C_{12}H_8Cl_4$
  (Cl$_2$SiC$_6$H$_4$)$_2$, **2**, 274
$Si_2C_{12}H_{18}F_2$
  FSiMe$_2${C(Ph)=CHSiF(Me)$_2$}, **8**, 920
$Si_2C_{12}H_{20}F_4$
  {F$_2$SiC(Bu^t)=CH}$_2$, **2**, 240
  (F$_2$SiCH=CBu^t)$_2$, **8**, 656
$Si_2C_{12}H_{21}NO_2$
  SiMe$_3${C$_6$H$_3$(NO$_2$)(SiMe$_3$)}, **2**, 377
$Si_2C_{12}H_{22}$
  C$_6$H$_4$(SiMe$_3$)$_2$, **2**, 22, 42, 47; **7**, 550
  SiMe$_3$SiMe$_2$(Bz), **8**, 752
$Si_2C_{12}H_{22}BrN$
  (Me$_3$Si)$_2$N(C$_6$H$_4$Br), **7**, 589
$Si_2C_{12}H_{22}O$
  $\overline{\{HC(CH_2)(CH_2CH_2)_2Si\}_2O}$, **2**, 14
$Si_2C_{12}H_{22}S$
  Me$_3$SiCH$_2$SiMe$_2$(SPh), **2**, 237
$Si_2C_{12}H_{22}S_2$
  C$_6$H$_4$(SSiMe$_3$)$_2$, **2**, 173
$Si_2C_{12}H_{23}N$
  (Me$_3$Si)$_2$NPh, **2**, 141
  SiMe$_3${C$_6$H$_4$(NHSiMe$_3$)}, **2**, 141
$Si_2C_{12}H_{23}NO$
  SiMe$_3${ON(Ph)SiMe$_3$}, **7**, 597
$Si_2C_{12}H_{23}N_3$
  (Me$_3$Si)$_2$NN=NPh, **2**, 140
$Si_2C_{12}H_{23}P$
  (Me$_3$Si)$_2$PPh, **2**, 146, 148; **7**, 604
$Si_2C_{12}H_{24}$
  $\overline{(CH_2)_4Si(CH_2)_4Si(CH_2)_4}$, **2**, 293
  Me$_2$Si{C(Me)=CMe}$_2$SiMe$_2$, **2**, 107, 226
  Me$_3$Si{CH(CH=CH)$_2$CH}SiMe$_3$, **7**, 541
$Si_2C_{12}H_{24}F_4$
  $\overline{F_2Si(CMe_2)_4SiF_2}$, **2**, 211
$Si_2C_{12}H_{24}N_4S$
  (Me$_3$Si)$_2$N{$\overline{C=C(CN)NMeCSN}$Me}, **2**, 61
$Si_2C_{12}H_{24}O_4$
  SiMe$_3${C(CO$_2$Me)=C(CO$_2$Me)SiMe$_3$}, **2**, 376
$Si_2C_{12}H_{26}O$
  Me$_2$(MeO)SiC(C$_6$H$_{10}$)SiH(Me)$_2$, **2**, 221
$Si_2C_{12}H_{26}O_2$
  $\overline{SiMe_3\{OC=C(OSiMe_3)(CH_2)_3CH_2\}}$, **7**, 556
$Si_2C_{12}H_{26}O_3$
  {(MeCOCH$_2$CH$_2$)Me$_2$Si}$_2$O, **2**, 28
$Si_2C_{12}H_{28}$
  $\overline{Me\{Me_2(H)Si\}Si(CH_2)_2CH(Bu^t)CH_2CH_2}$, **2**, 266
  $\overline{SiMe_3\{CH(CH_2)_4CHSiMe_3\}}$, **2**, 48
$Si_2C_{12}H_{28}O$
  SiMe$_3${C(OSiMe$_3$)=CHBu}, **7**, 634
  $\overline{SiMe_3\{C(OSiMe_3)(CH_2)_4CH_2\}}$, **2**, 24
$Si_2C_{12}H_{28}O_2$
  (Me$_3$Si)$_2$CHCO$_2$Bu^t, **7**, 527
$Si_2C_{12}H_{30}$
  Si$_2$Et$_6$, **2**, 28
$Si_2C_{12}H_{30}P_2$
  Me$_2$Si{C(PMe$_3$)SiMe$_2$C(PMe$_3$)}, **2**, 67, 236
  (Me$_2$SiPBu^t)$_2$, **2**, 152
$Si_2C_{12}H_{30}S$
  (Et$_3$Si)$_2$S, **2**, 172, 173
$Si_2C_{13}H_{20}$
  Me$_2$SiC(SiMe$_3$)=CPh, **2**, 224
  Si$_2$Me$_5$(C≡CPh), **2**, 35, 225, 375
$Si_2C_{13}H_{22}$
  Me$_2$SiCH(SiMe$_3$)CHPh, **2**, 225
  Me$_3$Si(Ph)SiCH(Me)CHMe, **2**, 213
  SiH(Me)(Ph)(CH$_2$CH=CHSiMe$_3$), **2**, 212
  SiMe$_3${Si(Ph)CH$_2$CMe$_2$}, **2**, 87
  Si$_2$Me$_5$(CH=CHPh), **2**, 225
  Si$_2$Me$_5${C(Ph)=CH$_2$}, **2**, 81
$Si_2C_{13}H_{23}N$
  $\overline{Me_2SiCH_2CH_2SiMe_2N}$(Tol), **7**, 587
$Si_2C_{13}H_{23}NOS$
  SiMe$_3${SC(OSiMe$_3$)=NPh}, **2**, 174
$Si_2C_{13}H_{23}PS_2$
  (Me$_3$SiS)$_2$C(=PPh), **2**, 148
$Si_2C_{13}H_{24}O_4$
  $\overline{Me_2Si(CH_2)_3SiMe_2C(CO_2Me)=C(CO_2Me)}$, **2**, 244, 279
$Si_2C_{13}H_{25}N$

$Si_2C_{13}H_{25}N$
  SiMe$_3${C$_6$H$_4$CH(NH$_2$)SiMe$_3$}, **2**, 23
$Si_2C_{13}H_{26}$
  $\overline{\text{Si}\{(CH_2)_4\}\{(CH_2)_3\}_2\text{Si}}$, **2**, 293
$Si_2C_{13}H_{27}NO_2$
  $\overline{\text{Me}_2\text{SiCH}_2\text{CH}_2\text{SiMe}_2\text{N-}}$
  {CH(CO$_2$Et)CH$_2$CH=CH$_2$}, **7**, 591
$Si_2C_{14}H_{16}$
  {Ph(H)SiCH$_2$}$_2$, **2**, 237
  Ph(Me)Si=Si(Me)Ph, **2**, 7
$Si_2C_{14}H_{18}$
  {SiH(Me)(Ph)}$_2$, **2**, 366
$Si_2C_{14}H_{18}O_3$
  {Me(HO)(Ph)Si}$_2$O, **2**, 163
$Si_2C_{14}H_{20}$
  $\overline{\text{C(SiMe}_2\text{SiMe}_2)(CH=CH)(C_6H_4)C}$, **2**, 221
  Me$_2$Si(C$_5$H$_4$)$_2$SiMe$_2$, **2**, 85
$Si_2C_{14}H_{22}$
  Me$_3$SiC≡C(CH=CH)$_2$C≡CSiMe$_3$, **2**, 41
$Si_2C_{14}H_{24}$
  C$_6$H$_2$(CH$_2$CH$_2$)(SiMe$_3$)$_2$, **2**, 42, 49
  $\overline{\text{Me}_2\text{Si(C}_6\text{H}_3\text{Me)CH(SiMe}_3)\text{CH}_2}$, **2**, 282
$Si_2C_{14}H_{26}$
  C$_6$H$_4$(CH$_2$SiMe$_3$)$_2$, **2**, 47; **8**, 753
  SiMe$_3${CH$_2$CH(Ph)SiMe$_3$}, **2**, 23
$Si_2C_{14}H_{26}O$
  SiBu^s(Ph)(OMe)(SiMe$_3$), **2**, 213
$Si_2C_{14}H_{28}$
  {Me$_2$SiCH$_2$CH=C(Me)CH$_2$}$_2$, **2**, 287
$Si_2C_{14}H_{30}$
  (Me$_3$SiCH$_2$CH=CHCH$_2$)$_2$, **8**, 851
  SiMe$_3${$\overline{\text{CH(CH}_2)_4\text{CH(SiMe}_3)\text{CH=CH}}$}, **2**, 37
$Si_2C_{14}H_{31}Cl$
  SiMe$_3${C(Me)=C(C$_6$H$_{13}$)SiMe$_2$Cl}, **7**, 616
$Si_2C_{14}H_{32}O_2$
  (Me$_2$SiCEt$_2$O)$_2$, **2**, 220
$Si_2C_{14}H_{34}O_2$
  Me$_3$SiO(CH$_2$)$_8$OSiMe$_3$, **2**, 21
$Si_2C_{14}H_{36}P_2$
  Me$_3$SiPBu^{t}PBu^{t}SiMe$_3$, **2**, 151
$Si_2C_{15}H_{24}$
  (Me$_3$Si)$_2\overline{\text{C(C}_6\text{H}_4)\text{CH=CH}}$, **2**, 57
$Si_2C_{15}H_{26}O$
  SiMe$_3${C(OSiMe$_3$)=CHCH$_2$Ph}, **7**, 634
$Si_2C_{15}H_{30}$
  $\overline{\text{Me}_2\text{Si(CH}_2\text{CH=CHCH}_2)_2\text{SiMe}_2(CH_2)_2\text{CH}_2}$, **2**, 376; **8**, 851
$Si_2C_{15}H_{37}NO_6$
  (EtO)$_3$Si(CH$_2$)$_3$NHSi(OEt)$_3$, **2**, 315
$Si_2C_{16}H_{20}$
  (Me$_2$SiC$_6$H$_4$)$_2$, **2**, 273
$Si_2C_{16}H_{22}$
  Me$_2$Si{C(Ph)(CH=CH)$_2$CHSiMe$_2$}, **2**, 106
$Si_2C_{16}H_{22}N_2$
  (Me$_2$SiNPh)$_2$, **2**, 82, 133, 136
$Si_2C_{16}H_{22}P_2$
  (Me$_2$SiPPh)$_2$, **2**, 150, 152
$Si_2C_{16}H_{23}N_3$
  SiMe$_3${N(Ph)N=NSiMe$_3$}, **2**, 141
$Si_2C_{16}H_{24}$
  SiMe$_2$(Nap)(CH$_2$SiMe$_3$), **2**, 51
$Si_2C_{16}H_{26}$
  SiMe$_3${$\overline{\text{CH(C}_6\text{H}_4)\text{CH(SiMe}_3)\text{CH=CH}}$}, **2**, 182
$Si_2C_{16}H_{26}O$
  $\overline{\text{Me}_2\text{SiC(SiMe}_3)=C(Ph)CMe_2O}$, **2**, 225
$Si_2C_{16}H_{28}N_2$
  {Me$_3$SiN(CH=CH)$_2$CH}$_2$, **2**, 103
$Si_2C_{16}H_{30}N_2$
  $\overline{\text{Me}_2\text{Si}\{\text{NPr}^i\text{SiPh}(\text{NHBu}^t)\text{CH}_2\}}$, **2**, 137
$Si_2C_{16}H_{30}O$
  SiMe$_3$[C≡CCH$_2$-
  {$\overline{\text{C(Me)CH=CHCH(OSiMe}_3)\text{CH}_2\text{CH}_2}$}], **7**, 547
$Si_2C_{16}H_{32}O_4$
  $\overline{\text{Me}_2\text{SiO(C}_6\text{H}_{10})\text{OSiMe}_2\text{O(C}_6\text{H}_{10})\text{O}}$, **2**, 159
$Si_2C_{16}H_{36}$
  Me$_2$SiCH(CH$_2$Bu^t)SiMe$_2$CH(CH$_2$Bu^t), **2**, 9, 235
$Si_2C_{16}H_{36}O_2P_2$
  Me$_3$SiO{C=C(OSiMe$_3$)P(Bu^t)PBu^t}, **7**, 604
$Si_2C_{16}H_{38}O_3$
  {Bu$^t_2$(OH)Si}$_2$O, **7**, 575
$Si_2C_{17}H_{30}$
  Me$_2$Si(CH=CH)$_2$C{C(Bu)=CHSiMe$_3$}=CH, **2**, 282
$Si_2C_{17}H_{32}N_2$
  $\overline{\text{Me}_2\text{Si}\{\text{NBu}^t\text{SiMe(Ph)NBu}^t\}}$, **2**, 137
$Si_2C_{17}H_{42}N_3P$
  Me$_2$Si[N(Bu^t)P{NBu^t(SiMe$_3$)}NBu^t], **2**, 126
$Si_2C_{17}H_{44}N_2$
  CH$_2$[SiMe$_2${(CH$_2$)$_3\overset{+}{\text{N}}$Me$_3$}]$_2$, **2**, 78
$Si_2C_{18}H_{22}$
  $\overline{\text{Me}_2\text{SiCH(C}_6\text{H}_4)_2\text{CHSiMe}_2}$, **2**, 106, 290
  Me$_2$SiC(Ph)=C(Ph)SiMe$_2$, **2**, 226, 240, 368, 377
$Si_2C_{18}H_{22}F_2$
  FSiMe$_2${C(Ph)=C(Ph)SiF(Me)$_2$}, **8**, 920
$Si_2C_{18}H_{22}O$
  $\overline{\text{Me}_2\text{SiC(Ph)=C(Ph)SiMe}_2\text{O}}$, **2**, 240, 368
$Si_2C_{18}H_{24}$
  Me(Ph)Si(CH$_2$)$_4$SiMe(Ph), **2**, 87, 278, 375
  (Me$_2$SiCHPh)$_2$, **2**, 107
$Si_2C_{18}H_{26}$
  Me$_3$SiC≡C(CH=CH)$_4$C≡CSiMe$_3$, **2**, 41
$Si_2C_{18}H_{26}P_2$
  $\overline{\text{Me}_2\text{Si(PPhSiMe}_2\text{PPhCH}_2\text{CH}_2)}$, **2**, 150
$Si_2C_{18}H_{28}P_2$
  (Me$_3$SiPPh)$_2$, **2**, 151; **7**, 603
$Si_2C_{18}H_{30}$
  {Me$_3$Si(C$_6$H$_6$)}$_2$, **2**, 317
$Si_2C_{18}H_{32}O_2$
  $\overline{\text{Me}_2\text{SiC(C}_6\text{H}_{10})\text{OSiMe}_2\text{C(C}_6\text{H}_{10})\text{O}}$, **2**, 220
$Si_2C_{18}H_{42}P_2$
  (Bu$^t_2$SiPMe)$_2$, **2**, 152
$Si_2C_{19}H_{26}O_4$
  Me$_2$SiC(CO$_2$Me)=C(CO$_2$Me)C(Ph)=CSiMe$_3$, **2**, 224
$Si_2C_{19}H_{28}$
  (Me$_3$Si)$_2$CPh$_2$, **2**, 23
$Si_2C_{19}H_{29}P$
  (Me$_3$Si)$_2$CH(PPh$_2$), **7**, 628
$Si_2C_{19}H_{44}$
  (Pr$_3$Si)$_2$CH$_2$, **2**, 21
$Si_2C_{20}H_{24}$
  Me(Me$_3$Si)SiC(Ph)=CHCH=CPh, **2**, 261
  Me$_2$SiC(Ph)=CHCH=C(Ph)SiMe$_2$, **2**, 271, 276
$Si_2C_{20}H_{26}$
  $\overline{\text{Me}_2\text{Si}\{\text{CH(Ph)CH=CHCH(Ph)SiMe}_2\}}$, **2**, 82, 107
  $\overline{\text{Me}_2\text{Si(CH}_2)_2\text{SiMe}_2\text{C(Ph)=CPh}}$, **2**, 269
  PhSi{(CH$_2$)$_4$}$_2$SiPh, **2**, 293
$Si_2C_{20}H_{28}$
  Me$_2$Si(CH$_2$)$_2$SiMe$_2$CH(Ph)CHPh, **2**, 264
$Si_2C_{20}H_{28}O$
  (Me$_3$Si)$_2\overline{\text{COCPh}_2}$, **7**, 91
$Si_2C_{20}H_{28}O_2$
  SiMe$_3${OC(Ph)=C(Ph)(OSiMe$_3$)}, **2**, 91
$Si_2C_{20}H_{28}O_2P_2$
  Me$_3$SiO{C=C(OSiMe$_3$)P(Ph)PPh}, **2**, 149; **7**, 604

$Si_2C_{20}H_{30}$
  $Et_3Si(C\equiv C)_4SiEt_3$, **7**, 693
$Si_2C_{20}H_{38}O_2$
  $C_6H_2(Bu^t)_2(OSiMe_3)_2$, **2**, 159
$Si_2C_{20}H_{46}O_2$
  $SiBu^t{}_3\{OSi(OH)Bu^t{}_2\}$, **7**, 575
$Si_2C_{21}H_{24}$
  $SiPh_3(SiMe_3)$, **2**, 164, 366
$Si_2C_{21}H_{24}S$
  $SiPh_3(SSiMe_3)$, **2**, 172
$Si_2C_{22}H_{24}$
  $\overline{(Ph_3Si)(Me)Si(CH_2)_2CH_2}$, **2**, 229
$Si_2C_{22}H_{28}$
  $\overline{Me_2SiC(Ph)=C(Ph)SiMe_2C(Me)=CMe}$, **2**, 226
$Si_2C_{22}H_{34}P_2$
  $\overline{Me_2Si(PBu^tSiPh_2PBu^t)}$, **2**, 152
$Si_2C_{23}H_{26}O$
  $SiPh_3\{C(SiMe_3)CH_2O\}$, **7**, 532
$Si_2C_{23}H_{30}$
  $\overline{Me_2Si(CH_2)_3SiMe_2CH=C(Ph)C(Ph)=CH}$, **2**, 287
$Si_2C_{24}H_{20}S_2$
  $(Ph_2SiS)_2$, **2**, 169; **7**, 599
$Si_2C_{24}H_{30}$
  $SiPh_3(SiEt_3)$, **2**, 105
$Si_2C_{24}H_{32}$
  $\overline{Me_2SiC(Ph)=C(Ph)SiMe_2C(Et)=CEt}$, **2**, 226
$Si_2C_{24}H_{33}P_3$
  $Me_3Si(PPh)_3SiMe_3$, **2**, 151
$Si_2C_{26}H_{24}$
  $(Ph_2SiCH_2)_2$, **2**, 235
$Si_2C_{28}H_{28}$
  $\{Et(H)SiC_6H_4C_6H_4\}_2$, **2**, 289
$Si_2C_{28}H_{28}Se_2$
  $(Bz_2SiSe)_2$, **2**, 177
$Si_2C_{29}H_{36}$
  $\overline{(Mes)_2SiC(SiMe_3)=CPh}$, **2**, 225
$Si_2C_{30}H_{28}$
  $\overline{Me(Ph)SiC(Ph)=CHCH=C(Ph)SiMe(Ph)}$, **2**, 275
$Si_2C_{31}H_{28}$
  $Si_2Ph_5(Me)$, **2**, 81
$Si_2C_{32}H_{32}$
  $\overline{Me_2Si\{C(Ph)=CPh\}_2SiMe_2}$, **2**, 240, 276
$Si_2C_{32}H_{38}O_2P_4$
  $Me_3SiOC(PPhPPh)_2COSiMe_3$, **7**, 604
$Si_2C_{32}H_{42}$
  $\{Me_2SiC(Ph)=CPh\}_2$, **2**, 222, 226, 251
$Si_2C_{33}H_{34}O$
  $MeSi\{CPh(SiMe_3)\}(OCPh_2)(CH=CPh)CH$, **2**, 261
$Si_2C_{34}H_{34}$
  $MeSi\{CPh(SiMe_3)\}\{C(Ph)=CPh\}(CH=CPh)CH$, **2**, 261
$Si_2C_{34}H_{36}$
  $MeSi\{CPh(SiMe_3)\}\{CH(Ph)CHPh\}(CH=CPh)CH$, **2**, 261
  $\overline{Me_2Si\{C(Ph)=CPh\}_2CH(SiMe_3)}$, **2**, 274
$Si_2C_{34}H_{36}O_2$
  $\overline{\{OSiPh_2(CH_2)_4C\}_2}$, **2**, 73
$Si_2C_{36}H_{28}$
  $(Ph_2SiC_6H_4)_2$, **2**, 273
$Si_2C_{36}H_{30}$
  Si_2Ph_6, **2**, 99, 105, 366
$Si_2C_{36}H_{30}O$
  $(Ph_3Si)_2O$, **2**, 161
$Si_2C_{36}H_{30}S_2$
  $(Ph_3SiS)_2$, **2**, 172
$Si_2C_{37}H_{30}O$
  $(Ph_3Si)_2CO$, **2**, 72

$Si_2C_{37}H_{32}$
  $(Ph_3Si)_2CH_2$, **2**, 99
$Si_2C_{37}H_{32}S_6$
  $(Ph_3SiS_3)_2CH_2$, **2**, 172
$Si_2C_{38}H_{32}$
  $(Ph_2SiC_6H_4CH_2)_2$, **2**, 239, 289
$Si_2C_{38}H_{32}O$
  $SiPh_3\{C(=CH_2)OSiPh_3\}$, **2**, 73
$Si_2C_{38}H_{48}O_4$
  $\overline{Me_2Si\{C(Ph)=CPh\}_2SiMe_2C(CO_2Me)=C-(CO_2Me)}$, **2**, 288
$Si_2C_{42}H_{42}S$
  $(Bz_3Si)_2S$, **7**, 599
$Si_2C_{58}H_{56}$
  $\{Me(H)SiCPh_2(CH_2)_2CPh_2\}_2$, **2**, 285
$Si_2CdC_6H_{18}$
  $Cd(SiMe_3)_2$, **2**, 102, 857; **7**, 614
$Si_2CdC_8H_{22}$
  $Cd(CH_2SiMe_3)_2$, **2**, 68, 853
$Si_2CdC_{24}H_{54}$
  $Cd(SiBu^t{}_3)_2$, **2**, 102; **6**, 1101
$Si_2CdC_{36}F_{30}$
  $Cd\{Si(C_6F_5)_3\}_2$, **2**, 102
$Si_2CoC_{14}H_{16}O_4$
  $\overline{(CO)_4CoSiMe_2C_6H_4SiMe_2}$, **2**, 295
$Si_2CoC_{27}H_{33}$
  $CoCp\{\eta^4\text{-}C_4Ph_2(SiMe_3)_2\}$, **5**, 242
$Si_2CoC_{28}H_{30}N_4$
  $[Co(CH_2SiMe_3)_2(bipy)_2]^+$, **5**, 134
$Si_2CoC_{37}H_{46}P$
  $CoCp\{Me_3SiC\equiv C(CH_2)_4C\equiv CSiMe_3\}(PPh_3)$, **5**, 193
$Si_2Co_2C_{14}H_{16}O_8$
  $(CO)_4CoSiMe_2CH_2CH_2SiMe_2Co(CO)_4$, **6**, 1084
$Si_2Co_2C_{14}H_{18}O_6$
  $Co_2(CO)_6(Me_3SiC\equiv CSiMe_3)$, **5**, 202
$Si_2Co_2C_{16}H_{18}O_6$
  $Co_2(CO)_6(Me_3SiC\equiv CC\equiv CSiMe_3)$, **5**, 193
$Si_2Co_2C_{19}H_{28}O$
  $Co_2(CO)Cp_2(Me_3SiC\equiv CSiMe_3)$, **5**, 193, 207
$Si_2Co_2FeMn_2C_{21}Cl_2O_{21}$
  $\{Fe(CO)_4\}\{SiClMn(CO)_5\}_2Co_2(CO)_7$, **6**, 1088
$Si_2Co_3C_{25}H_{33}$
  $Co_3(CSiMe_3)(CC\equiv CSiMe_3)Cp_3$, **2**, 44; **5**, 207
$Si_2Co_3C_{27}H_{33}$
  $Co_3(CC\equiv CSiMe_3)_2Cp_3$, **2**, 45
$Si_2Co_6C_{40}H_{48}$
  $\{Co_3(CSiMe_3)(Cp)_3C\}_2$, **2**, 45
$Si_2Co_6C_{42}H_{48}$
  $Co_6(CSiMe_3)(CC\equiv CSiMe_3)Cp_6(C)_2$, **2**, 45
$Si_2CrC_8H_6Cl_6O_2$
  $Cr(SiCl_3)_2(CO)_2(\eta^6\text{-}C_6H_6)$, **3**, 1036; **6**, 1064
$Si_2CrC_8H_{22}$
  $Cr(CH_2SiMe_3)_2$, **3**, 924
$Si_2CrC_{13}H_{20}O_3$
  $Cr(Si_2Me_5)(CO)_3Cp$, **3**, 966
$Si_2CrC_{15}H_{22}O_3$
  $Cr(CO)_3\{\eta^6\text{-}C_6H_4(SiMe_3)_2\}$, **3**, 1003, 1018
$Si_2CrC_{18}H_{28}$
  $Cr(\eta^6\text{-}C_6H_5SiMe_3)_2$, **3**, 996
$Si_2CrC_{20}H_{26}O_5$
  $Cr(CO)_3\{\eta^6\text{-}C_6H_5C(OMe)=C(SiMe_3)C-(SiMe_3)=CO\}$, **2**, 43
$Si_2CrC_{28}H_{38}N_4$
  $[Cr(CH_2SiMe_3)_2(bipy)_2]^+$, **3**, 919
$Si_2CuC_6H_{18}N$
  $Cu\{N(SiMe_3)_2\}$, **8**, 261
$Si_2CuLiC_8H_{22}$

Si$_2$CuLiC$_8$H$_{22}$
    LiCu(CH$_2$SiMe$_3$)$_2$, **7**, 525
Si$_2$CuLiC$_{10}$H$_{22}$
    LiCu{C(SiMe$_3$)=CH$_2$}$_2$, **7**, 535
Si$_2$CuLiC$_{16}$H$_{22}$
    LiCu(SiMe$_2$Ph)$_2$, **7**, 610
Si$_2$ErC$_8$H$_{21}$
    Er(CH$_2$SiMe$_3$)(CHSiMe$_3$), **3**, 199
Si$_2$FeC$_4$Cl$_6$O$_4$
    Fe(SiCl$_3$)$_2$(CO)$_4$, **4**, 309
Si$_2$FeC$_4$H$_6$O$_4$
    Fe(SiH$_3$)$_2$(CO)$_4$, **4**, 309; **6**, 1083
Si$_2$FeC$_6$H$_6$Cl$_6$O
    FeH(SiCl$_3$)$_2$(CO)Cp, **6**, 1075
Si$_2$FeC$_8$H$_{16}$O$_3$
    FeH(SiMe$_2$)(SiMe$_3$)(CO)$_3$, **2**, 94; **6**, 1054, 1081
Si$_2$FeC$_{10}$H$_{16}$O$_4$
    (CO)$_4$Fe{SiMe$_2$(CH$_2$)$_2$SiMe$_2$}, **2**, 295; **4**, 309
Si$_2$FeC$_{10}$H$_{18}$O$_4$
    Fe(SiMe$_3$)$_2$(CO)$_4$, **3**, 119; **4**, 310
Si$_2$FeC$_{12}$H$_{18}$O$_4$
    Fe(CO)$_4$(Me$_3$SiC≡CSiMe$_3$), **4**, 385
Si$_2$FeC$_{13}$H$_{22}$O$_2$
    Me$_3$SiCH$_2$SiMe$_2$Fe(CO)$_2$Cp, **6**, 1083
Si$_2$FeC$_{14}$H$_{16}$O$_4$
    (CO)$_4$FeSiMe$_2$C$_6$H$_4$SiMe$_2$, **2**, 295
Si$_2$FeC$_{17}$H$_{24}$O$_4$
    Fe{CH(Ph)SiMe$_3$}(CO)$_4$(SiMe$_3$), **4**, 311
Si$_2$FeC$_{22}$H$_{22}$O$_4$
    (CO)$_4$FeSiMe$_2$C(Ph)=C(Ph)SiMe$_2$, **2**, 240
Si$_2$FeRuC$_{19}$H$_{26}$O$_5$
    FeRu(SiMe$_3$)(CO)$_5$(C$_8$H$_8$SiMe$_3$), **6**, 783, 834
Si$_2$Fe$_2$C$_{11}$H$_{12}$O$_7$
    Fe$_2$(SiMe$_2$)$_2$(CO)$_7$, **2**, 94; **6**, 1052, 1083
Si$_2$Fe$_2$C$_{12}$H$_{12}$O$_9$
    {Fe(CO)$_4$}$_2$(Me$_2$SiOSiMe$_2$), **4**, 309
Si$_2$Fe$_2$C$_{13}$H$_{14}$O$_8$
    (CO)$_4$Fe(SiMe$_2$)CH$_2$(SiMe$_2$)Fe(CO)$_4$, **4**, 309; **6**, 1073
Si$_2$Fe$_2$C$_{16}$H$_{16}$O$_4$
    SiMe$_2$(Fp)$_2$, **4**, 532
Si$_2$Fe$_2$C$_{16}$H$_{23}$O$_5$P
    Fe$_2${P(SiMe$_3$)$_2$}(CO)$_5$Cp, **4**, 585
Si$_2$Fe$_2$C$_{17}$H$_{23}$O$_6$P
    Fe$_2${P(SiMe$_3$)$_2$}(CO)$_6$Cp, **4**, 585
Si$_2$Fe$_2$C$_{22}$H$_{30}$O$_6$
    [Fe(CO)$_2${C$_5$H$_4$(SiMe$_2$OEt)}]$_2$, **4**, 537
Si$_2$Fe$_2$C$_{32}$H$_{20}$O$_8$
    {Fe(SiPh$_2$)(CO)$_4$}$_2$, **4**, 548
Si$_2$Fe$_2$HgC$_{14}$H$_{18}$O$_8$
    Hg{Fe(SiMe$_3$)(CO)$_4$}$_2$, **6**, 1015, 1055
Si$_2$GaC$_8$H$_{22}$Cl
    GaCl(CH$_2$SiMe$_3$)$_2$, **1**, 705
Si$_2$GaC$_8$H$_{24}$O$_2$
    [GaMe$_2$(OSiMe$_3$)$_2$]$^-$, **1**, 714
Si$_2$GaC$_{20}$H$_{34}$N$_2$P
    Me$_2$Ga{N(SiMe$_3$)PPh$_2$N(SiMe$_3$)}, **1**, 715
Si$_2$GaKC$_8$H$_{22}$
    KGa(CH$_2$SiMe$_3$)$_2$, **1**, 684
Si$_2$GaNaC$_8$H$_{22}$
    NaGa(CH$_2$SiMe$_3$)$_2$, **1**, 684
Si$_2$Ga$_2$C$_{10}$H$_{30}$O$_2$
    {GaMe$_2$(OSiMe$_3$)}$_2$, **1**, 713
Si$_2$GeC$_6$H$_{18}$Cl$_3$N
    Cl$_3$GeN(SiMe$_3$)$_2$, **2**, 448
Si$_2$GeC$_{12}$H$_{33}$NO$_3$
    (EtO)$_3$GeN(SiMe$_3$)$_2$, **2**, 448
Si$_2$Ge$_2$C$_{10}$H$_{26}$Cl$_2$
    {Me(Cl)SiCH$_2$GeMe$_2$CH$_2$}$_2$, **2**, 288
Si$_2$HfC$_{24}$H$_{34}$
    Hf{CH(SiMe$_3$)C$_6$H$_4$CH(SiMe$_3$)}Cp$_2$, **3**, 567
Si$_2$HgC$_6$H$_{18}$
    Hg(SiMe$_3$)$_2$, **2**, 91, 92, 101, 317; **6**, 1101; **7**, 609
Si$_2$HgC$_7$H$_{21}$N
    HgMe{N(SiMe$_3$)$_2$}, **2**, 896, 900
Si$_2$HgC$_8$H$_{18}$Cl$_4$
    Hg(CCl$_2$SiMe$_3$)$_2$, **2**, 31, 92; **7**, 533
Si$_2$HgC$_8$H$_{20}$Br$_2$
    Hg{CH(Br)SiMe$_3$}$_2$, **7**, 533
Si$_2$HgC$_8$H$_{20}$I$_2$
    Hg{CH(I)SiMe$_3$}$_2$, **2**, 31
Si$_2$HgC$_8$H$_{22}$
    Hg(CH$_2$SiMe$_3$)$_2$, **2**, 95
Si$_2$HgC$_{11}$H$_{23}$N
    HgCp{N(SiMe$_3$)$_2$}, **2**, 900, 925
Si$_2$HgC$_{12}$H$_{30}$
    Hg(SiEt$_3$)$_2$, **2**, 101
Si$_2$HgC$_{14}$H$_{38}$P$_2$
    [Hg{SiMe$_3$(CHPMe$_3$)}$_2$]$^{2+}$, **2**, 69
Si$_2$HgC$_{24}$H$_{54}$
    Hg(SiBu$^t_3$)$_2$, **2**, 102
Si$_2$HgC$_{36}$H$_{30}$
    Hg(SiPh$_3$)$_2$, **2**, 102; **7**, 610
Si$_2$HgC$_{42}$H$_{42}$
    Hg(SiBz$_3$)$_2$, **7**, 599
Si$_2$InC$_8$H$_{24}$O$_2$
    [InMe$_2$(OSiMe$_3$)$_2$]$^-$, **1**, 714
Si$_2$In$_2$C$_{10}$H$_{30}$O$_2$
    {InMe$_2$(OSiMe$_3$)}$_2$, **1**, 713
Si$_2$IrC$_{23}$H$_{28}$O$_2$P
    IrH(SiMe$_2$OSiMe$_2$)(CO)(PPh$_3$), **2**, 295
Si$_2$IrC$_{41}$H$_{43}$O$_2$P$_2$
    IrH(SiMe$_2$OSiMe$_2$)(CO)(PPh$_3$)$_2$, **2**, 164
Si$_2$LiC$_7$H$_{18}$Br
    Li{CBr(SiMe$_3$)$_2$}, **2**, 543; **7**, 91
Si$_2$LiC$_7$H$_{18}$Cl
    Li{CCl(SiMe$_3$)$_2$}, **7**, 533
Si$_2$LiC$_7$H$_{19}$
    Li{CH(SiMe$_3$)$_2$}, **2**, 9; **7**, 522
Si$_2$LiC$_9$H$_{19}$O$_4$
    Li{CH(CO$_2$SiMe$_3$)$_2$}, **7**, 581
Si$_2$LiC$_{12}$H$_{22}$N
    Li{C$_6$H$_4$N(SiMe$_3$)$_2$}, **7**, 589
Si$_2$LuC$_8$H$_{21}$
    Lu(CH$_2$SiMe$_3$)(CHSiMe$_3$), **3**, 199
Si$_2$MgC$_6$H$_{17}$Cl
    ClMgCH$_2$SiMe$_2$SiMe$_3$, **8**, 752
Si$_2$MgC$_8$H$_{22}$
    Mg(CH$_2$SiMe$_3$)$_2$, **1**, 198; **2**, 95; **3**, 1314
Si$_2$Mg$_2$C$_6$H$_{16}$Br$_2$
    (BrMgCH$_2$SiMe$_2$)$_2$, **1**, 177
Si$_2$MnC$_8$H$_{22}$
    Mn(CH$_2$SiMe$_3$)$_2$, **1**, 196; **4**, 69
Si$_2$MnC$_{14}$H$_{38}$N$_2$
    Mn(CH$_2$SiMe$_3$)$_2$(TMEDA), **4**, 69
Si$_2$Mn$_2$C$_{14}$H$_{18}$BrO$_8$P
    Mn$_2$Br{P(SiMe$_3$)$_2$}(CO)$_8$, **4**, 104
Si$_2$Mn$_2$C$_{32}$H$_{20}$O$_8$
    (CO)$_4$Mn(SiPh$_2$)$_2$Mn(CO)$_4$, **6**, 1070
Si$_2$Mn$_2$SnC$_{16}$H$_{14}$Cl$_8$O$_4$

Si$_2$MoC$_{12}$H$_{24}$O$_4$P$_2$
    SnCl$_2${Mn(SiCl$_3$)(CO)$_2$(η^5-C$_5$H$_4$Me)}$_2$, **4**, 131

Si$_2$MoC$_{12}$H$_{24}$O$_4$P$_2$
    Mo(CO)$_4${Me$_2$P(SiMe$_2$)$_2$PMe$_2$}, **3**, 853

Si$_2$MoC$_{13}$H$_{20}$O$_3$
    Mo(Si$_2$Me$_5$)(CO)$_3$Cp, **3**, 1188

Si$_2$MoC$_{18}$H$_{28}$
    Mo(η^6-C$_6$H$_5$SiMe$_3$)$_2$, **3**, 1209

Si$_2$Mo$_2$C$_{28}$H$_{26}$O$_6$
    {Mo(CO)$_3$(η^5-C$_5$H$_4$SiMe$_3$)}$_2$, **3**, 1177

Si$_2$NbC$_{14}$H$_{20}$Cl$_2$O
    NbCl$_2$(C$_5$H$_4$SiMe$_2$OSiMe$_2$C$_5$H$_4$), **3**, 762

Si$_2$NbC$_{18}$H$_{31}$
    Nb(CH$_2$SiMe$_3$)(CHSiMe$_3$)Cp$_2$, **3**, 722

Si$_2$NbC$_{18}$H$_{32}$
    Nb(CH$_2$SiMe$_3$)$_2$Cp$_2$, **3**, 735
    NbMe$_2$(η^5-C$_5$H$_4$SiMe$_3$)$_2$, **3**, 735

Si$_2$NbC$_{24}$H$_{34}$
    (η^5-C$_5$H$_4$SiMe$_3$)$\overline{\text{Nb(CH}_2\text{C}_6\text{H}_4\text{CH}_2\text{)}}$, **3**, 745

Si$_2$NbC$_{58}$H$_{45}$O
    Nb(CO)Cp(PhC≡CSiPh$_3$)$_2$, **3**, 753

Si$_2$NiC$_6$H$_{18}$O$_2$
    Ni(OSiMe$_3$)$_2$, **2**, 165

Si$_2$NiC$_8$H$_{10}$F$_4$O$_2$
    (CO)$_2$$\overline{\text{Ni{SiF}}_2\text{C(Bu}^t\text{)}}$=CHSiF$_2$}, **2**, 240, 295; **6**, 18

Si$_2$NiC$_{10}$H$_{18}$O$_8$P$_2$
    Ni(CO)$_2${P(CH$_2$O)$_3$SiMe}$_2$, **6**, 21

Si$_2$NiC$_{12}$H$_{26}$
    Ni{CH$_2$C(SiMe$_3$)CH$_2$}$_2$, **6**, 146

Si$_2$NiC$_{13}$H$_{27}$O$_3$P
    Ni(CO)$_3${P(SiMe$_3$)$_2$Bu^t}, **6**, 20

Si$_2$NiC$_{16}$H$_{26}$
    Ni(η^5-C$_5$H$_4$SiMe$_3$)$_2$, **6**, 193

Si$_2$NiC$_{24}$H$_{18}$Cl$_6$N$_2$
    Ni(bipy){Cl$_3$SiC(Ph)=C(Ph)SiCl$_3$}, **6**, 107; **8**, 661

Si$_2$NiC$_{29}$H$_{38}$P
    Ni{P(SiMe$_3$)$_2$}(PPh$_3$)Cp, **6**, 202, 206

Si$_2$NiC$_{42}$H$_{46}$P$_2$
    $\overline{\text{Ni(CH}_2\text{SiMe}_2\text{SiMe}_2\text{CH}_2\text{)}}$(PPh$_3$)$_2$, **2**, 295; **6**, 80

Si$_2$Ni$_2$C$_{12}$H$_{26}$Cl$_2$
    [NiCl{CH$_2$C(SiMe$_3$)CH$_2$}]$_2$, **6**, 146, 159

Si$_2$Ni$_2$C$_{24}$H$_{42}$
    {Ni(cod)}$_2$(Me$_3$SiC≡CSiMe$_3$), **6**, 105, 134

Si$_2$OsC$_4$Cl$_6$O$_4$
    Os(SiCl$_3$)$_2$(CO)$_4$, **4**, 1022

Si$_2$OsC$_{10}$H$_{16}$O$_4$
    (CO)$_4$$\overline{\text{Os{SiMe}}_2\text{(CH}_2\text{)}_2\text{SiMe}_2}$, **2**, 295

Si$_2$OsC$_{10}$H$_{18}$O$_4$
    Os(SiMe$_3$)$_2$(CO)$_4$, **3**, 120; **4**, 1016, 1023

Si$_2$OsRuC$_{14}$H$_{18}$O$_8$
    RuOs(SiMe$_3$)$_2$(CO)$_8$, **6**, 836

Si$_2$Os$_2$C$_{14}$H$_{18}$O$_8$
    {Os(SiMe$_3$)(CO)$_4$}$_2$, **4**, 1023

Si$_2$PbC$_9$H$_{27}$N
    PbMe$_3${N(SiMe$_3$)$_2$}, **2**, 647, 663

Si$_2$Pd$_2$C$_{10}$H$_{28}$Cl$_4$O$_2$
    {PdCl$_2$(CH$_2$=CHOSiMe$_3$)}$_2$, **6**, 357

Si$_2$Pd$_2$C$_{12}$H$_{26}$Cl$_2$
    {PdCl(Me$_3$SiCHCHCH$_2$)}$_2$, **6**, 402

Si$_2$Pd$_2$C$_{24}$H$_{42}$Cl$_4$P$_2$
    [PdCl$_2${CH(SiMe$_3$)(PMe$_2$Ph)}]$_2$, **6**, 299

Si$_2$PtC$_{16}$H$_{52}$P$_2$
    Pt(CH$_2$SiMe$_3$)$_2$(PEt$_3$)$_2$, **6**, 672

Si$_2$PtC$_{40}$H$_{42}$OP$_2$
    Pt(SiMe$_2$OSiMe$_2$)(PPh$_3$)$_2$, **2**, 295

Si$_2$PtC$_{41}$H$_{44}$P$_2$
    $\overline{\text{Pt(SiMe}_2\text{CH}_2\text{SiMe}_2\text{)}}$(PPh$_3$)$_2$, **2**, 295

Si$_2$PtC$_{42}$H$_{44}$P$_2$
    $\overline{\text{Pt(SiPh}_2\text{CH=CHSiPh}_2\text{)}}$(PMe$_2$Ph)$_2$, **2**, 295

Si$_2$PtC$_{44}$H$_{52}$P$_2$
    Pt(CH$_2$SiMe$_3$)$_2$(PPh$_3$)$_2$, **6**, 549

Si$_2$PtC$_{46}$H$_{46}$P$_2$
    (Ph$_3$P)$_2$$\overline{\text{PtSiMe}_2\text{C}_6\text{H}_4\text{SiMe}_2}$, **2**, 295

Si$_2$PtC$_{47}$H$_{48}$P$_2$
    (Ph$_3$P)$_2$$\overline{\text{PtSiMe}_2\text{CH}_2\text{C}_6\text{H}_4\text{SiMe}_2}$, **2**, 295

Si$_2$Pt$_2$C$_{10}$H$_{24}$Cl$_4$
    {PtCl$_2$(CH$_2$=CHSiMe$_3$)}$_2$, **6**, 637

Si$_2$Pt$_2$C$_{40}$H$_{80}$P$_2$
    (Cy$_3$P)(H)Pt(SiMe$_2$)$_2$Pt(H)(PCy$_3$), **6**, 1098

Si$_2$Pt$_2$C$_{42}$H$_{50}$P$_2$
    (Me$_3$Si)(Ph$_3$P)Pt(H)$_2$Pt(PPh$_3$)(SiMe$_3$), **6**, 1098

Si$_2$Pt$_2$C$_{48}$H$_{96}$P$_2$
    {Pt(SiEt$_3$)(PCy$_3$)}$_2$, **6**, 677

Si$_2$Re$_2$C$_{14}$H$_{24}$O$_6$
    Re$_2$H$_4$(SiEt$_2$)$_2$(CO)$_6$, **6**, 1070

Si$_2$Re$_2$C$_{15}$H$_{22}$O$_7$
    Re$_2$H$_2$(SiEt$_2$)$_2$(CO)$_7$, **6**, 1070

Si$_2$Re$_2$C$_{20}$H$_{58}$Cl$_2$P$_4$
    Re$_2$Cl$_2$(CH$_2$SiMe$_3$)$_2$(PMe$_3$)$_4$, **4**, 215

Si$_2$Re$_2$C$_{31}$H$_{22}$O$_7$
    Re$_2$H$_2$(SiPh$_2$)$_2$(CO)$_7$, **4**, 205

Si$_2$RhC$_{17}$H$_{48}$P$_3$
    $\overline{\text{Rh(CH}_2\text{SiMe}_2\text{CH}_2\text{)}}$(CH$_2$SiMe$_3$)(PMe$_3$)$_3$, **1**, 207; **2**, 295; **5**, 408

Si$_2$RuC$_4$Cl$_6$O$_4$
    Ru(SiCl$_3$)$_2$(CO)$_4$, **3**, 120; **4**, 655

Si$_2$RuC$_7$H$_6$Cl$_6$O
    Ru(SiCl$_3$)$_2$(CO)(η^6-C$_6$H$_6$), **4**, 919

Si$_2$RuC$_9$H$_8$Cl$_6$O$_2$
    Ru(SiCl$_3$)$_2$(CO)$_2$(nbd), **4**, 915

Si$_2$RuC$_{10}$H$_8$Cl$_6$O$_2$
    Ru(SiCl$_3$)$_2$(CO)$_2$(cot), **4**, 915

Si$_2$RuC$_{10}$H$_{12}$Cl$_6$O$_2$
    Ru(SiCl$_3$)$_2$(CO)$_2$(cod), **4**, 915

Si$_2$RuC$_{10}$H$_{16}$O$_4$
    (CO)$_4$$\overline{\text{Ru(SiMe}_2\text{CH}_2\text{CH}_2\text{SiMe}_2\text{)}}$, **2**, 295; **4**, 753, 911

Si$_2$RuC$_{10}$H$_{18}$O$_4$
    Ru(SiMe$_3$)$_2$(CO)$_4$, **6**, 1056

Si$_2$RuC$_{14}$H$_{16}$O$_4$
    (CO)$_4$$\overline{\text{Ru(SiMe}_2\text{C}_6\text{H}_4\text{SiMe}_2\text{)}}$, **2**, 295; **4**, 911

Si$_2$RuC$_{16}$H$_{26}$O$_2$
    Ru(SiMe$_3$)(CO)$_2$(C$_8$H$_8$SiMe$_3$), **3**, 148; **4**, 917

Si$_2$RuC$_{17}$H$_{26}$O$_3$
    Ru(SiMe$_3$)$_2$(CO)$_3$(cot), **4**, 916

Si$_2$RuC$_{20}$H$_{48}$O$_2$P$_2$
    Ru(SiMe$_3$)$_2$(CO)$_2$(PEt$_3$)$_2$, **4**, 912

Si$_2$RuC$_{21}$H$_{15}$Cl$_6$O$_3$P
    Ru(SiCl$_3$)$_2$(CO)$_3$(PPh$_3$), **4**, 914; **6**, 1073

Si$_2$Ru$_2$C$_8$Cl$_6$O$_8$
    {Ru(SiCl$_3$)(CO)$_4$}$_2$, **4**, 913

Si$_2$Ru$_2$C$_{12}$H$_{12}$O$_9$
    $\overline{\text{Ru(CO)}_4\text{Ru(CO)}_4\text{SiMe}_2\text{OSiMe}_2}$, **4**, 911

Si$_2$Ru$_2$C$_{12}$H$_{18}$I$_2$O$_6$
    {RuI(SiMe$_3$)(CO)$_4$}$_2$, **4**, 912

Si$_2$Ru$_2$C$_{13}$H$_{14}$O$_8$
    $\overline{\text{Ru(CO)}_4\text{Ru(CO)}_4\text{SiMe}_2\text{CH}_2\text{SiMe}_2}$, **4**, 911; **6**, 1073

Si$_2$Ru$_2$C$_{14}$H$_{18}$O$_8$
    {Ru(SiMe$_3$)(CO)$_4$}$_2$, **4**, 891, 912

Si$_2$Ru$_2$C$_{18}$H$_{24}$O$_4$
    {Ru(SiMe$_3$)(CO)$_2$}$_2$(C$_8$H$_6$), **4**, 855

Si$_2$Ru$_2$C$_{18}$H$_{26}$O$_4$
    {Ru(SiMe$_3$)$_2$(CO)$_2$}$_2$(cot), **4**, 856

$Si_2Ru_2C_{20}H_{26}O_4$
  {Cp(CO)$_2$RuSiMe$_2$CH$_2$}$_2$, **4**, 918
$Si_2Ru_2C_{66}H_{46}O_8$
  [Ru(CO)$_4$\{Me$\overline{\text{SiC(Ph)}}$=C(Ph)C(Ph)=$\overline{\text{CPh}}$\}]$_2$, **2**, 258
$Si_2SbC_6H_{16}ClO$
  Cl$\overline{\text{SbCH}_2\text{SiMe}_2\text{OSiMe}_2\text{CH}_2}$, **2**, 295
$Si_2SbC_{13}H_{27}$
  SbMe$_2${C$_5$H$_3$(SiMe$_3$)$_2$}, **2**, 52
$Si_2SbC_{14}H_{36}N$
  SbBu$^t_2${N(SiMe$_3$)$_2$}, **2**, 126
$Si_2SbC_{54}H_{45}O_2$
  SbPh$_3$(OSiPh$_3$)$_2$, **2**, 165
$Si_2SnC_6H_{16}Cl_2O$
  Cl$_2$$\overline{\text{SnCH}_2\text{SiMe}_2\text{OSiMe}_2\text{CH}_2}$, **2**, 295
$Si_2SnC_9H_{27}N$
  SnMe$_3${N(SiMe$_3$)$_2$}, **2**, 600
$Si_2SnC_{14}H_{30}$
  SnMe$_3${C$_5$H$_3$(SiMe$_3$)$_2$}, **2**, 52
$Si_2Sn_2C_{10}H_{30}O_3$
  (Me$_3$SiOSnMe$_2$)$_2$O, **2**, 573
$Si_2TaC_8H_{22}Cl_3$
  TaCl$_3$(CH$_2$SiMe$_3$)$_2$, **2**, 845; **3**, 732
$Si_2TaC_{11}H_{31}$
  TaMe$_3$(CH$_2$SiMe$_3$)$_2$, **1**, 207; **3**, 731
$Si_2TaC_{18}H_{31}$
  Ta(CH$_2$SiMe$_3$)(CHSiMe$_3$)Cp$_2$, **3**, 722
$Si_2TaC_{18}H_{32}$
  [Ta(CH$_2$SiMe$_3$)$_2$Cp$_2$]$^+$, **3**, 735
  Ta(CH$_2$SiMe$_3$)$_2$Cp$_2$, **3**, 735
$Si_2ThC_{26}H_{47}N$
  Th{$\overline{\text{CH}_2\text{SiMe}_2\text{N}(\text{SiMe}_3)}$}(C$_5Me_5$)$_2$, **3**, 258
$Si_2TiC_6H_{16}Cl_4$
  Cl$_3$$\overline{\text{TiCH}_2\text{SiMe}_2\text{CH}_2\text{SiCl(Me)}_2}$, **2**, 237
$Si_2TiC_8H_{22}$
  Ti(CH$_2$SiMe$_3$)$_2$, **3**, 284
$Si_2TiC_8H_{22}Cl_2$
  TiCl$_2$(CH$_2$SiMe$_3$)$_2$, **3**, 437
$Si_2TiC_{11}H_{21}Cl_3$
  TiCl$_3$\{η^5-C$_5$H$_3$(SiMe$_3$)$_2$\}, **3**, 333
$Si_2TiC_{12}H_{34}N_2$
  Ti(CH$_2$SiMe$_3$)$_2$(NMe$_2$)$_2$, **3**, 456
$Si_2TiC_{16}H_{26}$
  Ti($\overline{\text{CH}_2\text{SiMe}_2\text{SiMe}_2\text{CH}_2}$)Cp$_2$, **3**, 421
$Si_2TiC_{16}H_{26}Cl_2$
  TiCl$_2$(η^5-C$_5$H$_4$SiMe$_3$)$_2$, **3**, 367
$Si_2TiC_{16}H_{26}O$
  Ti($\overline{\text{CH}_2\text{SiMe}_2\text{OSiMe}_2\text{CH}_2}$)Cp$_2$, **3**, 415
$Si_2TiC_{16}H_{27}N$
  Ti{$\overline{\text{CH}_2\text{SiMe}_2\text{N}(\text{SiMe}_3)}$}Cp$_2$, **2**, 130, 295; **3**, 393, 413
$Si_2TiC_{16}H_{28}N_2$
  Ti{NN(SiMe$_3$)$_2$}Cp$_2$, **2**, 140; **3**, 394
$Si_2TiC_{16}H_{28}O_2$
  Ti(OSiMe$_3$)$_2$Cp$_2$, **3**, 376
$Si_2TiC_{17}H_{28}$
  Ti{$\overline{\text{{(CH}_2\text{SiMe}_2)_2\text{CH}_2}}$}Cp$_2$, **2**, 295; **3**, 415
$Si_2TiC_{17}H_{29}$
  Ti{CH(SiMe$_3$)$_2$}Cp$_2$, **3**, 310
$Si_2TiC_{18}H_{32}$
  Ti(CH$_2$SiMe$_3$)$_2$Cp$_2$, **3**, 396, 397
$Si_2TiC_{19}H_{30}$
  Ti{$\overline{\text{CH}_2\text{C(SiMe}_3)}$=$\overline{\text{CSiMe}_3}$}Cp$_2$, **3**, 325, 423
$Si_2TiC_{20}H_{32}N_2$
  Ti$\overline{\text{Bz}_2\text{(NMeSiMe}_2\text{SiMe}_2\text{NMe)}}$, **3**, 453
$Si_2TiC_{20}H_{32}O_2$
  Ti(CH$_2$SiMe$_3$)$_2$(OPh)$_2$, **3**, 448
$Si_2TiC_{24}H_{34}$
  Ti{$\overline{\text{CH(SiMe}_3)\text{C}_6\text{H}_4\text{CH(SiMe}_3)}$}Cp$_2$, **3**, 421
$Si_2TiC_{46}H_{40}$
  Ti(SiPh$_3$)$_2$Cp$_2$, **3**, 424; **6**, 1059
$Si_2Ti_2C_{20}H_{24}$
  {Ti(SiH$_2$)Cp$_2$}$_2$, **3**, 423; **6**, 1047, 1059
$Si_2Ti_2ZnC_{24}H_{28}Cl_4$
  {(C$_5$H$_4$SiMe$_2$C$_5$H$_4$)TiCl}$_2$(ZnCl$_2$), **3**, 305
$Si_2TlC_8H_{22}Cl$
  TlCl(CH$_2$SiMe$_3$)$_2$, **1**, 731
$Si_2TmC_8H_{21}$
  Tm(CH$_2$SiMe$_3$)(CHSiMe$_3$), **3**, 199
$Si_2UC_{26}H_{48}N$
  U{N(SiMe$_3$)$_2$}(C$_5$Me$_5$)$_2$, **3**, 229
$Si_2U_2C_{32}H_{44}Cl_5O_2$
  [U$_2$Cl$_5${C$_5$H$_4$(SiMe$_2$)C$_5$H$_4$}$_2${$\overline{\text{O(CH}_2)_3\text{CH}_2}$}]$^-$, **3**, 224
$Si_2VC_6H_{18}ClO_3$
  VO(Cl)(OSiMe$_3$)$_2$, **2**, 158
$Si_2VC_{10}H_{10}Cl_6$
  V(SiCl$_3$)$_2$Cp$_2$, **3**, 680; **6**, 1050, 1060
$Si_2VC_{16}H_{28}N$
  V{N(SiMe$_3$)$_2$}Cp$_2$, **3**, 681
$Si_2VC_{16}H_{28}N_2$
  V{NN(SiMe$_3$)$_2$}Cp$_2$, **2**, 140; **3**, 680
$Si_2VC_{18}H_{32}$
  V(CH$_2$SiMe$_3$)$_2$Cp$_2$, **3**, 678
$Si_2V_2C_{16}H_{28}Cl_2N_2$
  {VCl(NSiMe$_3$)Cp}$_2$, **3**, 681
$Si_2WC_{13}H_{20}O_3$
  W(Si$_2$Me$_5$)(CO)$_3$Cp, **3**, 1338
$Si_2WC_{18}H_{32}$
  W(CH$_2$SiMe$_3$)$_2$Cp$_2$, **3**, 1348
$Si_2WC_{44}H_{48}N_2O_2$
  W(OSiPh$_3$)$_2$(NBu^t)$_2$, **2**, 158
$Si_2W_2C_{16}H_{22}O_8$
  {WH(SiEt$_2$)(CO)$_4$}$_2$, **6**, 1064
$Si_2YC_{16}H_{26}Cl_2$
  [YCl$_2${C$_5$H$_4$(SiMe$_3$)}$_2$]$^-$, **3**, 185
$Si_2ZnC_6H_{18}$
  Zn(SiMe$_3$)$_2$, **2**, 102, 844; **7**, 614
$Si_2ZnC_8H_{22}$
  Zn(CH$_2$SiMe$_3$)$_2$, **2**, 829, 845
$Si_2ZrC_{17}H_{29}Cl$
  ZrCl{CH(SiMe$_3$)$_2$}Cp$_2$, **3**, 585, 588
$Si_2ZrC_{17}H_{29}N_2$
  Zr{CH(SiMe$_3$)$_2$}(N$_2$)Cp$_2$, **3**, 586, 608; **8**, 1075
$Si_2ZrC_{17}H_{30}$
  ZrH{CH(SiMe$_3$)$_2$}Cp$_2$, **3**, 100
$Si_2ZrC_{18}H_{32}$
  Zr(CH$_2$SiMe$_3$)$_2$Cp$_2$, **3**, 596
  ZrMe{CH(SiMe$_3$)$_2$}Cp$_2$, **3**, 581
$Si_2ZrC_{18}H_{36}O_4$
  Zr(CH$_2$SiMe$_3$)$_2$(acac)$_2$, **3**, 639
$Si_2ZrC_{19}H_{29}Cl$
  ZrCl{$\overline{\text{CH(SiMe}_3)\text{C}_6\text{H}_4\text{CH(SiMe}_3)}$}Cp, **3**, 561
$Si_2ZrC_{21}H_{38}$
  ZrBu{CH(SiMe$_3$)$_2$}Cp$_2$, **3**, 583
$Si_2ZrC_{24}H_{34}$
  Zr{$\overline{\text{CH(SiMe}_3)\text{C}_6\text{H}_4\text{CH(SiMe}_3)}$}Cp$_2$, **3**, 567
$Si_2ZrC_{25}H_{36}ClN$
  ZrCl{C(=NTol)CH(SiMe$_3$)$_2$}Cp$_2$, **3**, 586
$Si_2ZrC_{26}H_{45}Cl$
  ZrCl{CH(SiMe$_3$)$_2$}(η^5-C$_5$H$_4$Bu^t)$_2$, **3**, 593

Si₃AlC₉H₂₇
Al(SiMe₃)₃, **1**, 624; **2**, 104; **7**, 610

Si₃AlC₁₂H₃₃
Al(CH₂SiMe₃)₃, **2**, 96; **7**, 396, 434

Si₃AlC₁₃H₃₅O
Al(SiMe₃)₃{$\overline{\text{O(CH}_2)_2\text{CH}_2}$}, **1**, 622

Si₃AlC₁₈H₄₅
Al(CH₂CH₂CH₂SiMe₃)₃, **7**, 381, 407

Si₃AsC₉H₂₇
As(SiMe₃)₃, **2**, 153

Si₃AsCrC₁₄H₂₇O₅
Cr(CO)₅{As(SiMe₃)₃}, **3**, 797

Si₃AsMoC₁₄H₂₇O₅
Mo(CO)₅{As(SiMe₃)₃}, **3**, 797

Si₃AsWC₁₄H₂₇O₅
W(CO)₅{As(SiMe₃)₃}, **3**, 797

Si₃As₇C₉H₂₇
As₇(SiMe₃)₃, **2**, 153

Si₃AuC₂₈H₄₂P
Au{C(SiMe₃)₃}(PPh₃), **2**, 767

Si₃BC₉H₂₇S₃
B(SSiMe₃)₃, **2**, 168

Si₃BC₁₂H₃₃
B(CH₂SiMe₃)₃, **2**, 95, 96

Si₃BiC₅₄H₄₅
Bi(SiPh₃)₃, **3**, 154

Si₃CCl₁₀
(Cl₃Si)₃CCl, **2**, 21, 235

Si₃C₂Cl₄F₈
SiF₂(CCl₂SiF₃)₂, **2**, 26

Si₃C₃Cl₁₂
(Cl₂SiCCl₂)₃, **2**, 267

Si₃C₃H₄Br₂Cl₆
Cl₂Si(CH₂SiCl₂)₂CBr₂, **2**, 265

Si₃C₃H₆Cl₆
(Cl₂SiCH₂)₃, **2**, 181, 265

Si₃C₃H₁₂
(H₂SiCH₂)₃, **2**, 264

Si₃C₃H₁₅N
N{SiH₂(Me)}₃, **2**, 120

Si₃C₄H₄Cl₆O
C(SiCl₂)(SiCl₂OSiCl₂)(CH=CH)C, **2**, 214

Si₃C₆H₆F₆
HC{(SiF₂)₃}(CH=CH)₂CH, **2**, 291

Si₃C₆H₁₇Cl₃
ClSiMe₂CH₂SiMe₂CH₂SiH(Cl)₂, **2**, 236

Si₃C₆H₁₈
H₂Si(SiMe₂CH₂SiMe₂CH₂), **2**, 87

Si₃C₆H₁₈Cl₂
Cl(SiMe₂)₃Cl, **2**, 372

Si₃C₆H₁₈O₃
(Me₂SiO)₃, **2**, 163, 324

Si₃C₆H₁₈P₄
(Me₂Si)₃P₄, **2**, 152

Si₃C₆H₁₈S₂
Me₂Si{S(SiMe₂)₂S}, **2**, 170, 171

Si₃C₆H₁₈S₃
(Me₂SiS)₃, **2**, 170; **7**, 598

Si₃C₆H₂₁N₃
(Me₂SiNH)₃, **2**, 132

Si₃C₇H₂₁Cl
SiCl(Me)(SiMe₃)₂, **2**, 221, 373

Si₃C₇H₂₁NO₂
Me₂Si(OSiMe₂OSiMe₂NMe), **2**, 135

Si₃C₇H₂₂N₂
Me₂Si{NHSiMe₂N(SiMe₃)}, **2**, 134

Si₃C₈H₁₉Cl₃
{Me₂(Cl)Si}₂C=CHSiCl(Me)₂, **2**, 218

Si₃C₈H₂₂
Me₂SiCH₂(SiMe₂)₂CH₂, **2**, 243

Si₃C₈H₂₂OS
Me₂Si{OSiMe₂(CH₂)₂SiMe₂S}, **2**, 171

Si₃C₈H₂₄
Si₃Me₈, **2**, 372

Si₃C₈H₂₄ClN
(Me₃Si)₂N{SiCl(Me)₂}, **2**, 131

Si₃C₈H₂₄ClP
(Me₃Si)₂P{SiCl(Me)₂}, **7**, 603

Si₃C₈H₂₄N₄
Me₂Si(NMe)₂Si(NMe)₂SiMe₂, **2**, 134

Si₃C₈H₂₄O₂
MeO(SiMe₂)₃OMe, **2**, 212, 309, 374

Si₃C₈H₂₆N₂
SiMe₂{NH(SiMe₃)}₂, **2**, 131
Si(NH₂)(Me)₂{N(SiMe₃)₂}, **2**, 131

Si₃C₉H₂₄
(Me₂SiCH₂)₃, **2**, 27, 234, 237

Si₃C₉H₂₇N
(Me₃Si)₃N, **2**, 121; **7**, 587

Si₃C₉H₂₇NO
(Me₃Si)₂NO(SiMe₃), **2**, 139

Si₃C₉H₂₇NO₃
{(MeO)Me₂Si}₃N, **2**, 132

Si₃C₉H₂₇N₂P
SiMe₃{N=PN(SiMe₃)₂}, **2**, 144

Si₃C₉H₂₇N₃
(Me₂SiNMe)₃, **2**, 132

Si₃C₉H₂₇O₃P
(Me₃SiO)₃P, **2**, 161; **7**, 584

Si₃C₉H₂₇O₄P
(Me₃SiO)₃PO, **7**, 602

Si₃C₉H₂₇P
(Me₃Si)₃P, **2**, 146; **7**, 603

Si₃C₉H₂₇P₃
(Me₂SiPMe)₃, **2**, 152

Si₃C₉H₂₇P₇
(Me₃Si)₃P₇, **2**, 151

Si₃C₉H₂₇P₁₁
(Me₃Si)₃P₁₁, **2**, 151

Si₃C₉H₂₈N₂
(Me₃Si)₂NNH(SiMe₃), **2**, 122; **7**, 592

Si₃C₁₀H₂₄
Me₂SiC(SiMe₃)=CSiMe₃, **2**, 223

Si₃C₁₀H₂₇Cl
(Me₃Si)₃CCl, **2**, 25

Si₃C₁₀H₂₈
(Me₃Si)₃CH, **2**, 9, 21; **7**, 526
SiMe₃SiMe₂CH₂CH₂SiMe₃, **4**, 959

Si₃C₁₀H₂₈O
SiMe₂(OMe){CH(SiMe₃)₂}, **2**, 97
SiMe₃{CH₂CH₂SiMe₂(OSiMe₃)}, **2**, 93

Si₃C₁₀H₂₉P
(Me₃Si)₃CPH₂, **2**, 98

Si₃C₁₁H₂₄
Me₂SiC(SiMe₃)=CHSiMe₂C=CH₂, **2**, 267

Si₃C₁₁H₂₇N
SiMe₃{C≡CN(SiMe₃)₂}, **2**, 122

Si₃C₁₁H₂₈O₃
(Me₃SiO)₂C=CHOSiMe₃, **7**, 572

Si₃C₁₁H₂₉NO₂
(Me₃Si)₂N(CH₂CO₂SiMe₃), **7**, 591

$Si_3C_{11}H_{29}P$
  $Me_2\overline{Si\{CH_2PMe_2C(SiMe_3)SiMe_2\}}$, **2**, 67
$Si_3C_{11}H_{30}$
  $SiMe_3\{CH_2CH(SiMe_3)_2\}$, **2**, 22
$Si_3C_{12}H_{30}$
  $(Me_2SiCH_2CH_2)_3$, **2**, 288
$Si_3C_{12}H_{30}O_3$
  $(Et_2SiO)_3$, **2**, 162
$Si_3C_{12}H_{31}P$
  $Me_2\overline{Si\{C(PMe_3)SiMe_2CH_2SiMe_2CH_2\}}$, **2**, 67
$Si_3C_{12}H_{33}P_3$
  $\{H_2SiC(PMe_3)\}_3$, **2**, 67
$Si_3C_{13}H_{23}Br$
  $Br(Me)\overline{SiCH_2SiMe_2CH_2SiMe(Ph)CH_2}$, **2**, 264
$Si_3C_{13}H_{26}$
  $SiMe(Ph)(SiMe_3)_2$, **2**, 87, 88, 212, 366, 375
$Si_3C_{13}H_{33}O_4P$
  $(Me_3SiO)_2P(O)\{CH_2CH=C(Me)(OSiMe_3)\}$, **7**, 584
$Si_3C_{14}H_{29}N$
  $SiMe_2(Ph)\{N(SiMe_3)_2\}$, **2**, 131
$Si_3C_{14}H_{36}P_2$
  $Me_2\overline{Si\{C(PMe_3)SiMe_2SiMe_2C(PMe_3)\}}$, **2**, 66
$Si_3C_{15}H_{27}F_3$
  $C_6F_3(SiMe_3)_3$, **2**, 26
$Si_3C_{15}H_{30}$
  $C_6H_3(SiMe_3)_3$, **2**, 48
  $SiMe_3\{CH=C(SiMe_3)CH=CHSiMe_3\}$, **8**, 651
$Si_3C_{15}H_{34}O_2$
  $\overline{CH_2\{CH(SiMe_3)\}_3CH(OH)CO}$, **2**, 24
$Si_3C_{15}H_{37}O_5P$
  $(Me_3SiO)_2P(O)\{CH(Me)CH=C(OEt)(OSiMe_3)\}$, **7**, 584
$Si_3C_{16}H_{22}O_3$
  $Ph_2\overline{Si\{(OSiMe_2)_2O\}}$, **2**, 170
$Si_3C_{16}H_{32}$
  $Me_2\overline{Si(CH=CH)_2C\{CH(SiMe_3)CH_2SiMe_3\}=CH}$, **2**, 282
$Si_3C_{16}H_{32}O$
  $(Me_3Si)_2C(OSiMe_3)Ph$, **2**, 22
$Si_3C_{16}H_{33}O_4P$
  $(Me_3SiO)_2P(O)CH(Ph)(OSiMe_3)$, **7**, 584
$Si_3C_{17}H_{30}O$
  $Me_2\overline{SiC(SiMe_3)=C(SiMe_3)CH(Ph)O}$, **2**, 224
$Si_3C_{18}H_{30}$
  $Me_2\overline{SiC(SiMe_3)=C(SiMe_3)C(Ph)=CH}$, **2**, 224
$Si_3C_{19}H_{28}$
  $Me_2\overline{Si\{C_6H_4SiMe_2CH(SiMe_2Ph)\}}$, **2**, 97
  $(Me_3Si)_2C=SiPh_2$, **2**, 97
$Si_3C_{20}H_{28}$
  $Me_2\overline{Si(SiMe_2)_2C(Ph)=CPh}$, **2**, 240, 248, 377
  $SiMe_3\{SiPh_2(C\equiv CSiMe_3)\}$, **2**, 83
$Si_3C_{20}H_{30}$
  $Me_2\overline{SiSiMe(Ph)(CH_2)_4SiMe(Ph)}$, **2**, 87, 278, 375
$Si_3C_{20}H_{37}NO_3$
  $Me_2\overline{SiCH_2CH_2SiMe_2N\{CH(CO_2Et)CH(Ph)OSiMe_3\}}$, **7**, 591
$Si_3C_{20}H_{48}P_4$
  $Me_2Si(PBu^t)_2Si(PBu^t)_2SiMe_2$, **2**, 152
$Si_3C_{21}H_{24}O_3$
  $\{Ph(Me)SiO\}_3$, **2**, 163
$Si_3C_{21}H_{24}S_3$
  $\{Ph(Me)SiS\}_3$, **2**, 169
$Si_3C_{24}H_{33}P_3$
  $(Me_2SiPPh)_3$, **2**, 152
$Si_3C_{24}H_{54}Cl_2O_2$
  $SiCl_2(OSiBu^t_3)_2$, **2**, 155
$Si_3C_{26}H_{40}$

$(Mes)_2\overline{SiC(SiMe_3)=C(SiMe_3)}$, **2**, 225
$Si_3C_{36}H_{30}S_3$
  $(Ph_2SiS)_3$, **2**, 169
$Si_3C_{36}H_{33}N_3$
  $(Ph_2SiNH)_3$, **2**, 122
$Si_3C_{38}H_{36}S_2$
  $SiMe_2(SSiPh_3)_2$, **2**, 172
$Si_3CdC_{15}H_{41}P$
  $Cd(CH_2SiMe_3)_2\{CH(SiMe_3)(PMe_3)\}$, **2**, 68
$Si_3Co_2C_{19}H_{30}O_4$
  $Co_2(CO)_4(HC\equiv CSiMe_3)_3$, **5**, 203
$Si_3ErC_{20}H_{49}O_2$
  $Er(CH_2SiMe_3)_3\{O(CH_2)_3CH_2\}_2$, **3**, 198
$Si_3GaC_9H_{27}$
  $Ga(SiMe_3)_3$, **2**, 104
$Si_3GaC_{12}H_{33}$
  $Ga(CH_2SiMe_3)_3$, **1**, 688; **2**, 96
$Si_3GeC_{16}H_{42}O$
  $Ge(OBu^t)(CH_2SiMe_3)_3$, **2**, 439
$Si_3HfC_{12}H_{33}Cl$
  $HfCl(CH_2SiMe_3)_3$, **3**, 636
$Si_3HgC_9H_{27}$
  $[Hg(SiMe_3)_3]^-$, **2**, 101
$Si_3HgIrC_{16}H_{42}OP$
  $Ir\{Hg(SiMe_3)\}(SiMe_3)_2(CO)(PEt_3)$, **6**, 1026
$Si_3InC_9H_{27}$
  $In(SiMe_3)_3$, **2**, 104
$Si_3InC_{12}H_{33}$
  $In(CH_2SiMe_3)_3$, **1**, 688; **2**, 96
$Si_3LiC_{10}H_{27}$
  $Li\{C(SiMe_3)_3\}$, **2**, 9, 95; **7**, 528
$Si_3LuC_{12}H_{32}$
  $[Lu(CH_2SiMe_3)_2(CHSiMe_3)]^-$, **3**, 199
$Si_3MgPbC_{12}H_{33}Cl$
  $Pb(CH_2SiMe_3)_3(MgCl)$, **2**, 668
$Si_3MoC_{15}H_{42}ClP$
  $MoCl(CH_2SiMe_3)_3(PMe_3)$, **3**, 1129, 1130
$Si_3MoC_{57}H_{45}O_3P_3$
  $Mo(CO)_3\{(Ph_2SiPPh)_3\}$, **2**, 153
$Si_3Mo_2C_{21}H_{59}P_3$
  $Mo_2(CH_2SiMe_2CH_2)(CH_2SiMe_3)_2(PMe_3)_3$, **3**, 1133
$Si_3NbC_{12}H_{33}Cl_2$
  $NbCl_2(CH_2SiMe_3)_3$, **3**, 732
$Si_3NdSnC_{16}H_{43}O_2$
  $Nd\{Sn(CH_2SiMe_3)_3\}(MeOCH_2CH_2OMe)$, **3**, 209
$Si_3NiC_9H_{27}O_3P$
  $Ni(CO)_3\{P(SiMe_3)_3\}$, **6**, 20
$Si_3NiC_{54}H_{45}$
  $[Ni(SiPh_3)_3]^{3-}$, **6**, 46
$Si_3NiSbC_{12}H_{27}O_3$
  $Ni(CO)_3\{Sb(SiMe_3)_3\}$, **6**, 20
$Si_3NiSnC_{18}H_{38}O$
  $Ni\{Sn(CH_2SiMe_3)_3\}(CO)Cp$, **6**, 202
$Si_3OsC_{10}H_{12}Cl_9O$
  $Os(SiCl_3)_3(CO)(\eta^6-C_6H_3Me_3)$, **4**, 1022
$Si_3Os_3C_{15}H_{18}O_9$
  $\{Os(SiMe_2)(CO)_3\}_3$, **4**, 1023; **6**, 1052
$Si_3PrSnC_{16}H_{43}O_2$
  $Pr\{Sn(CH_2SiMe_3)_3\}(MeOCH_2CH_2OMe)$, **3**, 209
$Si_3Re_3C_{12}H_{33}Cl_6$
  $Re_3Cl_6(CH_2SiMe_3)_3$, **4**, 229
$Si_3Ru_3C_{25}H_{30}O_8$
  $Ru_3(CO)_8\{C_8H_3(SiMe_3)_3\}$, **3**, 167
$Si_3SbC_9H_{27}$
  $Sb(SiMe_3)_3$, **2**, 154
$Si_3SbC_{18}H_{45}$

Sb(SiEt$_3$)$_3$, **2**, 154
Si$_3$ScC$_{20}$H$_{49}$O$_2$
  Sc(CH$_2$SiMe$_3$)$_3$$\overline{\{O(CH_2)_3CH_2\}}$$_2$, **3**, 198
Si$_3$SnC$_{16}$H$_{42}$O
  Sn(OBu^t)(CH$_2$SiMe$_3$)$_3$, **2**, 439
Si$_3$TaC$_{12}$H$_{33}$Cl$_2$
  TaCl$_2$(CH$_2$SiMe$_3$)$_3$, **3**, 732
Si$_3$TbC$_{20}$H$_{49}$O$_2$
  Tb(CH$_2$SiMe$_3$)$_3$$\overline{\{O(CH_2)_3CH_2\}}$$_2$, **3**, 198
Si$_3$TiC$_{12}$H$_{33}$
  Ti(CH$_2$SiMe$_3$)$_3$, **3**, 298
Si$_3$TiC$_{12}$H$_{33}$Cl
  TiCl(CH$_2$SiMe$_3$)$_3$, **3**, 437
Si$_3$TiC$_{17}$H$_{38}$
  Ti(CH$_2$SiMe$_3$)$_3$Cp, **3**, 358, 359
Si$_3$TiC$_{18}$H$_{32}$
  $\overline{\text{Ti\{CH}_2\text{(SiMe}_2\text{)}_3\text{CH}_2\}}Cp_2$, **3**, 415, 421
Si$_3$TlC$_9$H$_{27}$
  Tl(SiMe$_3$)$_3$, **1**, 729; **2**, 104
Si$_3$TlC$_{18}$H$_{45}$
  Tl(SiEt$_3$)$_3$, **1**, 729
Si$_3$TmC$_{20}$H$_{49}$O$_2$
  Tm(CH$_2$SiMe$_3$)$_3$$\overline{\{O(CH_2)_3CH_2\}}$$_2$, **3**, 199
Si$_3$UC$_{24}$H$_{39}$Cl
  UCl(C$_5$H$_4$SiMe$_3$)$_3$, **3**, 218
Si$_3$VC$_{12}$H$_{33}$
  V(CH$_2$SiMe$_3$)$_3$, **3**, 657, 660
Si$_3$VC$_{12}$H$_{33}$O
  VO(CH$_2$SiMe$_3$)$_3$, **2**, 93; **3**, 661
Si$_3$VC$_{13}$H$_{36}$NO$_3$
  V(NBu^t)(OSiMe$_3$)$_3$, **2**, 158
Si$_3$V$_2$C$_{19}$H$_{37}$N$_3$
  V$_2$(NSiMe$_3$)$_3$Cp$_2$, **2**, 144; **3**, 681
Si$_3$YC$_{20}$H$_{49}$O$_2$
  Y(CH$_2$SiMe$_3$)$_3$$\overline{\{O(CH_2)_3CH_2\}}$$_2$, **3**, 198
Si$_3$YbC$_{20}$H$_{49}$O$_2$
  Yb(CH$_2$SiMe$_3$)$_3$$\overline{\{O(CH_2)_3CH_2\}}$$_2$, **3**, 198
Si$_3$ZrC$_{12}$H$_{33}$Cl
  ZrCl(CH$_2$SiMe$_3$)$_3$, **3**, 636
Si$_4$AlC$_{12}$H$_{36}$
  [Al(SiMe$_3$)$_4$]$^-$, **2**, 102
Si$_4$AlC$_{12}$H$_{36}$O$_4$
  [Al(OSiMe$_3$)$_4$]$^-$, **2**, 156
Si$_4$AlC$_{14}$H$_{38}$Cl
  AlCl{CH(SiMe$_3$)$_2$}$_2$, **2**, 96
Si$_4$AlLiC$_{24}$H$_{66}$O$_3$
  LiAl(SiMe$_3$)$_4$(OEt$_2$)$_3$, **7**, 610
Si$_4$Al$_2$C$_{14}$H$_{42}$O$_4$
  {AlMe(OSiMe$_3$)$_2$}$_2$, **1**, 714
Si$_4$AsC$_{14}$H$_{38}$
  As{CH(SiMe$_3$)$_2$}$_2$, **2**, 683
Si$_4$AsC$_{14}$H$_{38}$Cl
  AsCl{CH(SiMe$_3$)$_2$}$_2$, **2**, 129
Si$_4$As$_4$C$_{12}$H$_{36}$
  (Me$_2$SiAsMe)$_4$, **2**, 153
Si$_4$BC$_{14}$H$_{29}$O$_3$
  PhB(OSiMe$_2$SiMe$_2$)$_2$O, **1**, 372
Si$_4$BC$_{14}$H$_{38}$Cl
  BCl{CH(SiMe$_3$)$_2$}$_2$, **2**, 96
Si$_4$BC$_{14}$H$_{39}$O
  B(OH){CH(SiMe$_3$)$_2$}$_2$, **2**, 96
Si$_4$BC$_{50}$H$_{46}$N
  Me$_2$N$\overline{\text{B(SiPh}_2\text{)}_3\text{SiPh}_2}$, **1**, 372
Si$_4$Be$_4$C$_{16}$H$_{48}$O$_4$
  (MeBeOSiMe$_3$)$_4$, **1**, 18, 134

Si$_4$CCl$_{12}$
  (Cl$_3$Si)$_4$C, **2**, 182
Si$_4$C$_4$H$_4$Cl$_8$
  $\overline{\text{C(SiCl}_2\text{CH}_2\text{SiCl}_2\text{)}_2\text{C}}$, **2**, 291
Si$_4$C$_4$H$_{12}$Cl$_6$
  SiMe{SiCl$_2$(Me)}$_3$, **2**, 374
Si$_4$C$_4$H$_{12}$S$_6$
  (MeSi)$_4$S$_6$, **2**, 169
Si$_4$C$_6$H$_{12}$Cl$_4$
  C$_6$Si$_4$H$_{12}$Cl$_4$, **2**, 294
Si$_4$C$_6$H$_{18}$Cl$_4$N$_2$
  Me$_3$SiN(SiCl$_2$)$_2$NSiMe$_3$, **2**, 134
Si$_4$C$_8$H$_{23}$ClO$_4$
  {Me(CH$_2$Cl)$\overline{\text{SiO}}$}(Me$_2$SiO)$_3$, **2**, 327
Si$_4$C$_8$H$_{24}$Cl$_2$
  Cl(SiMe$_2$)$_4$Cl, **2**, 373
Si$_4$C$_8$H$_{24}$O$_2$S$_2$
  (Me$_2$SiOSiMe$_2$S)$_2$, **2**, 171
Si$_4$C$_8$H$_{24}$O$_3$S
  $\overline{\text{Me}_2\text{Si\{(OSiMe}_2\text{)}_3\text{S\}}}$, **2**, 171
Si$_4$C$_8$H$_{24}$O$_4$
  (Me$_2$SiO)$_4$, **2**, 163, 309, 323
Si$_4$C$_8$H$_{24}$S$_2$
  $\overline{\text{Me}_2\text{Si\{SiMe}_2\text{S(SiMe}_2\text{)}_2\text{S\}}}$, **2**, 170
Si$_4$C$_8$H$_{26}$
  H(SiMe$_2$)$_4$H, **2**, 366
Si$_4$C$_8$H$_{26}$N$_2$O$_2$
  (Me$_2$SiOSiMe$_2$NH)$_2$, **2**, 135
Si$_4$C$_8$H$_{28}$N$_4$
  (Me$_2$SiNH)$_4$, **2**, 132
Si$_4$C$_9$H$_{24}$F$_4$
  {SiF$_2$(Me)SiMe$_2$CH$_2$}$_2$CH$_2$, **2**, 244, 377
Si$_4$C$_9$H$_{27}$Cl
  SiCl(SiMe$_3$)$_3$, **2**, 87
Si$_4$C$_9$H$_{28}$
  SiH(SiMe$_3$)$_3$, **2**, 366, 367
Si$_4$C$_{10}$H$_{24}$
  C$_6$Si$_4$H$_{12}$Me$_4$, **2**, 237
Si$_4$C$_{10}$H$_{25}$F$_3$O$_4$
  {Me(CF$_3$CH$_2$CH$_2$)$\overline{\text{SiO}}$}(Me$_2$SiO)$_3$, **2**, 325
Si$_4$C$_{10}$H$_{30}$
  Me(SiMe$_2$)$_4$Me, **2**, 373
  SiMe(SiMe$_3$)$_3$, **2**, 367
  Si$_4$Me$_{10}$, **3**, 104
Si$_4$C$_{10}$H$_{30}$N$_2$
  {Me$_2$SiN(SiMe$_3$)}$_2$, **2**, 134, 135
Si$_4$C$_{11}$H$_{28}$
  MeSi(CH$_2$SiMe$_2$CH$_2$)$_2$(CH$_2$)SiMe, **2**, 291
Si$_4$C$_{11}$H$_{33}$N$_3$
  $\overline{\text{Me}_2\text{Si\{N(SiMe}_3\text{)SiMe}_2\text{NMeN(SiMe}_3\text{)\}}}$, **2**, 141
Si$_4$C$_{12}$H$_{30}$
  $\overline{\text{Me}_2\text{SiC(SiMe}_3\text{)=C(SiMe}_3\text{)SiMe}_2}$, **2**, 224
  Me$_3$Si$\overline{\text{C(SiMe}_2\text{)}_2\text{C}}$SiMe$_3$, **2**, 218
Si$_4$C$_{12}$H$_{30}$O
  $\overline{\text{Me}_2\text{SiC(SiMe}_3\text{)=C(SiMe}_3\text{)SiMe}_2\text{O}}$, **2**, 224
Si$_4$C$_{12}$H$_{32}$
  $\overline{\text{Me}_2\text{Si(CH}_2\text{SiMe}_2\text{)}_2\text{CH(SiMe}_3\text{)}}$, **2**, 267
Si$_4$C$_{12}$H$_{33}$N$_3$
  SiMe$_3${C(N$_2$)SiMe$_2$N(SiMe$_3$)$_2$}, **2**, 142
Si$_4$C$_{12}$H$_{36}$N$_2$
  (Me$_3$Si)$_2$NN(SiMe$_3$)$_2$, **2**, 127, 139
Si$_4$C$_{12}$H$_{36}$N$_3$P
  (Me$_3$Si)$_2$NP(NSiMe$_3$)$_2$, **2**, 144
Si$_4$C$_{12}$H$_{36}$N$_4$
  (Me$_3$Si)$_2$NN=NN(SiMe$_3$)$_2$, **2**, 141
Si$_4$C$_{12}$H$_{36}$O$_4$P

$Si_4C_{12}H_{36}O_4P$
[(Me$_3$SiO)$_4$P]$^+$, **2**, 184
$Si_4C_{12}H_{36}P_{14}$
(Me$_3$Si)$_4$P$_{14}$, **2**, 151
$Si_4C_{13}H_{25}ClO_4$
{Me(C$_6$H$_4$Cl)SiO}(Me$_2$SiO)$_3$, **2**, 327
$Si_4C_{13}H_{26}O_4$
(MePhSiO)(Me$_2$SiO)$_3$, **2**, 327
$Si_4C_{13}H_{36}N$
$\dot{C}$(SiMe$_3$)$_2${N(SiMe$_3$)$_2$}, **2**, 91
$Si_4C_{13}H_{37}N$
(Me$_3$Si)$_2$CHN(SiMe$_3$)$_2$, **2**, 30
$Si_4C_{13}H_{38}P_2$
{(Me$_3$Si)$_2$P}$_2$CH$_2$, **2**, 150
$Si_4C_{14}H_{34}$
Me$_3$SiSiMe$_2$(CH$_2$)$_3$SiMe$_2$SiMe$_2$(C≡CH), **2**, 377
$Si_4C_{14}H_{35}P$
MeP(CH$_2$SiMe$_2$CH$_2$SiMe$_2$)$_2\dot{C}$, **7**, 627
$Si_4C_{14}H_{36}$
{Me$_2$Si(CH$_2$)$_3$SiMe$_2$}$_2$, **2**, 244, 288
{Me$_2$SiC(Me)SiMe$_3$}$_2$, **2**, 93, 235
Me$_3$SiSiMe$_2$(CH$_2$)$_3$SiMe$_2$SiMe$_2$(CH=CH$_2$), **2**, 377
$Si_4C_{14}H_{36}O$
Si(SiMe$_3$)$_3$(COBu^t), **2**, 7, 83
$Si_4C_{14}H_{37}$
$\dot{C}$(SiMe$_3$)$_2${CH(SiMe$_3$)$_2$}, **2**, 91
$Si_4C_{14}H_{38}$
(Me$_3$Si)$_2$CHCH(SiMe$_3$)$_2$, **2**, 30
$Si_4C_{14}H_{38}ClP$
{(Me$_3$Si)$_2$CH}$_2$PCl, **2**, 129
$Si_4C_{14}H_{39}P$
Si$_2$Me$_5${CH$_2$PMe$_2$(CHSi$_2$Me$_5$)}, **2**, 67
$Si_4C_{15}H_{32}$
SiPh(SiMe$_3$)$_3$, **2**, 87, 213, 375
$Si_4C_{15}H_{36}$
(Me$_3$Si)$_2$C=C=C(SiMe$_3$)$_2$, **2**, 25
$Si_4C_{16}H_{24}$
(Me$_2$SiC≡C)$_4$, **2**, 288
$Si_4C_{16}H_{32}O$
Si(COPh)(SiMe$_3$)$_3$, **2**, 367
$Si_4C_{16}H_{36}$
(Me$_3$Si)$_2$C=C=C=C(SiMe$_3$)$_2$, **2**, 44
$Si_4C_{16}H_{40}$
(SiEt$_2$)$_4$, **2**, 380
$Si_4C_{16}H_{40}O_4$
(Et$_2$SiO)$_4$, **2**, 162
$Si_4C_{17}H_{38}$
C$_5$H$_2$(SiMe$_3$)$_4$, **2**, 55
$Si_4C_{18}H_{28}O_4$
{SiMe(Ph)OSiMe$_2$O}$_2$, **2**, 79, 359; **7**, 575
$Si_4C_{18}H_{38}$
C$_6$H$_2$(SiMe$_3$)$_4$, **2**, 50
SiMe$_3${CH$_2$CH(SiMe$_3$)Si(Ph)(Me)SiMe$_3$}, **2**, 213
$Si_4C_{20}H_{48}$
{SiMe(Bu^t)}$_4$, **2**, 380, 386
$Si_4C_{22}H_{40}$
C$_{10}$H$_4$(SiMe$_3$)$_4$, **2**, 41
$Si_4C_{24}H_{20}S_6$
(PhSi)$_4$S$_6$, **2**, 169
$Si_4C_{24}H_{32}S_4$
{Me$_2$Si(C$_4$H$_2$S)}$_4$, **2**, 289
$Si_4C_{26}H_{40}$
{Me$_2$SiC(Ph)=C(SiMe$_3$)}$_2$, **2**, 224, 226
$Si_4C_{26}H_{48}O_8$
{Me$_2$Si(CH$_2$)$_3$SiMe$_2$C(CO$_2$Me)=C(CO$_2$Me)}$_2$, **2**, 287
$Si_4C_{28}H_{32}O_4$
{Me(Ph)SiO}$_4$, **2**, 163

$Si_4C_{39}H_{58}P_2$
{(Me$_3$Si)$_2$CPPh$_2$}$_2$CH$_2$, **7**, 628
$Si_4C_{48}H_{40}$
(SiPh$_2$)$_4$, **2**, 21, 370
$Si_4C_{48}H_{40}I_2$
I(SiPh$_2$)$_4$I, **2**, 370
$Si_4C_{48}H_{40}O$
Ph$_2$Si(SiPh$_2$)$_3$O, **2**, 370
$Si_4C_{48}H_{40}O_4$
(Ph$_2$SiO)$_4$, **2**, 325
$Si_4C_{48}H_{41}Cl$
H(SiPh$_2$)$_4$Cl, **2**, 370
$Si_4C_{50}H_{46}$
Me(SiPh$_2$)$_4$Me, **2**, 370
$Si_4C_{54}H_{46}$
SiH(SiPh$_3$)$_3$, **2**, 366
$Si_4C_{56}H_{56}$
{Si(Tol)$_2$}$_4$, **2**, 370
$Si_4C_{60}H_{50}$
Ph(SiPh$_2$)$_4$Ph, **2**, 370
$Si_4CdC_{12}H_{36}N_2$
Cd{N(SiMe$_3$)$_2$}$_2$, **2**, 102
$Si_4CdC_{14}H_{38}$
Cd{CH(SiMe$_3$)$_2$}$_2$, **2**, 853
$Si_4CoC_{12}H_{36}N_2$
Co{N(SiMe$_3$)$_2$}$_2$, **2**, 129
$Si_4CoC_{16}H_{44}$
[Co(CH$_2$SiMe$_3$)$_4$]$^{2-}$, **5**, 75, 78
$Si_4CoC_{21}H_{41}$
CoCp{η^4-C$_4$(SiMe$_3$)$_4$}, **2**, 44; **5**, 207
$Si_4CrC_{16}H_{44}$
Cr(CH$_2$SiMe$_3$)$_4$, **2**, 130; **3**, 916, 937
$Si_4CrGeC_{19}H_{38}O_5$
Cr[Ge{CH(SiMe$_3$)$_2$}$_2$](CO)$_5$, **2**, 130
$Si_4CrSnC_{19}H_{38}O_5$
CrSn{CH(SiMe$_3$)$_2$}(CO)$_5$, **2**, 598
$Si_4Cr_2C_{22}H_{62}P_2$
{Cr(CH$_2$SiMe$_3$)$_2$(PMe$_3$)}$_2$, **1**, 207; **3**, 941
$Si_4Cu_2Li_2C_{16}H_{44}$
{LiCu(CH$_2$SiMe$_3$)$_2$}$_2$, **2**, 712
$Si_4Cu_4C_{12}H_{36}O_4$
{Cu(CH$_2$SiMe$_3$)}$_4$, **2**, 157
(CuOSiMe$_3$)$_4$, **2**, 157
$Si_4Cu_4C_{16}H_{44}$
{Cu(CH$_2$SiMe$_3$)}$_4$, **1**, 21; **2**, 93, 725
$Si_4ErC_{16}H_{44}$
[Er(CH$_2$SiMe$_3$)$_4$]$^-$, **3**, 199
$Si_4Fe_2C_{22}H_{36}O_{10}$
Fe$_2$(CO)$_6${C(OSiMe$_3$)}$_4$, **6**, 1081
$Si_4Fe_2C_{27}H_{36}O_7$
Fe$_2$(CO)$_6$[{C(C≡CSiMe$_3$)=C(SiMe$_3$)}$_2$CO], **2**, 43; **4**, 548
$Si_4Fe_2SnC_{27}H_{48}O_3$
Fe$_2$(CO)$_3$Cp$_2$[Sn{CH(SiMe$_3$)$_2$}$_2$], **4**, 522; **6**, 1081
$Si_4Ga_2C_{14}H_{42}O_4$
{GaMe(OSiMe$_3$)$_2$}$_2$, **1**, 714
$Si_4GeC_{12}H_{36}N_2$
Ge{N(SiMe$_3$)$_2$}$_2$, **2**, 129
$Si_4GeC_{14}H_{38}$
Ge{CH(SiMe$_3$)$_2$}$_2$, **2**, 96, 129, 481
$Si_4GeWC_{18}H_{38}O_4$
W[Ge{CH(SiMe$_3$)$_2$}$_2$](CO)$_4$, **2**, 129
$Si_4HfC_{14}H_{42}N_2$
HfMe$_2${N(SiMe$_3$)$_2$}$_2$, **3**, 642; **8**, 259
$Si_4HfC_{16}H_{42}N_2O_4$
HfMe$_2${O$_2$CN(SiMe$_3$)$_2$}$_2$, **3**, 642; **8**, 259
$Si_4HfC_{16}H_{44}$

Hf(CH$_2$SiMe$_3$)$_4$, **3**, 636
Si$_4$HfC$_{16}$H$_{46}$N$_2$
  HfEt$_2$\{N(SiMe$_3$)$_2$\}$_2$, **8**, 259
Si$_4$HfC$_{17}$H$_{47}$ClN$_2$
  HfCl(CH$_2$Bu^t)\{N(SiMe$_3$)$_2$\}$_2$, **3**, 641
Si$_4$HfC$_{18}$H$_{46}$N$_2$O$_4$
  HfEt$_2$\{O$_2$CN(SiMe$_3$)$_2$\}$_2$, **8**, 259
Si$_4$HfC$_{24}$H$_{60}$N$_4$
  Hf\{C(Me)=NBu^t\}$_2$\{N(SiMe$_3$)$_2$\}$_2$, **3**, 641
Si$_4$HgC$_{12}$H$_{36}$
  [Hg(SiMe$_3$)$_4$]$^{2-}$, **2**, 102
Si$_4$Hg$_2$C$_8$H$_{24}$
  (HgSiMe$_2$SiMe$_2$)$_2$, **2**, 102
Si$_4$Hg$_2$C$_{12}$H$_{28}$
  CH$_2$(SiMe$_2$HgSiMe$_2$)$_2$CH$_2$, **6**, 1107
Si$_4$Hg$_4$C$_{16}$H$_{48}$O$_4$
  \{HgMe(OSiMe$_3$)\}$_4$, **2**, 904, 917
Si$_4$K$_4$C$_{12}$H$_{36}$O$_4$
  (Me$_3$SiOK)$_4$, **2**, 156
Si$_4$LiC$_9$H$_{27}$
  Li\{Si(SiMe$_3$)$_3$\}, **2**, 367
Si$_4$Li$_2$C$_{48}$H$_{40}$
  Li(SiPh$_2$)$_4$Li, **2**, 370
Si$_4$Li$_4$C$_{16}$H$_{44}$
  \{Li(CH$_2$SiMe$_3$)\}$_4$, **1**, 69
Si$_4$LuC$_{16}$H$_{44}$
  [Lu(CH$_2$SiMe$_3$)$_4$]$^-$, **3**, 199
Si$_4$MnC$_{12}$H$_{36}$N$_2$
  Mn\{N(SiMe$_3$)$_2$\}$_2$, **2**, 129
Si$_4$MnC$_{14}$H$_{27}$O$_5$
  Mn\{Si(SiMe$_3$)$_3$\}(CO)$_5$, **6**, 1066
Si$_4$MnC$_{16}$H$_{44}$
  Mn(CH$_2$SiMe$_3$)$_4$, **4**, 70
Si$_4$MoPbC$_{19}$H$_{38}$O$_5$
  Mo(CO)$_5$[Pb\{CH(SiMe$_3$)$_2$\}$_2$], **2**, 671
Si$_4$Mo$_2$C$_{16}$H$_{44}$Br$_2$
  Mo$_2$Br$_2$(CH$_2$SiMe$_3$)$_4$, **3**, 1134
Si$_4$Mo$_2$C$_{18}$H$_{50}$
  Mo$_2$Me$_2$(CH$_2$SiMe$_3$)$_4$, **3**, 1134
Si$_4$Mo$_2$C$_{20}$H$_{56}$N$_2$
  Mo$_2$(NMe$_2$)$_2$(CH$_2$SiMe$_3$)$_4$, **3**, 1134
Si$_4$Mo$_2$C$_{22}$H$_{58}$O$_2$
  Mo$_2$(OPr^i)$_2$(CH$_2$SiMe$_3$)$_4$, **3**, 1134
Si$_4$Mo$_2$C$_{28}$H$_{42}$O$_6$
  [Mo(CO)$_3$\{C$_5$H$_3$(SiMe$_3$)$_2$\}]$_2$, **2**, 52
Si$_4$NiC$_{12}$H$_{36}$N$_2$
  Ni\{N(SiMe$_3$)$_2$\}$_2$, **2**, 129
Si$_4$Ni$_2$C$_{22}$H$_{46}$P$_2$
  [Ni\{P(SiMe$_3$)$_2$\}Cp]$_2$, **6**, 202
Si$_4$Os$_2$C$_{16}$H$_{30}$O$_6$
  \{Os(SiMe$_2$)(SiMe$_3$)(CO)$_3$\}$_2$, **4**, 1023; **6**, 1052
Si$_4$PbC$_{12}$H$_{36}$N$_2$
  Pb\{N(SiMe$_3$)$_2$\}$_2$, **2**, 129
Si$_4$PbC$_{14}$H$_{38}$
  Pb\{CH(SiMe$_3$)$_2$\}$_2$, **2**, 671
Si$_4$PbPdC$_{15}$H$_{41}$ClN$_2$
  \{(Me$_3$Si)$_2$N\}$_2$PbPd(CH$_2$CHCH$_2$)Cl, **6**, 1054
Si$_4$PtC$_{84}$H$_{70}$P$_2$
  (Ph$_3$P)$_2$Pt(SiPh$_2$)$_3$SiPh$_2$, **2**, 370
Si$_4$PtRuC$_{44}$H$_{50}$O$_4$P$_2$
  (CO)$_4$Ru(SiMe$_2$)$_2$(C$_6$H$_4$)(SiMe$_2$)$_2$Pt(diphos), **4**, 911
Si$_4$ReC$_{14}$H$_{27}$O$_5$
  Re\{Si(SiMe$_3$)$_3$\}(CO)$_5$, **4**, 204
Si$_4$ReC$_{16}$H$_{44}$O
  ReO(CH$_2$SiMe$_3$)$_4$, **4**, 217
Si$_4$Ru$_2$C$_{16}$H$_{30}$O$_6$
  \{Ru(SiMe$_2$)(SiMe$_3$)(CO)$_3$\}$_2$, **4**, 911
Si$_4$SbC$_{16}$H$_{43}$
  Sb(CHSiMe$_3$)(CH$_2$SiMe$_3$)$_3$, **2**, 99
  SbMe\{C(SiMe$_3$)$_2$\}(CH$_2$SiMe$_3$)$_2$, **2**, 99; **7**, 628
Si$_4$SbC$_{16}$H$_{44}$Cl
  SbCl(CH$_2$SiMe$_3$)$_4$, **7**, 628
Si$_4$Sb$_2$C$_{12}$H$_{36}$
  Sb$_2$(SiMe$_3$)$_4$, **2**, 154
Si$_4$SnC$_{12}$H$_{36}$N$_2$
  Sn\{N(SiMe$_3$)$_2$\}$_2$, **2**, 129
Si$_4$SnC$_{14}$H$_{38}$
  Sn\{CH(SiMe$_3$)$_2$\}$_2$, **2**, 96, 129, 597
Si$_4$Sn$_2$C$_{18}$H$_{48}$
  \{Me$_2$SnC(SiMe$_3$)$_2$\}$_2$, **2**, 543
Si$_4$TaC$_{15}$H$_{45}$N$_2$
  TaMe$_3$\{N(SiMe$_3$)$_2$\}$_2$, **3**, 732
Si$_4$Ta$_2$C$_{96}$H$_{174}$O$_6$
  [Ta\{Si(C$_{18}$H$_{37}$)\}$_2$(CO)$_3$(η^5-C$_5$H$_4$Bu)]$_2$, **3**, 712
Si$_4$TiC$_{12}$H$_{36}$
  Ti(SiMe$_3$)$_4$, **6**, 1058
Si$_4$TiC$_{16}$H$_{44}$
  Ti(CH$_2$SiMe$_3$)$_4$, **3**, 298, 460
Si$_4$TiC$_{22}$H$_{42}$Cl$_2$
  TiCl$_2$\{C$_5$H$_3$(SiMe$_3$)$_2$\}$_2$, **2**, 52
Si$_4$TiC$_{58}$H$_{50}$
  $\overline{\text{Ti}\{(\text{SiPh}_2)_3\text{SiPh}_2\}}Cp_2$, **3**, 423, 424; **6**, 1048
Si$_4$Ti$_2$C$_{22}$H$_{46}$N$_4$
  [Ti\{NN(SiMe$_3$)$_2$\}Cp]$_2$, **2**, 140
Si$_4$UC$_{12}$H$_{36}$N$_2$O$_2$
  UO$_2$\{N(SiMe$_3$)$_2$\}$_2$, **2**, 130
Si$_4$VC$_{12}$H$_{36}$N$_4$
  $\overline{\text{V}(\text{NMeSiMe}_2\text{CH}_2\text{SiMe}_2\text{NMe})_2}$, **2**, 296
Si$_4$VC$_{16}$H$_{44}$
  V(CH$_2$SiMe$_3$)$_4$, **2**, 93; **3**, 660
Si$_4$V$_2$C$_{22}$H$_{46}$N$_4$
  [V\{NN(SiMe$_3$)$_2$\}Cp]$_2$, **2**, 140
Si$_4$V$_2$C$_{48}$H$_{108}$O$_7$
  V$_2$O$_3$(OSiBu^t$_3$)$_4$, **2**, 158
Si$_4$YC$_{16}$H$_{44}$
  [Y(CH$_2$SiMe$_3$)$_4$]$^-$, **3**, 199
Si$_4$YbC$_{16}$H$_{44}$
  [Yb(CH$_2$SiMe$_3$)$_4$]$^-$, **3**, 199
Si$_4$ZrC$_{16}$H$_{44}$
  Zr(CH$_2$SiMe$_3$)$_4$, **2**, 93; **3**, 636
Si$_4$ZrC$_{24}$H$_{45}$Cl
  ZrCl\{CH(SiMe$_3$)$_2$\}(η^5-C$_5$H$_4$SiMe$_3$)$_2$, **3**, 593
Si$_4$ZrC$_{72}$H$_{60}$O$_4$
  Zr(OSiPh$_3$)$_4$, **8**, 417
Si$_4$Zr$_2$C$_{34}$H$_{58}$N$_2$
  [Zr\{CH(SiMe$_3$)$_2$\}Cp$_2$]$_2$(N$_2$), **3**, 588
Si$_4$Zr$_2$C$_{34}$H$_{60}$
  [ZrH\{CH(SiMe$_3$)$_2$\}Cp$_2$]$_2$, **3**, 586
Si$_5$CH$_3$Cl$_{11}$
  Si(SiCl$_3$)$_3$\{SiCl$_2$(Me)\}, **2**, 374
Si$_5$C$_9$H$_{27}$Cl
  $\overline{\text{Me(Cl)Si(SiMe}_2)_3\text{SiMe}_2}$, **2**, 381
Si$_5$C$_{10}$H$_{30}$
  (SiMe$_2$)$_5$, **3**, 100
Si$_5$C$_{10}$H$_{30}$Cl$_2$O$_4$
  ClMe$_2$Si(OSiMe$_2$)$_4$Cl, **2**, 308
Si$_5$C$_{10}$H$_{30}$O$_5$
  (Me$_2$SiO)$_5$, **2**, 163
Si$_5$C$_{12}$H$_{36}$
  Si(SiMe$_3$)$_4$, **2**, 105, 367, 372
Si$_5$C$_{12}$H$_{36}$N$_2$O
  $\overline{\text{Me}_2\text{Si}\{\text{N}(\text{SiMe}_3)\text{SiMe}_2\text{N}(\text{SiMe}_2\text{O-}}$
    SiMe$_3$)\}, **2**, 135

$Si_5C_{12}H_{37}N_3$
  $Me_2Si\{N(SiMe_3)SiMe_2N(SiMe_3)SiMe_2NH\}$, **2**, 133
$Si_5C_{14}H_{42}N_2$
  $SiMe_2\{N(SiMe_3)_2\}_2$, **2**, 141
$Si_5C_{14}H_{42}P_2$
  $SiMe_2\{P(SiMe_3)_2\}_2$, **2**, 152; **7**, 603
$Si_5C_{15}H_{32}$
  $Ph(Me)\overline{Si(SiMe_2)_3SiMe_2}$, **2**, 394
$Si_5C_{15}H_{40}$
  $Me_2\overline{Si\{CH(SiMe_3)SiMe_2\}_2CH_2}$, **2**, 267
$Si_5C_{20}H_{50}$
  $(SiEt_2)_5$, **2**, 379
$Si_5C_{30}H_{25}I_5$
  $\{SiI(Ph)\}_5$, **2**, 371
$Si_5C_{30}H_{30}$
  $\{SiH(Ph)\}_5$, **2**, 371, 372
$Si_5C_{30}H_{70}$
  $(SiPr_2)_5$, **2**, 380
$Si_5C_{35}H_{40}$
  $\{SiMe(Ph)\}_5$, **2**, 371
$Si_5C_{35}H_{40}O_5$
  $\{SiPh(OMe)\}_5$, **2**, 371
$Si_5C_{40}H_{90}$
  $(SiBu_2)_5$, **2**, 380
$Si_5C_{50}H_{46}$
  $Ph_2\overline{Si(SiPh_2)_3SiMe_2}$, **2**, 370
$Si_5C_{60}H_{50}$
  $(SiPh_2)_5$, **2**, 366
$Si_5C_{60}H_{50}Br_2$
  $Br(SiPh_2)_5Br$, **2**, 370
$Si_5C_{60}H_{52}$
  $H(SiPh_2)_5H$, **2**, 366, 370
$Si_5C_{70}H_{70}$
  $\{Si(Tol)_2\}_5$, **2**, 370
$Si_5Li_2C_{60}H_{50}$
  $Li(SiPh_2)_5Li$, **2**, 370
$Si_5Re_3C_{20}H_{55}Cl_4$
  $Re_3Cl_4(CH_2SiMe_3)_5$, **4**, 229
$Si_5SbC_{20}H_{55}$
  $Sb(CH_2SiMe_3)_5$, **2**, 99
$Si_6AlC_{18}H_{54}P$
  $Al(SiMe_3)_3\{P(SiMe_3)_3\}$, **2**, 104
$Si_6Al_2C_{18}H_{54}O_6$
  $\{Al(OSiMe_3)_3\}_2$, **2**, 156
$Si_6As_4C_{12}H_{36}$
  $As_4(SiMe_2)_6$, **2**, 153
$Si_6BThC_{18}H_{58}N_3$
  $Th(BH_4)\{N(SiMe_3)_2\}_3$, **3**, 256
$Si_6BUC_{18}H_{58}N_3$
  $U(BH_4)\{N(SiMe_3)_2\}_3$, **3**, 256
$Si_6C_2Cl_{16}$
  $\{Cl_2SiC(SiCl_3)_2\}_2$, **2**, 235
$Si_6C_6H_8Cl_8$
  $C_6Si_6H_8Cl_8$, **2**, 294
$Si_6C_6H_{18}Cl_6$
  $\{SiCl(Me)\}_6$, **2**, 381
$Si_6C_6H_{18}I_6$
  $\{SiI(Me)\}_6$, **2**, 371
$Si_6C_{11}H_{33}Cl$
  $Me(Cl)\overline{Si(SiMe_2)_4SiMe_2}$, **2**, 382
  $\{Me_2(Cl)Si\}(Me)\overline{Si(SiMe_2)_3SiMe_2}$, **2**, 381
$Si_6C_{11}H_{34}$
  $Me(H)\overline{Si(SiMe_2)_4SiMe_2}$, **2**, 382
$Si_6C_{12}H_{36}$
  $(Me_3Si)(Me)\overline{Si(SiMe_2)_3SiMe_2}$, **2**, 381

  $(SiMe_2)_6$, **2**, 79, 105, 213, 367, 371
$Si_6C_{12}H_{36}P_4$
  $(Me_2Si)_6P_4$, **2**, 152
$Si_6C_{13}H_{39}Cl$
  $Me(SiMe_2)_6Cl$, **2**, 373
$Si_6C_{14}H_{42}N_2O_2$
  $\{Me_2SiN(SiMe_2OSiMe_3)\}_2$, **2**, 136
  $\{Me_2SiOSiMe_2N(SiMe_3)\}_2$, **2**, 135
$Si_6C_{15}H_{45}N_3$
  $\{Me_2SiN(SiMe_3)\}_3$, **2**, 134, 136
$Si_6C_{17}H_{38}$
  $Ph(Me)\overline{Si(SiMe_2)_4SiMe_2}$, **2**, 394
$Si_6C_{20}H_{54}F_2N_4$
  $[\{(Me_3Si)_2N\}(F)SiNBu^t]_2$, **2**, 137
$Si_6C_{23}H_{54}$
  $C_5(SiMe_3)_6$, **2**, 52
$Si_6C_{24}H_{60}$
  $(SiEt_2)_6$, **2**, 379
$Si_6C_{34}H_{50}N_6$
  $Me_2Si(NPh)_2Si\{N(SiMe_3)\}_2Si(NPh)_2SiMe_2$, **2**, 134
$Si_6C_{36}H_{36}$
  $\{SiH(Ph)\}_6$, **2**, 372
$Si_6C_{40}H_{56}$
  $Ph_2\overline{SiC(SiMe_3)_2SiPh_2}C=C=C(SiMe_3)_2$, **2**, 236
$Si_6C_{42}H_{48}$
  $\{SiMe(Ph)\}_6$, **2**, 371, 386
$Si_6C_{52}H_{52}$
  $Ph_2\overline{Si(SiPh_2)_3SiMe_2SiMe_2}$, **2**, 370
$Si_6C_{62}H_{56}$
  $Ph_2\overline{Si(SiPh_2)_4SiMe_2}$, **2**, 370
$Si_6C_{72}H_{60}$
  $(SiPh_2)_6$, **2**, 370
$Si_6C_{72}H_{60}Cl_2$
  $Cl(SiPh_2)_6Cl$, **2**, 370
$Si_6C_{72}H_{62}$
  $H(SiPh_2)_6H$, **2**, 370
$Si_6CdSn_2C_{24}H_{66}$
  $Cd\{Sn(CH_2SiMe_3)_3\}_2$, **6**, 1101
$Si_6CrC_{18}H_{54}N_3$
  $Cr\{N(SiMe_3)_2\}_3$, **2**, 130
$Si_6CrC_{21}H_{57}$
  $Cr\{CH(SiMe_3)_2\}_3$, **3**, 937, 938
$Si_6FeC_{18}H_{38}O_2$
  $Fe(Si_6Me_{11})(CO)_2Cp$, **2**, 387
$Si_6FeC_{18}H_{54}N_3$
  $Fe\{N(SiMe_3)_2\}_3$, **2**, 130
$Si_6GaC_{18}H_{54}N_3$
  $Ga\{N(SiMe_3)_2\}_3$, **2**, 130
$Si_6GeC_{18}H_{54}N_3$
  $Ge\{N(SiMe_3)_2\}_3$, **2**, 474, 475
$Si_6HfC_{19}H_{57}N_3$
  $HfMe\{N(SiMe_3)_2\}_3$, **3**, 641
$Si_6HfC_{20}H_{58}N_2$
  $Hf(CH_2SiMe_3)_2\{N(SiMe_3)_2\}_2$, **3**, 641
$Si_6HgC_{20}H_{54}$
  $Hg\{C(SiMe_3)_3\}_2$, **2**, 902
$Si_6HgSn_2C_{24}H_{66}$
  $Hg\{Sn(CH_2SiMe_3)_3\}_2$, **6**, 202
$Si_6Hg_2FeC_{24}H_{54}O_4$
  $Fe\{HgC(SiMe_3)_3\}_2(CO)_4$, **6**, 1000
$Si_6InC_{18}H_{54}N_3$
  $In\{N(SiMe_3)_2\}_3$, **2**, 130
$Si_6Li_2UC_{56}H_{120}O_8$
  $Li_2U(CH_2SiMe_3)_6\{\overline{O(CH_2)_3CH_2}\}_8$, **3**, 241
$Si_6Li_6C_{18}H_{54}$

$Si_6Li_6C_{24}H_{66}$
  {Li(SiMe$_3$)}$_6$, **1**, 65, 67
$Si_6Li_6C_{24}H_{66}$
  {Li(CH$_2$SiMe$_3$)}$_6$, **1**, 69
$Si_6Mo_2C_{24}H_{66}$
  Mo$_2$(CH$_2$SiMe$_3$)$_6$, **1**, 196; **2**, 93; **3**, 1134
$Si_6Nb_2C_{24}H_{62}$
  {Nb(CH$_2$SiMe$_3$)$_2$(CSiMe$_3$)}$_2$, **1**, 196; **2**, 93; **3**, 723, 724
$Si_6ReC_{18}H_{54}N_3O$
  ReO{N(SiMe$_3$)$_2$}$_3$, **2**, 130
$Si_6Re_2C_{24}H_{62}$
  {Re(CSiMe$_3$)(CH$_2$SiMe$_3$)$_2$}$_2$, **4**, 217
$Si_6Re_2C_{36}H_{84}Cl_6O_{12}$
  Re$_2$Cl$_6$(CO$_2$Me)$_6$(CH$_2$SiMe$_3$)$_6$, **4**, 215
$Si_6Re_3C_{24}H_{66}Cl_3$
  {ReCl(CH$_2$SiMe$_3$)$_2$}$_3$, **4**, 217
$Si_6Re_3C_{24}H_{66}Cl_3N_2O_2$
  Re$_3$Cl$_3$(CH$_2$SiMe$_3$)$_5${ON(CH$_2$SiMe$_3$)NO}, **4**, 229
$Si_6Re_3C_{27}H_{66}Cl_3O_3$
  Re$_3$Cl$_3$(CH$_2$SiMe$_3$)$_6$(CO)$_3$, **4**, 215
$Si_6RhC_{19}H_{54}ClOP_2$
  RhCl(CO){P(SiMe$_3$)$_3$}$_2$, **5**, 306
$Si_6ScC_{18}H_{54}N_3$
  Sc{N(SiMe$_3$)$_2$}$_3$, **2**, 130
$Si_6ScC_{29}H_{73}O_2$
  Sc{CH(SiMe$_3$)$_2$}$_3${$\overline{\text{O(CH}_2)_3\text{CH}_2}$}$_2$, **3**, 199
$Si_6SnC_{21}H_{57}$
  Sn{CH(SiMe$_3$)$_2$}$_3$, **2**, 596
$Si_6SnC_{21}H_{57}Cl$
  SnCl{CH(SiMe$_3$)$_2$}$_3$, **2**, 525
$Si_6TaC_{20}H_{57}N_2$
  Ta(CH$_2$SiMe$_3$)(CHSiMe$_3$){N(SiMe$_3$)$_2$}$_2$, **3**, 721
$Si_6Ta_2C_{24}H_{62}$
  {Ta(CH$_2$SiMe$_3$)$_2$(CSiMe$_3$)}$_2$, **1**, 196; **2**, 93; **3**, 723, 724
$Si_6ThC_{18}H_{54}ClN_3$
  ThCl{N(SiMe$_3$)$_2$}$_3$, **3**, 256
$Si_6ThC_{18}H_{55}N_3$
  ThH{N(SiMe$_3$)$_2$}$_3$, **3**, 257
$Si_6ThC_{19}H_{57}N_3$
  ThMe{N(SiMe$_3$)$_2$}$_3$, **3**, 256
$Si_6TiC_{18}H_{54}N_3$
  Ti{N(SiMe$_3$)$_2$}$_3$, **2**, 130
$Si_6TiC_{21}H_{57}$
  Ti{CH(SiMe$_3$)$_2$}$_3$, **3**, 298
$Si_6TiC_{30}H_{62}N_6$
  TiBz$_2${N(SiMe$_2$NMe)$_2$SiMe$_2$}$_2$, **3**, 453
$Si_6UC_{18}H_{54}ClN_3$
  UCl{N(SiMe$_3$)$_2$}$_3$, **2**, 130; **3**, 256
$Si_6UC_{18}H_{54}N_3O$
  UO{N(SiMe$_3$)$_2$}$_3$, **2**, 130
$Si_6UC_{18}H_{55}N_3$
  UH{N(SiMe$_3$)$_2$}$_3$, **3**, 257
$Si_6UC_{19}H_{57}N_3$
  UMe{N(SiMe$_3$)$_2$}$_3$, **3**, 256
$Si_6VC_{21}H_{57}$
  V{CH(SiMe$_3$)$_2$}$_3$, **3**, 657
$Si_6W_2C_{24}H_{62}$
  W$_2$(CSiMe$_3$)$_2$(CH$_2$SiMe$_3$)$_4$, **3**, 1311, 1316
$Si_6W_2C_{24}H_{66}$
  W$_2$(CH$_2$SiMe$_3$)$_6$, **1**, 196; **3**, 1312
$Si_6YC_{21}H_{57}$
  Y{CH(SiMe$_3$)$_2$}$_3$, **3**, 199
$Si_6YC_{29}H_{73}O_2$
  Y{CH(SiMe$_3$)$_2$}$_3${$\overline{\text{O(CH}_2)_3\text{CH}_2}$}$_2$, **3**, 199
$Si_7C_{12}H_{36}$
  Si$_7$Me$_{12}$, **2**, 383
$Si_7C_{14}H_{42}$
  (Me$_3$Si)$_2$$\overline{\text{Si(SiMe}_2)_3}$SiMe$_2$, **2**, 382
  (SiMe$_2$)$_7$, **2**, 378
$Si_7C_{16}H_{48}$
  (Me$_3$Si)$_3$Si(SiMe$_2$)$_2$SiMe$_3$, **2**, 106
  Si$_7$Me$_{16}$, **2**, 106
$Si_7C_{17}H_{49}N_3$
  Me$_2$Si{N(SiMe$_3$)}{CH(SiMe$_3$)}Si{N(SiMe$_3$)}$_2$-SiMe$_2$, **2**, 134
$Si_7C_{21}H_{54}$
  $\overline{\text{Si}\{(\text{CH}_2\text{SiMe}_2)_2\}_3}$C, **2**, 293
$Si_7C_{28}H_{70}$
  (SiEt$_2$)$_7$, **2**, 379
$Si_7C_{66}H_{68}$
  Me$_3$Si(SiPh$_2$)$_5$SiMe$_3$, **2**, 370
$Si_8C_{14}H_{42}$
  Si$_8$Me$_{14}$, **2**, 383
$Si_8C_{16}H_{48}$
  (SiMe$_2$)$_8$, **2**, 378
$Si_8C_{18}H_{54}$
  Si$_2$(SiMe$_3$)$_6$, **2**, 366
$Si_8C_{28}H_{72}O_2$
  (Me$_3$Si)$_2$Si{C(Bu^t)(OSiMe$_3$)}$_2$Si(SiMe$_3$)$_2$, **2**, 7
$Si_8C_{32}H_{80}$
  (SiEt$_2$)$_8$, **2**, 366, 379
$Si_8CrGe_2C_{32}H_{78}O_4$
  Cr[Ge{CH(SiMe$_3$)$_2$}$_2$]$_2$(CO)$_4$, **6**, 1054
$Si_8Li_3UC_{44}H_{112}O_6$
  Li$_3$U(CH$_2$SiMe$_3$)$_8${O(CH$_2$CH$_2$)$_2$O}$_3$, **3**, 241
$Si_8Re_2C_{32}H_{88}N_2$
  N$_2${Re(CH$_2$SiMe$_3$)$_4$}$_2$, **4**, 217
$Si_8Re_2C_{32}H_{88}O$
  O{Re(CH$_2$SiMe$_3$)$_4$}$_2$, **4**, 217
$Si_9C_{16}H_{48}$
  Si$_9$Me$_{16}$, **2**, 383
$Si_9C_{18}H_{54}$
  (SiMe$_2$)$_9$, **2**, 378
$Si_{10}C_{16}H_{48}$
  Si$_{10}$Me$_{16}$, **2**, 383
$Si_{10}C_{18}H_{54}$
  Si$_{10}$Me$_{18}$, **2**, 383
$Si_{11}C_{18}H_{54}$
  Si$_{11}$Me$_{18}$, **2**, 383
$Si_{12}C_{22}H_{66}$
  {MeSi$\overline{\text{(SiMe}_2)_4}$SiMe$_2$}$_2$, **2**, 382
$Si_{12}C_{26}H_{78}$
  Me(SiMe$_2$)$_{12}$Me, **2**, 373
$Si_{12}Re_3C_{48}H_{132}$
  Re$_3$(CH$_2$SiMe$_3$)$_{12}$, **4**, 215, 217
$Si_{13}C_{22}H_{66}$
  Si$_{13}$Me$_{22}$, **2**, 383
$Si_{13}C_{26}H_{76}$
  (SiMe$_2$)$_{13}$, **2**, 391
$Si_{14}C_{28}H_{84}$
  (SiMe$_2$)$_{14}$, **2**, 391
$Si_{15}C_{30}H_{90}$
  (SiMe$_2$)$_{15}$, **2**, 391
$Si_{16}C_{32}H_{96}$
  (SiMe$_2$)$_{16}$, **2**, 391
$Si_{17}C_{34}H_{102}$
  (SiMe$_2$)$_{17}$, **2**, 391
$Si_{18}C_{36}H_{108}$
  (SiMe$_2$)$_{18}$, **2**, 391
$Si_{19}C_{38}H_{114}$
  (SiMe$_2$)$_{19}$, **2**, 391
$Si_{24}C_{48}H_{144}$

Si$_{24}$C$_{48}$H$_{144}$
    (SiMe$_2$)$_{24}$, **2**, 391
Si$_{35}$C$_{70}$H$_{210}$
    (SiMe$_2$)$_{35}$, **2**, 379
SmBC$_{14}$H$_{22}$O
    Sm(BH$_4$)Cp$_2$$\{\overline{\text{O(CH}_2)_3\text{CH}_2}\}$, **3**, 185
SmC$_{10}$H$_{10}$Cl
    SmCl(Cp)$_2$, **3**, 184
SmC$_{12}$H$_{14}$Cl
    SmCl(C$_5$H$_4$Me)$_2$, **3**, 184
SmC$_{12}$H$_{18}$
    Sm(C$_4$H$_6$)$_3$, **3**, 205
SmC$_{12}$H$_{30}$P$_3$
    $\overline{\text{Sm(CH}_2\text{PMe}_2\text{CH}_2)}_3$, **3**, 200
SmC$_{12}$H$_{33}$Cl$_3$P$_3$
    SmCl$_3$(CH$_2$PMe$_3$)$_3$, **3**, 200
SmC$_{13}$H$_{13}$
    SmCp(cot), **3**, 194
SmC$_{13}$H$_{15}$
    SmCp$_2$(CH$_2$CHCH$_2$), **3**, 196
SmC$_{14}$H$_{18}$O
    SmCp$_2$$\{\overline{\text{O(CH}_2)_3\text{CH}_2}\}$, **3**, 188
SmC$_{15}$H$_{15}$
    SmCp$_3$, **3**, 180
SmC$_{16}$H$_{16}$
    [Sm(cot)$_2$]$^-$, **3**, 192
SmC$_{16}$H$_{36}$
    [SmBu$^t_4$]$^-$, **3**, 198
SmC$_{17}$H$_{21}$O
    SmCp(cot)$\{\overline{\text{O(CH}_2)_3\text{CH}_2}\}$, **3**, 194
SmC$_{17}$H$_{29}$Cl$_2$O$_3$
    SmCl$_2$(Cp)$\{\overline{\text{O(CH}_2)_3\text{CH}_2}\}_3$, **3**, 186
SmC$_{31}$H$_{29}$O
    Sm(C$_9$H$_7$)$_3$$\{\overline{\text{O(CH}_2)_3\text{CH}_2}\}$, **3**, 189
SmLiC$_{12}$H$_{20}$
    LiSm(CH$_2$CHCH$_2$)$_4$, **3**, 197
SmLiC$_{28}$H$_{52}$O
    LiSm(C≡CBu^t)$_4$$\{\overline{\text{O(CH}_2)_3\text{CH}_2}\}$, **3**, 198
Sm$_2$C$_{32}$H$_{48}$Cl$_2$
    [SmCl(cot)$\{\overline{\text{O(CH}_2)_3\text{CH}_2}\}_2$]$_2$, **3**, 193
Sm$_2$Co$_2$C$_{44}$H$_{42}$O$_8$
    Co$_2$(CO)$_8$$\{$Sm(C$_5H_4$Me)$_3\}_2$, **3**, 207
Sm$_2$Fe$_2$C$_{50}$H$_{52}$O$_4$
    $\{$FpSm(C$_5$H$_4$Me)$_3\}_2$, **3**, 207
SnAsC$_{20}$H$_{21}$
    SnPh$_3$(AsMe$_2$), **2**, 599
SnAsC$_{30}$H$_{25}$
    SnPh$_3$(AsPh$_2$), **2**, 599
SnAsC$_{30}$H$_{25}$N$_2$O$_7$
    SnPh$_2$(NO$_3$)$_2$(Ph$_3$AsO), **2**, 570
SnAsMoC$_{28}$H$_{29}$O$_2$
    Mo(SnMe$_3$)(CO)$_2$Cp(AsPh$_3$), **3**, 1188
SnAsPtC$_{19}$H$_{16}$Cl$_3$O
    PtH(SnCl$_3$)(CO)(AsPh$_3$), **6**, 671
SnAs$_3$C$_{42}$H$_{35}$
    SnPh(AsPh$_2$)$_3$, **2**, 603
SnBC$_{10}$H$_{10}$F$_3$
    SnCp$_2$(BF$_3$), **2**, 598
SnBC$_{12}$H$_{24}$N
    Et$_2$NB(CH=CMe)$_2$SnMe$_2$, **1**, 335
SnB$_2$C$_{13}$H$_{29}$N
    Me$_3$SnN$\{\overline{\text{B(CH}_2)_2\text{CHMeCH}_2}\}_2$, **1**, 316
SnB$_4$C$_2$H$_6$
    SnC$_2$B$_4$H$_6$, **1**, 493, 546
SnB$_4$C$_5$H$_{16}$
    C$_2$B$_4$H$_7$(SnMe$_3$), **1**, 547
    nido-C$_2$B$_4$H$_7$(SnMe$_3$), **1**, 439

SnB$_4$CoC$_9$H$_{15}$
    CpCoSn(Me$_2$C$_2$B$_4$H$_4$), **1**, 500, 546
SnB$_5$C$_2$H$_7$
    SnC$_2$B$_5$H$_7$, **1**, 546
SnB$_8$FeC$_8$H$_{20}$
    SnFe(Me$_4$C$_4$B$_8$H$_8$), **1**, 495, 546
SnB$_9$C$_2$H$_{11}$
    SnC$_2$B$_9$H$_{11}$, **1**, 4, 478, 545
SnB$_{10}$C$_3$H$_{21}$
    Me$_3$SnB$_{10}$H$_{12}$, **1**, 514
SnCH$_3$Cl$_3$
    SnCl$_3$(Me), **2**, 528, 991; **3**, 101
SnCH$_3$Cl$_4$
    [SnCl$_4$(Me)]$^-$, **2**, 563
SnCH$_3$F$_3$
    SnF$_3$(Me), **2**, 553, 556
SnCH$_3$N$_3$O$_9$
    SnMe(NO$_3$)$_3$, **2**, 568
SnCH$_4$O$_2$
    SnMe(O)(OH), **2**, 576
SnCH$_6$
    SnH$_3$(Me), **2**, 586, 1008; **3**, 101
SnC$_2$H$_4$Br$_4$
    SnBr$_2$(CH$_2$Br)$_2$, **2**, 545
SnC$_2$H$_4$Cl$_4$
    SnCl$_2$(CH$_2$Cl)$_2$, **2**, 556
SnC$_2$H$_5$Cl$_3$
    SnCl$_3$(Et), **2**, 528, 991
SnC$_2$H$_5$F$_3$
    SnF$_3$(Et), **2**, 553
SnC$_2$H$_6$Br$_2$
    SnBr$_2$(Me)$_2$, **2**, 553
SnC$_2$H$_6$Cl$_2$
    SnCl$_2$(Me)$_2$, **2**, 990
SnC$_2$H$_6$Cl$_3$
    [SnCl$_3$(Me)$_2$]$^-$, **2**, 527, 562
SnC$_2$H$_6$Cl$_4$
    [SnCl$_4$(Me)$_2$]$^{2-}$, **2**, 563
SnC$_2$H$_6$F$_2$
    SnF$_2$(Me)$_2$, **2**, 550, 555
SnC$_2$H$_6$F$_2$O$_6$S$_2$
    SnMe$_2$(OSO$_2$F)$_2$, **2**, 571
SnC$_2$H$_6$N$_2$O$_6$
    SnMe$_2$(NO$_3$)$_2$, **2**, 568
SnC$_2$H$_6$O$_4$S
    SnMe$_2$(SO$_4$), **2**, 571
SnC$_2$H$_7$NO$_4$
    SnMe$_2$(OH)(NO$_3$), **2**, 527, 558, 570, 575
SnC$_2$H$_8$
    SnH$_2$(Me)$_2$, **2**, 585, 1008
SnC$_2$H$_8$Cl$_2$O$_2$
    SnCl$_2$(Et)(OH)(OH$_2$), **2**, 558, 576
SnC$_2$H$_{13}$O$_4$
    [SnMe$_2$(OH)(OH$_2$)$_3$]$^+$, **2**, 569
SnC$_2$H$_{14}$O$_4$
    [SnMe$_2$(OH$_2$)$_4$]$^{2+}$, **2**, 558
SnC$_3$H$_7$F$_3$
    SnF$_3$(Pr), **2**, 553
SnC$_3$H$_9$Br
    SnBr(Me)$_3$, **2**, 553
SnC$_3$H$_9$Br$_2$
    [SnBr$_2$(Me$_3$)]$^-$, **2**, 563
SnC$_3$H$_9$Cl
    SnCl(Me)$_3$, **2**, 531, 533
SnC$_3$H$_9$ClO$_4$
    SnMe$_3$(ClO$_4$), **2**, 572

$SnC_3H_9Cl_2$
  $[SnCl_2(Me)_3]^-$, **2**, 525
SnC_3H_9F
  $SnF(Me)_3$, **2**, 550, 554
$SnC_3H_9NO_3$
  $SnMe_3(NO_3)$, **2**, 568
$SnC_3H_9N_3$
  $SnMe_3(N_3)$, **2**, 554
SnC_3H_{10}
  $SnH(Me)_3$, **2**, 534, 586, 1008
$SnC_3H_{10}O$
  $SnMe_3(OH)$, **2**, 557, 573
$SnC_3H_{10}O_2$
  $SnMe_3(OOH)$, **2**, 582
$SnC_3H_{13}O_2$
  $[SnMe_3(OH_2)_2]^+$, **2**, 557
$SnC_4H_4Cl_4$
  $SnCl_2(CH=CHCl)_2$, **2**, 547
$SnC_4H_6N_2$
  $SnMe_2(CN)_2$, **2**, 555
$SnC_4H_6N_2S_2$
  $SnMe_2(NCS)_2$, **2**, 554
$SnC_4H_7Cl_3O_2$
  $SnCl_3(CH_2CH_2CO_2Me)$, **2**, 556
$SnC_4H_8Br_4$
  $Sn(CH_2Br)_4$, **2**, 545
$SnC_4H_9Br_5$
  $[SnBr_5(Bu)]^{2-}$, **2**, 524
$SnC_4H_9ClO_2$
  $SnCl(Me)_2(OAc)$, **2**, 561
$SnC_4H_9Cl_3$
  $SnCl_3(Bu)$, **2**, 528, 549, 991
  $SnMe_3(CCl_3)$, **2**, 544
$SnC_4H_9Cl_5$
  $[SnCl_5(Bu)]^{2-}$, **2**, 524
$SnC_4H_9F_3$
  $SnF_3(Bu)$, **2**, 553
  $SnMe_3(CF_3)$, **1**, 297
$SnC_4H_9F_5$
  $[SnF_5(Bu)]^{2-}$, **2**, 524
$SnC_4H_9I_3$
  $SnMe_3(CI_3)$, **2**, 544
SnC_4H_9N
  $SnMe_3(CN)$, **2**, 552
SnC_4H_9NS
  $SnMe_3(NCS)$, **2**, 552
$SnC_4H_{10}Br_2$
  $SnBr_2(Et)_2$, **2**, 553, 555
$SnC_4H_{10}Cl_2$
  $SnCl_2(Et)_2$, **2**, 991
  $SnMe_3(CHCl_2)$, **2**, 544
$SnC_4H_{10}I_2$
  $SnI_2(Et)_2$, **2**, 545
  $SnMe_2(CH_2I)_2$, **2**, 532
$SnC_4H_{10}O_2$
  $SnMe_3(OCHO)$, **2**, 529, 565
$SnC_4H_{10}S_2$
  $\overline{Me_2SnSCH_2CH_2S}$, **2**, 525, 608
$SnC_4H_{11}Cl$
  $SnCl(H)(Et)_2$, **2**, 534
  $SnMe_3(CH_2Cl)$, **2**, 544
$SnC_4H_{11}I$
  $SnMe_3(CH_2I)$, **2**, 848
SnC_4H_{12}
  $SnH_3(Bu)$, **2**, 586, 1008
  $SnMe_4$, **1**, 4, 739; **2**, 522, 532, 1000; **3**, 101; **8**, 502, 922

$SnC_4H_{12}O$
  $SnMe_3(OMe)$, **2**, 579
$SnC_4H_{12}O_2$
  $SnMe_2(OMe)_2$, **2**, 579
$SnC_4H_{12}O_2S$
  $SnMe_3(OSOMe)$, **2**, 571
$SnC_4H_{12}O_6S_2$
  $SnMe_2(OSO_2Me)_2$, **2**, 571
$SnC_4H_{12}S$
  $SnMe_3(SMe)$, **2**, 605
$SnC_4H_{12}S_2$
  $SnMe_2(SMe)_2$, **2**, 529, 605
SnC_4H_{20}
  $Sn(CH_2CH=CH_2)_4$, **3**, 126
SnC_5H_5Cl
  $SnCl(Cp)$, **2**, 546, 556
SnC_5H_9Br
  $SnBr(Me)_2(C\equiv CMe)$, **1**, 328
$SnC_5H_{11}N$
  $SnMe_3(CH_2CN)$, **2**, 580
SnC_5H_{12}
  $SnMe_3(CH=CH_2)$, **2**, 534, 545
$SnC_5H_{12}Cl_2$
  $SnCl_2(Me)(Bu)$, **2**, 549
$SnC_5H_{12}Cl_2O$
  $SnCl_2(Bu)(OMe)$, **2**, 559
$SnC_5H_{12}O_2$
  $SnMe_3(OAc)$, **2**, 522, 564, 565, 988
$SnC_5H_{13}N$
  $SnMe_3(\overline{NCH_2CH_2})$, **2**, 599
  $SnMe_3(NMe_2)$, **2**, 600
SnC_5H_{14}
  $SnMe_3(Et)$, **2**, 533
$SnC_5H_{14}O_2$
  $SnMe_3(OOEt)$, **2**, 582
$SnC_5H_{14}O_3$
  $SnEt(OMe)_3$, **2**, 579
$SnC_5H_{15}N$
  $SnMe_3(NMe_2)$, **1**, 284; **2**, 535; **7**, 276
$SnC_5H_{15}O_2P$
  $SnMe_3(OPOMe_2)$, **2**, 572
$SnC_6H_5Cl_3$
  $SnCl_3(Ph)$, **2**, 528
$SnC_6H_5F_3$
  $SnF_3(Ph)$, **2**, 553
SnC_6H_8
  $SnH_3(Ph)$, **2**, 586
  $SnMe_2(C\equiv CH)_2$, **2**, 531
SnC_6H_9Cl
  $SnCl(CH=CH_2)_3$, **2**, 987
$SnC_6H_9Cl_2$
  $SnMe_3(CH_2CH=CCl_2)$, **2**, 39
$SnC_6H_{10}Br_2$
  $SnBr_2(CH=CHMe)_2$, **2**, 547
$SnC_6H_{10}Cl_2$
  $SnCl_2(CH=CHMe)_2$, **1**, 737
$SnC_6H_{12}Br_2$
  $Me_3Sn(\overline{CHCH_2CBr_2})$, **2**, 545
$SnC_6H_{12}O_2S$
  $SnMe_3(OSOCH_2C\equiv CH)$, **2**, 571
$SnC_6H_{14}O$
  $SnMe_3\{OC(Me)=CH_2\}$, **2**, 581
$SnC_6H_{14}O_2$
  $SnMe_3(CH_2CO_2Me)$, **2**, 584
$SnC_6H_{15}Br$

SnC_6H_{15}Br
   SnBr(Et)$_3$, **2**, 553
SnC_6H_{15}Cl
   SnCl(Et)$_3$, **2**, 988
SnC_6H_{16}
   SnH(Et)$_3$, **1**, 654; **2**, 534, 586
SnC_6H_{16}ClN
   SnCl(Me)$_2$(NEt$_2$), **2**, 602
SnC_6H_{16}O
   SnEt$_3$(OH), **2**, 573
SnC_6H_{16}S
   SnMe$_3$(SPr^i), **2**, 173
Sn$C_6H_{18}N_2$
   SnMe$_2$(NMe$_2$)$_2$, **2**, 599
Sn$C_7H_4Cl_3F_3$
   SnCl$_3$(C$_6$H$_4$CF$_3$), **2**, 549
Sn$C_7H_7Cl_3$
   SnCl$_3$(Bz), **2**, 548
Sn$C_7H_{14}N_2O_2$
   SnMe$_3$\{C(N$_2$)CO$_2$Et\}, **2**, 535
SnC_7H_{15}NS
   SnEt$_3$(NCS), **2**, 552
SnC_7H_{16}
   Me$_2$$\overline{\text{Sn(CH}_2\text{)}_4\text{CH}_2}$, **2**, 532, 542, 545
   SnMe$_3$(CH$_2$CH=CHMe), **2**, 589
SnC_7H_{16}ClNS$_2$
   SnCl(Me)$_2$(S$_2$CNEt$_2$), **2**, 602
SnC_7H_{18}
   SnEt$_3$(Me), **2**, 544
   SnMe$_3$(Bu^i), **2**, 595
Sn$C_7H_{18}O_3$
   SnBu(OMe)$_3$, **2**, 579
SnC_7H_{19}N
   SnMe$_3$(NEt$_2$), **2**, 535
SnC_8H_{12}
   Sn(CH=CH$_2$)$_4$, **2**, 531, 539
Sn$C_8H_{12}O_4$
   SnMe$_2$(OCH=CHCHO)$_2$, **2**, 581
SnC_8H_{14}
   SnMe$_3$(C$_5$H$_5$), **2**, 542; **3**, 124
SnC_8H_{14}ClN
   SnCl(Me)$_3$(py), **2**, 522, 528, 563
Sn$C_8H_{14}Cl_2O_4$
   SnCl$_2$(CH$_2$CH$_2$CO$_2$Me)$_2$, **2**, 556
SnC_8H_{17}Br
   Me$_3$Sn\{$\overline{\text{CBrCH(Me)}}$CHMe\}, **2**, 544
   SnBr(Me)$_2$(Cy), **2**, 531
Sn$C_8H_{17}Cl_3$
   SnCl$_3$(C$_8$H$_{17}$), **2**, 576, 991
Sn$C_8H_{18}Cl_2$
   SnCl$_2$(Bu)$_2$, **2**, 529, 532, 990
   SnCl$_2$(Bu^t)$_2$, **2**, 548
Sn$C_8H_{18}I_2$
   SnI$_2$(Bu^t)$_2$, **2**, 594
SnC_8H_{18}O
   SnBu$^t_2$(O), **2**, 575
Sn$C_8H_{18}O_2$
   Sn(OAc)Et$_3$, **2**, 988
SnC_8H_{18}S
   SnBu$_2$(S), **2**, 606
   SnBu$^t_2$(S), **2**, 607
SnC_8H_{18}Se
   SnBu$^t_2$(Se), **2**, 607
SnC_8H_{18}Te
   SnBu$^t_2$(Te), **2**, 607
SnC_8H_{19}Cl
   SnCl(H)(Bu)$_2$, **2**, 561, 585
SnC_8H_{19}ClO
   SnCl(OH)(Bu^t)$_2$, **2**, 573
SnC_8H_{20}
   SnEt$_4$, **1**, 654; **2**, 532, 539, 991
   SnH$_2$(Bu^i)$_2$, **2**, 592
   SnH$_2$(Bu)$_2$, **2**, 115, 534, 585
SnC_8H_{20}O
   SnEt$_3$(OEt), **2**, 579
Sn$C_8H_{20}O_2$
   SnBu$^t_2$(OH)$_2$, **2**, 558
SnC_8H_{21}N
   SnEt$_3$(NMe$_2$), **2**, 535
SnC_9H_{12}
   SnH$_3$(C$_9$H$_9$), **3**, 128
SnC_9H_{14}O
   SnMe$_3$(OPh), **2**, 579
Sn$C_9H_{14}O_3$S
   SnMe$_3$(OSO$_2$Ph), **2**, 571
SnC_9H_{14}Te
   SnMe$_3$(TePh), **2**, 176
SnC_9H_{20}
   SnMe$_3$(Cy), **2**, 531
SnC_9H_{21}Br
   SnBr(Pr)$_3$, **2**, 553
SnC_9H_{21}Cl
   SnCl(Pr)$_3$, **2**, 561
SnC_9H_{21}ClO
   SnCl(Bu)$_2$(OMe), **2**, 578, 606
Sn$C_{10}H_6N_6$
   SnMe$_2$\{N=C=C(CN)$_2$\}$_2$, **2**, 600
Sn$C_{10}H_{10}$
   SnCp$_2$, **2**, 522, 546, 598
Sn$C_{10}H_{10}Br_2$
   SnBr$_2$(Cp)$_2$, **2**, 598
Sn$C_{10}H_{10}Cl_2$
   SnCl$_2$(Cp)$_2$, **2**, 541
Sn$C_{10}H_{15}$
   [Sn(C$_5$Me$_5$)]$^+$, **1**, 472; **2**, 598
Sn$C_{10}H_{16}$
   SnMe$_3$(C$_7$H$_7$), **3**, 90
Sn$C_{10}H_{16}$O
   SnMe$_3$(C$_6$H$_4$OMe), **2**, 537
Sn$C_{10}H_{18}$
   SnMe$_3$(C$_7$H$_9$), **3**, 129
Sn$C_{10}H_{18}O_6$
   SnBu(OAc)$_3$, **2**, 559, 565
Sn$C_{10}H_{21}$Br
   SnBr(Me)(Pr)(Cy), **2**, 531
Sn$C_{10}H_{21}ClO_2$
   SnCl(Bu)$_2$(OAc), **2**, 561
Sn$C_{10}H_{22}O_2$
   Bu$_2$$\overline{\text{Sn\{O(CH}_2\text{)}_2\text{O\}}}$, **2**, 579
   SnPr$_3$(OCHO), **2**, 567
Sn$C_{10}H_{23}$ClO
   SnCl(Pr)$_2$(OBu^t), **2**, 561
Sn$C_{10}H_{23}ClO_2$
   SnCl(Bu)(OPr^i)$_2$, **2**, 561
Sn$C_{10}H_{24}$O
   SnPr$_3$(OMe), **2**, 582
Sn$C_{10}H_{24}O_2$
   SnBu$_2$(OMe)$_2$, **2**, 578
   SnEt$_3$(OOBu^t), **2**, 582
   SnMe$_2$(OBu^t)$_2$, **2**, 529
Sn$C_{10}H_{25}$N
   SnEt$_3$(NEt$_2$), **2**, 600

$SnC_{11}H_{13}I$
  $SnI(Me)(Cp)_2$, **2**, 598
$SnC_{11}H_{14}$
  $SnMe_3(C{\equiv}CPh)$, **6**, 518
$SnC_{11}H_{14}F_6O$
  $SnMe_3\{OC(CF_3)_2(C_5H_5)\}$, **2**, 542
$SnC_{11}H_{16}$
  $SnMe_3(CH{=}CHPh)$, **2**, 539
  $SnMe_3(C_6H_3CH_2CH_2)$, **2**, 538
$SnC_{11}H_{16}O$
  $SnMe_3\{OC(Ph){=}CH_2\}$, **2**, 581
$SnC_{11}H_{16}O_2S$
  $SnMe_3(SO_2CH{=}CHPh)$, **2**, 539
$SnC_{11}H_{24}$
  $SnMe_2(Pr)(Cy)$, **2**, 531
$SnC_{11}H_{24}O$
  $Bu_2Sn(CH_2)_3O$, **2**, 243, 577
$SnC_{11}H_{24}O_2$
  $Sn(OAc)Pr_3$, **2**, 988
$SnC_{11}H_{27}P$
  $SnMe_3(PBu^t_2)$, **2**, 177
$SnC_{12}H_9Cl_2NO_2$
  $SnCl_2(Ph)\{O_2C(C_5H_4N)\}$, **2**, 567
$SnC_{12}H_{10}Br_2$
  $SnBr_2(Ph)_2$, **2**, 553
$SnC_{12}H_{10}Cl_2$
  $SnCl_2(Ph)_2$, **2**, 547, 550
$SnC_{12}H_{10}N_2O_6$
  $SnPh_2(NO_3)_2$, **2**, 569
$SnC_{12}H_{10}O$
  $SnO(Ph)_2$, **2**, 988
$SnC_{12}H_{11}Br$
  $SnBr(H)(Ph)_2$, **2**, 551
$SnC_{12}H_{12}$
  $Sn(C{\equiv}CMe)_4$, **2**, 532
  $SnH_2(Ph)_2$, **2**, 586
$SnC_{12}H_{12}F_5NO$
  $SnMe_3\{OCH(C_6F_5)(CH_2CN)\}$, **2**, 580
$SnC_{12}H_{14}N_4O_6$
  $SnMe_2(NO_3)_2(bipy)$, **2**, 570
$SnC_{12}H_{14}O_6$
  $SnPh(OAc)_3$, **2**, 565
$SnC_{12}H_{16}Br_2N_2$
  $SnBr_2(Me)_2(py)_2$, **2**, 563
$SnC_{12}H_{16}Cl_2N_2$
  $SnCl_2(Me)_2(py)_2$, **2**, 526
$SnC_{12}H_{16}N_4$
  $Sn(CH_2CH_2CN)_4$, **2**, 547
$SnC_{12}H_{16}N_4O_6$
  $SnMe_2(NO_3)_2(py)_2$, **2**, 570
$SnC_{12}H_{18}$
  $SnMe_3(C_9H_9)$, **3**, 130
$SnC_{12}H_{18}O$
  $SnMe_3\{C(OMe){=}CHPh\}$, **2**, 539
$SnC_{12}H_{19}BrO$
  $SnEt_3(OC_6H_4Br)$, **2**, 987
$SnC_{12}H_{20}$
  $Sn(CH_2CH{=}CH_2)_4$, **2**, 532, 540; **3**, 128, 197
$SnC_{12}H_{20}N_2$
  $SnMe_3\{N{=}C(Ph)NMe_2\}$, **2**, 601
$SnC_{12}H_{20}O_4$
  $SnMe_2(acac)_2$, **2**, 524, 581
$SnC_{12}H_{20}S$
  $SnEt_3(SPh)$, **2**, 607
$SnC_{12}H_{23}N_3$
  $SnPh(NMe_2)_3$, **2**, 599

$SnC_{12}H_{24}O_4$
  $SnBu_2(OAc)_2$, **2**, 565, 990
$SnC_{12}H_{26}$
  $Bu_2Sn(CH_2)_3CH_2$, **2**, 543
  $SnMe(Et)(Pr)(Cy)$, **2**, 531
$SnC_{12}H_{26}O$
  $SnEt_3(OCy)$, **2**, 579
$SnC_{12}H_{27}Cl$
  $SnCl(Bu)_3$, **2**, 987; **7**, 342
  $SnCl(Bu)_2(Bu^t)$, **2**, 561
$SnC_{12}H_{27}ClO$
  $SnCl(Bu)(Bu^t)(OBu^t)$, **2**, 561
$SnC_{12}H_{27}Cl_2$
  $[SnCl_2(Bu)_3]^-$, **2**, 563
$SnC_{12}H_{27}I$
  $SnI(Et)_2(C_8H_{17})$, **2**, 549
$SnC_{12}H_{27}NOS$
  $SnBu_3(NSO)$, **2**, 552
$SnC_{12}H_{27}NO_3$
  $SnBu_3(NO_3)$, **2**, 559
$SnC_{12}H_{28}$
  $SnH(Bu)_3$, **2**, 115, 533, 585
  $SnPr_4$, **2**, 532
$SnC_{12}H_{28}O$
  $SnBu_3(OH)$, **2**, 573
$SnC_{12}H_{30}N_2$
  $SnBu^t_2(NMe_2)_2$, **2**, 600
$SnC_{13}H_{24}$
  $Bu_2SnCH{=}CHCH_2CH{=}CH$, **1**, 394; **2**, 544
$SnC_{13}H_{24}O_5$
  $SnEt_3\{C(CO_2Me){=}C(OMe)CO_2Me\}$, **2**, 584
$SnC_{13}H_{27}NO$
  $SnBu_3(NCO)$, **2**, 552
$SnC_{13}H_{28}O_2$
  $SnBu_3(OCHO)$, **2**, 567
$SnC_{13}H_{30}O$
  $SnBu_3(OMe)$, **2**, 559, 577
$SnC_{13}H_{30}O_3$
  $SnBu(OPr^i)_3$, **2**, 561, 578
$SnC_{14}H_{10}N_2S_2$
  $SnPh_2(NCS)_2$, **2**, 554
$SnC_{14}H_{12}Cl_3N$
  $SnCl_3\{C_6H_4C({=}NH)Tol\}$, **2**, 556
$SnC_{14}H_{14}Br_2$
  $SnBr_2(Bz)_2$, **2**, 553
$SnC_{14}H_{14}Cl_2$
  $SnCl_2(Bz)_2$, **2**, 546
$SnC_{14}H_{14}O$
  $Me_2SnC_6H_4OC_6H_4$, **2**, 532
$SnC_{14}H_{14}S_2$
  $Ph_2SnSCH_2CH_2S$, **2**, 525
$SnC_{14}H_{19}NO_2$
  $SnEt_3(NCOC_6H_4CO)$, **2**, 600
$SnC_{14}H_{22}$
  $Et_2Sn\{(CH_2)_2C_6H_4CH_2CH_2\}$, **2**, 543
$SnC_{14}H_{22}S$
  $SnEt_3(SCH{=}CHPh)$, **7**, 599
$SnC_{14}H_{23}Br$
  $SnBr(Bu)_2(Ph)$, **2**, 549
$SnC_{14}H_{24}$
  $SnEt_3(CH_2CH_2Ph)$, **2**, 589
$SnC_{14}H_{28}$
  $SnBu_3(C{\equiv}CH)$, **2**, 539
$SnC_{14}H_{30}$
  $SnBu_3(CH{=}CH_2)$, **2**, 534; **8**, 922
$SnC_{14}H_{30}O_2$

SnC$_{14}$H$_{30}$O$_2$
    SnBu$_3$(OAc), **2**, 565, 987
SnC$_{14}$H$_{30}$O$_3$
    SnBu$_3$(OCO$_2$Me), **2**, 572
SnC$_{14}$H$_{31}$NO
    SnBu$_3$(NHAc), **2**, 600
SnC$_{14}$H$_{32}$
    SnEt$_3$(C$_8$H$_{17}$), **2**, 549
SnC$_{14}$H$_{32}$O
    SnBu$_3$(CH$_2$CH$_2$OH), **2**, 533
SnC$_{14}$H$_{33}$N
    SnBu$_3$(NMe$_2$), **2**, 600
SnC$_{15}$H$_{16}$
    Me$_2$$\overline{\text{Sn}(\text{C}_6\text{H}_4\text{CH}_2\text{C}_6\text{H}_4)}$, **7**, 324
SnC$_{15}$H$_{19}$P
    SnMe$_3$(PPh$_2$), **2**, 599
SnC$_{15}$H$_{24}$O$_3$
    Bu$_2$$\overline{\text{Sn}\{\text{OOCH}(\text{Ph})\text{O}\}}$, **2**, 582
SnC$_{15}$H$_{24}$S
    SnMe$_3${C$_6$H$_4$(CH$_2$)$_3$C(SMe)=CH$_2$}, **8**, 858
SnC$_{15}$H$_{30}$O$_2$
    SnPr$_3$(OOC$_6$H$_9$), **2**, 582
SnC$_{15}$H$_{32}$
    SnBu$_3$(CH=CHMe), **2**, 539
    SnBu$_3$(CH$_2$CH=CH$_2$), **2**, 540; **8**, 841, 915
SnC$_{15}$H$_{34}$O
    SnBu$_3${(CH$_2$)$_3$OH}, **1**, 61
SnC$_{15}$H$_{34}$S
    SnBu$_3${(CH$_2$)$_3$SH}, **2**, 540
SnC$_{15}$H$_{35}$N
    SnBu$_3$(CH$_2$NMe$_2$), **1**, 61
SnC$_{16}$H$_{18}$
    Ph$_2$$\overline{\text{Sn}(\text{CH}_2)_3\text{CH}_2}$, **2**, 532, 542
SnC$_{16}$H$_{18}$Cl$_2$N$_2$
    SnCl$_2$(Et)$_2$(phen), **2**, 609
SnC$_{16}$H$_{19}$Br
    SnBr(Ph)$_2$(Bu), **2**, 549
SnC$_{16}$H$_{20}$BrN
    SnBr(Me)(Ph)(C$_6$H$_4$CH$_2$NMe$_2$), **2**, 758
SnC$_{16}$H$_{34}$
    SnBu$_3$(CH$_2$CH=CHMe), **2**, 580
    SnBu$_3${CH$_2$C(Me)=CH$_2$}, **8**, 826
SnC$_{16}$H$_{34}$O
    SnBu$_3$(CH=CHOEt), **2**, 539
    SnBu$_3$(OCH=CHEt), **2**, 581
    SnBu$_3$(OCH$_2$CH=CHMe), **2**, 577
SnC$_{16}$H$_{36}$
    SnBu$_3$(Bu^i), **2**, 535
    SnBu$_4$, **2**, 532, 991
SnC$_{16}$H$_{36}$O$_2$
    SnBu$_2$(OBu^t)$_2$, **2**, 529
    SnBu$_3$(OOBu^t), **2**, 582
SnC$_{16}$H$_{36}$O$_4$
    SnBu$_2$(OOBu^t)$_2$, **2**, 582
SnC$_{16}$H$_{36}$S$_2$
    SnBu$_2$(SBu)$_2$, **2**, 608
SnC$_{16}$H$_{37}$N
    SnBu$_3$(NEt$_2$), **2**, 535
SnC$_{16}$H$_{38}$N$_2$
    SnBu^i$_2$(NEt$_2$)$_2$, **2**, 593
SnC$_{16}$H$_{39}$N$_3$
    SnBu(NEt$_2$)$_3$, **2**, 578
SnC$_{17}$H$_{19}$P
    SnMe$_3$(C≡CPPh$_2$), **2**, 535
SnC$_{17}$H$_{22}$
    SnH(Me)(Ph)(CH$_2$CMe$_2$Ph), **2**, 536
    SnMe(Pr^i)(Ph)(Bz), **2**, 536

SnC$_{17}$H$_{22}$BrN
    SnBr(Me)(Ph){C$_6$H$_4$CH(Me)NMe$_2$}, **2**, 554
SnC$_{17}$H$_{34}$
    SnBu$_3$($\overline{\text{CHCH}=\text{CHCH}_2\text{CH}_2}$), **2**, 540
SnC$_{17}$H$_{36}$
    SnBu$_3${C(Me)=CHEt}, **2**, 589
SnC$_{17}$H$_{36}$O
    SnBu$_3${OC(Me)=CHEt}, **2**, 581
SnC$_{17}$H$_{38}$O
    [Bu$_4$$\overline{\text{SnOCH}_2}$]$^{2-}$, **7**, 97
SnC$_{18}$H$_{15}$Br
    SnBr(Ph)$_3$, **2**, 553
SnC$_{18}$H$_{15}$Cl
    SnCl(Ph)$_3$, **2**, 533, 548, 987
SnC$_{18}$H$_{15}$Cl$_2$
    [SnCl$_2$(Ph)$_3$]$^-$, **2**, 525
SnC$_{18}$H$_{15}$F$_2$
    [SnF$_2$(Ph)$_3$]$^-$, **2**, 563
SnC$_{18}$H$_{15}$NO$_3$
    SnPh$_3$(NO$_3$), **2**, 568
SnC$_{18}$H$_{15}$N$_3$
    SnPh$_3$(N$_3$), **2**, 554
SnC$_{18}$H$_{16}$
    SnH(Ph)$_3$, **2**, 533, 585
SnC$_{18}$H$_{16}$O
    SnPh$_3$(OH), **2**, 437, 557, 573, 987
SnC$_{18}$H$_{22}$
    Pr$_2$$\overline{\text{SnC}_6\text{H}_4\text{C}_6\text{H}_4}$, **2**, 789
SnC$_{18}$H$_{24}$Br$_2$N$_2$
    SnBr$_2$(C$_6$H$_4$CH$_2$NMe$_2$)$_2$, **2**, 758
SnC$_{18}$H$_{26}$Cl$_2$N$_2$
    SnCl$_2$(Bu)$_2$(bipy), **2**, 522
SnC$_{18}$H$_{31}$NO$_2$
    SnBu$_3${O$_2$C(C$_5$H$_4$N)}, **2**, 567
SnC$_{18}$H$_{32}$S
    SnBu$_3$(SPh)
SnC$_{18}$H$_{33}$Cl
    SnCl(Cy)$_3$, **2**, 547
SnC$_{18}$H$_{34}$O
    Sn(OH)Cy$_3$, **2**, 987
SnC$_{18}$H$_{36}$O
    SnBu$_3$(OC$_6$H$_9$), **2**, 583
SnC$_{18}$H$_{37}$Cl$_3$
    SnCl$_3$(C$_{18}$H$_{37}$), **2**, 549
SnC$_{18}$H$_{38}$O
    SnBu$_3${OC(Bu^t)=CH$_2$}, **2**, 581
SnC$_{18}$H$_{39}$N
    SnBu$_3${N(Et)CH=CHEt}, **2**, 602
SnC$_{19}$H$_{15}$NS
    SnPh$_3$(NCS), **2**, 525, 554
SnC$_{19}$H$_{32}$O$_2$
    SnBu$_3$(O$_2$CPh), **2**, 565, 987
SnC$_{19}$H$_{34}$O$_2$S
    SnBu$_3$(CH$_2$SO$_2$Ph), **2**, 535
SnC$_{19}$H$_{35}$NO$_2$S
    SnBu$_3${N(Ph)SO$_2$Me}, **2**, 600
SnC$_{19}$H$_{38}$O
    SnBu$_3${$\overline{\text{OC}=\text{C}(\text{Me})(\text{CH}_2)_3\text{CH}_2}$}, **8**, 826
    SnBu$_3$(OC$_6$H$_8$Me), **2**, 583
SnC$_{19}$H$_{41}$N
    SnBu$_3${CH(Me)CH=NBu^i}, **2**, 600
SnC$_{20}$H$_{17}$N
    SnPh$_3$(CH$_2$CN), **2**, 567
SnC$_{20}$H$_{18}$O$_2$
    SnPh$_3$(OAc), **2**, 561, 565, 987
SnC$_{20}$H$_{20}$

SnCp$_4$, **2**, 532, 541
SnPh$_3$(Et), **1**, 238; **8**, 538
SnC$_{20}$H$_{28}$
   SnBu$_2$(Ph)$_2$, **2**, 549
SnC$_{20}$H$_{30}$
   Sn(C$_5$Me$_5$)$_2$, **2**, 598
SnC$_{20}$H$_{30}$Cl$_2$
   SnCl$_2$(C$_5$Me$_5$)$_2$, **2**, 541
SnC$_{20}$H$_{32}$
   SnBu$_3$(C≡CPh), **2**, 567
SnC$_{20}$H$_{33}$N$_3$
   SnCy$_3$($\overline{\text{NN=CN=C}}$), **2**, 987
SnC$_{20}$H$_{35}$NO
   SnBu$_3$\{N(Ph)COMe\}, **2**, 583
SnC$_{20}$H$_{35}$NO$_2$
   SnBu$_3$\{N(Ph)CO$_2$Me\}, **2**, 584, 601
SnC$_{20}$H$_{45}$N
   SnBu$_3$(NBu$_2$), **2**, 602
SnC$_{21}$H$_{17}$NO$_2$
   SnPh$_3$(O$_2$CCH$_2$CN), **2**, 567
SnC$_{21}$H$_{18}$O$_2$
   SnPh$_3$(O$_2$CCH=CH$_2$), **2**, 568
SnC$_{21}$H$_{20}$O$_2$
   SnPh$_3$(O$_2$CEt), **2**, 565
SnC$_{21}$H$_{21}$Br
   SnBr(Bz)$_3$, **2**, 553
SnC$_{21}$H$_{21}$Cl
   SnCl(Bz)$_3$, **2**, 546
SnC$_{21}$H$_{22}$BrN
   SnBr(Ph)$_2$(C$_6$H$_4$CH$_2$NMe$_2$), **2**, 554
SnC$_{21}$H$_{24}$BrNO
   SnBr(Me)(Ph)\{C$_{10}$H$_6$(OMe)(CH$_2$NMe$_2$)\}, **2**, 554
SnC$_{21}$H$_{32}$O$_2$
   SnBu$_3$(O$_2$CC≡CPh), **2**, 567
SnC$_{21}$H$_{37}$NO$_2$
   SnBu$_3$\{N(Ph)CO$_2$Et\}, **2**, 584
SnC$_{21}$H$_{38}$O$_2$
   SnBu$_3$(OOCMe$_2$Ph), **2**, 582
SnC$_{22}$H$_{18}$Cl$_2$N$_2$
   SnCl$_2$(Ph)$_2$(bipy), **2**, 524
SnC$_{22}$H$_{20}$S$_2$
   SnCp$_2$(SPh)$_2$, **2**, 598
SnC$_{22}$H$_{24}$
   SnPh$_3$(Bu), **2**, 159
SnC$_{22}$H$_{24}$O$_2$
   SnPh$_3$(OOBu^t), **2**, 582
SnC$_{22}$H$_{24}$O$_4$
   SnPh$_2$(acac)$_2$, **3**, 120
SnC$_{22}$H$_{28}$O$_2$
   Bu$_2$Sn$\overline{\{\text{OC(Ph)=C(Ph)O}\}}$, **2**, 583
SnC$_{22}$H$_{42}$
   SnCy$_3$(Bu), **2**, 549
SnC$_{22}$H$_{44}$O$_4$S$_2$
   SnMe$_2$(SCH$_2$CO$_2$C$_8$H$_{17}$)$_2$, **2**, 607
SnC$_{23}$H$_{20}$O$_4$
   SnPh$_3$(O$_2$CCH=CHCO$_2$Me), **2**, 567
SnC$_{23}$H$_{40}$O
   SnBu$_3$\{OCH(Ph)CH(Me)CH=CH$_2$\}, **2**, 580
SnC$_{23}$H$_{41}$NO$_3$
   SnBu$_3$\{N(Ph)CO$_2$OBu^t\}, **2**, 584
SnC$_{24}$H$_{15}$F$_5$
   SnPh$_3$(C$_6$F$_5$), **2**, 567
SnC$_{24}$H$_{18}$Cl$_2$N$_2$
   SnCl$_2$(Ph)$_2$(phen), **2**, 524
SnC$_{24}$H$_{20}$
   SnPh$_4$, **2**, 531, 988

SnC$_{24}$H$_{20}$S
   SnPh$_3$(SPh), **2**, 605
SnC$_{24}$H$_{22}$Cl$_2$N$_2$
   SnCl$_2$(Bz)$_2$(bipy), **2**, 563
SnC$_{24}$H$_{26}$
   SnPh$_3$(C$_6$H$_5$Me$_2$), **3**, 128
SnC$_{25}$H$_{15}$F$_5$O$_2$
   SnPh$_3$(O$_2$CC$_6$F$_5$), **2**, 567
SnC$_{25}$H$_{20}$N$_4$S
   SnPh$_3$\{$\overline{\text{NN=NN(Ph)CS}}$\}, **2**, 561
SnC$_{25}$H$_{20}$O$_2$
   SnPh$_3$(O$_2$CPh), **2**, 565
SnC$_{25}$H$_{22}$O$_2$S
   SnPh$_3$(OSOTol), **2**, 571
SnC$_{26}$H$_{37}$P
   SnBu$_3$(PPh$_2$), **2**, 603
SnC$_{26}$H$_{52}$O$_4$
   SnMe$_2$(O$_2$CC$_{11}$H$_{23}$)$_2$, **2**, 559
SnC$_{26}$H$_{54}$O$_2$
   Sn(OAc)(C$_8$H$_{17}$)$_3$, **2**, 988
SnC$_{28}$H$_{28}$
   SnBz$_4$, **2**, 532
SnC$_{30}$H$_{25}$N$_2$O$_7$P
   SnPh$_2$(NO$_3$)$_2$(Ph$_3$PO), **2**, 570
SnC$_{30}$H$_{25}$P
   SnPh$_3$(PPh$_2$), **2**, 599
SnC$_{30}$H$_{26}$
   Me$_2$Sn$\overline{\{\text{C(Ph)=C(Ph)C(Ph)=CPh}\}}$, **2**, 544
SnC$_{30}$H$_{26}$Br$_2$
   SnBr(Me)$_2$\{C(Ph)=C(Ph)C(Ph)=C(Br)Ph\}, **2**, 554
SnC$_{30}$H$_{39}$Cl
   SnCl(CH$_2$CMe$_2$Ph)$_3$, **2**, 547
SnC$_{32}$H$_{30}$
   Et$_2$$\overline{\text{SnCPh=CPhCPh=CPh}}$, **2**, 787
SnC$_{33}$H$_{26}$O$_2$
   SnPh$_3$\{OC(Ph)=CHCOPh\}, **2**, 581
SnC$_{34}$H$_{44}$N$_2$O
   SnBu$_3$\{N(C$_{10}$H$_7$)C(OMe)=NC$_{10}$H$_7$\}, **2**, 584
SnC$_{34}$H$_{64}$O$_8$S$_2$
   Sn(CH$_2$CH$_2$O$_2$CBu)$_2$(SCH$_2$CO$_2$C$_8$H$_{17}$)$_2$, **2**, 546
SnC$_{36}$H$_{30}$P$_2$
   SnPh$_2$(PPh$_2$)$_2$, **2**, 599
SnC$_{38}$H$_{33}$P
   SnPh$_3$\{CH$_2$CH(Ph)PPh$_2$\}, **2**, 604
SnC$_{42}$H$_{35}$P$_3$
   SnPh(PPh$_2$)$_3$, **2**, 599
SnC$_{56}$H$_{40}$
   $\overline{\text{Sn\{C(Ph)=C(Ph)C(Ph)=CPh\}}_2}$, **2**, 544
SnCoC$_4$Cl$_3$O$_4$
   Co(SnCl$_3$)(CO)$_4$, **3**, 118; **5**, 188
SnCoC$_7$H$_9$O$_4$
   Co(SnMe$_3$)(CO)$_4$, **5**, 62; **6**, 778, 1052
SnCoC$_9$H$_8$Cl$_3$O$_2$
   Co(SnCl$_3$)(CO)$_2$(nbd), **5**, 188
SnCoC$_9$H$_{15}$O$_3$
   Co(SnEt$_3$)(CO)$_3$, **5**, 40
SnCoC$_{22}$H$_{15}$O$_4$
   Co(SnPh$_3$)(CO)$_4$, **3**, 118
SnCoC$_{30}$H$_{25}$O$_4$
   Co\{C(OEt)Ph\}(SnPh$_3$)(CO)$_3$, **5**, 156
SnCoC$_{39}$H$_{30}$O$_3$P
   Co(SnPh$_3$)(CO)$_3$(PPh$_3$), **6**, 1084
SnCoC$_{41}$H$_{39}$O$_2$P$_2$
   Co(SnMe$_3$)(CO)$_2$(PPh$_3$)$_2$, **6**, 1084
SnCoFeC$_{11}$H$_5$Cl$_2$O$_6$
   (CO)$_4$CoSnCl$_2$Fe(CO)$_2$Cp, **6**, 1046

SnCo$_2$C$_{10}$H$_6$O$_8$
  SnMe$_2$\{Co(CO)$_4$\}$_2$, **6**, 1052
SnCo$_2$C$_{18}$H$_{14}$O$_{12}$
  Sn(acac)$_2$\{Co(CO)$_4$\}$_2$, **6**, 1053
SnCo$_2$C$_{18}$H$_{16}$Cl$_2$O$_4$
  Cl$_2$Sn\{Co(CO)$_2$(nbd)\}$_2$, **5**, 188
SnCo$_2$C$_{30}$H$_{26}$O$_4$
  Ph$_2$Sn\{Co(CO)$_2$(nbd)\}$_2$, **5**, 188
SnCo$_2$C$_{30}$H$_{54}$I$_2$O$_6$P$_2$
  SnI$_2$\{Co(CO)$_3$(PBu$_3$)\}$_2$, **6**, 1053
SnCo$_3$C$_{12}$BrO$_{12}$
  SnBr\{Co(CO)$_4$\}$_3$, **6**, 1090
SnCo$_3$C$_{12}$ClO$_{12}$
  SnCl\{Co(CO)$_4$\}$_3$, **6**, 1089, 1090
SnCo$_3$C$_{45}$H$_{82}$O$_9$P$_3$
  SnH\{Co(CO)$_3$(PBu$_3$)\}$_3$, **6**, 1052
SnCo$_4$C$_{16}$O$_{16}$
  Sn\{Co(CO)$_4$\}$_4$, **5**, 12; **6**, 1055
SnCrC$_5$Cl$_2$O$_5$
  Cr(SnCl$_2$)(CO)$_5$, **3**, 809
SnCrC$_9$H$_9$NO$_5$
  Cr(CO)$_5$(CNSnMe$_3$), **3**, 884, 885
SnCrC$_{11}$H$_{14}$O$_3$
  Cr(SnMe$_3$)(CO)$_3$Cp, **3**, 963
SnCrC$_{11}$H$_{14}$O$_6$
  Cr[SnMe$_2$\{$\overline{\text{O(CH}_2\text{)}_2\text{CH}_2}$\}](CO)$_5$, **6**, 1054
SnCrC$_{12}$H$_{14}$O$_3$
  Cr(CO)$_3$\{η^6-C$_6$H$_5$(SnMe$_3$)\}, **3**, 1003
SnCrC$_{13}$H$_{16}$O$_3$
  Cr(CO)$_3$\{η^6-C$_6$H$_5$(CH$_2$SnMe$_3$)\}, **3**, 1003
SnCrC$_{15}$H$_{15}$F$_5$
  Cr(η^6-C$_6$H$_6$)\{η^6-C$_6$F$_5$(SnMe$_3$)\}, **3**, 998
SnCrC$_{18}$H$_{23}$NO$_5$
  Cr\{SnBu$_2$(py)\}(CO)$_5$, **6**, 1065
SnCrC$_{21}$H$_{36}$O$_5$P$_2$
  Cr\{Sn(PBu$^t_2$)$_2$\}(CO)$_5$, **2**, 147
SnCrC$_{23}$H$_{15}$O$_5$
  [Cr(SnPh$_3$)(CO)$_5$]$^-$, **6**, 1046
SnCrC$_{26}$H$_{20}$O$_3$
  Cr(SnPh$_3$)(CO)$_3$Cp, **3**, 962, 965
SnCrC$_{27}$H$_{20}$O$_3$
  Cr(CO)$_3$\{η^6-C$_6$H$_5$(SnPh$_3$)\}, **3**, 1014
SnCrC$_{27}$H$_{25}$NO$_4$
  Cr(CNEt$_2$)(SnPh$_3$)(CO)$_4$, **6**, 1065
SnCrC$_{31}$H$_{30}$O$_3$
  Cr(SnPh$_3$)(CO)$_3$(η^5-C$_5$Me$_5$), **3**, 963; **6**, 1062
SnCrSi$_4$C$_{19}$H$_{38}$O$_5$
  CrSn\{CH(SiMe$_3$)$_2$\}(CO)$_5$, **2**, 598
SnCr$_2$C$_{10}$I$_2$O$_{10}$
  [Cr$_2$(SnI$_2$)(CO)$_{10}$]$^{2-}$, **3**, 809
SnCr$_2$C$_{16}$H$_{10}$Cl$_2$O$_6$
  SnCl$_2$\{Cr(CO)$_3$Cp\}$_2$, **3**, 966
SnCr$_2$C$_{18}$H$_{16}$O$_6$
  SnMe$_2$\{C$_6$H$_5$Cr(CO)$_3$\}$_2$, **3**, 1011
SnCr$_2$C$_{28}$H$_{20}$O$_6$
  SnPh$_2$\{Cr(CO)$_3$Cp\}$_2$, **3**, 966
SnErC$_{28}$H$_{25}$
  Er(SnPh$_3$)Cp$_2$, **3**, 185, 208; **6**, 1101
SnFeC$_4$Cl$_3$O$_4$
  [Fe(SnCl$_3$)(CO)$_4$]$^-$, **4**, 309
SnFeC$_8$H$_8$Cl$_2$O$_2$
  Fp\{SnCl$_2$(Me)\}, **4**, 592; **6**, 1053
SnFeC$_{10}$H$_{14}$O$_2$
  Fe(SnMe$_3$)(CO)$_2$Cp, **6**, 1052
SnFeC$_{11}$H$_{17}$NO
  Fe(SnMe$_3$)(CO)(CNMe)Cp, **4**, 528
SnFeC$_{11}$H$_{18}$O
  Fe(SnMe$_3$)(CO)Cp(CH$_2$=CH$_2$), **3**, 105
SnFeC$_{12}$H$_{14}$S$_2$
  Fe\{(η^5-C$_5$H$_4$S)$_2$SnMe$_2$\}, **4**, 489
SnFeC$_{14}$H$_{16}$O$_3$
  Fe(CO)$_3$(C$_8$H$_7$SnMe$_3$), **4**, 440
SnFeC$_{21}$H$_{15}$Cl$_4$O$_3$P
  FeCl(SnCl$_3$)(CO)$_3$(PPh$_3$), **4**, 311
SnFeC$_{22}$H$_{15}$O$_4$
  [Fe(SnPh$_3$)(CO)$_4$]$^-$, **4**, 309
SnFeC$_{34}$H$_{38}$P$_2$
  Fe(SnMe$_3$)Cp(diphos), **6**, 1073
SnFeMo$_{11}$C$_7$H$_5$O$_{41}$P
  [Cp(CO)$_2$FeSnMo$_{11}$PO$_{39}$]$^{4-}$, **6**, 1073
SnFeNiC$_{13}$H$_{10}$Cl$_2$O$_3$
  Cp(CO)Ni(SnCl$_2$)Fe(CO)$_2$Cp, **6**, 202, 203
SnFeTlC$_{22}$H$_{15}$O$_4$
  TlFe(SnPh$_3$)(CO)$_4$, **6**, 976
SnFeTlC$_{33}$H$_{42}$O$_3$P
  TlFe(SnPh$_3$)(CO)$_3$(PBu$_3$), **6**, 976
SnFeTlC$_{39}$H$_{30}$O$_3$P
  TlFe(SnPh$_3$)(CO)$_3$(PPh$_3$), **6**, 976
SnFeW$_{11}$C$_7$H$_5$O$_{41}$P
  [Cp(CO)$_2$FeSnW$_{11}$PO$_{39}$]$^{4-}$, **6**, 1073
SnFe$_2$C$_6$H$_{10}$Cl$_2$N$_4$O$_4$
  Cl$_2$Sn\{Fe(NO)$_2$(CH$_2$CHCH$_2$)\}$_2$, **4**, 400, 593; **6**, 1055
SnFe$_2$C$_8$H$_6$O$_6$S$_2$
  \{Fe(CO)$_3$\}$_2$(S$_2$SnMe$_2$), **4**, 279
SnFe$_2$C$_{14}$H$_{10}$Cl$_2$O$_4$
  SnCl$_2$(Fp)$_2$, **4**, 592, 593
SnFe$_2$C$_{14}$H$_{10}$O$_4$S$_4$
  SnFp$_2$(S$_4$), **4**, 592
SnFe$_2$C$_{15}$H$_{16}$O$_3$
  Fe$_2$(CO)$_3$(SnMe$_2$)Cp$_2$, **6**, 1057
  Fe$_2$(SnMe$_2$)(CO)$_3$Cp$_2$, **4**, 532
SnFe$_2$C$_{16}$H$_{10}$N$_2$O$_4$S$_2$
  SnFp$_2$(NCS)$_2$, **4**, 592
SnFe$_2$C$_{16}$H$_{16}$O$_4$
  SnMe$_2$(Fp)$_2$, **4**, 591
SnFe$_2$C$_{20}$H$_{15}$ClO$_4$
  SnClPh(Fp)$_2$, **4**, 593
SnFe$_2$C$_{24}$H$_{20}$O$_4$
  SnCp$_2$(Fp)$_2$, **4**, 591
SnFe$_2$C$_{26}$H$_{20}$O$_4$
  SnPh$_2$(Fp)$_2$, **4**, 593
SnFe$_2$C$_{26}$H$_{20}$O$_8$S$_2$
  Sn(SO$_2$Ph)$_2$(Fp)$_2$, **4**, 593
SnFe$_2$Si$_4$C$_{27}$H$_{48}$O$_3$
  Fe$_2$(CO)$_3$Cp$_2$[Sn\{CH(SiMe$_3$)$_2$\}$_2$], **4**, 522
SnFe$_3$C$_9$ClN$_3$O$_{12}$
  SnCl\{Fe(CO)$_3$(NO)\}$_3$, **4**, 297
SnFe$_4$C$_{12}$N$_4$O$_{16}$
  Sn\{Fe(CO)$_3$(NO)\}$_4$, **4**, 297, 311
SnFe$_4$C$_{12}$O$_{12}$
  Sn\{Fe(CO)$_4$\}$_4$, **4**, 309
SnFe$_4$C$_{16}$O$_{16}$
  Sn\{Fe(CO)$_4$\}$_4$, **4**, 310; **6**, 1055, 1079
SnGaC$_4$H$_{12}$Cl$_3$
  GaCl$_2$(Me)\{SnCl(Me)$_3$\}, **1**, 701
SnGeC$_{12}$H$_{30}$
  Et$_3$GeSnEt$_3$, **2**, 439
SnGeC$_{15}$H$_{36}$O
  Me$_3$GeOSnBu$_3$, **2**, 443
SnGeC$_{28}$H$_{30}$
  Ph$_3$GeSnMePr^{i}Ph, **2**, 470
SnGeRuC$_{10}$H$_{18}$O$_4$

Ru(GeMe$_3$)(SnMe$_3$)(CO)$_4$, **4**, 912; **6**, 1046

SnHfC$_{28}$H$_{25}$Cl
   HfCl(SnPh$_3$)Cp$_2$, **3**, 573; **6**, 1058

SnHfSiC$_{18}$H$_{32}$
   Hf(CH$_2$SiMe$_3$)(CH$_2$SnMe$_3$)Cp$_2$, **3**, 585

SnIrC$_{16}$H$_{24}$Cl$_3$
   Ir(SnCl$_3$)(cod)$_2$, **5**, 599

SnIrC$_{23}$H$_{30}$Cl$_3$P$_2$
   Ir(SnCl$_3$)(nbd)(PMe$_2$Ph)$_2$, **6**, 1092

SnIrC$_{24}$H$_{24}$O$_3$P
   Ir(SnMe$_3$)(CO)$_3$(PPh$_3$), **5**, 560

SnIrC$_{26}$H$_{54}$Cl$_3$O$_2$P$_2$
   Ir(SnCl$_3$)(CO)$_2$(PBu$_3$)$_2$, **6**, 1091

SnIrC$_{37}$H$_{30}$Cl$_3$OP$_2$
   Ir(SnCl$_3$)(CO)(PPh$_3$)$_2$, **5**, 590

SnIrC$_{37}$H$_{31}$Cl$_4$OP$_2$
   IrH(Cl)(SnCl$_3$)(CO)(PPh$_3$)$_2$, **5**, 555

SnIrC$_{55}$H$_{47}$OP$_2$
   IrH$_2$(SnPh$_3$)(CO)(PPh$_3$)$_2$, **5**, 555

SnIrC$_{56}$H$_{49}$OP$_2$
   Ir(C≡CPh)$_2$(SnMe$_3$)(CO)(PPh$_3$)$_2$, **5**, 575

SnIr$_2$C$_{44}$H$_{36}$O$_6$P$_2$
   SnMe$_2$\{Ir(CO)$_3$(PPh$_3$)\}$_2$, **5**, 559

SnLiC$_{14}$H$_{29}$
   Li(CH=CHSnBu$_3$), **1**, 92

SnLiC$_{18}$H$_{15}$S
   SnPh$_3$(SLi), **2**, 662

SnMgC$_4$H$_9$Br$_2$Cl
   ClMg(CBr$_2$SnMe$_3$), **1**, 165

SnMgC$_{12}$H$_{27}$Br
   BrMgSnBu$_3$, **2**, 585

SnMnC$_5$Cl$_3$O$_5$
   Mn(SnCl$_3$)(CO)$_5$, **6**, 1068

SnMnC$_5$H$_5$Cl$_3$F$_6$P$_2$
   [Mn(SnCl$_3$)Cp(PF$_3$)$_2$]$^-$, **4**, 125

SnMnC$_8$H$_9$O$_5$
   Mn(SnMe$_3$)(CO)$_5$, **4**, 76; **6**, 1045, 1052, 1067

SnMnC$_{10}$H$_9$F$_4$O$_5$
   Mn(CF$_2$CF$_2$SnMe$_3$)(CO)$_5$, **4**, 76; **6**, 1067

SnMnC$_{22}$H$_{18}$NO$_4$
   Mn(SnPh$_3$)(CO)$_4$(CNMe), **4**, 148

SnMnC$_{23}$H$_{15}$O$_5$
   Mn(SnPh$_3$)(CO)$_5$, **4**, 24, 28; **6**, 1106

SnMnC$_{25}$H$_{20}$Cl$_3$O$_2$P
   [Mn(SnCl$_3$)(CO)$_2$Cp(PPh$_3$)]$^+$, **4**, 132

SnMnC$_{41}$H$_{48}$O$_4$PS$_2$
   Mn(CS$_2$SnPh$_3$)(CO)$_4$(PCy$_3$), **4**, 28

SnMnC$_{42}$H$_{39}$O$_3$P$_2$
   Mn(SnMe$_3$)(CO)$_3$(PPh$_3$)$_2$, **6**, 1068

SnMnC$_{42}$H$_{39}$O$_9$P$_2$
   Mn(SnMe$_3$)(CO)$_3$\{P(OPh)$_3$\}$_2$, **3**, 119

SnMnSiC$_7$H$_5$Cl$_6$O$_2$
   Mn(SiCl$_3$)(SnCl$_3$)(CO)$_2$Cp, **6**, 1071

SnMnSiC$_8$H$_7$Cl$_6$O$_2$
   Mn(SiCl$_3$)(SnCl$_3$)(CO)$_2$(η^5-C$_5$H$_4$Me), **4**, 131

SnMn$_2$C$_9$Cl$_3$O$_9$
   [Mn$_2$(SnCl$_3$)(CO)$_9$]$^-$, **4**, 11

SnMn$_2$C$_{10}$Cl$_2$O$_{10}$
   SnCl$_2$\{Mn(CO)$_5$\}$_2$, **4**, 8

SnMn$_2$C$_{13}$H$_9$NO$_9$
   MnFe$_2$(PPh)(CO)$_9$Cp, **4**, 147

SnMn$_2$C$_{22}$H$_{10}$O$_{10}$
   SnPh$_2$\{Mn(CO)$_5$\}$_2$, **6**, 1067

SnMn$_2$Si$_2$C$_{16}$H$_{14}$Cl$_8$O$_4$
   SnCl$_2$\{Mn(SiCl$_3$)(CO)$_2$(η^5-C$_5$H$_4$Me)\}$_2$, **4**, 131

SnMoC$_8$H$_5$Cl$_3$O$_3$
   Mo(SnCl$_3$)(CO)$_3$Cp, **3**, 1178

SnMoC$_9$H$_7$Cl$_3$O$_2$
   Mo(SnCl$_3$)(CO)$_2$(C$_7$H$_7$), **3**, 1237

SnMoC$_9$H$_8$Cl$_2$O$_6$
   Mo[SnCl$_2$\{O(CH$_2$)$_3$CH$_2$\}](CO)$_5$, **6**, 1054

SnMoC$_9$H$_9$NO$_5$
   Mo(CO)$_5$(CNSnMe$_3$), **3**, 884, 1121

SnMoC$_{10}$H$_{10}$Br$_4$
   MoBr(SnBr$_3$)Cp$_2$, **6**, 1064

SnMoC$_{11}$H$_{14}$O$_3$
   Mo(SnMe$_3$)(CO)$_3$Cp, **3**, 1127, 1188; **6**, 1000, 1045, 1052

SnMoC$_{12}$H$_{14}$O$_3$
   Mo(CO)$_3$(η^6-C$_6$H$_5$SnMe$_3$), **3**, 1210

SnMoC$_{13}$H$_{19}$Cl
   MoCl(SnMe$_3$)Cp$_2$, **6**, 1064

SnMoC$_{21}$H$_{36}$O$_5$P$_2$
   Mo\{Sn(PBu^t)$_2$)$_2$\}(CO)$_5$, **2**, 147

SnMoC$_{23}$H$_{15}$O$_5$
   [Mo(SnPh$_3$)(CO)$_5$]$^-$, **6**, 1046

SnMoC$_{26}$H$_{20}$O$_3$
   Mo(SnPh$_3$)(CO)$_3$Cp, **3**, 1182, 1188

SnMoC$_{28}$H$_{29}$O$_2$P
   Mo(SnMe$_3$)(CO)$_2$Cp(PPh$_3$), **3**, 1188

SnMoC$_{43}$H$_{58}$P$_2$
   MoH$_2$(SnBu$_3$)Cp(diphos), **3**, 1200

SnMoSbC$_{28}$H$_{29}$O$_2$
   Mo(SnMe$_3$)(CO)$_2$Cp(SbPh$_3$), **3**, 1188

SnMo$_2$C$_{18}$H$_{16}$O$_6$
   SnMe$_2$\{Mo(CO)$_3$Cp\}$_2$, **3**, 1188

SnMo$_2$C$_{20}$H$_{20}$O$_6$
   SnPh$_2$\{Mo(CO)$_3$Cp\}$_2$, **3**, 1188

SnMo$_3$C$_{24}$H$_{15}$ClO$_9$
   ClSn\{Mo(CO)$_3$Cp\}$_3$, **3**, 1188

SnMo$_3$C$_{24}$H$_{16}$O$_9$
   SnH\{Mo(CO)$_3$Cp\}$_3$, **3**, 1188; **6**, 1053

SnNbC$_{24}$H$_{15}$O$_6$
   Nb(SnPh$_3$)(CO)$_6$, **3**, 709; **6**, 1060

SnNbC$_{41}$H$_{30}$O$_5$P
   Nb(SnPh$_3$)(CO)$_5$(PPh$_3$), **3**, 709

SnNbC$_{48}$H$_{39}$O$_4$P$_2$
   Nb(SnPh$_3$)(CO)$_4$(diphos), **3**, 709

SnNdSi$_3$C$_{16}$H$_{43}$O$_2$
   Nd\{Sn(CH$_2$SiMe$_3$)$_3$\}(MeOCH$_2$CH$_2$OMe), **3**, 209

SnNiC$_9$H$_{14}$O
   Ni(SnMe$_3$)(CO)Cp, **6**, 1048, 1052, 1055

SnNiC$_{14}$H$_{27}$O$_3$P
   Ni(CO)$_3$(PBu^t$_2$SnMe$_3$), **6**, 20

SnNiC$_{20}$H$_{42}$O$_2$P$_2$
   Ni(CO)$_2$(PBu^t$_2$SnMe$_2$PBu^t$_2$), **6**, 22

SnNiC$_{24}$H$_{20}$O
   Ni(SnPh$_3$)(CO)Cp, **6**, 203, 205

SnNiC$_{33}$H$_{25}$O$_3$P
   Ni(CO)$_3$(PPh$_2$SnPh$_3$), **6**, 19

SnNiC$_{47}$H$_{44}$P$_2$
   Ni(SnMe$_3$)(C≡CPh)(PPh$_3$)$_2$, **6**, 55

SnNiSb$_2$C$_{28}$H$_{26}$O$_2$
   Ni(CO)$_2$(Ph$_2$SbSnMe$_2$SbPh$_2$), **6**, 22

SnNiSi$_3$C$_{18}$H$_{38}$O
   Ni\{Sn(CH$_2$SiMe$_3$)$_3$\}(CO)Cp, **6**, 202

SnOsC$_7$H$_{10}$O$_4$
   OsH(SnMe$_3$)(CO)$_4$, **4**, 1023

SnOs$_3$C$_{12}$Cl$_4$O$_{12}$
   Os$_3$Cl(SnCl$_3$)(CO)$_{12}$, **4**, 616, 1023

SnPbC$_6$H$_{18}$
   PbMe$_3$(SnMe$_3$), **2**, 633

SnPbC$_6$H$_{19}$N$_3$O

SnPbC$_6$H$_{19}$N$_3$O
  PbMe$_3$(N$_3$){Sn(OH)Me$_3$}, **2**, 653
SnPbC$_{27}$H$_{29}$P
  PbPh$_3${PPh(SnMe$_3$)}, **2**, 665
SnPbC$_{36}$H$_{30}$
  PbPh$_3$(SnPh$_3$), **2**, 667
SnPbC$_{38}$H$_{30}$
  Ph$_3$PbC≡CSnPh$_3$, **2**, 644
SnPb$_4$C$_{72}$H$_{60}$
  Sn(PbPh$_3$)$_4$, **2**, 667
SnPdC$_{21}$H$_{20}$Cl$_3$P
  Pd(SnCl$_3$)(CH$_2$CHCH$_2$)(PPh$_3$), **6**, 410
SnPd$_2$C$_{50}$H$_{42}$Cl$_4$P$_4$
  Cl$_3$SnPd(Ph$_2$PCH$_2$PPh$_2$)$_2$PdCl, **6**, 1096
SnPrSi$_3$C$_{16}$H$_{43}$O$_2$
  Pr{Sn(CH$_2$SiMe$_3$)$_3$}(MeOCH$_2$CH$_2$OMe), **3**, 209
SnPtC$_{15}$H$_{23}$ClN$_2$
  PtCl(Me)$_2$(SnMe$_3$)(bipy), **6**, 583
SnPtC$_{37}$H$_{31}$Cl$_3$OP$_2$
  PtH(SnCl$_3$)(CO)(PPh$_3$)$_2$, **6**, 559, 672; **8**, 123
SnPtC$_{39}$H$_{39}$ClP$_2$
  PtCl(SnMe$_3$)(PPh$_3$)$_2$, **6**, 1049
SnPtC$_{47}$H$_{44}$P$_2$
  Pt(C≡CPh)(SnMe$_3$)(PPh$_3$)$_2$, **6**, 518
SnPtC$_{54}$H$_{45}$ClP$_2$
  PtCl(SnPh$_3$)(PPh$_3$)$_2$, **6**, 526
SnReC$_8$H$_9$O$_5$
  Re(SnMe$_3$)(CO)$_5$, **4**, 204; **6**, 1052
SnReC$_{23}$H$_{15}$O$_5$
  Re(SnPh$_3$)(CO)$_5$, **4**, 204
SnReC$_{26}$H$_{19}$O$_3$
  Re(CO)$_3$(η^5-C$_5$H$_4$SnPh$_3$), **4**, 207
SnReWC$_{13}$H$_9$O$_{10}$S
  (CO)$_5$W(SSnMe$_3$)Re(CO)$_5$, **4**, 187
SnRe$_2$C$_{10}$Cl$_2$O$_{10}$
  Cl$_2$Sn{Ro(CO)$_5$}$_2$, **4**, 205
SnRe$_3$C$_{14}$H$_7$O$_{12}$
  Re$_3$H(SnMe$_2$)(CO)$_{12}$, **4**, 205
SnRe$_3$C$_{16}$H$_9$O$_{13}$S$_2$
  Re$_2$(SSnMe$_3$){SRe(CO)$_5$}(CO)$_8$, **4**, 188
SnRhC$_{24}$H$_{24}$O$_3$P
  Rh(SnMe$_3$)(CO)$_3$(PPh$_3$), **6**, 1092
SnRhC$_{37}$H$_{30}$Cl$_3$P$_2$S$_2$
  [Rh(SnCl$_3$)(CS$_2$)(PPh$_3$)$_2$]$^+$, **5**, 342
SnRhC$_{41}$H$_{39}$O$_2$P$_2$
  Rh(SnMe$_3$)(CO)$_2$(PPh$_3$)$_2$, **6**, 1092
SnRhC$_{45}$H$_{39}$OP$_2$
  Rh(SnPh$_3$)(CO)$_2$(diphos), **5**, 307
SnRuC$_{13}$H$_{18}$
  RuCp(η^5-C$_5$H$_4$SnMe$_3$), **4**, 769
SnRuC$_{14}$H$_{30}$Cl$_3$O$_2$S$_3$
  [Ru(SnCl$_3$)(CO)$_2$(SEt$_2$)$_3$]$^+$, **4**, 910
SnRuC$_{40}$H$_{36}$Cl$_4$O$_2$P$_2$
  RuCl(SnCl$_3$)(CO)(PPh$_3$)$_2$(Me$_2$CO), **4**, 910
SnRuC$_{41}$H$_{35}$Cl$_3$P$_2$
  Ru(SnCl$_3$)(Cp)(PPh$_3$)$_2$, **4**, 783
SnRuSiC$_{10}$H$_{18}$O$_4$
  Ru(SiMe$_3$)(SnMe$_3$)(CO)$_4$, **4**, 912
SnRuSiC$_{25}$H$_{24}$O$_4$
  Ru(SiMe$_3$)(SnPh$_3$)(CO)$_4$, **4**, 912
SnRu$_2$C$_{14}$H$_{10}$Cl$_2$O$_4$
  SnCl$_2${Ru(CO)$_2$Cp}$_2$, **4**, 793, 825
SnRu$_2$C$_{20}$H$_{20}$Cl$_2$
  [(RuCp$_2$)$_2$(SnCl$_2$)]$^{2+}$, **4**, 764
SnRu$_2$C$_{56}$H$_{45}$Cl$_6$O$_2$P$_3$
  Ru$_2$Cl$_3$(SnCl$_3$)(CO)$_2$(PPh$_3$)$_3$, **4**, 910

SnRu$_3$C$_{12}$Cl$_4$O$_{12}$
  Ru$_3$(CO)$_{12}$(SnCl$_4$), **4**, 911
SnsC$_{11}$H$_{22}$
  (Me$_3$Sn)$_2$($\overline{\text{CCH=CHCH=CH}}$), **2**, 542
SnSbC$_{30}$H$_{25}$
  SnPh$_3$(SbPh$_2$), **2**, 599, 703
SnSiC$_6$H$_{18}$
  SnMe$_3$(SiMe$_3$), **2**, 105
SnSiC$_6$H$_{18}$S
  SnMe$_3$(SSiMe$_3$), **2**, 124
SnSiC$_7$H$_{18}$
  (Me$_3$Sn)(Me)$\overline{\text{Si(CH}_2)_2\text{CH}_2}$, **2**, 229
SnSiC$_7$H$_{21}$N
  SnMe$_3${NMe(SiMe$_3$)}, **2**, 124
SnSiC$_8$H$_{16}$
  Me$_2$Sn(CH=CH)$_2$SiMe$_2$, **2**, 43
SnSiC$_8$H$_{21}$NS$_2$
  SnMe$_3${SC(=NMe)SSiMe$_3$}, **2**, 124
SnSiC$_{10}$H$_{27}$N
  SnMe$_3${NBu^t(SiMe$_3$)}, **2**, 121
SnSiC$_{14}$H$_{28}$
  Bu$_2$Sn(CH=CH)$_2$SiMe$_2$, **2**, 296
SnSiC$_{16}$H$_{38}$
  SnBu$_3$(CH$_2$SiMe$_3$), **7**, 524
SnSiC$_{24}$H$_{36}$O
  Bu$_3$SnOSiBu$_3$, **2**, 577
SnSiC$_{28}$H$_{28}$
  Ph$_2$Sn(CH$_2$CH$_2$)$_2$SiPh$_2$, **2**, 543
SnSiZrC$_{18}$H$_{32}$
  Zr(CH$_2$SiMe$_3$)(CH$_2$SnMe$_3$)Cp$_2$, **3**, 585
SnSi$_2$C$_6$H$_{16}$Cl$_2$O
  Cl$_2$$\overline{\text{SnCH}_2\text{SiMe}_2\text{OSiMe}_2\text{CH}_2}$, **2**, 295
SnSi$_2$C$_9$H$_{27}$N
  SnMe$_3${N(SiMe$_3$)$_2$}, **2**, 600
SnSi$_2$C$_{14}$H$_{30}$
  SnMe$_3${C$_5$H$_3$(SiMe$_3$)$_2$}, **2**, 52
SnSi$_2$C$_{18}$H$_{32}$
  SiMe$_2${C$_5$H$_4$SnMe$_3$}$_2$, **2**, 52
SnSi$_3$C$_{16}$H$_{42}$O
  Sn(OBu^t)(CH$_2$SiMe$_3$)$_3$, **2**, 439
SnSi$_4$C$_{12}$H$_{36}$N$_2$
  Sn{N(SiMe$_3$)$_2$}$_2$, **2**, 129
SnSi$_4$C$_{14}$H$_{38}$
  Sn{CH(SiMe$_3$)$_2$}$_2$, **2**, 96, 129, 597
SnSi$_6$C$_{21}$H$_{57}$
  Sn{CH(SiMe$_3$)$_2$}$_3$, **2**, 596
SnSi$_6$C$_{21}$H$_{57}$Cl
  SnCl{CH(SiMe$_3$)$_2$}$_3$, **2**, 525
SnTaC$_{13}$H$_{21}$
  TaH$_2$(SnMe$_3$)Cp$_2$, **6**, 1060
SnTaC$_{24}$H$_{15}$O$_6$
  Ta(SnPh$_3$)(CO)$_6$, **3**, 709; **6**, 1060
SnTaC$_{41}$H$_{30}$O$_5$P
  Ta(SnPh$_3$)(CO)$_5$(PPh$_3$), **3**, 709
SnTaC$_{48}$H$_{39}$O$_4$P$_2$
  Ta(SnPh$_3$)(CO)$_4$(diphos), **3**, 709
SnTiC$_8$H$_{13}$Cl$_3$
  TiCl$_3$(η^5-C$_5$H$_4$SnMe$_3$), **3**, 333
SnTiC$_{13}$H$_{19}$
  Ti(SnMe$_3$)Cp$_2$, **3**, 307
SnTiC$_{16}$H$_{25}$Cl
  TiCl(SnEt$_3$)Cp$_2$, **3**, 423
SnTiC$_{24}$H$_{36}$O$_4$
  SnBu$_3${OTi(OBu)$_3$}, **2**, 577
SnTiC$_{28}$H$_{25}$Cl
  TiCl(SnPh$_3$)Cp$_2$, **3**, 424

SnTiC$_{32}$H$_{33}$O
   Ti(SnPh$_3$)Cp$_2${$\overline{\text{O(CH}_2)_3\text{CH}_2}$}, **3**, 310
SnTlC$_{20}$H$_{18}$BrF$_{10}$O
   SnBr(Bu){OTl(C$_6$F$_5$)$_2$}, **2**, 577
SnVC$_{11}$H$_{10}$Cl$_3$O
   V(SnCl$_3$)(CO)Cp$_2$, **3**, 675, 676
SnVC$_{16}$H$_{25}$
   V(SnEt$_3$)Cp$_2$, **3**, 680
SnVC$_{24}$H$_{15}$O$_6$
   V(SnPh$_3$)(CO)$_6$, **3**, 656; **6**, 1060
SnVC$_{26}$H$_{20}$O$_3$
   [V(SnPh$_3$)(CO)$_3$Cp]$^-$, **3**, 668
SnVC$_{64}$H$_{57}$O$_4$P$_3$
   [V(SnPh$_3$)(CO)$_4${MeC(CH$_2$PPh$_2$)$_2$-
   (CH$_2$PMePh$_2$)}]$^+$, **3**, 655
SnWC$_5$H$_5$Cl$_5$
   WCl$_2$(SnCl$_3$)Cp, **3**, 1346
SnWC$_9$H$_8$Cl$_2$O$_6$
   W[SnCl$_2${$\overline{\text{O(CH}_2)_3\text{CH}_2}$}](CO)$_5$, **6**, 1054
SnWC$_9$H$_9$NO$_5$
   W(CO)$_5$(CNSnMe$_3$), **3**, 884
SnWC$_9$H$_{12}$O$_5$S
   W(CO)$_5$(MeSSnMe$_3$), **3**, 1283
SnWC$_{11}$H$_{14}$O$_3$
   W(SnMe$_3$)(CO)$_3$Cp, **3**, 1338; **6**, 1052
SnWC$_{13}$H$_{19}$Cl
   WCl(SnMe$_3$)Cp$_2$, **6**, 1064
SnWC$_{21}$H$_{36}$O$_5$P$_2$
   W{Sn(PBu$^t_2$)$_2$}(CO)$_5$, **2**, 147
SnWC$_{23}$H$_{15}$O$_5$
   [W(SnPh$_3$)(CO)$_5$]$^-$, **6**, 1046, 1063
SnWC$_{24}$H$_{20}$Cl$_3$NO$_2$P
   [W(SnCl$_3$)(CO)(NO)Cp(PPh$_3$)]$^+$, **3**, 1342
SnWC$_{26}$H$_{20}$O$_3$
   W(SnPh$_3$)(CO)$_3$Cp, **3**, 1338
SnWC$_{28}$H$_{26}$
   WH(SnPh$_3$)Cp$_2$, **3**, 1348
SnW$_2$C$_{16}$H$_{10}$O$_6$
   Sn{W(CO)$_3$Cp}$_2$, **3**, 1338
SnYbC$_{28}$H$_{25}$
   Yb(SnPh$_3$)Cp$_2$, **3**, 185, 208; **6**, 1101
SnZrC$_{13}$H$_{19}$Cl
   ZrCl(SnMe$_3$)Cp$_2$, **3**, 600
SnZrC$_{28}$H$_{25}$Cl
   ZrCl(SnPh$_3$)Cp$_2$, **3**, 573; **6**, 1058
Sn$_2$AsC$_{42}$H$_{35}$
   (Ph$_3$Sn)$_2$AsPh, **2**, 599
Sn$_2$BC$_{11}$H$_{28}$N
   (Me$_3$Sn)$_2$N$\overline{\text{B(CH}_2)_2\text{CHMeCH}_2}$, **1**, 316
Sn$_2$C$_6$H$_{17}$Cl$_2$N
   {Me$_2$(Cl)Sn}$_2$NEt, **2**, 602
Sn$_2$C$_6$H$_{18}$
   Sn$_2$Me$_6$, **2**, 533, 593, 987
Sn$_2$C$_6$H$_{18}$O
   (Me$_3$Sn)$_2$O, **2**, 573
Sn$_2$C$_6$H$_{18}$O$_4$S
   (Me$_3$Sn)$_2$SO$_4$, **2**, 571
Sn$_2$C$_6$H$_{18}$S
   (Me$_3$Sn)$_2$S, **2**, 605, 1000
Sn$_2$C$_6$H$_{18}$Se
   (Me$_3$Sn)$_2$Se, **2**, 605
Sn$_2$C$_6$H$_{18}$Te
   (Me$_3$Sn)$_2$Te, **2**, 605; **3**, 880
Sn$_2$C$_7$H$_{18}$I$_2$
   (Me$_3$Sn)$_2$CI$_2$, **2**, 544
Sn$_2$C$_7$H$_{18}$O$_3$
   (Me$_3$Sn)$_2$CO$_3$, **2**, 572

Sn$_2$C$_7$H$_{20}$
   (Me$_3$Sn)$_2$CH$_2$, **2**, 542
Sn$_2$C$_7$H$_{21}$P
   (Me$_3$Sn)$_2$PMe, **2**, 599
Sn$_2$C$_8$H$_{16}$
   Me$_2$Sn(CH=CH)$_2$SnMe$_2$, **1**, 400
Sn$_2$C$_8$H$_{18}$
   Me$_3$SnC≡CSnMe$_3$, **1**, 316
Sn$_2$C$_8$H$_{22}$
   (Me$_3$SnCH$_2$)$_2$, **2**, 534
Sn$_2$C$_8$H$_{23}$N
   (Me$_3$Sn)$_2$NEt, **2**, 600
Sn$_2$C$_9$H$_{20}$O$_4$
   (Me$_3$SnO$_2$C)$_2$CH$_2$, **2**, 565
Sn$_2$C$_9$H$_{24}$
   Me$_3$SnSnEt$_3$, **2**, 593
Sn$_2$C$_{10}$H$_{26}$
   Et$_3$SnSnH(Et)$_2$, **2**, 592
Sn$_2$C$_{11}$H$_{22}$
   (Me$_3$Sn)$_2$($\overline{\text{CCH=CHCH=CH}}$), **2**, 542
Sn$_2$C$_{11}$H$_{28}$
   {Me$_3$Sn(CH$_2$)$_2$}$_2$CH$_2$, **2**, 542
Sn$_2$C$_{12}$H$_{23}$P
   (Me$_3$Sn)$_2$PPh, **2**, 602
Sn$_2$C$_{12}$H$_{30}$
   (Et$_3$Sn)$_2$, **2**, 592
Sn$_2$C$_{12}$H$_{30}$O
   (Et$_3$Sn)$_2$O, **2**, 573
Sn$_2$C$_{12}$H$_{30}$O$_2$
   (Et$_3$SnO)$_2$, **2**, 582
Sn$_2$C$_{12}$H$_{30}$S
   (Et$_3$Sn)$_2$S, **2**, 605
Sn$_2$C$_{13}$H$_{30}$Cl$_2$
   {Cl(Et)$_2$Sn(CH$_2$)$_2$}$_2$CH$_2$, **2**, 534
Sn$_2$C$_{14}$H$_{30}$
   Et$_3$SnC≡CSnEt$_3$, **2**, 567
Sn$_2$C$_{16}$H$_{30}$O$_4$
   Et$_3$SnO$_2$CC≡CCO$_2$SnEt$_3$, **2**, 567
Sn$_2$C$_{16}$H$_{36}$Cl$_2$O
   {Bu$_2$(Cl)Sn}$_2$O, **2**, 573
Sn$_2$C$_{16}$H$_{36}$Cl$_2$S
   {Bu$_2$(Cl)Sn}$_2$S, **2**, 606
Sn$_2$C$_{18}$H$_{42}$O
   (Pr$_3$Sn)$_2$O, **2**, 988
Sn$_2$C$_{20}$H$_{44}$O$_4$
   Bu$_2$Sn(OCH$_2$CH$_2$O)$_2$SnBu$_2$, **2**, 583
Sn$_2$C$_{20}$H$_{48}$O$_4$
   {SnBu$_2$(OMe)$_2$}$_2$, **2**, 529
Sn$_2$C$_{24}$H$_{20}$N$_2$O$_7$
   {Ph$_2$(NO$_3$)Sn}$_2$O, **2**, 573
Sn$_2$C$_{24}$H$_{54}$
   (Bu$_3$Sn)$_2$, **2**, 585, 592
Sn$_2$C$_{24}$H$_{54}$O
   (Bu$_3$Sn)$_2$O, **2**, 573, 612, 987
Sn$_2$C$_{24}$H$_{54}$O$_3$S
   (Bu$_3$Sn)$_2$SO$_3$, **2**, 571
Sn$_2$C$_{24}$H$_{54}$O$_4$S
   (Bu$_3$Sn)$_2$SO$_4$, **2**, 571
Sn$_2$C$_{24}$H$_{54}$O$_5$
   {Bu$_2$(Bu^{t}OO)Sn}$_2$O, **2**, 582
Sn$_2$C$_{24}$H$_{54}$S
   (Bu$_3$Sn)$_2$S, **2**, 605
Sn$_2$C$_{24}$H$_{54}$Se
   (Bu$_3$Sn)$_2$Se, **2**, 605
Sn$_2$C$_{25}$H$_{54}$O$_2$
   SnBu$_3$(O$_2$CSnBu$_3$), **2**, 584
Sn$_2$C$_{26}$H$_{54}$Cl$_3$NO
   SnBu$_3${N=C(CCl$_3$)OSnBu$_3$}, **2**, 584

Sn₂C₂₆H₅₆

$Sn_2C_{26}H_{56}$
  Bu₃SnCH=CHSnBu₃, **2**, 35, 539
$Sn_2C_{26}H_{59}N$
  (Bu₃Sn)₂NEt, **2**, 601
$Sn_2C_{28}H_{26}O_4$
  {Ph₂(AcO)Sn}₂, **2**, 592
$Sn_2C_{28}H_{28}I_2$
  {I(Ph)₂SnCH₂CH₂}₂, **2**, 525
$Sn_2C_{28}H_{44}$
  {Et₂Sn(CH₂)₂C₆H₄(CH₂)₂}₂, **2**, 543
$Sn_2C_{28}H_{46}O$
  {Bu₂(Ph)Sn}₂O, **2**, 557
$Sn_2C_{29}H_{58}$
  (Bu₃Sn)₂($\overline{CCH=CHCH=CH}$), **2**, 541
$Sn_2C_{30}H_{25}P_3$
  Sn₂P₃Ph₅, **2**, 603
$Sn_2C_{30}H_{30}$
  Ph₃SnSnEt₃, **2**, 592
$Sn_2C_{30}H_{50}N_2$
  (Buᵗ₂SnNBz)₂, **2**, 600
$Sn_2C_{31}H_{68}N_2O$
  (Bu₃SnNPrⁱ)₂CO, **2**, 601
$Sn_2C_{32}H_{36}$
  $\overline{Ph_2Sn(CH_2)_4SnPh_2(CH_2)_3CH_2}$, **2**, 542
$Sn_2C_{32}H_{38}O_2$
  (Me₃SnOCPh₂)₂, **2**, 595
$Sn_2C_{36}H_{30}$
  (Ph₃Sn)₂, **2**, 592
$Sn_2C_{36}H_{30}O$
  (Ph₃Sn)₂O, **2**, 573
$Sn_2C_{36}H_{30}O_2$
  (Ph₃SnO)₂, **2**, 582
$Sn_2C_{36}H_{30}S$
  (Ph₃Sn)₂S, **2**, 525, 605
$Sn_2C_{36}H_{30}Se$
  (Ph₃Sn)₂Se, **2**, 605
$Sn_2C_{36}H_{30}Te$
  (Ph₃Sn)₂Te, **2**, 605
$Sn_2C_{38}H_{28}N_6O_4$
  {SnPh₂(NCO)₂}₂(bipy), **2**, 563
$Sn_2C_{38}H_{30}O_4$
  Ph₂Sn(O₂CPh)₂SnPh₂, **2**, 593
$Sn_2C_{54}H_{66}$
  Sn₂(Mes)₆, **2**, 594
$Sn_2C_{60}H_{78}O$
  {(PhCMe₂CH₂)₃Sn}₂O, **2**, 987
$Sn_2C_{72}H_{102}$
  Sn₆(C₆H₂Et₃)₆, **2**, 594
$Sn_2CdC_{42}H_{46}N_2$
  Cd(SnPh₃)₂(TMEDA), **2**, 857
$Sn_2CdC_{46}H_{38}N_2$
  Cd(SnPh₃)₂(bipy), **2**, 857
$Sn_2CoC_{39}H_{30}O_3$
  [Co(SnPh₃)₂(CO)₃]⁻, **5**, 13, 32
$Sn_2CoC_{57}H_{45}$
  CoCp{η⁴-C₄Ph₂(SnPh₃)₂}, **5**, 242
$Sn_2Co_2C_{10}H_{12}O_6$
  Co₂(CO)₆(SnMe₂)₂, **3**, 156; **6**, 1088
$Sn_2Co_2C_{16}H_{22}O_2$
  {Co(CO)Cp(SnMe₂)}₂, **6**, 1088
$Sn_2CrC_{11}H_{18}O_5Se$
  Cr(CO)₅{Se(SnMe₃)₂}, **3**, 796
$Sn_2CrC_{11}H_{18}O_5Te$
  Cr(CO)₅{Te(SnMe₃)₂}, **3**, 880
$Sn_2CrC_{15}H_{22}O_3$
  Cr(CO)₃{η⁶-C₆H₄(SnMe₃)₂}, **3**, 1003
$Sn_2CrC_{40}H_{30}O_4$
  [Cr(SnPh₃)₂(CO)₄]²⁻, **6**, 1047
$Sn_2FeC_{10}H_{18}O_4$
  Fe(SnMe₃)₂(CO)₄, **3**, 119
$Sn_2FeC_{12}H_{18}Cl_4O_4$
  Fe{SnCl₂(Bu)}₂(CO)₄, **4**, 309
$Sn_2FeC_{40}H_{30}O_4$
  Fe(SnPh₃)₂(CO)₄, **4**, 310
$Sn_2Fe_2C_8Br_4O_8$
  {Fe(CO)₄(SnBr₂)}₂, **4**, 309
$Sn_2Fe_2C_8Cl_4O_8$
  {Fe(CO)₄(SnCl₂)}₂, **4**, 309, 310
$Sn_2Fe_2C_{12}H_{12}O_8$
  {Fe(CO)₄(SnMe₂)}₂, **4**, 254, 310; **6**, 1057
$Sn_2Fe_2C_{16}H_{16}O_4$
  SnMe₂(Fp)₂, **4**, 532
$Sn_2Fe_2C_{23}H_{36}O_7$
  Fe₂(SnBu₂)₂(CO)₇, **3**, 155
$Sn_2Fe_2C_{24}H_{36}O_8$
  {Fe(CO)₄(SnBu₂)}₂, **4**, 309; **6**, 1055
$Sn_2Fe_2C_{28}H_{20}O_8$
  {Fe(CO)₄(SnCp₂)}₂, **4**, 309, 310; **6**, 1076
$Sn_2Fe_2C_{32}H_{20}Cl_2O_8$
  {Fe(SnClPh₂)(CO)₄}₂, **4**, 310
$Sn_2Fe_2C_{32}H_{20}O_8$
  {Fe(CO)₄(SnPh₂)}₂, **4**, 309, 310
$Sn_2Fe_2C_{44}H_{30}O_8$
  {Fe(SnPh₃)(CO)₄}₂, **4**, 260, 310
$Sn_2Fe_4C_{20}H_6O_{16}$
  {Fe(CO)₄}₄(Sn){SnCH=CH₂)₂}, **4**, 311; **6**, 1079
$Sn_2Fe_5C_{20}O_{20}$
  Fe₅(CO)₂₀Sn₂, **4**, 311
$Sn_2Fe_5C_{23}H_{10}O_{13}$
  {Fe(CO)₂Cp}Sn{Fe(CO)₃}₃Sn{Fe(CO)₂Cp}, **6**, 1079
$Sn_2GeC_{21}H_{24}F_2$
  Ph₃SnGeF₂SnMe₃, **2**, 484
$Sn_2HfC_{20}H_{34}$
  Hf(SnMe₃)₂(η⁶-C₆H₅Me)₂, **3**, 644
$Sn_2HgPtC_{72}H_{30}F_{30}P_2$
  Pt{Sn(C₆F₅)₃}{HgSn(C₆F₅)₃}(PPh₃)₂, **6**, 1027
$Sn_2HgSi_6C_{24}H_{66}$
  Hg{Sn(CH₂SiMe₃)₃}₂, **6**, 202
Sn_2IrCCl_7O
  IrCl(SnCl₃)₂(CO), **5**, 553
$Sn_2IrC_{39}H_{30}O_3$
  [Ir(SnPh₃)₂(CO)₃]⁻, **5**, 559
$Sn_2Li_2NiC_{92}H_{100}O_5P_2$
  [Ni(PPh₃)₂(SnPh₃)₂][Li₂{$\overline{O(CH_2)_3CH_2}$}₅], **6**, 109
$Sn_2MgC_{36}H_{30}$
  Mg(SnPh₃)₂, **2**, 560
$Sn_2MnC_{10}H_{18}O_4$
  [Mn(SnMe₃)₂(CO)₄]⁻, **4**, 26
$Sn_2MnC_{40}H_{30}O_4$
  [Mn(SnPh₃)₂(CO)₄]⁻, **4**, 26, 29; **6**, 1071
$Sn_2Mn_2C_{14}H_{18}O_8S_2$
  Mn₂(SSnMe₃)₂(CO)₈, **4**, 107
$Sn_2Mn_2C_{14}H_{18}O_8Te_2$
  Mn₂(TeSnMe₃)₂(CO)₈, **4**, 104
$Sn_2Mn_2C_{14}H_{18}P$
  Mn₂{P(SnMe₃)₂}(CO)₈, **4**, 104
$Sn_2Mn_2Re_2C_{14}Br_2O_{14}$
  {(CO)₄Re(SnBr)Mn(CO)₅}₂, **4**, 205

$Sn_2Mn_4C_{10}H_2O_{10}$
  $\{(CO)_5Mn\}_2Sn(H)Sn(H)\{Mn(CO)_5\}_2$, **6**, 1070
$Sn_2Mn_4C_{18}Cl_2O_{18}$
  $(CO)_5MnSn(Cl)\{Mn(CO)_4\}_2Sn(Cl)Mn(CO)_5$, **6**, 1053
$Sn_2MoC_{11}H_{18}O_5Se$
  $Mo(CO)_5\{Se(SnMe_3)_2\}$, **3**, 1084
$Sn_2MoC_{11}H_{18}O_5Te$
  $Mo(CO)_5\{Te(SnMe_3)_2\}$, **3**, 880, 1084
$Sn_2MoC_{24}H_{54}O_4$
  $(Bu_3Sn)_2MoO_4$, **2**, 559, 572
$Sn_2NbC_{58}H_{45}O$
  $Nb(CO)Cp(PhC{\equiv}CSnPh_3)_2$, **3**, 753
$Sn_2NiC_{13}H_{27}O_3P$
  $Ni(CO)_3\{P(SnMe_3)_2Bu^t\}$, **6**, 20
$Sn_2OsC_{10}H_{18}O_4$
  $Os(SnMe_3)_2(CO)_4$, **4**, 1025
$Sn_2OsC_{20}H_{36}Cl_2O_4$
  $Os(SiClBu_2)_2(CO)_4$, **6**, 1073
$Sn_2PbC_9H_{27}N$
  $PbMe_3\{N(SnMe_3)_2\}$, **2**, 633
$Sn_2PbC_{54}H_{45}P$
  $PbPh_3\{P(SnPh_3)_2\}$, **2**, 665
Sn_2PdCCl_7O
  $[PdCl(SnCl_3)_2(CO)]^-$, **6**, 281
$Sn_2Pd_3C_{24}H_{36}Cl_6$
  $Pd_3(SnCl_3)_2(cod)_3$, **6**, 364, 370
Sn_2PtCCl_7O
  $[PtCl(SnCl_3)_2(CO)]^-$, **6**, 488
$Sn_2PtC_{31}H_{40}P_2$
  $Pt(SnMe_3)_2(Ph_2PCH_2PPh_2)$, **6**, 556
$Sn_2PtC_{42}H_{48}P_2$
  $Pt(SnMe_3)_2(PPh_3)_2$, **6**, 1052
$Sn_2PtC_{72}H_{60}P_2$
  $PtPh(Sn_2Ph_5)(PPh_3)_2$, **6**, 518
$Sn_2Pt_2C_{44}H_{44}Cl_6P_2$
  $Pt_2H_2(SnCl_3)_2(cod)(PPh_3)_2$, **8**, 306
$Sn_2Pt_3C_{24}H_{36}Cl_6$
  $Pt_3(SnCl_3)_2(cod)_3$, **6**, 1099; **8**, 328
$Sn_2ReC_{40}H_{30}O_4$
  $[Re(SnPh_3)_2(CO)_4]^-$, **4**, 204
$Sn_2Re_2C_{14}H_{18}O_8S_2$
  $\{Re(SSnMe_3)(CO)_4\}_2$, **4**, 186, 187
$Sn_2RhC_{39}H_{30}O_3$
  $[Rh(SnPh_3)_2(CO)_3]^-$, **5**, 280
$Sn_2RuC_{10}H_{18}O_4$
  $Ru(SnMe_3)_2(CO)_4$, **3**, 120; **4**, 655; **6**, 1056
$Sn_2RuC_{12}H_{10}C_{16}N_2O_2$
  $Ru(SnCl_3)_2(CO)_2(py)_2$, **4**, 910
$Sn_2RuC_{12}H_{20}Cl_6N_4$
  $Ru(SnCl_3)_2(CNEt)_4$, **4**, 682, 910
$Sn_2RuC_{40}H_{30}O_4$
  $Ru(SnPh_3)_2(CO)_4$, **4**, 912; **6**, 1048
$Sn_2Ru_2C_{12}H_{12}O_8$
  $\{Ru(SnMe_2)(CO)_4\}_2$, **4**, 912
$Sn_2Ru_2C_{12}H_{18}I_2O_6$
  $\{RuI(SnMe_3)(CO)_3\}_2$, **6**, 1078
$Sn_2Ru_2C_{14}H_{18}O_8$
  $\{Ru(SnMe_3)(CO)_4\}_2$, **4**, 912; **6**, 1077
$Sn_2Ru_2C_{17}H_{22}O_4$
  $Ru_2(SnMe_2)(CO)_4(C_8H_7SnMe_2)$, **4**, 829
$Sn_2SbC_{42}H_{35}$
  $(Ph_3Sn)_2SbPh$, **2**, 599
$Sn_2SiC_{14}H_{36}$
  $SiMe_2(SnEt_3)_2$, **2**, 105
$Sn_2Si_2C_{10}H_{30}O_3$
  $(Me_3SiOSnMe_2)_2O$, **2**, 573

$Sn_2Si_4C_{18}H_{48}$
  $\{Me_2SnC(SiMe_3)_2\}_2$, **2**, 543
$Sn_2TiC_{46}H_{40}$
  $Ti(SnPh_3)_2Cp_2$, **3**, 424; **6**, 1059
$Sn_2VC_7H_5Cl_6O_2$
  $[V(SnCl_3)_2(CO)_2Cp]^{2-}$, **3**, 668
$Sn_2VC_{41}H_{30}O_5$
  $[V(SnPh_3)_2(CO)_5]^-$, **3**, 655; **6**, 1060
$Sn_2WC_{11}H_{18}O_5Se$
  $W(CO)_5\{Se(SnMe_3)_2\}$, **3**, 1262
$Sn_2WC_{11}H_{18}O_5Te$
  $W(CO)_5\{Te(SnMe_3)_2\}$, **3**, 880, 1262
$Sn_2ZrC_{20}H_{34}$
  $Zr(SnMe_3)_2(\eta^6\text{-}C_6H_5Me)_2$, **3**, 644
$Sn_3AsC_9H_{27}$
  $As(SnMe_3)_3$, **2**, 604
$Sn_3AsC_{54}H_{45}$
  $As(SnPh_3)_3$, **2**, 602
$Sn_3AsCrC_{14}H_{27}O_5$
  $Cr(CO)_5\{As(SnMe_3)_3\}$, **3**, 797
$Sn_3AsMoC_{14}H_{27}O_5$
  $Mo(CO)_5\{As(SnMe_3)_3\}$, **3**, 797
$Sn_3AsWC_{14}H_{27}O_5$
  $W(CO)_5\{As(SnMe_3)_3\}$, **3**, 797
$Sn_3BC_9H_{27}O_3$
  $B(OSnMe_3)_3$, **2**, 572
$Sn_3BC_{36}H_{81}O_3$
  $B(OSnBu_3)_3$, **2**, 572, 577
$Sn_3BiCrC_{14}H_{27}O_5$
  $Cr(CO)_5\{Bi(SnMe_3)_3\}$, **3**, 797
$Sn_3BiMoC_{14}H_{27}O_5$
  $Mo(CO)_5\{Bi(SnMe_3)_3\}$, **3**, 797
$Sn_3BiWC_{14}H_{27}O_5$
  $W(CO)_5\{Bi(SnMe_3)_3\}$, **3**, 797
$Sn_3C_6H_{18}S_3$
  $(Me_2SnS)_3$, **2**, 525, 605, 1000
$Sn_3C_8H_{24}$
  $Me_3SnSn(Me)_2SnMe_3$, **2**, 593
$Sn_3C_9H_{24}$
  $(Me_2SnCH_2)_3$, **2**, 542
$Sn_3C_9H_{27}N$
  $(Me_3Sn)_3N$, **2**, 560, 599
$Sn_3C_9H_{27}N_3$
  $(Me_2SnNMe)_3$, **2**, 599
$Sn_3C_9H_{27}O$
  $[(Me_3Sn)_3O]^+$, **2**, 574
$Sn_3C_9H_{27}P$
  $(Me_3Sn)_3P$, **2**, 599, 602
$Sn_3C_{12}H_{33}N_3$
  $(Me_2SnNEt)_3$, **2**, 600
$Sn_3C_{24}H_{54}Cl_2S_2$
  $\{Bu_2(Cl)SnS\}_2SnBu_2$, **2**, 606
$Sn_3C_{32}H_{72}$
  Sn_3Bu_8, **2**, 592
$Sn_3C_{36}H_{30}S_3$
  $(Ph_2SnS)_3$, **2**, 525, 605
$Sn_3C_{39}H_{81}N_3O_3$
  $(Bu_3SnNCO)_3$, **2**, 600
$Sn_3C_{42}H_{69}P_3$
  $(Bu_2SnPPh)_3$, **2**, 603
$Sn_3C_{44}H_{48}$
  $Ph_3SnSn(Bu^i)_2SnPh_3$, **2**, 592
$Sn_3C_{54}H_{45}P_3$
  $(Ph_2SnPPh)_3$, **2**, 603
$Sn_3CrC_{14}H_{27}O_5P$
  $Cr(CO)_5\{P(SnMe_3)_3\}$, **3**, 832

$Sn_3CrC_{58}H_{45}O_4$
  $[Cr(SnPh_3)_3(CO)_4]^-$, **3**, 809
$Sn_3CrSbC_{14}H_{27}O_5$
  $Cr(CO)_5\{Sb(SnMe_3)_3\}$, **3**, 797
$Sn_3Fe_4C_{20}H_{12}O_{16}$
  $\{Fe(CO)_4\}_4(Sn)(SnMe_2)_2$, **4**, 254; **6**, 1079
  $Me_2Sn\{Fe(CO)_4\}_2Sn\{Fe(CO)_4\}_2SnMe_2$, **4**, 310
$Sn_3Fe_4C_{28}H_{36}O_{12}$
  $\{Fe(CO)_3\}_4(Sn)(SnBu_2)_2$, **4**, 309
$Sn_3Fe_4C_{32}H_{36}O_{16}$
  $\{Fe(CO)_4\}_4(Sn)(SnBu_2)_2$, **6**, 1055
$Sn_3IrC_{37}H_{30}Cl_9OP_2$
  $Ir(SnCl_3)_3(CO)(PPh_3)_2$, **5**, 554
$Sn_3MoSbC_{14}H_{27}O_5$
  $Mo(CO)_5\{Sb(SnMe_3)_3\}$, **3**, 797
$Sn_3Mo_3C_{14}H_{27}O_5P$
  $Mo(CO)_5\{P(SnMe_3)_3\}$, **3**, 832
$Sn_3NiC_{12}H_{27}O_3P$
  $Ni(CO)_3\{P(SnMe_3)_3\}$, **6**, 20
$Sn_3NiSbC_{12}H_{27}O_3$
  $Ni(CO)_3\{Sb(SnMe_3)_3\}$, **6**, 20
$Sn_3SbC_9H_{27}$
  $Sb(SnMe_3)_3$, **2**, 599, 604
$Sn_3SbC_{54}H_{45}$
  $Sb(SnPh_3)_3$, **2**, 599
$Sn_3SbWC_{14}H_{27}O_5$
  $W(CO)_5\{Sb(SnMe_3)_3\}$, **3**, 797
$Sn_3TiC_{54}H_{45}$
  $Ti(SnPh_3)_3$, **6**, 1058
$Sn_3WC_{14}H_{27}O_5P$
  $W(CO)_5\{P(SnMe_3)_3\}$, **3**, 832
$Sn_4C_4H_{12}S_6$
  $Sn_4Me_4S_6$, **2**, 607
$Sn_4C_8H_{24}Cl_4O_2$
  $[\{Me_2(Cl)Sn\}_2O]_2$, **2**, 575
$Sn_4C_{10}H_{30}$
  $MeSn(SnMe_3)_3$, **2**, 593
$Sn_4C_{12}H_{36}N_2$
  $\{(Me_3Sn)_2N\}_2$, **2**, 600
$Sn_4C_{13}H_{36}$
  $C(SnMe_3)_4$, **2**, 533
$Sn_4C_{16}H_{36}S_6$
  $Sn_4Bu_4S_6$, **2**, 991
$Sn_4C_{24}H_{20}P_4$
  $(PhSnP)_4$, **2**, 603
$Sn_4C_{32}H_{72}$
  $(Bu^t_2Sn)_4$, **2**, 593
$Sn_4FeC_{50}H_{44}O_6P_2$
  $(Me_3Sn)_3SnFe\{P(OPh)_3\}_2Cp$, **6**, 1047
$Sn_4Mn_4C_{24}H_{36}O_{12}S_4$
  $\{Mn(SSnMe_3)(CO)_3\}_4$, **4**, 104
$Sn_4NiC_{72}H_{60}$
  $Ni(SnPh_3)_4$, **6**, 111
$Sn_4Re_4C_{24}H_{36}O_{12}S_4$
  $\{Re(SSnMe_3)(CO)_3\}_4$, **4**, 186
$Sn_4TiC_{16}H_{44}$
  $Ti(CH_2SnMe_3)_4$, **3**, 460
$Sn_4TiC_{72}H_{60}$
  $Ti(SnPh_3)_4$, **6**, 1049
$Sn_4ZrC_{16}H_{44}$
  $Zr(CH_2SnMe_3)_4$, **3**, 638
$Sn_4ZrC_{72}H_{60}$
  $Zr(SnPh_3)_4$, **6**, 1049, 1058
$Sn_5C_{24}H_{60}$
  $Et_3Sn(SnEt_2)_3SnEt_3$, **2**, 592
$Sn_5C_{60}H_{50}$
  $(Ph_2Sn)_5$, **2**, 593
$Sn_5C_{72}H_{60}$
  $Sn(SnPh_3)_4$, **2**, 592
$Sn_6C_{12}H_{36}P_2$
  $(Me_2Sn)_6P_2$, **2**, 603
$Sn_6C_{28}H_{70}$
  $Et_3Sn(SnEt_2)_4SnEt_3$, **2**, 592
$Sn_6C_{72}H_{60}$
  $(Ph_2Sn)_6$, **2**, 593
$Sn_7Zr_2C_{120}H_{100}$
  $(Ph_3Sn)_3Zr(SnPh_2)Zr(SnPh_3)_3$, **6**, 1058
$Sn_9C_{72}H_{162}$
  $(Bu^i_2Sn)_9$, **2**, 593
$SrAl_2C_{16}H_{40}$
  $Sr(AlEt_4)_2$, **1**, 240
$SrB_2C_{16}H_{40}$
  $Sr(BEt_4)_2$, **1**, 239
$SrCH_3I$
  $ISrMe$, **1**, 225
SrC_2H_5I
  $ISrEt$, **1**, 225
SrC_2H_6
  $SrMe_2$, **1**, 230
SrC_3H_7I
  $ISrPr$, **1**, 225
SrC_4H_{10}
  $SrEt_2$, **1**, 230
SrC_6H_5I
  $ISrPh$, **1**, 225
SrC_7H_7I
  $ISr(Tol)$, **1**, 225
SrC_8H_8
  $Sr(cot)$, **1**, 237
$SrC_{10}H_7I$
  $ISr(Nap)$, **1**, 225
$SrC_{10}H_{10}$
  $SrCp_2$, **1**, 233
$SrC_{11}H_{21}BrO_2$
  $BrSr(CH_2CH=CH_2)\{\overline{O(CH_2)_3CH_2}\}_2$, **1**, 226
$SrC_{12}H_{10}$
  $SrPh_2$, **1**, 230
$SrC_{14}H_{14}$
  $SrBz_2$, **1**, 231
$SrC_{16}H_{10}$
  $Sr(C\equiv CPh)_2$, **1**, 231
$SrC_{18}H_{14}$
  $Sr(C_9H_7)_2$, **1**, 233
$SrC_{18}H_{22}$
  $Sr(CMe_2Ph)_2$, **1**, 232
$SrC_{19}H_{15}Cl$
  $ClSr(CPh_3)$, **1**, 226
$SrC_{26}H_{18}$
  $Sr(C_{13}H_9)_2$, **1**, 234
$SrC_{26}H_{18}O_2$
  $Sr(C_{13}H_9O)_2$, **1**, 234
$SrC_{28}H_{24}$
  $Sr(Ph_2CCH_2CH_2CPh_2)$, **1**, 236
$SrGe_2C_{36}H_{30}$
  $Sr(GePh_3)_2$, **2**, 469
$SrZnC_8H_{20}$
  $SrZnEt_4$, **1**, 237, 238

T

TaAlC$_{15}$H$_{24}$
  TaMe(CH$_2$AlMe$_3$)Cp$_2$, **3**, 727; **8**, 514
TaAlC$_{16}$H$_{28}$
  TaH$_2$(HAlEt$_3$)Cp$_2$, **3**, 774; **6**, 951
TaAuC$_{24}$H$_{15}$O$_6$P
  Ta(CO)$_6$(AuPPh$_3$), **3**, 710; **6**, 819, 825
TaB$_2$C$_3$H$_{17}$
  TaMe$_3$(BH$_4$)$_2$, **6**, 905
TaCH$_3$Cl$_4$
  TaCl$_4$(Me), **3**, 719, 733, 743
TaC$_2$H$_6$Cl$_3$
  TaCl$_3$(Me)$_2$, **3**, 732, 743
TaC$_3$H$_5$F$_{15}$P$_5$
  Ta(CH$_2$CHCH$_2$)(PF$_3$)$_5$, **3**, 759
TaC$_3$H$_9$Cl$_2$
  TaCl$_2$(Me)$_3$, **3**, 719, 732, 738
TaC$_3$H$_9$Cl$_2$N$_4$O$_4$
  TaCl$_2$(Me){ON(Me)NO}$_2$, **3**, 738
TaC$_4$H$_6$Cl$_5$N$_2$
  TaCl$_4${C(Cl)=NMe}(CNMe), **3**, 719
TaC$_5$H$_5$Cl$_4$
  TaCl$_4$(Cp), **1**, 207; **3**, 761, 763
TaC$_5$H$_9$Cl$_5$N$_3$
  TaCl$_3${C(Cl)=NMe}$_2$(CNMe), **3**, 719
TaC$_5$H$_{11}$Cl$_4$
  TaCl$_4$(CH$_2$Bu^t), **3**, 722, 733
TaC$_5$H$_{13}$Cl$_3$P
  TaCl$_3$(CH$_2$=CH$_2$)(PMe$_3$), **3**, 752
TaC$_5$H$_{15}$
  TaMe$_5$, **3**, 731, 740
TaC$_6$O$_6$
  [Ta(CO)$_6$]$^-$, **3**, 709
TaC$_7$H$_7$Cl$_4$
  TaCl$_4$(Bz), **3**, 733
TaC$_7$H$_7$F$_4$
  TaF$_4$(η^5-C$_5$H$_4$CH=CH$_2$), **3**, 763
TaC$_7$H$_{21}$
  [TaMe$_7$]$^{2-}$, **3**, 731
TaC$_7$H$_{21}$N$_2$
  TaMe$_3$(NMe$_2$)$_2$, **3**, 732
TaC$_8$H$_5$Cl$_2$O$_3$
  TaCl$_2$(CO)$_3$Cp, **3**, 711
TaC$_8$H$_{14}$Cl
  TaCl(Me)$_3$Cp, **3**, 735
TaC$_8$H$_{22}$Cl$_3$P$_2$
  TaCl$_3$(CH$_2$=CH$_2$)(PMe$_3$)$_2$, **3**, 752
TaC$_9$H$_5$O$_4$
  Ta(CO)$_4$Cp, **3**, 710
TaC$_9$H$_{11}$
  TaMe(cot), **3**, 778
TaC$_9$H$_{11}$Cl$_4$
  TaCl$_4$(Mes), **3**, 733

TaC$_9$H$_{13}$Cl$_2$
  TaCl$_2${(CH$_2$)$_3$CH$_2$}Cp, **3**, 727
TaC$_9$H$_{15}$Cl$_2$
  TaCl$_2$(CHBu^t)Cp, **8**, 375
TaC$_9$H$_{19}$O$_2$P$_2$
  TaMe(CO)$_2$(dmpe), **3**, 734
TaC$_9$H$_{22}$Cl$_2$OP
  TaCl$_2$(OBu^t)(CH$_2$=CH$_2$)(PMe$_3$), **8**, 528
TaC$_9$H$_{24}$Cl$_2$P$_2$
  TaCl$_2$(CH$_2$=CHMe)(PMe$_3$)$_2$, **8**, 528
TaC$_9$H$_{24}$Cl$_3$P$_2$
  TaCl$_3$(CH$_2$=CHMe)(PMe$_3$)$_2$, **3**, 752
TaC$_{10}$H$_5$NO$_5$
  [Ta(CO)$_5$(py)]$^-$, **3**, 708
TaC$_{10}$H$_{10}$Br$_3$
  TaBr$_3$(Cp)$_2$, **3**, 766
TaC$_{10}$H$_{10}$Cl$_2$
  TaCl$_2$(Cp)$_2$, **3**, 750, 764, 767
TaC$_{10}$H$_{12}$
  TaH$_2$(Cp)$_2$, **3**, 774
TaC$_{10}$H$_{13}$
  TaH$_3$(Cp)$_2$, **3**, 38, 773, 774
TaC$_{10}$H$_{15}$Br$_2$
  TaBr$_2$(CHBu^t)Cp, **3**, 721
TaC$_{10}$H$_{15}$Cl$_2$
  TaCl$_2$(CHBu^t)Cp, **3**, 721, 722, 723
TaC$_{10}$H$_{15}$Cl$_3$
  TaCl$_3$(η^5-C$_5$Me$_5$), **3**, 763
TaC$_{10}$H$_{22}$Cl$_3$
  TaCl$_3$(CH$_2$Bu^t)$_2$, **2**, 845; **3**, 722, 732
TaC$_{11}$H$_{10}$ClO
  TaCl(CO)Cp$_2$, **3**, 713
TaC$_{11}$H$_{11}$O
  TaH(CO)Cp$_2$, **3**, 713
TaC$_{11}$H$_{15}$Cl$_2$O
  TaCl$_2$(Cp)(Me$_2$C=CHCOMe), **3**, 760, 761
TaC$_{11}$H$_{28}$Cl$_2$P$_2$
  TaCl$_2$(CHBu^t)(PMe$_3$)$_2$, **8**, 528
TaC$_{11}$H$_{31}$P$_2$
  TaMe$_5$(Me$_2$PCH$_2$CH$_2$PMe$_2$), **3**, 121, 731
TaC$_{11}$H$_{33}$P$_2$
  TaMe$_5$(PMe$_3$)$_2$, **3**, 731
TaC$_{12}$Cl$_3$F$_{10}$
  TaCl$_3$(C$_6$F$_5$)$_2$, **3**, 732
TaC$_{12}$H$_{13}$O
  TaMe(CO)Cp$_2$, **3**, 730, 742
TaC$_{12}$H$_{14}$I
  TaI(Cp)$_2$(CH$_2$=CH$_2$), **3**, 727, 739, 750
TaC$_{12}$H$_{15}$
  TaMe(CH$_2$)Cp$_2$, **3**, 79, 722; **8**, 514
TaC$_{12}$H$_{16}$
  [TaMe$_2$(Cp)$_2$]$^+$, **3**, 735; **8**, 514
TaC$_{12}$H$_{16}$S$_2$

781

TaC$_{12}$H$_{16}$S$_2$
  Ta(SMe)$_2$Cp$_2$, **3**, 768
TaC$_{12}$H$_{17}$Cl$_2$
  TaCl$_2$(η^5-C$_5$Me$_5$)(HC≡CH), **3**, 759
TaC$_{12}$H$_{19}$
  Ta(MeCHCHCH$_2$)(CH$_2$=CHCH=CH$_2$)$_2$, **3**, 759
TaC$_{12}$H$_{19}$Cl
  TaCl(η^5-C$_5$Me$_5$)(CH$_2$=CH$_2$), **3**, 105
TaC$_{12}$H$_{19}$Cl$_2$
  TaCl$_2$(η^5-C$_5$Me$_5$)(CH$_2$=CH$_2$), **3**, 746, 751, 752
TaC$_{12}$H$_{20}$
  Ta(CH$_2$CHCH$_2$)$_4$, **3**, 759
TaC$_{12}$H$_{21}$
  TaMe$_2$(CHBu^t)Cp, **3**, 721
TaC$_{12}$H$_{28}$ClP$_2$
  TaCl(CH$_2$=CH$_2$)(C$_4$H$_6$)(PMe$_3$)$_2$, **3**, 758
TaC$_{12}$H$_{28}$Cl$_2$OP
  TaCl$_2$(CHBu^t)(OBu^t)(PMe$_3$), **8**, 528
TaC$_{12}$H$_{31}$P$_2$
  TaEt(CH$_2$=CH$_2$)$_2$(PMe$_3$)$_2$, **3**, 752
TaC$_{12}$H$_{34}$ClNP$_3$
  TaCl(NMe)(CH$_2$=CH$_2$)(PMe$_3$)$_3$, **3**, 752
TaC$_{13}$H$_{13}$O$_2$
  Ta(COMe)(CO)Cp$_2$, **3**, 742
TaC$_{13}$H$_{15}$
  Ta(CH$_2$CHCH$_2$)Cp$_2$, **3**, 759
TaC$_{13}$H$_{17}$
  TaH(Cp)$_2$(CH$_2$=CHMe), **3**, 740, 750
  TaMe(CHMe)Cp$_2$, **3**, 722
  TaMe(CH$_2$)Cp(C$_5$H$_4$Me), **3**, 103
  TaMe(Cp)$_2$(CH$_2$=CH$_2$), **3**, 730, 750; **8**, 524
TaC$_{13}$H$_{17}$Cl$_2$N$_2$
  TaCl$_2$(Me)$_3$(bipy), **3**, 732
TaC$_{13}$H$_{19}$
  TaMe$_3$(Cp)$_2$, **3**, 722
TaC$_{13}$H$_{19}$Cl$_2$N$_2$
  TaCl$_2$(Me)$_3$(py)$_2$, **3**, 732
TaC$_{13}$H$_{21}$Cl$_2$
  TaCl$_2$(η^5-C$_5$Me$_5$)(CH$_2$=CHMe), **3**, 746
TaC$_{13}$H$_{24}$Cl$_2$P
  TaCl$_2$(CHBu^t)Cp(PMe$_3$), **3**, 721
TaC$_{13}$H$_{24}$Cl$_3$P$_2$
  TaCl$_3$(CH$_2$=CH$_2$)(PMe$_3$)(PMe$_2$Ph), **3**, 752
TaC$_{13}$H$_{25}$ClP
  TaCl(H)(CHBu^t)Cp(PMe$_3$), **3**, 724
TaC$_{14}$H$_{14}$Cl$_3$
  TaCl$_3$(Bz)$_2$, **3**, 732
  TaCl$_3$(C$_7$H$_7$)$_2$, **3**, 776
TaC$_{14}$H$_{17}$
  Ta(MeCHCHCH$_2$)Cp$_2$, **3**, 759
TaC$_{14}$H$_{21}$Cl$_2$
  Cl$_2$(η^5-C$_5$Me$_5$)$\overline{\text{Ta}\{(\text{CH}_2)_2\text{CH}=\text{CH}\}}$, **3**, 759
TaC$_{14}$H$_{22}$P
  TaMe(Cp)$_2$(PMe$_3$), **3**, 722, 730
TaC$_{14}$H$_{23}$Cl$_2$
  Cl$_2$(η^5-C$_5$Me$_5$)$\overline{\text{Ta}\{(\text{CH}_2)_3\text{CH}_2\}}$, **3**, 746
TaC$_{14}$H$_{27}$
  TaMe$_4$(η^5-C$_5$Me$_5$), **3**, 735, 743
TaC$_{14}$H$_{32}$O$_2$P$_4$
  [Ta(CO)$_2$(dmpe)$_2$]$^-$, **3**, 708
TaC$_{14}$H$_{38}$Cl$_2$P$_3$
  TaCl$_2$(H)(CHBu^t)(PMe$_3$)$_3$, **3**, 722
TaC$_{15}$H$_{17}$Cl$_4$N$_2$
  TaCl$_4${C(Me)=NBz}(CNBz), **3**, 719
TaC$_{15}$H$_{20}$Cl
  TaCl(CHBu^t)Cp$_2$, **3**, 103
TaC$_{15}$H$_{25}$Cl$_2$
  Cl$_2$(η^5-C$_5$Me$_5$)$\overline{\text{Ta}\{(\text{CH}_2)_2\text{CH}(\text{Me})\text{CH}_2\}}$, **3**, 746
TaC$_{15}$H$_{26}$Cl$_3$
  TaCl$_3$(CH$_2$Bu^t)(η^5-C$_5$Me$_5$), **3**, 722
TaC$_{15}$H$_{27}$O
  TaMe$_2$(η^5-C$_5$Me$_5$)(Me$_2$CO), **3**, 743
TaC$_{15}$H$_{28}$Cl$_3$P$_2$
  TaCl$_3${CH(C$_6$H$_3$Me$_2$)}(PMe$_3$)$_2$, **3**, 723
TaC$_{15}$H$_{29}$O
  TaH(OPr^i)(Me)$_2$(η^5-C$_5$Me$_5$), **3**, 743
TaC$_{15}$H$_{32}$Cl
  TaCl(CH$_2$Bu^t)$_2$(CHBu^t), **3**, 741
TaC$_{15}$H$_{32}$NO$_2$P$_4$
  Ta(CN)(CO)$_2$(dmpe)$_2$, **3**, 709
TaC$_{15}$H$_{33}$Cl$_2$
  TaCl$_2$(CH$_2$Bu^t)$_3$, **3**, 720; **8**, 506
TaC$_{15}$H$_{33}$F$_2$
  TaF$_2$(CH$_2$Bu^t)$_3$, **3**, 732
TaC$_{15}$H$_{33}$O
  TaO(CH$_2$Bu^t)$_3$, **3**, 729, 732
TaC$_{16}$H$_{19}$Cl
  TaCl$_2$(C$_6$H$_4$)(η^5-C$_5$Me$_5$), **3**, 755
TaC$_{16}$H$_{26}$P
  TaH(Cp)$_2$(PEt$_3$), **3**, 774
TaC$_{16}$H$_{26}$P$_2$
  [TaCp$_2$(dmpe)]$^+$, **3**, 770
TaC$_{16}$H$_{27}$Cl$_2$
  Cl$_2$(η^5-C$_5$Me$_5$)$\overline{\text{Ta}\{\text{CH}_2\text{CH}(\text{Me})\text{CH}(\text{Me})\text{CH}_2\}}$, **3**, 746
TaC$_{16}$H$_{27}$O$_2$
  TaO{OC(Me)=CMe$_2$}Me(η^5-C$_5$Me$_5$), **3**, 743
TaC$_{16}$H$_{32}$ClP$_2$
  TaCl(CBu^t)Cp(PMe$_3$)$_2$, **3**, 723, 724
TaC$_{16}$H$_{32}$Cl$_3$P$_2$
  TaCl$_3$(Me)(Mes)(PMe$_3$)$_2$, **3**, 723
TaC$_{16}$H$_{37}$ClO$_2$P
  TaCl(OBu^t)$_2$(CHBu^t)(PMe$_3$), **3**, 721, 729
TaC$_{16}$H$_{38}$ClP$_2$
  TaCl(CHBu^t)$_2$(PMe$_3$)$_2$, **3**, 758
TaC$_{16}$H$_{39}$N$_4$
  Ta(NEt$_2$)$_3$(MeCHNEt), **3**, 733, 743, 756
TaC$_{17}$H$_{16}$Cl$_3$N$_2$
  TaCl$_3$(CHPh)(py)$_2$, **3**, 721
TaC$_{17}$H$_{17}$Cl
  TaCl(Bz)Cp$_2$, **3**, 736
TaC$_{17}$H$_{19}$
  TaMe(C$_8$H$_8$)(cot), **3**, 135
TaC$_{17}$H$_{20}$Cl$_2$N
  TaCl$_2${NC(Ph)=CHBu^t}Cp, **3**, 729
TaC$_{17}$H$_{22}$Cl$_3$
  TaCl$_3$(Bz)(η^5-C$_5$Me$_5$), **3**, 735
TaC$_{17}$H$_{23}$Cl$_3$P
  TaCl$_3$(Bz)$_2$(PMe$_3$), **3**, 733
TaC$_{17}$H$_{31}$Cl$_2$N$_2$
  TaCl$_2$(Me){C(Me)=NCy}$_2$, **3**, 719
TaC$_{17}$H$_{37}$Cl$_2$N$_4$
  TaCl$_2$(Me){N(Pr^i)C(Me)NPr^i}$_2$, **3**, 738, 743
TaC$_{17}$H$_{37}$O$_3$
  Ta(OBu^t)$_3$(CHBu^t), **3**, 721
TaC$_{17}$H$_{41}$P$_2$
  TaMe(CHBu^t)$_2$(PMe$_3$)$_2$, **3**, 721
TaC$_{17}$H$_{46}$ClP$_4$
  TaCl(CHBu^t)(PMe$_3$)$_4$, **3**, 721
TaC$_{18}$H$_{22}$Cl$_3$
  TaCl$_3$(Mes)$_2$, **3**, 100, 732
TaC$_{18}$H$_{23}$Cl$_2$
  TaCl$_2$(CHPh)(η^5-C$_5$Me$_4$Et), **3**, 721

TaC$_{18}$H$_{25}$
  TaMe$_2$(C$_6$H$_4$)(η^5-C$_5$Me$_5$), **3**, 109, 740
TaC$_{18}$H$_{34}$P
  Ta(CHBu^t)$_2$Cp(PMe$_3$), **3**, 721
TaC$_{18}$H$_{35}$ClP
  TaCl(H)(CHBu^t)(η^5-C$_5$Me$_5$)(PMe$_3$), **3**, 721, 722
TaC$_{18}$H$_{42}$N$_5$O
  $\overline{\text{Ta\{CH(Me)N(Et)CONMe\}(NEt}_2)_3}$, **3**, 743
TaC$_{19}$H$_{15}$Cl$_4$N
  [TaCl$_4$(py)(PhC≡CPh)]$^-$, **3**, 754
TaC$_{19}$H$_{19}$
  TaMe(C$_8$H$_8$)(cot), **3**, 150
TaC$_{19}$H$_{29}$
  TaMe$_3$(Ph)(η^5-C$_5$Me$_5$), **3**, 740
TaC$_{19}$H$_{38}$Cl$_2$P$_3$
  TaCl$_2$(H)(CHBu^t)(PMe$_3$)$_3$, **3**, 721
TaC$_{20}$H$_{20}$
  Ta(C$_5$H$_5$)$_2$Cp$_2$, **3**, 736
TaC$_{20}$H$_{21}$Cl$_3$P
  TaCl$_3$(Me)$_2$(PPh$_3$), **3**, 732
TaC$_{20}$H$_{29}$
  Me$_2$(η^5-C$_5$Me$_5$)$\overline{\text{Ta(C}_6\text{H}_4\text{CH}_2\text{CH}_2)}$, **3**, 745
TaC$_{20}$H$_{37}$
  Ta(CH$_2$Bu^t)$_2$(CHBu^t)Cp, **3**, 721
TaC$_{20}$H$_{38}$P
  Ta(CHBu^t)(η^5-C$_5$Me$_5$)(CH$_2$=CH$_2$)(PMe$_3$), **3**, 48, 721
TaC$_{20}$H$_{43}$
  Ta(CH$_2$Bu^t)$_3$(CHBu^t), **3**, 720; **8**, 382, 506
TaC$_{20}$H$_{44}$Cl
  TaCl(CH$_2$Bu^t)$_4$, **3**, 727, 731, 741
TaC$_{21}$H$_{15}$O$_2$
  Ta(CO)$_2$Cp(PhC≡CPh), **3**, 753
TaC$_{21}$H$_{21}$Cl$_2$
  TaCl$_2$(Bz)$_3$, **3**, 732
TaC$_{21}$H$_{25}$
  TaPr(Cp)$_2$(cot), **3**, 777, 778
TaC$_{21}$H$_{42}$ClO$_2$P$_2$
  TaCl(OBu^t)$_2$(CHPh)(PMe$_3$)$_2$, **3**, 729
TaC$_{21}$H$_{43}$P$_2$
  TaH(CBu^t)(η^5-C$_5$Me$_5$)(PMe$_3$)$_2$, **3**, 723
TaC$_{22}$H$_{20}$
  TaPh$_2$(Cp)$_2$, **3**, 736
TaC$_{22}$H$_{21}$
  TaPh(cot)$_2$, **3**, 777
TaC$_{22}$H$_{21}$Cl$_5$N$_2$P
  TaCl$_3$\{C(Cl)=NMe\}$_2$(PPh$_3$), **3**, 719
TaC$_{22}$H$_{40}$ClP$_4$
  TaCl(C$_{10}$H$_8$)(dmpe)$_2$, **3**, 761
TaC$_{22}$H$_{41}$P$_4$
  TaH(C$_{10}$H$_8$)(dmpe)$_2$, **3**, 761
TaC$_{22}$H$_{46}$ClO
  TaCl(CH$_2$Bu^t)$_3$\{OC(Me)=CHBu^t\}, **3**, 727
TaC$_{23}$H$_{15}$O$_5$P
  [Ta(CO)$_5$(PPh$_3$)]$^-$, **3**, 709
TaC$_{23}$H$_{40}$ClNP$_3$
  TaCl(NPh)(CH$_2$=CHPh)(PMe$_3$)$_3$, **3**, 752
TaC$_{23}$H$_{43}$P$_4$
  TaMe(C$_{10}$H$_8$)(dmpe)$_2$, **3**, 761
TaC$_{24}$H$_{22}$Cl$_3$N$_2$
  TaCl$_3$(Bz)$_2$(bipy), **3**, 733
TaC$_{24}$H$_{23}$
  TaBz(CHPh)Cp$_2$, **3**, 722
TaC$_{24}$H$_{24}$
  [Ta(cot)$_3$]$^-$, **3**, 778
TaC$_{24}$H$_{28}$Cl
  TaCl(Bz)(CHPh)(η^5-C$_5$Me$_5$), **3**, 730
TaC$_{24}$H$_{29}$Cl$_2$
  TaCl$_2$(Bz)$_2$(η^5-C$_5$Me$_5$), **3**, 735
TaC$_{25}$H$_{49}$P$_2$
  Ta(Mes)(CHBu^t)$_2$(PMe$_3$)$_2$, **3**, 721
TaC$_{26}$H$_{20}$O$_3$P
  Ta(CO)$_3$Cp(PPh$_3$), **3**, 711
TaC$_{26}$H$_{25}$Cl$_2$
  TaCl$_2$\{C(Ph)C(Ph)=CHBu^t\}Cp, **3**, 723
TaC$_{26}$H$_{26}$Cl
  TaCl(Bz)$_3$Cp, **3**, 735
TaC$_{27}$H$_{33}$Cl$_2$
  TaCl$_2$(Mes)$_3$, **3**, 732
TaC$_{28}$H$_{28}$Cl
  TaCl(Bz)$_4$, **3**, 731
TaC$_{29}$H$_{33}$P$_2$
  TaMe$_3$(CH$_2$PPh$_2$)$_2$, **3**, 731
TaC$_{31}$H$_{29}$Cl$_2$N$_2$
  TaCl$_2$(Bz)$_3$(bipy), **3**, 732
TaC$_{31}$H$_{35}$
  TaBz$_2$(CHPh)(η^5-C$_5$Me$_5$), **3**, 721
TaC$_{34}$H$_{25}$O
  Ta(CO)Cp(PhC≡CPh)$_2$, **3**, 753
TaC$_{35}$H$_{35}$
  TaBz$_5$, **1**, 207; **3**, 731
TaC$_{36}$H$_{30}$
  [TaPh$_6$]$^-$, **3**, 731
  [TaPh$_6$]$^{3-}$, **3**, 731
TaC$_{36}$H$_{37}$ClP
  TaCl(CHPh)(CH=PPh$_3$)(η^5-C$_5$Me$_5$), **3**, 730
TaC$_{42}$H$_{42}$
  [Ta(Tol)$_6$]$^-$, **3**, 731
TaC$_{43}$H$_{25}$O$_2$P$_2$
  Ta(CO)$_2$Cp(PPh$_3$)$_2$, **3**, 711
TaC$_{46}$H$_{32}$ClO$_2$P$_4$
  TaCl(CO)$_2$(dmpe)$_2$, **3**, 710
TaC$_{46}$H$_{33}$O$_2$P$_4$
  TaH(CO)$_2$(dmpe)$_2$, **3**, 710
TaC$_{47}$H$_{35}$O$_2$P$_4$
  TaMe(CO)$_2$(dmpe)$_2$, **3**, 710
TaCdC$_{14}$H$_{23}$
  TaH$_3$(Cp)$_2$(CdEt$_2$), **3**, 774
TaFeC$_{15}$H$_{11}$O$_5$
  TaFeH(CO)$_5$Cp$_2$, **6**, 825
TaGaC$_{16}$H$_{28}$
  TaH$_3$(Cp)$_2$(GaEt$_3$), **3**, 774
TaHgC$_7$H$_3$O$_6$
  Ta(HgMe)(CO)$_6$, **3**, 709; **6**, 1022
TaHgC$_8$H$_5$O$_6$
  Ta(HgEt)(CO)$_6$, **3**, 709
TaSiC$_{14}$H$_{37}$ClNP$_2$
  TaCl(NSiMe$_3$)(CHBu^t)(PMe$_3$)$_2$, **3**, 721
TaSiC$_{15}$H$_{23}$
  TaMe(CHSiMe$_3$)Cp$_2$, **3**, 103, 722
TaSiC$_{15}$H$_{24}$
  [TaMe(CH$_2$SiMe$_3$)Cp$_2$]$^+$, **3**, 727, 735
TaSi$_2$C$_8$H$_{22}$Cl$_3$
  TaCl$_3$(CH$_2$SiMe$_3$)$_2$, **2**, 845; **3**, 732
TaSi$_2$C$_{11}$H$_{31}$
  TaMe$_3$(CH$_2$SiMe$_3$)$_2$, **1**, 207; **3**, 731
TaSi$_2$C$_{18}$H$_{31}$
  Ta(CH$_2$SiMe$_3$)(CHSiMe$_3$)Cp$_2$, **3**, 722
TaSi$_2$C$_{18}$H$_{32}$
  [Ta(CH$_2$SiMe$_3$)$_2$Cp$_2$]$^+$, **3**, 735
  Ta(CH$_2$SiMe$_3$)$_2$Cp$_2$, **3**, 735
TaSi$_3$C$_{12}$H$_{33}$Cl$_2$
  TaCl$_2$(CH$_2$SiMe$_3$)$_3$, **3**, 732

$TaSi_4C_{15}H_{45}N_2$
  $TaMe_3\{N(SiMe_3)_2\}_2$, **3**, 732
$TaSi_6C_{20}H_{57}N_2$
  $Ta(CH_2SiMe_3)(CHSiMe_3)\{N(SiMe_3)_2\}_2$, **3**, 721
$TaSnC_{13}H_{21}$
  $TaH_2(SnMe_3)Cp_2$, **6**, 1060
$TaSnC_{24}H_{15}O_6$
  $Ta(SnPh_3)(CO)_6$, **3**, 709; **6**, 1060
$TaSnC_{41}H_{30}O_5P$
  $Ta(SnPh_3)(CO)_5(PPh_3)$, **3**, 709
$TaSnC_{48}H_{39}O_4P_2$
  $Ta(SnPh_3)(CO)_4(diphos)$, **3**, 709
$TaZnC_{14}H_{23}$
  $TaH_3(Cp)_2(ZnEt_2)$, **3**, 774
$Ta_2C_{12}O_{12}$
  $Ta_2(CO)_{12}$, **3**, 708
$Ta_2C_{14}H_{18}O_8$
  $\{TaMe_3(C_4O_4)\}_2$, **3**, 732
$Ta_2C_{16}H_{38}Cl_6P_2$
  $\{TaCl_3(CHBu^t)(PMe_3)\}_2$, **3**, 721, 722
$Ta_2C_{20}H_{20}Cl_3$
  $Ta_2Cl_3(Cp)_4$, **3**, 770
$Ta_2C_{20}H_{31}Cl_5$
  $Ta_2Cl_5(H)(\eta^5-C_5Me_5)_2$, **3**, 765
$Ta_2C_{20}H_{32}Cl_4$
  $\{TaCl_2(H)(\eta^5-C_5Me_5)\}_2$, **3**, 718, 763, 765
$Ta_2C_{21}H_{32}Cl_4O$
  $Ta_2Cl_4(H)(HCO)(\eta^5-C_5Me_5)_2$, **3**, 718
$Ta_2C_{22}H_{56}Cl_2N_2P_4$
  $\{TaCl(CHBu^t)(PMe_3)_2\}_2(N_2)$, **3**, 721
$Ta_2C_{22}H_{62}Cl_2N_2P_6$
  $\{TaCl(CH_2=CH_2)(PMe_3)_3\}_2(N_2)$, **3**, 752
$Ta_2C_{24}H_{36}Cl_4$
  $Ta_2Cl_4(C_6Me_6)_2$, **3**, 776
$Ta_2C_{40}H_{30}O_2$
  $\{Ta(CO)Cp(PhC\equiv CPh)\}_2$, **3**, 753
$Ta_2PtC_{24}H_{32}S_4$
  $[Pt\{Ta(SMe)_2Cp_2\}_2]^{2+}$, **3**, 768
$Ta_2Si_4C_{96}H_{174}O_6$
  $[Ta\{Si(C_{18}H_{37})\}_2(CO)_3(\eta^5-C_5H_4Bu)]_2$, **3**, 712
$Ta_2Si_6C_{24}H_{62}$
  $\{Ta(CH_2SiMe_3)_2(CSiMe_3)\}_2$, **1**, 196; **2**, 93; **3**, 723, 724
$TbC_{15}H_{15}$
  $TbCp_3$, **3**, 180
$TbC_{16}H_{16}$
  $[Tb(cot)_2]^-$, **3**, 192
$TbC_{18}H_{28}P$
  $Tb(PBu_2)Cp_2$, **3**, 185
$TbC_{31}H_{29}O$
  $Tb(C_9H_7)_3\{\overline{O(CH_2)_3CH_2}\}$, **3**, 189
$TbSi_3C_{20}H_{49}O_2$
  $Tb(CH_2SiMe_3)_3\{\overline{O(CH_2)_3CH_2}\}_2$, **3**, 198
$TcBC_5H_3O_5$
  $[Tc(BH_3)(CO)_5]^-$, **6**, 883
$TcB_2C_5H_6O_5$
  $[Tc(BH_3)_2(CO)_5]^-$, **6**, 883
TcC_5ClO_5
  $TcCl(CO)_5$, **4**, 167
$TcC_8H_5O_3$
  $Tc(CO)_3Cp$, **4**, 207
$TcC_{10}H_{11}$
  $TcH(Cp)_2$, **4**, 206
$TcC_{12}H_{12}$
  $[Tc(C_6H_6)_2]^+$, **4**, 232
$TcC_{12}H_{13}$
  $Tc(C_6H_6)(C_6H_7)$, **4**, 232

$TcC_{24}H_{36}$
  $[Tc(\eta^6-C_6Me_6)_2]^+$, **4**, 232
$TcC_{25}H_{33}Cl_3OP_3$
  $TcCl_3(CO)(PMe_2Ph)_3$, **4**, 176, 180, 181
$TcC_{26}H_{33}ClO_2P_3$
  $TcCl(CO)_2(PMe_2Ph)_3$, **4**, 181
$TcC_{39}H_{30}ClO_3P_2$
  $TcCl(CO)_3(PPh_3)_2$, **4**, 173, 176
$TcC_{56}H_{45}ClO_2P_3$
  $TcCl(CO)_2(PPh_3)_3$, **4**, 173
$TcCoC_9O_9$
  $TcCo(CO)_9$, **6**, 833
$TcFe_2C_{12}O_{12}$
  $[TcFe_2(CO)_{12}]^-$, **6**, 855
$TcMnC_{10}O_{10}$
  $MnTc(CO)_{10}$, **6**, 831
$Tc_2As_2C_{30}H_{20}I_2O_6$
  $Tc_2I_2(CO)_6(As_2Ph_4)$, **4**, 178
$Tc_2C_{10}O_{10}$
  $Tc_2(CO)_{10}$, **4**, 162; **6**, 796
$Tc_2C_{13}H_6O_{10}$
  $Tc_2\{C(OMe)Me\}(CO)_9$, **4**, 224
$Tc_2C_{27}H_{15}O_9P$
  $Tc_2(CO)_9(PPh_3)$, **4**, 171
$Tc_2C_{30}H_{20}Cl_2O_6S_2$
  $\{TcCl(CO)_3(SPh_2)\}_2$, **4**, 183
$Tc_2C_{30}H_{20}I_2O_6P_2$
  $Tc_2I_2(CO)_6(P_2Ph_4)$, **4**, 178
$Tc_2C_{44}H_{30}O_8P_2$
  $Tc_2(CO)_8(PPh_3)_2$, **4**, 171
$Tc_3C_{12}H_3O_{12}$
  $Tc_3H_3(CO)_{12}$, **4**, 166
$ThBC_{27}H_{25}$
  $Th(BH_4)(C_9H_7)_3$, **3**, 223
$ThBSi_6C_{18}H_{58}N_3$
  $Th(BH_4)\{N(SiMe_3)_2\}_3$, **3**, 256
$ThB_2C_{16}H_{32}O_2$
  $Th(BH_4)_2(cot)\{\overline{O(CH_2)_3CH_2}\}_2$, **3**, 237
$ThC_9H_{15}Cl_3O_2$
  $ThCl_3(Cp)(MeOCH_2CH_2OMe)$, **3**, 221
$ThC_{10}H_{10}Cl$
  $ThCl(Cp)_2$, **3**, 212
$ThC_{10}H_{10}I_2$
  $ThI_2(Cp)_2$, **3**, 220
$ThC_{12}H_{20}$
  $Th(CH_2CHCH_2)_4$, **3**, 238
$ThC_{14}H_{15}Cl_3O$
  $ThCl_3(C_9H_7)\{\overline{O(CH_2)_3CH_2}\}$, **3**, 224
$ThC_{14}H_{25}Cl_3O_2$
  $ThCl_3(C_5Me_5)(MeOCH_2CH_2OMe)$, **3**, 228
$ThC_{15}H_{15}$
  $ThCp_3$, **3**, 211
$ThC_{15}H_{15}Cl$
  $ThCl(Cp)_3$, **1**, 197; **3**, 218
$ThC_{15}H_{15}I$
  $ThI(Cp)_3$, **3**, 212
$ThC_{15}H_{16}$
  $ThH(Cp)_3$, **3**, 211
$ThC_{16}H_{16}$
  $Th(cot)_2$, **3**, 31, 232
$ThC_{18}H_{20}$
  $ThCp_3(CH_2CHCH_2)$, **3**, 243
$ThC_{18}H_{22}$
  $ThPr^i(Cp)_3$, **3**, 211

ThC₁₈H₃₁Cl₃O₂
 ThCl₃(C₅Me₅){O(CH₂)₃CH₂}₂, 3, 228
ThC₁₉H₂₃O
 ThCp₃{O(CH₂)₃CH₂}, 3, 212
ThC₁₉H₂₄
 ThBu(Cp)₃, 3, 212, 247
ThC₂₀H₃₀Cl₂
 ThCl₂(C₅Me₅)₂, 3, 226
ThC₂₀H₃₂Cl₂O₂
 ThCl₂(C₈H₄Me){O(CH₂)₃CH₂}₂, 3, 237
ThC₂₁H₂₆
 ThCy(Cp)₃, 3, 243
ThC₂₁H₃₃Cl
 ThCl(Me)(C₅Me₅)₂, 3, 249
ThC₂₂H₂₆N
 ThCp₃(CNCy), 3, 212
ThC₂₂H₃₅Cl
 ThCl(Et)(C₅Me₅)₂, 3, 249
ThC₂₂H₃₆
 ThMe₂(C₅Me₅)₂, 3, 248
ThC₂₂H₃₆ClN
 ThCl(NMe₂)(C₅Me₅)₂, 3, 226, 249
ThC₂₃H₃₆ClNO
 ThCl(CONMe₂)(C₅Me₅)₂, 3, 227
ThC₂₃H₃₉N
 ThMe(NMe₂)(C₅Me₅)₂, 3, 249
ThC₂₄H₃₉NO
 Th(COMe)(NMe₂)(C₅Me₅)₂, 3, 251
ThC₂₄H₄₀
 ThEt₂(C₅Me₅)₂, 3, 249
ThC₂₄H₄₀ClN
 ThCl(NEt₂)(C₅Me₅)₂, 3, 226
ThC₂₄H₄₂N₂
 Th(NMe₂)₂(C₅Me₅)₂, 3, 226
ThC₂₅H₂₈O
 ThBz₂(C₆H₄CH₂){O(CH₂)₃CH₂}, 3, 242
ThC₂₅H₄₀ClNO
 ThCl(CONEt₂)(C₅Me₅)₂, 3, 227
ThC₂₅H₄₂N₂O
 Th(NMe₂)(CONMe₂)(C₅Me₅)₂, 3, 228
ThC₂₆H₄₁ClO
 ThCl(OCH=CHBuᵗ)(C₅Me₅)₂, 3, 252
ThC₂₆H₄₂N₂O₂
 Th(CONMe₂)₂(C₅Me₅)₂, 3, 228
ThC₂₆H₄₃ClO
 ThCl(OCH₂CH₂Buᵗ)(C₅Me₅)₂, 3, 253
ThC₂₇H₂₁Cl
 ThCl(C₉H₇)₃, 3, 223
ThC₂₇H₂₂Cl₃OP
 ThCl₃(C₉H₇)(OPPh₃), 3, 224
ThC₂₈H₂₄
 ThMe(C₉H₇)₃, 3, 254
ThC₂₈H₂₄O
 Th(OMe)(C₉H₇)₃, 3, 223
ThC₂₈H₂₈
 ThBz₄, 3, 242
ThC₂₈H₅₀N₂
 Th(NEt₂)₂(C₅Me₅)₂, 3, 226
ThC₂₉H₅₀N₂O
 Th(NEt₂)(CONEt₂)(C₅Me₅)₂, 3, 228
ThC₃₀H₅₀N₂O₂
 Th(CONEt₂)₂(C₅Me₅)₂, 3, 228
ThC₃₁H₃₀
 ThBu(C₉H₇)₃, 3, 254
ThC₃₁H₃₆
 ThBz₃(C₅Me₅), 3, 255

ThSiC₁₄H₂₆Cl₂
 ThCl₂(CH₂SiMe₃)(C₅Me₅), 3, 255
ThSi₂C₂₆H₄₇N
 Th{CH₂SiMe₂N(SiMe₃)}(C₅Me₅)₂, 3, 258
ThSi₆C₁₈H₅₄ClN₃
 ThCl{N(SiMe₃)₂}₃, 3, 256
ThSi₆C₁₈H₅₅N₃
 ThH{N(SiMe₃)₂}₃, 3, 257
ThSi₆C₁₉H₅₇N₃
 ThMe{N(SiMe₃)₂}₃, 3, 256
Th₂C₃₀H₂₈
 Cp₂Th(C₅H₄C₅H₄)ThCp₂, 3, 246
Th₂C₄₀H₆₂Cl₂
 {ThCl(H)(C₅Me₅)₂}₂, 3, 249
Th₂C₄₀H₆₄
 {ThH₂(C₅Me₅)₂}₂, 3, 249, 252
Th₂C₄₈H₇₂O₄
 {Th(O₂C₂Me₂)(C₅Me₅)₂}₂, 3, 250
Th₂C₅₄H₈₂Cl₂O₄
 [ThCl{CO(CH₂Buᵗ)(CO)}(C₅Me₅)]₂, 3, 253
TiAlC₅H₉Cl
 TiCl(AlH₄)Cp, 6, 948
TiAlC₇H₂₁
 TiAlMe₇, 3, 463
TiAlC₁₀H₁₀Cl₄
 Ti(AlCl₄)Cp₂, 3, 283, 321
TiAlC₁₀H₁₂Cl₂
 Ti(H₂AlCl₂)Cp₂, 6, 948
TiAlC₁₀H₁₄
 Ti(AlH₄)Cp₂, 6, 948
TiAlC₁₂H₁₅Cl₃
 Ti(AlCl₃Et)Cp₂, 3, 303, 321
TiAlC₁₂H₁₈
 Ti(H₂AlMe₂)Cp₂, 6, 949
TiAlC₁₃H₁₈Cl
 Cp₂Ti(Cl)(CH₂)AlMe₂, 3, 278, 324, 422; 7, 391; 8, 511
TiAlC₁₃H₁₉Cl
 Ti(ClAlMe₃)Cp₂, 3, 325; 6, 953
TiAlC₁₄H₂₀Cl₂
 Ti(Cl₂AlEt₂)Cp₂, 3, 321
TiAlC₁₄H₂₁
 Ti(CH₂AlMe₃)Cp₂, 3, 405
TiAlC₁₄H₂₂
 Ti(AlMe₄)Cp₂, 3, 325; 6, 953
TiAlC₁₈H₂₆Cl
 TiCl{C(AlMe₂)=C(Me)Pr}Cp₂, 3, 412
TiAlC₂₀H₄₆ClO₄
 TiAlCl(Et)₂(OBu)₄, 3, 445
TiAlC₂₄H₂₆Cl
 TiCl{C(AlMe₂)=CMe₂}(C₉H₇)₂, 3, 412
TiAlC₂₆H₃₀Cl
 TiCl{C(AlMe₂)=C(Me)Pr}(C₉H₇)₂, 3, 412
TiAl₂C₅H₅Cl₈
 Ti(AlCl₄)₂Cp, 3, 283, 322
TiAl₂C₆H₆Cl₈
 Ti(AlCl₄)₂(C₆H₆), 3, 283; 8, 1080
TiAl₂C₁₀H₁₆
 Ti(AlH₃)₂Cp₂, 3, 322; 6, 948
TiAl₂C₁₈H₃₂
 Ti(AlH₃)₂Cp₂(C₈H₁₆), 6, 948
TiAl₂C₂₁H₄₅O₃
 Et₂Al(OEt)₂TiCp(Et)(OEt)AlEt₂, 3, 322
TiAl₂C₂₄H₅₆Cl₂O₄
 TiAl₂Cl₂(Et)₄(OBu)₄, 3, 445
TiAl₂C₂₆H₆₀Cl₂O₅
 TiAl₂Cl₂(Et)₃(OBu)₅, 3, 445

TiAsC$_7$H$_{10}$Cl$_3$
TiCl$_3$(η^5-C$_5$H$_4$AsMe$_2$), **3**, 333

TiBC$_5$H$_9$Cl
TiCl(BH$_4$)Cp, **3**, 320

TiBC$_{10}$H$_{10}$Cl$_3$
TiCl(BCl$_2$)Cp$_2$, **6**, 886

TiBC$_{10}$H$_{10}$Cl$_4$
Ti(BCl$_4$)Cp$_2$, **3**, 322

TiBC$_{10}$H$_{14}$
Ti(BH$_4$)Cp$_2$, **3**, 316, 320; **6**, 900; **8**, 1076

TiBC$_{14}$H$_{15}$Cl$_2$N$_6$
TiCl$_2${BH(C$_3$H$_3$N$_2$)$_3$}Cp, **3**, 338

TiBC$_{16}$H$_{18}$N$_4$
Ti{BH$_2$(C$_3$H$_3$N$_2$)$_2$}Cp$_2$, **3**, 308

TiBC$_{19}$H$_{20}$N$_6$
Ti{BH(C$_3$H$_3$N$_2$)$_3$}Cp$_2$, **3**, 308

TiBC$_{22}$H$_{20}$Cl
TiCl(BPh$_2$)Cp$_2$, **6**, 886

TiBC$_{22}$H$_{22}$N$_8$
Ti{B(C$_3$H$_3$N$_2$)$_4$}Cp$_2$, **3**, 308

TiB$_2$C$_5$H$_{13}$
Ti(BH$_4$)$_2$Cp, **3**, 320; **6**, 900

TiB$_2$C$_{10}$H$_{18}$
Ti(BH$_4$)$_2$Cp$_2$, **6**, 900

TiB$_3$C$_{10}$H$_{18}$
Ti(B$_3$H$_8$)Cp$_2$, **3**, 320; **6**, 917

TiB$_9$C$_{10}$H$_{19}$
[Ti(C$_2$B$_9$H$_{11}$)(cot)]$^-$, **3**, 326

TiB$_{10}$C$_4$H$_{16}$
Ti(C$_2$B$_{10}$H$_{10}$Me$_2$), **3**, 325

TiB$_{10}$C$_7$H$_{17}$
Ti(C$_2$B$_{10}$H$_{12}$)Cp, **3**, 326

TiB$_{20}$C$_4$H$_{24}$
[Ti(C$_2$B$_{10}$H$_{12}$)$_2$]$^{2-}$, **1**, 478
Ti(C$_2$B$_{10}$H$_{12}$)$_2$, **1**, 529

TiB$_{20}$C$_8$H$_{32}$
[Ti(Me$_2$C$_2$B$_{10}$H$_{10}$)$_2$]$^{2-}$, **1**, 529

TiCH$_3$Cl$_3$
TiCl$_3$(Me), **3**, 271, 434; **8**, 378

TiCH$_3$Cl$_5$
[TiCl$_5$(Me)]$^{2-}$, **3**, 444

TiC$_2$H$_3$Cl$_3$
TiCl$_3$(CH=CH$_2$), **3**, 437

TiC$_2$H$_5$Cl$_3$
TiCl$_3$(Et), **3**, 435

TiC$_2$H$_6$Cl$_2$
TiCl$_2$(Me)$_2$, **3**, 443

TiC$_3$H$_9$I
TiI(Me)$_3$, **3**, 437

TiC$_4$H$_{10}$Cl$_2$O
TiCl$_2$(Me)(OPr^i), **3**, 446

TiC$_4$H$_{12}$
TiMe$_4$, **3**, 271, 462

TiC$_5$H$_5$Br$_3$
TiBr$_3$(Cp), **3**, 333

TiC$_5$H$_5$Cl$_2$N$_3$
TiCl$_2$(N$_3$)Cp, **3**, 339, 355

TiC$_5$H$_5$Cl$_3$
TiCl$_3$(Cp), **3**, 274, 299, 336; **8**, 378, 1076

TiC$_5$H$_{11}$Cl$_3$
TiCl$_3$(CH$_2$Bu^t), **3**, 442

TiC$_5$H$_{12}$Cl$_2$O
TiCl$_2$(Me)(OBu^t), **3**, 446

TiC$_5$H$_{13}$Cl$_3$OS
TiCl$_3$(Me)(MeOCH$_2$CH$_2$SMe), **3**, 439

TiC$_5$H$_{15}$
[TiMe$_5$]$^-$, **3**, 462

TiC$_6$Cl$_3$F$_5$
TiCl$_3$(C$_6$F$_5$), **3**, 437

TiC$_6$H$_5$Cl$_3$
TiCl$_3$(Ph), **3**, 435, 437

TiC$_6$H$_6$Cl$_2$
TiCl$_2$(C$_6$H$_6$), **8**, 406

TiC$_6$H$_8$ClS
TiCl(SMe)Cp, **3**, 352

TiC$_6$H$_8$Cl$_2$
TiCl$_2$(Me)Cp, **3**, 359

TiC$_6$H$_8$Cl$_2$O
TiCl$_2$(OMe)Cp, **3**, 339

TiC$_6$H$_8$Cl$_2$S
TiCl$_2$(SMe)Cp, **3**, 301, 353

TiC$_6$H$_{10}$Cl$_2$
TiCl$_2$(CH$_2$CHCH$_2$)$_2$, **3**, 426

TiC$_6$H$_{16}$Cl$_3$NO
TiCl$_3$(Me)(Me$_2$NCH$_2$CH$_2$OMe), **3**, 439

TiC$_6$H$_{16}$Cl$_3$NS
TiCl$_3$(Me)(Me$_2$NCH$_2$CH$_2$SMe), **3**, 439

TiC$_6$H$_{18}$N$_2$
TiMe$_2$(NMe$_2$)$_2$, **3**, 456

TiC$_6$O$_6$
Ti(CO)$_6$, **3**, 15, 285

TiC$_7$H$_5$N$_2$S$_2$
Ti(NCS)$_2$Cp, **3**, 356

TiC$_7$H$_7$Cl$_2$F$_3$O
TiCl$_2$(OCH$_2$CF$_3$)Cp, **3**, 339

TiC$_7$H$_{10}$Cl$_2$O
TiCl$_2$(OEt)Cp, **3**, 339

TiC$_7$H$_{17}$ClO$_2$
TiCl(Me)(OPr^i)$_2$, **3**, 446

TiC$_7$H$_{18}$O$_3$
TiMe(OEt)$_3$, **3**, 447

TiC$_8$H$_{11}$ClO$_2$
TiCl{O(CH$_2$)$_3$O}Cp, **3**, 339

TiC$_8$H$_{11}$Cl$_2$NS$_2$
TiCl$_2$(S$_2$CNMe$_2$)Cp, **3**, 301

TiC$_8$H$_{12}$Cl$_4$N$_4$
Ti{C(Cl)=NMe}$_4$, **3**, 472

TiC$_8$H$_{14}$
TiMe$_3$(Cp), **3**, 337, 358, 360

TiC$_8$H$_{14}$O$_2$S
TiMe$_2$(SO$_2$Me)Cp, **3**, 360

TiC$_8$H$_{14}$O$_3$
Ti(OMe)$_3$Cp, **3**, 338

TiC$_8$H$_{14}$S$_3$
Ti(SMe)$_3$Cp, **3**, 352

TiC$_8$H$_{18}$O$_2$
TiMe$_2${OCMe$_2$CH$_2$CH(Me)O}, **3**, 448

TiC$_8$H$_{20}$
TiEt$_4$, **3**, 460

TiC$_8$H$_{20}$O$_2$
TiMe$_2$(OPr^i)$_2$, **3**, 448

TiC$_9$H$_9$F$_6$IO$_2$
TiI(OCH$_2$CF$_3$)$_2$Cp, **3**, 358

TiC$_9$H$_{13}$Cl$_2$O
TiCl$_2$(Cp){O(CH$_2$)$_3$CH$_2$}, **3**, 299

TiC$_9$H$_{15}$ClN$_4$
TiCl(NEt$_2$)(N$_3$)Cp, **3**, 355

TiC$_9$H$_{15}$ClO$_2$
TiCl(OEt)$_2$Cp, **3**, 339

TiC$_9$H$_{23}$N$_3$
Ti(CH$_2$CH=CH$_2$)(NMe$_2$)$_3$, **3**, 126, 454

TiC$_{10}$H$_{10}$

[TiCp$_2$]$^+$, **3**, 309
TiC$_{10}$H$_{10}$Br
   TiBr(Cp)$_2$, **8**, 680
TiC$_{10}$H$_{10}$Cl
   TiCl(Cp)$_2$, **8**, 238
TiC$_{10}$H$_{10}$Cl$_2$
   TiCl$_2$(Cp)$_2$, **1**, 661; **3**, 113, 275, 291, 363, 493, 535; **7**, 6, 391; **8**, 267, 341, 342, 388, 1048, 1076
TiC$_{10}$H$_{10}$Cl$_2$O$_8$
   Ti(ClO$_4$)$_2$Cp$_2$, **3**, 382
TiC$_{10}$H$_{10}$N$_2$
   TiCp$_2$(N$_2$), **8**, 1077
TiC$_{10}$H$_{10}$N$_2$O$_6$
   Ti(NO$_3$)$_2$Cp$_2$, **3**, 382, 383
TiC$_{10}$H$_{10}$N$_6$
   Ti(N$_3$)$_2$Cp$_2$, **3**, 371
TiC$_{10}$H$_{10}$S$_5$
   Ti(S$_5$)Cp$_2$, **3**, 389
TiC$_{10}$H$_{12}$
   TiH$_2$(Cp)$_2$, **3**, 316
TiC$_{10}$H$_{12}$F$_6$O$_2$
   TiMe(OCH$_2$CF$_3$)$_2$Cp, **3**, 358
TiC$_{10}$H$_{12}$S$_2$
   Ti(SH)$_2$Cp$_2$, **3**, 389
TiC$_{10}$H$_{13}$ClN
   TiCl(Cp)$_2$(NH$_3$), **3**, 306
TiC$_{10}$H$_{14}$Cl$_2$O$_6$
   TiCl$_2${CH(Ac)CO$_2$Me}$_2$, **8**, 406
TiC$_{10}$H$_{14}$O$_2$
   [TiCp$_2$(H$_2$O)$_2$]$^{2+}$, **3**, 384
TiC$_{10}$H$_{15}$Cl$_3$
   TiCl$_3$(η^5-C$_5$Me$_5$), **3**, 333, 382
TiC$_{10}$H$_{18}$O$_2$
   TiMe(OEt)$_2$Cp, **3**, 359
TiC$_{10}$H$_{24}$O$_3$
   TiMe(OPr^i)$_3$, **3**, 444
TiC$_{11}$H$_9$ClO$_2$
   TiCl(OC$_6$H$_4$O)Cp, **3**, 345
TiC$_{11}$H$_{10}$
   TiPh(Cp), **3**, 285
TiC$_{11}$H$_{10}$BrN
   TiBr(CN)Cp$_2$, **3**, 287
TiC$_{11}$H$_{10}$ClN
   TiCl(CN)Cp$_2$, **3**, 373
TiC$_{11}$H$_{10}$Cl$_2$
   TiCl$_2${(η^5-C$_5$H$_4$)$_2$CH$_2$}, **3**, 365, 369
TiC$_{11}$H$_{10}$Cl$_2$N$_2$
   TiCl$_2$(NNPh)Cp, **3**, 356
TiC$_{11}$H$_{10}$Cl$_2$O
   TiCl$_2$(OPh)Cp, **3**, 342
TiC$_{11}$H$_{10}$Cl$_2$S
   TiCl$_2$(SPh)Cp, **3**, 352
TiC$_{11}$H$_{10}$NO
   TiCp$_2$(NCO), **8**, 1082
TiC$_{11}$H$_{11}$F$_9$O$_3$
   Ti(OCH$_2$CF$_3$)$_3$Cp, **3**, 358
TiC$_{11}$H$_{11}$O$_2$
   Ti(O$_2$CH)Cp$_2$, **3**, 309
TiC$_{11}$H$_{13}$
   TiMe(Cp)$_2$, **3**, 311
TiC$_{11}$H$_{13}$Cl
   TiCl(Me)Cp$_2$, **3**, 380; **8**, 514
TiC$_{11}$H$_{13}$ClO$_2$S
   TiCl(O$_2$SMe)Cp$_2$, **3**, 383
TiC$_{11}$H$_{13}$ClS
   TiCl(SMe)Cp$_2$, **3**, 386
TiC$_{11}$H$_{14}$O$_6$
   Ti(OAc)$_3$Cp, **3**, 348
TiC$_{11}$H$_{17}$N$_2$S$_4$
   Ti(S$_2$CNMe$_2$)$_2$Cp, **3**, 301
TiC$_{11}$H$_{18}$O
   TiMe$_2$(OCH$_2$CH$_2$CH=CH$_2$)Cp, **3**, 360
TiC$_{11}$H$_{20}$O$_3$
   Ti(OEt)$_3$Cp, **3**, 339; **8**, 1076
TiC$_{11}$H$_{23}$N$_3$
   Ti(NMe$_2$)$_3$Cp, **3**, 355
TiC$_{12}$H$_{10}$
   TiPh$_2$, **3**, 284
TiC$_{12}$H$_{10}$F$_6$O$_6$S$_2$
   Ti(O$_3$SCF$_3$)$_2$Cp$_2$, **3**, 383
TiC$_{12}$H$_{10}$N$_2$O$_2$
   Ti(NCO)$_2$Cp$_2$, **3**, 371, 373
TiC$_{12}$H$_{10}$N$_2$S$_2$
   Ti(NCS)$_2$Cp$_2$, **3**, 371, 380
TiC$_{12}$H$_{10}$N$_2$Se$_2$
   Ti(NCSe)$_2$Cp$_2$, **3**, 371
TiC$_{12}$H$_{10}$O$_2$
   Ti(CO)$_2$Cp$_2$, **3**, 285, 286; **8**, 28, 219, 238, 267
TiC$_{12}$H$_{11}$O$_3$
   Ti[O{C$_6$H$_3$(OMe)}O]Cp, **3**, 347
TiC$_{12}$H$_{12}$
   Ti(C$_6$H$_6$)$_2$, **3**, 29, 274, 282
   TiCp(C$_7$H$_7$), **3**, 293; **8**, 1041
TiC$_{12}$H$_{12}$Cl$_2$
   TiCl$_2${(η^5-C$_5$H$_4$CH$_2$)$_2$}, **3**, 365
TiC$_{12}$H$_{12}$S$_2$
   Ti(SCH=CHS)Cp$_2$, **3**, 390
TiC$_{12}$H$_{13}$Cl
   TiCl(CH=CH$_2$)Cp$_2$, **3**, 410, 412
TiC$_{12}$H$_{13}$ClO
   TiCl(COMe)Cp$_2$, **3**, 287, 412, 414
TiC$_{12}$H$_{14}$Cl$_2$
   TiCl$_2$(η^5-C$_5$H$_4$Me)$_2$, **3**, 364
TiC$_{12}$H$_{14}$S$_2$
   Ti(SCH$_2$CH$_2$S)Cp$_2$, **3**, 390
TiC$_{12}$H$_{15}$ClO
   TiCl(OEt)Cp$_2$, **3**, 373, 376
TiC$_{12}$H$_{16}$
   [TiMe$_2$(Cp)$_2$]$^-$, **3**, 311
   TiMe$_2$(Cp)$_2$, **3**, 383, 536; **8**, 250, 341, 1077
TiC$_{12}$H$_{16}$ClN
   TiCl(NMe$_2$)Cp$_2$, **3**, 392
TiC$_{12}$H$_{16}$O$_4$S$_2$
   Ti(O$_2$SMe)$_2$Cp$_2$, **3**, 383, 405
TiC$_{12}$H$_{16}$S$_2$
   Ti(SMe)$_2$Cp$_2$, **3**, 289, 386, 390
TiC$_{12}$H$_{16}$Se$_2$
   Ti(SeMe)$_2$Cp$_2$, **3**, 385, 386
TiC$_{12}$H$_{18}$Cl$_2$
   [TiCl$_2$(η^6-C$_6$Me$_6$)]$^+$, **3**, 284
TiC$_{12}$H$_{18}$N$_2$
   [TiCp$_2$(en)]$^+$, **3**, 306
TiC$_{12}$H$_{21}$Cl
   TiCl{CH$_2$C(Me)CH$_2$}$_3$, **3**, 426
TiC$_{12}$H$_{25}$N$_3$
   Ti(NMe$_2$)$_3$(η^5-C$_5$H$_4$Me), **3**, 354
TiC$_{13}$H$_{10}$ClF$_6$N
   TiCl{N=C(CF$_3$)$_2$}Cp$_2$, **3**, 393
TiC$_{13}$H$_{13}$
   TiCp(cot), **3**, 297, 326; **8**, 1041
TiC$_{13}$H$_{13}$Cl$_3$N$_2$
   TiCl$_3$(CH$_2$CHCH$_2$)(bipy), **3**, 426

$TiC_{13}H_{13}I$
  TiI(Cp)(cot), **3**, 296
$TiC_{13}H_{13}O_2$
  TiMe(OPh)$_2$, **3**, 448
$TiC_{13}H_{14}$
  Ti(η^5-C$_5$H$_4$Me)(C$_7$H$_7$), **3**, 293
  TiCp(C$_7$H$_6$Me), **3**, 294
$TiC_{13}H_{14}Cl_2$
  TiCl$_2${(η^5-C$_5$H$_4$CH$_2$)$_2$CH$_2$}, **3**, 365, 425
$TiC_{13}H_{15}$
  Ti(CH$_2$CHCH$_2$)Cp$_2$, **3**, 313
$TiC_{13}H_{16}NS_2$
  Ti(S$_2$CNMe$_2$)Cp$_2$, **3**, 307
$TiC_{13}H_{18}$
  TiCp(MeCHCHCH$_2$)(CH$_2$=CHCH=CH$_2$), **3**, 292
$TiC_{13}H_{33}N_3$
  TiMe(NEt$_2$)$_3$, **3**, 454
$TiC_{14}H_{10}F_6O_4$
  Ti(O$_2$CCF$_3$)$_2$Cp$_2$, **3**, 379
$TiC_{14}H_{10}N_2S_2$
  Ti{SC(CN)=C(CN)S}Cp$_2$, **3**, 387
$TiC_{14}H_{10}O_2$
  [TiCp$_2$(H$_2$O)$_2$]$^{2+}$, **3**, 382
$TiC_{14}H_{14}$
  TiBz$_2$, **3**, 284
$TiC_{14}H_{14}Br_2$
  TiBr$_2$(Bz)$_2$, **3**, 437
$TiC_{14}H_{14}Cl_2$
  TiCl$_2$(Tol)$_2$, **8**, 400
$TiC_{14}H_{16}$
  Ti(C$_6$H$_5$Me)$_2$, **3**, 534
  Ti(C$_7$H$_7$)(C$_7$H$_9$), **3**, 293
  TiMe$_2$(Ph)$_2$, **3**, 464
$TiC_{14}H_{16}O_4$
  Ti(OAc)$_2$Cp$_2$, **3**, 379; **8**, 250
$TiC_{14}H_{17}ClO$
  TiCl(OCH$_2$CH$_2$CH=CH$_2$)Cp$_2$, **3**, 373
$TiC_{14}H_{18}$
  Ti{CH$_2$CH(Me)CH$_2$}Cp$_2$, **8**, 532
  Ti{(CH$_2$)$_3$CH$_2$}Cp$_2$, **3**, 421
$TiC_{14}H_{19}O$
  Ti{(CH$_2$)$_3$OMe}Cp$_2$, **3**, 312
$TiC_{14}H_{19}OP$
  Ti(CO)Cp$_2$(PMe$_3$), **3**, 286
$TiC_{14}H_{19}S$
  Ti{(CH$_2$)$_3$SMe}Cp$_2$, **3**, 312
$TiC_{14}H_{22}N_2$
  Ti(NMe$_2$)$_2$Cp$_2$, **3**, 392
$TiC_{14}H_{23}N_3S_6$
  Ti(S$_2$CNMe$_2$)$_3$Cp, **3**, 353
$TiC_{14}H_{26}O_3$
  Ti(OPr^i)$_3$Cp, **3**, 338
$TiC_{14}H_{28}P_2$
  Ti(CH$_2$=CHCH=CH$_2$)$_2$(dmpe), **3**, 291
$TiC_{14}H_{30}N_2$
  Ti(CH$_2$CH=CH$_2$)$_2$(NEt$_2$)$_2$, **3**, 456
$TiC_{14}H_{30}N_4O_4$
  Ti{C(CONMe$_2$)=C(NMe$_2$)CO$_2$Me}-(OMe)(NMe$_2$)$_2$, **3**, 458
$TiC_{15}H_{15}$
  TiCp$_3$, **3**, 314
$TiC_{15}H_{15}Cl$
  TiCl(Cp)$_3$, **3**, 424
$TiC_{15}H_{15}ClN$
  TiCl(Cp)$_2$(py), **3**, 306
$TiC_{15}H_{17}NO_2$
  Ti(O$_2$CC$_6$H$_4$CH$_2$NMe$_2$)Cp, **3**, 302

$TiC_{15}H_{17}O_2$
  TiCp$_2$(acac), **3**, 309
$TiC_{15}H_{18}O$
  Ti{(CH$_2$)$_4$CO}Cp$_2$, **3**, 421
$TiC_{15}H_{20}$
  Ti{(CH$_2$)$_4$CH$_2$}Cp$_2$, **3**, 421
  Ti(CH$_2$CMe$_2$CH$_2$)Cp$_2$, **8**, 532
$TiC_{15}H_{21}O$
  Ti(CH$_2$CHCH$_2$)(cot){O(CH$_2$)$_3$CH$_2$}, **3**, 296
  Ti{(CH$_2$)$_4$OMe}Cp$_2$, **3**, 312
$TiC_{15}H_{21}S$
  Ti{(CH$_2$)$_4$SMe}Cp$_2$, **3**, 312
$TiC_{15}H_{23}O$
  TiMe(Cp)$_2$(OEt$_2$), **3**, 310
$TiC_{15}H_{26}O_3$
  TiPh(OPr^i)$_3$, **3**, 271, 444
$TiC_{16}H_{10}ClF_5$
  TiCl(C$_6$F$_5$)Cp$_2$, **3**, 408
$TiC_{16}H_{10}F_6$
  Ti(C≡CCF$_3$)$_2$Cp$_2$, **3**, 409, 410
$TiC_{16}H_{10}F_{12}N_2$
  Ti{N=C(CF$_3$)$_2$}$_2$Cp$_2$, **3**, 393
$TiC_{16}H_{11}F_5O$
  Ti(OH)(C$_6$F$_5$)Cp$_2$, **3**, 408
$TiC_{16}H_{12}F_{12}O_2$
  Ti{OCH(CF$_3$)$_2$}$_2$Cp$_2$, **3**, 373
$TiC_{16}H_{14}O_2$
  Ti(OC$_6$H$_4$O)Cp$_2$, **3**, 374
$TiC_{16}H_{14}S_2$
  Ti(SC$_6$H$_4$S)Cp$_2$, **3**, 390
$TiC_{16}H_{15}$
  TiPh(Cp)$_2$, **3**, 311
$TiC_{16}H_{15}Cl$
  TiCl(Ph)Cp$_2$, **3**, 407
$TiC_{16}H_{15}ClN_2$
  TiCl(NNPh)Cp$_2$, **3**, 337, 394
$TiC_{16}H_{15}ClO$
  TiCl(OPh)Cp$_2$, **3**, 376
$TiC_{16}H_{15}ClS$
  TiCl(SPh)Cp$_2$, **3**, 386
$TiC_{16}H_{16}$
  Ti(C$_8$H$_8$)(cot), **3**, 135, 150
  Ti(cot)$_2$, **3**, 294
$TiC_{16}H_{18}Cl_2N_3$
  TiCl$_2$(Me)(py)$_3$, **3**, 297
$TiC_{16}H_{20}$
  Ti[CH{(CH$_2$)$_3$}CHCH$_2$]Cp$_2$, **8**, 532
$TiC_{16}H_{22}$
  Ti{CH$_2$CH(Pr^i)CH$_2$}Cp$_2$, **3**, 422; **8**, 512
$TiC_{16}H_{22}N_2S_4$
  Ti(S$_2$CNMe$_2$)$_2$Cp$_2$, **3**, 385
$TiC_{16}H_{24}N_4O_2$
  Ti(CH$_2$CN)$_4${O(CH$_2$)$_2$CH$_2$}$_2$, **3**, 470
$TiC_{16}H_{24}O_6$
  Ti(OAc)$_3$(η^5-C$_5$Me$_5$), **3**, 348
$TiC_{16}H_{28}$
  Ti{CH$_2$C(Me)CH$_2$}$_4$, **3**, 426
  Ti(C$_4$H$_7$)$_4$, **3**, 537
$TiC_{16}H_{28}O_6P_2$
  TiCp$_2${P(OMe)$_3$}$_2$, **3**, 291
$TiC_{16}H_{30}O_3$
  Ti(OEt)$_3$(η^5-C$_5$Me$_5$), **3**, 342
$TiC_{16}H_{36}$
  TiBu$_4$, **3**, 460
$TiC_{17}H_{13}ClO_2$
  TiCl(OC$_6$H$_4$C$_6$H$_4$O)Cp, **3**, 345

TiC$_{17}$H$_{13}$F$_5$
    TiMe(C$_6$F$_5$)Cp$_2$, **3**, 408; **8**, 107
TiC$_{17}$H$_{14}$O$_2$
    $\overline{\text{Ti(C}_6\text{H}_4\text{COO)}}Cp_2$, **3**, 377; **8**, 252
TiC$_{17}$H$_{17}$
    TiBz(Cp)$_2$, **3**, 310
TiC$_{17}$H$_{20}$NS
    Ti(SEt)Cp$_2$(py), **3**, 289
TiC$_{17}$H$_{21}$ClN
    TiCl(CNCy)Cp, **3**, 306
TiC$_{17}$H$_{22}$N$_2$
    Ti(C≡CPh)(NMe$_2$)$_2$Cp, **3**, 359
TiC$_{17}$H$_{24}$
    $\overline{\text{Ti}\{\text{CH}_2\text{CH(Bu}^\text{t}\text{)CH}_2\}}Cp_2$, **3**, 422; **8**, 512
TiC$_{18}$H$_{14}$Cl$_2$
    TiCl$_2$(C$_9$H$_7$)$_2$, **3**, 370
TiC$_{18}$H$_{14}$O$_4$
    $\overline{\text{Ti(OCOC}_6\text{H}_4\text{COOCp}_2\text{)}}$, **8**, 252
TiC$_{18}$H$_{16}$Cl$_2$
    TiCl$_2$(Cp){η^5-C$_5$H$_4$C(Ph)=CH$_2$}, **3**, 366
TiC$_{18}$H$_{17}$ClO
    TiCl(COBz)Cp$_2$, **3**, 412
TiC$_{18}$H$_{18}$
    $\overline{\text{Ti(CH}_2\text{C}_6\text{H}_4\text{CH}_2\text{)}}Cp_2$, **3**, 415
TiC$_{18}$H$_{18}$Cl$_2$
    TiCl$_2$(Cp){η^5-C$_5$H$_4$CH(Me)Ph}, **3**, 366
TiC$_{18}$H$_{18}$N
    TiPh(Cp)$_2$(MeCN), **3**, 312
TiC$_{18}$H$_{19}$
    Ti(C$_8$H$_9$)Cp$_2$, **3**, 314
TiC$_{18}$H$_{24}$N$_2$
    Ti(C≡CPh)(NMe$_2$)$_2$(η^5-C$_5$H$_4$Me), **3**, 354
TiC$_{18}$H$_{26}$
    $\overline{\text{Ti}\{\text{CH}_2\text{CH(CMe}_2\text{Et)CH}_2\}}Cp_2$, **8**, 524
TiC$_{18}$H$_{26}$N$_2$
    TiBz$_2$(NMe$_2$)$_2$, **3**, 456
TiC$_{18}$H$_{27}$
    Ti(C$_6$H$_9$)$_3$, **3**, 298
TiC$_{18}$H$_{28}$
    TiBu$_2$(Cp)$_2$, **3**, 420
TiC$_{18}$H$_{35}$N$_3$
    TiPh(NEt$_2$)$_3$, **3**, 454
TiC$_{19}$H$_{19}$
    TiBz$_2$(Cp), **3**, 302
TiC$_{19}$H$_{21}$N$_2$
    Ti{N=C(Ph)NMe$_2$}Cp$_2$, **3**, 307
TiC$_{19}$H$_{21}$N$_2$O
    Ti{N(Ph)CONMe$_2$}Cp$_2$, **3**, 307
TiC$_{19}$H$_{22}$N
    Ti(C$_6$H$_4$CH$_2$NMe$_2$)Cp$_2$, **3**, 312
TiC$_{19}$H$_{27}$N
    TiMe{C(Me)=NCy}Cp$_2$, **3**, 405
TiC$_{19}$H$_{30}$O$_2$
    TiPh(Cp)(OEt)$_2$, **3**, 285
TiC$_{19}$H$_{36}$O$_3$
    Ti(OPr)$_3$(η^5-C$_5$Me$_5$), **8**, 378
TiC$_{19}$H$_{37}$N$_3$
    TiBz(NEt$_2$)$_3$, **3**, 454
TiC$_{20}$H$_{15}$O
    Ti(CO)Cp(PhC≡CPh), **8**, 349
TiC$_{20}$H$_{16}$ClF$_5$
    TiCl(C$_6$F$_5$){η^5-C$_5$H$_4$CH(Me)CH$_2$CH$_2$(η^5-C$_4$H$_4$)}, **3**, 369, 408
TiC$_{20}$H$_{18}$N$_2$
    TiCp$_2$(bipy), **3**, 287
    [TiCp$_2$(bipy)]$^+$, **3**, 306

TiC$_{20}$H$_{20}$
    Ti(C$_5$H$_5$)$_2$Cp$_2$, **3**, 123, 149, 151, 425; **8**, 1047
TiC$_{20}$H$_{20}$N$_2$
    [TiCp$_2$(py)$_2$]$^+$, **3**, 306
TiC$_{20}$H$_{22}$N
    Ti{C(Me)=N(C$_6$H$_3$Me$_2$)}Cp$_2$, **3**, 310
TiC$_{20}$H$_{26}$O$_2$
    $\overline{\text{TiBz}_2\{\text{OCMe}_2\text{CH}_2\text{CH(Me)O}\}}$, **3**, 542
TiC$_{20}$H$_{28}$Cl$_2$
    TiCl$_2$(Cp){η^5-C$_5$H$_4$(C$_{10}$H$_{19}$)}, **8**, 479
TiC$_{20}$H$_{30}$
    Ti(η^5-C$_5$Me$_5$)$_2$, **3**, 317, 381; **8**, 291, 1079
TiC$_{20}$H$_{30}$Cl$_2$
    TiCl$_2$(η^5-C$_5$Me$_5$)$_2$, **3**, 364
TiC$_{20}$H$_{31}$
    TiH(η^5-C$_5$Me$_5$)$_2$, **3**, 317
TiC$_{20}$H$_{32}$
    TiH$_2$(η^5-C$_5$Me$_5$)$_2$, **3**, 317
TiC$_{20}$H$_{44}$
    Ti(CH$_2$Bu$^\text{t}$)$_4$, **3**, 460, 469
TiC$_{21}$H$_{21}$
    TiBz$_3$, **3**, 284, 298
TiC$_{21}$H$_{21}$Cl
    TiCl(Bz)$_3$, **3**, 437, 534
TiC$_{21}$H$_{21}$I
    TiI(Bz)$_3$, **3**, 537
TiC$_{22}$H$_{10}$F$_{10}$
    Ti(C$_6$F$_5$)$_2$Cp$_2$, **3**, 408
TiC$_{22}$H$_{18}$
    $\overline{\text{Ti(C}_6\text{H}_4\text{C}_6\text{H}_4\text{)}}Cp_2$, **3**, 421
TiC$_{22}$H$_{18}$O$_2$
    $\overline{\text{Ti(OC}_6\text{H}_4\text{C}_6\text{H}_4\text{O)}}Cp_2$, **3**, 374
TiC$_{22}$H$_{20}$
    TiPh$_2$(Cp)$_2$, **3**, 284, 377, 396; **8**, 250, 252, 300, 1076, 1082
TiC$_{22}$H$_{20}$ClN
    TiCl(NPh$_2$)Cp$_2$, **3**, 392
TiC$_{22}$H$_{20}$N$_2$
    TiCp$_2$(PhNNPh), **3**, 394
TiC$_{22}$H$_{20}$O$_2$
    Ti(OPh)$_2$Cp$_2$, **3**, 376
TiC$_{22}$H$_{20}$O$_4$S$_2$
    Ti(O$_2$SPh)$_2$Cp$_2$, **3**, 405
TiC$_{22}$H$_{20}$S$_2$
    Ti(SPh)$_2$Cp$_2$, **3**, 386; **8**, 338
TiC$_{22}$H$_{20}$Se$_2$
    Ti(SePh)$_2$Cp$_2$, **3**, 385, 386
TiC$_{22}$H$_{20}$Te$_2$
    Ti(TePh)$_2$Cp$_2$, **3**, 385, 386
TiC$_{22}$H$_{24}$
    TiMe(Bz)$_3$, **3**, 463
TiC$_{22}$H$_{24}$P
    $\overline{\text{Ti(CH}_2\text{PPh}_2\text{CH}_2\text{)}}Cp_2$, **3**, 312
TiC$_{22}$H$_{30}$O$_2$
    Ti(CO)$_2$(η^5-C$_5$Me$_5$)$_2$, **3**, 286
TiC$_{22}$H$_{36}$
    TiMe$_2$(η^5-C$_5$Me$_5$)$_2$, **3**, 317
TiC$_{23}$H$_{20}$
    TiPh$_3$(Cp), **3**, 285, 358
TiC$_{23}$H$_{20}$ClN
    TiCl(N=CPh$_2$)Cp$_2$, **3**, 393
TiC$_{23}$H$_{20}$Cl$_2$NP
    TiCl$_2$(NPPh$_3$)Cp, **3**, 337
TiC$_{23}$H$_{20}$N$_2$O
    Ti{N(Ph)NCOPh}Cp$_2$, **3**, 394
    Ti(PhNCONPh)Cp$_2$, **3**, 290, 395
TiC$_{23}$H$_{20}$O$_3$

TiC$_{23}$H$_{20}$O$_3$
  Ti(OPh)$_3$Cp, **3**, 340
TiC$_{23}$H$_{20}$S$_3$
  Ti(SPh)$_3$Cp, **3**, 352
TiC$_{23}$H$_{24}$
  Ti(C$_5$H$_5$)$_2${(η^5-C$_5$H$_4$CH$_2$)$_2$CH$_2$}, **3**, 425; **8**, 1048
TiC$_{23}$H$_{27}$N$_4$O$_2$
  Ti{N(Ph)CONMe$_2$}$_2$Cp, **3**, 301
TiC$_{23}$H$_{29}$N$_2$
  Ti(CH$_2$C$_6$H$_4$NMe$_2$)$_2$Cp, **3**, 302
TiC$_{24}$F$_{20}$
  Ti(C$_6$F$_5$)$_4$, **3**, 464
TiC$_{24}$H$_{18}$O$_2$
  Ti{O(C$_{14}$H$_8$)O}Cp$_2$, **3**, 288
TiC$_{24}$H$_{20}$
  TiPh$_4$, **3**, 284, 460, 464
TiC$_{24}$H$_{22}$N
  Ti{C(Ph)=N(Tol)}Cp$_2$, **3**, 312
TiC$_{24}$H$_{24}$
  TiBz$_2$(Cp)$_2$, **3**, 402
TiC$_{24}$H$_{30}$O$_{10}$
  Ti{OC(CO$_2$Et)$_2$C(CO$_2$Et)$_2$O}Cp$_2$, **3**, 289, 374
TiC$_{24}$H$_{38}$
  Ti{(CH$_2$)$_3$CH$_2$}(η^5-C$_5$Me$_5$)$_2$, **3**, 415
TiC$_{24}$H$_{40}$ClO$_3$
  TiCl(Ph)$_2$(OEt$_2$)$_3$, **3**, 297
TiC$_{24}$H$_{44}$
  TiCy$_4$, **1**, 207; **3**, 460, 472
TiC$_{25}$H$_{20}$O
  Ti{C(Ph)=CPh}(CO)Cp$_2$, **3**, 288
TiC$_{25}$H$_{22}$
  Ti{CH$_2$C(Ph)=CPh}Cp$_2$, **3**, 325, 422; **8**, 536
TiC$_{25}$H$_{31}$N
  TiBz$_3$(NEt$_2$), **3**, 456
TiC$_{26}$H$_{16}$F$_{10}$
  TiMe{C(C$_6$F$_5$)=C(Me)(C$_6$F$_5$)}Cp$_2$, **3**, 404, 412
TiC$_{26}$H$_{20}$
  Ti(C≡CPh)$_2$Cp$_2$, **3**, 409; **6**, 695
TiC$_{26}$H$_{20}$O$_6$
  Ti(O$_2$CPh)$_3$Cp, **3**, 348
TiC$_{26}$H$_{22}$
  Ti{C(Ph)=CHCH=CPh}Cp$_2$, **3**, 415
TiC$_{26}$H$_{26}$
  TiBz$_3$(Cp), **3**, 359
TiC$_{28}$H$_{25}$P
  TiCp$_2$(PPh$_3$), **8**, 293
TiC$_{28}$H$_{25}$P$_3$
  Ti{P(Ph)P(Ph)PPh}Cp$_2$, **3**, 395
TiC$_{28}$H$_{26}$P
  TiH(Cp)$_2$(PPh$_3$), **3**, 316
TiC$_{28}$H$_{28}$
  TiBz$_4$, **3**, 298, 437, 449, 534; **8**, 250, 300
TiC$_{28}$H$_{32}$N$_2$O$_2$
  TiBz$_2$(OEt)$_2$(bipy), **3**, 449
TiC$_{28}$H$_{44}$
  Ti(C$_7$H$_{11}$)$_4$, **3**, 471
TiC$_{29}$H$_{43}$N$_2$O$_2$
  Ti(C$_6$H$_4$CH$_2$NMe$_2$)$_2$(Bu^{t}COCHCOBu^t), **3**, 297
TiC$_{30}$H$_{24}$
  Ti{C$_6$H$_4$C(Ph)=CPh}Cp$_2$, **3**, 402
TiC$_{30}$H$_{28}$O$_2$
  TiBz$_2$(COBz)$_2$, **3**, 466
TiC$_{30}$H$_{30}$N$_5$
  [TiCp(py)$_5$]$^{2+}$, **3**, 299
TiC$_{30}$H$_{32}$
  Ti{C(Ph)=CMe$_2$}$_2$Cp$_2$, **3**, 412
TiC$_{30}$H$_{46}$Cl$_2$
  TiCl$_2${η^5-C$_5$H$_4$(C$_{10}$H$_{19}$)}$_2$, **8**, 479
TiC$_{34}$H$_{30}$N$_2$
  Ti(NPh$_2$)$_2$Cp$_2$, **3**, 392
TiC$_{36}$H$_{28}$
  Ti(η^4-C$_4$Ph$_4$)(cot), **3**, 296
TiC$_{36}$H$_{44}$
  Ti(C$_9$H$_{11}$)$_4$, **3**, 464
  Ti(Mes)$_4$, **3**, 464
TiC$_{38}$H$_{30}$
  Ti{C(Ph)=C(Ph)C(Ph)=CPh}Cp$_2$, **3**, 288, 404, 420
TiC$_{38}$H$_{30}$O$_2$
  Ti{C(=CPh$_2$)OC(=CPh$_2$)O}Cp$_2$, **3**, 289, 413
TiC$_{40}$H$_{44}$
  Ti{C(Ph)=CMe$_2$}$_4$, **3**, 472
TiC$_{40}$H$_{60}$
  Ti(C$_{10}$H$_{15}$)$_4$, **3**, 471
TiC$_{41}$H$_{51}$NO
  TiBz$_4$(CO)(NHCy$_2$), **3**, 466
TiC$_{44}$H$_{68}$
  Ti{CH$_2$(C$_{10}$H$_{15}$)}$_4$, **3**, 471
TiCdGe$_2$C$_{22}$H$_{40}$Cl$_2$
  TiCl$_2$(Cp)$_2${Cd(GeEt$_3$)$_2$}, **3**, 423
TiCo$_2$C$_{18}$H$_{10}$O$_8$
  TiCo$_2$(CO)$_8$Cp$_2$, **6**, 852
TiCo$_3$C$_{20}$H$_{10}$ClO$_{10}$
  TiCl{Co$_3$(CO)$_{10}$}Cp$_2$, **3**, 377; **5**, 165
TiCo$_6$C$_{30}$H$_{10}$O$_{20}$
  Ti{Co$_3$(CO)$_{10}$}Cp$_2$, **5**, 165
TiCo$_7$C$_{29}$H$_5$O$_{24}$
  TiCo$_7$(CO)$_{24}$Cp, **3**, 338; **5**, 166; **6**, 765, 824
TiCrC$_{16}$H$_{16}$O$_4$S$_2$
  TiCr(SMe)$_2$(CO)$_4$Cp$_2$, **6**, 824
TiCrC$_{17}$H$_{26}$O$_6$
  Cr{Ti(OPr^i)$_3$}(CO)$_3$Cp, **3**, 965
TiCrC$_{18}$H$_{15}$O$_3$
  TiCr(CO)$_3$Cp$_3$, **6**, 824
TiCrC$_{19}$H$_{28}$N$_3$O$_3$
  TiCr(NMe$_2$)$_3$(CO)$_3$Cp$_2$, **6**, 824
TiCr$_2$C$_{24}$H$_{16}$O$_{12}$
  Ti{OC(Me)Cr(CO)$_5$}$_2$Cp$_2$, **3**, 377
TiCuC$_{12}$H$_{16}$ClS$_2$
  Cp$_2$Ti(SMe)$_2$CuCl, **3**, 390; **6**, 824
TiFeC$_{12}$H$_{16}$N$_2$O$_2$S$_2$
  (NO)$_2$Fe(SMe)$_2$TiCp$_2$, **3**, 391
TiFeC$_{16}$H$_{27}$N$_3$
  TiFc(NMe$_2$)$_3$, **3**, 454
TiFeC$_{22}$H$_{39}$N$_3$
  TiFc(NEt$_2$)$_3$, **3**, 454
TiFe$_2$C$_{28}$H$_{38}$N$_2$
  TiFc$_2$(NEt$_2$)$_2$, **3**, 456
TiFe$_2$C$_{30}$H$_{28}$
  TiFc$_2$(Cp)$_2$, **3**, 425
TiGaC$_{10}$H$_{10}$Cl$_4$
  Ti(GaCl$_4$)Cp$_2$, **3**, 322
TiGeC$_8$H$_{13}$Cl$_3$
  TiCl$_3$(η^5-C$_5$H$_4$GeMe$_3$), **3**, 333
TiGeC$_{12}$H$_{14}$Cl$_2$
  TiCl$_2${(η^5-C$_5$H$_4$)$_2$GeMe$_2$}, **3**, 369
TiGeC$_{12}$H$_{14}$S$_5$
  Ti(S$_5$){(η^5-C$_5$H$_4$)$_2$GeMe$_2$}, **3**, 369
TiGeC$_{13}$H$_{19}$Cl
  TiCl(GeMe$_3$)Cp$_2$, **3**, 424
TiGeC$_{14}$H$_{31}$N$_3$
  Ti(NMe$_2$)$_3$(η^5-C$_5$H$_4$GeMe$_3$), **3**, 355
TiGeC$_{16}$H$_{25}$Cl

TiCl(GeEt₃)Cp₂, **3**, 423
TiGeC₂₄H₃₃N₃
  Ti(GePh₃)(NMe₂)₃, **6**, 1058
TiGeC₂₈H₂₅
  Ti(GePh₃)Cp₂, **6**, 1058
TiGeC₂₈H₂₅Cl
  TiCl(GePh₃)Cp₂, **3**, 424
TiGeC₃₂H₃₃O
  Ti(GePh₃)Cp₂{O(CH₂)₃CH₂}, **3**, 310
TiGe₂C₁₈H₃₂
  Ti(CH₂GeMe₃)₂Cp₂, **3**, 397
TiGe₂C₄₆H₃₈Cl₂
  TiCl₂(η⁵-C₅H₄GePh₃)₂, **3**, 367
TiGe₂C₄₆H₄₀
  Ti(GePh₃)₂Cp₂, **3**, 424; **6**, 1059
TiInC₁₀H₁₀Cl₄
  Ti(InCl₄)Cp₂, **3**, 322
TiMgC₁₀H₁₀ClN₂
  TiCp₂(N₂MgCl), **8**, 1077
TiMn₂C₂₆H₁₈O₆
  Ti{C₅H₄Mn(CO)₃}₂Cp₂, **3**, 426
TiMoC₁₆H₁₆O₄S₂
  (CO)₄Mo(SMe)₂TiCp₂, **3**, 390, 391; **6**, 824
TiMoC₁₇H₂₆O₆
  TiMo(OPrⁱ)₃(CO)₃Cp, **3**, 1187; **6**, 777, 824
TiMoC₁₈H₁₅O₃
  TiMo(CO)₃Cp₃, **6**, 824
TiMoC₁₈H₂₂O₄P₂
  TiMo(PMe₂)₂(CO)₄Cp₂, **3**, 853; **6**, 824
TiMoC₁₉H₂₈N₃O₃
  TiMo(NMe₂)₃(CO)₃Cp₂, **6**, 824
TiMoC₂₆H₂₀O₄S₂
  TiMo(SPh)₂(CO)₄Cp₂, **6**, 780
TiMoC₂₆H₂₀O₆
  TiMo(OPh)₂(CO)₄Cp₂, **6**, 780
TiMo₅C₅H₅O₁₈
  [Ti(Mo₅O₁₈)Cp]³⁻, **3**, 351
TiNiC₆H₁₀Cl₄
  NiCl{TiCl₃(C₃H₅)}(CH₂CHCH₂), **6**, 161
TiNiC₂₇H₂₀O
  Ti(C≡CPh)₂{Ni(CO)}Cp₂, **3**, 409
TiPbC₁₆H₂₇N
  Ti(NH₂)(PbEt₃)Cp₂, **3**, 424
TiPbC₂₈H₂₅
  Ti(PbPh₃)Cp₂, **6**, 1058
TiPtC₃₄H₃₁P
  Cp₂Ti(C≡CPh)₂Pt(PMe₂Ph), **6**, 695
TiPtC₄₄H₃₅P
  Cp₂Ti(C≡CPh)₂Pt(PPh₃), **3**, 410; **6**, 695
TiSbC₇H₁₀Cl₃
  TiCl₃(η⁵-C₅H₄SbMe₂), **3**, 333
TiSiC₄H₁₁Cl₃
  TiCl₃(CH₂SiMe₃), **3**, 437
TiSiC₈H₁₃Cl₃
  TiCl₃(η⁵-C₅H₄SiMe₃), **3**, 333
TiSiC₁₀H₂₉N₃
  Ti(CH₂SiMe₃)(NMe₂)₃, **3**, 454
TiSiC₁₂H₁₄Cl₂
  TiCl₂{(η⁵-C₅H₄)₂SiMe₂}, **3**, 369
TiSiC₁₂H₁₄S₅
  Ti(S₅){(η⁵-C₅H₄)₂SiMe₂}, **3**, 369
TiSiC₁₃H₁₉Cl
  TiCl(SiMe₃)Cp₂, **3**, 424

TiSiC₁₃H₁₉ClO
  TiCl(OSiMe₃)Cp₂, **3**, 376
TiSiC₁₄H₂₀
  Ti(CH₂SiMe₂CH₂)Cp₂, **3**, 421
TiSiC₁₄H₂₁
  Ti(CH₂SiMe₃)Cp₂, **3**, 310
TiSiC₁₄H₂₁Cl
  TiCl(CH₂SiMe₃)Cp₂, **3**, 406
TiSiC₁₄H₃₁N₃
  Ti(NMe₂)₃(η⁵-C₅H₄SiMe₃), **3**, 355
TiSiC₂₇H₂₈
  Ti{C₆H₄C(Ph)=C(SiMe₃)}Cp₂, **3**, 420
TiSi₂C₆H₁₆Cl₄
  Cl₃TiCH₂SiMe₂CH₂SiCl(Me)₂, **2**, 237
TiSi₂C₈H₂₂
  Ti(CH₂SiMe₃)₂, **3**, 284
TiSi₂C₈H₂₂Cl₂
  TiCl₂(CH₂SiMe₃)₂, **3**, 437
TiSi₂C₁₁H₂₁Cl₃
  TiCl₃{η⁵-C₅H₃(SiMe₃)₂}, **3**, 333
TiSi₂C₁₂H₃₄N₂
  Ti(CH₂SiMe₃)₂(NMe₂)₂, **3**, 456
TiSi₂C₁₆H₂₆
  Ti(CH₂SiMe₂SiMe₂CH₂)Cp₂, **3**, 421
TiSi₂C₁₆H₂₆Cl₂
  TiCl₂(η⁵-C₅H₄SiMe₃)₂, **3**, 367
TiSi₂C₁₆H₂₆O
  Ti(CH₂SiMe₂OSiMe₂CH₂)Cp₂, **3**, 415
TiSi₂C₁₆H₂₇N
  Ti{CH₂SiMe₂N(SiMe₃)}Cp₂, **2**, 130, 295; **3**, 393, 413
TiSi₂C₁₆H₂₈N₂
  Ti{NN(SiMe₃)₂}Cp₂, **2**, 140; **3**, 394
TiSi₂C₁₆H₂₈O₂
  Ti(OSiMe₃)₂Cp₂, **3**, 376
TiSi₂C₁₇H₂₈
  Ti{(CH₂SiMe₂)₂CH₂}Cp₂, **2**, 295; **3**, 415
TiSi₂C₁₇H₂₉
  Ti{CH(SiMe₃)₂}Cp₂, **3**, 310
TiSi₂C₁₈H₃₂
  Ti(CH₂SiMe₃)₂Cp₂, **3**, 396, 397
TiSi₂C₁₉H₃₀
  Ti{CH₂C(SiMe₃)=CSiMe₃}Cp₂, **3**, 325, 423
TiSi₂C₂₀H₃₂N₂
  TiBz₂(NMeSiMe₂SiMe₂NMe), **3**, 453
TiSi₂C₂₀H₃₂O₂
  Ti(CH₂SiMe₃)₂(OPh)₂, **3**, 448
TiSi₂C₂₄H₃₄
  Ti{CH(SiMe₃)C₆H₄CH(SiMe₃)}Cp₂, **3**, 421
TiSi₂C₄₆H₄₀
  Ti(SiPh₃)₂Cp₂, **3**, 424; **6**, 1059
TiSi₃C₁₂H₃₃
  Ti(CH₂SiMe₃)₃, **3**, 298
TiSi₃C₁₂H₃₃Cl
  TiCl(CH₂SiMe₃)₃, **3**, 437
TiSi₃C₁₇H₃₈
  Ti(CH₂SiMe₃)₃Cp, **3**, 358, 359
TiSi₃C₁₈H₃₂
  Ti{CH₂(SiMe₂)₃CH₂}Cp₂, **3**, 415, 421
TiSi₄C₁₂H₃₆
  Ti(SiMe₃)₄, **6**, 1058
TiSi₄C₁₆H₄₄
  Ti(CH₂SiMe₃)₄, **3**, 298, 460
TiSi₄C₂₂H₄₂Cl₂
  TiCl₂{C₅H₃(SiMe₃)₂}₂, **2**, 52
TiSi₄C₅₈H₅₀

TiSi$_4$C$_{58}$H$_{50}$
  Ti{(SiPh$_2$)$_3$SiPh$_2$}Cp$_2$, **3**, 423, 424; **6**, 1048
TiSi$_6$C$_{18}$H$_{54}$N$_3$
  Ti{N(SiMe$_3$)$_2$}$_3$, **2**, 130
TiSi$_6$C$_{21}$H$_{57}$
  Ti{CH(SiMe$_3$)$_2$}$_3$, **3**, 298
TiSi$_6$C$_{30}$H$_{62}$N$_6$
  TiBz$_2${N(SiMe$_2$NMe)$_2$SiMe$_2$}$_2$, **3**, 453
TiSnC$_8$H$_{13}$Cl$_3$
  TiCl$_3$(η^5-C$_5$H$_4$SnMe$_3$), **3**, 333
TiSnC$_{13}$H$_{19}$
  Ti(SnMe$_3$)Cp$_2$, **3**, 307
TiSnC$_{16}$H$_{25}$Cl
  TiCl(SnEt$_3$)Cp$_2$, **3**, 423
TiSnC$_{24}$H$_{36}$O$_4$
  SnBu$_3${OTi(OBu)$_3$}, **2**, 577
TiSnC$_{28}$H$_{25}$Cl
  TiCl(SnPh$_3$)Cp$_2$, **3**, 424
TiSnC$_{32}$H$_{33}$O
  Ti(SnPh$_3$)Cp$_2${O(CH$_2$)$_3$CH$_2$}, **3**, 310
TiSn$_2$C$_{46}$H$_{40}$
  Ti(SnPh$_3$)$_2$Cp$_2$, **3**, 424; **6**, 1059
TiSn$_3$C$_{54}$H$_{45}$
  Ti(SnPh$_3$)$_3$, **6**, 1058
TiSn$_4$C$_{16}$H$_{44}$
  Ti(CH$_2$SnMe$_3$)$_4$, **3**, 460
TiSn$_4$C$_{72}$H$_{60}$
  Ti(SnPh$_3$)$_4$, **6**, 1049
TiWC$_{16}$H$_{16}$O$_4$S$_2$
  TiW(SMe)$_2$(CO)$_4$Cp$_2$, **6**, 824
TiWC$_{19}$H$_{28}$N$_3$O$_3$
  TiW(NMe$_2$)$_3$(CO)$_3$Cp$_2$, **6**, 824
TiW$_{11}$C$_5$H$_5$O$_{29}$P
  [Ti(PW$_{11}$O$_{29}$)Cp]$^{4-}$, **3**, 352
Ti$_2$AlC$_{24}$H$_{31}$
  Ti$_2$H(AlH$_2$Et$_2$)Cp$_2$(C$_5$H$_4$C$_5$H$_4$), **3**, 324; **6**, 949
Ti$_2$Al$_2$C$_{18}$H$_{30}$
  (CpTiAlEt$_2$)$_2$, **1**, 622
Ti$_2$Al$_2$C$_{28}$H$_{38}$
  {(C$_5$H$_4$)Ti(HAlEt$_2$)}$_2$(C$_5$H$_4$C$_5$H$_4$), **6**, 949
Ti$_2$Al$_2$C$_{28}$H$_{40}$
  {Cp(C$_5$H$_4$)Ti(HAlEt$_2$)}$_2$, **3**, 322; **6**, 949
  {Ti(AlEt$_2$)Cp$_2$}$_2$, **6**, 949
Ti$_2$BC$_{32}$H$_{32}$N$_8$
  (Cp$_2$Ti)$_2${B(C$_3$H$_3$N$_2$)$_4$}, **3**, 308
Ti$_2$B$_2$C$_{10}$H$_{18}$Cl$_2$
  {TiCl(BH$_4$)Cp}$_2$, **6**, 902
Ti$_2$B$_{12}$C$_{20}$H$_{38}$
  {Ti(B$_6$H$_9$)Cp$_2$}$_2$, **6**, 931
Ti$_2$BeC$_{20}$H$_{20}$Cl$_4$
  {Cp$_2$(Cl)Ti}$_2$(BeCl$_2$), **3**, 305
Ti$_2$BeC$_{32}$H$_{32}$Cl$_4$
  {Cp$_2$(Cl)Ti}$_2$(BeCl$_2$)(C$_6$H$_6$)$_2$, **3**, 305
Ti$_2$C$_2$H$_6$Cl$_7$
  [Ti$_2$Cl$_7$(Me)$_2$]$^-$, **3**, 444
Ti$_2$C$_2$H$_6$Cl$_8$
  [{TiCl$_4$(Me)}$_2$]$^{2-}$, **3**, 444
Ti$_2$C$_{10}$H$_{10}$Cl$_4$
  {TiCl$_2$(Cp)}$_2$, **3**, 299
Ti$_2$C$_{10}$H$_{10}$Cl$_4$O
  {Cl$_2$(Cp)Ti}$_2$O, **3**, 349
Ti$_2$C$_{14}$H$_{16}$Cl$_4$O$_2$
  {Cl$_2$(Cp)Ti}$_2$(OCH$_2$CH=CHCH$_2$O), **3**, 345
Ti$_2$C$_{14}$H$_{38}$O$_6$P$_2$
  {Ti(CH$_2$PMe$_2$CH$_2$)(OMe)$_3$}$_2$, **3**, 450

Ti$_2$C$_{15}$H$_{16}$O$_2$
  Ti$_2$(O)$_2$Cp$_2${C$_5$H$_4$(=CH$_2$)}, **3**, 381
Ti$_2$C$_{16}$H$_{22}$Cl$_4$O$_2$
  {Cl$_2$(Cp)Ti}$_2$(OCMe$_2$CMe$_2$O), **3**, 345
Ti$_2$C$_{16}$H$_{42}$N$_4$P$_2$
  {Ti(CPMe$_3$)(NMe$_2$)$_2$}$_2$, **3**, 458
Ti$_2$C$_{18}$H$_{22}$O$_8$
  {Ti(OAc)$_2$Cp}$_2$, **3**, 300
Ti$_2$C$_{18}$H$_{22}$O$_9$
  {Cp(OAc)$_2$Ti}$_2$O, **3**, 350
Ti$_2$C$_{18}$H$_{30}$O$_4$
  {Ti(OEt)$_2$Cp}$_2$, **3**, 302
Ti$_2$C$_{18}$H$_{34}$N$_4$
  {Ti(NMe$_2$)$_2$Cp}$_2$, **3**, 301
Ti$_2$C$_{20}$H$_{18}$Cl$_2$
  Ti$_2$Cl$_2$(Cp)$_2$(C$_5$H$_4$C$_5$H$_4$), **3**, 315
Ti$_2$C$_{20}$H$_{19}$
  Ti$_2$(C$_5$H$_4$)Cp$_3$, **3**, 319; **8**, 382, 1079
Ti$_2$C$_{20}$H$_{20}$
  (TiCp$_2$)$_2$, **3**, 316; **8**, 293
  {TiH(Cp)}$_2$(C$_5$H$_4$C$_5$H$_4$), **3**, 315, 324; **8**, 293
Ti$_2$C$_{20}$H$_{20}$Cl$_2$
  {TiCl(Cp)$_2$}$_2$, **3**, 302, 303; **8**, 1077
Ti$_2$C$_{20}$H$_{20}$Cl$_2$O
  {Cp$_2$(Cl)Ti}$_2$O, **3**, 305, 380; **8**, 238, 263
Ti$_2$C$_{20}$H$_{20}$N$_2$
  (Cp$_2$Ti)$_2$(N$_2$), **3**, 316; **8**, 1077
Ti$_2$C$_{20}$H$_{20}$N$_6$O
  {Ti(N$_3$)Cp$_2$}$_2$O, **3**, 380
Ti$_2$C$_{20}$H$_{20}$O$_2$
  Ti$_2$(OH)$_2$Cp$_2$(C$_5$H$_4$C$_5$H$_4$), **3**, 315
Ti$_2$C$_{20}$H$_{22}$
  {TiH(Cp)$_2$}$_2$, **3**, 311, 316; **8**, 293, 1076, 1077
Ti$_2$C$_{20}$H$_{23}$N$_2$
  Ti$_2$H$_3$(N)$_2$Cp$_4$, **3**, 320
Ti$_2$C$_{20}$H$_{24}$O$_3$
  [{TiCp$_2$(H$_2$O)}$_2$O]$^{2+}$, **3**, 381
Ti$_2$C$_{22}$H$_{20}$N$_2$OS$_2$
  {Ti(NCS)Cp$_2$}$_2$O, **3**, 380
Ti$_2$C$_{22}$H$_{20}$N$_2$O$_3$
  {Ti(NCO)Cp$_2$}$_2$O, **3**, 380
Ti$_2$C$_{22}$H$_{26}$O
  {TiMe(Cp)$_2$}$_2$O, **3**, 381
Ti$_2$C$_{22}$H$_{26}$O$_2$
  {Ti(OMe)Cp$_2$}$_2$, **3**, 307
Ti$_2$C$_{24}$H$_{24}$
  Ti$_2$(cot)$_3$, **3**, 295
  [Ti$_2$(cot)$_3$]$^{2-}$, **3**, 295
Ti$_2$C$_{24}$H$_{28}$Br$_2$
  {TiBr(η^5-C$_5$H$_4$Me)$_2$}$_2$, **3**, 304
Ti$_2$C$_{24}$H$_{28}$Cl$_2$
  {TiCl(η^5-C$_5$H$_4$Me)$_2$}$_2$, **3**, 313
Ti$_2$C$_{24}$H$_{30}$S$_2$
  {Ti(SEt)Cp$_2$}$_2$, **3**, 289
Ti$_2$C$_{24}$H$_{32}$Cl$_2$O$_2$
  [TiCl(cot){O(CH$_2$)$_3$CH$_2$}]$_2$, **3**, 295
Ti$_2$C$_{24}$H$_{32}$N$_2$
  {Ti(NMe$_2$)Cp$_2$}$_2$, **3**, 307
Ti$_2$C$_{26}$H$_{26}$N$_4$
  {Ti(C$_3$H$_3$N$_2$)Cp$_2$}$_2$, **3**, 307
Ti$_2$C$_{30}$H$_{44}$O$_2$
  Ti$_2$(O)$_2${CH$_2$(C$_5$Me$_4$)}(η^5-C$_5$Me$_5$)$_2$, **3**, 381
Ti$_2$C$_{30}$H$_{54}$Cl$_8$N$_6$
  [TiCl$_3${C(Cl)=NBu^t}(CNBu^t)$_2$]$_2$, **3**, 440
Ti$_2$C$_{32}$H$_{30}$N$_2$
  {TiPh(Cp)$_2$}$_2$(N$_2$), **8**, 1078

Ti$_2$C$_{32}$H$_{30}$O$_2$
    {Ti(OPh)Cp$_2$}$_2$, **3**, 308

Ti$_2$C$_{32}$H$_{30}$S$_2$
    {Ti(SPh)Cp$_2$}$_2$, **3**, 307, 391

Ti$_2$C$_{33}$H$_{30}$N$_2$O
    (TiCp$_2$)$_2$(PhNCONPh), **3**, 290, 395

Ti$_2$C$_{34}$H$_{34}$N$_2$
    {TiBz(Cp)$_2$}$_2$(N$_2$), **8**, 1078
    {Ti(C$_6$H$_4$Me)Cp$_2$}$_2$(N$_2$), **8**, 1078

Ti$_2$C$_{36}$H$_{30}$Cl$_4$O$_2$
    {Cl$_2$(Cp)Ti}$_2$(OCPh$_2$CPh$_2$O), **3**, 345

Ti$_2$C$_{36}$H$_{36}$N$_2$
    {Cp$_2$(Ph)Ti}$_2${N=C(Me)C(Me)=N}, **3**, 312

Ti$_2$C$_{36}$H$_{48}$O$_4$
    {TiBz$_2$(OEt)$_2$}$_2$, **3**, 449

Ti$_2$C$_{38}$H$_{30}$O$_8$
    {Ti(O$_2$CPh)$_2$Cp}$_2$, **3**, 300

Ti$_2$C$_{40}$H$_{38}$
    Ti$_2$(PhC=CC=CPh)(η^5-C$_5$H$_4$Me)$_4$, **3**, 313

Ti$_2$C$_{40}$H$_{60}$N$_2$
    {(η^5-C$_5$Me$_5$)$_2$Ti}$_2$(N$_2$), **3**, 317

Ti$_2$C$_{40}$H$_{60}$N$_6$
    {(η^5-C$_5$Me$_5$)$_2$Ti}$_2$(N$_2$)$_3$, **3**, 319; **8**, 1079

Ti$_2$C$_{42}$H$_{42}$O
    (Bz$_3$Ti)$_2$O, **3**, 449

Ti$_2$C$_{46}$H$_{44}$Cl$_2$P$_2$
    {Cp$_2$(Cl)Ti}$_2$(diphos), **3**, 306

Ti$_2$C$_{48}$H$_{40}$O$_2$
    {Ti(OC=CPh$_2$)Cp$_2$}$_2$, **3**, 289

Ti$_2$C$_{48}$H$_{92}$N$_8$
    [Ti{CN(CH$_2$)$_4$CH$_2$}{CH$_2$N(CH$_2$)$_4$CH$_2$}$_3$]$_2$, **3**, 471

Ti$_2$C$_{50}$H$_{48}$N$_4$
    (Cp$_2$Ti)$_2${C$_2$(NTol)$_4$}, **3**, 289

Ti$_2$C$_{56}$H$_{50}$P$_2$
    {TiCp$_2$(PPh$_3$)}$_2$, **3**, 316

Ti$_2$FeC$_{34}$H$_{68}$N$_6$
    Fe{η^5-C$_5$H$_4$Ti(NEt$_2$)$_3$}$_2$, **3**, 451

Ti$_2$MgC$_{20}$H$_{20}$Cl$_4$
    {Cp$_2$(Cl)Ti}$_2$(MgCl$_2$), **3**, 305

Ti$_2$MnC$_{28}$H$_{36}$Cl$_4$O$_2$
    {Cp$_2$(Cl)Ti}$_2${MnCl$_2$}{O(CH$_2$)$_3$CH$_2$}$_2$, **3**, 305

Ti$_2$RuC$_{34}$H$_{68}$N$_6$
    Ru{η^5-C$_5$H$_4$Ti(NEt$_2$)$_3$}$_2$, **3**, 451; **4**, 769

Ti$_2$Si$_2$C$_{20}$H$_{24}$
    (H$_2$SiTiCp$_2$)$_2$, **3**, 423; **6**, 1047, 1059

Ti$_2$Si$_2$ZnC$_{24}$H$_{28}$Cl$_4$
    {(C$_5$H$_4$SiMe$_2$C$_5$H$_4$)TiCl}$_2$(ZnCl$_2$), **3**, 305

Ti$_2$Si$_4$C$_{22}$H$_{46}$N$_4$
    [Ti{NN(SiMe$_3$)$_2$}Cp]$_2$, **2**, 140

Ti$_2$ZnC$_{20}$H$_{20}$Cl$_4$
    {Cp$_2$(Cl)Ti}$_2$(ZnCl$_2$), **3**, 305

Ti$_2$ZnC$_{24}$H$_{28}$Cl$_4$
    {(η^5-C$_5$H$_4$Me)$_2$ClTi}$_2$(ZnCl$_2$), **3**, 305

Ti$_3$C$_{15}$H$_{15}$Cl$_3$O$_3$
    {TiO(Cl)Cp}$_3$, **3**, 380

Ti$_3$C$_{15}$H$_{15}$NO$_5$
    Ti$_3$O$_4$(NO)Cp$_3$, **3**, 357

Ti$_3$C$_{36}$H$_{54}$Cl$_6$
    [{TiCl$_2$(η^6-C$_6$Me$_6$)}$_3$]$^+$, **3**, 283, 284

Ti$_3$C$_{56}$H$_{50}$N$_4$O$_2$
    (Cp$_2$Ti)$_3${OC(NPh)$_2$}$_2$, **3**, 290

Ti$_4$C$_{20}$H$_{20}$Cl$_4$O$_4$
    {TiCl(O)Cp}$_4$, **3**, 351

Ti$_4$C$_{32}$H$_{32}$Cl$_4$
    {TiCl(cot)}$_4$, **3**, 295

Ti$_4$C$_{40}$H$_{38}$N$_2$
    {Ti$_2$(C$_5$H$_4$)Cp$_3$}$_2$(N$_2$), **3**, 320; **8**, 1079

Ti$_4$C$_{42}$H$_{40}$O$_6$
    (TiCp$_2$)$_4$(CO$_3$)$_2$, **3**, 290; **8**, 235, 238, 263

Ti$_5$SiC$_{50}$H$_{46}$Cl$_2$O$_8$
    Ti$_5$Cl$_2$(SiMe$_2$)(OPh)$_8$, **3**, 448

Ti$_6$C$_{30}$H$_{30}$O$_8$
    Ti$_6$O$_8$(Cp)$_6$, **3**, 290

TlAs$_2$IrC$_{43}$H$_{39}$ClO$_7$
    IrCl(OAc){Tl(OAc)$_2$}(CO)(AsPh$_3$)$_2$, **6**, 977

TlAs$_2$IrC$_{45}$H$_{30}$F$_{12}$O$_9$
    Ir(O$_2$CCF$_3$)$_2${Tl(O$_2$CCF$_3$)$_2$}(CO)(AsPh$_3$)$_2$, **6**, 977

TlAs$_2$IrC$_{45}$H$_{42}$O$_9$
    Ir(OAc)$_2${Tl(OAc)$_2$}(CO)(AsPh$_3$)$_2$, **6**, 977

TlAs$_3$Co$_3$C$_{63}$H$_{45}$O$_9$
    Tl{Co(CO)$_3$(AsPh$_3$)}$_3$, **6**, 976

TlBC$_6$H$_8$
    Tl(C$_5$H$_5$BMe), **1**, 332, 394, 749, 750

TlBC$_{11}$H$_{10}$
    Tl(C$_5$H$_5$BPh), **1**, 332, 394, 749, 750

TlB$_9$C$_2$H$_{11}$
    [TlC$_2$B$_9$H$_{11}$]$^-$, **1**, 486, 519

TlB$_9$C$_3$H$_{14}$
    Tl(C$_2$B$_9$H$_{11}$Me), **1**, 545

TlB$_{10}$C$_2$H$_{18}$
    [TlMe$_2$(B$_{10}$H$_{12}$)]$^-$, **1**, 488, 512, 729

TlCH$_3$O
    Tl(O)Me, **1**, 730

TlC$_2$H$_3$Cl$_2$
    TlCl$_2$(CH=CH$_2$), **1**, 742

TlC$_2$H$_4$Cl$_3$
    TlCl(CH$_2$Cl)$_2$, **1**, 731

TlC$_2$H$_6$Br
    TlBr(Me)$_2$, **1**, 731

TlC$_2$H$_6$Br$_3$
    [TlBr$_3$(Me)$_2$]$^{2-}$, **1**, 734

TlC$_2$H$_6$Cl
    TlCl(Me)$_2$, **1**, 730, 731

TlC$_2$H$_6$Cl$_3$
    [TlCl$_3$(Me)$_2$]$^{2-}$, **1**, 734

TlC$_2$H$_6$F
    TlF(Me)$_2$, **1**, 731

TlC$_2$H$_6$I
    TlI(Me)$_2$, **1**, 726, 731

TlC$_2$H$_6$I$_3$
    [TlI$_3$(Me)$_2$]$^{2-}$, **1**, 734

TlC$_2$H$_6$N$_3$
    TlMe$_2$(N$_3$), **1**, 729, 732

TlC$_2$H$_7$O
    TlMe$_2$(OH), **1**, 732

TlC$_2$H$_8$N
    TlMe$_2$(NH$_2$), **1**, 726

TlC$_3$H$_6$N
    TlMe$_2$(CN), **1**, 732

TlC$_3$H$_8$Cl
    TlCl(Me)(Et), **1**, 731

TlC$_3$H$_9$
    TlMe$_3$, **1**, 726

TlC$_3$H$_9$O$_2$S
    TlMe$_2$(O$_2$SMe), **1**, 729

TlC$_3$H$_9$O$_3$S
    TlMe$_2$(O$_3$SMe), **1**, 729

TlC$_4$H$_6$NO$_2$

TlC$_4$H$_6$NO$_2$
    TlMe(CN)(OAc), **1**, 741
TlC$_4$H$_9$
    TlBu, **1**, 729
TlC$_4$H$_9$N
    [TlMe$_3$(CN)]$^-$, **1**, 728
TlC$_4$H$_9$OS$_2$
    TlMe$_2$(S$_2$COMe), **1**, 732
TlC$_4$H$_9$O$_2$
    TlMe$_2$(OAc), **1**, 735, 748
TlC$_4$H$_{10}$Cl
    TlCl(Et)$_2$, **1**, 731
TlC$_4$H$_{10}$N$_3$
    TlEt$_2$(N$_3$), **1**, 729
TlC$_4$H$_{11}$
    TlMe$_2$(Et), **1**, 729
TlC$_4$H$_{11}$O
    TlMe$_2$(OEt), **1**, 740
TlC$_4$H$_{12}$
    [TlMe$_4$]$^-$, **1**, 728
TlC$_4$H$_{12}$N
    TlMe$_2$(NMe$_2$), **1**, 740
TlC$_5$Cl$_5$
    Tl(C$_5$Cl$_5$), **1**, 749
TlC$_5$H$_5$
    Tl(C$_5$H$_5$), **1**, 16, 749
TlC$_5$H$_8$NO$_2$
    TlEt(CN)(OAc), **1**, 741
TlC$_5$H$_9$
    TlMe$_2$(C≡CMe), **1**, 727
TlC$_5$H$_9$O$_4$
    TlMe(OAc)$_2$, **1**, 744
TlC$_5$H$_{11}$BrCl
    TlBr(Cl)(CH$_2$Bu^t), **1**, 739
TlC$_5$H$_{11}$Br$_2$
    TlBr$_2$(CH$_2$Bu^t), **1**, 742
TlC$_5$H$_{12}$NO$_2$
    TlEt$_2$(CH$_2$NO$_2$), **1**, 729
TlC$_5$H$_{13}$
    TlMe(Et)$_2$, **1**, 729
TlC$_5$H$_{14}$NS$_2$
    TlMe(Et)(S$_2$CNMe$_2$), **1**, 738
TlC$_6$F$_5$I$_3$
    [TlI$_3$(C$_6$F$_5$)]$^-$, **1**, 743
TlC$_6$H$_5$Br$_2$
    TlBr$_2$(Ph), **1**, 742, 747
TlC$_6$H$_5$Cl$_2$
    TlCl$_2$(Ph), **1**, 742, 743
TlC$_6$H$_5$Cl$_2$O$_8$
    TlPh(ClO$_4$)$_2$, **1**, 747
TlC$_6$H$_5$Cl$_3$
    [TlCl$_3$(Ph)]$^-$, **1**, 743
TlC$_6$H$_5$Cl$_4$
    [TlCl$_4$(Ph)]$^{2-}$, **1**, 743
TlC$_6$H$_6$NO$_4$
    TlPh(OH)(NO$_3$), **1**, 749
TlC$_6$H$_6$N$_3$
    TlMe$_2${C(CN)$_3$}, **1**, 732
TlC$_6$H$_7$
    Tl(C$_5$H$_4$Me), **1**, 750
TlC$_6$H$_7$Cl$_2$N
    TlCl$_2$(CH$_2$C$_5$H$_4$ṄH), **1**, 741, 742; **4**, 354
TlC$_6$H$_{10}$Cl
    TlCl(CH=CHMe)$_2$, **1**, 731
TlC$_6$H$_{11}$O$_4$
    TlEt(OAc)$_2$, **1**, 744
TlC$_6$H$_{14}$Cl
    TlCl(Pr)$_2$, **1**, 731
    TlCl(Pr^i)$_2$, **1**, 731
TlC$_6$H$_{15}$
    TlEt$_3$, **1**, 726
TlC$_6$H$_{15}$O$_2$
    TlEt$_2$(OOEt), **1**, 730
TlC$_7$H$_5$Cl$_2$O$_2$
    TlCl$_2$(C$_6$H$_4$CO$_2$H), **1**, 745
TlC$_7$H$_7$Cl$_2$
    TlCl(Ph)(CH$_2$Cl), **1**, 731
TlC$_7$H$_{11}$
    TlMe$_2$(C$_5$H$_5$), **1**, 729, 738
TlC$_7$H$_{15}$N$_2$S$_4$
    TlMe(S$_2$CNMe$_2$)$_2$, **1**, 746
TlC$_7$H$_{20}$P
    TlMe$_3$(CH$_2$PMe$_3$), **1**, 728
TlC$_8$H$_3$F$_6$O$_4$S
    Tl(C$_4$H$_3$S)(O$_2$CCF$_3$)$_2$, **1**, 742
TlC$_8$H$_7$
    Tl(C$_8$H$_7$), **1**, 750
TlC$_8$H$_9$Cl$_2$
    TlCl(Tol)(CH$_2$Cl), **1**, 731
TlC$_8$H$_{11}$O
    TlMe$_2$(OPh), **1**, 732, 740
TlC$_8$H$_{11}$S
    TlMe$_2$(SPh), **1**, 732
TlC$_8$H$_{15}$O$_2$
    TlMe(CH$_2$CH=CH$_2$)(O$_2$CPr^i), **1**, 730, 738
TlC$_8$H$_{17}$N$_2$S$_4$
    TlEt(S$_2$CNMe$_2$)$_2$, **1**, 746
TlC$_8$H$_{18}$Cl
    TlCl(Bu)$_2$, **1**, 731
    TlCl(Bu^i)$_2$, **1**, 731
TlC$_8$H$_{19}$O
    TlEt$_2$(OBu^t), **1**, 740
TlC$_8$H$_{22}$NP$_2$
    Me$_2$T̄l(CH$_2$PMe$_2$)$_2$Ṅ, **1**, 727
TlC$_9$H$_5$N$_3$
    [TlPh(CN)$_3$]$^-$, **1**, 743
TlC$_9$H$_{11}$Cl$_2$O
    TlCl$_2${CH$_2$CH(OMe)Ph}, **1**, 742
TlC$_9$H$_{17}$O$_4$
    TlMe(O$_2$CPr^i)$_2$, **7**, 466
TlC$_{10}$H$_4$N$_3$
    Tl{C$_5$H$_4$C(CN)=C(CN)$_2$}, **1**, 750
TlC$_{10}$H$_5$Cl$_6$O$_4$
    TlPh(O$_2$CCCl$_3$)$_2$, **8**, 858
TlC$_{10}$H$_5$F$_6$O$_4$
    TlPh(O$_2$CCF$_3$)$_2$, **1**, 745, 748; **7**, 500
TlC$_{10}$H$_{11}$
    TlMe$_2$(C≡CPh), **1**, 727
TlC$_{10}$H$_{11}$O$_4$
    TlPh(OAc)$_2$, **1**, 739, 747
TlC$_{10}$H$_{15}$O$_2$
    TlMe(C$_5$H$_5$)(O$_2$CPr^i), **1**, 730, 738
TlC$_{10}$H$_{15}$O$_6$
    Tl{CMe=C(OAc)Me}(OAc)$_2$, **1**, 741
TlC$_{10}$H$_{22}$Cl
    TlCl(CH$_2$Bu^t)$_2$, **1**, 731
TlC$_{11}$H$_7$F$_6$O$_4$
    Tl(Tol)(O$_2$CCF$_3$)$_2$, **7**, 500
TlC$_{11}$H$_7$F$_6$O$_5$
    Tl(C$_6$H$_4$CH$_2$OH)(O$_2$CCF$_3$)$_2$, **1**, 748
    Tl(C$_6$H$_4$OMe)(O$_2$CCF$_3$)$_2$, **1**, 747
TlC$_{11}$H$_8$F

Tl{C₅H₄(C₆H₄F)}, **1**, 750
TlC₁₁H₁₉O₄
  Tl(C₃H₅)(O₂CPrⁱ)₂, **1**, 743
TlC₁₂BrF₁₀
  TlBr(C₆F₅)₂, **1**, 734, 737; **2**, 795; **6**, 311
TlC₁₂ClF₁₀
  TlCl(C₆F₅)₂, **1**, 734
TlC₁₂Cl₁₁
  TlCl(C₆Cl₅)₂, **1**, 731
TlC₁₂F₁₀Cl
  TlCl(C₆F₅)₂, **1**, 731
TlC₁₂F₁₁
  TlF(C₆F₅)₂, **1**, 734
TlC₁₂HF₁₀O
  Tl(C₆F₅)₂(OH), **1**, 732, 735
TlC₁₂H₂BrF₈
  TlBr(C₆HF₄)₂, **1**, 734
TlC₁₂H₇F₆O₆
  Tl(C₆H₄COOH)(O₂CCF₃)₂, **1**, 747
TlC₁₂H₁₀Br
  TlBr(Ph)₂, **1**, 737
TlC₁₂H₁₀Cl
  TlCl(Ph)₂, **1**, 730, 731
TlC₁₂H₁₂
  [Tl(C≡CMe)₄]⁻, **1**, 728
TlC₁₂H₂₁O₅
  Tl{C(=CMe₂)CMe₂(OMe)}(OAc)₂, **1**, 741
TlC₁₂H₂₂Cl
  TlCl(C₆H₁₁)₂, **1**, 730, 731
TlC₁₂H₂₃O₄
  Tl(C₈H₁₇)(OAc)₂, **1**, 747
TlC₁₂H₂₇
  TlBuⁱ₃, **1**, 726
TlC₁₃H₉F₆O₆
  Tl(C₆H₄CH₂COOH)(O₂CCF₃)₂, **1**, 747
TlC₁₃H₁₀NSe
  TlPh₂(SeCN), **1**, 729
TlC₁₃H₁₁F₆O₄
  Tl(C₆H₄Pr)(O₂CCF₃)₂, **1**, 747
TlC₁₃H₁₂Cl
  TlCl(Ph)(Tol), **1**, 730
TlC₁₃H₁₃
  Tl{C₅H₄CH(Me)Ph}, **1**, 750
TlC₁₃H₁₇O₅
  Tl{CH₂CH(OMe)Ph}(OAc)₂, **1**, 742
TlC₁₄H₁₃O₂
  TlPh₂(OAc), **1**, 748
TlC₁₄H₁₆P
  TlMe₂(PPh₂), **1**, 740
TlC₁₅H₁₇O₆
  Tl{CMe=C(OAc)Ph}(OAc)₂, **1**, 742
TlC₁₆H₁₉O₆
  Tl{CEt=C(OAc)Ph}(OAc)₂, **1**, 741
TlC₁₇H₂₀NS₂
  TlPh₂(S₂CNEt₂), **1**, 732
TlC₁₈ClF₁₅
  [TlCl(C₆F₅)₃]⁻, **1**, 728
TlC₁₈Cl₁₅
  Tl(C₆Cl₅)₃, **1**, 727
TlC₁₈F₁₅
  Tl(C₆F₅)₃, **1**, 726
TlC₁₈H₃Cl₁₂
  Tl(C₆HCl₄)₃, **1**, 727; **6**, 517; **8**, 815
TlC₁₈H₁₅
  TlPh₃, **1**, 726
TlC₂₁H₆F₁₀NO
  Tl(C₆F₅)₂(OC₉H₆N), **1**, 736
TlC₂₁H₂₂P
  TlMe₂(C₆H₄CH₂PPh₂), **1**, 728
TlC₂₂H₈F₁₀N₃
  Tl(C₆F₅)₂{N(C₅H₄N)₂}, **1**, 735
TlC₂₄Cl₁₀F₁₀
  [Tl(C₆Cl₅)₂(C₆F₅)₂]⁻, **1**, 728
TlC₂₄F₂₀
  [Tl(C₆F₅)₄]⁻, **1**, 728
TlC₂₄H₁₄ClO₂
  TlCl(C₁₂H₇O)₂, **7**, 499
TlC₃₆F₃₀
  [Tl(C₆F₅)₆]³⁻, **1**, 728
TlCoC₄O₄
  TlCo(CO)₄, **5**, 12; **6**, 976
TlCoC₂₁H₁₅O₃P
  TlCo(CO)₃(PPh₃), **6**, 977
TlCo₂C₁₀N₁₀
  [Co₂Tl(CN)₁₀]⁵⁻, **6**, 977
TlCo₂WC₁₆H₅O₁₁
  Tl{Co(CO)₄}₂{W(CO)₃Cp}, **6**, 973
TlCo₃C₁₂O₁₂
  Tl{Co(CO)₄}₃, **5**, 12; **6**, 976
TlCo₃C₆₃H₄₅O₉P₃
  Tl{Co(CO)₃(PPh₃)}₃, **6**, 976
TlCo₃Sb₃C₆₃H₄₅O₉
  Tl{Co(CO)₃(SbPh₃)}₃, **6**, 976
TlCo₄C₁₆O₁₆
  [Tl{Co(CO)₄}₄]⁻, **6**, 976
TlCrC₈H₅O₃
  Tl{Cr(CO)₃Cp}, **3**, 962, 965; **6**, 968
TlCrC₂₁H₁₅O₃
  TlCr(CO)₃(η⁵-C₅H₄CHPh₂), **6**, 968
TlCr₃C₂₄H₁₅O₉
  Tl{Cr(CO)₃Cp}₃, **3**, 965; **6**, 968
TlFeC₃NO₄
  TlFe(CO)₃(NO), **6**, 976
TlFeC₅NO₄
  TlFe(CN)(CO)₄, **6**, 976
TlFeC₆H₂NO₄
  TlFe(CO)₄(CH₂CN), **6**, 976
TlFeC₉H₁₁O₂
  Fe(TlMe₂)(CO)₂Cp, **6**, 976
TlFeC₁₁H₅O₅
  TlFe(CO)₄(COPh), **6**, 976
TlFeC₁₉H₁₅O₂
  Fe(TlPh₂)(CO)₂Cp, **6**, 976
TlFeC₂₀H₁₂Cl₃NO₆P
  TlFe(CO)₂(NO){P(OC₆H₄Cl)₃}, **6**, 976
TlFeSnC₂₂H₁₅O₄
  TlFe(SnPh₃)(CO)₄, **6**, 976
TlFeSnC₃₃H₄₂O₃P
  TlFe(SnPh₃)(CO)₃(PBu₃), **6**, 976
TlFeSnC₃₉H₃₀O₃P
  TlFe(SnPh₃)(CO)₃(PPh₃), **6**, 976
TlFe₃C₂₁H₁₅O₆
  TlFp₃, **6**, 976
TlFe₃C₃₀H₂₇
  Tl{CpFe(C₅H₄)}₃, **1**, 727
TlFe₃C₆₀H₄₅N₃O₉P₃
  Tl{Fe(CO)₂(NO)(PPh₃)}₃, **6**, 976
TlGe₃C₁₈H₄₅
  Tl(GeEt₃)₃, **1**, 729
TlIrC₃₇H₃₀Cl₄OP₂
  IrCl₂(TlCl₂)(CO)(PPh₃)₂, **6**, 977

TlIrC$_{43}$H$_{39}$ClO$_7$P$_2$
  IrCl(OAc){Tl(OAc)$_2$}(CO)(PPh$_3$)$_2$, **6**, 977
TlIrC$_{45}$H$_{30}$F$_{12}$O$_9$P$_2$
  Ir(O$_2$CCF$_3$)$_2${Tl(O$_2$CCF$_3$)$_2$}(CO)(PPh$_3$)$_2$, **6**, 977
TlIrC$_{45}$H$_{42}$O$_9$P$_2$
  Ir(OAc)$_2${Tl(OAc)$_2$}(CO)(PPh$_3$)$_2$, **6**, 977
TlMnC$_5$O$_5$
  TlMn(CO)$_5$, **6**, 974
TlMnC$_7$H$_6$O$_5$
  Mn(TlMe$_2$)(CO)$_5$, **6**, 974
TlMnC$_{11}$H$_{14}$O$_5$
  Mn(TlPr$_2$)(CO)$_5$, **6**, 974
TlMnC$_{17}$H$_{10}$O$_5$
  Mn(TlPh$_2$)(CO)$_5$, **6**, 974
TlMn$_2$C$_{10}$O$_{10}$Cl
  TlCl{Mn(CO)$_5$}$_2$, **6**, 974
TlMn$_2$C$_{16}$H$_5$O$_{10}$
  TlPh{Mn(CO)$_5$}$_2$, **6**, 974
TlMn$_3$C$_{15}$O$_{15}$
  Tl{Mn(CO)$_5$}$_3$, **4**, 71; **6**, 964
TlMoC$_8$H$_5$O$_3$
  TlMo(CO)$_3$Cp, **3**, 1187; **6**, 968
TlMoC$_{10}$H$_{11}$O$_3$
  Mo(TlMe$_2$)(CO)$_3$Cp, **1**, 729; **3**, 1187; **6**, 972
TlMoC$_{12}$H$_{15}$O$_3$
  Mo(TlEt$_2$)(CO)$_3$Cp, **6**, 972
TlMoC$_{20}$H$_{15}$O$_3$
  Mo(TlPh$_2$)(CO)$_3$Cp, **6**, 972
TlMoC$_{27}$H$_{26}$O$_2$P
  Mo(TlMe$_2$)(CO)$_2$Cp(PPh$_3$), **6**, 972
TlMoC$_{37}$H$_{30}$O$_2$P
  Mo(TlPh$_2$)(CO)$_2$Cp(PPh$_3$), **6**, 972
TlMo$_3$C$_{24}$H$_{15}$O$_9$
  Tl{Mo(CO)$_3$Cp}$_3$, **3**, 1187; **6**, 968
TlPdC$_9$H$_{17}$O$_6$P$_2$
  $\overline{\text{CpPd{P(OMe)}_2\text{OTlOP(OMe)}_2}}$, **6**, 451
TlPtC$_{24}$H$_{30}$BrCl$_2$F$_{10}$P$_2$
  PtBrCl$_2${Tl(C$_6$F$_5$)$_2$}(PEt$_3$)$_2$, **6**, 583
TlSiC$_4$H$_{11}$BrCl
  TlBr(Cl)(CH$_2$SiMe$_3$), **1**, 739
TlSiC$_8$H$_{13}$
  Tl(C$_5$H$_4$SiMe$_3$), **1**, 750
TlSiC$_{12}$H$_{25}$O$_4$
  Tl(CH$_2$SiMe$_3$)(O$_2$CPr^i)$_2$, **1**, 746
TlSi$_2$C$_8$H$_{22}$Cl
  TlCl(CH$_2$SiMe$_3$)$_2$, **1**, 731
TlSi$_3$C$_9$H$_{27}$

Tl(SiMe$_3$)$_3$, **1**, 729; **2**, 104
TlSi$_3$C$_{18}$H$_{45}$
  Tl(SiEt$_3$)$_3$, **1**, 729
TlSnC$_{20}$H$_{18}$BrF$_{10}$O
  SnBr(Bu)$_2${OTl(C$_6$F$_5$)$_2$}, **2**, 577
TlVC$_6$O$_6$
  VTl(CO)$_6$, **3**, 656; **6**, 968
TlWC$_8$H$_5$O$_3$
  TlW(CO)$_3$Cp, **3**, 1337
TlWC$_{10}$H$_{11}$O$_3$
  W(TlMe$_2$)(CO)$_3$Cp, **1**, 729; **6**, 972
TlWC$_{12}$H$_{15}$O$_3$
  W(TlEt$_2$)(CO)$_3$Cp, **6**, 972
TlWC$_{20}$H$_{15}$O$_3$
  W(TlPh$_2$)(CO)$_3$Cp, **6**, 972
TlWC$_{27}$H$_{26}$O$_2$P
  W(TlMe$_2$)(CO)$_2$Cp(PPh$_3$), **6**, 972
TlWC$_{37}$H$_{30}$O$_2$P
  W(TlPh$_2$)(CO)$_2$Cp(PPh$_3$), **6**, 972
TlW$_3$C$_{24}$H$_{15}$O$_9$
  Tl{W(CO)$_3$Cp}$_3$, **1**, 729; **3**, 1337; **6**, 973
Tl$_2$B$_9$C$_2$H$_{11}$
  Tl$_2$(C$_2$B$_9$H$_{11}$), **1**, 545
Tl$_2$C$_5$H$_{12}$N$_2$
  (Me$_2$Tl)$_2$CN$_2$, **1**, 729
Tl$_2$C$_6$H$_{12}$
  Me$_2$TlC≡CTlMe$_2$, **1**, 727
Tl$_2$C$_6$H$_{18}$
  [Me$_3$TlTlMe$_3$]$^{2-}$, **1**, 728
Tl$_2$C$_6$H$_{18}$F
  [Me$_3$TlFTlMe$_3$]$^-$, **1**, 728
Tl$_2$C$_{14}$H$_{18}$O$_8$
  MeC(OAc)=C{Tl(OAc)}$_2$C=C(OAc)Me, **1**, 741
Tl$_2$C$_{19}$H$_{16}$O$_3$
  {Me(PhC≡C)Tl}$_2$CO$_3$, **1**, 730
Tl$_2$C$_{24}$H$_{20}$O
  (Ph$_2$Tl)$_2$O, **1**, 730
TmAlC$_{14}$H$_{22}$
  Tm(AlMe$_4$)(Cp)$_2$, **3**, 204
TmC$_{15}$H$_{15}$
  TmCp$_3$, **3**, 180
TmSi$_2$C$_8$H$_{21}$
  Tm(CH$_2$SiMe$_3$)(CHSiMe$_3$), **3**, 199
TmSi$_3$C$_{20}$H$_{49}$O$_2$
  Tm(CH$_2$SiMe$_3$)$_3${$\overline{\text{O(CH}_2\text{)}_3\text{CH}_2}$}$_2$, **3**, 199
Tm$_2$C$_{22}$H$_{26}$
  {TmMe(Cp)$_2$}$_2$, **3**, 204

U

UAl$_3$C$_6$H$_6$Cl$_{12}$
   U(AlCl$_4$)$_3$(C$_6$H$_6$), **3**, 258
UBC$_{15}$H$_{19}$
   U(BH$_4$)Cp$_3$, **3**, 215
UBC$_{16}$H$_{18}$N
   U{BH$_3$(CN)}Cp$_3$, **3**, 217
UBC$_{17}$H$_{23}$
   U{BH$_3$(Et)}Cp$_3$, **3**, 217
UBC$_{19}$H$_{20}$ClN$_6$
   UCl{BH(C$_3$H$_3$N$_2$)$_3$}Cp$_2$, **3**, 220
UBC$_{21}$H$_{23}$
   U{BH$_3$(Ph)}Cp$_3$, **3**, 217
UBC$_{34}$H$_{30}$N
   U{BPh$_3$(CN)}Cp$_3$, **3**, 215
UBC$_{39}$H$_{35}$
   U(BPh$_4$)Cp$_3$, **3**, 215
UBSi$_6$C$_{18}$H$_{58}$N$_3$
   U(BH$_4$){N(SiMe$_3$)$_2$}$_3$, **3**, 256
UB$_2$C$_{10}$H$_{18}$
   U(BH$_4$)$_2$Cp$_2$, **3**, 220
UB$_{18}$C$_4$H$_{22}$Cl$_2$
   [UCl$_2$(C$_2$B$_9$H$_{11}$)$_2$]$^{2-}$, **1**, 517; **3**, 260
UC$_9$H$_{15}$Cl
   UCl(CH$_2$CHCH$_2$)$_3$, **3**, 239
UC$_9$H$_{15}$Cl$_3$O$_2$
   UCl$_3$(Cp)(MeOCH$_2$CH$_2$OMe), **3**, 221
UC$_{10}$H$_{10}$Cl$_2$
   UCl$_2$(Cp)$_2$, **3**, 219
UC$_{10}$H$_{12}$Cl$_2$O$_2$
   UCl$_2$(Cp)(acac), **3**, 222
UC$_{11}$H$_{10}$N
   U(CN)Cp$_2$, **3**, 211
UC$_{12}$H$_{20}$
   U(CH$_2$CHCH$_2$)$_4$, **3**, 239
UC$_{13}$H$_{21}$Cl$_3$O$_2$
   UCl$_3$(Cp){$\overline{\text{O(CH}_2)_3\text{CH}_2}$}$_2$, **3**, 186
UC$_{14}$H$_{15}$Cl$_3$O
   UCl$_3$(C$_9$H$_7$){$\overline{\text{O(CH}_2)_3\text{CH}_2}$}, **3**, 224
UC$_{14}$H$_{20}$S$_2$
   U(SEt)$_2$Cp$_2$, **3**, 220
UC$_{14}$H$_{25}$Cl$_3$O$_2$
   UCl$_3$(C$_5$Me$_5$)(MeOCH$_2$CH$_2$OMe), **3**, 228
UC$_{15}$H$_{15}$
   UCp$_3$, **3**, 211
UC$_{15}$H$_{15}$Cl
   UCl(Cp)$_3$, **3**, 211, 214
UC$_{15}$H$_{15}$ClO$_4$
   U(ClO$_4$)Cp$_3$, **3**, 215
UC$_{15}$H$_{15}$NO$_3$
   U(NO$_3$)Cp$_3$, **3**, 215
UC$_{15}$H$_{16}$
   UH(Cp)$_3$, **3**, 211
UC$_{15}$H$_{19}$ClO$_4$

UCl(Cp)(acac)$_2$, **3**, 220
UC$_{16}$H$_{15}$N
   U(CN)Cp$_3$, **3**, 215
UC$_{16}$H$_{15}$NO
   U(OCN)Cp$_3$, **3**, 215
UC$_{16}$H$_{15}$NS
   U(SCN)Cp$_3$, **3**, 215
UC$_{16}$H$_{16}$
   U(cot)$_2$, **3**, 31, 192, 230
UC$_{16}$H$_{18}$
   UMe(Cp)$_3$, **3**, 243
UC$_{16}$H$_{28}$
   U(CH$_2$CMeCH$_2$)$_4$, **3**, 239
UC$_{17}$H$_{16}$
   U(C≡CH)Cp$_3$, **3**, 243
UC$_{18}$H$_{18}$N$_2$S
   U(NCS)Cp$_3$(MeCN), **3**, 215
UC$_{18}$H$_{20}$
   UCp$_3$(CH$_2$CHCH$_2$), **3**, 243
UC$_{18}$H$_{21}$Cl
   UCl(C$_5$H$_4$Me)$_3$, **3**, 218
UC$_{18}$H$_{22}$
   UPr^i(Cp)$_3$, **3**, 211, 243
UC$_{18}$H$_{30}$N$_2$
   U(NEt$_2$)$_2$Cp$_2$, **3**, 220
UC$_{18}$H$_{31}$Cl$_3$O$_2$
   UCl$_3$(C$_5$Me$_5$){$\overline{\text{O(CH}_2)_3\text{CH}_2}$}$_2$, **3**, 228
UC$_{19}$H$_{15}$N$_3$
   U{C(CN)$_3$}Cp$_3$, **3**, 215
UC$_{19}$H$_{23}$O
   UCp$_3${$\overline{\text{O(CH}_2)_3\text{CH}_2}$}, **3**, 211
UC$_{19}$H$_{24}$O
   U(OBu)Cp$_3$, **3**, 217
UC$_{19}$H$_{25}$N
   U(NEt$_2$)Cp$_3$, **3**, 218
UC$_{19}$H$_{30}$
   U(C$_5$Me$_5$)(CH$_2$CHCH$_2$)$_3$, **3**, 240
UC$_{20}$H$_{20}$
   UCp$_4$, **3**, 211
   UMe$_2$(C$_9$H$_7$)$_2$, **3**, 254
UC$_{20}$H$_{24}$O$_4$
   UCp$_2$(acac)$_2$, **3**, 220
UC$_{20}$H$_{30}$Cl$_2$
   UCl$_2$(C$_5$Me$_5$)$_2$, **3**, 226
UC$_{20}$H$_{30}$N$_2$S$_4$
   U(S$_2$CNEt$_2$)$_2$Cp$_2$, **3**, 220
UC$_{20}$H$_{31}$
   UH(C$_5$Me$_5$)$_2$, **3**, 257
UC$_{21}$H$_{20}$
   UPh(Cp)$_3$, **3**, 243
UC$_{21}$H$_{27}$Cl
   UCl(Cp)$_2${C$_5$Me$_4$(Et)}, **3**, 230
UC$_{21}$H$_{33}$Cl

UC$_{21}$H$_{33}$Cl

UCl(Me)(C$_5$Me$_5$)$_2$, **3**, 249

UC$_{22}$H$_{20}$S$_2$
U(SPh)$_2$Cp$_2$, **3**, 220

UC$_{22}$H$_{26}$N
UCp$_3$(CNCy), **3**, 211

UC$_{22}$H$_{34}$Cl$_2$
UCl$_2${C$_5$Me$_4$(Et)}$_2$, **3**, 230

UC$_{22}$H$_{36}$
U(C$_5$Me$_5$)(CH$_2$CMeCH$_2$)$_3$, **3**, 240
UMe$_2$(C$_5$Me$_5$)$_2$, **3**, 248; **8**, 36

UC$_{22}$H$_{36}$ClN
UCl(NMe$_2$)(C$_5$Me$_5$)$_2$, **3**, 226

UC$_{22}$H$_{45}$N$_3$
U(NEt$_2$)$_3$(C$_5$Me$_5$), **3**, 229

UC$_{23}$H$_{24}$P
U{CH=PMe(Ph)}Cp$_3$, **3**, 255

UC$_{23}$H$_{36}$ClNO
UCl(CONMe$_2$)(C$_5$Me$_5$)$_2$, **3**, 227

UC$_{24}$H$_{32}$
U(C$_8$H$_4$Me$_4$)$_2$, **3**, 235

UC$_{24}$H$_{32}$N$_4$
U{$\overline{\text{MeC=CHCH=C(Me)N}}$}$_4$, **3**, 259

UC$_{24}$H$_{40}$ClN
UCl(NEt$_2$)(C$_5$Me$_5$)$_2$, **3**, 226

UC$_{24}$H$_{42}$N$_2$
U(NMe$_2$)$_2$(C$_5$Me$_5$)$_2$, **3**, 226

UC$_{25}$H$_{35}$ClN
UCl(C$_5$Me$_5$)$_2$(py), **3**, 229

UC$_{25}$H$_{40}$ClNO
UCl(CONEt$_2$)(C$_5$Me$_5$)$_2$, **3**, 227

UC$_{25}$H$_{42}$N$_2$O
U(NMe$_2$)(CONMe$_2$)(C$_5$Me$_5$)$_2$, **3**, 228

UC$_{26}$H$_{32}$
UBu^t$_2$(C$_9$H$_7$)$_2$, **3**, 254

UC$_{26}$H$_{42}$N$_2$O$_2$
U(CONMe$_2$)$_2$(C$_5$Me$_5$)$_2$, **3**, 228

UC$_{27}$H$_{21}$Cl
UCl(C$_9$H$_7$)$_3$, **3**, 223

UC$_{27}$H$_{22}$Cl$_3$OP
UCl$_3$(C$_9$H$_7$)(OPPh$_3$), **3**, 224

UC$_{27}$H$_{35}$ClO
UCl(COPh)(C$_5$Me$_5$)$_2$, **3**, 251

UC$_{28}$H$_{24}$
UMe(C$_9$H$_7$)$_3$, **3**, 254

UC$_{28}$H$_{24}$O
U(OMe)(C$_9$H$_7$)$_3$, **3**, 223, 255

UC$_{28}$H$_{50}$N$_2$
U(NEt$_2$)$_2$(C$_5$Me$_5$)$_2$, **3**, 226

UC$_{29}$H$_{26}$O
U(OEt)(C$_9$H$_7$)$_3$, **3**, 223

UC$_{29}$H$_{50}$N$_2$O
U(NEt$_2$)(CONEt$_2$)(C$_5$Me$_5$)$_2$, **3**, 228

UC$_{30}$H$_{50}$N$_2$O$_2$
U(CONEt$_2$)$_2$(C$_5$Me$_5$)$_2$, **3**, 228

UC$_{31}$H$_{36}$
UBz$_3$(C$_5$Me$_5$), **3**, 255

UC$_{32}$H$_{28}$
U(C$_8$H$_7$C$_8$H$_7$)$_2$, **3**, 235

UC$_{36}$H$_{33}$Cl
UCl(C$_5$H$_4$Bz)$_3$, **3**, 214

UC$_{46}$H$_{42}$Cl$_2$O$_4$P$_2$
UCl$_2$(Cp)(acac)(OPPh$_3$)$_2$, **3**, 222

UC$_{47}$H$_{47}$P$_3$
U(CH$_2$CH$_2$PPh$_2$)$_3$Cp, **3**, 255

UC$_{48}$H$_{50}$
U{$\overline{\text{C(Ph)=C(Ph)C(Ph)=CPh}}$}(C$_5Me_5$)$_2$, **3**, 249

UC$_{64}$H$_{48}$
U(C$_8$H$_4$Ph$_4$)$_2$, **3**, 235

UCo$_3$C$_{25}$H$_{15}$O$_{10}$
U{Co$_3$(CO)$_{10}$}Cp$_3$, **3**, 215; **5**, 165

UFeC$_{25}$H$_{24}$
UFc(Cp)$_3$, **3**, 243

ULi$_2$C$_{38}$H$_{82}$O$_8$
Li$_2$UMe$_6${$\overline{\text{O(CH}_2\text{)}_3\text{CH}_2}$}$_8$, **3**, 241

ULi$_2$C$_{68}$H$_{94}$O$_8$
Li$_2$UPh$_6${$\overline{\text{O(CH}_2\text{)}_3\text{CH}_2}$}$_8$, **3**, 241

ULi$_2$Si$_6$C$_{56}$H$_{120}$O$_8$
Li$_2$U(CH$_2$SiMe$_3$)$_6${$\overline{\text{O(CH}_2\text{)}_3\text{CH}_2}$}$_8$, **3**, 241

ULi$_3$C$_{20}$H$_{48}$O$_6$
Li$_3$UMe$_8${O(CH$_2$CH$_2$)$_2$O}$_3$, **3**, 241

ULi$_3$C$_{52}$H$_{112}$O$_6$
Li$_3$U(CH$_2$Bu^t)$_8${O(CH$_2$CH$_2$)$_2$O}$_3$, **3**, 241

ULi$_3$Si$_8$C$_{44}$H$_{112}$O$_6$
Li$_3$U(CH$_2$SiMe$_3$)$_8${O(CH$_2$CH$_2$)$_2$O}$_3$, **3**, 241

UMn$_4$C$_{20}$O$_{20}$
U{Mn(CO)$_5$}$_4$, **3**, 261

UMo$_2$C$_{26}$H$_{20}$O$_6$
U{Mo(CO)$_3$Cp}$_2$Cp$_2$, **3**, 261

UReC$_{15}$H$_{15}$O$_4$
U(ReO$_4$)Cp$_3$, **3**, 215

USi$_2$C$_{26}$H$_{48}$N
U{N(SiMe$_3$)$_2$}(C$_5$Me$_5$)$_2$, **3**, 229

USi$_3$C$_{24}$H$_{39}$Cl
UCl(C$_5$H$_4$SiMe$_3$)$_3$, **3**, 218

USi$_4$C$_{12}$H$_{36}$N$_2$O$_2$
UO$_2${N(SiMe$_3$)$_2$}$_2$, **2**, 130

USi$_6$C$_{18}$H$_{54}$ClN$_3$
UCl{N(SiMe$_3$)$_2$}$_3$, **2**, 130; **3**, 256

USi$_6$C$_{18}$H$_{54}$N$_3$O
UO{N(SiMe$_3$)$_2$}$_3$, **2**, 130

USi$_6$C$_{18}$H$_{55}$N$_3$
UH{N(SiMe$_3$)$_2$}$_3$, **3**, 257

USi$_6$C$_{19}$H$_{57}$N$_3$
UMe{N(SiMe$_3$)$_2$}$_3$, **3**, 256

U$_2$C$_{30}$H$_{36}$Cl$_5$O$_2$
[U$_2$Cl$_5$(C$_5$H$_4$CH$_2$C$_5$H$_4$)$_2${$\overline{\text{O(CH}_2\text{)}_3\text{CH}_2}$}$_2$]$^-$, **3**, 224

U$_2$C$_{36}$H$_{34}$
Cp$_3$U(C$_6$H$_4$)UCp$_3$, **3**, 243

U$_2$C$_{40}$H$_{64}$
{UH$_2$(C$_5$Me$_5$)$_2$}$_2$, **3**, 229, 249

U$_2$C$_{48}$H$_{52}$P$_2$
{U(CHCH$_2$PPh$_2$)Cp$_2$}$_2$, **3**, 255

U$_2$C$_{48}$H$_{72}$O$_4$
[U(C$_5$Me$_5$)$_2${OC(Me)=C(Me)O}]$_2$, **3**, 250; **8**, 36

U$_2$FeC$_{40}$H$_{38}$
Fe{C$_5$H$_4$(UCp$_3$)}$_2$, **3**, 245

U$_2$PtC$_{34}$H$_{30}$N$_4$
Pt(CN)$_4$(UCp$_3$)$_2$, **3**, 216

U$_2$Si$_2$C$_{32}$H$_{44}$Cl$_5$O$_2$
[U$_2$Cl$_5${C$_5$H$_4$(SiMe$_2$)C$_5$H$_4$}$_2${$\overline{\text{O(CH}_2\text{)}_3\text{CH}_2}$}$_2$]$^-$, **3**, 224

U$_3$C$_{60}$H$_{90}$Cl$_3$
{UCl(C$_5$Me$_5$)$_2$}$_3$, **3**, 229

V

VAlC$_{26}$H$_{20}$Cl$_3$O$_3$P
   V(AlCl$_3$)(CO)$_3$Cp(PPh$_3$), **3**, 666
VAsC$_{12}$H$_{16}$S$_2$
   [V(S$_2$AsMe$_2$)Cp$_2$]$^+$, **3**, 683
VAsC$_{48}$H$_{41}$O$_4$P
   V(CO)$_3${CO(C$_3$H$_2$Ph$_3$)}(arphos), **3**, 663
VAs$_2$C$_{13}$H$_{19}$O$_3$
   VH$_3$(CO)$_3$(diars), **3**, 656
VAs$_2$C$_{14}$H$_{17}$O$_4$
   VH(CO)$_4$(diars), **3**, 656
VAs$_2$C$_{15}$H$_{19}$O$_4$
   VMe(CO)$_4$(diars), **3**, 655
VAs$_2$C$_{17}$H$_{23}$O$_3$
   V(CO)$_3$(MeCHCHCH$_2$)(diars), **3**, 662
VAs$_2$C$_{29}$H$_{20}$O$_5$
   [V(CO)$_5$(Ph$_2$AsAsPh$_2$)]$^-$, **3**, 653
VAs$_2$C$_{32}$H$_{25}$O$_3$
   V(CO)$_3$(Ph$_2$AsAsPh$_2$)Cp, **3**, 665
VAs$_4$C$_{23}$H$_{32}$O$_3$
   [V(CO)$_3$(diars)$_2$]$^+$, **3**, 655
VAuC$_{24}$H$_{15}$O$_6$P
   VAu(CO)$_6$(PPh$_3$), **3**, 656; **6**, 824
VAu$_3$C$_{59}$H$_{45}$O$_5$P$_3$
   VAu$_3$(CO)$_5$(PPh$_3$)$_3$, **3**, 656; **6**, 846
VBC$_7$H$_9$O$_2$
   [V(BH$_4$)(CO)$_2$Cp]$^-$, **3**, 668; **6**, 904
VBC$_{10}$H$_{14}$
   V(BH$_4$)Cp$_2$, **3**, 685; **6**, 901
VB$_2$C$_{12}$H$_{16}$
   V(η^5-C$_5$H$_5$BMe)$_2$, **3**, 674
VB$_{20}$C$_4$H$_{24}$
   [V(C$_2$B$_{10}$H$_{12}$)$_2$]$^{2-}$, **1**, 478; **3**, 674
   V(C$_2$B$_{10}$H$_{12}$)$_2$, **1**, 529
VB$_{20}$C$_8$H$_{32}$
   [V(C$_2$B$_{10}$H$_{10}$Me$_2$)$_2$]$^{2-}$, **3**, 674
VC$_2$O$_2$
   V(CO)$_2$, **3**, 654
VC$_3$H$_5$Cl$_3$
   VCl$_3$(CH$_2$CH=CH$_2$), **7**, 356
VC$_4$H$_{12}$O$_2$
   VMe$_2$(OMe)$_2$, **3**, 660
VC$_5$H$_3$NO$_5$
   [V(CO)$_5$(NH$_3$)]$^-$, **3**, 651, 653
VC$_5$H$_5$Cl$_2$O
   VOCl$_2$(Cp), **3**, 671
VC$_5$H$_5$Cl$_3$
   VCl$_3$(Cp), **3**, 671
VC$_5$H$_5$N$_3$O$_3$
   [V(NO)$_3$Cp]$^+$, **3**, 668
VC$_5$NO$_6$
   V(CO)$_5$(NO), **3**, 652
VC$_6$H$_5$Cl$_2$O
   VOCl$_2$(Ph), **3**, 661
VC$_6$H$_5$Cl$_3$
   VCl$_3$(Ph), **3**, 659
VC$_6$H$_5$N$_2$O$_3$
   V(CO)(NO)$_2$Cp, **3**, 668
VC$_6$H$_6$
   [V(C$_6$H$_6$)]$^+$, **3**, 692
VC$_6$H$_6$Cl$_3$N$_2$
   VCl$_3$(CH$_2$=CHCN)$_2$, **3**, 661
VC$_6$NO$_5$
   [V(CO)$_5$(CN)]$^{2-}$, **3**, 651, 653
VC$_6$O$_6$
   V(CO)$_6$, **3**, 18, 649, 650
   [V(CO)$_6$]$^-$, **3**, 648, 649
VC$_7$H$_{11}$F$_8$N$_2$P$_4$
   VCp{MeN(PF$_2$)$_2$}$_2$, **3**, 665
VC$_7$H$_{14}$Cl$_3$
   VCl$_3$(CH$_2$=CHCH$_2$Bu), **3**, 661
VC$_7$H$_{17}$O$_3$
   MeVO(OPr^i)$_2$, **2**, 845
VC$_8$H$_5$O$_3$
   [V(CO)$_3$Cp]$^{2-}$, **3**, 667, 676
VC$_8$H$_6$O$_3$
   [VH(CO)$_3$Cp]$^-$, **3**, 667, 676
   VH(CO)$_3$Cp, **3**, 668
VC$_9$H$_5$NO$_3$
   [V(CO)$_3$(CN)Cp]$^-$, **3**, 668
VC$_9$H$_5$O$_2$S$_2$
   V(CO)$_2$(CS)$_2$Cp, **3**, 665
VC$_9$H$_5$O$_3$S
   V(CO)$_3$(CS)Cp, **3**, 665
VC$_9$H$_5$O$_4$
   V(CO)$_4$Cp, **3**, 40, 652, 663, 667; **8**, 1016
VC$_9$H$_7$O$_2$
   V(CO)$_2$Cp(HC≡CH), **3**, 666
VC$_9$H$_8$O$_3$
   [VMe(CO)$_3$Cp]$^-$, **3**, 667
VC$_9$H$_{15}$
   V(CH$_2$CHCH$_2$)$_3$, **3**, 662
VC$_{10}$H$_6$O$_4$
   [V(CO)$_4$(C$_6$H$_6$)]$^+$, **3**, 690
VC$_{10}$H$_7$O$_3$
   V(CO)$_3$(C$_7$H$_7$), **3**, 693
VC$_{10}$H$_7$O$_4$
   V(CO)$_4$(η^5-C$_5$H$_4$Me), **3**, 665
   V(CO)$_4$(C$_6$H$_7$), **3**, 691
VC$_{10}$H$_8$NO$_3$
   V(CO)$_3$(CNMe)Cp, **3**, 665
   V(CO)$_3$(MeCN)Cp, **3**, 665

VC$_{10}$H$_{10}$
  VCp$_2$, **2**, 858; **3**, 29, 672, 677; **8**, 219, 311, 1049
VC$_{10}$H$_{10}$Br
  VBr(Cp)$_2$, **3**, 684
VC$_{10}$H$_{10}$BrCl
  VBr(Cl)Cp$_2$, **3**, 684
VC$_{10}$H$_{10}$Cl
  VCl(Cp)$_2$, **3**, 677, 683; **8**, 1049
VC$_{10}$H$_{10}$ClO
  VOCl(Cp)$_2$, **3**, 685
VC$_{10}$H$_{10}$Cl$_2$
  VCl$_2$(Cp)$_2$, **3**, 677, 683, 684; **8**, 341, 1049
VC$_{10}$H$_{10}$S$_5$
  V(S$_5$)Cp$_2$, **3**, 39, 682, 686
VC$_{10}$H$_{10}$Se$_5$
  V(Se$_5$)Cp$_2$, **3**, 682
VC$_{10}$H$_{12}$O
  [VCp$_2$(H$_2$O)]$^+$, **3**, 681
VC$_{10}$H$_{14}$O$_5$
  VO(acac)$_2$, **8**, 1083
VC$_{10}$H$_{24}$O$_2$
  VMe$_2$(OBu^t)$_2$, **3**, 660
VC$_{10}$H$_{24}$O$_3$
  VMe(OPr^i)$_3$, **3**, 660
VC$_{11}$H$_7$O$_5$
  V(CO)$_4$(η^5-C$_5$H$_4$Ac), **3**, 663
VC$_{11}$H$_9$O$_3$
  V(CO)$_3$(C$_7$H$_7$Me), **3**, 693
VC$_{11}$H$_9$O$_4$
  V(CO)$_3$(C$_7$H$_7$OMe), **3**, 693
VC$_{11}$H$_{10}$IO
  VI(CO)Cp$_2$, **3**, 675
VC$_{11}$H$_{10}$O
  V(CO)Cp$_2$, **3**, 675, 676
VC$_{11}$H$_{10}$S$_2$
  VCp$_2$(CS$_2$), **3**, 682
VC$_{11}$H$_{11}$O$_2$
  V(CO)$_2$Cp(CH$_2$=CHCH=CH$_2$), **3**, 667
VC$_{11}$H$_{12}$NO$_3$
  V(CO)$_3$(CHNMe$_2$)Cp, **3**, 665
VC$_{11}$H$_{13}$
  VMe(Cp)$_2$, **3**, 678
VC$_{11}$H$_{13}$Cl
  VCl(Me)Cp$_2$, **3**, 677
VC$_{11}$H$_{13}$S
  V(SMe)Cp$_2$, **3**, 682
VC$_{11}$H$_{14}$O$_3$P
  V(CO)$_3$Cp(PMe$_3$), **3**, 665
VC$_{11}$H$_{23}$Cl$_2$P$_2$
  VCl$_2$(Cp)(PMe$_3$)$_2$, **3**, 671
VC$_{12}$F$_{12}$
  V(C$_6$F$_6$)$_2$, **3**, 689
VC$_{12}$H$_8$F$_4$
  V(C$_6$H$_4$F$_2$)$_2$, **3**, 689
VC$_{12}$H$_9$O$_4$
  V(CO)$_4${η^5-C$_5$H$_4$C(Me)=CH$_2$}, **3**, 663
VC$_{12}$H$_{10}$Cl$_3$O$_2$
  V(O$_2$CCCl$_3$)Cp$_2$, **3**, 670
VC$_{12}$H$_{10}$O$_2$
  [V(CO)$_2$Cp$_2$]$^+$, **3**, 675, 676
VC$_{12}$H$_{11}$IO$_3$
  VI(CO)$_3$(MesH), **3**, 691
VC$_{12}$H$_{11}$O$_3$
  [V(CO)$_3$(MesH)]$^-$, **3**, 691
VC$_{12}$H$_{12}$
  V(C$_6$H$_6$)$_2$, **3**, 658, 687

[V(C$_6$H$_6$)$_2$]$^+$, **3**, 692
VCp(C$_7$H$_7$), **3**, 690; **8**, 1041
[VCp(C$_7$H$_7$)]$^+$, **3**, 692
VC$_{12}$H$_{12}$O$_3$
  VH(CO)$_3$(MesH), **3**, 691
VC$_{12}$H$_{13}$OS
  V(SMe)(CO)Cp$_2$, **3**, 675
VC$_{12}$H$_{13}$S$_2$
  [V(CS$_2$Me)Cp$_2$]$^+$, **3**, 682
  V(CS$_2$Me)Cp$_2$, **3**, 682
VC$_{12}$H$_{14}$
  V(η^5-C$_5$H$_4$Me)$_2$, **3**, 672
VC$_{12}$H$_{14}$Cl$_2$
  VCl$_2$(η^5-C$_5$H$_4$Me)$_2$, **3**, 39, 684
VC$_{12}$H$_{15}$S
  V(SEt)Cp$_2$, **3**, 682
VC$_{12}$H$_{16}$
  VMe$_2$(Cp)$_2$, **2**, 858; **3**, 678, 679
VC$_{12}$N$_9$
  V{C(CN)$_3$}$_3$, **3**, 657
VC$_{13}$H$_{11}$
  [VCp(C$_8$H$_6$)]$^+$, **3**, 694
VC$_{13}$H$_{11}$N
  VCp(C$_7$H$_6$CN), **3**, 692
VC$_{13}$H$_{12}$O$_4$
  [V(CO)$_4$(MesH)]$^+$, **3**, 691
VC$_{13}$H$_{13}$O$_2$
  V(CO)$_2$Cp(chd), **3**, 666
  V(COMe)(CO)Cp$_2$, **3**, 675, 676
VC$_{13}$H$_{13}$O$_4$
  V(CO)$_4$(η^5-C$_5$H$_4$Bu), **3**, 663
VC$_{13}$H$_{14}$
  V(η^5-C$_5$H$_4$Me)(C$_7$H$_7$), **3**, 693
  VCp(C$_7$H$_6$Me), **3**, 692
  VCp(C$_8$H$_9$), **3**, 693
VC$_{13}$H$_{14}$O
  VCp(C$_7$H$_6$OMe), **3**, 692
VC$_{13}$H$_{15}$
  V(CH$_2$CH=CH$_2$)Cp$_2$, **3**, 678
  VCp(C$_8$H$_{10}$), **3**, 694
VC$_{13}$H$_{16}$
  VCp(C$_8$H$_{11}$), **3**, 694
VC$_{13}$H$_{16}$NS$_2$
  [V(S$_2$CNMe$_2$)Cp$_2$]$^+$, **3**, 683
VC$_{13}$H$_{17}$
  VPr(Cp)$_2$, **3**, 677
VC$_{13}$H$_{23}$O$_2$P$_2$
  V(CO)$_2$Cp(PMe$_3$)$_2$, **3**, 665
VC$_{14}$H$_{10}$F$_6$
  VCp$_2$(CF$_3$C≡CCF$_3$), **3**, 679
VC$_{14}$H$_{14}$
  [V(C$_7$H$_7$)$_2$]$^{2+}$, **3**, 693
VC$_{14}$H$_{16}$
  V(C$_6$H$_5$Me)$_2$, **3**, 649, 688
  V(C$_7$H$_7$)(C$_7$H$_9$), **3**, 693
  V(C$_7$H$_8$)$_2$, **3**, 693
VC$_{14}$H$_{16}$N$_2$
  [VCp$_2$(CNMe)$_2$]$^{2+}$, **3**, 681
VC$_{14}$H$_{16}$O$_2$
  VPh$_2$(OMe)$_2$, **3**, 660
VC$_{14}$H$_{17}$
  VCp$_2$(CH$_2$CMeCH$_2$), **3**, 677
VC$_{14}$H$_{18}$
  [V(C$_7$H$_7$)(C$_7$H$_8$)]$^+$, **3**, 693
VC$_{14}$H$_{18}$Cl

VCl(η^5-C$_5$H$_4$Et)$_2$, **3**, 683
VC$_{14}$H$_{20}$
    VEt$_2$(Cp)$_2$, **2**, 858; **3**, 678
VC$_{14}$H$_{35}$N$_3$
    VEt(NEt$_2$)$_3$, **3**, 660
VC$_{15}$H$_{15}$
    V(C$_5$H$_5$)Cp$_2$, **3**, 677, 678
VC$_{15}$H$_{17}$O$_2$
    [VCp$_2$(acac)]$^{2+}$, **3**, 682
VC$_{15}$H$_{19}$OS$_2$
    [V(S$_2$COBu)Cp$_2$]$^+$, **3**, 683
VC$_{15}$H$_{19}$O$_4$
    VCp(acac)$_2$, **3**, 671
VC$_{15}$H$_{20}$NS$_2$
    [V(S$_2$NEt$_2$)Cp$_2$]$^+$, **3**, 683
VC$_{15}$H$_{27}$
    V(EtCHCHCH$_2$)$_3$, **3**, 662
VC$_{15}$H$_{37}$N$_3$
    VPr(NEt$_2$)$_3$, **3**, 660
VC$_{16}$H$_{10}$BrN$_4$
    VBrCp$_2${(NC)$_2$C=C(CN)$_2$}, **3**, 681
VC$_{16}$H$_{10}$F$_5$
    V(C$_6$F$_5$)Cp$_2$, **3**, 677
VC$_{16}$H$_{11}$O$_3$
    V(CO)$_3$(C$_7$H$_7$Ph), **3**, 693
VC$_{16}$H$_{13}$Cl$_2$N$_2$O
    VOCl$_2$(Ph)(bipy), **3**, 661
VC$_{16}$H$_{15}$
    VPh(Cp)$_2$, **3**, 677; **8**, 1046
VC$_{16}$H$_{15}$S
    V(SPh)Cp$_2$, **3**, 682
VC$_{16}$H$_{16}$
    V(cot)$_2$, **3**, 694
VC$_{16}$H$_{16}$O$_4$
    VCp$_2$(MeO$_2$CC≡CCO$_2$Me), **3**, 679
VC$_{16}$H$_{20}$
    V(C$_6$H$_4$Me$_2$)$_2$, **3**, 688
    V(C$_6$H$_5$Et)$_2$, **3**, 687
VC$_{16}$H$_{20}$O$_2$
    VBz$_2$(OMe)$_2$, **3**, 660
VC$_{16}$H$_{39}$N$_3$
    VBu(NEt$_2$)$_3$, **3**, 660
VC$_{17}$H$_{14}$O
    V(CO)Cp(η^5-C$_5$H$_4$Ph), **3**, 675, 676; **8**, 1046
VC$_{17}$H$_{15}$O
    VPh(CO)Cp$_2$, **8**, 1046
VC$_{17}$H$_{17}$S
    V(SBz)Cp$_2$, **3**, 682
VC$_{17}$H$_{21}$O$_3$
    V(OCO$_2$Cy)Cp$_2$, **3**, 670
VC$_{17}$H$_{27}$Cl$_2$O$_2$
    VCl$_2$(Mes){$\overline{\text{O(CH}_2)_3\text{CH}_2}$}$_2$, **3**, 658
VC$_{18}$H$_{15}$
    V(C≡CPh)Cp$_2$, **3**, 678
VC$_{18}$H$_{15}$O$_2$
    V(CO)$_2$Cp(η^4-C$_5$H$_5$Ph), **3**, 675, 676; **8**, 1047
VC$_{18}$H$_{16}$
    VCp(C$_7$H$_6$Ph), **3**, 692
VC$_{18}$H$_{18}$
    VCp(η^5-C$_5$H$_4$CHMePh), **3**, 672
VC$_{18}$H$_{22}$O$_4$
    VCp$_2$(EtO$_2$CCH=CHCO$_2$Et), **3**, 679
VC$_{18}$H$_{24}$
    V(η^6-C$_6$H$_3$Me$_3$)$_2$, **3**, 29, 687
VC$_{19}$H$_{17}$O$_2$
    V(COPh)(CO)Cp$_2$, **3**, 676

VC$_{19}$H$_{20}$
    VCp(η^5-C$_5$H$_4$CMe$_2$Ph), **3**, 672
VC$_{19}$H$_{28}$NS$_2$
    [V(S$_2$CNBu$_2$)Cp$_2$]$^+$, **3**, 683
VC$_{20}$H$_{16}$
    V(C$_{10}$H$_8$)$_2$, **3**, 688
VC$_{20}$H$_{18}$N$_2$
    VCp$_2$(bipy), **3**, 680
VC$_{20}$H$_{27}$O$_5$
    VPh(acac)$_2${$\overline{\text{O(CH}_2)_3\text{CH}_2}$}, **3**, 658
VC$_{21}$H$_{15}$O$_2$
    V(CO)$_2$Cp(PhC≡CPh), **3**, 666
VC$_{22}$H$_{15}$NO$_5$P
    V(CO)$_4$(NO)(PPh$_3$), **3**, 652
VC$_{22}$H$_{18}$
    V(C$_6$H$_4$C$_6$H$_4$)Cp$_2$, **3**, 678
VC$_{22}$H$_{20}$
    V(C$_{10}$H$_7$Me)$_2$, **3**, 688
    VPh$_2$(Cp)$_2$, **2**, 858
VC$_{22}$H$_{20}$N$_2$
    VCp$_2$(PhN=NPh), **3**, 680
VC$_{22}$H$_{20}$S$_2$
    V(SPh)$_2$Cp$_2$, **3**, 682, 686
VC$_{22}$H$_{32}$O$_2$
    VBz$_2$(OBu^t)$_2$, **3**, 660
VC$_{22}$H$_{32}$PS$_2$
    [V(S$_2$PCy$_2$)Cp$_2$]$^+$, **3**, 683
VC$_{23}$H$_{15}$O$_5$P
    V(CO)$_5$(PPh$_3$), **3**, 651
VC$_{23}$H$_{20}$N$_2$
    VCp$_2$(Ph$_2$CN$_2$), **3**, 680
VC$_{23}$H$_{37}$OP
    [V(CO)Cp$_2$(PBu$_3$)]$^+$, **3**, 675
VC$_{24}$F$_{20}$
    V(C$_6$F$_5$)$_4$, **3**, 661
VC$_{24}$H$_{20}$
    V(C$_6$H$_5$C$_6$H$_5$)$_2$, **3**, 658, 687
    VCp$_2$(PhC≡CPh), **3**, 679
VC$_{24}$H$_{20}$O$_2$
    VCp$_2$(PhCOCOPh), **3**, 682
VC$_{24}$H$_{24}$
    VBz$_2$(Cp)$_2$, **2**, 858; **3**, 679
VC$_{24}$H$_{24}$P
    V(CH$_2$CH$_2$PPh$_2$)Cp$_2$, **3**, 679
VC$_{24}$H$_{32}$N$_2$
    [V(CNCy)$_2$Cp$_2$]$^+$, **3**, 676
VC$_{24}$H$_{36}$
    V(C$_6$Me$_6$)$_2$, **3**, 687
VC$_{25}$H$_{20}$O$_4$P
    V(CO)$_4$(CH$_2$CHCH$_2$)(PPh$_3$), **3**, 662
VC$_{26}$H$_{15}$O$_5$
    V(CO)$_5$(η^3-C$_3$Ph$_3$), **3**, 662
VC$_{26}$H$_{20}$
    V(C≡CPh)$_2$Cp$_2$, **3**, 678
VC$_{26}$H$_{20}$O$_3$P
    V(CO)$_3$Cp(PPh$_3$), **3**, 665, 666
VC$_{26}$H$_{20}$O$_6$
    V(O$_2$CPh)$_3$Cp, **3**, 670
VC$_{27}$H$_{21}$N$_6$
    V{C$_6$H$_4$(C$_3$H$_3$N$_2$)}$_3$, **3**, 659
VC$_{28}$H$_{28}$
    VBz$_4$, **1**, 207; **3**, 660
VC$_{28}$H$_{44}$
    V(C$_7$H$_{11}$)$_4$, **3**, 660
VC$_{29}$H$_{44}$O$_5$P$_2$
    [V(CO)$_5$(Cy$_2$PPCy$_2$)]$^-$, **3**, 653

VC$_{30}$H$_{24}$O$_4$P$_2$
   V(CO)$_4$(diphos), **3**, 651, 653

VC$_{30}$H$_{25}$O$_4$P$_2$
   VH(CO)$_4$(diphos), **3**, 655

VC$_{30}$H$_{29}$N$_4$O
   VPh(bipy)$_2${$\overline{O(CH_2)_3CH_2}$}, **3**, 658

VC$_{31}$H$_{41}$O
   V(Mes)$_3${$\overline{O(CH_2)_3CH_2}$}, **3**, 658

VC$_{31}$H$_{53}$O$_2$
   V(Mes)$_2$Cp{$\overline{O(CH_2)_3CH_2}$}$_2$, **3**, 659

VC$_{32}$H$_{25}$O$_3$P$_2$
   V(CO)$_3$(Ph$_2$PPPh$_2$)Cp, **3**, 665

VC$_{32}$H$_{36}$O$_8$
   [V{C$_6$H$_3$(OMe)$_2$}$_4$]$^-$, **3**, 658

VC$_{33}$H$_{29}$O$_2$P$_2$
   V(CO)$_2$Cp(diphos), **3**, 665

VC$_{33}$H$_{45}$
   V(C≡CMes)(η^5-C$_5$Me$_4$Et)$_2$, **3**, 678

VC$_{34}$H$_{25}$O
   V(CO)Cp(PhC≡CPh)$_2$, **3**, 666, 667

VC$_{35}$H$_{25}$O$_2$
   V(CO)$_2$Cp(η^4-C$_4$Ph$_4$), **3**, 666, 667; **6**, 382

VC$_{36}$H$_{24}$O$_3$
   V(C$_6$H$_4$OC$_6$H$_4$)$_3$, **3**, 659

VC$_{36}$H$_{25}$O$_3$
   V(CO)$_2$Cp(C$_5$Ph$_4$O), **3**, 666, 667

VC$_{36}$H$_{30}$P$_2$
   V(C$_6$H$_5$PPh$_2$)$_2$, **3**, 688

VC$_{36}$H$_{34}$P$_2$
   [V(diphos)Cp$_2$]$^+$, **3**, 676

VC$_{36}$H$_{44}$
   V(Mes)$_4$, **3**, 658, 661

VC$_{38}$H$_{30}$OP
   V(CO)Cp(PhC≡CPh)(PPh$_3$), **3**, 666

VC$_{40}$H$_{30}$O$_4$P$_2$
   V(CO)$_4$(PPh$_3$)$_2$, **3**, 651, 652

VC$_{44}$H$_{39}$O$_3$P$_3$
   [V(CO)$_3$(triphos)]$^-$, **3**, 653

VC$_{45}$H$_{30}$O$_3$
   V(CO)$_3$(η^6-C$_6$Ph$_6$), **3**, 691

VC$_{57}$H$_{48}$P$_3$
   V(C$_6$H$_4$CH$_2$PPh$_2$)$_3$, **3**, 659

VCo$_3$C$_{14}$H$_5$O$_9$
   VCo$_3$(CO)$_9$Cp, **6**, 852

VCo$_3$C$_{17}$H$_5$O$_{12}$
   VCo$_3$(CO)$_{12}$Cp, **3**, 670

VCrC$_{18}$H$_{15}$O$_3$
   VCr(CO)$_3$Cp$_3$, **3**, 680; **6**, 824

VCuC$_{26}$H$_{16}$N$_4$O$_6$
   V{Cu(bipy)$_2$}(CO)$_6$, **3**, 656

VGeC$_{16}$H$_{25}$
   V(GeEt$_3$)Cp$_2$, **3**, 680; **6**, 1060

VGeC$_{19}$H$_{31}$
   V(GePr$^i_3$)Cp$_2$, **3**, 680

VGeC$_{28}$H$_{25}$
   V(GePh$_3$)Cp$_2$, **3**, 680

VHgC$_8$H$_5$O$_6$
   V(HgEt)(CO)$_6$, **3**, 656; **6**, 1022

VLi$_2$C$_{12}$H$_{10}$
   V(C$_6$H$_5$Li)$_2$, **3**, 688

VMgC$_{22}$H$_{30}$Cl$_3$O$_2$
   (VBz$_2$Cl)(MgCl$_2$){$\overline{O(CH_2)_3CH_2}$}$_3$, **3**, 657

VNbC$_{19}$H$_{16}$O$_4$
   NbVH(CO)$_4$Cp$_3$, **3**, 714

VPb$_2$C$_{41}$H$_{30}$O$_5$
   [V(PbPh$_3$)$_2$(CO)$_5$]$^-$, **3**, 655; **6**, 1060

VPdC$_{14}$H$_{24}$O$_9$P$_2$
   CpPd{P(OMe)$_2$OV(O)(acac)$\overline{OP}$(OMe)$_2$}, **6**, 451

VSb$_2$C$_{29}$H$_{20}$O$_5$
   [V(CO)$_5$(Ph$_2$SbSbPh$_2$)]$^-$, **3**, 653

VSb$_2$C$_{32}$H$_{25}$O$_3$
   V(CO)$_3$(Ph$_2$SbSbPh$_2$)Cp, **3**, 665

VSiC$_6$HO$_6$
   V(SiH$_3$)(CO)$_6$, **6**, 1045

VSiC$_6$H$_3$O$_6$
   V(SiH$_3$)(CO)$_6$, **3**, 656; **6**, 1060

VSiC$_{10}$H$_{19}$
   VMe(CH$_2$SiMe$_3$)Cp, **3**, 679

VSiC$_{13}$H$_{19}$N
   V(NSiMe$_3$)Cp$_2$, **3**, 680

VSiC$_{14}$H$_{21}$Cl
   VCl(CH$_2$SiMe$_3$)Cp$_2$, **3**, 679

VSiC$_{28}$H$_{25}$N
   V(NSiPh$_3$)Cp$_2$, **2**, 144; **3**, 680

VSi$_2$C$_6$H$_{18}$ClO$_3$
   VO(Cl)(OSiMe$_3$)$_2$, **2**, 158

VSi$_2$C$_{10}$H$_{10}$Cl$_6$
   V(SiCl$_3$)$_2$Cp$_2$, **3**, 680; **6**, 1050, 1060

VSi$_2$C$_{16}$H$_{28}$N
   V{N(SiMe$_3$)$_2$}Cp$_2$, **3**, 681

VSi$_2$C$_{16}$H$_{28}$N$_2$
   V{NN(SiMe$_3$)$_2$}Cp$_2$, **2**, 140; **3**, 680

VSi$_2$C$_{18}$H$_{32}$
   V(CH$_2$SiMe$_3$)$_2$Cp$_2$, **3**, 678

VSi$_3$C$_{12}$H$_{33}$
   V(CH$_2$SiMe$_3$)$_3$, **3**, 657, 660

VSi$_3$C$_{12}$H$_{33}$O
   VO(CH$_2$SiMe$_3$)$_3$, **2**, 93; **3**, 661

VSi$_3$C$_{13}$H$_{36}$NO$_3$
   V(NBu^t)(OSiMe$_3$)$_3$, **2**, 158

VSi$_4$C$_{12}$H$_{36}$N$_4$
   $\overline{V(NMeSiMe_2CH_2SiMe_2NMe)_2}$, **2**, 296

VSi$_4$C$_{16}$H$_{44}$
   V(CH$_2$SiMe$_3$)$_4$, **2**, 93; **3**, 660

VSi$_6$C$_{21}$H$_{57}$
   V{CH(SiMe$_3$)$_2$}$_3$, **3**, 657

VSnC$_{11}$H$_{10}$Cl$_3$O
   V(SnCl$_3$)(CO)Cp$_2$, **3**, 675, 676

VSnC$_{16}$H$_{25}$
   V(SnEt$_3$)Cp$_2$, **3**, 680

VSnC$_{24}$H$_{15}$O$_6$
   V(SnPh$_3$)(CO)$_6$, **3**, 656; **6**, 1060

VSnC$_{26}$H$_{20}$O$_3$
   [V(SnPh$_3$)(CO)$_3$Cp]$^-$, **3**, 668

VSnC$_{64}$H$_{57}$O$_4$P$_3$
   [V(SnPh$_3$)(CO)$_4${MeC(CH$_2$PPh$_2$)$_2$-(CH$_2$PMePh$_2$)}]$^+$, **3**, 655

VSn$_2$C$_7$H$_5$Cl$_6$O$_2$
   [V(SnCl$_3$)$_2$(CO)$_2$Cp]$^{2-}$, **3**, 668

VSn$_2$C$_{41}$H$_{30}$O$_5$
   [V(SnPh$_3$)$_2$(CO)$_5$]$^-$, **3**, 655; **6**, 1060

VTlC$_6$O$_6$
   VTl(CO)$_6$, **3**, 656; **6**, 968

VZnC$_6$H$_5$Cl$_4$
   {VCl$_2$(Ph)}, **3**, 658

V$_2$C$_{10}$O$_{10}$
   V$_2$(CO)$_{10}$, **3**, 654

V$_2$C$_{12}$H$_{12}$
   [V$_2$(C$_5$H$_5$)(C$_7$H$_7$)]$^+$, **3**, 692

V$_2$C$_{12}$H$_{12}$O$_8$P$_2$
   {V(PMe$_2$)(CO)$_4$}$_2$, **3**, 652

$V_2C_{12}N_4O_8$
  {V(CO)$_4$(CN)$_2$}$_2$, **3**, 653
$V_2C_{14}H_{14}O_8$
  {V(CO$_2$H)$_2$Cp}$_2$, **3**, 670
$V_2C_{14}H_{22}S_4$
  {V(SMe)$_2$Cp}$_2$, **3**, 670
$V_2C_{15}F_6O_{12}$
  {(CO)$_6$V}$_2$(CF$_3$CF=CF$_2$), **3**, 655
$V_2C_{15}H_{10}O_5$
  V$_2$(CO)$_5$Cp$_2$, **3**, 665, 669
$V_2C_{16}H_{10}N_2O_4$
  [{V(CO)$_2$(CN)Cp}$_2$]$^{4-}$, **3**, 668
$V_2C_{16}H_{11}O_6$
  {Cp(CO)$_3$V}$_2$H, **3**, 668
$V_2C_{16}H_{16}O_4S_2$
  {V(CO)$_2$(SMe)Cp}$_2$, **3**, 671
$V_2C_{16}H_{18}O_4$
  [V{C$_6$H$_3$(OMe)$_2$}]$_2$, **3**, 658
$V_2C_{18}H_{10}F_{12}S_4$
  [V{SC(CF$_3$)=C(CF$_3$)S}Cp]$_2$, **3**, 672
$V_2C_{18}H_{22}O_8$
  {V(CO$_2$Me)$_2$Cp}$_2$, **3**, 669
$V_2C_{20}H_{16}$
  {V(C$_5$H$_4$C$_5$H$_4$)}$_2$, **3**, 675
$V_2C_{22}H_{16}O_2$
  {V(CO)(C$_5$H$_4$C$_5$H$_4$)}$_2$, **3**, 676
  V$_2$(CO)$_2$(C$_{10}$H$_8$)$_2$, **3**, 676
$V_2C_{22}H_{40}Cl_2P_2$
  {VCl(PEt$_3$)Cp}$_2$, **3**, 671
$V_2C_{24}H_{22}N_2$
  {V(MeCN)(C$_5$H$_4$C$_5$H$_4$)}$_2$, **3**, 675
$V_2C_{28}H_{16}O_8$
  {V(CO)$_4$(azulene)}$_2$, **3**, 664
$V_2C_{30}H_{54}Cl_6N_6$
  [VCl$_2${C(Cl)=NBu^t}(CNBu^t)$_2$]$_2$, **3**, 657
$V_2C_{32}H_{20}N_2O_{10}P_2$
  V$_2$(CO)$_8$(NO)$_2$(Ph$_2$PPPh$_2$), **3**, 652
$V_2C_{32}H_{25}O_4P$
  V$_2$(CO)$_4$Cp$_2$(PPh$_3$), **3**, 669
$V_2C_{34}H_{30}S_2$
  {V(SPh)$_2$Cp}$_2$, **3**, 671
$V_2C_{34}H_{30}Se_2$
  {V(SePh)$_2$Cp}$_2$, **3**, 671
$V_2C_{38}H_{30}O_8$
  {V(CO$_2$Ph)$_2$Cp}$_2$, **3**, 670
$V_2C_{54}H_{66}O_2$
  (Mes)$_3$VOOV(Mes)$_3$, **3**, 658
$V_2C_{56}H_{49}O_5P_3$
  V$_2$(CO)$_5$Cp$_2$(triphos), **3**, 665
$V_2MgC_{44}H_{56}O_{12}$
  {VBz(acac)$_2$}$_2${Mg(acac)$_2$}, **3**, 657
$V_2SiC_{23}H_{29}N$
  (Cp$_2$V)$_2$NSiMe$_3$, **2**, 144
$V_2SiC_{23}H_{29}N$
  V$_2$(NSiMe$_3$)Cp$_4$, **3**, 680
$V_2Si_2C_{16}H_{28}Cl_2N_2$
  {VCl(NSiMe$_3$)Cp}$_2$, **3**, 681
$V_2Si_3C_{19}H_{37}N_3$
  V$_2$(NSiMe$_3$)$_3$Cp$_2$, **2**, 144; **3**, 681
$V_2Si_4C_{22}H_{46}N_4$
  [V{NN(SiMe$_3$)$_2$}Cp]$_2$, **2**, 140
$V_2Si_4C_{48}H_{108}O_7$
  V$_2$O$_3$(OSiBu^t$_3$)$_4$, **2**, 158
$V_2ZnC_{10}H_{26}Cl_6O_2$
  {VCl$_2$(Me)}$_2$, **3**, 657
$V_3AlC_{66}H_{84}O_{18}$
  {VBz(acac)$_2$}$_3${Al(acac)$_3$}, **3**, 657
$V_3C_{24}H_{15}O_9$
  {V(CO)$_3$Cp}$_3$, **3**, 669
$V_4C_{24}H_{20}O_4$
  {V(CO)Cp}$_4$, **3**, 669

W

WAgC$_8$H$_5$O$_3$
    WAg(CO)$_3$Cp, **3**, 1337; **6**, 831
WAgMoC$_{16}$H$_{10}$O$_6$
    [Ag{Mo(CO)$_3$Cp}{W(CO)$_3$Cp}]$^-$, **6**, 846
WAlC$_9$H$_6$Cl$_3$O$_3$
    W(AlCl$_3$)(CO)$_3$(C$_6$H$_6$), **3**, 1364
WAlC$_{12}$H$_{19}$
    WH$_2$(AlHMe$_2$)Cp$_2$, **6**, 954
WAlC$_{13}$H$_{21}$
    WH$_2$(AlMe$_3$)Cp$_2$, **3**, 1344; **6**, 954
WAlC$_{16}$H$_{27}$
    WH$_2$(AlEt$_3$)Cp$_2$, **6**, 954
WAlC$_{26}$H$_{20}$O$_3$
    [W(AlPh$_3$)(CO)$_3$Cp]$^-$, **3**, 1337
WAlC$_{28}$H$_{27}$
    WH$_2$(AlPh$_3$)Cp$_2$, **6**, 954
WAsC$_5$H$_3$O$_5$
    W(CO)$_5$(AsH$_3$), **3**, 797, 863
WAsC$_8$H$_5$Cl$_2$O$_3$
    W(AsCl$_2$)(CO)$_3$Cp, **3**, 1340
WAsC$_8$H$_9$O$_5$S
    W(CO)$_5$(SAsMe$_3$), **3**, 877
WAsC$_{10}$H$_{11}$O$_3$
    W(AsMe$_2$)(CO)$_3$Cp, **3**, 1340; **6**, 786
WAsC$_{12}$H$_{20}$O$_2$P
    W(AsMe$_2$)(CO)$_2$Cp(PMe$_3$), **3**, 1340
WAsC$_{23}$H$_{15}$O$_5$
    W(CO)$_5$(AsPh$_3$), **3**, 1274
WAsC$_{24}$H$_{17}$O$_4$
    W(CO)$_4$(Ph$_2$AsC$_6$H$_4$CH=CH$_2$), **3**, 1324
WAsCoC$_{12}$H$_{11}$NO$_6$
    Cp(CO)$_3$W(AsMe$_2$)Co(CO)$_2$(NO), **3**, 1340
WAsCoC$_{15}$H$_{16}$O$_3$
    WCo(AsMe$_2$)(CO)$_3$Cp$_2$, **6**, 830
WAsCoC$_{16}$H$_{16}$O$_4$
    WCo(AsMe$_2$)(CO)$_4$Cp$_2$, **3**, 1340
WAsCrC$_{14}$H$_{11}$O$_7$
    CrW(AsMe$_2$)(CO)$_7$Cp, **6**, 825
WAsCrC$_{15}$H$_{11}$O$_8$
    (CO)$_5$W(AsMe$_2$)Cr(CO)$_3$Cp, **3**, 966
    Cp(CO)$_3$W(AsMe$_2$)Cr(CO)$_5$, **3**, 1340
WAsFeC$_{12}$H$_{11}$N$_2$O$_7$
    Cp(CO)$_3$W(AsMe$_2$)Fe(CO)$_2$(NO)$_2$, **3**, 1340
WAsFeC$_{14}$H$_{11}$O$_7$
    Cp(CO)$_3$W(AsMe$_2$)Fe(CO)$_4$, **3**, 1340
WAsFe$_2$C$_{17}$H$_{17}$O$_8$S$_2$
    Cp(CO)$_3$W(AsMe$_2$){Fe$_2$(SMe)$_2$(CO)$_5$}, **3**, 1340
WAsGe$_3$C$_{14}$H$_{27}$O$_5$
    W(CO)$_5${As(GeMe$_3$)$_3$}, **3**, 797
WAsMnC$_{17}$H$_{16}$O$_5$
    Cp(CO)$_3$W(AsMe$_2$)Mn(CO)$_2$Cp, **3**, 1340
WAsMoC$_{14}$H$_{11}$O$_7$
    MoW(AsMe$_2$)(CO)$_7$Cp, **6**, 827
WAsMoC$_{15}$H$_{11}$O$_8$
    Cp(CO)$_3$Mo(AsMe$_2$)W(CO)$_5$, **3**, 1191
    Cp(CO)$_3$W(AsMe$_2$)Mo(CO)$_5$, **3**, 1340
WAsNiC$_{10}$H$_{11}$N$_3$O$_6$
    Cp(CO)$_3$W(AsMe$_2$)Ni(NO)$_3$, **3**, 1340
WAsNiC$_{13}$H$_{11}$O$_6$
    Cp(CO)$_3$W(AsMe$_2$)Ni(CO)$_3$, **6**, 20
WAsRu$_3$C$_{21}$H$_{11}$O$_{14}$
    Ru$_3$(CO)$_{11}$[AsMe$_2${W(CO)$_3$Cp}], **4**, 877
WAsSi$_3$C$_{14}$H$_{27}$O$_5$
    W(CO)$_5${As(SiMe$_3$)$_3$}, **3**, 797
WAsSn$_3$C$_{14}$H$_{27}$O$_5$
    W(CO)$_5${As(SnMe$_3$)$_3$}, **3**, 797
WAs$_2$C$_{38}$H$_{30}$ClNO$_3$
    WCl(CO)$_2$(NO)(AsPh$_3$)$_2$, **3**, 1282
WAs$_2$C$_{39}$H$_{30}$Cl$_2$O$_3$
    WCl$_2$(CO)$_3$(AsPh$_3$)$_2$, **3**, 1265, 1364
WAs$_2$Cr$_2$C$_{24}$H$_{22}$O$_{10}$
    W(CO)$_4${(AsMe$_2$)Cr(CO)$_3$Cp}$_2$, **3**, 966
WAs$_2$FeC$_{11}$H$_{12}$O$_7$
    FeW(AsMe$_2$)$_2$(CO)$_7$, **6**, 829
WAs$_2$FeC$_{14}$H$_{17}$O$_5$
    [FeW(AsMe$_2$)$_2$(CO)$_5$Cp]$^+$, **6**, 830
WAs$_2$Fe$_2$C$_{23}$H$_{22}$O$_9$
    WFe$_2$(AsMe$_2$)$_2$(CO)$_9$Cp$_2$, **6**, 830
WAs$_2$Mn$_2$C$_{18}$H$_{12}$O$_{14}$
    W(CO)$_4$[AsMe$_2${Mn(CO)$_5$}]$_2$, **3**, 871
WAs$_2$Re$_2$C$_{18}$H$_{12}$O$_{14}$
    W(CO)$_4${Me$_2$AsRe(CO)$_5$}$_2$, **3**, 871
WAuC$_{26}$H$_{20}$O$_3$P
    WAu(CO)$_3$Cp(PPh$_3$), **3**, 1337; **6**, 802, 831
WBC$_6$H$_3$F$_4$O$_4$
    W(CMe)(BF$_4$)(CO)$_4$, **3**, 1307
WBC$_8$H$_5$Cl$_2$O$_3$
    W(BCl$_2$)(CO)$_3$Cp, **3**, 1337; **6**, 887
WBC$_9$H$_{18}$N$_3$O$_3$
    W{B(NMe$_2$)$_3$}(CO)$_3$, **6**, 881
WBC$_{10}$H$_{12}$F$_3$
    WH$_2$(BF$_3$)Cp$_2$, **3**, 1344; **6**, 881
WBC$_{15}$H$_{11}$O$_4$
    W(CO)$_4$(C$_5$H$_6$BPh), **3**, 1356
WBC$_{16}$H$_{13}$O$_4$
    W(CO)$_4${Ph$\overline{\text{BCHCH(CH}_2\text{)}_2\text{CHCH}}$}, **1**, 401
WBC$_{20}$H$_{15}$O$_3$
    W(BPh$_2$)(CO)$_3$Cp, **6**, 887
WBC$_{26}$H$_{19}$F$_3$O$_3$P
    W(BF$_3$)(CO)$_3$(η^5-C$_5$H$_4$PPh$_3$), **6**, 881
WB$_2$C$_{10}$H$_{18}$O
    WO(BH$_4$)$_2$Cp$_2$, **3**, 1347; **6**, 905
WB$_3$C$_4$H$_8$O$_4$
    [W(B$_3$H$_8$)(CO)$_4$]$^-$, **6**, 917

WB$_3$C$_7$H$_{13}$O$_2$
 W(B$_3$H$_8$)(CO)$_2$Cp, **3**, 1342; **6**, 917

WB$_3$C$_{21}$H$_{15}$O$_3$S$_3$
 W(CO)$_3$\{(PhBS)$_3$\}, **3**, 1372

WB$_9$C$_5$H$_{11}$O$_3$
 [W(C$_2$B$_9$H$_{11}$)(CO)$_3$]$^{2-}$, **1**, 516; **3**, 1356

WB$_9$MoC$_{10}$H$_{11}$O$_8$
 [MoW(C$_2$B$_9$H$_{11}$)(CO)$_8$]$^{2-}$, **6**, 771, 827

WB$_{10}$C$_4$H$_{12}$O$_4$
 [W(B$_{10}$H$_{12}$)(CO)$_4$]$^{2-}$, **1**, 525

WB$_{10}$C$_5$H$_{10}$O$_5$
 [(CO)$_4$W(OCB$_{10}$H$_{10}$)]$^{2-}$, **3**, 1356

WB$_{10}$C$_5$H$_{11}$O$_5$
 [W(CO)$_4$(HOCB$_{10}$H$_{10}$)]$^-$, **1**, 480
 W(CO)$_4$(HOCB$_{10}$H$_{10}$), **1**, 525

WBiC$_{23}$H$_{15}$O$_5$
 W(CO)$_5$(BiPh$_3$), **3**, 797, 863

WBiGe$_3$C$_{14}$H$_{27}$O$_5$
 W(CO)$_5$\{Bi(GeMe$_3$)$_3$\}, **3**, 797

WBiSn$_3$C$_{14}$H$_{27}$O$_5$
 W(CO)$_5$\{Bi(SnMe$_3$)$_3$\}, **3**, 797

WCH$_3$Cl$_3$O
 WO(Cl)$_3$Me, **1**, 207; **3**, 1311

WCH$_3$Cl$_5$
 WCl$_5$(Me), **3**, 1311

WC$_3$H$_9$Cl
 WCl(Me)$_3$, **3**, 1311

WC$_4$Br$_3$O$_3$S
 [WBr$_3$(CO)$_3$(CS)]$^-$, **3**, 1290

WC$_4$ClNO$_5$
 WCl(CO)$_4$(NO), **3**, 1265

WC$_4$H$_{12}$
 WMe$_4$, **3**, 1308

WC$_4$N$_4$O$_2$
 [W(O)$_2$(CN)$_4$]$^{4-}$, **3**, 1139

WC$_4$O$_4$
 [W(CO)$_4$]$^{4-}$, **3**, 1264

WC$_5$ClO$_5$
 WCl(CO)$_5$, **3**, 1265

WC$_5$Cl$_3$O$_5$P
 W(CO)$_5$(PCl$_3$), **3**, 836

WC$_5$FO$_5$
 [WF(CO)$_5$]$^-$, **3**, 1262

WC$_5$HO$_5$S
 [W(SH)(CO)$_5$]$^-$, **3**, 877

WC$_5$HO$_6$
 [W(OH)(CO)$_5$]$^-$, **3**, 1262, 1275

WC$_5$H$_2$O$_5$S
 W(CO)$_5$(H$_2$S), **3**, 1283

WC$_5$H$_3$NO$_5$
 W(CO)$_5$(NH$_3$), **3**, 1103, 1273

WC$_5$H$_3$O$_5$P
 W(CO)$_5$(PH$_3$), **3**, 797, 832

WC$_5$H$_5$ClN$_2$O$_2$
 WCl(NO)$_2$Cp, **3**, 1342

WC$_5$H$_6$N$_2$O$_2$
 WH(NO)$_2$Cp, **3**, 1342

WC$_5$H$_6$N$_3$O$_5$P
 W(CO)$_5$\{P(NH$_2$)$_3$\}, **3**, 836

WC$_5$H$_{13}$Cl$_3$O$_2$
 WCl$_3$(O)Me(OEt$_2$), **8**, 518

WC$_5$H$_{15}$
 WMe$_5$, **3**, 1308

WC$_5$IO$_4$S
 [WI(CO)$_4$(CS)]$^-$, **3**, 1290

WC$_5$NO$_8$
 [W(NO$_3$)(CO)$_5$]$^-$, **3**, 1275

WC$_5$N$_3$O$_5$
 [W(N$_3$)(CO)$_5$]$^-$, **3**, 1272

WC$_5$O$_5$
 [W(CO)$_5$]$^{2-}$, **3**, 1264, 1276

WC$_5$O$_{11}$P
 W(CO)$_5$(P$_4$O$_6$), **3**, 839

WC$_6$F$_3$O$_5$S
 [W(SCF$_3$)(CO)$_5$]$^-$, **3**, 877

WC$_6$HO$_6$
 [W(CHO)(CO)$_5$]$^-$, **3**, 1276

WC$_6$H$_3$ClO$_4$
 WCl(CMe)(CO)$_4$, **3**, 902, 908, 1301

WC$_6$H$_3$IO$_4$S
 WI(CSMe)(CO)$_4$, **3**, 1292

WC$_6$H$_3$O$_5$
 [WMe(CO)$_5$]$^-$, **3**, 1267

WC$_6$H$_5$Cl$_3$
 WCl$_3$(Ph), **3**, 1311

WC$_6$H$_5$Cl$_5$
 WCl$_5$(Ph), **3**, 1311

WC$_6$H$_5$N$_2$O$_3$
 [W(CO)(NO)$_2$Cp]$^+$, **3**, 1342

WC$_6$H$_8$N$_2$O$_2$
 WMe(NO)$_2$Cp, **3**, 1342

WC$_6$H$_8$N$_2$O$_4$
 W(CO)$_4$(en), **3**, 1262

WC$_6$H$_{18}$
 WMe$_6$, **3**, 1308, 1309

WC$_6$H$_{18}$N$_4$O$_4$
 WMe$_4$\{ON(Me)NO\}$_2$, **3**, 1309, 1311

WC$_6$NO$_5$
 [W(CO)$_5$(CN)]$^-$, **3**, 1288

WC$_6$NO$_5$S
 [W(NCS)(CO)$_5$]$^-$, **3**, 1272

WC$_6$NO$_6$
 [W(NCO)(CO)$_5$]$^-$, **3**, 1272

WC$_6$N$_2$O$_4$
 [W(CO)$_4$(CN)$_2$]$^{2-}$, **3**, 1288

WC$_6$N$_3$O$_3$
 [W(CO)$_3$(CN)$_3$]$^{3-}$, **3**, 1288

WC$_6$N$_4$O$_2$
 [W(CO)$_2$(CN)$_4$]$^{4-}$, **3**, 1288

WC$_6$N$_6$
 [W(CN)$_6$]$^{3-}$, **3**, 1139

WC$_6$O$_5$S
 W(CO)$_5$(CS), **3**, 1284, 1290, 1292

WC$_6$O$_6$
 W(CO)$_6$, **3**, 9, 793, 1256; **8**, 12, 538, 601

WC$_7$F$_3$N$_4$O$_5$
 [W(N$_4$CCF$_3$)(CO)$_5$]$^-$, **3**, 1272

WC$_7$H$_2$O$_5$
 W(CO)$_5$(HC≡CH), **3**, 1263

WC$_7$H$_3$IO$_5$S
 WI(CSCOMe)(CO)$_4$, **3**, 1292

WC$_7$H$_3$NO$_4$
 W(CMe)(CN)(CO)$_4$, **3**, 1307

WC$_7$H$_3$NO$_4$S
 W(CMe)(SCN)(CO)$_4$, **3**, 1307

WC$_7$H$_3$O$_6$
 [W(COMe)(CO)$_5$]$^-$, **3**, 1277

WC$_7$H$_3$O$_6$S
 [W(SCOMe)(CO)$_5$]$^-$, **3**, 1287

$WC_7H_5BrO_4$
  WBr(CO)$_4$(CH$_2$CHCH$_2$), **3**, 110, 1326
$WC_7H_5Cl_3O_2$
  WCl$_3$(CO)$_2$Cp, **3**, 1336
$WC_7H_5IO_4S$
  WI(CSEt)(CO)$_4$, **3**, 1304
$WC_7H_5NO_3$
  W(CO)$_2$(NO)Cp, **3**, 1333, 1341
$WC_7H_5N_2O_2$
  [W(CN)(CO)(NO)Cp]$^-$, **3**, 1342
$WC_7H_5O_5$
  [WEt(CO)$_5$]$^-$, **3**, 1277
WC_7H_6O
  W(CO)(HC≡CH)$_3$, **3**, 60, 1263
$WC_7H_7Cl_5$
  WCl$_5$(Bz), **3**, 1311
$WC_7H_9N_5O_3$
  [W(CO)(NO)$_2$(MeCN)$_3$]$^{2+}$, **3**, 1282
$WC_8H_3NO_5$
  W(CO)$_5$(CH$_2$=CHCN), **3**, 1323
$WC_8H_3N_8$
  WH$_3$(CN)$_8$, **3**, 1139
$WC_8H_3O_5$
  [W(C≡CMe)(CO)$_5$]$^-$, **3**, 884
$WC_8H_4O_4$
  W(CO)$_4$(η^4-C$_4$H$_4$), **3**, 1331
$WC_8H_5ClO_3$
  WCl(CO)$_3$Cp, **3**, 1335
$WC_8H_5Cl_2O_3P$
  W(PCl$_2$)(CO)$_3$Cp, **3**, 1340
$WC_8H_5Cl_3O_3$
  WCl$_3$(CO)$_3$Cp, **3**, 1335
$WC_8H_5IO_2S$
  WI(CO)$_2$(CS)Cp, **3**, 1335
$WC_8H_5O_2S$
  [W(CO)$_2$(CS)Cp]$^-$, **3**, 1334
$WC_8H_5O_3$
  [W(CO)$_3$Cp]$^-$, **3**, 1263, 1333; **8**, 1017
  W(CO)$_3$Cp, **8**, 341
$WC_8H_6O_3$
  WH(CO)$_3$Cp, **3**, 1334
$WC_8H_6O_5$
  W(CO)$_5$(MeCH=CH$_2$), **3**, 1323
$WC_8H_6O_5S_2$
  W{C(SMe)$_2$}(CO)$_5$, **3**, 1292, 1295
$WC_8H_6O_6$
  W(CO)$_5$(Me$_2$CO), **3**, 1267, 1323
$WC_8H_7NO_5S$
  W{C(SH)(NMe$_2$)}(CO)$_5$, **3**, 1292
$WC_8H_8N_2O_2$
  W(N$_2$Me)(CO)$_2$Cp, **3**, 1282
$WC_8H_9O_5PS$
  W(CO)$_5$(SPMe$_3$), **3**, 877
$WC_8H_{10}INO$
  WI(NO)Cp(CH$_2$CHCH$_2$), **3**, 1328
$WC_8H_{10}O_4S_2$
  W(CO)$_4$(MeSCH$_2$CH$_2$SMe), **3**, 1284
WC_8H_{24}
  [WMe$_8$]$^{2-}$, **3**, 1309
WC_8H_{28}
  [WMe$_8$]$^{2-}$, **3**, 1310
WC_8N_8
  [W(CN)$_8$]$^{4-}$, **3**, 1135, 1136
$WC_9F_7O_5$
  [W{C(CF$_3$)=CF(CF$_3$)}(CO)$_5$]$^-$, **3**, 1278

$WC_9H_5NO_3$
  W(CN)(CO)$_3$Cp, **3**, 1336
$WC_9H_5NO_3Se$
  W(SeCN)(CO)$_3$Cp, **3**, 1336
$WC_9H_5NO_7$
  W(CO)$_5$(CNCH$_2$CO$_2$Me), **3**, 1289
$WC_9H_5N_2O_2$
  [W(CN)$_2$(CO)$_2$Cp]$^-$, **3**, 1336
$WC_9H_5O_4$
  [W(CO)$_3$(η^5-C$_5$H$_4$CHO)]$^-$, **3**, 1333
$WC_9H_6O_3$
  W(CO)$_3$(C$_6$H$_6$), **3**, 1263, 1359, 1360, 1364
$WC_9H_7IO_2$
  WI(CO)$_2$(C$_7$H$_7$), **3**, 1373
$WC_9H_7O_6$
  [W(CO)$_4$(acac)]$^-$, **3**, 1275
$WC_9H_8O_3$
  WMe(CO)$_3$Cp, **3**, 1335
$WC_9H_8O_3S$
  W(SMe)(CO)$_3$Cp, **3**, 1341, 1378
$WC_9H_8O_6$
  W{C(OMe)Et}(CO)$_5$, **3**, 1294; **8**, 522
  W(CO)$_5${O(CH$_2$)$_3$CH$_2$}, **3**, 1262
$WC_9H_9NO_5$
  W{C(NMe$_2$)Me}(CO)$_5$, **8**, 522
$WC_9H_9N_3O_3$
  W(CO)$_3$(MeCN)$_3$, **3**, 1307, 1367
$WC_9H_{10}BrNO_4$
  WBr(CNEt$_2$)(CO)$_4$, **3**, 1301, 1305
$WC_9H_{10}I_2N_2O_4$
  WI$_2${CN(Me)CH$_2$CH$_2$NMe}(CO)$_4$, **3**, 1294
$WC_9H_{10}O$
  WMe(CO)Cp(HC≡CH), **3**, 109, 1377
$WC_9H_{10}O_2S$
  W(CH$_2$SMe)(CO)$_2$Cp, **3**, 1326
$WC_9H_{11}ClN_2O_2$
  WCl(CO)$_2$(CH$_2$CHCH$_2$)(MeCN)$_2$, **3**, 1327
$WC_9H_{15}Cl$
  WCl(CH$_2$CHCH$_2$)$_3$, **3**, 1326
$WC_9H_{16}NO_4P_2$
  [W(CO)$_3$(NO)(dmpe)]$^+$, **3**, 862
$WC_9H_{20}N_2O_5S$
  W(CO)$_5$(EtNSNEt), **3**, 1272
$WC_{10}H_5F_3O_5$
  W(O$_2$CCF$_3$)(CO)$_3$Cp, **3**, 1335
$WC_{10}H_5NO_5$
  W(CO)$_5$(py), **3**, 1273
$WC_{10}H_6F_4O_3$
  W(CF$_2$CHF$_2$)(CO)$_3$Cp, **3**, 1335
$WC_{10}H_7O_3$
  [W(CO)$_3$(C$_7$H$_7$)]$^+$, **3**, 1367
$WC_{10}H_8O_3$
  W{(CH$_2$)$_3$(C$_5$H$_4$)}(CO)$_3$, **3**, 1278
  W(CO)$_3$(η^6-C$_6$H$_5$Me), **3**, 1360
  W(CO)$_3$(C$_7$H$_8$), **3**, 115, 1263, 1366, 1367
$WC_{10}H_8O_4$
  W(CO)$_3$(η^6-C$_6$H$_5$OMe), **3**, 1360
$WC_{10}H_9NO_4$
  W(CONHMe)(CO)$_3$Cp, **3**, 1278
$WC_{10}H_9O_3$
  [W(CO)$_3$(C$_7$H$_9$)]$^+$, **3**, 1368
  [W(CO)$_3$Cp(CH$_2$=CH$_2$)]$^+$, **3**, 1323, 1324
$WC_{10}H_{10}$
  WCp$_2$, **3**, 1345, 1353
$WC_{10}H_{10}Cl_2$
  WCl$_2$(Cp)$_2$, **3**, 1347

$WC_{10}H_{10}Cl_2O$
  $WOCl_2(Cp)_2$, **3**, 1347
$WC_{10}H_{10}N_2O_5$
  $W\{\overline{CN(Me)CH_2CH_2NMe}\}(CO)_5$, **3**, 1294
  $WO(NO_2)_2Cp_2$, **3**, 1347
$WC_{10}H_{10}N_6O$
  $WO(N_3)_2Cp_2$, **3**, 1347
$WC_{10}H_{10}O$
  $WO(Cp)_2$, **3**, 1346
$WC_{10}H_{10}OS$
  $WO(S)Cp_2$, **3**, 1348
$WC_{10}H_{10}O_2$
  $W(CO)_2Cp(CH_2CHCH_2)$, **3**, 1327
$WC_{10}H_{10}O_3$
  $WH(CO)_3(\eta^5-C_5H_4Et)$, **3**, 1335
$WC_{10}H_{10}O_4S$
  $W(SO_4)Cp_2$, **3**, 1346
$WC_{10}H_{10}O_5S_2$
  $W\{C(SEt)_2\}(CO)_5$, **3**, 895
$WC_{10}H_{10}S_2$
  $W(S_2)Cp_2$, **3**, 1348
$WC_{10}H_{10}S_4$
  $W(S_4)Cp_2$, **3**, 1348
$WC_{10}H_{11}ClO$
  $WCl(CO)Cp(CH_2=CHCH=CH_2)$, **3**, 1377
$WC_{10}H_{11}NO_3$
  $W(COCH_2CH_2NH_2)(CO)_2Cp$, **3**, 1324, 1340
$WC_{10}H_{11}NO_5$
  $W(CO)_5\{\overline{HN(CH_2)_4CH_2}\}$, **3**, 1103
$WC_{10}H_{11}O_2S$
  $W(SMe)(CO)_2(\eta^6-C_6H_5Me)$, **3**, 1365
$WC_{10}H_{12}$
  $WH_2(Cp)_2$, **3**, 1344; **8**, 350
  $[WH_2(Cp)_2]^+$, **3**, 1345
$WC_{10}H_{12}NO_3$
  $[W(CH_2CH_2NH_3)(CO)_3Cp]^+$, **3**, 1324
$WC_{10}H_{12}O_2$
  $WMe(CO)_2Cp(CH_2=CH_2)$, **3**, 105
$WC_{10}H_{12}O_4$
  $W(CO)_4(MeCH=CH_2)_2$, **3**, 1323
$WC_{10}H_{13}$
  $[WH_3(Cp)_2]^+$, **3**, 1344
$WC_{10}H_{15}O_5P$
  $W\{CMe(OMe)\}(CO)_4(PMe_3)$, **3**, 1279
$WC_{10}H_{18}O_4P_6$
  $W(CO)_4\{(PMe)_6\}$, **3**, 854
$WC_{11}H_5BrO_4$
  $WBr(CPh)(CO)_4$, **8**, 522
$WC_{11}H_5ClO_4$
  $WCl(CPh)(CO)_4$, **3**, 1301
$WC_{11}H_5O_5$
  $[WPh(CO)_5]^-$, **3**, 1277
$WC_{11}H_8O_3$
  $W(CO)_3(cot)$, **3**, 136, 1330, 1369
$WC_{11}H_8O_4$
  $W(CO)_4(nbd)$, **3**, 1263
$WC_{11}H_{10}ClNS$
  $WCl(NCS)Cp_2$, **3**, 1346
$WC_{11}H_{10}O$
  $W(CO)Cp_2$, **3**, 1343
$WC_{11}H_{10}O_3$
  $W(CH=CHCOMe)(CO)_2Cp$, **3**, 1377
  $W(CO)_3(C_8H_{10})$, **3**, 1368
  $WMe(CO)_3(\eta^5-C_5H_4CH=CH_2)$, **8**, 564

$WC_{11}H_{11}F_3OS$
  $W(SCF_3)(CO)Cp(MeC\equiv CMe)$, **3**, 1377
$WC_{11}H_{11}NO_3$
  $W(CO)_3(\eta^6-C_6H_5NMe_2)$, **3**, 1360
$WC_{11}H_{12}Cl_2$
  $WH(CHCl_2)Cp_2$, **3**, 1345
$WC_{11}H_{14}$
  $WH(Me)Cp_2$, **3**, 1343
$WC_{11}H_{14}O$
  $WH(OMe)Cp_2$, **3**, 1353, 1355
$WC_{11}H_{24}Cl_3OP$
  $WCl_3(CBu^t)(OPEt_3)$, **3**, 1315
$WC_{11}H_{25}Cl_2OP$
  $WCl_2(O)(CHBu^t)(PEt_3)$, **8**, 523
$WC_{11}H_{27}N$
  $WMe_4(Me_2CNBu^t)$, **3**, 1309
$WC_{12}H_5O_6$
  $[W(COPh)(CO)_5]^-$, **3**, 1277
$WC_{12}H_6O_5$
  $W(CHPh)(CO)_5$, **3**, 1279
$WC_{12}H_6O_6$
  $W\{CPh(OH)\}(CO)_5$, **3**, 1301
$WC_{12}H_7BrO_4$
  $WBr(CTol)(CO)_4$, **3**, 1306
$WC_{12}H_7O_5$
  $[WBz(CO)_5]^-$, **3**, 1277
$WC_{12}H_8O_3$
  $WH(CO)_3(\eta^5\text{-indenyl})$, **8**, 1046
$WC_{12}H_8O_6$
  $W\{CPh(OMe)\}(CO)_5$, **3**, 1294
$WC_{12}H_9F_2$
  $[WH(C_6H_4F)_2]^+$, **3**, 1358
$WC_{12}H_9N_3O_3$
  $W(CO)_3(CH_2=CHCN)_3$, **3**, 1323
$WC_{12}H_{10}F_2$
  $W(\eta^6-C_6H_5F)_2$, **3**, 1357
$WC_{12}H_{10}N_2O$
  $WO(CN)_2Cp_2$, **3**, 1347
$WC_{12}H_{10}N_2O_3$
  $WO(NCO)_2Cp_2$, **3**, 1347
$WC_{12}H_{10}N_2S_2$
  $W(NCS)_2Cp_2$, **3**, 1346
$WC_{12}H_{10}O_2$
  $W(CO)_2Cp_2$, **3**, 1328; **8**, 1048
$WC_{12}H_{10}O_6$
  $W\{CPh(OEt)(CO)_5\}$, **8**, 506
$WC_{12}H_{11}NO_4S$
  $W(CO)_4(CS)(CNCy)$, **3**, 1289
$WC_{12}H_{11}O$
  $[W(CO)Cp(C_6H_6)]^+$, **3**, 1356
$WC_{12}H_{12}$
  $W(C_6H_6)_2$, **3**, 29, 1357
  $[W(C_6H_6)_2]^+$, **3**, 1357
$WC_{12}H_{12}O_2$
  $W(CO)_2Cp(C_5H_7)$, **3**, 1327
$WC_{12}H_{12}O_2S$
  $W(\overline{O_2CCH_2S})Cp_2$, **3**, 1347
$WC_{12}H_{12}O_3$
  $W(CO)_3(\eta^6-C_6H_3Me_3)$, **3**, 1363
$WC_{12}H_{12}O_4$
  $W(CO)_4(\eta^4-C_4Me_4)$, **3**, 1331
  $W(CO)_4(cod)$, **3**, 1263
$WC_{12}H_{13}ClO$
  $WCl(COMe)Cp_2$, **3**, 1348
$WC_{12}H_{13}O$

$WC_{12}H_{13}O$
    $[WMe(CO)Cp_2]^+$, **3**, 1349
$WC_{12}H_{14}$
    $WCp_2(CH_2$=$CH_2)$, **3**, 1323, 1343
    $WH(Cp)(\eta^6\text{-}C_6H_5Me)$, **3**, 1356
$WC_{12}H_{14}O_6$
    $W\{C(OEt)Bu\}(CO)_5$, **8**, 522
$WC_{12}H_{14}S_2$
    $\overline{W(SCH_2CH_2S)}Cp_2$, **3**, 1346
$WC_{12}H_{15}$
    $[WH(Cp)_2(CH_2$=$CH_2)]^+$, **3**, 1343, 1349
$WC_{12}H_{15}NO_6$
    $W\{C(OEt)(NEt_2)\}(CO)_5$, **3**, 1301
$WC_{12}H_{16}NS$
    $[W(SCH_2CH_2NH_2)Cp_2]^+$, **3**, 1347
$WC_{12}H_{16}O$
    $WMe(OMe)Cp_2$, **3**, 1355
    $WO(Me)_2Cp_2$, **3**, 1347
$WC_{12}H_{16}OS_2$
    $WO(SMe)_2Cp_2$, **3**, 1347
$WC_{12}H_{16}S_2$
    $W(SMe)_2Cp_2$, **3**, 1347
$WC_{12}H_{18}$
    $W(CH_2$=$CHCH$=$CH_2)_3$, **3**, 1329
$WC_{12}H_{18}N_2O_4S$
    $W(CO)_4(Bu^tNSNBu^t)$, **3**, 873, 1273
$WC_{12}H_{18}O_3$
    $W(CH_2$=$CHCOMe)_3$, **3**, 1307, 1329
$WC_{12}H_{20}$
    $W(CH_2CHCH_2)_4$, **3**, 1326
$WC_{12}H_{27}O_{12}P_3$
    $W(CO)_3\{P(OMe)_3\}_3$, **3**, 1367
$WC_{13}H_5ClO_4$
    $WCl(CC$≡$CPh)(CO)_4$, **3**, 1301
$WC_{13}H_5O_5$
    $[W(C$≡$CPh)(CO)_5]^-$, **3**, 884
$WC_{13}H_7O_6$
    $[W\{CO(Tol)\}(CO)_5]^-$, **3**, 1277, 1300
$WC_{13}H_8O_3$
    $W(CO)_3(C_{10}H_8)$, **3**, 1361
$WC_{13}H_8O_4$
    $W(CO)_3(\overline{C_6H_4CH}$=$CHOCH$=$CH)$, **3**, 1362
$WC_{13}H_8O_5$
    $W(CO)_5(cot)$, **3**, 1369
$WC_{13}H_8O_5S$
    $W\{CMe(SPh)\}(CO)_5$, **3**, 1302
$WC_{13}H_8O_6$
    $W\{C(OMe)Ph\}(CO)_5$, **3**, 889, 1294
$WC_{13}H_9O_6$
    $[W\{CH(OMe)Ph\}(CO)_5]^-$, **3**, 1278
$WC_{13}H_{12}O_3$
    $W(CO)_2Cp(CH_2\overline{CCHCH_2CH_2}CO)$, **3**, 1328
$WC_{13}H_{14}O_3$
    $W(CO)_3(C_{10}H_{16})$, **3**, 1370
$WC_{13}H_{15}$
    $[WCp_2(CH_2CHCH_2)]^+$, **3**, 1351; **8**, 515
$WC_{13}H_{15}IO_3$
    $WI(CO)_3(\eta^5\text{-}C_5Me_5)$, **3**, 1335
$WC_{13}H_{15}I_3O_3$
    $WI_3(CO)_3(\eta^5\text{-}C_5Me_5)$, **3**, 1335
$WC_{13}H_{16}$
    $\overline{W(CH_2CH_2CH_2)}Cp_2$, **3**, 1351, 1352
$WC_{13}H_{16}O_3$
    $WH(CO)_3(\eta^5\text{-}C_5Me_5)$, **3**, 1334
$WC_{13}H_{17}$
    $[WH(Cp)_2(MeCH$=$CH_2)]^+$, **3**, 1349

$WMe(Cp)_2(CH_2$=$CH_2)$, **3**, 1349; **8**, 376
$[WMe(Cp)_2(CH_2$=$CH_2)]^+$, **3**, 1350; **8**, 514
$WC_{13}H_{18}N_2O_3$
    $W\{CONH(CH_2)_5NH_2\}(CO)_2Cp$, **3**, 1340
$WC_{13}H_{19}N_2O_4$
    $W(CO)_4(Bu^tNCHNBu^t)$, **3**, 873
$WC_{13}H_{20}N_2O_3S_4$
    $W(CO)_3(S_2CNEt_2)_2$, **3**, 1284
$WC_{13}H_{27}Cl_2P_2$
    $[WHCl_2(\eta^6\text{-}C_6H_5Me)(PMe_3)_2]^+$, **3**, 1359
$WC_{13}H_{32}Cl_2OP_2$
    $WO(Cl)_2(CH_2)(PEt_3)_2$, **3**, 1315; **8**, 523
$WC_{13}H_{37}ClP_4$
    $WCl(CH)(PMe_3)_4$, **3**, 1315
$WC_{14}H_3F_{18}N$
    $W(CF_3C$≡$CCF_3)_3(MeCN)$, **3**, 1375
$WC_{14}H_8N_2O_4$
    $W(CO)_4(bipy)$, **3**, 1282
$WC_{14}H_{10}O_2SSe$
    $W(SePh)(CO)_2(CS)Cp$, **3**, 1334
$WC_{14}H_{10}O_6$
    $W\{CPh(OEt)\}(CO)_5$, **3**, 1300
$WC_{14}H_{11}NO_5$
    $W\{CPh(NMe_2)\}(CO)_5$, **3**, 1279
$WC_{14}H_{12}O_2$
    $W(CO)_2Cp(C_7H_7)$, **3**, 1327, 1374
$WC_{14}H_{16}$
    $W(\eta^6\text{-}C_6H_5Me)_2$, **3**, 1357
    $W(C_7H_7)(C_7H_9)$, **3**, 1356
    $WCp_2(MeC$≡$CMe)$, **3**, 1343, 1379
$WC_{14}H_{16}O_2$
    $W(CO)_2(C_6H_8)_2$, **3**, 1330
    $W(\eta^6\text{-}C_6H_5OMe)_2$, **3**, 1357
$WC_{14}H_{16}O_5$
    $WO(OAc)_2Cp_2$, **3**, 1347
$WC_{14}H_{17}$
    $[WCp_2(MeCHCHCH_2)]^+$, **3**, 1348
$WC_{14}H_{17}O$
    $[W(CO)Cp(MeC$≡$CMe)_2]^+$, **3**, 1378
$WC_{14}H_{18}$
    $\overline{W\{CH_2CH(Me)CH_2\}}Cp_2$, **3**, 1352; **8**, 534
    $\overline{W(CH_2CH_2CHMe)}Cp_2$, **8**, 535
$WC_{14}H_{19}$
    $[W(\eta^6\text{-}C_6H_5Me)(CH_2CHCH_2)$-
    $(CH_2$=$CHCH$=$CH_2)]^+$, **3**, 1359
$WC_{14}H_{19}N_2$
    $[W(NCMe)_2(\eta^6\text{-}C_6H_5Me)(CH_2CHCH_2)]^+$, **3**, 1359
$WC_{14}H_{20}N_4O_4$
    $W(CO)_4\{\overline{CN(Me)CH_2CH_2NMe}\}_2$, **3**, 103
$WC_{14}H_{22}IO_4P$
    $WI(CO)(C_7H_7)\{P(OEt)_3\}$, **3**, 1374
$WC_{14}H_{22}O_4S_2$
    $W(CO)_4(Bu^tSCH_2CH_2SBu^t)$, **3**, 1285
$WC_{14}H_{34}Cl_2OP_2$
    $WCl_2(O)(CHMe)(PEt_3)_2$, **8**, 543
$WC_{14}H_{36}Cl_3P_3$
    $WCl_3(CBu^t)(PMe_3)_3$, **3**, 1315
$WC_{14}H_{42}P_4$
    $WMe_2(PMe_3)_4$, **3**, 1311
$WC_{15}H_{10}O_6$
    $W\{C(OMe)(CH$=$CHPh)\}(CO)_5$, **3**, 1302
$WC_{15}H_{12}O_3$
    $WBz(CO)_3Cp$, **8**, 1016
$WC_{15}H_{13}NO_4$
    $W\{C(Tol)(NHCH_2CH$=$CH_2)\}(CO)_4$, **8**, 527
$WC_{15}H_{14}O_2$

W(CH$_2$C$_6$H$_4$Me)(CO)$_2$Cp, **3**, 142

WC$_{15}$H$_{15}$ClN$_2$O$_2$
    WCl(CO)$_2$(CH$_2$CHCH$_2$)(py)$_2$, **3**, 1327

WC$_{15}$H$_{16}$O$_3$
    W(CO)$_3$(C$_8$H$_4$Me$_4$), **3**, 139, 1369

WC$_{15}$H$_{17}$O$_3$
    [WO(acac)Cp$_2$]$^+$, **3**, 1347

WC$_{15}$H$_{18}$ClO$_3$
    [WCl(CO)$_3$(η^6-C$_6$Me$_6$)]$^+$, **3**, 1363, 1364

WC$_{15}$H$_{18}$IO$_3$
    WI(CO)$_3$(η^6-C$_6$Me$_6$), **3**, 1363
    [WI(CO)$_3$(η^6-C$_6$Me$_6$)]$^+$, **3**, 1363

WC$_{15}$H$_{18}$O$_3$
    W(CO)$_3$(η^6-C$_6$Me$_6$), **3**, 1360, 1362

WC$_{15}$H$_{20}$N
    [WCp(MeC≡CMe)$_2$(MeCN)]$^+$, **3**, 1378

WC$_{15}$H$_{24}$O$_4$S$_2$
    W(CO)$_4$\{Bu^{t}S(CH$_2$)$_3$SBu^t\}, **3**, 1285

WC$_{15}$H$_{33}$ClO
    WCl(O)(CH$_2$Bu^t)$_3$, **8**, 518

WC$_{15}$H$_{36}$Cl$_2$OP$_2$
    WCl$_2$(O)(CHEt)(PEt$_3$)$_2$, **8**, 523

WC$_{16}$H$_{10}$ClF$_5$
    WCl(C$_6$F$_5$)Cp$_2$, **3**, 1346

WC$_{16}$H$_{10}$O$_6$
    W\{C(OEt)(C≡CPh)\}(CO)$_5$, **3**, 1301

WC$_{16}$H$_{11}$F$_5$
    WH(C$_6$F$_5$)Cp$_2$, **3**, 1346

WC$_{16}$H$_{11}$NO$_5$
    W\{C=C=C(Ph)NMe$_2$\}(CO)$_5$, **3**, 902

WC$_{16}$H$_{14}$O$_2$
    $\overline{\text{W(OC}_6\text{H}_4\text{O)}}Cp_2$, **3**, 1346

WC$_{16}$H$_{15}$
    WPh(Cp)$_2$, **3**, 1345

WC$_{16}$H$_{15}$F
    WH(C$_6$H$_4$F)Cp$_2$, **3**, 1353

WC$_{16}$H$_{15}$NS
    $\overline{\text{W(SC}_6\text{H}_4\text{NH)}}Cp_2$, **3**, 1347

WC$_{16}$H$_{16}$
    WH(Ph)Cp$_2$, **3**, 1345, 1348, 1353

WC$_{16}$H$_{16}$N$_2$O$_2$
    W\{NPh(N=CMe$_2$)\}(CO)$_2$Cp, **3**, 1325

WC$_{16}$H$_{20}$
    W(CH$_2$CH=CH$_2$)$_2$Cp$_2$, **3**, 1351

WC$_{16}$H$_{23}$BrO$_3$P$_2$
    WBr\{CPh(PMe$_3$)\}(CO)$_3$(PMe$_3$), **3**, 1306

WC$_{16}$H$_{23}$NO$_2$
    W(N=CBu^t)(CO)$_2$Cp, **3**, 1339

WC$_{16}$H$_{28}$O$_2$P$_2$
    $\overline{\text{W\{COCH(PMe}_3\text{)CH=C(O)Me\}}}$Cp(PMe$_3$), **3**, 1377

WC$_{17}$H$_{14}$O$_3$
    W(CO)$_3$(C$_7$H$_7$)$_2$, **3**, 1374

WC$_{17}$H$_{15}$ClO
    WCl(COPh)Cp$_2$, **3**, 1348

WC$_{17}$H$_{16}$O$_2$
    WH(O$_2$CPh)Cp$_2$, **3**, 1353

WC$_{17}$H$_{18}$
    WH(Tol)Cp$_2$, **3**, 1343, 1353

WC$_{17}$H$_{25}$N$_3$OS$_4$
    W(NPh)(CO)(S$_2$CNEt$_2$)$_2$, **3**, 1272

WC$_{17}$H$_{27}$I$_2$N$_3$O$_2$
    WI$_2$(CO)$_2$(CNBu^t)$_3$, **3**, 1122

WC$_{17}$H$_{36}$O$_3$
    W(OBu^t)$_3$(CBu^t), **3**, 1315; **8**, 548

WC$_{17}$H$_{40}$Br$_2$OP$_2$
    WO(Br)$_2$(CHBu^t)(PEt$_3$)$_2$, **3**, 1315

WC$_{17}$H$_{40}$Cl$_2$OP$_2$
    WO(Cl)$_2$(CHBu^t)(PEt$_3$)$_2$, **3**, 1315

WC$_{18}$H$_{10}$F$_{12}$
    W\{C(CF$_3$)=C(CF$_3$)(C$_5$H$_5$)\}Cp(CF$_3$C≡CCF$_3$), **3**, 1377

WC$_{18}$H$_{10}$O$_5$
    W(CPh$_2$)(CO)$_5$, **3**, 1282, 1299, 1302; **8**, 506

WC$_{18}$H$_{15}$N$_3$O$_3$
    W(CO)$_3$(py)$_3$, **3**, 1370

WC$_{18}$H$_{20}$
    WH(CH$_2$Tol)Cp$_2$, **3**, 1353

WC$_{18}$H$_{20}$O$_2$
    W(CO)$_2$(C$_8$H$_{10}$)$_2$, **3**, 1330

WC$_{18}$H$_{23}$NO$_3$
    W(CO)(NCBu^t)Cp\{Me$\overline{\text{CC(Me)C(Me)COO}}$\}, **3**, 1328

WC$_{18}$H$_{24}$O$_4$
    W(CO)$_2$\{MeCH=CHC(Me)=CHCOMe\}$_2$, **3**, 1330

WC$_{19}$H$_5$F$_{17}$S
    W(SC$_6$F$_5$)Cp(CF$_3$C≡CCF$_3$)$_2$, **3**, 1377

WC$_{19}$H$_{12}$O$_5$
    W(CO)$_5$(PhCH=CHPh), **3**, 1323

WC$_{19}$H$_{13}$O$_6$
    [W\{CPh$_2$(OMe)\}(CO)$_5$]$^-$, **3**, 1278

WC$_{19}$H$_{14}$O$_3$
    W(CO)$_3$(PhCH=CHCH=CHPh), **3**, 1361

WC$_{19}$H$_{16}$O$_3$
    W(CO)$_3$\{C$_6$H$_4$(CH$_2$CH$_2$)$_2$C$_6$H$_4$\}, **3**, 1362

WC$_{19}$H$_{23}$O$_2$P
    W(CO)$_2$(η^6-C$_6$H$_3$Me$_3$)(PPhMe$_2$), **3**, 1364

WC$_{19}$H$_{24}$O$_2$P
    [WH(CO)$_2$(η^6-C$_6$H$_3$Me$_3$)(PPhMe$_2$)]$^+$, **3**, 121, 1364

WC$_{19}$H$_{24}$P
    [WH(CH$_2$PMe$_2$Ph)Cp$_2$]$^+$, **8**, 514

WC$_{19}$H$_{30}$O
    W(CO)(EtC≡CEt)$_3$, **3**, 1375

WC$_{19}$H$_{32}$O$_3$
    W(CPh)(OBu^t)$_3$, **8**, 548

WC$_{20}$H$_{15}$ClO
    WCl(CO)Cp(PhC≡CPh), **3**, 1376

WC$_{20}$H$_{15}$NO$_2$
    W(CO)$_2$\{C(Ph)=NPh\}Cp$_2$, **3**, 1325

WC$_{20}$H$_{18}$O
    WO(C$_5$H$_4$)$_2$Cp$_2$, **3**, 1348

WC$_{20}$H$_{20}$O
    WO(Cp)$_4$, **3**, 1348

WC$_{20}$H$_{20}$S
    WS(Cp)$_4$, **3**, 1348

WC$_{20}$H$_{48}$N$_{12}$O$_4$P$_4$
    W(CO)$_4$\{N$_4$P$_4$(NMe$_2$)$_8$\}, **3**, 1272

WC$_{21}$H$_{14}$O$_3$
    W(CO)$_3$($\overline{\text{CH=CHCH=CHC}}$=CPh$_2$), **3**, 1370

WC$_{21}$H$_{16}$O$_4$S
    W(CO)$_3$\{$\overline{\text{CHC(Ph)CHC(Ph)CHSO(Me)}}$\}, **3**, 1372

WC$_{21}$H$_{18}$N$_2$O$_2$
    W\{N=C(C$_5$H$_4$N)CH(Me)Ph\}(CO)$_2$Cp, **3**, 1340

WC$_{21}$H$_{45}$N$_3$
    WMe(NBu^t)(Me$_2$CNBu^t)\{N(Bu^t)C(Me)=CMe$_2$\}, **3**, 1309

WC$_{21}$H$_{46}$P$_2$
    W(CBu^t)(CHBu^t)(CH$_2$Bu^t)(Me$_2$PCH$_2$CH$_2$PMe$_2$), **3**, 78, 1314

WC$_{21}$H$_{48}$P$_2$
    W(CBu^t)(CHBu^t)(CH$_2$Bu^t)(PMe$_3$)$_2$, **3**, 1314

WC$_{22}$H$_{10}$F$_{10}$
    W(C$_6$F$_5$)$_2$Cp$_2$, **3**, 1348

WC$_{22}$H$_{16}$N$_5$O$_3$
    W(CO)$_2$(NO)(bipy)$_2$, **3**, 1282

WC$_{22}$H$_{20}$O
    WO(Ph)$_2$Cp$_2$, **3**, 1347

WC$_{22}$H$_{20}$O$_2$
  W(CO)$_2$Cp{C$_5$H$_5$(C$_5$H$_5$)$_2$}, **3**, 1328
WC$_{23}$H$_{15}$O$_5$P
  W(CO)$_5$(PPh$_3$), **8**, 539
WC$_{23}$H$_{15}$O$_6$P
  W(CO)$_5$(OPPh$_3$), **3**, 846
WC$_{23}$H$_{21}$Cl
  WCl(Cp)(PhC≡CMe)$_2$, **3**, 1376
WC$_{23}$H$_{23}$ClF$_{12}$N$_2$
  WCl(CNBu^t)Cp{$\overline{\text{CF}_3\text{-C}}$=C(CF$_3$)C(CF$_3$)=C(CF$_3$)$\overline{\text{C}}$=NBu^t}, **3**, 1377
WC$_{23}$H$_{32}$O$_3$
  WH(CO)$_3${η^5-C$_5$H$_4$(C$_3$Bu^t$_3$)}, **3**, 1333; **8**, 1017
WC$_{24}$H$_{17}$O$_4$P
  W(CO)$_4$(Ph$_2$PC$_6$H$_4$CH=CH$_2$), **3**, 1324
WC$_{24}$H$_{18}$O$_5$P
  [W(COMe)(CO)$_4$(PPh$_3$)]$^-$, **3**, 1277
WC$_{24}$H$_{20}$NO$_2$P
  W(CO)(NO)Cp(PPh$_3$), **3**, 1342
WC$_{24}$H$_{24}$
  WBz(Tol)Cp$_2$, **3**, 1353
  WBz$_2$(Cp)$_2$, **3**, 1348
WC$_{25}$H$_{15}$O$_5$P
  W(C≡CPPh$_3$)(CO)$_5$, **3**, 1289
WC$_{25}$H$_{17}$O$_6$P
  W(CO)$_5$(OCHCHPPh$_3$), **3**, 1329
WC$_{25}$H$_{19}$O$_4$P
  W(CO)$_4$(CH$_2$CHCHPPh$_3$), **3**, 1329
WC$_{25}$H$_{20}$IOPS
  WI(CO)(CS)Cp(PPh$_3$), **3**, 1334
WC$_{25}$H$_{20}$O
  WO(Ph)Cp(PhC≡CPh), **3**, 1379
WC$_{25}$H$_{21}$O$_5$P
  W{CMe(OMe)}(CO)$_4$(PPh$_3$), **3**, 1271
WC$_{25}$H$_{22}$O$_6$
  W[C(OEt){(CH$_2$)$_3$CH=CPh$_2$}](CO)$_5$, **3**, 1302
WC$_{26}$H$_{19}$O$_3$P
  W(CO)$_3${η^5-C$_5$H$_4$PPh$_3$}, **3**, 1343
WC$_{26}$H$_{20}$O$_3$P
  [W(CO)$_3$Cp(PPh$_3$)]$^+$, **3**, 1334
WC$_{26}$H$_{24}$N$_4$O$_4$
  W(CO)$_4${$\overline{\text{MeC}}$=NC$_6$H$_4$N=C(Me)CH=C(Me)-$\overline{\text{NHC}_6\text{H}_4\text{N}}$=C(Me)$\overline{\text{CH}_2}$}, **3**, 1114
WC$_{26}$H$_{27}$N$_2$O$_2$PS$_4$
  W(CO)$_2$(S$_2$CNMe$_2$)$_2$(PPh$_3$), **3**, 1284
WC$_{27}$H$_{20}$Br$_2$N$_3$O$_3$P
  WBr$_2$(CO)$_3$(PhN=NNPPh$_3$), **3**, 1272
WC$_{28}$H$_{20}$O$_4$P
  W(CPh)(CO)$_4$(PPh$_3$), **3**, 1307
WC$_{28}$H$_{23}$O$_5$P
  W(CO)$_3${$\overline{\text{PhCCHC}}$(Ph)$\overline{\text{CHC}}$(Ph)$\overline{\text{P}}$(OMe)$_2$}, **3**, 1372
WC$_{28}$H$_{24}$ClNO$_3$P$_2$
  WCl(CO)$_2$(NO)(diphos), **3**, 1282
WC$_{28}$H$_{24}$INO$_3$P$_2$
  WI(CO)$_2$(NO)(diphos), **3**, 1265
WC$_{28}$H$_{28}$
  WBz$_4$, **3**, 1308, 1310
WC$_{29}$H$_{24}$NO$_4$P$_2$
  [W(CO)$_3$(NO)(diphos)]$^+$, **3**, 873, 1116
WC$_{30}$F$_{25}$
  W(C$_6$F$_5$)$_5$, **3**, 1308
  [W(C$_6$F$_5$)$_5$]$^-$, **3**, 1310
WC$_{30}$H$_{21}$O$_5$P
  W{CH(Ph)PPh$_3$}(CO)$_5$, **3**, 1278, 1279
WC$_{30}$H$_{23}$N$_2$O$_4$PS

W(CO)$_2$(SO$_2$)(bipy)(PPh$_3$), **3**, 846
WC$_{30}$H$_{30}$P
  [WEt(Cp)$_2$(PPh$_3$)]$^+$, **3**, 1349
WC$_{31}$H$_{24}$O$_5$P$_2$
  W(CO)$_5$(diphos), **3**, 841
WC$_{31}$H$_{29}$IO$_2$P$_2$
  WI(CO)$_2$(diphos)(CH$_2$CHCH$_2$), **3**, 119
WC$_{34}$H$_{25}$ClO
  WCl(CO)(η^4-C$_4$Ph$_4$)Cp, **3**, 1331
WC$_{34}$H$_{28}$O$_2$
  W(CO)$_2$(PhCH=CHCH=CHPh)$_2$, **3**, 1361
WC$_{35}$H$_{35}$P$_2$
  [WCp(MeC≡CMe)(diphos)]$^+$, **3**, 1378
WC$_{35}$H$_{63}$N$_7$
  [W(CNBu^t)$_7$]$^{2+}$, **3**, 1140
WC$_{37}$H$_{30}$Cl$_3$O$_3$P$_2$
  WCl$_3$(CO)(OPPh$_3$)$_2$, **3**, 846
WC$_{38}$H$_{30}$ClNO$_3$P$_2$
  WCl(CO)$_2$(NO)(PPh$_3$)$_2$, **3**, 1282
WC$_{39}$H$_{30}$Br$_2$O$_2$P$_2$S
  WBr$_2$(CO)$_2$(CS)(PPh$_3$)$_2$, **3**, 1292
WC$_{39}$H$_{30}$Cl$_2$O$_3$P$_2$
  WCl$_2$(CO)$_3$(PPh$_3$)$_2$, **3**, 1265, 1364
WC$_{39}$H$_{30}$O$_3$P$_3$
  [W(PPh$_2$)$_3$(CO)$_3$]$^{3-}$, **3**, 839
WC$_{41}$H$_{30}$O$_5$P$_2$
  W{C(PPh$_3$)$_2$}(CO)$_5$, **3**, 1278
WC$_{42}$H$_{30}$N$_6$
  W(CNPh)$_6$, **3**, 1140
WC$_{43}$H$_{30}$O
  W(CO)(PhC≡CPh)$_3$, **3**, 1375
WC$_{43}$H$_{36}$N$_4$O$_2$P$_2$
  W(CO)(NO)(PhNNNH)(PPh$_3$)$_2$, **3**, 1272
WC$_{49}$H$_{40}$N$_4$O$_2$P$_2$
  W(CO)(NO)(PhNNNPh)(PPh$_3$)$_2$, **3**, 1282
WC$_{54}$H$_{48}$OP$_4$S
  W(CO)(CS)(diphos)$_2$, **3**, 1267, 1292
WC$_{55}$H$_{51}$OP$_4$S
  [W(CSMe)(CO)(diphos)$_2$]$^+$, **3**, 1292, 1304
WC$_{56}$H$_{48}$O$_4$P$_4$
  W(CO)$_4$(diphos)$_2$, **3**, 841
WC$_{57}$H$_{45}$O$_{12}$P$_3$
  W(CO)$_3${P(OPh)$_3$}$_3$, **8**, 355
WC$_{58}$H$_{40}$O$_2$
  W(CO)$_2$(η^4-C$_4$Ph$_4$)$_2$, **3**, 1263
WC$_{60}$H$_{51}$P$_3$
  W(CH$_2$PPh$_3$)$_3$, **3**, 1308
WCdC$_8$H$_5$BrO$_3$
  W(CdBr)(CO)$_3$Cp, **6**, 1033
WCoC$_9$O$_9$
  [WCo(CO)$_9$]$^-$, **6**, 830
WCoC$_{12}$H$_5$O$_7$
  WCo(CO)$_7$Cp, **3**, 1337; **6**, 779, 830
WCoC$_{16}$H$_{15}$O
  WCo(CO)Cp$_3$, **3**, 1333
WCoC$_{38}$H$_{28}$O$_4$P$_2$
  [W(CO)$_4${Co(η^5-C$_5$H$_4$PPh$_2$)$_2$}], **3**, 853
  [W(CO)$_4${Co(η^5-C$_5$H$_4$PPh$_2$)$_2$}]$^+$, **5**, 247
WCoFeC$_{13}$H$_5$O$_8$S
  WFeCo(S)(CO)$_8$Cp, **3**, 1336, 1337; **6**, 854
WCoHgC$_{12}$H$_5$O$_7$
  Hg{W(CO)$_3$Cp}{Co(CO)$_4$}, **6**, 1014
WCo$_2$C$_{13}$H$_3$O$_{11}$P
  Co$_2$(CMe){PW(CO)$_5$}(CO)$_6$, **5**, 168

WCo$_2$C$_{14}$H$_6$O$_8$
   WCo$_2$(CH)(CO)$_8$Cp, **5**, 177; **6**, 854
WCo$_2$C$_{21}$H$_{12}$O$_8$
   WCo$_2$(CTol)(CO)$_8$Cp, **5**, 168
WCo$_2$TlC$_{16}$H$_5$O$_{11}$
   Tl{Co(CO)$_4$}$_2${W(CO)$_3$Cp}, **6**, 973
WCo$_3$C$_{16}$H$_5$O$_{11}$
   WCo$_3$(CO)$_{11}$Cp, **3**, 1336, 1337; **6**, 771, 854
WCrC$_{10}$HO$_{10}$
   [(CO)$_5$Cr(H)W(CO)$_5$]$^-$, **3**, 816
WCrC$_{10}$O$_{10}$
   [CrW(CO)$_{10}$]$^{2-}$, **6**, 825
WCrC$_{12}$H$_{12}$O$_8$P$_2$
   CrW(PMe$_2$)$_2$(CO)$_8$, **3**, 861; **6**, 782, 825
WCrC$_{13}$H$_5$Cl$_2$O$_8$P
   Cp(CO)$_3$W(PCl$_2$)Cr(CO)$_5$, **3**, 1340
WCrC$_{14}$H$_7$NO$_8$
   CrW(CO)$_8$(η^6-C$_6$H$_5$NH$_2$), **3**, 1014
WCrC$_{14}$H$_8$O$_8$S
   (CO)$_5$Cr(SMe)W(CO)$_3$Cp, **3**, 1341
WCrC$_{14}$H$_{12}$O$_{10}$P$_2$
   CrW(Me$_2$PPMe$_2$)(CO)$_{10}$, **6**, 782
WCrC$_{15}$H$_{12}$O$_5$
   CrWH$_2$(CO)$_5$Cp$_2$, **6**, 825
WCrC$_{16}$H$_{10}$O$_6$
   CrW(CO)$_6$Cp$_2$, **6**, 792, 825
WCrC$_{16}$H$_{16}$O$_{10}$P$_2$
   (CO)$_5$Cr(dmpe)W(CO)$_5$, **3**, 847
WCrC$_{26}$H$_{20}$O$_4$S$_2$
   Cp$_2$W(SPh)$_2$Cr(CO)$_4$, **3**, 1346
WCrC$_{40}$H$_{30}$O$_4$P$_2$
   W(CO)$_4$[{Ph$_2$P(C$_6$H$_5$)}$_2$Cr], **3**, 854
WCrSbC$_{13}$H$_5$Br$_2$O$_8$
   Cp(CO)$_3$W(SbBr$_2$)Cr(CO)$_5$, **3**, 1340
WCuC$_8$H$_7$O$_4$
   Cu{W(CO)$_3$Cp}(H$_2$O), **3**, 1337
WCuMoC$_{16}$H$_{10}$O$_6$
   [MoWCu(CO)$_6$Cp$_2$]$^-$, **6**, 846
WDyC$_{18}$H$_{15}$O$_3$
   DyW(CO)$_3$Cp$_3$, **3**, 207
WErC$_{18}$H$_{15}$O$_3$
   ErW(CO)$_3$Cp$_3$, **3**, 207
WFeC$_{12}$H$_8$O$_5$
   WFe(CH=CH$_2$)(CO)$_5$Cp, **6**, 830
WFeC$_{15}$H$_9$BrO$_4$
   WBr(CFc)(CO)$_4$, **3**, 1301, 1305
WFeC$_{15}$H$_{10}$O$_5$
   WFe(CO)$_5$Cp$_2$, **6**, 769, 779, 830
WFeC$_{18}$H$_{14}$O$_6$
   W{C(OEt)Fc}(CO)$_5$, **3**, 1301
WFeC$_{20}$H$_{13}$O$_7$
   WFe(CO)$_6$Cp(CH$_2$=CHCOPh), **6**, 784
WFeC$_{20}$H$_{14}$O$_6$
   (CO)$_3$W(C$_7$H$_7$C$_7$H$_7$)Fe(CO)$_3$, **3**, 1373
WFeC$_{31}$H$_{20}$O$_7$P$_2$
   WFe(PPh$_2$)$_2$(CO)$_7$, **6**, 829; **8**, 331
WFeC$_{38}$H$_{28}$O$_4$P$_2$
   W(CO)$_4$[{Ph$_2$P(C$_5$H$_4$)}$_2$Fe], **3**, 853
WFePtC$_{20}$H$_{12}$O$_7$
   WFePt(CTol)(CO)$_7$Cp, **6**, 854
WFeRhC$_{28}$H$_{19}$O$_6$
   WFeRh(CTol)(CO)$_6$Cp(C$_9$H$_7$), **6**, 854
WFe$_5$C$_{18}$O$_{17}$
   [WFe$_5$(CO)$_{17}$C]$^{2-}$, **4**, 647; **6**, 773, 854

WGaC$_{10}$H$_{11}$O$_3$
   W(GaMe$_2$)(CO)$_3$Cp, **1**, 719; **6**, 957
WGaC$_{12}$H$_{15}$O$_3$
   W(GaEt$_2$)(CO)$_3$Cp, **1**, 719; **6**, 957
WGaC$_{26}$H$_{20}$O$_3$
   [W(GaPh$_3$)(CO)$_3$Cp]$^-$, **3**, 1337
   [W(GaPh$_3$)(CO)$_3$Cp]$^-$, **6**, 957
WGaC$_{27}$H$_{26}$O$_2$P
   W(GaMe$_2$)(CO)$_2$Cp(PPh$_3$), **1**, 719; **6**, 957
WGeC$_9$H$_8$Cl$_2$O$_6$
   W[GeCl$_2${O(CH$_2$)$_3$CH$_2$}](CO)$_5$, **6**, 1054
WGeC$_{11}$H$_{14}$O$_3$
   W(GeMe$_3$)(CO)$_3$Cp, **3**, 1338
WGeC$_{23}$H$_{15}$O$_5$
   [W(GePh$_3$)(CO)$_5$]$^-$, **6**, 1046
WGeC$_{26}$H$_{20}$O$_3$
   W(GePh$_3$)(CO)$_3$Cp, **8**, 1046
WGeC$_{28}$H$_{26}$
   WH(GePh$_3$)Cp$_2$, **3**, 1348
WGePtC$_{52}$H$_{44}$O$_3$P$_2$
   Pt{W(CO)$_3$Cp}(GePh$_3$)(diphos), **6**, 778, 830
WGeSi$_4$C$_{18}$H$_{38}$O$_4$
   W[Ge{CH(SiMe$_3$)$_2$}$_2$](CO)$_4$, **2**, 129
WGe$_2$C$_{11}$H$_{18}$O$_5$Se
   W(CO)$_5${Se(GeMe$_3$)$_2$}, **3**, 1262
WGe$_2$C$_{11}$H$_{18}$O$_5$Te
   W(CO)$_5${Te(GeMe$_3$)$_2$}, **2**, 447; **3**, 880, 1262
WGe$_3$C$_{14}$H$_{27}$O$_5$P
   W(CO)$_5${P(GeMe$_3$)$_3$}, **3**, 832
WGe$_3$SbC$_{14}$H$_{27}$O$_5$
   W(CO)$_5${Sb(GeMe$_3$)$_3$}, **3**, 797
WHgC$_8$H$_5$ClO$_3$
   W(HgCl)(CO)$_3$Cp, **3**, 1339
WHgC$_8$H$_5$IO$_2$S
   W(HgI)(CO)$_2$(CS)Cp, **3**, 1334
WHgC$_{13}$H$_8$Cl$_2$N$_2$O$_3$
   WCl(HgCl)(CO)$_3$(bipy), **6**, 991
WHgC$_{24}$H$_{20}$Cl$_2$NO$_2$P
   W(CO)(NO)Cp(HgCl$_2$)(PPh$_3$), **3**, 1342
WHgC$_{30}$H$_{24}$Cl$_2$O$_4$P$_2$
   W(CO)$_4$(HgCl$_2$)(diphos), **6**, 988
WHg$_2$C$_{14}$H$_8$Cl$_4$N$_2$O$_4$
   W(CO)$_4$(HgCl$_2$)$_2$(bipy), **6**, 985
WHoC$_{18}$H$_{15}$O$_3$
   HoW(CO)$_3$Cp$_3$, **3**, 207
WInC$_5$Br$_3$O$_5$
   [W(InBr$_3$)(CO)$_5$]$^{2-}$, **6**, 962
WInC$_8$H$_5$Cl$_2$O$_3$
   W(InCl$_2$)(CO)$_3$Cp, **6**, 962
WInC$_{26}$H$_{19}$Br$_3$O$_3$P
   W(InBr$_3$)(CO)$_3$(η^5-C$_5$H$_4$PPh$_3$), **6**, 962
WInC$_{26}$H$_{20}$O$_3$
   [W(InPh$_3$)(CO)$_3$Cp]$^-$, **1**, 719; **3**, 1377; **6**, 962
WLi$_4$C$_{24}$H$_{21}$
   WH(LiPh)$_4$, **3**, 1310
WLi$_4$C$_{36}$H$_{30}$
   WPh$_2$(LiPh)$_4$, **3**, 1310
WLi$_4$C$_{52}$H$_{70}$O$_4$
   WPh$_2$(LiPh)$_4$(Et$_2$O)$_4$, **3**, 1310
WMgC$_{12}$H$_{13}$BrO$_4$
   W[MgBr{O(CH$_2$)$_3$CH$_2$}](CO)$_3$Cp, **3**, 1339
WMnC$_{10}$O$_{10}$
   [WMn(CO)$_{10}$]$^-$, **6**, 796, 829

WMnC$_{12}$H$_6$O$_{10}$P
   (CO)$_5$W(PMe$_2$)Mn(CO)$_5$, **3**, 846
WMnC$_{13}$H$_5$BrO$_7$
   WBr{CMn(CO)$_3$Cp}(CO)$_4$, **3**, 1301, 1305
WMnC$_{13}$H$_5$O$_8$
   WMn(CO)$_8$Cp, **3**, 1337; **6**, 779, 802, 829
WMnC$_{15}$H$_9$O$_5$
   WMn(CO)$_5$(C$_5$H$_4$)Cp, **4**, 80; **6**, 829
WMnC$_{16}$H$_5$O$_9$
   WMn(CPh)(CO)$_9$, **6**, 829
WMnC$_{16}$H$_{10}$O$_9$
   W[C(OEt){Mn(CO)$_3$Cp}](CO)$_5$, **3**, 1301
WMoC$_{12}$H$_{12}$O$_8$P$_2$
   MoW(PMe$_2$)$_2$(CO)$_8$, **3**, 861; **6**, 782, 827
WMoC$_{13}$H$_5$Cl$_2$O$_8$P
   Cp(CO)$_3$W(PCl$_2$)Mo(CO)$_5$, **3**, 1340
WMoC$_{14}$H$_5$NO$_7$
   MoW(CO)$_7$(PhCN), **6**, 783
WMoC$_{14}$H$_{10}$O$_4$
   MoW(CO)$_4$Cp$_2$, **3**, 1181
WMoC$_{14}$H$_{12}$O$_{10}$P$_2$
   MoW(Me$_2$PPMe$_2$)(CO)$_{10}$, **6**, 782
WMoC$_{15}$H$_{12}$O$_5$
   MoWH$_2$(CO)$_5$Cp$_2$, **6**, 774, 827
WMoC$_{16}$H$_{10}$O$_6$
   MoW(CO)$_6$Cp$_2$, **3**, 1182, 1187, 1333; **6**, 779, 797, 827
WMoC$_{16}$H$_{16}$O$_{10}$P$_2$
   (CO)$_5$Mo(dmpe)W(CO)$_5$, **3**, 847
WMoC$_{19}$H$_{10}$O$_7$
   MoW(CPh)(CO)$_7$Cp, **6**, 827
WMoC$_{20}$H$_{17}$NO$_7$
   MoW(CO)$_7${Mes(CH$_2$)$_3$CN}, **3**, 1271
WMoC$_{26}$H$_{20}$O$_4$S$_2$
   Cp$_2$W(SPh)$_2$Mo(CO)$_4$, **3**, 1346
WMoSbC$_{13}$H$_5$Br$_2$O$_8$
   Cp(CO)$_3$Mo(SbBr$_2$)W(CO)$_5$, **3**, 1191
   Cp(CO)$_3$W(SbBr$_2$)Mo(CO)$_5$, **3**, 1340
WNbC$_{16}$H$_{11}$O$_6$
   NbWH(CO)$_6$Cp$_2$, **3**, 714
WNbC$_{18}$H$_{15}$O$_3$
   NbW(CO)$_3$Cp$_3$, **6**, 825
WNiC$_{14}$H$_{10}$O$_4$
   WNi(CO)$_4$Cp$_2$, **6**, 203, 792, 830
WNiC$_{44}$H$_{35}$ClO$_3$P$_2$
   NiCl{W(CO)$_3$Cp}(PPh$_3$)$_2$, **3**, 1337
WNiSbC$_{13}$H$_{11}$O$_6$
   Ni(CO)$_3${SbMe$_2$W(CO)$_3$Cp}, **6**, 20
WOs$_3$C$_{16}$H$_7$O$_{11}$
   WOs$_3$H$_2$(CO)$_{11}$Cp, **3**, 1337
WOs$_3$C$_{16}$H$_8$O$_{11}$
   WOs$_3$H$_3$(CO)$_{11}$Cp, **6**, 777, 802, 854
WOs$_3$C$_{17}$H$_6$O$_{12}$
   WOs$_3$H(CO)$_{12}$Cp, **6**, 777, 802, 854
WPbC$_{11}$H$_{14}$O$_3$
   W(PbMe$_3$)(CO)$_3$Cp, **3**, 1338
WPbC$_{23}$H$_{15}$O$_5$
   [W(PbPh$_3$)(CO)$_5$]$^-$, **2**, 668; **6**, 1046
WPbC$_{28}$H$_{26}$
   WH(PbPh$_3$)Cp$_2$, **3**, 1348
WPb$_2$C$_{11}$H$_{18}$O$_5$Se
   W(CO)$_5${Se(PbMe$_3$)$_2$}, **3**, 1262
WPb$_2$C$_{11}$H$_{18}$O$_5$Te
   W(CO)$_5${Te(PbMe$_3$)$_2$}, **3**, 880, 1262
WPtC$_{14}$H$_{24}$O$_6$P$_2$
   WPt{C(Me)OMe}(CO)$_5$(PMe$_3$)$_2$, **6**, 830
WPtC$_{18}$H$_{23}$N$_2$O$_3$

   WPt(CO)$_3$(CNBu^t)$_2$Cp, **6**, 830
WPtC$_{21}$H$_{30}$O$_2$P$_2$
   WPt(CTol)(CO)$_2$Cp(PMe$_3$)$_2$, **6**, 830
WPtC$_{21}$H$_{34}$O$_4$P$_3$
   [WPt(CTol)(CO)$_4$(PMe$_3$)$_3$]$^+$, **6**, 830
WPtC$_{23}$H$_{37}$O$_6$P$_3$
   WPt{C(Tol)CO$_2$Me}(CO)$_4$(PMe$_3$)$_3$, **6**, 830
WPtC$_{30}$H$_{32}$O$_2$P$_2$
   WPt(CPh)(CO)$_2$Cp(PMe$_2$Ph)$_2$, **6**, 483
WPt$_2$C$_{25}$H$_{44}$O$_7$P$_4$
   WPt$_2${C(Ph)OMe}(CO)$_6$(PMe$_3$)$_4$, **6**, 484
WPt$_2$C$_{50}$H$_{74}$O$_7$P$_2$
   WPt$_2${C(Ph)OMe}(CO)$_6$(PCy$_3$)$_2$, **6**, 855
WReC$_{10}$O$_{10}$
   [WRe(CO)$_{10}$]$^-$, **6**, 796, 829
WReC$_{12}$H$_6$O$_{10}$P
   (CO)$_5$W(PMe$_2$)Re(CO)$_5$, **3**, 846
WReC$_{13}$H$_5$O$_8$
   WRe(CO)$_8$Cp, **3**, 1337; **6**, 792, 829
WReC$_{14}$H$_{19}$O$_8$P$_2$S
   (CO)$_5$W(SH)Re(CO)$_3$(PMe$_3$)$_2$, **4**, 187
WReC$_{16}$H$_5$O$_9$
   WRe(CPh)(CO)$_9$, **6**, 829
WReC$_{18}$H$_{15}$O$_3$
   WRe(CO)$_3$Cp$_3$, **3**, 1355; **6**, 829
WReC$_{19}$H$_{14}$O$_9$P
   WRe{C(Ph)PMe$_3$}(CO)$_9$, **4**, 224; **6**, 829
WReC$_{20}$H$_{19}$O$_9$
   WRe(CO)$_9${C(C$_{10}$H$_{19}$)}, **6**, 769
WReSnC$_{13}$H$_9$O$_{10}$S
   (CO)$_5$W(SSnMe$_3$)Re(CO)$_5$, **4**, 187
WRhC$_{46}$H$_{42}$P$_2$
   WRhH$_2$(PPh$_3$)$_2$Cp$_2$, **6**, 774
   [WRhH$_2$(PPh$_3$)$_2$Cp$_2$]$^+$, **6**, 830
WRh$_2$C$_{36}$H$_{42}$O$_3$
   WRh$_2$(CTol)(CO)$_3$Cp(η^5-C$_5$Me$_5$)$_2$, **6**, 854
WRuC$_{15}$H$_9$ClO$_4$
   RuCp{η^5-C$_5$H$_4$CWCl(CO)$_4$}, **4**, 769
WRuC$_{18}$H$_{14}$O$_6$
   RuCp[η^5-C$_5$H$_4${C(OEt)W(CO)$_5$}], **4**, 769
WRu$_3$C$_{17}$H$_6$O$_{12}$
   WRu$_3$H(CO)$_{12}$Cp, **6**, 854
WSbC$_5$H$_3$O$_5$
   W(CO)$_5$(SbH$_3$), **3**, 797, 863
WSbC$_8$H$_5$Br$_2$O$_3$
   W(SbBr$_2$)(CO)$_3$Cp, **3**, 1340
WSbC$_8$H$_5$Cl$_2$O$_3$
   W(SbCl$_2$)(CO)$_3$Cp, **3**, 1340
WSbC$_{11}$H$_{18}$N$_3$O$_5$
   W(CO)$_5${Sb(NMe$_2$)$_3$}, **3**, 867
WSbSn$_3$C$_{14}$H$_{27}$O$_5$
   W(CO)$_5${Sb(SnMe$_3$)$_3$}, **3**, 797
WSiC$_4$H$_{11}$Cl$_5$
   WCl$_5$(CH$_2$SiMe$_3$), **3**, 1311
WSiC$_8$H$_8$O$_3$
   W(SiH$_3$)(CO)$_3$Cp, **3**, 1338; **6**, 1045
WSiC$_{10}$H$_{11}$Cl$_3$
   WH(SiCl$_3$)Cp$_2$, **6**, 1051
WSiC$_{11}$H$_{14}$O$_3$
   W(SiMe$_3$)(CO)$_3$Cp, **6**, 1049
WSiC$_{23}$H$_{15}$BrO$_4$
   WBr(CSiPh$_3$)(CO)$_4$, **3**, 1301, 1305
WSiC$_{24}$H$_{18}$O$_6$
   W{C(OMe)(SiPh$_3$)}(CO)$_5$, **3**, 1301
WSiC$_{25}$H$_{18}$O$_6$

W{C(OMe)(SiPh₃)}(CO)₅, **2**, 94

WSiC₂₆H₂₀O₂
  W(CSiPh₃)(CO)₂Cp, **2**, 94

WSi₂C₁₃H₂₀O₃
  W(Si₂Me₅)(CO)₃Cp, **3**, 1338

WSi₂C₁₈H₃₂
  W(CH₂SiMe₃)₂Cp₂, **3**, 1348

WSi₂C₄₄H₄₈N₂O₂
  W(OSiPh₃)₂(NBuᵗ)₂, **2**, 158

WSnC₅H₅Cl₅
  WCl₂(SnCl₃)Cp, **3**, 1346

WSnC₉H₈Cl₂O₆
  W[SnCl₂{O(CH₂)₃CH₂}](CO)₅, **6**, 1054

WSnC₉H₉NO₅
  W(CO)₅(CNSnMe₃), **3**, 884

WSnC₉H₁₂O₅S
  W(CO)₅(MeSSnMe₃), **3**, 1283

WSnC₁₁H₁₄O₃
  W(SnMe₃)(CO)₃Cp, **3**, 1338; **6**, 1052

WSnC₁₃H₁₉Cl
  WCl(SnMe₃)Cp₂, **6**, 1064

WSnC₂₁H₃₆O₅P₂
  W{Sn(PBuᵗ₂)₂}(CO)₅, **2**, 147

WSnC₂₃H₁₅O₅
  [W(SnPh₃)(CO)₅]⁻, **6**, 1046, 1063

WSnC₂₄H₂₀Cl₃NO₂P
  [W(SnCl₃)(CO)(NO)Cp(PPh₃)]⁺, **3**, 1342

WSnC₂₆H₂₀O₃
  W(SnPh₃)(CO)₃Cp, **3**, 1338

WSnC₂₈H₂₆
  WH(SnPh₃)Cp₂, **3**, 1348

WSn₂C₁₁H₁₈O₅Se
  W(CO)₅{Se(SnMe₃)₂}, **3**, 1262

WSn₂C₁₁H₁₈O₅Te
  W(CO)₅{Te(SnMe₃)₂}, **3**, 880, 1262

WSn₃C₁₄H₂₇O₅P
  W(CO)₅{P(SnMe₃)₃}, **3**, 832

WTiC₁₆H₁₆O₄S₂
  TiW(SMe)₂(CO)₄Cp₂, **6**, 824

WTiC₁₉H₂₈N₃O₃
  TiW(NMe₂)₃(CO)₃Cp₂, **6**, 824

WTlC₈H₅O₃
  TlW(CO)₃Cp, **3**, 1337

WTlC₁₀H₁₁O₃
  W(TlMe₂)(CO)₃Cp, **1**, 729; **6**, 972

WTlC₁₂H₁₅O₃
  W(TlEt₂)(CO)₃Cp, **6**, 972

WTlC₂₀H₁₅O₃
  W(TlPh₂)(CO)₃Cp, **6**, 972

WTlC₂₇H₂₆O₂P
  W(TlMe₂)(CO)₂Cp(PPh₃), **6**, 972

WTlC₃₇H₃₀O₂P
  W(TlPh₂)(CO)₂Cp(PPh₃), **6**, 972

WYbC₁₈H₁₅O₃
  YbW(CO)₃Cp₃, **3**, 207

WZnC₈H₅ClO₃
  W(ZnCl)(CO)₃Cp, **3**, 1337

WZn₂C₂₀H₂₀
  W(ZnCp)₂Cp₂, **2**, 845; **6**, 1036

WZrC₂₃H₂₈O
  ZrMe{OCH(Me)WH(Cp)₂}Cp₂, **3**, 584

WZrC₃₁H₄₂O
  ZrH(OCHWCp₂)(η⁵-C₅Me₅)₂, **3**, 605

WZrC₄₁H₆₁O
  Zr{OCHW(η⁵-C₅Me₅)₂}(η⁵-C₅Me₅)₂, **8**, 58

W₂AgC₁₆H₁₀O₆
  [Ag{W(CO)₃Cp}₂]⁻, **3**, 1337; **6**, 847

W₂AgC₁₀₈H₉₆O₂P₈S₂
  [Ag{SCW(CO)(diphos)₂}₂]⁺, **3**, 1292

W₂AlC₁₇H₁₃O₆
  AlMe{W(CO)₃Cp}₂, **3**, 1337

W₂Al₂C₂₀H₂₂O₆
  {W(CO)₃Cp(AlMe₂)}₂, **3**, 1337

W₂Al₂C₂₂H₂₈O₆
  {W(CO)₃Cp(AlMe₃)}₂, **6**, 954

W₂Al₄C₂₆H₃₄
  {W(C₅H₄)₂(Al₂Me₃)}₂, **3**, 1349

W₂AsC₁₅H₁₁O₈
  Cp(CO)₃W(AsMe₂)W(CO)₅, **3**, 1340

W₂As₂B₁₈FeC₁₂H₂₀O₁₀
  [{(CO)₅WAsB₉H₁₀}₂Fe]²⁻

W₂As₂C₁₀H₆O₈
  {W(AsMe)(CO)₄}₂, **3**, 865

W₂As₂C₁₂H₆O₁₀
  {W(CO)₅}₂(MeAsAsMe), **3**, 865

W₂As₂C₁₄H₁₂O₁₀
  W₂(CO)₁₀(Me₂AsAsMe₂), **3**, 871

W₂As₂C₂₂H₂₂O₄
  {W(AsMe₂)(CO)₂Cp}₂, **3**, 1340

W₂As₂C₃₄H₂₈Cl₂O₅
  W₂Cl₂(CO)₅(MeCCMe)(Ph₂AsCH₂AsPh₂), **3**, 1379

W₂As₂FeC₂₃H₂₂O₉
  FeW₂(AsMe₂)₂(CO)₉Cp₂, **6**, 830

W₂AuC₁₆H₁₀O₆
  [W₂Au(CO)₆Cp₂]⁻, **6**, 847

W₂BC₃₀H₂₀O₆
  [BPh₄{W(CO)₃}₂]⁻, **3**, 1361

W₂B₁₈FeC₁₂H₂₀O₁₀P₂
  [{(CO)₅WPCB₉H₁₀}₂Fe]²⁻, **1**, 525

W₂C₆Cl₃O₆
  [W₂Cl₃(CO)₆]³⁻, **3**, 1267

W₂C₆H₃O₉
  [W₂(OH)₃(CO)₆]³⁻, **3**, 1108, 1262, 1275

W₂C₈H₂O₈
  [{WH(CO)₄}₂]²⁻, **3**, 1262
  {WH(CO)₄}₂, **3**, 1271

W₂C₈H₂₃O₈S₂
  {W(SH)(CO)₄}₂, **3**, 1284

W₂C₈H₂₄
  [W₂Me₈]⁴⁻, **3**, 1312

W₂C₈I₂O₈
  {WI(CO)₄}₂, **3**, 1267

W₂C₉HNO₁₀
  W₂H(CO)₉(NO), **3**, 1265, 1269, 1282

W₂C₉H₅Cl₃O₆
  W₂Cl₃(CO)₆(CH₂CHCH₂), **3**, 1326

W₂C₁₀ClO₁₀
  [W₂Cl(CO)₁₀]⁻, **3**, 1262

W₂C₁₀HO₁₀
  [W₂H(CO)₁₀]⁻, **3**, 1267, 1269

W₂C₁₀HO₁₀S
  [W₂(SH)(CO)₁₀]⁻, **3**, 1284

W₂C₁₀H₁₀I₄N₂O₂
  {WI₂(NO)Cp}₂, **3**, 1328

W₂C₁₀H₂₂O₂S₄
  {W(MeCSCSMe)(CO)Cp}₂, **3**, 1342

W₂C₁₀O₁₀
  [W₂(CO)₁₀]²⁻, **3**, 1264

W₂C₁₀O₁₀S

$W_2C_{10}O_{10}S$
 $[W_2S(CO)_{10}]^{2-}$, **3**, 1287
$W_2C_{11}H_3O_{10}S$
 $[W_2(SMe)(CO)_{10}]^-$, **3**, 1283
$W_2C_{11}H_{10}NO_{11}P$
 $W_2H(CO)_8(NO)\{P(OMe)_3\}$, **3**, 1282
$W_2C_{11}NO_{10}$
 $[W_2(CO)_{10}(CN)]^-$, **3**, 1288
$W_2C_{12}H_3O_{11}S$
 $[W_2(SCOMe)(CO)_{10}]^-$, **3**, 1287
$W_2C_{12}H_{15}O_9$
 $[W_2(OEt)_3(CO)_6]^{3-}$, **3**, 1275
$W_2C_{13}H_5Cl_2O_8P$
 $Cp(CO)_3W(PCl_2)W(CO)_5$, **3**, 1340
$W_2C_{14}H_8O_8S$
 $(CO)_5W(SMe)W(CO)_3Cp$, **3**, 1341
$W_2C_{14}H_{10}Cl_2O_4$
 $\{WCl(CO)_2Cp\}_2$, **3**, 1355
$W_2C_{14}H_{10}O_4$
 $\{W(CO)_2Cp\}_2$, **3**, 1333
$W_2C_{14}H_{12}O_{11}P_2$
 $\{W(CO)_5\}_2(Me_2POPMe_2)$, **3**, 846
$W_2C_{16}Cl_5O_{10}S$
 $[W_2(SC_6Cl_5)(CO)_{10}]^-$, **3**, 1283, 1285
$W_2C_{16}H_{10}O_6$
 $\{W(CO)_3Cp\}_2$, **3**, 104, 1331, 1332
$W_2C_{16}H_{10}O_6Se$
 $\{Cp(CO)_3W\}_2Se$, **3**, 1336
$W_2C_{16}H_{11}O_6$
 $[W_2H(CO)_6Cp_2]^+$, **3**, 1335
$W_2C_{18}H_{10}F_{12}S_4$
 $\{W(CF_3CSCSCF_3)Cp\}_2$, **3**, 1342
$W_2C_{18}H_{16}O_6S_2$
 $\{W(SMe)(CO)_3Cp\}_2$, **3**, 1335
$W_2C_{18}H_{46}N_4$
 $\{WMe(NEt_2)_2\}_2$, **3**, 99, 1311, 1312; **8**, 253
$W_2C_{20}H_{16}O_8$
 $W_2(CO)_4Cp_2(MeO_2CC\equiv CCO_2Me)$, **3**, 1376
$W_2C_{20}H_{18}$
 $\{W(C_5H_4)Cp\}_2$, **3**, 1345
$W_2C_{20}H_{20}$
 $\{WH(C_5H_4)Cp\}_2$, **3**, 1343
$W_2C_{20}H_{22}$
 $\{WH(Cp)_2\}_2$, **3**, 1345
$W_2C_{20}H_{23}$
 $[W_2H_3(Cp)_4]^+$, **3**, 1345
$W_2C_{20}H_{28}O_4P_2$
 $W_2(CO)_4Cp_2(PMe_3)_2$, **3**, 1332
$W_2C_{20}H_{32}Cl_2N_2O_{10}$
 $[WCl(CO)_2(NO)\{\overline{O(CH_2)_3CH_2}\}_2]_2$, **3**, 1281
$W_2C_{21}H_{16}O_5$
 $W_2(CO)_5(CH_2=CHPh)_2$, **3**, 1325
$W_2C_{22}H_{16}O_9$
 $W_2\{COC(CO_2Me)=C(CO_2Me)\}(CO)_4Cp_2$, **3**, 1376
$W_2C_{22}H_{20}N_2O_6$
 $Cp(CO)_3W\{CH_2CH(CN)NMeCH_2CH_2\}W-(CO)_3Cp$, **3**, 1324
$W_2C_{22}H_{22}O_4P_2$
 $\{W(PMe_2)(CO)_2Cp\}_2$, **3**, 1332, 1340
$W_2C_{22}H_{46}N_2O_8$
 $\{WMe(O_2CNEt_2)_2\}_2$, **3**, 1311
$W_2C_{22}H_{46}N_4O_8$
 $\{WMe(O_2CNEt_2)_2\}_2$, **8**, 253, 258
$W_2C_{23}H_{10}O_{10}$
 $W[CPh\{OW(CPh)(CO)_4\}](CO)_5$, **3**, 1301
$W_2C_{24}H_{24}$
 $W_2(cot)_3$, **3**, 1329

$W_2C_{24}H_{30}O_4$
 $\{W(CO)_2(\eta^5-C_5Me_5)\}_2$, **3**, 1332
$W_2C_{26}H_{16}NO_9P$
 $W_2H(CO)_8(NO)(PPh_3)$, **3**, 1267
$W_2C_{26}H_{20}O_4S_2$
 $Cp_2W(SPh)_2W(CO)_4$, **3**, 1346
$W_2C_{30}H_{62}$
 $\{W(CBu^t)(CH_2Bu^t)_2\}_2$, **3**, 1316
$W_2C_{34}H_{86}P_{10}S_2$
 $W_2(MeSC\equiv CSMe)(Me_2PCH_2CH_2PMe_2)_5$, **3**, 1375
$W_2C_{40}H_{76}$
 $\{W(CBu^t)_3(CH_2Bu^t)\}_2$, **3**, 1315
$W_2C_{40}H_{84}$
 $\{W(CBu^t)(CH_2Bu^t)_3\}_2$, **3**, 1314
$W_2C_{42}H_{42}$
 W_2Bz_6, **3**, 1312, 1313
$W_2C_{44}H_{42}O_4P_2$
 $[W_2(CO)_4(C_7H_9)_2(diphos)]^{2+}$, **3**, 1368
$W_2C_{46}H_{42}O_6P_4$
 $(Ph_3P)(CO)_3W(PMe_2)_2W(CO)_3(PPh_3)$, **3**, 861
$W_2C_{59}H_{48}O_6P_4S$
 $W_2(CO)_6(CS)(diphos)_2$, **3**, 1292
$W_2CdC_{16}H_{10}O_6$
 $Cd\{W(CO)_3Cp\}_2$, **3**, 1336; **6**, 1030
$W_2CuC_{16}H_{10}O_6$
 $Cu\{W(CO)_3Cp\}_2$, **3**, 1337
 $[Cu\{W(CO)_3Cp\}_2]^-$, **6**, 847
$W_2Fe_2C_{20}H_{10}O_{10}$
 $[W_2Fe_2(CO)_{10}Cp_2]^{2-}$, **6**, 854
$W_2HgC_{16}H_{10}O_6$
 $Hg\{W(CO)_3Cp\}_2$, **3**, 1333, 1336; **6**, 1014
$W_2InC_{16}H_{10}ClO_6$
 $InCl\{W(CO)_3Cp\}_2$, **6**, 962
$W_2Mg_4C_{30}H_{48}Br_4O_2$
 $[WH(Cp)_2\{Mg_2Br_2(Me)(OEt_2)\}]_2$, **3**, 1349
$W_2MnC_{36}H_{30}N_4O_6$
 $Mn\{W(CO)_3Cp\}_2(py)_4$, **3**, 1336
$W_2NiC_{24}H_{32}S_4$
 $Ni\{W(SMe)_2Cp_2\}_2$, **3**, 1346
$W_2NiC_{30}H_{24}O_4$
 $W_2Ni(CTol)_2(CO)_4Cp_2$, **6**, 847
$W_2NiC_{64}H_{48}O_{12}P_4$
 $Ni(CO)_2\{(diphos)W(CO)_5\}_2$, **6**, 21
$W_2Ni_3C_{16}O_{16}$
 $[W_2Ni_3(CO)_{16}]^{2-}$, **6**, 802, 855
$W_2PdC_{24}H_{32}S_4$
 $Pd\{W(SMe)_2Cp_2\}_2$, **3**, 1346
$W_2PdC_{30}H_{24}O_4$
 $Pd\{W(CTol)(CO)_2Cp\}_2$, **6**, 847
$W_2PtC_{22}H_{32}Cl_2O_{10}P_4$
 $PtCl_2\{(dmpe)W(CO)_5\}_2$, **3**, 847
$W_2PtC_{24}H_{32}S_4$
 $Pt\{W(SMe)_2Cp_2\}_2$, **3**, 1346
$W_2PtC_{26}H_{28}N_2O_6$
 $Pt\{W(CO)_3Cp\}_2(CNBu^t)_2$, **6**, 816, 847
$W_2PtC_{30}H_{24}O_4$
 $Pt\{W(CTol)(CO)_2Cp\}_2$, **6**, 784, 847
$W_2Pt_2C_{28}H_{40}O_6P_2$
 $Pt_2\{W(CO)_3Cp\}_2(PEt_3)_2$, **6**, 485
$W_2Pt_2C_{52}H_{40}O_6P_2$
 $Pt_2\{W(CO)_3Cp\}_2(PPh_3)_2$, **3**, 1337; **6**, 855
$W_2SbC_{13}H_5Br_2O_8$
 $Cp(CO)_3W(SbBr_2)W(CO)_5$, **3**, 1340
$W_2Sb_2C_{14}H_{12}O_{10}$
 $\{W(CO)_5\}_2(Me_2SbSbMe_2)$, **3**, 865
$W_2SiC_{24}H_{30}$

W$_2$H(CH$_2$SiMe$_3$)(C$_5$H$_4$)$_2$Cp$_2$, **3**, 1355

W$_2$Si$_2$C$_{16}$H$_{22}$O$_8$
{WH(SiEt$_2$)(CO)$_4$}$_2$, **6**, 1064

W$_2$Si$_6$C$_{24}$H$_{62}$
W$_2$(CSiMe$_3$)$_2$(CH$_2$SiMe$_3$)$_4$, **3**, 1311, 1316

W$_2$Si$_6$C$_{24}$H$_{66}$
W$_2$(CH$_2$SiMe$_3$)$_6$, **1**, 196, **3**, 1312

W$_2$SnC$_{16}$H$_{10}$O$_6$
Sn{W(CO)$_3$Cp}$_2$, **3**, 1338

W$_2$ZnC$_{16}$H$_{10}$O$_6$
Zn{W(CO)$_3$Cp}$_2$, **3**, 1336; **6**, 1034

W$_3$AlC$_{36}$H$_{39}$O$_{12}$
Al{W(CO)$_3$Cp}$_3${$\overline{\text{O(CH}_2)_3\text{CH}_2}$}$_3$, **3**, 1336

W$_3$C$_{14}$O$_{14}$
[W$_3$(CO)$_{14}$]$^{2-}$, **3**, 1264

W$_3$C$_{15}$H$_{15}$I$_3$O$_4$
{WI(O)Cp}$_3$O, **3**, 1339

W$_3$GaC$_{24}$H$_{15}$O$_9$
Ga{W(CO)$_3$Cp}$_3$, **1**, 719; **3**, 1337; **6**, 957

W$_3$InC$_{24}$H$_{15}$O$_9$
In{W(CO)$_3$Cp}$_3$, **6**, 962

W$_3$TlC$_{24}$H$_{15}$O$_9$
Tl{W(CO)$_3$Cp}$_3$, **1**, 729; **3**, 1337; **6**, 973

W$_4$AgC$_{32}$H$_{20}$I$_4$O$_{12}$
Ag{WI(CO)$_3$Cp}$_4$, **3**, 1337

W$_4$C$_{12}$H$_8$O$_{16}$
W$_4$H$_4$(OH)$_4$(CO)$_{12}$, **3**, 1108, 1275

W$_4$Li$_4$C$_{40}$H$_{44}$
{LiWH(Cp)$_2$}$_4$, **3**, 1348

W$_{11}$FeSnC$_7$H$_5$O$_{41}$P
[Cp(CO)$_2$FeSnW$_{11}$PO$_{39}$]$^{4-}$, **6**, 1073

W$_{11}$TiC$_5$H$_5$O$_{29}$P
[Ti(PW$_{11}$O$_{29}$)Cp]$^{4-}$, **3**, 352

Y

YAlC$_{14}$H$_{22}$
    Y(AlMe$_4$)Cp$_2$, **1**, 623; **3**, 204; **6**, 952
YAlC$_{18}$H$_{30}$
    Y(AlEt$_4$)Cp$_2$, **3**, 204; **6**, 952
YC$_{11}$H$_{13}$
    YMe(Cp)$_2$, **3**, 203
YC$_{13}$H$_{13}$
    YCp(cot), **3**, 194
YC$_{15}$H$_{15}$
    YCp$_3$, **3**, 180
YC$_{16}$H$_{16}$
    [Y(cot)$_2$]$^-$, **3**, 192
YC$_{17}$H$_{21}$O
    YCp(cot){$\overline{O(CH_2)_3CH_2}$}, **3**, 194
YC$_{18}$H$_{15}$
    YPh$_3$, **3**, 197
YC$_{23}$H$_{49}$O$_2$
    Y(CH$_2$Bu^t)$_3${$\overline{O(CH_2)_3CH_2}$}$_2$, **3**, 198
YSi$_2$C$_{16}$H$_{26}$Cl$_2$
    [YCl$_2${C$_5$H$_4$(SiMe$_3$)}$_2$]$^-$, **3**, 185
YSi$_3$C$_{20}$H$_{49}$O$_2$
    Y(CH$_2$SiMe$_3$)$_3${$\overline{O(CH_2)_3CH_2}$}$_2$, **3**, 198
YSi$_4$C$_{16}$H$_{44}$
    [Y(CH$_2$SiMe$_3$)$_4$]$^-$, **3**, 199
YSi$_6$C$_{21}$H$_{57}$
    Y{CH(SiMe$_3$)$_2$}$_3$, **3**, 199
YSi$_6$C$_{29}$H$_{73}$O$_2$
    Y{CH(SiMe$_3$)$_2$}$_3${$\overline{O(CH_2)_3CH_2}$}$_2$, **3**, 199
Y$_2$C$_{22}$H$_{26}$
    {YMe(Cp)$_2$}$_2$, **3**, 203, 204
YbAlC$_{14}$H$_{22}$
    Yb(AlMe$_4$)Cp$_2$, **1**, 16, 623; **3**, 204
YbBC$_{14}$H$_{22}$O
    Yb(BH$_4$)Cp$_2${$\overline{O(CH_2)_3CH_2}$}, **3**, 185
YbCH$_3$I
    YbI(Me), **3**, 201, 209
YbC$_6$H$_5$I
    YbI(Ph), **3**, 209
YbC$_8$H$_8$
    Yb(cot), **3**, 194
YbC$_{10}$H$_{10}$Cl
    YbCl(Cp)$_2$, **3**, 184
YbC$_{10}$H$_{15}$I$_3$
    [YbI$_3$(C$_5$Me$_5$)]$^-$, **3**, 191
YbC$_{11}$H$_{11}$O$_2$
    Yb(O$_2$CH)Cp$_2$, **3**, 185
YbC$_{11}$H$_{13}$
    YbMe(Cp)$_2$, **3**, 203
YbC$_{12}$H$_{13}$O$_2$
    Yb(OAc)Cp$_2$, **3**, 185
YbC$_{12}$H$_{14}$Cl
    YbCl(C$_5$H$_4$Me)$_2$, **3**, 184

YbC$_{12}$H$_{21}$
    [YbMe$_2$(C$_5$Me$_5$)]$^-$, **3**, 191
YbC$_{13}$H$_{17}$
    YbMe(C$_5$H$_4$Me)$_2$, **3**, 203
YbC$_{15}$H$_{15}$
    YbCp$_3$, **3**, 180
YbC$_{15}$H$_{17}$O$_2$
    YbCp$_2$(acac), **3**, 185
YbC$_{15}$H$_{33}$Cl
    [YbCl(CH$_2$Bu^t)$_3$]$^-$, **3**, 200
YbC$_{16}$H$_{10}$
    Yb(C≡CPh)$_2$, **3**, 201
YbC$_{16}$H$_{15}$O
    Yb(OPh)Cp$_2$, **3**, 185
YbC$_{16}$H$_{19}$
    Yb(C≡CBu)Cp$_2$, **3**, 203
YbC$_{16}$H$_{36}$
    [YbBu$^t_4$]$^-$, **3**, 198
YbC$_{17}$H$_{29}$Cl$_2$O$_3$
    YbCl$_2$(Cp){$\overline{O(CH_2)_3CH_2}$}$_3$, **3**, 186
YbC$_{18}$H$_{15}$
    Yb(C≡CPh)Cp$_2$, **3**, 203
YbC$_{18}$H$_{23}$
    Yb(C≡CBu^t)(C$_5$H$_4$Me)$_2$, **3**, 203
YbC$_{22}$H$_{36}$
    [YbMe$_2$(C$_5$Me$_5$)$_2$]$^-$, **3**, 205
YbC$_{24}$H$_{38}$O
    Yb(C$_5$Me$_5$)$_2${$\overline{O(CH_2)_3CH_2}$}, **3**, 191
YbC$_{25}$H$_{35}$N
    Yb(C$_5$Me$_5$)$_2$(py), **3**, 191
YbC$_{28}$H$_{32}$F$_{10}$O$_4$
    Yb(C$_6$F$_5$)$_2${$\overline{O(CH_2)_4CH_2}$}$_4$, **3**, 201
YbC$_{31}$H$_{29}$O
    Yb(C$_9$H$_7$)$_3${$\overline{O(CH_2)_3CH_2}$}, **3**, 189
YbC$_{32}$H$_{36}$
    [Yb(C$_8$H$_9$)$_4$]$^-$, **3**, 197
YbFeC$_{22}$H$_{19}$
    Yb(C≡CFc)Cp$_2$, **3**, 203
YbGeC$_{28}$H$_{25}$
    Yb(GePh$_3$)Cp$_2$, **3**, 185; **6**, 1101
YbSi$_3$C$_{20}$H$_{49}$O$_2$
    Yb(CH$_2$SiMe$_3$)$_3${$\overline{O(CH_2)_3CH_2}$}$_2$, **3**, 198
YbSi$_4$C$_{16}$H$_{44}$
    [Yb(CH$_2$SiMe$_3$)$_4$]$^-$, **3**, 199
YbSnC$_{28}$H$_{25}$
    Yb(SnPh$_3$)Cp$_2$, **3**, 185, 208; **6**, 1101
YbWC$_{18}$H$_{15}$O$_3$
    YbW(CO)$_3$Cp$_3$, **3**, 207
Yb$_2$C$_{22}$H$_{26}$
    {YbMe(Cp)$_2$}$_2$, **1**, 16; **3**, 204
Yb$_2$C$_{34}$H$_{34}$N$_2$
    Cp$_3$Yb(NC$_4$H$_4$N)YbCp$_3$, **3**, 183

Z

ZnAlC$_2$H$_{10}$
   [Me$_2$ZnAlH$_4$]$^-$, **2**, 834
ZnAuC$_{18}$H$_{15}$
   ZnAuPh$_3$, **2**, 844
ZnB$_2$NbC$_{10}$H$_{19}$
   NbH(Cp)$_2${Zn(BH$_4$)}$_2$, **6**, 1010
ZnB$_2$NbC$_{11}$H$_{19}$O
   NbH(CO)Cp$_2${Zn(BH$_4$)$_2$}, **3**, 714
ZnB$_4$Fe$_2$C$_{26}$H$_{42}$S$_2$
   Zn[FeCp{MeBC(Et)C(Et)B(Me)S}]$_2$, **1**, 408
ZnBaC$_8$H$_{20}$
   BaZnEt$_4$, **1**, 237, 238
ZnCH$_2$I$_2$
   ZnI(CH$_2$I), **2**, 836; **7**, 666, 669
ZnC$_2$HCl
   ZnCl(C≡CH), **2**, 850
ZnC$_2$H$_2$Cl$_4$
   Zn(CHCl$_2$)$_2$, **7**, 669
ZnC$_2$H$_3$NS
   ZnMe(SCN), **2**, 843
ZnC$_2$H$_4$I$_2$
   Zn(CH$_2$I)$_2$, **2**, 848; **7**, 669
ZnC$_2$H$_5$Cl
   ZnCl(Et), **2**, 835
ZnC$_2$H$_5$I
   ZnI(Et), **2**, 836
ZnC$_2$H$_6$
   ZnMe$_2$, **2**, 827, 830, 842
ZnC$_2$H$_6$O$_2$S
   ZnMe(SO$_2$Me), **2**, 851
ZnC$_2$H$_6$S
   ZnMe(SMe), **2**, 843
ZnC$_3$H$_5$Br
   ZnBr(CH$_2$CH=CH$_2$), **2**, 846; **7**, 665
ZnC$_3$H$_5$NS
   ZnEt(SCN), **2**, 843
ZnC$_3$H$_7$I
   Zn(CH$_2$I)Et, **7**, 668
ZnC$_4$H$_7$BrO$_2$
   ZnBr(CH$_2$CO$_2$Et), **8**, 741, 915
ZnC$_4$H$_7$Cl
   ZnCl(CH$_2$CH$_2$CH=CH$_2$), **8**, 915
ZnC$_4$H$_9$Cl
   ZnCl(Bu), **8**, 915
ZnC$_4$H$_{10}$
   ZnEt$_2$, **1**, 578; **2**, 306, 834, 835; **7**, 445, 668
ZnC$_4$H$_{10}$O
   ZnMe(OPr^i), **2**, 845
ZnC$_4$H$_{12}$
   [ZnMe$_4$]$^{2-}$, **2**, 844
ZnC$_4$H$_{12}$O
   ZnMe$_2$(OMe$_2$), **2**, 826
ZnC$_5$H$_5$Cl
   ZnCl{C≡CC(Me)=CH$_2$}, **8**, 763
ZnC$_5$H$_{10}$O$_2$
   ZnEt(O$_2$CEt), **2**, 850
ZnC$_5$H$_{12}$S
   ZnEt(SPr^i), **2**, 843
   ZnMe(SBu^t), **2**, 843
ZnC$_6$H$_5$Cl
   ZnCl(Ph), **2**, 844; **7**, 669; **8**, 762, 911
ZnC$_6$H$_8$
   ZnMe(Cp), **1**, 18, 22; **2**, 828
ZnC$_6$H$_{10}$
   Zn(CH$_2$CH=CH$_2$)$_2$, **7**, 356
ZnC$_7$H$_7$Br
   ZnBr(Bz), **7**, 669; **8**, 915
ZnC$_7$H$_7$Cl
   ZnCl(Bz), **8**, 763
   ZnCl(Tol), **8**, 762
ZnC$_7$H$_{11}$N
   ZnH(Et)(py), **2**, 834
ZnC$_8$H$_{18}$
   ZnBu^t$_2$, **1**, 195
   ZnBu^i$_2$, **1**, 654; **8**, 651
ZnC$_8$H$_{21}$ClN$_2$
   ZnCl(Et)(TMEDA), **2**, 835
ZnC$_{10}$H$_{10}$
   ZnCp$_2$, **2**, 828, 833
ZnC$_{10}$H$_{13}$NO$_2$
   ZnEt(NPhCO$_2$Me), **2**, 841
ZnC$_{10}$H$_{22}$
   Zn(CH$_2$Bu^t)$_2$, **2**, 845; **3**, 720
ZnC$_{11}$H$_{11}$N
   ZnH(Ph)(py), **2**, 834
ZnC$_{12}$F$_{10}$
   Zn(C$_6$F$_5$)$_2$, **2**, 829, 833
ZnC$_{12}$H$_{10}$
   ZnPh$_2$, **2**, 829, 834
ZnC$_{12}$H$_{10}$F$_6$N$_2$
   Zn(CF$_3$)$_2$(py)$_2$, **2**, 829
ZnC$_{13}$H$_{13}$N
   ZnMe(NPh$_2$), **2**, 842
ZnC$_{13}$H$_{23}$NO
   ZnBu^t(OBu^t)(py), **2**, 826
ZnC$_{14}$H$_{10}$
   ZnPh(C≡CPh), **2**, 829
ZnC$_{14}$H$_{15}$N
   ZnEt(NPh$_2$), **2**, 850
ZnC$_{14}$H$_{15}$P
   ZnEt(PPh$_2$), **2**, 844
ZnC$_{14}$H$_{34}$N$_2$
   ZnBu$_2$(TMEDA), **2**, 826
ZnC$_{16}$H$_{10}$
   Zn(C≡CPh)$_2$, **2**, 829
ZnC$_{16}$H$_{14}$O$_4$

ZnC$_{16}$H$_{14}$O$_4$
    Zn(CH$_2$OCOPh)$_2$, **7**, 669
ZnC$_{16}$H$_{30}$N$_2$
    Zn(CH$_2$CH=CHCH=CH$_2$)$_2$(TMEDA), **3**, 129
ZnC$_{18}$H$_{15}$P
    ZnPh(PPh$_2$), **2**, 843, 844
ZnCaC$_8$H$_{20}$
    CaZnEt$_4$, **1**, 237, 238
ZnCaC$_{16}$H$_{36}$
    CaZnBu$_4$, **1**, 237
ZnCoC$_{11}$H$_{23}$Cl$_2$P$_2$
    CoCp(ZnCl$_2$)(PMe$_3$)$_2$, **6**, 987
ZnCoFeC$_{11}$H$_5$O$_6$
    ZnFp{Co(CO)$_4$}, **6**, 1034
ZnCo$_2$C$_8$O$_8$
    Zn{Co(CO)$_4$}$_2$, **5**, 12; **6**, 1006
ZnCr$_2$C$_{16}$H$_{10}$O$_6$
    Zn{Cr(CO)$_3$Cp}$_2$, **3**, 965; **6**, 1034
ZnFeC$_4$HO$_4$
    [ZnFeH(CO)$_4$]$^+$, **4**, 308
ZnFeC$_4$H$_6$N$_2$O$_4$
    Fe{Zn(NH$_3$)$_2$}(CO)$_4$, **6**, 1034
ZnFeC$_4$H$_9$N$_3$O$_4$
    Fe{Zn(NH$_3$)$_3$}(CO)$_4$, **4**, 307
ZnFeC$_4$O$_4$
    ZnFe(CO)$_4$, **4**, 254, 307, 308
ZnFe$_2$C$_8$O$_8$
    [Zn{Fe(CO)$_4$}$_2$]$^{2-}$, **6**, 1034
ZnFe$_2$C$_{14}$H$_{10}$O$_4$
    ZnFp$_2$, **6**, 1007, 1034
ZnFe$_2$C$_{18}$H$_{22}$
    Zn{FeCp(CH$_2$=CHCH=CH$_2$)}$_2$, **4**, 430
ZnFe$_2$C$_{26}$H$_{34}$
    Zn{Fe(cod)Cp}$_2$, **1**, 408; **4**, 385
ZnGeC$_{20}$H$_{20}$O
    ZnEt(OGePh$_3$), **2**, 436
ZnGe$_2$C$_{36}$H$_{30}$
    Zn(GePh$_3$)$_2$, **2**, 469
ZnGe$_2$PtC$_{72}$H$_{30}$F$_{30}$P$_2$
    Pt{Ge(C$_6$F$_5$)$_3$}{ZnGe(C$_6$F$_5$)$_3$}(PPh$_3$)$_2$, **6**, 1036
ZnIrC$_{24}$H$_{20}$Br$_2$OP
    Ir(CO)Cp(ZnBr$_2$)(PPh$_3$), **6**, 987, 992
ZnMgC$_4$H$_{12}$
    MgZnMe$_4$, **1**, 222
ZnMnC$_{10}$H$_5$O$_5$
    Mn(ZnCp)(CO)$_5$, **2**, 845; **6**, 1036
ZnMn$_2$C$_{10}$O$_{10}$
    Zn{Mn(CO)$_5$}$_2$, **6**, 1034
ZnMn$_2$C$_{54}$H$_{38}$N$_2$O$_8$P$_2$
    Zn{Mn(CO)$_4$(PPh$_3$)}$_2$(bipy), **6**, 1034
ZnMn$_2$Sb$_2$C$_{54}$H$_{38}$N$_2$O$_8$
    Zn{Mn(CO)$_4$(SbPh$_3$)}$_2$(bipy), **6**, 1034
ZnMoC$_{13}$H$_{10}$O$_3$
    Mo(ZnCp)(CO)$_3$Cp, **2**, 845; **6**, 1035
ZnMoC$_{13}$H$_{19}$Br$_2$NO
    MoH$_2${ZnBr$_2$(HCONMe$_2$)}Cp$_2$, **3**, 1201
ZnMoC$_{14}$H$_{10}$O$_3$
    Mo(ZnPh)(CO)$_3$Cp, **6**, 1006
ZnMoC$_{16}$H$_{21}$BrO$_5$
    Mo[ZnBr{O(CH$_2$)$_3$CH$_2$}](CO)$_3$Cp, **6**, 1005
ZnMo$_2$C$_{16}$H$_{10}$O$_6$
    Zn{Mo(CO)$_3$Cp}$_2$, **2**, 845; **3**, 1187; **6**, 1005, 1034
ZnMo$_3$C$_{24}$H$_{15}$O$_9$
    [Zn{Mo(CO)$_3$Cp}$_3$]$^-$, **3**, 1187
ZnNi$_2$C$_{18}$H$_{34}$O$_{12}$P$_4$
    [NiCp{P(O)(OMe)$_2$}$_2$]$_2$Zn, **6**, 197

ZnPd$_2$C$_{18}$H$_{34}$O$_{12}$P$_4$
    [PdCp{P(O)(OMe)$_2$}$_2$]$_2$Zn, **6**, 451
ZnRe$_2$C$_{10}$O$_{10}$
    Zn{Re(CO)$_5$}$_2$, **6**, 1034
ZnSiC$_4$H$_{12}$O
    ZnMe(OSiMe$_3$), **2**, 838
ZnSiC$_6$H$_{13}$Cl
    ZnCl(CH$_2$CH=CHSiMe$_3$), **7**, 532
ZnSiC$_7$H$_{13}$Cl
    ZnCl(CH$_2$CH$_2$C≡CSiMe$_3$), **8**, 916
ZnSi$_2$C$_6$H$_{18}$
    Zn(SiMe$_3$)$_2$, **2**, 102, 844; **7**, 614
ZnSi$_2$C$_8$H$_{22}$
    Zn(CH$_2$SiMe$_3$)$_2$, **2**, 829, 845
ZnSi$_2$Ti$_2$C$_{24}$H$_{28}$Cl$_4$
    {(C$_5$H$_4$SiMe$_2$C$_5$H$_4$)TiCl}$_2$(ZnCl$_2$), **3**, 305
ZnSrC$_8$H$_{20}$
    SrZnEt$_4$, **1**, 237, 238
ZnTaC$_{14}$H$_{23}$
    TaH$_3$(Cp)$_2$(ZnEt$_2$), **3**, 774
ZnTi$_2$C$_{20}$H$_{20}$Cl$_4$
    {Cp$_2$(Cl)Ti}$_2$(ZnCl$_2$), **3**, 305
ZnTi$_2$C$_{24}$H$_{28}$Cl$_4$
    {(η^5-C$_5$H$_4$Me)$_2$ClTi}$_2$(ZnCl$_2$), **3**, 305
ZnVC$_6$H$_5$Cl$_4$
    {VCl$_2$(Ph)}(ZnCl$_2$), **3**, 658
ZnV$_2$C$_{10}$H$_{26}$Cl$_6$O$_2$
    {VCl$_2$(Me)}$_2$(ZnCl$_2$)(Et$_2$O)$_2$, **3**, 657
ZnWC$_8$H$_5$ClO$_3$
    W(ZnCl)(CO)$_3$Cp, **3**, 1337
ZnW$_2$C$_{16}$H$_{10}$O$_6$
    Zn{W(CO)$_3$Cp}$_2$, **3**, 1336; **6**, 1034
Zn$_2$AlC$_4$H$_{16}$
    [(Me$_2$Zn)$_2$AlH$_4$]$^-$, **2**, 834
Zn$_2$Au$_2$C$_{36}$H$_{30}$
    (ZnAuPh$_3$)$_2$, **2**, 781, 844
Zn$_2$C$_6$H$_8$
    Zn$_2$H$_3$(Ph), **2**, 834
Zn$_2$C$_9$H$_{14}$Br$_2$
    (BrZn)$_2$C=C(Bu)CH$_2$CH=CH$_2$, **7**, 665
Zn$_2$C$_{14}$H$_{24}$O$_4$
    {ZnEt(acac)}$_2$, **2**, 839
Zn$_2$C$_{14}$H$_{34}$N$_2$O$_2$
    [ZnEt{O(CH$_2$)$_3$NMe$_2$}]$_2$, **2**, 838
Zn$_2$C$_{20}$H$_{40}$N$_2$O$_4$
    {ZnEt(acac)}$_2$(TMEDA), **2**, 839
Zn$_2$C$_{26}$H$_{26}$N$_2$
    (MeZnNPh$_2$)$_2$, **2**, 826, 841
Zn$_2$C$_{30}$H$_{36}$N$_4$O$_2$
    {ZnEt(NPhCOMe)(py)}$_2$, **2**, 842
Zn$_2$C$_{58}$H$_{56}$O$_2$P$_4$
    [ZnEt{OC(PPh$_2$)=CHCH$_2$PPh$_2$}]$_2$, **2**, 840
Zn$_2$Co$_4$C$_{15}$O$_{15}$
    Co$_2${ZnCo(CO)$_4$}$_2$(CO)$_7$, **6**, 1007
Zn$_2$FeC$_4$Cl$_2$O$_4$
    Fe(ZnCl)$_2$(CO)$_4$, **6**, 999, 1004
Zn$_2$FeC$_4$H$_2$O$_6$
    Fe{Zn(OH)}$_2$(CO)$_4$, **4**, 308
Zn$_2$FeC$_4$O$_4$
    [Zn$_2$Fe(CO)$_4$]$^{2+}$, **4**, 308
Zn$_2$Fe$_2$C$_{28}$H$_{16}$N$_4$O$_8$
    [Fe(CO)$_4${Zn(bipy)}]$_2$, **4**, 307
Zn$_2$MgC$_6$H$_{18}$
    MgZn$_2$Me$_6$, **1**, 222
Zn$_2$MoC$_{20}$H$_{20}$

Mo(ZnCp)$_2$Cp$_2$, **2**, 845; **6**, 1036
Zn$_2$Mo$_2$C$_{16}$H$_{10}$Cl$_2$O$_6$
   {Mo(ZnCl)(CO)$_3$Cp}$_2$, **3**, 1187
Zn$_2$Mo$_2$C$_{24}$H$_{30}$Cl$_2$O$_8$
   {Mo(ZnCl)(CO)$_3$Cp(OEt$_2$)}$_2$, **6**, 1010
Zn$_2$NaC$_2$H$_9$
   NaZn$_2$H$_3$Me$_2$, **2**, 834
Zn$_2$SiC$_4$H$_{10}$Br$_2$
   (BrZn)$_2$CHSiMe$_3$, **1**, 167
Zn$_2$WC$_{20}$H$_{20}$
   W(ZnCp)$_2$Cp$_2$, **2**, 845; **6**, 1036
Zn$_3$C$_{12}$H$_{19}$Br$_3$
   (BrZn)$_3$CC(Bu)(CH$_2$CH=CH$_2$)$_2$, **7**, 665
Zn$_3$C$_{30}$H$_{45}$N$_3$O$_3$
   {ZnPh(OCH$_2$CH$_2$NMe$_2$)}$_3$, **2**, 838
Zn$_3$C$_{32}$H$_{38}$O$_8$
   Zn$_3$Ph$_2$(acac)$_4$, **2**, 839
Zn$_3$C$_{45}$H$_{48}$O$_3$
   {ZnEt(OCHPh$_2$)}$_3$, **2**, 850
Zn$_4$C$_8$H$_{20}$Br$_4$
   (BrZnEt)$_4$, **2**, 835
Zn$_4$C$_8$H$_{20}$Cl$_4$
   (ClZnEt)$_4$, **2**, 835
Zn$_4$C$_8$H$_{24}$O$_4$
   {ZnMe(OMe)}$_4$, **2**, 826
Zn$_4$C$_{52}$H$_{58}$N$_6$O$_{12}$
   Zn$_4$Et$_2$(NPhCO$_2$Me)$_6$, **2**, 841
Zn$_4$C$_{64}$H$_{70}$N$_6$O$_{12}$
   Zn$_4$Et$_2$(NPhCO$_2$Me)$_6$(C$_6$H$_6$)$_2$, **2**, 841
Zn$_4$Co$_4$C$_{20}$H$_{12}$O$_{20}$
   [Co{Zn(OMe)}(CO)$_4$]$_4$, **6**, 1036
Zn$_4$Fe$_4$C$_{32}$H$_{32}$O$_{12}$
   {Zn(OMe)Fp}$_4$, **6**, 1007, 1010
Zn$_7$C$_{14}$H$_{42}$O$_8$
   Zn$_7$Me$_6$(OMe)$_8$, **2**, 838
ZrAlC$_{10}$H$_{15}$
   ZrH(AlH$_4$)Cp$_2$, **6**, 949
ZrAlC$_{18}$H$_{26}$Cl
   ZrCl{C(AlMe$_2$)=C(Me)Pr}Cp$_2$, **3**, 585
ZrAlC$_{18}$H$_{31}$
   Zr(H$_3$AlBu$^i_2$)Cp$_2$, **6**, 950
ZrAlC$_{21}$H$_{31}$
   Zr(HAlEt$_3$)Cp$_3$, **3**, 617; **6**, 951
ZrAl$_2$C$_{20}$H$_{33}$Cl
   ZrCl{CH$_2$CH(AlEt$_2$)$_2$}Cp$_2$, **3**, 597
ZrAl$_2$C$_{21}$H$_{40}$
   ZrH$_3$(Me)(AlMe$_2$)(AlBu$^i_2$)Cp$_2$, **6**, 950
ZrAl$_2$C$_{26}$H$_{49}$Cl
   ZrCl(H)(HAlBu$^i_2$)$_2$Cp$_2$, **6**, 950; **8**, 37
ZrBC$_{10}$H$_{14}$Cl
   ZrCl(BH$_4$)Cp$_2$, **3**, 555, 601; **6**, 901
ZrBC$_{10}$H$_{15}$
   ZrH(BH$_4$)Cp$_2$, **3**, 602; **6**, 901
ZrB$_2$C$_{10}$H$_{18}$
   Zr(BH$_4$)$_2$Cp$_2$, **3**, 601; **6**, 901
ZrB$_{20}$C$_4$H$_{24}$
   [Zr(C$_2$B$_{10}$H$_{12}$)$_2$]$^{2-}$, **1**, 478
   Zr(C$_2$B$_{10}$H$_{12}$)$_2$, **1**, 529
ZrB$_{20}$C$_8$H$_{32}$
   [Zr(Me$_2$C$_2$B$_{10}$H$_{10}$)$_2$]$^{2-}$, **3**, 623
ZrC$_5$H$_5$Cl$_3$
   ZrCl$_3$(Cp), **3**, 561
ZrC$_5$H$_5$Cl$_5$
   [ZrCl$_5$(Cp)]$^{2-}$, **3**, 565
ZrC$_5$H$_9$Cl$_4$N
   ZrCl$_3${C(Cl)=NBu^t}, **3**, 641
ZrC$_6$H$_5$Cl$_3$
   ZrCl$_3$(Ph), **3**, 641
ZrC$_7$H$_{11}$
   ZrMe$_2$(Cp), **3**, 584
ZrC$_8$H$_8$Cl$_2$
   ZrCl$_2$(cot), **1**, 196; **3**, 626
ZrC$_8$H$_8$Cl$_2$P$_2$
   ZrCl$_2$(PC$_4$H$_4$)$_2$, **3**, 621
ZrC$_8$H$_{10}$
   ZrH$_2$(cot), **3**, 625
ZrC$_8$H$_{12}$Cl$_4$N$_4$
   Zr{C(Cl)=NMe}$_4$, **3**, 640
ZrC$_9$H$_9$Cl$_2$P
   ZrCl$_2$(PC$_4$H$_4$)Cp, **3**, 621
ZrC$_9$H$_{15}$ClO$_2$
   ZrCl(OEt)$_2$Cp, **3**, 564
ZrC$_{10}$H$_{10}$
   ZrH(C$_5$H$_4$)Cp, **3**, 610
ZrC$_{10}$H$_{10}$Br$_2$
   ZrBr$_2$(Cp)$_2$, **3**, 569
ZrC$_{10}$H$_{10}$ClNO$_3$
   ZrCl(NO$_3$)Cp$_2$, **3**, 574
ZrC$_{10}$H$_{10}$Cl$_2$
   ZrCl$_2$(Cp)$_2$, **1**, 661; **3**, 554; **7**, 391; **8**, 37, 341, 1049, 1076, 1079
ZrC$_{10}$H$_{10}$F$_2$
   ZrF$_2$(Cp)$_2$, **3**, 572
ZrC$_{10}$H$_{10}$I$_2$
   ZrI$_2$(Cp)$_2$, **3**, 38
ZrC$_{10}$H$_{10}$N$_2$O$_6$
   Zr(NO$_3$)$_2$Cp$_2$, **3**, 574
ZrC$_{10}$H$_{10}$N$_6$
   Zr(N$_3$)$_2$Cp$_2$, **3**, 574
ZrC$_{10}$H$_{10}$S
   ZrS(Cp)$_2$, **3**, 603
ZrC$_{10}$H$_{10}$S$_5$
   Zr(S$_5$)Cp$_2$, **3**, 577
ZrC$_{10}$H$_{11}$Cl
   ZrCl(H)Cp$_2$, **3**, 602; **8**, 248, 878
ZrC$_{10}$H$_{11}$ClO
   ZrCl(OH)Cp$_2$, **3**, 573
ZrC$_{10}$H$_{11}$Cl$_3$
   ZrCl$_3${C(Ph)=CMe$_2$}, **3**, 641
ZrC$_{10}$H$_{11}$NO$_4$
   Zr(OH)(NO$_3$)Cp$_2$, **3**, 575
ZrC$_{10}$H$_{12}$
   ZrH$_2$(Cp)$_2$, **3**, 602; **8**, 300
ZrC$_{10}$H$_{12}$O$_8$S$_2$
   Zr(HSO$_4$)$_2$Cp$_2$, **3**, 575
ZrC$_{10}$H$_{12}$S$_2$
   Zr(SH)$_2$Cp$_2$, **3**, 577
ZrC$_{10}$H$_{14}$
   ZrMe$_2$(cot), **3**, 625
ZrC$_{10}$H$_{15}$Cl$_3$
   ZrCl$_3$(η^5-C$_5$Me$_5$), **3**, 561
ZrC$_{10}$H$_{22}$P$_2$
   Zr(C$_4$H$_6$)(dmpe), **8**, 382, 388
ZrC$_{11}$H$_{13}$Cl
   ZrCl(Me)Cp$_2$, **3**, 584, 588; **8**, 300
ZrC$_{11}$H$_{13}$ClO
   ZrCl(OMe)Cp$_2$, **3**, 575; **8**, 248
ZrC$_{11}$H$_{13}$ClO$_4$S$_2$
   ZrCl(O$_2$SMe)(O$_2$SC$_5$H$_5$)Cp, **3**, 588
ZrC$_{11}$H$_{14}$O$_3$S$_6$
   Zr(S$_2$COMe)$_3$Cp, **3**, 561
ZrC$_{11}$H$_{14}$O$_6$

ZrC$_{11}$H$_{14}$O$_6$
  Zr(OAc)$_3$Cp, **3**, 561, 564
ZrC$_{11}$H$_{23}$N$_3$
  Zr(NMe$_2$)$_3$Cp, **3**, 561
ZrC$_{12}$H$_{10}$N$_2$O$_2$
  Zr(NCO)$_2$Cp$_2$, **3**, 575
ZrC$_{12}$H$_{10}$N$_2$S$_2$
  Zr(SCN)$_2$Cp$_2$, **3**, 574
ZrC$_{12}$H$_{10}$O$_2$
  Zr(CO)$_2$Cp$_2$, **3**, 584, 611; **8**, 238
ZrC$_{12}$H$_{12}$
  ZrCp(C$_7$H$_7$), **3**, 624
ZrC$_{12}$H$_{13}$Cl
  ZrCl(CH=CH$_2$)Cp$_2$, **3**, 604
ZrC$_{12}$H$_{13}$ClO
  ZrCl(COMe)Cp$_2$, **8**, 112
ZrC$_{12}$H$_{13}$ClO$_2$
  ZrCl(OAc)Cp$_2$, **3**, 576
ZrC$_{12}$H$_{16}$
  ZrMe$_2$(Cp)$_2$, **3**, 100, 561, 580; **8**, 300
ZrC$_{12}$H$_{16}$N$_2$O$_2$
  ZrMe{ON(Me)NO}Cp$_2$, **3**, 583
ZrC$_{12}$H$_{16}$O
  ZrMe(OMe)Cp$_2$, **3**, 584
ZrC$_{12}$H$_{16}$O$_6$S$_3$
  Zr(O$_2$SMe)$_2$(O$_2$SC$_5$H$_5$)Cp, **3**, 561, 583
ZrC$_{12}$H$_{16}$Se$_2$
  Zr(SeMe)$_2$Cp$_2$, **3**, 583
ZrC$_{12}$H$_{18}$
  Zr(cot)(C$_4$H$_6$), **8**, 398
ZrC$_{12}$H$_{20}$
  Zr(CH$_2$CHCH$_2$)$_4$, **3**, 620; **8**, 400
ZrC$_{12}$H$_{24}$P$_2$
  ZrH(C$_6$H$_7$)(dmpe), **8**, 304
ZrC$_{13}$H$_{13}$Cl
  ZrCl(Cp)(cot), **3**, 625
ZrC$_{13}$H$_{14}$Cl$_2$
  ZrCl$_2${η^5-C$_5$H$_4$CH$_2$)$_2$CH$_2$}, **3**, 570, 571
ZrC$_{13}$H$_{16}$O
  ZrMe(COMe)Cp$_2$, **3**, 581, 599
ZrC$_{14}$H$_{10}$Cl$_6$O$_4$
  Zr(O$_2$CCCl$_3$)$_2$Cp$_2$, **3**, 576
ZrC$_{14}$H$_{10}$F$_6$O$_4$
  Zr(O$_2$CCF$_3$)$_2$Cp$_2$, **3**, 576
ZrC$_{14}$H$_{14}$Cl$_2$
  ZrCl$_2$(C$_7$H$_7$)$_2$, **3**, 624
ZrC$_{14}$H$_{16}$
  Zr(C$_7$H$_7$)(C$_7$H$_9$), **3**, 622
  ZrCp$_2$(CH$_2$=CHCH=CH$_2$), **3**, 592
ZrC$_{14}$H$_{17}$ClO
  ZrCl(CH=CHOEt)Cp$_2$, **8**, 741
ZrC$_{14}$H$_{18}$
  Zr(CH$_2$CHCH$_2$)$_2$(cot), **3**, 626
  Zr{(CH$_2$)$_3$CH$_2$}Cp$_2$, **3**, 587
ZrC$_{14}$H$_{20}$
  ZrMe(Pr)Cp$_2$, **3**, 584
ZrC$_{14}$H$_{21}$P
  ZrH(CH$_2$PMe$_2$CH$_2$)Cp$_2$, **3**, 580, 612
ZrC$_{14}$H$_{22}$N$_2$
  Zr(NMe$_2$)$_2$Cp$_2$, **3**, 569
ZrC$_{14}$H$_{23}$N$_3$S$_6$
  Zr(S$_2$CNMe$_2$)$_3$Cp, **3**, 562, 566
ZrC$_{14}$H$_{28}$P$_2$
  Zr(CH$_2$=CHCH=CH$_2$)$_2$(dmpe), **3**, 642
ZrC$_{15}$H$_{15}$Cl
  ZrCl(Cp)$_3$, **3**, 616
ZrC$_{15}$H$_{19}$ClO$_4$
  ZrCl(acac)$_2$Cp, **3**, 564, 566
ZrC$_{15}$H$_{22}$O
  Zr(OBu^t)(CH$_2$CHCH$_2$)(cot), **3**, 627
ZrC$_{15}$H$_{33}$Cl
  ZrCl(CH$_2$Bu^t)$_3$, **3**, 641
ZrC$_{16}$H$_{14}$Cl$_2$
  ZrCl$_2$(C$_8$H$_7$)$_2$, **3**, 628
ZrC$_{16}$H$_{16}$
  Zr(cot)$_2$, **1**, 219; **3**, 624
ZrC$_{16}$H$_{20}$
  Zr(CH$_2$CHCH$_2$)$_2$Cp$_2$, **3**, 590, 620
ZrC$_{16}$H$_{21}$Cl
  ZrCl{C(Et)=CHEt}Cp$_2$, **8**, 768
  ZrCl(CH=CHBu^t)Cp$_2$, **8**, 746, 878
ZrC$_{16}$H$_{22}$
  Zr{CH$_2$CH(Me)CH(Me)CH$_2$}Cp$_2$, **3**, 591
  Zr(C$_4$H$_7$)$_2$(cot), **8**, 397
ZrC$_{16}$H$_{22}$Cl$_2$
  ZrCl$_2$(η^5-C$_5$H$_4$Pr^i)$_2$, **3**, 570
ZrC$_{16}$H$_{24}$O$_2$
  Zr(OPr^i)$_2$Cp$_2$, **3**, 575, 604
ZrC$_{16}$H$_{26}$P$_2$
  ZrCp$_2$(dmpe), **3**, 611
ZrC$_{16}$H$_{40}$Cl$_2$P$_2$
  ZrCl$_2$(CH$_2$Bu^t)$_2$(PMe$_3$)$_2$, **3**, 641
ZrC$_{17}$H$_{15}$ClO
  ZrCl(COPh)Cp$_2$, **3**, 585
ZrC$_{17}$H$_{22}$O$_6$
  Zr(OAc)(acac)$_2$Cp, **3**, 561
ZrC$_{17}$H$_{23}$Cl
  ZrCl(CH=CHC$_5$H$_{11}$)Cp$_2$, **8**, 763
ZrC$_{17}$H$_{25}$P
  Zr(η^6-C$_6$H$_5$Me)$_2$(PMe$_3$), **3**, 644
ZrC$_{18}$H$_{15}$I
  ZrI(Ph)$_3$, **3**, 641
ZrC$_{18}$H$_{18}$
  Zr(CH$_2$C$_6$H$_4$CH$_2$)Cp$_2$, **3**, 593
ZrC$_{18}$H$_{18}$N$_2$
  ZrCp$_2$(NC$_4$H$_4$)$_2$, **3**, 578
ZrC$_{18}$H$_{25}$Cl
  ZrCl(CH=CHC$_6$H$_{13}$)Cp$_2$, **8**, 767
  ZrCl{C(Me)=CHC$_5$H$_{11}$}Cp$_2$, **8**, 763
ZrC$_{18}$H$_{27}$Cl
  ZrCl(C$_8$H$_{17}$)Cp$_2$, **3**, 552
ZrC$_{18}$H$_{30}$N$_2$
  Zr(NEt$_2$)$_2$Cp$_2$, **3**, 577
ZrC$_{18}$H$_{38}$
  ZrBu$_2$(Cp)$_2$, **3**, 583
ZrC$_{18}$H$_{40}$P$_4$
  ZrH(C$_6$H$_7$)(dmpe)$_2$, **3**, 642
ZrC$_{19}$H$_{18}$
  ZrMe(C≡CPh)Cp$_2$, **3**, 584
ZrC$_{19}$H$_{38}$O$_3$
  ZrMe(Ph)(OEt$_2$)$_3$, **3**, 583, 640
ZrC$_{20}$H$_{20}$
  Zr(C$_5$H$_5$)$_4$, **8**, 1048
  Zr(C$_5$H$_5$)Cp$_3$, **3**, 619
ZrC$_{20}$H$_{21}$Cl
  ZrCl{C(Ph)=CMe$_2$}Cp$_2$, **3**, 595
ZrC$_{20}$H$_{22}$Cl$_2$
  ZrCl$_2${C(Ph)=CMe$_2$}$_2$, **3**, 641
ZrC$_{20}$H$_{24}$O
  Zr{C$_6$H$_4$(CH$_2$)$_2$}{O(CH$_2$)$_3$CH$_2$}, **3**, 639
  Zr(cot)$_2${O(CH$_2$)$_3$CH$_2$}, **3**, 626
ZrC$_{20}$H$_{26}$O$_6$

Zr(acac)$_3$Cp, **3**, 562
ZrC$_{20}$H$_{29}$Cl
  ZrCl{C(Bu)=CHBu}Cp$_2$, **8**, 763
ZrC$_{20}$H$_{30}$
  ZrH(CH$_2$C$_5$Me$_4$)(η^5-C$_5$Me$_5$), **3**, 613
ZrC$_{20}$H$_{30}$Cl$_2$
  ZrCl$_2$(η^5-C$_5$Me$_5$)$_2$, **3**, 566, 570; **8**, 1079
ZrC$_{20}$H$_{32}$
  Zr(CH$_2$Bu^t)$_2$Cp$_2$, **3**, 596
  ZrH$_2$(η^5-C$_5$Me$_5$)$_2$, **3**, 582, 585, 602, 613; **8**, 36
ZrC$_{20}$H$_{44}$
  Zr(CH$_2$Bu^t)$_4$, **3**, 636
ZrC$_{21}$H$_{21}$Cl
  ZrCl(Bz)$_3$, **3**, 640
ZrC$_{21}$H$_{34}$O
  ZrH(OMe)(η^5-C$_5$Me$_5$)$_2$, **8**, 36, 110
ZrC$_{21}$H$_{49}$ClN$_2$
  ZrCl(CH$_2$Bu^t)$_3$(TMEDA), **3**, 641
ZrC$_{22}$H$_{20}$
  ZrPh$_2$(Cp)$_2$, **3**, 580, 589
ZrC$_{22}$H$_{20}$S$_2$
  Zr(SPh)$_2$Cp$_2$, **3**, 577
ZrC$_{22}$H$_{20}$Se$_2$
  Zr(SePh)$_2$Cp$_2$, **3**, 577
ZrC$_{22}$H$_{30}$
  $\overline{\text{Zr}\{C(Et)=C(Et)C(Et)=CEt\}}Cp_2$, **3**, 591
ZrC$_{22}$H$_{30}$O$_2$
  Zr(CO)$_2$(η^5-C$_5$Me$_5$)$_2$, **3**, 568, 613; **8**, 110, 350
ZrC$_{22}$H$_{36}$
  ZrMe$_2$(η^5-C$_5$Me$_5$)$_2$, **3**, 581
ZrC$_{23}$H$_{20}$O
  ZrPh(COPh)Cp$_2$, **3**, 589
ZrC$_{23}$H$_{22}$
  ZrPh(Tol)Cp$_2$, **3**, 589
ZrC$_{23}$H$_{22}$ClP
  ZrCl(CH$_2$PPh$_2$)Cp$_2$, **3**, 595
ZrC$_{24}$H$_{22}$Cl$_2$
  ZrCl$_2$(η^5-C$_5$H$_4$Bz)$_2$, **3**, 570, 571, 594
ZrC$_{24}$H$_{23}$ClO
  ZrCl{CPh$_2$(OMe)}Cp$_2$, **3**, 587
ZrC$_{24}$H$_{24}$
  ZrBz$_2$(Cp)$_2$, **3**, 567
ZrC$_{24}$H$_{36}$O$_2$
  $\overline{\text{Zr}\{OC(Me)=C(Me)O\}}$($\eta^5$-C$_5Me_5$)$_2$, **3**, 582
ZrC$_{24}$H$_{38}$
  $\overline{\text{Zr}\{(CH_2)_3CH_2\}}$($\eta^5$-C$_5Me_5$)$_2$, **3**, 587, 592
ZrC$_{24}$H$_{47}$P$_4$
  ZrH(C$_6$H$_7$)$_2$(dmpe)$_2$, **3**, 622
ZrC$_{25}$H$_{38}$O
  $\overline{\text{ZrH}\{OC=CH(CH_2)_2CH_2\}}$($\eta^5$-C$_5Me_5$)$_2$, **3**, 592
ZrC$_{25}$H$_{40}$O
  ZrH(OCH=CHPr^i)(η^5-C$_5$Me$_5$)$_2$, **3**, 585
ZrC$_{26}$H$_{20}$
  Zr(C≡CPh)$_2$Cp$_2$, **3**, 572, 584, 590
ZrC$_{26}$H$_{24}$
  Zr(CH=CHPh)$_2$Cp$_2$, **8**, 323
ZrC$_{26}$H$_{27}$N
  ZrMe{C(=NMe)CHPh$_2$}Cp$_2$, **3**, 583
ZrC$_{26}$H$_{38}$
  $\overline{\text{Zr}\{CH_2C(=CH_2)CH_2-}$
    =CH$_2$}(η^5-C$_5$Me$_5$)$_2$, **3**, 597
ZrC$_{28}$H$_{25}$P$_3$
  $\overline{\text{Zr}\{P(Ph)P(Ph)PPh\}}Cp_2$, **3**, 579
ZrC$_{28}$H$_{28}$
  ZrBz$_4$, **3**, 638; **8**, 250, 300
ZrC$_{28}$H$_{28}$O$_6$S$_3$
  ZrBz$_2$(O$_2$SBz)$_3$, **3**, 640
ZrC$_{29}$H$_{25}$OP
  Zr(CO)Cp$_2$(PPh$_3$), **3**, 612
ZrC$_{29}$H$_{26}$ClP
  ZrCl(CHPPh$_3$)Cp$_2$, **3**, 580, 600
ZrC$_{29}$H$_{41}$N
  $\overline{\text{Zr}\{CH_2(C_6H_3Me)NMe\}}$($\eta^5$-C$_5Me_5$)$_2$, **3**, 586
ZrC$_{34}$H$_{30}$P$_2$
  [Zr(PPh$_2$)$_2$Cp$_2$]$^-$, **3**, 607
ZrC$_{35}$H$_{32}$O$_6$
  Zr(PhCOCHCOMe)$_3$Cp, **3**, 563
ZrC$_{36}$H$_{32}$
  Zr(CHPh$_2$)$_2$Cp$_2$, **3**, 596
ZrC$_{36}$H$_{34}$P$_2$
  Zr(CH$_2$PPh$_2$)$_2$Cp$_2$, **3**, 581
  ZrCp$_2$(diphos), **3**, 611
ZrC$_{38}$H$_{30}$
  $\overline{\text{Zr}\{C(Ph)=C(Ph)C(Ph)=CPh\}}Cp_2$, **3**, 572, 591
ZrC$_{38}$H$_{34}$N$_2$
  ZrBz$_2$(NPh$_2$)$_2$, **3**, 641
ZrC$_{40}$H$_{44}$
  Zr{C(Ph)=CMe$_2$}$_4$, **3**, 472, 640
ZrC$_{48}$H$_{56}$N$_4$
  Zr{C(=NMe)C(Ph)=CMe$_2$}$_4$, **3**, 640
ZrCoC$_{27}$H$_{35}$O$_2$
  Zr(CoCp)(CO)$_2$(η^5-C$_5$Me$_5$)$_2$, **3**, 616
ZrCoC$_{32}$H$_{45}$O$_2$
  Zr{Co(η^5-C$_5$Me$_5$)}(CO)$_2$(η^5-C$_5$Me$_5$)$_2$, **8**, 58
ZrCo$_3$C$_{20}$H$_{10}$ClO$_{10}$
  ZrCl{Co$_3$(CO)$_{10}$}Cp$_2$, **3**, 573; **5**, 165
ZrCo$_6$C$_{30}$H$_{10}$O$_{20}$
  Zr{Co$_3$(CO)$_{10}$}$_2$Cp$_2$, **3**, 575; **5**, 165
ZrCrC$_{31}$H$_{42}$O
  ZrH(OCHCrCp$_2$)(η^5-C$_5$Me$_5$)$_2$, **3**, 605
ZrCrC$_{41}$H$_{34}$P$_2$O$_5$
  Cr(CO)$_5${Zr(CH$_2$PPh$_2$)$_2$Cp$_2$}, **3**, 581
ZrFeC$_{40}$H$_{34}$O$_4$P$_2$
  Fe(CO)$_4${Zr(CH$_2$PPh$_2$)$_2$Cp$_2$}, **3**, 581
ZrGeC$_{16}$H$_{25}$Cl
  ZrCl(GeEt$_3$)Cp$_2$, **3**, 600
ZrGeC$_{28}$H$_{25}$Cl
  ZrCl(GePh$_3$)Cp$_2$, **3**, 573, 600; **6**, 1058
ZrMoC$_{18}$H$_{22}$O$_4$P$_2$
  (CO)$_4$Mo(PMe$_2$)$_2$ZrCp$_2$, **3**, 579, 853
ZrMoC$_{19}$H$_{18}$O$_3$
  Zr(COMe){Mo(CO)$_2$Cp}Cp$_2$, **3**, 582, 600
  ZrMe{Mo(CO)$_3$Cp}Cp$_2$, **3**, 599, 1187; **6**, 777, 824
ZrMoC$_{23}$H$_{28}$O
  ZrMe{OCH(Me)MoH(Cp)$_2$}Cp$_2$, **3**, 582
ZrMoC$_{31}$H$_{42}$O
  ZrH(OCHMoCp$_2$)(η^5-C$_5$Me$_5$)$_2$, **3**, 605
ZrNbC$_{31}$H$_{43}$O
  NbH{CHOZrH(η^5-C$_5$Me$_5$)$_2$}Cp$_2$, **3**, 605, 744
ZrNbC$_{32}$H$_{43}$O$_2$
  Nb{CH$_2$OZrH(η^5-C$_5$Me$_5$)$_2$}(CO)Cp$_2$, **3**, 717
ZrNbC$_{34}$H$_{45}$O$_2$
  Zr(OCH=CH$_2$){OCH$_2$Nb(CO)Cp$_2$}(η^5-C$_5$Me$_5$)$_2$, **3**, 744
ZrSiC$_{21}$H$_{27}$Cl
  ZrCl{CH(SiMe$_3$)(C$_6$H$_4$Me)}Cp$_2$, **3**, 594
ZrSiC$_{28}$H$_{25}$Cl
  ZrCl(SiPh$_3$)Cp$_2$, **3**, 573, 600; **6**, 1058, 1059
ZrSiSnC$_{18}$H$_{32}$
  Zr(CH$_2$SiMe$_3$)(CH$_2$SnMe$_3$)Cp$_2$, **3**, 585
ZrSi$_2$C$_{17}$H$_{29}$Cl
  ZrCl{CH(SiMe$_3$)$_2$}Cp$_2$, **3**, 585, 588

$ZrSi_2C_{17}H_{29}N_2$
    $Zr\{CH(SiMe_3)_2\}(N_2)Cp_2$, **3**, 586, 608; **8**, 1075
$ZrSi_2C_{17}H_{30}$
    $ZrH\{CH(SiMe_3)_2\}Cp_2$, **3**, 100
$ZrSi_2C_{18}H_{32}$
    $Zr(CH_2SiMe_3)_2Cp_2$, **3**, 596
    $ZrMe\{CH(SiMe_3)_2\}Cp_2$, **3**, 581
$ZrSi_2C_{18}H_{36}O_4$
    $Zr(CH_2SiMe_3)_2(acac)_2$, **3**, 639
$ZrSi_2C_{19}H_{29}Cl$
    $ZrCl\{CH(SiMe_3)C_6H_4CH(SiMe_3)\}Cp$, **3**, 561
$ZrSi_2C_{21}H_{38}$
    $ZrBu\{CH(SiMe_3)_2\}Cp_2$, **3**, 583
$ZrSi_2C_{24}H_{34}$
    $Zr\{CH(SiMe_3)C_6H_4CH(SiMe_3)\}Cp_2$, **3**, 567
$ZrSi_2C_{25}H_{36}ClN$
    $ZrCl\{C(=NTol)CH(SiMe_3)_2\}Cp_2$, **3**, 586
$ZrSi_2C_{26}H_{45}Cl$
    $ZrCl\{CH(SiMe_3)_2\}(\eta^5-C_5H_4Bu^t)_2$, **3**, 593
$ZrSi_3C_{12}H_{33}Cl$
    $ZrCl(CH_2SiMe_3)_3$, **3**, 636
$ZrSi_4C_{16}H_{44}$
    $Zr(CH_2SiMe_3)_4$, **2**, 93; **3**, 636
$ZrSi_4C_{24}H_{45}Cl$
    $ZrCl\{CH(SiMe_3)_2\}(\eta^5-C_5H_4SiMe_3)_2$, **3**, 593
$ZrSi_4C_{72}H_{60}O_4$
    $Zr(OSiPh_3)_4$, **8**, 417
$ZrSnC_{13}H_{19}Cl$
    $ZrCl(SnMe_3)Cp_2$, **3**, 600
$ZrSnC_{28}H_{25}Cl$
    $ZrCl(SnPh_3)Cp_2$, **3**, 573; **6**, 1058
$ZrSn_2C_{20}H_{34}$
    $Zr(SnMe_3)_2(\eta^6-C_6H_5Me)_2$, **3**, 644
$ZrSn_4C_{16}H_{44}$
    $Zr(CH_2SnMe_3)_4$, **3**, 638
$ZrSn_4C_{72}H_{60}$
    $Zr(SnPh_3)_4$, **6**, 1049, 1058
$ZrWC_{23}H_{28}O$
    $ZrMe\{OCH(Me)WH(Cp)_2\}Cp_2$, **3**, 584
$ZrWC_{31}H_{42}O$
    $ZrH(OCHWCp_2)(\eta^5-C_5Me_5)_2$, **3**, 605
$ZrWC_{41}H_{61}O$
    $Zr\{OCHW(\eta^5-C_5Me_5)_2\}(\eta^5-C_5Me_5)_2$, **8**, 58
$Zr_2Al_2C_{26}H_{42}$
    $\{ZrH(HAlMe_3)Cp_2\}_2$, **3**, 603; **6**, 950
$Zr_2Al_2C_{34}H_{54}Cl_2$
    $\{Zr(ClAlEt_3)Cp_2\}_2(CH_2CH_2)$, **3**, 598
$Zr_2C_{20}H_{20}Cl_2O$
    $\{ZrCl(Cp)_2\}_2O$, **3**, 565, 573; **8**, 248
$Zr_2C_{20}H_{20}N_6O$
    $\{Zr(N_3)Cp_2\}_2O$, **3**, 574
$Zr_2C_{21}H_{22}Cl_2O$
    $(ZrCl(Cp)_2)_2(OCH_2)$, **3**, 587
$Zr_2C_{22}H_{26}O$
    $\{ZrMe(Cp)_2\}_2O$, **3**, 574

$Zr_2C_{24}H_{48}Cl_4P_4$
    $\{ZrCl_2(C_6H_8)(dmpe)\}_2$, **3**, 642
$Zr_2C_{28}H_{38}Cl_3N_2O$
    $Zr_2Cl_3(O)(NC_4H_4)_2(\eta^5-C_5Me_5)_2$, **3**, 566
$Zr_2C_{28}H_{40}P_2$
    $\{Zr(PEt_2)Cp_2\}_2$, **3**, 579, 607
$Zr_2C_{29}H_{35}Cl$
    $Zr_2Cl(CH_2CH=CH_2)_2(CH_2CHCH_2)Cp_4$, **3**, 590
$Zr_2C_{30}H_{28}$
    $Zr_2H(C_{10}H_7)Cp_4$, **3**, 606
$Zr_2C_{30}H_{38}O_9$
    $\{Zr(acac)_2Cp\}_2O$, **3**, 563
$Zr_2C_{32}H_{30}O$
    $\{ZrPh(Cp)_2\}_2O$, **3**, 589
$Zr_2C_{32}H_{30}OS_2$
    $\{Zr(SPh)Cp_2\}_2O$, **3**, 574
$Zr_2C_{32}H_{40}O_2$
    $\{ZrPh_2(OEt_2)\}_2$, **3**, 641
$Zr_2C_{34}H_{34}O$
    $\{ZrBz(Cp)_2\}_2O$, **3**, 588
$Zr_2C_{34}H_{48}$
    $\{ZrH(CH_2Cy)Cp_2\}_2$, **3**, 606
$Zr_2C_{34}H_{72}P_6$
    $Zr_2(CH_2=CHCH=CH_2)_4(dmpe)_3$, **3**, 642
$Zr_2C_{38}H_{30}$
    $CpZr(CPh)_4ZrCp$, **3**, 591
$Zr_2C_{40}H_{60}N_6$
    $\{Zr(N_2)(\eta^5-C_5Me_5)_2\}_2(N_2)$, **3**, 613; **8**, 1079
$Zr_2C_{42}H_{64}O_2$
    $\{ZrH(\eta^5-C_5Me_5)_2\}_2(OCH=CHO)$, **3**, 599; **8**, 36
$Zr_2C_{48}H_{40}O_2$
    $\{ZrCp_2(Ph_2C=C=O)\}_2$, **3**, 582, 612
$Zr_2C_{49}H_{48}P_4$
    $Cp_2Zr\{P(Ph)CH_2\}_2C\{CH_2PPh\}_2ZrCp_2$, **3**, 579
$Zr_2C_{52}H_{40}O_{12}$
    $\{Zr(O_2CPh)_3Cp\}_2$, **3**, 561
$Zr_2Co_2C_{15}H_{10}O_5$
    $Zr_2Co_2(CO)_5Cp_2$, **6**, 852
$Zr_2Co_6C_{40}H_{20}O_{21}$
    $[Zr\{Co_3(CO)_{10}\}Cp_2]_2O$, **3**, 576
$Zr_2H_{32}H_{30}OS_2$
    $\{Zr(SPh)Cp_2\}_2O$, **3**, 577
$Zr_2NbC_{52}H_{75}O_2$
    $Nb\{CH_2OZrH(\eta^5-C_5Me_5)_2\}\{CHOZrH-$
    $(\eta^5-C_5Me_5)_2\}Cp_2$, **3**, 722
$Zr_2Si_4C_{34}H_{58}N_2$
    $[Zr\{CH(SiMe_3)_2\}Cp_2]_2(N_2)$, **3**, 588
$Zr_2Si_4C_{34}H_{60}$
    $[ZrH\{CH(SiMe_3)_2\}Cp_2]_2$, **3**, 586
$Zr_2Sn_7C_{120}H_{100}$
    $(Ph_3Sn)_3Zr(SnPh_2)Zr(SnPh_3)_3$, **6**, 1058
$Zr_3C_{30}H_{30}O_3$
    $(Cp_2ZrO)_3$, **3**, 574; **8**, 235, 238, 263
$Zr_3C_{34}H_{40}O_4$
    $Zr_3(O)_2(OEt)_2Cp_6$, **3**, 603
$Zr_3C_{36}H_{54}Cl_6$
    $[Zr_3Cl_6(\eta^6-C_6Me_6)_3]^+$, **3**, 644

Author Index

This Author Index contains the names of over 30 000 authors cited in the 40 000 references that appear in Volumes 1–8, both in the bibliographies at the end of each chapter and in footnotes to Tables. This Index has been compiled so that the reader can proceed either directly to the page in the text where the author's work is cited, or to the reference itself in the chapter bibliography.

Given first for each name are the volume and page numbers where that name can be found in a chapter bibliography. The superscript number immediately following refers to the reference number within that chapter, and the number(s) in parentheses to the text page(s) where that reference is cited. If a text reference is also cited in a Table, the page on which this occurs has a suffix 'T'. If the complete literature reference occurs as a footnote to a Table, this is indicated by a suffix 'f'. For example

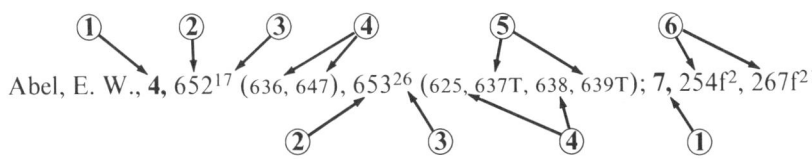

① Volume number.
② Page number of chapter bibliography.
③ Reference number in chapter bibliography.
④ Text page where reference is cited.
⑤ Text page number where reference is cited in a Table.
⑥ Text page number where reference occurs as a Table footnote; the superscript number refers to the reference number within the Table.

The accuracy of the spelling of authors' names has been affected by the use, by some authors, of different initials or a different spelling of their name in different papers or review articles (sometimes this may arise from a transliteration process), and by those journals which give only one initial to each author.

A

Aalbersberg, W. G. L., **2**, 190[189] (41)
Abab, A., **8**, 710[321] (673)
Abad, J. A., **1**, 728f[8], 752[18] (728)
Abadie, M., **7**, 99[11] (3)
Abakumov, G. A., **2**, 511[300] (438), 677[233] (655); **6**, 445[276] (422), 445[301] (424), 454[32] (451)
Abakumova, L. G., **3**, 427[56] (348); **4**, 401f[26]
Abalonin, B. E., **2**, 705[68] (689)
Abalyaeva, V. V., **8**, 339f[2]
Abarzeed, M., **2**, 978[525] (966)
Abatjoglou, A. G., **1**, 118[168] (80), 118[169] (80), 118[170] (80); **7**, 106[334] (46)
Abbadi, A. R. M., **4**, 690[99] (674)
Abbate, F. W., **8**, 1065[51] (1020)
Abbott, Jr., R. K., **7**, 512[162] (499)
Abbott, S. D., **7**, 101[105] (16)
Abboud, W., **5**, 525[344] (327, 328); **8**, 365[293] (329)
Abd Elhaftez, F. A., **1**, 672[95] (573)
Abdel-Meguid, S. S., **6**, 141[132] (105T, 134T, 138), 869f[68]; **8**, 669[33] (658T)
Abdel-Wahab, A. A., **2**, 862[161] (859)
Abdesaken, F., **2**, 83f[753]
Abdoh, Y., **7**, 105[316] (42, 69), 108[484] (69)
Abdula, K. A., **8**, 610[330] (601T)
Abdulahad, I., **8**, 98[221] (61)
Abdulla, R. F., **7**, 104[268] (34)
Abdullaeva, R. M., **8**, 642[66] (621T), 642[86] (621T)
Abdul Malik, K. M., **3**, 942f[15], 1131f[16]; **4**, 841[95] (838); **5**, 404f[46], 521[120] (292, 396, 471T), 523[211] (303T, 363), 528[578] (376, 407), 538[1223] (368)
Abe, M., **8**, 647[316] (632), 866f[1]
Abe, T., **1**, 731f[10], 753[34] (730, 738, 739), 753[35] (730, 738, 739), 753[36] (731); **2**, 188[100] (26), 188[101] (26), 202[710] (173); **7**, 654[443] (598), 657[617] (632), 657[621] (633), 657[623] (634), 657[634] (637)
Abe, Y., **8**, 933[491] (874), 937[726] (913, 914)
Abeck, W., **3**, 883f[4], 886f[6]
Abegg, V. P., **8**, 936[704] (909)
Abel, E. W., **1**, 115[16] (44, 68T), 260f[31], 286f[6], 306[339] (287), 307[378] (289), 310[554] (299), 682[727] (581); **2**, 187[33] (8, 124), 190[218] (55), 191[223] (52), 191[227] (53), 193[332] (85), 197[496a] (121, 123), 197[505] (123, 169), 197[519] (125), 197[519] (125), 199[591] (144), 199[599c] (146, 153), 200[612] (148), 201[645] (158), 202[690] (167, 168), 202[698] (169, 174), 202[698] (169, 174), 202[707] (173), 300[232] (258), 501f[2], 502f[1], 506[5] (402, 418, 419, 424, 435, 478, 502), 507[95] (409), 512[342] (443, 444, 445), 513[405] (452), 513[448] (458, 459, 460, 462, 466, 467, 468), 533f[12], 618[125] (540), 618[137] (541), 618[147] (542), 623[417] (574), 623[456] (580), 626[638] (604, 605), 707[177] (703); **3**, 125f[35], 386f[7], 388f[7], 430[234] (389), 630[126] (577), 694[16] (649, 649T, 651, 660), 797f[17], 798f[4a], 799f[3a], 810f[1], 819f[9], 833f[21], 833f[91], 863f[51], 874f[10], 1076[514] (1054, 1056), 1076[535b] (1057), 1085f[18], 1086f[3a], 1089f[1], 1177f[4], 1178f[2], 1187f[5], 1187f[6], 1189f[14], 1189f[15], 1246[42] (1159), 1248[124] (1183), 1249[154] (1189), 1251[289] (1219, 1225, 1226), 1252[308] (1223), 1252[328] (1226), 1262f[18], 1263f[3], 1338f[15], 1380[52] (1331), 1383[211] (1366); **4**, 12f[33], 34f[53], 51f[38], 51f[50], 105f[75], 106f[3], 106f[26], 106f[27], 106f[28], 107f[67], 107f[68], 107f[69], 107f[74], 107f[78], 107f[83], 107f[84], 107f[97], 151[126] (30), 151[153] (39), 152[172] (43, 45, 61), 152[221] (59), 155[396] (102), 155[402] (110), 155[423] (116), 158[603] (138), 158[604] (138), 158[605] (138), 168f[6], 233[1] (162), 233[1] (162), 233[8] (163), 234[37] (164), 234[74] (168, 169), 235[78] (169, 184), 235[91] (168), 235[127] (175, 178), 235[134] (177), 236[185] (183), 236[194] (186T), 236[195] (186T), 236[198] (185), 237[205] (187), 238[278] (201), 238[280] (201), 239[335] (206, 207T), 239[336] (206, 207T, 232T), 241[475] (219, 219T, 222), 241[476] (219, 222), 242[530] (231, 232T), 322[244] (270), 505[103] (406), 511[458] (488, 489), 539f[2], 612[448] (536f, 594), 659[5] (658), 814[288] (744, 746), 814[309] (748), 840[54] (830), 886[113] (867), 886[129] (869), 920[16] (911), 920[21] (911), 928[2] (924); **5**, 249f[3], 249f[4], 264[14] (3), 264[15] (3), 266[139] (29, 31), 273[632] (211), 274[667] (226), 290f[4], 290f[9], 291f[4], 295f[1], 521[91] (289), 521[97] (291), 521[100] (291), 521[101] (291), 527[511] (361), 535[993] (448), 535[1039] (461, 485), 538[1226] (358, 493), 538[1227] (358, 493); **6**, 14[90] (9), 382[14] (365), 748[763] (586, 588), 748[766] (587, 588), 779f[1], 840f[68], 840f[75], 843f[201], 843f[202], 850f[27], 873[4] (763), 875[103] (777), 875[105] (777), 875[110] (778, 779), 876[213] (813, 814), 1111[45] (1051, 1095); **7**, 105[313] (42), 654[435] (598), 654[462] (600), 655[496] (606); **8**, 1067[178] (1041, 1050, 1061)
Abele, R., **6**, 228[261] (190)
Abeler, G., **1**, 305[202] (273), 380[430] (367)
Abeles, T. P., **4**, 380f[28], 389f[14], 396f[1]
Abenhaim, D., **1**, 246[313] (193, 211), 249[455] (211); **2**, 861[158] (858); **7**, 50f[6], 425f[3], 425f[4], 459[296] (413, 417), 459[297] (413, 415, 417), 461[385] (426), 461[386] (426), 461[403] (429); **8**, 772[187] (769), 772[199] (769)
Abeysekera, A. M., **5**, 404f[37], 521[111] (292, 391), 530[669] (389), 530[670] (389), 530[671] (389)
Abicht, H. P., **1**, 728f[5]; **2**, 713f[28], 818[66] (777), 970[55] (869); **3**, 696[138] (659), 950[259] (895); **6**, 98[282] (60T, 64), 345[183] (308), 345[186] (309), 444[226] (413, 422), 749[861] (600); **8**, 1067[183] (1043)
Abiko, A., **7**, 460[366] (422)
Abiko, S., **7**, 142[134] (136), 347[33] (342)
Abis, L., **6**, 745[566] (551); **8**, 364[225] (321)
Abkhazava, I. I., **2**, 300[221] (255T, 288)
Abkin, A. D., **8**, 707[187] (701)
Abkowitz, M., **3**, 646[54] (645), 781[216] (776)
Abley, P., **1**, 310[550] (298); **2**, 1018[227] (1004); **6**, 943[139] (907, 909T), 943[140] (907, 909T, 910, 911T); **7**, 336[49] (334), 511[185] (485, 486, 487); **8**, 331f[9], 365[326] (338, 343), 497[55] (477)
Ablov, A. V., **8**, 311f[15], 611[337] (602T)
Abragam, A., **3**, 264[54] (179), 264[55] (179)
Abraham, K. M., **6**, 1066f[5], 1113[175] (1087)
Abraham, M. H., **2**, 618[93] (536, 537, 538), 675[94] (640), 827f[3], 827f[4], 860[57] (836), 860[83] (842), 970[48] (869, 870, 871), 970[49] (870, 871, 898, 952), 977[431] (953)
Abraham, M. R., **4**, 509[292] (449)
Abrahamson, H. B., **3**, 82[138] (18), 1187f[7], 1187f[9], 1337f[14], 1337f[16]; **4**, 605[35] (519, 520), 840[18] (823, 824, 825); **6**, 779f[5], 779f[9], 792f[3], 792f[4], 840[76], 841f[92], 841f[99], 876[167] (793, 817), 876[204] (817)
Abram, T. S., **8**, 1064[39] (1018), 1069[271a] (1054), 1070[321] (1059)
Abramov, V. S., **7**, 652[362] (585)

Abramova, L. V., **2**, 827f[9], 860[55] (835), 860[56] (835), 860[59] (836); **7**, 724[4] (662)
Abramova, N. A., **8**, 1067[177] (1041)
Abramovitch, A., **7**, 142[139] (137), 263[22] (256), 299[22] (271, 290), 300[131b] (290), 300[134] (290), 335[14] (325, 326, 329, 332), 336[40] (330, 333), 336[45] (332), 346[3] (337, 338), 346[24] (340), 347[36] (342, 344)
Abramovitch, R. A., **4**, 511[457] (488, 490T); **7**, 101[104] (15f), 101[119] (18); **8**, 1070[303a] (1058)
Abrams, O. J., **4**, 610[370] (587)
Abramyan, Z. I., **8**, 708[204] (701, 702)
Abruscato, G. J., **7**, 158[26] (144)
Absi-Halabi, M., **4**, 150[44] (14); **5**, 32f[3]; **6**, 1113[170] (1087); **8**, 609[221] (605)
Abul'khanov, A. G., **1**, 246[306] (192)
Abu Salah, O. M., **2**, 762[108] (732, 757), 762[111] (732), 763[176] (757), 763[177] (757), 763[177] (757), 763[178] (757); **3**, 1249[193] (1198); **4**, 241[434] (214, 215T), 818[585] (790), 818[586] (790), 818[588] (790); **5**, 529[592] (377), 529[593] (377), 529[595] (377); **6**, 841f[108], 869f[70], 869f[71], 870f[101], 872f[161]
Acampora, M., **3**, 1005f[3], 1074[399a] (1033); **8**, 1069[285] (1057)
Acciarri, J. A., **1**, 672[123] (578), 672[124] (578, 632), 679[537] (638)
Acharya, S. P., **7**, 224[33] (201), 224[36] (201), 224[48] (201), 224[63] (202)
Acheson, R. M., **7**, 726[122] (690)
Achinami, K., **8**, 473f[5]
Achiwa, K., **5**, 537[1160] (477); **7**, 727[145] (696); **8**, 471f[13], 472f[7], 473f[6], 473f[7], 497[52] (477), 497[53] (477), 611[345] (597T)
Ackerman, J. J. H., **7**, 103[198] (27); **8**, 611[346] (597T)
Ackerman, J. P., **1**, 120[296] (107)
Ackermann, M. N., **4**, 156[446] (120, 121, 122), 156[447] (121), 606[70] (522), 607[178] (549); **5**, 534[972] (442, 443, 445, 519)
Ackermann, P., **8**, 282[169] (275)
Aclasis, J. A., **4**, 158[582] (135); **8**, 1066[119] (1032)
Acres, G. J. K., **8**, 361[63] (288)
Acton, E. M., **7**, 252[41] (234)
Acton, N., **4**, 511[461] (489, 490T); **8**, 540f[2], 550[50] (511), 550[94] (522, 540, 542), 1071[342] (1062), 1071[342] (1062)
Adachi, H., **3**, 81[53] (6); **7**, 512[156] (498)
Adachi, I., **7**, 102[145] (22), 102[145] (22)
Adachi, K., **8**, 609[254] (596T)
Adachi, M., **8**, 647[301] (618), 647[304] (622T)
Adam, G. J. A., **8**, 550[62b] (515, 521, 531, 534, 535)
Adam, G. J. S., **3**, 1250[205] (1199)
Adam, V. C., **6**, 754[1177] (641, 644T, 651, 732), 758[1480] (682)
Adam, W., **7**, 108[462] (63), 649[187] (556), 650[243] (565), 650[243] (565), 650[243] (565), 652[355] (584)
Adam, Y., **7**, 159[94] (149), 196[155] (181)
Adamčik, V., **6**, 95[105] (45); **8**, 771[119] (769), 771[154] (769), 771[157] (769)
Adams, D. B., **3**, 85[381] (52); **6**, 755[1280] (657, 657T)
Adams, D. G., **1**, 241[30] (158, 172, 186)
Adams, D. M., **3**, 792f[2], 798f[12a], 1073[329] (1023), 1083f[2], 1260f[2]; **4**, 150[30] (7), 327[579] (306), 327[585] (307, 308), 816[401] (761); **5**, 532[827] (419, 462), 532[828] (419, 461, 462, 484), 626[389] (599); **6**, 241[34] (238), 348[371] (325), 442[97] (399), 442[98] (399), 444[191] (408), 744[544] (546, 546T), 745[547] (546T, 616), 747[693] (577), 747[694] (577, 580), 755[1254] (654, 656), 757[1416] (673), 987f[6], 1018f[7], 1018f[39], 1019f[51], 1028f[33], 1031f[16], 1039[8] (988), 1039[38] (994)
Adams, G. M., **1**, 115[24] (46)
Adams, H.-N., **5**, 26[569] (15)
Adams, J., **7**, 653[402] (593)
Adams, M. A., **3**, 168[42] (110), 1250[197] (1198); **4**, 414f[1], 415f[1], 415f[4], 506[132] (413, 451, 452); **6**, 228[265] (204T, 206)

Adams, R. D., **2**, 510[257] (433), 973[209] (899); **3**, 104f[1], 104f[2], 104f[3], 104f[4], 108f[4], 120f[2], 156f[1], 156f[5], 156f[9], 156f[10], 156f[11], 156f[12], 156f[14], 156f[17], 168[27] (99), 168[28] (99), 168[29] (99), 170[129] (152), 170[132] (153), 170[133] (153), 1067[19] (961), 1189f[11], 1246[12] (1154), 1246[28] (1157), 1247[59] (1165), 1247[65] (1168), 1247[94] (1177), 1247[101] (1179), 1248[119] (1182), 1248[119] (1182), 1248[132] (1185), 1379[16] (1325), 1380[24] (1326), 1380[48] (1331); **4**, 12f[20], 23f[13], 50f[28], 109f[3], 151[96] (25, 57, 148), 156[499] (125), 157[509] (126), 158[592] (136), 158[642] (147), 319[23] (246), 375[130] (365, 369T, 370), 605[17] (515, 524, 526), 606[71] (524, 524f, 526), 606[76] (524f, 525, 526), 606[85] (524f, 527), 606[87] (528), 606[104] (532), 611[424] (593), 840[24] (825), 840[26] (825), 1061[259] (1026), 1062[288] (1032, 1044), 1062[291] (1032), 1063[347] (1044), 1063[350] (1046), 1063[354] (1047, 1048), 1063[355] (1048, 1050), 1063[356] (1048), 1063[363] (1049), 1063[364] (1049); **5**, 271[475] (157); **6**, 97[227] (85, 91T), 227[203] (200), 227[205] (205), 1018[27], 1019f[80], 1028f[18], 1039[46] (995), 1039[47] (995, 996), 1061[293] (1051, 1088), 1061f[3], 1110[43] (1051, 1088), 1112[153] (1083); **8**, 364[270] (327)
Adams, R. M., **1**, 275f[3], 305[251] (279); **7**, 140[17] (112), 160[154] (157), 194[28] (162), 252[47] (234)
Adams, R. W., **4**, 237[248] (193, 194, 195)
Adams, W. W., **2**, 198[561b] (134); **5**, 100f[7]
Adams, Y., **1**, 374[102] (321)
Adamson, A. W., **6**, 758[1472] (680)
Adamson, G. W., **1**, 40[80] (17, 18, 18T), 126f[8], 152[190] (141, 147); **2**, 860[85] (843), 860[86] (843); **5**, 529[645] (384); **6**, 748[789] (588), 762[1700] (736)
Adcock, J. L., **1**, 115[26] (46), 273f[16], 273f[19], 410[81] (404)
Adcock, W., **2**, 533f[2], 974[272] (919, 920); **7**, 109[518] (75)
Addison, A. W., **8**, 1105[96] (1097)
Addison, C. C., **2**, 622[367] (568, 569); **4**, 34f[68], 151[143] (37, 61), 151[144] (37, 56, 61), 153[237] (61), 235[79] (169), 235[80] (170), 235[131] (176); **6**, 13[81] (9), 13[83] (9), 241[3] (234)
Adedeji, F. A., **3**, 731f[3], 1034f[1], 1074[402] (1034, 1056)
Adema, E. H., **3**, 473[36] (440, 448)
Ader, M., **1**, 120[296] (107)
Aderhold, C., **3**, 264[25] (177)
Aderjan, R., **5**, 285f[2], 520[58] (283, 294), 559f[14]
Adhikary, P., **7**, 100[40] (6)
Adkins, H., **1**, 67[16] (557, 626); **7**, 26f[16], 406f[2]; **8**, 282[125] (269)
Adler, B., **3**, 645[21b] (638), 697[166] (661); **8**, 641[16] (623T, 626, 627T), 704[11] (684)
Adler, R. G., **1**, 541[186a] (520)
Adlington, M. G., **7**, 656[578] (624)
Adlkofer, J., **2**, 200[634] (156), 200[642] (157), 715f[18], 715f[18], 761[65] (722, 724), 761[69] (722); **5**, 543f[5]; **6**, 740[244] (512)
Adman, E., **4**, 510[401] (481)
Advena, J., **1**, 42[186] (37), 42[193] (37)
Adzamli, K., **6**, 760[1570] (702)
Afanasiev, B. N., **3**, 778[4] (706, 731)
Afanasova, O. B., **2**, 301[315] (275), 715f[17]; **6**, 851f[55]
Afasanov, F. P., **7**, 8f[8]
Afinogenova, L. L., **3**, 547[115] (537)
Agafonov, I. L., **3**, 703[538] (689), 1070[165] (989, 1035), 1070[178] (991)
Agakhanova, T. B., **1**, 541[205c] (523), 541[205d] (523), 541[205e] (523), 541[205f] (523)
Agaki, H., **2**, 1015[30] (982), 1015[31] (982, 1001), 1015[33] (982)
Agami, C., **1**, 242[106] (166); **6**, 180[63] (158, 159T, 164, 165T, 173T, 173), 347[277] (315), 384[119] (379), 384[120] (379), 442[59] (393, 433), 442[59] (393, 433); **8**, 368[466] (353)
Agapiou, A., **3**, 160f[1]; **4**, 819[599] (794), 819[600] (794), 929[27] (927); **6**, 850[43], 850[45], 876[191] (799, 813, 819); **8**, 550[85a] (519)

Agarwal, A., **3**, 981f[20], 1070[155] (988, 995); **8**, 1067[174] (1041)
Agarwala, U., **4**, 810[23] (695), 810[46] (697), 811[124] (709); **5**, 622[53] (550)
Agawa, T., **7**, 35f[5], 729[271] (722); **8**, 670[106] (660), 670[106] (660), 796[116] (776), 796[117] (776, 792), 796[120] (777), 937[754] (920)
Ageev, V. P., **2**, 189[139] (33)
Ager, D. J., **2**, 190[211] (48); **7**, 103[202] (28), 109[506] (72), 647[49] (526), 647[50] (526), 655[522] (610, 613)
Ager, E., **7**, 66f[4]
Ager, J. W., **1**, 552[5] (543)
Aggarwal, S. L., **2**, 860[75] (840)
Aglietto, M., **8**, 708[202] (701)
Agnes, G., **2**, 818[17] (766), 1018[191] (1001, 1004); **5**, 186f[4], 272[538] (178); **6**, 747[708] (582), 747[709] (582)
Agnew, M., **5**, 274[681] (231, 234)
Agnew, N. H., **6**, 747[733] (584), 748[722] (585)
Agnew, S. F., **5**, 549f[6], 623[172] (565)
Agolina, F., **2**, 192[282] (72)
Agolini, F., **7**, 657[624] (634)
Agopian, G. K., **1**, 455[180] (439)
Agosta, W. C., **7**, 728[211] (711); **8**, 930[273] (839)
Agosti, H., **5**, 622[83] (557)
Agron, P. A., **6**, 806f[21], 850f[23], 874[34] (765)
Aguila Perez, M., **8**, 364[243] (324)
Aguilo, A., **6**, 362[52] (357); **8**, 927[23] (800)
Agupiou, A., **6**, 876[210] (813, 819)
Ahlbrecht, H., **7**, 99f[27], 106[340] (47), 511[69] (484), 653[381] (588)
Ahlers, H., **2**, 676[146] (646); **7**, 103[204a] (28)
Ahlfaenger, B., **1**, 681[683]; **7**, 457[163] (396), 461[380] (424)
Ahmad, I., **2**, 1018[196] (1002); **7**, 104[270] (34)
Ahmad, M., **4**, 106f[2]; **5**, 621[46] (548)
Ahmad, M. U., **1**, 754[111] (746)
Ahmad, N., **4**, 810[21] (695, 699), 810[62] (699), 1058[83] (978, 981); **5**, 355f[1], 527[460] (351), 549f[4]; **6**, 348[363] (324), 749[865] (601)
Ahmed, F. R., **3**, 1249[165] (1191)
Ahmed, J., **6**, 349[425] (334T, 334f)
Ahmed, M., **4**, 695f[12]
Ahmed, N., **8**, 304f[20]
Ahmed, R., **7**, 102[131] (20)
Ahmed, R. H., **1**, 120[314] (111)
Ahmed, S. S., **8**, 291f[24]
Ahond, A., **5**, 269[376] (115)
Ahrens, N. H., **3**, 922f[13]
Ahrland, S., **2**, 706[86] (692)
Ahuja, V. K., **8**, 365[328] (338, 348), 644[184] (632)
Aiba, K., **8**, 643[137] (617, 621T)
Aida, K., **2**, 943f[4], 943f[4], 976[388] (942), 976[389] (942)
Aida, T., **7**, 649[186] (556), 650[265] (570), 658[657] (641)
Aigami, K., **7**, 158[18] (143), 224[65] (203), 224[67] (203)
Aihara, J., **3**, 85[342] (47)
Aikawa, Y., **8**, 1008[92] (966)
Aime, S., **3**, 118f[8], 120f[15], 168[8] (91), 170[115] (147), 170[127] (152, 163), 170[149] (157); **4**, 324[349] (283), 326[527] (300), 327[552] (303), 607[183] (549, 551, 553f), 609[295] (577), 648[18] (619), 648[26] (621), 658[1] (653), 658f[31], 658f[42], 658f[43], 689[33] (666), 815[331] (750), 819[604] (795), 840[56] (830), 884[12] (847), 884[13] (847), 884[19] (848, 861), 884[20] (849), 884[26] (849), 885[72] (859), 885[73] (859), 885[82] (860), 885[83] (860), 885[84] (860), 885[85] (860), 885[88] (861), 885[89] (861), 885[91] (862), 890f[3], 906[10] (891), 907[45] (898), 928[15] (924), 1062[313] (1036), 1064[410] (972, 1032); **5**, 273[594] (198); **6**, 97[228] (88, 92T), 141[154] (134T, 136), 226[154] (212, 213T), 869f[63], 870f[85], 870f[88], 870f[107]
Ainley, A. D., **1**, 285f[21], 306[309] (284)
Ainscough, E. W., **3**, 797f[13], 863f[12], 879f[8], 879f[12a], 949[219] (881), 1085f[14], 1262f[14], 1275f[7], 1317[31] (1274); **4**, 52f[89], 1059[99] (981, 1006, 1027); **5**, 536[1106] (471T, 474T, 475T), 622[57] (550, 582), 625[274] (582, 600), 627[399] (600); **6**, 348[362] (324), 348[363] (324), 749[864] (601), 749[865] (601)
Ainshtein, A. A., **2**, 361[64] (315)
Ainsworth, C., **7**, 105[286] (37), 649[169] (553), 649[187] (556)
Airapetov, Y. S., **8**, 497[56] (477)
Airoldi, C., **3**, 734f[9], 780[152] (756)
Airoldi, M., **2**, 706[127] (698); **4**, 400f[4], 435f[29], 602f[19], 815[380] (758), 963[34] (936); **8**, 312f[56]
Aizenshtadt, T. N., **3**, 702[508] (688)
Aizenshtat, Z., **5**, 624[197] (568)
Ajayi, S. O., **2**, 1016[82] (987)
Ajemian, R. S., **4**, 319[3] (244)
Ajisaka, E., **7**, 461[378b] (423)
Ajò, D., **4**, 689[20] (665)
Akabayashi, H., **8**, 647[301] (618), 647[304] (622T)
Akabori, S., **8**, 608[173] (581), 608[174] (581, 596T), 608[175] (581, 596T), 610[270] (596T)
Akagi, H., **2**, 1016[77] (986); **7**, 460[365] (422)
Akamatsu, A., **8**, 610[270] (596T)
Akasaka, K., **7**, 649[188c] (556)
Åkerman, E., **2**, 201[652] (159, 161)
Åkermark, B., **1**, 753[90] (740); **2**, 882f[8]; **3**, 86[384] (52), 87[479] (69), 87[510] (74, 76), 88[518] (76); **6**, 98[280] (45, 54T, 75), 98[281] (60T, 61T, 76), 99[340] (45, 75), 99[341] (45, 75), 99[360] (45), 141[139] (102), 225[131] (203T), 442[264] (395, 435), 446[350] (435); **8**, 368[520] (359), 460[404] (434, 452), 706[110] (691, 692T), 772[213] (732), 929[181] (812, 829), 929[182] (812), 934[536] (883), 935[598] (893), 935[599] (893), 938[800] (925), 1104[21] (1077), 1104[33] (1079, 1081)
Åkermark, G., **8**, 460[404] (434, 452), 706[110] (691, 692T)
Akgun, E., **7**, 106[380] (51)
Akhaazaryan, A. A., **7**, 195[94] (170)
Akhmedov, V. M., **3**, 326[4] (283), 703[523] (688); **8**, 407f[16], 456[153] (396), 457[227] (405), 704[13] (672, 677), 709[277] (685T)
Akhmetov, L. I., **1**, 680[628] (650); **7**, 457[165] (396), 457[166] (396)
Akhmetov, R. R., **8**, 707[147] (693, 694T)
Akhrem, I. S., **2**, 190[207] (48, 59), 196[457] (113), 508[152] (416), 618[98] (537); **3**, 473[21] (437); **8**, 932[411] (879), 937[762] (921), 937[763] (921)
Akhtar, M., **4**, 242[520] (229), 319[25] (246); **6**, 844f[259], 875[93] (776); **7**, 727[137] (694), 727[137] (694)
Akiba, K.-y., **7**, 74f[7]
Akimoto, A., **4**, 938f[5], 938f[7]
Akimoto, I., **7**, 336[38b] (329)
Akimoto, Y., **8**, 608[187] (581)
Akita, H., **7**, 651[311] (577)
Akita, Y., **7**, 106[366] (48)
Akitt, J. W., **1**, 453[36] (420)
Akiyama, F., **7**, 106[340] (47); **8**, 866f[1]
Akiyama, S., **1**, 116[78] (57), 119[262] (98)
Akiyama, T., **4**, 811[86a] (702), 817[459] (767); **8**, 1066[139] (1037), 1066[145] (1038)
Akkermann, O. S., **1**, 242[69] (161, 166)
Aklan, G., **5**, 40f[6]
Akopyan, L. A., **8**, 668[13] (657T), 668[14] (657T)
Akrigg, D., **3**, 1246[27b] (1157), 1379[23] (1326); **4**, 236[143b] (178)
Aktaev, N. P., **2**, 872f[4], 872f[5]; **5**, 268[281] (74)
Akutagawa, S., **1**, 243[127] (169), 249[504] (219, 220); **8**, 400f[10], 444f[7], 448f[2], 456[161] (396, 401), 461[453] (442), 497[69] (480), 704[33] (690), 705[61] (693, 695, 695T), 705[85] (696, 699), 709[247] (678), 709[248] (678), 709[264] (695, 695T, 696, 696T), 709[265] (690), 709[266] (685T, 685), 709[267] (685T, 685), 709[268] (685T, 685), 709[280] (690), 709[281] (690), 709[284] (690), 709[285] (690), 709[286] (685T, 685), 709[287] (678), 710[288] (690), 710[303] (690), 710[304] (690), 710[312] (690), 710[317] (685T, 685), 931[309] (844)
Aladjin, A. A., **3**, 1072[307] (1018)
Al-Allaf, T. A. K., **2**, 679[382] (669)
Albadri, R., **1**, 242[97] (165, 175), 243[168] (175)
Albanesi, G., **8**, 98[249] (70, 71)

Albano, P., **5**, 538[1211] (489), 538[1212] (307, 489); **8**, 280[29] (236), 282[190] (275), 458[258] (411)

Albano, V., **3**, 1108f[3], 1108f[4], 1108f[5], 1115f[1]; **5**, 265[67] (15), 265[68] (15), 265[70] (16), 525[332] (320), 624[238] (576), 628[491] (616); **6**, 261[62] (248), 261[65] (248)

Albano, V. G., **4**, 166f[14], 234[57] (167), 234[61] (167), 237[214] (189, 189T, 190), 237[224] (189T, 190), 326[471] (296); **5**, 28f[2], 265[64] (14, 41), 265[71] (16), 266[130] (28), 267[215] (45), 267[216] (45), 290f[8], 325f[3], 325f[5], 327f[7], 327f[11], 335f[2], 335f[3], 521[96] (290), 524[323] (378), 524[328] (319, 320, 328, 331, 332), 524[330] (319), 525[333] (321), 525[334] (321), 525[336] (322), 525[346] (327, 328), 525[357] (331), 525[359] (332), 525[360] (332), 525[362] (363), 525[363] (333), 525[367] (336), 525[368] (336), 525[369] (336), 525[370] (336), 525[371] (336), 525[372] (336), 628[487] (615, 619); **6**, 14[105] (12), 140[79] (123T, 128), 261[63] (248), 261[64] (248), 736[3] (474, 478), 736[11] (475), 736[12] (475), 736[13] (475), 736[45] (482), 806f[46], 871f[113], 871f[114], 871f[142], 871f[146], 871f[147], 872f[159], 874[32] (764), 876[155] (788); **8**, 222[90] (121), 281[99] (262)

Albelo, G., **6**, 346[266] (315, 317), 384[106] (377); **8**, 934[565] (889)

Alben, J. O., **4**, 325[437] (293)

Alberola, A., **3**, 694[4] (648), 1072[265] (1013); **7**, 456[98] (388), 458[219] (403), 460[377] (423), 462[465] (440), 462[466] (440)

Albers, M. O., **3**, 1246[17] (1155); **4**, 322[202] (267), 886[105] (865)

Albert, H., **1**, 752[26] (729, 738); **6**, 980[79] (972, 973, 976, 978T)

Albert, H.-J., **2**, 618[139] (541)

Albert, S., **3**, 102f[12], 102f[14], 104f[6], 168[31] (99)

Alberti, A., **2**, 515[560] (473), 515[572] (477), 515[573] (477), 515[574] (477); **4**, 150[78] (22)

Albertin, G., **3**, 1252[358] (1233, 1235, 1236); **5**, 21f[10], 33f[12], 40f[7], 266[143] (30), 267[192] (40)

Albin, F., **6**, 805f[6]

Albin, L. D., **3**, 1317[44] (1278, 1279), 1318[106] (1294, 1298), 1318[132] (1303)

Albin, P., **4**, 964[99] (947)

Albinati, A., **4**, 166f[12], 234[60] (167), 237[251] (194); **6**, 180[47] (173T, 174), 443[170] (406), 736[19] (476), 736[22] (476), 737[57] (484), 746[669] (569), 806f[67], 806f[68], 872f[156], 872f[158]; **8**, 795[82] (790)

Albini, A., **3**, 947[44] (817, 821); **4**, 326[507] (299, 304), 609[302] (578), 648[48] (629)

Albizati, K. F., **1**, 119[230] (92); **2**, 618[124] (539)

Albizzati, E., **1**, 674[197] (594, 624); **3**, 443f[1], 461f[19], 468f[1], 468f[1], 473[15] (437, 466, 467, 468), 547[85] (520), 547[104] (535), 557[70] (556), 645[14] (637, 638, 639, 641), 645[27] (639); **7**, 463[512] (447), 463[513] (447); **8**, 281[63] (252)

Albonico, S. M., **7**, 226[184] (214), 253[139] (249)

Albrecht, G., **3**, 1069[128] (986)

Albrecht, H. B., **2**, 878f[18], 894f[15], 971[88] (876)

Albright, C. F., **7**, 108[463] (63)

Albright, F., **1**, 677[405] (625)

Albright, J. O., **3**, 121f[2], 734f[5], 734f[6], 760f[1], 760f[2], 781[166] (760); **6**, 13[68] (8)

Albright, M. J., **1**, 40[54] (14, 15T), 673[137] (582, 592); **2**, 195[408] (102), 195[410] (102), 762[101] (728); **3**, 1188f[27]; **6**, 1018f[8], 1027f[5], 1114[219] (1101)

Albright, T. A., **1**, 409[20] (384); **2**, 820[163] (802), 820[169] (799, 800, 801); **3**, 82[142] (18, 20, 21, 23), 82[145] (20, 21, 23, 40, 63), 84[300] (40, 44, 45), 85[317] (44), 85[318] (44), 85[367] (51, 53, 55, 56, 57, 58, 60, 63, 64, 65), 86[410] (58), 86[429] (60, 61, 63, 64), 86[430] (60, 61, 63), 87[461] (67, 71), 87[488] (70), 88[519] (76), 114f[2], 1073[343] (1024), 1075[466] (1042), 1147[103] (1130); **4**, 389f[3], 509[340] (462, 494); **5**, 527[509] (360, 361, 416); **6**, 96[186] (45), 225[132] (214T, 223), 231[22] (229); **7**, 110[565] (84); **8**, 932[398] (853)

Alcock, N. W., **1**, 39[22] (10); **2**, 198[549] (131), 620[274] (555, 556), 621[336] (565), 621[338] (565), 631f[11], 674[8] (630), 678[262] (658), 912f[2], 915f[6], 975[326] (927, 928,

929); **3**, 82[175] (27), 84[274] (37), 702[488] (685), 1252[366] (1234); **4**, 74f[29], 154[309] (75), 240[389] (210, 232T), 242[518] (228); **5**, 523[257] (307), 523[260] (307), 523[261] (307), 538[1204] (487, 509), 538[1207] (487, 510), 539[1277] (509), 539[1278] (510); **6**, 841f[103], 874[82] (774); **8**, 220[16] (107), 366[364] (342)

Alcock, R. M., **6**, 241[27] (237)

Alder, E., **8**, 709[275] (672), 710[299] (690), 710[300] (690, 692T), 710[306] (690), 710[324] (690)

Alder, K., **8**, 1009[147] (979)

Alder, R. W., **7**, 102[141] (21, 52)

Alderman, P. R. H., **6**, 754[1174] (643T)

Alderson, T., **4**, 965[149] (956); **8**, 382f[9], 392f[6], 397f[17], 422f[2], 425f[1], 455[69] (381, 383, 392, 396, 414, 421)

Aldred, A. T., **3**, 264[27] (177)

Aldridge, W. N., **2**, 626[665] (609, 610), 626[666] (609), 680[413] (673), 1016[90] (988)

Alegranti, C. W., **1**, 539[107b] (491); **6**, 944[205] (918T, 919)

Alei, Jr., M., **1**, 150[70] (123)

Alekhin, N. N., **2**, 297[88] (230)

Aleksandrov, A. V., **3**, 767f[14], 767[22], 781[175] (762)

Aleksandrov, A. Yu., **1**, 752[32] (730)

Aleksandrov, G. G., **3**, 430[276] (402), 698[242] (667), 698[267] (670), 714f[7], 753f[7], 769f[3], 771f[14], 1187f[3]; **4**, 157[550] (131), 237[239d] (192), 239[358b] (206, 207T, 210, 215), 240[414] (211, 212T, 213), 414f[5], 505[88] (402, 493), 506[156] (424), 812[199] (720); **6**, 140[55] (116, 121T), 805f[2], 839f[24], 875[102] (777), 943[116] (905); **8**, 280[42] (243)

Aleksandrov, Yu. A., **1**, 722[202] (713); **2**, 510[265] (435), 623[473] (582), 675[93] (640), 677[218] (654), 677[222] (654), 678[263] (658), 977[488] (960); **3**, 702[515] (688); **6**, 225[90] (193T)

Aleksandrova, L. V., **2**, 861[152] (857)

Aleksankin, M. H., **1**, 241[39] (158)

Aleksanyan, V. T., **1**, 248[408] (203, 233), 248[408] (203, 233), 673[186] (593); **2**, 974[277] (920, 921, 922), 974[281] (920); **3**, 265[87] (182), 269[342b] (234), 699[333] (673), 703[535] (689), 710f[1]; **4**, 479[42] (1018); **5**, 535[1047] (462), 537[1183] (483), 539[1267] (507, 508); **6**, 13[40] (6), 100[408] (40), 140[80] (134), 142[161] (134), 142[194] (134), 179[27] (146T, 151, 162), 180[58] (146T, 151), 181[99] (146T, 151, 159T, 162), 224[22] (190), 224[63] (190), 224[64] (190), 228[260] (194, 196), 362[42b] (356), 444[241] (418), 755[1264] (654, 656), 760[1558] (696, 700T)

Alekseev, N. V., **2**, 191[230] (54); **3**, 334f[30], 426[12] (336), 428[133] (363), 428[134] (363), 629[77] (570); **4**, 19f[3], 233[12] (163), 233[12] (163), 233[14] (163); **6**, 225[118] (210)

Alekseeva, S. G., **6**, 180[64] (163, 165T)

Alemdaroglu, N., **8**, 221[81] (120, 140, 141)

Alemdaroglu, N. H., **5**, 264[44] (10); **8**, 222[115] (142), 298f[10]

Alepee, P., **5**, 627[394] (599, 600)

Al-Essa, R. J., **6**, 746[679] (573), 747[687] (575, 577), 747[688] (575), 747[689] (576); **8**, 551[111b] (529), 551[124] (534)

Alev, S., **1**, 252[626] (238)

Alex, R. F., **4**, 813[229b] (726, 734)

Alexakis, A., **1**, 244[196] (177), 247[351] (197); **2**, 762[136] (744, 751), 763[159] (751, 752); **7**, 99[26] (3), 104[258] (33), 106[379] (51), 107[426] (57), 727[178] (704), 727[178] (704), 729[244] (717), 729[245] (718)

Alexander, C. W., **8**, 368[469] (353)

Alexander, E. R., **1**, 67[282] (571)

Alexander, J. J., **4**, 73f[2], 73f[19], 159[646] (148), 374[28] (336), 375[113] (359); **5**, 529[638] (381)

Alexander, L. E., **2**, 199[565] (136); **5**, 264[22] (4)

Alexander, M., **2**, 1018[200] (1002), 1018[233] (1005)

Alexander, R. A., **6**, 382[10] (364, 365)

Alexander, S., **3**, 632[261] (620)

Alexandratos, S., **1**, 115[35] (48, 72, 77, 93, 107), 117[161] (77, 91), 149[32] (122, 145, 147)

Alexandrov, G. G., **4**, 610[362] (587)

Alexandrov, Yu. A., **1**, 249[468] (212); **2**, 514[509] (467),

862^{162} (859); **3**, 1070^{195} (999), 1250^{232} (1205); **7**, 108^{468} (65)
Alexanyan, V. T., **1**, 720^{68} (691); **2**, 762^{112} (732)
Alferov, V. A., **1**, 722^{202} (713)
Alford, K. J., **1**, 310^{575} (299)
Al-Hashimi, S., **1**, 676^{367} (624); **2**, 194^{382} (96), 861^{136} (853)
Ali, K. M., **2**, 526f^3
Ali, L. H., **3**, 1248^{146} (1186), 1248^{146} (1186), 1380^{76} (1335), 1380^{76} (1335)
Ali, S. M., **7**, 728^{185} (706)
Alich, A., **1**, 723^{282} (719); **3**, 266^{199} (208); **4**, 649^{96} (642), 840^{22} (824), 840^{23} (824)
Aliev, A. D., **7**, 107^{395} (53, 74)
Aliev, S. M., **8**, 414f^2, 643^{118} (618, 623T), 644^{197} (623T), 708^{241} (701)
Aliev, V. S., **8**, 414f^2, 642^{66} (621T), 642^{86} (621T), 643^{118} (618, 623T), 644^{197} (623T), 645^{216} (621T)
Aliev, Z., **7**, 458^{232} (405)
Alieva, S. L., **7**, 107^{395} (53, 74)
Alimov, I. M., **3**, 334f^{19}, 334f^{32}, 362f^{17}, 426^{14} (336, 361)
Alimov, N. S., **3**, 630^{120} (576, 577)
Alix, J. E., **1**, 696f^{17}, 721^{97} (698)
Al-Kathumi, K. M., **3**, 947^{70} (824), 1070^{183c} (991), 1077^{584a} (1064), 1077^{591} (1065), 1251^{286} (1218, 1219, 1225, 1226), 1253^{373} (1235), 1383^{235} (1372), 1383^{237} (1373); **8**, 1010^{180} (988)
Al-Laddani, M. N., **4**, 602f^{12}
Allamandola, L. J., **1**, 152^{196} (144)
Al-Lamee, K. G., **3**, 1075^{425} (1036)
Allan, G. G., **8**, 607^{89} (560), 610^{322} (600T)
Allan, K. A., **1**, 250^{557} (227, 229, 233), 250^{567} (230, 231), 251^{594} (233)
Allcock, H. R., **1**, 373^{16} (313); **2**, 818^{65} (776); **4**, 533f^2
Allegra, G., **1**, 40^{57} (14, 15T), 41^{151} (32, 33T, 34), 152^{181} (140), 673^{138} (585, 590); **3**, 168^{45} (111), 169^{96} (141), 350f^4, 426^{11} (336), 426^{16} (336, 377f), 461f^{24}, 474^{103} (465), 545^5 (486), 546^{56} (499), 546^{60} (501), 703^{579} (693), 1071^{250} (1010), 1073^{352} (1025); **4**, 499f^{10}, 509^{321} (453, 503), 814^{296} (745), 814^{297} (745); **5**, 532^{823} (418, 448), 533^{862} (421, 439, 440); **6**, 277^4 (266T, 266), 277^4 (266T, 266); **8**, 456^{163} (396)
Allen, A. D., **2**, 187^{53} (12), 187^{53} (12); **3**, 805f^4, 841f^4; **4**, 811^{96} (705), 1059^{146} (992); **6**, 755^{1249} (654), 756^{1316} (663), 759^{1541} (694, 697, 700T); **8**, 1104^8 (1075)
Allen, C. F. H., **7**, 104^{236} (31)
Allen, C. W., **1**, 374^{66} (313, 331), 409^{52} (392); **2**, 678^{287} (661)
Allen, D., **5**, 536^{1059} (463)
Allen, D. M., **3**, 1247^{96} (1177, 1182), 1247^{96} (1177, 1182), 1248^{146} (1186), 1380^{50a} (1331), 1380^{62} (1333), 1380^{76} (1335), 1380^{76} (1335); **4**, 11f^2, 234^{30} (164)
Allen, D. W., **2**, 621^{344a} (566), 627^{711} (615), 627^{712} (615); **7**, 110^{567} (84)
Allen, F. H., **2**, 622^{395} (571); **6**, 744^{515} (542T), 744^{536} (545)
Allen, G., **1**, 302^{56} (264); **6**, 347^{302} (319, 334T, 336), 742^{404} (528); **8**, 223^{179} (210), 936^{659} (902)
Allen, G. C., **3**, 1252^{314b} (1224, 1234)
Allen, G. F., **8**, 769^{17} (716T, 717T, 722), 935^{603} (893, 902), 935^{605} (894)
Allen, H. E., **2**, 1015^5 (980)
Allen, I. K., **2**, 1017^{132} (997), 1019^{294} (1014)
Allen, J. D., **8**, 607^{137} (569)
Allen, J. K., **1**, 456^{198} (441)
Alleva, J. L., **7**, 346^{24} (340)
Allen, L. C., **2**, 705^{76} (691)
Allen, L. E., **5**, 530^{676} (392)
Allen, N. P., **8**, 610^{330} (601T)
Allen, P. E. M., **1**, 679^{530} (637), 679^{531} (638); **7**, 9f^2, 9f^2, 455^{38} (380), 456^{107} (390), 456^{108} (390), 459^{285} (413), 459^{286} (413), 459^{287} (413)
Allen, R. B., **1**, 241^{51} (159)

Allen, R. E., **7**, 26f^4
Allen, V. F., **4**, 1058^{65} (975)
Allen, W. F., **4**, 65f^{19}
Allender, G., **1**, 539^{85} (486), 552^{19} (545)
Allendoerfer, R. D., **2**, 301^{320} (277)
Allerhand, A., **2**, 194^{367a} (94)
Alleston, D. L., **2**, 617^{240} (527, 558, 566), 620^{237} (550, 561, 564), 621^{292} (558), 623^{472} (582); **3**, 1004f^{23}
Allibon, J., **4**, 907^{62} (902)
Allies, P. G., **1**, 307^{355} (288)
Allinger, K., **3**, 823f^4
Allinger, N. L., **1**, 304^{161} (269); **2**, 302^{348} (284)
Allinson, J. S., **3**, 695^{95} (655); **6**, 1060f^1, 1110^{18} (1045, 1060)
Allison, D. A., **3**, 833f^{76}, 840f^{12}
Allison, J., **5**, 267^{228} (52); **6**, 14^{114} (6)
Allison, J. A. C., **6**, 347^{331} (321)
Allison, N. T., **3**, 1297f^{17}; **4**, 612^{487} (597)
Allmann, R., **2**, 198^{537} (128), 620^{270} (555), 631f^5, 677^{203} (653), 873f^{15}, 903f^5, 913f^1, 973^{236} (905, 922, 923, 935), 974^{289} (922, 924), 974^{290} (922); **3**, 327^{97} (306), 1250^{214} (1203)
Allport, D. C., **3**, 547^{135} (543)
Allred, A. L., **1**, 675^{326} (619); **2**, 187^{56} (12), 195^{419} (105), 202^{693b} (168, 176, 177), 389f^2, 395^{45} (373), 396^{53} (374), 396^{100} (385, 388), 397^{110} (385), 397^{118} (388), 507^{62} (405), 510^{226} (427), 510^{227} (427), 510^{234} (428), 619^{213} (548, 550); **3**, 104f^8, 168^{33} (99); **7**, 263^{15b} (255), 654^{441} (598)
Allred, E. L., **7**, 252^{79} (239), 252^{80} (239), 253^{81} (239)
Allum, K. G., **5**, 626^{387} (599); **6**, 143^{261} (105T); **8**, 606^{22} (553, 569, 597T, 598T), 606^{36} (555, 569), 607^{96} (562), 607^{135} (569), 608^{202} (590, 591, 597T), 609^{239} (594T), 610^{281} (597T), 610^{285} (597T, 598T), 610^{293} (598T, 599T), 704^{12} (672), 709^{269} (672)
Alm, J., **2**, 893f^3
Almási, N., **6**, 33^4 (15, 20T, 21T), 33^4 (15, 20T, 21T)
Almaski, L., **1**, 680^{636} (651)
Almemark, M., **3**, 86^{384} (52), 87^{479} (69); **6**, 98^{281} (60T, 61T, 76), 99^{360} (45), 141^{139} (102); **8**, 772^{213} (732)
Almenningen, A., **1**, 40^{56} (14), 40^{76} (17), 40^{77} (17), 125f^9, 125f^{17}, 126f^1, 126f^3, 149f^1 (122, 127), 150^{100} (126), 152^{205} (145), 152^{215} (145), 673^{143} (588, 616), 673^{146} (588, 616), 673^{147} (588); **2**, 625^{582} (598), 680^{391} (671); **3**, 83^{205} (30), 83^{244} (35); **4**, 19f^2, 155^{412} (114), 233^{14} (163), 463f^5, 480f^3, 510^{390} (477); **5**, 275^{719} (244); **8**, 1064^5 (1015)
Almlöf, J., **3**, 83^{197} (28), 86^{384} (52), 87^{479} (69); **4**, 479f^{15}; **6**, 99^{360} (45), 141^{139} (102)
Al-Mowali, A. H., **3**, 736f^{16}, 767f^{17}, 781^{201} (773)
Al-Najjar, I. M., **6**, 756^{1350} (667), 756^{1351} (667), 756^{1352} (667), 756^{1356} (668), 756^{1357} (668)
Al-Obaidi, K. H., **3**, 948^{117} (846), 1106f^{12}, 1147^{66} (1111), 1317^{63} (1281)
Al-Ohaly, A. R., **4**, 810^{40} (697), 815^{334} (751, 752), 1058^{85b} (978)
Aloisi, G. G., **4**, 389f^4
Alonso, C., **7**, 650^{250} (566)
Alonzo, G., **2**, 617^{29} (525), 677^{204} (653), 677^{206} (653), 677^{207} (653), 975^{338} (930)
Alpatova, V. J., **6**, 941^{19} (886)
Alper, H., **3**, 950^{281} (905), 1249^{165} (1191), 1318^{78} (1283); **4**, 83f^{17}, 107f^{62}, 155^{427} (117), 236^{189} (185, 219T, 220), 320^{85} (251), 320^{87} (251), 320^{94} (252), 323^{263} (272, 274), 324^{355} (285, 298), 324^{356} (285), 435f^7, 507^{192} (431, 438, 466), 509^{323} (455), 510^{366} (470), 511^{443} (486), 605^{34} (518), 609^{279} (575, 576), 609^{280} (575), 609^{281} (576), 609^{283} (576, 577), 609^{284} (576), 609^{285} (576, 577), 609^{286} (576), 841^{93} (838), 887^{188} (881), 963^{51} (938); **5**, 267^{227} (51), 270^{429} (139, 150, 192, 195, 201, 204), 273^{633} (214); **6**, 263^{149} (255), 346^{232} (312T, 312), 347^{333} (321), 348^{364} (325), 348^{365} (325), 749^{881} (605); **8**, 100^{338} (94), 100^{340} (94), 769^{47} (723T, 734), 1007^1 (940), 1007^3

(940), 1007²⁶ (944), 1008⁴⁷ (951), 1008⁴⁹ (951), 1008⁵⁰ (951), 1008⁵⁶ (952), 1008⁶¹ (954), 1008⁶² (954), 1008⁶² (954), 1008⁶³ (954), 1064¹¹ (1016, 1027, 1056, 1057, 1059), 1067¹⁸⁷ (1043), 1068²⁴⁴ (1050)
Alper, J. B., **7**, 728²⁰⁷ (709)
Al-Salem, N. A., **6**, 348³⁵⁸ (324), 749⁸⁵³ (597, 598), 749⁸⁶⁹ (601), 749⁸⁷⁰ (602)
Alt, H. G., **2**, 192²⁸¹ (72); **3**, 108f², 108f³, 108f⁵, 109f², 109f⁶, 285f⁵, 315f⁶, 326¹⁸ (285), 398f⁶, 398f¹², 398f¹³, 419f²³, 430²⁸³ (404), 431²⁸⁵ (404), 431³⁰⁸ (420), 630¹⁰² (574, 587, 595), 630¹⁴⁰ (580, 583, 621), 630¹⁴⁴ (580, 583, 591, 610, 622), 631¹⁷⁰ (583, 584), 631¹⁷² (583), 631²⁰⁵ (591, 596), 631²⁰⁹ (596), 632²⁷² (622), 1067³ (955, 1035), 1067³⁶ (966, 967), 1067³⁷ (967), 1067³⁷ (967), 1077⁵⁹³ (1066), 1179f⁹, 1253³⁹⁹ (1243), 1379¹⁰ (1323), 1380⁵⁷ (1332), 1384²⁵⁴ (1377), 1384²⁵⁵ (1377), 1384²⁵⁶ (1377); **7**, 657⁶²⁴ (634)
Al't, L. Ya., **6**, 761¹⁶²⁹ (716)
Alt, R., **4**, 606⁹⁵ (529, 530)
Altena, D., **4**, 107f⁶⁵
Althoff, G., **4**, 512⁵¹² (501, 502); **8**, 1070²⁹⁶ (1058)
Altland, H. W., **1**, 753⁸⁰ (738, 740), 754¹¹⁶ (747, 749); **7**, 512¹⁰⁴ (489), 513²⁰⁶ (505, 506), 513²²³ (508)
Altman, J., **4**, 612⁵⁰³ (599); **5**, 249f², 272⁵³⁹ (179), 533⁸⁵⁵ (422)
Altman, L. J., **7**, 107⁴²¹ (56)
Altnau, G., **2**, 195⁴¹⁶ (104), 195⁴¹⁶ (104), 195⁴¹⁶ (104), 860⁹¹ (844, 857); **3**, 424f²; **6**, 1105f³, 1114²¹⁷ (1101); **7**, 655⁵²³ (610, 613), 655⁵³⁰ (614), 655⁵³¹ (614)
Altobelli, M., **4**, 1058⁵⁸ (974, 976); **6**, 877²²⁴ (818)
Altomare, A., **4**, 965¹⁷³ (961); **8**, 609²⁶⁰ (596T)
Alton, E. R., **7**, 457¹⁵² (395)
Altus, C., **8**, 549²² (503)
Altwicker, E. R., **1**, 456²¹⁷ (445)
Alvarez, C., **8**, 364²⁴³ (324)
Alvarez, F. S., **7**, 460³⁵⁷ (421)
Alvarez-Ibarra, C., **7**, 98f²¹
Alvernhe, G., **7**, 14f²
Alway, D. G., **3**, 697²²⁰ (665), 1248¹⁴¹ (1186, 1192), 1248¹⁴⁷ (1186), 1380⁷⁷ (1335); **6**, 870f⁷⁴
Aly, M. M., **2**, 970²¹ (866, 951)
Alyea, E. C., **3**, 427²³ (336); **6**, 347³⁰³ (319), 348³⁵⁵ (324)
Alyev, I. Y., **2**, 188¹¹⁸ (28)
Alymov, I. M., **3**, 428¹²⁰ (361)
Alzerreca, A., **7**, 650²⁴³ (565)
Amand, S. P., **3**, 1317¹⁰ (1257, 1265)
Amaratunga, S., **4**, 510³⁶⁶ (470), 963⁵¹ (938)
Amat, M., **7**, 725⁵² (673)
Amaudrut, J., **3**, 736f⁸, 736f⁹, 737f⁵, 745f¹², 745f¹³, 753f⁸, 753f⁹, 767f¹, 767f², 768f¹⁶, 768f¹⁷, 769f¹³, 771f⁵, 772f¹, 780¹³⁵ (745, 757)
Ambasht, S., **7**, 648¹⁴² (547)
Amberger, E., **2**, 200⁶²⁹ (154), 509²¹² (424, 425, 426, 427, 429, 430, 431, 432), 514⁵²⁶ (469), 515⁵³¹ (470), 624⁴⁹⁶ (585), 624⁴⁹⁸ (585), 626⁶²⁶ (603), 676¹⁶⁰, 676¹⁶⁶ (649), 677²²⁵ (654), 677²²⁶ (654, 655)
Amberger, H.-D., **3**, 267²⁴⁶ (213, 214), 267²⁴⁷ (213, 217), 268²⁶⁸ (217), 268²⁶⁹ (217), 269³³⁴ (233)
Ambridge, I. C., **2**, 970³⁶ (868, 884)
Ambrosius, H. P. M. M., **5**, 622⁸¹ (556, 613)
Ambühl, J., **6**, 756¹³⁵⁸ (668), 756¹³⁵⁹ (668)
Amen, K. L., **1**, 306³³⁷ (287)
Amerik, A. B., **8**, 425f⁸
Ames, A., **1**, 679⁵⁸⁷ (647); **7**, 459²⁶⁶ (411, 428), 459²⁶⁷ (411), 462⁴⁷⁹ (442)
Amice, P., **7**, 649¹⁷⁶ (554)
Amiet, G., **2**, 970⁷³ (874); **4**, 508²⁷⁸ (447, 472); **8**, 1009¹³⁴ (977)
Amiet, R. G., **3**, 1224⁸³ (1173), 1380⁴⁵ (1331); **4**, 553f⁹, 815³⁸³ (759); **5**, 240f¹; **8**, 1064¹⁴ (1016)
Aminadav, N., **7**, 104²⁶⁶ (34)
Aminev, I. K., **8**, 704²⁹ (674T, 675)

Amiraslanov, I. A., **4**, 239³⁵⁴ (206, 207T); **8**, 1067¹⁹⁹ (1044)
Amishchenko, L. M., **6**, 740²⁹² (517)
Amisimov, K. N., **4**, 239³³⁹ (206, 207T, 208)
Amith, C., **4**, 612⁴⁸⁰ (597); **8**, 364²²⁹ (322)
Amma, E. L., **1**, 40⁴¹ (11), 40⁶⁴ (15), 584f¹, 671¹² (557, 562, 585, 586, 621), 689f⁴, 689f⁵, 720⁴⁴ (688), 720⁴⁵ (688); **2**, 680³⁹⁵ (672), 970³¹ (867); **6**, 277⁵ (266), 277⁵ (266), 744⁴⁹³ (539T); **7**, 263¹⁸ (256)
Ammeter, J. H., **3**, 82¹⁸⁰ (28), 700³⁷⁵ (674), 703⁵⁵¹ (689, 690); **4**, 155⁴⁰⁸ (114); **6**, 224⁵⁴ (190, 194); **8**, 1064³ (1015)
Ammlung, C. A., **4**, 328⁶⁶⁹ (315, 316), 648⁶² (634)
Ammon, R. V., **6**, 942⁸⁶ (903T)
Ammons, J. M., **2**, 1018²¹³ (1003, 1012f, 1014)
Amoh, K. N., **4**, 19f¹, 149¹⁶ (7), 163f¹, 233¹⁰ (163)
Amonoo-Neizer, E. H., **7**, 653⁴⁰⁸ (594)
Amouroux, R., **7**, 102¹³⁷ (21), 103¹⁷⁴ (25), 459³⁰⁵ (415)
Ampulski, R. S., **4**, 375¹¹⁷ (360, 361)
Amraslanov, I. R., **4**, 239³⁴⁵ (206, 207T)
Amstutz, R., **1**, 118¹⁶⁷ (65T, 80)
Amtmann, R., **1**, 672⁷⁸ (570, 642, 665); **3**, 326²³ (288); **7**, 456¹⁰³ (389)
Anagnostopoulos, A., **3**, 427⁷⁹ (355), 430²⁴³ (392)
Anakyan, V. G., **1**, 119²⁶⁹ᵃ (102)
Ananchenko, S. N., **7**, 656⁵⁷⁷ (624)
Anand, S. K., **3**, 633²⁸³ (624), 633²⁹⁵ (628), 782²²⁰ (776)
Anand, S. P., **3**, 265¹²⁵ (189), 1249¹⁷⁹ (1193), 1317⁵⁹ (1281), 1382¹³³ (1347), 1382¹³³ (1347), 1382¹³⁴ (1348); **6**, 943¹²⁰ (905, 906T)
Anashkin, M. G., **2**, 908f¹⁷
Anciaux, A. J., **8**, 550⁵⁹ᵇ (515), 935⁶¹⁶ (896)
Anderegg, G., **2**, 932f⁶, 975³²⁹ᵃ (929)
Anderhub, H., **6**, 227¹⁹⁵ (192)
Anders, E., **8**, 97¹³⁸ (48)
Anders, N., **3**, 798f⁸
Anders, U., **4**, 151¹²² (29), 247f¹¹, 649¹⁰⁶ (645); **6**, 840f⁴⁶, 868f³⁴, 874⁶⁴ (771), 874⁷¹ (772)
Andersen, B., **3**, 1137f¹⁹
Andersen, E. L., **1**, 453⁴⁴ (421, 429), 537²³ (462, 491), 538³⁹ (470, 491, 537), 539¹¹⁰ (492); **4**, 323³¹³ (278); **6**, 944¹⁸⁷ (914, 915), 944¹⁸⁸ (914, 915), 944²⁰⁶ (919, 920T), 944²⁰⁷ (919, 920T), 944²²⁰ (923, 926, 930)
Andersen, N. H., **7**, 100³⁷ (4), 648¹⁰⁰ (538)
Andersen, R., **5**, 76f⁸, 268²⁹⁰ (78)
Andersen, R. A., **1**, 134f², 134f⁵, 136f⁴, 149³ (122, 130, 132, 135, 136, 138, 147, 149), 151¹⁵⁴ (135, 137, 138), 151¹⁵⁶ (135, 147), 152¹⁸⁷ (141), 152²³⁸ (147), 244¹⁸⁴ᵇ (176, 198, 207), 247³⁴² (196, 207), 247³⁶⁶ (198, 201, 203, 204, 206), 248⁴³² (207); **2**, 194³⁷² (95), 194³⁷² (95), 302³⁹⁵ (295T); **3**, 264²⁰ (177), 266¹³⁷ (191, 192), 270⁴⁰⁸ (255, 256), 270⁴¹² (257), 270⁴¹³ (257, 258), 270⁴¹⁴ (258), 646³⁴ (640, 641), 646⁴³ (641), 646⁴⁴ (641), 721f³, 732f⁴, 1131f¹⁶, 1131f¹⁷, 1133f³, 1114⁹⁹ (1129), 1147¹¹² (1139), 1312f¹⁸ (1312f); **4**, 153²⁷⁴ (69), 236¹⁷⁵ (182), 607¹⁴⁹ (543), 813²²⁸ (726, 734); **5**, 403f⁴; **6**, 942⁹² (903T); **8**, 281⁸⁶ (258)
Anderson, A. B., **4**, 607¹⁶¹ (546); **5**, 273⁵⁸⁸ (193); **6**, 12⁷⁵ (5), 142¹⁷⁵ (105T, 136, 138), 143²⁷⁰ (1241, 129, 133T, 134T, 136, 138), 845f²⁷²; **8**, 364²⁶⁵ (326), 364²⁷³ (327), 669⁵¹ (658T)
Anderson, Jr., A. G., **7**, 95f⁶
Anderson, A. S., **3**, 120f¹, 1248¹³⁴ (1185, 1186), 1248¹⁴³ (1186), 1380⁷¹ (1335); **6**, 1018f²⁵
Anderson, A. W., **3**, 545²³ (490); **7**, 463⁵⁰⁷ (447)
Anderson, B. B., **5**, 76f⁶, 268²⁸⁰ (74, 78); **6**, 97²⁶⁸ (50T, 60T, 65), 98²⁹⁷ (45, 50T, 57T, 60T, 65), 230² (229), 230³ (229), 231¹² (229), 231²¹ (229); **8**, 367⁴¹⁰ (347), 641¹¹ (634T), 706¹³⁸ (672, 677), 770⁵⁰ (723T)
Anderson, C. B., **6**, 346²⁷² (315, 337), 349⁴³⁶ (337), 753¹¹⁴¹ (639); **7**, 510⁵ (468)
Anderson, C. H., **6**, 13⁴⁴ (7)
Anderson, C. L., **7**, 252⁷⁹ (239), 252⁸⁰ (239)
Anderson, C. P., **4**, 150²¹ (7, 12, 21)

Anderson, D. G., **2**, 507[66] (405, 409); **7**, 647[85] (534)
Anderson, D. R., **7**, 649[184] (555)
Anderson, E. R., **7**, 195[44] (163)
Anderson, G. A., **1**, 673[143] (588, 616)
Anderson, G. K., **6**, 739[199] (503), 739[220] (508T), 739[221] (508T, 509), 740[238] (510), 745[610] (560), 745[611] (560)
Anderson, H. H., **2**, 197[495] (121), 197[518] (124, 178, 178f, 184), 197[518] (124, 178, 178f, 184), 203[748] (178f, 184), 509[170] (420), 509[171] (420), 565f[1], 618[102] (537), 620[245] (552), 621[304] (559, 566), 622[386] (571), 677[195] (652)
Anderson, H. J., **1**, 242[85] (164, 216)
Anderson, H. W., **7**, 195[87] (168), 253[129] (247, 250)
Anderson, J. R., **4**, 965[178] (961); **6**, 873[14] (764), 877[245] (823)
Anderson, J. S., **4**, 325[463] (296), 326[469] (296); **5**, 266[118] (25); **6**, 343[11] (280), 343[18] (280), 753[1088] (635), 756[1306] (660), 756[1324] (664)
Anderson, J. W., **2**, 512[355] (445), 512[358] (445), 514[503] (467), 514[504] (467), 514[505] (467), 514[506] (467)
Anderson, L. R., **5**, 531[754] (407, 465); **8**, 339f[20], 365[286] (328)
Anderson, M., **4**, 602f[7]
Anderson, M. B., **5**, 621[24] (547)
Anderson, M. G., **1**, 374[57] (313, 364)
Anderson, M. L., **3**, 267[249] (214)
Anderson, M. P., **5**, 539[1263] (307)
Anderson, O. P., **6**, 344[98] (296, 298f), 347[302] (319, 334T, 336), 1113[167a] (1086); **8**, 223[179] (210), 936[659] (902)
Anderson, P. S., **7**, 252[36] (233), 653[383] (589)
Anderson, R. A., **2**, 198[542] (129), 198[545] (130), 198[546] (130), 198[548] (130); **3**, 266[193] (207), 942f[14], 1319[152] (1314, 1316); **5**, 528[578] (376, 407), 528[579] (376, 407); **6**, 1111[86] (1064)
Anderson, R. B., **8**, 95[9] (21), 95[10] (21, 26), 96[82] (41, 44, 45, 46, 47, 48, 49, 50, 51, 52, 56, 66), 96[83] (41, 42, 43, 44, 45, 46, 47, 48, 49, 50, 51, 52, 56), 96[92] (41, 44, 61, 63, 66), 96[107] (41, 58), 96[109] (42, 58), 97[141] (49), 97[153] (49), 98[233] (63, 66), 282[175] (275)
Anderson, R. C., **7**, 650[240] (564)
Anderson, R. G., **1**, 53f[5]
Anderson, R. J., **7**, 104[260] (33), 728[184] (706), 728[184] (706), 728[194] (707), 728[196] (707), 729[257] (721)
Anderson, R. L., **3**, 829f[6], 950[275] (903), 1297f[16]; **4**, 12f[13], 73f[3], 150[52] (16, 18), 150[53] (16, 18), 150[55] (16, 18), 241[489] (223, 224T, 228); **6**, 806f[20], 842f[154], 874[85] (774, 775)
Anderson, S., **1**, 452[27] (418, 420)
Anderson, S. E., **3**, 269[343] (234), 700[378] (674, 675), 702[501] (687, 690), 703[552] (690), 703[554] (690), 1069[133] (986), 1069[144] (987), 1070[146] (987, 990); **4**, 510[405] (481); **6**, 224[53] (192), 231[8] (230), 231[8] (230)
Anderson, S. J., **3**, 372f[6], 429[165] (373), 630[111] (575)
Anderson, S. N., **4**, 154[361] (90), 374[66] (346, 352), 375[104] (357); **5**, 267[241] (60); **8**, 110[590] (1095)
Anderson, T. J., **1**, 40[54] (14, 15T), 673[137] (582, 592); **2**, 195[402] (101), 195[410] (102), 762[101] (728); **3**, 1188f[20], 1248[117] (1182), 1250[209] (1201); **6**, 987f[20], 1034f[5], 1036f[3], 1039[28] (993), 1040[95] (1004, 1005, 1010), 1114[219] (1101)
Anderson, W. P., **3**, 645[15] (637, 639), 1070[164] (989, 1035, 1055), 1071[218b] (1001), 1076[524] (1056, 1057), 1251[271] (1215)
Ando, T., **7**, 512[135] (494)
Ando, W., **2**, 191[260] (63), 191[260] (63), 191[260] (63), 191[261] (64), 191[261] (64), 191[262] (64), 192[263] (64), 192[278] (71), 192[287] (74), 193[317] (81), 297[39] (219), 297[40] (220), 297[95] (232); **7**, 657[629] (636)
Andose, J. D., **1**, 42[184] (37)
Andrä, K., **3**, 376f[18], 377f[19] (377T), 429[172] (373), 429[173] (373), 630[114] (575), 630[115] (575, 576)
Andrade, J. G., **7**, 658[675] (642)
Andrae, S., **3**, 1380[29] (1328), 1380[53] (1331)

Andrascheck, H. J., **2**, 195[395c] (99, 102, 105); **7**, 655[520] (610)
Andre, S., **8**, 1068[202] (1044, 1046)
Andreae, M. O., **2**, 1018[210] (1003), 1018[211] (1003), 1018[212] (1003, 1012f, 1012), 1018[219] (1003, 1012f), 1018[222] (1004, 1012f), 1020[303] (1014)
Andreetta, A., **5**, 39f[7], 266[171] (36), 267[187] (38, 39), 267[188] (39), 267[197] (41); **8**, 221[85] (120), 222[99] (124, 127), 311f[19], 362[134a] (297), 407f[30]
Andreetti, G. D., **2**, 189[142] (33); **4**, 422f[12], 506[121] (410), 608[242] (568, 568f, 569); **5**, 271[474] (157, 160); **6**, 143[269] (118, 121T), 179[19] (165T, 170), 180[67] (163, 165T, 170); **8**, 770[83] (736), 794[29] (784), 795[77] (782), 795[78] (782), 795[79] (781), 795[83] (781), 795[83] (781)
Andres, K., **2**, 198[524] (127)
Andresen, A., **3**, 279[23] (272), 557[73] (556)
Andrews, A., **8**, 100[869] (957)
Andrews, B. C., **2**, 696f[4], 705[52] (687), 707[153] (701)
Andrews, D. C., **4**, 389f[6], 415f[5], 509[341] (462); **5**, 274[659] (222), 539[1275] (508), 626[357] (594); **6**, 182[154] (146T), 755[1258] (654, 655)
Andrews, J. A., **4**, 907[66] (903)
Andrews, J. W., **8**, 455[81] (384, 387, 415), 455[82] (384, 415)
Andrews, L., **1**, 118[181] (82)
Andrews, L. C., **6**, 754[1167] (641, 642T, 651, 652)
Andrews, M. A., **3**, 80[27] (4), 1112f[6], 1269f[11], 1317[57] (1281, 1282), 1318[96] (1291); **4**, 166f[9], 234[65] (167), 238[313] (205), 239[333b] (206, 207T), 239[363] (206, 207T), 239[364] (206, 207T), 239[365] (206, 207T), 239[366] (206, 207T, 231), 327[563] (304), 327[564] (304, 316), 327[565] (304, 316), 327[566] (304, 316), 327[567] (304, 305), 648[22] (620, 628), 648[39] (626), 648[40] (626), 648[41] (627), 890f[4], 906[11] (891, 892), 907[20] (892), 1055[33] (971, 1030, 1031, 1038), 1058[34] (971, 973); **5**, 624[207] (569); **6**, 869f[69], 943[121] (905, 906T, 917, 918T); **8**, 95[62] (35), 220[22] (108), 364[269] (327)
Andrews, M. N., **2**, 191[239] (57); **3**, 125f[30]
Andrews, P. S., **5**, 274[705] (239), 357f[6], 527[481] (357, 458), 534[968] (442, 443, 457), 534[969] (442, 457), 628[461] (609, 614); **8**, 1069[248b] (1051, 1057)
Andrews, S. B., **2**, 189[130] (31), 194[359] (92), 297[82] (230), 617[75] (531), 676[144] (646), 861[108] (848), 977[468] (958)
Andrews, T. D., **1**, 540[175a] (515, 516, 518, 520, 535); **3**, 1250[219] (1203), 1382[156] (1356); **4**, 238[294] (203); **6**, 383[71] (371, 375), 840f[71], 874[65] (771)
Andrews, T. M., **2**, 622[362] (568)
Andriamizaka, J. D., **2**, 200[619] (150), 501f[8], 501f[11], 507[100] (409), 513[458] (459, 460, 461, 462, 480), 513[459] (459, 460, 496, 497)
Andrianov, K. A., **2**, 188[83] (21), 197[501] (122), 298[154] (243, 265T), 300[260] (265T), 300[261] (265T), 300[264] (265T), 360[7] (306, 307), 362[171] (346); **5**, 628[496] (617)
Andrianov, V. G., **2**, 713f[38], 761[83] (730), 762[103] (730), 908f[7], 974[287] (922); **3**, 714f[7], 779[66] (715), 1068[49] (970), 1070[172] (990), 1071[230] (1007), 1071[231b] (1007), 1187f[3], 1337f[22], 1337f[23], 1380[29] (1328), 1380[53] (1331); **4**, 52f[98], 97f[28], 158[600] (138), 158[601] (138), 158[602] (138), 239[349] (206, 207T), 380f[17], 380f[17], 387f[5], 400f[14], 414f[2], 480f[4], 505[65] (396), 509[320] (453), 510[391] (477), 511[430] (485), 511[446] (486), 511[447] (486), 610[322] (430); **5**, 539[1257] (500), 610f[1], 628[462] (609); **6**, 805f[2], 839f[24], 842f[174], 851f[53], 851f[54], 875[102] (777), 943[116] (905); **8**, 1067[196b] (1043), 1068[222] (1048), 1069[266] (1052)
Andrianov, Yu. A., **2**, 820[129] (790); **3**, 631[168] (583), 699[337] (673), 700[351] (673); **6**, 181[114] (176f, 176T), 226[138] (192, 193T), 226[139] (195)
Andrich, G., **4**, 963[66] (941); **8**, 98[253] (71), 223[176] (201)
Andronov, E. A., **6**, 342[6] (280), 342[7] (280), 342[8] (280, 283f, 284)
Anet, F. A. L., **1**, 119[268] (100), 753[98] (741); **2**, 190[216] (51), 976[401] (946), 976[403] (946, 948); **3**, 950[304] (915,

923, 929), 951[316] (923), 1077[545] (1059); **4**, 610[370] (587)
Ang, H. G., **2**, 706[83] (691); **4**, 327[543] (302); **6**, 36[165] (26), 36[165] (26), 1074f[1], 1085f[1], 1110[11] (1044, 1047, 1082, 1083)
Angelastro, M., **7**, 513[231] (509)
Angelescu, E., **8**, 642[65] (621T), 643[117] (617, 621T), 643[133] (621T)
Angelici, R. J., **3**, 82[157] (24), 697[219] (665), 802f[1], 802f[1], 802f[5], 805f[1], 805f[5], 805f[6], 809f[15], 823f[3b], 879f[9], 879f[17], 886f[9], 886f[15], 888f[1], 888f[3], 947[56] (820), 947[102] (843), 948[138] (859), 948[139] (859), 948[155] (863), 949[203] (876), 1077[594] (1066), 1147[88] (1122), 1273f[1], 1273f[2], 1275f[6], 1286f[8], 1290f[1], 1290f[2], 1290f[3], 1290f[4], 1290f[6], 1290f[7], 1297f[19], 1317[12] (1267), 1317[19] (1271), 1317[39] (1276), 1318[79] (1283, 1284, 1287), 1318[82] (1283, 1289, 1291, 1292), 1318[89] (1289, 1291, 1292), 1318[92] (1289, 1291), 1318[93] (1289), 1318[100] (1291, 1292), 1318[101] (1291), 1318[102] (1291, 1304), 1318[103] (1291, 1292, 1304), 1380[67] (1334, 1335); **4**, 11f[5], 33f[25], 33f[38], 33f[39], 33f[40], 33f[46], 50f[3], 50f[5], 51f[40], 51f[55], 109f[2], 150[41] (12, 35, 38, 43, 101), 151[133] (35, 43, 101), 152[171] (43, 101, 102), 152[173] (43), 152[194] (53), 152[195] (53), 152[197] (53), 152[222] (59), 155[392] (102), 156[440] (119), 156[476] (125), 158[636] (145), 235[81] (170, 196), 236[152] (178, 215T, 215), 236[155] (178), 236[161] (179, 197), 241[429] (214, 215T, 215), 321[169] (262, 294), 325[420] (291), 375[129] (364, 367, 369T, 370), 605[47] (519), 606[78] (524f, 525), 606[88] (528, 529), 606[89] (528), 606[91] (529), 818[526] (777, 779, 780), 818[527] (777, 778, 779), 840[29] (825); **5**, 357f[3], 527[475] (356, 363, 450, 451); **6**, 346[235] (311, 312T, 312), 346[236] (311, 312T, 312, 326), 348[367] (312T, 312, 325, 326), 349[420] (334T, 334f), 737[99] (491), 737[101] (491), 739[205] (504), 1080f[4]; **8**, 99[281] (80, 81), 99[286] (81), 220[34] (111), 1066[111] (1031)
Angelini, G., **7**, 107[421] (56)
Angell, C., **4**, 65f[16]
Angeloni, L., **4**, 907[17] (892)
Angelov, C., **1**, 251[592] (232, 233)
Anglin, J. R., **4**, 236[153] (178), 238[302] (204, 215T, 224T); **6**, 1111[97a] (1067)
Angoletta, M., **5**, 280f[3], 524[302] (318), 554f[7], 556f[9], 558f[4], 558f[6], 559f[1], 559f[4], 559f[7], 621[5] (542), 622[88] (557), 622[94] (560), 624[235] (576), 624[236] (576, 598), 624[237] (576), 625[291] (585, 586), 625[294] (586), 628[469] (612, 613), 628[472] (612), 628[483] (614, 619), 628[503] (619), 628[511] (620); **6**, 261[8] (244, 245), 261[33] (245), 262[83] (249), 343[39] (285), 383[77] (372); **8**, 293f[21], 927[46] (801)
Angres, I., **1**, 120[320a] (114)
Angus, P. C., **2**, 511[318] (440)
Anh, N. T., **7**, 655[490] (604); **8**, 1068[215] (1047)
Anikeenko, N. P., **5**, 554f[9]
Anikeev, K. M., **6**, 180[49] (159T)
Anishchenko, L. M., **6**, 263[143] (255), 346[246] (314)
Anisimov, K. N., **2**, 516[627] (483), 516[636] (484), 516[637] (484), 631f[3], 631f[18], 707[178] (704), 878f[20]; **3**, 698[235] (666), 698[239] (666, 667), 698[240] (666), 698[241] (666, 667), 710f[4], 711f[2], 711f[3], 711f[4], 711f[5], 711f[8], 754f[1], 754f[2], 754f[3], 754f[4], 754f[5], 754f[6], 754f[9], 754f[11], 754f[12], 754f[13], 754f[14], 760f[6], 760f[8], 764f[1], 779[34] (707), 780[146] (754), 781[165] (760), 786f[6], 1067[31] (965), 1075[451] (1039, 1040), 1080f[3], 1080f[6], 1189f[10], 1189f[21], 1189f[22], 1248[151] (1188), 1256f[2], 1256f[5a], 1317[22] (1272), 1338f[12], 1338f[16], 1381[82] (1338); **4**, 19f[3], 149[2] (5), 156[467] (124), 157[550] (131), 163f[3], 233[7] (163), 233[12] (163), 233[14] (163), 237[240b] (193, 207T, 210), 238[307] (204, 205), 238[309] (205), 239[334] (206, 207T, 210, 232T), 239[338] (206, 207T, 208), 239[339] (206, 207T, 208), 239[340] (206, 207T, 208), 239[341] (206, 207T), 239[342] (206, 207T), 239[355] (206, 207T, 208), 239[358a] (206, 207T, 215), 239[359] (206, 207T), 239[374] (207), 239[377] (208), 240[382] (208), 240[393a] (211, 212T), 240[394] (211, 212T), 240[395] (211, 212T), 240[401] (211, 212T), 240[412] (211, 212T, 213), 240[413] (211, 212T, 213), 240[415] (211, 212T, 213, 228), 240[420] (212T), 401f[30], 606[67] (522), 611[398] (591), 611[399] (591), 611[401] (591), 611[402] (591), 611[407] (592), 611[414] (592); **6**, 384[139] (382), 779f[6], 805f[7], 805f[18], 840f[72], 840f[73], 840f[82], 842f[133], 843f[207], 1019f[42], 1028f[26], 1113[189] (1090)
Anjo, D. M., **7**, 263[29] (261), 336[51] (334)
Anker, M. W., **3**, 838f[3], 946[25b] (809), 1146[23] (1093), 1261f[7]; **6**, 241[41] (240)
Anker, R. M., **7**, 102[140] (21)
Anker, W. M., **5**, 524[330] (319), 525[362] (363)
Annaji Rao, K., **8**, 282[151] (272)
Annamuradov, M. A., **8**, 312f[63]
Annarelli, D. C., **2**, 189[124] (29), 189[125] (29), 189[133] (32), 190[190] (42), 296[8] (207, 223), 296[11] (210), 296[24] (214), 297[52] (223), 507[75] (406)
Annino, R., **1**, 304[185] (270)
Annis, G. D., **4**, 422f[7], 506[124] (411, 424); **8**, 1007[23] (943), 1007[24] (944)
Anorova, G. A., **1**, 242[91] (164, 176), 455[138] (432, 434)
Anosov, V. I., **8**, 711[376] (701)
Anrus, W. A., **7**, 657[645] (639)
Ansari, S., **2**, 199[605] (146), 514[476] (461, 462), 514[478] (462)
Ansell, G. B., **4**, 247f[10], 312f[8], 329[687] (318), 329[688] (318), 649[111] (645), 905f[4], 908[77] (905), 908[78] (905), 908[79] (905); **8**, 97[177] (56)
Ansell, L. L., **7**, 105[290] (38)
Ansheles, V. R., **7**, 99[10] (3)
Anson, F. C., **6**, 1021f[158]
Ansorge, U., **2**, 678[274] (659)
Antebi, S., **4**, 506[119] (410)
Anteunis, M., **7**, 512[122] (491); **8**, 400f[2], 457[191] (399, 401), 931[308] (844)
Anteunis, M. J. O., **2**, 300[243] (262), 302[371] (291), 303[410] (295T)
Anthony, M. T., **3**, 326[1] (282), 326[4] (283), 703[523] (688); **8**, 457[227] (405), 704[13] (672, 677)
Antipin, M. Yu., **1**, 455[175] (438), 677[403] (625); **2**, 908f[5], 974[267] (919, 920), 3, 699[323] (673); **4**, 242[500] (223, 224T, 224, 232T), 506[156] (424)
Antle, P. E., **6**, 35[146] (30)
Anton, M., **1**, 242[82] (163); **6**, 97[251] (57T, 58T, 62T, 63T, 64, 72, 79), 98[305] (57T, 62T, 64, 79)
Antonen, R. C., **2**, 363[187] (353)
Antoniadis, A., **2**, 200[612] (148); **4**, 238[291] (203)
Antonini, E., **4**, 325[423] (292)
Antonov, A. A., **8**, 646[278] (616, 622T), 704[31] (677, 690)
Antonov, N. G., **1**, 117[120] (68, 71T)
Antonov, P. G., **8**, 349f[12]
Antonova, A. B., **3**, 754f[12], 754f[13]; **4**, 157[550] (131), 157[551] (131), 239[344] (206, 207T, 208, 232T), 242[500] (223, 224T, 224, 232T), 242[501] (223, 224T, 224), 242[502] (223, 224T, 224), 242[505] (223, 224T, 227); **6**, 842f[162], 842f[174]
Antonova, N. D., **2**, 191[234] (54), 974[275] (920); **3**, 125f[26]
Antonovich, V. A., **1**, 453[46] (421), 455[183] (439, 440), 541[190b] (520), 722[167] (709, 711)
Antropiusova, H., **3**, 326[7] (283), 326[8] (283), 328[164] (321)
Antsyshkina, A. S., **3**, 714f[10], 714f[12], 714f[13], 737f[14], 753f[5]; **6**, 1036f[1], 1040[103] (1005, 1010)
Antus, S., **7**, 510[21] (473, 475), 510[29] (475), 510[31] (475, 478), 510[33] (475), 510[37] (475), 511[39] (475), 511[40] (475), 511[41] (475, 478), 511[42] (475), 511[43] (475)
Anufrienko, V. F., **3**, 474[109] (467), 632[268] (620)
Anvarova, G. Ya., **1**, 151[168] (139); **7**, 102[150] (23f)
Anzai, S., **1**, 251[620] (237)
Anzenhofer, K., **1**, 258f[1]; **5**, 534[951] (439); **6**, 754[1191] (647T), 759[1492] (685)
Anzoumanidis, G. G., **8**, 223[148] (171)
Ao, M. S., **7**, 110[573] (87)
Aoki, D., **2**, 195[400] (100); **8**, 425f[6]
Aoki, H., **7**, 66f[7]

Aoki, K., **4**, 375[132] (365), 511[465] (489, 490T), 648[21] (619), 648[28] (621), 813[255] (735); **5**, 270[426] (139, 143, 149, 180, 235), 270[427] (139), 271[507] (168, 207, 208), 274[694] (235), 274[695] (235), 346f[3], 526[418] (342, 343, 345); **6**, 140[58] (134T, 136), 738[129] (495); **8**, 642[60] (635T, 639)
Aoki, T., **3**, 1067[9] (956); **6**, 278[45] (266T, 274)
Aotake, M., **3**, 1249[195] (1198)
Aotani, Y., **6**, 140[90] (124T, 131)
Aoyagi, T., **1**, 40[69] (16), 40[85] (18, 22), 41[111] (23), 118[193] (83, 84T, 86, 91); **2**, 859[16] (828); **7**, 459[290] (413)
Aoyama, H., **8**, 930[291] (841, 880), 930[292] (841)
Aoyama, M., **3**, 1068[54] (971); **6**, 839f[4]
Aoyama, T., **2**, 192[265] (65), 299[196] (249T)
Aoyama, Y., **5**, 269[377] (116)
Apeloig, Y., **1**, 117[156] (77, 99, 101), 117[158] (77, 79), 119[236] (93), 119[237] (93), 120[298] (107), 149[23] (122); **2**, 187[43] (10)
Aplington, J. P., **3**, 372f[8]
Apparu, M., **7**, 50f[5]
Appel, R., **2**, 192[267] (66), 195[393] (98), 199[590] (144), 199[590] (144), 200[608] (146), 200[616] (148), 200[618] (149), 200[618] (149), 200[618] (149), 707[163] (702); **7**, 654[487] (604), 654[487] (604), 654[488] (604), 655[493] (605), 655[493] (605), 657[598] (627), 657[599] (627); **8**, 644[204] (618, 623T)
Appenrodt, J., **1**, 671[18a] (658)
Appleman, B., **1**, 248[423] (206)
Applequist, D. E., **1**, 116[59a] (54, 73), 116[89] (59)
Appleton, T. G., **6**, 348[387] (328), 446[363] (441), 739[200] (503), 741[312] (518), 741[323] (519), 742[379] (525, 709, 713), 742[380] (525), 742[410] (529, 545), 744[492] (535, 546, 547), 744[501] (540, 543, 545), 744[528] (543), 746[636] (563, 564), 747[712] (582, 583), 747[733] (584), 746[770] (585), 748[771] (585), 748[772] (585), 748[813] (590), 757[1372] (670, 671)
ApSimon, J. W., **7**, 158[30] (145); **8**, 496[6] (464)
Aquila, W., **5**, 35f[20]; **6**, 1021f[130], 1021f[156], 1032f[24]
Ara, A., **2**, 978[527] (966, 968), 978[527] (966, 968)
Arabas, W., **1**, 647f[2], 679[568] (645); **7**, 459[308] (415)
Arabi, M. S., **4**, 323[322] (280, 306), 323[323] (280), 323[324] (280); **5**, 51f[11], 266[153] (33); **6**, 987f[9], 1039[6] (988)
Arafat, A., **1**, 553[70] (551)
Arai, H., **8**, 610[280] (597T), 610[284] (597T), 930[293] (841), 934[540] (884), 937[726] (913, 914)
Arai, I., **7**, 95f[12], 651[322] (579); **8**, 932[429] (856, 857), 932[433] (857, 872), 933[434] (857, 869), 933[474] (869)
Arai, K., **8**, 366[346] (340)
Arai, M., **6**, 347[287] (317); **7**, 657[622] (634), 657[637] (637)
Arai, T., **8**, 711[333] (701)
Arai, Y., **8**, 349f[1]
Arakawa, T., **2**, 506[42] (403), 506[43] (403); **3**, 919f[1]; **8**, 646[261] (621T), 646[262] (621T), 646[263] (621T), 709[255] (685T), 709[276] (690), 711[334] (677)
Araki, K.-I., **2**, 196[444] (111)
Araki, M., **7**, 104[229] (30); **8**, 97[164] (54)
Araki, T., **1**, 673[169a] (591); **2**, 299[199] (249), 299[201] (250), 302[379] (292); **7**, 459[290] (413), 461[405] (430), 462[456] (438)
Araki, Y., **7**, 649[181] (555)
Aranda, V. G., **7**, 512[132] (491, 498)
Araneo, A., **4**, 326[471] (296), 326[472] (296), 675f[1], 689[83] (675), 810[18] (695), 811[90] (704), 811[120] (708), 1058[90] (979, 980), 1059[105] (981, 982, 984, 992, 1010), 1059[136] (989); **5**, 554f[5]
Arase, A., **1**, 307[390] (289), 307[391] (289), 307[392] (289), 307[402] (290), 672[83] (571); **7**, 109[504] (71), 142[113] (133), 142[116] (133), 158[64] (146), 196[129] (175), 226[209] (219), 300[137] (291), 301[142a] (292), 322[31] (310), 322[46] (314)
Aratani, T., **7**, 727[149] (698); **8**, 497[102] (491)
Arbab-Zovar, M. H., **2**, 1019[295] (1014)
Arbuatti, R., **8**, 606[75] (559, 595T, 601T)
Arbuzova, L. N., **7**, 459[250] (408)

Arcas, A., **6**, 93[16] (45, 60T, 72), 98[283] (45, 60T, 61T, 72), 98[284] (45, 50T, 60T)
Arce, A. J., **4**, 1061[254b] (1025, 1031)
Archer, J. F., **7**, 253[142] (249)
Archer, N. J., **6**, 1093f[2], 1113[197] (1092)
Archer, R. D., **3**, 1084f[4], 1261f[6]
Arcus, C., **4**, 320[71] (250, 316)
Ardoin, N., **2**, 189[127] (30); **7**, 649[155] (550)
Ardon, M., **3**, 951[318] (923)
Arduini, A., **1**, 723[224] (715)
Arduini, A. A., **5**, 539[1298] (328)
Arend, G., **8**, 772[228] (734), 772[229] (734)
Arens, J. F., **2**, 190[198] (45); **7**, 96f[11], 106[375] (50)
Areshidze, K. I., **8**, 643[120] (622T)
Aresta, M., **2**, 770f[5], 820[175] (804); **3**, 833f[42], 851f[9]; **5**, 526[402] (342), 536[1097] (471T), 538[1211] (489), 538[1212] (307, 489); **6**, 94[76] (39, 43), 140[79] (123T, 128), 141[138] (123T, 128), 754[1159] (640), 754[1160] (640), 758[1451] (677); **8**, 280[19] (232), 280[28] (236), 280[29] (236), 281[99] (262), 281[102] (264), 282[190] (275), 291f[2], 304f[29], 366[357] (341), 458[258] (411)
Arest-Yakubovich, A. A., **1**, 249[494] (218, 219, 234, 235, 237), 249[496] (219, 234, 235, 236, 237), 251[575] (230), 251[582] (231, 232), 251[587] (232, 235, 236), 251[588] (232), 251[589] (232), 251[589] (232), 251[611] (236), 251[611] (236), 251[620] (237), 252[624] (237, 238, 240), 252[628] (238), 252[628] (238); **7**, 8f[2], 8f[10], 9f[2]
Arfsten, N. J., **8**, 707[156] (685T, 686, 687T, 691, 692, 692T, 695, 695T, 696, 696T)
Argay, G., **2**, 199[567] (136)
Arguelles, R., **7**, 299[78a] (279)
Arhart, R. W., **4**, 400f[7], 401f[15], 504[12] (382, 423), 505[93] (403), 505[96] (404, 466), 506[139] (417), 509[351] (466); **8**, 1008[97] (968, 969)
Arias-Pèrez, M. S., **7**, 98f[21]
Arick, M. R., **1**, 120[314] (111)
Arigoni, D., **7**, 253[117] (246), 253[118] (246)
Arihara, M., **8**, 498[120] (495)
Arilov, V. A., **6**, 349[418] (333, 334T, 334f)
Arimoto, T., **8**, 933[487] (873)
Aris, K. R., **5**, 533[859] (419)
Aris, V., **5**, 533[859] (419), 537[1185] (483, 486), 538[1205] (486, 487), 538[1206] (487), 626[337] (591, 592, 593)
Arisimov, K. N., **3**, 1075[460] (1040)
Aritomi, M., **2**, 512[365] (445), 677[239] (656)
Ariyaratne, J. K. P., **4**, 154[360] (90), 240[402] (211, 212T), 373[18] (334, 350), 374[81] (350), 504[9] (381)
Ariyoshi, J., **3**, 460f[10]
Arjona, O., **7**, 103[192] (26f)
Arkhipova, T. N., **2**, 297[68] (226), 299[188] (248T), 300[246] (262)
Arkles, B., **2**, 396[79] (378); **7**, 651[293] (576)
Arlman, E. J., **3**, 545[25] (490, 500), 546[66] (505)
Arloth, W., **6**, 941[18] (885T, 886, 889, 890T, 893T, 894)
Armbrecht, Jr., F. M., **7**, 647[81] (533)
Armenskaya, L. V., **2**, 619[198] (547)
Armentrout, P. B., **8**, 550[68b] (516, 529)
Armer, B., **1**, 722[206] (713), 722[207] (714); **2**, 787f[1], 817[6] (766, 786, 788, 790, 793)
Armit, P. W., **4**, 695f[9], 810[47] (698, 699, 701), 810[48] (698, 701, 710), 811[76] (701)
Armitage, D. A., **2**, 186[16] (4, 126), 187[33] (8, 124), 197[519] (125), 197[519] (125), 198[555] (132, 162, 171, 178f), 199[595] (145), 199[596] (145), 202[690] (167, 168), 203[749] (184), 507[95] (409), 512[340] (443, 446), 512[342] (443, 444, 445), 513[434] (455), 620[236] (550, 561), 620[238] (550), 620[246] (552), 623[417] (574), 626[638] (604, 605); **7**, 654[435] (598), 655[496] (606)
Armor, J. N., **3**, 328[150] (320), 328[151] (320), 398f[61], 431[287] (405), 557[21] (550), 633[297] (610); **8**, 1104[10] (1075)
Armour, A. G., **1**, 307[363] (288)
Armstrong, A. T., **3**, 83[190] (28), 1069[143] (987)
Armstrong, D. R., **1**, 304[157] (269), 304[158] (269), 304[159] (269), 304[164] (270), 304[165] (270), 304[166]

(270), 304^{167} (270), 539^{124} (496); **3**, 83^{189} (28), 87^{501} (73), 87^{503} (73), 700^{361} (674), 700^{362} (674); **4**, 479f^{14}; **6**, 224^{61} (190, 194), 751^{955} (615); **8**, 363^{190} (309)
Armstrong, J. R., **3**, 945f^6
Armstrong, R. K., **8**, 935^{619} (896)
Armstrong, V. S., **3**, 1076^{543} (1059)
Arnason, I., **2**, 300^{269} (265)
Arne, K., **1**, 379^{418} (364); **7**, 301^{169} (297)
Arneri, R., **4**, 97f^{22}, 157^{575} (134), 158^{576} (134, 137)
Arnesen, S. P., **3**, 1146^{10} (1082), 1317^8 (1257)
Arnet, J. E., **4**, 320^{95} (252); **8**, 1007^5 (940)
Arney, J. S., **3**, 1030f^2, 1074^{375} (1031)
Arnold, D. J., **3**, 851f^{45}
Arnold, D. P., **1**, 246^{331a} (195); **2**, 679^{330} (665, 666), 679^{333} (666)
Arnold, E. V., **2**, 193^{333} (85), 300^{241} (261); **3**, 87^{494} (71)
Arnold, R. T., **1**, 241^{26} (157)
Arnott, R., **1**, 248^{444} (209), 248^{446} (209)
Arnott, R. C., **1**, 150^{57} (123), 247^{373} (199)
Arntzen, C. E., **1**, 60f^6
Aronoff, M. S., **1**, 116^{57} (54), 241^{52} (159, 162)
Aronovich, P. M., **1**, 265f^3, 303^{72} (265), 307^{366} (288), 308^{433} (292), 309^{508} (297); **7**, 159^{80} (146), 159^{81} (146)
Arora, R. S., **3**, 430^{231} (385)
Arora, S., **7**, 224^{26} (200)
Arora, S. K., **1**, 307^{364} (288), 308^{410} (291), 308^{428} (292); **7**, 159^{110} (145f, 151), 196^{121} (173), 252^{27} (231, 242)
Arpe, H. J., **8**, 16^{12} (4, 5, 6, 7, 8, 9, 14, 15), 94^4 (20, 49), 98^{228} (62, 63), 98^{257} (74, 75, 79), 221^{67} (116, 170, 171, 188), 280^{12} (228), 368^{477} (354, 359, 360), 796^{101} (774, 775), 930^{263} (835)
Arreguy, B., **1**, 246^{327a} (194); **2**, 189^{166} (37); **7**, 646^4 (516)
Arriau, J., **3**, 428^{128} (363)
Arrowsmith, J. E., **7**, 98f^{10}
Arrowsmith, R. J., **7**, 102^{141} (21, 52)
Arrup, P. A., **2**, 774f^2
Arsene, A., **1**, 380^{427} (366)
Arseniyadis, S., **1**, 243^{161} (174); **7**, 14f^3
Arshavskaya, E. V., **3**, 628^{27} (563, 564); **4**, 415f^1, 415f^2, 506^{134} (413)
Artamkina, G. A., **1**, 241^{32} (158, 159, 164, 166); **2**, 763^{185} (759), 972^{154} (891), 977^{489} (960), 978^{506} (963), 978^{512} (964); **7**, 105^{317} (43, 45, 46)
Artamonova, I. L., **7**, 9f^4
Artemov, A. N., **3**, 702^{507} (687, 688), 702^{508} (688), 702^{511} (688), 1004f^{25}, 1004f^{36}, 1071^{206} (1000), 1071^{252} (1010, 1043), 1072^{307} (1018), 1251^{275} (1216), 1383^{187} (1363)
Arthur, P., **1**, 304^{185} (270); **6**, 1021f^{146}
Arthur, T., **4**, 819^{625} (799), 819^{626} (799), 1061^{244} (1022)
Arthurs, M., **5**, 534^{982} (358, 434, 448, 449, 466, 467, 468, 480, 483), 535^{998} (449, 452, 480), 535^{999} (449, 452, 480)
Artigas, J., **5**, 536^{1121} (474, 475T, 476); **8**, 291f^{17}
Arustamyan, S. S., **8**, 669^{31} (658T)
Arutyunyan, A. V., **4**, 326^{523} (299), 613^{520} (603)
Arvanaghi, M., **7**, 104^{263} (34)
Arya, V. P., **1**, 378^{345} (359)
Arzoumanian, H., **7**, 141^{49} (121), 142^{128} (135), 142^{129} (136), 158^{37} (145), 195^{89} (169, 174, 175, 179), 223^{10} (199, 222, 223), 252^{41} (234), 301^{172a} (297), 321^4 (304, 307, 310), 322^{39} (312, 313), 725^{47} (671)
Asada, K., **8**, 928^{124} (805, 925)
Asada, M., **1**, 677^{397} (625)
Asada, N., **6**, 98^{302} (55T, 62T, 63T, 64, 73, 75, 77); **8**, 795^{59} (779, 780), 934^{533} (883)
Asada, S., **7**, 109^{501} (71)
Asagi, K., **6**, 95^{109} (55T, 56T, 70, 79); **8**, 641^{31} (621T)
Asahara, T., **6**, 755^{1286} (657, 658T)
Asai, N., **1**, 242^{89} (164)

Asali, K. J., **3**, 948^{140} (859, 860), 949^{206} (876, 877)
Asami, M., **7**, 103^{200} (27)
Asami, R., **1**, 116^{77} (57), 138^{207} (87), 248^{413} (205, 231, 232)
Asami, Y., **8**, 937^{752} (919)
Asamiya, K., **8**, 928^{130} (805)
Asano, R., **6**, 362^{75} (360), 362^{77} (360); **8**, 932^{420} (860), 933^{437} (858), 933^{438} (858), 933^{439} (858, 859), 933^{442} (858), 933^{443} (858), 933^{490} (873), 1064^{40} (1019), 1064^{40} (1019)
Asaoka, M., **7**, 650^{248} (566), 650^{263} (570), 651^{271} (571), 651^{273} (572)
Asato, G., **4**, 65f^{16}
Asby, B. A., **2**, 360^{45} (313)
Ascencio, G., **2**, 972^{159} (891, 896, 957, 958)
Ascher, K. R. S., **2**, 626^{661} (608), 626^{676} (610), 626^{678} (611)
Aseeva, A. P., **6**, 262^{108} (251); **8**, 331f^{28}, 362^{124} (296, 328)
Asensio, G., **1**, 116^{96} (61); **2**, 978^{527} (966, 968), 978^{527} (966, 968), 978^{527} (966, 968)
Asgarouladi, B., **1**, 375^{166} (333), 377^{266} (349, 353), 377^{299} (353), 409^{12} (383, 406)
Ash, M. J., **4**, 920^{26} (912, 914); **6**, 843f^{177}
Ashby, E. C., **1**, 117^{145} (75), 150^{57} (123), 150^{67} (123, 125, 128, 138), 150^{99} (125, 138), 151^{174} (140), 152^{239} (147), 153^{259} (148), 241^{12} (157), 241^{27} (157, 171), 241^{33} (158, 179, 181, 182), 241^{41} (158), 241^{58} (160), 242^{104} (166, 178, 181, 183, 186, 192, 193, 204, 207, 211), 242^{111} (167, 171), 243^{120} (168), 244^{216} (178, 182, 183), 244^{217} (178, 187), 245^{239} (181, 182, 186, 204, 214), 245^{243} (181, 192, 193), 246^{287} (189), 247^{362} (198), 247^{373} (199), 248^{391} (201, 203, 204, 205), 248^{395} (201, 207), 248^{415} (205), 248^{421} (206, 210, 211, 212, 213), 248^{421} (206, 210, 211, 212, 213), 248^{439} (208), 248^{440} (208), 248^{441} (208, 209), 248^{443} (209), 248^{444} (209), 248^{445} (209, 222), 248^{446} (209), 248^{447a} (209), 248^{448} (209), 248^{449} (210), 248^{450} (210), 249^{456} (211, 214), 249^{457} (211), 249^{469} (212, 214), 249^{473} (214, 218), 249^{474} (214, 218), 249^{475} (214), 249^{477} (214, 218), 249^{483} (216, 218), 249^{485} (216, 217), 249^{488} (218), 249^{513} (221, 222), 250^{516} (222), 250^{517} (222), 305^{249} (279), 305^{267} (281), 308^{451} (293), 672^{65} (566, 572), 672^{89} (572), 672^{90} (572, 646), 674^{199} (594), 676^{356} (624, 625, 627), 677^{408} (626), 679^{571} (646), 679^{572} (646); **2**, 760^{26} (716, 739, 752), 762^{126} (739), 762^{126} (739), 853f^2, 860^{50} (834), 860^{51} (834); **3**, 279^{50} (276), 279^{51} (276), 279^{52} (276), 545^{23} (490), 702^{478} (685); **7**, 102^{164a} (24), 102^{164b} (24), 102^{164d} (24), 102^{165} (24), 102^{166} (24), 102^{171} (24), 103^{190} (26), 103^{191} (26), 103^{193} (27), 103^{194} (27), 103^{213} (28), 109^{543} (80), 109^{543} (80), 109^{544} (80), 158^{13} (143), 195^{47} (163), 456^{86} (385), 456^{116} (391), 459^{307} (415), 459^{311} (415, 416), 459^{312} (416), 460^{313} (416), 460^{314} (416), 460^{315} (416, 417), 460^{317} (416), 460^{318} (416, 417), 460^{326} (417), 460^{327} (417, 418), 460^{328} (417), 460^{336} (418), 460^{340} (418), 460^{361} (421), 460^{362} (422), 460^{372} (423), 461^{437} (434); **8**, 366^{366} (342), 642^{67} (632), 642^{87} (632), 643^{144} (633), 645^{209} (633), 712^{181} (746, 764T, 765T)
Ashby, G. S., **4**, 818^{565} (783, 785, 792), 1061^{236} (1020)
Ashby, J., **7**, 35f^2, 108^{465} (63)
Ashcroft, M. R., **5**, 270^{396} (128)
Ashcroft, S. J., **5**, 523^{237} (305, 307); **6**, 744^{502a} (540), 752^{1043} (628)
Ashe, III, A. J., **1**, 42^{187} (37), 42^{188} (37), 42^{192} (37, 38), 273f^{30}, 304^{148} (269), 375^{144} (330), 375^{145} (330, 331), 385f^1, 408^5 (383, 394, 401), 409^{55} (392, 394, 398), 409^{64} (395, 398); **2**, 189^{132} (31), 191^{231} (54), 191^{235} (55), 619^{162} (544), 619^{163} (544), 704^{18} (684, 686, 692), 706^{91} (692); **3**, 840f^4, 948^{158} (864), 1252^{352} (1231); **7**, 322^{59} (317), 108^{446} (61)
Asher, C. J., **2**, 1019^{243} (1005)
Ashkenazi, P., **8**, 1069^{267} (1053), 1070^{302} (1058)

Ashley-Smith, J., **3**, 108f[28], 108f[31], 109f[9]; **4**, 508[248] (442); **5**, 546f[10]; **6**, 348[375] (326), 752[1057] (632), 754[1220] (652), 754[1222] (652), 759[1518] (690)
Ashmore, J. P., **2**, 572f[1], 622[408] (572)
Ashraf, C. M., **3**, 1071[233b] (1008)
Ashraf, M., **3**, 1073[365b] (1028, 1029, 1040); **8**, 1070[300] (1058)
Ashraf, M. C., **6**, 445[302] (424)
Ashraf El-Bayoumi, M., **1**, 303[69] (265)
Ashton, A. T., **1**, 672[122] (578, 633, 650, 662)
Ashworth, E. F., **3**, 1251[301] (1221), 1252[304] (1223)
Ashworth, T. V., **3**, 82[152] (21, 23); **4**, 12f[31], 19f[6], 242[508] (223, 224T, 227), 322[202] (267), 812[189] (719, 723, 724), 813[218] (714, 723), 813[219] (724), 813[220] (724), 814[318] (749, 750), 814[319] (749), 814[320] (749), 814[321] (749), 814[322] (749), 814[323] (749), 814[325] (750), 815[333] (750), 815[374] (757, 802, 804), 886[105] (865); **6**, 179[2] (165T), 737[50] (483), 737[51] (483), 737[52] (484), 805f[16], 840f[58], 840f[59], 840f[60], 841f[120], 841f[121], 850f[16], 868f[14], 868f[15], 868f[30], 868f[31], 874[87] (775, 783, 784), 875[133] (784); **8**, 280[43] (244, 245), 280[44] (244, 245)
Asinger, F., **1**, 246[298] (192), 246[298] (192), 679[549] (642), 679[550] (642), 679[551] (642, 666); **6**, 758[1449] (677, 678, 679); **7**, 456[70] (383), 456[79] (384), 459[270] (412), 459[272] (412); **8**, 16[6] (2, 5, 5T, 6, 7, 8, 9), 280[13] (228), 796[112] (776)
Aslanov, L. A., **2**, 563f[2], 563f[2], 621[329] (563); **6**, 740[242c] (511)
Asomaning, W. A., **2**, 618[101] (537)
Asprey, L. B., **2**, 859[19] (829)
Ast, W., **8**, 549[14b] (502), 549[24] (503)
Astakhin, A. V., **1**, 455[179] (439), 455[179] (439)
Astakhova, A. S., **6**, 445[285] (422)
Astakhova, I. S., **4**, 240[393b] (211, 212T, 216)
Astakhova, N. M., **1**, 303[112] (268)
Astheimer, R. J., **1**, 453[37] (420), 454[106] (429), 539[89] (486)
Astier, M., **1**, 245[274] (187, 205)
Astrakhanov, M. I., **6**, 758[1433] (675); **8**, 643[107] (629, 630T)
Astrov, D. N., **3**, 1081f[11]
Astruc, D., **3**, 102f[3], 721f[7], 732f[16], 733f[11], 734f[7], 779[83] (723); **4**, 499f[8], 511[467] (490, 490T), 511[467] (490, 490T), 511[467] (490, 490T), 512[488] (496), 512[512] (501, 502), 611[381] (589), 611[382] (590), 817[476] (771); **8**, 1064[26] (1018), 1064[26] (1018), 1067[157] (1040), 1068[238] (1049), 1068[240a] (1049), 1068[242] (1049), 1070[296] (1058), 1070[296] (1058)
Asunta, T. A., **3**, 646[45] (642)
Ataka, K., **5**, 529[634] (382); **6**, 33[19] (17), 34[87] (19T, 21T, 24), 93[17] (54T, 55T, 57T, 59T, 65, 74, 75, 78), 262[111] (251), 278[29] (271, 272), 343[47] (285, 287), 343[58] (287), 343[60] (287), 346[234] (312T, 312), 746[628] (561, 563); **8**, 795[93] (793)
Atam, N., **1**, 151[165] (138, 140), 152[183] (140), 152[184] (140); **6**, 748[777] (587)
Atassi, G., **2**, 626[670] (609)
Atemov, A. N., **3**, 1073[325] (1022)
Atherton, D., **2**, 627[698] (613)
Atkins, A. M., **4**, 106f[27], 237[205] (187)
Atkins, K. E., **8**, 435f[1], 444f[4], 460[393] (433), 460[400] (434), 460[401] (434), 929[218] (820, 826), 931[325] (846), 931[343] (847), 932[402] (853)
Atkins, M. P., **5**, 270[395] (128)
Atkins, R. L., **1**, 248[426] (207, 211); **7**, 50f
Atkins, R. M., **6**, 140[78] (103, 104T, 110)
Atkinson, A. M., **4**, 422f[7], 506[124] (411, 424)
Atkinson, L. K., **3**, 833f[97], 847f[6]
Atkinson, R. E., **7**, 726[127] (691, 692)
At-Ohaly, A.-R., **4**, 507[180] (428)
Atovinyan, L. A., **2**, 626[648] (606)
Atovmyan, L. O., **3**, 428[132] (363), 1070[169] (989), 1070[170] (989), 1071[203] (1000); **6**, 349[418] (333, 334T, 334f)
Atsumi, K., **2**, 188[101] (26), 202[714] (174); **7**, 95f[4], 110[574] (87), 648[115] (540), 657[632] (637)

Attali, S., **5**, 32f[2], 51f[11], 266[140] (30), 266[153] (33)
Attalla, A., **3**, 113f[2], 168[6] (90)
Attar-Bashi, M. R., **2**, 196[457] (113)
Attig, T. G., **4**, 374[54] (342), 374[55] (342, 356), 375[88] (353, 354, 355, 356), 607[130] (539f); **6**, 742[376] (525, 706), 742[394] (527), 742[395] (527), 761[1663] (727); **8**, 220[26] (109)
Attiya, W. M., **2**, 563f[2], 563f[2], 621[329] (563)
Atton, J. G., **3**, 1077[585] (1064)
Attridge, C. J., **1**, 42[169] (36); **2**, 298[111] (235), 619[172] (545); **3**, 645[29] (639); **8**, 378f[16], 644[166] (629)
Atwell, W. H., **2**, 193[336] (86), 193[338] (86), 193[339] (86), 195[420] (105), 296[19] (212, 214), 297[47] (222), 297[48] (222), 297[50] (222, 239), 297[85] (230, 238), 297[86] (230, 241), 297[92] (231), 298[100] (233), 298[130] (238, 288), 299[205] (251T, 259, 259T, 260), 299[210] (251, 253), 300[233] (259T), 360[13] (309), 360[15] (309), 360[17] (309), 360[19] (310), 389f[1], 395[19] (367, 374), 396[47] (374), 396[48] (374, 388)
Atwood, J. D., **3**, 82[164] (24), 82[165] (24), 82[169] (24), 805f[7], 842f[12], 946[22] (804, 805, 876), 948[107] (845), 948[108] (845), 948[114] (846), 1072[271] (1013); **4**, 50f[26], 50f[27], 150[44] (14), 152[191] (45), 152[192] (45), 152[193] (45), 234[23] (163, 171), 235[112] (173), 235[116] (174), 235[117] (174), 605[41] (519); **6**, 842f[148], 876[202] (808, 809), 1041[142] (1039); **8**, 97[186] (58), 97[187] (58)
Atwood, J. L., **1**, 40[71] (16), 40[72] (16), 40[75] (17), 40[82] (17, 18T), 126f[4], 151[145] (132), 151[158] (137, 147), 153[248] (148), 246[326] (194, 197), 246[326] (194, 197), 247[384] (200, 201, 202, 203, 206, 207, 233), 250[519] (222, 223), 675[305] (616), 675[306] (616), 675[307] (616), 675[312] (617), 676[343] (622), 676[345] (622), 678[512] (634), 732f[10]; **2**, 198[533] (128), 198[533] (128), 516[593] (480, 482), 516[595] (480, 482), 625[582a] (598), 908f[15], 971[119] (885); **3**, 83[214] (31), 83[216] (31), 102f[2], 265[79] (181), 265[102] (183), 265[107] (184), 265[109] (184), 265[134] (189, 190), 266[164] (198, 199, 200), 266[176] (202, 203, 204), 266[177] (202, 203), 266[180] (202, 205), 266[182] (204), 268[292] (223), 269[374] (243), 269[377] (243), 310f[2], 326[18] (285), 327[103] (308), 328[110] (309), 328[175] (325), 419f[10], 419f[23], 419f[27], 430[249] (393, 426), 430[262] (396), 431[308] (420), 431[309] (420), 474[115] (469, 470), 557[24] (550), 557[26] (550), 629[44b] (566), 629[54] (568, 580, 581, 583, 585, 587, 596), 629[56] (568, 612, 615), 629[57] (568), 629[58] (568, 614, 615), 629[60] (569, 570, 583, 585, 596), 630[103] (574, 587, 595, 596), 630[130] (578), 630[148] (568, 581, 587, 590, 595, 602, 603), 631[162] (583, 591, 600), 631[175] (585, 587, 593, 594, 595), 631[176] (585, 587, 594), 631[205] (591, 596), 631[206] (591, 596), 631[207a] (593, 596), 631[208] (593, 607, 609), 631[209] (595), 632[246] (617, 618), 632[251] (618, 619), 646[30] (639), 701[407] (677), 701[427] (679, 680), 745f[14], 771f[6], 772f[8], 780[134] (745), 842f[17], 1067[36] (966, 967), 1067[37] (967), 1100f[2], 1147[97] (1129, 1130), 1246[48] (1160), 1252[307] (1223), 1269f[6], 1269f[7]; **4**, 52f[96], 156[474] (125), 235[120] (174, 183, 184), 235[121] (174, 175, 189T), 236[138] (178), 236[186] (183), 236[186] (183), 236[186] (183), 511[437] (485), 511[438] (485), 511[457] (488, 490T); **5**, 362f[4], 527[484] (358), 539[1281] (511); **6**, 100[421] (50T, 54T, 58T, 59T, 64, 72, 73, 85, 91T), 943[123] (905, 906T, 914), 944[172] (913T), 979[6] (949, 952, 953, 959T), 980[20] (952, 959T); **7**, 461[434] (434), 462[478] (442); **8**, 795[61] (791), 1068[200] (1044), 1068[221] (1048), 1071[349] (1063)
Atwood, K., **8**, 95[21] (23)
Atwood, M. T., **1**, 675[280] (612), 681[703] (664, 666), 682[742] (581)
Aubke, F., **2**, 620[233] (550, 556), 622[388] (571)
Aubrey, D. W., **1**, 260f[28], 262f[43]
Auburn, M., **6**, 1094f[8], 1113[209] (1098)
Aue, W. A., **2**, 623[474] (582)
Auerbach, R. A., **2**, 973[196] (898); **7**, 104[245] (32)
Aufderhaar, E., **7**, 97f[24]
Auger, J., **1**, 243[133] (170), 246[328] (194)
Augl, J. M., **3**, 819f[18], 1146[42] (1098), 1384[245] (1375)
Augustin, G., **1**, 377[298] (353), 409[18] (383, 387, 407)
Augustine, A., **2**, 696f[7]

Augustine, R. L., **6**, 262[91] (250); **8**, 291f[6]
Ault, B. S., **1**, 242[67] (161); **5**, 265[48] (10)
Ault, S. B., **8**, 361[40] (287)
Aumann, R., **3**, 170[116] (147), 170[117] (147), 829f[1b], 886f[12], 891f[2], 891f[11], 893f[9], 893f[10], 900f[1], 900f[2], 901f[5], 947[74] (830), 950[278] (905), 1076[542b] (1059), 1077[559] (1061), 1125f[2], 1247[80b] (1172), 1252[331] (1227, 1228), 1297f[4], 1383[218] (1368, 1374); **4**, 162[506] (549), 401f[22], 422f[11], 505[76] (398), 505[100] (404), 506[125] (411), 506[126] (411), 506[151] (420), 512[499a] (498), 607[153] (544), 608[200] (555, 559f, 561), 608[218] (562, 563, 565f, 599), 608[219] (562), 608[228] (563, 565f), 608[229] (563, 565f), 608[248] (568f, 569), 610[333] (584), 610[334] (584), 612[488] (597), 612[501] (599), 612[505] (599); **8**, 220[39] (111), 1007[19] (943), 1010[210] (1004)
Auner, N., **2**, 193[325] (82)
Auräth, B., **2**, 191[257] (62, 74)
Aurivillius, B., **1**, 376[234] (346)
Austin, J. D., **2**, 188[93] (25), 203[736] (181)
Austin, R. G., **4**, 325[461] (296), 688[17] (665); **6**, 849f[5], 875[130] (783); **8**, 606[51] (556, 593, 600T, 601T, 603), 609[211] (593, 600T, 601T, 603), 609[212] (593, 600T, 601T, 603)
Austin, T. M., **6**, 13[57] (8)
Autzen, H., **1**, 380[464] (370); **6**, 34[71] (20T)
Au-Yeung, B.-W., **2**, 191[228] (54); **7**, 647[92] (537)
Avaca, L. A., **2**, 969[19b] (865)
Avakyan, N. P., **4**, 415f[1], 415f[2], 504[24] (384), 506[134] (413)
Avakyan, S. N., **5**, 272[552] (185); **6**, 181[104] (146, 164)
Avakyan, V. G., **2**, 193[323] (82)
Avanzino, S. C., **4**, 319[35] (246), 605[28] (518); **6**, 13[30] (5), 14[132] (5), 228[267] (211)
Avar, G., **2**, 194[358] (92)
Avdeef, A., **2**, 762[120b] (737); **3**, 268[319] (231, 232)
Avdeev, V. I., **6**, 738[120] (494)
Averbeck, H., **4**, 608[219] (562), 608[248] (568f, 569), 612[488] (597)
Averill, B. A., **8**, 1104[2] (1074)
Averill, S. J., **1**, 678[468] (631, 663)
Avery, D. D., **2**, 680[415] (673), 680[417] (673), 680[418] (673)
Avery, M. J., **3**, 1073[356] (1026)
Avetisyan, D. V., **2**, 196[457] (113), 508[152] (416); **3**, 473[21] (437)
Aviles, T., **3**, 1250[203] (1199); **6**, 943[122] (906T, 913T, 914); **8**, 1066[116] (1031)
Avilov, V. A., **8**, 312f[55]
Avilova, T. P., **2**, 511[284] (437)
Aviron-Violet, P., **8**, 471f[11], 472f[4]
Avitabile, G., **3**, 1100f[7], 1115f[5]; **6**, 754[1197] (648T)
Avoyan, R. L., **4**, 344f[9]
Avrahami, D., **7**, 252[30] (231), 252[76] (239)
Avram, E., **6**, 0[158b] (405), 348[378] (327, 336), 383[59] (369, 382), 443[158a] (405), 468[17] (456, 457), 468[33] (461), 469[37] (461), 469[65] (467), 469[65] (467)

Avram, M., **6**, 0[158b] (405), 348[378] (327, 336), 382[9] (364, 365), 383[59] (369, 382), 443[157] (404), 443[158a] (405), 446[333] (431), 468[15] (456, 460), 468[17] (456, 457), 468[33] (461), 469[36] (461), 469[37] (461), 469[41] (462), 469[65] (467), 469[65] (467); **8**, 928[157] (810), 935[610] (896)
Avramenko, G. I., **3**, 125f[23]
Awad, S., **2**, 973[252] (906)
Awano, K.-I., **2**, 199[573] (139)
Awl, R. A., **8**, 311f[2], 366[397] (344)
Awtrey, A. W., **5**, 269[327] (92, 125), 270[405] (131)
Axelson, T. E., **1**, 303[121] (268)
Axen, U., **7**, 459[276] (412), 460[337] (418)
Axfield, P. M., **3**, 430[255] (394)
Axiotis, G. P., **7**, 102[137] (21), 102[137] (21)
Axtell, D. D., **4**, 238[267] (199)
Aya, T., **7**, 650[224] (561)
Ayala, A. D., **2**, 971[109] (883)
Ayers, O. E., **8**, 606[32] (554), 606[71] (558), 607[115] (564), 607[118] (564)
Aylett, B. J., **1**, 39[8] (2, 39), 682[729] (581); **2**, 6f[4], 186[14a] (4, 20, 121, 143, 154, 162, 177, 1078f), 186[15b] (4, 126), 196[435] (110), 196[436] (110), 198[522b] (125, 136), 198[522b] (125, 136), 198[526] (127), 704[9] (684), 1016[64] (983); **3**, 695[95] (655); **4**, 328[611] (309, 313), 611[421] (592); **6**, 1020f[113], 1040[63] (997), 1060f[1], 1066f[5], 1074f[1], 1074f[5], 1110[4] (1044), 1110[10] (1044, 1048, 1101), 1110[14] (1044, 1047, 1056, 1060, 1068, 1075, 1082, 1083), 1110[18] (1045, 1060), 1110[20] (1046), 1111[93] (1066, 1067, 1068), 1111[99] (1068, 1083, 1087), 1112[159a] (1084), 1112[161] (1084, 1086, 1087), 1113[169] (1087)
Aynsley, E. E., **4**, 690[105] (676)
Ayres, P. W., **1**, 245[283] (188)
Ayrey, G., **2**, 627[706] (614); **8**, 796[118] (776, 792)
Ayyangar, N. R., **1**, 679[528] (637); **7**, 141[24] (115), 158[22] (143), 159[122] (153), 159[123] (153), 195[80] (168), 195[85] (168, 169f), 196[123] (174), 253[112] (245, 245f, 247, 249), 253[121] (246, 247), 253[121] (246, 247)
Azam, K. A., **4**, 1061[254a] (1025, 1031), 1061[282] (1031), 1062[283] (1031), 1063[357] (1048, 1049), 1063[358] (1048, 1049), 1064[416] (1025, 1026)
Azarian, D., **8**, 937[757] (920)
Azerbaev, I. N., **2**, 511[329] (441)
Azimova, S. I., **8**, 669[52] (657T)
Azizov, A. A., **2**, 193[333] (85); **3**, 125f[27]
Azizov, A. G., **8**, 414f[2], 643[118] (618, 623T), 644[197] (623T), 708[241] (701)
Azizyan, T. A., **2**, 978[497] (962)
Aznar, F., **1**, 672[115] (578, 656, 657), 672[116] (578, 656, 657), 681[671] (657), 681[674] (657); **7**, 512[132] (491, 498), 512[157] (498), 512[158] (498)
Azogu, C. I., **8**, 1070[303a] (1058)
Azokpota, C., **3**, 1074[392] (1032); **5**, 275[718] (244); **6**, 224[62] (190), 225[105] (190), 226[152] (190)
Azoro, J., **2**, 971[111] (884)
Azuma, K., **7**, 225[100] (206); **8**, 378f[7]
Azzaro, M., **7**, 462[455] (438)

B

Baacke, M., **6**, 36[205] (19T), 36[206] (21T, 22T, 24, 25)
Baader, H., **1**, 672[119] (578)
Baadsgaard, H., **3**, 1137f[24]
Baardman, F., **7**, 458[223] (403), 458[224] (404)
Baarschers, W. H., **7**, 109[494] (70)
Baas, J. M. A., **3**, 1004f[33], 1005f[14], 1073[354] (1025); **8**, 1069[254] (1051)
Baba, A., **8**, 670[106] (660), 796[117] (776, 792), 796[120] (777)
Baba, S., **1**, 680[644] (652), 681[685] (661); **6**, 241[39] (240), 263[174] (258), 348[393] (329), 348[394] (329, 330), 348[395] (329, 330), 348[396] (329), 348[403] (329, 331), 348[404] (329, 331), 441[40] (390); **7**, 322[27a] (309), 322[27b] (309), 458[188] (399, 402), 458[189] (399), 458[209] (401), 458[210] (401), 461[381] (424); **8**, 772[177] (741, 762T), 773[178] (741, 762T), 928[128] (805)
Baba, Y., **1**, 647f[5], 679[563] (645), 679[565] (645), 679[573] (647), 680[588] (647); **7**, 459[249] (408), 459[253] (409), 460[325] (417), 460[341] (418); **8**, 1007[28] (945), 1007[29] (945), 1007[29] (945), 1007[30] (945)
Babakhina, G. M., **4**, 504[24] (384)
Babb, B., **1**, 303[71] (265)
Babb, B. E., **7**, 336[50e] (334)
Babich, E. D., **2**, 297[79] (229), 297[90] (231, 232), 298[109] (234), 298[121] (237), 300[246] (262)
Babich, S. A., **8**, 447f[9], 456[158] (396, 446), 461[472] (447)
Babievskii, K. K., **8**, 365[309] (336)
Babin, M., **6**, 35[108] (20T, 21T, 22T)
Babin, V. N., **4**, 506[156] (424), 510[406] (481, 482), 510[407] (481, 482)
Babitskii, B. D., **5**, 273[627] (211, 214, 225); **8**, 708[198] (702, 703), 711[349] (702), 711[350] (702), 711[372] (702), 711[373] (702)
Babkina, T. A., **1**, 377[286] (351)
Babushkin, A. A., **6**, 755[1246] (654)
Babushkin, V. S., **6**, 226[176] (195)
Babushkina, T. A., **1**, 541[228d] (530); **2**, 908f[1], 973[240] (905, 935), 977[474] (959); **3**, 334f[31], 344f[7], 426[13] (336)
Bacci, M., **3**, 851f[62]
Bacciarelli, S., **3**, 695[30] (650, 676)
Baccolini, G., **7**, 100[70] (10), 100[71] (10, 11)
Bach, J. L., **8**, 1067[176] (1041)
Bach, M., **1**, 42[198] (38)
Bach, R. D., **2**, 882f[7], 915f[8], 970[41] (868, 883), 970[41] (868, 883), 970[41] (868, 883), 971[96] (879), 971[107] (883), 971[115] (884), 973[229] (901), 974[266] (919, 920), 974[274] (919), 974[278] (920), 976[406] (946); **7**, 99[20] (3)
Bachechi, F., **4**, 695f[11]; **5**, 523[259] (307), 524[286] (314)
Bachman, G. B., **7**, 106[359] (48), 725[60] (674)
Bachman, G. L., **5**, 537[1147] (477); **8**, 361[16] (286, 320), 471f[4], 473f[4], 473f[9], 496[35] (473)
Bachmann, K., **4**, 609[303] (579), 610[326] (582)
Bachmann, P., **4**, 155[431] (118); **8**, 1068[239] (1049)
Bachmann, W. E., **7**, 104[237] (31)
Back, T. G., **7**, 512[133] (491)
Backer-Dirks, J. D. J., **4**, 1064[416] (1025, 1026)
Backlund, S. J., **1**, 375[132a] (327); **7**, 142[144] (138), 196[125] (175), 226[212] (219), 263[33] (262), 322[19] (308), 322[70] (321), 346[23b] (340), 363[12b] (351, 355, 359), 648[138] (546)

Bäckvall, J. E., **1**, 754[111] (746); **2**, 882f[8]; **3**, 86[384] (52), 87[479] (69); **6**, 99[360] (45), 141[139] (102), 442[64] (395, 435); **8**, 368[520] (359), 670[117] (668), 929[179] (811, 829), 929[182] (812), 934[536] (883), 935[578] (890, 893), 935[598] (893), 935[599] (893), 935[600] (893), 935[601] (893)
Bacon, M., **2**, 189[126] (29)
Bacon, R. G. R., **7**, 726[105] (685, 690), 726[119] (690), 726[119] (690), 726[123] (690)
Bacskai, R., **4**, 816[453] (766)
Badalmenti, R., **6**, 748[755] (586)
Badanyan, S. O., **7**, 106[368] (49); **8**, 771[113] (737)
Baddley, W. H., **2**, 821[208] (814); **3**, 85[368] (51), 1249[163] (1191); **4**, 606[116] (537), 887[184] (881); **5**, 39f[12], 267[186] (38), 305f[7], 523[207] (303T), 531[738] (401), 533[868] (426), 546f[8], 546f[8], 546f[13], 622[61] (551, 590), 623[120] (561, 590), 624[220] (574), 626[321] (589), 626[323] (590), 626[324] (590), 626[326] (590), 626[328] (590); **6**, 740[289] (517), 741[349] (522), 741[352] (522, 537T), 750[941] (615, 619, 629), 751[967] (617, 624T), 751[984] (620, 621, 628), 751[985] (620, 628, 630), 751[989] (620, 621), 752[1023] (624T), 752[1058] (632, 704)
Bade, V., **2**, 640f[1], 675[95] (640), 675[97] (640)
Bader, G., **4**, 320[79] (250), 322[242] (270)
Bader, M., **6**, 97[268] (50T, 60T, 65), 98[297] (45, 50T, 57T, 60T, 65), 230[2] (229), 230[3] (229); **8**, 367[410] (347)
Badley, E. M., **6**, 343[50] (286, 293), 738[152] (498), 738[165] (499, 539T), 738[167] (499), 739[170] (499), 739[203] (504), 739[223] (508T)
Badran, A. H., **8**, 610[330] (601T)
Badstubner, W., **4**, 319[4] (244)
Baechle, H. T., **1**, 260f[5], 260f[25], 262f[16], 303[94] (268)
Baechler, R. D., **2**, 514[500] (466)
Baehl, R. A., **8**, 222[120] (150, 155)
Baehr, G., **3**, 922f[14]
Baekelmans, P., **8**, 610[269] (596T), 610[303] (597T)
Baensch, S., **2**, 705[45] (686)
Baenziger, N. C., **2**, 908f[20], 973[233] (902, 926); **4**, 235[76] (169, 175, 232T); **5**, 275[743] (250), 529[617] (380); **6**, 361[31] (353), 361[32] (353), 382[10] (364, 365), 383[65] (370, 371), 383[67] (371), 443[178] (407), 740[278] (516, 530, 682), 754[1200] (641, 649T), 758[1481] (682), 840f[84], 840f[85], 840f[86], 850f[10], 873[17] (764), 874[28] (764, 801), 874[30] (764, 801)
Baer, H. H., **8**, 929[221] (820)
Baer, T., **1**, 117[147] (75)
Baerends, E. J., **3**, 80[12] (2, 5, 6), 80[39] (6), 80[44] (6); **4**, 319[41] (246); **6**, 12[22] (5)
Baev, A. K., **1**, 720[73] (691); **3**, 711f[7]; **4**, 689[24] (666); **6**, 13[61] (8)
Bafus, D. A., **1**, 117[122] (69), 117[146] (75)
Bagatur'yants, A. A., **6**, 750[944] (615)
Bagdasaryan, A. K., **3**, 696[116] (657, 660), 696[118] (657, 687), 697[174] (662)
Bagga, M. M., **4**, 326[505] (299), 648[44] (628), 648[47] (629)
Baggaley, K. H., **7**, 511[55] (480)
Baggett, N., **7**, 103[186] (25)

Bagnall, K. W., **3**, 263⁶ (174), 263⁶ (174), 263¹⁰ (174, 178), 263¹¹ (174, 178), 264³⁰ (178), 264³¹ (178), 264⁴⁴ (178), 268²⁸³ (219), 268²⁸⁵ (220, 222), 268²⁸⁶ (220, 222), 268²⁸⁸ (221), 268²⁸⁹ (221), 268²⁹⁰ (222), 268²⁹¹ (222), 268³¹³ (230)
Bagnell, L., **1**, 672¹⁰⁵ (577), 680⁶¹³ (649); **7**, 460³³⁸ (418); **8**, 772¹⁸² (746, 764T, 765T), 772¹⁸³ (746, 766T), 772¹⁸⁴ (746, 766T), 772¹⁹¹ (769)
Bagnoli, M., **1**, 676³⁸³ (624); **7**, 457¹⁵⁴ (395)
Bagozzi, W. M., **2**, 1015⁴ (980)
Bagryantsev, G. I., **6**, 942⁸⁴ (903T)
Bagus, P. S., **3**, 83¹⁹⁷ (28); **4**, 479f¹⁵
Bahilov, V. V., **6**, 740²⁹² (517), 741²⁹³ (517)
Bahl, J. J., **1**, 120²⁹³ (106), 120²⁹³ (106), 120²⁹³ (106)
Bähr, G., **1**, 125f¹⁸, 150⁶¹ (123, 129), 671⁴⁸ᵇ (562, 615), 674²¹² (596), 674²¹³ (596); **2**, 501f³, 504f⁶, 505f¹, 506¹⁴ (402, 403, 404, 405, 409, 410, 411, 418, 419, 420, 423, 424, 425, 426, 427, 429, 432, 433, 435, 460, 468, 469, 472, 503, 505), 553f¹, 616⁶ (522, 532, 551, 559, 579, 586, 599, 605), 620²³⁴ (550), 677²¹⁵ (654), 679³⁴⁰ (666), 723f¹, 760⁵ (710, 720, 743), 760¹¹ (710, 711); **7**, 729²⁶⁶ (722)
Bähr, H. A., **8**, 282¹⁵⁹ (273)
Bähr, K., **1**, 671²⁰ (558)
Bahrmann, H., **8**, 99²⁹³ (83), 221⁸⁴ (120), 222¹¹⁰ (137, 147, 150), 223¹⁶⁸ (190)
Bahsin, M. M., **8**, 98²³⁸ (69, 69T, 79)
Bahsoun, A., **6**, 348³⁸⁹ (328, 334T)
Bahsoun, A. A., **5**, 539¹²⁹⁸ (328)
Baibich, I. M., **4**, 239³⁵² (206)
Baibulatova, N. Z., **8**, 461⁴⁴⁰ (440), 931³⁵⁴ (848)
Baidakova, Z. M., **1**, 251⁵⁷⁵ (230), 251⁵⁸⁸ (232), 252⁶²⁴ (237, 238, 240), 252⁶²⁸ (238)
Baidin, V. N., **2**, 974²⁸⁰ (920)
Baier, H., **2**, 301²⁹² (271), 303⁴¹³ (296T), 705⁴¹ (686), 970⁵⁶ (869)
Baikie, P. E., **3**, 86⁴³⁸ (62), 87⁴⁴⁹ (63), 893f⁴, 897f¹, 1067¹⁶ᵃ (960); **4**, 326⁵⁰⁵ (299), 326⁵¹¹ (299), 326⁵¹² (299), 327⁵⁵¹ (303), 609²⁹⁸ (578), 648⁴⁴ (628), 648⁴⁵ (629)
Bailar, Jr., J. C., **1**, 304¹⁷² (270); **3**, 263⁹ (174, 176), 263¹¹ (174, 178); **4**, 149¹ (5), 1058⁷¹ (976, 979, 980, 992); **6**, 261¹² (244), 382⁴ (364, 370), 753¹¹³¹ (638), 757¹⁴⁰² (673), 757¹⁴⁰³ (673), 757¹⁴⁰⁴ (673), 757¹⁴⁰⁵ (673, 674), 757¹⁴⁰⁶ (673), 757¹⁴⁰⁷ (673, 674, 677), 757¹⁴⁰⁸ (673), 757¹⁴⁰⁹ (673), 757¹⁴¹⁰ (673), 757¹⁴¹¹ (673), 757¹⁴¹² (673), 757¹⁴¹³ (673, 679), 1110⁵ᵇ (1044, 1075); **8**, 296f²⁰, 312f³⁷, 312f⁴², 331f⁴, 365³¹¹ (337, 342, 343, 344), 365³³⁵ (338), 605³ (553, 591), 607¹²⁵ (567, 594T), 607¹²⁶ (567, 594T)
Bailey, D. L., **2**, 189¹⁵⁷ (36), 196⁴⁷⁴ (116), 197⁵¹⁸ (124, 178, 178f, 184); **7**, 646¹³ (517), 646²² (520)
Bailey, Jr., F. E., **1**, 251⁵⁸⁶ᵇ (232, 233)
Bailey, G. C., **7**, 462⁴⁸⁶ (442), 463⁵⁴⁷ (452); **8**, 549⁴ (500), 551¹⁴³ (548), 646²⁶⁴ (622T, 623T)
Bailey, J., **2**, 821¹⁹¹ (811)
Bailey, K., **2**, 1017¹²¹ (996), 1018²²³ (1004); **7**, 252⁷⁴ (239)
Bailey, M. F., **3**, 1068⁷⁰ (974), 1073³³⁸ᵃ (1024); **4**, 163f², 233¹¹ (163)
Bailey, N. A., **3**, 1245⁵ (1152); **4**, 818⁵²⁸ (777), 839⁴ (823, 824); **5**, 520⁵⁰ (283), 538¹²¹⁷ (490, 514), 623¹³⁸ (562, 593); **6**, 290f¹, 442¹⁰⁰ (399); **8**, 1066¹¹⁸ (1031)
Bailey, P. M., **3**, 85³²³ (45), 87⁴⁵⁸ (67), 118f¹⁸, 144f⁵, 169¹⁰⁶ (145), 427⁸¹ (356); **5**, 371f³, 371f⁵, 373f⁵, 373f⁶, 373f⁷, 373f¹⁷, 373f¹⁸, 374f⁵, 528⁵⁴¹ (367, 368, 369), 528⁵⁵⁰ (367), 528⁵⁵¹ (367, 368, 502), 528⁵⁶¹ (369), 528⁵⁶⁵ (369), 528⁵⁶⁶ (369), 538¹²¹⁶ (490, 491); **6**, 241²¹ (236), 241²⁸ (237), 241²⁹ (238), 263¹⁹¹ (260), 263¹⁹² (260), 278⁴⁹ (266T, 275), 347²⁸⁴ (317, 334T), 348³⁷⁹ (327, 334T), 348³⁸⁰ (327, 334T), 348³⁸³ (327, 332), 349⁴¹⁵ (333, 334T, 334f, 337), 383⁶⁸ (371), 383⁷⁰ (371), 384¹⁰⁰ (376), 442⁶³ (395), 442¹¹¹ᵇ (400, 422), 442¹¹³ (400, 407), 442¹¹⁴ (400, 407), 443¹⁵⁸ᵃ (405), 443¹⁷⁹ (407), 468¹⁹ (456), 468²⁶ (458), 469³⁸ (462), 469³⁹ (462), 469⁴⁵ (463), 469⁵² (465), 469⁵³ (465), 469⁶⁰ (466), 756¹³⁴⁵ (666), 761¹⁶³⁴ (718, 722T, 727), 761¹⁶⁴¹ (719), 761¹⁶⁵⁴ (722T), 761¹⁶⁶⁸ (729), 876¹⁵⁸ (789)
Bailey, R. A., **4**, 158⁶³⁸ (146), 158⁶³⁹ (146); **5**, 20f⁵
Bailey, R. E., **2**, 198⁵²⁸ (127), 297⁴⁶ (222, 269)
Bailey, T. R., **7**, 107⁴⁰⁶ (55), 648¹²⁶ (543), 648¹²⁷ (543), 648¹²⁹ (544)
Bailey, Jr., W. I., **3**, 120f⁵, 1248¹¹²ᵃ (1181, 1241), 1253³⁹⁵ (1242); **5**, 175f⁸, 275⁷⁶¹ (251)
Bailey, W. J., **1**, 677⁴³⁷ (628, 634); **7**, 464⁵⁶⁰ (453); **8**, 458²⁸⁸ (415)
Bailie, J. C., **1**, 251⁶⁰⁷ (235); **2**, 679³²⁹ (665); **4**, 2f¹, 153²⁷¹ (68)
Baillargeon, M., **7**, 98f⁸
Baillie, T. J., **5**, 32f⁵, 34f⁶; **8**, 709²⁶⁹ (672)
Bainbridge, A., **3**, 1248¹³³ (1185), 1380⁷³ (1335)
Bair, K. W., **7**, 99²⁰ (3)
Baird, H. W., **4**, 327⁵⁷⁶ (306); **5**, 257f⁸; **6**, 1028f³⁹, 1039³⁶ (993, 996)
Baird, M. C., **2**, 774f², 970⁶³ (871), 976³⁷⁴ (939), 978⁴⁹⁴ (962); **3**, 473³¹ (439); **4**, 153²⁹⁴ (72, 89), 154³⁵¹ (88), 154³⁵⁹ (89), 323²⁷¹ (273), 374⁴³ (340, 342), 374⁵⁷ (343), 375⁸⁴ (351), 375⁸⁹ (353), 375⁹³ (354), 375⁹⁵ (354), 375⁹⁸ (356, 359), 375¹⁰² (357, 357T), 811⁷⁵ (700, 704), 815³⁶² (755, 796, 797), 819⁶¹⁸ (797), 819⁶²¹ (797); **5**, 270⁴⁴⁴ (144, 147), 341f¹, 342f¹, 525³⁸⁸ (340), 526³⁹⁰ (340, 341, 342), 526³⁹⁵ (340), 529⁶⁰⁴ (376, 379, 380, 381), 529⁶¹³ (379, 380), 529⁶¹⁵ (380), 529⁶¹⁹ (380), 529⁶²¹ (380), 529⁶²³ (381), 529⁶²⁸ (380, 398), 533⁸⁷⁸ (428), 537¹¹³⁰ (475T, 477), 570f⁸, 623¹⁸² (566), 624²¹¹ (571); **6**, 36¹⁷⁰ (32), 36¹⁷⁰ (32), 93¹⁹ (87, 91T), 94⁶⁸ (86), 95¹⁰⁶ (86), 97²³³ (86), 97²³⁹ (86), 262¹⁰³ (251), 346²⁴² (313), 736¹⁵ (476), 742³⁸⁷ (526), 745⁶¹² (560), 757¹⁴¹⁸ (673), 759¹⁵⁰² (686, 689), 759¹⁵⁰⁹ (689), 759¹⁵¹⁰ (689), 873³ (763), 1039³² (993), 1110⁶ (1044); **8**, 95⁶³ (35), 364²²⁰ (320), 496³⁶ (473)
Baird, M. J., **8**, 96⁹⁶ (41, 44, 45, 59, 61)
Baird, M. S., **7**, 104²⁷¹ (34), 110⁵⁶⁰ (83)
Baird, N. C., **1**, 149¹⁰ (122)
Baird, R. L., **6**, 442¹¹⁰ (400); **8**, 455¹¹³ (390)
Baird, Jr., W. C., **6**, 1029f⁶⁰; **8**, 935⁵⁸³ (891)
Baishiganov, E., **8**, 610³⁰⁷ (599T)
Baitz-Gács, E., **7**, 512¹¹⁹ (490), 512¹²⁰ (490)
Bajah, S. T., **3**, 430²¹⁸ (384)
Bajaj, A. V., **1**, 245²³¹ (180)
Bajer, F. J., **2**, 675¹⁰⁸ (642)
Bakakin, V. V., **6**, 738¹¹⁸ (494)
Bakal, Y., **4**, 509³¹⁸ (452)
Bakalik, D. P., **3**, 702⁴⁹¹ (685)
Baker, A. W., **2**, 882f¹⁰
Baker, B. B., **6**, 13⁵³ (8)
Baker, C., **3**, 80³² (5, 29); **8**, 1070³⁰⁵ (1059)
Baker, C. S. L., **1**, 275f⁵
Baker, D. J., **6**, 943¹⁵⁸ (910, 912); **8**, 641⁶ (628), 641¹⁰ (628)
Baker, E. B., **1**, 117¹²⁵ (70, 77, 78), 675³²³ (619)
Baker, E. C., **3**, 263⁵ (174, 180, 182, 184), 265⁹⁷ (182, 183), 265¹⁰⁸ (184, 188, 203), 269³⁷⁵ (243), 269³⁸¹ (246, 247), 630¹⁰² (574, 587, 595); **5**, 520³⁰ (281), 538¹²³⁰ (494); **8**, 17²⁶ (12), 1067¹⁹³ (1043)
Baker, E. D., **1**, 306²⁷² (282, 292, 299)
Baker, E. N., **3**, 881f², 881f⁴
Baker, F. C., **2**, 705⁵¹ (687)
Baker, G. L., **8**, 607¹²¹ (564, 565, 595T), 608¹⁹⁰ (584, 595T), 608¹⁹¹ (584, 595T)
Baker, Jr., J. D., **7**, 197²¹⁶ (192), 197²¹⁷ (192), 197²¹⁸ (192), 197²¹⁹ (192)
Baker, J. M., **2**, 627⁶⁸⁸ (612)
Baker, M. D., **2**, 1018¹⁸⁷ (1001, 1003, 1010)
Baker, P. K., **4**, 323²⁵⁸ (271, 295), 325⁴⁵⁸ (295), 510³⁶³ (469)
Baker, R., **1**, 249⁵⁰⁷ (220); **6**, 100⁴⁰⁷ (83), 180⁶⁸ (147, 168), 180⁷⁴ (153T, 156, 169), 181⁹⁶ (148, 156, 168),

181[97] (155, 168), 182[149] (148, 168), 761[1672] (730); **8**, 435f[12], 435f[13], 435f[20], 435f[21], 448f[1a], 448f[1b], 449f[4], 456[136] (394, 396, 426, 429, 431, 450, 451, 453), 459[353] (427, 428, 429), 459[354] (427), 459[355] (427), 459[356] (428), 460[373] (431), 460[413] (434), 460[414] (434), 460[415] (434, 447), 461[425] (436, 447), 461[426] (436, 438, 447, 450), 461[427] (436, 438, 447, 450), 461[443] (440), 461[445] (441), 461[446] (441), 461[477] (447, 450), 462[484] (450), 549[14c] (502), 668[15] (664, 667), 668[16] (664, 667), 670[88] (667), 704[2] (691, 692T, 693T), 704[3] (691, 692T, 693T), 704[7] (683), 704[14] (697, 699), 704[15] (691, 692T), 704[34] (687T, 688, 691), 704[38] (683), 704[40] (683), 704[44] (683), 705[62] (687T, 688, 691), 705[86] (687T, 688), 705[87] (691, 693T, 695T, 696T, 697), 706[111] (681, 696, 696T, 697), 706[131] (696T), 707[176] (683), 708[243] (697), 769[48] (714T), 770[64] (732), 770[74] (728, 732), 795[65] (782, 792), 795[68] (783, 792), 795[69] (783, 792), 795[70] (783, 792), 927[33] (800), 931[359] (849), 931[360] (849), 931[361] (849), 931[362] (849), 932[368] (849), 932[378] (850), 935[582] (891)

Baker, R. A., **2**, 1017[138] (997)

Baker, R. T., **1**, 537[15] (462, 523, 535), 539[92] (488, 490, 491, 507, 513, 527); **4**, 820[662] (807, 808); **6**, 226[148] (206, 214T, 215, 216, 219), 845f[265], 845f[275], 945[275] (934T, 935, 936, 937T, 939, 940); **8**, 331f[18]

Baker, R. W., **1**, 151[111] (127), 151[112] (127), 151[113] (127); **2**, 820[150] (794); **4**, 327[581] (306); **6**, 1028f[44]

Baker, W., **2**, 878f[12]

Baker, Jr., W. A., **4**, 611[392] (591); **6**, 1019f[78]

Baker, W. R., **7**, 104[271] (34)

Bakes, A. D., **3**, 80[32] (5, 29)

Bakhmutov, V. I., **2**, 976[373] (939)

Bakke, A. A., **5**, 275[725] (245); **6**, 14[132] (5), 226[164] (192), 228[267] (211); **8**, 1071[341] (1062)

Bakker, P. M., **8**, 796[152] (775)

Bakos, A., **4**, 610[365] (587)

Bakos, J., **8**, 361[60] (288), 496[50] (477), 498[123] (498)

Baks, A., **5**, 532[845] (420), 626[340] (591)

Bakulina, G. V., **6**, 181[85] (157)

Bakunin, V. N., **5**, 527[492] (359)

Bakunina, T. I., **8**, 341f[14], 364[216] (319)

Bakuzis, M. L. F., **1**, 244[193] (176)

Bakuzis, P., **1**, 244[193] (176)

Bal, B. S., **7**, 651[296] (576)

Balaban, A. T., **1**, 379[380] (362), 380[427] (366), 380[428] (366)

Balahura, R. J., **3**, 1147[56] (1104)

Balakrishnan, P. V., **6**, 383[22] (365, 367, 372, 373), 383[48] (367), 383[49] (367, 373), 453[14] (448), 469[48] (464)

Balanson, R. D., **7**, 96f[2]

Balassa, J. B., **2**, 1017[139] (997, 1014)

Balasubramanian, K., **7**, 108[473] (65)

Balasubramanian, R., **2**, 299[163] (244, 249, 251, 252, 254, 258, 260, 271, 277, 293), 299[208] (251T, 259T), 300[223] (256T)

Balasubramaniyan, P., **1**, 310[561] (299); **7**, 196[173] (184)

Balasubramaniyan, V., **1**, 304[156] (269); **7**, 159[136] (154, 155)

Balavoine, G., **8**, 497[59] (478)

Balazs, I., **2**, 677[245] (656)

Balbach, B., **3**, 711f[15]; **5**, 532[812] (416), 539[1303] (361, 416)

Balch, A. L., **2**, 816f[1], 819[73] (777, 804), 821[215] (815, 816); **3**, 170[135] (153); **4**, 13f[16], 19f[11], 150[74] (22), 158[643] (147), 159[644] (147), 690[125] (682), 690[126] (682), 811[125] (709), 812[155] (715), 887[189] (881), 1060[202] (1010); **5**, 158f[6], 271[483] (160), 272[544] (182), 306f[4], 317f[16], 346f[8], 346f[9], 346f[11], 353f[4], 353f[15], 523[209] (303T, 306, 464), 523[241] (288, 289, 290), 524[269] (309, 314), 524[291] (314, 342, 348, 349), 525[380] (309), 526[406] (342, 345, 348, 382, 434), 526[429] (342, 345, 350), 526[430] (342, 345), 526[437] (342, 343, 345), 526[438] (345), 526[445] (348), 527[451] (284, 291, 350), 627[426] (602); **6**, 14[85] (9), 14[86] (9), 14[130] (9), 278[17] (268, 269, 270), 278[18] (266T, 269, 270), 278[19] (266T, 269, 270), 278[21] (266T, 269, 270), 278[32] (272), 278[33] (272), 278[35] (272), 278[36] (266T, 272, 274), 343[52] (286, 293), 344[91] (294), 344[94] (294), 347[312] (320), 469[63] (466), 738[130] (496), 738[131] (497), 738[132] (497), 738[133] (497), 738[142] (497, 499, 501), 739[176] (500, 501), 739[182] (501), 739[183] (501), 740[237] (509), 740[240] (510), 1113[205] (1096); **8**, 331f[21]

Balczewski, P., **7**, 67f[3]

Bald, Jr., J. F., **2**, 203[747] (184)

Baldi, L., **1**, 679[541] (638)

Baldwin, B. A., **6**, 94[42] (55T, 57T, 60T, 61T, 80), 97[253] (55T, 57T, 58T, 59T, 60T, 61T, 80)

Baldwin, B. J., **8**, 17[28] (12)

Baldwin, D. J., **3**, 948[113] (845)

Baldwin, J. C., **2**, 6f[6]; **3**, 630[138b] (580, 600); **5**, 275[761] (251); **6**, 740[250] (513), 740[251] (513, 585), 747[738] (585), 753[1094] (635)

Baldwin, J. E., **7**, 38f[5], 96f[9], 97f[24], 104[267] (34), 652[361] (585), 728[209] (710); **8**, 1010[202] (1000)

Baldwin, W. H., **3**, 265[80] (182), 265[101] (183)

Bales, S. E., **1**, 241[24] (157, 159, 171, 172), 241[24] (157, 159, 171, 172); **3**, 633[310] (614); **7**, 39f[6]

Balgoyen, D. P., **7**, 511[67] (482)

Balimann, G., **5**, 524[286] (314)

Balint, H., **8**, 305f[40], 364[255] (325)

Balk, H.-J., **6**, 1112[141] (1078)

Balk, P., **1**, 112f[2]

Balk, R. W., **3**, 874f[1], 949[198] (875); **4**, 841[87] (836)

Ball, Jr., A. L., **1**, 116[59a] (54, 73); **7**, 76f[4]

Ball, D., **6**, 1085f[13]

Ball, D. E., **3**, 1106[36] (966, 967)

Ball, R., **4**, 920[31] (913); **6**, 1113[182] (1090)

Ball, R. D., **6**, 1113[189] (1090)

Ball, R. G., **5**, 537[1144] (477); **6**, 754[1186] (646T, 651), 754[1193] (641, 647T, 651)

Ballard, D. G. H., **1**, 40[71] (16), 40[72] (16), 676[345] (622); **3**, 83[216] (31), 266[176] (202, 203, 204), 266[182] (204), 267[212] (210), 328[175] (325), 431[336] (426), 443f[2], 467f[1], 556[13] (550, 555, 556), 557[26] (550), 557[64] (556), 557[65] (556), 557[66] (556), 557[67] (556), 632[259] (620), 632[264] (620), 645[23] (638), 697[172] (662), 951[345] (929); **6**, 979[6] (949, 952, 953, 959T), 980[19] (952, 959T), 980[20] (952, 959T); **7**, 725[56] (674)

Ballester-Reventos, I., **2**, 943f[6], 975[354] (935)

Ballhausen, C. J., **3**, 80[20] (3), 83[192] (28), 84[273] (37), 702[487] (685)

Ballivet-Tkatchenko, D., **8**, 98[216] (61)

Bally, I., **1**, 379[380] (362), 380[427] (366), 380[428] (366)

Bally, T., **4**, 508[262] (444, 472); **8**, 1009[130] (976)

Balog, M., **1**, 243[131] (170)

Balogh, L., **7**, 510[36] (475)

Balovoine, G., **8**, 932[394] (852)

Balsamo, A., **2**, 861[111] (849); **7**, 725[15] (664)

Balshbukh, M., **2**, 676[142] (645)

Balthazor, T. M., **8**, 772[197] (734)

Balthis, J. H., **1**, 457[246] (451)

Balueva, G. A., **1**, 149[38] (122)

Balutina, O. A., **3**, 698[276] (670)

Bal'yan, Kh. V., **1**, 250[559] (228); **6**, 99[346] (56T, 74, 76); **7**, 5f[10], 100[36] (4, 7), 100[51] (7), 100[52] (7); **8**, 642[83] (640), 668[12] (663T), 669[32] (663T), 669[43] (662), 669[46] (663T), 669[83] (655)

Balykova, G. D., **6**, 224[45] (199, 201T)

Balzarini, P., **3**, 703[555] (690); **6**, 225[100] (190, 192)

Balzer, W. D., **2**, 196[468] (115)

Balzuweit, A., **2**, 707[160] (701)

Bamberg, P., **2**, 622[354] (567)

Bamfield, P., **8**, 937[744] (918)

Bamford, C. H., **2**, 618[93] (536, 537, 538), 827f[1], 876f[1], 970[49] (870, 871, 898, 952), 970[71] (874), 977[434] (953, 954), 978[521] (965); **3**, 398f[1], 430[284] (404), 1075[425] (1036); **4**, 34f[63], 50f[37], 151[129] (34), 152[181] (44); **6**, 140[54] (104T, 121T), 179[2] (165T); **8**, 644[193] (618)

Bamford, W. R., **2**, 298[128] (237)

Ban, E., **6**, 278[37] (266T, 273), 454[26] (450), 469[47] (463)
Ban, Y., **6**, 441[43] (391, 430); **7**, 95f[6], 649[188c] (556); **8**, 223[160] (180), 769[19] (736), 769[20] (736), 769[21] (736), 769[37] (736), 770[53] (723T, 724T, 732, 734, 736), 771[141] (736), 933[460] (865, 907), 933[462] (865), 936[687] (906), 936[690] (907), 936[691] (907), 936[692] (907), 936[693] (907)
Banasiak, D. S., **2**, 193[329] (84, 86), 301[296] (272), 302[364] (290)
Bancroft, G. M., **1**, 720[60] (690); **2**, 617[22] (523), 617[32] (526), 617[34] (526), 622[402a] (572), 623[464] (581), 674[51] (636), 860[35] (831), 861[141] (854), 976[413] (950); **4**, 509[342] (462), 813[208] (723, 724), 1059[109] (983); **6**, 1112[107] (1069, 1083)
Band, E., **3**, 168[9] (91), 170[128] (152, 163); **4**, 1061[270] (1028); **5**, 267[194] (41), 525[377] (339); **6**, 873[12] (764); **8**, 361[67] (288, 326), 364[268] (327), 550[81] (518, 520), 609[219] (605), 642[88] (632), 643[155] (632)
Bandara, B. M. R., **4**, 509[306] (451), 512[490] (497), 602f[11]
Banditelli, G., **2**, 816f[6], 816f[8], 818[50] (774), 821[217] (816); **5**, 295f[4], 521[105] (292), 559f[16]; **6**, 738[169] (499)
Banditelli, P., **4**, 689[23] (666), 907[21] (892, 896), 907[31] (896)
Bandmann, H., **8**, 705[63] (691, 692, 692T, 695)
Bando, K., **8**, 100[342] (94)
Bandoli, G., **2**, 625[553] (593), 631f[19], 679[379] (669), 679[380] (669); **4**, 180f[6], 236[171] (181); **5**, 285f[3], 520[59] (284); **6**, 262[142] (255), 743[473] (536T), 751[968] (617, 624T), 752[1058] (632, 704), 1094f[5]
Banerjea, D., **6**, 752[1069] (633)
Banerjee, A. K., **8**, 1065[71] (1024)
Banerji, A., **7**, 510[1j] (465, 487), 653[401] (592)
Banerji, J., **7**, 510[1j] (465, 487)
Baney, R.H., **2**, 187[34] (8), 333f[1], 334f[1], 341f[1], 396[99] (385), 510[274] (437), 677[213] (654)
Banford, L., **1**, 309[487] (296)
Banhidai, B., **2**, 676[152] (647)
Banholzer, K., **6**, 756[1295] (659)
Banier, J. P., **7**, 649[176] (554)
Bank, H. M., **2**, 363[187] (353)
Bank, S., **1**, 118[208] (87), 118[208] (87), 120[319] (114), 242[63] (161)
Bankov, T. V., **2**, 715f[17]
Bankova, T. V., **6**, 851f[55]
Bankovskii, Yu. A., **5**, 536[1088] (468); **6**, 445[281] (422)
Banks, D. F., **3**, 944f[5]
Banks, H. D., **1**, 307[393] (289)
Banks, R. B., **1**, 243[152b] (173); **7**, 106[350] (47), 727[164] (701)
Banks, R. E., **2**, 714f[4], 761[48] (719); **4**, 97f[19], 153[290] (72), 612[468] (596); **5**, 186f[8]; **7**, 105[325] (45)
Banks, R. G. S., **8**, 305f[45]
Banks, R. L., **4**, 964[76] (942); **7**, 462[485] (442), 462[486] (442), 463[549] (452); **8**, 549[4] (500), 549[9a] (500, 512, 515, 516, 519, 525, 536, 538), 551[143] (548)
Banney, P. J., **2**, 674[32] (633)
Bannister, F., **3**, 1084f[1]
Bannister, W. D., **4**, 155[425] (116)
Banno, K., **7**, 650[266] (571)
Banquy, D. L., **8**, 95[53] (31)
Banshchikov, V. A., **8**, 669[53] (657T)
Banthorpe, D. V., **4**, 320[93] (252); **8**, 1009[121] (973)
Banville, J., **7**, 106[340] (47)
Bar, D., **1**, 244[185] (176)
Baraban, J. M., **3**, 85[357] (49); **6**, 752[1022] (624T, 626), 752[1027] (623, 625T, 627T)
Barabas, A., **1**, 149[41] (122), 380[427] (366)
Baradel, A., **1**, 676[357] (624), 676[373] (624, 627)
Baral, S., **3**, 714f[4]
Baranetskaya, N. K., **3**, 1051f[11], 1070[185b] (993), 1074[383] (1032), 1075[439] (1038), 1075[451] (1039, 1040), 1075[454] (1040), 1075[456] (1040); **8**, 1064[49] (1020), 1065[89a] (1026)
Baranova, G. G., **2**, 361[64] (315)

Baranova, T. I., **8**, 641[19] (621T)
Baranova, V. A., **7**, 656[565] (621)
Baranovskii, I. B., **4**, 1058[70] (976)
Baratto, L., **2**, 816f[5], 821[214] (815, 816)
Barbaras, G. D., **1**, 150[109] (127, 147)
Barbaro, G., **4**, 320[86] (251)
Barbe, G., **1**, 689f[3], 720[43] (688)
Barbeau, C., **3**, 948[161] (867), 1076[497] (1051), 1214f[1], 1215f[1], 1251[265] (1214); **4**, 156[492] (125), 156[493] (125), 156[504] (125)
Barber, G. N., **7**, 90f[4]
Barber, J. J., **3**, 279[57] (278); **7**, 456[83] (385); **8**, 388f[2], 455[104] (389)
Barber, M., **3**, 700[363] (674); **6**, 228[245] (192, 193)
Barber, W. A., **1**, 247[381] (200, 201, 203, 205); **3**, 334f[27], 428[103] (361)
Barberis, G., **8**, 362[134a] (297)
Barbetta, A., **5**, 265[51] (11)
Barbier, J. C., **8**, 455[82] (384, 415)
Barbier, J. P., **4**, 612[444] (594); **6**, 736[24] (477), 737[55] (484), 806f[65], 850f[14], 872f[153]
Barbieri, F. H., **8**, 222[100] (124)
Barbieri, G., **2**, 189[142] (33), 676[126] (643); **3**, 1073[308b] (1018)
Barbieri, R., **1**, 753[52] (734); **2**, 617[29] (525), 617[37] (526, 565), 677[199] (652), 677[234] (656), 677[236] (656), 677[238] (656), 820[130] (790), 940f[1], 940f[2], 976[376] (939), 976[377] (940), 976[377] (940)
Barbieri, W., **7**, 252[20] (231)
Barborak, J. C., **4**, 387f[13], 505[68] (397); **8**, 1009[139] (977)
Barbot, F., **1**, 243[127] (169); **7**, 100[50] (6), 431f[1], 461[409] (431)
Bardet, R., **8**, 281[110] (265), 282[149] (272), 282[154] (272, 274), 282[163] (274)
Barditelli, P., **4**, 663f[5]
Bardsley, R. L., **1**, 245[284b] (188)
Bare, T. M., **7**, 105[283] (37)
Barefield, E. K., **3**, 86[393] (52), 775f[16], 781[204] (774), 1249[189] (1198, 1203), 1381[117] (1344); **4**, 375[142] (366, 372), 610[361] (587); **6**, 95[127] (62T, 64), 99[371] (86), 140[88] (123T, 126), 181[102] (164, 165T); **8**, 292f[43], 642[94] (626, 627T)
Baret, P., **7**, 725[33] (669)
Barfield, P.A., **1**, 303[95] (268), 303[96] (268)
Bargar, T., **3**, 1075[473] (1044); **8**, 1066[131] (1035)
Barger, P. T., **2**, 679[374] (669); **3**, 633[311] (616); **5**, 33f[11], 265[57] (14), 280f[2], 520[19] (280); **8**, 97[193] (58)
Bari, S. S., **8**, 772[204] (714T, 722)
Barieux, J.-J., **7**, 253[104] (243), 253[105] (243), 253[106] (243), 253[107] (243)
Barili, P. L., **2**, 861[111] (849); **7**, 725[15] (664)
Barinov, I. V., **6**, 96[213] (87), 96[215] (87), 96[216] (88)
Barinov, N. S., **5**, 266[174] (36); **8**, 311[20], 312f[30], 312f[31], 643[143] (632), 644[160] (632)
Baritz, A., **4**, 157[510] (127)
Barkatin, A. B., **4**, 689[24] (666)
Barker, G. K., **1**, 538[59] (474, 500, 501, 509, 533, 534), 539[79b] (481, 493, 533), 542[253] (535), 675[317] (618), 739[79a] (481, 493, 497, 533); **2**, 198[547] (130), 509[172] (420, 426), 512[358] (445); **3**, 82[153] (21, 23), 84[310] (43), 266[165] (199), 310f[2], 327[61] (297), 328[110] (309), 430[262] (396), 474[115] (469, 470), 474[116] (469, 470), 629[60] (569, 570, 583, 585, 596), 645[7] (636, 641), 696[115] (657), 701[407] (677), 938f[3], 951[355] (939); **4**, 322[203] (267), 690[119] (681), 690[120] (681, 682), 690[121] (682), 811[87] (702), 886[104] (865), 1059[104] (981, 982); **6**, 742[359] (523), 742[360] (523), 743[470] (535T, 680, 681, 717); **8**, 456[141] (395)
Barker, P. J., **2**, 618[148] (542), 625[566] (595, 596), 625[584] (598)
Barkhash, V. A., **7**, 107[412] (55)
Barkovich, A. J., **2**, 190[189] (41)
Barlet, R., **1**, 243[158] (174)
Barlex, D. M., **5**, 316f[8], 404f[24], 522[178] (300, 305, 314, 383, 384), 532[784] (412, 459, 462), 535[1027] (459); **6**, 36[174] (32), 760[1568] (702)

Barlos, K., **1**, 380⁴⁶³ (370); **2**, 198⁵⁵¹ (131), 198⁵⁵¹ (131)
Barlow, A. P., **6**, 1113²¹⁰ (1098)
Barlow, C. G., **3**, 833f³
Barlow, J. H., **5**, 534⁹⁵⁷ (441, 459)
Barlow, M. G., **8**, 382f¹⁹, 388f⁵, 389f¹², 392f³, 455⁶⁸ (381, 387, 389, 392, 414), 938⁷⁹⁸ (925)
Barlow, M. T., **1**, 722²⁰⁹ (714)
Barlsch, R. B., **4**, 649⁷⁹ (638)
Barluenga, J., **1**, 116⁹⁶ (61); **2**, 882f²¹, 972¹⁵⁹ (891, 896, 957, 958), 978⁵²⁷ (966, 968), 978⁵²⁷ (966, 968), 978⁵²⁷ (966, 968), 978⁵²⁷ (966, 968); **7**, 109⁵⁴⁰ (79), 512¹³² (491, 498), 512¹⁵⁷ (498), 512¹⁵⁸ (498)
Barminova, N. P., **1**, 250⁵³³ (224, 225, 228)
Barna, G. G., **5**, 535¹⁰⁴⁵ (462)
Barnard, A. J., **1**, 309⁴⁹⁸ (296), 309⁴⁹⁹ (296)
Barnard, C. F. J., **4**, 657f⁴, 810³⁸ (697, 742), 810³⁹ (697), 813²²⁶ (726, 727, 729), 813²³⁹ (729), 814²⁷⁷ (742)
Barnard, D., **2**, 1020³⁰⁵ (1014)
Barnard, M., **2**, 620²²⁸ (549)
Barnard, R., **3**, 264²⁹ (178)
Barnes, D. S., **3**, 788f⁸, 1081f⁹, 1258f⁸
Barnes, G. B., **8**, 610²⁹⁷ (599T)
Barnes, G. H., **2**, 197⁴⁸⁰ (117); **6**, 757¹⁴²² (675)
Barnes, J. C., **3**, 264³⁷ (178)
Barnes, J. M., **1**, 149⁶ (122); **2**, 506²⁴ (402), 626⁶⁵⁹ (608, 609, 610)
Barnes, R. L., **1**, 273f²⁴, 286f⁵
Barnes, S. G., **3**, 1247⁹¹ (1175)
Barnes, X., **2**, 361⁷¹ (316)
Barnett, B., **6**, 97²⁴⁷ (83), 182¹⁸⁰ (171); **8**, 644¹⁸² (618)
Barnett, B. L., **2**, 199⁵⁹¹ (144); **4**, 327⁵⁵³ (303), 479f¹¹, 509²⁹³ (449), 553f⁸, 553f⁹; **6**, 33¹² (17), 93²⁶ (83, 83f, 85T), 95¹¹⁶ (39, 43T), 96²⁰⁴ (49, 53T), 97²⁴⁰ (88), 139²³ (104T, 107), 140⁴² (103, 104T), 142²⁰⁵ (136), 179²⁰ (165T, 170), 182¹⁵⁰ (154); **8**, 425f⁹, 456¹³⁵ (394), 457²¹⁶ (404, 407)
Barnett, G. H., **3**, 949²⁰⁹ (880), 949²¹⁰ (880), 1286f⁴
Barnett, K. W., **3**, 697²²⁰ (665), 1179f⁶, 1248¹⁴⁰ (1186), 1248¹⁴¹ (1186, 1192), 1248¹⁴¹ (1186, 1192), 1248¹⁴⁷ (1186), 1380⁵⁶ (1332), 1380⁶⁸ (1334), 1380⁷⁷ (1335), 1380⁷⁸ (1335), 1380⁷⁹ (1335); **4**, 74f²⁷, 154³⁰⁷ (75), 374⁶¹ (343); **6**, 96²⁰⁹ (90, 92T), 100⁴⁰⁶ (86, 91T), 180³⁸ (176T, 177), 224³⁷ (190), 224³⁸ (190, 203T, 206), 224⁵¹ (203T, 206, 208, 209T); **8**, 382f⁶, 454¹² (374, 383), 641⁹ (616, 621T), 646²⁹² (616, 622T)
Barnett, M. M., **2**, 894f¹²
Barnett, R. E., **7**, 253⁹⁹ (242)
Barnette, W. E., **7**, 658⁶⁷³ (642)
Barney, A. L., **1**, 681⁷⁰⁷ (666); **7**, 463⁵⁴³ (451); **8**, 425f², 459³²⁴ (420)
Barnick, J. W. F. K, **7**, 652³³⁴ (581)
Barnier, J. P., **1**, 246³¹⁵ (193)
Bärnighausen, H., **2**, 6f¹², 199⁵⁷⁴ (139)
Barnstorff, H. D., **8**, 361¹⁶ (286, 320), 496³⁵ (473)
Barnum, C., **7**, 66f¹⁰, 103²²¹ (29)
Baron, G., **8**, 16⁵ (2), 16⁹ (2, 3T, 4, 7, 8, 9, 10, 14, 15, 16), 95¹⁵ (22)
Barone, P., **5**, 264³⁹ (9)
Barone, V., **3**, 546⁶¹ (501)
Baronov, I. V., **6**, 96²¹⁴ (88)
Barr, R. F., **1**, 149¹⁰ (122)
Barr, T. H., **4**, 511⁴⁷⁰ (491); **8**, 1065⁶² (1021, 1022f)
Barraclough, C. G., **2**, 976³⁹⁴ (942); **3**, 798f¹⁷, 1112f⁴, 1317⁵⁵ (1281); **4**, 158⁶¹⁵ (140)
Barral, M. C., **3**, 411f⁸, 431³⁰¹ (409), 631²⁰¹ (590); **6**, 99³⁵⁹ (50T), 345¹⁴⁵ (304, 305), 744⁵⁴³ (546)
Barrau, J., **2**, 298¹⁴⁸ (242), 298¹⁵⁰ (242), 299¹⁶⁰ (244), 507⁷² (406), 510²⁴³ (432, 438), 510²⁸² (437, 479, 481, 483), 511²⁸⁸ (438), 511²⁹³ (438, 439), 511²⁹⁵ (438, 493, 497), 511³⁰⁸ (439, 489, 493, 498), 511³⁰⁹ (439, 488, 494, 498), 511³³⁴ (442), 511³³⁵ (442, 446), 513⁴³⁷ (455, 495, 496, 497, 498), 516⁵⁸⁷ (479), 516⁶²⁰ (483), 516⁶²⁴ (483), 516⁶³⁵ (484), 517⁶⁴⁸ (486), 517⁶⁷⁹ (493, 497), 517⁶⁸⁰ (493), 517⁶⁸³ (497), 517⁶⁸⁴ (497, 498), 518⁷⁰⁶ (504), 518⁷⁰⁷ (504), 518⁷⁰⁹ (504), 534f⁷, 623⁴⁴⁰ (577)
Barredo, J. M. G., **1**, 262f⁵³
Barreiro, E., **2**, 763¹⁶⁷ (752, 753)
Barrelle, M., **7**, 50f⁵
Barrer, R. M., **2**, 363¹⁸⁹ (358)
Barrett, P. F., **3**, 805f⁴; **6**, 1111⁵⁰ (1052, 1087)
Barrett, P. H., **4**, 605¹ (514)
Barrick, J. C., **4**, 237²³⁹ᶜ (192)
Barrie, J. A., **2**, 363¹⁸⁹ (358)
Barrientos-Penna, C. F., **4**, 157⁵³⁴ (129)
Barriero, E., **7**, 728²⁰⁵ (709)
Barrio, J. R., **7**, 658⁶⁵¹ (640), 658⁶⁵² (640)
Barriola, A., **1**, 538⁴³ᵇ (471, 490, 515, 528, 536), 538²⁶ (462), 553⁶¹ (550), 553⁶⁸ (551)
Barron, P. F., **2**, 976⁴⁰² (946), 976⁴⁰⁴ (946); **7**, 512¹³⁰ (491, 493)
Barros, H., **5**, 265⁵³ (12)
Barros, H. L. C., **4**, 374³⁶ (339)
Barrow, M. J., **2**, 6f¹⁴, 201⁶⁵⁸ (161); **3**, 86⁴³⁴ (62), 86⁴⁴⁸ (63), 1077⁵⁵¹ (1059); **4**, 107f⁵⁹, 156⁴⁵⁹ (123), 323²⁹⁶ (277, 303)
Barry, A. J., **2**, 361⁷⁵ (317)
Barry, P. S. I., **2**, 680⁴¹⁶ (673), 680⁴¹⁶ (673)
Bars, O., **6**, 850f³¹, 875¹⁴⁰ (785)
Barsky, L., **7**, 99f³⁶, 104²⁷³ (34)
Bart, J. C. J., **2**, 6f¹⁷, 202⁶⁹⁴ (169); **3**, 430²⁵⁸ (394), 547⁸⁵ (520); **6**, 748⁷⁸⁹ (588), 762¹⁷⁰⁰ (736); **7**, 463⁵¹³ (447); **8**, 609²⁶³ (596T)
Barta, I., **2**, 387f⁷, 396¹⁰⁵ (385)
Bartagnon-Weisrock, M., **1**, 249⁴⁹⁵ (218)
Bartashev, V. A., **3**, 368f¹², 376f¹⁵, 379f³
Bartczak, T., **1**, 677⁴²² (627)
Bartel, K., **2**, 820¹³² (791), 821²¹⁶ (816); **6**, 343⁵⁴ (286, 291), 344⁷⁹ (292), 344¹¹⁴ (296), 739¹⁷⁵ (500), 739¹⁸⁴ (501)
Bartell, L. S., **1**, 264f⁹, 264f¹¹, 302¹⁰ (256), 689f¹¹, 720¹⁷ (686); **2**, 6f¹⁰, 191²⁴⁴ (58), 191²⁴⁴ (58), 396¹⁰⁹ (385); **3**, 84²⁷² (37)
Bartenstein, C., **5**, 35f¹⁶
Barth, K. H., **3**, 933f², 942f¹⁰
Barth, R. C., **1**, 244¹⁹¹ (176); **3**, 851f¹⁴, 851f³⁷
Barth, V., **2**, 200⁶¹⁶ (148), 200⁶¹⁸ (149), 200⁶¹⁸ (149), 200⁶¹⁸ (149); **7**, 654⁴⁸⁷ (604), 654⁴⁸⁷ (604), 654⁴⁸⁸ (604), 655⁴⁹³ (605)
Bartha, R., **2**, 1015²⁵ (981, 998)
Barthelat, J. C., **2**, 516⁶¹¹ (482)
Bartholin, M., **8**, 608²⁰⁵ (592, 594T)
Bartholomay, Jr., H., **1**, 310⁵⁵⁵ (299)
Bartindale, G. W. R., **4**, 322²²⁵ (269)
Bartish, C. M., **1**, 247³⁶⁰ (198); **3**, 838f¹⁴, 838f¹⁵, 847f⁴, 851f³⁹, 851f⁴⁸
Bartke, T. C., **1**, 146f³, 152²³⁰ (147)
Bartl, K., **3**, 1187f¹¹, 1337f²⁶; **6**, 779f⁴, 805f⁹, 841f⁹⁸, 868f²⁴, 870f⁹⁴, 874⁵⁹ (769)
Bartlett, J. H., **8**, 221¹⁸⁷ (120)
Bartlett, N., **2**, 515⁵⁸⁰ (478); **6**, 241⁶ (235), 241⁷ (235)
Bartlett, P. A., **7**, 460³⁴⁷ (419)
Bartlett, P. D., **1**, 671¹⁴ (557); **2**, 1017¹⁵³ (998, 1007f), 1017¹⁵⁷ (998, 1007), 1017¹⁵⁹ (998, 1007), 1019²⁵⁴ (1007); **3**, 327⁶⁸ (298); **7**, 103¹⁷⁹ (25)
Bartlett, P. F., **3**, 841f⁴
Bartlett, R. K., **1**, 377²⁵⁹ (349)
Bartley, W. J., **1**, 244²⁰⁷ (177); **8**, 98²³⁸ (69, 69T, 79)
Bartling, G. J., **7**, 59f¹
Bartmann, E., **4**, 401f²⁸; **6**, 99⁴⁰² (85, 91T), 227¹⁹¹ (203T, 205, 206, 211, 213T); **8**, 794³² (790)
Bartmess, J. E., **1**, 119²⁷⁰ (102), 245²⁷³ (187); **7**, 105³⁰¹ (40, 93)
Bartnikov, G. N., **3**, 1188f⁴
Bartocha, B., **1**, 53f⁴, 285f³³, 304¹⁸⁸ (270, 292), 305²⁴⁷ (279), 583f⁸, 596f¹¹, 676³⁵³ (624), 676³⁵⁴ (624), 677⁴⁴³ (629), 677⁴⁴⁴ (629); **2**, 859¹⁴ (828)

Bartoletti, I., **8**, 936^{675} (905)
Bartoli, G., **7**, 100^{69} (10, 11), 100^{70} (10), 100^{70} (10), 100^{70} (10), 100^{71} (10, 11), 100^{73} (10, 11), 100^{74} (10, 11)
Bartoli, J. F., **4**, 376^{148} (369), 610^{346} (585); **6**, 741^{303} (518), 753^{1095} (635), 756^{1318} (663)
Barton, D. H. R., **1**, 302^8 (254, 275, 288, 294, 295); **2**, 503f^2, 506^{15} (402, 403, 418, 419, 424, 469), 517^{674} (490), 704^{13} (684), 848f^1, 849f^1, 858f^1; **3**, 279^{33} (273); **5**, 264^1 (2), 268^{303} (81, 102, 103, 107, 109, 113, 114, 117); **7**, 97f^{24}, 140^{16} (112, 139), 158^{42} (146), 194^{24} (162, 163), 223^6 (199, 208), 253^{131} (247), 262^7 (255), 346^8 (338), 363^{30} (357), 646^{10} (517, 575), 649^{159} (551), 653^{410} (594), 654^{457} (597); **8**, 928^{129} (805, 812), 932^{389} (851), 1009^{123} (973), 1009^{125} (974)
Barton, D. L., **7**, 106^{377} (50)
Barton, J. W., **2**, 878f^{12}
Barton, L., **1**, 379^{395} (364), 380^{478} (372), 380^{479} (372)
Barton, T. J., **2**, 186^{25b} (4, 20), 187^{65} (14), 190^{191} (42), 191^{258} (62, 93), 191^{262} (64), 193^{316} (81), 193^{320} (81), 193^{324} (82), 193^{329} (84, 86), 193^{329} (84, 86), 193^{331} (84), 193^{333} (85), 193^{334} (86), 193^{339} (86), 193^{345} (89), 196^{424} (106), 196^{425} (106), 196^{426} (107), 296^3 (206, 236), 296^{12} (210, 248T), 296^{33} (217, 219, 234, 252, 253, 255, 259, 260, 274, 279), 297^{43} (269), 297^{44} (221, 269), 297^{49} (222, 239, 240), 297^{76} (228), 298^{104} (233), 299^{168} (245, 253), 299^{178} (246), 299^{182} (246, 249T), 300^{211} (251), 300^{218} (254), 300^{226} (256), 300^{228} (257), 300^{235} (259T, 261), 300^{238} (259), 300^{239} (259), 300^{241} (261), 301^{287} (270, 275), 301^{296} (272), 301^{301} (272), 302^{339} (281, 294), 302^{345} (284), 302^{364} (290), 302^{365} (290), 302^{377} (292), 517^{676} (490, 498), 517^{677} (490); **3**, 695^{47} (651); **4**, 320^{52} (248), 816^{407} (761); **5**, 275^{722} (245); **6**, 227^{194} (190, 191); **7**, 647^{80} (533), 648^{124} (542), 651^{304} (576), 655^{541} (616)
Bartsch, E., **6**, 94^{77} (55T, 65, 75, 77), 98^{306} (55T, 65, 75, 77, 79), 181^{86} (163, 165T)
Bartucci, C., **6**, 753^{1112} (637)
Barug, D., **2**, 1016^{97} (989, 991f)
Barve, M. V., **7**, 104^{261} (34)
Barycheva, G. S., **8**, 497^{56} (477)
Barykin, V. V., **7**, 77f^{11}, 109^{524} (76)
Baryshnikov, Yu. N., **1**, 115^{45} (50), 249^{466} (212), 249^{466} (212), 249^{466} (212); **7**, 64f^1, 64f^2
Baryshnikova, T. K., **1**, 308^{464} (294)
Barzellini, A., **7**, 457^{153} (395)
Basahel, S. N., **8**, 644^{193} (618)
Basalgina, T. A., **2**, 201^{678} (165), 511^{307} (439)
Basato, M., **5**, 273^{592} (197); **6**, 34^{73} (22T, 23), 35^{148} (22T, 32), 36^{203} (21T, 24), 99^{383} (39, 43T), 141^{104} (122T), 143^{258} (122T), 1113^{179} (1088); **8**, 643^{153} (626, 627T)
Basch, H., **2**, 861^{141} (854); **3**, 85^{365} (50)
Baše, K., **1**, 453^{75} (426), 454^{101} (429, 435), 538^{67} (478, 510), 539^{97} (489, 507, 536), 540^{159b} (510, 513, 533), 541^{193b} (520), 542^{252} (535), 553^{65} (550)
Basha, A., **7**, 459^{268} (412)
Bashe, R. W., **2**, 763^{171a} (755), 754f^9; **7**, 727^{167} (702, 703), 727^{180} (705)
Bashilov, V. V., **2**, 873f^{16}, 970^{69} (873); **4**, 239^{345} (206, 207T), 239^{354} (206, 207T); **6**, 263^{143} (255), 263^{144} (255), 263^{146} (255), 346^{246} (314), 346^{248} (314), 346^{249} (314), 1029f^{71}, 1029f^{73}, 1029f^{74}, 1029f^{75}, 1029f^{76}, 1029f^{77}, 1029f^{78}, 1029f^{79}, 1033f^5, 1036f^8, 1039^{40} (994, 1001), 1039^{41} (994, 999, 1000), 1040^{71} (998, 1000), 1040^{81} (999), 1040^{88} (1001), 1040^{89} (1003); **8**, 1067^{199} (1044)
Bashkin, J., **3**, 646^{50} (644)
Bashkirov, A. N., **8**, 95^{57} (33), 97^{157} (51), 282^{143} (272, 274), 282^{152} (272, 274), 282^{153} (272, 274), 282^{166} (274), 282^{179} (275)
Bashkirova, S. A., **2**, 193^{351} (90), 193^{351} (90), 296^{17} (211), 296^{25} (214), 296^{32} (216), 299^{172} (247T, 270, 273), 299^{191} (248T, 270), 299^{195} (249T), 301^{298} (272), 395^{18} (367)

Bashurova, V. S., **4**, 512^{517} (502)
Baskin, C. P., **1**, 149^9 (122), 245^{274} (187, 205)
Basolo, F., **3**, 82^{156} (24), 695^{51} (651), 697^{204} (664), 948^{110} (845), 949^{204} (876), 1070^{183a} (991), 1247^{77} (1171), 1251^{284} (1218); **4**, 12f^5, 20f^3, 50f^3, 50f^5, 51f^{40}, 109f^2, 152^{194} (53), 152^{195} (53), 152^{197} (53), 155^{386} (100), 156^{475} (125), 158^{616} (140), 158^{621} (140, 147), 237^{253} (195), 320^{59} (249, 291), 323^{259} (272), 323^{260} (272), 326^{473} (296), 326^{474} (296), 375^{109} (359); **5**, 27f^2, 29f^1, 29f^7, 264^{27} (6, 18), 266^{122} (26), 266^{125} (26, 27), 275^{748} (250), 523^{239} (307), 527^{494} (359, 363), 546f^5, 621^{19} (547); **6**, 13^{58} (8), 33^2 (15), 33^3 (15), 241^{11} (235), 261^{23} (245), 261^{70} (248), 261^{73} (249), 262^{74} (249), 262^{75} (249), 262^{85} (249), 262^{86} (249), 262^{87} (250), 262^{88} (250), 738^{124} (494), 742^{414} (530), 743^{440} (532T), 745^{545} (546), 746^{653} (565), 752^{1068} (633, 661), 752^{1069} (633), 843f^{205}, 987f^5, 1021f^{128}, 1021f^{129}, 1021f^{134}, 1032f^{23}, 1039^{21} (991), 1040^{68} (997); **8**, 220^9 (106), 796^{97} (794)
Basova, R. V., **1**, 251^{587} (232, 235, 236), 251^{589} (232), 251^{611} (236), 251^{611} (236), 252^{628} (238), 252^{628} (238); **7**, 9f^2
Bass, K. C., **2**, 970^{22} (866, 932, 953, 954, 956, 960)
Bass, O., **6**, 843f^{195}
Basset, J. M., **3**, 1251^{298} (1220); **4**, 322^{203} (267), 965^{179} (961); **5**, 525^{344} (327, 328); **6**, 736^{42} (482), 873^8 (764); **7**, 463^{550} (452); **8**, 98^{205} (60), 98^{211} (61), 365^{293} (329), 538f^1, 538f^1, 538f^1, 538f^4, 538f^4, 538f^4, 539f^1, 549^{15} (502, 546), 549^{20} (503), 550^{51} (512, 517), 551^{134} (538, 541), 551^{134} (538, 541), 551^{134} (538, 541), 551^{139} (544), 606^{44} (555, 601T)
Basset, J.-M., **4**, 507^{201} (432, 457), 607^{143} (542), 690^{120} (681, 682), 811^{87} (702), 886^{104} (865), 1059^{104} (981, 982); **6**, 35^{114} (19T, 20T, 21T, 26), 99^{382} (48, 50T); **8**, 361^{66} (288, 329)
Bassett, P. J., **6**, 224^{39} (195)
Bassetti, M., **2**, 882f^4, 971^{112} (884)
Bassi, I. W., **3**, 169^{96} (141), 328^{159} (321), 430^{258} (394), 461f^{24}, 474^{103} (465), 546^{84} (520), 1247^{64} (1168); **4**, 456f^3, 499f^{10}, 509^{301} (450), 509^{321} (453, 503); **5**, 186f^4, 272^{538} (178); **6**, 36^{201} (19T, 24), 141^{110} (110), 141^{111} (118, 122T), 142^{174} (123T, 128)
Bassindale, A. R., **2**, 189^{138} (32), 192^{285} (73), 192^{287} (74), 192^{302} (77), 197^{503} (122), 301^{323} (278); **7**, 657^{608} (631), 657^{625} (634), 659^{712} (645)
Bassler, G. C., **7**, 457^{167b} (396)
Basso Bert, M., **3**, 341f^{11}, 344f^{14}, 347f^2, 359f^2, 428^{84} (356), 436f^{20}
Basson, S. S., **3**, 1137f^{21}, 1137f^{29} (1136T), 1138f^2, 1138f^{11} (1139T), 1138f^{12} (1139T); **5**, 520^{44} (283), 520^{47} (283), 520^{51} (283), 523^{240} (283), 535^{1050} (462)
Basso Ricci, G. M., **6**, 261^{63} (248)
Bastian, B. N., **6**, 1035^{22} (1018); **8**, 458^{264} (412)
Bastian, V., **2**, 706^{97} (694)
Bastiansen, O., **1**, 152^{205} (145)
Bastide, J., **1**, 375^{145} (330, 331), 385f^1, 409^{55} (392, 394, 398)
Bastrykin, V. A., **3**, 701^{446} (682)
Basu, S. K., **7**, 97f^{20}
Basus, V. J., **1**, 119^{268} (100)
Batail, P., **3**, 1076^{510a} (1053); **4**, 499f^8, 511^{467} (490, 490T), 511^{467} (490, 490T), 512^{488} (496), 512^{512} (501, 502), 611^{381} (589); **8**, 1064^{26} (1018), 1070^{296} (1058), 1070^{296} (1058)
Bataillard, R., **6**, 742^{408} (529), 746^{658} (566); **8**, 364^{224} (321)
Batalov, A. P., **1**, 116^{91} (59); **2**, 675^{87} (639), 675^{88} (639); **3**, 474^{84} (462); **7**, 458^{206} (401), 458^{207} (401)
Batchelder, R. F., **8**, 608^{199} (588, 595T, 598T)
Bateman, L. R., **5**, 535^{1016} (453)
Bates, A. H., **2**, 512^{380} (447)
Bates, G. S., **7**, 653^{398} (592)
Bates, O. K., **2**, 346f^1, 362^{174} (346)
Bates, R. B., **1**, 115^{37} (49, 103T), 120^{284} (105), 120^{286}

(105, 106), 120²⁹¹ (106), 120²⁹³ (106), 120²⁹³ (106), 120²⁹³ (106); **7**, 98f⁴, 100⁵⁷ (7)
Bates, R. D., **7**, 110⁵⁹⁶ (93)
Bateup, B. O., **7**, 9f², 459²⁸⁵ (413)
Bath, S. S., **5**, 527⁴⁵⁷ (351); **8**, 305f⁴⁷
Bathelt, W., **3**, 697²²⁴ (665), 798f⁹, 798f²⁴, 863f²⁹, 904f⁹
Batich, C. D., **1**, 42¹⁸⁸ (37); **6**, 180⁷³ (146T, 152), 181⁸⁴ (146T, 152)
Batka, H., **1**, 553⁷¹ (551); **7**, 461⁴³¹ᵃ (433)
Batley, G. E., **6**, 382⁴ (364, 370)
Bats, J. W., **3**, 430²³⁵ (389); **4**, 480f¹⁰
Batsanov, A. S., **2**, 631f¹⁵, 674⁶ (630), 678²⁸⁶ (661); **4**, 422f⁸, 499f², 505⁶⁶ (396), 512⁵⁰⁷ (500), 816⁴¹⁵ (761); **8**, 1070³³⁴ (1061)
Battelle, L. F., **8**, 1067¹⁷⁹ (1042)
Batten, P., **5**, 269³¹⁷ (88, 91)
Batten, R. J., **7**, 651³¹³ (578)
Battershell, R. D., **1**, 243¹⁶³ᵇ (174)
Battig, K., **7**, 649¹⁶⁵ (552)
Battioni, J.-P., **1**, 249⁴⁶⁷ (212), 249⁴⁷⁸ (214); **7**, 728²¹⁸ (712), 729²⁵⁰ (719)
Battiste, M. A., **1**, 754¹⁴¹ (752); **6**, 442¹⁰⁸ (400), 442¹⁰⁹ (400), 454²⁸ (450), 469³⁵ (461); **7**, 110⁵⁸⁹ (91); **8**, 459³⁴³ (426), 928¹⁰² (803), 928¹⁰³ (803), 934⁵⁰⁹ (878)
Battiston, G. A., **4**, 233⁹ (163), 689²⁵ (666), 689²⁶ (666), 928²² (925), 1057²⁷ (971); **6**, 842f¹³⁴, 871f¹²⁷, 876¹⁷⁷ (795)
Batu, G., **7**, 727¹²⁹ (691)
Batunik, H. D., **5**, 621² (542, 561)
Baturina, L. S., **2**, 300²⁶⁵ (265T)
Batyeva, E. S., **7**, 652³⁵⁶ (584)
Batygina, N. A., **2**, 299¹⁹⁵ (249T)
Batyr, D. G., **5**, 265¹¹⁰ (24)
Bätz, G., **3**, 430²⁴⁷ (392), 630¹²⁷ (577)
Bätzel, V., **1**, 539⁹⁰ (487, 491); **3**, 327⁹⁷ (306), 429¹⁷⁸ (377), 429¹⁷⁹ (377), 629⁸³ (573, 574, 575, 576); **5**, 271⁴⁹⁵ (164); **6**, 980⁴⁷ (960, 961, 963T, 966, 970T), 1113¹⁸⁰ (1090)
Bau, E., **6**, 445²⁷⁷ (422)
Bau, R., **1**, 454¹³⁰ (431, 432); **3**, 82¹²³ (15), 84²⁷⁵ (40), 694⁷ (648, 650), 771f¹, 775f⁴, 779⁵⁹ (712, 772), 842f²⁰, 946³⁰ (812), 1106f⁵, 1108f⁶, 1112f⁶, 1112f⁷, 1115f², 1269f⁸ᵃ, 1269f⁸ᵇ, 1269f⁹, 1269f¹⁰, 1269f¹¹, 1269f¹², 1317¹³ (1268), 1317⁵⁷ (1281, 1282), 1317⁵⁸ (1281, 1282), 1380³⁶ (1329), 1381¹¹⁹ (1344), 1384²⁴⁶ (1375), 1384²⁴⁹ (1376); **4**, 19f¹², 23f¹⁶, 65f⁶³, 151¹⁰² (26), 152¹⁸² (45), 153²⁷⁰ (68), 166f¹⁰, 166f¹⁶, 168f², 234⁴⁶ (165), 234⁴⁷ (165), 234⁴⁹ (165), 234⁵⁹ (167), 241⁴⁴¹ (215T, 216), 253f¹, 253f², 320¹⁰⁶ (253), 320¹⁰⁷ (253), 321¹⁴⁷ (259), 324³⁴⁷ (283), 328⁶⁶⁰ (314), 329⁶⁷⁰ (315), 374⁵² (342, 356), 374⁵² (342, 356), 374⁵² (342, 356), 375⁸⁸ (353, 354, 355, 356), 508²⁶⁷ (445), 553f⁵, 884³² (850), 885⁴⁷ (851, 852), 895f¹, 907²² (892, 894), 907²⁸ (894), 907³⁰ (896), 1058³⁸ (971), 1058⁴⁹ (973), 1058⁸⁴ (978), 1062²⁹³ (1033); **5**, 265⁷⁶ (17), 522¹⁵⁴ (297), 530⁶⁸⁰ (393); **6**, 96¹⁷³ (42), 96¹⁷⁴ (42, 43T), 96¹⁷⁴ (42, 43T), 227²¹⁰ (213, 213T), 227²¹¹ (213, 213T), 349⁴⁴² (339), 754¹¹⁶⁷ (641, 642T, 651, 652), 805f¹⁹, 806f³², 806f³⁴, 842f¹⁵⁶, 842f¹⁵⁷, 843f²¹⁵, 869f⁵⁹, 870f⁹³, 876²⁰⁸ (810, 811), 943¹²¹ (905, 906T, 917, 918T), 944¹⁸⁴ (912T, 912); **8**, 361⁵⁰ (287), 933⁴⁵² (860), 1067¹⁷⁹ (1042)
Bauch, T. E., **4**, 610³⁵⁷ (586), 610³⁷¹ (587, 589), 610³⁷³ (588), 610³⁷⁴ (588), 610³⁷⁶ (589)
Baud, J., **7**, 110⁵⁷¹ (85)
Bauder, M., **4**, 153²³⁵ (61)
Baudis, U., **2**, 707¹⁵⁵ (701); **7**, 513²⁰⁹ (505)
Baudler, M., **1**, 380⁴⁷² (371); **2**, 199⁶⁰² (146), 200⁶²⁰ (151), 200⁶²⁰ (151), 200⁶²⁰ (151), 200⁶²¹ (151), 200⁶²²ᵃ (152), 675⁶⁶ (637); **3**, 840f⁵; **6**, 34⁴² (19T, 26), 34⁵⁸ (26), 34⁷² (20T, 22T)
Baudouy, R., **7**, 512¹²⁴ (491, 492)
Baudry, D., **4**, 238³²³ (205, 206T, 206, 227, 228, 231, 232T), 238³²⁴ (205, 206T, 207T, 224T, 232T); **8**, 1066¹¹⁵ (1031)

Bauer, C., **4**, 606⁹⁷ (530)
Bauer, D. P., **3**, 269³⁴⁴ (234, 235)
Bauer, E., **1**, 375¹⁴⁶ (330, 333, 335), 409⁶³ (395), 409⁷¹ (401); **2**, 190¹⁹⁴ (43); **4**, 158⁶¹² (139)
Bauer, G., **2**, 387f⁴; **6**, 12⁹ (4, 11)
Bauer, P., **1**, 116⁵⁵ (52), 241¹⁹ (157, 162); **7**, 102¹⁵⁹ (24), 103¹⁷⁸ (25)
Bauer, R., **1**, 245²⁷⁸ (188, 206, 208), 248⁴³⁸ (207), 272f¹², 309⁵⁰⁹ (297)
Bauer, R. A., **4**, 565f⁹
Bauer, R. S., **8**, 647³⁰⁹ (616, 617), 647³¹⁰ (618)
Bauer, S., **1**, 753⁹² (740)
Bauer, S. H., **1**, 264f¹, 264f², 264f⁵, 420f¹
Bauermeister, M., **2**, 878f¹⁵
Bauernschmitt, D., **5**, 33f¹⁵
Bauery, R. S., **8**, 647³⁰⁹ (616, 617)
Baukov, Yu. I., **2**, 192²⁸⁸ (74), 508¹²² (411, 413, 414, 435, 438, 440), 508¹²⁹ (411), 510²⁵³ (433), 511³⁰² (439, 472), 511³⁰³ (439, 469), 511³¹⁰ (440), 621³¹¹ (561), 623⁴⁶¹ (581); **7**, 109⁵⁰⁰ (71)
Baukova, T. B., **2**, 820¹⁴⁷ (794)
Baukova, T. V., **3**, 713f¹⁰, 735f⁶, 735f⁹, 736f³, 736f⁷, 736f¹⁰, 736f¹¹, 737f¹², 745f¹¹, 767f¹¹, 769f¹, 780¹³³ (745); **8**, 110⁵⁶⁵ (1086)
Baukova, Yu. T., **2**, 192²⁸⁸ (74)
Bauld, N. L., **8**, 794³⁷ (783)
Baulin, A. A., **3**, 547⁹⁵ (529), 547¹⁰² (531), 696¹⁴⁹ (660)
Baum, G. A., **2**, 189¹²³ (29), 297⁶⁹ (227), 297⁹¹ (231), 617⁴¹ (527)
Baum, M. W., **2**, 190²¹⁷ (51)
Bauman, D. L., **2**, 187⁷³ (19)
Baumann, D., **5**, 265¹⁰¹ (23), 265¹⁰² (23), 526⁴¹⁶ (342, 345)
Baumann, J. A., **4**, 690¹¹⁷ (679), 690¹¹⁸ (680, 681), 814³²⁶ (750)
Baumann, N., **2**, 705²⁹ (685)
Baume, E., **7**, 726¹⁰⁹ (686)
Baumeister, W., **2**, 199⁵⁷⁶ (139)
Baumgart, D., **3**, 435f³, 473⁷ (434)
Baumgärtel, O., **7**, 77f¹³
Baumgarten, G. K., **3**, 436f³⁰
Baumgarten, H., **3**, 695⁷⁸ (653, 665)
Baumgarten, H. E., **7**, 104²⁷⁵ (35)
Baumgarten, K. G., **1**, 677³⁹³ (625); **3**, 473¹⁹ (437, 442); **7**, 455⁵⁰ (381), 457¹⁶⁸ (396), 458²³⁸ᵃ (407), 458²³⁸ᵇ (407), 458²³⁹ᵇ (407)
Baumgärtner, F., **1**, 152²¹⁹ (146), 152²²⁰ (146), 152²²¹ (146); **3**, 265⁷⁶ (180, 212), 267²²⁵ (211), 267²³³ (212), 267²³⁷ (212), 267²³⁸ (212), 267²³⁹ (212), 267²⁵² (214), 267²⁵³ (214), 268²⁷⁷ (218), 268²⁷⁸ (218); **4**, 239³³¹ (206, 207T), 242⁵³¹ (231, 232T), 817⁴⁹² (774, 775), 817⁴⁹³ (775); **5**, 520⁶ (278, 450)
Baumgärtner, F. F., **4**, 817⁴⁸⁹ (774)
Baumgärtner, J., **2**, 301²⁹² (271)
Baur, A., **4**, 65f¹⁴, 107f⁷⁷, 153²⁶⁵ (68)
Baur, K., **6**, 33²¹ (17), 33²³ (17), 260¹ (243), 260³ (244), 260⁷ (244)
Baurova, Y. V., **2**, 297⁶⁵ (226)
Bausch, R., **3**, 838f¹⁷, 840f², 1252³²⁰ (1225)
Bauschlicher, Jr., C. W., **1**, 149⁹ (122), 245²⁷⁴ (187, 205)
Bawn, C. E. H., **2**, 675⁹⁹ (641), 675¹⁰⁰ (641)
Baxter, A. G. W., **7**, 104²⁷¹ (34)
Baxter, A. J., **8**, 934⁵⁵³ (885)
Baxter, S. G., **4**, 511⁴¹⁹ (483)
Bayaouova, F. S., **4**, 613⁵²⁷ (604)
Baye, L. J., **2**, 970⁶⁷ (873); **3**, 315f², 392f², 392f³, 430²⁴⁴ (392), 430²⁴⁵ (392), 971f⁹
Bayer, E., **6**, 942⁹³ (900); **8**, 367⁴⁴⁵ (351), 606²⁷ (554, 594T, 597T), 606²⁸ (554, 594T, 597T), 608¹⁸¹ (581, 585, 595T), 609²²⁹ (594T, 597T), 935⁶⁰⁴ (894), 1076f⁶, 1080f⁵, 1104²⁹ (1079)
Bayer, H., **2**, 199⁵⁸⁰ (141), 513⁴¹⁹ (453)
Bayer, R., **4**, 320⁶⁶ (249, 253, 284); **8**, 1008⁵³ (952)
Bayoud, R. S., **4**, 507¹⁹³ (431, 493)
Bayrhuber, H., **1**, 305²⁰² (273)

Bayushkin, P. Ya., **2**, 511[299] (438), 511[300] (438), 511[301] (438, 474); **3**, 684f[1], 701[424] (679, 680), 702[463] (684)
Bazant, J., **8**, 709[273] (693, 694T)
Bazant, P., **8**, 709[273] (693, 694T)
Bazant, V., **2**, 186[12] (4), 298[151] (242), 360[3] (306); **6**, 760[1604] (712); **8**, 439f[2], 709[273] (693, 694T)
Bazantova, V., **8**, 709[273] (693, 694T)
Bazouin, A., **7**, 656[579] (625)
Beaber, N. J., **7**, 109[493] (70)
Beach, D. L., **3**, 1248[140] (1186), 1380[79] (1335); **4**, 374[61] (343); **6**, 36[216] (21T, 22T, 25), 228[271] (213T); **8**, 644[196] (616, 622T)
Beach, J. Y., **1**, 264f[5]
Beach, N. A., **3**, 81[55] (6), 694[21] (649, 651), 792f[7], 1083f[7], 1260f[7]; **4**, 33f[6], 151[151] (38, 102)
Beach, R. G., **1**, 248[439] (208), 249[474] (214, 218)
Beach, R. T., **5**, 266[175] (37); **6**, 34[47] (21T, 23, 26); **8**, 606[45] (555, 569, 579, 597T, 598T, 601T)
Beachell, H. C., **1**, 303[86] (267); **3**, 379f[4], 398f[10], 406f[6], 427[52] (347, 396)
Beachley, Jr., O. T., **1**, 310[569] (299), 678[504] (633), 696f[9], 696f[18], 696f[28], 719[3] (684), 719[4] (684), 720[55] (690, 701, 705), 720[59] (690, 701, 705), 721[95] (698), 721[102] (698); **2**, 194[379] (96), 194[379] (96), 707[176] (703)
Beagley, B., **1**, 689f[1], 720[41] (688); **2**, 187[36] (8), 190[182] (40), 198[526] (127), 396[108] (385), 502f[8], 514[497] (466), 683f[2], 705[571] (690); **4**, 319[17] (245), 388f[2]; **5**, 275[741] (249)
Beak, P., **1**, 115[33] (48, 48T, 99, 101), 116[86] (58), 243[137] (171); **7**, 98f[8], 107[416] (56), 108[480] (68), 110[603] (95, 98f)
Beall, H., **1**, 452[5] (412, 423, 424, 436, 437, 441, 442), 454[136] (432), 456[202] (443); **6**, 223[13] (220, 221, 215T), 943[165] (913T), 944[201] (918T, 919), 944[202] (918T, 919), 944[203] (918T, 919)
Beall, H. A., **1**, 454[130] (431, 432)
Beall, H. C., **6**, 944[204] (918T, 919)
Beall, T. W., **3**, 863f[4], 1072[294] (1017), 1253[378] (1236), 1253[379] (1237), 1384[242] (1374)
Beam, Jr., C. F., **7**, 104[244] (31)
Beamer, R. L., **8**, 608[171] (581, 596T), 608[172] (581, 596T)
Beames, D. J., **7**, 459[264] (411), 728[226] (714)
Bear, C. A., **4**, 52f[74]
Beard, C. D., **2**, 196[441] (111)
Bearden, Jr., R., **7**, 463[538] (451)
Beattie, I. R., **2**, 200[635] (156), 203[747] (184); **4**, 241[446] (215T, 216)
Beatty, C. L., **2**, 362[169] (345)
Beatty, H. A., **1**, 675[273] (610)
Beatty, K. M., **7**, 726[91] (682)
Beatty, R. B., **3**, 557[56] (555)
Beatty, R. P., **3**, 326[36] (292), 557[62] (556), 633[288] (624), 646[46] (642), 646[48] (642, 643, 644), 1125f[9], 1147[89] (1123); **8**, 365[278] (328, 342), 365[279] (328)
Beauchamp, A. L., **1**, 39[21] (10); **2**, 695f[1], 695f[2], 695f[3], 706[112] (696), 706[113] (696), 706[114] (696), 707[147] (700), 912f[3], 912f[4], 912f[5], 934f[1], 934f[2]; **6**, 754[1194] (648T), 760[1597] (707T)
Beauchamp, J. L., **1**, 304[146] (269), 304[147] (269), 304[148] (269); **4**, 97f[29], 376[150] (369, 370), 389f[11], 479f[37]; **5**, 275[759] (251); **6**, 224[66] (192), 224[67] (210), 224[68] (210), 226[135] (210), 226[184] (210); **8**, 550[68a] (516, 529), 550[68b] (516, 529), 1065[84] (1025), 1065[84] (1025)
Beauchamp, Y., **6**, 745[546] (546)
Beaucourt, J.-P., **7**, 652[334] (581); **8**, 772[206] (741, 763T), 937[730] (913, 914)
Beaudet, R. A., **1**, 263f[12], 302[52] (263), 420f[2], 420f[5], 420f[5], 420f[6], 420f[8], 420f[10], 420f[16], 420f[16], 420f[19], 456[205] (443)
Beaulieu, W. B., **3**, 947[82] (831); **5**, 621[18] (547), 621[38] (548); **8**, 99[317] (90, 91)
Beaumont, P. M. H., **5**, 549f[3]
Beaumont, R. E., **2**, 707[145] (699)
Beauregard, Y., **7**, 456[97] (387, 395, 442)

Beavers, W. A., **1**, 120[293] (106), 120[293] (106); **7**, 98f[4], 100[57] (7)
Bebb, R. L., **1**, 115[7] (44, 53T)
Becconsall, J. K., **3**, 111f[3], 168[37] (110), 632[255] (620), 632[255] (620); **5**, 539[1274] (508); **6**, 261[31] (245), 445[258] (420), 761[1627] (716, 728)
Becher, H. J., **1**, 260f[5], 260f[9], 260f[11], 260f[13], 260f[14], 260f[22], 260f[24], 260f[25], 261f[2], 262f[3], 262f[14], 262f[16], 262f[17], 262f[18], 303[94] (268); **2**, 200[616] (148); **6**, 34[49] (22T), 36[211] (20T, 22T); **7**, 654[484] (603, 604), 654[485] (603), 654[486] (604)
Bechgaard, K., **4**, 511[416] (482); **6**, 14[87] (9); **8**, 1070[335b] (1061), 1070[335c] (1061, 1062), 1070[335d] (1061, 1062), 1070[335d] (1061, 1062), 1070[335e] (1061, 1062)
Bechter, M., **6**, 361[13] (352), 362[79] (360), 362[81] (360), 441[1] (386), 441[3] (386, 387, 402, 424, 425, 428, 433)
Bechthold, H.-C., **3**, 695[75] (653, 665), 711f[4], 711f[6], 779[40] (707)
Bechtold, R. A., **8**, 339f[25]
Beck, A. K., **7**, 44f[5], 44f[6], 74f[1], 96f[14], 97f[16], 97f[16], 110[588] (90), 647[51] (527)
Beck, F., **4**, 606[72] (524)
Beck, H., **3**, 829f[3b], 1317[38] (1276)
Beck, H. J., **3**, 1076[493] (1050), 1076[494] (1050); **4**, 375[138] (366)
Beck, H. P., **2**, 200[617] (149)
Beck, H. W., **3**, 1004f[24]
Beck, K. R., **1**, 245[236b] (180, 182, 187, 205)
Beck, M., **4**, 810[30a] (696); **8**, 365[321] (338)
Beck, M. I., **4**, 963[14] (933)
Beck, M. T., **4**, 810[30a] (696)
Beck, T. M., **2**, 81[93] (783)
Beck, W., **1**, 41[156] (35), 303[128] (269); **2**, 677[201] (652), 677[209] (654), 677[211] (654), 787f[5], 818[51] (774), 819[110] (787), 820[132] (791), 820[136] (792), 973[198] (898); **3**, 694[12] (649), 800f[4], 800f[6], 800f[7], 802f[2], 819f[21], 819f[24], 851f[41], 874f[7], 879f[6], 947[54] (820), 947[55] (820), 947[64] (822), 947[65] (822), 948[132] (853), 1146[43] (1098), 1146[47] (1098), 1146[51] (1099), 1146[52] (1099), 1147[55] (1104), 1246[11] (1153), 1249[157] (1190), 1249[157] (1190), 1249[181] (1194), 1253[402b] (1244), 1317[18] (1271), 1317[20] (1271), 1317[23] (1272), 1379[9] (1323), 1379[15] (1325), 1381[91] (1340), 1381[91] (1340), 1381[91] (1340), 1384[259] (1378); **4**, 11f[1], 13f[1], 33f[7], 65f[12], 65f[57], 106f[6], 150[38] (10, 12, 15, 26, 68), 151[125] (30), 153[229] (60), 153[235] (61), 153[263] (68), 234[38] (164, 165), 237[258] (196), 240[392] (211, 212T), 240[421] (212T), 323[291] (276, 278), 663f[2], 690[127] (682), 1059[106] (982); **5**, 27f[3], 29f[2], 51f[10], 64f[3], 64f[13], 266[176] (37), 268[264] (69), 325f[1], 403f[11], 522[198] (302T), 522[199] (302T), 523[247] (307), 524[298] (317), 524[300] (318), 529[591] (303T), 529[598] (303T, 377), 529[599] (377), 546f[4], 556f[18], 621[2] (542, 561), 622[71] (551), 623[121] (561), 626[327] (590), 628[478] (613), 628[478] (613); **6**, 14[90] (9), 33[20] (17), 34[43] (19T, 21T, 26), 36[171] (32), 36[181] (29), 344[78] (291), 348[373] (326), 737[102] (491), 738[107] (493), 741[345] (522), 749[838] (595T), 758[1470] (679), 759[1498] (685), 1019f[52], 1039[45] (995); **8**, 99[282] (80), 362[134b] (297), 606[30] (554)
Beckenbaugh, W. E., **1**, 117[135] (73)
Becker, B., **7**, 654[463] (600)
Becker, C. A. L., **5**, 20f[7], 20f[8], 21f[3], 21f[5], 21f[6], 21f[7], 21f[9], 21f[11], 265[84] (19), 265[86] (20), 265[98] (22)
Becker, C. J., **3**, 263[15] (174)
Becker, D. S., **1**, 456[218] (445)
Becker, E., **2**, 509[196] (423, 426); **4**, 320[96] (252); **8**, 1076f[1], 1080f[1], 1104[16] (1077)
Becker, E. I., **1**, 246[312] (193), 246[312] (193), 247[368] (199), 537[4a] (460, 461, 463, 469, 474, 476, 485, 493, 510, 515, 518, 520), 553[48] (549), 682[730] (581), 682[734] (581), 752[5a] (725, 726, 728–731, 733–735, 737, 739, 741, 743, 747–750); **2**, 186[19b] (20, 27, 47, 49, 59, 77, 80), 514[517] (468, 469), 569f[1], 621[335] (565), 622[375] (570), 622[389] (571); **4**, 479f[41], 510[386] (476, 484); **7**, 26f[8], 102[136] (21); **8**, 280[5] (227, 232, 236, 239, 244, 245, 247, 249, 252, 253, 255), 607[106] (564), 927[32] (800)

Becker, F. J., **3**, 966f⁸
Becker, G., **2**, 200⁶¹³ (148), 200⁶¹³ (148), 200⁶¹⁷ (149), 200⁶²⁷ (153), 200⁶²⁸ (153), 704¹ (683); **3**, 838f⁶; **7**, 654⁴⁷⁹ (603)
Becker, H., **1**, 380⁴³⁴ᵃ (367), 380⁴³⁴ᵇ (367), 380⁴³⁵ (367)
Becker, H. J., **1**, 375¹⁵⁵ (331), 375¹⁵⁶ (331), 375¹⁵⁷ (331), 375¹⁵⁸ (331), 375¹⁵⁹ (332), 408⁶ (383, 394), 409⁵⁴ (392), 409⁶⁰ (394), 409⁶⁵ (398), 750f⁶, 754¹³³ (749); **4**, 819⁶⁵⁵ (806); **5**, 538¹²²⁰ (492)
Becker, H.-P., **2**, 195⁴¹³ (103)
Becker, J. Y., **1**, 42²⁰⁵ (39), 116⁸¹ (57), 116⁸¹ (57); **4**, 965¹⁸⁹ (962)
Becker, K., **8**, 646²⁶⁵ (616, 622T)
Becker, K. B., **7**, 226¹⁸⁷ (215), 253¹⁴⁰ (249)
Becker, K. H., **4**, 320⁷⁵ (250)
Becker, O., **3**, 1005f²¹
Becker, P., **1**, 285f¹
Becker, R. S., **6**, 228²⁴⁶ (190)
Becker, W., **1**, 303¹²⁸ (269); **6**, 33²⁰ (17)
Becker, W. E., **1**, 245²³⁸ (181), 246²⁸⁷ (189), 247³⁶² (198), 248⁴⁴⁷ᵃ (209); **2**, 676¹⁵⁹ (647)
Becker, Y., **3**, 87⁴⁵⁹ (67); **4**, 422f⁹, 944f³, 944f⁹; **5**, 529⁶¹⁷ (380); **8**, 497⁸⁴ (484), 936⁶⁸³ (905), 1007²¹ (943), 1007²² (943)
Beckert, O., **6**, 453⁹ (448), 1021f¹³⁸
Beckey, H. D., **2**, 675⁸⁵ (639)
Beckhaus, H.-D., **7**, 458¹⁹⁷ (400), 458¹⁹⁸ (400), 458¹⁹⁹ (400)
Beckler, J. D., **1**, 241²⁹ (157)
Beckley, R. S., **2**, 882f¹³, 971¹¹⁶ (884), 978⁵³³ (967)
Beckman, D. E., **4**, 606⁹⁰ (528)
Beckmann, E., **1**, 241⁴ (156, 224, 228)
Beckwith, A. L. J., **2**, 300²⁴⁹ (262); **8**, 1066¹³⁵ (1037), 1066¹³⁷ (1037)
Bedard, R. L., **7**, 107³⁸⁴ (51)
Beddoes, R. L., **3**, 86⁴⁴⁷ (63)
Bedell, L., **2**, 201⁶⁵³ (159); **7**, 651³⁰⁰ (576)
Bedford, W., **5**, 624²⁰² (569)
Bednarik, L., **4**, 761f², 816⁴⁰⁵ (761, 773), 817⁴⁶⁶ (768); **8**, 1067¹⁶⁹ (1041)
Bednarski, T. M., **7**, 511⁸³ (484)
Bednowitz, A. L., **3**, 169⁷¹ (130)
Bedoit, Jr., W. C., **1**, 680⁶⁴⁸ (652); **7**, 461³⁷⁸ᵃ (423)
Bee, M. W., **4**, 1059¹⁴⁹ (992)
Beears, W. L., **1**, 678⁴⁸⁹ (632)
Beech, G., **6**, 752¹⁰⁴³ (628)
Beekes, M. L., **7**, 107⁴³⁵ (58)
Beel, J. A., **7**, 97f²⁹
Beer, D. C., **1**, 375¹⁴⁰ (330), 409²⁷ (385, 386, 391), 409⁴² (390, 391), 409⁴⁵ (391), 537¹²ᵃ (461, 465, 533), 537¹²ᵇ (461, 493, 494, 497), 537¹⁴ (462, 474, 475, 493, 499, 500, 517), 538⁵⁷ (474, 475, 478, 481, 493, 497, 499, 523), 539¹¹³ᵃ (493), 541²¹⁶ (526), 552¹¹ (544), 552²⁴ (546), 553⁴⁴ (548, 549), 553⁵⁴ (549), 553⁵⁵ (549), 722²¹⁰ (714); **3**, 84²⁵⁴ (35); **6**, 224²⁴ (214T, 219), 224⁴⁹ (214T, 219, 220, 221)
Beerman, C., **1**, 247³³⁹ (196); **3**, 279²² (271), 436f⁹, 473⁵ (434, 440), 546³⁹ (493); **4**, 153²⁷⁶ (70)
Beermann, C., **2**, 676¹³⁵ (643); **3**, 436f⁸, 460f³, 474⁷⁹ (459)
Beery, W. T., **2**, 1019²⁷⁰ (1010)
Beger, J., **8**, 397f¹⁹, 402f¹, 406f⁹, 406f¹⁰, 430f⁶, 430f¹², 430f¹⁴, 435f¹⁴ᵃ, 435f¹⁴ᵇ, 447f¹¹, 449f¹, 457²⁰² (401), 459³³³ (421), 460³⁸⁴ (431, 432), 460³⁸⁵ (432), 460⁴¹⁸ (434), 460⁴¹⁹ (434), 462⁴⁸² (450), 641¹⁶ (623T, 626, 627T), 641¹⁶ (623T, 626, 627T), 642⁶⁴ (618, 623T, 626, 627T), 646²⁵⁰ (618, 623T, 627T), 704¹¹ (684), 704¹⁶ (684), 709²⁴⁵ (690), 709²⁵² (690), 709²⁷¹ (691, 692T), 710³²⁶ (672)
Begley, J. W., **8**, 368⁴⁸⁰ (354)
Begley, M. J., **2**, 623⁴²⁸ (575)
Béguin, B., **8**, 98²⁰⁶ (60), 281⁵⁹ (248)
Begun, G. M., **1**, 248⁴¹⁴ (205)
Behan, J., **2**, 820¹⁷⁷ (805, 807); **6**, 741³³⁶ (519), 745⁵⁵⁸ (547, 548T)

Beheshti, A., **3**, 268²⁸⁶ (220, 222), 268²⁸⁹ (221), 268³¹³ (230)
Behmoiras, J., **4**, 320¹⁰⁹ (253)
Behnam-Dehkordy, M., **3**, 473³⁴ (440), 646³³ (640, 641), 696¹²⁰ (657), 779⁷⁴ (719), 779⁷⁵ (719); **6**, 343³⁸ (285)
Behnke, G. T., **6**, 742⁴⁰⁵ (528), 745⁵⁵¹ (546, 557), 745⁵⁵² (546, 557), 745⁵⁵³ (546)
Behr, A., **8**, 447f¹², 449f², 461⁴⁶⁷ᵃ (446, 450), 461⁴⁶⁷ᵇ (446, 450), 461⁴⁷¹ (447)
Behre, H., **7**, 252⁴⁵ (234)
Behrens, C. B., **6**, 98²⁹⁷ (45, 50T, 57T, 60T, 65), 231²¹ (229)
Behrens, C. L., **5**, 76f⁶, 268²⁸⁰ (74, 78); **6**, 231¹² (229)
Behrens, H., **2**, 198⁵³⁵ (128), 198⁵³⁶ (128), 517⁶⁶³ (489), 517⁶⁶⁴ (489), 678³⁰⁸ (662); **3**, 326²⁴ (288), 695⁵⁴ (651, 652T, 652, 653), 695⁵⁷ (652, 665, 666), 797f⁵, 798f¹ᵃ, 798f¹ᵇ, 798f⁵ᵃ, 798f⁷, 798f⁸, 807f²ᵃ, 807f⁶, 809f⁴, 809f¹⁰, 809f¹¹, 809f¹², 809f¹³, 809f¹⁴, 810f⁵ᵃ, 810f⁵ᵇ, 810f⁹, 810f⁹, 819f², 819f⁵, 819f⁸, 833f²⁴, 841f³, 874f⁹, 874f¹², 879f⁴, 883f², 883f³, 883f⁵, 883f⁶, 946²⁸ (812), 947⁵³ (820), 948¹⁴¹ (860), 949¹⁹⁵ (875), 949²⁰⁰ (875), 949²²³ (882), 1070¹⁸¹ (991, 992, 1001), 1075⁴³⁴ (1037), 1076⁵³⁴ (1057), 1085f⁵, 1087f⁵, 1089f⁹, 1120f², 1120f³, 1120f⁴, 1120f⁵, 1146⁴⁶ (1098), 1248¹²⁸ᵃ (1183), 1248¹²⁸ᵇ (1183), 1249¹⁷¹ (1192), 1250²³⁸ (1206), 1252³²⁴ (1225), 1252³²⁶ (1226), 1262f⁵, 1264f²ᵃ, 1264f⁵, 1288f⁴, 1288f⁵, 1288f⁷, 1289f⁶ (1288f), 1383²¹² (1366); **4**, 11f⁶, 12f⁷, 12f¹⁷, 12f²¹, 33f¹⁰, 33f²¹, 33f²⁸, 34f⁵¹, 50f¹⁴, 109f¹¹, 151¹³¹ (34, 35, 38, 57, 61, 101, 102), 151¹³² (34, 35), 152¹⁷⁰ (43, 102), 152²²⁴ (59), 158⁵⁷⁸ (135), 158⁶⁴¹ (147), 235⁸⁴ (170), 236¹⁵¹ (178, 215T), 236¹⁵⁹ (179, 214), 236¹⁶⁰ (179, 215T), 320⁹⁹ (252, 263), 321¹⁵¹ (260), 321¹⁵² (260, 310), 400f³, 414f⁴, 509³¹² (452), 602f¹⁷, 810³⁶ (696), 817⁵¹⁹ (776, 780), 818⁵³² (778, 779), 818⁵³³ (778), 818⁵⁴¹ (779, 780); **5**, 27f¹², 29f¹¹, 32f⁶, 33f¹⁰, 33f¹⁵, 34f⁵, 34f⁸, 35f²⁰, 51f⁸, 266¹⁴⁵ (30), 267²³⁵ (52), 313f², 403f¹⁰, 524²⁸⁰ (312, 377); **6**, 33²⁶ (18), 839f³⁶, 980⁷⁴ (968, 978T), 1018f¹, 1021f¹³⁰, 1021f¹⁵⁶, 1031f¹⁷, 1032f²⁴, 1035f¹⁵, 1040⁹⁹ (1004), 1061f¹³, 1074f⁸, 1110²⁶ (1046, 1080, 1084), 1111⁵⁶ᵃ (1053, 1065), 1111⁵⁶ᵇ (1053, 1065), 1113¹⁷³ (1087); **8**, 223¹⁵⁶ (174)
Behrens, O., **6**, 182¹⁴⁰ (159T, 165T, 171)
Behrens, R. G., **4**, 234¹⁶ (163), 234⁷² (168), 663f⁷
Behrens, U., **3**, 86⁴⁴⁵ (63), 883f¹⁰, 1066⁴⁸ (970), 1077⁵⁵⁵ᵇ (1060), 1077⁵⁵⁶ (1060), 1252³⁴¹ (1230), 1383²²⁶ (1370); **4**, 380f²², 387f¹⁵, 458f², 499f¹¹, 507¹⁹⁸ (432), 507²¹¹ (437), 507²¹⁵ (437, 503), 607¹²⁸ (539f, 540, 583, 603), 608¹⁸⁶ (550, 553f), 608²⁴³ (568f, 569), 609²⁷⁴ (575), 610³³⁰ (584), 610³³⁵ (583), 610³³⁷ (583), 610³³⁸ (583), 612⁴⁶⁹ (597), 818⁵³⁹ (779), 818⁵⁴⁰ (779), 839⁵ (823, 824), 840⁴⁷ (829), 840⁴⁸ (829); **5**, 624¹⁹¹ (567); **6**, 345¹⁵¹ (305), 744⁴⁸⁷ (538T); **8**, 1069²⁶⁴ (1052)
Behr-Papp, A., **7**, 512¹²⁰ (490)
Beier, B. F., **3**, 81¹¹⁹ (12); **4**, 607¹⁶¹ (546), 1063³⁴³ (1044); **5**, 628⁴⁹⁹ (617); **6**, 141¹¹⁸ (123T, 128, 134T, 138), 143²⁷⁰ (124T, 129, 133T, 134T, 136, 138), 845f²⁷²; **8**, 97¹⁸⁵ (58), 364²⁷³ (327), 405f¹⁵, 642⁸² (632), 669⁴² (657T, 664), 669⁵¹ (658T), 705⁷⁹ (672)
Beiersdorf, W.-D. H., **1**, 375¹⁶⁷ (333), 409⁷² (401); **3**, 1066⁶⁸ (974), 1250²²¹ (1203), 1382¹⁵⁸ (1356); **4**, 158⁶¹⁰ (139)
Beijer, K., **2**, 1015³⁷ (982, 983, 998, 1008), 1017¹⁵⁸ (998)
Beilin, S. E., **8**, 705⁹⁰ (701)
Beilin, S. I., **1**, 247³⁴⁹ (197); **3**, 326¹⁵ (284, 285), 327⁶² (298), 327⁶⁶ (298), 436f³¹, 461f²⁹, 473¹⁷ (437), 473³⁵ (440), 474¹¹⁸ (470); **6**, 179¹⁸ (159T, 160), 181¹³² (161); **8**, 706¹²⁷ (701)
Beilina, A. Z., **6**, 343¹⁰ (280, 283f)
Beinert, G., **7**, 100⁴⁴ (6)
Beissner, C., **5**, 531⁷⁶⁷ (410), 531⁷⁷⁰ (410)

Beisswenger, U., **1**, 243[159] (174)
Beistel, D. W., **1**, 303[86] (267)
Bejenke, V., **2**, 818[59] (775), 820[167] (798); **3**, 83[247] (35); **4**, 156[500] (125), 156[501] (125, 127), 507[229] (439, 503); **6**, 95[139] (58T, 73), 99[352] (48, 50T); **8**, 1068[222] (1048)
Bekoe, D. A., **6**, 751[966] (617)
Bélanger, D., **7**, 104[233] (31), 104[256] (33)
Bélanger, G., **3**, 85[366] (50)
Bélanger, P. C., **7**, 511[56] (480)
Belanova, E. P., **8**, 339f[5]
Belavin, I. Yu., **2**, 623[461] (581)
Belchenko, O. I., **4**, 512[517] (502)
Belcher, R., **1**, 304[177] (270)
Belding, R. H., **8**, 608[171] (581, 596T)
Beletskaya, I. P., **1**, 118[203] (86), 241[32] (158, 159, 164, 166), 753[74] (737), 753[75] (737); **2**, 763[185] (759), 940f[4], 969[15] (864, 866), 969[18] (865), 972[154] (891), 972[188] (896), 972[189] (897), 972[191] (897), 973[195] (898), 973[205] (898), 975[333] (930, 931, 935), 976[397] (946), 977[432] (953), 977[489] (960), 978[497] (962), 978[498] (962), 978[500] (962), 978[506] (963), 978[509] (964), 978[512] (964), 978[513] (964), 978[518] (965); **5**, 527[492] (359); **7**, 105[317] (43, 45, 46), 513[224] (508)
Belford, R., **4**, 885[37] (851), 907[49] (899)
Belgorodskaya, O. I., **3**, 431[334] (426), 632[265] (620)
Belik, G. I., **2**, 301[312] (273)
Belikova, N. A., **8**, 641[50] (627T)
Belikova, Z. U., **2**, 361[64] (315)
Belknap, K. L., **4**, 326[481] (297)
Bell, A. P., **3**, 398f[8], 431[291] (405), 431[293] (405), 557[38] (552), 557[58] (556), 628[4] (561, 580, 583), 630[117] (575), 631[177] (585, 591), 631[178] (585), 632[233] (603), 632[234] (603), 632[273] (621, 622), 633[291] (626); **4**, 511[466] (489); **6**, 979[14] (950, 958T); **8**, 363[148] (300), 364[232] (322)
Bell, A. T., **8**, 98[199] (59, 60), 98[200] (59), 98[202] (59)
Bell, B., **3**, 833f[38], 838f[4]; **4**, 1058[82] (978, 979, 993); **8**, 304f[31]
Bell, H. C., **2**, 677[251] (657), 678[265] (658); **7**, 513[183] (500, 503)
Bell, J. D., **6**, 241[4] (234)
Bell, L. G., **3**, 83[247] (35), 286f[1], 328[144] (316, 317, 320), 368f[18], 398f[60], 430[263] (396), 1144[777] (1114), 1380[29] (1328), 1382[131] (1346); **8**, 291f[1], 293f[1], 1068[222] (1048), 1076f[9], 1104[17] (1077)
Bell, N. A., **1**, 40[79] (17, 18, 18T), 126f[8], 134f[3], 134f[4], 136f[3], 151[129] (129, 130, 136, 142), 151[135] (131, 141, 142, 143), 151[137] (131, 132), 151[138] (131), 151[151] (134, 136, 137, 143), 151[153] (135, 136, 141, 142, 143, 144), 151[154] (135, 137, 138), 151[166] (138), 152[188] (141, 142, 147), 152[190] (141, 147), 152[194] (143), 152[237] (147); **2**, 937f[3], 975[356] (935, 937), 975[362] (935), 976[423] (950), 977[428] (952)
Bell, R. A., **5**, 344f[7], 526[422] (343), 526[439] (345); **6**, 739[201] (503, 506), 739[202] (503), 743[479] (536T), 746[665] (567, 568), 746[667] (568, 570), 746[668] (569, 570), 746[671] (570); **8**, 550[67] (516)
Bell, T. N., **1**, 308[411] (291); **2**, 193[344] (88), 675[114] (643)
Bellachioma, G., **4**, 508[249] (442)
Bellagamba, V., **3**, 82[176] (27); **5**, 264[25] (6, 10); **8**, 222[116] (142)
Bellama, J. M., **1**, 273f[28], 305[221] (277); **2**, 621[286] (557, 558), 621[287] (557), 705[46] (686), 707[161] (701), 1015[26] (981), 1015[38] (982), 1016[56] (983, 991f, 995); **4**, 608[217] (559f, 561)
Bellamy, L. J., **1**, 260f[16]
Bellard, S., **3**, 82[141] (18), 695[39] (650)
Bellasoued, M., **2**, 849f[4]; **7**, 50f[2]
Bellegarde, B., **2**, 623[435] (577), 623[460] (581)
Bellerby, J., **4**, 606[75] (524f, 525, 526)
Belletire, J. L., **8**, 927[60] (801), 929[225] (822, 858)
Belli Dell'Amico, D., **8**, 220[20] (108)
Bellinger, E. G., **2**, 1016[99] (989)
Bellon, P., **3**, 1108f[5], 1115f[1]
Bellon, P. C., **5**, 628[491] (616)

Bellon, P. L., **4**, 237[224] (189T, 190), 326[471] (296); **5**, 28f[2], 265[71] (16), 266[130] (28), 525[333] (321), 525[334] (321), 525[336] (322), 525[359] (332), 624[238] (576), 625[291] (585, 586), 625[292] (586), 625[293] (586), 625[294] (586), 628[476] (613); **6**, 261[62] (248), 261[63] (248), 261[64] (248), 261[65] (248), 736[11] (475), 736[12] (475), 736[13] (475), 739[230] (509T); **8**, 99[283] (80)
Belloncik, S., **2**, 1018[184] (1001)
Bellotti, V., **8**, 772[198] (734), 795[78] (782), 795[79] (781), 795[80] (781, 782), 795[81] (781, 782), 795[84] (782)
Bellstedt, F., **4**, 963[56] (940)
Belluco, U., **2**, 679[377] (669), 679[378] (669); **3**, 948[111] (845), 1247[77] (1171); **4**, 50f[4], 504[52a] (393); **5**, 285f[3], 520[59] (284), 522[166] (298, 300), 522[177] (300, 427), 529[643] (384), 536[1109] (472), 625[316] (589, 590); **6**, 262[138] (255), 262[139] (255), 343[28] (283, 326, 336, 337, 338), 343[41] (285, 290f, 291, 293), 343[43] (285, 290f, 293), 343[50] (286, 293), 343[67] (288), 344[89] (293), 344[90] (293), 344[112] (291, 293), 346[244] (313), 346[245] (313), 346[264] (315, 316), 349[462] (291), 383[23] (365), 384[98] (376), 443[119] (401), 445[256] (420), 739[170] (499), 739[172] (500), 739[174] (500), 739[177] (500), 739[203] (504), 740[269] (515T, 715T), 741[346] (522), 741[348] (522), 743[423] (531), 743[453] (533T, 539T), 743[459] (534T), 743[462] (534T), 743[474] (536, 536T, 540), 745[571] (552), 745[601] (559), 746[630] (562), 746[645] (565), 746[646] (565), 746[652] (565), 746[657] (565), 746[660] (566), 746[661] (566), 746[663] (566), 746[664] (566), 750[923] (614T, 715T), 750[930] (614T), 751[967] (617, 624T), 752[1023] (624T), 752[1058] (632, 704), 752[1059] (632), 754[1195] (648T), 756[1317] (663), 756[1332] (664, 665), 757[1363] (668), 757[1368] (669), 757[1387] (672), 761[1655] (722T, 728), 761[1670] (729), 761[1671] (729), 761[1674] (730), 761[1678] (730), 761[1679] (731), 845f[287], 875[92] (776), 1094f[4], 1110[7] (1044), 1113[199] (1094, 1096, 1097, 1099); **8**, 936[653] (901)
Bellus, P. A., **3**, 82[171] (24); **4**, 34f[64]
Bellut, H., **1**, 275f[33], 306[337] (287), 308[416] (291)
Bellville, D. J., **2**, 706[91] (692)
Belmonte, P., **3**, 764f[12], 779[71] (718, 765)
Belogorodskaya, K. V., **8**, 641[36] (618), 707[151] (702)
Belonovich, M. I., **1**, 250[534] (224, 225, 230), 250[537] (224, 225, 226, 227, 230)
Belonsova, M. I., **1**, 120[305] (109)
Belopotapova, T. S., **5**, 526[400] (342); **8**, 280[26] (236)
Beloslyudova, T. M., **8**, 349f[15], 363[174] (302)
Belousov, Yu. A., **4**, 506[156] (424)
Belousova, L. I., **2**, 508[116] (410, 439, 472), 513[406] (452, 472), 872f[14]; **7**, 654[454] (599)
Belov, A. P., **6**, 181[110] (146T, 149, 159T, 160), 361[37] (355), 441[20] (389), 441[21] (389, 426), 441[22] (389), 441[23] (389), 444[198] (409), 445[295] (424), 445[313] (427), 446[314] (428), 446[319] (429)
Belov, G. P., **7**, 456[80] (384); **8**, 378f[4]
Belov, N. V., **2**, 620[260] (554), 620[269] (555); **3**, 379f[18]
Belozerskii, N. A., **4**, 233[4] (162)
Belser, P., **1**, 120[300] (109)
Beltram, G. A., **1**, 452[29] (418, 421, 441)
Beltrame, P., **7**, 106[355] (48)
Beltrami, H., **7**, 101[117] (17), 101[117] (17)
Belyakov, A. V., **2**, 625[611] (601, 604)
Belyakova, Z. V., **2**, 197[475] (117, 118, 119), 360[44] (313), 361[64] (315); **6**, 758[1424] (675)
Belyanin, V. B., **6**, 468[6] (456)
Belyavskaya, E. M., **1**, 275f[35]
Belyi, A. A., **8**, 110[547] (1082)
Belyi, A. P., **2**, 509[167] (419)
Belysheva, G. V., **6**, 226[144] (195), 226[144] (195), 226[176] (195)
Bemheim, M. Y., **4**, 533f[2]
Bemis, A. G., **1**, 115[28c] (46)
Benaim, J., **2**, 676[140] (643); **3**, 1246[49] (1161), 1246[52] (1161), 1246[52] (1161), 1380[31] (1328); **4**, 73[22], 155[372] (91, 117), 505[59] (395); **8**, 1008[68] (956)

Benard, M., **4**, 605²⁶ᵃ (517, 519), 839¹¹ (823); **6**, 142¹⁹³ (133T, 136), 839f³³, 876¹⁷³ (793)
Benassi, R., **3**, 1073³⁰⁸ᵇ (1018)
Benchekroun, L., **6**, 383⁶⁶ (370, 371, 375)
Bencze, L., **3**, 1311f⁶; **6**, 13⁸⁰ (9)
Benda, H., **2**, 200⁶²⁶ (153), 513⁴⁵¹ (459, 460), 513⁴⁵² (459), 513⁴⁵³ (459), 626⁶²³ (603), 626⁶²⁴ (603), 626⁶²⁵ (603)
Bender, C. F., **1**, 149⁹ (122), 245²⁷⁴ (187, 205)
Bender, R., **3**, 1187f¹⁴, 1338f²⁵; **6**, 736²⁴ (477), 737⁵⁶ (484), 805f¹¹, 805f¹³, 806f⁶², 868f²⁵, 868f²⁸, 871f¹²⁰, 872f¹⁵²
Bendle, S., **2**, 818¹⁷ (766), 1018¹⁹¹ (1001, 1004); **6**, 747⁷⁰⁹ (582)
Benedetti, E., **3**, 86³⁸⁵ (52), 87⁴⁵⁰ (64), 547¹³⁴ (543); **4**, 675f², 688⁶ (662), 689⁷⁸ (672, 673, 676), 689⁸⁵ (673), 689⁸⁷ (673), 810⁷ (693, 705, 722), 810⁴² (697, 699), 810⁶⁵ (699), 813²⁴⁰ (729, 735, 742, 744), 873f⁴, 873f⁹, 873f¹⁴, 884⁶ (844), 886¹⁵⁸ (875, 879), 886¹⁵⁹ (875), 894f¹, 894f⁶, 905f², 907¹⁴ (891), 907¹⁷ (892), 907⁶⁸ (904), 907⁶⁹ (904), 944f⁸, 963²⁷ (935), 963²⁸ (935, 937), 965¹⁷⁵ (961); **5**, 39f³, 39f⁴; **6**, 444¹⁸⁸ (408), 445²⁷⁹ (422), 754¹¹⁷⁸ (644T, 651, 661), 754¹¹⁷⁹ (645T, 651), 754¹²⁰⁴ (649T, 659), 756¹³³⁴ (664); **8**, 497⁵⁸ (478), 497⁶⁰ (478)
Benedicenti, C., **5**, 186f⁴, 272⁵³⁸ (178), 628⁴⁷⁶ (613); **6**, 36²⁰¹ (19T, 24), 141¹¹⁰ (110), 142¹⁷⁴ (123T, 128)
Benedict, H. N., **2**, 201⁶⁶¹ (161)
Benedict, J. J., **1**, 273f²⁹; **3**, 1248¹²⁸ᵈ (1183); **4**, 23f¹⁵, 51f⁶¹, 151⁹⁵ (25, 54, 56, 57, 75), 375¹¹⁷ (360, 361), 606⁷⁷ (524f, 525)
Benedik, J. E., **6**, 35¹¹² (21T)
Benedikt, G., **1**, 305²⁵⁵ (280), 305²⁶¹ (280), 454¹²³ (431), 676³³³ (621); **7**, 225¹⁶¹ (211), 300¹¹³ (286), 335¹² (325), 346⁶ᵇ (338), 462⁴⁶⁹ (440)
Benedikt, M., **3**, 1072²⁶⁴ (1012, 1017)
Benelli, C., **6**, 93⁴ (62T, 64)
Benesch, R. E., **2**, 932f¹²
Benetollo, F., **3**, 268²⁹¹ (222)
Benetti, M., **1**, 247³⁵⁶ (198); **5**, 531⁷⁵² (407, 435)
Beneze, L., **3**, 1317⁹ (1257, 1265), 1319¹⁴⁷ (1309)
Benfield, F. W. S., **3**, 1205f⁴, 1246⁶ (1152), 1246⁶ (1152), 1250²²⁶ (1205), 1382¹⁴¹ (1349), 1382¹⁴³ (1349); **6**, 1041¹³² (1013); **8**, 1068²⁰⁸ (1046)
Benfield, R. E., **4**, 688¹⁶ (665), 1061²⁶⁸ (1027), 1062²⁹⁰ (1032); **5**, 264³⁵ (7), 265⁷³ (16), 525³⁴¹ (318, 327, 328); **6**, 14¹³⁷ (11)
Bengelsdorf, I. S., **1**, 265f⁴, 378³¹³ (356), 379³⁷⁰ (361); **7**, 322⁶⁴ᵇ (319), 322⁶⁷ (320)
Bengert, G. A., **2**, 1017¹⁶⁹ (998, 999, 1000, 1002, 1005), 1018²²⁴ (1004), 1019²⁴¹ (1005), 1019²⁶⁶ (1009, 1010), 1019²⁶⁸ (1010), 1019²⁷³ (1010)
Benham, B. R., **2**, 1016⁹⁹ (989)
Benhamou, M. C., **2**, 978⁵³⁶ (967)
Benjamin, B. M., **1**, 672⁹⁹ (573); **3**, 268²⁹² (223)
Benjamin, L. E., **1**, 307³⁸⁶ (289)
Benkeser, R. A., **1**, 115⁸ (44, 53T, 108), 243¹⁵⁶ (173), 245²³⁶ᵇ (180, 182, 187, 205), 251⁶⁰⁴ (235); **2**, 188⁹⁷ (25), 196⁴⁷²ᵇ (116, 118), 196⁴⁷⁴ (116), 196⁴⁷⁴ (116), 197⁴⁹⁵ (121), 201⁶⁶¹ (161), 299¹⁶⁵ (245, 252), 300²⁶⁸ (265), 301²⁷⁷ (267, 270), 302³⁵² (285, 286), 302³⁶³ (290), 360⁴³ (312), 360⁵⁰ (314), 361⁶⁹ (315), 361⁸⁴ (318), 878f⁴; **6**, 747⁷⁴³ (585), 758¹⁴²⁹ (675), 760¹⁶⁰⁵ (712), 760¹⁶⁰⁶ (712), 760¹⁶⁰⁸ (712); **7**, 103¹⁸⁰ (25), 224⁷⁰ (203), 655⁵⁴² (616), 655⁵⁴³ (616), 655⁵⁴³ (616), 657⁶⁴⁰ᶜ (639); **8**, 1065⁵⁹ (1021), 1067¹⁷⁶ (1041)
Benkovitch, E. G., **8**, 1076f⁷
Benlian, D., **3**, 798f²⁰; **6**, 35¹⁴¹ (24), 36¹⁸² (29)
Benn, H., **4**, 648²⁸ (621)
Benn, R., **1**, 245²⁷⁹ (188, 206), 247³⁴⁷ (197), 247³⁵⁰ (197); **2**, 859¹³ (828), 861¹²¹ (851); **3**, 632²⁶³ (620), 1246²³ (1155); **4**, 818⁵⁸⁹ (790); **6**, 97²⁴⁴ (82, 85T), 100⁴⁰³ (89, 92T), 143²³⁸ (104T, 107), 143²⁴⁹ (104T, 106, 108, 109, 133T, 134), 181⁹¹ (159T, 174, 176T), 181¹³⁵ (145, 146T, 149, 150, 151, 153T, 156, 167, 168), 181¹³⁸ (152, 153T, 154, 156, 166, 167), 182¹⁴⁷ (174, 176T), 182¹⁴⁸ (156, 159T, 160, 165T, 168), 182¹⁵³ (154, 165T), 182¹⁵⁸ (174, 176T, 177), 182¹⁸³ (146T, 148, 151, 166, 166T, 171); **8**, 707¹⁵⁹ (679), 707¹⁶⁰ (679), 707¹⁶⁹ (699), 707¹⁷¹ (688), 795⁷¹ (782), 929¹⁵⁹ (810)
Benner, L. S., **4**, 13f¹⁶, 19f¹¹, 150⁷⁴ (22), 158⁶⁴³ (147), 159⁶⁴⁴ (147); **5**, 524²⁶⁹ (309, 314); **6**, 278¹⁷ (268, 269, 270), 278¹⁸ (266T, 269, 270), 278¹⁹ (266T, 269, 270), 1113²⁰⁵ (1096); **8**, 331f²¹
Bennett, C., **4**, 510⁴⁰⁰ (481)
Bennett, C. R., **2**, 198⁵⁴⁶ (130), 302³⁹³ (295T); **3**, 430²⁵⁰ (392); **4**, 611⁴¹¹ (592); **8**, 365²⁸⁸ (329)
Bennett, D. W., **4**, 324³⁶⁷ (286), 324³⁹⁵ (288, 291), 324³⁹⁶ (288)
Bennett, E. W., **8**, 644¹⁶⁸ (630)
Bennett, G. B., **7**, 17f¹³, 102¹⁷⁰ (24)
Bennett, J. E., **1**, 302²³ (257), 302²⁴ (257); **2**, 674⁴¹ (635), 674⁴² (635)
Bennett, M. A., **2**, 819¹⁰¹ (785), 819¹⁰² (785); **3**, 86⁴⁰⁷ (57), 133f¹, 135f¹¹, 135f¹², 169⁹³ (140), 169⁹⁹ (141), 798f⁴ᵃ, 799f³ᵃ, 799f³ᵇ, 819f⁹, 833f²¹, 833f⁹¹, 863f⁵¹, 874f¹⁰, 1067¹² (958), 1076⁵¹⁴ (1054, 1056), 1086f³ᵃ, 1086f³ᵇ, 1170f², 1246⁷ (1153), 1246⁴⁶ (1160), 1251²⁸⁹ (1219, 1225, 1226), 1252³⁰⁸ (1223), 1263f³, 1263f⁴, 1379¹² (1324), 1383²⁰² (1366), 1383²¹¹ (1366); **4**, 33f⁴³, 34f⁵³, 151¹⁵³ (39), 154³²⁰ (77), 154³³⁶ (85), 241⁴⁶⁴ (219, 219T, 220), 322²⁴⁶ (270), 380f¹⁴, 499f⁵, 505⁶⁰ (395), 512⁵¹⁶ (502), 657f¹⁵, 657f¹⁹, 694f¹¹, 810²⁶ (696, 743), 813²⁶⁶ (739, 743, 744), 813²⁶⁷ (739), 814²⁶⁸ (739, 744), 814³⁰⁹ (748), 814³⁰⁹ (748), 819⁶¹³ (796, 797, 799, 800, 802), 819⁶¹⁵ (796), 819⁶²² (798), 819⁶²³ (798, 804), 819⁶³² (801), 819⁶³³ (801), 819⁶³⁷ (802, 804), 819⁶⁴⁷ (804), 819⁶⁴⁸ (804), 886¹⁴⁵ (872), 886¹⁴⁶ (872), 963³¹ (936, 950), 963³² (936), 1058⁶²ᵃ (974), 1060²¹⁸ (1017, 1022), 1061²⁴³ (1022); **5**, 267²³⁷ (53), 268²⁴⁸ (65), 270⁴³⁰ (139, 196, 204), 272⁵²⁶ (177), 272⁵²⁷ (177), 310f⁶, 317f¹⁵, 366f⁵, 478f², 479f¹⁰, 522¹⁸⁵ (302, 302T, 470), 523²⁵⁶ (307, 314), 528⁵²¹ (363), 528⁵²² (363), 530⁶⁸⁹ (394, 431), 531⁷²⁴ (398, 399), 531⁷²⁵ (399, 431), 531⁷²⁶ (399, 431, 498), 532⁸²⁶ (418, 419, 461, 462, 472T), 533⁹⁰⁰ (430), 533⁹⁰¹ (430), 533⁹⁰⁵ (431), 533⁹⁰⁶ (431), 533⁹⁰⁸ (431), 533⁹⁰⁹ (431, 498), 534⁹⁷⁵ (443), 534⁹⁷⁶ (443), 534⁹⁷⁷ (443), 534⁹⁷⁸ (443), 535¹⁰²⁶ (459), 535¹⁰³⁹ (461, 485), 535¹⁰⁴⁴ (461, 463, 470), 536¹¹⁰⁰ (472T), 538¹²⁴⁹ (498), 554f¹⁰, 623¹⁴⁰ (563), 623¹⁴¹ (563, 568), 624¹⁸⁷ (567), 624²³⁰ (575), 624²⁴⁹ (579, 600), 625²⁷⁰ (581, 602), 625²⁷¹ (581, 588, 592, 602), 625³⁰³ (588, 602), 625³⁰⁴ (588, 590, 592, 593), 625³¹⁴ (589, 592), 626³³⁰ (590, 592), 626³⁵² (593), 627⁴⁰¹ (600), 627⁴³⁰ (602); **6**, 93²⁷ (55T, 69), 95¹²¹ (55T, 69), 180⁶⁹ (172, 173T), 348³⁵⁹ (324), 348³⁶⁰ (324), 382¹⁴ (365), 741³¹² (518), 741³²³ (519), 742³⁹³ (527, 533T, 537T), 742⁴¹⁰ (529, 545), 743⁴⁴² (532T, 539T, 540), 744⁵¹⁹ (542), 749⁸⁶⁶ (601), 749⁸⁶⁷ (601), 749⁸⁷⁶ (603), 749⁸⁷⁷ (603, 604), 749⁸⁷⁸ (603, 604), 749⁸⁷⁹ (604), 753¹¹⁵⁰ (640), 753¹¹⁵² (640), 753¹¹⁵³ (640), 754¹²⁰⁸ (650T), 757¹³⁷⁰ (670), 757¹³⁷² (670, 671), 759¹⁵³⁴ (693, 698T), 759¹⁵³⁵ (693, 701, 702), 760¹⁵⁵² (698T), 760¹⁵⁷² (702), 760¹⁵⁷⁴ (703), 845f²⁹¹, 874⁵⁰ (769), 1021f¹⁵⁹, 1093f³, 1113¹⁹⁵ (1092); **8**, 293f²⁰, 296f⁵, 311f⁸, 363¹⁶⁰ (301), 364²⁵⁶ (325, 338, 347), 367⁴⁰⁹ (347)
Bennett, M. J., **1**, 39²¹ (10); **2**, 695f¹, 706¹¹⁴ (696), 707¹⁴⁷ (700); **3**, 120f⁸, 125f⁷, 168⁸¹¹ (91), 170¹⁷⁷ (167), 851f¹⁸, 858f⁹, 1077⁵⁴⁹ (1059); **4**, 12f²⁷, 19f¹¹, 150¹⁷ (7), 156⁴⁵⁷ (122), 156⁴⁶⁰ (123), 166f⁵, 234⁶⁴ (167), 238³¹² (205), 241⁴⁷³ (219, 219T, 221), 328⁶²⁴ (310), 374⁵⁹ (343, 344f), 607¹⁸⁵ (550, 553f), 608¹⁹⁴ (555), 690¹¹³ (678), 818⁵³⁸ (778), 885⁴⁹ (852), 885⁵⁰ (852), 920³¹ (913); **5**, 627⁴⁴⁷ (605); **6**, 35¹⁶³ (30), 842f¹⁷³, 850f²¹, 1066f¹¹, 1112¹¹⁰ (1070), 1112¹¹³ᵇ (1071), 1112¹³² (1075), 1112¹⁴⁶ (1081), 1112¹⁵¹ (1083), 1113¹⁸² (1090)

Bennett, O. F., **2**, 297[83] (230), 302[359] (289, 290), 302[360] (290)
Bennett, R. J., **4**, 241[467] (219, 219T, 220)
Bennett, R. L., **3**, 270[420] (261); **4**, 51f[67], 83f[4], 83f[7], 83f[12], 154[328] (79), 690[104] (676), 810[9] (693, 696), 814[271] (740), 873f[2], 886[115] (867), 887[168] (877); **5**, 403f[5], 529[584] (376, 386, 473), 530[704] (395), 622[103] (561, 567), 622[104] (561, 567); **6**, 347[318] (321)
Bennett, R. P., **4**, 326[521] (299)
Bennett, S.W., **2**, 194[353] (91), 505f[2], 515[568] (475); **7**, 655[528] (613)
Bennis, F. J., **5**, 523[235] (305, 370), 524[331] (320, 322, 337, 339)
Benno, R. H., **2**, 517[690] (502)
Beno, M., **4**, 312f[9]
Beno, M. A., **4**, 327[569] (305, 318), 329[684] (317); **8**, 97[179] (56)
Benoit, A., **4**, 609[272] (570f, 574)
Benozzi, D., **4**, 512[521] (503)
Ben-Shoshan, R., **4**, 380f[2], 380f[5], 507[196] (432), 507[196] (432), 608[235] (566), 612[484] (565f, 597), 612[490] (597), 612[495] (598), 648[35] (625); **8**, 1007[14] (942), 1007[15] (942), 1007[16] (942), 1009[150] (980), 1105[80] (1090)
Bensmann, W., **6**, 14[120] (8), 36[208] (22T), 225[133] (198)
Bensoam, J., **7**, 109[519] (75)
Benson, A. A., **2**, 1018[208] (1002, 1003, 1012), 1019[288] (1012)
Benson, B. C., **4**, 106f[29]; **6**, 445[294] (423), 842f[163], 875[104] (777)
Benson, H. E., **8**, 96[128] (47)
Benson, I., **4**, 151[121] (28)
Benson, I. B., **3**, 169[83] (132), 1253[383] (1237); **4**, 107f[101], 156[497] (125), 237[216] (188, 189T, 191, 192), 812[154] (715)
Benson, R. E., **4**, 963[64] (941); **8**, 1071[350] (1063)
Benson, S. W., **6**, 13[74] (8); **7**, 456[122] (392)
Benstein, S., **2**, 196[446] (112)
Bent, H. E., **2**, 674[9] (630)
Bentler, M., **8**, 222[106] (132, 133)
Bentley, G. A., **6**, 1029f[57]
Bentley, R. B., **5**, 268[288] (77)
Bentley, T. W., **7**, 346[14] (340)
Benzie, R. J., **8**, 368[489] (354), 368[493] (354)
Benziger, J. B., **8**, 97[174] (55, 57)
Benziger, T., **8**, 95[50] (31), 282[142] (272, 274)
Benzoni, L., **5**, 556f[12], 626[329] (590, 594)
Beppu, M., **6**, 141[106] (132)
Beran, G., **6**, 241[20] (236)
Berar, J. F., **3**, 700[356] (673); **4**, 479f[6]; **5**, 275[718] (244)
Berberova, N. T., **2**, 894f[9], 972[170] (895)
Bercaw, J. E., **3**, 279[27] (272), 286f[1], 328[111] (309), 328[139] (315), 328[143] (316), 328[144] (316, 317, 320), 328[145] (317, 318), 328[146] (317), 328[147] (318), 368f[18], 368f[19], 368f[20], 368f[22], 398f[5], 398f[59], 398f[60], 428[136] (363), 428[145] (365), 430[263] (396), 430[264] (396), 557[17] (550), 557[18] (550), 557[29] (550), 629[72] (569, 570), 629[73] (569, 570, 582, 585, 603), 630[153] (581, 585, 587, 592, 599, 603), 631[161] (582, 585, 603, 614), 631[183] (587), 631[216] (599, 603, 605, 616), 631[216] (599, 603, 605, 616), 632[231] (602, 603, 613, 614), 632[235] (603, 615, 616), 632[235] (603, 615, 616), 633[306] (613), 633[307] (613), 633[308] (613, 614), 633[309] (614), 633[311] (616), 713f[11], 722f[9], 722f[10], 736f[6], 737f[3], 753f[6], 764f[20], 779[69] (717), 780[132] (745), 781[186] (765); **4**, 510[384] (475); **5**, 137f[28], 194f[18], 265[20] (14, 40), 270[448] (146, 152), 535[1023] (458); **6**, 944[185] (914); **8**, 95[67] (36), 95[68] (36), 97[190] (58), 97[193] (58), 99[313] (90, 91), 220[30] (110), 291f[1], 292f[41], 293f[1], 367[436] (350), 550[64] (515), 608[160] (578), 1076f[9], 1104[17] (1077), 1104[22] (1077, 1079), 1104[28] (1079), 1104[31] (1079)
Berch, M. L., **3**, 1262f[21]; **4**, 689[67] (669, 673, 674)
Berchtold, G. A., **7**, 650[220] (560), 652[336] (581); **8**, 934[566] (889)
Bercik, P. G., **8**, 642[89] (622T)

Berclaz, T., **2**, 704[6] (683)
Beregin, I. V., **8**, 938[799] (925)
Berenblyum, A. S., **6**, 444[251] (419), 757[1389] (672); **8**, 292f[50], 331f[28], 331f[29], 339f[36], 362[124] (296, 328), 363[173] (302), 365[322] (338)
Berens, G., **4**, 508[271] (446)
Beres, J., **1**, 678[457] (631)
Berg, A. A., **3**, 267[223] (210)
Berg, H., **7**, 98f[10]
Berg, J. M., **4**, 327[546] (303), 609[313] (580); **8**, 1104[5] (1074)
Berg, T., **2**, 706[86] (692); **6**, 383[65] (370, 371)
Bergamaschi, E., **8**, 795[77] (782)
Bergareche, B., **2**, 770f[10], 770f[11], 786f[3], 786f[4], 818[34] (771, 804); **6**, 345[167] (306, 307, 311)
Bergbreiter, D. E., **1**, 118[175] (81), 247[352] (197), 307[384] (289); **2**, 714f[1], 761[44] (718, 746, 747); **3**, 265[134] (189, 190); **7**, 103[198] (27), 106[341] (47), 159[97] (149), 197[209] (192)
Bergeim, F. H., **1**, 378[347a] (359), 378[347b] (359)
Berger, H. O., **1**, 375[173] (335), 377[303] (355), 454[113] (630); **7**, 347[48] (345)
Berger, J., **8**, 931[351] (848)
Berger, M., **8**, 96[76] (37), 98[242] (69), 99[305] (86, 86T, 87, 88), 362[73] (288), 606[85] (560)
Berger, M. N., **3**, 545[6] (486)
Berger, R., **8**, 795[72] (783)
Berger, R. S., **6**, 758[1468] (679)
Bergerhoff, G., **6**, 35[123] (21T, 24), 35[124] (21T, 24)
Bergeron, C. R., **1**, 151[112] (127), 151[113] (127)
Bergerud, J. R., **2**, 197[520] (125)
Berges, D. A., **7**, 725[24] (666)
Bergfeld, M., **1**, 722[207] (714); **2**, 820[123] (790), 820[125] (790, 791)
Bergman, J., **7**, 87f[7]; **8**, 794[28] (784)
Bergman, R. G., **3**, 86[424] (59), 546[45] (493), 698[249] (667, 668), 1253[400] (1243), 1253[402c] (1244), 1384[259] (1378), 1384[260] (1378); **5**, 137f[28], 194f[18], 194f[19], 270[448] (146, 152), 271[451] (148, 149, 153, 155), 273[616] (208, 241), 275[757] (251), 362f[14], 520[18] (280, 361), 531[732] (400), 535[1023] (458); **6**, 96[197] (49, 53T), 98[314] (55T, 74, 78), 943[108] (904T); **8**, 221[48] (113, 170), 453[5] (374), 458[249] (410), 458[294] (417), 551[119] (532, 533), 608[160] (578), 670[101] (655), 670[101] (655), 794[12] (790)
Bergmann, E., **1**, 671[18b] (578); **7**, 17f[7]
Bergmann, E. D., **4**, 965[189] (962); **7**, 158[24] (144); **8**, 1065[56] (1021)
Bergmann, H., **2**, 683f[4]
Bergmark, T., **3**, 83[202] (29); **4**, 479f[17]; **6**, 227[244] (191, 191T, 193T)
Bergquist, D. A., **1**, 456[198] (441)
Bergstein, W., **1**, 243[116b] (168), 243[117] (168), 243[151] (173, 189, 190); **7**, 99[14] (3), 99[16] (3), 100[27] (3)
Bergstrom, D. E., **8**, 865f[13], 932[431] (857), 932[432] (857), 933[480] (871)
Bergstrom, E. W., **2**, 344f[1]
Beringer, F. M., **7**, 109[528] (77), 109[529] (77)
Berke, H., **3**, 82[174] (26, 27); **4**, 107f[91], 157[549] (131), 237[219] (189T, 192), 237[233] (189T, 192), 237[238] (192); **6**, 97[242] (81, 85T), 181[109] (159T, 161); **8**, 220[11] (106, 107)
Berkoff, C. E., **8**, 795[51] (786)
Berkovitch, E. G., **2**, 976[394] (942); **3**, 398f[34], 430[275] (402); **8**, 1105[43] (1081), 1105[44] (1082)
Berkowitz, J., **1**, 117[146] (75)
Berlan, J., **7**, 728[218] (712), 729[250] (719), 729[250] (719)
Berlin, A. J., **6**, 361[27] (352), 362[84] (360, 361), 441[19] (389); **8**, 382f[13], 388f[4], 454[25] (376, 381, 387)
Berlin, A. M., **3**, 334f[10], 334f[11], 341f[3], 341f[4], 341f[13], 344f[15], 344f[16], 350f[11], 376f[2], 376f[3], 379f[12], 427[36] (338, 342), 427[41] (339, 342), 429[189] (377)
Berlin, J., **3**, 270[422] (261)
Berliner, E. M., **2**, 506[32] (403), 516[614] (482), 516[644] (485), 517[651] (487)
Berman, D. A., **7**, 658[707] (645)

Berman, E., **2**, 623[449] (578); **7**, 650[212] (559)
Berman, R. S., **6**, 143[229] (124T, 131)
Bernad, P., **7**, 109[540] (79)
Bernadini, F., **1**, 149[11] (122)
Bernadou, F., **2**, 196[462] (113), 861[104] (846); **7**, 100[51] (7)
Bernady, K. F., **1**, 679[578] (647); **7**, 460[348] (420), 460[349] (420)
Bernal, I., **1**, 540[160] (510, 534T), 542[248] (528, 536T); **3**, 388f[8], 428[131] (363), 428[137] (363), 430[232] (389), 629[78] (570), 629[79] (570), 630[124] (577), 711f[6], 767f[13], 779[57] (710), 1246[18] (1155), 1246[48] (1160), 1249[158] (1190), 1249[170] (1192), 1286f[1], 1381[92] (1340); **4**, 52f[96], 156[474] (125), 157[548] (130), 158[587] (136), 235[120] (174, 183, 184), 235[121] (174, 175, 189T), 236[138] (178), 236[186] (183), 236[186] (183), 236[186] (183), 323[275] (273), 344f[10], 508[268] (445), 606[96] (530), 812[156] (715), 812[156] (715), 812[158] (715), 886[124] (868); **5**, 240f[8], 240f[9], 240f[10], 271[482] (159, 160), 274[709] (239, 242), 275[755] (251), 418f[10], 532[808] (416), 532[809] (416), 535[987] (445), 535[988] (445), 623[116] (561); **8**, 458[281] (413), 550[60] (515)
Bernard, B. B., **4**, 319[34] (246)
Bernard, D., **2**, 762[148] (750); **7**, 106[374] (49)
Bernard, G., **8**, 606[29] (554, 569, 579, 594T)
Bernard, J. R., **8**, 609[262] (596T), 609[266] (596T), 711[377] (690)
Bernardini, F., **1**, 674[259] (607, 624); **7**, 455[43] (381)
Bernardon, C., **7**, 425f[4], 459[296] (413, 417); **8**, 772[187] (769), 772[199] (769)
Bernauer, K., **3**, 436f[26], 436f[27], 461f[12], 474[95] (464), 474[100] (464)
Bernd, M., **2**, 188[98] (25); **8**, 460[396] (433), 931[352] (848)
Berndt, A. F., **1**, 41[147] (32, 33T, 34); **4**, 156[491] (125)
Berndt, B., **2**, 192[305] (78), 192[306] (78)
Berner, B. D., **2**, 186[11] (4)
Bernette, W. E., **7**, 252[18] (231)
Berngruber, W., **4**, 612[489] (597)
Bernhagen, W., **3**, 949[183] (873)
Bernhagen, W. P. E., **3**, 1067[36] (966, 967), 1067[37] (967)
Bernhardt, J. C., **2**, 977[443] (956), 978[515] (964), 978[519] (965); **7**, 726[90] (682), 726[93] (683), 726[96] (684); **8**, 933[492] (877), 937[780] (923), 938[789] (924)
Bernheim, M., **7**, 107[432] (58)
Berniaz, A. F., **1**, 720[12] (685), 723[276] (719)
Bernier, J. C., **3**, 695[42] (651); **8**, 97[181] (57)
Bernstein, E. R., **3**, 267[248] (213); **6**, 942[47] (899T), 942[70] (901, 902T, 903T)
Bernstein, H. J., **6**, 844f[244]
Bernstein, J., **1**, 378[347a] (359), 378[347b] (359)
Bernstein, S. C., **2**, 860[64] (836)
Berrouschot, H. D., **8**, 646[265] (616, 622T)
Berry, A. D., **4**, 65f[10], 65f[29], 152[190] (45); **6**, 1112[105] (1069), 1114[227] (1108)
Berry, D. E., **4**, 322[203] (267), 690[120] (681, 682), 811[87] (702), 886[104] (865), 1059[104] (981, 982)
Berry, D. J., **1**, 244[176] (175); **7**, 102[129] (20), 102[142] (21)
Berry, M., **3**, 82[152] (21, 23), 269[382] (247), 279[43] (274), 557[55] (555), 1249[188] (1196, 1199), 1381[116] (1343), 1382[148] (1354, 1355); **4**, 242[508] (223, 224T, 227); **6**, 737[51] (483), 737[52] (484), 805f[16], 840f[58], 840f[60], 843f[193], 843f[194], 868f[14], 868f[15]
Berry, R. S., **4**, 319[27] (246)
Berryhill, S. R., **3**, 269[344] (234, 235), 269[349a] (235), 269[349b] (235); **4**, 374[35] (337), 380f[11]; **8**, 223[159] (180)
Berschied, Jr., J. R., **1**, 262f[47], 262f[48]
Bersellini, U., **8**, 770[87] (720T, 721T), 770[110] (731)
Berson, J. A., **4**, 508[285] (447)
Bertazzi, N., **2**, 617[29] (525), 617[37] (526, 565), 677[199] (652), 677[204] (653), 677[206] (653), 677[207] (653), 706[127] (698), 706[128] (698), 820[146] (794), 975[338] (930)
Bertelo, C., **8**, 585f[1]

Bertelo, C. A., **3**, 557[39] (552), 631[179] (585); **8**, 608[183] (581, 584, 595T), 608[184] (581, 584, 595T)
Bertero, L., **8**, 643[145] (626, 627T), 645[217] (640)
Bertheim, A., **1**, 731f[2]
Berthelot, M., **4**, 319[2] (244)
Berthold, H. J., **3**, 460f[1], 460f[5], 473[13] (434), 473[14] (437, 463), 645[20] (638), 645[21a] (638); **4**, 373[3] (332)
Berti, C., **7**, 101[124] (18), 101[125] (18)
Bertilsson, L., **2**, 1015[17] (981)
Bertin, D. M., **4**, 454f[16], 509[332] (457)
Bertin, F., **1**, 149[40] (122)
Bertini, F., **1**, 40[91] (19), 117[127] (70), 244[205] (177), 246[304] (192, 193); **7**, 91f[1], 459[304] (414)
Bertino, R. J., **2**, 972[141] (889), 974[299] (924)
Bertleff, W., **6**, 262[110] (251), 346[216] (312T, 312, 326)
Bertolasi, V., **4**, 459f[2]
Bertolini, G., **3**, 265[132] (189), 266[148] (195), 266[149] (195, 210), 547[98] (529)
Bertrand, G., **2**, 299[183] (248), 302[368] (291), 510[244] (432)
Bertrand, J. A., **5**, 213f[4]
Bertrand, M., **1**, 243[154] (173, 189)
Bertrand, R. D., **3**, 833[76], 840f[12]; **6**, 34[35] (19T, 21T)
Bertsch, H., **1**, 680[598] (648); **7**, 406f[3]
Bertsch, R. J., **7**, 512[138] (494), 512[140] (495)
Bertz, S., **7**, 658[683] (642)
Bertz, S. H., **3**, 1318[111] (1300); **7**, 14f[7]
Bertz, T., **2**, 623[467] (582)
Berwin, H. J., **2**, 187[38] (8), 974[271] (919, 920); **7**, 646[14] (517); **8**, 1065[53] (1020)
Besace, Y., **1**, 246[327b] (194)
Besançon, J., **3**, 334f[26], 376f[10], 376f[23], 428[124] (362), 428[128] (363), 429[156] (370), 429[157] (370), 429[158] (370), 429[177] (374, 375), 1004f[13], 1004f[34], 1071[237] (1008), 1071[239] (1008, 1050), 1072[276a] (1014), 1073[339] (1024), 1073[345a] (1024), 1073[345b] (1024), 1073[345c] (1024), 1076[492] (1050); **8**, 1065[77] (1025)
Beschastnov, A. S., **6**, 779f[6], 840f[72]
Besenhard, J. O., **3**, 1305f[5], 1306f[3], 1318[123] (1301); **4**, 817[472] (769, 773)
Besl, G., **4**, 157[541] (130), 157[542] (130), 157[546] (130)
Bespalov, B. P., **8**, 1066[138] (1037)
Bessler, E., **1**, 273f[26]
Besson, B., **8**, 98[205] (60)
Bessonov, V. V., **7**, 87f[9]
Best, G., **8**, 550[53] (513)
Best, W., **8**, 796[104] (774)
Bestian, H., **3**, 279[22] (271), 315f[4], 359f[8], 398f[4], 406f[9], 428[88] (357), 436f[6], 436f[8], 473[5] (434, 440), 546[39] (493); **8**, 378f[10], 388f[1], 454[37] (378, 388), 454[38] (378)
Bestmann, H. J., **7**, 196[144] (178), 197[204] (191, 192), 225[106] (207), 227[231] (221), 653[418] (595), 656[593] (627, 629)
Beswetherick, S., **1**, 409[25] (385, 401); **5**, 272[573] (191)
Bethe, K., **8**, 364[211] (318)
Bethke, G. W., **1**, 262f[44]
Bettler, C. R., **2**, 195[406] (102)
Betts, S. J., **6**, 346[273] (315), 756[1341] (665, 666)
Beumel, O. F., **7**, 103[183] (25)
Beurich, H., **5**, 267[203] (42, 43), 272[522] (177); **6**, 868f[10], 868f[17], 876[194] (800)
Beurskens, P. T., **2**, 819[70] (777)
Beutner, H., **4**, 12f[1], 65f[56], 151[105] (26, 68), 321[149] (260, 263, 266, 316), 324[361] (285), 325[465] (296, 297, 311), 326[478] (296); **6**, 1019f[49]
Bevan, J. W., **1**, 263f[15]
Bevan, P. C., **8**, 459[354] (427), 459[355] (427), 704[38] (683), 704[44] (683), 1088f[5], 1091f[1], 1105[75] (1088), 1105[76] (1089), 1105[82] (1091)
Bevan, W. I., **2**, 203[737] (182)
Beveridge, A. D., **5**, 64f[1]
Beveridge, D. S., **1**, 304[152] (269)

Beverwijk, C. D. M., **2**, 714f[5], 723f[2], 760[9] (710, 711, 718, 719, 721, 741, 743), 761[49] (719), 763[155] (750); **8**, 281[72] (254)
Bévillard, P., **2**, 506[4] (402)
Bey, A. E., **2**, 298[137] (241, 251), 362[131] (328)
Beyer, A., **6**, 98[329] (60T, 69)
Beyer, H., **1**, 260f[25], 308f[468] (294); **7**, 195[46] (163), 196[176] (184)
Beyer, R. D., **1**, 116[75a] (56, 57), 116[75b] (56)
Beyerle, G., **2**, 199[600] (146)
Beynon, P. J., **2**, 617[49] (527)
Beysel, G., **4**, 107f[66], 238[279] (201); **6**, 842f[142], 843f[184]
Bezman, S. A., **2**, 762[99] (728), 762[108] (732, 757); **5**, 627[432] (603); **6**, 872f[160], 872f[161]; **8**, 455[107] (389, 390)
Bezmenov, A. Ja., **7**, 225[157] (211), 225[159] (211), 225[160] (211)
Bezrukova, A. A., **4**, 815[392] (759), 816[442] (764), 1061[229] (1018); **6**, 987f[11], 1020f[87]
Bhacca, N. S., **2**, 17f[14], 297[78] (228)
Bhaduri, S., **3**, 1112f[1], 1147[67] (1111); **4**, 810[56] (699), 1058[74] (977), 1059[124] (987), 1062[331] (1041), 1063[349] (1044, 1045), 1063[387] (1053); **5**, 266[131] (28), 621[3] (542); **6**, 35[151] (32), 35[151] (32), 806f[52], 871f[137]; **8**, 99[326] (92)
Bhaduria, S., **3**, 949[186] (873)
Bhagwat, M. M., **6**, 753[1139] (639); **7**, 226[197] (217)
Bhagwat, S. P., **7**, 104[261] (34)
Bhalla, M. S., **3**, 430[231] (385), 768f[2], 1250[215] (1203)
Bhanu, S., **7**, 105[330] (45)
Bharara, P. C., **3**, 344f[9], 346f[7], 427[40] (339, 348, 349T, 373), 428[83] (356), 557[16] (550)
Bhargarva, A., **2**, 678[293] (662)
Bhargava, S., **1**, 149[8] (122), 149[14] (122)
Bhasin, M., **3**, 270[433] (263)
Bhat, A. N., **3**, 428[114] (361), 430[230] (385)
Bhatacharyya, K. K., **8**, 96[117] (43)
Bhatia, N. K., **3**, 372f[15]
Bhatt, M. V., **1**, 308[457] (293), 374[87] (320); **7**, 141[45] (120), 141[46] (120), 158[15] (143), 197[188] (187)
Bhattacharya, S. N., **2**, 679[339] (666)
Bhattacharyya, S. K., **8**, 99[296] (83)
Bhatti, M. M., **4**, 235[78] (169, 184)
Bhayat, I. I., **5**, 530[658] (381)
Bhereur, O. M., **7**, 456[97] (387, 395, 442)
Bhushan, B., **3**, 430[227] (385), 430[228] (385), 430[229] (385)
Biagini Cingi, M., **4**, 236[166] (179)
Biallas, M. J., **1**, 305[223] (277), 375[181] (336)
Bianchi, B., **4**, 963[42] (937)
Bianchi, C., **4**, 1058[90] (979, 980)
Bianchi, G., **7**, 110[594] (92)
Bianchi, M., **4**, 328[663] (314), 688[6] (662), 810[42] (697, 699), 810[65] (699), 873f[4], 873f[9], 873f[14], 884[6] (844), 886[158] (875, 879), 886[159] (875), 894f[1], 894f[6], 905f[2], 907[14] (891), 907[17] (892), 907[68] (904), 907[69] (904), 963[26] (935), 963[27] (935), 963[43a] (937), 963[44] (938), 963[53] (940), 963[63] (940), 964[126] (951), 965[131] (951); **5**, 39f[3], 39f[4], 267[236] (53); **8**, 99[261] (75, 76, 79), 221[77] (119, 121, 125, 126, 128, 130, 131, 132, 136, 140, 144, 152), 222[96] (122, 123), 222[105] (131), 222[131] (159), 223[154] (173, 175, 176, 179, 188, 189, 190, 191, 192, 194, 196, 200, 201, 206, 212), 364[275] (328), 497[58] (478), 497[60] (478), 796[109] (775), 796[124] (788)
Bianchini, C., **5**, 194f[21], 273[602] (199), 274[672] (228); **6**, 182[185] (178)
Bianchini, J.-P., **8**, 462[488] (452)
Bianchini, M., **8**, 221[53] (116, 120, 123, 126, 128, 140, 142, 151, 152, 153)
Bianco, V. D., **5**, 624[241] (576); **8**, 280[38] (239), 280[39] (239), 291f[2], 292f[11], 304f[29]
Biavati, A., **6**, 143[269] (118, 121T); **8**, 770[82] (736), 770[83] (736), 794[29] (784), 794[30] (784)
Bibler, J. P., **4**, 375[96] (356), 612[450] (595)
Bicerano, J., **1**, 152[199] (144, 147), 538[29b] (464, 467, 468)

Bicev, P., **6**, 742[390] (526, 527); **8**, 669[35] (651, 658T), 669[44] (650, 657T), 669[45] (655, 658T), 669[62] (655, 657T, 658T), 669[79] (657T, 658T)
Bichler, R. E. J., **3**, 1189f[16]; **4**, 97f[18], 154[313] (76, 98); **6**, 1110[17] (1045)
Bichlmayer, K., **2**, 198[523] (125)
Bichlmeir, B., **2**, 302[334] (280)
Bickelhaupt, F., **1**, 42[194] (37), 42[197] (37), 241[53] (159, 176, 189), 241[56] (159, 210, 214), 241[57] (160), 241[59] (160), 242[68] (161), 242[69] (161, 166), 242[70b] (161, 166), 242[72] (162), 244[208] (177, 210, 213, 214), 244[211] (177), 244[224] (179f, 180), 244[226] (179, 182, 183, 204, 206), 245[247] (182), 245[248] (182, 183), 245[250] (182, 183, 199, 204), 245[254] (183), 245[260] (186, 204), 246[289] (189), 248[404] (202, 204), 250[551] (226), 375[149] (331), 375[150] (331), 375[153] (331); **2**, 704[1] (683), 894f[17], 970[53] (869), 973[250] (906); **7**, 103[220] (29), 106[353] (47)
Bickley, D. G., **3**, 557[33] (551)
Bidinosti, D. R., **3**, 694[22] (649, 650), 792f[10], 1083f[10], 1260f[10]; **4**, 150[23] (7); **6**, 13[48] (6, 7T)
Bied-Charreton, C., **5**, 269[368] (113, 123), 270[386] (124), 270[389] (125, 131)
Biedermann, H. G., **3**, 944[48] (818), 1077[561] (1061), 1146[36] (1097); **6**, 14[115] (8), 14[116] (8)
Biedermann, J. M., **1**, 583f[14], 672[81] (571, 606, 624, 660); **7**, 456[102] (389), 457[149] (394), 462[445] (435)
Biedermann, S., **2**, 674[13] (630)
Biefeld, C. G., **6**, 743[469] (535T, 539), 746[681] (574, 574T)
Biefield, C. G., **8**, 454[18] (374)
Bieger, F., **8**, 16[9] (2, 3T, 4, 7, 8, 9, 10, 14, 15, 16), 95[15] (22)
Biehl, E., **1**, 677[438] (628, 634)
Biehl, E. R., **3**, 1005f[16], 1005f[17], 1028f[4], 1073[366] (1028), 1074[377] (1031); **4**, 507[193] (431, 493), 510[377] (474); **7**, 225[117] (208); **8**, 1070[319] (1059)
Biekelhaupt, F., **7**, 652[334] (581)
Bielang, G., **3**, 265[113] (185, 187), 266[179] (202, 203)
Bielawski, J., **7**, 99f[22], 105[278] (36)
Biellmann, J. F., **7**, 74f[2], 95f[5], 106[337a] (46), 109[541] (79)
Bien, S., **8**, 935[620] (896), 935[622] (897), 935[623] (897), 935[624] (897)
Bier, G., **3**, 545[22] (490)
Bierbaum, V. M., **2**, 190[202] (47)
Biering, H., **2**, 707[161] (701)
Bierling, V. B., **8**, 930[275] (839)
Biernbaum, M., **2**, 395[27] (368, 380, 381)
Bierrum, A. M., **4**, 154[360] (90), 240[402] (211, 212T)
Biersack, H., **3**, 710f[5], 710f[7], 711f[1], 711f[11], 711f[15], 714f[1], 714f[2], 760f[12], 779[56] (710, 761), 779[57] (710), 779[64] (714), 1317[66] (1282); **4**, 157[547] (130)
Bierschenk, T. R., **2**, 972[157] (891)
Bieshev, Y. K., **3**, 267[222] (210), 267[223] (210)
Biethan, U., **8**, 711[375] (701)
Biffar, W., **1**, 304[137] (269); **2**, 195[415] (104)
Bigelow, J. H., **3**, 944f[10]
Bigelow, W. B., **8**, 585f[1]
Biger, S., **4**, 965[139] (953)
Bigge, C. F., **8**, 932[430] (857)
Biggs, D., **3**, 85[381] (52)
Bigham, E., **7**, 510[7] (468, 470, 473, 487, 495)
Bigham, E. C., **7**, 513[195] (504), 513[229] (509)
Bigley, D. B., **1**, 306[329] (287); **7**, 159[110] (145f, 151), 196[121] (173), 252[27] (231, 242), 253[100] (242)
Bigorgne, M., **3**, 285f[3], 285f[4], 286f[2], 286f[3], 326[28] (289), 326[42] (293), 334f[24], 359f[10], 398f[58], 629[92] (572), 631[184] (587, 591, 612), 633[278] (622), 633[301] (611, 612), 798f[10a], 798f[16], 798f[20], 833f[11], 833f[12], 833f[70], 833f[71], 833f[89], 833f[90], 863f[50], 1110f[5], 1121f[6]; **4**, 151[141] (36, 37), 322[196] (266, 271, 288, 291), 322[247] (271), 325[404] (290), 325[416] (291), 328[616] (310, 311), 328[626] (310, 311), 374[24] (335), 389f[7], 689[82] (672), 810[35] (696), 816[403] (761, 773), 1058[61b] (974, 975, 976); **5**, 40f[1], 265[59] (14); **6**, 13[33] (6T, 6),

13³⁷ (6), 13³⁹ (6), 13⁴⁰ (6), 33¹⁷ (17), 33¹⁸ (17), 34⁵⁹ (19T, 29), 34⁷⁷ (31), 34⁸¹ (20T), 34⁸⁹ (31), 35¹⁴¹ (24), 35¹⁵⁶ (31), 36¹⁷⁶ (28T), 36¹⁸² (29), 36¹⁸² (29), 36¹⁸³ (29), 36¹⁸⁴ (30), 36¹⁸⁷ (32), 141¹²⁶ (110), 454²⁷ (450), 755¹²⁵⁹ (654, 655), 987f⁸, 1021f¹³⁹, 1028f⁴¹, 1039⁴ (988), 1113¹⁶⁵ (1086); **8**, 220¹⁰ (106), 281¹¹⁷ (267), 929¹⁵⁸ (810)
Bigotto, A., **5**, 100f¹
Bikales, N. M., **7**, 102¹³⁶ (21)
Bikasheva, G. T., **1**, 541¹⁹⁷ (521)
Biketova, L. V., **6**, 14¹²⁵ (8)
Bikkineev, R. Kh., **1**, 453⁴⁶ (421), 455¹⁷² (438), 539⁸⁶ (486, 518), 541¹⁸⁸ᵃ (520), 541¹⁹⁰ᵃ (520), 541¹⁹⁶ (521), 541¹⁹⁷ (521), 541¹⁹⁸ (521)
Bikovetz, A. L., **6**, 1112¹²¹ (1072, 1078)
Bilbo, A. J., **1**, 583f⁸, 596f¹¹, 676³⁵³ (624), 676³⁵⁴ (624), 677⁴⁴³ (629)
Bilevitch, K. A., **1**, 242⁷⁶ (163, 164, 193), 242⁹² (164, 165), 242⁹² (164, 165), 727f²
Bilhou, J. L., **5**, 525³⁴⁴ (327, 328); **8**, 365²⁹³ (329), 538f¹, 538f⁴, 539f¹, 551¹³⁴ (538, 541)
Bilhou-Bougnol, V., **5**, 525³⁴⁴ (327, 328); **8**, 365²⁹³ (329)
Bilke, H., **2**, 882f³
Billard, C., **8**, 304f²⁸, 365³¹² (337)
Billen, G., **2**, 1016⁷⁴ (986, 998)
Billich, H., **3**, 267²³² (211, 219), 267²³⁹ (212)
Billig, E., **4**, 965¹⁵⁵ (956); **5**, 525³⁵⁴ (330), 525³⁵⁵ (330)
Billig, F. A., **7**, 108⁴⁶³ (63)
Billups, W. E., **1**, 250⁵⁴⁴ (225); **4**, 508²⁹¹ (449); **8**, 408f¹, 445f², 457²³⁶ (407), 461⁴⁶³ (445), 931³¹⁸ (846), 932³⁷⁵ (850)
Biloen, P., **3**, 700³⁷⁴ (674); **8**, 95²⁶ (25, 26, 27), 97¹⁶⁶ (54, 57, 60), 97¹⁶⁷ (54)
Bilofsky, H. S., **6**, 943¹⁶⁵ (913T), 944²⁰³ (918T, 919)
Binder, H., **3**, 1070¹⁴⁷ (987)
Binder, W., **5**, 355f¹¹, 527⁴⁶⁸ (354)
Bindschadler, E., **2**, 679³⁵¹ (666)
Biner, P. H., **7**, 651²⁸⁸ (574)
Binev, I. G., **1**, 118¹⁷⁴ (81)
Binger, P., **1**, 272f², 272f⁹, 275f³⁶, 306²⁸⁴ (283), 308⁴³⁰ (292), 309⁵⁴⁶ (298), 374⁸³ (318), 375¹²⁸ (325), 376²⁰⁵ (340, 350), 377²⁸⁸ (353), 409³⁹ (388), 454¹¹⁴ (430), 454¹²² (431), 454¹²⁴ (431), 677⁴⁰² (625), 677⁴³² (628), 682⁷³¹ (581); **2**, 189¹⁴³ (34); **4**, 458f¹, 507¹⁹⁹ (432); **6**, 95¹³¹ (58, 59T, 61T, 65, 66, 76), 97²⁵⁷ (54T, 59T, 67, 70, 76, 77, 79, 80), 98³⁰⁷ (59T, 65, 67, 76, 77), 98³²⁵ (59T, 65, 66, 76, 77), 141¹³⁷ (105T), 142¹⁹² (122T); **7**, 158⁵ (143), 195⁹⁵ (170, 171), 195⁹⁷ (170, 176), 224²⁶ (200), 225¹⁰⁴ (207, 212), 252⁵⁸ (236), 300¹¹³ (286), 300¹²⁷ᶜ (289), 346⁴ (337), 346⁶ᵃ (338, 341), 346⁶ᵇ (338), 346²⁷ (341), 346²⁹ᵃ (341); **8**, 414f⁴, 455¹¹¹ (390), 455¹¹² (390), 455¹¹⁴ (390), 641² (634T), 641³ (635T, 638), 642⁶⁸ (633, 634T), 642⁶⁸ (633, 634T), 642⁹⁰ (634T, 635T, 638), 670¹⁰² (653), 769⁴⁰ (734), 796¹¹⁵ (776), 932³⁹³ (852)
Bingham, A. J., **8**, 933⁴⁴⁴ (858)
Bingham, D., **4**, 964⁷⁵ (942); **5**, 621³⁴ (548, 551); **6**, 758¹⁴⁵⁶ (677, 679); **8**, 644¹⁸³ (628)
Bingham, W. R., **7**, 463⁵²⁸ (449)
Binkley, J. S., **1**, 117¹⁵⁶ (77, 99, 101), 117¹⁶⁰ (77), 119²³⁷ (93), 120²⁹⁸ (107), 149¹² (122), 149²¹ (122)
Binnewies, M., **2**, 200⁶²²ᵇ (152, 153)
Binnig, F., **2**, 762¹³⁹ (745)
Binns, F., **7**, 101¹²² (18)
Binns, S. E., **6**, 442⁹⁹ (399)
Bino, A., **3**, 1148¹²³ (1145), 1261f³
Binsch, G., **3**, 168¹³ (91, 93)
Biola, G., **1**, 676³⁹² (625)
Biran, C., **1**, 246³²⁷ᵃ (194); **2**, 188⁸⁷ (23), 188⁸⁷ (23), 188⁸⁸ (23), 189¹²⁷ (30), 189¹²⁸ (30), 189¹⁶⁶ (37); **3**, 270⁴⁰¹ (254), 326²⁶ (288), 326³¹ (289), 633³¹² (615); **7**, 646⁴ (516), 647⁹³ (537), 655⁵³⁴ (614)

Birch, A. J., **3**, 1073³¹⁹ (1021); **4**, 507¹⁹² (431, 438, 466), 507²²⁰ (438), 508²⁵⁶ (443), 509³⁰⁶ (451), 509³⁰⁷ (451), 512⁴⁹⁰ (497), 512⁴⁹⁸ᵇ (498), 602f¹¹, 613⁵¹⁶ (600, 602f), 613⁵¹⁷ (600, 602f); **7**, 464⁵⁵⁵ (453); **8**, 361³¹ (286, 333), 365³⁰⁷ (336), 1007⁶ (940, 988, 996), 1007⁸ (940, 941, 987), 1007⁹ (941), 1007¹⁰ (941, 987), 1009¹¹⁵ (971), 1009¹²⁴ (974), 1010¹⁶³ (983, 986, 988, 996), 1010¹⁶⁴ (983), 1010¹⁶⁶ (983), 1010¹⁶⁷ (983), 1010¹⁷² (985, 988), 1010¹⁷⁵ (986), 1010¹⁷⁶ (988), 1010¹⁷⁷ (988, 994), 1010¹⁷⁸ (988), 1010¹⁸¹ (988), 1010¹⁸⁵ (988), 1010¹⁸⁶ (993), 1010¹⁸⁸ (993), 1010¹⁹¹ (994), 1010²⁰⁹ (1004), 1070³²⁵ (1060)
Birch, E. R., **3**, 879f⁸
Birch, S. F., **1**, 727f³
Birchall, J. M., **1**, 308⁴³¹ (292); **2**, 972¹⁵³ (891)
Birchall, T., **4**, 326⁵⁰⁹ (299), 611⁴⁴² (594), 814²⁷² (740), 815³⁵⁸ (754), 886¹¹⁷ (868, 870); **5**, 521⁸⁵ (289, 290)
Bird, C. W., **4**, 321¹⁵⁹ (260); **6**, 93²⁸ (87, 91T); **8**, 221⁵⁶ (116, 128, 140), 223¹⁴⁵ (170, 171), 223¹⁴⁶ (170, 171, 172, 173, 174, 181, 192, 203), 223¹⁶⁴ (188, 189), 223¹⁸² (214, 215, 217, 218), 796¹⁰⁵ (774, 777), 796¹¹⁴ (775), 796¹¹⁴ (775), 796¹¹⁸ (776, 792), 796¹¹⁸ (776, 792), 796¹¹⁹ (777, 792)
Bird, M. L., **2**, 1018²³² (1005)
Bird, P., **5**, 556f²
Bird, P. H., **3**, 1247⁹⁷ (1178), 1247¹⁰⁰ᵇ (1178); **4**, 51f⁷³, 151¹⁰⁰ (26), 152¹⁹⁹ (54), 156⁴⁵⁵ (122), 166f¹⁰, 242⁵²⁷ (231, 232T), 649⁶⁹ (637), 885⁶² (854), 907⁵⁰ (900, 904), 907⁵¹ (900); **5**, 194f¹⁰, 273⁶⁰¹ (199), 627⁴³² (603); **6**, 94²⁸⁰ (901, 902T), 943¹²⁴ (905, 907T, 914); **8**, 455¹⁰⁷ (389, 390), 1066¹²⁵ (1033)
Birdwhistell, R., **3**, 1067¹⁸ (961), 1247⁹³ (1176), 1380⁴⁷ (1331, 1332)
Birge, R. R., **2**, 933f⁴, 975³⁴² (931, 933)
Birgele, I., **2**, 202⁶⁸⁹ (167)
Birk, J. P., **6**, 262¹²⁶ (254), 741³¹⁰ (518), 751⁹⁹⁵ (621, 629), 752¹⁰⁴⁴ (629)
Birkafer, L., **7**, 648¹³³ (546)
Birkelbach, D. F., **8**, 647³¹² (618)
Birkenstock, U., **8**, 385f³³, 455⁹¹ (384, 396)
Birkhahn, M., **2**, 676¹⁵⁵ (647), 676¹⁵⁸ (647)
Birkle, S., **3**, 879f⁴
Birkles, J. S., **1**, 42²⁰¹ (39)
Birkofer, L., **1**, 681¹⁶⁹⁷ (664); **2**, 186²⁰ (4), 189¹⁴⁶ (34), 190¹⁹⁰ (42), 190¹⁹¹ (42), 190²⁰⁴ (47), 197⁵⁰⁶ (123), 197⁵⁰⁸ (123), 197⁵¹² (123, 127), 197⁵¹³ (123), 201⁶⁴⁸ (159), 201⁶⁵⁶ (160), 202⁷⁰³ (171), 203⁷³⁹ (182), 299¹⁷⁴ (247T), 301²⁸³ (269), 301²⁸⁴ (269), 301³³¹ (279, 280), 302³⁴¹ (283), 302³⁴² (283), 302³⁴³ (284), 302³⁷⁰ (291); **7**, 652³³⁴ (581), 653³⁹⁹ (592), 658⁷⁰² (644), 658⁷⁰³ (645), 659⁷⁰⁸ (645)
Birman, E. A., **1**, 251⁶¹¹ (236)
Birmingham, J. M., **1**, 246³²⁴ (194, 197, 207), 347³⁸³ (200); **3**, 264⁶⁹ (180, 182), 279¹¹ (271), 279¹² (271), 327¹⁰⁴ (309), 362f¹⁵, 428⁹⁸ (361), 428⁹⁹ (361), 428¹¹² (361), 428¹¹³ (361), 629⁶² (569), 629⁶³ (569), 684f², 699³⁰⁶ (672), 699³¹⁴ (672), 699³²¹ (673, 681, 684), 766f³, 778⁵ (706), 971f⁴; **4**, 2f⁷, 155⁴⁰⁵ (113), 238³¹⁶ (205, 206T, 206), 1060²²⁰ᵇ (1018); **5**, 527⁴⁶⁹ (356)
Birnbaum, E. R., **2**, 621³⁰⁶ (560), 624⁴⁹⁷ (585); **7**, 460³²³ (417)
Birnbaum, G. I., **3**, 1249¹⁶⁵ (1191); **4**, 612⁴⁸¹ (597)
Birnbaum, K. B., **4**, 612⁴⁸² (597)
Birney, D. M., **4**, 156⁴⁴⁹ (121), 401f¹⁸; **8**, 1066¹²⁹ (1035)
Birnkraut, W. H., **1**, 248⁴¹⁸ (206, 210)
Birot, M., **2**, 188¹¹⁶ (28)
Birr, K. H., **1**, 273f¹⁸
Bir'yukov, B. P., **2**, 631f³; **3**, 79⁶⁶ (715), 1187f⁶; **4**, 611³⁹⁸ (591), 611³⁹⁹ (591), 611⁴⁰⁰ (591), 611⁴⁰¹ (591), 611⁴⁰⁵ (592); **6**, 805f⁵, 840f⁷⁷, 1039³¹ (993), 1113¹⁸⁹ (1090)
Bisaha, J., **3**, 1075⁴⁶¹ (1041); **8**, 1067¹⁷¹ (1041)
Bisceanu, T., **8**, 642⁶⁵ (621T)

Bischof, R., **5**, 274[676] (230)
Biserni, G. S., **3**, 1004f[11]
Bish, J. M., **6**, 942[63] (901, 902T)
Bishop, E. O., **1**, 310[575] (299)
Bishop, J. J., **6**, 35[157] (31); **7**, 108[476] (65)
Bishop, III, K. C., **3**, 87[490] (70); **7**, 729[272] (723)
Bishop, M. E., **2**, 625[593] (599)
Bishop, R., **5**, 538[1195] (485)
Biskup, M., **7**, 728[221] (713), 729[252] (719)
Bismondo, A., **4**, 173f[6], 235[132] (176)
Bisnette, M. B., **3**, 334f[40], 344f[17], 703[565] (690), 1068[56] (972), 1177f[5], 1195f[1], 1246[15] (1154), 1247[100a] (1178, 1182), 1252[361] (1233, 1236), 1379[18] (1326), 1381[109] (1342); **4**, 153[286] (71), 157[564] (133, 136), 158[579] (135), 158[584] (136), 239[337] (206, 207T), 323[281] (275), 373[8] (333), 374[27] (336), 510[383] (475), 511[448] (486), 610[315] (581), 648[42] (628); **5**, 64f[4], 213f[10], 366f[11], 528[530] (364), 604f[3], 627[436] (603); **6**, 840f[81], 1027f[6], 1039[23] (992)
Bisogni, Jr., J. J., **2**, 1016[50] (983, 998), 1017[156] (998)
Biss, J. W., **1**, 679[559] (644, 648)
Bissell, E. C., **2**, 762[120c] (737)
Biswas, K. M., **7**, 194[9] (162)
Bittell, J. E., **2**, 361[59] (315)
Bitterwolf, T. E., **4**, 479f[36], 511[423] (484); **8**, 1064[47] (1020, 1025), 1067[197] (1044)
Bittler, K., **4**, 1061[232] (1020); **5**, 362f[1], 527[483] (358), 527[502] (360); **6**, 261[26] (245), 737[58] (486); **8**, 927[48] (801)
Bittman, R., **7**, 159[124] (153), 253[116] (246, 247)
Bixler, J. W., **3**, 760f[3], 768f[19], 769f[15], 779[53] (709)
Bjerrum, J., **2**, 940f[2], 976[376] (939)
Bjoerseth, A., **1**, 146f[3], 152[230] (147), 152[231] (147)
Björklund, C., **2**, 713f[20]; **8**, 460[404] (434, 452), 706[110] (691, 692T)
Björklund, R. B., **6**, 36[194] (26)
Björkman, E. E., **8**, 929[179] (811, 829), 935[600] (893)
Bkouche-Waksman, I., **3**, 769f[11], 771f[12]
Blaauw, H. J. A., **2**, 820[134] (792)
Blaauw, L. P., **4**, 602f[7]
Blacik, L. J., **4**, 156[440] (119), 236[155] (178)
Blacik, R., **4**, 33f[46]
Black, G., **6**, 13[74] (8)
Black, J. D., **4**, 324[359] (285)
Black, M., **1**, 455[143] (432, 434, 435, 439), 455[170] (438, 441); **6**, 754[1163] (641, 642T)
Black, W. T., **2**, 196[474] (116)
Blackborow, J. R., **1**, 377[260] (349); **3**, 114f[4], 134f[3], 170[122] (150), 1073[321] (1021), 1076[541b] (1058); **4**, 150[36] (9), 504[32] (385, 429, 440, 442), 507[186] (429), 512[482] (495), 963[38] (937); **6**, 97[258] (59T, 65, 67), 141[109] (103, 104T); **7**, 322[251b] (315); **8**, 96[79] (38), 98[246] (69), 99[307] (88, 88T, 89), 220[24] (108), 455[108] (390), 643[119] (633, 634T)
Blackburn, G. M., **7**, 107[420] (56), 657[646G] (639)
Blackburn, S. N., **6**, 1110[37] (1050), 1113[197] (1092)
Blackburn, T. F., **3**, 557[37] (552), 631[199] (590)
Blackett, B. N., **8**, 708[243] (697), 770[74] (728, 732)
Blackett, L., **6**, 750[899] (610)
Blacklock, T. J., **7**, 646[33] (523)
Blackmer, G. L., **5**, 270[398] (129)
Blackmore, T., **2**, 193[332] (85), 199[591] (144), 300[232] (258); **3**, 376f[11], 429[171] (373), 965f[5], 1248[149] (1187), 1338f[21], 1380[81] (1336); **4**, 610[352] (586), 817[515] (776, 777, 779), 817[522] (777, 793, 794, 795), 818[553] (780, 783, 784, 785, 791, 792), 818[580] (786), 818[582] (787), 839[7] (823), 886[129] (869), 920[16] (914), 928[6] (924, 926, 927, 928), 1061[237] (1020); **5**, 274[667] (226), 527[511] (361), 535[993] (448); **6**, 843[208], 943[126] (908T), 1018f[29], 1020f[84], 1040[77] (999); **8**, 458[247] (410)
Bladauski, D., **1**, 118[199] (83, 84T), 118[200] (83, 84T)
Bladon, P., **3**, 1177f[2]; **6**, 227[227] (207)
Blagoev, B., **1**, 242[88] (164); **2**, 861[110] (849); **7**, 725[15] (664)
Blair, D. E., **3**, 833f[74]
Blair, E. H., **2**, 1016[96] (989)
Blair, W., **2**, 1018[226] (1004)
Blair, W. R., **2**, 621[287] (557), 1016[98] (989, 999, 1008), 1017[171] (999, 1008)
Blais, J., **1**, 273f[20], 306[291] (283)
Blake, A. B., **6**, 226[165] (198)
Blake, D., **5**, 623[136] (562)
Blake, D. M., **5**, 538[1208] (306), 556f[5], 621[22] (547), 621[23] (547), 623[137] (562), 623[144] (563, 564, 568), 623[145] (563), 623[146] (563), 623[147] (563, 564), 623[153] (565, 577), 625[259] (579); **6**, 263[163] (257), 263[165] (257, 258), 736[38] (481), 751[975] (619), 751[976] (619), 751[978] (619), 751[1003] (621, 712), 760[1567] (701); **8**, 99[315] (90, 91), 362[106] (294)
Blake, M. R., **3**, 697[208] (664), 1074[410] (1035), 1076[519] (1055), 1252[316] (1224), 1252[317] (1224), 1383[208] (1366), 1383[209] (1366); **4**, 454f[11], 454f[13]; **5**, 275[745] (250); **6**, 226[163] (199, 201T)
Blake, N. J., **2**, 1019[284] (1012)
Blakely, C. F., **1**, 245[253] (183)
Blakney, G. B., **4**, 65f[19]
Blanchard, A. A., **5**, 5f[9]
Blanchard, E. P., **2**, 861[105] (847)
Blanchard, M., **8**, 98[214] (61), 98[215] (61, 62), 98[218] (61), 551[141] (548), 551[141] (548), 551[142] (548)
Blanck, B., **2**, 695f[2], 706[113] (696)
Blanck, H., **8**, 796[102] (774)
Blancou, H., **7**, 107[391] (52)
Bland, W. J., **6**, 262[104] (251, 254), 262[129] (254), 262[130] (254), 262[131] (254), 741[328] (519), 751[986] (620), 751[990] (620, 631), 752[1047] (630, 631), 752[1048] (630, 631), 760[1613] (713, 714)
Blandamer, M. J., **4**, 235[83] (170)
Blandy, C., **3**, 359f[3], 428[95] (360), 447f[4], 447f[5], 448f[1], 473[48] (445), 473[55] (448)
Blankert, J. F., **8**, 769[38] (714T, 722)
Blankholm, I., **7**, 104[241] (31)
Blanko, F. F., **7**, 653[380] (587)
Blaschette, A., **2**, 6f[16], 201[679] (165), 201[680] (165), 201[681] (166), 510[261] (435, 440), 623[466] (581); **7**, 653[372] (578, 586)
Blaschke, G., **2**, 191[245] (59); **4**, 813[229a] (726, 734); **5**, 531[755] (407, 465); **6**, 99[354] (48, 50T)
Blaser, H. U., **5**, 269[326] (91); **8**, 461[447] (441), 642[91] (628), 705[64] (687T, 688), 705[89] (687T, 688)
Blasi, N., **2**, 878f[1]
Blasioli, C., **8**, 935[585] (891)
Blaszczak, L., **7**, 727[172] (703, 704)
Blatcher, P., **7**, 97f[18]
Blau, E. J., **1**, 260f[4], 262f[10]
Blau, H., **4**, 611[434] (593)
Blau, J. A., **1**, 261f[42]
Blaukat, U., **2**, 195[407] (102), 624[510] (587), 972[181] (896)
Blay, N. J., **1**, 456[236] (450), 456[236] (450)
Bleaney, B., **3**, 264[54] (179), 264[55] (179)
Blecher, A., **2**, 626[652] (607)
Bleckmann, P., **2**, 6f[19], 195[408] (102), 626[650] (607); **6**, 1114[218] (1101)
Bleeke, J. R., **3**, 1251[258] (1214, 1218, 1219, 1220), 1360f[11], 1382[175] (1362); **4**, 819[638] (802); **5**, 274[661] (222); **8**, 1068[232] (1049)
Bleidelis, J., **2**, 202[689] (167)
Blenderman, W. G., **3**, 1076[524] (1056, 1057)
Blenkers, J., **2**, 715f[12], 736f[3], 761[51] (719, 734, 735)
Blevins, B., **8**, 933[461] (865, 870)
Blewett, C. W., **2**, 618[152] (542)
Blicke, F. F., **1**, 242[90] (164); **2**, 706[106] (695)
Blickensderfer, J. R., **3**, 1381[121] (1344); **4**, 83f[27], 155[378] (93), 239[329] (206, 219T, 222, 229), 242[519] (229); **5**, 606f[8], 627[450] (606); **6**, 840f[79], 840f[80], 843f[192]
Blidner, B. B., **4**, 508[259] (443, 444), 609[314] (580); **5**, 272[541] (180)
Blindheim, U., **1**, 150[49] (122, 123, 142, 143, 144); **8**, 379f[10], 385[26], 454[49] (379, 384), 458[286] (414), 644[180] (617)
Blinova, V. A., **2**, 908f[7], 974[281] (920), 974[287] (922)

Bliss, A. D., **1**, 307³⁹⁷ (290)
Bliss, R., **2**, 1019²⁶³ (1009, 1010)
Blitzer, S. M., **1**, 248³⁹⁴ (201, 207, 208, 230), 654f⁴
Blizzard, A. C., **3**, 85³⁷⁴ (51); **6**, 751⁹⁶⁰ (617)
Bloch, R., **2**, 201⁶⁵⁶ (160)
Block, B., **3**, 372f¹⁰, 386f⁸, 386f¹⁰, 386f¹⁴, 388f⁴, 427⁶⁵ (352, 356), 430²²² (385), 430²²³ (385), 630¹²⁵ (577)
Block, E., **2**, 298¹³² (238)
Block, H., **3**, 419f⁸
Block, H. D., **3**, 1250²¹⁴ (1203); **8**, 772²²⁹ (734)
Block, T. F., **3**, 88⁵³⁵ (77), 829f⁵; **4**, 84f⁷, 154³³¹ (79, 89), 242⁵¹⁴ (225, 226, 227, 230)
Bloembergen, N., **3**, 126f³
Blofeld, R. E., **1**, 272f¹
Blokhina, A. N., **1**, 275f³⁴; **7**, 226¹⁶⁶ (212)
Blom, J. E., **6**, 441¹⁰ (388, 391, 429), 443¹³¹ (402), 444²⁰² (409), 761¹⁶²² (716); **8**, 929¹⁷⁰ (810)
Blomberg, C., **1**, 241⁵³ (159, 176, 189), 241⁵⁶ (159, 210, 214), 241⁵⁷ (160), 241⁵⁹ (160), 242⁶⁸ (161), 242⁶⁹ (161, 166), 242⁷⁰ᵇ (161, 166), 242⁷² (162), 244²⁰³ (177), 244²⁰⁸ (177, 210, 213, 214), 244²²⁴ (179f, 180), 244²²⁶ (179, 182, 183, 204, 206), 245²⁴⁷ (182), 245²⁴⁸ (182, 183), 245²⁵⁰ (182, 183, 199, 204), 245²⁵⁴ (183), 245²⁶⁰ (186, 204), 246²⁸⁹ (189), 248⁴⁰⁴ (202, 204), 249⁴⁶⁵ (212), 250⁵⁵¹ (226); **2**, 894f¹⁷, 970⁵³ (869); **7**, 102¹⁵⁷ (24, 31), 103²²⁰ (29), 106³⁵³ (47)
Blomquist, A. T., **6**, 383⁵² (368, 377, 380), 445³⁰⁰ (424, 426, 429), 468⁹ (456)
Bloodworth, A. J., **2**, 622³⁹¹ (571, 572), 623⁴¹⁴ (573, 579, 581, 582, 583, 584), 623⁴²² (574), 623⁴⁷¹ (582), 624⁴⁸⁵ (584), 624⁴⁸⁶ (584, 601), 624⁵³⁴ (590), 625⁶¹⁰ (601), 882f⁵, 882f¹⁷, 882f¹⁹, 882f²⁰, 893f⁴, 944f⁷, 970²⁸ (866, 871, 873, 879, 885, 892, 894, 961, 962, 966), 971¹⁰⁴ (882, 935, 963), 972¹⁶⁸ (895), 973²¹⁰ (899, 900), 973²¹² (899), 973²¹⁵ (899), 978⁵⁰¹ (962, 963); **7**, 725⁴⁵ (671), 725⁵⁶ (674), 725⁵⁶ (674), 725⁵⁷ (674)
Bloom, L. M., **7**, 77f¹⁵
Bloomfield, J. J., **7**, 35f⁸, 649¹⁸⁴ (555), 652³²⁸ (580)
Bloss, D. E., **5**, 529⁶⁰³ (376)
Blount, J. F., **1**, 41¹³⁵ (30, 32, 33T, 34), 258f⁶; **2**, 190²¹⁶ (51); **3**, 102f⁸, 1073³³⁸ᵇ (1024), 1076⁵⁰¹ (1052); **4**, 329⁶⁷² (316), 648¹⁴ (617), 1058⁴⁶ (972), 1062³¹⁰ (1035, 1036); **5**, 537¹¹³⁶ (474T), 539¹³¹¹ (489); **6**, 446³⁴⁶ (434); **7**, 651³²⁴ (579), 729²⁷⁷ (724); **8**, 807f³, 928¹⁴⁶ (806)
Blues, E. T., **1**, 241⁴⁴ (158), 676³⁷⁸ (624); **2**, 819⁸⁹ (782), 819⁸⁹ (782), 969²⁰ (865)
Blum, D. M., **7**, 26f³
Blum, J., **4**, 944f¹, 944f³, 964⁹⁶ (946, 947), 964⁹⁹ (947), 964¹⁰⁰ (947, 948, 949), 964¹⁰⁶ (948, 949), 964¹⁰⁸ (948), 964¹¹⁰ (948), 964¹¹⁶ (949), 965¹³⁵ (952), 965¹³⁹ (953), 965¹⁴¹ (953), 965¹⁴² (954), 965¹⁸⁹ (962); **5**, 554f¹⁵, 623¹⁶⁴ (565), 624¹⁹⁶ (568), 624¹⁹⁷ (568); **8**, 936⁷⁰⁹ (910)
Blum, J. E., **2**, 1015²⁵ (981, 998)
Blum, K., **6**, 143²²⁰ (103, 104T, 105T, 115T, 121T, 122T, 123T, 124, 124T, 127, 129, 130)
Blum, N., **5**, 624¹⁹⁴ (568)
Blum, P. M., **2**, 624⁵²⁵ (589), 624⁵³³ (590)
Blum, R. D., **7**, 99¹² (3, 92)
Blum, S., **5**, 624¹⁹⁵ (568)
Blum-Bergmann, O., **7**, 17f⁷
Blume, E., **7**, 105³¹⁰ (41), 110⁵⁹³ (92)
Blumenfeld, J., **5**, 537¹¹⁵¹ (477); **8**, 496²⁰ (468)
Blumenkopf, T. A., **2**, 203⁷⁴⁴ (183); **7**, 657⁶⁴² (639)
Blumenthal, H., **3**, 697²¹⁸ (665)
Blumer, D. J., **3**, 1248¹⁴¹ (1186, 1192), 1380⁷⁸ (1335); **4**, 74f²⁷, 154³⁰⁷ (75)
Blundell, T. L., **1**, 259f²², 732f¹⁵, 753⁴² (733); **6**, 806f²⁶, 806f⁶⁶, 843f¹⁹⁹, 843f²⁰⁰
Blunden, S. J., **2**, 617⁴⁹ (527), 621²⁹⁹ (558), 621³⁰¹ (559), 622³⁹⁸ (571), 626⁶⁷⁹ (611)
Blunt, E. H., **5**, 538¹²¹⁷ (490, 514); **8**, 1066¹¹⁸ (1031)
Blustin, P. H., **2**, 193³²⁸ (83)

Bly, R. K., **7**, 461³⁸⁴ (426); **8**, 1069²⁸³ᵃ (1056, 1057)
Bly, R. S., **3**, 1004f¹⁶, 1004f¹⁸, 1005f⁸, 1071²²⁹ᵇ (1045, 1046), 1074⁴⁰⁰ᵃ (1034, 1045), 1075⁴⁷⁸ (1045); **7**, 461³⁸⁴ (426); **8**, 1069²⁸³ᵃ (1056, 1057), 1069²⁸³ᵇ (1056, 1057), 1069²⁸³ᵇ (1056, 1057), 1069²⁸³ᵇ (1056, 1057)
Blyholder, G., **8**, 97¹⁵⁶ (51), 281⁸¹ (258)
Boag, N. M., **3**, 82¹⁵⁴ (21, 23); **5**, 537¹¹⁷⁰ (361, 416); **6**, 142¹⁷³ (105T, 134T, 138), 759¹⁵⁴⁰ (694), 759¹⁵⁴⁴ (695), 761¹⁶²⁵ (716, 726, 727), 1113²¹⁰ (1098)
Boates, T. L., **2**, 6f¹⁰, 396¹⁰⁹ (385)
Boatman, R. J., **7**, 105²⁸⁷ (37)
Boberski, W. G., **2**, 389f², 395⁴⁵ (373), 396⁵³ (374), 397¹¹⁸ (388)
Bobinova, L. M., **3**, 436f¹⁰
Bobinski, J., **1**, 455¹⁴⁹ (434), 552⁴ (543)
Bobkova, L. I., **2**, 513⁴²³ (454)
Bobrov, Yu. A., **3**, 736f¹⁴
Bobrovitskaya, E., **8**, 368⁵¹⁵ (359)
Bobsein, R. L., **4**, 238²⁶⁵ (198)
Bobylev, B. N., **8**, 705⁸⁸ (677)
Bocarsly, A. B., **3**, 981f¹², 981f¹⁷, 1069¹⁰⁶ (982); **8**, 643¹²³ (629, 634T)
Bocelli, G., **2**, 189¹⁴² (33); **4**, 422f¹², 506¹²¹ (410); **6**, 143²⁶⁹ (118, 121T), 179¹⁹ (165T, 170), 180⁶⁷ (163, 165T, 170); **8**, 770⁸³ (736), 794²⁹ (784), 795⁷⁷ (782), 795⁷⁸ (782), 795⁷⁹ (781), 795⁸³ (781), 795⁸³ (781)
Bochareva, M. N., **1**, 378³⁵³ (359)
Bocharov, I. N., **8**, 646²⁸¹ (616, 622T)
Boche, G., **1**, 119²⁴⁷ (97), 119²⁴⁹ᵃ, 119²⁴⁹ᵇ, 119²⁶⁴ (98, 104), 120³²⁰ᵇ (114); **3**, 169⁵³ (121); **7**, 107⁴³² (58), 110⁵⁹⁸ (93); **8**, 1104²¹ (1077)
Bochkarev, L. N., **2**, 510²²¹ (426, 437), 510²⁵¹ (432, 439), 514⁵²⁷ (469); **3**, 267²⁰⁰ (208), 267²⁰¹ (208); **6**, 1114²²³ (1101)
Bochkarev, M. N., **2**, 202⁷⁰⁴ (171), 202⁷²² (177), 509¹⁹⁸ (423), 510²²¹ (426, 437), 510²²² (426), 510²⁵¹ (432, 439), 512³⁴⁴ (443), 512³⁴⁵ (443), 512³⁴⁶ (444), 512³⁴⁸ (444), 514⁵²⁷ (469), 515⁵³³ (470, 471), 515⁵⁴² (471); **3**, 267²⁰⁰ (208), 267²⁰¹ (208); **6**, 100⁴²³ (39, 43T), 263¹⁴⁴ (255), 1029f⁷³, 1029f⁷⁹, 1029f⁸⁰, 1033f⁵, 1036f⁸, 1040⁸⁸ (1001), 1040⁸⁹ (1003), 1114²²³ (1101); **7**, 654⁴⁵² (599)
Bochkarev, V. N., **2**, 299¹⁹⁰ (248T), 361⁶⁴ (315)
Bochkareva, M. N., **1**, 376¹⁸⁸ (338), 376¹⁹⁰ (338), 376¹⁹⁵ (339), 379³⁸² (362)
Bochmann, M., **1**, 247³⁴¹ (196, 203), 247³⁴³ (196), 377²⁹⁵ (353), 409³⁰ (386, 389), 409⁴⁰ (389), 409⁴¹ (389), 410⁸⁸ (407); **3**, 461f³⁹, 474¹²³ (472), 645⁹ (636, 639), 732f¹⁴, 733f¹², 1251³⁰²ᵃ (1221, 1234), 1251³⁰²ᵇ (1221, 1234); **4**, 241⁴⁵⁴ (215T, 216); **6**, 225¹⁰⁸ (214T, 223), 226¹⁵⁷ (214T, 223), 226¹⁷² (214T, 223)
Bochvar, D. A., **2**, 975³²¹ (926)
Bocian, D. F., **6**, 755¹²⁶² (654)
Bock, C. R., **3**, 1247⁹⁶ (1177, 1182), 1248¹⁰⁸ (1180, 1241), 1248¹³⁹ (1186), 1380⁵⁸ (1332), 1384²⁴⁹ (1376); **4**, 64⁹⁵ (642)
Böck, E., **6**, 845f²⁸⁰, 851f⁶⁵
Bock, H., **1**, 120³⁰² (109), 375¹⁶² (332), 376¹⁹⁸ (339), 376¹⁹⁹ (339); **2**, 186³⁰ (7, 84), 192²⁸¹ (72), 193³³¹ (84), 195³⁹⁰ (98), 199⁵⁷⁵ (139), 392f³, 394f⁴, 397¹²⁵ (388, 390), 397¹²⁷ (391), 397¹²⁹ (393, 394), 397¹³² (394), 976⁴¹⁷ (950); **3**, 431³¹³ (421), 819f²², 1146⁴⁹ (1099); **5**, 628⁴⁷⁸ (613); **6**, 33³⁰ (18), 33³² (18), 33³² (18), 142²¹⁰ (128), 142²¹² (127); **7**, 657⁶²⁴ (634), 657⁶²⁵ (634); **8**, 796¹⁴¹ (788)
Bock, M., **6**, 34⁴² (19T, 26)
Bock, M. G., **7**, 647⁵⁹ (527)
Bock, N., **6**, 12⁴ (4)
Bock, P. L., **2**, 970⁶³ (871); **4**, 374⁵⁶ (343, 354, 356, 359), 375⁹² (354); **8**, 220²⁵ᵇ (109)
Bockharev, V. N., **2**, 301³⁰⁷ (273)
Böckly, E., **6**, 33¹⁵ (17), 1020f⁹³
Bockmeulen, H. A., **4**, 510³⁶⁴ (469), 612⁵⁰⁸ (599, 602f); **8**, 1011²²⁸ (1006)
Bockrath, B., **1**, 120³¹⁹ (114)

Bodenhausen, G., **3**, 168[17] (96)
Bodewitz, H. W. H. J, **1**, 241[59] (160), 242[68] (161), 242[70b] (161, 166), 242[72] (162)
Bodewitz, H. W. J. J, **1**, 241[57] (160)
Bodionova, N. M., **6**, 96[170] (40)
Bodnar, T., **4**, 374[29] (336), 393f[3]
Bodner, G. M., **1**, 456[238] (450); **3**, 694[19] (649), 899f[1], 1074[382] (1032); **5**, 272[570] (189), 362f[3], 534[971] (442), 538[1218] (491); **6**, 34[61] (19T, 20T, 21T, 22T, 30), 140[77] (105T, 117, 121T); **8**, 1065[87] (1026)
Bodo, B., **7**, 510[22] (473)
Bodonova, N. M., **6**, 142[181] (104T, 109, 134T)
Boeckman, Jr., R. K., **2**, 198[536] (128); **7**, 26f[3], 646[31] (523), 647[84] (533), 647[87] (534), 649[189a] (556), 653[415] (595), 653[415] (595), 728[209] (710), 728[209] (710), 728[227] (714)
Boegens, J. C. A., **3**, 881f[1]
Boehm, J. R., **3**, 170[135] (153); **6**, 278[33] (272), 278[35] (272), 278[36] (266T, 272, 274), 738[130] (496), 738[132] (497), 738[133] (497)
Boehnisch, V., **7**, 458[233] (405)
Boekel, C. P., **3**, 398f[29], 398f[36], 398f[46], 419f[19], 428[143] (365), 430[273] (402), 430[274] (402), 430[279] (402), 701[415] (677), 736f[10], 780[118] (740)
Boekelheide, V., **4**, 819[635] (801); **7**, 100[68] (10)
Boelens, H., **8**, 937[764] (921)
Boelhouwer, C., **8**, 549[8b] (500), 549[14a] (502), 549[16a] (502), 549[16b] (502), 549[28] (503), 551[140] (548)
Boelhouwer, C. J., **8**, 550[90] (521)
Boer, F. P., **1**, 420f[18], 420f[18], 453[33] (420), 456[196] (441); **2**, 187[71] (19), 620[262] (555); **5**, 272[563] (188); **6**, 1085f[12]
Boersma, J., **1**, 377[275] (314, 350); **2**, 713f[13], 714f[6], 715f[12], 715f[14], 723f[5], 723f[6], 723f[11], 736f[3], 760[23] (715, 734, 741), 761[51] (719, 734, 735), 761[53] (719, 732, 734, 743, 757), 761[54] (719, 757), 761[185] (722, 730), 784f[1], 819[86] (781), 819[87] (781), 819[95] (783, 800), 827f[10], 831f[2], 838f[2], 838f[4], 841f[2], 841f[3], 860[25] (829), 860[26] (829), 860[30] (831), 860[52] (834), 860[53] (835), 860[69] (837, 838), 860[70] (838), 860[74] (839), 860[78] (840), 860[80] (840), 860[81] (840), 860[82] (841), 860[92] (844), 861[94] (845), 861[95] (845), 861[96] (845), 861[114] (850); **6**, 1036f[4], 1040[97] (1004, 1006); **7**, 725[20] (665)
Boese, R., **1**, 410[83] (405); **3**, 427[33] (337), 429[179] (377), 629[83] (573, 574, 575, 576), 1089f[7], 1092f[7], 1092f[7], 1266f[8]; **4**, 607[120] (539, 539f); **5**, 12f[20], 267[199] (42, 165), 271[495] (164), 271[498] (166); **6**, 779f[4], 782f[3], 805f[1a], 805f[9], 839f[15], 841f[98], 843f[216], 868f[24], 870f[94], 874[37] (765), 874[59] (769), 1113[185] (1090)
Boettcher, R. J., **3**, 102f[28]
Boettger, H. G., **2**, 300[252] (263, 278, 286)
Boeyens, J. C. A., **3**, 879f[22], 904f[11]
Bogatchenko, G. S., **7**, 102[161] (24)
Bogatskii, A. V., **1**, 250[529] (224, 225, 227, 228, 229, 233), 250[535] (224), 250[564] (229)
Bogatyreva, L. V., **3**, 1177f[3], 1380[52] (1331)
Bogdanov, G. M., **6**, 445[313] (427), 446[314] (428)
Bogdanov, V. S., **1**, 286f[7], 303[124] (268), 307[381] (289), 309[508] (297), 374[82] (317), 375[185] (338), 376[186] (338), 376[188] (338), 376[190] (338), 377[271] (350), 379[382] (362), 380[431] (367); **3**, 126f[6]; **7**, 159[88] (147), 159[89] (147, 149), 226[199] (217), 252[12] (230), 363[36] (360)
Bogdanova, G. S., **2**, 192[288] (74)
Bogdanović, B., **1**, 672[127] (579, 665), 681[702] (664, 666), 681[704] (666); **3**, 632[256] (620), 1067[7] (956, 957), 1246[19] (1155); **4**, 401f[25]; **5**, 273[628] (211); **6**, 12[11] (4), 96[206] (50), 97[246] (81), 99[365] (81, 83, 85T), 142[191] (103), 180[62] (149, 159T), 181[115] (156, 160T, 168), 181[117] (146T, 147, 156, 157, 159T, 160T, 168), 181[118] (156, 160T), 181[136] (145, 146T, 147, 157, 159T, 160T, 161, 162, 164, 165T, 167), 182[148] (156, 159T, 160, 165T, 168), 182[151] (156), 182[174] (166), 261[30] (245), 261[32] (245), 348[366] (325, 334T), 444[207] (410), 445[257] (420), 446[356] (438), 761[1626] (716); **7**, 461[427] (433), 461[440] (435), 461[441] (435), 462[442] (435); **8**, 385f[32], 385f[33], 385f[34], 386f[1], 392f[13], 397f[12], 429f[1a], 429f[1b], 454[29] (376, 379, 380, 384, 386, 391, 429), 454[51] (379, 384, 386, 387), 454[52] (379, 393, 396, 397, 405, 407), 454[53] (380, 430), 455[91] (384, 396), 455[97] (386, 387), 457[225] (405), 497[90] (486), 497[91] (486, 487, 488), 641[4] (624, 625), 644[158] (617, 621T, 623), 644[162] (617T, 618, 619, 619T, 623, 624, 625, 626, 627T), 707[162] (677, 679), 795[67] (782)
Bogdanović, V. B., **7**, 463[539] (451)
Bogdanowicz, M. J., **7**, 649[176] (554)
Boger, D. L., **7**, 97f[29], 99f[34], 101[116] (17)
Boggs, C. P., **4**, 150[55] (16, 18)
Boggs, R. A., **3**, 1297f[16]; **4**, 375[123] (364), 608[207] (556, 559f, 561)
Bogoradovskii, E. T., **2**, 507[100] (409), 625[611] (601, 604)
Bogoyavlenskaya, M. D., **2**, 510[273] (436)
Bohii, N. G., **4**, 326[523] (299)
Böhle, C., **1**, 409[28] (386, 387, 407), 410[86] (407), 410[90] (407); **4**, 158[614] (139)
Bohling, D. A., **6**, 806f[24], 850f[28]
Bohlman, F., **2**, 195[416] (104)
Bohlmann, F., **7**, 655[531] (614), 727[134] (693), 727[136] (694)
Böhm, B., **6**, 33[4] (15, 20T, 21T)
Böhm, L. L., **3**, 545[4] (484); **7**, 463[510] (447)
Böhm, M. C., **1**, 149[26] (122, 147), 149[27] (122, 145, 147); **3**, 88[536] (77); **4**, 454[20], 509[331] (457), 511[413b] (482); **6**, 180[48] (152), 180[73] (146T, 152)
Bohm, P., **1**, 380[429] (367)
Böhme, B., **7**, 101[85] (12)
Böhme, E., **6**, 441[36] (390); **8**, 928[141] (806, 813)
Böhme, H., **1**, 310[586] (301); **7**, 101[87] (13)
Bohn, M. D., **1**, 420f[15], 452[24] (418)
Bohn, R. K., **1**, 420f[15], 452[24] (418)
Bohner, U., **5**, 546f[4]
Bohra, R., **3**, 778[17] (706)
Boicelli, A. C., **7**, 100[70] (10)
Boiko, G. N., **6**, 942[40] (899T)
Boileau, S., **1**, 307[347] (287)
Boireau, G., **1**, 246[313] (193, 211), 249[455] (211); **7**, 50f[6], 425f[3], 425f[4], 459[296] (413, 417), 459[297] (413, 415, 417), 461[385] (426); **8**, 772[187] (769), 772[199] (769)
Bois, C., **3**, 769f[11], 771f[12]
Boissier, J., **1**, 250[531] (224)
Bok, L. D. C., **3**, 1137f[12], 1137f[21], 1137f[29] (1136T), 1138f[2], 1138f[11] (1139T), 1138f[12] (1139T); **5**, 520[44] (283), 520[46] (283), 520[47] (283), 520[51] (283), 523[240] (283), 535[1050] (462)
Bokii, G. B., **6**, 754[1162] (641, 642T), 754[1168] (642T)
Bokii, N., **2**, 912f[9], 974[260] (918)
Bokii, N. G., **2**, 201[668] (163), 508[143] (413), 618[143] (541), 620[257] (554), 620[278] (556), 908f[9], 912f[11], 913f[4], 915f[7], 970[25] (866, 905), 974[255] (917), 974[262] (918); **3**, 629[41] (564, 565), 630[129] (578, 618), 632[253] (619), 1384[263] (1379); **4**, 157[562] (132), 240[414] (211, 212T, 213), 414f[5], 422f[8], 499f[2], 505[88] (402, 493), 512[507] (500); **6**, 442[90] (398), 1066f[10], 1112[114] (1071); **8**, 929[178] (811), 1070[334] (1061)
Bokranz, A., **1**, 678[461] (631); **2**, 617[63] (530, 531), 617[64] (531), 620[219] (548, 549)
Boksiner, E. J., **7**, 105[292] (39)
Bolado, B., **7**, 458[219] (403)
Boland, B. E., **4**, 375[127] (364)
Boland, W., **7**, 651[325] (579)
Boldebuck, E. M., **7**, 159[130] (154), 194[15] (162)
Bolder, F. H. A., **8**, 291f[11]
Boldrini, G. P., **4**, 329[680] (316)
Boldt, M., **8**, 608[159] (578)
Boldyreva, O. G., **1**, 375[185] (338), 376[187] (338), 376[188] (338), 376[189] (338), 376[190] (338), 376[195] (339), 376[204] (340), 377[278] (351, 353), 380[431] (367)
Boleslawski, M., **1**, 41[120] (24), 672[75] (568, 569, 610, 660), 673[181] (592), 674[207] (595), 674[210] (596), 677[415] (626), 678[479] (632), 678[480] (632); **2**, 675[72] (637), 675[73] (637), 677[187] (652); **7**, 455[46] (381)

Bolesova, I. N., **4**, 512^{504} (500), 817^{477} (771); **8**, 1066^{109} (1029), 1068^{238} (1049), 1068^{247a} (1051)
Bolesta, R. E., **7**, 651^{325} (579)
Bolestova, G. I., **2**, 618^{98} (537); **7**, 656^{563} (620), 656^{572} (622)
Boll, E., **1**, 310^{586} (301)
Bolotova, G. T., **3**, 269^{323} (231)
Bolourtchian, M., **7**, 655^{534} (614)
Bol'shinskova, t. A., **8**, 367^{424} (348)
Bolsman, T. A. B. M, **5**, 623^{168} (565)
Bolt, R. W., **7**, 646^{2} (516, 575)
Bolto, B. A., **8**, 609^{215} (604)
Bolton, E. S., **5**, 521^{74} (287); **8**, 1065^{62} (1021, 1022f)
Bolton, P. H., **1**, 245^{284a} (188); **7**, 108^{458} (63f)
Bolyi, A. A., **8**, 1076f^5
Bom, V., **6**, 224^{64} (190)
Bombieri, G., **1**, 40^{68} (15, 16); **2**, 680^{392} (671); **3**, 268^{284} (220, 222), 268^{290} (222), 268^{291} (222); **5**, 275^{726} (245); **6**, 384^{98} (376), 743^{453} (533T, 539T), 743^{454} (533T, 539T), 743^{455} (533T), 743^{462} (534T), 743^{463} (534T), 744^{486} (538T), 751^{967} (617, 624T), 751^{968} (617, 624T), 754^{1195} (648T), 760^{1576} (703)
Bomet, B. K., **3**, 922f^{17}
Bommer, J. C., **6**, 944^{170} (913T), 944^{171} (913T), 944^{176} (913T), 944^{179} (913T, 914), 944^{180} (913T, 914)
Bonamico, M., **6**, 744^{484} (538T)
Bonaoud, S., **6**, 348^{389} (328, 334T)
Bonastre, J., **2**, 188^{111} (28)
Bonati, F., **1**, 753^{60} (735), 753^{62} (735); **2**, 715f^{19}, 762^{118} (736, 737, 751, 757), 816f^1, 816f^2, 816f^3, 816f^5, 816f^6, 816f^8, 818^{49} (774), 818^{50} (774), 818^{50} (774), 819^{71} (777), 819^{72} (777), 821^{210} (814), 821^{211} (814), 821^{213} (815, 816), 821^{214} (815, 816), 821^{217} (816), 974^{296} (923), 974^{297} (923); **3**, 949^{226} (884), 949^{228} (884), 1141f^{12}, 1147^{116} (1139), 1189f^{23}, 1338f^{17}; **4**, 65f^{43}, 153^{257} (67), 155^{397} (102), 158^{627} (141, 143, 144, 146, 148, 149), 236^{173} (181, 182), 240^{397} (211, 212T), 322^{213} (268, 269), 1059^{103a} (981); **5**, 265^{77} (17, 22, 23, 24), 285f^1, 295f^4, 295f^{10}, 316f^7, 520^{43} (283, 462), 520^{45} (283), 520^{50} (283), 521^{87} (289), 521^{88} (289), 521^{103} (288, 293), 521^{105} (292), 521^{124} (288, 294, 468), 524^{288} (314), 527^{452} (350), 527^{456} (350), 558f^1, 559f^{16}, 622^{54} (550, 551); **6**, 252f^1, 262^{93} (250), 343^{36} (285), 344^{86} (293), 738^{122} (494), 738^{146} (498, 499), 738^{166} (499), 738^{168} (499), 738^{169} (499), 739^{208} (505), 749^{841} (596, 597), 1018f^{20}, 1021f^{142}, 1027f^{11}, 1028f^{49}, 1039^{26} (992)
Bonazza, B. R., **4**, 512^{480} (494)
Bonazzola, L., **2**, 515^{556} (473)
Bond, A., **4**, 51f^{64}, 238^{273} (200), 505^{112} (409, 469), 506^{118} (409, 471, 472), 506^{118} (409, 471, 472), 507^{230} (439, 472), 510^{379} (474), 539f^{19}; **5**, 271^{450} (147), 295f^3, 521^{104} (292, 468); **6**, 748^{762} (586); **8**, 1070^{327} (1061)
Bond, A. C., **1**, 671^{25} (558); **2**, 624^{487} (585)
Bond, A. M., **3**, 82^{132} (17), 82^{133} (17), 694^{26} (650), 701^{457} (683), 701^{458} (683), 701^{459} (683), 760f^3, 768f^{19}, 769f^{15}, 779^{53} (709), 810f^{11}, 851f^{23}, 947^{35} (814), 948^{148} (861), 948^{149} (861), 948^{150} (861), 1251^{274} (1216); **4**, 34f^{71}, 52f^{90}, 52f^{91}, 52f^{97}, 152^{166} (42), 152^{212} (57), 152^{213} (57), 152^{214} (58), 235^{126} (175), 320^{55} (248, 255), 689^{51} (667); **5**, 269^{378} (118), 271^{512} (170); **8**, 1070^{333} (1061)
Bond, F. T., **1**, 119^{234} (92); **7**, 107^{408} (55), 107^{410} (55)
Bond, G. C., **6**, 757^{1392} (672, 677, 679), 757^{1394} (672, 677, 679); **8**, 361^{63} (288), 362^{111} (294)
Bondarenko, G. N., **1**, 119^{269a} (102), 247^{349} (197); **3**, 327^{65} (298), 327^{66} (298), 436f^{31}, 461f^{29}, 473^{17} (437), 473^{35} (440), 696^{116} (657, 660); **6**, 179^{21} (161, 166), 179^{22} (159T, 162), 179^{23} (159T, 162), 180^{44} (158, 161, 165T), 180^{70} (159T, 162), 181^{87} (159T, 162), 181^{98} (159T, 162), 181^{132} (161), 182^{188} (166)
Bondarevskaya, E. A., **1**, 682^{720} (669)

Bondoux, D., **8**, 339f^{24}, 362^{135} (297, 328)
Bonds, Jr., W. D., **8**, 365^{297} (330), 606^{33} (554), 608^{151} (576, 579, 594T), 608^{152} (576, 579, 594T)
Bone, S. P., **2**, 696f^{13}, 705^{74} (691)
Bonet, J. J., **6**, 346^{238} (312)
Bonfardeci, A., **8**, 610^{300} (599T)
Bonfield, B. A., **2**, 1019^{278} (1010)
Bonfiglio, J. N., **7**, 105^{280} (36)
Bongartz, A., **2**, 626^{654} (607)
Bongers, S. L., **8**, 930^{230} (824)
Bongini, A., **1**, 119^{265} (99), 120^{283} (105); **7**, 459^{303} (414, 417)
Boni, A. A., **3**, 788f^{4b}
Bonicelli, U., **3**, 547^{90} (520)
Boniface, S. M., **4**, 812^{140} (712)
Bonitz, E., **1**, 671^{62} (564), 675^{301} (615, 616, 634); **7**, 455^{11} (371)
Bonitz, G. H., **7**, 658^{658} (641)
Bonivento, M., **8**, 608^{206} (592), 609^{234} (594T), 609^{235} (594T), 609^{236} (594T), 643^{132} (626)
Bonnaire, R., **5**, 290f^2, 521^{83} (288, 425), 536^{1089} (468), 626^{375} (597, 601), 627^{394} (599, 600), 627^{415} (601), 627^{420} (601), 627^{421} (601), 627^{422} (602), 627^{423} (602); **8**, 339f^{26}
Bönnemann, H., **5**, 68f^{14}, 213f^{20}, 271^{456} (150, 205), 272^{566} (188, 218, 221, 222, 223, 224, 225), 272^{567} (189); **6**, 96^{175} (38, 41, 81), 96^{175} (38, 41, 81), 96^{208} (52, 81, 82, 83), 97^{246} (81), 99^{365} (81, 83, 85T), 180^{62} (149, 159T), 181^{136} (145, 146T, 147, 157, 159T, 160T, 161, 162, 164, 165T, 167), 444^{207} (410); **8**, 382f^4, 385f^{33}, 397f^5, 455^{60} (381), 455^{91} (384, 396), 455^{98} (387, 427), 456^{162} (396, 427), 458^{297} (417), 458^{298} (417), 644^{181} (618)
Bonner, T., **2**, 974^{313} (925)
Bonnet, G., **7**, 106^{340} (47)
Bonnet, J. J., **4**, 323^{327} (280), 609^{266} (571, 574f), 609^{268} (571, 574f), 812^{165} (716), 886^{122} (868); **5**, 273^{597} (198), 301f^1, 521^{79} (288), 522^{174} (300), 529^{642} (384, 385), 529^{646} (384), 533^{873} (427), 627^{425} (602), 628^{474} (613, 614); **6**, 263^{176} (258), 278^{40} (266T, 274), 383^{63} (370), 469^{55} (465); **8**, 362^{92} (292)
Bonnet, J. P., **1**, 376^{191} (338), 377^{269} (349, 364)
Bonnifay, P., **8**, 455^{82} (384, 415)
Bonny, A., **1**, 41^{107} (22), 119^{224} (91), 537^{21} (462, 473, 490, 505, 506, 536); **2**, 191^{232} (54), 191^{236} (55), 516^{604} (481), 680^{389} (671); **3**, 125f^{22}, 168^2 (90), 169^{69} (128, 130); **4**, 328^{621} (310), 328^{622} (310), 920^1 (909); **6**, 226^{182} (214T, 216, 221), 944^{229} (925), 1074f^1, 1080f^1, 1105f^2, 1110^{15} (1044, 1046, 1047, 1057, 1072, 1075, 1076, 1077, 1078, 1082, 1083, 1101, 1107), 1112^{149} (1082)
Bonora, G., **3**, 1106f^3, 1112f^8, 1147^{65} (1110), 1275f^3
Bontempelli, G., **6**, 99^{399} (55T, 68); **8**, 770^{56} (723T, 732)
Bonvicini, P., **5**, 537^{1138} (475T)
Bonyssieres, B., **2**, 534f^7
Bonzougou, Y., **7**, 104^{234} (31)
Boocock, S. K., **1**, 540^{171} (513); **6**, 944^{217} (922, 923), 945^{265} (933), 945^{274} (934T, 935), 945^{283} (937T, 938, 939)
Bookhart, M., **6**, 231^7 (230)
Boon, W. H., **3**, 398f^{13}, 398f^{37}, 411f^5, 419f^{22}, 430^{281} (403), 430^{282} (404), 430^{283} (404), 631^{170} (583, 584)
Boonstra, B. B., **2**, 338f^1, 362^{152} (337)
Boontanonda, P., **8**, 928^{147a} (806), 934^{554} (885)
Boor, J., **3**, 545^{21} (489), 546^{78} (511), 547^{131} (542); **7**, 462^{488} (443, 444, 448); **8**, 366^{340} (340, 342), 549^{1b} (500)
Boorman, P. M., **3**, 797f^{13}, 949^{218} (881), 1085f^{14}, 1262f^{14}; **5**, 20f^3, 265^{103} (23)
Booth, B. L., **4**, 12f^{11}, 51f^{52}, 64f^7, 65f^{35}, 65f^{40}, 65f^{41}, 65f^{52}, 73f^{10}, 97f^7, 97f^8, 97f^{16}, 152^{211} (56, 67), 153^{247} (63), 153^{248} (63, 66, 67), 153^{287} (72), 154^{301} (75), 154^{316} (76), 154^{317} (76, 123), 154^{318} (76),

154^{319} (77), 154^{355} (88), 155^{388} (100); **5**, 32f^5, 33f^{18}, 34f^6, 34f^9, 39f^{13}, 64f^8, 64f^{18}, 64f^{23}, 158f^{10}, 213f^{19}, 266^{165} (35, 141), 267^{246} (62), 271^{477} (159, 160), 271^{478} (159, 160, 164), 271^{492} (163), 271^{493} (164), 299f^5, 331f^2, 522^{139} (297, 327, 328, 444), 522^{151} (297, 386), 524^{316} (318), 528^{538} (367), 529^{652} (386), 531^{727} (399), 532^{849} (420, 421, 427), 552f^{10}, 554f^{18}, 604f^5, 608f^9, 621^{41} (548), 622^{84} (557), 623^{177} (566), 624^{221} (574), 627^{438} (603, 607); **6**, 97^{231} (85, 88, 91T, 92T), 226^{183} (208, 209T), 227^{213} (212, 213T), 740^{271} (515T, 541); **8**, 222^{95} (122)
Booth, F. B., **8**, 222^{89} (120)
Booth, G., **3**, 863f^{32}, 947^{78} (831); **4**, 322^{256} (271); **6**, 35^{126} (23), 348^{369} (325), 348^{370} (325), 348^{371} (325), 736^{18} (476), 742^{384} (526, 541, 559, 560); **8**, 99^{319} (91)
Booth, M., **3**, 388f^7, 430^{234} (389), 630^{126} (577); **4**, 511^{458} (488, 489)
Booth, M. R., **2**, 679^{361} (668); **3**, 1189f^{16}; **4**, 97f^{18}, 154^{313} (76, 98); **6**, 1110^{17} (1045)
Boparai, A. S., **7**, 459^{278} (412)
Bor, G., **3**, 1119f^5; **4**, 150^{28} (7), 150^{29} (7), 233^9 (163), 233^{13} (163), 319^{33} (246), 321^{133} (257), 323^{262} (272, 279, 301), 324^{338} (282), 649^{76} (638), 689^{25} (666), 689^{26} (666), 928^{22} (925), 1057^{27} (971); **5**, 34f^2, 264^{36} (8), 264^{37} (8), 266^{154} (33, 35), 267^{183} (37), 267^{206} (43), 267^{207} (43), 267^{213} (44), 267^{221} (46), 267^{222} (47, 167), 267^{229}, 271^{500} (167, 170, 180), 273^{585} (193), 521^{63} (284), 524^{303} (318); **6**, 842f^{134}, 843f^{181}, 843f^{183}, 843f^{206}, 870f^{76}, 870f^{80}, 871f^{127}, 876^{177} (795), 876^{179} (795), 876^{180} (795), 1020f^{99}, 1020f^{102}, 1020f^{114}, 1040^{62} (997), 1040^{112} (1008), 1112^{140} (1077, 1088); **8**, 1008^{48} (951)
Borbat, V. F., **4**, 690^{97} (674)
Borch, R. F., **7**, 102^{143} (22), 653^{419} (595)
Borchardt, J. K., **7**, 253^{146} (250)
Borchert, A. E., **1**, 674^{235} (602)
Borckhof, N. L. J. M, **7**, 103^{205} (28, 83)
Borden, D. G., **1**, 310^{552} (298); **2**, 506^{30} (403); **7**, 336^{50a} (334), 336^{50b} (334)
Bordignon, E., **5**, 21f^4, 33f^{12}, 40f^7, 265^{89} (20), 266^{143} (30)
Bordiner, J., **2**, 696f^4
Bordner, J., **2**, 696f^{12}, 707^{153} (701); **6**, 754^{1185} (646T, 647T); **8**, 368^{472} (354)
Bordrikov, I. V., **2**, 882f^{23}
Borelli, G., **2**, 676^{126} (643)
Borg, E. L., **7**, 463^{498} (443, 449)
Borger, P. T., **5**, 622^{89} (559)
Borgstrom, P., **2**, 707^{168} (702)
Borg-Visse, F., **8**, 708^{224} (701, 702), 708^{225} (701, 702)
Borisov, A. E., **1**, 285f^7, 285f^9, 679^{543} (639), 731f^5, 742f^4; **2**, 618^{118} (539), 619^{208} (547), 705^{40} (686), 706^{124} (697), 894f^8, 970^{61} (870, 926), 975^{318} (926), 975^{320} (926), 975^{321} (926)
Borisov, G. K., **3**, 265^{85} (182), 265^{86} (182), 265^{87} (182), 265^{95} (182), 265^{96} (182, 185), 265^{103} (183, 184, 185), 699^{333} (673)
Borisov, S. N., **2**, 297^{72} (227)
Borisov, Yu. A., **2**, 975^{321} (926), 975^{321} (926); **3**, 700^{345} (673)
Borisova, A. I., **6**, 97^{256} (55T, 60T, 64, 71, 73); **8**, 669^{52} (657T), 669^{53} (657T), 670^{122} (657T)
Borisova, N. A., **6**, 181^{116} (166); **8**, 641^{17} (623T), 642^{75} (621T), 644^{187} (621T)
Borisyuk, G. V., **2**, 502f^5
Bork, K., **3**, 899f^1
Borkett, N. F., **5**, 521^{102} (289, 296)
Borlin, D., **1**, 374^{70} (313, 368)
Borman, C., **5**, 265^{53} (12)
Born, L., **2**, 626^{677} (611)
Borner, H., **4**, 106f^{49}
Börner, M., **3**, 948^{169} (871); **4**, 106f^{50}; **6**, 839f^{43}
Bornes, G. H., **7**, 655^{543} (616)
Bornich, B., **8**, 498^{122} (498)
Borodinsky, L., **1**, 542^{254} (534, 535), 542^{257} (535)

Borodko, Yu. G., **3**, 334f^{29}, 398f^{50}, 436f^{15}; **8**, 1104^{23} (1077), 1104^{23} (1077), 1104^{24} (1077), 1106^{109} (1101)
Borodulina-Shvetz, V. I., **1**, 379^{422} (366)
Boronina, N. N., **8**, 934^{517} (879)
Boross, F., **7**, 511^{40} (475), 511^{41} (475, 478)
Borovkov, V. Y., **8**, 641^{18} (622), 641^{37} (622T)
Borowiecki, L., **7**, 224^{61} (202)
Borowitz, I. J., **7**, 159^{74} (146), 253^{90} (240, 242)
Borowski, A. E., **5**, 536^{1120} (354, 474T)
Borowski, A. F., **4**, 963^{13} (933, 940); **8**, 222^{101} (127), 365^{323} (338), 367^{404} (345)
Borque, M. C., **7**, 456^{98} (388)
Borrell, P., **4**, 816^{427} (762), 816^{429} (762, 763); **6**, 224^{55} (194, 195f)
Borrini, A., **5**, 534^{952} (440, 499, 508)
Borromeo, P. S., **7**, 101^{88} (13)
Borshagovskii, B. V., **4**, 611^{402} (591)
Borshagovskii, M., **4**, 415f^6
Borshch, N. Ya., **8**, 458^{254} (410)
Bortnikov, G. N., **3**, 966f^3, 1338f^4; **6**, 1018f^{10}
Borunova, N. V., **6**, 757^{1393} (672); **8**, 349f^{12}, 349f^{20}
Bos, H. J. T., **7**, 729^{238} (716), 729^{249} (719)
Bos, K. D., **2**, 619^{186} (546), 621^{285} (556), 625^{585} (598), 625^{586} (598), 625^{587} (598); **6**, 1112^{108} (1070)
Bos, W., **7**, 105^{329} (45)
Bosak, S., **7**, 252^{16} (231)
Boscato, J. F., **7**, 108^{475} (65)
Boschetto, D. J., **4**, 155^{384} (100), 374^{56} (343, 354, 356, 359); **8**, 220^{25b} (109)
Boschi, R., **2**, 674^{49} (636)
Boschi, T., **2**, 679^{377} (669); **3**, 1077^{586} (1064), 1252^{348} (1231), 1252^{358} (1233, 1235, 1236), 1253^{375} (1235), 1383^{236} (1372); **4**, 380f^{25}, 463f^6, 508^{235} (440), 612^{475} (597), 612^{485} (565f, 597), 815^{335} (751), 815^{336} (751); **5**, 527^{453} (345, 433); **6**, 261^{40} (246), 262^{105} (251, 254), 343^{41} (285, 290f, 291, 293), 343^{43} (285, 290f, 293), 343^{66} (287, 291), 343^{72} (291), 343^{73} (291), 344^{86} (293), 344^{87} (293), 344^{89} (293), 344^{90} (293), 344^{95} (295), 344^{112} (291, 293), 344^{113} (291, 295), 346^{219} (312T, 312), 346^{264} (315, 316), 348^{372} (326), 443^{119} (401), 445^{255} (420, 422), 445^{256} (420), 445^{275} (422), 738^{166} (499), 739^{172} (500), 739^{177} (500); **8**, 929^{197} (813)
Boschman, F. E. H., **2**, 678^{253} (657)
Bosco, M., **7**, 100^{70} (10), 100^{70} (10), 100^{71} (10, 11), 100^{74} (10, 11)
Böse, R., **3**, 1084f^{13}, 1187f^{11}, 1261f^9, 1337f^{26}
Boshoff, L. J., **8**, 96^{131} (48)
Bosman, W., **5**, 526^{398} (341)
Bosman, W. P., **5**, 622^{81} (556, 613); **6**, 141^{136} (111)
Bosnich, B., **3**, 108f^{29}, 108f^{30}; **5**, 537^{1143} (477), 537^{1146} (477); **6**, 753^{1111} (636); **8**, 361^{17} (286, 320), 471f^5, 471f^6, 471f^9, 473f^8, 496^{32} (470), 496^{33} (473), 498^{124} (498)
Bosnyák-Ilcsik, I., **6**, 13^{80} (9)
Boss, C. B., **5**, 418f^9, 532^{806} (416)
Boss, C. R., **3**, 702^{492} (685); **4**, 400f^8, 505^{83} (401, 412); **8**, 1007^{17} (942)
Bossard, G. E., **8**, 1091f^2
Bosshardt, H., **1**, 116^{63} (55); **7**, 107^{419} (56)
Bosshardt, M., **1**, 120^{288b} (105)
Bossier, III, J. A., **7**, 378f^2, 455^{26} (377)
Bostick, E. E., **1**, 251^{612} (236, 237)
Boston, J. L., **6**, 752^{1028} (626)
Botre, C., **2**, 1019^{274} (1010)
Botrel, A., **3**, 83^{191} (28)
Bott, L. L., **2**, 675^{59} (637)
Bott, R. W., **2**, 186^{15a} (4, 126), 186^{15a} (4, 126), 186^{15a} (4, 126), 186^{19a} (20, 27, 47, 49, 59, 77, 80), 360^5 (306), 360^{42} (312, 317), 507^{60} (404), 508^{150} (415)
Bottaro, J. C., **2**, 199^{573} (139)
Böttcher, B., **1**, 40^{83} (17, 18T), 126f^6, 151^{152} (134); **2**, 200^{636} (156)
Böttcher, R., **4**, 819^{610} (796); **6**, 1019f^{71}
Böttcher, W., **2**, 513^{460} (459)

Botteghi, C., **4**, 873f[14], 894f[6], 963[26] (935), 963[27] (935), 963[43a] (937), 963[44] (938), 964[126] (951), 965[131] (951); **8**, 222[111] (139), 222[123] (156, 157), 365[314] (337), 497[58] (478), 497[60] (478), 497[70] (480), 497[78] (483), 497[79] (483, 484, 485), 497[83] (484), 497[104] (492), 771[165] (743T, 744T)
Bottei, R. S., **2**, 506[46] (403)
Bottini, A. T., **7**, 224[32] (200)
Bottino, N. R., **2**, 1019[290] (1012f)
Bottin-Strzalko, T., **1**, 118[172] (81, 83); **7**, 110[563] (83)
Botto, R. E., **3**, 1249[173] (1192), 1381[103] (1342)
Bottomley, F., **3**, 327[94] (305), 429[196] (378), 429[197] (378), 429[210] (381); **4**, 1058[91] (979)
Bottrill, M., **3**, 86[417] (59), 1246[49] (1161), 1248[127] (1183), 1253[402a] (1244); **4**, 505[115] (409), 507[230] (439, 472), 512[483] (495), 539f[19], 813[253] (733), 818[573] (784); **5**, 272[545] (184, 221), 538[1228] (493, 494), 622[55] (550, 551, 562, 598)
Bou, A., **5**, 271[491] (162)
Bouachir, F., **4**, 238[287] (202)
Bouaoud, S. E., **5**, 267[226] (48); **6**, 806f[60], 845f[276]
Bouas-Laurent, H., **1**, 116[48] (50), 118[217] (89)
Bouchal, K., **5**, 533[865] (425), 535[1032] (419, 482), 535[1051] (462), 535[1052] (462)
Bouchaut, M., **2**, 511[295] (438, 493, 497), 511[308] (439, 489, 493, 498), 511[309] (439, 488, 494, 498), 517[679] (493, 497), 517[680] (493)
Boucher, C. M., **1**, 53f[4]
Boucher, H., **3**, 108f[29], 108f[30]; **6**, 753[1111] (636)
Bouchoule, C., **7**, 101[82] (12)
Boucly, P., **5**, 270[380] (118), 270[385] (123)
Boudart, M., **8**, 98[209] (61)
Boudaudurq, P., **6**, 179[17] (158, 159T)
Boudeville, M. A., **3**, 1071[234] (1008), 1076[484] (1047, 1050)
Boudjouk, P., **1**, 374[101] (321); **2**, 193[318] (81), 199[572a] (139), 199[572a] (139), 298[105] (233), 299[198] (249T), 302[389] (294), 513[429] (454); **3**, 1072[304] (1018); **4**, 612[491] (597); **8**, 929[163] (810)
Boudou, A., **2**, 1016[68] (985)
Boué, S., **2**, 617[65] (531), 618[112] (538)
Bouet, G., **7**, 100[32] (4)
Bougeard, D., **1**, 248[399] (202)
Bould, J., **6**, 945[274] (934T, 935)
Bouldoukian, A., **3**, 1170f[4]; **6**, 753[1130] (638)
Bouman, H., **3**, 701[405] (677)
Bouquet, A., **3**, 1121f[6]; **6**, 33[18] (17)
Bouquet, G., **3**, 285f[3], 285f[4], 286f[2], 286f[3], 326[28] (289), 326[42] (293), 398f[58], 631[184] (587, 591, 612), 633[278] (622), 633[301] (611, 612), 798f[16], 863f[50]; **4**, 151[141] (36, 37); **6**, 13[37] (6), 34[89] (31), 36[187] (32), 987f[8], 1039[4] (988); **8**, 281[117] (267)
Bouquet, M., **1**, 302[1] (254, 274)
Bour, J. J., **2**, 819[70] (777)
Bourgain, M., **7**, 729[237] (716, 717), 729[242] (717), 729[259] (721)
Bourgeois, P., **2**, 188[85] (22), 188[85] (22), 190[195] (44), 190[197] (44), 192[277] (71), 196[431] (109); **7**, 652[338] (581), 657[610] (631), 657[613] (632)
Bourguel, M., **7**, 44f[2]
Bourhis, R., **8**, 645[210] (632), 645[210] (632), 645[210] (632)
Bourn, A. J. R., **3**, 398f[40]
Bourne, A. J., **1**, 244[188] (176)
Bourrely, J., **7**, 459[273] (412)
Bousquet, J., **4**, 234[17] (163); **6**, 842f[141], 842f[143], 876[201] (807, 808, 816)
Bousquet, J. L., **8**, 95[32] (26)
Boussu, M., **1**, 241[15] (157)
Boustany, K. S., **3**, 436f[26], 436f[27], 461f[12], 461f[13], 461f[21], 474[94] (464), 474[95] (464), 474[100] (464)
Bouter, P., **2**, 762[121] (737)
Boutonnet, J. C., **7**, 101[78] (11f, 12)
Bouyssieres, B., **2**, 298[148] (242), 510[243] (432, 438), 623[440] (577)
Bowden, F. L., **3**, 86[411] (59), 1253[388] (1239), 1384[244] (1375); **4**, 504[47] (391), 607[158] (545), 648[10] (617); **5**, 273[579] (192); **6**, 758[1482] (683)
Bowden, J. A., **3**, 810f[11], 833f[28], 833f[59], 841f[7], 948[163] (867), 1072[270a] (1013), 1072[270b] (1013), 1112f[4], 1146[20] (1093), 1317[55] (1281)
Bowden, W. L., **1**, 541[202] (521); **3**, 699[320] (673); **5**, 274[688] (233); **6**, 226[143] (194)
Bowen, D. H., **4**, 33f[32], 50f[21], 152[156] (40)
Bowen, D. M., **7**, 39f[3]
Bowen, H. J. M., **2**, 1019[261] (1009)
Bowen, L. H., **2**, 696f[5], 707[152] (701)
Bowen, M. C., **6**, 13[57] (8)
Bower, B. K., **3**, 461f[37], 474[121] (471), 645[24] (638, 639), 696[154] (661), 696[155] (661), 937f[5], 950[308] (916); **4**, 153[278] (70), 373[2]; **5**, 271[459] (153)
Bower, F. A., **2**, 622[362] (568)
Bower, L. M., **6**, 843f[197], 1020f[101], 1028f[25]
Bowerbank, R., **3**, 1253[384] (1237)
Bowers, J., **7**, 102[171] (24)
Bowers, Jr., J. S., **1**, 241[58] (160); **7**, 102[164d] (24), 102[165] (24)
Bowie, R. A., **1**, 285f[14], 285f[15], 306[274] (282), 306[315] (284); **2**, 970[59] (870); **7**, 299[52] (276)
Böwing, W. G., **2**, 199[598] (145)
Bowling, R. A., **2**, 193[331] (91)
Bowlus, S. B., **7**, 460[367] (422)
Bowman, J. T., **5**, 100f[8]
Bowman, N. J., **8**, 96[110] (42, 58), 96[111] (42)
Bowman, R. G., **3**, 270[423] (262)
Bowman, S. A., **2**, 196[469] (115)
Bowser, J. R., **1**, 537[21] (462, 473, 490, 505, 506, 536), 538[69] (479, 492, 497, 505), 539[88] (486, 526, 534), 553[64] (550); **6**, 226[134] (214T, 216), 226[182] (214T, 216, 221), 944[216] (921), 944[224] (923), 944[228] (925), 944[229] (925)
Bowser, W. M., **4**, 689[31] (666)
Boxhoorn, G., **4**, 324[360] (285)
Boy, A., **2**, 509[175] (420, 482, 483, 484), 509[176] (420, 482, 483, 484)
Boya, M., **8**, 770[112] (737)
Boyadzhan, Zh. G., **2**, 508[129] (411)
Boyd, D. R., **7**, 253[141] (249), 253[142] (249)
Boyd, T. A., **2**, 674[3] (629)
Boyd, T. E., **8**, 1070[319] (1059)
Boyer, P. D., **2**, 1016[51] (983)
Boykin, D. W., **1**, 60f[19]; **7**, 105[286] (37), 109[545] (80)
Boylan, M. J., **4**, 606[75] (524f, 525, 526)
Boyle, P. F., **4**, 504[39] (386); **8**, 1008[85] (965)
Boysen, C. P., **4**, 649[65] (636)
Bozak, R. E., **8**, 1070[305] (1059)
Bozell, J. J., **8**, 935[605] (894)
Bozimo, H. T., **7**, 510[8] (469, 479, 480, 482)
Bozzini, S., **7**, 59f[3], 59f[3], 59f[3]
Braatz, J., **6**, 362[82] (360), 441[8] (387, 429)
Braatz, J. A., **6**, 442[93] (398, 421), 442[94] (398, 399, 400), 442[95] (398, 426); **8**, 928[96] (803), 928[104] (803), 928[105] (803, 818), 928[137] (806)
Braatz, J. D., **6**, 362[67] (359), 362[68] (359)
Brabant, C., **2**, 695f[2], 695f[3], 706[112] (696), 706[113] (696)
Braca, G., **4**, 664f[2], 675f[2], 689[78] (672, 673, 676), 689[85] (673), 689[87] (673), 690[135] (688), 690[136] (688), 810[7] (693, 705, 722), 810[42] (697, 699), 813[200] (720, 725), 813[240] (729, 735, 742, 744), 813[243] (730), 814[286] (744), 873f[9], 885[71] (859), 886[159] (875), 887[202] (883), 944f[8], 963[19] (934, 942), 963[28] (935, 937), 963[55] (940), 963[62] (940), 963[63] (940), 963[66] (941), 965[172] (961), 965[173] (961), 965[174] (961); **8**, 98[253] (71), 222[136] (159, 170, 188, 199, 201, 202, 212, 214), 223[176] (201), 331f[8], 339f[8], 382f[10], 455[70] (383), 606[68] (558, 601T), 606[75] (559, 595T, 601T), 609[245] (595T, 596T, 598T, 601T), 609[259] (596T), 609[260] (596T), 610[327] (601T), 796[100] (774)
Brader, Jr., W. H., **8**, 461[441] (440)
Bradford, C. W., **4**, 327[577] (306), 929[34] (928), 1059[95] (980), 1061[275] (1029), 1061[276] (1029); **6**, 806[56], 851f[58], 871f[140], 1028f[37], 1029f[56], 1040[64] (997)

Bradley, D. C., **2**, 194³⁶¹ (93), 198⁵⁴⁰ (129), 198⁵⁴⁰ (129), 198⁵⁴³ (130), 198⁵⁴⁴ (130), 198⁵⁴⁵ (130), 198⁵⁴⁶ (130), 302³⁹³ (295T), 509¹⁹² (422); **3**, 427⁷⁸ (355), 430²⁵⁰ (392), 431³³³ (426), 734f⁹, 780¹⁵² (756); **6**, 34⁸³ (16), 839f³
Bradley, E. B., **1**, 378³²⁰ (356)
Bradley, G. F., **2**, 510²⁵² (433); **4**, 689⁵³ (668); **6**, 1086f⁴
Bradley, J. S., **3**, 1077⁵⁹⁵ (1066); **4**, 247f¹⁰, 312f⁸, 329⁶⁸⁷ (318), 329⁶⁸⁸ (318), 649¹¹¹ (645), 688⁷ (662), 811⁷²ᵇ (700), 905f⁴, 908⁷⁷ (905), 908⁷⁸ (905), 908⁷⁹ (905), 963²¹ (935, 937, 940), 963³⁵ (937); **5**, 623¹⁶⁰ (565); **6**, 262¹¹⁴ (252, 257), 741³³⁹ (521); **8**, 96⁷⁷ (37, 38, 39, 71), 96⁷⁸ (37, 38, 71), 97¹⁷⁷ (56), 222⁹⁷ (122, 148), 339f¹⁰, 362⁷⁴ (288)
Bradley, M. G., **3**, 1249¹⁸⁶ (1196); **4**, 235¹⁰⁹ (172), 813²¹³ (723); **5**, 624¹⁹⁸ (568, 602); **8**, 280⁵⁷ (248), 367⁴⁴⁰ (351)
Bradshaw, A. M., **4**, 689⁴⁴ (667), 689⁴⁵ (667)
Bradshaw, C. P. C., **8**, 549²⁶ (503, 504)
Bradshaw, T. K., **7**, 458¹⁹⁰ (399)
Bradsher, C. K., **7**, 102¹³³ (20), 105²⁸⁸ (37, 37f), 105³³² (45), 106³⁸⁰ (51)
Brady, D. B., **2**, 197⁵¹⁹ (125), 507⁹⁵ (409); **7**, 655⁴⁹⁶ (606)
Brady, D. G., **8**, 930²²⁷ (823)
Brady, F., **1**, 732f³, 753⁴⁹ (734), 754¹⁰³ (743); **2**, 194³⁸³ (96)
Brady, R., **5**, 522¹⁹⁵ (302T, 303T, 304T, 305, 314), 554f⁴, 621⁷ (542, 543), 621¹⁵ (544)
Brady, III, R. C., **3**, 780¹⁰⁰ (730); **8**, 97¹⁶⁸ (55, 59)
Brady, W. T., **2**, 192²⁸⁸ (74), 192²⁸⁹ (74); **7**, 650²²³ (561)
Braendlin, H. P., **1**, 243¹⁶³ᵇ (174)
Braga, D., **6**, 872f¹⁵⁹
Braga, M., **5**, 265⁵⁴ (12); **6**, 12²² (5), 14¹¹³ (5)
Braga de Oliveira, A., **7**, 510³⁸ (475)
Bragin, J., **3**, 102f¹³
Bragin, O. V., **8**, 644¹⁹⁵ (616, 622T)
Brailovskii, G. M., **6**, 468⁶ (456)
Brain, F. H., **2**, 787f²
Brainina, E. M., **3**, 628⁸ (561, 564, 576), 628¹⁶ (562, 563, 564, 569, 573, 574, 575, 617, 618), 628¹⁷ (562, 563, 617, 618), 628¹⁹ (562, 564), 628²⁰ (562), 628²¹ (562, 564), 628²² (562, 575), 628²³ (562), 628²⁴ (563), 628²⁷ (563, 564), 628²⁹ (563, 564, 569), 628³¹ (563), 628³² (563, 564, 565, 573, 575), 628³³ (563), 628³⁴ (563, 564, 573, 575, 576), 628³⁵ (564, 605), 628³⁶ (564, 565, 573, 618), 629³⁷ (564, 575, 576, 617, 618), 629³⁹ (564, 565), 629⁴² (564, 572, 618), 629⁶⁷ (569), 629⁶⁸ (569, 574, 617, 618), 630¹¹⁶ (575, 576, 618), 630¹¹⁸ (576), 630¹²⁰ (576, 577), 630¹²² (577), 630¹³⁹ (580), 631¹⁹¹ (589), 632²⁴⁸ (617), 632²⁴⁹ (617, 618), 632²⁵⁰ (618)
Braithwaite, M. J., **5**, 560f³, 622⁹⁰ (559, 612); **6**, 1021f¹⁶¹, 1029f⁵⁸
Braitsch, D. M., **3**, 646⁵⁴ (645), 781²¹⁴ (776), 781²¹⁵ (776), 781²¹⁶ (776); **4**, 499f⁶, 507²²⁵ (439, 495, 500); **8**, 769⁶ (714T, 723T, 724T, 725T, 732), 1066¹¹⁷ᵃ (1031)
Brakas, A., **2**, 618¹⁵² (542)
Braman, R. S., **2**, 1017¹³¹ (997), 1017¹⁶⁵ (998), 1018²¹³ (1003, 1012f, 1014), 1018²¹⁴ (1003, 1012f), 1018²¹⁸ (1003, 1014), 1019²⁵⁸ (1008), 1019²⁹³ (1014)
Bramlett, C. L., **1**, 453⁵⁰ (422), 453⁵¹ (422), 453⁵⁵ (422)
Bramley, R., **3**, 133f¹, 169⁹³ (140), 1246⁴⁶ (1160); **4**, 326⁴⁶⁸ (296); **6**, 13⁴² (7), 744⁵¹⁹ (542), 748⁷⁹⁹ (589)
Brammer, K., **2**, 675¹⁰⁶ (641)
Bramoteeva, N. I., **3**, 267²⁵⁰ (214)
Branca, M., **8**, 365³¹⁴ (337), 497⁸³ (484)
Branca, S. J., **7**, 99f³²
Branch, D. K., **6**, 14¹²³ (8)
Brand, J. C., **2**, 199⁵⁹⁵ (145)
Brand, W. W., **7**, 95f¹⁰
Brandänge, S., **7**, 99f²², 105²⁷⁸ (36)

Brandau, D., **1**, 696f²⁷, 721¹⁰⁷ (701)
Branden, C. I., **6**, 1039¹⁹ (990)
Brandes, D., **2**, 6f¹⁶, 201⁶⁷⁹ (165), 201⁶⁸¹ (166), 202⁶⁹⁰ (167, 168), 202⁷⁰⁵ (172), 510²⁶¹ (435, 440), 623⁴⁶⁶ (581); **7**, 653³⁷² (578, 586), 654⁴³⁸ (598)
Brandes, H., **6**, 182¹⁴³ (165T, 170, 171); **8**, 644¹⁷⁶ (625)
Brandi, G., **3**, 269³⁷⁰ (242)
Brandl, A., **3**, 947⁵⁸ (821)
Brandl, F., **5**, 531⁷⁶⁸ (410)
Brandl, H., **3**, 326²⁴ (288), 695⁵⁷ (652, 665, 666)
Brandsma, L., **2**, 202⁷¹⁹ (176); **7**, 42f⁴, 42f⁶, 66f⁶, 74f⁶, 87f¹⁴, 96f¹¹, 109⁵¹⁶ (73), 654⁴⁴² (598), 654⁴⁷⁴ (599), 655⁵⁰⁴ (606)
Brandstätter, E., **2**, 516⁶¹⁵ (482)
Brändström, A., **7**, 160¹⁵⁷ (157)
Brandt, E. V., **7**, 510³⁰ (475)
Brandt, G. R. A., **2**, 704²³ᵃ (684, 689)
Brandt, J., **1**, 242¹¹⁴ (167, 168); **6**, 99³⁵³ (44), 139³ (105T, 111), 179¹⁴ (146T, 147, 156, 160T, 165T, 169), 182¹⁵¹ (156); **7**, 99¹⁵ᵈ (3); **8**, 457²²⁵ (405), 707¹⁶² (677, 679), 795⁶⁷ (782)
Brandt, S., **4**, 376¹⁵³ (372); **8**, 1008⁷⁴ (958)
Brandt, W., **2**, 707¹⁶² (701)
Brannock, K. C., **7**, 650²²⁰ (560)
Branson, P. R., **5**, 346f⁴, 404f²⁰, 418f⁵, 526⁴³² (342, 345, 347, 348, 382, 414), 532⁷⁹⁷ (414), 532⁷⁹⁸ (414)
Brant, P., **3**, 1141f¹⁷, 1143f⁶, 1147¹¹³ (1139); **4**, 180f², 236¹⁴⁴ (178, 180, 182), 1059¹⁴⁴ (990); **6**, 740²³⁷ (509)
Brantley, J. C., **3**, 629⁶⁵ (569), 766f¹, 767f³, 768f⁶, 781¹⁶⁸ (761, 769)
Branville, J., **7**, 650²⁰⁸ (559)
Brasington, R. D., **2**, 619¹⁷¹ (545)
Brassard, P., **7**, 650²⁰⁸ (559)
Braterman, P. S., **3**, 86⁴²⁶ (59, 60), 87⁴⁸¹ (69), 87⁴⁹⁷ (71), 87⁵⁰⁹ (74), 430²⁴⁰ (391), 694¹⁶ (649, 649T, 651, 660), 695⁶⁶ (653), 792f⁵, 833f⁶⁵, 946⁶ᵃ (789), 946⁶ᵇ (789), 1083f⁵, 1247⁹⁴ (1177), 1253³⁹⁶ (1242), 1260f⁵, 1384²⁵⁷ (1377); **4**, 65f¹⁵, 234³⁷ (164), 319³² (246), 320¹¹⁰ (253), 321¹³⁹ (258, 292), 324³⁵⁹ (285), 605²⁶ᶜ (517); **6**, 97²⁵⁹ (61T, 76), 744⁵⁰⁴ (541), 744⁵⁰⁶ (541), 744⁵¹⁰ (541, 566), 744⁵¹¹ (541, 566), 747⁶⁹⁷ (578), 747⁶⁹⁸ (578), 755¹²⁴⁰ (653), 838f², 839f⁸, 839f¹⁷, 873¹⁹ (764), 875¹¹⁶ (780), 1039¹² (988), 1111¹⁰¹ (1069, 1108)
Bratt, S. W., **2**, 275⁷⁵⁸ (251)
Bratton, R. F., **1**, 286f¹
Brattsev, V. A., **1**, 454⁹⁵ (428), 455¹³⁸ (432, 434), 455¹⁴⁰ (432, 434), 455¹⁷³ (438), 455¹⁷⁴ (438), 455¹⁷⁵ (438), 455¹⁷⁵ (438), 455¹⁷⁶ (439), 455¹⁷⁷ (439), 541²²⁸ᵃ (530), 541²²⁸ᵈ (530), 553³³ (549, 550)
Bratushko, Y. I., **6**, 140⁵¹ (132), 140⁷⁵ (132), 141¹⁰⁸ (132)
Brauer, D. J., **1**, 259f¹⁹, 262f⁵⁰, 410⁸⁶ (407), 676³⁴² (622); **2**, 303⁴¹¹ (295T), 903f¹, 908f¹⁹, 976³⁹⁰ (942, 958), 976³⁹² (942), 977⁴⁷³ (959); **3**, 457f⁴, 474⁷² (453, 458), 633²⁸⁹ (625), 633²⁹² (627), 633²⁹³ (627), 1067¹⁶ᵇ (960); **4**, 479f¹¹, 509²⁹³ (449), 553f⁸; **5**, 270⁴⁴¹ (143); **6**, 93³³ (48, 50T), 95¹²³ (46, 50T), 95¹⁴¹ (46, 50T), 140⁴² (103, 104T), 140⁹⁷ (124T, 131), 141¹⁴⁶ (105T, 108), 142¹⁸⁹ (115T), 142¹⁹⁰ (115), 143²³⁰ (105T, 108), 143²³³ (103T, 103), 181⁸⁸ (146T, 147, 151), 230⁴ (229), 278⁸ (266T, 267), 454³⁵ (452, 453), 454³⁶ (453); **7**, 196¹³⁵ (176); **8**, 670⁹⁸ (654), 1104¹² (1075), 1106¹¹⁷ (1102)
Brauer, G., **2**, 675⁶⁶ (637); **3**, 702⁴⁹⁸ (687, 689); **4**, 327⁵⁸⁴ (307), 328⁶⁵⁰ (313), 605¹⁴ᶜ (514, 519); **6**, 1019f⁴⁸
Brault, A. T., **4**, 320⁵⁹ (249, 291); **5**, 523²³⁹ (307)
Brault, D., **4**, 325⁴²⁵ (292), 375¹⁴⁴ (368)
Brault, M. A., **3**, 266¹⁵⁰ (195, 196); **7**, 100⁶¹ (7)
Brauman, J. I., **1**, 117¹³⁴ (72, 72T, 97); **4**, 312f², 319⁴² (246), 319⁴³ (246), 320¹¹⁶ (254, 315), 325⁴³⁴ (293), 373⁶ (332T, 333), 375¹¹⁰ (359); **8**, 220¹⁵ (107)
Braun, B. H., **7**, 227²³² (223)
Braun, F., **7**, 657⁶⁴⁹ (639)

Braun, G., **4**, 234³⁸ (164, 165), 240³⁹¹ (211, 212T), 240³⁹² (211, 212T); **5**, 264⁹ (3); **6**, 1039⁴⁵ (995)
Braun, J., **3**, 473²⁵ (437, 438); **7**, 322⁶⁵ (319), 322⁷³ (321)
Braun, L. M., **7**, 140¹⁷ (112), 160¹⁵⁴ (157), 194²⁸ (162)
Braun, M., **7**, 647⁵¹ (527), 654⁴⁸³ (603)
Braun, R., **2**, 198⁵⁵⁸ (132)
Braun, R. A., **1**, 275f³, 305²⁵¹ (279); **7**, 140¹⁷ (112), 160¹⁵⁴ (157), 194²⁸ (162), 252⁴⁷ (234)
Braun, R. W., **2**, 972¹⁵⁷ (891)
Braunagel, N., **2**, 298¹¹³ (235), 299¹⁸¹ (246)
Braund, N. C., **5**, 373f¹⁸, 528⁵⁶⁶ (369)
Braunstein, P., **2**, 784f³, 819¹⁰⁰ (785), 819¹⁰⁰ (785); **3**, 1187f¹², 1187f¹³, 1187f¹⁴, 1187f¹⁵, 1337f²⁰, 1338f²⁵; **4**, 151¹¹⁷ (27), 327⁵⁹⁶ (308); **5**, 267²²⁶ (48); **6**, 35¹⁰⁹ (21T, 23), 228²⁶⁸ (212, 213T), 348³⁴³ (322), 348³⁴⁴ (322), 737⁵⁴ (484), 737⁵⁵ (484), 737⁵⁶ (484), 805f⁴, 805f¹¹, 805f¹², 805f¹³, 806f⁶⁰, 806f⁶², 806f⁶⁴, 806f⁶⁵, 840f⁵², 840f⁶¹, 841f¹⁰⁵, 841f¹⁰⁶, 841f¹⁰⁷, 843f¹⁹⁵, 844f²⁴⁸, 845f²⁷⁶, 849f⁶ᵃ, 849f⁶ᵇ, 850f¹¹, 850f¹², 850f¹³, 850f¹⁴, 850f¹⁵, 850f²⁹, 850f³⁰, 850f³¹, 851f⁶¹, 868f¹³, 868f²⁵, 868f²⁷, 868f²⁸, 870f¹⁰⁵, 871f¹²⁰, 872f¹⁵², 872f¹⁵³, 874⁵⁶ (769), 875¹⁴⁰ (785), 876¹⁹⁵ (800, 807, 816)
Braur, D. J., **2**, 517⁶⁵³ (489)
Braus, R. J., **5**, 623¹⁶¹ (565)
Brause, A. R., **6**, 750⁹³⁴ (615), 754¹²²¹ (652)
Bravo, P., **2**, 706¹³⁸ (698); **6**, 344¹¹⁹ (300T, 303), 344¹²⁴ (300T, 303), 344¹³⁵ (302)
Bravo-Zhivotovskii, D. A., **2**, 514⁵²¹ (468, 471), 514⁵²² (468), 515⁵⁵⁰ (472)
Brawde, E. A., **1**, 53f¹¹
Brawn, N., **5**, 194f⁵
Bray, J., **3**, 1249¹⁶⁸ (1192)
Bray, L. E., **1**, 116⁵⁹ᵃ (54, 73); **7**, 76f⁴
Bray, L. S., **4**, 607¹⁶² (546)
Braye, E. H., **1**, 41¹⁶² (35), 42¹⁸¹ (37, 38), 375¹³³ (327); **2**, 299²⁰³ (250), 299²⁰⁴ (251), 820¹²² (790); **3**, 80⁴ (2), 631²⁰² (591); **4**, 321¹²³ (255), 323²⁸⁸ (276), 507²³¹ (439), 508²⁶⁴ (444), 607¹⁸⁰ (549), 609³¹⁰ (580), 648¹ (615, 644), 648³⁶ (625); **7**, 109⁵⁰⁹ (72); **8**, 1009¹⁵⁶ (980)
Breakell, K. R., **1**, 700f¹⁵, 723²²⁶ (715), 723²⁶⁸ (718)
Breed, L. W., **2**, 198⁵⁵⁴ (132), 198⁵⁵⁷ (132)
Breederveld, H., **8**, 281⁸² (258)
Breemhaar, W., **8**, 607¹⁰⁵ (563, 599T, 600T)
Breen, M. J., **6**, 844f²⁴⁵
Breen, M. S., **6**, 875¹⁴⁶ (787)
Breer, H., **5**, 285f², 520⁵⁸ (283, 294)
Breeze, P. A., **3**, 81⁹⁵ (12)
Bregadze, V. I., **1**, 673¹⁸⁶ (593), 689f¹⁴, 696f⁸, 720⁶⁸ (691), 721⁹¹ (694), 723²⁵⁵ (717), 723²⁵⁶ (717), 752²⁸ (729); **2**, 973²⁴⁰ (905, 935)
Brégeault, J. M., **4**, 236¹⁸⁰ (182)
Brehm, H. P., **3**, 1251²⁹¹ (1219); **6**, 33²⁸ (18), 142²¹² (127)
Breil, H., **1**, 671³⁰ (559); **3**, 270⁴²⁶ (262), 270⁴²⁸ (262), 270⁴²⁹ (262), 327⁴⁵ (294), 545¹ (476), 703⁵⁸⁶ (694); **6**, 261²¹ (245); **7**, 454⁷ (368, 442); **8**, 454³³ (377), 457²²⁶ (405), 707¹⁶¹ (677), 795⁸⁹ (792), 927⁵¹ (801)
Breithölle, E. G., **8**, 930²⁸⁷ (840)
Breitinger, D., **2**, 943f³, 944f¹⁴, 973¹⁹⁷ (898), 973²¹⁹ (900)
Breitman, V. M., **8**, 707¹⁷⁹ (701)
Breitschaft, S., **3**, 1068⁵⁷ (972), 1068⁵⁹ (972, 92); **4**, 155⁴¹⁸ (115); **6**, 33³ (15), 843f²⁰⁵, 1021f¹²⁸, 1021f¹²⁹, 1032f²³, 1040⁶⁸ (997); **8**, 1064¹³ (1016, 1060)
Brelière, C., **1**, 246³³⁰ (195); **2**, 17f¹⁷, 187⁷⁶ (19), 188⁸⁰ (20), 509¹⁸⁵ (422)
Bremer, N. J., **4**, 51f⁵³, 153²³² (60)
Bremner, S., **1**, 120²⁸⁷ (105)
Brencze, L., **3**, 1089f¹²

Brendel, G., **4**, 321¹⁵⁰ (260, 315)
Brendel, G. J., **1**, 151¹¹¹ (127), 151¹²¹ (127), 677⁴⁰⁸ (626); **7**, 455⁶⁰ (382)
Brendel, K., **6**, 241²⁴ (237)
Brendhaugen, K., **1**, 264f⁶, 673¹⁴⁵ (588)
Breneman, G. L., **4**, 155³⁹¹ (102)
Brener, L., **1**, 275f²², 374⁹⁵ (321), 374⁹⁹ (321); **7**, 141³¹ (116, 119), 158⁶⁶ (146, 151), 196¹³⁹ (177), 196¹⁴⁰ (177, 180), 196¹⁵⁰ (180), 224²⁴ (200), 224²⁵ (200), 298¹⁰ (268)
Brennan, D. E., **1**, 409³¹ (386, 392), 539¹²³ (496)
Brennan, J. A., **8**, 98²²³ (61)
Brennan, J. F., **2**, 971⁷⁶ (874)
Brennan, J. P., **1**, 539¹²⁵ (497, 533T), 540¹³⁰ᵇ (498, 536); **6**, 945²⁵⁷ (931)
Brennan, T., **1**, 244¹⁷⁵ (175)
Brenner, A., **1**, 150⁶² (123, 148), 153²⁴⁹ (148); **6**, 942⁶³ (901, 902T); **8**, 549⁶ᵇ (500)
Brenner, K. S., **4**, 435f⁸, 435f²⁷; **5**, 479f¹³, 536¹⁰⁸⁵ (468), 606f¹, 627⁴⁴⁵ (605)
Brenner, S., **1**, 120²⁸⁴ (105), 120²⁹¹ (106)
Brenner, W., **1**, 681⁷⁰⁵ (666), 681⁷⁰⁹ (666), 681⁷¹⁰ (666); **8**, 403f¹, 457²¹⁰ (403, 404, 407), 457²¹¹ (404, 407), 457²¹³ (404), 459³⁵⁰ (426), 459³⁵¹ (426, 427), 704⁴ (681), 704¹⁷ (681), 707¹⁶⁴ (672, 673)
Brennig, H. J., **3**, 798f²², 798f²³, 798f²⁵, 863f⁴¹, 863f⁴², 863f⁴³
Brent, W. N., **3**, 1249¹⁸⁹ (1198, 1203), 1382¹⁵⁵ (1356)
Breque, A., **4**, 158⁶⁰⁸ (138)
Bresadola, S., **1**, 377²⁵³ (348), 377²⁵⁵ (348); **5**, 622⁷⁷ (552), 625²⁵³ (579), 625²⁵⁴ (579), 625²⁵⁵ (579); **6**, 227²³⁸ (219), 345¹⁸⁷ (309, 340); **8**, 291f²⁶
Bresciani-Pahor, N., **5**, 100f³, 100f⁴, 100f⁵, 101f¹, 101f¹, 269³³⁹ (99), 269³⁴⁰ (99, 116, 131); **6**, 743⁴⁷⁴ (536, 536T, 540)
Bresler, L. S., **3**, 447f¹¹, 460f⁹, 474⁸³ (462), 474⁹² (463); **4**, 320⁶¹ (249, 287); **5**, 291f², 523²³¹ (305); **6**, 13⁶² (8)
Breslow, D. S., **1**, 672¹¹⁰ (577); **3**, 303f¹, 328¹⁵⁸ (321), 406f³; **4**, 320¹⁰⁴ (252); **5**, 48f⁴, 51f³, 52f¹, 64f¹¹, 213f¹, 273⁶²⁵ (211); **7**, 464⁵⁵⁶ (453); **8**, 221⁷¹ (116, 118, 140), 221⁷¹ (116, 118, 140), 222¹¹⁴ (140, 158), 223¹⁷⁵ (194, 203), 361⁵¹ (287), 361⁵³ (287)
Breslow, R., **1**, 115³² (47, 101, 101T); **4**, 435f¹⁹; **5**, 269³¹³ (86); **7**, 67f⁶, 654⁴⁷¹ (602)
Bressan, M., **4**, 695f⁷, 695f⁸, 813²⁶⁴ (739, 792); **5**, 32f¹, 40f⁵, 229f³, 266¹⁴⁴ (30, 31), 274⁶⁷¹ (228), 299f¹⁰, 522¹⁵⁹ (298), 552f⁷, 556f³, 622⁶⁸ (551); **6**, 35¹³³ (24), 36²⁰³ (21T, 24), 99³⁸³ (39, 43T), 143²⁵⁸ (122T); **8**, 643¹⁵³ (626, 627T)
Bretherick, H. D., **7**, 263²² (256), 299²² (271, 290), 336⁴⁵ (332), 346³ (337, 338)
Bretschneider, E. S., **2**, 678²⁸⁷ (661)
Breu, R., **4**, 328⁶¹⁷ (310); **6**, 981⁸⁸ (977), 1020f¹¹², 1021f¹²⁴, 1021f¹²⁵, 1040⁶⁹ (997), 1041¹³⁰ (1013)
Breuer, E., **1**, 307³⁹⁵ (289); **7**, 224²⁷ (200), 225¹⁵⁴ (210), 225¹⁵⁵ (210), 299⁴⁰ (274)
Breuer, H., **3**, 698²⁵³ (668), 966f⁸; **6**, 1061f⁷
Breuer, S. W., **1**, 272f¹⁴, 273f³⁹, 754¹³⁰ (749); **2**, 976⁴¹⁸ (950, 951), 976⁴²³ (950); **7**, 299³¹ (273), 336²¹ (326), 336²² (326), 513¹⁸⁹ (502, 507)
Breunig, H. J., **2**, 200⁶²⁹ (154), 200⁶³⁰ (154), 514⁵⁰⁸ (467), 514⁵¹⁰ (468), 514⁵¹¹ (468), 514⁵¹² (468), 514⁵¹⁴ (468), 707¹⁷³ (703); **3**, 863f³⁰; **6**, 34⁶⁹ (20T, 28, 30), 36²¹⁴ (22T)
Breunig-Lyriti, V., **2**, 200⁶³⁰ (154)
Brevnova, T. N., **2**, 508¹⁶⁰ (417)
Brewer, F., **7**, 105³¹² (42)
Brewer, F. M., **2**, 509²¹⁷ (425)
Brewer, G. A., **1**, 542²⁵⁶ (535)
Brewer, P. D., **7**, 102¹³³ (20), 105³³² (45)
Brewer, T. L., **1**, 117¹³³ (72)
Brewis, S., **8**, 931³¹⁶ (845, 846, 900), 936⁶⁴⁸ (900)
Brewster, J. H., **7**, 456⁹¹ (386)
Brey, Jr., W. S., **1**, 260f²⁵, 272f⁶, 303⁹⁷ (268), 303⁹⁹ (268), 303¹⁰⁰ (268), 376¹⁹⁴ (338, 339), 378³¹⁸ (356)

Brezinski, M., **5**, 273^{581} (192, 235); **6**, 141^{144} (134, 134T), 278^{62} (277), 469^{54} (465); **8**, 669^{73} (658T)
Brice, M. D., **3**, 104f^3, 156f^{14}, 170^{133} (153), 1247^{101} (1179); **4**, 606^{104} (532); **6**, 1111^{89} (1065), 1112^{153} (1083)
Brice, V. T., **1**, 456^{220} (446), 456^{230a} (448, 450), 457^{240} (450), 457^{240} (450), 539^{103a} (490, 498); **6**, 945^{249} (928T, 930, 937T), 945^{250} (928T, 930), 945^{260} (931); **8**, 769^{18} (722T, 723T, 732)
Bricker, J. L., **2**, 1018^{213} (1003, 1012f, 1014)
Bridger, G. W., **8**, 280^{16} (229)
Bridger, R. F., **1**, 377^{285} (351)
Bridges, D. M., **3**, 842f^{13}, 842f^{14}
Bridges, J. W., **2**, 626^{666} (609)
Bridson, J. N., **7**, 142^{106} (131), 197^{196} (190), 299^{74} (278), 336^{30} (328)
Brief, R. S., **4**, 319^3 (244)
Brieger, G., **1**, 285f^{31}
Briel, H., **3**, 279^{19} (271)
Brieland, W. G., **2**, 196^{438} (111)
Brier, P. N., **6**, 1018f^{18}, 1028f^{24}
Briggs, A. G., **1**, 375^{129} (325)
Briggs, D., **6**, 752^{1052} (630), 755^{1280} (657, 657T)
Briggs, E. M., **6**, 93^{28} (87, 91T); **8**, 796^{105} (774, 777), 796^{118} (776, 792), 796^{119} (777, 792)
Briggs, J. R., **3**, 108f^{32}; **6**, 752^{1082} (634, 641, 644T, 651, 652), 754^{1180} (645T, 651, 652)
Briggs, P. R., **2**, 397^{113} (387)
Briggs, W. L., **3**, 851f^{14}
Bright, A., **5**, 523^{216} (304T), 531^{736} (401), 539^{1292} (520), 549f^5, 554f^3; **6**, 443^{120} (401, 436), 444^{219} (412)
Bright, D., **4**, 51f^{69}, 142f^2, 326^{506} (299), 387f^8, 480f^{10} 607^{166} (547); **6**, 752^{1018} (624T), 752^{1019} (624T)
Brikenshtein, A. A., **8**, 1105^{51} (1085)
Bril, S., **4**, 320^{109} (253)
Brilkina, T. G., **1**, 115^{28a} (46), 310^{549} (298); **2**, 201^{676} (165), 510^{263} (435, 440), 510^{264} (435, 440), 677^{217} (654), 677^{218} (654), 678^{266} (659), 705^{54} (687), 977^{485} (960); **7**, 336^{18} (326)
Brill, T. B., **1**, 720^{61} (690), 720^{62} (690), 721^{111} (701, 705), 721^{114} (701, 705, 712), 722^{149} (705), 722^{195} (712); **5**, 271^{508} (169), 272^{516} (172); **6**, 755^{1282} (657), 1020f^{91}, 1032f^{29}, 1035f^{20}, 1040^{109} (1007)
Brill, W. J., **8**, 1104^4 (1074)
Brille, F., **8**, 706^{112} (677), 706^{113} (672, 677)
Brimm, E. O., **4**, 2f^4, 149^9 (6, 8, 22, 24, 43); **6**, 35^{132} (24)
Brinckman, F. E., **1**, 256f^6, 273f^{34}, 273f^{38}, 285f^{32}, 285f^{33}, 302^{31} (259, 271, 273, 279, 283), 304^{188} (270, 292), 304^{197} (271); **2**, 621^{286} (557, 558), 621^{287} (557), 626^{658a} (608), 706^{85} (691), 969^{11} (864), 1015^{26} (981), 1015^{38} (982), 1015^{39} (982, 995), 1015^{40} (982), 1016^{56} (983, 991f, 995), 1016^{98} (989, 999, 1008), 1017^{171} (999, 1008), 1018^{209} (1002, 1003, 1012f), 1018^{226} (1004)
Brinckmann, F. E., **1**, 151^{148} (133), 676^{376} (624), 696f^{26}, 721^{115} (701), 727f^5, 752^8 (726)
Brindell, G. D., **1**, 680^{642} (652); **7**, 457^{159} (395)
Brindley, P. B., **1**, 307^{355} (288); **3**, 474^{117} (470), 630^{141} (580), 645^{25} (638), 1147^{106} (1134), 1312f^5, 1319^{151} (1313)
Brinen, J. S., **3**, 264^{42} (178)
Brink, R. W., **4**, 33f^{38}, 33f^{39}, 152^{171} (43, 101, 102), 236^{152} (178, 215T, 215)
Brinkmann, A., **8**, 455^{112} (390), 642^{68} (633, 634T), 642^{90} (634T, 635T, 638), 796^{115} (776)
Brinkmann, R., **8**, 458^{298} (417)
Brinkmeyer, R. S., **7**, 101^{90} (13)
Brint, R. P., **1**, 539^{111} (492); **6**, 944^{211} (919, 923, 926), 944^{221} (923), 944^{231} (925, 926)
Brintzinger, H. H., **3**, 83^{247} (35), 84^{272} (37), 286f^1, 327^{94} (305), 328^{115} (311), 328^{139} (315), 328^{143} (316), 328^{144} (316, 317, 320), 368f^{18}, 368f^{20}, 398f^5, 398f^{59}, 398f^{60}, 428^{138} (363), 430^{263} (396), 430^{264} (396), 557^{29} (550), 629^{46} (567), 700^{398} (676), 713f^7, 713f^9, 735f^7, 736f^1, 737f^1, 750f^6, 769f^9, 780^{123} (742, 774), 971f^1, 1248^{131} (1185), 1249^{187} (1196), 1380^{29} (1328), 1381^{115} (1343, 1379), 1382^{131} (1346); **4**, 499f^3, 507^{226} (439, 501), 607^{119} (537, 539f); **5**, 194f^{22}, 270^{442} (144, 206, 207, 241), 275^{756} (251); **6**, 943^{117} (905), 943^{119} (905, 906T); **8**, 291f^1, 291f^{33}, 293f^1, 365^{298} (330), 608^{159} (578), 609^{225} (594T, 597T), 1068^{222} (1048), 1076f^3, 1076f^9, 1104^{17} (1077)
Briody, J. M., **7**, 513^{175} (499, 503)
Brion, F., **8**, 1009^{119} (973)
Brisdon, B. J., **3**, 810f^{12}, 1089f^{13}, 1156f^4, 1156f^5, 1156f^6, 1156f^9, 1156f^{11}, 1246^{30} (1157), 1246^{31} (1157), 1246^{32} (1158), 1327f^3, 1327f^4, 1327f^7, 1327f^8; **4**, 153^{228} (59), 240^{423} (212T, 231, 232T)
Brisdon, B. R., **4**, 235^{92} (168)
Brisse, F., **2**, 6f^{18}, 202^{697} (169)
Bristow, G. S., **3**, 631^{162} (583, 591, 600), 631^{182} (586, 608, 615), 632^{242} (582, 611)
Brittain, A. H., **6**, 227^{197} (210), 227^{197} (210)
Brittain, H., **3**, 264^{41} (178)
Brittain, J. N., **6**, 1086f^2, 1113^{163} (1086)
Britton, D., **1**, 732f^{11}, 732f^{12}, 732f^{13}, 753^{45} (733), 753^{68} (735); **2**, 620^{266} (555), 620^{273} (555), 819^{120} (790)
Brix, H., **3**, 1246^{11} (1153), 1379^{15} (1325)
Brix, P., **3**, 265^{121} (188)
Broach, R. W., **3**, 270^{409} (256, 257); **4**, 1058^{36b} (971, 972); **5**, 273^{615} (208), 534^{970} (442); **6**, 96^{178} (43T, 44), 96^{178} (43T, 44)
Broaddus, C. D., **1**, 116^{73} (56)
Broadhead, G. D., **3**, 1177f^2
Broadhurst, M. J., **4**, 422f^{14}, 506^{157} (424), 608^{207} (556, 559f, 561); **8**, 1010^{223} (1005)
Broadhurst, P. V., **4**, 1063^{352} (1046), 1063^{353} (1046)
Broadley, K., **4**, 325^{458} (295), 510^{361} (468), 510^{363} (469)
Brocas, J.-M., **2**, 625^{615} (601, 602)
Brockhaus, M., **3**, 851f^{25}; **6**, 839f^{40}, 875^{125} (782)
Brockway, D. J., **5**, 269^{378} (118)
Brockway, L. O., **3**, 789f^1, 1146^8 (1082), 1317^6 (1257); **4**, 326^{469} (296); **5**, 266^{118} (25); **7**, 263^{16} (255)
Brodack, J. W., **3**, 838f^{18}
Brodersen, K., **6**, 241^{23} (237), 241^{35} (239)
Brodie, A. M., **3**, 797f^{13}, 863f^{12}, 879f^8, 879f^{12a}, 949^{219} (881), 1085f^{14}, 1262f^{14}, 1275f^7, 1317^{31} (1274); **4**, 52f^{89}, 241^{428} (214, 215T, 231, 232T), 508^{252} (442); **5**, 536^{1106} (471T, 474T, 475T), 627^{399} (600)
Brodskaya, E. I., **2**, 508^{110} (410)
Brodskaya, I. G., **2**, 978^{511} (964)
Brodzki, B., **5**, 536^{1094} (471T, 472T, 474T)
Brodzki, D., **5**, 535^{1043} (461), 536^{1096} (470, 471T, 472T, 475T), 627^{413} (601), 627^{424} (602, 614); **8**, 99^{265} (75, 76), 99^{269} (76, 77)
Brodzky, A., **1**, 245^{260} (186, 204)
Broeckman, Jr., R. K., **7**, 96f^{10}
Brogli, F., **6**, 179^3 (146T, 152)
Brois, S. J., **7**, 299^{48} (275)
Broitman, M. O., **8**, 311f^{15}, 1106^{109} (1101), 1106^{110} (1101)
Bröker, N., **8**, 608^{204} (592, 599T)
Brönneke, A., **7**, 99f^{28}
Brook, A., **7**, 657^{625} (634)
Brook, A. G., **2**, 83f^{753}, 187^{31} (7, 83), 189^{138} (32), 189^{159} (36), 191^{257} (62, 74), 191^{261} (64), 192^{276} (71, 72f, 74), 192^{277} (71), 192^{283} (72, 72f), 192^{284} (72), 192^{285} (73), 192^{286} (73), 192^{287} (74), 192^{302} (77), 194^{355} (91), 196^{428} (109), 196^{433} (110), 197^{517b} (124), 298^{117} (236), 300^{250} (263), 300^{251} (263), 301^{323} (278), 395^{23} (367), 501f^5, 507^{66} (405, 409), 508^{121} (408, 412, 413), 508^{139} (412), 509^{215} (425, 440), 509^{216} (425), 515^{564} (474), 908f^8, 971^{117} (885, 935); **7**, 159^{77} (146), 647^{49} (526), 647^{85} (534), 652^{360} (585), 657^{607} (631), 657^{608} (631), 657^{611} (632), 657^{614b} (632, 635, 638), 657^{614c} (632, 635, 638),

657^{618} (633, 635, 638), 657^{626} (634), 657^{626} (634), 657^{628} (635), 657^{638} (638), 657^{639} (638), 659^{712} (645)
Brookes, A., **4**, 608^{223} (563), 815^{347} (753), 920^{13} (911, 913), 920^{26} (912, 914), 920^{35} (916), 920^{39} (917); **6**, 843f^{177}, 1111^{47} (1052)
Brookes, P. R., **5**, 533^{902} (430, 470), 534^{925} (430); **6**, 742^{373} (524), 749^{863} (601)
Brookhart, M., **3**, 103f^6, 146f^1, 169^{110} (146), 1252^{345} (1230); **4**, 156^{453} (122), 375^{134} (368, 369, 369T), 375^{134} (368, 369, 369T), 375^{135} (366, 368, 369T), 376^{154} (372), 418f^2, 418f^3, 435f^{30}, 435f^{31}, 504^{40} (386), 504^{50} (392), 505^{97} (404, 417), 505^{99} (405, 466, 467), 506^{138} (417, 469), 507^{223} (438, 464, 465), 507^{224} (438, 464, 465), 508^{254} (443), 509^{317} (452), 509^{350} (465), 509^{353} (466, 497), 512^{491} (497); **6**, 141^{150} (105T, 117, 121T); **8**, 551^{107} (528), 1008^{72} (957), 1010^{219} (1005), 1010^{220} (1005)
Brookhart, M. S., **4**, 507^{182} (429, 464, 496, 497, 498), 507^{182} (429, 464, 496, 497, 498), 509^{354} (466)
Brooks, E. H., **2**, 507^{63} (405, 462, 463), 515^{540} (470); **4**, 328^{633} (310); **6**, 349^{448} (341), 349^{449} (341), 1061f^1, 1066f^1, 1074f^1, 1080f^1, 1085f^1, 1093f^1, 1094f^1, 1110^1 (1044, 1047, 1048, 1050, 1051, 1052, 1055, 1056, 1057, 1061, 1063, 1064, 1065, 1075, 1082, 1083, 1096, 1099, 1106, 1108), 1113^{182} (1090)
Brooks, H. G., **7**, 647^{88} (535)
Brooks, J. J., **1**, 41^{116} (23), 118^{191} (83, 84T, 85), 118^{195} (83, 84T), 120^{316} (113), 251^{598} (234)
Brooks, J. S., **2**, 524f^2, 621^{324} (563), 621^{344a} (566), 622^{351} (567), 627^{711} (615), 627^{712} (615)
Broomhead, J. A., **3**, 1119f^{10}
Brosche, T., **7**, 196^{144} (178), 225^{106} (207)
Broser, W., **1**, 118^{200} (83, 84T); **7**, 653^{384} (589)
Brossas, J., **7**, 108^{475} (65)
Broster, F. A., **1**, 272f^{14}; **7**, 299^{31} (273), 336^{21} (326)
Brothers, P. J., **4**, 811^{89} (703, 809), 1059^{113} (984), 1060^{161} (994, 996); **8**, 361^{13} (286)
Brotherton, P. D., **3**, 1067^5 (955), 1246^9 (1153); **4**, 327^{583} (307); **6**, 1028f^{16}, 1029f^{67}, 1039^{17} (989, 991, 994), 1040^{86} (1001), 1040^{87} (1001)
Brotherton, R. J., **1**, 373^{5d} (313, 314, 315, 316, 318, 322, 326, 329, 333, 334, 335, 337, 338, 341, 342, 364, 366), 373^6 (313), 378^{343} (359); **7**, 263^{11} (255)
Brötz, W., **8**, 97^{150}, 97^{152} (49)
Brough, L. F., **2**, 379f^1, 380f^1, 395^5 (365, 379, 380, 387, 388), 396^{74} (378), 396^{75} (378), 396^{75} (378), 396^{76} (378), 396^{77} (378, 379)
Brousse, E., **8**, 645^{210} (632)
Broussier, R., **3**, 767f^{10}, 767f^{12}, 767f^{13}, 767f^{20}, 767f^{21}, 781^{198} (772); **8**, 1065^{76} (1025)
Brouwers, A. M. F., **4**, 327^{547} (303, 304), 841^{87} (836)
Brow, R. A., **3**, 863f^{14}
Brower, K. R., **6**, 33^6 (16)
Brown, A., **2**, 945f^2
Brown, A. J., **2**, 975^{351} (932, 947T); **3**, 1252^{365} (1233), 1383^{238} (1373)
Brown, B. S., **1**, 249^{464} (211)
Brown, B. W., **6**, 748^{798} (588)
Brown, C., **1**, 303^{113} (268), 453^{42} (421); **5**, 280f^7, 282f^6, 285f^1, 291f^1, 327f^6, 327f^{10}, 520^{17} (280, 339), 525^{335} (322, 324), 525^{366} (333, 334); **6**, 736^{34} (480), 736^{35} (480)
Brown, C. A., **1**, 374^{92} (321); **7**, 103^{212} (28), 196^{142} (177, 179), 653^{409} (594); **8**, 365^{328} (338, 348), 644^{184} (632)
Brown, C. E. H., **3**, 436f^{14}
Brown, C. H., **1**, 679^{579} (647); **7**, 460^{346} (419)
Brown, C. K., **5**, 404f^{39}, 522^{144} (297), 530^{681} (393, 426), 531^{719} (398), 538^{1233} (493, 494), 623^{111} (561), 623^{124} (561), 624^{227} (575, 590), 626^{359} (595); **8**, 222^{91} (121, 126, 144), 367^{428} (349)
Brown, C. L., **1**, 453^{41} (421), 453^{41} (421)
Brown, C. P., **3**, 267^{216} (210)
Brown, D., **3**, 264^{30} (178), 264^{31} (178), 269^{326} (232), 778^{16} (706)

Brown, D. A., **1**, 541^{189} (520); **3**, 81^{87} (9), 82^{158} (24), 82^{182} (28), 83^{236} (33), 84^{284} (40), 84^{285} (40), 84^{287} (40), 84^{296} (40), 1022f^2, 1029f^6, 1072^{256} (1011), 1072^{282} (1015), 1073^{327b} (1022), 1073^{359} (1026, 1029), 1074^{384} (1032), 1074^{389} (1032), 1074^{393a} (1032), 1075^{468} (1043, 1044), 1251^{266} (1214), 1383^{183} (1363), 1383^{199} (1365); **4**, 235^{111} (173), 512^{473} (492), 512^{500} (498), 818^{551} (780, 781), 818^{552} (780); **5**, 274^{650} (218); **6**, 140^{76} (103), 761^{1661} (724), 842f^{131}, 845f^{283}; **8**, 1066^{103} (1028), 1066^{110} (1030)
Brown, D. B., **6**, 442^{101} (399), 746^{677} (573), 747^{701} (580), 755^{1260} (654, 655); **8**, 551^{111d} (529)
Brown, D. C., **1**, 275f^3, 305^{251} (279); **3**, 279^{55} (277); **7**, 252^{47} (234), 456^{114} (390)
Brown, D. G., **5**, 115f^1, 268^{302} (81, 102, 103, 115, 117, 129), 270^{399} (130)
Brown, D. L. S., **1**, 410^{82} (404); **3**, 1034f^1, 1034f^3, 1067^{13} (958), 1074^{402} (1034, 1056), 1247^{75} (1171), 1251^{270} (1215, 1224), 1383^{185} (1363), 1383^{204} (1366); **4**, 389f^5, 454f^{14}; **5**, 276^{809} (264)
Brown, D. R., **7**, 253^{120} (246)
Brown, D. S., **2**, 904f^{13}, 904f^{18}, 904f^{19}, 973^{247} (906), 973^{248} (906), 973^{249} (906), 973^{252} (906); **3**, 372f^6, 429^{165} (373), 630^{111} (575); **4**, 325^{401} (289)
Brown, E. S., **8**, 368^{481} (354), 368^{482} (354, 355, 356f, 357, 358), 644^{172} (632), 644^{174} (632), 644^{175} (632), 934^{522} (880), 934^{523} (880)
Brown, F. J., **3**, 950^{246} (888, 899), 1317^{48} (1278)
Brown, G. C., **1**, 306^{294} (283)
Brown, Jr., G. G., **8**, 1010^{173} (986, 988)
Brown, G. M., **3**, 270^{409} (256, 257); **4**, 817^{468} (768, 773); **8**, 1070^{335c} (1061, 1062)
Brown, H. C., **1**, 274f^2, 275f^4, 275f^6, 275f^{10}, 275f^{11}, 275f^{12}, 275f^{13}, 275f^{14}, 275f^{15}, 275f^{16}, 275f^{17}, 275f^{18}, 275f^{19}, 275f^{20}, 275f^{21}, 275f^{22}, 275f^{23}, 275f^{24}, 275f^{26}, 275f^{27}, 275f^{28}, 275f^{30}, 275f^{38}, 275f^{39}, 285f^{23}, 285f^{24}, 285f^{25}, 285f^{36}, 286f^2, 302^2 (254, 271, 274, 281, 298), 302^3 (254, 271, 274, 295, 298, 299), 302^5 (254, 270, 271, 298), 303^{102} (268, 269, 300), 305^{206} (274), 305^{260} (280), 305^{269} (281), 306^{280} (283), 306^{286} (283), 306^{292} (283), 306^{293} (283), 306^{296} (283), 306^{314} (284), 306^{324} (287), 306^{330} (287, 293), 307^{340} (287), 307^{341} (287), 307^{343} (287, 288), 307^{344} (287), 307^{346} (287), 307^{348} (287), 307^{358} (288), 307^{360} (288), 307^{379} (289), 307^{382} (289), 307^{383} (289), 307^{385} (289), 307^{395} (289), 307^{401} (290), 307^{402} (290), 307^{403} (290), 307^{404} (290), 307^{405} (290), 308^{408} (291), 308^{414} (291), 308^{434} (292), 308^{437} (292), 308^{438} (292), 308^{439} (292), 308^{440} (292), 308^{444} (293), 308^{445} (293), 308^{446} (293), 308^{455} (293, 294), 308^{456} (293), 308^{457} (293), 308^{461} (294, 295), 308^{465} (294), 308^{474} (295), 308^{477} (295), 308^{478} (295), 309^{500} (296, 297), 309^{502} (297), 309^{503} (297), 309^{504} (297), 309^{505} (297), 309^{506} (297), 309^{515} (297, 298), 309^{516} (297), 309^{518} (297), 309^{519} (297), 309^{520} (297), 309^{521} (297), 309^{523} (297), 309^{524} (297), 310^{555} (299), 310^{556} (299), 310^{590} (301), 373^{11} (313), 373^{12} (313), 373^{19} (313), 373^{53a} (313), 373^{53b} (313), 374^{62} (313), 374^{63} (313, 314, 315, 317, 318, 319, 321, 322, 334, 335), 374^{84} (319, 320), 374^{85} (320), 374^{89} (320), 374^{91} (321), 374^{95} (321), 374^{96} (321), 374^{97} (321), 374^{98} (321), 374^{99} (321), 374^{100} (321), 374^{104} (321), 374^{109} (321), 374^{110} (321), 374^{111} (321), 374^{113} (322), 374^{114} (322), 374^{118} (323), 379^{399a} (364), 379^{399b} (364), 596f^1, 671^{48a} (562, 566, 615, 633), 672^{83} (571), 675^{293} (614), 675^{294} (614), 679^{527} (637), 679^{528} (637); **2**, 875f^2, 876f^2, 878f^2, 893f^2, 970^{42} (869), 970^{44} (869, 870), 970^{45} (869, 870), 971^{82} (875), 971^{82} (875), 971^{83} (876), 971^{105} (882); **7**, 140^1 (112), 140^2 (112), 140^3 (112, 113, 114, 119), 140^{10} (112, 123, 129, 134), 140^{11} (112, 113, 114, 140), 140^{18} (114), 140^{19} (114), 140^{20} (114), 140^{21} (114), 140^{22} (114), 141^{23} (115, 121), 141^{24} (115), 141^{25} (115), 141^{26} (115), 141^{27} (115), 141^{28} (115), 141^{29} (115), 141^{30} (116), 141^{31} (116, 119), 141^{33} (117), 141^{34}

(117), 141^{35} (117, 118, 138), 141^{36} (117, 118), 141^{37} (118), 141^{38} (118), 141^{39} (118), 141^{40} (119), 141^{41} (119), 141^{42} (119), 141^{43} (119), 141^{44} (119), 141^{45} (120), 141^{46} (120), 141^{47} (120), 141^{48} (120), 141^{51} (121), 141^{52} (121), 141^{53} (121), 141^{54} (121), 141^{55} (121), 141^{56} (122), 141^{57} (122), 141^{58} (122), 141^{59} (122), 141^{60} (122), 141^{61} (123), 141^{62} (123), 141^{63} (123), 141^{64} (123), 141^{65} (124), 141^{66} (124), 141^{68} (124, 125), 141^{69} (124), 141^{70} (125), 141^{71} (125), 141^{72} (125), 141^{73} (125), 141^{74} (125), 141^{75} (125), 141^{76} (126), 141^{77} (126), 141^{78} (126), 141^{79} (126), 141^{80} (126), 141^{81} (126), 141^{82} (126), 141^{83} (127), 141^{84} (127), 141^{85} (127), 141^{86} (127), 141^{89} (128), 141^{90} (128), 141^{91} (128), 141^{92} (128), 141^{93} (129), 141^{94} (129), 141^{95} (129), 142^{97} (129), 142^{105} (131), 142^{106} (131), 142^{107} (131), 142^{108} (132), 142^{109} (132), 142^{110} (132), 142^{111} (132), 142^{112} (133), 142^{113} (133), 142^{114} (133), 142^{115} (133), 142^{116} (133), 142^{117} (133), 142^{118} (133), 142^{119} (133, 134), 142^{121} (134), 142^{122} (134), 142^{131} (136), 142^{133} (136), 142^{134} (136), 142^{137} (137), 142^{140} (137), 144f^{1}, 144f^{2}, 144f^{5}, 145f^{1}, 145f^{2}, 145f^{4}, 148f^{5}, 148f^{8}, 158^{1} (143, 146, 149, 153), 158^{2} (143, 146), 158^{3} (143, 144, 145, 146, 157), 158^{4} (143, 154), 158^{15} (143), 158^{21} (143), 158^{22} (143), 158^{29} (144), 158^{31} (145, 146), 158^{32} (145, 146), 158^{36} (145), 158^{47} (146), 158^{48} (146), 158^{49} (146), 158^{50} (146), 158^{51} (146), 158^{56} (146), 158^{57} (146), 158^{62} (146), 158^{65} (146, 151), 158^{66} (146, 151), 158^{67} (146), 158^{68} (144f, 146, 149), 158^{69} (146), 159^{71} (146, 148f), 159^{85} (147, 148f), 159^{86} (147, 148f), 159^{87} (147), 159^{92} (148f, 149), 159^{99} (149), 159^{101} (149), 159^{110} (145f, 151), 159^{121} (153), 159^{122} (153), 159^{123} (153), 159^{125} (154), 159^{138} (154), 159^{139} (154), 160^{149} (155), 160^{150} (155), 160^{151} (156), 160^{152} (156), 160^{153} (157), 160^{155} (157), 160^{156} (157), 160^{159} (157), 172f^{2}, 173f^{1}, 194^{4} (161, 162, 169, 170, 172, 174, 176, 181, 182, 183, 184, 190), 194^{5} (161), 194^{6} (161, 162), 194^{18} (162), 194^{20} (162), 194^{33} (162, 164, 172, 174, 176, 182, 190), 194^{34} (162, 169, 169f), 194^{35} (162, 169), 194^{36} (162, 164, 169), 194^{37} (162, 184, 187), 194^{39} (162), 195^{40} (162, 193), 195^{41} (162), 195^{62} (164, 165, 166), 195^{63} (164, 172), 195^{64} (164), 195^{66} (164, 166), 195^{67} (164), 195^{68} (164), 195^{69} (164), 195^{70} (164), 195^{71} (165, 193), 195^{72} (165), 195^{73} (166), 195^{77} (167), 195^{78} (167, 169), 195^{79} (167), 195^{80} (168), 195^{83} (168, 182), 195^{85} (168, 169f), 195^{88} (168, 169, 169f), 195^{90} (170, 172f), 195^{91} (170, 172), 195^{105} (171), 195^{106} (171), 195^{107} (171), 195^{110} (171), 196^{111} (172, 173f), 196^{113} (172), 196^{114} (172), 196^{116} (172), 196^{118} (173, 173f), 196^{119} (173, 173f), 196^{120} (173), 196^{121} (173), 196^{123} (174), 196^{126} (175), 196^{132} (176, 182), 196^{133} (176, 177, 180), 196^{136} (176), 196^{137} (176), 196^{138} (177), 196^{139} (177), 196^{140} (177, 180), 196^{141} (177), 196^{145} (178), 196^{146} (179), 196^{147} (179, 180), 196^{148} (179), 196^{149} (179), 196^{150} (180), 196^{152} (181), 196^{153} (181), 196^{159} (182), 196^{160} (182), 196^{161} (182), 196^{164} (182), 196^{165} (182), 196^{166} (183), 196^{167} (183), 196^{168} (183), 196^{169} (183), 196^{170} (183), 196^{172} (184), 196^{175} (184, 186, 187), 196^{177} (184), 196^{178} (184), 196^{179} (184, 187), 196^{180} (186), 197^{182} (186, 187), 197^{183} (186), 197^{185} (187), 197^{186} (187), 197^{187} (187), 197^{189} (187, 188, 189), 197^{190} (188, 189), 197^{192} (189, 190), 197^{193} (190), 197^{194} (190), 197^{195} (190), 197^{196} (190), 197^{203} (190), 197^{205} (191), 197^{206} (191, 192), 197^{207} (191), 197^{210} (192), 197^{213} (192), 197^{214} (192), 197^{221} (193), 223^{1} (199, 208), 223^{2} (199, 208), 223^{3} (199, 208, 209, 211, 213, 215), 223^{7} (199), 223^{8} (199), 223^{15} (199), 223^{16} (199), 223^{21} (199, 200), 224^{24} (200), 224^{25} (200), 224^{33} (201), 224^{34} (201), 224^{35} (201), 224^{36} (201), 224^{48} (201), 224^{54} (201, 202), 224^{55} (202), 224^{63} (202), 224^{68} (203), 224^{69} (203, 206), 224^{71} (204, 219, 219f), 224^{72} (204), 224^{75} (204), 224^{76} (204), 224^{77} (204), 224^{78} (204), 224^{79} (204, 219, 219f), 224^{80} (204), 224^{81} (204), 224^{82} (204), 224^{83} (204), 224^{84} (204), 224^{85} (205, 206, 209), 224^{86} (205, 208, 209, 211, 212), 224^{87} (205, 206), 224^{88} (205, 206), 224^{89} (205), 224^{91} (205, 213, 214), 225^{102} (206, 207), 225^{114} (208), 225^{120} (208), 225^{121} (208, 209, 210, 211), 225^{127} (208), 225^{130} (208, 212), 225^{136} (209, 210, 211, 212, 213), 225^{137} (209, 215), 225^{140} (209, 215), 225^{141} (209, 215), 225^{142} (209, 215), 225^{145} (209), 225^{146} (209, 211), 225^{148} (209, 211), 225^{151} (209, 210, 211, 216), 225^{154} (210), 225^{155} (210), 225^{156} (211), 225^{158} (211), 226^{163} (211), 226^{167} (212), 226^{168} (212, 213), 226^{170} (213), 226^{171} (213), 226^{172} (213), 226^{177} (213), 226^{178} (213), 226^{179} (214), 226^{180} (214), 226^{181} (214, 215), 226^{182} (214), 226^{185} (215), 226^{191} (216), 226^{192} (216), 226^{204} (218), 226^{206} (218), 226^{211} (219), 226^{215} (219), 226^{217} (219, 223), 226^{219} (219, 219f, 220f, 221f, 223), 226^{220} (219, 219f), 226^{221} (219), 226^{223} (219, 220f, 221f), 226^{224} (219), 226^{225} (219), 226^{227} (220), 226^{228} (220f), 227^{237} (223), 251^{1} (229), 251^{4} (229, 234, 236, 237), 251^{5} (229, 230, 231), 251^{6} (229), 251^{7} (229), 252^{27} (231, 242), 252^{38} (234, 235, 236), 252^{39} (234, 235, 237, 238, 239), 252^{55} (236), 252^{59} (236), 253^{87} (240, 244), 253^{91} (240, 243), 253^{111} (244), 253^{112} (245, 245f, 247, 249), 253^{113} (245, 245f, 250), 253^{121} (245, 247), 253^{123} (246, 247), 253^{125} (246), 253^{126} (246), 253^{127} (246), 253^{132} (247), 253^{133} (247), 253^{134} (248), 253^{138} (248), 254^{154} (250), 262^{2} (255, 261), 262^{4} (255), 263^{20} (256), 263^{21} (256), 263^{26a} (260), 263^{27} (260), 263^{30} (261), 298^{2} (265), 298^{3a} (265), 298^{3b} (265), 298^{4} (266), 298^{5} (266), 298^{6a} (267), 298^{6b} (267), 298^{7} (267), 298^{8} (268), 298^{9} (268), 298^{10} (268), 298^{11} (268), 298^{12a} (268), 298^{12b} (268), 298^{13} (268), 298^{15} (269), 298^{20} (271), 298^{21} (271), 299^{23} (271), 299^{24} (272), 299^{25} (272), 299^{26} (272), 299^{27} (272), 299^{29} (272), 299^{32} (273), 299^{35} (273), 299^{36} (273), 299^{37a} (273), 299^{37b} (273), 299^{39} (274), 299^{40} (274), 299^{41} (274, 275), 299^{45} (275), 299^{46a} (275), 299^{46b} (275), 299^{47} (275), 299^{51} (276), 299^{61a} (277), 299^{63} (277, 278), 299^{64} (277), 299^{65} (278), 299^{66} (278), 299^{67} (278), 299^{68} (278), 299^{69} (278), 299^{73} (278), 299^{74} (278), 300^{92} (281), 300^{93a} (281), 300^{93b} (281), 300^{93c} (281), 300^{93d} (281), 300^{96a} (282), 300^{98} (283), 300^{99} (283), 300^{100} (283), 300^{101a} (283), 300^{101b} (283), 300^{101c} (283), 300^{102a} (284), 300^{102b} (284), 300^{103a} (284), 300^{103b} (284), 300^{104} (284), 300^{106} (285), 300^{107} (285), 300^{109a} (285), 300^{109b} (285), 300^{110} (285), 300^{111a} (285), 300^{111b} (285), 300^{111c} (285), 300^{111d} (285), 300^{112} (286), 300^{120a} (287), 300^{120b} (287), 300^{128a} (289), 300^{137} (291), 300^{140} (291), 301^{141} (291), 301^{142a} (292), 301^{142b} (292), 301^{143} (292), 301^{146} (292), 301^{147} (292), 301^{148} (292), 301^{150a} (292), 301^{150b} (292), 301^{153} (293), 301^{154} (293), 301^{159a} (294), 301^{159b} (294), 301^{159c} (294), 321^{3a} (304, 312), 321^{3b} (304, 312), 321^{9} (305), 321^{10} (306, 310), 321^{11} (306), 322^{15} (307), 322^{16a} (307), 322^{16b} (307), 322^{17} (307), 322^{21} (308), 322^{48} (315), 322^{54d} (316), 322^{55a} (316), 322^{55b} (316), 322^{60} (318), 322^{62} (319), 335^{3} (324, 328), 335^{4} (324), 336^{24a} (337), 336^{24b} (337), 336^{27} (328), 336^{28} (328), 336^{30} (328), 336^{53} (335), 346^{1} (337), 346^{13} (339, 340), 346^{31} (341), 347^{33} (342), 347^{34} (342), 347^{37} (343, 344), 347^{44} (344), 347^{45} (345), 363^{4} (350), 363^{5} (350, 354), 363^{8} (351), 363^{13} (352, 357), 512^{164} (499), 725^{48} (672), 725^{49} (672), 725^{49} (672), 725^{54} (673), 725^{55} (674, 675), 726^{87} (681), 729^{269} (722), 729^{269} (722)

Brown, I. D., **3**, 947^{69} (806); **6**, 469^{53} (465)
Brown, I. M., **1**, 251^{606} (235)
Brown, J. C., **7**, 224^{38} (201)
Brown, J. D., **1**, 251^{601} (234), 251^{601} (234); **6**, 13^{35} (6); **7**, 99f^{36}
Brown, J. E., **1**, 676^{359} (624)
Brown, J. F., **2**, 362^{134} (329)
Brown, J. H., **1**, 115^{28c} (46); **2**, 861^{122} (851); **7**, 108^{460} (63, 64)
Brown, J. M., **2**, 621^{291} (558), 623^{420} (574); **5**, 523^{257} (307), 523^{260} (307), 523^{261} (307), 530^{715} (397, 433),

533⁸⁵⁹ (419), 534⁹¹⁸ (433), 534⁹¹⁹ (433), 534⁹²¹ (433), 537¹¹²⁵ (475T), 537¹¹⁸⁵ (483, 486), 537¹¹⁹⁰ (484), 538¹²⁰³ (487, 509), 538¹²⁰⁴ (487, 509), 538¹²⁰⁵ (486, 487), 538¹²⁰⁶ (487), 538¹²⁰⁷ (487, 510), 539¹²⁷⁸ (510), 626³³⁷ (591, 592, 593); **6**, 93³⁰ (85, 86, 91T), 93³¹ (85, 89, 91T, 92T), 94⁸⁸ (86), 140⁵² (104T, 113), 179²⁴ (175, 176T), 179²⁵ (175, 176T), 223² (203T, 206), 227²⁰⁴ (205); **8**, 361²⁶ (286, 288), 364²¹⁹ (320), 457²¹⁷ (404), 496³⁸ (473), 496³⁹ (473, 475), 496⁴² (474, 475)
Brown, K. L., **4**, 1060¹⁸⁷ (1004, 1013); **5**, 269³²⁷ (92, 125), 269³⁵⁰ (105), 270³⁹¹ (126), 270⁴⁰⁵ (131), 270⁴⁰⁶ (131); **8**, 97¹⁸⁸ (58)
Brown, K. T., **3**, 557⁶¹ (556), 633³⁰⁰ (611, 612); **8**, 367⁴²⁶ (348)
Brown, L. D., **1**, 452³ (412), 538²⁹ᵃ (464); **3**, 121f³, 265¹⁰⁸ (184, 188, 203), 709f⁷, 734f⁵, 760f¹, 779⁵¹ (709); **4**, 657f⁴, 811¹⁰⁷ (706), 811¹⁰⁹ (707), 814²⁷⁷ (742), 1060¹⁶⁷ (997); **5**, 265⁸³ (19), 543f⁴; **6**, 349⁴²⁵ (334T, 334f), 469⁵⁹ (465), 945²⁸⁵ (937T, 940), 981⁹⁰ (977, 979T)
Brown, L. H., **2**, 362¹⁶⁶ (345)
Brown, L. M., **2**, 510²⁸³ (437)
Brown, M. L., **4**, 611⁴⁴⁰ (594)
Brown, M. P., **1**, 375¹²⁵ (325), 375¹²⁶ (325), 375¹²⁷ (325), 453⁸³ (427), 454¹²¹ (431), 675³²⁷ (619); **6**, 737⁵⁹ (486, 489), 737⁶⁰ (486), 737⁶¹ (486), 737⁶² (486), 742³⁶³ (523), 745⁵⁷⁷ (554), 748⁸⁰⁸ (590), 748⁸¹⁰ (590), 748⁸¹² (590, 591)
Brown, P. R., **3**, 759f⁴, 760f⁵, 781¹⁶² (759)
Brown, R. A., **1**, 116⁸⁶ (58); **3**, 792f⁴, 798f²⁶, 833f³⁰, 833f³¹, 833f³², 851f¹¹, 863f³⁶, 863f³⁷, 863f³⁹, 1083f⁴, 1260f⁴; **7**, 107⁴¹⁶ (56)
Brown, R. E., **1**, 150⁶³ (123)
Brown, R. G., **6**, 441¹² (389, 429), 441¹³ (389)
Brown, R. J. C., **2**, 974³¹³ (925)
Brown, R. K., **3**, 85³⁵⁹ (49), 721f⁶, 721f¹⁰, 725f⁴, 752f³, 780⁹⁸ (729), 1269f⁴; **4**, 400f¹², 414f⁷, 506¹⁴² (417); **5**, 627⁴⁴⁸ (605); **8**, 331f²⁴
Brown, R. S., **1**, 674²⁴⁹ (604); **8**, 1065⁵³ (1020)
Brown, S., **4**, 154³⁴² (86)
Brown, S. C., **4**, 1061²⁷⁹ (1030)
Brown, T. C., **3**, 805f⁷
Brown, T. H., **3**, 833f⁵⁶; **5**, 523²³³ (305); **6**, 744⁵³⁹ (545T)
Brown, T. L., **1**, 40⁸⁹ (19), 40⁹³ (19), 115¹¹ᵃ (44, 53T, 70, 71, 71T, 77), 117¹²² (69), 117¹²⁶ (70), 117¹⁴² (75), 117¹⁴³ (75), 117¹⁴⁴ (75), 117¹⁴⁶ (75), 117¹⁴⁸ (75), 249⁵¹¹ (221, 222), 249⁵¹² (221, 222), 249⁵¹⁴ (221, 222), 671⁵⁴ (563, 602), 674²³³ (602); **2**, 674³⁶⁷ᵃ (94), 762¹¹⁶ (735), 762¹²⁵ (739), 762¹²⁹ (739); **3**, 80⁵⁰ (6), 82¹⁴⁰ (18), 82¹⁶² (24), 82¹⁶⁴ (24), 82¹⁶⁵ (24), 82¹⁶⁹ (24), 82¹⁷⁰ (24), 82¹⁷¹ (24), 82¹⁷² (24), 118f¹⁶, 170¹⁶¹ (161), 802f², 833f⁷⁷, 946²² (804, 805, 876), 948¹¹⁴ (846), 949²⁰⁵ (876), 1101f¹, 1146⁵³ (1101), 1248¹⁴¹ (1186, 1192), 1380⁷⁸ (1335); **4**, 12f²⁹, 12f³⁶, 23f¹², 34f⁶⁴, 50f²⁶, 50f²⁷, 65f¹⁰, 65f⁵¹, 74f²⁷, 150⁴² (14, 15, 22), 150⁴³ (14, 15, 21), 150⁴⁴ (14), 151⁸⁷ (24), 151¹¹⁸ (27), 152¹⁹⁰ (45), 152¹⁹¹ (45), 152¹⁹² (45), 152¹⁹³ (45), 153²⁴³ (63), 154³⁰⁷ (75), 234²⁷ (164), 234⁵⁵ (167), 234⁶⁹ (167, 172), 235¹⁰³ (171), 235¹¹² (173), 235¹¹⁶ (174), 235¹¹⁷ (174); **5**, 32f³, 264¹⁸ (4), 264²³ (4), 264²⁴ (4), 267²⁰⁹ (44), 268²⁵¹ (66), 269³⁴⁵ (103), 270⁴⁰⁴ (131); **6**, 444²⁰⁶ (410, 419, 421), 755¹²⁸³ (657), 755¹²⁸⁴ (657), 755¹²⁸⁵ (657), 1020f¹⁰⁹, 1113¹⁶⁶ (1086), 1113¹⁷⁰ (1087)
Brown, W. G., **8**, 281¹²³ (268)
Brownbridge, P., **7**, 649¹⁷¹ (553), 649²⁰⁴ (559), 651²⁶⁸ (571), 651²⁷⁰ (571), 651²⁷⁹ (573), 651²⁸⁰ (573)
Browne, A. R., **7**, 729²⁷⁷ (724), 729²⁷⁷ (724)
Browne, C. E., **7**, 105²⁹⁰ (38)
Browning, J., **2**, 821²²⁵ (817), 947f¹; **3**, 169⁷² (131), 169⁷³ (131, 137); **5**, 282f², 306f⁶, 523²¹⁰ (303T, 305, 306); **6**, 93²⁹ (60T, 61T, 67), 95¹²⁴ (60T, 61T, 67), 96¹⁶⁶ (60T, 61T, 65, 67), 139²² (120, 122T), 140⁵³ (120, 122T, 133T, 134), 141¹⁰⁷ (120, 122T), 143²¹⁴ (120, 122T), 143²¹⁵ (105T, 120, 122T), 230⁶ (229), 230⁶ (229), 737⁹⁰ (490), 737⁹⁸ (491), 738¹⁵⁶ (498, 499, 502), 739²¹⁶ (507), 741³⁵⁴ (522, 537T), 741³⁵⁵ (522), 742³⁵⁶ (522), 742³⁵⁸ (522), 744⁴⁸¹ (537T), 751⁹⁹² (620, 625T, 626), 751¹⁰⁰¹ (621, 694, 701), 759¹⁵⁰⁴ (686, 687, 690); **8**, 670⁹⁷ (653), 670⁹⁷ (653)
Brownlee, G. S., **2**, 622³⁷⁰ (569)
Brownlee, R. T. C., **2**, 912f¹³, 975³²⁸ (929)
Brownstein, S., **1**, 119²⁵⁷ (62T, 97, 99, 100, 100T, 101, 101T), 675³²⁸ (619), 696f²⁴; **2**, 189¹²⁷ (30)
Brown-Wensley, K., **8**, 550¹⁰² (526)
Brubaker, Jr., C. H., **3**, 315f⁷, 362f¹⁹, 398f⁴³, 427⁴² (339, 361), 428¹⁴⁰ (365), 428¹⁴¹ (365), 431³²⁶ (425), 557⁶³ (556), 630¹¹³ (575, 576), 700³⁵² (673, 674, 684), 700³⁵⁴ (673, 678), 702⁴⁶⁷ (684), 736f¹², 764f¹⁰, 768f²³, 768f²⁴, 781¹⁸⁴ (764), 781¹⁸⁹ (769); **6**, 748⁷⁵³ (585), 748⁷⁷⁴ (587); **8**, 365²⁹⁷ (330), 606³³ (554), 606³⁴ (554, 594T, 597T, 598T, 600T, 602T), 608¹⁵¹ (576, 579, 594T), 608¹⁵² (576, 579, 594T), 608¹⁵³ (576, 594T), 608¹⁵⁴ (576, 577, 594T), 1068²³⁰ᵃ (1049), 1068²³⁰ᵇ (1049), 1076f¹³, 1104³⁰ (1079, 1086)
Brubaker, G. R., **1**, 115³³ (48, 48T, 99, 101)
Bruce, D. M., **4**, 235⁹³ (170), 235⁹⁴ (164, 170)
Bruce, M. I., **2**, 517⁷⁰³ (503), 517⁷⁰⁴ (503), 762¹⁰⁸ (732, 757), 762¹¹¹ (732), 763¹⁷⁶ (757), 763¹⁷⁶ (757), 763¹⁷⁷ (757), 763¹⁷⁷ (757), 763¹⁷⁸ (757), 821²²³ (817), 976⁴²⁴ (950); **3**, 270⁴²⁰ (261), 376f¹¹, 398f⁴¹, 411f⁷, 429¹⁷¹ (373), 431³⁰⁰ (409), 1179f⁸, 1247¹⁰⁵ᶜ (1180, 1183, 1185), 1249¹⁶⁰ (1190), 1249¹⁹³ (1198); **4**, 51f⁶⁷, 83f¹, 83f⁴, 83f⁵, 83f⁶, 83f⁷, 83f⁸, 83f⁹, 83f¹⁰, 83f¹¹, 83f¹², 83f¹⁵, 97f¹⁴, 153²⁸⁹ (72), 154³⁰⁵ (75, 76, 94), 154³²⁷ (79), 154³²⁸ (79), 155³⁶⁹ (91), 156⁴⁶⁰ (123), 234⁴¹ (164, 212T, 216), 240³⁹⁹ (211, 212T), 240⁴⁰⁴ (211, 212T, 213), 240⁴⁰⁵ (211, 212T, 213), 240⁴⁰⁹ (211, 212T, 213), 240⁴¹⁸ (211, 212T, 213), 241⁴³⁴ (214, 215T), 241⁴⁶⁵ (219, 219T, 220), 241⁴⁶⁶ (219, 219T, 220), 241⁴⁶⁷ (219, 219T, 220), 241⁴⁷⁰ (219, 219T, 220), 241⁴⁷¹ (219, 219T, 220), 373¹³ (333), 373¹⁶ (334), 610³⁵¹ (586), 610³⁵² (586), 610³⁵³ (586), 657f⁷, 658f³², 664f¹, 664f³, 675f⁶, 689⁴⁸ (667, 668), 689⁸¹ (672, 673), 689⁸⁴ (672, 673, 675), 690⁸⁹ (673), 690¹⁰³ (676), 690¹⁰⁴ (676), 810⁴ (693, 704, 708), 810⁹ (693, 696), 810³² (696), 813²¹¹ (723), 813²⁵⁹ (737), 814²⁶⁹ (740, 780), 814²⁷¹ (740, 780), 815³³⁹ (752), 815³⁴⁹ (753, 754), 815³⁹³ (759, 771, 773), 817⁴⁷⁵ (771), 817⁵¹⁵ (776, 777, 779), 817⁵¹⁶ (776), 817⁵²² (777, 793, 794, 795), 818⁵⁴⁸ (780), 818⁵⁴⁹ (780, 785), 818⁵⁵⁰ (780, 787, 788), 818⁵⁵³ (780, 783, 784, 785, 791, 792), 818⁵⁵⁶ (781, 785, 789, 790, 792, 793), 818⁵⁶³ (783), 818⁵⁶⁴ (783, 789, 792), 818⁵⁶⁵ (783, 785, 792), 818⁵⁶⁶ (783), 818⁵⁶⁷ (783), 818⁵⁶⁸ (783, 792), 818⁵⁶⁹ (784, 792), 818⁵⁷⁰ (784), 818⁵⁷¹ (784), 818⁵⁷² (784), 818⁵⁷⁴ (785, 787, 788), 818⁵⁷⁵ (785), 818⁵⁷⁶ (785, 789, 790, 792), 818⁵⁷⁷ (785), 818⁵⁷⁸ (785), 818⁵⁸⁰ (786), 818⁵⁸² (787), 818⁵⁸⁴ (790), 818⁵⁸⁵ (790), 818⁵⁸⁶ (790), 818⁵⁸⁸ (790), 818⁵⁹⁰ (791), 818⁵⁹¹ (792), 819⁵⁹³ (792), 819⁵⁹⁴ (793), 819⁵⁹⁵ (793), 819⁵⁹⁶ (793), 819⁶⁰⁶ (795), 819⁶⁰⁷ (795), 819⁶⁰⁸ (795), 819⁶⁰⁹ (795), 839⁷ (823), 840⁷² (834), 840⁷³ (834), 841⁸⁶ᵇ (836), 873f¹, 873f², 873f³, 873f¹⁰, 873f¹¹, 873f¹⁶, 884¹ (844), 884⁸ (844, 865), 885³⁶ (851), 885³⁹ (851), 885⁴⁰ (851, 852), 885⁵⁷ (853, 859), 886¹⁰⁶ (865), 886¹¹⁵ (867), 886¹¹⁸ (868), 886¹¹⁹ (868), 886¹²⁵ (868, 869), 886¹³⁰ (869), 886¹³² (869), 886¹⁵² (874, 875), 886¹⁵⁶ (874), 887¹⁶¹ (875, 877), 887¹⁶⁵ (876), 887¹⁶⁸ (877), 894f³, 894f⁷, 907⁴⁸ (899), 920²² (912), 928⁶ (924, 926, 927, 928), 929³² (927), 929³⁵ (928), 1058⁵⁷ (974, 975, 976, 977, 1015, 1017, 1018), 1060¹⁹⁸ (1006, 1011), 1060²⁰³ (1011), 1061²³⁵ (1020), 1061²³⁶ (1020), 1061²³⁷ (1020), 1061²³⁸ (1020); **5**, 64f¹⁰, 137f²¹, 267²⁴⁵ (62, 65, 66, 67, 139, 147, 180, 214, 232), 403f⁵, 521¹⁰² (289, 296), 529⁵⁸⁴ (376, 386, 473), 529⁵⁹² (377), 529⁵⁹³ (377), 529⁵⁹⁵ (377), 530⁶⁸⁴ (394), 530⁶⁹⁴ (395), 530⁶⁹⁷ (396), 530⁶⁹⁹ (396), 530⁷⁰³ (395), 530⁷⁰⁴ (395), 622¹⁰³ (561, 567), 622¹⁰⁴ (561, 567); **6**, 96²¹² (87), 142²⁰² (134T, 138), 345¹⁵³ (304), 347³¹⁸ (321),

347[320] (321), 740[263] (515T, 572), 740[286] (516), 743[433] (532), 743[434] (532), 743[435] (532), 743[436] (532), 743[437] (532), 743[438] (532), 749[825] (592), 841f[108], 843f[208], 843f[210], 869f[70], 869f[71], 870f[101], 871f[112], 871f[114], 871f[115], 871f[136], 872f[161], 874[81] (774), 943[126] (908T), 1020f[84], 1020f[85], 1029f[55]; **8**, 17[40] (15), 223[162] (183), 458[247] (410), 927[38] (800, 859), 1064[31] (1018)
Bruce, R., **5**, 240f[3]; **6**, 187[22] (186), 187[24] (185), 227[227] (207), 760[1562] (697), 844f[253]
Bruce, R. St. L., **3**, 1115f[8]
Bruck, M. A., **6**, 806f[32], 869f[59]
Brucker, C. F., **5**, 267[194] (41), 525[377] (339); **6**, 873[12] (764); **8**, 361[67] (288, 326), 609[219] (605)
Bruckner, P., **1**, 244[190] (176)
Bruckner, S., **6**, 737[57] (484), 806f[67], 806f[68], 872f[156], 872f[158]
Bruder, A. H., **3**, 427[70] (354), 628[12] (562, 565, 566); **4**, 324[364] (286)
Bruhn, M. S., **1**, 679[579] (647); **7**, 460[346] (419)
Bruice, T. C., **2**, 878f[6]; **7**, 652[336] (581)
Bruk, A. I., **3**, 1069[118c] (985); **6**, 224[56] (193T)
Bruker, A. B., **2**, 705[67] (689, 690)
Brukl, A., **6**, 942[41] (899T)
Brule, G., **3**, 1072[288] (1015)
Brûlet, C. R., **8**, 1105[86] (1093)
Brummel, R. N., **2**, 971[96] (879)
Brun, P., **2**, 770f[11], 770f[15], 786f[4], 818[34] (771, 804), 818[54] (775, 776, 795, 797); **8**, 707[174] (678, 686, 687T)
Brunck, T. K., **8**, 549[45] (504)
Bruncks, N., **3**, 424f[2]; **6**, 1105f[3]
Brundle, C. R., **3**, 80[32] (5, 29), 85[365] (50); **6**, 755[1260] (654, 655)
Brune, F., **3**, 461f[23], 474[102] (464, 465, 466), 474[113] (469)
Brune, H. A., **4**, 460f[2], 507[174] (427); **6**, 187[4] (183T, 184), 187[14] (186), 442[72] (395)
Brunelle, D. J., **3**, 557[50] (555); **7**, 649[166] (552), 727[170] (703), 727[170] (703), 728[219] (713), 728[230] (715)
Brunelli, M., **3**, 269[360] (239), 269[361] (239, 240), 269[370] (242)
Bruner, H. S., **8**, 607[125] (567, 594T), 607[126] (567, 594T)
Brunet, J.-C., **2**, 299[206] (251T), 300[229] (258)
Brunet, J. J., **3**, 279[47] (275); **8**, 769[41] (725T, 732), 937[766] (921)
Brunie, S., **5**, 627[411] (601)
Brüning, R., **2**, 197[496b] (121)
Brunna, E., **7**, 103[187] (25)
Brunner, H., **2**, 516[628] (483); **3**, 118f[1], 429[174] (374, 385), 698[234] (666), 874f[6], 949[189] (873), 978f[2], 1069[119] (985), 1070[187] (993), 1070[188] (993, 1000), 1246[18] (1155), 1246[48] (1160), 1249[158] (1190), 1249[158] (1190), 1249[164] (1191), 1249[170] (1192), 1249[171] (1192), 1250[217] (1203), 1380[30] (1328), 1381[92] (1340), 1381[92] (1340), 1381[104] (1342); **4**, 34f[47], 52f[77], 157[567] (133), 157[568] (133, 135), 158[580] (135), 158[581] (135), 158[582] (135), 158[583] (135, 136), 158[585] (136), 158[586] (136), 238[318] (205, 206T, 206), 344f[10], 374[39] (339, 361), 374[53] (342, 355), 819[620] (797); **5**, 29f[10], 270[443] (144), 270[445] (144), 270[446] (144), 275[769] (253); **6**, 99[368] (90, 92T), 142[172] (133T, 135), 980[30] (954, 957, 959T); **8**, 220[35] (111), 471f[7], 496[10] (466), 1066[119] (1032), 1066[119] (1032)
Bruno, G., **1**, 306[301] (284, 290), 583f[13], 671[55a] (564, 579, 608), 675[275] (610, 624, 625), 677[445] (630), 682[741] (581); **6**, 743[474] (536, 536T, 540); **7**, 456[71] (383), 456[72] (383), 456[76a] (384, 385, 412, 429, 433, 437), 456[76b] (384, 385, 412, 433, 437)
Bruno, J. W., **3**, 267[231] (211, 212), 270[387] (248, 249)
Brunori, M., **4**, 325[423] (292)
Brunovlenskaya, I. I., **7**, 656[569] (622)
Brunsvold, W. R., **3**, 893f[22], 893f[23], 950[248] (889, 903), 950[276] (903), 1318[126] (1302); **4**, 73f[16], 155[374] (92)
Brunvoll, J., **1**, 248[410] (203, 205); **3**, 83[244] (35), 699[328] (673), 703[532] (689), 703[534] (689); **4**, 319[16] (245), 480f[3], 510[390] (477), 816[402] (761); **5**, 275[719] (244); **6**, 227[243] (190)
Brusentseva, S. P., **7**, 9f[1]
Brüser, W., **1**, 262f[55]; **2**, 859[24] (829); **3**, 267[244] (213), 269[365] (242), 461f[23], 474[102] (464, 465, 466), 697[165] (661), 1308f[1], 1311f[7]
Bruvere, A., **6**, 445[281] (422)
Bruza, K. J., **7**, 647[87] (534), 728[209] (710), 728[209] (710)
Bruza, K. L., **7**, 96f[10]
Bruzzese, T., **7**, 511[64] (482)
Bruzzone, M., **3**, 270[424] (262), 547[98] (529)
Bryan, E. G., **3**, 170[154] (158); **4**, 886[141] (871), 1058[36a] (971), 1058[66] (975, 1031, 1032), 1058[68] (976), 1060[210] (1007, 1015), 1062[339] (1043), 1062[340] (1043), 1063[341] (1043, 1050), 1063[386] (1053)
Bryan, R. F., **1**, 455[155] (435), 537[10b] (461, 493, 533), 538[60] (465, 474, 485, 526, 531, 532, 534), 542[231] (533T), 542[236] (534T), 552[10] (544), 553[62] (550); **2**, 620[275] (555); **4**, 152[186], 323[307] (278), 325[412] (290), 539f[24], 605[22] (516, 517), 605[24] (517), 690[132] (686); **5**, 266[157] (35); **6**, 225[104] (220, 221, 215T), 1019f[82], 1021f[152], 1040[84] (1001); **7**, 108[477] (65)
Bryant, J. D., **7**, 658[651] (640), 658[652] (640)
Bryant, M. J., **8**, 382f[19], 388f[5], 389f[12], 392f[3], 414f[3], 455[68] (381, 387, 389, 392, 414), 938[798] (925)
Bryant, W. F., **2**, 976[419] (950, 951)
Bryantsev, B. I., **1**, 377[276a] (350), 377[276b] (350)
Bryantseva, Y. V., **6**, 181[130] (158, 159T, 160)
Bryce-Smith, D., **1**, 53f[2], 241[44] (158), 244[219] (178), 249[452] (210, 212, 213), 249[452] (210, 212, 213), 250[528] (224, 225, 226, 227, 228, 229, 230), 251[613] (236), 676[378] (624); **2**, 819[89] (782), 819[89] (782), 969[20] (865); **7**, 17f[2], 100[66] (10), 101[101] (15)
Brynestad, J., **8**, 1104[40] (1080)
Bryson, T. A., **7**, 226[188] (215), 300[105] (284), 658[658] (641)
Bryukhova, E. V., **1**, 541[188a] (520), 723[255] (717); **2**, 908f[1], 977[474] (959); **3**, 334f[19], 334f[31], 334f[32], 344f[7], 362f[17], 426[13] (336), 426[14] (336, 361), 428[120] (361), 630[120] (576, 577); **4**, 156[490] (125), 239[340] (206, 207T, 208), 239[340] (206, 207T, 208)
Brzezińska, Z. C., **5**, 523[244] (304T, 472T); **8**, 365[281] (328)
Bube, R. H., **5**, 628[507] (620)
Bublitz, D. E., **1**, 583f[8], 676[353] (624), 676[354] (624); **3**, 697[192] (663, 667); **4**, 479f[3], 510[387] (476, 488, 489), 815[390] (759), 816[422] (762), 816[423] (762), 816[449] (766), 816[457] (766), 817[458] (766, 767), 1061[227] (1018); **8**, 1064[7] (1016, 1017, 1048, 1063), 1068[228] (1048)
Bubnov, N. N., **8**, 1076f[5]
Bubnov, Yu. N., **1**, 265f[3], 286f[7], 286f[11], 286f[13], 303[72] (265), 303[124] (268), 305[225] (278, 287, 294), 306[283] (283), 306[332] (287), 306[333] (287), 306[335] (287), 306[336] (287), 307[369] (288), 308[463] (294), 374[82] (317), 379[425a] (366), 380[482a] (372); **3**, 126f[7]; **7**, 158[44] (146), 159[88] (147), 159[89] (147, 149), 195[101] (170), 223[5] (199, 208, 209, 217), 225[128] (208), 226[199] (217), 251[3] (229, 234, 235, 247), 363[2] (350), 363[36] (360), 363[37] (360), 363[38] (360)
Buburuz, D. D., **5**, 265[111] (24)
Buchachenko, A. L., **2**, 977[489] (960), 978[513] (964)
Buchan, G. M., **7**, 100[45] (6)
Buchanan, III, A. C., **2**, 397[134] (394)
Buchanan, D., **3**, 951[322] (923, 927, 928)
Buchanan, G. A., **2**, 1017[130] (997)
Buchanan, R. M., **6**, 14[130] (9), 263[185] (260)
Büchel, K. H., **2**, 626[677] (611)
Bucher, R., **3**, 82[180] (28); **4**, 155[408] (114); **6**, 224[54] (190, 194); **8**, 1064[3] (1015)
Büchi, G., **7**, 224[50] (201)
Buchkremer, J., **4**, 508[239] (441)
Büchl, H., **1**, 309[499] (296)
Buchler, J. W., **4**, 1059[155] (993), 1060[156] (993), 1060[157] (993), 1060[158] (994)

Buchman, O., **4**, 965^141 (953), 965^142 (954)
Buchner, W., **1**, 454^112 (430); **2**, 715f^18, 761^65 (722, 724); **5**, 275^781 (255), 366f^3, 404f^27, 528^520 (363, 364, 384); **6**, 94^56 (54T, 62T, 72), 1094f^10
Buchwald, H., **2**, 199^601 (146); **7**, 654^476 (603)
Buck, C. E., **2**, 189^157 (36); **7**, 646^13 (517)
Buck, H. M., **6**, 468^31 (460); **8**, 769^38 (714T, 722), 769^45 (714T, 722)
Buck, P., **1**, 60f^4
Buckingham, A. D., **4**, 886^110 (866)
Buckl, K., **1**, 119^249a; **7**, 110^598 (93)
Buckle, J., **2**, 563f^3
Buckler, L. A., **7**, 108^461 (63)
Bucknall, W. R., **3**, 1137f^9
Buckow, G., **4**, 939f^10
Buckton, G., **2**, 760^22 (715, 718)
Buckton, G. B., **1**, 40^35 (11), 670^2 (557, 624); **2**, 969^2 (864); **3**, 279^4 (271)
Budanova, G. P., **3**, 473^51 (445), 473^52 (445)
Budashevskaya, T. Y., **1**, 305^225 (278, 287, 294)
Budding, H. A., **2**, 617^80 (534), 618^150 (542), 619^154 (542), 619^157 (543), 619^160 (543), 624^512 (588), 625^557 (593); **6**, 1111^46 (1052)
Budge, J., **3**, 1119f^10
Budneva, A. A., **6**, 180^60 (157)
Budnik, R. A., **2**, 978^508 (963); **3**, 84^290 (40), 112f^8, 114f^1, 134f^1, 134f^2, 169^82 (132, 138), 170^176 (166), 1077^550 (1059); **4**, 155^370 (91, 122), 657f^6, 658f^36, 814^303 (746), 815^343 (752, 755), 884^25 (849), 885^34 (850)
Budo-Zahonyi, E., **8**, 293f^17, 363^191 (309)
Budz, J. T., **3**, 86^393 (52); **6**, 99^371 (86), 140^88 (123T, 126)
Budzelaar, P. H. M., **2**, 861^94 (845); **6**, 1036f^4, 1040^97 (1004, 1006)
Budzwait, M., **3**, 1067^11 (958), 1070^168 (989), 1074^424 (1036); **8**, 367^435 (350)
Buehler, J. D., **2**, 893f^2
Buell, G., **7**, 647^88 (535)
Buell, G. R., **2**, 188^93 (25), 192^282 (72), 196^446 (112); **4**, 816^456 (766)
Buerger, I., **3**, 327^64 (298)
Buessemeier, B., **8**, 457^216 (404, 407)
Buet, A., **4**, 512^506 (500, 501)
Buffet, H., **7**, 725^33 (669)
Bugai, E. A., **8**, 642^92 (618)
Bugge, A., **1**, 376^230 (346)
Bugge, G., **4**, 322^229 (269); **5**, 265^104 (23); **6**, 738^137 (497)
Buhler, J. D., **1**, 249^457 (211); **7**, 102^165 (24), 102^169 (24, 25), 141^69 (124)
Buhmann, P., **2**, 189^134 (32)
Buhr, J. D., **4**, 1059^147 (992); **5**, 526^425 (344)
Buil, J., **2**, 770f^13, 820^153 (794, 801)
Buina, N. A., **7**, 108^448 (61)
Bujwid, Z. J., **1**, 305^226 (279); **7**, 335^1a (323)
Bukalov, S. S., **6**, 444^241 (418)
Bukata, J., **1**, 245^262 (186, 187)
Bukatov, G. D., **3**, 546^42 (493), 546^43 (493), 547^89 (520); **8**, 707^194 (701)
Bukatova, Z. K., **3**, 632^267 (620)
Bukhovets, S. V., **6**, 760^1579 (704), 760^1580 (704), 760^1581 (704), 760^1582 (704), 760^1588 (705)
Bukhtiyarov, V. V., **2**, 397^131 (394)
Bukowski, P., **7**, 461^432 (433)
Bulen, W. A., **8**, 291f^3, 349f^3
Bulina, V. N., **7**, 457^145 (394)
Bulkin, B. J., **4**, 320^66 (249, 253, 284), 320^67 (249, 285); **8**, 1008^53 (952), 1008^53 (952)
Bulkl, K., **1**, 119^264 (98, 104)
Bulko, J. B., **8**, 95^44 (30, 33, 34), 282^165 (274)
Bulkowski, J. E., **4**, 611^413 (592)
Bulkowski, P. B., **5**, 270^444 (144, 147)
Bull, C., **8**, 608^156 (577)
Bull, J. R., **7**, 728^215 (711)
Bull, T. E., **3**, 102f^21
Bullbitt, M., **2**, 533f^2
Bullen, G. J., **1**, 258f^10, 259f^20

Buller, B., **1**, 408^4 (383, 387)
Bulliner, P. A., **2**, 632f^5, 674^19 (630)
Bullitt, J. G., **4**, 840^19 (823), 841^83 (836), 1063^368 (1050); **5**, 520^24 (281)
Bullock, A. T., **7**, 9f^1
Bullock, J. I., **3**, 264^29 (178)
Bulloff, J. J., **3**, 766f^2
Bullpitt, M. L., **2**, 976^410 (948); **3**, 169^58 (127)
Buloup, A., **5**, 51f^2; **8**, 223^173 (191)
Bulten, E. J., **1**, 244^194 (176); **2**, 501f^12, 506^13 (402, 403, 503), 506^16 (402, 403, 404, 406, 427, 432, 433, 435, 440, 442, 447, 470, 471, 478, 479, 486), 506^26 (402, 403), 506^34 (403), 510^250 (432, 469, 470, 481, 490), 510^270 (436, 471, 472), 516^623 (483), 617^80 (534), 618^150 (542), 619^154 (542), 619^157 (543), 619^184 (546, 547), 619^186 (546), 619^192 (546, 550), 619^202 (547), 621^285 (556), 625^557 (593), 625^585 (598), 625^586 (598), 625^587 (598); **6**, 1111^46 (1052), 1112^108 (1070)
Bulychev, B. M., **3**, 328^156 (320), 427^26 (336); **6**, 979^2 (948, 958T, 965); **8**, 366^365 (342)
Bunbury, D. St. P., **4**, 380f^23, 505^71 (397), 648^24 (621)
Bunce, N. J., **7**, 729^264 (722)
Bunce, R. J., **2**, 882f^17
Buncel, E., **1**, 116^67 (55), 118^215 (89, 90T), 118^216 (89); **2**, 201^681 (166), 934f^5
Bundel, Yu. G., **2**, 768f^11, 818^19 (767), 974^273 (919, 920), 974^275 (920), 978^525 (966)
Bünder, W., **1**, 248^403 (202, 203); **4**, 155^409 (114); **5**, 275^717 (244)
Bundo, M., **5**, 68f^15, 137f^11, 268^277 (74, 133, 142)
Bundy, G. L., **7**, 459^276 (412), 460^337 (418), 646^25 (521), 651^307 (576), 651^323 (579), 656^589 (626, 629)
Bungarz, K., **2**, 626^677 (611)
Bunker, M. J., **3**, 711f^7, 711f^8, 711f^9, 736f^4, 760f^10, 760f^11, 764f^2, 764f^5, 764f^17, 764f^18, 767f^19, 768f^13, 768f^28, 775f^8, 781^167 (761, 764, 765), 781^178 (763, 769), 781^181 (764, 773, 774)
Bunnell, C. A., **2**, 1297f^9, 1299f^3, 1318^109 (1298, 1302); **4**, 73f^7, 73f^9, 73f^14, 84f^3, 154^329 (79, 85, 89), 155^375 (92), 242^513 (225, 230); **6**, 361^28 (353); **8**, 220^21 (108)
Bunnett, J. F., **3**, 1075^469 (1043, 1044); **7**, 336^31 (328); **8**, 1066^104 (1028, 1029)
Bunton, C. A., **8**, 1069^258 (1052, 1052f, 1054, 1055), 1069^275a (1055), 1069^275a (1055), 1069^275b (1060), 1070^318 (1059)
Buono, G., **8**, 497^92 (487), 644^199 (624), 708^235 (684)
Buranov, L. I., **3**, 1071^202 (1000)
Buraway, A., **2**, 819^111 (788), 819^113 (788)
Burba, G., **2**, 723f^1, 760^5 (710, 720, 743), 760^11 (710, 711)
Burba, P., **7**, 729^266 (722)
Burbage, J. J., **6**, 261^57 (247)
Burch, D. J., **7**, 98f^7
Burch, G. M., **2**, 512^385 (449)
Burch, J. E., **1**, 260f^26, 260f^29
Burch, Jr., R. R., **3**, 800f^2, 842f^17, 1269f^6, 1269f^7; **8**, 17^23 (12, 14)
Burchalova, G. V., **3**, 700^346 (673), 700^347 (673), 700^355 (673); **6**, 225^89 (190), 226^155 (190, 194)
Burckett-St. Laurent, J. C. T. R, **3**, 1248^138 (1186); **4**, 156^508 (126); **5**, 528^524 (363); **6**, 782f^1, 844f^246, 844f^247, 850f^41, 850f^44, 875^123 (781, 813, 819), 876^212 (813)
Burckhalter, J. H., **7**, 513^219 (506)
Burdett, J. K., **3**, 13f^2, 13f^4, 81^90 (11), 81^96 (12), 81^97 (12), 81^103 (12, 16), 81^104 (12, 16), 82^125 (15), 86^410 (58), 695^84 (654), 946^13 (794, 795); **4**, 234^15 (163, 164), 234^33 (164), 319^30 (246), 319^45 (247), 320^51 (248), 326^524 (300), 1057^14 (969); **6**, 0^226^6 (1106), 12^26 (5), 14^102 (11)
Burenko, S. N., **2**, 971^126 (886)
Burfield, D. R., **3**, 697^168 (661), 697^170 (662)
Burford, C., **2**, 189^140 (33); **7**, 647^69 (529)

Burg, A. B., **1**, 263f[5], 263f[6], 263f[7], 273f[21], 304[194] (271), 305[246] (279), 306[272] (282, 292, 299), 310[557] (299), 310[562] (299), 310[588] (301), 310[591] (301), 453[80] (427, 433), 454[104] (429, 438), 456[195a] (441), 456[227] (448), 457[243] (451); **2**, 707[160] (701); **5**, 27f[1], 27f[7], 266[134] (28); **6**, 14[94] (10), 34[40] (19T, 20T, 21T), 34[44] (19T, 30), 34[48] (30), 35[102] (22T), 35[130] (24), 35[142] (24), 36[184] (30), 941[11] (884, 885T); **7**, 194[25] (162), 195[93] (170), 196[171] (184)

Burgemeister, T., **3**, 1249[164] (1191)

Bürger, G., **6**, 443[137] (402, 406); **8**, 795[75] (788), 929[164] (810)

Bürger, H., **1**, 259f[19], 262f[50]; **2**, 143f[1], 186[15b] (4, 126), 195[417] (104), 198[522b] (125, 136), 198[522b] (125, 136), 198[531] (128, 129), 202[693a] (168), 203[735] (181), 303[411] (295T), 303[412] (296T), 674[13] (630), 903f[1], 908f[19], 976[390] (942, 958), 976[392] (942), 977[473] (959), 3164[177] (420, 482); **3**, 126f[2], 341f[18], 341f[19], 355f[2], 427[75] (354, 355), 427[76] (354), 455f[2], 455f[3], 455f[4], 455f[5], 455f[6], 455f[7], 455f[9], 457f[1], 457f[2], 457f[3], 457f[4], 474[68] (452), 474[69] (452), 474[71] (452), 474[72] (453, 458), 474[73] (458), 474[74] (458); **4**, 817[471] (769); **6**, 1058f[12], 1111[71] (1058); **7**, 653[394] (592)

Bürger, I., **1**, 247[369] (199, 204, 206, 221); **3**, 461f[33], 474[99] (464); **5**, 268[274] (74)

Bürger, K., **2**, 623[452] (579), 818[51] (774); **4**, 389f[13], 415f[7]; **6**, 344[78] (291), 870f[80]

Bürger, T. F., **3**, 951[343] (929), 1068[78] (977)

Burger-Wiersma, T., **2**, 1019[260] (1008)

Burgess, J., **4**, 235[83] (170); **5**, 534[954] (440), 624[229] (575, 620); **6**, 262[121] (254), 262[129] (254), 262[131] (254), 345[148] (304), 741[324] (519), 741[353] (522), 751[990] (620, 631), 752[1042] (628), 752[1047] (630, 631), 752[1048] (630, 631), 752[1054] (631), 759[1507] (689)

Burgess, W. M., **6**, 261[56] (247)

Burghard, H., **3**, 279[40] (273); **4**, 511[445] (486); **8**, 1067[179] (1042)

Burgi, H. B., **2**, 191[244] (58)

Burgtorf, J. R., **7**, 652[340] (581)

Burk, J. H., **4**, 512[475] (492), 607[135] (539f, 541); **6**, 941[10] (884, 885T)

Burk, P., **6**, 36[192] (23), 98[290] (59T, 61T, 64, 76, 77, 79), 143[266] (109); **8**, 454[14] (374), 551[121] (532), 644[178] (624), 795[57] (779)

Burk, P. L., **3**, 87[513] (75); **6**, 94[87] (59T, 61T, 64, 76), 98[310] (59T, 61T, 64, 76); **8**, 549[37] (504, 508, 509, 510, 520), 549[37] (504, 508, 509, 510, 520), 551[127] (535)

Burke, A., **6**, 344[91] (294), 739[182] (501)

Burke, A. R., **1**, 541[213c] (525, 526, 534), 553[37] (548), 553[38] (548), 553[52] (549), 553[53] (549); **3**, 156f[7], 170[126] (151, 152); **4**, 605[20] (515), 818[554] (780), 839[6] (823); **6**, 224[73] (201T), 945[288] (941)

Burke, J. J., **2**, 617[38] (527, 565)

Burke, M. C., **7**, 653[414] (595)

Burke, N. E., **5**, 538[1208] (306), 621[22] (547); **8**, 362[106] (294)

Burke, P. J., **1**, 732f[2], 753[55] (735)

Burke, P. L., **1**, 274f[2], 286f[2]; **7**, 196[166] (183), 225[136] (209, 210, 211, 212, 213), 225[146] (209, 211), 225[148] (209, 211), 298[4] (266), 298[5] (266), 298[6a] (267), 298[7] (267)

Burke, S. D., **7**, 98f[7], 647[61] (527), 727[144] (696)

Burkert, P. K., **3**, 700[381] (674), 703[581] (693)

Burkes, L., **2**, 1018[234] (1005)

Burkhard, C. A., **2**, 396[73] (378, 384)

Burkhardt, E. W., **4**, 928[23] (925); **6**, 779f[12], 869f[73], 874[79] (773, 775)

Burkhardt, G., **2**, 553f[1], 620[227] (549)

Burkhardt, T. J., **3**, 1297f[8], 1297f[9], 1299f[3], 1317[42] (1278), 1318[106] (1294, 1298), 1318[108] (1298), 1318[109] (1298, 1302), 1318[111] (1300), 1318[128] (1302), 1318[132] (1303), 1318[133] (1303); **8**, 549[34] (504, 505, 511, 513)

Burkhart, G., **8**, 669[70] (656)

Burkhart, J. P., **8**, 928[152] (809)

Burkinshaw, P. M., **4**, 504[15] (382), 508[253] (443)

Burleson, D. C., **7**, 455[10] (370)

Burley, J. W., **1**, 119[248] (97, 104), 119[253] (97, 103), 120[274] (103), 120[277] (103); **2**, 619[190] (546, 547), 620[225] (549), 627[712a] (615); **4**, 152[181] (44)

Burlinson, N. E., **1**, 41[119] (24), 41[120] (24), 672[74] (568, 569, 639), 672[75] (568, 569, 610, 660); **7**, 455[46] (381), 455[47] (381)

Burlitch, J. M., **1**, 723[280] (719), 723[281] (719); **2**, 192[297] (77, 111), 977[454] (957); **3**, 965f[3], 965f[3], 965f[4], 965f[5], 1188f[21], 1188f[23], 1188f[30], 1248[149] (1187), 1248[149] (1187), 1337f[2], 1337f[7], 1337f[9], 1337f[12], 1338f[21], 1380f[81] (1336), 1380f[81] (1336); **4**, 151[91] (24, 71), 327[589] (307), 512[475] (492), 512[475] (492), 607[135] (539f, 541), 611[392] (591), 611[393] (591); **5**, 12f[10], 12f[11], 12f[16]; **6**, 144[282] (111), 941[10] (884, 885T), 980[31] (954, 955, 956, 957, 959T, 960, 962, 963T, 965, 966, 969T, 970T), 980[73] (968, 972, 973, 974, 976, 977, 978T), 1018f[4], 1018f[29], 1018f[30], 1018f[32], 1019f[77], 1019f[78], 1020f[88], 1020f[103], 1020f[105], 1020f[118], 1020f[122], 1028f[27], 1028f[36], 1031f[1], 1031f[6], 1031f[7], 1032f[26], 1034f[1], 1034f[2], 1034f[7], 1035f[8], 1035f[10], 1035f[16], 1035f[18], 1035f[19], 1036f[6], 1036f[7], 1040[70] (997, 998), 1040[73a] (998, 1008), 1040[74] (998), 1040[76] (999, 1004), 1040[77] (999), 1040[78] (999), 1040[79] (999), 1040[100] (1004), 1040[106] (1006), 1040[110] (1007, 1010), 1040[111] (1007, 1008), 1040[114] (1008), 1041[117] (1008), 1041[127] (1012, 1013), 1041[129] (1012), 1041[135] (1013, 1037), 1112[124] (1072); **7**, 679f[3], 726[77] (678), 726[78] (678)

Burmann, R. K., **3**, 1138f[7]

Burmeister, J. L., **3**, 372f[3], 372f[4], 630[106] (574, 575), 630[109] (575), 702[472] (684); **6**, 344[120] (300T, 303), 740[245] (512); **8**, 368[510] (358)

Burmistrova, L. V., **3**, 702[514] (688)

Burnard, R. J., **2**, 714f[2], 761[45] (718, 741)

Burnett, B. L., **6**, 844f[252]

Burnett, L. J., **3**, 102f[20]

Burnett, M. G., **5**, 622[59] (550, 591), 623[125] (561, 572, 597); **8**, 292f[40], 317f[15], 363[182] (306, 316), 608[163] (579)

Burnham, D. R., **6**, 97[243] (82, 85T), 180[83] (156, 159T, 163, 165T); **8**, 646[258] (616, 622T), 646[259] (622T)

Burnham, R. A., **4**, 238[305] (204), 309f[4], 328[619] (310, 311); **6**, 745[614] (560), 1018[38] (996), 1040[56] (996), 1069f[1], 1110[34] (1048), 1111[95] (1067, 1068), 1111[103] (1069, 1086)

Burnier, R. C., **6**, 227[193] (210, 211)

Burns, D., **4**, 151[119] (27), 376[149] (369)

Burns, G. T., **2**, 193[329] (84, 86), 193[331] (84), 193[333] (85), 299[168] (245, 253), 300[218] (254), 302[365] (290)

Burns, J. H., **2**, 707[171] (702); **3**, 265[75] (180, 212), 265[80] (182), 265[101] (183), 265[134] (189, 190), 267[240] (212), 268[292] (223), 268[293] (223)

Burns, R. J., **5**, 270[444] (144, 147)

Burns, W., **4**, 156[458] (123); **7**, 109[537] (78)

Burova, L. N., **1**, 680[608] (649, 650)

Burpitt, R. D., **7**, 650[220] (560)

Burr, Jr., J. G. **8**, 281[123] (268)

Burreson, B. J., **6**, 346[272] (315, 337), 349[436] (337)

Burrons, M. L., **7**, 655[543] (616)

Burroughs, P., **2**, 976[414] (950); **3**, 80[43] (6), 792f[13], 1083f[13], 1260f[13]

Burrous, M. L., **2**, 360[50] (314)

Burrowes, T. G., **6**, 445[302] (424)

Burrows, A. L., **4**, 509[349] (464, 498), 1060[210] (1007, 1015), 1060[211] (1015)

Burrows, G. E., **2**, 705[81] (691)

Burrows, M. L., **2**, 196[472b] (116, 118)

Burschka, Ch., **5**, 186f[5], 272[542] (180), 276[790] (257)

Bursey, M. M., **2**, 191[239] (57), 392f[2]

Bursian, M., **8**, 608[167] (581, 595T)

Bursics, A. R. L., **2**, 191[224] (52, 53), 975[315] (926)

Bursics, L., **2**, 974[302] (924)

Bursten, B. E., **3**, 80[30] (4, 5), 80[40] (6), 85[337] (46, 47), 946[7b] (791); **4**, 34f[58], 52f[108], 109f[7], 144f[2], 158[633] (143, 145); **6**, 14[134] (5), 187[19] (183), 796f[6], 839f[34], 876[186] (795)

Bürstinghaus, A., **7**, 657[612] (632)
Bürstinghaus, R., **7**, 5f[2]
Burt, J. C., **3**, 170[174] (165); **4**, 156[451] (121), 242[529] (229, 231, 232T), 608[213] (560), 658f[22], 815[344] (752, 756), 840[40] (828), 884[32] (850), 885[33] (850); **5**, 12f[19], 266[180] (37), 267[199] (42, 165); **6**, 782f[3], 843f[216], 870f[79]
Burt, R., **3**, 169[75] (131); **4**, 504[41] (386), 811[67] (700, 732), 813[249] (732, 733), 813[252] (733, 805), 1060[205] (1014)
Burt, R. J., **1**, 248[437] (207); **3**, 709f[5], 711f[12], 764f[3], 781[179] (763, 764); **8**, 1105[66] (1087)
Burt, W. E., **3**, 1067[29] (965); **6**, 1018f[11]
Burton, C. A., **4**, 107f[69]
Burton, D. J., **7**, 90f[2], 110[579] (88)
Burton, J. J., **8**, 605[20] (553, 569)
Burton, L. P. J., **7**, 110[586] (89)
Burton, M., **2**, 675[92] (640)
Burton, R., **3**, 368f[13], 799f[3a], 1076[514] (1054, 1056), 1086f[3a], 1177f[6], 1252[308] (1223), 1263f[3]; **4**, 156[454] (122), 648[30] (623)
Burwell, Jr., R. L., **3**, 270[423] (262); **4**, 74f[31]; **6**, 36[194] (26); **8**, 549[6b] (500)
Bury, A., **4**, 375[120] (362); **5**, 269[343] (102, 120, 121), 270[396] (128)
Busby, D. C., **8**, 1091f[2], 1105[71] (1087)
Busby, R., **3**, 82[124] (15), 326[17] (285)
Busch, A., **6**, 36[180] (29); **8**, 706[114] (678, 680, 681, 684, 685T, 687T)
Busch, D. H., **5**, 269[322] (90), 404f[17], 529[633] (382)
Busch, M., **7**, 101[100] (15)
Busch, M. A., **3**, 947[85] (831); **4**, 454f[8], 509[292] (449), 509[313] (452); **8**, 550[51] (512, 517), 550[75] (517), 551[131] (537, 545)
Buschhaus, H. U., **2**, 625[555] (593, 594), 625[558] (594), 625[570] (596)
Busetti, V., **2**, 631f[6], 631f[10], 674[7] (630), 675[80] (638), 676[181] (651)
Busetto, C., **5**, 437f[5], 438f[8], 533[881] (303T, 428)
Busetto, L., **3**, 1077[594] (1066); **4**, 155[381] (93), 155[389] (102), 158[577] (135), 504[52a] (393); **5**, 522[177] (300, 427), 536[1109] (472), 625[316] (589, 590), **6**, 343[50] (286, 293), 445[274] (422), 739[170] (499), 739[203] (504), 746[647] (565), 756[1332] (664, 665)
Bush, Jr., J. B., **2**, 197[514] (124)
Bush, M. A., **3**, 629[59] (568, 570), 858f[14], 948[133] (853), 1068[44] (969), 1073[347] (1024, 1027); **4**, 611[396] (591)
Bush, R. D., **1**, 42[174] (36), 42[175] (36); **2**, 193[321] (81), 193[322] (82)
Bush, R. P., **2**, 198[552] (131), 198[553] (131), 199[563] (135), 199[564] (135), 199[568] (137); **8**, 647[311] (630T)
Bush, R. W., **3**, 978f[9], 1069[85] (978)
Bushby, R. J., **1**, 120[275] (103), 120[276] (103), 120[278] (101T, 104, 106), 120[279] (104), 120[281] (105)
Bushey, W. R., **2**, 970[50] (869)
Bushnell, G. W., **2**, 194[376] (95); **4**, 325[401] (289); **6**, 278[46] (266T, 274)
Bushnell, L. P. McD., **5**, 194f[19], 273[616] (208, 241)
Bushweller, C. H., **1**, 118[208] (87), 118[208] (87); **6**, 943[165] (913T), 944[201] (918T, 919), 944[202] (918T, 919), 944[203] (918T, 919), 944[204] (918T, 919)
Buske, G. R., **1**, 243[130] (170), 243[148] (172, 186)
Buslaev, Yu. A., **6**, 941[19] (886)
Buss, A., **3**, 1146[42] (1098)
Buss, B., **4**, 107f[65]
Buss, H., **3**, 819f[18]
Busse, P., **6**, 753[1122] (638), 756[1339] (665, 677, 679)
Busse, P. J., **1**, 377[301] (354), 378[320] (356)
Büssemeier, B., **6**, 93[32] (82), 97[247] (83), 97[248] (83, 84), 99[343] (76), 179[26] (153T, 154, 158, 160T, 167), 182[152] (151, 153T, 154, 160T, 164, 165T, 167, 169), 182[180] (171); **8**, 96[102] (41, 46T, 48, 51, 61), 97[133] (48), 425f[9], 704[5] (683), 707[163] (679)
Butcher, A. V., **3**, 547[101] (531)
Butcher, F. K., **1**, 260f[18], 261f[43]
Butcher, J. A., **3**, 269[322] (231)

Butcher, S., **3**, 102f[31]
Büthe, H., **8**, 496[15] (466)
Butin, K. P., **1**, 753[74] (737), 753[75] (737); **2**, 872f[4], 940f[4], 969[18] (865), 972[188] (896), 972[189] (897), 972[191] (897), 975[333] (930, 931, 935), 976[397] (946); **7**, 513[224] (508)
Butina, D., **7**, 653[391] (592)
Butko, Yu. D., **2**, 971[130] (887, 888)
Butler, A. R., **7**, 513[170] (499, 503)
Butler, B. L., **7**, 95f[6]
Butler, E. D., **3**, 629[40] (564, 565)
Butler, G., **2**, 679[381] (669), 679[382] (669); **6**, 741[307] (518), 1113[206] (1096); **8**, 1105[72] (1087)
Butler, G. B., **1**, 376[193] (338), 376[194] (338, 339), 376[196] (339), 377[287] (353)
Butler, I. S., **2**, 860[34] (831, 854), 861[124] (851), 943f[1], 976[382] (942); **3**, 697[205] (664), 797f[17], 810f[1], 888f[2], 888f[4], 949[238] (887), 1051f[6], 1076[508b] (1053), 1085f[18], 1089f[1], 1262f[18], 1318[90] (1289), 1318[94] (1291), 1318[97] (1291), **4**, 12f[33], 50f[9], 50f[10], 50f[25], 51f[72], 51f[73], 52f[78], 52f[104], 152[199] (54), 152[221] (59), 156[483] (125), 156[484] (125, 126), 156[485] (125), 156[486] (125), 156[488] (125), 156[505] (126), 156[506] (126), 234[74] (168, 169), 239[350] (206, 207T), 239[351] (206, 207T), 239[352] (206), 256f[1], 321[127] (256), 322[244] (270), 322[245] (270), 323[269] (273, 275, 278), 375[109] (359); **5**, 275[740] (249), 525[386] (339), 535[1045] (462); **6**, 759[1508] (689)
Butler, K. D., **6**, 1112[107] (1069, 1083)
Butler, P. E., **7**, 462[471] (440)
Butler, R. N., **2**, 971[79] (874)
Butler, W., **1**, 40[95] (19), 117[114b] (65T, 67, 72), 409[64] (395, 398), 723[278] (719); **2**, 861[93] (845); **3**, 114[64] (1110), 1188f[19], 1188f[36], 1337f[4], 1337f[13]; **6**, 980[39] (957, 963T), 1031f[3], 1034f[3], 1034f[4], 1036f[2], 1036f[5], 1040[94] (1004, 1006), 1040[107] (1006, 1008, 1010)
Butler, W. M., **4**, 40[54] (14, 15T), 537[25b] (462), 539[96] (489, 508, 536), 673[137] (582, 592); **2**, 195[408] (102), 201[672] (164), 762[101] (728); **3**, 1067[24] (963), 1248[107] (1180); **4**, 309f[11], 328[631] (310); **5**, 295f[5], 521[107] (292, 468), 521[108] (292), 556f[11], 556f[17], 558f[8], 627[418] (601, 614); **6**, 344[93] (294, 298f), 344[94] (294), 738[154] (498), 739[183] (501), 1086f[2], 1112[120] (1072, 1078), 1112[137] (1076), 1113[163] (1086)
Buttenshaw, A. J., **2**, 621[320] (562)
Butter, S. A., **3**, 379f[4], 398f[10], 406f[6], 427[52] (347, 396); **5**, 310f[2], 523[248] (307), 523[249] (307); **8**, 339f[30]
Butters, T., **4**, 460f[9], 612[496] (598)
Buttery, H. J., **3**, 1073[328a] (1022), 1073[328b] (1022)
Button, D. K., **2**, 1019[289] (1012)
Buttone, J., **1**, 542[248] (528, 536T); **4**, 479f[26]
Butts, S. B., **3**, 82[175] (27); **4**, 74f[29], 74f[33], 154[309] (75), 242[518] (228), 247f[4], 320[63] (249, 260, 287); **8**, 220[16] (107), 366[364] (342)
Butyugin, V. K., **8**, 97[157] (51)
Butzert, H., **2**, 675[85] (639), 675[85] (639)
Buyakov, A. A., **1**, 244[184c] (176); **2**, 301[324] (278), 302[357] (288)
Buzbee, L. R., **4**, 149[10] (6)
Buzina, N. A., **4**, 320[61] (249, 287); **5**, 291f[2], 301f[5], 521[118] (292), 522[180] (300), 523[231] (305), 533[853] (421), 533[854] (422); **6**, 13[62] (8), 737[83] (489)
Buzulukov, V. I., **2**, 678[267] (659)
Bychkov, V. T., **2**, 511[306] (439), 512[363] (445), 515[543] (471), 515[544] (471), 861[152] (817); **3**, 701[432] (680), 768f[20], 768f[21]; **6**, 181[121] (159T, 164, 165T), 226[180] (205T, 208), 228[266] (205T, 208), 263[145] (255), 445[311] (427), 1029[69], 1029f[81], 1032f[31], 1033f[4], 1040[67] (997, 1001), 1040[90] (1003), 1040[101] (1004, 1008), 1040[102] (1004), 1113[210] (1095)
Bye, T. S., **2**, 189[157] (36); **7**, 646[13] (517)
Byerley, J. J., **4**, 963[67] (941)
Byers, A. E., **1**, 679[531] (638)
Byers, B. H., **3**, 82[162] (24); **4**, 153[243] (63), 234[55] (167), 234[69] (167, 172)
Byers, L. B., **5**, 249f[5], 275[742] (250)

Byers, L. R., **3**, 84^{311} (43); **6**, 228^{255} (198, 199, 200, 201T), 872f^{149}, 875^{90} (775)
Bygden, A., **2**, 300^{242} (262)
Bykov, V. T., **2**, 511^{284} (437); **6**, 226^{185} (205T, 208)
Bykova, E. V., **1**, 541^{197} (521); **6**, 224^{40} (192), 224^{40} (192), 224^{40} (192), 224^{40} (192), 224^{64} (190)
Bykovets, A. L., **4**, 309f^9, 328^{636} (310); **6**, 445^{287} (422)
Bymaster, D. L., **7**, 105^{290} (38)
Bynum, R. V., **3**, 629^{44b} (566), 630^{103} (574, 587, 595, 596), 630^{130} (578), 632^{246} (617, 618), 632^{251} (618, 619)
Byovets, A. A., **2**, 301^{299} (272)

Byram, S. K., **1**, 40^{42} (11), 671^{10} (557, 592)
Byrd, J. E., **6**, 738^{109} (493); **7**, 511^{85} (485, 486, 487), 512^{111} (490)
Byrikhin, V. S., **8**, 707^{180} (686, 701), 707^{181} (701)
Byrne, J. W., **3**, 1245^2 (1151)
Byrom, N. T., **8**, 460^{380} (431), 931^{322} (846, 889)
Bystek, R., **4**, 508^{279} (447)
Bytchkov, V. T., **3**, 424f^5, 431^{321} (423), 631^{218} (600); **6**, 1058f^7, 1060f^6, 1111^{72} (1059)
Bywater, S., **1**, 117^{130} (70, 71), 118^{186b} (83, 87, 100), 118^{189} (83, 87), 119^{257} (62T, 97, 99, 100, 100T, 101, 101T), 119^{267} (100); **7**, 8f^3

C

Cabadi, Y., **2**, 507[106] (410)
Cabaleiro, M. C., **2**, 971[109] (883); **7**, 511[45] (478)
Caballero, F., **6**, 35[150] (31), 98[285] (57T, 58T, 64), 98[285] (57T, 58T, 64), 98[308] (57T, 58T, 63T, 72)
Cabaret, D., **7**, 104[254] (33)
Cabiddu, S., **1**, 250[565] (229), 379[421] (366), 380[445] (368); **7**, 106[356] (48), 106[357] (48), 106[357] (48), 197[200] (190)
Cable, R. A., **5**, 418f[5], 532[797] (414), 532[798] (414)
Cabral, L. J., **7**, 224[32] (200)
Cabrera, A., **8**, 364[243] (324)
Cacchi, S., **8**, 933[469] (868)
Caddy, P., **5**, 371f[2], 527[490] (358, 360, 363, 435, 449), 531[733] (400, 457), 534[931] (435, 449, 459, 460, 468)
Cadiot, P., **1**, 303[66] (265), 303[67] (265), 306[282] (283), 379[402] (364), 583f[16], 583f[19], 676[374] (624, 631), 677[424] (627); **2**, 507[105] (410), 515[547] (471), 676[127] (643); **3**, 1246[51] (1161), 1246[52] (1161); **4**, 505[59] (395), 508[257] (443, 449), 508[258] (443, 449); **7**, 196[151] (181), 226[205] (218), 655[526] (612), 727[138] (695), 727[139] (695); **8**, 1008[67] (956)
Cadogan, J. I. G., **2**, 195[414] (103), 707[165] (702)
Cady, W. E., **8**, 96[110] (42, 58)
Caesar, P. D., **8**, 98[223] (61)
Cagle, Jr., F. W., **4**, 324[367] (286), 327[590] (307); **6**, 1035f[14], 1036f[13], 1041[146] (1009)
Caglio, G., **5**, 280f[3], 524[302] (318), 556f[9], 558f[6], 559f[1], 559f[7], 621[5] (542), 622[94] (560), 624[235] (576), 624[236] (576, 598), 624[237] (576), 625[291] (585, 586), 625[293] (586), 628[469] (612, 613), 628[472] (612), 628[476] (613), 628[483] (614, 619), 628[486] (615, 616, 619), 628[503] (619); **8**, 293f[21]
Caglioti, L., **7**, 252[20] (231), 252[68] (238), 252[69] (238), 252[70] (238, 239), 252[72] (239); **8**, 861f[10]
Cahiez, G., **1**, 244[196] (177), 247[351] (197); **2**, 762[132] (743, 744, 751), 762[136] (744, 751), 762[148] (750), 763[150] (750, 756), 763[159] (751, 752), 763[162] (752); **7**, 104[258] (33), 106[374] (49), 106[379] (51), 107[426] (57), 727[163] (701), 727[178] (704), 729[237] (716, 717), 729[239] (717), 729[240] (717), 729[248] (718)
Cahill, P., **3**, 102f[31]
Cahours, A., **1**, 150[74] (123), 241[1] (155)
Cahours, M. A., **3**, 279[1] (271), 279[2] (271)
Caillet, P., **3**, 1076[510b] (1053); **4**, 159[648] (149)
Cain, D. G., **8**, 96[111] (42)
Cain, K., **2**, 620[240] (551)
Cain, P. A., **7**, 656[567] (622)
Caine, D., **7**, 105[286] (37)
Cainelli, G., **1**, 119[265] (99), 120[283] (105), 244[205] (177), 272f[5]; **7**, 91f[1], 91f[2], 227[235] (223), 227[236] (223), 252[20] (231), 252[68] (238), 252[69] (238), 252[70] (238, 239), 252[72] (239), 301[171] (297), 459[304] (414)
Cairncross, A., **2**, 713f[8], 713f[30], 713f[31], 713f[32], 723f[16], 723f[17], 760[25b] (716, 717, 739, 745), 761[61] (721), 761[79] (724, 734, 739, 743, 748), 761[80] (724, 743, 748), 762[128] (739)
Cairns, M. A., **4**, 885[36] (851), 907[48] (899); **5**, 213f[12], 258f[1], 273[640] (217), 273[646] (217, 218), 273[647] (217, 219), 274[656] (221), 538[1236] (496); **6**, 744[529] (543, 545); **8**, 405f[10]
Cairns, T. L., **7**, 725[21] (666); **8**, 459[341] (426)

Cais, M., **3**, 1005f[13], 1071[251a] (1010, 1014), 1073[337] (1024, 1038, 1051), 1073[361] (1026), 1074[403b] (1035), 1074[419] (1035, 1051), 1076[498] (1051), 1383[186] (1363); **4**, 237[244] (193), 454f[10], 479f[29], 511[418] (483); **5**, 539[1268] (507); **6**, 444[197] (408), 760[1554] (699T); **8**, 312f[45], 339f[16], 364[227] (322, 338), 364[229] (322), 606[48] (555, 556), 1007[4] (940), 1064[35] (1018, 1038), 1065[56] (1021), 1065[80] (1025, 1053), 1069[252] (1051, 1063), 1069[263] (1052), 1069[267] (1053), 1070[302] (1058), 1070[302] (1058)
Caj, B. J., **1**, 53f[13]
Calabrese, J., **5**, 534[953] (440); **6**, 871f[129], 874[33] (764); **8**, 669[81] (665)
Calabrese, J. C., **1**, 41[157] (35), 146f[7], 152[234] (147), 539[107e] (491), 540[133b] (498, 499, 536), 540[133c] (498, 536), 540[157b] (506, 536T); **2**, 200[626] (153), 387f[5], 387f[8], 396[104] (385), 396[107] (385), 397[122] (388); **3**, 847f[11], 858f[11], 1297f[9], 1299f[3], 1317[44] (1278, 1279), 1318[109] (1298, 1302); **4**, 73f[14], 155[375] (92), 323[293] (276, 278, 301, 302), 387f[4], 929[26] (926); **6**, 14[97] (10, 11), 14[100] (10), 736[33] (480), 739[228] (509T), 739[229] (509T), 806f[51], 944[198] (916, 917, 918T), 945[262] (932), 945[271] (935, 934T), 945[272] (935, 934T); **8**, 220[21] (108)
Calabretta, P. J., **2**, 626[643] (605)
Calado, J. C. G., **3**, 1249[191] (1198), 1382[128] (1346)
Calandra, J. C., **2**, 363[191] (359)
Calas, R., **1**, 118[217] (89), 246[327a] (194); **2**, 188[84] (22), 188[85] (22), 188[85] (22), 188[86] (22), 188[86] (22), 188[87] (23), 188[87] (23), 188[87] (23), 188[88] (23), 188[89] (24), 188[90] (24), 188[91] (24), 188[111] (28), 188[116] (28), 189[127] (30), 189[128] (30), 189[137] (32), 189[165] (37), 189[166] (37), 189[166] (37), 190[172] (38), 190[183] (40), 190[197] (44), 192[277] (71), 196[431] (109), 196[462] (113), 201[650] (159), 202[692] (168), 299[202] (250), 300[257] (264), 301[286] (269), 302[362] (290, 292), 302[373] (291), 509[214] (425, 469); **7**, 646[4] (516), 647[40] (524), 647[93] (537), 648[97] (537), 648[117] (540), 648[118] (540), 648[121] (541), 648[124] (542), 648[135] (546), 649[155] (550), 654[456] (599), 655[533] (614), 655[533] (614), 655[534] (614), 655[535] (614), 655[541] (616), 656[579] (625), 656[584] (625), 657[610] (631); **8**, 647[315] (633)
Calcaterra, M., **3**, 430[258] (394), 546[84] (520); **5**, 186f[4], 272[538] (178); **6**, 36[201] (19T, 24), 141[110] (110), 141[111] (118, 122T), 142[174] (123T, 128)
Calcinari, R., **1**, 678[460] (631)
Calcott, W. S., **8**, 411f[1], 458[253] (410)
Calder, G. V., **6**, 14[106] (12)
Calder, V., **3**, 264[63] (180), 264[64] (180)
Calderazzo, F., **2**, 819[97] (783), 819[97] (783), 821[224] (817), 821[227] (817); **3**, 82[160] (24, 26), 265[71] (180, 182, 187), 326[19] (285), 694[4] (648), 694[27] (650, 690, 691, 692), 695[29] (650, 693), 695[30] (650, 676), 695[40] (650), 695[41] (650), 700[395] (676, 677), 702[500] (687, 689), 703[525] (688, 689), 703[557] (691), 703[558] (690, 691), 778[21] (706), 778[22] (706), 778[23] (706), 778[24] (706), 778[25] (706), 778[26] (706), 786f[5], 946[1] (784, 794), 946[25a] (809), 1004f[4], 1004f[10], 1004f[19], 1004f[32], 1005f[12], 1071[213a] (1001, 1015, 1018), 1071[213b] (1001, 1015, 1018), 1072[265] (1013), 1075[480] (1046), 1084f[5], 1146[1] (1080, 1101), 1247[69b] (1168), 1316[1] (1256, 1257), 1380[44] (1330); **4**, 52f[96], 73f[17], 149[3] (5, 6), 149[12] (6), 154[297] (74), 155[382] (99),

155³⁸³ (99), 155³⁸⁵ (100), 235¹¹⁹ (174, 181), 235¹²⁰ (174, 183, 184), 235¹²¹ (174, 175, 189T), 236¹³⁸ (178), 236¹⁴⁰ (178), 236¹⁸⁶ (183), 236¹⁸⁶ (183), 242⁵¹⁶ (228), 373¹⁰ (333), 663f¹, 688⁵ (662, 672), 810⁵² (699, 723), 811¹²¹ (708, 716), 841⁸⁶ᵃ (836), 886¹¹⁶ (867, 868, 881), 886¹²⁶ (869), 963⁴⁷ (938), 1057⁴ (968, 969, 973, 974), 1057¹⁷ (969, 974), 1057¹⁸ (969, 977, 978); **5**, 264¹⁶ (3, 4, 6, 8, 53), 267²³⁹ (53); **6**, 737⁶⁷ (488), 737¹⁰⁰ (491), 738¹⁰⁴ (492), 745⁵⁹⁹ (559, 559f); **8**, 98²⁵⁰ (70, 71), 99²⁶⁷ (75, 76), 100³³⁴ (93), 220⁷ (106, 107), 220⁸ (106, 107, 112), 220⁹ (106), 220²⁰ (108), 220²⁵ᵃ (109), 221⁷⁹ (119, 121), 292f¹⁰, 1069²⁸⁰ (1056)

Calderon, J. L., **3**, 125f¹, 125f¹, 125f³, 125f⁶, 133f³, 149f¹, 149f², 168¹² (91), 431³²² (424), 431³²⁵ (424), 632²⁵² (618), 1068⁴² (968), 1072²⁹² (1016), 1246³⁹ (1159), 1250²¹⁷ (1203); **4**, 158⁵⁸⁹ (136), 158⁵⁹⁰ (136), 533f¹; **8**, 1068²¹⁷ (1047), 1068²¹⁹ (1047), 1068²²¹ (1048)

Calderon, N., **3**, 88⁵⁴⁵ (79); **6**, 739¹⁹⁰ (502); **7**, 462⁴⁸⁷ᵃ (442), 462⁴⁸⁷ᵇ (442), 463⁵⁴⁵ (452), 464⁵⁵⁴ (452); **8**, 538f⁵, 539f², 540f¹, 549⁹ᵇ (500, 512, 515, 516, 519, 525, 536, 538), 549f¹ (500, 512, 515, 516, 519, 525, 536, 538), 549¹⁸ᵃ (502), 549²⁷ (503), 550⁶⁹ (517), 551¹³⁰ (537, 545), 551¹³⁶ (539, 542, 543, 544)

Calhoun, H. P., **2**, 200⁶⁴⁰ (157), 200⁶⁴¹ (157); **3**, 946²⁶ (810), 1317²⁵ (1272); **4**, 238³⁰² (204, 215T, 224T), 328⁶¹⁸ (310); **6**, 1111⁹⁷ᵃ (1067), 1112¹⁵¹ (1083)

Calingaert, G., **1**, 675²⁷³ (610); **2**, 188¹⁰⁵ (27), 679³²⁸ (665), 972¹⁸² (896)

Callahan, K. P., **1**, 453⁶³ (424), 540¹⁴⁶ (502, 503, 533), 540¹⁴⁷ (504, 533T), 540¹⁴⁹ (504, 531, 533), 540¹⁵⁰ (505, 533T), 540¹⁶⁵ᵇ (512, 533), 540¹⁸¹ (517, 534T), 540¹⁸⁴ᵇ (519), 541¹⁸⁷ (520), 541²⁰¹ (521), 541²⁰⁷ (523, 535T), 541²²⁴ᵇ (529, 535); **3**, 83²³⁴ (32, 33), 329¹⁷⁷ (325), 633²⁸² (623), 1068⁶⁴ (973); **5**, 624²¹⁷ (573, 575); **6**, 224⁵⁰ (220, 222), 226¹⁴² (214T, 221), 845f²⁷⁴

Callaway, J. O., **1**, 696f²⁷, 721¹⁰⁶ (701, 705), 721¹⁰⁷ (701)

Callear, A. B., **3**, 436f¹⁶, 546⁴⁰ (493)

Callen, J. E., **7**, 20f³

Callender, D. D., **7**, 110⁵⁵⁵ (81)

Calligaris, M., **5**, 100f³, 100f⁴, 100f⁹, 100f¹⁰, 101f¹, 269³³⁹ (99); **6**, 743⁴⁵⁹ (534T), 743⁴⁶⁸ (535T), 743⁴⁷¹ (535T), 754¹¹⁷² (641, 643T); **7**, 59f³

Calligaro, L., **4**, 608²⁰¹ (555), 648⁸ (617)

Callot, H. J., **5**, 269³¹⁶ (88, 204), 530⁶⁷⁵ (391); **6**, 94⁸⁰ (61T, 69)

Calogero, S., **2**, 620²⁵⁶ (554), 621³³⁷ (565)

Calton, R., **3**, 833f²⁸

Calvarin, G., **3**, 700³⁵⁶ (673); **4**, 479f⁶; **5**, 275⁷¹⁸ (244); **6**, 224⁶² (190), 224⁶⁵ (190)

Calvert, C. C., **2**, 1017¹²⁶ (997, 1014)

Calvert, R. B., **4**, 1063³⁵⁹ (1049), 1063³⁶⁰ (1049), 1063³⁶¹ (1049), 1063³⁶² (1049); **8**, 97¹⁹⁷ (59), 98¹⁹⁸ (59)

Calvi, P. L., **3**, 695²⁹ (650, 693)

Calvin, G., **2**, 818¹⁴ (766); **6**, 261²⁷ (245), 344¹⁴¹ (304, 306, 307, 309, 335, 337), 345¹⁵⁷ (306, 307), 362⁶⁹ (359), 384⁸⁹ (375), 740²⁸¹ (516, 540)

Calvin, M., **3**, 83²⁰⁸ (30); **8**, 361³⁶ (286), 361³⁷ (286)

Calvo, C., **3**, 170¹¹⁹ (148); **6**, 348³⁸⁵ (327, 333, 334T, 336), 348³⁸⁶ (328, 334T), 469⁴⁰ (462, 466), 469⁴⁴ (463)

Calzada, J. G., **1**, 306²⁹⁵ (283); **7**, 142¹⁰⁶ (131), 197¹⁹⁶ (190), 299⁷⁴ (278), 336³⁰ (328)

Camaggi, C. M., **4**, 150⁷⁸ (22)

Camalli, M., **6**, 752¹⁰⁸⁴ (634, 642T, 651)

Cambieri, M., **7**, 511⁶⁴ (482)

Cambisi, F., **4**, 435f²⁴, 508²⁴² (441)

Camboli, D., **3**, 376f²³

Cambon, A., **2**, 504f⁷, 518⁷¹⁴ (505)

Camellini, M., **6**, 144²⁷⁹ (136)

Camellini, M. T., **1**, 538⁴⁶ (472); **2**, 819⁷⁴ (777); **3**, 170¹¹⁵ (147); **4**, 649⁶⁷ (636); **6**, 97²²⁸ (88, 92T),

97²²⁹ (89, 92T), 97²³⁰ (89, 92T), 100⁴¹⁸ (88), 100⁴¹⁸ (88), 143²⁴⁸ (134T, 136), 144²⁷⁸ (134T, 136), 226¹⁸⁸ (212, 213T), 226¹⁸⁸ (212, 213T), 228²⁶⁸ (212, 213T), 228²⁶⁹ (212), 757¹³⁶⁴ (669), 806f⁴³, 806f⁴⁴, 870f¹⁰⁴, 870f¹⁰⁵, 870f¹⁰⁶, 870f¹⁰⁸, 871f¹³¹, 871f¹³², 871f¹³³, 871f¹³⁴, 871f¹³⁵

Camerman, N., **2**, 705⁷³ (691)

Cameron, A. F., **7**, 224⁴⁵ (201)

Cameron, G. G., **7**, 9f¹, 100⁴⁵ (6), 102¹²⁷ (20, 24)

Cameron, T. S., **3**, 84²⁶³ (37, 40), 629⁵² (568, 570, 571), 702⁴⁹⁰ (685), 767f¹², 767f¹⁶, 771f², 1249¹⁵⁶ (1190), 1250¹⁹⁹ (1199); **4**, 107f⁸⁴; **6**, 182¹⁷⁵ (167, 170, 174), 182¹⁷⁵ (167, 170, 174), 748⁷⁶⁶ (587, 588), 839f⁸, 841f⁹⁶, 874²⁹ (764), 1111⁸⁸ (1064); **8**, 456¹³² (394), 1067¹⁶³ (1040)

Camia, M., **5**, 556f¹², 626³²⁹ (590, 594); **6**, 94⁷⁹ (56T, 80)

Caminati, W., **1**, 263f¹⁰, 302⁴⁰ (259); **3**, 102f²⁶

Camp, G. R., **4**, 320⁸¹ (250)

Camp, R. N., **1**, 409⁶⁹ (400), 454¹³¹ (431), 538³³ (467, 473)

Campaigne, E., **7**, 35f⁷, 108⁴⁶⁵ (63)

Campana, C. F., **4**, 323³⁰⁶ (278), 648⁵⁶ (633); **5**, 266¹⁸¹ (37), 266¹⁸² (37), 276⁸⁰² (261)

Campanella, S., **5**, 265⁷⁶ (17)

Campari, G., **8**, 223¹⁸⁰ (210, 211), 770⁷⁸ (730)

Campbell, A. J., **2**, 974³¹⁰ (925); **3**, 126f¹, 126f², 135f⁵, 135f⁶, 168²⁵ (99, 167), 169⁵⁶ (122); **4**, 479f³², 509³¹⁵ (452), 509³¹⁵ (452), 658f³⁵, 816³⁹⁶ (760), 885⁴³ (851, 852), 885⁴⁵ (851), 885⁵¹ (852)

Campbell, A. L., **1**, 118¹⁶⁹ (80); **7**, 653⁴²² (596)

Campbell, C. D., **4**, 326⁴⁹⁹ (298)

Campbell, C. H., **2**, 818⁴⁶ (772), 974³⁰⁵ (924); **3**, 125f⁹, 168⁴ᵃ (90), 168⁴⁹ (116), 169⁵² (121); **4**, 811⁹⁵ (705), 818⁵³⁷ (778)

Campbell, D. H., **1**, 150⁷³ (123); **2**, 859²² (829)

Campbell, G. H., **2**, 925f⁶

Campbell, I. D., **7**, 142¹³⁵ (137)

Campbell, I. G. M., **2**, 626⁶²⁷ (603), 705³¹ (685), 705⁶⁷ (689, 690), 705⁷⁷ (691)

Campbell, I. L. C., **4**, 524f⁷; **5**, 272⁵⁶² (187), 274⁶⁶⁶ (226); **6**, 224⁵⁷ (200, 201T), 224⁵⁸ (200, 201T), 806f³⁵, 806f³⁸, 806f³⁹, 806f⁵⁷, 806f⁵⁸, 844f²³², 844f²³⁹, 844f²⁴⁰, 845f²⁶⁷, 845f²⁶⁸

Campbell, J. A., **6**, 1112¹⁵⁹ᵃ (1084)

Campbell, Jr., J. B., **1**, 275f¹⁸; **7**, 141³⁹ (118), 141⁷¹ (125), 196¹³¹ (175, 181, 182), 196¹³² (176, 182), 197¹⁹² (189, 190), 226²¹¹ (219), 226²¹⁵ (219), 226²²³ (219, 220f, 221f), 321² (304, 310, 313), 322¹⁶ᵇ (307), 322²⁸ (309), 322⁵⁴ᵈ (316), 322⁵⁵ᵃ (316), 322⁵⁵ᵇ (316)

Campbell, J. M., **4**, 328⁶¹¹ (309, 313); **6**, 1020f¹¹³, 1040⁶³ (997), 1111⁹³ (1066, 1067, 1068), 1112¹⁶¹ (1084, 1086, 1087), 1113¹⁶⁹ (1087)

Campbell, J. R., **8**, 1106¹⁰⁸ (1100)

Campbell, J. S., **8**, 16¹¹ (4, 6, 7, 8, 9, 10, 11, 15), 95¹⁷ (22, 23, 24), 96¹¹² (42)

Campbell, K. D., **3**, 120f¹⁰

Campbell, M. J., **2**, 1016⁸² (987)

Campbell, P. G., **2**, 297⁸³ (230)

Campbell, P. G. C., **8**, 929¹⁸⁰ (812)

Campbell, S. F., **1**, 243¹⁶⁹ (175), 243¹⁶⁹ (175), 243¹⁶⁹ (175)

Campbell, W. J., **7**, 727¹⁸⁰ (705)

Campos, P. J., **2**, 972¹⁵⁹ (891, 896, 957, 958)

Camps, F., **7**, 103¹⁸⁴ (25); **8**, 770¹¹¹ (735)

Camus, A., **2**, 713f¹², 713f¹⁴, 713f¹⁶, 713f¹⁸, 713f³⁶, 723f⁷, 724f³, 760¹² (710, 722), 760²⁵ᵃ (716, 717, 724, 743), 761³⁴ (717, 724, 743), 761⁷⁴ (724, 732, 740), 761⁷⁵ (724, 740), 761⁸² (725, 727), 762¹³⁴ (744), 762¹³⁵ (744), 762¹⁴⁰ (745), 763¹⁵² (750), 763¹⁸⁴ (727, 758); **5**, 35f¹⁹, 137f⁹, 137f¹², 229f⁶, 229f¹³, 268³⁰⁹ (86, 92), 274⁶⁶³ (225), 274⁶⁷³ (228), 295f⁷, 295f⁸, 521¹¹⁴ (292, 383, 425, 426, 441, 474T), 521¹¹⁵ (292, 298, 473, 474T, 47), 521¹¹⁹ (292, 383, 471T, 475T), 533⁸⁶⁶ (425, 473), 536¹¹⁰³ (470, 471T, 472T, 475T), 537¹¹⁸⁷ (483, 489), 560f⁵, 626³³⁶ (591),

627^{412} (601), 627^{414} (601); **8**, 291f^{21}, 291f^{22}, 312f^{58}, 364^{230} (322), 364^{239} (324), 364^{240} (324), 367^{459} (352)
Cana, K., **5**, 628^{494} (617)
Canada, L. G., **2**, 908f^{15}, 971^{119} (885)
Canadine, R. M., **3**, 82^{184} (28)
Canale, A. J., **4**, 958f^9, 958f^9
Cancio, E. M., **6**, 753^{1087} (634, 635)
Candela, G. A., **3**, 699^{322} (673); **4**, 480f^8, 510^{402} (481), 511^{416} (482); **8**, 1070^{335b} (1061)
Candelero de Sanctis, S., **6**, 443^{171} (406)
Candlin, J. P., **4**, 810^{31} (696), 840^{70} (833), 873f^7, 884^4 (844, 850, 871), 886^{151} (872, 876, 878); **8**, 405f^4, 457^{222} (404, 415), 605^{19} (553)
Cane, D. J., **4**, 323^{270} (273), 612^{467} (596)
Cann, K., **4**, 328^{664} (314, 315), 328^{665} (315), 963^{50} (938), 963^{58} (940, 941); **5**, 273^{636} (215, 218); **8**, 17^{25} (12), 100^{329} (93, 94), 100^{330} (93, 94), 100^{339} (94), 222^{125} (157, 157T, 158), 362^{78} (288, 324), 364^{247} (324), 364^{252} (324)
Cannas, M., **3**, 1286f^5, 1286f^6, 1286f^7
Cannell, L. G., **3**, 359f^{12}, 359f^{13}, 428^{91} (359), 428^{93} (359), 474^{110} (467); **8**, 458^{304} (418)
Cannillo, E., **3**, 1250^{202} (1199), 1250^{214} (1203)
Cannon, C. E., **1**, 246^{294} (190); **7**, 99^{22} (3)
Cannon, J. B., **5**, 623^{119} (561, 579), 623^{123} (561, 579), 623^{126} (561)
Cannon, J. R., **2**, 704^7 (684), 1018^{207} (1002, 1012)
Cannon, R. E., **1**, 675^{307} (616)
Cano, F. H., **2**, 908f^{18}, 937f^4; **3**, 1141f^8, 1143f^{2a}; **4**, 907^{29} (894); **5**, 299f^{12}, 524^{274} (298, 481, 489)
Cano-Esquival, M., **2**, 943f^6, 975^{354} (935)
Canonne, P., **7**, 102^{126} (20, 21), 103^{175} (25), 104^{233} (31), 104^{256} (33); **8**, 1070^{314} (1059)
Cantacuzene, J., **7**, 461^{387} (426)
Cantone, B., **3**, 792f^9, 1083f^9, 1260f^9
Canty, A. J., **2**, 912f^6, 912f^{13}, 912f^{14}, 912f^{15}, 912f^{16}, 912f^{18}, 912f^{18}, 912f^{19}, 932f^5, 934f^3, 934f^4, 937f^4, 943f^{11}, 944f^6, 944f^{12}, 944f^{13}, 973^{224} (900), 973^{227} (901), 974^{258} (917), 974^{263} (919, 929), 975^{327} (929, 930), 975^{328} (929), 975^{330} (929, 930), 975^{331} (930), 975^{357} (935), 975^{358} (935, 936, 937), 975^{363} (935, 936), 975^{364} (935), 976^{372} (939), 976^{380} (941), 976^{381} (941); **3**, 171^{183} (167), 328^{137} (314); **4**, 658f^{45}, 884^{18} (848, 850), 884^{28} (849), 884^{29} (850), 886^{108} (866), 886^{110} (866), 906^3 (889, 896), 906^4 (889, 896), 907^{37} (896, 898), 1062^{325} (1039)
Canziani, F., **3**, 798f^{12c}, 833f^{17}, 851f^3, 863f^{24}, 948^{110} (845), 1076^{533} (1057), 1141f^{10}, 1247^{77} (1171); **4**, 173f^2, 235^{114} (174), 236^{184} (183, 221); **5**, 525^{345} (327), 556f^2, 624^{224} (574), 626^{355} (594), 628^{487} (615, 619); **6**, 94^{60} (60T, 64), 96^{181} (40), 98^{326} (64), 343^{40} (285), 345^{179} (308), 345^{180} (308), 345^{181} (308), 345^{182} (308), 738^{111} (493, 732, 733, 734), 738^{112} (493, 732, 733), 742^{382} (525, 706), 746^{669} (569), 749^{827} (593, 594T, 596), 749^{850} (597, 600), 749^{862} (600); **8**, 339f^{33}, 363^{193} (314, 324)
Cape, T. W., **4**, 480f^9
Capellina, F., **4**, 322^{235} (269)
Capka, M., **2**, 197^{487} (119); **6**, 760^{1604} (712); **7**, 656^{557} (619); **8**, 339f^{18}, 365^{282} (328), 439f^2, 439f^9, 460^{388} (433), 461^{435} (439), 606^{37} (555, 594T, 597T, 600T), 608^{200} (590), 609^{240} (594T, 595T, 596T, 600T), 609^{242} (595T), 704^{18} (693, 694T), 704^{19} (693, 694T, 695), 704^{20} (693, 694T), 705^{65} (693, 694T), 709^{270} (693, 694T), 709^{273} (693, 694T), 710^{313} (694T), 927^{763} (801)
Caplar, V., **8**, 498^{123} (498)
Caplier, I., **1**, 42^{181} (37, 38), 375^{133} (327); **2**, 299^{204} (251), 820^{122} (790); **3**, 631^{202} (591); **4**, 609^{310} (580); **7**, 109^{509} (72)
Caplin, J., **7**, 102^{158} (24)
Capmau, M. L., **7**, 460^{333a} (418), 460^{333c} (418)
Caporiccio, G., **1**, 153^{253} (148)
Caporusso, A. M., **1**, 680^{614} (649); **7**, 254^{153} (250), 456^{94} (387), 456^{119} (391), 460^{371b} (423); **8**,

669^{29} (651, 657T), 669^{30} (651, 657T), 669^{36} (651, 657T), 669^{60} (651, 657T), 669^{68} (651, 657T), 669^{69} (651, 657T, 658T), 772^{192} (769)
Capparella, G., **4**, 695f^3, 810^{19} (695, 702)
Capron-Cotigny, G., **5**, 34f^1
Capwell, Jr., R. J., **5**, 538^{1245} (498)
Carassiti, V., **4**, 322^{234} (269); **6**, 752^{1059} (632)
Carberry, E., **2**, 195^{420} (105), 394f^1, 394f^2, 395^1 (365, 366, 388, 391, 392, 393), 396^{80} (378), 397^{117} (388), 397^{126} (390, 393)
Carbonaro, A., **3**, 169^{88} (138, 140), 546^{64} (503), 547^{121} (539), 547^{126} (541); **4**, 435f^{20}, 435f^{23}, 435f^{24}, 508^{241} (441, 442), 508^{242} (441); **8**, 406f^{13}, 454^{26} (376, 412, 420, 426), 457^{228} (406), 458^{290} (415), 459^{323} (420)
Card, A., **3**, 1076^{492} (1050); **8**, 1065^{77} (1025)
Card, R. J., **3**, 1075^{453} (1040), 1075^{475b} (1044), 1131^{67} (1282), 1131^{68} (1282); **7**, 101^{77} (11); **8**, 606^{57} (557, 595T, 596T, 602T), 606^{58} (557, 595T, 596T), 606^{59} (557, 601T), 606^{60} (557), 611^{342} (596T), 927^{68} (801), 1066^{130} (1035), 1067^{171} (1041), 1069^{291} (1057)
Cardaci, G., **4**, 324^{376} (287), 327^{595} (308), 389f^4, 401f^{17}, 504^{43} (388), 504^{51a} (392), 505^{89} (403), 506^{152} (423), 506^{153} (423), 508^{249} (442); **5**, 29f^8, 266^{128} (28), 274^{660} (222)
Cardaci, S., **4**, 324^{377} (287)
Cardarelli, N. F., **2**, 627^{700} (613), 627^{701} (614), 627^{702} (614)
Cardeso, J. M. S., **6**, 144^{272} (113)
Cardillo, B., **8**, 935^{590} (892)
Cardillo, G., **1**, 119^{265} (99), 120^{283} (105)
Cardin, A. D., **1**, 456^{210} (444)
Cardin, C. J., **3**, 411f^4, 461f^{41}, 474^{125} (472), 631^{188} (587, 590, 595), 631^{195} (590), 646^{32} (640), 938f^2; **4**, 811^{92} (704); **6**, 739^{219} (508), 740^{248} (513), 741^{298} (517, 518), 741^{305} (518, 536T, 538T, 539T, 541), 743^{475} (536T, 539T), 744^{482} (532, 538T, 539T)
Cardin, D. J., **2**, 679^{361} (668); **3**, 88^{533} (77), 411f^4, 461f^{41}, 474^{125} (472), 556^1 (550), 556^6 (550), 630^{96} (573, 600), 631^{188} (587, 590, 595), 631^{195} (590), 646^{32} (640), 646^{38} (641), 646^{39} (641), 734f^8, 899f^5, 938f^2, 950^{243} (888), 950^{245} (888), 965f^8, 966f^2, 1067^{30} (965), 1187f^1, 1188f^3, 1248^{150} (1188), 1338f^3; **5**, 268^{307} (81), 532^{786} (412), 532^{788} (412); **6**, 344^{83} (292), 344^{85} (292, 293), 344^{104} (297), 344^{105} (297), 344^{106} (297), 739^{192} (502, 510), 739^{193} (502), 739^{206} (505, 508T), 739^{211} (506), 739^{213} (506), 739^{232} (509), 740^{235} (509), 740^{248} (513), 741^{298} (517, 518), 741^{305} (518, 536T, 538T, 539T, 541), 744^{482} (532, 538T, 539T), 745^{590} (558), 839f^{11}, 839f^{12}, 875^{109} (777), 1062f^2, 1110^{35} (1049); **7**, 727^{147} (697), 729^{272} (723); **8**, 549^{33} (504, 505), 549^{33} (504, 505)
Cardoso, A. M., **3**, 334f^{14}, 426^5 (332, 336), 701^{429} (680), 711f^{10}, 764f^4, 781^{180} (763); **6**, 1060f^5, 1061f^{11}, 1110^{40} (1050, 1051, 1060, 1064)
Carewska, M., **1**, 678^{488} (632)
Carey, C. R., **5**, 570f^9, 624^{204} (569, 571)
Carey, F. A., **1**, 118^{181} (82); **7**, 97f^{21}, 646^{24} (521), 647^{47} (525, 526), 647^{51} (527), 647^{52} (527), 656^{560} (620)
Carey, N. A. D., **2**, 679^{361} (668), 860^{90} (844, 857), 861^{123} (851); **6**, 1031f^5, 1035f^9
Carey, P. R., **1**, 310^{575} (299)
Carganico, G., **3**, 1072^{301a} (1018, 1037)
Cargioli, J. D., **2**, 397^{120} (388), 397^{124} (388)
Cariati, F., **3**, 1141f^{10}; **4**, 237^{243} (193), 237^{-4} (193); **5**, 264^{39} (9), 622^{92} (559, 620); **6**, 252f^1, 262^{93} (250), 343^{40} (285), 749^{841} (596, 597), 749^{843} (596), 871f^{142}, 876^{155} (788), 943^{162} (912, 913T), 944^{169} (912, 913T), 944^{175} (913T); **8**, 280^{31} (237)
Cariello, C., **6**, 261^{14} (244), 262^{77} (249)
Carini, D. J., **7**, 648^{147} (548)
Carius, L., **2**, 761^{42} (718)
Carle, K. R., **7**, 159^{116} (152)
Carleer, R., **2**, 300^{243} (262), 302^{371} (291)
Carley, D. R., **1**, 150^{52} (123)

Carlin, R. L., **3**, 947[33] (814)
Carlini, C., **3**, 547[129] (541, 542); **4**, 965[172] (961), 965[175] (961); **8**, 606[68] (558, 601T), 606[72] (558, 601T), 606[75] (559, 595T, 601T), 606[76] (559, 569), 608[177] (581), 609[245] (595T, 596T, 598T, 601T)
Carlsohn, B., **2**, 200[620] (151), 200[621] (151)
Carlson, B. A., **7**, 141[89] (128), 141[90] (128), 141[91] (128), 141[92] (128), 225[140] (209, 215), 225[141] (209, 215), 225[142] (209, 215), 300[110] (285), 300[111a] (285), 300[111b] (285), 300[111c] (285), 300[111d] (285), 300[112] (286), 322[30] (310)
Carlson, C. W., **2**, 196[423] (105), 396[82] (379, 380), 396[83] (380)
Carlson, M., **1**, 671[59] (564, 603)
Carlson, R. M., **7**, 5f[6]
Carlström, D., **2**, 201[667] (163)
Carman, C. J., **2**, 627[710] (615)
Carmen, M. C., **8**, 291f[18]
Carmichael, J. B., **2**, 362[126] (327)
Carmona, D., **5**, 341f[3], 526[393] (340), 539[1295] (340, 468); **8**, 339f[21], 365[337] (338)
Carmona, E., **6**, 100[421] (50T, 54T, 58T, 59T, 64, 72, 73, 85, 91T); **8**, 795[61] (791)
Carmona-Guzman, E., **1**, 247[342] (196, 207); **3**, 1252[306] (1223), 1252[307] (1223); **4**, 153[274] (69); **5**, 76f[8], 268[290] (78); **6**, 943[123] (905, 906T, 914)
Carnall, W. T., **3**, 264[43] (178)
Carnevale, A., **1**, 721[147] (705, 706)
Carney, P. A., **2**, 188[91] (24)
Carnovale, F., **5**, 520[27] (281)
Caro, B., **3**, 1074[396] (1033, 1047), 1076[486a] (1048), 1076[487a] (1049), 1076[487b] (1049); **8**, 1069[286a] (1057), 1070[309a] (1059), 1070[309a] (1059)
Caroll, B. L., **1**, 264f[11]
Caroll, E. T., **6**, 13[57] (8)
Caron, A., **4**, 319[13] (245), 319[15] (245)
Caron-Sigaut, C., **7**, 159[117] (152)
Carotti, A. A., **1**, 308[452] (293); **7**, 298[14] (269)
Carpenter, B. A., **7**, 87[488] (70)
Carpenter, B. K., **3**, 87[493] (71), 87[494] (71), 1075[466] (1042); **4**, 505[73] (398); **8**, 1009[127] (975), 1009[128] (976)
Carpenter, C., **6**, 383[67] (371)
Carpenter, D. R., **3**, 788f[13]
Carpenter, J. H., **1**, 262f[5]; **2**, 517[695] (503)
Carpenter, R. C., **6**, 382[10] (364, 365)
Carpino, L. A., **2**, 189[121] (29), 563f[4]
Carr, D., **7**, 110[592] (92)
Carr, D. B., **1**, 679[576] (647); **7**, 456[121] (392), 460[353] (420); **8**, 772[188] (746, 764T, 765T, 766T), 772[189] (746, 764T, 765T, 766T)
Carr, D. D., **6**, 94[87] (59T, 61T, 64, 76); **8**, 549[37] (504, 508, 509, 510, 520), 549[37] (504, 508, 509, 510, 520), 551[127] (535)
Carrà, S., **8**, 362[117] (295)
Carradini, P., **3**, 426[16] (336, 377f)
Carraher, Jr., C. E., **2**, 506[30] (403), 622[360] (568), 622[361] (568), 627[699] (613), 1020[308] (1014, 1015); **3**, 430[218] (384), 430[219] (384); **5**, 275[734] (247)
Carraro, G., **1**, 377[253] (348)
Carrasco, N., **8**, 1069[258] (1052, 1052f, 1054, 1055), 1069[275a] (1055), 1069[275a] (1055), 1069[275b] (1060)
Carre, F., **2**, 187[64] (14), 509[185] (422); **5**, 158f[5], 271[464] (156, 160, 161); **6**, 1113[172] (1087)
Carré, F. H., **2**, 507[67] (405, 470), 509[183] (421), 509[184] (422), 509[187] (422, 423, 441), 509[188] (422, 423, 441, 442), 511[314] (440), 515[534] (470); **5**, 264[33] (7), 525[349] (328); **8**, 771[168] (740, 745)
Carrell, H. H., **2**, 396[102] (385)
Carrell, H. L., **2**, 387f[1]
Carrick, A., **2**, 517[701] (503); **3**, 1188f[8], 1338f[10], 1381[83] (1339); **6**, 841f[119], 875[106] (777, 778), 1028f[19], 1041[136] (1013)
Carrick, W. L., **3**, 436f[7], 696[141] (659, 661), 697[164] (661), 702[475] (684); **7**, 463[505] (443, 444)
Carriel, J. T., **6**, 13[82] (9), 36[170] (32)
Carrington, A., **3**, 264[56] (179)

Carriu, R. J. P., **2**, 509[185] (422)
Carrol, D. G., **3**, 84[291] (40)
Carroll, B. L., **1**, 264f[9], 302[10] (256)
Carroll, D. G., **3**, 83[190] (28), 1069[143] (987), 1074[391] (1032)
Carroll, E. W., **4**, 241[441] (215T, 216)
Carroll, G. L., **2**, 191[249] (60); **7**, 650[221] (561), 658[676] (642), 658[678] (642)
Carroll, J. A., **5**, 625[285] (584, 585)
Carroll, M. F., **7**, 649[173] (553)
Carroll, R. D., **7**, 252[23] (231)
Carroll, W. E., **1**, 738[47d] (473, 520, 524, 535); **3**, 1249[155] (1190); **4**, 324[362] (286, 298), 326[496] (298), 326[497] (298); **5**, 194f[12], 265[79] (17, 18, 29), 266[129] (28); **6**, 140[74] (105T), 224[59] (215T, 219, 220), 761[1639] (719, 723T)
Carroll, Jr., W. F., **2**, 972[147] (889), 972[149] (890)
Carrondo, M. A. A. F. de C. T., **4**, 814[284] (744)
Carrupt, P. A., **3**, 1252[348] (1231); **4**, 380f[25], 612[485] (565f, 597); **8**, 935[628] (898)
Carruthers, W., **7**, 513[186] (501, 503), 726[121] (690), 727[157] (700), 727[180] (705)
Carson, A. S., **2**, 674[47] (635)
Carsten, K., **1**, 375[158] (331), 408[6] (383, 394), 409[62] (395, 397, 398); **4**, 819[655] (806)
Carta, G., **3**, 1286f[5], 1286f[6], 1286f[7]
Carter, A. S., **8**, 411f[1], 458[253] (410)
Carter, C. O., **8**, 647[302] (621T)
Carter, J., **1**, 150[99] (125, 138)
Carter, J. C., **1**, 377[254] (348), 457[245] (451)
Carter, J. H., **1**, 150[67] (123, 125, 128, 138)
Carter, L. G., **7**, 98f[8]
Carter, M. J., **2**, 190[175] (38)
Carter, O. L., **3**, 1073[340] (1024), 1075[445] (1038)
Carter, R. O., **1**, 262f[33], 262f[34], 263f[3], 263f[4], 302[33] (259, 263), 302[36] (259, 263); **2**, 191[248] (60)
Carter, Jr., R. P., **1**, 310[584] (300)
Carter, S., **4**, 479f[33], 816[397] (760)
Carter, W. B., **1**, 672[123] (578), 679[537] (638)
Carter, W. J., **4**, 1057[19] (969, 970, 977, 993, 1004, 1005, 1014)
Cartledge, F. K., **2**, 17f[14], 195[420] (105), 297[78] (228), 299[157] (243), 302[346] (284), 509[190] (422)
Cartner, A., **5**, 264[21] (4), 272[520] (176)
Carton, D., **1**, 379[402] (364)
Carturan, G., **2**, 679[377] (669), 679[378] (669); **5**, 285f[3], 520[59] (284), 536[1109] (472); **6**, 343[28] (283, 326, 336, 337, 338), 343[67] (288), 445[309] (426), 736[19] (476), 743[459] (534T), 745[601] (559), 746[630] (562), 756[1332] (664, 665), 757[1368] (669), 761[1655] (722T, 728), 761[1656] (722T, 728), 761[1665] (728), 761[1670] (729), 761[1671] (729), 761[1674] (730), 761[1678] (730), 761[1679] (731); **8**, 312f[33], 312f[39], 363[154] (300), 936[653] (901)
Cartwright, M., **3**, 1246[32] (1158)
Cartwright, S. J., **4**, 235[83] (170)
Carty, A. J., **1**, 719[2] (684, 694, 703, 709); **2**, 194[381] (96), 194[385] (96, 129), 517[668] (490), 527f[3], 620[258] (554), 622[377] (570), 912f[1], 915f[1], 915f[2], 943f[12], 944f[8], 944f[9], 975[324] (927, 932), 975[325] (927, 928, 932), 975[347] (931, 933), 1017[173] (999, 1002), 1018[196] (1002); **3**, 146f[5], 169[113] (147), 169[114] (147); **4**, 323[265] (272, 276, 303), 323[272] (273), 325[453] (295), 326[509] (299), 387f[9], 608[195] (555), 608[249] (569, 570f, 571), 608[250] (569, 570f, 571), 608[251] (569, 571), 609[255] (571), 609[256] (570f, 571), 609[257] (570f, 571), 609[258] (570f, 571), 609[259] (570f, 571), 609[260] (570f, 571), 609[261] (570f, 571), 609[262] (570f, 571), 609[263] (571), 609[264] (570f, 571), 609[265] (571), 609[271] (570f, 574), 609[301] (578), 611[442] (594), 612[461] (596), 814[272] (740), 815[358] (754), 873f[5], 885[77] (860), 886[117] (868, 870); **5**, 273[603] (200), 521[85] (289, 290), 521[86] (289), **6**, 35[138] (25), 36[183] (29), 36[198] (19T, 21T), 139[35] (133T, 134), 140[50] (133T, 134T, 135, 136), 141[119] (133T, 135, 136), 241[20] (236), 261[37] (246), 278[44] (274), 469[68] (467), 469[69] (467), 469[70] (467), 469[70] (467), 749[840] (595), 871f[123], 944[173] (912, 913T), 1061f[14], 1111[58] (1054, 1065)

Carty, D., **6**, 383[19] (365, 372, 373)
Carusi, P., **6**, 99[387] (55T, 60T, 69), 742[390] (526, 527), 744[488] (538T), 744[489] (538T), 760[1560] (696, 700T), 760[1578] (704); **8**, 669[62] (655, 657T, 658T)
Caruso, F., **6**, 752[1084] (634, 642T, 651), 754[1169] (642T), 754[1170] (641, 642T)
Carvalho, M.F.N.N., **4**, 236[177] (182, 224T, 227, 228, 229)
Carver, J., **3**, 264[58] (179)
Cary, L. W., **3**, 838f[18], 840f[11], 851f[16], 851f[26], 948[123] (847); **6**, 35[112] (21T), 241[14] (235, 238)
Casabo, J., **6**, 94[78] (57T, 58T)
Casadevall, E., **7**, 107[391] (52)
Casagrande, G. T., **6**, 277[4] (266T, 266)
Casalbore, G., **3**, 1070[150] (987, 1030)
Casalnuovo, A. L., **5**, 310f[3], 523[250] (307), 539[1263] (307)
Casalone, G., **6**, 748[788] (588)
Casanova, Jr., J., **1**, 377[257] (348); **2**, 969[19a] (865)
Casara, P., **7**, 648[136] (546), 648[141] (547)
Case, J. A. M., **5**, 266[159] (35)
Case, J. R., **4**, 321[180] (264)
Case, R., **3**, 87[492] (70); **4**, 608[188] (550)
Caserio, Jr., F. F., **6**, 446[315] (428, 433)
Caserio, M. C., **2**, 971[122] (885); **7**, 253[144] (250), 253[145] (250)
Casey, A. T., **3**, 701[453] (682, 683), 701[454] (682, 683), 701[456] (683), 701[457] (683), 701[458] (683), 701[459] (683)
Casey, B. A., **7**, 459[285] (413), 459[286] (413), 459[287] (413)
Casey, C. P., **2**, 762[142] (746), 762[143] (746), 762[147] (747, 749), 978[493] (962); **3**, 800f[3], 829f[2], 829f[5], 829f[6], 893f[22], 893f[23], 904f[3], 950[248] (889, 903), 950[275] (903), 950[276] (903), 950[281] (905), 1297f[8], 1297f[9], 1297f[16], 1299f[3], 1317[32] (1279, 1280), 1317[34] (1276), 1317[42] (1278), 1317[43] (1278, 1279), 1317[44] (1278, 1279), 1318[106] (1294, 1298), 1318[108] (1298), 1318[109] (1298, 1302), 1318[111] (1300), 1318[126] (1302), 1318[128] (1302), 1318[130] (1303), 1318[132] (1303), 1318[133] (1303); **4**, 12f[13], 12f[14], 73f[3], 73f[5], 73f[7], 73f[8], 73f[9], 73f[14], 73f[16], 74f[30], 84f[3], 84f[7], 84f[12], 150[52] (16, 18), 150[53] (16, 18), 150[54] (16, 17, 18), 151[106] (26), 154[329] (79, 85, 89), 154[331] (79, 89), 154[332] (84), 155[373] (92), 155[374] (92), 155[375] (92), 166f[4], 234[62] (167), 239[333b] (206, 207T), 239[363] (206, 207T), 239[364] (206, 207T), 239[365] (206, 207T), 239[366] (206, 207T, 231), 240[390] (210, 212T), 241[435] (214, 215T, 224T, 228), 241[489] (223, 224T, 228), 242[490] (223), 242[513] (225, 230), 242[514] (225, 226, 227, 230), 320[68] (250, 287), 374[38] (339), 375[123] (364); **6**, 747[690] (576), 806f[20], 842f[153], 842f[154], 874[85] (774, 775); **7**, 726[101] (684), 727[163] (701), 727[164] (701), 728[217] (712); **8**, 95[60] (35), 95[62] (35), 95[64] (35), 97[189] (58), 220[21] (108), 220[22] (108), 220[29] (110), 549[34] (504, 505, 511, 513), 549[40] (504, 513), 550[97a] (524), 551[104] (527), 551[106] (528, 542), 551[110] (529, 545), 551[125] (534)
Casey, G. C., **5**, 271[492] (163), 271[493] (164); **6**, 97[231] (85, 88, 91T, 92T), 227[213] (212, 213T)
Casey, M., **4**, 326[486] (297); **6**, 844[260], 1018[22], 1019f[63], 1019f[66], 1021f[141], 1028f[45], 1028f[50], 1040[75] (999), 1080f[6]
Casey, R. A., **4**, 150[55] (16, 18)
Cash, D. N., **5**, 554f[14]; **6**, 845f[294], 875[96] (776)
Cash, G. G., **2**, 190[192] (43); **4**, 607[151] (543), 607[172] (548, 549), 649[72] (637); **5**, 535[984] (445); **8**, 1066[117b] (1031)
Cashman, D., **3**, 1195f[3], 1249[185] (1195), 1381[111] (1342), 1381[112] (1342); **4**, 607[129] (539f); **6**, 980[38] (957, 962, 963T, 969T), 987f[3], 1039[27] (992)
Casida, J. E., **2**, 1016[93] (989), 1016[94] (989), 1016[95] (989)
Casiraghi, G., **7**, 107[424] (57); **8**, 935[589] (892)
Casnati, G., **7**, 107[424] (57); **8**, 935[589] (892)
Cason, J., **2**, 861[159] (858f, 859); **7**, 725[39] (670), 725[42] (670), 729[264] (722)
Cason, L. F., **7**, 647[88] (535)

Caspar, J. V., **4**, 605[35] (519, 520)
Caspi, E., **7**, 253[128] (247)
Cass, M. E., **6**, 841f[102]
Cassal, A., **3**, 786f[1], 946[3] (784)
Cassar, L., **3**, 87[472] (67); **5**, 27f[11], 531[743] (406), 531[745] (406); **6**, 35[125] (24), 36[189] (33), 93[35] (55T, 65, 66, 75, 78, 79), 94[79] (56T, 80), 95[137] (55T, 56T, 57T, 65, 66, 79), 98[317] (55T, 56T, 57T, 65, 72), 98[318] (77), 98[321] (56T, 65, 72); **7**, 729[273] (723); **8**, 222[129] (159, 188, 189, 192, 193, 199, 202, 208, 212, 213), 223[165] (188, 189, 192, 193, 196, 199, 200, 202), 223[166] (188, 193, 198, 200, 203), 223[172] (191, 193, 200), 223[174] (192), 770[77] (732), 770[96] (734), 770[96] (734), 770[99] (734), 770[102] (734), 794[7] (780, 787), 794[34] (783), 794[36] (783), 795[48] (790), 795[49] (782, 786), 795[49] (782, 786), 795[53] (787), 795[64] (786), 795[76] (780), 795[86] (780), 937[724] (912)
Cassata, A., **8**, 397f[1]
Cassias, J. B., **4**, 611[384] (590)
Cassidy, H. G., **3**, 786f[3], 786f[4]
Cassity, R. P., **7**, 35f[1], 104[265] (34)
Cassoux, P., **3**, 80[51] (6), 81[57] (6), 436[20]; **6**, 12[24] (5), 12[24] (5), 13[46] (7), 13[67] (8), 34[96] (22T); **8**, 454[42] (378)
Castaing, M., **2**, 624[533] (590)
Castanet, Y., **8**, 928[123] (805, 815)
Castel, A., **2**, 434f[5], 501f[7], 508[136] (412, 451, 480), 509[203] (424, 439), 510[231] (427, 429, 434, 490, 491, 498), 510[237] (429), 511[309] (439, 488, 494, 498), 513[437] (455, 495, 496, 497, 498), 515[551] (473, 476, 481, 484, 496), 515[566] (474, 490), 516[599] (481, 488, 489), 516[643] (485, 487, 488), 517[650] (486, 487), 517[652] (488, 494), 517[672] (490, 494, 495, 497, 498)
Castellano, S., **8**, 222[100] (124)
Castelli, R., **8**, 407f[30]
Castelli, V. J., **2**, 622[360] (568)
Castiglioni, M., **3**, 886f[2], 1121f[4]; **4**, 884[14] (847, 848), 964[78] (943)
Castle, R. B., **1**, 286f[8], 306[271] (282, 287)
Castner, K. F., **7**, 457[185] (398), 457[186] (398)
Castrillo, M. V., **2**, 820[155] (794)
Castro, B., **6**, 180[50] (173T, 173), 181[92] (169, 173T, 173), 181[93] (173T, 173)
Castro, C. E., **7**, 726[126] (691, 692), 727[128] (691, 692)
Casucci, L., **8**, 606[76] (559, 569)
Catala, J. M., **7**, 108[475] (65)
Cataline, E. L., **2**, 706[106] (695)
Cataliotti, R., **6**, 227[201] (210)
Catalitti, R., **4**, 326[470] (296)
Catelani, G., **3**, 1075[482] (1046); **8**, 1070[323] (1060)
Catellani, M., **8**, 17[33] (12), 280[55] (247), 669[48] (655), 770[79] (730), 770[80] (731)
Catlin, J., **8**, 770[88] (730)
Catlin, J. C., **7**, 197[208] (191)
Catlin, W. E., **7**, 26f[1], 52f[2]
Catone, D. L., **5**, 552f[1]
Catsoulacos, P., **7**, 253[99] (242)
Cattalini, L., **6**, 241[12] (235), 753[1120] (638), 756[1353] (667), 756[1360] (668), 756[1361] (668), 756[1362] (668), 757[1363] (668); **8**, 861f[10]
Cattanach, J., **2**, 827f[1]
Cattermole, P., **5**, 628[490] (616)
Cattermole, P. E., **5**, 524[318] (318), 524[319] (318)
Catti, M., **4**, 846f[7], 885[81] (860)
Catton, G. A., **6**, 877[238] (822)
Cattrall, R. W., **3**, 694[15] (649)
Caubere, P., **1**, 244[200] (177); **3**, 279[47] (275); **8**, 645[218] (633), 769[41] (725T, 732), 937[766] (921)
Caughey, W. S., **4**, 325[436] (293), 325[437] (293), 325[438] (293), 325[439] (293)
Caughlan, C. N., **5**, 28f[1]
Caughlan, G. N., **2**, 908f[16]
Cauguy, G., **2**, 299[170] (246, 247T), 301[288] (270)
Cauletti, C., **3**, 83[210] (30); **6**, 228[256] (191, 193T)
Caulton, K. G., **3**, 81[84] (9), 112f[5], 326[33] (290), 346f[2], 346f[3], 350f[8], 376f[4], 427[43] (339, 342, 348), 427[61]

(350, 351), 630[154] (582), 630[158] (582, 599), 631[181] (586), 695[48] (651), 698[259] (668, 669), 698[261] (669), 779[65] (715, 717), 949[176] (872), 1100f[4], 1146[50] (1099), 1250[197] (1198); **4**, 157[552] (131), 157[553] (131), 240[385] (208), 509[311] (452), 690[113] (678); **5**, 552f[2], 628[498] (617); **6**, 228[265] (204T, 206); **8**, 95[35] (28), 367[437] (350)
Caunt, A. D., **7**, 462[489] (443, 444)
Causse, J., **3**, 460f[7], 461f[17]
Cava, M. P., **7**, 726[108] (686)
Cavalieri, A., **1**, 41[157] (35); **5**, 5f[8]; **6**, 14[97] (10, 11), 14[98] (10), 96[177] (42, 43T, 44), 872f[150]
Cavalieri d'Oro, P., **8**, 222[99] (124, 127)
Cavalito, F., **3**, 1100f[6], 1115f[3]
Cavanagh, K., **2**, 861[148] (856)
Cavanaugh, J. R., **1**, 675[325] (619)
Cavazza, M., **4**, 559f[5], 602f[20]
Cavell, K. J., **6**, 839f[32]
Cavell, S., **1**, 410[82] (404)
Cavezzan, J., **2**, 507[78] (407), 507[79] (406, 407, 422, 456), 509[189] (422), 511[335] (442, 446), 513[439] (456), 514[488] (464, 467)
Cavit, B. E., **4**, 811[68] (700, 741, 744), 1059[153] (993), 1060[169] (998), 292f[9]
Cawse, J. N., **4**, 74f[26], 154[306] (75, 100, 100T, 101T), 373[6] (332T, 333), 375[110] (359), 375[111] (359); **6**, 741[309] (518); **8**, 220[15] (107)
Cayrel, S. P., **7**, 725[12] (664)
Cazat, J., **8**, 282[154] (272, 274)
Cazeau, P., **7**, 649[205] (559)
Cazes, A., **2**, 509[203] (424, 439), 509[214] (425, 469), 511[309] (439, 488, 494, 498), 517[652] (488, 494), 517[672] (490, 494, 495, 497, 498), 518[710] (504)
Cazes, B., **1**, 244[193] (176); **7**, 95f[3], 95f[3]
Cazzoli, G., **3**, 102f[26]
Ceasar, G. P., **6**, 841f[128]
Cecchi, G., **8**, 366[393] (343), 366[394] (343), 366[395] (343)
Cecchin, G., **6**, 227[238] (219)
Ceccon, A., **3**, 1004f[11], 1004f[20], 1005f[3], 1005f[15], 1005f[19], 1030f[3], 1030f[4], 1071[248] (1010), 1074[373a] (1030), 1074[373b] (1030), 1074[374] (1030), 1074[399a] (1033), 1074[399b] (1033, 1034), 1075[479] (1046), 1075[481] (1046), 1075[482] (1046); **4**, 512[521] (503); **7**, 101[77] (11); **8**, 1068[245] (1050), 1069[260b] (1052, 1052f, 1056), 1069[282a] (1056, 1057), 1069[282b] (1056, 1057), 1069[285] (1057), 1070[323] (1060), 1070[323] (1060)
Ceder, O., **2**, 187[51] (12)
Ceder, R., **6**, 97[260] (58T, 63T, 72, 79), 345[165] (306, 336, 337)
Cederberg, J. W., **6**, 13[44] (7)
Cefalù, R., **1**, 754[101] (743), 754[102] (743)
Ceinini, S., **8**, 280[56] (248)
Cekada, J., **2**, 362[131] (328)
Cenini, S., **1**, 753[60] (735); **4**, 237[214] (189, 189T, 190), 237[225] (189T, 190), 237[252] (195), 240[397] (211, 212T), 322[254] (271, 295), 324[382] (288, 298), 611[410] (592), 664f[5], 689[86] (673), 690[100] (676), 695f[3], 810[19] (695, 702), 810[37] (697, 700, 706), 810[61] (699, 723), 811[69] (700, 723, 744), 811[93] (705), 811[111] (707), 887[163] (875), 963[22] (935, 942), 965[187] (962); **5**, 186f[1], 272[533] (177), 316f[7], 521[87] (289), 521[103] (288, 293), 524[288] (314), 621[4] (542), 623[158] (565), 626[318] (589); **6**, 34[62] (21T), 263[168] (257), 736[6] (474, 475), 736[7] (474, 494), 736[21] (476, 477), 749[838] (595T), 749[841] (596, 597), 749[843] (596), 751[993] (621), 845f[292], 851f[62], 874[54] (769, 821), 1018f[20], 1021f[142], 1027f[11], 1028f[49]; **8**, 292f[36]
Cense, J. M., **7**, 460[333b] (418)
Center, R. G., **4**, 319[3] (244)
Centikaya, E., **6**, 344[105] (297), 344[106] (297), 344[107] (297)
Centineo, A., **3**, 362f[12]
Centini, G., **3**, 802f[3], 1121f[4]
Centinkaya, B., **3**, 819f[23]
Cento, D. P., **2**, 1015[4] (980)
Ceraso, J. M., **1**, 120[318] (114)

Ceré, V., **7**, 106[337c] (46)
Cerfontain, M. B., **4**, 324[360] (285)
Cerichelli, G., **4**, 479f[35], 511[421] (483, 484), 816[437] (763), 816[438] (763); **8**, 1065[52b] (1020, 1025), 1065[68] (1024, 1024f), 1069[274] (1055)
Ceriotti, A., **5**, 525[362] (363), 532[816] (378, 497); **6**, 96[179] (44), 736[37] (481)
Ceriotti, G., **5**, 335f[3], 525[357] (331)
Ceriotti, S., **8**, 669[64] (650, 657T)
Cernia, E., **3**, 268[317] (230); **8**, 609[234] (594T), 609[235] (594T), 609[236] (594T)
Cernia, E. M., **8**, 605[14] (553)
Cerny, V., **3**, 700[368] (674); **6**, 226[166] (214T), 228[246] (190)
Ceron, P., **1**, 305[218] (277)
Cerrotti, A., **6**, 870f[110]
Cerruti, G. F., **3**, 430[258] (394)
Cerutti, M., **3**, 736f[8], 745f[12], 753f[8], 767f[1]
Cerveau, G., **5**, 158f[5], 271[464] (156, 160, 161); **6**, 1112[131] (1075), 1113[172] (1087)
Cesa, M. C., **7**, 728[217] (712)
Cesari, M., **3**, 87[452] (64), 269[376] (243), 270[416] (258, 259), 547[97] (529); **5**, 625[256] (579, 592), 625[258] (579), 626[380] (598)
Cesarotti, E., **3**, 429[159] (370), 557[60] (556), 629[75] (570); **4**, 482f[1], 963[61] (940); **8**, 331f[7], 497[66] (479), 497[67] (479)
Cesca, S., **1**, 677[426] (627); **3**, 265[132] (189), 266[148] (195), 266[149] (195, 210), 303f[2], 359f[7], 428[87] (357), 547[97] (529), 547[98] (529); **6**, 980[23] (953); **7**, 457[187] (398); **8**, 378f[5]
Cetini, G., **3**, 886f[2]; **4**, 321[172] (262), 324[348] (283), 324[352] (283), 648[12] (617), 689[39] (666), 814[274] (741, 752), 815[340] (752), 840[57] (831), 884[22] (849), 884[23] (849), 885[58] (853), 885[59] (853), 885[78] (860, 862), 885[92] (862), 885[93] (862), 885[94] (863), 886[96] (863), 887[182] (881), 887[183] (881, 882), 1062[299] (1033, 1035), 1062[300] (1035), 1062[301] (1035); **5**, 194f[4]; **6**, 35[140] (25), 139[29] (133T, 135), 139[30] (133T, 135), 142[197] (135)
Cetinkaya, B., **2**, 516[593] (480, 482), 816f[7], 821[219] (817), 821[220] (817); **3**, 88[533] (77), 327[103] (308), 392f[8], 430[251] (393), 899f[5], 950[243] (888), 950[245] (888); **4**, 375[137] (366, 371), 458f[1], 812[191] (719); **5**, 403f[3], 417f[1], 417f[2], 528[576] (376), 532[786] (412), 532[791] (413), 532[792] (413), 539[1281] (511), 622[70] (551, 557), 624[228] (575), 624[232] (575); **6**, 93[2] (55T), 143[264] (109), 344[83] (292), 344[85] (292, 293), 344[104] (297), 344[105] (297), 344[106] (297), 344[107] (297), 344[109] (297), 344[110] (297), 739[192] (502, 510), 739[193] (502), 739[206] (505, 508T), 739[207] (505), 739[211] (506), 739[212] (506), 739[213] (506), 739[214] (506), 739[232] (509), 740[235] (509), 740[241] (510), 741[306] (518), 1094f[5]; **7**, 727[147] (697), 729[272] (723); **8**, 549[33] (504, 505)
Cetinkaya, C., **4**, 507[199] (432)
Cetinkaya, E., **6**, 739[206] (505, 508T), 739[207] (505), 739[232] (509)
Cha, B. J., **8**, 455[82] (384, 415)
Chaabouni, R., **7**, 159[91] (148), 253[85] (240), 253[86] (240)
Chabardes, P., **4**, 811[122] (708)
Chadaeva, N. A., **2**, 705[33] (685)
Chadha, M. S., **8**, 888f[6], 934[542] (884)
Chadha, N. K., **7**, 195[82] (168), 253[114] (245), 253[115] (246)
Chadwick, A. V., **3**, 102f[15], 104f[7], 168[32] (99)
Chadwick, B. M., **3**, 945f[3], 945f[6], 949[220] (882)
Chaffee, E., **8**, 280[50] (247, 258)
Chaichit, N., **2**, 912f[6], 912f[15], 912f[16], 912f[18], 934f[3], 973[224] (900), 975[327] (929, 930), 975[331] (930), 976[380] (941)
Chaipayungpundhu, S., **4**, 690[95] (674)
Chaiwasie, S., **3**, 1248[140] (1186)
Chakrabarty, M. R., **1**, 272f[6]
Chalk, A. J., **2**, 196[431] (109), 197[478] (117), 197[486] (119), 821[195] (812, 813); **5**, 533[857] (423), 556f[11]; **6**,

758^{1425} (675), 758^{1427} (675, 677), 758^{1428} (675), 758^{1437} (675, 677, 678, 679); **7**, 655^{544} (617), 656^{551} (618), 656^{558} (619); **8**, 221^{70} (116, 125, 140), 411f^{15}, 458^{278} (412), 933^{470} (868, 872), 933^{483} (872)

Chalk, C. D., **5**, 249f^6, 528^{567} (370)

Challa, G., **8**, 607^{104} (563, 599T), 607^{105} (563, 599T, 600T), 610^{319} (600T)

Challenger, F., **1**, 285f^{21}, 285f^{26}, 285f^{28}, 306^{309} (284), 306^{311} (284), 742f^5, 752^3 (725); **2**, 705^{66} (689), 1018^{198} (1002, 1005), 1018^{199} (1002, 1005), 1018^{231} (1005), 1018^{232} (1005), 1018^{235} (1005), 1018^{236} (1005), 1020^{304} (1014); **3**, 279^5 (271); **7**, 299^{56} (276), 512^{165} (499, 502, 503), 513^{190} (502, 503, 505)

Chalmers, A. A., **4**, 327^{582} (306); **6**, 1018f^{18}, 1028f^{24}, 1028f^{35}

Chaloner, P. A., **5**, 530^{715} (397, 433), 534^{918} (433), 534^{919} (433), 537^{1125} (475T); **8**, 361^{26} (286, 288), 364^{219} (320), 496^{38} (473), 496^{39} (473, 475), 496^{42} (474, 475)

Chaloyard, A., **3**, 327^{83} (302), 428^{125} (363), 629^{51} (568); **5**, 275^{784} (256), 527^{482} (357)

Chaltykyan, O. A., **8**, 368^{513} (359)

Chamayou, P., **7**, 196^{115} (172), 225^{115} (208)

Chamberlain, K. B., **4**, 507^{220} (438); **8**, 1010^{163} (983, 986, 988, 996), 1010^{164} (983), 1010^{166} (983), 1010^{191} (994)

Chamberlin, A. R., **1**, 119^{234} (92); **7**, 107^{408} (55), 107^{410} (55)

Chambers, D. B., **1**, 150^{94} (124, 125, 126, 127, 147), 150^{95} (124, 125, 126, 127), 673^{161} (590); **2**, 674^{38} (635)

Chambers, J. G., **6**, 759^{1507} (689)

Chambers, J. Q., **3**, 269^{322} (231)

Chambers, R. D., **1**, 244^{173} (175), 304^{136} (269), 308^{427} (292), 309^{512} (297), 309^{513} (297), 676^{382} (624); **2**, 972^{184} (896), 973^{222} (900); **7**, 105^{325} (45), 455^{42} (380)

Chambers, V. M. A., **2**, 978^{535} (967)

Chambers, W. J., **6**, 842f^{131}

Chamot, E., **7**, 729^{277} (724), 729^{277} (724)

Champan, A. J., **8**, 606^{81} (559, 595T)

Champetier, G., **2**, 202^{702} (171)

Champion, A. R., **4**, 479f^{25}

Chan, A., **6**, 445^{277} (422)

Chan, A. S. C., **5**, 531^{716} (397), 531^{717} (397, 433), 533^{916} (433, 490), 534^{917} (433), 538^{1215} (490); **8**, 298f^4, 317f^7, 361^{59} (288, 320, 321), 363^{205} (317), 363^{206} (317, 320), 496^{13b} (466, 473), 496^{37} (473), 496^{40} (474, 475, 476), 496^{41} (474)

Chan, A. S. K., **4**, 323^{263} (272, 274), 609^{280} (575), 609^{281} (576), 609^{285} (576, 577), 609^{286} (576), 841^{93} (838), 887^{188} (881); **8**, 1008^{62} (954)

Chan, A. W. L., **3**, 126f^4; **6**, 444^{225} (413, 422)

Chan, C. M., **1**, 116^{72} (56)

Chan, C. Y., **5**, 628^{480} (614); **8**, 317f^{13}

Chan, D. M. T., **7**, 648^{114} (540); **8**, 932^{395} (852), 932^{396} (852), 932^{397} (853), 932^{399} (853), 1009^{146} (978)

Chan, K. C., **2**, 189^{152} (35); **6**, 751^{1000} (621, 628)

Chan, L. B., **3**, 265^{134} (189, 190)

Chan, L. H., **2**, 513^{407} (453); **7**, 102^{132} (20)

Chan, L. T., **5**, 623^{136} (562)

Chan, L. Y. Y., **4**, 13f^{11}, 19f^8, 235^{105} (172), 236^{156} (179), 241^{473} (219, 219T, 221), 921^{46} (919)

Chan, M., **2**, 298^{131} (238, 239, 248T, 268)

Chan, M.-S., **4**, 510^{408} (482)

Chan, S., **1**, 538^{77h} (481, 505, 530)

Chan, S. I., **3**, 328^{147} (318), 633^{309} (614); **8**, 1104^{28} (1079)

Chan, S.-K., **3**, 264^{26} (177, 179), 264^{28} (177)

Chan, T., **7**, 647^{89} (535)

Chan, T. H., **1**, 307^{396} (289); **2**, 189^{163} (37); **7**, 95f^4, 107^{392} (53), 109^{497} (71), 646^{29} (522), 646^{30} (522), 647^{41} (525), 647^{45} (525), 647^{67} (527), 647^{77} (531), 647^{86} (534), 647^{86} (534), 648^{123} (542), 649^{171} (553), 649^{186} (556), 649^{204} (559), 650^{251} (567), 650^{265} (570), 651^{268} (571), 651^{270} (571), 651^{279} (573), 651^{280} (573), 652^{331} (580), 658^{657} (641)

Chan, T. M., **6**, 1080f^3

Chan, Y. C., **8**, 97^{141} (49)

Chanaud, H., **4**, 536f^{11}

Chanda, M., **8**, 611^{343} (599T)

Chandler, J., **2**, 627^{694} (613)

Chandler, J. H., **7**, 197^{216} (192)

Chandler, M., **4**, 512^{498a} (498); **8**, 1010^{189} (994), 1010^{193} (995), 1010^{199} (997), 1010^{207} (1002)

Chandler, M. L., **2**, 363^{192} (359)

Chandler, P. J., **5**, 532^{827} (419, 462), 532^{828} (419, 461, 462, 484); **6**, 755^{1254} (654, 656), 757^{1416} (673)

Chandler, R. H., **2**, 627^{694} (613)

Chandra, G., **3**, 355f^3, 355f^4, 392f^4, 392f^5, 427^{38} (338, 354), 430^{246} (392), 474^{76} (459), 628^5 (561, 575, 577, 578); **8**, 331f^{31}, 646^{251} (630T), 647^{311} (630T)

Chandra, K., **3**, 334f^{13}, 368f^7, 372f^{14}, 379f^{11}, 426^4 (332), 429^{169} (373), 429^{184} (377), 429^{194} (378)

Chandrasegaran, L., **3**, 1252^{323} (1225)

Chandrasekaran, E. S., **1**, 538^{63b} (476, 523); **3**, 557^{63} (556); **8**, 608^{152} (576, 579, 594T), 608^{153} (576, 594T)

Chandrasekaran, S., **3**, 275f^1, 279^{35} (273); **7**, 223^{17} (199)

Chandrasekhar, J., **1**, 42^{202} (39), 115^{22} (45, 77, 107, 108), 117^{150} (77, 79), 117^{154} (77, 78), 149^{19} (122)

Chang, B. H., **8**, 606^{34} (554, 594T, 597T, 598T, 600T, 602T)

Chang, C.-C., **2**, 193^{324} (82); **3**, 267^{227} (211); **7**, 647^{80} (533)

Chang, C. D., **8**, 98^{222} (61)

Chang, C. J., **1**, 118^{214} (89, 90T)

Chang, C. K., **4**, 325^{427} (292), 325^{428} (292)

Chang, C. T., **3**, 267^{227} (211), 398f^{42}

Chang, C.-W., **3**, 266^{190} (206, 210)

Chang, E., **7**, 646^{30} (522), 647^{41} (525), 647^{45} (525), 647^{89} (535)

Chang, G., **3**, 1069^{88} (979)

Chang, J. C., **3**, 951^{338} (929)

Chang, J. W., **2**, 298^{113} (235)

Chang, K. W., **6**, 14^{128} (10)

Chang, L. L., **7**, 109^{528} (77)

Chang, L. W., **8**, 365^{284} (328), 367^{408} (346)

Chang, M., **3**, 326^{34} (291); **4**, 324^{384} (288, 293), 325^{446} (293), 507^{184} (429); **8**, 1091f^2

Chang, M. I., **3**, 1067^{21} (962)

Chang, P. L., **4**, 459f^4, 508^{259} (443, 444), 609^{314} (580); **5**, 272^{541} (180)

Chang, P.-T., **4**, 320^{82} (251)

Chang, S. W.-Y., **3**, 781^{213} (776), 1262f^{21}, 1317^{15} (1270); **4**, 607^{127} (539f, 540, 603), 613^{522} (603)

Chang, T. W., **1**, 152^{212} (145)

Chang, V. H. T., **2**, 301^{306} (273, 281), 302^{337} (281, 288)

Chang, Y. F., **6**, 97^{235} (85)

Chang, Y. H., **7**, 654^{431} (596), 654^{431} (596)

Chang, Y.-M., **2**, 187^{31} (7, 83)

Chanot, J. J., **8**, 645^{218} (633)

Chanton, J. P., **3**, 1106f^5, 1108f^6, 1112f^7, 1115f^2

Chanzy, H. D., **3**, 546^{76} (511)

Chao, C. H., **8**, 933^{452} (860)

Chao, C. I. P., **7**, 101^{114} (16)

Chao, E., **7**, 301^{174} (298)

Chao, K. J., **1**, 125f^{16}, 146f^5, 152^{211} (145, 146)

Chao, L., **1**, 721^{129} (701)

Chao, L.-C., **1**, 241^{12} (157), 249^{485} (216, 217), 249^{513} (221, 222), 720^{32} (687), 721^{128} (701), 721^{130} (701); **7**, 460^{328} (417)

Chao, T. H., **8**, 293f^{16}

Chao, Y., **7**, 511^{57} (480)

Chapelet, G., **8**, 549^{15} (502, 546)

Chapleo, C. B., **7**, 728^{181} (705)

Chaplin, F., **3**, 1074^{388} (1032)

Chapman, A. C., **2**, 621^{291} (558), 623^{420} (574), 623^{443} (578)

Chapman, A. H., **2**, 622^{398} (571), 626^{679} (611)

Chapman, C. A., **5**, 270^{389} (125, 131)

Chapman, D., **8**, 367^{452} (352), 367^{453} (352), 367^{454} (352)

Chapman, O. L., **2**, 193³²⁴ (82); **7**, 647⁸⁰ (533)
Chapman, T. M., **7**, 727¹⁵¹ (698)
Chapovskii, Y. A., **3**, 1381⁸⁸ (1340); **4**, 344f⁹; **6**, 1028f⁴⁷, 1040⁵⁸ (996)
Chappell, S. D., **6**, 749⁸⁸³ (605)
Chappell, T. G., **3**, 428⁸² (356); **5**, 341f², 527⁴⁵⁴ (340)
Chapuis, G., **4**, 463f⁶, 814²⁷³ (741, 742), 815³³⁵ (751); **6**, 743⁴⁵⁶ (533T)
Chapurskii, I. N., **6**, 742³⁹⁹ (528)
Charache, S., **4**, 325⁴³⁶ (293)
Charalambous, J., **3**, 629⁴⁴ᵃ (565); **6**, 34⁸³ (16)
Charbonneau, L., **2**, 1015²⁰ (981)
Charbonneau, L. F., **7**, 102¹⁶⁴ᶜ (24), 102¹⁶⁷ (24)
Chari, S., **1**, 455¹⁸⁰ (439)
Charkoudian, J. C., **4**, 380f²⁸, 389f¹⁴, 396f¹; **5**, 29f⁹
Charles, A. D., **4**, 422f¹⁶, 505¹⁰¹ (405), 505¹⁰⁹ (408, 423), 815³⁷³ (757)
Charles, R., **5**, 267²³⁷ (53), 556f⁴, 623¹⁴⁰ (563), 623¹⁴¹ (563, 568), 624²³⁰ (575), 626³⁵² (593); **6**, 1093f³, 1113¹⁹⁵ (1092); **8**, 362¹³⁰ (297)
Charles, R. S., **6**, 14¹¹⁷ (9), 142¹⁷⁰ (123T, 128)
Charleston, A. S., **2**, 820¹²⁴ (790)
Charlier, R., **7**, 460³³¹ (418)
Charlton, J. C., **2**, 187⁵³ (12)
Charman, H. B., **2**, 973²⁰² (898)
Charov, A. I., **2**, 202⁷⁰⁴ (171), 512³⁴⁶ (444), 512³⁴⁸ (444)
Charpentier, J.-P., **7**, 100⁵³ (7)
Charpentier, R., **6**, 278⁶⁰ (266T, 277); **8**, 928¹⁵³ (809, 884)
Charrier, C., **3**, 1246⁴⁹ (1161), 1246⁵¹ (1161), 1246⁵² (1161), 1380³¹ (1328); **4**, 155³⁷¹ (91, 117), 158⁶⁰⁹ (139), 505⁵⁹ (395); **8**, 1008⁶⁸ (956), 1070³³⁰ (1061)
Chasman, J. N., **7**, 110⁵⁸⁹ (91)
Chassaing, G., **1**, 118¹⁷¹ (80), 118¹⁷¹ (80), 118¹⁷¹ (80), 118¹⁷¹ (80); **7**, 106³³⁷ᵇ (46, 61)
Chaston, S. H. H., **5**, 524³¹⁴ (318), 524³¹⁵ (318); **6**, 871f¹⁴⁵
Chastrette, M., **1**, 250⁵³⁶ (224, 226, 229), 250⁵⁵⁴ (227), 250⁵⁶² (229, 230), 252⁶²⁹ (238, 240); **7**, 102¹³⁷ (21), 102¹⁴⁴ (22), 102¹⁶⁰ (24), 103¹⁷⁴ (25), 459³⁰⁵ (415)
Chatt, J., **1**, 41¹²³ (25), 248⁴³⁷ (207); **2**, 705²⁶ (684, 694), 707¹⁶⁹ (702, 703); **3**, 85³⁴⁶ (47), 85³⁶⁹ (51), 87⁴⁷⁴ (68), 88⁵²³ (77), 632²³⁹ (607), 695⁵⁸ (652), 764f³, 781¹⁷⁹ (763, 764), 798f¹²ᵇ, 798f¹³ᵃ, 798f¹³ᵇ, 833f¹⁹, 833f³⁸, 833f⁵¹, 838f³, 838f⁴, 851f¹, 851f⁴, 851f⁵, 851f¹⁰, 863f²⁶, 863f³⁴, 947⁹⁰ (831), 1070¹⁸² (991, 1037), 1108f⁷, 1143f⁸, 1148¹²² (1144), 1250²³⁷ (1206), 1251²⁵³ (1213, 1219); **4**, 180f³, 235¹²⁸ (175, 176, 177, 180, 181), 237²⁴⁸ (193, 194, 195), 237²⁴⁹ (193), 237²⁵⁷ (196), 241⁴³² (214, 215, 215T, 216, 224T), 241⁴⁴⁰ (215T, 216), 322²⁵⁶ (271), 325⁴⁴² (293), 328⁶⁵⁵ (313), 374⁴² (340), 675f⁸, 689⁶³ (669), 694f¹, 810¹² (693, 721), 811⁸⁵ (702), 812¹³⁹ (711, 712), 812¹⁷¹ (717, 718), 813²²² (725, 726, 727), 813²³³ (727), 1058⁸² (978, 979, 993), 1058⁸⁹ (979, 982), 1059¹⁰⁰ (981), 1059¹⁰⁸ (982), 1059¹³⁵ (989), 1059¹⁴¹ (990); **5**, 76f², 268²⁸⁵ (77, 78), 306f⁵, 310f², 316f⁵, 520⁴ (278, 461, 463, 466), 520⁹ (278, 375, 376), 522¹⁸⁸ (302, 302T, 303T, 305, 306, 314, 378), 523²⁴⁸ (307), 523²⁴⁹ (307), 528⁵⁷⁰ (375), 535¹⁰³³ (461, 463, 464, 466, 471T, 472T, 474T, 484), 549f¹, 554f³, 556f⁷, 623¹³⁰ (562), 623¹³² (562, 572, 573), 628⁴⁷¹ (612); **6**, 33²⁹ (18), 35¹²⁶ (23), 98³²⁸ (72), 241¹¹ (235), 241³¹ (238), 260⁵ (244), 261⁹ (244), 261¹¹ (244), 278⁵³ (276), 278⁵⁴ (276), 344⁸⁸ (293), 346²⁵⁸ (315), 347²⁸⁶ (316), 348³⁶⁹ (325), 348³⁷⁰ (325), 349⁴⁴⁷ (340), 361³ (351, 354), 361⁴⁰ (355), 361⁴⁰ (355), 362⁴³ (356), 382⁶ (364, 365, 375, 376), 442⁹⁷ (399), 442⁹⁸ (399), 736¹⁷ (476, 477), 736¹⁸ (476), 736²³ (477), 738¹⁶⁵ (499, 539T), 738¹⁶⁷ (499), 739¹⁷³ (500), 740²³⁹ (510, 511), 740²⁵⁷ (514), 740²⁵⁸ (514, 515, 518, 530, 540, 541, 549, 555, 582), 740²⁶⁷ (515T), 740²⁷⁶ (516), 740²⁷⁷ (516, 524, 542T, 674, 679), 740²⁸² (516, 530, 540, 541, 549, 566, 582), 742³⁶⁵ (524, 674, 679), 742³⁸⁴ (526, 541, 559, 560), 742³⁸⁸ (526), 742³⁸⁹ (526), 742⁴¹⁴ (530), 744⁵⁰⁷ (541), 744⁵⁴⁴ (546, 546T), 745⁵⁴⁷ (546T, 616), 745⁵⁵⁰ (546T), 745⁵⁷⁸ (554), 747⁶⁹³ (577), 747⁶⁹⁴ (577, 580), 749⁸⁷⁶ (603), 750⁹⁴⁶ (615, 617, 654), 751⁹⁵⁷ (616), 751⁹⁷³ (619), 752¹⁰⁶⁵ (633), 753¹¹⁵² (640), 756¹³²⁶ (664), 758¹⁴⁴¹ (676), 758¹⁴⁶¹ (678), 758¹⁴⁷⁸ (682), 759¹⁵²² (691, 694, 696, 701), 759¹⁵³⁷ (694), 760¹⁵⁸⁴ (704, 705, 708f), 760¹⁵⁸⁵ (704, 708f, 714), 980⁶³ (967, 971T), 1094f⁵; **8**, 99³¹⁹ (91), 280³⁶ (237, 238), 281⁹⁷ (262), 304f³¹, 305f⁴³, 362⁹¹ (290), 365³²⁰ (338), 550⁸⁷ (520), 1084f¹, 1088f⁵, 1088f⁶, 1091f¹, 1092f³, 1092f⁵, 1093f¹, 1095f¹, 1095f², 1095f³, 1100f¹, 1100f², 1100f⁴, 1104¹ (1073), 1104⁶ (1075, 1080, 1081, 1082, 1083), 1104⁹ (1075), 1104⁹ (1075), 1105⁶⁸ (1087), 1105⁶⁹ (1087, 1101), 1105⁷² (1087), 1105⁷⁴ (1088), 1105⁷⁵ (1088), 1105⁷⁶ (1089), 1105⁷⁷ (1089), 1105⁷⁸ (1089, 1098), 1105⁷⁹ (1089), 1105⁸⁰ (1090), 1105⁸² (1091), 1105⁸³ (1092), 1105⁸⁷ (1094), 1105⁸⁸ (1094), 1105⁹¹ (1096), 1105⁹² (1096), 1106¹⁰⁰ (1098, 1101), 1106¹⁰¹ (1098), 1106¹⁰³ (1099), 1106¹⁰⁴ (1099), 1106¹⁰⁵ (1100), 1106¹⁰⁷ (1100), 1106¹¹⁹ (1103)
Chatterjee, A. K., **6**, 748⁷⁵⁸ (586)
Chatziiosifidis, I., **7**, 650²⁵² (567)
Chau, Y. K., **2**, 680³⁹⁸ (673), 1017¹¹⁰ (994, 1009), 1017¹¹⁶ (995, 1001, 1010), 1017¹⁶⁹ (998, 999, 1000, 1002, 1005), 1017¹⁷³ (999, 1002), 1018¹⁷⁹ (1000, 1001, 1010), 1018¹⁸⁷ (1001, 1003, 1010), 1018¹⁹⁶ (1002), 1018²²⁴ (1004), 1019²⁴¹ (1005), 1019²⁴⁹ (1007), 1019²⁶⁴ (1009), 1019²⁶⁵ (1009), 1019²⁶⁶ (1009, 1010), 1019²⁶⁸ (1010), 1019²⁷³ (1010), 1019²⁷⁶ (1010)
Chaudhari, M., **3**, 631¹⁹⁰ (589)
Chaudhari, M. A., **3**, 388f¹², 398f³⁸, 407f⁶, 407f⁸, 407f¹¹, 431²⁹⁵ (408); **4**, 153²⁸⁸ (72, 78); **6**, 746⁶⁷⁴ (572, 573)
Chaudhari, R. V., **6**, 441¹³ (389)
Chaudhary, F. M., **5**, 229f⁴, 274⁶⁷⁰ (228)
Chaudhary, S. K., **7**, 651³⁰⁵ (576, 577)
Chaudhuri, J., **1**, 116¹⁰³ (63)
Chaudhuri, M. K., **4**, 107f⁵⁸, 107f⁶¹, 152¹⁷⁹ (44), 324³⁴⁰ (282), 324³⁵¹ (283)
Chaudhury, N., **6**, 140⁴⁹ (122T), 742³⁸¹ (525, 706), 745⁵⁵⁵ (547), 746⁶³² (563), 746⁶³⁵ (563)
Chaudret, B., **4**, 813²⁰¹ᵇ (721, 722, 723)
Chaudret, B. N., **4**, 657f¹⁸, 813²⁰¹ (720, 722, 723), 813²⁰¹ᵃ (720, 722, 723), 814²⁷⁹ (742, 755), 814²⁸³ (744, 745, 751), 814²⁸⁴ (744), 964⁷⁷ (943)
Chaudron, T., **1**, 241⁸ (157)
Chauhan, V. S., **7**, 658⁶⁶³ (642)
Chauvette, R. C., **7**, 652³⁴⁰ (581)
Chauvière, G., **2**, 763¹⁷⁹ (757)
Chauvin, M., **1**, 242¹⁰⁶ (166)
Chauvin, Y., **4**, 326⁵¹⁰ (299), 380f¹⁶, 609²⁷⁵ (575, 578), 810³⁵ (696), 965¹⁵⁷ (956), 965¹⁷⁹ (961); **6**, 34⁷⁷ (31); **8**, 98²¹¹ (61), 223¹⁸¹ (211), 385f⁹, 385f²⁸, 389f⁶, 414f¹, 430f⁷, 455⁸¹ (384, 387, 415), 455⁸⁶ (384), 458²⁸⁵ (414, 418, 421), 459³¹⁹ (419), 460³⁸¹ (431), 460³⁸⁶ (432), 549³⁰ (504, 505, 507), 549³⁰ (504, 505, 507), 550⁷¹ (517), 550⁷⁶ (517), 550⁹³ (522), 605⁶ (553, 569, 593, 596T), 606²⁹ (554, 569, 579, 594T), 647²⁹⁹ (621T), 647³⁰⁶ (621T), 931³⁴⁹ (848), 932³⁷⁰ (849)
Chauzov, V. A., **2**, 299¹⁸⁹ (248T), 621³¹¹ (561)
Chavdarian, C. G., **7**, 727¹⁷⁷ (710)
Chawla, R. R., **2**, 300²⁷² (266)
Chawla, S., **4**, 688⁸ (662)
Chazan, D. J., **6**, 227²⁴¹ (190)
Chedekel, M. R., **7**, 647⁸⁰ (533)
Chediya, R. V., **8**, 643¹²⁰ (622T), 644¹⁹⁴ (616, 622T)
Chee, H.-K., **5**, 268²⁴⁸ (65); **6**, 743⁴⁴² (532T, 539T, 540), 754¹²⁰⁸ (650T)
Cheetham, A. K., **6**, 746⁶⁸² (574, 574T, 575)
Chefczynska, A., **7**, 103²⁰⁵ (28, 83)

Cheh, A., **2**, 1015[16] (981), 1019[244] (1005)
Chekrii, P. S., **8**, 331f[32]
Chekulaeva, L. A., **1**, 722[167] (709, 711)
Chelkowski, A., **6**, 13[33] (6T, 6)
Chelotti, F. M., **8**, 549[21b] (503, 547)
Chemaly, S., **5**, 270[394] (127)
Chen, A., **1**, 247[378] (200, 206)
Chen, A. T., **1**, 246[294] (190); **7**, 99[22] (3)
Chen, C.-C., **3**, 267[219] (210), 1380[71] (1335)
Chen, F., **8**, 796[126] (792)
Chen, G. J., **7**, 109[549] (80)
Chen, G. J.-J., **3**, 1119f[13], 1318[80] (1283), 1384[262] (1379)
Chen, H.-H., **2**, 197[485] (119), 297[75] (228), 298[144] (242, 262, 277, 285, 292), 302[353] (286)
Chen, H. W., **4**, 65f[27]; **5**, 264[46] (10), 266[120] (25); **6**, 14[132] (5), 228[267] (211)
Chen, H. Y., **7**, 462[487a] (442), 464[554] (452); **8**, 550[69] (517)
Chen, J. C., **7**, 252[13] (231)
Chen, J. C.-S., **1**, 374[94] (321)
Chen, J. L., **2**, 970[50] (869), 1015[18] (981)
Chen, J. P., **7**, 224[65] (203)
Chen, J.-Y., **5**, 622[57] (550, 582); **8**, 292f[38]
Chen, K. M., **6**, 942[47] (899T)
Chen, K.-N., **3**, 697[223] (665), 1246[13] (1154), 1246[14] (1154), 1379[17] (1325, 1339); **4**, 422f[3], 506[123] (411), 506[128] (412), 607[127] (539f, 540, 603); **8**, 928[99] (803), 1007[20] (943)
Chen, K. S., **1**, 40[91] (19), 117[127] (70), 249[467] (212); **2**, 515[567] (475, 477); **3**, 1382[126] (1345)
Chen, L. S., **4**, 610[375] (589); **5**, 546f[2], 621[14] (544); **7**, 109[549] (80); **8**, 292f[3], 298f[3]
Chen, M. J., **5**, 536[1086] (463)
Chen, M. M., **5**, 622[99] (566)
Chen, M. M. L., **3**, 80[22] (3), 81[110] (12), 82[144] (20, 21, 22); **4**, 1057[15] (969), 1061[239] (1020)
Chen, R. H. K., **7**, 728[222] (713)
Chen, S. C., **4**, 610[379] (589)
Chen, T. S., **6**, 33[6] (16)
Chen, Y. H., **1**, 118[187] (83, 87, 89); **7**, 100[42] (6)
Chen, Y.-S., **2**, 193[341] (86); **4**, 326[481] (297)
Chen, Y. Y., **7**, 459[274] (412)
Chenault, J., **2**, 861[144] (855)
Chêne, A., **8**, 772[208] (734)
Cheney, A. J., **6**, 744[522] (542), 745[580] (555), 745[581] (555), 747[719] (582), 747[720] (583), 749[845] (597, 598), 749[847] (597, 598), 749[848] (597), 749[849] (597)
Cheng, C., **6**, 36[193] (18); **8**, 668[25] (656)
Cheng, C.-H., **5**, 288f[7], 288f[8], 288f[9], 355f[12], 404f[32], 404f[33], 521[71] (286, 387), 521[72] (286, 354, 387), 521[73] (286, 387), 530[657] (387); **8**, 220[32] (110), 364[249] (324), 364[250] (324), 364[254] (324)
Cheng, C. P., **4**, 12f[36], 65f[51], 150[42] (14, 15, 22), 235[103] (171)
Cheng, C.-W., **2**, 298[134] (240), 303[403] (295T)
Cheng, K.-N., **4**, 610[339] (539f, 585)
Cheng, P. T., **6**, 143[231] (103T, 108), 263[161] (257), 278[37] (266T, 273), 349[419] (334T, 334f), 445[262] (421), 454[26] (450), 468[25] (458), 468[25] (458), 469[47] (463), 751[1016] (624T, 626), 752[1017] (624T)
Cheng, S.-S., **6**, 747[692] (577); **8**, 935[611] (896)
Cheng, T., **1**, 273f[17], 308[421] (291)
Cheng, T.-C., **2**, 627[701] (614); **7**, 158[11] (143), 159[128] (154)
Chenskaya, T. B., **5**, 539[1267] (507, 508); **6**, 179[27] (146T, 151, 162), 180[58] (146T, 151), 181[99] (146T, 151, 159T, 162)
Chepaikin, E. G., **8**, 405f[23], 458[254] (410)
Chepurnaya, T. Y., **6**, 179[29] (159T, 161, 165T)
Cheremnykh, T. I., **2**, 512[354] (445)
Cherepennikova, N. F., **2**, 511[306] (439)
Cherest, M., **7**, 103[192] (26f), 106[371] (49)
Cherkasov, L. N., **1**, 243[134] (170), 250[559] (228), 250[559] (228), 250[560] (228), 250[561] (228), 250[561] (228), 250[561] (228), 252[625] (238); **2**, 507[104] (410); **7**, 5f[10], 5f[11], 5f[13], 5f[13], 100[36] (4, 7), 100[52] (7), 100[52] (7), 100[54] (7), 100[55] (7), 100[56] (7); **8**, 642[83] (640), 668[12] (663T), 668[21] (662, 663T), 669[32] (663T), 669[40] (662, 663T), 669[43] (662), 669[46] (663T), 669[47] (663T)
Cherkasov, R. A., **2**, 678[296] (662)
Cherkasov, V. K., **1**, 248[428] (207); **2**, 677[233] (655), 861[154] (858); **3**, 684f[1], 696[148] (660), 696[153] (660), 701[404] (677, 679), 701[409] (677, 678, 679), 701[418] (678), 701[424] (679, 680), 701[433] (680), 701[446] (682), 702[463] (684)
Cherkasova, K. L., **1**, 374[121] (324), 377[277] (350)
Cherkasova, T. G., **4**, 320[61] (249, 287); **5**, 291f[2], 295f[12], 301f[5], 520[48] (283), 522[129] (294), 522[180] (300), 523[231] (305), 533[853] (421), 533[854] (422); **6**, 13[62] (8), 737[83] (489)
Cherluck, R. M., **7**, 105[293] (40)
Chermanova, G. B., **7**, 66f[3], 107[397] (53)
Chernaya, L. I., **3**, 406f[14]; **7**, 462[467] (440), 462[468] (440)
Chernenko, G. M., **3**, 1308f[2], 1311f[11]; **6**, 179[18] (159T, 160); **8**, 550[82] (518)
Chernokal'skii, B. D., **2**, 705[25] (684)
Chernomordik, Y. A., **8**, 668[9] (658T)
Chernoplekova, V. A., **1**, 246[285] (188, 195), 250[538] (224, 225, 226, 227, 228, 229), 250[542] (224, 225, 226), 251[571] (230)
Chernov, N. F., **2**, 189[139] (33)
Chernova, A. D., **1**, 680[645] (652); **7**, 458[196] (400)
Chernova, V. I., **3**, 788f[11], 988f[2]
Chernova, V. P., **8**, 795[87] (781)
Chernyak, N. Y., **2**, 297[68] (226)
Chernykh, I. N., **2**, 705[24] (684)
Chernynev, I. I., **5**, 554f[6]
Chernyshev, A. I., **2**, 511[289] (438), 512[336] (443)
Chernyshev, E. A., **2**, 186[21] (4), 188[104] (26), 193[351] (90), 193[351] (90), 197[477] (117), 296[17] (211), 296[25] (214), 296[32] (216), 299[172] (247T, 270, 273), 299[191] (248T, 270), 299[192] (249T, 270), 299[193] (249T), 299[195] (249T), 300[222] (254), 301[281] (268), 301[298] (272), 301[299] (272), 301[300] (272), 301[307] (273), 301[308] (273), 301[312] (273), 301[313] (274), 301[315] (275), 360[7] (306, 307), 395[18] (367); **6**, 226[162] (192, 193T)
Chernyshev, I. A., **1**, 119[233] (92); **7**, 102[161] (24)
Chernyshev, V. O., **4**, 964[117] (949), 964[118] (949)
Chernysheva, T. I., **2**, 188[92] (25), 507[83] (407), 507[83] (407)
Chernyshova, L. S., **6**, 226[144] (195), 226[144] (195)
Chernyshova, T. M., **3**, 269[342b] (234)
Cherpillod, O., **4**, 463f[6]
Cherrdon, H., **1**, 672[119] (578)
Chertkov, V. A., **6**, 96[216] (88)
Cherwinski, W. J., **6**, 343[51] (286, 290f), 737[93] (490), 751[1010] (622, 626, 694), 751[1012] (622)
Chesnokova, T. A., **2**, 508[160] (417)
Chester, J. P., **3**, 1074[393a] (1032); **4**, 512[473] (492); **5**, 274[650] (218)
Cheswick, J. P., **3**, 1251[268] (1215)
Chetcuti, M. J., **5**, 273[503] (167); **6**, 868f[29], 868f[30], 868f[31], 868f[31], 875[133] (784), 875[134] (784)
Cheung, C. C. S., **1**, 420f[19]
Cheung, C. S., **1**, 263f[12], 302[52] (263)
Cheung, K. K., **3**, 851f[22], 858f[8], 858f[12]; **6**, 453[3] (447), 762[697] (735)
Chevalier, P., **8**, 551[139] (544)
Chevalier, R., **4**, 814[314] (748), 814[316] (749)
Chevolot, L., **1**, 306[282] (283); **7**, 196[151] (181), 226[205] (218)
Chevrier, B., **4**, 376[148] (369); **6**, 94[80] (61T, 69), 95[125] (61T, 69)
Chevrot, C., **1**, 242[79] (163, 185), 245[245] (182, 185), 245[256] (185), 245[258] (185), 245[259] (185)
Chezeau, J. M., **3**, 102f[15], 104f[7], 168[32] (99)
Chhatwal, G. R., **3**, 430[227] (385), 430[228] (385), 430[229] (385)
Chhor, K., **3**, 700[356] (673)

Chia, L. S., **4**, 609³⁰⁵ (579), 609³⁰⁶ (579, 580), 609³⁰⁹ (580), 648⁵⁴ (631); **5**, 34f¹², 266¹⁶⁴ (35), 266¹⁶⁸ (35), 273⁵⁹⁶ (198, 200)
Chia, Y. T., **8**, 645²²² (628, 632), 645²³⁴ (628, 632), 647³⁰⁵ (628, 632)
Chiang, C.-S., **7**, 510⁸ (469, 479, 480, 482), 510⁹ (469, 470, 479, 480, 482, 483), 510²⁰ (471), 511⁴⁷ (479)
Chiang, T., **5**, 210f⁴, 273⁶²⁰ (209, 210, 218)
Chiaroni, A., **4**, 536f¹¹; **5**, 270³⁸³ (121)
Chiba, K., **8**, 223¹⁶⁰ (180), 769²¹ (736), 936⁶⁸⁷ (906), 936⁶⁹⁰ (907), 936⁶⁹¹ (907), 936⁶⁹² (907), 936⁶⁹³ (907)
Chiche, P. L., **4**, 511⁴⁵⁴ (487)
Chicote, M. T., **2**, 819¹⁰⁶ (787, 793), 819¹⁰⁷ (787, 789, 793); **6**, 751¹⁰⁰⁵ (621, 629, 630, 631)
Chidsey, C. E., **5**, 273⁶²² (210)
Chieh, C., **2**, 915f¹, 915f², 915f³, 915f⁴, 944f⁹, 974²⁶⁵ (918), 975³²⁴ (927, 932), 975³⁴⁷ (931, 933)
Chieh, P. C., **2**, 912f¹, 943f¹², 944f⁸, 975³²⁵ (927, 928, 932); **4**, 609²⁵⁷ (570f, 571), 609²⁶⁴ (570f, 571); **6**, 241²⁰ (236)
Chiellini, E., **3**, 547¹²⁹ (541, 542); **7**, 461⁴⁰⁷ (430); **8**, 608¹⁷⁷ (581)
Chien, J. C. W., **1**, 672¹¹⁷ (578); **3**, 362f¹⁸, 428⁹⁰ (358), 545³ (484), 547¹²⁹ (541, 542), 696¹⁵⁵ (661), 702⁴⁹² (685); **6**, 444²⁰⁸ (410), 444²⁴⁰ (418, 421); **7**, 454¹ (367); **8**, 929²⁰³ (814)
Chierico, A., **3**, 135f¹⁰, 168⁴⁵ (111), 1073³⁵² (1025); **4**, 509³²¹ (453, 503)
Chiesa, A., **3**, 1070¹⁸³ᵃ (991), 1251²⁸⁴ (1218)
Chiesi-Villa, A., **3**, 270⁴⁰¹ (254), 326²⁶ (288), 326³⁰ (289), 326³¹ (289), 326³² (290), 388f¹⁶, 429¹⁸² (373, 394), 429¹⁸⁸ (377, 378), 629⁵⁷ (568), 630¹⁰⁴ (574), 633³¹² (615), 699³⁰⁰ (672, 679), 699³⁰¹ (672, 682)
Chigir, N. N., **3**, 547¹¹⁴ (537, 539); **8**, 708²¹⁷ (702)
Chigir, R. N., **7**, 656⁵⁷⁷ (624)
Chih, H., **2**, 617³⁰ (525, 565)
Chihara, H., **3**, 102f³³
Chikinova, N. V., **1**, 722¹⁹⁴ (712), 722²⁰² (713)
Childs, M. E., **2**, 296²⁶ (214), 296²⁸ (214, 287), 301²⁹⁷ (272)
Childs, R. F., **3**, 169⁷⁸ (131); **5**, 535¹⁰²² (457, 458)
Childs, R. J., **4**, 509³⁵⁵ (466)
Chim, H. B., **6**, 843f²¹⁵
Chimarova, L. A., **8**, 609²⁴⁹ (596T)
Chimura, Y., **6**, 141¹⁰⁶ (132)
Chin, A. W., **7**, 651³²⁵ (579)
Chin, C., **8**, 100³²⁸ (92)
Chin, C. G., **8**, 1009¹⁴⁰ (977)
Chin, H. B., **3**, 842f²⁰, 1269f¹², 131f⁵⁸ (1281, 1282); **4**, 253f¹, 253f², 320¹⁰⁶ (253), 320¹⁰⁷ (253), 321¹⁴⁷ (259), 329⁶⁷⁰ (315), 508²⁶⁷ (445), 553f⁵; **6**, 806f³⁴
Chin, K.-W., **7**, 95f⁷
Chinchen, G. C., **8**, 280¹⁶ (229)
Chin-Chu, L., **2**, 894f⁷
Ching-Cho, L., **2**, 972¹⁶⁰ (892)
Chini, P., **1**, 41¹⁵⁷ (35), 676³⁵⁷ (624), 676³⁷³ (624, 627); **4**, 321¹⁴⁶ (259), 321¹⁷⁷ (263), 605²⁶ᵇ (517); **5**, 5f⁸, 264²⁰ (4), 264²⁹ (7), 264³⁸ (8), 265⁶⁴ (14, 41), 265⁶⁷ (15), 265⁶⁸ (15), 265⁷⁰ (16), 265⁷¹ (16), 265⁷⁶ (17), 267¹⁹⁵ (41), 267²¹⁵ (45), 267²¹⁶ (45), 267²¹⁸ (45), 280f⁴, 285f⁶, 290f⁸, 325f², 325f³, 325f⁴, 325f⁵, 325f⁷, 325f⁸, 327f³, 327f⁴, 327f⁶, 327f⁷, 327f⁸, 327f⁹, 327f¹⁰, 327f¹¹, 335f², 335f³, 335f⁴, 520¹⁶ (280, 318), 521⁶¹ (284), 521⁹⁶ (290), 522¹⁴⁰ (297, 378), 524³⁰¹ (318), 524³⁰⁸ (318, 320), 524³¹³ (318), 524³¹⁷ (318), 524³²⁰ (318), 524³²² (327, 330), 524³²³ (318), 524³²⁵ (322), 524³²⁶ (319, 320), 524³²⁷ (319, 378), 524³²⁸ (319, 320, 328, 331, 332), 525³³² (320), 525³³³ (321), 525³³⁵ (322, 324), 525³³⁷ (322), 525³³⁸ (322), 525³⁴² (328), 525³⁴⁵ (327), 525³⁵⁷ (331), 525³⁵⁸ (331, 378), 525³⁶⁰ (332), 525³⁶¹ (322, 333), 525³⁶² (334), 525³⁶⁴ (333, 334), 525³⁶⁶ (333, 334), 525³⁶⁷ (336), 525³⁶⁸ (336), 525³⁶⁹ (336), 525³⁷⁰ (336), 525³⁷¹ (336), 525³⁷² (336), 525³⁷⁹ (339), 525³⁸³ (318), 525³⁸⁴ (322), 525³⁸⁵

(336), 532⁸¹⁵ (399), 532⁸¹⁶ (378, 497), 626³⁵⁶ (594), 628⁴⁸⁷ (615, 619), 628⁴⁸⁸ (615); **6**, 14⁹⁶ (10), 14⁹⁷ (10, 11), 14⁹⁸ (10), 14⁹⁹ (10, 11), 14¹⁰⁰ (10), 14¹⁰⁵ (12), 14¹¹⁰ (12), 14¹¹⁸ (10), 94⁶⁰ (60T, 64), 96¹⁷⁷ (42, 43T, 44), 96¹⁷⁸ (43T, 44), 96¹⁷⁹ (44), 96¹⁸¹ (40), 98³²⁶ (64), 278⁵³ (276), 278⁵⁴ (276), 345¹⁷⁹ (308), 345¹⁸⁰ (308), 345¹⁸¹ (308), 345¹⁸² (308), 736³ (474, 478), 736⁸ (474), 736¹⁷ (476, 477), 736²³ (477), 736³² (478), 736³³ (480), 736³⁴ (480), 736³⁵ (480), 736³⁷ (481), 737⁵⁷ (484), 738¹¹¹ (493, 732, 733, 734), 749⁸²⁷ (593, 594T, 596), 749⁸⁵⁰ (597, 600), 749⁸⁶² (600), 806f⁶⁷, 806f⁶⁸, 851f⁶³, 870f⁸⁶, 870f⁸⁷, 870f¹¹⁰, 871f¹⁴², 871f¹⁴⁶, 872f¹⁵⁰, 872f¹⁵⁶, 872f¹⁵⁷, 872f¹⁵⁸, 872f¹⁵⁹, 874⁴² (766), 874⁶³ (771), 874⁷⁵ (772), 874⁷⁶ (772), 876¹⁵⁵ (788), 876¹⁷⁵ (794), 1020f¹¹⁶, 1035f²³; **8**, 222⁹⁰ (121), 339f³³, 458²⁶⁶ (412, 417), 458²⁷³ (412), 669⁶⁴ (650, 657T)
Chinn, D., **6**, 361²⁵ (352), 383³⁷ (365)
Chinone, M., **4**, 1062³¹⁴ (1036)
Chioccola, G., **3**, 461f²⁴, 474¹⁰³ (465)
Chiorboli, C., **4**, 816⁴⁴¹ (764)
Chiou, B. L., **7**, 142¹⁰⁰ (130), 299⁸¹ (279, 290), 322²⁹ (310), 336³² (328), 363¹⁰ (351, 356)
Chip, G. K., **7**, 513²¹⁵ (506)
Chipman, D. M., **4**, 155³⁹⁰ (102), 155³⁹¹ (102)
Chipperfield, J. R., **2**, 187⁵³ (12), 187⁶⁷ (14); **3**, 699³⁴² (673), 1068⁵³ (971); **4**, 155⁴¹³ (114), 479f³⁹; **5**, 275⁷¹⁶ (244, 249); **6**, 226¹⁸¹ (191f), 1028f¹³, 1111⁷⁹ (1062, 1067, 1082)
Chiraleu, F., **6**, 0¹⁵⁸ᵇ (405), 348³⁷⁸ (327, 336), 443¹⁵⁷ (404), 443¹⁵⁸ᵃ (405), 446³³³ (431), 468¹⁵ (456, 460), 468³³ (461), 469³⁶ (461), 469³⁷ (461), 469⁶⁵ (467), 469⁶⁵ (467); **8**, 928¹⁵⁷ (810)
Chirico, R., **3**, 124⁸⁸ᵇ (1175, 1240)
Chirkin, G. K., **3**, 736f¹⁴, 1070¹⁷⁴ᵃ (990)
Chirkov, N. M., **3**, 406f¹³
Chi-San Chen, J., **7**, 159⁹⁶ (149), 196¹⁵⁴ (181), 253¹¹¹ (244)
Chisholm, M. H., **1**, 245²⁶¹ (186, 205); **2**, 198⁵⁴⁰ (129); **3**, 104f⁵, 120f⁵, 168³⁰ (99), 170¹⁷³ (165), 971f¹³, 1067³⁵ (966), 1074³⁷⁸ (1031), 1077⁵⁹⁸ (1067), 1100f¹¹, 1106f⁶, 1106f⁸, 1108f¹, 1108f², 1131f⁵, 1131f⁶, 1131f⁷, 1131f⁸, 1131f⁹, 1133f⁴, 1147¹⁰¹ (1130), 1147¹⁰⁸ (1134), 1147¹⁰⁹ (1134), 1248¹¹²ᵃ (1181, 1241), 1248¹¹²ᵇ (1181), 1248¹¹²ᶜ (1181), 1253³⁹⁵ (1242), 1312f¹, 1312f⁶, 1312f⁷, 1312f⁸, 1312f⁹, 1312f¹⁰, 1312f¹¹, 1312f¹², 1312f¹⁶, 1312f¹⁷, 1319¹⁵⁹ (1316), 1319¹⁶⁰ (1316), 1380⁶⁰ (1333); **4**, 321¹²⁹ (257), 454f⁵, 479f²⁰, 509³⁰⁸ (451, 452), 605⁷ (514); **6**, 740²⁴²ᵃ (511), 739¹⁹⁵ (503), 739¹⁹⁶ (503), 739¹⁹⁷ (503), 739¹⁹⁸ (503), 739²⁰⁰ (503), 739²⁰¹ (503, 506), 739²¹⁰ (505), 740²³⁶ (509), 742³⁸⁰ (525), 743⁴⁷⁹ (536T), 744⁵⁰¹ (540, 543, 545), 744⁵²¹ (542, 589), 744⁵²³ (542, 543T), 744⁵²⁸ (543), 746⁶³⁶ (563, 564), 746⁶³⁹ (564), 746⁶⁴⁰ (564), 746⁶⁴¹ (564, 720), 746⁶⁴² (564, 684, 720), 746⁶⁶⁵ (567, 568), 746⁶⁶⁷ (568, 570), 746⁶⁶⁸ (569, 570), 746⁶⁷⁰ (570, 572), 746⁶⁷¹ (570), 746⁶⁷³ (571, 582), 752¹⁰³² (626, 691, 697, 708), 755¹²³⁶ (653), 756¹³²⁰ (664, 710, 720), 756¹³²¹ (664, 710), 756¹³²² (644, 710), 759¹⁴⁹⁰ (684, 720), 759¹⁴⁹¹ (684, 720), 760¹⁵⁸⁶ (704, 705, 708, 708f), 760¹⁶⁰⁰ (710), 760¹⁶⁰¹ (710, 720), 761¹⁶⁴⁵ (720, 721), 762¹⁶⁸⁶ (733); **8**, 281⁶⁵ (253), 281⁸³ (258), 281⁸⁴ (258), 281⁸⁵ (258), 550⁶⁷ (516)
Chisnall, B. M., **4**, 387f⁷, 505⁷⁴ (398)
Chisnell, J. R., **8**, 1104⁴ (1074)
Chisov, O. S., **1**, 379³⁸⁴ (362)
Chissick, S. S., **1**, 305²³⁴ (279), 376²²⁴ (344), 378³⁴⁴ (359)
Chistovalova, N. M., **2**, 190²⁰⁷ (48, 59); **8**, 932⁴¹¹ (879), 937⁷⁶² (921), 937⁷⁶³ (921)
Chiswell, B., **4**, 34f⁵⁴, 34f⁷³, 51f⁵⁴, 151¹³⁶ (36), 151¹⁵⁴ (39, 60); **6**, 851f⁵², 875¹⁰⁷ (777, 778); **8**, 933⁴⁶⁶ (867)
Chiu, K.-W., **1**, 115⁴⁷ (50); **3**, 1319¹⁴⁴ (1308); **7**, 226²⁰⁷ (219), 263²² (256), 299²² (271, 290), 300¹³¹ᵃ

(290), 321¹² (306), 322⁴¹ (313), 336⁴⁵ (332), 346³ (337, 338)
Chiu, N.-S., **1**, 149³³ (122, 145); **3**, 1073³³⁵ (1023, 1024)
Chiu, S. K., **7**, 648¹⁴² (547), 648¹⁴² (547), 648¹⁴² (547)
Chiusoli, G. P., **6**, 143²⁶⁹ (118, 121T), 182¹⁷¹ (169); **8**, 222¹²⁸ (159, 160, 188, 192, 196, 199, 202, 208), 222¹²⁹ (159, 188, 189, 192, 193, 199, 202, 208, 212, 213), 222¹³⁰ (159, 160, 161, 188, 189, 192, 193, 196, 199, 202, 208, 213), 223¹⁶⁵ (188, 189, 192, 193, 196, 199, 200, 202), 669⁴⁸ (655), 769³¹ (725T, 726T, 727T, 732, 733, 736), 770⁷⁸ (730), 770⁷⁹ (730), 770⁸⁰ (731), 770⁸¹ (731), 770⁸² (736), 770⁸³ (736), 770⁸⁷ (720T, 721T), 770¹¹⁰ (731), 772¹⁹⁸ (734), 794⁷ (780, 787), 794¹⁵ (784, 791), 794²⁹ (784), 794³⁰ (784), 794³¹ (784), 795⁴¹ (784), 795⁴⁹ (782, 786), 795⁷³ (788), 795⁷⁵ (788), 795⁷⁷ (782), 795⁷⁸ (782), 795⁷⁹ (781), 795⁸⁰ (781, 782), 795⁸¹ (781, 782), 795⁸⁴ (782), 795⁸⁵ (782), 795⁸⁵ (782), 795⁸⁶ (780), 796¹⁴³ (782), 935⁶³³ (899)
Chivers, G. E., **7**, 105³²⁶ (45)
Chivers, K. J., **3**, 431³³³ (426)
Chivers, T., **1**, 247³⁷⁸ (200, 206), 286f³, 308⁴²⁷ (292); **2**, 199⁵⁹⁸ (145), 507⁸⁹ (409), 572f¹, 572f¹, 622⁴⁰⁸ (572), 977⁴⁷⁵ (959); **3**, 310f¹, 359f¹⁵, 406f⁷; **8**, 769¹¹ (723T, 732)
Chizhevskii, I. T., **5**, 536¹⁰⁷³ (468, 512)
Chizhevsky, I. T., **4**, 505¹¹¹ (409)
Chizhov, Yu. V., **2**, 974²⁸⁰ (920)
Chliwner, I., **7**, 726¹¹⁴ (688)
Chlough, R. L., **8**, 771¹²⁶ (738, 754T)
Chmielewski, M. E., **2**, 970⁵⁰ (869)
Chmurny, G. N., **1**, 116⁵⁹ᵃ (54, 73)
Cho, W., **3**, 1005f¹⁰
Chobanyan, M. M., **4**, 965¹⁶⁶ (960)
Chobert, G., **2**, 676¹⁷⁹ (651)
Chochet, X., **8**, 425f¹⁴
Chock, P. B., **5**, 623¹⁵⁵ (565); **6**, 752¹⁰⁶⁷ (633)
Chodkiewicz, W., **1**, 249⁴⁷⁸ (214); **2**, 676¹²⁷ (643); **7**, 460³³³ᵃ (418), 460³³³ᵇ (418), 460³³³ᶜ (418), 727¹³⁸ (695), 727¹³⁹ (695)
Chodosh, D. F., **3**, 108f⁴, 120f², 156f¹, 1246¹² (1154), 1246²⁸ (1157), 1247⁵⁸ (1165), 1247⁵⁹ (1165), 1247⁶⁵ (1168), 1248¹¹⁹ (1182), 1379¹⁶ (1325), 1380²⁴ (1326); **4**, 12f²⁰, 50f²⁸, 156⁴⁹⁹ (125), 157⁵⁰⁹ (126), 158⁶⁴² (147); **5**, 271⁴⁷⁵ (157); **6**, 97²²⁷ (85, 91T), 227²⁰⁵ (205)
Chodowska-Palicka, J., **1**, 753⁹⁰ (740)
Chojnowski, J., **2**, 187⁷² (19), 203⁷⁴⁵ (183); **7**, 657⁶⁴⁶ᶜ (639)
Chokshi, S. K., **2**, 624⁵³² (590)
Chollet, A., **4**, 815³³⁶ (751)
Chong, A., **8**, 772¹⁸⁰ (741, 762T)
Chong, A. O., **4**, 1061²⁴⁷ (1022)
Chong, B. P., **8**, 772¹⁸⁰ (741, 762T)
Chong, K. S., **1**, 700f⁹, 700f¹⁰, 723²³³ (716), 723²³⁴ (716), 723²³⁶ (716), 723²³⁷ (716); **3**, 1246⁴⁰ (1159)
Choo, K. Y., **2**, 193³⁵² (91), 196⁴⁵¹ (113)
Chopard, P. A., **7**, 195⁴³ (163)
Choplin, A., **1**, 249⁵⁰⁶ (219)
Choplin, F., **3**, 87⁵⁰⁶ (73), 1069¹³⁹ (987); **8**, 222¹¹⁶ (142)
Choppin, G. R., **3**, 263¹⁴ (174); **6**, 261⁵⁸ (248)
Chorev, M., **1**, 116⁷⁸ (57)
Chottard, J. C., **4**, 375¹⁴⁴ (368), 375¹⁴⁴ (368), 375¹⁴⁵ (368), 376¹⁴⁸ (369), 610³⁴⁶ (585); **6**, 741³⁰³ (518), 742⁴²⁰ (530), 753¹⁰⁹⁵ (635), 753¹¹¹⁹ (637), 753¹¹⁴⁷ (639), 756¹³¹⁸ (663), 758¹⁴⁷³ (680)
Chou, B. C.-K., **4**, 885⁴⁷ (851, 852)
Chou, C.-K., **4**, 374⁵² (342, 356)
Chou, E.-H., **4**, 610³⁵⁷ (586)
Chou, S.-K., **7**, 106³⁵⁰ (47), 728¹⁹² (707); **8**, 669⁶³ (662), 771¹³⁹ (738, 740, 747T)
Chou, T. S., **7**, 652³⁴⁰ (581), 652³⁴⁰ (581)
Chou, Y.-C., **1**, 304¹⁶⁹ (270)

Choudhury, P., **2**, 705³⁷ (686); **5**, 305f⁷, 523²⁰⁷ (303T), 623¹²⁰ (561, 590); **6**, 740²⁸⁹ (517)
Choukroun, A., **3**, 344f¹³
Choukroun, R., **3**, 346f⁵, 427⁴⁵ (339, 355, 356), 427⁸⁰ (356, 394), 697¹⁶⁷ (661)
Chouteau, J., **1**, 720⁶⁷ (690)
Chow, B. C., **4**, 812¹⁶⁰ (715); **5**, 296f⁴, 529⁶⁰⁰ (296, 377)
Chow, D., **2**, 971¹⁰⁰ (879)
Chow, J., **1**, 307³⁶⁴ (288), 308⁴¹⁰ (291), 308⁴²⁸ (292)
Chow, K. K., **5**, 552f²
Chow, S., **8**, 454⁴³ (379)
Chow, S. T., **5**, 552f⁴
Chow, T. J., **2**, 1016¹⁰⁵ (992)
Chow, Y. M., **1**, 732f¹¹, 732f¹², 732f¹³, 753⁴⁵ (733), 753⁶⁸ (735); **2**, 620²⁷³ (555), 620²⁷⁶ (556)
Chowdbury, M. R., **3**, 945f³
Chowdhry, V., **1**, 552²² (546), 552²³ (546)
Chowdhury, D. A. N., **1**, 247³⁵² (197)
Chowdhury, D. M., **4**, 20f¹, 150²⁰ (7)
Chrétien-Bessière, Y., **7**, 224³⁹ (201), 224⁶¹ (202), 252⁶⁷ (238)
Christ, H., **6**, 361¹⁵ (352), 441⁴ (386), 441⁵ (386, 425), 441¹⁴ (389, 393, 394, 408, 425), 446³⁴² (433, 434); **8**, 927⁸⁵ (803), 928¹¹⁴ (805), 928¹¹⁵ (805, 812), 928¹¹⁶ (805), 928¹¹⁷ (805)
Christ, J. L., **1**, 380⁴⁴² (368)
Christen, D., **1**, 263f⁹, 302⁴¹ (259, 263)
Christensen, B. G., **7**, 107⁴¹⁴ (56), 654⁴³³ (592)
Christensen, H., **7**, 104²⁶¹ (34)
Christensen, J. J., **1**, 456²³⁵ (450)
Christensen, L. W., **7**, 107⁴³⁷ (58)
Christensen, O. T., **3**, 944f⁶
Christiaens, L., **7**, 87f⁶
Christian, D. F., **4**, 811⁸⁸ (703, 710), 812¹³² (710, 730, 731), 813²⁴⁴ (730, 731, 732), 813²⁴⁵ (731, 732); **6**, 739¹⁸⁵ (502), 739²⁰⁴ (504)
Christian, G., **4**, 606⁷⁹ (525), 606⁸¹ (525)
Christian, P. A., **5**, 530⁶⁶¹ (387); **6**, 871f¹¹⁸, 874⁵⁷ (769)
Christiansen, V. H., **3**, 372f⁴, 630¹⁰⁶ (574, 575), 630¹⁰⁹ (575), 702⁴⁷² (684)
Christidis, Y., **7**, 511⁵⁸ (480)
Christie, B., **7**, 142¹²³ (135), 300⁸⁶ᵇ (280), 336⁴³ᵃ (331)
Christie, J., **6**, 1112¹⁴⁹ (1082)
Christie, J. A., **6**, 1113¹⁸⁸ (1090)
Christman, D. L., **1**, 672¹¹⁰ (577)
Christmann-Lamande, L., **1**, 250⁵³² (224), 251⁶⁰⁹ (235, 236), 251⁶⁰⁹ (235, 236), 251⁶¹⁴ (236), 251⁶¹⁵ (237), 251⁶¹⁶ (237)
Christmas, B. K., **1**, 377³⁰⁶ (355), 377³⁰⁷ (355)
Christofides, A., **2**, 189¹⁵² (35); **5**, 539¹³⁰⁹ (448)
Christol, H., **7**, 224⁹² (205); **8**, 772²⁰⁸ (734)
Christol, S. J., **2**, 882f¹³
Christoll, H., **2**, 198⁵⁵¹ (131)
Christopfel, W. C., **8**, 361¹⁶ (286, 320), 472f⁸, 496³⁵ (473), 496⁴⁸ (476)
Christoph, G. G., **5**, 522¹⁴⁹ (297, 329); **6**, 743⁴⁷⁹ (536T)
Christopher, R. E., **4**, 239³⁶⁰ (206, 207T)
Christophliemk, P., **3**, 1137f¹³
Christou, G., **8**, 365³⁰³ (332), 1104⁵ (1074)
Christy, M. E., **7**, 653³⁸³ (589)
Chu, C. K., **2**, 623⁴²⁵ (575); **4**, 458f², 507²⁰⁰ (432)
Chu, C.-Y., **7**, 727¹⁶⁰ (701)
Chu, H., **1**, 119²³⁹ (94)
Chu, T. L., **1**, 308⁴⁴⁹ (293)
Chu, V. C. W., **2**, 1015²¹ (981)
Chuaqui-Offermanns, N., **1**, 118¹⁷⁶ (81)
Chuang, I.-S., **6**, 942⁷⁶ (901, 902T, 903T)
Chuen, C.-A., **3**, 398f⁴²
Chugaev, L., **6**, 738¹³⁵ (497), 738¹³⁶ (497), 739¹⁷⁸ (501), 739¹⁷⁹ (501), 739¹⁸⁷ (502)
Chugunova, S. G., **3**, 265¹⁰³ (183, 184, 185)
Chuikova, N. A., **8**, 643¹⁴⁰ (621T)

Chuit, C., **1**, 119²²⁷ (91); **2**, 762¹³² (743, 744, 751), 763¹⁵⁰ (750, 756); **7**, 727¹⁶³ (701), 729²³⁷ (716, 717), 729²³⁹ (717), 729²⁴⁰ (717); **8**, 771¹³¹ (740, 745, 747T, 748T)
Chujo, Y., **2**, 763¹⁵³ (750), 763¹⁵⁴ (750); **6**, 181¹²⁹ (149); **8**, 281⁶⁹ (254), 281⁷⁰ (254), 281⁷¹ (254), 281⁹¹ (260), 930²⁸⁸ (840, 843)
Chukhadzhyan, G. A., **4**, 965¹⁶⁶ (960); **6**, 96¹⁹⁰ (39), 96¹⁹⁰ (39), 262¹²² (253, 254), 349⁴⁵⁹ (341); **8**, 668² (650, 657T), 668¹⁸ (657T), 669³¹ (658T), 670¹⁰⁰ (655), 670¹⁰⁰ (655), 708²⁰⁴ (701, 702)
Chum, K., **1**, 245²⁶² (186, 187)
Chum, P. W., **1**, 41¹¹⁸ (24); **8**, 364²⁶⁴ (326)
Chumachenko, T. K., **1**, 250⁵²⁹ (224, 225, 227, 228, 229, 233), 250⁵³⁵ (224), 250⁵⁶⁴ (229)
Chumaevskii, N. B., **3**, 546⁴³ (493), 547⁸⁹ (520); **8**, 707¹⁹⁴ (701)
Chun, H. K., **3**, 427⁶⁸ (353, 354)
Chung, C., **1**, 42²⁰⁶ (39), 117¹⁰⁶ (64), 117¹⁰⁹ (64), 117¹¹⁰ (64)
Chung, F.-L., **7**, 653⁴²⁵ (596)
Chung, H., **6**, 262⁸⁴ (249), 446³³⁷ (432, 436, 438); **8**, 402f⁶, 416f⁴, 457²⁰⁴ (402), 459³⁵⁸ (431, 432), 460³⁸²ᵃ (431, 432), 647³⁰⁹ (616, 617), 647³¹⁰ (618), 931³¹⁰ (844)
Chung, H. L., **1**, 723²³⁸ (716), 723²⁴³ (717)
Chung, S.-K., **6**, 384¹⁰⁵ (377); **8**, 935⁵⁸⁰ (891)
Chung, V. V., **1**, 379³⁹⁷ (364)
Chung, Y. L., **5**, 623¹⁴⁴ (563, 564, 568), 623¹⁴⁷ (563, 564); **7**, 458¹⁹⁵ (400)
Chung-Chi, C., **3**, 267²¹⁸ (210)
Chung-Yuan, G., **3**, 267²¹⁸ (210)
Chupka, Jr., F. L., **2**, 705⁵⁵ (687)
Chuprunov, E. V., **2**, 620²⁶⁹ (555), 631f¹⁷, 677²⁰⁵ (653)
Churakov, V. G., **6**, 342⁶ (280), 342⁷ (280), 342⁸ (280, 283f, 284)
Churatkin, N. N., **2**, 677²¹⁰ (654)
Church, M. J., **5**, 556f³, 558f¹², 560f⁴, 626³⁵⁴ (594); **6**, 737⁶⁸ (488), 738¹⁵⁷ (499, 502), 744⁵³⁴ (545, 546T, 558)
Church, T. C., **2**, 1015²⁶ (981)
Churchill, M. R., **1**, 41¹⁵⁵ (35), 420f², 452¹⁹ (415, 434), 540¹⁶³ (510, 534T), 541¹⁹²ᵃ (520), 541¹⁹²ᶜ (520, 534), 541²²⁴ᵃ (529, 535), 542²⁴⁰ (534T), 542²⁴⁴ (534T), 542²⁴⁶ (517, 534T), 542²⁴⁷ (534T), 552¹³ (544, 545), 552¹⁴ (545); **2**, 762⁹⁹ (728), 762¹⁰⁸ (732, 757), 762¹¹¹ (732); **3**, 84³¹⁵ (44), 86⁴³² (62), 86⁴³⁵ (62), 88⁵³¹ (77), 88⁵³⁹ (78), 88⁵⁴¹ (78), 88⁵⁴² (78), 88⁵⁴³ (78), 108f¹, 109f¹, 169¹⁰³ (145), 170¹⁶⁴ (161), 721f³, 721f¹³, 721f¹⁴, 721f¹⁶, 722f⁷, 722f⁸, 723f², 723f³, 725f³, 725f⁶, 725f⁸, 735f², 735f⁹, 745f³, 745f⁴, 745f⁹, 745f¹⁰, 752f⁸, 754f¹⁶, 764f¹², 771f¹¹, 779⁷¹ (718, 765), 779⁷² (718), 779⁸⁵ (723), 780¹¹⁵ (739, 755, 756), 780¹³⁹ (749), 780¹⁴⁴ (752), 780¹⁴⁹ (755, 759), 780¹⁵¹ (755), 781²¹³ (776), 842f¹², 1072²⁷¹ (1013), 1247⁹⁷ (1178), 1247¹⁰⁰ᵇ (1178), 1249¹⁸² (1194), 1253³⁸¹ (1237), 1262f²¹, 1317¹⁵ (1270), 1319¹⁵⁵ (1314, 1316), 1319¹⁵⁷ (1315, 1316), 1319¹⁵⁸ (1316), 1337f²⁷; **4**, 19f¹, 107f⁶⁰, 149¹⁶ (7), 151¹⁰⁰ (26), 155⁴³² (118), 156⁴⁴⁷ (121), 156⁴⁵⁵ (122), 156⁴⁵⁶ (122), 156⁴⁶¹ (123), 163f¹, 166f¹⁰, 166f¹⁶, 233¹⁰ (163), 234⁴⁷ (165), 234⁴⁹ (165), 242⁵²⁷ (231, 232T), 247f¹³, 344f⁴, 344f⁶, 344f⁷, 344f¹¹, 422f³, 422f⁶, 463f², 463f⁴, 480f⁷, 504¹⁹ (383), 505¹⁰⁷ (407), 506¹²³ (411), 506¹²³ (411), 509³⁰⁴ (450), 511⁴¹⁷ (482), 511⁴⁶¹ (489, 490T), 511⁴⁶² (489), 607¹²⁷ (539f, 540, 603), 607¹⁵⁴ (544), 610³²⁵ (582), 610³²⁸ (582), 610³⁶⁹ (587), 613⁵²² (603), 648³¹ (623), 649⁶⁹ (637), 649¹⁰⁵ (645), 649¹⁰⁷ (645), 658f⁵¹, 658f⁵², 688¹² (664), 846f², 885⁶² (854), 885⁶³ (854), 886¹¹³ (867), 886¹¹⁴ (867), 894f⁴, 894f⁵, 895f², 895f³, 907f¹, 907³² (896), 907³³ (896), 907³⁴ (896), 907⁵⁰ (900, 904), 907⁵¹ (900), 907⁶⁰ (902), 907⁶⁴ (903), 920²¹ (911), 1057²⁶ (970, 972, 1032), 1058³⁵ (971), 1058³⁷ (971), 1058⁴⁰ (972, 1026), 1058⁴¹ᵃ (972, 1032), 1058⁶⁷ (976), 1061²⁶² (1026), 1061²⁶³ (1026), 1061²⁸¹ (1030), 1062²⁸⁹ (1032), 1062²⁹² (1033), 1062³²² (1039), 1062³²³ (1039), 1063³⁷⁵ (1051), 1063³⁷⁶ (1051); **5**, 257f⁵, 274⁶⁶⁸ (226), 275⁷²⁸ (245), 528⁵³⁹ (367), 528⁵⁴² (367), 528⁵⁴³ (367), 528⁵⁵⁶ (369), 529⁵⁹⁴ (377), 529⁶⁵¹ (385), 535¹⁰²⁴ (458), 555f¹⁹, 556f¹⁰, 628⁴⁸⁴ (614); **6**, 93³ (57T, 64), 93³⁶ (93), 96²¹⁰ (90), 97²³⁸ (86), 182¹⁶³ (161), 182¹⁸⁷ (174), 443¹⁶⁹ (406), 443¹⁷⁵ (407), 443¹⁷⁶ (407), 743⁴²⁹ (532), 805f¹⁴, 805f¹⁵, 805f¹⁹, 806f²⁸, 806f⁴⁰, 806f⁴¹, 842f¹⁵⁶, 842f¹⁵⁷, 868f²², 868f³³, 869f⁴⁶, 869f⁴⁷, 869f⁴⁹, 869f⁵⁰, 870f⁹⁸, 870f⁹⁹, 870f¹⁰⁰, 872f¹⁶⁰, 872f¹⁶¹, 875⁹⁷ (777), 875⁹⁸ (777), 942⁸⁰ (901, 902T), 945²⁴⁰ (927, 929), 945²⁴³ (928T, 929), 1113¹⁹² (1091); **8**, 221⁴⁴ (112), 280³⁴ (237), 296f¹⁴, 456¹⁷⁶ (398), 549⁴² (504, 506, 512, 523, 527, 543, 545), 1007²⁰ (943), 1066¹²⁵ (1033)
Churlyaeva, L. A., **6**, 179⁸ (158); **8**, 707¹⁹² (701), 708¹⁹⁹ (701, 703)
Chvalovsky, V., **2**, 186¹² (4), 186¹² (4), 186¹⁵ᵇ (4, 126), 186¹⁹ᵇ (20, 27, 47, 49, 59, 77, 80), 188⁸¹ (20), 298¹⁵¹ (242), 302³⁸¹ (293), 360³ (306); **6**, 760¹⁶⁰⁴ (712)
Chwang, T. L., **1**, 116⁸² (57, 107), 116⁸² (57, 107); **2**, 507¹⁰² (410)
Chwojnowski, A., **7**, 461⁴³⁶ (434)
Chys, J., **7**, 107⁴⁰⁴ (54)
Ciabattoni, J., **7**, 104²²⁴ (29)
Ciampelli, F., **3**, 547¹²⁵ (541)
Ciani, G., **3**, 1106f³, 1108f³, 1108f⁴, 1108f⁵, 1112f⁸, 1115f¹, 1147⁶⁵ (1110), 1275f³; **4**, 153²²⁶ (59), 166f³, 166f¹¹, 166f¹², 166f¹⁴, 234⁴⁸ (165, 167), 234⁵⁷ (167), 234⁵⁸ (167, 187), 234⁶⁰ (167), 237²²⁴ (189T, 190), 237²⁵⁰ (194, 195), 237²⁵¹ (194), 326⁴⁷¹ (296); **5**, 28f², 266¹³⁰ (28), 267²¹⁵ (45), 267²¹⁶ (45), 267²¹⁷ (45), 267²¹⁸ (45), 325f⁵, 325f⁸, 325f⁹, 325f¹⁰, 327f¹², 335f¹, 335f³, 335f⁵, 335f⁶, 524³²³ (378), 524³²⁵ (322), 524³³⁰ (319), 525³³⁹ (325), 525³⁴⁶ (327, 328), 525³⁵⁶ (332), 525³⁵⁷ (331), 525³⁶⁰ (332), 525³⁶² (363), 525³⁶³ (333), 525³⁶⁵ (333, 334), 525³⁷³ (337), 532⁸¹⁶ (378, 497), 535¹⁰²⁸ (323, 325), 537¹¹⁷¹ (323), 628⁴⁸⁷ (615, 619), 628⁴⁸⁸ (615); **6**, 14¹⁰⁵ (12), 736⁴⁵ (482), 806f⁴⁶, 871f¹¹³, 871f¹¹⁴, 871f¹⁴⁷, 874³² (764)
Ciani, G. F., **5**, 525³³⁴ (321)
Ciappenelli, D. J., **3**, 125f¹⁰, 133f⁵, 168⁴ᵇ (90), 168⁵⁰ (116, 121), 169⁹² (140), 398f²⁸, 430²⁶⁷ (396), 899f⁴
Ciardelli, F., **3**, 546⁶² (503, 539), 547¹²⁸ (541), 547¹²⁸ (541), 547¹²⁹ (541, 542), 547¹³⁰ (542), 547¹³⁴ (543); **4**, 965¹⁷² (961), 965¹⁷⁴ (961), 965¹⁷⁵ (961); **8**, 606⁶⁸ (558, 601T), 606⁷² (558, 601T), 606⁷⁵ (559, 595T, 601T), 608¹⁷⁷ (581), 609²⁴⁵ (595T, 596T, 598T, 601T)
Ciattini, P. G., **7**, 728¹⁸⁷ (706)
Ciaudy, P., **1**, 245²⁴⁴ (182)
Ciejka, J. J., **2**, 1018¹⁹⁴ (1001, 1004)
Cielusek, G., **5**, 288f¹², 521⁸⁰ (288, 300)
Cieslowska, I., **3**, 427²⁵ (15)
Cihonski, J. L., **3**, 797f⁸, 810f³, 826f¹, 826f⁶, 1085f⁸, 1089f³, 1106f¹¹, 1262f⁸, 1275f¹, 1275f¹⁰; **4**, 12f¹⁶, 153²²⁷ (59)
Ciliberto, E., **3**, 264⁵⁹ᶜ (17, 21, 23), 268²⁸¹ (219), 1076⁵³⁸ (1058), 1252³¹³ (1224), 1383²⁰⁶ (1366)
Cillien, P. J., **3**, 1137f¹²
Ciminale, F., **2**, 515⁵⁷³ (477)
Cimpianu, E., **6**, 33⁴ (15, 20T, 21T)
Cini, R., **3**, 695⁴⁰ (650), 695⁴¹ (650), 703⁵²⁵ (688, 689)
Cinquantini, A., **4**, 816⁴³⁵ (763)
Cinziani, F., **3**, 851f⁵⁹
Ciobanu, A., **2**, 302³⁵¹ (285)
Cioffari, A., **1**, 245²⁸³ (188)
Ciornei, E., **1**, 379³⁸⁰ (362)
Ciplys, A. M., **3**, 1251²⁷⁸ (1217); **6**, 987f², 1039¹⁶ (989)
Cipullo, M., **1**, 118²⁰⁸ (87)
Cirac, J. A., **2**, 819¹⁰⁷ (787, 789, 793)

Ciriano, M., **2**, 189^{152} (35); **3**, 411f^{12}, 431^{304} (409); **6**, 758^{1435} (675, 677, 712), 759^{1538} (694, 695), 1094f^{7}, 1094f^{8}, 1113^{209} (1098), 1114^{211} (1099), 1114^{211} (1099)
Ciriano, M. A., **5**, 539^{1294} (292)
Ciric, J., **8**, 98^{223} (61)
Cirjak, L. M., **5**, 275^{762} (251), 276^{797} (260); **6**, 806f^{23}, 868f^{11}, 874^{45} (767)
Ciskowski, J. M., **5**, 270^{402} (131)
Citron, J. D., **2**, 17f^{7}, 17f^{9}, 17f^{12}, 187^{48} (11), 196^{465} (115), 196^{465} (115), 203^{734} (181), 301^{309} (273), 512^{338} (443); **7**, 656^{581} (625), 656^{582} (625)
Ciusa, R., **2**, 878f^{16}
Claceys, E. G., **3**, 833f^{13}
Clack, D. W., **1**, 409^{22} (385, 392); **3**, 83^{225} (32), 83^{226} (32), 83^{227} (32), 83^{228} (32), 83^{229} (32), 83^{230} (32), 84^{282} (40), 84^{294} (40), 84^{295} (40), 87^{482} (70), 87^{483} (70), 87^{484} (70), 87^{485} (70), 87^{486} (70), 703^{553} (690), 703^{575} (692), 1069^{136} (987), 1069^{141} (987), 1074^{401} (1034), 1077^{564} (1062), 1077^{577} (1063), 1077^{588} (1065); **4**, 512^{518} (502); **5**, 275^{720} (245); **6**, 181^{100} (178), 181^{101} (178), 187^{5} (183), 226^{137} (190), 228^{248} (190); **8**, 1010^{187} (993), 1066^{124} (1033), 1069^{257} (1051, 1056)
Clader, J. W., **7**, 658^{699} (642)
Claesson, A., **7**, 100^{33} (4), 729^{260} (721)
Claesson, S., **1**, 119^{221} (91)
Claeys, E. G., **2**, 705^{72} (691); **3**, 819f^{12}; **6**, 1028f^{42}, 1112^{138} (1076)
Claggett, A. R., **2**, 195^{402} (101)
Clague, A. D. H., **4**, 602f^{7}; **6**, 749^{886} (606)
Clardy, J., **2**, 193^{333} (85), 300^{238} (259), 300^{239} (259), 300^{241} (261); **3**, 87^{494} (71), 1075^{473} (1044); **4**, 422f^{14}, 506^{157} (424), 606^{89} (528); **6**, 346^{235} (311, 312T, 312), 349^{420} (334T, 334f); **7**, 225^{107} (207); **8**, 1010^{223} (1005)
Clare, P., **2**, 974^{300} (924)
Claridge, D. V., **6**, 753^{1146} (639)
Clark, A. C., **4**, 612^{449} (536f, 595)
Clark, C., **5**, 623^{178} (566, 578)
Clark, D. A., **3**, 1156f^{10}, 1246^{29} (1157)
Clark, D. N., **3**, 1319^{153} (1314)
Clark, D. R., **4**, 374^{58} (343)
Clark, D. T., **1**, 42^{188} (37), 42^{190} (37); **3**, 85^{381} (52); **4**, 1059^{145} (990); **6**, 752^{1052} (630), 755^{1280} (657, 657T)
Clark, D. W., **3**, 700^{360} (674, 690), 703^{556} (690), 703^{582} (693); **6**, 180^{76} (178)
Clark, F. R. S., **8**, 937^{743} (918), 938^{793} (925)
Clark, G., **3**, 1075^{473} (1044), 1075^{474} (1044); **8**, 1066^{131} (1035), 1066^{132} (1035, 1036, 1036f, 1037)
Clark, G. M., **1**, 303^{119} (268), 309^{536} (298), 674^{200} (594, 604), 680^{638} (651, 652); **7**, 158^{61} (146), 196^{124} (175), 226^{218} (219, 220, 221, 221f, 222, 223), 322^{69} (320), 363^{22} (356), 456^{100} (388)
Clark, G. R., **2**, 821^{209} (814); **3**, 1075^{475a} (1044), 1077^{579} (1064), 1249^{177} (1192), 1379^{13} (1324); **4**, 811^{80} (701, 712, 808), 811^{81} (701), 812^{132} (710, 730, 731), 812^{133} (710, 730), 812^{140} (712), 812^{147} (713), 813^{245} (731, 732), 813^{246} (732), 986f^{1}, 1059^{107} (982), 1059^{112} (984, 986, 994, 996), 1059^{117} (986, 1009), 1059^{125} (987), 1059^{127} (987), 1059^{131} (987), 1059^{133} (989), 1060^{170} (998), 1060^{172} (999), 1060^{187} (1004, 1013), 1060^{191} (1006, 1008, 1011), 1060^{192} (1005, 1008, 1010); **5**, 526^{397} (341), 533^{912} (432), 534^{957} (441, 459), 622^{67} (551), 625^{307} (588); **7**, 101^{78} (11f, 12); **8**, 97^{188} (58), 1066^{132} (1035, 1036, 1036f, 1037)
Clark, H. A., **2**, 302^{387} (294)
Clark, H. C., **1**, 304^{136} (269), 309^{512} (297), 309^{513} (297), 721^{108} (701, 706, 707, 713), 721^{113} (701, 707, 712, 717); **2**, 187^{71} (19), 530f^{8}, 619f^{175} (545, 549, 550, 551, 559), 620^{251} (554), 622^{366} (568, 572), 622^{373} (569), 622^{397} (571, 572), 622^{406} (572), 679^{361} (668), 861^{123} (851); **3**, 1189f^{16}; **4**, 97f^{18}, 97f^{23}, 154^{312} (76, 98), 154^{313} (76, 98), 154^{314} (76, 98), 154^{315} (76, 98), 242^{520} (229); **5**, 64f^{1}, 353f^{6}, 521^{106} (292, 347, 348, 383), 529^{641} (383, 384), 623^{118} (561, 591, 594), 623^{171} (565), 623^{179} (566, 591, 594), 624^{247} (578); **6**, 740^{242a} (511), 34^{82} (23), 35^{116} (19T, 23), 35^{158} (31), 95^{126} (43T, 60T, 61T, 67), 141^{105} (102, 122T), 283f^{2}, 343^{15} (281, 283f), 343^{51} (286, 290f), 343^{77} (291), 344^{82} (291), 348^{361} (324, 341), 348^{387} (328), 348^{388} (328), 349^{466} (342), 446^{363} (441), 468^{27} (459), 468^{30} (460), 736^{20} (476), 737^{70} (488), 737^{75} (488), 737^{85} (490), 738^{105} (492), 738^{106} (493), 738^{108} (493), 738^{110} (493), 739^{185} (502), 739^{195} (503), 739^{196} (503), 739^{197} (503), 739^{198} (503), 739^{200} (503), 739^{204} (504), 739^{210} (505), 739^{231} (509), 739^{234} (509), 740^{236} (509), 742^{367} (524), 742^{368} (524), 742^{372} (524), 742^{375} (525, 706), 742^{376} (525, 706), 742^{379} (525, 709, 713), 742^{380} (525), 742^{412} (530, 542), 744^{492} (535, 546, 547), 744^{494} (539T), 744^{500} (540), 744^{501} (540, 543, 545), 744^{521} (542, 589), 744^{523} (542, 543T), 744^{524} (542, 543T), 744^{525} (542, 543T), 744^{527} (543, 544T), 744^{528} (543), 744^{537} (545), 745^{582} (555), 745^{600} (559), 746^{631} (563, 709), 746^{633} (563, 709), 746^{634} (563), 746^{636} (563, 564), 746^{637} (563), 746^{639} (564), 746^{640} (564), 746^{641} (564, 720), 746^{643} (564), 747^{712} (582, 583), 747^{716} (582), 747^{717} (582), 748^{813} (590), 748^{814} (590, 591), 749^{846} (597), 749^{852} (597), 752^{1032} (626, 691, 697, 708), 753^{1085} (634, 652, 705, 709), 753^{1086} (634, 652), 754^{1223} (652), 755^{1236} (653), 756^{1320} (664, 710, 720), 756^{1321} (664, 710), 759^{1488} (684, 685), 759^{1490} (684, 720), 759^{1536} (693), 760^{1575} (703), 760^{1586} (704, 705, 708, 708f), 760^{1590} (706), 760^{1591} (706), 760^{1598} (708, 709, 710), 760^{1599} (710), 760^{1600} (710), 760^{1601} (710, 733), 761^{1643} (720), 761^{1644} (720, 726, 727), 761^{1645} (720, 721), 761^{1646} (720, 726), 761^{1663} (727), 761^{1666} (728), 762^{1686} (733), 762^{1694} (735), 762^{1695} (735), 844f^{259}, 875^{93} (776), 1069f^{1}, 1110^{17} (1045), 1111^{96} (1067), 1112^{104} (1069); **8**, 304f^{28}, 365^{312} (337)
Clark, J. P., **3**, 83^{221} (31), 83^{222} (31), 269^{337} (233, 234)
Clark, J. R., **5**, 625^{305} (588)
Clark, M. C., **7**, 95f^{4}, 657^{619} (633, 636)
Clark, M. G., **2**, 617^{32} (526)
Clark, M. J., **2**, 513^{434} (455); **7**, 654^{435} (598)
Clark, N., **4**, 107f^{68}, 158^{604} (138), 242^{530} (231, 232T)
Clark, N. H., **1**, 259f^{20}
Clark, P., **5**, 533^{899} (430)
Clark, P. A., **6**, 179^{3} (146T, 152)
Clark, P. S., **7**, 66f^{9}
Clark, P. W., **3**, 1379^{13} (1324); **5**, 533^{891} (429), 533^{892} (429), 533^{894} (429), 533^{895} (429), 533^{897} (430, 489), 533^{904} (429, 432), 533^{905} (431), 533^{906} (431), 533^{910} (432), 533^{911} (432), 533^{912} (432), 625^{303} (588, 602), 625^{305} (588), 625^{306} (588), 625^{307} (588), 625^{308} (588), 627^{430} (602), 627^{431} (602), 628^{465} (611); **6**, 93^{27} (55T, 69), 95^{121} (55T, 69), 348^{359} (324), 348^{360} (324), 749^{866} (601), 749^{867} (601); **8**, 363^{159} (301)
Clark, R., **2**, 763^{176} (757), 763^{176} (757); **4**, 610^{364} (587)
Clark, R. D., **7**, 648^{140} (547), 650^{219} (560), 650^{245} (565), 651^{320} (579), 728^{207} (709)
Clark, R. F., **6**, 13^{66} (8), 34^{51} (23), 36^{195} (23); **8**, 610^{297} (599T)
Clark, R. H., **8**, 16^{1} (1, 14), 95^{46} (31)
Clark, R. J., **3**, 81^{62} (6), 81^{63} (6), 81^{64} (6), 798f^{11}, 833f^{88}, 947^{85} (831), 1110f^{2}; **4**, 12f^{10}, 65f^{31}, 65f^{32}, 97f^{13}, 150^{56} (18), 153^{249} (66, 67), 235^{110} (172), 319^{24} (246, 291), 324^{379} (288, 291), 324^{380} (288), 325^{418} (291), 454f^{8}, 509^{292} (449), 509^{313} (452), 688^{10} (662, 669); **5**, 5f^{10}, 27f^{4}, 29f^{4}, 64f^{19}, 64f^{20}, 68f^{10}, 68f^{11}, 265^{114} (25), 267^{184} (38, 66), 268^{252} (66); **6**, 35^{132} (24)
Clark, R. J. H., **2**, 621^{282} (556), 632f^{1}, 632f^{2}, 632f^{3}, 674^{15} (630, 651), 674^{16} (630, 651), 674^{17} (630, 633), 784f^{3}, 819^{100} (785); **3**, 334f^{14}, 359f^{4}, 376f^{8}, 398f^{45}, 426^{5} (332, 336), 427^{21} (336, 360, 405), 431^{294} (408), 435f^{1}, 436f^{23}, 441f^{1}, 473^{8} (434), 473^{28} (438),

473^{29} (438, 439), 473^{33} (440), 473^{37} (442, 444), 694^{15} (649), 701^{429} (680), 711f^{10}, 764f^4, 781^{180} (763), 947^{49} (818); **4**, 322^{246} (270), 327^{577} (306), 929^{34} (928), 1058^{62a} (974); **5**, 532^{826} (418, 419, 461, 462, 472T), 554f^{10}; **6**, 806f^{56}, 871f^{140}, 1028f^{37}, 1040^{64} (997), 1060f^5, 1061f^{11}, 1110^{40} (1050, 1051, 1060, 1064); **8**, 1106^{108} (1100)
Clark, R. L., **8**, 99^{278} (80, 83), 280^1 (227)
Clark, S. D., **7**, 195^{87} (168), 253^{129} (247, 250)
Clark, S. L., **1**, 306^{304} (284), 306^{304} (284), 552^5 (543)
Clark, T., **1**, 42^{200} (39), 42^{201} (39), 117^{137} (73), 117^{154} (77, 78), 117^{155} (77, 79), 117^{160} (77), 117^{162} (77, 82, 83), 118^{163} (77), 118^{165} (79), 119^{236} (93); **7**, 109^{533} (78), 110^{577} (88), 160^{143} (155)
Clark, T. C., **7**, 110^{589} (91)
Clark, W. D., **1**, 721^{84} (693, 694)
Clarke, A. J., **7**, 101^{110} (16)
Clarke, B., **5**, 546f^{10}, 625^{312} (589, 594); **6**, 346^{243} (313), 759^{1503} (686)
Clarke, D. A., **5**, 627^{419} (601); **6**, 263^{175} (258), 349^{413} (332), 742^{362} (523), 759^{1507} (689)
Clarke, G. R., **3**, 1252^{357} (1232)
Clarke, H. L., **3**, 84^{287} (40), 126f^3; **4**, 505^{80} (401); **5**, 273^{630} (211, 218), 274^{651} (218), 538^{1224} (493); **6**, 179^{28} (175), 761^{1619} (715T)
Clarke, J. A., **6**, 382^{12} (364)
Clarke, J. C., **3**, 630^{100} (573, 574, 577)
Clarke, J. F., **3**, 645^{19} (637, 639), 646^{36} (641)
Clarke, J. H. R., **2**, 975^{343} (931)
Clarke, J. K. A., **5**, 538^{1194} (485); **6**, 753^{1140} (639); **8**, 98^{204} (60)
Clarke, M. J., **4**, 690^{133} (686)
Clarke, P. L., **2**, 626^{657} (608), 678^{285} (660, 661)
Clarke, R. J., **5**, 39f^1
Clark-Lewis, J. W., **7**, 252^{78} (239)
Clarkson, R. W., **2**, 621^{344a} (566), 627^{711} (615), 627^{712} (615)
Clase, H. J., **5**, 270^{435} (141)
Claude, R., **6**, 224^{42} (190)
Claude, S., **3**, 429^{209} (381)
Clauss, A. D., **4**, 1062^{305} (1035); **5**, 535^{1031} (416)
Clauss, K., **1**, 247^{339} (196); **2**, 706^{108} (695, 697); **3**, 105^{54} (446), 315f^4, 359f^8, 398f^4, 406f^9, 428^{88} (357), 436f^6, 447f^2, 447f^3, 460f^3, 473^{38} (442, 446), 474^{79} (459); **4**, 153^{276} (70); **7**, 109^{528} (77); **8**, 378f^{10}, 388f^1, 454^{37} (378, 388), 454^{38} (378)
Claver, C., **5**, 536^{1101} (290, 292, 473, 474T, 475T), 536^{1119} (474T, 481)
Claver, M. C., **5**, 537^{1129} (475T, 476)
Claverini, R., **6**, 444^{187} (408)
Clayton, F. J., **1**, 119^{228} (91)
Clayton, W. R., **1**, 258f^{13}, 375^{179} (335), 540^{131} (498, 536T), 540^{155} (506, 536T); **6**, 945^{256} (931, 932), 945^{261} (932); **7**, 226^{183} (214, 215)
Cleare, M. J., **4**, 672f^1, 689^{75} (671), 810^6 (693), 811^{92} (704), 1058^{51} (973, 975, 999), 1058^{52} (973, 974, 975, 976, 980, 999); **5**, 520^{33} (282, 284), 520^{34} (282), 622^{82} (557, 612, 620); **6**, 283f^4, 343^{30} (283)
Clearfield, A., **3**, 264^{21} (177), 428^{131} (363), 629^{78} (570), 629^{79} (570); **4**, 508^{268} (445), 812^{156} (715), 812^{156} (715); **5**, 240f^8, 240f^9, 240f^{10}, 274^{709} (239, 242), 535^{987} (445), 535^{988} (445), 623^{116} (561); **8**, 458^{281} (413)
Cleary, J. W., **8**, 610^{287} (597T)
Clegg, D. E., **6**, 747^{737} (585), 748^{792} (588, 588T, 589, 589T), 748^{803} (589)
Clegg, W., **2**, 199^{566} (136), 199^{566} (136); **4**, 50f^{35}, 65f^{39}, 326^{528} (300), 326^{529} (300); **6**, 1019f^{40}, 1031f^9, 1031f^{10}, 1031f^{11}, 1041^{118} (1009), 1041^{119} (1009), 1041^{120} (1009), 1114^{215} (1100)
Cleland, A. J., **2**, 679^{367} (669); **4**, 606^{101} (532); **5**, 270^{435} (141); **6**, 1019f^{67}, 1020f^{90}, 1080f^6
Clemens, J., **4**, 813^{251} (733); **5**, 274^{657} (221), 623^{183} (566), 626^{319} (589); **6**, 93^{37} (92, 92T), 139^{21} (123T, 125), 224^{43} (202, 203T, 205T, 206, 208, 209T), 263^{151} (256), 263^{152} (256), 343^{62} (287, 313), 343^{63} (287, 313), 348^{375} (326), 759^{1519} (690), 759^{1520} (690); **8**, 772^{210} (734)
Clement, A., **2**, 196^{448} (112)
Clement, D. A., **3**, 842f^{13}; **5**, 438f^4, 523^{226} (304T), 533^{876} (428), 538^{1232} (494), 538^{1235} (495, 496); **6**, 752^{1058} (632, 704), 1094f^5
Clement, R., **1**, 375^{164} (333); **6**, 224^{42} (190)
Clement, R. A., **6**, 143^{268} (119, 122T), 182^{169} (160); **8**, 929^{184} (812)
Clement, W. H., **6**, 362^{44} (356); **8**, 934^{537} (884)
Clemente, D. A., **2**, 621^{337} (565), 625^{553} (593), 631f^{19}, 679^{379} (669), 679^{380} (669); **4**, 173f^6, 180f^6, 235^{132} (176), 236^{166} (179), 236^{171} (181); **5**, 285f^3, 520^{59} (284); **6**, 262^{142} (255), 743^{473} (536T)
Clementi, S., **1**, 376^{233} (346)
Clements, G. L., **5**, 549f^6
Clements, J. L., **5**, 623^{172} (565)
Clements, P. J., **6**, 13^{47} (6)
Clements, W., **8**, 608^{165} (579, 580, 594T), 611^{339} (594T, 595T, 598T)
Clemmit, A. F., **6**, 261^{13} (244), 1094f^5
Clerici, M. G., **5**, 625^{256} (579, 592), 626^{347} (592, 598); **6**, 749^{835} (592, 595T, 599)
Cleve, G., **8**, 935^{615} (896)
Cleveland, E. A., **7**, 726^{110} (687)
Cleveland, F. F., **1**, 262f^{46}
Clifford, A. F., **4**, 321^{168} (262, 271, 286), 324^{370} (286)
Clifford, P. R., **2**, 970^{38} (868, 883), 970^{39} (868, 883)
Clifford, R. P., **1**, 42^{173} (36)
Clinet, J.-C., **7**, 99f^{30}, 648^{148} (548)
Clinton, N. A., **1**, 674^{249} (604); **2**, 675^{98} (641), 675^{101} (641); **4**, 509^{348} (464); **8**, 106^{553} (1020)
Clippard, Jr., F. B., **2**, 6f^{10}, 396^{109} (385)
Cloke, F. G. N., **3**, 326^3 (283), 633^{277} (622, 624), 646^{50} (644), 646^{51} (644), 695^{59} (652), 759f^4, 760f^5, 779^{44} (708), 781^{162} (759), 782^{217} (776), 1357f^3, 1382^{162} (1357, 1358)
Closson, R. D., **3**, 978f^5, 1069^{92} (979), 1205f^3, 1250^{225} (1204), 1357f^4, 1382^{160} (1357); **4**, 2f^{10}, 149^{10} (6), 152^{175} (44, 88), 153^{273} (68, 71), 155^{417} (115, 118)
Cloudsdale, I. S., **7**, 651^{318} (578)
Clough, R. L., **4**, 157^{541} (130), 242^{494} (223, 224T, 227); **8**, 550^{53} (513)
Clow, S. A., **3**, 797f^{13}, 879f^{12b}, 949^{218} (881), 1085f^{14}, 1262f^{14}
Cloyd, Jr., J. C., **3**, 851f^{27}, 851f^{55}, 948^{137} (859); **4**, 52f^{85}, 52f^{105}, 73f^{12}, 154^{302} (75), 606^{60} (520); **5**, 306f^8, 523^{213} (304T)
Cluff, E. F., **1**, 53f^1
Coates, D. A., **2**, 515^{570} (476)
Coates, E., **5**, 520^{50} (283)
Coates, G. E., **1**, 39^1 (2, 39), 39^2 (2, 39), 39^5 (2, 8, 12, 38, 39), 39^8 (2, 39), 40^{29} (10), 115^3 (44, 53T, 72T), 125f^3, 125f^5, 125f^8, 125f^{10}, 125f^{12}, 125f^{13}, 134f^1, 134f^2, 134f^3, 134f^4, 134f^5, 134f^6, 134f^7, 134f^8, 136f^1, 136f^2, 136f^3, 136f^4, 136f^5, 136f^6, 149^2 (122, 128, 129, 130, 131, 132, 143), 149^3 (122, 130, 132, 135, 136, 138, 147, 149), 149^{34} (122), 149^{36} (122, 137), 150^{44} (122, 123, 130, 131, 132, 133, 136, 137), 150^{46} (122, 123, 124, 126, 127, 130, 131, 132, 133, 137, 138), 150^{47} (122, 123, 127, 130, 131, 142, 147), 150^{49} (122, 123, 142, 143, 144), 150^{50} (122, 123, 127), 150^{59} (123, 128, 130, 131, 132, 138, 142, 143), 150^{60} (123, 124, 128, 130, 131, 132, 133, 140), 150^{68} (123, 128, 130, 131, 132, 133), 150^{69} (123, 124, 128, 130, 131, 132, 133, 134, 135, 136, 140, 144), 150^{71} (123, 125), 150^{79} (124, 128, 133, 142, 143), 150^{93} (124, 126, 127, 147), 150^{94} (124, 125, 126, 127, 147), 150^{95} (124, 125, 126, 127), 150^{106} (127, 142, 143, 144), 151^{126} (129, 130, 132, 138, 142, 143, 146), 151^{129} (129, 130, 136, 142), 151^{135} (131, 141, 142, 143), 151^{137} (131, 132), 151^{138} (131), 151^{142} (132,

133, 137), 151[143] (132, 135, 147), 151[144] (132, 141, 142), 151[146] (132, 136, 143), 151[149] (133, 134, 135, 147), 151[150] (134, 136), 151[151] (134, 136, 137, 143), 151[153] (135, 136, 141, 142, 143, 144), 151[154] (135, 137, 138), 151[156] (135, 147), 151[157] (136, 137), 151[160] (137, 147), 151[167] (138), 152[187] (141), 152[188] (141, 142, 147), 152[189] (141), 152[191] (142, 143), 152[194] (143), 152[238] (147), 247[365a] (198, 201, 202, 204, 206, 208, 209, 216, 217, 218, 221), 249[451] (210, 211, 212, 213, 214), 249[451] (210, 211, 212, 213, 214), 249[479] (215), 249[482] (216, 217), 305[200] (273), 305[256] (280), 306[303] (284), 309[487] (296), 310[565] (299), 373[9] (313), 552[16] (545), 673[161] (596), 674[211] (596), 675[292] (614), 675[295] (614), 678[463] (631), 678[504] (633), 678[506] (633), 682[723] (581), 696f[3], 696f[5], 696f[11], 696f[15], 696f[18], 697f[2], 697f[3], 697f[4], 720[63] (690), 721[88] (694, 697, 698), 721[89] (694, 697, 698, 713, 717), 721[95] (698), 721[102] (698), 721[103] (698, 701), 722[152] (706), 722[197] (712), 722[201] (713, 717), 723[247] (717), 728f[1], 752[22] (728, 735, 750), 753[54] (735); **2**, 194[372] (95), 194[372] (95), 506[47] (403), 707[176] (703), 707[176] (703), 768f[2], 769f[6], 770f[1], 796f[2], 817[3] (766), 818[14] (766), 818[32] (769, 772), 820[156] (795), 826f[2], 838f[1], 838f[3], 841f[1], 843f[1], 857f[1], 859[6] (824), 860[68] (826f, 837, 850), 860[71] (826f, 838, 842, 843), 861[130] (852), 861[149] (856), 944f[1], 972[163] (892), 972[184] (896), 973[235] (902, 953, 954), 976[374] (939), 976[374] (939), 1016[64] (983); **3**, 85[333] (46); **6**, 241[31] (238), 261[27] (245), 344f[41] (304, 306, 307, 309, 335, 337), 345[157] (306, 307), 362[69] (359), 384[89] (375), 740[262] (515, 539, 540), 740[281] (516, 540), 750[925] (614T, 715T), 1074f[1], 1110[10] (1044, 1048, 1101); **7**, 140[7] (112), 225[123] (208), 263[14] (255)

Coates, R. M., **7**, 104[271] (34), 110[591] (91), 224[65] (203), 649[172] (553)

Coatsworth, L. L., **2**, 674[51] (636), 976[413] (950)

Cobb, J. T., **8**, 96[96] (41, 44, 45, 59, 61)

Cobb, M. A., **5**, 273[598] (199)

Cobbledick, R. E., **4**, 238[276] (200), 810[53] (699), 884[7] (844); **5**, 554f[12], 625[285] (584, 585), 625[286] (584, 585)

Cobley, U. T., **1**, 42[188] (37)

Coburn, E. R., **7**, 26f[7]

Cocevar, C., **5**, 137f[12], 229f[6], 274[673] (228), 295f[8], 521[115] (292, 298, 473, 474T, 47); **8**, 312f[58], 364[230] (322)

Cochet, X., **8**, 643[121] (616), 706[115] (684), 706[124] (684)

Cochoy, R. E., **1**, 538[68] (477, 517), 552[21] (545); **2**, 680[396] (672)

Cochrane, C. M., **2**, 821[209] (814); **3**, 1379[13] (1324)

Cochrane, H., **2**, 338f[1], 362[152] (337)

Cockburn, B. N., **6**, 347[319] (321)

Cocker, W., **7**, 224[37] (201, 202)

Cocks, A. T., **1**, 308[459] (294), 674[264] (609), 675[265] (609), 679[533] (638); **7**, 380f[3], 380f[4], 380f[8]

Coda, A., **3**, 1250[208] (1201), 1250[208] (1201), 1250[214] (1203); **6**, 1041[125] (1011)

Cody, V., **2**, 620[261] (554)

Coe, D. A., **1**, 152[222] (146, 147)

Coe, G. R., **2**, 972[187] (896)

Coe, J. S., **6**, 241[10] (235)

Coe, P. L., **7**, 110[555] (81)

Coenen, J. W. E., **8**, 362[110] (294), 363[204] (317), 366[379] (342), 609[228] (594T)

Coetzer, J., **3**, 897f[10], 897f[14], 949[233] (887)

Coffey, C. E., **4**, 12f[22], 320[90] (251), 320[103] (252, 306); **5**, 273[621] (210); **6**, 841f[110], 851f[50], 876[216] (814, 821), 1019f[56], 1028f[51]; **8**, 1007[25] (944)

Coffey, R. S., **6**, 742[365] (524, 674, 679); **8**, 305f[43], 361[54] (287)

Coffey, S., **2**, 507[69] (406, 408, 433, 435, 437, 442, 445, 471)

Coffield, T. H., **3**, 1106f[8], 1170f[5]; **4**, 2f[10], 152[175] (44, 88), 153[273] (68, 71), 155[417] (115, 118), 156[458] (123); **6**, 36[188] (32)

Coffin, K. P., **1**, 264f[1]

Coghi, L., **1**, 41[139] (32, 33T, 34); **2**, 563f[3]

Cohen, A. D., **2**, 621[310] (561, 567)
Cohen, B. H., **2**, 193[341] (86)
Cohen, B. M., **1**, 678[505] (633)
Cohen, E. A., **1**, 456[205] (443)
Cohen, H., **3**, 951[327] (925); **4**, 963[68] (941); **6**, 869f[60a], 869f[65], 877[242] (822); **8**, 17[35] (13)
Cohen, H. J., **2**, 623[437] (577)
Cohen, H. L., **7**, 459[283] (412)
Cohen, H. M., **1**, 53f[4], 53f[8]
Cohen, I. A., **4**, 323[260] (272), 812[160] (715); **5**, 296f[4], 529[600] (296, 377)
Cohen, L., **4**, 373[7] (333, 351, 370)
Cohen, M., **1**, 584f[9], 678[501] (633); **4**, 964[108] (948); **8**, 367[413] (347)
Cohen, M. A., **3**, 82[170] (24), 170[161] (161), 949[205] (876); **4**, 152[176] (44, 88, 89); **5**, 267[209] (44)
Cohen, M. J., **6**, 13[56] (8)
Cohen, M. L., **7**, 66f[9]
Cohen, M. S., **1**, 455[149] (434), 552[4] (543)
Cohen, N., **4**, 320[77] (250)
Cohen, R. L., **5**, 626[333] (620), 628[512] (620)
Cohen, S., **1**, 245[267] (186, 192)
Cohen, S. A., **3**, 632[222] (601); **6**, 942[89] (901, 903T), 944[185] (914)
Cohen, S. C., **2**, 507[50] (403, 406), 507[80] (407), 973[252] (906), 976[425] (950), 976[425] (950), 976[426] (950); **3**, 419f[12], 431[310]; **4**, 374[40] (339), 610[355] (586), 611[392] (591); **5**, 267[244] (62, 65); **6**, 1019f[78]; **7**, 110[559] (82)
Cohen, S. M., **6**, 744[539] (545T)
Cohen, T., **1**, 679[586] (647); **7**, 5f[4], 96f[7], 96f[12], 107[393] (53), 110[588] (90), 726[111] (687), 726[111] (687), 726[112] (687, 689), 726[115] (689), 726[115] (689), 726[125] (690), 727[151] (698)
Cohn, E. M., **3**, 270[435] (263); **8**, 96[84] (41, 43, 44, 45, 46, 48, 49)
Cohn, K., **7**, 654[476] (603)
Coindard, G., **7**, 322[65] (319)
Colapietro, M., **6**, 754[1181] (645T)
Colburn, C. B., **5**, 621[27] (547)
Colburn, J. C., **3**, 840f[4], 948[158] (864), 1252[352] (1231)
Colcetti, G., **4**, 237[242] (193)
Colclough, R. O., **7**, 464[563] (453)
Coldbeck, M., **4**, 34f[63], 50f[37], 151[129] (34), 152[181] (44)
Coldiron, D. C., **1**, 672[122] (578, 633, 650, 662)
Cole, B. J., **4**, 611[417] (592)
Cole, C. M., **1**, 120[284] (105), 120[291] (106)
Cole, E. L., **8**, 609[251] (596T, 602T)
Cole, M. A., **3**, 473[8] (434)
Cole, R., **6**, 362[68] (359)
Cole, T., **4**, 328[664] (314, 315), 328[665] (315), 963[50] (938), 963[58] (940, 941); **5**, 628[494] (617); **8**, 17[25] (12), 100[329] (93, 94), 100[330] (93, 94), 100[339] (94), 222[125] (157, 157T, 158), 362[78] (288, 324), 364[247] (324), 364[252] (324)
Cole, Jr., T. W., **8**, 1009[140] (977)
Cole-Hamilton, D. J., **3**, 473[61] (448); **4**, 657f[10], 657f[18], 812[152] (714), 812[182] (718, 720, 725, 729, 738, 742, 746, 751, 755), 813[201] (720, 722, 723), 813[201a] (720, 722, 723), 813[221] (725), 813[225] (726, 737), 813[263] (739, 744), 814[279] (742, 755), 814[283] (744, 745, 751), 814[284] (744), 814[329] (750), 819[642] (803), 887[190] (881), 963[13] (933, 940), 963[17] (934), 964[70] (941), 964[77] (943), 1060[186] (1003); **5**, 355f[2], 527[462] (304T, 354, 471T, 474T), 536[1120] (354, 474T), 539[1280] (511); **6**, 749[883] (605); **8**, 222[101] (127), 365[323] (338), 1069[293] (1057)
Coleman, B., **2**, 186[30] (7, 84), 193[328] (83), 507[73] (406)
Coleman, C. J., **3**, 108f[10], 109f[8]; **4**, 374[30] (336), 391f[2], 504[16] (382), 504[18] (382)
Coleman, G. H., **7**, 20f[3], 77f[9], 104[235] (31), 106[359] (48)
Coleman, J. M., **4**, 323[286] (276), 649[75] (638); **5**, 276[786] (256); **6**, 226[171] (201)
Coleman, K. J., **3**, 1072[279] (1014); **4**, 158[599] (138)

Coleman, L. B., **6**, 748[773] (587)
Coleman, R. A., **1**, 681[689] (661); **3**, 473[53] (446); **7**, 141[75] (125), 141[78] (126), 196[142] (177, 179), 223[7] (199), 223[8] (199), 300[99] (283), 300[101a] (283), 300[101b] (283), 456[85] (385)
Coles, B. F., **2**, 190[200] (45)
Coles, D. G., **5**, 537[1190] (484)
Coles, J. A., **1**, 53f[11]
Coles, M. A., **1**, 251[578] (231), 251[585] (232); **3**, 376f[8], 431[294] (408), 435f[1], 436f[23], 473[37] (442, 444)
Coleson, K. M., **1**, 146f[7], 152[234] (147), 540[133c] (498, 536)
Coletta, M., **3**, 1074[390] (1032)
Colette, M., **3**, 376f[10], 376f[23]
Coletti, O., **4**, 322[231] (269)
Colevray, L., **4**, 811[122] (708)
Coll, J., **7**, 103[184] (25); **8**, 770[111] (735)
Collamati, I., **6**, 740[283] (516), 760[1612] (713)
Collenberg, O., **3**, 1137f[19]
Coller, B. A. W., **2**, 972[141] (889)
Collet, A., **1**, 251[603] (235), 252[626] (238)
Collette, J. W., **8**, 458[305] (419), 459[306] (419), 459[325] (420)
Colleville, Y., **8**, 471f[11], 472f[4]
Colli, L., **6**, 870f[87]
Collier, J. R., **7**, 512[126] (491, 492)
Collier, J. W., **6**, 241[17] (235)
Collier, M. R., **1**, 248[427] (207), 272f[3]; **3**, 392f[6], 392f[7], 398f[22], 398f[23], 406f[16], 430[252] (393), 430[261] (396), 461f[28], 470f[2], 474[114] (469, 470), 630[97] (573, 578), 631[173] (585), 645[4] (636), 645[4] (636), 645[6] (636, 637, 638, 639); **6**, 743[451] (533T, 539T), 757[1390] (672)
Collignon, N., **1**, 116[66] (55), 120[295] (106); **8**, 641[44] (632)
Collin, G., **2**, 882f[3], 971[95] (879)
Collin, J., **3**, 1246[51] (1161); **4**, 155[371] (91, 117); **8**, 1008[68] (956)
Collington, E. W., **7**, 101[90] (13)
Collins, C. J., **1**, 672[99] (573)
Collins, D. E., **3**, 104f[1], 168[27] (99)
Collins, D. J., **1**, 374[112] (322); **6**, 446[344] (434), 446[345] (434); **8**, 928[120] (805, 813, 814, 816), 928[125] (805), 928[131] (805)
Collins, D. M., **3**, 104f[4], 168[29] (99), 1067[19] (961), 1247[94] (1177), 1312f[14], 1312f[15], 1380[48] (1331); **5**, 275[761] (251)
Collins, E., **2**, 696f[1]
Collins, G. L., **1**, 118[205] (86)
Collins, J. B., **1**, 117[152] (77), 117[158] (77, 79), 149[23] (122), 149[24] (122)
Collins, P. W., **1**, 679[579] (647); **7**, 197[211] (192), 460[346] (419), 460[352] (420)
Collins, R., **4**, 608[191] (553, 555, 559f)
Collins, R. L., **4**, 322[250] (271), 389f[11], 454f[12], 479f[24], 511[416] (482), 511[419] (483); **8**, 1070[335b] (1061)
Collins, T. J., **4**, 812[147] (713), 813[247] (732), 1059[112] (984, 986, 994, 996), 1059[115] (984, 986), 1059[116] (984, 994, 995, 996), 1059[119] (986, 1004, 1013), 1059[120] (986, 994, 996, 1004, 1008), 1060[163] (996), 1060[191] (1006, 1008, 1011), 1063[348] (1044); **5**, 526[397] (341), 570f[6], 622[67] (551), 624[208] (569, 571), 624[243] (577)
Collman, G. P., **5**, 546f[12]
Collman, J. P., **2**, 512[376] (447); **3**, 87[475] (68), 88[515] (76); **4**, 253f[1], 312f[2], 320[69] (250), 320[106] (253), 320[116] (254, 315), 320[117] (254, 316), 324[388] (288), 325[434] (293), 326[533] (300, 303), 327[546] (303), 373[6] (332T, 333), 373[11] (333), 374[26] (336), 374[58] (343), 375[105] (357, 358), 375[110] (359), 609[312] (580), 609[313] (580), 694f[4], 810[13] (693, 699, 700, 709), 810[66] (699), 811[71] (700), 812[136] (711, 809), 886[136a] (871), 886[137] (871), 886[142] (871), 886[148] (872), 907[54] (900), 964[85] (945), 1057[10] (970, 974, 1036), 1058[75] (977, 979, 980, 981), 1063[348] (1044); **5**, 313f[1], 522[150] (297), 524[279] (312), 529[610] (379), 529[611] (379), 529[636] (381), 530[659] (387, 426), 530[660] (387), 530[661] (387), 531[761] (409), 554f[2], 554f[15], 555f[20], 556f[6], 559f[3], 559f[13], 560f[2], 621[8] (542, 543), 621[11] (544, 564, 565), 621[18] (547), 622[63] (551), 623[134] (562, 568), 624[219] (574), 626[351] (593); **6**, 741[309] (518), 741[329] (519), 845f[295], 845f[296], 987f[13], 1021f[160], 1029[65], 1039[20] (990), 1112[118] (1072), 1112[144] (1080, 1095); **8**, 220[15] (107), 220[17] (108), 222[138] (161, 162, 189), 223[140] (165), 339f[23], 361[22] (286, 305, 306, 316, 319, 333), 362[88] (290), 362[129] (297), 365[292] (329, 351), 496[9] (465), 606[24] (554), 608[155] (577), 608[207] (592, 594T), 926[9] (800), 1008[65] (955, 956)
Colnago, L. A., **7**, 512[168] (499, 501, 503, 505)
Colombo, A., **3**, 169[96] (141); **4**, 499f[10], 509[321] (453, 503), 814[296] (745), 814[297] (745)
Colombo, L., **7**, 103[199] (27), 109[498] (71)
Colombo, U., **3**, 270[434] (263); **8**, 98[232] (63, 66, 68)
Colomer, E., **1**, 243[141] (171); **5**, 158f[5], 271[464] (156, 160, 161); **6**, 226[136] (203T, 206), 1066f[8], 1112[112c] (1070, 1071), 1112[119] (1072), 1112[131] (1075), 1113[168] (1087), 1113[172] (1087); **8**, 771[169] (745)
Colonge, J., **7**, 104[255] (33), 725[12] (664)
Colonius, H., **1**, 671[22] (558)
Colonna, F. P., **2**, 976[416] (950)
Colonna, M., **7**, 101[124] (18), 101[125] (18), 101[125] (18)
Colonna, S., **8**, 367[425] (348)
Colpa, J. P., **1**, 118[216] (89)
Colquhoun, H. M., **1**, 454[96] (428), 538[47e] (473, 520, 535), 538[48] (473, 519, 535), 538[51] (473, 519, 520), 540[158] (510, 534T), 540[184d] (519, 535), 541[185] (535T), 552[18] (545); **3**, 83[238] (33), 84[308] (42), 84[309] (42), 695[95] (655); **4**, 611[421] (592); **6**, 1060f[1], 1066f[5], 1074f[5], 1110[18] (1045, 1060), 1110[20] (1046), 1111[99] (1068, 1083, 1087); **8**, 361[34] (286), 1105[73] (1087)
Colquohoun, I. J., **4**, 812[185] (718)
Colthup, E. C., **4**, 965[159] (956); **6**, 35[163] (30); **8**, 411f[2], 458[255] (411), 670[99] (655)
Colton, C., **4**, 65f[46]
Colton, R., **3**, 82[132] (17), 82[133] (17), 82[134] (17), 694[26] (650), 779[63] (713), 810f[11], 833f[59], 841f[8], 851f[23], 863f[20], 946[25b] (809), 947[35] (814), 948[148] (861), 948[163] (867), 1072[270a] (1013), 1072[270b] (1013), 1072[272] (1013), 1084f[6], 1084f[6], 1084f[7], 1089f[5], 1092f[6], 1112f[4], 1119f[9], 1119f[12], 1119f[14], 1146[15] (1091), 1146[17] (1091), 1146[20] (1093), 1146[21] (1093), 1146[22] (1093), 1146[23] (1093), 1146[24] (1093), 1146[25] (1093), 1146[29] (1093, 1094), 1251[274] (1216), 1261f[7], 1261f[8], 1331[54] (1281), 1331[55] (1281), 1331[56] (1281); **4**, 13f[5], 52f[87], 52f[90], 52f[97], 150[47] (15), 151[113] (27), 152[213] (57), 152[214] (58), 168f[8], 173f[3], 235[77] (169), 235[85] (170, 169), 235[88] (168), 235[126] (175), 242[521] (231, 232T), 608[190] (551), 648[17] (619), 689[72] (670, 674), 689[73] (670), 689[74] (671, 674), 810[5] (693, 704), 810[17] (694); **5**, 267[196] (41), 282f[1], 520[35] (282); **6**, 278[15] (268), 278[15] (268), 278[16] (266T, 268), 278[22] (266T, 270); **8**, 1070[333] (1061)
Colvin, E. W., **2**, 192[264] (65); **7**, 646[10] (517, 575), 649[159] (551), 651[294] (576), 653[373] (578, 586), 656[546] (617); **8**, 1010[197] (997)
Comarmond, M.-B., **4**, 323[303] (277)
Combrisson, S., **3**, 1073[350] (1025)
Cometti, G., **8**, 769[31] (725T, 726T, 727T, 732, 733, 736), 772[198] (734), 794[15] (784, 791), 795[78] (782), 795[79] (781), 795[80] (781, 782), 795[81] (781, 782), 795[84] (782), 795[85] (782), 796[143] (782), 935[633] (899)
Comfort, D. R., **7**, 17f[5]
Comi, R., **2**, 198[523] (125); **7**, 653[397] (592)
Comins, D. L., **7**, 35f[10], 99f[36], 101[118] (18), 104[263] (34), 105[303] (41, 68)
Comisso, G., **8**, 498[123] (498)
Commerçon, A., **7**, 729[247] (718), 729[259] (721), 729[261] (722)
Commerçon-Bourgain, M., **7**, 107[388] (52)
Commereuc, D., **3**, 1246[49] (1161); **4**, 326[510] (299), 380f[16], 609[275] (575, 578), 965[179] (961); **5**, 342f[3], 522[130] (341), 623[154] (565); **8**, 98[211] (61), 223[181] (211), 460[381] (431), 549[30] (504, 505, 507), 550[76] (517), 550[93] (522), 605[6] (553, 569, 593, 596T), 606[21]

(553), 606²⁹ (554, 569, 579, 594T), 647³⁰⁶ (621T), 931³⁴⁹ (848), 932³⁷⁰ (849)
Commeyras, A., **1**, 242⁹⁷ (165, 175), 243¹⁶⁸ (175)
Commons, C. J., **3**, 833f²⁸, 1112f⁴, 1317⁵⁴ (1281), 1317⁵⁵ (1281), 1317⁵⁶ (1281); **4**, 13f⁵, 13f¹⁵, 19f¹⁰, 65f⁴⁶, 150⁴⁷ (15), 235¹³⁶ (177)
Compagnon, P., **7**, 102¹³⁸ (21)
Compagnon, P. L., **1**, 116⁷⁷ (57)
Compaigne, E., **7**, 35f²
Compton, R. N., **1**, 248⁴¹⁴ (205); **6**, 13⁵⁰ (6, 11)
Concellon, J. M., **2**, 978⁵²⁷ (966, 968), 978⁵²⁷ (966, 968); **7**, 109⁵⁴⁰ (79)
Concepcion, J. G., **1**, 120³⁰⁹ (111)
Concilio, C., **1**, 60f⁷
Conder, H. L., **4**, 375¹²⁵ (364), 376¹⁵¹ (371); **6**, 1019f⁷⁷, 1020f⁸⁸, 1020f⁸⁹, 1021f¹²³, 1040⁷⁰ (997, 998), 1040⁷² (998, 999)
Condit, P. C., **3**, 545¹⁶ (488)
Condon, D., **3**, 1112f³, 1147⁷¹ (1113), 1249¹⁵⁵ (1190), 1317⁵² (1281)
Condor, H. L., **4**, 33f¹³, 324³⁷² (287)
Condorelli, G., **3**, 83²²³ (31), 264⁵⁹ᶜ (17, 21, 23), 269³³⁶ (233, 254), 362f¹²; **4**, 322²³⁴ (269)
Condorelli-Constanzo, L. L., **4**, 322²³⁴ (269)
Cong-Danh, N., **8**, 937⁷³⁰ (913, 914)
Conia, J. M., **1**, 246³¹⁵ (193); **7**, 511⁸⁹ (486, 489), 649¹⁷⁶ (554), 650²²⁷ (561), 725²³ (666); **8**, 936⁷⁰⁸ (910)
Conley, R. A., **7**, 510⁸ (469, 479, 480, 482), 510²⁷ (475), 510²⁸ (475, 479), 511⁶⁸ (483)
Conlin, R. T., **2**, 296²⁷ (214, 215), 297⁵¹ (223), 516⁵⁹⁷ (480)
Conn, R. S. E., **1**, 243¹³² (170), 681⁶⁸⁸ (661); **7**, 458²²⁵ (404), 648¹³² (545); **8**, 669⁶¹ (662, 663T), 669⁸² (662, 663T), 771¹⁴⁰ (748T)
Conneely, J. A., **5**, 538¹²⁰⁴ (487, 509), 538¹²⁰⁵ (486, 487), 538¹²⁰⁷ (487, 510), 539¹²⁷⁷ (509), 539¹²⁷⁸ (510), 626³³⁷ (591, 592, 593); **6**, 93³¹ (85, 89, 91T, 92T), 179²⁵ (175, 176T), 227²⁰⁴ (205)
Connell, S., **2**, 197⁴⁹⁸ (121)
Connelly, J. W., **2**, 189¹³⁶ (32)
Connelly, N. G., **3**, 698²³⁷ (666), 701⁴⁴² (681), 841f⁹, 842f⁶, 948¹⁷⁰ (872), 949¹⁸² (872, 875), 949¹⁸⁶ (873), 1052f², 1052f³, 1067³⁶ (966, 967), 1075⁴³⁰ (1036), 1075⁴³¹ (1037), 1075⁴³² (1037), 1076⁵⁰³ (1052), 1076⁵⁰⁴ (1052), 1077⁵⁹⁴ (1066), 1112f¹, 1112f², 1112f³, 1147⁶⁷ (1111), 1147⁷¹ (1113), 1147⁸⁰ (1116), 1249¹⁸⁴ (1194), 1251²⁹⁵ (1220), 1317⁵² (1281); **4**, 33f¹⁵, 33f¹⁶, 107f⁸⁶, 157⁵⁵⁸ (132), 323²⁵⁸ (271, 295), 325⁴⁵⁷ (295), 325⁴⁵⁸ (295), 325³⁶¹ (468), 510³⁶³ (469), 510³⁷⁸ (474), 602f²⁴, 606¹¹⁴ (536, 536f); **5**, 266¹³¹ (28), 275⁷⁵⁴ (251), 288f⁶, 290f¹⁰, 295f², 366f¹², 521⁷⁰ (286), 521⁹⁸ (291, 468), 528⁵³³ (365), 528⁵³⁴ (365), 539¹³⁰⁴ (365), 539¹³⁰⁶ (365), 556f⁸, 628⁴⁸² (614); **6**, 35¹⁵¹ (32), 873⁴ (763); **8**, 388f², 455¹⁰⁶ (389), 1011²²⁷ (1006)
Conner, J. A., **3**, 879f¹, 879f¹¹, 891f⁵, 891f¹²
Connett, J. E., **2**, 975³⁵⁹ (935), 975³⁶⁰ (935)
Connolly, J. W., **2**, 298¹³⁸ (241), 302³⁶⁹ (291); **3**, 1189f¹³; **6**, 1061f⁶, 1080f², 1080f³, 1111⁵³ (1053, 1063)
Connop, A. H., **3**, 1170f⁹, 1247⁶⁷ (1168, 1169)
Connor, D. E., **5**, 623¹⁶⁰ (565)
Connor, G., **5**, 273⁶⁰⁹ (208)
Connor, H., **8**, 222¹²⁰ (150, 155)
Connor, J. A., **1**, 39¹³ (5, 7), 410⁸² (404); **2**, 196⁴⁴³ (111), 196⁴⁴³ (111), 510²⁵⁵ (433), 510²⁵⁶ (433); **3**, 81⁷⁵ (9), 82¹³⁶ (18), 84²⁷⁸ (40), 84²⁷⁹ (40), 84²⁸⁰ (40), 86³⁸³ (52), 88⁵²⁶ (77), 267²⁵¹ (214, 234), 557³¹ (550), 700³⁶³ (674), 731f³, 788f⁹, 805f², 805f³, 833f⁶, 851f¹³, 851f²¹, 851f²⁸, 851f³³, 851f³⁴, 851f³⁵, 863f¹⁷, 886f⁵, 886f¹⁴, 893f⁵, 893f⁶, 893f⁸, 893f¹⁵, 897f⁴, 899f², 904f⁷, 947⁸⁹ (831), 948¹¹⁹ (847), 948¹²⁰ (847), 948¹²¹ (847), 948¹²² (847), 948¹⁵² (861), 948¹⁵⁴ (861), 950²⁷² (903), 950²⁷⁷ (905), 950²⁷⁹ (905), 981f⁴, 988f¹, 988f³, 989f⁴, 1022f¹, 1034f¹, 1034f², 1034f³, 1034f⁴, 1052f¹,

1067¹³ (958), 1068⁵³ (971), 1070¹⁴⁸ᵃ (987, 1032), 1070¹⁴⁸ᵇ (987, 1032), 1070¹⁵⁷ (988), 1070¹⁵⁸ (988, 989, 990, 1000, 1023, 1034, 1035), 1070¹⁷⁶ (991), 1070¹⁷⁷ (991), 1073³²²ᵇ (1021, 1031, 1054, 1055), 1074⁴⁰² (1034, 1056), 1076⁵²⁵ (1056), 1077⁵⁷³ᵇ (1063), 1077⁵⁷⁸ (1063), 1081f¹⁰, 1146³² (1095), 1247⁷⁵ (1171), 1251²⁷⁰ (1215, 1224), 1383¹⁸⁵ (1363), 1383²⁰⁴ (1366), 1384²⁴⁸ (1375); **4**, 52f⁷⁹, 65f²⁵, 65f²⁸, 152¹⁸⁹ (45), 152²²⁵ (59), 154³⁴² (86), 319⁷ (244, 250), 389f⁵, 415f⁹, 454f¹⁴, 454f¹⁵, 454f²², 811¹⁰² (705), 885⁷⁶ (860); **5**, 264³² (7), 269³⁴¹ (101), 276⁸⁰⁹ (264), 524³¹⁰ (318), 558f⁹; **6**, 12¹⁶ (5), 12¹⁷ (5), 13³⁰ (5), 228²⁴⁵ (192, 193), 752¹⁰³⁸ (627T), 876¹⁷⁰ (793); **8**, 220¹⁴ (107, 108), 1070³⁰¹ (1058)
Connor, R. E., **5**, 273⁶⁰⁴ (201)
Conrad, P. C., **7**, 106³⁷⁷ (50), 106³⁷⁷ (50)
Considine, J. L., **1**, 40⁵⁵ (14, 15T), 583f²¹, 585f², 672⁶⁸ (567, 582, 587, 588), 672¹¹³ (578, 656), 672¹¹⁴ (578, 656), 681⁶⁷⁰ (657); **2**, 533f⁹, 534f⁴; **7**, 456⁹² (387)
Considine, W. J., **1**, 241³⁸ (158), 247³⁷¹ (199); **2**, 617⁴¹ (527)
Consiglio, G., **2**, 677²⁰⁶ (653); **3**, 474¹¹² (468); **7**, 106³⁷¹ (49), 456⁹³ (387), 457¹⁵³ (395); **8**, 222¹¹¹ (139), 222¹¹²ᵃ (140), 361¹⁵ (286), 496³ (464, 483), 497⁷⁸ (483), 497⁷⁹ (483, 484, 485), 497⁸⁵ (485), 497⁸⁶ (485), 497⁸⁷ (486), 497¹⁰⁴ (492), 497¹⁰⁷ (492), 608¹⁹³ (586), 771¹⁴⁷ (740, 744T, 745, 747T, 748T), 771¹⁵¹ (742, 744T, 752T), 771¹⁶⁵ (743T, 744T), 935⁶⁴⁴ (900), 936⁶⁴⁶ (900)
Constable, A. G., **4**, 239³⁷¹ (207T, 225)
Constant, M., **2**, 518⁷¹³ (504)
Conti, F., **6**, 261¹⁰ (244), 263¹⁶⁸ (257), 355f¹, 361²⁰ (352), 361²¹ (352, 353), 361²² (352, 353, 355, 357), 361²⁴ (352, 360), 362⁸³ (360, 361), 382¹ (363, 365), 383²⁶ (365), 441¹⁸ (389), 441²⁵ (390, 422), 442⁶⁰ (394), 445²⁹⁹ (424), 749⁸⁴³ (596); **8**, 364²⁵⁷ᵃ (325), 457¹⁸⁴ (398, 433), 927⁴⁰ (801), 927⁴⁹ (801), 928⁹⁰ (803), 928¹³⁵ (806), 928¹³⁶ (806), 928¹⁴⁰ (806), 929¹⁸⁹ (813), 931³⁴¹ (847)
Conti, L., **1**, 676³⁵² (624)
Contreras, J. G., **1**, 720¹¹ (685), 720¹³ (685, 701, 707, 710)
Converse, S., **7**, 104²³⁶ (31)
Conville, J., **3**, 1177f⁴
Conway, A. J., **1**, 723²⁷⁷ (719); **3**, 1337f³, 1337f⁶; **6**, 980²⁷ (954, 959T), 980⁴⁰ (957, 963T)
Conway, B., **8**, 339f³
Conway, W. R., **1**, 375¹²³ (325)
Cook, A. H., **7**, 102¹⁴⁰ (21); **8**, 435f²⁰, 448f¹ᵃ, 449f⁴, 460⁴¹⁵ (434, 447), 461⁴²⁶ (436, 438, 447, 450), 461⁴⁷⁷ (447, 450), 462⁴⁸⁴ (450), 668¹⁵ (664, 667), 668¹⁶ (664, 667), 670⁸⁸ (667), 704² (691, 692T, 693T), 704³ (691, 692T, 693T), 704¹⁴ (697, 699)
Cook, C. D., **3**, 85³⁸⁰ (52), 86³⁹⁸ (55), 863f², 1089f⁸ᵇ; **6**, 143²³¹ (103T, 108), 262¹⁰² (251), 263¹⁵⁹, 263¹⁶¹ (257), 263¹⁶⁶ (257), 740²⁸⁰ (516), 741³⁰⁸ (518, 526), 750⁹⁴² (615, 619, 621, 629), 751¹⁰¹⁶ (624T, 626), 752¹⁰³⁵ (626, 627, 691, 693, 697), 752¹⁰³⁷ (627T, 697), 759¹⁵⁴¹ (694, 697, 700T), 759¹⁵⁴² (694, 700)
Cook, D. J., **4**, 97f⁶, 240⁴¹⁶ (211, 212T, 213, 218, 219T), 327⁵⁷⁹ (306), 327⁵⁸⁵ (307, 308), 612⁴⁷² (597); **5**, 272⁵⁷⁷ (191), 532⁸⁴⁸ (420, 421); **6**, 987f⁶, 987f¹⁴, 1019f⁵¹, 1028f³³, 1031f¹⁶, 1039⁸ (988, 990), 1039¹³ (988, 990), 1039³⁸ (994)
Cook, F. T., **7**, 110⁵⁸⁵ (89)
Cook, J., **4**, 965¹⁴⁵ (955)
Cook, L. S., **7**, 17f¹⁶, 101¹¹⁵ (17), 102¹³⁹ (21)
Cook, M., **6**, 1029f⁵⁵
Cook, M. A., **2**, 187⁴⁰ (9)
Cook, M. J., **7**, 98f¹⁰
Cook, N., **4**, 819⁶⁰³ (794), 884²⁴ (849), 1058⁶⁴ (975)
Cook, N. C., **2**, 197⁴⁹² (120)
Cook, P. M., **6**, 747⁷²³ (583, 587)
Cook, R. J., **2**, 513⁴¹⁰ (453)
Cook, S. E., **1**, 286f⁴¹; **2**, 675⁶⁸ (637), 676¹²⁰ (643), 676¹⁵⁹ (647)

Cook, T. H., **1**, 152^{195} (144), 152^{222} (146, 147)
Cook, W. J., **4**, 511^{437} (485); **8**, 1068^{200} (1044)
Cook, W. T., **2**, 704^3 (683)
Cooke, C. G., **4**, 325^{456} (295), 649^{108} (645); **6**, 869f^{37}, 870f^{91}, 876^{206} (810, 811), 876^{217} (815)
Cooke, F., **2**, 189^{140} (33), 189^{140} (33); **7**, 91f^4, 97f^{25}, 646^{15} (517, 518), 646^{25} (521), 647^{69} (529), 647^{72} (530), 648^{125} (543, 544), 648^{125} (543, 544), 656^{589} (626, 629)
Cooke, G. B., **7**, 26f^2
Cooke, J., **3**, 1249^{182} (1194); **4**, 97f^{11}, 97f^{12}, 154^{310} (75), 240^{406} (211, 212T, 213), 240^{407} (211, 212T, 213), 374^{48} (341, 361); **5**, 158f^9, 271^{479} (159, 160), 288f^{10}, 305f^2, 521^{77} (287, 303T, 421), 623^{129} (562, 578)
Cooke, M., **3**, 168^{38} (110), 169^{75} (131), 1251^{302a} (1221, 1234); **4**, 326^{534} (300), 504^{41} (386), 507^{222} (438, 464), 657f^7, 657f^{16}, 690^{89} (673), 811^{67} (700, 732), 813^{249} (732, 733), 813^{250} (733), 813^{252} (733, 805), 814^{300} (746), 815^{349} (753, 754), 815^{355} (753), 815^{372} (756), 840^{43} (829, 831), 840^{69} (833), 885^{39} (851), 885^{40} (851, 852), 885^{54} (852), 929^{35} (928), 1058^{57} (974, 975, 976, 977, 1015, 1017, 1018), 1058^{76} (977, 999, 1006, 1014), 1060^{205} (1014), 1064^{412} (1018), 1064^{413} (1018); **8**, 1009^{126} (975), 1010^{224} (1006)
Cooke, Jr., M. P., **8**, 365^{292} (329, 351), 608^{207} (592, 594T), 1008^{64} (955)
Cooksey, C. J., **3**, 169^{57} (127); **4**, 154^{361} (90), 374^{66} (346, 352); **5**, 269^{343} (102, 120, 121), 269^{344} (103, 118, 127)
Cookson, P. G., **2**, 201^{677} (165), 677^{247} (657, 658), 972^{135} (887, 888), 972^{139} (889), 972^{143} (889)
Cookson, R. C., **1**, 249^{507} (220); **6**, 182^{149} (148, 168), 383^{79} (373, 374, 380), 384^{131} (381); **7**, 647^{49} (526); **8**, 459^{354} (427), 459^{355} (427), 704^{38} (683), 704^{44} (683), 708^{243} (697), 770^{74} (728, 732), 795^{51} (786), 795^{68} (783, 792), 796^{114} (775), 796^{114} (775)
Coolbaugh, T., **3**, 88^{547} (79)
Coombes, R. G., **1**, 742f^2; **3**, 951^{323} (923), 951^{324} (923, 927)
Coon, M. D., **2**, 300^{244} (262), 300^{254} (264), 301^{325} (278)
Cooney, R. P., **2**, 943f^5, 975^{335} (930, 940)
Cooney, R. V., **2**, 1018^{208} (1002, 1003, 1012), 1019^{288} (1012)
Cooper, B. E., **2**, 186^{11} (4), 197^{512} (123, 127), 361^{94} (319, 320); **7**, 651^{293} (576)
Cooper, B. J., **8**, 361^{63} (288)
Cooper, III, C. B., **3**, 815f^1; **4**, 321^{126} (256, 261), 321^{187} (265), 329^{671} (315)
Cooper, C. D., **2**, 361^{66} (315)
Cooper, D. G., **6**, 754^{1225} (653), 755^{1232} (653), 761^{1681} (731)
Cooper, E. L., **7**, 459^{277} (412)
Cooper, G. D., **1**, 243^{125} (169), 246^{297} (192); **2**, 203^{737} (182); **3**, 473^{22} (437), 473^{23} (437), 473^{24} (437)
Cooper, G. F., **7**, 461^{392} (427)
Cooper, J. N., **7**, 335^{16} (326)
Cooper, J. W., **1**, 243^{145} (172, 216); **2**, 194^{358} (92)
Cooper, M. J., **2**, 634f^4, 674^{34} (633)
Cooper, M. K., **3**, 949^{209} (880), 949^{210} (880), 1115f^8, 1286f^2, 1286f^4, 1318^{77} (1283); **6**, 749^{874} (602), 749^{875} (602), 753^{1145} (639), 753^{1154} (640), 754^{1205} (649T, 650T, 654), 754^{1206} (650T), 754^{1207} (650T), 754^{1209} (650T), 755^{1240} (653), 756^{1336} (664)
Cooper, N. J., **3**, 269^{382} (247), 1125f^9, 1147^{89} (1123), 1246^6 (1152), 1246^6 (1152), 1249^{188} (1196, 1199), 1381^{116} (1343), 1382^{143} (1349), 1382^{144} (1350), 1382^{149} (1354); **8**, 454^{27} (376), 550^{54} (513)
Cooper, P. J., **2**, 191^{248} (60)
Cooper, R. C., **2**, 1017^{142} (998), 1017^{143} (998)
Cooper, R. D., **5**, 523^{241} (288, 289, 290)
Cooper, R. L., **3**, 1068^{47} (970), 1250^{198} (1198, 1199), 1382^{129} (1346); **4**, 238^{321} (205, 206T, 210, 215, 232T), 238^{322} (205, 206T, 206); **6**, 980^{75} (968, 978T)
Cooper, S. R., **4**, 155^{406} (114); **8**, 1064^6 (1015)
Cooper, T. A., **3**, 700^{402} (677)
Cooper, V., **6**, 1114^{214} (1099)
Cooper, W., **7**, 463^{506} (443, 450)
Coover, H. W., **3**, 546^{75} (511)
Cope, A. C., **5**, 137f^{14}; **6**, 347^{294} (318, 319, 337), 347^{307} (320), 347^{308} (320, 337), 749^{826} (594T), 749^{828} (592, 594T), 753^{1097} (636, 659), 755^{1292} (659), 755^{1293} (659), 756^{1295} (659), 756^{1296} (659, 667), 756^{1297} (659); **8**, 458^{293a} (417), 458^{293b} (417), 861f^1, 933^{446} (859), 934^{562} (889), 1010^{213} (1005)
Cope, O. J., **7**, 159^{85} (147, 148f), 252^{38} (234, 235, 236)
Copeland, A. H., **6**, 180^{68} (147, 168), 181^{96} (148, 156, 168), 181^{97} (155, 168); **8**, 459^{355} (427), 704^7 (683), 704^{38} (683), 704^{40} (683), 795^{65} (782, 792), 795^{69} (783, 792), 795^{70} (783, 792)
Copenhafer, W. C., **2**, 512^{398} (452)
Coppens, P., **3**, 1073^{334} (1023); **6**, 140^{82} (133T, 136)
Copperthwaite, R. G., **4**, 158^{626} (140, 141)
Coppin, G. N., **2**, 674^{44} (635)
Corain, B., **5**, 40f^5; **6**, 34^{63} (22T, 24), 34^{73} (22T, 23), 34^{73} (22T, 23), 34^{95} (22T), 35^{133} (24), 35^{148} (22T, 32), 35^{149} (22T), 94^{81} (55T, 59T, 65, 75, 78), 99^{381} (61), 99^{399} (55T, 68), 141^{104} (122T), 141^{135} (122T); **8**, 368^{506} (357), 770^{56} (723T, 732), 771^{114} (737), 795^{46} (790)
Coraor, G. R., **1**, 672^{82} (571)
Corbani, F., **7**, 512^{155} (498)
Corbellini, M., **1**, 251^{579} (231)
Corbett, J. D., **1**, 42^{167} (35), 42^{168} (35); **3**, 266^{191} (206)
Corbier, B., **1**, 679^{569} (645), 679^{570} (645)
Corbin, D. R., **3**, 327^{101} (307)
Corbin, J. L., **3**, 86^{422} (59), 86^{423} (59), 1119f^{11b}, 1119f^{15}, 1147^{85} (1117); **5**, 621^{42} (548); **8**, 291f^3, 349f^3
Cordell, G. A., **8**, 1010^{204} (1001)
Corden, B. J., **3**, 1138f^1
Corderman, R. R., **5**, 275^{759} (251); **6**, 224^{66} (192), 224^{67} (210), 224^{68} (210), 226^{135} (210), 226^{184} (210); **8**, 1065^{84} (1025)
Cordes, A. W., **2**, 200^{626} (153); **3**, 842f^{15}
Cordes, H.-G., **3**, 279^{23} (272), 557^{73} (556)
Cordes, J. F., **3**, 788f^7; **4**, 156^{465} (124), 760f^4
Cordes, R., **6**, 748^{766} (587, 588)
Cordes, R. S., **4**, 107f^{84}
Cordfunke, E. H., **5**, 532^{846} (420)
Cordin, B. J., **3**, 1137f^{20}
Coren, S., **6**, 441^{10} (388, 391, 429), 444^{202} (409)
Corey, E. J., **1**, 754^{140} (752); **2**, 187^{46} (10), 201^{654} (159), 618^{119} (539), 624^{499} (585, 590, 591), 754f^1, 754f^2, 763^{173} (755), 882f^{12}; **3**, 275f^1, 279^{35} (273), 557^{50} (555); **6**, 182^{157} (146); **7**, 96f^{14}, 97f^{16}, 97f^{29}, 98f^{18}, 99f^{34}, 101^{116} (17), 196^{122} (173), 226^{184} (214), 226^{186} (215), 226^{187} (215), 253^{139} (249), 253^{140} (249), 321^{13} (306, 308, 310), 459^{264} (411), 459^{265} (411), 511^{93} (487), 511^{94} (487), 647^{59} (527), 651^{299} (576), 651^{302} (576, 577), 651^{323} (579), 654^{465} (601), 657^{611} (632), 658^{689} (642), 658^{690} (643), 725^{61} (674), 726^{104} (675, 685), 727^{145} (696), 727^{174} (704), 727^{176} (704), 727^{176} (704), 728^{201} (708), 728^{207} (709), 728^{210} (710), 728^{221} (713), 728^{222} (713), 728^{226} (714), 728^{228} (715); **8**, 769^3 (714T, 722), 770^{104} (729), 770^{106} (734), 795^{45} (785), 795^{50} (786, 788), 1007^{13} (941), 1008^{70} (957)
Corey, E. R., **1**, 41^{156} (35); **2**, 302^{347} (284), 620^{261} (554); **3**, 170^{147} (157), 1188f^{20}, 1189f^{25}, 1248^{117} (1182); **4**, 511^{429} (485), 611^{397} (591, 592), 688^4 (662), 689^{77} (672); **5**, 524^{298} (317); **6**, 1034f^5, 1036f^3, 1040^{495} (1004, 1005, 1010), 1114^{227} (1108)
Corey, J. Y., **1**, 374^{64} (313, 331), 409^{59} (394, 400, 401); **2**, 187^{65} (14), 203^{747} (184), 299^{164} (244, 250, 268, 274), 301^{303} (272, 288), 301^{304} (273), 301^{306} (273, 281), 302^{334} (280), 302^{335} (280), 302^{336} (280), 302^{337} (281, 288), 302^{338} (281), 302^{344} (284), 302^{347} (284), 507^{71} (406, 410), 675^{113} (642); **3**, 102f^{18}, 102f^{19}; **4**, 511^{429} (485); **7**, 653^{376} (586), 653^{377} (586)
Corfield, P. W. R., **1**, 258f^{13}, 704f^4; **2**, 762^{105} (732),

Cormier, A. D., **6**, 13^{35} (6)
Cornell, J. B., **6**, 1018f^7
Corner, M., **1**, 304^{186} (270)
Cornett, B. J., **2**, 193^{352} (91)
Cornforth, D. A., **7**, 725^{11} (664)
Cornia, M., **8**, 935^{590} (892)
Cornils, B., **8**, 16^9 (2, 3T, 4, 7, 8, 9, 10, 14, 15, 16), 95^{15} (22), 96^{102} (41, 46T, 48, 51, 61), 97^{133} (48), 98^{230} (63, 66, 67, 67T, 70, 85, 86), 221^{55} (116, 120–128, 129T, 130, 131, 132, 133, 135, 136, 138, 140, 142, 144, 150, 151, 153, 154, 155, 156, 159, 215), 221^{60} (116), 222^{110} (137, 147, 150)
Corning, J., **3**, 1141f^{20}
Cornish, A. J., **8**, 643^{128} (630T), 705^{66} (693, 694T), 706^{116} (693, 694T)
Cornock, M. C., **5**, 528^{564} (369); **6**, 384^{95} (374), 757^{1367} (669)
Cornwell, A. B., **3**, 1338f^{14}; **4**, 309f^{12}, 328^{620} (310, 311), 328^{638} (311); **6**, 1111^{54} (1053, 1088), 1111^{59} (1054, 1065, 1082, 1089), 1112^{111} (1070)
Corny, M., **8**, 606^{37} (555, 594T, 597T, 600T)
Coronas, J. M., **1**, 242^{82} (163); **6**, 94^{78} (57T, 58T), 94^{82} (58T, 64, 72, 79), 94^{83} (58T, 64, 72, 79), 95^{119} (58T, 63T, 72), 97^{251} (57T, 58T, 62T, 63T, 64, 72, 79), 98^{305} (57T, 62T, 64, 79), 99^{392} (53T, 58T, 71), 345^{165} (306, 336, 337), 345^{178} (336, 337)
Corradini, A., **3**, 547^{125} (541)
Corradini, P., **1**, 676^{340} (622); **3**, 328^{159} (321), 350f^4, 546^{61} (501), 695^{40} (650), 1071^{250} (1010), 1256f^{5b}; **6**, 443^{182} (408), 444^{246} (418), 753^{1098} (636), 753^{1101} (636, 659), 754^{1178} (644T, 651, 661), 979^{10} (949, 958T)
Correa, F., **4**, 74f^{31}
Corredor, J., **2**, 622^{361} (568)
Corrigan, M. F., **1**, 753^{78} (737); **5**, 269^{325} (90)
Corrigan, P. A., **5**, 535^{1021} (457, 458, 519)
Corriu, R., **1**, 246^{330} (195); **2**, 299^{187} (248T), 301^{282} (269), 302^{332} (280), 763^{179} (757); **6**, 1112^{131} (1075); **7**, 647^{88} (535)
Corriu, R. J. P., **1**, 119^{261} (97), 243^{141} (171), 246^{330} (195), 246^{337} (195); **2**, 17f^3, 17f^4, 17f^5, 17f^{15}, 17f^{16}, 17f^{17}, 17f^{17}, 17f^{18}, 186^{27} (5, 14), 186^{27} (5, 14), 187^{61} (13), 187^{63} (14), 187^{64} (14), 187^{65} (14), 187^{70} (19), 187^{75} (19), 187^{76} (19), 187^{77} (20), 187^{78} (20), 188^{80} (20), 188^{80} (20), 188^{80a} (20), 190^{178} (39), 190^{180} (40), 190^{190} (42), 195^{399c} (100, 104), 196^{454} (113), 299^{158} (244), 507^{67} (405, 470), 509^{182} (421, 428, 433, 477), 509^{183} (421), 509^{184} (422), 509^{187} (422, 423, 441), 509^{188} (422, 423, 441, 442), 510^{235} (428, 477), 511^{314} (440), 515^{534} (470), 533f^{10}, 624^{511} (587), 625^{561} (594); **4**, 607^{173} (548), 965^{163} (959); **5**, 158f^5, 271^{464} (156, 160, 161); **6**, 226^{136} (203T, 206), 758^{1448} (677), 760^{1611} (712), 1066f^8, 1112^{112c} (1070, 1071), 1112^{119} (1072), 1113^{168} (1087), 1113^{172} (1087); **7**, 657^{607} (631); **8**, 481f^4, 497^{73} (480, 482), 497^{76} (482), 771^{120} (739, 740, 747T), 771^{121} (738), 771^{167} (740), 771^{168} (740, 745), 771^{169} (745)
Corsano, S., **7**, 226^{193} (217)
Corset, J., **4**, 323^{290} (276)
Corsi, J., **4**, 812^{192} (719), 963^{46} (938)
Cortese, N. A., **8**, 400f^7, 457^{196} (400, 446), 864f^3, 931^{342} (847), 933^{458} (862), 934^{506} (877), 937^{769} (921)
Cortrell, C. E., **4**, 509^{315} (452)
Corvan, P. J., **6**, 35^{101} (20T, 30)
Cory, R. M., **7**, 110^{586} (89)
Cosby, L. A., **5**, 327f^{14}, 525^{375} (338)
Cosewith, C., **3**, 547^{113} (537)
Coskran, K. J., **3**, 833f^{63}, 833f^{95}, 851f^{65}, 1076^{526} (1056), 1251^{283} (1218), 1383^{196} (1365)
Cossee, P., **3**, 87^{500} (72), 87^{502} (73), 545^{25} (490, 500), 545^{25} (490, 500), 545^{25} (490, 500), 545^{25} (490, 500), 545^{25} (490, 500); **6**, 444^{218} (411, 413, 414, 415), 444^{221} (412, 417), 444^{222} (412, 415, 417), 444^{236} (417); **8**, 454^{41} (378)
Cosslett, L., **4**, 504^{51b} (392), 504^{52f} (393)
Costa, G., **1**, 678^{460} (631); **2**, 713f^{12}, 713f^{14}, 760^{19} (715), 760^{25a} (716, 717, 724, 743), 761^{74} (724, 732, 740); **3**, 1069^{90} (979); **5**, 33f^{21}, 268^{298} (81, 103), 268^{309} (86, 92), 269^{328} (92), 269^{346} (103), 269^{362} (110, 111), 269^{363} (110), 269^{364} (111)
Costa, L. C., **1**, 242^{107} (166, 177); **2**, 297^{74} (228), 972^{142} (889)
Costa, M., **6**, 143^{269} (118, 121T); **8**, 769^{31} (725T, 726T, 727T, 732, 733, 736), 770^{82} (736), 770^{83} (736), 794^{15} (784, 791), 794^{29} (784), 794^{30} (784)
Costa, S. M. B., **3**, 1250^{201} (1199, 1244), 1382^{131} (1346)
Costa, S. R., **4**, 811^{92} (704)
Costanzo, L. L., **6**, 743^{428} (531)
Costello, W. R., **4**, 326^{503} (299)
Costisella, B., **7**, 106^{365} (48)
Cosyns, J., **8**, 341f^{11}
Cottingham, A. B., **1**, 243^{144} (172)
Cottis, S. G., **2**, 193^{339} (86), 297^{47} (222), 299^{205} (251T, 259, 259T, 260), 300^{233} (259T); **8**, 1064^{28} (1018)
Cotton, F. A., **1**, 39^{21} (10), 40^{43} (11), 259f^{18}, 347^{383} (200), 720^{21} (686), 750f^1; **2**, 510^{257} (433), 695f^1, 706^{114} (696), 707^{147} (700), 713f^{42}, 723f^{10}, 760^{20} (715), 762^{102} (728), 817^1 (765), 974^{309} (925, 926), 975^{314} (926); **3**, 80^1 (2), 80^6 (2), 80^{10} (2, 18), 80^{21} (3, 9), 81^{80} (9), 81^{81} (9), 81^{120} (12), 84^{304} (41), 85^{325} (45), 85^{326} (45), 85^{327} (45), 85^{327} (45), 85^{328} (45), 85^{330} (45), 86^{390} (52), 86^{431} (61, 62), 104f^1, 104f^2, 104f^3, 104f^4, 104f^5, 112f^{10}, 118f^4, 118f^7, 118f^{11}, 118f^{13}, 118f^{14}, 120f^4, 120f^5, 120f^{12}, 120f^{13}, 120f^{17}, 125f^1, 125f^1, 125f^2, 125f^3, 125f^3, 125f^3, 125f^3, 125f^6, 125f^7, 125f^{10}, 125f^{11}, 125f^{17}, 133f^3, 133f^4, 135f^4, 136f^3, 136f^7, 142f^1, 149f^1, 149f^2, 149f^3, 149f^4, 156f^5, 156f^8, 156f^9, 156f^{10}, 156f^{11}, 156f^{12}, 156f^{14}, 156f^{15}, 156f^{16}, 156f^{17}, 160f^2, 160f^3, 165f^1, 165f^2, 168^{4b} (90), 168^{4c} (90), 168^7 (91), 168^{11} (91), 168^{12} (91), 168^{27} (99), 168^{28} (99), 168^{29} (99), 168^{30} (99), 168^{50} (116, 121), 169^{51} (121), 169^{60} (127, 143), 169^{85} (134), 169^{90} (139, 141), 169^{91} (140, 141), 169^{94} (141), 169^{98} (141), 170^{120} (148), 170^{123} (151), 170^{124} (151), 170^{129} (152), 170^{130} (153), 170^{131} (153), 170^{132} (153), 170^{133} (153), 170^{143} (154), 170^{144} (154), 170^{145} (157, 161), 170^{148} (157), 170^{152} (157), 170^{156} (158), 170^{158} (159), 170^{162} (161), 170^{163} (161), 170^{168} (164), 170^{169} (164), 170^{171} (165), 170^{173} (165), 170^{177} (167), 170^{177} (167), 263^8 (174, 176), 263^{12} (174, 178), 264^{68} (180), 279^{f1} (271), 428^{98} (361), 431^{322} (424), 431^{325} (424), 629^{61} (569), 629^{63} (569), 632^{252} (618), 645^{18} (637), 696^{100} (656), 696^{134} (658), 698^{260} (669), 699^{306} (672), 754f^{17}, 754f^{18}, 754f^{19}, 780^{148} (754), 788f^3, 788f^{15}, 793f^1, 797f^3, 798f^{4b}, 819f^4, 819f^{11}, 823f^1, 826f^8, 833f^{27}, 833f^{81}, 842f^{11}, 851f^{18}, 858f^9, 866f^3, 870f^{11}, 886f^7, 899f^4, 942f^5, 942f^6, 942f^6, 942f^7, 942f^8, 942f^9, 942f^{11}, 942f^{13}, 946^{10} (792), 948^{105} (844), 949^{193} (875), 950^{244} (888), 951^{357} (939), 951^{358} (939), 951^{360} (940), 971f^4, 971f^{14}, 1067^{19} (961), 1067^{35} (966), 1068^{41} (967), 1077^{546} (1059), 1077^{548} (1059), 1077^{549} (1059), 1081f^3, 1081f^4, 1081f^{12}, 1084f^2, 1085f^3, 1100f^1, 1100f^3, 1106f^6, 1106f^{13}, 1108f^1, 1108f^8, 1110f^1, 1110f^4, 1119f^2, 1119f^3, 1121f^1, 1131f^7, 1131f^8, 1131f^{12}, 1131f^{14}, 1131f^{15}, 1133f^2, 1133f^4, 1133f^5, 1133f^7, 1141f^2, 1141f^{17}, 1143f^6, 1146^{27} (1093), 1147^{100} (1130), 1147^{101} (1130), 1147^{102} (1130), 1147^{113} (1139), 1148^{123} (1145), 1246^{21} (1155), 1246^{37} (1159), 1246^{38} (1159), 1246^{38} (1159), 1246^{39} (1159), 1246^{45} (1160), 1246^{45} (1160), 1246^{55} (1163), 1246^{55} (1163), 1247^{69a} (1168), 1247^{73} (1170), 1247^{94} (1177), 1247^{97} (1178), 1247^{99} (1178), 1247^{101} (1179), 1248^{112a} (1181, 1241), 1248^{112b} (1181), 1250^{212} (1202), 1250^{217} (1203), 1252^{309} (1223), 1252^{337} (1229), 1252^{339} (1229), 1253^{395} (1242), 1258f^4, 1258f^9, 1261f^1, 1261f^3, 1261f^5, 1262f^3, 1312f^1,

1312f[7], 1312f[8], 1312f[10], 1312f[12], 1312f[13], 1312f[14], 1312f[15], 1312f[16], 1312f[17], 1317[64] (1281), 1319[159] (1316), 1319[160] (1316), 1380[33] (1328, 1331), 1380[38] (1329), 1380[48] (1331), 1380[54] (1331), 1383[222] (1369), 1383[224] (1369); **4**, 2f[5], 2f[7], 2f[8], 65f[17], 149[15] (7), 150[27] (7), 153[251] (67), 154[337] (86), 154[340] (86), 155[385] (100), 155[405] (113), 156[463] (124, 133), 158[590] (136), 158[592] (136), 236[179] (182, 183), 237[262] (197), 241[447] (215T, 216, 217), 242[525] (231, 232T), 319[6] (244), 319[23] (246), 319[23] (246), 319[28] (246), 321[124] (255), 321[134] (257, 292, 293), 321[135] (257), 321[136] (257, 273), 321[137] (257), 321[138] (257, 293), 321[161] (260), 321[164] (261), 321[175] (262, 272), 322[195] (266, 267, 286, 290), 324[353] (285, 292), 324[358] (285), 325[402] (289), 325[444] (293), 325[445] (293), 374[59] (343, 344f), 380f[19], 387f[10], 422f[10], 435f[32], 450f[1], 507[221] (438, 464), 508[237] (440, 451, 452), 508[238] (440), 509[297] (449, 450), 509[303] (450), 509[314] (452), 524f[8], 559f[13], 559f[16], 605[7] (514), 605[14a] (514), 605[17] (515, 524, 526), 606[55] (520), 606[56] (520), 606[71] (524, 524f, 526), 606[76] (524f, 525, 526), 606[84] (526), 606[85] (524f, 527), 606[104] (532), 607[133] (539f, 540), 607[140] (539f, 541), 607[141] (542), 607[159] (546), 607[170] (548), 607[174] (549, 599), 608[202] (556, 559f, 560), 608[203] (556, 559f, 561), 608[205] (556, 559f, 561), 608[206] (556, 559f, 560, 561), 608[208] (556), 608[210] (559f, 560, 561), 608[211] (560), 608[214] (559f, 560, 582), 608[215] (560), 610[323] (582), 610[327] (582), 610[329] (582), 611[424] (593), 612[456] (596), 612[474] (597), 612[478] (559f, 597), 648[34] (624), 649[66] (636), 657f[8], 657f[9], 657f[12], 658f[24], 658f[33], 658f[34], 690[94] (674), 690[113] (678), 690[114] (678), 813[235] (727), 814[306] (747), 815[350] (753), 815[351] (753), 815[352] (753), 815[379] (758), 818[536] (778), 818[538] (778), 819[646] (804), 840[16] (823), 840[17] (823), 840[19] (823), 840[24] (825), 840[25] (825), 840[26] (825), 840[50] (830), 840[51] (830), 840[52] (830), 840[53] (830, 831, 832), 840[59] (831), 841[83] (836), 873f[12], 884[30] (850), 885[41] (851), 885[42] (851, 852), 885[49] (852), 885[50] (852), 886[133] (869), 886[134] (869), 887[166] (876), 1062[336] (1042), 1063[368] (1050); **5**, 20f[1], 175f[8], 210f[3], 255f[5], 264[5] (3), 264[28] (7), 265[82] (19), 265[92] (22), 265[106] (23), 275[761] (251), 276[795] (259), 288f[2], 327f[1], 520[3] (278, 356), 520[24] (281), 521[65] (285), 524[304] (318), 524[305] (318), 524[307] (318), 525[349] (328), 527[504] (360), 532[785] (412), 627[443] (605); **6**, 35[163] (30), 35[163] (30), 94[38] (49, 53T), 227[203] (200), 344[84] (292), 444[210] (410, 412, 413), 453[10] (448), 753[1117] (637, 641, 643T), 761[1659] (724), 796f[6], 839f[34], 840f[65], 876[185] (795), 876[186] (795), 876[190] (797), 1110[43] (1051, 1088), 1111[89] (1065), 1112[153] (1083); **8**, 96[122] (44, 48), 99[324] (91), 220[7] (106, 107), 220[27] (109), 280[32] (237, 249, 258, 261), 281[65] (253), 281[83] (258), 281[85] (258), 361[21] (286), 1009[156] (980), 1009[156] (980), 1010[217] (1005), 1068[216] (1047), 1068[216] (1047), 1068[217] (1047), 1068[219] (1047), 1068[221] (1048)

Cotton, J. C., **2**, 194[385] (96, 129); **4**, 154[314] (76, 98); **6**, 873[4] (763)

Cotton, J. D., **2**, 516[638] (484), 516[639] (484), 517[671] (490), 525f[2], 625[579] (597), 680[386] (670); **3**, 1189f[20]; **4**, 309f[3], 309f[5], 327[598] (308), 327[601] (308), 375[101] (357), 606[66] (522), 611[408] (592), 611[417] (592), 689[48] (667, 668), 813[211] (723), 817[522] (777, 793, 794, 795), 819[603] (794), 884[24] (849), 920[22] (912), 920[23] (912), 920[25] (912, 913), 928[6] (924, 926, 927, 928); **6**, 843f[208], 1020f[84], 1111[49b] (1052, 1084, 1087), 1111[52] (1053), 1111[57] (1054, 1065, 1081, 1086), 1111[90] (1065, 1068, 1078, 1083)

Cotton, S. A., **3**, 263[4] (174, 180, 182, 184, 230), 266[157] (197, 198); **6**, 241[42] (241)

Cottrell, C. E., **1**, 245[269] (186, 204), 537[24a] (462), 539[93c] (488, 498); **2**, 974[310] (925); **3**, 118f[10], 126f[2], 135f[6], 168[25] (99, 167), 169[56] (122); **4**, 658f[35], 658f[35], 885[44] (851), 885[51] (852); **6**, 945[236] (926)

Couch, D. A., **4**, 694f[12], 813[216] (723), 1058[80] (978, 1014); **6**, 739[201] (503, 506), 746[667] (568, 570), 746[670] (570, 572); **8**, 550[67] (516)

Coucouvanis, D., **2**, 762[120c] (737), 762[120d] (737); **3**, 84[265] (37), 328[154] (320); **6**, 840f[84], 840f[85], 840f[86], 850f[10], 873[17] (764), 874[28] (764, 801), 874[30] (764, 801), 942[58] (902T)

Coudurier, G., **8**, 98[216] (61), 550[51] (512, 517)

Couffignal, R., **1**, 243[157] (174); **2**, 849f[4]; **7**, 652[335] (581); **8**, 471f[8], 472f[3], 473f[3], 496[30] (470, 473)

Coughlin, D. J., **2**, 190[203] (47); **7**, 648[152] (549)

Couldwell, C., **3**, 711f[8], 760f[10], 764f[17], 1252[368] (1234), 1382[150] (1355); **5**, 275[779] (254); **8**, 1070[298] (1058)

Couldwell, M. C., **3**, 1249[180] (1193), 1250[205] (1199), 1250[242] (1207, 1208); **4**, 234[70] (167), 236[143a] (178), 238[300] (204); **6**, 1114[226a] (1106)

Coulomb-Delbecq, F., **7**, 107[387] (52)

Coulombeix, J., **8**, 770[57] (723T, 732)

Coulon, M., **6**, 14[133] (4)

Coulson, C. A., **1**, 673[135] (582)

Coulson, D. R., **2**, 189[167] (37); **6**, 263[153] (256), 278[47] (274), 347[282] (316, 336, 337), 750[918] (613); **8**, 417f[3], 458[291] (415), 770[95] (734), 772[222] (734), 927[47] (801), 931[315] (845), 934[560] (889)

Coulston, F., **2**, 1015[23] (981, 1007)

Countryman, R., **3**, 86[394] (52); **6**, 139[20] (123T, 127), 749[858] (598)

Coupek, J., **5**, 535[1032] (419, 482)

Couperus, P. A., **4**, 602f[7]

Couret, C., **2**, 200[614] (148), 200[614] (148), 200[615] (148), 200[619] (150), 501f[8], 501f[10], 501f[11], 503f[5], 504f[11], 507[98] (409, 465), 507[99] (409), 510[224] (426, 449, 460, 466), 512[373] (446, 479, 484), 513[437] (455, 495, 496, 497, 498), 513[456] (459, 462), 513[457] (459, 460, 462), 513[458] (459, 460, 461, 462, 480), 513[459] (459, 460, 496, 497), 514[480] (462, 463), 514[481] (463, 464, 465), 514[482] (463, 464), 514[483] (463, 465), 514[484] (463), 514[485] (464), 514[486] (464), 514[487] (464), 514[488] (464, 467), 514[489] (465), 514[490] (465), 514[491] (466), 514[492] (466, 484), 514[501] (466), 515[546] (471), 517[655] (489); **7**, 654[489] (604), 655[490] (604), 655[491] (604)

Couret, F., **2**, 200[614] (148), 200[615] (148), 514[483] (463, 465), 514[484] (463), 514[489] (465); **7**, 654[489] (604), 655[491] (604)

Court, A. S., **7**, 646[24] (521), 647[47] (525, 526), 647[51] (527)

Court, T. L., **6**, 139[5] (104T, 105T, 113), 140[48] (105T, 113), 223[11] (192, 193T, 196, 208, 209T), 224[41] (194, 196, 208, 209T)

Courtis, A., **3**, 267[212] (210)

Courtois, G., **1**, 243[133] (170), 246[325] (194), 246[328] (194); **2**, 847f[2], 861[103] (846); **7**, 100[51] (7), 101[86] (13), 106[358] (48), 462[463] (440), 725[20] (665)

Courtot, P., **6**, 752[1083] (634), 758[1473] (680), 758[1474] (680)

Cousins, M., **3**, 1245[4] (1152), 1249[178] (1193)

Coussemant, F., **8**, 341f[6], 643[113] (632)

Coutelle, H., **2**, 821[205] (813)

Coutière, M.-M., **3**, 83[196] (28), 84[281] (40); **4**, 816[408] (761)

Coutrot, P., **7**, 110[563] (83)

Coutts, R. S. P., **1**, 248[436] (207); **3**, 84[262] (37), 265[106] (184, 196, 202), 279[41] (273), 303f[6], 327[67] (298), 327[70] (299), 327[72] (299), 327[74] (300), 327[75] (300), 327[77] (300), 327[78] (300), 327[85] (303, 304, 305), 327[92] (305), 327[93] (305), 327[96] (306), 327[105] (309), 327[106] (309), 327[107] (309), 327[108] (309), 328[109] (309), 328[112] (310), 328[137] (314), 346f[4], 350f[7], 372f[5], 372f[11], 386f[2], 424f[5], 427[44] (339, 342), 427[66] (353), 427[67] (353), 429[191] (378), 429[199] (378), 429[202] (378), 429[204] (378), 430[254] (394), 431[318] (423), 556[2] (550), 629[74] (575), 630[105] (574, 575), 630[107] (574), 631[217] (600, 601); **6**, 1058f[5], 1111[69] (1057, 1059)

Coutts, R. T., **7**, 101[119] (18)

Couturier, S., **3**, 429[148] (366, 370), 557[59] (556), 631[166] (583, 602, 603, 606), 631[167] (583); **8**, 363[147] (300)

Covey, W. D., **3**, 802f[2], 1101f[1], 1146[53] (1101)

Coville, N. J., **3**, 86[400] (55), 108f[12], 1051f[6], 1076[508b]

(1053), 1246[17] (1155), 1248[144] (1186); **4**, 51f[72], 51f[73], 52f[78], 52f[104], 152[199] (54), 156[485] (125), 156[486] (125), 156[506] (126), 239[350] (206, 207T), 322[202] (267), 886[105] (865)

Cowan, D., **1**, 241[29] (157); **7**, 39f[4]

Cowan, D. O., **1**, 246[290] (189), 247[364] (198, 199); **4**, 510[410] (482), 511[413b] (482), 511[415] (482), 511[416] (482); **6**, 747[745] (585), 748[773] (587); **8**, 1070[335a] (1061), 1070[335b] (1061), 1070[335c] (1061, 1062), 1070[335c] (1061, 1062), 1070[335d] (1061, 1062), 1070[335d] (1061, 1062), 1070[335e] (1061, 1062), 1070[335f] (1061, 1062)

Cowan, R. D., **1**, 262f[45]

Cowap, M. D., **3**, 1080f[1], 1146[3] (1080); **4**, 688[1] (662); **5**, 5f[1], 264[3] (2, 4, 7)

Cowdrey, W. A., **7**, 726[124] (690)

Cowell, A., **8**, 223[178] (208, 209), 936[688] (906)

Cowell, A. B., **8**, 794[11] (786)

Cowell, G. W., **7**, 727[148] (697)

Cowie, J. M. G., **2**, 362[173] (346)

Cowie, M., **4**, 238[312] (205), 813[254] (735), 1059[139] (990); **5**, 310f[8], 310f[11], 418f[6], 523[262] (307), 523[266] (309), 524[267] (309), 524[270] (309), 524[271] (309), 524[272] (309), 524[273] (309), 532[799] (415), 532[800] (415), 532[803] (415), 534[980] (443, 444); **6**, 141[123] (124T, 130), 1066f[11], 1112[110] (1070); **8**, 331f[20], 642[78] (638), 772[200] (737), 935[614] (896)

Cowles, R. J. H., **4**, 815[342] (752), 815[363] (755)

Cowley, A. H., **1**, 117[151] (77), 149[25] (122), 303[84] (267), 310[574] (299), 673[141b] (587, 621, 622); **2**, 625[582a] (598), 680[392] (671); **3**, 80[35] (6, 29, 30, 32), 1070[167] (989), 1250[235b] (1206); **4**, 389f[2], 504[44] (388), 511[419] (483), 648[49] (630); **6**, 35[164] (26), 796f[6], 839f[34], 876[186] (795)

Cowley, B. R., **2**, 622[352] (567)

Cox, A., **3**, 1247[96] (1177, 1182), 1247[96] (1177, 1182), 1248[146] (1186), 1248[146] (1186), 1380[50a] (1331), 1380[62] (1333), 1380[76] (1335), 1380[76] (1335); **4**, 11f[2], 234[30] (164), 846f[9], 885[38] (851)

Cox, A. P., **1**, 263f[14], 302[12] (256, 263), 302[13] (256); **6**, 227[197] (210), 227[197] (210), 453[11] (448)

Cox, Jr., A. W., **2**, 199[588] (143), 512[393] (452)

Cox, C. M., **8**, 281[114] (267)

Cox, D. J., **4**, 235[98] (171, 219T), 235[98] (171, 219T), 241[468] (219, 219T, 220, 221)

Cox, D. N., **1**, 540[154] (506)

Cox, D. P., **2**, 1017[135] (997), 1018[200] (1002)

Cox, E. G., **6**, 748[783] (587)

Cox, E. R., **2**, 1019[290] (1012f)

Cox, G. F., **1**, 152[189] (141), 244[219] (178)

Cox, J. D., **1**, 39[6] (2, 5, 6, 8, 38, 39), 302[19] (256), 672[104] (576, 617), 721[80] (693, 694); **2**, 832f[3]; **3**, 83[245] (35)

Cox, J. J., **5**, 64f[18], 158f[10], 271[477] (159, 160)

Cox, J. L., **8**, 366[350] (340), 644[207] (633)

Cox, K. P., **3**, 646[50] (644)

Cox, R. H., **1**, 119[222] (91)

Cox, T. R. G., **2**, 626[685] (612), 627[690] (612)

Coyle, C. A., **5**, 526[422] (343)

Coyle, C. L., **5**, 344f[7]

Coyle, T. D., **1**, 273f[28], 303[103] (268), 304[133] (269, 279), 304[134] (269, 299), 304[135] (269), 305[213] (277, 279), 305[215] (277), 305[221] (277); **2**, 193[347a] (89), 203[738] (182); **5**, 137f[26]; **7**, 194[27] (162)

Cozak, D., **3**, 888f[4], 1051f[6], 1076[508b] (1053), 1318[94] (1291); **4**, 156[505] (126), 156[506] (126), 239[350] (206, 207T), 239[351] (206, 207T), 239[352] (206), 512[512] (501, 502); **6**, 942[61] (902T)

Cozens, R., **5**, 530[654] (386)

Cozens, R. J., **5**, 521[128] (294, 468), 530[663] (387), 627[416] (601, 613)

Cozzi, F., **2**, 190[216] (51), 190[216] (51)

Crabbe, D. G., **8**, 368[492] (354)

Crabbé, P., **2**, 763[167] (752, 753); **7**, 728[190] (707), 728[205] (709)

Crabtree, G. W., **6**, 12[6] (4)

Crabtree, R., **8**, 291f[27]

Crabtree, R. A., **5**, 626[388] (599)

Crabtree, R. H., **4**, 813[207] (722), 819[630] (800), 939f[12]; **5**, 479f[1], 479f[4], 532[820] (418, 461, 483), 536[1065] (463, 464, 471T, 472T, 474T, 476), 627[406] (601); **6**, 943[129] (907, 908T); **8**, 291f[19], 339f[12], 349f[13], 361[12] (286, 320), 362[115] (295), 363[170] (302), 364[217] (320), 1100f[1], 1100f[4], 1106[104] (1099), 1106[107] (1100)

Craddock, S., **2**, 974[311] (925, 950)

Cradock, S., **1**, 720[19] (686); **2**, 202[687] (166), 509[173] (420, 426), 513[401] (452), 514[499] (466), 674[52] (636, 671); **3**, 81[69] (6); **6**, 1112[106] (1069, 1086), 1114[220] (1101)

Cradwick, E. M., **6**, 1111[87] (1064)

Cradwick, M. E., **2**, 626[657] (608)

Cradwick, P. D., **6**, 980[60] (966, 970T), 980[69] (968, 971T), 980[70] (968, 971T, 978T); **8**, 1100f[4], 1106[107] (1100)

Crafts, J. M., **2**, 186[2] (3)

Cragg, G. M. L., **1**, 302[4] (254), 373[13] (313); **7**, 140[12] (112), 142[127] (135), 158[40] (146, 147, 149), 223[4] (199, 208), 251[2] (229, 235, 247), 262[3] (255), 346[9] (338)

Cragg, H. J., **7**, 455[30] (378)

Cragg, R. H., **1**, 303[113] (268), 308[469] (294), 373[28] (313), 373[29] (313), 378[311] (356), 378[323] (356), 378[365] (361), 379[401] (364), 380[440] (368), 380[441] (368), 380[444] (368); **2**, 510[280] (437); **6**, 442[99] (399)

Craig, D., **7**, 104[235] (31)

Craig, D. P., **6**, 750[947] (615)

Craig, J., **6**, 362[68] (359), 442[94] (398, 399, 400); **8**, 928[105] (803, 818)

Craig, J. C., **2**, 196[441] (111)

Craig, P. J., **2**, 626[680] (610), 970[50] (869), 1015[19] (981), 1015[46] (983), 1015[47] (983, 993f, 998), 1016[84] (987), 1017[153] (998, 1007), 1017[157] (998, 1007), 1017[159] (998, 1007), 1017[170] (999), 1017[175] (999, 1000, 1002), 1018[182] (1000, 1001), 1019[252] (1007), 1019[253] (1007), 1019[254] (1007); **3**, 1248[133] (1185), 1380[73] (1335); **4**, 97f[5]; **5**, 20f[3], 100f[6], 265[103] (23), 268[301] (81, 88, 91, 92, 97, 98, 99, 102, 103, 129, 132, 138, 142, 144, 145)

Craig, R. C., **3**, 270[432] (263)

Craig, R. S., **8**, 95[22] (24), 98[225] (61)

Craik, A. R. M., **5**, 530[693] (395)

Cram, D. J., **1**, 116[62] (55), 672[94] (573), 672[95] (573), 672[96] (573, 624); **3**, 1072[258] (1011, 1013); **7**, 511[57] (480)

Cram, Jr., W. O., **3**, 546[55] (498), 546[55] (498)

Cramer, J. L., **4**, 611[440] (594), 649[100] (643)

Cramer, R., **3**, 85[358] (49, 50), 108f[18], 108f[19], 108f[20], 108f[24]; **5**, 423f[1], 436f[1], 436f[2], 437f[1], 437f[6], 438f[9], 438f[10], 438f[11], 520[8] (278, 418, 419, 461), 520[10] (278, 418, 419, 422, 434, 435), 520[21] (281, 418, 419), 532[831] (419, 420, 422), 532[841] (419, 423), 533[856] (423), 533[858] (423), 534[927] (434, 436), 534[928] (434), 534[929] (434), 534[932] (436, 466), 534[933] (435), 534[934] (435, 436), 534[937] (435, 436), 538[1254] (499); **6**, 755[1241] (654), 758[1464] (679); **8**, 382f[12], 454[56] (381), 454[57] (381, 419), 454[58] (381), 770[95] (734)

Cramer, R. D., **6**, 752[1064] (633, 672, 712), 757[1398] (672, 673, 674); **8**, 361[47] (287), 710[297] (683), 710[298] (683)

Cramer, R. E., **3**, 270[406] (255), 270[407] (256)

Cramer, S. P., **8**, 1104[4] (1074)

Crandall, J. K., **7**, 100[30] (4); **8**, 795[56] (788)

Crane, A. M., **4**, 156[449] (121), 401f[18]; **8**, 1066[129] (1035)

Crane, H. I., **1**, 721[125] (701, 706)

Crasnier, F., **3**, 436f[20]; **8**, 454[42] (378)

Crass, G., **7**, 103[187] (25)

Crassous, G., **7**, 99[11] (3)

Cravador, A., **7**, 655[501] (606, 607)

Craven, P., **8**, 16[11] (4, 6, 7, 8, 9, 10, 11, 15), 95[17] (22, 23, 24), 96[112] (42)

Craven, S. M., **3**, 102f[13]

Crawford, Jr., B., **1**, 538[32] (467)

Crawford, G. M., **4**, 611[384] (590); **5**, 194f[7]

Crawford, S. S., **4**, 83f[14], 83f[24], 241[477] (219, 219T, 222); **8**, 1067[194] (1043)

Crawford, T. C., **7**, 322^{42} (314)
Crawford, V. H., **1**, 541^{187} (520); **3**, 1068^{64} (973)
Crawford, W., **8**, 1064^{41} (1019), 1070^{318} (1059), 1070^{321} (1059)
Cray, C. E., **2**, 514^{516} (468, 469, 471)
Creary, X., **7**, 109^{495} (70, 75), 653^{414} (595)
Crease, A. E., **3**, 266^{193} (207), 266^{194} (207), 266^{195} (207), 266^{196} (207), 1249^{172} (1192, 1195), 1381^{105} (1342); **4**, 605^{30} (518); **5**, 270^{384} (123, 149), 529^{627} (378), 624^{185} (567)
Creaser, C. S., **6**, 747^{706} (581, 591)
Creber, D. K., **2**, 976^{413} (950)
Crecelius, E. A., **2**, 1019^{301} (1014), 1019^{302} (1014)
Crecely, K. M., **4**, 760f^{8}, 816^{416} (761)
Crecely, R. W., **4**, 760f^{8}, 816^{416} (761)
Creedy, C. T. C., **3**, 86^{422} (59), 1119f^{15}, 1147^{85} (1117)
Creemers, H. M. J. C, **2**, 510^{247} (432), 620^{221} (548), 623^{454} (580), 624^{549} (592), 676^{165} (649), 860^{90} (844, 857); **6**, 1058f^{3}, 1110^{36} (1049, 1058)
Creighton, J. A., **6**, 747^{706} (581, 591)
Cremer, J. E., **2**, 626^{668} (609)
Cremer, S. E., **7**, 108^{452} (62)
Crepaz, E., **3**, 1137f^{7}
Crerar, J. A., **2**, 1018^{185} (1001)
Crespi, G., **7**, 463^{500} (443, 449)
Crespi, M. J., **6**, 757^{1402} (673)
Creswell, C. J., **4**, 811^{130} (709), 1060^{180} (999, 1001)
Creswick, M., **1**, 540^{160} (510, 534T); **3**, 1246^{18} (1155); **4**, 157^{548} (130), 606^{96} (530); **5**, 271^{482} (159, 160); **8**, 550^{60} (515)
Cretney, J., **2**, 190^{207} (48, 59)
Crews, C. D., **7**, 101^{107} (16)
Crews, P., **4**, 454f^{4}
Crichton, O., **3**, 82^{127} (16), 949^{181} (872); **4**, 150^{37} (9), 326^{476} (296), 326^{477} (296), 1057^{12} (969, 987); **5**, 266^{126} (26); **6**, 226^{167} (199, 210)
Criegee, R., **3**, 80^{5} (2); **6**, 187^{14} (186), 187^{14} (186), 442^{70} (395), 442^{72} (395); **7**, 510^{10} (470)
Crighton, J., **1**, 304^{173} (270)
Crimmin, M. J., **8**, 448f^{1a}, 448f^{1b}, 461^{477} (447, 450), 549^{14c} (502), 670^{88} (667), 704^{14} (697, 699), 706^{111} (681, 696, 696T, 697)
Crimmins, T. F., **1**, 116^{72} (56), 116^{74} (56); **4**, 511^{426} (484); **7**, 76f^{1}, 109^{522} (76); **8**, 1067^{167} (1041)
Cripps, H. N., **4**, 64f^{5}, 153^{266} (68, 91, 115, 116); **5**, 213f^{2}, 264^{10} (3, 211)
Crisler, L. R., **3**, 267^{249} (214)
Crissman, H. R., **7**, 140^{17} (112), 160^{154} (157), 194^{28} (162)
Cristau, H. J., **8**, 772^{208} (734)
Cristea, I., **7**, 726^{111} (687), 726^{112} (687, 689)
Cristiani, F., **3**, 1072^{260} (1011), 1251^{251} (1212, 1215), 1382^{169} (1361, 1363)
Cristini, A., **3**, 1286f^{5}
Cristol, S. J., **2**, 971^{116} (884), 978^{533} (967)
Critchley, S. R., **3**, 84^{263} (37, 40), 629^{52} (568, 570, 571), 702^{490} (685), 767f^{12}, 767f^{16}, 768f^{9}, 771f^{2}, 771f^{3}, 781^{197} (771), 1250^{199} (1199), 1250^{204} (1199); **6**, 849f^{4}, 873^{16} (764)
Critchlow, P. B., **4**, 812^{134} (710, 725), 812^{135} (710, 712, 713, 714), 812^{146} (713, 715), 965^{138} (953), 1060^{182} (1001), 1060^{183} (1001)
Croatto, U., **1**, 40^{68} (15, 16); **2**, 680^{392} (671); **5**, 21f^{4}, 265^{89} (20); **6**, 344^{87} (293), 744^{486} (538T), 746^{661} (566), 757^{1363} (668), 760^{1576} (703)
Crociani, B., **2**, 631f^{19}, 679^{379} (669), 679^{380} (669); **3**, 461f^{40}, 473^{34} (440), 646^{33} (640, 641), 646^{33} (640, 641), 696^{120} (657), 779^{73} (719), 779^{74} (719), 779^{75} (719); **4**, 1059^{111} (983); **5**, 527^{453} (345, 433); **6**, 261^{40} (246), 262^{142} (255), 343^{38} (285), 343^{41} (285, 290f, 291, 293), 343^{43} (285, 290f, 293), 343^{44} (285, 291), 343^{50} (286, 293), 343^{59} (291), 343^{66} (287, 291), 343^{72} (291), 343^{73} (291), 343^{74} (291, 295), 343^{75} (291), 343^{76} (291), 344^{86} (293), 344^{87} (293), 344^{90} (293), 344^{95} (295), 344^{96} (295), 344^{112} (291, 293), 344^{113} (291, 295), 346^{264} (315, 316), 349^{462} (291), 384^{98} (376), 443^{119} (401), 445^{255} (420, 422), 738^{158} (499), 738^{166} (499), 739^{170} (499), 739^{172} (500), 739^{174} (500), 739^{177} (500), 739^{186} (502), 739^{203} (504), 739^{233} (509), 743^{462} (534T), 743^{473} (536T), 750^{923} (614T, 715T), 754^{1195} (648T), 1094f^{5}; **8**, 929^{197} (813)
Crocker, C., **3**, 108f^{32}; **5**, 404f^{42}, 530^{690} (394, 412, 431), 530^{691} (394, 432); **6**, 141^{134} (110), 747^{713} (582), 748^{800} (589), 752^{1082} (634, 641, 644T, 651, 652), 754^{1180} (645T, 651, 652)
Crockett, J. M., **4**, 418f^{3}, 505^{97} (404, 417)
Crombie, L., **7**, 101^{123} (18)
Cromie, E. R., **3**, 851f^{45}
Crompton, T. R., **1**, 246^{319} (194, 230), 681^{718} (668); **4**, 479f^{38}
Crooks, G. R., **4**, 326^{488} (297, 298), 811^{101} (705), 841^{82} (836), 887^{180} (881), 887^{181} (881, 882), 1063^{367} (1050), 1064^{418} (1032); **5**, 627^{400} (600); **8**, 368^{487} (354)
Crosby, D. G., **2**, 1016^{91} (988, 989)
Crosby, G. A., **4**, 816^{411} (761)
Crosby, J. N., **5**, 626^{389} (599); **6**, 444^{224} (413, 422)
Cross, A. D., **7**, 725^{25} (666)
Cross, H. A., **2**, 680^{415} (673), 680^{417} (673), 680^{418} (673)
Cross, J. H., **8**, 408f^{1}, 457^{236} (407)
Cross, P. E., **3**, 1073^{319} (1021); **4**, 613^{516} (600, 602f); **8**, 1007^{6} (940, 988, 996)
Cross, R. C., **8**, 708^{243} (697), 770^{74} (728, 732)
Cross, R. J., **2**, 514^{525} (469), 515^{540} (470), 971^{78} (874), 976^{374} (939); **3**, 87^{497} (71); **4**, 154^{324} (78); **6**, 94^{39} (87), 98^{327} (64), 261^{15} (244), 345^{191} (309), 345^{192} (310), 453^{3} (447), 453^{4} (448), 453^{5} (448), 739^{219} (503), 739^{220} (508T), 739^{221} (508T, 509), 740^{238} (510), 740^{260} (515T), 740^{290} (517), 742^{378} (525), 744^{504} (541), 744^{510} (541, 566), 744^{511} (541, 566), 745^{562} (549), 745^{610} (560), 745^{611} (560), 747^{697} (578), 749^{830} (594T, 595), 762^{1688} (734, 735), 762^{1697} (735), 1041^{138} (1037), 1061f^{1}, 1066f^{1}, 1074f^{1}, 1080f^{1}, 1085f^{1}, 1093f^{1}, 1094f^{1}, 1110^{1} (1044, 1047, 1048, 1050, 1051, 1052, 1055, 1056, 1057, 1061, 1063, 1064, 1065, 1075, 1082, 1083, 1096, 1099, 1106, 1108)
Crosse, B. C., **4**, 106f^{26}, 106f^{27}, 107f^{78}, 155^{396} (102), 236^{194} (186T), 236^{195} (186T), 237^{205} (187), 612^{448} (536f, 594); **6**, 14^{90} (9)
Crossing, P. F., **3**, 851f^{19}, 948^{145} (860)
Crossland, I., **1**, 246^{300} (192); **7**, 102^{166} (24), 104^{253} (33)
Crossland, R. K., **8**, 1064^{27} (1018)
Crotti, P., **2**, 861^{111} (849); **7**, 725^{15} (664)
Crotty, D. E., **3**, 1188f^{20}, 1188f^{22}, 1248^{117} (1182), 1250^{209} (1201); **6**, 987f^{20}, 1034f^{5}, 1036f^{3}, 1039^{28} (993), 1040^{95} (1004, 1005, 1010)
Crouch, E. C. C., **6**, 981^{89} (977, 979T)
Crow, J. P., **2**, 513^{405} (452); **3**, 1076^{535b} (1057), 1252^{328} (1226); **4**, 13f^{10}, 50f^{19}, 235^{105} (172), 324^{334} (281), 1061^{267} (1027); **5**, 34f^{13}, 266^{177} (37, 44, 180)
Crowder, J. R., **7**, 726^{120} (690)
Crowe, A. J., **2**, 524f^{2}, 525f^{4}, 563f^{5}, 621^{324} (563), 622^{351} (567), 622^{398} (571), 626^{669} (609), 626^{670} (609), 626^{684} (612), 626^{685} (612)
Crowe, D. F., **7**, 653^{410} (594), 653^{411} (594)
Cruea, R. D. P., **6**, 749^{829} (592, 594T)
Cruickshank, D. W. J., **2**, 198^{526} (127); **3**, 1141f^{8}, 1143f^{2a}; **4**, 388f^{2}
Crumbliss, A. L., **1**, 118^{182} (60, 82); **5**, 100f^{8}, 270^{390} (126), 270^{402} (131)
Crump, D. B., **6**, 743^{445} (532T), 762^{1687} (733)
Crump, J. M., **1**, 380^{478} (372), 380^{479} (372)
Crumrine, D. S., **7**, 104^{245} (32)
Crutchley, R. J., **6**, 349^{417b} (333, 334T); **8**, 280^{53} (247), 281^{74} (255)
Cruypelinick, D., **8**, 550^{93} (522)
Cruz, R. B., **2**, 1019^{268} (1010)
Csakvari, B., **1**, 273f^{23}
Cser, F., **5**, 267^{231} (52)
Csizamadia, I., **7**, 657^{624} (634)

Csizmadia, I. G., **1**, 149[11] (122)
Csontos, G., **5**, 301f[3], 522[179] (300, 303T)
Cuccuru, A., **4**, 663f[5], 689[23] (666), 885[71] (859), 907[21] (892, 896), 907[31] (896), 963[62] (940); **5**, 539[1307] (407)
Cuchi, J. A., **5**, 537[1127] (475T, 476)
Cucinella, S., **8**, 366[369] (342)
Cudd, M. A., **2**, 882f[22]
Cueilleron, J., **1**, 377[262] (349), 377[263] (349)
Cuellar, E., **5**, 526[405] (342, 343)
Cuenca, T., **1**, 753[77] (737)
Cueto, O., **7**, 108[462] (63), 649[187] (556), 650[243] (565)
Cuingnet, E., **8**, 1065[79] (1025)
Cukier, R., **8**, 608[154] (576, 577, 594T)
Culbertson, E. C., **4**, 375[115] (361), 375[116] (361), 505[57] (394)
Čuljković, J., **1**, 250[521] (223), 678[521] (635), 681[672] (657)
Cull, N. L., **7**, 463[538] (451)
Cullen, D. L., **4**, 234[75] (169, 198), 238[264] (198), 238[266] (199), 812[158] (715), 812[164] (716), 886[124] (868)
Cullen, W. P., **4**, 13f[10]
Cullen, W. R., **2**, 510[257] (433), 530f[6], 704[12] (684), 705[32] (685), 705[39] (686), 705[42] (686), 705[44] (686), 706[90] (692), 707[153] (701), 707[167] (702), 1018[203] (1002), 1018[204] (1002), 1018[205] (1002); **3**, 156f[5], 863f[8], 863f[9], 863f[10], 863f[11], 870f[4], 870f[7], 948[167] (871); **4**, 50f[19], 52f[80], 52f[81], 97f[12], 106f[22], 106f[40], 154[310] (75), 235[105] (172), 241[474] (219, 219T, 222), 324[334] (281), 325[415] (291), 325[454] (295), 325[455] (295), 374[48] (341, 361), 533f[7], 608[238] (566), 608[239] (566), 609[304] (579), 609[305] (579), 609[306] (579, 580), 609[307] (579), 609[309] (580), 611[431] (593, 594), 611[435] (594), 634f[1], 648[51] (630, 631), 648[54] (631), 648[57] (633), 648[59] (633), 811[70] (700), 840[75] (835), 873f[13], 886[147] (872, 878), 1061[267] (1027); **5**, 34f[12], 34f[13], 34f[14], 64f[14], 158f[9], 266[164] (35), 266[168] (35), 266[177] (37, 44, 180), 271[479] (159, 160), 273[596] (198, 200), 523[244] (304T, 472T), 537[1163] (477), 537[1167] (477), 623[129] (562, 578); **6**, 34[64] (22T), 759[1532] (693, 704), 1019f[68], 1061f[12], 1110[43] (1051, 1088), 1111[85] (1063), 1111[86] (1064); **8**, 363[163] (301), 365[281] (328), 471f[15], 471f[17], 606[81] (559, 595T), 1067[180] (1042)
Cullingworth, A. R., **1**, 678[505] (633)
Cullis, C. F., **1**, 720[79] (693)
Cully, N., **4**, 512[522] (503); **8**, 1069[272a] (1054), 1069[272b] (1055), 1069[275b] (1060), 1070[318] (1059)
Cumbo, C. C., **7**, 253[93] (241)
Cummings, J. M., **4**, 235[120] (174, 183, 184)
Cummins, D., **5**, 268[310] (86)
Cundy, C. S., **1**, 300f[1]; **2**, 194[361] (93), 297[84] (229), 298[96] (232), 298[97] (232), 303[400] (295T), 517[671] (490); **3**, 169[73] (131, 137), 646[31] (639); **4**, 309f[10], 328[605] (308), 612[466] (596); **5**, 528[574] (375); **6**, 95[165] (39, 40), 140[47] (105T, 110), 143[215] (105T, 120, 122T), 230[6] (229), 941[30] (892, 893T), 1074f[1], 1074f[2], 1080f[1], 1085f[1], 1093f[1], 1110[12] (1044, 1047, 1049, 1050, 1051, 1081, 1082, 1083), 1110[22] (1046, 1082), 1112[150] (1082)
Cunico, R. F., **1**, 119[228] (91); **2**, 186[15c] (4, 126), 186[15c] (4, 126), 188[119] (28), 189[120] (29), 189[158] (36), 189[162] (37), 190[209] (48), 192[301] (77), 201[653] (159), 299[165] (245, 252), 301[277] (267, 270), 302[352] (285, 286), 302[361] (290); **7**, 100[38] (5), 110[581] (88), 110[587] (89), 651[300] (576)
Cunningham, D., **2**, 526f[3], 621[322] (562)
Cunningham, J. A., **1**, 676[382] (624); **3**, 1137f[20], 1138f[1]; **7**, 455[42] (380)
Cunningham, P. A., **2**, 1020[316] (1006f)
Cunningham, W. A., **1**, 671[39] (561), 682[733] (581); **8**, 368[494] (354)
Cunninghame, R. G., **5**, 264[21] (4), 272[520] (176)
Cuomo, J., **7**, 651[285] (574)
Cuong, N. K., **7**, 653[423] (596)
Cuppers, H. G. A. M., **5**, 625[309] (588, 589); **8**, 317f[12]
Curci, R., **8**, 497[113] (494)

Curl, M. G., **5**, 534[957] (441, 459)
Curl, Jr., R. F., **1**, 263f[15]
Curphey, T. J., **4**, 816[436] (763); **8**, 1065[64] (1021)
Curran, C., **2**, 563f[4], 617[36] (526), 621[325] (563)
Curran, D. P., **7**, 726[114] (688); **8**, 930[243] (827)
Currell, B. R., **1**, 309[542] (298)
Currell, D. L., **2**, 894f[11], 972[167] (895)
Current, S., **5**, 530[661] (387)
Currie, R. B., **2**, 188[97] (25)
Curtice, J., **2**, 196[450] (112)
Curtin, D. Y., **1**, 60f[16], 116[99] (62, 73, 92, 94), 672[98] (573)
Curtis, C. J., **3**, 1249[188] (1196, 1199); **5**, 526[392] (340); **8**, 1071[341] (1062)
Curtis, D. M., **5**, 556f[17], 556f[17]
Curtis, E. A., **7**, 105[293] (40)
Curtis, J. L. S., **5**, 533[896] (430, 437), 533[898] (430), 534[941] (437), 621[5] (542)
Curtis, M. D., **2**, 201[672] (164), 299[207] (251T, 256T), 302[392] (295T), 302[394] (295T), 507[52] (404), 511[328] (441), 515[539] (470, 490), 515[583] (478, 482), 516[603] (481), 516[626] (485); **3**, 169[66] (128), 966f[7], 1067[24] (963), 1147[64] (1110), 1179f[7], 1188f[5], 1247[105b] (1180, 1183, 1185), 1248[107] (1180), 1248[111] (1181, 1241); **4**, 23f[17], 73f[25], 151[103] (26), 234[67] (167), 234[67] (167), 309f[2], 309f[11], 328[630] (310), 328[631] (310), 606[102] (532), 606[103] (532), 920[17] (911); **5**, 556f[11]; **6**, 841f[100], 868f[20], 874[58] (769, 775), 1110[23] (1046), 1111[67] (1057, 1087, 1088), 1111[67] (1057, 1087, 1088), 1112[120] (1072, 1078), 1112[125] (1072, 1084), 1112[157] (1084)
Curtis, N. F., **6**, 943[149] (910, 911T)
Curtis, R. F., **7**, 726[127] (691, 692)
Curtui, M., **2**, 678[294] (662)
Cusa, N. W., **2**, 193[314] (80)
Cusachs, L. C., **3**, 85[375] (51), 85[376] (51), 85[377] (51), 87[504] (73); **6**, 142[204] (102, 134, 135), 182[181] (169), 750[948] (615, 618), 750[950] (615), 750[951] (615, 617, 618, 691), 750[952] (615, 617, 618, 691), 760[1573] (702, 704)
Cusack, P. A., **2**, 616[14a] (522, 535, 553, 608)
Cushman, B. M., **6**, 747[701] (580); **8**, 551[111d] (529)
Cusmano, F., **5**, 529[605] (378, 385), 606f[3]; **6**, 347[281] (316), 384[93] (375), 384[121] (379), 745[572] (553), 756[1333] (664)
Cusumano, M., **6**, 97[261] (57T, 72), 241[12] (235), 746[652] (565)
Cutforth, H. G., **4**, 321[155] (260)
Cutler, A., **2**, 622[369] (568); **3**, 169[84] (132); **4**, 374[71] (347), 374[76] (347), 374[77] (349), 504[23] (383), 504[25] (384); **8**, 1008[76] (959), 1008[78] (959, 961, 962)
Cutler, A. R., **4**, 374[29] (336), 375[133] (366, 369T), 393f[3], 605[36] (519)
Cuts, H. W., **8**, 1009[140] (977)
Cuvigny, T., **7**, 35f[9], 102[128] (20), 102[134] (20), 102[135] (21), 106[342a] (47), 106[381] (51), 108[466] (64)
Cuzin, D., **8**, 341f[6], 643[113] (632)
Cwirla, W. M., **3**, 266[190] (206, 210)
Cybryk, M., **7**, 657[646c] (639)
Cybulski, J., **7**, 105[276] (36)
Cygon, M., **3**, 267[202] (208); **6**, 1114[221] (1101)
Cymbaluk, T. H., **4**, 327[590] (307); **6**, 980[45] (960, 963T), 1035f[14], 1036f[13], 1041[146] (1009)
Cymerman-Craig, J., **7**, 66f[2]
Cynkier, I., **1**, 379[392] (363); **6**, 349[411] (334T, 334f)
Cypryk, M., **2**, 187[72] (19), 203[745] (183)
Cyr, C. R., **4**, 73f[3], 73f[3], 73f[8], 150[52] (16, 18), 155[373] (92), 241[489] (223, 224T, 228), 375[123] (364); **6**, 806f[20], 842f[153], 842f[154], 874[85] (774, 775)
Cyr, N., **2**, 530f[8]
Cyvin, B. N., **3**, 703[534] (689); **6**, 942[73] (901, 902T, 903T)
Cyvin, S. J., **3**, 699[328] (673), 703[534] (689), 1069[129] (986); **4**, 816[402] (761); **6**, 227[243] (190), 942[72] (901, 902T, 903T), 942[73] (901, 902T, 903T)
Czaková, M., **8**, 609[242] (595T)
Czarny, M., **3**, 1075[461] (1041); **8**, 1067[171] (1041)

Czenkusch, E. L., **8**, 646²⁶⁴ (622T, 623T)
Czernecki, S., **1**, 245²⁸² (188), 680⁶²⁴ (650); **7**, 456¹²⁷ (392)
Czeskis, B. A., **1**, 249⁵⁰⁵ (219); **7**, 99¹⁹ (3) (407)

D

Dabard, R., **3**, 888f[5], 1004f[13], 1005f[5], 1005f[11], 1005f[17], 1071[216] (1001), 1071[237] (1008), 1071[240] (1008, 1027, 1048), 1071[241a] (1008), 1073[312] (1019), 1073[362] (1026), 1073[364] (1028), 1074[371] (1030), 1074[420] (1036), 1075[470] (1043), 1076[491] (1050), 1076[507] (1053), 1076[508a] (1053), 1076[510c] (1053), 1360f[10]; **4**, 157[556] (132), 511[467] (490, 490T), 511[467] (490, 490T), 511[467] (490, 490T); **5**, 271[499] (167); **8**, 339f[16], 1064[26] (1018), 1064[26] (1018), 1065[73] (1025), 1065[74] (1025), 1065[75] (1025), 1065[76] (1025), 1065[77] (1025), 1065[78] (1025), 1066[105] (1028, 1028f), 1068[240a] (1049), 1068[242] (1049), 1069[250a] (1051), 1069[250b] (1051), 1070[308a] (1059), 1070[308a] (1059), 1070[309a] (1059)

Dabdoub, A. M., **8**, 368[467] (353)

Dabestani, S., **4**, 606[118] (537, 539f); **6**, 141[132] (105T, 134T, 138); **8**, 669[33] (658T)

Dabosi, G., **2**, 187[70] (19)

Dabrowiak, J. C., **3**, 114[77] (1114)

Dabrowski, Z., **7**, 105[276] (36)

Dadu, M., **2**, 973[225] (901)

Dadze, T. P., **8**, 610[314] (599T)

Dafner, W., **8**, 934[544] (884)

Dagani, D., **2**, 977[462] (957, 958); **7**, 679f[7]

Dagani, M. J., **7**, 458[234] (405)

Dagonneau, M., **1**, 243[137] (171); **7**, 105[297] (40)

Dahan, F., **6**, 349[430] (334T, 334f), 1112[160] (1084)

Dahchour, A., **3**, 407f[13], 431[292] (405), 431[298] (408); **8**, 220[13] (107)

Dahl, A. R., **2**, 511[298] (438), 514[470] (461), 514[473] (461), 514[474] (461), 514[475] (461)

Dahl, G. H., **1**, 678[507] (633)

Dahl, J. P., **3**, 83[192] (28), 84[273] (37), 702[487] (685)

Dahl, L., **4**, 163f[2], 233[11] (163), 507[231] (439)

Dahl, L. F., **1**, 41[135] (30, 32, 33T, 34), 41[138] (30, 30T, 31T, 32, 33T, 34), 41[156] (35), 41[157] (35), 41[162] (35), 538[52] (473); **3**, 84[267] (37, 40), 84[268] (37, 40), 84[269] (37, 40), 84[311] (43), 84[313] (44), 170[145] (157, 161), 170[147] (157), 170[159] (161), 362f[13], 368f[6], 368f[8], 386f[12], 388f[3], 428[129] (363), 428[135] (363), 430[225] (385), 430[233] (389), 699[284] (671, 682, 686), 699[287] (671, 682, 686), 702[466] (684, 686), 702[494] (686), 702[495] (686), 711f[5], 781[199] (773), 946[23] (808), 946[27] (810), 947[36] (814), 947[37] (814), 947[38] (814), 1068[70] (974), 1073[338a] (1024), 1075[432] (1037), 1146[13] (1088), 1246[15] (1154), 1249[167] (1191, 1194), 1249[180] (1193), 1249[180] (1193), 1249[184] (1194), 1269f[1a], 1269f[1b], 1269f[2], 1269f[3]; **4**, 33f[15], 106f[38], 151[99] (25), 152[188] (45), 153[240] (61), 234[71] (168), 237[211] (188), 321[160] (260, 261), 321[177] (263), 322[218] (265), 323[283] (275, 278), 323[286] (276), 323[305] (278, 282), 323[306] (278), 323[308] (278), 323[311] (278, 300), 324[343] (282), 326[503] (299), 327[546] (303), 327[576] (306), 329[672] (316), 533f[4], 606[114] (536, 536f), 607[182] (549, 553f), 609[313] (580), 640f[1], 640f[3], 640f[4], 648[1] (615, 644), 648[14] (617), 648[56] (633), 648[58] (633, 643), 649[65] (636), 649[68] (636), 649[75] (638), 649[81] (638, 639), 649[83] (639), 649[84] (639), 649[90] (642), 649[99] (642), 649[103] (643), 688[4] (662), 689[77] (672), 689[79] (672), 1058[46] (972), 1062[287] (1032), 1062[310] (1035, 1036); **5**, 210f[1], 210f[2], 249f[5], 259f[1], 259f[2], 266[181] (37), 266[182] (37), 267[204] (43), 267[205] (43), 267[211] (44), 267[212] (44), 267[213] (44), 267[214] (44), 267[219] (46), 267[220] (46), 273[615] (208), 275[742] (250), 275[762] (251), 276[786] (256), 276[797] (260), 276[799] (260), 276[800] (260), 276[801] (261), 276[802] (261), 520[22] (281, 282), 524[298] (317), 524[299] (317), 534[970] (442), 535[1016] (453); **6**, 14[96] (10), 14[97] (10, 11), 14[100] (10), 14[104] (12), 34[90] (20T, 26), 96[178] (43T, 44), 143[217] (116), 187[14] (186), 187[22] (186), 226[171] (201), 227[218] (211), 227[219] (211), 227[226] (197), 228[255] (198, 199, 200, 201T), 228[272] (213, 213T), 278[54] (276), 384[107] (377), 442[65] (395, 406), 442[73] (395), 443[160] (405), 468[8] (456), 736[23] (477), 736[33] (480), 736[37] (481), 747[723] (583, 587), 805f[10], 806f[23], 850f[9], 868f[11], 868f[12], 870f[77], 870f[78], 871f[148], 872f[149], 874[45] (767), 874[70] (771), 875[90] (775), 875[91] (775), 876[156] (788), 876[192] (800, 817), 876[193] (800, 817), 944[186] (914), 1028f[39], 1035f[24], 1039[36] (993, 996), 1040[98] (1004), 1114[229] (1109); **8**, 1067[159] (1040)

Dahl, T., **5**, 274[686] (232)

Dahlenburg, L., **3**, 695[73] (653, 665, 666); **5**, 622[102] (561), 622[105] (561, 567), 622[106] (561), 622[107] (561), 623[112] (561, 581), 624[191] (567), 624[225] (574)

Dahler, P., **3**, 1317[46] (1278); **4**, 507[206] (436), 512[498b] (498), 607[125] (539f, 540); **5**, 275[739] (249); **8**, 1010[176] (988), 1068[213a] (1047)

Dahlgren, G., **6**, 753[1096] (635)

Dahlgren, R. M., **3**, 1103f[3]

Dahlhoff, W. V., **1**, 379[403] (364), 379[404] (364), 379[405] (364), 379[406] (364)

Dahlig, W., **1**, 677[413] (626), 680[603] (648, 650); **7**, 457[173] (397), 457[174] (397)

Dahlmann, J., **2**, 623[470] (582), 677[243] (656); **7**, 511[84] (484)

Dahlstrom, P., **4**, 510[395] (480)

Dahm, D. J., **4**, 321[171] (262), 325[447] (294); **5**, 520[39] (281)

Dahmen, K., **7**, 109[526] (76)

Daiaro, G., **6**, 443[182] (408)

Daigle, D., **3**, 840f[9]

Dailey, B. P., **1**, 675[322] (619), 675[325] (619)

Dailey, Jr., O. D., **7**, 97f[21]

Daily, J., **3**, 1247[88a] (1175)

Dajani, E. Z., **1**, 679[579] (647); **7**, 460[346] (419)

Dakers, R. G., **8**, 361[42] (287)

Dakkouri, M., **2**, 189[134] (32)

Dal Bello, G., **1**, 272f[5]; **7**, 227[235] (223), 227[236] (223), 301[171] (297)

Dale, A. J., **2**, 707[149] (700)

Dale, B., **6**, 1112[107] (1069, 1083)

Dale, J., **6**, 1021f[149]

Dale, J. W., **2**, 704[23b] (684)

D'Alelio, G. F., **1**, 153[247] (147); **7**, 253[94] (241)

Daley, R. F., **1**, 305[265] (281), 672[84] (571, 577); **7**, 460[342] (418)

Dal Farra, M., **3**, 1005f[3]; **8**, 1069[285] (1057)

D'Alfonso, A., **5**, 437f[5], 438f[8], 533[881] (303T, 428)

D'Alfonso, G., **4**, 166f[3], 166f[11], 166f[12], 166f[13], 234[48] (165, 167), 234[58] (167, 187), 234[60] (167), 236[178] (182)

Dalin, M. A., **8**, 645[221] (623T), 646[280] (618)

Dall, A. N., **1**, 42[188] (37)

Dallas, B. K., **8**, 932[391] (852)

Dallas, J. L., **2**, 674[33] (633)

Dall'Asta, G., **1**, 153²⁵⁴ (148); **3**, 303f², 547¹³⁷ (544), 1253⁴⁰⁵ (1245); **4**, 435f²⁰, 958f⁷, 958f⁸, 958f¹³; **7**, 463⁵⁴⁶ (452); **8**, 454²⁶ (376, 412, 420, 426), 458²⁹⁰ (415), 459³²³ (420), 549² (500, 502, 503), 549¹⁸ᶜ (502)
Dallatomasina, F., **8**, 669⁴⁸ (655), 770⁸⁰ (731), 770⁸¹ (731), 770⁸⁷ (720T, 721T)
Dallinger, R. F., **3**, 269³³⁸ (233, 234)
Dalmon, J. A., **8**, 95²⁸ (25, 27), 95³³ (27), 97¹⁶² (54), 282¹⁶⁰ (273, 274)
DalSanto, M. P., **8**, 606⁶⁵ (558, 596T, 602T)
Dalton, J., **2**, 191²³⁷ (56); **4**, 328⁶²⁹ (310)
Dalton, J. R., **8**, 937⁷⁴⁹ (918)
Dalton, R. F., **2**, 623⁴¹³ (573)
Daluga, P., **1**, 538⁴³ᵇ (471, 490, 515, 528, 536), 538²⁶ (462)
Dalven, P., **7**, 461³⁹¹ (427), 461³⁹² (427), 461³⁹³ (427); **8**, 935⁶⁴⁰ (899)
Daly, J. J., **1**, 42¹⁹¹ (37); **2**, 6f¹⁷, 202⁶⁹⁴ (169), 707¹⁷¹ (702); **3**, 919f⁵, 924f⁶, 926f¹, 926f², 926f³, 926f⁴, 926f⁵, 926f⁶, 951³²⁹ (927); **4**, 401f²¹, 422f¹, 505¹¹³ (409), 814²⁹¹ (745); **5**, 282f⁵, 520³⁸ (281, 282), 529⁶⁴⁵ (384), 626³⁸² (598); **6**, 748⁷⁸⁹ (588); **7**, 725⁶² (675)
Dalziel, J., **4**, 151¹¹³ (27)
Dalziel, J. R., **2**, 622³⁸⁸ (571)
Damade, L. C., **2**, 970³⁴ (867, 874)
Damasevitz, G. A., **1**, 674²⁵⁰ (605, 652); **2**, 189¹⁴⁴ (34); **6**, 182¹⁹¹ (158); **7**, 458¹⁹⁴ (400); **8**, 668³ (653, 658T), 796¹⁰⁶ (778)
D'Amato, F., **1**, 720⁶⁷ (690)
Damen, H., **1**, 242¹¹⁵ (167, 190, 191), 304¹³⁸ (269); **7**, 99¹⁵ᵃ (3)
Damewood, Jr., J. R., **2**, 190²¹⁶ (51)
Damico, R., **1**, 303⁸⁹ (267), 309⁵³⁸ (298); **7**, 335¹⁷ (326)
Damilov, V. G., **8**, 668²³ (652)
Dammann, C. B., **5**, 522¹⁴⁵ (297), 546f⁷, 621²⁷ (547)
Dämmgen, U., **3**, 341f¹⁸, 341f¹⁹, 427⁷⁵ (354, 355), 427⁷⁶ (354)
da Mota, M. M. M., **2**, 816f⁴, 821²¹² (815, 816)
Damrauer, R., **2**, 192²⁸¹ (72), 192²⁹⁸ (77, 111), 297⁶⁴ (226, 230, 234), 297⁸² (230), 297⁹³ (231), 507⁷⁰ (406, 415, 416, 417), 977⁴⁶³ (957); **4**, 817⁴⁶² (767); **7**, 726⁸⁶ (681)
Dandegaonker, S. H., **1**, 261f³⁷, 377²⁷⁹ (351), 378³⁴² (359)
Dändliker, G., **8**, 411f¹⁰, 458²⁷⁰ (412, 417)
Daneshrad, A., **2**, 202⁶⁸⁷ (166), 202⁶⁸⁷ (166)
Daney, M., **1**, 116⁴⁸ (50), 118²¹⁷ (89); **7**, 106³³⁵ (46)
Danforth, R. H., **1**, 754¹¹⁶ (747, 749), 754¹³¹ (749); **7**, 513²⁰⁶ (505, 506), 513²¹⁰ (505)
Dang, H. P., **7**, 106³⁴⁹ (47), 727¹⁷⁵ (704); **8**, 937⁷²¹ (911, 912, 913)
Dang, T. P., **5**, 537¹¹⁴⁸ (477, 489), 537¹¹⁴⁹ (477); **8**, 471f¹, 471f², 472f¹, 481f¹, 496¹⁷ (466, 470), 496¹⁷ (466, 470), 496²⁹ (470), 497⁵⁹ (478), 497⁷⁴ (482), 497⁷⁵ (482), 583f¹, 608¹⁷⁸ (581, 582, 583, 600T), 608¹⁷⁹ (581, 582, 600T), 608¹⁸⁰ (581, 600T)
D'Angelo, J., **6**, 383⁶⁹ (371), 468²⁴ (458); **7**, 649¹⁹⁰ (556); **8**, 669³⁴ (658T)
D'Angelo, R., **3**, 645²⁷ (639)
Danheiser, R. L., **3**, 275f¹, 279³⁵ (273); **7**, 648¹⁴⁷ (548), 648¹⁵⁰ (549)
Dani, S., **4**, 511⁴¹⁸ (483); **8**, 1069²⁶³ (1052), 1069²⁶⁷ (1053)
Daniel, H., **7**, 108⁴⁵⁷ (62)
Danieli, N., **8**, 1065⁷¹ (1024)
Danieli, R., **2**, 503f³; **7**, 654⁴⁷³ (602)
D'Aniello, Jr., M. J., **3**, 1067²¹ (962), 1249¹⁸⁹ (1198, 1203), 1381¹¹⁷ (1344); **4**, 400f², 504¹⁴ (382), 506¹⁴⁶ (419, 428), 620f¹, 648²⁰ (619); **6**, 95¹²⁷ (62T, 64), 181¹⁰² (164, 165T); **8**, 642⁹⁴ (626, 627T)
Danielova, S. S., **8**, 312f²⁸
Daniels, E. G., **7**, 651³²³ (579)
Daniels, J., **7**, 194³¹ (162)

Daniels, J. A., **4**, 657f⁴, 810³⁸ (697, 742), 810³⁹ (697), 813²²⁶ (726, 727, 729), 813²³⁹ (729), 814²⁷⁷ (742)
Daniels, L., **4**, 321¹²⁶ (256, 261)
Daniewski, W. M., **7**, 107³⁹³ (53), 110⁵⁸⁸ (90)
Danilov, S. N., **1**, 680⁶⁰⁸ (649, 650)
Danilova, G. N., **1**, 454⁹⁵ (428), 553³³ (549, 550)
Danishefsky, S., **7**, 461³⁹⁶ (428), 649¹⁹⁸ (558), 649¹⁹⁹ (558), 649²⁰³ (559), 649²⁰⁷ (559), 650²¹⁰ (559), 650²¹¹ (559), 650²¹² (559), 650²⁶² (570), 651²⁸² (573)
Dankiw, W., **7**, 459²⁸⁷ (413)
Dannappel, H. J., **2**, 302³⁹¹ (294)
Dannenberg, E. M., **2**, 338f¹, 362¹⁵² (337)
Dannley, R. L., **2**, 201⁶⁷⁴ (164, 165), 201⁶⁷⁸ (165), 623⁴⁷⁴ (582)
Danno, S., **6**, 362⁷⁵ (360), 362⁷⁶ (360), 362⁷⁸ (360); **8**, 933⁴³⁷ (858)
d'Ans, J., **2**, 676¹⁴³ (645)
Danzer, W., **3**, 1146⁵¹ (1099), 1146⁵² (1099), 1249¹⁵⁷ (1190), 1249¹⁵⁷ (1190), 1249¹⁸¹ (1194), 1381⁹¹ (1340), 1381⁹¹ (1340), 1381⁹¹ (1340); **4**, 65f¹², 106f⁶, 153²⁶³ (68)
Dao, H. S., **2**, 882f¹⁵
Dao, V., **1**, 720⁷⁶ (691)
Daolio, S., **2**, 675⁶³ (637), 675⁶⁴ (637)
Dapporto, P., **4**, 612⁴⁴⁴ (594); **5**, 68f¹³, 76f⁷, 194f²¹, 268²⁹⁴ (79), 273⁶⁰² (199), 274⁶⁷² (228); **6**, 35¹⁵² (31), 35¹⁵³ (31), 93⁴ (62T, 64), 94⁴¹ (62T, 70), 95¹²² (62T, 73), 95¹⁵¹ (62T, 70), 95¹⁵³ (62T, 73, 79), 141¹³³ (124T, 128), 943¹³⁷ (907, 909T, 913T); **8**, 795⁶² (791)
Daran, J.-C., **3**, 109f³, 135f², 136f⁴, 764f¹, 764f⁹, 768f¹², 768f²⁶, 781¹⁸² (764), 781¹⁸³ (764), 1247⁸² (1172, 1244), 1250²⁰⁵ (1199), 1250²¹⁴ (1203), 1253³⁸⁶ (1238), 1299f⁴
Darbard, R., **3**, 1290f⁵
Darbon, J. M., **2**, 299¹⁶⁷ (245)
Darby, Jr., J. B., **3**, 264²⁶ (177, 179)
Darby, M. I., **3**, 264¹⁸ (177)
Darby, N., **6**, 442¹⁰⁵ (399)
Darchen, A., **4**, 512⁵⁰⁶ (500, 501), 611³⁸² (590)
Dardis, R. E., **7**, 658⁶⁵⁸ (641)
Dardoize, F., **7**, 50f²
Darensbourg, D. J., **1**, 247³⁵⁷ (198); **3**, 81f⁸² (9), 82¹⁶⁶ (24), 82¹⁶⁷ (24), 82¹⁶⁸ (24), 800f², 826f⁸, 833f⁷⁷, 842f¹¹, 851f¹², 863f¹⁸, 891f⁶, 891f⁷, 946¹⁷ (800), 947⁸⁷ (831), 947⁸⁸ (831, 846), 947⁹⁵ (836), 948¹⁰⁹ (845), 948¹¹² (845), 948¹¹³ (845), 948¹³⁹ (859), 1067¹⁴ (958, 959), 1100f², 1103f¹, 1106f¹³, 1108f⁸, 1252³⁴⁴ (1230), 1297f², 1297f³, 1317³⁶ (1276); **4**, 23f¹⁰, 33f¹¹, 33f¹³, 33f¹⁴, 33f¹⁹, 33f²¹, 33f⁴¹, 65f⁹, 65f³⁸, 65f⁴⁸, 83f¹⁸, 84f², 151f⁸⁶ (24, 38, 39, 101, 102), 151¹¹⁹ (27), 152¹⁶⁷ (42, 63, 66), 152¹⁶⁸ (43, 66), 152¹⁶⁹ (43, 66, 79), 236¹⁴⁷ (178), 239³⁵⁶ (206, 207T, 208), 325⁴⁰⁶ (290), 325⁴¹⁰ (290), 325⁴²¹ (291), 374³⁶ (339), 376¹⁵¹ (371); **5**, 158f⁴, 267²¹⁰ (44), 271⁴⁶³ (156), 624²⁴⁰ (576); **8**, 17²³ (12, 14), 17²⁸ (12), 220³³ (110), 367⁴³³ (350)
Darensbourg, M. Y., **1**, 247³⁵⁷ (198), 247³⁵⁹ (198); **2**, 762¹²⁹ (739); **3**, 83²⁴⁹ (35), 170¹²¹ (150), 800f², 840f⁹, 842f¹⁶, 842f¹⁷, 891f⁶, 891f⁷, 947³⁴ (813), 1269f⁶, 1269f⁷, 1297f², 1297f³, 1317³⁶ (1276); **4**, 23f¹⁰, 33f¹³, 33f¹⁴, 83f¹⁸, 84f², 151f⁸⁶ (24, 38, 39, 101, 102), 151¹¹⁹ (27), 152¹⁶⁹ (43, 66, 79), 236¹⁴⁷ (178), 324³⁷² (287), 325⁴²¹ (291), 374³⁶ (339), 375¹²⁵ (364), 376¹⁴⁹ (369), 507²²⁷ (439), 657f¹⁴, 819⁶⁴⁴ (803); **5**, 158f⁴, 271⁴⁶³ (156), 265⁵³ (12); **8**, 17²³ (12, 14), 220³³ (110), 367⁴¹¹ (347), 1068²²⁴ (1048)
D'Ariello, Jr., M. J., **4**, 608²²⁴ (563)
Darling, J. H., **6**, 13³⁸ (6), 241⁴⁰ (240)
Darling, S. D., **7**, 108⁴⁶³ (63)
Darlington, W. H., **8**, 934⁵³¹ (882, 883), 936⁶⁶⁰ (902)
Darmon, M. J., **1**, 119²⁶² (98)
Darnall, D. W., **4**, 325⁴³⁹ (293)

Daroda, R. J., **3**, 431³³² (426); **4**, 963³⁸ (937); **8**, 96⁷⁹ (38), 98²⁴⁶ (69), 99³⁰⁷ (88, 88T, 89), 220²⁴ (108)
Darragh, K. V., **2**, 977⁴⁶⁵ (958); **7**, 679f⁴
Darst, K. P., **4**, 84f⁹, 84f¹¹, 241⁴³⁸ (216)
Dart, J. W., **5**, 344f¹, 346f⁵, 346f⁷, 353f⁵, 353f⁹, 526⁴⁰³ (342, 345, 347, 382, 499, 507), 526⁴³⁵ (345, 348, 354), 526⁴³⁶ (345), 624¹⁸⁴ (566), 624²⁰¹ (569)
Dartiguenave, M., **4**, 319³⁶ (246); **5**, 267¹⁹² (40); **6**, 35⁹⁹ (31), 35¹⁵⁴ (31), 94⁹³ (62T)
Dartiguenave, Y., **4**, 319³⁶ (246); **5**, 267¹⁹² (40); **6**, 35⁹⁹ (31), 35¹⁵⁴ (31), 94⁹³ (62T)
Darvich, M. R., **7**, 224⁹² (205)
Das, J., **7**, 654⁴⁶⁵ (601), 658⁶⁹⁰ (643), 726¹⁰⁴ (675, 685); **8**, 100⁸⁷⁰ (957)
Das, M. K., **1**, 378³¹⁴ (356), 378³¹⁷ (356)
Das, N. Q., **3**, 1306f² , 1318¹³⁷ (1306)
Das, R., **7**, 510¹ʲ (465, 487)
Das, V. G. K., **2**, 679³⁴² (666), 679³⁴³ (666)
Dasgupta, S., **7**, 160¹⁴⁵ (155)
Dasgupta, T. S., **8**, 280⁵⁰ (247, 258)
Dash, K. C., **2**, 820¹³⁷ (792)
Dashavskii, V. A., **8**, 606⁸² (559, 596T), 609²⁵² (596T)
Dasher, L. W., **4**, 387f¹³, 50⁵⁶⁸ (397)
Dashkevich, L. B., **7**, 105²⁹² (39), 105²⁹² (39)
Dass Gupta, B., **5**, 269³⁴³ (102, 120, 121), 270³⁸⁹ (125, 131), 624¹⁸⁵ (567)
Dastur, K. P., **8**, 100⁷⁹ (941)
Dathe, C., **2**, 202⁷²⁷ (179), 203⁷³⁰ (180), 675⁷⁷ (638), 676¹⁷⁶ (651)
Datta, M. K., **7**, 160¹⁴⁵ (155)
Datta, R., **7**, 160¹⁴⁵ (155)
Datta, R. K., **1**, 149¹⁰ (122)
Datta, S., **3**, 121f², 121f³, 121f⁵, 326³⁵ (291), 326³⁶ (292), 557⁵⁶ (555), 557⁶² (556), 646⁴⁶ (642), 646⁴⁸ (642, 643, 644), 646⁴⁹ (642, 643, 644), 708f¹⁰, 709f³, 709f⁷, 734f⁴, 734f⁵, 734f⁶, 760f¹, 760f², 760f³, 768f¹⁹, 769f¹⁵, 779⁴⁸ (709), 779⁵¹ (709), 779⁵³ (709), 781¹⁶⁶ (760), 948¹⁵¹ (861), 948¹⁵³ (861), 1146³³ (1095), 1146³⁴ (1095), 1146³⁵ (1095); **8**, 365²⁷⁸ (328, 342), 365²⁷⁹ (328), 382f¹, 388f³, 388f⁶, 454⁵⁴ (380, 387, 389)
Daub, G. W., **5**, 269³⁵⁵ (106, 110)
Daub, J., **3**, 88⁵³⁶ (77), 879f¹⁶; **8**, 100⁸⁶⁰ (953), 100⁸⁶⁰ (953)
Dauben, Jr., H. J., **3**, 1252³³⁰ᵃ (1227)
Dauben, W. G., **7**, 107⁴⁰⁹ (55), 464⁵⁵⁵ (453), 650²¹⁷ (560)
Daudé, G., **2**, 618¹³⁴ (540)
Daughdrill, D. L., **4**, 324³⁸⁵ (288)
Davalian, D., **7**, 67f⁶
Dave, L. D., **2**, 680³⁸⁸ (671)
Dave, V., **7**, 727¹⁴⁶ (696)
Davenport, K. G., **7**, 106³⁴¹ (47)
Daves, Jr., G. D., **7**, 87f⁹, 95f¹², 651³²² (579); **8**, 932⁴²⁹ (856, 869), 932⁴³³ (857, 872), 933⁴³⁴ (857, 869), 933⁴⁷⁴ (869)
Davey, G., **6**, 806f³⁶, 844f²³⁷
David, L. D., **2**, 387f², 395⁶ (365, 384), 396⁹⁵ (384), 396¹⁰³ (385)
Davidovics, G., **1**, 720⁶⁷ (690)
Davidsohn, W. E., **2**, 617⁷⁰ (531), 617⁸³ (535), 622³⁵⁸ (568), 676¹²⁹ (643), 676¹³¹ (643), 676¹³⁴ (643), 676¹⁷³ (650), 679³¹⁷ (664)
Davidson, A., **3**, 1075⁴⁵⁵ (1040); **4**, 234⁵¹ (165); **6**, 227²²⁸ (214T, 216), 1027f¹
Davidson, A. W., **3**, 883f¹
Davidson, B. E., **7**, 461³⁹⁸ (428)
Davidson, E. W., **1**, 120²⁸⁴ (105)
Davidson, F., **7**, 107⁴²⁷ (57)
Davidson, G., **1**, 380⁴⁸³ (372), 380⁴⁸⁴ (372); **3**, 1073³²⁷ᵃ (1022); **4**, 389f⁶, 415f⁵, 454f⁹, 509³³⁰ (457), 509³⁴¹ (462); **5**, 274⁶⁵⁹ (222), 626³⁵⁷ (594); **6**, 182¹⁵⁴ (146f), 755¹²⁵⁸ (654, 655)
Davidson, I. M. T., **1**, 42¹⁷¹ (36), 42¹⁷² (36); **2**, 6f⁵, 193³³⁸ (86), 196⁴⁴⁸ (112), 201⁶⁶⁹ (163), 361⁷⁸ (317), 361¹⁰⁸ (324), 397¹¹² (387)

Davidson, J. L., **3**, 86⁴¹⁶ (59), 86⁴²⁰ (59), 86⁴²¹ (59), 86⁴²⁶ (59, 60), 1119f¹⁸, 1246⁵⁴ (1162, 1243), 1247⁸⁶ᵃ (1174, 1242, 1243), 1247⁸⁶ᵇ (1174, 1243), 1247⁸⁶ᶜ (1174, 1243), 1247⁸⁶ᵈ (1174, 1243), 1247⁸⁶ᶠ (1174, 1242, 1243), 1253³⁹⁶ (1242), 1253³⁹⁸ (1243), 1380³² (1328, 1377), 1381⁹⁵ (1341), 1381⁹⁷ᵇ (1341, 1378), 1384²⁵² (1377), 1384²⁵³ᵃ (1377), 1384²⁵³ᵇ (1377), 1384²⁵³ᶜ (1377), 1384²⁵⁷ (1377), 1384²⁵⁸ (1378), 1384²⁵⁸ (1378); **4**, 97f²⁶, 106f⁵, 321¹⁴² (258), 536f⁸, 574f³, 606¹⁰⁰ (531), 609²⁶⁷ (571, 574f), 840³⁸ (828); **5**, 273⁶⁰⁵ (204), 273⁶⁰⁶ (204), 274⁶⁹⁶ (235), 276⁷⁹¹ (257), 534⁹⁶⁷ (442), 623¹³³ (562, 572, 573); **6**, 93⁵ (92, 92T), 95¹²⁸ (92, 92T), 139¹⁹ (120, 122T, 133T, 134T, 135, 136), 140⁷³ (133T), 141¹⁴⁵ (120, 122T, 133T, 134T, 135, 136), 142¹⁷¹ (133, 134, 134T, 138), 142¹⁸⁸ (133T, 134, 138), 179⁴ (173), 181¹¹⁹ (147), 223³ (202, 203T), 230⁵ (229), 469⁶² (466); **8**, 458²⁴⁸ (410), 458²⁸² (413), 668¹⁹ (658T), 668²⁰ (658T), 1067¹⁶⁰ (1040), 1067¹⁶⁰ (1040)
Davidson, J. M., **1**, 303⁷⁶ (265), 309⁴⁸⁸ (296), 309⁴⁸⁹ (296), 754¹²⁸ (749); **3**, 632²³⁹ (607); **4**, 813²³³ (727); **6**, 277³ (266), 278¹⁴ (268), 441¹² (389, 429), 441¹³ (389), 740²⁷⁶ (516), 943¹⁶³ (912, 913T); **7**, 513²²² (507); **8**, 361³⁵ (286)
Davidson, N., **1**, 596f¹, 671⁴⁸ᵃ (562, 566, 615, 633)
Davidson, P. J., **1**, 40³³ (11), 246³³¹ᵇ (195); **2**, 194³⁸⁵ (96, 129), 516⁶⁰⁶ (481), 525f², 625⁵⁷¹ (596), 625⁵⁷⁹ (597), 680³⁸⁵ (670), 680³⁸⁶ (670); **3**, 88⁵²⁵ (77), 376f¹¹, 429¹⁷¹ (373), 461f¹⁴, 470f¹, 473² (434, 462, 469), 557²² (550, 552), 557²³ (550), 645¹ (635, 636, 637), 645² (635, 636), 645⁸ (636, 637, 638), 696¹⁰¹ (656), 780¹⁰² (730, 739), 950³⁰³ (915), 1147¹⁰⁴ (1128), 1189f²⁰; **4**, 373¹ (332), 610³⁵² (586); **5**, 268²⁷⁶ (74); **6**, 740²⁶⁸ (515T), 740²⁷² (515T, 541, 549), 745⁵⁹⁸ (559), 1111⁵⁷ (1054, 1065, 1081, 1086), 1111⁹⁰ (1065, 1068, 1078, 1083); **8**, 221⁵⁴ (116, 121, 122, 138, 140, 145, 174, 175, 176, 188, 190, 192, 203, 204), 281⁶¹ (249)
Davidson, T. A., **2**, 882f¹⁸
Davidson, W. E., **2**, 512³⁸⁸ (449), 678²⁸⁴ (660, 661)
Davies, A. G., **1**, 243¹⁴⁷ (172, 186), 272f¹⁵, 302⁶¹ (264), 304¹⁸¹ (270), 307³⁴² (287, 288), 307³⁵⁰ (288, 291), 307³⁵⁴ (288), 307³⁵⁷ (288), 307³⁶¹ (288), 307³⁹⁴ (289), 307⁴⁰⁶ (291), 307⁴⁰⁷ (291), 672¹⁰⁶ (577, 650), 672¹⁰⁹ᵇ (577); **2**, 201⁶⁷³ (164), 201⁶⁷⁷ (165), 201⁶⁸¹ (166), 510²⁶² (435, 440), 562f¹, 562f², 616⁵ (522, 608, 609, 611), 617⁴⁰ (527, 558, 566), 617⁴² (527), 618⁹⁶ (537, 538, 561, 595, 596), 618¹¹¹ (538), 618¹¹⁵ (539, 595), 618¹⁴⁸ (542), 618¹⁵³ (542, 543), 619¹⁵⁸ (543), 619¹⁶⁴ (544), 619¹⁶⁸ (545), 620²³⁷ (550, 561, 564), 620²⁷² (555), 621²⁸² (556), 621²⁹¹ (558), 621²⁹² (558), 621³⁰³ (559, 566), 621³¹⁵ (561), 621³¹⁶ (561), 621³¹⁷ (561), 622³⁹¹ (571, 572), 623⁴¹⁴ (573, 579, 581, 582, 583, 584), 623⁴²⁰ (574), 623⁴³² (576), 623⁴³³ (576, 577), 623⁴³⁹ (577), 623⁴⁴² (578), 623⁴⁴³ (578), 623⁴⁵¹ (579), 623⁴⁷¹ (582), 623⁴⁷² (582), 623⁴⁷⁵ (583, 584), 623⁴⁷⁸ (583), 623⁴⁸⁰ (583), 624⁴⁸⁴ (584), 624⁴⁸⁵ (584), 624⁴⁸⁶ (584, 601), 624⁵²¹ (588, 590), 624⁵²⁵ (589), 624⁵³³ (590), 624⁵³⁴ (590), 625⁵⁶⁶ (595, 596), 625⁵⁶⁷ (595), 625⁵⁸⁴ (598), 625⁶⁰⁵ (600), 625⁶⁰⁶ (600), 625⁶¹⁰ (601), 625⁶¹⁴ (601, 602), 626⁶⁴⁶ (606), 626⁶⁴⁷ (606), 632f¹, 632f², 632f³, 674¹⁵ (630, 651), 674¹⁶ (630, 651), 674¹⁷ (630, 633), 676¹³² (643), 677²²⁴ (654, 655), 677²³⁰ (654), 677²³¹ (655), 705⁶³ (689, 690, 701), 975³⁵⁹ (935); **7**, 141⁶⁷ (124), 142¹²⁰ (134), 263²⁵ (260), 299²⁸ (272), 299³³ (273), 299³⁴ (273), 299⁴³ (274), 301¹⁵⁵ᵇ (294), 301¹⁵⁵ᶜ (294), 455¹⁹ (375), 457¹³³ (393)
Davies, B., **3**, 82¹²⁹ (16); **4**, 320⁵² (248), 320⁵³ (248); **7**, 513¹⁷⁸ (499, 505)
Davies, B. W., **1**, 259f¹⁸; **2**, 623⁴⁶⁴ (581); **3**, 86⁴¹² (59), 86⁴¹⁴ (59); **6**, 743⁴⁴⁴ (532T), 759¹⁵⁴⁹ (698T), 760¹⁵⁵⁵ (699T), 760¹⁵⁸⁷ (705, 706, 707T, 709), 760¹⁵⁹⁴ (707T), 760¹⁵⁹⁵ (707T)
Davies, C. H., **6**, 94⁴⁰ (54T, 60T, 73), 344⁹⁷ (295)
Davies, C. S., **3**, 1072²⁷⁹ (1014); **4**, 158⁵⁹⁹ (138)
Davies, D. L., **4**, 840³⁶ᵃ (828); **7**, 252³² (231)
Davies, D. S., **7**, 726¹²⁴ (690)

Davies, G., **2**, 706[100] (694); **8**, 280[34] (237)
Davies, G. M., **1**, 376[242] (347); **7**, 336[36] (329)
Davies, G. R., **3**, 86[415] (59), 269[366] (242), 269[367] (242), 430[239] (391), 461f[25], 474[104] (465), 474[105] (465), 645[16] (637), 645[17] (637); **4**, 323[266] (272, 301); **6**, 443[168] (406), 760[1592] (707T), 760[1593] (707T), 839f[6], 839f[8]
Davies, J. A., **6**, 737[76] (488); **8**, 339f[34]
Davies, J. D., **3**, 701[442] (681); **4**, 33f[16]; **5**, 275[754] (251), 539[1304] (365)
Davies, K. M., **7**, 252[10] (230)
Davies, M., **6**, 384[104] (376); **8**, 935[579] (890)
Davies, M. J., **2**, 1017[151] (998), 1017[160] (998)
Davies, N., **3**, 631[221] (601, 602); **6**, 942[54] (900, 901, 902T, 903T), 942[69] (901, 902T, 903T)
Davies, N. R., **6**, 758[1460] (678), 758[1463] (678)
Davies, P. S., **7**, 336[36] (329)
Davies, R., **4**, 505[115] (409), 813[253] (733)
Davies, R. E., **4**, 608[236] (566); **6**, 343[62] (287, 313)
Davies, S. G., **1**, 246[336] (195); **3**, 87[476] (68, 69), 87[480] (69), 87[481] (69), 279[43] (274), 557[55] (555), 1250[208] (1201); **4**, 512[474] (492), 819[592] (792); **5**, 274[680] (231); **6**, 187[6] (186), 1041[126] (1011, 1037, 1038); **7**, 106[371] (49); **8**, 550[62b] (515, 521, 531, 534, 535), 1066[112] (1031, 1032, 1034)
Davies, W. B., **3**, 1250[245] (1210)
Davies, W. C., **2**, 705[28] (685), 706[101] (694), 706[101] (694)
Davignon, L., **4**, 814[317] (749); **5**, 627[423] (602)
Davis, A. J. H., **5**, 137f[18]
Davis, A. R., **3**, 870f[3], 870f[4]
Davis, B. L., **5**, 21f[3]
Davis, B. R., **1**, 542[248] (528, 536T); **3**, 428[137] (363); **4**, 158[587] (136); **7**, 103[219] (29)
Davis, D. D., **2**, 195[395b] (99, 102), 395[21] (367), 507[61] (404), 514[516] (468, 469, 471), 675[78] (638); **3**, 951[319] (923); **7**, 655[514] (609); **8**, 368[473] (354), 368[474] (354)
Davis, E. J., **5**, 529[631] (381)
Davis, E. R., **4**, 505[99] (405, 466, 467); **8**, 1010[219] (1005), 1010[220] (1005)
Davis, F. A., **1**, 305[232] (279), 376[203] (340), 376[208] (342), 378[315] (356, 364); **7**, 14f[4], 108[473] (65)
Davis, J., **1**, 41[115] (23); **3**, 304f[2], 327[86] (303, 305); **8**, 1064[42] (1019)
Davis, Jr., J. C., **1**, 303[87] (267); **4**, 454f[3]
Davis, J. E., **7**, 103[185] (25)
Davis, J. F., **2**, 199[594] (145)
Davis, J. H., **1**, 118[198] (83, 84T)
Davis, K. M., **4**, 180f[4], 236[168] (181)
Davis, K. P., **6**, 750[890] (607), 750[891] (607)
Davis, L. C., **8**, 1104[2] (1074)
Davis, M. I., **4**, 388f[1], 389f[10], 454f[1], 460f[1], 509[296] (449); **6**, 744[497] (537)
Davis, N. R., **7**, 159[77] (146), 657[611] (632)
Davis, R., **2**, 81[77] (766, 786); **3**, 948[117] (846), 1106f[12], 1147[66] (1111), 1317[63] (1281); **4**, 235[77] (169), 235[79] (169), 235[80] (170), 235[98] (171, 219T), 235[98] (171, 219T), 235[130] (176), 235[131] (176), 237[254] (195), 241[468] (219, 219T, 220, 221); **6**, 13[49] (6)
Davis, R. A., **1**, 379[410] (364)
Davis, R. B., **7**, 729[270] (722)
Davis, R. E., **1**, 310[580] (299); **2**, 763[177] (757), 818[39] (771); **3**, 86[433] (62), 1067[17] (961), 1077[562] (1062), 1077[563] (1062), 1146[37] (1097); **4**, 151[111] (27), 323[309] (289), 325[407] (290), 380f[20], 460f[4], 460f[6], 460f[7], 507[191] (431, 498), 507[195] (431, 493, 494), 508[280] (447), 510[375] (474), 553f[2], 553f[9], 607[146] (543), 607[162] (546), 610[368] (587), 612[493] (598), 613[515] (600, 602f), 613[521] (603), 818[582] (787), 818[583] (787), 818[586] (790), 818[587] (790); **5**, 273[636] (215, 218), 274[712] (242), 275[727] (245), 535[1003] (450); **6**, 263[151] (256), 759[1519] (690), 759[1521] (690), 869f[71]
Davis, R. G., **8**, 861f[8], 933[448] (860)
Davis, R. L., **4**, 235[76] (169, 175, 232T)
Davis, S. C., **8**, 642[99] (627T, 633)
Davis, S. G., **4**, 512[514] (501); **8**, 1066[128b] (1034f, 1035, 1058)
Davis, W., **7**, 101[106] (16)
Davis, Jr., W. H., **2**, 194[356] (91)
Davis, W. R., **5**, 268[273] (74)
Davis, W. T., **7**, 455[23] (376)
Davison, A., **1**, 539[93a] (488, 492), 540[130a] (498), 540[130b] (498, 536); **2**, 191[238] (57), 618[144] (541); **3**, 85[325] (45), 85[326] (45), 125f[7], 125f[24], 125f[28], 168[11] (91), 169[55] (121), 169[85] (134), 170[177] (167), 328[140] (315), 695[68] (653), 695[74] (653), 695[90] (655), 695[96] (655), 703[559] (691, 692), 708f[4], 708f[5], 708f[7], 708f[8], 709f[3], 709f[4], 779[42] (708, 709), 779[47] (709, 710), 779[55] (710), 798f[27], 798f[28], 851f[42], 948[130] (853), 1246[43] (1159), 1248[136] (1185), 1262f[21], 1380[28] (1327), 1380[74] (1335); **4**, 153[254] (67), 154[354] (88), 166f[2], 233[5] (162), 237[262] (197), 312f[1], 328[649] (312), 374[51] (342), 374[59] (343, 344f), 375[85] (352), 375[112] (359), 375[130] (365, 369T, 370), 375[136] (366, 370, 371), 511[413a] (482), 511[458] (488, 489), 610[363] (587), 611[385] (590), 657f[8], 689[67] (669, 673, 674), 815[350] (753), 817[517] (776, 777), 818[538] (778), 840[27] (825), 840[52] (830), 840[53] (830, 831, 832), 885[41] (851), 885[42] (851, 852); **5**, 246f[5], 275[733] (247), 479f[11], 536[1083] (468), 555f[19], 556f[10]; **6**, 14[92] (9), 35[157] (31), 839f[21], 839f[22], 840f[69], 874[48] (769), 876[215] (814), 877[225] (819), 944[219] (923), 945[243] (928T, 929), 945[254] (931), 945[255] (931), 945[257] (931), 1018f[31], 1060f[2], 1111[75] (1060); **7**, 108[476] (65); **8**, 293f[2], 305f[53], 1010[218] (1005), 1070[338] (1062)
Davison, G., **5**, 539[1275] (508)
Davison, J. B., **4**, 608[217] (559f, 561)
Davison, P. J., **4**, 606[66] (522)
Davory, C. J., **4**, 1058[74] (977)
Davoudzadeh, F., **8**, 1069[275a] (1055)
Davydov, A. A., **6**, 180[60] (157)
Davydov, V. I., **2**, 506[7] (402, 480)
Davydova, S. L., **1**, 678[491] (632), 678[492] (632); **8**, 611[337] (602T)
Davydova, V. P., **2**, 361[91] (319)
Dawans, F., **3**, 1156f[8], 1246[27a] (1157), 1327f[6], 1379[23] (1326); **6**, 179[17] (158, 159T), 182[186] (157), 384[86] (374); **7**, 462[493] (443); **8**, 341f[4], 456[122] (392), 605[6] (553, 569, 593, 596T), 642[93] (616, 622T, 632), 707[182] (701), 707[193] (701), 708[212] (701), 708[224] (701, 702), 708[225] (701, 702), 708[231] (702)
Däweritz, A., **5**, 271[504] (167); **6**, 99[370] (89), 142[166] (133T, 136), 227[214] (212, 213T)
Dawes, J. L., **4**, 664f[5], 689[66] (669); **5**, 272[577] (191), 628[456] (607); **6**, 987f[14], 987f[18], 1018f[7], 1039[13] (988, 990)
Dawoodi, Z., **4**, 1062[309] (1035), 1063[365] (1050), 1063[366] (1050), 1063[377] (1051), 1063[378] (1051); **6**, 741[304] (518); **8**, 1067[198] (1044)
Dawson, D. S., **2**, 705[42] (686), 705[44] (686)
Dawson, J. A., **8**, 361[63] (288)
Dawson, J. W., **1**, 260f[25], 265f[5], 305[238] (279), 308[468] (294), 310[566] (299), 310[567] (299), 373[18] (313), 377[300] (354), 378[334] (358), 378[335] (358)
Dawson, M. I., **8**, 368[472] (354)
Dawson, P. A., **4**, 150[72] (22), 234[29] (164), 320[55] (248, 255), 322[191] (266, 317), 689[50] (667), 689[51] (667), 928[9] (924), 1063[385] (1052), 1064[417] (1026); **5**, 175f[3], 176f[1], 271[512] (170), 272[519] (176)
Dawydoff, W., **8**, 605[5] (553)
Day, C. S., **3**, 265[115] (186, 187), 265[116] (186, 219, 221), 268[308] (226, 227, 228, 229, 249), 268[311] (229, 230, 249), 270[386] (248, 249), 270[389] (249, 250, 251), 270[390] (249, 250), 270[391] (249, 250, 251, 253, 254), 270[393] (249, 250, 251, 252, 253); **4**, 649[110] (645, 646); **5**, 276[807] (261, 262), 538[1209] (488); **6**, 806f[31], 868f[9], 869f[67], 874[44] (767, 773), 876[197] (807, 811, 812); **8**, 96[70] (36), 220[38] (111, 112)
Day, J. P., **2**, 196[443] (111), 510[256] (433); **3**, 805f[2], 851f[13], 863f[17], 948[119] (847), 950[277] (905); **5**, 266[122] (26); **6**, 13[58] (8), 33[2] (15), 262[74] (249), 262[87] (250), 262[88] (250), 1021f[134]
Day, K., **6**, 1094f[11]

Day, R. O., **6**, 140^{72} (123T, 128), 140^{87} (133T, 134, 134T, 138); **7**, 104^{275} (35); **8**, 704^{21} (672)
Day, V. W., **2**, 190^{196} (44), 859^{22} (829); **3**, 84^{312} (43), 86^{431} (61, 62), 265^{115} (186, 187), 265^{116} (186, 219, 221), 268^{300} (224), 268^{303} (224, 225), 268^{307} (226, 248), 268^{308} (226, 227, 228, 229, 248), 268^{311} (229, 230, 249), 269^{362} (240), 270^{386} (248, 249), 270^{387} (248, 249), 270^{389} (249, 250, 251), 270^{390} (249, 250), 270^{391} (249, 250, 251, 253, 254), 270^{393} (249, 250, 251, 252, 253), 270^{402} (254), 700^{394} (675), 1067^{21} (962), 1068^{42} (968), 1133f^{3}, 1138f^{6}; **4**, 158^{589} (136), 450f^{1}, 509^{297} (449, 450), 533f^{1}, 606^{118} (537, 539f), 607^{161} (546), 649^{110} (645, 646); **5**, 271^{506} (168, 207), 276^{807} (261, 262), 527^{486} (358, 435, 467), 536^{1078} (467), 538^{1209} (488); **6**, 140^{72} (123T, 128), 140^{87} (133T, 134, 134T, 138), 141^{132} (105T, 134T, 138), 143^{270} (124T, 129, 133T, 134T, 136, 138), 806f^{31}, 845f^{272}, 868f^{9}, 869f^{67}, 869f^{68}, 874^{44} (767, 773), 876^{197} (807, 811, 812); **7**, 104^{275} (35); **8**, 96^{70} (36), 97^{191} (58), 220^{38} (111, 112), 331f^{24}, 331f^{25}, 364^{273} (327), 669^{33} (658T), 669^{51} (658T), 704^{21} (672), 1088f^{2}, 1088f^{3}, 1105^{70} (1087)
Dayagi, S., **1**, 245^{266} (186)
Daykin, H., **5**, 290f^{10}, 295f^{2}, 521^{98} (291, 468)
Dayrit, F. M., **3**, 556^{8} (550), 556^{11} (550, 552), 557^{41} (553), 557^{45} (554); **7**, 460^{353} (420); **8**, 771^{170} (741, 746, 763T, 768T), 772^{189} (746, 764T, 765T, 766T), 772^{195} (746, 768T)
De, R. L., **1**, 118^{179} (81); **3**, 1075^{447} (1039)
Deacon, G. B., **1**, 696f^{12}, 696f^{13}, 696f^{19}, 696f^{29}, 696f^{36}, 720^{36} (687, 690), 720^{37} (687, 694, 701), 720^{38} (687, 694), 721^{90} (694), 728f^{3}, 731f^{7}, 732f^{4}, 732f^{5}, 732f^{7}, 752^{10} (726), 752^{11} (726), 752^{12} (726), 753^{37} (731), 753^{38} (731), 753^{46} (734), 753^{47} (734), 753^{48} (734), 753^{53} (734, 738), 753^{57} (735), 753^{63} (735), 753^{72} (737), 753^{78} (737), 753^{85} (740); **2**, 621^{346} (567), 622^{350} (567), 677^{247} (657, 658), 678^{261} (658), 878f^{18}, 878f^{19}, 894f^{15}, 944f^{2}, 969^{17} (865, 877), 971^{86} (876), 971^{87} (876, 888), 971^{88} (876), 971^{89} (876), 971^{90} (877, 888), 971^{131} (887), 971^{132} (887, 888), 972^{134} (887, 888, 921), 972^{137} (887, 888), 972^{139} (889), 972^{141} (889), 972^{143} (889), 972^{178} (896), 973^{200} (898, 899), 974^{299} (924), 975^{358} (935, 936, 937), 975^{359} (935), 975^{360} (935), 976^{372} (939), 976^{394} (942), 977^{439} (956), 978^{504} (963); **3**, 266^{171} (201), 266^{172} (201), 266^{173} (201), 266^{174} (201); **5**, 269^{325} (90), 529^{589} (303T, 376), 529^{635} (303T, 376); **6**, 742^{386} (526); **7**, 512^{169} (499, 500, 503), 513^{176} (499, 503), 513^{177} (499, 503), 513^{192} (502), 513^{194} (503)
Dean, C. E., **5**, 531^{783} (411, 480)
Dean, P. A. W., **2**, 970^{32} (867), 970^{34} (867, 874)
Dean, W. K., **3**, 833f^{43}, 847f^{7}, 847f^{9}, 947^{98} (836), 1189f^{9}, 1246^{16} (1155), 1249^{164} (1191), 1381^{100} (1341); **4**, 50f^{15}, 73f^{13}, 106f^{4}, 152^{219} (58), 153^{240} (61), 155^{393} (102), 155^{394} (102), 157^{516} (128), 323^{276} (273), 323^{277} (273), 323^{293} (276, 278, 301, 302), 324^{389} (288), 326^{530} (300), 327^{537} (301, 304), 607^{156} (545), 612^{445} (533f, 594), 649^{70} (637), 649^{71} (637); **5**, 526^{399} (341); **6**, 14^{117} (9), 142^{170} (123T, 128), 1061f^{3}, 1066f^{4}; **8**, 1068^{210} (1046)
Deane, M. E., **3**, 1112f^{3}, 1147^{71} (1113), 1249^{155} (1190), 1317^{52} (1281), 1318^{74} (1283)
Deardorff, E. A., **3**, 372f^{3}, 372f^{4}, 630^{106} (574, 575), 702^{472} (684)
Deaton, J. C., **3**, 947^{34} (813), 1141f^{20}
Debaerdemaeker, T., **3**, 86^{436} (62), 1077^{567b} (1062), 1252^{351} (1231), 1383^{229} (1371)
Debal, A., **7**, 102^{128} (20), 102^{134} (20)
deBeer, J. A., **4**, 321^{174} (262, 274, 283), 324^{331} (281), 324^{335} (281), 324^{336} (281), 606^{112} (533f, 536, 536f), 648^{64} (635)
de Benneville, P. L., **2**, 861^{160} (858)
Deberitz, J., **1**, 306^{288} (283); **3**, 1072^{255a} (1011), 1072^{255b} (1011), 1077^{566} (1062), 1252^{349} (1231); **6**, 941^{5} (881T, 882, 892)
Deberly, A., **7**, 459^{296} (413, 417); **8**, 772^{187} (769)
DeBernardi, L., **1**, 306^{316} (284)

DeBoer, B. F., **3**, 169^{94} (141)
DeBoer, B. G., **1**, 420f^{22}, 452^{19} (415, 434), 541^{224a} (529, 535), 542^{239} (534T); **2**, 762^{111} (732); **3**, 85^{330} (45), 125f^{1}, 149f^{1}, 168^{12} (91), 431^{325} (424), 632^{252} (618), 1246^{45} (1160); **4**, 158^{590} (136), 463f^{2}, 506^{123} (411), 608^{202} (556, 559f, 560), 846f^{2}, 886^{113} (867), 886^{114} (867), 920^{21} (911), 1057^{26} (970, 972, 1032), 1058^{40} (972, 1026), 1058^{41a} (972, 1032), 1062^{289} (1032), 1063^{375} (1051), 1063^{376} (1051); **5**, 275^{728} (245), 529^{594} (377); **6**, 93^{36} (93); **8**, 1007^{20} (943), 1068^{221} (1048)
de Boer, E., **1**, 112f^{1}, 120^{304d} (109, 113), 120^{314} (111), 120^{315} (113), 120^{315} (113), 120^{315} (113); **8**, 550^{79} (518)
de Boer, E. J., **3**, 414f^{7}
de Boer, E. J. M., **3**, 328^{122} (311), 328^{123} (312), 328^{124} (312), 328^{125} (312), 414f^{6}, 414f^{8}, 430^{259} (395), 431^{307} (413)
de Boer, J. J., **2**, 200^{626} (153); **4**, 480f^{10}, 873f^{15}, 887^{167} (877); **5**, 534^{951} (439), 538^{1241} (497); **6**, 752^{1018} (624T), 752^{1019} (624T), 754^{1191} (647T), 754^{1192} (647T), 759^{1492} (685), 759^{1493} (685)
de Boer, J. L., **3**, 326^{43} (293), 327^{51} (295); **5**, 525^{389} (340)
de Boer, Th. J., **1**, 246^{302} (192); **7**, 107^{435} (58)
de Botton, M., **1**, 244^{181} (175)
Debreczeni, E., **2**, 620^{231} (549)
Debrosse, C., **6**, 844f^{245}, 875^{118} (781, 797, 813)
DeBruin, K. E., **1**, 246^{335} (195)
DeBruyn, D. J., **2**, 197^{464} (114); **7**, 656^{571} (622), 656^{571} (622)
DeBruyn, P. H., **3**, 545^{26} (490)
de Burguera, M., **3**, 372f^{12}, 430^{255} (394)
Debus, H. R., **8**, 645^{236} (621T)
De Buyck, L., **7**, 107^{404} (54)
Debye, N. W. G., **2**, 617^{31} (525), 622^{402} (572)
Dec, S. M., **2**, 675^{118} (643); **3**, 398f^{39}
De Camp, W. H., **5**, 554f^{4}, 621^{15} (544)
De Candia, F., **6**, 444^{242} (418, 419)
De Cian, A., **3**, 711f^{7}, 736f^{4}, 764f^{2}, 764f^{5}, 764f^{8}, 767f^{19}, 768f^{12}, 768f^{13}, 768f^{26}, 768f^{28}, 775f^{8}, 781^{178} (763, 769), 781^{181} (764, 773, 774), 781^{183} (764); **4**, 326^{510} (299), 380f^{16}, 459f^{1}, 459f^{3}, 609^{275} (575, 578)
Deck, J. R., **8**, 932^{430} (857)
Deckelmann, E., **1**, 409^{9} (383, 403, 404, 406); **3**, 949^{187} (873), 1076^{522} (1056), 1077^{571a} (1063), 1077^{573a} (1063)
Deckelmann, K., **1**, 410^{77} (403), 410^{80} (404); **3**, 1072^{297} (1017), 1076^{523} (1056), 1252^{354} (1232)
Declercq, J. P., **2**, 6f^{8}, 387f^{6}, 396^{106} (385); **3**, 268^{298} (224), 268^{299} (224); **8**, 795^{82} (790)
Declerq, P., **7**, 650^{221} (561), 650^{246} (566)
De Cock, C. W., **7**, 100^{61} (7), 100^{61} (7)
Decombe, J., **8**, 1065^{72} (1024), 1065^{72} (1024)
DeCooker, M. G. R. T, **2**, 360^{8} (307)
DeCorpo, J. J., **4**, 65^{29}; **6**, 1112^{105} (1069)
Decorzant, R., **7**, 728^{220} (713)
Decouzone, M., **7**, 462^{455} (438)
Decroix, B., **7**, 101^{114} (16)
de Croon, M. H. J. M, **5**, 533^{850} (421), 626^{344} (592, 603); **8**, 609^{228} (594T)
Dederitz, J., **3**, 840f^{3}, 947^{99} (841)
Dedeyne, R., **2**, 303^{410} (295T)
Dédier, J., **2**, 188^{88} (23); **8**, 645^{210} (632)
Dedieu, A., **3**, 87^{499} (72), 88^{521} (76); **5**, 533^{914} (432); **8**, 363^{208} (318)
Dedieu, M., **4**, 964^{123} (950), 964^{124} (950); **8**, 392f^{11}
Dedmond, R. E., **4**, 507^{223} (438, 464, 465)
Deeming, A. J., **3**, 171^{181} (167), 171^{182} (167), 171^{182} (167), 171^{185} (167); **4**, 380f^{19}, 424f^{1}, 435f^{28}, 506^{158} (424, 455), 814^{305} (747, 750), 884^{18} (848, 850), 884^{30} (850), 884^{31} (850), 885^{91} (862), 887^{192} (882), 887^{194} (882), 1057^{23} (969, 1004), 1058^{41b} (972, 1032, 1040),

1058[56] (974, 975), 1060[216] (1017), 1061[254a] (1025, 1031), 1061[254b] (1025, 1031), 1061[255] (1025), 1061[258] (1026), 1061[264] (1027), 1061[266] (1027), 1061[277] (1030), 1061[280] (1030), 1061[282] (1031), 1062[283] (1031), 1062[307] (1035, 1036), 1062[312] (1035), 1062[313] (1036), 1062[320] (1038), 1062[327] (1039), 1063[357] (1048, 1049), 1063[358] (1048, 1049), 1063[369] (1050), 1063[373] (1050, 1053), 1063[374] (1051), 1064[416] (1025, 1026); **5**, 316f[4], 346f[1], 403f[13], 404f[46], 521[120] (292, 396, 471T), 522[152] (288, 298, 314), 522[156] (297, 298), 524[275] (303T, 314, 378, 381), 526[409] (342, 344, 345), 528[545] (311), 529[609] (379), 549f[1], 549f[11], 552f[5], 554f[13], 556f[3], 556f[7], 558f[12], 560f[4], 621[43] (548), 623[149] (564, 572, 573, 597), 623[152] (564, 568), 623[180] (566, 592, 594, 597), 623[181] (566, 572), 624[239] (576), 626[381] (598); **6**, 347[328] (321), 445[269] (422), 741[332] (519), 741[334] (519), 742[369] (524), 742[370] (524), 745[597] (599, 560); **8**, 364[267] (327).

Deeney, F. A., **4**, 326[496] (298); **5**, 266[129] (28)
Deever, W. R., **8**, 339f[1]
de Faller, J., **5**, 623[144] (563, 564, 568)
DeFilippis, M., **2**, 1015[41] (983)
De Filippo, D., **3**, 879f[15], 1072[260] (1011), 1251[251] (1212, 1215), 1286f[6], 1382[169] (1361, 1363)
Defrees, D. J., **1**, 119[270] (102)
de Freitas, A. S. W., **2**, 1016[77] (986), 1018[206] (1002)
Deganello, G., **2**, 679[377] (669), 679[378] (669); **3**, 118f[12], 120f[14], 165f[3], 165f[4], 697[197] (664), 1076[538] (1058), 1077[554] (1060), 1077[586] (1064), 1252[313] (1224), 1252[358] (1233, 1235, 1236), 1253[375] (1235), 1383[206] (1366), 1383[225] (1370), 1383[236] (1372); **4**, 400f[4], 434f[1], 435f[29], 435f[29], 505[72] (397, 410, 412, 438, 440, 452, 453, 464, 466, 469, 496), 508[235] (440), 559f[11], 559f[13], 559f[16], 559f[18], 559f[23], 602f[19], 605[10] (514), 607[133] (539f, 540), 608[201] (555), 608[205] (556, 559f, 561), 608[216] (560), 608[220] (563, 582), 648[8] (617), 648[9] (617), 658f[28], 658f[29], 815[345] (752), 815[380] (758), 815[381] (759, 805), 815[382] (759), 840[62] (831), 840[66] (832), 963[34] (936); **5**, 285f[3], 520[59] (284), 522[166] (298, 300), 522[177] (300, 427), 529[643] (384), 539f[1279] (510), 625[316] (589, 590); **6**, 0[932a] (614T), 383[23] (365), 445[275] (422), 1110[7] (1044); **8**, 312f[56]
Degen, P., **7**, 728[206] (709, 713), 728[206] (709, 713)
Degens, H. M. L., **1**, 120[310] (111)
Deger, T. E., **8**, 282[180] (275)
de Gil, E. R., **3**, 372f[12], 1100f[5], 1115f[4], 1246[15] (1154)
Degl'Innocenti, A., **7**, 657[606] (631)
de Graaf, P. W. J., **2**, 784f[1], 819[86] (781), 819[87] (781), 819[95] (783, 800), 860[92] (844)
Degrève, Y., **4**, 553f[6]
De Groof, B., **1**, 251[581] (231, 232), 251[581] (231, 232), 251[600] (234, 235, 236)
de Groot, P., **6**, 12[6] (4), 14[133] (4)
Degussa, **2**, 361[72] (316)
De Haan, F. A. M., **2**, 1016[72] (986)
De Haan, R., **8**, 385f[25], 385f[35], 455[89] (384), 455[90] (384), 641f[7], 641[41] (621T)
Dehand, J., **3**, 1187f[12], 1187f[13], 1187f[15], 1337f[20]; **4**, 241[481] (219); **5**, 267[226] (48); **6**, 35[109] (21T, 23), 347[304] (320), 347[321] (321), 347[324] (321), 348[343] (322), 348[344] (322), 348[345] (322), 348[389] (328, 334T), 349[423] (334T, 334f), 737[53] (484), 737[54] (484), 806f[60], 806f[61], 806f[64], 841f[104], 841f[105], 841f[106], 841f[107], 844f[248], 845f[276], 850f[11], 850f[12], 850f[13], 850f[29], 850f[30], 850f[32], 850f[33], 850f[47], 851f[61], 868f[26], 868f[27], 872f[151], 872f[154], 874[55] (769), 874[56] (769); **8**, 223[162] (183)
Dehm, H. C., **6**, 444[208] (410), 444[240] (418, 421); **8**, 929[203] (814)
Dehmlow, E. V., **7**, 726[86] (681); **8**, 367[450] (351)
Dehmlow, S. S., **8**, 367[450] (351)
Dehnicke, K., **1**, 151[165] (138, 140), 152[183] (140), 152[184] (140), 248[422] (206), 248[422] (206), 250[524] (223), 307[389] (289), 380[446] (368), 673[165] (590, 632), 678[470] (631), 678[471] (631), 678[472] (631), 721[99] (698), 722[153] (706), 722[154] (706), 722[155] (706), 722[156] (706), 722[158] (706), 722[173] (709), 722[180] (710), 722[181] (710, 711), 722[182] (711), 722[183] (711), 752[21] (728); **2**, 203[734] (181), 678[281] (660), 678[315] (664), 861[151] (857), 973[220] (900); **3**, 1146[12] (1083), 1146[44] (1098), 1146[45] (1098); **4**, 326[498] (298); **6**, 13[77] (9)
Deibig, H., **1**, 672[119] (578)
Deibl, B., **6**, 736[21] (476, 477)
Deiss, E., **3**, 703[551] (689, 690)
de Jeso, B., **2**, 625[595] (600), 625[615] (601, 602)
De Jesus, M., **7**, 148f[7], 148f[8], 253[108] (244)
de Jong, F., **7**, 109[496] (70)
de Jong, I. G., **4**, 234[31] (164); **6**, 841f[123]
de Jong, J. A., **5**, 549f[3]
de Jong, J. W., **2**, 360[8] (307)
de Jong, W. A., **8**, 17[20] (10)
De Jongh, R. O., **3**, 368f[3], 428[117] (361), 428[142] (365); **6**, 252f[4], 261[44] (247), 261[45] (247), 262[95] (251), 349[456] (341); **8**, 927[44] (801), 929[214] (815)
Dejonghe, J.-P., **1**, 244[199] (177)
de Kelelaere, R. F., **2**, 705[72] (691)
De Kimpe, N., **7**, 107[404] (54)
Dekker, J., **8**, 385f[25], 385f[35], 455[89] (384), 455[90] (384), 641[7] (621T), 641[41] (621T), 642[105] (621T)
Dekker, M., **4**, 323[298] (277, 299)
DeKock, C. W., **3**, 266[150] (195, 196), 269[345] (234)
DeKock, R., **6**, 944[191] (915)
DeKock, R. L., **1**, 453[44] (421, 429); **3**, 81[85] (9), 82[122] (15), 779[43] (708); **4**, 33f[9], 65[24], 153[233] (60); **6**, 12[7] (4), 14[109] (5)
de Koe, P., **1**, 244[211] (177)
de Koning, A. J., **2**, 819[87] (781), 860[26] (829), 860[52] (834)
Delarche, A., **2**, 1016[68] (985)
Delaumeny, M., **7**, 729[259] (721)
de Lauzon, G., **4**, 511[453] (487)
Delazari, N. V., **2**, 188[83] (21)
Delbaere, L. T. J., **2**, 723f[12], 761[94] (728); **4**, 327[558] (304)
Delbecq, F., **7**, 512[124] (491, 492)
Delbeke, F. T., **3**, 798f[21a], 819f[12], 833f[13], 833f[34], 833f[50], 863f[38]; **6**, 34[45] (19T, 20T, 21T, 29), 1028f[42], 1112[138] (1076)
Delbouille, A., **8**, 98[209] (61), 610[267] (596T), 610[268] (596T, 599T), 610[301] (599T)
Del Buttero, P., **3**, 1072[301a] (1018, 1037)
Déléris, G., **2**, 190[172] (38), 190[183] (40); **7**, 648[97] (537), 648[121] (541), 648[124] (542), 648[135] (546); **8**, 647[315] (633)
DeLerno, J. R., **3**, 842f[16]
Delf, M. E., **2**, 193[338] (86)
Del Farra, M., **3**, 1074[399a] (1033)
del Fierro, J., **7**, 650[243] (565)
Delgado-Pena, F., **4**, 511[413b] (482)
Del Gaudio, J., **3**, 851f[31], 851f[32], 851f[37]
de Liefde Meijer, H. J., **3**, 169[87] (134), 264[60] (179), 266[141] (192, 194), 293f[2], 310f[4], 326[38] (292), 326[39] (292), 326[41] (293), 327[44] (294), 327[51] (295), 327[52] (295), 327[54] (296), 327[56] (296), 328[118] (311), 328[134] (314), 398f[29], 398f[30], 398f[36], 398f[46], 398f[47], 411f[10], 419f[19], 419f[20], 419f[25], 427[30] (337, 356, 394), 428[143] (365), 430[273] (402), 430[274] (402), 430[279] (402), 431[302] (409), 431[324] (424), 557[15] (550), 630[93] (572, 590), 633[284] (624), 633[286] (624), 699[298] (671), 700[399] (677, 678), 700[400] (677, 678, 680, 683), 700[401] (677), 700[403] (677, 678, 683), 701[410] (677, 678), 701[412] (677, 678), 701[413] (677, 678), 701[415] (677), 701[420] (678), 702[474] (684), 703[568] (692), 703[573] (692, 693), 703[576] (693), 736f[8], 736f[9], 736f[10], 750f[9], 759f[5], 759f[6], 759f[8], 759f[9], 759f[10], 767f[4], 767f[5], 768f[25], 780[118] (740), 781[163] (760), 781[164] (760, 778), 781[190] (769), 782[218] (776), 782[219] (776); **8**, 1067[170] (1041), 1067[170] (1041)

Delinskaya, E. D., **1**, 696f[30]; **2**, 853f[3], 861[131] (852), 861[143] (855)
Delise, P., **3**, 168[45] (141), 1073[352] (1025); **6**, 743[471] (535T), 754[1172] (641, 643T)
Delker, G., **5**, 353f[4], 526[445] (348)
Delker, G. L., **2**, 189[133] (32), 296[5] (206)
Della, E. W., **7**, 458[190] (399)
Dell'Amico, D. B., **2**, 819[97] (783), 819[97] (783), 821[224] (817), 821[227] (817); **6**, 737[67] (488), 737[100] (491)
Dell'Asta, G., **8**, 551[144] (548)
Della Vecchia, L., **7**, 96f[12], 99f[39]
Dell'Erba, C., **3**, 1068[70] (974)
Dellien, I., **3**, 788f[1], 946[4] (785), 1081f[1], 1146[4] (1080), 1258f[1], 1316[4] (1257)
Delman, A. D., **2**, 510[272] (436)
Delmon, B., **8**, 605[18] (553), 608[195] (586, 587, 588, 594T, 595T, 597T, 598T), 609[234] (594T), 609[245] (595T, 596T, 598T, 601T)
Delmond, B., **1**, 244[195] (176); **2**, 623[481] (583)
Del Nero, S., **3**, 697[190] (663, 673, 675, 676, 679, 680, 681), 698[246] (667, 668, 676, 677); **8**, 1068[207] (1046)
deLoth, P., **1**, 596f[9]; **3**, 436f[20]
del Piero, G., **3**, 87[452] (64); **5**, 625[256] (579, 592), 625[258] (579), 626[380] (598)
Del Pino, C., **5**, 76f[11], 268[293] (78)
Del Prà, A., **2**, 631f[6], 631f[10], 674[7] (630), 675[80] (638), 676[181] (651); **3**, 268[290] (222); **5**, 523[230] (305); **6**, 743[453] (533T, 539T), 743[454] (533T, 539T), 743[455] (533T), 761[1655] (722T, 728), 761[1656] (722T, 728)
De Luca, N., **4**, 375f[86] (352, 352T)
De Lue, N. R., **1**, 307[385] (289), 374[104] (321), 379[399a] (364), 379[399b] (364); **7**, 141[54] (121), 142[107] (131), 254[154] (250), 263[27] (260), 298[21] (271), 299[23] (271), 299[29] (272)
DeLullo, G. C., **8**, 772[214] (737)
Deluzarche, A., **1**, 252[623] (237, 238); **8**, 95[27] (25, 26, 33), 95[59] (33), 97[161] (53, 57), 97[181] (57), 98[244] (69), 98[252] (71)
Delwaulle, M. L., **2**, 509[218] (425)
Delwiche, C. C., **2**, 1019[242] (1005)
Demachi, Y., **7**, 654[469] (602)
Demain, C. P., **3**, 1034f[3], 1067[13] (958), 1247[75] (1171), 1251[270] (1215, 1224), 1383[185] (1363), 1383[204] (1366); **4**, 415f[9], 454f[15]; **5**, 276[809] (264)
de Malde, M., **1**, 676[357] (624); **3**, 304f[1], 368f[14], 429[162] (370)
Demarne, H., **1**, 583f[16], 583f[19], 676[374] (624, 631), 677[424] (627)
de Martin, F., **5**, 625[292] (586)
de Mayo, P., **2**, 624[513] (588)
Demchuk, K. J., **4**, 512[487] (496, 502), 611[380] (589); **8**, 1068[241] (1049), 1068[243] (1049, 1050), 1070[295] (1058)
Dement'ev, A. A., **6**, 13[54] (8), 13[72] (8)
Demers, J. P., **4**, 374[56] (343, 354, 356, 359); **8**, 220[25b] (109)
Demerseman, B., **3**, 285f[3], 285f[4], 286f[2], 286f[3], 326[28] (289), 326[42] (293), 398f[58], 631[184] (587, 591, 612), 633[278] (622), 633[301] (611, 612); **4**, 151[141] (36, 37); **6**, 34[89] (31), 987f[8], 1039[4] (988); **8**, 281[117] (267)
de Micheli, C., **7**, 110[594] (92)
Demidowicz, Z., **1**, 541[208b] (523, 535); **3**, 1052f[2], 1075[431] (1037), 1076[503] (1052), 1251[295] (1220); **5**, 290f[10], 295f[2], 521[98] (291, 468), 556f[8]
Demin, E. A., **3**, 632[266] (620); **6**, 180[51] (157)
Demina, M. M., **8**, 669[52] (657T), 669[53] (657T)
Demirigian, J., **2**, 301[320] (277)
Demitras, G. C., **8**, 95[36] (28), 97[184] (58)
de Montauzon, D., **5**, 35f[18], 266[155] (33), 266[163] (35), 301f[6], 522[165] (297), 522[181] (300), 627[425] (602); **6**, 14[101] (11), 34[75] (20T, 21T, 22T, 32), 1021f[136], 1021f[150], 1035[3] (995, 997)
deMoor, J. E., **1**, 302[14] (256, 268), 310[564] (299)
Dempf, D., **3**, 269[341] (234)
Dempsey, J. N., **6**, 361[32] (353)
Demuth, R., **2**, 200[606] (146); **4**, 106f[8], 106f[37]; **7**, 654[482] (603)

Demuth, W., **1**, 115[36] (49); **7**, 109[530] (77, 79)
Demuynck, J., **1**, 149[31] (122, 145); **3**, 80[13] (2, 5, 6), 81[56] (6), 81[106] (12), 82[131] (17), 83[196] (28), 84[281] (40), 84[283] (40), 695[83] (654); **4**, 319[20] (245), 816[408] (761); **5**, 267[230] (52); **6**, 12[20] (5, 5T), 12[20] (5, 5T), 180[40] (152)
Demyanchuk, V. V., **3**, 711f[7]
de Nardo, L., **6**, 34[73] (22T, 23), 34[73] (22T, 23), 35[149] (22T), 141[104] (122T), 141[135] (122T)
Dence, C. W., **8**, 341f[12]
Dénès, G., **3**, 557[33] (551)
Deneux, M., **2**, 196[457] (113)
Deniau, J., **7**, 50f[8]
Denis, J. M., **2**, 201[656] (160); **7**, 650[227] (561), 725[23] (666)
Denise, B., **1**, 245[252] (183, 185, 204), 245[255] (185, 198, 207), 247[367] (198, 204); **5**, 290f[2], 290f[7], 479f[6], 521[83] (288, 425), 521[95] (290, 474T), 535[1043] (461), 536[1092] (469, 470, 471T, 472T, 476), 536[1118] (473, 475T, 476), 627[408] (601), 627[409] (601), 627[424] (602, 614); **8**, 98[206] (60), 99[265] (75, 76), 99[269] (76, 77), 281[59] (248), 281[124] (268), 282[133] (271)
Denisevich, P., **5**, 530[661] (387)
Denisoff, O., **3**, 1051f[10], 1074[422] (1036), 1076[513] (1054)
Denisov, F. S., **2**, 516[627] (483), 516[636] (484), 516[637] (484), 516[640] (484); **4**, 611[407] (592), 611[414] (592); **6**, 225[96] (202, 203T, 204T, 206), 225[103] (203T); **8**, 339f[31], 641[23] (627T), 641[32] (627T)
Denisov, N. T., **8**, 1098f[6], 1098f[7], 1105[53] (1085), 1105[54] (1085), 1105[55] (1085), 1105[59] (1085), 1105[97] (1097)
Denisov, V. N., **1**, 117[123b] (69)
Denisovich, K. L., **2**, 974[281] (920)
Denisovich, L. I., **2**, 974[277] (920, 921, 922); **3**, 428[126] (363), 986f[5], 1069[123] (985); **4**, 157[559] (132), 415f[6], 510[398] (481), 816[424] (762), 816[428] (762), 816[442] (764), 1061[228] (1018), 1061[229] (1018); **6**, 141[121] (105T, 117, 121T), 231[16] (230), 444[196] (408), 445[289] (423), 454[31] (450), 987f[11], 1019f[42], 1020f[87], 1028f[26]; **8**, 1066[134] (1037, 1038), 1066[140] (1037)
Denney, D. B., **2**, 707[149] (700); **5**, 268[273] (74); **7**, 108[454] (62)
Denney, D. Z., **2**, 707[149] (700); **4**, 505[102] (405, 472); **8**, 1069[259] (1052, 152f, 1055)
Denning, R. G., **4**, 155[416] (115); **6**, 751[958] (617, 661, 662T), 752[1062] (633, 639, 656), 755[1275] (656), 756[1308] (661, 662T), 756[1309] (661, 662T)
Dennis, J. N., **7**, 658[660b] (642)
Dennis, L. M., **1**, 696f[6], 720[51] (690, 712); **2**, 509[217] (425)
Dennis, W., **1**, 379[395] (364)
Denniston, A. D., **7**, 100[37] (4)
Denniston, M. L., **1**, 537[10b] (461, 493, 533), 552[10] (544)
Denny, C. T., **8**, 1095f[5]
Denny, P. J., **8**, 95[12] (21, 24, 25, 26, 33), 96[99] (41, 42, 50, 51, 54, 55, 57), 98[234] (63), 282[140] (272, 274)
de Nobile, M., **6**, 99[399] (55T, 68); **8**, 770[56] (723T, 732)
de Noten, L. J., **7**, 77f[8]
Denson, D. D., **1**, 242[95] (165, 175), 244[187] (176); **2**, 619[167] (545)
Dent, S. P., **6**, 742[385] (526), 745[549] (546T); **7**, 656[582] (625)
Dent, W. T., **6**, 278[24] (271), 443[127] (402); **8**, 430f[10], 447f[1], 460[399] (434), 929[165] (810), 929[191] (813, 834)
Dent-Glasser, L. S., **2**, 200[640] (157)
Denti, G., **8**, 312f[62]
Denton, B., **3**, 84[263] (37, 40), 629[52] (568, 570, 571), 702[490] (685), 767f[12], 767f[16], 771f[2], 1250[199] (1199)

Denton, D. L., **1**, 540^{131} (498, 536T); **4**, 33f^{25}, 151^{133} (35, 43, 101); **6**, 945^{258} (931)
Dentone, Y., **2**, 188^{111} (28)
De Ochoa, O. L., **4**, 963^{40} (937)
De Oliveira, G. G., **7**, 510^{38} (475)
de Ortueta Spiegelberg, C., **8**, 770^{91} (732, 737)
DePaoli, G., **3**, 267^{226} (211, 214), 268^{284} (220, 222), 268^{290} (222), 268^{291} (222)
de Pasquale, R. J., **8**, 456^{143} (395), 670^{115} (668), 670^{126} (668)
Depezay, J.-C., **1**, 244^{186} (176)
Deplano, P., **3**, 1072^{260} (1011), 1251^{251} (1212, 1215), 1382^{169} (1361, 1363)
Depriest, R., **7**, 102^{171} (24)
DePuy, C. H., **2**, 190^{202} (47), 971^{128} (886); **4**, 507^{176} (427), 507^{178} (428), 507^{179} (428), 612^{509} (600, 602f), 648^{33} (624); **7**, 26f^{13}
Derbeneva, S. S., **3**, 632^{266} (620); **6**, 180^{51} (157)
Dereigne, A., **4**, 814^{327} (750); **5**, 627^{423} (602)
Derencsenyi, T. T., **8**, 367^{414} (347)
De Renzi, A., **3**, 86^{387} (52); **5**, 538^{1197} (486); **6**, 346^{274} (315, 316), 346^{275} (315, 316), 346^{276} (315), 383^{38} (365), 384^{116} (379), 384^{117} (379), 743^{457} (533T), 755^{1294} (659), 756^{1299} (659, 667), 756^{1300} (659, 666), 756^{1301} (659, 666), 756^{1302} (660), 756^{1303} (660), 756^{1334} (664), 756^{1346} (666, 667, 667T), 756^{1347} (666), 756^{1349} (667), 758^{1487} (684, 685, 714); **8**, 388f^{3}
Dergunov, Yu. I., **2**, 512^{360} (445), 512^{363} (445), 512^{394} (452), 512^{395} (452), 512^{396} (452), 512^{397} (452), 513^{399} (452), 513^{400} (452), 513^{402} (452), 513^{435} (455); **3**, 698^{279} (670)
Derkach, N. Y., **7**, 655^{495} (606)
Derkach-Kozhukhova, A. E., **1**, 250^{529} (224, 225, 227, 228, 229, 233)
Dernberger, T., **6**, 144^{280} (105T, 113), 228^{258} (193T, 194, 198, 205T, 206, 208, 209T)
deRoch, I. S., **5**, 538^{1248} (498)
Derocque, J. L., **1**, 243^{155} (173), 243^{159} (174)
Deroitte, J. L., **8**, 610^{301} (599T)
de Roode, W. H., **3**, 874f^{3}, 949^{199} (875), 1072^{268} (1013), 1251^{249} (1212), 1317^{72} (1283)
de Rooij, J. F. M., **7**, 652^{342} (582)
DeRoos, J. B., **1**, 692f^{1}, 692f^{2}, 692f^{3}
Derr, H., **1**, 696f^{27}, 721^{106} (701, 705), 721^{107} (701)
Derrick, L. M. R., **3**, 84^{278} (40), 84^{279} (40), 700^{363} (674), 1070^{148a} (987, 1032), 1070^{176} (991); **4**, 454f^{22}; **6**, 228^{245} (192, 193)
Derrig, M. J., **8**, 97^{149} (49)
Dersch, F., **1**, 671^{23b} (558)
Dersnah, D. F., **4**, 819^{621} (797)
Dertouzos, H., **2**, 619^{173} (545)
Derunov, V. A., **4**, 238^{268} (199)
Derunov, V. V., **4**, 237^{239d} (192)
Derval, P., **2**, 188^{111} (28)
Dervan, P. B., **2**, 195^{399b} (100); **7**, 646^{29} (522), 649^{154} (550), 653^{417} (597), 655^{515} (609), 655^{527} (612)
des Abbayes, H., **3**, 1071^{234} (1008), 1076^{484} (1047, 1050); **5**, 51f^{2}, 273^{633} (214); **8**, 100^{338} (94), 223^{173} (191), 1065^{76} (1025)
Desai, N. V., **1**, 674^{228} (600); **7**, 457^{180} (398, 399, 400)
Desai, V. P., **3**, 700^{373} (674)
de Saxcè, A., **1**, 246^{330} (195); **2**, 187^{76} (19), 187^{78} (20), 509^{185} (422)
Desbiolles, G., **1**, 120^{300} (109)
Descamps, A., **3**, 944f^{6}
Deschamps, B., **4**, 511^{453} (487)
Deschamps-Vallet, C., **7**, 510^{22} (473)
Descotes, G., **4**, 965^{132} (951), 965^{144} (955); **5**, 537^{1165} (477), 537^{1166} (477); **8**, 471f^{14}, 472f^{6}, 551^{139} (544), 606^{44} (555, 601T), 610^{272} (597T)
Deshpande, A. B., **3**, 473^{50} (445)
de Silva, S. O., **7**, 104^{270} (34)
DeSimone, R. E., **2**, 1015^{20} (981), 1015^{36} (982)

Desio, P. J., **2**, 861^{129} (852, 859)
De Smet, A., **7**, 512^{122} (491); **8**, 400f^{2}, 457^{191} (399, 401), 931^{308} (844)
Desmond, M. J., **5**, 306f^{16}, 522^{161} (298, 300, 304T, 471T)
Despo, A. D., **7**, 648^{142} (547)
des Roches, D., **4**, 609^{284} (576); **5**, 273^{633} (214)
Desrosiers, P. J., **4**, 240^{400} (211, 212T)
Dessy, G., **6**, 744^{484} (538T)
Dessy, R. E., **1**, 150^{75} (123, 138), 245^{242} (181, 185, 205), 247^{378} (200, 206), 306^{323} (287), 379^{375} (362); **2**, 972^{183} (896), 972^{187} (896); **3**, 388f^{18}, 698^{282} (671), 702^{469} (684), 1248^{118} (1182), 1248^{118} (1182), 1253^{391} (1240), 1380^{64} (1333); **4**, 29f^{1}, 151^{112} (27), 151^{124} (29, 71), 240^{426} (213), 323^{319} (279), 326^{504} (299), 327^{538} (301), 380f^{28}, 389f^{14}, 396f^{1}, 454f^{23}, 510^{372} (471), 658f^{21}, 817^{513} (776), 817^{514} (776), 840^{68} (833); **5**, 29f^{9}, 265^{56} (13), 528^{532} (364, 420); **6**, 14^{101} (11), 227^{207} (205), 227^{224} (202), 841f^{91}, 841f^{94}, 874^{51} (769, 770, 807), 874^{52} (769, 770, 807), 874^{60} (770, 807, 816), 1021f^{162}, 1021f^{163}
des Tombe, F. J. A., **2**, 621^{307} (560), 624^{509} (587), 714f^{6}, 761^{54} (719, 757), 860^{90} (844, 857), 861^{96} (845)
Desube, B., **3**, 121f^{5}
Detellier, C., **8**, 496^{45} (475)
Dettke, M., **3**, 1311f^{4}, 1311f^{8}, 1319^{148} (1310)
Dettlaf, G., **4**, 458f^{3}, 507^{198} (432), 607^{184} (550, 553f), 608^{186} (550, 553f), 608^{243} (568f, 569)
Detty, M. R., **2**, 202^{717} (175), 202^{718} (176), 202^{724} (178, 182); **7**, 655^{498} (606, 608), 655^{499} (606, 608), 655^{511} (608), 655^{512} (608), 657^{644} (639)
Deubzer, B., **3**, 125f^{36}, 1072^{281} (1015, 1018), 1072^{284} (1015); **4**, 83f^{25}; **6**, 839f^{39}, 840f^{78}, 874^{84} (774), 877^{226} (819); **8**, 1067^{192} (1043)
Deuchert, K., **1**, 42^{196} (37); **7**, 658^{682} (642)
Deuster, E. V., **3**, 833f^{45}, 838f^{9}
Deutch, J., **1**, 241^{60} (160, 161)
Deutch, J. M., **3**, 269^{357} (238), 632^{262} (620)
Deuters, B. E., **1**, 306^{294} (283)
Deutscher, J., **3**, 1188f^{29}; **6**, 1018^{12}, 1040^{65} (997, 1001, 1002)
Dev, S., **2**, 192^{295} (77); **7**, 224^{60} (202)
Devaprabhakara, D., **1**, 306^{281} (283); **6**, 383^{24} (365), 753^{1139} (639); **7**, 223^{17} (199), 224^{90} (205, 213, 214), 225^{108} (207), 226^{195} (217), 226^{196} (217), 226^{197} (217), 226^{200} (218), 226^{202} (218), 226^{203} (218), 363^{19} (355)
Devarajan, S., **3**, 1251^{299} (1220), 1253^{392} (1240)
Devaud, M., **2**, 509^{206} (424, 473), 619^{197} (547), 621^{298} (558), 623^{429} (576), 676^{179} (651)
Devaux, A., **3**, 546^{62} (503, 539)
Devekki, A. V., **8**, 934^{559} (889)
Devereux, J. W., **2**, 944f^{6}, 974^{258} (917)
Deverlux, M. J., **6**, 227^{195} (192)
Devillanova, F., **3**, 879f^{15}, 1072^{260} (1011), 1251^{251} (1212, 1215), 1382^{169} (1361, 1363)
Devine, A. M., **2**, 298^{118} (236), 298^{118} (236)
DeVore, T. C., **3**, 264^{63} (180), 264^{64} (180), 694^{13} (649, 651, 654)
DeVos, D., **2**, 674^{29} (633), 677^{246} (657), 678^{252} (657), 678^{253} (657), 678^{254} (657), 678^{255} (657), 678^{256} (657)
de Vries, H., **3**, 435f^{2}, 473^{9} (434, 442)
de Vries, R. A., **8**, 496^{23} (469)
DeVries, S. H., **5**, 535^{1029} (350)
Devyatykh, G. G., **3**, 265^{85} (182), 265^{86} (182), 265^{87} (182), 265^{95} (182), 265^{96} (182, 185), 265^{103} (183, 184, 185), 699^{333} (673), 702^{503} (687, 689), 1070^{162} (988), 1250^{234} (1206)
Devynck, J., **5**, 270^{380} (118), 270^{385} (123)
de Waal, D. J. A., **5**, 536^{1093} (471T)
de Waal, D. K. A., **5**, 625^{280} (583)
de Waard, E. R., **7**, 109^{520} (75)
DeWailly, J., **3**, 1156f^{8}, 1246^{27a} (1157), 1327f^{6}, 1379^{23} (1326)
Dewan, J. C., **3**, 1092f^{11}, 1147^{120} (1144)
Dewar, J., **4**, 321^{121} (255); **6**, 13^{75} (8)

Dewar, M. J. S., **1**, 40⁴⁵ (11), 41¹²² (25), 41¹⁴¹ (32, 33T, 34), 116⁵⁶ (54), 149²² (122), 149³⁰ (122, 145, 147), 303⁹⁸ (268), 304¹⁶⁸ (270), 305²³² (279), 305²³⁴ (279), 305²³⁵ (279), 305²³⁶ (279), 305²³⁷ (279), 373⁵ᵃ (313, 314, 315, 316, 318, 322, 326, 329, 333, 334, 335, 337, 338, 340, 341, 342, 351, 362), 376²⁰³ (340), 376²⁰⁸ (342), 376²¹⁰ (342), 376²¹² (343), 376²¹³ (343), 376²¹⁴ (343), 376²²² (344), 376²²³ (344), 376²²⁴ (344), 376²³⁵ (346), 378³⁴⁰ᵃ (359), 378³⁴⁴ (359), 454¹³¹ (431), 673¹⁸⁷ (593), 676³³² (620); **2**, 193³²⁸ (83); **3**, 85³⁴⁵ (47), 85³⁶⁴ (50), 87⁴⁶⁵ (67, 70); **4**, 454f¹⁹; **6**, 750⁹⁴⁵ (615, 617); **7**, 159¹⁴⁰ (154, 155), 160¹⁴⁷ (155), 195⁵³ (163), 252¹⁰ (230)
Dewar, R. B. K., **4**, 608¹⁹⁸ (555, 559f, 560, 561)
Dewhirst, K. C., **4**, 812¹⁷⁹ (718, 723); **5**, 537¹¹⁸⁰ (482), 608f⁴, 628⁴⁵⁹ (607); **6**, 262⁸⁴ (249), 446³³⁷ (432, 436, 438); **8**, 305f⁴⁶, 331f¹², 363¹⁶⁵ (301), 430f¹¹, 435f¹⁷, 459³⁵⁸ (431, 432), 460⁴¹² (434)
De Wilde, H., **7**, 650²⁴⁶ (566)
Dewing, J., **7**, 225¹⁴³ (209)
Dewit, D. G., **4**, 235¹⁰¹ (171)
DeWitt, E., **1**, 676³⁵⁹ (624)
Dewkett, W. J., **6**, 943¹⁶⁵ (913T), 944²⁰¹ (918T, 919), 944²⁰² (918T, 919), 944²⁰³ (918T, 919)
Dexheimer, E. M., **2**, 188¹¹⁹ (28), 189¹⁶² (37), 190²⁰⁹ (48), 192²⁸⁰ (72), 192²⁸² (72), 196⁴³⁴ (110); **7**, 657⁶¹⁶ (632)
Dey, K., **3**, 701⁴⁵¹ (682); **5**, 255f¹, 275⁷⁸⁰ (254); **6**, 845f²⁷⁸, 987f¹⁷, 1039³ (988, 993)
Deylig, H. J., **1**, 678⁵⁰⁸ (633)
Dezube, B., **3**, 121f², 734f⁶, 760f², 781¹⁶⁶ (760), 948¹⁵¹ (861), 1146³⁵ (1095)
Dhaliwal, P. S., **2**, 705³⁹ (686)
Dhanani, M. L., **7**, 103¹⁹⁵ (27)
Dhawan, K. L., **7**, 106³⁸⁰ (51), 106³⁸⁰ (51)
Dia, G., **4**, 400f⁴, 602f¹⁹, 815³⁸⁰ (758), 963³⁴ (936); **8**, 312f⁵⁶
Diakur, J., **7**, 653³⁹⁸ (592)
Diamantis, A. A., **8**, 1105⁶⁹ (1087, 1101), 1105⁷⁵ (1088)
Diamond, S. E., **4**, 812¹⁹⁰ (719)
Diana, G., **5**, 538¹²⁴⁴ (498)
Dias, A. R., **3**, 362f⁴, 1249¹⁹¹ (1198), 1250²⁰¹ (1199, 1244), 1250²⁰⁴ (1199), 1382¹²⁸ (1346), 1382¹³¹ (1346), 1382¹³² (1346); **4**, 811⁹⁵ (705); **6**, 840f⁷⁰, 841f⁹⁵, 873²⁰ (764), 873²¹ (764), 873²³ (764), 874²⁶ (764), 943¹²² (906T, 913T, 914); **8**, 1066¹¹⁶ (1031)
Dias, G. H. M., **4**, 327⁵⁹⁴ (308)
Dias, S. A., **5**, 530⁷⁰⁸ (396), 530⁷⁰⁹ (396), 625³⁰¹ (587); **6**, 344⁸⁰ (282), 347³⁰³ (319), 347³³⁴ (321), 347³³⁵ (321), 348³⁵⁵ (324), 749⁸³⁷ (595T)
Diaz, A., **3**, 1072²⁶⁰ (1011), 1251²⁵¹ (1212, 1215), 1382¹⁶⁹ (1361, 1363)
Dibeler, V. H., **2**, 976⁴²² (950, 951)
Di Bernardo, P., **3**, 694²⁵ (650)
Di Bianca, F., **2**, 677²⁰⁴ (653), 677²³⁴ (656)
Di Blasio, B., **3**, 86³⁸⁷ (52); **6**, 743⁴⁵⁷ (533T), 758¹⁴⁸⁷ (684, 685, 714)
Dibout, P., **3**, 83¹⁹¹ (28)
DiCarlo, E. N., **3**, 118f², 168⁴⁷ (116)
Dichlian, M. G., **7**, 455⁴¹ (380)
Dichmann, K. S., **4**, 156⁴⁹² (125)
Dick, A. W. S., **2**, 679³³⁴ (666)
Dickason, W. C., **1**, 374¹¹⁴ (322); **7**, 226¹⁷⁸ (213), 226¹⁸¹ (214, 215), 298¹²ᵇ (268), 300¹⁰⁹ᵇ (285)
Dickens, B., **3**, 169⁹⁵ (141)
Dickerhoof, D. W., **6**, 747⁷²³ (583, 587)
Dickers, H. M., **6**, 1113¹⁹⁷ (1092)
Dickerson, J. E., **8**, 864f¹, 933⁴⁵⁶ (862), 933⁴⁸⁸ (873)
Dickerson, R. E., **6**, 945²⁶⁸ (933, 934T)
Dickey, F. H., **7**, 455²⁷ (378)
Dickinson, D. A., **1**, 308⁴¹⁵ (291)
Dickinson, K. H., **8**, 934⁵⁵³ (885)
Dickinson, R. P., **7**, 87f⁴
Dickopp, H., **2**, 197⁵⁰⁶ (123), 197⁵⁰⁸ (123)

Dickson, J. S., **5**, 267¹⁹⁸ (41)
Dickson, R. S., **2**, 675⁷⁵ (638), 705³⁴ (685); **3**, 169⁷⁶ (131), 169⁷⁷ (131), 170¹⁴² (154), 424f⁸, 431³¹⁷ (423); **5**, 194f⁸, 194f¹³, 203f¹, 203f⁴, 203f⁵, 203f⁶, 203f⁷, 271⁴⁷¹ (157, 160, 161, 192, 195, 196, 197, 198, 201, 203, 204, 227, 237, 249), 273⁵⁹¹ (196), 273⁶⁰⁷ (204), 273⁶⁰⁹ (208), 274⁶⁹⁹ (237), 274⁷⁰¹ (237), 275⁷³¹ (245), 520²⁷ (281), 534⁹⁵⁸ (442), 534⁹⁵⁹ (442), 534⁹⁶⁰ (442, 457, 519), 534⁹⁶¹ (442), 534⁹⁶² (442, 458), 534⁹⁶³ (442, 519), 534⁹⁶⁴ (442), 534⁹⁶⁵ (442, 519), 534⁹⁶⁶ (442), 534⁹⁷⁴ (442, 457), 535¹⁰¹⁷ (457, 519), 535¹⁰¹⁸ (457), 535¹⁰¹⁹ (457), 535¹⁰²⁰ (457), 535¹⁰²¹ (457, 519), 538¹²⁰¹ (457, 482), 539¹²⁸⁹ (519); **6**, 142²⁰³ (124T, 129, 134), 142²⁰⁷ (129), 142²⁰⁷ (129); **8**, 1068²²⁶ (1048), 1069²⁴⁸ᵇ (1051, 1057)
Didchenko, R., **1**, 696f¹⁷, 721⁹⁷ (698)
Diebel, K., **8**, 430f⁴
Dieck, H. A., **7**, 197²¹² (192), 322²⁴ (308, 316); **8**, 864f⁸, 865f¹¹, 876f¹, 876f², 933⁴⁹³ (875, 876)
Diedrich, K. M., **6**, 34⁵⁸ (26)
Diefenbach, S. P., **4**, 73f²¹, 155³⁷⁹ (93), 155³⁸⁰ (93)
Diehl, H., **3**, 833f⁷⁴
Diehl, P., **1**, 266f¹, 267f¹, 303⁸¹ (266, 299, 300), 409²¹ (384)
Dieke, G. H., **3**, 264²² (177, 178)
Diel, B. N., **1**, 720⁷⁴ (691)
Diemente, D., **5**, 266¹²² (26); **6**, 1021f¹³⁴
Dierks, H., **3**, 327⁴⁸ (294); **6**, 143²²¹ (110)
Dieter, R. K., **8**, 1095f⁵
Dietl, H., **2**, 197⁵¹³ (123), 813f¹, 821¹⁹⁶ (812), 821¹⁹⁷ (812); **6**, 241³³ (238), 361⁷ (352), 361¹⁵ (352), 383¹⁸ (365, 372, 373), 441¹⁴ (389, 393, 394, 408, 425), 441¹⁵ (389, 393, 394, 409, 433, 434), 469⁴² (462, 463); **8**, 411f¹⁴, 458²⁷⁶ (412), 927⁸⁵ (803), 928¹¹⁶ (805), 928¹¹⁸ (805)
Dietler, U. K., **4**, 689²⁵ (666), 928²² (925), 1057²⁷ (971); **5**, 264³⁶ (8), 264³⁷ (8); **6**, 871f¹²⁷
Dietrich, H., **1**, 40⁹² (19), 117¹¹² (65T, 66), 118²⁰⁰ (83, 84T); **3**, 327⁴⁶ (294), 327⁴⁸ (294); **6**, 143²²¹ (110), 182¹⁵⁶ (151)
Dietrich, J., **6**, 182¹⁵⁶ (151)
Dietrich, K., **2**, 974²⁸⁹ (922, 924)
Dietrich, W., **3**, 631¹⁹⁴ (590, 592, 596)
Dietsche, T. J., **6**, 441¹⁶ (389), 446³⁴⁷ (434), 446³⁴⁸ (434); **8**, 807f¹, 807f⁵, 928¹⁴⁴ (806), 929²⁰⁵ (814), 929²⁰⁸ (814, 816), 929²⁰⁹ (814, 817, 818), 929²¹⁵ (818)
Dietz, R., **1**, 305²³⁶ (279); **3**, 950²⁸⁴ (905), 950²⁸⁵ (906), 950²⁸⁷ (906), 1073³¹⁴ᵇ (1020), 1073³¹⁵ (1020), 1073³¹⁶ (1020), 1073³¹⁷ (1020), 1073³¹⁸ᵇ (1021)
Dietzmann, I., **8**, 610³²⁶ (600T)
Di Filippo, G., **3**, 1072³⁰² (1018)
Dighe, S. V., **6**, 844f²³³, 1019f⁸¹, 1020f⁹⁸, 1039⁴⁹ (995), 1039⁵⁰ (995)
Di Gioacchino, S., **5**, 626³⁴⁷ (592, 598)
Di Giorgio, P. A., **2**, 203⁷³⁷ (182)
Dijkgraaf, C., **3**, 436f²², 447f⁷
Dijon, **3**, 268²⁹¹ (222)
Dilanjan Soysa, H. S., **7**, 654⁴⁶⁶ (601)
Dilgassa, M., **4**, 73f²⁵
Dill, E. D., **3**, 842f¹⁵
Dill, J. D., **1**, 42²⁰³ (39), 117¹⁵⁶ (77, 99, 101), 117¹⁵⁸ (77, 79), 118¹⁶⁴ (79), 119²⁶⁹ᵇ (102), 149¹² (122), 149²¹ (122), 149²³ (122), 304¹⁷⁰ (270)
Dillard, C., **1**, 150¹⁰⁹ (127, 147)
Dillard, C. R., **2**, 621³¹⁰ (561, 567)
Dillard, J. G., **3**, 629⁸⁵ (572)
Dillon, P. J., **2**, 515⁵⁶⁴ (474)
Dilthey, W., **2**, 186f⁷ (4), 186f⁷ (4)
Dilts, J. A., **6**, 942⁸⁸ (903T)
DiLullo, A. A., **4**, 512⁴⁷⁶ (493)
DiLuzio, J. W., **4**, 813²⁰³ (721); **8**, 361⁵² (287)
Dilworth, J. R., **3**, 427³⁰ (337, 356, 394), 427⁸⁰ (356, 394), 947⁴³ (817); **4**, 180f³, 235¹²⁸ (175, 176, 177, 180,

181), 236^177 (182, 224T, 227, 228, 229), 237^257 (196); **8**, 1095f^4, 1104^9 (1075), 1105^92 (1096), 1106^100 (1098, 1101), 1106^105 (1100), 1106^108 (1100)

Di Martino, A., **6**, 738^111 (493, 732, 733, 734)

Dimas, P. A., **5**, 535^1031 (416), 538^1202 (416), 539^1305 (365)

Dime, D. S., **7**, 107^406 (55), 648^126 (543), 648^127 (543)

Dimitrieva, N. A., **2**, 187^59 (13)

Dimitrieva, T. V., **6**, 100^410 (43T)

Dimitrov, V., **3**, 327^63 (298), 696^113 (657)

Dimitrov, J. S., **1**, 118^174 (81)

Dimitrova, L., **1**, 249^499 (219, 235)

Dimmel, D. R., **2**, 188^96 (25, 77)

Dimmit, J. H., **2**, 1018^194 (1001, 1004)

Dimroth, K., **3**, 1077^567a (1062)

Dimroth, O., **2**, 878f^7, 878f^8, 969^6 (864)

Din, L. B., **8**, 1066^136 (1037)

Dineen, J. A., **3**, 1248^145 (1186); **4**, 156^482 (125, 148, 149); **5**, 213f^22, 274^664 (225), 276^794 (258)

Diner, U. E., **7**, 254^152 (250)

Dini, P., **8**, 609^263 (596T)

Dinjus, E., **6**, 94^77 (55T, 65, 75, 77), 95^110 (54T), 98^275 (59T, 79), 98^300 (59T, 64), 98^306 (55T, 65, 75, 77, 79), 98^333 (77), 99^363 (46), 99^380 (59T, 77), 100^417 (59T, 79), 140^60 (109), 140^71 (110), 141^103 (104T), 141^122 (104T, 124, 127), 142^168 (118, 121T, 122T, 123T, 124, 127), 142^169 (110, 121T, 123T, 124T, 124, 127, 129), 143^242 (109, 110), 143^257 (117), 144^274 (111, 131), 181^86 (163, 165T); **8**, 708^230 (701), 711^346 (701), 711^357 (701), 772^215 (737)

Dinkes, L. S., **8**, 1068^244 (1050)

Dinman, B. D., **2**, 969^9 (864)

Dinning, D. A., **7**, 104^243 (31)

Dinnman, B. D., **2**, 1015^5 (980)

Dinulescu, I. G., **6**, 0^158b (405), 348^378 (327, 336), 383^59 (369, 382), 443^157 (404), 443^158a (405), 446^333 (431), 468^15 (456, 460), 468^17 (456, 457), 468^33 (461), 469^36 (461), 469^37 (461), 469^41 (462), 469^65 (467); **8**, 928^157 (810), 935^610 (896)

Diot, M., **4**, 234^17 (163); **6**, 842f^141, 842f^143, 876^201 (807, 808, 816)

DiPardo, R. M., **1**, 307^377 (288), 374^119 (323)

DiPierro, M. J., **5**, 346f^12, 526^440 (346)

DiPietri, J., **1**, 675^276 (611)

Dirlam, J., **7**, 195^81 (168), 245f^4

Dirreen, G. E., **4**, 33f^29, 50f^16, 109f^1, 144f^1, 158^629 (141, 143, 144, 145)

Dirscherl, K., **1**, 306^288 (283)

di Sanseverino, L. R., **2**, 912f^12; **4**, 155^381 (93)

Di Santi, F. J., **3**, 120f^10; **4**, 374^50 (342, 356), 375^94 (354)

DiSanzo, F. P., **3**, 398f^6

Disselkamp, P., **2**, 677^193 (652)

Distefano, E. W., **1**, 452^30 (419), 454^85 (427), 455^170 (438, 441)

Distefano, F. V., **2**, 533f^6

Distefano, G., **2**, 976^416 (950); **4**, 319^39 (246); **5**, 27f^5, 266^121 (26), 520^45 (283); **6**, 1019f^70

Distefano, S., **2**, 187^64 (14)

Ditta, G. S., **1**, 453^70 (426, 427, 431, 435, 437, 443), 453^73 (426, 427, 439, 442)

Ditter, J. F., **1**, 453^40 (420), 453^47 (422), 453^67 (425), 453^80 (427, 433), 454^105 (429), 455^171 (438), 456^202 (443)

Dittman, Jr., W. R., **7**, 656^578 (624)

Dittmar, G., **2**, 200^636 (156), 904f^8, 973^253 (906, 917, 927)

Dittmar, P., **1**, 674^196 (594, 624)

Dittmer, D. C., **4**, 459f^4, 508^259 (443, 444), 609^314 (580); **5**, 272^541 (180)

Di Vaira, M., **1**, 259f^22; **6**, 95^159 (41, 43T), 180^77 (178), 180^78 (178), 180^79 (178), 182^185 (178)

Divakaruni, R., **8**, 99^285 (81), 368^519 (359), 935^630 (898), 936^656 (901), 936^657 (901)

Divers, G. A., **8**, 934^566 (889)

Diversi, P., **1**, 247^356 (198); **3**, 474^111 (467); **4**, 422f^16, 505^101 (405), 505^109 (408, 423), 815^373 (757), 958f^5, 958f^6; **5**, 137f^27, 270^409 (132), 531^751 (407, 435), 531^752 (407, 435), 535^1030 (407), 538^1252 (499), 539^1307 (407), 626^342 (592), 626^343 (592, 595), 627^451 (607), 628^479 (614); **6**, 345^176 (307, 336, 337); **8**, 454^19 (374), 796^113 (775)

Diversi, R., **6**, 442^106 (400)

Dix, D. T., **1**, 150^105 (127), 241^36 (158), 245^269 (186, 204), 671^59 (564, 603)

Dixneuf, P. H., **2**, 816f^7, 821^219 (817), 821^220 (817); **4**, 323^272 (273), 323^273 (273), 323^274 (273), 375^137 (366, 371), 375^143 (368), 609^271 (570f, 574), 939f^17; **5**, 622^70 (551, 557); **6**, 143^264 (109), 344^109 (297), 344^110 (297), 739^212 (506), 739^214 (506), 806f^29, 850f^37; **8**, 339f^9, 1065^73 (1025)

Dixon, A. J., **7**, 651^313 (578)

Dixon, D. A., **1**, 117^149 (75, 76, 77, 78), 455^169 (438)

Dixon, D. T., **4**, 504^15 (382)

Dixon, J. A., **7**, 100^65 (10)

Dixon, K. R., **2**, 187^71 (19); **6**, 35^158 (31), 278^46 (266T, 274), 278^46 (266T, 274), 283f^2, 343^15 (281, 283f), 737^70 (488), 737^75 (488), 737^77 (489), 737^85 (490), 738^106 (493), 738^108 (493), 744^494 (539T), 744^529 (543, 545)

Dixon, M. R., **5**, 543f^3

Dixon, P. S., **2**, 818^14 (766)

Dixon, R. N., **1**, 262f^9

Dizikes, L. J., **2**, 1015^14 (981, 982, 983, 1001), 1015^16 (981), 1019^244 (1005); **4**, 374^70 (347, 353), 375^91 (353); **5**, 269^359 (109)

Djazayeri, M., **3**, 1076^536 (1057)

Djerassi, C., **7**, 197^215 (192), 252^71 (238, 239)

Djordjevic, C., **3**, 1084f^8, 1261f^10

Djuric, S., **7**, 646^21 (520), 649^153 (549), 650^258 (569), 653^379 (586, 587, 591), 656^566 (621)

Djurovich, P. I., **2**, 395^6 (365, 384), 396^97 (384)

Dmitriev, V. I., **1**, 246^334 (195); **7**, 108^453 (62), 108^454 (62); **8**, 642^101 (621T)

Dmitrieva, T. V., **8**, 643^110 (621T), 643^139 (621T), 644^198 (621T), 707^192 (701)

Dmitrikov, V. P., **1**, 307^380 (289), 307^381 (289), 376^186 (338), 377^270 (349)

Doak, G. O., **2**, 696f^12, 704^11 (684), 704^16 (684), 705^70 (690), 706^104 (694), 706^122 (697), 706^127 (698), 1020^306 (1014); **3**, 88^522 (77)

Doba, T., **7**, 513^211 (505), 513^212 (505)

Dobashi, A., **8**, 281^120 (268)

Dobashi, S., **7**, 50f^7

Dobbie, R. C., **1**, 454^100 (429), 455^143 (432, 434, 435, 439), 455^170 (438, 441); **2**, 973^201 (898); **4**, 65f^13, 65f^37, 106f^20, 153^264 (68), 326^532 (300, 302), 327^539 (301, 315), 533f^6, 611^437 (594), 613^524 (604); **5**, 27f^6, 29f^5, 266^132 (28, 42); **6**, 34^74 (19T), 844f^220

Dobbs, B., **3**, 645^29 (639)

Dobbs, T. K., **7**, 105^290 (38)

Dobosh, P. A., **1**, 304^169 (270); **3**, 86^442 (62), 114f^3; **4**, 512^479 (494), 512^480 (494)

Dobrott, R. D., **6**, 945^286 (937T, 940)

Dobrov, I. K., **6**, 445^287 (422)

Dobrusskin, V., **3**, 731f^15, 780^113 (738)

Dobrzynski, E. D., **6**, 346^235 (311, 312T, 312), 346^236 (311, 312T, 312, 326), 739^205 (504); **8**, 99^286 (81)

Dobson, A., **4**, 811^128 (709), 811^130 (709), 811^131 (710, 712, 724, 725), 813^248 (732), 964^113 (949), 965^137 (953), 1059^123 (987), 1060^175 (999), 1060^176 (999), 1060^177 (999, 1001), 1060^178 (999), 1060^179 (999, 1001), 1060^180 (999, 1001), 1060^181a (999, 1003); **5**, 305f^4, 523^204 (303T); **8**, 363^167 (302), 364^259 (325)

Dobson, G. R., **3**, 82^167 (24), 694^17 (649), 792f^4, 797f^4, 798f^21b, 798f^26, 798f^29, 819f^14, 833f^29, 833f^30, 833f^31, 833f^32, 841f^2, 851f^11, 851f^30, 851f^61, 851f^63, 851f^64, 863f^14, 863f^28, 863f^35, 863f^36, 863f^37, 863f^39, 946^18 (800, 804, 805), 946^21 (803, 912, 914), 947^79 (831, 843), 948^140 (859, 860),

948^{159} (867), 948^{160} (867), 948^{165} (871), 949^{201} (875), 949^{206} (876, 877), 949^{207} (876), 1083f^4, 1085f^4, 1085f^{20}, 1086f^7, 1106f^4, 1110f^6, 1115f^6, 1119f^4, 1119f^6, 1246^{25} (1156), 1260f^4, 1262f^4, 1262f^{20}, 1263f^7, 1275f^4, 1286f^1, 1318^{84} (1284), 1318^{85} (1284); **4**, 51f^{59}, 320^{82} (251); **6**, 1039^{22} (991), 1066f^3

Dobson, J. E., **1**, 306^{276} (282); **3**, 327^{49} (295), 1205f^7, 1250^{230} (1205); **6**, 98^{330} (64), 181^{120} (153T, 156)

Dockal, E. R., **2**, 1018^{227} (1004)

Dodd, D., **2**, 978^{495} (962); **3**, 169^{57} (127), 951^{325} (923); **4**, 154^{358} (89), 375^{90} (353, 353T); **5**, 85f^1, 95f^2, 268^{300} (81, 86, 88, 92, 97–99, 102, 103, 106, 109–113, 117–123, 125, 129–133, 138, 140, 141, 144–146, 148, 149, 185), 269^{335} (96, 98, 108, 112), 269^{344} (103, 118, 127), 269^{349} (105, 109, 118), 270^{389} (125, 131)

Dodd, G. H., **7**, 651^{317} (578)

Dodd, H. T., **6**, 444^{235} (417, 420)

Dodd, J. H., **7**, 67f^4

Doddrell, D., **2**, 533f^2, 974^{272} (919, 920), 976^{401} (946), 976^{402} (946), 976^{403} (946, 948), 976^{404} (946); **3**, 125f^{19}; **5**, 362f^3; **7**, 512^{130} (491, 493)

Dodey, P., **8**, 1070^{307} (1059)

Dodge, R. P., **1**, 41^{146} (32, 33T, 34), 259f^{22}; **4**, 460f^5, 648^{16} (618, 619), 1062^{334} (1042)

Dodman, P., **4**, 509^{305} (450)

Dodonov, V. A., **1**, 672^{108} (577), 681^{658} (653), 752^{32} (730); **2**, 510^{263} (435, 440), 623^{469} (582); **3**, 1382^{138} (1348); **6**, 181^{114} (176f, 176T), 1061f^{11}

Dodson, V. H., **1**, 306^{330} (287, 293)

Doebler, C., **8**, 938^{787} (924)

Doedens, R. J., **3**, 711f^5, 1246^{13} (1154); **4**, 65f^{60}, 83f^1, 83f^2, 83f^3, 83f^{16}, 106f^{25}, 153^{268} (68), 322^{188} (265), 324^{365} (286), 326^{516} (299), 326^{517} (299), 326^{519} (299, 300), 326^{520} (299), 326^{526} (300), 327^{550} (303), 648^{46} (629), 818^{578} (785), 818^{579} (785), 895f^4, 906^9 (890); **5**, 534^{981} (294)

Doemeny, J. M., **8**, 1105^{57} (1085)

Doemeny, P. A., **8**, 1098f^1, 1098f^2

Doenie, A. N., **2**, 762^{113} (732)

Doering, W. von E., **1**, 672^{87} (571); **8**, 1009^{159} (981)

do Goeij, J. J. M., **2**, 1016^{81} (987)

Dogomori, Y., **8**, 938^{794} (925), 938^{795} (925)

Doherty, R. M., **6**, 873^{22} (764)

Dohr, M., **8**, 459^{336} (422)

Döhring, A., **8**, 283^{202} (279), 462^{485} (450)

Döhring, H. J., **6**, 182^{166} (158, 159T, 160T)

Doi, K., **6**, 140^{91} (130)

Doi, Y., **3**, 546^{31} (492), 547^{87} (520)

Dokichev, V. A., **8**, 458^{242} (409), 706^{136} (672, 674T, 678)

Dokiya, M., **3**, 949^{204} (876)

Doksopulo, T. P., **2**, 300^{221} (255T, 288)

Dolan, E., **1**, 308^{417} (291, 293), 308^{450} (293)

Dolan, P. J., **1**, 456^{222} (446)

Dolanský, J., **1**, 538^{67} (478, 510)

Dolby, R., **5**, 171f^1

Dolcetti, G., **4**, 158^{577} (135), 168f^5, 237^{241} (193), 813^{227} (726, 729, 743), 886^{136a} (871), 886^{136b} (871), 907^{54} (900), 1063^{348} (1044); **5**, 529^{636} (381), 530^{659} (387, 426); **6**, 757^{1383} (672), 757^{1387} (672), 845f^{287}, 875^{92} (776); **8**, 312f^{62}, 339f^{22}, 365^{292} (329, 351)

Dolgaya, M. E., **2**, 197^{477} (117)

Dolgoplosk, B. A., **1**, 115^{25} (46, 102T), 119^{269a} (102), 247^{349} (197); **3**, 326^{15} (284, 285), 327^{62} (298), 327^{65} (298), 327^{66} (298), 436f^{31}, 473^{16} (437), 473^{17} (437), 473^{35} (440), 474^{118} (470), 546^{65} (504), 547^{114} (537, 539), 547^{115} (537), 547^{137} (544), 696^{116} (657, 660), 696^{118} (657, 687), 697^{174} (662), 759f^1, 780^{122} (741), 781^{159} (759), 924f^{10}, 1308f^2, 1311f^{11}, 1311f^{12}, 1319^{150} (1311); **6**, 179^5 (146T, 147, 156, 159T, 160), 179^{18} (159T, 160), 180^{34} (161), 181^{130} (158, 159T, 160), 181^{132} (161); **8**, 312f^{34}, 549^{19} (503, 505), 549^{36} (504, 511, 522), 550^{82} (518), 641^{33} (618, 627T), 641^{34} (618, 627T), 705^{90} (701), 706^{127} (701), 707^{182} (701),

707^{183} (701), 707^{185} (701, 703), 707^{191} (701), 708^{200} (701, 703), 708^{205} (701), 708^{209} (702), 708^{214} (701), 708^{217} (702), 708^{232} (702), 708^{238} (701)

Dolgov, B. N., **2**, 187^{59} (13), 196^{455} (113, 122), 361^{91} (319); **8**, 96^{126} (46)

Doll, K. H., **6**, 228^{254} (193, 193T)

Dolphin, D., **4**, 812^{157} (715), 965^{162} (958); **5**, 269^{314} (87, 126, 185), 270^{392} (126), 623^{160} (565), 623^{161} (565); **8**, 1105^{50} (1084)

Dolphin, D. H., **4**, 812^{157} (715), 886^{123} (868)

Dolphin, J. M., **7**, 14f^7

Dolzine, T. W., **1**, 248^{419} (206), 672^{67} (566, 591), 720^{33} (687, 691); **2**, 298^{139} (241); **7**, 455^{62} (382)

Domaille, P. J., **3**, 121f^6; **4**, 512^{514} (501), 815^{360} (755), 1061^{241} (1020)

Domann, H., **4**, 322^{228} (269)

Domazetis, G., **4**, 965^{162} (958)

Dombeck, B. D., **3**, 809f^{15}, 886f^{15}, 888f^1, 888f^3, 1147^{88} (1122), 1290f^1, 1290f^2, 1290f^3, 1290f^4, 1290f^6, 1290f^7, 1317^{12} (1267), 1317^{19} (1271), 1318^{82} (1283, 1289, 1291, 1292), 1318^{92} (1289, 1291), 1318^{93} (1289), 1318^{102} (1291, 1304), 1318^{103} (1291, 1292, 1304); **4**, 11f^5, 73f^{24}, 150^{41} (12, 35, 38, 43, 101), 154^{308} (75, 99), 605^{47} (519), 963^{37} (937); **5**, 625^{268} (581); **8**, 95^{66} (35), 99^{306} (87), 99^{308} (89), 1066^{111} (1031)

Dombek, R. B., **8**, 220^{23} (108)

Domeier, L. A., **7**, 511^{57} (480)

Domiano, P., **5**, 28f^4; **6**, 298f^2

Dominelli, N., **4**, 328^{606} (308)

Domingos, A. J. P., **3**, 171^{183} (167); **4**, 380f^{19}, 424f^1, 435f^{28}, 506^{158} (424, 455), 814^{305} (747, 750), 814^{308} (747), 814^{330} (750, 752), 841^{90} (837), 884^{29} (850), 884^{30} (850), 884^{31} (850), 885^{60} (854), 885^{61} (854), 907^{37} (896, 898), 1060^{216} (1017), 1062^{325} (1039)

Domingos, A. M., **2**, 6f^{11}, 198^{533} (128), 620^{268} (555), 621^{295} (558, 569), 622^{407} (572), 623^{427} (575)

Dominh, T., **2**, 977^{476} (959)

Domrachev, G. A., **1**, 720^{72} (691); **2**, 675^{91} (640); **3**, 427^{56} (348), 431^{329} (425), 631^{218} (602), 736f^{18}, 767f^9, 768f^{20}, 768f^{21}, 978f^6, 981f^7, 981f^8, 981f^{16}, 981f^{19}, 986f^4, 1069^{105} (982), 1069^{107} (983, 988), 1069^{109} (984), 1070^{196} (999), 1070^{199} (999), 1071^{210} (1001); **4**, 401f^{26}; **6**, 181^{121} (159T, 164, 165T), 226^{144} (195), 226^{156} (203T), 226^{180} (205T, 208), 226^{185} (205T, 208), 228^{266} (205T, 208), 445^{296} (424), 445^{297} (424), 445^{311} (427), 445^{312} (427), 1029f^{81}, 1032f^{31}, 1040^{67} (997, 1001), 1040^{101} (1004, 1008), 1040^{102} (1004), 1113^{201} (1095)

Don, B. P., **1**, 420f^5, 420f^5; **4**, 324^{347} (283)

Donaghey, L. F., **1**, 720^{76} (691)

Donahoo, W. P., **1**, 304^{185} (270)

Donahue, C. J., **3**, 1084f^4, 1261f^6; **6**, 14^{132} (5), 228^{267} (211)

Donahue, P. E., **2**, 397^{120} (388)

Donald, H., **2**, 636f^4

Donaldson, J. D., **2**, 194^{385} (96, 129), 525f^2, 526f^3, 616^{14a} (522, 535, 553, 608), 625^{579} (597); **6**, 1111^{90} (1065, 1068, 1078, 1083)

Donaldson, P., **6**, 749^{875} (602)

Donaldson, P. B., **5**, 270^{430} (139, 196, 204)

Donaldson, R., **3**, 879f^{20a}

Donaldson, R. E., **7**, 649^{160} (551)

Donaldson, W. A., **5**, 273^{622} (210)

Donati, M., **6**, 361^{20} (352), 361^{21} (352, 353), 361^{24} (352, 360), 362^{83} (360, 361), 382^1 (363, 365), 383^{26} (365), 441^{18} (389), 441^{25} (390, 422), 442^{60} (394), 445^{299} (424); **8**, 928^{90} (803), 928^{135} (806), 928^{136} (806), 928^{140} (806), 929^{189} (813)

Donbar, K. W., **8**, 711^{358} (701)

Donda, A. F., **8**, 458^{271} (412)

Dondoni, A., **4**, 320^{86} (251)

Dong, D., **2**, 970^{63} (871); **3**, 473^{31} (439); **4**, 153^{294} (72, 89), 154^{351} (88), 154^{359} (89), 375^{93} (354), 375^{98} (356, 359)
Donley, W., **1**, 241^{23} (157)
Donnay, G., **6**, 747^{745} (585), 748^{773} (587)
Donne, C. D., **5**, 158f^7, 271^{468} (157)
Donnelly, S. J., **2**, 196^{459} (113), 196^{460} (113); **7**, 656^{570} (622), 656^{571} (622)
Donnini, G. P., **7**, 512^{153} (498); **8**, 1070^{331} (1061)
Donohue, J., **1**, 542^{259} (536), 742^{258} (536); **2**, 387f^1, 387f^3, 396^{90} (383, 386), 396^{102} (385); **4**, 319^{13} (245), 319^{15} (245), 508^{275} (446)
Donovan, D., **2**, 190^{216} (51)
Donovan, R. D., **1**, 150^{65} (123, 127, 147)
Donovan-Mtunzi, S., **8**, 1095f^4
Donzel, A., **8**, 772^{224} (748T)
Dooley, T., **5**, 249f^6, 528^{567} (370)
Doolittle, R. E., **7**, 50f^1
Doonan, D. J., **2**, 819^{73} (777, 804); **4**, 690^{125} (682), 690^{126} (682), 1060^{202} (1010); **5**, 158f^6, 271^{483} (160); **6**, 278^{32} (272), 278^{33} (272), 738^{130} (496), 738^{131} (497)
Doorman, P. M., **3**, 879f^{12b}
Döpp, D., **7**, 159^{120} (152), 224^{29} (200)
Doppelberger, J., **3**, 1249^{170} (1192); **5**, 270^{446} (144)
Döppert, K., **3**, 429^{205} (378, 380)
D'Or, L., **3**, 699^{340} (673); **4**, 816^{419} (762)
Doran, M. A., **1**, 117^{125} (70, 77, 78), 118^{206} (87), 118^{218} (89)
d'Orchymont, H., **7**, 109^{541} (79)
Doretti, L., **1**, 754^{119} (747, 749); **2**, 975^{338} (930); **3**, 268^{287} (221)
Dorfman, Y. A., **8**, 349f^{19}, 363^{179} (305)
Dori, Z., **3**, 1148^{123} (1145), 1261f^3
Döring, U., **6**, 36^{168} (26, 27T, 28), 98^{324} (59T, 77)
Dormond, A., **3**, 268^{274} (218), 304f^3, 327^{83} (302), 344f^{25}, 346f^6, 376f^{14}, 398f^{53}, 407f^{13}, 427^{46} (352, 354), 429^{151} (366, 408), 429^{153} (370, 374), 429^{155} (370), 429^{175} (374), 429^{176} (374), 431^{292} (405), 431^{298} (408), 431^{327} (425), 431^{328} (425), 629^{51} (568); **8**, 220^{13} (107), 1065^{72} (1024), 1065^{72} (1024), 1068^{220} (1048), 1068^{229} (1048), 1068^{229} (1048)
Dorn, W. L., **3**, 695^{71} (653, 666), 697^{201} (664, 666)
Dornberger, E., **3**, 265^{98} (182), 265^{105} (184, 185, 212, 215, 219), 267^{225} (211), 267^{232} (211, 219), 267^{233} (212), 267^{239} (212), 268^{271} (217), 700^{373} (674)
Dorner, H., **6**, 94^{62} (42, 43T), 227^{210} (213, 213T), 227^{216} (212, 213T)
Dornfeld, C. A., **7**, 20f^3, 106^{359} (48)
Dorofeek, N., **6**, 442^{91} (398)
Dorofeenko, G. N., **6**, 442^{92} (398)
Dorofeeva, L. A., **8**, 668^{21} (662, 663T)
Dorofeeva, O. V., **1**, 420f^4, 420f^4, 452^{23} (418), 452^{23} (418)
Dorokhov, V. A., **1**, 275f^{32}, 286f^{12}, 308^{467} (294), 375^{185} (338), 376^{186} (338), 376^{187} (338), 376^{188} (338), 376^{189} (338), 376^{190} (338), 376^{195} (339), 376^{204} (340), 376^{244} (347), 376^{245} (347), 377^{278} (351, 353), 377^{291} (353), 378^{331} (357), 378^{332} (357), 378^{333} (357), 378^{351} (359), 378^{353} (359), 379^{381} (362), 379^{382} (362), 379^{384} (362), 379^{386} (362), 379^{426} (366), 380^{431} (367); **7**, 194^7 (161), 195^{42} (163), 195^{99} (170), 225^{133} (208, 212), 252^{49} (234), 335^{10} (324), 335^{13} (325)
Doronzo, S., **5**, 624^{241} (576); **8**, 280^{38} (239), 280^{39} (239), 291f^2, 292f^{11}, 304f^{29}
Dorp, D. A., **8**, 769^{15} (714T)
Dörr, V., **1**, 244^{182} (176)
Dorsett, T. E., **3**, 1084f^3
Dossor, P. J., **3**, 1004f^{14}, 1005f^7, 1071^{226} (1006, 1046); **8**, 1069^{280} (1056)
Doty, J. C., **1**, 303^{71} (265), 310^{552} (298), 310^{553} (298); **7**, 336^{50b} (334), 336^{50c} (334), 336^{50d} (334)
Dötz, K. H., **2**, 190^{193} (43); **3**, 893f^{18}, 904f^8, 950^{280} (905), 950^{282} (905), 950^{283} (905), 950^{284} (905), 950^{285} (906), 950^{286} (906), 950^{287} (906), 1073^{314a} (1020), 1073^{314b} (1020), 1073^{315} (1020), 1073^{316} (1020), 1073^{317} (1020), 1073^{318a} (1021), 1073^{318b} (1021), 1125f^7, 1297f^{12}; **8**, 549^{34} (504, 505, 511, 513)
Dotzauer, E., **3**, 1068^{69} (974); **4**, 609^{293} (577)
Dötzer, R., **1**, 681^{668} (656), 720^{30} (687)
Douek, I., **2**, 621^{322} (562); **3**, 108f^{28}, 108f^{31}; **5**, 342f^3, 522^{130} (341); **6**, 754^{1222} (652)
Douek, I. C., **5**, 529^{607} (378), 623^{154} (565)
Douek, Z., **6**, 754^{1220} (652)
Dougherty, C. M., **7**, 90f^1, 107^{400} (54)
Dougherty, R. C., **1**, 376^{235} (346)
Doughty, D. H., **5**, 310f^3, 523^{250} (307), 539^{1263} (307); **8**, 223^{185} (215)
Doughty, D. T., **8**, 99^{321} (91)
Douglade, J., **3**, 736f^9, 745f^{13}, 753f^9, 767f^2, 771f^5, 772f^1, 780^{135} (745, 757)
Douglas, B. E., **6**, 753^{1142} (639)
Douglas, I. N., **4**, 816^{407} (761)
Douglas, P. G., **4**, 173f^7, 180f^5, 235^{133} (176, 181), 237^{255} (195), 237^{256} (195), 695f^5, 813^{209} (723), 813^{265} (739), 1059^{140} (990), 1060^{196} (1006)
Douglas, W. E., **3**, 767f^8, 767f^{15}, 767f^{17}, 768f^7, 768f^8, 772f^6, 809f^9, 810f^8; **6**, 839f^{23}, 849f^2, 849f^3, 874^{27} (764), 874^{31} (764), 1112^{131} (1075)
Douglas, W. M., **3**, 833f^{43}, 847f^7, 847f^9, 947^{98} (836), 1380^{75} (1335); **4**, 50f^{15}, 106f^4, 152^{219} (58), 152^{223} (59), 157^{516} (128), 157^{565} (133), 237^{261} (197), 324^{368} (286, 289, 291), 324^{389} (288), 324^{394} (288), 326^{525} (300), 327^{537} (301, 304), 612^{445} (533f, 594); **5**, 275^{747} (250); **8**, 609^{226} (594T)
Douglass, J. E., **1**, 309^{492} (296), 309^{494} (296), 309^{495} (296), 379^{376a} (362)
Douillet, D., **8**, 455^{82} (384, 415)
Doun, S. K., **2**, 191^{244} (58)
Dousse, G., **2**, 503f^2, 510^{223} (426, 432, 443, 445, 446), 510^{278} (437), 511^{295} (438, 493, 497), 511^{308} (439, 489, 493, 498), 511^{309} (439, 488, 494, 498), 511^{315} (440, 441, 451), 511^{333} (442), 511^{335} (442, 446), 512^{337} (443), 512^{339} (443, 449), 512^{373} (446, 479, 484), 512^{390} (451), 513^{437} (455, 495, 496, 497, 498), 515^{566} (474, 490), 516^{588} (480, 489), 517^{679} (493, 497), 517^{680} (493), 517^{684} (497, 498)
Dow, A. W., **2**, 189^{131} (31), 191^{256} (62), 194^{360} (93); **7**, 647^{71} (530), 647^{79} (531, 533)
Dowd, P., **8**, 1009^{141} (977, 978)
Dowd, S. R., **2**, 977^{454} (957); **7**, 101^{81} (12), 679f^3, 726^{77} (678)
Dowdell, L. R. J., **4**, 238^{276} (200)
Dowden, B. F., **2**, 191^{237} (56)
Dowden, D. A., **4**, 965^{188} (962)
Dowerah, D., **5**, 522^{132} (294), 522^{133} (294)
Down, J. A., **4**, 153^{251} (67)
Down, J. L., **4**, 65f^{17}
Downey, R. F., **5**, 538^{1216} (490, 491)
Downing, F. B., **8**, 411f^1, 458^{253} (410)
Downs, A. J., **1**, 125f^8, 150^{93} (124, 126, 127), 700f^1, 720^{63} (690), 722^{208} (714), 722^{209} (714); **2**, 706^{111} (696); **3**, 1381^{114} (1343); **6**, 942^{79} (901, 902T, 903T)
Downs, A. W., **5**, 530^{708} (396), 530^{709} (396), 625^{301} (587); **6**, 344^{80} (282), 347^{334} (321), 347^{335} (321), 749^{837} (595T)
Downs, H. H., **6**, 263^{185} (260), 344^{134} (302)
Downs, R. L., **4**, 612^{449} (536f, 595)
Downs J., **6**, 748^{802} (589)
Doyle, G., **3**, 428^{139} (365, 378), 429^{193} (378), 701^{443} (682, 684), 701^{444} (682, 684), 797f^{10}, 797f^{11}, 826f^5, 826f^9, 840f^{16}, 1085f^{11}, 1085f^{12}, 1106f^1, 1106f^{10}, 1246^{35} (1158), 1262f^{11}, 1262f^{12}, 1275f^9, 1380^{25} (1327)
Doyle, J. R., **3**, 428^{102} (361); **6**, 346^{262} (315, 316), 382^{10} (364, 365), 383^{65} (370, 371), 383^{67} (371), 441^{49} (392), 443^{178} (407), 453^{20} (449), 740^{275} (515, 530, 554, 682), 740^{278} (516, 530, 682), 747^{711} (582), 753^{1127} (638), 754^{1200} (641, 649T), 756^{1329} (664), 758^{1481} (682)
Doyle, M., **5**, 404f^{25}, 529^{644} (384)

Doyle, M. J., **3**, 103f[8], 891f[13], 950[245] (888); **4**, 963[36] (937); **5**, 529[642] (384, 385), 532[788] (412), 532[789] (412, 413, 465), 532[790] (412, 413); **6**, 95[131] (58, 59T, 61T, 65, 66, 76), 97[257] (54T, 59T, 67, 70, 76, 77, 79, 80), 98[307] (59T, 65, 67, 76, 77), 98[325] (59T, 65, 66, 76, 77), 141[137] (105T), 142[192] (122T), 344[85] (292, 293), 739[193] (502); **7**, 727[147] (697), 729[272] (723); **8**, 549[33] (504, 505), 670[102] (653), 769[40] (734)

Doyle, M. P., **2**, 187[47] (11, 110), 196[458] (113), 196[459] (113), 196[460] (113), 196[466] (115), 197[464] (114); **7**, 656[570] (622), 656[571] (622), 656[571] (622), 656[571] (622)

Doyle, P., **7**, 16f[3]

Dozorov, V. A., **3**, 702[509] (688)

Dozzi, G., **8**, 366[369] (342)

Drach, J. C., **7**, 513[219] (506)

Dradi, E., **8**, 770[78] (730), 770[79] (730)

Dräger, M., **2**, 517[693] (502), 626[652] (607), 626[657a] (608)

Draggett, P. T., **4**, 815[372] (756), 1064[413] (1018); **5**, 535[1012] (448, 450, 485, 489, 492, 517), 628[464] (611); **8**, 317f[11], 388f[2], 455[106] (389), 1068[235] (1049)

Drago, R. S., **1**, 753[40] (732); **2**, 633f[2], 674[26] (632), 677[188] (652), 677[214] (654); **3**, 82[181] (28, 30), 700[380] (674, 675), 700[387] (675), 702[501] (687, 690), 703[554] (690), 1069[144] (987), 1070[146] (987, 990); **5**, 306f[16], 521[81] (284, 285, 288, 289), 522[161] (298, 300, 304T, 471T), 536[1099] (471T); **6**, 231[8] (230), 409f[1], 444[199] (409), 754[1212] (652), 876[189] (797); **8**, 606[52] (557)

Draguez, E. R. E. G. **8**, 645[236] (621T)

Drahnak, T. J., **2**, 193[344] (88), 387f[5], 396[55] (375), 396[107] (385)

Drahowzal, F. A., **2**, 620[220] (548)

Drain, L. E., **6**, 13[43] (7)

Drake, J. E., **2**, 202[718] (176), 202[721] (176), 202[721] (176), 203[740] (183), 509[172] (420, 426), 510[258] (434, 440, 441, 442, 443, 444, 446), 510[269] (435, 444, 445, 446), 511[321] (440), 512[349] (444), 512[351] (444, 445, 452), 512[355] (445), 512[357] (445), 512[358] (445), 512[362] (445, 446), 513[403] (452), 513[449] (458, 459, 460, 466), 514[464] (460), 514[472] (461), 514[503] (467), 514[504] (467), 514[505] (467), 514[506] (467), 518[716] (505); **7**, 655[503] (606)

Drake, N. L., **7**, 26f[2]

Drake, R. P., **1**, 453[32] (420, 423, 425, 431), 454[92] (428), 456[230c] (448, 450)

Drakesmith, A., **5**, 628[470] (612, 616)

Drakesmith, F. G., **1**, 60f[18]

Drama, D., **3**, 950[293] (910)

Dransfeld, K., **6**, 12[6] (4), 14[133] (4)

Dransfield, P. B., **2**, 1018[235] (1005), 1018[236] (1005)

Draper, P. M., **1**, 307[396] (289)

Drechsel, W., **7**, 461[406] (430)

Dreeskamp, H., **2**, 530f[2]; **4**, 508[244] (441), 613[526] (604); **6**, 33[11] (17, 17T), 33[13] (17, 17T, 19T), 97[250] (84); **8**, 291f[35]

Drefahl, G., **3**, 1072[266] (1013)

Dreger, E. E., **7**, 106[373] (49)

Dreher, E., **2**, 969[5] (864)

Dreher, H., **4**, 50f[29], 152[206] (55), 152[216] (58)

Drehfahl, G., **3**, 1004f[15]

Dreischl, P., **5**, 270[446] (144)

Drenth, W., **1**, 375[169] (334); **2**, 510[271] (436), 624[512] (588); **5**, 536[1090] (428, 471T); **8**, 607[101] (563), 607[102] (563), 609[209] (592, 597T, 604), 609[230] (594T), 796[98] (794), 796[98] (794), 796[99] (794), 796[99] (794)

Dreos Garlatti, R., **5**, 269[362] (110, 111), 269[363] (110), 269[364] (111)

Dresel, W. H., **2**, 188[98] (25), 302[374] (291)

Dresselhaus, G., **6**, 12[6] (4)

Dresselhaus, M. S., **6**, 12[6] (4)

Drevs, H., **1**, 242[84] (164); **3**, 474[126] (472), 696[137] (659), 696[140] (659); **4**, 610[347] (585); **5**, 137f[15], 268[282] (77); **6**, 99[355] (50T), 99[372] (60T, 64)

Drew, D., **1**, 247[357] (198); **4**, 23f[10], 33f[13], 33f[14], 83f[18], 84f[2], 151[86] (24, 38, 39, 101, 102), 152[169] (43, 66, 79), 236[147] (178)

Drew, D. A., **1**, 41[108] (22, 33T), 41[109] (22, 32, 33T), 46f[1], 125f[14], 146f[4], 146f[6], 152[203] (144, 146), 152[213] (145), 152[222] (146, 147), 152[225] (146), 152[228] (146), 152[231] (147), 152[233] (147), 673[140] (585, 588), 674[257] (606), 720[27] (686); **4**, 151[119] (27); **6**, 747[711] (582)

Drew, E. H., **8**, 646[257] (621T)

Drew, M. G. B., **3**, 81[118] (12), 630[100] (573, 574, 577), 732f[18], 734f[16], 734f[17], 734f[19], 737f[13], 771f[15], 780[109] (738), 780[110] (738, 743), 780[111] (738), 842f[18], 1092f[2], 1092f[3], 1092f[4], 1092f[5], 1092f[6], 1092f[8], 1092f[9], 1092f[10], 1138f[9], 1138f[10] (1139T), 1146[14] (1091), 1146[30] (1094), 1246[30] (1157), 1246[31] (1157), 1246[32] (1158), 1266f[1], 1266f[2], 1266f[4], 1266f[5], 1266f[6], 1266f[7]; **4**, 180f[4], 236[168] (181); **5**, 455f[1], 532[832] (419, 422, 447, 448, 449), 532[833] (419), 534[982] (358, 434, 448, 449, 466, 467, 468, 480, 483), 535[998] (449, 452, 480)

Drew, R. E., **2**, 622[372] (569)

Drews, K. A., **3**, 1076[524] (1056, 1057)

Dreyer, E. B., **3**, 1121f[9], 1147[87] (1122)

Dreyfuss, M. P., **7**, 104[239] (31)

Drickamer, H. G., **4**, 479f[25]

Drienovsky, P., **3**, 775f[9]

Driessen, P. B. J., **3**, 169[67] (128)

Driggs, R. J., **2**, 978[515] (964); **7**, 726[96] (684); **8**, 933[492] (877)

Drinkard, W. C., **6**, 93[23] (39, 43T), 252f[5], 262[97] (251); **8**, 460[387] (432, 453), 645[222] (628, 632), 645[233] (632), 646[256] (632)

Drobotenko, V. V., **1**, 248[428] (207); **3**, 696[114] (657, 660), 696[148] (660), 696[149] (660), 696[153] (660)

Drogunova, G. I., **3**, 334f[43], 427[22] (336); **6**, 100[409] (40, 43T)

Drohne, D., **2**, 707[159] (701)

Drone, F., **2**, 302[361] (290)

Dror, Y., **8**, 365[324] (338, 351)

Drozd, V. N., **1**, 285f[4], 285f[5], 285f[6], 285f[38], 286f[18]; **8**, 1069[247b] (1051), 1071[351a] (1063), 1071[351b] (1063), 1071[351c] (1063)

Drozd, V. W., **7**, 336[47] (333)

Drozdov, G. V., **3**, 368f[12], 376f[15], 379f[3]

Druce, P. M., **3**, 362f[1], 362f[11], 428[115] (361, 363), 629[66] (569, 572, 578), 629[90] (572)

Druliner, J. D., **6**, 95[130] (39, 40, 43T); **8**, 368[505] (357, 358)

Drullinger, L. F., **1**, 456[226] (448)

Drummond, Jr., F. O., **3**, 315f[2], 419f[21], 631[203] (591, 610), 633[298] (610)

Drusiani, A., **8**, 364[260] (325)

Druz, B. L., **1**, 720[72] (691)

Druz, N. N., **4**, 73f[20], 155[422] (116); **6**, 181[3] (158), 181[122] (158); **8**, 708[213] (702, 703), 708[215] (702, 703)

Druzhkov, O. N., **1**, 309[543] (298), 721[96] (698), 722[194] (712); **2**, 675[86] (639), 675[89] (640), 820[129] (790), 820[129] (790), 977[487] (960), 977[488] (960); **3**, 699[337] (673), 700[350] (673), 701[418] (678), 702[507] (687, 688), 702[511] (688), 1070[199] (999); **6**, 181[114] (176f, 176T), 226[138] (192, 193T), 226[139] (195)

Dry, M. E., **8**, 96[97] (41), 96[131] (48)

Dryja, T. P., **4**, 818[535] (717)

D'Silva, T. D. J., **4**, 944f[7]

Dua, S. S., **2**, 188[99] (25), 754f[7], 761[56] (720); **7**, 107[412] (55); **8**, 937[757] (920)

Duatti, A., **4**, 1061[230] (1018)

Dub, M., **2**, 506[11] (402), 704[15] (684); **3**, 965f[1], 1067[2] (957, 958, 960, 961, 962, 964, 965, 966, 967, 969, 970, 971, 972), 1170f[1], 1177f[1], 1178f[1], 1245[1] (1151, 1152, 1159, 1169, 1170, 1176, 1177, 1178, 1181, 1182, 1183, 1184, 1185, 1186, 1190, 1194, 1198, 1199), 1337f[1], 1379[1] (1323, 1327, 1330, 1331, 1333, 1334, 1335, 1336, 1342, 1344, 1346, 1356, 1376); **4**, 605[15] (514, 519, 539f, 540); **5**, 268[275] (74, 153)

Dubac, J., **1**, 246[330] (195); **2**, 191[226] (53), 202[706] (172), 297[77] (228), 297[94] (231), 298[100] (233), 298[101] (233), 299[157] (243), 299[200] (249), 300[234] (259T,

260), 507[77] (407), 507[78] (407), 507[79] (406, 407, 422, 456), 508[163] (418), 508[163] (418), 509[189] (422), 509[190] (422), 511[335] (442, 446), 513[439] (456), 514[488] (464, 467); **7**, 654[453] (599)
Dubeck, M., **2**, 971[82] (875); **3**, 265[72] (180, 182), 265[83] (182, 184, 185), 265[114] (186), 268[270] (217, 218), 709f[1], 709f[2], 779[54] (710); **4**, 238[320] (205, 206T, 210, 218, 219T, 232T); **6**, 96[211] (91), 96[212] (87), 1027f[2]
Duben, J., **1**, 454[102] (429)
Dubenko, R. G., **2**, 873f[17]
Düber, E.-O., **7**, 653[381] (588)
Dubey, R. J., **4**, 156[493] (125), 156[504] (125); **6**, 759[1527] (692, 699T)
Dübgen, R., **3**, 1146[44] (1098); **6**, 13[77] (9)
Dubini, M., **6**, 143[219] (118)
Dubler, E., **1**, 409[35] (387); **5**, 275[785] (256); **6**, 224[44] (194)
DuBois, D. L., **3**, 88[550] (80); **5**, 33f[14], 266[148] (31), 266[150] (31), 355f[6], 527[465] (354); **8**, 339f[17]
Dubois, J.-E., **1**, 116[55] (52), 241[15] (157), 241[19] (157, 162), 242[87b] (164); **3**, 1261f[11]; **7**, 103[177] (25), 103[178] (25), 104[223c] (29), 104[234] (31), 105[333] (46); **8**, 550[84] (519)
DuBois, M. R., **3**, 1249[183] (1194); **5**, 274[661] (222); **8**, 365[289] (329)
Dubois, R., **3**, 264[58] (179)
Dubose, Jr., C. M., **2**, 300[225] (256)
Dubot, G., **8**, 281[73] (254)
Duboudin, F., **2**, 189[138] (32)
Duboudin, J.-G., **1**, 243[129] (170, 190), 243[131] (170), 244[210] (177), 246[299] (192); **8**, 641[35] (628), 669[49] (662, 663T), 669[50] (663T), 669[67] (662, 663T), 670[108] (662, 664)
Dubovitskii, V. A., **3**, 334f[2], 334f[3], 334f[16], 334f[17], 334f[19], 334f[20], 334f[29], 334f[31], 334f[32], 334f[35], 334f[36], 334f[37], 341f[2], 341f[5], 341f[6], 341f[8], 341f[9], 341f[10], 341f[12], 341f[14], 341f[15], 341f[16], 344f[6], 344f[7], 344f[8], 344f[10], 344f[11], 344f[12], 344f[22], 344f[23], 344f[24], 347f[1], 348f[2], 348f[3], 348f[4], 348f[5], 348f[6], 348f[7], 348f[8], 348f[11], 362f[6], 362f[7], 362f[10], 362f[17], 368f[2], 376f[20], 376f[21], 376f[22], 379f[6], 379f[8], 379f[9], 379f[10], 379f[14], 426[13] (336), 426[14] (336, 361), 426[19] (336, 338, 339, 342, 348), 427[37] (338, 342), 427[39] (339, 342, 347), 427[48] (347), 427[49] (347), 427[50] (347), 427[51] (347), 427[53] (347), 428[120] (361), 428[130] (363), 429[190] (377), 430[277] (402)
Dubrawski, J., **6**, 278[58] (266T, 276)
Dubsky, G. J., **1**, 247[370] (199); **3**, 461f[13], 474[94] (464)
Ducatti, D. A., **4**, 816[434] (763)
Duce, D. A., **4**, 509[330] (457), 509[341] (462); **6**, 755[1258] (654, 655)
Ducep, J. B., **7**, 74f[2], 95f[5]
Duchatsch, H., **4**, 65f[34]; **5**, 39f[9], 40f[3], 51f[7], 64f[9], 64f[12], 267[233] (52, 184); **6**, 1021f[155]
Duchêne, M., **2**, 621[320] (562)
Duck, E. W., **1**, 671[29b] (559); **3**, 545[11] (488), 547[101] (531); **7**, 454[6] (367, 372, 376, 384, 450), 463[529] (450); **8**, 454[46] (379)
Duckworth, J., **4**, 309f[5], 327[601] (308)
Duckworth, V. F., **4**, 237[256] (195)
Duclos, Jr., R. I., **5**, 274[711] (241)
Ducom, J., **1**, 245[249] (182, 186, 188), 245[252] (183, 185, 204), 245[255] (185, 198, 207), 245[260] (186, 204), 247[367] (198, 204), 248[407] (203), 248[412] (204), 248[424] (207); **7**, 104[226] (29, 30)
Ducourant, A. M., **4**, 536f[11]
Ducruix, A., **6**, 277[7] (266T, 267), 277[7] (266T, 267), 454[40] (453), 454[41] (453)
Dudchenko, V. K., **3**, 55[768] (556), 632[266] (620), 632[267] (620), 632[268] (620), 632[268] (620), 632[268] (620), 632[268] (620)
Duddell, D. A., **6**, 241[31] (238), 755[1268] (654, 656)
Dudek, E., **6**, 227[206] (205)
Dudek, M., **3**, 1137f[15]
Dudley, J. F., **8**, 95[49] (31), 282[147] (272)
Dudman, J., **1**, 380[444] (368)

Dueber, M. J., **2**, 302[334] (280), 302[344] (284), 675[113] (642)
Duesler, E. N., **4**, 50f[13]; **5**, 538[1202] (416)
Duff, A. W., **3**, 628[7] (561), 631[176] (585, 587, 594)
Duff, J. A., **6**, 741[314] (518)
Duff, J. M., **2**, 189[159] (36), 192[277] (71), 192[284] (72), 192[286] (73), 194[355] (91), 197[517b] (124), 507[66] (405, 409); **5**, 530[687] (394), 624[214] (572), 625[261] (580, 600); **7**, 159[77] (146), 647[85] (534), 657[611] (632), 657[626] (634)
Duffaut, N., **2**, 188[85] (22), 188[86] (22), 188[86] (22), 188[87] (23), 188[87] (23), 188[87] (23), 188[88] (23), 188[89] (24), 188[90] (24), 188[91] (24), 188[116] (28), 189[128] (30), 189[166] (37), 192[277] (71), 192[277] (71), 202[692] (168), 302[373] (291), 509[214] (425, 469); **7**, 647[93] (537), 648[118] (540), 652[338] (581), 654[456] (599), 655[534] (614), 657[610] (631)
Duffy, D., **1**, 675[300] (615)
Duffy, D. N., **6**, 1110[30] (1047, 1090), 1111[91] (1066), 1113[184] (1090), 1113[188] (1090)
Duffy, N. V., **6**, 737[94] (490)
Duffy, P. E., **7**, 100[37] (4)
Duffy, R., **2**, 676[161] (647), 676[162] (647)
Duggan, D. M., **3**, 328[111] (309), 328[145] (317, 318), 631[207b] (591, 593, 597), 631[207c] (591, 593, 597); **6**, 796f[2], 840f[50], 876[184] (795); **8**, 1104[22] (1077, 1079)
Duhamel, L., **7**, 98f[16], 101[86] (13), 101[92] (13)
Duhamel, P., **7**, 101[86] (13)
Duismann, W., **7**, 458[197] (400), 458[198] (400), 458[199] (400)
Dukes, M. D., **2**, 760[8] (710); **3**, 1253[385] (1237); **4**, 157[571] (134, 136, 149)
Dulcère, J. P., **1**, 243[162] (174)
Dullforce, T. A., **3**, 1073[347] (1024, 1027)
Dulou, R., **7**, 224[39] (201)
Dulova, V. G., **2**, 297[45] (221, 251), 508[143] (413)
Dumas, H., **8**, 98[254] (72), 98[255] (73)
Dumas, J. M., **2**, 506[22] (402, 421, 455)
Dumas, J.-P., **2**, 1018[184] (1001)
Dumesic, J. A., **8**, 98[209] (61)
Dumitrescu, S., **8**, 670[123] (658T), 670[124] (658T)
Dumler, V. A., **2**, 507[53] (404, 420, 435), 507[59] (404), 512[354] (445)
Dumont, C., **8**, 368[468] (353)
Dumont, W., **7**, 103[212] (28), 647[91] (536), 655[507] (607); **8**, 481f[1], 496[29] (470), 583f[1], 608[179] (581, 582, 600T), 608[180] (581, 600T)
du Mont, W.-W., **2**, 200[609] (146), 200[609] (146), 200[610] (146), 200[611] (146), 202[723] (177), 513[463] (460, 489), 514[466] (461), 514[477] (462, 463), 516[598] (480), 517[656] (489), 517[657] (489), 517[658] (489), 517[659] (489), 517[660] (489); **3**, 833f[57]; **6**, 34[78] (20T, 30), 34[79] (20T, 22T, 30), 35[101] (20T, 30)
Dunbar, B. I., **2**, 191[246] (59)
Dunbar, R. C., **3**, 695[87] (654); **4**, 319[44] (246); **6**, 14[103] (6, 11)
Duncan, C. D., **7**, 110[589] (91)
Duncan, D. P., **2**, 193[349] (89), 202[706] (172), 296[9] (207), 296[10] (210), 296[14] (211, 236, 239), 297[42] (220), 297[54] (224), 297[56] (224)
Duncan, I. A., **2**, 511[319] (440)
Duncan, J., **3**, 627[703] (614)
Duncan, J. D., **6**, 744[498] (540, 542, 542T)
Duncan, J. H., **7**, 107[405] (54, 55)
Duncan, W., **1**, 720[19] (686); **2**, 674[52] (636, 671), 974[311] (925, 950)
Duncanson, L. A., **1**, 41[123] (25), 260[34] (1); **3**, 85[346] (47); **6**, 349[447] (340), 361[3] (351, 354), 361[40] (355), 361[40] (355), 750[946] (615, 617, 654), 751[957] (616), 760[1584] (704, 705, 708f), 760[1585] (704, 708f, 714)
Duncia, J. V., **7**, 458[226] (404)
Dundon, C. V., **3**, 786f[3], 786f[4]
Dundulis, E. A., **7**, 106[338] (46)
Dung, N. X., **8**, 459[333] (421)
Dungoues, J., **2**, 190[183] (40)
Dunham, N. A., **5**, 529[621] (380), 623[182] (566)

Dunitz, J. D., **1**, 118[167] (65T, 80); **3**, 700[358] (674), 1252[312] (1224); **4**, 479f[7], 479f[10], 480f[2]; **6**, 187[21] (185), 228[270] (190); **8**, 221[44] (112)

Dunkelblum, E., **1**, 116[76] (56); **4**, 964[110] (948); **7**, 158[63] (146), 159[111] (148f, 151, 152f), 159[112] (151), 159[114] (151), 159[126] (154), 252[30] (231), 252[62] (238), 252[64] (238), 252[65] (238), 252[76] (239), 253[96] (241)

Dunker, J. W., **4**, 606[89] (528)

Dunker, S. S., **2**, 1019[289] (1012)

Dunks, G. B., **1**, 452[28] (418, 444), 453[32] (420, 423, 425, 431), 453[59] (423), 453[61] (423), 453[64] (424), 453[71] (426, 427), 454[87] (427), 454[92] (428), 454[103] (429), 454[103] (429), 455[142] (432, 434), 455[150] (434), 455[153] (435), 455[165] (437), 456[193] (440, 441), 456[194] (441), 456[195a] (441), 456[209] (444), 537[4b] (460, 463, 469, 476, 485, 515, 518), 539[81] (485), 539[83] (485, 530), 540[145] (502, 503, 510, 517), 540[175b] (515, 516, 518, 519, 522); **6**, 227[236] (221, 215T), 227[237] (213)

Dunlop, R. S., **8**, 1070[306] (1059)

Dunn, G. E., **2**, 201[661] (161)

Dunn, H. E., **8**, 385f[6], 610[299] (599T), 645[238] (616, 621T)

Dunn, J. B. R., **5**, 546f[9]

Dunn, J. G., **3**, 1089f[11], 1146[38] (1097); **4**, 51f[63], 52f[76], 52f[83], 151[128] (34), 235[123] (175), 235[137] (177), 236[122] (175), 236[142] (178)

Dunn, J. H., **1**, 681[700] (664); **3**, 786f[8], 1080f[7], 1256f[4]; **4**, 149[11] (6)

Dunn, P., **2**, 565f[1], 569f[1], 620[241] (551), 620[252] (554), 621[313] (561)

Dunne, K., **6**, 441[35] (390, 421); **8**, 927[53] (801), 928[106] (804, 805, 812), 928[134] (805, 813)

Dunne, T. G., **3**, 1084f[2]; **5**, 20f[1], 265[82] (19), 265[92] (22)

Dunny, S., **6**, 758[1429] (675), 760[1605] (712)

Dunoguès, D., **7**, 648[118] (540)

Dunoguès, J., **1**, 246[327a] (194); **2**, 188[85] (22), 188[85] (22), 188[86] (22), 188[86] (22), 188[86] (22), 188[87] (23), 188[87] (23), 188[87] (23), 188[88] (23), 188[89] (24), 188[90] (24), 188[91] (24), 188[116] (28), 189[127] (30), 189[127] (30), 189[137] (32), 189[165] (37), 189[166] (37), 189[166] (37), 190[172] (38), 192[277] (71), 192[277] (71), 202[692] (168), 299[202] (250), 300[257] (264), 301[286] (269), 302[362] (290, 292), 302[373] (291), 509[214] (425, 469); **5**, 525[344] (327, 328); **7**, 646[4] (516), 647[40] (524), 647[93] (537), 648[97] (537), 648[117] (540), 648[124] (542), 648[135] (546), 649[155] (550), 654[456] (599), 655[533] (614), 655[534] (614), 655[535] (614), 657[610] (631); **8**, 365[293] (329), 647[315] (633)

Dunoguès, R., **2**, 188[84] (22)

Dunstan, I., **1**, 304[187] (270), 456[236] (450), 456[236] (450)

Dunster, M. O., **2**, 190[218] (55), 191[227] (53), 618[137] (541); **3**, 125f[35], 1189f[14]; **4**, 107f[74]

Dunworth, W. P., **8**, 609[253] (596T)

Duong, K. N. V., **5**, 269[335] (96, 98, 108, 112), 269[376] (115), 270[382] (121)

du Plessis, F. P., **8**, 642[105] (621T)

du Plessis, J. A. K., **8**, 642[105] (621T), 643[152] (618, 627T), 670[113] (657T)

DuPont, J. A., **1**, 300f[5], 308[429] (292); **7**, 300[127a] (289)

Dupont, W. A., **7**, 104[267] (34)

Duppa, B. F., **1**, 373[1] (312); **2**, 860[45] (833); **7**, 262[1] (255)

Dupree, M., **4**, 235[83] (170)

duPreez, A. L., **3**, 851f[43], 1179f[5], 1247[102c] (1179, 1183); **4**, 605[43] (519), 606[53] (520), 606[59] (520), 606[63] (522, 595), 611[425] (593), 611[432] (593), 612[453] (595), 817[520] (776, 802), 817[521] (776, 777, 779), 818[525] (777, 784, 785, 791, 792, 793), 819[598] (794), 819[639] (802), 928[19] (925); **6**, 782f[2], 843f[214], 875[117] (780, 799), 877[234] (820), 877[235] (820)

du Preez, J. G. H., **3**, 264[31] (178)

Dupuis, M. D., **2**, 1019[267] (1009)

Duraj, S., **8**, 339f[3]

Durand, J. F., **1**, 151[162] (138)

Durand, J. P., **6**, 383[78] (373), 384[86] (374); **8**, 341f[4], 708[231] (702)

Durand, M., **2**, 707[154] (701)

Durgar'yan, S. G., **7**, 9f[1], 9f[1], 59f[4]

Durig, J. R., **1**, 262f[23], 262f[25], 262f[29], 262f[31], 262f[33], 262f[34], 262f[35], 262f[36], 262f[37], 262f[38], 262f[40], 262f[41], 263f[3], 263f[4], 263f[16], 263f[17], 302[17] (256, 263), 302[33] (259, 263), 302[34] (259), 302[35] (259), 302[36] (259, 263), 302[37] (259), 302[38] (259), 302[50] (263); **2**, 191[248] (60), 191[248] (60), 199[588] (143), 203[729] (180), 512[393] (452); **3**, 102f[13], 697[203] (664); **6**, 1086f[3]

Durkin, T. R., **6**, 941[16] (885T, 886), 980[33] (956, 959T)

Durney, M. T., **3**, 266[192] (206)

Durocher, A., **8**, 460[394] (433)

Durrani, A. A., **7**, 104[231] (31), 110[557] (81)

Durselen, W., **3**, 1069[128] (986)

Durst, H. D., **2**, 191[246] (59)

Durst, T., **7**, 106[380] (51), 106[380] (51), 108[490] (70)

Dusausoy, Y., **3**, 429[177] (374, 375), 629[81] (570, 594), 1004f[34], 1068[70] (974), 1073[339] (1024), 1073[345a] (1024), 1073[345b] (1024), 1073[345c] (1024), 1076[492] (1050), 1077[552] (1060), 1187f[14], 1338f[25]; **4**, 387f[12], 511[468] (490T); **5**, 274[681] (231, 234); **6**, 737[56] (484), 805f[11], 805f[13], 868f[25], 868f[28], 871f[120]

Duschek, C., **2**, 882f[3]; **8**, 397f[19], 402f[1], 430f[12], 430f[14], 447f[11], 449f[1], 457[202] (401), 459[333] (421), 460[384] (431, 432), 462[482] (450), 641[16] (623T, 626, 627T), 641[16] (623T, 626, 627T), 642[64] (618, 623T, 626, 627T), 646[250] (618, 623T, 627T), 704[11] (684), 704[16] (684), 709[245] (690), 709[271] (691, 692T)

Dustin, D. F., **1**, 455[150] (434), 538[77h] (481, 505, 530), 539[83] (485, 530), 540[148] (504), 540[165a] (512), 541[211d] (524), 541[227] (530); **6**, 224[27] (221, 214T, 215T, 222), 227[236] (221, 215T)

Duteil, M., **8**, 861f[7], 864f[5]

Duteiland, M., **8**, 933[447] (860)

Dutheil, J. P., **2**, 186[27] (5, 14)

du Toit, C. J., **8**, 670[113] (657T)

Dutra, G. A., **2**, 763[172] (755); **7**, 727[165] (702, 712), 727[173] (703, 712)

Dutt, N. K., **3**, 168[39] (110)

Dutta, D. K., **5**, 306f[17], 521[123] (285, 304T)

Duttera, M., **6**, 875[118] (781, 797, 813)

Duttera, M. R., **6**, 844f[245]

Dutton, H. J., **8**, 366[372] (342)

Duval, C., **3**, 268[274] (218)

Duyckaerts, G., **3**, 268[294] (223), 268[295] (223), 268[296] (223, 254), 268[297] (223), 268[298] (224), 269[326] (232), 269[342a] (234), 704[587] (694), 704[588] (694)

Dvořák, J., **1**, 455[138] (432, 434), 677[414] (626); **3**, 398f[35]; **8**, 1105[45] (1082)

Dvoretzky, I., **5**, 623[128] (561); **8**, 550[59a] (515)

Dvoryantseva, G. G., **3**, 334f[20], 341f[9], 344f[10], 348f[2], 427[50] (347), 631[191] (589), 632[248] (617); **6**, 840f[73]

Dvurechenskaya, S. Y., **1**, 538[77d] (481, 505); **6**, 226[149] (214T), 226[160] (214T), 226[170] (214T)

Dwight, S. K., **2**, 970[36] (868, 884); **5**, 310f[8], 310f[11], 418f[6], 523[262] (307), 523[266] (309), 524[270] (309), 524[271] (309), 524[273] (309), 532[803] (415); **8**, 331f[20]

Dwyer, D. J., **8**, 97[170] (55, 57), 282[150] (272, 273)

Dwyer, J., **8**, 610[330] (601T)

D'yachenko, A., **1**, 118[185] (82, 83)

D'yachenko, A. I., **1**, 68f[3], 115[27] (46, 83), 244[174] (175, 188); **2**, 762[117] (736), 977[450] (957); **7**, 109[547] (80, 87, 88), 110[558] (82)

D'yachenko, O. A., **2**, 626[648] (606)

D'yachkovskaya, O. S., **2**, 677[210] (654)

D'yachkovskii, F. S., **3**, 406f[14], 436f[15], 436f[19], 460f[8], 474[81] (459, 462), 546[44] (493), 699[318] (672); **5**, 213f[17], 268[269] (70, 71, 73); **7**, 462[467] (440); **8**, 378f[4]

Dyadchenko, V. P., **2**, 768f[2], 768f[14], 818[20] (767), 818[27] (767), 818[28] (767), 818[29] (767), 819[79] (779); **8**, 1067[196a] (1043)

Dyagileva, L. M., **3**, 700^{349} (673), 700^{350} (673), 702^{513} (688), 702^{514} (688), 702^{515} (688); **6**, 224^{45} (199, 201T), 224^{69} (193T), 225^{90} (193T), 226^{138} (192, 193T), 226^{139} (195), 226^{179} (195)
D'yakova, T. V., **2**, 297^{68} (226)
Dyall, L. K., **8**, 933^{444} (858)
Dyatkin, B. L., **2**, 515^{548} (472), 972^{136} (888), 976^{367a} (937), 976^{367b} (937)
Dyatkina, M. E., **1**, 149^{16} (122, 145); **3**, 83^{188} (28), 700^{357} (674, 689), 703^{541} (690)
Dye, J. L., **1**, 120^{318} (114), 120^{318} (114)
Dyer, G., **1**, 754^{128} (749); **7**, 513^{222} (507)
Dyer, M. C. D., **7**, 104^{244} (31)
Dyke, A. F., **4**, 606^{98} (530), 606^{99} (530), 840^{34} (826), 840^{35} (828), 840^{36a} (828), 840^{36b} (828), 840^{37} (828); **8**, 550^{61} (515)
Dyke, J. M., **3**, 949^{192} (875)
Dyke, W. J. C., **2**, 705^{28} (685), 706^{100} (694)
Dykh, Zh. L., **6**, 181^{85} (157); **8**, 670^{111} (664)
Dymarski, M. J., **6**, 759^{1488} (684, 685), 759^{1489} (684, 720)
Dymock, K., **6**, 139^{35} (133T, 134)
Dymova, T. N., **1**, 248^{417} (206, 208)
Dynak, J., **7**, 461^{396} (428)
Dzhabiev, T. S., **3**, 328^{166} (322); **7**, 456^{80} (384); **8**, 378f^{4}
Dzhabieva, Z. M., **7**, 456^{80} (384)
Dzhagatspanyan, R. V., **2**, 508^{148} (414)
Dzhemilev, U. M., **3**, 398f^{54}; **6**, 94^{95} (45, 80), 226^{158} (193T); **7**, 456^{75} (383), 456^{84} (385); **8**, 402f^{4}, 402f^{5}, 406f^{12}, 416f^{5}, 417f^{1}, 425f^{12}, 457^{199} (401), 457^{203} (401, 402), 457^{205} (402), 457^{239} (408), 458^{242} (409), 458^{243} (409), 459^{334} (421), 459^{335} (421), 460^{397} (433), 460^{402} (434), 460^{403} (434), 460^{405} (434), 460^{406} (434), 460^{407} (434), 461^{420} (434), 461^{432} (438), 461^{438} (439), 461^{439} (439), 461^{440} (440), 461^{461} (445), 642^{69} (618, 623T), 642^{70} (632), 644^{188} (633, 634T), 704^{9} (684), 704^{29} (674T, 675), 704^{30} (672, 674T), 704^{35} (672, 674T, 674), 704^{36} (672, 674T), 704^{37} (691, 692T), 704^{45} (685T), 704^{47} (680), 704^{48} (677), 704^{49} (685T), 704^{50} (677, 680), 705^{51} (672, 674T), 705^{52} (685T, 685), 705^{54} (685T, 685), 705^{67} (684, 685T), 705^{68} (674T, 675), 705^{69} (685T), 705^{70} (691, 692T), 705^{71} (691, 693T), 705^{74} (677), 705^{80} (674T, 675), 705^{91} (690), 705^{92} (685T), 706^{103} (685T, 685), 706^{117} (690, 691, 692T), 706^{118} (674T, 675, 680), 706^{119} (691), 706^{120} (680, 681, 686, 687T), 706^{121} (672, 674T, 678), 706^{132} (672, 674T, 690), 706^{133} (691, 692T), 706^{134} (690), 706^{135} (691, 692T, 693T), 706^{136} (672, 674T, 678), 706^{137} (672, 674T, 678), 709^{272} (672, 674T), 710^{293} (685T), 710^{294} (672, 674T), 710^{295} (685T), 710^{305} (685T), 772^{203} (732), 931^{354} (848), 932^{366} (849)
Dzhioshvili, B. D., **1**, 306^{287} (283)
Dzhurinskaya, N. G., **2**, 508^{141} (413)
Dzierzgowski, S., **3**, 326^{5} (283), 326^{9} (283), 326^{11} (284); **8**, 366^{348} (340), 405f^{9}, 407f^{14}, 642^{95} (632), 646^{291} (632)

E

Ea, B. H., **3**, 429[158] (370)
Eaborn, C., **2**, 6f[1], 6f[7], 186[14] (4, 5, 20, 121, 122, 154, 155, 167, 177, 178f, 184), 186[19a] (20, 27, 47, 49, 59, 77, 80), 187[37] (8, 49), 187[40] (9), 187[53] (12), 187[54] (12), 187[57] (12), 187[58] (13, 168, 177), 188[109] (28), 189[122] (29), 190[205] (47), 190[206] (48), 190[210] (48), 194[353] (91), 194[371] (95), 194[377] (96), 194[387] (97), 194[387] (97), 194[388] (97), 194[388] (97), 194[388] (97), 195[389] (98), 195[407] (102), 195[409] (102), 196[457] (113), 197[503] (122), 202[687] (166), 202[687] (166), 203[736] (181), 298[131] (238, 239, 248T, 268), 303[397] (295T), 303[401] (295T), 303[406] (295T), 360[5] (306), 360[42] (312, 317), 505f[2], 507[60] (404), 508[126] (411), 508[150] (415), 509[186] (422, 456), 510[236] (429), 515[545] (471), 515[568] (475), 618[94] (536), 618[99] (537), 618[100] (537), 618[101] (537), 618[103] (537), 679[381] (669), 679[382] (669); **3**, 1004f[14], 1005f[7], 1071[226] (1006, 1046); **4**, 159[649] (149), 180f[1], 236[167] (180), 236[167] (180); **5**, 528[580] (376), 623[167] (565); **6**, 384[88] (374), 737[97] (491), 741[296] (517), 741[297] (517), 741[299] (517), 741[300] (517), 741[301] (517), 741[302] (518), 741[304] (518), 741[307] (518), 742[385] (526), 743[451] (533T, 539T), 744[533] (545), 745[549] (546T), 745[550] (546T), 745[587] (556), 758[1441] (676), 980[63] (967, 971T), 1094f[5], 1094f[5], 1094f[5], 1113[206] (1096), 1113[206] (1096); **7**, 646[2] (516, 575), 646[14] (517), 649[156] (550), 649[157] (550), 655[521] (610), 655[528] (613), 655[528] (613), 656[582] (625); **8**, 937[757] (920), 1067[198] (1044), 1069[280] (1056)
Eachus, R. S., **8**, 362[113] (294)
Eachus, S. W., **8**, 341f[12]
Eads, E. A., **1**, 373[25] (313)
Eady, C. R., **1**, 41[159] (35), 41[160] (35), 41[163] (35), 42[165] (35), 42[166] (35); **3**, 118f[15], 1076[541b] (1058); **4**, 150[36] (9), 507[186] (429), 648[3] (615), 648[4] (615, 616, 644), 649[104] (644), 664f[1], 884f[1], 886[102] (864), 887[177] (881), 887[178] (881), 887[179] (881), 887[201] (883), 903f[2], 907[35] (896, 901), 907[53] (900, 901, 904), 907[58] (902), 907[65] (903), 907[70] (904), 928[5] (924), 1057[31] (971), 1058[43] (972, 1052), 1063[393] (1054), 1063[398] (1054), 1063[399] (1055), 1064[402] (1056), 1064[403] (1056, 1057), 1064[406] (1056)
Eady, R. R., **8**, 1104[2] (1074), 1104[3] (1074), 1106[119] (1103)
Earl, J. L., **2**, 1016[105] (992)
Earl, R. A., **7**, 653[425] (596)
Earnshaw, C., **7**, 96f[3], 103[205] (28, 83)
Eastes, J. W., **6**, 261[56] (247)
Eastham, J. F., **1**, 246[286] (189, 194), 247[374] (199, 200, 201, 203, 206, 208), 247[376] (199), 249[515] (221)
Eastland, G. W., **2**, 704[5] (683)
Eastmond, R., **2**, 190[184] (40), 190[199] (45)
Easton, C. J., **2**, 300[249] (262)
Eaton, D. R., **1**, 41[132] (28); **6**, 252f[5], 262[90] (250), 262[97] (251)
Eaton, G. R., **1**, 303[80] (266), 374[56] (313), 452[25] (418); **4**, 812[163] (716), 812[165] (716), 812[167] (716), 886[122] (868)
Eaton, P. E., **5**, 531[745] (406), 538[1200] (487); **7**, 20f[1], 729[273] (723); **8**, 1009[140] (977)
Eaton, S. S., **4**, 812[163] (716), 812[165] (716), 812[167] (716), 886[122] (868)
Eavenson, C. W., **4**, 648[23] (620)

Ebel, H. F., **1**, 119[225] (91), 243[142] (172, 185, 186, 205), 244[182] (176)
Ebelman, J. J., **1**, 302[1] (254, 274)
Eberhard, L., **8**, 1067[177] (1041)
Eberhardt, G. G., **4**, 964[93] (946); **8**, 385f[27], 455[87] (384)
Eberhardt, W. H., **1**, 538[32] (467)
Eberius, K. W., **6**, 384[126] (380), 761[1683] (732)
Eberl, K., **3**, 699[310] (672, 674), 950[297] (911), 1379[19] (1326); **4**, 239[372] (207T); **6**, 224[71] (192, 193, 193T)
Eberle, G., **8**, 1070[316] (1059), 1070[316] (1059)
Eberle, H.-J., **4**, 74f[32], 238[285] (202, 212T, 215), 238[286] (202)
Eberle, M. K., **7**, 104[223b] (29, 30)
Eberlein, J., **1**, 247[389] (200); **2**, 192[271] (68), 194[376] (95), 508[118] (410)
Eberson, L., **8**, 611[333] (602T), 938[800] (925)
Eberwein, B., **1**, 700f[2], 721[98] (698), 723[239] (716), 723[245] (717)
Ebina, K., **8**, 397f[18]
Ebinger, H. M., **4**, 107f[71], 107f[72], 237[229] (189T, 192)
Ebsworth, E. A. V., **1**, 720[64] (690); **2**, 6f[14], 186[23] (4, 12), 192[270] (68), 195[418] (104), 197[520] (125), 201[658] (161), 202[687] (166), 513[401] (452), 514[499] (466); **3**, 8[169] (6), 838f[6], 838f[17], 840f[2], 1147[107] (1134), 1252[320] (1225), 1319[146] (1309); **5**, 554f[17], 621[27] (547); **6**, 1093f[3], 1094f[5], 1110[5a] (1044), 1110[39] (1050, 1096), 1112[106] (1069, 1086), 1113[193] (1092), 1113[193] (1092), 1113[207] (1096), 1114[220] (1101); **7**, 654[461] (600)
Ebsworth, E. B., **2**, 518[711] (504)
Echigdya, E., **8**, 549[16c] (502)
Echsler, K. J., **2**, 507[92] (409), 676[146] (646)
Eckberg, R. P., **8**, 771[115] (737)
Ecke, G. G., **4**, 149[10] (6), 815[337] (751)
Eckel, M. F., **3**, 703[581] (693)
Eckelmann, U., **3**, 1084f[17]
Eckert, H., **5**, 269[333] (93)
Eckhart, L., **2**, 362[143] (330)
Eckmann, M., **4**, 322[223] (269)
Eckstrom, D. J., **6**, 13[74] (8)
Eddein, G. A., **3**, 270[403] (254)
Edelmann, F., **3**, 883f[10], 1077[555b] (1060), 1077[556] (1060), 1252[341] (1230), 1383[226] (1370); **4**, 609[274] (575), 610[330] (584), 610[335] (583)
Edelstein, N., **3**, 83[219] (31), 263[2] (174), 264[23] (177, 178), 268[318] (230), 269[325] (232, 233), 269[330] (232), 269[335] (233), 269[340] (234), 269[341] (234); **6**, 14[92] (9)
Edelstein, N. M., **4**, 155[406] (114); **8**, 1064[6] (1015)
Edelstein, S. A., **6**, 13[74] (8)
Eder, E., **5**, 621[37] (548), 622[60] (550)
Edgar, K., **3**, 1075[448] (1039), 1251[277] (1217, 1227); **4**, 322[249] (271), 327[580] (306, 316); **6**, 987f[1], 1028f[15], 1039[7] (988, 991)
Edge, D. J., **2**, 201[683] (166)
Edgecombe, F. H. C., **3**, 436f[16], 546[40] (493)
Edgell, W. F., **4**, 65f[16], 320[66] (249, 253, 284), 320[67] (249, 285); **5**, 12f[2], 12f[17], 265[51] (11); **6**, 980[85] (976, 978T); **8**, 1008[53] (952), 1008[53] (952)
Edidin, R. T., **4**, 649[74] (638, 641)
Edmonds, J. S., **2**, 704[7] (684), 1018[207] (1002, 1012)
Edmondson, R. C., **4**, 611[422] (592)

Edmundson, R. S., **2**, 507[69] (406, 408, 433, 435, 437, 442, 445, 471)
Edo, K., **8**, 771[146] (739, 757T, 758T, 759T, 760T), 937[727] (913)
Eduardoff, F., **2**, 186[7] (4)
Edward, J. M., **6**, 1094f[5], 1110[39] (1050, 1096), 1113[207] (1096)
Edward, J. T., **4**, 320[94] (252), 324[355] (285, 298), 509[323] (455); **8**, 1007[3] (940), 1008[47] (951), 1008[50] (951), 1008[56] (952)
Edwards, A. G., **7**, 253[122] (246)
Edwards, A. J., **4**, 811[92] (704)
Edwards, B. H., **3**, 1067[38] (967); **8**, 607[112] (564)
Edwards, D. A., **3**, 1089f[11], 1146[38] (1097), 1156f[11], 1246[30] (1157), 1327f[8]; **4**, 34f[65], 51f[63], 52f[76], 52f[83], 151[128] (34), 153[228] (59), 180f[4], 235[92] (168), 235[123] (175), 235[137] (177), 236[122] (175), 236[142] (178), 236[158] (179), 236[168] (181), 240[423] (212T, 231, 232T)
Edwards, J., **3**, 268[283] (219), 268[285] (220, 222), 268[286] (220, 222), 268[288] (221)
Edwards, J. D., **4**, 380f[18], 610[332] (583, 584), 658f[26], 815[348] (753, 754), 840[44] (829, 830, 831, 832), 840[46] (829), 885[56] (853), 920[43] (918); **6**, 1105f[5], 1112[130] (1074)
Edwards, L. J., **1**, 456[229] (448)
Edwards, L. M., **8**, 368[510] (358)
Edwards, M., **7**, 512[139] (494)
Edwards, O. E., **7**, 512[133] (491)
Edwards, P., **2**, 198[545] (130); **4**, 241[455] (215T, 216, 217, 229)
Edwards, P. A., **1**, 42[167] (35)
Edwards, P. G., **4**, 241[452] (215T, 216), 241[458] (216)
Edwards, R., **4**, 506[130] (413); **8**, 1010[211] (1004)
Edwards, T. L., **2**, 1016[48] (983), 1018[202] (1002)
Edwards, W. T., **4**, 608[203] (556, 559f, 561), 608[208] (556), 840[59] (831)
Edwin, J., **1**, 409[11] (383, 405, 406), 409[17] (383, 384, 407), 409[30] (386, 389), 409[40] (389), 577[293a] (353); **6**, 226[157] (214T, 223), 226[172] (214T, 223)
Eeckhaut, Z., **3**, 819f[12], 833f[13]; **6**, 34[45] (19T, 20T, 21T, 29), 1112[138] (1076)
Eekhof, J. H., **3**, 881f[6]; **4**, 510[371] (470)
Eeuwhorst, H. G., **7**, 109[516] (73)
Effenberger, F., **1**, 246[327a] (194); **2**, 190[212] (49); **7**, 649[156] (550), 655[528] (613)
Efimov, O. N., **8**, 339f[2], 1098f[6], 1105[51] (1085)
Efimov, V. A., **8**, 708[211] (701)
Efland, S. M., **2**, 706[127] (698)
Efner, H. F., **1**, 241[23] (157); **3**, 702[516] (688), 702[517] (688, 689), 703[530] (689), 981f[10], 981f[11], 1069[108] (984), 1069[120] (985, 988); **6**, 12[12] (4), 94[57] (45, 57, 65), 231[9] (230), 231[10] (230), 231[20] (230), 263[155] (254)
Efraty, A., **3**, 840f[1], 947[96] (836), 1179f[1], 1247[84] (1174), 1247[85] (1174), 1247[88a] (1175), 1247[88b] (1175, 1240), 1380[46] (1331), 1380[75] (1335); **4**, 97f[20], 97f[22], 156[468] (124), 156[471] (124), 157[565] (133), 157[566] (133), 157[575] (134), 158[576] (134, 137), 158[598] (138), 235[124] (174, 175), 505[102] (405, 406), 507[207] (436), 508[260] (444, 445, 447, 461, 472, 473, 474), 508[279] (447), 511[450] (486), 605[50] (519), 606[52] (519), 610[372] (588), 611[441] (594), 611[442] (594); **5**, 64f[18], 194f[24], 240f[13], 240f[14], 240f[15], 258f[5], 274[707] (239, 241, 242), 275[738] (249), 275[747] (250), 373f[3], 526[424] (344), 528[544] (344), 528[546] (367), 528[547] (367), 528[548] (367, 385), 604f[6], 606f[6], 608f[6], 626[377] (597, 605, 607, 609); **6**, 35[137] (25), 35[138] (25), 36[183] (29), 36[183] (29), 139[12] (133T, 134T, 135, 136), 187[2] (183), 187[185] (185, 186), 225[98] (199, 201T), 384[91] (375, 377), 384[92] (375, 382), 384[122] (379), 384[129] (380), 384[133] (382), 384[134] (382), 384[136] (382), 384[137] (382), 384[138] (382), 442[69] (395, 421, 429), 442[75] (395, 429), 453[19] (449, 450, 452), 762[1684] (732), 944[173] (912, 913T); **8**, 1068[227] (1048)
Efremov, E. A., **1**, 696f[20]
Efremova, L. A., **2**, 361[64] (315)

Egdell, R. G., **1**, 720[20] (686); **6**, 942[79] (901, 902T, 903T)
Eger, R., **3**, 266[191] (206)
Egger, H., **8**, 1071[348] (1063)
Egger, K. W., **1**, 308[459] (294), 674[264] (609), 675[265] (609), 675[266] (609), 675[267] (609, 641), 679[532] (638), 679[533] (638), 679[534] (638), 720[40] (687, 691, 708); **2**, 191[227] (53); **6**, 748[807] (590, 736); **7**, 380f[3], 380f[4], 380f[5], 380f[6], 380f[7], 380f[8], 380f[9], 455[40] (380)
Eggers, C. A., **3**, 388f[10], 851f[7], 1247[103] (1179, 1183), 1381[108] (1342); **4**, 107f[87], 323[275] (273), 605[48] (519); **5**, 257f[3], 528[531] (364)
Eggers, D. F., **1**, 262f[54]
Egglestone, D. L., **5**, 529[604] (376, 379, 380, 381), 529[613] (379, 380), 529[615] (380); **8**, 95[63] (35)
Eglinton, G., **7**, 142[135] (137), 726[102] (684), 727[130] (693, 694, 695), 727[132] (693)
Eglova, E. V., **2**, 978[498] (962)
Egorochkin, A. N., **2**, 301[322] (277), 507[84] (409), 518[706] (504), 518[707] (504), 518[709] (504), 518[710] (504), 518[712] (504); **3**, 1004f[36], 1073[325] (1022), 1075[444] (1038), 1251[282] (1218), 1360f[8], 1383[194] (1365)
Egorov, Yu. P., **2**, 197[477] (117), 299[173] (247T)
Egurtdzhyan, S. T., **8**, 668[13] (657T)
Ehemann, M., **6**, 942[83] (901, 903T)
Ehemann, T., **1**, 722[183] (711), 752[21] (728)
Ehler, D. F., **6**, 760[1606] (712)
Ehlert, K., **4**, 156[481] (125); **6**, 1111[83] (1063)
Ehlinger, E., **2**, 189[140] (33); **7**, 99f[26], 647[69] (529), 647[76] (531)
Ehman, P. J., **2**, 1019[291] (1013)
Ehmann, W. J., **3**, 922f[9], 951[341] (929); **8**, 458[251] (410), 458[252] (410), 670[93] (653)
Ehntholt, D., **3**, 169[84] (132); **4**, 374[71] (347), 374[76] (347), 374[77] (349), 504[23] (383), 506[127] (412), 612[500] (598); **8**, 1008[76] (959), 1008[78] (959, 961, 962)
Ehntholt, D. J., **4**, 435f[16], 435f[17], 508[234] (440), 612[498] (598); **8**, 1009[160] (981, 982)
Ehrenfreund, J., **7**, 659[709] (645)
Ehrhardt, U., **2**, 827f[6]
Ehrl, E., **3**, 847f[1]
Ehrl, H., **4**, 106f[54]
Ehrl, W., **3**, 866f[1], 879f[7b], 947[94] (836), 1249[163] (1191), 1381[97a] (1341); **4**, 106f[41], 106f[46], 106f[47], 106f[48], 106f[52], 237[206] (187), 610[342] (585); **6**, 34[46] (19T, 20T), 839f[42], 841f[87], 842f[167], 844f[224], 875[120] (781), 875[126] (782), 877[231] (819), 941[6] (881T, 882)
Ehrlich, G., **1**, 675[328] (619), 678[502] (633), 696f[24]
Ehrlich, K., **4**, 506[168] (426, 448), 508[287] (448, 474), 612[497] (598); **8**, 1009[142] (978), 1009[142] (978), 1009[144] (978)
Ehrlich, R., **1**, 597f[5], 678[474] (632)
Eichel, H. J., **8**, 281[112] (265, 266, 267)
Eichenauer, H., **7**, 106[341] (47)
Eicher, T., **4**, 608[186] (550, 553f)
Eichler, J., **2**, 362[163] (341)
Eichler, S., **8**, 458[292] (417), 1010[221] (1005)
Eick, H. A., **3**, 629[38] (564, 565, 566), **6**, 743[469] (535T, 539), 746[681] (574, 574T); **8**, 454[18] (374)
Eidenschink, R., **2**, 189[122] (29), 202[687] (166)
Eidt, S. H., **1**, 671[8] (557), 678[458] (631)
Eidus, Ya. T., **2**, 978[540] (968); **8**, 97[147] (49), 98[219] (61), 98[258] (74), 98[259] (74, 75, 76), 642[77] (622T), 796[122] (777)
Eigenbrot, Jr., C. W., **3**, 264[16] (176, 191)
Eiglmeir, K., **7**, 721[119] (701, 705)
Eilbracht, P., **3**, 131[746] (1278); **4**, 507[206] (436), 507[217] (437), 511[416] (482), 607[125] (539f, 540), 607[126] (539f, 540, 584, 585); **5**, 275[739] (249); **6**, 95[133] (87), 95[134] (87, 91T), 99[400] (87, 91T), 224[70] (192, 193T, 199, 201T), 227[192] (192, 193T, 199, 201T); **8**, 1068[213a] (1047), 1068[213b] (1047), 1070[335b] (1061)
Eilers, E., **7**, 110[593] (92)
Einarsson, R., **4**, 1061[225] (1018)

Einstein, A., **2**, 362[154] (338)
Einstein, F. W. B., **1**, 689f[13], 700f[16], 720[28] (687), 723[262] (717); **2**, 621[321] (562), 622[372] (569); **3**, 870f[3], 870f[4], 870f[10]; **4**, 13f[11], 19f[8], 65f[44], 106f[39], 107f[90], 157[534] (129), 235[105] (172), 238[276] (200), 241[474] (219, 219T, 222), 325[413] (290, 293), 608[238] (566), 609[307] (579), 609[308] (579, 580), 611[436] (594), 648[53] (631), 648[55] (631), 649[102] (643), 810[53] (699), 884[7] (844); **5**, 266[160] (35), 266[178] (37), 552f[8], 554f[12], 622[65] (551, 585), 625[285] (584, 585), 625[286] (584, 585), 625[287] (585), 625[288] (585); **6**, 1111[85] (1063), 1111[86] (1064); **8**, 1067[180] (1042)
Einstein, J. R., **2**, 915f[10]
Eisch, J. J., **1**, 39[3] (2), 40[55] (14, 15T), 41[119] (24), 41[120] (24), 116[48] (50), 119[231] (92), 119[262] (98), 243[121] (168, 211), 243[146] (172), 249[459] (211), 249[460] (211), 272f[4], 305[266] (281), 374[72] (314, 327, 334), 375[131] (326), 375[134] (327), 375[135] (327, 334), 409[36] (387), 583f[11], 583f[14], 583f[20], 583f[21], 584f[4], 585f[2], 596f[3], 597f[4], 642f[1], 654f[6], 670[3b] (557, 568, 569, 570, 629, 638, 639), 671[45] (561, 568), 671[53] (563, 568, 623, 627, 629, 663), 671[57] (564, 574, 608, 643), 671[58] (564, 571, 574, 575, 651), 671[60] (564, 629), 671[61] (564, 568, 570, 604, 641, 669), 672[68] (567, 582, 587, 588), 672[73] (568, 569, 660), 672[74] (568, 569, 639), 672[75] (568, 569, 610, 660), 672[77] (570, 604, 629, 665), 672[78] (570, 642, 665), 672[79] (570, 629), 672[81] (571, 606, 624, 660), 672[93] (572, 574, 575, 639), 672[103] (576, 601, 604, 661), 672[113] (578, 656), 672[114] (578, 656), 673[141a] (585, 621, 622), 673[178] (592, 620, 628), 674[201] (594, 604), 674[202] (594, 604, 641), 674[203] (594), 674[204] (594), 674[205] (594, 604, 629), 674[207] (595), 674[222] (598), 674[224] (599), 674[245] (603, 629, 637), 674[247] (604, 628, 659), 674[248] (604, 642), 674[250] (605, 652), 674[253a] (606), 675[272] (610), 675[287] (613), 676[346] (623, 667), 677[441] (629, 659), 679[524] (636), 679[542] (639), 679[544] (639), 679[546] (640, 661), 679[548] (642, 644), 680[632] (650), 681[660] (653), 681[663] (655), 681[664] (655), 681[670] (657), 681[678] (659), 681[679] (660), 681[680] (660), 681[681] (660), 682[728] (581), 720[39] (687), 721[109] (701, 705, 708, 712); **2**, 189[141] (33), 189[144] (34), 189[154] (36), 189[156] (36), 298[140] (241); **3**, 279[53] (276), 426[2] (332), 428[111] (361); **4**, 233[2b] (162, 205, 206T); **5**, 5f[6], 12f[12], 264[31] (7); **6**, 99[395] (64, 76), 182[191] (158), 187[27] (183T, 185), 187[27] (183T, 185); **7**, 17f[5], 17f[8], 17f[8], 35f[4], 100[35] (4), 100[35] (4), 106[376] (50), 106[376] (50), 322[51a] (315), 322[66a] (319), 322[66b] (319), 336[48] (334), 363[16] (353), 455[45] (381), 455[46] (381), 455[47] (381), 456[69] (383), 456[92] (387), 456[102] (389), 456[103] (389), 456[104] (389), 456[109] (390), 456[110] (390), 456[111] (390), 456[112] (390), 456[113] (390), 457[143] (394), 457[149] (394), 458[194] (400), 461[402] (429), 462[445] (435), 647[78] (531); **8**, 668[3] (653, 658T), 668[4] (653, 658T), 670[110] (653), 769[24] (737), 770[65] (737), 771[117] (737), 794[2] (778), 796[106] (778)
Eisele, G., **1**, 380[465] (370), 380[476] (372); **7**, 106[365] (48)
Eisen, O., **8**, 367[421] (348)
Eisenbach, W., **1**, 250[520] (222, 239, 240), 671[63b] (564); **6**, 139[10] (103, 104T, 105T, 110, 111)
Eisenberg, R., **1**, 259f[22]; **3**, 646[54] (645), 781[216] (776), 1137f[20], 1138f[1]; **4**, 323[325] (280), 511[464] (489, 490T), 814[292] (745), 814[293] (745); **5**, 288f[7], 288f[8], 288f[9], 310f[7], 310f[9], 353f[17], 355f[18], 404f[32], 404f[33], 520[30] (281), 521[71] (286, 387), 521[72] (286, 354, 387), 521[73] (286, 387), 523[263] (307, 350), 523[264] (350), 523[265] (309, 350, 444), 530[657] (387), 536[1066] (464), 538[1230] (494), 623[174] (565), 623[175] (565, 566), 623[176] (566); **6**, 35[157] (31), 278[32] (272), 278[34] (266T, 272), 343[53] (286, 290f), 738[131] (497), 739[227] (508T), 744[495] (539T); **8**, 17[21] (12, 13), 17[26] (12), 95[61] (35, 58), 99[311] (90, 91, 92), 99[323] (91), 220[32] (110), 223[149] (171), 280[18] (232, 239, 249, 256, 258), 291f[29], 331f[19], 362[94] (292, 348), 364[249] (324), 364[250] (324), 364[251] (324), 364[254] (324)
Eisenberger, P., **5**, 276[787] (256)
Eisenberger, R., **8**, 607[103] (563)

Eisenbraun, E. J., **7**, 105[290] (38)
Eisenhut, M., **2**, 201[655] (159), 202[711] (173)
Eisenstadt, A., **3**, 1170f[7]; **4**, 422f[9], 435f[13], 508[233] (440), 509[354] (466), 512[491] (497), 512[499b] (498), 607[124] (539f, 540, 597), 613[518] (600, 602f); **8**, 497[84] (484), 1007[21] (943), 1007[22] (943), 1064[35] (1018, 1038), 1070[302] (1058)
Eisenstein, O., **3**, 87[477] (68), 88[546] (79); **8**, 934[525] (881)
Eisert, M. A., **2**, 977[451] (957), 977[464] (957); **7**, 679f[2]
Eisner, E., **6**, 224[16] (202, 203T), 1112[144] (1080, 1095)
Eiss, R., **3**, 169[98] (141); **4**, 815[352] (753); **6**, 1041[129] (1012)
Eissenstat, M. A., **7**, 101[99] (14)
Ekerdt, J. G., **8**, 98[199] (59, 60), 98[200] (59)
Ekouya, A., **2**, 188[90] (24), 188[91] (24), 189[128] (30)
Ekström, B., **2**, 622[354] (567)
Eland, J. H. D., **2**, 976[415] (950); **3**, 80[33] (5), 80[41] (6)
El A'ssar, M. K., **2**, 676[138] (643)
Elatar, A., **8**, 95[22] (24)
Elatta, A., **3**, 270[432] (263)
Elattar, E., **8**, 98[225] (61)
Elbakyan, T. S., **8**, 668[2] (650, 657T), 668[18] (657T)
Elbe, H. L., **8**, 938[788] (924)
Elbel, S., **2**, 683f[4]
El Borai, M., **3**, 1072[295] (1017, 1060)
El-Bouz, M., **7**, 103[208] (29), 103[218] (29)
El-Chahawi, M., **8**, 796[144] (780)
El Deen, A. Z., **8**, 97[145] (49, 51), 97[146] (49, 51, 52, 53)
Elder, J., **8**, 607[116] (564)
Elder, M., **3**, 427[57] (348), 628[25] (563, 566), 628[28] (563, 566); **4**, 309f[13], 328[632] (310), 328[633] (310), 328[634] (310), 920[19] (911), 920[20] (911), 1061[251] (1023); **6**, 754[1209] (650T), 1112[145] (1081, 1088)
Elder, P. A., **5**, 175f[6], 271[487] (161)
Elder, R. C., **4**, 158[594] (137); **6**, 749[829] (592, 594T)
Elderfield, R. C., **7**, 101[113] (16)
Elding, L. I., **6**, 241[13] (235), 752[1074] (633)
El-Essawi, M. E.-D. M, **1**, 454[117] (431)
Eley, D. D., **3**, 547[93] (526), 547[94] (526); **8**, 472f[2]
Elgert, K.-F., **7**, 8f[11]
Elia, V. J., **7**, 104[275] (35)
Eliades, T. I., **4**, 811[96] (705); **8**, 296f[4]
Elian, M., **1**, 409[32] (386); **3**, 13f[1], 81[102] (12, 16, 18, 61), 82[144] (20, 21, 22), 84[260] (36), 84[303] (40), 125f[36], 695[85] (654), 1072[296] (1017); **4**, 454f[17], 509[300] (450), 1057[15] (969), 1061[239] (1020); **5**, 272[553] (187), 622[99] (561); **6**, 12[27] (5), 224[77] (195); **8**, 1068[215] (1047)
Eliel, E. L., **1**, 118[168] (80), 118[169] (80), 118[170] (80), 118[170] (80); **6**, 751[971] (618); **7**, 103[192] (26f), 103[196] (27), 106[334] (46), 106[334] (46)
Elinson, M. N., **2**, 773f[5], 819[78] (779)
Eliseeva, N. N., **3**, 473[35] (440)
Elix, J. A., **4**, 559f[17]
Elizarova, G. L., **5**, 622[79] (553), 622[82] (557, 612, 620)
Elkaim, J.-C., **1**, 302[26] (257); **2**, 203[752] (185)
El Khadem, H. S., **6**, 347[331] (321)
El-Khawaga, A. M., **2**, 862[161] (859)
Ellefson, C. F., **7**, 159[116] (152)
Eller, P. G., **2**, 194[361] (93), 198[540] (129); **5**, 524[283] (313), 534[938] (435); **6**, 759[1513] (689)
Ellerhorst, G., **4**, 389f[9], 504[33] (385, 441, 470)
Ellermann, J., **2**, 705[59] (688, 690), 705[59] (688, 690), 707[170] (702); **3**, 630[131] (579), 851f[52], 863f[44], 863f[47], 948[141] (860); **4**, 12f[10], 12f[11], 34f[61], 34f[62], 52f[95], 65f[53], 153[236] (61), 236[199] (185), 326[478] (296); **5**, 27f[9], 29f[3], 33f[15], 51f[8], 137f[6], 266[124] (26), 266[166] (35), 267[235] (52), 270[414] (133), 313f[2], 342f[4], 403f[10], 523[253] (307, 309, 341), 524[280] (312, 377); **6**, 33[27] (18), 980[74] (968, 978T)
Ellert, O. G., **3**, 699[283] (671)

Ellgen, P. C., **3**, 270[433] (263); **4**, 324[337] (282), 607[165] (547, 548); **6**, 35[139] (25), 142[198] (135), 227[225] (196); **8**, 98[238] (69, 69T, 79)
Elliot, M. A., **8**, 96[109] (42, 58)
Elliot, R. L., **2**, 198[557] (132)
Elliott, B. M., **2**, 626[666] (609)
Elliott, J. R., **7**, 159[130] (154), 194[15] (162)
Elliott, L. E., **2**, 516[610] (482)
Elliott, N., **1**, 40[58] (14, 15, 15T)
Ellis, A. F., **8**, 1064[25] (1017)
Ellis, A. L., **7**, 652[340] (581)
Ellis, D. E., **3**, 80[17] (2, 5, 23); **4**, 324[366] (286)
Ellis, III, H. V., **2**, 1016[102] (991f, 992, 1009)
Ellis, I. A., **2**, 196[436] (110), 198[526] (127)
Ellis, J., **4**, 605[39] (519); **6**, 1027f[1]
Ellis, J. E., **2**, 679[359] (668), 679[365] (668), 679[374] (669); **3**, 694[8] (648, 649, 651, 652, 653), 695[65] (652, 656), 695[68] (653), 695[72] (653, 655, 662), 695[88] (654, 656), 695[90] (655), 695[96] (655), 695[99] (656), 698[248] (667, 668, 669), 708f[4], 708f[5], 708f[7], 708f[8], 708f[9], 709f[3], 709f[4], 779[42] (708, 709), 779[47] (709, 710), 779[55] (710), 807f[2b], 807f[3], 809f[1], 809f[2], 809f[3], 829f[4], 946[15] (794), 946[24] (806), 1067[25] (963), 1087f[2], 1248[113] (1181, 1194), 1264f[2b], 1264f[3], 1317[33] (1279, 1280), 1380[61] (1333); **4**, 11f[4], 23f[4], 23f[11], 23f[18], 151[88] (24), 151[92] (24, 25, 28), 151[107] (26, 29), 151[109] (26), 234[39] (164), 234[44] (164, 204), 373[14] (333), 612[451] (595); **5**, 12f[4], 12f[8], 33f[11], 264[28] (6), 265[57] (14), 280f[2], 520[19] (280), 622[89] (559); **6**, 224[60] (205, 211, 213T), 225[99] (203T, 205, 211, 213T), 839f[21], 839f[22], 840f[53], 849f[1], 850f[34], 850f[35], 874[48] (769), 874[62] (770, 771, 773, 813), 877[225] (819), 1060f[2], 1060f[3], 1061f[7], 1061f[9], 1066f[7], 1110[27] (1046, 1063), 1110[28] (1046, 1063), 1110[29a] (1047, 1056), 1111[75] (1060), 1112[116b] (1071)
Ellis, L. E., **1**, 117[134] (72, 72T, 97)
Ellis, P. D., **1**, 256f[5], 267f[3], 302[15] (256), 303[104] (268), 303[118] (268), 303[120] (268), 303[126] (268), 304[169] (270), 456[210] (444), 456[212] (444); **2**, 945f[3], 976[400] (946); **3**, 168[22] (98); **4**, 319[25] (246)
Ellis, R., **6**, 737[78] (489)
Ellis, S. H., **1**, 241[36] (158)
Ellison, D. L., **7**, 104[245] (32)
Ellison, R. A., **1**, 116[84a] (58)
Ellison, R. D., **6**, 806f[21], 850f[23], 874[34] (765)
Ellul, B., **1**, 303[77] (265)
Elmes, P. S., **3**, 858f[13], 870f[2], 948[134] (853), 1251[290] (1219); **4**, 106f[35], 324[391] (288), 965[178] (961); **6**, 873[14] (764), 877[245] (823); **8**, 368[500] (357), 368[501] (357), 497[89] (486), 927[57] (801, 880), 927[62] (801)
Elmitt, K., **3**, 1382[148] (1354, 1355)
El Murr, N., **1**, 541[202] (521); **3**, 327[83] (302), 428[125] (363), 629[51] (568), 697[209] (664, 676), 700[396] (676), 1383[217] (1368); **5**, 246f[2], 274[681] (231, 234), 274[688] (233), 275[784] (256), 527[482] (357); **8**, 1065[93a] (1026), 1066[154] (1039), 1069[259] (1052, 152f, 1055)
Elnatanov, Yu. I., **2**, 508[137] (412)
El'perina, E. A., **2**, 978[516] (965)
Elroi, H., **5**, 269[319] (89)
El Sanadi, N., **5**, 535[1038] (461, 483)
El-Sayed, M. A., **4**, 152[187] (45); **8**, 280[34] (237)
Elschenbroich, C., **3**, 169[74] (131), 703[320] (688, 689), 703[524] (688, 689), 948[131] (853), 981f[13], 981f[15], 981f[18], 1069[86] (978), 1069[101] (981, 988, 990), 1069[102] (981), 1069[103] (982, 990, 996), 1069[104] (982), 1070[147] (987), 1070[174b] (990), 1070[175] (991), 1070[186] (992), 1070[190a] (993, 995), 1070[190b] (993, 995), 1070[190c] (993, 995); **4**, 657f[13], 819[611] (796), 819[612] (796, 803); **8**, 1067[173] (1041), 1067[173] (1041), 1071[343] (1062)
Else, M. J., **5**, 331f[2], 522[139] (297, 327, 328, 444), 524[316] (318); **8**, 222[95] (122)
Elsevier, C. J., **7**, 728[191] (707)
El-Sharif, A. M., **7**, 105[307] (41)
El-Shazley, M. F., **1**, 379[373] (362); **8**, 280[34] (237)
Elsheikh, M., **2**, 193[322] (82), 199[584] (142), 199[584] (142); **7**, 657[626] (634)
Elsom, J. M., **7**, 9f[1]

Elsom, L. F., **1**, 241[49] (159, 196); **7**, 106[343] (47), 106[347] (47)
Elson, C. M., **4**, 237[249] (193); **5**, 269[317] (88, 91)
Elson, I. H., **3**, 736f[2], 737f[13], 750f[11], 767f[14], 767f[15], 768f[3], 772f[2], 772f[5], 775f[13], 780[154] (757, 763), 781[207] (774); **6**, 141[148] (116, 119), 231[17] (230); **7**, 513[179] (500)
Elstner, M., **8**, 97[143] (49, 56)
Elter, G., **2**, 197[521] (125)
Eltsov, A. V., **5**, 521[84] (288, 289)
Elwood, J. W., **2**, 1019[247] (1006, 1007f)
Ely, N., **3**, 266[151] (196), 269[372] (242, 245, 246), 269[377] (243)
Ely, N. M., **3**, 266[178] (202)
Ely, S. R., **3**, 266[150] (195, 196)
Elzinga, J., **4**, 324[354] (285); **8**, 99[318] (90, 91)
Emad, A., **6**, 99[401] (85, 86, 91T), 228[253] (192)
Emanuel, R. V., **3**, 1070[152] (987, 1031)
Emeleus, H. J., **1**, 682[731] (581); **2**, 197[520] (125), 203[732] (180), 677[196] (652), 679[336] (666), 704[23a] (684, 689), 704[23b] (684), 973[201] (898); **3**, 263[6] (174), 264[44] (178); **4**, 106f[19], 323[267] (272, 301); **6**, 343[11] (280); **7**, 158[10] (143)
Emelina, E. A., **2**, 511[299] (438)
Emel'yanova, A. S., **3**, 702[507] (687, 688), 702[508] (688)
Emelyanova, L. I., **1**, 272f[13]; **7**, 336[19] (326, 327, 328)
Emerson, G. F., **4**, 400f[6], 505[92] (403), 505[94] (403), 506[165] (426), 506[167] (426), 506[168] (426, 448), 506[169] (426), 508[270] (445), 508[287] (448, 474), 608[191] (553, 555, 559f), 608[209] (556, 559f, 597), 612[476] (597), 612[497] (598); **8**, 1007[2] (940), 1007[7] (940), 1007[11] (941), 1008[98] (969), 1009[131] (976, 977), 1009[142] (978), 1009[144] (978)
Emerson, J. D., **3**, 632[264] (620)
Emerson, K., **6**, 1112[158a] (1084)
Emerson, M. T., **1**, 696f[4], 720[70] (691), 721[93] (697); **2**, 976[408] (948)
Emken, E. A., **6**, 757[1412] (673)
Emmer, G., **7**, 512[146] (495)
Emmett, P. H., **3**, 270[434] (263), 270[435] (263); **8**, 17[38] (15), 95[8] (21), 95[9] (21), 95[38] (30, 31), 96[83] (41, 42, 43, 44, 45, 46, 47, 48, 49, 50, 51, 52, 56), 96[84] (41, 43, 44, 45, 46, 48, 49), 97[176] (56, 57), 98[232] (63, 66, 68), 98[233] (63, 66), 98[260] (75), 99[295] (83), 282[144] (272), 282[164] (274)
Empsall, H. D., **5**, 306f[13], 311f[3], 311f[4], 311f[5], 523[222] (304T, 311), 523[223] (304T, 305, 311, 378, 380, 381), 524[276] (304T, 311), 621[50] (550, 613), 622[51] (550, 553, 580), 622[51] (550, 553, 580), 624[248] (578, 581), 625[263] (580), 625[264] (580); **6**, 262[109] (251, 253), 262[124] (254), 263[150] (256), 343[61] (287, 313), 346[237] (311, 313), 348[358] (324), 746[666] (568, 571), 746[672] (571), 749[860] (598), 749[869] (601), 759[1504] (686, 687, 690), 759[1523] (691, 697, 701), 943[144] (909T, 910), 943[145] (909T, 910), 943[146] (909T, 910); **8**, 304f[25], 363[169] (302)
Emptoz, G., **1**, 242[87a] (164, 193); **2**, 861[150] (856)
Emri, J., **4**, 610[365] (587)
Emschwiller, G., **2**, 860[62] (836)
Emsley, J. W., **1**, 151[129] (129, 130, 136, 142), 152[194] (143); **4**, 509[337] (461); **6**, 754[1213] (652)
Endell, R., **3**, 947[58] (821)
Enders, D., **7**, 26f[15], 98f[12], 98f[12], 98f[18], 106[340] (47), 106[341] (47), 647[59] (527), 647[66] (527), 728[210] (710)
Enders, M., **2**, 677[237] (656)
Endesfelder, A., **4**, 840[36a] (828)
Endicott, J. F., **5**, 269[369] (114), 269[370] (114), 269[371] (114), 269[373] (114)
Endo, K., **6**, 347[288] (317); **8**, 796[147] (774), 932[424] (855), 933[454] (860), 1067[188] (1043)
Endo, M., **8**, 711[353] (702)
Endovin, Yu. P., **1**, 696f[34], 696f[35]
Endres, H., **5**, 265[101] (23), 344f[4], 526[417] (342, 343)
Enemark, J. H., **3**, 945f[9], 949[175] (872); **4**, 158[623]

(140), 158^{624} (140); **6**, 344^{91} (294), 344^{93} (294, 298f), 344^{94} (294), 738^{154} (498), 739^{182} (501), 739^{183} (501), 740^{237} (509)
Enescu, L. N., **8**, 935^{610} (896)
Engebretson, G., **3**, 703^{566} (690)
Engel, K., **3**, 631^{194} (590, 592, 596)
Engelhardt, E. L., **7**, 653^{383} (589)
Engelhardt, F., **8**, 96^{98} (41, 42, 43)
Engelhardt, G., **2**, 397^{123} (388), 514^{498} (466), 974^{301} (924); **3**, 942f^{12}, 1131f^{11}
Engelhardt, V. A., **8**, 459^{341} (426)
Engelhart, J. E., **1**, 249^{508} (221)
Engelke, C., **1**, 375^{158} (331), 375^{159} (332), 408^6 (383, 394), 409^{58} (393, 394, 395, 396, 402), 409^{60} (394), 750f^6, 754^{133} (749); **4**, 819^{655} (806), 819^{656} (806); **5**, 538^{1221} (492, 514)
Engelking, P. C., **4**, 319^{46} (247)
Engelmann, A., **3**, 819f^{24}; **4**, 49f^{99}
Engelmann, H., **3**, 802f^2, 1317^{18} (1271)
Engelmann, T. R., **5**, 537^{1182} (482); **8**, 1064^{42} (1019)
Engerer, S. C., **3**, 266^{188} (205), 266^{189} (206, 210); **8**, 367^{422} (348), 367^{423} (348)
England, D. C., **1**, 456^{213} (444, 445, 450), 456^{219} (445)
Englemann, H., **3**, 800f^6, 800f^7, 947^{54} (820); **4**, 153^{229} (60), 237^{258} (196)
Englemann, S. V., **2**, 360^{10} (307)
Englemann, T. R., **5**, 272^{570} (189), 538^{1218} (491); **6**, 140^{77} (105T, 117, 121T); **8**, 1065^{87} (1026)
Engler, D. A., **7**, 108^{470} (65)
Englert, K., **3**, 819f^1, 833f^{25}, 1085f^9, 1106f^2, 1119f^7, 1262f^9, 1275f^2, 1317^{11} (1267)
Englert, M., **6**, 35^{128} (24); **8**, 456^{134} (394), 670^{87} (665), 670^{87} (665), 670^{90} (665)
Englin, M. A., **4**, 320^{78} (250)
English, A. D., **3**, 135f^1, 150f^2, 734f^3, 781^{208} (775, 777, 778); **4**, 374^{21} (334, 335), 374^{45} (340), 380f^6, 504^{38} (386, 431), 813^{236} (728), 813^{237} (728), 813^{238} (729), 813^{258} (736), 1058^{79} (978), 1060^{193} (1006), 1060^{195} (1006), 1060^{197} (1006); **5**, 530^{683} (393), 625^{272} (582); **6**, 95^{130} (39, 40, 43T), 95^{132} (40, 43T), 95^{146} (40, 43T), 140^{61} (102, 104T, 121T, 122T), 241^{16} (235), 262^{99} (251); **8**, 280^{52} (247), 281^{79} (256), 281^{80} (256), 368^{505} (357, 358)
English, A. M., **3**, 888f^2
English, J., **3**, 786f^3, 786f^4
English, R. B., **4**, 156^{508} (126), 536f^2, 612^{446} (536f, 594), 612^{447} (594)
Englund, H. M., **2**, 1019^{270} (1010)
Engman, L., **7**, 87f^7; **8**, 794^{28} (784)
Enk, E., **4**, 689^{61} (669)
Ennen, J., **7**, 100^{57} (7)
Ennett, J. P., **4**, 819^{623} (798, 804)
Ennis, M., **4**, 606^{75} (524f, 525, 526)
Enokida, R., **2**, 193^{342} (87)
Enos, C. T., **4**, 928^{14} (924)
Enrione, R. E., **1**, 456^{215} (444), 456^{216} (444), 456^{216} (444); **2**, 1019^{278} (1010)
Enry, J. G., **2**, 943f^6
Ensley, H. E., **7**, 651^{299} (576), 651^{323} (579)
Ensslin, W., **2**, 392f^3, 397^{125} (388, 390), 683f^4
Entelis, S. G., **1**, 251^{576} (231)
Entermann, G., **7**, 105^{312} (42)
Enwall, E., **4**, 65f^{44}, 107f^{90}
Ephritikhine, M., **3**, 1382^{147} (1351, 1352), 1382^{147} (1351, 1352); **4**, 238^{323} (205, 206T, 206, 227, 228, 231, 232T), 238^{324} (205, 206T, 207T, 224T, 232T); **8**, 550^{62a} (515, 521, 531, 534, 535), 550^{62b} (515, 521, 531, 534, 535), 1066^{115} (1031)
Epiotis, N. D., **7**, 159^{141} (155)
Epley, L. J., **5**, 137f^{23}, 276^{793} (257)
Epple, F., **1**, 378^{348a} (359)
Epple, R., **1**, 306^{325} (287)
Eppley, R. L., **7**, 100^{65} (10)
Epstein, A. J., **5**, 628^{505} (619); **6**, 343^{53} (286, 290f)
Epstein, E. F., **3**, 388f^8, 430^{232} (389), 630^{124} (577); **4**, 607^{182} (549, 553f), 812^{156} (715); **6**, 187^{22} (186)

Epstein, J. M., **6**, 1028f^{16}, 1039^{17} (989, 991, 994), 1040^{86} (1001); **8**, 1009^{138} (977)
Epstein, R. A., **4**, 153^{244} (63), 234^{66} (167); **5**, 272^{521} (177), 272^{524} (177), 521^{89} (289, 462, 471T); **6**, 870f^{83}, 874^{77} (772); **8**, 97^{195} (59)
Epton, R., **4**, 816^{448} (766, 773)
Erb, W., **1**, 676^{366} (624); **2**, 195^{406} (102), 514^{530} (469); **3**, 424f^2; **6**, 1105f^3; **7**, 655^{532} (614)
Erbe, J., **5**, 266^{176} (37); **6**, 34^{43} (19T, 21T, 26), 749^{838} (595T); **8**, 606^{30} (554)
Ercoli, R., **3**, 82^{176} (27), 694^4 (648), 694^9 (648, 649), 695^{40} (650), 695^{41} (650), 786f^5, 946^1 (784, 794), 1004f^4, 1004f^{19}, 1071^{213a} (1001, 1015, 1018), 1071^{213b} (1001, 1015, 1018), 1072^{265} (1013), 1146^1 (1080, 1101), 1316^1 (1256, 1257); **4**, 149^3 (5, 6); **5**, 264^{16} (3, 4, 6, 8, 53), 264^{25} (6, 10); **6**, 12^{10} (4), 1020f^{116}, 1035f^{23}; **8**, 95^6 (21), 221^{79} (119, 121), 222^{100} (124), 222^{116} (142)
Erdman, A. A., **2**, 971^{85} (876), 971^{130} (887, 888)
Erdmann, H., **6**, 468^4 (456)
Erdöhelyi, A., **8**, 282^{145} (272)
Erdyneev, N. S., **2**, 975^{320} (926)
Eremenko, I. L., **3**, 699^{283} (671), 699^{288} (671), 701^{447} (682), 714f^7, 753f^7, 764f^{13}, 768f^5, 769f^3, 771f^{14}, 971f^{11}, 1187f^3; **6**, 805f^2, 839f^{24}, 875^{102} (777), 942^{95} (900), 943^{116} (905)
Eremenko, N. K., **6**, 736^5 (474, 592), 737^{65} (487), 738^{116} (494), 738^{117} (494), 738^{119} (494), 738^{120} (494)
Ergun, S., **8**, 222^{102} (128, 129T)
Erhardt, U., **8**, 1008^{60} (953), 1008^{60} (953)
Erickson, B. W., **7**, 50f^3, 99f^{31}, 727^{176} (704)
Erickson, G. W., **7**, 98f^{16}
Erickson, H., **8**, 645^{246} (622T), 646^{268} (622T)
Erickson, W. F., **7**, 107^{402} (54)
Eriks, K., **1**, 444f^6, 456^{218} (445)
Eritsyan, M. L., **6**, 181^{104} (146, 164)
Erker, G., **3**, 630^{151} (581, 589), 630^{152} (581, 582, 585, 589), 631^{186} (587), 631^{193} (589, 610), 631^{194} (590, 592, 596)
Erkes, R. S., **8**, 932^{375} (850)
Ermakov, Yu. I., **3**, 632^{266} (620), 632^{266} (620), 632^{267} (620), 632^{267} (620), 632^{268} (620), 632^{268} (620); **6**, 180^{51} (157); **8**, 223^{143} (167), 705^{97} (691, 692T), 707^{194} (701), 707^{195} (701), 708^{240} (692T)
Ermakova, I. I., **8**, 641^{33} (618, 627T)
Erman, W. F., **7**, 224^{57} (202), 227^{229} (220)
Ermer, S., **4**, 885^{90} (862)
Ermolaev, V. I., **3**, 702^{502} (687, 689), 966f^3, 1069^{118a} (985), 1188f^4, 1338f^4; **6**, 223^8 (199, 201T), 225^{109} (191f), 225^{126} (191f), 1018f^{10}, 1020f^{120}, 1020f^{121}
Ermolaeva, T. I., **3**, 698^{275} (670), 698^{276} (670), 698^{277} (670), 701^{441} (681)
Ermolova, T. I., **2**, 676^{133} (643), 677^{223} (654)
Ernst, C. A., **2**, 396^{100} (385, 388), 397^{110} (385); **3**, 104f^8, 168^{33} (9)
Ernst, C. R., **8**, 1065^{57} (1021), 1065^{63} (1021, 1022f)
Ernst, F., **2**, 862^{163} (859)
Ernst, L., **2**, 192^{305} (78), 192^{307} (78)
Ernst, R. D., **3**, 265^{115} (186, 187), 265^{116} (186, 219, 221), 268^{300} (224), 268^{303} (224, 225), 269^{362} (240), 270^{402} (254), 1380^{36} (1329); **4**, 253f^3, 253f^4, 327^{587} (307), 327^{590} (307), 327^{593} (307), 512^{476} (493); **5**, 12f^5; **6**, 845f^{281}, 851f^{64}, 874^{39} (765), 980^{45} (960, 963T), 1019f^{55}, 1031f^{15}, 1031f^{20}, 1035f^{13}, 1035f^{14}, 1036f^{12}, 1036f^{13}, 1040^{105} (1006, 1008), 1041^{121} (1009), 1041^{145} (1006), 1041^{146} (1009), 1112^{142} (1079)
Ernstbrunner, E. E., **5**, 264^{19} (4)
Ernsting, J. M., **5**, 626^{339} (591)
Errington, R. J., **5**, 404f^{42}, 530^{690} (394, 412, 431), 530^{691} (394, 432)
Ershler, A. B., **2**, 969^{18} (865)
Ershova, V. A., **1**, 538^{77d} (481, 505); **6**, 226^{160} (214T)
Erskine, G. J., **3**, 398f^7, 398f^{15}, 428^{144} (365), 430^{271}

(401), 430²⁷² (401); **6**, 749⁸⁷⁶ (603), 749⁸⁷⁷ (603, 604), 749⁸⁷⁹ (604), 753¹¹⁵² (640), 757¹³⁷⁰ (670)
Ersting, J. M., **5**, 520⁵² (283, 420)
Ertel, W., **4**, 606⁹² (529, 530)
Erusalimskii, G. B., **1**, 119²⁶⁹ᵃ (102); **6**, 181¹²³ (152, 162); **7**, 9f⁴; **8**, 708¹⁹⁹ (701, 703)
Erusalimskii, L., **7**, 8f
Erussalimsky, B., **7**, 8f⁵
Erwin, D. K., **3**, 631¹⁸³ (587); **4**, 506¹³⁶ (416); **5**, 526⁴⁴¹ (346)
Erzhanov, K. B., **2**, 511³²⁹ (441)
Escaig, J., **4**, 319⁹ (245)
Eschbach, C. S., **3**, 1071²⁴⁹ (1010, 1018), 1072²⁵³ (1010), 1074³⁹⁸ (1033, 1047); **4**, 510³⁷⁶ (474); **5**, 271⁵¹¹ (169, 170, 173); **8**, 1069²⁸⁵ (1057)
Eschenbach, W., **2**, 676¹³⁶ (643)
Eschenmoser, A., **7**, 650²¹⁴ (559), 652³⁶¹ (585)
Eschinazi, H. E., **8**, 936⁷⁰⁵ (909), 936⁷⁰⁷ (910)
Esclamadon, C., **7**, 656⁵⁸⁴ (625)
Escudié, J., **2**, 200⁶¹⁴ (148), 200⁶¹⁵ (148), 200⁶¹⁹ (150), 501f⁸, 501f¹⁰, 501f¹¹, 504f³, 507⁹⁸ (409, 465), 507⁹⁹ (409), 510²⁵⁴ (433), 513⁴³⁷ (455, 495, 496, 497, 498), 513⁴⁵⁶ (459, 462), 513⁴⁵⁷ (459, 460, 462), 513⁴⁵⁸ (459, 460, 461, 462, 480), 513⁴⁵⁹ (459, 460, 496, 497), 514⁴⁸¹ (463, 464, 465), 514⁴⁸² (463, 464), 514⁴⁸⁴ (463), 514⁴⁸⁵ (464), 514⁴⁸⁶ (464), 514⁴⁸⁸ (464, 467), 514⁴⁹⁰ (465), 514⁴⁹¹ (466), 514⁴⁹² (466, 484), 514⁵⁰¹ (466), 517⁶⁵⁵ (489); **7**, 654⁴⁸⁹ (604), 655⁴⁹⁰ (604), 655⁴⁹¹ (604)
Eseleva, A. I., **8**, 365³²⁵ (338, 343), 643¹⁴⁹ (627T)
Eshtiagh-Hosseini, H., **5**, 274⁶⁴⁸ (217), 362f⁷, 436f³, 438f¹³, 455f³, 479f³, 525³⁴⁷ (327), 527⁴⁹¹ (358, 359, 363, 435, 449, 467, 483), 531⁷²⁸ (399, 400); **6**, 871f¹⁴⁴; **8**, 458²⁵⁰ (410)
Esikova, I. A., **2**, 972¹⁶⁹ (895)
Eskenazi, C., **8**, 497⁵⁹ (478), 932³⁹⁴ (852)
Es'kova, V. A., **6**, 750⁹¹⁹ (613)
Esmay, D. L., **1**, 53f⁶, 53f¹²
Espenson, J. H., **2**, 970⁵⁰ (869), 970⁵¹ (869), 970⁶² (871), 970⁶⁴ (871); **3**, 951³²⁶ (923), 951³³⁰ (927), 951³³² (927), 951³³³ (928), 951³³⁴ (928), 951³³⁵ (928), 951³³⁶ (928), 951³³⁸ (929); **5**, 269³¹⁸ (89), 269³⁵⁶ (106); **8**, 293f¹⁶
Espinet, P., **5**, 76f⁹, 373f⁵, 373f¹⁷, 374f⁵, 528⁵⁵⁰ (367), 528⁵⁶⁵ (369), 538¹²¹⁶ (490, 491); **6**, 99³⁴⁹ (50T), 345¹⁵⁶ (306, 307), 345¹⁶³ (306), 747⁷¹⁴ (582), 747⁷¹⁸ (582), 876¹⁵⁸ (789); **8**, 1069²⁹³ (1057)
Espley, D. J. C., **3**, 701⁴²³ (678)
Espy, H. H., **1**, 672¹¹⁰ (577)
Essenmacher, G. P., **3**, 886f⁸, 949²³⁵ (887), 949²³⁶ (887), 949²³⁷ (887), 1141f¹⁹; **4**, 33f⁴², 109f⁴, 109f⁸, 144f³, 158⁶³⁰ (141, 143, 144, 145)
Essig, D., **2**, 974³¹³ (925)
Essler, H., **3**, 1004f², 1028f², 1071²¹⁵ (1001, 1028, 1029), 1211f¹, 1251²⁴⁶ (1210, 1211), 1360f¹, 1382¹⁶⁵ (1359); **8**, 1068²⁴⁶ (1051, 1056)
Estacio, P., **2**, 516⁶¹⁰ (482)
Estes, D., **7**, 100⁴⁶ (6)
Estes, D. W., **1**, 116¹⁰⁴ (63)
Estes, E. D., **6**, 1114²¹³ (1099, 1100)
Estreicher, H., **2**, 882f¹²; **7**, 725⁶¹ (674)
Etemad-Moghadam, G., **2**, 978⁵³⁶ (961)
Etheredge, S. J., **7**, 461³⁸⁸ (427), 461³⁸⁹ (427, 428), 650²¹⁰ (559)
Étienne, M. Y., **2**, 202⁷⁰² (171); **7**, 654⁴³⁶ (598)
Étienne, Y., **2**, 202⁷⁰² (171)
Etievant, P., **3**, 632²⁴⁴ (616, 617)
Etoh, M., **6**, 224²⁸ (205T, 207, 208, 209T)
Ettenhuber, E., **2**, 199⁵⁸⁹ (144, 174, 183); **7**, 658⁷⁰⁴ (645)
Ettorre, R., **4**, 887¹⁹² (882), 887¹⁹⁴ (882); **5**, 229f³, 274⁶⁷¹ (228); **6**, 746⁶⁴⁶ (565), 748⁸¹⁷ (591)
Etzrodt, G., **1**, 539⁹⁰ (487, 491); **2**, 509²⁰² (423, 470); **5**, 12f¹⁸, 12f²⁰; **6**, 1111⁶² (1054, 1089), 1111⁶⁸ (1057), 1113¹⁸⁰ (1090), 1113¹⁸⁶ (1090)
Eujen, R., **2**, 509¹⁷⁴ (420, 426, 435), 675¹¹⁶ (643), 903f¹, 976³⁸⁶ (942), 976³⁹⁰ (942, 958), 3164¹⁷⁷ (420, 482); **6**, 1114²²⁰ (1101)

Eustace, E. J., **7**, 87f⁹
Eustance, J. W., **2**, 362¹³⁴ (329)
Evans, A., **6**, 744⁵⁰² (540), 752¹⁰⁴¹ (628), 760¹⁵⁶⁴ (697)
Evans, A. G., **1**, 112f²; **3**, 701⁴²³ (678), 702⁴⁷⁶ (684), 702⁴⁷⁷ (684); **8**, 454⁴⁰ (378)
Evans, B. R., **8**, 769¹⁶ (730), 769³⁴ (730)
Evans, C. A., **2**, 932f³, 932f⁷, 933f⁵, 975³⁴⁰ (931), 975³⁴⁹ (931, 932)
Evans, C. J., **2**, 626⁶⁶³ (608, 610), 626⁶⁶⁴ (608, 611), 627⁶⁹³ (613), 627⁷¹³ (615), 1016⁹² (988)
Evans, C. S., **2**, 1019²⁴³ (1005)
Evans, D., **4**, 962⁵ (932), 963⁵² (939); **5**, 299f², 306f², 522¹⁴³ (297), 522¹⁹⁰ (302, 302T, 303T, 314), 527⁴⁵⁸ (351); **8**, 361⁵⁶ (287)
Evans, D. A., **2**, 191²⁴⁹ (60), 191²⁵⁰ (60), 202⁷¹³ (174); **3**, 328¹⁷³ (324), 557⁴⁷ (554); **7**, 322⁴² (314), 322⁶⁴ᶜ (319), 322⁶⁴ᵈ (319), 650²²¹ (561), 652³⁵⁷ (584), 652³⁵⁹ (585), 652³⁶⁸ (585), 653³⁸⁸ (590), 654⁴⁴⁴ (598), 654⁴⁵⁸ (600), 654⁴⁵⁹ (600, 601), 656⁵⁶⁷ (622), 658⁶⁷⁶ (642), 658⁶⁷⁷ (642), 658⁶⁷⁸ (642), 658⁶⁸¹ (642)
Evans, D. F., **1**, 245²⁴⁰ᵃ (181, 182, 186), 245²⁴⁰ᵇ (181, 182, 186, 200), 728f², 752²⁴ (729), 752²⁵ (729); **2**, 680³⁸⁸ (671), 860⁵⁸ (836), 861¹⁴⁵ (855), 861¹⁴⁸ (856); **3**, 266¹⁶⁹ (201, 209)
Evans, F. J., **2**, 189¹⁵⁷ (36); **7**, 646¹³ (517)
Evans, G., **7**, 225¹¹⁸ (208); **8**, 1009¹⁰⁵ (970, 1004), 1009¹²² (973)
Evans, G. O., **3**, 833f³⁷; **4**, 12f⁷, 151¹⁰¹ (26), 234¹⁸ (163), 329⁶⁸¹ (317), 920²⁹ (913, 914); **5**, 266¹⁷⁵ (37); **6**, 34⁴⁷ (21T, 23, 26), 346⁰ (21T, 26), 226¹⁴⁰ (205), 796f⁴, 842f¹³⁵, 842f¹³⁶, 842f¹³⁹, 842f¹⁴⁴, 850f¹, 850f¹⁹, 850f³⁶, 869f⁴⁴, 869f⁴⁵, 876¹⁷⁸ (795); **8**, 281¹⁰¹ (262), 282¹³¹ (270), 282¹³² (270), 605² (553, 569), 606⁴⁵ (555, 569, 579, 597T, 598T, 601T), 610²⁷⁹ (597T, 598T)
Evans, H. E., **6**, 943¹⁰¹ (901), 943¹⁰² (901), 943¹⁰³ (901)
Evans, J., **3**, 156f¹⁸, 156f¹⁹, 165f⁷, 170¹³⁷ (154), 170¹⁴⁰ (154), 170¹⁴¹ (154), 170¹⁶⁰ (161), 170¹⁶² (161), 171¹⁸⁴ (167), 1074³⁸¹ (1032); **4**, 327⁵⁵⁹ (304), 658f⁴⁴, 884¹⁷ (847), 965¹⁸⁰ (961), 1061²⁷⁹ (1030), 1062³²⁶ (1039); **5**, 264²⁶ (6), 272⁵⁷⁶ (191), 274⁷⁰³ (238, 239), 274⁷⁰⁴ (239), 327f², 362f¹³, 524³⁰⁶ (318, 327, 328, 332, 360), 524³⁰⁷ (318), 527⁵⁰⁷ (360), 527⁵⁰⁸ (360), 536¹⁰⁸² (468, 514, 516), 537¹¹⁶⁹ (467, 484, 516), 539¹²⁸³ (516), 539¹²⁸⁴ (516), 539¹²⁸⁵ (518), 608f², 610f², 623¹²⁷ (561), 628⁴⁵⁷ (607, 609); **6**, 14¹²⁷ (10), 754¹²¹³ (652)
Evans, J. A., **5**, 531⁷³⁶ (401), 532⁸⁴⁷ (420), 535¹⁰²⁷ (459), 539¹²⁸⁸ (519)
Evans, J. B., **8**, 1069²⁸⁸ (1057)
Evans, J. C., **3**, 701⁴²³ (678), 702⁴⁷⁶ (684), 702⁴⁷⁷ (684); **8**, 454⁴⁰ (378)
Evans, J. E. F., **1**, 309⁵⁰⁷ (297)
Evans, J. G., **3**, 628²⁵ (563, 566); **6**, 241³¹ (238)
Evans, K. J., **8**, 100³²⁷ (92)
Evans, M., **4**, 846f⁸, 884¹⁶ (847)
Evans, M. V., **4**, 689⁷⁷ (672)
Evans, P. R., **2**, 677¹⁹⁶ (652), 679³³⁶ (666)
Evans, R. S., **3**, 84²⁹² (40)
Evans, R. V. G., **3**, 789f¹
Evans, S., **1**, 248⁴⁰⁹ (203, 205); **2**, 674⁵⁰ (636), 976⁴¹⁴ (950); **3**, 80⁴⁵ (6), 81⁶⁸ (6), 83²⁰⁰ (29), 83²⁰¹ (29), 83²⁰⁶ (30), 83²⁰⁷ (30), 88⁵²⁷ (77), 694²⁴ (650), 699³⁴¹ (673, 674), 703⁵³⁹ (689, 690, 692, 693), 989f³, 1069⁹⁹ (981), 1070¹⁶⁶ (989); **4**, 65²³, 479f¹², 816⁴⁰⁹ (761), 1061²²⁴ (1018); **5**, 275⁷²¹ (245); **6**, 22⁴⁶ (211), 227²⁴⁴ (191, 191T, 193T); **8**, 1064³ (1015)
Evans, T. L., **2**, 818⁶⁵ (776)
Evans, T. R., **7**, 336⁵⁰ᵈ (334)
Evans, W. J., **1**, 455¹⁵⁴ (435), 538⁷⁷ᶜ (481, 483, 505, 521), 538⁷⁷ʰ (481, 505, 530), 539⁸⁷ (486, 512, 521), 540¹⁴⁵ (502, 503, 510, 517), 540¹⁴⁶ (502, 503, 533), 540¹⁶⁴ (512, 517, 530), 540¹⁶⁵ᵃ (512), 540¹⁶⁶ (512), 541²²⁶ (530); **3**, 83²¹³ (31), 265¹¹⁰ (185, 191), 265¹²³

(188), 266¹⁶⁰ (198, 202), 266¹⁶² (198, 202), 266¹⁷⁷ (202, 203), 266¹⁸⁰ (202, 205), 266¹⁸⁸ (205), 266¹⁸⁹ (206, 210), 266¹⁹⁰ (206, 210); **8**, 367⁴²² (348), 367⁴²³ (348)
Evdokimova, E. V., **3**, 427²⁶ (336); **6**, 979² (948, 958T, 965); **8**, 366³⁶⁵ (342)
Evens, J. G., **3**, 427⁵⁷ (348)
Everest, D. A., **1**, 149³⁷ (122)
Everhardus, R. H., **7**, 74f⁶, 109⁵¹⁶ (73)
Everitt, G. F., **5**, 626³²³ (590)
Evers, J. T. M., **8**, 455¹¹⁶ (391)
Evitt, E. R., **3**, 546⁴⁵ (493); **5**, 194f¹⁹, 273⁶¹⁶ (208, 241); **8**, 453⁵ (374)
Evoyan, Z. K., **6**, 96¹⁹⁰ (39), 96¹⁹⁰ (39), 262¹²² (253, 254), 349⁴⁵⁹ (341); **8**, 670¹⁰⁰ (655), 670¹⁰⁰ (655)
Evrard, G., **1**, 540¹⁶⁰ (510, 534T); **4**, 158⁵⁸⁷ (136)
Evrard, M., **8**, 363²⁰⁹ (318), 364²¹² (318)
Evstafeeva, N. E., **1**, 151¹⁷² (139), 151¹⁷³ (139); **2**, 507⁵³ (404, 420, 435), 507⁵⁹ (404); **7**, 102¹⁵² (23f)
Evstigneeva, R. P., **3**, 698²³³ (666); **8**, 795⁸⁸ (781)
Ewbank, J. D., **6**, 227²⁴³ (190)

Ewens, R. V. G., **3**, 1146⁸ (1082), 1317⁶ (1257); **4**, 321¹²² (255), 328⁶⁵² (313)
Ewerling, J., **1**, 248⁴⁴⁷ᵇ (209)
Ewers, J., **8**, 379f⁵, 379f⁷, 385f²⁰, 385f²¹, 455⁸⁴ (384)
Ewers, J. W., **1**, 260f³⁵, 262f²¹
Ewers, O., **8**, 645²⁴³ (621T)
Ewig, C. S., **1**, 754¹³⁷ (752); **6**, 12²¹ (5)
Ewing, D. F., **4**, 964⁷³ (942); **6**, 226¹⁶⁵ (198)
Ewing, J. H., **8**, 608¹⁷² (581, 596T)
Exner, M. M., **1**, 118²⁰⁴ (86)
Extine, M. W., **3**, 104f⁵, 168³⁰ (99), 170¹⁷³ (165), 1067³⁵ (966), 1106f⁶, 1108f¹, 1131f⁶, 1131f⁷, 1131f⁸, 1133f⁴, 1248¹¹²ᵇ (1181), 1248¹¹²ᶜ (1181), 1312f¹, 1312f⁶, 1312f⁷, 1312f⁸, 1312f¹⁰, 1312f¹¹, 1312f¹², 1312f¹⁶, 1312f¹⁷, 1319¹⁵⁹ (1316), 1319¹⁶⁰ (1316), 1380⁶⁰ (1333); **4**, 242⁵²⁵ (231, 232T); **8**, 281⁶⁵ (253), 281⁸³ (258), 281⁸⁴ (258), 281⁸⁵ (258)
Eylander, C., **1**, 242¹¹⁰ (166)
Eyman, D. P., **1**, 40⁵⁰ (13), 583f⁴, 673¹⁸⁹ (593, 602), 675³⁰⁰ (615)
Eynde, I. V., **2**, 618⁹² (536)
Eysel, H. H., **3**, 460f⁵

F

Fabbrizzi, L., **3**, 788f[16], 1081f[13], 1258f[10]; **6**, 180[78] (178)
Faber, G. C., **3**, 697[219] (665), 948[160] (867); **4**, 235[81] (170, 196)
Fabian, B. D., **4**, 374[63] (345, 345T, 357, 357T), 375[119] (362)
Fachinetti, G., **3**, 270[395] (251), 270[396] (251), 270[401] (254), 285f[2], 303f[5], 326[20] (286), 326[21] (287), 326[25] (288), 326[26] (288), 326[27] (289), 326[29] (289), 326[31] (289), 326[32] (290), 327[69] (298, 299), 327[95] (306), 386f[9], 398f[48], 414f[3], 414f[4], 414f[5], 429[188] (377, 378), 430[226] (383, 395, 413), 430[242] (391), 430[257] (394), 431[306] (412, 413), 629[57] (568), 630[104] (574), 630[149] (581, 598, 600), 630[150] (581), 630[155] (582, 587), 631[192] (589), 631[206] (591, 596), 633[302] (611), 633[312] (615), 697[190] (663, 673, 675, 676, 679, 680, 681), 698[246] (667, 668, 676, 677), 699[300] (672, 679), 699[301] (672, 682), 700[395] (676, 677), 700[397] (676, 682), 701[435] (680); **4**, 329[675] (316); **5**, 265[66] (15), 265[69] (15), 265[75] (16, 167), 269[336] (96), 269[337] (96), 271[494] (164); **8**, 95[69] (36), 280[22] (233), 280[37] (238), 281[58] (248), 281[96] (262), 367[427] (349), 1068[207] (1046)
Fack, E., **4**, 327[571] (306, 307); **6**, 845f[282], 850f[49], 874[40] (766), 1031f[18], 1036f[10], 1040[92] (1003)
Fackler, Jr., J. P., **2**, 762[120a] (737), 762[120b] (737), 762[120c] (737), 820[135] (792), 820[165] (798); **3**, 951[359] (940); **6**, 755[1252] (654)
Factor, A., **2**, 882f[16], 971[113] (884); **7**, 725[58] (674)
Fadel, S., **3**, 1188f[29], 1245[4] (1152), 1379[8] (1323); **6**, 1018f[12], 1040[65] (997, 1001, 1002)
Fadlallah, M., **8**, 368[466] (353)
Faerman, V. I., **3**, 1070[165] (989, 1035), 1070[178] (991)
Fagan, P. J., **3**, 264[59c] (17, 21, 23), 266[180] (202, 205), 268[304] (226, 248), 268[305] (226, 228, 248, 249, 255, 256, 257), 268[306] (226, 249, 257), 268[308] (226, 227, 228, 229, 249), 268[310] (229), 268[311] (229, 230, 249), 269[385] (248, 249), 270[386] (248, 249), 270[388] (249), 270[389] (249, 250, 251), 270[390] (249, 250), 270[391] (249, 250, 251, 253, 254), 270[392] (249, 250, 251, 252, 253), 270[393] (249, 250, 251, 252, 253), 270[394] (251), 270[404] (255), 270[409] (256, 257), 270[410] (257), 270[421] (261), 270[422] (261), 270[423] (262); **8**, 96[70] (36), 220[38] (111, 112)
Fagerstrom, T., **2**, 1019[256] (1007)
Faget, C., **8**, 936[708] (910)
Faggiani, R., **6**, 349[417b] (333, 334T); **8**, 280[53] (247), 281[74] (255)
Fagherazzi, G., **8**, 456[163] (396)
Fagoaga, P., **1**, 246[330] (195)
Fahey, D. R., **4**, 694f[13], 944f[4], 963[20] (934, 945); **6**, 93[6] (55T, 64, 65), 93[7] (56T, 64, 65), 93[24] (55T, 56T, 57T, 65), 94[42] (55T, 57T, 60T, 61T, 80), 94[63] (55T, 56T, 64, 79), 94[74] (56T, 64, 65), 94[75] (60T, 65), 95[115] (55T, 56T, 57T, 65), 95[136] (55T, 57T, 65, 75), 97[253] (55T, 57T, 58T, 59T, 60T, 61T, 80), 98[277] (55T, 65), 98[278] (56T, 58T, 59T, 65, 73), 98[279] (57T, 65), 98[309] (55T, 56T, 57T, 58T, 59T, 65, 66, 73), 98[320] (55T, 64), 98[331] (81), 99[378] (66), 99[391] (58T, 59T), 142[167] (105T, 121T), 260[6] (244), 261[39] (246), 346[229] (312T, 312); **8**, 311f[7], 646[288] (621T), 646[289] (621T), 646[290] (621T), 647[303] (621T), 670[119] (655), 710[316] (672),

769[12] (736), 769[32] (736), 770[93] (736), 795[60] (790, 791), 934[538] (884), 934[541] (884)
Fahmy, R., **4**, 658f[48], 929[36] (928)
Fahrenholtz, S. R., **7**, 106[352] (47)
Faifel, B. L., **8**, 367[424] (348)
Fain, L. N., **6**, 14[125] (8)
Faingor, B. A., **2**, 970[54] (869), 974[256] (917)
Fainshtein, L. I., **1**, 252[635] (240); **7**, 458[242] (407, 408)
Fainzilberg, A. A., **2**, 872f[10]
Fairbrother, D. M., **4**, 150[18] (7)
Fairbrother, F., **3**, 778[15] (706), 781[210] (776)
Fairhurst, G., **5**, 248f[2], 249f[6], 253f[3], 258f[9], 272[571] (189), 275[736] (247), 275[768] (252, 253, 258), 528[567] (370), 528[568] (370), 538[1217] (490, 514), 539[1282] (514); **8**, 1065[87] (1026), 1066[118] (1031), 1069[293] (1057)
Fairhurst, M. T., **2**, 932f[3], 932f[11], 932f[14], 975[340] (931), 975[348] (931), 975[349] (931, 932), 975[350] (931, 932)
Faith, W. L., **8**, 16[1] (1, 14), 95[46] (31), 99[278] (80, 83), 280[1] (227)
Fakhretdinov, R. N., **8**, 457[205] (402), 642[70] (632), 705[91] (690), 710[305] (685T)
Fakley, M. E., **6**, 742[409] (529); **8**, 1092f[5], 1095f[1], 1095f[2], 1095f[3], 1105[88] (1094), 1105[91] (1096)
Falbe, J., **5**, 264[4] (2); **6**, 35[123] (21T, 24); **8**, 16[5] (2), 16[9] (2, 3T, 4, 7, 8, 9, 10, 14, 15, 16), 17[37] (14), 94[3] (20, 21, 22, 49), 95[5] (20, 21, 22, 24, 30), 96[81] (41, 42, 43, 44, 45, 46T, 46, 47, 48, 49, 50, 51, 52, 57, 59, 61), 96[85] (41, 42, 43, 44, 45, 46, 48, 49, 59, 61), 96[114] (43, 44), 98[230] (63, 66, 67, 67T, 70, 85, 86), 99[263] (74, 75), 99[293] (83), 100[332] (93, 94), 221[51] (116, 119, 123, 140, 141, 153–155, 166–168, 172, 175, 179, 181–186, 188, 190–192, 199, 204, 206, 210, 212, 215), 221[55] (116, 120–128, 129T, 130, 131, 132, 133, 135, 136, 138, 140, 142, 144, 150, 151, 153, 154, 155, 156, 159, 215), 222[110] (137, 147, 150), 223[142] (166, 168, 172, 179, 181, 184, 186, 188, 206, 207, 209), 223[153] (173, 175, 176, 187, 188, 190, 191, 192, 194, 200, 201, 202, 203, 210, 212, 214), 223[168] (190), 282[138] (272), 416f[3], 422f[6], 459[330] (421, 427)
Falci, K. J., **7**, 253[102] (242)
Falck, J. R., **3**, 557[50] (555)
Falconer, J. L., **8**, 282[162] (273, 274)
Falender, J. R., **2**, 342f[1], 362[147] (334), 362[158] (339), 362[165] (341)
Faleschini, S., **1**, 754[119] (747, 749); **3**, 268[787] (221)
Falk, F., **7**, 459[258] (410)
Falk, H., **3**, 1005f[18], 1071[238] (1008, 1027, 1048), 1073[358] (1026); **8**, 1064[21] (1017, 1037, 1038, 1041, 1048, 1050), 1070[310] (1059)
Falk, J. C., **7**, 464[558] (453); **8**, 366[345] (340)
Falkenberg, G., **2**, 201[667] (163)
Falkowski, D. R., **4**, 510[362] (469)
Faller, J. W., **1**, 119[268] (100); **3**, 85[325] (45), 86[401] (55), 86[418] (59), 87[487] (70), 108f[8], 108f[9], 109f[5], 111f[1], 112f[2], 120f[1], 120f[2], 125f[7], 133f[2], 168[11] (91), 168[42] (110), 169[79] (132), 169[80] (132, 143), 169[90] (139, 141), 1077[548] (1059), 1246[28] (1157), 1246[44] (1160), 1246[44] (1160), 1246[46] (1160), 1247[57] (1163, 1165, 1172, 1173), 1247[58] (1165), 1247[81] (1172), 1248[134] (1185, 1186), 1248[143] (1186), 1249[169] (1192), 1252[339] (1229), 1253[397] (1243),

1380^{24} (1326), 1380^{71} (1335), 1381^{102} (1342), 1383^{224} (1369); **4**, 374^{59} (343, 344f), 375^{125} (364), 389f^8, 391f^1, 391f^1, 414f^1, 415f^1, 415f^4, 479f^{23}, 504^{48} (391), 506^{132} (413, 451, 452), 812^{162} (716), 818^{535} (778), 818^{538} (778), 818^{545} (779), 886^{121} (868); **5**, 274^{658} (222); **6**, 224^{78} (203T, 206), 444^{210} (410, 412, 413), 444^{244} (418), 444^{245} (418), 444^{247} (419), 1018f^{25}; **8**, 929^{186} (812), 929^{187} (812)

Fallon, G. D., **5**, 535^{1021} (457, 458, 519); **6**, 349^{424} (334T, 334f)

Falou, S., **1**, 119^{227} (91); **7**, 87f^{13}; **8**, 669^{34} (658T)

Faltings, V., **8**, 645^{243} (621T)

Faltynek, R. A., **2**, 679^{365} (668); **3**, 82^{137} (18), 694^8 (648, 649, 651, 652, 653), 695^{65} (652, 656), 695^{72} (653, 655, 662), 695^{99} (656), 698^{248} (667, 668, 669), 708f^9; **4**, 11f^4, 23f^5, 23f^{18}, 65f^{55}, 151^{93} (24, 25, 26, 68), 151^{107} (26, 29), 234^{44} (164, 204); **6**, 225^{99} (203T, 205, 211, 213T), 850f^{34}, 850f^{35}, 1066f^6, 1066f^7, 1112^{116a} (1071), 1112^{116b} (1071)

Falvello, L., **5**, 268^{287} (77, 78)

Fam, S. A., **4**, 375^{127} (364)

Famina, T. N., **6**, 99^{346} (56T, 74, 76)

Fānanas, F. J., **1**, 116^{96} (52)

Fanchiang, Y.-T., **2**, 1015^{13} (981), 1017^{172} (999), 1018^{228} (1004); **6**, 747^{707} (582)

Fankuchen, I., **2**, 201^{665} (162)

Fannin, L. W., **1**, 247^{379} (200, 223), 247^{380} (200)

Fanning, M. O., **1**, 541^{189} (520); **3**, 83^{236} (33)

Fanta, P. E., **7**, 726^{107} (686)

Fantucci, P., **3**, 703^{555} (690); **4**, 235^{86} (170); **6**, 94^{60} (60T, 64), 96^{181} (40), 98^{326} (64), 225^{100} (190, 192), 345^{180} (308), 345^{181} (308), 345^{182} (308), 749^{827} (593, 594T, 596), 749^{850} (597, 600), 749^{862} (600)

Fanwick, P. E., **3**, 1261f^5; **4**, 236^{179} (182, 183)

Farády, L., **1**, 243^{123} (169)

Faraglia, G., **1**, 753^{52} (734); **2**, 677^{236} (656), 677^{238} (656); **3**, 268^{287} (221)

Faraone, F., **4**, 50f^4, 236^{183} (183), 690^{110} (677), 690^{111} (677, 682), 811^{74} (700, 703), 811^{100} (705), 812^{153} (714), 819^{616} (797), 819^{617} (797), 887^{186} (881, 883), 887^{187} (881), 887^{200} (883); **5**, 288f^1, 288f^4, 310f^4, 317f^{18}, 362f^{10}, 366f^1, 371f^1, 418f^8, 521^{64} (285, 378), 521^{68} (286, 307, 315, 464), 522^{175} (300, 359), 527^{498} (359, 360, 415), 527^{518} (363, 369, 377), 529^{588} (376), 529^{605} (378, 385), 533^{851} (421), 549f^1, 556f^{15}, 558f^{11}, 559f^2, 559f^2, 559f^{15}, 570f^3, 606f^3, 622^{86} (557, 620), 624^{200} (568, 620), 627^{417} (601); **6**, 345^{162} (306, 307), 347^{280} (316), 737^{96} (491), 746^{618} (561), 746^{619} (561), 851f^{60}; **8**, 929^{177} (810)

Faraone, G., **6**, 742^{421} (531), 744^{512} (541), 746^{648} (565), 746^{649} (565), 746^{651} (565)

Farberov, M. I., **8**, 705^{88} (677)

Fărcaş, A., **5**, 265^{61} (14)

Farcasan, V., **2**, 677^{245} (656)

Fárcaşiu, D., **7**, 511^{86} (485, 486)

Fares, V., **6**, 744^{484} (538T)

Farey, B. J., **2**, 969^{11} (864)

Farhangi, Y., **2**, 938f^1, 938f^2, 938f^3, 938f^6, 939f^2, 939f^5, 939f^6, 976^{368} (937)

Farina, F., **3**, 269^{376} (243)

Farina, J. S., **7**, 728^{197} (707)

Farina, R., **3**, 1075^{473} (1044), 1075^{475a} (1044); **7**, 101^{78} (11f, 12); **8**, 1066^{131} (1035), 1066^{132} (1035, 1036, 1036f, 1037)

Farkas, L., **7**, 510^{29} (475), 510^{31} (475, 478), 510^{32} (475), 510^{33} (475), 510^{34} (475), 511^{39} (475), 511^{40} (475), 511^{41} (475, 478), 511^{43} (475)

Farkas, S., **6**, 33^4 (15, 20T, 21T)

Farley, F. F., **7**, 463^{536} (451)

Farlow, M. W., **8**, 282^{125} (269)

Farma, M., **3**, 546^{52} (497)

Farmer, J. B., **1**, 40^{31} (10, 11), 40^{81} (17, 18, 18T), 152^{236} (147), 682^{729} (581)

Farmer, M. L., **8**, 435f^1, 460^{393} (433), 931^{325} (846)

Farmery, K., **3**, 124^{766} (1168); **4**, 247f^2, 320^{108} (253, 259, 260, 264, 266, 314, 315, 316, 317), 323^{280} (274, 295, 313, 314); **5**, 269^{322} (90)

Farnell, L. F., **6**, 755^{1230} (653)

Farnham, P., **3**, 703^{569} (692, 693)

Farnham, W. B., **7**, 108^{451} (62), 252^{60} (237)

Farnum, D. G., **1**, 118^{210} (88)

Farona, M. F., **3**, 797f^7, 810f^4, 826f^2, 947^{62} (821), 1075^{438} (1038), 1076^{495} (1050), 1076^{496} (1050, 1051), 1085f^7, 1089f^{4a}, 1247^{89} (1175, 1196, 1240), 1251^{288} (1219), 1251^{296} (1220), 1251^{297} (1220, 1221), 1251^{300} (1220), 1262f^7, 1275f^5, 1383^{197} (1365); **4**, 51f^{53}, 51f^{62}, 152^{180} (44, 59), 152^{203} (55), 153^{230} (60), 153^{231} (60), 153^{232} (60), 235^{123} (175), 235^{123} (175), 320^{81} (250); **8**, 550^{73} (517), 550^{83} (519), 550^{89} (521), 610^{282} (594T), 611^{344} (598T), 796^{121} (777)

Farone, F., **5**, 624^{206} (569), 628^{508} (620)

Farone, W.A., **8**, 496^{43} (475)

Farooq, S., **7**, 652^{361} (585)

Farquharson, G. J., **2**, 622^{350} (567), 677^{247} (657, 658), 969^{17} (865, 877), 971^{90} (877, 888), 972^{134} (887, 888, 921), 977^{439} (956), 978^{504} (963)

Farr, J. P., **5**, 525^{380} (309)

Farrant, G. C., **4**, 435f^{14}, 435f^{16}, 508^{232} (439), 509^{354} (466); **8**, 1009^{162} (982)

Farrar, A. C., **1**, 245^{283} (188)

Farrar, D. H., **4**, 1058^{78} (977, 982, 998)

Farrar, T. C., **2**, 397^{124} (388)

Farrar, W. V., **2**, 625^{563} (594)

Farrell, M. O., **8**, 610^{288} (597T)

Farrell, N., **4**, 159^{649} (149), 180f^1, 236^{167} (180), 236^{167} (180); **5**, 554f^{12}, 554f^{12}, 622^{69} (551, 553, 573, 613), 623^{167} (565), 624^{192} (567), 625^{284} (584, 585), 625^{285} (584, 585), 625^{286} (584, 585); **6**, 384^{88} (374)

Farrell, N. P., **4**, 812^{157} (715), 886^{123} (868)

Farrell, R. L., **2**, 302^{336} (280)

Farrer, W. V., **2**, 969^4 (864)

Farritor, R. E., **7**, 378f^2, 455^{26} (377)

Farrow, G., **4**, 107f^{83}

Farrow, G. W., **4**, 51f^{38}

Farrugia, L. J., **2**, 820^{188} (808); **3**, 1382^{151} (1355); **6**, 96^{180} (44), 737^{47} (482), 806f^{53}, 806f^{54}, 806f^{55}, 871f^{121}, 871f^{138a}, 871f^{138b}, 871f^{139}, 874^{88} (775, 777)

Farthing, R. H., **4**, 689^{72} (670, 674), 689^{73} (670), 689^{74} (671, 674), 810^5 (693, 704), 810^{17} (694); **5**, 282f^1, 520^{35} (282); **6**, 278^{15} (268)

Fasig, K. M., **3**, 851f^{16}

Fasman, A. B., **6**, 342^9 (280, 283f)

Fatt, I., **1**, 116^{54} (52)

Fatyushina, N. P., **1**, 722^{184} (711)

Faubl, H., **7**, 224^{64} (203)

Faucher, A., **2**, 302^{354} (286, 287), 302^{355} (286, 287), 507^{87} (408), 511^{291} (438)

Faulds, G. R., **3**, 874f^4

Faulhaber, G., **4**, 23f^7, 23f^8, 49f^2, 65f^{33}, 150^{83} (24), 150^{84} (24, 55, 66); **6**, 1019f^{43}

Faulkner, D. J., **7**, 97f^{24}

Faulks, S. J., **1**, 732f^7, 753^{72} (737); **5**, 529^{589} (303T, 376), 529^{635} (303T, 376); **6**, 742^{386} (526)

Fauth, D. J., **3**, 1253^{385} (1237); **4**, 157^{571} (134, 136, 149); **8**, 367^{448} (351)

Fauvarque, J.-F., **1**, 242^{79} (163, 185), 245^{255} (185, 198, 207), 247^{367} (198, 204), 248^{424} (207); **6**, 99^{396} (55T, 56T, 65), 99^{397} (55T, 56T, 65), 349^{437} (337, 338); **7**, 104^{226} (29, 30), 104^{226} (29, 30); **8**, 770^{57} (723T, 732), 770^{60} (723T, 724T, 732), 770^{61} (723T, 732), 770^{67} (723T, 732), 771^{171} (762T, 763T), 771^{176} (762T, 763T), 936^{710} (910, 911, 913, 914, 919, 921), 937^{735} (914), 937^{736} (914)

Fauvel, K., **4**, 323^{326} (280)

Favero, G., **6**, 34^{63} (22T, 24), 34^{73} (22T, 23), 34^{95} (22T), 35^{133} (24), 35^{148} (22T, 32), 35^{149} (22T), 94^{81} (55T, 59T, 65, 75, 78), 94^{84} (56T, 65), 95^{135} (56T, 77), 97^{262} (54T, 65), 98^{286} (56T, 77), 98^{287} (56T, 65, 77), 100^{425} (59T, 73, 78), 140^{46} (110), 141^{104} (122T), 141^{135} (122T), 144^{284} (127); **8**, 368^{508} (358), 770^{97} (734), 770^{98} (734), 794^{20} (790, 791), 795^{46} (790)

Favez, R., **2**, 821^{203} (812); **6**, 445^{256} (420)

Favier, J. C., **1**, 251[608] (235, 236)
Favo, A., **7**, 106[337c] (46)
Favre, B., **7**, 510[8] (469, 479, 480, 482)
Favre, E., **7**, 322[63a] (319), 363[34] (359)
Favre, J. A., **1**, 116[79] (57)
Fawcett, J. K., **1**, 40[42] (11), 671[10] (557, 592)
Fawcett, J. P., **4**, 12f[34], 12f[35], 20f[4], 150[46] (15, 21), 150[58] (18), 163f[5], 234[24] (164), 235[95] (170), 235[96] (170), 235[100] (171, 172), 235[101] (171); **5**, 273[592] (197), 556f[4]; **6**, 841f[125], 841f[126], 842f[149], 876[162] (790, 808, 817), 876[163] (790, 808, 817), 876[203] (808, 809, 817), 1113[179] (1088)
Fawdry, R. M., **6**, 750[893] (607)
Fay, R. C., **3**, 427[68] (353, 354), 427[69] (354), 427[70] (354), 628[12] (562, 565, 566); **8**, 1100f[2]
Fayet, J. P., **2**, 503f[2]
Fayos, J., **2**, 199[562] (134); **4**, 422f[14], 506[157] (424); **6**, 346[235] (311, 312T, 312); **8**, 1010[223] (1005)
Fayssoux, J., **2**, 17f[14], 297[78] (228)
Fazakerley, G. V., **1**, 245[240a] (181, 182, 186); **3**, 266[169] (201, 209)
Fazal, N., **2**, 201[677] (165)
Fear, T. E., **2**, 976[418] (950, 951)
Fearon, F. W. G., **2**, 351f[1]
Fears, R., **7**, 511[55] (480)
Feay, D. C., **7**, 462[490] (443, 444)
Fechter, R. B., **8**, 1104[21] (1077), 1104[34] (1079)
Fedeli, E., **8**, 366[400] (344)
Feder, H. M., **5**, 536[1086] (463); **8**, 96[74] (37), 96[75] (37), 98[243] (69), 98[245] (69), 362[75] (288), 363[197] (315), 367[407] (345)
Federov, L. A., **6**, 182[164] (146T, 159T, 176T)
Fedin, E. I., **2**, 894f[13], 970[61] (870, 926), 972[192] (897), 973[226] (901), 974[277] (920, 921, 922), 975[318] (926); **3**, 334f[16], 334f[17], 334f[18], 334f[36], 341f[5], 341f[6], 341f[7], 341f[8], 341f[16], 344f[11], 347f[1], 348f[4], 348f[5], 362[6], 362f[7], 368f[2], 376f[22], 379f[10], 379f[14], 427[49] (347), 629[37] (564, 575, 576, 617, 618), 629[43] (564), 711f[3], 1074[383] (1032), 1075[456] (1040); **4**, 239[353] (206, 207T, 207), 415f[1], 415f[2], 506[134] (413), 510[407] (481, 482), 885[52] (852); **5**, 275[730] (245); **6**, 179[10] (176T), 182[164] (146T, 159T, 176T)
Fedin, V. P., **3**, 713f[10], 735f[3], 735f[6], 736f[2], 736f[3], 736f[7], 745f[11], 767f[14], 767f[22], 768f[11], 768f[29], 769f[1], 772f[3], 780[133] (745), 781[172] (762), 781[173] (762), 781[174] (762), 781[175] (762), 781[176] (763), 781[177] (763)
Fedneva, E. M., **6**, 941[19] (886)
Fedorov, A. K., **2**, 502f[5]
Fedorov, A. V., **1**, 696f[20]
Fedorov, B. M., **8**, 644[195] (616, 622T)
Fedorov, L. A., **1**, 553[41] (548); **2**, 976[367a] (937), 976[367b] (937); **3**, 334f[18], 341f[7], 628[19] (562, 564), 628[22] (562, 575), 628[23] (562), 628[27] (563, 564), 628[31] (563), 628[33] (563), 629[39] (564, 565), 629[43] (564), 711f[3], 1074[383] (1032), 1075[456] (1040); **4**, 415f[1], 415f[2], 506[134] (413), 507[209] (437), 607[136] (539f, 541); **6**, 179[10] (176T)
Fedorov, M. I., **2**, 506[31] (403)
Fedorov, V. A., **1**, 696f[23], 720[31] (687)
Fedorov, V. L., **6**, 13[54] (8), 13[72] (8)
Fedorova, E. A., **2**, 195[401] (101), 514[520] (468, 472); **3**, 267[203] (209); **6**, 1114[222] (1101)
Fedorova, G. R., **6**, 13[54] (8)
Fedorova, Z. P., **6**, 13[61] (8)
Fedorovskaya, E. A., **6**, 442[116] (401, 406)
Fedoseev, I. V., **4**, 690[96] (674)
Fedot'ev, B. V., **2**, 508[110] (410), 511[303] (439, 469), 872f[2]; **7**, 654[454] (599)
Fedot'eva, I. B., **2**, 508[110] (410), 872f[2]
Fedotov, N. S., **1**, 265f[3], 300f[7], 303[72] (265), 303[73] (265), 306[289] (283), 309[490] (296), 309[491] (296); **2**, 299[190] (248T), 509[180] (420), 679[331] (665)
Fedotova, R. I., **1**, 678[478] (632)
Fedotova, T. V., **6**, 96[170] (40), 142[181] (104T, 109, 134T)

Fedulova, L. G., **6**, 13[61] (8)
Feeney, J., **2**, 676[162] (647)
Fegley, Jr., B., **2**, 506[6] (402)
Fehér, F., **2**, 202[695] (169), 202[705] (172), 202[705] (172)
Fehlhammer, W. P., **2**, 787f[5], 818[51] (774), 819[110] (787), 821[216] (816); **3**, 886f[10]; **4**, 153[235] (61), 605[14c] (514, 519), 606[72] (524), 606[79] (525), 606[80] (525), 606[81] (525), 606[83] (524f, 526, 593), 612[452] (595), 640f[3], 649[84] (639), 649[99] (642); **5**, 522[198] (302T); **6**, 263[148] (255), 343[49] (285, 314), 343[54] (286, 291), 344[78] (291), 344[79] (292), 344[114] (296), 738[134] (497), 739[175] (500), 739[184] (501)
Fehlner, T. P., **1**, 274f[1], 452[29] (418, 421, 441), 453[43] (421), 453[43] (421), 453[44] (421, 429), 454[116] (430, 433), 537[23] (462, 491), 537[24a] (462), 538[39] (470, 491, 537), 538[71] (479), 538[74] (479), 539[93b] (488, 497), 539[93c] (488, 498), 539[110] (492), 540[151] (505); **2**, 976[412] (950), 978[522] (966); **3**, 118f[10]; **4**, 323[313] (278), 374[63] (345, 345T, 357, 357T); **6**, 944[187] (914, 915), 944[188] (914, 915), 944[191] (915), 944[206] (919, 920T), 944[207] (919, 920T), 944[220] (923, 926, 930), 945[235] (926), 945[236] (926), 945[252] (930); **7**, 159[135] (154)
Fehr, C., **7**, 652[327] (580)
Fehske, G., **6**, 100[416] (54T, 57T, 59T, 65, 74), 144[273] (117, 122T); **8**, 796[128] (792)
Feichtmayr, F., **7**, 646[14] (517)
Feigel, M., **6**, 33[14] (17)
Feighner, G. C., **1**, 675[280] (612)
Feigl, F., **4**, 320[113] (254, 307), 327[573] (306); **6**, 1031f[13], 1040[93] (1003, 1006)
Feilner, H.-D., **4**, 321[151] (260); **6**, 1018f[1], 1031f[17], 1035f[15], 1040[99] (1004)
Fein, M. M., **1**, 455[149] (434), 552[4] (543)
Feinberg, S. J., **3**, 948[108] (845)
Feinstein, I., **5**, 526[424] (344), 528[544] (344)
Feiring, A. E., **7**, 104[224] (29)
Feitler, D., **3**, 279[28] (272), 368f[23], 428[146] (365, 396); **4**, 510[384] (475); **8**, 364[248] (324, 338)
Fekete, L., **5**, 34f[2], 266[154] (33, 35)
Fekhretdinov, R. N., **8**, 402f[5]
Feklyaeva, S. D., **8**, 705[93] (674T)
Feldblyum, V. S., **6**, 96[170] (40), 141[120] (104T), 142[181] (104T, 109, 134T); **7**, 463[540] (451); **8**, 366[367] (342), 385f[11], 641[19] (621T), 641[28] (623T), 642[53] (621T), 642[71] (632), 642[104] (626, 627T), 643[106] (621T), 644[186] (621T), 644[189] (621T), 645[224] (621T), 647[297] (621T)
Felder, P. W., **2**, 677[247] (657, 658), 678[261] (658), 971[132] (887, 888), 972[178] (896), 973[200] (898, 899)
Feldhoff, U., **4**, 422f[2], 506[117] (409); **6**, 97[258] (59T, 65, 67); **8**, 455[108] (390), 643[119] (633, 634T)
Feldkimel, M., **3**, 1071[251a] (1010, 1014)
Feldman, C., **2**, 1017[137] (997)
Feldman, C. F., **3**, 545[17] (488)
Feldman, J., **8**, 457[187] (399)
Feldt, W., **2**, 514[494] (466); **5**, 34f[4]
Felfoldi, K., **7**, 651[306] (576)
Felis, R. F., **8**, 606[31] (554), 610[279] (597T, 598T)
Felix, F., **4**, 241[452] (215T, 216)
Felix, R. A., **2**, 300[252] (263, 278, 286), 301[328] (278, 279)
Felker, D., **2**, 199[589] (144, 174, 183)
Felkin, H., **1**, 243[124] (169, 191, 196), 249[461] (211); **4**, 512[474] (492); **5**, 626[388] (599); **6**, 35[136] (25), 277[7] (266T, 267), 277[7] (266T, 267), 345[190] (309), 453[15] (449), 454[39] (453), 454[40] (453), 1041[123] (1011), 1041[133] (1013, 1037, 1038), 1041[139] (1038), 1041[140] (1038), 1041[141] (1038); **7**, 95f[3], 99[15d] (3), 100[28] (4), 100[29] (4, 47, 49), 106[344] (47), 106[371] (49); **8**, 281[106] (264), 291f[19], 364[217] (320), 704[22] (691, 699), 771[130] (738, 740, 745), 771[131] (740, 745, 747T, 748T), 771[132] (740, 745, 748T)
Fell, B., **1**, 246[298] (192), 246[298] (192), 679[549] (642), 679[550] (642), 679[551] (642, 666); **6**, 758[1449] (677, 678, 679); **7**, 456[70] (383), 456[79] (384); **8**, 221[84] (120),

222[106] (132, 133), 365[315] (337), 796[104] (774), 796[111] (775), 796[112] (776)
Fell, E., **2**, 189[121] (29)
Feller, M., **3**, 267[215] (210); **8**, 549[3] (500)
Fellers, N. H., **1**, 753[96] (741); **7**, 512[148] (497)
Fellman, J. D., **3**, 546[29] (491); **8**, 551[109] (528)
Fellman, P., **1**, 242[87b] (164)
Fellman, W., **6**, 842f[158]
Fellmann, J. D., **3**, 88[540] (78), 103f[3], 721f[2], 721f[4], 721f[5], 721f[5], 721f[6], 721f[7], 721f[8], 721f[9], 721f[11], 721f[12], 721f[16], 723f[4], 731f[2], 731f[3], 732f[10], 733f[5], 733f[9], 733f[10], 752f[4], 752f[6], 752f[8], 760f[4], 779[80] (722, 723, 726), 779[91] (726, 740), 780[95] (728, 758, 761), 780[96] (728, 752), 780[97] (728), 780[144] (752), 1319[154] (1314); **8**, 382f[3], 454[24] (375, 380)
Fellmann, W., **4**, 151[99] (25), 166f[7], 239[332] (206, 207T, 210); **6**, 944[186] (914)
Fellous, R., **7**, 196[112] (172)
Fellows, C. A., **1**, 754[127] (749); **7**, 513[187] (501, 503, 507), 726[89] (681); **8**, 936[664] (903), 936[665] (903)
Felmeri, I., **1**, 680[636] (651)
Felten, J. J., **3**, 645[15] (637, 639)
Feltham, R. D., **2**, 707[159] (701), 707[175] (703); **3**, 83[208] (30), 949[175] (872); **4**, 1059[144] (990); **6**, 13[82] (9), 35[145] (22T), 36[175] (32), 278[58] (266T, 276); **8**, 99[320] (91)
Fendler, J. H., **2**, 1015[22] (981); **5**, 269[357] (107)
Fenn, R. H., **3**, 1100f[9], 1100f[10], 1156f[12], 1246[26] (1157), 1248[140] (1186)
Fennell, R. W., **4**, 23f[11], 151[92] (24, 25, 28), 612[451] (595)
Fennessey, J. P., **4**, 504[19] (383); **5**, 257f[5]
Fenske, D., **2**, 200[616] (148), 200[622b] (152, 153); **5**, 266[149] (31); **6**, 14[120] (8), 34[49] (22T), 36[208] (22T), 36[211] (20T, 22T), 225[133] (198); **7**, 654[484] (603, 604), 654[486] (604)
Fenske, R. F., **3**, 80[16] (2, 5), 80[25] (4), 80[30] (4, 5), 80[40] (6), 81[72] (6), 81[73] (8), 81[83] (9), 81[84] (9), 81[85] (9), 81[86] (9), 84[269] (37, 40), 84[288] (40), 84[289] (40), 85[337] (46, 47), 88[535] (77), 362f[13], 368f[8], 428[129] (363), 695[48] (651), 702[495] (686), 781[199] (773), 946[7b] (791), 1318[95] (1291); **4**, 33f[9], 33f[30], 50f[17], 51f[68], 65f[24], 84f[7], 97f[27], 106f[38], 142f[1], 144f[4], 152[184] (45), 153[233] (60), 154[331] (79, 89), 154[343] (86, 99), 154[344] (86), 158[635] (145), 242[514] (225, 226, 227, 230), 242[515] (227, 230), 323[311] (278, 300), 533f[4]; **5**, 267[247] (65); **6**, 14[134] (5), 187[19] (183), 876[192] (800, 817), 876[193] (800, 817)
Fenster, A. E., **3**, 697[205] (664); **4**, 156[483] (125), 156[484] (125, 126); **5**, 275[740] (249), 525[386] (339); **6**, 759[1508] (689)
Fenster, A. N., **2**, 569f[1], 622[375] (570)
Fenton, D. E., **2**, 617[31] (525), 622[402] (572), 675[117] (643); **4**, 611[404] (592); **5**, 627[390] (599)
Fenton, D. M., **8**, 99[280] (80, 81), 935[626] (898), 935[642] (900)
Fenzl, W., **1**, 305[261] (280), 306[337] (287); **7**, 335[12] (325)
Ferber, G. J., **1**, 120[275] (103), 120[278] (101T, 104, 106)
Ferepontov, A. P., **1**, 696f[20]
Ferguson, G., **2**, 696f[7], 696f[10], 705[71] (690), 706[140] (699), 706[141] (699), 706[142] (699), 707[145] (699); **3**, 1072[285a] (1015, 1016); **4**, 606[113] (536, 536f), 608[245] (568f, 569), 609[260] (570f, 571), 648[29] (622), 818[559] (781), 819[631] (800); **5**, 373f[14], 528[560] (369), 625[311] (588); **6**, 141[119] (133T, 135, 136), 347[303] (319), 384[104] (376); **8**, 935[579] (890)
Ferguson, J. A., **4**, 611[440] (594), 640f[4], 649[82] (639), 649[83] (639), 649[98a] (642), 649[98b] (642)
Ferguson, J. F., **2**, 1016[79] (986)
Ferguson, R. B., **2**, 723f[12], 761[94] (728)
Ferichs, A. K., **4**, 511[460] (489, 490T)
Ferles, M., **7**, 195[54] (163), 195[55] (163), 251[8] (230), 251[9] (230), 252[46] (234)
Fernald, H. B., **7**, 455[21] (376)
Fernandes, M. J., **8**, 363[156] (301)
Fernandez, J. E., **3**, 1005f[10]
Fernandez, J. M., **2**, 187[77] (20); **4**, 1061[271] (1028), 1061[273] (1029), 1061[274] (1029), 1064[403] (1056, 1057), 1064[404] (1056)
Fernández, V., **3**, 326[22] (287), 429[168] (373), 702[471] (684), 971f[12]
Fernando, W. S., **3**, 792f[2], 1083f[2], 1260f[2]; **4**, 816[401] (761)
Fernelius, W. C., **2**, 704[22] (684); **6**, 261[57] (247)
Ferner, R., **3**, 334f[24], 359f[10], 629[92] (572)
Fernholt, L., **1**, 40[56] (14), 248[415] (205), 673[147] (588); **8**, 1064[4] (1015)
Fernholz, H., **8**, 796[145] (780)
Ferrara, C., **5**, 522[175] (300, 359)
Ferrara, S., **6**, 98[317] (55T, 56T, 57T, 65, 72); **8**, 770[96] (734)
Ferrari, A., **3**, 965f[3], 1337f[12], 1380[81] (1336); **4**, 611[393] (591); **6**, 1018f[4], 1031f[1], 1034f[1], 1040[100] (1004)
Ferrari, G. F., **5**, 39f[7], 266[171] (36), 267[187] (38, 39), 267[188] (39), 267[197] (41); **8**, 221[85] (120), 311f[19]
Ferrari, R., **7**, 511[64] (482)
Ferrari, R. P., **4**, 689[38] (666), 840[57] (831), 884[23] (849), 1062[299] (1033, 1035), 1062[300] (1035), 1062[301] (1035), 1062[314] (1036), 1062[330] (1041), 1062[333] (1042); **5**, 273[595] (198); **6**, 871f[124]
Ferraris, G., **4**, 885[80] (860), 1062[302] (1035), 1062[303] (1035), 1062[315] (1036); **7**, 457[187] (398)
Ferraro, J. R., **2**, 622[368] (568)
Ferraudi, G. J., **5**, 269[370] (114)
Ferreira, D., **7**, 510[35] (475, 478)
Ferreira, L., **2**, 195[421] (105), 203[744] (183)
Ferreira, T. W., **8**, 771[145] (740, 751T, 752T, 753T)
Ferrell, J. W., **7**, 336[25] (327, 329)
Ferretti, M., **2**, 861[111] (849); **7**, 725[15] (664)
Ferrier, L., **1**, 72f[1]
Ferrieri, R. A., **2**, 193[350] (90), 300[213] (252, 254)
Fersht, A., **7**, 724[1] (662)
Feser, M. F., **2**, 201[655] (159)
Feser, R., **3**, 546[47] (496); **4**, 819[651] (804); **5**, 366f[3], 366f[6], 366f[10], 404f[27], 438f[15], 528[520] (363, 364, 384), 528[525] (363, 384, 425, 474T), 528[529] (364), 529[597] (359, 398, 435, 436), 529[601] (378, 437); **6**, 1094f[10]; **8**, 454[30] (376)
Feshin, V. P., **2**, 508[133] (411)
Fessenden, J., **7**, 651[291] (575)
Fessenden, J. S., **2**, 192[303] (77, 78), 197[494] (121, 125); **7**, 653[375] (586)
Fessenden, R., **2**, 197[494] (121, 125); **7**, 651[291] (575), 653[375] (586)
Fessenden, R. J., **2**, 192[303] (77, 78), 300[244] (262), 300[245] (262), 300[254] (264), 301[325] (278); **6**, 758[1443] (676)
Fetter, N. R., **1**, 149[35] (122, 147), 151[147] (133), 151[148] (133), 151[161] (137)
Fetters, L. J., **7**, 8f[1], 9f[2], 100[45] (6)
Fetyukova, E. I., **2**, 553f[1]
Fetzer, D. T., **7**, 101[107] (16)
Feuer, H., **7**, 14f[6], 107[438] (58)
Feuerbacker, D. G., **3**, 263[14] (174)
Fialkov, Yu. Yu., **2**, 973[199] (898)
Fiato, F. A., **5**, 525[354] (330)
Fiato, R. A., **3**, 170[167] (163); **4**, 73f[23], 74f[26], 154[306] (75, 100, 100T, 101T), 375[111] (359), 886[98] (863), 1058[45] (972); **5**, 327f[14], 525[375] (338), 525[376] (339); **6**, 442[109] (400), 454[28] (450); **7**, 90f[5]; **8**, 221[76] (119, 140), 928[102] (803), 928[103] (803)
Fiaud, J. C., **8**, 361[14] (286), 471f[10], 481f[5], 496[5] (464), 496[26] (469, 470), 497[97] (489), 497[98] (489), 497[99] (490), 930[236] (826), 930[248] (831)
Fic, V., **1**, 677[414] (626)
Ficheux, M. A., **1**, 378[337] (358)
Fichtel, F., **4**, 380f[9]
Fichtel, K., **4**, 33f[2], 64f[3], 153[245] (63), 504[3] (380, 382)
Fichter, K. C., **1**, 672[93] (572, 574, 575, 639), 674[245] (603, 629, 637), 674[253a] (606), 674[253b] (606), 680[632] (650)
Fichtner, W., **3**, 863f[30]

Ficini, J., **1**, 119²²⁷ (91), 244¹⁸⁶ (176); **6**, 383⁶⁹ (371), 468²⁴ (458); **7**, 87f¹³; **8**, 669³⁴ (658T), 930²³⁴ (826, 832)
Fick, H. G., **3**, 851f⁴¹, 948¹³² (853); **5**, 523²⁴⁷ (307); **8**, 362¹³⁴ᵇ (297)
Fickling, C. S., **8**, 608¹⁷¹ (581, 596T), 608¹⁷² (581, 596T)
Fiddler, R., **8**, 610³⁰² (599T)
Field, A. E., **4**, 675f⁸, 689⁶³ (669), 694f¹, 810¹² (693, 721)
Field, D. S., **4**, 605²² (516, 517), 611⁴²² (592)
Field, E., **3**, 267²¹⁵ (210)
Field, J. E., **6**, 362⁴⁵ (357)
Field, J. S., **4**, 106f³⁹, 241⁴⁷⁴ (219, 219T, 222); **5**, 624²⁰⁹ (569); **6**, 737⁸⁶ (490), 1111⁸⁵ (1063)
Field, L. D., **7**, 658⁶⁷¹ (642)
Field, M., **1**, 120³¹² (111)
Fieldhouse, S. A., **2**, 679³⁶⁷ (669); **4**, 150⁷⁵ (22), 606¹⁰¹ (532); **5**, 265⁶² (14), 265⁶⁵ (15, 164), 273⁵⁹² (197); **6**, 1019f⁶⁷, 1020f⁹⁰, 1080f⁶, 1113¹⁶⁷ᵃ (1086); **7**, 657⁶³⁸ (638)
Fielding, L., **2**, 199⁵⁹⁸ (145)
Fields, E., **8**, 549³ (500)
Fields, E. K., **8**, 771¹⁶⁶ (738)
Fields, R., **2**, 195⁴⁰⁶ (102), 195⁴¹² (102); **4**, 97f¹⁷, 504⁶ (381), 504⁶ (381), 612⁴⁵⁷ (596); **5**, 331f², 522¹³⁹ (297, 327, 328, 444), 524³¹⁶ (318); **7**, 655⁵²⁸ (613); **8**, 222⁹⁵ (122)
Fiene, M. L., **6**, 35¹²⁹ (24), 35¹⁶³ (30)
Fieselmann, B. F., **3**, 702⁴⁶⁵ (684, 687)
Fieser, L. F., **8**, 361³² (286)
Fieser, M., **8**, 361³² (286)
Fieslmann, B. F., **3**, 327¹⁰⁰ (307)
Fiess, P., **6**, 94⁶⁸ (86)
Figarella, X., **3**, 1072²⁹² (1016)
Figdore, P. E., **4**, 373⁵ (332T, 333); **6**, 874⁶¹ (770)
Figgis, B. N., **3**, 264¹⁷ (177); **4**, 326⁴⁶⁸ (296); **6**, 13⁴² (7), 743⁴⁶⁵ (534T)
Figuly, G. D., **7**, 109⁴⁹⁹ (71)
Figurova, G. N., **1**, 752³² (730); **2**, 514⁵⁰⁹ (467)
Filardo, G., **3**, 786f¹⁰; **8**, 95⁶ (21)
Filatov, A. S., **4**, 320⁷⁸ (250)
Filbey, A. H., **3**, 697¹⁸⁹ (663), 708f², 710f², 778⁹ (706, 708); **4**, 435f²
Fileleeva, L. I., **1**, 241³⁹ (158)
Filimonov, A. I., **2**, 201⁶⁷⁶ (165)
Filimonova, M. I., **2**, 197⁵⁰¹ (122)
Filipenko, T. Ya., **7**, 101¹¹² (16)
Filippone, M., **7**, 463⁵¹⁷ (448)
Filippov, E. F., **2**, 189¹³⁹ (33)
Filippova, A. Kh., **2**, 515⁵⁴⁹ (472)
Fillebeen-Khan, T., **8**, 364²¹⁷ (320)
Filro, P. F. dos S., **8**, 770¹⁰³ (737)
Fimreite, N., **2**, 1016⁶⁷ (985, 1006, 1007f)
Finch, A., **1**, 260f¹², 305²¹⁸ (277), 373⁵ᶠ (313, 314, 315, 316, 318, 322, 326, 329, 333, 334, 335, 337, 338, 341, 342), 373²⁴ (313, 368, 369), 379³⁹⁴ (364)
Finch, M. A. W., **2**, 511²⁸⁵ (438); **7**, 728¹⁸¹ (705), 728¹⁸⁵ (706), 728²⁰⁰ (708)
Finch, N., **7**, 16f⁵
Findeiss, W., **1**, 721¹¹⁷ (701), 721¹¹⁸ (701, 707); **2**, 188¹¹² (18), 676¹³⁴ (643)
Finder, C. J., **2**, 302³⁴⁸ (284)
Findlay, E. E., **2**, 362¹³¹ (328)
Findlay, M., **3**, 696¹⁵⁵ (661)
Findlay, R. H., **1**, 539¹²⁴ (496)
Finer, J. S., **4**, 606⁸⁹ (528)
Finholt, A. E., **1**, 150¹⁰⁹ (127, 147), 671²⁵ (558); **2**, 624⁴⁸⁷ (585)
Fink, E., **6**, 342¹ (280)
Fink, F. H., **3**, 265⁸⁰ (182)
Fink, G., **1**, 674²⁴¹ (603)
Fink, M. J., **2**, 108f⁷⁵⁴
Fink, R., **3**, 169⁶⁶ (128)
Fink, W., **2**, 197⁵¹⁴ (124), 198⁵⁵⁶ (132), 300²³⁰ (258), 301³¹⁴ (275), 303⁴⁰⁴ (295T), 1989⁵⁶⁰ (133); **4**, 920¹⁵ (911); **6**, 758¹⁴³² (675)

Finkbeiner, H., **7**, 649¹⁶⁷ (553)
Finkbeiner, H. L., **1**, 243¹²⁵ (169), 246²⁹⁷ (192); **3**, 473²² (437), 473²³ (437), 473²⁴ (437)
Finke, H. L., **2**, 379f²
Finke, R. G., **4**, 253f¹, 312f², 320¹⁰⁶ (253), 320¹¹⁶ (254, 315), 326⁵³³ (300, 303), 373⁶ (332T, 333), 609³¹² (580), 819⁶³⁵ (801); **6**, 841f¹⁰²; **8**, 220¹⁵ (107)
Finke, U., **2**, 297³⁶ (218), 301²⁷⁵ (267)
Finkel'shtein, A. I., **2**, 512³⁹⁴ (452)
Finkel'stein, E. Sh., **2**, 298¹⁵³ (243), 299¹⁷⁶ (246), 299¹⁸⁸ (248T); **3**, 1071²³⁵ (1008), 1071²³⁶ (1008)
Finkelstein, E. T., **2**, 298¹³³ (239)
Finkelstein, F. S., **6**, 442¹⁰⁷ (400)
Finn, B. P., **8**, 95⁴⁴ (30, 33, 34), 282¹⁶⁵ (274)
Finn, E., **5**, 621² (542, 561)
Finn, P., **1**, 304¹⁵⁰ (269)
Finnegan, T. F., **3**, 699³²² (673)
Finney, K. J., **3**, 630¹¹¹ (575)
Finnimore, S. R., **3**, 1384²⁵¹ (1376); **4**, 107f⁷³
Finocchiaro, P., **1**, 258f⁶; **3**, 102f⁷, 102f⁸
Finseth, D., **6**, 755¹²⁵⁶ (654)
Finster, D. A., **1**, 539¹¹⁴ (493, 533)
Finster, D. C., **1**, 540¹³⁴ (499, 533T)
Finzel, W. A., **2**, 362¹³³ (329), 362¹⁶⁰ (339)
Fiore, M., **5**, 521⁸⁸ (289)
Fiorentino, M., **8**, 669⁴⁵ (655, 658T)
Fiorenza, M., **7**, 657⁶²⁷ (635)
Fioriani, C., **3**, 1084f⁵
Fiorini, M., **5**, 537¹¹⁵⁵ (477), 537¹¹⁵⁸ (477), 537¹¹⁵⁹ (477); **8**, 471f¹²
Firestein, G., **4**, 83f¹³, 83f²¹, 241⁴⁶⁹ (219, 219T, 220), 241⁴⁷² (219, 219T, 220)
Firestone, R. A., **7**, 107⁴¹⁴ (56)
Firnhaber, B., **4**, 939f¹⁸, 963⁵⁴ (940)
Firsich, D. W., **3**, 886f⁸, 949²³⁷ (887); **4**, 33f⁴², 34f⁴⁹, 109f⁴, 109f⁵, 109f⁸, 144f³, 158⁶³⁰ (141, 143, 144, 145), 158⁶³² (143, 144), 374⁸² (350)
Fischer, A., **7**, 103²²¹ (29)
Fischer, A. K., **3**, 315f¹, 699³¹⁴ (672), 788f³, 788f¹⁵, 793f¹, 1081f¹, 1081f¹², 1258f⁴, 1258f⁹; **4**, 319⁶ (244); **5**, 527⁴⁶⁹ (356)
Fischer, B., **3**, 1384²⁴⁹ (1376)
Fischer, D. D., **2**, 1018²³⁹ (1005)
Fischer, E. D., **6**, 980⁷⁵ (968, 978T)
Fischer, E. O., **1**, 152²⁰¹ (144, 145, 146), 152²¹⁹ (146), 152²²⁰ (146), 152²²¹ (146), 251⁵⁹¹ (232, 233), 719⁸ (685), 752⁴ (725); **2**, 194³⁶³ (94), 625⁵⁸¹ (598), 680³⁸⁷ (671), 859¹⁵ (828); **3**, 88⁵³² (77), 88⁵⁴⁹ (80), 125f³⁶, 169⁷⁴ (131), 264⁷⁰ (180, 182, 187, 188), 265⁷⁶ (180, 212), 265⁷⁷ (180, 182, 212), 265¹¹⁸ (187, 212), 267²²⁵ (211), 267²³⁷ (212), 267²³⁸ (212), 267²³⁹ (212), 267²⁴² (213), 267²⁴³ (213), 267²⁵² (214), 267²⁵³ (214), 268²⁷⁷ (218), 268²⁷⁸ (218), 326¹⁰ (283), 326²³ (288), 429¹⁸⁰ (377), 429¹⁸¹ (377), 646⁵² (644), 697¹⁸⁵ (663), 697¹⁸⁶ (663, 667, 673), 697¹⁹¹ (663), 697¹⁹³ (663), 697²²⁴ (665), 698²²⁸ (665), 698²²⁹ (665), 698²⁴⁴ (667, 668T), 698²⁴⁷ (667, 668, 669), 698²⁵⁵ (668), 699²⁸⁹ (671, 683), 699³⁰⁷ (672), 699³²⁵ (673), 699³²⁶ (673), 699³³⁴ (673), 700³⁷¹ (674), 702⁴⁹⁷ (687), 702⁴⁹⁹ (687, 689), 703⁵³¹ (689), 703⁵³⁶ (689), 703⁵⁴⁴ (690), 736f¹⁵, 736f¹⁵, 781¹⁸⁸ (769), 781²¹² (776), 786f⁷, 786f¹¹, 798f⁹, 798f²⁴, 799f²ᵇ, 799f⁴, 799f⁵, 799f⁶, 800f¹, 800f⁵, 809f⁷, 829f¹ᵃ, 829f¹ᵇ, 829f³ᵃ, 829f³ᵇ, 829f⁸, 829f¹⁰, 833f¹, 833f², 833f⁷⁸, 838f¹, 863f²⁹, 863f⁴⁶, 866f⁴, 866f⁵, 870f¹, 886f¹², 891f¹, 891f², 891f³, 891f⁴, 891f⁵, 891f⁹, 891f¹¹, 891f¹⁴, 891f¹⁵, 891f¹⁶, 893f¹, 893f², 893f³, 893f⁴, 893f⁵, 893f⁶, 893f⁷, 893f⁹, 893f¹⁰, 893f¹¹, 893f¹², 893f¹³, 893f¹⁴, 893f¹⁶, 893f¹⁹, 893f²⁰, 893f²¹, 897f¹, 897f¹¹, 897f¹², 897f¹³, 900f¹, 900f², 900f³, 900f⁴, 900f⁵, 900f⁷, 901f¹, 901f², 901f³, 901f⁴, 901f⁵, 904f², 904f⁴, 904f⁶, 904f⁸, 904f⁹, 904f¹⁰, 904f¹², 908f¹, 908f², 908f³, 908f⁴, 908f⁵, 908f⁶, 908f⁷, 908f⁸, 911f³, 911f⁴, 911f⁵, 911f⁶, 947⁷⁴ (830), 947⁷⁵ (830), 949²³⁰ (884), 950²⁴⁷ (888), 950²⁵⁰ (894, 901), 950²⁵¹ (894, 901),

950²⁵⁶ (895), 950²⁶⁰ (899), 950²⁶⁴ (902), 950²⁶⁶ (902), 950²⁶⁷ (902), 950²⁶⁹ (902), 950²⁷¹ (903), 950²⁷³ (903), 950²⁷⁴ (903, 910), 950²⁷⁸ (905), 950²⁸⁰ (905), 950²⁸² (905), 950²⁸⁸ (907), 950²⁸⁹ (907), 950²⁹⁰ (907), 950²⁹¹ (907), 950²⁹³ (910), 950²⁹⁴ (911), 950²⁹⁵ (911), 950²⁹⁶ (911), 950²⁹⁸ (911), 950²⁹⁹ (911), 971f², 971f³, 971f⁶, 971f⁷, 978f¹, 978f², 978f³, 978f⁴, 978f⁸, 986f¹, 988f⁴, 1004f¹, 1004f², 1005f²⁰, 1028f², 1029f¹, 1029f⁷, 1051f¹², 1067²⁶ᵃ (964), 1068⁴⁷ (970), 1068⁵⁷ (972), 1068⁵⁹ (972, 92), 1068⁶⁹ (974), 1068⁷⁹ (977, 999), 1068⁸⁰ (977, 990), 1068⁸² (977), 1069⁸⁶ (978), 1069¹⁰² (981), 1069¹¹⁶ (984), 1069¹¹⁹ (985), 1069¹²² (985), 1069¹²⁵ (985), 1069¹³² (986), 1069¹³⁴ (986), 1070¹⁵⁹ (988), 1070¹⁷³ (990), 1070¹⁷⁹ (991, 992, 1001), 1070¹⁸⁴ (992, 993), 1070¹⁸⁷ (993), 1070¹⁸⁸ (993, 1000), 1071²¹² (1001, 1015), 1071²¹⁵ (1001, 1028, 1029), 1072²⁸⁴ (1015), 1072²⁸⁷ (1015), 1072²⁹¹ (1016), 1074³⁶⁹ᵃ (1029), 1075⁴⁴² (1038), 1075⁴⁴⁵ (1038), 1075⁴⁶⁴ (1042), 1076⁴⁹³ (1050), 1076⁴⁹⁶ (1050), 1076⁵⁴²ᵃ (1058), 1077⁵⁵⁵ᵃ (1060), 1086f²ᵇ, 1086f⁴, 1086f⁵, 1086f⁶, 1125f¹, 1125f², 1125f³, 1170f³, 1205f¹, 1205f², 1211f¹, 1211f², 1247⁷³ (1170), 1248¹²⁹ (1185), 1250²¹⁶ (1203), 1250²²² (1204), 1250²²³ (1204, 1205), 1250²³³ (1206), 1251²⁴⁶ (1210, 1211), 1251²⁵⁵ (1214, 1227, 1228), 1251²⁹⁴ᵇ (1220), 1263f²ᵇ, 1263f⁵, 1263f⁶, 1297f¹, 1297f⁴, 1297f⁵, 1297f⁶, 1297f¹⁰, 1297f¹³, 1299f², 1305f¹, 1305f², 1305f³, 1305f⁴, 1305f⁵, 1305f⁶, 1305f⁷, 1305f⁸, 1306f², 1306f³, 1306f³, 1317¹⁷ (1271), 1317³⁵ (1276), 1317³⁷ (1276), 1317³⁸ (1276), 1317⁴⁵ (1278, 1279), 1317⁴⁹ (1278), 1317⁵⁰ (1278), 1317⁵¹ (1278), 1318¹⁰⁴ (1294), 1318¹⁰⁵ (1294), 1318¹⁰⁷ (1298), 1318¹¹² (1300), 1318¹¹³ (1300), 1318¹¹⁴ (1300), 1318¹¹⁵ (1300), 1318¹¹⁷ (1301), 1318¹¹⁸ (1301), 1318¹¹⁹ (1301, 1302), 1318¹²⁰ (1301), 1318¹²¹ (1301), 1318¹²² (1301), 1318¹²³ (1301), 1318¹²⁴ (1301), 1318¹²⁵ (1301, 1306), 1318¹²⁷ (1302), 1318¹³¹ (1303), 1318¹³⁵ (1304), 1318¹³⁶ (1304), 1318¹³⁷ (1306), 1318¹³⁸ (1306), 1318¹⁴⁰ (1306), 1318¹⁴¹ (1306), 1357f¹, 1360f¹, 1379³ (1323), 1380³⁹ (1330), 1380⁷⁰ (1334), 1382¹⁵³ (1356, 1366), 1382¹⁵⁴ (1356), 1382¹⁵⁹ (1357, 1358), 1382¹⁶⁵ (1359), 1383²¹⁹ᵃ (1368), 1383²¹⁹ᵇ (1368), 1384²⁶¹ (1379); **4**, 2f⁶, 12f⁴, 12f⁶, 33f¹, 33f², 64f³, 150⁵¹ (16, 18), 150⁶⁰, 151¹³⁷ (36), 153²⁴⁵ (63), 155⁴¹⁵ (114), 155⁴¹⁸ (115), 156⁴⁶² (124), 157⁵³⁵ (129), 157⁵³⁶ (130), 157⁵⁴⁰ (130), 157⁵⁴¹ (130), 157⁵⁴² (130), 157⁵⁴³ (130), 157⁵⁴⁵ (130), 157⁵⁴⁶ (130), 237²⁴⁰ᵃ (193, 206, 207T, 210), 238³¹⁵ (205, 206T, 231, 232T), 239³³¹ (206, 207T), 239³³² (206, 207T, 210), 239³⁷³ (207T, 224T, 227), 240³⁷⁸ (208), 240³⁸³ (208, 224T, 229), 241⁴⁸⁷ (223), 241⁴⁸⁸ (223, 224T), 241⁴⁹² (223, 224T), 241⁴⁹⁶ (223, 224T, 227), 242⁴⁸⁶ (223), 242⁴⁹³ (223, 224T), 242⁴⁹⁴ (223, 224T, 227), 242⁴⁹⁵ (223, 224T, 227), 242⁴⁹⁷ (223, 224T, 227), 242⁵⁰⁶ (223, 224T, 227), 242⁵²² (231, 232T), 242⁵²⁸ (231, 232T), 242⁵³¹ (231, 232T), 242⁵³² (231, 232T), 320⁹² (252), 375¹²⁶ (364), 375¹³⁸ (366), 375¹³⁸ (366), 380f⁹, 435f⁸, 435f²⁷, 504³ (380, 382), 505⁷⁹ (401, 433, 440), 508²³⁶ (440), 512⁵¹¹ (501), 565f⁹, 605⁴⁴ (519, 595), 607¹⁴⁷ (543, 545), 608²⁴⁷ (569), 612⁴⁵⁵ (595), 612⁴⁸⁹ (597), 657f¹³ (604), 760f², 815³⁷⁷ (758, 803, 805), 816⁴⁴⁴ (764), 816⁴⁴⁶ (766), 816⁴⁴⁷ (766, 768, 769), 817⁴⁷² (769, 773), 817⁴⁸⁹ (774), 818⁵⁴⁴ (779), 819⁶¹⁰ (796), 819⁶¹¹ (796), 819⁶¹² (796, 803), 819⁶⁴³ (803), 839¹ (823), 846f¹⁰, 886¹⁰⁷ (866), 1060²¹⁴ (1015), 1061²²¹ (1018), 1061²³² (1020), 1061²⁴⁰ (1020); **5**, 158f², 229f⁹, 248f¹, 264⁶ (3), 264⁸ (3, 244), 271⁴⁶⁶ (156), 271⁵⁰⁴ (167), 272⁵³¹ (177, 187, 189, 211, 214, 216, 218, 227, 228, 229, 230, 239), 275⁷³⁵ (247), 276⁸⁰⁵ (261), 276⁸⁰⁶ (261, 262), 276⁸⁰⁸ (262), 357f¹, 357f², 357f³, 362f¹, 479f¹³, 520⁶ (278, 450), 527⁴⁷⁰ (356, 451), 527⁴⁷¹ (356), 527⁴⁷² (356), 527⁴⁷⁵ (356, 363, 450, 451), 527⁴⁸⁰ (357), 527⁴⁸³ (358), 527⁵⁰⁰ (360), 527⁵⁰² (360), 535¹⁰⁰⁵ (450), 536¹⁰⁸⁵ (468), 538¹²¹⁴ (488), 538¹²²² (491), 606f¹, 627⁴⁴² (605), 627⁴⁴⁵ (605); **6**, 33⁸ (16), 99³⁷⁰ (89), 142¹⁶⁶ (133T, 136), 227²¹⁴ (212, 213T), 231¹⁴ (230), 261²⁴ (245, 248), 261²⁵ (245, 248), 278²⁶ (271), 343³² (284), 343³⁴ (284), 383²⁷ (365), 442⁵⁷ (393), 443¹²⁶ (402), 443¹³⁷ (402, 406), 444²⁰⁴ (410), 453² (447), 453³ (447), 453⁶ (448), 453⁷ (448), 453⁸ (448), 453⁹ (448), 454³³ (452), 737⁵⁸ (486), 739¹⁸⁸ (502), 739¹⁹⁴ (502), 762¹⁶⁹¹ (734), 762¹⁶⁹⁶ (735), 779f¹¹, 805f⁶, 840f⁵¹, 840f⁵², 841f¹¹³, 842f¹⁴⁵, 842f¹⁶⁰, 845f²⁸⁰, 851f⁶⁵, 874³⁵ (765), 874⁴⁷ (769), 875¹³⁵ (784), 875¹⁴⁹ (787), 1018f², 1019f⁷¹, 1020⁹³, 1020f⁹⁴, 1021f¹³⁸; **7**, 97f²⁷, 102¹⁵⁶ (23), 462⁴⁸⁴ (442); **8**, 97¹⁹⁴ (59), 220²⁸ (110), 549³⁴ (504, 505, 511, 513), 550⁴⁶ (505, 513), 550⁵³ (513), 550⁹⁵ (522), 795⁷⁵ (788), 927⁸⁰ (803), 929¹⁶⁴ (810), 1009¹⁵³ (980, 981), 1010¹⁶⁸ (984, 985), 1064⁸ (1016, 1024), 1064¹² (1016), 1064¹³ (1016, 1060), 1065⁶⁵ (1022, 1023), 1066¹²⁶ (1033, 1040), 1066¹⁵³ (1039), 1068²⁴⁶ (1051, 1056), 1069²⁵¹ (1051)

Fischer, F., **8**, 96¹⁰⁶ (41, 57), 97¹³⁷ (48)
Fischer, F. G., **7**, 457¹⁵¹ (395)
Fischer, G., **2**, 513⁴¹⁵ (453), 513⁴¹⁸ (453)
Fischer, H., **3**, 264⁷⁰ (180, 182, 187, 188), 265⁷⁷ (180, 182, 212), 265⁹³ (182, 183), 265¹¹⁸ (187, 212), 893f¹³, 900f⁶, 900f⁷, 908f⁴, 911f⁶, 947⁷⁵ (830), 950²⁵⁰ (894, 901), 950²⁶⁴ (902), 950²⁷⁰ (902), 1297f¹³, 1317⁴⁹ (1278), 1318¹³⁶ (1304); **4**, 241⁴⁸⁷ (223), 242⁴⁹³ (223, 224T)
Fischer, J., **4**, 511⁴⁵² (487), 511⁴⁵³ (487), 613⁵²⁵ (604); **6**, 278⁶⁰ (266T, 277), 349⁴²³ (334T, 334f), 737⁵⁵ (484), 806f⁶², 806f⁶⁵, 872f¹⁵², 872f¹⁵³, 872f¹⁵⁴; **8**, 928¹⁵³ (809, 884)
Fischer, K., **3**, 919f⁴, 924f⁸, 933f¹⁵, 951³¹³ (916); **6**, 95¹⁶⁴ (38, 39, 43T, 80, 81), 96¹⁹⁵ (39), 139¹⁸ (103, 104T, 109), 143²²⁸ (103, 104T, 109), 980¹⁸ (952, 953, 959T); **7**, 463⁵³⁴ (450); **8**, 641⁵ (640)
Fischer, L., **2**, 827f²
Fischer, M. B., **1**, 539⁹⁴ (488, 498), 539⁹⁹ᵃ (489, 490); **3**, 326³⁵ (291), 557⁵⁷ (555), 633²⁷⁶ (622, 624), 646⁴⁷ (642, 643, 644), 646⁴⁹ (642, 643, 644); **6**, 944²³⁰ (925), 945²⁶² (932); **8**, 305f⁴⁴, 382f¹, 388f³, 388f⁶, 454⁵⁴ (380, 387, 389)
Fischer, P., **1**, 119²²⁴ (91), 152²²⁹ (147), 673¹⁸⁴ (592), 673¹⁸⁵ (592), 720²⁵ (686), 720²⁶ (686), 723²⁴⁰ (716), 723²⁴¹ (716), 723²⁴² (716)
Fischer, R., **2**, 200⁶²⁰ (151), 300²⁴⁰ (260), 513⁴⁵⁵ (459, 460), 679³²⁴ (665); **3**, 949²¹³ (880); **6**, 98³⁰⁶ (55T, 65, 75, 77, 79), 181⁸⁶ (163, 165T); **7**, 654⁴⁸¹ (603); **8**, 368⁴⁹⁹ (355)
Fischer, R. D., **3**, 82¹⁸³ (28, 30, 32), 263¹ (174), 264²³ (177, 178), 264⁴³ (178), 264⁴⁵ (178, 179), 264⁴⁹ (178), 264⁵⁰ (178, 179, 217, 245), 264⁵⁰ (178, 179, 217, 245), 264⁵⁹ᵃ (17, 21, 23), 264⁶¹ (179, 233), 265⁸⁹ (182), 265⁹³ (182, 183), 265⁹⁸ (182), 265¹⁰⁰ (183), 265¹¹³ (185, 187), 266¹⁵² (197, 210, 262), 266¹⁶¹ (198, 199, 200), 266¹⁷⁹ (202, 203), 267²⁴⁵ (213), 267²⁴⁶ (213, 214), 267²⁵⁹ (215, 218), 268²⁶⁰ (215), 268²⁶¹ (215), 268²⁶³ (215, 248), 268²⁶⁴ (216), 268²⁷² (217), 268²⁸¹ (219), 268²⁹⁹ (224), 268³⁰⁵ (226, 228, 248, 249, 255, 256, 257), 268³¹⁴ (230, 232, 235), 268³²⁰ (231, 232), 269³²⁷ (232), 269³³⁴ (233), 269³⁴⁶ (234, 235), 632²²⁵ (602), 632²²⁶ (602), 698²⁵⁰ (667), 703⁵⁴⁰ (690), 891f⁴, 1004f³⁷, 1022f¹, 1073³³⁰ (1023), 1075⁴⁴⁵ (1038), 1248¹³⁶ (1185), 1248¹³⁶ (1185); **4**, 819⁵⁹⁷ (793), 839¹⁴ (823, 825), 1061²³³ (1020); **5**, 248f¹, 275⁷³⁵ (247), 538¹²²² (491); **6**, 942⁸⁶ (903T), 1018f⁶, 1019f⁷⁴; **8**, 1010¹⁶⁸ (984, 985)
Fischer, R. G., **4**, 609²⁵⁵ (571)
Fischer, S., **2**, 813f⁷, 821²⁰⁰ (812); **6**, 187²⁶ (184), 759¹⁵²⁴ (691, 692); **8**, 670⁹⁶ (653)
Fischer, Jr., W. F., **2**, 754f⁹, 762¹⁷¹ᵃ (755); **7**, 727¹⁶⁷ (702, 703), 727¹⁸⁰ (705), 729²⁵¹ (719)
Fischler, I., **3**, 1067¹¹ (958), 1074⁴¹² (1035); **4**, 327⁵⁵⁵ (303, 304), 456f⁴, 508²⁴⁴ (441), 508²⁴⁵ (441), 508²⁸³ (447), 605⁹ (514), 607¹⁴⁵ (542), 613⁵²⁶ (604); **5**, 269³⁶⁷ (113); **8**, 291f³⁵, 367⁴³⁵ (350), 367⁴³⁸ (350)

Fisel, C. R., **3**, 695^{64} (652)
Fish, A., **1**, 720^{79} (693)
Fish, R. H., **2**, 624^{523} (589), 974^{292} (923, 956), 974^{294} (923), 974^{295} (923), 976^{427} (951), 1016^{93} (989), 1016^{94} (989), 1016^{95} (989), 1018^{209} (1002, 1003, 1012f); **6**, 758^{1447} (677); **7**, 226^{198} (217), 322^{68} (320)
Fish, R. W., **3**, 169^{61} (127, 146); **4**, 374^{71} (347), 504^{25} (384), 505^{87} (402, 415), 510^{400} (481); **8**, 1065^{71} (1024)
Fisher, D. R., **4**, 326^{494} (298)
Fisher, G. S., **7**, 224^{38} (201)
Fisher, J. R., **6**, 737^{62} (486), 742^{363} (523)
Fisher, L.-P., **6**, 361^{27} (352), 362^{61} (358), 362^{84} (360, 361), 441^{19} (389); **8**, 382f^{13}, 388f^{4}, 454^{25} (376, 381, 387)
Fisher, R. P., **1**, 286f^{9}; **7**, 98f^{6}, 142^{130} (136), 142^{132} (136), 226^{190} (216), 227^{234} (223), 301^{172b} (297), 322^{34} (311), 322^{40} (313), 322^{44} (314)
Fishman, J., **7**, 658^{701} (642)
Fishwick, A. H., **1**, 134f^{1}, 134f^{4}, 136f^{1}, 151^{143} (132, 135, 147), 151^{149} (133, 134, 135, 147), 151^{151} (134, 136, 137, 143), 151^{157} (136, 137), 151^{160} (137, 147)
Fishwick, G., **2**, 192^{300} (77)
Fishwick, M., **1**, 673^{156b} (589); **3**, 126f^{8}, 169^{65} (128), 1067^{8} (956, 95f); **6**, 941^{17} (885T, 886, 893T, 894)
Fishwick, M. F., **2**, 618^{131} (540)
Fitch, J. W., **2**, 189^{151} (35), 189^{152} (35); **3**, 1070^{201} (1000); **4**, 509^{328} (455); **6**, 751^{999} (621), 751^{1000} (621, 628), 753^{1093} (635, 637)
Fitt, J. J., **7**, 67f^{5}, 105^{294} (40)
Fitton, H., **3**, 1073^{319} (1021); **4**, 320^{93} (252); **8**, 1009^{121} (973)
Fitton, P., **6**, 262^{80} (249), 262^{100} (251), 262^{106} (251), 262^{107} (251), 262^{113} (252), 262^{125} (254), 346^{217} (312T, 312), 346^{218} (312T, 312), 346^{225} (312T, 312), 346^{226} (312T, 312), 443^{141} (403); **8**, 927^{70} (801), 927^{73} (801), 927^{74} (801, 862), 927^{75} (801), 934^{567} (889), 934^{568} (889)
Fitton, P. S., **6**, 98^{323} (56T, 65, 77), 346^{220} (312T, 312)
Fitzer, E., **2**, 192^{309} (79)
Fitzgerald, B. J., **6**, 14^{130} (9)
Fitzgerald, R. J., **5**, 546f^{3}, 549f^{13}, 570f^{4}
Fitzpatrick, J. D., **8**, 1009^{135} (977)
Fitzpatrick, N. J., **1**, 149^{20} (122), 541^{189} (520); **3**, 83^{236} (33), 84^{284} (40), 84^{285} (40), 84^{286} (40), 84^{287} (40), 126f^{3}, 1029f^{6}, 1073^{359} (1026, 1029), 1074^{384} (1032), 1074^{389} (1032), 1074^{393a} (1032), 1074^{393b} (1032), 1076^{511} (1054); **4**, 512^{473} (492); **5**, 274^{650} (218); **6**, 140^{76} (103), 141^{131} (103), 842f^{131}
Fitzpatrick, P. J., **4**, 323^{269} (273, 275, 278)
Fitzsimmons, B. W., **2**, 527f^{2}, 621^{284} (556); **4**, 499f^{1}
Fiumani, D., **7**, 463^{527} (449)
Flaccus, R.-D., **5**, 64f^{22}, 271^{476} (157)
Flagg, C. E., **2**, 622^{405} (572)
Flagg, E. E., **2**, 572f^{1}; **6**, 343^{35} (284)
Flahaut, J., **3**, 264^{39} (178)
Flamini, A., **3**, 473^{61} (448)
Flanagan, M. J., **1**, 262f^{40}
Flanagan, P. W. K., **1**, 682^{742} (581)
Flanagan, W. K., **1**, 680^{621} (650)
Flannigan, W. T., **4**, 326^{513} (299), 609^{297} (578), 648^{47} (629)
Flatau, K., **2**, 873f^{15}, 903f^{5}, 973^{236} (905, 922, 923, 935), 974^{293} (923)
Flautt, T. J., **7**, 144f^{6}
Flavell, A. J., **7**, 107^{420} (56)
Flegal, C. A., **7**, 224^{58} (202)
Flegler, K. H., **2**, 908f^{19}, 949f^{4}, 976^{392} (942), 977^{473} (959)
Fleischer, E. B., **3**, 1072^{257b} (1011), 1251^{248} (1211); **4**, 608^{198} (555, 559f, 560, 561), 812^{159} (715), 1057^{10} (970, 974, 1036); **5**, 530^{666} (388), 558f^{3}; **8**, 315f^{6}, 349f^{8}
Fleischhauer, J., **3**, 84^{297} (40); **6**, 96^{199} (53T); **8**, 382f^{28}, 388f^{1}, 389f^{10}, 455^{71} (383, 387, 389), 643^{129} (616, 617, 621T, 622T), 1068^{237} (1049)
Fleischmann, C., **7**, 657^{602} (628)
Fleischmann, M., **1**, 245^{257} (185); **2**, 619^{200} (547)
Fleischmann, R., **5**, 621^{30} (548, 550), 621^{30} (548, 550), 621^{33} (548)
Fleischmann, R. M., **2**, 362^{151} (336)
Fleming, I., **2**, 186^{28} (5), 189^{161} (37), 190^{173} (38), 190^{175} (38), 190^{211} (48), 191^{228} (54), 517^{674} (490); **3**, 87^{478} (68); **7**, 109^{552} (39), 363^{30} (357), 646^{10} (517, 575), 647^{92} (537), 648^{98} (538), 648^{99} (538), 648^{120} (541), 648^{122} (542), 649^{159} (551), 649^{161} (552, 563), 649^{170} (553), 649^{185} (556), 650^{254} (568), 650^{256} (568), 654^{457} (597), 655^{522} (610, 613), 655^{529} (613), 658^{687} (642); **8**, 932^{389} (851), 1009^{112} (971)
Fleming, J. S., **3**, 84^{299} (40, 41), 125f^{15}
Fleming, M. A., **1**, 457^{243} (451)
Fleming, M. P., **3**, 279^{36} (273, 274), 279^{38} (273)
Fleming, S., **4**, 324^{396} (288)
Flemming, R. W., **2**, 1018^{233} (1005), 1018^{234} (1005)
Flemming, V., **6**, 873^{25} (764)
Flesch, G. D., **3**, 788f^{17}, 792f^{14}, 1081f^{14}, 1083f^{14}, 1258f^{11}, 1260f^{14}, 1318^{98} (1291); **4**, 816^{420} (762)
Fletcher, A. S., **7**, 104^{265} (34)
Fletcher, J. L., **3**, 1004^{f28} (1031), 1074^{380} (1031), 1074^{385} (1032)
Fletcher, J. M., **3**, 1005f^{23}
Fletcher, K. L., **7**, 463^{514} (447)
Fletcher, R., **8**, 460^{395} (433)
Fletcher, S. R., **3**, 1319^{149} (1310); **4**, 237^{230} (189T, 190); **5**, 625^{263} (580)
Flick, W., **2**, 199^{590} (144)
Flid, R. M., **2**, 972^{169} (895); **6**, 262^{108} (251), 262^{134} (254), 345^{201} (310), 346^{222} (312T, 312), 468^{6} (456), 746^{662} (566); **8**, 349f^{17}, 368^{516} (359), 368^{517} (359), 368^{518} (359), 458^{254} (410)
Flinn, P. A., **2**, 617^{24} (523)
Flippen, J. L., **4**, 610^{339} (539f, 585)
Flippin, L. A., **2**, 190^{202} (47)
Flippin, R. S., **2**, 1017^{146} (998)
Flisi, U., **7**, 463^{500} (443, 449)
Fliszár, S., **7**, 510^{12} (470, 471), 511^{75} (484)
Flitcroft, F., **4**, 107f^{90}
Flitcroft, N., **4**, 65f^{44}, 150^{26} (7), 233^{7} (163), 235^{104} (171, 172), 611^{406} (592); **6**, 842f^{137}
Floch, L., **7**, 659^{713} (645)
Flodin, N. W., **1**, 310^{562} (299)
Flohr, H., **5**, 269^{330} (92), 269^{331} (92)
Flom, E. A., **3**, 1067^{25} (963), 1248^{113} (1181, 1194), 1380^{61} (1333); **4**, 23f^{11}, 151^{88} (24), 151^{92} (24, 25, 28), 234^{39} (164), 612^{451} (595); **5**, 12f^{4}; **6**, 224^{60} (205, 211, 213T)
Flood, M. T., **4**, 328^{657} (313)
Flood, T., **7**, 648^{142} (547)
Flood, T. A., **7**, 648^{144} (547)
Flood, T. C., **2**, 189^{131} (31), 191^{256} (62), 194^{360} (93), 199^{593} (145); **3**, 103f^{6}, 120f^{10}, 121f^{4}, 1075^{459} (1040, 1041), 1251^{276} (1216), 1383^{190} (1364); **4**, 157^{561} (132), 374^{50} (342, 356), 374^{52} (342, 356), 374^{52} (342, 356), 375^{87} (352, 354), 375^{94} (354), 375^{135} (366, 368, 369T), 504^{50} (392); **7**, 647^{71} (530), 647^{79} (531, 533); **8**, 796^{131} (791), 1065^{86} (1026)
Flood, T. S., **8**, 769^{25} (727T, 732, 733)
Florence, J. C., **2**, 299^{166} (245, 247T, 249)
Florentin, D., **1**, 376^{240} (347)
Flores, A., **4**, 611^{384} (590)
Flores, B., **3**, 125f^{18}
Flores-Riveros, A., **8**, 220^{11} (106, 107)
Florey, A., **8**, 935^{628} (898)
Floriani, C., **2**, 762^{110} (732); **3**, 270^{395} (251), 270^{396} (251), 270^{401} (254), 285f^{2}, 303f^{5}, 326^{20} (286), 326^{21} (287), 326^{25} (288), 326^{26} (288), 326^{27} (289), 326^{29} (289), 326^{30} (289), 326^{31} (289), 326^{32} (290), 327^{95} (306), 386f^{9}, 398f^{48}, 414f^{3}, 414f^{4}, 414f^{5}, 429^{182} (373, 394), 429^{188} (377, 378), 430^{226}

(383, 395, 413), 430^{242} (391), 430^{257} (394), 431^{306} (412, 413), 629^{57} (568), 630^{104} (574), 630^{149} (581, 598, 600), 630^{150} (581), 630^{155} (582, 587), 631^{192} (589), 631^{206} (591, 596), 633^{302} (611), 633^{312} (615), 697^{190} (663, 673, 675, 676, 679, 680, 681), 698^{246} (667, 668, 676, 677), 699^{300} (672, 679), 699^{301} (672, 682), 700^{395} (676, 677), 700^{397} (676, 682), 701^{435} (680); **4**, 373^{10} (333), 811^{121} (708, 716), 841^{86a} (836), 886^{116} (867, 868, 881); **5**, 269^{336} (96), 269^{337} (96); **8**, 95^{69} (36), 280^{22} (233), 280^{37} (238), 281^{58} (248), 281^{96} (262), 367^{427} (349), 1068^{207} (1046)
Florio, S. M., **4**, 374^{31} (336), 375^{118} (362), 393f^2, 504^{52d} (393), 504^{54} (394); **8**, 1008^{88} (965)
Floris, B., **2**, 882f^4, 925f^5, 925f^7, 971^{112} (884), 974^{306} (925), 974^{308} (925); **4**, 511^{439} (485); **8**, 1065^{52a} (1020), 1065^{68} (1024, 1024f), 1069^{274} (1055), 1070^{317} (1059), 1070^{320} (1059)
Florjanczyk, Z., **1**, 679^{577} (647); **7**, 460^{376} (423)
Flory, P. J., **2**, 362^{146} (334), 362^{162} (341)
Floss, J. G., **3**, 798f^{4c}, 819f^6
Floss, J. O., **3**, 944f^7
Flotow, H. E., **1**, 120^{296} (107)
Flowers, L. I., **8**, 608^{192} (586, 597T)
Flowers, M. C., **2**, 193^{315} (80), 298^{103} (233)
Floyd, D., **7**, 728^{228} (715)
Floyd, D. M., **7**, 728^{198} (705, 708)
Floyd, J. C., **7**, 38f^3
Floyd, M. B., **7**, 460^{348} (420), 460^{350} (420)
Fluck, E., **6**, 34^{56} (26)
Flückiger, E., **1**, 244^{190} (176)
Flues, W., **2**, 199^{598} (145)
Flygare, Jr., W. H., **7**, 107^{436} (58)
Flynn, B., **5**, 305f^6
Flynn, B. R., **5**, 522^{192} (302, 302T), 522^{195} (302T, 303T, 304T, 305, 314), 523^{205} (303T, 304T), 543f^6, 554f^4, 621^7 (542, 543), 621^{15} (544); **6**, 943^{141} (910, 909T); **8**, 281^{94} (262)
Flynn, E. H., **7**, 652^{340} (581)
Flynn, J. H., **6**, 757^{1382} (672); **8**, 361^{46} (287)
Flynn, J. J., **5**, 272^{563} (188); **6**, 1085f^{12}
Flynn, R. M., **2**, 908f^{20}, 973^{233} (902, 926); **5**, 275^{743} (250)
Foà, M., **5**, 27f^{11}; **6**, 36^{189} (33), 94^{79} (56T, 80), 95^{137} (55T, 56T, 57T, 65, 66, 79), 98^{317} (55T, 56T, 57T, 65, 72), 98^{318} (77); **8**, 223^{166} (188, 193, 198, 200, 203), 223^{174} (192), 769^{14} (731), 770^{96} (734), 770^{99} (734), 770^{102} (734), 772^{211} (734), 794^{34} (783), 794^{36} (783), 795^{49} (782, 786), 795^{53} (787), 795^{64} (786), 795^{76} (780)
Foces-Foces, C., **5**, 299f^{12}, 524^{274} (298, 481, 489)
Fochi, G., **3**, 270^{396} (251), 326^{27} (289), 430^{257} (394), 630^{150} (581), 631^{192} (589), 633^{302} (611), 701^{435} (680)
Fock, K., **5**, 76f^{10}, 76f^{13}, 268^{292} (78)
Foerg, F., **6**, 442^{72} (395)
Foerst, B., **2**, 191^{240} (57)
Foerst, W., **7**, 76f^5, 107^{429} (57)
Foerster, C., **5**, 40f^6
Foerster, F., **6**, 738^{113} (494)
Foffani, A., **2**, 503f^3; **3**, 792f^9, 1083f^9, 1260f^9; **4**, 401f^{17}, 505^{89} (403); **5**, 27f^5, 27f^{10}, 266^{121} (26); **6**, 227^{201} (210), 1019f^{70}, 1112^{155} (1083)
Fogarasi, G., **2**, 201^{665} (162)
Fogelman, J., **6**, 755^{1242} (654)
Fogleman, W. W., **6**, 182^{181} (169)
Fok, N. V., **3**, 1075^{439} (1038)
Folest, J.-C., **1**, 245^{245} (182, 185), 245^{256} (185), 245^{258} (185), 245^{259} (185); **8**, 770^{57} (723T, 732)
Foley, H., **6**, 876^{198} (807, 812, 818)
Foley, K. M., **2**, 361^{69} (315), 361^{84} (318)
Foley, P., **6**, 749^{882} (605); **8**, 551^{114} (531)
Foliadies, V., **4**, 155^{389} (102)
Folland, R., **3**, 102f^{15}, 104f^7, 168^{32} (99)
Folli, U., **2**, 618^{89} (536)
Folting, K., **3**, 1250^{197} (1198); **4**, 157^{552} (131), 608^{192} (553, 553f); **6**, 944^{217} (922, 923)
Fomin, V. M., **3**, 1070^{195} (999), 1250^{232} (1205)

Fómina, N. V., **2**, 508^{157} (417), 508^{158} (417), 515^{558} (473)
Fomina, T. N., **7**, 5f^{10}, 100^{51} (7); **8**, 642^{83} (640), 668^{12} (663T), 669^{43} (662), 669^{83} (655)
Fonati, F., **2**, 723f^{21}
Fong, C. W., **2**, 298^{100} (233), 618^{123} (539), 678^{269} (659), 973^{206} (899); **4**, 374^{60} (343), 375^{104} (357), 375^{141} (366); **5**, 267^{241} (60); **6**, 444^{249} (419), 745^{615} (560)
Fonken, G. J., **7**, 110^{585} (89)
Fonnesbech, N., **3**, 82^{179} (27)
Fontaine, C., **5**, 270^{383} (121)
Fontal, B., **2**, 632f^4, 674^{18} (630); **4**, 166f , 166f^{16}, 234^{47} (165)
Fontana, S., **3**, 429^{180} (377), 891f^{14}, 893f^{21}, 901f^2, 950^{293} (910), 1068^{42} (968), 1072^{292} (1016); **4**, 157^{536} (130), 158^{589} (136), 533f^1; **6**, 841f^{113}, 874^{47} (769)
Fontanille, M., **1**, 249^{493} (218, 234, 235), 251^{608} (235, 236); **7**, 8f^8, 8f^{13}
Foo, C. K., **4**, 609^{279} (575, 576); **8**, 1008^{63} (954)
Foord, A., **2**, 190^{182} (40)
Foos, J., **7**, 105^{281} (37)
Foose, D. S., **6**, 805f^{15}, 868f^{22}, 869f^{48}, 875^{97} (777)
Foot, R. J., **5**, 530^{712} (396), 530^{713} (396)
Forbes, C. E., **6**, 1113^{167a} (1086)
Forbes, C. P., **1**, 244^{197} (177)
Forbes, E. J., **4**, 612^{467} (596), 810^{58} (699), 873f^6, 886^{144} (872), 886^{153} (874)
Forbes, R. M., **2**, 1016^{108} (993)
Forbus, N. P., **4**, 150^{44} (14)
Ford, B. F. E., **2**, 621^{341} (565, 568), 621^{345} (566)
Ford, F. E., **2**, 533f^1, 679^{345} (666)
Ford, K. A., **8**, 550^{62b} (515, 521, 531, 534, 535)
Ford, M. E., **7**, 101^{98a} (14, 27), 510^8 (469, 479, 480, 482), 510^{26} (474, 479), 510^{28} (475, 479), 512^{129} (491, 493)
Ford, P. C., **3**, 1380^{50b} (1331, 1335), 1384^{250} (1376); **4**, 320^{112} (254), 328^{666} (315), 906^{12} (891, 892), 963^{68} (941), 1057^{19} (969, 970, 977, 993, 1004, 1005, 1014), 1057^{22} (969, 973, 1053); **5**, 628^{500} (617, 620); **6**, 815f^1, 869f^{60a}, 869f^{60b}, 869f^{61}, 869f^{64}, 869f^{65}, 876^{219} (815), 877^{240} (822), 877^{241} (822), 877^{242} (822); **8**, 17^{24} (12), 17^{35} (13), 221^{69} (116, 157), 363^{142} (299), 364^{246} (324)
Ford, P. W., **4**, 505^{69} (397)
Ford, S. H., **1**, 681^{656} (653); **7**, 461^{390} (427)
Ford, T. A., **3**, 694^{14} (649, 654)
Ford, T. M., **7**, 141^{79} (126)
Ford, W. T., **1**, 119^{223} (91), 119^{250} (97, 100, 101, 101T), 119^{263} (98), 120^{285} (105), 243^{130} (170), 243^{148} (172, 186), 245^{230} (179, 180, 182, 185, 186), 249^{458} (211); **8**, 609^{214} (603)
Forder, R. A., **2**, 620^{267} (555), 620^{277} (556); **3**, 84^{263} (37, 40), 328^{138} (314), 629^{52} (568, 570, 571), 702^{490} (685), 767f^{12}, 767f^{16}, 771f^2, 1250^{199} (1199), 1250^{205} (1199), 1250^{207} (1201), 1382^{137} (1348); **6**, 980^{29} (956, 959T), 980^{35} (956, 959T), 1041^{124} (1011); **8**, 1067^{193} (1043)
Fordice, M. W., **6**, 756^{1296} (659, 667)
Foreback, C. C., **2**, 1018^{213} (1003, 1012f, 1014), 1018^{218} (1003, 1014)
Forel, M. T., **2**, 517^{692} (502)
Forelich, J. A., **3**, 946^{17} (800)
Foreman, M. I., **3**, 1076^{520b} (1055); **4**, 156^{450} (121)
Foreman, T. K., **6**, 806f^{31}, 869f^{67}, 876^{197} (807, 811, 812)
Foremny, V., **2**, 301^{284} (269)
Förg, F., **6**, 187^{14} (186)
Forgaard, F. R., **1**, 673^{143} (588, 616)
Forgues, A., **4**, 326^{489} (297, 313), 326^{490} (297), 505^{90} (403), 508^{258} (443, 449)
Forkl, H., **2**, 813f^5, 813f^6, 821^{199} (812, 813), 821^{206} (813), 821^{207} (814)
Form, M., **3**, 1119f^8
Formacek, V., **3**, 265^{100} (183), 899f^3
Forman, E. A., **1**, 40^{32} (10, 11)
Formenko, L. V., **5**, 555f^{21}

Formstone, R., **2**, 524f², 622³⁵¹ (567)
Forneris, R., **3**, 703⁵³³ (689)
Forni, E., **4**, 237²¹⁴ (189, 189T, 190); **6**, 140⁷⁹ (123T, 128); **8**, 281⁹⁹ (262)
Forni, L., **8**, 641³⁸ (622T), 645²²⁹ (622T)
Fornié, J., **1**, 753⁷⁹ (738)
Forniés, F., **5**, 76f⁹
Forniés, J., **6**, 99³⁴⁹ (50T), 343²¹ (281, 283f, 306), 345¹⁵⁶ (306, 307), 345¹⁶³ (306), 345¹⁶⁷ (306, 307, 311), 345¹⁶⁸ (306, 340), 345¹⁶⁹ (306, 309), 345¹⁷⁰ (306), 345¹⁷¹ (306), 345¹⁷² (306), 345¹⁷⁴ (306), 345²⁰⁸ (311, 340), 345²⁰⁹ (311), 346²¹³ (306, 307), 349⁴⁴³ (340), 741³¹⁵ (518, 519), 747⁷¹⁸ (582)
Fornis, J., **6**, 747⁷¹⁴ (582)
Forrest, J. W., **3**, 102f¹⁵, 104f⁷, 168³² (99)
Forrest, K. P., **6**, 453³ (447), 762¹⁶⁹⁷ (735)
Forrester, A. R., **8**, 1070³⁰⁶ (1059)
Forsellini, E., **5**, 21f¹⁰; **6**, 384⁹⁸ (376), 743⁴⁵⁵ (533T), 743⁴⁶² (534T), 743⁴⁶³ (534T), 751⁹⁶⁸ (617, 624T), 754¹¹⁹⁵ (648T)
Forsén, S., **3**, 168¹⁵ (95), 168¹⁶ (95)
Först, W., **1**, 681⁶⁹⁷ (664)
Forster, A., **3**, 170¹⁵⁰ (157); **4**, 658f³⁰, 658f⁴⁶, 689³² (666), 886¹¹¹ (866), 886¹⁴¹ (871), 887¹⁹³ (882), 1057³⁰ (971), 1058⁶⁸ (976), 1062²⁸⁵ (1031); **5**, 64f⁷; **6**, 868f³⁵
Forster, D., **1**, 671³⁴ (559); **5**, 282f⁴, 282f⁵, 520³⁷ (281, 282), 520³⁸ (281, 282), 520³⁹ (281), 520⁴² (281, 386), 529⁶⁴⁵ (384), 530⁶⁵³ (386), 622⁸⁸ (557); **8**, 17³⁰ (12, 13), 99²⁶² (74, 75, 76, 78), 99²⁷¹ (76, 77, 78), 605¹⁹ (553), 609²¹⁰ (592)
Förster, E., **3**, 1069¹²⁸ (986)
Förster, J. E., **2**, 860⁸⁷ (843)
Försterling, H., **2**, 513⁴³¹ (454), 513⁴³² (454, 455)
Forstner, J. A., **2**, 202⁶⁹⁴ (169)
Forstner, U., **2**, 1016⁵⁵ (983, 1005)
Forsyth, M. I., **1**, 538⁴⁷ᶜ (473, 520), 538⁵³ᵃ (473, 519, 520, 535), 538⁵³ᵇ (473, 519, 520), 540¹⁸⁴ᵉ (519); **3**, 83²⁴³ (34), 84³⁰⁷ (42)
Forsythe, G. D., **1**, 120²⁸⁴ (105)
Forsythe, J. A., **7**, 254¹⁵² (250)
Fortunak, J. M., **8**, 930²³¹ (824, 828, 829, 836, 837), 930²⁷² (837)
Fortune, J., **5**, 186f⁶, 275⁷⁶⁶ (252)
Fortune, R., **3**, 83¹⁸⁹ (28), 87⁵⁰³ (73), 700³⁶¹ (674), 700³⁶² (674); **4**, 479f¹⁴; **6**, 224⁶¹ (190, 194), 751⁹⁵⁵ (615)
Foscolos, G., **8**, 1070³¹⁴ (1059)
Foscolos, G. B., **7**, 102¹²⁶ (20, 21), 103¹⁷⁵ (25), 104²³³ (31), 104²⁵⁶ (33)
Foss, M. E., **6**, 747⁷³⁹ (585)
Foss, R. P., **7**, 100⁴⁴ (6)
Foss, V. L., **2**, 508¹⁴⁶ (414, 454)
Fosselius, G. A., **6**, 1035f²²; **8**, 458²⁶⁴ (412)
Foster, B. A., **6**, 443¹⁷⁸ (407)
Foster, D. G., **7**, 66f⁸
Foster, D. J., **1**, 115⁸ (44, 53T, 108)
Foster, L. S., **2**, 515⁵⁴¹ (471), 515⁵⁸⁴ (479)
Foster, M. S., **4**, 389f¹¹, 479f³⁷; **8**, 1065⁸⁴ (1025)
Foster, S. P., **6**, 1111⁹⁴ (1066, 1067, 1068)
Foster, T., **2**, 515⁵⁶⁷ (475, 477)
Foster, W. E., **1**, 248³⁹⁴ (201, 207, 208, 230), 676³⁵⁶ (624, 625, 627)
Fosty, R., **2**, 970⁴⁷ (869, 870)
Fothergill, R. A., **7**, 77f¹⁴
Fothergill, R. E., **7**, 109⁵²⁵ (76)
Fotin, V. V., **2**, 849f³
Fouda, S. A., **8**, 362¹²⁰ (296, 329)
Fougeroux, P., **5**, 290f², 626³⁷⁵ (597, 601), 627³⁹⁴ (599, 600), 627⁴²⁰ (601), 627⁴²¹ (601), 627⁴²² (602)
Foulger, N. J., **7**, 102¹⁴² (21), 109⁵⁰⁵ (72)
Fouquet, G., **7**, 728¹⁸⁹ (706), 729²⁵⁵ (721)
Four, P., **8**, 937⁷⁸² (923)
Fourgeroux, P., **5**, 521⁸³ (288, 425)
Fourie, T. G., **7**, 510³⁵ (475, 478)
Fournari, P., **3**, 1004f¹³, 1071²³⁷ (1008), 1072²⁹⁵ (1017, 1060)
Fourneron, J. D., **2**, 971¹⁰³ (882); **7**, 725⁶⁵ (675)

Fournie-Zaluski, M. C., **1**, 376²⁴⁰ (347)
Foust, A. S., **4**, 240³⁸⁴ (208); **5**, 266¹⁸¹ (37), 267²¹² (44)
Foust, D. F., **3**, 701⁴¹⁹ (678, 679), 701⁴²⁷ (679, 680), 736f⁵, 780¹¹⁷ (740)
Fowell, P. A., **1**, 721⁸² (693, 694)
Fowler, F. W., **7**, 105²⁸⁰ (36)
Fowler, J. R., **3**, 1137f⁸, 1137f²²
Fowler, J. S., **1**, 742f⁹; **7**, 512¹⁶¹ (499), 512¹⁶⁶ (499, 503)
Fowler, K. W., **7**, 726¹¹⁴ (688)
Fowler, R., **8**, 222¹²⁰ (150, 155)
Fowles, G. W. A., **2**, 626⁶²⁷ (603); **3**, 436f²⁸, 473²⁷ (438, 439), 473³⁰ (438), 645¹⁹ (637, 639), 646³⁶ (641), 732f², 732f¹⁷, 733f¹, 733f², 734f¹, 734f², 735f¹⁰, 737f¹², 1251²⁸⁷ (1218)
Fox, A., **6**, 1111⁵⁰ (1052, 1087)
Fox, D. B., **6**, 346²⁶⁹ (315), 756¹³⁴³ (666), 756¹³⁴⁴ (666); **8**, 934⁵²⁷ (881)
Fox, D. P., **7**, 649¹⁹² (556)
Fox, J. R., **4**, 928¹⁸ (925), 928²⁴ (926); **6**, 806f³¹, 806f⁵⁰, 869f⁵⁵, 869f⁵⁸, 869f⁶⁶, 869f⁶⁷, 869f⁶⁸, 874⁴³ (767, 772, 787, 815), 874⁷⁸ (772), 875¹⁴⁸ (787, 815, 820), 876¹⁹⁷ (807, 811, 812), 876²⁰⁹ (811)
Fox, M. E., **4**, 816⁴¹⁴ (761)
Fox, W. B., **3**, 1069¹⁰⁸ (984); **6**, 231²⁰ (230)
Foxman, B., **3**, 108f¹¹, 168³⁶ (103)
Foxman, B. M., **3**, 121f², 709f⁶, 734f⁵, 734f⁶, 760f¹, 760f², 764f¹⁹, 769f¹⁴, 771f¹⁶, 781¹⁶⁶ (760); **4**, 380f¹⁰
Foxton, M. W., **1**, 672¹⁰³ (576, 601, 604, 661), 674²⁴⁷ (604, 628, 659), 674²⁴⁸ (604, 642), 679⁵⁴⁸ (642, 644); **7**, 457¹⁴³ (394)
Fraenkel, D., **3**, 1073³³⁷ (1024, 1038, 1051); **8**, 98²¹³ (61), 364²²⁹ (322)
Fraenkel, G., **1**, 115³⁰ (47), 116¹⁰⁴ (63), 117¹²¹ (68, 71, 78), 117¹³⁵ (73), 118¹⁸⁶ᵃ (83, 87), 118¹⁸⁷ (83, 87, 89), 150¹⁰⁵ (127), 241³⁰ (158, 172, 186), 241³⁶ (158), 243¹⁴⁵ (172, 216), 245²⁶⁶ (186), 245²⁶⁹ (186, 204), 248⁴²⁰ (206), 248⁴²³ (206), 671⁵⁹ (564, 603); **7**, 100⁴² (6), 100⁴⁶ (6), 105²⁸¹ (37), 108⁴⁵⁹ (63)
Fragalà, I., **1**, 720²⁰ (686); **3**, 83²²³ (31), 264⁵⁹ᵃ (17, 21, 23), 264⁵⁹ᶜ (17, 21, 23), 268²⁸¹ (219), 269³³⁶ (233, 254), 362f¹², 1076⁵³⁸ (1058), 1252³¹³ (1224), 1383²⁰⁶ (1366); **4**, 689²⁰ (665)
Fragale, C., **8**, 366³⁸⁴ (343, 344)
Frahm, L. H., **2**, 1019²⁹⁸ (1014)
Frainnet, E., **2**, 188¹¹¹ (28), 197⁵⁰⁰ (122); **7**, 654⁴³⁹ (598), 655⁵⁴¹ (616), 656⁵⁷⁹ (625), 656⁵⁸⁰ (625), 656⁵⁸⁴ (625); **8**, 645²¹⁰ (632), 645²¹⁰ (632), 645²¹⁰ (632), 645²¹⁰ (632), 645²¹² (632)
Frainnet, E. F., **7**, 649²⁰⁵ (559)
Frajerman, C., **7**, 95f³; **8**, 771¹³¹ (740, 745, 747T, 748T)
Frampton, O., **8**, 457¹⁸⁷ (399)
Francalanci, F., **4**, 963⁴⁴ (938)
France, H. G., **1**, 251⁵⁸⁶ᵇ (232, 233)
Frances, J., **6**, 753¹¹¹⁸ (637)
Francesconi, K. A., **2**, 704⁷ (684), 1018²⁰⁷ (1002, 1012)
Francesconi, L. C., **3**, 327¹⁰¹ (307)
Franchini-Angela, M., **4**, 885⁸³ (860), 885⁸⁴ (860), 885⁸⁵ (860)
Francia, M., **2**, 1019²⁴⁴ (1005)
Francis, B. R., **1**, 125f¹⁰, 134f⁸, 150⁵⁹ (123, 128, 130, 131, 132, 138, 142, 143), 150⁶⁸ (123, 128, 130, 131, 132, 133), 150⁶⁹ (123, 124, 128, 130, 131, 132, 133, 134, 135, 136, 140, 144), 150⁷⁹ (124, 128, 133, 142, 143), 306³⁰³ (284); **2**, 194³⁷² (95); **3**, 1250²⁰⁶ (1201), 1381¹²³ (1345), 1382¹³⁸ (1348), 1382¹⁴⁷ (1351, 1352); **6**, 1034f⁶, 1040⁹⁶ (1004, 1007), 1041¹³² (1013)
Francis, C. G., **3**, 703⁵²² (688); **6**, 838f¹, 839f¹⁴, 839f¹⁹
Francis, E. A., **2**, 302³³⁸ (281)
Francis, J. N., **1**, 539⁸⁴ (485, 504, 510), 540¹⁶² (510, 511), 540¹⁷⁵ᵈ (515, 516, 517, 518), 541¹⁹²ᵃ (520), 541¹⁹²ᵇ (520), 542²⁴⁶ (517, 534T); **3**, 86³⁹⁰ (52),

86³⁹¹ (52); **4**, 812¹⁶¹ (716); **6**, 752¹⁰²⁴ (624T, 625T), 752¹⁰²⁵ (623, 624T, 632), 753¹¹¹⁵ (637), 753¹¹¹⁷ (637, 641, 643T)

Francis, R. F., **7**, 101⁸⁶ (13), 101¹⁰⁶ (16), 101¹⁰⁷ (16), 101¹⁰⁷ (16)

Franck, A., **2**, 820¹⁶⁷ (798); **6**, 99³⁵² (48, 50T)

Franck, R. W., **2**, 198⁵²³ (125); **7**, 253¹⁰² (242), 653³⁹⁷ (592)

Franck-Neumann, M., **8**, 1009¹¹⁶ (972), 1009¹¹⁹ (973)

Franco, M. A., **4**, 511⁴²⁴ (484)

François, B., **1**, 250⁵³¹ (224), 250⁵³² (224), 251⁵⁸³ (232), 251⁶⁰⁹ (235, 236), 251⁶⁰⁹ (235, 236), 251⁶¹⁴ (236), 251⁶¹⁵ (237), 251⁶¹⁵ (237), 251⁶¹⁶ (237); **7**, 8f¹⁰

François, F., **2**, 509²¹⁸ (425)

Frandt, M. S., **2**, 878f¹⁰

Frange, B., **1**, 377²⁶¹ (349), 377²⁶² (349), 377²⁶³ (349), 377²⁶⁴ (349), 377²⁶⁵ (349)

Frank, A., **1**, 375¹³⁶ (328, 333), 409³⁸ (388); **2**, 517⁶⁶⁹ (490), 818⁵⁹ (775), 819⁹⁰ (782); **3**, 84²⁵⁷ (35), 866f², 870f¹², 893f²⁰, 897f¹¹, 897f¹², 911f², 911f³, 949²³² (887), 950²⁶⁷ (902), 1067⁶ (956), 1297f¹⁰, 1305f³, 1306f³, 1317⁵¹ (1278), 1318¹²⁰ (1301); **4**, 157⁵¹¹ (127), 157⁵¹² (127), 157⁵¹⁵ (127), 157⁵²⁴ (128), 157⁵²⁵ (128), 158⁶¹¹ (139), 239³⁷³ (207T, 224T, 227), 241⁴⁹² (223, 224T), 817⁴⁷² (769, 773); **6**, 840f⁵¹, 850f²⁵, 869f³⁸, 869f³⁹, 874³⁵ (765), 877²³² (820), 1061f¹⁴, 1111⁶⁰ (1054, 1065); **8**, 1106¹¹⁴ (1102)

Frank, F. J., **7**, 109⁵¹⁴ (73)

Frank, V., **3**, 797f¹⁵, 797f¹⁶, 798f²³, 863f⁴², 1085f¹⁶, 1085f¹⁷, 1262f¹⁶, 1262f¹⁷

Frank, W. C., **8**, 865f¹², 933⁴⁵⁷ (862, 868)

Franke, R., **2**, 192²⁷² (69), 768f⁵, 774f¹, 796f¹⁵, 818⁴⁸ (773), 818⁵⁵ (775, 782, 783, 789, 798, 802, 804), 820¹⁶⁴ (797, 798, 802)

Franke, U., **2**, 512³⁵² (444, 447), 514⁵¹⁰ (468), 626⁶⁴⁰ (604); **3**, 697¹⁷⁵ (662), 697¹⁷⁶ (662), 697¹⁷⁷ (662), 697¹⁷⁸ (662), 697¹⁷⁹ (662), 697¹⁸² (662), 697¹⁸³ (663), 697¹⁸⁴ (663), 949²¹³ (880)

Franke, W. K., **7**, 458²³³ (405)

Franke, W. K. R., **1**, 679⁵⁷⁴ (647)

Frankel, E. N., **3**, 1076⁴⁹⁹ (1051); **6**, 757¹⁴⁰⁹ (673), 757¹⁴¹² (673); **8**, 223¹⁶⁹ (191), 311f², 365³¹⁹ (338, 344), 366³⁷⁸ (342), 366³⁹⁷ (344), 366³⁹⁸ (344), 366³⁹⁹ (344), 930²⁶⁰ (835)

Frankel, R. B., **4**, 511⁴¹³ᵃ (482), 649⁸⁵ (639), 649¹⁰⁰ (643); **8**, 1070³³⁸ (1062), 1104⁵ (1074)

Frankland, E., **1**, 373¹ (312); **2**, 619¹⁷⁴ (545), 859¹ (824), 860⁴⁵ (833), 969¹ (864); **7**, 140⁴ (112), 262¹ (255)

Frankle, W. E., **1**, 673¹⁷⁵ (591, 620)

Franklin, M., **5**, 273⁵⁹⁶ (198, 200)

Franklin, S. J., **6**, 737⁷⁶² (486), 742³⁶³ (523)

Franks, B. R., **8**, 95¹⁴ (22, 25, 26)

Fransen, H. R., **8**, 769⁴⁵ (714T, 722)

Franta, E., **7**, 100⁴³ (6), 100⁴⁴ (6), 108⁴⁷⁵ (65)

Franz, D. A., **1**, 453⁵² (422, 423), 453⁵² (422, 423), 453⁵³ (422), 453⁵⁴ (422, 437)

Franz, K., **3**, 1005f²¹; **6**, 942⁵² (900, 902T), 942⁵³ (900, 902T)

Franz, K. D., **3**, 874f², 949¹⁹⁴ (875), 1147⁷⁸ (1114), 1147⁷⁹ (1114), 1247⁶⁴ (1168)

Franz, M., **2**, 201⁶⁴⁸ (159)

Franzen, G. R., **7**, 725⁶⁵ (675)

Franzen, H. F., **3**, 694¹³ (649, 651, 654)

Franzen, J. E., **8**, 16⁹ (2, 3T, 4, 7, 8, 9, 10, 14, 15, 16), 95¹⁵ (22)

Franzen, V., **8**, 17³⁹ (15), 95⁴⁸ (31)

Franzoso, S., **8**, 669³⁵ (651, 658T)

Frappier, F., **7**, 656⁵⁷⁴ (623)

Fraser, A. J. F., **4**, 811⁷⁷ (701)

Fraser, A. R., **5**, 194f¹⁰, 273⁶⁰¹ (199), 627⁴³² (603); **8**, 455¹⁰⁷ (389, 390)

Fraser, D. J. J., **6**, 181¹²⁷ (156, 159T), 443¹³⁹ (402), 761¹⁶²⁴ (716); **8**, 929¹⁷⁴ (810)

Fraser, M. J., **3**, 629⁹⁰ (572)

Fraser, M. S., **5**, 546f⁸, 622⁶¹ (551, 590), 626³²¹ (589), 626³²³ (590), 626³²⁴ (590)

Fraser, P. J., **4**, 33f³³, 152¹⁵⁷ (41), 375¹³⁹ (366); **5**, 203f⁴, 203f⁵, 203f⁶, 203f⁷, 271⁴⁷¹ (157, 160, 161, 192, 195, 196, 197, 198, 201, 203, 204, 227, 237, 249), 418f⁷, 532⁸⁰⁴ (415), 624²³⁰ (575), 624²³¹ (575, 576), 624²⁴⁴ (577), 624²⁴⁵ (577), 626³⁵² (593); **6**, 344¹⁰³ (297), 739²¹⁷ (507), 1093f³, 1113¹⁹⁵ (1092)

Fraser, R. R., **1**, 118¹⁷⁶ (81); **7**, 106³⁴⁰ (47)

Fraser, T. E., **6**, 1093f³, 1113¹⁹³ (1092)

Frasson, E., **1**, 40⁶⁷ (15, 16, 18), 689f¹², 720¹⁶ (686); **5**, 275⁷²⁶ (245)

Fratiello, A., **7**, 159¹³¹ (154), 194¹⁶ (162)

Fratini, A. V., **2**, 198⁵⁶¹ᵇ (134); **6**, 944¹⁸⁴ (912T, 912)

Frauendorfer, E., **3**, 1068⁴² (968), 1072²⁹² (1016); **4**, 158⁵⁸⁹ (136), 533f¹

Frazee, L. M., **4**, 152¹⁸⁰ (44, 59), 153²³² (60)

Frazer, J. C. W., **6**, 13⁸⁴ (9)

Frazer, M. J., **2**, 526f³, 621³²² (562); **3**, 362f¹¹, 427⁵⁵ (348, 378), 628¹⁴ (562, 563), 629⁴⁴ᵃ (565)

Frazier, III, C. C., **3**, 82¹³⁸ (18), 947⁵⁹ (821); **4**, 73f¹⁸, 242⁵¹⁷ (228), 328⁶⁶² (314); **6**, 792f⁴, 840f⁷⁶, 876¹⁶⁷ (793, 817); **8**, 17²² (12, 13)

Freas, R. B., **4**, 319³⁸ (246)

Frederick, M. R., **1**, 678⁴⁸⁹ (632)

Fredericks, S., **3**, 710f⁶, 713f⁸, 737f², 750f⁴, 753f¹, 780¹⁴⁰ (750)

Fredericks, S. M., **4**, 236¹⁶⁴ (179)

Frederikson, J. S., **4**, 509³⁴⁸ (464)

Fredette, M. C., **4**, 237²³⁹ᵇ (192), 237²³⁹ᶜ (192)

Frediani, P., **4**, 688⁶ (662), 873f¹⁴, 884⁶ (844), 894f¹, 894f⁶, 907¹⁴ (891), 907¹⁷ (892), 907²⁹ (894), 963²⁶ (935), 963²⁷ (935), 963⁴² (937), 963⁴³ᵃ (937), 963⁴⁴ (938), 963⁵³ (940), 964¹²⁶ (951), 965¹³¹ (951); **8**, 222¹⁰⁵ (131), 364²⁷⁵ (328), 497⁵⁸ (478)

Fredin, E. I., **3**, 126f⁴

Fredri, M. F., **8**, 331f²⁵

Fredrich, M. F., **3**, 700³⁹⁴ (675), 1067²¹ (962); **8**, 97¹⁹¹ (58), 331f²⁴

Freeburger, M. E., **2**, 196⁴⁴⁶ (112)

Freedman, H. H., **1**, 119²⁷² (101T, 103); **6**, 383⁸⁵ (374)

Freedman, L. D., **2**, 704¹¹ (684), 704¹⁶ (684), 705²⁵ (684), 706¹⁰⁴ (694), 706¹²⁷ (698)

Freeguard, G. F., **7**, 194¹¹ (162)

Freeland, B. H., **2**, 679³⁶⁷ (669); **4**, 606¹⁰¹ (532); **5**, 26⁶⁵ (15, 164); **6**, 143²⁴⁷ (134T, 136), 845f²⁷¹, 1019f⁶⁷, 1020f⁹⁰, 1080f⁶

Freeman, A. J., **3**, 264²⁶ (177, 179)

Freeman, C. H., **1**, 125f⁶, 150⁶⁴ (123, 127)

Freeman, F., **2**, 971⁹² (879)

Freeman, H. C., **3**, 1115f⁸

Freeman, J. M., **3**, 842f¹⁴; **6**, 261⁷¹ (248)

Freeman, L. D., **2**, 1020³⁰⁶ (1014)

Freeman, M. B., **1**, 750f⁴, 754¹³⁶ (750, 752); **8**, 608²⁰⁸ (592)

Freeman, P. K., **1**, 116⁶⁰ᵃ (54)

Freeman, R., **3**, 168¹⁷ (96); **7**, 657⁶¹¹ (632)

Freeman, W. A., **4**, 236¹⁸² (182)

Freeman, W. H., **1**, 720⁶¹ (690)

Freer, A. A., **4**, 107f⁵⁹

Freidel, C., **2**, 395⁴ (365, 366)

Freidel, L. K., **4**, 938f³, 938f⁴, 939f⁸, 939f⁹, 964⁹⁷ (947), 964¹⁰¹ (947), 964¹⁰² (947), 964¹⁰³ (947), 964¹⁰⁵ (948), 964¹⁰⁷ (948), 964¹¹⁴ (949); **6**, 757¹³⁹³ (672); **8**, 311f⁵, 311f¹⁰, 311f¹³, 311f¹⁵, 312f²⁸, 312f⁵⁵, 312f⁶⁰, 312f⁶³, 315f⁹, 339f³², 349f¹², 349f²⁰, 363¹⁷⁷ (302), 365³¹⁰ (336), 365³²⁵ (338, 343), 366³³⁹ (338, 348), 402f², 457²⁰¹ (401), 643¹⁴⁹ (627T)

Freidlina, M. Kh., **3**, 629⁶⁸ (569, 574, 617, 618)

Freidlina, R. Kh., **2**, 196⁴⁷⁰ (115), 619²⁰⁷ (547), 882f², 971¹²⁵ (886); **3**, 628⁸ (561, 564, 576), 628¹⁶ (562, 563, 564, 569, 573, 574, 575, 617, 618), 628¹⁷ (562, 563, 617, 618), 628²⁹ (563, 564, 569), 628³¹ (563), 628³² (563, 564, 565, 573, 575), 628³⁴ (563, 564, 573, 575, 576),

628³⁵ (564, 605), 631¹⁹¹ (589); **6**, 1040⁵⁷ (996); **7**, 646³ (516)
Freidline, C. E., **2**, 677²²¹ (654)
Freier, D. G., **3**, 80³⁰ (4, 5), 946⁷ᵇ (791); **6**, 14¹³⁴ (5)
Freiesleben, W., **8**, 934⁵³⁴ (883)
Freijee, F., **1**, 241⁵⁶ (159, 210, 214)
Freiser, B. S., **6**, 227¹⁹³ (210, 211)
Freitas, E. R., **7**, 464⁵⁵³ (452); **8**, 455⁸⁰ (384), 549¹⁰ (501), 643¹²² (617, 621T)
Frejd, T., **7**, 67f⁷, 87f², 87f³, 87f⁵, 87f⁵
Fremery, M., **8**, 1009¹⁴⁷ (979)
French, C. M., **1**, 303⁷⁶ (265), 309⁴⁸⁸ (296), 309⁴⁸⁹ (296)
Freni, M., **4**, 166f³, 166f¹¹, 166f¹², 166f¹³, 166f¹⁴, 234²⁸ (164), 234⁴⁸ (165, 167), 234⁵⁸ (167, 187), 234⁶⁰ (167), 235⁸⁶ (170), 235¹⁰⁴ (171, 172), 236¹⁴⁵ (178, 182, 183), 236¹⁶⁵ (179), 236¹⁷⁸ (182), 237²⁵² (195); **5**, 20f², 265¹⁰⁵ (23)
Frenkel, A. S., **2**, 971⁷⁴ (874); **3**, 1071²⁴⁷ (1009), 1072²⁷⁵ (1014), 1072²⁸⁰ (1014), 1075⁴⁶⁷ᵃ (1043), 1075⁴⁶⁷ᵇ (1043)
Frenkel, M. M., **2**, 202⁶⁹⁵ (169); **7**, 654⁴⁵⁰ (599), 654⁴⁵¹ (599)
Frenz, B. A., **1**, 259f¹⁸; **3**, 86³⁹⁰ (52), 86⁴³¹ (61, 62), 698²⁶⁰ (669), 1246³⁷ (1159), 1246³⁸ (1159), 1247⁷³ (1170); **4**, 65f²⁰, 151¹¹⁰ (27), 153²⁵³ (67), 450f¹, 509²⁹⁷ (449, 450), 524f⁸, 606⁵⁶ (520), 607¹³³ (539f, 540), 608²⁰⁵ (556, 559f, 561), 611⁴²⁴ (593), 612⁴⁵⁶ (596), 813²³⁵ (727); **5**, 264³³ (7), 525³⁴⁹ (328); **6**, 94³⁸ (49, 53T), 753¹¹¹⁷ (637, 641, 643T)
Frenzel, L. M., **2**, 627⁶⁹⁹ (613)
Fréon, P., **1**, 246³²⁹ (195), 679⁵⁶⁴ (645); **2**, 861¹⁵⁸ (858); **7**, 50f⁸, 459³⁰⁹ (415, 416)
Freudenberger, D., **8**, 796¹⁴⁵ (780)
Freund, G., **6**, 182¹⁶⁷ (158), 187²⁵ (186, 187)
Freund, H.-J., **3**, 82¹⁷⁷ (27)
Freund, M., **4**, 322²⁰⁹ (268)
Frey, Jr., F. W., **1**, 150¹¹⁰ (127); **2**, 674⁵⁸ (636), 675⁶⁸ (637), 1016⁶² (983)
Frey, H. J., **2**, 202⁷²⁷ (179)
Frey, J., **1**, 305²¹⁸ (277)
Frey, V., **4**, 689⁴⁶ (667), 810³⁴ (696), 1058⁷⁷ (977, 981, 1007); **5**, 299f⁶, 355f⁴, 522¹⁵³ (297, 314, 354), 549f⁹, 556f⁸, 621⁴⁵ (548), 624²³⁴ (575), 628⁵⁰⁸ (620)
Freyberg, D. P., **1**, 420f²¹, 452²¹⁸ (415), 455¹⁴⁵ (434); **4**, 155⁴¹⁰ (114), 480f⁴, 510³⁹² (477); **8**, 1064⁴ (1015)
Freyer, W., **2**, 195³⁹² (98); **4**, 12f³⁰, 13f⁴, 150⁶⁶ (22)
Friary, R. J., **7**, 253¹⁰² (242)
Friberg, L., **1**, 149⁵ (122); **2**, 1019²⁵¹ (1007)
Frick, T., **2**, 1019²⁴⁴ (1005)
Frickenschmidt, H.-Chr., **4**, 1059¹⁴⁸ (992), 1059¹⁵⁰ (992), 1059¹⁵¹ (992)
Fridenberg, A. E., **3**, 632²⁴⁷ (617), 786f⁶
Fridkin, M., **7**, 647⁸³ (533)
Fridland, D. V., **2**, 202⁶⁹⁵ (169); **7**, 654⁴⁴⁰ (598), 654⁴⁵¹ (599)
Fridman, A. L., **2**, 975³⁶¹ (935)
Fridman, R. A., **8**, 641¹⁷ (623T)
Fried, J., **1**, 378³⁴⁷ᵃ (359), 378³⁴⁷ᵇ (359), 681⁶⁵⁶ (653); **7**, 461³⁸⁸ (427), 461³⁸⁹ (427, 428), 461³⁹⁰ (427), 461³⁹¹ (427), 461³⁹² (427), 461³⁹³ (427), 461³⁹⁴ (427), 651³⁰⁷ (576)
Fried, J. H., **6**, 441³⁶ (390); **7**, 649¹⁸⁸ᵇ (556), 728²²¹ (713), 729²⁵² (719); **8**, 928¹⁴¹ (806, 813), 935⁶⁴⁰ (899)
Friedel, C., **2**, 186² (3), 188⁸² (21), 361⁸⁹ (319)
Friedel, H., **3**, 838f², 840f¹⁴, 948¹¹⁶ (846), 1147⁵⁹ (1105), 1147⁶⁰ (1105), 1156f¹, 1246²⁴ᵇ (1156, 1168)
Friedel, R. A., **4**, 241⁴³⁷ (214), 320⁶⁵ (249); **5**, 158f⁷, 194f¹, 203f², 271⁴⁶⁸ (157), 621²⁰ (547); **6**, 875¹⁰⁰ (777); **8**, 96¹⁰⁷ (41, 58)
Friedlander, B. T., **2**, 191²⁵⁴ (61); **7**, 652³⁴⁹ (583), 653⁴⁰⁴ (593), 654⁴⁷² (602), 658⁶⁹² (643)
Friedlander, H. N., **3**, 545¹⁰ (488)

Friedlina, R. C., **1**, 306³¹³ (284)
Friedlina, R. K., **7**, 655⁵³⁹ (615)
Friedman, G., **1**, 250⁵³¹ (224)
Friedman, Jr., H. G., **3**, 263¹⁴ (174)
Friedman, H. L., **7**, 725⁵⁸ (674)
Friedman, H. S., **2**, 706⁹¹ (692)
Friedman, L., **3**, 699³³⁸ (673, 674); **4**, 816⁴¹⁸ (761); **7**, 729²⁵⁸ (721)
Friedman, L. B., **1**, 258f⁴, 258f⁴, 444f², 444f³, 456²³¹ (448), 456²³¹ (448)
Friedman, R. B., **8**, 361¹⁶ (286, 320), 496³⁵ (473)
Friedman, S., **8**, 367⁴⁰⁶ (345)
Friedrich, E., **7**, 650²⁴² (565)
Friedrich, E. C., **3**, 1252³³⁵ (1228); **6**, 347²⁹⁴ (318, 319, 337), 347³⁰⁸ (320, 337), 749⁸²⁶ (594T); **7**, 725²⁶ (667); **8**, 934⁵⁶² (889)
Friedrich, J. P., **8**, 311f², 366³⁹⁷ (344)
Friedrich, K., **4**, 606⁹² (529, 530); **8**, 367⁴⁶⁰ (353)
Friedrich, L. E., **7**, 90f⁵; **8**, 928¹⁰² (803)
Friedrich, M. E. P., **2**, 705⁸⁰ (691)
Friedrich, P., **2**, 190¹⁹⁴ (43), 194³⁶³ (94), 199⁵⁷⁸ (140); **3**, 83²⁴⁷ (35), 430²⁵⁶ (394), 701⁴³⁷ (680), 823f², 851f⁴⁴, 858f³, 866f⁴, 870f¹, 893f¹³, 893f¹⁴, 897f¹³, 911f⁵, 947⁵⁰ (819), 947⁷² (826), 1125f³, 1299f², 1305f⁴, 1305f⁵, 1306f³, 1318¹²² (1301), 1318¹²³ (1301), 1318¹⁴¹ (1306), 1384²⁶¹ (1379); **4**, 156⁴⁹⁸ (125, 128), 157⁵⁴⁶ (130), 242⁴⁹³ (223, 224T), 242⁴⁹⁹ (223, 224T, 227), 242⁵⁰⁴ (223, 224T, 227), 327⁵⁴⁸ (303); **5**, 272⁵³⁵ (178), 272⁵⁵⁰ (185, 216); **6**, 841f¹¹⁴, 868f⁷; **8**, 1068²²² (1048)
Fries, B. A., **3**, 545¹⁶ (488)
Fries, R. W., **5**, 529⁶¹⁶ (380, 506), 529⁶³⁰ (379); **6**, 346²⁶⁹ (315); **8**, 223¹⁷⁷ (203)
Fries, W., **1**, 689f⁶, 720⁴⁸ (688)
Friesen, G. D., **1**, 538⁴³ᵇ (471, 490, 515, 528, 536), 538²⁶ (462), 540¹⁶⁷ (513, 528), 541²²¹ (527), 553⁶⁶ (550), 553⁶⁸ (551), 553⁷⁰ (551)
Frigo, A., **6**, 94⁸⁴ (56T, 65), 140⁴⁶ (110), 345¹⁸⁷ (309, 340)
Frijns, J. H. G., **3**, 631¹⁶⁹ (583, 584)
Frimmel, F., **2**, 1019²⁴⁸ (1007)
Fringuelli, F., **7**, 224⁴³ (201)
Frinz, B. A., **3**, 949¹⁷⁴ (872)
Friour, G., **1**, 247³⁵¹ (197)
Frisch, K. C., **2**, 191²²⁸ (54); **7**, 464⁵⁶¹ (453, 454)
Frisch, M. J., **1**, 452²⁷ (418, 420)
Frisch, P. D., **3**, 1249¹⁷⁶ (1192), 1249¹⁸⁰ (1193); **4**, 606¹¹⁰ (536); **5**, 259f², 531⁷⁴⁶ (406), 531⁷⁴⁷ (406), 531⁷⁴⁸ (406); **6**, 181⁹⁴ (160T, 162), 181¹⁰⁵ (160T, 162), 223⁴ (202)
Frischkorn, A., **3**, 696¹¹⁹ (657)
Frisell, C., **7**, 64f⁷
Frissel, M. J., **2**, 1016⁷² (986)
Fristad, W. E., **7**, 107⁴⁰⁶ (55), 648¹²⁶ (543), 648¹²⁷ (543), 648¹²⁹ (544)
Fritch, J. R., **2**, 190¹⁹⁶ (44), 190¹⁹⁶ (44); **5**, 271⁵⁰⁶ (168, 207), 274⁷¹⁴ (243)
Fritchie, Jr., C. J., **2**, 517⁶⁹⁰ (502); **3**, 699²⁸⁶ (671); **4**, 320¹⁰⁰ (252, 310), 605³³ (518), 640f², 649⁸⁰ (638, 639); **5**, 546f⁹
Fritsch, A. J., **1**, 374⁶⁸ (313, 341, 342, 345, 346, 351)
Fritschel, S. J., **8**, 607¹²¹ (564, 565, 595T), 608¹⁹⁰ (584, 595T), 608¹⁹¹ (584, 595T), 611³⁴⁶ (597T)
Fritz, G., **2**, 188⁹⁸ (25), 188⁹⁸ (25), 188⁹⁸ (25), 199⁵⁹⁹ᵃ (146), 199⁶⁰⁴ (146), 200⁶²¹ (151), 200⁶²³ (152), 200⁶²⁴ (152), 200⁶²⁴ (152), 200⁶²⁵ (152), 203⁷³³ (180), 297³⁶ (218), 297³⁷ (218), 298¹¹⁰ (235), 298¹¹³ (235), 298¹²⁰ (237), 298¹⁵² (243), 299¹⁷⁵ (246), 299¹⁷⁷ (246), 299¹⁷⁹ (246), 299¹⁸⁰ (246), 299¹⁸¹ (246), 300²⁵⁵ (264), 300²⁵⁶ (264), 300²⁶⁹ (265), 301²⁷⁵ (267), 301²⁷⁶ (267), 302³⁷⁴ (291), 302³⁷⁵ (291), 302³⁸⁴ (293), 302³⁸⁶ (294), 302³⁹⁰ (294), 302³⁹¹ (294), 620²⁴⁴ (551); **4**, 611⁴¹⁵ (592); **6**, 36²¹⁰ (20T, 22T), 1113¹⁷⁶ (1087); **7**, 654⁴⁷⁷ (603), 654⁴⁷⁸ (603), 654⁴⁷⁹ (603)
Fritz, H., **7**, 109⁵⁰⁸ (72)
Fritz, H. L., **2**, 970⁵¹ (869), 970⁶² (871)

Fritz, H. P., **1**, 152^{208} (145), 152^{209} (145), 152^{210} (145), 720^{18} (686), 750f^{2}, 754^{138} (751); **2**, 633f^{1}, 674^{25} (632), 676^{141} (645), 974^{302} (924); **3**, 125f^{36}, 334f^{21}, 428^{118} (361), 629^{88} (572), 633^{294} (628), 699^{329} (673), 699^{330} (673), 699^{332} (673, 689), 700^{370} (674, 689), 700^{376} (674), 700^{377} (674), 700^{381} (674), 703^{531} (689), 703^{533} (689), 703^{536} (689), 703^{543} (690), 703^{580} (693), 703^{581} (693), 799f^{4}, 971f^{8}, 1005f^{1}, 1068^{82} (977), 1070^{184} (992, 993), 1072^{281} (1015, 1018), 1072^{284} (1015), 1074^{376} (1031), 1076^{542a} (1058), 1086f^{4}, 1211f^{1}, 1251^{255} (1214, 1227, 1228), 1251^{261} (1214), 1263f^{6}, 1360f^{5}, 1383^{180} (1363), 1383^{219a} (1368); **4**, 1061^{240} (1020); **5**, 403f^{6}, 479f^{13}, 527^{489} (358), 527^{500} (360), 528^{581} (376), 529^{582} (376), 535^{1006} (450), 536^{1085} (468); **6**, 227^{222} (194), 361^{33} (354), 383^{74} (372), 383^{75} (372), 383^{76} (372), 444^{190} (408), 747^{749} (585), 750^{938} (615), 754^{1215} (652, 661), 755^{1248} (654), 755^{1250} (654), 762^{1690} (734), 762^{1692} (734, 735)

Fritz, P., **1**, 309^{496} (296), 377^{300} (354), 378^{334} (358), 378^{335} (358), 378^{357} (360), 378^{358} (360)

Fritze, P., **6**, 187^{26} (184); **8**, 458^{277} (412), 670^{96} (653)

Fritzen, E., **7**, 728^{192} (707)

Fritzsche, U., **7**, 727^{133} (693)

Frobese, A. S., **7**, 105^{286} (37)

Froborg, J., **7**, 253^{103} (243)

Froböse, R., **4**, 238^{272} (199)

Froelich, J. A., **2**, 189^{152} (35); **3**, 800f^{2}; **4**, 33f^{11}, 33f^{19}, 33f^{20}, 33f^{41}, 65f^{9}, 65f^{38}, 65f^{48}, 152^{167} (42, 63, 66), 152^{168} (43, 66), 374^{36} (339); **6**, 751^{999} (621), 751^{1000} (621, 628); **8**, 17^{23} (12, 14), 17^{28} (12)

Froelich, Jr., P. N., **2**, 1020^{303} (1014)

Fröhlich, C., **6**, 141^{124} (104T, 105T, 110, 131), 187^{3} (183T, 185), 187^{13} (183T, 185, 186)

Fröhlich, H.-O., **3**, 646^{41} (641), 696^{144} (660), 696^{145} (660)

Frohlich, K., **4**, 506^{125} (411); **8**, 1007^{19} (943)

Fröhlich, W., **3**, 799f^{5}, 1004f^{2}, 1028f^{2}, 1071^{215} (1001, 1028, 1029), 1086f^{5}, 1211f^{1}, 1251^{246} (1210, 1211), 1263f^{5}, 1360f^{1}, 1382^{165} (1359); **8**, 1068^{246} (1051, 1056)

Frohnecke, J., **2**, 192^{307} (78)

Frohning, C. D., **8**, 95^{5} (20, 21, 22, 24, 30), 95^{19} (22, 23, 24), 96^{81} (41, 42, 43, 44, 45, 46T, 46, 47, 48, 49, 50, 51, 52, 57, 59, 61), 96^{85} (41, 42, 43, 44, 45, 46, 48, 49, 59, 61), 96^{102} (41, 46T, 48, 51, 61), 97^{133} (48), 98^{235} (63), 282^{138} (272)

Froitzheim-Kühlhorn, H., **1**, 251^{590} (232)

Froix, M. F., **2**, 362^{169} (345)

Frojmovic, M. M., **8**, 1008^{51} (951)

Frolov, I. A., **1**, 720^{72} (691), 722^{151} (705)

Frolov, V. M., **1**, 247^{349} (197); **3**, 697^{174} (662); **6**, 180^{61} (159T, 160), 181^{132} (161); **8**, 311f^{22}, 312f^{34}, 707^{182} (701), 707^{183} (701), 707^{185} (701, 703), 708^{200} (701, 703), 708^{220} (701, 703)

Frolow, F., **5**, 526^{424} (344), 528^{544} (344)

Fromageot, P., **8**, 498^{118} (495)

Fromm, W., **2**, 827f^{7}

Fronczek, F. R., **1**, 540^{180} (517, 535T); **3**, 270^{419} (260), 630^{102} (574, 587, 595)

Fronza, G., **2**, 706^{138} (698); **6**, 344^{119} (300T, 303), 344^{124} (300T, 303), 344^{135} (302)

Fronzaglia, A., **3**, 1360f^{2}, 1380^{27} (1327, 1329, 1330, 1334, 1375), 1382^{171} (1361, 1366, 1367, 1368, 1369, 1373, 1374); **4**, 158^{579} (135), 158^{584} (136)

Froom, J. D., **2**, 1018^{238} (1005)

Frost, D. J., **6**, 943^{148} (910, 911T); **8**, 365^{327} (338, 343)

Frost, J. J., **2**, 516^{630} (483)

Froyen, P., **2**, 707^{149} (700)

Frühauf, E. J., **3**, 430^{217} (384)

Frühauf, H.-W., **4**, 509^{336} (459), 609^{296} (578)

Fry, A. J., **7**, 25^{260} (237)

Fry, H. A., **1**, 119^{262} (98)

Fry, J. L., **2**, 196^{461} (113); **7**, 656^{573} (623), 656^{578} (624)

Frydman, B., **7**, 511^{61} (482)

Frye, C. L., **2**, 17f^{8}, 17f^{12}, 187^{71} (19), 201^{686} (166), 361^{96} (320), 362^{122} (326), 362^{135} (329), 363^{193} (359)

Frye, H., **4**, 52f^{75}, 152^{204} (55); **6**, 361^{11} (352), 361^{25} (352), 382^{16} (365), 383^{34} (365), 383^{36} (365), 383^{37} (365), 753^{1137} (639)

Fryer, C. W., **6**, 755^{1281} (657)

Fryer, P. F., **2**, 189^{136} (32), 298^{138} (241)

Fryzuk, M., **8**, 361^{17} (286, 320)

Fryzuk, M. D., **5**, 537^{1143} (477), 537^{1146} (477); **8**, 471f^{5}, 471f^{6}, 473f^{8}, 496^{33} (473), 498^{122} (498)

Fuchikami, T., **2**, 189^{148} (35), 193^{319} (81), 193^{326} (83), 193^{342} (87), 193^{342} (87), 297^{57} (225), 297^{59} (225), 297^{61} (226), 298^{116} (236), 302^{340} (282), 396^{59} (376), 396^{63} (376)

Fuchita, Y., **6**, 349^{463} (292), 349^{464} (292)

Fuchs, B., **3**, 125f^{8}; **4**, 607^{124} (539f, 540, 597)

Fuchs, H., **4**, 168f^{9}, 233^{2a} (162)

Fuchs, P. E., **7**, 649^{160} (551)

Fuchs, P. L., **2**, 754f^{4}; **7**, 106^{377} (50), 106^{377} (50), 106^{377} (50), 728^{207} (709)

Fuchs, W., **8**, 385f^{12}, 455^{92} (384)

Fuellbier, H., **8**, 406f^{9}, 406f^{10}

Fueller, H. J., **5**, 531^{755} (407, 465); **6**, 344^{138} (302)

Fueno, F., **3**, 86^{404} (55)

Fueno, T., **3**, 547^{117} (539); **6**, 12^{23} (5), 140^{84} (130, 135), 140^{85} (132), 187^{15} (184); **8**, 669^{28} (653)

Fuentes, L. M., **7**, 196^{156} (181), 252^{15} (231), 253^{97} (241)

Fuess, H., **3**, 430^{235} (389)

Fügen-Köster, B., **2**, 190^{193} (43)

Fuger, J., **3**, 268^{294} (223), 269^{326} (232), 704^{587} (694)

Fugier, C., **7**, 101^{114} (16)

Fugmann, R., **1**, 53f^{6}

Fügner, A., **2**, 818^{57} (775)

Fuhr, K. H., **7**, 104^{268} (34)

Führling, H., **6**, 843f^{175}

Fuhrmann, H., **8**, 385f^{12}, 455^{92} (384), 645^{228} (622T)

Fuhrmann, K.-D., **2**, 194^{381} (96)

Fuiwa, K., **2**, 704^{8} (684)

Fuji, H., **1**, 678^{482} (632)

Fuji, K., **7**, 96f^{1}, 97f^{28}

Fujii, H., **7**, 650^{224} (561)

Fujii, S., **7**, 299^{42} (274)

Fujii, T., **7**, 651^{281} (573)

Fujii, Y., **8**, 312f^{37}, 608^{173} (581), 608^{174} (581, 596T), 608^{175} (581, 596T), 646^{269} (621T)

Fujika, E., **7**, 657^{648} (639)

Fujikawa, C. Y., **1**, 153^{246} (147)

Fujikura, Y., **6**, 344^{142} (304, 305), 740^{287} (516, 527); **7**, 224^{56} (202), 224^{65} (203); **8**, 936^{676} (905)

Fujimori, K., **7**, 108^{491} (70), 109^{492} (70)

Fujimoto, H., **2**, 197^{482} (118)

Fujimoto, M., **5**, 529^{629} (381), 533^{880} (428, 429), 533^{883} (428); **8**, 291f^{10}, 363^{207} (318), 364^{210} (318)

Fujimoto, N., **7**, 102^{172} (24)

Fujimoto, R., **7**, 651^{324} (579)

Fujimoto, T., **7**, 9f^{3}

Fujinaga, Y., **8**, 711^{365} (701)

Fujio, R., **1**, 251^{620} (237), 252^{627} (238)

Fujioka, A., **8**, 771^{129} (739, 739T, 748T, 749T, 752T, 753T, 754T)

Fujioka, T., **7**, 224^{31} (200)

Fujioka, Y., **7**, 106^{348} (47); **8**, 771^{153} (738, 753T)

Fujirawa, H., **8**, 405f^{5}

Fujisawa, K., **8**, 711^{370} (701, 702), 711^{371} (702)

Fujisawa, T., **7**, 104^{258} (33)

Fujita, E., **7**, 96f^{1}, 97f^{28}, 108^{479} (67), 511^{88} (485), 512^{109} (489), 512^{110} (489), 512^{141} (495), 512^{142} (495), 648^{105} (538), 648^{106} (538)

Fujita, J., **5**, 537^{1154} (477); **6**, 753^{1105} (636), 753^{1106} (636), 756^{1298} (659)

Fujita, K., **1**, 249^{502} (219, 220)

Fujita, M., **2**, 1015^{33} (982)

Fujita, N., **8**, 645^{218} (633)

Fujita, T., **7**, 104²²⁸ (30, 31), 725³⁰ (668); **8**, 457²³⁷ (407), 462⁴⁸³ (450), 932³⁷⁹ (850)
Fujita, Y., **2**, 1015³¹ (982, 1001); **4**, 964⁷² (942); **7**, 252²⁸ (231), 652³²⁶ (580); **8**, 643¹³⁴ (626, 627T)
Fujitsu, H., **8**, 705⁷⁶ (672, 674T, 674, 690), 706⁹⁹ (672, 674T, 674, 690)
Fujiwara, M., **2**, 971⁹⁸ (879)
Fujiwara, Y., **1**, 241⁶⁰ (160, 161); **4**, 965¹⁵⁰ᵃ (956); **6**, 362⁷¹ (360), 362⁷² (360), 362⁷³ (360), 362⁷⁴ (360), 362⁷⁵ (360), 362⁷⁶ (360), 362⁷⁷ (360), 362⁷⁸ (360); **8**, 459³⁴⁵ (426), 459³⁴⁷ (426), 459³⁴⁹ (426), 866f¹, 927³⁷ (800, 858), 932⁴²⁰ (860), 933⁴³⁷ (858), 933⁴³⁸ (858), 933⁴³⁹ (858, 859), 933⁴⁴¹ (858), 933⁴⁴² (858), 933⁴⁴³ (858), 933⁴⁹⁰ (873), 933⁴⁹⁵ (878), 933⁴⁹⁶ (878), 934⁵⁰⁸ (878), 934⁵¹⁰ (878), 936⁶⁶⁸ (904), 1064⁴⁰ (1019), 1064⁴⁰ (1019)
Fukami, H., **8**, 931³⁴⁷ (847, 848)
Fukin, K. K., **1**, 675²⁹¹ (613), 720⁷² (691), 722¹⁵¹ (705)
Fukomoto, T., **3**, 863f⁵
Fukuda, H., **7**, 109⁵¹⁴ (73)
Fukuda, N., **8**, 869f⁵, 935⁶⁰⁷ (895)
Fukuhara, S., **8**, 710³²⁹ (701)
Fukui, K., **3**, 87⁴⁶⁷ (67, 70)
Fukui, M., **2**, 192²⁷⁵ (70); **6**, 344¹²³ (300, 300T), 383²⁵ (365); **7**, 647³⁹ (524); **8**, 929¹⁶² (810)
Fukumota, T., **3**, 863f⁶, 863f⁷
Fukumoto, T., **1**, 742f⁷; **3**, 948¹⁶² (867); **4**, 324³⁷⁴ (287); **5**, 34f¹⁰, 273⁶⁰⁰ (199)
Fukuoka, S., **6**, 33¹⁰ (16); **8**, 795⁴⁴ (785), 796¹⁴² (788)
Fukushima, E., **3**, 268²⁷³ (217)
Fukushima, K., **3**, 1067⁵ (955); **6**, 753¹¹⁴⁴ (639)
Fukushima, M., **8**, 497¹⁰⁸ (493), 771¹⁴⁸ (742, 743T, 745, 748T)
Fukushima, S., **2**, 971¹⁰¹ (882), 971¹⁰² (882); **8**, 646²⁸⁷ (622T)
Fukuta, K., **8**, 1008⁴⁵ (950)
Fukutani, H., **8**, 445f³, 461⁴⁶⁴ (445)
Fukuzumi, K., **4**, 964¹¹² (949), 964¹¹⁵ (949), 964¹²⁰ (949), 964¹²¹ (950); **8**, 364²³⁸ (324), 364²⁴² (324), 366⁴⁰¹ (344), 367⁴⁰² (344), 367⁴⁰³ (344), 641²⁶ (618), 937⁷⁷¹ (921), 937⁷⁷² (921), 937⁷⁷³ (921)
Fukuzumi, S., **2**, 618¹⁰⁹ (538), 618¹¹³ (538), 970²³ (866), 978⁵⁰² (963), 978⁵⁰³ (963)
Fulcher, J. G., **3**, 981f¹², 981f¹⁷, 1069¹⁰⁶ (982); **8**, 643¹²³ (629, 634T)
Fulham, R. W., **4**, 150⁷⁵ (22)
Full, R., **1**, 377²⁵⁸ (348), 377²⁶⁶ (349, 353), 377²⁹² (353), 377²⁹⁴ (353), 377²⁹⁷ (353), 377²⁹⁸ (353), 409¹⁰ (383, 405), 409¹¹ (383, 405, 406), 409¹² (383, 406), 409¹⁴ (383, 405, 406), 409¹⁷ (383, 384, 407), 409¹⁸ (383, 387, 407), 409¹⁹ (383, 407), 577²⁹³ᵃ (353); **6**, 225¹²⁴ (214T, 223)
Fullam, B. W., **2**, 970²¹ (866, 951); **5**, 265⁶² (14)
Fullarton, A., **3**, 695⁶⁶ (653)
Füllbier, H., **8**, 397f¹⁹, 425f¹³, 430f¹², 430f¹⁴, 460³⁸⁴ (431, 432), 707¹⁷² (684), 707¹⁷³ (684), 709²⁴⁵ (690), 709²⁵² (690), 709²⁷¹ (691, 692T), 709²⁷⁵ (672), 710²⁹⁹ (690), 710³⁰⁰ (690, 692T), 710³⁰⁶ (690), 710³²⁴ (690), 710³²⁶ (672)
Füller, H.-J., **1**, 247³⁸⁹ (200), 722²¹¹ (714), 722²¹² (714), 723²¹⁵ (714), 728f⁶, 752¹⁹ (728); **2**, 820¹⁶⁷ (798), 820¹⁶⁸ (798); **3**, 474⁷⁵ (458), 630¹³⁸ᵃ (580); **6**, 99³⁴⁷ (50T), 99³⁵² (48, 50T)
Fuller, K., **1**, 454⁸⁵ (427), 454¹³⁴ (432, 441)
Fuller, II, M. E., **1**, 260f²⁵, 303⁹⁷ (268)
Fuller, M. J., **2**, 627⁷¹⁵ (615)
Fuller, T. J., **2**, 818⁶⁵ (776)
Fullerton, T. J., **6**, 441¹⁶ (389), 446³⁴⁷ (434), 446³⁴⁸ (434); **8**, 807f⁵, 928¹³⁹ (806, 814), 928¹⁴⁴ (806), 929²⁰⁸ (814, 816), 929²⁰⁹ (814, 817, 818), 929²¹⁵ (818)
Fully, R., **3**, 1077⁵⁷⁴ (1063)
Fulton, G. R., **1**, 678⁵¹⁴ (634)
Fulton, R. P., **8**, 930²⁶⁵ (835), 930²⁶⁶ (835)
Fumagalli, A., **5**, 325f⁴, 325f⁵, 327f⁴, 327f⁵, 524³⁰⁸ (318, 320), 524³²³ (378), 524³²⁶ (319, 320), 524³³⁰ (319); **6**, 736³⁴ (480), 736³⁵ (480), 737⁵⁷ (484), 806f³², 806f⁶⁷, 806f⁶⁸, 869f⁵⁹, 870f¹¹⁰, 871f¹³⁰, 872f¹⁵⁶, 872f¹⁵⁷, 872f¹⁵⁸, 874⁷⁶ (772), 944¹⁸⁴ (912T, 912)
Fumoto, C., **2**, 506⁴¹ (403)
Funabashi, C., **8**, 646²⁸⁷ (622T)
Funabashi, M., **1**, 244²⁰² (177)
Funabiki, M., **8**, 282¹⁴⁶ (272)
Funabiki, T., **5**, 269³⁴³ (102, 120, 121), 270³⁸¹ (119), 272⁵⁵¹ (185, 187); **8**, 311f¹⁴, 369⁵²² (359), 369⁵²³ (359), 369⁵²⁴ (360), 669⁸⁰ (661)
Funaki, Y., **2**, 624⁵³⁵ (590)
Funakura, M., **8**, 1008⁴⁴ (950)
Fung, A. P., **1**, 454⁸⁵ (427), 454⁹⁰ (427, 445, 448), 454¹³³ (432), 454¹³³ (432), 454¹³⁴ (432, 441)
Fung, C. W., **2**, 876f³, 970⁷² (874), 971⁷⁵ (874, 876); **4**, 511⁴⁴⁰ (485)
Fung, N. Y. M., **2**, 624⁵¹³ (588)
Funita, N., **8**, 607¹²⁰ (564)
Funk, G., **4**, 154³²³ (78, 85), 241⁴⁸⁰ (219, 219T, 222, 228)
Funk, H., **1**, 151¹⁴⁰ (131); **3**, 778¹ (706), 778³ (706), 1311f⁵
Funk, R. L., **2**, 190¹⁸⁸ (41), 190¹⁸⁹ (41); **5**, 273⁶¹¹ (205); **7**, 460³⁶⁴ (422), 649¹⁵⁸ (550), 649¹⁹⁸ (558); **8**, 282¹⁸⁶ (275), 458²⁹⁶ (417)
Furia, F. D., **8**, 497¹¹³ (494)
Furin, G. G., **1**, 244¹⁷³ (175); **2**, 508¹⁴⁵ (414)
Furkin, K. K., **1**, 721⁹⁴ (697)
Furlani, A., **6**, 98²⁸⁸ (55T, 60T, 80), 99³⁸⁷ (55T, 60T, 69), 740²⁸³ (516), 740²⁸⁸ (516), 742³⁹⁰ (526, 527), 742³⁹¹ (527, 538T, 539T), 743⁴⁷⁶ (536T, 539T), 744⁴⁸⁸ (538T), 744⁴⁸⁹ (538T), 759¹⁵²⁵ (691), 760¹⁵⁶⁰ (696, 700T), 760¹⁵⁷⁸ (704), 760¹⁶¹² (713); **8**, 669²⁷ (650, 657T), 669³⁵ (651, 658T), 669⁴⁴ (650, 657T), 669⁴⁵ (655, 658T), 669⁶² (655, 657T, 658T), 669⁷⁹ (657T, 658T)
Furlani, C., **3**, 986f¹, 986f², 1069¹²² (985), 1250²³¹ (1205)
Furley, I. I., **2**, 189¹⁵³ (35); **8**, 705⁸³ (693, 694T), 706¹⁰⁷ (685T), 707¹⁴⁹ (685T)
Furman, D. B., **6**, 181¹²⁶ (157); **8**, 644¹⁹⁵ (616, 622T)
Furman, N. H., **3**, 1137f¹⁰
Furmanova, N. G., **1**, 542²⁵¹ (534T); **2**, 631f¹⁵, 674⁶ (630), 678²⁸⁶ (661), 908f⁵, 974²⁶⁷ (919, 920); **6**, 349⁴¹¹ (334T, 334f)
Furness, A. R., **3**, 797f¹³, 879f¹²ᵃ, 949²¹⁹ (881), 1085f¹⁴, 1262f¹⁴, 1275f⁷, 1317³¹ (1274)
Furomoto, M., **7**, 9f¹, 9f³, 9f³
Furrer, J., **6**, 1111¹⁴⁸ (1052)
Fürstenberg, G., **2**, 200⁶²⁰ (151)
Furtsch, T. A., **1**, 303⁸⁴ (267)
Furue, M., **1**, 379⁴¹¹ (364); **2**, 190²¹⁵ (50)
Furuhata, K., **8**, 400f¹⁴, 400f¹⁶, 400f¹⁷, 456¹⁵⁴ (396, 401), 456¹⁶⁰ (396, 401)
Furuichi, N., **3**, 266¹⁹⁷ (207)
Furukawa, J., **1**, 252⁶²⁷ (238), 252⁶²⁷ (238), 678⁴⁸² (632); **2**, 848f², 860⁶³ (836), 861¹⁰⁹ (848, 851); **3**, 547¹¹⁷ (539); **6**, 180³⁶ (169, 173T), 446³⁵² (436); **7**, 253¹⁴⁸ (250), 458²²¹ (403), 460³⁴³ (418), 725¹⁸ (665), 725²⁸ (668), 725²⁹ (668), 725³⁰ (668); **8**, 405f¹⁸, 444f¹⁴, 455¹⁰⁹ (390), 457²¹⁹ (404), 457²²⁰ (404), 457²²¹ (404), 459³³¹ (421), 461⁴⁵⁸ (444), 606⁴⁰ (555), 606⁸³ (559, 595T), 641²² (633, 634T), 641⁴⁹ (618), 642⁶⁰ (635T, 639), 642⁶¹ (633, 634T), 644²⁰⁰ (635T), 707¹⁹⁶ (702), 708²⁰⁶ (701), 708²¹⁶ (702), 708²²⁷ (701, 703), 708²⁴⁴ (691), 708²⁴⁴ (691), 709²⁵⁴ (691), 709²⁶⁰ (691), 711³⁴⁷ (702), 711³⁴⁸ (701), 711³⁶³ (702), 769¹³ (723T, 732, 734, 737), 772²⁰¹ (730), 772²⁰² (730), 932⁴⁰⁵ (853)
Furukawa, K., **2**, 1016⁷¹ (986)
Furusaki, A., **3**, 1067⁹ (956)
Furuta, T., **8**, 339f⁷, 606⁸⁴ (560), 608¹⁶⁹ (581, 596T), 608¹⁷⁰ (581, 596T)
Fusco, R., **3**, 546⁶¹ (501)
Fuse, T., **2**, 299¹⁹⁹ (249)

Fushman, E. A., **3**, 406f[13]
Fusi, A., **4**, 611[410] (592), 695f[3], 810[19] (695, 702), 810[61] (699, 723), 963[61] (940), 965[187] (962); **5**, 623[158] (565); **8**, 331f[7]
Fuson, R. C., **1**, 241[16] (157); **7**, 100[58] (7), 100[67] (10), 726[110] (687)
Fuss, W., **1**, 376[198] (339), 376[199] (339)
Fusstetter, H., **1**, 377[305] (355), 378[321] (356), 380[451] (369); **2**, 202[699] (170); **6**, 942[53] (900, 902T)
Fustero, S., **1**, 247[354] (197); **3**, 328[135] (314), 328[136] (314)

Fuwa, K., **2**, 1019[287] (1012f)
Fuziwasa, Y., **5**, 621[36] (548)
Fyfe, C. A., **2**, 974[310] (925); **3**, 126f[1], 126f[2], 135f[5], 135f[6], 168[25] (99, 167), 168[25] (99, 167), 169[56] (122); **4**, 479f[32], 509[315] (452), 509[315] (452), 658f[35], 658f[35], 816[396] (760), 885[43] (851, 852), 885[44] (851), 885[45] (851), 885[51] (852), 885[53] (852)
Fyfe, M., **2**, 912f[18], 912f[19], 976[381] (941)
Fyne, P. J., **3**, 695[59] (652), 779[44] (708)
Fyodorov, L. A., **3**, 326[13] (284, 285)

G

Gaasbeek, M. M. P., **5**, 478f[1], 479f[7], 535[1041] (461, 462, 480, 484)
Gaasch, J. F., **6**, 744[508] (541, 549, 551), 744[520] (542, 542T)
Gabaglio, M., **3**, 1141f[4]
Gabant, J. A., **3**, 545[7] (487), 546[41] (493)
Gabaraeva, Yu. A., **1**, 248[393] (201)
Gabel, R. A., **7**, 99f[38], 99f[38], 101[102] (15, 16), 106[367] (48)
Gäbelein, H., **3**, 863f[44]; **4**, 236[199] (185)
Gabhe, S. Y., **7**, 108[472] (65)
Gabitova, S., **7**, 457[147] (394)
Gabler, W., **4**, 907[13] (891)
Gabriel, J., **1**, 118[184] (82); **7**, 110[578] (88)
Gabriel, M. W., **1**, 118[208] (87)
Gabrielli, A., **4**, 510[367] (470); **5**, 274[674] (230)
Gächter, B. F., **3**, 26[187] (182), 699[333] (673); **6**, 224[63] (190), 225[79] (190)
Gaddi, M., **6**, 98[287] (56T, 65, 77); **8**, 368[508] (358), 770[97] (734)
Gäde, W., **6**, 1105f[4], 1112[113a] (1071)
Gadzhiev, R. K., **8**, 642[86] (621T), 645[216] (621T)
Gafarova, N. A., **8**, 366[352] (340), 643[127] (632)
Gaffney, B. L., **2**, 194[366] (94); **7**, 38f[4], 647[43] (525)
Gaffney, C., **2**, 631f[12], 674[5] (630, 645, 656, 658, 660, 661, 664)
Gaffney, T. R., **4**, 153[244] (63), 234[66] (167)
Gafner, G., **1**, 259f[21]; **3**, 84[298] (40, 44); **5**, 538[1213] (489)
Gaft, Y. L., **6**, 226[161] (215)
Gagan, J. M. F., **2**, 507[69] (406, 408, 433, 435, 437, 442, 445, 471)
Gage, L. D., **4**, 241[447] (215T, 216, 217)
Gager, H. M., **6**, 842f[147]
Gagné, R. R., **6**, 36[204] (19); **8**, 608[155] (577)
Gähelein, H., **3**, 851f[52]
Gaidamaka, S. N., **2**, 513[423] (454)
Gaidis, J. M., **1**, 246[317] (193); **2**, 397[113] (387)
Gaidym, I. L., **4**, 689[24] (666)
Gailiunas, G. A., **2**, 191[225] (52)
Gaillard, J., **8**, 647[299] (621T), 647[306] (621T)
Gaillard, J. F., **8**, 455[81] (384, 387, 415)
Gailyunas, G. A., **2**, 189[153] (35), 189[153] (35); **7**, 456[95] (387); **8**, 392f[12], 459[338] (423), 459[339] (423), 643[112] (616, 617, 622T), 669[77] (651, 658T), 706[106] (685T), 706[107] (685T), 706[128] (685T), 706[129] (685T), 707[149] (685T), 707[150] (685T)
Gailyunas, J., **8**, 459[340] (423)
Gaines, D. F., **1**, 146f[7], 152[200] (144), 152[232] (147), 152[234] (147), 152[235] (147), 374[70] (313, 368), 454[120] (431), 456[221] (446), 456[225] (447), 537[22] (462), 539[94] (488, 498), 539[99a] (489, 490), 539[107e] (491), 539[107f] (491), 540[133a] (498), 540[133b] (498, 499, 536), 540[133c] (498, 536), 540[157a] (506, 536T), 540[157b] (506, 536T), 542[249] (536); **2**, 514[528] (469), 514[529] (469), 679[355] (668); **3**, 1188f[33], 1381[110] (1342); **4**, 238[292] (203), 238[293] (203); **6**, 944[195] (917, 918T, 919), 944[196] (917, 918T, 919), 944[197] (917, 918T), 944[198] (916, 917, 918T), 944[230] (925), 945[245] (927, 928T), 945[262] (932), 945[269] (935, 934T), 945[270] (934T, 935), 945[271] (935, 934T), 945[272] (935, 934T)
Gaines, T., **5**, 556f[13]

Gainsford, G. J., **3**, 1337f[6]; **4**, 1061[275] (1029), 1061[276] (1029); **6**, 349[426] (334T, 334f), 980[26] (954, 959T), 980[27] (954, 959T)
Gaisin, R. L., **8**, 461[438] (439)
Gaitskell, J. N., **3**, 632[264] (620)
Gaivoronskii, P. E., **3**, 265[85] (182), 699[339] (673, 674), 702[503] (687, 689), 702[506] (687), 703[538] (689), 1070[162] (988), 1250[234] (1206); **6**, 224[47] (192)
Gaj, B. J., **7**, 108[450] (61)
Gajda, G., **8**, 551[118] (531)
Gal, A. W., **5**, 526[398] (341), 622[81] (556, 613); **8**, 291f[11]
Galamb, V., **5**, 267[231] (52)
Galambos, G., **7**, 460[373] (423)
Galas, A. M. R., **1**, 247[343] (196); **3**, 731f[9], 1311f[10], 1319[144] (1308); **4**, 241[454] (215T, 216), 690[119] (681), 812[185] (718), 841[95] (838); **5**, 194f[12], 265[79] (17, 18, 29), 523[211] (303T, 363), 539[1306] (365)
Galbraith, A. R., **4**, 237[255] (195), 1059[140] (990); **7**, 727[132] (693)
Galdiali, S., **8**, 497[58] (478)
Galding, M. R., **6**, 179[29] (159T, 161, 165T)
Gale, L. H., **2**, 978[499] (962)
Gale, R. J., **4**, 510[399] (481)
Galeev, D. K., **8**, 644[188] (633, 634T)
Galembeck, F., **4**, 320[111] (254, 308, 316), 327[594] (308)
Galenback, F., **6**, 1036f[9]
Galfré, A., **1**, 679[570] (645)
Galishevskaya, L. V., **1**, 250[534] (224, 225, 230)
Galiullina, R. F., **1**, 680[645] (652), 721[94] (697); **2**, 510[273] (436), 512[347] (444); **7**, 458[196] (400)
Galkin, A. F., **1**, 265f[3], 272f[7], 303[72] (265)
Galkin, E. G., **8**, 459[340] (423), 460[407] (434), 643[116] (617, 622T), 706[109] (685T), 706[129] (685T), 707[150] (685T)
Gall, D., **8**, 96[108] (42, 58)
Gall, H., **5**, 628[509] (620)
Gall, M., **2**, 973[196] (898); **7**, 649[160] (551)
Gallagher, T. D., **3**, 971f[13], 1077[598] (1067)
Gallaher, K. L., **1**, 420f[1]
Gallais, F., **6**, 13[46] (7), 13[46] (7), 36[167] (26)
Gallay, J., **5**, 301f[6], 522[170] (300), 522[181] (300)
Gallazzi, M. C., **4**, 814[296] (745); **6**, 94[86] (51, 53T), 94[86] (51, 53T), 142[165] (108), 180[30] (163, 165T), 231[15] (230), 446[361] (441); **8**, 453[1] (372), 770[84] (730), 795[2] (790)
Galle, J. F., **1**, 119[231] (92), 243[121] (168, 211), 374[72] (314, 327, 334), 375[135] (327, 334), 679[524] (636), 681[678] (659); **2**, 189[141] (33); **3**, 279[53] (276); **6**, 99[395] (64, 76), 187[27] (183T, 185); **7**, 35f[4], 100[35] (4), 106[376] (50), 106[376] (50), 322[66b] (319), 363[16] (353), 461[402] (429), 647[78] (531); **8**, 668[4] (653, 658T), 794[2] (778)
Galles, C. J., **4**, 155[391] (102)
Gallina, C., **7**, 728[187] (706)
Gallivan, Jr., R. M., **7**, 159[86] (147, 148f), 196[120] (173), 252[39] (234, 235, 237, 238, 239)
Gallo, N., **5**, 624[241] (576); **8**, 280[38] (239)
Gallucci, R. R., **2**, 191[262] (64)
Gallum, K., **8**, 609[238] (594T, 597T, 598T, 602T)
Gallup, D. L., **3**, 851f[57]; **4**, 52f[93]; **6**, 13[70] (8)
Gally, J., **5**, 628[474] (613, 614)
Gal'perin, V. A., **2**, 512[397] (452), 513[402] (452)

Galuashvili, Zh. S., **1**, 615f[1], 675[299] (615)
Galy, J., **4**, 323[327] (280), 511[454] (487); **5**, 529[646] (384), 627[425] (602); **6**, 35[99] (31), 94[93] (62T), 187[7] (183T, 184); **8**, 362[92] (292)
Galyer, A. L., **2**, 860[43] (833); **3**, 1312f[18] (1312f), 1319[152] (1314, 1316)
Galyer, L., **3**, 88[529] (77), 88[530] (77), 731f[3], 731f[4], 731f[5], 731f[6]; **4**, 241[459] (216)
Gamasa, M. P., **4**, 33f[24], 151[139] (36, 37, 42)
Gamba, A., **3**, 82[176] (27); **5**, 264[25] (6, 10); **8**, 222[116] (142)
Gambarian, M. P., **3**, 632[249] (617, 618)
Gambaro, A., **2**, 618[128] (540)
Gambino, A., **3**, 886f[2], 1121f[4]
Gambino, O., **3**, 170[149] (157), 802f[3]; **4**, 321[172] (262), 324[348] (283), 324[352] (283), 648[12] (617), 658f[31], 689[39] (666), 814[274] (741, 752), 815[331] (750), 815[340] (752), 840[56] (830), 840[57] (831), 884[20] (849), 884[22] (849), 884[23] (849), 885[58] (853), 885[59] (853), 885[73] (859), 885[75] (859), 885[78] (860, 862), 885[79] (860), 885[82] (860), 885[92] (862), 885[93] (862), 885[94] (863), 886[96] (863), 887[182] (881), 887[183] (881, 882), 1062[299] (1033, 1035), 1062[300] (1035), 1062[301] (1035), 1062[314] (1036); **5**, 194f[4], 273[595] (198); **6**, 35[140] (25), 139[29] (133T, 135), 139[30] (133T, 135), 142[197] (135)
Gambino, S., **3**, 694[9] (648, 649), 786f[10]; **8**, 95[6] (21)
Game, C. H., **4**, 33f[34], 34f[48], 50f[22], 65f[36], 151[155] (40, 90), 152[158] (41, 66), 818[547] (779); **6**, 94[40] (54T, 60T, 73), 344[97] (295)
Games, D. E., **3**, 1076[518] (1055), 1252[315] (1224), 1383[207] (1366), 1384[243] (1374)
Games, M. L., **4**, 508[269] (445), 606[52] (519); **6**, 187[20] (184), 187[23] (185, 186), 383[53] (368, 377), 383[54] (368, 373, 377, 382), 384[91] (375, 377), 384[92] (375, 382), 384[130] (381), 384[132] (382), 442[66] (395, 429), 442[69] (395, 421, 429), 442[74] (395, 429), 453[19] (449, 450, 452), 468[10] (456), 468[11] (456, 460)
Gamlen, G., **4**, 841[82] (836), 887[180] (881), 1063[367] (1050)
Gammel, F. J., **4**, 817[472] (769, 773)
Gammie, L., **2**, 193[352] (91)
Gander, R., **7**, 26f[4]
Gandha, B., **1**, 241[22] (157)
Gandolfi, O., **4**, 813[227] (726, 729, 743)
Gandolfi, R., **7**, 110[594] (92)
Ganeeva, A. R., **8**, 349f[12]
Ganellin, C. R., **6**, 753[1097] (636, 659), 755[1292] (659)
Ganem, B., **7**, 26f[3], 646[8] (517), 647[84] (533), 649[189c] (556)
Ganes, T., **5**, 543f[2]
Ganguli, K. L., **8**, 366[388] (343), 642[96] (632)
Ganguly, L., **3**, 268[292] (223)
Ganis, P., **2**, 620[256] (554); **3**, 426[11] (336), 1100f[7], 1115f[5]; **6**, 444[186] (408), 444[187] (408), 444[243] (418), 445[278] (422), 754[1197] (648T)
Ganorkar, M. C., **3**, 949[196] (875), 1089f[6b]; **4**, 51f[51], 234[74] (168, 169); **6**, 1028f[21]
Gansow, O. A., **3**, 156f[7], 170[126] (151, 152), 792f[4], 833f[32], 833f[67], 863f[37], 948[139] (859), 1083f[4], 1260f[4]; **4**, 508[291] (449), 605[20] (515), 818[554] (780), 839[6] (823); **5**, 523[235] (305, 370), 524[331] (320, 322, 337, 339); **6**, 224[73] (201T)
Gant, G. A. L., **2**, 362[142] (330)
Gantmakher, A. R., **3**, 435f[4]; **6**, 180[34] (161)
Gants, A., **1**, 680[636] (651)
Ganzerla, R., **4**, 965[181] (961)
Gaoni, Y., **4**, 508[288] (448), 608[232] (565, 565f, 598); **7**, 110[597] (93)
Gapinski, R. E., **1**, 679[586] (647); **7**, 5f[4]
Gaponik, L. V., **1**, 677[416] (626)
Gapotchenko, N. I., **4**, 19f[3], 233[12] (163), 233[12] (163), 233[14] (163)
Gar, T. K., **1**, 244[184c] (176); **2**, 301[324] (278), 302[357] (288), 361[85] (318), 503f[1], 506[12] (402, 403, 413), 506[32] (403), 507[51] (404, 419), 507[88] (409, 486), 509[210] (424, 427, 482, 484, 487, 488), 509[220] (425), 510[281] (437), 511[325] (441), 511[326] (441), 511[327] (441), 516[614] (482), 516[617] (482), 516[644] (485), 517[651] (487)
Gara, W. B., **2**, 194[358] (92)
Garavaglia, F., **8**, 772[211] (734)
Garbe, J. E., **1**, 309[533] (297)
Garbe, W., **2**, 197[493] (121), 512[383] (448), 674[21] (630), 678[305] (662), 678[306] (662)
Garber, A. R., **1**, 268f[5], 455[159] (435, 440, 443), 541[213c] (525, 526, 534), 553[37] (548), 553[52] (549); **5**, 404f[43], 418f[9], 532[806] (416), 534[971] (442)
Garbuzova, I. A., **1**, 248[408] (203, 233); **2**, 762[112] (732); **3**, 269[342b] (234); **5**, 535[1047] (462)
Garcia, J., **2**, 770f[10], 770f[11], 786f[4], 796f[17], 818[34] (771, 804), 818[36] (771, 775, 789, 795, 797)
Garcia, L., **6**, 753[1091] (635)
Garcia, L. M., **6**, 753[1136] (639)
Garcia, M. P., **6**, 345[167] (306, 307, 311), 345[209] (311)
Garcia-Blanco, S., **2**, 908f[18], 937f[1], 937f[2], 937f[4], 937f[5], 975[365] (936), 976[366] (936, 937); **5**, 299f[12], 524[274] (298, 481, 489)
Garcia-Martin, J. C., **2**, 972[159] (891, 896, 957, 958)
Garcia-Rodriguez, A., **3**, 1318[97] (1291)
Garcia-Romo, M. T., **7**, 98f[21]
Gard, E., **3**, 83[244] (35), 699[324] (673); **5**, 275[719] (244)
Gardner, H. C., **2**, 675[102] (641), 675[103] (641), 675[104] (641), 977[438] (955)
Gardner, J. N., **7**, 462[480a] (442), 462[480b] (442)
Gardner, J. O., **7**, 653[415] (595)
Gardner, M., **4**, 65f[40], 73f[10], 154[318] (76), 154[319] (77); **5**, 33f[18], 34f[9], 39f[13], 213f[19], 266[165] (35, 141)
Gardner, P., **1**, 373[5f] (313, 314, 315, 316, 318, 322, 326, 329, 333, 334, 335, 337, 338, 341, 342)
Gardner, P. D., **7**, 226[195] (217)
Gardner, P. J., **5**, 264[21] (4)
Gardner, R. C. F., **4**, 817[475] (771), 818[550] (780, 787, 788), 818[566] (783), 818[574] (785, 787, 788), 818[577] (785), 818[578] (785); **5**, 403f[5], 529[584] (376, 386, 473), 622[103] (561, 567)
Gardner, S., **5**, 627[452] (607), 627[453] (607); **8**, 364[257b] (325), 397f[15], 456[181] (398, 433), 931[340] (847)
Gardner, S. A., **3**, 170[142] (154), 419f[13]; **4**, 508[268] (445); **5**, 137f[25], 270[408] (132), 270[410] (132), 273[615] (208), 274[705] (239), 357f[6], 403f[9], 447f[1], 524[297] (285), 527[481] (357, 458), 529[583] (377, 385), 531[756] (408, 442), 531[758] (408), 534[962] (442, 458), 534[968] (442, 443, 457), 534[969] (442, 457), 534[970] (442), 534[971] (442), 534[973] (442), 534[983] (445), 535[987] (445), 535[988] (445), 627[448] (605), 628[461] (609, 614); **8**, 458[281] (413), 1064[15] (1016), 1069[248b] (1051, 1057)
Gardner, W., **2**, 1017[168] (998)
Garforth, J. D., **4**, 241[440] (215T, 216)
Garg, B. K., **2**, 622[359] (568), 622[361] (568), 627[697] (613)
Garg, B. S., **3**, 334f[13], 368f[7], 372f[14], 372f[15], 379f[11], 426[4] (332), 429[169] (373), 429[184] (377), 429[194] (378), 628[10] (561), 628[11] (562), 628[13] (562)
Garg, C. P., **7**, 141[60] (122), 223[15] (199), 299[32] (273)
Garg, R. S., **2**, 679[335] (666)
Garg, V. N., **1**, 753[57] (735), 753[63] (735)
Gargano, M., **5**, 627[402] (600), 628[481] (614); **8**, 291f[28], 312f[52], 366[384] (343, 344)
Gariaschelli, L., **3**, 114[765] (1110)
Garin, J., **6**, 747[718] (582)
Garkusha, O. G., **6**, 142[194] (134)
Garland, C. W., **5**, 520[23] (281)
Garland, R. B., **7**, 648[151] (549)
Garlaschelli, G., **5**, 522[140] (297, 378)
Garlaschelli, L., **3**, 1106f[3], 1112f[8], 1275f[3]; **4**, 1062[293] (1033); **5**, 525[346] (327, 328), 628[488] (615); **6**, 742[382] (525, 706), 746[669] (569)

Garleschelli, L., **5**, 327f[13], 525[348] (327)
Garneau, F. X., **2**, 872f[9], 977[476] (959), 977[482] (960)
Garner, A. W. B., **4**, 52f[100], 153[234] (61), 173f[1], 235[97] (170, 171, 174), 235[97] (170, 171, 174), 237[260] (197)
Garner, B. J., **7**, 196[116] (172), 225[114] (208)
Garner, C. D., **2**, 618[97] (537), 622[363] (568); **4**, 328[615] (310), 328[637] (311); **6**, 839f[30], 839f[31], 839f[32]; **8**, 1104[5] (1074)
Garner, C. L., **4**, 151[145] (37, 38, 61)
Garner, C. S., **3**, 1137f[23]
Garner, H. K., **7**, 463[528] (449)
Garnett, J. L., **3**, 697[208] (664), 1074[410] (1035), 1076[519] (1055), 1252[316] (1224), 1252[317] (1224), 1383[208] (1366), 1383[209] (1366); **4**, 454f[11], 454f[13]; **5**, 275[745] (250); **6**, 226[163] (199, 201T), 750[889] (607, 610), 750[890] (607), 750[891] (607), 750[893] (607), 750[894] (607), 750[895] (607, 610), 750[896] (607, 610), 750[897] (610), 750[900] (610), 750[902] (610), 750[903] (611), 750[904] (611), 750[916] (612, 613)
Garnier, B., **7**, 511[89] (486, 489)
Garnier, F., **3**, 1261f[11]; **8**, 550[84] (519)
Garnovskii, A. D., **3**, 1317[22] (1272)
Garralda, M. A., **5**, 536[1087] (468, 476), 536[1101] (290, 292, 473, 474T, 475T), 537[1127] (475T, 476), 537[1129] (475T, 476)
Garrard, J. E., **4**, 235[77] (169), 235[85] (170, 169)
Garratt, D. G., **1**, 672[76] (569)
Garratt, P. J., **7**, 727[140] (695); **8**, 1064[1] (1014)
Garrett, A. B., **1**, 456[217] (445), 457[242] (451)
Garrett, D. G., **2**, 971[91] (879)
Garrett, K. E., **7**, 104[275] (35)
Garrett, P. M., **1**, 453[70] (426, 427, 431, 435, 437, 443), 453[70] (426, 427, 431, 435, 437, 443), 453[70] (426, 427, 431, 435, 437, 443), 453[73] (426, 427, 439, 442), 453[77] (426, 428, 437), 453[77] (426, 428, 437), 454[93] (428, 438), 454[97] (428), 454[98] (437, 443), 454[99] (429, 436, 441)
Garrod, R. E. B., **2**, 622[396] (571)
Garrou, P. E., **3**, 1246[9] (1153); **5**, 316f[6], 404f[43], 523[238] (306), 524[287] (314), 533[874] (426), 533[898] (430), 625[262] (580); **6**, 34[98] (19T, 21T, 23, 24), 95[138] (55T, 56T, 78), 141[102] (110), 745[602] (559), 754[1156] (640); **8**, 794[5] (790), 936[678] (905)
Garst, J. F., **1**, 120[304b] (109, 113, 114), 120[321] (114), 245[283] (188), 245[283] (188); **7**, 95f[3]
Garst, M. E., **7**, 59f[8]
Garten, R. L., **8**, 98[212] (61), 605[20] (553, 569)
Garth Kidd, R., **2**, 860[31] (831, 854)
Garti, N., **2**, 894f[14], 972[165] (892), 972[190] (897)
Gartner, R., **4**, 907[13] (891)
Garty, N., **1**, 243[131] (170); **8**, 934[518] (879)
Gartzke, W., **1**, 258f[2], 258f[12], 409[13] (383); **3**, 823f[4], 911f[1], 950[268] (902), 1306f[1], 1318[116] (1301); **4**, 344f[8], 375[147] (369), 607[121] (539); **5**, 274[693] (235, 262)
Garves, K., **8**, 933[467] (867)
Garvey, P. M., **2**, 517[676] (490, 498)
Garwood, W. E., **8**, 98[223] (61)
Garziani, M., **6**, 346[244] (313)
Garzon, G., **4**, 321[141] (258)
Gase, M. B., **2**, 882f[14]
Gaset, A., **8**, 331f[22]
Gash, A. G., **2**, 680[395] (672)
Gaspar, P. P., **2**, 193[341] (86), 193[352] (91), 196[451] (113), 296[27] (214, 215), 296[29] (215), 296[29] (215), 297[51] (223), 300[212] (252), 395[18] (367), 516[597] (480), 516[601] (481, 483), 516[630] (483)
Gasparrini, F., **6**, 753[1120] (638), 756[1360] (668); **8**, 861f[10]
Gassend, R., **2**, 302[383] (293)
Gasser, O., **1**, 700f[5], 723[213] (714), 723[214] (714); **2**, 192[273] (69), 820[166] (798), 820[168] (798); **6**, 99[348] (50T), 99[351] (48, 50T), 344[136] (302), 344[137] (302)
Gassman, P. G., **5**, 531[744] (406); **7**, 108[482] (68), 110[589] (91), 159[118] (152), 658[688] (642); **8**, 551[126] (535)
Gast, E., **1**, 309[545] (298), 375[165] (333)

Gastinger, R. G., **4**, 512[503] (499, 500), 819[620] (797); **5**, 137f[29], 274[700] (237), 276[804] (261, 262), 531[757] (408), 627[448] (605); **8**, 641[11] (634T), 706[138] (672, 677), 770[50] (723T)
Gatehouse, B. M., **1**, 732f[7], 753[72] (737); **2**, 912f[6], 912f[14], 912f[15], 912f[16], 912f[18], 912f[19], 934f[3], 937f[4], 973[224] (900), 974[263] (919, 929), 975[327] (929, 930), 975[331] (930), 975[357] (935), 975[363] (935, 936), 975[364] (935), 976[380] (941), 976[381] (941); **3**, 858f[13], 870f[2], 948[134] (853); **4**, 326[536] (300); **5**, 539[1289] (519); **6**, 349[424] (334T, 334f); **8**, 928[131] (805)
Gates, B. C., **4**, 929[33] (927), 965[176] (961), 965[177] (961); **6**, 737[48] (482), 871f[119], 877[244] (823); **8**, 98[213] (61), 221[78] (119, 128), 605[15] (553, 561, 605), 605[16] (553, 561, 562T, 601T, 605), 607[91] (562T, 592, 594T, 605), 607[92] (562T, 594T, 605), 607[93] (561, 562T, 594T, 605), 607[94] (561, 562T, 594T, 605), 608[161] (579, 592, 594T), 608[199] (588, 595T, 598T), 608[208] (592), 609[209] (592, 597T, 604), 609[222] (594T, 605), 609[223] (594T, 605), 610[283] (597T), 610[323] (600T)
Gatilov, Y. V., **3**, 1384[263] (1379)
Gatilov, Yu. T., **2**, 705[68] (689), 705[68] (689), 705[78] (691), 706[119] (697), 707[156] (701)
Gatsonis, C., **4**, 508[277] (446); **8**, 1009[132] (976)
Gattermeyer, R., **2**, 626[653] (607)
Gatti, A. R., **1**, 305[217] (277)
Gatti, G., **1**, 675[276] (611), 676[331] (620); **3**, 546[32] (492), 546[55] (498)
Gatti, L., **2**, 713f[12], 713f[14], 760[25a] (716, 717, 724, 743), 761[74] (724, 732, 740)
Gattow, G., **2**, 200[634] (156)
Gau, G., **1**, 53f[7], 116f[61] (55)
Gaube, W., **6**, 100[411] (40, 43T); **8**, 397f[19], 406f[9], 425f[13], 430f[12], 460[384] (431, 432), 706[144] (686, 698), 707[172] (684), 707[173] (684), 709[275] (672), 710[299] (690), 710[300] (690, 692T), 710[306] (690), 710[324] (690)
Gaudemar, M., **1**, 243[157] (174); **2**, 847f[1], 849f[2], 849f[4], 860[65] (836), 861[112] (849); **7**, 50f[2], 107[401] (54), 322[63a] (319), 363[34] (359), 462[444] (435), 725[14] (664)
Gaudemar-Bardone, F., **7**, 107[401] (54), 725[14] (664)
Gaudemer, A., **2**, 978[495] (962); **5**, 269[335] (96, 98, 108, 112), 269[368] (113, 123), 269[376] (115), 270[380] (118), 270[382] (121), 270[385] (123), 270[386] (124), 270[389] (125, 131); **8**, 315f[5], 934[548] (884)
Gaudemer, F., **5**, 270[382] (121); **8**, 934[548] (884)
Gaudiano, G., **6**, 344[124] (300T, 303)
Gaughan, Jr., A. P., **4**, 814[315] (748)
Gaughan, G., **6**, 841f[102]
Gauglhofer, J., **2**, 970[41] (868, 883)
Gaul, J. H., **8**, 606[52] (557)
Gault, F. G., **8**, 98[203] (60)
Gault, Y., **1**, 241[46] (158), 244[215] (178, 187), 249[506] (219)
Gaunt, J. C., **6**, 347[336] (322)
Gaur, D. P., **2**, 621[302] (559, 561), 623[444] (578)
Gaus, P. L., **5**, 270[390] (126)
Gause, E. H., **5**, 531[735] (393, 407, 409)
Gausing, W., **6**, 143[239] (104T, 111, 112), 182[144] (146T, 147, 151), 182[144] (146T, 147, 151); **7**, 109[533] (78); **8**, 669[84] (649), 670[92] (649)
Gaustini, C., **6**, 743[458] (534T)
Gautheron, B., **3**, 429[148] (366, 370), 557[59] (556), 628[3] (561, 570), 629[81] (570, 594), 630[159] (582, 599), 631[163] (583), 631[166] (583, 602, 603, 606), 631[167] (583), 632[244] (616, 617), 633[274] (621), 767f[10], 767f[12], 767f[13], 767f[20], 767f[21], 781[198] (772), 1004f[34], 1187f[2]; **6**, 839f[18], 875[101] (777); **8**, 363[147] (300), 1065[70] (1024), 1065[76] (1025), 1065[76] (1025), 1065[76] (1025), 1065[77] (1025), 1069[290] (1057), 1070[307] (1059)
Gauthier, G. J., **4**, 815[391] (759)
Gauthier, R., **1**, 250[536] (224, 226, 229), 250[554] (227), 250[562] (229, 230), 252[629] (238, 240); **7**, 102[137] (21), 102[144] (22), 102[160] (24)

Gautier, A., **5**, 479f[4], 536[1065] (463, 464, 471T, 472T, 474T, 476); **8**, 349f[13]
Gautreaux, M. F., **7**, 455[23] (376)
Gavens, P. D., **4**, 329[677] (316), 1063[344] (1044), 1063[345] (1044), 1063[379] (1052), 1064[402] (1056)
Gavilenko, V. V., **1**, 677[442] (629)
Gavin, Jr., R. M., **1**, 689f[11], 720[17] (686)
Gavis, J., **2**, 1016[79] (986)
Gavrilenko, I. F., **3**, 924f[10]; **8**, 708[205] (701)
Gavrilenko, V. V., **1**, 115[42] (50), 246[288] (189), 246[308] (193), 248[408] (203, 233), 601f[2], 647f[3], 675[270] (610), 676[389] (625, 664), 677[409] (626), 677[410], 677[431] (628), 677[434] (628, 634), 677[435] (628, 634), 677[436] (628, 634, 645), 678[467] (631, 652, 663), 678[492] (632), 678[495] (633), 678[516] (634), 678[518] (635), 679[523] (635), 679[566] (645), 679[567] (645, 650, 662), 680[627] (650, 663), 680[631] (650), 680[640] (652), 680[641] (652), 722[167] (709, 711), 722[172] (709), 722[184] (711), 722[185] (711), 722[186] (711); **7**, 109[521] (75), 455[58] (382), 456[82] (385), 456[125] (392), 457[140] (394), 457[141] (394), 457[142] (394), 457[146] (394), 457[155] (395), 457[157] (395), 457[162] (396), 459[280] (412), 459[301] (414, 415, 418), 459[302] (414, 415); **8**, 668[9] (658T)
Gavrilov, G. I., **2**, 619[215] (548)
Gavrilov, V. I., **2**, 705[25] (684)
Gavrilova, I., **8**, 609[246] (596T, 600T)
Gavrilova, I. V., **6**, 761[1650] (721)
Gavrishchuk, E. M., **3**, 703[538] (689)
Gay, R. L., **7**, 76f[1], 109[522] (76)
Gay, R. S., **4**, 920[29] (913, 914); **6**, 942[70] (901, 902T, 903T)
Gaydou, E. M., **8**, 462[488] (452)
Gaylani, B., **3**, 1248[153] (1189)
Gayler, A. L., **3**, 1308f[3], 1318[142] (1308), 1318[143] (1308)
Gayler, L., **3**, 1308f[5], 1311f[2], 1311f[3]
Gazizov, A. Kh., **7**, 456[74] (383)
Geaman, J. A., **4**, 508[279] (447)
Geanangel, R. A., **1**, 263f[15]
Gearhart, R. C., **5**, 272[516] (172)
Gebala, A. E., **3**, 269[371] (242), 269[372] (242, 245, 246), 269[374] (243), 269[377] (243)
Geben, D. K., **2**, 674[51] (636)
Gebert, E., **4**, 247f[9], 327[569] (305, 318), 480f[9], 510[402] (481)
Geckeler, K., **8**, 935[604] (894)
Geckle, M. J., **1**, 115[30] (47), 116[104] (63), 117[121] (68, 71, 78), 118[186a] (83, 87); **7**, 100[46] (6), 108[459] (63)
Gedanken, A., **4**, 509[318] (452)
Gee, G., **7**, 464[563] (453)
Gee, R. J. D., **6**, 743[472] (536T)
Geels, E. J., **1**, 115[28c] (46)
Geetha, S., **3**, 633[279] (622)
Gehatia, M. T., **2**, 198[561b] (134)
Geheeb, N., **5**, 266[166] (35)
Gehring, A., **2**, 300[240] (260)
Gehring, G., **3**, 1137f[1]
Geibel, J., **6**, 737[82] (489)
Geibel, W., **3**, 170[172] (165), 1068[61] (972); **8**, 458[279] (412)
Geier, G., **2**, 932f[15]
Geifer, A., **1**, 672[119] (578)
Geiger, Jr., W. E., **1**, 409[31] (386, 392), 539[123] (496), 541[202] (521); **3**, 84[261] (36), 699[320] (673), 702[468] (684), 1068[55] (971, 972); **5**, 272[554] (187, 229, 238), 274[675] (230), 274[688] (233), 274[702] (238), 275[732] (247), 535[1025] (458); **6**, 181[134] (176T, 177), 226[143] (194), 226[177] (194); **8**, 1066[154] (1039)
Geinitz, D., **6**, 94[102] (56T, 64, 79), 99[388] (55T, 64)
Geiseler, G., **1**, 596f[2]
Geisenberger, O., **4**, 324[346] (283)
Geisler, I., **1**, 378[324] (356), 380[469] (370)
Geisler, K., **2**, 200[608] (146)
Geiss, K.-H., **1**, 249[481] (215); **7**, 99[2] (2, 95, 96f, 98f), 99f[24], 647[51] (527)
Geissler, H., **2**, 623[419] (574)
Gelbard, G., **8**, 496[45] (475)
Gelbaum, L. T., **1**, 243[144] (172)

Gelbert, E., **4**, 312f[9]
Geldard, J., **6**, 757[1402] (673)
Gelder, J. I., **4**, 236[182] (182)
Gelfand, L. G., **4**, 512[514] (501)
Gelfand, L. S., **8**, 1066[128b] (1034f, 1035, 1058)
Gel'fman, M. I., **6**, 241[18] (236), 756[1323] (664), 761[1650] (721)
Gelius, R., **2**, 676[172] (650), 678[270] (659), 678[272] (659)
Gelius, U., **3**, 85[380] (52); **6**, 752[1037] (627T, 697)
Gell, K. I., **3**, 630[136] (580, 612, 613), 630[137] (580, 612, 613), 630[156] (582, 587), 630[157] (582, 587), 631[185] (587), 631[204] (591), 632[232] (602, 603, 606), 633[296] (607, 610, 611), 633[303] (611), 633[304] (611, 612, 613), 633[305] (613); **4**, 819[623] (798, 804); **6**, 979[13] (950, 958T); **8**, 363[146] (300)
Gellatly, B. J., **3**, 264[29] (178)
Geller, S., **1**, 263f[19]
Gellert, H.-G., **1**, 670[3a] (557, 558, 638), 671[24] (558), 671[26] (558, 563, 607, 611, 612, 625, 626, 634, 642, 663), 671[27] (559, 579, 625, 638, 664), 671[29b] (559), 671[36] (560, 563, 625, 629), 675[284] (612), 681[719] (669); **7**, 454[2] (367, 369, 372), 454[3] (367, 372), 454[6] (367, 372, 376, 384, 450), 455[31] (379, 380, 383, 385, 392, 406, 423, 434, 436, 439); **8**, 454[31] (377), 454[46] (379)
Gelli, G., **7**, 106[355] (48)
Gellings, P. J., **8**, 669[74] (666), 670[118] (664)
Gel'man, A. D., **6**, 278[23] (270), 343[12] (280), 737[67b] (488), 747[727] (583, 585), 747[751] (585), 755[1246] (654), 760[1579] (704)
Gel'man, M. I., **6**, 755[1270] (654, 656)
Gemenden, C. W., **7**, 16f[5]
Gemmler, A., **1**, 302[47] (259); **2**, 188[113] (28)
Genchel, V. G., **2**, 502f[5]
Genco, N., **4**, 374[79] (350), 512[501] (498), 613[523] (604); **8**, 1008[81] (963)
Gendin, D. V., **2**, 508[145] (414), 511[304] (439)
Gendreau, Y., **7**, 106[370] (49)
Genet, J. P., **8**, 929[216] (820, 822), 929[224] (822, 858), 930[234] (826, 832)
Genetti, R. A., **5**, 249f[1]; **8**, 1064[16] (1016)
Gennari, C., **7**, 103[199] (27), 109[498] (71)
Gennaro, G., **4**, 815[380] (758), 963[34] (936); **8**, 312f[56]
Gensike, R., **1**, 672[111] (577), 680[595] (648), 680[599] (648), 680[600] (648, 658); **7**, 406f[5], 458[237] (406), 459[259] (410)
Gent, A. R., **3**, 1249[156] (1190)
Genthe, W., **3**, 266[159] (198), 266[180] (202, 205)
Gentile, P. S., **6**, 261[58] (248)
Gentile, R. J., **2**, 882f[18]
Gentiloni, M., **3**, 1004f[20], 1005f[15], 1030f[4], 1074[373b] (1030), 1074[374] (1030)
Gentric, E., **3**, 1076[487b] (1049), 1076[488] (1049); **4**, 156[495] (125); **8**, 1070[309a] (1059)
Genusov, M. L., **1**, 681[677] (659); **7**, 457[171] (397)
Geoffroy, G., **8**, 498[122] (498)
Geoffroy, G. L., **3**, 633[299] (610), 946[12] (793, 804), 1147[19] (1144), 1249[186] (1196); **4**, 150[34] (8, 21), 153[244] (63), 234[66] (167), 235[109] (172), 658f[54], 813[213] (723), 907[56] (901), 928[12] (924, 925), 928[13] (924, 925), 928[14] (924), 928[16] (924, 925), 928[17] (924, 925), 928[18] (925), 928[23] (925), 928[24] (926), 929[26] (926), 1057[25] (970); **5**, 272[521] (177), 272[524] (177), 520[41] (281, 305), 521[89] (289, 462, 471T), 522[195] (302T, 303T, 304T, 305, 314), 621[7] (542, 543), 621[17] (544), 622[56] (550, 579), 622[85] (557), 624[198] (568, 602); **6**, 779f[12], 806f[31], 806f[32], 806f[50], 806f[51], 844f[245], 845f[264], 869f[52], 869f[53], 869f[54], 869f[55], 869f[58], 869f[59], 869f[66], 869f[67], 869f[68], 869f[73], 870f[83], 871f[129], 873[6] (763, 788, 789, 806, 814), 873[15] (764, 772, 799, 807, 811), 874[33] (764), 874[43] (767, 772, 787, 815), 874[49] (769, 813, 814, 819), 874[74] (772, 789, 790, 794, 795, 796, 815, 818), 874[77] (772), 874[78] (772), 874[79] (773, 775), 875[118] (781, 797, 813), 875[146] (787), 875[148] (787, 815, 820), 876[166] (791, 800, 817, 818), 876[187] (796, 797, 798, 799), 876[197] (807, 811, 812), 876[198] (807, 812, 818), 876[209] (811); **8**, 97[195] (59),

280⁵⁷ (248), 362⁸¹ (289), 367⁴³¹ (350), 367⁴⁴⁰ (351)
Geoffroy, M., **2**, 515⁵⁵⁵ (473), 704³ (683), 704⁶ (683); **3**, 1069¹³⁷ (987)
Geoghegan, Jr., P. J., **2**, 971¹⁰⁵ (882); **7**, 725⁴⁸ (672), 725⁵⁴ (673)
Geol, A. B., **1**, 248⁴⁴² (209)
George, A. D., **3**, 833f⁴⁶
George, G. M., **2**, 1019²⁹⁸ (1014)
George, M. H., **8**, 607¹⁰⁷ (564)
George, M. V., **2**, 201⁶⁶¹ (161), 299¹⁶³ (244, 249, 251, 252, 254, 258, 260, 271, 277, 293), 299²⁰⁸ (251T, 259T), 300²²³ (256T), 509²⁰¹ (423); **7**, 655⁵¹⁸ (609)
George, P. D., **2**, 188¹¹⁰ (28)
George, R. C. C. S, **4**, 325⁴³⁵ (293)
George, R. D., **4**, 1057⁹ (969); **6**, 851f⁵⁹, 1066f², 1111⁶⁴ (1055), 1112¹⁶¹ (1084, 1086, 1087)
George, T. A., **1**, 306³²¹ (284), 453⁷² (426), 453⁷² (426), 454⁹⁷ (428), 540¹⁴⁰ (502), 540¹⁴¹ (502); **2**, 625⁶⁰⁹ (601), 679³⁶⁰ (668); **3**, 833f³⁹, 833f⁴⁶, 1188f²⁸, 1189f¹⁷, 1189f¹⁸, 1249¹⁶³ (1191), 1381⁹⁶ (1341); **4**, 606¹⁰⁹ (532); **5**, 554f¹⁶; **6**, 1028f¹⁴, 1061f³; **7**, 299⁵⁷ (276); **8**, 1088f², 1088f³, 1091f², 1105⁷⁰ (1087), 1105⁷¹ (1087)
George, W. O., **2**, 191²⁴⁸ (60)
Georgiadis, G. M., **7**, 105³⁰¹ (40, 93)
Georgii, I., **6**, 143²⁵⁵ (104T, 106)
Georgiou, D., **5**, 404f³⁹, 530⁶⁸¹ (393, 426), 624²²⁷ (575, 590); **8**, 367⁴²⁸ (349)
Georgoulis, C., **1**, 116⁵⁸ (54), 245²⁸² (188), 249⁴⁷² (214), 680⁶²⁴ (650); **4**, 964¹²⁵ (950); **7**, 456¹²⁷ (392)
Geosits, R., **8**, 95¹⁴ (22, 25, 26)
Geottsch, P., **6**, 445²⁵⁷ (420)
Geraci, G., **4**, 325⁴⁴⁰ (293)
Gerard, F., **1**, 243¹⁶² (174); **7**, 103¹⁸¹ (25), 103¹⁸¹ (25), 460³³⁰ (417)
Gerasimenko, A. V., **7**, 336⁵² (335)
Gerasimova, V. S., **8**, 368⁵¹⁸ (359)
Geraudelle, A., **1**, 252⁶²³ (237, 238)
Gerber, T. I. A., **5**, 520⁴⁴ (283), 520⁴⁷ (283), 520⁵¹ (283)
Gerchman, L. L., **2**, 509¹⁷⁴ (420, 426, 435), 949f²; **6**, 1114²²⁰ (1101)
Gerding, B., **6**, 182¹⁴⁵ (146T, 156, 157, 159T, 161, 169)
Gerega, V. F., **2**, 512³⁹⁴ (452), 513⁴³⁵ (455)
Geresh, S., **5**, 537¹¹⁵¹ (477); **8**, 496²⁰ (468)
Gergely, A., **7**, 510²¹ (473, 475)
Gergö, E., **2**, 188⁸³ (21)
Gerhart, F., **7**, 110⁵⁹³ (92)
Gerhart, F. J., **1**, 453⁴⁰ (420), 453⁴⁹ (422, 433), 453⁵⁷ (423, 425), 453⁵⁹ (423), 454¹⁰⁵ (429), 455¹⁶³ (436), 456²²⁸ (448)
Gerhart, H. L., **1**, 247³⁸⁵ (200, 212)
Gerhartz, W., **4**, 389f⁹, 504³³ (385, 441, 470)
Gericke, C., **8**, 641¹⁶ (623T, 626, 627T), 641¹⁶ (623T, 626, 627T), 642⁶⁴ (618, 623T, 626, 627T), 646²⁵⁰ (618, 623T, 627T), 704¹¹ (684), 704¹⁶ (684)
Gerlach, D. H., **4**, 435f²¹, 812¹⁸⁴ (718); **6**, 96¹⁸⁴ (40), 262⁷⁸ (249, 250), 741³⁴³ (522), 751⁹⁹¹ (620, 628, 628T); **8**, 291f³⁰
Gerlach, H., **7**, 460³⁵⁹ (421), 651²⁷⁷ (573)
Gerlach, J. N., **4**, 324³³⁷ (282), 607¹⁶⁵ (547, 548)
Gerlach, K., **3**, 797f⁹, 798f⁴ᵈ, 819f³, 819f⁷, 819f¹⁵, 826f³, 1085f¹⁰, 1262f², 1262f¹⁰
Gerlach, R., **4**, 157⁵³² (129)
Gerlach, R. F., **6**, 1105f², 1110²⁴ (1046, 1090), 1110⁴⁴ (1051, 1057), 1111⁶⁵ (1056), 1113¹⁸⁷ (1090)
Gerlack, D. H., **4**, 325⁴⁵⁹ (295, 313); **8**, 368⁵⁰⁹ (358)
Gerlack, K., **3**, 797f², 1085f²
Gerloch, M., **5**, 268²⁸⁷ (77, 78), 268²⁸⁸ (77)
Gerloch, M. R., **3**, 84³¹⁴ (44)
Germain, C., **7**, 459²⁹⁶ (413, 417); **8**, 772¹⁸⁷ (769)
Germain, G., **2**, 6f⁸, 387f⁶, 396¹⁰⁶ (385); **3**, 268²⁹⁸ (224), 268²⁹⁹ (224); **8**, 795⁸² (790)

Germain, J. E., **8**, 606⁶² (558, 596T, 597T), 606⁶³ (558, 596T), 607⁸⁶ (560, 597T)
Germain, M. M., **4**, 504⁶ (381), 612⁴⁵⁷ (596)
German, A. L., **8**, 608²⁰⁴ (592, 599T)
German, L. S., **2**, 972¹⁷¹ (895)
Germroth, T. C., **7**, 728²¹⁴ (712)
Gerner, T. H., **7**, 103²²⁰ (29)
Gernert, F., **1**, 150⁸⁶ (124, 140), 150⁸⁷ (124, 140), 150⁸⁸ (124, 140), 152¹⁸⁶ (140); **3**, 699³³⁶ (673)
Gerow, C. W., **2**, 511²⁹² (438), 514⁵²⁴ (469)
Gerr, R. G., **2**, 908f⁵, 974²⁶⁷ (919, 920)
Gerrard, W., **1**, 260f¹⁶, 260f¹⁸, 260f²⁶, 260f²⁷, 260f²⁹, 260f³⁰, 260f³¹, 260f³⁴, 261f³⁷, 261f⁴², 261f⁴³, 273f³⁷, 273f⁴⁰, 286f⁹, 304¹⁹⁹ (271), 305²²⁶ (279), 306²⁹⁴ (283), 306³³⁹ (287), 307³⁷⁸ (289), 309⁴⁸⁶ (296), 309⁵⁴² (298), 310⁵⁵⁴ (299), 373⁷ (313), 373³⁹ (313), 379⁴¹⁹ (366), 379⁴²⁴ (366); **7**, 140⁸ (112), 262⁹ (255), 335¹ᵃ (323), 335⁶ (324)
Gerratt, J., **6**, 745⁵⁴⁷ (546T, 616)
Gerry, M. C. L., **5**, 266¹⁶⁴ (35)
Gerschler, L., **2**, 198⁵⁵⁸ (132)
Gershoni, S., **1**, 243¹³¹ (170)
Gershovich, A. S., **3**, 427⁴¹ (339, 342)
Gerson, F., **3**, 703⁵²⁰ (688, 689), 1070¹⁷⁴ᵇ (990), 1070¹⁸⁶ (992)
Gerstein, M., **1**, 310⁵⁵⁶ (299)
Gerstner, F., **1**, 700f⁶, 700f⁷, 723²²¹ (715), 723²²² (715), 723²²³ (715)
Gerteis, R. L., **1**, 117¹²² (69)
Gervais, D., **3**, 341f¹¹, 344f¹³, 344f¹⁴, 346f⁵, 347f², 359f², 359f³, 427⁴⁵ (339, 355, 356), 427⁸⁰ (356, 394), 428⁸⁴ (356), 428⁹⁵ (360), 436f²⁰, 447f⁴, 447f⁵, 448f¹, 473⁴⁸ (445), 473⁵⁵ (448)
Gerval, J., **2**, 188⁸⁵ (22), 188⁸⁸ (23), 192²⁷⁷ (71)
Gerval, P., **2**, 503f⁶, 507⁸² (407, 432)
Gervasio, G., **4**, 326⁵²⁷ (300), 327⁵⁶⁸ (305), 846f⁷, 884¹⁵ (847, 849), 885⁸⁰ (860), 885⁸¹ (860), 885⁸³ (860), 885⁸⁴ (860), 885⁸⁵ (860), 1062³⁰² (1035), 1062³⁰³ (1035), 1062³¹⁵ (1036); **5**, 267²²² (47, 167), 271⁵⁰⁰ (167, 170, 180); **6**, 870f⁸¹
Gervits, L. I., **2**, 508¹³² (411)
Gerwarth, U. W., **1**, 378³⁰⁸ᵃ (356), 378³⁰⁸ᵇ (356), 378³⁰⁸ᶜ (356), 378³⁰⁹ (356), 378³¹⁰ (356), 379³⁶⁹ (361), 379⁴⁰⁰ (364)
Gescheidmeier, M., **4**, 51f⁵⁶
Geske, D. H., **1**, 303⁷⁴ (265), 310⁵⁵¹ (298); **3**, 703⁵⁷¹ (692, 693)
Geswick, M., **3**, 779⁵⁷ (710)
Geue, R. J., **6**, 987f², 1039¹⁶ (989)
Geue, R. L., **3**, 1251²⁷⁸ (1217)
Geuss, R., **1**, 245²⁷¹ (187), 246²⁹¹ (189)
Gevers, E. Ch., **2**, 1019²⁶⁰ (1008)
Gevorkyan, N. A., **4**, 965¹⁶⁶ (960)
Gey, E., **7**, 458²⁴⁰ (407)
Geyer, C., **6**, 100⁴¹⁵ (55T, 70)
Geymayer, P., **1**, 273f²⁷
Ghalamkar-Moazzam, M., **8**, 669⁵⁸ (666), 669⁵⁹ (664, 666)
Ghandini, M., **8**, 861f¹⁰
Ghedini, M., **4**, 813²²⁷ (726, 729, 743); **8**, 312f⁶²
Ghenciulescu, A., **8**, 935⁶¹⁰ (896)
Ghielmi, S., **3**, 1141f¹
Ghilardi, C. A., **5**, 33f²², 266¹⁵² (31); **6**, 34⁶⁷ (22T, 24, 31), 35¹¹⁰ (22T, 24), 94⁸⁵ (41, 43T), 94¹⁰¹, 95¹⁵⁹ (41, 43T), 180⁷⁷ (178)
Ghose, B. N., **2**, 190¹⁸⁴ (40)
Ghosez, L., **1**, 244¹⁹⁹ (177)
Ghotra, J. S., **2**, 198⁵⁴⁴ (130), 198⁵⁴⁵ (130)
Gia, H. B., **1**, 120³⁰⁶ (111)
Giacobbe, T. J., **7**, 512¹⁵⁴ (498)
Giacomelli, G., **1**, 680⁶¹⁴ (649); **7**, 254¹⁵³ (250), 456⁹⁴ (387), 456¹¹⁹ (391), 458²¹² (402), 460³⁷⁰ (423), 460³⁷¹ᵇ (423), 461⁴²⁸ (433); **8**, 497¹⁷⁰ (480), 641³⁹ (627T), 643¹⁴⁵ (626, 627T), 645²¹⁷ (640), 669²⁹ (651, 657T), 669³⁰ (651, 657T), 669³⁶ (651, 657T), 669⁶⁸ (651, 657T), 669⁶⁹ (651, 657T, 658T), 771¹⁷³ (741, 762T), 772¹⁹² (769)

Giacomelli, G. P., **1**, 151^{123} (128, 148), 153^{256} (148), 153^{260} (149), 672^{92} (572), 676^{383} (624); **7**, 456^{78} (384), 457^{154} (395), 460^{369} (422), 460^{371a} (423); **8**, 669^{60} (651, 657T)
Giacomelli, T. P., **1**, 306^{316} (284)
Giacometti, G., **3**, 269^{360} (239), 1005f^3, 1074^{399a} (1033); **4**, 512^{521} (503); **8**, 1069^{285} (1057)
Giam, C. S., **7**, 16f^1, 16f^2, 16f^6, 101^{102} (15, 16), 101^{105} (16), 107^{430} (58)
Giandomenico, C. M., **3**, 1147^{120} (1144)
Gianguzza, A., **1**, 754^{101} (743)
Gianinni, U., **3**, 547^{104} (535)
Giannetti, E., **4**, 813^{200} (720, 725), 963^{19} (934, 942); **8**, 331f^8, 339f^8
Giannini, U., **1**, 674^{197} (594, 624), 677^{426} (627); **3**, 303f^2, 328^{157} (321), 359f^7, 428^{87} (357), 443f^1, 461f^{18}, 461f^{19}, 468f^1, 468f^1, 473^{15} (437, 466, 467, 468), 474^{101} (464, 467), 546^{38} (492), 547^{85} (520), 547^{88} (520), 555^{70} (556), 645^3 (636), 645^{14} (637, 638, 639, 641), 645^{27} (639), 1068^{63} (973); **6**, 980^{23} (953); **7**, 463^{512} (447), 463^{513} (447); **8**, 281^{63} (252), 397f^1, 456^{163} (396)
Giannoccaro, P., **5**, 627^{402} (600), 628^{481} (614); **6**, 36^{197} (21T, 23), 143^{241} (104T, 106), 736^9 (475); **8**, 291f^{28}, 312f^{52}, 366^{357} (341)
Giannotti, C., **3**, 388f^5, 431^{290} (404), 631^{171} (583); **4**, 536f^{11}; **5**, 269^{374} (114), 270^{383} (121), 270^{388} (124)
Giannotti, G., **3**, 431^{286} (404)
Gianotti, C., **3**, 398f^{14}, 1380^{51} (1331)
Giarrusso, A., **6**, 93^{35} (55T, 65, 66, 75, 78, 79); **8**, 795^{48} (790)
Gibb, T. C., **3**, 265^{122} (188); **4**, 323^{312} (278, 301), 479f^{27}; **6**, 840f^{56}
Gibbon, G. A., **2**, 507^{93} (409)
Gibbons, C., **8**, 365^{297} (330), 606^{33} (554), 608^{151} (576, 579, 594T), 608^{152} (576, 579, 594T)
Gibbons, D., **1**, 304^{177} (270)
Gibbs, C. G., **7**, 108^{483} (69)
Gibbs, C. W., **4**, 810^{32} (696), 873f^{16}, 887^{161} (875, 877)
Gibson, C. S., **1**, 247^{338} (196); **2**, 787f^2, 817^4 (766, 786), 819^{111} (788), 819^{113} (788), 820^{126} (790), 820^{138} (793); **6**, 747^{739} (585)
Gibson, D., **2**, 768f^4, 818^{26} (767); **6**, 742^{403} (528), 754^{1198} (648T)
Gibson, D. H., **3**, 1246^{41} (1159); **4**, 155^{424} (116, 117), 401f^{16}, 505^{61} (395), 505^{62} (395), 505^{95} (404), 506^{135} (416), 506^{136} (416), 509^{344} (463), 613^{512} (600, 602f); **8**, 1008^{99} (969), 1008^{100} (969), 1010^{170} (985)
Gibson, D. M., **3**, 80^{43} (6), 792f^{13}, 1083f^{13}, 1260f^{13}
Gibson, E. J., **8**, 96^{108} (42, 58)
Gibson, J. A., **2**, 203^{734} (181); **3**, 136f^2, 169^{86} (134, 138), 1077^{547} (1059), 1252^{338} (1229), 1383^{223} (1369)
Gibson, J. F., **1**, 247^{342} (196, 207); **4**, 153^{274} (69), 241^{443} (215T, 216), 241^{445} (215T, 216, 229), 241^{448} (215T, 216, 232T)
Gibson, Q. H., **4**, 325^{422} (292), 325^{440} (293)
Gick, W., **3**, 949^{212} (880)
Giddings, S. A., **3**, 372f^7, 386f^6, 429^{200} (378), 429^{203} (378)
Giddings, W. P., **7**, 195^{81} (168), 245f^4
Gielen, M., **2**, 506^{21} (402, 421), 515^{536} (470), 515^{537} (470), 529f^3, 617^{61a} (530, 531), 617^{65} (531), 618^{87} (535, 553), 618^{90} (536, 588), 618^{91} (536, 586), 618^{92} (536), 618^{104} (538), 618^{105} (538), 618^{112} (538), 619^{156} (543), 624^{545} (592), 625^{569} (595), 680^{413} (673), 970^{47} (869, 870); **7**, 650^{225} (561)
Gieren, A., **5**, 531^{768} (410)
Gierer, P. L., **7**, 77f^{12}
Giering, W. P., **3**, 169^{61} (127, 146), 169^{84} (132), 170^{175} (166); **4**, 373^7 (333, 351, 370), 374^{71} (347), 374^{76} (347), 374^{77} (349), 374^{78} (349, 351), 375^{121} (363), 380f^{26}, 393f^1, 504^{21} (383), 504^{25} (384), 504^{27} (384), 504^{55} (394), 505^{87} (402, 415), 506^{168} (426, 448), 610^{357} (586), 610^{359} (586), 610^{366} (587), 610^{367} (587, 588), 610^{371} (587, 589), 610^{373} (588), 610^{374} (588), 610^{376} (589), 611^{412} (592); **5**, 240f^2, 270^{431} (139, 144); **8**, 1008^{76} (959), 1008^{77} (959, 961), 1009^{142} (978), 1068^{226} (1048)
Giese, B., **2**, 978^{537} (968), 978^{539} (968)
Giezynski, R., **3**, 326^5 (283), 326^9 (283), 326^{11} (284); **7**, 462^{446} (435); **8**, 366^{348} (340), 405f^9, 407f^{14}, 642^{95} (632), 646^{291} (632)
Giffen, W. M., **3**, 429^{212} (382)
Gignier, J. P., **7**, 459^{273} (412)
Gijben, H. P., **5**, 437f^3, 438f^1, 532^{836} (419, 420)
Gil-Av, E., **5**, 424f^1, 520^{54} (283, 423), 520^{55} (283, 423), 520^{57} (283, 423)
Gilbert, A., **3**, 1070^{168} (989), 1074^{424} (1036)
Gilbert, A. G., **4**, 319^5 (244)
Gilbert, A. R., **2**, 203^{737} (182)
Gilbert, B., **3**, 268^{294} (223), 268^{296} (223, 254), 704^{587} (694)
Gilbert, B. P., **3**, 268^{297} (223)
Gilbert, J. D., **4**, 811^{75} (700, 704), 811^{98} (705, 740), 812^{196} (720), 818^{562} (783), 963^{15} (934, 942); **5**, 288f^3, 521^{67} (285, 286)
Gilbert, J. K., **1**, 584f^9, 678^{501} (633)
Gilbert, J. R., **3**, 1074^{404} (1035)
Gilbert, M. M., **1**, 689f^{13}, 700f^{16}, 720^{28} (687), 723^{262} (717)
Gilchrist, A., **3**, 545^{13} (488)
Gilchrist, A. B., **5**, 554f^{12}, 625^{286} (584, 585), 625^{288} (585), 625^{289} (585)
Gilchrist, T. L., **4**, 609^{288} (577); **7**, 87f^2; **8**, 1009^{136} (977)
Gildenhuys, P. J., **8**, 769^{26} (718T, 719T)
Giles, R., **4**, 504^{47} (391); **6**, 758^{1482} (683)
Gilgen, H. P., **5**, 626^{341} (592)
Gilje, J. W., **3**, 270^{407} (256)
Gilji, J. W., **3**, 270^{406} (255)
Gilkey, J. W., **2**, 361^{75} (317)
Gill, D. F., **4**, 694f^7, 810^{43} (697, 704, 706), 813^{205} (722, 724), 840^{76} (835), 840^{77} (835); **6**, 348^{352} (323), 348^{353} (323), 749^{856} (598), 749^{857} (598)
Gill, D. S., **5**, 373f^2, 523^{235} (305, 370), 524^{331} (320, 322, 337, 339), 528^{537} (367, 369), 528^{540} (367, 369), 528^{554} (369, 501), 604f^8, 626^{366} (596); **8**, 296f^{16}
Gill, J., **5**, 269^{375} (114)
Gill, J. M., **1**, 680^{639} (651)
Gill, J. T., **6**, 945^{287} (937T, 940)
Gill, N., **8**, 936^{703} (909)
Gill, T. P., **4**, 512^{510} (501); **5**, 346f^{12}, 526^{440} (346); **6**, 806f^{24}, 850f^{28}
Gillard, R. D., **4**, 920^3 (909); **5**, 521^{112} (292), 626^{383} (599); **6**, 442^{99} (399), 442^{100} (399), 740^{246} (512, 513), 747^{683} (574, 574T), 747^{695} (577), 749^{841} (596, 597), 752^{1077} (634), 757^{1415} (673); **8**, 315f^7, 930^{281} (839)
Gilles, D. G., **3**, 398f^{40}
Gillespie, D. C., **2**, 1017^{154} (998)
Gillespie, R. E., **6**, 13^{53} (8)
Gillespie, R. J., **1**, 39^{20} (9); **3**, 81^{108} (12); **4**, 319^{19} (245); **6**, 751^{959} (617)
Gilli, G., **2**, 908f^{18}, 937f^4; **4**, 459f^2; **5**, 28f^3, 28f^4
Gilliam, W. F., **1**, 40^{36} (11), 583f^5, 671^{9a} (557, 562, 593), 720^{49} (690); **2**, 187^{52} (12)
Gillie, A., **8**, 936^{712} (910)
Gillies, D. G., **1**, 732f^2, 732f^3, 753^{49} (734), 753^{55} (735); **2**, 194^{383} (96), 617^{45} (527), 617^{49} (527), 621^{299} (558)
Gilligan, J. M., **7**, 253^{102} (242)
Gilligan, P. J., **7**, 101^{98c} (14)
Gillis, H. R., **7**, 458^{222} (403)
Gillon, A., **8**, 935^{624} (897)
Gillow, E. W., **3**, 265^{120} (188)
Gillum, W. O., **8**, 1104^4 (1074)
Gilman, H., **1**, 53f^1, 53f^{13}, 60f^2, 60f^6, 60f^{10}, 115^9 (44, 53T, 54), 115^9 (44, 53T, 54), 150^{53} (123, 126, 148),

150⁶³ (123), 151¹⁶³ (138), 153²⁵⁷ (148), 153²⁵⁸ (148), 242⁸³ (163, 175), 242⁹⁴ (165, 166, 175, 177), 244¹⁷¹ (175), 244¹⁷⁵ (175), 244¹⁷⁸ (175), 244¹⁷⁸ (175), 245²⁸¹ (188), 246³¹⁶ (193), 246³¹⁸ (193, 195), 250⁵²⁷ (224, 228), 250⁵⁴⁰ (224, 225), 250⁵⁵² (227), 250⁵⁵² (227), 250⁵⁵² (227), 251⁵⁸⁰ (231, 237, 238), 251⁶⁰⁷ (235), 252⁶²¹ (237, 238, 239), 252⁶²¹ (237, 238, 239), 261f³⁸, 305²⁰¹ (273), 583f¹⁰, 670⁴ (557), 670⁴ (557), 672⁸⁰ (571), 675²⁷³ (610), 722²⁰⁰ (712), 727f¹, 752¹⁵ (726, 749); **2**, 188⁹¹ (24), 188⁹⁹ (25), 193³³⁹ (86), 195³⁹⁵ᵃ (99, 102), 195⁴⁰⁰ (100), 195⁴²⁰ (105), 195⁴²⁰ (105), 195⁴²¹ (105), 196⁴²⁸ (109), 196⁴⁵⁰ (112), 196⁴⁵³ (113), 196⁴⁵³ (113), 196⁴⁵⁶ (113), 201⁶⁶¹ (161), 201⁶⁶¹ (161), 201⁶⁶¹ (161), 297⁴⁷ (222), 297⁸⁵ (230, 238), 297⁸⁶ (230, 241), 297⁹² (231), 298¹³⁰ (238, 288), 298¹⁴¹ (241), 299¹⁸⁶ (248T, 268), 299²⁰⁵ (251T, 259, 259T, 260), 299²¹⁰ (251, 253), 300²²⁰ (255T), 300²²⁴ (255), 300²³³ (259T), 301²⁷⁸ (268), 301²⁸⁰ (268, 280), 301³¹⁰ (273), 301³¹¹ (273), 302³³³ (280, 288), 302³⁸² (293), 389f¹, 395⁸ (366, 367, 368, 369, 370), 395²² (367), 395³⁰ (369), 395³¹ (369), 395³³ (370), 509²⁰¹ (423), 511²⁹² (438), 514⁵²⁴ (469), 553f¹, 553f¹, 616¹ (522, 549, 551, 564, 572, 577), 619¹⁷⁰ (545), 675⁶⁵ (637), 675⁶⁷ (637, 657), 675¹¹² (642), 676¹⁶⁸ (650), 677¹⁹⁸ (652), 678²⁷⁷ (660), 679³²⁹ (665), 679³⁴⁶ (666), 679³⁴⁷ (666), 679³⁵¹ (666), 705⁶⁴ (689), 754f⁷, 760²⁴ (716), 761⁵⁶ (720), 796f¹, 819¹⁰⁵ (787, 791), 820¹⁵⁷ (795), 861¹²⁶ (852), 878f⁹, 878f¹⁴, 894f¹²; **3**, 279⁷ (271), 447f¹⁵; **4**, 2f¹, 2f², 153²⁷¹ (68), 153²⁷² (68); **6**, 747⁷⁴² (585), 747⁷⁴³ (585), 747⁷⁴⁶ (585); **7**, 17f⁸, 17f⁸, 26f¹, 39f¹, 39f⁵, 52f², 52f³, 77f¹⁴, 97f²⁹, 101⁹⁴ (13), 101⁹⁵ (13), 105²⁸⁹ (38), 105³¹² (42), 107⁴¹² (55), 108⁴⁵⁰ (61), 109⁴⁹³ (70), 109⁵¹⁵ (73), 109⁵²⁵ (76), 110⁵⁷² (85), 512¹⁶² (499), 646²⁶ (521), 655⁵¹⁴ (609), 655⁵¹⁸ (609), 656⁵⁸⁷ (626, 628, 629), 727¹⁵⁶ (700)
Gilman, N. W., **7**, 727¹⁷⁶ (704)
Gilmont, P., **5**, 5f⁹
Gilmore, C. J., **2**, 821¹⁹⁰ (810); **4**, 320¹¹⁴ (254, 310), 928¹¹ (924); **5**, 265¹⁰⁰ (23); **6**, 806f³⁰, 869f⁶²
Gilpin, A. B., **3**, 279⁵⁵ (277); **7**, 456¹¹⁴ (390)
Gilroy, G., **8**, 610³²⁸ (601T)
Gilroy, K. M., **1**, 39¹⁵ (6)
Gilroy, S. M., **2**, 675⁸² (639)
Gilson, D. F. R., **5**, 556f⁴; **8**, 362¹³⁰ (297)
Gimarc, B. M., **3**, 81¹¹² (12)
Gimeno, J., **3**, 1248¹⁴¹ (1186, 1192); **4**, 33f²⁴, 34f⁶⁷, 151¹³⁹ (36, 37, 42), 151¹⁴⁶ (37), 156⁴⁷⁹ (125), 324³⁸⁴ (288, 293), 325⁴⁴⁶ (293), 507¹⁸⁴ (429); **5**, 35f²², 266¹⁶⁹ (36, 44); **6**, 13⁷¹ (8), 35¹²² (22T, 30), 283f³, 345¹⁶³ (306), 747⁷¹³ (582), 747⁷²⁵ (583), 748⁸⁰⁰ (589)
Gin, C., **3**, 695⁶² (652)
Ginderow, D., **2**, 622³⁹⁴ (571); **4**, 325⁴¹⁴ (290)
Ginet, G. L., **2**, 515⁵⁵⁷ (473)
Ginet, L., **2**, 515⁵⁵⁵ (473), 704³ (683)
Gingerich, R. G. W., **3**, 879f⁹, 879f¹⁷, 1275f⁶, 1318⁷⁹ (1283, 1284, 1287)
Ginley, D. S., **3**, 82¹³⁸ (18), 1074⁴²¹ (1036), 1248¹⁰⁸ (1180, 1241), 1380⁵⁸ (1332), 1384²⁴⁹ (1376); **4**, 50f²⁴, 152²¹⁰ (56); **6**, 779f⁷, 792f², 792f⁴, 875¹¹² (779, 817), 876¹⁶⁷ (793, 817), 876²⁰⁵ (817)
Ginsberg, A. P., **3**, 851f¹⁷, 947³³ (814); **4**, 166f⁶, 234⁶³ (167, 187), 235⁸⁷ (168), 328⁶⁴⁶ (312), 813²²⁴ (726); **5**, 570f¹⁰, 624²¹² (571), 626³³³ (620), 628⁵¹² (620); **6**, 759¹⁵¹⁴ (689), 876²¹⁴ (814)
Ginsberg, R. E., **4**, 327⁵⁴⁶ (303)
Ginsburg, D., **4**, 612⁴⁸⁰ (597), 612⁵⁰³ (599); **8**, 364²²⁹ (322)
Ginsburg, R. E., **4**, 609³¹³ (580); **5**, 275⁷⁶² (251), 276⁷⁹⁷ (260); **6**, 87⁴⁵ (767)
Ginsig, R., **7**, 725²⁵ (666)
Ginzburg, A. G., **3**, 698²³⁶ (666), 702⁴⁷⁰ (684), 711f⁹, 1075⁴⁵⁴ (1040), 1251²⁸⁰ (1217), 1381¹⁰⁵ (1342), 1383¹⁹¹ (1364); **4**, 157⁵⁵⁹ (132), 157⁵⁶⁰ (132), 157⁵⁶² (132), 157⁵⁶³ (132), 239³⁵⁷ (206, 207T), 240³⁷⁹ (208), 240³⁸⁰, 240³⁸⁶ (208); **6**, 14¹²⁵ (8), 987f⁴, 1039⁵ (988), 1066f¹⁰, 1112¹¹⁴ (1071); **8**, 366³⁵⁴ (341), 1064⁴⁸ (1020), 1065⁸⁹ᵃ (1026), 1069²⁷⁹ (1055), 1069²⁷⁹ (1055)
Giongo, G. M., **5**, 537¹¹⁵⁵ (477), 537¹¹⁵⁸ (477), 537¹¹⁵⁹ (477); **8**, 471f¹²
Giongo, M. G., **3**, 546⁵³ (497)
Giordano, C., **7**, 20f¹
Giordano, G., **5**, 285f⁶, 335f³, 479f¹, 479f⁴, 521⁶¹ (284), 524³¹³ (318), 525³⁴² (328), 525³⁵⁷ (331), 525³⁵⁸ (331, 378), 525³⁶⁰ (332), 525³⁸³ (318), 532⁸²⁰ (418, 461, 483), 536¹⁰⁶⁵ (463, 464, 471T, 472T, 474T, 476), 628⁴⁸⁷ (615, 619); **8**, 349f¹³
Giordano, N., **8**, 609²⁶³ (596T)
Giordano, P. J., **4**, 688¹⁷ (665)
Giordano, S., **4**, 322²⁵⁴ (271, 295), 811⁶⁹ (700, 723, 744), 963²² (935, 942); **8**, 292f³⁶
Giovannitti, B., **4**, 813²²⁷ (726, 729, 743); **8**, 312f⁶²
Gippin, M., **7**, 463⁵³¹ (450)
Giraitis, A. P., **4**, 149¹³ (6)
Giral, L., **1**, 118²¹⁷ (89)
Girard, C., **4**, 325⁴¹¹ (290); **7**, 649¹⁷⁶ (554)
Girard, J. E., **1**, 241⁴⁷ (158)
Girard, P., **3**, 267²⁰⁴ (209)
Giraudeau, A., **4**, 151¹¹⁵ (27), 151¹¹⁷ (27), 327⁵⁹⁶ (308); **6**, 840f⁶¹, 849f⁶ᵃ, 876¹⁹⁵ (800, 807, 816)
Girault, J. P., **6**, 752¹⁰⁸³ (634), 753¹¹⁴⁷ (639)
Girault, Y., **7**, 462⁴⁵⁵ (438)
Girbasova, N. V., **2**, 625⁶¹¹ (601, 604)
Girgis, A. Y., **4**, 811¹²⁵ (709)
Girolami, G. S., **3**, 1133f³, 1147¹¹² (1139); **4**, 236¹⁷⁵ (182)
Girshovich, A. S., **3**, 341f¹³, 350f¹¹, 376f³, 379f¹², 429¹⁸⁹ (377)
Girshovich, G., **3**, 376f⁷
Gismondi, T. E., **3**, 1380⁵¹ (1331)
Gitlitz, M. H., **1**, 247³⁷¹ (199); **2**, 619²⁰⁹ (547, 549), 626⁶⁷³ (610)
Gitter, M., **2**, 707¹⁴⁴ (699)
Gitzel, W., **6**, 738¹⁶² (499)
Giudice, F. L., **8**, 456¹⁶³ (396)
Giudici, B., **8**, 795⁸¹ (781, 782)
Giuffrida, S., **6**, 743⁴²⁸ (531)
Giuliani, A. M., **4**, 479f³⁵, 511⁴²¹ (483, 484), 816⁴³⁷ (763), 816⁴³⁸ (763); **8**, 1065⁵²ᵇ (1020, 1025)
Giulieri, F., **3**, 1246⁵² (1161); **4**, 73f²², 155³⁷² (91, 117)
Giumanini, A. G., **7**, 95f⁶; **8**, 364²⁶⁰ (325)
Giurgiu, D., **7**, 461⁴²⁴ (433)
Giustiniani, M., **2**, 677²³⁸ (656); **6**, 745⁵⁷¹ (552), 746⁶⁴⁷ (565), 757¹³⁸⁷ (672), 845f²⁸⁷, 875⁹² (776)
Giusto, D., **4**, 234²⁸ (164), 235¹⁰⁴ (171, 172), 235¹⁰⁸ (172), 236¹⁶⁵ (179), 237²⁵⁰ (194, 195), 237²⁵¹ (194)
Given, R., **8**, 610³²⁹ (601T)
Given, R. M., **4**, 964⁸⁸ (945, 946), 964⁹⁴ (946), 965¹⁷¹ (961)
Glacet, C., **1**, 250⁵⁴⁷ (225, 226, 228)
Gladchenko, A. F., **1**, 455¹⁸¹ (439)
Gladfelter, W. L., **4**, 153²⁴⁴ (63), 234⁶⁶ (167), 658f⁵⁴, 928¹² (924, 925), 928¹³ (924, 925), 928¹⁶ (924, 925), 928¹⁷ (924, 925), 928¹⁸ (925), 928²⁴ (926), 929²⁶ (926), 1057²⁵ (970); **5**, 526⁴²⁵ (344); **6**, 806f³¹, 806f³², 806f⁵⁰, 806f⁵¹, 869f⁵², 869f⁵³, 869f⁵⁴, 869f⁵⁵, 869f⁵⁸, 869f⁵⁹, 869f⁶⁶, 869f⁶⁷, 869f⁶⁸, 871f¹²⁹, 873⁶ (763, 788, 789, 806, 814), 874³³ (764), 874⁴³ (767, 772, 787, 815), 874⁷⁴ (772, 789, 790, 794, 795, 796, 815, 818), 874⁷⁸ (772), 875¹⁴⁸ (787, 815, 820), 876¹⁸⁷ (796, 797, 798, 799), 876¹⁹⁷ (807, 811, 812), 876²⁰⁹ (811)
Gladiali, S., **4**, 873f¹⁴, 894f⁶, 963²⁶ (935), 963²⁷ (935)
Gladigau, G., **7**, 461⁴⁰⁶ (430)
Gladkikh, E. A., **3**, 327⁷⁶ (300)
Gladkowski, D., **1**, 456¹⁸⁶ (440); **4**, 322²⁰⁴ (267)
Gladkowski, D. E., **3**, 557⁴⁵ (554); **8**, 771¹⁷⁰ (741, 746, 763T, 768T)
Gladstone, J., **3**, 436f¹⁴

Gladyshev, E. N., **2**, 195⁴⁰¹ (101), 511²⁹⁹ (438), 511³⁰⁰ (438), 511³⁰¹ (438, 474), 514⁵²⁰ (468, 472); **3**, 684f¹, 701⁴⁰⁶ (677, 681), 701⁴⁰⁸ (677), 701⁴²⁴ (679, 680), 701⁴³¹ (680, 681, 682), 702⁴⁶³ (684), 966f³, 1188f⁴, 1338f⁴; **6**, 1018f¹⁰, 1020f¹²⁰
Gladysz, J. A., **1**, 309⁵⁰¹ (296), 309⁵²⁵ (297), 309⁵²⁶ (297), 309⁵²⁷ (297), 309⁵²⁸ (297), 309⁵²⁹ (297), 309⁵³⁰ (297), 309⁵³¹ (297), 309⁵³² (297), 309⁵³³ (297), 309⁵³⁴ (297); **3**, 981f¹², 981f¹⁷, 1069¹⁰⁶ (982), 1248¹¹⁴ (1181); **4**, 64f², 151⁸⁹ (24, 92), 153²⁴² (62, 63), 154³²⁶ (78), 155³⁷⁶ (92), 234⁴⁵ (164), 239³⁶⁷ (206, 207T), 239³⁶⁸ (207T), 239³⁶⁹ (207T, 224T, 225, 231), 239³⁷⁰ (207T, 224T, 225, 231), 239³⁷¹ (207T, 225), 241⁴³⁹ (216), 328⁶⁴¹ (311), 605⁴⁰ (519); **5**, 12f¹; **6**, 842f¹⁵⁵, 851f⁵¹, 875¹⁵⁰ (787), 1112¹³⁹ (1076); **7**, 158⁵⁸ (146); **8**, 95⁶⁵ (35), 550⁵⁸ᵃ (514, 524), 643¹²³ (629, 634T)
Glanville, J. O., **6**, 759¹⁵⁴⁸ (698T)
Glarum, S. N., **2**, 516⁶⁰⁹ (482, 483)
Glaser, R., **5**, 537¹¹⁵¹ (477); **8**, 496²⁰ (468)
Glass, C. A., **3**, 1076⁴⁹⁹ (1051)
Glass, G. E., **1**, 722¹⁸⁷ (712), 723²⁴⁴ (717); **2**, 394f², 397¹²⁶ (390, 393), 819¹¹⁷ (789), 819¹¹⁸ (789), 819¹²⁰ (790), 820¹²⁸ (790); **6**, 748⁸⁰¹ (589)
Glass, R. L., **7**, 105³²¹ (43)
Glass, R. S., **2**, 202⁷⁰⁸ (173); **7**, 654⁴⁴⁶ (599)
Glass, W. K., **3**, 1188f²⁶, 1189f²⁴, 1338f¹⁸, 1380⁸¹ (1336), 1381¹⁰⁰ (1341), 1383¹⁹⁹ (1365); **4**, 512⁵⁰⁰ (498)
Glasscock, K. G., **2**, 624⁵³⁸ (591)
Glässel, W., **2**, 513⁴²⁶ (454)
Glasstone, S., **4**, 322²¹⁵ (268)
Glatzmaier, G., **3**, 1249¹⁸³ (1194); **8**, 365²⁸⁹ (329)
Glavinčevski, B., **2**, 518⁷¹⁶ (505)
Glavinčevski, B. M., **2**, 202⁷²¹ (176), 203⁷⁴⁰ (183), 510²⁵⁸ (434, 440, 441, 442, 443, 444, 446), 510²⁶⁹ (435, 444, 445, 446), 512³⁴⁹ (444), 513⁴⁰³ (452)
Glaze, W. H., **1**, 53f¹⁰, 115²⁴ (46), 116⁵⁹ᵃ (54, 73), 116⁵⁹ᵃ (54, 73), 116⁵⁹ᵇ (54, 73), 116¹⁰³ (63), 117¹³¹ (71T, 72), 117¹³³ (72), 117¹⁵¹ (77), 125f⁶, 150⁶⁴ (123, 127), 241⁴³ (158, 200, 203), 247³⁷⁵ (199, 203, 205); **7**, 76f⁴, 100⁴⁷ (6), 100⁴⁸ (6)
Glazkov, A. A., **8**, 795⁸⁸ (781)
Gleason, J. G., **7**, 653⁴⁰² (593)
Gleicher, G. J., **7**, 195⁵³ (163)
Gleiter, R., **1**, 149²⁶ (122, 147), 149²⁷ (122, 145, 147); **3**, 88⁵³⁶ (77); **4**, 454f²⁰, 509³³¹ (457), 511⁴¹³ᵇ (482); **6**, 180⁴⁸ (152), 180⁷³ (146T, 152); **8**, 1069²⁵⁶ (1051, 1052, 1053)
Gleizes, A., **6**, 35⁹⁹ (31), 94⁹³ (62T)
Glemser, O., **1**, 681⁷¹⁷ (668); **2**, 197⁵²¹ (125), 198⁵⁵⁰ᵇ (131), 201⁶⁵⁵ (159); **4**, 107f⁶⁵, 238²⁶⁹ (199), 238²⁷¹ (199), 238²⁷² (199)
Glicenstein, L. J., **1**, 273f³⁵, 305²¹⁴ (277)
Glick, M. D., **1**, 40⁵² (13, 14, 15T), 40⁵⁴ (14, 15T), 40⁹⁵ (19), 117¹¹⁴ᵇ (65T, 67, 72), 585f¹, 673¹³⁴ (582, 587, 588, 627), 673¹³⁷ (582, 592), 723²⁷⁸ (719); **2**, 195³⁹⁸ (100), 195⁴⁰² (101), 195⁴⁰³ (101), 195⁴⁰⁸ (102), 195⁴¹⁰ (102), 762¹⁰¹ (728), 861⁹³ (845), 904f¹⁰, 915f⁸, 973²⁴⁵ (906), 974²⁶⁶ (919, 920), 974²⁷⁴ (919); **3**, 1188f¹⁹, 1188f²⁰, 1188f²⁷, 1188f³⁶, 1248¹¹⁷ (1182), 1250²⁰⁹ (1201), 1337f⁴, 1337f¹³; **4**, 511⁴²⁹ (485); **6**, 143²¹⁷ (116), 980³⁹ (957, 963T), 987f²⁰, 1031f³, 1034f³, 1034f⁴, 1034f⁵, 1036f², 1036f³, 1036f⁵, 1039²⁸ (993), 1040⁹⁴ (1004, 1006), 1040⁹⁵ (1004, 1005, 1010), 1040¹⁰⁷ (1006, 1008, 1010), 1114²¹⁹ (1101)
Glidewell, C., **2**, 187³³ (8, 124), 191²⁴⁰ (57), 191²⁵⁹ (62), 201⁶⁶² (162), 511³¹⁹ (440), 513⁴²⁷ (454), 517⁶⁸⁷ (502), 517⁶⁸⁹ (502), 517⁶⁹¹ (502), 623⁴²³ (574), 623⁴²⁴ (574), 631f⁸, 677²¹⁶ (654); **3**, 83²⁴² (33), 780¹²¹ (741); **6**, 224⁷² (214T)
Gliniecki, F., **2**, 678²⁹² (662)
Glinka, K., **6**, 33²³ (17)
Glinski, M. B., **7**, 106³⁸⁰ (51)
Glivicky, A., **3**, 334f¹⁵, 359f¹⁴, 398f⁴⁹, 426¹⁵ (336, 347f)

Glockling, F., **1**, 40⁶³ (15), 125f⁵, 134f⁶, 136f², 136f⁵, 150⁴⁷ (122, 123, 127, 130, 131, 142, 147), 150⁵⁰ (122, 123, 127), 150⁷¹ (123, 125), 150⁹⁴ (124, 125, 126, 127, 147), 150⁹⁵ (124, 125, 126, 127), 150⁹⁶ (124, 128), 151¹⁵⁰ (134, 136), 304¹⁴⁰ (269), 619f¹, 654f³, 673¹⁶¹ (590), 675³¹⁹ (618), 720⁵⁰ (690, 694, 712); **2**, 194³⁷⁵ (95), 194³⁷⁷ (96), 502f⁴, 506⁸ (402, 403, 458, 460, 502), 506¹⁰ (402, 403), 506⁴⁹ (403), 507⁶³ (405, 462, 463), 510²²⁹ (427), 513⁴⁴⁶ (458, 459), 514⁵²⁵ (469), 516⁶³² (483, 484), 517⁷⁰¹ (503), 617⁶⁷ (531), 618¹¹⁶ (539), 674³⁸ (635), 676¹²¹ (643), 676¹²² (643), 714f³, 723f²⁰, 761⁴⁷ (719), 768f¹³, 818²⁵ (767, 808), 903f², 943f⁵, 974³⁰⁰ (924), 976³⁹⁹ (946), 976⁴²⁰ (950, 951), 1017¹²⁰ (995, 1006); **3**, 951³¹⁰ (916), 1068⁷⁷ (977), 1188f⁸, 1338f¹⁰, 1381⁸³ (1339); **5**, 543f⁷, 556f³; **6**, 261¹³ (244), 349⁴⁴⁸ (341), 349⁴⁴⁹ (341), 740²⁷⁴ (515), 745⁵⁵⁷ (547), 745⁵⁸⁶ (556), 746⁶⁵⁹ (566), 749⁸⁴² (596, 597), 749⁸⁴⁴ (597), 841f¹¹⁹, 875¹⁰⁶ (777, 778), 1018f³⁸, 1028f¹⁹, 1028f²⁰, 1028f⁴³, 1040⁵⁶ (996), 1040⁸³ (1000), 1041¹³⁶ (1013), 1041¹³⁸ (1037), 1074f¹, 1080f¹, 1085f¹, 1093f¹, 1094f⁵, 1110⁹ (1044, 1048, 1050, 1052, 1055, 1068, 1075, 1082, 1083, 1100), 1111⁹⁵ (1067, 1068), 1113¹⁹⁶ (1092), 1113¹⁹⁶ (1092), 1113²⁰⁰ (1095), 1114²²⁰ (1101)
Glockner, P., **4**, 509³²⁷ (455), 612⁵⁰² (599); **8**, 458²⁹² (417), 459³⁵⁷ (428)
Glockner, P. W., **8**, 646²⁹² (616, 622T), 647³⁰⁹ (616, 617), 647³⁰⁹ (616, 617), 1011²²⁶ (1006)
Glogowski, M. E., **1**, 303⁷¹ (265), 376²¹⁶ (343), 376²¹⁷ (343); **7**, 336⁵⁰ᵉ (334)
Gloor, W. E., **7**, 462⁴⁹⁵ (443)
Glore, J. D., **1**, 444f⁵, 674²²⁶ (600)
Gloriozov, I. P., **2**, 193³³³ (85)
Gloth, R. E., **3**, 1075⁴⁶² (1041); **8**, 1067¹⁷² (1041)
Glotter, E., **7**, 512¹³⁴ (491)
Glover, E. E., **7**, 726¹²⁰ (690)
Glowiak, T., **3**, 697¹⁶¹ (661); **5**, 539¹²⁷⁰ (507); **8**, 363¹⁵² (300)
Glowinski, R., **2**, 977⁴⁴⁶ (956); **7**, 726⁹⁴ (683); **8**, 937⁷⁸³ (924)
Glozbach, E., **2**, 508¹¹¹ (410), 676¹⁵³ (647), 676¹⁵⁴ (647), 676¹⁵⁵ (647)
Glukhovskoi, V. S., **7**, 8f⁸
Glunz, L. J., **1**, 307³⁵² (288)
Gluschchenko, L. A., **3**, 1051f¹¹
Glushkova, V. P., **1**, 258f³; **7**, 512¹⁶³ (499, 503), 513¹⁹¹ (502)
Glyde, R. W., **5**, 623¹⁴² (563), 623¹⁴³ (563, 613); **6**, 745⁶⁰⁵ (560)
Gmehling, J., **2**, 634f², 674³⁶ (633), 676¹⁸³ (652), 676¹⁸⁴ (652)
Gmur, D. J., **3**, 81⁶⁵ (6); **5**, 520²⁵ (281), 520²⁶ (281)
Go, S., **8**, 1080f⁴, 1104³⁷ (1080, 1083, 1084)
Goan, J. C., **3**, 1084f², 1261f⁴
Goasdoue, N., **5**, 536¹⁰⁸⁹ (468), 627⁴¹⁵ (601)
Goasmat, F., **3**, 1073³¹² (1019)
Gobbo, A., **3**, 1071²⁴⁸ (1010), 1074³⁹⁹ᵇ (1033, 1034); **8**, 1069²⁶⁰ᵇ (1052, 1052f, 1056)
Gochin, M., **4**, 1058⁴² (972)
Gocmen, M., **1**, 248⁴²⁵ (207)
Goda, K., **7**, 74f⁷
Goddard, A. E., **1**, 731f⁶
Goddard, D. R., **2**, 1016⁸² (987)
Goddard, J. D., **2**, 193³⁴⁴ (88)
Goddard, N., **2**, 514⁴⁶⁴ (460)
Goddard, R., **2**, 820¹⁶⁸ (798); **3**, 170¹⁷² (165), 429¹⁵⁹ (370), 629⁷⁵ (570), 823f³ᵃ, 94⁷⁵⁷ (820), 1068⁶¹ (972), 1252³⁴⁰ (1229), 1253³⁹⁵ (1242); **4**, 107f⁷³, 344f⁵, 505¹¹⁵ (409), 507¹⁷² (427, 455), 509³²⁴ (455), 509³³⁶ (459), 510³⁶⁵ (469), 609²⁹⁶ (578), 813²⁵³ (733), 815³⁵⁷ (754), 840⁶³ (831), 840⁶⁴ (831), 907³⁸ (898); **5**, 272⁵⁴⁵ (184, 221), 418f¹⁰, 532⁸⁰⁸ (416), 532⁸⁰⁹ (416), 622⁵⁵ (550, 551, 562, 598); **6**, 97²⁴¹

(54T, 71, 79, 84), 97^{244} (82, 85T), 98^{296} (56T, 65, 66), 142^{186} (123T, 125), 143^{238} (104T, 107), 181^{108} (163, 165T, 166T, 170), 181^{115} (156, 160T, 168), 181^{138} (152, 153T, 154, 156, 166, 167), 182^{178} (161, 162), 347^{293} (318, 334T), 445^{257} (420), 806f^{42}, 850f^{46}, 875^{129} (783); **8**, 283^{197} (278), 455^{72} (383), 458^{279} (412), 497^{66} (479), 641^{12} (616, 618, 621T), 644^{204} (618, 623T), 707^{160} (679)
Goddard, R. E., **7**, 463^{541} (451)
Goddard, R. J., **3**, 88^{544} (78), 779^{87} (724, 741)
Goddard, III, W. A., **3**, 80^{18} (2), 88^{548} (79); **6**, 12^{28} (5), 99^{350} (45), 141^{156} (103, 104T); **8**, 95^{34} (27), 550^{92} (521, 526)
Goddlett, V. W., **7**, 650^{220} (560)
Godefroi, E. F., **7**, 458^{214} (402)
Godet, J. Y., **2**, 624^{524} (589)
Godfrin, A., **2**, 506^{4} (402)
Godici, P. E., **2**, 680^{409} (673)
Godleski, S., **1**, 245^{261} (186, 205); **3**, 1074^{378} (1031); **4**, 454f^{5}, 479f^{20}, 509^{308} (451, 452)
Godleski, S. A., **8**, 929^{224} (822, 858), 929^{225} (822, 858)
Godovikov, N. N., **7**, 458^{204} (400)
Godovikova, T. T., **2**, 878f^{3}
Godschalx, J., **8**, 930^{240} (826)
Godwin, G. L., **4**, 504^{6} (381)
Goebel, C. V., **6**, 383^{65} (370, 371), 443^{178} (407)
Goedken, V. L., **4**, 374^{46} (340, 344f), 374^{47} (340, 344f), 812^{170} (717); **5**, 266^{151} (31), 269^{315} (87, 204), 269^{321} (89, 102)
Goehring, M. B., **6**, 14^{88} (9)
Goeke, E. K., **8**, 16^{9} (2, 3T, 4, 7, 8, 9, 10, 14, 15, 16), 95^{15} (22)
Goeke, G. L., **6**, 346^{265} (315, 316)
Goel, A. B., **1**, 243^{120} (168), 248^{440} (208), 248^{441} (208, 209), 248^{443} (209), 248^{445} (209, 222), 249^{469} (212, 214), 249^{475} (214), 249^{488} (218), 250^{517} (222); **2**, 860^{51} (834); **6**, 348^{361} (324, 341), 736^{20} (476), 749^{846} (597), 749^{852} (597), 759^{1536} (693); **7**, 102^{166} (24), 109^{543} (80)
Goel, R. G., **2**, 622^{397} (571, 572), 622^{402a} (572), 622^{406} (572), 707^{145} (699), 707^{146} (699); **3**, 126f^{1}; **5**, 306f^{11}, 523^{217} (304T); **6**, 348^{357} (324), 749^{846} (597), 749^{851} (597), 749^{852} (597)
Goel, S., **1**, 250^{517} (222); **5**, 353f^{6}, 521^{106} (292, 347, 348, 383); **6**, 348^{361} (324, 341), 749^{852} (597)
Goel, S. C., **2**, 509^{194} (422, 437)
Goering, H. L., **7**, 728^{186} (706)
Goettel, M. E., **7**, 263^{22} (256), 299^{22} (271, 290), 336^{45} (332), 346^{3} (337, 338)
Goetze, R., **1**, 302^{16} (256), 303^{116} (268), 378^{350} (359), 379^{372} (362), 539^{107g} (491); **3**, 1071^{246} (1009); **4**, 23f^{6}, 151^{90} (24); **5**, 12f^{3}; **6**, 944^{168} (912, 913T, 918T, 919, 937T, 940)
Goetze, U., **2**, 195^{417} (104), 202^{693a} (168)
Goetzfried, F., **2**, 820^{136} (792)
Goffart, J., **3**, 268^{294} (223), 268^{295} (223), 268^{296} (223, 254), 268^{297} (223), 268^{298} (224), 268^{299} (224), 269^{326} (232), 269^{342a} (234), 704^{587} (694), 704^{588} (694), 704^{589} (694)
Gogan, N., **3**, 1072^{256} (1011)
Gogan, N. J., **3**, 1072^{257a} (1011), 1072^{279} (1014); **4**, 158^{599} (138)
Goggin, P. L., **1**, 753^{41} (732); **2**, 821^{225} (817), 943f^{2}, 943f^{2}, 943f^{3}, 943f^{6}, 943f^{10}, 944f^{3}, 947f^{1}, 949f^{1}, 975^{344} (931), 976^{375} (939, 940), 976^{383} (942), 976^{384} (942), 976^{387} (942), 976^{391} (942), 976^{393} (942), 976^{395} (942), 976^{398} (946, 948); **5**, 282f^{2}, 306f^{6}, 520^{40} (281), 523^{210} (303T, 305, 306); **6**, 241^{31} (238), 241^{34} (238), 278^{27} (271), 278^{63} (271f), 343^{13} (280, 283f, 284, 342), 345^{158} (306), 737^{63} (487), 737^{90} (490), 737^{91} (490, 490T), 737^{92} (490, 490T), 737^{98} (491), 738^{156} (498, 499, 502), 745^{548} (546T), 755^{1268} (654, 656), 755^{1269} (654, 656)
Goh, L.-Y., **3**, 1067^{21} (962); **8**, 99^{313} (90, 91)
Göhausen, H. J., **2**, 196^{451} (113), 513^{417} (453)

Gokel, G. W., **8**, 367^{449} (351), 1067^{179} (1042), 1069^{270} (1053)
Golavchenko, L. C., **2**, 974^{255} (917)
Golbembeski, N. M., **4**, 1063^{356} (1048)
Golcetti, G., **8**, 608^{207} (592, 594T)
Gold, B. I., **7**, 104^{275} (35)
Gold, J. M., **7**, 459^{284} (412)
Gold, K., **1**, 540^{163} (510, 534T), 541^{192a} (520), 541^{192c} (520, 534), 542^{247} (534T); **4**, 463f^{4}, 885^{62} (854), 907^{51} (900)
Gold, V., **6**, 750^{899} (610)
Gol'danskii, V. I., **4**, 415f^{6}, 611^{402} (591)
Goldberg, D. E., **2**, 194^{384} (96), 198^{539} (129), 625^{580} (597); **4**, 606^{66} (522)
Goldberg, E. D., **2**, 1019^{259} (1008)
Goldberg, G. M., **2**, 188^{115} (28), 189^{157} (36); **7**, 646^{13} (517)
Goldberg, R. N., **6**, 241^{42} (241)
Goldberg, S. I., **7**, 253^{143} (249)
Goldberg, S. Z., **3**, 646^{54} (645), 781^{216} (776), 1317^{29} (1274); **4**, 50f^{13}; **6**, 278^{32} (272), 278^{34} (266T, 272), 343^{53} (286, 290f), 738^{131} (497), 739^{227} (508T)
Goldblatt, M., **3**, 81^{76} (9, 12), 792f^{1}, 793f^{2}, 946^{11} (792), 1083f^{1}, 1260f^{1}; **4**, 247f^{1}, 319^{14} (245, 246); **6**, 13^{31} (6, 6T, 6), 13^{36} (6)
Golden, H. J., **6**, 94^{63} (55T, 56T, 64, 79), 943^{158} (910, 912); **8**, 641^{6} (628), 641^{10} (628), 770^{93} (736)
Golden, P. L., **8**, 97^{144} (49, 56)
Goldenberg, E., **8**, 341f^{4}
Goldfarb, T. D., **2**, 508^{115} (410)
Gol'dfarb, Ya. L., **7**, 66f^{3}, 107^{397} (53), 107^{397} (53), 109^{551} (80), 110^{556} (81)
Goldfield, S. A., **4**, 322^{199} (267)
Goldhill, J., **7**, 649^{170} (553), 650^{256} (568)
Gol'din, G. S., **2**, 199^{570} (138), 300^{265} (265T)
Golding, B. T., **5**, 115f^{1}, 268^{303} (81, 102, 103, 107, 109, 113, 114, 117), 269^{372} (114, 115), 270^{395} (128), 270^{397} (128), 537^{1185} (483, 486), 538^{1203} (487, 509), 538^{1205} (486, 487), 538^{1206} (487), 626^{337} (591, 592, 593); **7**, 651^{317} (578); **8**, 457^{217} (404)
Gol'ding, I. R., **2**, 723f^{22}, 761^{40} (718, 720, 744), 762^{112} (732), 762^{113} (732)
Goldman, A., **5**, 528^{544} (344)
Goldov, V. A., **8**, 366^{343} (340)
Goldsberry, R., **7**, 654^{476} (603)
Goldschmidt, Z., **4**, 506^{119} (410), 509^{318} (452)
Gol'dshleger, N. F., **6**, 750^{898} (610), 750^{905} (611), 750^{912} (611), 750^{919} (613)
Goldstein, E. J., **2**, 296^{1} (206, 210)
Goldstein, H. L., **1**, 552^{5} (543)
Goldstein, J. H., **4**, 760f^{8}, 816^{416} (761)
Goldstein, M., **1**, 260f^{26}, 260f^{29}
Goldwater, L. J., **2**, 969^{11} (864)
Goldwhite, H., **2**, 194^{386c} (96, 129), 704^{4} (683); **4**, 97f^{9}, 97f^{10}, 240^{417} (211, 212T, 213, 219); **5**, 273^{635} (214), 524^{316} (318), 626^{376} (597)
Golé, J., **1**, 118^{213} (89), 249^{490} (218, 219), 249^{491} (218), 249^{495} (218), 251^{595} (233, 234); **7**, 8f^{3}
Golebiewski, A., **6**, 180^{54} (157)
Golembeski, N. M., **3**, 1246^{12} (1154), 1379^{16} (1325); **4**, 1061^{259} (1026), 1062^{288} (1032, 1044), 1062^{291} (1032), 1063^{347} (1044), 1063^{350} (1046), 1063^{354} (1047, 1048); **5**, 271^{475} (157); **6**, 97^{227} (85, 91T), 227^{205} (205); **8**, 364^{270} (327)
Golenko, T. G., **8**, 549^{19} (503, 505)
Golino, C. M., **1**, 42^{174} (36), 42^{175} (36); **2**, 17f^{2}, 187^{69} (19, 109), 193^{321} (81), 193^{322} (82)
Goll, W., **3**, 144f^{2}, 169^{101} (143), 697^{207} (664, 694), 703^{563} (690, 694); **5**, 272^{568} (189, 250), 534^{930} (435, 448, 503); **6**, 139^{8} (104T, 105T, 113), 227^{199} (210)
Golla, W., **3**, 947^{61} (821); **4**, 326^{522} (299)
Goller, E. J., **2**, 861^{157} (858)
Goller, H., **2**, 202^{703} (171), 202^{705} (172)
Golob, A. M., **7**, 322^{64d} (319)
Golodov, V. A., **6**, 345^{205} (310), 443^{126} (402)
Golovachev, V. P., **3**, 1070^{171} (989)
Golovchenko, L. C., **2**, 913f^{4}

Golovchenko, L. S., **2**, 894f^{13}, 972^{192} (897), 973^{226} (901)
Golovnya, R. V., **8**, 1064^{46} (1019), 1071^{353} (1063)
Gol'stein, S. B., **1**, 115^{25} (46, 102T); **3**, 326^{15} (284, 285), 327^{62} (298), 327^{66} (298), 474^{118} (470)
Goltyapin, Yu. A., **1**, 455^{138} (432, 434), 455^{140} (432, 434), 455^{178} (439), 541^{228d} (530)
Golub, Yu. M., **2**, 975^{361} (935)
Golubev, V. A., **7**, 462^{467} (440), 462^{468} (440)
Golubev, V. K., **7**, 456^{82} (385), 456^{125} (392), 457^{140} (394), 457^{141} (394), 457^{142} (394), 457^{155} (395)
Golubeva, E. I., **1**, 742f^4
Golubeva, G. A., **7**, 14f^8
Golubinskaya, L. M., **1**, 673^{186} (593), 689f^{14}, 696f^8, 720^{68} (691), 721^{91} (694), 723^{255} (717), 723^{256} (717), 752^{28} (729)
Golubinskii, A. V., **1**, 420f^4, 420f^{13}, 689f^{14}, 696f^8, 721^{91} (694); **2**, 625^{611} (601, 604)
Golubtsov, S. A., **2**, 361^{64} (315)
Golumbic, N., **8**, 95^{10} (21, 26), 96^{82} (41, 44, 45, 46, 47, 48, 49, 50, 51, 52, 56, 66)
Gombatz, K., **7**, 650^{212} (559)
Gombos-Visky, Z., **7**, 512^{119} (490)
Gomek, J. M., **1**, 542^{259} (536), 742^{258} (536)
Gomel, M., **2**, 506^{22} (402, 421, 455)
Gomes, T., **8**, 366^{384} (343, 344)
Gomez, M., **6**, 35^{150} (31), 98^{285} (57T, 58T, 64)
Gomez-Lara, J., **8**, 364^{243} (324)
Gompper, R., **2**, 198^{523} (125); **4**, 401f^{28}; **6**, 99^{402} (85, 91T), 227^{191} (203T, 205, 206, 211, 213T), 468^{23} (458), 468^{23} (458); **7**, 653^{428} (594), 658^{704} (645); **8**, 794^{32} (790)
Gomzyakov, V. F., **2**, 972^{189} (897)
Goncharenko, L. V., **3**, 1072^{278} (1014)
Gondal, S. K., **4**, 813^{241} (729); **5**, 39f^2, 267^{185} (38)
Gong, H., **1**, 538^{77h} (481, 505, 530)
Gonsior, L. J., **7**, 322^{51a} (315)
Gontarz, J. A., **2**, 971^{106} (883)
González, F., **6**, 100^{421} (50T, 54T, 58T, 59T, 64, 72, 73, 85, 91T); **8**, 795^{61} (791)
Gonzalez, F. R., **2**, 969^{19b} (865)
Gonzalez-Nogal, A. M., **7**, 458^{219} (403), 460^{377} (423), 462^{465} (440), 462^{466} (440)
Gonzalo, S., **6**, 345^{172} (306), 345^{174} (306)
Good, C. D., **1**, 256f^4, 265f^1, 304^{160} (269), 552^3 (543)
Good, J. J., **7**, 728^{212} (711)
Good, M. L., **1**, 542^{248} (528, 536T); **2**, 627^{699} (613); **4**, 479f^{26}, 511^{457} (488, 490T)
Good, W. D., **2**, 674^{46} (635); **4**, 150^{18} (7)
Goodall, B. L., **3**, 1179f^8, 1247^{105c} (1180, 1183, 1185); **4**, 83f^1, 83f^5, 83f^7, 83f^8, 83f^9, 83f^{10}, 83f^{11}, 83f^{15}, 241^{466} (219, 219T, 220), 241^{467} (219, 219T, 220), 241^{470} (219, 219T, 220), 241^{471} (219, 219T, 220), 690^{104} (676), 814^{271} (740), 818^{578} (785), 886^{115} (867), 886^{118} (868), 886^{130} (869); **5**, 530^{697} (396), 530^{699} (396), 530^{703} (395), 530^{704} (395); **6**, 347^{318} (321), 347^{320} (321)
Goodall, D. C., **6**, 754^{1157} (640), 754^{1158} (640)
Goodard, R., **4**, 818^{573} (784)
Goodbread, J. P., **2**, 1019^{263} (1009, 1010)
Gooden, R., **2**, 188^{83} (21), 300^{258} (265T)
Goodenow, L., **3**, 1137f^{23}
Goodfellow, R. J., **2**, 821^{225} (817), 860^{31} (831, 854), 925f^3, 943f^3, 943f^6, 944f^3, 947f^1, 949f^1, 974^{307} (925), 976^{375} (939, 940), 976^{391} (942), 976^{398} (946, 948); **3**, 168^{38} (110), 779^{39} (707); **4**, 240^{411} (211, 212T, 213), 657f^{16}, 814^{300} (746), 1064^{412} (1018); **5**, 282f^2, 306f^6, 327f^9, 327f^{10}, 373f^{18}, 404f^{42}, 523^{210} (303T, 305, 306), 525^{364} (333, 334), 525^{366} (333, 334), 528^{566} (369), 530^{691} (394, 432), 622^{104} (561, 567); **6**, 141^{134} (110), 241^{31} (238), 278^{63} (271f), 345^{158} (306), 445^{259} (421), 737^{63} (487), 737^{90} (490), 737^{98} (491), 738^{156} (498, 499, 502), 744^{516} (542, 542T), 745^{548} (546T), 747^{713} (582), 748^{800} (589), 755^{1268} (654, 656), 755^{1269} (654, 656)
Goodhand, N., **4**, 873f^6, 886^{153} (874)

Goodman, B. A., **2**, 621^{330} (563); **4**, 611^{403} (592)
Goodman, L., **7**, 252^{41} (234)
Goodrow, M. H., **1**, 380^{473} (371), 380^{474} (371)
Goodsel, A. J., **8**, 281^{81} (258)
Goodwin, H. A., **3**, 1072^{291} (1016)
Goodwin, H. J., **6**, 753^{1154} (640)
Goodwin, T. E., **7**, 101^{105} (16)
Gopal, H., **1**, 677^{441} (629, 659); **7**, 456^{104} (389), 512^{128} (491, 493)
Gopal, R., **3**, 264^{21} (177); **5**, 240f^{10}, 623^{116} (561)
Goranskaya, T. P., **6**, 757^{1389} (672); **8**, 339f^{36}
Gorbacheva, R. I., **2**, 768f^{11}, 818^{19} (767), 972^{156} (891)
Gorbachevskaya, V. V., **3**, 430^{276} (402)
Görbing, M., **1**, 242^{100} (165)
Gorbunov, A. I., **2**, 509^{167} (419)
Gorbunov, A. V., **1**, 307^{365} (288)
Gordash, Yu. T., **1**, 119^{233} (92); **7**, 102^{161} (24)
Gordetsov, A. S., **2**, 512^{395} (452), 512^{396} (452), 512^{397} (452), 513^{399} (452), 513^{402} (452)
Gordon, III, B., **1**, 120^{293} (106); **4**, 511^{456} (488, 491); **7**, 98f^4, 100^{57} (7)
Gordon, G., **8**, 99^{321} (91)
Gordon, G. C., **5**, 269^{315} (87, 204)
Gordon, H. B., **3**, 398f^{25}, 398f^{32}, 406f^8, 407f^3, 407f^9, 431^{297} (408), 447f^6, 448f^2, 473^{46} (444, 445); **5**, 76f^3, 137f^{25}, 531^{758} (408); **6**, 97^{235} (85)
Gordon, H. G., **5**, 627^{453} (607)
Gordon, II, J. G., **5**, 344f^3, 346f^{10}, 404f^{22} 526^{405} (342, 343), 526^{407} (342, 343), 526^{412} (342, 343), 526^{419} (343, 345, 382)
Gordon, K. R., **3**, 700^{366} (674), 1068^{52} (970, 971); **6**, 228^{247} (190, 193T)
Gordon, M., **7**, 102^{126} (20, 21), 106^{362} (48)
Gordon, M. D., **1**, 42^{192} (37, 38)
Gordon, M. E., **7**, 726^{78} (678)
Gordon, M. H., **7**, 159^{109} (149), 223^{23} (199)
Gordon, N., **4**, 235^{97} (170, 171, 174)
Gordy, W., **1**, 263f^5, 263f^6, 263f^7
Gore, E., **3**, 1250^{203} (1199)
Goré, J., **1**, 243^{161} (174), 243^{162} (174); **7**, 107^{387} (52), 253^{104} (243), 253^{105} (243), 253^{106} (243), 253^{107} (243), 455^{51} (381), 512^{124} (491, 492), 647^{42} (525), 648^{145} (548)
Gorelik, V. M., **3**, 696^{116} (657, 660), 696^{118} (657, 687); **8**, 707^{183} (701)
Gorewit, B., **5**, 532^{843} (419); **6**, 362^{47} (357)
Gorgues, A., **4**, 375^{143} (368)
Gorin, P. A. J., **1**, 303^{122} (268)
Gorlier, J.-P., **7**, 728^{229} (715)
Gorman, E. H., **6**, 361^{27} (352), 362^{84} (360, 361), 441^{19} (389); **8**, 382f^{13}, 388f^4, 454^{25} (376, 381, 387)
Gornowicz, G. A., **2**, 187^{41} (9), 197^{500} (122), 201^{660} (161); **7**, 647^{68} (527)
Gorrichon, L., **1**, 242^{87b} (164)
Gorrichon-Guigon, L., **2**, 974^{282} (920, 921); **7**, 103^{217} (29)
Gorsich, R. D., **2**, 300^{220} (255T), 300^{224} (255), 302^{382} (293); **3**, 334f^{12}, 344f^4, 350f^2, 426^3 (332, 339), 628^2 (561), 630^{112} (575), 711f^{14}, 764f^6, 764f^7, 779^{60} (712)
Gorski, I., **6**, 98^{333} (77), 99^{380} (59T, 77), 142^{169} (110, 121T, 123T, 124T, 124, 127, 129), 143^{242} (109, 110)
Gorth, H., **2**, 679^{319} (664)
Görting, K., **6**, 1110^{26} (1046, 1080, 1084)
Goruskina, E. A., **6**, 747^{751} (585)
Gorys, L. V., **7**, 650^{265} (570)
Gorys, V., **7**, 649^{186} (556)
Gorzynski, J. D., **8**, 770^{68} (734)
Gosden, C., **6**, 99^{379} (75); **8**, 769^{33} (723T, 732), 770^{69} (723T, 732, 736)
Göser, P., **3**, 703^{537} (689), 703^{572} (692), 1072^{296} (1017), 1074^{403a} (1035); **6**, 751^{979} (620)
Gosling, K., **1**, 584f^{10}, 673^{167} (590, 633), 673^{168} (590)
Gosney, I., **2**, 706^{137} (698), 707^{165} (702)
Gosselin, P., **7**, 105^{302} (41), 105^{314} (42)

Gosselink, D. W., **1**, 120²⁸⁶ (105, 106)
Gosser, L. W., **4**, 812¹⁹⁴ (719), 965¹⁶⁸ (960); **5**, 268²⁶² (69, 71); **6**, 139³¹ (104T, 106, 109); **8**, 305f³⁶, 363¹⁵⁸ (301), 363¹⁸⁵ (306), 367⁴⁴³ (351), 367⁴⁴⁶ (351)
Gössl, T., **3**, 350f¹², 426¹⁰ (332, 336)
Gostev, M. M., **7**, 9f²
Goswami, K., **5**, 316f¹, 521¹²⁶ (294, 426), 521¹²⁷ (294), 524²⁸⁴ (314, 426)
Gotah, J., **8**, 930²⁶⁹ (837)
Gotcher, A. J., **1**, 452²² (420), 453⁸⁰ (427, 433)
Göthel, G. F., **1**, 674²¹⁷ (598)
Goto, T., **7**, 100⁴¹ (6), 651³¹⁸ (578); **8**, 769⁴⁹ (725T, 726T, 727T, 732, 733), 770⁵⁴ (719T, 722, 732), 796¹³⁰ (791), 796¹³³ (791)
Goto, Y., **8**, 933⁴⁴⁵ (859)
Gotor, V., **1**, 675³¹⁰ (617), 681⁶⁷³ (657), 681⁶⁷⁵ (657)
Götte, H., **4**, 817⁴⁹¹ (774)
Gottfried, N., **7**, 158¹⁹ (143)
Gottlieb, J., **8**, 1069²⁶⁷ (1053)
Gottlieb, O. R., **7**, 510³⁸ (475)
Göttsch, P., **6**, 181¹¹⁵ (156, 160T, 168), 182¹⁴⁸ (156, 159T, 160, 165T, 168)
Gottsegen, A., **7**, 510²¹ (473, 475), 510²⁹ (475), 510³³ (475), 511³⁹ (475), 511⁴³ (475)
Gottsman, E. E., **2**, 300²¹¹ (251)
Gottstein, N., **5**, 344f⁴, 526⁴¹⁷ (342, 343)
Götz, J., **2**, 200⁶³⁹ (157)
Götz, V., **6**, 97²⁶⁵ (54T, 64, 72), 142¹⁸⁶ (123T, 125), 142¹⁸⁷ (123T, 124, 125)
Götze, H.-J., **2**, 197⁴⁹³ (121), 512³⁸² (448), 512³⁸³ (448), 674²¹ (630), 678³⁰⁵ (662), 678³⁰⁶ (662)
Götzfried, F., **3**, 874f⁷
Goubeau, J., **1**, 378³⁴⁸ᵇ (359), 150⁴⁵ (122, 123, 126), 150⁵⁵ (123, 125, 126), 151¹²⁷ (129), 260f⁹, 260f¹⁰, 260f¹⁹, 260f²², 260f²³, 260f³², 260f³³, 260f³⁵, 261f³⁶, 261f⁴¹, 262f³, 262f¹², 262f¹⁵, 262f¹⁸, 262f¹⁹, 262f²⁰, 262f²¹, 262f²², 262f⁴², 273f²⁶, 275f⁹, 286f¹⁰, 302²⁸ (259), 302²⁹ (259), 306³²⁵ (287), 376²⁰⁶ (341), 376²⁰⁷ (341), 378³⁴⁸ᵃ (359), 378³⁴⁹ (359); **2**, 300²¹⁶ (253); **7**, 252¹¹ (230)
Gouedard, M., **8**, 934⁵⁴⁸ (884)
Gough, A., **6**, 742³⁶⁵ (524, 674, 679); **8**, 305f⁴³
Gouin, L., **1**, 243¹²⁸ (169, 211); **7**, 100³² (4), 100³² (4)
Gould, G. E., **2**, 187⁶⁷ (14)
Gould, K. J., **7**, 142¹²⁵ (135), 346¹⁵ (340, 341), 346¹⁶ (340, 341), 346²⁰ (340, 341), 346²¹ (340); **8**, 1010¹⁸³ (988)
Gould, R. O., **1**, 120³¹⁵ (113); **4**, 811⁷⁷ (701), 812¹⁵¹ (714), 814³¹² (748), 814³¹³ (748), 819⁶²⁸ (799), 920⁸ (910); **6**, 1080f⁹, 1094f⁵
Goulden, P. D., **2**, 1019²⁶⁵ (1009)
Gourdon, A., **3**, 695⁵⁹ (652), 779⁴⁴ (708)
Goure, W. F., **2**, 193³⁴⁵ (89), 196⁴²⁶ (107), 297⁴³ (269)
Gourley, R. N., **5**, 137f¹⁴
Goursot, A., **3**, 1069¹³⁷ (987); **6**, 226¹⁷⁸ (190, 192, 194, 195f)
Gouterman, M., **1**, 41¹³¹ (28)
Gow, A. S., **6**, 757¹³⁸⁴ (672)
Gowda, D. S. S., **5**, 524²⁸⁹ (314)
Gowda, N. M. N., **4**, 694f¹⁶, 811⁸³ (702); **5**, 353f¹⁴, 527⁴⁵⁰ (348), 554f⁸, 556f¹⁶; **6**, 738¹⁴³ (497)
Gowenlock, B. G., **1**, 42¹⁷³ (36), 250⁵²⁶ (223, 224, 228, 235, 237), 250⁵⁴¹ (224, 225, 227, 228, 229, 230, 233), 250⁵⁵⁷ (227, 229, 233), 250⁵⁶⁷ (230, 231), 251⁵⁹⁴ (233); **7**, 99⁹ (8, 8f, 24, 38)
Gower, J. L., **3**, 1076⁵¹⁸ (1055), 1252³¹⁵ (1224), 1383²⁰⁷ (1366)
Gower, M., **3**, 1074⁴⁰⁸ (1035, 1058), 1076⁵¹⁸ (1055), 1076⁵³¹ (1056), 1251²⁶⁷ (1215, 1224), 1252³¹⁵ (1224), 1252³²¹ (1225, 1226), 1253³⁷² (1235, 1236), 1383¹⁸⁴ (1363), 1383²⁰⁵ (1366), 1383²⁰⁷ (1366), 1383²¹⁵ (1366, 1367), 1383²³³ (1372); **8**, 1010¹⁸⁴ (988)
Gowland, B. D., **7**, 106³⁸⁰ (51)
Gowland, F. W., **8**, 930²⁴² (827)

Gowling, E. W., **6**, 13⁷⁸ (9)
Goyle, G., **6**, 1028f²²
Grabaric, B. S., **3**, 948¹⁴⁹ (861); **4**, 52f⁹¹, 152²¹² (57)
Grabaric, Z., **4**, 52f⁹¹, 152²¹² (57)
Grabiak, R. C., **8**, 772¹⁹⁷ (734)
Gräbner, H., **1**, 260f¹⁹, 262f¹⁵
Grabovskii, Yu. P., **6**, 180⁵¹ (157); **8**, 707¹⁹⁰ (701), 707¹⁹⁴ (701), 707¹⁹⁵ (701), 708²⁰³ (701)
Grabowski, J. J., **2**, 190²⁰² (47)
Grabowski, S., **3**, 429²⁰⁶ (378, 380)
Grace, M., **6**, 943¹⁶⁵ (913T), 944²⁰² (918T, 919), 944²⁰³ (918T, 919), 944²⁰⁴ (918T, 919)
Grace, W. R., **3**, 267²¹⁷ (210)
Gracey, B. P., **4**, 965¹⁸⁰ (961)
Gracey, D. E. F., **3**, 1071²³³ᵃ (1008, 1018, 1038), 1072³⁰¹ᵇ (1018, 1037), 1211f¹³
Gracheva, L. S., **5**, 523²²⁸ (304T)
Gracheva, R. A., **7**, 101⁹² (13)
Graciani, M., **6**, 346²⁴⁵ (313)
Graddon, D. P., **2**, 938f¹, 938f¹, 938f², 938f³, 938f⁴, 938f⁵, 938f⁶, 939f¹, 939f², 939f³, 939f⁴, 939f⁵, 939f⁶, 939f⁷, 972¹⁶⁴ (892, 937), 976³⁶⁸ (937), 976³⁶⁹ (937, 938), 976³⁷⁰ (937, 940, 941), 976³⁷¹ (937); **3**, 1075⁴⁴⁹ (1039), 1251²⁷⁹ (1217), 1383¹⁹³ (1364); **5**, 270⁴⁰⁰ (130)
Grady, G. L., **2**, 624⁵³⁰ (590, 591), 624⁵³¹ (590), 624⁵³² (590)
Graef, M. W. M., **5**, 444f², 534⁹⁵⁵ (440), 626³⁵³ (594); **6**, 760¹⁵⁵⁹ (696, 700T)
Graef, R., **1**, 723²⁴¹ (716), 723²⁴² (716)
Graessley, W. W., **2**, 362¹⁴⁸ (334)
Graf, R. E., **4**, 509³⁴⁸ (464), 510³⁵⁶ (467), 510³⁶² (469); **8**, 1009¹⁰⁷ (970), 1009¹⁰⁸ (970), 1009¹¹¹ (970, 971)
Graf, W., **6**, 14¹¹⁵ (8), 14¹¹⁶ (8)
Graff, J. L., **4**, 689¹⁸ (665), 906⁵ (889, 893, 897), 963²⁴ (935), 964⁸⁴ (945); **8**, 367⁴³⁹ (350), 367⁴⁴¹ (351)
Gräfing, R., **7**, 74f⁶
Grafstein, D., **1**, 455¹³⁸ (432, 434)
Graga, M., **3**, 946⁷ᵈ (791)
Gragerov, I. P., **1**, 241³⁹ (158)
Gragg, B. R., **1**, 303¹¹⁴ (268), 303¹²³ (268), 376²⁴⁶ᵇ (340, 347), 376²⁴⁷ (347), 376²⁴⁸ (348), 377²⁴⁹ (348), 379³⁸³ (362), 379³⁸⁵ (362)
Graham, A. J., **3**, 1100f⁹, 1100f¹⁰, 1156f¹², 1246²⁶ (1157), 1246²⁷ᵇ (1157), 1379²³ (1326); **4**, 236¹⁴³ᵇ (178)
Graham, B. W. L., **6**, 1111⁶⁵ (1056), 1111⁹⁴ (1066, 1067, 1068), 1113¹⁸⁷ (1090)
Graham, C. G., **4**, 508²⁵⁴ (443)
Graham, C. R., **4**, 435f³¹, 507¹⁸² (429, 464, 496, 497, 498); **8**, 457²²⁴ (404), 705⁹⁴ (672, 674T, 676)
Graham, G., **1**, 117¹⁴⁹ (75, 76, 77, 78)
Graham, G. D., **1**, 42²⁰⁴ (39), 117¹⁵³ (77, 78), 409⁶⁹ (400), 452¹⁶ (415), 454¹³¹ (431), 538³³ (467, 473); **7**, 160¹⁴⁶ (155)
Graham, G. R., **3**, 949²⁰³ (876)
Graham, I. F., **1**, 249⁴⁵² (210, 212, 213); **2**, 623⁴⁷¹ (582)
Graham, J., **1**, 678⁵⁰⁶ (633), 696f¹¹, 721¹⁰³ (698, 701); **2**, 707¹⁷⁶ (703)
Graham, J. R., **3**, 802f¹, 802f⁵, 805f¹, 805f⁵, 805f⁶
Graham, M. A., **3**, 81⁹² (12), 81⁹³ (12), 81⁹⁴ (12), 695⁸⁶ (654)
Graham, S. A., **3**, 1269f⁹
Graham, S. L., **7**, 110⁵⁶⁸ (84), 728²¹⁴ (712)
Graham, W. A. G., **1**, 300f⁸, 305²⁴⁷ (279), 308⁴²⁵ (292), 310⁵⁸⁵ (301); **2**, 303³⁹⁸ (295T), 516⁶⁴¹ (484), 621³⁴⁰ (565), 679³⁵⁷ (668), 679³⁵⁸ (668), 679³⁶² (668); **3**, 81⁸⁸ (10), 120f⁷, 120f⁸, 120f¹⁶, 169⁶² (127, 130), 170¹³⁹ (154), 427⁵⁷ (348), 628²⁵ (563, 566), 851f²⁴, 948¹²⁸ (848), 966f⁶, 1189f⁹, 1189f¹⁹, 1252³⁵⁹ (1233, 1235, 1236), 1252³⁶⁰ (1233), 1252³⁶⁴

(1233, 1234, 1236), 1338f[11]; **4**, 65f[18], 73f[5], 73f[13], 97f[15], 151[122] (29), 157[554] (131), 157[555] (131), 166f[5], 168f[3], 234[52] (165), 234[64] (167), 236[153] (178), 236[156] (179), 238[302] (204, 215T, 224T), 238[306] (204), 238[308] (204, 205), 239[361] (206, 207T), 239[362] (206, 207T), 240[384] (208), 240[422] (212T), 241[473] (219, 219T, 221), 242[503] (223, 224T), 247f[11], 309f[1], 309f[7], 322[248] (271), 323[270] (273), 327[599] (308), 327[600] (308), 327[604] (308, 311), 328[618] (310), 328[624] (310), 328[625] (310), 328[633] (310), 328[658] (313), 607[185] (550, 553f), 608[194] (555), 649[106] (645), 657f[1], 688[9] (662, 663), 689[54] (668, 672), 920[14] (911), 920[19] (911), 920[27] (913), 920[28] (913), 920[29] (913, 914), 921[45] (919), 921[46] (919), 1057[6] (968, 969, 970, 972), 1057[16] (969, 970, 977, 978), 1057[20] (969, 972), 1057[24] (970, 974, 976, 1004), 1061[249] (1023); **5**, 12f[13], 137f[18], 270[422] (139), 362f[8], 404f[29], 404f[30], 438f[14], 527[493] (359, 385), 527[495] (359, 385), 529[647] (384), 529[648] (359, 385, 500), 529[649] (385, 398, 435, 436), 604f[1], 606f[2], 606f[5], 627[434] (603, 605), 627[446] (605); **6**, 840f[46], 843f[211], 845f[263], 868f[34], 869f[72], 874[64] (771), 874[71] (772), 980[43] (960, 963T, 964, 969T), 980[48] (961, 963T, 966, 968, 969T, 970T, 971T, 976, 978T), 980[59] (966, 970T), 980[69] (968, 971T), 987f[19], 1019f[58], 1039[9] (988, 992), 1039[42] (994), 1061f[3], 1061f[4], 1066f[2], 1066f[4], 1066f[5], 1066f[8], 1111[63] (1055), 1111[80] (1063), 1111[84] (1063), 1111[97a] (1067), 1111[100b] (1068, 1108), 1112[112b] (1070), 1112[115] (1071), 1112[134] (1075, 1084), 1112[135] (1076), 1112[146] (1081), 1112[151] (1083), 1112[151] (1083), 1113[174] (1087, 1089), 1113[182] (1090); **7**, 107[427] (57), 194[26] (162); **8**, 1068[210] (1046)
Grahlert, H., **3**, 697[166] (661)
Grahlert, W., **3**, 1311f[1], 1311f[4], 1311f[8]
Gráillat, C., **8**, 608[205] (592, 594T)
Gramateeva, N. I., **3**, 269[342b] (234)
Gramlich, V., **3**, 938f[1]
Grammaticakis, P., **7**, 14f[10]
Grandberg, A. I., **6**, 346[250] (314, 322)
Grandberg, K. I., **2**, 715f[17], 768f[1], 768f[2], 768f[6], 768f[10], 768f[11], 768f[14], 769f[1], 769f[2], 769f[3], 770f[2], 770f[3], 773f[3], 773f[5], 780f[1], 780f[2], 780f[3], 780f[4], 818[10] (766, 767, 773, 778, 779, 780, 786, 787, 790, 803, 804, 805, 806, 807, 809, 810), 818[18] (767, 769), 818[19] (767), 818[20] (767), 818[27] (767), 818[28] (767), 818[29] (767), 818[30] (769), 818[31] (769), 819[77] (779), 819[78] (779), 819[79] (779), 819[80] (780), 820[147] (794); **6**, 851f[55]; **8**, 1066[138] (1037), 1067[196a] (1043), 1069[247c] (1051)
Grandberg, N. V., **1**, 455[183] (439, 440), 538[62] (476); **7**, 460[374] (423)
Grandjean, D., **3**, 949[240] (888), 950[241] (888), 950[242] (888), 1069[139] (987), 1074[388] (1032), 1076[487b] (1049), 1076[488] (1049); **4**, 156[495] (125), 323[274] (273), 323[300] (277, 303), 323[304] (277), 324[333] (281), 511[467] (490, 490T), 511[467] (490, 490T), 609[272] (570f, 574), 609[292] (577); **5**, 267[226] (48); **6**, 806f[29], 806f[60], 843f[195], 845f[276], 850f[31], 850f[37], 875[140] (785); **8**, 312f[44], 365[318] (338), 1064[26] (1018), 1070[309a] (1059)
Grandjean, P., **2**, 680[412] (673), 1019[275] (994f, 1010f), 1020[317] (1010f); **4**, 649[73] (638)
Grandson, S. E., **3**, 264[66] (180)
Granell, J., **6**, 97[260] (58T, 63T, 72, 79), 345[165] (306, 336, 337)
Granifo, J., **4**, 320[83] (251, 273)
Granitzer, W., **7**, 456[105] (389)
Grankina, Z. A., **6**, 942[67] (901, 902T, 903T)
Granoff, B., **4**, 156[494] (125)
Granozzi, E., **4**, 689[20] (665)
Granozzi, G., **3**, 1074[390] (1032), 1076[538] (1058), 1252[313] (1224), 1383[206] (1366)
Grant, C. B., **3**, 269[321] (231)
Grant, D., **3**, 547[101] (531); **7**, 109[537] (78)
Grant, D. W., **2**, 705[50] (687, 701)
Grant, J. A., **4**, 73f[8], 155[373] (92)

Grant, Jr., L. R., **1**, 152[192] (142), 153[245] (147); **2**, 707[160] (701); **7**, 195[45] (163)
Grant, M. W., **2**, 187[64] (14)
Grant, P. K., **7**, 512[143] (495)
Grant, S., **4**, 12f[19], 109f[12], 158[640] (147), 322[207] (268)
Grant, S. M., **4**, 322[201] (267, 288), 325[449] (294)
Grard, C., **5**, 68f[14], 213f[20], 272[566] (188, 218, 221, 222, 223, 224, 225); **6**, 96[175] (38, 41, 81); **8**, 455[98] (387, 427)
Graser, B., **4**, 964[104] (947)
Grassberger, A., **1**, 374[74] (315)
Grassberger, M., **7**, 140[14] (112), 195[96] (170), 252[51] (235)
Grassberger, M. A., **1**, 308[435] (292), 453[78] (426, 431, 437), 454[91] (428), 454[123] (431), 454[123] (431), 454[123] (431); **7**, 158[39] (146)
Grasselli, J. G., **3**, 797f[4], 819f[17], 1085f[4], 1146[41] (1097), 1262f[4], 1384[245] (1375)
Grasselli, P., **1**, 244[205] (177); **7**, 91f[1], 459[304] (414)
Grassert, I., **8**, 385f[12], 455[92] (384), 645[228] (622T)
Grassi, B., **4**, 675f[2], 689[78] (672, 673, 676), 810[7] (693, 705, 722)
Grasso, P., **2**, 1017[151] (998), 1017[160] (998)
Grate, J. H., **5**, 269[338] (97, 116, 131); **8**, 1098f[5], 1105[94] (1096, 1097)
Gratton, S., **7**, 59f[3], 59f[3]
Grau, G., **7**, 727[136] (694)
Graus, P. L., **5**, 100f[8]
Gravelle, P. C., **8**, 95[32] (26)
Graves, A. H., **3**, 82[168] (24), 948[109] (845)
Graves, J., **2**, 974[313] (925)
Graves, V., **3**, 981f[3], 1069[95] (981, 986, 999), 1069[135] (986)
Gray, A. P., **3**, 436f[16], 436f[17], 546[40] (493)
Gray, C. E., **2**, 195[395b] (99, 102); **7**, 655[514] (609)
Gray, D. R., **3**, 630[113] (575, 576); **8**, 1076f[13], 1104[30] (1079, 1086)
Gray, G. A., **2**, 978[535] (967); **6**, 443[124] (401)
Gray, G. M., **3**, 838f[12], 847f[2]
Gray, H. B., **3**, 80[20] (3), 81[55] (6), 82[138] (18), 83[195] (28, 29), 362f[14], 368f[21], 426[8] (332), 694[21] (649, 651), 792f[7], 1083f[7], 1141f[18], 1260f[7], 1317[14] (1270), 1317[30] (1274), 1379[6] (1323), 1380[43] (1330); **4**, 33f[6], 151[151] (38, 102), 234[25] (164), 319[36] (246), 321[166] (262), 328[657] (313), 479f[18], 510[404] (481), 606[58] (520), 611[387] (590), 663f[4], 688[13] (664, 665), 761f[1], 816[404] (761), 816[406] (761, 762), 816[425] (762), 840[28] (825), 875f[1], 886[157] (874), 928[10] (924), 1058[58] (974, 976); **5**, 280f[6], 344f[3], 344f[7], 346f[10], 404f[22], 520[14] (279), 522[195] (302T, 303T, 304T, 305, 314), 526[405] (342, 343), 526[407] (342, 343), 526[412] (342, 343), 526[414] (342), 526[419] (343, 345, 382), 526[420] (343, 344, 345, 346), 526[422] (343), 526[425] (344), 526[426] (344), 526[427] (344, 346), 526[428] (344), 526[439] (345), 526[441] (346), 621[7] (542, 543), 621[17] (544); **6**, 13[45] (7), 241[8] (235, 237), 241[11] (235), 742[414] (530), 779f[9], 792f[4], 792f[5], 796f[5], 840f[49], 840f[76], 841f[128], 850f[20], 876[165] (791, 793, 800), 876[167] (793, 817), 876[171] (793), 876[176] (794), 877[224] (818), 1020f[86], 1040[66] (997)
Gray, J. I., **8**, 366[377] (342)
Gray, L. A., **1**, 732f[2], 753[55] (735)
Gray, M. Y., **1**, 53f[4], 583f[8], 676[353] (624), 676[354] (624)
Gray, R. T., **6**, 756[1314] (663)
Gray, S., **2**, 675[107] (642)
Gray, T. I., **7**, 511[53] (480)
Graybill, B. M., **1**, 540[152] (505)
Graydon, W. F., **5**, 525[344] (327, 328); **8**, 365[293] (329)
Grayshan, R., **7**, 98f[1]
Grayson, I. L., **5**, 529[589] (303T, 376); **6**, 742[386] (526)
Grayson, J. I., **7**, 97f[22]
Grazhulene, S. S., **1**, 248[417] (206, 208)
Graziani, M., **3**, 948[111] (845), 1247[77] (1171); **4**, 50f[4],

965[181] (961); **5**, 531[738] (401), 536[1109] (472), 626[355] (594); **6**, 262[138] (255), 262[139] (255), 343[28] (283, 326, 336, 337, 338), 343[67] (288), 741[346] (522), 741[347] (522), 741[348] (522), 741[349] (522), 743[467] (534T), 743[468] (535T), 743[471] (535T), 745[571] (552), 745[601] (559), 746[630] (562), 746[645] (565), 746[646] (565), 746[647] (565), 752[1059] (632), 752[1060] (632), 757[1368] (669); **8**, 363[193] (314, 324), 530f[1], 551[113] (530), 605[14] (553), 608[206] (592), 609[234] (594T), 609[235] (594T), 609[236] (594T), 643[132] (626), 936[653] (901)

Graziani, P., **5**, 531[768] (410)
Graziani, R., **5**, 21f[10]; **6**, 743[463] (534T), 751[968] (617, 624T), 752[1023] (624T), 760[1554] (699T)
Grdenic, D., **2**, 904f[6], 904f[8], 904f[14], 904f[17], 913f[3], 916f[1], 916f[2], 916f[3], 970[24] (866, 905, 935), 973[208] (899, 931), 973[225] (901), 973[238] (905), 973[241] (905, 906), 973[243] (906), 973[251] (906), 975[345] (931); **6**, 1039[11] (988)
Greatrex, R., **4**, 247f[2], 320[108] (253, 259, 260, 264, 266, 314, 315, 316, 317), 323[312] (278, 301), 324[331] (281), 324[347] (283), 324[393] (288), 325[450] (294), 606[54] (520, 585), 606[112] (533f, 536, 536f), 611[403] (592), 648[43] (628), 648[64] (635), 649[94] (642); **6**, 840f[56]
Greaves, E. O., **3**, 85[351] (47, 51, 59); **4**, 505[106] (407, 467); **6**, 261[22] (245), 361[9] (352, 353, 354, 356), 361[30] (353), 468[1] (455), 752[1029] (626), 760[1556] (696, 700T, 703), 760[1562] (697); **8**, 1009[109] (970), 1009[110] (970), 1064[50] (1020)
Greaves, E. V., **8**, 927[50] (801)
Greaves, W. W., **3**, 1380[67] (1334, 1335)
Grebenik, P., **3**, 1381[114] (1343)
Grebenyak, L. N., **3**, 780[122] (741)
Greber, D. K., **2**, 860[35] (831), 861[141] (854)
Greber, G., **5**, 537[1145] (477)
Grechkin, E. F., **1**, 246[334] (195); **7**, 108[453] (62)
Greci, L., **7**, 101[124] (18), 101[125] (18), 101[125] (18)
Greco, A., **3**, 169[88] (138, 140), 265[132] (189), 266[148] (195), 266[149] (195, 210), 547[97] (529), 547[98] (529), 1253[405] (1245), 1380[35] (1329); **4**, 435f[20], 435f[23], 508[241] (441, 442); **5**, 213f[14], 274[654] (218, 222, 230); **8**, 454[26] (376, 412, 420, 426), 458[290] (415), 459[323] (420), 551[144] (548)
Greco, R., **6**, 758[1451] (677)
Greeley, R. H., **8**, 1104[21] (1077)
Green, A. A., **1**, 310[557] (299)
Green, B. E., **6**, 944[174] (913T)
Green, C. R., **6**, 348[367] (312T, 312, 325, 326), 349[420] (334T, 334f), 737[101] (491)
Green, D. B., **1**, 306[294] (283)
Green, D. C., **2**, 620[229] (549)
Green, III, F. R., **7**, 460[347] (419)
Green, J., **2**, 302[392] (295T)
Green, J. C., **2**, 674[50] (636); **3**, 29f[1], 29f[1], 31f[1], 80[36] (6, 29, 30, 32), 80[41] (6), 80[45] (6), 81[66] (6), 81[68] (6), 83[206] (30), 83[207] (30), 83[221] (30, 32), 83[222] (31), 83[224] (32), 84[266] (37, 40), 84[270] (37, 40), 88[527] (77), 88[530] (77), 264[59b] (17, 21, 23), 268[312] (230), 269[337] (233, 234), 694[24] (650), 702[489] (685), 703[539] (689, 690, 692, 693), 731f[5], 759f[7], 775f[10], 989f[3], 1069[99] (981), 1070[166] (989), 1252[304] (1223); **4**, 65f[23], 238[322] (205, 206T, 206), 241[459] (216), 328[648] (312), 689[19] (665), 818[531] (777); **6**, 228[256] (191, 193T), 744[498] (540, 542, 542T)
Green, J. H. S., **1**, 731f[7], 753[53] (734, 738); **2**, 943f[9], 944f[5], 975[359] (935)
Green, M., **1**, 537[13a] (462, 474, 486, 517, 518), 537[13b] (462, 474, 517, 534, 535), 538[47a] (473, 517, 520), 538[56] (474, 475, 501, 533T), 538[59] (474, 500, 501, 509, 533, 534), 539[79b] (481, 493, 533), 540[137] (500, 501, 509), 542[253] (535), 552[17] (545), 738[47d] (473, 520, 524, 535), 739[79a] (481, 493, 497, 533), 754[134] (749, 751); **2**, 191[261] (64), 197[479] (117); **3**, 82[153] (21, 23), 82[154] (21, 23), 84[310] (43), 86[409] (58), 86[416] (59), 86[417] (59), 168[38] (110), 168[43] (110), 169[72] (131), 169[73] (131, 137), 169[75] (131), 328[138] (314), 833f[52], 838f[7], 840f[10], 1246[49] (1161), 1246[54] (1162, 1243), 1247[86b] (1174, 1243), 1247[86d] (1174, 1243), 1247[86f] (1174, 1242, 1243), 1247[91] (1175), 1248[122] (1183), 1248[127] (1183), 1251[302a] (1221, 1234), 1251[302b] (1221, 1234), 1252[305] (1221, 1223, 1234), 1252[314b] (1224, 1234), 1252[370] (1234), 1253[384] (1237), 1253[402a] (1244), 1317[53] (1281), 1380[32] (1328, 1377), 1380[65] (1333); 1384[252] (1377), 1384[253a] (1377), 1384[253b] (1377); **4**, 33f[32], 33f[34], 34f[48], 50f[20], 50f[21], 50f[22], 51f[64], 65f[36], 73f[4], 97f[2], 97f[3], 97f[4], 97f[5], 97f[6], 97f[11], 97f[12], 97f[17], 151[155] (40, 90), 152[156] (40), 152[158] (41, 66), 154[301] (75), 154[310] (75), 155[387] (100), 155[425] (116), 155[426] (117), 238[273] (200), 240[406] (211, 212T, 213), 240[407] (211, 212T, 213), 240[408] (211, 212T, 213), 240[410] (211, 212T, 213), 240[411] (211, 212T, 213), 240[416] (211, 212T, 213, 218, 219T), 241[462] (218, 218T, 219), 322[203] (267), 326[534] (300), 374[48] (341, 361), 375[108] (359), 375[139] (366), 387[7], 401f[21], 422f[1], 504[41] (386), 505[74] (398), 505[112] (409, 469), 505[113] (409), 505[114] (409, 437), 505[115] (409), 506[118] (409, 471, 472), 506[120] (409, 437), 505[115] (409), 506[118] (409, 471, 472), 506[122] (410), 507[201] (432, 457), 507[230] (439, 472), 509[325] (455), 510[379] (474), 512[483] (495), 539f[19], 606[100] (531), 607[143] (542), 610[354] (586), 612[472] (597), 657f[7], 657f[16], 690[89] (673), 690[119] (681), 690[120] (681, 682), 690[121] (682), 811[67] (700, 732), 811[87] (702), 813[249] (732, 733), 813[250] (733), 813[251] (733), 813[252] (733, 805), 813[253] (733), 814[290] (745, 754), 814[291] (745), 814[300] (746), 815[349] (753, 754), 815[353] (753), 815[372] (756), 818[547] (779), 818[573] (784), 840[38] (828), 840[69] (833), 885[36] (851), 885[39] (851), 885[40] (851, 852), 886[114] (865), 907[48] (899), 929[35] (928), 1058[57] (974, 975, 976, 977, 1015, 1017, 1018), 1058[76] (977, 999, 1006, 1014), 1059[104] (981, 982), 1060[199] (1008), 1060[205] (1014), 1064[412] (1018), 1064[413] (1018); **5**, 158f[9], 194f[12], 213f[14], 265[79] (17, 18, 29), 268[249] (65, 219), 271[479] (159, 160), 271[503] (167), 272[545] (184, 221), 274[654] (218, 222, 230), 274[657] (221), 288f[10], 305f[2], 346f[4], 371f[2], 404f[20], 418f[5], 479f[5], 521[77] (287, 303T, 421), 526[432] (342, 345, 347, 348, 382, 414), 527[490] (358, 360, 363, 435, 449), 529[640] (383, 401, 411, 427), 531[733] (400, 457), 532[797] (414), 532[798] (414), 532[830] (419, 420, 422, 434, 435), 532[848] (420, 421), 533[861] (385, 436), 534[931] (435, 449, 459, 460, 468), 535[1012] (448, 450, 485, 489, 492, 517), 536[1067] (463, 465, 474T, 475T, 488, 489, 492), 536[1069] (464, 473, 474T, 475T), 537[1170] (361, 416), 538[1228] (493, 494), 539[1258] (502), 539[1273] (489, 507), 546f[10], 546f[10], 621[25] (547), 622[55] (550, 551, 562, 598), 623[129] (562, 578), 623[183] (566), 624[222] (574, 598), 625[312] (589, 594), 626[319] (589), 626[332] (591, 598), 626[358] (595), 626[382] (598), 626[384] (599), 626[385] (599, 600), 626[386] (599), 628[464] (611); **6**, 93[29] (60T, 61T, 67), 93[37] (92, 92T), 94[40] (54T, 60T, 73), 96[166] (60T, 61T, 65, 67), 98[322] (59T, 60T, 66), 139[9] (120, 122T), 139[21] (123T, 125), 140[53] (120, 122T, 133T, 134), 140[70] (105T), 140[74] (105T), 142[171] (133, 134, 134T, 138), 142[173] (105T, 134T, 138), 142[188] (133T, 134, 138), 143[214] (120, 122T), 143[215] (105T, 120, 122T), 181[119] (147), 224[48] (214T, 219), 224[59] (215T, 219, 220), 225[80] (214T, 219, 220), 227[196] (214T, 219, 220), 230[6] (229), 230[6] (229), 261[41] (246), 261[42] (247), 262[109] (251, 253), 262[118] (253, 254), 262[124] (254), 262[128] (254), 263[150] (256), 263[151] (256), 263[152] (256), 343[22] (281), 343[61] (287, 313), 343[62] (287, 313), 343[63] (287, 313), 343[64] (287, 313), 344[97] (295), 346[230] (311, 312T, 312), 346[237] (311, 313), 346[243] (313), 347[291] (318), 347[292] (318), 347[293] (318, 334T), 348[375] (326), 362[60] (358), 382[3] (364, 370), 383[29] (365), 469[62] (466), 738[127] (495, 496), 738[128] (495, 496), 739[216] (507), 740[266] (515T, 559, 560, 561, 563), 741[315] (518, 519), 741[354] (522, 537T), 741[355] (522), 742[357] (522), 742[358] (522), 742[359] (523), 742[360] (523), 742[361] (523), 743[448] (533T), 743[470] (535T, 680, 681, 717), 744[481] (537T), 745[608] (560), 745[609] (560), 745[613] (560), 750[937] (615), 750[940] (615, 617, 618, 619, 626, 629), 751[980] (620, 621), 751[981] (620, 621), 751[992] (620, 625T, 626), 751[998] (621), 751[1001] (621, 694, 701), 751[1005] (621, 629, 630, 631), 751[1006] (621, 625T), 751[1007] (622,

687), 751^1015 (623), 752^1045 (629), 752^1049 (630), 752^1051 (630), 752^1053 (630), 752^1055 (631), 752^1057 (632), 752^1071 (633), 752^1072 (633), 752^1073 (633), 752^1075 (633), 756^1331 (664), 756^1350 (667), 756^1351 (667), 756^1352 (667), 756^1355 (667), 756^1356 (668), 756^1357 (668), 758^1434 (675, 677), 758^1435 (675, 677, 712), 758^1444 (677), 758^1476 (682), 759^1503 (686), 759^1504 (686, 687, 690), 759^1506 (687, 690), 759^1515 (689), 759^1518 (690), 759^1519 (690), 759^1520 (690), 759^1540 (694), 759^1543 (695, 696, 699T), 759^1544 (695), 760^1610 (712), 761^1625 (716, 726, 727), 761^1639 (719, 723T), 868f^29, 872f^155, 874^89 (775, 777), 875^134 (784), 1029f^55, 1094f^7, 1114^211 (1099); **8**, 317f^11, 388f^2, 435f^9, 444f^3, 455^106 (389), 456^141 (395), 458^248 (410), 460^411 (434, 444, 447), 670^97 (653), 931^356 (849), 932^390 (852), 935^574 (890), 1010^222 (1005), 1064^18 (1017), 1068^235 (1049), 1070^327 (1061)

Green, M. L. H., **1**, 39^2 (2, 39), 39^5 (2, 8, 12, 38, 39), 39^8 (2, 39), 115^3 (44, 53T, 72T), 149^36 (122, 137), 246^336 (195), 246^336 (195), 247^346 (197), 247^346 (197), 248^409 (203, 205), 305^200 (273), 552^16 (545), 675^292 (614), 752^22 (728, 735, 750); **2**, 817^3 (766), 818^46 (772), 859^6 (824), 925f^6, 974^305 (924), 1016^64 (983); **3**, 81^68 (6), 83^200 (29), 83^211 (30), 84^266 (37, 40), 85^333 (46), 87^476 (68, 69), 87^480 (69), 87^481 (69), 87^508 (73), 109f^3, 109f^4, 125f^9, 135f^2, 135f^3, 136f^4, 136f^5, 168^4a (90), 168^49 (116), 169^52 (121), 269^382 (247), 279^43 (274), 303f^4, 326^1 (282), 326^3 (283), 326^4 (283), 327^71 (299), 327^88 (305, 306), 359f^9, 545^28 (491), 545^28 (491), 557^55 (555), 633^277 (622, 624), 646^50 (644), 646^51 (644), 695^59 (652), 699^341 (673, 674), 702^489 (685), 703^523 (688), 711f^7, 711f^8, 711f^9, 713f^5, 736f^3, 736f^4, 737f^4, 753f^2, 759f^4, 760f^5, 760f^10, 760f^11, 764f^2, 764f^5, 764f^8, 764f^17, 764f^18, 767f^6, 767f^8, 767f^9, 767f^15, 767f^17, 767f^19, 768f^8, 768f^8, 768f^12, 768f^13, 768f^26, 768f^27, 768f^28, 769f^4, 769f^10, 772f^6, 775f^6, 775f^7, 775f^8, 775f^12, 775f^14, 779^44 (708), 781^162 (759), 781^167 (761, 764, 765), 781^169 (761, 773), 781^178 (763, 769), 781^181 (764, 773, 774), 781^183 (764), 781^206 (774), 782^217 (776), 1067^10 (956), 1069^94b (979), 1205f^4, 1205f^6, 1245^4 (1152), 1246^6 (1152), 1246^6 (1152), 1246^6 (1152), 1247^60 (1165, 1207), 1247^60 (1165, 1207), 1247^61 (1166, 1167), 1247^62 (1166, 1203), 1247^63 (1166, 1203, 1221), 1247^82 (1172, 1244), 1248^133 (1185), 1248^145 (1186), 1249^178 (1193), 1249^188 (1196, 1199), 1250^198 (1198, 1199), 1250^203 (1199), 1250^203 (1199), 1250^203 (1199), 1250^204 (1199), 1250^205 (1199), 1250^205 (1199), 1250^206 (1201), 1250^207 (1201), 1250^208 (1201), 1250^210 (1201), 1250^224 (1204), 1250^226 (1205), 1250^227a (1205), 1250^227b (1205, 1209), 1250^239 (1206), 1250^240a (1206, 1207), 1250^245 (1210), 1251^301 (1221), 1251^303 (1223), 1252^304 (1223), 1253^386 (1238), 1357f^3, 1379^11 (1324, 1352, 1354, 1355), 1380^73 (1335), 1380^80 (1335), 1381^88 (1340), 1381^90 (1340), 1381^114 (1343), 1381^116 (1343), 1381^118 (1344), 1381^123 (1345), 1381^124 (1345), 1381^125 (1345), 1382^129 (1346), 1382^130 (1346), 1382^131 (1346), 1382^131 (1346), 1382^132 (1346), 1382^138 (1348), 1382^139 (1348), 1382^140 (1349), 1382^141 (1349), 1382^142 (1349), 1382^143 (1349), 1382^144 (1350), 1382^146 (1350), 1382^147 (1351, 1352), 1382^147 (1351, 1352), 1382^148 (1354, 1355), 1382^149 (1354), 1382^151 (1355), 1382^162 (1357, 1358), 1382^163 (1357, 1358, 1359); **4**, 33f^26, 33f^27, 65f^23, 65f^59, 152^162 (41, 61, 88, 93), 152^163 (41), 152^174 (44), 154^360 (90), 238^317 (205, 206T, 206), 238^321 (205, 206T, 210, 215, 232T), 238^322 (205, 206T, 206), 238^322 (205, 206T, 206), 239^333a (206, 207T), 240^402 (211, 212T), 328^647 (312), 328^648 (312), 373^18 (334, 350), 373^19 (334), 374^68 (347), 374^81 (350), 375^122 (364), 375^124 (364), 380f^13, 401f^27, 479f^12, 504^9 (381), 504^17 (382, 492), 505^78 (401, 413), 512^508 (500), 811^95 (705), 816^409 (761), 818^537 (778), 818^546 (779, 780), 1061^224 (1018); **5**, 248f^4, 253f^4, 258f^7, 268^278 (74, 78),

271^452 (149), 272^540 (180, 189, 225, 258), 273^626 (211, 225), 274^680 (231), 274^689 (234), 275^721 (245), 520^7 (278, 450); **6**, 94^44 (43T), 96^185 (38), 96^185 (38), 96^185 (38), 96^187 (38), 180^31 (172, 173T, 176T), 182^175 (167, 170, 174), 187^6 (186), 227^244 (191, 191T, 193T), 349^454 (341), 349^460 (342), 740^262 (515, 539, 540), 742^366 (524), 744^498 (540, 542, 542T), 750^925 (614T, 715T), 761^1621 (715T), 839f^8, 839f^23, 840f^70, 841f^95, 849f^2, 849f^3, 873^20 (764), 873^21 (764), 873^23 (764), 874^26 (764), 874^27 (764), 874^31 (764), 943^109 (904T), 943^122 (906T, 913T, 914), 943^150 (910, 911T), 943^151 (910, 911T), 943^157 (910), 943^159 (910), 980^29 (956, 959T), 980^34 (956, 959T), 1019f^73, 1019f^76, 1034f^6, 1040^96 (1004, 1007), 1041^126 (1011, 1037, 1038), 1041^131 (1013, 1038), 1041^132 (1013), 1061f^11, 1074f^1, 1111^88 (1064); **7**, 140^7 (112), 263^14 (255); **8**, 453^6 (374), 454^27 (376), 456^132 (394), 457^227 (405), 549^25 (503), 550^54 (513), 550^58b (514, 524), 550^62a (515, 521, 531, 534, 535), 550^62b (515, 521, 531, 534, 535), 608^158 (578), 704^13 (672, 677), 1008^73 (958), 1008^87 (965), 1064^3 (1015), 1066^112 (1031, 1032, 1034), 1066^116 (1031), 1067^193 (1043), 1068^208 (1046)

Green, P. J., **3**, 833f^56; **5**, 523^233 (305)
Green, R. N., **4**, 507^176 (427)
Green, S. I. E., **1**, 151^142 (132, 133, 137), 306^323 (287), 379^375 (362); **2**, 861^130 (852), 972^183 (896)
Greenacre, G., **1**, 119^271 (103)
Greenberg, A., **1**, 42^203 (39), 118^164 (79)
Greene, A. E., **7**, 225^105 (207)
Greene, J., **2**, 201^672 (164), 201^672 (164), 302^394 (295T), 511^328 (441); **4**, 309f^2, 328^630 (310), 920^17 (911); **5**, 556f^11, 556f^17, 556f^17; **6**, 1112^125 (1072, 1084)
Greene, P. T., **1**, 537^10b (461, 493, 533), 542^236 (534T), 552^10 (544); **2**, 620^275 (555); **4**, 152^186, 539f^24, 605^22 (516, 517), 605^24 (517)
Greene, R. N., **4**, 507^178 (428), 612^509 (600, 602f), 648^33 (624)
Greenfield, H., **3**, 697^215 (665); **5**, 194f^1, 203f^2; **8**, 222^102 (128, 129T), 607^124 (566, 594T), 611^339 (594T, 595T, 598T)
Greengard, R. A., **2**, 302^348 (284)
Greengrass, C. W., **7**, 224^45 (201)
Greenhough, T. J., **1**, 454^96 (428), 538^47e (473, 520, 535), 538^48 (473, 519, 535), 538^51 (473, 519, 520), 540^158 (510, 534T), 540^184d (519, 535), 541^185 (520, 535T), 552^18 (545); **3**, 84^308 (42), 84^309 (42), 881f^7, 949^191 (875, 879), 1067^34 (966), 1067^39 (967), 1380^34 (1328)
Greenhouse, R., **8**, 770^52 (723T, 732T, 733), 794^23 (786)
Greenlee, W. S., **8**, 550^73 (517)
Greenlow, C. E., **3**, 473^11 (434)
Greenough, T. J., **3**, 83^238 (33)
Greenwood, J. M., **3**, 1073^323a (1021)
Greenwood, N. N., **1**, 302^45 (259, 262), 304^172 (270), 374^117 (323), 376^200 (339), 537^1c (460, 463), 537^5a (460, 462, 488, 489, 490, 491, 512, 513), 537^5c (460, 488, 512), 537^16a (462, 513), 537^16b (462, 513), 537^16c (462, 513), 539^91 (488, 512), 539^93a (488, 492), 539^103b (490, 498, 536), 539^107h (491), 540^129 (498), 540^132 (498), 540^156 (506), 540^168 (513), 540^169 (513, 536T), 540^171 (513), 540^172 (513), 675^296 (614, 622), 719^1 (684, 703, 705), 722^164 (708), 722^193 (712, 714), 752^29 (729); **2**, 517^697 (503), 621^330 (563); **4**, 247f^2, 320^108 (253, 259, 260, 264, 266, 314, 315, 316, 317), 323^312 (278, 301), 324^331 (281), 324^393 (288), 325^450 (294), 611^394 (591), 611^403 (592), 648^43 (628), 649^94 (642); **6**, 226^141 (214T, 215), 227^231 (213, 214T, 215), 840f^56, 944^208 (919, 920T), 944^219 (923), 945^241 (927, 930), 945^242 (929, 928T), 945^246 (928T, 929), 945^247 (928T, 930), 945^248 (928T, 930, 937T), 945^251 (928T, 930), 945^259 (931), 945^265 (933), 945^274 (934T, 935), 945^283 (937T, 938, 939); **7**, 195^49 (163), 225^132 (208, 212), 226^176 (213)
Greer, S., **1**, 374^90 (321); **7**, 196^134 (176), 253^136 (248), 301^164 (295)

Greggio, F., **4**, 649[76] (638)
Gregor, I. K., **3**, 697[208] (664), 1074[410] (1035), 1075[449] (1039), 1076[519] (1055), 1251[279] (1217), 1252[316] (1224), 1252[317] (1224), 1383[193] (1364), 1383[208] (1366), 1383[209] (1366); **4**, 454f[11], 454f[13]; **5**, 275[745] (250); **6**, 226[163] (199, 201T)
Gregor, V., **1**, 456[200] (442)
Gregorio, G., **4**, 963[66] (941); **6**, 261[10] (244); **8**, 98[253] (71), 222[99] (124, 127), 223[176] (201), 362[134a] (297), 364[257a] (325), 457[184] (398, 433), 927[40] (801), 927[49] (801), 931[341] (847)
Gregory, A. R., **1**, 376[201] (340), 376[202] (340)
Gregory, B. J., **2**, 768f[3], 768f[8], 820[181] (807)
Gregory, C. D., **2**, 713f[45], 761[84] (722, 734, 735, 739, 752, 753, 755); **6**, 227[225] (196); **7**, 727[162] (701, 703)
Gregory, G. I., **2**, 622[352] (567)
Gregory, U. A., **4**, 813[234] (727), 1060[194] (1006); **6**, 96[189] (38, 43T)
Gregson, D., **6**, 1114[211] (1099)
Greig, D. R., **5**, 265[83] (19), 265[94] (22)
Greigger, P. P., **4**, 533f[2]
Greiner, J., **2**, 504f[7], 518[714] (505)
Greiser, T., **1**, 41[102] (21), 248[401] (202); **2**, 200[642] (157), 762[123] (738); **3**, 695[93] (655)
Greish, A. A., **4**, 939f[8]
Greiss, G., **1**, 375[154] (331), 375[156] (331), 385f[3], 409[51] (392, 393), 409[53] (392, 393), 409[57] (393), 409[65] (398); **5**, 248f[3], 274[685] (232), 274[690] (234); **8**, 1066[151] (1039), 1070[324] (1060)
Grekova, E. A., **1**, 60f[11]
Grellier, P. L., **2**, 977[431] (953)
Grenaderova, M. V., **1**, 250[535] (224)
Gresham, D. G., **3**, 86[442] (62), 114f[3]; **4**, 507[194] (431, 493), 509[348] (464), 512[479] (494)
Gress, M. E., **4**, 512[472] (492)
Gressely, J., **8**, 95[27] (25, 26, 33)
Gressin, J. C., **8**, 281[118] (267)
Gressner, G., **2**, 200[613] (148)
Greulich, H.-G., **4**, 1059[152] (992)
Greveling, I., **5**, 537[1130] (475T, 477); **8**, 364[220] (320), 496[36] (473)
Grevels, F.-W., **4**, 323[261] (272), 380f[7], 380f[23], 389f[9], 422f[2], 456f[4], 504[11] (381, 388), 504[33] (385, 441, 470), 505[70] (397), 505[71] (397), 506[117] (409), 507[172] (427, 455), 508[239] (441), 508[240] (441), 508[255] (443), 570f[5], 605[9] (514), 609[254] (571), 609[269] (570f, 574), 648[24] (621); **5**, 271[454] (150); **6**, 97[258] (59T, 65, 67); **8**, 455[108] (390), 643[119] (633, 634T)
Greving, B., **2**, 762[139] (745)
Grey, R. A., **1**, 538[63a] (476, 523), 538[77c] (481, 483, 505, 521); **4**, 812[192] (719), 813[261] (737), 963[12] (933), 963[46] (938); **5**, 531[753] (407, 465), 531[754] (407, 465); **8**, 339f[20], 365[286] (328), 367[415] (347)
Greyson, M., **8**, 95[18] (22, 23, 24, 25, 42), 282[144] (272)
Griasnow, G., **1**, 272f[2], 275f[36], 275f[37]; **7**, 158[5] (143), 195[95] (170, 171), 225[104] (207, 212)
Gribble, A. D., **8**, 459[355] (427), 704[38] (683)
Gribov, B. G., **1**, 696f[21], 721[104] (698); **3**, 703[529] (689), 986f[5], 988f[2], 1069[123] (985), 1070[174a] (990), 1070[185a] (992), 1070[194] (999), 1070[200] (999), 1071[202] (1000), 1071[204] (1000), 1071[205] (1000), 1073[365a] (1028)
Gribov, L. A., **6**, 755[1246] (654)
Gribova, V. A., **1**, 302[46] (259)
Grice, N., **4**, 374[37] (339), 460f[7], 510[375] (474), 613[521] (603); **8**, 17[34] (12), 220[31] (110)
Griebel, R., **4**, 810[29] (696)
Griebsch, U., **6**, 187[18] (183T, 185, 187); **8**, 670[103] (653, 656)
Grieco, P. A., **7**, 647[61] (527), 651[276] (573), 727[144] (696), 728[231] (715); **8**, 930[230] (824)
Griehl, W., **8**, 456[149] (396)
Griesshammer, R., **3**, 1381[99] (1341)
Grieveson, B. M., **3**, 545[6] (486)
Griffin, G. F., **3**, 1089f[13], 1156f[4], 1156f[9], 1246[31] (1157), 1327f[3], 1327f[7]

Griffin, I. M., **2**, 624[534] (590), 971[104] (882, 935, 963), 978[501] (962, 963); **7**, 725[56] (674)
Griffin, P. A., **2**, 298[118] (236)
Griffin, R. T., **1**, 732f[1], 753[64] (735)
Griffin, W. P., **8**, 385[27], 455[87] (384)
Griffith, A., **3**, 1115f[6]
Griffith, G. F., **3**, 810f[12]
Griffith, L., **3**, 701[425] (679, 680)
Griffith, W. P., **3**, 944f[2], 944f[3], 948[171] (872), 949[221] (882), 951[361] (940), 1147[110] (1134); **4**, 151[113] (27), 236[180] (182), 659[3] (658), 672f[1], 689[75] (671), 810[6] (693), 1058[51] (973, 975, 999), 1058[52] (973, 974, 975, 976, 980, 999); **5**, 265[112] (24), 520[33] (282, 284), 520[34] (282), 622[82] (557, 612, 620); **6**, 36[175] (32), 283f[4], 343[30] (283), 1019f[53], 1028f[34]
Griffiths, A., **3**, 1100f[12]
Griffiths, A. J., **2**, 949f[1], 976[398] (946, 948)
Griffiths, D. E., **2**, 620[240] (551)
Griffiths, J. V., **1**, 304[187] (270)
Griffiths, R. C., **2**, 882f[18]
Grift, B., **2**, 1019[255] (1007)
Grigg, R., **5**, 404f[37], 521[111] (292, 391), 530[669] (389), 530[670] (389), 530[671] (389), 537[1186] (483, 486), 537[1192] (484); **8**, 455[117] (391), 460[380] (431), 928[147a] (806), 931[322] (846, 889), 934[554] (885)
Grignard, V., **1**, 241[2] (155, 156), 241[28] (157)
Grignon, J., **2**, 618[136] (541); **7**, 511[75] (484)
Grignon-Dubois, M., **2**, 189[137] (32), 299[202] (250); **7**, 648[118] (540)
Grigor, B. A., **6**, 348[347] (322)
Grigoras, M., **8**, 670[124] (658T)
Grigor'ev, V. A., **6**, 942[97] (901)
Grigoreva, L. G., **8**, 668[23] (652)
Grigorizewa, M. S., **6**, 739[178] (501), 739[179] (501), 739[187] (502)
Grigoryan, E. A., **3**, 699[318] (672)
Grigoryan, E. P., **8**, 368[517] (359)
Grigoryan, M. Kh., **8**, 280[17] (232, 239, 249, 253, 255)
Grigoryan, S. G., **8**, 668[13] (657T), 668[14] (657T)
Grigos, V. I., **1**, 455[181] (439)
Gril, J., **2**, 300[259] (265T)
Grilla, G., **2**, 878f[16]
Griller, D., **2**, 194[357] (92), 194[357] (92); **7**, 301[155b] (294)
Grim, S., **2**, 1015[39] (982, 999)
Grim, S. O., **1**, 244[191] (176); **2**, 195[396] (99); **3**, 833f[33], 833f[48], 833f[61], 841f[1], 842f[4], 842f[5], 851f[14], 851f[31], 851f[32], 851f[36], 851f[37], 851f[38], 858f[7], 949[215] (880), 1004f[26], 1252[314a] (1224); **6**, 36[186] (30), 752[1028] (626), 759[1548] (698T); **7**, 726[85] (681)
Grima, J. Ph., **3**, 87[506] (73); **8**, 222[116] (142)
Grimes, H., **4**, 481f[1], 482f[2], 510[396] (480)
Grimes, R. N., **1**, 39[9] (4, 26, 38, 39), 39[10] (4, 29, 30, 30T, 31T, 38, 39), 242[91] (164, 176), 375[140] (330), 375[141] (330), 375[142] (330), 408[2] (381), 409[27] (385, 386, 391), 409[42] (390, 391), 409[43] (391), 409[44] (391, 392), 409[45] (391), 409[47] (391), 409[48] (391, 392), 409[49] (391), 409[50] (392), 420f[21], 452[4] (412, 424, 436, 437, 441, 442), 452[18] (415), 452[20] (417, 421, 427, 432, 433), 453[35] (420), 453[50] (422), 453[51] (422), 453[52] (422, 423), 453[52] (422, 423), 453[53] (422), 453[54] (422, 437), 453[54] (422, 437), 453[55] (422), 453[56] (423), 453[58] (423), 453[79] (427), 454[108] (430, 439), 454[118] (431, 434), 454[118] (431, 434), 454[118] (431, 434), 454[135] (432), 455[145] (434), 455[146] (434), 455[155] (435), 455[162] (436), 455[163] (436), 455[167] (438, 439), 455[167] (438, 439), 455[182] (439), 456[188] (440), 537[4a] (460, 461, 463, 469, 474, 485, 493, 510, 515, 518, 520), 537[4c] (460, 461, 463, 469, 471, 473, 476, 485, 486, 494, 495, 515, 526, 532), 537[4d] (460, 463, 475, 476, 485, 493, 515), 537[6] (460, 463, 481, 517, 520, 530), 537[9] (461, 470, 474, 493), 537[10a] (461, 493), 537[10b] (461, 493, 533), 537[11] (461, 523), 537[12a] (461, 465, 533), 537[12b] (461, 493, 494, 497), 537[14] (462, 474, 475, 493, 499, 500, 517), 537[17a] (462, 463, 490, 492, 507), 537[17b] (462, 463, 490, 491, 492, 496, 497, 505, 507), 537[19] (462, 491,

498, 514), 537²⁰ (462, 473), 537²¹ (462, 473, 490, 505, 506, 536), 538³⁴ (468, 495, 533), 538³⁶ (468, 497, 498), 538³⁷ (469, 507, 536), 538⁴⁰ (470, 495, 497, 533), 538⁴¹ (471, 526, 527, 534), 538⁴² (471, 525, 526), 538⁴³ᵃ (466, 471, 526, 532, 534, 535), 538⁴³ᶜ (471, 481, 526, 534), 538⁴⁴ (472, 473), 538⁴⁹ (473, 478, 481, 532, 535), 538⁵⁷ (474, 475, 478, 481, 493, 497, 499, 523), 538⁶⁰ (465, 474, 485, 526, 531, 532, 534), 538⁶¹ (476, 486, 493), 538⁶⁹ (479, 492, 497, 505), 538⁷⁰ (479, 496, 533), 538⁷⁷ᵃ (481, 483, 486, 496, 501, 505), 538⁷⁷ᶠ (481, 485, 505, 509, 526, 531, 537), 538⁸⁰ (481, 526, 531, 534), 539⁸² (485, 493, 499, 502), 539⁸⁸ (486, 526, 534), 539⁹³ᵃ (488, 492), 539¹⁰⁵ (490, 507, 536), 539¹⁰⁶ (490, 494), 539¹¹²ᵇ (492, 537), 539¹¹³ᵃ (493), 539¹¹³ᵇ (493), 539¹¹³ᶜ (493), 539¹¹⁴ (493, 533), 539¹¹⁵ (493, 494, 500), 539¹¹⁶ (494, 495), 539¹¹⁷ (494, 495), 539¹¹⁸ (494, 500, 533), 539¹¹⁹ (495, 500, 505), 539¹²⁰ (496), 539¹²¹ (496, 533), 539¹²² (496, 533), 539¹²⁵ (497, 533T), 539¹²⁶ (497, 536T), 539¹²⁷ (498, 536T), 540¹³⁴ (499, 533T), 540¹³⁶ (500, 536), 540¹³⁸ (501, 505, 533T), 540¹⁵³ (505, 506, 536), 541²¹⁹ (526, 531), 542²²⁹ (532, 535), 542²⁵⁴ (534, 535), 542²⁵⁵ (535), 542²⁵⁶ (535), 542²⁵⁷ (535), 547f¹, 547f², 552⁹ (544), 552¹⁰ (544), 552¹¹ (544), 552²⁵ (546), 552²⁹ (546), 552³⁰ (547), 553³¹ (547), 553⁴⁸ (549), 553⁶² (550), 553⁶³ (550), 553⁶⁴ (550), 722²¹⁰ (714); **2**, 679³⁵⁶ (668), 680³⁹⁷ (672); **3**, 84²⁵⁴ (35), 84²⁵⁵ (35); **4**, 511⁴⁵⁵ (487); **6**, 224²⁴ (214T, 219), 224⁴⁹ (214T, 219, 220, 221), 225¹⁰⁴ (220, 221, 215T), 226¹³⁴ (214T, 216), 226¹⁸² (214T, 216, 221), 227²³⁴ (213), 227²³⁴ (213), 844f²²⁵, 844f²²⁶, 844f²²⁷, 844f²²⁸, 844f²²⁹, 944²¹² (921, 923, 924), 944²¹³ (921, 923, 924, 934T, 935), 944²¹⁵ (921, 924), 944²¹⁶ (921), 944²¹⁹ (923), 944²²² (923, 924, 934T, 935), 944²²⁴ (923), 944²²⁶ (924), 944²²⁷ (924, 227), 944²²⁸ (925), 944²²⁹ (925), 944²³² (926), 944²³³ (926), 945²⁷³ (934T, 935)
Grimes, S. M., **2**, 616¹⁴ᵃ (522, 535, 553, 608)
Grimm, J. W., **2**, 893f³
Grimm, K. G., **2**, 202⁷¹³ (174); **7**, 654⁴⁴⁴ (598), 654⁴⁵⁸ (600), 654⁴⁵⁹ (600, 601)
Grimme, W., **1**, 306³⁰⁰ (284); **2**, 675⁶¹ (637); **3**, 1076⁵²⁰ᵃ (1055), 1252³¹⁸ (1224), 1252³⁴³ (1230, 1231); **4**, 505⁷⁵ (398); **5**, 537¹¹⁹¹ (484)
Grimmer, R., **4**, 154³⁵² (88), 154³⁵³ (88), 237²¹³ (189, 189T), 237²²³ (189T, 190)
Grinberg, A. A., **5**, 522¹⁹⁷ (302T, 305); **6**, 241¹⁸ (236), 742³⁹⁹ (528), 745⁵⁶⁰ (547)
Grinberg, M. Y., **8**, 642¹⁰⁴ (626, 627T)
Grinberg, P. L., **2**, 297⁶⁵ (226), 297⁷⁹ (229), 297⁸⁰ (229), 297⁸¹ (229, 230), 297⁸⁷ (230), 298¹⁰⁸ (234)
Grinberg, V. I., **1**, 243¹¹⁹ (168)
Grinblat, M. P., **2**, 506³² (403)
Gringauz, A., **7**, 652³⁷¹ (586)
Grinley, D. S., **6**, 840f⁷⁴, 840f⁷⁶, 841f¹²⁴, 842f¹⁵¹
Grinshtein, I. L., **2**, 818⁴¹ (772)
Grinter, R., **3**, 695⁴⁷ (651); **4**, 816⁴⁰⁷ (761); **5**, 275⁷²² (245); **6**, 227¹⁹⁴ (190, 191)
Grintner, R., **4**, 320⁵² (248)
Grisdale, P. J., **1**, 303⁷¹ (265), 305²³⁵ (279), 310⁵⁵² (298), 310⁵⁵³ (298), 376²¹⁵ (343), 376²¹⁶ (343), 376²¹⁷ (343); **7**, 336⁵⁰ᵇ (334), 336⁵⁰ᶜ (334), 336⁵⁰ᵈ (334), 336⁵⁰ᵉ (334)
Grishin, I. A., **3**, 327⁷⁶ (300)
Grishin, Yu. K., **2**, 511³²⁰ (440), 618¹³⁸ (541), 676¹⁴² (645), 974²⁸⁶ (921); **3**, 125f³¹
Griswold, A. A., **8**, 934⁵⁶⁷ (889)
Griswold, E., **3**, 1137f⁴, 1137f⁶
Gritsenko, O. V., **6**, 750⁹⁴⁴ (615)
Grobe, J., **2**, 193³²⁵ (82), 199⁶⁰⁵ (146), 200⁶⁰⁶ (146), 302³⁸⁶ (294), 303³⁹⁹ (295T), 509¹⁶⁸ (419), 514⁴⁷⁶ (461, 462), 514⁴⁷⁸ (462); **3**, 866f⁷, 866f⁷; **4**, 65f⁶¹, 106f⁷, 106f⁸, 106f¹³, 106f¹⁹, 106f²¹, 106f²³, 106f³⁷, 107f⁶⁶, 153²⁶⁹ (68), 234⁶⁸ (167, 184T, 201), 236¹⁹¹ (185, 186T, 200), 238²⁷⁹ (201), 238²⁸¹ (201), 320⁵⁴ (248), 323²⁶⁷ (272, 301), 323²⁸⁷ (276), 324³⁸⁶ (288), 327⁵⁴⁰ (301), 327⁵⁴¹ (301); **6**, 12¹⁰ (4), 34⁹⁴ (21T, 23), 842f¹⁴², 843f¹⁸⁴, 1021f¹⁴⁰

Gröbel, B.-T., **2**, 187⁴⁰ (9), 189¹⁵⁰ (35), 194³⁶⁸ (95), 617⁷⁴ (531); **7**, 5f², 103²⁰² (28), 105³²⁰ (43), 110⁶⁰¹ (95, 96f), 646²⁷ (521, 524), 647⁴⁶ (525), 647⁵¹ (527), 647⁵⁷ (527)
Grobel, G., **7**, 647⁸³ (533)
Grobelny, R., **3**, 697¹⁶¹ (661)
Grodau, D., **2**, 202⁷⁰⁵ (172)
Groenenboom, C. J., **2**, 619²⁰³ (547, 550); **3**, 293f², 326³⁸ (292), 327⁴⁴ (294), 327⁵² (295), 633²⁸⁴ (624), 633²⁸⁵ (624), 633²⁸⁶ (624), 703⁵⁷³ (692, 693), 703⁵⁷⁶ (693), 759f⁶, 768f²⁵, 782²¹⁸ (776), 782²¹⁹ (776), 1068⁵⁸ (972), 1250²¹⁶ (1203); **8**, 1067¹⁷⁰ (1041), 1067¹⁷⁰ (1041)
Grogan, M. J., **6**, 361³⁵ (354), 444¹⁹² (408), 755¹²⁵¹ (654), 755¹²⁵³ (654)
Groh, G., **3**, 460f¹, 460f⁵, 473¹³ (434), 473¹⁴ (437, 463), 645²⁰ (638), 645²¹ᵃ (638); **4**, 373³ (332)
Grohmann, K., **7**, 727¹⁴⁰ (695)
Groizeleau-Miginiac, L., **1**, 680⁶⁴⁷ (652)
Groll, H. P. A., **1**, 752² (725)
Gronchi, P., **5**, 538¹²⁵¹ (499)
Gröne, H., **1**, 251⁶¹⁸ (237)
Gröning, A. B., **6**, 752¹⁰⁷⁴ (633)
Gronowitz, S., **1**, 374⁶⁵ (313), 375¹⁷⁰ (334), 376²²⁵ (346), 376²²⁶ (346), 376²²⁷ (346), 376²²⁸ (346), 376²²⁹ (346), 376²³⁰ (346), 376²³² (346), 376²³³ (346), 376²⁴¹ (347); **2**, 762¹³⁹ (745); **7**, 67f⁷, 74f⁵, 76f², 87f², 87f³, 87f⁵, 109⁵²⁷ (77), 109⁵²⁹ (77)
Groöbel, B.-T., **7**, 96f¹³
Grootveld, H. H., **1**, 241⁵³ (159, 176, 189), 244²⁰⁸ (177, 210, 213, 214); **2**, 970⁵³ (869); **7**, 103²²⁰ (29)
Gropen, O., **1**, 304¹⁶³ (269)
Grosescu, R., **4**, 319²⁹ (246)
Groshens, T., **5**, 273⁵⁸¹ (192, 235); **6**, 141¹⁴⁴ (134, 134T), 278⁶² (277), 469⁵⁴ (465); **8**, 367⁴¹¹ (347), 669⁷³ (658T)
Gross, B., **1**, 249⁴⁷² (214); **7**, 456¹²⁷ (392)
Gross, F. J., **7**, 108⁴⁵⁴ (62)
Gross, H., **7**, 106³⁶⁴ (48), 106³⁶⁵ (48)
Gross, K., **1**, 375¹⁸⁴ (337), 457²⁴⁴ (451)
Gross, K. P., **1**, 453⁴¹ (421), 453⁴¹ (421)
Gross, M., **4**, 151¹¹⁵ (27), 151¹¹⁶ (27), 151¹¹⁷ (27), 234¹⁷ (163), 234²¹ (163, 164), 327⁵⁹⁶ (308); **6**, 792f⁶, 840f⁶¹, 842f¹⁴¹, 842f¹⁴³, 849f⁶ᵃ, 876¹⁹⁵ (800, 807, 816), 876²⁰¹ (807, 808, 816)
Gross, M. E., **2**, 379f²
Grosse, A. V., **1**, 584f², 671⁴⁰ (561, 589, 626, 630, 631, 632)
Grosser, L. W., **8**, 368⁴⁹⁶ (355)
Grosserode, R. S., **7**, 97f²⁰
Grossert, J. S., **7**, 513²¹⁵ (506)
Grossi, A. V., **3**, 698²⁴³ (667)
Grossman, H., **3**, 1311f⁴, 1311f⁷, 1319¹⁴⁸ (1310)
Groszek, E., **1**, 454⁸⁸ (427, 428, 434), 454⁸⁹ (427)
Grote, D., **6**, 757¹³⁸⁰ (672)
Grotewold, J., **1**, 308⁴⁰⁹ (291), 308⁴¹² (291), 308⁴¹³ (291); **7**, 301¹⁵⁵ᵃ (294)
Groth, D. H., **1**, 149⁴ (122)
Groth, W., **4**, 320⁷⁴ (250); **6**, 13⁷³ (8)
Grotjahn, D. B., **7**, 100³⁷ (4)
Grouhi, H., **2**, 507¹⁰¹ (410)
Groutas, W. C., **2**, 199⁵⁸⁹ (144, 174, 183)
Grove, D. M., **4**, 33f³², 50f²¹, 152¹⁵⁶ (40); **6**, 752¹⁰⁴⁵ (629), 759¹⁵⁴³ (695, 696, 699T), 759¹⁵⁴⁴ (695)
Grove, J. R., **2**, 1017¹¹⁷ (995)
Grovenstein, Jr., E., **1**, 115⁴⁶ (50), 115⁴⁷ (50), 120³⁰¹ᵇ (109), 243¹⁴⁴ (172); **7**, 95f⁷
Grovert, M., **6**, 759¹⁴⁹⁵ (685)
Grubb, W. T., **2**, 201⁶⁶⁴ (162)
Grubbs, R., **3**, 1073³²¹ (1021); **4**, 435f¹⁹; **6**, 141¹⁰⁹ (103, 104T)
Grubbs, R. H., **3**, 87⁵¹³ (75), 88⁵¹⁴ (75), 114f⁴, 134f³, 170¹²² (150), 328¹⁷³ (324), 419f⁴, 419f⁷, 419f⁹, 431³¹¹ (421), 431³¹⁴ (421), 557⁶³ (556); **4**, 508²⁷⁶ (446), 512⁴⁸² (495); **6**, 36¹⁹² (23), 94⁸⁷ (59T, 61T, 64, 76), 97²⁵⁸ (59T, 65, 67), 97²⁶³ (59T, 61T, 65, 67, 76, 77), 97²⁶⁴ (59T, 61T, 64, 76, 79), 98²⁸⁹ (61T, 67, 76), 98²⁹⁰

(59T, 61T, 64, 76, 77, 79), 98^{291} (59T, 61T, 64, 76), 98^{292} (59T, 64, 67, 76, 77, 79), 98^{310} (59T, 61T, 64, 76), 98^{335} (75), 143^{266} (109), 143^{266} (109), 143^{267} (109), 739^{191} (502), 743^{469} (535T, 539), 746^{681} (574, 574T); **8**, 365^{297} (330), 454^9 (374, 390), 454^{14} (374), 454^{18} (374), 454^{21} (374), 454^{22} (375), 455^{108} (390), 496^{23} (469), 549^{9d} (500, 512, 515, 516, 519, 525, 536, 538), 549^{37} (504, 508, 509, 510, 520), 549^{37} (504, 508, 509, 510, 520), 549^{43} (504), 549^{45} (504), 550^{48} (510), 550^{52} (512, 514, 523, 531, 536), 550^{66} (516), 550^{78} (517), 550^{79} (518), 550^{88} (520), 550^{100} (525), 550^{102} (526), 551^{118} (531), 551^{121} (532), 551^{127} (535), 605^4 (553, 591), 606^{33} (554), 606^{34} (554, 594T, 597T, 598T, 600T, 602T), 606^{38} (555, 558, 568, 594T), 606^{39} (555), 607^{124} (566, 594T), 607^{132} (568, 594T), 607^{133} (568, 569, 594T), 608^{151} (576, 579, 594T), 608^{152} (576, 579, 594T), 608^{153} (576, 594T), 608^{154} (576, 577, 594T), 609^{217} (601T, 605), 643^{119} (633, 634T), 643^{124} (616, 617, 618, 621T, 624, 638), 643^{125} (638), 644^{178} (624), 644^{178} (624), 794^{16} (779), 795^{57} (779), 1009^{133} (976)
Grube, P. L., **3**, 1383^{201} (1365); **8**, 606^{71} (558), 607^{109} (564), 607^{115} (564)
Grübel, H., **3**, 697^{210} (664, 676)
Gruber, G., **8**, 95^{14} (22, 25, 26)
Gruber, J., **4**, 324^{339} (282), 327^{549} (303, 304, 311)
Gruber, J. M., **7**, 650^{239} (564), 650^{247} (566)
Gruber, S. J., **5**, 531^{724} (398, 399)
Gruber, W. H., **5**, 137f^6, 270^{414} (133)
Grubert, H., **2**, 625^{581} (598), 680^{387} (671); **4**, 760f^2, 816^{446} (766), 816^{447} (766, 768, 769), 1061^{221} (1018); **7**, 107^{436} (58); **8**, 1069^{251} (1051), 1071^{347} (1063)
Grudzinskas, C. V., **7**, 652^{350} (583)
Gruenwedel, D. W., **2**, 1015^{21} (981)
Grugel, C., **2**, 625^{578} (597)
Gruhl, A., **4**, 506^{163} (426, 427)
Gruhl, W., **2**, 360^{10} (307)
Grumley, W., **3**, 1119f^{10}
Grummitt, O., **1**, 285f^2; **7**, 26f^8, 299^{58b} (277), 301^{158b} (294)
Grund, H., **7**, 87f^{12}
Grundke, H., **1**, 286f^{43}, 306^{285} (283), 373^{40} (313)
Grundon, M. F., **7**, 253^{141} (249), 253^{142} (249), 726^{120} (690)
Grundy, G. R., **4**, 1058^{78} (977, 982, 998)
Grundy, K. R., **4**, 237^{247} (193), 811^{68} (700, 741, 744), 811^{79} (701, 712, 808), 811^{80} (701, 712, 808), 813^{247} (732), 1059^{93} (979, 980, 993), 1059^{107} (982), 1059^{110} (983, 984, 994, 1007, 1010), 1059^{114} (984, 1011), 1059^{118} (986, 994, 1014), 1059^{121a} (987), 1059^{121b} (987), 1059^{125} (987), 1059^{153} (993), 1060^{163} (996), 1060^{169} (998); **8**, 292f^9
Gruner, C., **2**, 200^{620} (151)
Grunert, B., **2**, 298^{152} (243)
Grüning, R., **2**, 198^{533} (128), 198^{533} (128), 676^{151} (647), 676^{156} (647), 676^{157} (647)
Grunvald, I. I., **3**, 702^{505} (687)
Grunwell, J. R., **1**, 119^{266} (99), 120^{282} (105)
Grunzinger, Jr., R. E., **1**, 540^{177} (517); **6**, 224^{23} (220, 214T, 215T)
Grusso, F., **3**, 792f^9, 1083f^9, 1260f^9
Gruter, H. F. M., **1**, 244^{194} (176); **2**, 619^{202} (547)
Grutsch, P., **6**, 944^{172} (913T)
Grüttner, G., **1**, 676^{363} (624); **2**, 618^{151} (542), 624^{539} (592), 676^{167} (650), 861^{142} (854); **7**, 108^{442} (60)
Grützmacher, H.-F., **2**, 200^{634} (156), 978^{538} (968)
Grutzner, J. B., **1**, 118^{209} (88), 119^{219} (89, 90T), 245^{230} (179, 180, 182, 185, 186), 245^{236b} (180, 182, 187, 205); **2**, 361^{69} (315), 361^{84} (318); **7**, 107^{438} (58)
Gruznykh, V. A., **5**, 272^{547} (185); **8**, 363^{202} (316), 366^{360} (342), 644^{198} (621T)
Grynkewich, G. W., **3**, 156f^3, 156f^4, 265^{104} (184, 185, 186), 266^{180} (202, 205); **4**, 328^{640} (311); **6**, 943^{121} (905, 906T, 917, 918T), 1112^{152} (1083)
Grzejszczak, S., **7**, 67f^3, 103^{205} (28, 83)
Grzybowska, B., **6**, 180^{54} (157)
Grzybowski, J. M., **3**, 81^{97} (12); **4**, 319^{30} (246)

Gschwend, H. W., **1**, 115^{10b} (44, 53T, 57, 58, 59); **7**, 67f^5, 99f^{36}, 99f^{37}, 104^{269} (34, 40, 67), 104^{273} (34), 105^{294} (40)
Gu, T.-Y. Y., **2**, 193^{345} (89)
Guaciaro, M. A., **7**, 99f^{32}
Guainazzi, M., **3**, 694^9 (648, 649), 695^{36} (650), 786f^{10}; **6**, 12^{10} (4); **8**, 95^6 (21)
Guanti, G., **3**, 1068^{70} (974); **7**, 103^{199} (27)
Guastalla, G., **5**, 265^{60} (14, 40)
Guastini, B., **6**, 742^{391} (527, 538T, 539T)
Guastini, C., **1**, 41^{139} (32, 33T, 34); **3**, 270^{401} (254), 326^{26} (288), 326^{30} (289), 326^{31} (289), 326^{32} (290), 372f^9, 388f^{16}, 429^{166} (373), 429^{182} (373, 394), 429^{188} (377, 378), 630^{104} (574), 633^{312} (615), 699^{300} (672, 679), 699^{301} (672, 682); **6**, 743^{476} (536T, 539T), 744^{483} (538T), 744^{488} (538T), 744^{489} (538T), 744^{490} (538T), 759^{1525} (691); **8**, 280^{37} (238), 281^{96} (262), 669^{35} (651, 658T)
Gubaidullin, L. Yu., **8**, 458^{243} (409), 460^{406} (434), 461^{461} (445), 642^{69} (618, 623T), 704^{29} (674T, 675), 705^{68} (674T, 675), 705^{80} (674T, 675), 706^{118} (674T, 675, 680), 706^{120} (680, 681, 686, 687T), 706^{121} (672, 674T, 678), 706^{133} (691, 692T), 706^{137} (672, 674T, 678)
Gubar, Yu. L., **1**, 720^{73} (691)
Gubenko, N. T., **4**, 387f^5, 422f^8
Gubin, S. P., **3**, 334f^{41}, 334f^{42}, 362f^8, 362f^9, 398f^{33}, 406f^{12}, 428^{121} (362), 428^{122} (362), 428^{123} (362), 428^{126} (363), 986f^5, 1004f^{17}, 1022f^2, 1030f^1, 1069^{123} (985), 1070^{153} (987, 1031), 1072^{276b} (1014), 1073^{322a} (1021, 1031), 1074^{368} (1029), 1074^{372} (1030), 1074^{400b} (1034), 1075^{477} (1045); **4**, 157^{559} (132), 415f^6, 510^{358} (467), 510^{397} (480), 510^{398} (481), 816^{424} (762), 816^{426} (762, 770), 816^{428} (762), 816^{442} (764), 816^{445} (765), 817^{469} (769, 770), 1061^{228} (1018), 1061^{229} (1018), 1061^{242} (1022); **5**, 213f^6, 274^{652} (218), 537^{1181} (482), 538^{1256} (500); **6**, 227^{220} (192), 443^{123} (401), 443^{148} (403), 443^{167} (406), 444^{193} (408, 422), 444^{196} (408), 444^{213} (410), 445^{263} (422), 445^{289} (423), 445^{290} (423), 445^{292} (423), 445^{293} (423), 454^{30} (450), 454^{31} (450), 748^{790} (588), 762^{1701} (736), 987f^{11}, 1020f^{87}, 1028f^{26}; **8**, 1009^{113} (971), 1065^{67} (1023, 1024f), 1066^{108} (1029), 1066^{134} (1037, 1038), 1066^{140} (1037), 1067^{175} (1041), 1069^{247c} (1051), 1069^{253a} (1051, 1056)
Gubitosa, G., **3**, 1248^{131} (1185); **4**, 607^{119} (537, 539f); **8**, 365^{298} (330), 608^{159} (578), 609^{225} (594T, 597T)
Guczalski, R., **8**, 17^{20} (10)
Gudel, H. U., **3**, 945f^7, 945f^8
Guder, H. J., **1**, 704f^5, 704f^6, 704f^7, 722^{174} (710), 722^{176} (710), 722^{177} (710), 732f^9, 753^{44} (733); **2**, 696f^3, 696f^{11}
Guengerich, C. P., **2**, 516^{585} (479)
Guenot, P., **3**, 1076^{507} (1053); **6**, 806f^{29}, 850f^{37}
Guerch, G., **5**, 268^{295} (80), 268^{296} (80); **6**, 187^7 (183T, 184), 187^{10} (183T, 184); **8**, 668^5 (658T), 669^{38} (653, 658T)
Guerchais, J. E., **3**, 699^{285} (671), 736f^8, 736f^9, 737f^5, 745f^{12}, 745f^{13}, 753f^8, 753f^9, 753f^{10}, 767f^1, 767f^2, 767f^7, 768f^{16}, 768f^{17}, 768f^{18}, 769f^{11}, 769f^{13}, 771f^5, 771f^{12}, 772f^1, 780^{135} (745, 757), 1253^{401} (1243); **4**, 536f^{14}, 606^{117} (536f, 537), 818^{547} (782)
Guerin, C., **2**, 17f^{18}, 187^{77} (20), 188^{80a} (20), 195^{399c} (100, 104), 299^{158} (244), 533f^{10}, 624^{511} (587), 625^{561} (594); **7**, 647^{88} (535)
Guerin, P., **4**, 375^{144} (368), 375^{144} (368)
Guerney, P. J., **6**, 749^{874} (602), 749^{875} (602), 753^{1154} (640), 754^{1209} (650T), 756^{1336} (664)
Guérni, C., **1**, 246^{330} (195)
Guerpillon, H., **1**, 676^{392} (625)
Guerra, G., **3**, 546^{61} (501)
Guerra, M., **2**, 515^{572} (477), 976^{416} (950)
Guerra Suarez, M. D., **7**, 462^{460} (439)
Guerreiro, R., **3**, 359f^3, 428^{95} (360), 447f^4, 473^{55} (448)
Guerrieri, F., **6**, 140^{56} (104T, 110), 141^{101} (104T, 108,

118, 121T, 122T), 182[171] (169); **8**, 223[165] (188, 189, 192, 193, 196, 199, 200, 202), 795[49] (782, 786), 795[73] (788)
Guest, M. F., **1**, 304[154] (269), 675[318] (618); **3**, 80[46] (6), 81[54] (6), 81[71] (6), 83[198] (28), 84[276] (40), 84[278] (40), 84[279] (40), 84[280] (40), 989f[2], 1069[138] (987, 1032); **4**, 328[654] (313), 454f[22]; **6**, 12[29] (5), 224[46] (211)
Guggenberger, L. J., **1**, 41[132] (28), 244[221] (178, 179f), 538[73] (480, 524, 525, 535), 539[100] (489, 506, 507, 536T), 539[107d] (491, 536), 540[170] (513, 536T), 739[107a] (491); **3**, 84[264] (37), 85[358] (49, 50), 86[392] (52), 88[537] (77), 103f[1], 103f[2], 135f[1], 150f[2], 168[26] (99), 328[141] (315), 328[155] (320), 328[170] (322), 328[171] (323), 709f[4], 722f[2], 722f[5], 723f[1], 725f[1], 725f[2], 725f[7], 731f[11], 734f[3], 737f[8], 737f[15], 737f[16], 750f[7], 771f[9], 771f[10], 771f[13], 779[52] (709), 779[84] (723), 779[88] (724), 779[90] (724), 780[142] (750, 751), 781[170] (761), 781[171] (761), 781[208] (775, 777, 778), 782[221] (777f, 778f), 833f[9], 842f[1], 1068[67] (974), 1250[220] (1203), 1382[157] (1356); **4**, 153[279] (70), 328[657] (313); **5**, 534[929] (434), 625[315] (589); **6**, 139[17] (104T, 108, 119, 122T), 227[229] (214T, 215), 227[233] (214T, 215), 382[5] (364, 370), 944[192] (917, 918T, 919), 944[194] (916, 917, 918T), 944[210] (920T, 921), 945[263] (933, 934T, 935), 945[282] (936, 937T), 979[7] (949, 951, 958T), 979[9] (949, 951, 958T), 980[17] (951); **8**, 280[23] (233), 281[100] (262), 1067[193] (1043)
Guggolz, E., **3**, 711f[11], 760f[12], 779[56] (710, 761); **5**, 418f[11], 532[813] (361, 416), 539[1303] (361, 416)
Guibe, F., **8**, 937[782] (923)
Guibé, L., **1**, 245[234] (180)
Guichard-Loudet, N., **8**, 385f[9], 389f[6]
Guilard, R., **3**, 1072[295] (1017, 1060); **4**, 387f[12]
Guiliani, G., **3**, 270[424] (262)
Guillaume, P., **7**, 225[99] (206)
Guillemot, M., **8**, 932[394] (852)
Guillerm, G., **2**, 676[140] (643); **7**, 656[574] (623)
Guillerm-Dron, D., **7**, 460[333a] (418), 460[333c] (418)
Guillermet, J., **6**, 180[42] (159T, 162)
Guillet, J. E., **3**, 545[8] (487); **6**, 1041[137] (1013)
Guillory, W. A., **2**, 515[554] (473)
Guindon, Y., **7**, 654[468] (602)
Guingant, A., **7**, 650[262] (570)
Guinot, A., **4**, 508[257] (443, 449), 508[258] (443, 449); **8**, 1008[67] (956)
Guiochon, G., **3**, 1073[323b] (1021), 1073[349] (1025)
Guisto, D., **4**, 151[101] (26)
Guittet, E., **1**, 244[193] (176)
Gulden, W., **7**, 461[431b] (433)
Gulick, Jr., W. M., **3**, 703[571] (692, 693)
Gullotti, M., **8**, 367[425] (348)
Gulyachkina, V. N., **2**, 978[500] (962)
Gum, C. R., **7**, 464[553] (452); **8**, 455[80] (384), 549[10] (501), 643[122] (617, 621T)
Gumboldt, A., **3**, 473[56] (448), 545[22] (490)
Gumerova, V. S., **2**, 299[169] (245)
Gumrükçu, J., **2**, 516[593] (480, 482)
Gunatilaka, A. A. L., **7**, 225[119] (208), 252[26] (231); **8**, 1009[123] (973)
Gund, P. H., **2**, 299[165] (245, 252)
Gund, T. H., **2**, 970[72] (874)
Gunderloy, Jr., F. C., **1**, 152[192] (142)
Gundersen, G., **1**, 146f[6], 152[233] (147), 264f[7], 673[144] (588)
Gundu Rao, C., **7**, 223[16] (199)
Gun'kin, I. F., **1**, 753[74] (737), 753[75] (737); **2**, 972[188] (896), 972[189] (897); **7**, 513[224] (508)
Gunn, D. M., **7**, 142[104] (130), 299[70b] (278, 279), 299[72] (278), 650[240] (564)
Gunning, H. E., **2**, 196[448] (112)
Gunsalas, R. P., **2**, 1019[240] (1005)
Gunthard, H. H., **3**, 703[551] (689, 690)
Günther, H., **3**, 146f[4]
Günther, P., **8**, 549[17] (502), 646[254] (617, 622T)
Gunther, T., **2**, 188[98] (25)
Gunz, H. P., **4**, 180f[3], 235[128] (175, 176, 177, 180, 181)

Gupin, S. P., **6**, 1019f[42]
Gupta, B. D., **2**, 974[272] (919, 920); **5**, 529[627] (378)
Gupta, B. G. B., **2**, 187[60b] (13), 203[746] (183); **7**, 651[295] (576), 658[659] (642), 658[666] (639, 642), 658[668] (639)
Gupta, G., **1**, 722[160] (709); **2**, 189[154] (36), 298[140] (241); **4**, 690[134] (687)
Gupta, N. M., **8**, 282[151] (272)
Gupta, S. K., **1**, 275f[39], 285f[23], 306[293] (283); **2**, 970[45] (869, 870); **7**, 141[33] (117), 141[70] (125), 159[99] (149), 160[159] (157), 195[105] (171), 195[106] (171), 195[107] (171), 195[108] (171), 197[203] (190), 197[205] (191), 197[206] (191, 192), 197[207] (191), 197[210] (192), 224[75] (204), 224[81] (204), 224[82] (204), 225[145] (209), 226[220] (219, 219f), 226[221] (219), 321[11] (306), 322[21] (308), 726[87] (681)
Gupta, V. D., **2**, 510[259] (437, 438, 440, 441, 442, 443), 510[260] (422), 511[323] (440); **3**, 557[16] (550); **4**, 237[257] (196)
Gur'ev, A. V., **6**, 225[96] (202, 203T, 204T, 206), 225[103] (203T)
Gur'ev, N. I., **2**, 515[533] (470, 471)
Gurgiolo, A. E., **1**, 680[654] (652, 667)
Gurovets, A. S., **4**, 964[97] (947)
Gurskii, M. E., **1**, 374[122] (325); **7**, 347[42] (343), 363[27] (357)
Gur'yanova, E. N., **1**, 615f[1], 675[299] (615); **3**, 629[42] (564, 572, 618)
Gusbeth, P., **6**, 1113[188] (1090)
Guschl, R. J., **5**, 270[404] (131)
Guseinov, Sh., **8**, 1067[195] (1043)
Gusel'nikov, L. E., **1**, 42[170] (36); **2**, 186[29] (6), 193[312] (80), 193[312] (80), 193[315] (80), 193[323] (82), 193[327] (83), 201[669] (163), 298[102] (233, 234, 268), 298[103] (233), 516[634] (484), 517[673] (490)
Gusev, A. I., **1**, 455[179] (439); **2**, 301[315] (275); **3**, 698[242] (667), 698[268] (670), 711f[13], 713f[4], 713f[13], 754f[6], 754f[7], 754f[8], 754f[9], 754f[10], 754f[13], 754f[14], 754f[15], 760f[8], 760f[9], 764f[14], 764f[15], 769f[6], 771f[7], 771f[8], 771f[17], 779[58] (712), 779[61] (712), 780[147] (754), 781[187] (765), 781[209] (775); **4**, 511[442] (485), 812[199] (720), 816[440] (764); **6**, 943[111] (904T), 987f[12], 1039[14] (989, 990); **8**, 280[42] (243)
Gusev, B. P., **2**, 978[516] (965)
Guseva, I. V., **8**, 98[219] (61)
Guseva, T. V., **6**, 226[144] (195)
Guss, J. M., **1**, 41[104] (21); **2**, 762[97] (727, 736), 762[98] (728); **3**, 1077[560] (1061); **4**, 508[233] (440), 613[518] (600, 602f), 1061[275] (1029), 1061[276] (1029); **5**, 625[273] (582)
Gussoni, D., **4**, 811[82] (701)
Gust, D., **1**, 258f[6]; **2**, 187[65] (14); **3**, 102f[6], 102f[7], 102f[8], 102f[28]
Gust, G. R., **3**, 1249[180] (1193)
Gustafson, D. H., **4**, 511[460] (489, 490T)
Gustafsson, B., **2**, 763[168] (753)
Gustafsson, K. H., **8**, 1066[152] (1039)
Gustorf, E. A., **4**, 389f[16], 479f[11], 479f[22], 479f[28], 479f[30], 504[4] (380, 392), 505[81] (401, 412, 413, 423), 506[166] (426, 427, 428, 437, 441, 442, 455, 466, 469), 509[293] (449)
Gutekunst, B., **2**, 83f[753]
Gutekunst, G., **2**, 83f[753], 200[627] (153), 200[628] (153), 395[23] (367), 704[1] (683)
Güthlein, P., **1**, 116[49] (51), 243[150] (173, 189)
Guthrie, D. J. S., **5**, 271[473] (157, 160, 161), 271[487] (161)
Guthrie, R. B., **1**, 246[294] (190); **7**, 99[22] (3)
Guthrie, R. D., **7**, 461[398] (428)
Gutierrez, C. G., **2**, 624[538] (591)
Gutierrez, R., **8**, 341f[10]
Gutierrez-Puebla, E., **2**, 937f[1], 937f[2], 975[365] (936)
Gutmann, V., **1**, 246[309] (193), 373[33] (313); **2**, 509[164] (418), 619[176] (545); **3**, 398f[9], 946[25a] (809); **6**, 738[104] (492)
Gutoff, R., **2**, 361[101] (323)
Gutowski, F. D., **1**, 244[206] (177, 194); **7**, 106[345] (47)

Gutowsky, H. S., **1**, 583f[3], 671[9b] (557, 562, 594, 624); **2**, 860[32] (831), 860[33] (831, 854); **3**, 102f[14], 104f[6], 168[31] (99)
Gutowsky, R., **2**, 186[29] (6), 193[327] (83)
Gutpa, B. D., **5**, 270[381] (119)
Gutsche, E., **3**, 1141f[3]
Gutsev, G. L., **6**, 141[151] (128)
Guttenberger, J. F., **3**, 819f[26], 819f[27], 1051f[5], 1288f[3]
Guttman, J. Y., **3**, 545[8] (487)
Guy, J. J., **1**, 41[160] (35), 41[161] (35); **4**, 512[494] (498), 1058[43] (972, 1052), 1062[318] (1038), 1063[393] (1054), 1063[394] (1054), 1063[395] (1054)
Guy, R. G., **3**, 1251[253] (1213, 1219); **5**, 272[525] (177, 226); **6**, 361[40] (355), 361[40] (355), 442[97] (399), 442[98] (399), 747[693] (577), 747[694] (577, 580), 750[926] (614T, 715T), 760[1584] (704, 705, 708f), 760[1585] (704, 708f, 714)
Guyot, A., **8**, 608[205] (592, 594T)
Guzeinov, Sh., **4**, 239[343] (206, 207T, 208, 212T)
Guziec, Jr., F. S., **1**, 244[201] (177)
Guzikowski, A. P., **4**, 511[456] (488, 491)
Guzman, E. C., **3**, 1147[97] (1129, 1130), 1147[98] (1129)
Guzman, I. Sh., **3**, 327[62] (298), 473[16] (437), 547[114] (537, 539), 547[115] (537); **8**, 708[217] (702)
Guzman, L. Sh., **3**, 327[62] (298)
Gverdtsiteli, I. M., **2**, 300[221] (255T, 288)
Gverdtsiteli, M. G., **7**, 347[42] (343)
Gvinter, L. I., **8**, 311f[13], 311f[15], 312f[28]
Gwynn, B. H., **7**, 455[21] (376)
Gygax, P., **7**, 650[214] (559)
Gynane, M. J. S., **1**, 721[126] (701), 721[127] (701), 721[136] (702), 721[137] (702), 721[140] (702, 707); **2**, 194[381] (96), 194[385] (96, 129), 194[386b] (96), 194[386c] (96, 129), 198[538] (129), 198[539] (129), 434f[6], 505f[5], 505f[6], 507[54] (404, 420, 424, 473, 475, 476), 509[191] (422, 438, 473, 474, 475, 477), 515[565] (474, 480, 481, 482, 490, 505), 620[258] (554), 625[559] (594), 625[572] (596), 704[4] (683); **3**, 629[47] (567, 586, 607, 608); **6**, 741[316] (518, 521); **8**, 1104[11] (1075, 1079)
Györi, B., **4**, 610[365] (587)
Gysling, H. J., **3**, 263[7] (174), 265[133] (190), 267[211] (210); **6**, 944[166] (913T)

H

Haag, A., **2**, 571f[1], 571f[1], 622[383] (570), 622[385] (570), 705[59] (688, 690); **7**, 300[122] (287), 300[123] (287)
Haag, W., **3**, 807f[6], 809f[11], 1087f[5]
Haag, W. A., **8**, 608[201] (590, 591)
Haag, W. O., **8**, 361[62] (288), 607[87] (560), 607[136] (569), 607[140] (569, 570, 573, 589, 597T), 608[149] (573, 597T), 610[274] (597T, 602T), 610[275] (597T, 600T), 610[276] (597T)
Haage, K., **1**, 647f[4], 678[459] (631), 680[590] (647, 661), 680[601] (648), 680[602] (648), 682[737] (581); **7**, 406f[1], 406f[5], 406f[6], 409f[1], 456[88] (385, 401, 406, 407, 409, 410), 458[201] (400, 441), 459[248] (408), 461[436] (434)
Haak, P., **7**, 649[192] (556)
Haaker, R., **4**, 238[265] (198)
Haaland, A., **1**, 40[56] (14), 40[76] (17), 41[106] (22), 41[108] (22, 33T), 41[109] (22, 32, 33T), 41[110] (22), 41[150] (32, 33T, 34), 46f[1], 125f[9], 125f[15], 125f[17], 126f[1], 126f[3], 146f[2], 146f[3], 146f[4], 146f[6], 149[1] (122, 127), 149[27] (122, 145, 147), 150[100] (126), 152[205] (145), 152[206] (145), 152[213] (145), 152[215] (145), 152[225] (146), 152[226] (146), 152[228] (146), 152[230] (147), 152[233] (147), 248[410] (203, 205), 248[415] (205), 409[33] (386), 673[140] (585, 588), 673[143] (588, 616), 673[144] (588), 673[145] (588), 673[146] (588, 616), 673[147] (588), 674[256] (606), 674[257] (606), 720[23] (686), 720[25] (686), 720[27] (686); **2**, 625[582] (598), 680[391] (671), 859[17] (828); **3**, 83[205] (30), 83[244] (35), 699[302] (672), 699[324] (673); **4**, 155[411] (114), 155[412] (114), 463f[5], 479f[5], 480f[1], 480f[3], 510[389] (476), 510[390] (477), 816[395] (760); **5**, 275[719] (244); **6**, 227[190] (190); **8**, 1064[3] (1015), 1064[4] (1015), 1064[5] (1015)
Haaland, G. L., **1**, 40[77] (17)
Haarland, A., **3**, 1068[51] (970, 971), 1069[130] (986)
Haas, A., **2**, 202[690] (167, 168), 908f[19], 949f[4], 976[392] (942), 976[417] (950), 977[473] (959); **4**, 107f[58], 107f[61], 324[340] (282), 324[351] (283)
Haas, C. K., **2**, 189[125] (29), 189[133] (32), 202[706] (172), 296[9] (207), 977[455] (957), 977[462] (957, 958), 977[466] (958); **7**, 726[76] (677)
Haas, F., **8**, 549[17] (502), 549[18b] (502)
Haas, H., **3**, 695[45] (651), 1379[7] (1323), 1382[170] (1361); **4**, 12f[2], 12f[10], 150[25] (7), 150[56] (18), 150[57] (18), 319[24] (246, 291), 325[417] (291)
Haas, M. A., **8**, 1010[163] (983, 986, 988, 996), 1010[175] (986)
Haase, D. J., **8**, 17[44] (15)
Haase, J., **1**, 420f[17]
Haase, L., **7**, 106[365] (48)
Habeeb, J. J., **1**, 720[14] (685), 720[15] (685), 721[131] (702, 707, 710), 723[263] (718), 723[264] (718), 723[265] (718); **2**, 619[195] (547), 860[66] (836, 837), 861[146] (855); **6**, 98[311] (45, 50T, 54T, 55T, 56T, 57T, 58T, 65), 346[257] (314)
Haber, J., **6**, 180[54] (157)
Haberland, D., **8**, 364[211] (318)
Habib, M. M., **8**, 367[447] (351), 367[448] (351)
Häbich, D., **1**, 246[327a] (194); **2**, 190[212] (49); **7**, 649[156] (550), 655[528] (613)
Habrish, D., **8**, 938[805] (926)
Habu, H., **2**, 713f[44], 761[58] (721, 750)
Hach, V., **7**, 160[158] (157)
Hachem, K., **8**, 769[47] (723T, 734)

Hackbarth, J. J., **5**, 555f[19], 556f[10]; **6**, 93[36] (93), 945[240] (927, 929), 945[243] (928T, 929)
Hackelberg, O., **3**, 701[452] (682); **6**, 748[818] (591)
Hacker, M. J., **5**, 316f[8], 404f[24], 522[178] (300, 305, 314, 383, 384); **6**, 751[977] (619)
Hacker, N. P., **7**, 658[653] (640)
Häckert, H., **1**, 249[484] (216); **3**, 327[98] (307), 630[132] (579)
Hackett, P., **3**, 695[98] (655), 965f[7], 966f[9], 1067[18] (961), 1067[22] (962), 1077[581] (1064), 1187f[16], 1187f[18], 1189f[19], 1247[93] (1176), 1337f[17], 1338f[19], 1380[47] (1331, 1332); **6**, 841f[109], 850f[7], 850f[8], 1018f[5], 1027f[4], 1031f[2], 1039[51] (995, 997, 1004), 1061f[5], 1111[49a] (1052, 1053, 1084, 1087), 1111[82] (1063)
Haddad, H., **2**, 302[341] (283), 302[342] (283), 302[343] (284)
Haddock, S. R., **2**, 943f[6]
Haddon, R. C., **1**, 41[141] (32, 33T, 34), 118[178] (81)
Haddon, W. F., **2**, 202[697] (169), 974[295] (923)
Hadek, V., **5**, 526[405] (342, 343)
Hademer, E., **4**, 939f[17]; **8**, 339f[9]
Hadicke, E., **4**, 157[537] (130)
Hadjiandreou, P., **3**, 546[62] (503, 539)
Hadjmirsadeghi, F., **7**, 108[484] (69)
Hadsell, E. M., **2**, 188[107] (27)
Haeberlen, V., **4**, 319[29] (246)
Haecker, W., **1**, 152[179] (140), 152[185] (140)
Haehle, J., **3**, 922f[3], 922f[6], 933f[3]
Haehnke, M., **2**, 299[179] (246)
Haenisch, U., **4**, 815[335] (751)
Haertner, H., **8**, 364[235] (323)
Hafner, K., **1**, 251[590] (232); **4**, 608[221] (563); **7**, 727[143] (696)
Hafner, W., **3**, 697[185] (663), 699[307] (672), 786f[7], 799f[2b], 971f[2], 978f[4], 1068[79] (977, 999), 1086f[2b], 1263f[2b]; **6**, 362[54] (358), 442[115] (401), 442[117] (401), 453[9] (448), 758[1465] (679), 760[1615] (714), 1018f[2]; **8**, 220[4] (103), 927[29] (800, 835, 883), 927[83] (803, 809)
Haftendorn, M., **6**, 753[1151] (640)
Haga, K., **7**, 458[221] (403)
Haga, M., **5**, 533[867] (425, 441), 533[869] (426), 624[199] (568, 601)
Haga, M. A., **5**, 353f[11], 526[448] (348, 434)
Hagaman, E., **7**, 99[15d] (3)
Hagelee, L., **5**, 534[953] (440); **8**, 669[81] (665)
Hagelee, L. A., **1**, 377[289] (353), 379[409] (364), 379[410] (364), 379[412] (364); **7**, 301[173b] (297), 346[30] (341)
Hageman, R. V., **8**, 365[303] (332)
Hagen, A. P., **3**, 966f[1], 1004f[24], 1080f[9], 1188f[1], 1256f[8], 1338f[1]; **4**, 319[11] (245, 278); **5**, 5f[4]; **6**, 1110[17] (1045), 1110[41] (1050), 1114[227] (1108)
Hagen, D. F., **1**, 682[722] (669)
Hagen, G. P., **2**, 679[359] (668); **3**, 807f[2b], 807f[3], 829f[4], 946[15] (794), 1087f[2], 1087f[3], 1264f[2b], 1264f[3], 1317[33] (1279, 1280); **6**, 840f[53], 1061f[7], 1061f[9], 1110[27] (1046, 1063), 1110[28] (1046, 1063)
Hagen, J., **8**, 365[315] (337)
Hagen, J. P., **3**, 809f[1], 809f[2], 809f[3]
Hagen, V., **2**, 299[209] (251T), 301[289] (270)
Hagena, D., **7**, 511[69] (484)
Hagenbach, A., **8**, 368[472] (354)

Hagenbuch, J. P., **8**, 935^{628} (898)
Hager, G. D., **4**, 816^{411} (761)
Hagihara, N., **1**, 247^{344a} (196); **3**, 419f^{17}, 419f^{18}, 698^{238} (666), 699^{315} (672, 679), 701^{426} (679, 680), 701^{428} (679, 680); **4**, 607^{164} (547); **5**, 137f^{16}, 186f^{7}, 186f^{9}, 186f^{12}, 229f^{12}, 240f^{4}, 255f^{2}, 265^{90} (20), 270^{407} (132, 208), 274^{682} (232), 274^{683} (232), 274^{708} (239), 275^{773} (254), 366f^{2}, 528^{519} (363), 530^{692} (395), 532^{805} (416), 536^{1110} (473); **6**, 34^{41} (19T, 21T, 26), 34^{53} (19T, 21T, 26), 93^{34} (80), 95^{158} (59T, 65, 66, 79), 97^{222} (85, 91T), 97^{234} (85), 98^{336} (79), 98^{336} (79), 99^{389} (60T, 69, 71), 260^{2} (243, 245), 261^{35} (245), 261^{36} (245), 261^{38} (246), 263^{160} (257), 263^{170} (257), 263^{171} (257), 344^{142} (304, 305), 346^{241} (312, 313, 334T), 348^{392} (329), 362^{48} (357), 362^{49} (357), 362^{50} (357), 362^{51} (357), 468^{28} (459), 740^{287} (516, 527), 742^{374} (525, 706), 742^{377} (525, 706), 742^{392} (527), 744^{542} (546), 745^{556} (547), 760^{1607} (712); **8**, 305f^{42}, 364^{253} (324, 328), 397f^{10}, 430f^{1a}, 430f^{1b}, 435f^{15a}, 435f^{15b}, 439f^{6a}, 439f^{6b}, 439f^{6c}, 456^{155} (396, 431, 434, 435), 456^{168} (396, 431, 434, 435, 452), 459^{359} (431, 434, 435), 460^{390} (433), 461^{429} (437), 606^{46} (555), 606^{64} (558, 596T), 607^{98} (562), 769^{10} (723T, 732, 734), 769^{22} (723T, 734, 737), 769^{23} (723T, 732, 734), 795^{96} (794), 795^{96} (794), 931^{301} (844), 931^{302} (844, 846, 848, 849), 931^{345} (847), 932^{380} (850), 932^{381} (850), 932^{406} (853), 937^{723} (912), 937^{729} (913, 914), 937^{781} (923), 1010^{216} (1005), 1066^{149} (1039), 1066^{150} (1039)
Hagiwara, K., **3**, 269^{344} (234, 235)
Hagiwara, N., **8**, 439f^{7}, 460^{389} (433), 461^{434} (439)
Hagiwara, T., **2**, 191^{261} (64), 191^{262} (64), 860^{73} (838)
Hagley, V. S., **5**, 622^{91} (559)
Hagnauer, H., **2**, 820^{139} (793), 944f^{10}; **6**, 748^{752} (585)
Hagul, F., **3**, 86^{434} (62)
Hahara, T., **8**, 938^{796} (925)
Hahiguchi, S., **8**, 932^{372} (850)
Hähle, J., **3**, 922f^{10}, 924f^{1}, 1068^{74} (976)
Hahn, H., **1**, 42^{189} (37)
Hahn, J., **1**, 380^{472} (371)
Hahn, K., **8**, 711^{375} (701)
Hahn, W., **2**, 201^{675} (164)
Hahnfeld, J. L., **7**, 90f^{2}, 110^{579} (88)
Hähnlein, W., **1**, 247^{355} (198)
Hahori, M., **3**, 279^{48} (275)
Haiduc, I., **1**, 373^{15} (313), 752^{15} (726, 749); **2**, 622^{410} (572), 622^{411} (573), 677^{245} (656), 678^{294} (662); **4**, 507^{212} (437), 607^{134} (539f, 540); **6**, 139^{12} (133T, 134T, 135, 136)
Haigh, G. B., **1**, 453^{31} (419, 420)
Haight, G. P., **3**, 1137f^{16}
Hails, M. J., **6**, 945^{259} (931), 945^{265} (933)
Haimann, A., **8**, 935^{576} (890, 891)
Haines, C. F., **3**, 269^{374} (243)
Haines, L. I. B., **4**, 150^{19} (7, 19)
Haines, L. M., **1**, 259f^{21}; **3**, 948^{104} (843); **5**, 299f^{9}, 299f^{11}, 317f^{12}, 404f^{21}, 522^{158} (298, 314), 522^{160} (298, 382, 441, 498), 536^{1105} (470, 474T, 475T), 536^{1116} (473, 474T, 475T, 476, 489), 556f^{6}, 627^{403} (600)
Haines, R. G., **1**, 273f^{29}
Haines, R. J., **3**, 851f^{43}, 965f^{6}, 1179f^{2}, 1179f^{3}, 1179f^{5}, 1187f^{17}, 1247^{102a} (1179, 1183), 1247^{102b} (1179, 1183), 1247^{102c} (1179, 1183), 1248^{138} (1186), 1248^{145} (1186), 1337f^{18}; **4**, 156^{508} (126), 321^{174} (262, 274, 283), 324^{331} (281), 324^{335} (281), 324^{336} (281), 324^{347} (283), 324^{393} (288), 325^{445} (293), 536f^{2}, 605^{43} (519), 606^{53} (520), 606^{54} (520, 585), 606^{59} (520), 606^{63} (522, 595), 606^{112} (533f, 536, 536f), 610^{341} (585), 611^{425} (593), 611^{432} (593), 612^{446} (536f, 594), 612^{447} (594), 612^{453} (595), 648^{64} (635), 817^{520} (776, 802), 817^{521} (776, 777, 779), 818^{525} (777, 784, 785, 791, 792, 793), 819^{639} (802), 928^{19} (925); **6**, 739^{189} (502), 741^{353} (522), 782f^{1}, 782f^{2}, 840f^{62}, 843f^{214}, 844f^{246}, 844f^{247}, 850f^{40}, 850f^{41}, 850f^{44}, 870f^{97}, 875^{108} (777), 875^{117} (780, 799), 875^{122} (781, 813), 875^{123} (781, 813, 819), 876^{212} (813), 877^{234} (820), 877^{235} (820); **8**, 549^{32} (504, 505), 550^{87} (520)
Haines, R. L., **4**, 819^{598} (794)
Hair, M. L., **4**, 689^{58} (669)
Hair, N. J., **6**, 754^{1205} (649T, 650T, 654); **7**, 224^{45} (201)
Hairullina, R. Z., **8**, 609^{243} (595T)
Haitko, D. A., **3**, 120f^{2}, 1131f^{9}, 1246^{28} (1157), 1312f^{9}, 1380^{24} (1326)
Hajek, B. F., **2**, 1017^{130} (997)
Hajos, A., **7**, 194^{22} (162, 163)
Hakansson, R., **7**, 74f^{5}
Hakim, R., **2**, 353f^{1}
Halasa, A. F., **3**, 547^{109} (537); **7**, 8f, 8f^{1}, 463^{530} (450); **8**, 341f^{7}, 341f^{9}, 341f^{10}, 1067^{165} (1041)
Halaška, V., **1**, 118^{180} (81)
Halazy, S., **7**, 98f^{3}
Halbert, T. R., **4**, 325^{434} (293); **5**, 530^{661} (387)
Hales, L. A. W., **4**, 689^{80} (672), 1058^{61a} (974, 975, 976, 992), 1058^{62b} (974), 1058^{62c} (974)
Halfpenny, J., **2**, 908f^{3}, 908f^{13}, 908f^{14}, 912f^{17}, 971^{118} (885, 935), 971^{120} (885), 974^{284} (920, 921, 935), 976^{379} (913, 941)
Halfpenny, M. T., **4**, 811^{72a} (700), 886^{149} (872)
Hälg, P., **8**, 497^{86} (485)
Halgren, T. A., **1**, 452^{3} (412), 454^{132} (431)
Hall, B., **1**, 40^{81} (17, 18, 18T), 152^{236} (147)
Hall, C. C., **8**, 96^{108} (42, 58), 220^{3} (103)
Hall, C. D., **4**, 511^{466} (489); **7**, 457^{133} (393)
Hall, C. G., **1**, 150^{58} (123)
Hall, C. R., **7**, 108^{447} (61)
Hall, D., **3**, 1249^{177} (1192); **4**, 309f^{13}, 328^{632} (310), 328^{633} (310), 811^{115} (708), 920^{19} (911), 920^{20} (911), 1059^{112} (984, 986, 994, 996), 1061^{251} (1023); **6**, 241^{4} (234), 980^{69} (968, 971T), 980^{70} (968, 971T, 978T), 1085f^{13}, 1111^{87} (1064), 1113^{189} (1090)
Hall, D. I., **5**, 533^{887} (429), 533^{888} (429); **6**, 753^{1148} (640), 757^{1371} (670)
Hall, D. N., **5**, 273^{601} (199)
Hall, D. W., **8**, 1069^{273} (1055)
Hall, E. A., **6**, 277^{5} (266)
Hall, F. C., **1**, 671^{7} (557, 612)
Hall, F. M., **3**, 788f^{1}, 946^{4} (785), 1081f^{1}, 1146^{4} (1080), 1258f^{1}, 1316^{4} (1257)
Hall, G. E., **3**, 169^{111} (146)
Hall, G. S., **6**, 14^{85} (9)
Hall, Jr., H. T., **3**, 1075^{472} (1043), 1075^{473} (1044), 1075^{474} (1044); **7**, 101^{76} (11); **8**, 1065^{96a} (1027), 1066^{131} (1035)
Hall, J. A., **2**, 201^{686} (166)
Hall, J. E., **7**, 8f^{1}
Hall, Jr., J. H., **1**, 452^{3} (412)
Hall, J. L., **6**, 261^{58} (248); **8**, 769^{18} (722T, 723T, 732)
Hall, J. R., **1**, 262f^{9}, 720^{64} (690); **6**, 261^{69} (248), 747^{710} (582), 747^{728} (583, 589), 747^{729} (584), 747^{730} (584), 747^{731} (584), 747^{732} (584), 747^{733} (584), 747^{734} (584), 747^{737} (585), 748^{760} (586, 588), 748^{767} (585, 587, 588), 748^{769} (585), 748^{770} (585), 748^{771} (585), 748^{772} (585), 748^{792} (588, 588T, 589, 589T), 748^{794} (588), 748^{795} (588), 748^{799} (589), 748^{802} (589), 748^{803} (589), 748^{805} (589)
Hall, L. D., **3**, 863f^{8}, 863f^{9}, 863f^{10}; **4**, 52f^{80}, 52f^{81}; **6**, 34^{64} (22T)
Hall, L. W., **1**, 256f^{5}, 262f^{31}, 262f^{34}, 263f^{4}, 267f^{3}, 302^{15} (256), 302^{33} (259, 263), 302^{34} (259), 303^{104} (268), 303^{118} (268), 303^{120} (268), 303^{126} (268), 456^{212} (444), 538^{75b} (480, 496, 500), 539^{95b} (489, 505, 506); **6**, 944^{214} (921, 924, 930, 934T, 935), 945^{253} (930)
Hall, M. B., **1**, 118^{175} (81); **3**, 80^{29} (4, 5, 12), 81^{67} (6, 10), 81^{70} (6, 8), 81^{71} (6), 81^{86} (9), 81^{113} (12), 84^{278} (40), 84^{280} (40), 700^{363} (674), 946^{7c} (791), 947^{103} (843, 844); **4**, 97f^{27}, 106f^{38}, 154^{343} (86, 99), 323^{311} (278, 300), 326^{484} (297), 454f^{22}, 533f^{4}, 606^{62} (522);

Hall, **5**, 267²⁴⁷ (65); **6**, 14¹³⁵ (5), 228²⁴⁵ (192, 193), 876¹⁹² (800, 817), 876¹⁹³ (800, 817)
Hall, N. J., **3**, 1131f¹
Hall, P. W., **6**, 747⁶⁸⁵ (574, 577), 747⁷⁰² (580)
Hall, R. A., **3**, 1067⁴ᵇ (955, 1006); **8**, 1070³³²ᵃ (1061)
Hall, R. E., **1**, 674²²⁶ (600)
Hall, R. F., **8**, 937⁷⁷⁵ (921)
Hall, S. R., **4**, 508²⁷³ (446)
Hall, S. S., **7**, 26f¹⁴, 103²⁰¹ (27), 103²⁰¹ (27), 103²¹⁹ (29), 103²¹⁹ (29)
Hall, T. C., **8**, 930²⁸⁰ (839)
Hall, W. K., **8**, 97¹⁷⁶ (56, 57), 550⁹¹ (521, 531)
Hall, W. T., **3**, 754f¹⁷, 754f¹⁸, 754f¹⁹, 780¹⁴⁸ (754)
Hallab, M., **2**, 200⁶²⁰ (151), 200⁶²²ᵃ (152)
Hallam, B. F., **4**, 324³⁸¹ (288), 435f⁶, 506¹⁶⁴ (426)
Hallberg, A., **7**, 87f³, 87f⁵
Halle, L. F., **8**, 550⁶⁸ᵇ (516, 529)
Hallenbeck, L. E., **1**, 681⁶⁸¹ (660)
Hallensleben, M., **7**, 108⁴⁷⁸ (67)
Haller, D. A., **2**, 631f¹³, 675⁸¹ (638)
Haller, G., **3**, 1073³⁵⁸ (1026)
Haller, K., **2**, 387f², 396¹⁰³ (385)
Haller, K. J., **1**, 538³⁹ (470, 491, 537); **6**, 944²⁰⁶ (919, 920T), 944²⁰⁷ (919, 920T)
Hallgren, J. E., **5**, 271⁵¹¹ (169, 170, 173); **7**, 656⁵⁷⁶ (623); **8**, 935⁶³² (899), 936⁶⁶⁹ (904)
Halliday, D. E., **8**, 435f¹³, 435f²⁰, 435f²¹, 449f⁴, 460⁴¹³ (434), 460⁴¹⁴ (434), 460⁴¹⁵ (434, 447), 461⁴²⁷ (436, 438, 447, 450), 704³ (691, 692T, 693T), 935⁵⁸² (891)
Hallman, P. S., **4**, 812¹⁷² (717, 722, 723, 725, 737, 748), 962⁷ (932, 946), **5**, 527⁴⁵⁸ (351)
Hallpap, P., **3**, 1147⁷⁵ (1113)
Hallwachs, W., **1**, 670¹ (557)
Halpern, H., **5**, 623¹⁵⁵ (565)
Halpern, J., **1**, 310⁵⁵⁰ (298); **2**, 1018²²⁷ (1004); **3**, 87⁴⁷² (67); **4**, 689⁶⁸ (670, 674), 689⁷¹ (670, 674), 810¹⁶ (694), 814²⁷⁵ (741), 814²⁷⁶ (741), 962² (932, 939), 962⁴ (932, 939); **5**, 265⁶⁰ (14, 40), 269³²⁶ (91), 269³⁴² (101, 114, 116), 269³⁶⁰ (109, 110, 153), 270⁴³⁴ (140, 142), 271⁴⁶² (153), 530⁶⁵⁴ (386), 531⁷¹⁶ (397), 531⁷¹⁷ (397, 433), 531⁷⁴³ (406), 531⁷⁴⁵ (406), 533⁹¹⁶ (433, 490), 534⁹¹⁷ (433, 490), 538¹²¹⁵ (490), 622⁵⁷ (550, 582); **6**, 262¹²⁶ (254), 262¹²⁷ (254), 738¹⁰⁹ (493), 741³¹⁰ (518), 741³³⁰ (519), 742³⁷² (524), 745⁵⁶⁶ (551), 751⁹⁹⁵ (621, 629), 752¹⁰⁴⁴ (629), 752¹⁰⁶⁷ (633), 757¹⁴²⁰ (673), 759¹⁵³⁰ (692, 694, 700); **7**, 336⁴⁹ (334), 511⁸⁵ (485, 486, 487), 512¹¹¹ (490), 729²⁷³ (723); **8**, 17³³ (12), 99³¹³ (90, 91), 280⁵⁵ (247), 292f³⁸, 298f⁴, 317f⁷, 361⁴² (287), 361⁵⁹ (288, 320, 321), 362⁸³ (289), 362⁸⁹ (290, 294), 362¹⁰⁹ (294), 363¹⁶⁸ (302), 363¹⁹⁷ (315), 363²⁰⁵ (317), 363²⁰⁶ (317, 320), 364²¹³ (318), 364²¹⁴ (318), 364²¹⁵ (319), 364²²⁵ (321), 496¹³ᵃ (466, 467), 496¹³ᵇ (466, 473), 496³⁷ (473), 496⁴⁰ (474, 475, 476), 496⁴¹ (474)
Halpern, Y., **2**, 894f¹⁴, 972¹⁶⁵ (892), 972¹⁹⁰ (897)
Halsall, T. G., **7**, 252⁷⁴ (239)
Halstead, G. W., **1**, 540¹⁸⁰ (517, 535T); **3**, 263⁵ (174, 180, 182, 184), 269³⁷⁵ (243), 270⁴¹⁹ (260)
Halstenberg, M., **1**, 409¹⁴ (383, 405, 406); **2**, 200⁶¹⁸ (149); **7**, 654⁴⁸⁷ (604)
Halterman, R. L., **7**, 300⁹⁵ (282)
Haltiwanger, K., **6**, 361²⁸ (353)
Haltiwanger, R. C., **3**, 1249¹⁸³ (1194); **4**, 1062³³⁷ (1042); **8**, 365²⁸⁹ (329)
Halverson, A. W., **2**, 1018²³⁹ (1005), 1019²⁴⁰ (1005)
Halvey, N., **7**, 26f³
Halvorsen, S., **1**, 673¹⁴⁶ (588, 616)
Ham, N. S., **6**, 748⁷⁶⁰ (586, 588)
Ham, P., **8**, 1010²⁰³ (1000), 1010²⁰⁸ (1003), 1011²³¹ (1003)
Hamada, A., **5**, 274⁶⁹⁵ (235)
Hamaguchi, F., **7**, 14f⁵
Hamai, S., **8**, 97¹⁵⁸ (51)
Hamamura, **8**, 772²¹⁸ (715T)

Hamaoka, T., **7**, 141⁵⁵ (121), 141⁵⁶ (122), 141⁵⁷ (122), 141⁵⁸ (122), 197²¹³ (192), 197²¹⁴ (192), 322¹⁵ (307), 322¹⁶ᵃ (307)
Hamaoki, K., **7**, 652³⁷¹ (586)
Hambley, T. W., **4**, 819⁵⁹³ (792)
Hambling, J. K., **7**, 455⁴¹ (380)
Hambrecht, J., **5**, 531⁷⁷⁴ (410)
Hambrick, D. C., **3**, 1072²⁹⁸ (1017)
Hamciuc, V., **2**, 302³⁵¹ (285)
Hamdan, A., **7**, 99f³⁷
Hamdy, M. K., **2**, 1017¹⁴⁴ (998), 1017¹⁴⁵ (998), 1020³¹³ (1006f)
Hamed, A., **4**, 1059⁹⁶ (981)
Hameister, A. H., **4**, 664f¹
Hameister, C., **4**, 819⁶⁰⁹ (795)
Hamer, G., **5**, 555f¹, 621²¹ (547); **8**, 362¹⁰² (294)
Hames, B. W., **4**, 157⁵⁷² (134, 136)
Hamill, B. J., **2**, 192²⁶⁴ (65)
Hamilton, A. L., **5**, 269³¹⁷ (88, 91)
Hamilton, C. L., **1**, 243¹⁴⁹ (172, 189)
Hamilton, F. H., **2**, 972¹⁴⁰ (889)
Hamilton, F. J., **1**, 671⁵² (563)
Hamilton, S. B., **1**, 378³⁴⁰ᵇ (359), 380⁴³² (367)
Hamilton, W. C., **2**, 620²⁷¹ (555), 707¹⁴⁷ (700); **3**, 85³⁵³ (48); **4**, 153²⁵⁴ (67), 234⁵¹ (165); **6**, 754¹¹⁶⁶ (641, 642T, 652), 945²⁶⁷ (933)
Hamlin, J. E., **4**, 965¹⁴⁵ (955); **6**, 226¹⁶⁵ (198)
Hammack, E. S., **8**, 444f⁴, 932⁴⁰² (853)
Hammann, I., **2**, 626⁶⁷⁷ (611)
Hammann, W. C., **1**, 241¹⁶ (157)
Hammar, W. J., **7**, 725⁴⁹ (672)
Hammer, H., **8**, 95¹⁹ (22, 23, 24), 96¹⁰³ (41, 42), 282¹⁷¹ (275)
Hammer, R., **5**, 68f⁵, 267¹⁹⁰ (39, 67, 70, 72), 268²⁸³ (77, 78, 80), 272⁵³⁵ (178), 272⁵⁵⁰ (185, 216); **8**, 1106¹¹⁴ (1102)
Hammerer, S., **7**, 103²¹⁷ (29)
Hammes, O., **6**, 35¹²³ (21T, 24), 35¹²⁴ (21T, 24)
Hammond, G. A., **1**, 753³⁸¹ (738)
Hammond, G. S., **1**, 245²⁶⁵ (186, 188); **2**, 196⁴⁵⁰ (112); **3**, 362f¹⁴, 368f²¹, 426⁸ (332), 1141f¹⁸, 1317³⁰ (1274), 1379⁶ (1323), 1380⁴³ (1330); **5**, 526⁴¹⁴ (342), 526⁴²⁰ (343, 344, 345, 346), 526⁴⁴¹ (346), 621¹⁷ (544)
Hammond, P. R., **3**, 781²¹¹ (776)
Hamner, E. R., **6**, 261⁴³ (247), 741³⁵³ (522), 752¹⁰⁵⁶ (631)
Hamnett, A., **2**, 976⁴¹⁴ (950)
Hamon, J.-R., **4**, 499f⁸, 512⁴⁸⁸ (496), 512⁵¹² (501, 502), 611³⁸¹ (589); **8**, 1070²⁹⁶ (1058), 1070²⁹⁶ (1058)
Hamon, L., **7**, 728²²⁹ (715)
Hamor, T. A., **4**, 509³⁰⁵ (450), 612⁴⁶⁷ (596), 810⁵⁸ (699), 873f⁶, 886¹⁴⁴ (872), 886¹⁵³ (874)
Hampson, G. C., **2**, 819¹¹³ (788)
Hamrin, K., **3**, 85³⁸⁰ (52); **6**, 752¹⁰³⁷ (627T, 697)
Hamsen, A., **2**, 507⁹² (409), 676¹⁴⁶ (646), 676¹⁴⁶ (646)
Han, Y.-K., **2**, 189¹²⁰ (29), 192³⁰¹ (77); **7**, 100³⁸ (5), 110⁵⁸⁷ (89)
Hanack, M., **1**, 243¹⁵⁹ (174)
Hanada, T., **2**, 619¹⁸⁸ (546)
Hanafusa, M., **8**, 497¹¹² (494)
Hanaki, K., **5**, 537¹¹⁵⁴ (477); **6**, 453²³ (450)
Hanaya, K., **8**, 645²¹⁸ (633), 645²¹⁸ (633), 936⁶⁷³ (904)
Hanbrich, G., **7**, 657⁵⁹⁹ (627)
Hance, R. L., **3**, 1080f⁹; **4**, 319¹¹ (245, 278), 319³⁴ (246), 321¹²⁰ (255, 260, 317), 321¹²⁶ (256, 261); **5**, 5f⁴
Hancock, K. G., **1**, 306²⁷⁵ (282), 308⁴¹⁵ (291); **7**, 322⁶⁹ (320), 363²² (356)
Hancock, M., **2**, 617⁴⁰ (527, 558, 566), 621²⁹² (558)
Hancock, R. A., **7**, 513²⁰³ (505)
Hancock, R. D., **6**, 143²⁶¹ (105T); **8**, 606²² (553, 569, 597T, 598T), 606³⁶ (555, 569), 607⁹⁶ (562), 607¹³⁵ (569), 608²⁰² (590, 591, 597T), 609²³⁷ (594T, 597T,

598T), 609²³⁸ (594T, 597T, 598T, 602T), 609²³⁹ (594T), 610²⁸¹ (597T), 610²⁸⁵ (597T, 598T), 610²⁹³ (598T, 599T), 704¹² (672)
Hancock, R. I., **4**, 155³⁸⁷ (100), 155⁴²⁶ (117); **6**, 383²⁹ (365), 756¹³³¹ (664)
Hancock, S., **2**, 1019²⁷⁹ (1010)
Handel, H., **7**, 103¹⁷⁴ (25), 103¹⁷⁴ (25)
Handeli, D. I., **3**, 695⁴⁶ (651, 653), 708f⁶, 779⁴⁶ (708)
Handley, J. B., **1**, 454⁹⁰ (427, 445, 448)
Handlir, K., **3**, 699³⁰⁹ (672), 1068⁵⁰ (970)
Handshoe, R. E., **1**, 378³⁵² (359), 379³⁸³ (362)
Handy, L. B., **3**, 946²³ (808), 946²⁷ (810), 947³⁶ (814), 1146¹³ (1088), 1269f¹ᵃ, 1269f¹ᵇ
Hanek, A. E., **7**, 101¹⁰² (15, 16)
Hanes, R., **8**, 17²² (12, 13), 607¹⁴⁵ (570, 572, 594T, 597T, 598T), 608¹⁸² (581, 585, 597T)
Hanes, R. M., **4**, 328⁶⁶² (314), 965¹⁶⁹ (960); **8**, 606⁴² (555, 569, 579, 587, 588, 594T, 597T, 598T), 607¹³⁴ (569, 579), 608¹⁴⁶ (570, 572, 597T), 608¹⁴⁷ (572, 597T), 704²⁶ (672, 673)
Hanessian, S., **2**, 201⁶⁵³ (159); **7**, 651³⁰¹ (576), 654⁴⁶⁸ (602)
Hanic, F., **3**, 1072²⁸⁵ᵇ (1015, 1016)
Hanicak, J. E., **1**, 116¹⁰³ (63)
Hanika, J., **8**, 707¹⁴⁸ (672), 710³²⁰ (672)
Hanisch, P., **3**, 1379¹³ (1324); **5**, 533⁹⁰⁴ (429, 432), 625³⁰⁸ (588)
Hanke, W., **3**, 1311f⁵
Hanko, R., **7**, 99f²⁸
Hanlan, A. J. L., **3**, 981f¹²; **5**, 265⁶³ (14), 280f¹, 280f⁶, 520¹² (279), 520¹⁴ (279); **6**, 13⁴⁵ (7); **8**, 643¹²³ (629, 634T)
Hanlan, J. F., **3**, 436f¹⁸
Hanlan, L., **3**, 695⁸¹ (654)
Hanlan, L. A., **5**, 264¹⁷ (3), 280f⁸, 520¹³ (279, 318), 622⁹⁵ (560, 612)
Hanlon, T. L., **6**, 94⁸⁶ (51, 53T), 446³⁶¹ (441); **8**, 453¹ (372)
Hann, E. J., **5**, 531⁷²⁴ (398, 399), 533⁹⁰⁰ (430), 533⁹⁰¹ (430), 626³³⁰ (590, 592); **8**, 363¹⁶⁰ (301)
Hanna, J., **3**, 279³⁴ (273)
Hanna, M. L., **2**, 1018¹⁹² (1001, 1004); **5**, 269³⁷⁵ (114)
Hanna, Z. S., **8**, 929²²¹ (820)
Hannah, D. J., **7**, 728²¹⁸ (712)
Hannaway, C., **4**, 609³⁰⁶ (579, 580), 609³⁰⁶ (536, 536f)
Hannaway, G., **4**, 818⁵⁵⁹ (781)
Hannon, S. J., **2**, 618¹²⁷ (540)
Hannout, I. B., **7**, 105³⁰⁷ (41)
Hanousek, F., **1**, 455¹⁶¹ (436)
Hans, G., **1**, 152¹⁸² (140)
Hansen, C., **1**, 752¹ (725)
Hansen, Jr., D. W., **7**, 513²¹⁹ (506)
Hansen, F. V., **1**, 542²⁴² (534T)
Hansen, H.-J., **4**, 610³²⁶ (582)
Hansen, J. F., **3**, 630¹⁰⁹ (575)
Hansen, L. D., **1**, 456²³⁵ (450)
Hansen, P. J., **6**, 806f²², 843f¹⁷⁶
Hansen, R. T., **1**, 679⁵⁷⁶ (647); **7**, 460³⁵³ (420); **8**, 772¹⁸⁸ (746, 761T, 765T, 766T), 772¹⁸⁹ (746, 764T, 765T, 766T)
Hansey, B. E., **4**, 325⁴⁴⁵ (293)
Hanslik, T., **1**, 455¹⁶¹ (436)
Hanson, B. E., **3**, 118f⁴, 118f¹³, 118f¹⁴, 120f⁴, 156f¹⁶, 160f², 160f³, 170¹⁴⁴ (154), 170¹⁵² (157), 170¹⁵⁶ (158), 170¹⁷¹ (165), 942f¹¹, 942f¹³, 1133f⁷, 1247⁹⁹ (1178), 1380⁵⁴ (1331); **4**, 324³⁵⁸ (285), 325⁴⁴⁴ (293), 610³²³ (582), 610³²⁷ (582), 610³²⁹ (582), 658f²⁴, 658f³³, 658f³⁴, 840⁵⁰ (830), 840⁵¹ (830), 873f¹², 886¹³⁴ (869), 887¹⁶⁶ (876), 1062³¹⁶ (1036); **6**, 796f⁶, 839f³⁴, 840f⁶⁵, 876¹⁸⁵ (795), 876¹⁸⁶ (795)
Hanson, C. B., **8**, 643¹⁴⁶ (633)
Hanson, D. L., **8**, 610³²³ (600T)
Hanson, E. M., **1**, 242⁹³ (165, 174, 176, 188); **2**, 189¹³⁰ (31), 194³⁵⁹ (92), 977⁴⁶¹ (957); **7**, 647⁸¹ (533)
Hanson, G. C., **7**, 195⁸¹ (168), 245f⁴

Hänssgen, D., **2**, 625⁵⁹⁹ (600), 625⁶⁰² (600)
Hansson, B., **2**, 187⁵¹ (12)
Hansson, C., **7**, 104²⁶⁴ (34)
Hanstein, W., **2**, 187³⁸ (8), 974²⁷¹ (919, 920), 974²⁷⁶ (920); **8**, 1065⁵³ (1020)
Hanus, D., **8**, 97¹⁵⁵ (51)
Hanusa, T. P., **1**, 553⁶¹ (550)
Hanusova, J., **2**, 1016⁷⁵ (986, 1006f), 1016⁷⁶ (986, 1006f), 1019²⁵⁰ (1007)
Hanzawa, T., **7**, 105³⁰⁹ (41)
Hanzlík, J., **5**, 533⁸⁶⁶ (425, 473)
Hao, H., **3**, 557³³ (551)
Hao, N., **3**, 1069¹²¹ (985, 988); **8**, 643¹²⁶ (634T, 638), 1067¹⁷⁴ (1041)
Happ, G. P., **1**, 310⁵⁵³ (298); **7**, 336⁵⁰ᶜ (334)
Happe, J. A., **2**, 1018¹⁹⁵ (1001, 1004)
Happel, J., **8**, 796¹⁰² (774), 796¹⁴⁶ (774)
Happer, D. A. R., **2**, 194³⁸⁷ (97), 194³⁸⁸ (97), 194³⁸⁸ (97), 195³⁸⁹ (98)
Haque, F., **4**, 156⁴⁴⁸ (121), 156⁴⁵⁰ (121), 156⁴⁵⁹ (123)
Hara, M., **2**, 195⁴²² (105), 396⁴⁹ (374); **7**, 655⁵¹⁹ (609), 656⁵⁴⁹ (617); **8**, 439f¹ᵃ, 439f¹ᵇ, 445f¹, 445f⁴, 449f⁷, 461⁴²² (436, 437), 461⁴³³ (439, 447), 461⁴⁶² (445), 461⁴⁶⁵ (445), 931³¹⁹ (846, 901), 932³⁷³ (850), 932³⁸² (850, 851), 932³⁸³ (850, 851)
Hara, N., **8**, 99²⁷⁵ (78)
Hara, S., **7**, 299⁷⁶ (279), 336³⁸ᵃ (329), 346¹⁹ᵇ (340, 341)
Harada, K., **8**, 608¹⁶⁶ (581), 710³³¹ (701), 711³³² (701), 711³⁵⁵ (701)
Harada, M., **1**, 307³⁴⁶ (287)
Harada, T., **2**, 553f¹; **7**, 105³⁰⁶ (41)
Harakawa, M., **2**, 512³⁶⁵ (445); **8**, 1092f¹
Haraldsen, H., **6**, 13⁴⁶ (7), 36¹⁶⁷ (26)
Harama, M., **7**, 101⁸⁶ (13), 106³⁵⁸ (48), 462⁴⁶³ (440)
Haran, G., **1**, 455¹⁴³ (432, 434, 435, 439), 455¹⁴³ (432, 434, 435, 439)
Harasimowicz, M., **2**, 677¹⁸⁷ (652)
Harayama, T., **7**, 650²¹² (559)
Harbordt, C. M., **2**, 188¹¹⁶ (28)
Harborth, G., **7**, 76f³
Harbottle, G., **4**, 817⁴⁹⁰ (774), 817⁴⁹⁴ (775)
Harbourne, D. A., **3**, 411f⁷, 431³⁰⁰ (409); **4**, 97f¹, 240⁴¹⁸ (211, 212T, 213), 241⁴⁶³ (218, 218T), 325⁴¹⁵ (291), 325⁴⁵⁴ (295), 325⁴⁵⁵ (295), 373¹⁶ (334), 373¹⁷ (334), 609³⁰⁶ (579, 580), 611⁴⁰⁶ (592), 648⁵¹ (630, 631), 648⁵⁴ (631), 811⁷⁰ (700), 840⁷⁵ (835), 873f¹³, 886¹⁴⁷ (872, 878); **6**, 345¹⁵³ (304), 759¹⁵³¹ (693)
Hardcastle, K. I., **3**, 86⁴³¹ (61, 62), 266¹⁸⁶ (205), 266¹⁸⁷ (205); **4**, 325⁴⁰² (289), 450f¹, 509²⁹⁷ (449, 450); **5**, 523²⁵⁴ (307, 432)
Harder, N., **3**, 798f¹ᵃ, 798f⁵ᵃ, 819f², 883f⁶, 949²⁰⁰ (875), 1120f³, 1288f⁵
Harder, R., **8**, 1070³¹⁴ (1059)
Harder, V., **5**, 255f³; **6**, 17⁹⁶ (175, 176T), 454³⁴ (452)
Hardgrove, G. L., **4**, 760f⁵, 816³⁹⁴ (759)
Harding, M. J., **2**, 6f¹⁴
Harding, M. M., **2**, 201⁶⁵⁸ (161)
Hardinger, S. A., **8**, 930²³⁵ (826, 833)
Hardstone, D. J., **7**, 98f¹⁰
Hardt, P., **3**, 632²⁵⁶ (620), 1067⁷ (956, 957), 1246¹⁹ (1155); **4**, 401f²⁵; **5**, 273⁶²⁸ (211); **6**, 261³² (245), 446³⁵⁶ (438), 761¹⁶²⁶ (716); **8**, 397f¹², 454⁵² (379, 393, 396, 397, 405, 407)
Hardy, A. D. U., **3**, 1068⁴⁵ (969); **4**, 401f²⁰, 422f⁵
Hardy, G. E., **1**, 540¹⁵⁰ (505, 533T), 541²⁰⁷ (523, 535T); **6**, 226¹⁴² (214T, 221), 845f²⁷⁴
Hardy, M. J., **6**, 744⁵¹⁶ (542, 542T)
Hardy, R. W. F., **8**, 1104² (1074)
Hardy, S. G., **8**, 551¹⁰⁴ (527)
Hare, D. G., **1**, 302⁶¹ (264)
Harfouch, A., **8**, 550⁸⁵ᵇ (519)
Hargaden, J. P., **3**, 1072²⁵⁶ (1011); **4**, 12f¹⁰, 150⁵⁶ (18); **6**, 850f³⁶, 869f⁴⁵
Hargatti, I., **2**, 517⁶⁸⁸ (502)

Hargis, I. G., **1**, 251^{586a} (232, 233)
Hargitay, B., **3**, 545^7 (487)
Hargittai, I., **2**, 515^{581} (478, 482), 517^{685} (502); **6**, 942^{59} (902T)
Hargreaves, G. B., **4**, 168f^6, 235^{91} (168)
Hargreaves, H. G., **4**, 154^{316} (76), 154^{317} (76, 123)
Hargreaves, N. G., **2**, 820^{178} (806); **6**, 746^{638} (564)
Hargreaves, R. G., **4**, 64f^7, 154^{355} (88)
Hargreaves, R. N., **6**, 748^{778} (587), 748^{781} (587)
Hari, S. C., **3**, 430^{231} (385)
Harigaya, Y., **7**, 511^{54} (480)
Harimoto, T., **8**, 610^{292} (598T, 599T)
Häring, H.-W., **2**, 199^{578} (140), 199^{578} (140), 199^{592} (144); **3**, 430^{256} (394), 701^{437} (680), 701^{438} (680, 681)
Harirchian, B., **7**, 5f^5
Harita, Y., **8**, 711^{353} (702)
Harker, A., **2**, 943f^{11}
Harless, J. M., **8**, 1008^{46} (950)
Harley, Jr., A. D., **4**, 907^{56} (901), 928^{24} (926); **6**, 806f^{50}, 869f^{58}, 874^{43} (767, 772, 787, 815)
Harlow, R. L., **2**, 201^{644} (158), 201^{646} (158), 201^{647} (158); **3**, 266^{136} (191, 205), 328^{174} (324), 419f^{11}, 431^{315} (422); **4**, 400f^{12}, 414f^7, 459f^4, 459f^4, 506^{142} (417), 506^{143} (417); **7**, 456^{120} (391); **8**, 280^{25} (236), 551^{145} (548)
Harman, C. A., **4**, 401f^{24}
Harmer, A. F., **8**, 796^{118} (776, 792)
Harmisch, J., **7**, 77f^{13}
Harmon, A. B., **1**, 456^{214} (444), 456^{214} (444)
Harmon, C. A., **3**, 83^{217} (31), 269^{329} (232), 269^{344} (234, 235), 269^{347} (234, 235); **4**, 380f^3, 565f^5, 607^{169} (547), 609^{278} (575); **5**, 271^{505} (168, 207), 418f^{12}, 532^{814} (418, 457)
Harmon, K. M., **1**, 456^{214} (444), 456^{214} (444)
Harms, R., **7**, 106^{382} (51), 110^{593} (92)
Harn, E., **2**, 973^{250} (906)
Harold-Smith, D., **4**, 479f^{32}, 816^{396} (760)
Haroske, C., **3**, 1131f^{13}
Harper, R., **2**, 621^{291} (558), 623^{420} (574)
Harper, Jr., R. J., **1**, 242^{81} (163, 165, 175)
Harpp, D. N., **1**, 307^{396} (289); **2**, 191^{254} (61), 202^{692} (168); **7**, 109^{497} (71), 647^{86} (534), 649^{186} (556), 650^{265} (570), 652^{349} (583), 653^{400} (592), 653^{402} (593), 653^{404} (593), 654^{447} (599), 654^{472} (602), 658^{657} (641), 658^{692} (643)
Harrell, Jr., R. L., **1**, 679^{544} (639)
Harrer, W., **7**, 653^{384} (589)
Harrigan, R. W., **3**, 362f^{14}, 368f^{21}, 426^8 (332)
Harrill, R. W., **4**, 65f^{15}
Harris, A., **6**, 346^{273} (315), 756^{1341} (665, 666)
Harris, A. D., **4**, 811^{110} (707), 1060^{168} (997)
Harris, A. H., **5**, 622^{101} (561)
Harris, C. B., **1**, 541^{188b} (520)
Harris, C. H., **4**, 816^{449} (766)
Harris, C. W., **2**, 188^{93} (25)
Harris, D. C., **3**, 156f^6; **4**, 605^{19} (515, 520), 611^{387} (590), 658f^{23}, 840^{20} (823), 840^{28} (825); **6**, 876^{171} (793)
Harris, D. H., **1**, 246^{331b} (195); **2**, 194^{384} (96), 198^{531} (128, 129), 198^{538} (129), 198^{539} (129), 505f^6, 515^{565} (474, 480, 481, 482, 490, 505), 516^{590} (480), 516^{606} (481), 516^{612} (482, 485, 505), 517^{671} (490), 625^{572} (596), 625^{580} (597), 674^{53} (636), 680^{385} (670); **5**, 624^{233} (575); **6**, 1060f^4, 1111^{74} (1060, 1061, 1064)
Harris, D. L., **3**, 1252^{345} (1230); **4**, 418f^2, 505^{99} (405, 466, 467), 506^{138} (417, 469); **8**, 1010^{220} (1005)
Harris, D. S., **7**, 99f^{11} (3)
Harris, E. E., **1**, 60f^{16}
Harris, F. W., **2**, 341f^1
Harris, G. M., **8**, 280^{50} (247, 258), 280^{51} (247, 258)
Harris, G. S., **2**, 705^{71} (690), 706^{143} (699)
Harris, J., **2**, 192^{287} (74)
Harris, J. F., **2**, 196^{447} (112); **8**, 772^{223} (734)
Harris, J. M., **1**, 116^{56} (54)
Harris, J. W., **2**, 192^{285} (73), 298^{117} (236); **7**, 657^{608} (631), 657^{626} (634)
Harris, L. E., **4**, 459f^4

Harris, M., **6**, 1041^{142} (1039); **8**, 97^{187} (58)
Harris, P. C., **3**, 1317^{14} (1270)
Harris, P. J., **3**, 170^{118} (148); **4**, 33f^{45}, 152^{161} (41, 93), 155^{428} (117), 242^{523} (231, 232T), 657f^{11}, 840^{58} (831), 885^{55} (853), 920^{38} (917), 1060^{219} (1017, 1018), 1062^{335} (1042)
Harris, R. K., **2**, 528f^2, 528f^2, 617^{48} (527, 529), 617^{48} (527, 529); **3**, 779^{39} (707); **6**, 744^{538} (545)
Harris, R. O., **3**, 949^{188} (873); **4**, 811^{79} (701, 712, 808), 811^{80} (701, 712, 808), 811^{96} (705), 812^{141} (712), 812^{148} (714), 812^{183} (718, 719, 723, 725), 1059^{118} (986, 994, 1014); **5**, 526^{447} (348), 554f^{14}; **6**, 845f^{294}, 875^{96} (776); **8**, 296f^4
Harris, S. J., **2**, 189^{122} (29), 190^{186} (41), 192^{292} (75), 512^{368} (445), 819^{119} (789, 801); **7**, 654^{442} (598)
Harris, S. W., **1**, 457^{242} (451)
Harris, T. D., **7**, 100^{68} (10)
Harris, T. H., **7**, 99f^{35}
Harris, T. V., **3**, 473^{53} (446), 633^{296} (607, 610, 611)
Harris, W. E., **4**, 814^{287} (744)
Harrison, B. C., **1**, 457^{241} (451)
Harrison, C. R., **7**, 142^{125} (135), 142^{126} (135), 346^{11} (339, 340), 346^{12} (340, 341), 346^{14} (340), 346^{15} (340, 341), 346^{16} (340, 341), 346^{32} (341), 363^{14} (352)
Harrison, D. J., **4**, 921^{47} (919)
Harrison, D. P., **8**, 609^{264} (596T)
Harrison, G. F., **2**, 1019^{271} (1010)
Harrison, I. T., **6**, 441^{36} (390); **8**, 928^{141} (806, 813)
Harrison, J. B., **2**, 623^{468} (582)
Harrison, J. J., **7**, 101^{80} (12)
Harrison, K., **5**, 521^{112} (292)
Harrison, L. W., **1**, 119^{222} (91)
Harrison, M. M., **2**, 859^{16} (828)
Harrison, M. R., **6**, 744^{533} (545)
Harrison, N. C., **3**, 108f^{25}; **6**, 751^{1004} (621, 626)
Harrison, P. C., **2**, 631f^{14}
Harrison, P. G., **2**, 506^{18} (402, 478, 486), 511^{316} (440, 450, 454, 469, 470, 490), 525f^1, 525f^2, 525f^4, 526f^1, 526f^2, 563f^3, 563f^5, 571f^1, 617^{27} (524), 617^{42} (527), 620^{279} (556), 621^{323} (563), 622^{364} (568), 622^{387} (571), 623^{428} (575), 623^{432} (576), 623^{433} (576, 577), 623^{442} (578), 623^{443} (578), 625^{583} (598), 626^{646} (606), 626^{647} (606), 631f^{12}, 674^4 (630), 674^5 (630, 645, 656, 658, 660, 661, 664), 677^{229} (654), 677^{230} (654), 680^{413} (673); **3**, 1004f^6, 1072^{254} (1010), 1211f^6, 1338f^{14}; **4**, 309f^{12}, 328^{620} (310, 311), 328^{627} (310), 328^{638} (311); **6**, 1111^{54} (1053, 1088), 1111^{59} (1054, 1065, 1082, 1089), 1112^{111} (1070)
Harrison, R. M., **2**, 680^{400} (673), 1016^{109} (994, 1010), 1017^{111} (994, 1010f), 1017^{112} (994), 1017^{113} (994), 1017^{114} (994), 1017^{119} (995), 1018^{188} (1001, 1009, 1010f), 1019^{280} (1010)
Harrison, T., **4**, 97f^{17}, 612^{468} (596); **5**, 186f^8
Harrison, W., **4**, 107f^{59}, 236^{198} (185), 236^{198} (185), 574f^3; **5**, 266^{167} (35)
Harrison, W. B., **2**, 300^{225} (256)
Harriss, M. G., **3**, 1250^{203} (1199), 1250^{203} (1199), 1382^{131} (1346)
Harriss, R. C., **2**, 1017^{152} (998)
Harrod, J. F., **2**, 197^{478} (117), 197^{486} (119); **4**, 814^{276} (741), 962^4 (932, 939); **5**, 533^{857} (423), 555f^1, 556f^2, 556f^4, 556f^4, 621^{21} (547); **6**, 758^{1425} (675), 758^{1427} (675, 677), 758^{1437} (675, 677, 678, 679); **7**, 655^{544} (617), 656^{551} (618), 656^{558} (619); **8**, 221^{70} (116, 125, 140), 362^{102} (294), 362^{130} (297), 708^{218} (701)
Hart, A. J., **1**, 118^{211} (89, 90T), 119^{252} (97, 102, 102T); **2**, 194^{367b} (95)
Hart, D. J., **7**, 650^{217} (560), 656^{567} (622)
Hart, D. W., **3**, 557^{36} (552), 557^{37} (552), 631^{189} (588, 590), 631^{199} (590), 771f^1, 775f^4, 779^{59} (712, 772), 1269f^{10}, 1381^{119} (1344); **4**, 1058^{84} (978); **5**, 265^{76} (17), 528^{575} (376, 496), 531^{730} (399), 531^{731} (399, 400), 624^{215} (573); **6**, 96^{174} (42, 43T), 96^{174} (42, 43T), 227^{210} (213, 213T), 349^{442} (339); **8**, 933^{452} (860)
Hart, F. A., **1**, 244^{213} (178), 251^{578} (231), 251^{585} (232); **2**, 198^{544} (130), 198^{545} (130); **3**, 266^{153} (197),

266[157] (197, 198), 851f[51]; **4**, 328[655] (313); **6**, 33[29] (18), 241[42] (241), 260[5] (244), 261[9] (244)
Hart, H., **1**, 116[76] (56); **7**, 653[412] (594)
Hart, H. V., **1**, 420f[9], 420f[9], 452[21] (420), 455[137] (432)
Hart, T. W., **7**, 651[308] (576)
Hart, W. P., **3**, 1067[26b] (964), 1248[123] (1183), 1380[63] (1333); **5**, 362f[4], 527[484] (358); **8**, 1071[349] (1063)
Hart-Davis, A. J., **3**, 1248[137] (1185); **4**, 157[555] (131); **5**, 270[422] (139), 527[493] (359, 385), 529[648] (359, 385, 500), 606f[5], 627[446] (605)
Harter, R. G., **4**, 328[655] (313)
Hartford, T. W., **3**, 125f[20]
Hartgerink, J., **3**, 398f[15], 430[272] (401)
Hartko, D. A., **3**, 1147[108] (1134)
Hartley, D., **4**, 663f[3], 689[28] (666); **5**, 275[729] (245)
Hartley, E. G. J., **4**, 322[210] (268, 269), 322[211] (268, 269), 322[214] (268), 322[216] (268), 322[218] (268), 322[224] (269), 322[241] (270); **5**, 265[109] (24)
Hartley, F., **6**, 361[26] (352, 353)
Hartley, F. R., **1**, 39[14] (5, 38); **3**, 85[347] (47), 85[348] (47); **5**, 532[818] (418), 241[27] (237), 241[42] (241), 443[133] (402), 444[195] (408), 445[304] (425), 736[1] (473, 474, 490, 508, 515T, 532, 562, 565, 614T, 615, 638, 715T), 737[76] (488), 740[279] (516), 742[364] (524), 744[491] (535, 546, 547), 745[563] (549), 745[604] (559f), 750[922] (614T), 750[928] (614, 614T, 615), 750[933] (614), 751[958] (617, 661, 662T), 752[1061] (642), 752[1066] (633), 754[1219] (652, 653T, 661), 755[1271] (655), 755[1275] (656), 756[1307] (661, 662T), 756[1308] (661, 662T), 756[1325] (664), 756[1328] (664), 1094f[4], 1113[198] (1094, 1096, 1097, 1099, 1100); **8**, 339f[34], 361[61] (288), 927[25] (800, 883, 897), 929[172] (810), 1008[86] (965)
Hartley, J. G., **5**, 33f[23]
Hartman, D. C., **6**, 14[121] (8)
Hartman, F. A., **4**, 107f[93], 154[347] (87), 154[348] (87, 88), 154[350] (87); **5**, 288f[5], 521[69] (286)
Hartman, J., **1**, 116[64] (55)
Hartmann, A. A., **1**, 118[168] (80); **7**, 106[334] (46)
Hartmann, H., **1**, 273f[18], 720[54] (690); **2**, 676[128] (643), 676[135] (643), 676[136] (643), 676[137] (643), 676[138] (643), 705[30] (685, 688), 705[62] (689)
Hartmann, J., **1**, 116[68] (55), 116[80] (57), 119[251] (97, 102)
Hartmann, P., **3**, 1004f[31], 1074[370] (1030)
Hartmann, W., **7**, 659[711] (645)
Hartner, F. W., **3**, 557[42] (553, 554)
Hartog, F. A., **1**, 244[203] (177), 250[551] (226); **7**, 102[157] (24, 31)
Hartshorn, A. J., **3**, 697[217] (665), 950[255] (895), 950[292] (909, 911); **4**, 33f[36], 50f[36], 152[159] (41); **5**, 158f[3], 271[467] (157), 418f[3], 532[793] (413), 532[794] (414), 624[246] (578); **6**, 740[242] (510)
Hartshorn, A. S., **3**, 908f[9]
Hartstock, F., **4**, 609[271] (570f, 574)
Hartsuck, J. A., **1**, 258f[4], 444f[3], 456[231] (448)
Hartsuiker, J. G., **3**, 701[416] (677)
Hartung, H., **3**, 696[128] (658), 697[162] (661), 697[163] (661)
Hartung, R., **2**, 969[9] (864)
Hartwell, Jr., G., **4**, 323[271] (273); **5**, 341f[1], 526[390] (340, 341, 342), 570f[8], 624[211] (571); **6**, 36[170] (32), 759[1510] (689)
Hartwell, G. E., **1**, 117[148] (75); **2**, 194[367a] (94), 762[129] (739); **3**, 1246[9] (1153); **5**, 316f[6], 404f[43], 523[238] (306), 524[287] (314), 533[874] (426), 533[891] (429), 533[892] (429), 533[895] (429), 533[896] (430, 437), 533[897] (430, 489), 533[898] (430), 533[899] (430), 534[941] (437), 628[465] (611); **6**, 141[102] (110), 347[315] (322), 749[832] (592, 594T), 754[1156] (640); **8**, 363[159] (301), 861f[5]
Hartwimmer, R., **3**, 429[198] (378); **6**, 942[56] (900, 902T), 942[57] (900, 902T)
Hartzell, S. L., **7**, 35f[3], 647[54] (527), 647[62] (527)
Hartzfeld, H., **2**, 201[661] (161)
Haruta, J., **7**, 651[281] (573), 651[298] (576), 653[429] (588), 654[445] (599)
Harvey, R. G., **7**, 103[222] (29)

Harvie, I. J., **6**, 745[575] (554), 750[914] (611); **8**, 363[164] (301)
Harwood, H. J., **7**, 8f[7]
Harwood, J. H., **2**, 1017[134] (997, 1014)
Harzdorf, C., **2**, 510[241] (431)
Hasagawa, M., **2**, 395[15] (366, 373, 376)
Hasan, I., **7**, 105[280] (36)
Hasberg, A. L., **8**, 95[21] (23)
Hasche, R. L., **8**, 220[3] (103)
Haschke, E. M., **6**, 753[1093] (635, 637)
Hase, H. L., **1**, 42[189] (37)
Hase, T. A., **7**, 651[321] (579)
Hase, W. L., **2**, 196[438] (111)
Hase, Y., **4**, 327[588] (307)
Hasebe, T., **3**, 102f[33]
Hasegawa, H., **8**, 795[47] (785, 786)
Hasegawa, I., **1**, 674[235] (602)
Hasegawa, K., **7**, 651[286] (574)
Hasegawa, M., **2**, 360[25] (310)
Hasegawa, N., **8**, 382f[15], 455[64] (381)
Hasegawa, S., **5**, 531[737] (401); **6**, 263[183] (260), 263[186] (260), 263[190] (260), 278[57] (276), 346[240] (312), 347[306] (313), 469[57] (465)
Hasegawa, Y., **2**, 395[2] (365, 384), 395[3] (365, 384)
Hašek, J., **1**, 540[159a] (514, 533)
Hashimoto, H., **1**, 242[75] (163); **2**, 192[279] (72), 848f[3], 861[106] (848), 861[107] (848); **4**, 963[65] (941), 963[65] (941); **6**, 362[66] (359), 7, 97f[17], 648[104] (538), 648[116] (540), 650[224] (561), 651[282] (573), 652[331] (580), 657[615] (632), 725[31] (668), 725[32] (668); **8**, 282[128] (270), 282[130] (270), 282[188] (275), 282[189] (275), 283[194] (276, 277), 283[195] (276, 277), 283[201] (279), 400f[4], 444f[12], 444f[13], 448f[4], 457[193] (399), 458[283] (413), 459[312] (419), 459[313] (419), 459[328] (421), 459[329] (421), 461[454] (442), 461[455] (442), 471f[18], 496[24] (469), 645[219] (633), 669[37] (656, 657T), 669[55] (651, 658T), 669[56] (651, 656, 658T), 670[114] (651, 656, 658T), 704[23] (683, 685T), 770[76] (737), 927[58] (801, 852)
Hashimoto, I., **2**, 971[84] (876); **7**, 513[181] (500, 503); **8**, 794[25] (786), 794[25] (786), 795[44] (785), 795[52] (787)
Hashimoto, K., **2**, 706[126] (697); **7**, 195[86] (168), 649[164] (552)
Hashimoto, M., **5**, 89f[1], 269[320] (89)
Hashimoto, N., **2**, 192[265] (65); **8**, 368[476] (354)
Hashimoto, S., **7**, 458[215] (402), 459[256] (410, 431), 461[411] (431); **8**, 498[117] (495), 930[253] (832)
Hashimoto, T., **2**, 713f[41], 761[57] (721)
Hashimoto, Y., **8**, 770[53] (723T, 724T, 732, 734, 736)
Hashizume, A., **7**, 652[358] (584), 652[365] (585), 652[365] (585)
Hashizume, K., **2**, 1015[33] (982)
Hashmi, M. A., **4**, 607[139] (539f, 541, 602f)
Haslanger, M. F., **3**, 557[50] (555); **7**, 728[201] (708)
Haslinger, E., **7**, 512[145] (496)
Haslovin, J., **7**, 649[174] (554)
Hass, D., **6**, 35[124] (21T, 24)
Hassan, L. A., **3**, 1077[585] (1064)
Hassel, T., **7**, 98f[13], 98f[14]
Hasserodt, U., **8**, 416f[3], 422f[6], 459[330] (421, 427)
Hässig, R., **1**, 118[184] (82); **7**, 110[578] (88)
Hasslberger, G., **2**, 195[394] (99); **7**, 656[597] (627)
Hassner, A., **1**, 374[103] (321), 679[525] (637); **2**, 190[195] (44), 299[184] (248), 508[125] (411), 618[117] (539); **6**, 361[28] (353); **7**, 159[79] (146, 148f), 173f[5], 196[157] (181), 227[232] (223), 253[99] (242), 650[232] (563), 650[238] (564), 657[609] (631)
Hasso, S., **4**, 884[18] (848, 850), 1058[41b] (972, 1032, 1040), 1062[307] (1035, 1036), 1063[374] (1051); **8**, 364[267] (327)
Hastert, R. C., **8**, 366[374] (342)
Hastings, J. M., **1**, 264f[2]
Haszeldine, R. N., **1**, 308[431] (292); **2**, 192[300] (77), 194[360] (93), 195[406] (102), 195[412] (102), 203[737] (182), 298[118] (236), 298[118] (236), 704[23a] (684, 689),

704²³ᵇ (684), 714f⁴, 761⁴⁸ (719), 972¹⁵³ (891); **4**, 12f¹¹, 51f⁵², 65f³⁵, 65f⁴⁰, 65f⁵², 73f¹⁰, 97f⁷, 97f⁸, 97f¹⁶, 97f¹⁷, 97f¹⁹, 152²¹¹ (56, 67), 153²⁴⁷ (63), 153²⁴⁸ (63, 66, 67), 153²⁸⁷ (72), 153²⁹⁰ (72), 154³⁰¹ (75), 154³¹⁸ (76), 154³¹⁹ (77), 155³⁸⁸ (100), 155⁴²⁵ (116), 504⁶ (381), 612⁴⁵⁷ (596), 612⁴⁶⁸ (596), 921⁵⁰ (919); **5**, 33f¹⁸, 34f⁹, 39f¹³, 64f⁸, 64f¹⁸, 64f²³, 158f¹⁰, 186f⁸, 213f¹⁹, 266¹⁶⁵ (35, 141), 267²⁴⁶ (62), 271⁴⁷⁷ (159, 160), 271⁴⁷⁸ (159, 160, 164), 271⁴⁹² (163), 271⁴⁹³ (164), 299f⁵, 331f², 522¹³⁹ (297, 327, 328, 444), 522¹⁵¹ (297, 386), 524³¹⁶ (318), 528⁵³⁸ (367), 529⁶⁵² (386), 532⁸⁴⁹ (420, 421, 427), 536¹⁰⁶⁰ (463, 472T, 475T, 484), 552f¹⁰, 554f¹⁸, 556f¹¹, 604f⁵, 608f⁹, 621⁴¹ (548), 622⁸⁴ (557), 623¹⁷⁷ (566), 624²²¹ (574), 627³⁹⁷ (600, 601), 627⁴⁰⁷ (601), 627⁴³⁸ (603, 607); **6**, 346²⁷³ (315), 347³⁰⁰ (319), 362⁶⁰ (358), 756¹³³⁵ (664, 666), 756¹³⁴¹ (665, 666), 756¹³⁴⁸ (666), 1093f², 1093f³, 1110³⁷ (1050), 1112¹²⁹ (1074, 1083), 1113¹⁹⁴ (1092), 1113¹⁹⁷ (1092), 1113¹⁹⁷ (1092), 1113¹⁹⁷ (1092); **7**, 647⁷⁹ (531, 533), 655⁵²⁸ (613); **8**, 222⁹⁵ (122), 317f¹⁶, 382f¹⁹, 388f⁵, 389f¹², 392f³, 414f³, 455⁶⁸ (381, 387, 389, 392, 414), 935⁵⁷⁴ (890), 938⁷⁹⁸ (925)

Hata, G., **1**, 41¹¹⁷ (24), 672⁶⁶ (566), 681⁷⁰¹ (664); **4**, 504³⁵ (386); **6**, 758¹⁴⁷⁷ (682); **7**, 455⁶⁵ (382); **8**, 385f²⁴, 400f⁵, 425f³, 425f⁵, 425f⁶, 435f¹¹, 449f³, 449f⁶, 454⁴⁸ (379), 455⁸⁸ (384), 457¹⁹⁴ (399, 400), 459³¹¹ (419), 459³²² (420), 460⁴¹⁷ (434, 435, 436, 447), 461⁴²⁴ (436, 438, 447, 450), 929²¹⁷ (820, 826), 929²¹⁹ (820), 929²²⁶ (823), 931³⁵⁸ (849), 932³⁶⁷ (849)

Hata, K., **8**, 711³³⁹ (701)

Hata, T., **7**, 652³⁵⁸ (584), 652³⁶⁵ (585), 652³⁶⁵ (585), 652³⁶⁵ (585), 652³⁶⁷ (585), 652³⁶⁹ (586), 652³⁷⁰ (586), 652³⁷⁰ (586), 652³⁷¹ (586), 652³⁷¹ (586)

Hatada, K., **7**, 9f¹, 9f³, 9f³, 9f⁵

Hatano, M., **8**, 608¹⁸⁷ (581), 608¹⁸⁸ (582, 600T), 610³²¹ (601T)

Hatayama, Y., **7**, 650²³⁶ (563)

Hatch, L. F., **2**, 827f⁵

Hatch, R. L., **7**, 253¹³⁷ (248), 301¹⁶⁵ (295)

Hatch, R. P., **1**, 679⁵⁸⁵ (647); **7**, 459²⁶³ (411)

Hatfield, G. L., **2**, 203⁷⁴¹ (183)

Hatfield, W. E., **1**, 541¹⁸⁷ (520); **3**, 698²⁶⁹ (670), 698²⁷⁰ (670), 1068⁶⁴ (973); **4**, 690¹¹⁷ (679)

Hatta, S., **2**, 302³⁷⁹ (292)

Hattanaka, N., **7**, 728¹⁹⁹ (708)

Hatton, J. V., **2**, 933f², 945f¹

Hattori, H., **6**, 231⁹ (230); **8**, 642⁹⁹ (627T, 633), 643¹³⁰ (627T, 633)

Hattori, S., **1**, 275f³³; **8**, 459³⁰⁸ (419), 461⁴⁷⁰ (446), 462⁴⁸⁶ (452), 709²⁵⁷ (683)

Hattori, T., **4**, 817⁴⁵⁹ (767)

Hatzenbuhler, D. A., **1**, 118¹⁸¹ (82)

Haubein, A. H., **1**, 252⁶²¹ (237, 238, 239)

Haubold, H., **8**, 96¹³⁰ (48)

Haubold, W., **1**, 262f¹³, 302⁴³ (259, 262), 302⁴⁷ (259), 306²⁷⁷ (282); **2**, 188¹¹³ (28)

Haudegond, J.-P., **4**, 380f¹⁶; **8**, 932³⁷⁰ (849)

Haug, E., **7**, 653⁴²⁶ (588), 658⁶⁷⁵ (642)

Hauge, R. H., **1**, 250⁵⁴⁴ (225); **3**, 264⁶⁶ (180)

Haugen, T., **1**, 673¹⁴⁴ (588)

Haupt, H.-J., **2**, 625⁵⁵² (593), 676¹⁸³ (652), 677¹⁹¹ (652), 677²⁴² (656), 677²⁴⁴ (656), 678²⁶⁴ (658), 679³⁶³ (668), 679³⁶⁴ (668); **4**, 65f³⁰, 238²⁹⁶ (203), 238²⁹⁷ (203), 238²⁹⁸ (203), 238³¹⁰ (205), 238³¹¹ (205); **6**, 980⁴¹ (960, 962, 963T), 980⁴² (960, 961, 963T, 967, 971T), 980⁴⁹ (961, 963T), 980⁵⁶ (964, 969T), 980⁵⁸ (965, 970T), 980⁶⁴ (967, 971T), 980⁶⁵ (967, 971T), 980⁶⁶ (967, 971T), 980⁶⁷ (967), 980⁶⁸ (967, 971T), 980⁸⁰ (973, 978T), 980⁸² (974, 978T), 1018f³⁴, 1039⁵² (995), 1066f¹¹, 1111⁵¹ (1053), 1112¹⁰⁹ᵃ (1070), 1112¹⁰⁹ᵇ (1070)

Hauptmann, H., **1**, 42¹⁸² (37), 42¹⁸⁵ (37), 42¹⁸⁶ (37), 42¹⁹³ (37); **7**, 104²⁴² (31)

Hauschild, K., **1**, 243¹¹⁸ (168); **7**, 100³⁹ (5)

Hausen, H. D., **1**, 40⁷⁰ (16, 18), 258f⁷, 689f⁶, 700f², 700f⁶, 700f⁷, 700f¹³, 700f¹⁴, 700f¹⁷, 700f¹⁸, 700f¹⁹, 704f¹, 704f², 704f³, 704f⁵, 704f⁶, 704f⁷, 720⁴⁸ (688), 721⁹⁸ (698), 721¹⁴² (703), 721¹⁴³ (703), 721¹⁴⁴ (703), 722¹⁵⁰ (705, 710, 712), 722¹⁷⁴ (710), 722¹⁷⁶ (710), 722¹⁷⁷ (710), 722¹⁷⁸ (710), 722¹⁸⁹ (712, 717), 722¹⁹² (712, 718), 723²²² (715), 723²²³ (715), 723²⁶⁰ (717), 723²⁶⁶ (718), 723²⁶⁷ (718), 723²⁷¹ (718), 723²⁷² (718), 732f⁹, 752³¹ (730), 753⁴⁴ (733); **6**, 33³¹ (18), 142²¹² (127); **7**, 457¹⁶⁹ (396)

Hauser, C. R., **1**, 53f³, 116⁸⁸ (59); **7**, 76f¹, 104²⁴⁴ (31), 109⁵²² (76)

Hauser, F. M., **7**, 67f⁴, 104²⁵⁰ (32)

Hauser, J. J., **4**, 649⁷⁷ (638); **5**, 266¹⁷⁰ (36); **6**, 14⁹³ (9)

Hauser, P. J., **3**, 84²⁹² (40)

Hauser, W., **4**, 322²²³ (269)

Häusig, U., **6**, 100⁴⁰⁴ (50T)

Hausman, C. L., **2**, 197⁵⁰⁹ (123)

Hausmann, H., **4**, 157⁵¹⁷ (128), 157⁵¹⁸ (128)

Hausser, K. H., **3**, 703⁵⁴⁸ (690)

Haustein, H. J., **3**, 698²⁶³ (669); **6**, 868f², 1113¹⁸³ (1090)

Hautke, K., **7**, 110⁵⁹³ (92)

Hauvette-Frey, S., **2**, 515⁵⁴⁶ (471)

Hauw, T. L., **4**, 97f²³, 154³¹⁵ (76, 98); **6**, 1111⁹⁶ (1067)

Havel, J. J., **6**, 143²³⁷ (112); **8**, 97¹⁶⁹ (55)

Havell, I. V., **5**, 626³⁸⁷ (599)

Haverty, J., **3**, 1074⁴²¹ (1036)

Havlik, B., **2**, 1016⁷⁵ (986, 1006f), 1016⁷⁶ (986, 1006f), 1019²⁵⁰ (1007)

Havlin, R., **3**, 1381⁹⁵ (1341); **4**, 324³⁴¹ (282); **5**, 521⁷⁴ (287); **7**, 727¹²⁸ (691, 692)

Haward, R. N., **7**, 463⁵¹⁴ (447)

Hawari, J. A.-A., **2**, 623⁴⁸⁰ (583), 625⁵⁶⁶ (595, 596)

Hawk, C. O., **8**, 97¹⁴⁴ (49, 56)

Hawke, D. J., **6**, 737⁷⁷⁷ (489)

Hawker, P., **1**, 375¹⁶² (332)

Hawker, P. N., **3**, 326² (282), 703⁵¹⁹ (688)

Hawkes, M. J., **4**, 166f⁶, 234⁶³ (167, 187), 235⁸⁷ (168)

Hawkes, S. J., **2**, 676¹²³ (643)

Hawkins, C. J., **6**, 944¹⁷⁴ (913T)

Hawkins, N. S., **3**, 788f¹³

Hawkins, T. W., **4**, 326⁴⁸⁴ (297)

Hawkinson, S. W., **2**, 915f¹⁰

Hawley, D. M., **2**, 696f¹⁰, 705⁷¹ (690)

Haworth, D. T., **4**, 320⁷⁰ (250)

Hawthorne, J. O., **8**, 936⁷⁰² (909)

Hawthorne, M. F., **1**, 152¹⁹⁷ (144, 148), 152¹⁹⁸ (144, 148), 300f⁵, 304¹⁷⁶ (270), 305²⁴⁵ (279), 307³⁷⁶ (288), 308⁴²⁹ (292), 309⁵⁰⁵ (297), 309⁵¹¹ (296, 299), 310⁵⁷⁰ (299), 310⁵⁷¹ (299), 310⁵⁷³ (299), 310⁵⁷⁶ (299), 310⁵⁷⁷ (299), 310⁵⁷⁹ (299), 379⁴²⁵ᵇ (366), 380⁴³⁹ (368), 453⁴⁵ (421, 430, 432), 453⁶³ (424), 453⁶⁴ (424), 453⁷⁰ (426, 427, 431, 435, 437, 443), 453⁷⁰ (426, 427, 431, 435, 437, 443), 453⁷⁰ (426, 427, 431, 435, 437, 443), 453⁷¹ (426, 427), 453⁷² (426), 453⁷² (426), 453⁷³ (426, 427, 439, 442), 453⁷⁷ (426, 428, 437), 453⁷⁷ (426, 428, 437), 453⁸¹ (427), 454⁸⁶ (427, 428, 439), 454⁸⁶ (427, 428, 439), 454⁸⁷ (427), 454⁹³ (428, 438), 454⁹³ (428, 438), 454⁹⁷ (428), 454⁹⁸ (437, 443), 454⁹⁹ (429, 436, 441), 454¹⁰³ (429), 454¹⁰³ (429), 455¹⁴² (432, 434), 455¹⁴⁴ (433), 455¹⁴⁸ (434, 443), 455¹⁵⁰ (434), 455¹⁵³ (435), 455¹⁵⁴ (435), 455¹⁵⁷ (435), 455¹⁵⁷ (435), 455¹⁵⁷ (435), 455¹⁶⁶ (437, 438), 456¹⁹⁴ (441), 456²⁰¹ (443), 456²⁰¹ (443), 456²⁰¹ (443), 456²⁰¹ (443), 537³ (460, 476, 515), 537⁴ᵇ (460, 463, 469, 476, 485, 515, 518), 537⁷ (460, 476), 537⁸ (460), 537¹⁵ (462, 523, 535), 537¹⁸ᵃ (462), 537¹⁸ᵇ (462), 538⁶³ᵃ (476, 523), 538⁶⁴ (477, 509, 510), 538⁶⁵ (478, 529), 538⁶⁶ (478, 504, 533), 538⁷⁷ᵇ (481, 483, 505), 538⁷⁷ᶜ (481, 483, 505, 521), 538⁷⁷ᵍ (481, 505, 521), 538⁷⁷ʰ (481, 505, 530), 539⁷⁸ (481, 523), 539⁸¹ (485), 539⁸³ (485, 530), 539⁸⁴ (485, 504, 510), 539⁸⁷ (486, 512, 521), 539⁹² (488, 490, 491, 507, 513,

527), 539¹⁰² (490, 513, 514), 540¹⁴⁰ (502), 540¹⁴¹ (502), 540¹⁴² (502), 540¹⁴⁵ (502, 503, 510, 517), 540¹⁴⁶ (502, 503, 533), 540¹⁴⁷ (504, 533T), 540¹⁴⁸ (504), 540¹⁴⁹ (504, 531, 533), 540¹⁵⁰ (505, 533T), 540¹⁵² (505), 540¹⁶² (510, 511), 540¹⁶⁴ (512, 517, 530), 540¹⁶⁵ᵃ (512), 540¹⁶⁵ᵇ (512, 533), 540¹⁶⁶ (512), 540¹⁷⁵ᵃ (515, 516, 518, 520, 535), 540¹⁷⁵ᵇ (515, 516, 518, 519, 522), 540¹⁷⁵ᶜ (515, 516, 518), 540¹⁷⁵ᵈ (515, 516, 517, 518), 540¹⁷⁶ᵇ (517), 540¹⁷⁸ (517, 523, 535), 540¹⁷⁹ᵇ (517), 540¹⁸¹ (517, 534T), 540¹⁸² (518, 519), 540¹⁸³ (518, 521, 522), 540¹⁸⁴ᵇ (519), 540¹⁸⁶ᵇ (520), 541¹⁸⁶ᵃ (520), 541¹⁸⁷ (520), 541¹⁹²ᵃ (520), 541¹⁹²ᵇ (520), 541²⁰⁰ (521), 541²⁰¹ (521), 541²⁰³ (521, 522), 541²⁰⁵ᵃ (523), 541²⁰⁵ᵇ (523), 541²⁰⁶ (523), 541²⁰⁷ (523, 535T), 541²⁰⁸ᵃ (523, 535), 541²⁰⁸ᵇ (523, 535), 541²¹¹ᵈ (524), 541²¹¹ᵉ (524), 541²²⁴ᵇ (529, 535), 541²²⁵ (530), 541²²⁶ (530), 541²²⁷ (530), 542²³⁸ (533T), 542²⁴¹ (535T), 542²⁴⁶ (517, 534T), 552¹ (543), 552² (543), 552⁷ (543), 552⁸ (543), 552¹² (544, 545), 552¹³ (544, 545), 552¹⁴ (545), 553⁶⁰ (549, 550); **3**, 83²³² (32), 83²³³ (32, 33), 83²³⁴ (32, 33), 83²⁴⁰ (33), 328¹⁷⁶ (325), 329¹⁷⁷ (325), 329¹⁷⁸ (326), 329¹⁷⁹ (326), 427³¹ (337), 633²⁸⁰ (623), 633²⁸¹ (623), 633²⁸² (623), 700³⁹¹ (675), 1068⁶⁴ (973), 1068⁶⁶ (973), 1250²¹⁹ (1203), 1382¹⁵⁶ (1356); **4**, 238²⁹⁴ (203), 819⁶⁵⁸ (806), 820⁶⁵⁹ (806), 820⁶⁶⁰ (807), 820⁶⁶¹ (807), 820⁶⁶² (807, 808), 964⁹² (946), 964⁹² (946); **5**, 624²¹⁷ (573, 575); **6**, 95¹⁴⁸ (42, 43T), 224²⁷ (221, 214T, 215T, 222), 224³⁶ (214T), 224⁵⁰ (220, 222), 225⁸⁴ (214T), 225⁹² (221, 214T, 215T, 222), 225⁹³ (214T), 225¹¹⁹ (214T, 221), 225¹²⁰ (214T, 221, 222), 225¹²² (214T, 221, 222), 225¹³⁰ (214T, 220, 221), 226¹⁴² (214T, 221), 226¹⁴⁸ (206, 214T, 215, 216, 219), 227²²¹ (194), 227²³⁵ (213, 220), 227²³⁵ (213, 220), 227²³⁶ (221, 215T), 227²³⁷ (213), 227²³⁸ (219), 383⁷¹ (371, 375), 840f⁷¹, 845f²⁷³, 845f²⁷⁴, 845f²⁷⁵, 874⁶⁵ (771), 945²⁷⁵ (934T, 935, 936, 937T, 939, 940), 945²⁷⁶ (934T, 935), 945²⁸⁴ (937T, 938, 939), 945²⁸⁵ (937T, 940); **7**, 195⁵⁶ (163), 195¹⁰³ (171), 195¹⁰⁴ (171), 225¹³⁴ (208, 212), 225¹³⁵ (208, 212, 219, 219f), 252⁵⁷ (236), 300¹²⁷ᵃ (289), 300¹²⁷ᵇ (289), 301¹⁴⁴ (292); **8**, 296f¹³, 304f¹, 304f², 304f²⁴, 331f¹⁸, 641⁴⁷ (632)
Haxo, H. E., **7**, 463⁵²⁸ (449)
Hay, A. S., **7**, 727¹³³ (693)
Hay, J. N., **1**, 674²³⁴ (602, 637), 679⁵²⁹ (637, 641), 679⁵³⁰ (637); **3**, 547¹⁰⁷ (535); **7**, 99¹¹ (3), 455³⁷ (380)
Hay, P. J., **3**, 81¹⁰⁷ (12)
Hayakawa, H., **4**, 65f⁵⁰, 153²⁵⁶ (67)
Hayakawa, K., **7**, 459²⁹⁰ (413)
Hayakawa, N., **8**, 100⁷⁴¹ (949)
Hayakawa, Y., **8**, 1007²⁹ (945), 1007²⁹ (945), 1007³⁰ (945), 1007³² (946), 1007³³ (947), 1007³⁴ (947), 1007³⁵ (947), 1007³⁶ (948), 1007³⁷ (948), 1007³⁹ (949), 1007³⁹ (949), 1007⁴⁰ (949), 1007⁴¹ (949), 1007⁴² (950), 1008⁴⁴ (950), 1008⁴⁴ (950), 1008⁴⁵ (950)
Hayama, N., **2**, 977⁴⁴⁵ (956); **8**, 770⁵⁹ (723T, 724T, 732), 770¹⁰⁰ (734), 770¹⁰¹ (734), 772²¹² (734), 937⁷⁴⁶ (918), 937⁷⁷⁹ (923)
Hayamizu, K., **1**, 674²³⁶ (602)
Hayasaka, T., **8**, 935⁵⁹¹ (892)
Hayase, Y., **1**, 679⁵⁸⁰ (647), 679⁵⁸¹ (647)
Hayashi, E., **7**, 17f⁹
Hayashi, H., **2**, 192²⁷⁵ (70)
Hayashi, J., **2**, 192³¹⁰ (79), 192³¹¹ (79), 193³³² (85), 300²³¹ (258), 395² (365, 384), 396⁹² (384), 396⁹³ (384); **5**, 194f²³, 240f⁶, 273⁶¹⁴ (206, 208)
Hayashi, K., **2**, 196⁴⁶⁹ (115), 623⁴³⁶ (577), 624⁴⁹⁰ (585), 1015³² (982)
Hayashi, M., **2**, 187⁵⁰ (11), 190¹⁸² (40); **7**, 460³⁷⁵ (423)
Hayashi, N., **2**, 395²⁴ (368)
Hayashi, S., **8**, 710³³⁰ (701)
Hayashi, T., **2**, 299¹⁶¹ (244, 288), 396⁶⁵ (376, 377); **4**, 511⁴⁶³ (489); **5**, 537¹¹³⁹ (475T), 537¹¹⁴⁰ (475T), 537¹¹⁴¹ (475T), 537¹¹⁶⁴ (477), 537¹¹⁸⁸ (483); **6**, 757¹³⁸¹ (672), 758¹⁴⁴⁵ (677), 758¹⁴⁴⁶ (677); **7**, 106³⁴⁸ (47), 106³⁴⁹ (47), 106³⁷² (49), 647³⁶ (524), 649¹⁷⁹ (554), 651²⁸⁹ (574), 656⁵⁴⁹ (617); **8**, 471f¹⁹, 481f², 481f³, 496²² (469), 496²⁵ (469, 477), 496³¹ (470), 497⁵⁴ (477), 497⁸⁸ (486), 497¹⁰⁶ (492), 497¹⁰⁸ (493), 641⁴³ (630T), 642⁶³ (627T, 630, 630T, 631), 771¹²⁷ (743T, 748T), 771¹³⁷ (742, 743T, 744T, 748T), 771¹³⁸ (740, 744T, 747T), 771¹⁴⁸ (742, 743T, 745, 748T), 771¹⁴⁹ (739, 749T), 771¹⁵⁰ (738, 751T), 771¹⁵² (742, 743T, 748T), 771¹⁵⁹ (742, 743T, 748T, 749T), 771¹⁶¹ (743T, 748T, 749T), 933⁵⁰⁴ (874), 934⁵⁰⁵ (874), 934⁵³⁰ (882), 934⁵³¹ (882, 883), 934⁵³² (883), 936⁶⁴⁵ (900), 936⁷¹⁷ (911, 914), 937⁷⁵⁸ (920), 1067¹⁸¹ (1042)
Hayashi, Y., **3**, 1075⁴⁶³ (1041); **8**, 770¹⁰⁸ (725T, 732)
Hayata, A., **5**, 522¹⁴¹ (297, 342); **8**, 280²⁷ (236)
Hayata, C., **5**, 530⁷⁰⁷ (396), 625³⁰⁰ (587); **6**, 347³³² (321), 749⁸³⁹ (595T)
Hayatsu, R., **8**, 97¹³⁸ (48)
Hayes, F., **2**, 631f¹³, 675⁸¹ (638)
Hayes, G. F., **7**, 8f¹⁴; **8**, 607¹⁰⁷ (564)
Hayes, J. M., **1**, 242⁶² (160)
Hayes, K. E., **6**, 757¹³⁸⁶ (672)
Hayes, R., **5**, 537¹¹⁹² (484)
Hayes, R. G., **3**, 83²¹⁹ (31), 265⁸⁴ (182), 265¹¹⁹ (187), 266¹⁴⁷ (194), 269³³⁰ (232), 702⁴⁹¹ (685), 704⁵⁹⁰ (694)
Hayes, S. E., **3**, 1188f²³; **6**, 1020f¹⁰⁵, 1032f²⁶, 1035f¹⁰, 1035f¹⁶, 1035f¹⁹, 1036f⁶, 1040¹¹⁰ (1007, 1010), 1040¹¹¹ (1007, 1008), 1041¹¹⁷ (1008)
Hayes, S. F., **2**, 193³³⁸ (86)
Hayes, T. G., **6**, 1111⁷⁶ (1060)
Hayhurst, G., **2**, 912f¹⁶, 975³²⁷ (929, 930)
Haymore, B. L., **3**, 1317²¹ (1271), 1317⁶⁵ (1282), 1317⁷⁰ (1283), 1318⁹ (1340); **4**, 326⁴⁹⁵ (298), 811¹⁰⁴ (706), 811¹⁰⁵ (706), 1059¹²² (987), 1059¹³⁸ (989, 990), 1059¹³⁹ (990), 1059¹⁴² (990), 1059¹⁴³ (990); **8**, 99³²⁵ (92)
Haynes, P., **8**, 282¹²⁶ (269), 444f¹, 461⁴⁵⁰ (442), 932⁴⁰³ (853)
Haynes, W. P., **8**, 96⁹⁶ (41, 44, 45, 59, 61)
Haynie, F. H., **4**, 319⁸ (244)
Hayter, A. C., **6**, 1028f¹³, 1111⁷⁹ (1062, 1067, 1082)
Hayter, R. G., **1**, 696f¹⁵, 722¹⁹⁷ (712), 722²⁰¹ (713, 717); **2**, 707¹⁶⁹ (702, 703); **3**, 797f¹, 798f¹³ᶜ, 809f⁵, 851f⁶, 851f⁴⁹, 1084f¹⁵, 1085f¹, 1114⁷⁶¹ (1105), 1156f², 1246²⁴ᵃ (1156, 1168), 1262f¹, 1269f¹ᵃ, 1327f¹, 1318¹⁹⁴ (1340); **4**, 65f⁵⁸, 106f²², 106f²⁴, 155³⁹⁵ (102), 155⁴⁰¹ (107, 110), 326⁵³⁵ (300), 327⁵⁴⁴ (302, 303, 316), 533f⁷, 611³⁸⁸ (533f, 590), 611⁴³⁰ (593), 812¹⁷¹ (717, 718), 813²²² (725, 726, 727); **5**, 275⁷⁵² (250); **6**, 35¹⁶² (30), 36¹⁷³ (32), 1018f¹⁷
Hayter, R. J., **3**, 947³⁹ (812, 816)
Haytor, R., **3**, 698²⁸² (671); **6**, 227²²⁴ (202)
Hayward, P. J., **6**, 263¹⁶³ (257), 263¹⁶⁵ (257, 258), 751⁹⁷⁵ (619); **8**, 99³¹⁵ (90, 91)
Hayward, P. J. C., **1**, 732f², 753⁵⁵ (735)
Hayward, R. J., **7**, 104²⁷⁴ (35)
Haywood-Farmer, J., **7**, 110⁵⁸⁹ (91)
Hazard, R., **2**, 972¹⁵³ (891)
Hazari, S. K. S., **3**, 1250²¹⁴ (1203), 1382¹³⁶ (1348)
Hazell, A. C., **6**, 748⁷⁸⁰ (587)
Hazell, R. G., **1**, 542²⁴² (534T); **6**, 760¹⁵⁵³ (698T)
Hazlett, J. D., **3**, 870f³, 870f⁴
Hazouri, M. J., **6**, 755¹²⁶² (654)
Hazum, E., **4**, 320⁶⁰ (249), 435f¹⁵, 507¹⁷³ (427); **8**, 1009¹⁰⁶ (970), 1009¹¹⁷ (972)
Heacock, R. A., **1**, 242⁸⁵ (164, 216); **7**, 107⁴⁰³ (54)
Head, B. C., **2**, 627⁷⁰⁶ (614)
Head, E. L., **1**, 150⁵¹ (122, 127, 130, 138)
Head, R. A., **3**, 81⁶² (6), 81⁶³ (6), 81⁶⁴ (6); **4**, 65f³², 810⁴⁰ (697), 810⁴¹ (697), 810⁵¹ (698, 699), 813²¹⁴ (723), 814²⁹⁸ (746), 1058⁸⁵ᵃ (978), 1058⁸⁵ᵇ (978), 1058⁸⁶ (978); **8**, 331f¹⁰, 339f¹¹, 1088f⁵, 1088f⁶, 1105⁷⁴ (1088), 1105⁷⁵ (1088), 1105⁷⁶ (1089)

Headford, C. E. L., **4**, 811^{89} (703, 809), 1059^{113} (984), 1060^{161} (994, 996), 1060^{187} (1004, 1013), 1060^{188} (1004, 1013); **8**, 97^{188} (58)
Heag, A., **1**, 373^{22} (313)
Healy, K. P., **6**, 98^{293} (78), 99^{379} (75); **8**, 769^{33} (723T, 732), 770^{94} (736)
Healy, M. A., **2**, 620^{279} (556)
Healy, M. E., **1**, 681^{664} (655)
Heaney, H., **1**, 244^{175} (175), 244^{179} (175, 178); **7**, 109^{553} (80)
Heap, R., **2**, 676^{170} (650), 676^{171} (650), 677^{220} (654), 678^{283} (660, 664)
Heath, G. A., **4**, 810^{49} (698), 1059^{141} (990); **8**, 1092f^2, 1105^{68} (1087), 1105^{69} (1087, 1101), 1105^{75} (1088), 1105^{83} (1092), 1105^{84} (1092)
Heath, R. R., **7**, 106^{342b} (47)
Heathcock, C. H., **7**, 110^{568} (84), 252^{24} (231), 648^{140} (547), 650^{245} (565), 725^{59} (674), 727^{177} (710), 728^{207} (709), 728^{214} (712)
Heathcock, S. M., **4**, 506^{122} (410), 814^{290} (745, 754); **8**, 1010^{222} (1005)
Heatley, F., **3**, 268^{286} (220, 222), 268^{289} (221), 268^{313} (230)
Heaton, B. H., **6**, 874^{63} (771)
Heaton, B. T., **5**, 264^{29} (7), 267^{215} (45), 267^{217} (45), 267^{218} (45), 280f^7, 282f^6, 285f^1, 291f^1, 325f^4, 327f^3, 327f^4, 327f^5, 327f^6, 327f^8, 327f^9, 327f^{10}, 327f^{11}, 327f^{12}, 327f^{13}, 335f^6, 520^{17} (280, 339), 524^{308} (318, 320), 524^{326} (319, 320), 524^{327} (319, 378), 525^{335} (322, 324), 525^{337} (322), 525^{338} (322), 525^{348} (327), 525^{364} (333, 334), 525^{366} (333, 334), 525^{368} (336), 525^{373} (337), 530^{712} (396), 530^{713} (396); **6**, 441^{11} (389), 442^{99} (399), 736^{34} (480), 736^{35} (480), 737^{57} (484), 749^{880} (604), 752^{1077} (634), 753^{1143} (639), 761^{1617} (714), 806f^{68}, 872f^{158}, 874^{76} (772)
Hebblethwaite, E. M., **8**, 1007^{24} (944)
Hebert, E., **7**, 95f^3
Hébert, N. C., **1**, 285f^{36}; **7**, 301^{159a} (294), 729^{269} (722)
Hecht, H. J., **1**, 118^{200} (83, 84T)
Hecht, J. K., **6**, 755^{1293} (659)
Hechter, B., **6**, 224^{64} (190)
Heck, J., **3**, 981f^{18}, 1069^{103} (982, 990, 996); **8**, 1067^{173} (1041), 1071^{343} (1062)
Heck, R., **8**, 221^{71} (116, 118, 140)
Heck, R. F., **2**, 978^{514} (964), 978^{545} (969); **3**, 429^{149} (366); **4**, 320^{104} (252), 400f^8, 505^{83} (401, 412); **5**, 39f^6, 39f^{10}, 40f^2, 48f^1, 48f^3, 48f^4, 49f^1, 51f^3, 51f^4, 51f^5, 51f^6, 52f^1, 57f^1, 64f^{11}, 158f^8, 213f^1, 213f^5, 213f^7, 213f^{21}, 229f^5, 253f^5, 253f^6, 257f^1, 267^{223} (48, 52, 53, 55, 60, 183, 184, 214, 215, 216, 219, 220), 267^{224} (48, 214, 216, 219, 220), 267^{240} (54), 271^{486} (160), 273^{625} (211), 273^{631} (211), 275^{749} (250), 275^{774} (254), 306f^9, 522^{189} (302, 302T, 304T, 305, 378), 623^{148} (564, 572); **6**, 33^3 (15), 34^{98} (19T, 21T, 23, 24), 95^{138} (55T, 56T, 78), 343^{26} (282), 345^{193} (310), 345^{194} (310), 345^{195} (310), 345^{196} (310), 345^{197} (310), 345^{198} (310), 345^{199} (310), 345^{203} (310), 345^{204} (310), 347^{322} (339), 349^{442} (339), 442^{61} (394), 442^{62} (394), 445^{291} (423), 745^{594} (559, 563), 745^{602} (559), 745^{603} (559), 845f^{277}, 1021f^{129}; **7**, 197^{212} (192), 322^{24} (308, 316), 726^{97} (684), 726^{99} (684), 726^{100} (684); **8**, 96^{124} (44), 98^{251} (70, 71), 99^{266} (75, 76), 221^{50} (114, 141, 142, 192), 221^{62} (116, 118, 138, 140, 150, 161, 165, 169, 188, 196), 221^{71} (116, 118, 140), 222^{114} (140, 158), 222^{132} (159, 163, 164, 189, 192, 194, 198, 200, 207, 208), 223^{139} (163), 223^{175} (194, 203), 281^{77} (256), 361^{51} (287), 400f^7, 457^{196} (400, 446), 794^5 (790), 795^{75} (788), 796^{107} (777), 861f^4, 864f^1, 864f^2, 864f^3, 864f^6, 864f^7, 864f^8, 864f^9, 864f^{10}, 865f^{11}, 865f^{12}, 869f^1, 869f^2, 876f^1, 876f^2, 876f^3, 926^8 (800), 926^{17} (800), 926^{18} (800), 927^{19} (800, 877), 927^{35} (800, 801, 868, 869), 928^{107} (804, 812, 857, 873), 928^{108} (804, 812), 930^{267} (836), 931^{342} (847), 932^{407} (855, 857), 932^{410} (856, 899), 933^{452} (860), 933^{456} (862), 933^{457} (862, 868), 933^{458} (862), 933^{471} (868, 870), 933^{476} (870), 933^{478} (870), 933^{479} (871), 933^{481} (872), 933^{488} (873), 933^{489} (873, 874, 899), 933^{493} (875, 876), 933^{494} (877), 934^{506} (877), 934^{514} (879), 935^{625} (898), 936^{667} (903, 925), 936^{671} (904), 936^{675} (905), 936^{678} (905), 936^{689} (907), 936^{698} (908), 937^{769} (921), 1007^{17} (942)
Hecker, L. H., **2**, 1015^5 (980)
Heckl, B., **3**, 893f^7, 950^{260} (899), 1317^{50} (1278)
Heckman, H., **8**, 1009^{137} (977)
Heckman, R. A., **2**, 970^{51} (869)
Heckroodt, R. O., **4**, 34f^{72}, 52f^{84}, 152^{164} (42)
Hedaya, E., **6**, 225^{97} (195)
Hedberg, F. L., **4**, 511^{415} (482), 817^{467} (768), 817^{468} (768, 773); **8**, 1067^{182} (1042), 1070^{335f} (1061, 1062), 1071^{345} (1062)
Hedberg, K., **1**, 264f^{10}; **2**, 187^{33} (8, 124), 198^{539} (129), 516^{595} (480, 482); **6**, 12^{18} (5, 6), 227^{240} (190), 942^{82} (901, 902T)
Hedberg, L., **1**, 264f^{10}; **2**, 198^{539} (129), 516^{595} (480, 482); **6**, 12^{18} (5, 6), 227^{240} (190)
Hedgecock, Jr., H. C., **1**, 307^{385} (289); **7**, 194^{30} (162), 223^{14} (199), 254^{154} (250), 299^{23} (271)
Heeg, E., **2**, 192^{305} (78), 192^{306} (78)
Heenop, P. J., **8**, 643^{152} (618, 627T)
Heeren, J. K., **1**, 242^{90} (164); **7**, 110^{569} (85), 726^{85} (681)
Heffel, J., **2**, 362^{126} (327)
Heffer, J. P., **6**, 241^{36} (239, 240), 278^{56} (266T, 276); **8**, 927^{41} (801)
Hefflejs, J., **8**, 609^{240} (594T, 595T, 596T, 600T)
Heffron, P. J., **7**, 254^{151} (250)
Hefner, H. F., **6**, 346^{252} (314)
Hefter, G., **4**, 810^{49} (698)
Hegarty, B. F., **2**, 878f^{13}, 971^{77}; **3**, 125f^{19}; **6**, 444^{194} (408)
Hegde, S., **5**, 265^{51} (11)
Hegedus, L. S., **3**, 87^{475} (68), 556^{10} (550); **5**, 529^{603} (376); **6**, 180^{32} (156, 159T, 163, 165T), 180^{53} (156, 159T), 182^{157} (146), 347^{301} (319, 326), 347^{302} (319, 334T, 336); **8**, 223^{140} (165), 223^{179} (210), 361^{22} (286, 305, 306, 316, 319, 333), 365^{292} (329, 351), 496^9 (465), 608^{207} (592, 594T), 769^4 (714T, 715T, 738), 769^5 (720T, 721T, 722T, 729, 730), 769^{16} (730), 769^{17} (716T, 717T, 722), 769^{27} (715T, 716T, 717T, 718T, 722), 769^{34} (730), 770^{88} (730), 770^{89} (730), 795^{45} (785), 795^{50} (786, 788), 926^4 (800), 926^9 (800), 933^{461} (865, 870), 934^{530} (882), 934^{531} (882, 883), 934^{532} (883), 935^{598} (893), 935^{603} (893, 902), 935^{605} (894), 936^{658} (902), 936^{659} (902), 936^{660} (902)
Hegen, D., **2**, 192^{309} (79)
Heggs, T. G., **3**, 547^{135} (543)
Hehre, W. J., **1**, 41^{142} (32, 33T, 34), 119^{269b} (102), 119^{270} (102), 245^{273} (187); **2**, 186^{29} (6)
Heiber, W., **4**, 151^{94} (25, 57, 72)
Heidenhain, F., **3**, 169^{53} (121)
Heider, G. L., **2**, 508^{128} (411)
Heidner, E. J., **4**, 325^{431} (292)
Heijdenrijk, D., **5**, 521^{122} (292)
Heiker, F. R., **7**, 96f^2
Heil, B., **4**, 505^{110} (408); **5**, 301f^3, 522^{179} (300, 303T), 537^{1137} (475T); **8**, 222^{103} (128, 129T), 304f^4, 496^{50} (477)
Heil, C. A., **2**, 514^{469} (461), 514^{470} (461)
Heil, H. F., **1**, 375^{154} (331), 385f^3, 409^{51} (392, 393), 409^{53} (392, 393); **5**, 248f^3, 274^{690} (234); **8**, 1070^{324} (1060)
Heil, V., **8**, 1011^{230} (1007)
Heilbron, I., **7**, 725^{13} (664)
Heilbronner, E., **1**, 42^{188} (37); **6**, 179^3 (146T, 152)
Heilig, G. C., **1**, 678^{458} (631)
Heilmann, S. M., **2**, 187^{60a} (13, 60); **7**, 658^{674} (642)
Heim, F., **3**, 922f^{15}
Heim, P., **7**, 145f^1, 145f^2
Heim, S., **7**, 461^{388} (427), 461^{389} (427, 428)
Heimann, M., **2**, 192^{268} (66), 715f^{18}, 761^{69} (722); **7**, 656^{595} (627)

Heimbach, P., **1**, 672[71] (568, 662), 681[704] (666), 681[705] (666), 681[709] (666), 681[710] (666); **3**, 85[350] (47, 48), 87[470] (67, 70), 632[256] (620), 1067[7] (956, 957), 1246[19] (1155); **4**, 401f[25]; **5**, 273[628] (211); **6**, 36[180] (29), 97[247] (83), 182[151] (156), 182[180] (171), 261[21] (245), 261[32] (245), 262[76] (249), 263[169] (257), 383[35] (365), 383[39] (366), 446[356] (438), 750[932] (614T), 751[972] (619), 761[1626] (716); **7**, 455[64] (382, 383), 463[544] (451); **8**, 397f[12], 397f[20], 403f[1], 416f[1], 416f[2], 416f[3], 422f[3], 422f[6], 425f[9], 425f[11], 435f[10], 444f[15], 454[52] (379, 393, 396, 397, 405, 407), 456[144] (396, 409, 415, 421), 456[145] (396, 399), 456[152] (396, 399, 434), 457[210] (403, 404, 407), 457[211] (404, 407), 457[212] (404, 408, 422), 457[213] (404), 457[214] (404), 457[216] (404, 407), 457[225] (405), 457[226] (405), 458[289] (415), 459[327] (421), 459[330] (421, 427), 459[350] (426), 459[351] (426, 427), 459[352] (427), 461[459] (444), 668[26] (655, 658T), 704[4] (681), 704[17] (681), 704[24] (680), 704[28] (672, 674T, 677), 704[39] (678), 704[41] (685T, 685), 704[43] (681, 682), 705[63] (691, 692, 692T, 695), 705[72] (686, 687T, 689), 705[73] (684, 685T, 686, 687T), 705[75] (672, 675), 705[84] (673, 676, 677), 706[113] (672, 677), 706[114] (678, 680, 681, 684, 685T, 687T), 706[139] (672, 673T, 677), 706[140] (672, 673T), 706[141] (672, 677), 707[161] (677), 707[162] (677, 679), 707[164] (672, 673), 707[167] (682), 707[168] (690), 707[177] (672), 708[233] (672, 677), 710[311] (686, 687T), 770[91] (732, 737), 795[67] (782), 927[51] (801), 931[298] (843)

Heimgartner, H., **4**, 609[303] (579)

Hein, F., **1**, 676[337] (621); **2**, 679[368] (669), 679[369] (669), 679[370] (669), 679[373] (669); **3**, 918f[2], 922f[10], 924f[5], 933f[1], 933f[2], 933f[3], 933f[6], 933f[10], 933f[11], 933f[12], 933f[13], 933f[18], 933f[19], 942f[10], 950[306] (916), 951[348] (936), 951[350] (936), 951[353] (936), 1068[71] (975), 1068[81] (977, 990), 1068[84a] (978), 1070[198] (999); **4**, 309f[8], 327[574] (306, 307), 327[575] (306, 307), 328[613] (309, 310, 314), 328[614] (309, 310); **6**, 1019f[50], 1028f[40]

Heine, H.-G., **7**, 659[711] (645)

Heineckey, D. M., **4**, 240[422] (212T)

Heinekey, D. M., **2**, 194[374] (95), 861[135] (853); **3**, 169[62] (127, 130)

Heinemann, H., **6**, 757[1384] (672)

Heinicke, G., **6**, 12[4] (4)

Heinicke, J., **2**, 200[627] (153), 704[1] (683), 707[159] (701)

Heinicke, K., **5**, 521[76] (287, 303T)

Heinrich, M., **2**, 859[24] (829)

Heins, E., **3**, 406f[15], 631[213] (598); **8**, 550[57b] (514, 534, 536)

Heinsen, H. H., **6**, 873[24] (764)

Heinsohn, G. E., **7**, 460[340] (418), 460[362] (422), 460[372] (423); **8**, 772[181] (746, 764T, 765T)

Heintz, E. A., **3**, 944f[1], 1137f[25]

Heinz, W.-D., **6**, 261[60] (248), 740[252] (514)

Heinzer, J., **3**, 1070[186] (992)

Heisler, M., **5**, 299f[4], 301f[4], 306f[7], 306f[12], 316f[9], 522[146] (296, 297, 300, 303T, 304T), 522[173] (300, 314), 523[212] (303T, 305), 523[220] (304T)

Heiszwolf, G. J., **1**, 119[273] (101T, 103, 105)

Heitner, H. I., **5**, 479f[8], 536[1057] (462, 463), 536[1058] (462, 463)

Heitsch, C. W., **1**, 303[101] (268)

Heitz, W., **8**, 606[26] (554)

Hejmo, E., **3**, 1137f[2], 1288f[1]

Helary, G., **7**, 8f[8]

Held, J., **6**, 34[78] (20T, 30)

Held, W., **3**, 893f[20], 897f[11], 1297f[10], 1317[41] (1278), 1317[45] (1278, 1279), 1317[51] (1278), 1318[105] (1294), 1318[107] (1298), 1318[110] (1298), 1379[3] (1323)

Heldt, W. Z., **4**, 322[219] (269), 322[221] (269), 322[222] (269), 322[226] (269), 322[227] (269), 322[236] (269), 322[237] (270), 322[238] (270), 322[239] (270), 322[240] (270)

Helgerud, J. E., **4**, 106f[21]

Helgeson, R. C., **7**, 511[57] (480)

Helland, B. J., **3**, 823f[3b]

Hellberg, L. H., **7**, 653[397] (592)

Helle, J. N., **8**, 95[26] (25, 26, 27), 97[166] (54, 57, 60)

Heller, H. E., **8**, 281[123] (268)

Hellier, M., **6**, 757[1392] (672, 677, 679), 757[1394] (672, 677, 679)

Helling, J. F., **3**, 368f[13]; **4**, 499f[6], 507[225] (439, 495, 500), 512[485] (495, 502); **5**, 240f[7], 535[984] (445); **8**, 1066[117a] (1031), 1066[117b] (1031), 1070[294a] (1057), 1071[346] (1063)

Hellmann, H., **3**, 886f[3], 1029f[5], 1051f[1], 1051f[3], 1051f[8], 1074[413] (1035), 1121f[7]

Hellner, E., **2**, 200[636] (156), 904f[8], 973[253] (906, 917, 927)

Hellwinkel, D., **1**, 42[198] (38); **2**, 705[56] (687), 705[56] (687), 706[108] (695, 697), 706[116] (696), 706[118] (697), 706[118] (697); **7**, 95f[13], 108[455] (62)

Helmer, B. J., **2**, 396[85] (381)

Helmholdt, R. B., **3**, 328[133] (313)

Helmick, L. S., **7**, 101[114] (16)

Helms, C. R., **8**, 360[7] (286)

Helper, L. G., **3**, 1146[4] (1080)

Helquist, P., **1**, 244[197] (177); **4**, 376[153] (372); **7**, 5f[6], 102[133] (20), 105[332] (45), 196[143] (178), 225[103] (207), 729[241] (717, 719); **8**, 769[3] (714T, 722), 770[68] (734), 937[765] (921), 937[768] (921), 1008[74] (958)

Hemings, R. T., **7**, 655[503] (606)

Hemmer, H., **6**, 347[278] (315, 316, 326, 327)

Hemmer, R., **6**, 18f[4] (183T, 184)

Hemmerling, C., **4**, 965[140] (953)

Hemmings, R. T., **2**, 202[718] (176), 202[721] (176), 202[721] (176), 203[740] (183), 509[172] (420, 426), 510[269] (435, 444, 445, 446), 512[351] (444, 445, 452), 512[357] (445), 512[362] (445, 446)

Hempel, H.-U., **3**, 695[89] (655), 759f[3], 781[161] (759)

Hemphill, W. D., **5**, 270[399] (130)

Henbest, H. B., **5**, 624[188] (567), 624[189] (567); **7**, 725[50] (672, 673)

Henc, B., **1**, 672[127] (579, 665); **6**, 97[244] (82, 85T), 143[238] (104T, 107), 180[52] (145, 146T, 151, 156, 159T, 163, 165T), 181[135] (145, 146T, 149, 150, 151, 153T, 156, 167, 168), 181[138] (152, 153T, 154, 156, 166, 167); **8**, 386f[1], 429f[1b], 454[51] (379, 384, 386, 387), 497[90] (486), 707[159] (679), 707[160] (679), 795[71] (782), 929[159] (810)

Hencher, J. L., **1**, 689f[3], 720[43] (688)

Henck, U., **8**, 938[805] (926)

Hencken, G., **1**, 115[20] (45, 64, 65T, 66), 151[176] (140), 675[308] (616); **3**, 431[319] (423); **6**, 1058f[11], 1110[32] (1047, 1059)

Hencsei, P., **2**, 199[567] (136), 202[688] (166)

Henderson, A., **2**, 618[120] (539)

Henderson, E., **4**, 816[427] (762), 816[429] (762, 763); **6**, 224[55] (194, 195f)

Henderson, G. N., **7**, 103[221] (29)

Henderson, H. E., **2**, 202[721] (176), 203[740] (183), 510[269] (435, 444, 445, 446), 511[321] (440), 512[349] (444), 512[351] (444, 445, 452), 512[362] (445, 446), 513[403] (452), 513[449] (458, 459, 460, 466), 518[716] (505)

Henderson, K., **8**, 928[147] (806)

Henderson, R. A., **8**, 1105[85] (1093)

Henderson, R. M., **2**, 713f[32], 761[61] (721)

Henderson, R. S., **4**, 153[244] (63), 234[66] (167), 323[320] (279); **5**, 271[502] (167)

Henderson, S. D., **5**, 276[789] (257)

Hendra, P. J., **1**, 260f[12]; **3**, 694[16] (649, 649T, 651, 660); **4**, 234[37] (164); **6**, 383[73] (372), 753[1125] (638)

Hendrick, J., **3**, 866f[7], 866f[7]

Hendricker, D. G., **3**, 833f[72], 833f[73], 833f[75], 840f[13], 1076[527] (1056); **4**, 151[147] (37); **6**, 34[39] (19T, 21T, 22T)

Hendricker, D. J., **4**, 52f[82]

Hendricks, J. B., **3**, 266[191] (206)

Hendrickson, D., **4**, 152[182] (45), 168f[2]

Hendrickson, D. C., **4**, 479f[18]

Hendrickson, D. N., **3**, 83[195] (28, 29), 327[101] (307); **4**, 510[404] (481), 510[411] (482), 511[414] (482), 511[441] (485), 610[377] (589), 610[378] (589), 761f[1], 816[404]

(761), 816^406 (761, 762), 816^425 (762), 816^439 (764), 816^443 (764); **6**, 987f^10, 1020f^86, 1039^15 (989, 990), 1040^66 (997); **8**, 1068^237 (1049), 1070^336a (1061, 1062), 1070^336a (1061, 1062), 1070^336b (1062), 1070^336c (1062)

Hendrickson, W. A., **4**, 512^485 (495, 502); **8**, 1070^294a (1057)

Hendrikse, J. L., **8**, 363^204 (317)

Hendriksen, D. E., **5**, 520^30 (281), 530^657 (387); **8**, 17^21 (12, 13), 17^26 (12), 95^61 (35, 58), 99^311 (90, 91, 92), 220^32 (110), 223^149 (171), 280^18 (232, 239, 249, 256, 258), 364^249 (324)

Hendriock, J., **2**, 509^168 (419)

Henery, J., **4**, 380f^8, 508^282 (447, 472)

Hengel, R., **2**, 622^393 (571)

Hengesbach, J., **1**, 375^136 (328, 333), 375^146 (330, 333, 335), 409^37 (387, 388), 409^38 (388), 409^71 (401); **2**, 190^194 (43); **3**, 84^256 (35), 84^257 (35); **4**, 158^611 (139); **6**, 225^101 (214T, 223)

Hengge, E., **1**, 380^475 (372); **2**, 195^398 (100), 195^420 (105), 387f^1, 387f^4, 394f^4, 395^7 (366, 367, 370, 371), 395^9 (366, 371, 387), 395^10 (366, 371, 379, 387), 395^32 (370), 395^35 (371), 395^36 (371), 395^37 (371), 395^38 (371), 395^41 (371, 379), 395^42 (372), 395^43 (372), 396^87 (381), 397^114 (387), 397^115 (386, 387), 397^116 (387), 397^121 (388), 397^132 (394); **3**, 424f^3; **6**, 1058f^1; **7**, 655^513 (609, 613)

Heng Suen, Y., **7**, 102^130 (20)

Henke, H., **1**, 673^166 (590)

Henke, W., **2**, 198^537 (128)

Henkes, E., **4**, 507^217 (437)

Henkrikse, J. L., **8**, 362^110 (294)

Henle, W., **6**, 943^160 (912, 913T), 943^161 (912, 913T)

Henley, D. E., **2**, 1017^138 (997)

Henneberg, D., **1**, 242^113 (167), 242^115 (167, 190, 191), 242^115 (167, 190, 191), 243^116b (168), 243^122 (168, 191), 304^138 (269), 679^545 (639); **4**, 648^28 (621); **7**, 99^13 (3), 99^14 (3), 99^15a (3), 99^15b (3), 100^49 (6), 455^35 (380); **8**, 704^28 (672, 674T, 677)

Henneike, H. F., **2**, 938f^2, 943f^5, 975^335 (930, 940)

Hennenberger, P., **7**, 463^520 (448)

Henner, B., **2**, 299^187 (248T), 302^332 (280); **7**, 648^118 (540)

Henner, B. J. L., **2**, 187^61 (13), 187^75 (19)

Henner, M., **2**, 187^65 (14), 190^190 (42)

Hennig, H. J., **2**, 514^519 (468)

Hennion, G. F., **1**, 305^240 (279), 305^241 (279, 281), 305^242 (279, 284), 305^249 (279), 305^267 (281), 305^268 (281), 308^460 (294); **7**, 106^350 (47), 158^13 (143), 728^192 (707); **8**, 669^63 (662), 771^139 (738, 740, 747T)

Hennion, J., **8**, 405f^1

Henold, K. L., **1**, 40^61 (15), 453^31 (419, 420), 674^238 (603), 682^730 (581), 692f^2, 692f^4, 692f^5; **2**, 859^9 (825), 859^10 (825)

Henrichs, M., **1**, 117^121 (68, 71, 78)

Henrici-Olivé, G., **3**, 328^160 (321), 328^162 (321), 328^163 (321), 328^165 (321), 703^546 (690), 703^549 (690), 703^550 (690), 1069^91 (979), 1069^115 (984); **6**, 979^1 (948, 958T), 979^4 (948, 958T); **8**, 96^118 (43), 97^140 (48, 49), 97^160 (52, 53), 221^63 (116, 140, 144), 365^301 (332), 378f^14, 385f^8, 392f^1, 453^4 (372, 378), 454^39 (378), 455^83 (384), 456^121 (392), 456^127 (393), 459^320 (419), 641^40 (621T), 1076f^10, 1080f^6, 1083f^2, 1104^35 (1079, 1083)

Henrick, C. A., **7**, 104^260 (33), 728^184 (706), 728^184 (706), 728^194 (707), 729^257 (721)

Henrick, K., **1**, 732f^1, 732f^3, 732f^4, 732f^5, 732f^8, 732f^16, 753^46 (734), 753^48 (734), 753^49 (734), 753^64 (735), 753^67 (735), 753^70 (735), 754^103 (743), 754^104 (744), 754^104a (744); **2**, 194^383 (96); **3**, 948^164 (867), 1092f^11; **4**, 887^191 (882), 1062^286 (1032), 1062^290 (1032), 1063^378 (1051)

Henrickson, A. R., **1**, 307^387 (289)

Henrickson, C. H., **1**, 40^50 (13), 583f^4, 673^189 (593, 602), 675^300 (615)

Henriks, P., **6**, 445^286 (422)

Henriouelle, P., **8**, 610^267 (596T), 610^268 (596T, 599T)

Henrioulle, P., **7**, 463^518 (448)

Henry, M. C., **2**, 617^70 (531), 617^83 (535), 619^159 (543), 622^358 (568), 676^119 (643), 676^129 (643), 676^131 (643), 676^134 (643), 677^190 (652), 678^282 (660), 678^284 (660, 661), 678^284 (660, 661), 679^319 (664), 679^338 (666), 706^103 (694, 699); **4**, 389f^15

Henry, P. M., **2**, 978^541 (968); **4**, 605^3 (514); **6**, 33^3 (15), 241^26 (237), 241^38 (239), 262^88 (250), 345^200 (310), 354f^3, 361^19 (352, 354, 355), 361^38 (355), 384^104 (376), 1021f^129; **7**, 511^70 (484), 511^71 (484), 511^81 (484), 511^82 (484), 513^174 (499, 500, 507); **8**, 368^521 (359), 926^3 (800), 927^21 (800, 883), 927^22 (800, 835), 935^575 (890), 935^579 (890), 935^584 (891), 936^662 (902), 937^784 (924, 925)

Henry, R. A., **8**, 771^115 (737), 772^214 (737)

Henry-Basch, E., **1**, 679^564 (645); **2**, 861^158 (858); **7**, 50f^8, 425f^4, 459^297 (413, 415, 417), 459^309 (415, 416), 461^385 (426); **8**, 772^199 (769)

Henslee, G. W., **6**, 443^172 (406)

Henslee, W. J., **3**, 1067^17 (961); **4**, 323^309 (278)

Hensley, D. W., **4**, 374^44 (340), 610^317 (581)

Henstein, W., **7**, 646^14 (517)

Hentges, S. G., **2**, 679^359 (668); **3**, 695^99 (656), 698^248 (667, 668, 669), 809f^2; **6**, 225^99 (203T, 205, 211, 213T), 840^53, 1061f^7, 1110^27 (1046, 1063)

Henzel, R. P., **7**, 729^275 (723)

Henzell, R. F., **2**, 976^407 (948)

Henzi, R., **3**, 886f^1, 949^234 (887), 1084f^5, 1147^86 (1122), 1246^33 (1158), 1247^69b (1168), 1318^87 (1289), 1380^44 (1330); **4**, 811^121 (708, 716), 841^86a (836), 886^116 (867, 868, 881)

Henzl, M. T., **8**, 1104^2 (1074)

Hepburn, S. P., **8**, 1070^306 (1059)

Hepler, L. G., **3**, 788f^1, 946^4 (785), 1081f^1, 1258f^1, 1316^4 (1257); **6**, 241^42 (241)

Heppke, G., **3**, 731f^16

Herak, R., **6**, 93^5 (92, 92T), 139^19 (120, 122T, 133T, 134T, 135, 136), 179^4 (173); **8**, 1067^160 (1040)

Heras, J. V., **5**, 536^1107 (470, 475T); **8**, 291f^13

Herber, B., **4**, 328^609 (309); **6**, 1111^83 (1063)

Herber, R., **4**, 435f^19

Herber, R. H., **1**, 378^320 (356); **2**, 617^23 (523), 617^29 (525); **4**, 508^279 (447), 611^409 (592); **6**, 1019f^61

Herberhold, M., **3**, 108f^2, 108f^3, 108f^7, 108f^21, 109f^2, 698^256 (668), 797f^12, 879f^7a, 947^61 (821), 949^179 (872), 949^183 (873), 950^253 (894), 1051f^7, 1051f^9, 1051f^13, 1067^1 (954), 1067^3 (955, 1035), 1067^36 (966, 967), 1067^37 (967), 1067^37 (967), 1072^269 (1013), 1072^273 (1013), 1076^506 (1053), 1076^512 (1054), 1077^593 (1066), 1085f^13, 1110f^3, 1147^91 (1123), 1262f^13, 1318^76 (1283), 1318^86 (1284); **4**, 12f^8, 34f^52, 107f^81, 156^507 (126), 158^618 (140), 158^622 (140), 234^42 (164), 234^56 (167, 185), 236^199 (185), 326^508 (299), 326^522 (299); **5**, 272^532 (177, 180, 184), 438f^2, 532^817 (418), 532^839 (419, 422), 532^840 (419, 422); **6**, 750^931 (614T); **8**, 926^6 (800)

Herberich, G. E., **1**, 375^136 (328, 333), 375^146 (330, 333, 335), 375^154 (331), 375^155 (331), 375^156 (331), 375^157 (331), 375^158 (331), 375^159 (332), 375^163 (332), 375^167 (333), 385f^3, 408^4 (383, 387), 408^6 (383, 394), 408^7 (383, 384, 400, 401), 409^24 (385, 392, 397, 402), 409^25 (385, 401), 409^29 (386, 401), 409^37 (387, 388), 409^38 (388), 409^51 (392, 393), 409^53 (392, 393), 409^54 (392), 409^57 (393), 409^58 (393, 394, 395, 396, 402), 409^60 (394), 409^61 (395, 399), 409^62 (395, 397, 398), 409^63 (395), 409^65 (398), 409^66 (398, 399), 409^68 (399, 400), 409^71 (401), 409^73 (401, 402), 409^74 (402), 750f^6, 754^133 (749); **2**, 190^194 (43); **3**, 84^256 (35), 84^257 (35), 989f^1, 1005f^20, 1068^68 (974), 1070^161 (988, 989), 1075^464 (1042), 1077^576a (1063), 1250^221 (1203), 1382^158 (1356); **4**, 158^610 (139), 158^611 (139), 158^612 (139), 509^329 (455), 819^655 (806), 819^656 (806); **5**, 248f^3, 258f^6, 258f^8, 272^573 (191), 272^574 (191), 272^575

(262), 274⁶⁸⁵ (232), 274⁶⁹⁰ (234), 274⁶⁹¹ (234), 274⁶⁹² (234), 538¹²²⁰ (492), 538¹²²¹ (492, 514); **6**, 141¹⁴³ (117, 121T), 143²⁵⁴ (117, 121T), 225¹⁰¹ (214T, 223), 751⁹⁸³ (620), 941³² (895, 896T), 942³³ (895, 896T); **8**, 1065⁶⁵ (1022, 1023), 1066¹⁴⁸ (1038), 1066¹⁵¹ (1039), 1070³²⁴ (1060), 1070³²⁴ (1060), 1070³²⁴ (1060)
Herbert, I. R., **6**, 278⁶³ (271f)
Herbert, R. B., **1**, 754¹²⁴ (748); **7**, 513²⁰⁵ (505)
Herbold, H. E., **4**, 509³²⁸ (455)
Herbstein, F. H., **4**, 450f², 509²⁹⁸ (449, 450), 509³¹⁹ (453), 511⁴¹⁴ (482), 511⁴¹⁸ (483), 612⁴⁹² (598), 648³⁸ (625); **8**, 1069²⁶³ (1052)
Herbstman, S., **2**, 200⁶²⁹ (154), 705⁶¹ (688, 689)
Herck, K., **2**, 978⁵³⁷ (968), 978⁵³⁹ (968)
Hercules, D. H., **1**, 245²⁸⁴ᵇ (188)
Herget, C., **4**, 234³⁴ (164); **8**, 220¹⁹ (108)
Hergold-Brundic, A., **2**, 913f³
Hergott, H. H., **7**, 652³³⁹ (581)
Hergovich, E., **5**, 40f⁶
Hergrueter, C. A., **7**, 102¹³³ (20), 105³³² (45)
Hérisson, J. L., **8**, 549³⁰ (504, 505, 507), 550⁷¹ (517)
Herken, R., **4**, 817⁵⁰⁸ (775)
Herlan, A., **4**, 689³⁷ (666)
Herman, D. F., **3**, 279⁹ (271), 447f⁸, 447f⁹, 447f¹⁰, 447f¹⁷, 473¹ (433), 473⁴⁷ (445)
Herman, G., **7**, 727¹⁵¹ (698)
Herman, J. J., **8**, 930²⁷⁰ (837)
Herman, M. A., **1**, 720⁶⁵ (690)
Herman, R. G., **8**, 95⁴⁴ (30, 33, 34), 95⁴⁵ (30, 34), 282¹⁶⁵ (274)
Heřmánek, S., **1**, 453⁷⁴ (426, 428, 435), 453⁷⁴ (426, 428, 435), 453⁷⁴ (426, 428, 435), 453⁷⁵ (426), 454⁹⁶ (428), 454¹⁰¹ (429, 435), 454¹⁰² (429), 454¹¹¹ (430, 440), 454¹¹¹ (430, 440), 455¹⁵² (435), 455¹⁵² (435), 455¹⁵⁸ (435, 440), 455¹⁶¹ (436), 456¹⁹⁰ (440), 456¹⁹⁰ (440), 456¹⁹¹ (440), 456²²⁴ (446, 447), 456²³⁷ (450), 540¹⁶¹ (510), 541¹⁹¹ (520), 541¹⁹³ᵃ (520), 541¹⁹³ᵇ (520), 542²⁵² (535), 553³² (549, 550), 553³⁴ (549), 553⁶⁵ (550), 553⁶⁷ (551), 740¹⁷⁶ᵃ (517); **6**, 226¹⁶⁸ (214T, 220)
Hermanns, J. P., **7**, 463⁵¹⁸ (448)
Hernandez, A., **7**, 253⁹⁵ (241), 253⁹⁸ (241), 650²³¹ (562), 650²³¹ (562), 650²⁴⁹ (566)
Hernandez, D., **7**, 253⁹⁵ (241), 650²⁴⁹ (566)
Hernandez, E., **7**, 650²⁵⁰ (566)
Hernandez, O., **7**, 97f²¹, 647⁵² (527), 651³⁰⁵ (576, 577)
Herndon, W. C., **3**, 85³⁴¹ (47), 85³⁴³ (47); **4**, 454f²¹
Herold, R. J., **2**, 860⁷⁵ (840)
Herold, T., **7**, 363³³ (358)
Herpin, P., **6**, 383⁶⁶ (370, 371, 375)
Herr, R. W., **7**, 728¹⁹⁵ (707), 728¹⁹⁶ (707)
Herrera, A., **6**, 100⁴²⁰ (61T, 68); **8**, 772²⁰⁹ (734), 794²² (775, 778)
Herrera-Lasso, J. M., **2**, 1019²⁸⁸ (1012)
Herrling, S., **1**, 376²³⁸ (346)
Herrmann, D., **3**, 810f⁵ᵃ, 810f⁹, 874f⁹, 883f², 946²⁸ (812), 947⁵³ (820), 1089f⁹
Herrmann, H., **3**, 1075⁴⁶⁹ (1043, 1044); **8**, 1066¹⁰⁴ (1028, 1029)
Herrmann, J. L., **7**, 97f¹⁹
Herrmann, K., **2**, 191²⁵² (61); **7**, 658⁶⁹⁶ (644)
Herrmann, R., **8**, 1064³² (1018)
Herrmann, W. A., **3**, 270³⁹⁹ (254), 270⁴⁰⁰ (254), 698²³⁴ (666), 698²⁵⁸ (668), 698²⁶² (669), 710f⁵, 710f⁷, 711f¹, 711f¹¹, 711f¹⁵, 714f¹, 714f², 714f³, 760f¹², 779⁵⁶ (710, 761), 779⁵⁷ (710), 779⁶⁴ (714), 874f⁶, 949¹⁸⁹ (873), 1249¹⁵⁸ (1190), 1317⁶⁶ (1282), 1317⁷⁰ (1283), 1381⁸⁹ (1340), 1381⁹² (1340); **4**, 12f⁶, 150⁶⁰, 156⁴⁷⁰ (124), 156⁴⁷³ (125), 156⁴⁷⁴ (125), 156⁴⁹⁶ (125), 156⁵⁰³ (125), 157⁵³³ (129), 157⁵³⁸ (130), 157⁵⁴⁷ (130), 157⁵⁴⁸ (130), 605¹⁴ᶜ (514, 519), 606⁹⁶ (530), 606⁹⁷ (530), 607¹³¹ (539f, 540), 817⁵²³ (777), 817⁵²⁴ (777); **5**, 158f¹¹, 270⁴³² (139, 159), 271⁴⁸⁰ (159), 271⁴⁸¹ (159), 271⁴⁸² (159, 160), 271⁴⁸⁴ (160), 275⁷⁵⁵ (251), 362f¹⁶, 418f¹⁰, 418f¹¹, 527⁵¹³ (361), 532⁸⁰⁸ (416), 532⁸⁰⁹ (416), 532⁸¹⁰ (416), 532⁸¹² (416), 532⁸¹³ (361, 416), 539¹³⁰² (360, 361), 539¹³⁰³ (361, 416); **8**, 97¹⁸⁰ (56), 221⁴⁰ (111), 550⁶⁰ (515)
Herron, D. K., **7**, 196¹²² (173)
Hersh, K. A., **3**, 120f¹⁸
Hersh, W. H., **8**, 549³⁹ (504, 541, 548)
Hershberger, J., **2**, 977⁴⁴⁸ (957), 977⁴⁴⁹ (957)
Hershberger, S. S., **2**, 978⁵⁴⁴ (969)
Herskovitz, T., **5**, 526⁴⁰¹ (342), 530⁶⁸³ (393), 625²⁷² (582), 625³¹⁵ (589); **6**, 141¹¹² (123T, 128); **8**, 280²³ (233), 280²⁴ (233, 256), 280²⁵ (236), 280⁵² (247), 281⁷⁹ (256), 281¹⁰⁰ (262), 339f²⁸, 339f²⁹
Herstad, O., **1**, 304¹⁴⁴ (269)
Hertel, M., **7**, 653⁴⁰⁶ (594)
Hertenstein, U., **2**, 191²⁵¹ (60); **7**, 658⁶⁸² (642)
Hertler, W. R., **1**, 456²¹³ (444, 445, 450), 456²³² (449), 456²³³ (450, 451), 457²⁴⁶ (451), 541²²² (528)
Hertz, R. K., **1**, 539¹⁰⁷ᵍ (491); **6**, 944¹⁶⁸ (912, 913T, 918T, 919, 937T, 940)
Hertzer, C. A., **4**, 180f², 236¹⁴⁴ (178, 180, 182)
Hervieu, J., **1**, 245²³⁵ (180, 187, 202); **6**, 180⁴³ (159T, 162)
Herwig, J., **3**, 279²³ (272), 557⁷³ (556)
Herwig, W., **3**, 922f¹, 922f², 950³⁰⁵ (915), 951³³⁹ (929), 1069¹¹¹ᵃ (984), 1069¹¹¹ᵇ (984)
Herzel, F., **6**, 445²⁶¹ (421)
Herzog, F., **2**, 191²²¹ (52), 705³⁸ (686, 691), 705⁷⁹ (691)
Herzog, S., **3**, 1141f³
Herzog, W., **2**, 197⁵²¹ (125)
Heslinga, L., **8**, 769¹⁵ (714T)
Heslop, J. A., **1**, 247³⁶⁵ᵃ (198, 201, 202, 204, 206, 208, 209, 216, 217, 218, 221), 249⁴⁵¹ (210, 211, 212, 213, 214), 249⁴⁷⁹ (215)
Hess, A., **7**, 104²⁶⁰ (33)
Hess, G. G., **2**, 903f³, 908f¹², 971¹²¹ (885, 935)
Hess, H., **1**, 258f⁷, 258f⁹, 377²⁹⁴ (353), 700f², 700f³, 721⁹⁸ (698), 721¹⁰¹ (698)
Hess, R. W., **6**, 343⁵⁶ (286, 291), 738¹⁴⁴ (497, 498, 499), 742³⁷¹ (524), 746⁶²¹ (561), 746⁶²² (561), 746⁶²⁵ (561, 562)
Hesse, G., **1**, 307³⁷⁵ (288), 373²² (313), 377²⁵¹ (348), 377²⁵² (348); **7**, 300¹²² (287), 300¹²³ (287), 300¹²⁴ (288), 461⁴³¹ᵇ (433)
Hesse, R. H., **7**, 653⁴¹⁰ (594)
Hessett, R., **6**, 263¹⁴⁷ (255)
Hession, M., **8**, 710²⁹² (673)
Hessling, G. V., **4**, 506¹⁶³ (426, 427)
Hessner, B., **1**, 375¹⁶³ (332), 408⁴ (383, 387), 408⁷ (383, 384, 400, 401), 409²⁵ (385, 401), 409²⁹ (386, 401), 409⁶¹ (395, 399), 409⁶⁸ (399, 400); **5**, 272⁵⁷³ (191); **6**, 141¹⁴³ (117, 121T), 751⁹⁸³ (620)
Hester, R. E., **2**, 626⁶³³ (604)
Hetflejš, J., **2**, 197⁴⁸⁷ (119), 361⁶³ (315), 509¹⁷⁹ (420, 424); **4**, 921⁴⁹ (919); **6**, 758¹⁴³¹ (675); **7**, 656⁵⁵⁷ (619); **8**, 339f¹⁸, 366³⁸⁷ (343), 405f¹¹, 439f², 439f³, 439f⁴, 439f⁸, 460³⁸⁸ (433), 461⁴³⁷ (439), 606³⁷ (555, 594T, 597T, 600T), 608²⁰⁰ (590), 610³²⁶ (600T), 704¹⁸ (693, 694T), 704¹⁹ (693, 694T, 695), 704²⁰ (693, 694T), 705⁵³ (693, 694T), 705⁶⁵ (693, 694T), 706¹⁰² (672), 706¹⁰⁵ (693, 694T, 695), 709²⁷⁰ (693, 694T), 709²⁷³ (693, 694T), 710³⁰⁷ (693, 694T), 927⁶³ (801), 927⁸⁶ (803, 851), 927⁸⁷ (803, 851), 932³⁸⁴ (850)
Hetflejš, P., **8**, 439f⁹, 461⁴³⁵ (439)
Hettrich, G., **2**, 189¹²¹ (29)
Hetzner, H. P., **7**, 104²³⁷ (31)
Heublein, G., **3**, 696¹²⁸ (658), 697¹⁶² (661), 697¹⁶³ (661)
Heumer, H., **1**, 305²³³ (279)
Heuschmann, M., **7**, 102¹⁵⁸ (24)
Heuser, E., **2**, 679³⁶⁹ (669); **4**, 309f⁸, 327⁵⁷⁴ (306, 307), 328⁶¹³ (309, 310, 314); **6**, 1028f⁴⁰
Heusinger, H., **4**, 675f³, 690¹⁰¹ (676, 682), 810² (693, 704, 705); **5**, 520⁵ (278, 302, 302T), 522¹⁸² (302, 302T, 304T, 314)
Heusler, H., **2**, 819⁷⁶ (778)

Heusler, K., **7**, 511^{95} (487)
Heusler, O., **2**, 360^9 (307)
Heveldt, P. F., **5**, 628^{502} (618)
Hewertson, W., **2**, 707^{175} (703); **3**, 86^{415} (59); **6**, 760^{1592} (707T), 760^{1593} (707T)
Hewett, A. P. W., **1**, 119^{268} (100)
Hewitt, A. J., **4**, 690^{109} (676)
Hewitt, B. J., **3**, 436f^{24}, 473^{20} (437)
Hewitt, E. N., **6**, 36^{170} (32)
Hewitt, J. M., **1**, 117^{121} (68, 71, 78)
Hewitt, L., **7**, 108^{465} (63)
Hewitt, L. E., **7**, 513^{219} (506)
Hewitt, T. G., **2**, 396^{108} (385), 502f^8, 514^{497} (466); **5**, 534^{951} (439), 538^{1241} (497); **6**, 754^{1191} (647T), 754^{1192} (647T), 759^{1492} (685), 759^{1493} (685)
Hewlett, W. A., **4**, 958f^9
Hey, H., **1**, 681^{705} (666); **8**, 707^{164} (672, 673), 930^{263} (835)
Hey, H. J., **8**, 403f^1, 457^{210} (403, 404, 407), 457^{240} (409)
Heydenreich, F., **6**, 33^{11} (17, 17T), 97^{250} (84)
Heyding, R. D., **3**, 429^{201} (378, 381)
Heydkamp, W. R., **1**, 307^{395} (289); **7**, 299^{40} (274)
Heyer, D., **1**, 118^{208} (87)
Heying, T. L., **1**, 454^{127} (431), 457^{247} (452), 552^5 (543)
Heyl, B. L., **3**, 1249^{164} (1191), 1381^{100} (1341); **4**, 326^{530} (300)
Heyman, D., **2**, 977^{490} (960)
Heymann, E., **2**, 623^{453} (579)
Heymann, M., **2**, 200^{616} (148)
Heyn, B., **3**, 933f^2, 933f^{11}, 942f^{10}, 951^{350} (936), 1131f^{13}, 1147^{93} (1128), 1147^{94} (1128), 1147^{95} (1128), 1147^{96} (1129)
Heyns, J. B. B., **6**, 759^{1539} (694)
Heys, P. N., **5**, 625^{263} (580), 625^{264} (580); **6**, 749^{860} (598)
Heywood, R., **2**, 680^{416} (673), 680^{416} (673)
Hiari, H., **8**, 608^{169} (581, 596T), 608^{170} (581, 596T)
Hiatt, R., **2**, 706^{82} (691)
Hibi, T., **8**, 283^{201} (279), 927^{58} (801, 852)
Hibon de Gournay, A., **8**, 497^{99} (490), 930^{248} (831)
Hickey, G. I., **1**, 454^{105} (429)
Hickey, J. P., **3**, 120f^{11}, 1074^{411} (1035), 1248^{140} (1186); **4**, 374^{61} (343), 608^{192} (553, 553f), 609^{294} (577, 579), 648^{19} (619)
Hickman, J., **1**, 308^{419} (291), 308^{420} (291), 308^{421} (291); **7**, 148f^6, 152f^1, 159^{84} (146), 252^{29} (231, 235, 236, 237), 253^{109} (244)
Hickner, R. A., **2**, 878f^4; **6**, 760^{1608} (712)
Hicks, K. W., **3**, 1137f^{17}
Hidai, M., **3**, 833f^{35}, 838f^5, 858f^1, 948^{127} (848, 854); **4**, 884^2 (844), 965^{146} (955), 965^{151} (956), 965^{152} (956), 965^{156} (956); **5**, 39f^8; **6**, 34^{37} (22T, 25), 95^{156} (55T, 56T, 57T, 80), 139^{16} (111), 252f^2, 261^{52} (247), 261^{53} (247), 261^{54} (247), 262^{94} (251), 278^{50} (275), 278^{51} (275), 278^{52} (275), 348^{368} (325), 349^{457} (341), 823f^1, 823f^1, 871f^{128}, 877^{243} (822); **8**, 280^{46} (245), 281^{87} (259), 304f^{16}, 315f^1, 331f^6, 362^{104} (294), 366^{355} (341), 392f^4, 397f^9, 400f^6, 400f^{15}, 408f^7, 447f^6, 447f^7, 456^{120} (391), 456^{124} (392), 456^{167} (396), 457^{195} (400), 461^{466} (446), 461^{475} (447), 497^{94} (488), 794^3 (790), 796^{139} (792), 931^{306} (844, 848), 931^{348} (848), 936^{676} (905), 936^{679} (905), 1088f^1, 1088f^1, 1092f^1, 1092f^6, 1093f^2, 1093f^3, 1105^{67} (1087), 1105^{81} (1090), 1105^{82} (1091), 1105^{89} (1094)
Hidaka, A., **2**, 197^{476} (117); **7**, 656^{553} (619)
Hieber, U., **3**, 1119f^7
Hieber, V. W., **6**, 845f^{280}, 851f^{65}, 874^{40} (766), 874^{41} (766)
Hieber, W., **3**, 695^{35} (650, 651, 652, 654, 655), 695^{50} (651, 652), 695^{53} (651, 652), 695^{61} (652), 786f^2, 788f^6, 788f^{18}, 798f^2, 798f^{4c}, 819f^1, 819f^6, 819f^{10}, 833f^{25}, 833f^{26}, 874f^{11}, 883f^4, 886f^4, 886f^6, 944f^7, 1080f^2, 1081f^6, 1085f^9, 1106f^2, 1121f^2, 1137f^1, 1146^6 (1080), 1256f^{1b}, 1258f^5, 1262f^9, 1275f^2, 1317^{11} (1267); **4**, 2f^{11}, 11f^1, 12f^1, 12f^{30}, 13f^1, 13f^3, 13f^4, 23f^1, 23f^2, 23f^7, 23f^8, 23f^{14}, 33f^{37}, 34f^{56}, 49f^2, 51f^{41}, 51f^{42}, 51f^{45}, 51f^{46}, 51f^{49}, 51f^{56}, 51f^{60}, 64f^1, 65f^{33}, 65f^{34}, 65f^{42}, 65f^{56}, 65f^{57}, 106f^{16}, 106f^{18}, 150^{38} (10, 12, 15, 26, 68), 150^{48} (15), 150^{66} (22), 150^{67} (22, 62, 75), 150^{79} (24, 25, 28, 67), 150^{83} (24), 150^{84} (24, 55, 66), 151^{105} (26, 68), 151^{108} (26), 151^{130} (34, 35), 153^{258} (68), 158^{617} (140), 168f^7, 168f^9, 233^{2a} (162), 234^{34} (164), 234^{35} (164), 234^{35} (164), 234^{38} (164, 165), 235^{82} (170, 174, 182, 215), 236^{139} (178, 201), 236^{146} (178), 236^{163} (179, 183, 184), 236^{187} (184), 236^{188} (184), 237^{221} (189T, 191, 192), 240^{391} (211, 212T), 240^{392} (211, 212T), 241^{436} (215), 319^{21} (245, 271), 320^{79} (250), 320^{89} (251, 271), 320^{96} (252), 320^{97} (252), 320^{98} (252), 321^{132} (257, 259), 321^{149} (260, 263, 266, 316), 321^{150} (260, 315), 321^{158} (260, 267), 321^{181} (264), 321^{186} (265, 315, 316, 317), 322^{193} (266), 322^{194} (266), 322^{242} (270), 322^{251} (271), 322^{252} (271, 273), 322^{253} (271, 287), 323^{279} (274), 323^{291} (276, 278), 324^{328} (280), 324^{330} (280), 324^{339} (282), 324^{346} (283), 324^{361} (285), 325^{463} (296), 325^{465} (296, 297, 311), 326^{478} (296), 326^{485} (297), 327^{549} (303, 304, 311), 327^{571} (306, 307), 328^{617} (310), 328^{642} (312), 328^{643} (312, 313), 328^{644} (312, 313), 328^{651} (313, 314), 328^{668} (315), 612^{463} (596), 675f^3, 675f^{10}, 689^{46} (667), 690^{93} (674), 690^{101} (676, 682), 810^2 (693, 704, 705), 810^3 (693, 704, 708, 711, 712), 810^{34} (696), 1057^1 (968), 1057^{11} (969), 1058^{60} (974, 975, 976), 1058^{77} (977, 981, 1007); **5**, 5f^3, 20f^4, 29f^3, 35f^{16}, 39f^5, 39f^9, 40f^3, 48f^5, 51f^1, 64f^3, 64f^5, 64f^9, 64f^{12}, 255f^4, 264^9 (3), 264^{40} (9), 265^{58} (14), 266^{124} (26), 267^{232} (52), 267^{233} (52, 184), 268^{264} (69), 299f^6, 355f^4, 520^2 (278, 281, 317), 520^5 (278, 302, 302T), 521^{76} (287, 303T), 522^{148} (297), 522^{173} (297, 314, 354), 522^{182} (302, 302T, 304T, 314), 549f^9, 556f^8, 621^{45} (548), 624^{234} (575), 628^{468} (612), 628^{475} (613), 628^{508} (620), 628^{510} (620); **6**, 12^{15} (4T, 4), 33^{15} (17), 33^{27} (18), 815f^2, 843f^{175}, 845f^{279}, 845f^{282}, 850f^{49}, 980^{84} (976, 978T), 981^{88} (977), 1018f^{33}, 1019f^{43}, 1019f^{45}, 1019f^{49}, 1019f^{62}, 1020f^{93}, 1020f^{94}, 1020f^{96}, 1020f^{97}, 1020f^{107}, 1020f^{111}, 1020f^{112}, 1021f^{124}, 1021f^{125}, 1021f^{137}, 1021f^{154}, 1021f^{155}, 1028^{23}, 1031f^{18}, 1032f^{21}, 1032f^{22}, 1032f^{28}, 1032f^{30}, 1035f^{17}, 1036f^{10}, 1039^{45} (995), 1039^{48} (995, 1004), 1040^{69} (997), 1040^{92} (1003), 1041^{130} (1013); **8**, 220^{19} (108), 1008^{55} (952)
Hieke, K., **1**, 753^{86} (740)
Hiemstra, S., **8**, 282^{161} (273)
Hien, D. V., **7**, 651^{290} (575)
Hiers, G. S., **2**, 705^{28} (685)
Hietkamp, S., **5**, 437f^4, 523^{221} (304T, 432), 624^{218} (573, 581, 592), 625^{260} (580, 588, 590), 625^{265} (580), 625^{266} (581), 625^{267} (581, 599, 600); **6**, 348^{356} (324), 744^{526} (542, 543T, 545, 545T); **8**, 291f^{23}
Higashi, H., **1**, 673^{173} (591); **3**, 547^{138} (544)
Higashimori, N., **3**, 473^{59} (448)
Higashimura, T., **8**, 458^{261} (411, 412)
Higbie, F. A., **5**, 240f^{10}, 274^{705} (239), 357f^6, 527^{481} (357, 458); **8**, 1069^{248b} (1051, 1057)
Higgins, C. R., **1**, 1188f^1, 1338f^1
Higginson, B., **3**, 84^{270} (37, 40), 703^{539} (689, 690, 692, 693), 759f^7, 775f^{10}, 1069^{99} (981)
Higginson, B. R., **3**, 80^{43} (6), 80^{46} (6), 81^{54} (6), 81^{75} (9), 83^{198} (28), 84^{276} (40), 84^{278} (40), 792f^{13}, 989f^2, 989f^3, 1069^{138} (987, 1032), 1083f^{13}, 1260f^{13}; **4**, 328^{654} (313), 454f^{22}; **6**, 12^{29} (5), 224^{39} (195)
Higginson, W. C. E., **7**, 464^{563} (453)
Higgs, M. D., **6**, 445^{304} (425)
Highsmith, R. E., **2**, 197^{520} (125)
Hightower, J. W., **8**, 607^{140} (569, 570, 573, 589, 597T)
Hignett, R. R., **6**, 745^{598} (559); **8**, 221^{54} (116, 121, 122, 138, 140, 145, 174, 175, 176, 188, 190, 192, 203, 204)
Higuchi, K., **2**, 195^{422} (105), 195^{422} (105), 299^{185} (248), 396^{49} (374), 396^{78} (378); **7**, 655^{519} (609)
Higuchi, T., **2**, 193^{326} (83), 298^{116} (236); **7**, 108^{449} (61), 108^{486} (69)

Hijikata, K., **8**, 461^{469} (446)
Hikade, D. A., **6**, 14^{138} (8)
Hikita, T., **8**, 281^{87} (259), 366^{355} (341), 936^{676} (905)
Hilbers, C. W., **6**, 444^{221} (412, 417), 444^{222} (412, 415, 417), 444^{236} (417)
Hilbert, P., **2**, 872f^{6}
Hildebrand, S. G., **2**, 1019^{247} (1006, 1007f)
Hildebrandt, S., **1**, 456^{221} (446); **2**, 514^{528} (469)
Hildebrandt, S. J., **1**, 539^{99a} (489, 490), 539^{107e} (491), 539^{107f} (491); **3**, 1188f^{33}, 1381^{110} (1342); **4**, 238^{292} (203); **6**, 944^{195} (917, 918T, 919), 944^{196} (917, 918T, 919), 944^{197} (917, 918T), 944^{198} (916, 917, 918T)
Hildenbrand, K., **3**, 114f^{4}, 134f^{3}, 170^{122} (150); **4**, 508^{283} (447), 512^{482} (495), 607^{145} (542), 886^{135} (870); **5**, 341f^{3}, 526^{393} (340); **6**, 33^{13} (17, 17T, 19T); **8**, 339f^{21}, 365^{337} (338)
Hilderbrandt, R. L., **1**, 444f^{4}
Hileman, J. C., **3**, 946^{2} (784, 785), 1146^{2} (1080), 1316^{2} (1256); **4**, 166f^{1}, 168f^{1}, 233^{6} (162), 234^{40} (164, 165)
Hill, A. E., **4**, 505^{84} (401, 432)
Hill, C. L., **1**, 241^{18} (157, 160), 241^{60} (160, 161); **2**, 978^{534} (967); **7**, 726^{103} (685)
Hill, E. A., **1**, 243^{143} (172, 173, 174, 189, 190, 191, 206), 246^{293} (190), 246^{294} (190); **4**, 816^{454} (766); **7**, 99^{22} (3), 99^{24} (3), 99^{24} (3), 99^{25} (3), 99^{25} (3); **8**, 1069^{268} (1053), 1069^{273} (1055)
Hill, E. W., **4**, 247f^{10}, 312f^{8}, 329^{687} (318), 329^{688} (318), 649^{111} (645), 905f^{4}, 908^{77} (905); **8**, 97^{177} (56)
Hill, G. C., **2**, 510^{229} (427); **6**, 1113^{196} (1092)
Hill, H. A. O., **2**, 818^{17} (766), 1015^{20} (981), 1018^{191} (1001, 1004), 1018^{230} (1004); **6**, 747^{708} (582), 747^{709} (582); **7**, 726^{105} (685, 690), 726^{119} (690)
Hill, Jr., H. H., **2**, 1019^{267} (1009)
Hill, J. A., **2**, 827f^{3}, 860^{83} (842); **8**, 770^{52} (723T, 732T, 733), 794^{23} (786)
Hill, K. A., **7**, 649^{191} (556)
Hill, K. E., **4**, 648^{49} (630)
Hill, M., **5**, 528^{538} (367)
Hill, M. N. S., **3**, 125f^{14}; **6**, 756^{1340} (665, 666), 762^{1693} (734)
Hill, M. P., **5**, 604f^{5}, 608f^{9}, 627^{438} (603, 607)
Hill, M. P. L., **2**, 362^{157} (338)
Hill, N. J., **3**, 88^{524} (77), 696^{117} (657, 660, 661), 937f^{1}, 937f^{4}, 950^{307} (916, 936, 939), 951^{354} (936), 951^{356} (939), 1312f^{2}
Hill, R., **2**, 524f^{2}, 554f^{1}, 621^{324} (563), 622^{351} (567), 626^{684} (612), 626^{685} (612), 679^{375} (669); **5**, 527^{496} (359, 360, 361), 536^{1063} (463, 464); **6**, 1094f^{8}
Hill, R. E. E., **2**, 508^{126} (411), 509^{186} (422, 456), 515^{545} (471)
Hill, R. K., **7**, 253^{122} (246)
Hill, T. A., **1**, 540^{173} (513)
Hill, T. R., **6**, 945^{279} (936, 937T)
Hill, W. E., **1**, 453^{62} (423); **4**, 389f^{2}; **5**, 621^{27} (547); **6**, 36^{196} (19T, 21T, 22T, 23)
Hillard, III, R. L., **2**, 190^{189} (41); **5**, 273^{610} (205)
Hille, E., **3**, 630^{114} (575), 630^{115} (575, 576)
Hillenbrand, D. F., **1**, 152^{232} (147)
Hillgärtner, H., **2**, 194^{357} (92)
Hillhouse, G. L., **3**, 1317^{21} (1271), 1317^{65} (1282), 1317^{70} (1283), 1381^{89} (1340)
Hillier, I. H., **1**, 304^{154} (269); **3**, 80^{11} (2, 5, 6), 80^{46} (6), 80^{47} (6), 81^{54} (6), 81^{58} (6), 81^{59} (6), 81^{75} (9), 82^{184} (28), 83^{198} (28), 84^{276} (40), 84^{277} (40), 84^{278} (40), 84^{279} (40), 84^{280} (40), 700^{363} (674), 946^{9} (791), 989f^{2}, 1069^{138} (987, 1032), 1070^{148a} (987, 1032), 1070^{176} (991); **4**, 328^{654} (313), 454f^{22}; **6**, 12^{19} (5), 12^{29} (5), 14^{111} (5), 224^{46} (211), 227^{198} (211), 228^{245} (192, 193)
Hillion, G., **3**, 376f^{9}; **8**, 341f^{13}, 365^{336} (338)
Hillis, J., **4**, 504^{10} (381); **5**, 532^{843} (419); **6**, 753^{1115} (637), 753^{1116} (637)

Hillman, M., **1**, 552^{5} (543); **3**, 629^{84} (572); **4**, 511^{456} (488, 491), 511^{471} (491)
Hillman, M. E. D., **1**, 377^{274a} (350), 377^{274b} (350); **7**, 300^{97} (282)
Hills, K., **2**, 676^{119} (643), 677^{190} (652), 678^{284} (660, 661)
Hillyard, Jr., R. W., **2**, 197^{511} (123)
Hilpert, S., **1**, 676^{363} (624); **2**, 861^{142} (854)
Hiltbold, A. E., **2**, 1017^{125} (996, 997, 1004, 1013), 1017^{129} (997), 1017^{130} (997)
Hiltbrunner, K., **1**, 118^{184} (82), 118^{184} (82)
Hilton, J., **2**, 622^{371} (569)
Hilty, T. K., **1**, 537^{25b} (462), 539^{96} (489, 508, 536)
Hilvert, D., **7**, 103^{187} (25)
Himelstein, N., **6**, 757^{1385} (672)
Himizu, J., **7**, 461^{388} (427), 461^{389} (427, 428)
Himmele, W., **8**, 221^{65} (116, 131, 140), 497^{82} (483, 484)
Hinata, S., **8**, 641^{46} (616, 622T)
Hinchliffe, A., **1**, 119^{235} (93, 107)
Hinck, H., **3**, 406f^{15}, 631^{213} (598); **8**, 550^{57b} (514, 534, 536)
Hindermann, J. P., **8**, 97^{181} (57)
Hindley, R. M., **7**, 511^{55} (480)
Hindson, K. J., **4**, 344f^{2}, 610^{349} (586)
Hine, K., **4**, 509^{349} (464, 498)
Hine, K. E., **4**, 509^{345} (463); **6**, 760^{1575} (703)
Hines, L., **8**, 609^{255} (596T)
Hines, L. F., **6**, 346^{269} (315); **8**, 223^{177} (203), 936^{651} (901), 936^{652} (901), 936^{654} (901)
Hinman, D. D., **2**, 362^{169} (345)
Hinners, T. A., **2**, 1019^{296} (1014)
Hino, M., **8**, 711^{339} (701)
Hinrichs, R. L., **8**, 549^{18a} (502)
Hintz, M. J., **5**, 538^{1208} (306), 621^{22} (547), 623^{136} (562); **8**, 362^{106} (294)
Hintzer, K., **4**, 65f^{14}, 107f^{77}
Hinz, G., **1**, 306^{326} (287), 647f^{1}, 679^{560} (645)
Hinze, A. G., **4**, 944f^{6}, 963^{30} (936); **6**, 943^{148} (910, 911T); **8**, 296f^{7}, 365^{327} (338, 343)
Hinzer, K., **4**, 153^{265} (68)
Hinzi, R., **3**, 1121f^{3}
Hioki, T., **8**, 771^{161} (743T, 748T, 749T)
Hipler, B., **2**, 679^{376} (669); **6**, 99^{342} (46, 55T, 70), 99^{356} (46, 50T, 57), 99^{357} (46, 50T), 99^{363} (46), 100^{414} (55T, 65, 79), 140^{71} (110), 141^{116} (109), 141^{152} (110), 143^{250} (109), 1094f^{3}, 1113^{202} (1095); **8**, 770^{51} (723T, 732T, 733)
Hipps, K. W., **4**, 816^{411} (761)
Hirabayashi, H., **6**, 758^{1457} (677)
Hirabayashi, K., **2**, 706^{130} (698); **8**, 365^{285} (328)
Hirabayashi, T., **1**, 584f^{11}, 678^{503} (633), 680^{618} (649); **7**, 459^{252} (409), 459^{261} (410), 459^{262} (410), 460^{334a} (418), 460^{334b} (418), 461^{421} (432), 462^{461} (439), 462^{473} (441), 462^{474} (441)
Hirai, H., **1**, 681^{712} (666, 667), 681^{713} (666, 667); **3**, 328^{167} (322); **4**, 958f^{2}, 958f^{4}, 958f^{10}, 958f^{11}, 964^{71} (942); **6**, 362^{64} (359); **8**, 281^{108} (264), 282^{135} (271), 339f^{7}, 606^{84} (560), 609^{254} (596T), 609^{256} (596T), 609^{257} (596T), 609^{261} (596T)
Hirai, K., **6**, 261^{48} (247), 469^{59} (465); **8**, 461^{475} (447)
Hirai, M., **6**, 344^{132} (301), 344^{133} (301, 302), 445^{267} (422)
Hirai, M. F., **6**, 444^{230} (415)
Hiraishi, J., **6**, 755^{1255} (654, 655), 755^{1256} (654)
Hiraki, K., **3**, 328^{167} (322); **4**, 813^{230} (727, 735, 745), 814^{270} (740), 958f^{2}, 958f^{4}, 958f^{10}; **6**, 262^{132} (254), 344^{108} (297), 344^{111} (298), 346^{231} (312T, 312), 347^{323} (321), 349^{463} (292), 349^{464} (292)
Hiraki, M., **8**, 17^{29} (12)
Hiraki, N., **8**, 769^{42} (737)
Hirama, M., **7**, 650^{212} (559)
Hiramatsu, Y., **7**, 102^{145} (22)
Hiramoto, H., **8**, 606^{43} (555, 579, 580, 594T), 608^{165} (579, 580, 594T), 611^{339} (594T, 595T, 598T)
Hirano, T., **7**, 459^{288} (413)

Hirao, A., 8, 606[50] (556, 557, 590, 597T), 607[145] (570, 572, 594T, 597T, 598T), 608[147] (572, 597T), 608[182] (581, 585, 597T)
Hirao, T., 6, 344[115] (296, 298), 344[116] (296), 344[117] (296, 299), 344[118] (299); 7, 650[234] (563); 8, 929[198] (813, 839), 930[292] (841), 937[754] (920)
Hirata, I., 8, 645[227] (621T), 709[246] (685T)
Hirata, K., 4, 964[128] (951, 953), 964[129] (951, 953)
Hirata, M., 1, 241[37] (158); 7, 725[52] (673); 8, 930[261] (835, 891)
Hirayama, H., 8, 933[459] (862)
Hirayama, T., 2, 713f[4], 761[62] (721)
Hirayanagi, S., 6, 141[98] (110), 180[72] (163, 165T); 8, 668[22] (657T), 708[197] (701)
Hireskorn, F. J., 5, 273[638] (216)
Hiriart, J. M., 7, 653[420] (595)
Hirons, D. A., 6, 748[767] (585, 587, 588)
Hirose, T., 2, 197[484] (118), 298[145] (242, 262); 6, 758[1442] (676)
Hirose, Y., 4, 964[112] (949)
Hirota, K., 2, 196[442] (111)
Hirota, Y., 8, 794[39] (784, 785)
Hirotsu, K., 3, 1075[473] (1044); 7, 108[449] (61); 8, 770[85] (720T, 729), 1066[131] (1035)
Hirowatari, N., 7, 102[146a] (22)
Hirschauer, A., 8, 223[181] (211)
Hirsekorn, F. J., 3, 86[441] (62), 142f[2]; 5, 68f[8], 213f[18], 268[254] (67, 70, 73), 274[661] (222); 6, 140[72] (123T, 128), 141[118] (123T, 128, 134T, 138), 1021f[157]; 8, 405f[15], 642[82] (632), 669[42] (657T, 664), 704[21] (672), 705[79] (672)
Hirt, J., 3, 948[169] (871); 4, 106f[50]
Hirtz, H., 3, 1080f[1], 1146[3] (1080); 4, 688[1] (662); 5, 5f[1], 264[3] (2, 4, 7)
Hisaki, H., 8, 642[80] (632)
Hitch, R. R., 4, 813[241] (729)
Hitchcock, P. B., 1, 42[166] (35), 249[470] (212), 723[277] (719); 2, 189[159] (36), 190[200] (45), 195[389] (98), 819[101] (785), 819[102] (785), 904f[15], 974[268] (919, 920); 3, 327[103] (308), 632[242] (582, 611), 736f[4], 736f[5], 767f[11], 771f[4], 772f[7], 781[192] (769, 771), 819f[23], 823f[5], 950[254] (894), 1337f[3]; 4, 236[177] (182, 224T, 227, 228, 229), 690[128] (683), 690[130] (685), 814[299] (746), 1058[65] (975), 1060[200] (1008), 1063[399] (1055); 5, 418f[4], 532[796] (414), 533[886] (429), 536[1098] (471T), 539[1281] (511), 539[1310] (465); 6, 739[215] (506), 749[878] (603, 604), 980[40] (957, 963T); 8, 1088f[5], 1088f[6], 1092f[5], 1105[76] (1089), 1105[88] (1094)
Hitchen, M. H., 2, 677[185] (652)
Hites, R. D., 1, 457[241] (451)
Hitzel, E., 5, 622[59] (550, 591)
Hiyama, H., 1, 307[372] (288)
Hiyama, T., 7, 99f[29], 101[88] (13), 106[336] (46), 459[257] (410), 727[169] (703)
Hjortkjaer, J., 3, 82[179] (27); 8, 304f[23]
Hlatky, G. G., 5, 275[731] (245); 8, 362[115] (295), 1069[248b] (1051, 1057)
Hnizda, V., 2, 188[105] (27), 972[182] (896); 4, 149[8] (6)
Hnizda, V. F., 1, 677[454] (630)
Ho, B. Y. K., 2, 617[33] (526, 572), 621[339] (565); 4, 328[640] (311); 6, 1114[224] (1101, 1108)
Ho, C. O. M., 5, 526[391] (340)
Ho, C.-T., 2, 196[451] (113)
Ho, E. Y., 4, 610[377] (589), 610[378] (589); 8, 1068[237] (1049), 1070[336c] (1062)
Ho, L., 3, 1137f[3]
Ho, P. S., 2, 197[511] (123)
Ho, P. T., 8, 796[127] (792)
Ho, R. K. C., 3, 427[32] (337, 351)
Ho, T.-L., 7, 652[352] (584), 652[354] (584), 657[641a] (639), 657[641b] (639), 657[641c] (639), 658[662] (642), 658[665] (642)
Hoa, K., 6, 750[893] (607)
Hoang-Van, C., 8, 609[262] (596T)
Hoard, J. L., 1, 722[199] (712); 3, 1138f[3], 1138f[4], 1138f[6]; 5, 12f[10]; 6, 1035f[18], 1040[114] (1008)

Hoare, D. E., 2, 675[83] (639)
Hoare, R. J., 3, 897f[8]; 5, 530[693] (395), 530[698] (396), 530[700] (395)
Hobbs, C. W., 1, 722[191] (712)
Hobbs, E. C., 2, 363[191] (359)
Hobbs, L. A., 2, 524f[1], 627[722] (616)
Hobday, M. D., 4, 51f[65], 152[200] (54)
Hobein, R., 7, 101[100] (15)
Hoberg, H., 1, 672[69] (568, 638), 672[115] (578, 656, 657), 672[116] (578, 656, 657), 674[218] (598, 651, 655), 674[227] (600), 675[309] (617), 675[310] (617), 676[348] (623, 655), 679[584] (647), 680[617] (649), 680[619] (649), 680[634] (651, 655), 680[635] (651), 681[671] (657), 681[673] (657), 681[674] (657), 681[675] (657); 6, 35[103] (21T, 22T, 24, 25), 35[104] (21T, 22T, 24, 25), 36[215] (22T), 97[223] (89, 92T), 97[265] (54T, 64, 72), 98[294] (61T, 68, 77, 79), 99[339] (59T, 64, 76, 77, 79), 99[353] (44), 100[420] (61T, 68), 139[3] (105T, 111), 141[124] (104T, 105T, 110, 131), 141[127] (105T, 112), 142[163] (123T, 127), 142[164] (123T, 126), 142[186] (123T, 125), 142[187] (123T, 124, 125), 142[209] (127), 143[234] (116, 121T), 144[283] (105T), 179[14] (146T, 147, 156, 160T, 165T, 169), 181[89] (160T, 162), 187[3] (183T, 185), 187[8] (183T, 185), 187[11] (183T, 185), 187[13] (183T, 185, 186), 187[17] (183T, 185, 187), 187[17] (183T, 185, 187), 187[18] (183T, 185, 187); 7, 458[205] (401), 461[420] (432), 461[422] (432), 461[423] (432), 461[430] (433), 461[432] (433), 462[443] (435), 462[448a] (436), 462[448b] (436), 462[448c] (436), 462[451] (436), 462[462] (439); 8, 669[70] (656), 670[94] (653, 656), 670[103] (653, 656), 772[209] (734), 794[21] (778), 794[22] (775, 778), 795[58] (779), 796[136] (792), 796[137] (792)
Hoberman, P. I., 3, 798f[11], 833f[88], 1110f[2]
Hobert, H., 1, 680[637] (651)
Höbold, W., 2, 882f[3]; 6, 99[384] (50T); 8, 459[333] (421)
Hobson, R. F., 3, 146f[5], 169[114] (147)
Hoch, G., 3, 1067[32] (966), 1252[363] (1233), 1383[239] (1374)
Hochman, R. F., 4, 319[8] (244)
Hochstetler, A. R., 7, 158[27] (144), 224[44] (201), 224[66] (203)
Hock, A. A., 4, 553f[3]
Hock, H., 2, 862[163] (859); 4, 322[243] (270, 307), 327[572] (306); 6, 987f[7], 1019f[47], 1028f[30], 1028f[31], 1028f[38], 1039[35] (993), 1040[59] (996)
Hocks, L., 3, 268[294] (223), 269[342a] (234), 704[588] (694), 704[589] (694); 7, 458[231] (405)
Hodali, H. A., 4, 312f[3], 320[71] (250, 316), 321[176] (263), 321[178] (263, 264, 316), 328[669] (315, 316), 648[60] (634), 648[62] (634)
Hodder, O. J. R., 4, 12f[23]
Hode, C., 2, 299[206] (251T)
Hodge, P., 7, 105[284] (37); 8, 605[7] (553), 605[9] (553)
Hodge, V. F., 2, 1019[259] (1008)
Hodges, K. C., 3, 1246[11] (1153), 1379[15] (1325); 4, 240[419] (212T, 219T, 221)
Hodges, R. J., 6, 750[889] (607, 610), 750[894] (607), 750[895] (607, 610), 750[897] (610), 750[901] (610, 611, 612), 750[904] (611), 750[906] (611), 750[908] (611, 612), 750[909] (611), 750[913] (611)
Hodgkin, D. C., 5, 264[11] (3)
Hodgson, D. J., 5, 522[145] (297); 6, 1114[213] (1099, 1100)
Hodgson, J. C., 3, 474[117] (470), 645[25] (638), 1147[106] (1134), 1312f[5], 1319[151] (1313)
Hodgson, K. O., 3, 83[217] (31), 266[139] (192, 193), 266[140] (192, 193), 266[142] (192, 193), 266[144] (194), 266[145] (194), 267[258] (214), 268[319] (231, 232), 269[329] (232), 269[348] (235, 236); 4, 327[546] (303), 609[313] (580); 5, 530[661] (387); 8, 360[6] (286), 1104[4] (1074), 1104[5] (1074)
Hodjat, H., 7, 725[64] (675)
Hodjat-Kachani, H., 2, 970[37] (868)
Hodoli, H. A., 8, 220[36] (111)
Hoechstetter, M. N., 6, 748[753] (585)
Hoefer, R., 8, 606[30] (554)
Hoefler, M., 3, 838f[10]; 6, 1019f[45]

Hoefnagel, A. J., **3**, 1028f[1], 1074[367] (1029); **8**, 1069[249] (1051)
Hoeg, D. F., **1**, 118[182] (60, 82); **3**, 546[58] (500)
Hoegerle, K., **7**, 462[471] (440)
Hoehn, H. H., **4**, 64f[5], 153[266] (68, 91, 115, 116); **5**, 64f[17], 213f[2], 264[10] (3, 211)
Hoehne, S., **4**, 152[217] (58), 154[323] (78, 85), 237[201] (185), 237[218] (189T), 237[232] (189T, 191), 238[287] (202), 238[289] (202), 241[480] (219, 219T, 222, 228)
Hoekman, S. K., **2**, 191[258] (62, 93), 296[3] (206, 236), 517[677] (490)
Hoekstra, H. R., **6**, 942[49] (900, 901, 902T, 903T)
Hoel, E. L., **1**, 455[144] (433), 456[201] (443), 456[201] (443), 456[201] (443), 541[205b] (523), 541[206] (523), 542[238] (533T); **4**, 964[92] (946), 964[92] (946)
Hoelderich, W., **7**, 654[478] (603)
Hoellinger, H., **7**, 652[334] (581)
Hoelzl, F., **3**, 1141f[6]
Hoerl, W., **6**, 344[143] (304, 305)
Hoerner, E., **6**, 445[261] (421)
Hoeve, L., **7**, 17f[12]
Hof, T., **2**, 627[687] (612)
Hofeditz, W., **1**, 39[18] (7)
Hofelmann, K., **1**, 120[313] (111)
Hofer, O., **3**, 1073[355] (1026); **4**, 760f[1], 815[389] (759, 767), 817[464] (767, 771), 817[478] (771); **8**, 1070[313] (1059)
Höfer, R., **3**, 819f[21], 819f[24], 1381[91] (1340); **4**, 65f[12], 106f[6], 153[263] (68); **5**, 266[176] (37); **6**, 34[43] (19T, 21T, 26)
Hofer, W., **2**, 706[121] (697)
Hoff, C. D., **3**, 1189f[13]; **6**, 1061f[6], 1080f[2], 1080f[3], 1111[53] (1053, 1063)
Hoff, G. R., **6**, 748[774] (587)
Hoff, S., **7**, 96f[11]
Hoffbauer, M., **4**, 319[34] (246)
Höffler, M., **6**, 874[67] (771)
Hoffman, A. S., **3**, 545[16] (488)
Hoffman, B., **3**, 84[297] (40)
Hoffman, B. M., **8**, 608[156] (577)
Hoffman, C. J., **4**, 817[479] (773)
Hoffman, D. H., **7**, 511[57] (480)
Hoffman, J. F., **2**, 627[699] (613)
Hoffman, J. M., **7**, 658[681] (642)
Hoffman, K., **6**, 744[487] (538T)
Hoffman, L. M., **4**, 812[161] (716), 812[161] (716), 886[120] (868)
Hoffman, M. K., **2**, 191[239] (57)
Hoffman, N. E., **8**, 936[706] (910)
Hoffman, N. W., **5**, 529[636] (381); **6**, 757[1383] (672)
Hoffman, R., **4**, 688[14] (664, 665); **6**, 1114[228] (1109); **8**, 934[525] (881)
Hoffman, R. A., **1**, 376[226] (346)
Hoffmann, B., **6**, 96[199] (53T); **8**, 382f[28], 388f[1], 389f[10], 455[71] (383, 387, 389), 643[129] (616, 617, 621T, 622T)
Hoffmann, E. G., **1**, 453[78] (426, 431, 437), 454[91] (428), 583f[2], 584f[6], 671[50] (563, 594, 611), 673[149] (588, 589, 602), 673[151] (589), 673[174] (591), 673[177] (592), 678[481] (632), 678[485] (632); **2**, 859[13] (828); **3**, 632[260] (620, 626); **6**, 33[11] (17, 17T), 97[250] (84), 99[353] (44), 139[3] (105T, 111), 141[130] (104T, 105T, 106, 112), 179[14] (146T, 147, 156, 160T, 165T, 169), 180[52] (145, 146T, 151, 156, 159T, 163, 165T), 180[55] (146T, 151), 181[135] (145, 146T, 149, 150, 151, 153T, 156, 167, 168), 182[151] (156); **8**, 457[225] (405), 707[159] (679), 707[162] (677, 679), 795[67] (782), 795[71] (782), 929[159] (810)
Hoffmann, F. M., **4**, 689[45] (667)
Hoffmann, H., **2**, 623[419] (574)
Hoffmann, H. J., **2**, 516[618] (482, 489), 517[653] (489), 517[665] (489)
Hoffmann, H. M. R., **4**, 505[84] (401, 432); **8**, 1007[43] (950)
Hoffmann, K., **1**, 259f[22], 689f[9], 689f[10], 722[168] (709), 722[169] (709), 722[171] (709, 710); **2**, 200[634] (156); **3**, 86[446] (63), 697[195] (664); **4**, 507[213] (437), 609[282] (576), 817[499] (775), 817[510] (775); **6**, 345[151] (305)
Hoffmann, K. A., **2**, 969[8] (864); **6**, 738[137] (497)

Hoffmann, P., **2**, 625[582b] (598)
Hoffmann, R., **1**, 41[130] (28), 41[131] (28), 41[145] (32, 33T, 34), 302[55] (263), 304[153] (269), 409[20] (384), 409[32] (386), 455[139] (432), 455[139] (432), 538[28a] (463, 467), 538[35] (468), 540[154] (506), 672[70] (568); **2**, 296[7] (207), 762[120e] (737), 820[163] (802), 820[169] (799, 800, 801); **3**, 13f[1], 80[7], 80[8] (2, 18), 80[9] (2, 18), 80[22] (3), 81[102] (12, 16, 18, 61), 81[109] (12), 81[110] (12), 81[119] (12), 82[126] (15, 16, 18), 82[142] (18, 20, 21, 23), 82[144] (20, 21, 22), 82[174] (26, 27), 84[260] (36), 84[271] (37, 38, 54, 58), 84[300] (40, 44, 45), 84[303] (40), 85[318] (44), 85[367] (51, 53, 55, 56, 57, 58, 60, 63, 64, 65), 86[395] (54, 58), 86[408] (58), 86[428] (60, 63), 86[429] (60, 61, 63, 64), 86[430] (60, 61, 63), 87[471] (67), 87[477] (68), 87[487] (70), 87[495] (71, 72), 87[511] (74, 75), 87[512] (74, 75), 88[519] (76), 88[520] (76), 88[544] (78), 88[546] (79), 88[550] (80), 114f[2], 169[70] (128, 137), 557[34] (551), 629[53] (568, 581), 695[64] (652), 695[85] (654), 702[496] (686), 779[87] (724, 741), 780[143] (751, 756, 757, 770), 1067[24] (963), 1073[343] (1024), 1147[96] (1129), 1147[103] (1130), 1248[110] (1180); **4**, 375[146] (368), 389f[3], 391f[3], 454f[17], 479f[13], 504[49] (391), 509[300] (450), 509[340] (462, 494), 605[27] (517, 518, 519), 607[142] (542), 607[160] (546, 549, 550, 553, 556, 561, 579), 648[15] (617, 618), 648[37] (625), 839[10] (823), 907[30] (896), 1057[15] (969), 1061[239] (1020); **5**, 271[510] (169, 170, 173), 272[553] (187), 527[509] (360, 361, 416), 539[1308] (412, 459, 502), 622[99] (561), 622[100] (561); **6**, 12[27] (5), 35[160] (30), 95[116] (39, 43T), 96[173] (42), 97[242] (81, 85T), 139[33] (102), 180[41] (150), 181[109] (159T, 161), 182[179] (162), 224[77] (195), 225[132] (214T, 223), 227[211] (213, 213T), 876[174] (793), 1111[51] (1053); **8**, 220[11] (106, 107), 454[7] (374), 454[44] (379), 551[129] (536), 1066[114] (1031, 1052), 1068[215] (1047)
Hoffmann, R. A., **3**, 168[15] (95), 168[16] (95)
Hoffmann, R. W., **7**, 109[548] (80, 81, 82, 83), 363[32] (358), 363[33] (358)
Hoffmann, W., **8**, 447f[10]
Höfle, G. A., **7**, 38f[5], 96f[9]
Höfler, F., **2**, 397[114] (387), 397[115] (386, 387), 397[116] (387), 516[615] (482); **6**, 1061f[1], 1074f[1], 1080f[1], 1085f[1], 1093f[1], 1094f[1], 1110[13] (1044, 1047, 1075, 1081, 1082, 1083, 1108, 1109)
Höfler, M., **4**, 13f[2], 23f[14], 33f[12], 65f[42], 150[49] (16), 151[94] (25, 57, 72), 157[517] (127), 157[518] (128), 157[520] (128), 157[521] (128), 159[647] (149), 234[36] (164, 214, 215T); **6**, 33[23] (17), 842f[132], 843f[180], 843f[212]
Hofler, W., **4**, 51f[49]
Hofmann, G., **2**, 200[622a] (152); **7**, 95f[13]
Hofmann, H., **2**, 300[216] (253)
Hofmann, H. P., **1**, 152[201] (144, 145, 146), 719[8] (685); **2**, 859[15] (828); **3**, 368f[13]
Hofmann, K. A., **4**, 322[229] (269); **5**, 265[104] (23); **6**, 384[96] (376)
Hofmann, K. H., **6**, 1020f[107]
Hofmann, K. K., **6**, 1032f[28]
Hofmann, N. W., **8**, 339f[23]
Hofmann, P., **2**, 516[605] (481); **3**, 85[324] (45), 86[396] (54), 86[428] (60, 63), 86[429] (60, 61, 63, 64), 86[430] (60, 61, 63), 88[536] (77), 114f[2], 1073[343] (1024); **4**, 506[137] (417), 507[214] (437), 509[340] (462, 494); **5**, 271[485] (160), 527[509] (360, 361, 416), 532[811] (416); **8**, 1066[114] (1031, 1052)
Hofmann, U., **2**, 680[419] (673); **3**, 1146[11] (1082)
Hofmann, W., **5**, 137f[17], 270[419] (139, 254), 270[420] (139, 254), 270[421] (139, 148), 275[781] (255), 276[788] (256); **6**, 843f[191]; **8**, 221[43] (112), 1064[17] (1016), 1068[212] (1046)
Hofmeister, H. K., **7**, 335[9] (324)
Hofmeister, P., **2**, 193[330] (84), 301[292] (271), 301[292] (271), 301[316] (275), 970[56] (869)
Hofstee, H. K., **2**, 713f[13], 715f[12], 715f[14], 723f[5], 723f[6], 723f[11], 736f[3], 760[23] (715, 734, 741), 761[51] (719, 734, 735), 761[53] (719, 732, 734, 743, 757), 761[85] (722, 730), 827f[10], 860[25] (829), 861[95] (845); **3**, 327[52] (295)

Hogan, J. C., **4**, 321[144] (258, 272), 323[261] (272), 435f[28]; **8**, 1007[12] (941)
Hogan, J. P., **7**, 462[485] (442), 462[494] (443)
Hogan, R., **1**, 40[90] (19), 72f[1]
Hogan, R. J., **1**, 115[18] (45)
Hogarth, M. J., **2**, 977[431] (953)
Hogen-Esch, T. E., **1**, 115[14] (44, 45, 53T, 86, 89, 109, 110, 111), 118[202] (86), 118[213] (89), 119[220] (89, 89T), 251[596] (234), 251[596] (234); **7**, 8f[12]
Hogeveen, H., **1**, 41[148] (32, 33T, 34), 674[246] (604); **3**, 87[489] (70), 169[67] (128), 169[68] (128), 881f[6]; **4**, 324[354] (285), 510[371] (470); **5**, 478f[1], 479f[7], 535[1041] (461, 462, 480, 484), 535[1049] (462), 537[1175] (480); **6**, 758[1452] (677); **8**, 99[318] (90, 91)
Hoggard, R., **4**, 609[289] (577, 596)
Hogsett, J. N., **6**, 942[98] (901)
Hoh, G., **4**, 816[422] (762), 816[423] (762), 1061[227] (1018)
Hohaus, E., **1**, 378[354] (359), 379[379] (362), 380[437] (367), 380[438] (367)
Hohenberger, E. F., **5**, 313f[2], 342f[4], 403f[10], 523[253] (307, 309, 341), 524[280] (312, 377)
Hohenberger, K., **4**, 611[415] (592); **6**, 1113[176] (1087)
Hohlfeld, R., **2**, 620[270] (555), 631f[5], 676[158] (647), 677[203] (653)
Hohlneicher, G., **3**, 82[177] (27)
Hohmann, F., **3**, 949[194] (875), 1085f[19], 1089f[4b], 1146[39] (1097), 1147[57] (1105), 1147[58] (1105), 1147[78] (1114), 1147[79] (1114), 1245[3a] (1152), 1247[64] (1168), 1247[71] (1169), 1262f[19]
Hohmann, S., **3**, 266[168] (200)
Hohn, R., **2**, 882f[3]
Hohnstedt, L. H., **1**, 378[341] (359)
Höhr, L., **1**, 672[119] (578)
Hoi, K., **5**, 621[13] (544)
Hoiness, C. M., **7**, 725[21] (666)
Hojabri, F., **6**, 441[46] (391); **8**, 385f[22], 455[85] (384), 610[296] (598T), 644[177] (617)
Hojo, M., **7**, 108[491] (70), 109[492] (70)
Hokari, H., **7**, 651[282] (573)
Hoke, D. J., **2**, 878f[4]
Holah, D. G., **4**, 694f[18], 812[195] (719, 722, 723), 963[9] (932); **5**, 535[994] (448); **6**, 94[46] (38, 43T), 94[47] (38, 43T), 94[48] (38, 43T), 96[188] (38, 43T), 943[127] (907, 908T, 910, 911T), 943[128] (905, 907, 908T), 943[130] (907), 943[132] (907, 909T, 910, 911T), 943[133] (907, 909T, 910, 911T, 912, 913T), 943[134] (907, 909T), 943[143] (907, 909T, 910), 943[154] (910, 911T), 943[155] (910, 911T); **8**, 331f[17], 339f[13]
Holan, G., **2**, 974[257] (917)
Holcomb, G. W., **2**, 1020[314] (1006f)
Holden, J. L., **5**, 531[730] (399)
Holden, J. R., **6**, 361[31] (353)
Holden, L. K., **3**, 851f[15]
Holder, K. A., **6**, 444[238] (418)
Holderegger, R., **4**, 325[403] (289), 695f[11], 811[73] (700)
Hölderich, W., **2**, 200[621] (151), 200[624] (152)
Holding, S. R., **4**, 816[448] (766, 773)
Holecek, J., **3**, 699[309] (672), 1068[50] (970)
Holick, W., **7**, 511[95] (487)
Holke, K., **4**, 963[43b] (937)
Holl, P., **2**, 296[10] (210); **7**, 108[456] (62)
Holladay, A., **3**, 842f[12]
Hollaender, J., **2**, 195[413] (103)
Holland, G. W., **1**, 307[404] (290); **7**, 301[148] (292), 301[150a] (292)
Holland, J. F., **6**, 876[159] (789)
Holland, R. J., **8**, 293f[15]
Hollander, F. J., **1**, 540[144] (502, 533T); **2**, 762[120d] (737); **3**, 88[539] (78), 721f[3], 722f[7], 722f[8], 723f[2], 725f[3], 771f[11], 779[85] (723), 1337f[27]; **4**, 688[12] (664), 1058[35] (971), 1062[292] (1033); **6**, 805f[14], 805f[15], 806f[28], 868f[22], 868f[33], 869f[46], 869f[47], 869f[49], 869f[50], 875[97] (777), 875[98] (777)
Hollander, J., **8**, 281[122] (268)

Hollander, O., **1**, 540[155] (506, 536T); **6**, 945[256] (931, 932), 945[261] (932)
Hollands, R. E., **7**, 108[477] (65)
Holle, S., **8**, 707[175] (696)
Hollebeke, E., **2**, 1015[4] (980)
Holler, H. V., **8**, 796[151] (775)
Holley, Jr., C. E., **1**, 150[51] (122, 127, 130, 138), 150[56] (123, 126, 127), 150[70] (123)
Hollfelder, H., **2**, 194[363] (94); **3**, 893f[14], 1125f[3], 1299f[2], 1305f[4], 1318[122] (1301)
Holliday, A. K., **1**, 262[f30], 273f[32], 273f[33], 304[149] (269), 304[173] (270), 304[198] (271), 308[454] (293), 310[572] (299), 375[125] (325), 375[126] (325), 375[127] (325), 453[83] (427), 454[121] (431); **2**, 618[120] (539), 634f[4], 674[34] (633), 676[161] (647), 676[162] (647), 677[185] (652), 679[334] (666), 680[393] (671), 680[394] (671), 761[46] (719); **3**, 428[105] (361), 436f[24], 473[20] (437), 702[486] (685), 735f[5], 735f[6]
Hollingsworth, C. A., **1**, 247[387] (200), 677[438] (628, 634), 677[439] (628, 634); **5**, 194f[3]
Hollingsworth, W. E., **6**, 14[121] (8)
Hollins, E. M., **4**, 321[159] (260)
Hollins, R. A., **7**, 512[168] (499, 501, 503, 505), 513[188] (501)
Hollis, D. P., **4**, 817[479] (773)
Holloway, B. E., **1**, 110f[1], 112f[3]
Holloway, C. E., **1**, 303[121] (268); **3**, 86[405] (57), 108f[26], 108f[27], 168[41] (110), 137[922] (1326, 1369); **6**, 750[935] (615), 750[936] (615, 617, 652, 654), 754[1217] (652, 661), 754[1218] (652, 661), 755[1242] (654)
Holloway, H., **3**, 447f[16], 473[45] (444)
Holloway, J. D. L., **3**, 699[320] (673), 702[468] (684), 1068[55] (971, 972); **6**, 181[134] (176T, 177), 226[143] (194), 226[177] (194); **8**, 1066[154] (1039)
Holloway, J. H., **2**, 621[319] (562); **4**, 235[93] (170), 235[94] (164, 170), 690[109] (676)
Holloway, R. G., **4**, 612[508] (599, 602f); **6**, 278[16] (266T, 268); **8**, 1011[228] (1006)
Hollyhead, W. B., **1**, 118[214] (89, 90T)
Hollywell, G. C., **3**, 833f[3]
Holm, A., **7**, 107[385] (51)
Holm, B., **7**, 109[527] (77), 109[529] (77)
Holm, C. H., **3**, 113f[1], 700[379] (674); **4**, 816[413] (761)
Holm, M. M., **8**, 220[3] (103)
Holm, R., **4**, 649[78] (638)
Holm, R. H., **3**, 168[40] (110), 698[280] (670), 798f[27]; **4**, 812[163] (716), 812[165] (716), 886[122] (868); **6**, 14[85] (9), 14[86] (9), 14[92] (9), 14[130] (9); **8**, 365[303] (332), 1104[5] (1074)
Holm, T., **1**, 72f[3], 115[34] (48, 48T), 117[124] (69), 181f[2], 245[276] (187), 246[300] (192); **7**, 102[166] (24), 103[180] (25), 104[241] (31), 104[253] (33)
Holmes, A., **3**, 398f[27], 428[101] (361), 430[266] (396)
Holmes, A. B., **7**, 649[200] (559)
Holmes, J. D., **3**, 1074[394] (1032, 1045); **4**, 664f[5], 689[66] (669); **8**, 1069[281] (1056)
Holmes, J. M., **2**, 619[169] (545)
Holmes, J. R., **2**, 530f[3]; **4**, 418f[1], 506[140] (417)
Holmes, R. G. G., **5**, 552f[10], 623[177] (566)
Holmes, R. R., **1**, 310[584] (300); **2**, 563f[4]
Holmes, S. J., **3**, 1319[157] (1315, 1316)
Holmes-Smith, R. D., **2**, 191[233] (54), 618[146] (542); **3**, 169[54] (121)
Holmstead, R. L., **2**, 976[427] (951)
Holsboer, F., **5**, 621[2] (542, 561)
Holsk, G., **3**, 1261f[2]
Holt, A., **2**, 201[651] (159)
Holt, E. M., **3**, 82[175] (27), 1100f[6], 1115f[3], 1246[38] (1159), 1249[159] (1190); **4**, 74f[29], 154[309] (75), 242[518] (228), 247f[6], 247f[7], 312f[5], 312f[6], 322[190] (266), 322[192] (266, 317, 318), 329[685] (318); **8**, 220[16] (107), 366[364] (342)
Holt, P. F., **7**, 59f[1]
Holt, S., **2**, 819[111] (788)
Holt, S. L., **3**, 1100f[6], 1115f[3], 1246[38] (1159), 1249[159] (1190)

Holtkamp, H. C., **1**, 245^{250} (182, 183, 199, 204), 248^{404} (202, 204); **2**, 894f^{17}
Holtman, M. S., **2**, 395^{39} (371); **3**, 424f^{4}, 431^{320} (423); **6**, 1058f^{6}, 1110^{33} (1047, 1059)
Holton, J., **1**, 40^{71} (16), 40^{72} (16), 676^{345} (622); **3**, 83^{214} (31), 83^{216} (31), 265^{109} (184), 266^{164} (198, 199, 200), 266^{176} (202, 203, 204), 266^{182} (204), 267^{212} (210), 310f^{2}, 328^{110} (309), 328^{175} (325), 430^{262} (396), 474^{115} (469, 470), 557^{26} (550), 629^{60} (569, 570, 583, 585, 596), 701^{407} (677); **6**, 979^{6} (949, 952, 953, 959T), 980^{20} (952, 959T); **8**, 361^{34} (286)
Holton, R. A., **6**, 347^{295} (319), 347^{296} (319, 339); **8**, 861f^{8}, 933^{448} (860), 933^{451} (860, 868), 934^{528} (881), 934^{563} (889)
Holton, S. G., **4**, 154^{361} (90), 374^{66} (346, 352)
Holtschmidt, H., **2**, 197^{513} (123)
Holtschmidt, N., **2**, 195^{398} (100); **7**, 655^{513} (609, 613)
Holtzapple, G. M., **3**, 1247^{89} (1175, 1196, 1240), 1251^{300} (1220)
Holtzkamp, E., **3**, 279^{19} (271)
Holubek, J., **7**, 510^{18} (471), 510^{19} (471)
Holubová, N., **7**, 195^{55} (163), 251^{9} (230)
Holy, N., **8**, 367^{417} (347)
Holy, N. L., **1**, 120^{303} (109), 120^{304c} (109, 113); **2**, 908f^{20}, 973^{233} (902, 926); **3**, 633^{275} (621); **5**, 275^{743} (250); **7**, 651^{282} (573); **8**, 454^{28} (376), 606^{55} (557, 595T), 606^{56} (557, 595T), 643^{147} (632)
Holywell, G. C., **3**, 842f^{14}
Holzapfel, C. W., **8**, 769^{26} (718T, 719T)
Holzbecher, Z., **1**, 285f^{37}
Holzinger, W., **3**, 703^{570} (692), 937f^{6}, 1068^{62} (973); **5**, 626^{361} (596, 601)
Holzkamp, E., **1**, 250^{518} (222), 671^{27} (559, 579, 625, 638, 664), 671^{29b} (559), 671^{30} (559); **3**, 270^{426} (262), 270^{428} (262), 270^{429} (262), 545^{1} (476); **7**, 454^{3} (367, 372), 454^{6} (367, 372, 376, 384, 450), 454^{7} (368, 442); **8**, 454^{33} (377), 454^{46} (379)
Holzl, F., **4**, 322^{223} (269)
Holzmann, R. T., **1**, 255f^{1}, 302^{9} (254)
Homberg, O. A., **2**, 619^{211} (547, 554)
Homberg, O. H., **2**, 675^{71} (637, 665, 666)
Homer, G. D., **2**, 187^{33} (8, 124), 187^{62} (14), 187^{64} (14), 302^{388} (294)
Homminga, E., **7**, 459^{271} (412), 459^{272} (412)
Honan, M. B., **4**, 156f^{474} (125)
Honeycutt, Jr., J. B., **1**, 275^{31}, 285f^{20}, 309^{537} (298); **2**, 675^{76} (638), 1018^{189} (1001), 1018^{190} (1001); **7**, 299^{50} (276), 299^{54} (276)
Hong, P., **5**, 271^{455} (150), 274^{694} (235), 532^{805} (416); **8**, 223^{144} (167)
Hongo, Y., **2**, 624^{535} (590)
Honig, L. M., **7**, 224^{58} (202)
Hönigschmid, J., **2**, 515^{531} (470)
Hönigschmid-Grossich, R., **2**, 514^{526} (469), 676^{166} (649), 677^{225} (654), 677^{226} (654, 655), 707^{177} (703)
Hönle, W., **2**, 6f^{13}, 200^{622b} (152, 153), 200^{624} (152), 200^{625} (153), 200^{628} (153); **4**, 611^{416} (592); **6**, 1074f^{2}
Honma, S., **1**, 672^{83} (571); **7**, 142^{116} (133), 301^{142a} (292)
Honnen, L. R., **3**, 1252^{330a} (1227)
Honnick, W. D., **2**, 621^{344} (566); **4**, 325^{461} (296); **8**, 222^{107} (137), 606^{51} (556, 593, 600T, 601T, 603), 607^{142} (569, 597T), 607^{143} (569, 597T), 607^{145} (570, 572, 594T, 597T, 598T), 609^{211} (593, 600T, 601T, 603), 609^{212} (593, 600T, 601T, 603)
Honrath, U., **6**, 793f^{2}, 839f^{44}, 876^{169} (793, 800, 807)
Höntsch, H., **2**, 198^{524} (127)
Honwad, V. K., **7**, 727^{128} (691, 692)
Honymus, G., **6**, 95^{107} (45, 50T)
Hoobler, M. A., **7**, 103^{198} (27)
Hood, P. L., **4**, 690^{118} (680, 681)
Hoogasian, S., **1**, 118^{208} (87)

Hoogzand, C., **1**, 41^{135} (30, 32, 33T, 34); **2**, 515^{537} (470); **4**, 608^{193} (553), 648^{14} (617), 1062^{310} (1035, 1036); **6**, 1019f^{57}
Hook, D. E., **2**, 361^{75} (317)
Hook, L. W., **3**, 863f^{4}, 949^{201} (875), 1085f^{20}
Hook, S. C. W., **1**, 307^{394} (289), 307^{406} (291); **2**, 705^{63} (689, 690, 701); **7**, 141^{67} (124), 299^{28} (272), 299^{43} (274)
Hooper, M. A., **3**, 792f^{2}, 1083f^{2}, 1260f^{2}; **4**, 150^{30} (7)
Hooper, N. E., **4**, 237^{248} (193, 194, 195), 237^{249} (193), 1059^{141} (990); **8**, 1105^{69} (1087, 1101)
Hooper, P. G., **1**, 674^{234} (602, 637); **7**, 455^{37} (380)
Hoornaert, C., **8**, 471f^{10}, 496^{26} (469, 470)
Hooton, K. A., **2**, 202^{693b} (168, 176, 177), 506^{49} (403), 507^{62} (405), 507^{63} (405, 462, 463), 513^{446} (458, 459), 516^{632} (483, 484); **6**, 742^{413} (530), 1029f^{68}; **7**, 654^{441} (598)
Hoover, F. W., **8**, 456^{139} (395)
Hooz, J., **1**, 116^{78} (57), 119^{262} (98), 306^{295} (283), 681^{690} (662); **7**, 142^{101} (130), 142^{102} (130), 142^{103} (130), 142^{104} (130), 142^{106} (131), 197^{196} (190), 299^{70a} (278), 299^{70b} (278, 279), 299^{72} (278), 299^{74} (278), 299^{75} (279), 322^{61} (318), 336^{30} (328), 346^{10} (339), 346^{17} (340, 341), 346^{22} (340, 341), 460^{345} (419), 460^{351} (420); **8**, 1065^{59} (1021)
Hope, H., **1**, 379^{392} (363); **3**, 629^{55} (568, 581, 586, 587, 595, 607); **6**, 278^{18} (266T, 269, 270), 278^{19} (266T, 269, 270), 278^{36} (266T, 272, 274), 1113^{205} (1096)
Hopf, H., **3**, 1072^{263} (1012)
Hopgood, D., **4**, 150^{19} (7, 19)
Hopkins, B. J., **7**, 513^{217} (506)
Hopkins, T. E., **1**, 542^{233} (535T), 542^{234} (534T), 542^{237} (534T); **3**, 266^{150} (195, 196); **4**, 238^{295} (203)
Hopkinson, M. J., **4**, 326^{532} (300, 302), 611^{437} (594); **5**, 622^{72} (551, 576)
Hoppe, D., **7**, 98f^{11}, 99f^{28}
Hoppe, I., **7**, 110^{593} (92)
Hoppe, W., **4**, 157^{537} (130); **5**, 531^{768} (410)
Hopper, S. P., **2**, 194^{387} (97), 194^{387} (97), 195^{389} (98), 507^{65} (405), 971^{133} (887, 888, 957), 977^{453} (957), 977^{465} (958); **7**, 679f^{4}, 726^{79} (678), 726^{81} (680)
Hoppin, C. R., **8**, 549^{37} (504, 508, 509, 510, 520), 550^{48} (510), 550^{78} (517)
Hopps, H. B., **7**, 194^{31} (162)
Hopton, F. J., **4**, 235^{104} (171, 172); **6**, 345^{159} (306), 744^{532} (545)
Hoque, A. K. M. M., **1**, 247^{352} (197)
Horak, M., **1**, 242^{61} (160)
Horder, J. R., **7**, 462^{472} (441)
Hordis, C. K., **1**, 670^{3b} (557, 568, 569, 570, 629, 638, 639); **7**, 456^{109} (390)
Horeau, A., **7**, 102^{130} (20)
Horešovský, O., **7**, 510^{18} (471)
Hörhold, H., **3**, 1072^{266} (1013)
Hörhold, H. H., **3**, 1004f^{15}
Hori, K., **6**, 141^{153} (132)
Hori, M., **7**, 108^{486} (69)
Hori, T., **1**, 242^{89} (164)
Horiguchi, S., **2**, 713f^{44}, 761^{58} (721, 750)
Horiike, T., **2**, 187^{60a} (13, 60), 191^{254} (61); **7**, 649^{168} (553), 658^{675} (642)
Horike, M., **6**, 348^{397} (329, 330, 334T), 348^{405} (329, 331, 334T)
Horino, H., **4**, 965^{143} (954); **6**, 347^{287} (317); **8**, 861f^{12}, 932^{428} (856), 933^{450} (860)
Horita, H., **3**, 1072^{262} (1012)
Horiuchi, C. A., **8**, 928^{142} (806, 808, 809)
Horl, W., **6**, 261^{59} (248)
Horlbeck, G., **4**, 507^{174} (427)
Horling, T. L., **4**, 886^{112} (866), 1063^{383} (1052)
Horn, H., **2**, 677^{244} (656)
Horn, M., **7**, 646^{14} (517)
Horn, V., **2**, 198^{525} (127)
Hornberger, P., **1**, 151^{134} (130, 142)
Hornby, J. L., **1**, 309^{533} (297)
Horne, Jr., S. E., **7**, 463^{502} (443)

Horner, L., **2**, 196⁴⁶⁸ (115), 706¹²¹ (697); **8**, 339f²⁶, 361¹⁹ (286, 288), 496¹⁵ (466)
Hörnfeldt, A.-B., **7**, 76f², 105²⁷⁹ (36)
Horng, A., **1**, 309⁵⁴⁷ (298); **7**, 98f⁶, 142¹⁴⁵ (138, 139), 142¹⁴⁶ (139), 159⁹³ (149), 196¹²⁷ (175), 196¹²⁸ (175), 227²³⁴ (223), 301¹⁷²ᵇ (297), 322³⁵ (312), 322⁵² (315, 316), 322⁵³ (316), 363¹¹ (351)
Hornig, P., **2**, 198⁵⁵⁰ᵃ (131, 145), 678³⁰⁹ (662), 705⁶⁰ (688)
Hornung, Y., **1**, 42¹⁸⁸ (37)
Horrocks, Jr., W. D., **3**, 264⁴⁷ (178), 264⁵² (179); **4**, 322²⁰⁵ (267); **5**, 29f⁶, 29f¹², 266¹¹⁶ (25)
Horspool, W. M., **3**, 1177f²; **8**, 1064³⁸ (1018), 1070³⁰⁵ (1059)
Horstschäfer, H. J., **1**, 272f⁹, 306²⁸⁴ (283), 375¹²⁸ (325), 454¹²² (431), 454¹²⁴ (431)
Horvath, B., **2**, 198⁵⁴¹ (129)
Horvath, E., **4**, 816⁴³³ (763)
Horvath, E. G., **2**, 198⁵⁴¹ (129)
Horváth, I. T., **5**, 271⁴⁷⁴ (157, 160)
Horvath, M., **7**, 101⁸³ (12)
Horvitz, L., **7**, 195⁹³ (170)
Hosaka, S., **6**, 343³¹ (284), 383²⁸ (365), 384¹²⁵ (380), 446³²⁶ (430), 446³²⁸ (430, 431); **8**, 462⁴⁸¹ (449), 929¹⁹⁴ (813, 845), 929¹⁹⁵ (813), 930²⁵⁸ (834), 930²⁵⁹ (834, 845), 931³¹⁷ (845, 900, 901)
Hosato, T., **8**, 459³⁰⁹ (419)
Hoshama, S., **8**, 647³⁰¹ (618), 647³⁰⁴ (622T)
Hoshi, M., **7**, 158⁶⁴ (146)
Hoshi, Y., **7**, 17f⁹
Hoshino, S., **7**, 110⁵⁷⁴ (87), 655⁵¹⁰ (608)
Hoshiyama, S., **8**, 646²⁸⁷ (622T)
Hoskin, D. H., **2**, 189¹³⁵ (32); **7**, 647⁷⁰ (530, 533)
Hoskins, B. E., **4**, 235¹³⁶ (177)
Hoskins, B. F., **4**, 13f¹⁵, 19f¹⁰
Hoskins, D. E., **3**, 81⁶⁵ (6); **5**, 520²⁶ (281)
Hoskins, K., **2**, 819¹⁰¹ (785), 819¹⁰² (785); **6**, 749⁸⁷⁸ (603, 604)
Hosmane, N. S., **1**, 453⁵⁸ (423), 454¹⁰⁸ (430, 439), 538⁶¹ (476, 486, 493), 539¹⁰⁶ (490, 494); **2**, 194³⁷⁷ (96), 903f², 943f⁵, 976³⁹⁹ (946); **6**, 1114²²⁰ (1101)
Hosoda, S., **8**, 283²⁰⁰ (279)
Hosokawa, T., **3**, 170¹¹⁹ (148); **4**, 460f⁸, 508²⁸⁴ (447), 607¹⁴⁴ (542); **6**, 346²¹⁴ (310, 334T), 348³⁸⁶ (328, 334T), 349⁴³⁵ (337, 338, 339), 361⁶ (352, 353, 355, 359), 383⁵⁸ (368, 375, 381), 383⁸¹ (373, 380), 441²⁴ (389), 443¹⁵⁶ (404), 446³²¹ (429), 468² (455), 468¹⁸ (456, 457), 468²¹ (457, 461), 469⁴⁴ (463); **7**, 725⁵² (673); **8**, 497¹⁰⁰ (490), 927⁴² (801, 891), 928¹⁵⁶ (810), 930²⁶¹ (835, 891), 930²⁶² (835, 891), 930²⁸³ (839), 935⁵⁸⁶ (891), 935⁵⁸⁷ (891), 935⁵⁸⁸ (891), 935⁵⁹⁴ (892)
Hosomi, A., **2**, 190¹⁷¹ (38), 190¹⁷⁶ (38), 192²⁷⁹ (72), 194³⁵³ (91), 197⁴⁸⁴ (118), 298¹⁴⁵ (242, 262), 301²⁷⁹ (268), 508¹⁶¹ (418); **6**, 758¹⁴⁴² (676); **7**, 647³⁷ (524), 647³⁸ (524), 648⁹⁵ (537), 648¹⁰¹ (538), 648¹⁰³ (538), 648¹⁰⁴ (538), 648¹¹⁰ (539), 648¹¹¹ (539), 648¹¹⁶ (540), 648¹¹⁹ (541), 649¹⁸¹ (555), 650²¹⁶ (560), 652³³¹ (580), 657⁶¹⁵ (632), 657⁶⁴³ (639), 658⁶⁵⁵ (640); **8**, 934⁵⁵⁰ (885)
Hossain, M. A., **2**, 201⁶⁶⁸ (163)
Hossain, M. B., **2**, 620²⁵⁵ (554), 622⁴¹⁰ (572), 622⁴¹¹ (573); **3**, 1251²⁶⁹ (1215, 1223)
Hosseini, H. E., **5**, 366f⁷, 528⁵²⁴ (363)
Hosten, N., **2**, 300²⁴³ (262), 302³⁷¹ (291)
Hota, N. K., **1**, 272f⁴, 375¹³⁴ (327), 409³⁶ (387); **3**, 473¹⁰ (434); **4**, 812¹⁸³ (718, 719, 723, 725); **5**, 273⁶⁰³ (200); **7**, 322⁶⁶ᵃ (319)
Hotta, K., **8**, 365³⁰² (332)
Hotta, Y., **3**, 279⁵⁹ (278); **7**, 460³³⁵ (418)
Hou, F. L., **4**, 13f¹⁰, 50f¹⁹, 106f⁴⁰, 235¹⁰⁵ (172); **6**, 759¹⁵³² (693, 704)
Houalla, D., **8**, 339f²⁴, 362¹³⁵ (297, 328)
Houben, C., **7**, 460³³² (418)
Hough, E., **4**, 479f⁹

Hough, J. J., **4**, 813²¹⁷ (723, 736, 802), 814³¹⁸ (749, 750)
Hough, W. V., **1**, 456²²⁹ (448)
Houghton, R. P., **7**, 106³⁶¹ (48); **8**, 1065⁹⁷ᵇ (1027, 1028)
Houk, K. N., **1**, 118¹⁷⁶ (81)
Houk, L. W., **3**, 697²⁰³ (664), 798f²⁹, 841f², 863f²⁸, 948¹⁵⁹ (867), 1072²⁹⁴ (1017), 1115f⁶, 1119f⁶, 1247¹⁰³ (1179, 1183), 1253³⁷⁸ (1236), 1253³⁷⁹ (1237), 1262f²⁰, 1384²⁴² (1374); **4**, 605⁴⁸ (519), 612⁴⁴³ (594); **5**, 137f²², 137f²³, 276⁷⁹³ (257)
Houlihan, F., **4**, 506¹⁵⁴ (423); **8**, 1008¹⁰³ (970)
Houlihan, W. J., **7**, 102¹⁷⁰ (24)
Houng-min Shih, **7**, 726⁸³ (680)
Hounshell, W. D., **3**, 102f²²
House, H. O., **1**, 241¹⁴ (157), 248³⁹² (201, 205, 206, 210, 211, 213), 249⁴⁷⁶ (214); **2**, 754f⁹, 761⁸⁸ (722, 752), 763¹⁶⁵ (752), 763¹⁶⁶ (752), 763¹⁷¹ᵃ (755), 973¹⁹⁶ (898); **7**, 104²⁴⁵ (32), 105²⁸³ (37), 107³⁹⁹ (54), 252³⁵ (233), 649¹⁶⁰ (551), 649¹⁶⁰ (551), 727¹⁶⁰ (701), 727¹⁶¹ (701), 727¹⁶⁷ (702, 703), 727¹⁸⁰ (705), 727¹⁸⁰ (705), 728²⁰⁴ (708), 728²⁰⁸ (709), 728²¹² (711), 728²¹⁶ (712), 729²⁵¹ (719); **8**, 1008⁶⁶ (955)
Housecroft, C. E., **1**, 41¹²⁵ (26, 28, 35, 39), 41¹⁵² (32, 34); **4**, 663f⁶, 689²² (666)
Hovey, M. M., **1**, 286f⁴⁰
Hovi, V., **3**, 703⁵⁸¹ (693)
Hovland, A. K., **2**, 187⁶⁵ (14), 195⁴⁰⁸ (102), 298¹³⁹ (241)
Howard, A. B., **1**, 42¹⁷² (36)
Howard, A. G., **2**, 1019²⁹⁵ (1014)
Howard, A. S., **4**, 52f¹⁰⁰, 153²³⁴ (61), 237²⁶⁰ (197)
Howard, A. V., **2**, 6f⁵
Howard, G. D., **4**, 327⁵³⁸ (301), 658f²¹, 840⁶⁸ (833)
Howard, J., **1**, 375¹⁸⁴ (337), 453⁴² (421), 457²⁴⁴ (451); **2**, 763¹⁷⁶ (757), 763¹⁷⁶ (757); **4**, 344f⁵, 610³⁶⁴ (587), 814³⁰¹ (746), 920³⁶ (916), 920³⁹ (917); **5**, 626³⁴⁹ (593); **6**, 181¹⁰⁷ (146T, 151, 159T, 162), 224⁴⁸ (214T, 219), 743⁴⁴⁶ (533T), 755¹²⁶⁶ (654, 656)
Howard, J. A., **1**, 539¹⁰³ᵇ (490, 498, 536), 752²⁹ (729); **2**, 201⁶⁸⁴ (166), 515⁵⁷¹ (476), 625⁵⁷⁵ (596), 674⁴¹ (635), 674⁴² (635); **3**, 82¹⁵² (21, 23); **6**, 945²⁴¹ (927, 930)
Howard, J. A. K., **1**, 409¹⁵ (383, 401), 409²⁵ (385, 401), 538⁵⁶ (474, 475, 501, 533T); **2**, 197⁴⁷⁹ (117), 198⁵⁴⁷ (130), 820¹⁸⁸ (808); **3**, 82¹⁵⁵ (21, 23), 86⁴⁰⁹ (58), 86⁴¹⁹ (59), 170¹¹⁸ (148), 170¹⁷⁸ (167), 171¹⁷⁹ (167), 327⁶¹ (297), 411f¹², 431³⁰⁴ (409), 474¹¹⁶ (469, 470), 645⁷ (636, 641), 696¹¹⁵ (657), 1253³⁹⁶ (1242); **4**, 242⁵⁰⁷ (223, 224T, 227), 242⁵⁰⁸ (223, 224T, 227), 242⁵⁰⁹ (223, 224T, 227), 322²⁰³ (267), 380f¹⁸, 507²⁰¹ (432, 457), 507²²² (438, 464), 607¹⁴³ (542), 608²²³ (563), 657f¹¹, 658f³⁸, 658f⁴⁷, 690¹¹⁹ (681), 690¹²⁰ (681, 682), 811⁸⁷ (702), 815³⁵⁵ (754), 818⁵⁷⁴ (785, 787, 788), 840⁴¹ (828), 840⁴³ (829, 831), 840⁴⁵ (829), 840⁵⁸ (831), 885⁴⁶ (851, 856), 885⁵⁴ (852), 885⁵⁵ (853), 885⁵⁶ (853), 885⁶⁸ (856), 885⁶⁹ (857), 885⁷⁰ (857), 886¹⁰⁴ (865), 887¹⁹⁸ (883), 920²⁴ (912), 920³⁸ (917), 1059¹⁰⁴ (981, 982), 1060²¹⁹ (1017, 1018), 1061²⁵² (1023), 1062³³⁵ (1042); **5**, 271⁵⁰³ (167), 272⁵⁷³ (191), 532⁸³⁰ (419, 420, 422, 434, 435), 539¹³⁰⁹ (448); **6**, 96¹⁸⁰ (44), 141¹⁰⁰ (117, 121T), 142¹⁷³ (105T, 134T, 138), 227¹⁹⁶ (214T, 219, 220), 261⁴² (247), 382³ (364, 370), 737⁴⁷ (482), 737⁴⁹ (483), 737⁵⁰ (483), 737⁵¹ (483), 737⁵² (484), 738¹²⁷ (495, 496), 738¹²⁸ (495, 496), 742³⁵⁹ (523), 742³⁶⁰ (523), 742³⁶¹ (523), 743⁴⁴⁸ (533T), 743⁴⁷⁰ (535T, 680, 681, 717), 751⁹⁸⁰ (620, 621), 751⁹⁸¹ (620, 621), 751⁹⁹⁸ (621), 751¹⁰⁰⁶ (621, 625T), 751¹⁰⁰⁷ (622, 687), 758¹⁴³⁵ (675, 677, 712), 758¹⁴⁴⁴ (677), 759¹⁵⁰⁶ (687, 690), 759¹⁵³⁸ (694, 695), 759¹⁵⁴⁰ (694), 759¹⁵⁴³ (695, 696, 699T), 759¹⁵⁴⁴ (695), 761¹⁶³⁹ (719, 723T), 805f¹⁶, 806f²⁵, 806f⁵³, 806f⁵⁴, 806f⁵⁵, 806f⁵⁷, 840⁵⁸, 840⁵⁹, 840⁶⁰, 841f¹²⁰, 841f¹²¹, 842f¹⁶¹, 843f¹⁹³, 843f¹⁹⁴, 850f¹⁶, 868f¹⁴, 868f¹⁵, 868f²⁹, 868f³⁰, 868f³¹, 868f³², 871f¹²¹, 871f¹³⁸ᵃ,

871f[138b], 871f[139], 874[87] (775, 783, 784), 874[88] (775, 777), 875[132] (784, 787), 875[133] (784), 875[134] (784), 1094f[7], 1094f[8], 1113[209] (1098), 1114[211] (1099), 1114[211] (1099); **7**, 108[477] (65); **8**, 456[141] (395), 1009[126] (975), 1010[224] (1006)
Howard, J. W., **1**, 453[54] (422, 437), 453[54] (422, 437), 537[9] (461, 470, 474, 493)
Howard, S. A. K., **3**, 938f[3]
Howard, T. R., **3**, 419f[9], 431[314] (421); **8**, 549[43] (504)
Howarth, M., **1**, 260f[18], 261f[43], 273f[40], 304[199] (271); **7**, 335[6] (324)
Howarth, O., **2**, 945f[2]
Howarth, O. W., **2**, 975[351] (932, 947T); **3**, 1252[365] (1233), 1383[238] (1373); **6**, 841f[103], 874[82] (774)
Howatson, J., **1**, 40[78] (17, 18T), 126f[5], 151[125] (128, 130, 131); **2**, 762[104] (730)
Howden, M. E., **5**, 534[943] (425, 441, 459, 468), 534[954] (440), 534[957] (441, 459), 624[229] (575, 620); **6**, 262[121] (254), 345[148] (304), 741[324] (519)
Howe, D. V., **1**, 455[148] (434, 443), 455[157] (435), 540[175a] (515, 516, 518, 520, 535); **3**, 1250[219] (1203), 1382[156] (1356); **4**, 238[294] (203), 508[248] (442); **6**, 347[319] (321), 383[71] (371, 375), 840f[71], 874[65] (771)
Howe, G. R., **2**, 706[82] (691)
Howe, J. J., **3**, 628[18] (562, 563, 576), 628[26] (563), 629[40] (564, 565)
Howe, R. F., **4**, 965[178] (961); **6**, 873[14] (764), 877[245] (823); **8**, 99[272] (78)
Howell, B. A., **3**, 1071[228] (1006)
Howell, H. M., **7**, 101[107] (16)
Howell, I. V., **3**, 851f[53], 948[147] (861); **8**, 606[22] (553, 569, 597T, 598T), 608[202] (590, 591, 597T), 609[237] (594T, 597T, 598T), 609[238] (594T, 597T, 598T, 602T), 704[12] (672)
Howell, J. A. S., **3**, 156f[13], 1076[540] (1058, 1060), 1252[342] (1230), 1383[227] (1370); **4**, 156[73] (524, 524f, 526), 504[15] (382), 506[130] (413), 507[181] (429), 508[253] (443), 524f[13], 606[74] (524f, 525, 526), 608[234] (565, 565f), 840[30] (826), 840[31] (826), 840[33] (826), 1061[234] (1020); **6**, 870f[95], 877[238] (822); **8**, 1009[105] (970, 1004), 1010[211] (1004)
Howell, J. E., **6**, 99[361] (45); **8**, 708[201] (701)
Howell, J. M., **3**, 81[109] (12), 82[178] (27)
Howell, T. E., **1**, 682[742] (581)
Howells, P. N., **8**, 771[115] (737), 772[214] (737)
Howells, R. D., **1**, 245[281] (188)
Howells, W. G., **8**, 1064[19] (1017, 1020), 1064[30] (1018), 1065[64] (1021)
Howk, B. W., **4**, 64f[5], 153[266] (68, 91, 115, 116); **5**, 213f[2], 264[10] (3, 211)
Howman, E. J., **8**, 549[26] (503, 504)
Howsam, R. W., **6**, 441[34] (390, 421, 424, 427); **8**, 312f[61], 928[126] (805)
Hoxmeier, R., **4**, 83f[19], 83f[25]; **8**, 1067[192] (1043)
Hoxmeier, R. J., **3**, 1249[194] (1198), 1381[121] (1344); **4**, 83f[26], 83f[27], 233[7] (163), 239[329] (206, 219T, 222, 229); **6**, 840f[63], 840f[78], 840f[79], 840f[80], 841f[112], 875[151] (787, 821)
Hoy, E. F., **5**, 532[844] (419, 420, 482, 484)
Hoyano, J., **4**, 52f[86], 238[275] (200); **6**, 980[43] (960, 963T, 964, 969T), 1113[182] (1090)
Hoyano, J. K., **3**, 1067[36] (966, 967), 1249[168] (1192), 1249[174] (1192), 1381[101] (1342), 1381[106] (1342); **4**, 166f[5], 234[64] (167), 238[276] (200), 240[384] (208); **6**, 1112[115] (1071), 1112[144] (1080, 1095)
Hoyer, G. A., **8**, 935[615] (896)
Hoyjtink, G. J., **1**, 112f[2]
Hrabak, F., **5**, 535[1032] (419, 482), 535[1051] (462), 535[1052] (462)
Hristidu, Y., **3**, 267[243] (213)
Hrncir, D. C., **1**, 675[312] (617); **3**, 326[18] (285), 630[103] (574, 587, 595, 596), 630[140] (580, 583, 621), 631[209] (596), 632[272] (622)
Hrnjez, B. J., **8**, 933[458] (862)
Hrung, C.-P., **2**, 199[570] (138); **4**, 234[75] (169, 198), 237[263] (197), 238[264] (198)

Hrušovský, M., **7**, 511[76] (484), 511[77] (484)
Hrušvoský, M., **7**, 511[78] (484)
Hseih, A. T. T., **5**, 32f[7]
Hseu, C. S., **3**, 267[227] (211)
Hseu, T. H., **1**, 377[250] (348)
Hsia Chao, C., **6**, 349[442] (339)
Hsieh, A. T. T., **1**, 696f[29], 723[257] (717), 723[258] (717), 723[279] (719); **3**, 1071[221b] (1001), 1156f[7], 1187f[10], 1188f[37], 1327f[5], 1337f[8], 1337f[24]; **4**, 153[285] (71), 238[299] (203), 247f[12], 327[591] (307), 649[109] (645), 694f[10], 929[28] (927); **5**, 34f[7], 306f[10], 523[215] (304T), 622[78] (553, 565); **6**, 34[36] (20T), 227[217] (211, 212), 736[43] (482), 868f[21], 869f[43], 871f[116], 874[68] (771), 874[69] (771), 943[142] (910, 909T), 980[52] (962, 964, 965, 966, 967, 970T, 971T), 980[53] (962, 965, 966, 970T), 980[54] (964, 969T, 973, 974, 975, 977T), 980[55] (964, 965, 967, 969T, 970T), 980[57] (964, 965, 969T), 980[71] (968, 978T), 980[81] (974, 978T), 1018[23], 1018f[35], 1019f[46], 1028f[29], 1031f[8], 1031f[12], 1031f[19], 1033f[2], 1035f[11], 1035f[12], 1036f[11], 1039[29] (993, 995, 996, 997, 998, 999, 1000, 1001, 1002, 1004, 1005, 1008), 1040[104] (1005, 1007), 1040[108] (1007), 1074f[1], 1080f[1], 1085f[1], 1093f[1], 1110[9] (1044, 1048, 1050, 1052, 1055, 1068, 1075, 1082, 1083, 1100)
Hsieh, H. L., **8**, 711[369] (702), 711[374] (702)
Hsieh, J. T. T., **3**, 428[90] (358)
Hsieh, M.-L., **5**, 556f[14]
Hsu, B., **1**, 119[266] (99), 120[282] (105)
Hsu, C. C., **8**, 708[237] (701)
Hsu, C. C. K., **2**, 618[86] (535)
Hsu, C. H., **5**, 526[405] (342, 343)
Hsu, C.-Y., **6**, 745[592] (559), 757[1379] (672)
Hsu, G. C., **8**, 608[156] (577)
Hsu, N., **3**, 1070[164] (989, 1035, 1055), 1071[218b] (1001), 1251[271] (1215)
Hsu, W. L., **3**, 1246[41] (1159); **4**, 155[424] (116, 117)
Hu, H.-W., **2**, 972[151] (890)
Hu, L., **7**, 101[84] (12)
Hu, M. G., **1**, 263f[15]
Hu, T. M., **1**, 677[439] (628, 634)
Huang, C.-H., **8**, 1067[180] (1042)
Huang, F., **5**, 529[617] (380), 529[620] (380), 529[630] (379)
Huang, J.-S., **6**, 806f[23], 868f[11]
Huang, M. H. A., **3**, 1247[88a] (1175); **4**, 508[279] (447), 605[50] (519); **6**, 225[98] (199, 201T)
Huang, P., **7**, 67f[6]
Huang, T.-N., **4**, 819[622] (798), 819[623] (798, 804), 963[31] (936, 950), 963[32] (936); **8**, 296f[5], 311f[8], 364[256] (325, 338, 347)
Hubbard, A. F., **2**, 195[412] (102); **7**, 655[528] (613)
Hubbard, A. T., **8**, 360[8] (286)
Hubbard, C. R., **6**, 873[22] (764)
Hubbard, J. L., **1**, 309[503] (297), 309[505] (297), 309[506] (297), 309[524] (297); **3**, 80[24] (4), 80[26] (4), 949[190] (875), 1067[39] (967); **7**, 141[76] (126), 141[79] (126), 300[101c] (283)
Hubbard, W. N., **1**, 120[296] (107), 120[296] (107)
Hübel, W., **1**, 41[135] (30, 32, 33T, 34), 41[162] (35), 42[181] (37, 38), 375[133] (327); **2**, 820[122] (790); **3**, 80[4] (2), 631[202] (591), 1086f[9], 1247[87] (1175, 1196, 1240), 1263f[9]; **4**, 321[123] (255), 321[130] (257), 323[188] (276), 380f[4], 435f[5], 435f[11], 504[7] (381, 439), 507[211] (437), 507[231] (439), 508[264] (444), 568f[2], 607[137] (539f, 541, 549, 583, 584), 607[180] (549), 607[181] (549), 608[193] (553), 609[310] (580), 610[331] (584), 648[1] (615, 644), 648[11] (617), 648[14] (617), 648[36] (625), 1062[310] (1035, 1036); **5**, 194f[9], 194f[14], 203f[3], 273[580] (192, 203, 204); **6**, 1019f[57], 1021f[126], 1021f[132]; **7**, 109[509] (72); **8**, 222[137] (159, 170), 1009[154] (980), 1009[156] (980), 1009[157] (980, 981), 1009[158] (981)
Hübel, W. B., **6**, 815f[2]
Hübener, P., **4**, 609[290] (577)
Huber, F., **1**, 723[261] (717), 754[106] (745), 754[107] (745), 754[126] (748); **2**, 194[381] (96), 620[259] (554), 625[552] (593), 631f[7], 631f[9], 634f[2], 640f[1], 674[36] (633), 675[95] (640), 675[97] (640), 676[175] (651), 676[177] (651, 654),

676[180] (651), 676[183] (652), 676[184] (652), 677[191] (652), 677[237] (656), 677[242] (656), 677[244] (656), 678[262] (658), 678[264] (658), 678[271] (659), 678[273] (659), 678[278] (660), 679[363] (668), 679[364] (668), 680[399] (673), 1017[176] (1000), 1017[177] (1000, 1001, 1004), 1018[183] (1000, 1001); **4**, 238[310] (205); **6**, 1066f[11], 1112[109b] (1070)

Huber, F. M., **7**, 652[340] (581)
Huber, H., **1**, 376[219] (344); **2**, 762[109] (732), 821[222] (817); **3**, 82[128] (16), 694[14] (649, 654), 695[81] (654); **4**, 150[35] (8, 21), 234[32] (164); **5**, 264[17] (3); **6**, 14[107] (12), 139[14] (132), 139[15] (132), 141[99] (103, 104T), 141[129] (128), 261[51] (247), 838f[1], 839f[14]
Huber, H. X., **3**, 703[522] (688); **6**, 839f[19]
Huber, M., **3**, 833f[18]; **4**, 156[470] (124), 156[473] (125), 325[411] (290), 328[628] (310), 607[131] (539f, 540), 817[524] (777)
Huber, M. M., **2**, 622[394] (571)
Huber, R., **2**, 299[175] (246)
Huber, W., **1**, 671[62] (564)
Hubert, A. J., **6**, 1021f[149]; **7**, 321[8] (305), 458[231] (405); **8**, 550[59b] (515), 935[612] (896), 935[616] (896)
Hubert, J., **2**, 695f[3], 706[112] (696), 912f[4], 912f[5], 934f[2]; **6**, 752[1076] (634), 754[1194] (648T), 755[1261] (654)
Hubert-Pfalzgraf, L. G., **5**, 552f[9], 622[66] (551)
Hubesch, B., **2**, 563f[6]
Hubin, R., **3**, 704[589] (694)
Hübler, G., **2**, 199[593] (145)
Huch, A., **3**, 545[12] (488, 490)
Huch, C., **3**, 545[12] (488, 490)
Huchette, D., **8**, 408f[2], 457[241] (409), 643[150] (634T), 705[95] (673), 706[145] (673), 710[321] (673), 710[322] (673)
Huck, N. D., **1**, 136f[2], 149[2] (122, 128, 129, 130, 131, 132, 143), 150[71] (123, 125), 151[150] (134, 136), 697f[2]
Huckabee, J. W., **2**, 1019[247] (1006, 1007f)
Hückel, W., **1**, 672[86] (571)
Huckerby, T. N., **2**, 972[186] (896)
Hudec, J., **8**, 795[51] (786), 796[114] (775), 796[114] (775), 796[118] (776, 792)
Hudnall, P. M., **1**, 241[24] (157, 159, 171, 172)
Hudrlik, A. M., **7**, 646[32] (523), 648[130] (544)
Hudrlik, P. F., **2**, 201[652] (159, 161); **7**, 103[202] (28), 158[38] (145, 146, 147), 646[9] (517), 646[23] (520, 522), 646[23] (520, 522), 646[29] (522), 646[29] (522), 646[32] (523), 647[90] (535), 648[130] (544), 649[160] (551), 649[175] (554)
Hudson, A., **2**, 194[353] (91), 194[386c] (96, 129), 505f[2], 505f[4], 515[559] (473), 515[568] (475), 515[573] (477), 515[574] (477), 515[575] (477), 517[671] (490), 517[698] (503), 625[571] (596), 674[43] (635), 704[4] (683); **4**, 11f[3], 150[39] (12), 150[73] (22); **5**, 266[173] (36)
Hudson, B., **4**, 964[73] (942), 964[74] (942)
Hudson, Jr., B. E., **1**, 677[430] (628); **7**, 455[57] (382)
Hudson, G. A., **3**, 805f[3], 851f[21], 879f[11], 948[122] (847), 1384[248] (1375); **4**, 52f[79], 152[225] (59), 885[76] (860)
Hudson, H. R., **1**, 260f[27]
Hudson, P. B., **2**, 626[682] (611)
Hudson, R. A., **2**, 674[44] (635)
Hudson, R. F., **7**, 195[43] (163)
Huebel, W., **2**, 299[203] (250), 299[204] (251)
Huemer, H., **1**, 376[238] (346)
Huesing, E., **3**, 922f[13]
Huesmann, P. L., **7**, 648[143] (547)
Huet, F., **1**, 242[87a] (164, 193); **2**, 861[150] (856)
Huet, J., **7**, 101[83] (12)
Huether, C. H., **3**, 1084f[2], 1261f[4]
Huey, C., **2**, 1015[39] (982, 999)
Huey, C. W., **2**, 1018[226] (1004)
Huff, J. R., **4**, 320[70] (250)
Huff, T., **1**, 672[112] (577); **7**, 456[123] (392)
Huffadine, A. S., **4**, 150[72] (22), 234[229] (164)
Huffman, J., **1**, 553[34] (549), 553[65] (550)
Huffman, J. C., **1**, 40[44] (11, 12, 15T), 377[305] (355), 420f[20], 444f[4], 453[65] (424), 538[26] (462), 538[38] (469, 478, 510, 533), 538[43b] (471, 490, 515, 528, 536), 553[58] (549), 553[69] (551), 673[188] (593), 750f[4], 754[136] (750,

752); **2**, 819[103] (786), 820[127] (790, 801); **3**, 266[184] (204), 326[33] (290), 346f[3], 376f[4], 427[43] (339, 342, 348), 630[158] (582, 599), 698[261] (669), 752f[5], 1100f[11], 1106f[7], 1108f[2], 1250[197] (1198), 1382[127] (1345); **4**, 157[552] (131), 157[553] (131), 608[192] (553, 553f); **6**, 35[118] (21T, 23), 142[180] (123T, 127), 228[265] (204T, 206), 743[460] (534T), 841f[118], 850f[17], 873[18] (764), 944[191] (915), 944[217] (922, 923); **8**, 95[35] (28), 367[437] (350)
Huffmann, J. C., **2**, 904f[9], 973[246] (906); **4**, 609[294] (577, 579); **5**, 533[893] (429)
Hufnal, J. M., **7**, 96f[8]
Hüfner, S., **3**, 265[121] (188)
Hug, R. P., **7**, 512[139] (494)
Huge-Jensen, E., **7**, 107[385] (51)
Hugel, G., **7**, 159[117] (152)
Hugelin, B., **8**, 704[39] (678), 705[72] (686, 687T, 689), 710[323] (678), 710[325] (686, 687T)
Huggins, D. K., **1**, 302[27] (259, 295); **4**, 150[26] (7), 153[252] (67), 166f[1], 166f[8], 168f[1], 233[7] (163), 234[40] (164, 165); **6**, 842f[137]
Huggins, J. M., **5**, 531[732] (400); **6**, 96[197] (49, 53T); **8**, 458[249] (410), 670[101] (655)
Hughes, A. N., **4**, 694f[18], 812[195] (719, 722, 723), 963[9] (932); **5**, 535[994] (448); **6**, 94[46] (38, 43T), 94[47] (38, 43T), 94[48] (38, 43T), 96[188] (38, 43T), 943[127] (907, 908T, 910, 911T), 943[128] (905, 907, 908T), 943[130] (907), 943[132] (907, 909T, 910, 911T), 943[133] (907, 909T, 910, 911T, 912, 913T), 943[134] (907, 909T), 943[143] (907, 909T, 910), 943[154] (910, 911T), 943[155] (910, 911T); **8**, 331f[17], 339f[13]
Hughes, B., **2**, 618[97] (537), 622[363] (568); **4**, 151[145] (37, 38, 61), 328[615] (310)
Hughes, B. P., **7**, 59f[1]
Hughes, D. L., **8**, 1105[72] (1087)
Hughes, E. D., **2**, 973[202] (898)
Hughes, G., **2**, 973[252] (906)
Hughes, J., **2**, 198[559] (133)
Hughes, L., **7**, 346[19a] (340, 341)
Hughes, O. R., **8**, 496[11] (466), 496[35] (473), 607[138] (569)
Hughes, P. R., **8**, 931[316] (845, 846, 900), 936[648] (900)
Hughes, R., **7**, 142[136] (137), 335[5] (324), 346[2] (337, 343, 344)
Hughes, R. D., **6**, 346[269] (315)
Hughes, R. E., **1**, 723[281] (719); **3**, 1248[149] (1187), 1337f[2], 1337f[7]; **4**, 512[475] (492), 512[475] (492), 607[135] (539f, 541); **6**, 941[10] (884, 885T), 980[31] (954, 955, 956, 957, 959T, 960, 962, 963T, 965, 966, 969T, 970T), 1018f[30], 1018f[32], 1040[78] (999), 1040[79] (999), 1041[117] (1008), 1041[127] (1012, 1013), 1041[129] (1012)
Hughes, R. J., **7**, 300[83] (279, 280)
Hughes, R. L., **1**, 255f[1], 302[9] (254)
Hughes, R. P., **3**, 1248[122] (1183), 1380[65] (1333); **4**, 240[400] (211, 212T), 375[127] (364), 387f[7], 505[74] (398), 505[115] (409), 509[325] (455), 613[519] (600), 813[253] (733), 818[573] (784); **5**, 273[622] (210), 532[830] (419, 420, 422, 434, 435), 535[1003] (450), 535[1042] (461, 462, 470, 472T), 536[1076] (466), 622[55] (550, 551, 562, 598); **6**, 347[291] (318), 347[292] (318), 347[293] (318, 334T), 442[83] (397), 442[84] (397), 442[104] (399), 446[358] (439), 446[359] (440), 446[362] (441), 446[364] (441), 751[998] (621), 761[1667] (729), 761[1681] (731), 761[1682] (731); **8**, 453[2] (372), 928[95] (803), 928[100] (803), 928[112] (804), 932[390] (852), 932[391] (852), 932[392] (852), 1064[18] (1017)
Hughes, V. L., **8**, 221[87] (120), 221[87] (120)
Hughes, W. B., **3**, 270[437] (263), 1248[148] (1186); **6**, 95[115] (55T, 56T, 57T, 65); **7**, 110[569] (85), 726[85] (681); **8**, 538f[2], 549[6a] (500), 549[31] (504), 550[72] (517), 551[133] (538), 646[279] (627T)
Hughes, Jr., W. L., **2**, 932f[13]
Hughey, J. L., **3**, 124[796] (1177, 1182), 1248[139] (1186), 1248[139] (1186); **4**, 150[21] (7, 12, 21); **5**, 546f[7], 621[27] (547)
Hughmark, G. A., **7**, 378f[2], 455[26] (377)

Hugo, D., **4**, 326^{510} (299), 609^{275} (575, 578)
Hugo, R., **6**, 1018f^{20}
Hugues, F., **8**, 98^{205} (60), 98^{211} (61)
Hui, B. C., **4**, 689^{69} (670), 689^{70} (670), 694f^{18}, 810^{20} (695, 696, 698), 812^{195} (719, 722, 723), 938f^1, 944f^5, 963^9 (932); **5**, 535^{994} (448); **6**, 94^{46} (38, 43T), 94^{47} (38, 43T), 94^{48} (38, 43T), 96^{188} (38, 43T), 943^{127} (907, 908T, 910, 911T), 943^{128} (905, 907, 908T), 943^{130} (907), 943^{132} (907, 909T, 910, 911T), 943^{133} (907, 909T, 910, 911T, 912, 913T), 943^{134} (907, 909T), 943^{143} (907, 909T, 910), 943^{154} (910, 911T), 943^{155} (910, 911T); **8**, 298f^1, 331f^{17}, 339f^{13}, 339f^{14}, 362^{96} (293, 299, 328)
Hui, B. C. Y., **8**, 362^{138} (299, 329)
Hui, H., **5**, 538^{1208} (306); **8**, 362^{106} (294)
Hui, K.-Y., **3**, 947^{91} (831)
Huie, B. T., **4**, 83f^{21}, 83f^{22}, 83f^{23}, 238^{314} (205), 241^{469} (219, 219T, 220); **5**, 268^{311} (86); **6**, 806f^{33}, 870f^{92}, 876^{207} (810, 811), 1105f^5, 1112^{117} (1072)
Huis, R., **2**, 820^{174} (803), 820^{180} (806); **6**, 745^{567} (551), 746^{644} (564)
Huisgen, R., **1**, 376^{219} (344)
Huisman, H. O., **7**, 109^{520} (75)
Hulbert, H. M., **8**, 361^{46} (287)
Hulburt, H. M., **6**, 757^{1382} (672)
Hull, C. G., **3**, 948^{115} (846), 1119f^{16}, 1156f^3, 1327f^2
Hull, H. S., **1**, 248^{411} (203)
Hull, J. R., **3**, 981f^5, 1069^{98} (981, 1021)
Hüller, R., **5**, 33f^{10}, 34f^5, 266^{145} (30); **6**, 1113^{173} (1087)
Hulley, G., **3**, 86^{405} (57), 108f^{26}, 108f^{27}; **4**, 241^{428} (214, 215T, 231, 232T); **6**, 750^{935} (615, 617, 652, 654), 754^{1217} (652, 661), 754^{1218} (652, 661)
Hullfelder, H., **3**, 897f^{13}
Hulme, R., **2**, 563f^1, 617^{54} (527)
Hulscher, J. B., **2**, 631f^{16}, 676^{182} (651)
Hulse, J. E., **6**, 12^8 (4)
Hulshof, L. A., **7**, 253^{147} (250)
Hulstkamp, J., **2**, 507^{86} (408)
Hume, A. R., **4**, 499f^1
Humer, P. W., **2**, 977^{480} (960)
Humffray, A. A., **1**, 307^{373} (288); **7**, 301^{161b} (294)
Humiec, F. S., **6**, 36^{173} (32)
Huml, K., **5**, 536^{1054} (462), 536^{1055} (462), 536^{1056} (462)
Hummel, D., **1**, 260f^{32}, 262f^{19}
Hummel, J. P., **2**, 397^{111} (386); **3**, 102f^6
Hummel, K., **8**, 341f^5
Hümpfner, K., **1**, 125f^4, 150^{91} (124, 126), 150^{101} (126, 128), 676^{336} (621), 676^{364} (624), 720^{52} (690)
Humphrey, M. B., **3**, 419f^{27}, 431^{309} (420); **4**, 376^{154} (372); **8**, 551^{107} (528)
Humphries, A. P., **3**, 165f^6, 170^{170} (164); **4**, 658f^{25}, 815^{338} (752), 815^{356} (754), 817^{518} (776, 779, 780), 839^2 (823), 840^{42} (829), 840^{63} (831), 840^{65} (831, 832), 884^{21} (849), 885^{48} (851, 853), 885^{65} (854), 907^{36} (896), 907^{38} (898), 907^{39} (898), 907^{44} (898), 1057^{32} (971), 1060^{209} (1015); **8**, 1011^{225} (1006), 1068^{214} (1047)
Humphries, R. E., **2**, 973^{252} (906)
Hunadi, R. J., **2**, 195^{397} (100)
Hundt, R., **2**, 626^{653} (607)
Hung, P. L. K., **7**, 656^{576} (623)
Hung, T., **8**, 281^{76} (255), 929^{185} (812)
Hungate, B., **5**, 273^{598} (199)
Hünig, S., **2**, 187^{60a} (13, 60), 191^{251} (60); **7**, 650^{222} (561), 658^{682} (642), 658^{682} (642), 727^{133} (693)
Hunney, H. R., **8**, 930^{235} (826, 833)
Hunt, C. C., **3**, 428^{102} (361); **6**, 453^{20} (449)
Hunt, D. A., **7**, 102^{133} (20), 105^{288} (37, 37f), 105^{332} (45)
Hunt, D. F., **3**, 629^{87} (572); **4**, 435f^{14}, 435f^{16}, 508^{232} (439), 509^{354} (466), 510^{362} (469), 608^{222} (563, 565f, 585); **6**, 227^{209} (194); **8**, 934^{557} (889), 1009^{162} (982)
Hunt, D. R., **8**, 934^{555} (885)

Hunt, E. P., **2**, 1020^{314} (1006f)
Hunt, I. D., **4**, 524f^{12}, 524f^{13}
Hunt, J., **4**, 107f^{101}, 151^{121} (28), 237^{216} (188, 189T, 191, 192), 237^{237} (191), 812^{154} (715)
Hunt, J. D., **1**, 241^{49} (159, 196), 742f^9, 753^{39} (731, 748); **7**, 106^{343} (47), 510^7 (468, 470, 473, 487, 495), 512^{105} (489, 498), 512^{161} (499), 512^{166} (499, 503), 512^{167} (499, 500, 501, 502), 513^{197} (504, 508)
Hunt, M. M., **3**, 125f^5, 149f^6, 1250^{213} (1203, 1244), 1250^{213} (1203, 1244), 1250^{213} (1203, 1244); **6**, 752^{1054} (631), 759^{1505} (687); **8**, 1068^{217} (1047)
Hunt, N. M., **3**, 168^{18} (96, 116)
Hunt, R. L., **5**, 273^{589} (196), 274^{669} (227), 535^{1004} (450)
Hunt, T., **2**, 362^{155} (338)
Hunter, B. K., **2**, 617^{39} (527); **3**, 429^{201} (378, 381), 1189f^{16}; **4**, 154^{359} (89); **6**, 1110^{17} (1045)
Hunter, D. H., **1**, 120^{289} (106); **6**, 739^{195} (503), 746^{641} (564, 720), 760^{1600} (710)
Hunter, D. L., **1**, 265f^4, 378^{313} (356), 379^{370} (361); **2**, 510^{257} (433), 974^{309} (925, 926); **3**, 112f^{10}, 118f^7, 118f^{11}, 120f^{12}, 120f^{13}, 120f^{17}, 125f^{17}, 135f^4, 136f^3, 156f^5, 156f^8, 165f^1, 165f^2, 169^{91} (140, 141), 170^{130} (153), 170^{143} (154), 170^{148} (157), 170^{169} (164), 1077^{546} (1059), 1252^{337} (1229), 1383^{222} (1369); **4**, 321^{137} (257), 321^{164} (261), 607^{140} (539f, 541), 607^{174} (549, 599), 608^{206} (556, 559f, 560, 561), 608^{214} (559f, 560, 582), 608^{215} (560), 657f^9, 813^{235} (727), 815^{351} (753), 819^{646} (804), 840^{25} (825); **5**, 527^{504} (360); **6**, 94^{38} (49, 53T), 1110^{43} (1051, 1088)
Hunter, G., **3**, 879f^{20a}, 879f^{20b}, 879f^{21}, 1073^{338b} (1024), 1076^{501} (1052)
Hunter, M. J., **2**, 362^{166} (345), 362^{168} (345)
Hunter, W. E., **1**, 40^{71} (16), 40^{72} (16), 246^{326} (194, 197), 246^{326} (194, 197), 676^{345} (622); **2**, 625^{582a} (598); **3**, 83^{216} (31), 102f^2, 265^{109} (184), 266^{164} (198, 199, 200), 266^{176} (202, 203, 204), 266^{177} (202, 203), 266^{180} (202, 205), 266^{182} (204), 310f^2, 327^{103} (308), 328^{110} (309), 328^{175} (325), 419f^{10}, 419f^{23}, 430^{249} (393, 426), 430^{262} (396), 431^{308} (420), 474^{115} (469, 470), 557^{24} (550), 557^{26} (550), 629^{54} (568, 580, 581, 583, 585, 587, 596), 629^{57} (568), 629^{60} (569, 570, 583, 585, 596), 630^{103} (574, 587, 595, 596), 630^{130} (578), 630^{148} (568, 581, 587, 590, 595, 602, 603), 631^{162} (583, 591, 600), 631^{175} (585, 587, 593, 594, 595), 631^{176} (585, 587, 594), 631^{205} (591, 596), 631^{206} (591, 596), 631^{207a} (593, 596), 631^{208} (593, 607, 609), 631^{209} (596), 646^{30} (639), 701^{407} (677), 701^{427} (679, 680), 745f^{14}, 771f^6, 772f^8, 780^{134} (745), 842f^{17}, 1144^{97} (1129, 1130), 1246^{48} (1160), 1252^{307} (1223), 1269f^6, 1269f^7; **4**, 52f^{96}, 236^{138} (178); **5**, 539^{1281} (511); **6**, 943^{123} (905, 906T, 914), 979^6 (949, 952, 953, 959T), 980^{20} (952, 959T)
Hunton, D. E., **6**, 442^{104} (399); **8**, 928^{100} (803), 932^{392} (852)
Huong-min Shih, **7**, 726^{80} (680)
Hupp, S. S., **6**, 753^{1096} (635)
Huq, F., **2**, 194^{362} (93); **3**, 334f^{26}, 376f^{10}, 428^{124} (362), 723f^5, 725f^9, 1131f^2, 1133f^1, 1312f^3; **5**, 520^{49} (283)
Huq, R., **4**, 688^8 (662)
Hurd, D. T., **1**, 309^{514} (297), 675^{283} (612, 624); **3**, 1080f^4, 1080f^5, 1256f^{3a}, 1256f^{3b}; **4**, 2f^3, 149^7 (6); **7**, 158^6 (143)
Hurd, R. N., **7**, 653^{416} (595)
Hurley, C. R., **4**, 375^{122} (364)
Hurley, J. C., **2**, 908f^{16}
Hurst, K. M., **7**, 652^{357} (584), 652^{359} (585), 652^{368} (585)
Hurst, N. W., **2**, 947f^1, 976^{375} (939, 940), 976^{383} (942); **6**, 737^{98} (491)
Hursthouse, M., **4**, 846f^8, 884^{16} (847)
Hursthouse, M. B., **1**, 247^{343} (196), 248^{434} (207); **2**, 194^{361} (93), 198^{540} (129), 198^{544} (130), 198^{545} (130), 201^{668} (163), 302^{395} (295T), 696f^6; **3**, 85^{322} (45), 266^{157} (197, 198), 431^{332} (426), 731f^9, 942f^{15}, 1131f^{16}, 1133f^6, 1311f^{10}, 1319^{144} (1308); **4**, 241^{449}

(215T, 216), 241^{451} (215T, 216), 241^{454} (215T, 216), 241^{455} (215T, 216, 217, 229), 241^{458} (216), 509^{326} (455), 607^{149} (543), 811^{110} (707), 812^{185} (718), 813^{248} (732), 841^{94} (838), 841^{95} (838), 1060^{168} (997), 1062^{283} (1031), 1063^{392} (1053), 1064^{402} (1056), 1064^{416} (1025, 1026); **5**, 373f^{8}, 404f^{46}, 521^{120} (292, 396, 471T), 523^{211} (303T, 363), 528^{545} (311), 528^{552} (368), 528^{578} (376, 407), 538^{1223} (368); **6**, 347^{328} (321); **8**, 1092f^{4}

Hursthouse, M. D., **4**, 153^{275} (69)
Hurt, C. J., **2**, 387f^{8}, 395^{20} (367, 373, 381), 396^{104} (385)
Hurwitz, S., **8**, 538f^{1}, 551^{132} (537, 545)
Hus, C.-Y., **6**, 756^{1305} (660)
Husain, A. F., **2**, 512^{370} (445)
Husain, J., **5**, 275^{779} (254)
Husband, J. P. N., **1**, 380^{440} (368), 380^{444} (368)
Husk, G. R., **1**, 249^{459} (211), 671^{57} (564, 574, 608, 643), 674^{224} (599); **2**, 189^{156} (36); **4**, 375^{134} (368, 369, 369T); **7**, 455^{45} (381), 456^{69} (383)
Hussain, H. A., **2**, 505f^{2}, 515^{568} (475)
Hussain, M., **3**, 83^{202} (29); **4**, 479f^{17}; **6**, 227^{244} (191, 191T, 193T)
Hussain, M. D., **6**, 241^{10} (235)
Hussain, W., **8**, 1088f^{6}, 1105^{77} (1089), 1105^{79} (1089), 1105^{80} (1090)
Hussein, F. M., **4**, 512^{500} (498); **5**, 295f^{13}, 522^{134} (294)
Hussek, H., **2**, 677^{228} (654)
Huston, G. V., **6**, 843f^{202}
Hutcheon, W. L., **4**, 166f^{5}, 234^{64} (167); **6**, 1112^{145} (1081, 1088)
Hutchings, M. G., **1**, 306^{297} (283), 308^{476} (295); **2**, 882f^{19}; **3**, 102f^{5}; **7**, 141^{87} (127, 128), 141^{88} (127), 226^{169} (212, 215), 300^{115} (286), 300^{116} (286), 300^{117} (286), 300^{118} (286), 322^{31} (310)
Hutchins, R. O., **1**, 378^{315} (356, 364); **8**, 930^{265} (835), 930^{266} (835)
Hutchinson, B., **3**, 1080f^{9}, 1256f^{8}; **4**, 319^{11} (245, 278), 319^{34} (246), 321^{120} (255, 260, 317), 321^{126} (256, 261); **5**, 5f^{4}
Hutchinson, B. B., **3**, 695^{87} (654); **4**, 319^{44} (246); **6**, 14^{103} (6, 11)
Hutchinson, C. R., **3**, 556^{8} (550), 556^{11} (550, 552)
Hutchinson, D. A., **1**, 245^{236b} (180, 182, 187, 205)
Hutchinson, J., **1**, 244^{173} (175)
Hutchinson, J. H., **6**, 740^{275} (515, 530, 554, 682), 740^{278} (516, 530, 682), 753^{1127} (638), 758^{1481} (682)
Hutchinson, J. P., **3**, 170^{164} (161); **4**, 688^{12} (664), 1058^{35} (971); **5**, 628^{484} (614); **8**, 280^{34} (237)
Hutchinson, L. L., **1**, 116^{60a} (54)
Hutchison, J. R., **5**, 524^{331} (320, 322, 337, 339)
Huth, A., **5**, 531^{777} (410)
Hutson, G. V., **4**, 106f^{3}, 106f^{27}, 155^{402} (110), 236^{185} (183), 236^{195} (186T), 237^{205} (187); **6**, 875^{105} (777)
Hüttel, R., **2**, 773f^{1}, 813f^{1}, 813f^{3}, 813f^{4}, 813f^{5}, 813f^{6}, 818^{45} (772), 819^{96} (783), 821^{196} (812), 821^{197} (812), 821^{198} (812, 813), 821^{199} (812, 813), 821^{201} (812), 821^{205} (813), 821^{205} (813), 821^{206} (813), 821^{207} (814); **6**, 361^{13} (352), 361^{14} (352), 361^{15} (352), 362^{79} (360), 362^{80} (360), 362^{81} (360), 383^{55} (368, 375, 377, 381), 441^{1} (386), 441^{2} (386, 402, 406, 424), 441^{3} (386, 387, 402, 424, 425, 428, 433), 441^{4} (386), 441^{5} (386, 425), 441^{6} (386, 388), 441^{14} (389, 393, 394, 408, 425), 441^{15} (389, 393, 394, 409, 433, 434), 441^{33} (390, 391), 441^{44} (391), 442^{67} (395), 444^{229} (415, 420), 446^{342} (433, 434), 446^{343} (433), 468^{13} (456, 460); **8**, 807f^{2}, 927^{31} (800), 927^{85} (803), 928^{114} (805), 928^{115} (805, 812), 928^{116} (805), 928^{117} (805), 928^{118} (805), 928^{119} (805, 811), 928^{143} (806)

Hüttenhain, S., **7**, 650^{253} (567)
Huttner, G., **1**, 258f^{2}, 258f^{12}, 258f^{15}, 375^{136} (328, 333), 375^{146} (330, 333, 335), 409^{13} (383), 409^{14} (383, 405, 406), 409^{16} (383, 404), 409^{29} (386, 401), 409^{38} (388), 409^{71} (401); **2**, 190^{194} (43), 190^{194} (43), 194^{363} (94), 199^{578} (140), 200^{618} (149), 517^{669} (490), 704^{2} (683), 818^{59} (775), 818^{63} (776), 819^{90} (782), 820^{167} (798); **3**, 83^{247} (35), 83^{248} (35), 84^{257} (35), 428^{138} (363), 430^{256} (394), 701^{437} (680), 823f^{4}, 833f^{5}, 833f^{8}, 842f^{2}, 842f^{3}, 851f^{44}, 858f^{3}, 863f^{45}, 866f^{2}, 866f^{4}, 870f^{1}, 870f^{12}, 870f^{13}, 893f^{13}, 893f^{14}, 893f^{20}, 897f^{5}, 897f^{6}, 897f^{7}, 897f^{9}, 897f^{11}, 897f^{12}, 897f^{13}, 908f^{4}, 911f^{1}, 911f^{2}, 911f^{3}, 911f^{5}, 911f^{6}, 947^{60} (821), 948^{166} (871), 949^{232} (887), 950^{267} (902), 950^{268} (902), 950^{288} (907), 950^{290} (907), 1067^{6} (956), 1069^{86} (978), 1075^{442} (1038), 1075^{445} (1038), 1075^{447} (1039), 1077^{572} (1063), 1125f^{3}, 1249^{157} (1190), 1297f^{10}, 1299f^{2}, 1305f^{3}, 1305f^{4}, 1305f^{5}, 1306f^{1}, 1306f^{3}, 1306f^{3}, 1317^{51} (1278), 1318^{116} (1301), 1318^{120} (1301), 1318^{122} (1301), 1318^{123} (1301), 1318^{135} (1304), 1318^{141} (1306), 1380^{29} (1328), 1384^{261} (1379); **4**, 12f^{8}, 12f^{12}, 13f^{17}, 19f^{5}, 34f^{52}, 107f^{81}, 150^{65} (21), 156^{498} (125, 128), 156^{500} (125), 156^{501} (125, 127), 156^{502} (125, 127), 157^{511} (127), 157^{512} (127), 157^{513} (127), 157^{514} (127), 157^{515} (127), 157^{523} (128), 157^{524} (128), 157^{525} (128), 157^{526} (128), 157^{546} (130), 158^{611} (139), 234^{42} (164), 241^{487} (223, 224T), 242^{493} (223, 224T), 242^{504} (223, 224T, 227), 327^{548} (303), 327^{557} (304), 344f^{8}, 375^{147} (369), 507^{229} (439, 503), 607^{121} (539), 607^{152} (544), 819^{643} (803), 819^{643} (803), 846f^{10}, 886^{107} (866); **5**, 272^{535} (178), 272^{550} (185, 216), 274^{693} (235, 262), 276^{798} (260), 536^{1070} (465, 504), 627^{405} (601, 620); **6**, 94^{45} (42, 43T), 94^{62} (42, 43T), 95^{139} (58T, 73), 99^{352} (48, 50T), 227^{210} (213, 213T), 227^{210} (213, 213T), 805f^{6}, 840f^{51}, 841f^{114}, 850f^{25}, 850f^{26}, 868f^{7}, 868f^{8}, 869f^{38}, 869f^{39}, 869f^{40}, 869f^{41}, 874^{35} (765), 877^{232} (820), 877^{233} (820), 1061f^{14}, 1111^{60} (1054, 1065); **7**, 654^{487} (604); **8**, 97^{194} (59), 1068^{222} (1048), 1068^{224} (1048), 1106^{114} (1102)
Hutton, A. T., **2**, 915f^{5}, 915f^{9}, 973^{228} (901)
Hutton, R. E., **2**, 195^{406} (102), 619^{190} (546, 547), 627^{712a} (615)
Hutzinger, O., **2**, 1015^{47} (983, 993f, 998)
Hux, J. E., **6**, 143^{247} (134T, 136), 845f^{271}
Huygens, A. V., **7**, 513^{184} (500, 503)
Huynh, C., **8**, 937^{732} (913, 914, 915)
Hwa, J. C. H., **7**, 26f^{6}
Hwang, L.-S. J., **4**, 374^{63} (345, 345T, 357, 357T)
Hwang, R.-J., **2**, 296^{27} (214, 215), 296^{29} (215), 300^{212} (252)
Hwang, T., **2**, 193^{347b} (89, 90), 193^{347d} (89)
Hwang, T.-L., **2**, 296^{15} (211)
Hyasi, Y., **3**, 557^{46} (554)
Hyatt, C., **1**, 542^{242} (534T)
Hyatt, D. E., **1**, 541^{210a} (524), 541^{211a} (524), 552^{27} (546)
Hyde, C. L., **3**, 82^{166} (24), 851f^{12}, 863f^{18}; **4**, 325^{406} (290)
Hyde, E. M., **3**, 1071^{244} (1009), 1384^{248} (1375); **5**, 306f^{13}, 311f^{3}, 311f^{4}, 355f^{3}, 403f^{12}, 523^{222} (304T, 311), 523^{223} (304T, 305, 311, 378, 380, 381), 523^{225} (304T), 523^{234} (305), 527^{463} (354), 529^{606} (378), 622^{51} (550, 553, 580), 622^{51} (550, 553, 580), 622^{58} (550), 624^{248} (578, 581), 625^{263} (580); **6**, 142^{182} (133T, 135, 136), 741^{311} (518), 943^{145} (909T, 910), 943^{146} (909T, 910); **8**, 304f^{25}, 363^{169} (302)
Hyde, M. E., **6**, 346^{233} (312T, 312)
Hyland, J. R., **2**, 1015^{4} (980)

I

Iarossi, D., **2**, 618[89] (536)
Ibbott, D. G., **2**, 970[32] (867); **6**, 746[643] (564), 762[1695] (735)
Ibekwe, S. D., **3**, 632[239] (607), 696[151] (660); **4**, 309f[14], 327[603] (308), 813[234] (727), 1060[194] (1006); **5**, 552f[3], 622[72] (551, 576); **6**, 745[550] (546T), 758[1441] (676)
Ibers, J. A., **3**, 81[121] (15), 85[355] (49, 50, 54), 85[356] (49), 85[362] (50), 86[391] (52), 113f[1], 949[174] (872), 1068[42] (968); **4**, 65f[20], 65f[60], 106f[25], 151[110] (27), 153[253] (67), 153[254] (67), 153[268] (68), 158[591] (136), 158[623] (140), 158[624] (140), 234[51] (165), 253f[3], 253f[4], 325[433] (292), 326[495] (298), 326[517] (299), 327[587] (307), 327[593] (307), 479f[10], 605[18] (515), 606[94] (529), 609[266] (571, 574f), 609[268] (571, 574f), 657f[4], 811[104] (706), 811[105] (706), 811[107] (706), 811[109] (707), 812[165] (716), 812[166] (716), 813[254] (735), 814[277] (742), 814[315] (748), 816[413] (761), 820[664] (809), 886[122] (868), 1059[122] (987), 1059[132] (987, 989), 1059[138] (989, 990), 1059[139] (990), 1059[142] (990), 1059[143] (990), 1060[162] (995), 1060[167] (997); **5**, 266[158] (35), 313f[3], 404f[16], 523[236] (305), 524[281] (313, 381), 527[461] (351), 532[799] (415), 532[800] (415), 532[801] (415), 532[802] (415), 533[903] (430), 535[1037] (461), 537[1179] (481), 539[1291] (519), 543f[4], 546f[5], 546f[8], 546f[8], 621[2] (542, 561), 621[19] (547), 621[19] (547), 621[28] (547), 623[150] (564), 625[282] (584), 626[322] (590), 626[324] (590), 626[325] (590), 626[378] (598), 626[379] (598); **6**, 96[189] (38, 43T), 99[367] (59T, 72), 139[13] (124T, 129), 139[24] (123T, 124T, 125, 130), 140[45] (103, 104T, 108, 124T), 140[69] (110, 111, 124T, 129, 130), 141[123] (124T, 130), 142[203] (124T, 129, 134), 142[206] (132), 142[207] (129), 142[207] (129), 143[218] (103T, 119, 120), 144[277] (124T, 130), 263[176] (258), 278[40] (266T, 274), 344[102] (297, 298f, 314), 346[238] (312), 349[421] (334T, 334f), 349[425] (334T, 334f), 383[63] (370), 469[55] (465), 469[58] (465), 469[59] (465), 737[85] (490), 741[347] (522), 741[350] (522, 535T), 742[407] (529, 534T, 539T), 743[440] (532T), 743[441] (532T), 743[467] (534T), 743[477] (536T), 744[494] (539T), 744[495] (539T), 750[943] (615, 623, 626), 752[1023] (624T), 752[1024] (624T, 625T), 752[1025] (623, 624T, 632), 980[77] (972, 978T), 981[90] (977, 979T), 1019f[55], 1031f[15], 1031f[20], 1040[105] (1006, 1008), 1041[121] (1009), 1112[158b] (1084), 1113[162] (1086), 1113[192] (1091); **8**, 99[325] (92), 221[44] (112), 280[48] (245, 246), 280[49] (245, 247, 264), 281[95] (262), 291f[31], 292f[7], 304f[7], 459[344] (426), 530f[1], 551[113] (530), 551[115] (531), 642[78] (638), 772[200] (737), 935[614] (896)
Ibragimov, A. G., **8**, 402f[4], 457[203] (401, 402)
Ibrahim, E. D., **3**, 310f[1], 359f[15], 406f[7]
Ibrahim, S. E., **2**, 976[378] (940)
Ibrasemov, A. G., **7**, 456[84] (385)
Ibuka, T., **7**, 649[206] (559)
Ibuki, E., **7**, 106[348] (47); **8**, 771[153] (738, 753T)
Ibusuki, T., **2**, 971[108] (883), 976[405] (946), 976[405] (946)
Ichibori, K., **6**, 96[218] (92T, 93)
Ichikawa, H., **3**, 759f[2], 781[160] (759)
Ichikawa, K., **1**, 742f[10], 742f[13], 753[95] (741), 753[97] (741), 754[112] (746, 747), 754[113] (747), 754[114] (747), 754[115] (747), 754[129] (749), 754[132] (749); **2**, 971[98] (879), 971[99] (879), 971[101] (882), 971[102] (882), 978[507] (963); **7**, 109[539] (79), 510[23] (474), 512[113] (490), 512[136] (494), 512[150] (497), 512[151] (497), 512[159] (498), 513[172] (499), 513[173] (499, 505, 507), 513[198] (504), 513[199] (504), 513[200] (504, 505), 513[201] (504, 505), 513[202] (504, 505), 513[220] (507); **8**, 932[408] (857), 934[556] (885), 937[785] (924)
Ichikawa, M., **6**, 224[74] (199, 201T, 205, 213T), 736[36] (481), 873[13] (764); **7**, 458[230a] (405); **8**, 98[217] (61), 98[239] (69, 69T), 98[240] (69, 69T), 282[181] (276), 365[290] (329, 347), 365[295] (329), 644[185] (633), 670[121] (657T), 710[329] (701), 711[353] (702)
Ichikawa, T., **7**, 513[211] (505), 513[212] (505); **8**, 710[328] (701)
Ichiki, E., **7**, 455[29] (378)
Ichino, T., **4**, 938f[5], 938f[7]
Ichinohe, Y., **6**, 757[1400] (673)
Idacavage, M. J., **1**, 681[687] (661); **7**, 262[8] (255), 263[22] (256), 299[22] (271, 290), 336[45] (332), 346[3] (337, 338), 456[115] (391)
Iddon, B., **7**, 66f[4], 87f[4]
Ide, A., **7**, 101[111] (16)
Ideguchi, T., **3**, 546[52] (497)
Idrisov, T. Ch., **3**, 764f[13], 768f[5]; **6**, 942[95] (900)
Idrisova, R. A., **3**, 986f[5], 1069[123] (985)
Iemura, S., **7**, 458[215] (402), 459[256] (410, 431)
Iffland, D. C., **7**, 103[185] (25)
Iflah, S., **4**, 964[116] (949); **5**, 624[197] (568)
Igaki, H., **8**, 425f[4], 459[316] (419)
Igarashi, K., **2**, 506[29] (403); **6**, 98[276] (52, 53T, 54T, 65), 142[177] (121); **8**, 794[19] (779), 795[54] (779)
Igeta, H., **8**, 933[491] (874), 937[726] (913, 914)
Ignatov, V. M., **6**, 361[12a] (352); **8**, 349f[12]
Ignatova, E., **7**, 35f[9], 106[342a] (47)
Ignatowicz, A. K., **3**, 1253[381] (1237)
Igoshin, V. A., **6**, 361[37] (355)
Iguchi, K., **7**, 512[115] (490), 512[116] (490), 512[117] (490), 512[121] (491)
Iguchi, M., **8**, 361[43] (287), 361[45] (287)
Iguchi, S., **7**, 460[375] (423)
Igumenov, I. K., **6**, 748[759] (586)
Ihle, H. R., **1**, 42[207] (39)
Ihn, W., **6**, 98[275] (59T, 79)
Ihochi, H., **4**, 920[2] (909)
Ihrman, K. G., **3**, 1170f[5]; **4**, 156[458] (123), 505[77] (399, 403)
Iida, H., **8**, 933[477] (872)
Iida, K., **7**, 455[29] (378)
Iijima, T., **2**, 631f[1], 675[80] (638); **6**, 12[18] (5, 6)
Iimura, K., **7**, 461[426] (433)
Iimura, M., **2**, 395[2] (365, 384), 395[3] (365, 384)
Iino, T., **8**, 936[666] (903)
Iitaka, Y., **2**, 904f[20], 912f[10], 973[237] (905), 974[264] (919); **3**, 473[58] (448); **5**, 537[1160] (477); **6**, 277[6] (266T, 266); **7**, 512[118] (490)
Iizuka, C., **2**, 506[41] (403)
Ijima, T. I., **2**, 904f[1]
Ikai, S., **6**, 180[75] (177); **8**, 642[98] (629), 643[131] (629)
Ikariya, T., **2**, 724f[1], 761[89] (724, 735, 740, 744), 970[51] (869); **4**, 374[23] (335); **5**, 68f[6], 137f[7], 268[266] (70, 133), 268[271] (71), 270[415] (133, 142, 145, 146, 149), 270[438] (142, 146); **8**, 551[117] (531, 533, 536, 542)
Ikawa, T., **5**, 536[1062] (462); **6**, 349[432] (335), 446[317] (428); **7**, 649[182] (555); **8**, 927[88] (803, 804)

971

Ikeda, H., **6**, 141⁹⁸ (110), 180⁷² (163, 165T); **7**, 224⁶⁵ (203), 225¹⁰¹ (206); **8**, 366³⁴⁶ (340), 668²² (657T), 708¹⁹⁷ (701), 709²⁷⁴ (678), 888f⁴, 931³³⁵ (847)

Ikeda, K., **7**, 225⁹⁶ (206)

Ikeda, M., **7**, 299⁴² (274), 459²⁸⁸ (413); **8**, 710³²⁸ (701)

Ikeda, S., **2**, 713f²; **3**, 545²⁴ (490), 547⁹¹ (521), 918f¹, 951³²⁸ (927); **4**, 374⁴¹ (340, 361), 812¹⁸⁰ (718, 742), 958f³; **5**, 35f²¹, 68f¹, 68f², 186f³, 266¹⁵⁶ (33, 69, 70), 268²⁵⁵ (69, 178), 268²⁶³ (69, 73, 185), 272⁵⁴⁸ (185); **6**, 95¹⁰⁹ (55T, 56T, 70, 79), 98³³⁴ (72, 75, 77); **7**, 106³⁵⁴ (47, 87); **8**, 280⁴⁷ (245), 283²⁰⁰ (279), 382f⁵, 382f⁵, 388f², 405f⁶, 405f⁸, 408f⁶, 455⁶¹ (381, 387), 455⁶² (381, 387), 456¹⁶⁴ (396), 457²²³ (404), 610²⁹⁰ (598T), 610²⁹² (598T, 599T), 641³¹ (621T), 646²⁶⁶ (616, 622T), 1080f⁴, 1104³⁷ (1080, 1083, 1084)

Ikeda, Y., **1**, 754¹¹³ (747), 754¹¹⁴ (747); **7**, 513¹⁹⁸ (504), 513¹⁹⁹ (504), 513²⁰¹ (504, 505), 513²²⁰ (507); **8**, 497⁸¹ (483)

Ikedaou, Y., **8**, 937⁷⁸⁵ (924)

Ikegami, S., **2**, 506³⁶ (403); **7**, 651³¹⁵ (578), 651³¹⁸ (578), 725⁴⁹ (672); **8**, 888f¹¹

Ikemori, S., **7**, 652³⁵¹ (583)

Ikeno, M., **2**, 297³⁹ (219), 297⁴⁰ (220); **7**, 657⁶²⁹ (636)

Ilatovskaya, M. A., **8**, 1076f², 1080f², 1083f¹, 1104¹⁶ (1077), 1104³⁸ (1080, 1081), 1104³⁹ (1080)

Ilenda, C. S., **5**, 275⁷⁵⁷ (251)

Il'in, V. I., **6**, 442⁹⁰ (398), 442⁹¹ (398); **8**, 929¹⁷⁸ (811)

Il'ina, L. A., **8**, 349f¹⁵, 363¹⁷⁴ (302)

Illingworth, S. M., **2**, 199⁵⁹⁹ᶜ (146, 153), 513⁴⁴⁸ (458, 459, 460, 462, 466, 467, 468), 707¹⁷⁷ (703); **3**, 1076⁵³⁵ᵇ (1057), 1252³²⁸ (1226); **6**, 1113¹⁸² (1090)

Illuminati, G., **2**, 882f⁴, 925f⁷, 971¹¹² (884), 974³⁰⁶ (925); **3**, 125f¹⁸; **4**, 479f³⁵, 511⁴²¹ (483, 484), 511⁴³⁹ (485), 816⁴³⁷ (763), 816⁴³⁸ (763); **6**, 747⁷⁴⁷ (585); **8**, 1065⁵²ᵃ (1020), 1065⁵²ᵇ (1020, 1025), 1065⁶⁸ (1024, 1024f), 1070³²⁰ (1059)

Ilmaier, B., **5**, 529⁶²² (381)

Ilsley, W. H., **2**, 195³⁹⁸ (100), 195⁴⁰² (101), 195⁴⁰³ (101), 195⁴¹⁰ (102), 904f¹⁰, 973²⁴⁵ (906); **3**, 842f¹¹, 942f¹³, 1133f⁷; **4**, 237²⁶² (197); **6**, 1114²¹⁹ (1101)

Ilyushin, V. A., **2**, 509²⁰⁵ (424)

Im, K. R., **1**, 681⁶⁷⁹ (660); **8**, 670¹¹⁰ (653), 769²⁴ (737), 770⁶⁵ (737), 771¹¹⁷ (737)

Imachi, M., **2**, 190¹⁸² (40)

Imaeda, H., **1**, 584f¹¹, 678⁵⁰³ (633); **7**, 459²⁶² (410), 460³³⁴ᵃ (418), 460³³⁴ᵇ (418), 462⁴⁶¹ (439), 462⁴⁷³ (441)

Imai, H., **4**, 964¹¹² (949), 964¹¹⁵ (949), 964¹²⁰ (949), 964¹²¹ (950); **8**, 367⁴⁰³ (344), 608¹⁸³ (581, 584, 595T), 608¹⁸⁴ (581, 584, 595T), 641²⁶ (618), 937⁷⁷¹ (921), 937⁷⁷² (921), 937⁷⁷³ (921)

Imai, K., **7**, 14f²

Imai, T., **2**, 298⁹⁹ (232); **8**, 937⁷⁶¹ (920)

Imai, Y., **2**, 943f⁴, 943f⁴, 976³⁸⁸ (942), 976³⁸⁹ (942)

Imaizumi, F., **6**, 141⁹⁸ (110), 180⁷² (163, 165T); **8**, 668²² (657T), 708¹⁹⁷ (701), 711³⁵⁴ (702), 711³⁵⁶ (701, 702)

Imaizumi, S., **7**, 159¹⁰⁶ (149), 223¹⁸ (199); **8**, 927⁷⁸ (803)

Imaki, N., **4**, 965¹⁶⁴ (959); **7**, 159⁷⁶ (146); **8**, 460³⁶⁶ (431), 462⁴⁸⁶ (452)

Imaki, T., **8**, 461⁴⁷⁰ (446)

Imamura, H., **6**, 347²⁹⁹ (319); **8**, 932⁴²⁵ (855)

Imamura, S., **6**, 441²⁷ (390, 430), 441²⁸ (390, 431, 435), 444²⁰¹ (409, 410), 444²³⁷ (417); **8**, 928¹³² (805), 929¹⁷⁶ (810), 929¹⁹³ (813), 930²⁵⁷ (834)

Imamura, Y., **6**, 758¹⁴⁶⁹ (679)

Imanaka, T., **5**, 621³⁶ (548); **8**, 17²⁹ (12), 459³⁴⁵ (426), 459³⁴⁶ (426), 459³⁴⁷ (426), 459³⁴⁸ (426), 459³⁴⁹ (426), 607¹²⁷ (567, 594T), 607¹²⁸ (567, 594T), 607¹²⁹ (567, 598T), 609²³³ (594T), 610²⁹⁵ (598T), 927⁶⁷ (801), 933⁴⁹⁵ (878), 933⁴⁹⁶ (878), 934⁵⁰⁸ (878), 934⁵¹⁰ (878), 934⁵¹³ (879)

Imelik, B., **8**, 98²¹⁰ (61)

Imhoff, D. W., **2**, 678²⁷⁵ (660)

Immirzi, A., **1**, 40⁵⁷ (14, 15T), 673¹³⁸ (585, 590); **3**, 169⁹⁶ (141); **4**, 166f¹⁴, 499f¹⁰, 509³⁰² (450), 509³²¹ (453, 503); **5**, 531⁷⁸⁰ (411, 439, 453), 531⁷⁸² (411, 439, 453), 533⁸⁶² (421, 439, 440), 539¹²⁷⁶ (508), 626³⁴² (592), 626³⁴³ (592, 595); **6**, 34⁸² (23), 241⁴¹ (240), 261⁶⁶ (248), 277⁴ (266T, 266), 277⁴ (266T, 266), 744⁴⁸⁶ (538T), 760¹⁵⁷⁶ (703), 761¹⁶⁷⁸ (730), 761¹⁶⁷⁹ (731); **8**, 280⁵⁴ (247)

Immirzi, I., **5**, 532⁸²³ (418, 448)

Imoto, H., **6**, 95¹¹⁷ (38, 43T), 96¹⁶⁷ (38, 43T, 65), 349⁴⁵¹ (341), 349⁴⁵³ (341, 342)

Imoto, S., **3**, 81⁵³ (6)

Imoto, T., **2**, 395²⁴ (368)

Impastato, F. J., **1**, 60f¹⁴; **4**, 505⁷⁷ (399, 403)

Imura, N., **2**, 1015²³ (981, 1007), 1015²⁴ (981, 1007)

Imyanitov, N. S., **5**, 32f⁴, 628⁴⁹⁵ (617)

In, K. R., **6**, 187²⁷ (183T, 185)

Inaba, S.-I., **2**, 191²⁵⁴ (61); **7**, 656⁵⁸³ (625), 658⁶⁸⁵ (642), 658⁶⁸⁶ (642), 658⁶⁹⁷ (644), 658⁶⁹⁸ (644)

Inagaki, K., **1**, 379³⁹⁷ (364)

Inagaki, S., **3**, 87⁴⁶⁷ (67, 70)

Inagaki, T., **6**, 445²⁹⁸ (424)

Inagaki, Y., **1**, 246³⁰² (192)

Inai, Y., **4**, 414f⁶, 505¹⁰⁴ (406), 506¹⁴⁹ (419)

Inaki, U., **8**, 610³⁰⁶ (599T)

Inaki, Y., **8**, 610³⁰⁵ (599T)

Inamoto, N., **1**, 246³⁰² (192); **7**, 74f⁷, 108⁴⁴⁹ (61)

Inamoto, Y., **7**, 158¹⁸ (143), 224⁵⁶ (202), 224⁶⁵ (203), 224⁶⁷ (203)

Inatome, M., **1**, 307³⁷¹ (288)

Inch, T. D., **7**, 103¹⁸⁶ (25), 108⁴⁴⁷ (61)

Inchalik, E. J., **7**, 457¹³⁸ (393)

Incorvia, M. J., **3**, 111f¹, 169⁸⁰ (132, 143), 800f², 1246⁴⁴ (1160); **5**, 267²¹⁰ (44); **6**, 444²⁴⁴ (418), 444²⁴⁵ (418); **8**, 17²³ (12, 14)

Indriksons, A., **2**, 396⁸⁹ (383)

Ineichen, K., **8**, 934⁵⁶⁹ (889)

Infante, A. J., **4**, 152²⁰⁵ (55), 235¹²⁹ (176)

Ingemanson, C. M., **3**, 947¹⁰² (843), 948¹⁵⁵ (863), 1273f¹, 1273f²

Ingham, R. K., **2**, 553f¹, 616¹ (522, 549, 551, 564, 572, 577)

Ingle, D. M., **6**, 36²⁰⁴ (19)

Ingleson, D., **7**, 657⁶⁴⁶ᵇ (639)

Inglis, F., **2**, 706¹⁴³ (699)

Inglis, T., **3**, 1381⁸⁶ (1339); **4**, 107f⁹⁸, 107f⁹⁹; **5**, 64f²³, 271⁴⁷⁸ (159, 160, 164); **6**, 225⁸¹ (205T, 206); **8**, 220¹⁸ (108)

Ingman, F., **2**, 932f¹, 975³⁴¹ (931)

Ingold, C. K., **2**, 768f³, 768f⁸, 820¹⁸¹ (807), 969¹⁴ (864), 973²⁰² (898); **6**, 757¹³⁶⁹ (670)

Ingold, K. U., **1**, 307³⁵⁰ (288, 291), 307³⁵¹ (288), 307³⁵⁶ (288); **2**, 189¹²⁷ (30), 194³⁵⁷ (92), 194³⁵⁷ (92), 625⁵⁷³ (596), 977⁴⁸⁶ (960, 966); **3**, 731f⁷, 780¹²⁰ (740); **7**, 301¹⁵⁶ (294)

Ingraham, L. L., **5**, 270³⁹¹ (126)

Ingrosso, G., **1**, 247³⁵⁶ (198); **5**, 137f²⁷, 270⁴⁰⁹ (132), 531⁷⁵¹ (407, 435), 531⁷⁵² (407, 435), 531⁷⁸⁰ (411, 439, 453), 531⁷⁸¹ (411, 439, 508), 534⁹⁵² (440, 499, 508), 535¹⁰³⁰ (407), 538¹²⁵¹ (499), 539¹³⁰⁷ (407), 626³⁴² (592), 626³⁴³ (592, 595), 627⁴⁵¹ (607); **6**, 345¹⁷⁶ (307, 336, 337); **8**, 454¹⁹ (374), 669⁸⁵ (665), 669⁸⁶ (666)

Inhoffen, H., **7**, 727¹³⁶ (694)

Inkrott, K., **4**, 23f⁶, 151⁹⁰ (24); **5**, 12f³

Inkrott, K. E., **1**, 539¹⁰⁴ (490, 493); **4**, 890f⁶, 907²⁴ (892), 907²⁵ (892, 893); **6**, 875¹⁴⁷ (787, 815), 944²¹⁸ (922)

Inman, W., **1**, 452³⁰ (419)

Innes, W. E., **2**, 1018¹⁸⁷ (1001, 1003, 1010)

Innocenti, P., **6**, 93⁴ (62T, 64)

Innorta, G., **5**, 27f⁵, 27f¹⁰, 266¹²¹ (26), 267²⁰⁷ (43), 520⁴⁵ (283); **6**, 1112¹⁵⁵ (1083)

Inokawa, S., **8**, 770⁵⁹ (723T, 724T, 732), 770¹⁰⁰ (734), 772²¹² (734)

Inomata, I., **8**, 392f[4], 456[124] (392)
Inone, N., **6**, 347[287] (317)
Inotsume, N., **8**, 936[687] (906)
Inoue, H., **7**, 102[172] (24), 252[33] (231)
Inoue, I., **7**, 650[260] (569, 574)
Inoue, K., **6**, 348[399] (329, 330, 334T)
Inoue, M., **2**, 191[250] (60); **7**, 104[223a] (29), 460[360] (421)
Inoue, N., **7**, 141[64] (123), 299[41] (274, 275); **8**, 861f[12], 932[428] (856), 933[450] (860)
Inoue, S., **1**, 242[89] (164), 252[627] (238); **2**, 860[77] (840), 861[101] (846); **6**, 181[137] (156, 159T); **7**, 457[150] (395), 511[92] (487); **8**, 282[136] (271), 608[176] (581, 596T), 769[2] (717T, 718T, 722), 769[7] (714, 715T, 722), 772[218] (715T), 772[219] (714T, 715T), 772[220] (714T)
Inoue, T., **7**, 95f[4], 657[632] (637), 657[633] (637)
Inoue, Y., **4**, 963[65] (941), 963[65] (941); **6**, 34[37] (22T, 25); **8**, 282[128] (270), 282[130] (270), 282[188] (275), 282[189] (275), 283[194] (276, 277), 283[195] (276, 277), 283[201] (279), 400f[4], 444f[12], 444f[13], 448f[4], 457[193] (399), 458[283] (413), 459[312] (419), 459[328] (421), 459[329] (421), 461[454] (442), 461[455] (442), 645[219] (633), 669[37] (656, 657T), 669[55] (651, 658T), 669[56] (651, 656, 658T), 670[114] (651, 656, 658T), 704[23] (683, 685T), 770[76] (737), 796[139] (792), 927[58] (801, 852)
Inouye, Y., **7**, 658[695] (642), 725[27] (668)
Inshakova, V. T., **2**, 508[148] (414)
Interrante, L. V., **3**, 695[55] (651, 652); **4**, 51f[58], 242[524] (231, 232T); **6**, 241[5] (234)
Intille, G. M., **5**, 560f[3], 622[90] (559, 612); **6**, 1021f[161], 1029[58]; **8**, 304f[6]
Intrito, R., **3**, 546[84] (520); **5**, 186f[4], 272[538] (178); **6**, 36[201] (19T, 24), 142[174] (123T, 128)
Intyakova, E. I., **7**, 656[572] (622)
Inubushi, T., **1**, 753[93] (741); **2**, 971[114] (884); **4**, 504[28] (384), 506[159] (425); **7**, 512[131] (491, 493)
Inubushi, U., **7**, 649[206] (559)
Inui, T., **8**, 282[146] (272)
Inukai, T., **7**, 458[220] (403)
Invernizzi, R., **8**, 641[38] (622T), 645[229] (622T)
Ioannou, P. V., **7**, 651[317] (578)
Ioffe, A. I., **2**, 193[336] (86), 506[19] (402, 478, 482, 483, 484, 485, 486, 488, 490), 516[621] (483), 517[645] (485, 486), 517[647] (486), 517[649] (486)
Ioffe, S. L., **1**, 309[481] (296), 379[391] (363), 380[471] (370); **2**, 361[95] (319)
Ioffe, S. T., **1**, 149[38] (122), 241[6] (156, 157, 158, 163, 164, 166, 167, 170, 171, 172, 173, 175, 177, 181, 188, 192, 193, 207, 211, 223); **7**, 99[6] (2), 99[7] (2)
Ioganson, A. A., **4**, 149[2] (5), 240[393a] (211, 212T), 240[394] (211, 212T), 240[395] (211, 212T), 240[401] (211, 212T); **6**, 1019f[42], 1028f[26]
Ionina, T. I., **5**, 295f[12], 522[129] (294)
Ionov, L. B., **2**, 707[156] (701)
Ionov, S. P., **1**, 152[207] (145)
Ionov, V. M., **2**, 563f[2], 563f[2], 621[329] (563)
Ionova, G. V., **1**, 152[207] (145)
Iorns, R. V., **6**, 945[245] (927, 928T)
Iorns, T. V., **2**, 679[355] (668); **4**, 238[293] (203)
Iotsich, Zh. I., **1**, 242[73] (163, 174)
Ipaktschi, J., **4**, 508[266] (445)
Ipatieff, V., **8**, 361[41] (287)
Ipatiev, W., **2**, 706[84] (691)
Iqbal, A. F. M., **8**, 96[120] (43), 99[312] (90, 91, 93, 94), 100[333] (93), 100[335] (94)
Iqbal, M., **6**, 669[85] (665)
Iqbal, M. Z., **3**, 376f[11], 429[171] (373), 1067[23] (962, 963, 965, 967), 1248[109] (1180, 1181, 1182, 1184, 1185, 1192), 1249[160] (1190), 1380[59] (1332); **4**, 73f[18], 83f[1], 83f[6], 154[327] (79), 155[369] (91), 239[337] (206, 207T), 240[399] (211, 212T), 241[465] (219, 219T, 220), 241[467] (219, 219T, 220), 242[517] (228), 610[352] (586), 690[103] (676), 690[104] (676), 814[269] (740, 780), 814[271] (740, 780), 818[548] (780), 818[549] (780, 785), 839[3] (823, 824), 841[86b] (836), 886[115] (867), 886[125] (868, 869); **5**, 530[694] (395), 530[697] (396), 530[704] (395), 531[721] (398), 536[1095] (471T); **6**, 96[212] (87), 347[318] (321)

Iqbal, Z., **4**, 320[84] (251, 270, 312); **6**, 13[79] (9)
Ireland, P. R., **4**, 1061[275] (1029), 1061[276] (1029); **6**, 1112[158a] (1084)
Ireland, R. E., **7**, 252[17] (231), 459[279] (412), 460[358] (421), 649[196] (558); **8**, 368[472] (354), 1010[173] (986, 988)
Irgolic, K., **2**, 1019[290] (1012f)
Irgolic, K. J., **2**, 512[343] (443, 444, 445), 704[16] (684)
Irie, T., **1**, 677[397] (625); **7**, 245f[4]
Irkhin, B. L., **8**, 705[93] (674T)
Irngartinger, H., **4**, 460f[10]
Iroff, L. D., **2**, 190[216] (51), 191[242] (57), 191[244] (58), 191[245] (59), 196[440] (111); **3**, 102f[22], 102f[23]
Irreverre, F., **7**, 252[28] (231), 252[56] (236)
Irsa, A. P., **3**, 699[338] (673, 674); **4**, 816[418] (761)
Irving, H. M. N. H, **2**, 915f[9]
Irving, R. J., **4**, 675f[7], 689[80] (672), 810[1] (693, 704), 1058[61a] (974, 975, 976, 992), 1058[62b] (974), 1058[62c] (974); **6**, 342[5] (280, 283f), 738[114] (494), 738[115] (494)
Irwin, A. J., **7**, 511[87] (485), 512[106] (489)
Irwin, J. G., **1**, 619f[1], 675[319] (618); **2**, 976[420] (950, 951); **6**, 1113[196] (1092)
Irwin, W. J., **6**, 746[676] (573, 577, 580), 761[1637] (718, 719)
Isa, H., **8**, 647[300] (622T)
Isaacs, E. E., **2**, 679[358] (668); **3**, 851f[24], 948[128] (848), 1252[359] (1233, 1235, 1236), 1252[360] (1233), 1252[364] (1233, 1234, 1236); **4**, 236[156] (179); **6**, 1061f[4], 1111[80] (1063), 1111[84] (1063), 1112[135] (1076)
Isabel, R. J., **2**, 515[554] (473)
Isaeva, G. G., **1**, 553[46] (548)
Isaeva, L. S., **6**, 35[105] (21T, 23), 35[107] (21T, 23), 35[113] (21T, 23), 94[97] (49, 53T), 95[149] (40, 43T), 96[171] (40, 43T, 54T, 64, 75, 79), 96[172] (40, 43T), 100[409] (40, 43T), 100[419] (40, 43T, 79), 139[6] (105T, 116, 121T), 140[92] (105T, 117, 121T), 141[121] (105T, 117, 121T), 141[141] (105T, 116, 121T), 141[149] (117, 121T), 142[159] (116, 121T), 142[183] (105T, 110, 116, 121T), 143[243] (104T, 106), 143[244] (117), 143[260] (104T, 106), 179[11] (153T, 156), 179[27] (146T, 151, 162), 181[111] (153T, 156), 181[125] (156, 168), 182[164] (146T, 159T, 176T), 231[11] (230), 231[13] (230), 231[16] (230); **8**, 642[79] (621T), 1066[109] (1029), 1068[247a] (1051)
Isaeva, S. A., **8**, 96[72] (37), 1084f[2], 1105[52] (1085), 1105[60] (1085, 1086), 1105[61] (1086), 1105[64] (1086)
Isagawa, K., **1**, 679[555] (644); **3**, 279[48] (275), 328[169] (322), 556[7] (550); **6**, 979[3] (948, 958T)
Isagulyants, G. V., **4**, 939f[8]; **8**, 707[182] (701), 707[185] (701, 703)
Isaikina, T. A., **4**, 240[398] (211, 212T)
Isakov, Ya. T., **8**, 98[219] (61)
Isakson, W. E., **8**, 97[175] (56)
Isayama, K., **8**, 99[289] (81)
Isbell, H. S., **2**, 819[92] (783, 800), 821[226] (817)
Isbrandt, L., **4**, 375[117] (360, 361)
Isci, H., **5**, 520[41] (281, 305), 526[410] (342), 622[85] (557); **6**, 738[159] (499), 738[161] (499)
Iseda, Y., **7**, 458[221] (403)
Isemura, M., **2**, 971[110] (884)
Iseki, K., **8**, 888f[11]
Isfahani, A. Z., **8**, 17[17] (6, 7)
Ishaq, M., **1**, 247[346] (197); **3**, 125f[8], 698[227] (665); **4**, 154[360] (90), 240[402] (211, 212T), 611[411] (592), 818[534] (778, 795); **5**, 532[843] (419); **6**, 362[47] (357); **8**, 1008[73] (958)
Ishchenko, O. S., **2**, 512[361] (445)
Ishibitsu, K., **2**, 397[124] (388)
Ishida, A., **7**, 650[257] (568)
Ishida, H., **7**, 459[274] (412)
Ishida, Y., **2**, 506[36] (403); **3**, 922f[11], 1072[289] (1015, 1035); **8**, 364[213] (318), 644[192] (618)
Ishidoya, M., **7**, 299[49b] (275)
Ishigami, T., **8**, 363[201] (315, 324)
Ishiguro, M., **2**, 396[61] (376)
Ishihara, H., **2**, 512[359] (445)
Ishii, H., **2**, 202[716] (175), 202[717] (175); **7**, 655[506] (606), 655[508] (607)

Ishii, K., **5**, 186f[2], 272[534] (178); **6**, 140[66] (119, 122T); **8**, 382f[15], 455[64] (381)
Ishii, N., **8**, 934[529] (881)
Ishii, V., **8**, 551[127] (535)
Ishii, Y., **1**, 584f[11], 678[503] (633), 680[618] (649); **2**, 192[275] (70), 197[515] (124), 197[515] (124), 197[516] (124), 202[714] (174), 512[369] (445); **4**, 964[91] (946); **5**, 531[737] (401), 532[799] (415), 532[801] (415), 532[802] (415); **6**, 94[87] (59T, 61T, 64, 76), 261[47] (247), 261[48] (247), 261[49] (247), 263[176] (258), 263[181] (259, 260), 263[183] (260), 263[186] (260), 263[186] (260), 263[190] (260), 278[39] (273), 278[40] (266T, 274), 278[43] (273), 278[57] (276), 344[122] (300T), 344[123] (300, 300T), 344[131] (301), 344[132] (301), 344[133] (301, 302), 344[134] (302), 346[238] (312), 346[240] (312), 347[297] (319, 325), 347[306] (313), 349[414] (333), 349[421] (334T, 334f), 361[5] (351), 382[2] (364, 370), 383[25] (365), 383[63] (370), 443[130] (402), 444[214] (410), 444[230] (415), 445[264] (422), 445[267] (422), 445[298] (424), 446[331] (430, 433, 436), 446[332] (430, 433, 436), 446[351] (436), 446[360] (440), 469[55] (465), 469[55] (465), 469[57] (465), 469[58] (465), 469[61] (466), 741[333] (519, 520, 521), 759[1500] (685); **7**, 109[513] (73), 459[252] (409), 459[261] (410), 459[262] (410), 460[334a] (418), 460[334b] (418), 461[421] (432), 462[449] (436), 462[461] (439), 462[473] (441), 462[474] (441), 464[561] (453, 454); **8**, 220[10] (106), 456[173] (397), 459[344] (426), 471f[19], 481f[2], 496[13a] (466, 467), 496[25] (469, 477), 496[34] (473), 608[196] (586, 587, 588, 594T, 595T, 597T, 598T), 771[133] (750T, 769), 927[69] (801), 927[71] (801), 928[98] (803, 811), 928[111] (804, 811), 928[133] (805), 929[168] (810), 929[212] (815, 841), 934[564] (889)
Ishikawa, A., **2**, 506[36] (403)
Ishikawa, H., **1**, 243[126] (169); **3**, 279[54] (276); **7**, 106[354] (47, 87)
Ishikawa, K., **7**, 460[343] (418); **8**, 771[162] (747T)
Ishikawa, M., **2**, 189[148] (35), 193[319] (81), 193[326] (83), 193[340] (86), 193[340] (86), 193[342] (87), 193[342] (87), 193[342] (87), 194[377] (96), 296[20] (212), 296[21] (212), 296[23] (213), 296[30] (215), 297[38] (218, 220), 297[57] (225), 297[59] (225), 297[60] (225), 297[61] (226), 298[116] (236), 300[253] (263, 264, 264T), 301[274] (266), 302[340] (282), 395[12] (366, 367, 375, 376, 388), 395[17] (367), 395[25] (368), 396[54] (375, 379), 396[56] (375), 396[59] (376), 396[61] (376), 396[62] (376), 396[63] (376), 396[64] (376), 396[81] (378), 396[86] (381), 397[117] (388), 514[518] (468, 473); **7**, 35f[5]
Ishikawa, N., **2**, 190[208] (48), 202[726] (179), 203[730] (180); **7**, 106[349] (47), 513[193] (503); **8**, 936[713] (911, 913, 914, 925), 936[714] (911), 937[748] (918)
Ishikawa, Y., **3**, 734f[10], 780[129] (743, 756)
Ishimi, K., **4**, 965[146] (955)
Ishimori, M., **2**, 860[73] (838), 861[138] (853); **8**, 498[120] (495)
Ishimori, T., **4**, 920[2] (909)
Ishitobi, H., **7**, 245f[4]
Ishiu, Y., **6**, 95[113] (49, 53T, 54T, 59T)
Ishiwatari, H., **8**, 400f[6], 400f[17], 447f[6], 447f[7], 456[160] (396, 401), 457[195] (400), 461[466] (446), 497[94] (488), 931[306] (844, 848), 931[348] (848)
Ishiyama, J., **8**, 927[78] (803)
Ishizu, J., **6**, 35[111] (22T, 24), 36[213] (18, 21T, 22T, 24), 98[276] (52, 53T, 54T, 65), 98[338] (75), 98[338] (75), 142[162] (118, 121T), 142[177] (121), 142[178] (118, 121T), 143[259] (140T), 144[275] (118, 121T), 181[90] (146T, 147, 156), 181[131] (163, 165T); **8**, 770[92] (732), 794[19] (779), 796[134] (791), 796[135] (791)
Ishizuka, S., **7**, 224[31] (200)
Ishizuka, Y., **8**, 610[309] (599T)
Ishmuratov, G. Y., **8**, 642[102] (632)
Isiyama, S., **7**, 301[151] (293), 301[166] (295)
Iske, Jr., S. D. A., **4**, 533f[1]; **8**, 1088f[2], 1088f[3], 1091f[2], 1105[70] (1087)
Islam, A. M., **7**, 105[307] (41)
Islam, K. M. S., **4**, 606[113] (536, 536f), 818[559] (781)
Islamov, T. K. L., **2**, 201[669] (163)
Ismail, I. M., **6**, 756[1357] (668)
Ismailov, T. A., **8**, 642[66] (621T), 642[86] (621T)

Ismailova, Z. M., **2**, 705[68] (689)
Isobe, K., **6**, 98[295] (52, 53T), 99[386] (52, 53T); **8**, 772[205] (739, 755T), 1066[133] (1037)
Isobe, M., **7**, 100[41] (6), 651[318] (578)
Israel, R., **7**, 513[231] (509)
Isshiki, T., **8**, 797[154] (788), 797[155] (788)
Issleib, K., **1**, 678[508] (633), 728f[5], 753[73] (737); **2**, 195[393] (98), 200[613] (148), 513[460] (459), 513[461] (459), 513[462] (459), 707[160] (701), 818[66] (777), 970[55] (869); **3**, 327[98] (307), 372f[13], 430[247] (392), 630[108] (574), 630[127] (577), 630[132] (579), 630[133] (579), 840f[17], 950[259] (895); **6**, 34[56] (26), 36[166] (26), 36[190] (31), 98[282] (60T, 64), 345[183] (308), 345[186] (309), 444[226] (413, 422), 749[861] (600), 753[1151] (640); **7**, 655[492] (605); **8**, 1067[183] (1043)
Issleib, R., **2**, 713f[28]
Itagaki, Y., **7**, 108[486] (69)
Itahara, T., **8**, 938[801] (925), 938[802] (925)
Itakura, I., **8**, 400f[13]
Itakura, J., **8**, 457[234] (407), 711[344] (701), 711[345] (701)
Itakura, M., **8**, 645[242] (621T)
Itatani, H., **6**, 261[12] (244), 757[1402] (673), 757[1403] (673), 757[1404] (673), 757[1405] (673, 674), 757[1406] (673), 757[1409] (673), 757[1410] (673), 757[1412] (673)
Itenberg, A. M., **2**, 192[296] (77); **7**, 646[12] (517)
Ito, A., **8**, 646[275] (618)
Ito, H., **8**, 645[242] (621T), 772[226] (734)
Ito, K., **4**, 321[153] (260), 817[459] (767), 921[48] (919); **6**, 261[49] (247), 349[414] (333), 941[29] (889, 891T), 1093f[3], 1110[38] (1050, 1080, 1091, 1092); **8**, 711[363] (702), 795[92] (793), 795[94] (793), 1066[145] (1038)
Ito, M., **7**, 511[92] (487)
Ito, R., **5**, 537[1139] (475T); **8**, 641[43] (630T), 642[63] (627T, 630, 630T, 631), 1007[36] (948)
Ito, T., **3**, 951[315] (916); **4**, 153[280] (70), 812[180] (718, 742), 813[254] (735), 965[143] (954); **5**, 537[1152] (477), 537[1153] (477), 537[1156] (477), 537[1157] (477); **6**, 349[417a] (333, 334), 36[191] (21T, 24), 96[198] (49, 53T, 56T), 96[200] (49, 53T, 56T), 252f[3], 261[46] (247), 261[47] (247), 262[96] (251), 263[181] (259, 260), 263[186] (260), 263[186] (260), 263[190] (260), 278[39] (273), 345[154] (306, 310, 335, 336, 337), 346[240] (312), 348[408] (331), 349[458] (341), 361[5] (351), 382[2] (364, 370), 469[55] (465), 469[57] (465), 742[396] (527, 529), 742[397] (527), 742[398] (527); **8**, 280[8] (228), 280[35] (237, 238), 280[48] (245, 246), 281[75] (255), 281[88] (259), 281[103] (264), 422f[1a], 422f[1b], 422f[4a], 422f[4b], 444f[11], 459[307] (419), 794[17] (790, 791), 927[69] (801), 927[71] (801), 930[289a] (840), 931[312] (845), 931[313] (845), 931[314] (845), 936[677] (905)
Ito, T. I., **2**, 298[106] (233)
Ito, Y., **2**, 196[442] (111), 713f[43], 761[60] (721), 763[156] (750); **6**, 344[115] (296, 298), 344[116] (296), 344[117] (296, 299), 344[118] (299); **7**, 649[195] (557), 650[229] (561), 650[234] (563), 727[152] (698), 727[152] (698); **8**, 929[198] (813, 839), 930[289] (840, 845), 930[291] (841, 880), 930[292] (841)
Itoh, A., **7**, 458[216] (402), 459[257] (410), 460[344] (419), 461[411] (431), 648[112] (540), 650[259] (569); **8**, 930[253] (832)
Itoh, K., **1**, 584f[11], 678[503] (633), 680[618] (649); **2**, 192[275] (70), 197[515] (124), 197[515] (124), 197[516] (124), 202[714] (174); **4**, 815[375] (757); **5**, 531[737] (401), 532[799] (415), 532[801] (415), 532[802] (415); **6**, 261[48] (247), 263[183] (260), 278[57] (276), 344[122] (300T), 344[123] (300, 300T), 344[131] (301), 344[132] (301), 344[133] (301, 302), 344[134] (302), 347[306] (313), 349[421] (334T, 334f), 383[25] (365), 444[230] (415), 445[267] (422), 469[58] (465), 469[59] (465), 469[61] (466); **7**, 459[252] (409), 459[261] (410), 459[262] (410), 460[334a] (418), 460[334b] (418), 461[421] (432), 462[449] (436), 462[461] (439), 462[473] (441), 647[39] (524); **8**, 459[344] (426), 771[133] (750T, 769), 928[133] (805), 929[162] (810)
Itoh, M., **1**, 307[345] (287), 307[374] (288), 307[402] (290), 307[404] (290), 308[445] (293), 308[465] (294), 379[397] (364), 379[398] (364), 672[83] (571); **7**, 142[113] (133),

142¹¹⁶ (133), 142¹²⁴ (135), 142¹³⁴ (136), 148f³, 196¹⁶² (182), 224³³ (201), 263²⁸ (261), 299³⁸ (274), 299⁴⁵ (275), 299⁶⁰ (277), 300⁸⁷ (280), 300¹³² (290, 291), 300¹³⁵ᵃ (291), 300¹³⁶ (291), 300¹³⁷ (291), 301¹⁴²ᵃ (292), 301¹⁴⁸ (292), 301¹⁴⁹ (292), 301¹⁵⁰ᵃ (292), 301¹⁵⁰ᵇ (292), 301¹⁵² (293), 301¹⁵⁴ (293), 301¹⁵⁷ (294), 301¹⁶¹ᵃ (294), 322⁴³ (314), 336³⁴ (329), 336³⁹ᵃ (329), 346²⁶ (341), 347³³ (342), 347⁴⁰ (343), 347⁴¹ (343), 363²³ (356), 511⁵⁴ (480)

Itoh, O., **2**, 971⁹⁸ (879), 971⁹⁹ (879); **7**, 513¹⁷³ (499, 505, 507); **8**, 932⁴⁰⁸ (857)

Itoh, T., **8**, 283¹⁹⁹ (279)

Itoh, Y., **8**, 282¹⁸⁸ (275), 282¹⁸⁹ (275), 458²⁸³ (413), 669³⁷ (656, 657T), 669⁵⁵ (651, 658T), 669⁵⁶ (651, 656, 658T), 670¹¹⁴ (651, 656, 658T)

Itsekevich, E. S., **3**, 1081f¹¹

Ittel, S. D., **3**, 85³⁵⁵ (49, 50, 54), 112f⁶, 112f⁷; **4**, 374²¹ (334, 335), 374⁴⁵ (340), 380f⁶, 400f¹¹, 400f¹², 414f⁷, 418f⁴, 499f⁴, 504³⁴ (385), 504³⁸ (386, 431), 505⁹⁸ (404, 417, 429, 442), 506¹⁴¹ (417, 442, 500), 506¹⁴² (417), 506¹⁴³ (417), 506¹⁴⁴ (419), 506¹⁴⁵ (419), 507²¹⁶ (437, 495), 509³¹⁰ (452), 512⁵⁰⁹ (500), 512⁵¹⁴ (501), 813²³⁶ (728), 813²³⁷ (728), 813²³⁸ (729), 813²⁵⁸ (736), 815³⁶⁰ (755), 1058⁷⁹ (978), 1060¹⁹³ (1006), 1060¹⁹⁵ (1006), 1060¹⁹⁷ (1006), 1061²⁴¹ (1020); **5**, 264² (2); **6**, 99³⁶⁷ (59T, 72), 139¹³ (124T, 129), 140⁴⁵ (103, 104T, 108, 124T), 140⁶⁹ (110, 111, 124T, 129, 130), 141¹²⁸ (123T, 127), 750⁹⁴³ (615, 623, 626); **8**, 281⁸⁰ (256), 291f³²

Ivanchev, S. S., **3**, 547⁹⁵ (529), 547¹⁰² (531), 696¹⁴⁹ (660)

Ivanics, J., **7**, 512¹²⁰ (490)

Ivannikova, N. V., **5**, 295f¹², 522¹²⁹ (294); **6**, 755¹²⁷⁰ (654, 656), 761¹⁶⁵⁰ (721)

Ivanoff, D., **7**, 108⁴⁶⁴ (63)

Ivanov, A. S., **2**, 976⁴¹¹ (948); **4**, 815³⁹² (759), 1061²⁴² (1022); **5**, 538¹²⁵⁶ (500), 539¹²⁵⁷ (500), 610f¹, 628⁴⁶² (609)

Ivanov, B. E., **8**, 609²⁴⁴ (595T)

Ivanov, C., **1**, 249⁴⁸⁹ (218), 249⁴⁸⁹ (218), 249⁴⁹² (218), 249⁴⁹⁸ (219), 249⁴⁹⁹ (219, 235)

Ivanov, D., **1**, 242⁸⁸ (164)

Ivanov, G. E., **8**, 416f⁵, 417f¹, 457²³⁹ (408), 642⁹² (618), 704¹⁰ (672, 674T, 690), 704³⁰ (672, 674T), 704³¹ (677, 690), 704³⁵ (672, 674T, 674), 704³⁶ (672, 674T), 705⁵¹ (672, 674T), 709²⁷² (672, 674T), 710²⁹⁴ (672, 674T)

Ivanov, L. L., **1**, 250⁵⁵⁸ (227, 233), 252⁶³¹ (239, 240), 252⁶³² (240), 252⁶³³ (240), 252⁶³⁴ (240), 252⁶³⁵ (240), 647f³, 677⁴⁰⁹ (626), 677⁴³⁵ (628, 634), 677⁴⁴⁰ (628), 678⁵¹⁹ (635), 679⁵⁶⁶ (645), 679⁵⁶⁷ (645, 650, 662), 680⁶³¹ (650), 680⁶⁴¹ (652); **7**, 457¹⁴⁵ (394), 457¹⁴⁶ (394), 458²⁴² (407, 408), 459²⁹⁵ (413), 459³⁰¹ (414, 415, 418), 459³⁰² (414, 415)

Ivanov, N., **6**, 443¹⁴⁸ (403)

Ivanov, V. A., **2**, 510²⁴⁰ (431)

Ivanov, V. I., **4**, 602f¹⁴, 613⁵²⁷ (604)

Ivanova, E. B., **6**, 942⁹⁵ (900)

Ivanova, L. V., **4**, 240⁴¹⁵ (211, 212T, 213, 228)

Ivanova, N. A., **2**, 508¹¹⁶ (410, 439, 472), 872f¹⁴

Ivanova, N. P., **2**, 506³⁵ (403), 518⁷⁰⁸ (504)

Ivanova, O. M., **6**, 747⁷²⁷ (583, 585)

Ivanova, T. I., **2**, 975³⁶¹ (935)

Iverson, D. J., **3**, 1073³³⁸ᵇ (1024), 1076⁵⁰¹ (1052)

Iverson, W. P., **2**, 621²⁸⁷ (557), 1015³⁹ (982, 999), 1016⁹⁸ (989, 999, 1008), 1017¹⁷¹ (999, 1008), 1018²²⁶ (1004)

Ivey, R. C., **6**, 744⁴⁹⁷ (537)

Ivin, K. J., **3**, 87⁵⁰⁸ (73), 545²⁸ (491), 545²⁸ (491), 1382¹⁴⁶ (1350); **8**, 453⁶ (374), 549²⁵ (503), 551¹³⁷ (540), 551¹³⁸ (540, 543)

Ivleva, I. N., **8**, 1104²³ (1077), 1104²³ (1077), 1104²⁴ (1077), 1105⁵⁵ (1085)

Ivshina, T. N., **2**, 975³⁶¹ (935)

Iwahashi, Y., **8**, 645²²⁰ (618, 623T)

Iwaki, T., **7**, 512¹⁵⁶ (498)

Iwakura, Y., **8**, 647³¹⁶ (632)

Iwama, Y., **7**, 109⁵¹³ (73)

Iwamote, M., **4**, 506¹⁷⁰ (426)

Iwamoto, H., **7**, 105³⁰⁶ (41)

Iwamoto, K., **6**, 755¹²⁸⁶ (657, 658T)

Iwamoto, M., **8**, 366³⁵⁶ (341), 425f⁴, 459³¹⁵ (419), 459³¹⁶ (419), 459³¹⁷ (419), 459³²¹ (420)

Iwamoto, N., **8**, 929¹⁶⁷ (810)

Iwamoto, T., **6**, 980⁴⁴ (960, 963T)

Iwamoto, Y., **6**, 443¹³⁴ (402)

Iwanami, M., **4**, 459f⁴, 508²⁵⁹ (443, 444), 609³¹⁴ (580); **5**, 272⁵⁴¹ (180)

Iwanciw, F., **6**, 747⁶⁹¹ (577)

Iwantscheff, G., **1**, 681⁶⁶⁸ (656)

Iwasaki, H., **5**, 270⁴²⁸ (139), 534⁹⁵⁶ (441)

Iwasaki, N., **2**, 943f⁸, 944f¹⁵, 976³⁸⁵ (942)

Iwasaki, S., **2**, 303⁴¹⁵ (296T)

Iwasawa, Y., **8**, 611³³⁴ (602T), 611³³⁵ (602T)

Iwase, M., **4**, 965¹⁴⁶ (955)

Iwashita, T., **7**, 658⁶⁶⁰ᶜ (642)

Iwashita, Y., **5**, 194f², 522¹⁴¹ (297, 342); **8**, 280²⁷ (236), 411f¹³, 458²⁷⁴ (412)

Iwata, M., **3**, 945f²

Iwata, N., **7**, 109⁵¹¹ (72)

Iwata, R., **3**, 1075⁴⁷¹ (1043); **4**, 819⁶¹⁴ (796, 797), 963²⁹ (936); **8**, 296f⁶, 349f¹

Iwayanagi, T., **2**, 976⁴⁰⁵ (946), 978⁵²⁴ (966); **6**, 753¹¹⁰⁷ (636), 755¹²³³ (653)

Iyer, R. M., **8**, 282¹⁵¹ (272)

Iyoda, J., **1**, 677⁴¹² (626); **2**, 196⁴⁶⁹ (115), 623⁴³⁶ (577), 624⁴⁹⁰ (585)

Izanov, L. L., **1**, 677⁴¹⁰

Izatt, R. M., **1**, 456²³⁵ (450)

Izawa, M., **8**, 646²⁶⁷ (621T)

Izawa, T., **7**, 462⁴⁵² (437)

Izmailov, B. A., **5**, 628⁴⁹⁶ (617)

Izmailov, R. I., **8**, 609²⁴⁴ (595T)

Izteleuova, M. B., **8**, 366³⁵² (340), 643¹²⁷ (632)

Izumi, K., **3**, 547⁹¹ (521)

Izumi, T., **4**, 511⁴⁴⁴ (486), 817⁴⁶⁵ (767); **5**, 403f⁷, 527⁵¹⁷ (363, 376); **6**, 345¹⁷⁷ (308, 337), 345²⁰² (310), 347²⁸⁸ (317), 347²⁹⁸ (319), 347²⁹⁹ (319), 347³³⁷ (322, 339), 347³³⁹ (322, 339), 347³⁴⁰ (322, 323, 336, 337, 338, 339), 442⁵³ (393), 442⁸⁹ (398); **7**, 513¹⁷³ (499, 505, 507); **8**, 861f⁹, 865f¹⁴, 869f⁵, 930²⁸² (839, 892), 932⁴⁰⁸ (857), 932⁴²⁴ (855), 932⁴²⁵ (855), 932⁴²⁷ (856), 933⁴⁴⁵ (859), 933⁴⁵⁴ (860), 933⁴⁷⁵ (870), 935⁵⁹¹ (892), 935⁵⁹² (892), 935⁵⁹³ (892), 936⁶⁶⁶ (903), 936⁶⁷³ (904), 1064³⁷ (1018), 1067¹⁸⁴ (1043), 1067¹⁸⁵ (1043), 1067¹⁸⁸ (1043), 1067¹⁹⁰ (1043), 1067¹⁹¹ (1043)

Izumi, Y., **1**, 679⁵²⁶ (637); **7**, 650²²⁴ (561); **8**, 608¹⁶⁸ (581), 608¹⁷³ (581), 608¹⁷⁴ (581, 596T), 608¹⁷⁵ (581, 596T), 610²⁷⁰ (596T), 610²⁷¹ (596T)

Izumida, H., **4**, 963⁶⁵ (941); **8**, 282¹²⁸ (270), 645²¹⁹ (633)

Izydore, R. A., **1**, 303⁸⁸ (267), 303¹¹⁰ (268)

J

Jaacks, V., **1**, 672[119] (578)
Jablonski, C. R., **3**, 169[113] (147), 1051f[9]; **4**, 499f[12], 512[478] (493), 512[523] (503), 602f[15]; **6**, 742[368] (524), 742[372] (524), 746[637] (563), 760[1590] (706), 761[1666] (728); **8**, 1069[277] (1055)
Jablonski, I., **8**, 312f[36], 367[420] (348)
Jablonski, J. M., **1**, 244[175] (175); **7**, 109[553] (80)
Jacano, M. L., **8**, 550[91] (521, 531)
Jachimowicz, F., **1**, 110f[2], 120[307] (111, 111T), 120[308] (110, 111)
Jacini, G., **8**, 366[400] (344)
Jack, H. E., **2**, 675[110] (642)
Jack, T., **6**, 278[37] (266T, 273), 444[205] (410, 422), 446[359] (440)
Jack, T. R., **6**, 278[38] (273), 349[416] (332), 445[262] (421), 445[288] (423), 454[25] (450), 454[26] (450), 468[25] (458), 468[25] (458), 469[47] (463), 469[47] (463)
Jackman, J. M., **3**, 168[7] (91)
Jackman, L., **4**, 508[237] (440, 451, 452)
Jackman, L. M., **1**, 118[177] (81), 118[178] (81), 119[219] (89, 90T); **3**, 85[327] (45), 85[328] (45); **4**, 319[23] (246), 319[28] (246), 606[84] (526); **6**, 876[190] (797); **8**, 1068[216] (1047)
Jacko, M. G., **1**, 720[71] (691, 694), 720[77] (693, 694), 752[16] (726)
Jackowski, J. J., **3**, 82[133] (17), 851f[23], 947[35] (814), 948[148] (861), 948[149] (861), 1251[274] (1216); **8**, 1070[333] (1061)
Jackson, A. H., **3**, 1384[243] (1374); **7**, 194[9] (162)
Jackson, B. G., **7**, 652[340] (581)
Jackson, D., **3**, 1248[121] (1183); **5**, 621[23] (547)
Jackson, D. K., **7**, 35f[6]
Jackson, III, G. F., **2**, 705[76] (691)
Jackson, G. R., **2**, 878f[10]
Jackson, H. L., **8**, 459[341] (426)
Jackson, H. W., **7**, 100[44] (6)
Jackson, J. A., **2**, 1016[98] (989, 999, 1008), 1017[171] (999, 1008)
Jackson, J. B., **7**, 464[563] (453)
Jackson, K. F., **1**, 455[163] (436)
Jackson, P. F., **4**, 664f[1], 887[179] (881), 903f[2], 903f[3], 907[26] (892), 907[40] (898, 905), 907[57] (901), 907[58] (902), 907[61] (902), 907[62] (902), 907[63] (902), 907[66] (903), 965[181] (961), 1064[407] (1056), 1064[408] (1057)
Jackson, R., **3**, 368f[11], 632[264] (620); **4**, 106f[29], 1062[328] (1039); **6**, 445[294] (423), 842f[163], 875[104] (777); **8**, 378f[16], 471f[16]
Jackson, R. A., **2**, 6f[7], 190[205] (47), 190[206] (48), 194[353] (91), 195[407] (102), 195[409] (102), 361[77] (317), 502f[3], 505f[2], 515[552] (473), 515[553] (473), 515[562] (473, 474, 476), 515[568] (475), 515[575] (477), 523f[1], 636f[2], 674[43] (635), 674[44] (635), 674[45] (635); **4**, 12f[34], 20f[1], 20f[2], 20f[2], 150[63] (20, 21), 150[64] (20), 163f[5], 234[22] (163), 235[96] (170), 235[102] (171); **5**, 266[162] (35); **6**, 842f[140], 876[161] (790, 793); **7**, 655[521] (610), 655[528] (613), 655[528] (613)
Jackson, S. E., **3**, 83[206] (30), 83[207] (30), 84[270] (37, 40), 88[527] (77), 703[539] (689, 690, 692, 693), 759f[7], 775f[10], 989f[3], 1069[99] (981), 1070[166] (989); **4**, 818[531] (777)
Jackson, W. G., **3**, 118f[15], 170[150] (157); **4**, 658f[30], 689[32] (666), 884[18] (848, 850), 1057[30] (971), 1062[308] (1035, 1038), 1062[311] (1035), 1062[321] (1038), 1063[386] (1053); **6**, 868f[35]
Jackson, W. R., **2**, 978[535] (967); **3**, 1004f[5], 1004f[7], 1004f[12], 1005f[4], 1005f[22], 1071[233a] (1008, 1018, 1038), 1071[233b] (1008), 1072[301b] (1018, 1037), 1073[309] (1018), 1073[342] (1024), 1073[348] (1025), 1073[351] (1025), 1075[465] (1042), 1076[485] (1048), 1076[502] (1052), 1211f[5], 1211f[13]; **6**, 443[124] (401), 445[302] (424), 446[344] (434), 446[345] (434), 446[349] (435); **7**, 253[141] (249), 253[142] (249); **8**, 368[469] (353), 368[500] (357), 368[501] (357), 497[89] (486), 927[57] (801, 880), 927[62] (801), 928[120] (805, 813, 814, 816), 928[125] (805), 928[131] (805), 929[171] (810), 929[190] (813), 929[201] (814), 929[202] (814), 929[213] (815), 1065[66] (1022, 1022f, 1023)
Jackstiess, W., **1**, 380[459] (369); **2**, 625[616] (601, 602)
Jacob, K., **3**, 327[63] (298), 431[335] (426), 436f[11], 473[6] (434), 696[111] (657), 696[112] (657), 696[113] (657), 696[152] (660, 661), 732f[5], 733f[3], 734f[1], 734f[2], 734f[4], 780[107] (737), 780[108] (737); **4**, 153[281] (70); **5**, 68f[7], 137f[8], 270[413] (133); **6**, 94[50] (45, 55T, 65), 94[51] (60T, 64, 79), 94[90] (55T, 60T, 65, 71, 79), 94[92] (60T, 64, 79), 95[142] (54T, 55T, 70), 96[201] (49, 53T), 100[415] (55T, 70)
Jacob, M., **4**, 324[390] (288), 327[560] (304)
Jacob, III, P., **1**, 308[465] (294), 374[98] (321); **7**, 195[109] (171), 196[148] (179), 196[149] (179), 263[30] (261), 301[150b] (292), 301[153] (293), 301[154] (293), 322[60] (318), 322[62] (319), 336[53] (335)
Jacob, R. A., **2**, 530f[7], 949f[2]
Jacobi, P. A., **7**, 110[592] (92)
Jacobi, S. A., **2**, 299[182] (246, 249T)
Jacobs, A. M., **1**, 119[262] (98)
Jacobs, P. A., **8**, 17[36] (14), 96[113] (42), 98[207] (61), 98[208] (61), 98[210] (61)
Jacobs, P. W. M., **2**, 976[413] (950)
Jacobs, R., **5**, 546f[9]
Jacobs, T. L., **8**, 669[58] (666), 669[59] (664, 666)
Jacobs, W. J., **6**, 35[158] (31), 283f[2], 737[75] (488), 738[105] (492), 738[106] (493), 738[108] (493)
Jacobsen, G. G., **4**, 19f[2], 233[14] (163)
Jacobsen, H.-J., **2**, 626[649] (607), 626[651] (607), 626[652] (607)
Jacobson, A. J., **3**, 1250[245] (1210)
Jacobson, H., **2**, 361[110] (324)
Jacobson, R. A., **3**, 823f[3b], 879f[18], 881f[3], 124[797] (1178), 1286f[8], 1318[89] (1289, 1291, 1292), 1318[101] (1291); **4**, 155[390] (102), 155[391] (102), 156[494] (125), 321[171] (262), 325[447] (294), 512[472] (492), 606[90] (528), 606[91] (529); **6**, 806f[22], 843f[176]
Jacobson, R. M., **7**, 658[699] (642)
Jacobson, S., **6**, 261[37] (246), 278[44] (274), 469[68] (467), 469[70] (467); **8**, 611[339] (594T, 595T, 598T)
Jacobson, S. E., **3**, 1249[166] (1191); **4**, 73f[6], 154[349] (87), 375[97] (356, 356T), 818[530] (777, 778); **6**, 469[70] (467); **8**, 462[490] (453), 462[491] (453), 606[43] (555, 579, 580, 594T), 608[165] (579, 580, 594T), 608[195] (586, 587, 588, 594T, 595T, 597T, 598T), 608[197] (588, 594T, 598T), 608[198] (588, 590, 594T, 598T), 611[338] (598T), 704[25] (672, 673), 927[64] (801), 931[327] (846)
Jacobus, J., **1**, 374[93] (321); **7**, 159[98] (149), 298[19] (270)
Jacoby, A. L., **1**, 250[552] (227)

Jacoby, P. J., **4**, 107f[93]
Jacogson, R. A., **3**, 1297f[19]
Jacot-Guillarmod, A., **1**, 247[370] (199), 248[427] (207), 248[427] (207); **3**, 429[209] (381), 436f[26], 436f[27], 460f[7], 460f[11], 461f[12], 461f[13], 461f[17], 461f[20], 461f[21], 461f[36], 463f[3], 474[64] (450), 474[94] (464), 474[95] (464), 474[96] (464), 474[100] (464), 474[106] (466), 474[124] (472)
Jacques, J., **7**, 252[31] (231)
Jadamus, H., **8**, 430f[4]
Jadhav, P. K., **7**, 141[29] (115), 253[125] (246), 253[127] (246)
Jaenicke, L., **7**, 651[325] (579)
Jaenicke, O., **4**, 508[246] (442), 510[369] (470)
Jaffé, H. H., **2**, 705[70] (690); **3**, 88[522] (77)
Jäger, H., **7**, 300[124] (288)
Jäger, S., **6**, 96[205] (49, 53T)
Jäger, V., **7**, 87f[12]
Jager, W. W., **6**, 745[588] (556)
Jaggard, J. F. R., **2**, 678[292] (662); **7**, 463[521] (448), 463[522] (448)
Jagner, S., **3**, 945f[4]; **6**, 760[1553] (698T)
Jagur-Grodzinski, J., **1**, 120[312] (111), 120[313] (111)
Jahn, C., **1**, 753[91] (740)
Jahnke, D., **1**, 647f[4], 680[590] (647, 661), 680[606] (649, 650), 680[609] (649, 650), 680[622] (650), 682[737] (581); **7**, 406f[6], 409f[1], 456[88] (385, 401, 406, 407, 409, 410), 458[201] (400, 441), 459[255] (409), 461[414] (431), 462[475] (442)
Jain, B. D., **3**, 265[124] (189), 265[125] (189), 265[126] (189), 265[127] (189), 265[128] (189), 265[129] (189), 265[131] (189), 266[175] (202), 633[283] (624), 633[295] (628), 782[220] (776), 1249[179] (1193), 1382[133] (1347), 1382[134] (1348); **6**, 943[120] (905, 906T)
Jain, S., **6**, 34[83] (16)
Jain, V. K., **3**, 372f[15], 628[10] (561), 628[11] (562), 628[13] (562)
Jäkle, H., **5**, 531[767] (410), 531[768] (410)
Jakob, W., **3**, 1137f[2], 1288f[1]
Jakobsen, H. J., **1**, 268f[5]
Jakobsen, T. G., **2**, 619[201] (547)
Jakubowski, A., **3**, 1246[44] (1160), 1248[143] (1186)
Jakubowski, A. A., **1**, 244[201] (177)
Jalander, L., **7**, 104[253] (33)
Jalics, G., **2**, 201[674] (164, 165)
Jamerson, J. D., **2**, 974[309] (925, 926); **3**, 125f[17], 160f[2], 170[152] (157), 170[158] (159), 266[146] (194), 268[275] (218), 268[276] (218, 220); **4**, 325[444] (293), 607[159] (546), 607[170] (548), 648[34] (624), 658f[34], 886[133] (869), 886[134] (869); **5**, 175f[8], 210f[3], 276[795] (259), 525[354] (330), 525[355] (330)
James, B., **8**, 99[316] (90, 91)
James, B. D., **3**, 631[221] (601, 602), 632[223] (602), 632[227] (602), 632[229] (602); **6**, 942[51] (902T), 942[54] (900, 901, 902T, 903T), 942[65] (901, 902T, 903T), 942[68] (901, 902T, 903T), 942[69] (901, 902T, 903T), 942[71] (901, 902T, 903T), 942[77] (901, 902T, 903T), 942[88] (903T), 942[90] (901, 903T), 942[91] (903T), 944[174] (913T); **8**, 281[121] (268)
James, B. R., **4**, 664f[6], 664f[7], 689[41] (667), 689[68] (670, 674), 689[69] (670), 689[70] (670), 810[16] (694), 810[20] (695, 696, 698), 812[157] (715), 812[157] (715), 812[175] (718), 813[260] (737), 814[275] (741), 814[276] (741), 841[80] (835), 841[81] (835), 886[123] (868), 907[15] (891), 939f[16], 944f[5], 958f[1], 962[1] (931, 932), 962[2] (931), 962[3] (931), 962[4] (932, 939), 962[4] (932, 939), 963[10] (933), 963[67] (941), 963[67] (941), 965[161] (957), 965[162] (958); **5**, 270[439] (142), 404f[35], 520[36] (282), 523[251] (307), 524[321] (318), 530[665] (388), 533[852] (421), 533[913] (432, 471T), 537[1131] (476), 537[1135] (476), 621[32] (548), 628[480] (614); **8**, 223[157] (175), 291f[4], 291f[8], 291f[12], 292f[4], 292f[6], 293f[4], 293f[7], 296f[1], 296f[2], 296f[3], 298f[1], 298f[2], 298f[15], 304f[5], 304f[13], 311f[1], 311f[3], 315f[2], 315f[4], 317f[1], 317f[4], 317f[6], 317f[13], 331f[1], 339f[19], 341f[1], 349f[4], 349f[5], 349f[10], 360[3] (286, 289), 361[10] (286, 288, 289), 362[96] (293, 299, 328), 362[121] (296), 363[163] (301), 364[221] (320), 365[277] (328, 338), 365[333] (338), 367[458] (352), 497[61] (478)
James, D. E., **6**, 346[260] (338), 384[101] (376); **8**, 223[177] (203), 934[535] (883), 935[627] (898), 935[629] (898), 936[652] (901), 936[655] (901)
James, E. J., **3**, 326[35] (291), 557[57] (555), 633[276] (622, 624), 646[47] (642, 643, 644), 760f[3], 768f[19], 769f[15], 779[53] (709); **8**, 305f[44]
James, R. W., **2**, 680[416] (673), 680[416] (673)
James, S. M., **4**, 811[80] (701, 712, 808), 811[81] (701), 812[147] (713), 1059[112] (984, 986, 994, 996); **5**, 526[397] (341), 622[67] (551)
James, T. A., **3**, 388f[15], 388f[19], 427[72] (354), 427[73] (354), 1249[176] (1192), 1381[108] (1342); **4**, 157[569] (133, 134), 157[573] (134), 1059[99] (981, 1006, 1027); **6**, 348[363] (324), 749[865] (601)
James, T. L., **2**, 191[227] (53)
James, W. R., **2**, 360[1] (306)
Jamieson, G., **3**, 733f[13]
Jamieson, J. W., **4**, 811[91] (704)
Jamieson, J. W. S., **4**, 664f[4], 675f[5], 906[1] (889, 891), 920[7] (910)
Jampel-Costa, E., **8**, 771[132] (740, 745, 748T)
Janas, Z., **8**, 1105[49] (1082, 1084)
Jander, G., **2**, 827f[2]
Janes, W. H., **3**, 547[135] (543), 557[65] (556), 632[259] (620), 951[345] (929); **8**, 405f[4], 457[222] (404, 415)
Jangala, C., **4**, 658f[42], 884[19] (848, 861)
Jannes, G., **8**, 605[18] (553), 608[195] (586, 587, 588, 594T, 595T, 597T, 598T), 609[234] (594T), 609[245] (595T, 596T, 598T, 601T)
Janoski, H. M., **2**, 302[337] (281, 288)
Janoušek, Z., **1**, 454[111] (430, 440), 455[158] (435, 440), 456[191] (440), 456[192] (440), 541[193a] (520), 553[67] (551)
Jansen, H. B., **3**, 80[48] (6), 81[60] (6); **6**, 14[112] (5)
Jansen, M., **2**, 200[640] (157)
Jansen, P. R., **4**, 328[608] (309)
Jansen, W., **2**, 675[105] (641), 675[106] (641), 678[304] (662)
Jansse, P. L., **7**, 652[342] (582)
Janssen, C. G. M., **7**, 458[214] (402)
Janssen, E., **1**, 243[116a] (168), 243[116b] (168), 250[523] (223); **7**, 99[14] (3), 99[15c] (3); **8**, 704[28] (672, 674T, 677)
Janssen, M. J., **2**, 508[155] (417), 510[271] (436), 624[514] (588), 625[597] (600), 625[607] (600), 678[260] (658); **3**, 700[399] (677, 678), 700[403] (677, 678, 683); **7**, 109[496] (70)
Janssen, R., **1**, 679[551] (642, 666)
Jansson, M. D., **6**, 344[120] (300T, 303), 740[245] (512)
Janta, R., **3**, 1249[161] (1190), 1381[93] (1340); **6**, 782f[5]
Janzen, A. F., **2**, 203[732] (180), 203[734] (181)
Janzen, E. G., **1**, 115[28c] (46); **2**, 300[225] (256)
Jaouen, G., **3**, 888f[2], 888f[5], 1005f[5], 1005f[17], 1071[216] (1001), 1071[219] (1001, 1010), 1071[240] (1008, 1027, 1048), 1071[241a] (1008), 1071[241b] (1008), 1071[242] (1008, 1027, 1028, 1049), 1073[313] (1019), 1073[362] (1026), 1073[364] (1028), 1074[396] (1033, 1047), 1074[420] (1036), 1075[440] (1038, 1047), 1075[470] (1043), 1076[483] (1047), 1076[486a] (1048), 1076[486b] (1048), 1076[487a] (1049), 1076[487b] (1049), 1076[505] (1053), 1076[507] (1053), 1076[508a] (1053), 1076[509] (1053), 1076[510a] (1053), 1076[510b] (1053), 1076[510c] (1053), 1077[581] (1064), 1290f[5], 1975[429] (1036, 1053); **4**, 159[648] (149); **8**, 312f[44], 339f[16], 365[318] (338), 1064[11] (1016, 1027, 1056, 1057, 1059), 1065[75] (1025), 1065[77] (1025), 1066[105] (1028, 1028f), 1068[236] (1049), 1069[250a] (1051), 1069[250a] (1051), 1069[286a] (1057), 1069[292] (1057), 1069[292] (1057), 1070[309a] (1059), 1070[309a] (1059), 1070[309a] (1059), 1070[309b] (1059)
Jappy, J., **2**, 508[117] (410), 513[430] (454), 678[312] (664)
Jarchow, O., **2**, 200[642] (157)
Jardine, F. H., **4**, 962[5] (932); **5**, 438f[6], 520[11] (278),

522[186] (302, 302T, 428); **6**, 262[89] (250); **8**, 220[5] (103), 361[55] (287), 361[56] (287), 496[12] (466)
Jardine, I., **4**, 962[6] (932); **6**, 757[1414] (673, 712), 943[138] (907, 909T), 943[139] (907, 909T); **8**, 312f[61]
Jarie, A. W. P., **2**, 1017[115] (994, 1000)
Jarnagin, R. C., **1**, 117[147] (75)
Jarosch, H., **3**, 265[112] (185)
Jaroschek, H.-J., **1**, 249[454] (210), 249[480] (215)
Jarosz, M., **3**, 326[11] (284)
Jarrell, M. S., **8**, 608[161] (579, 592, 594T), 609[222] (594T, 605), 610[283] (597T)
Jarvie, A. W. P., **1**, 244[184a] (176), 244[188] (176); **2**, 201[651] (159), 395[33] (370), 508[140] (413), 680[398] (673), 1018[180] (1000, 1001), 1018[197] (1002), 1020[318] (1010f); **7**, 646[11] (517)
Jarvis, A. C., **5**, 532[784] (412, 459, 462), 532[835] (419, 422, 428), 534[942] (409, 419, 425, 459, 462, 468), 534[979] (443, 459), 539[1286] (519); **6**, 348[390] (329), 469[64] (466)
Jarvis, J. A. J., **1**, 39[25] (10), 41[101] (21); **2**, 713f[6], 723f[4], 760[14] (715, 724, 725, 733, 750), 820[173] (802, 810); **3**, 85[354] (48), 269[366] (242), 269[367] (242), 430[239] (391), 461f[25], 474[104] (465), 474[105] (465), 645[16] (637), 645[17] (637); **4**, 325[443] (293), 326[515] (299); **5**, 536[1072] (462, 465, 520); **6**, 35[161] (30), 754[1164] (641, 642T), 754[1165] (641, 642T, 651), 754[1177] (641, 644T, 651, 732), 758[1480] (682)
Jarvis, W., **1**, 453[34] (420), 454[134] (432, 441)
Jason, M. E., **6**, 752[1020] (624T), 752[1021] (624T, 627T)
Jastrow, H., **3**, 473[56] (448)
Jastrzebski, J. T. B. H, **2**, 620[264] (555), 620[265] (555), 713f[15], 713f[17], 713f[22], 713f[26], 713f[49], 715f[9], 723f[14], 736f[4], 760[17] (715, 716, 720, 728, 736, 739, 740), 760[27] (716, 734, 735, 741), 761[37] (717, 737), 761[71] (722, 724, 734, 738, 740, 748, 749, 750, 755), 761[78] (724, 758), 762[115] (734), 763[181] (758), 763[183] (758), 763[187] (760), 770f[4], 819[68] (777, 781), 819[85] (781), 819[88] (781); **5**, 529[590] (377); **7**, 726[113] (688)
Jäth, G., **4**, 611[434] (593)
Jaud, J., **6**, 187[7] (183T, 184)
Jauhal, G. S., **6**, 263[159], 740[280] (516), 741[308] (518, 526), 750[942] (615, 619, 621, 629)
Jauhal, S., **6**, 262[102] (251), 263[166] (257)
Jaun, B., **1**, 115[32] (47, 101, 101T)
Jaura, K. L., **2**, 620[235] (550), 621[330] (563)
Jautelat, M., **8**, 795[90] (793)
Javora, P. H., **2**, 621[306] (560), 624[497] (585)
Jawad, J. K., **2**, 820[176] (805, 808); **6**, 745[568] (552), 745[570] (552, 558), 747[721] (583), 747[722] (583)
Jawaid, M., **2**, 932f[1], 975[341] (931)
Jaworska-Augustyniak, A., **6**, 228[250] (194)
Jaworsky, R., **1**, 150[78] (123)
Jayalakshmi, S., **7**, 87f[15]
Jayalekshmy, P., **8**, 608[148] (573)
Jayaraman, T. V., **8**, 607[113] (564), 607[114] (564)
Jayasooriya, U. A., **4**, 907[66] (903)
Jayawant, M., **2**, 619[211] (547, 554)
Jean, A., **2**, 508[130] (411), 511[330] (441)
Jeanne, C., **3**, 833f[7]
Jeannin, S., **4**, 107f[76], 811[97] (705, 712), 841[91] (837), 841[92] (837), 846f[3], 887[195] (882), 887[196] (882), 887[197] (882)
Jeannin, Y., **3**, 1299f[4]; **4**, 107f[76], 811[97] (705, 712), 841[91] (837), 841[92] (837), 846f[3], 887[195] (882), 887[196] (882), 887[197] (882); **5**, 301f[1], 522[174] (300), 533[873] (427); **6**, 1112[160] (1084)
Ječný, J., **1**, 541[212] (525, 534T), 542[250] (534T); **5**, 536[1054] (462), 536[1055] (462), 536[1056] (462)
Jefferson, R., **1**, 308[470] (294); **3**, 840f[6]
Jeffery, E. A., **1**, 40[30] (10, 11, 15), 672[101] (576, 589, 627), 673[150] (589, 602), 673[152] (589, 590), 673[179] (592), 674[206] (595), 674[232] (602), 674[242] (603), 677[420] (627), 680[613] (649), 682[725] (581), 720[35] (687, 690, 691); **2**, 859[11] (825); **6**, 93[8] (54T, 61T, 64, 70, 72), 94[89] (54T, 61T, 72), 180[56] (172, 173T); **7**, 335[8] (324),
456[77] (384, 385, 395, 405, 430, 442), 459[246] (408), 459[247] (408), 459[293] (413, 441), 459[310] (415), 460[321] (417), 460[338] (418), 460[339] (418), 461[415] (431); **8**, 772[182] (746, 764T, 765T), 772[185] (746, 764T), 772[186] (746), 772[191] (769), 1100f[1], 1106[104] (1099)
Jeffery, J., **3**, 102f[2], 629[47] (567, 586, 607, 608), 629[48] (567, 586, 607, 608), 629[54] (568, 580, 581, 583, 585, 587, 596), 630[148] (568, 581, 587, 590, 595, 602, 603); **4**, 810[38] (697, 742), 810[39] (697); **8**, 1104[11] (1075, 1079)
Jeffery, J. C., **3**, 82[155] (21, 23); **4**, 242[509] (223, 224T, 227), 810[28] (696, 702); **5**, 271[503] (167), 523[257] (307), 523[260] (307), 523[261] (307); **6**, 737[49] (483), 754[1208] (650T), 840f[57], 868f[29], 875[132] (784, 787), 875[134] (784)
Jefford, C. W., **7**, 252[34] (231), 650[241] (565); **8**, 928[99] (803)
Jeffrey, J. W., **3**, 789f[3]
Jeffrey, K. R., **2**, 974[310] (925); **3**, 126f[2], 135f[6], 168[25] (99, 167), 169[56] (122); **4**, 479f[32], 509[315] (452), 658f[35], 816[396] (760), 885[51] (852)
Jeffreys, J. A. D., **4**, 155[421] (115), 158[597] (138), 608[189] (551, 553, 553f), 608[245] (568f, 569); **5**, 271[487] (161)
Jeffries, III, A. T., **1**, 375[170] (334), 375[171] (334)
Jeffs, P. W., **7**, 224[93] (205)
Jehn, W., **2**, 679[370] (669), 679[372] (669), 679[373] (669); **4**, 328[614] (309, 310)
Jehring, H., **2**, 621[290] (557)
Jelinek, M., **2**, 361[116] (325)
Jellal, A., **7**, 648[108] (539)
Jellinek, F., **3**, 327[44] (294), 327[51] (295), 328[131] (313), 328[132] (313), 328[133] (313), 398f[47], 430[270] (401), 630[93] (572, 590), 631[200] (590, 620, 621), 632[243] (608), 633[285] (624), 633[286] (624), 700[400] (677, 678, 680, 683), 701[411] (677), 703[573] (692, 693), 703[576] (693), 782[219] (776), 1068[58] (972), 1069[127] (986), 1250[216] (1203); **4**, 1061[222] (1018); **8**, 1067[170] (1041), 1067[170] (1041)
Jelsma, A., **3**, 701[415] (677)
Jelus, B. L., **1**, 721[114] (701, 705, 712), 722[195] (712)
Jemmis, E. D., **1**, 42[199] (39), 42[201] (39), 42[202] (39), 115[22] (45, 77, 107, 108), 117[150] (77, 79), 117[158] (77, 79), 117[160] (77), 119[236] (93), 149[19] (122), 149[23] (122), 149[32] (122, 145, 147); **3**, 88[544] (78), 779[87] (724, 741), 1067[24] (963), 1248[110] (1180); **4**, 605[27] (517, 518, 519), 839[10] (823); **6**, 876[174] (793)
Jenkins, A. D., **3**, 359f[5], 427[77] (354), 474[76] (459), 630[128] (578, 590), 764[16] (781), 781[185] (764); **8**, 606[81] (559, 595T)
Jenkins, B., **2**, 636f[4]
Jenkins, C. R., **3**, 386f[7]; **4**, 107f[80], 234[74] (168, 169), 236[193] (186T), 322[244] (270)
Jenkins, D. K., **3**, 1251[287] (1218)
Jenkins, I. D., **2**, 510[236] (429); **4**, 507[192] (431, 438, 466), 613[517] (600, 602f); **8**, 1010[167] (983), 1010[185] (988)
Jenkins, J. M., **3**, 833f[14], 833f[15], 833f[64]; **4**, 694f[5], 810[15] (693); **6**, 241[31] (238), 744[541] (546)
Jenkins, W. J., **2**, 894f[9]
Jenkner, H., **1**, 654f[1], 678[473] (632); **7**, 457[160] (396)
Jenne, H., **1**, 308[468] (294)
Jenner, E. L., **4**, 965[149] (956); **6**, 752[1064] (633, 672, 712), 757[1373] (671); **8**, 361[47] (287), 382f[9], 392f[6], 397f[17], 422f[2], 425f[1], 455[69] (381, 383, 392, 396, 414, 421)
Jenner, G., **7**, 8f[5]; **8**, 98[244] (69), 98[252] (71)
Jenner, M. R., **7**, 652[343] (582)
Jennings, C. A., **1**, 116[85] (58)
Jennings, J. R., **1**, 596f[5], 673[169b] (591), 680[607] (649, 650), 680[610] (649), 696f[16], 721[105] (601), 723[229] (716); **7**, 461[412] (431, 433)
Jennings, M. A., **5**, 306f[3], 316f[2], 523[200] (303T, 304T, 314)
Jennings, P. W., **2**, 908f[16]; **5**, 28f[1]; **8**, 641[20] (634T), 769[18] (722T, 723T, 732)

Jennings, W. B., **3**, 1004f[7], 1005f[4], 1005f[22], 1072[301b] (1018, 1037), 1073[342] (1024), 1073[348] (1025), 1075[465] (1042), 1211f[5], 1211f[13]; **8**, 1065[66] (1022, 1022f, 1023)
Jennische, P., **3**, 721f[4], 725f[5], 731f[1], 733f[4], 734f[5], 735f[7], 780[101] (730, 737, 738)
Jenny, E. F., **7**, 511[95] (487)
Jens, K.-J., **4**, 610[335] (583)
Jensen, A., **3**, 372f[4], 630[106] (574, 575), 630[109] (575), 702[472] (684)
Jensen, F. R., **2**, 507[61] (404), 618[86] (535), 618[108] (538), 675[78] (638), 882f[13], 969[16] (864, 866, 892, 895, 961, 962, 965, 966), 970[58] (869), 972[161] (892), 972[166] (894, 895), 972[172] (895), 977[433] (953), 977[490] (960), 978[492] (962), 978[499] (962), 978[499] (962), 978[533] (967); **7**, 107[384] (51)
Jensen, H., **8**, 454[38] (378)
Jensen, J., **3**, 103f[6]; **4**, 375[135] (366, 368, 369T), 504[50] (392)
Jensen, K. A., **2**, 1016[100] (989), 1020[317] (1010f); **6**, 14[87] (9), 738[139] (497), 752[1063] (633, 639); **7**, 42f[5]
Jensen, S., **2**, 969[10] (864), 1017[141] (998)
Jensen, S. R., **1**, 241[13] (157, 186)
Jensen, T. R., **5**, 623[163] (565)
Jensen, W. A., **2**, 971[124] (886); **7**, 726[67] (676)
Jentsch, R., **7**, 106[382] (51), 107[394] (53)
Jeremic, M., **3**, 1261f[1]
Jernelöv, A., **2**, 969[10] (864), 1015[37] (982, 983, 998, 1008), 1017[141] (998), 1017[158] (998), 1019[256] (1007)
Jernigan, R. T., **4**, 320[82] (251); **6**, 1039[22] (991), 1066f[3]
Jerome, R., **1**, 120[306] (111)
Jerussi, R. A., **8**, 411f[15], 458[278] (412)
Jesse, A. C., **5**, 437f[3], 438f[1], 438f[1], 520[52] (283, 420), 532[836] (419, 420), 532[842] (419), 532[845] (420), 532[846] (420), 626[338] (591), 626[339] (591), 626[340] (591), 626[341] (592); **6**, 755[1237] (653, 654)
Jesson, J. P., **3**, 112f[6], 112f[7], 168[46] (113), 170[136] (153), 709f[4], 779[52] (709), 851f[14], 851f[31], 851f[32], 851f[36]; **4**, 319[22] (246), 319[28] (246), 325[460] (295, 313), 374[21] (334, 335), 374[45] (340), 380f[6], 418f[4], 504[38] (386, 431), 505[98] (404, 417, 429, 442), 506[144] (419), 509[310] (452), 512[514] (501), 657f[20], 689[57] (668), 812[177] (718), 812[188] (718), 813[236] (728), 813[237] (728), 813[238] (729), 813[258] (736), 815[360] (755), 1058[79] (978), 1060[193] (1006), 1060[195] (1006), 1060[197] (1006), 1061[241] (1020); **5**, 533[879] (428); **6**, 94[61] (40, 43T), 95[130] (39, 40, 43T), 95[132] (40, 43T), 95[146] (40, 43T), 96[184] (40), 241[15] (235), 241[15] (235), 241[16] (235), 252f[5], 262[97] (251), 262[99] (251), 741[343] (522); **8**, 281[80] (256), 291f[30], 362[103] (294), 368[497] (355), 368[505] (357, 358), 368[509] (358)
Jessop, G. N., **1**, 273f[32], 273f[33], 304[198] (271)
Jesthi, P. K., **1**, 379[413] (364), 379[414] (364), 379[415] (364); **7**, 301[173a] (297), 336[39b] (329)
Jeter, D. Y., **5**, 558f[3]
Jetz, W., **2**, 679[362] (668); **4**, 157[554] (131), 309f[7], 327[600] (308), 328[658] (313), 606[78] (524f, 525); **6**, 1019f[58], 1039[42] (994), 1066f[2], 1066f[8], 1111[63] (1055), 1112[112b] (1070)
Jewett, K. L., **2**, 621[287] (557), 1015[26] (981), 1015[38] (982), 1015[40] (982), 1018[209] (1002, 1003, 1012f), 1018[226] (1004)
Jewis, J., **2**, 1018[193] (1001, 1004)
Jewitt, B., **1**, 248[409] (203, 205); **3**, 83[200] (29), 699[341] (673, 674); **4**, 479f[12], 816[409] (761), 1061[224] (1018); **5**, 275[721] (245); **6**, 227[244] (191, 191T, 193T); **8**, 1064[3] (1015)
Jewsbury, R. A., **5**, 355f[10], 525[382] (317, 354), 530[655] (386); **8**, 368[504] (357)
Jex, V. B., **2**, 196[474] (116)
Jezowska-Trzebiatowska, B., **3**, 696[108] (656), 696[109] (656), 697[161] (661), 1077[597] (1067); **8**, 366[368] (342), 1104[36] (1079, 1082, 1084), 1105[49] (1082, 1084), 1106[112] (1101)
Jicha, D. C., **5**, 546f[7], 621[27] (547)
Jick, B. S., **1**, 309[534] (297)

Jigajinni, V. B., **7**, 299[44] (275)
Jilek, J. O., **7**, 510[18] (471)
Jiménez, R., **3**, 411f[8], 431[301] (409), 631[201] (590); **6**, 99[359] (50T), 345[145] (304, 305), 744[543] (546)
Jinkerson, D., **5**, 270[406] (131)
Jinks, J. R. A., **3**, 279[5] (271)
Jira, R., **4**, 2f[6], 156[462] (124); **5**, 264[8] (3, 244); **6**, 362[54] (358), 443[125] (402), 453[8] (448), 453[12] (448); **8**, 220[4] (103), 927[29] (800, 835, 883), 929[169] (810), 934[534] (883), 934[544] (884)
Jisova, V., **7**, 9f[8]
Joachim, P. J., **2**, 674[50] (636)
Joanny, M., **2**, 301[285] (269), 302[383] (293)
Job, A., **3**, 786f[1], 946[3] (784), 1256f[1a], 1316[3] (1256)
Job, B. E., **3**, 632[255] (620), 632[258] (620); **4**, 323[302] (277, 302), 326[515] (299), 840[74] (834), 887[185] (881); **6**, 261[31] (245), 445[258] (420), 761[1627] (716, 728)
Job, E., **2**, 195[396] (99); **4**, 328[607] (309)
Job, R., **4**, 510[399] (481); **5**, 266[115] (25); **6**, 14[119] (4)
Job, R. C., **2**, 507[52] (404); **3**, 966f[7]; **4**, 606[102] (532); **6**, 1111[67] (1057, 1087, 1088)
Jödden, K., **4**, 157[532] (129)
Joffe, M. S., **5**, 622[82] (557, 612, 620)
Joh, T., **5**, 272[558] (187, 226, 264), 275[773] (254), 530[692] (395), 535[1000] (450); **6**, 742[374] (525, 706); **8**, 364[253] (324, 328), 606[64] (558, 596T)
Johannes, M. L., **8**, 298f[10]
Johannesen, R. B., **3**, 695[32] (650); **4**, 324[394] (288)
Johannsen, F. H., **4**, 1058[53] (973, 975, 999), 1058[54] (975, 999), 1058[55] (974, 975), 1059[152] (992)
Johannsen, G., **3**, 630[135] (579), 838f[13]; **6**, 36[205] (19T), 839f[10]
Johannsen, H., **3**, 695[78] (653, 665)
Johannsen, T., **1**, 696f[10], 722[162] (708), 722[163] (708)
Johannson, O. K., **2**, 362[151] (336)
Johans, A. W., **3**, 1266f[2]
Johansen, H., **3**, 82[179] (27), 88[518] (76); **6**, 94[91] (45), 99[341] (45, 75)
Johansen, R., **1**, 149[27] (122, 145, 147), 264f[8]
Johansson, A. A., **4**, 233[12] (163), 237[239d] (192), 238[268] (199)
Johansson, G., **3**, 85[380] (52); **6**, 752[1037] (627T, 697)
Johansson, N. G., **2**, 977[459] (957)
John, G. R., **3**, 1077[582] (1064), 1077[583] (1064), 1077[584b] (1064), 1383[234] (1372); **4**, 512[493] (498), 512[496] (498), 602f[13], 815[365] (755), 815[366] (755), 908[80] (905), 1060[213] (1015), 1061[257] (1026), 1063[384] (1052), 1063[396] (1054), 1063[397] (1054), 1063[400] (1055), 1063[401] (1055); **8**, 280[45] (245), 1010[179] (988), 1010[184] (988)
John, J., **3**, 266[135] (190, 202)
John, P., **4**, 675f[10], 675f[11], 689[46] (667), 690[93] (674), 810[3] (693, 704, 708, 711, 712), 810[10] (693, 711), 810[34] (696), 1058[77] (977, 981, 1007)
Johns, W. S., **6**, 739[210] (505), 746[642] (564, 684, 720)
Johnson, A., **2**, 768f[3], 768f[4], 768f[7], 768f[15], 769f[4], 769f[5], 796f[4], 796f[6], 796f[13], 796f[14], 813f[8], 818[22] (767, 805, 808, 809), 818[44] (772, 806, 809, 811, 814), 820[172] (802, 806, 810, 811), 820[173] (802, 810), 820[178] (806), 820[179] (806, 807), 820[183] (807, 808), 820[184] (807, 808), 820[189] (809, 811); **6**, 745[573] (553)
Johnson, A. W., **1**, 678[507] (633); **3**, 833f[61]; **5**, 268[297] (80), 269[317] (88, 91); **6**, 740[242d] (511); **7**, 110[564] (84)
Johnson, B. F. G., **1**, 41[153] (35), 41[159] (35), 41[160] (35), 41[163] (35), 42[165] (35), 42[166] (35); **2**, 768f[4], 817[7] (766, 786), 818[26] (767); **3**, 82[136] (18), 82[147] (21, 22), 86[399] (55), 86[405] (57), 108f[15], 108f[16], 108f[26], 108f[27], 108f[28], 108f[31], 109f[9], 109f[10], 118f[15], 125f[14], 156f[18], 156f[19], 165f[7], 168[34] (103), 168[35] (103), 170[137] (154), 170[140] (154), 170[141] (154), 170[150] (157), 170[151] (157, 158), 170[154] (158), 170[160] (161), 170[162] (161), 170[166] (162), 171[183] (167), 171[184] (167), 948[117] (846), 948[172] (872), 949[186] (873), 1075[448] (1039), 1076[540] (1058, 1060), 1106f[12], 1112f[1], 1146[27] (1093), 1146[28] (1093), 1147[66]

Johnson (1111), 1147^{67} (1111), 1251^{277} (1217, 1227), 1252^{342} (1230), 1317^{63} (1281), 1317^{64} (1281), 1383^{227} (1370); **4**, 65f^{62}, 107f^{79}, 151^{97} (25, 68), 151^{98} (25, 68), 155^{403} (111), 241^{428} (214, 215T, 231, 232T), 321^{129} (257), 321^{165} (261), 321^{175} (262, 272), 322^{191} (266, 317), 322^{249} (271), 326^{488} (297, 298), 326^{491} (298), 327^{580} (306, 316), 329^{678} (316), 380f^{19}, 422f^{16}, 424f^{1}, 435f^{18}, 435f^{28}, 505^{101} (405), 505^{109} (408, 423), 505^{110} (408), 505^{110} (408), 506^{130} (413), 506^{158} (424, 455), 506^{158} (424, 455), 507^{181} (429), 507^{183} (429, 443), 507^{187} (430), 508^{248} (442), 508^{248} (442), 508^{252} (442), 509^{345} (463), 509^{349} (464, 498), 510^{359} (468), 510^{360} (468), 512^{489} (496), 512^{489} (496), 512^{492} (498), 512^{495} (498), 602f^{6}, 612^{479} (597), 616f^{1}, 648^{2} (615, 616, 617, 623), 648^{3} (615), 648^{4} (615, 616, 644), 649^{104} (644), 658f^{30}, 658f^{39}, 658f^{40}, 658f^{41}, 658f^{44}, 658f^{45}, 658f^{46}, 658f^{53}, 659^{6} (658), 664f^{1}, 664f^{8}, 688^{15} (665), 688^{16} (665), 689^{32} (666), 689^{34} (666), 689^{64} (669), 689^{76} (672, 673, 674), 690^{92} (673), 690^{94} (674), 810^{33} (696, 697), 810^{55} (699), 810^{56} (699), 811^{117} (708), 811^{126} (709), 814^{281} (743), 814^{304} (747), 814^{305} (747, 750), 814^{306} (747), 814^{307} (747), 814^{308} (747), 814^{324} (750, 758), 814^{330} (750, 752), 815^{341} (752), 815^{342} (752), 815^{363} (755), 815^{372} (756), 815^{373} (757), 841^{82} (836), 841^{85} (836), 841^{90} (837), 846f^{1}, 846f^{4}, 846f^{6}, 873f^{8}, 884f^{1}, 884^{5} (844, 849, 881), 884^{11} (844, 848), 884^{17} (847), 884^{18} (848, 850), 884^{28} (849), 884^{29} (850), 884^{30} (850), 884^{31} (850), 885^{60} (854), 885^{61} (854), 885^{95} (863), 886^{97} (863), 886^{100} (864), 886^{102} (864), 886^{108} (866), 886^{111} (866), 886^{141} (871), 886^{143} (871), 886^{160} (875), 887^{162} (875), 887^{177} (881), 887^{178} (881), 887^{179} (881), 887^{180} (881), 887^{181} (881, 882), 887^{191} (882), 887^{192} (882), 887^{193} (882), 887^{194} (882), 887^{199} (883), 887^{201} (883), 890f^{1}, 903f^{2}, 903f^{3}, 905f^{1}, 906^{3} (889, 896), 906^{4} (889, 896), 906^{6} (890, 891), 906^{7} (890, 891), 906^{8} (890, 891), 907^{26} (892), 907^{35} (896, 901), 907^{37} (896, 898), 907^{40} (898, 905), 907^{46} (899), 907^{47} (899), 907^{53} (900, 901, 904), 907^{57} (901), 907^{58} (902), 907^{61} (902), 907^{62} (902), 907^{63} (902), 907^{65} (903), 907^{66} (903), 907^{67} (904), 907^{70} (904), 907^{71} (904, 905), 908^{72} (904), 908^{73} (904, 905), 908^{75} (905), 908^{80} (905), 928^{5} (924), 928^{20} (925), 965^{181} (961), 1057^{2} (968, 973, 975), 1057^{3} (968), 1057^{23} (969, 1004), 1057^{29} (971), 1057^{30} (971), 1057^{31} (971), 1058^{43} (972, 1052), 1058^{44} (972), 1058^{47} (972), 1058^{48} (973, 1033), 1058^{50} (973), 1058^{56} (974, 975), 1058^{66} (975, 1031, 1032), 1058^{68} (976), 1058^{74} (977), 1059^{94} (979, 980), 1059^{124} (987), 1059^{126} (987), 1059^{128} (987, 999, 1014), 1059^{129} (987, 999, 1014), 1059^{130} (987, 989), 1060^{184} (1001), 1060^{206} (1015, 1017), 1060^{210} (1007, 1015), 1060^{211} (1015), 1060^{216} (1017), 1061^{257} (1026), 1061^{260} (1026, 1027, 1050), 1061^{268} (1027), 1061^{269} (1028), 1061^{271} (1028), 1061^{273} (1029), 1061^{274} (1029), 1061^{278} (1030), 1062^{284} (1031), 1062^{285} (1031), 1062^{286} (1032), 1062^{290} (1032), 1062^{294} (1033), 1062^{295} (1033), 1062^{308} (1035, 1038), 1062^{311} (1035), 1062^{316} (1036), 1062^{321} (1038), 1062^{324} (1039, 1040, 1041), 1062^{325} (1039), 1062^{326} (1039), 1062^{328} (1039), 1062^{331} (1041), 1062^{332} (1042), 1062^{339} (1043), 1062^{340} (1043), 1063^{341} (1043, 1050), 1063^{349} (1044, 1045), 1063^{352} (1046), 1063^{353} (1046), 1063^{367} (1050), 1063^{370} (1050), 1063^{371} (1050), 1063^{372} (1050), 1063^{373} (1050, 1053), 1063^{381} (1052), 1063^{384} (1052), 1063^{385} (1052), 1063^{386} (1053), 1063^{387} (1053), 1063^{393} (1054), 1063^{396} (1054), 1063^{397} (1054), 1063^{398} (1054), 1063^{399} (1055), 1063^{400} (1055), 1063^{401} (1055), 1064^{402} (1056), 1064^{403} (1056, 1057), 1064^{404} (1056), 1064^{406} (1056), 1064^{407} (1056), 1064^{408} (1057), 1064^{409} (977, 982, 984, 994, 1006, 1014, 1057), 1064^{413} (1018), 1064^{417} (1026), 1064^{418} (1032), 1064^{419} (1048), 1064^{420} (1050), 1064^{421} (1053); **5**, 264^{26} (6), 264^{34} (7, 16), 264^{35} (7), 265^{73} (16), 266^{131} (28), 272^{576} (191), 274^{703} (238, 239), 274^{704} (239), 327f^{2}, 331f^{3}, 362f^{13}, 524^{306} (318, 327, 328, 332, 360), 524^{307} (318), 525^{341} (318, 327, 328), 525^{350} (328, 329), 527^{507} (360), 527^{508} (360), 531^{742} (405), 535^{995} (448, 449, 486), 535^{997} (449, 491, 506, 511), 536^{1082} (468, 514, 516), 536^{1114} (474T), 536^{1115} (473, 474T), 537^{1169} (467, 484, 516), 538^{1196} (485, 512, 513), 539^{1283} (516), 539^{1284} (516), 539^{1285} (518), 608f^{2}, 610f^{2}, 610f^{2}, 621^{3} (542), 623^{170} (565, 573, 575, 590), 627^{400} (600), 628^{457} (607, 609), 628^{463} (609), 628^{502} (618); **6**, 13^{81} (9), 13^{83} (9), 14^{108} (10), 14^{137} (11), 35^{151} (32), 35^{151} (32), 261^{20} (245), 261^{28} (245), 262^{133} (254), 346^{227} (312T, 312), 346^{268} (315, 316, 337), 347^{319} (321), 383^{30} (365, 380), 383^{31} (365, 380), 383^{32} (365, 380), 445^{268} (422, 429), 446^{322} (429), 446^{323} (429), 736^{30} (478), 736^{31} (478), 737^{93} (490), 741^{326} (519), 741^{327} (519, 568, 582), 742^{369} (524), 742^{370} (524), 750^{935} (615), 750^{936} (615, 617, 652, 654), 751^{1010} (622, 626, 694), 751^{1012} (622), 754^{1217} (652, 661), 754^{1218} (652, 661), 754^{1220} (652), 754^{1222} (652), 756^{1340} (665, 666), 756^{1342} (666), 762^{1693} (734), 806f^{52}, 841f^{127}, 868f^{35}, 871f^{125}, 871f^{137}, 875^{113} (779), 877^{223} (818), 987f^{1}, 1028f^{15}, 1039^{7} (988, 991); **7**, 225^{118} (208); **8**, 99^{326} (92), 280^{45} (245), 934^{526} (881), 1009^{103} (970, 1004), 1009^{103} (970, 1004), 1009^{105} (970, 1004), 1009^{114} (971), 1009^{118} (972), 1009^{122} (973), 1009^{149} (979, 980), 1009^{161} (982), 1010^{192} (994), 1010^{211} (1004), 1010^{212} (1004), 1011^{229} (1006), 1011^{230} (1007)

Johnson, B. V., **3**, 108f^{8}, 108f^{9}; **4**, 375^{131} (365, 368, 369T), 391f^{1}, 504^{48} (391), 818^{535} (778), 818^{545} (779); **6**, 224^{78} (203T, 206)

Johnson, C., **1**, 245^{229} (179f, 180)

Johnson, C. A. F., **1**, 42^{173} (36)

Johnson, C. E., **4**, 324^{366} (286)

Johnson, C. M., **2**, 1019^{242} (1005), 1019^{243} (1005)

Johnson, C. R., **2**, 763^{172} (755); **7**, 110^{591} (91), 727^{165} (702, 712), 727^{173} (703, 712), 728^{182} (705, 707), 728^{195} (707), 728^{196} (707)

Johnson, Jr., C. S., **3**, 102f^{11}

Johnson, D. K., **6**, 469^{69} (467); **7**, 510^{27} (475), 510^{28} (475, 479), 513^{195} (504)

Johnson, D. L., **1**, 309^{525} (297), 309^{530} (297), 309^{532} (297); **2**, 1017^{165} (998), 1018^{213} (1003, 1012f, 1014), 1018^{214} (1003, 1012f), 1018^{221} (1004, 1012), 1019^{284} (1012), 1019^{285} (1012); **3**, 1248^{114} (1181); **4**, 64f^{2}, 151^{89} (24, 92), 153^{242} (62, 63), 154^{326} (78), 328^{641} (311), 605^{40} (519); **5**, 12f^{1}; **6**, 1112^{139} (1076)

Johnson, D. M., **1**, 246^{335} (195)

Johnson, D. R., **2**, 203^{738} (182)

Johnson, F., **2**, 619^{161} (544)

Johnson, F. A., **1**, 453^{62} (423)

Johnson, G. A., **3**, 1052f^{3}, 1076^{504} (1052), 1077^{594} (1066); **5**, 366f^{12}, 528^{533} (365), 528^{534} (365)

Johnson, G. K., **1**, 120^{296} (107)

Johnson, II, H. D., **1**, 456^{220} (446), 457^{240} (450), 457^{240} (450); **3**, 125f^{20}

Johnson, Jr., H. W., **6**, 753^{1097} (636, 659), 755^{1292} (659), 755^{1293} (659)

Johnson, I. K., **1**, 753^{37} (731), 753^{38} (731); **2**, 972^{141} (889); **7**, 513^{192} (502)

Johnson, J., **4**, 374^{62} (343, 344f), 610^{357} (586)

Johnson, J. B., **3**, 80^{19} (2, 3, 4, 5, 12), 946^{7a} (791)

Johnson, J. F., **7**, 455^{28} (378)

Johnson, J. L., **2**, 302^{345} (284)

Johnson, J. R., **1**, 285f^{2}, 285f^{35}, 304^{178} (270, 288), 304^{180} (270, 287), 304^{189} (270, 287), 306^{306} (284); **4**, 166f^{15}, 234^{54} (167), 890f^{5}, 907^{23} (892); **6**, 796f^{1}, 796f^{2}, 840f^{48}, 840f^{50}, 876^{183} (795), 876^{184} (795); **7**, 299^{58a} (277), 299^{58b} (277), 301^{158a} (294), 301^{158b} (294)

Johnson, J. S., **2**, 194^{370} (95), 194^{371} (95), 508^{128} (411)

Johnson, J. W., **4**, 156^{472} (124), 512^{486} (496, 502), 963^{33} (936); **8**, 1068^{203a} (1045, 1046), 1068^{203c} (1045, 1058)

Johnson, K. H., **3**, 80^{14} (2, 5, 6, 28), 80^{15} (2, 5), 80^{28} (4), 80^{37} (6), 80^{38} (6), 80^{52} (6), 83^{199} (28, 29), 85^{352} (48); **6**, 12^{22} (5), 241^{5} (234), 751^{953} (615, 691)

Johnson, K. K., **8**, 472f[9]
Johnson, L. F., **5**, 327f[1], 524[304] (318)
Johnson, L. R., **2**, 1017[129] (997)
Johnson, M., **3**, 546[71] (506, 509)
Johnson, M. A., **8**, 1008[69] (957)
Johnson, M. D., **1**, 742f[1], 742f[2], 753[84] (739), 754[109] (746); **2**, 971[109] (883), 978[495] (962), 978[523]; **3**, 169[57] (127), 951[323] (923), 951[324] (923, 927), 951[325] (923); **4**, 154[356] (89), 154[357] (89), 154[358] (89), 154[361] (90), 373[9] (333), 374[60] (343), 374[65] (346), 374[66] (346, 352), 374[67] (346, 352), 375[90] (353, 353T), 375[104] (357), 375[120] (362); **5**, 85f[1], 95f[2], 267[241] (60), 268[300] (81, 86, 88, 92, 97-99, 102, 103, 106, 109-113, 117-123, 125, 129-133, 138, 140, 141, 144-146, 148, 149, 185), 269[335] (96, 98, 108, 112), 269[343] (102, 120, 121), 269[344] (103, 118, 127), 269[349] (105, 109, 118), 269[354] (106, 109, 110), 270[381] (119), 270[384] (123, 149), 270[389] (125, 131), 270[396] (128), 529[627] (378), 624[185] (567); **8**, 368[507] (357)
Johnson, M. P., **3**, 1381[120] (1344); **4**, 238[319] (205, 206T, 206); **6**, 262[100] (251), 346[225] (312T, 312), 443[141] (403), 941[1] (880, 881T, 883T, 884); **8**, 927[73] (801)
Johnson, N. P., **5**, 528[570] (375), 549f[1], 554f[3], 556f[7], 623[132] (562, 572, 573), 628[471] (612); **6**, 758[1478] (682)
Johnson, O. H., **1**, 53f[9]; **2**, 506[45] (403), 507[55] (404)
Johnson, P. D., **1**, 374[101] (321)
Johnson, P. E., **3**, 546[49] (496)
Johnson, P. L., **3**, 632[222] (601), 947[38] (814), 1269f[3]; **6**, 942[89] (901, 903T)
Johnson, R., **2**, 675[100] (641)
Johnson, R. D., **4**, 905f[1]
Johnson, R. E., **4**, 320[57] (249)
Johnson, R. J., **3**, 1247[88b] (1175, 1240)
Johnson, R. N., **4**, 694f[11], 810[26] (696, 743), 813[266] (739, 743, 744), 814[268] (739, 744), 886[146] (872); **5**, 310f[6], 317f[15], 523[256] (307, 314), 531[725] (399, 431), 531[726] (399, 431, 498), 533[900] (430), 533[908] (431), 534[975] (443), 534[976] (443), 534[977] (443), 534[978] (443), 535[1026] (459), 538[1249] (498), 625[270] (581, 602), 625[271] (581, 588, 592, 602), 625[304] (588, 590, 592, 593), 626[330] (590, 592); **6**, 180[69] (172, 173T)
Johnson, R. P., **7**, 252[34] (231)
Johnson, Jr., R. W., **1**, 150[83] (124), 151[115] (127), 152[240] (147), 152[241] (147); **4**, 84f[1], 97f[24], 152[177] (44, 84, 89), 153[293] (72, 89), 375[106] (357); **6**, 842f[172], 874[83] (774, 775)
Johnson, S., **5**, 311f[5], 524[276] (304T, 311)
Johnson, S. H., **5**, 274[701] (237), 534[961] (442), 534[964] (442), 535[1017] (457, 519), 539[1289] (519)
Johnson, S. J., **7**, 103[219] (29)
Johnson, T. H., **6**, 747[692] (577); **8**, 551[111c] (529), 551[126] (535), 935[611] (896)
Johnson, T. R., **2**, 190[185] (41), 190[199] (45); **3**, 851f[50]
Johnson, W. H., **1**, 302[21] (257)
Johnson, W. K., **1**, 676[391] (625)
Johnson, W. S., **7**, 648[139] (547), 648[143] (547)
Johnston, J., **2**, 202[716] (175); **7**, 655[497] (606, 607)
Johnston, R. D., **3**, 949[704] (876); **4**, 65f[62], 151[97] (25, 68), 151[98] (25, 68), 689[64] (669), 689[68] (672, 673, 674), 690[92] (673), 810[33] (696, 697), 811[126] (709), 815[341] (752), 841[85] (836), 873f[8], 884[5] (844, 849, 881), 886[160] (875), 887[162] (875), 887[199] (883), 890f[1], 906[6] (890, 891), 906[8] (890, 891), 907[67] (904), 908[72] (904), 928[20] (925); **6**, 738[124] (494), 871f[125], 877[223] (818); **8**, 796[97] (794)
Johnston, S. A., **1**, 262f[23], 262f[25], 262f[26], 262f[27], 262f[37], 262f[41], 263f[17], 302[17] (256, 263), 302[38] (259)
Johnstone, R. A. W., **2**, 820[177] (805, 807); **6**, 741[336] (519), 745[558] (547, 548T)
Joiris, C., **2**, 1016[74] (986, 998)
Jolly, P. W., **3**, 87[453] (64); **4**, 152[209] (55), 153[289] (72), 234[41] (164, 212T, 216), 235[115] (174), 240[404] (211, 212T, 213), 240[405] (211, 212T, 213), 375[136] (366, 370, 371); **5**, 621[2] (542, 561); **6**, 1[1] (1), 12[1] (3, 4, 6, 8, 10, 12), 33[1] (15, 16, 19, 21f, 22f, 23, 25, 26, 30), 93[1] (37, 39-42, 43f, 44, 45, 49, 50f, 51, 52, 53f, 59f, 61f, 62f, 64, 66, 67, 68, 80, 81, 83, 85, 85f, 91f, 92f), 93[32] (82), 96[203] (49, 53T), 96[205] (49, 53T), 97[241] (54T, 71, 79, 84), 97[244] (82, 85T), 97[247] (83), 97[266] (59T, 65, 67, 77, 79), 99[343] (76), 136[1] (101, 103, 105f, 107, 108, 109, 110, 111, 116, 117, 118, 119, 121f, 122f, 123, 124f, 127, 128, 132, 133, 134f, 136), 140[68] (104T, 106), 140[96] (104T, 107, 108), 141[130] (104T, 105T, 106, 112), 142[208] (128), 143[235] (105T, 112), 143[238] (104T, 107), 143[253] (103, 110), 179[1] (145, 146f, 147, 152, 153, 153f, 154, 158, 160f, 161, 166, 166f, 173f, 175, 176, 176f, 177), 179[26] (153T, 154, 158, 160T, 167), 180[80] (165T, 167), 181[108] (163, 165T, 166T, 170), 181[135] (145, 146T, 149, 150, 151, 153T, 156, 167, 168), 181[138] (152, 153T, 154, 156, 166, 167), 182[153] (154, 165T), 182[159] (153T, 154, 155, 166, 176T, 177), 182[165] (158), 182[176] (165T, 167, 173T), 182[180] (171), 187[1] (183, 183f, 186, 187), 223[1] (189, 190, 191f, 192, 193f, 194-196, 198, 200, 201f, 201, 202, 205, 205f, 206, 207, 208, 209f, 210, 211, 213f, 214, 215f, 218, 220), 230[1] (229); **8**, 222[134] (159, 160, 165, 166, 174, 188, 189, 190, 191, 192, 193, 194, 195, 196, 198, 199, 202, 208, 213, 218), 280[20] (232), 281[76] (255), 282[185] (275), 283[197] (278), 283[202] (279), 425f[9], 455[110] (390), 455[119] (391), 456[134] (394), 456[142] (395), 457[212] (404, 408, 422), 457[215] (404, 407), 457[216] (404, 407), 457[232] (407), 462[485] (450), 551[122] (533), 613[1] (613), 613[2] (613), 641[1] (615, 616, 617, 618, 619, 619T, 622f, 623, 623f, 624, 625, 626, 627f, 629, 630f, 632, 633, 634f, 637f, 639, 640), 668[1] (649, 650, 652, 655, 659f, 664, 666), 669[72] (653, 665), 670[87] (665), 670[90] (665), 704[1] (672, 673, 674f, 676, 677, 680, 681, 682, 683, 684, 685, 685f, 690, 691, 693f, 694f, 697, 698, 701, 702, 703), 704[5] (683), 706[142] (679), 707[159] (679), 707[160] (679), 707[175] (696), 769[1] (719f, 722f, 722, 727f, 728, 729, 732, 738, 739, 740, 761f), 770[90] (731), 770[91] (732, 737), 794[1] (773, 774, 775, 776, 777, 780, 782, 783, 787, 788, 791), 794[18] (776, 779), 795[71] (782), 929[159] (810), 929[185] (812), 1008[71] (957)
Jolly, W. L., **1**, 304[150] (269); **2**, 508[127] (411), 508[138] (412), 509[211] (424), 514[472] (461); **3**, 695[62] (652), 703[577] (693), 946[2] (784, 785), 1146[2] (1080), 1316[2] (1256); **4**, 65[27], 233[6] (162), 319[35] (246), 478f[2], 509[342] (462), 605[28] (518), 605[29] (518); **5**, 264[46] (10), 266[120] (25), 275[725] (245); **6**, 13[30] (5), 14[132] (5), 224[26] (213T, 214T, 215T), 226[164] (192), 227[241] (190), 228[267] (211); **7**, 194[13] (162); **8**, 1071[341] (1062)
Joly, M., **2**, 298[100] (233), 298[101] (233), 299[157] (243), 507[77] (407), 507[78] (407), 507[79] (406, 407, 422, 456), 509[190] (422)
Jonas, A., **4**, 612[465] (596)
Jonas, G., **1**, 596f[7], 596f[10]; **2**, 841f[4]
Jonas, J., **6**, 95[141] (46, 50T)
Jonas, K., **4**, 380f[21], 380f[21], 504[29] (385, 392, 430, 453), 507[189] (430), 606[82] (524f, 526), 606[82] (524f, 526); **5**, 272[555] (187); **6**, 34[92] (20T, 31), 94[49] (46, 50T, 81), 94[52] (39, 43T), 95[140] (46, 50T), 95[143] (46, 50T), 95[164] (38, 39, 43T, 80, 81), 96[176] (38, 39, 42), 96[191] (39), 96[192] (39, 43T, 46, 50T), 96[194] (39, 46, 50T), 96[203] (49, 53T), 100[404] (50T), 100[413] (39, 46, 50T, 82, 85T), 139[18] (103, 104T, 109), 140[44] (124T, 131), 140[67] (115T), 140[68] (104T, 106), 140[94] (104T, 110, 115T), 140[95] (114), 140[97] (124T, 131), 141[147] (104T, 105T, 108, 109), 142[176] (104T, 110, 115T), 142[184] (104T, 115T), 142[185] (115, 115T), 142[208] (128), 143[225] (123T), 143[226] (108, 113, 123T, 131, 134T), 143[227] (115T), 143[228] (103, 104T, 109), 228[262] (195), 230[4] (229), 230[4] (229), 980[18] (952, 953, 959T); **7**, 463[534] (450); **8**, 280[20] (232), 641[5] (640), 707[178] (698), 1104[12] (1075), 1106[117] (1102), 1106[118] (1103)
Jonassen, H. B., **3**, 85[375] (51), 85[376] (51), 85[377] (51), 87[504] (73); **5**, 213f[4], 273[624] (211), 538[1193] (485); **6**, 96[182] (40), 182[181] (169), 345[149] (304), 361[41] (356), 362[42a] (356), 362[45] (357), 362[46] (357), 383[17] (365, 368, 372), 441[48] (392), 441[49] (392), 750[927] (614T), 750[948] (615, 618), 750[949] (615, 618), 750[950] (615,

750[951] (615, 617, 618, 691), 750[952] (615, 617, 618, 691), 752[1030] (626, 630), 753[1089] (635), 758[1479] (682), 760[1561] (696, 697, 700T, 704), 760[1563] (697), 760[1573] (702, 704), 760[1577] (704); **8**, 927[79] (803), 931[297] (843)
Jonassen, J. B., **6**, 142[204] (102, 134, 135)
Jones, A., **4**, 97f[17]
Jones, A. G., **6**, 34[50] (19T, 20T, 28)
Jones, A. J., **1**, 41[144] (32, 33T, 34); **3**, 1379[13] (1324); **5**, 533[894] (429), 533[904] (429, 432), 625[305] (588), 625[308] (588)
Jones, B. M. R., **4**, 323[258] (271, 295)
Jones, C., **8**, 608[147] (572, 597T)
Jones, C. E., **3**, 120f[8], 833f[63], 833f[95], 851f[65], 1076[526] (1056), 1251[283] (1218), 1383[196] (1365); **4**, 328[624] (310); **5**, 306f[13], 311f[3], 523[223] (304T, 305, 311, 378, 380, 381), 625[263] (580); **6**, 749[859] (598), 1112[151] (1083)
Jones, C. H. W., **4**, 328[606] (308)
Jones, C. J., **1**, 455[148] (434, 443), 538[77c] (481, 483, 505, 521), 538[77h] (481, 505, 530), 539[84] (485, 504, 510), 540[162] (510, 511), 540[166] (512), 540[176b] (517); **5**, 623[138] (562, 593)
Jones, C. L., **4**, 814[313] (748), 819[628] (799); **5**, 528[564] (369)
Jones, D., **2**, 976[416] (950); **4**, 155[433] (118), 815[359] (755, 803); **6**, 343[33] (284), 442[58] (393)
Jones, D. A. K., **3**, 1074[394] (1032, 1045), 1252[356] (1232); **8**, 1069[281] (1056)
Jones, D. F., **6**, 806f[29], 850f[37]
Jones, D. J., **4**, 152[174] (44), 328[647] (312); **6**, 742[366] (524)
Jones, D. L., **3**, 1156f[10], 1246[29] (1157); **4**, 810[58] (699), 873f[6], 886[144] (872), 886[153] (874)
Jones, D. N., **6**, 445[305] (426), 445[310] (427); **8**, 928[127] (805, 809, 812)
Jones, D. W., **3**, 945f[6]; **6**, 383[79] (373, 374, 380), 384[131] (381); **8**, 795[51] (786)
Jones, E., **3**, 557[64] (556), 557[69] (556), 697[172] (662); **7**, 66f[1]
Jones, E. M., **3**, 805f[2], 833f[6], 851f[13], 851f[33], 863f[17], 879f[1], 886f[5], 886[14], 891f[5], 891f[12], 893f[15], 899f[2], 947[89] (831), 948[119] (847), 950[272] (903), 1022f[1], 1052f[1], 1073[322b] (1021, 1031, 1054, 1055), 1076[525] (1056)
Jones, Jr., E. R., **3**, 269[325] (232, 233)
Jones, E. R. H., **1**, 242[74] (163); **4**, 608[188] (550); **7**, 26f[9], 725[13] (664), 727[134] (693); **8**, 796[103] (774), 1009[155] (980)
Jones, F. N., **5**, 532[838] (419, 420, 427), 546f[11]; **6**, 758[1471] (679)
Jones, G. F. C., **6**, 877[238] (822)
Jones, G. G., **3**, 279[7] (271)
Jones, G. R., **1**, 679[529] (637, 641), 679[530] (637)
Jones, H. O., **4**, 321[121] (255); **6**, 13[75] (8)
Jones, H. V. P., **5**, 538[1196] (485, 512, 513)
Jones, J. B., **7**, 98f[1], 511[87] (485), 512[106] (489)
Jones, J. D., **6**, 262[133] (254), 346[227] (312T, 312), 741[326] (519), 741[327] (519, 568, 582)
Jones, J. I., **1**, 584f[12]
Jones, J. R., **1**, 306[304] (284); **7**, 463[542] (451); **8**, 379f[4], 385f[5], 385f[16], 389f[9], 454[47] (379, 384), 644[179] (617, 624)
Jones, K., **1**, 678[476] (632); **2**, 617[82] (535), 621[305] (559), 623[413] (573), 625[589] (599), 625[590] (599), 625[592] (599), 625[600] (600), 625[609] (601), 626[630] (603), 626[633] (604); **3**, 85[360] (49)
Jones, L. D., **1**, 60f[5], 116[92] (59); **7**, 105[287] (37); **8**, 772[180] (741, 762T)
Jones, L. H., **1**, 420f[5], 420f[5]; **3**, 9f[1], 81f[76] (9, 12), 81f[77] (9, 12), 81f[78] (9, 12), 81f[79] (9, 12), 792f[1], 793f[2], 946[11] (792), 1083f[1], 1260f[1]; **4**, 154[339] (86), 247f[1], 319[14] (245, 246); **5**, 26f[1], 266[119] (25); **6**, 13[31] (6, 6T, 6), 13[32] (6T, 6), 13[36] (6)
Jones, Jr., M., **1**, 455[180] (439); **2**, 186[30] (7, 84), 191[261] (64), 191[262] (64), 193[328] (83), 193[345] (89), 296[22] (213, 217), 395[18] (367), 507[73] (406)
Jones, M. J., **1**, 120[311] (111)

Jones, M. T., **1**, 120[301a] (109, 111), 120[314] (111)
Jones, N. D., **4**, 511[469] (490T)
Jones, P. C., **7**, 100[47] (6)
Jones, P. E., **8**, 1065[52a] (1020)
Jones, P. F., **2**, 189[138] (32), 191[257] (62, 74), 191[261] (64), 192[283] (72, 72f), 192[302] (77); **7**, 159[77] (146), 647[51] (527), 647[51] (527), 657[611] (632), 657[639] (638), 659[712] (645)
Jones, P. J., **3**, 264[30] (178), 264[31] (178); **4**, 241[446] (215T, 216)
Jones, P. R., **1**, 241[16] (157); **2**, 186[15c] (4, 126), 186[15c] (4, 126), 187[42] (9), 190[181] (40), 193[330] (84), 193[337] (86, 91), 297[63] (226), 298[114] (235), 861[129] (852, 859), 861[157] (858); **6**, 760[1605] (712); **7**, 109[538] (78), 148f[3], 159[78] (146), 160[144] (155)
Jones, R., **1**, 376[203] (340), 376[208] (342); **5**, 266[175] (37); **6**, 34[47] (21T, 23, 26), 750[924] (614T); **8**, 606[45] (555, 569, 579, 597T, 598T, 601T)
Jones, R. A., **1**, 248[432] (207), 248[433] (207), 248[434] (207); **2**, 302[395] (295T), 625[582a] (598); **3**, 731f[9], 942f[14], 1131f[16], 1131f[17], 1147[99] (1129), 1311f[10], 1319[144] (1308); **4**, 241[450] (215T, 216), 241[453] (215T, 216), 607[149] (543), 812[185] (718), 813[228] (726, 734), 813[231] (727, 734), 841[94] (838), 841[95] (838); **5**, 355f[2], 403f[4], 523[211] (303T, 363), 527[462] (304T, 354, 471T, 474T), 528[577] (376), 528[578] (376, 407), 528[579] (376, 407)
Jones, R. C., **2**, 617[41] (527)
Jones, R. D. G., **3**, 870f[10]; **4**, 325[413] (290, 293), 609[308] (579, 580), 611[436] (594), 648[55] (631); **5**, 266[178] (37)
Jones, R. E., **8**, 610[279] (597T, 598T)
Jones, R. G., **1**, 115[9] (44, 53T, 54), 722[200] (712), 727f[1]; **2**, 675[65] (637), 760[24] (716); **3**, 447f[15]; **7**, 727[156] (700)
Jones, R. L., **7**, 102[126] (20, 21), 106[362] (48)
Jones, R. O., **5**, 274[665] (226)
Jones, S. R., **6**, 443[133] (402); **8**, 929[172] (810)
Jones, T., **4**, 507[179] (428)
Jones, T. G., **6**, 748[771] (585)
Jones, T. R. B., **2**, 677[192] (652); **3**, 419f[13]
Jones, W. D., **3**, 698[249] (667, 668); **4**, 240[390] (210, 212T); **5**, 362f[14], 520[18] (280, 361); **6**, 943[108] (904T)
Jones, W. J., **1**, 262f[5]; **2**, 705[28] (685), 706[100] (694)
Jones, W. M., **3**, 1297f[17]
Jongejan, H., **7**, 17f[12]
Jongsma, C., **1**, 42[195] (37), 244[211] (177)
Jonkers, F. L., **7**, 103[205] (28, 83)
Jonkhoff, T., **8**, 456[171] (397), 931[324] (846)
Jonsson, E., **8**, 938[800] (925)
Jonsson, L., **8**, 611[333] (602T)
Joó, F., **4**, 810[30a] (696), 810[30a] (696), 963[14] (933), 963[14] (933); **8**, 365[321] (338)
Joo, W.-C., **1**, 673[166] (590); **2**, 199[577] (140)
Joos, G., **3**, 703[544] (690)
Joos, K., **4**, 153[229] (60), 237[258] (196)
Jordan, B. F., **5**, 621[14] (544), 622[101] (561)
Jordan, E., **1**, 672[86] (571)
Jordan, J. H., **7**, 252[43] (234)
Jordan, R. F., **3**, 102f[1], 168[5] (90), 168[21] (98, 99); **6**, 850f[45], 876[210] (813, 819)
Jordanov, J., **6**, 348[345] (322)
Jordon, R. F., **4**, 819[599] (794)
Jørgensen, C. K., **3**, 264[34] (178, 182), 264[35] (178, 182), 264[38] (178), 264[39] (178), 264[42] (178), 265[94] (182); **6**, 744[513] (541)
Jorgensen, W. L., **1**, 120[298] (107)
Jorgenson, M. J., **7**, 105[282] (37)
Jorgenson, M. W., **1**, 456[225] (447)
Jorritsma, H., **1**, 674[246] (604); **3**, 169[68] (128)
Joseph, P. T., **3**, 368f[16], 429[161] (370), 633[279] (622)
Josey, A. D., **8**, 400f[1], 456[157] (396, 399, 401, 402, 415), 931[307] (844)
Joshi, G. C., **1**, 306[281] (283); **7**, 226[202] (218)
Joshi, K. K., **4**, 106f[29], 109f[10], 158[595] (137), 240[388] (210), 507[188] (430), 511[449] (486), 606[77] (524f, 525),

607[179] (549, 600, 602f), 810[31] (696), 840[70] (833), 884[4] (844, 850, 871); **6**, 445[294] (423), 838f[2], 839f[5], 839f[8], 842f[163], 843f[182], 873[19] (764), 875[104] (777), 875[116] (780)
Jost, A., **3**, 789f[4]
Jostes, R., **6**, 873[25] (764)
Josty, P. L., **4**, 380f[19], 507[181] (429), 508[252] (442), 689[64] (669), 815[341] (752), 815[363] (755), 873f[8], 884[5] (844, 849, 881), 884[30] (850); **8**, 1009[105] (970, 1004)
Jotham, R. W., **1**, 262f[5], 453[38] (420), 453[39] (620); **4**, 613[511] (600, 602f)
Jousseaume, B., **1**, 243[129] (170, 190), 243[131] (170), 244[210] (177), 246[299] (192); **3**, 713f[5], 737f[4], 753f[2], 767f[9], 769f[10], 775f[12], 781[206] (774); **8**, 641[35] (628), 669[49] (662, 663T), 669[50] (663T), 669[67] (662, 663T), 670[108] (662, 664)
Jousseaume, E., **2**, 188[85] (22), 188[85] (22), 188[86] (22)
Jovanović, B., **6**, 738[150] (498), 738[151] (498), 738[153] (498), 743[451] (533T, 539T), 743[452] (533T, 539T)
Jovanovski, G., **2**, 916f[2]
Jowitt, R. N., **3**, 1084f[16]
Joy, F., **1**, 305[208] (274), 308[462] (294), 454[115] (430); **7**, 336[55] (335)
Joy, J. R., **6**, 753[1090] (635), 756[1310] (661), 756[1312] (661, 663T)
Joyeux, M., **7**, 102[149] (23)
Joyner, R. D., **2**, 516[586] (479); **3**, 842f[15]
Joyner, R. W., **8**, 95[24] (25, 26), 97[165] (54, 60), 97[172] (55, 57)
Jozsa, A. J., **1**, 732f[7], 753[72] (737)
Juarez, A., **7**, 653[397] (592)
Juaristi, E., **7**, 103[192] (26f)
Jubier, A., **1**, 242[87a] (164, 193)
Jubran, N., **4**, 511[450] (486)
Juchnovski, I. N., **1**, 118[174] (81)
Juckett, D. A., **1**, 242[63] (161)
Judy, W. A., **7**, 462[487b] (442); **8**, 549[9f] (500, 512, 515, 516, 519, 525, 536, 538), 549[27] (503)
Juenge, E. C., **2**, 533f[8], 675[107] (642), 675[110] (642), 676[120] (643), 676[123] (643)
Jugo, S., **2**, 1015[6] (980)
Juhlke, T. J., **2**, 972[157] (891)
Jukes, A. E., **1**, 39[28] (10), 244[171] (175), 247[352] (197); **2**, 187[40] (9), 754f[7], 760[2] (710, 711, 715, 722, 743, 745, 751, 754), 761[56] (720); **7**, 726[106] (685)
Jula, T. F., **2**; 192[298] (77, 111), 619[173] (545); **3**, 1004f[8], 1072[303] (1018)
Jula, T. J., **1**, 119[256] (97)
Julémont, M., **3**, 546[62] (503, 539); **6**, 182[146] (156, 159T, 162), 182[168] (162); **8**, 708[226] (701, 703)
Julémont, N., **8**, 708[226] (701, 703)
Julia, M., **2**, 971[103] (882); **6**, 345[164] (306), 383[66] (370, 371, 375); **7**, 725[65] (675); **8**, 861f[7], 864f[5], 933[447] (860), 934[519] (879), 935[585] (891)
Julia, S., **1**, 244[193] (176); **7**, 95f[3], 95f[3]
Julis, S. A., **4**, 156[461] (123), 648[31] (623); **5**, 528[539] (367), 528[542] (367), 528[543] (367); **8**, 296f[14]
Jull, A. J. T., **5**, 34f[14], 64f[14]
Jun, M.-J., **4**, 323[294] (277, 300)
Jung, C. W., **1**, 538[64] (477, 509, 510), 540[142] (502); **4**, 820[660] (807), 820[661] (807), 820[662] (807, 808); **8**, 304f[1]
Jung, I. N., **2**, 202[701] (170), 395[16] (367)
Jung, M. E., **2**, 193[324] (82), 203[741] (183), 203[744] (183), 203[744] (183), 203[745] (183); **7**, 99[12] (3, 92), 647[80] (533), 649[201] (559), 649[202] (559), 650[209] (559), 650[235] (563), 652[344] (583), 652[353] (584), 656[546] (617), 657[640a] (639), 657[640b] (639), 657[642] (639), 657[645] (639), 657[647] (639), 658[660a] (642), 658[661] (642), 658[672] (641); **8**, 1009[152] (980)
Jungbauer, A., **4**, 810[36] (696), 817[519] (776, 780), 818[532] (778, 779), 818[533] (778), 818[541] (779, 780); **5**, 32f[6], 33f[10], 34f[5], 34f[8], 266[145] (30); **6**, 1113[173] (1087)
Junggren, U., **7**, 160[157] (157)
Jungheim, L. N., **7**, 107[410] (55); **8**, 927[56] (801, 842)
Jungk, E., **1**, 721[146] (705, 713, 717)
Jungst, R., **3**, 304f[2], 305f[1], 327[86] (303, 305), 327[87] (305), 327[90] (305)
Junius, M., **7**, 653[428] (594)
Junk, G. A., **3**, 792f[11], 1083f[11], 1260f[11]; **4**, 150[24] (7), 163f[6], 234[20] (163), 816[420] (762); **6**, 841f[129], 842f[146], 875[114] (779, 790)
Junkes, P., **6**, 33[23] (17)
Junoguès, J., **2**, 189[128] (30)
Jurewicz, A. T., **8**, 222[94] (122), 606[66] (558), 608[201] (590, 591)
Jurjev, V. P., **8**, 643[136] (629, 630, 630T, 631), 706[125] (693, 694T, 695)
Jurjevich, A. F., **7**, 110[573] (87)
Jurkowitz, D., **6**, 942[70] (901, 902T, 903T)
Jurnak, F. A., **5**, 265[94] (22)
Just, G., **7**, 512[153] (498); **8**, 1008[51] (951)
Jutand, A., **6**, 349[437] (337, 338); **8**, 771[171] (762T, 763T), 771[176] (762T, 763T), 936[710] (910, 911, 913, 914, 919, 921), 937[735] (914), 937[736] (914)
Juthani, B., **4**, 156[487] (125)
Jutzi, P., **1**, 41[149] (32, 33T, 34), 42[180] (37), 42[196] (37), 247[361] (198), 375[148] (331), 375[151] (331), 375[152] (331), 454[112] (430), 454[112] (430), 454[112] (430), 538[45] (472); **2**, 190[219] (52, 55), 191[221] (52), 191[221] (52), 191[221] (52), 191[222] (52), 191[222] (52), 193[335] (86), 301[292] (271), 301[302] (272), 508[151] (416), 515[538] (470, 490), 516[596] (480), 516[605] (481), 516[616] (489), 516[618] (482, 489), 517[653] (489), 517[665] (489), 517[666] (489, 490), 517[667] (489, 490), 517[669] (490), 517[675] (490), 618[141] (541), 625[582b] (598), 625[588] (598), 626[634] (604), 626[635] (604), 626[636] (604), 705[38] (686, 691), 705[38] (686, 691), 705[79] (691), 819[76] (778); **3**, 125f[21], 125f[38], 334f[38], 334f[39], 426[6] (332); **4**, 507[214] (437); **6**, 1061f[14], 1111[60] (1054, 1065); **7**, 102[149] (23), 335[7] (324)
Juvancz, Z., **7**, 460[373] (423)
Juvet, M., **2**, 296[31] (216, 248T), 302[377] (292)
Juvinall, G. L., **1**, 306[272] (282, 292, 299); **3**, 732f[1], 778[7] (706, 731, 740), 780[106] (737)

K

Kaandorp, T. A. M., **3**, 1317[27] (1272)
Kaar, H., **7**, 457[172] (397, 398)
Käb, K., **1**, 727f[8], 728f[9], 752[13] (726)
Kaba, R. A., **2**, 194[357] (92)
Kabachnik, M. I., **6**, 1040[57] (996)
Kabalina, G. A., **1**, 251[611] (236)
Kabalka, G. W., **1**, 305[265] (281), 307[348] (287), 307[385] (289), 307[401] (290), 307[404] (290), 308[478] (295), 373[20] (313), 374[93] (321), 672[83] (571), 672[84] (571, 577); **7**, 141[63] (123), 141[77] (126), 141[93] (129), 141[94] (129), 141[95] (129), 142[112] (133), 142[114] (133), 142[115] (133), 142[116] (133), 142[117] (133), 142[118] (133), 145f[5], 158[59] (146), 159[98] (149), 194[30] (162), 197[201] (190, 191), 197[202] (190, 191), 197[216] (192), 197[217] (192), 197[218] (192), 197[219] (192), 223[14] (199), 224[73] (204), 224[74] (204), 252[14] (231), 254[154] (250), 263[31] (261), 298[19] (270), 299[23] (271), 299[37a] (273), 299[63] (277, 278), 299[64] (277), 300[138] (291), 301[140] (291), 301[141] (291), 301[142a] (292), 301[142b] (292), 301[145a] (292), 301[145b] (292), 301[146] (292), 301[147] (292), 301[148] (292), 336[25] (327, 329), 457[132] (392), 460[342] (418)
Kabaloui, M. S., **6**, 382[11] (364, 365)
Kabanov, B. K., **6**, 226[162] (192, 193T)
Kabanov, V. A., **3**, 547[102] (531), 547[102] (531); **8**, 610[316] (599T), 642[72] (618), 643[120] (622T), 644[194] (616, 622T), 646[277] (616, 622T), 646[278] (616, 622T), 646[286] (622T)
Kabawata, Y., **8**, 222[112b] (140)
Kabbani, R. M., **1**, 538[54] (473)
Kabbe, H.-J., **1**, 742f[11]; **7**, 510[4] (468, 470, 490)
Kabe, Y., **2**, 191[260] (63), 191[260] (63), 192[278] (71)
Kablitz, H.-J., **1**, 247[344b] (196); **3**, 632[238] (624, 625, 626, 627), 633[290] (626); **8**, 397f[23], 402f[3], 457[185] (398), 457[186] (398)
Kachaeva, L. I., **1**, 309[543] (298)
Kachapina, L. M., **8**, 1104[23] (1077), 1104[24] (1077), 1106[109] (1101)
Kacheishvili, G. E., **1**, 306[287] (283)
Kachibe, S., **8**, 368[465] (353)
Kacholdt, H., **3**, 696[144] (660)
Kaczynski, J. A., **1**, 120[286] (105, 106)
Kadantseva, A. I., **8**, 707[180] (686, 701), 707[181] (701), 708[207] (701)
Kadcher, M. L., **3**, 948[130] (853)
Kadlec, V., **6**, 942[94] (900)
Kadlecová, H., **6**, 942[94] (900)
Kadoi, S., **8**, 606[40] (555), 606[83] (559, 595T)
Kadonaga, M., **6**, 758[1485] (683)
Kaduk, J. A., **5**, 623[150] (564), 626[378] (598); **6**, 742[407] (529, 534T, 539T)
Kadunce, W. M., **7**, 16f[4], 38f[2], 104[243] (31)
Kaelber, H., **3**, 696[145] (660)
Kaempf, B., **1**, 252[623] (237, 238); **7**, 8f[5]
Kaempfe, L. A., **6**, 224[51] (203T, 206, 208, 209T)
Kaempfen, H. X., **7**, 726[120] (690)
Kaeseberg, C., **7**, 100[28] (4)
Kaesz, H. D., **1**, 285f[33], 302[27] (259, 295), 304[188] (270, 292), 308[422] (292), 310[583] (300), 454[130] (431, 432); **2**, 530f[3], 675[115] (643), 859[14] (828); **3**, 797f[4], 819f[17], 946[31] (812), 1077[545] (1059), 1085f[4], 1146[41] (1097), 1170f[8], 1247[72] (1169), 1249[194] (1198), 1252[332] (1228, 1229), 1252[335] (1228), 1262f[4], 1381[121] (1344);
4, 65f[15], 83f[13], 83f[14], 83f[19], 83f[20], 83f[21], 83f[22], 83f[23], 83f[24], 83f[25], 83f[26], 83f[27], 150[26] (7), 151[99] (25), 151[100] (26), 152[182] (45), 152[187] (45), 153[252] (67), 153[291] (72, 94, 115), 155[367] (91), 155[378] (93), 166f[1], 166f[7], 166f[8], 166f[9], 166f[10], 166f[15], 166f[16], 168f[1], 168f[2], 233[7] (163), 233[7] (163), 234[40] (164, 165), 234[47] (165), 234[50] (165, 167), 234[53] (167), 234[54] (167), 234[65] (167), 238[313] (205), 238[314] (205), 238[318] (205, 206T, 206), 238[326] (206), 239[329] (206, 219T, 222, 229), 240[403] (211, 212T), 241[431] (214, 215T, 219T, 220), 241[469] (219, 219T, 220), 241[472] (219, 219T, 220), 241[477] (219, 219T, 222), 242[519] (229), 327[563] (304), 327[564] (304, 316), 327[565] (304, 316), 327[566] (304, 316), 327[567] (304, 305), 418f[1], 506[140] (417), 648[22] (620, 628), 648[39] (626), 648[40] (626), 648[41] (627), 658f[49], 658f[50], 846f[5], 884[9] (844, 868), 890f[4], 890f[5], 894f[2], 906[11] (891, 892), 907[16] (892), 907[20] (892), 907[23] (892), 907[27] (893), 907[30] (896), 1057[32] (971), 1057[33] (971, 1030, 1031, 1038), 1058[34] (971, 973), 1058[39] (971, 972), 1061[253a] (1025), 1061[256] (1026), 1063[351] (1046); **5**, 265[49] (11), 606f[8], 606f[5], 627[450] (606); **6**, 96[173] (42), 227[211] (213, 213T), 744[514] (542, 545), 806f[33], 839f[39], 840f[78], 840f[79], 840f[80], 841f[112], 842f[137], 842f[157], 842f[158], 843f[192], 869f[69], 870f[92], 874[84] (774), 874[86] (775), 876[207] (810, 811), 877[226] (819), 944[186] (914), 980[30] (954, 957, 959T), 1105f[5], 1112[117] (1072); **7**, 194[27] (162); **8**, 361[49] (287, 293, 302, 333), 364[269] (327), 1067[192] (1043), 1067[194] (1043)
Kafarski, P., **7**, 657[646a] (639)
Kaftory, M., **3**, 1074[419] (1035, 1051)
Kagan, H. B., **3**, 267[204] (209), 429[159] (370), 557[60] (556), 629[75] (570); **5**, 537[1132] (475T, 476, 477), 537[1148] (477, 489), 537[1149] (477), 627[411] (601); **7**, 102[130] (20), 649[179] (554); **8**, 361[14] (286), 361[24] (286), 471f[1], 471f[2], 471f[8], 471f[10], 472f[1], 472f[1], 472f[2], 472f[3], 473f[3], 481f[1], 481f[5], 496[5] (464), 496[11] (466), 496[17] (466, 470), 496[17] (466, 470), 496[21] (468, 470), 496[26] (469, 470), 496[29] (470), 496[30] (470, 473), 496[45] (475), 497[57] (478), 497[59] (478), 497[66] (479), 497[67] (479), 497[72] (480), 497[74] (482), 497[75] (482), 497[99] (490), 497[116] (494), 498[118] (495), 583f[1], 608[178] (581, 582, 583, 600T), 608[179] (581, 582, 600T), 608[180] (581, 600T), 930[248] (831)
Kagan, Yu. B., **8**, 95[57] (33), 282[143] (272, 274), 282[152] (272, 274), 282[153] (272, 274), 282[166] (274), 282[179] (275)
Kaganovich, V. S., **3**, 819f[19], 1067[4a] (955, 1002, 1006), 1071[227] (1006), 1071[232] (1007), 1211f[4], 1211f[8], 1246[10] (1153), 1251[250] (1212, 1213), 1251[252] (1213), 1251[275] (1216), 1253[390] (1240), 1317[16] (1271), 1360f[12], 1379[14] (1324), 1382[168] (1361), 1382[173] (1362), 1383[187] (1363); **4**, 240[396] (211, 212, 212T, 213, 219), 610[321] (581); **6**, 840f[45], 840f[67], 841f[115], 841f[116], 875[127] (783), 875[136] (784); **8**, 1070[329d] (1061)
Kagawa, T., **8**, 459[312] (419), 459[313] (419), 459[328] (421), 459[329] (421), 704[23] (683, 685T)
Kagiya, T., **1**, 677[397] (625)
Kagotani, M., **6**, 445[303] (424); **8**, 430f[2], 929[188] (812), 931[350] (848), 931[353] (848)
Kagramanov, N. D., **2**, 972[137] (888), 977[467] (958)
Kahal, S. B., **3**, 899f[1]
Kahl, W., **3**, 388f[9], 429[150] (366), 701[450] (682)

Kahle, G. G., **7**, 104^{223b} (29, 30)
Kahle, G. R., **8**, 610^{287} (597T)
Kahlen, N., **2**, 508^{113} (410), 620^{250} (552); **3**, 949^{225} (882); **4**, 321^{132} (257, 259), 322^{197} (267)
Kahn, M., **7**, 650^{210} (559)
Kahn, O., **3**, 695^{42} (651); **4**, 328^{616} (310, 311), 328^{626} (310, 311); **6**, 1028f^{41}, 1113^{165} (1086)
Kahn, P., **1**, 119^{227} (91); **7**, 87f^{13}
Kahn, R., **4**, 479f^{6}
Kai, Y., **1**, 247^{377} (199, 202, 205), 673^{170} (591); **2**, 706^{130} (698), 860^{73} (838); **3**, 129f^{1}, 1072^{259} (1011, 1017); **4**, 460f^{8}, 463f^{3}, 607^{144} (542), 612^{499} (598); **5**, 532^{807} (416); **6**, 263^{174} (258), 345^{150} (305, 329, 334T), 345^{155} (306), 345^{185} (308, 334T), 348^{394} (329, 330), 348^{397} (329, 330, 334T), 348^{398} (329, 334T), 348^{399} (329, 330, 334T), 348^{400} (329, 330, 334T), 348^{405} (329, 331, 334T), 348^{406} (329, 331, 334T), 349^{428} (334T, 334f), 468^{21} (457, 461), 468^{29} (460), 758^{1486} (683); **7**, 462^{457} (438); **8**, 642^{73} (631)
Kaigorodeva, L. N., **8**, 497^{56} (477)
Kaim, W., **1**, 120^{302} (109), 375^{162} (332); **2**, 195^{390} (98), 397^{129} (393, 394)
Kaiser, A., **4**, 965^{154} (956)
Kaiser, E. M., **1**, 115^{17} (44, 57), 115^{41} (50), 116^{77} (57), 116^{77} (57); **7**, 44f^{3}, 59f^{1}, 103^{215} (29), 107^{423} (57), 224^{70} (203)
Kaiser, J., **8**, 706^{108} (685T, 689)
Kaiser, K., **4**, 324^{328} (280)
Kaiser, K. L., **3**, 144f^{5}, 169^{106} (145); **6**, 443^{158a} (405), 469^{38} (462)
Kaiser, L. R., **1**, 115^{31} (47); **7**, 64f^{8}, 108^{459} (63)
Kaiser, S., **7**, 462^{480a} (442)
Kaiser, S. W., **5**, 295f^{5}, 521^{107} (292, 468), 521^{108} (292), 558f^{8}, 627^{418} (601, 614)
Kaiser, W., **7**, 659^{708} (645)
Kaito, M., **7**, 460^{322} (417); **8**, 460^{379} (431), 888f^{8}, 930^{268} (836), 931^{321} (846), 931^{347} (847, 848), 934^{543} (884)
Kaiya, T., **7**, 512^{118} (490)
Kaizu, Y., **3**, 949^{197} (875), 1075^{443} (1038), 1251^{260} (1214, 1218), 1383^{179} (1362, 1364)
Kajihara, Y., **8**, 771^{162} (747T)
Kajimoto, T., **3**, 87^{451} (64); **6**, 343^{65} (287), 444^{237} (417), 446^{336} (431); **8**, 929^{196} (813)
Kajiwara, M., **3**, 1072^{289} (1015, 1035)
Kakáč, B., **7**, 510^{17} (471), 510^{18} (471), 510^{19} (471)
Kakimoto, N., **2**, 506^{44} (403)
Kakisawa, H., **7**, 658^{660c} (642)
Kakiuchi, H., **1**, 246^{311} (193), 247^{390} (201, 204), 247^{390} (201, 204)
Kakkar, K. K., **3**, 429^{195} (378)
Kakos, G. A., **8**, 928^{131} (805)
Kakudo, M., **1**, 673^{170} (591); **2**, 187^{34} (8), 187^{34} (8), 620^{280} (556), 620^{281} (556); **4**, 463f^{3}, 612^{499} (598); **5**, 275^{776} (254); **6**, 260^{2} (243, 245), 263^{160} (257), 346^{241} (312, 313, 334T), 441^{41} (390), 441^{42} (390), 443^{165} (406), 443^{166} (406); **7**, 462^{457} (438)
Kakui, T., **2**, 189^{147} (34), 189^{147} (34), 202^{727} (179); **8**, 934^{507} (878)
Kakuzen, T., **7**, 253^{148} (250)
Kalabin, G. A., **2**, 518^{708} (504); **6**, 100^{410} (43T); **7**, 656^{546} (617); **8**, 642^{57} (621T), 643^{110} (621T), 643^{139} (621T)
Kalabina, A. V., **1**, 246^{334} (195); **6**, 95^{108} (45); **7**, 108^{453} (62), 108^{454} (62); **8**, 385f^{36}, 641^{27} (621T), 642^{57} (621T), 643^{138} (621T), 646^{285} (621T)
Kalaritis, P., **8**, 932^{430} (857)
Kalasinsky, V. F., **1**, 262f^{34}, 262f^{35}, 262f^{36}, 263f^{4}, 302^{33} (259, 263), 302^{35} (259), 302^{37} (259)
Kalb, G. H., **8**, 459^{341} (426)
Kalb, W. C., **1**, 538^{63a} (476, 523), 541^{208a} (523, 535); **8**, 296f^{13}, 304f^{24}
Kalbfus, W., **3**, 703^{570} (692), 901f^{4}, 1318^{114} (1300), 1380^{40} (1330); **6**, 980^{50} (962, 963T)
Kalcher, W., **3**, 779^{57} (710)
Kalck, P., **3**, 1248^{134} (1185, 1186), 1380^{73} (1335); **5**, 288f^{11}, 301f^{1}, 301f^{2}, 520^{28} (281), 521^{78} (287, 300), 521^{79} (288), 522^{169} (300, 421), 522^{171} (300), 522^{174} (300), 529^{642} (384, 385), 529^{646} (384), 533^{871} (427), 533^{872} (427), 533^{873} (427)
Kalder, H.-J., **3**, 950^{267} (902), 950^{298} (911), 1305f^{7}, 1318^{121} (1301)
Kalechits, I., **8**, 670^{111} (664)
Kalechits, I. V., **4**, 965^{186} (962); **6**, 181^{85} (157), 444^{251} (419); **8**, 458^{269} (412), 609^{265} (596T), 644^{195} (616, 622T)
Kalena, G. P., **7**, 653^{401} (592)
Kalies, W., **6**, 100^{411} (40, 43T); **8**, 706^{144} (686, 698)
Kalikhman, I. D., **2**, 508^{110} (410), 508^{116} (410, 439, 472), 508^{145} (414), 511^{304} (439), 514^{521} (468, 471), 514^{522} (468), 515^{549} (472), 515^{550} (472), 872f^{14}; **8**, 669^{52} (657T)
Kalil, E. O., **1**, 677^{452} (630)
Kalina, D. G., **2**, 679^{359} (668); **3**, 267^{230} (211, 212), 267^{231} (211, 212), 267^{235} (212), 267^{236} (212); **6**, 840f^{53}, 1061f^{7}, 1110^{27} (1046, 1063)
Kaline, D., **3**, 809f^{2}
Kalinicheva, N. A., **3**, 431^{334} (426), 632^{265} (620), 632^{265} (620)
Kalinin, V. N., **1**, 420f^{13}, 455^{138} (432, 434), 455^{138} (432, 434), 455^{141} (432, 434), 455^{151} (434), 455^{179} (439), 455^{179} (439), 455^{179} (439), 456^{187} (440), 541^{195} (520), 541^{228b} (530), 541^{228c} (530); **3**, 398f^{51}, 1071^{247} (1009); **5**, 628^{496} (617); **8**, 365^{313} (337), 668^{23} (652)
Kalinina, G. S., **2**, 195^{404} (102), 201^{678} (165), 511^{307} (439); **3**, 267^{200} (208), 267^{201} (208), 267^{203} (209); **6**, 1020f^{121}, 1114^{222} (1101), 1114^{223} (1101)
Kalinina, I. S., **6**, 942^{67} (901, 902T, 903T)
Kalinina, L. N., **2**, 361^{85} (318), 516^{614} (482)
Kalinina, V. A., **6**, 99^{346} (56T, 74, 76); **8**, 669^{83} (655)
Kalinkin, M. I., **6**, 757^{1391} (672); **7**, 656^{575} (623); **8**, 339f^{6}
Kalinnikov, V. T., **3**, 698^{265} (670), 698^{266} (670), 698^{267} (670), 698^{269} (670), 698^{270} (670), 698^{272} (670), 699^{283} (671), 699^{288} (671), 701^{447} (682), 714f^{6}, 714f^{7}, 714f^{10}, 737f^{14}, 753f^{5}, 753f^{7}, 764f^{13}, 764f^{15}, 768f^{4}, 768f^{5}, 769f^{2}, 769f^{3}, 771f^{14}, 781^{187} (765), 971f^{11}, 1187f^{3}; **6**, 805f^{2}, 839f^{24}, 839f^{25}, 875^{102} (777), 942^{95} (900), 943^{115} (905, 907), 943^{116} (905)
Kalinowski, H. O., **2**, 501f^{3}, 504f^{6}, 505f^{1}, 506^{14} (402, 403, 404, 405, 409, 410, 411, 418, 419, 420, 423, 424, 425, 426, 427, 429, 432, 433, 435, 460, 468, 469, 472, 503, 505); **7**, 98f^{12}
Kaliya, O. L., **6**, 262^{134} (254), 345^{201} (310), 346^{222} (312T, 312)
Kalk, P., **8**, 331f^{22}
Kalk, W., **2**, 197^{496b} (121)
Kallmeyer, H., **1**, 676^{337} (621)
Kallury, R. K., **2**, 83f^{753}
Kallweit, R., **3**, 632^{260} (620, 626), 633^{290} (626); **6**, 180^{55} (146T, 151); **8**, 402f^{3}, 457^{186} (398)
Kalman, J. R., **2**, 677^{251} (657), 678^{265} (658); **7**, 513^{183} (500, 503), 513^{218} (506)
Kalmar, T., **2**, 300^{216} (253)
Kalninsh, K., **7**, 8f^{5}
Kalninsh, K. K., **1**, 117^{120} (68, 71T), 117^{123a} (69, 71T), 117^{123c} (69)
Kalousová, J., **3**, 971f^{10}
Kaloustian, M. K., **1**, 538^{77g} (481, 505, 521), 541^{203} (521, 522); **6**, 227^{235} (213, 220)
Kalra, K. L., **6**, 93^{3} (57T, 64)
Kalsotra, B. L., **1**, 408^{1} (381); **3**, 265^{124} (189), 265^{125} (189), 265^{126} (189), 265^{127} (189), 265^{128} (189), 265^{129} (189), 265^{130} (189), 265^{131} (189), 266^{175} (202), 699^{299} (671)
Kaltschmitt, H., **7**, 67f, 108^{489} (70)
Kalyavin, V. A., **1**, 242^{90} (164); **7**, 108^{490} (70)
Kamada, K., **8**, 610^{315} (599T)
Kamai, G., **2**, 706^{119} (697), 707^{156} (701)
Kamai, G. Kh., **2**, 705^{33} (685)

Kamanar, B., **2**, 904f[14]
Kamata, K., **1**, 153[252] (148); **7**, 101[98a] (14, 27), 110[595] (92)
Kamaya, I., **4**, 320[118] (254, 259)
Kambara, S., **8**, 610[321] (601T)
Kamble, V. S., **8**, 282[151] (272)
Kamear, B., **2**, 904f[8]
Kameda, N., **6**, 757[1400] (673), 758[1469] (679)
Kamemura, I., **7**, 727[155] (700)
Kamenar, B., **2**, 913f[2], 913f[3], 916f[2], 973[241] (905, 906), 973[243] (906), 973[254] (917)
Kametani, T., **8**, 1009[151] (980)
Kametov, Sh. M., **8**, 1076f[7]
Kamha, M. A., **1**, 120[320c] (114)
Kamienski, C. W., **1**, 53f[6], 247[374] (199, 200, 201, 203, 206, 208), 247[376] (199); **7**, 100[45] (6)
Kamijo, N., **5**, 259f[4]
Kamijyo, N., **6**, 224[52] (212, 213T)
Kamimura, K., **8**, 647[301] (618), 647[304] (622T)
Kamimura, T., **7**, 652[370] (586)
Kaminsky, W., **3**, 279[23] (272), 406f[15], 431[288] (405), 547[106] (535), 556[14] (550, 556), 557[73] (556), 631[210] (597), 631[211] (597, 598), 631[212] (597), 631[213] (598), 631[214] (598), 631[215] (598), 632[245] (617); **6**, 979[15] (951, 958T); **7**, 462[492] (443, 444); **8**, 549[1a] (500), 550[57b] (514, 534, 536)
Kamitori, Y., **6**, 262[140] (255), 344[101] (297, 314), 344[102] (297, 298f, 314), 345[152] (297, 305)
Kamiyama, S., **4**, 817[465] (767), 817[473] (770); **6**, 347[337] (322, 339); **7**, 159[106] (149), 223[18] (199); **8**, 1067[184] (1043)
Kamiyama, Y., **2**, 194[365] (93), 297[55] (224, 225), 297[58] (225), 299[162] (244, 288), 301[329] (279), 396[66] (376), 396[69] (376), 396[71] (377); **6**, 1111[61] (1054, 1081); **8**, 461[448] (442, 447, 449), 932[387] (851), 937[760] (920)
Kamkha, M. A., **1**, 115[44] (50, 103T)
Kamkim, M. A., **1**, 115[44] (50, 103T)
Kammel, G., **1**, 673[171] (591); **2**, 513[433] (455); **7**, 656[590] (627)
Kammereck, R. E., **7**, 107[396] (53, 74)
Kammula, S., **2**, 191[261] (64)
Kamoto, R. G., **4**, 320[116] (254, 315)
Kampf, W., **8**, 707[189] (701)
Kamyshova, A. A., **1**, 678[492] (632)
Kan, C.-T., **4**, 963[9] (932); **6**, 96[188] (38, 43T), 943[130] (907), 943[134] (907, 909T), 943[154] (910, 911T); **8**, 339f[13], 1095f[4], 1106[101] (1098)
Kan, G., **4**, 815[358] (754)
Kan, K., **8**, 642[73] (631)
Kana, H., **3**, 87[496] (71)
Kanaan, A. S., **2**, 674[48] (635)
Kanabar, V. V., **1**, 378[342] (359)
Kanai, A., **3**, 632[269] (621); **8**, 312f[53]
Kanai, H., **3**, 85[371] (51), 87[505] (73); **4**, 965[151] (956); **8**, 312f[59], 364[231] (322), 392f[9], 644[190] (626, 627T), 644[190] (626, 627T), 769[42] (737)
Kanai, M., **8**, 312f[32]
Kanai, S. I., **6**, 97[274] (58T, 61T, 62T, 63T, 73)
Kanakkanatt, A. T., **8**, 936[706] (910)
Kanakura, A., **7**, 99f[29]
Kanas, A., **3**, 1137f[2], 1137f[15], 1288f[1]
Kanazashi, M., **2**, 189[162] (37), 196[471] (116)
Kanda, Z., **2**, 774f[3], 818[58] (775); **6**, 348[401] (329, 331), 443[153] (403)
Kandil, S. A., **2**, 619[213] (548, 550)
Kane, A. R., **1**, 539[100] (489, 506, 507, 536T), 539[107c] (491), 539[107d] (491, 536); **6**, 227[229] (214T, 215), 741[343] (522), 944[209] (920T, 921), 944[210] (920T, 921), 945[263] (933, 934T, 935); **8**, 291f[30], 368[509] (358)
Kane, V. V., **7**, 103[216] (29)
Kaneda, K., **8**, 17[29] (12), 361[20] (286), 459[345] (426), 459[346] (426), 459[347] (426), 459[348] (426), 459[349] (426), 607[127] (567, 594T), 607[128] (567, 594T), 607[129] (567, 598T), 609[233] (594T), 610[295] (598T), 866f[1], 927[67] (801), 933[495] (878), 933[496] (878), 934[508] (878), 934[510] (878), 934[513] (879)
Kanehira, K., **8**, 771[161] (743T, 748T, 749T)
Kanehisa, N., **2**, 706[130] (698)

Kaneko, C., **1**, 376[223] (344)
Kaneko, S., **4**, 958f[2]
Kaneko, T., **8**, 610[280] (597T)
Kanellakopulos, B., **1**, 152[219] (146), 152[220] (146), 152[221] (146); **3**, 263[6] (174), 264[25] (177), 265[89] (182), 265[98] (182), 265[99] (183), 265[100] (183), 265[105] (184, 185, 212, 215, 219), 267[225] (211), 267[232] (211, 219), 267[233] (212), 267[234] (212), 267[236] (212), 267[237] (212), 267[238] (212), 267[239] (212), 267[245] (213), 267[246] (213, 214), 267[252] (214), 267[253] (214), 267[254] (214), 267[259] (215, 218), 268[260] (215), 268[261] (215), 268[262] (215), 268[271] (217), 268[272] (217), 268[278] (218), 268[280] (219), 269[334] (233), 632[225] (602), 632[226] (602), 700[373] (674), 704[587] (694); **6**, 942[86] (903T)
Kane-Maguire, L. A. P., **3**, 84[294] (40), 84[295] (40), 87[482] (70), 87[483] (70), 87[484] (70), 87[486] (70), 947[70] (824), 1070[183c] (991), 1074[401] (1034), 1074[408] (1035, 1058), 1076[518] (1055), 1076[531] (1056), 1077[582] (1064), 1077[583] (1064), 1077[584a] (1064), 1077[584b] (1064), 1077[585] (1064), 1077[588] (1065), 1077[591] (1065), 1251[267] (1215, 1224), 1251[286] (1218, 1219, 1225, 1226), 1252[315] (1224), 1252[321] (1225, 1226), 1253[372] (1235, 1236), 1253[373] (1235), 1383[184] (1363), 1383[205] (1366), 1383[207] (1366), 1383[215] (1366, 1367), 1383[233] (1372), 1383[234] (1372), 1383[235] (1372), 1383[237] (1373), 1384[243] (1374); **4**, 34f[60], 156[443] (120), 236[154] (178, 231, 232T), 504[51b] (392), 504[52f] (393), 512[493] (498), 512[496] (498), 512[496] (498), 512[518] (502), 602f[13], 815[364] (755), 815[365] (755), 815[366] (755), 815[366] (755), 815[367] (755), 1060[212] (1015), 1060[213] (1015); **5**, 273[578] (192); **7**, 346[21] (340); **8**, 1010[179] (988), 1010[180] (988), 1010[180] (988), 1010[183] (988), 1010[184] (988), 1010[187] (993), 1064[36] (1018), 1066[124] (1033), 1066[128a] (1034, 1034f, 1035), 1069[257] (1051, 1056)
Kanematsu, K., **6**, 384[103] (376); **7**, 511[91] (487); **8**, 935[581] (891)
Kaner, D. A., **4**, 1063[385] (1052)
Kaneshima, T., **3**, 108f[22], 108f[23]; **5**, 353f[1], 353f[3], 526[442] (347, 428, 434), 526[444] (347, 434), 534[922] (433, 434)
Kaneti, J., **1**, 118[174] (81)
Kanfer, S. J., **7**, 726[114] (688)
Kang, D. K., **6**, 35[142] (24)
Kang, H., **4**, 963[58] (940, 941); **8**, 364[252] (324)
Kang, H.-C., **4**, 328[664] (314, 315); **5**, 628[494] (617); **8**, 222[125] (157, 157T, 158)
Kang, J., **1**, 251[604] (235)
Kang, J. W., **3**, 169[78] (131); **5**, 290f[5], 357f[4], 362f[5], 373f[1], 373f[9], 403f[8], 438f[12], 479f[9], 521[92] (289, 440, 471T), 527[478] (356, 357, 435, 451, 468, 501), 527[485] (358), 527[516] (363, 367, 369, 377), 528[553] (368, 369), 528[554] (369, 501), 531[749] (407, 456, 482), 531[761] (409), 535[1022] (457, 458), 536[1079] (467, 501), 546f[12], 604f[4], 606f[4], 606f[4], 608f[5], 608f[8], 624[219] (574), 626[351] (593), 626[362] (596, 605, 607), 626[363] (596), 627[437] (603, 605), 627[437] (603, 605), 627[454] (607); **6**, 469[49] (464), 741[309] (518), 1029[65] (336), 1070[297] (1058), 1070[328] (1061); **8**, 365[308]
Kang, S.-Z., **7**, 159[127] (154)
Kangas, L. F., **6**, 262[88] (250)
Kangas, L. R., **6**, 33[3] (15), 1021f[129]
Kanian, A. S., **2**, 636f[3]
Kanie, S., **6**, 741[318] (518, 521)
Kanig, W., **2**, 707[173] (703)
Kannengiesser, M. H., **8**, 368[468] (353)
Kano, Y., **3**, 951[312] (916)
Kanouchi, S., **2**, 301[291] (271), 301[294] (271, 274), 301[318] (276), 301[319] (276)
Kantak, U. N., **3**, 388f[17], 429[192] (378)
Kantardjiew, I., **7**, 196[144] (178), 225[106] (207)
Kantlehner, W., **7**, 653[426] (588), 658[675] (642)
Kantor, S. W., **2**, 198[526] (127), 201[664] (162)
Kanustina, A. A., **2**, 511[284] (437)
Kanzaki, F., **2**, 1016[73] (986)
Kao, J. T. F., **7**, 378f[2], 455[26] (377), 458[234] (405)

Kao, L. C., **8**, 934[506] (877)
Kao, S. C., **4**, 374[37] (339); **8**, 17[34] (12), 220[31] (110)
Kao, T.-Y., **2**, 972[151] (890)
Kao, W., **7**, 461[391] (427)
Kapan, M., **4**, 511[418] (483)
Kapfer, C. A., **2**, 302[389] (294)
Kaplan, F., **2**, 972[187] (896); **4**, 508[271] (446), 508[274] (446); **6**, 750[934] (615), 754[1221] (652)
Kaplan, J. I., **3**, 632[261] (620)
Kaplan, L. J., **7**, 511[57] (480)
Kaplan, P. D., **6**, 754[1214] (652, 661), 754[1216] (652, 661, 705, 708), 755[1226] (653), 755[1243] (654, 667), 755[1244] (654)
Kaplin, Yu. A., **2**, 675[86] (639), 675[89] (640), 675[90] (640); **6**, 226[144] (195), 226[144] (195), 226[176] (195)
Kaplina, R. V., **1**, 680[626] (650); **3**, 1382[138] (1348); **6**, 223[8] (199, 201T), 1061f[11]; **7**, 457[129] (392)
Kapon, M., **8**, 1069[263] (1052)
Kapoor, P. N., **3**, 697[222] (665), 778[17] (706), 781[214] (776), 781[215] (776), 851f[54], 1076[535a] (1057), 1247[104] (1180), 1248[126] (1180), 1252[327] (1226), 1383[213] (1366); **4**, 52f[101], 52f[102], 52f[102], 52f[103], 154[303] (75), 154[304] (75), 689[88] (673, 676), 810[60] (699, 705, 708); **5**, 535[1013] (453); **6**, 744[533] (545), 980[63] (967, 971T), 1094f[5]
Kapoor, R. N., **3**, 379f[5], 630[119] (576), 697[222] (665), 851f[54], 1076[535a] (1057), 1246[53] (1162), 1252[327] (1226), 1383[213] (1366); **4**, 52f[101], 153[238] (61), 153[239] (61), 154[303] (75), 154[304] (75), 155[368] (91); **5**, 137f[22]
Kapp, W., **7**, 656[591] (627)
Kappel, K. C., **2**, 627[699] (613)
Kappenstein, C., **3**, 1073[317] (1020)
Kappler, J., **3**, 879f[16]; **8**, 100[860] (953)
Kapteijn, F., **8**, 549[8c] (500), 549[16b] (502)
Kaptein, R., **2**, 820[174] (803), 820[180] (806)
Kapur, J. C., **2**, 754f[10]
Kapur, S., **3**, 265[129] (189), 265[130] (189), 699[299] (671)
Karabanov, N. T., **3**, 1069[118c] (985); **6**, 224[56] (193T)
Karabatsos, G. J., **1**, 672[97] (573)
Karachiev, L. G., **3**, 557[68] (556)
Karaev, S. F., **2**, 301[330] (279)
Karai, H., **8**, 363[162] (301)
Karakasa, T., **7**, 105[309] (41)
Karakchiev, L. G., **3**, 632[268] (620); **6**, 180[51] (157)
Karakoyunlu, E., **2**, 202[705] (172)
Karaksin, Y. N., **1**, 722[184] (711)
Karalchanov, E. A., **7**, 87f[1]
Karantasis, T., **2**, 553f[1]
Karapetyan, R. A., **5**, 272[552] (185)
Karapinka, G. L., **3**, 436f[2], 702[475] (684)
Karataev, E. N., **3**, 702[505] (687), 702[509] (688), 702[510] (688), 702[512] (688, 689), 703[538] (689)
Karcher, B. A., **3**, 879f[18], 881f[3]
Kardos-Balogh, Z., **7**, 510[33] (475), 510[34] (475)
Karel, K. J., **3**, 146f[1], 169[110] (146); **4**, 509[317] (452), 509[353] (466, 497)
Karel'skii, V. N., **2**, 297[90] (231, 232), 298[109] (234), 298[121] (237)
Karim, A., **7**, 726[123] (690)
Karimov, K. G., **4**, 938f[3], 938f[4], 939f[8], 939f[9]; **8**, 311f[5], 311f[10], 312f[55]
Karimov, Yu. S., **3**, 113f[3], 113f[5], 168[24] (99); **6**, 223[5] (192)
Karimpour, H., **2**, 969[20] (865)
Karipides, A., **2**, 191[240] (57), 191[241] (57), 191[242] (57), 631f[13], 675[81] (638)
Karjus, K., **8**, 367[421] (348)
Karl, A., **4**, 507[214] (437)
Karle, J. L., **1**, 118[190] (83, 84T, 85)
Karlin, K. D., **4**, 422f[16], 505[109] (408, 423), 505[110] (408), 510[360] (468), 512[492] (498)
Karlsson, L., **3**, 83[202] (29); **4**, 479f[17]; **6**, 227[244] (191, 191T, 193T)
Karlsson, O., **8**, 670[117] (668)

Karmann, H.-G., **1**, 672[127] (579, 665); **8**, 386f[1], 454[51] (379, 384, 386, 387)
Karmilov, A. Yu., **2**, 977[489] (960)
Karn, F. S., **8**, 282[175] (275)
Karnatz, D., **4**, 818[540] (779), 840[47] (829)
Karoly, E., **7**, 657[649] (639)
Karpacheva, G. P., **3**, 473[35] (440); **6**, 181[116] (166); **8**, 644[187] (621T)
Karpel, S., **2**, 627[717] (616)
Karpelus, R., **4**, 885[90] (862)
Karpenko, R. G., **7**, 107[397] (53), 107[397] (53), 109[551] (80), 110[556] (81)
Karraker, D. G., **3**, 264[61] (179, 233), 267[229] (211, 212, 214, 218), 268[279] (219, 223), 269[325] (232, 233), 269[333] (233, 235), 269[341] (234), 269[352] (237), 269[353] (237), 269[384] (248)
Karras, M., **1**, 243[132] (170), 681[688] (661); **3**, 279[56] (277); **7**, 648[132] (545); **8**, 669[61] (662, 663T), 669[82] (662, 663T), 771[140] (748T)
Karsch, H. H., **5**, 33f[17], 40f[4], 68f[4], 76f[1], 137f[1], 137f[3], 137f[4], 137f[5], 266[142] (30, 31), 268[259] (69, 70, 72), 268[260] (69, 70), 268[268] (70, 72, 73), 268[284] (77), 268[289] (77, 78, 79), 270[412] (133, 145, 146, 149), 270[447] (145); **6**, 34[84] (21T, 22T, 23, 24), 34[85] (21T, 22T, 23, 24, 32), 93[9] (48, 50T), 93[11] (49, 51, 53T, 54T, 61T, 64, 70, 71), 93[12] (51, 53T, 54T, 71), 93[18] (61T, 62T, 64, 72, 75, 77, 79), 94[53] (51, 53T, 54T, 59T, 61T, 62T, 72), 94[54] (48, 50T), 94[56] (54T, 62T, 72), 95[144] (49, 53T, 54T, 58T, 73), 95[145] (51, 53T, 54T, 58T, 62T, 65); **8**, 280[40] (239, 243), 281[98] (262), 794[10] (791), 796[138] (792)
Karst, K. P., **4**, 159[645] (148)
Karstein, B., **2**, 705[62] (689)
Kartashov, V. R., **2**, 882f[23]
Karten, M. J., **7**, 38f[2]
Kartshov, V. R., **2**, 882f[24]
Kartsivadze, N. A., **6**, 179[29] (159T, 161, 165T), 180[37] (160, 165T, 169), 181[124] (146T, 149, 159T, 160, 165T, 169), 445[306] (426); **8**, 76[99] (714T)
Kartte, K., **3**, 1068[81] (977, 990), 1069[84a] (978), 1070[198] (999)
Kasahara, A., **4**, 511[444] (486), 817[465] (767), 817[473] (770); **5**, 403f[7], 527[517] (363, 376), 539[1259] (503); **6**, 345[177] (308, 337), 345[202] (310), 347[288] (317), 347[298] (319), 347[299] (319), 347[311] (320, 337), 347[337] (322, 339), 347[339] (322, 339), 347[340] (322, 323, 336, 337, 338, 339), 442[53] (393), 442[89] (398); **8**, 861f[9], 865f[14], 869f[5], 928[130] (805), 930[282] (839, 892), 932[424] (855), 932[425] (855), 932[427] (856), 933[445] (859), 933[454] (860), 933[475] (870), 935[591] (892), 935[592] (892), 935[593] (892), 935[607] (895), 936[666] (903), 936[673] (904), 1064[37] (1018), 1067[184] (1043), 1067[185] (1043), 1067[188] (1043), 1067[190] (1043), 1067[191] (1043)
Kasahara, T., **1**, 379[399b] (364)
Kasai, N., **1**, 247[377] (199, 202, 205), 673[170] (591); **2**, 187[34] (8), 61[28] (525), 620[280] (556), 620[281] (556), 623[415] (574), 706[130] (698), 860[73] (838); **3**, 129f[1], 1072[259] (1011, 1017); **4**, 242[512] (223, 224T, 227, 228), 460f[8], 463f[3], 607[144] (542), 612[499] (598); **5**, 275[776] (254), 532[807] (416), 534[949] (439); **6**, 260[2] (243, 245), 263[174] (258), 345[150] (305, 329, 334T), 345[155] (306), 345[183] (308, 334T), 346[214] (310, 334T), 346[241] (312, 313, 334T), 348[394] (329, 330), 348[397] (329, 330, 334T), 348[398] (329, 334T), 348[399] (329, 330, 334T), 348[400] (329, 330, 334T), 348[405] (329, 331, 334T), 348[406] (329, 331, 334T), 349[428] (334T, 334f), 441[41] (390), 441[42] (390), 443[165] (406), 443[166] (406), 468[21] (457, 461), 468[29] (460), 758[1485] (683), 758[1486] (683); **7**, 462[457] (438); **8**, 642[73] (631)
Kasai, Y., **7**, 109[539] (79)
Kasaoka, S., **8**, 311f[14]
Kaschani, M. M., **4**, 152[179] (44)
Kasenally, A., **2**, 707[175] (703)
Kasenally, A. S., **3**, 427[78] (355), 695[56] (652, 655, 656); **4**, 12f[23]; **5**, 295f[13], 522[134] (294); **6**, 839f[3], 839f[20], 843f[196], 843f[198], 843f[203], 850f[48], 874[53] (769)
Kasha, M., **1**, 303[69] (265)
Kashi, A., **8**, 645[220] (618, 623T)

Kashima, N., **7**, 463^{511} (447, 448)
Kashimura, K., **7**, 346^{19b} (340, 341)
Kashin, A. N., **2**, 947f^3, 969^{18} (865), 973^{195} (898), 973^{205} (898); **5**, 527^{492} (359)
Kashiwa, N., **3**, 546^{81} (519, 520); **7**, 463^{525} (448)
Kashiwabara, K., **2**, 904f^1; **5**, 532^{834} (419, 420), 537^{1154} (477); **6**, 753^{1109} (636)
Kashiwagi, M., **3**, 87^{451} (64); **6**, 179^7 (175, 176T); **7**, 301^{149} (292)
Kashiwagi, T., **5**, 534^{949} (439); **6**, 260^2 (243, 245), 263^{160} (257), 346^{241} (312, 313, 334T)
Kashutina, M. V., **2**, 361^{95} (319)
Kaska, W. C., **1**, 583f^{11}, 583f^{20}, 584f^4, 596f^3, 671^{53} (563, 568, 623, 627, 629, 663), 672^{77} (570, 604, 629, 665), 673^{178} (592, 620, 628), 674^{222} (598), 675^{272} (610); **3**, 630^{138b} (580, 600), 807f^5, 1308f^7, 1317^{40} (1278), 1318^{88} (1289); **4**, 50f^{12}, 155^{377} (93), 241^{433} (214, 215, 215T, 216); **5**, 265^{96} (22), 273^{618} (209), 275^{761} (251), 626^{370} (597); **6**, 740^{250} (513), 740^{251} (513, 585), 747^{738} (585), 753^{1094} (635)
Kašpar, M., **7**, 8f^3, 8f^8
Kašpárek, S., **1**, 242^{85} (164, 216); **7**, 107^{403} (54)
Kasper, P., **6**, 758^{1481} (682)
Kaspersma, J. H., **8**, 362^{110} (294), 363^{204} (317)
Käss, D., **2**, 6f^{16}, 201^{679} (165)
Kassahn, H.-G., **4**, 153^{277} (70)
Kassal, R. J., **8**, 645^{233} (632)
Kasten-Jolly, J., **2**, 626^{667} (609)
Kastens, M. L., **8**, 95^{49} (31), 282^{147} (272)
Kastner, M. E., **5**, 268^{312} (86)
Kastning, E. G., **8**, 610^{311} (599T)
Kasuga, K., **5**, 537^{1140} (475T); **7**, 653^{421} (596); **8**, 460^{372} (431), 888f^2, 931^{330} (847), 931^{334} (847), 932^{369} (849, 850), 932^{372} (850)
Kasuga, M., **8**, 930^{293} (841)
Kasumov, F. H., **2**, 974^{273} (919, 920)
Kasumov, Sh. G., **8**, 1069^{279} (1055)
Kasuoka, N., **5**, 532^{807} (416)
Katadi, T., **2**, 678^{291} (662)
Katagiri, T., **8**, 365^{316} (337)
Katahira, D., **3**, 1247^{58} (1165)
Katanakhova, S. K., **6**, 738^{119} (494)
Kataoka, H., **8**, 930^{251} (832), 930^{252} (832), 930^{294} (842)
Kataoka, N., **5**, 265^{95} (22), 265^{99} (23)
Kataoka, T., **2**, 362^{182} (349); **7**, 108^{486} (69)
Katcher, M. L., **3**, 695^{74} (653), 851f^{42}; **5**, 275^{733} (247); **6**, 1019f^{41}; **7**, 108^{476} (65)
Katchman, A., **2**, 362^{134} (329)
Katkov, N. A., **8**, 110^{547} (1082)
Katkova, N. M., **1**, 120^{320c} (114)
Kato, H., **1**, 245^{275} (187); **3**, 85^{370} (51), 85^{371} (51), 85^{372} (51), 87^{496} (71), 87^{505} (73); **6**, 751^{954} (615, 656, 691), 755^{1276} (656); **8**, 282^{135} (271)
Kato, I., **6**, 34^{88} (21T), 94^{65} (55T, 59T, 65), 139^{37} (104T, 105T, 110, 121T); **8**, 794^{35} (790)
Kato, K., **8**, 769^2 (717T, 718T, 722)
Kato, M., **6**, 344^{130} (301, 303), 740^{249} (513); **7**, 649^{180} (555), 650^{267} (571), 657^{623} (634), 657^{623} (634), 657^{631} (637)
Kato, N., **2**, 197^{515} (124)
Kato, S., **1**, 260f^8; **2**, 512^{359} (445), 512^{369} (445), 678^{291} (662); **4**, 238^{266} (199), 242^{512} (223, 224T, 227, 228)
Kato, T., **2**, 396^{67} (376); **6**, 1113^{171} (1087); **7**, 101^{120} (18); **8**, 937^{756} (920), 1066^{139} (1037)
Kato, Y., **8**, 937^{752} (919)
Katou, T., **8**, 936^{673} (904)
Katovic, V., **6**, 840f^{63}, 840f^{64}, 840f^{66}, 875^{151} (787, 821)
Katritzky, A. R., **7**, 101^{117} (17), 101^{117} (17)
Katskov, D. A., **2**, 818^{41} (772)
Katsman, L. A., **6**, 444^{198} (409)
Katsuhara, J., **7**, 195^{86} (168)
Katsuki, T., **8**, 497^{114} (494), 497^{115} (494)
Katsuma, H., **4**, 958f^{11}
Katsumura, A., **8**, 497^{54} (477)

Katsuno, R., **8**, 382f^{15}, 455^{64} (381)
Katsuro, Y., **7**, 647^{36} (524), 651^{289} (574), 656^{549} (617); **8**, 771^{150} (738, 751T)
Katsuura, T., **2**, 197^{516} (124)
Kattenberg, J., **7**, 109^{520} (75)
Katz, A. H., **7**, 511^{68} (483)
Katz, J. C., **3**, 1249^{185} (1195)
Katz, J. J., **1**, 275f^6; **6**, 942^{49} (900, 901, 902T, 903T); **7**, 140^{20} (114), 140^{21} (114), 141^{90} (128), 142^{131} (136), 144f^5, 195^{64} (164), 195^{71} (165, 193), 195^{73} (166), 226^{224} (219), 226^{225} (219), 263^{20} (256), 300^{104} (284), 300^{111c} (285), 300^{111d} (285), 321^{10} (306, 310)
Katz, L., **4**, 326^{501} (298); **8**, 100^{336} (94), 1008^{57} (953)
Katz, T. J., **4**, 511^{461} (489, 490T); **5**, 536^{1081} (467); **8**, 538f^1, 538f^3, 540f^2, 549^{22} (503), 549^{38} (504, 509), 549^{39} (504, 541, 548), 550^{47} (507, 508, 511), 550^{49} (510), 550^{50} (511), 550^{94} (522, 540, 542), 551^{132} (537, 545), 551^{135} (538, 541), 1071^{342} (1062), 1071^{342} (1062)
Katzenellenbogen, J. A., **1**, 116^{101} (62); **7**, 460^{367} (422), 461^{404} (429), 727^{176} (704), 727^{176} (704), 728^{221} (713)
Katzenstein, R. J., **2**, 510^{272} (436)
Kauffman, H. F., **8**, 367^{406} (345)
Kauffman, K. C., **8**, 711^{358} (701)
Kauffman, W. J., **2**, 861^{157} (858)
Kauffmann, G., **3**, 1069^{139} (987)
Kauffmann, T., **2**, 302^{358} (288), 507^{92} (409), 676^{146} (646), 676^{146} (646), 676^{146} (646), 762^{137} (745), 762^{139} (745); **7**, 17f^3, 98f^{10}, 99^{17} (3), 100^{57} (7), 101^{109} (16), 103^{203} (28), 103^{204a} (28), 106^{346} (47), 106^{346} (47)
Kaufhold, R., **1**, 677^{456} (631)
Kaufman, D., **7**, 513^{171} (499); **8**, 1070^{321} (1059)
Kaufman, F., **4**, 510^{410} (482); **8**, 1070^{335a} (1061), 1070^{335c} (1061, 1062)
Kaufman, V. R., **5**, 268^{270} (70)
Kaufmann, F., **1**, 252^{623} (237, 238), 252^{626} (238)
Kaufmann, G., **3**, 87^{506} (73), 1074^{388} (1032); **8**, 222^{116} (142)
Kaufmann, J., **4**, 320^{54} (248); **6**, 12^{10} (4), 34^{94} (21T, 23)
Kaufmann, K.-D., **2**, 17f^1, 191^{257} (62, 74), 191^{257} (62, 74); **7**, 653^{392} (591, 592)
Kaup, J., **8**, 367^{421} (348)
Kaushik, N. K., **3**, 430^{227} (385), 430^{228} (385), 430^{229} (385)
Kautzner, B., **3**, 327^{96} (306), 557^{35} (552), 632^{230} (602); **6**, 979^{12} (949)
Kavaliunas, A. V., **6**, 98^{312} (57T, 65), 100^{412} (45, 50T), 181^{127} (156, 159T), 263^{158} (256), 346^{255} (314), 346^{256} (314), 443^{138} (402), 443^{139} (402), 741^{317} (518), 761^{1624} (716); **8**, 927^{45} (801), 929^{174} (810), 929^{175} (810)
Kavathekar, B. J., **6**, 752^{1050} (630)
Kaverin, V. V., **2**, 302^{376} (292); **8**, 642^{62} (629, 630T), 642^{85} (630T), 642^{97} (630, 630T, 631), 643^{108} (629, 630T, 631), 643^{115} (629, 630T, 631), 643^{136} (629, 630, 630T, 631), 643^{142} (630, 630T, 631), 643^{148} (630T, 631), 643^{151} (632), 705^{82} (693, 694T), 706^{125} (693, 694T, 695), 706^{143} (672, 674T)
Kaverinsky, V. A., **8**, 641^{37} (622T)
Kawabata, K., **7**, 657^{648} (639)
Kawabata, N., **1**, 250^{530a} (224, 225, 226, 229), 250^{545} (225), 250^{550} (226, 228, 229, 230), 250^{553} (227, 228), 251^{570} (230); **2**, 848f^2, 860^{63} (836), 861^{109} (848, 851); **7**, 725^{18} (665), 725^{28} (668), 725^{29} (668), 725^{30} (668), 727^{155} (700)
Kawabata, Y., **6**, 757^{1381} (672); **8**, 497^{86} (485), 608^{192} (586, 597T), 608^{194} (586), 609^{216} (598T, 604)
Kawada, M., **8**, 930^{269} (837)
Kawada, Y., **3**, 1297f^{17}
Kawagishi, T., **7**, 728^{234} (715)
Kawagoe, T., **8**, 707^{196} (702), 708^{216} (702), 711^{347} (702), 711^{348} (701)

Kawaguchi, S., **6**, 98^{295} (52, 53T), 99^{386} (52, 53T), 241^{39} (240), 263^{174} (258), 348^{393} (329), 348^{394} (329, 330), 348^{395} (329, 330), 348^{396} (329, 331), 348^{401} (329, 331), 348^{402} (329, 331), 348^{403} (329, 331), 348^{404} (329, 331), 348^{406} (329, 331, 334T), 348^{407} (329, 331), 441^{32} (390, 421), 441^{37} (390), 441^{38} (390), 441^{39} (390), 441^{40} (390), 441^{41} (390), 443^{153} (403), 443^{154} (403), 443^{165} (406); **8**, 772^{205} (739, 755T), 928^{128} (805)
Kawaguchi, T., **1**, 153^{252} (148)
Kawai, K., **3**, 788f^{14}; **4**, 320^{109} (253); **5**, 270^{416} (138, 209); **6**, 13^{34} (6T, 6), 1020f^{104}, 1032f^{25}, 1040^{113} (1008)
Kawai, S., **2**, 1015^{32} (982)
Kawai, T., **8**, 422f^{1a}, 459^{307} (419), 931^{312} (845), 931^{314} (845)
Kawakami, J. H., **7**, 159^{101} (149), 224^{54} (201, 202), 725^{49} (672)
Kawakami, K., **1**, 244^{217} (178, 187); **2**, 621^{300} (559); **3**, 108f^{17}, 108f^{22}, 108f^{23}; **4**, 657f^{3}, 814^{285} (744); **5**, 21f^{2}, 186f^{2}, 265^{88} (20, 180), 272^{534} (178), 344f^{6}, 353f^{1}, 353f^{2}, 353f^{3}, 353f^{11}, 353f^{13}, 526^{423} (343, 344), 526^{442} (347, 428, 434), 526^{443} (347), 526^{444} (347, 434), 526^{448} (348, 434), 526^{449} (348, 434, 474T, 476), 533^{869} (426), 534^{922} (433, 434), 534^{923} (433), 624^{199} (568, 601); **6**, 140^{66} (119, 122T), 759^{1517} (690); **8**, 312f^{57}, 317f^{2}, 379f^{3}, 379f^{15}, 641^{21} (618, 623T), 642^{74} (621T)
Kawakami, Y., **1**, 252^{622} (237), 679^{575} (647); **7**, 460^{354} (420)
Kawamata, M., **8**, 280^{7} (228)
Kawamoto, F., **8**, 459^{345} (426), 933^{495} (878)
Kawamoto, K., **6**, 1113^{171} (1087); **7**, 656^{558} (619)
Kawamura, T., **1**, 754^{111} (746); **2**, 194^{356} (91), 971^{98} (879), 978^{507} (963); **3**, 85^{372} (51); **6**, 751^{954} (615, 656, 691)
Kawara, T., **7**, 104^{258} (33)
Kawasaki, A., **3**, 547^{117} (539)
Kawasaki, Y., **1**, 753^{43} (733); **2**, 633f^{3}, 674^{27} (632), 674^{28} (632), 677^{235} (656), 677^{239} (656), 677^{240} (656), 677^{241} (656); **6**, 97^{252} (57T, 61T, 62T, 64, 69, 70, 72); **7**, 460^{319} (416)
Kawase, M., **7**, 195^{59} (163), 195^{60} (163), 195^{61} (163)
Kawashima, M., **7**, 104^{258} (33)
Kawashima, T., **7**, 654^{432} (587)
Kawata, N., **6**, 98^{319} (56T, 65); **8**, 459^{326} (420), 606^{69} (558), 606^{70} (558, 598T), 610^{290} (598T), 610^{291} (598T), 641^{21} (618, 623T), 641^{42} (616, 621T, 622T), 641^{46} (616, 622T), 646^{260} (622T), 704^{6} (683)
Kawata, Y., **6**, 34^{55} (21T, 22T, 23)
Kawato, T., **6**, 348^{409} (331)
Kawauchi, H., **8**, 641^{24} (629, 637T, 639), 641^{25} (636, 637T, 639)
Kawauchi, T., **8**, 936^{668} (904)
Kawazoe, Y., **7**, 14f^{2}
Kawazura, H., **6**, 263^{176} (258), 278^{40} (266T, 274), 278^{43} (273), 346^{238} (312), 383^{63} (370), 469^{55} (465), 751^{1011} (622)
Kay, E., **2**, 362^{176} (349)
Kay, L., **2**, 509^{192} (422)
Kaylo, A., **1**, 116^{104} (63)
Kayser, M., **4**, 963^{45} (938)
Kazakova, E. B., **1**, 306^{338} (287)
Kazalov, V. P., **7**, 64f^{6}
Kazama, H., **8**, 670^{114} (651, 656, 658T)
Kazankova, M. A., **2**, 508^{123} (411), 509^{205} (424), 974^{286} (921), 975^{322} (927)
Kazanskii, B. A., **1**, 243^{119} (168), 305^{225} (278, 287, 294), 308^{463} (294); **7**, 363^{38} (360)
Kazanskii, K. S., **1**, 251^{576} (231)
Kazanskii, V. B., **8**, 641^{18} (622), 641^{37} (622T)
Kazarinov, G. B., **6**, 445^{296} (424)
Kazimirchuk, E. I., **4**, 239^{359} (206, 207T)
Keable, H. R., **3**, 1248^{152} (1189), 1248^{152} (1189), 1381^{85} (1339), 1381^{85} (1339)
Keable, J., **2**, 513^{409} (453)

Kealy, T. J., **1**, 681^{707} (666); **3**, 279^{10} (271); **4**, 510^{380} (475), 963^{64} (941); **7**, 462^{481} (442), 463^{543} (451); **8**, 425f^{2}, 459^{324} (420)
Kean, E. S., **2**, 397^{133} (394)
Keane, F. M., **2**, 677^{202} (652)
Kearney, P. C., **2**, 1019^{290} (1012f)
Kearney, U. C., **2**, 1017^{128} (997)
Kearns, D. R., **1**, 245^{284a} (188); **7**, 108^{458} (63f)
Keasey, A., **3**, 87^{458} (67), 118f^{18}, 142f^{4}, 144f^{6}, 169^{105} (145); **6**, 263^{191} (260), 263^{192} (260), 278^{41} (273), 278^{48} (275), 278^{49} (266T, 275), 442^{113} (400, 407), 442^{114} (400, 407), 751^{1013} (622), 761^{1634} (718, 722T, 727), 761^{1636} (718), 761^{1641} (719), 761^{1642} (719, 729), 761^{1668} (729)
Keating, T., **3**, 125f^{14}; **6**, 261^{28} (245), 347^{319} (321), 762^{1693} (734)
Keaveney, W., **8**, 549^{21b} (503, 547)
Keay, J. G., **7**, 101^{117} (17)
Kebbel, B., **3**, 429^{208} (381)
Keber, R., **8**, 549^{14b} (502), 549^{24} (503)
Keblys, K. A., **3**, 709f^{1}, 709f^{2}, 779^{54} (710); **6**, 1027f^{2}; **7**, 148f^{5}, 159^{92} (148f, 149), 196^{118} (173, 173f), 196^{119} (173, 173f), 251^{4} (229, 234, 236, 237), 251^{5} (229, 230, 231)
Keder, N. L., **3**, 630^{138b} (580, 600)
Keech, G. J., **1**, 245^{253} (183)
Keehan, M. B., **1**, 672^{124} (578, 632)
Keeling, G., **3**, 1073^{328a} (1022); **4**, 152^{183} (45)
Keely, D. F., **4**, 320^{57} (249)
Keeney, D. R., **2**, 1017^{136} (997)
Keeney, M. E., **5**, 521^{89} (289, 462, 471T), 624^{198} (568, 602)
Keeney, W., **6**, 97^{239} (86)
Kees, F., **2**, 301^{292} (271), 970^{56} (869); **7**, 109^{510} (72)
Kees, K. L., **3**, 279^{36} (273, 274)
Keeton, D. P., **4**, 158^{621} (140, 147), 887^{164} (875), 887^{175} (879, 880); **6**, 877^{222} (818)
Keeton, M., **6**, 442^{100} (399), 740^{246} (512, 513), 740^{247} (512, 513), 747^{683} (574, 574T)
Kehoe, L. J., **6**, 757^{1374} (671), 757^{1375} (671)
Kehr, W., **4**, 606^{83} (524f, 526, 593); **5**, 342f^{4}, 523^{253} (307, 309, 341)
Kehrer, H., **2**, 189^{134} (32)
Keicher, G., **1**, 151^{177} (140), 285f^{19}
Keiderling, T. A., **3**, 267^{248} (213); **6**, 942^{70} (901, 902T, 903T)
Keii, T., **3**, 545^{3} (484), 546^{31} (492), 546^{35} (492), 547^{87} (520); **8**, 1104^{37} (1080, 1083, 1084)
Keijzer, P.-C., **1**, 246^{321} (194); **5**, 295f^{9}, 521^{121} (292), 552f^{9}, 622^{66} (551); **7**, 108^{487} (69)
Keiko, V. V., **2**, 297^{76} (228), 515^{549} (472)
Keil, M., **6**, 36^{166} (26)
Keilberg, C., **6**, 94^{92} (60T, 64, 79)
Keim, W., **3**, 632^{256} (620), 1067^{7} (956, 957), 1246^{19} (1155); **4**, 401f^{25}, 812^{179} (718, 723); **5**, 273^{628} (211), 403f^{1}, 403f^{2}, 528^{572} (375), 528^{573} (375, 393), 529^{602} (376, 393), 539^{1290} (519); **6**, 96^{199} (53T), 98^{296} (56T, 65, 66), 182^{160} (175), 261^{32} (245), 262^{84} (249), 446^{337} (432, 436, 438), 446^{338} (432), 446^{356} (438), 761^{1626} (716); **8**, 96^{76} (37), 98^{242} (69), 99^{305} (86, 86T, 87, 88), 305f^{46}, 362^{73} (288), 387f^{4}, 387f^{26}, 382f^{28}, 383f^{1}, 383f^{1}, 388f^{1}, 389f^{10}, 397f^{12}, 402f^{6}, 416f^{4}, 435f^{17}, 447f^{12}, 449f^{2}, 454^{52} (379, 393, 396, 397, 405, 407), 455^{60} (381), 455^{71} (383, 387, 389), 455^{72} (383), 455^{73} (383), 456^{169} (397, 407), 456^{177} (397, 398, 428, 431, 452), 457^{204} (402), 459^{358} (431, 432), 460^{382a} (431, 432), 460^{394} (433), 460^{412} (434), 461^{467a} (446, 450), 461^{471} (447), 461^{473a} (447), 461^{476} (447), 462^{487} (452), 462^{488} (452), 641^{12} (616, 618, 621T), 643^{129} (616, 617, 621T, 622T), 644^{157} (616, 617, 618, 621T), 644^{204} (618, 623T), 647^{309} (616, 617), 647^{309} (616, 617), 647^{310} (618), 931^{310} (844), 1068^{237} (1049)
Keinan, E., **2**, 618^{133} (540), 624^{483} (583); **8**, 607^{130} (567, 602T), 927^{60} (801), 927^{65} (801, 821), 929^{222} (820, 823, 827, 829), 929^{223} (820), 930^{238} (826, 829), 930^{239} (826)

Keiorkion, G. A., **6**, 96¹⁹⁰ (39); **8**, 670¹⁰⁰ (655)
Keir, D. A., **3**, 547⁹³ (526), 547⁹⁴ (526)
Keiser, S., **3**, 646⁴¹ (641)
Keister, J. B., **3**, 171¹⁸⁰ (167); **4**, 329⁶⁷⁶ (316), 329⁶⁷⁹ (316), 648⁶³ (634), 886⁹⁹ (863), 886¹⁰¹ (864, 866), 886¹¹² (866), 1058⁴¹ᵃ (972, 1032), 1062³¹⁹ (1038), 1062³²⁹ (1040), 1063³⁷⁵ (1051), 1063³⁸² (1052), 1063³⁸³ (1052); **8**, 292f⁴⁸, 364²⁶⁶ (327)
Keitel, I., **7**, 106³⁶⁵ (48)
Keiter, R. L., **3**, 838f¹⁸, 840f¹¹, 851f¹⁶, 851f²⁶, 948¹²³ (847); **6**, 35¹¹² (21T)
Keith, A. N., **3**, 1253⁴⁰¹ (1243); **6**, 737⁶⁰ (486)
Keith, D. D., **8**, 496⁴⁷ (476), 934⁵⁶⁹ (889)
Kekre, M. G., **6**, 140⁴⁹ (122T), 746⁶³² (563)
Kelland, J. W., **4**, 1057¹⁹ (969, 970, 977, 993, 1004, 1005, 1014), 1061²⁴⁸ (1023), 1062³⁰⁸ (1035, 1038), 1062³¹¹ (1035), 1062³³¹ (1041), 1062³³² (1042), 1062³³⁹ (1043), 1063³⁸⁶ (1053), 1063³⁸⁷ (1053)
Keller, C., **3**, 263¹³ (174, 178)
Keller, C. E., **4**, 608¹⁹⁸ (555, 559f, 560, 561), 608²⁰⁹ (556, 559f, 597)
Keller, E., **4**, 107f⁵⁷, 326⁴⁹² (298), 326⁴⁹³ (298), 326⁵³¹ (300), 327⁵⁴⁵ (302), 609²⁷⁰ (570f, 574); **5**, 266¹³³ (28), 267²⁰⁰ (42, 44), 272⁵⁶⁴ (188), 275⁷⁵³ (251); **6**, 35¹⁵⁵ (30), 805f¹², 840f⁵⁵, 841f⁹⁰, 842f¹⁷⁰, 843f¹⁸⁷, 843f²¹⁷, 843f²¹⁸, 844f²¹⁹, 844f²²¹, 844f²²², 850f¹⁵, 850f³⁸, 850f³⁹, 875¹³⁸ (785), 875¹⁴¹ (785), 877²²⁸ (819, 821), 877²³⁷ (821, 822)
Keller, H., **1**, 261f⁴¹, 262f⁴²; **3**, 633²⁹⁴ (628), 1073³⁵⁷ (1026); **6**, 755¹²⁹³ (659), 756¹²⁹⁵ (659)
Keller, H. J., **3**, 700³⁷⁶ (674), 700³⁷⁷ (674), 703⁵⁴³ (690); **5**, 265¹⁰¹ (23), 265¹⁰² (23), 285f², 344f⁴, 520⁵⁸ (283, 294), 526⁴¹⁶ (342, 345), 526⁴¹⁷ (342, 343), 527⁴⁷⁴ (356), 559f¹⁴, 627⁴⁴⁴ (605); **6**, 383⁷⁴ (372), 738¹⁴⁰ (497), 738¹⁴¹ (497), 738¹⁶² (499)
Keller, K., **3**, 1249¹⁶¹ (1190), 1381⁹³ (1340); **6**, 782f⁵
Keller, L., **3**, 1075⁴⁷⁶ (1044); **8**, 1066¹³¹ (1035)
Keller, L. S., **3**, 1074³⁸⁷ (1032)
Keller, P. C., **1**, 379³⁷⁴ (362)
Kellett, S. C., **4**, 920²⁴ (912); **5**, 532⁸³⁰ (419, 420, 422, 434, 435); **6**, 751⁹⁹⁸ (621)
Kelley, E. A., **6**, 241²¹ (236), 241²⁸ (237), 241²⁹ (238), 348³⁸¹ (327), 361⁸ (352, 357), 383⁶¹ (369), 383⁶⁸ (371), 442¹¹¹ᵇ (400, 422), 444²⁵⁰ (419), 468²⁰ (456, 457, 458), 469³⁴ (461)
Kelling, H., **2**, 197⁵¹³ (123), 397¹²³ (388), 511²⁸⁶ (438)
Kellner, R., **2**, 198⁵³⁶ (128)
Kellogg, R. M., **3**, 881f⁶; **4**, 510³⁷¹ (470); **7**, 101¹²¹ (18)
Kelly, B. A., **3**, 841f⁹, 842f⁶, 949¹⁸² (872, 875); **4**, 510³⁶³ (469); **5**, 366f¹², 528⁵³³ (365), 536¹⁰⁶³ (463, 464)
Kelly, D. R., **7**, 651³¹⁴ (578)
Kelly, E., **6**, 347²⁸⁵ (316, 317), 384⁹⁹ (377); **8**, 932⁴¹⁹ (855)
Kelly, E. A., **6**, 468¹⁹ (456)
Kelly, J. D., **3**, 87⁵⁰⁴ (73), 168⁴¹ (110), 1379²² (1326, 1369); **6**, 345¹⁴⁹ (304), 760¹⁵⁷³ (702, 704)
Kelly, J. F., **8**, 1009¹³⁸ (977)
Kelly, J. M., **3**, 411f⁴, 461f⁴¹, 474¹²⁵ (472), 631¹⁸⁸ (587, 590, 595), 631¹⁹⁵ (590), 646³² (640), 1070¹⁶⁸ (989), 1074⁴²⁴ (1036); **4**, 811⁹² (704)
Kelly, L. F., **4**, 512⁴⁹⁸ᵇ (498); **8**, 1010¹⁷⁶ (988), 1010¹⁷⁷ (988, 994)
Kelly, M. G., **6**, 100⁴⁰⁷ (83), 180⁷⁴ (153T, 156, 169); **8**, 459³⁵⁶ (428), 707¹⁷⁶ (683)
Kelly, M. R., **3**, 83²¹⁰ (30); **6**, 228²⁵⁶ (191, 193T)
Kelly, R., **8**, 96¹⁰⁹ (42, 58)
Kelly, R. C., **3**, 842f⁶, 1106f⁶
Kelly, R. J., **7**, 463⁵²⁸ (449); **8**, 430f³, 460³⁹⁸ (434, 440)
Kelly, R. L., **3**, 841f⁹, 949¹⁸² (872, 875), 1052f², 1075⁴³⁰ (1036), 1076⁵⁰³ (1052), 1100f¹¹, 1106f⁷, 1108f¹, 1108f², 1248¹¹²ᶜ (1181), 1380⁶⁰ (1333); **4**, 510³⁷⁸ (474), 1063³⁷¹ (1050)
Kelly, T. L., **5**, 625³¹¹ (588)

Kelly, W. J., **7**, 463⁵⁰¹ (443); **8**, 551¹³⁰ (537, 545)
Kelm, H., **5**, 621¹⁴ (544); **8**, 362¹³⁶ (299)
Kelman, R. D., **7**, 652³²⁸ (580)
Kemball, C., **6**, 749⁸²² (592); **8**, 221⁵⁴ (116, 121, 122, 138, 140, 145, 174, 175, 176, 188, 190, 192, 203, 204)
Kemeny, G., **2**, 943f², 976³⁸⁷ (942)
Kemme, A., **2**, 202⁶⁸⁹ (167)
Kemmerling, W., **2**, 300²⁵⁵ (264)
Kemmitt, R. D. W., **2**, 518⁷⁰⁵ (503); **4**, 149¹ (5), 327⁵⁷⁹ (306), 327⁵⁸⁵ (307, 308), 690¹⁰⁷ (676); **5**, 272⁵²⁹ (177), 272⁵³⁰ (177, 180, 189), 272⁵⁷⁷ (191), 306f¹⁵, 316f⁸, 404f²⁴, 522¹⁷⁸ (300, 305, 314, 383, 384), 523²²⁷ (304T), 524²⁸⁵ (314), 531⁷²² (398, 428), 531⁷³⁴ (400), 531⁷⁸³ (411, 480), 532⁷⁸⁴ (412, 459, 462), 532⁸³⁵ (419, 422, 428), 534⁹⁴² (409, 419, 425, 459, 462, 468), 534⁹⁴³ (425, 441, 459, 468), 534⁹⁵⁴ (440), 534⁹⁵⁷ (441, 459), 534⁹⁷⁹ (443, 459), 535¹⁰²⁷ (459), 539¹²⁸⁶ (519), 539¹²⁸⁸ (519), 554f¹¹, 624²¹⁶ (573), 624²²⁹ (575, 620), 626³⁸⁹ (599), 627⁴¹⁹ (601), 628⁴⁵⁶ (607); **6**, 36¹⁷⁴ (32), 261⁴³ (247), 262¹⁰⁴ (251, 254), 262¹²¹ (254), 262¹²⁹ (254), 262¹³⁰ (254), 262¹³¹ (254), 263¹⁷⁵ (258), 345¹⁴⁸ (304), 348³⁹⁰ (329), 349⁴¹³ (332), 444²²⁴ (413, 422), 469⁶⁴ (466), 741³²⁴ (519), 741³²⁸ (519), 741³⁵³ (522), 742³⁶² (523), 751⁹⁷⁷ (619), 751⁹⁸⁶ (620), 751⁹⁹⁰ (620, 631), 751¹⁰¹⁴ (623, 627), 752¹⁰⁴² (628), 752¹⁰⁴⁶ (629), 752¹⁰⁴⁷ (630, 631), 752¹⁰⁴⁸ (630, 631), 752¹⁰⁵⁴ (631), 752¹⁰⁵⁶ (631), 759¹⁵⁰⁵ (687), 759¹⁵⁰⁷ (689), 760¹⁵⁶⁸ (702), 760¹⁵⁷¹ (702, 703), 760¹⁶¹³ (713, 714), 987f⁶, 987f¹⁴, 987f¹⁸, 1018f⁷, 1019f⁵¹, 1028f³³, 1031f¹⁶, 1039⁸ (988), 1039¹³ (988, 990), 1039³⁸ (994)
Kemp, A. L. W., **4**, 689⁶⁸ (670, 674), 689⁷¹ (670, 674), 810¹⁶ (694), 962⁴ (932, 939)
Kemp, T. J., **3**, 694²⁵ (650), 1247⁹⁶ (1177, 1182), 1247⁹⁶ (1177, 1182), 1248¹⁴⁶ (1186), 1248¹⁴⁶ (1186), 1380⁵⁰ᵃ (1331), 1380⁶² (1333), 1380⁷⁶ (1335), 1380⁷⁶ (1335), 1380⁷⁶ (1335); **4**, 11f², 234³⁰ (164), 816⁴³⁵ (763); **5**, 115f¹, 269³⁷² (114, 115), 270³⁹⁷ (128)
Kemp, W., **4**, 159⁶⁴⁷ (149)
Kempe, U. M., **5**, 269³³⁰ (92)
Kemper, R., **6**, 187⁹ (183T, 184), 468³² (460); **8**, 669⁵⁴ (653)
Kempny, H.-P., **3**, 948¹²⁹ (848); **4**, 323²⁶⁸ (272)
Ken, T., **8**, 1080f⁴
Kenan, Jr., W. R., **7**, 103¹⁹² (26f)
Kendall, D. R., **2**, 1016⁴⁹ (983, 1006f)
Kendall, M. C. R., **8**, 930²⁷⁹ (839)
Kendall, P. E., **2**, 714f¹, 761⁴⁴ (718, 746, 747)
Kende, A. S., **7**, 107⁴¹⁰ (55), 646³³ (523), 726¹¹⁴ (688); **8**, 769⁶ (714T, 724T, 725T, 732), 770⁵² (723T, 732T, 733), 794²³ (786)
Kendrick, T. C., **2**, 362¹⁸³ (350)
Kenedy, D., **4**, 373⁷ (333, 351, 370)
Kennard, C. H. L., **2**, 904f⁵, 904f⁶; **6**, 748⁷⁷⁶ (587), 944¹⁷⁴ (913T)
Kennedy, F., **1**, 672¹²³ (578)
Kennedy, F. G., **3**, 1170f⁹, 1247⁶⁷ (1168, 1169); **4**, 658f⁴⁷, 840⁴⁵ (829), 887¹⁹⁸ (883); **5**, 536¹⁰⁶³ (463, 464)
Kennedy, F. S., **2**, 1015¹² (981, 998); **6**, 747⁷⁰⁸ (582)
Kennedy, J. D., **1**, 539¹⁰⁷ʰ (491), 540¹⁷¹ (513); **2**, 528f², 529f², 530f¹⁰, 533f⁹, 534f⁴, 617⁴² (527), 617⁴⁷ (527), 617⁴⁸ (527, 529), 618¹⁵³ (542, 543), 619²⁰⁵ (547), 623⁴⁴⁶ (578), 623⁴⁵⁸ (580), 624⁵²² (589, 590), 625⁶¹⁴ (601, 602), 626⁶⁴⁷ (606), 634f¹, 634f³, 634f⁵ (633, 666), 674³⁷ (633), 861¹⁴⁰ (854, 856, 857f); **4**, 611³⁹⁴ (591); **5**, 403f¹², 523²³⁴ (305), 529⁶⁰⁶ (378); **6**, 944²⁰⁸ (919, 920T), 945²⁴² (929, 928T), 945²⁴⁶ (928T, 929), 945²⁴⁸ (928T, 930, 937T), 945²⁵⁹ (931), 945²⁶⁵ (933), 945²⁷⁴ (934T, 935), 945²⁸³ (937T, 938, 939)
Kennedy, J. P., **1**, 674²²⁸ (600); **2**, 362¹³⁶ (330); **3**, 546⁶³ (503); **7**, 457¹⁷⁸ (398, 399, 400), 457¹⁷⁹ (398),

457[180] (398, 399, 400), 457[181] (398), 457[182] (398), 457[183] (398), 457[184] (398, 399, 400), 457[185] (398), 457[186] (398), 458[193] (399), 458[195] (400), 463[499] (443, 449), 463[503] (443, 445, 450), 463[546] (452)
Kennelly, W., **5**, 273[581] (192, 235); **6**, 141[144] (134, 134T), 278[62] (277), 469[54] (465); **8**, 669[73] (658T)
Kennelly, W. J., **3**, 265[116] (186, 219, 221), 268[300] (224), 268[301] (224, 225), 268[303] (224, 225), 270[402] (254), 328[153] (320), 632[224] (602), 702[480] (685); **6**, 942[55] (900, 901, 902T, 903T), 942[76] (901, 902T, 903T), 943[107] (901, 904T, 905)
Kennepohl, G. J. A., **2**, 977[476] (959)
Kenner, G. W., **7**, 510[14] (471), 510[15] (471), 510[16] (471), 511[59] (480), 511[60] (480)
Kennerly, G. W., **1**, 262f[52], 378[330] (357); **8**, 411f[2], 458[255] (411), 670[99] (655)
Kenney, J. W., **8**, 771[115] (737)
Kenney, M. E., **1**, 722[196] (712); **2**, 200[631] (155)
Kenny, J. E., **4**, 1060[158] (994)
Kenson, R. E., **1**, 310[580] (299)
Kent, R. A., **2**, 302[372] (291)
Kenttämaa, J., **5**, 273[624] (211)
Kenworthy, J. G., **3**, 327[99] (307), 328[168] (322), 632[240] (567, 607, 609); **6**, 979[5] (948, 958T), 1058f[14]
Kenyon, R. S., **6**, 750[900] (610), 750[902] (610), 750[903] (611)
Kepert, D. L., **3**, 1092f[11]; **4**, 327[583] (307)
Keplinger, M. L., **2**, 363[191] (359)
Keppie, S. A., **3**, 630[96] (573, 600), 965f[8], 965f[8], 966f[2], 966f[2], 1067[30] (965), 1067[30] (965), 1188f[3], 1189f[15], 1248[130] (1185), 1248[150] (1188), 1248[150] (1188), 1338f[3], 1338f[9]; **6**, 839f[12], 1060f[4], 1062f[2], 1110[35] (1049), 1111[74] (1060, 1061, 1064), 1111[78] (1061)
Kerber, R. C., **2**, 194[364] (94); **4**, 435f[16], 435f[17], 505[116] (409), 508[234] (440), 510[369] (470), 610[357] (586), 610[371] (587, 589), 612[498] (598); **5**, 210f[4], 273[620] (209, 210, 218); **6**, 1112[147] (1081); **8**, 1009[160] (981, 982), 1068[201] (1044)
Kerfoot, D. G. E., **5**, 33f[23]
Kerimis, D., **4**, 612[487] (597)
Kerlin, J., **2**, 188[115] (28)
Kern, R. J., **8**, 411f[3]
Kern, W., **1**, 672[119] (578)
Kerr, I. W., **1**, 409[15] (383, 401); **6**, 141[100] (117, 121T)
Kerr, K. A., **2**, 572f[1], 622[408] (572)
Kerr, V. N., **8**, 95[50] (31), 282[142] (272, 274)
Kerrigan, J., **1**, 305[218] (277), 305[219] (277)
Kerrinnes, H.-J., **4**, 508[243] (441), 508[243] (441); **5**, 273[645] (217)
Kerrison, S. J. S., **6**, 744[540] (545), 756[1356] (668)
Kershenbaum, I. L., **3**, 780[122] (741), 1308f[2], 1311f[11]; **8**, 550[82] (518)
Kerton, N. A., **7**, 101[123] (18)
Kerwin, Jr., J. F., **7**, 649[198] (558)
Kessel, H., **2**, 675[105] (641)
Kessenikh, A. V., **1**, 303[124] (268), 374[82] (317)
Kessissoglou, D. P., **6**, 228[265] (204T, 206)
Kessler, H., **7**, 727[141] (696)
Kessler, K., **2**, 943f[3], 944f[3], 949f[1], 976[391] (942), 976[398] (946, 948)
Kester, D. E., **1**, 117[119] (68, 69); **2**, 194[367a] (94)
Kesting, R. E., **1**, 455[163] (436)
Ketley, A. D., **1**, 681[711] (666, 667); **3**, 546[68] (505); **6**, 361[27] (352), 362[61] (358), 362[67] (359), 362[68] (359), 362[82] (360), 362[84] (360, 361), 441[8] (387, 429), 441[19] (389), 442[93] (398, 421), 442[94] (398, 399, 400), 442[95] (398, 426); **8**, 382f[13], 388f[4], 454[25] (376, 381, 387), 928[96] (803), 928[104] (803), 928[105] (803, 818), 928[137] (806)
Ketter, D. C., **8**, 937[775] (921)
Kettermann, K. J., **1**, 116[75a] (56, 57)
Kettle, S. F. A., **3**, 1073[328a] (1022), 1073[328b] (1022); **4**, 152[183] (45), 323[310] (278), 504[1] (378), 613[511] (600, 602f), 689[25] (666), 907[63] (902), 928[21] (925), 928[22] (925), 1057[27] (971), 1059[149] (992); **5**, 273[585] (193),

273[586] (193), 524[311] (318); **6**, 747[741] (585), 761[1660] (724, 725), 871f[126], 871f[127], 1111[101] (1069, 1108), 1112[133] (1075); **7**, 253[120] (246)
Keubler, M., **3**, 1146[51] (1099), 1249[157] (1190), 1381[91] (1340); **4**, 810[61] (699, 723)
Keuk, B. P., **7**, 101[96] (13)
Keukeleire, D. D., **7**, 650[221] (561)
Keulemans, A. T. M., **8**, 222[104] (129)
Keulen, E., **3**, 1069[127] (986)
Keung, E. C. H., **8**, 1007[26] (944)
Kevan, L., **2**, 970[41] (868, 883), 970[41] (868, 883), 970[41] (868, 883)
Kevorkian, J., **2**, 1015[4] (980)
Key, M. S., **1**, 250[546] (226)
Keyes, D. B., **8**, 16[1] (1, 14), 95[46] (31), 99[278] (80, 83), 280[1] (227)
Keyser, G. E., **7**, 658[651] (640), 658[652] (640)
Keyser, T., **8**, 611[346] (597T)
Khabashesku, V. N., **2**, 193[323] (82)
Khabibullina, L. N., **2**, 299[169] (245)
Khac, T. N., **6**, 225[111] (197), 226[169] (197), 454[24] (450, 452)
Khachaturov, A. S., **3**, 447f[11], 460f[9], 474[83] (462), 474[92] (463)
Khadzhaev, V. M., **2**, 508[158] (417)
Khaikin, L. S., **2**, 625[611] (601, 604)
Khairullina, R. Z., **8**, 609[244] (595T)
Khalafov, F. R., **7**, 458[232] (405)
Khalilov, L. M., **8**, 643[142] (630, 630T, 631), 643[151] (632), 705[83] (693, 694T), 706[130] (693, 694T, 695), 707[147] (693, 694T)
Khalilpour, A., **7**, 8f[5]
Khalmanov, V. V., **3**, 327[76] (300)
Kham, K., **1**, 242[79] (163, 185), 245[258] (185)
Khamouma, S., **8**, 98[209] (61)
Khamylov, V. K., **3**, 768f[21]
Khan, A., **3**, 851f[58]
Khan, A. R., **6**, 748[763] (586, 588), 748[766] (587, 588)
Khan, M., **1**, 704f[4]
Khan, M. A., **4**, 609[260] (570f, 571)
Khan, M. M., **8**, 1070[326] (1060)
Khan, M. M. T., **8**, 291f[24]
Khan, M. S., **1**, 245[240b] (181, 182, 186, 200)
Khan, O., **3**, 376f[14], 398f[53], 429[176] (374); **8**, 1068[220] (1048), 1068[229] (1048), 1068[229] (1048)
Khan, O. R., **2**, 624[522] (589, 590)
Khan, R., **7**, 652[343] (582)
Khan, T., **5**, 479f[4], 536[1065] (463, 464, 471T, 472T, 474T, 476), 626[388] (599); **8**, 349f[13]
Khan, W. A., **7**, 253[141] (249), 253[142] (249)
Khananashvili, L. M., **2**, 298[154] (243, 265T)
Khand, I. U., **3**, 1071[223] (1002); **5**, 271[473] (157, 160, 161), 274[678] (231); **8**, 1066[122] (1032, 1033, 1033f, 1034)
Khandkarova, V. S., **3**, 1004f[17], 1022f[2], 1030f[1], 1070[153] (987, 1031), 1072[276b] (1014), 1073[322a] (1021, 1031), 1074[368] (1029), 1074[372] (1030), 1074[400b] (1034), 1075[477] (1045); **5**, 537[1181] (482); **8**, 1066[108] (1029), 1069[253a] (1051, 1056)
Khandozhko, V. A., **4**, 238[307] (204, 205), 238[309] (205)
Khandozhko, V. I., **6**, 1113[189] (1090)
Khandozhko, V. N., **2**, 707[178] (704); **3**, 1189f[22]; **4**, 239[343] (206, 207T, 208, 212T); **6**, 843f[207]; **8**, 1067[195] (1043)
Khanmetov, A. A., **8**, 709[277] (685T)
Khanna, P. L., **5**, 269[313] (86)
Kharasch, M. S., **1**, 241[5] (156, 157, 158, 159, 160, 163, 164, 170, 171, 172, 177, 188, 192, 211); **2**, 819[92] (783, 800), 819[93] (783), 821[226] (817); **6**, 241[32] (238), 361[4] (351, 352, 357); **7**, 99[5] (2, 10, 13, 14f, 17f, 20–25, 28–43, 47–52, 54, 57, 58, 59f, 60–63, 63f, 64, 66, 67f, 71, 72, 75–76f), 108[464] (63), 457[130] (392), 728[202] (708, 720); **8**, 771[166] (738), 772[190] (746), 927[39] (801)
Kharbousch, M., **3**, 1170f[4]; **6**, 753[1130] (638)
Kharchenko, A. A., **5**, 266[174] (36)
Kharchevnikov, V. M., **6**, 747[704] (581, 585), 748[806] (590), 748[815] (591)

Khare, G. P., **3**, 1246[13] (1154); **4**, 326[526] (300); **5**, 531[746] (406), 531[747] (406), 531[748] (406), 623[174] (565), 623[175] (565, 566), 623[176] (566); **6**, 181[94] (160T, 162), 181[105] (160T, 162)
Kharitonov, N. P., **2**, 196[455] (113, 122)
Kharitonov, Yu. Ya., **5**, 265[110] (24)
Kharitonova, T. K., **8**, 644[195] (616, 622T)
Kharkova, E. M., **6**, 179[21] (161, 166); **8**, 668[24] (664, 666)
Kharlamova, E. N., **3**, 629[42] (564, 572, 618), 632[249] (617, 618)
Khasapov, B. N., **1**, 379[391] (363), 380[471] (370); **2**, 510[253] (433)
Khatchaturov, A. S., **6**, 181[122] (158); **8**, 708[215] (702, 703)
Khatri, H. N., **7**, 102[148] (22), 105[301] (40, 93)
Khatri, N. A., **7**, 459[269] (412)
Khattab, S. A., **6**, 870f[76]
Khatuntsev, G. D., **2**, 298[149] (242)
Khaustova, T. I., **2**, 509[166] (419)
Khay, C. Y. S., **8**, 1069[290] (1057)
Khera, S. S., **8**, 97[135] (48)
Khetrapal, C. L., **2**, 904f[4]
Khidekel, M. L., **3**, 1071[202] (1000); **4**, 965[186] (962); **6**, 444[251] (419), 445[285] (422), 750[912] (611); **7**, 456[96] (387); **8**, 281[115] (267), 296f[12], 311f[24], 312f[55], 331f[32], 339f[2], 363[176] (302), 405f[23], 610[314] (599T), 1080f[2], 1083f[1]
Khitrova, O. M., **3**, 754f[12], 754f[13]; **4**, 239[344] (206, 207T, 208, 232T), 242[500] (223, 224T, 224, 232T), 242[501] (223, 224T, 224), 242[502] (223, 224T, 224), 242[505] (223, 224T, 227); **6**, 842f[162]
Khlesnikov, V. N., **2**, 705[25] (684)
Khlystov, A. S., **8**, 366[362] (342)
Khmel'nitskii, R. A., **2**, 297[68] (226)
Kho, T. T., **1**, 409[61] (395, 399)
Khodabocus, M., **1**, 309[542] (298)
Khodair, A. I., **2**, 862[161] (859)
Khodeev, Yu. S., **6**, 942[74] (901, 902T, 903T)
Khoe, T. H., **8**, 366[398] (344)
Khomik, L. I., **6**, 93[15] (85, 91T), 94[96] (91T), 97[225] (85, 91T), 223[7] (203T, 206), 225[87] (203T, 206)
Khomutov, M. A., **4**, 97f[28]
Khor, T. C., **7**, 109[518] (75)
Khorkin, A. A., **8**, 368[516] (359), 368[517] (359)
Khorlina, I. M., **1**, 677[449] (630), 677[453] (630), 679[523] (635), 680[591] (647), 680[592] (647), 680[604] (648), 680[605] (648), 680[615] (649), 680[646] (652, 659), 680[653] (652); **7**, 458[236] (406), 459[281] (412), 461[401] (429), 461[429] (433, 438)
Khorramdel-Vahed, M., **2**, 876f[3], 971[75] (874, 876)
Khorshev, S. Ya., **2**, 507[84] (409), 518[706] (504), 518[707] (504), 518[709] (504), 518[710] (504)
Khotimskaya, G. A., **7**, 656[562] (620), 656[564] (621)
Khotinskii, V. S., **7**, 59f[4]
Khotinsky, E., **1**, 285f[11]
Khotsyanova, T. L., **4**, 156[490] (125), 239[340] (206, 207T, 208), 239[340] (206, 207T, 208)
Khoury, F. G., **4**, 509[344] (463)
Khouzami, F., **5**, 246f[3], 274[687] (233, 244); **6**, 144[281] (105T, 113), 228[259] (193T, 194, 208, 209T)
Khrapov, V. V., **1**, 541[228d] (530)
Khromchenkova, L. P., **6**, 444[251] (419)
Khromova, N. Yu., **2**, 511[325] (441), 511[326] (441), 511[327] (441)
Khruleva, V. I., **3**, 398f[16]
Khrushch, A. P., **8**, 281[115] (267), 339f[4]
Khrushch, N. E., **5**, 213f[17]
Khrzhanovskaya, I. L., **2**, 511[311] (440), 511[313] (440)
Khudobin, Yu. I., **2**, 187[59] (13), 203[740] (183)
Khurana, N. S., **2**, 620[235] (550)
Khuri, A., **1**, 309[502] (297), 309[504] (297); **6**, 942[98] (901)
Khusnutdinov, R. I., **8**, 458[242] (409), 459[334] (421), 460[402] (434), 644[188] (633, 634T), 705[92] (685T), 706[136] (672, 674T, 678)

Khvatova, T. P., **6**, 758[1433] (675); **8**, 643[107] (629, 630T), 644[161] (630T, 631)
Khvorov, A. P., **8**, 311f[20]
Khvostenko, O. G., **2**, 974[283] (920)
Khvostenko, V. I., **2**, 191[225] (52), 974[277] (920, 921, 922), 974[283] (920); **3**, 398f[54]; **6**, 226[158] (193T); **7**, 456[74] (383); **8**, 460[407] (434)
Khvostic, G. M., **3**, 269[323] (231)
Kibayashi, C., **8**, 933[477] (872)
Kibby, C. L., **1**, 310[580] (299)
Kibkalo, L. N., **1**, 249[466] (212), 249[466] (212); **7**, 64f[2]
Kichi, M., **8**, 709[254] (691)
Kidd, D., **2**, 1020[315] (1006f)
Kidd, D. R., **3**, 82[140] (18), 170[161] (161); **4**, 12f[29], 12f[36], 65f[51], 150[42] (14, 15, 22), 150[43] (14, 15, 21), 234[27] (164), 235[103] (171); **5**, 267[209] (44)
Kidd, R. G., **2**, 518[715] (505); **3**, 779[39] (707)
Kidd, Y., **2**, 912f[10]
Kido, H., **5**, 532[834] (419, 420); **6**, 753[1109] (636)
Kido, Y., **2**, 974[264] (919); **7**, 513[219] (506)
Kidwell, R. L., **7**, 108[463] (63)
Kieboom, A. P. G., **8**, 361[29] (286), 363[192] (313), 1070[317] (1059)
Kieczykowski, G. R., **7**, 653[413] (595)
Kiefer, E. F., **2**, 971[122] (885)
Kiefer, G. W., **8**, 1098f[2]
Kiefer, H. R., **1**, 377[257] (348)
Kiefer, J., **6**, 980[50] (962, 963T)
Kieffe, R., **3**, 948[157] (864)
Kieffer, R., **8**, 95[27] (25, 26, 33), 95[59] (33), 97[161] (53, 57), 97[181] (57), 550[85b] (519)
Kieft, J. A., **6**, 753[1104] (636)
Kieft, R. L., **1**, 117[142] (75); **2**, 762[125] (739)
Kiel, W. A., **4**, 239[370] (207T, 224T, 225, 231), 239[371] (207T, 225); **8**, 550[58a] (514, 524)
Kiely, J. S., **2**, 299[198] (249T)
Kiener, V., **3**, 901f[1]; **4**, 320[92] (252), 607[147] (543, 545)
Kienle, P., **3**, 265[121] (188)
Kiennemann, A., **8**, 98[244] (69), 98[252] (71)
Kiennermann, A., **3**, 948[157] (864)
Kienzle, F., **1**, 754[117] (747), 754[118] (747); **7**, 100[72] (10, 11), 225[116] (208), 510[7] (468, 470, 473, 487, 495), 512[160] (498), 512[166] (499, 503), 512[167] (499, 500, 501, 502), 513[185] (501), 513[207] (505), 513[208] (505)
Kierkegaard, P., **2**, 201[645] (158)
Kiernan, P. M., **4**, 236[180] (182)
Kiesel, E. L., **2**, 1017[118] (995), 1019[263] (1009, 1010)
Kiesel, R., **7**, 457[184] (398, 399, 400)
Kiester, R. P., **4**, 606[118] (537, 539f)
Kiffen, A. A., **6**, 749[885] (606)
Kihara, K., **8**, 405f[17], 457[208] (403), 457[209] (403)
Kihara, N., **8**, 331f[23]
Kihugasa, K., **8**, 670[106] (660)
Kiji, J., **6**, 180[36] (169, 173T), 362[62] (359), 383[28] (365), 384[125] (380), 441[27] (390, 430), 442[96] (399), 444[201] (409, 410), 446[325] (430), 446[326] (430), 446[352] (436), 758[1454] (677); **8**, 405f[18], 444f[14], 455[109] (390), 457[219] (404), 457[220] (404), 457[221] (404), 459[331] (421), 461[458] (444), 606[40] (555), 606[83] (559, 595T), 641[22] (633, 634T), 641[49] (618), 642[60] (635T, 639), 642[61] (633, 634T), 644[200] (635T), 708[244] (691), 708[244] (691), 709[260] (691), 769[13] (723T, 732, 734, 737), 772[201] (730), 772[202] (730), 928[132] (805), 929[192] (813), 929[194] (813, 845), 930[257] (834), 930[259] (834, 845), 932[405] (853)
Kijima, S., **8**, 772[218] (715T)
Kijima, Y., **8**, 797[154] (788), 797[155] (788)
Kijo, J., **4**, 506[170] (426)
Kikitina, A. N., **1**, 265f[3]
Kikkawa, I., **7**, 104[242] (31)
Kikkawa, S., **2**, 620[281] (556); **6**, 753[1138] (639)
Kikuchi, H., **8**, 400f[9], 457[198] (400)
Kikuchi, T., **8**, 397f[7], 456[150] (396)
Kikuchi, Y., **1**, 243[153] (173)
Kikugawa, Y., **7**, 195[58] (163), 195[59] (163), 195[60] (163), 195[61] (163)

Kikukanov, K., **6**, 445[280] (422)
Kikukawa, K., **1**, 247[360] (198); **6**, 97[267] (57T, 60T, 75); **8**, 866f[2], 928[124] (805, 925), 932[418] (866), 933[459] (862), 936[699] (909), 936[700] (909)
Kilb, R. W., **3**, 102f[9]
Kilbourn, B. T., **1**, 41[101] (21); **3**, 85[354] (48), 269[366] (242), 269[367] (242), 430[239] (391), 461f[25], 474[104] (465), 474[105] (465), 632[239] (607), 645[16] (637), 645[17] (637); **4**, 325[409] (290, 293), 326[515] (299), 813[234] (727), 1060[194] (1006); **6**, 96[189] (38, 43T), 443[174] (407), 754[1164] (641, 642T), 754[1165] (641, 642T, 651), 754[1177] (641, 644T, 651, 732), 758[1480] (682), 806f[26], 839f[6], 839f[8], 843f[199], 844f[258]
Kilby, B. J. L., **6**, 343[50] (286, 293), 739[170] (499), 739[203] (504)
Kilcast, D., **1**, 42[188] (37)
Kilday, M. V., **1**, 302[21] (257)
Kilgour, D. A., **2**, 191[262] (64)
Kilgour, J. A., **2**, 193[320] (81), 196[424] (106), 196[425] (106), 297[44] (221, 269), 297[49] (222, 239, 240), 298[104] (233)
Kiljakova, G. A., **3**, 326[12] (284, 285)
Killian, L., **1**, 375[137] (328), 375[174] (335), 375[175] (335); **2**, 617[68] (531)
Killops, S. D., **3**, 823f[3a], 947[57] (820); **4**, 107f[73], 606[115] (539, 549), 818[558] (781, 782, 795), 818[560] (782); **6**, 226[145] (205T, 207)
Killough, J. M., **1**, 247[352] (197)
Kilmer, N. H., **3**, 764f[10], 768f[23], 781[184] (764)
Kilmister, G. F., **6**, 748[772] (585)
Kilner, M., **3**, 947[42] (817), 1247[66] (1168), 1248[152] (1189), 1248[152] (1189), 1248[153] (1189), 1381[85] (1339), 1381[85] (1339), 1381[86] (1339); **4**, 34f[68], 107f[98], 107f[99], 151[143] (37, 61), 151[144] (37, 56, 61), 153[237] (61), 155[399] (102), 247f[2], 320[108] (253, 259, 260, 264, 266, 314, 315, 316, 317), 323[264] (272, 300), 323[280] (274, 295, 313, 314), 648[5] (616, 623); **5**, 264[19] (4); **8**, 220[18] (108)
Kilthau, G., **2**, 705[56] (687)
Kilty, P. A., **4**, 663f[3], 689[28] (666), 690[92] (673), 928[20] (925), 1057[2] (968, 973, 975); **6**, 871f[125], 877[223] (818)
Kilyakova, G. A., **3**, 326[16] (285), 359f[16], 428[89] (358), 436f[29], 461f[35], 474[97] (464), 474[98] (464), 696[122] (657)
Kim, B., **2**, 977[476] (959); **7**, 107[409] (55)
Kim, B.-I., **3**, 81[53] (6)
Kim, B. T., **8**, 609[226] (594T)
Kim, C. U., **7**, 728[222] (713)
Kim, J. K., **1**, 119[270] (102)
Kim, L., **8**, 363[165] (301), 607[90] (561, 591, 597T, 598T), 610[289] (597T, 598T)
Kim, M. Y., **7**, 462[453] (437)
Kim, N. E., **4**, 605[31] (518)
Kim, P. J., **4**, 607[164] (547); **5**, 186f[7]
Kim, S., **3**, 557[50] (555)
Kim, S. C., **1**, 309[502] (297), 309[521] (297), 309[523] (297)
Kim, S. J., **8**, 331f[27]
Kim, S. M., **6**, 762[1685] (733)
Kim, T. H., **8**, 609[241] (595T)
Kim, Y. C., **8**, 865f[12], 933[457] (862, 868)
Kimball, M. E., **5**, 265[96] (22), 273[618] (209)
Kimball, S. D., **5**, 210f[4], 273[620] (209, 210, 218)
Kimber, R. E., **3**, 171[182] (167); **4**, 1061[277] (1030), 1061[282] (1031)
Kimel'fel'd, Y. M., **6**, 100[408] (40), 224[22] (190), 224[64] (190), 262[134] (254), 346[222] (312T, 312)
Kimling, H., **4**, 460f[10]; **6**, 187[9] (183T, 184), 468[32] (460), 468[32] (460); **8**, 669[54] (653)
Kimmel, E. C., **2**, 1016[93] (989), 1016[94] (989), 1016[95] (989)
Kimmy, T., **1**, 116[77] (57)
Kimura, B. Y., **1**, 40[88] (19), 40[89] (19), 117[126] (70), 117[128] (70); **2**, 762[129] (739); **3**, 792f[4], 833f[32], 833f[67], 863f[37], 1083f[4], 1260f[4]; **5**, 531[734] (400), 532[784] (412, 459, 462), 539[1286] (519), 539[1288] (519), 624[216] (573); **6**, 469[64] (466), 752[1046] (629), 760[1571] (702, 703)
Kimura, E., **6**, 441[36] (390); **8**, 928[141] (806, 813)
Kimura, K., **8**, 610[305] (599T), 610[306] (599T), 772[226] (734)
Kimura, M., **2**, 631f[1], 675[80] (638), 904f[1]
Kimura, P. Y., **6**, 348[390] (329)
Kimura, S., **6**, 263[183] (260), 278[57] (276)
Kimura, T., **2**, 620[280] (556); **4**, 817[465] (767), 817[473] (770); **6**, 347[337] (322, 339); **8**, 368[498] (355), 459[348] (426), 1067[184] (1043)
Kimura, Y., **2**, 1016[70] (986)
Kinashi, T., **8**, 641[43] (630T)
Kinberger, K., **1**, 377[295] (353), 377[296] (353), 409[11] (383, 405, 406), 409[17] (383, 384, 407), 410[85] (407), 410[87] (407), 410[88] (407), 577[293a] (353); **3**, 84[258] (35); **7**, 194[38] (162, 187)
Kincaid, B. M., **5**, 276[787] (256); **8**, 607[103] (563)
Kindaichi, Y., **8**, 283[199] (279), 444f[11]
King, Jr., A. D., **3**, 947[40] (813, 816), 1067[23] (962, 963, 965, 967), 1248[109] (1180, 1181, 1182, 1184, 1185, 1192), 1380[59] (1332); **4**, 73f[18], 239[337] (206, 207T), 242[517] (228), 328[662] (314), 839[3] (823, 824), 964[69] (941); **5**, 531[721] (398); **8**, 17[22] (12, 13), 17[27] (12), 17[32] (12), 365[330] (338)
King, A. O., **2**, 861[117] (850), 861[118] (850); **3**, 55[49] (554, 555); **7**, 458[211] (401), 461[381] (424), 725[36] (669); **8**, 771[134] (738, 752T, 753T, 762T, 763T), 771[172] (741, 763T), 927[72] (801), 937[718] (911, 914), 937[720] (911, 912), 937[731] (913, 914)
King, B., **5**, 194f[5]
King, C. M., **6**, 34[97] (30), 139[28] (102, 104T, 122T), 180[46] (173T), 223[14] (192); **8**, 368[486] (354), 368[491] (354), 645[235] (632)
King, D. I., **3**, 80[41] (6)
King, F. D., **7**, 653[393] (592), 653[423] (596)
King, G. H., **3**, 699[341] (673, 674); **4**, 479f[12]; **5**, 275[721] (245); **6**, 227[244] (191, 191T, 193T); **8**, 1064[3] (1015)
King, G. K., **2**, 190[202] (47)
King, G. S. D., **4**, 607[176] (549), 608[241] (568, 568f)
King, H., **7**, 726[118] (690)
King, I. J., **3**, 1074[384] (1032), 1074[393a] (1032)
King, J., **1**, 723[252] (717)
King, K., **4**, 658f[48], 929[36] (928)
King, N. J., **3**, 84[285] (40)
King, R. B., **1**, 373[50] (313), 538[27c] (463, 467, 472, 500), 682[736] (581); **2**, 186[15d] (4, 126), 198[535] (128), 517[654] (489); **3**, 83[250] (35), 86[427] (60), 169[89] (138), 326[34] (291), 334f[40], 344f[17], 362f[2], 379f[5], 388f[10], 388f[18], 426[2] (332), 428[111] (361), 630[119] (576), 694[6] (648, 649), 694[18] (649), 695[31] (650), 697[187] (663), 697[188] (663), 697[202] (664), 697[203] (664), 697[222] (665), 697[223] (665), 697[225] (665), 698[227] (665), 698[264] (669), 698[280] (670), 698[281] (670), 699[305] (672), 702[462] (684), 702[469] (684), 703[564] (690), 703[565] (690), 710f[1], 768f[22], 778[8] (706, 707, 710), 778[18] (706), 778[19] (706), 778[20] (706), 778[20] (706), 781[214] (776), 781[215] (776), 797f[6], 798f[14], 809f[8], 819f[20], 826f[4], 833f[94], 840f[1], 851f[7], 851f[27], 851f[40], 851f[54], 851f[55], 851f[56], 863f[49], 879f[5], 883f[7], 886f[1], 947[40] (813, 816), 947[63] (821), 947[93] (836), 947[96] (836), 948[136] (854), 948[137] (859), 948[156] (864), 948[156] (864), 949[224] (882), 950[301] (912, 914), 1067[23] (962, 963, 965, 967), 1067[23] (962, 963, 965, 967), 1067[25] (963), 1068[56] (972), 1072[274] (1014), 1072[283] (1015, 1016), 1073[320] (1021, 1059), 1076[528] (1056), 1076[535a] (1057), 1077[553] (1060), 1085f[6], 1089f[6a], 1106f[9], 1120f[1], 1121f[8], 1170f[6], 1177f[5], 1179f[1], 1179f[4], 1187f[8], 1188f[25], 1188f[38], 1195f[1], 1246[11] (1153), 1246[11] (1153), 1246[13] (1154), 1246[14] (1154), 1246[15] (1154), 1246[53] (1162), 1247[70] (1169, 1170, 1240), 1247[78] (1171), 1247[85] (1174), 1247[92] (1176), 1247[100a] (1178, 1182), 1247[103] (1179, 1183), 1247[104] (1180), 1247[105a] (1180, 1183, 1185), 1248[109] (1180, 1181, 1182, 1184, 1185, 1192), 1248[115] (1182), 1248[118] (1182), 1248[126] (1183), 1248[129] (1185), 1248[141]

(1186, 1192), 1252³²² (1225, 1236), 1252³²⁷ (1226), 1252³²⁹ (1226), 1252³³⁴ (1228), 1252³⁶¹ (1233, 1236), 1262f⁶, 1275f⁸, 1317¹⁰ (1257, 1265), 1317⁵⁹ (1281), 1360f², 1379¹⁵ (1325), 1379¹⁵ (1325), 1379¹⁷ (1325, 1339), 1379¹⁸ (1326), 1380²⁷ (1327, 1329, 1330, 1334, 1375), 1380⁵⁹ (1332), 1380⁶² (1333), 1380⁶⁴ (1333), 1380⁷⁵ (1335), 1381¹⁰⁸ (1342), 1381¹⁰⁹ (1342), 1382¹⁶⁷ (1361), 1382¹⁷¹ (1361, 1366, 1367, 1368, 1369, 1373, 1374), 1383²¹³ (1366), 1384²⁴⁰ (1374), 1384²⁴⁷ (1375); **4**, 12f³², 23f³, 23f⁹, 29f¹, 50f⁸, 52f⁸⁵, 52f¹⁰¹, 52f¹⁰², 52f¹⁰³, 52f¹⁰⁵, 73f¹², 73f¹⁸, 73f²¹, 97f²⁰, 97f²¹, 106f³³, 107f⁸⁷, 107f⁹⁶, 109f⁹, 149⁴ (5), 149¹⁴ (6), 150⁸⁰ (24, 62), 150⁸¹ (24, 71, 72), 150⁸² (24), 151⁸⁵ (24), 151¹¹² (27), 151¹²⁴ (29, 71), 153²³⁸ (61), 153²³⁹ (61), 153²⁴¹ (62), 153²⁶⁰ (68, 140), 153²⁸⁶ (71), 153²⁹¹ (72, 94, 115), 154³⁰² (75), 154³⁰³ (75), 154³⁰⁴ (75), 154³²⁵ (78), 155³⁶⁷ (91), 155³⁶⁸ (91), 155³⁷⁹ (93), 155³⁸⁰ (93), 156⁴⁴⁶ (120, 121, 122), 156⁴⁴⁷ (121), 156⁴⁶⁶ (124), 156⁴⁶⁸ (124), 156⁴⁷¹ (124), 156⁴⁷⁹ (125), 157⁵⁶⁴ (133, 136), 157⁵⁶⁵ (133), 157⁵⁶⁶ (133), 158⁵⁷⁹ (135), 158⁵⁸⁴ (136), 158⁵⁹⁸ (138), 158⁶¹⁹ (140), 233²ᵇ (162, 205, 206T), 235⁹⁰ (168), 235¹²⁴ (174, 175), 236¹⁹² (186T), 238²⁷⁷ (200), 239³³⁷ (206, 207T), 239³³⁷ (206, 207T), 239³⁵⁶ (206, 207T, 208), 240⁴⁰³ (211, 212T), 240⁴¹⁹ (212T, 219T, 221), 240⁴²⁶ (213), 241⁴²⁷ (213), 242⁵¹⁷ (228), 309f⁶, 320¹⁰¹ (252, 254), 320¹⁰² (252), 321¹⁵⁶ (260, 314), 321¹⁷³ (262, 282), 323²⁸¹ (275), 323²⁸² (275), 323³¹⁵ (278, 279), 323³¹⁸ (279), 323³¹⁹ (279), 324³⁷⁵ (287), 324³⁸⁴ (288, 293), 325⁴⁴⁶ (293), 326⁴⁶⁷ (296), 326⁴⁷⁹ (297), 326⁴⁸⁷ (297), 326⁵⁰³ (299), 326⁵⁰⁴ (299), 326⁵²⁵ (300), 327⁶⁰² (308), 328⁶⁵⁹ (314), 328⁶⁶² (314), 373⁵ (332T, 333), 373⁸ (333), 373¹² (333), 374²² (335), 374²⁷ (336), 380f³, 401f²⁴, 415f⁸, 435f¹², 454f²³, 458f², 479f²¹, 504⁴ (380, 392), 505⁸¹ (401, 412, 413, 423), 506¹⁶⁶ (426, 427, 428, 437, 441, 442, 455, 466, 469), 507¹⁸⁴ (429), 507²⁰⁰ (432), 507²⁰⁷ (436), 510³⁷² (471), 510³⁸³ (475), 511⁴⁴⁸ (486), 565f⁵, 605¹⁴ᵇ (514), 605⁴⁸ (519), 606⁶⁰ (520), 606⁶¹ (520), 606⁹³ (529, 531), 606¹⁰⁸ (532, 533f, 553f), 607¹²³ (539f, 540), 607¹³⁴ (539f, 540), 607¹⁵¹ (543), 607¹⁶⁹ (547), 607¹⁷⁸ (549), 608¹⁹⁹ (555, 559f, 561), 608²²⁷ (563, 565f), 609²⁵² (570f, 571, 574, 577), 609²⁷⁸ (575), 610³¹⁵ (581), 610³¹⁶ (581), 610³¹⁹ (581), 610³²⁴ (582), 610³⁴⁸ (585, 588), 610³⁵⁰ (586), 610³⁷² (588), 611³⁹⁰ (591), 611⁴¹¹ (592), 611⁴⁴¹ (594), 612⁴⁴³ (594), 648²³ (620), 648⁴² (628), 648⁵⁰ (630), 649⁷² (637), 649⁸⁷ (641, 642), 649⁹¹ (642), 659⁴ (658), 659⁴ (658), 689⁸⁸ (673, 676), 810⁶⁰ (699, 705, 708), 817⁵¹⁴ (776), 818⁵³⁴ (778, 795), 819⁶⁵⁴ (806), 839³ (823, 824), 964⁶⁹ (941); **5**, 5f⁶, 5f⁶, 12f¹², 12f¹², 21f¹, 33f¹⁹, 35f²², 48f², 64f⁴, 64f⁶, 137f²², 137f²⁶, 194f²⁴, 213f¹⁰, 229f¹¹, 240f¹³, 240f¹⁵, 253f⁷, 257f³, 257f⁷, 264³¹ (7), 264³¹ (7), 265⁵⁵ (29, 48), 265⁵⁶ (13), 265⁸⁵ (20), 266¹⁶⁹ (36, 44), 266¹⁷⁹ (37), 271⁴⁵⁰ (147), 271⁵⁰⁵ (168, 207), 275⁷³⁸ (249), 275⁷⁴⁶ (250), 275⁷⁴⁷ (250), 275⁷⁵⁰ (250, 251, 254), 276⁷⁹² (257), 295f³, 306f⁸, 362f⁹, 366f¹¹, 373f³, 418f¹², 521¹⁰⁴ (292, 468), 523²¹³ (304T), 527⁴⁹⁷ (359), 528⁵³⁰ (364), 528⁵³¹ (364), 528⁵³² (364, 420), 528⁵⁴⁶ (367), 528⁵⁴⁷ (367), 528⁵⁴⁸ (367, 385), 531⁷²¹ (398), 532⁸¹⁴ (418, 457), 534⁹²⁶ (434), 534⁹⁷² (442, 443, 445, 519), 535¹⁰¹³ (453), 604f³, 604f⁶, 606f⁶, 608f⁶, 626³⁷⁷ (597, 605, 607, 609), 627⁴³⁶ (603); **6**, 13⁷¹ (8), 14⁹² (9), 14¹⁰¹ (11), 35¹²² (22T, 30), 35¹³⁷ (25), 36¹⁸³ (29), 139¹² (133T, 134T, 135, 136), 141¹⁴⁰ (133T, 134T, 135), 142²⁰² (134T, 138), 180⁷⁵ (177), 187¹⁴ (186), 227²⁰⁰ (198, 210), 227²⁰⁷ (205), 227²⁴² (190), 384¹²² (379), 442⁷¹ (395), 748⁷⁶² (586), 779f³, 840f⁸¹, 841f⁹³, 943¹¹² (904T, 905), 980⁷⁶ (972, 978T), 1018f³, 1018f¹⁹, 1018f²⁶, 1018f³⁷, 1019f⁶⁰, 1019f⁶¹, 1019f⁶⁴, 1019f⁶⁵, 1020f⁹⁵, 1021f¹²⁷, 1021f¹⁶³, 1027f⁶, 1027f⁹, 1039²³ (992), 1110²⁹ᵇ (1047, 1056); **8**, 17²² (12, 13), 17²⁷ (12), 17³² (12), 221⁴¹ (111), 365²⁸⁸ (329), 365³³⁰ (338), 606⁵⁴ (557, 599T), 642⁹⁸ (629), 643¹³¹ (629), 1008⁵⁸ (953), 1068²²⁵ (1048)

King, III, R. E., **1**, 537¹⁵ (462, 523, 535); **8**, 331f¹⁸
King, R. M., **2**, 975³⁶² (935)
King, R. W., **3**, 833f⁷², 833f⁷³, 840f¹³
King, S., **2**, 626⁶⁸³ (612), 627⁶⁹² (613), 627⁶⁹⁵ (613)
King, T. J., **2**, 194³⁷⁷ (96), 563f³, 620²⁷⁹ (556), 622³⁶³ (568), 631f¹⁴, 674⁴ (630), 677²²⁹ (654), 903f², 943f⁵, 976³⁹⁹ (946); **3**, 631¹⁸⁸ (587, 590, 595); **4**, 328⁶²⁷ (310); **5**, 521¹¹¹ (292, 391), 537¹¹⁸⁶ (483, 486); **6**, 839f³¹; **8**, 1104⁵ (1074)
Kingston, B. M., **2**, 194³⁶¹ (93); **3**, 362f¹, 362f¹¹, 428¹¹⁵ (361, 363), 629⁶⁶ (569, 572, 578), 629⁹⁰ (572), 630⁹⁴ (573, 600, 601), 630⁹⁵ (573, 600, 601), 630⁹⁶ (573, 600), 645⁴ (636); **6**, 757¹³⁹⁰ (672), 1058f⁸, 1058f⁹, 1074f¹, 1080f¹, 1085f¹, 1093f¹, 1110¹² (1044, 1047, 1049, 1050, 1051, 1081, 1082, 1083), 1111⁷⁰ (1058)
Kingston, D., **2**, 676¹²² (643), 714f³, 723f²⁰, 761⁴⁷ (719)
Kingston, J. V., **3**, 327¹⁰⁶ (309); **4**, 664f⁴, 675f⁵, 675f⁹, 690⁹⁸ (674), 690⁹⁹ (674), 690¹⁰² (676), 694f³, 811⁹¹ (704), 812¹⁴² (712), 906¹ (889, 891), 920⁶ (910), 920⁷ (910); **5**, 355f⁵, 521⁷⁵ (287), 527⁴⁶⁴ (354); **6**, 278²⁸ (271), 343¹⁴ (280, 342), 343¹⁷ (281, 283f, 284), 737⁷¹ (488), 737⁷² (488)
Kinney, C. R., **7**, 101⁹⁵ (13)
Kinney, J. B., **8**, 280²⁵ (236), 609²¹³ (603)
Kinney, R. J., **3**, 698²⁴⁹ (667, 668); **6**, 943¹⁰⁸ (904T)
Kinomura, F., **3**, 1070¹⁴⁹ (987, 1032)
Kinoshita, H., **2**, 763¹⁵⁶ (750)
Kinoshita, I., **5**, 532⁸³⁴ (419, 420)
Kinoshita, K., **4**, 458f⁵, 506¹⁶² (425)
Kinoshita, M., **6**, 97²⁷⁴ (58T, 61T, 62T, 63T, 73); **7**, 651³⁰⁹ (577)
Kinoshita, Y., **3**, 87⁴⁵¹ (64); **6**, 179⁷ (175, 176T)
Kinrade, J. O., **2**, 1019²⁶⁸ (1010)
Kinsberger, K., **4**, 158⁶¹³ (139)
Kinsella, E., **3**, 1308f⁶, 1311f¹
Kinstle, T. H., **2**, 296³⁵ (217), 976⁴¹⁹ (950, 951)
Kintopf, S., **1**, 249⁵⁰¹ (219), 250⁵²³ (223); **3**, 633²⁸⁷ (624, 625, 626)
Kinugasa, K., **8**, 796¹¹⁶ (776)
Kinugasa, T., **6**, 750⁹³⁹ (615, 617, 654)
Kinugawa, Z., **2**, 553f¹, 619¹⁸⁷ (546)
Kinzel, A., **8**, 400f¹⁸
Kioussis, D., **4**, 907¹³ (891), 963⁵⁴ (940)
Kipnis, A. Y., **6**, 12⁵ (4), 13⁶¹ (8), 14¹³⁶ (8)
Kippenhan, Jr., R. C., **2**, 193³³⁹ (86), 302³³⁹ (281, 294)
Kipping, F. S., **1**, 246³²² (194); **2**, 186⁷ (4), 186⁷ (4), 186⁸ (4), 193³¹⁴ (80), 193³¹⁴ (80), 395²⁸ (369), 395²⁹ (369); **7**, 646¹ (516)
Kira, M., **1**, 244¹⁸³ (176); **2**, 187⁴⁰ (9), 189¹⁵⁰ (35), 194³⁵³ (91), 194³⁶⁹ (95), 195³⁹⁰ (98), 195⁴⁰⁰ (100), 195⁴²² (105), 394f⁴, 396⁵¹ (374), 397¹²⁸ (392), 397¹²⁹ (393, 394), 397¹³² (394), 397¹³⁶ (395), 505f³, 509¹⁷⁸ (420, 475); **3**, 419f⁸, 431³¹³ (421); **7**, 646²⁷ (521, 524), 647⁴⁵ (525), 653⁴¹⁷ (597), 655⁵²⁵ (610, 611), 655⁵²⁵ (610, 611)
Kirai, K., **8**, 934⁵²⁹ (881)
Kirby, A. J., **7**, 652³⁶³ (585)
Kirby, J. E., **7**, 101⁹⁵ (13)
Kirby, R. H., **1**, 153²⁵⁸ (148), 250⁵⁵² (227), 250⁵⁵² (227), 672⁸⁰ (571); **4**, 2f², 153²⁷² (68); **7**, 39f¹, 101⁹⁴ (13)
Kirchmann, H., **2**, 1017¹⁷⁷ (1000, 1001, 1004), 1018¹⁸³ (1000, 1001)
Kirchner, R. F., **3**, 83¹⁹³ (28); **4**, 479f¹⁶; **8**, 1070³³⁷ (1062)
Kirchner, R. M., **3**, 1068⁴² (968); **4**, 158⁵⁹¹ (136), 605¹⁸ (515), 606⁹⁴ (529); **5**, 313f³, 404f¹⁶, 524²⁸¹ (313, 381), 626³²⁵ (590)
Kirillova, N. I., **1**, 455¹⁷⁵ (438), 455¹⁷⁸ (439); **3**, 698²⁶⁸ (670), 711f¹³, 713f⁴, 713f¹³, 736f¹⁰, 754f⁸, 754f¹³, 764f¹⁴, 764f¹⁵, 769f⁶, 771f⁷, 771f⁸, 771f¹⁷, 779⁵⁸ (712), 779⁶¹ (712), 781¹⁸⁷ (765), 781²⁰⁹ (775); **6**, 943¹¹¹ (904T)
Kirilov, M., **1**, 251⁵⁹² (232, 233)

Kirin, B. M., **6**, 942[74] (901, 902T, 903T)
Kirin, V. N., **1**, 118[166] (79)
Kiriyama, T., **6**, 742[396] (527, 529), 742[398] (527)
Kirk, E. A., **6**, 278[30] (272)
Kirk, K. L., **7**, 59f[6]
Kirkham, W. G., **6**, 752[1040] (628)
Kirkham, W. J., **4**, 173f[8], 180f[7], 236[170] (181)
Kirkland, R., **5**, 266[160] (35)
Kirkpatrick, D., **4**, 326[534] (300), 840[69] (833); **7**, 142[126] (135), 346[11] (339, 340), 346[12] (340, 341)
Kirmse, R., **6**, 100[417] (59T, 79), 141[103] (104T), 143[257] (117), 144[274] (111, 131); **8**, 708[230] (701)
Kirmse, W., **3**, 270[398] (254); **7**, 110[576] (87, 90), 727[142] (696); **8**, 935[621] (897)
Kirner, J. E., **4**, 506[146] (419, 428)
Kirner, J. F., **4**, 400f[2], 504[14] (382), 608[224] (563), 620f[1], 648[20] (619)
Kirner, U., **2**, 818[43] (772, 775)
Kiro, D., **3**, 264[57] (179)
Kirpichenko, S. V., **2**, 297[76] (228)
Kirsch, H. P., **3**, 169[76] (131), 1251[302a] (1221, 1234), 1251[302b] (1221, 1234), 1252[305] (1221, 1223, 1234), 1252[314b] (1224, 1234), 1252[370] (1234), 1253[384] (1237); **5**, 274[699] (237), 534[958] (442), 534[959] (442), 534[960] (442, 457, 519), 534[961] (442), 538[1201] (457, 482); **8**, 1068[226] (1048)
Kirsch, J. L., **6**, 1020f[109]
Kirsch, P., **4**, 510[369] (470)
Kirsch, T., **8**, 1069[248a] (1051, 1057)
Kirsch, W. B., **6**, 362[46] (357), 753[1089] (635)
Kirschke, K., **8**, 930[275] (839), 930[278] (839)
Kirschleger, B., **7**, 97f[25]
Kirsh, Y. E., **8**, 610[316] (599T)
Kirshenbaum, I., **7**, 455[28] (378)
Kirson, B., **4**, 507[196] (432); **8**, 1007[14] (942)
Kirtley, S. W., **3**, 84[275] (40), 842f[20], 1106f[5], 1108f[6], 1112f[6], 1112f[7], 1115f[2], 1269f[8b], 1269f[11], 1269f[12], 1317[57] (1281, 1282), 1317[58] (1281, 1282); **4**, 19f[12], 23f[16], 65f[63], 151[102] (26), 153[270] (68), 166f[9], 166f[16], 234[46] (165), 234[65] (167), 238[313] (205), 238[314] (205), 907[20] (892), 1058[34] (971, 973); **6**, 943[121] (905, 906T, 917, 918T), 1105f[5], 1112[117] (1072)
Kir'yanov, K. V., **3**, 557[32] (550); **6**, 225[109] (191f), 225[126] (191f)
Kisch, H., **3**, 947[44] (817, 821), 947[59] (821); **4**, 326[507] (299, 304), 609[287] (577, 578), 609[300] (578), 609[302] (578), 648[48] (629), 886[131] (869), 886[135] (870); **8**, 670[116] (668)
Kise, N., **8**, 930[289] (840, 845)
Kiselev, V. G., **1**, 275f[7], 307[366] (288), 308[463] (294), 374[75] (315), 375[124] (325), 376[186] (338), 377[271] (350); **7**, 159[81] (146), 196[181] (186), 225[131] (208, 211, 212), 225[157] (211), 226[165] (212), 252[12] (230), 363[35] (360)
Kiseleva, N. V., **4**, 320[61] (249, 287); **5**, 291f[2], 521[118] (292), 523[231] (305); **6**, 13[62] (8), 241[18] (236), 737[83] (489)
Kiseleva, V. M., **6**, 756[1323] (664), 761[1650] (721)
Kiser, R. W., **1**, 673[158] (589, 618); **3**, 629[85] (572), 694[23] (649, 654), 697[206] (664), 792f[8], 1083f[8], 1260f[8]; **4**, 150[37] (7), 319[37] (246); **5**, 275[744] (250); **6**, 13[50] (6, 11)
Kishi, Y., **7**, 651[324] (579)
Kishimoto, N., **8**, 644[190] (626, 627T)
Kishimoto, R., **2**, 944f[12], 944f[13], 973[227] (901)
Kishimura, K., **7**, 299[76] (279)
Kishner, S., **4**, 321[127] (256)
Kisin, A. V., **2**, 191[234] (54), 296[32] (216), 299[195] (249T), 618[145] (541); **3**, 125f[23], 125f[25], 125f[26]; **4**, 611[420] (592)
Kislyakova, N. V., **3**, 1075[452] (1040); **4**, 240[377] (208); **8**, 1065[58] (1021)
Kiso, Y., **6**, 94[58] (79, 91T), 140[41] (104T, 107), 225[82] (203T, 206), 1094f[2], 1113[204] (1095); **7**, 656[549] (617); **8**, 497[105] (492), 641[43] (630T), 644[170] (629, 630), 668[10] (660), 670[109] (661), 771[123] (742, 744T, 752T, 753T, 754T), 771[124] (739, 753T, 756T), 771[129] (739, 739T, 748T, 749T, 752T, 753T, 754T), 771[164] (743T, 744T)
Kiss, J., **2**, 6f[15], 201[665] (162)
Kisser, J. M., **2**, 362[134] (329)
Kissman, H. M., **7**, 14f[1]
Kistenmacher, T. J., **4**, 511[415] (482); **8**, 1070[335f] (1061, 1062)
Kister, A. T., **8**, 646[276] (617, 621T), 647[308] (617)
Kistler, J. P., **1**, 250[531] (224)
Kistner, C. R., **6**, 740[275] (515, 530, 554, 682), 747[711] (582), 753[1126] (638), 753[1127] (638), 758[1481] (682)
Kita, S.-I., **7**, 463[508] (447)
Kita, W. G., **3**, 125f[4], 125f[5], 149f[5], 149f[6], 168[18] (96, 116), 1141f[11], 1245[5] (1152), 1249[168] (1192), 1249[176] (1192), 1250[213] (1203, 1244), 1250[213] (1203, 1244); **8**, 1068[217] (1047)
Kita, Y., **7**, 651[281] (573), 651[298] (576), 653[429] (588), 654[445] (599)
Kitaev, Yu. P., **1**, 246[305] (192), 246[306] (192), 246[306] (192); **7**, 104[225] (29)
Kitagawa, K., **8**, 705[76] (672, 674T, 674, 690), 706[99] (672, 674T, 674, 690)
Kitagawa, Y., **7**, 458[215] (402), 459[256] (410, 431), 461[411] (431); **8**, 930[253] (832)
Kitahara, T., **2**, 195[422] (105), 396[49] (374), 396[78] (378); **7**, 461[396] (428), 649[207] (559), 655[519] (609)
Kitai, M., **7**, 648[137] (546)
Kitaigorodskii, A. I., **2**, 908f[11], 975[317] (926)
Kitamura, M., **7**, 100[41] (6), 651[318] (578)
Kitamura, S., **2**, 1017[163] (998)
Kitamura, T., **4**, 813[230] (727, 735, 745); **5**, 272[558] (187, 226, 264), 535[1000] (450); **8**, 364[253] (324, 328), 606[64] (558, 596T), 1066[139] (1037)
Kitani, Y., **6**, 346[214] (310, 334T)
Kitano, R., **1**, 753[43] (733), 754[99] (741); **7**, 511[80] (484)
Kitano, T., **7**, 9f[3]
Kitano, Y., **3**, 87[451] (64); **6**, 179[7] (175, 176T), 444[237] (417)
Kitatani, K., **7**, 106[336] (46), 727[169] (703)
Kitazume, S., **4**, 812[180] (718, 742); **5**, 35f[21], 68f[2], 266[156] (33, 69, 70); **8**, 382f[5], 455[62] (381, 387), 457[200] (401, 407), 707[158] (678), 710[318] (672), 710[319] (672)
Kitazume, T., **2**, 678[303] (662); **3**, 392f[9]
Kitchen, M. D., **3**, 698[237] (666); **4**, 157[558] (132), 510[363] (469), 602f[24]; **8**, 1011[227] (1006)
Kitching, K., **2**, 298[100] (233)
Kitching, W., **1**, 247[378] (200, 206); **2**, 533f[2], 618[123] (539), 677[189] (652), 678[269] (659), 878f[13], 970[70] (874), 971[77], 971[93] (879, 882, 884), 973[206] (899), 974[272] (919, 920), 975[318] (926), 976[401] (946), 976[402] (946), 976[403] (946, 948), 976[404] (946, 948), 976[407] (946), 976[410] (948); **3**, 125f[19], 169[58] (127), **4**, 512[491] (497); **6**, 443[150] (403), 444[194] (408), 444[249] (419), 745[615] (560); **7**, 510[3] (466), 512[130] (491, 493); **8**, 927[26] (800), 927[27] (800)
Kite, K., **6**, 748[754] (586), 748[763] (586, 588), 748[764] (586, 588, 588T), 748[765] (586), 748[766] (587, 588), 748[797] (588), 748[798] (588), 748[809] (590)
Kito, R., **7**, 510[23] (474)
Kittle, P. A., **4**, 511[460] (489, 490T); **8**, 1064[25] (1017)
Kittleman, E. T., **3**, 267[207] (210), 1248[148] (1186); **8**, 549[6a] (500)
Kitzelmann, D., **8**, 97[136] (48)
Kivelson, D., **3**, 102f[10]
Kivinen, A., **8**, 221[49] (113)
Kiwajima, I., **7**, 95f[4]
Kizim, N. G., **2**, 706[124] (697)
Kjonaas, R. A., **6**, 347[295] (319), 347[296] (319, 339); **8**, 934[528] (881), 934[563] (889)
Klaassen, A. A. K., **1**, 120[310] (111), 120[315] (113)
Klabunde, K. J., **1**, 241[23] (157), 250[546] (226); **2**, 860[38] (832, 854); **3**, 84[316] (44), 702[516] (688), 702[517] (688, 689), 703[530] (689), 981f[10], 981f[11], 1069[94d] (979,

981), 1069[120] (985, 988), 1069[124] (985, 1043); **4**, 512[503] (499, 500); **5**, 76f[6], 264[2] (2), 268[280] (74, 78), 273[581] (192, 235), 276[804] (261, 262); **6**, 12[12] (4), 93[13] (45, 50T, 57T, 65), 94[57] (45, 57T, 65), 97[268] (50T, 60T, 65), 98[297] (45, 50T, 57T, 60T, 65), 99[364] (45, 50T), 141[144] (134, 134T), 230[2] (229), 230[3] (229), 231[9] (230), 231[9] (230), 231[10] (230), 231[12] (229), 231[21] (229), 263[154] (256), 263[155] (256), 263[156] (256), 263[157] (256), 278[62] (277), 346[251] (314), 346[252] (314), 346[253] (314), 346[254] (314), 443[140] (403), 444[216] (410), 469[54] (465); **8**, 367[410] (347), 367[411] (347), 641[11] (634T), 642[99] (627T, 633), 643[130] (627T, 633), 669[73] (658T), 706[138] (672, 677), 769[44] (714T, 723T, 732), 770[50] (723T), 934[520] (880)

Klabunde, U., **3**, 736f[2], 767f[14], 772f[2], 775f[11], 775f[13], 781[205] (774), 781[207] (774), 829f[5], 833f[9], 842f[1], 893f[2]; **4**, 964[91] (946); **5**, 558f[2], 625[252] (579, 580); **6**, 143[268] (119, 122T), 182[169] (160); **8**, 929[184] (812)

Klabunovskii, S. I., **8**, 497[56] (477)
Klager, K., **8**, 411f[6], 458[244] (410, 412), 670[91] (650)
Klages, F., **6**, 33[16] (17)
Klähne, E., **3**, 268[263] (215, 248)
Klanberg, F., **1**, 41[132] (28), 53[98] (489, 513), 541[222] (528), 739[107a] (491); **2**, 202[726] (179); **3**, 328[155] (320); **4**, 50f[7], 873f[17], 886[154] (874); **5**, 525[351] (328), 622[76] (552); **6**, 227[230] (214T, 215), 278[61] (277), 944[192] (917, 918T, 919), 944[193] (917, 918T), 945[280] (936, 937T, 938)
Klanderman, K. A., **3**, 85[353] (48); **4**, 387f[6], 504[5] (381); **5**, 532[819] (418); **6**, 754[1166] (641, 642T, 652)
Klapproth, W. J., **2**, 875f[1], 878f[11]
Klar, G., **2**, 762[138] (745)
Klar, W., **1**, 753[91] (740)
Klaska, K.-H., **2**, 200[642] (157)
Klassen, K. L., **6**, 737[94] (490)
Kläui, W., **3**, 125f[33]; **5**, 275[783] (256), 275[784] (256), 275[785] (256), 366f[8], 404f[28], 528[527] (363, 384); **6**, 143[263] (105T, 113), 228[252] (194, 196), 1110[31] (1047, 1082); **8**, 1065[83] (1025)
Klazinga, A. H., **1**, 247[353] (197); **3**, 713f[2], 713f[3], 737f[9], 737f[10], 737f[11], 750f[2], 750f[3], 750f[8], 779[77] (719, 739, 743, 756), 779[78] (719, 742, 743, 751, 756), 780[114] (739, 742, 756), 780[141] (750, 751), 782[222] (778)
Klebach, T. C., **2**, 704[1] (683)
Klebanskii, A. L., **3**, 376f[15], 379f[3]
Klebe, J. F., **2**, 186[20] (4), 197[506] (123, 127), 197[512] (123, 127), 197[514] (124), 198[522b] (125, 136); **7**, 646[6] (516), 649[167] (553), 652[347] (583)
Klei, E., **3**, 328[113] (310)
Kleier, D. A., **1**, 452[3] (412)
Kleijn, H., **2**, 762[148] (750), 763[161] (752), 763[163] (752), 763[164] (752); **7**, 728[191] (707), 728[223] (714), 729[243] (717), 729[248] (718), 729[249] (719)
Kleiman, J. P., **6**, 96[212] (87)
Kleime, W., **3**, 897f[12]
Klein, B., **7**, 17f[10]
Klein, E., **8**, 704[41] (685T, 685)
Klein, F. M., **7**, 159[108] (149), 223[22] (199)
Klein, H.-F., **1**, 721[119] (701, 705), 721[121] (701, 705), 721[122] (701, 705); **2**, 202[728] (179), 820[170] (800), 820[171] (800); **3**, 840f[6]; **5**, 33[17], 40f[4], 68f[4], 68f[5], 76f[1], 137f[1], 137f[3], 137f[4], 137f[5], 266[142] (30, 31), 267[190] (39, 67, 70, 72), 268[259] (69, 70, 72), 268[261] (69, 70, 72, 73), 268[268] (70, 72, 73), 268[283] (77, 78, 80), 268[284] (77), 268[289] (77, 78, 79), 270[412] (133, 145, 146, 149), 272[535] (178), 272[550] (185, 216); **6**, 34[76] (22T, 24), 34[84] (21T, 22T, 23, 24), 34[85] (21T, 22T, 23, 24, 32), 93[10] (54T, 58T), 93[11] (49, 51, 53T, 54T, 61T, 64, 70, 71), 93[12] (51, 53T, 54T, 71), 93[18] (61T, 62T, 64, 72, 75, 77, 79), 94[53] (51, 53T, 54T, 59T, 61T, 62T, 72), 94[56] (54T, 62T, 72), 94[93] (62T), 95[144] (49, 53T, 54T, 58T, 73), 95[145] (51, 53T, 54T, 58T, 62T, 65), 99[385] (51, 71, 73); **8**, 221[73] (118, 140), 794[10] (791), 795[63] (791), 796[138] (792), 1106[114] (1102)
Klein, H.-P., **3**, 429[213] (382), 429[214] (382), 430[215] (382)

Klein, J., **1**, 42[205] (39), 116[71] (56), 116[71] (56), 116[78] (57), 116[81] (57), 120[287] (105), 120[292] (106), 120[299] (107); **7**, 104[266] (34), 158[63] (146), 159[107] (149), 159[111] (148f, 151, 152f), 159[112] (151), 159[114] (151), 159[126] (154), 223[19] (199), 252[30] (231), 252[62] (238), 252[64] (238), 252[65] (238), 252[76] (239), 253[96] (241), 727[174] (704), 729[252] (719)
Klein, M. J., **1**, 457[241] (451)
Klein, R., **1**, 307[397] (290); **3**, 698[256] (668)
Klein, R. A., **7**, 26f[13]
Kleinberg, J., **3**, 883f[1], 944f[5], 1137f[4], 1137f[6], 1137f[8], 1137f[22], 1382[126] (1345); **4**, 815[390] (759), 816[456] (766), 816[457] (766), 817[458] (766, 767)
Kleine, W., **3**, 893f[13], 908f[8], 911f[4], 950[256] (895), 950[270] (902), 950[295] (911), 950[297] (911), 1305f[3], 1318[120] (1301)
Kleiner, V. I., **7**, 45[567a] (383)
Kleinert, P., **2**, 679[373] (669)
Kleinschmidt, D. C., **2**, 623[439] (577)
Kleinschmidt, E., **4**, 239[347] (206, 207T, 208), 611[429] (593)
Klek, W., **3**, 797f[5], 798f[7], 809f[12], 819f[5], 833f[24], 1085f[5], 1262f[5]
Kleman, B., **6**, 759[1512] (689)
Klemann, L. P., **2**, 300[219] (254), 970[72] (874); **3**, 419f[14]
Klemarczyk, P., **4**, 375[128] (364); **8**, 1065[91] (1026)
Klemenko, S., **7**, 657[624] (634)
Klemenkova, Z. S., **2**, 974[281] (920); **6**, 100[419] (40, 43T, 79)
Klemperer, W. G., **3**, 80[19] (2, 3, 4, 5, 12), 80[38] (6), 279[24] (272), 427[32] (337, 351), 427[62] (351), 946[7a] (791); **8**, 97[191] (58)
Klender, G. J., **7**, 160[149] (155), 195[63] (164, 172)
Klenze, R., **3**, 265[105] (184, 185, 212, 215, 219), 267[254] (214), 268[280] (219)
Klepikova, V. I., **3**, 632[265] (620); **4**, 73f[20], 155[422] (116); **6**, 179[8] (158), 179[16] (158), 180[35] (158), 180[57] (158), 181[122] (158); **8**, 708[198] (702, 703), 708[199] (701, 703), 708[215] (702, 703), 708[239] (703)
Klerks, J. M., **5**, 625[298] (586); **6**, 343[71] (289, 298f); **7**, 462[447] (435)
Kleshnina, I. V., **1**, 249[466] (212)
Klesney, S. P., **1**, 673[131] (581)
Kliegel, W., **1**, 258f[16], 380[434a] (367), 380[434b] (367), 380[435] (367), 380[436] (367)
Kliegman, J. M., **6**, 347[294] (318, 319, 337); **8**, 929[160] (810), 934[562] (889)
Klier, K., **8**, 95[44] (30, 33, 34), 95[45] (30, 34), 282[165] (274)
Kliger, D. S., **5**, 526[414] (342)
Kliger, G. A., **8**, 282[179] (275)
Klikorka, J., **3**, 699[309] (672), 971f[10], 1068[50] (970); **6**, 225[116] (190)
Klima, W. L., **8**, 937[719] (911, 912)
Klimenko, N. M., **1**, 149[16] (122, 145); **6**, 443[146] (403)
Klimenko, P. L., **7**, 102[161] (24)
Klimentova, N. V., **1**, 678[491] (632)
Klimin, B. V., **1**, 675[291] (613)
Klimisch, R. L., **7**, 158[21] (143)
Klimov, A. A., **3**, 1004f[36], 1073[325] (1022)
Klimov, A. P., **8**, 707[182] (701), 707[185] (701, 703)
Klimov, E. S., **2**, 511[300] (438)
Klimova, A. I., **1**, 454[107] (429)
Klimova, T. P., **1**, 454[107] (429), 455[178] (439), 541[228d] (530)
Klimsch, P., **2**, 627[704] (614), 627[707] (615)
Klinchikova, S. A., **3**, 703[529] (689)
Klinck, R. E., **1**, 120[289] (106)
Kline, E., **2**, 193[316] (81), 301[287] (270, 275)
Kline, E. A., **2**, 517[676] (490, 498)
Kline, J. B., **3**, 108f[18]; **5**, 436f[1], 438f[11], 534[927] (434, 436)
Kline, R. J., **2**, 973[216] (899, 946)
Klingebiel, U., **2**, 199[568] (137), 199[571] (138)
Klinger, R. J., **6**, 868f[20]

Klingler, R. J., **3**, 1114^{64} (1110), 1248^{107} (1180), 1248^{111} (1181, 1241), 1382^{127} (1345); **6**, 841f^{100}, 874^{58} (769, 775)
Klingshirn, W., **4**, 326^{485} (297); **6**, 1019f^{62}, 1032f^{21}
Klinina, G. S., **6**, 225^{117} (202, 203T)
Klinotova, E., **7**, 252^{16} (231)
Klochkova, T. A., **2**, 299^{192} (249T, 270), 299^{193} (249T)
Kloek, J. A., **7**, 653^{389} (590, 591)
Kloosterziel, H., **1**, 119^{273} (101T, 103, 105), 119^{273} (101T, 103, 105)
Klopfer, O., **4**, 153^{267} (68)
Klopman, G., **3**, 1004f^{32}, 1005f^{12}, 1075^{480} (1046); **8**, 1069^{280} (1056)
Klopsch, A., **1**, 248^{422} (206), 248^{422} (206), 722^{153} (706)
Klose, B., **7**, 511^{84} (484)
Klose, U., **2**, 195^{396} (99); **4**, 328^{607} (309)
Klose, W., **4**, 817^{506} (775), 817^{507} (775), 817^{508} (775)
Klosowski, J. M., **2**, 362^{135} (329), 362^{142} (330)
Kloth, B., **2**, 200^{620} (151); **6**, 34^{58} (26)
Klotzbücher, W., **3**, 82^{124} (15), 326^{17} (285), 694^{14} (649, 654); **6**, 139^{14} (132)
Klotzbücher, W. E., **6**, 139^{11} (132), 140^{63} (132)
Klötzer, D., **2**, 620^{224} (548)
Kluess, C., **3**, 455f^4, 455f^7, 455f^9, 457f^1, 457f^3, 474^{68} (452), 474^{69} (452), 474^{74} (458); **4**, 817^{471} (769)
Klug, A., **3**, 703^{569} (692, 693)
Klug, H. L., **2**, 1018^{238} (1005)
Klug, H. P., **5**, 264^{22} (4)
Kluge, A. F., **7**, 651^{318} (578)
Klump, D., **2**, 1018^{212} (1003, 1012f, 1012)
Klumpp, E., **5**, 267^{221} (46)
Klumpp, G. W., **7**, 100^{34} (4)
Klun, T. P., **8**, 930^{247} (830)
Klusacek, H., **4**, 511^{445} (486); **8**, 1067^{179} (1042)
Klusmann, E. B., **1**, 453^{47} (422), 455^{163} (436), 455^{171} (438)
Klüter, R., **8**, 460^{396} (433), 931^{352} (848)
Kluth, J., **8**, 706^{112} (677), 706^{113} (672, 677), 706^{139} (672, 673T, 677), 706^{140} (672, 673T), 706^{141} (672, 677), 707^{154} (672, 677)
Klyuev, M. V., **8**, 311f^{24}
Kmiecik, J. E., **4**, 326^{500} (298); **8**, 100^{331} (93)
Knabe, B., **2**, 705^{56} (687)
Knap, J. E., **7**, 457^{161} (396)
Knapczyk, J. W., **2**, 705^{55} (687)
Knapp, J. E., **4**, 168f^8, 235^{88} (168); **5**, 282f^1, 520^{35} (282)
Knapp, K. K., **1**, 379^{374} (362)
Knapp, S., **7**, 648^{107} (539)
Knapstein, C.-M., **2**, 192^{305} (78), 192^{306} (78)
Knauf, W., **7**, 196^{144} (178), 225^{106} (207)
Knaus, E. E., **7**, 16f^1, 16f^6, 101^{108} (16), 107^{430} (58)
Knaus, G., **7**, 101^{98a} (14, 27)
Knaus, G. N., **7**, 110^{575} (87)
Knauss, L., **3**, 833f^{78}, 838f^1, 893f^{11}, 893f^{12}, 893f^{19}, 900f^3, 904f^{10}
Knebel, W. J., **3**, 948^{138} (859), 948^{139} (859); **6**, 343^{56} (286, 291), 738^{144} (497, 498, 499), 738^{149} (498), 738^{163} (499, 501), 738^{164} (499), 739^{209} (505), 746^{622} (561), 746^{623} (561), 746^{624} (561)
Knecht, J., **4**, 512^{499a} (498)
Kneen, W. R., **2**, 819^{101} (785), 819^{102} (785); **6**, 749^{878} (603, 604), 753^{1153} (640)
Kneller, M. T., **7**, 109^{546} (80)
Knesel, G. A., **7**, 725^{65} (675)
Knickel, B., **5**, 623^{163} (565)
Kniese, H., **2**, 302^{358} (288)
Knifton, J. F., **2**, 506^{28} (403); **4**, 963^{48} (938), 963^{49} (938); **6**, 757^{1376} (671), 757^{1377} (672), 757^{1378} (672); **8**, 223^{171} (191, 195), 935^{641} (900), 936^{649} (901)
Knight, C. B., **8**, 95^{21} (23)
Knight, G. W., **8**, 647^{312} (618)

Knight, J., **3**, 109f^4, 135f^3, 136f^5, 1247^{62} (1166, 1203), 1247^{63} (1166, 1203, 1221), 1247^{82} (1172, 1244), 1251^{301} (1221), 1252^{304} (1223); **4**, 247f^{13}, 321^{162} (261), 649^{105} (645), 689^{47} (667), 886^{140} (871), 907^{59} (902), 907^{60} (902), 928^3 (924), 928^7 (924), 929^{28} (927); **5**, 628^{485} (615); **6**, 227^{217} (211, 212), 736^{43} (482), 869f^{42}, 869f^{43}, 869f^{57}, 870f^{75}, 870f^{89}, 870f^{96}, 871f^{116}, 874^{68} (771), 874^{72} (772), 874^{73} (772, 773), 874^{80} (774), 875^{152} (788), 876^{196} (800)
Knight, J. R., **4**, 815^{339} (752), 885^{57} (853, 859)
Knights, E. F., **7**, 141^{30} (116), 141^{75} (125), 158^{65} (146, 151), 196^{133} (176, 177, 180), 223^8 (199), 224^{91} (205, 213, 214), 252^{55} (236), 298^{11} (268), 300^{101a} (283)
Knipe, A. C., **8**, 1066^{107} (1028, 1028f, 1029, 1030f), 1070^{321} (1059)
Knizhnik, A. G., **8**, 331f^{29}
Knizhnikov, V. A., **3**, 735f^5, 735f^6, 735f^9, 736f^3, 736f^7, 736f^{17}, 736f^{19}, 745f^{11}, 767f^8, 767f^{10}, 767f^{11}, 768f^{10}, 780^{133} (745)
Knobler, C. B., **1**, 537^{15} (462, 523, 535), 540^{165b} (512, 533), 541^{224b} (529, 535); **3**, 329^{177} (325), 633^{282} (623), 1249^{194} (1198); **4**, 83f^{14}, 83f^{21}, 83f^{22}, 83f^{23}, 83f^{26}, 238^{314} (205), 244^{469} (219, 219T, 220), 327^{565} (304, 316), 327^{566} (304, 316), 648^{22} (620, 628), 648^{40} (626), 820^{662} (807, 808), 1061^{256} (1026), 1063^{351} (1046); **5**, 606f^8, 627^{450} (606); **6**, 806f^{33}, 870f^{92}, 876^{207} (810, 811), 1105f^5, 1112^{117} (1072); **8**, 331f^{18}
Knobloch, T. P., **2**, 200^{629} (154), 514^{514} (468); **3**, 863f^{30}; **6**, 36^{214} (22T)
Knöchel, H., **2**, 198^{536} (128)
Knochel, P., **7**, 100^{40} (6)
Knocke, P., **2**, 624^{526} (589)
Knocke, R., **2**, 624^{492} (585)
Knoess, H. P., **7**, 724^6 (662)
Knol, J., **3**, 327^{54} (296)
Knoll, F., **2**, 200^{618} (149); **7**, 655^{493} (605)
Knoll, F. M., **8**, 930^{228} (824), 930^{296} (843)
Knoll, L., **3**, 829f^7, 947^{68} (822); **4**, 400f^{13}, 505^{85} (402), 507^{185} (429), 507^{185} (429), 507^{204} (436), 507^{205} (436)
Knoll, W., **2**, 627^{718} (616)
Knorr, H. V., **8**, 281^{112} (265, 266, 267)
Knorr, R., **1**, 119^{240} (94), 119^{246} (97)
Knoth, W. H., **1**, 41^{133} (28), 453^{76} (426, 429, 436), 453^{82} (427, 429, 436), 456^{213} (444, 445, 450), 456^{219} (445), 456^{232} (449), 456^{233} (450, 451), 456^{234} (450, 451), 457^{246} (451), 457^{246} (451), 457^{246} (451), 537^{1d} (460, 463, 481), 541^{210b} (524), 541^{210c} (524), 541^{211b} (524), 541^{211c} (524); **3**, 427^{63} (351), 1068^{65} (973), 1245^4 (1152), 1379^9 (1323); **4**, 811^{108} (706), 812^{193} (719, 723, 725), 812^{194} (719), 813^{256} (736, 737), 964^{90} (946), 965^{168} (960); **5**, 521^{99} (291, 302T, 468), 530^{686} (394); **6**, 1112^{126} (1073); **8**, 367^{443} (351), 367^{446} (351)
Knothe, K. W., **1**, 677^{456} (631)
Knothe, W., **1**, 596f^2
Knowles, P. J., **3**, 1381^{124} (1345), 1381^{125} (1345); **6**, 35^{136} (25), 1041^{123} (1011), 1041^{133} (1013, 1037, 1038), 1041^{139} (1038); **8**, 281^{106} (264)
Knowles, T. A., **1**, 454^{127} (431)
Knowles, W. S., **5**, 536^{1104} (471T, 474T), 537^{1134} (474T, 476), 537^{1142} (474T, 477), 537^{1147} (477); **8**, 361^{16} (286, 320), 471f^3, 471f^4, 473f^4, 496^{16} (466), 496^{19} (467), 496^{34} (473), 496^{35} (473), 496^{46} (475)
Knox, G. R., **3**, 1071^{225} (1002, 1006, 1018), 1076^{520b} (1055), 1100f^8, 1249^{170} (1192), 1381^{95} (1341); **4**, 106f^2, 323^{298} (277, 299), 324^{341} (282), 326^{513} (299), 505^{106} (407, 467), 507^{208} (436, 492), 536f^{10}, 609^{297} (578), 648^{47} (629), 818^{557} (781, 782, 795); **5**, 271^{473} (157, 160, 161), 271^{487} (161), 274^{677} (231, 232), 521^{74} (287), 530^{693} (395); **6**, 227^{227} (207); **8**, 1009^{109} (970), 1009^{110} (970), 1064^2 (1015, 1016, 1021, 1031, 1032, 1040, 1041, 1048, 1059), 1064^{45} (1019), 1064^{50} (1020), 1065^{55} (1021, 1022f), 1068^{209}

(1046), 1070³²² (1060), 1071³⁵² (1063), 1071³⁵² (1063), 1071³⁵⁴ (1063)
Knox, J. R., **3**, 546⁴⁹ (496)
Knox, K., **2**, 762¹²⁰ᶜ (737)
Knox, S. A. R., **2**, 679³⁷⁵ (669); **3**, 165f⁵, 165f⁶, 169⁸³ (132), 170¹¹⁸ (148), 170¹⁷⁰ (164), 170¹⁷⁴ (165), 170¹⁷⁸ (167), 171¹⁷⁹ (167), 823f³ᵃ, 947⁵⁷ (820), 1077⁵⁹⁶ (1066), 1170f⁹, 1247⁶⁷ (1168, 1169), 1252³⁴⁰ (1229), 1253³⁸³ (1237), 1253³⁹³ (1241), 1253³⁹⁴ (1241), 1253³⁹⁵ (1242), 1384²⁵¹ (1376); **4**, 33f⁴⁵, 107f⁷³, 107f¹⁰¹, 151¹²¹ (28), 152¹⁶¹ (41, 93), 155⁴²⁸ (117), 156⁴⁵¹ (121), 156⁴⁹⁷ (125), 233⁷ (163), 234⁵³ (167), 237²¹⁶ (188, 189T, 191, 192), 237²³⁷ (191), 242⁵²³ (231, 232T), 242⁵²⁹ (229, 231, 232T), 309f³, 309f⁵, 327⁵⁹⁸ (308), 327⁶⁰¹ (308), 380f¹⁸, 606⁹⁸ (530), 606⁹⁹ (530), 606¹¹⁵ (539, 549), 608²¹³ (560), 608²²³ (563), 610³³² (583, 584), 657f¹¹, 658f²², 658f²⁵, 658f²⁶, 658f²⁷, 658f³⁷, 658f³⁸, 658f⁴⁷, 658f⁴⁹, 689²⁴ (666), 812¹⁵⁴ (715), 815³³⁸ (752), 815³⁴⁴ (752, 756), 815³⁴⁶ (752, 756, 793), 815³⁴⁷ (753), 815³⁴⁸ (753, 754), 815³⁵⁴ (754), 815³⁵⁶ (754), 817⁵¹⁸ (776, 779, 780), 818⁵⁵⁸ (781, 782, 795), 818⁵⁶⁰ (782), 819⁶⁰² (794), 839² (823), 840³⁴ (826), 840³⁵ (828), 840³⁶ᵃ (828), 840³⁶ᵇ (828), 840³⁷ (828), 840⁴⁰ (828), 840⁴² (829), 840⁴⁴ (829, 830, 831, 832), 840⁴⁵ (829), 840⁴⁶ (829), 840⁴⁹ (830), 840⁵⁸ (831), 840⁶⁰ (831), 840⁶¹ (831), 840⁶³ (831), 840⁶⁵ (831, 832), 884²¹ (849), 884²⁷ (849, 850), 884³² (850), 885³³ (850), 885³⁵ (851), 885⁴⁶ (851, 856), 885⁴⁷ (851, 852), 885⁴⁸ (851, 853), 885⁵⁵ (853), 885⁵⁶ (853), 885⁶⁴ (854), 885⁶⁵ (854), 885⁶⁶ (855), 885⁶⁷ (855, 856), 885⁶⁸ (856), 885⁶⁹ (857), 887¹⁹⁸ (883), 890f⁴, 890f⁵, 894f², 906¹¹ (891, 892), 907²³ (892), 907²⁷ (893), 907³⁶ (896), 907³⁸ (898), 907³⁹ (898), 907⁴² (898), 907⁴³ (898), 907⁴⁴ (898), 907⁵² (900), 920¹¹ (910, 912, 913, 914), 920¹³ (911, 913), 920¹⁸ (911, 912, 913, 914), 920²³ (912), 920²⁵ (912, 913), 920²⁶ (912, 914), 920³³ (915), 920³⁴ (915), 920³⁵ (916), 920³⁷ (917), 920³⁸ (917), 920³⁹ (917), 920⁴⁰ (917, 918), 920⁴¹ (918), 920⁴² (918), 920⁴³ (918), 920⁴⁴ (919), 928⁴ (924), 1057⁹ (969), 1057³³ (971, 1030, 1031, 1038), 1060²⁰⁹ (1015), 1060²¹⁵ (1017), 1060²¹⁹ (1017, 1018), 1061²⁵⁰ (1023), 1061²⁵² (1023), 1062³³⁵ (1042); **5**, 527⁴⁹⁶ (359, 360, 361), 536¹⁰⁶³ (463, 464); **6**, 226¹⁴⁵ (205T, 207), 841f¹¹², 843f¹⁷⁷, 843f¹⁷⁸, 843f¹⁷⁹, 843f²⁰⁹, 844f²⁶², 851f⁵, 851f⁵⁹, 869f⁶⁹, 875¹²⁸ (783), 1020f⁸³, 1094f⁸, 1105f⁵, 1105f⁵, 1110²⁵ (1046, 1056, 1076), 1111⁴⁷ (1052), 1112¹³⁰ (1074), 1112¹³⁰ (1074); **8**, 550⁶¹ (515), 1011²²⁵ (1006), 1068²¹¹ (1046), 1068²¹⁴ (1047)
Knox, S. D., **6**, 445³⁰⁵ (426), 445³¹⁰ (427); **8**, 928¹²⁷ (805, 809, 812)
Knözinger, H., **4**, 929³³ (927), 965¹⁷⁶ (961); **6**, 737⁴⁸ (482), 871f¹¹⁹; **8**, 607⁹⁴ (561, 562T, 594T, 605), 642⁷⁶ (632)
Knunyants, I. L., **2**, 188¹¹⁸ (28), 872f⁴, 872f⁵, 972¹³⁶ (888), 972¹⁷¹ (895), 972¹⁷³ (896); **5**, 268²⁸¹ (74)
Knutson, K. W., **7**, 104²⁷⁵ (35)
Knutson, P. L., **7**, 103²¹⁵ (29)
Knyazev, S. P., **1**, 454⁹⁵ (428), 455¹⁷³ (438), 455¹⁷⁴ (438), 455¹⁷⁵ (438), 455¹⁷⁵ (438), 455¹⁷⁶ (439), 455¹⁷⁷ (439), 553³³ (549, 550)
Knyazeva, N. N., **5**, 295f¹², 522¹²⁹ (294)
Kobak, V. V., **1**, 541¹⁸⁸ᵃ (520), 541¹⁹⁰ᵇ (520), 541¹⁹⁸ (521), 541¹⁹⁹ (521), 542²⁵¹ (534T)
Kobal, V. M., **7**, 96f²
Kobayashi, A., **4**, 65f⁵⁰, 153²⁵⁶ (67); **6**, 96¹⁶⁹ (38, 43T), 344¹⁴⁰ (303), 943¹³⁵ (907, 909T), 943¹³⁶ (907, 909T), 943¹⁵² (910, 911T); **8**, 305f³⁷, 339f¹⁵, 645²²⁷ (621T), 709²⁴⁶ (685T), 711³³⁹ (701)
Kobayashi, E., **7**, 458²²¹ (403); **8**, 707¹⁹⁶ (702), 708²¹⁶ (702), 711³⁴⁷ (702), 711³⁴⁸ (701)
Kobayashi, H., **2**, 506⁴² (403), 506⁴³ (403); **3**, 949¹⁹⁷ (875), 1075⁴⁴³ (1038), 1075⁴⁴⁶ (1039), 1251²⁶⁰ (1214, 1218), 1383¹⁷⁹ (1362, 1364); **7**, 648¹¹⁹ (541); **8**, 459³⁴⁷ (426), 459³⁴⁹ (426), 646²⁸⁷ (622T), 647³⁰¹ (618), 647³⁰⁴ (622T), 934⁵⁰⁸ (878), 934⁵¹⁰ (878), 934⁵⁵⁰ (885)

Kobayashi, K., **8**, 293f⁹
Kobayashi, M., **2**, 195⁴²² (105), 299¹⁸⁵ (248), 395⁴⁴ (373), 396⁴⁹ (374), 396⁷⁸ (378); **3**, 1075⁴⁴³ (1038), 1251²⁶⁰ (1214, 1218), 1383¹⁷⁹ (1362, 1364); **4**, 964¹²⁰ (949); **7**, 195⁸⁶ (168), 655⁵¹⁹ (609); **8**, 937⁷³³ (914, 915, 916)
Kobayashi, R., **8**, 609²¹⁶ (598T, 604), 1008⁴⁴ (950), 1008⁴⁴ (950)
Kobayashi, S., **2**, 196⁴⁴² (111)
Kobayashi, T., **2**, 187³² (7, 108), 193³³² (85), 196⁴²⁷ (108), 297⁶² (226, 240), 301³¹⁷ (275), 395²⁶ (368, 377); **4**, 507²¹² (437); **6**, 759¹⁵⁰⁰ (685); **7**, 460³¹⁹ (416); **8**, 366³⁴⁶ (340), 368⁴⁹⁸ (355), 932³⁸⁸ (851)
Kobayashi, Y., **2**, 193³⁴⁰ (86), 197⁴⁹⁰ (119), 300²³⁶ (259T, 260), 301³²⁶ (278), 396⁵⁷ (375), 912f¹⁰, 974²⁶⁴ (919); **6**, 277⁶ (266T, 266); **7**, 656⁵⁴⁸ (617); **8**, 460³⁶⁸ (431), 460³⁷⁰ (431), 930²⁵¹ (832), 930²⁵² (832), 930²⁹⁴ (842), 931³³² (847), 931³³⁷ (847)
Kobayashi-Tamura, H., **4**, 609²⁷³ (575, 578)
Kobel'kova, N. I., **1**, 455¹⁷⁹ (439), 455¹⁷⁹ (439), 455¹⁷⁹ (439)
Kobelt, D., **2**, 626⁶⁵⁵ (607)
Kober, E., **6**, 278²⁵ (271)
Kober, F., **4**, 106f²³, 320⁵⁴ (248), 323²⁸⁷ (276); **6**, 12¹⁰ (4), 34⁹⁴ (21T, 23)
Kober, W., **7**, 649¹⁶³ (552)
Kobetz, P., **1**, 150⁸³ (124), 150¹¹⁰ (127), 151¹¹⁴ (127), 151¹¹⁵ (127), 152²³⁹ (147), 152²⁴⁰ (147), 152²⁴¹ (147); **2**, 674⁵⁸ (636), **7**, 455²⁴ (376)
Kobilov, N. K., **8**, 312f⁵⁴
Kobinata, S., **6**, 224¹⁹ (190), 225¹²⁸ (190)
Kobori, N., **2**, 187⁵⁰ (11)
Kobrakov, K. I., **2**, 507⁸³ (407), 507⁸³ (407), 509¹⁹⁹ (423), 509²¹³ (424)
Köbrich, G., **1**, 60f⁴, 60f¹⁷, 118¹⁸³ (68T, 82); **7**, 95f⁸, 110⁵⁸² (88, 90), 336³³ᵇ (328), 725³⁵ (669); **8**, 938⁷⁸⁸ (924)
Kobs, H.-D., **1**, 671⁶³ᵃ (564)
Kobylinski, T. P., **8**, 95⁴⁴ (30, 33, 34), 644¹⁹⁶ (616, 622T)
Koch, D., **2**, 200⁶²¹ (151); **6**, 34⁵⁸ (26)
Koch, F. J., **3**, 85³¹⁷ (44); **6**, 231²² (229)
Koch, H., **8**, 282¹⁷² (275)
Koch, J., **4**, 73f¹⁶, 155³⁷⁴ (92)
Koch, K. J., **6**, 96¹⁸⁶ (45)
Koch, K. R., **2**, 915f⁵, 973²²⁸ (901); **7**, 142¹²⁷ (135), 346⁹ (338)
Koch, O., **4**, 610³³⁷ (583)
Koch, P., **8**, 796¹²³ (777)
Koch, S., **3**, 942f⁵, 942f⁶, 942f⁷, 942f⁹, 1261f³, 1312f¹³, 1312f¹⁵
Koch, S. A., **3**, 1131f¹⁴, 1131f¹⁵, 1133f⁵, 1247⁶⁹ᵃ (1168), 1312f¹⁴, 1380³⁸ (1329)
Koch, T. D., **7**, 649¹⁸⁴ (555)
Koch, T. H., **2**, 296³⁵ (217)
Koch, W., **1**, 375¹⁵⁸ (331), 408⁶ (383, 394), 409²⁴ (385, 392, 397, 402); **3**, 1077⁵⁷⁶ᵃ (1063); **4**, 819⁶⁵⁵ (806); **5**, 272⁵⁷⁵ (262); **7**, 511¹⁰¹ (488)
Kochanski, E., **3**, 82¹³¹ (17)
Kochergin, V. P., **2**, 303⁴⁰⁹ (295T)
Kochergina, V. A., **1**, 420f¹³
Kocheshkov, F. A., **1**, 723²⁷³ (719)
Kocheshkov, K. A., **1**, 72f⁴, 250⁵³³ (224, 225, 228), 250⁵³⁸ (224, 225, 226, 227, 228, 229), 250⁵⁴² (224, 225, 226), 250⁵⁵⁵ (227, 228), 250⁵⁵⁶ (227, 228, 229), 251⁵⁷¹ (230), 251⁵⁷³ (230, 231, 232, 233, 234), 251⁵⁷⁶ (231), 302²⁴⁶ (259), 615f¹, 675²⁹⁹ (615), 675³²¹ (619), 676³⁷⁷ (624), 682⁷²⁶ (581), 696f³⁰, 696f³¹, 696f³², 696f³³, 696f³⁴, 696f³⁵, 720⁵⁶ (690), 721¹¹² (701, 707), 722²⁰⁴ (713), 723²⁷⁴ (719); **2**, 507⁵⁶ (404, 420, 437), 507⁵⁷ (404, 437), 507⁵⁸ (404), 508¹⁵⁷ (417), 508¹⁵⁸ (417), 515⁵⁵⁸ (473), 618¹⁴⁰ (541), 619²⁰⁶ (547), 619²⁰⁷ (547), 619²¹⁶ (548), 676¹⁴² (645), 677²⁴⁸ (657), 678²⁵⁷ (657), 678²⁵⁸ (657), 827f⁹, 853f³, 859⁴ (824, 832, 849, 852, 858f, 859), 860⁵⁵ (835), 860⁵⁶ (835), 860⁵⁹ (836), 861¹³¹ (852), 861¹⁴³ (855), 970²⁶ (866,

869, 871, 874, 875, 879, 887, 888, 890, 891, 892, 895); **7**, 225[124] (208), 510[1a] (465, 487, 505, 508), 512[163] (499, 503), 513[191] (502), 724[4] (662), 724[4] (662), 725[38] (670), 725[38] (670), 725[46] (671)
Kochetikhina, K. G., **2**, 675[91] (640)
Kochetkova, N. S., **2**, 882f[2]; **3**, 113f[3], 113f[5], 168[24] (99), 334f[36], 341f[5], 341f[16], 344f[11], 348f[4], 348f[5], 362f[7], 379f[14]; **4**, 479f[40], 479f[40], 506[156] (424); **5**, 274[715] (244), 275[730] (245); **8**, 1065[58] (1021), 1065[60] (1021), 1065[60] (1021), 1065[81] (1025), 1066[146] (1038)
Kochetova, N. A., **3**, 629[67] (569)
Kochhar, R., **8**, 1007[2] (940)
Kochhar, R. K., **4**, 435f[3], 506[171] (426), 507[202] (435); **8**, 608[157] (578)
Kochi, J., **4**, 153[282] (70); **7**, 729[268] (722)
Kochi, J. K., **1**, 40[91] (19), 117[127] (70), 241[48] (159, 196), 246[304] (192, 193), 249[467] (212), 672[109a] (577); **2**, 194[353] (91), 194[356] (91), 194[356] (91), 201[683] (166), 361[79] (317), 508[159] (417, 427, 430, 473, 474, 476, 477), 618[109] (538), 618[113] (538), 618[114] (539), 675[98] (641), 675[101] (641), 675[102] (641), 675[103] (641), 675[104] (641), 762[124] (739), 762[131] (743, 744, 746, 755, 759), 762[144] (746), 762[145] (746), 768f[9], 796f[10], 813f[2], 818[11] (766, 800, 801, 802, 805), 818[15] (766), 818[16] (802, 803, 807, 808), 818[52] (774, 795, 808), 819[103] (786), 820[127] (790, 801), 820[160] (797, 799), 820[161] (797), 820[162] (799), 820[163] (802), 820[169] (799, 800, 801), 821[202] (812), 904f[9], 970[23] (866), 973[246] (906), 976[412] (950), 977[436] (954, 955), 977[438] (955), 978[502] (963), 978[503] (963), 978[508] (963), 978[520] (965), 978[522] (966); **3**, 88[519] (76), 269[383] (247), 736f[2], 737f[13], 750f[11], 767f[14], 767f[15], 768f[3], 772f[2], 772f[5], 775f[13], 780[154] (757, 763), 781[207] (774), 951[317] (923, 927), 951[319] (923), 951[322] (923, 927, 928), 1382[127] (1345); **4**, 240[425] (212), 375[83] (352); **6**, 35[118] (21T, 23), 95[118] (66, 79), 98[315] (55T, 56T, 61T, 64, 70, 75, 77, 79, 80), 99[345] (55T, 57T, 60T, 61T, 64, 75, 79), 99[373] (55T, 56T, 57T, 65, 66), 99[374] (56T, 57T, 60T, 64, 65), 141[148] (116, 119), 142[180] (123T, 127), 143[229] (124T, 131), 231[17] (230), 743[460] (534T); **7**, 106[348] (47), 106[350] (47), 455[20] (375), 513[179] (500), 727[150] (697), 729[254] (721), 729[256] (721); **8**, 221[42] (111, 114, 128), 770[58] (738), 770[62] (732, 734, 738), 770[63] (734, 738), 770[66] (732, 738), 771[128] (741, 742, 752T, 762T), 936[680] (905)
Kochi, K., **2**, 193[337] (86, 91)
Kochkin, D. A., **2**, 511[329] (441), 622[357] (567)
Kochloefl, K., **8**, 642[76] (632)
Kochs, P., **6**, 446[343] (433)
Kocienski, P. J., **7**, 95f[5], 96f[5], 104[224] (29), 647[49] (526), 657[605] (631)
Kocman, V., **3**, 398f[31]
Koda, K., **8**, 1064[27] (1018), 1064[30] (1018)
Kodama, G., **1**, 41[121] (24), 41[158] (35, 39), 456[230b] (448, 450)
Kodama, H., **1**, 679[554] (644); **3**, 279[49] (275, 276); **7**, 458[191] (399, 401), 458[243] (407), 459[251] (409)
Kodama, N., **2**, 199[573] (139)
Kodama, S., **8**, 771[129] (739, 739T, 748T, 749T, 752T, 753T, 754T)
Kodama, S. I., **8**, 771[124] (739, 753T, 756T)
Kodama, T., **3**, 858f[1], 948[127] (848, 854); **8**, 1088f[1], 1092f[1], 1105[81] (1090)
Kodama, Y., **1**, 241[37] (158)
Ködel, W., **4**, 238[310] (205); **6**, 1066f[11], 1112[109b] (1070)
Koehl, Jr., W. J., **1**, 116[99] (62, 73, 92, 94)
Koehler, H., **3**, 696[119] (657); **5**, 626[320] (589)
Koehn, W. P., **7**, 102[130] (20)
Koelle, U., **1**, 375[136] (328, 333), 375[146] (330, 333, 335), 375[167] (333), 385f[2], 385f[4], 409[23] (385, 392, 396, 397), 409[56] (392, 396, 397), 409[72] (401); **3**, 700[390] (675), 1068[68] (974), 1077[576b] (1063); **4**, 12f[3], 156[489] (125), 158[610] (139), 235[99] (171); **5**, 246f[1], 246f[3], 253f[1], 257f[6], 274[687] (233, 244), 275[737] (247), 275[772] (253)

Koelliker, U., **1**, 754[140] (752); **7**, 226[184] (214), 253[139] (249)
Koeman, J. H., **2**, 1016[81] (987)
Koemm, U., **3**, 86[397] (55), 108f[6], 1379[4] (1323, 1330, 1350)
Koenig, K. E., **2**, 301[328] (278, 279); **5**, 537[1142] (474T, 477); **8**, 361[16] (286, 320), 473f[9], 496[35] (473), 496[46] (475)
Koenig, M. F., **6**, 36[182] (29), 1113[165] (1086)
Koenig, W., **1**, 285f[17], 306[310] (284)
Koenigkramer, R. E., **7**, 652[366] (585), 652[366] (585)
Koepke, J. W., **4**, 234[53] (167), 509[342] (462), 890f[4], 890f[5], 906[11] (891, 892), 907[23] (892), 1057[33] (971, 1030, 1031, 1038); **5**, 626[333] (620), 628[512] (620); **6**, 869f[69]
Koepsell, D. G., **7**, 727[180] (705)
Koerner, G., **2**, 299[159] (244)
Koerner von Gustorf, E. A., **2**, 199[591] (144); **3**, 114f[4], 134f[3], 170[122] (150), 1067[11] (958), 1070[168] (989), 1072[268] (1013), 1074[412] (1035), 1074[424] (1036), 1076[541b] (1058), 1251[249] (1212); **4**, 150[36] (9), 321[144] (258, 272), 323[261] (272), 323[294] (277, 300), 327[554] (303), 327[555] (303, 304), 380f[7], 380f[23], 389f[15], 435f[28], 456f[4], 504[11] (381, 388), 505[70] (397), 505[71] (397), 505[116] (409), 507[186] (429), 508[239] (441), 508[240] (441), 508[244] (441), 508[245] (441), 508[246] (442), 508[255] (443), 508[283] (447), 510[369] (470), 512[482] (495), 570f[5], 605[9] (514), 607[145] (542), 609[254] (571), 609[269] (570f, 574), 613[526] (604), 648[24] (621); **5**, 269[367] (113); **8**, 291f[35], 367[435] (350), 367[438] (350), 1007[12] (941)
Koerntgen, C. A., **5**, 621[6] (542); **8**, 100[327] (92)
Koester, R., **1**, 373[5b] (313, 314, 315, 316, 318, 322, 326, 329, 333, 334, 335, 337, 338, 341, 342), 373[26] (313), 374[74] (315), 374[83] (318), 374[86] (320), 375[128] (325), 375[183] (336), 377[268] (349), 377[281] (351), 377[288] (353), 377[289] (353), 378[362] (361), 379[388] (363), 379[403] (364), 379[404] (364), 379[405] (364), 379[406] (364); **7**, 462[469] (440)
Koettner, J., **5**, 537[1145] (477)
Koetzle, T. F., **1**, 420f[11], 420f[12]; **3**, 84[275] (40), 771f[1], 775f[4], 779[59] (712, 772), 842f[20], 1112f[6], 1269f[8a], 1269f[8b], 1269f[10], 1269f[11], 1269f[12], 1317[57] (1281, 1282), 1317[58] (1281, 1282), 1381[119] (1344); **4**, 479f[8], 1058[38] (971), 1058[84] (978), 1062[293] (1033); **5**, 265[76] (17), 325f[4], 327f[4], 524[326] (319, 320); **6**, 96[174] (42, 43T), 96[174] (42, 43T), 227[210] (213, 213T), 754[1167] (641, 642T, 651, 652), 806f[32], 869f[59], 870f[93], 870f[110], 871f[130], 874[76] (772), 876[208] (810, 811), 944[184] (912T, 912)
Koezuka, H., **6**, 740[242e] (511), 344[126] (300T), 344[127] (300, 303), 740[243] (512, 513)
Koffler, R. L., **3**, 267[206] (210)
Kofman, V. L., **3**, 697[174] (662)
Kofron, W. G., **7**, 14f[1]
Koga, K., **7**, 511[57] (480); **8**, 498[117] (495)
Koga, Y., **5**, 5f[7]
Kogan, L. M., **1**, 681[715] (667, 669)
Kogan, V. A., **5**, 522[131] (294)
Kögler, H. P., **3**, 698[244] (667, 667T), 702[497] (687), 1086f[6]
Kogure, A., **7**, 225[96] (206), 458[230a] (405)
Kogure, T., **2**, 196[444] (111); **5**, 534[920] (433, 477), 537[1161] (477); **7**, 649[178] (554), 656[547] (617), 656[585] (625, 626); **8**, 481f[6], 481f[7], 496[44] (475), 497[52] (477), 497[53] (477), 497[77] (483)
Kohara, M., **4**, 460f[8], 607[144] (542); **6**, 468[21] (457, 461)
Kohara, T., **6**, 34[34] (18, 21T, 22T, 23), 36[209] (18, 22T, 23), 36[213] (18, 21T, 22T, 24), 97[254] (59T, 77), 98[298] (54T, 70, 80), 98[338] (75), 99[394] (59T, 72, 75, 77), 100[405] (54T, 57T, 58T, 60T, 61T, 65, 70, 73, 78); **8**, 770[75] (732), 794[14] (779, 785), 794[24] (791), 796[135] (791)
Kohara, Y., **2**, 196[423] (105), 396[84] (380)
Kohen, S., **8**, 935[624] (897)
Kohl, F., **1**, 538[45] (472); **2**, 516[605] (481), 618[141] (541), 625[582b] (598), 625[588] (598)

Kohl, F. J., **3**, 1382[153] (1356, 1366)
Köhl, H., **3**, 949[231] (884)
Köhle, E., **3**, 267[244] (213)
Kohler, C. F., **6**, 14[124] (8)
Kohler, D. A., **1**, 262f[54], 264f[10]
Köhler, E., **3**, 269[365] (242), 474[119] (471), 645[21b] (638), 696[152] (660, 661), 732f[5], 733f[3], 734f[4]
Kohler, F., **3**, 1068[62] (973); **7**, 99[21] (3)
Köhler, F. H., **1**, 722[211] (714), 728f[6], 750f[2], 754[138] (751); **2**, 706[139] (698); **3**, 699[308] (672), 699[310] (672, 674), 699[311] (672, 674), 699[312] (672, 674), 700[381] (674), 700[382] (674), 700[383] (675), 700[384] (675), 701[414] (677, 678), 702[461] (683), 950[267] (902), 1068[50] (970), 1246[11] (1153), 1305f[7], 1318[121] (1301), 1379[15] (1325); **5**, 275[723] (245), 275[724] (245); **6**, 180[33] (146T, 147), 224[20] (193), 224[71] (192, 193, 193T), 224[75] (192, 193, 193T), 224[76] (192, 193, 193T), 225[83] (193, 193T), 225[102] (193, 193T), 227[216] (212, 213T), 227[222] (194), 228[254] (193, 193T), 942[61] (902T); **7**, 108[456] (62)
Köhler, H., **2**, 677[201] (652), 677[211] (654); **3**, 372f[13], 630[108] (574)
Köhler, J., **2**, 713f[1], 760[21] (715), 853f[5], 861[97] (845), 861[133] (853); **3**, 809f[10], 819f[8], 949[223] (882); **7**, 363[24b] (356)
Kohll, C. F., **6**, 343[27] (282, 284), 362[63] (359), 445[307] (426, 429, 436, 439); **8**, 392f[10], 456[171] (397), 456[172] (397), 928[110] (804, 813, 834, 846), 931[324] (846)
Kohlrausch, K. W. F., **1**, 40[37] (11)
Kohn, D. H., **3**, 1074[419] (1035, 1051); **8**, 339f[16], 606[48] (555, 556)
Kohn, E., **1**, 680[639] (651)
Kohnle, J. F., **6**, 758[1475] (681); **8**, 282[126] (269), 283[191] (276), 456[179] (398), 931[303] (844)
Kohnstam, G., **1**, 721[95] (698)
Koike, T., **8**, 379f[15], 642[74] (621T)
Koike, Y., **2**, 195[422] (105), 395[44] (373), 396[49] (374); **7**, 655[519] (609)
Koinuma, H., **1**, 681[712] (666, 667), 681[713] (666, 667); **8**, 281[108] (264), 282[135] (271), 282[136] (271)
Koizumi, N., **4**, 320[66] (249, 253, 284); **8**, 1008[53] (952)
Koizumi, T., **7**, 656[548] (617)
Koizumu, T., **2**, 197[490] (119)
Kojer, H., **8**, 220[4] (103), 934[544] (884)
Kojima, H., **5**, 274[682] (232), 274[683] (232); **6**, 760[1607] (712); **8**, 932[380] (850), 1066[149] (1039), 1066[150] (1039)
Kojima, I., **8**, 98[224] (61)
Kojima, M., **1**, 251[620] (237)
Kojitani, M., **4**, 817[459] (767)
Kok, G. L., **2**, 706[110] (695, 696)
Kok, R. A., **5**, 270[393] (126); **7**, 654[432] (587)
Kokan, S., **7**, 9f[5]
Kokes, R. J., **8**, 97[176] (56, 57)
Kokhanovskava, N. I., **7**, 9f[2]
Kokisch, W., **4**, 1059[155] (993), 1060[157] (993)
Kokkes, M., **6**, 1029f[61], 1039[43] (994, 1002, 1003)
Kokkes, M. W., **5**, 275[777] (254), 275[778] (254)
Kokorin, A., **8**, 364[268] (327), 643[155] (632)
Koksharova, A. A., **3**, 1071[207] (1000)
Kokura, M., **6**, 139[16] (111), 261[54] (247), 278[52] (275)
Kokuryo, K., **4**, 965[160] (957)
Kolavudh, T., **3**, 304f[3]
Kolb, J. R., **3**, 118f[14], 136f[7], 170[171] (165), 268[266] (217), 268[267] (217), 269[369] (242, 243, 244, 245, 246), 269[378] (245), 270[417] (259), 270[418] (259), 328[153] (320), 632[224] (602), 632[228] (602); **4**, 321[136] (257, 273), 610[327] (582), 610[329] (582), 657f[12], 658f[24], 815[379] (758), 840[50] (830), 840[51] (830); **6**, 942[48] (897, 899T, 900, 901T, 902T, 904T, 905, 907, 907T, 908T, 909T, 911T, 912), 942[55] (900, 901, 902T, 903T), 942[76] (901, 902T, 903T), 942[87] (903T)
Kolb, M., **7**, 5f[2], 110[600] (95, 96f)
Kolb, O., **5**, 259f[3], 272[543] (182, 252), 276[796] (260), 366f[10], 527[499] (360, 364), 528[529] (364)

Kolbasina, V. D., **2**, 507[53] (404, 420, 435), 507[59] (404)
Kolbasov, V. I., **2**, 508[148] (414)
Kolbe, A., **1**, 752[26] (729, 738); **6**, 980[79] (972, 973, 976, 978T)
Kölbel, H., **8**, 96[81] (41, 42, 43, 44, 45, 46T, 46, 47, 48, 49, 50, 51, 52, 57, 59, 61), 96[93] (41, 43, 44, 45, 46T, 46, 48, 61), 96[98] (41, 42, 43), 96[103] (41, 42), 96[105] (41, 57), 96[117] (43), 96[119] (43), 96[130] (48), 97[132] (48), 97[142] (49, 56), 97[155] (51), 98[235] (63), 282[169] (275), 282[171] (275)
Kolbezen, M. J., **2**, 677[198] (652)
Kolc, J., **2**, 193[324] (82); **7**, 647[80] (533)
Kolditz, L., **2**, 707[144] (699)
Kolesnikov, G. S., **1**, 678[491] (632), 678[492] (632)
Kolesnikov, S. P., **2**, 193[336] (86), 506[19] (402, 478, 482, 483, 484, 485, 486, 488, 490), 510[242] (431), 515[582] (478), 516[619] (483), 516[621] (483), 516[622] (483), 517[645] (485, 486), 517[647] (486), 517[649] (486), 517[661] (489); **3**, 327[49] (295)
Kolesov, V. S., **1**, 722[167] (709, 711), 722[172] (709), 722[184] (711), 722[185] (711), 722[186] (711); **6**, 94[97] (49, 53T), 95[149] (40, 43T), 143[243] (104T, 106); **8**, 668[9] (658T)
Kolinsky, M., **7**, 9f[8]
Kolk, E., **3**, 557[72] (556)
Kollar, L., **8**, 364[255] (325)
Kölle, H., **6**, 144[281] (105T, 113)
Kölle, U., **1**, 409[37] (387, 388), 409[38] (388), 409[71] (401); **2**, 190[194] (43), 190[194] (43); **3**, 84[256] (35), 84[257] (35), 1250[221] (1203), 1382[158] (1356); **4**, 156[498] (125, 128), 158[611] (139); **6**, 225[101] (214T, 223), 228[259] (193T, 194, 208, 209T)
Kollman, G., **2**, 395[37] (371)
Kollmeier, H. J., **3**, 800f[5], 829f[3a], 891f[4], 891f[8], 893f[3]
Kollmeier, J., **5**, 271[473] (157, 160, 161), 271[487] (161)
Kollonitsch, J., **2**, 861[155] (858), 861[156] (858); **7**, 725[40] (670), 725[41] (670)
Kolmakova, L. A., **8**, 609[249] (596T)
Kolobova, N. E., **2**, 516[627] (483), 516[636] (484), 516[637] (484), 631f[3], 631f[18], 707[178] (704); **3**, 698[233] (666), 698[235] (666), 698[236] (666), 698[239] (666, 667), 698[240] (666), 698[241] (666, 667), 698[267] (670), 710f[1], 710f[4], 711f[2], 711f[2], 711f[3], 711f[4], 711f[5], 711f[7], 711f[8], 711f[9], 754f[1], 754f[2], 754f[3], 754f[4], 754f[5], 754f[6], 754f[9], 754f[11], 754f[12], 754f[13], 754f[14], 760f[6], 760f[8], 764f[1], 779[34] (707), 780[146] (754), 781[165] (760), 1067[31] (965), 1072[278] (1014), 1075[450] (1039), 1075[452] (1040), 1075[460] (1040), 1189f[10], 1189f[21], 1189f[22], 1248[151] (1188), 1249[172] (1192, 1195), 1251[280] (1217), 1251[281] (1218), 1317[22] (1272), 1338f[12], 1338f[16], 1381[82] (1338), 1383[191] (1364), 1383[192] (1364); **4**, 19f[3], 97f[28], 149[2] (5), 156[467] (124), 157[550] (131), 157[551] (131), 163f[3], 233[7] (163), 233[12] (163), 233[14] (163), 236[157] (179, 207T), 237[240b] (193, 207T, 210), 238[307] (204, 205), 238[309] (205), 239[334] (206, 207T, 210, 232T), 239[338] (206, 207T, 208), 239[339] (206, 207T, 208), 239[339] (206, 207T, 208), 239[340] (206, 207T, 208), 239[341] (206, 207T), 239[342] (206, 207T), 239[343] (206, 207T, 208, 212T), 239[344] (206, 207T, 208, 232T), 239[348] (206, 207T, 207, 232T), 239[353] (206, 207T, 207), 239[355] (206, 207T, 208), 239[358a] (206, 207T, 215), 239[359] (206, 207T), 239[374] (207), 240[375] (207, 208), 240[376] (207), 240[377] (208), 240[381] (208), 240[382] (208), 240[387] (210), 240[393a] (211, 212T), 240[394] (211, 212T), 240[395] (211, 212T), 240[398] (211, 212T), 240[401] (211, 212T), 240[412] (211, 212T, 213), 240[413] (211, 212T, 213), 240[414] (211, 212T, 213), 240[415] (211, 212T, 213, 228), 240[420] (212T), 242[500] (223, 224T, 224, 232T), 242[501] (223, 224T, 224), 242[502] (223, 224T, 224), 242[505] (223, 224T, 227), 401f[30], 414f[5], 505[88] (402, 493), 606[67] (522), 610[362] (587), 611[398] (591), 611[399] (591), 611[401] (591), 611[402] (591), 611[407] (592), 611[414] (592); **6**, 384[139] (382), 779f[6], 805f[7], 805f[18], 840f[72], 840f[73], 840f[82], 842f[133],

842f[162], 842f[174], 843f[207], 1019f[42], 1028f[26], 1113[189] (1090); **8**, 1065[89b] (1026), 1067[195] (1043)
Kolodkina, I. I., **1**, 379[422] (366), 379[423] (366)
Kolodyazhnyi, Yu. V., **2**, 973[234] (902), 975[319] (926)
Kolomnikov, I. S., **3**, 430[276] (402); **4**, 233[7] (163), 812[199] (720), 939f[19], 964[117] (949), 964[118] (949), 964[119] (949); **5**, 526[400] (342), 624[242] (577); **6**, 749[824] (592), 759[1499] (685), 805f[18], 842f[133]; **8**, 280[5] (227, 232, 236, 239, 244, 245, 247, 249, 252, 253, 255), 280[17] (232, 239, 249, 253, 255), 280[26] (236), 280[42] (243), 282[129] (270), 296f[9], 641[50] (627T)
Kolonits, M., **2**, 515[581] (478, 482)
Koloskova, E. F., **1**, 251[620] (237)
Kolosova, N. D., **2**, 618[140] (541), 676[142] (645)
Kolosova, T. O., **8**, 641[36] (618)
Kolshorn, H., **3**, 1253[389] (1239)
Kolthammer, B. W. S., **3**, 826f[8], 881f[7], 949[185] (873, 875), 949[191] (875, 879), 1067[34] (966), 1067[39] (967), 1068[40] (967), 1068[43] (968, 969), 1106f[13], 1108f[8], 1249[173] (1192), 1251[294a] (1220), 1317[62] (1281), 1381[103] (1342), 1383[198] (1365); **4**, 152[178] (44), 157[570] (134, 136), 157[572] (134, 136), 158[593] (137)
Koltsov, A. I., **1**, 117[123b] (69)
Koltsova, A. N., **2**, 199[570] (138)
Kol'yakova, G. M., **1**, 721[85] (694)
Kolz, J. C., **3**, 833f[36]
Koma, Y., **7**, 461[426] (433)
Komadina, K. H., **3**, 779[67] (717); **4**, 239[330] (206)
Komalenkova, N. G., **2**, 193[351] (90), 193[351] (90), 296[17] (211), 296[25] (214), 296[32] (216), 299[169] (245), 299[172] (247T, 270, 273), 299[191] (248T, 270), 299[192] (249T, 270), 299[193] (249T), 299[195] (249T), 300[222] (254), 301[298] (272), 301[307] (273), 301[315] (275), 395[18] (367)
Komamura, T., **7**, 650[255] (568)
Komar, D. A., **1**, 679[546] (640, 661), 681[660] (653); **4**, 818[542] (779, 783, 784, 785, 792, 793)
Komarov, N. V., **2**, 676[133] (643), 677[223] (654); **7**, 656[546] (617)
Komatsu, A., **8**, 709[247] (678), 709[248] (678), 709[264] (695, 695T, 696, 696T), 709[266] (685T, 685), 709[267] (685T, 685), 709[268] (685T, 685), 709[280] (690), 709[281] (690), 709[284] (690), 709[285] (690), 709[286] (685T, 685), 709[287] (678), 710[288] (690), 710[303] (690), 710[304] (690), 710[312] (690), 710[317] (685T, 685)
Komatsu, K., **2**, 506[29] (403); **8**, 710[331] (701), 711[332] (701), 711[354] (702), 711[355] (701), 711[356] (701, 702), 711[365] (701)
Komatsu, M., **7**, 35f[5]
Komatsu, T., **8**, 861f[6]
Komazawa, T., **1**, 250[545] (225)
Kombrowski, L., **1**, 303[115] (268)
Komeshima, N., **8**, 498[117] (495)
Komissarov, V. D., **8**, 406f[12], 705[74] (677)
Komissarov, Y. F., **2**, 972[136] (888)
Komitsky, Jr., F., **7**, 252[40] (234)
Komiya, S., **2**, 762[133] (744), 813f[2], 819[103] (786), 820[127] (790, 801), 820[163] (802), 820[169] (799, 800, 801), 821[202] (812); **3**, 88[519] (76); **4**, 812[198] (720), 813[254] (735), 813[262] (737, 742, 744), 958f[3], 963[11] (933, 942), 965[148] (955); **5**, 68f[15], 137f[2], 137f[11], 268[277] (74, 133, 142), 270[437] (142, 143, 145), 272[549] (185); **6**, 36[209] (18, 22T, 23), 36[213] (18, 21T, 22T, 24), 98[338] (75), 142[178] (118, 121T), 144[275] (118, 121T), 744[509] (541, 550); **8**, 280[41] (243), 280[48] (245, 246), 292f[46], 363[203] (316), 794[24] (791), 795[54] (779), 796[135] (791)
Komiya, Y., **4**, 458f[5], 506[162] (425)
Komorniczyk, K., **2**, 676[128] (643)
Komorowski, L., **1**, 378[316] (356), 378[336] (358)
Komoto, R. G., **4**, 312f[2], 320[105] (252), 324[388] (288)
Kompa, K. L., **8**, 796[141] (788)
Komuia, S., **2**, 713f[11]
Kon, H., **5**, 265[95] (22), 265[99] (23)

Konagaya, S., **8**, 772[217] (737)
Konaka, Sh., **2**, 904f[1]
Konan, N., **8**, 368[475] (354), 368[498] (355)
Konarski, M. M., **1**, 250[544] (225)
Koncos, R., **3**, 267[208] (210), 267[209] (210); **8**, 645[248] (623T)
Kondo, A., **6**, 384[103] (376); **7**, 511[91] (487); **8**, 707[166] (680), 935[581] (891)
Kondo, F., **2**, 188[89] (24), 195[399a] (100), 396[50] (374); **7**, 655[516] (609)
Kondo, H., **1**, 681[701] (664); **3**, 1067[27] (964), 1068[54] (971), 1248[135] (1185), 1380[72] (1335); **4**, 504[35] (386); **6**, 839f[4]; **8**, 457[230] (407), 457[231] (407)
Kondo, I., **7**, 109[511] (72)
Kondo, K., **1**, 242[109] (166); **2**, 202[716] (175), 202[717] (175); **7**, 50f[7], 300[89a] (280), 655[506] (606), 655[509] (607); **8**, 936[716] (911, 914, 915)
Kondo, S., **7**, 461[426] (433)
Kondo, T., **5**, 5f[7]; **8**, 1069[289] (1057)
Kondo, Y., **1**, 248[413] (205, 231, 232); **6**, 740[242i] (512, 513); **7**, 455[29] (378)
Kondratenko, N. V., **2**, 706[93] (693, 694, 698)
Kondratenkov, G. P., **3**, 269[323] (231), 269[380] (246); **6**, 179[8] (158), 179[16] (158), 180[35] (158)
Kondratyeva, V. V., **2**, 706[96] (693)
Kondu, F., **7**, 653[417] (597)
Konecky, M. S., **1**, 261f[40], 377[283] (351)
Konen, D. A., **7**, 42f[2]
Kong, E. S. W., **2**, 516[608] (481)
Kong, P. C., **5**, 556f[5]; **6**, 737[79] (489), 737[80] (489), 737[103] (492), 755[1261] (654)
Kongkathip, B., **5**, 537[1186] (483, 486); **8**, 460[380] (431), 931[322] (846, 889)
Kongpricha, S., **1**, 455[168] (438)
Konieczny, M., **7**, 103[222] (29)
Konietzny, A., **2**, 819[96] (783); **6**, 348[379] (327, 334T), 469[52] (465)
Konig, B., **6**, 444[229] (415, 420)
König, C., **1**, 244[192b] (176)
König, E., **2**, 517[669] (490); **3**, 700[373] (674); **6**, 1061f[14], 1111[60] (1054, 1065)
König, J., **2**, 762[139] (745); **4**, 689[60] (669, 674), 1058[59] (974, 976, 1035); **5**, 520[1] (278, 281); **6**, 342[3] (280); **7**, 101[109] (16)
Konijnenberg, E., **1**, 675[282] (612)
Koningstein, J. A., **3**, 265[87] (182), 269[339] (234), 699[333] (673), 703[535] (689); **6**, 224[63] (190), 224[64] (190), 225[79] (190)
Konishi, A., **8**, 497[103] (491), 935[618] (896)
Konishi, H., **1**, 242[102] (165); **6**, 345[152] (297, 305)
Konishi, K., **1**, 116[77] (57); **2**, 297[95] (232)
Konishi, M., **1**, 241[37] (158); **4**, 511[463] (489); **7**, 106[348] (47), 106[372] (49); **8**, 497[54] (477), 497[108] (493), 771[148] (742, 743T, 745, 748T), 771[149] (739, 749T), 934[505] (874)
Konishi, T., **1**, 731f[4], 742f[8], 753[50] (734, 739); **2**, 194[383] (96)
Konler, J., **3**, 883f[5]
Konnert, J., **2**, 620[273] (555)
Konnert, J. H., **2**, 819[120] (790)
Konno, S., **8**, 771[146] (739, 757T, 758T, 759T, 760T)
Kono, H., **2**, 196[455] (113, 122); **4**, 812[174] (717), 921[48] (919), 965[165] (959), 965[184] (962); **6**, 941[29] (889, 891T), 1093f[3], 1110[38] (1050, 1080, 1091, 1092), 1112[143] (1080); **7**, 142[104] (130)
Kono, K., **8**, 936[699] (909)
Konobeevskii, K. S., **2**, 298[153] (243)
Konoike, T., **7**, 649[195] (557), 727[152] (698)
Kononov, A. M., **2**, 300[264] (265T)
Kononov, N. F., **6**, 226[156] (203T)
Kononova, L. D., **8**, 647[297] (621T)
Konovalova, T. V., **8**, 366[367] (342), 642[71] (632)
Konowitz, H., **4**, 610[371] (587, 589)
Konstantinov, C. J., **3**, 1075[425] (1036)
Konstantinovic, S., **7**, 461[440] (435), 461[441] (435)
Konuja, S., **6**, 100[405] (54T, 57T, 58T, 60T, 61T, 65, 70, 73, 78)
Konuma, H., **3**, 759f[2], 781[160] (759)

Konuma, Y., **3**, 473[59] (448)
Konya, K., **6**, 753[1105] (636), 753[1106] (636), 756[1298] (659)
Koo, C. H., **6**, 143[231] (103T, 108)
Koob, R. D., **2**, 193[352] (91)
Kooistra, D. A., **2**, 196[459] (113), 197[464] (114); **7**, 656[570] (622), 656[571] (622), 656[571] (622)
Kool, M., **7**, 100[34] (4)
Koola, J., **2**, 622[382] (570)
Koola, J. D., **6**, 943[119] (905, 906T)
Koolpe, G. A., **7**, 5f[7], 98f[2]
Koonsvitsky, B. P., **7**, 107[436] (58)
Koopmans, T., **3**, 80[34] (6)
Koosha, K., **7**, 728[218] (712), 729[250] (719), 729[250] (719)
Kooti, M., **5**, 530[695] (395), 535[985] (445), 535[986] (445, 459)
Kooyman, E. C., **2**, 971[80] (875); **7**, 513[184] (500, 503)
Kopecky, K. R., **1**, 672[96] (573, 624)
Köpf, H., **2**, 626[629] (603); **3**, 372f[10], 386f[3], 386f[8], 386f[10], 386f[11], 386f[14], 388f[2], 388f[4], 388f[8], 388f[9], 388f[11], 388f[13], 411f[9], 427[65] (352, 356), 428[96] (361), 429[150] (366), 429[206] (378, 380), 430[220] (384), 430[222] (385), 430[223] (385), 430[232] (389), 430[238] (390), 431[299] (409), 630[121] (577), 630[125] (577), 701[450] (682), 702[485] (685), 767f[18], 1250[214] (1203), 1382[131] (1346), 1382[136] (1348); **6**, 839f[7], 875[115] (780)
Kopf, J., **1**, 248[401] (202); **3**, 268[263] (215, 248), 631[210] (597), 631[211] (597, 598), 631[212] (597), 631[215] (598), 632[245] (617), 698[231] (665); **4**, 65f[27]; **5**, 264[46] (10); **6**, 744[487] (538T), 979[15] (951, 958T); **8**, 669[66] (650, 654, 657T, 663T)
Köpf-Maier, P., **3**, 428[96] (361), 702[485] (685), 767f[18]
Kopkov, V. I., **7**, 59f[4]
Koplick, A. J., **3**, 266[171] (201), 266[172] (201)
Kopp, E. L., **1**, 681[714] (667)
Kopp, W., **5**, 68f[14], 213f[20], 272[566] (188, 218, 221, 222, 223, 224, 225); **6**, 96[175] (38, 41, 81); **8**, 455[98] (387, 427)
Köppelmann, E., **7**, 98f[10]
Koppenhoefer, B., **5**, 538[1199] (486)
Kops, R. T., **6**, 754[1171] (643T), 845[286]
Koptev, G. S., **2**, 625[611] (601, 604)
Kopylov, V. M., **3**, 547[102] (531)
Kopylova, L. I., **6**, 760[1602] (712), 760[1603] (712)
Kopyttsev, Y. A., **8**, 312f[60], 315f[9], 339f[32], 363[177] (302), 366[339] (338, 348)
Korableva, L., **6**, 444[251] (419)
Korableva, L. G., **7**, 456[96] (387)
Körber, D., **7**, 101[109] (16)
Korbukh, I. A., **7**, 653[380] (587)
Korcek, S., **1**, 307[351] (288)
Korda, A., **8**, 642[95] (632)
Kordosky, G., **7**, 510[11] (470)
Korecz, L., **2**, 623[452] (579); **4**, 389f[13], 415f[7]; **6**, 870f[80]
Koreeda, M., **7**, 460[365] (422)
Korenevsky, V. A., **2**, 618[145] (541); **3**, 125f[23], 125f[25]
Korenowski, T. F., **3**, 798f[14], 863f[49], 947[93] (836), 948[156] (864), 1247[78] (1171); **4**, 12f[32], 23f[9], 50f[8], 149[14] (6), 151[85] (24)
Koreshkov, Yu. D., **2**, 297[45] (221, 251); **4**, 964[119] (949); **6**, 759[1499] (685); **8**, 641[50] (627T)
Korff, J., **6**, 35[103] (21T, 22T, 24, 25), 35[104] (21T, 22T, 24, 25), 98[294] (61T, 68, 77, 79), 142[163] (123T, 127), 142[164] (123T, 126), 142[209] (127); **7**, 461[430] (433); **8**, 670[105] (660), 795[58] (779), 796[136] (792), 796[137] (792)
Koridze, A. A., **1**, 303[112] (268), 750f[3], 754[139] (751); **4**, 505[111] (409), 817[461] (767), 1061[231] (1018); **5**, 536[1073] (468, 512)
Koritsune, S., **8**, 645[220] (618, 623T)
Kormer, V. A., **1**, 119[269a] (102), 677[425] (627), 679[552] (642); **3**, 632[265] (620), 632[265] (620); **4**, 73f[20], 155[422] (116), 320[61] (249, 287); **5**, 273[627] (211, 214, 225), 533[853] (421), 533[854] (422), 626[373] (597); **6**, 13[62] (8), 179[8] (158), 179[16] (158), 180[35] (158), 180[37] (160, 165T, 169), 180[57] (158), 181[103] (158), 181[113] (158, 161), 181[122] (158), 181[123] (152, 162), 181[124] (146T, 149, 159T, 160, 165T, 169), 445[306] (426); **7**, 227[230] (221), 456[99] (388); **8**, 707[192] (701), 708[198] (702, 703), 708[199] (701, 703), 708[208] (701, 702, 703), 708[213] (702, 703), 708[215] (702, 703), 708[223] (702), 708[228] (701), 708[239] (703), 769[9] (714T)
Korneev, N. N., **1**, 615f[1], 675[299] (615), 677[395] (625), 678[477] (632), 678[478] (632)
Korner, H., **1**, 117[155] (77, 79)
Korneva, L. M., **3**, 1071[232] (1007); **6**, 840f[45]; **8**, 1070[329a] (1061)
Korneva, S. P., **2**, 510[221] (426, 437), 510[222] (426), 861[154] (858); **3**, 701[404] (677, 679), 701[409] (677, 678, 679), 701[418] (678), 701[430] (680), 701[433] (680)
Kornienko, G. K., **8**, 363[176] (302)
Kornmann, R., **3**, 698[282] (671); **6**, 227[224] (202)
Kornor, V. A., **3**, 431[334] (426)
Korol, E. N., **7**, 654[450] (599)
Korolev, V. A., **1**, 251[589] (232); **2**, 193[323] (82)
Korolev, V. K., **2**, 509[199] (423), 509[213] (424)
Korostova, S. E., **1**, 241[54] (159, 177, 189); **7**, 106[351] (47)
Korotkov, A. A., **1**, 676[347] (623); **3**, 546[74] (510)
Korp, J. D., **4**, 52f[96], 235[121] (174, 175, 189T), 236[186] (183); **5**, 275[755] (251)
Korpar-Colig, B., **2**, 916f[1], 916f[2]
Korschunov, I. A., **3**, 978f[6], 986f[4]
Korshak, V. V., **3**, 376f[7]; **6**, 1040[57] (996); **8**, 668[9] (658T), 668[23] (652), 668[23] (652)
Korshak, Y. V., **3**, 547[137] (544); **8**, 549[19] (503, 505), 708[232] (702)
Korshunov, I. A., **3**, 698[278] (670); **7**, 458[207] (401)
Korshunova, V. A., **3**, 269[323] (231)
Korst, W. L., **3**, 266[185] (205)
Korswagen, R., **4**, 606[95] (529, 530)
Korte, D. E., **8**, 769[16] (730), 769[27] (715T, 716T, 717T, 718T, 722)
Korte, F., **8**, 770[105] (735)
Korte, W. D., **2**, 17f[8], 17f[11]; **4**, 50f[12], 155[377] (93), 241[433] (214, 215, 215T, 216)
Koryakin, A. A., **8**, 362[76] (288)
Koryakova, E. V., **2**, 509[205] (424)
Korytnyk, W., **7**, 251[7] (229)
Korzhenevich, L. I., **2**, 517[645] (485, 486)
Kos, A. J., **1**, 119[236] (93)
Koschatzky, K. H., **7**, 196[144] (178), 225[106] (207), 653[418] (595)
Koser, G. F., **8**, 928[121] (805)
Koshevnik, A. Y., **3**, 1071[235] (1008), 1071[236] (1008); **6**, 442[107] (400)
Koshigawa, T., **1**, 153[252] (148)
Koshino, J., **7**, 363[9] (351, 352), 648[146] (548)
Koshkina, G. N., **3**, 702[464] (684)
Koshlakova, V. N., **1**, 249[466] (212); **7**, 64f[2]
Koshland, D. E., **3**, 1251[268] (1215)
Koshutin, V. I., **2**, 191[223] (52), 191[225] (52); **7**, 5f[9], 100[59] (7)
Kosina, A. N., **2**, 818[18] (767, 769)
Kosinskii, O. L., **8**, 341f[14], 364[216] (319)
Koskimies, J. K., **7**, 103[196] (27)
Kosolapoff, G., **7**, 108[455] (62)
Kosolapoff, G. M., **2**, 513[450] (458, 459, 460, 466)
Kosowicz-Czajkowska, B., **3**, 1137f[28] (1136T)
Kossa, Jr., W. C., **1**, 243[154] (173, 189), 246[296] (191)
Kost, A. N., **7**, 14f[8]
Kost, D., **2**, 190[217] (51)
Köster, H., **1**, 40[87] (19), 115[19b] (45, 62T, 65T, 66), 117[115] (65T, 67), 118[192] (83, 84T, 86)
Koster, J. B., **1**, 674[246] (604), 676[341] (622); **3**, 169[68] (128); **7**, 461[427] (433)
Köster, R., **1**, 272f[2], 272f[8], 272f[9], 275f[33], 275f[36], 275f[37], 304[138] (269), 304[182] (270, 288), 304[183] (270,

288), 305²⁴⁸ (279), 305²⁵⁵ (280), 305²⁵⁷ (280), 305²⁶¹ (280), 305²⁶² (280), 305²⁶³ (280), 305²⁶⁴ (280), 306²⁸⁴ (283), 306³⁰⁰ (284), 306³⁰¹ (284, 290), 306³⁰² (284), 306³³⁷ (287), 307³⁹⁸ (290), 307³⁹⁹ (290), 307⁴⁰⁰ (290), 308⁴¹⁶ (291), 308⁴³⁰ (292), 308⁴³⁵ (292), 308⁴⁵³ (293), 308⁴⁷¹ (294), 309⁵⁴⁶ (298), 453⁷⁸ (426, 431, 437), 454⁹¹ (428), 454¹²² (431), 454¹²³ (431), 454¹²³ (431), 454¹²³ (431), 454¹²³ (431), 454¹²⁴ (431), 583f¹³, 597f², 601f³, 613f¹, 674²¹⁵ (597), 675²⁷⁵ (610, 624, 625), 675²⁷⁹ (611, 613), 675²⁸⁹ (613, 632), 676³³³ (621), 677⁴⁰² (625), 677⁴⁴⁵ (630), 681⁶⁹⁴ (664), 682⁷³¹ (581); **2**, 189¹⁴³ (34); **7**, 158⁵ (143), 158¹⁶ (143), 159¹³³ (154), 195⁴⁸ (163), 195⁵⁰ (163), 195⁵¹ (163), 195⁵² (163), 195⁹⁵ (170, 171), 195⁹⁷ (170, 176), 195¹⁰² (171), 223¹² (199), 223¹³ (199), 224²⁶ (200), 225¹⁰⁴ (207, 212), 225¹²⁵ (208), 225¹²⁶ (208), 225¹⁵² (210), 225¹⁶¹ (211), 226¹⁶⁴ (211), 226¹⁷⁴ (213), 226¹⁷⁵ (213), 252⁵⁰ (234), 252⁵⁸ (236), 298¹ᵃ (265, 267, 269), 298¹ᵇ (265, 267, 269), 298¹⁶ (269), 298¹⁷ (269), 300⁹¹ (280), 300¹¹³ (286), 300¹²⁷ᶜ (289), 335¹¹ᵃ (325), 335¹¹ᵇ (325), 335¹² (325), 346⁴ (337), 346⁶ᵃ (338, 341), 346⁶ᵇ (338), 346²⁷ (341), 346²⁹ᵃ (341), 346³⁰ (341)
Kostic, N. M., **4**, 242⁵¹⁵ (227, 230)
Kostikas, A., **6**, 840f⁸⁴, 840f⁸⁵, 850f¹⁰, 873¹⁷ (764), 874²⁸ (764, 801), 874³⁰ (764, 801)
Kostina, E. N., **5**, 266¹¹⁷ (25)
Kostiner, E., **4**, 323²⁸⁵ (276, 279)
Kostroma, T. V., **1**, 306²⁸⁹ (283)
Kostyanovsky, R. G., **2**, 508¹³⁷ (412)
Kostyuk, A. S., **2**, 508¹²⁹ (411), 511³¹⁰ (440)
Kosuga, A., **2**, 624⁵³⁵ (192)
Kosugi, H., **3**, 328¹⁶⁹ (322); **6**, 979³ (948, 958T); **8**, 772¹⁹³ (746, 766T, 767T, 768T), 933⁵⁰³ (878)
Kosugi, K., **8**, 771¹⁵⁶ (740, 745, 747T, 748T, 752T, 753T)
Kosugi, M., **8**, 937⁷³⁴ (914), 937⁷³⁷ (914, 922), 937⁷⁵² (919), 937⁷⁵³ (919)
Kosugi, Y., **7**, 14f⁵
Kosyakova, L. V., **8**, 1104³⁸ (1080, 1081)
Koszalka, G. W., **4**, 507¹⁸² (429, 464, 496, 497, 498), 507²²⁴ (438, 464, 465)
Kotegov, K. V., **8**, 312f⁵⁴
Kotel'nikov, V. P., **8**, 312f³⁰, 312f³¹, 643¹⁴³ (632), 644¹⁶⁰ (632)
Koten, G. V., **6**, 749⁸³⁴ (593, 594T, 595T)
Koten, I. A., **2**, 973²⁰⁹ (899)
Koth, D., **1**, 722¹⁴⁸ (705, 712)
Koto, M., **7**, 74f⁴, 656⁵⁹² (627)
Kotobuki, J., **8**, 938⁷⁹⁵ (925)
Kotov, A. V., **6**, 179²³ (159T, 162), 180⁷⁰ (159T, 162), 181⁸⁷ (159T, 162), 181⁹⁸ (159T, 162)
Kotova, L. S., **4**, 499f⁷, 499f⁹, 512⁵⁰⁵ (500, 501), 512⁵¹³ (501); **8**, 1068²³⁴ (1049)
Kotowski, W., **8**, 95⁴³ (30)
Kotrelev, G. V., **2**, 300²⁶⁴ (265T)
Kotsev, N., **4**, 173f⁶, 235¹³² (176)
Kotsonis, F. N., **1**, 116⁸⁴ᵃ (58)
Kötter, H., **1**, 243¹²² (168, 191)
Kötter, K., **7**, 100⁴⁹ (6)
Kottmair, N., **3**, 1146⁴³ (1098); **5**, 556f¹⁸
Kottwitz, J., **8**, 935⁶⁰⁹ (896)
Kotz, J., **4**, 511⁴²⁰ (483, 484)
Kotz, J. C., **1**, 300f³, 681⁶⁶² (655); **3**, 1248¹⁴⁹ (1187), 1381¹¹² (1342); **4**, 239³²⁷ (206); **5**, 32f⁸, 33f⁹; **6**, 941³ (880, 881T), 1039¹ (984)
Kou, L.-J., **4**, 606⁷⁰ (522)
Kouba, J. K., **3**, 121f², 121f³, 121f⁵, 709f⁷, 734f⁵, 734f⁶, 760f¹, 760f², 779⁵¹ (709), 781¹⁶⁶ (760), 948¹⁵¹ (861), 1146³⁵ (1095); **8**, 608¹⁵⁵ (577)
Koudstaal, C. H. M., **2**, 1016⁸¹ (987)
Kouwenhoven, A. P., **4**, 963³⁶ (937); **6**, 442⁵⁵ (393); **7**, 458²²³ (403), 458²²⁴ (404)
Kouwenhoven, H. W., **6**, 753¹¹⁴⁹ (640), 753¹¹⁵⁰ (640)
Kovács, G., **7**, 460³⁷³ (423), 512¹¹⁹ (490), 512¹²⁰ (490)

Kovacs, K., **7**, 651³⁰⁶ (576)
Kovaleva, N. V., **8**, 643¹⁴⁸ (630T, 631), 706¹⁴³ (672, 674T)
Koval'ova, L. I., **2**, 882f²³
Kovar, D., **2**, 395⁴¹ (371, 379), 395⁴³ (372), 397¹²¹ (388)
Kovar, R. A., **1**, 150⁹⁷ (124, 125, 126), 151¹²⁴ (128, 129, 130, 138), 151¹²⁸ (129, 130, 131, 138), 244²¹⁷ (178, 187), 248⁴⁴⁶ (209), 696f²⁷, 721¹⁰⁶ (701, 705), 721¹⁰⁷ (701)
Kovar, R. F., **2**, 894f¹⁶, 970⁷² (874)
Kovelesky, A. C., **7**, 110⁵⁷³ (87)
Kovel'man, I. R., **7**, 653³⁸⁰ (587)
Kovitch, G. H., **2**, 977⁴⁷⁷ (959)
Kovnat, L., **4**, 480f⁹
Kovredov, A. I., **1**, 275f²⁹, 454¹⁰⁹ (430), 454¹¹⁰ (430), 541¹⁹⁰ᵇ (520), 541¹⁹⁹ (521), 542²⁵¹ (534T); **4**, 240³⁹⁸ (211, 212T), 507²⁰⁹ (437), 607¹³⁶ (539f, 541); **6**, 345¹⁸⁸ (309, 340), 345¹⁸⁹ (309); **7**, 225¹⁴⁴ (209), 225¹⁴⁹ (209), 225¹⁶² (211)
Kow, R., **7**, 98f⁶, 196¹⁶³ (182), 301¹⁶⁷ (296), 322⁵⁷ (317), 363¹⁵ (353)
Kowala, C., **3**, 629⁸² (571), 629⁸² (571)
Kowaldt, F. H., **6**, 98²⁹⁶ (56T, 65, 66); **8**, 382f⁴, 382f²⁶, 383f¹, 383f¹, 455⁶⁰ (381), 455⁷² (383), 455⁷³ (383), 455⁷⁴ (383), 641¹² (616, 618, 621T), 644¹⁵⁷ (616, 617, 618, 621T)
Kowalski, C., **7**, 653⁴¹⁴ (595)
Kowalski, D. J., **3**, 86⁴⁴² (62), 114f³, 1073³⁵⁶ (1026); **4**, 507¹⁹⁴ (431, 493), 512⁴⁷⁹ (494)
Kowalski, J., **2**, 197⁵⁰⁶ (123)
Koyama, T., **6**, 140⁶⁴ (105T, 124T, 130); **8**, 795⁵⁵ (794), 935⁶¹⁷ (896, 897)
Koyama, Y., **6**, 100⁴²² (58T, 61T, 62T, 63T, 70); **7**, 649¹⁸² (555)
Koyano, T., **3**, 1071²⁰⁸ (1001); **8**, 17⁴¹ (15), 382f⁷, 454¹³ (374, 383)
Koyblinski, T. P., **6**, 36²¹⁶ (21T, 22T, 25), 228²⁷¹ (213T)
Kozai, M., **7**, 455²⁹ (378)
Koźak, Z., **8**, 365²⁸² (328)
Kozar, L. G., **7**, 648¹⁴⁰ (547)
Kozavich, J., **4**, 435f²⁹, 435f²⁹
Kozeschkow, K. A., **1**, 306³¹³ (284)
Kozhemyakina, L. F., **1**, 250⁵³⁸ (224, 225, 226, 227, 228, 229), 250⁵⁴² (224, 225, 226), 250⁵⁵⁶ (227, 228, 229)
Kozhevina, L. V., **6**, 738¹²⁰ (494)
Kozhevnikov, I. V., **8**, 938⁷⁹⁷ (925)
Kozhevnikova, G. A., **7**, 455⁶⁷ᵃ (383); **8**, 643¹⁰⁸ (629, 630T, 631)
Kozhukhova, A. E., **1**, 250⁵³⁵ (224)
Kozikowski, A. P., **1**, 679⁵⁸⁷ (647); **7**, 459²⁶⁵ (411), 459²⁶⁶ (411, 428), 459²⁶⁷ (411), 459²⁷⁴ (412), 462⁴⁷⁹ (442); **8**, 927²⁴ (800), 1066¹³³ (1037)
Kozikowski, J., **4**, 2f¹⁰, 152¹⁷⁵ (44, 88), 153²⁷³ (68, 71)
Kozima, S., **1**, 272f⁴, 375¹³⁴ (327), 409³⁶ (387); **2**, 619¹⁸⁸ (546), 619¹⁸⁹ (546), 622³⁹⁹ (572), 625⁵⁹⁶ (600), 625⁵⁹⁸ (600); **7**, 322⁶⁶ᵃ (319)
Kozina, A. P., **3**, 701⁴³¹ (680, 681, 682)
Koziski, K. A., **2**, 202⁷²⁵ (179)
Kozlikov, V. I., **2**, 299¹⁹⁰ (248T)
Kozlov, E. S., **2**, 513⁴²³ (454)
Kozlov, V. G., **7**, 64f⁶
Kozlova, L. M., **8**, 365³¹⁰ (336)
Kozlova, M. F., **1**, 250⁵⁶¹ (228); **7**, 5f¹³
Kozlova, N. V., **3**, 368f¹², **6**, 180³⁴ (161)
Kozlovskii, A. G., **8**, 1065⁶⁷ (1023, 1024f)
Koz'min, A. S., **1**, 118¹⁶⁶ (79)
Kozminskaya, T. K., **1**, 377²⁷⁶ᵃ (350); **7**, 225¹⁵⁹ (211)
Kozyrkin, B. I., **1**, 696f²⁰, 696f²¹, 720⁷⁸ (693), 721⁹⁴ (697), 721¹⁰⁴ (698); **3**, 1070¹⁷⁴ᵃ (990), 1070²⁰⁰ (999), 1071²⁰⁵ (1000)
Kozyukov, V. P., **2**, 198⁵²³ (125), 298¹⁴⁹ (242)
Kraatz, U., **2**, 188¹¹³ (28)
Krabbendam, H., **2**, 860⁸² (841); **4**, 380f¹⁵
Kraemer, E., **1**, 285f¹³

Kraihanzel, C. S., **1**, 247^{360} (198); **2**, 190^{201} (46); **3**, 81^{81} (9), 797f^3, 798f^{4b}, 819f^4, 833f^{27}, 838f^{12}, 838f^{14}, 838f^{15}, 847f^2, 847f^4, 851f^{39}, 851f^{48}, 946^{10} (792), 947^{80} (831), 948^{105} (844), 949^{193} (875), 1085f^3, 1110f^1, 1110f^4, 1177f^4, 1262f^3; **4**, 73f^{15}, 154^{296} (74), 154^{299} (74), 154^{300} (74)
Krajewska, K., **6**, 180^{45} (146T, 149, 156, 159T, 16)
Kralichkina, M. G., **2**, 705^{68} (689)
Kramar, O., **2**, 1017^{169} (998, 999, 1000, 1002, 1005), 1019^{266} (1009, 1010), 1019^{268} (1010), 1019^{273} (1010)
Kramer, A. V., **5**, 623^{160} (565); **6**, 262^{114} (252, 257), 262^{114} (252, 257), 741^{338} (521), 741^{339} (521), 741^{340} (521)
Krämer, E., **2**, 203^{739} (182), 301^{331} (279, 280)
Kramer, F. A., **2**, 397^{117} (388)
Kramer, G., **4**, 51f^{39}; **6**, 841f^{130}, 842f^{150}, 877^{236} (821)
Kramer, G. W., **1**, 275f^{23}, 306^{286} (283), 309^{505} (297), 374^{91} (321), 374^{97} (321), 374^{110} (321), 374^{111} (321); **7**, 196^{146} (179), 196^{152} (181), 196^{168} (183), 224^{88} (205, 206), 225^{158} (211), 226^{204} (218), 226^{206} (218), 335^4 (324), 346^1 (337), 363^4 (350), 363^5 (350, 354), 363^8 (351)
Kramer, J. A., **4**, 511^{414} (482)
Kramer, K. A. W., **2**, 188^{103} (26), 196^{437} (111)
Kramer, L., **1**, 677^{452} (630)
Kramer, P. A., **6**, 383^{50} (367), 446^{324} (430), 750^{888} (607)
Kramolowsky, R., **3**, 701^{452} (682); **4**, 107f^{100}, 237^{227} (189T); **6**, 740^{284} (516)
Krane, J., **2**, 976^{401} (946), 976^{403} (946, 948)
Krantz, K. W., **2**, 362^{134} (329)
Krapcho, A. P., **7**, 106^{338} (46)
Krapf, H., **4**, 620^{248} (552)
Krapivin, A. M., **6**, 1112^{121} (1072, 1078)
Krappa, W., **6**, 1113^{188} (1090)
Krasilnikova, E. V., **2**, 201^{676} (165); **3**, 701^{406} (677, 681), 701^{408} (677), 701^{431} (680, 681, 682)
Krasnicka, A., **7**, 460^{376} (423)
Krasnikov, V. V., **6**, 442^{92} (398)
Krasnopol'skaya, S. M., **3**, 702^{479} (685); **5**, 272^{547} (185); **8**, 341f^2, 363^{202} (316)
Krasnoselskaya, I. G., **7**, 8f
Krasnoslobodskaya, L. L., **4**, 237^{240b} (193, 207T, 210)
Krasnov, Yu. N., **2**, 510^{273} (436), 512^{347} (444)
Krasnova, S. G., **3**, 265^{85} (182), 265^{95} (182), 265^{96} (182, 185)
Krasnova, T. L., **2**, 188^{104} (26), 301^{299} (272), 301^{300} (272), 301^{312} (273)
Krasochka, O. N., **6**, 349^{418} (333, 334T, 334f)
Krasovska, M., **6**, 445^{281} (422)
Kratsov, D. N., **2**, 509^{193} (422)
Kratz, W., **3**, 840f^{17}
Kratzer, H. J., **4**, 376^{154} (372); **8**, 551^{107} (528)
Kratzer, J., **6**, 361^{14} (352), 362^{80} (360), 362^{81} (360), 441^2 (386, 402, 406, 424), 441^3 (386, 387, 402, 424, 425, 428, 433)
Kratzer, J. R., **8**, 610^{323} (600T)
Kratzer, K., **2**, 1016^{75} (986, 1006f), 1016^{76} (986, 1006f), 1019^{250} (1007)
Krauhs, S. W., **2**, 796f^{11}, 820^{144} (794, 795)
Kraus, B. J., **2**, 680^{409} (673)
Kraus, C. A., **1**, 677^{454} (630), 696f^1, 696f^2, 719^6 (684, 701), 721^{83} (693); **2**, 515^{541} (471), 516^{609} (482, 483), 626^{645} (605)
Kraus, G. A., **7**, 110^{574} (87)
Kraus, H. F., **4**, 152^{203} (55)
Kraus, H.-J., **3**, 125f^{13}, 149f^7; **6**, 278^{11} (268), 278^{12} (268), 278^{13} (268); **8**, 1068^{218} (1047)
Kraus, K. F., **4**, 51f^{62}, 235^{123} (175), 235^{123} (175)
Kraus, M., **6**, 760^{1609} (712); **8**, 439f^2, 606^{61} (558, 567T, 596T), 606^{67} (558, 560, 599T), 609^{240} (594T, 595T, 596T, 600T), 609^{246} (596T, 600T), 609^{247} (596T), 610^{312} (600T)
Kraus, S., **5**, 624^{194} (568)

Krause, E., **1**, 285f^3, 304^{193} (271), 674^{196} (594, 624), 676^{368} (624), 731f^1, 731f^3; **2**, 618^{151} (542), 674^2 (629), 676^{174} (651), 679^{384} (670), 761^{43} (718, 722), 827f^7, 853f^1, 861^{125} (852); **7**, 140^5 (112)
Krause, H., **8**, 938^{787} (924)
Krause, H. H., **4**, 816^{398} (760)
Krause, H.-J., **8**, 392f^7, 456^{125} (392)
Krause, H.-W., **8**, 439f^8, 461^{437} (439), 927^{34} (800)
Krause, J., **3**, 942f^1, 942f^3
Krause, K. J., **8**, 766^{943} (725T, 732)
Krause, L. J., **2**, 861^{134} (853, 855)
Krause, R. A., **4**, 324^{342} (282)
Krause, S., **1**, 674^{227} (600)
Krause, V., **4**, 156^{480} (125)
Krause-Göing, R., **1**, 675^{309} (617); **6**, 97^{223} (89, 92T), 141^{127} (105T, 112), 181^{89} (160T, 162), 187^8 (183T, 185), 187^{11} (183T, 185), 187^{16} (183T, 185)
Krausse, J., **3**, 935f^1, 935f^2, 935f^3, 935f^4, 1068^{46} (969)
Krausz, P., **3**, 1261f^{11}; **8**, 550^{84} (519)
Kravchenko, A. L., **2**, 507^{94} (409)
Kravchenko, S. E., **6**, 942^{39} (899T), 942^{40} (899T)
Kravers, M. A., **6**, 225^{118} (210)
Kravtsov, D. N., **2**, 631f^{15}, 674^6 (630), 678^{286} (661), 894f^{13}, 912f^7, 912f^{11}, 913f^4, 915f^7, 970^{54} (869), 972^{192} (897), 973^{223} (900), 973^{226} (901), 973^{230} (901), 974^{255} (917), 974^{256} (917), 974^{261} (918)
Kray, L. R., **7**, 101^{86} (13)
Kray, W. C., **7**, 225^{98} (206)
Kray, W. D., **2**, 300^{245} (262); **6**, 758^{1443} (676)
Krebs, A., **2**, 301^{330} (279); **4**, 460f^{10}; **6**, 187^9 (183T, 184), 468^{32} (460), 468^{32} (460); **8**, 669^{54} (653)
Krebs, A. W., **2**, 678^{284} (660, 661), 679^{338} (666)
Krebs, B., **2**, 626^{649} (607), 626^{651} (607), 626^{652} (607)
Krebs, K., **2**, 197^{513} (123)
Krech, F., **2**, 513^{462} (459); **3**, 630^{133} (579)
Kreeger, R. L., **2**, 194^{360} (93), 296^2 (206); **7**, 647^{80} (533)
Kreevoy, M. M., **2**, 976^{378} (940)
Kreft, Á., **7**, 459^{275} (412)
Krehbiel, D. D., **1**, 675^{280} (612)
Kreider, E. M., **7**, 95f^{10}
Kreider, L. C., **1**, 678^{489} (632)
Kreiler, C. G., **3**, 1297f^6
Kreindlin, A. Z., **3**, 1004f^{17}, 1074^{368} (1029), 1074^{400b} (1034), 1075^{477} (1045); **8**, 1066^{108} (1029), 1069^{253a} (1051, 1056)
Kreis, G., **3**, 891f^{16}, 901f^3, 908f^1, 911f^4, 950^{256} (895), 950^{269} (902), 950^{288} (907), 1305f^1, 1318^{113} (1300), 1318^{117} (1301), 1318^{131} (1303), 1318^{135} (1304); **8**, 97^{194} (59)
Kreisel, G., **3**, 696^{125} (658), 696^{127} (658), 696^{128} (658), 696^{129} (658), 696^{130} (658), 696^{131} (658), 696^{132} (658), 696^{133} (658), 696^{135} (658), 696^{160} (661), 697^{161} (661), 697^{163} (661); **6**, 95^{103} (45, 50T)
Kreissl, F. R., **2**, 194^{363} (94); **3**, 829f^8, 829f^{10}, 891f^{16}, 893f^{13}, 893f^{14}, 893f^{20}, 897f^{11}, 897f^{13}, 900f^4, 900f^5, 908f^2, 908f^8, 911f^4, 911f^5, 947^{75} (830), 950^{256} (895), 950^{264} (902), 950^{271} (903), 950^{273} (903), 950^{293} (910), 950^{296} (911), 950^{297} (911), 1076^{494} (1050), 1125f^3, 1297f^6, 1297f^{10}, 1299f^2, 1305f^4, 1305f^5, 1305f^6, 1306f^3, 1317^{37} (1276), 1317^{41} (1278), 1317^{45} (1278, 1279), 1317^{49} (1278), 1317^{51} (1278), 1318^{107} (1298), 1318^{110} (1298), 1318^{112} (1300), 1318^{113} (1300), 1318^{122} (1301), 1318^{123} (1301), 1318^{124} (1301), 1318^{127} (1302), 1318^{131} (1303), 1318^{138} (1306), 1318^{139} (1306), 1379^{19} (1326); **4**, 157^{540} (130), 157^{541} (130), 157^{543} (130), 157^{544} (130), 157^{545} (130), 239^{372} (207T), 241^{492} (223, 224T), 241^{496} (223, 224T, 227), 242^{498} (223, 224T, 227), 242^{499} (223, 224T, 227), 242^{504} (223, 224T, 227), 242^{506} (223, 224T, 227); **5**, 158f^2, 271^{466} (156); **6**, 33^8 (16), 805f^6, 840f^{51}, 840f^{52}, 841f^{113}, 841f^{114}, 842f^{160}, 874^{35} (765), 874^{47} (769), 875^{135} (784); **8**, 550^{53} (513)
Kreissl, H., **3**, 900f^7

Kreiter, C. G., **1**, 674^{241} (603); **2**, 625^{591} (599); **3**, 86^{397} (55), 86^{444} (62), 103f^4, 108f^2, 108f^3, 108f^5, 108f^6, 108f^7, 108f^{21}, 109f^2, 112f^1, 112f^4, 114f^5, 115f^1, 134f^4, 168^{44} (111), 697^{193} (663), 703^{580} (693), 829f^{3b}, 829f^8, 829f^{10}, 833f^2, 891f^4, 893f^{16}, 899f^3, 900f^4, 900f^7, 901f^4, 908f^7, 947^{75} (830), 950^{260} (899), 950^{274} (903, 910), 950^{288} (907), 950^{299} (911), 1005f^1, 1051f^{13}, 1069^{102} (981), 1072^{281} (1015, 1018), 1072^{284} (1015), 1072^{291} (1016), 1072^{305} (1018), 1074^{376} (1031), 1076^{493} (1050), 1076^{512} (1054), 1076^{521} (1056, 1058), 1076^{536} (1057), 1076^{537} (1057), 1077^{545} (1059), 1077^{593} (1066), 1147^{90} (1123), 1170f^8, 1211f^{10}, 1247^{72} (1169), 1251^{254} (1213), 1251^{261} (1214), 1252^{311} (1224, 1227), 1252^{332} (1228, 1229), 1252^{335} (1228), 1317^{38} (1276), 1317^{50} (1278), 1318^{114} (1300), 1318^{127} (1302), 1318^{135} (1304), 1360f^5, 1379^4 (1323, 1330, 1350), 1379^{10} (1323), 1382^{172} (1361), 1383^{180} (1363), 1383^{203} (1366); **4**, 156^{507} (126), 240^{378} (208), 375^{138} (366), 375^{140} (366), 508^{236} (440), 565f^9, 608^{247} (569), 612^{489} (597), 815^{368} (756, 804), 816^{444} (764), 819^{611} (796); **5**, 158f^2, 268^{284} (77), 271^{466} (156), 438f^2, 479f^{13}, 527^{489} (358), 532^{840} (419, 422), 536^{1085} (468); **6**, 33^8 (16), 361^{33} (354), 453^2 (447), 755^{1248} (654), 762^{1690} (734); **8**, 97^{194} (59), 220^{39} (111), 1064^8 (1016, 1024)

Kreknin, D. A., **2**, 201^{682} (166)
Kremnitz, W., **3**, 1067^{36} (966, 967), 1067^{37} (967)
Krentsel, B. A., **6**, 179^{21} (161, 166), 181^{116} (166); **7**, 100^{44} (6), 458^{232} (405); **8**, 641^{17} (623T), 642^{75} (621T), 644^{187} (621T), 668^{24} (664, 666)
Krentzien, H. J., **4**, 690^{133} (686)
Krepski, L. R., **3**, 279^{36} (273, 274), 279^{39} (273)
Krepysheva, N. E., **7**, 652^{356} (584)
Kresge, A. J., **2**, 971^{76} (874), 971^{82} (875)
Kresge, A. N., **7**, 455^{21} (376)
Kresge, C. T., **4**, 320^{112} (254), 906^{12} (891, 892), 1057^{22} (969, 973, 1053); **6**, 815f^1, 869f^{60b}, 869f^{64}, 876^{219} (815); **8**, 363^{142} (299)
Kress, J., **1**, 244^{214} (178, 180, 186), 245^{233} (180, 183, 186), 245^{234} (180), 248^{399} (202), 248^{399} (202), 248^{405} (202), 248^{406} (202, 204, 205)
Kress, J. R. M., **3**, 1245^2 (1151); **8**, 550^{80} (518)
Kretchmer, R. A., **1**, 672^{91} (572); **2**, 977^{446} (956); **7**, 254^{150} (250), 460^{368} (422), 725^{62} (675), 726^{94} (683); **8**, 937^{783} (924)
Kreter, Jr., P. E., **5**, 522^{149} (297, 329)
Kretinina, E. S., **7**, 8f^8
Kretschmar, H. C., **7**, 227^{229} (220)
Kretzschmar, G., **1**, 680^{609} (649, 650)
Kreutsel', B. A., **7**, 107^{395} (53, 74)
Kreutzer, P., **6**, 758^{1470} (679)
Kreuzbichler, L., **2**, 195^{395c} (99, 102, 105); **7**, 655^{520} (610)
Kreuzfeld, H. J., **8**, 938^{787} (924)
Krevalis, M. A., **5**, 64f^{20}, 68f^{11}, 268^{252} (66)
Krevans, R., **5**, 536^{1076} (466)
Kricheldorf, H. R., **2**, 203^{742} (183), **7**, 653^{399} (592), 658^{650} (639), 658^{707} (645), 658^{707} (645), 658^{707} (645)
Krichevskaya, O. D., **4**, 233^4 (162)
Krick, T. P., **7**, 105^{321} (43)
Kricke, M., **4**, 1060^{217} (1017, 1022); **5**, 535^{1040} (461, 472T)
Kriebitzsch, N., **3**, 1072^{284} (1015), 1072^{287} (1015)
Kriedl, J., **6**, 757^{1385} (672)
Krief, A., **1**, 115^{10a} (44, 53T, 57, 58, 59); **7**, 50f^4, 97f^{23}, 98f^3, 103^{207} (28), 103^{208} (29), 103^{212} (28), 106^{383} (51), 110^{604} (95), 647^{91} (536), 655^{501} (606, 607), 655^{507} (607), 658^{660b} (642)
Krieg, B., **1**, 258f^2, 258f^{12}, 258f^{15}, 409^{16} (383, 404); **3**, 897f^7, 1077^{572} (1063); **5**, 274^{693} (235, 262)
Krieg, G., **1**, 250^{548} (226, 228, 229), 250^{548} (226, 228, 229), 250^{568} (230)
Krieg, V., **1**, 673^{164} (590)
Kriege, J. C., **8**, 99^{320} (91)
Krieger, C., **3**, 1073^{357} (1026)

Krieger, J. K., **2**, 762^{147} (747, 749); **3**, 269^{357} (238), 632^{262} (620); **7**, 727^{164} (701)
Kriege-Simondsen, J. C., **6**, 278^{58} (266T, 276)
Kriegesmann, R., **2**, 507^{92} (409); **7**, 103^{203} (28)
Krieghoff, N. G., **1**, 246^{290} (189); **6**, 747^{745} (585), 748^{773} (587)
Kriegsmann, H., **2**, 553f^1, 621^{288} (557), 621^{290} (557), 621^{296} (558), 623^{419} (574)
Kriegsmann, R., **2**, 676^{146} (646), 676^{146} (646)
Krigbaum, W. R., **8**, 769^{43} (725T, 732)
Krinchik, G. S., **6**, 12^5 (4), 12^5 (4), 12^5 (4)
Kriner, W. A., **2**, 298^{107} (234), 298^{122} (237), 298^{127} (237)
Krings, P., **6**, 758^{1449} (677, 678, 679)
Krirykh, V. V., **6**, 840f^{67}
Krishnamachari, N., **5**, 535^{1042} (461, 462, 470, 472T); **6**, 348^{385} (327, 333, 334T, 336), 469^{40} (462, 466)
Krishnamurthy, M., **8**, 315f^6, 349f^8
Krishnamurthy, S., **1**, 309^{500} (296, 297), 309^{503} (297), 309^{504} (297), 309^{505} (297), 309^{506} (297), 309^{517} (297), 309^{518} (297), 309^{519} (297), 309^{520} (297), 309^{522} (297), 374^{84} (319, 320), 374^{100} (321); **7**, 145f^4, 158^{56} (146), 158^{57} (146), 196^{153} (181), 196^{164} (182), 253^{138} (248)
Krishnan, P., **7**, 511^{50} (480)
Krishnan, V., **5**, 556f^{14}
Kristal'nyi, E. V., **1**, 251^{575} (230), 251^{620} (237); **6**, 180^{34} (161), 182^{189} (159T)
Kristiansen, A.-M., **1**, 241^{13} (157, 186)
Kristoff, J. S., **1**, 675^{297} (615); **3**, 156f^2, 170^{134} (153), 266^{199} (208), 1068^{42} (968); **4**, 158^{591} (136), 247f^3, 321^{140} (258, 263), 605^{18} (515), 649^{97} (642), 887^{203} (884); **6**, 140^{72} (123T, 128), 224^{21} (205, 213T); **8**, 704^{21} (672)
Kritskaya, I. I., **2**, 908f^7, 974^{277} (920, 921, 922), 974^{277} (920, 921, 922), 974^{280} (920), 974^{281} (920), 974^{283} (920), 974^{287} (922); **3**, 111f^2; **4**, 401f^{23}, 415f^1, 415f^2, 415f^2, 415f^3, 463f^1, 504^{24} (384), 505^{91} (403), 506^{133} (413, 416), 506^{134} (413), 508^{289} (448); **5**, 271^{461} (153)
Krivospitskii, A. D., **3**, 736f^{14}, 1070^{174a} (990)
Krivykh, V. V., **2**, 818^{18} (767, 769); **3**, 819f^{19}, 1067^{4a} (955, 1002, 1006), 1071^{227} (1006), 1071^{230} (1007), 1071^{231a} (1007), 1071^{231b} (1007), 1211f^4, 1211f^8, 1246^{10} (1153), 1251^{250} (1212, 1213), 1251^{252} (1213), 1251^{275} (1216), 1253^{390} (1240), 1317^{16} (1271), 1360f^{12}, 1379^{14} (1324), 1382^{168} (1361), 1382^{173} (1362), 1383^{187} (1363); **6**, 875^{127} (783); **8**, 1070^{329c} (1061), 1070^{329d} (1061), 1070^{329e} (1061), 1070^{329e} (1061), 1070^{329f} (1061)
Krochmal, Jr., E., **2**, 296^{34} (217)
Krogmann, K., **5**, 355f^{11}, 527^{468} (354); **6**, 33^{31} (18), 34^{33} (18), 142^{210} (128), 142^{212} (127)
Krogsrud, S., **8**, 280^{48} (245, 246), 1070^{336a} (1061, 1062)
Krohberger, H., **5**, 51f^8, 267^{235} (52)
Krohmer, P., **1**, 151^{127} (129)
Krolikiewicz, K., **7**, 658^{702} (644)
Kroll, J. O., **3**, 138^{198} (1341)
Kroll, L. C., **8**, 365^{297} (330), 606^{33} (554), 606^{38} (555, 558, 568, 594T), 607^{132} (568, 594T), 607^{133} (568, 569, 594T), 608^{151} (576, 579, 594T), 608^{152} (576, 579, 594T)
Kroll, W. R., **1**, 609f^1, 671^{27} (559, 579, 625, 638, 664), 671^{29b} (559), 674^{215} (597), 674^{254} (606, 623, 627), 674^{255} (606, 627), 674^{258} (607, 608, 609, 610, 625, 629, 638), 677^{429} (628), 677^{430} (628), 678^{490} (632), 679^{536} (638); **3**, 1188f^{34}, 1337f^5; **6**, 980^{24} (954); **7**, 454^3 (367, 372), 454^4 (367, 369, 372, 373, 391), 454^6 (367, 372, 376, 384, 450), 455^{13} (372), 455^{57} (382), 460^{323} (417); **8**, 454^{46} (379)
Krommes, P., **1**, 720^{24} (686, 714), 752^{27} (729); **2**, 192^{265} (65), 198^{537} (128), 507^{108} (410)
Kroner, J., **1**, 380^{454} (369), 380^{467} (370), 452^{26} (418)
Kröner, K., **3**, 632^{256} (620)
Kröner, M., **1**, 681^{702} (664, 666), 681^{704} (666), 681^{706}

(666); **3**, 1067⁷ (956, 957), 1246¹⁹ (1155); **4**, 401f²⁵; **5**, 273⁶²⁸ (211); **6**, 96²⁰⁶ (50), 142¹⁹¹ (103), 182¹⁵¹ (156), 261²¹ (245), 261³⁰ (245), 261³² (245), 446³⁵⁶ (438), 761¹⁶²⁶ (716); **8**, 397f¹², 454⁵² (379, 393, 396, 397, 405, 407), 457²²⁵ (405), 457²²⁶ (405), 707¹⁶¹ (677), 707¹⁶² (677, 679), 795⁶⁷ (782), 927⁵¹ (801)
Kronganz, E. S., **1**, 306³³⁸ (287)
Kronrod, N. Ya., **1**, 285f⁸; **7**, 322²² (308)
Kronzer, F. J., **1**, 118¹⁸⁸ (83, 86, 87, 88)
Kroon, J., **2**, 620²⁶⁴ (555), 620²⁶⁵ (555), 631f¹⁶, 676¹⁸² (651), 713f²⁶, 761¹⁷⁸ (724, 758)
Kropacheva, E. N., **8**, 641³³ (618, 627T), 641³⁴ (618, 627T), 707¹⁹¹ (701)
Kroposki, L. M., **1**, 115³⁷ (49, 103T); **7**, 110⁵⁹⁶ (93)
Kroshefsky, R. D., **6**, 35¹¹⁹ (20T, 21T), 35¹²⁰ (20T); **7**, 654⁴³² (587)
Kroth, H.-J., **2**, 200⁶⁰⁹ (146), 200⁶²⁵ (153), 512³⁵² (444, 447), 514⁴⁹⁵ (466), 514⁴⁹⁶ (466), 517⁶⁵⁸ (489), 626⁶⁴⁰ (604); **3**, 797f¹⁵, 797f¹⁶, 949²¹³ (880), 1085f¹⁶, 1085f¹⁷, 1262f¹⁶, 1262f¹⁷; **4**, 106f³⁴; **6**, 34⁷⁰ (19T, 20T, 28, 30), 34⁷⁸ (20T, 30), 35¹⁰⁰ (20T, 30), 35¹⁰¹ (20T, 30), 36²⁰² (19T, 20T, 30)
Krözinger, H., **6**, 877²⁴⁴ (823)
Krubiner, A., **7**, 462⁴⁸⁰ᵃ (442)
Krubiner, A. M., **7**, 158¹⁹ (143)
Kruck, T., **2**, 195³⁹⁶ (99); **3**, 695⁸⁹ (655), 698²⁵² (668), 698²⁵³ (668), 759f³, 781¹⁶¹ (759), 833f⁸³, 833f⁸⁴, 833f⁸⁵, 947⁸⁴ (831), 966f⁸, 1070¹⁸⁰ (991, 992, 1001), 1250²³⁶ (1206, 1218); **4**, 13f², 33f³, 33f⁴, 33f¹², 49f⁹⁹, 50f⁶, 51f⁴⁶, 106f¹⁸, 150⁴⁹ (16), 151¹³⁸ (36, 55), 151¹⁵⁰ (38, 43, 101, 102), 156⁴⁸⁰ (125), 156⁴⁸¹ (125), 234³⁵ (164), 234³⁵ (164), 234³⁵ (164), 234³⁶ (164, 214, 215T), 236¹⁶² (179), 322²⁵² (271, 273), 328⁶⁰⁷ (309), 328⁶⁰⁹ (309), 328⁶⁵⁶ (313), 400f¹³, 505⁸⁵ (402), 507¹⁸⁵ (429), 507¹⁸⁵ (429), 507²⁰⁴ (436), 507²⁰⁵ (436), 689⁵⁵ (668), 689⁵⁶ (668), 812¹⁸⁷ (718), 1057¹⁷ (969), 1058⁸¹ᵃ (978), 1058⁸¹ᵇ (978); **5**, 68f¹², 255f⁴, 267¹⁸⁹ (39); **6**, 33²¹ (17), 33²² (17), 33²³ (17), 260¹ (243), 260³ (244), 260⁷ (244), 261⁶⁸ (248), 842f¹³², 843f¹⁸⁰, 843f²¹², 845f²⁶⁶, 874⁶⁷ (771), 1061f⁷, 1061f¹⁰, 1111⁸³ (1063)
Kruczynski, L., **3**, 86⁴⁴³ (62), 108f¹³, 108f¹⁴, 112f³, 112f¹¹, 118f⁵, 125f¹⁰, 156f¹⁵, 168⁴ᵇ (90), 168⁵⁰ (116, 121), 170¹³¹ (153), 698²⁶⁰ (669), 899f⁴; **4**, 327⁵⁵⁸ (304), 435f¹⁰, 454f⁷, 509³⁰⁹ (451), 606⁵⁵ (520), 657f², 657f⁵, 814²⁸² (743); **5**, 327f¹, 524³⁰⁴ (318)
Krueger, C., **1**, 377²⁹⁷ (353), 377²⁹⁸ (353), 700f⁵, 723²¹⁴ (714); **2**, 517⁶⁵³ (489); **6**, 445²⁵⁷ (420)
Krueger, D. S., **7**, 650²²⁸ (561)
Krüerke, U., **1**, 300f⁶; **2**, 201⁶⁵⁹ (161); **4**, 612⁵⁰⁴ (599); **5**, 194f¹⁴, 203f³; **6**, 1021f¹²⁶
Kruger, A., **4**, 649⁷⁷ (638); **5**, 266¹⁷⁰ (36); **6**, 14⁹³ (9)
Krüger, C., **1**, 377²⁹⁵ (353), 409¹⁷ (383, 384, 407), 409¹⁸ (383, 387, 407), 409¹⁹ (383, 407), 409²⁸ (386, 387, 407), 409⁴⁰ (389), 410⁸⁶ (407), 410⁸⁸ (407), 410⁹⁰ (407), 538⁴⁵ (472), 675³⁰⁹ (617), 675³¹⁰ (617), 676³⁴¹ (622); **2**, 198⁵²⁴ (127), 198⁵³⁴ (128), 199⁵⁹¹ (144), 516⁶⁰⁵ (481), 625⁵⁸²ᵇ (598), 820¹⁶⁶ (798), 820¹⁶⁸ (798); **3**, 85³⁶⁰ (49), 86⁴³⁷ (62), 87⁴⁵⁴ (64), 170¹⁷² (165), 429¹⁵⁹ (370), 629⁷⁵ (570), 631¹⁹⁴ (590, 592, 596), 633²⁸⁹ (625), 633²⁹² (627), 633²⁹³ (627), 1067¹⁶ᵇ (960), 1068⁶¹ (972), 1077⁵⁶⁸ (1062), 1245³ᵃ (1152), 1252³⁵³ (1231), 1383²³⁰ (1371); **4**, 158⁶¹⁴ (139), 324³⁵⁷ (285, 299), 327⁵⁵³ (303), 380f²¹, 380f²¹, 387f¹⁴, 401f²², 422f², 456f², 456f⁴, 458f¹, 479f¹¹, 504¹¹ (381, 388), 504²⁹ (385, 392, 430, 453), 504⁴² (388), 505⁷⁶ (398), 506¹¹⁷ (409), 507¹⁷² (427, 455), 507¹⁹⁹ (432), 508²⁵⁵ (443), 509²⁹³ (449), 509³³⁶ (459), 553f⁸, 607¹⁵³ (544), 608²¹⁹ (562), 608²⁴⁸ (568f, 569), 609²⁵⁴ (571), 609²⁹⁶ (578), 609³⁰⁰ (578), 612⁴⁷³ (597), 886¹³¹ (869); **5**, 270⁴⁴¹ (143), 272²⁵⁵ (187), 272⁵⁶⁷ (189), 418f¹⁰, 532⁸⁰⁸ (416), 532⁸⁰⁹ (416); **6**, 33¹² (17), 34⁵² (21T, 24, 29), 93²⁶ (83, 83f, 85T), 93³³ (48, 50T), 94⁵⁵ (47, 50T), 95¹¹⁶ (39, 43T), 95¹²³ (46, 50T), 95¹⁴¹ (46, 50T), 95¹⁴³ (46, 50T), 96²⁰³ (49, 53T), 96²⁰⁴ (49, 53T), 97²²³ (89, 92T), 97²⁴⁰ (88), 97²⁴¹ (54T, 71, 79, 84), 97²⁴² (81, 85T), 97²⁴⁴ (82, 85T), 97²⁴⁷ (83), 97²⁶⁵ (54T, 64, 72), 97²⁶⁶ (59T, 65, 67, 77, 79), 98²⁹⁶ (56T, 65, 66), 98³⁰⁷ (59T, 65, 67, 76, 77), 98³²⁵ (59T, 65, 66, 76, 77), 99³⁵¹ (48, 50T), 99³⁶⁵ (81, 83, 85T), 100⁴¹³ (39, 46, 50T, 82, 85T), 139²³ (104T, 107), 140⁴² (103, 104T), 140⁴³ (124T, 131), 140⁹⁴ (104T, 110, 115T), 140⁹⁵ (114), 140⁹⁶ (104T, 107, 108), 140⁹⁷ (124T, 131), 141¹²⁷ (105T, 112), 141¹³⁷ (105T), 141¹⁴⁶ (105T, 108), 142¹⁸⁵ (115, 115T), 142¹⁸⁶ (123T, 125), 142¹⁸⁷ (123T, 124, 125), 142¹⁸⁹ (115T), 142¹⁹⁰ (115), 142¹⁹² (122T), 142²⁰⁵ (136), 142²⁰⁸ (128), 143²³⁰ (105T, 108), 143²³² (103T, 108), 143²³³ (103T, 103), 143²³⁶ (105T, 112), 143²³⁸ (104T, 107), 143²³⁹ (104T, 111, 112), 143²⁴⁹ (104T, 106, 108, 109, 133T, 134), 179²⁰ (165T, 170), 180⁵² (145, 146T, 151, 156, 159T, 163, 165T), 180⁸⁰ (165T, 167), 180⁸¹ (165T, 170), 181⁸⁸ (146T, 147, 151), 181⁸⁹ (160T, 162), 181¹⁰⁸ (163, 165T, 166T, 170), 181¹⁰⁹ (159T, 161), 181¹¹⁵ (156, 160T, 168), 181¹¹⁸ (156, 160T), 181¹³⁵ (145, 146T, 149, 150, 151, 153T, 156, 167, 168), 181¹³⁶ (145, 146T, 147, 157, 159T, 160T, 161, 162, 164, 165T, 167), 181¹³⁸ (152, 153T, 154, 156, 166, 167), 182¹⁴⁴ (146T, 147, 151), 182¹⁵⁰ (154), 182¹⁵⁵ (151), 182¹⁷⁸ (161, 162), 182¹⁸⁰ (171), 182¹⁸³ (146T, 148, 151, 166, 166T, 171), 187¹¹ (183T, 185), 225¹²⁴ (214T, 223), 226¹⁷² (214T, 223), 228²⁶² (195), 230⁴ (229), 230⁴ (229), 278⁸ (266T, 267), 344¹³⁷ (302), 348³⁶⁶ (325, 334T), 443¹⁷³ (406), 454³⁵ (452, 453), 454³⁶ (453), 806f⁴², 844f²⁵², 850f⁴⁶, 875¹²⁹ (783); **7**, 196¹³⁵ (176), 653³⁹⁵ (592); **8**, 280²⁰ (222), 283¹⁹⁷ (278), 425f⁹, 455⁷² (383), 456¹³⁵ (394), 457²¹⁶ (404, 407), 458²⁷⁹ (412), 497⁶⁶ (479), 641¹² (616, 618, 621T), 644¹⁸² (618), 644²⁰⁴ (618, 623T), 669⁷² (653, 665), 670⁹⁸ (654), 670¹⁰² (653), 707¹⁵⁹ (679), 707¹⁶⁰ (679), 794¹⁸ (776, 779), 795⁷¹ (782), 929¹⁵⁹ (810), 1104¹² (1075), 1106¹¹⁶ (1102), 1106¹¹⁷ (1102), 1106¹¹⁸ (1103)
Kruger, C. J., **3**, 897f¹⁴, 949²³³ (887)
Kruger, G. J., **4**, 34f⁷², 52f⁸⁴, 65f⁴⁵, 152¹⁶⁴ (42), 153²⁵⁵ (67), 819⁶³⁹ (802)
Krüger, H., **3**, 474¹¹⁹ (471), 792f⁶, 1083f⁶, 1260f⁶
Krüger, J., **3**, 646³⁷ (641)
Krüger, U., **2**, 838f⁵, 857f²
Kruglaya, O. A., **2**, 195⁴⁰⁴ (102), 200⁶²⁹ (154), 507⁶⁴ (405, 411, 468, 469, 470, 472), 508¹¹⁰ (410), 508¹¹⁶ (410, 439, 472), 508¹⁴⁵ (414), 511³⁰² (439, 472), 511³⁰³ (439, 469), 511³⁰⁴ (439), 511³⁰⁵ (439), 513⁴⁰⁶ (452, 472), 514⁵¹⁵ (468, 469, 471), 514⁵²¹ (468, 471), 514⁵²² (468), 515⁵³² (470), 515⁵⁴⁸ (472), 515⁵⁴⁹ (472), 515⁵⁵⁰ (472), 872f², 872f¹⁴, 972¹⁸⁶ (896); **6**, 873⁵ (763), 1085f¹, 1085f¹, 1110² (1044, 1045, 1048, 1052, 1083); **7**, 654⁴⁵⁴ (599), 655⁵²⁴ (610, 612)
Krumholz, P., **4**, 320¹⁰⁹ (253), 320¹¹¹ (254, 308, 316), 320¹¹³ (254, 307), 327⁵⁷³ (306), 327⁵⁹⁴ (308); **6**, 13³⁴ (6T, 6), 1020f¹⁰⁴, 1031f¹³, 1032f²⁵, 1036f⁹, 1040⁹³ (1003, 1006), 1040¹¹³ (1008)
Krupp, F., **1**, 671²⁸ (559, 625, 633, 650), 671⁴² (561, 609, 625, 626, 638), 674²¹⁶ (598, 650, 658), 678⁵⁰⁰ (633, 650); **7**, 454⁵ (367, 372), 455¹² (372), 455¹⁵ (372, 379, 393)
Kruse, A. E., **4**, 236¹⁶¹ (179, 197), 818⁵²⁷ (777, 778, 779)
Kruse, C. G., **7**, 105³³¹ (45)
Kruse, L. I., **8**, 1010²⁰² (1000)
Kruse, W., **3**, 937f³, 950³⁰⁹ (916); **7**, 511⁸³ (484)
Kruse, W. M., **4**, 939f¹³
Krusell, W. C., **3**, 326³³ (290); **4**, 374⁵¹ (342), 375¹³⁶ (366, 370, 371); **8**, 93⁵⁵ (28), 367⁴³⁷ (350)
Krushch, A. P., **6**, 757¹⁴²¹ (674)
Krushch, N. E., **3**, 436f¹⁵, 436f¹⁹, 460f⁸, 474⁸¹ (459, 462); **5**, 268²⁶⁹ (70, 71, 73)
Krusic, P. J., **1**, 672¹⁰⁹ᵃ (577); **2**, 194³⁵³ (91), 618¹¹⁴ (539); **3**, 829f⁵; **4**, 150⁷⁷ (22), 320¹¹⁹ (255, 260, 317), 321¹²⁰ (255, 260, 317), 400f¹¹, 506¹⁴⁵ (419); **7**, 455²⁰ (375)

Krutii, V. N., **4**, 964[97] (947), 964[101] (947), 964[102] (947), 964[103] (947), 964[105] (948), 964[107] (948), 964[114] (949)
Krylov, A. V., **2**, 511[289] (438), 511[290] (438)
Krylova, A. I., **3**, 1051f[11]
Krynitz, U., **3**, 874f[2]
Krynkina, Yu. K., **4**, 479f[40]
Kryuehenko, E. G., **7**, 656[577] (624)
Kříž, J., **5**, 533[865] (425)
Krzywicki, A., **8**, 99[274] (78)
Ksander, G. M., **8**, 1008[69] (957)
Kubacek, P., **3**, 82[126] (15, 16, 18)
Kubas, G. J., **2**, 860[49] (834); **3**, 1115f[9], 1119f[17], 1147[84] (1117); **4**, 606[111] (536, 536f), 649[86] (641), 1060[173] (999); **5**, 534[938] (435)
Kubba, V. P., **1**, 376[210] (342), 376[212] (343), 376[214] (343), 378[340a] (359)
Kubelka, V., **7**, 195[55] (163), 251[9] (230)
Kubiak, C. P., **4**, 814[293] (745); **5**, 310f[7], 310f[9], 353f[17], 353f[18], 523[263] (307, 350), 523[264] (350), 523[265] (309, 350, 444); **8**, 291f[29], 331f[19], 362[94] (292, 348), 364[251] (324)
Kubicek, D. H., **3**, 1248[148] (1186); **8**, 549[6a] (500)
Kubo, B., **2**, 572f[1], 622[404] (572)
Kubo, Y., **5**, 68f[1], 186f[3], 268[255] (69, 178), 268[263] (69, 73, 185), 272[548] (185)
Kubota, M., **2**, 713f[5], 713f[11], 761[55] (720, 744), 762[133] (744), 970[51] (869); **3**, 428[82] (356), 1108f[7]; **5**, 341f[2], 526[391] (340), 526[392] (340), 527[454] (340), 556f[5], 570f[9], 621[6] (542), 621[8] (542, 543), 622[75] (552, 557), 623[135] (562, 567, 568), 623[145] (563), 623[146] (563), 624[204] (569, 571); **6**, 737[82] (489); **8**, 100[327] (92), 280[36] (237, 238), 281[68] (254), 281[92] (261), 281[97] (262)
Kubota, S., **8**, 707[184] (701, 702)
Kubota, Y., **8**, 366[396] (343)
Kuc, T. A., **4**, 1058[76] (977, 999, 1006, 1014); **5**, 479f[5], 536[1067] (463, 465, 474T, 475T, 488, 489, 492), 536[1069] (464, 473, 474T, 475T), 626[384] (599), 626[385] (599, 600), 626[386] (599)
Kucera, H. W., **2**, 300[251] (263)
Kuch, P. L., **2**, 820[140] (793, 794, 800, 801)
Kucharska, M. M., **8**, 497[63] (478)
Kuchen, W., **2**, 199[601] (146); **7**, 654[476] (603)
Kucherov, V. F., **2**, 978[516] (965); **7**, 725[65] (675)
Kuchin, A. V., **1**, 680[628] (650); **7**, 455[55] (382), 455[56] (382), 455[67a] (383), 456[74] (383), 457[165] (396), 457[166] (396)
Kuchinskii, N. I., **1**, 248[417] (206, 208)
Kuchitsu, K., **1**, 302[56] (264)
Kuchynka, K., **8**, 1076f[12]
Kuck, J. A., **1**, 285f[35], 304[180] (270, 287); **7**, 299[58a] (277), 301[158a] (294)
Kuczkowski, R. L., **1**, 263f[8], 263f[21]
Kuder, W. A. A., **3**, 767f[17], 781[201] (773)
Kudo, A., **2**, 1016[77] (986)
Kudo, H., **8**, 645[218] (633)
Kudo, K., **6**, 252f[2], 261[52] (247), 261[53] (247), 262[94] (251), 278[50] (275), 278[51] (275), 348[368] (325), 349[457] (341); **8**, 282[127] (269), 936[647] (900), 936[679] (905)
Kudo, M., **8**, 935[618] (896)
Kudo, S., **7**, 511[63] (482); **8**, 771[141] (736)
Kudona, M., **7**, 9f[8]
Kudou, N., **6**, 751[961] (617)
Kudrin, A. N., **1**, 376[220] (344), 377[286] (351)
Kudryavtsev, L. F., **1**, 309[543] (298); **2**, 675[90] (640), 977[437] (955)
Kudryavtsev, R. V., **1**, 242[92] (164, 165); **3**, 398f[34], 427[29] (337), 430[275] (402); **7**, 656[564] (621); **8**, 1076f[4], 1076f[5], 1080f[3], 1105[42] (1081), 1105[44] (1082), 1105[47] (1082)
Kuduo, N., **3**, 85[373] (51)
Kuebler, N. A., **3**, 85[365] (50)
Kuechler, T. C., **1**, 120[301a] (109, 111)
Kuehlein, K., **2**, 676[163] (647), 678[297] (662, 666), 678[310] (662)
Kuehn, A., **6**, 278[10] (267), 761[1651] (721)
Kuehne, M. E., **7**, 512[154] (498); **8**, 930[280] (839)

Kuendig, P. E., **3**, 326[2] (282)
Kugita, H., **7**, 252[33] (231)
Kugler, E. L., **8**, 96[101] (41), 361[70] (288)
Kühl, G., **2**, 705[30] (685, 688)
Kühlein, K., **2**, 510[249] (432), 624[504] (585), 674[20] (630, 648), 678[307] (662); **3**, 447f[3], 473[38] (442, 446)
Kühlhorn, H., **1**, 670[3a] (557, 558, 638)
Kuhlman, D. P., **6**, 98[332] (74)
Kuhlmann, D., **7**, 98f[10]
Kuhlmann, E. J., **5**, 529[638] (381)
Kuhlmey, J., **2**, 514[493] (466)
Kuhlney, J., **3**, 833f[41]
Kühn, A., **3**, 169[59] (127); **6**, 278[8] (266T, 267), 278[9] (267), 454[36] (453), 454[37] (453), 454[38] (453); **8**, 1068[223] (1048)
Kuhn, D., **7**, 727[151] (698)
Kuhn, L. P., **1**, 307[371] (288)
Kuhn, M., **2**, 191[221] (52), 191[221] (52), 191[222] (52), 705[38] (686, 691), 705[38] (686, 691), 705[79] (691), 707[179] (704); **3**, 125f[37], 125f[38], 334f[38], 1067[32] (966), 1188f[2], 1188f[6], 1338f[2], 1338f[5], 1381[94] (1340); **6**, 782f[4]
Kuhn, N., **2**, 199[590] (144); **6**, 97[224] (85, 91T), 226[146] (203T, 206, 208, 209T)
Kühn, T., **2**, 189[146] (34)
Kühne, D., **8**, 96[104] (41)
Kühne, K., **3**, 1004f[15], 1072[266] (1013)
Kühnert, P., **2**, 627[707] (615)
Kuijer, M., **8**, 610[318] (600T)
Kuijpers, F. P. J., **8**, 608[199] (588, 595T, 598T)
Kuimova, M. E., **1**, 308[472] (294), 308[473] (294), 376[220] (344), 376[221] (344), 377[286] (351); **7**, 195[98] (170)
Kuivila, H. G., **1**, 285f[30], 306[331] (287), 307[362] (288), 307[363] (288), 307[386] (289), 307[387] (289), 307[388] (289), 308[458] (293); **2**, 195[397] (100), 533f[5], 533f[6], 533f[9], 534f[3], 534f[4], 617[78] (532, 534), 620[229] (549), 620[243] (551), 621[309] (561), 621[334] (565), 624[500] (585, 590, 591), 624[501] (585), 624[507] (587), 624[518] (587), 624[522] (589, 590), 624[523] (589), 624[527] (589), 624[530] (590, 591), 624[537] (591), 624[544] (592); **6**, 758[1439] (675, 677), 758[1447] (677)
Kujirai, M., **6**, 757[1400] (673)
Kujundzic, N., **6**, 98[312] (57T, 65), 263[158] (256), 346[255] (314); **8**, 927[45] (801)
Kukhar, V. P., **2**, 191[253] (61); **7**, 650[223] (561), 658[693] (644), 658[705] (645)
Kukhareva, T. S., **8**, 305f[41], 349f[16], 609[265] (596T)
Kukhtenkova, E. A., **6**, 1113[189] (1090)
Kukina, G. A., **6**, 383[42] (366, 370), 754[1162] (641, 642T), 754[1168] (642T)
Kukina, M. A., **4**, 321[131] (257, 274, 275, 280, 282)
Kukolev, V. P., **4**, 964[117] (949), 964[118] (949), 964[119] (949), 965[166] (960); **6**, 749[824] (592)
Kukolja, S., **7**, 652[340] (581)
Kukovinets, A. G., **6**, 94[95] (45, 80); **8**, 406f[12], 705[74] (677)
Kukudo, M., **5**, 534[949] (439)
Kukulina, E. I., **4**, 455[166] (437, 438)
Kukushkin, Y. N., **6**, 342[6] (280), 342[7] (280), 342[8] (280, 283f, 284); **8**, 312f[30], 312f[31], 349f[12], 643[143] (632), 644[160] (632)
Kula, M. R., **2**, 623[445] (578), 624[496] (585), 624[498] (585), 625[591] (599)
Kulbach, N. T., **2**, 513[426] (454)
Kulemin, V. I., **3**, 474[84] (462)
Kulenovic, S. T., **1**, 241[26] (157)
Kulicki, Z., **8**, 304f[23]
Kuliev, T. M., **8**, 646[280] (618)
Kulikov, N. S., **1**, 118[166] (79)
Kulikovskaya, T. N., **1**, 674[263] (608)
Kulishov, V. I., **2**, 618[143] (541); **3**, 629[41] (564, 565), 630[129] (578, 618), 632[253] (619), 632[254] (619)
Kuli-Zade, T. S., **6**, 383[42] (366, 370)
Kuljian, E., **6**, 361[11] (352), 382[16] (365), 383[34] (365), 383[36] (365), 753[1137] (639)
Kulkarni, P. R., **6**, 845f[284]
Kulkarni, S. U., **1**, 275f[4], 275f[16], 374[62] (313), 374[85]

(320), 374¹⁰⁹ (321); **7**, 141³⁷ (118), 141³⁸ (118), 158²⁹ (144), 158³¹ (145, 146), 159¹³⁹ (154), 194³³ (162, 164, 172, 174, 176, 182, 190), 194³⁹ (162), 195⁴⁰ (162, 193), 196¹⁶⁵ (182), 196¹⁷⁹ (184, 187), 197¹⁸² (186, 187), 197¹⁸³ (186), 197¹⁹⁰ (188, 189), 197²²¹ (193), 223¹⁶ (199), 224⁷² (204), 224⁸⁰ (204), 224⁸³ (204), 224⁸⁴ (204), 225¹²⁰ (208), 226¹⁷⁰ (213), 226¹⁷¹ (213), 226¹⁷² (213), 226²²⁷ (220), 300¹²⁰ᵃ (287), 300¹²⁰ᵇ (287)
Kullmann, R., **2**, 202⁷⁰² (171)
Küllmer, V., **4**, 106f⁹, 106f¹⁰, 106f¹¹, 106f¹², 106f¹⁴, 107f⁶³, 107f⁸², 236¹⁹⁷ (185, 186T), 237²⁰³ (187), 237²⁰⁴ (187, 188), 237²⁰⁷ (187), 237²⁰⁸ (187, 188), 237²¹⁰ (187), 237²¹² (188)
Kumada, H., **8**, 1067¹⁸¹ (1042)
Kumada, K., **8**, 670¹⁰⁹ (661)
Kumada, M., **1**, 241⁵⁰ (159, 196), 244¹⁸³ (176), 244²⁰⁹ (177), 246²⁹⁹ (192); **2**, 189¹⁴⁷ (34), 189¹⁴⁷ (34), 189¹⁴⁸ (35), 193³¹⁹ (81), 193³²⁶ (83), 193³⁴⁰ (86), 193³⁴² (87), 193³⁴² (87), 193³⁴² (87), 194³⁵⁵ (91), 194³⁷⁷ (96), 195⁴²⁰ (105), 195⁴²⁰ (105), 195⁴²⁰ (105), 202⁷²⁷ (179), 202⁷²⁷ (179), 296²⁰ (212), 296²¹ (212), 296²³ (213), 296³⁰ (215), 297³⁸ (218, 220), 297⁵⁷ (225), 297⁵⁹ (225), 297⁶⁰ (225), 297⁶¹ (226), 298¹¹⁶ (236), 299¹⁶¹ (244, 288), 300²¹⁴ (253), 300²¹⁵ (253), 300²⁵³ (263, 264, 264T), 301²⁷⁴ (266), 301²⁷⁹ (268), 302³⁴⁰ (282), 302³⁸⁵ (293), 303⁴⁰² (295T), 303⁴¹⁵ (296T), 360⁴⁶ (313), 395¹¹ (366, 368, 369, 372, 373, 385, 388), 395¹² (366, 367, 375, 376, 388), 395¹³ (366, 374, 379, 381, 382, 383), 395¹⁷ (367), 395²⁴ (368), 395²⁵ (368), 396⁵⁴ (375, 379), 396⁵⁶ (375), 396⁵⁹ (376), 396⁶¹ (376), 396⁶² (376), 396⁶³ (376), 396⁶⁴ (376), 396⁶⁵ (376, 377), 396⁶⁸ (376), 396⁸¹ (378), 396⁸⁶ (381), 396⁸⁸ (382), 397¹¹⁷ (388), 514⁵¹⁸ (468, 473); **4**, 511⁴⁶³ (489), 965¹⁶⁴ (959); **5**, 537¹¹³⁹ (475T), 537¹¹⁴⁰ (475T), 537¹¹⁴¹ (475T), 537¹¹⁶⁴ (477); **6**, 94⁵⁸ (79, 91T), 98³⁰¹ (57T, 59T, 64, 70, 79), 140⁴¹ (104T, 107), 225⁸² (203T, 206), 758¹⁴⁴⁵ (677), 758¹⁴⁴⁶ (677), 1094f², 1113²⁰⁴ (1095); **7**, 106³⁴⁸ (47), 106³⁴⁸ (47), 106³⁴⁹ (47), 106³⁷² (49), 159⁷⁶ (146), 646¹⁹ (519), 647³⁶ (524), 648¹³¹ (545), 649¹⁷⁹ (554), 651²⁸⁹ (574), 656⁵⁴⁹ (617); **8**, 461⁴⁴⁹ (442, 447, 450), 471f¹⁹, 481f², 481f³, 496²² (462), 496²⁵ (469, 477), 497⁵⁴ (477), 497⁷¹ (480, 482), 497¹⁰⁵ (492), 497¹⁰⁶ (492), 497¹⁰⁸ (493), 641⁴³ (630T), 642⁶³ (627T, 630, 630T, 631), 644¹⁶⁹ (631), 644¹⁷⁰ (629, 630), 644²⁰⁵ (628), 644²⁰⁵ (628), 645²⁴¹ (630T), 668¹⁰ (660), 669⁶⁵ (660), 769³⁰ (723T, 724T, 725T, 732), 771¹²¹ (738), 771¹²³ (742, 744T, 752T, 753T, 754T), 771¹²⁴ (739, 753T, 756T), 771¹²⁵ (739, 749T, 752T, 753T, 754T), 771¹²⁷ (743T, 748T), 771¹²⁹ (739, 739T, 748T, 749T, 752T, 753T, 754T), 771¹³⁵ (749T, 750T), 771¹³⁶ (749T), 771¹³⁷ (742, 743T, 744T, 748T), 771¹³⁸ (740, 744T, 747T), 771¹⁴⁸ (742, 743T, 745, 748T), 771¹⁴⁹ (739, 749T), 771¹⁵⁰ (738, 751T), 771¹⁵² (742, 743T, 748T), 771¹⁵⁵ (739, 740, 760T, 761T), 771¹⁵⁹ (742, 743T, 748T, 749T), 771¹⁶⁰ (738, 739, 745, 752T, 757T), 771¹⁶¹ (743T, 748T, 749T), 771¹⁶⁴ (743T, 744T), 888f⁹, 929¹⁶¹ (810), 933⁴⁹⁷ (878, 921), 933⁵⁰⁴ (874), 934⁵⁰⁵ (874), 934⁵⁰⁷ (878), 936⁷¹⁷ (911, 914), 937⁷⁵⁸ (920), 937⁷⁵⁹ (920), 1069²⁸⁹ (1057)
Kumagai, M., **2**, 197⁴⁸⁸ (119, 120); **7**, 647⁶⁰ (527), 647⁶⁴ (527), 648⁹⁴ (537), 648⁹⁶ (537), 656⁵⁴⁸ (527), 656⁵⁴⁸ (617), 656⁵⁵⁰ (618), 656⁵⁸⁵ (625, 626); **8**, 461⁴⁷⁹ (447), 481f⁶, 497⁷⁷ (483), 932³⁸⁶ (851)
Kumagai, Y., **8**, 644¹⁶⁴ (639)
Kumajima, I., **7**, 648¹¹⁵ (540)
Kumanotani, J., **8**, 331f¹⁵
Kumar, N., **3**, 334f¹³, 372f¹⁴, 426⁴ (332), 429¹⁶⁹ (373)
Kumar, R., **4**, 321¹⁷⁰ (262, 294)
Kumar, V., **2**, 512³⁶⁷ (445), 678²⁹³ (662)
Kumar Das, V. G., **2**, 554f¹, 617³² (526), 621³²⁴ (563), 626⁶⁷⁴ (610), 677¹⁸⁹ (652)
Kume, A., **7**, 652³⁶⁵ (585)
Kumel'fel'd, Y. M., **6**, 228²⁶⁰ (194, 196)
Kümmel, R., **2**, 679³¹⁷ (664)

Kummer, D., **2**, 299¹⁷⁷ (246), 302³⁸⁶ (294); **6**, 1111⁴⁸ (1052); **7**, 654⁴⁷⁹ (603)
Kummer, R., **3**, 695⁶¹ (652); **4**, 327⁶⁰⁴ (308, 311); **5**, 522¹⁴⁸ (297), 628⁴⁷⁵ (613)
Kumobayashi, H., **8**, 497⁶⁹ (480), 705⁸⁵ (678, 690), 709²⁶⁶ (685T, 685), 709²⁶⁸ (685T, 685), 709²⁸⁶ (685T, 685), 710³¹² (690), 710³¹⁷ (685T, 685), 931³⁰⁹ (844)
Kump, R. L., **3**, 947⁹⁵ (836); **4**, 689³⁵ (666)
Kunakova, R. V., **8**, 460³⁹⁷ (433), 461⁴³² (438), 461⁴³⁸ (439), 461⁴³⁹ (439), 461⁴⁴⁰ (440), 931³⁵⁴ (848), 932³⁶⁶ (849)
Kunau, I.-P., **5**, 68f¹²; **6**, 845f²⁶⁶
Kunchur, N. R., **2**, 904f¹¹, 904f¹², 973²³⁹ (905, 906, 935), 973²⁴⁴ (906)
Kündig, E. P., **2**, 762¹⁰⁹ (732); **3**, 81⁹⁹ (12), 82¹²⁸ (16), 702⁵¹⁸ (688), 703⁵¹⁹ (688), 981f¹⁴, 1069¹⁰⁰ (981, 982, 988, 990, 999, 1015, 1054), 1205f⁸, 1250²²⁹ (1205, 1210); **4**, 150³⁵ (8, 21), 234³² (164), 319⁵⁰ (248); **5**, 264¹⁷ (3); **6**, 33²⁵ (18), 241⁴⁰ (240), 736² (474, 475)
Kundu, K., **6**, 741²⁹⁷ (517)
Kung, C.-Y., **3**, 267²¹⁹ (210)
Kung, H. H., **8**, 95⁵⁶ (33, 34)
Kunichika, S., **6**, 442⁸⁶ (397); **8**, 796¹⁰² (774), 796¹¹⁰ (775, 776)
Kunicki, A., **2**, 675⁷³ (637)
Kunieda, T., **8**, 769³⁵ (735)
Kunimoto, N., **8**, 646²⁶⁷ (621T)
Kunio, K., **8**, 331f¹⁵
Kunioka, E., **8**, 425f⁷
Kunitake, Y., **7**, 8f⁹
Kuntsevich, T. S., **3**, 379f¹⁸
Kuntz, E., **8**, 222¹⁰¹ (127), 368⁴⁹⁵ (355), 435f⁷, 447f⁵, 460⁴⁰⁸ (434)
Kuntz, I., **7**, 460³²³ (417)
Kunugi, T., **8**, 610²⁸⁰ (597T)
Kunz, R. W., **6**, 744⁵³⁵ (545)
Kunz, V., **3**, 1073³³⁶ (1023)
Kunze, E., **2**, 676¹⁷⁵ (651), 678²⁷³ (659), 678²⁷⁸ (660)
Kunze, U., **2**, 200⁶¹² (148), 571f¹, 571f¹, 622³⁸² (570), 622³⁸³ (570), 622³⁸⁴ (570, 571), 622³⁸⁵ (570), 622³⁹³ (571); **4**, 238²⁹¹ (203); **6**, 1111⁹⁷ᵇ (1067)
Kunzek, H., **7**, 654⁴⁸³ (603)
Künzel, O., **2**, 859¹⁸ (829)
Kunzler, P., **7**, 651²⁷⁷ (573)
Kuo, S. J., **7**, 726¹¹⁴ (688)
Kuo, Y.-N., **7**, 649¹⁸⁷ (556)
Kupchik, E. J., **2**, 624⁴⁸⁸ (585, 586), 626⁶⁴³ (605)
Küpper, F. W., **2**, 973²⁴² (905, 935); **8**, 549¹³ (502)
Küpper, K. W., **2**, 904f¹⁶
Kupper, R., **7**, 513¹⁷¹ (499); **8**, 1070³²¹ (1059)
Küppers, H., **3**, 1261f³
Kupriyanov, V. F., **1**, 675²⁹¹ (613), 722¹⁵¹ (705)
Kurachi, Y., **7**, 647³⁹ (524); **8**, 929¹⁶² (810)
Kuramitsu, T., **5**, 194f¹⁶, 273⁶¹⁷ (208)
Kuran, W., **1**, 679⁵⁷⁷ (647), 680⁶¹² (649); **2**, 861¹¹⁹ (851), 861¹²⁰ (851); **6**, 241⁴¹ (240), 262⁸² (249); **7**, 425f¹, 457¹⁷⁰ (397), 458²⁰² (400), 460³⁷⁶ (423), 461⁴¹⁶ (432), 461⁴¹⁷ (432), 461⁴²⁵ (433); **8**, 282¹³⁷ (271), 927⁵⁵ (801)
Kurapova, A. I., **6**, 96¹⁷⁰ (40), 141¹²⁰ (104T), 142¹⁸¹ (104T, 109, 134T); **8**, 642⁵³ (621T), 643¹⁰⁶ (621T), 644¹⁸⁶ (621T), 644¹⁸⁹ (621T)
Kurashev, M. V., **7**, 363¹⁸ (355)
Kurbakova, A. P., **1**, 673¹⁸⁶ (593), 720⁶⁸ (691), 723²⁵⁶ (717), 752²⁸ (729)
Kurbanov, M., **7**, 725⁶⁵ (675)
Kurbanov, T. Kh., **4**, 239³⁴⁵ (206, 207T); **5**, 274⁷¹⁵ (244); **8**, 1067¹⁹⁹ (1044)
Kurbanova, F. F., **8**, 645²¹⁵ (621T)
Kurbonbekov, A., **6**, 942³⁸ (899T)
Kurek, J. T., **7**, 725⁵⁴ (673)
Kurematsu, S., **8**, 382f¹⁵, 455⁶⁴ (381)
Kurg, R. C., **3**, 473¹² (434, 449)
Kuriacose, J. C., **4**, 939f¹⁴; **8**, 95⁵⁸ (33), 366³⁹² (343), 644¹⁹¹ (632)

Kuribayashi, H., **3**, 918f[1], 951[328] (927)
Kurikov, S., **1**, 246[301] (192)
Kurita, A., **2**, 202[727] (179)
Kuritzkes, L., **8**, 364[254] (324)
Kurkov, V. P., **4**, 965[150b] (956)
Kuroda, K., **2**, 190[208] (48), 202[726] (179), 203[730] (180)
Kuroda, N., **8**, 646[275] (618)
Kuroda, Y., **6**, 347[279] (315), 384[118] (379); **8**, 935[595] (892)
Kuroiwa, A., **4**, 958f[4]
Kuroki, Y., **7**, 651[286] (574), 651[287] (574)
Kurosaki, T., **5**, 295f[6], 521[109] (292)
Kurosawa, H., **1**, 727f[6], 728f[4], 731f[4], 731f[8], 731f[9], 742f[6], 742f[7], 742f[8], 752[5b] (725, 726, 728–731, 733–735, 737, 739, 741, 743, 747–750), 752[9] (726), 753[34] (730, 738, 739), 753[50] (734, 739), 753[58] (735, 743, 744), 753[66] (735, 738), 753[82] (739), 754[99] (741), 754[100] (743, 744), 754[120] (747), 754[121] (747, 748), 754[122] (747); **2**, 194[383] (96), 770f[16]; **6**, 141[125] (104T, 113), 262[116] (253), 262[117] (253), 343[23] (282), 346[224] (312T, 312), 348[410] (331), 362[59] (358), 444[234] (416), 445[272] (422), 445[273] (422, 427), 453[22] (449), 741[295] (517), 741[313] (518), 742[367] (524), 745[584] (555), 748[761] (586), 752[1079] (634), 761[1631] (717), 761[1632] (717), 761[1633] (717), 761[1643] (720), 761[1644] (720, 726, 727), 761[1646] (720, 726), 761[1647] (720), 761[1648] (720), 761[1669] (729), 761[1675] (730), 761[1677] (730), 762[1689] (734); **7**, 510[2] (466), 511[80] (484); **8**, 929[210] (815), 929[211] (815), 934[533] (883)
Kurosawa, S., **2**, 704[8] (684), 1019[287] (1012f)
Kuroyama, Y., **8**, 937[729] (913, 914)
Kurras, E., **3**, 696[121] (657, 688), 696[124] (658, 687, 688), 918f[3], 933f[7], 933f[8], 933f[9], 933f[17], 942f[2], 942f[4], 942f[12], 951[349] (936), 951[351] (936), 951[352] (936), 1069[128] (986), 1131f[10], 1131f[11]; **8**, 385f[12], 455[92] (384), 645[228] (622T), 646[265] (616, 622T)
Kurrikoff, S., **1**, 247[388] (200)
Kursanov, D. N., **1**, 541[197] (521), 677[442] (629), 681[676] (659); **2**, 297[45] (221, 251), 508[143] (413), 618[98] (537); **3**, 1051f[11], 1070[185a] (992), 1070[185b] (993), 1073[365a] (1028), 1075[451] (1039, 1040), 1075[452] (1040), 1075[454] (1040), 1075[456] (1040), 1077[557] (1040), 1195f[2], 1381[105] (1342), 1381[111] (1342); **4**, 52f[98], 157[560] (132), 157[562] (132), 157[563] (132), 158[600] (138), 158[601] (138), 158[602] (138), 239[349] (206, 207T), 239[357] (206, 207T), 240[376] (207), 240[377] (208), 240[379] (208), 240[380]; **6**, 224[40] (192), 224[40] (192), 224[40] (192), 757[1391] (672), 987f[4], 1039[5] (988), 1066f[10], 1112[114] (1071); **7**, 455[58] (382), 656[559] (620), 656[560] (620), 656[561] (620), 656[563] (620), 656[565] (621), 656[569] (622), 656[572] (622); **8**, 339f[6], 1064[48] (1020), 1064[49] (1020), 1065[8] (1021), 1065[58] (1021), 1065[89a] (1026), 1065[89b] (1026), 1069[266] (1052), 1069[279] (1055), 1069[279] (1055)
Kurtev, B., **2**, 861[110] (849); **7**, 725[15] (664)
Kurtev, K., **5**, 355f[2], 527[462] (304T, 354, 471T, 474T)
Kurth, J., **2**, 978[493] (962); **7**, 726[101] (684)
Kurtikyan, T. S., **6**, 140[80] (134), 362[42b] (356), 760[1558] (696, 700T)
Kurts, A. L., **2**, 978[518] (965)
Kurz, H. M., **3**, 1076[536] (1057), 1076[537] (1057)
Kusabe, K., **6**, 98[313] (55T, 61T, 62T, 64); **8**, 794[13] (779, 790)
Kuse, T., **5**, 39f[8]; **8**, 280[46] (245), 366[355] (341)
Kushi, K., **8**, 363[162] (301), 644[190] (626, 627T)
Kushnikov, Yu. A., **6**, 342[9] (280, 283f), 343[10] (280, 283f), 760[1589] (706), 762[1685] (733)
Küster, H., **8**, 282[172] (275), 282[173] (275), 282[174] (275)
Küsters, A., **6**, 141[130] (104T, 105T, 106, 112)
Kustkova-Maxova, E., **6**, 225[116] (190), 226[166] (214T)
Kusumi, T., **7**, 658[660c] (642)
Kusunoki, Y., **8**, 382f[15], 455[64] (381), 458[301] (418)
Kutal, C., **6**, 944[172] (913T)
Kutepow, N. V., **6**, 261[26] (245); **8**, 223[147] (171, 175, 176, 189, 190), 927[48] (801)

Kutergina, G. L., **7**, 458[203] (400)
Kutin, A. M., **8**, 645[224] (621T)
Kut'in, A. P., **7**, 95f[12]
Kutoglu, A., **3**, 430[236] (390), 430[237] (390)
Kutschinski, J. L., **2**, 187[64] (14)
Kuty, D. W., **4**, 73f[19], 159[646] (148)
Kutyukov, G. G., **6**, 342[9] (280, 283f)
Kuwae, R., **4**, 657f[3], 814[285] (744); **5**, 353f[2], 526[433] (345), 526[434] (345), 526[443] (347)
Kuwajima, I., **2**, 188[100] (26), 188[101] (26), 202[710] (173), 754f[1]; **7**, 110[574] (87), 649[164] (552), 649[164] (552), 649[164] (552), 649[180] (555), 649[184] (555), 649[193] (557), 650[260] (569, 574), 650[267] (571), 651[274] (572), 654[443] (598), 655[510] (608), 657[617] (632), 657[621] (633), 657[622] (634), 657[623] (634), 657[623] (634), 657[623] (634), 657[631] (637), 657[632] (637), 657[633] (637), 657[634] (637), 657[635] (637), 657[636] (637), 657[637] (637); **8**, 770[106] (735)
Kuwana, T., **4**, 816[422] (762), 816[423] (762), 1061[227] (1018)
Kuyper, J., **1**, 246[321] (194); **2**, 679[383] (670); **3**, 94[766] (822), 1249[154] (1189), 1381[87] (1339); **5**, 295f[9], 521[121] (292), 523[203] (285, 303T), 552f[9], 622[66] (551); **6**, 445[286] (422), 740[254] (514, 581), 745[579] (554, 555), 747[724] (583), 845f[285], 845f[289], 845f[290], 1029f[59], 1094f[6], 1113[208] (1098); **7**, 108[487] (69), 108[488] (69)
Kuyper, L. F., **1**, 118[170] (80), 118[170] (80); **7**, 106[334] (46)
Kuzel, P., **3**, 698[244] (667, 667T), 699[289] (671, 683), 971f[7], 1086f[6], 1251[294b] (1220)
Kuzma, L. J., **7**, 463[501] (443); **8**, 711[360] (701)
Kuz'menkov, L. N., **7**, 105[292] (39)
Kuzmicheva, O. N., **3**, 714f[6]; **6**, 839f[25]
Kuz'min, E. A., **2**, 620[260] (554); **3**, 1070[171] (989)
Kuzmin, O., **6**, 181[118] (156, 160T)
Kuz'min, O. V., **2**, 509[199] (423), 509[213] (424), 516[634] (484); **4**, 309f[9], 323[321] (280), 328[636] (310); **6**, 1112[121] (1072, 1078)
Kuz'min, V. S., **4**, 463f[1]
Kuz'mina, E. A., **2**, 512[394] (452)
Kuz'mina, L. G., **2**, 908f[9], 912f[7], 912f[8], 912f[9], 912f[11], 913f[4], 915f[7], 970[25] (866, 905), 973[223] (900), 974[255] (917), 974[260] (918), 974[261] (918), 974[262] (918); **6**, 278[59] (266T, 276), 345[205] (310), 1029f[75], 1029f[79], 1039[40] (994, 1001), 1040[88] (1001); **8**, 461[439] (439)
Kuz'mina, L. Z., **4**, 326[523] (299)
Kuzmina, N. A., **7**, 656[551] (618)
Kuznesof, P. M., **1**, 263f[21]
Kuznetsov, A. L., **2**, 506[35] (403), 511[324] (441), 511[326] (441), 518[708] (504)
Kuznetsov, B. N., **6**, 180[51] (157), 180[60] (157), 180[66] (157); **8**, 643[156] (616, 633)
Kuznetsov, N. T., **6**, 226[161] (215)
Kuznetsov, S. I., **1**, 541[188a] (520); **3**, 334f[32], 362f[17], 426[14] (336, 361); **4**, 156[490] (125), 239[340] (206, 207T, 208)
Kuznetsov, V. A., **1**, 248[417] (206, 208); **2**, 510[222] (426), 518[712] (504); **3**, 1004f[36], 1073[325] (1022), 1075[444] (1038), 1251[282] (1218), 1360f[8], 1383[194] (1365)
Kuznetsov, V. L., **8**, 705[97] (691, 692T)
Kuznetsova, G. A., **2**, 512[374] (446)
Kuznetsova, G. I., **3**, 546[43] (493)
Kuznetsova, N. K., **6**, 444[252] (419)
Kuznetsova, N. V., **2**, 862[162] (859); **8**, 363[175] (302)
Kuznetzov, B. N., **8**, 708[203] (701)
Kuz'yants, G. M., **1**, 720[10] (685); **6**, 140[80] (134), 142[161] (134), 362[42b] (356), 760[1558] (696, 700T)
Kvashina, E. F., **3**, 328[114] (311); **8**, 110[24] (1077)
Kvasov, A., **3**, 347f[1]
Kvasov, B. A., **2**, 894f[12], 972[192] (897), 973[226] (901); **3**, 334f[17], 341f[8], 341f[15], 344f[23], 348f[8], 362f[6], 368f[2], 376f[21], 376f[22], 379f[6], 379f[10], 427[53] (347), 1070[153] (987, 1031)
Kvick, Å., **3**, 771f[1], 775f[4], 779[59] (712, 772), 1381[119] (1344)
Kvintovics, P., **5**, 295f[11], 521[125] (294)

Kvisle, S., **3**, 546[83] (520)
Kwan, S. C., **3**, 328[149] (320); **8**, 293f[3], 1104[27] (1079)
Kwan, T., **2**, 970[50] (869), 1015[18] (981); **8**, 280[6] (228)
Kwang-Myeong, S., **8**, 794[40] (784)
Kwant, P. W., **1**, 41[148] (32, 33T, 34)
Kwantes, A., **8**, 222[104] (129)
Kwart, H., **2**, 189[164] (37, 38, 54), 190[169] (38), 191[229] (54)
Kwart, L. D., **8**, 704[22] (691, 699)
Kwas, G., **1**, 679[577] (647)

Kwiatek, J., **5**, 270[433] (140, 142)
Kwok, P. Y., **7**, 513[180] (500)
K'yachkovskii, F. S., **7**, 462[468] (440)
Kyazimov, S. M., **8**, 646[280] (618)
Kyba, E. P., **7**, 108[445] (61)
Kyle, H. E., **8**, 221[66] (116, 140)
Kyoto, **6**, 742[374] (525, 706), 742[392] (527), 759[1544] (695)
Kyriakakou, G., **7**, 653[419] (595)
Kyskin, V. I., **1**, 553[39] (548), 553[40] (548), 553[41] (548), 553[42] (548), 553[43] (548), 553[45] (548), 553[46] (548)
Kyukov, Yu. B., **8**, 97[157] (51)

L

Laane, J., **2**, 297[66] (226, 227T), 297[71] (227, 229, 230)
Laarz, W., **2**, 506[27] (403); **3**, 1381[84] (1339); **7**, 455[66] (383)
Labadie, J. W., **5**, 353f[4], 526[445] (348)
Labarre, J.-F., **3**, 80[51] (6), 81[57] (6), 436f[20], 1074[393b] (1032); **4**, 509[343] (462); **6**, 12[24] (5), 141[131] (103); **8**, 454[42] (378)
Labartkava, M. O., **2**, 301[299] (272), 301[300] (272)
LaBelle, B. E., **7**, 100[60] (7)
Labinger, J. A., **3**, 125f[12], 556[5] (550), 556[11] (550, 552), 631[189] (588, 590), 713f[12], 714f[4], 714f[5], 714f[8], 714f[9], 714f[11], 737f[6], 753f[3], 753f[4], 769f[7], 775f[3], 779[30] (706), 779[31] (706), 779[32] (706), 779[33] (706), 779[37] (707, 713), 779[62] (713, 717), 779[67] (717), 779[68] (717), 779[70] (717, 730), 780[124] (742, 756, 757, 773), 780[153] (756, 757, 773), 781[203] (773); **4**, 239[330] (206), 374[63] (345, 345T, 357, 357T), 375[119] (362), 606[68] (522); **5**, 552f[6], 623[160] (565), 623[160] (565), 623[161] (565); **6**, 262[114] (252, 257), 741[338] (521), 741[339] (521), 805f[3], 839f[26], 839f[27], 839f[28], 839f[29]; **8**, 362[116] (295)
Labrande, B., **1**, 116[48] (50)
Labroue, D., **5**, 267[208] (44); **6**, 871f[143], 877[239] (822); **8**, 364[276] (328)
Lacconi, L., **5**, 68f[13]
Lachance, P., **1**, 117[130] (70, 71)
Lachi, M. P., **3**, 546[48] (496), 1068[63] (973); **5**, 556f[12], 626[329] (590, 594); **6**, 94[79] (56T, 80)
Lachowicz, A., **2**, 861[98] (845); **3**, 696[126] (658), 696[147] (660, 661), 697[166] (661)
Lachowski, E. E., **2**, 200[640] (157)
Lack, G. M., **4**, 241[445] (215T, 216, 229)
Laconte, M., **8**, 539f[1]
LaCour, T., **1**, 259f[18]
Lacrampe, G., **2**, 434f[4], 508[142] (413, 451, 480, 494, 495), 512[384] (449, 450, 455), 517[682] (495)
LaCroce, S. J., **4**, 374[29] (336), 393f[3]
Lacroix, R., **1**, 125f[7], 150[92] (124, 127, 130)
Ladd, J. A., **1**, 117[122] (69)
Ladd, M. F. C., **2**, 618[153] (542, 543)
Ladenburg, A., **2**, 186[4] (3), 361[89] (319), 395[4] (365, 366)
Ladner, R. C., **4**, 325[431] (292)
Ladurée, R., **7**, 105[305] (41)
Laemmle, J. T., **1**, 241[12] (157), 241[58] (160), 245[243] (181, 192, 193), 249[456] (211, 214), 249[513] (221, 222), 672[65] (566, 572), 672[89] (572), 672[90] (572, 646), 674[199] (594); **7**, 102[164a] (24), 102[165] (24), 103[190] (26), 459[307] (415), 459[311] (415, 416), 459[312] (416), 460[313] (416), 460[318] (416, 417), 460[326] (417), 460[328] (417)
Lafer, L. I., **6**, 181[85] (157); **8**, 670[111] (664)
Lafferty, W. J., **1**, 263f[1], 263f[2], 302[48] (263), 302[49] (263)
Laffey, K. J., **8**, 929[186] (812), 929[187] (812)
Lafont, D., **5**, 537[1165] (477), 537[1166] (477); **8**, 471f[14], 472f[6]
Lagally, H., **5**, 520[2] (278, 281, 317), 628[468] (612), 628[510] (620)
Laganis, E. D., **4**, 819[635] (801)

Lagerlund, I., **1**, 753[90] (740)
Lagodzinskaya, G. V., **3**, 126f[6]
Lagow, R. J., **1**, 42[206] (39), 116[105] (64), 117[106] (64), 117[107] (64), 117[108] (64), 117[109] (64), 117[110] (64), 452[17] (415), 456[197] (441); **2**, 188[117] (28), 509[174] (420, 426, 435), 510[268] (435), 675[116] (643), 949f[2], 972[157] (891), 977[471] (958); **6**, 1114[220] (1101)
Lagow, R. L., **2**, 530f[7]
Lagowski, J. J., **1**, 273f[16], 273f[19], 308[423] (292), 410[76] (402, 404), 410[81] (404); **2**, 940f[5], 940f[7], 975[360] (935), 975[360] (935); **3**, 981f[3], 1069[95] (981, 986, 999), 1069[135] (986), 1070[201] (1000), 1077[562] (1062), 1077[570] (1062), 1146[37] (1097); **8**, 669[75] (650, 651, 655, 657T, 658T)
Lagrange, Y., **8**, 459[319] (419)
Laguerre, M., **2**, 188[89] (24), 189[166] (37), 202[692] (168), 302[362] (290, 292), 302[373] (291); **7**, 648[117] (540), 654[456] (599)
Laguna, A., **1**, 728f[8], 752[18] (728), 753[77] (737); **2**, 770f[9], 770f[10], 770f[11], 770f[12], 770f[13], 770f[14], 770f[15], 786f[1], 786f[2], 786f[3], 786f[4], 786f[5], 796f[9], 796f[16], 796f[17], 818[34] (771, 804), 818[36] (771, 775, 789, 795, 797), 818[37] (771, 804), 818[54] (775, 776, 795, 797), 818[54] (775, 776, 795, 797), 820[151] (794), 820[153] (794, 801), 820[154] (794), 820[155] (794), 820[159] (795); **6**, 741[354] (522, 537T), 742[357] (522), 742[358] (522), 743[448] (533T), 744[481] (537T), 751[1007] (622, 687), 759[1506] (687, 690), 759[1544] (695)
Laguna, M., **2**, 796f[17], 818[36] (771, 775, 789, 795, 797); **3**, 82[152] (21, 23), 82[155] (21, 23); **4**, 33f[24], 34f[67], 151[139] (36, 37, 42), 151[146] (37), 242[508] (223, 224T, 227), 242[509] (223, 224T, 227); **6**, 737[49] (483), 737[51] (483), 737[52] (484), 805f[16], 840f[57], 840f[58], 840f[59], 840f[60], 868f[14], 868f[15], 868f[30], 875[132] (784, 787), 875[133] (784)
Laheurta, P., **8**, 365[337] (338)
Lahm, G. P., **7**, 658[699] (642)
Lahournère, J.-C., **2**, 516[633] (483), 533f[11], 617[79] (532), 624[505] (585), 624[508] (587)
Lahtinen, L., **7**, 651[321] (579)
Lahuerta, P., **3**, 118f[14], 120f[17], 136f[3], 156f[8], 165f[1], 170[130] (153), 170[143] (154), 170[169] (164), 170[171] (165), 1077[546] (1059), 1247[97] (1178), 1252[337] (1229), 1383[222] (1369); **4**, 321[135] (257), 387f[10], 607[140] (539f, 541), 608[214] (559f, 560, 582), 608[215] (560), 610[327] (582), 610[329] (582), 658f[24], 840[25] (825), 840[50] (830), 840[51] (830), 886[135] (870); **5**, 299f[12], 341f[3], 524[274] (298, 481, 489), 526[393] (340), 537[1129] (475T, 476), 537[1210] (489), 539[1295] (340, 468); **8**, 291f[18], 339f[21]
Lai, J. C., **8**, 607[108] (564)
Lai, M., **7**, 511[96] (487)
Lai, R., **8**, 362[133] (297)
Lai, T. F., **3**, 851f[22], 858f[8], 858f[12]
Laidlaw, W. G., **2**, 199[598] (145)
Laine, R. M., **3**, 1379[2] (1323, 1330), 1380[50b] (1331, 1335), 1383[220] (1368), 1384[246] (1375), 1384[250] (1376); **4**, 328[666] (315), 884[32] (850), 963[59] (940), 963[60] (940), 965[167] (960), 1061[265] (1027); **5**, 628[500] (617, 620); **6**, 869f[61], 877[240] (822), 877[241] (822); **8**, 17[24] (12), 96[121] (43), 100[341] (94), 222[98] (122, 157, 157T), 222[126] (157, 158), 223[155] (173, 176), 457[196] (400, 446), 931[342] (847)

Laing, K. R., **4**, 811¹⁰³ (706, 724), 811¹⁰⁶ (706), 811¹¹⁶ (708), 1058⁸⁸ (978, 979), 1059¹²¹ᵃ (987), 1059¹³⁴ (989), 1059¹³⁷ (989, 990), 1059¹⁴⁵ (990); **5**, 305f⁸, 523²⁰⁸ (303T); **8**, 280³³ (237)
Laing, M., **4**, 12f⁸, 12f³¹, 19f⁴, 19f⁶, 65f⁴⁵, 73f¹¹, 150⁵⁹ (18), 150⁷¹ (22, 85), 153²⁵⁵ (67), 158⁶²⁵ (140, 141), 235¹⁰⁷ (172), 344f², 374f², 374⁶² (343, 344f), 610³⁴⁹ (586), 610³⁵⁷ (586), 813²¹⁸ (714, 723), 813²²⁰ (724), 814³²⁰ (749), 815³³³ (750), 1062³⁰⁹ (1035); **5**, 625²⁷⁹ (583, 600); **6**, 870f⁹⁷
Laing, M. B., **4**, 511⁴⁶⁰ (489, 490T)
Laird, B. B., **5**, 535¹⁰⁰³ (450)
Laita, Z., **2**, 361¹¹⁶ (325)
Lajis, N. H., **7**, 651²⁹⁶ (576), 653³⁷⁴ (584, 586)
Lake, R. R., **3**, 781²¹¹ (776)
Lakhman, L. I., **8**, 292f⁵⁰, 331f²⁸, 362¹²⁴ (296, 328), 363¹⁷³ (302)
Lakhtin, V. G., **8**, 459³³⁸ (423)
Lakowicz, J. R., **2**, 1015¹⁶ (981)
Lal, J., **1**, 672¹²⁰ (578)
Lalage, D., **4**, 154³⁴² (86)
Lalancette, J. M., **7**, 456⁹⁷ (387, 395, 442)
Lalancette, R. A., **2**, 908f⁴, 974²⁸⁵ (920, 921, 935)
la Lau, C., **3**, 436f²¹
Lal De, R., **4**, 157⁵²⁶ (128)
La Liberte, B. R., **2**, 617⁷⁰ (531), 622³⁶² (568)
LaLima, Jr., N. J., **7**, 321⁷ (305, 314)
Lallemand, J.-Y., **3**, 112f⁹; **8**, 861f⁷, 933⁴⁴⁷ (860)
Lalor, F., **6**, 987f³, 1039²⁷ (992)
Lalor, F. J., **1**, 310⁵⁷³ (299); **3**, 1112f³, 1147⁷⁰ (1113), 1147⁷¹ (1113), 1195f³, 1249¹⁵⁵ (1190), 1249¹⁸⁵ (1195), 1317⁵² (1281), 1318⁷⁴ (1283), 1381¹¹¹ (1342), 1381¹¹² (1342); **4**, 324³⁶² (286, 298), 326⁴⁹⁶ (298), 326⁴⁹⁷ (298), 605⁴⁶ (519), 607¹²⁹ (539f), 819⁶³¹ (800); **5**, 253f², 253f⁸, 266¹²⁹ (28), 296f⁵, 373f¹⁴, 522¹³⁷ (296, 425, 468), 528⁵⁶⁰ (369), 537¹¹⁶⁸ (370); **6**, 980³⁸ (957, 962, 963T, 969T); **7**, 195¹⁰⁴ (171); **8**, 1066¹¹¹ (1031)
Lam, C. T., **3**, 893f¹⁷, 1121f⁹, 1125f⁶, 1141f¹⁵, 1141f²¹, 1143f³, 1143f⁵, 1143f⁷, 1147⁸⁷ (1122), 1253⁴⁰⁶ (1245), 1297f¹¹
Lam, D. J., **3**, 264²⁶ (177, 179), 264²⁷ (177), 264²⁸ (177)
Lam, F. L., **7**, 253¹⁴³ (249)
Lam, S. V., **3**, 858f¹²
Lamanna, U., **1**, 149¹⁸ (122)
Lamanna, W., **4**, 156⁴⁵³ (122)
LaMar, G. N., **3**, 83¹⁸⁷ (28), 264⁴⁵ (178, 179), 264⁵¹ (179), 269³⁴⁰ (234), 269³⁴¹ (234)
Lamarre, C., **7**, 223²⁰ (199)
Lamb, R. C., **1**, 245²⁸³ (188)
Lambert, C. A., **1**, 42¹⁷¹ (36); **2**, 196⁴⁴⁸ (112)
Lambert, G., **7**, 102¹⁶⁷ (24)
Lambert, J. B., **2**, 187⁶⁵ (14), 514⁵²³ (469, 471), 705⁷⁶ (691)
Lambert, L., **6**, 748⁷⁷⁰ (585)
Lambert, R. A., **2**, 861¹⁰⁸ (848)
Lambert, R. F., **4**, 51f⁴⁴, 106f¹⁷
Lambert, Jr., R. L., **1**, 242⁹³ (165, 174, 176, 188), 242⁹³ (165, 174, 176, 188), 243¹⁶⁴ (174); **2**, 188⁹⁵ (25), 189¹²⁵ (29), 189¹³⁰ (31), 189¹³³ (32), 189¹³³ (32), 194³⁵⁹ (92), 296⁴ (206), 507⁷⁴ (406), 507⁷⁵ (406), 619¹⁶⁵ (544), 619¹⁶⁶ (544), 676¹⁴⁴ (646), 676¹⁴⁸ (646), 972¹⁷⁷ (958), 977⁴⁶⁹ (958); **7**, 91f⁵, 646²⁸ (521, 524), 647⁶⁵ (527, 533), 679f⁶, 726⁷⁵ (677)
Lambourne, H., **2**, 623⁴³¹ (576)
Lamm, B., **7**, 160¹⁵⁷ (157)
Lammert, S. R., **7**, 652³⁴⁰ (581)
Lämmerzahl, F., **7**, 95f¹³
La Monica, G., **4**, 237²¹⁴ (189, 189T, 190), 237²²⁵ (189T, 190), 237²⁵² (195), 690¹⁰⁰ (676), 811⁹³ (705), 811¹¹¹ (707), 887¹⁶³ (875); **5**, 186f¹, 272⁵³³ (177), 521¹⁰³ (288, 293), 621⁴ (542), 626³¹⁸ (589); **6**, 749⁸⁴³ (596), 751⁹⁹³ (621); **8**, 280⁵⁶ (248)
Lampe, F. W., **1**, 39¹⁶ (7)
Lampe, P. A., **2**, 912f², 915f⁶, 975³²⁶ (927, 928, 929)

Lampe, R.-J., **4**, 33f²¹, 33f²⁸, 50f¹⁴, 151¹³¹ (34, 35, 38, 57, 61, 101, 102), 152¹⁷⁰ (43, 102), 236¹⁵¹ (178, 215T)
Lampert, B. A., **4**, 511⁴⁵⁷ (488, 490T)
Lampin, J. P., **1**, 754¹⁴² (752); **8**, 1067¹⁷⁷ (1041)
Lamprecht, G. J., **5**, 535¹⁰⁵⁰ (462)
Lamson, D. W., **1**, 115⁴³ (50, 70, 103T)
Lancaster, J. E., **4**, 325³⁹⁹ (289), 508²⁵⁰ (442), 508²⁵¹ (442); **8**, 1008⁸² (964)
Lance, R. L., **3**, 1256f⁸
Lanci, G., **3**, 546³⁴ (492)
Landen, G. L., **8**, 772²¹⁴ (737)
Landers, A., **4**, 480f⁶, 507²¹⁷ (437), 509³³⁶ (459), 609²⁹⁶ (578)
Landers, A. G., **4**, 480f⁷, 510³⁹⁴ (480), 510³⁹⁵ (480)
Landesberg, J. M., **4**, 326⁵⁰¹ (298); **8**, 100³³⁶ (94), 1008⁵⁷ (953)
Landesman, H., **1**, 380⁴⁷⁷ (372); **2**, 197⁴⁹⁵ (121)
Landgraf, G., **4**, 158⁵⁷⁸ (135)
Landgrebe, J. A., **2**, 972¹⁷² (895), 978⁴⁹⁹ (962); **3**, 1382¹²⁶ (1345)
Landis, V., **4**, 328⁶⁶⁶ (315), 963⁶⁸ (941); **5**, 628⁵⁰⁰ (617, 620); **6**, 869f⁶⁰ᵃ, 869f⁶¹, 869f⁶⁵, 877²⁴¹ (822), 877²⁴² (822); **8**, 17²⁴ (12), 17³⁵ (13)
Landner, L., **2**, 1015²⁸ (982)
Landsfeld, H., **3**, 699³³⁶ (673)
Lane, C. F., **1**, 286f³⁹, 307³⁷⁹ (289), 307³⁸² (289), 307³⁸³ (289), 373⁵² (313); **7**, 140²¹ (114), 141⁵² (121), 141⁵³ (121), 142¹⁰⁸ (132), 142¹⁰⁹ (132), 142¹¹⁰ (132), 145f⁵, 159¹³⁴ (154), 194¹⁰ (162), 194²¹ (162, 163), 194²⁹ (162), 194³¹ (162), 194³² (162), 195⁵⁷ (163), 195⁷³ (166), 196¹⁶⁰ (182), 197²⁰¹ (190, 191), 224⁷³ (204), 263²⁶ᵃ (260), 299²⁴ (272), 299²⁵ (272), 299²⁶ (272), 299²⁷ (272), 299³⁰ (272, 277), 300⁹² (281), 300⁹³ᵃ (281), 300⁹³ᵇ (281)
Lane, R. M., **8**, 400f⁷
Lane, T. H., **2**, 361⁹⁶ (320)
Lanfredi, A. M. M., **4**, 607¹⁸³ (549, 551, 553f), 648²⁷ (621), 885⁷⁵ (859), 885⁸⁶ (861), 885⁸⁷ (861), 885⁹⁰ (862), 929³¹ (927); **6**, 870f⁸⁵
Lang, J., **1**, 456¹⁸⁶ (440)
Lang, K. R., **6**, 1029f⁵⁷
Lang, M., **3**, 86⁴⁴⁴ (62), 115f¹, 1076⁵²¹ (1056, 1058), 1076⁵³⁶ (1057), 1252³¹¹ (1224, 1227), 1383²⁰³ (1366)
Lang, Jr., S. A., **7**, 225¹⁰⁷ (207)
Lang, W., **5**, 255f⁴, 267¹⁸⁹ (39); **6**, 260³ (244)
Lang, W. H., **8**, 98²²² (61), 608²⁰¹ (590, 591)
Langbeheim, M., **4**, 507¹⁹⁷ (432), 608²³⁰ (563, 565f)
Langbein, H., **6**, 142¹⁶⁸ (118, 121T, 122T, 123T, 124, 127)
Langbein, V., **3**, 1311f⁸; **5**, 273⁶⁴⁵ (217)
Lange, A., **3**, 731f¹⁶
Lange, E., **3**, 350f¹², 426¹⁰ (332, 336)
Lange, G., **1**, 150⁷⁷ (123, 140, 148), 249⁵⁰⁹ (221, 222, 239), 672⁸⁸ (572); **2**, 624⁵⁴¹ (592), 678²⁷⁹ (660), 678²⁸⁰ (660), 972¹⁷⁶ (960); **3**, 1146⁴⁵ (1098); **4**, 326⁴⁹⁸ (298)
Lange, M., **4**, 375¹⁴⁴ (368), 375¹⁴⁵ (368), 376¹⁴⁸ (369)
Lange, R., **8**, 425f¹³, 707¹⁷² (684), 707¹⁷³ (684)
Lange, S., **3**, 83²⁴⁸ (35), 897f⁶; **4**, 819⁶⁴³ (803), 819⁶⁴³ (803); **8**, 1068²²⁴ (1048)
Lange, W., **2**, 705⁴⁸ (687)
Langein, U., **4**, 508²⁴³ (441), 508²⁴³ (441)
Langenbach, H. J., **4**, 106f⁴⁴, 106f⁵⁵, 155⁴⁰⁴ (111); **5**, 272⁵⁶⁴ (188); **6**, 842f¹⁶⁸, 842f¹⁶⁹, 842f¹⁷¹, 843f¹⁸⁷, 843f¹⁸⁸, 843f¹⁸⁹, 844f²²², 844f²²³, 875¹⁴³ (786, 809), 875¹⁴⁴ (786, 819), 877²²⁷ (819), 877²²⁸ (819, 821), 877²²⁹ (819), 877²³⁰ (819), 877²³⁷ (821, 822)
Langenback, H. J., **6**, 841f⁸⁸, 841f⁸⁹, 841f⁹⁰
Langer, Jr., A. W., **1**, 115⁶ (44, 45, 53T, 55, 69); **7**, 456⁷³ (383), 463⁵³⁵ (451); **8**, 378f¹¹, 454³⁶ (378)
Langer, E., **2**, 200⁶¹⁶ (148); **3**, 1072²⁶¹ᵃ (1012),

1072²⁶¹ᵇ (1012), 1073³⁵⁷ (1026), 1074³⁸⁶ (1032); **5**, 531⁷⁶⁶ (410), 531⁷⁶⁷ (410), 531⁷⁶⁸ (410); **7**, 654⁴⁸⁴ (603, 604), 654⁴⁸⁵ (603)
Langer, H. G., **2**, 620²²⁶ (549)
Langer, M., **4**, 158⁵⁸⁵ (136), 158⁵⁸⁶ (136); **8**, 1066¹¹⁹ (1032)
Langer, S. H., **2**, 197⁴⁹⁸ (121)
Langford, C. H., **3**, 372f⁸; **6**, 241⁸ (235, 237)
Langford, G. R., **4**, 319²⁵ (246)
Langguth, E., **1**, 68f⁴
Langhauser, W., **3**, 819f¹⁶
Langheim, D., **4**, 817⁴⁹⁵ (775), 817⁴⁹⁶ (775)
Langhout, J. P., **4**, 694f¹⁵, 812¹⁴⁹ (714), 813²⁰⁴ (722, 724), 813²⁰⁶ (722), 814²⁸⁰ (743), 1059⁹⁸ (981), 1059¹⁰²ᵇ (981, 996, 1006), 1060¹⁵⁹ (993, 994)
Langley, D. G., **2**, 1017¹⁶⁷ (998)
Langley, N. R., **2**, 362¹⁴⁹ (334)
Langlois, N., **5**, 627⁴¹¹ (601); **8**, 497⁵⁷ (478), 497⁷⁴ (482), 497⁷⁵ (482)
Langová, J., **8**, 439f³, 439f⁴, 927⁸⁶ (803, 851), 927⁸⁷ (803, 851), 932³⁸⁴ (850)
Langridge-Smith, P. R. R., **1**, 263f¹⁴, 302¹² (256, 263)
Langry, K. C., **8**, 933⁴³⁵ (857)
Languam, W., **1**, 60f²
Langvagen, G. R., **2**, 677²²³ (654)
Lanier, C. W., **7**, 455²² (376)
Lanigan, D., **2**, 619¹⁹¹ (546, 547), 627⁷⁰⁵ (614)
Lanneau, G. F., **1**, 119²⁶¹ (97); **2**, 17f¹⁷, 186²⁷ (5, 14), 186²⁷ (5, 14), 187⁶³ (14), 188⁸⁰ (20), 190¹⁸⁰ (40), 706¹⁰⁵ (694, 698)
Lanovskaya, L. M., **3**, 435f⁴
Lansdown, R., **2**, 1015¹⁰ (980, 994)
Lansinger, J. M., **1**, 116⁵²ᵃ (52); **7**, 109⁵²³ (76), 109⁵²³ (76)
Lanstov, A. F., **1**, 696f²¹, 721¹⁰⁴ (698)
Lantseva, L. T., **2**, 972¹³⁶ (888)
Lanza, S., **6**, 743⁴²⁵ (531), 743⁴²⁷ (531), 746⁶⁶³ (566), 746⁶⁶⁴ (566)
Lanzo, R., **3**, 546³⁷ (492)
LaPaglia, S. R., **1**, 303⁷⁵ (265)
La Perriere, D. M., **2**, 972¹⁴⁷ (889), 972¹⁴⁸ (890)
Lapid, A., **8**, 339f¹⁶
Lapidus, A. L., **8**, 98²¹⁹ (61), 98²⁵⁹ (74, 75, 76), 362⁷⁶ (288), 642⁷⁷ (622T)
Lapinski, R. L., **5**, 531⁷⁵³ (407, 465)
Lapinte, C., **8**, 934⁵⁴⁹ (884)
Lapitskaya, A. V., **8**, 367⁴²⁴ (348)
Lapitskaya, M. A., **7**, 14f⁸
Lapkin, I. I., **1**, 151¹⁶⁸ (139), 151¹⁶⁹ (139), 151¹⁷⁰ (139), 151¹⁷¹ (139), 151¹⁷² (139), 151¹⁷³ (139), 250⁵³⁴ (224, 225, 230), 250⁵³⁷ (224, 225, 226, 227, 230); **2**, 202⁷⁰⁹ (173), 507⁵³ (404, 420, 435), 507⁵⁹ (404), 512³⁵⁴ (445), 849f³; **7**, 102¹⁵⁰ (23f), 102¹⁵¹ (23f), 102¹⁵¹ (23f), 102¹⁵² (23f), 102¹⁵² (23f), 654⁴⁴⁹ (599), 655⁵⁰² (606)
LaPlaca, S. J., **2**, 707¹⁴⁷ (700); **4**, 153²⁵⁴ (67), 234⁵¹ (165); **5**, 527⁴⁶¹ (351), 621¹⁹ (547)
Laporte, O., **2**, 189¹³⁸ (32)
Laporterie, A., **2**, 191²²⁶ (53), 299²⁰⁰ (249), 300²³⁴ (259T, 260), 302³⁵⁵ (286, 287), 501f⁴, 507⁸⁷ (408), 508¹³¹ (411), 508¹⁶³ (418), 508¹⁶³ (418), 513⁴³⁹ (456)
Lapouyade, P., **2**, 188⁸⁵ (22), 188¹¹⁶ (28), 189¹²⁷ (30), 189¹²⁸ (30), 190¹⁸³ (40), 192²⁷⁷ (71), 192²⁷⁷ (71); **7**, 657⁶¹⁰ (631)
Lapouyade, R., **1**, 116⁴⁸ (50); **7**, 106³³⁵ (46)
Lapp, E., **2**, 513⁴⁶² (459)
Lapp, T. W., **2**, 619¹⁸³ (546)
Lappert, M. F., **1**, 39¹⁷ (7), 39²⁵ (10), 40³³ (11), 40⁷¹ (16), 40⁷² (16), 41¹⁰¹ (21), 246³²⁶ (194, 197), 246³²⁶ (194, 197), 246³³¹ᵇ (195), 248⁴²⁷ (207), 260f¹⁶, 260f²⁰, 260f²¹, 260f²⁸, 260f³¹, 260f³⁴, 261f³⁷, 261f⁴², 262f⁴³, 272f³, 273f³⁷, 275f⁸, 286f⁶, 302⁷ (254, 270, 271, 274, 279, 281, 284, 286, 294), 303⁹⁵ (268), 303⁹⁶ (268), 304¹⁴³ (269), 305²⁰³ (273), 305²⁰⁷ (274), 305²⁰⁸ (274), 305²⁰⁹ (274), 305²¹¹ (277, 292, 294), 305²²⁶ (279), 306³²¹ (284), 306³³⁹ (287), 307³⁷⁸ (289), 308⁴⁶² (294), 308⁴⁶⁷ (294), 308⁴⁶⁹ (294), 308⁴⁷⁰ (294), 309⁴⁸⁶ (296), 310⁵⁵⁴ (299), 310⁵⁵⁸ (299), 310⁵⁶³ (299), 373²⁹ (313), 373³⁶ (313), 379⁴²⁴ (366), 454¹¹⁵ (430), 454¹¹⁵ (430), 675³¹⁷ (618), 675³¹⁸ (618), 676³⁴⁵ (622); **2**, 6f⁶, 191²⁵⁵ (62), 191²⁵⁶ (62), 191²⁶¹ (64), 193³³⁷ (86, 91), 194³⁶¹ (93), 194³⁸¹ (96), 194³⁸⁴ (96), 194³⁸⁵ (96, 129), 194³⁸⁵ (96, 129), 194³⁸⁵ (96, 129), 194³⁸⁶ᵃ (96), 194³⁸⁶ᵇ (96), 194³⁸⁶ᶜ (96, 129), 198⁵³¹ (128, 129), 198⁵³⁸ (129), 198⁵³⁹ (129), 198⁵³⁹ (129), 198⁵³⁹ (129), 198⁵⁴³ (130), 198⁵⁴⁷ (130), 198⁵⁵⁹ (133), 199⁵⁸⁶ (143), 297⁸⁴ (229), 298⁹⁶ (232), 298⁹⁷ (232), 303⁴⁰⁰ (295T), 434f⁶, 501f⁹, 502f⁶, 505f⁵, 505f⁶, 505f⁷, 506²⁰ (402, 410, 422, 423, 447, 448, 449, 450, 451, 455, 456, 457, 458, 473, 474, 475, 480, 482, 490, 502, 504, 505), 507⁵⁴ (404, 420, 424, 473, 475, 476), 507¹⁰⁹ (410), 509¹⁹¹ (422, 438, 473, 474, 475, 477), 509²⁰⁷ (424, 473, 475, 477), 513⁴⁰⁸ (453), 515⁵⁶⁵ (474, 480, 481, 482, 490, 505), 516⁵⁹⁰ (480), 516⁵⁹¹ (480), 516⁵⁹³ (480, 482), 516⁵⁹⁵ (480, 482), 516⁵⁹⁵ (480, 482), 516⁶⁰⁶ (481), 516⁶¹² (482, 485, 505), 517⁶⁶⁸ (490), 517⁶⁷¹ (490), 525f², 617⁸² (535), 619¹⁷⁹ (545), 620²⁵⁸ (554), 621³⁰⁵ (559), 625⁵⁵⁹ (594), 625⁵⁶⁵ (595), 625⁵⁷¹ (596), 625⁵⁷² (596), 625⁵⁷⁹ (597), 625⁵⁸⁰ (597), 625⁵⁸⁹ (599), 625⁵⁹⁰ (599), 625⁵⁹² (599), 625⁶⁰⁰ (600), 625⁶⁰⁹ (601), 625⁶¹⁷ (602), 626⁶³⁰ (603), 636f¹, 674³⁹ (635), 674⁴⁹ (636), 674⁵³ (636), 676¹⁴⁹ (647), 680³⁸⁵ (670), 680³⁸⁶ (670), 704⁴ (683), 713f⁶, 713f⁶, 723f⁴, 723f⁴, 760¹⁴ (715, 724, 725, 733, 750), 760¹⁴ (715, 724, 725, 733, 750), 816f⁷, 821²¹⁹ (817), 821²²⁰ (817); **3**, 83²¹⁴ (31), 83²¹⁶ (31), 88⁵¹⁷ (76), 88⁵²⁵ (77), 88⁵²⁸ (77), 88⁵³³ (77), 88⁵³⁶ (77), 102f², 103f⁵, 103f⁷, 103f⁸, 265¹⁰⁹ (184), 266¹⁶³ (198, 199), 266¹⁶⁴ (198, 199, 200), 266¹⁶⁵ (199), 266¹⁷⁶ (202, 203, 204), 266¹⁸² (204), 310f², 327⁶¹ (297), 327⁷⁹ (301, 306), 327⁸⁰ (301, 302, 307), 327¹⁰³ (308), 328¹¹⁰ (309), 328¹⁷⁵ (325), 355f³, 355f⁴, 359f⁵, 362f¹, 362f¹¹, 392f⁴, 392f⁵, 392f⁶, 392f⁷, 392f⁸, 398f²², 398f²³, 406f¹⁶, 419f¹⁰, 419f¹⁶, 427³⁸ (338, 354), 427⁷⁴ (354), 427⁷⁷ (354), 428¹¹⁵ (361, 363), 430²⁴⁶ (392), 430²⁵¹ (393), 430²⁵² (393), 430²⁶¹ (396), 430²⁶² (396), 461f¹⁴, 461f¹⁶, 461f²⁶, 461f²⁸, 461f³¹, 469f¹, 470f¹, 470f², 470f³, 473² (434, 462, 469), 474⁶⁷ (451), 474⁷⁶ (459), 474⁷⁷ (459), 474¹¹⁴ (469, 470), 474¹¹⁵ (469, 470), 474¹¹⁶ (469, 470), 556¹ (550), 557¹⁹ (550), 557²² (550, 552), 557²³ (550), 557²⁴ (550), 557²⁵ (550), 557²⁶ (550), 557³⁰ (550, 551), 628⁵ (561, 575, 577, 578), 628⁷ (561), 629⁴⁵ (567, 568, 570, 583, 585, 586, 606, 609), 629⁴⁷ (567, 586, 607, 608), 629⁴⁸ (567, 586, 607, 608), 629⁴⁹ (567, 568, 581, 586, 606, 607, 608, 609), 629⁵⁰ (567, 606, 607, 609), 629⁵⁴ (568, 580, 581, 583, 585, 587, 596), 629⁶⁰ (569, 570, 583, 585, 596), 629⁶⁶ (569, 572, 578), 629⁹⁰ (572), 630⁹⁴ (573, 600, 601), 630⁹⁵ (573, 600, 601), 630⁹⁶ (573, 600), 630⁹⁷ (573, 578), 630¹²⁸ (578, 590), 630¹⁴⁶ (581, 593), 630¹⁴⁷ (581, 594), 630¹⁴⁸ (568, 581, 587, 590, 595, 602, 603), 631¹⁶⁰ (582, 585, 586), 631¹⁶² (583, 591, 600), 631¹⁶⁴ (567, 583, 607), 631¹⁷³ (585), 631¹⁷⁵ (585, 587, 593, 594, 595), 631¹⁷⁶ (585, 587, 594), 631¹⁸² (586, 608, 615), 631¹⁸⁷ (587), 631²⁰⁷ᵃ (593, 596), 631²⁰⁸ (593, 607, 609), 632²⁴² (582, 611), 645¹ (635, 636, 637), 645² (635, 636), 645⁴ (636), 645⁴ (636), 645⁶ (636, 637, 638, 639), 645⁷ (636, 641), 645⁸ (636, 637, 638), 645¹¹ (636), 645¹² (637, 639), 646³¹ (639), 696¹⁰¹ (656), 696¹¹⁵ (657), 697²¹⁷ (665), 701⁴⁰⁷ (677), 722f⁶, 735f⁴, 736f⁴, 736f⁵, 736f⁷, 745f¹⁴, 764f¹⁶, 767f¹¹, 771f⁴, 771f⁶, 772f⁷, 772f⁸, 780¹⁰² (730, 739), 780¹³⁴ (745), 781¹⁸⁵ (764), 781¹⁹² (769, 771), 819f²³, 823f⁵, 891f¹³, 899f⁵, 908f⁹, 938f³, 949²¹¹ (880), 950²⁴³ (888), 950²⁴⁵ (888), 950²⁵⁴ (894), 950²⁵⁵ (895), 950²⁵⁸ (895), 950²⁹² (909, 911), 950³⁰³ (915), 951³⁵⁵ (939), 965f⁸, 965f⁸, 966f², 966f², 1067³⁰ (965), 1067³⁰ (965), 1125f⁴, 1125f⁵, 1147⁹² (1123), 1147¹⁰⁴ (1128), 1187f¹,

1188f³, 1189f¹⁵, 1189f²⁰, 1246⁵⁰ (1161), 1248¹³⁰ (1185), 1248¹⁵⁰ (1188), 1248¹⁵⁰ (1188), 1297f⁷, 1297f¹⁵, 1299f¹, 1338f³, 1338f⁹, 1381⁸⁸ (1340); **4**, 11f³, 33f³⁶, 50f³⁶, 150³⁹ (12), 150⁷³ (22), 152¹⁵⁹ (41), 309f¹⁰, 328⁶⁰⁵ (308), 373¹ (332), 375¹³⁷ (366, 371), 606⁶⁴ (522), 606⁶⁶ (522), 609²⁵⁸ (570f, 571), 612⁴⁵⁸ (596), 612⁴⁶⁶ (596), 690¹²⁸ (683), 690¹²⁹ (684), 690¹³⁰ (685), 812¹⁹¹ (719), 886¹⁰³ (865), 1060²⁰⁰ (1008), 1060²⁰¹ (1009); **5**, 158f¹, 158f³, 213f³, 266¹⁷³ (36), 268²⁷⁶ (74), 269³⁶⁶ (113), 271⁴⁶⁵ (156), 271⁴⁶⁷ (157), 403f³, 417f¹, 417f², 418f³, 418f⁴, 528⁵⁷⁴ (375), 528⁵⁷⁶ (376), 532⁷⁸⁶ (412), 532⁷⁸⁸ (412), 532⁷⁸⁹ (412, 413, 465), 532⁷⁹⁰ (412, 413), 532⁷⁹¹ (413), 532⁷⁹² (413), 532⁷⁹³ (413), 532⁷⁹⁴ (414), 532⁷⁹⁵ (414), 532⁷⁹⁶ (414), 536¹⁰⁹⁸ (471T), 539¹²⁸¹ (511), 539¹³¹⁰ (465), 622⁷⁰ (551, 557), 624²²⁸ (575), 624²³² (575), 624²³³ (575), 624²⁴⁶ (578); **6**, 33⁷ (16, 21T), 93² (55T), 94⁵⁹ (43T), 140⁴⁰ (110), 143²⁶⁴ (109), 143²⁶⁵ (109), 180⁸² (145, 146T, 159T), 226¹⁴⁷ (201, 201T), 344⁸³ (292), 344⁸⁵ (292, 293), 344¹⁰⁴ (297), 344¹⁰⁵ (297), 344¹⁰⁶ (297), 344¹⁰⁷ (297), 344¹⁰⁹ (297), 344¹¹⁰ (297), 443¹³⁶ (402), 739¹⁹² (502, 510), 739¹⁹³ (502), 739²⁰⁶ (505, 508T), 739²⁰⁷ (505), 739²¹¹ (506), 739²¹² (506), 739²¹³ (506), 739²¹⁴ (506), 739²³² (509), 740²³⁵ (509), 740²⁴¹ (510), 740²⁴² (510), 740²⁴⁸ (513), 740²⁶⁸ (515T), 740²⁷² (515T, 541, 549), 741²⁹⁸ (517, 518), 741³⁰⁵ (518, 536T, 538T, 539T, 541), 741³⁰⁶ (518), 741³¹⁶ (518, 521), 741³⁴¹ (521), 741³⁴² (521), 743⁴⁵¹ (533T, 539T), 744⁴⁸² (532, 538T, 539T), 745⁵⁹⁰ (558), 745⁵⁹⁵ (559, 560, 561, 563), 757¹³⁹⁰ (672), 839f¹¹, 839f¹², 839f¹³, 875¹⁰⁹ (777), 979⁶ (949, 952, 953, 959T), 980²⁰ (952, 959T), 1058f⁸, 1058f⁹, 1058f¹³, 1060f⁴, 1061f¹⁴, 1062f², 1074f¹, 1074f², 1080f¹, 1085f¹, 1093f¹, 1094f⁵, 1110¹² (1044, 1047, 1049, 1050, 1051, 1081, 1082, 1083), 1110²² (1046, 1082), 1110³⁵ (1049), 1111⁵⁷ (1054, 1065, 1081, 1086), 1111⁵⁸ (1054, 1065), 1111⁷⁰ (1058), 1111⁷⁴ (1060, 1061, 1064), 1111⁷⁸ (1061), 1111⁹⁰ (1065, 1068, 1078, 1083), 1112¹⁵⁰ (1082); **7**, 107³⁹⁸ (53, 54), 299⁵⁷ (276), 335¹ᵃ (323), 336⁵⁴ (335), 336⁵⁵ (335), 462⁴⁷² (441), 647⁵¹ (527), 647⁵¹ (527), 647⁷⁹ (531, 533), 727¹⁴⁷ (697), 729²⁷² (723); **8**, 281⁶¹ (249), 549³³ (504, 505), 549³³ (504, 505), 643¹²⁸ (630T), 645²¹¹ (632), 669⁵⁷ (660), 705⁶⁶ (693, 694T), 706¹¹⁶ (693, 694T), 929¹⁷³ (810), 1104¹¹ (1075, 1079)
Lappin, M., **4**, 97f¹⁹, 153²⁹⁰ (72)
Lapporte, S. J., **4**, 811⁷¹ (700), 886¹⁴⁸ (872); **5**, 313f¹, 524²⁷⁹ (312), 559f¹³, 622⁶³ (551); **7**, 464⁵⁵⁷ (453); **8**, 99²⁹⁷ (83)
Lappus, M., **4**, 34f⁴⁷, 52f⁷⁷
LaPrade, M. D., **1**, 457²⁴³ (451); **3**, 85³³⁰ (45), 169⁹⁴ (141), 851f¹⁸, 858f⁹, 1246⁴⁵ (1160), 1246⁵⁵ (1163); **4**, 608²¹⁰ (559f, 560, 561), 814³⁰⁶ (747)
Laptev, V. T., **1**, 420f⁴, 420f⁴, 452²³ (418)
Laran, R. J., **1**, 150⁸³ (124), 151¹¹⁵ (127), 152²⁴⁰ (147), 152²⁴¹ (147)
Larbig, W., **1**, 272f², 275f³⁶, 305²⁵⁷ (280), 609f¹, 674²¹⁶ (598, 650, 658), 674²⁵⁸ (607, 608, 609, 610, 625, 629, 638); **7**, 158⁵ (143), 158¹⁶ (143), 195⁹⁵ (170, 171), 225¹⁰⁴ (207, 212), 226¹⁶⁴ (211), 454⁴ (367, 369, 372, 373, 379), 455¹⁵ (372, 379, 393)
Larcher, F., **1**, 246³³⁰ (195)
Larcher, L., **2**, 187⁷⁶ (19)
Larchevêque, M., **7**, 35f⁹, 102¹²⁸ (20), 102¹³⁴ (20), 106³⁴²ᵃ (47), 106³⁸¹ (51), 108⁴⁶⁶ (64); **8**, 497⁹⁹ (490), 930²⁴⁸ (831)
Lardicci, L., **1**, 125f¹¹, 150⁶⁶ (123, 128, 148, 149), 151¹²³ (128, 148), 153²⁵⁶ (148), 153²⁶⁰ (149), 306³¹⁶ (284), 672⁹² (572), 674²¹⁴ (597, 608, 624), 676³⁵² (624), 676³⁸³ (624), 676³⁸⁷ (625), 680⁶¹⁴ (649); **7**, 254¹⁵³ (250), 456⁷⁸ (384), 456⁹⁴ (387), 456¹¹⁹ (391), 457¹⁵³ (395), 457¹⁵⁴ (395), 458²¹² (402), 460³⁶⁹ (422), 460³⁷⁰ (423), 460³⁷¹ᵃ (423), 460³⁷¹ᵇ (423), 461⁴²⁸ (433); **8**, 641³⁹ (627T), 643¹⁴⁵ (626, 627T), 645²¹⁷ (640), 669²⁹ (651, 657T), 669³⁰ (651, 657T), 669³⁶ (651, 657T), 669⁶⁰ (651, 657T), 669⁶⁸ (651, 657T), 669⁶⁹ (651, 657T, 658T), 771¹⁷³ (741, 762T), 772¹⁹² (769)
Larikov, E. I., **1**, 674²⁶³ (608), 677⁴⁰³ (625), 678⁴⁷⁷ (632), 678⁴⁷⁸ (632); **8**, 1080f², 1083f¹
Larin, G. M., **3**, 698²⁶⁵ (670), 698²⁶⁷ (670), 698²⁷² (670), 764f¹⁵, 781¹⁸⁷ (765); **6**, 99³⁶⁶ (64); **8**, 366³⁶⁰ (342), 366³⁶¹ (342)
Larin, N. V., **3**, 265⁸⁵ (182), 699³³⁹ (673, 674), 702⁵⁰³ (687, 689), 1070¹⁶² (988), 1250²³⁴ (1206); **6**, 224⁴⁷ (192)
Larionov, S. V., **6**, 347³²⁹ (321)
Lark, J. C., **7**, 224⁵⁸ (202)
Larkin, G. A., **6**, 343⁴² (285, 293), 738¹²⁵ (494, 496), 738¹²⁶ (494, 496, 498), 739¹⁷¹ (500)
Larkworthy, L. F., **1**, 302⁶¹ (264); **3**, 264²⁹ (178)
La Roche, K. H., **2**, 972¹⁸⁰ (896)
Larock, R. C., **1**, 285f¹⁶, 285f²³, 285f²⁴, 285f²⁵, 306³⁰⁵ (284), 306³¹⁴ (284), 310⁵⁹⁰ (301), 754¹²⁷ (749); **2**, 969¹³ (864, 869, 870, 956, 957), 970⁴² (869), 970⁴³ (869, 870), 970⁴⁴ (869, 870), 970⁴⁵ (869, 870), 970⁴⁶ (869, 870), 977⁴⁴¹ (956), 977⁴⁴³ (956), 977⁴⁴⁴ (956, 957), 978⁵¹⁵ (964), 978⁵¹⁹ (965), 978⁵⁴³ (968), 978⁵⁴⁴ (969); **6**, 443¹⁵¹ (403), 443¹⁵² (403); **7**, 141²⁵ (115), 141⁶⁸ (124, 125), 141⁷⁰ (125), 196¹²⁶ (175), 197²¹⁰ (192), 298¹⁸ (270), 299⁵¹ (276), 299⁵³ (276), 322²⁰ (308), 322²¹ (308), 513¹⁸⁷ (501, 503, 507), 726⁷¹ (671, 676), 726⁸⁷ (681), 726⁸⁸ (681), 726⁸⁹ (681), 726⁹⁰ (682), 726⁹¹ (682), 726⁹² (683), 726⁹³ (683), 726⁹⁵ (683), 726⁹⁶ (684), 726⁹⁸ (684); **8**, 222¹³⁵ (159, 161), 928¹⁵³ (809), 928¹⁵⁴ (810), 928¹⁵⁵ (810, 877), 933⁴⁹² (877), 936⁶⁶⁴ (903), 936⁶⁶⁵ (903), 937⁷⁸⁰ (923), 938⁷⁸⁶ (924), 938⁷⁸⁹ (924), 938⁷⁹⁰ (924)
LaRossa, R. A., **5**, 269³⁴⁵ (103)
Larrabee, R. B., **2**, 191²³⁷ (56); **3**, 169⁶³ (127), 169⁷¹ (130)
Larsen, C., **7**, 652³⁴⁹ (583), 653⁴⁰⁰ (592), 654⁴⁷² (602)
Larsen, D. W., **2**, 396¹⁰¹ (385); **3**, 102f¹⁶, 102f¹⁷, 102f¹⁸, 102f¹⁹
Larsen, E. M., **3**, 556⁴ (550)
Larsen, J. W., **8**, 365²⁸⁴ (328), 367⁴⁰⁸ (346)
Larsen, L. A., **1**, 377²⁵⁰ (348)
Larsen, N. G., **3**, 881f²
Larsen, S. D., **3**, 268²⁷³ (217)
Larson, G. L., **2**, 188⁹⁴ (25), 192²⁹³ (76); **7**, 148f⁷, 148f⁸, 196¹⁵⁶ (181), 252¹⁵ (231), 253⁹⁵ (241), 253⁹⁷ (241), 253⁹⁸ (241), 253¹⁰⁸ (244), 299⁷⁸ᵃ (279), 650²³¹ (562), 650²³¹ (562), 650²⁴⁹ (566), 650²⁵⁰ (566)
Larson, M. L., **3**, 1084f²
Larson, W. D., **1**, 678⁵⁰⁷ (633)
Larsson, E., **2**, 197⁵⁰⁴ (122, 171)
Larsson, S., **3**, 946⁷ᵈ (791); **5**, 265⁵⁴ (12); **6**, 12²² (5), 14¹¹³ (5)
Lasai, N., **6**, 263¹⁶⁰ (257)
Laser, W. H., **2**, 362¹⁶⁷ (345)
Lashewycz, R. A., **4**, 156⁴⁵⁶ (122), 658f⁵¹, 658f⁵², 894f⁴, 894f⁵, 895f², 895f³, 907³² (896), 907³³ (896), 907³⁴ (896), 1058⁶⁷ (976), 1061²⁶² (1026), 1061²⁶³ (1026), 1062³²² (1039), 1062³²³ (1039); **6**, 869f⁴⁷
Lasky, J. S., **5**, 535¹⁰³⁴ (461), 627³⁹⁶ (600); **6**, 753¹¹²⁹ (638)
Lasocki, Z., **2**, 197⁵⁰⁶ (123), 300²⁶² (265T)
Lassau, C., **8**, 341f¹³, 366³⁷⁰ (342)
Lassigne, C. R., **3**, 102f³², 168²³ (98)
Laswick, J. A., **2**, 940f³, 975³⁴⁶ᵃ (931)
Laszlo, P., **3**, 112f⁹
Latajka, Z., **1**, 149¹⁷ (122)
Latham, R. A., **1**, 248³⁹² (201, 205, 206, 210, 211, 213)
LaTorre, F., **8**, 933⁴⁶⁹ (868)
Latov, V. K., **8**, 365³⁰⁹ (336)
Lattes, A., **2**, 882f¹⁴, 882f¹⁵, 970³⁷ (868), 971⁹⁴ (879), 978⁵²⁸ (966), 978⁵³⁶ (967); **7**, 725⁵² (673), 725⁶³ (675), 725⁶³ (675), 725⁶⁴ (675); **8**, 549¹⁵ (502, 546)

Lattke, E., **1**, 119[240] (94), 119[246] (97)
Lattman, M., **3**, 81[74] (9), 879f[14], 949[208] (876); **6**, 796f[6], 839f[34], 876[186] (795)
Latyaeva, B. N., **6**, 1058f[4]
Latyaeva, N. L., **3**, 696[149] (660)
Latyaeva, V. N., **1**, 248[428] (207); **2**, 861[154] (858); **3**, 315f[5], 326[12] (284, 285), 326[13] (284, 285), 326[16] (285), 327[82] (302), 334f[25], 348f[9], 348f[10], 359f[16], 359f[17], 379f[13], 379f[17], 398f[17], 398f[44], 407f[10], 424f[5], 424f[7], 426[17] (336), 428[89] (358), 428[108] (361), 429[185] (377), 429[186] (377), 429[187] (377), 431[321] (423), 436f[29], 460f[4], 461f[35], 474[82] (459, 462), 474[84] (462), 474[97] (464), 474[98] (464), 646[42a] (641), 696[114] (657, 660), 696[122] (657), 696[123] (658), 696[148] (660), 696[153] (660), 696[159] (661), 698[271] (670), 698[272] (670), 698[273] (670), 698[274] (670), 698[275] (670), 698[279] (670), 699[295] (671), 700[348] (673), 701[406] (677, 681), 701[408] (677), 701[409] (677, 678, 679), 701[431] (680, 681, 682), 701[432] (680), 701[441] (681); **5**, 271[460] (153); **6**, 1058f[2], 1058f[7], 1060f[6], 1111[72] (1059); **8**, 1104[18] (1077)
Latypov, G. M., **8**, 457[199] (401), 706[103] (685T, 685), 706[132] (672, 674T, 690)
Lau, A. N. K., **2**, 908f[15], 971[119] (885)
Lau, C. P., **8**, 608[154] (576, 577, 594T)
Lau, K., **8**, 223[177] (203)
Lau, K. K., **1**, 420f[8], 420f[10]
Lau, K. S. Y., **1**, 119[244] (95); **5**, 529[617] (380); **6**, 741[335] (519); **8**, 936[684] (905), 936[685] (905)
Lau, P. T., **6**, 1074f[1], 1085f[1], 1110[11] (1044, 1047, 1082, 1083)
Lau, P. W. K., **7**, 95f[4], 647[77] (531), 648[123] (542), 649[186] (556), 650[265] (570), 652[331] (580)
Laub, P., **3**, 696[119] (657)
Laub, R. J., **7**, 346[14] (340)
Laubach, B., **7**, 655[493] (605)
Laubengayer, A. W., **1**, 40[36] (11), 583f[5], 584f[3], 671[9a] (557, 562, 593), 671[51] (563), 671[64] (566), 675[328] (619), 678[476] (632), 678[502] (633), 689f[2], 696f[24], 720[42] (688), 720[49] (690), 722[196] (712)
Laubereau, L., **3**, 265[89] (182)
Laubereau, P., **1**, 152[219] (146), 152[220] (146), 152[221] (146); **3**, 265[76] (180, 212), 267[237] (212), 267[238] (212), 267[240] (212), 267[252] (214), 267[253] (214), 268[277] (218), 268[278] (218), 632[225] (602), 703[572] (692)
Laubereau, P. G., **1**, 152[218] (146); **3**, 264[36] (178, 182), 265[75] (180, 212), 265[134] (189, 190), 267[241] (212), 268[282] (219), 268[292] (223), 268[293] (223)
Lauder, A., **2**, 857f[1], 861[149] (856), 972[163] (892), 976[374] (939), 976[374] (939)
Lauer, M., **8**, 471f[8], 472f[3], 473f[3], 496[30] (470, 473)
Laufen, H., **4**, 107f[100], 237[227] (189T)
Laufenberg, J., **4**, 507[185] (429), 507[205] (436)
Laughon, D. H., **3**, 102f[20]
Lauher, J. W., **1**, 409[32] (386); **3**, 84[260] (36), 84[271] (37, 38, 54, 58), 557[34] (551), 629[53] (568, 581), 702[496] (686), 780[143] (751, 756, 757, 770); **4**, 321[185] (265, 317), 414f[3], 479f[13], 1063[390] (1053); **5**, 210f[4], 273[620] (209, 210, 218), 525[378] (325), 539[1264] (325); **6**, 14[127] (10), 224[77] (195), 736[41] (482), 806f[49], 844f[261], 876[220] (817)
Launer, C. R., **1**, 120[293] (106)
Laurence, K. A., **2**, 972[155] (891)
Laurent, A., **1**, 243[161] (174); **7**, 14f[2], 14f[2], 14f[3], 159[91] (148), 253[85] (240), 253[86] (240)
Laurent, J.-P., **1**, 376[191] (338), 377[269] (349, 364); **2**, 707[154] (701)
Laurent, M. P., **6**, 743[460] (534T)
Laurie, V. W., **3**, 102f[29]
Lausarot, P. M., **4**, 963[23] (935), 963[25] (935), 964[81] (944), 964[82] (944); **5**, 524[309] (318); **6**, 871f[141], 876[164] (790); **8**, 364[274] (328)
Lauterbur, P. C., **2**, 617[38] (527, 565); **3**, 694[18] (649); **4**, 479f[21], 506[168] (426, 448); **8**, 1009[142] (978)
Lauwers, M., **7**, 658[660b] (642)

Laval, J. P., **7**, 725[63] (675), 725[63] (675), 725[64] (675); **8**, 549[15] (502, 546)
Lavallee, D., **5**, 530[666] (388)
Lavallee, P., **2**, 201[653] (159); **7**, 651[301] (576)
Lavayssière, H., **2**, 510[278] (437), 511[295] (438, 493, 497), 511[308] (439, 489, 493, 498), 511[309] (439, 488, 494, 498), 512[337] (443), 512[384] (449, 450, 455), 513[437] (455, 495, 496, 497, 498), 517[679] (493, 497), 517[680] (493), 517[684] (497, 498)
Lavecchia, M., **5**, 538[1234] (494, 503); **8**, 305f[52]
Lavender, Y., **3**, 809f[8], 826f[4], 1106f[9], 1275f[8]
Lavergne, J. P., **2**, 508[147] (414)
Laverty, D. T., **8**, 550[86] (520), 550[86] (520), 551[137] (540), 551[138] (540, 543)
Laveskog, A., **2**, 1019[270] (1010)
Lavigne, G., **4**, 107f[76], 811[97] (705, 712), 841[91] (837), 841[92] (837), 846f[3], 887[195] (882), 887[196] (882), 887[197] (882)
Lavington, S. W., **6**, 748[812] (590, 591)
Laviron, E., **1**, 385f[5]; **3**, 334f[26], 428[124] (362); **4**, 510[409] (482); **5**, 246f[2], 527[482] (357); **8**, 1065[93a] (1026)
Lavrent'ev, I. P., **6**, 444[251] (419); **7**, 456[96] (387)
Lavrent'eva, E. A., **7**, 456[96] (387)
Lavretskaya, E. F., **1**, 377[286] (351)
Lavrinovich, L. I., **1**, 378[351] (359), 378[353] (359), 379[382] (362), 379[386] (362)
Law, R. W., **1**, 304[142] (269)
Lawesson, S.-O., **1**, 379[368a] (361); **7**, 64f[7]
Lawler, R. G., **1**, 241[51] (159), 242[70a] (161, 166)
Lawless, E. W., **1**, 255f[1], 302[9] (254)
Lawlor, J. M., **1**, 119[219] (89, 90T)
Lawrence, A. W., **2**, 1017[156] (998)
Lawrence, J. P., **3**, 88[545] (79); **6**, 739[190] (502); **8**, 538f[5], 539f[2], 540f[1], 549[9b] (500, 512, 515, 516, 519, 525, 536, 538), 551[136] (539, 542, 543, 544)
Lawrence, J. R., **1**, 541[210c] (524)
Lawrence, L. M., **1**, 242[71] (162)
Lawrence, R. V., **6**, 347[315] (322), 384[115] (378), 749[832] (592, 594T); **8**, 861f[5]
Lawrenson, I. J., **1**, 377[259] (349)
Lawrenson, M. J., **8**, 607[135] (569), 610[281] (597T)
Lawson, D., **3**, 545[6] (486)
Lawson, D. N., **5**, 285f[4], 520[32] (282, 284, 285, 288, 292), 525[381] (317, 354), 529[623] (381), 529[624] (381, 497), 531[739] (405, 409)
Lawson, R. J., **3**, 160f[6], 170[155] (158), 170[157] (159); **5**, 362f[11], 362f[12], 527[505] (360), 527[506] (360), 527[510] (361, 416), 538[1202] (416), 539[1305] (365)
Lawston, I. W., **2**, 819[89] (782), 819[89] (782); **7**, 108[447] (61)
Lawton, D., **6**, 754[1198] (648T)
Laxen, D. P. H., **2**, 680[400] (673), 1017[113] (994), 1017[114] (994), 1017[119] (995), 1018[188] (1001, 1009, 1010f), 1019[280] (1010)
Lay, K. L., **4**, 1060[158] (994)
Laye, P. G., **2**, 674[47] (635)
Layton, A. J., **6**, 841f[111], 875[94] (776), 1029f[70]
Layton, R. B., **1**, 681[690] (662); **7**, 322[61] (318), 346[10] (339), 460[345] (419), 460[351] (420)
Layton, W. J., **1**, 303[114] (268), 303[115] (268), 303[123] (268), 378[316] (356)
Lazarenko, T. P., **6**, 761[1629] (716)
Lazareva, N. A., **3**, 334f[16], 334f[20], 334f[35], 341f[2], 341f[6], 341f[9], 341f[14], 341f[15], 344f[10], 344f[12], 344f[22], 344f[23], 348f[2], 348f[3], 348f[7], 348f[8], 376f[20], 376f[21], 379f[6], 379f[8], 379f[9], 426[19] (336, 338, 339, 342, 348), 427[39] (339, 342, 347), 427[49] (347), 427[50] (347), 427[53] (347)
Lazarov, D., **1**, 249[489] (218)
Lazarus, M. S., **6**, 224[26] (213T, 214T, 215T)
Lazier, R. J. D., **2**, 976[413] (950)
Lazukina, A., **7**, 658[705] (645)
Lazukina, L. A., **2**, 191[253] (61); **7**, 650[223] (561), 658[693] (644)
Lazutkin, A. M., **6**, 180[51] (157), 443[147] (403), 446[316] (428), 446[353] (438), 761[1629] (716); **8**, 435f[4], 435f[5],

435f^8, 460^{409} (434), 460^{410} (434), 705^{96} (691, 692T), 705^{97} (691, 692T), 706^{98} (691, 692T), 707^{190} (701), 707^{195} (701), 708^{203} (701), 708^{240} (692T)

Lazutkina, A. I., **6**, 443^{147} (403), 446^{353} (438), 761^{1629} (716); **8**, 435f^4, 435f^5, 435f^8, 460^{409} (434), 460^{410} (434), 705^{96} (691, 692T), 705^{97} (691, 692T), 706^{98} (691, 692T), 708^{203} (701), 708^{240} (692T)

Lazzaroni, R., **3**, 86^{386} (52); **6**, 753^{1112} (637), 754^{1189} (647T), 754^{1196} (641, 648T), 755^{1228} (653), 755^{1238} (653), 755^{1291} (659), 756^{1304} (660)

Lea, R. E., **1**, 754^{125} (748); **2**, 978^{530} (967)

Leach, J. B., **1**, 303^{90} (267), 373^{24} (313, 368, 369), 452^8 (412, 436, 437), 452^{27} (418, 420), 454^{88} (427, 428, 434), 454^{90} (427, 445, 448), 454^{119} (431), 454^{133} (432), 455^{147} (434), 455^{170} (438, 441), 456^{208} (444, 448, 449)

Leach, J. M., **1**, 243^{169} (175), 243^{169} (175); **4**, 65f^{44}, 107f^{90}, 235^{104} (171, 172)

Leach, W. P., **3**, 1074^{404} (1035)

Leahy, M. F., **2**, 617^{23} (523)

Leak, R. J., **8**, 609^{251} (596T, 602T)

Leard, M., **2**, 187^{64} (14), 509^{184} (422)

Leardini, R., **2**, 195^{414} (103); **7**, 100^{69} (10, 11), 100^{70} (10)

Learn, K., **8**, 930^{265} (835), 930^{266} (835)

Leatham, M. J., **1**, 273f^{39}; **7**, 336^{22} (326)

Leavitt, F. C., **2**, 619^{161} (544)

Lebedev, E. P., **2**, 202^{695} (169); **7**, 654^{440} (598), 654^{450} (599), 654^{451} (599)

Lebedev, S. A., **2**, 507^{97} (409), 508^{132} (411), 862^{162} (859)

Lebedev, V. A., **2**, 620^{260} (554); **3**, 379f^{18}, 1070^{171} (989)

Lebedeva, T. A., **6**, 14^{125} (8)

LeBel, N. A., **7**, 105^{293} (40)

Le Belle, M. J., **7**, 108^{490} (70)

Le Bergne, G., **3**, 950^{241} (888)

Le Bihan, J. Y., **3**, 1072^{288} (1015), 1076^{486a} (1048)

Leblanc, E., **3**, 950^{304} (915, 923, 929)

Leblanc, J.-C., **3**, 376f^{14}, 407f^{13}, 428^{147} (370, 396), 429^{154} (370), 429^{155} (370), 429^{175} (374); **8**, 1065^{70} (1024)

Le Blanc, M., **1**, 244^{170} (175), 250^{543} (225); **7**, 102^{160} (24)

Leblon, E., **8**, 610^{269} (596T), 610^{303} (597T)

Le Borgne, G., **3**, 1076^{488} (1049); **4**, 156^{495} (125), 323^{300} (277, 303), 323^{304} (277), 324^{333} (281), 609^{292} (577), 649^{73} (638); **5**, 267^{226} (48); **6**, 348^{389} (328, 334T), 806f^{60}, 845f^{276}

LeBorgue, J. F., **7**, 106^{381} (51)

LeBozec, H., **4**, 323^{272} (273), 323^{273} (273), 323^{274} (273), 375^{143} (368), 609^{271} (570f, 574)

LeBrasseur, P., **1**, 677^{411} (626)

le Carpentier, J., **3**, 1138f^5

Lechert, H., **2**, 514^{519} (468)

Lechleiter, J. C., **7**, 650^{237} (563); **8**, 930^{285} (840)

Lechler, K. H., **5**, 626^{327} (590), 628^{478} (613)

Leclercq, D., **2**, 186^{27} (5, 14), 187^{63} (14)

Leclere, C., **8**, 99^{265} (75, 76)

Lecolier, S., **8**, 281^{73} (254), 609^{231} (594T)

Lecomte, C., **2**, 621^{298} (558), 623^{429} (576); **3**, 429^{177} (374, 375), 1073^{345c} (1024); **4**, 511^{468} (490T)

Lecomte, J.-P., **4**, 610^{346} (585)

Leconte, M., **3**, 1251^{298} (1220); **7**, 463^{550} (452); **8**, 538f^1, 538f^1, 538f^4, 538f^4, 549^{20} (503), 551^{134} (538, 541), 551^{134} (538, 541)

Le Croix, C., **2**, 192^{282} (72)

Leditschke, H., **2**, 970^{27} (866, 869, 892, 895); **7**, 725^{44} (671, 672)

Ledlie, D. B., **7**, 511^{86} (485, 486)

Lednor, P. W., **2**, 193^{337} (86, 91), 194^{386a} (96), 505f^7, 509^{207} (424, 473, 475, 477), 517^{671} (490), 625^{565} (595), 625^{571} (596); **3**, 88^{517} (76), 851^{41}, 948^{132} (853); **5**, 269^{366} (113), 523^{247} (307); **6**, 741^{341} (521), 741^{342} (521), 745^{590} (558); **8**, 362^{134b} (297)

Ledon, H., **3**, 279^{42} (274)

LeDoux, M. J., **3**, 695^{59} (652), 779^{44} (708)

Ledoux, W. A., **1**, 453^{79} (427)

Ledwith, A., **2**, 972^{158} (891); **7**, 727^{148} (697)

Lee, A. G., **1**, 727f^7, 725^{5a} (725, 726, 728–731, 733–735, 737, 739, 741, 743, 747–750), 752^{14} (726, 729, 738), 752^{30} (730, 740), 753^{51} (734); **2**, 195^{418} (104); **6**, 1020f^{119}; **7**, 510^{1c} (465, 487, 505), 510^{1h} (465, 487)

Lee, A. O., **7**, 96f^{12}

Lee, B., **5**, 12f^{10}; **6**, 1035f^{18}, 1040^{114} (1008)

Lee, B. J., **3**, 1252^{314b} (1224, 1234)

Lee, C. C., **4**, 512^{487} (496, 502), 610^{379} (589), 611^{380} (589); **8**, 364^{236} (323), 1068^{205} (1046), 1068^{241} (1049), 1068^{243} (1049, 1050), 1070^{295} (1058)

Lee, C. L., **6**, 278^{21} (266T, 269, 270), 469^{63} (466)

Lee, C. M., **7**, 101^{117} (17)

Lee, D. H., **8**, 708^{237} (701)

Lee, H. B., **3**, 85^{323} (45), 170^{119} (148); **5**, 371f^3, 373f^6, 455f^2, 479f^2, 527^{477} (356, 451, 468, 500, 501, 516), 528^{551} (367, 368, 502), 528^{554} (369, 501), 535^{1008} (450, 501), 535^{1009} (451, 500, 501, 502), 537^{1178} (457, 481), 610f^3, 610f^3, 626^{364} (596), 626^{365} (596), 626^{369} (596); **6**, 348^{386} (328, 334T), 469^{44} (463)

Lee, H. D., **7**, 158^{29} (144), 195^{40} (162, 193), 197^{221} (193), 224^{83} (204), 224^{84} (204), 226^{227} (220), 300^{120a} (287), 300^{120b} (287)

Lee, I. K., **2**, 197^{515} (124)

Lee, J., **1**, 303^{95} (268), 303^{96} (268); **3**, 326^{35} (291)

Lee, J. B., **3**, 419f^9, 431^{314} (421); **7**, 510^6 (468); **8**, 549^{43} (504), 550^{52} (512, 514, 523, 531, 536), 550^{102} (526), 551^{117} (531, 533, 536, 542), 551^{118} (531)

Lee, J. D., **1**, 375^{129} (325)

Lee, J. G., **3**, 431^{326} (425), 700^{352} (673, 674, 684), 700^{354} (673, 678), 736f^{12}, 768f^{24}; **8**, 1068^{230a} (1049)

Lee, J. G.-S., **3**, 781^{189} (769)

Lee, J.-S., **2**, 187^{31} (7, 83)

Lee, L. P., **5**, 265^{107} (23), 265^{108} (24)

Lee, L. T. C., **1**, 308^{441} (292), 308^{442} (292), 308^{443} (292); **7**, 142^{99} (130), 299^{71} (278), 299^{80a} (279), 299^{80b} (279), 336^{29} (328), 336^{33a} (328)

Lee, S., **1**, 125f^{16}, 146f^5, 152^{211} (145, 146)

Lee, S. J., **8**, 540f^2, 550^{50} (511)

Lee, T., **3**, 265^{78} (181), 267^{257} (214)

Lee, T. H., **4**, 65f^{27}; **5**, 264^{46} (10); **6**, 14^{132} (5), 228^{267} (211)

Lee, T. J., **1**, 152^{212} (145)

Lee, T. V., **7**, 728^{181} (705), 728^{200} (708)

Lee, T. Y., **1**, 125f^{16}, 146f^5, 152^{211} (145, 146), 152^{212} (145)

Lee, W. A., **8**, 1067^{171} (1041)

Lee, W.-S., **5**, 194f^{22}, 270^{442} (144, 206, 207, 241), 275^{756} (251)

Lee, Y., **3**, 265^{78} (181)

Lee, Y.-C., **2**, 533f^8

Leech, R. E., **7**, 457^{161} (396)

Leedam, T. J., **6**, 755^{1263} (654, 656)

Leedham, T. J., **2**, 821^{204} (813)

Leelamani, E. G., **4**, 694f^{14}; **5**, 549f^8; **8**, 1091f^1

Leenders, L. H. G., **3**, 1074^{412} (1035); **5**, 269^{367} (113)

Leeper, R. W., **2**, 553f^1, 675^{67} (637, 657), 676^{168} (650), 679^{347} (666)

Lee Smith, A., **2**, 362^{166} (345)

Lefdik, V. F., **6**, 443^{159} (405)

Lefebvre, G., **4**, 965^{157} (956); **6**, 758^{1467} (679); **8**, 385f^9, 385f^{28}, 389f^6, 414f^1, 455^{86} (384), 458^{285} (414, 418, 421), 550^{71} (517)

Lefferts, J. L., **2**, 619^{155} (542), 620^{255} (554), 676^{148} (646); **6**, 36^{212} (19T); **7**, 91f^5, 646^{28} (521, 524), 647^{65} (527, 533)

Leffler, J. E., **1**, 260f^6, 302^{60} (264, 265), 308^{417} (291, 293), 308^{450} (293)

Le Floch-Perennou, F., **3**, 1253^{401} (1243); **4**, 536f^{14}, 606^{117} (536f, 537), 818^{561} (782)

Lefort, M., **2**, 188^{116} (28); **8**, 647^{315} (633)

Lefrançois, M., **1**, 244^{215} (178, 187)

LeGates, R., **5**, 269^{327} (92, 125)

Legendre, J. J., **4**, 325^{411} (290)

Leger, G., **8**, 647^{299} (621T), 647^{306} (621T)

Legge, J. W., **2**, 1019[286] (1012)
Legin, G. Ya., **2**, 872f[10]
LeGoff, E., **2**, 860[42] (832)
Legrow, G. E., **2**, 202[691] (168)
Legtyareva, L. V., **5**, 266[174] (36)
Legzdins, P., **3**, 125f[3], 125f[3], 170[120] (148), 170[177] (167), 266[193] (207), 266[194] (207), 266[195] (207), 266[196] (207), 881f[7], 949[185] (873, 875), 949[191] (875, 879), 1067[34] (966), 1067[36] (966, 967), 1067[39] (967), 1068[40] (967), 1068[43] (968, 969), 1249[168] (1192), 1249[172] (1192, 1195), 1249[173] (1192), 1249[174] (1192), 1249[174] (1192), 1251[294a] (1220), 1317[61] (1281), 1317[62] (1281), 1380[34] (1328), 1381[101] (1342), 1381[103] (1342), 1381[105] (1342), 1381[106] (1342), 1381[106] (1342), 1383[198] (1365); **4**, 152[178] (44), 157[570] (134, 136), 157[572] (134, 136), 158[593] (137), 158[620] (140), 605[30] (518), 885[49] (852), 885[50] (852), 963[16] (934); **8**, 331f[3], 610[273] (596T)
Lehman, D., **4**, 329[674] (316), 648[61] (634), 1063[380] (1052)
Lehman, D. D., **5**, 536[1108] (472), 546f[6], 549f[12], 621[26] (547); **6**, 262[92] (250)
Lehman, D. S., **2**, 619[161] (544)
Lehmann, D. D., **6**, 941[13] (884, 885T), 941[15] (884, 885T)
Lehmann, H., **1**, 260f[33], 262f[20], 306[325] (287), 378[348a] (359); **4**, 814[273] (741, 742), 814[326] (750)
Lehmann, M. J., **6**, 876[172] (793)
Lehmann, M. S., **4**, 605[25] (517, 518), 839[12] (823)
Lehmann, W. J., **1**, 260f[3], 260f[7], 262f[6], 262f[7], 262f[28], 262f[51], 375[176] (335)
Lehmkuhl, H., **1**, 242[112] (167, 168, 220), 242[113] (167), 242[114] (167, 168), 242[115] (167, 190, 191), 242[115] (167, 190, 191), 242[115] (167, 190, 191), 243[116a] (168), 243[116b] (168), 243[117] (168), 243[118] (168), 243[119] (168), 243[122] (168, 191), 243[151] (173, 189, 190), 247[347] (197), 247[350] (197), 247[354] (197), 249[501] (219), 250[520] (222, 239, 240), 250[521] (223), 250[523] (223), 583f[7], 583f[18], 596f[4], 601f[3], 601f[4], 601f[5], 613f[1], 613f[2], 671[36] (560, 563, 625, 629), 671[44] (561, 625, 634), 671[49] (562, 594, 615, 823, 852), 671[56] (564, 592, 597, 606, 627), 671[63a] (564), 671[63b] (564), 672[126] (578), 674[260] (608), 675[279] (611, 613), 675[288] (613, 614), 677[396] (625), 677[445] (630), 678[511] (634, 656), 678[517] (634), 678[521] (635), 678[522] (635), 679[545] (639), 681[667] (656), 681[672] (657), 682[724] (581), 682[732] (581); **2**, 675[61] (637), 675[62] (637), 859[13] (828); **3**, 279[30] (273), 327[50] (295), 328[135] (314), 328[136] (314), 633[287] (624, 625, 626); **4**, 818[589] (790); **6**, 100[403] (89, 92T), 139[10] (103, 104T, 105T, 110, 111), 143[249] (104T, 106, 108, 109, 133T, 134), 143[256] (104T, 105T, 106, 109), 181[91] (159T, 174, 176T), 182[147] (174, 176T), 182[158] (174, 176T, 177), 182[183] (146T, 148, 151, 166, 166T, 171), 182[184] (172, 173T), 231[18] (230); **7**, 99[13] (3), 99[14] (3), 99[15a] (3), 99[15b] (3), 99[15c] (3), 99[15d] (3), 99[15d] (3), 99[15d] (3), 99[16] (3), 99[18] (3), 100[27] (3), 100[39] (5), 100[49] (6), 454[2] (367, 369, 372), 455[35] (380), 455[36] (380), 455[52] (381), 455[59] (382), 455[61] (382); **8**, 704[28] (672, 674T, 677), 707[146] (690, 691, 699), 707[169] (699), 707[171] (688)
Lehn, J. M., **2**, 187[35] (8)
Lehn, W. L., **2**, 197[497] (121), 622[369] (568), 625[594] (599), 679[345] (666)
Lehner, H., **3**, 1072[261a] (1012), 1072[261b] (1012), 1073[357] (1026), 1074[386] (1032)
Lehnert, G., **3**, 841f[3], 1076[534] (1057), 1120f[5], 1146[46] (1098), 1252[326] (1226), 1288f[7], 1383[212] (1366)
Lehnig, M., **2**, 625[574] (596)
Lehr, F., **7**, 653[373] (578, 586)
Lehr, M. H., **3**, 547[112] (537)
Lehrmann, W. J., **7**, 158[8] (143)
Leib, A., **1**, 696f[4], 721[93] (697)
Leibfritz, D., **1**, 245[262] (186, 187); **3**, 118f[6], 120f[3], 120f[9], 124[771] (1169); **4**, 509[333] (457)
Leigh, G., **3**, 1108f[7]
Leigh, G. J., **1**, 248[437] (207); **3**, 709f[5], 711f[12], 764f[3], 781[179] (763, 764), 833f[19], 833f[38], 838f[3], 838f[4], 851f[10], 863f[34], 947[90] (831), 1170f[3], 1251[299] (1220), 1253[392] (1240), 1380[39] (1330); **4**, 180f[3], 235[128] (175, 176, 177, 180, 181), 237[248] (193, 194, 195), 237[249] (193), 237[257] (196), 241[432] (214, 215, 215T, 216, 224T), 812[139] (711, 712), 1058[82] (978, 979, 993), 1059[141] (990); **6**, 739[189] (502), 745[578] (554); **8**, 280[36] (237, 238), 281[97] (262), 304f[31], 365[320] (338), 549[32] (504, 505), 550[87] (520), 1088f[5], 1088f[6], 1091f[1], 1105[66] (1087), 1105[68] (1087), 1105[69] (1087, 1101), 1105[72] (1087), 1105[74] (1088), 1105[75] (1088), 1105[76] (1089), 1105[77] (1089), 1105[78] (1089, 1098), 1105[79] (1089), 1105[80] (1090), 1105[82] (1091), 1106[100] (1098, 1101), 1106[101] (1098), 1106[103] (1099), 1106[105] (1100)
Leimeister, H., **2**, 203[734] (181), 678[315] (664)
Leimgruber, W., **8**, 934[569] (889)
Lein, B. I., **8**, 411f[12], 458[272] (412)
Leipfinger, H., **3**, 700[371] (674), 700[372] (674)
Leipoldt, J. G., **3**, 1137f[12], 1137f[21], 1137f[29], 1138f[11], 1138f[12]; **5**, 520[44] (283), 520[46] (283), 520[47] (283), 520[51] (283), 523[240] (283), 535[1050] (462)
Leitch, C., **8**, 1070[335d] (1061, 1062)
Leitch, D. M., **5**, 554f[17], 621[27] (547); **6**, 1093f[3], 1113[193] (1092)
Leitch, L. C., **7**, 107[416] (56)
Leite, J. R., **5**, 265[54] (12); **6**, 14[113] (5)
Leites, L. A., **1**, 541[198] (521), 673[186] (593), 720[68] (691), 723[256] (717), 752[28] (729); **2**, 197[477] (117), 762[112] (732); **5**, 537[1183] (483), 539[1267] (507, 508); **6**, 179[27] (146T, 151, 162), 180[58] (146T, 151), 181[99] (146T, 151, 159T, 162), 444[241] (418), 445[290] (423), 755[1264] (654, 656)
Leitich, J., **4**, 422f[2], 506[117] (409), 508[244] (441), 613[526] (604); **8**, 291f[35]
Leitner, M., **3**, 767f[18], 1250[214] (1203)
Leitz, H. F., **7**, 100[40] (6)
Lejejs, J., **5**, 536[1088] (468); **6**, 445[281] (422)
Lekert, K., **7**, 653[392] (591, 592)
Leliveld, C. G., **5**, 626[335] (591); **6**, 262[120] (253), 751[996] (621, 629)
Lelli, M., **7**, 100[70] (10)
Lemaire, P. J., **3**, 631[200] (590, 620, 621)
Lemanski, M. F., **2**, 395[34] (370)
Lemarchand, D., **3**, 473[25] (437, 438)
LeMarouille, J.-Y., **4**, 323[274] (273), 609[272] (570f, 574); **6**, 806f[29], 850f[37]
Le Martret, O., **7**, 101[78] (11f, 12)
Le Maux, P., **3**, 888f[2], 1076[510a] (1053), 1076[510b] (1053), 1076[510c] (1053); **4**, 159[648] (149); **8**, 312f[44], 365[318] (338)
Lemay, G., **7**, 102[126] (20, 21), 103[175] (25), 104[233] (31)
Le Men, J., **7**, 159[117] (152)
Le Men-Olivier, L., **7**, 159[117] (152)
Lemenovskii, D. A., **1**, 727f[4], 752[7] (726); **2**, 715f[17], 768f[1], 768f[10], 769f[1], 770f[2], 773f[3], 780f[1], 818[10] (766, 767, 773, 778, 779, 780, 786, 787, 790, 803, 804, 805, 806, 807, 809, 810), 818[27] (767), 818[28] (767), 820[147] (794); **3**, 713f[10], 735f[3], 735f[6], 735f[9], 736f[2], 736f[3], 736f[7], 736f[10], 736f[11], 737f[12], 745f[11], 767f[11], 767f[14], 767f[22], 768f[11], 768f[29], 769f[1], 772f[3], 780[133] (745), 781[172] (762), 781[173] (762), 781[174] (762), 781[175] (762), 781[176] (763), 781[177] (763); **6**, 851f[55]; **8**, 1105[65] (1086)
Lemire, A. E., **2**, 678[295] (662)
Lemke, W. D., **5**, 404f[17], 529[633] (382)
Lemkuhl, H., **7**, 455[31] (379, 380, 383, 385, 392, 406, 423, 434, 436, 439)
Lemley, J. T., **6**, 1041[117] (1008)
Lemmen, T. H., **4**, 374[82] (350)
Le Moigne, F., **3**, 429[153] (370, 374), 429[155] (370), 429[175] (374); **4**, 157[556] (132); **8**, 1069[250b] (1051), 1070[308a] (1059)
Lemoine, P., **4**, 151[115] (27), 151[116] (27), 151[117] (27), 234[17] (163), 234[21] (163, 164), 327[596] (308); **6**, 792f[6],

840f[61], 842f[141], 842f[143], 849f[6a], 876[195] (800, 807, 816), 876[201] (807, 808, 816)
Lemons, J. F., **1**, 150[56] (123, 126, 127)
Lenarda, M., **4**, 965[181] (961); **5**, 531[738] (401), 626[328] (590); **6**, 262[105] (251, 254), 262[138] (255), 262[139] (255), 346[219] (312T, 312), 346[244] (313), 346[245] (313), 348[372] (326), 741[346] (522), 741[347] (522), 741[348] (522), 741[349] (522), 743[467] (534T), 743[468] (535T), 743[471] (535T), 752[1060] (632); **8**, 530f[1], 551[113] (530)
Lenenko, V. S., **5**, 570f[2], 625[317] (589, 594)
Lengnick, G. F., **1**, 584f[3], 671[51] (563), 671[64] (566)
Leng-Ward, G., **3**, 863f[12]
Lengyel, B., **1**, 273f[23]
Lenhert, G. P., **5**, 100f[7]
Lenhert, P. G., **5**, 264[11] (3)
Lennarz, W. J., **1**, 261f[40], 285f[29], 306[307] (284), 377[283] (351), 377[284] (351)
Lennon, J., **2**, 298[117] (236); **7**, 657[626] (634)
Lennon, J. M., **2**, 192[302] (77)
Lennon, P., **1**, 247[358] (198); **3**, 169[84] (132); **4**, 374[32] (336, 347), 374[33] (337), 374[76] (347), 374[77] (349), 504[23] (383), 504[52b] (393), 505[56] (394), 610[360] (586); **8**, 1008[76] (959), 1008[78] (959, 961, 962), 1008[89] (966)
Lennon, P. J., **3**, 633[277] (622, 624); **4**, 374[77] (349); **8**, 1068[244] (1050)
Lenoir, D., **3**, 279[40] (273); **5**, 269[333] (93)
Lenox, R. S., **1**, 116[101] (62), 119[262] (98); **7**, 461[404] (429)
Lentz, C. M., **7**, 649[166] (552), 728[219] (713)
Lentz, C. W., **2**, 200[638] (157)
Lentzner, H. L., **4**, 511[459] (488, 491); **8**, 1065[61] (1021, 1022), 1065[62] (1021, 1022f)
Lenz, H., **1**, 376[209] (342)
Lenz, R. W., **3**, 546[62] (503, 539); **7**, 462[490] (443, 444)
Lenzi, M., **3**, 833f[10]
Leon, M. A., **7**, 511[45] (478)
Leonard, E. C., **8**, 458[288] (415)
Leone, P., **1**, 671[5] (557)
Leonesi, D., **5**, 556f[10], 624[226] (574)
Leong, J., **3**, 267[258] (214)
Leonhard, K., **3**, 947[61] (821), 1051f[13], 1072[269] (1013), 1076[512] (1054); **4**, 326[508] (299); **5**, 186f[5], 186f[10], 259f[3], 272[542] (180), 276[790] (257), 276[796] (260); **6**, 843f[190]
Leoni, L., **3**, 86[389] (52); **6**, 754[1196] (641, 648T)
Leonov, M. R., **3**, 267[250] (214), 269[323] (231), 269[342b] (234)
Leonova, E. V., **3**, 113f[3], 113f[5], 168[24] (99); **5**, 274[715] (244), 275[730] (245); **6**, 223[5] (192); **8**, 1065[60] (1021), 1065[60] (1021), 1066[146] (1038)
Leonowicz, M. E., **1**, 723[281] (719); **3**, 1337f[2]; **4**, 512[475] (492), 512[475] (492), 607[135] (539f, 541); **6**, 941[10] (884, 885T), 980[31] (954, 955, 956, 957, 959T, 960, 962, 963T, 965, 966, 969T, 970T), 1041[117] (1008)
Leonteva, L. I., **6**, 93[15] (85, 91T), 94[96] (91T), 97[225] (85, 91T), 223[7] (203T, 206), 225[87] (203T, 206)
Leonteva, L. M., **1**, 379[391] (363), 380[471] (370)
Le Page, J. F., **3**, 341f[11]
Le Page, Y., **3**, 429[201] (378, 381)
LePerchee, P., **7**, 650[227] (561)
Lepeska, B., **7**, 158[11] (143), 159[128] (154), 159[136] (154, 155)
L'Eplattenier, F., **3**, 1084f[5]; **4**, 663f[1], 688[5] (662, 672), 810[52] (699, 723), 811[121] (708, 716), 841[86a] (836), 886[116] (867, 868, 881), 886[126] (869), 963[47] (938), 1057[4] (968, 969, 973, 974), 1057[8] (969, 974, 1004), 1057[17] (969, 974), 1057[18] (969, 977, 978), 1057[21] (969, 975, 1007); **6**, 348[351] (323); **8**, 100[334] (93), 292f[10]
Lepley, A. R., **7**, 95f[6]
Le Plouzennec, M., **4**, 157[556] (132); **8**, 1065[74] (1025), 1069[250b] (1051), 1070[308a] (1059), 1070[308a] (1059)
Lepore, U., **6**, 754[1197] (648T)

LePort, P. C., **4**, 435f[7]
Leppard, D. G., **3**, 1071[225] (1002, 1006, 1018); **4**, 610[326] (582); **8**, 1070[322] (1060)
Lepper, H., **8**, 460[392] (433), 931[328] (846)
Leprince, J. B., **8**, 641[44] (632)
Le Quan, M., **1**, 246[327b] (194); **2**, 507[105] (410), 508[130] (411), 511[330] (441)
LeQuere, J.-L., **3**, 699[285] (671), 753f[10]
Leray, N., **2**, 515[556] (473)
Lerbscher, J. A., **2**, 622[395] (571)
Lercker, G., **7**, 95f[6]
Lerf, A., **2**, 820[136] (792)
Leroux, Y., **1**, 242[101] (165)
LeRoy, E., **8**, 405f[1], 408f[2], 457[241] (409), 643[150] (634T), 706[145] (673)
Lesbre, M., **2**, 298[101] (233), 299[183] (248), 299[200] (249), 300[234] (259T, 260), 434f[1], 501f[4], 501f[6], 502f[7], 503f[1], 503f[3], 504f[2], 506[9] (402–405, 407–412, 415–427, 430–433, 435–438, 440–453, 455, 457, 458, 460–466, 468–471, 475–477, 502, 504, 505), 506[23] (402, 427), 508[131] (411), 508[147] (414), 508[163] (418), 511[294] (438), 553f[1], 676[178] (651, 654)
Leschinsky, K. L., **7**, 653[389] (590, 591)
Leshcheva, A. I., **7**, 463[540] (451); **8**, 641[19] (621T), 641[28] (623T), 647[297] (621T)
Leshcheva, I. F., **4**, 240[412] (211, 212T, 213), 240[413] (211, 212T, 213), 401f[30], 508[289] (448)
Leshina, T. V., **1**, 115[44] (50, 103T), 115[44] (50, 103T), 120[320c] (114)
Leshner, B. T., **6**, 756[1305] (660)
Lesiunas, A., **6**, 361[36] (354)
Leško, J., **7**, 659[713] (645); **8**, 1066[141] (1038)
Leslie, J. P., **3**, 951[330] (927), 951[335] (928), 951[336] (928)
Leslie, W. D., **1**, 682[722] (669)
Lespieau, R., **7**, 44f[2]
Lessinger, L., **5**, 272[559] (187)
Lethbridge, A., **7**, 511[72] (484), 511[73] (484), 511[74] (484), 512[127] (491, 492)
Leto, J. R., **3**, 1247[79] (1171), 1380[42] (1330); **8**, 411f[8], 458[265] (412), 1009[156] (980), 1009[156] (980)
Leto, M. F., **8**, 411f[2], 411f[8], 458[255] (411), 458[265] (412), 670[99] (655)
Letourneux, J. P., **3**, 376f[14], 398f[53], 429[151] (366, 408), 431[328] (425); **8**, 1065[76] (1025), 1068[229] (1048)
Letsinger, R. L., **1**, 117[138] (73), 137[139] (73), 305[227] (279), 305[250] (279), 375[168] (333), 378[340b] (359), 379[368b] (361), 380[432] (367)
Lett, R., **1**, 118[171] (80), 118[171] (80), 118[171] (80); **3**, 557[50] (555); **7**, 106[337b] (46, 61)
Leuchte, W., **6**, 139[10] (103, 104T, 105T, 110, 111)
Leuhder, L., **1**, 249[500] (219)
Leung, C. W. F., **7**, 101[117] (17)
Leung, H. W., **1**, 67[76] (569)
Leung, L. M., **6**, 736[38] (481), 760[1567] (701)
Leung, L. P. C., **2**, 915f[3]
Leung, M. L., **3**, 1034f[1], 1034f[3], 1067[13] (958), 1074[402] (1034, 1056), 1247[75] (1171), 1251[270] (1215, 1224), 1383[185] (1363), 1383[204] (1366); **4**, 389f[5], 454f[14]; **5**, 276[809] (264)
Leung, T., **1**, 303[119] (268), 375[132a] (327); **7**, 263[33] (262), 299[79] (279), 322[70] (321), 346[23] (340), 346[23b] (340), 363[12a] (351, 355), 363[12b] (351, 355, 359)
Leung, T. W., **5**, 623[136] (562)
Leupold, M., **3**, 893f[16]
Leusink, A. J., **1**, 375[169] (334); **2**, 619[160] (543), 624[512] (588), 624[517] (588), 676[164] (649), 676[165] (649), 713f[19], 713f[24], 713f[27], 713f[29], 714f[7], 715f[13], 723f[2], 723f[8], 723f[9], 723f[13], 736f[1], 736f[2], 754f[3], 754f[5], 760[9] (710, 711, 718, 719, 721, 741, 743), 761[32] (716), 761[33] (716, 724, 754), 761[35] (717, 727, 732, 733), 761[50] (719, 734, 735), 761[52] (719, 720, 733, 734, 743), 761[76] (724, 733, 734, 743)
Leutert, F., **4**, 328[642] (312), 328[643] (312, 313)
Levai, A., **7**, 510[36] (475)
LeVanda, C., **3**, 269[354] (237), 269[355] (238); **4**, 510[410] (482), 511[416] (482); **8**, 1070[335a] (1061), 1070[335b]

(1061), 1070³³⁵ᶜ (1061, 1062), 1070³³⁵ᶜ (1061, 1062), 1070³³⁵ᵈ (1061, 1062), 1070³³⁵ᵈ (1061, 1062)
Levanda, O. G., **6**, 442⁵⁴ (393)
Levandovskii, B. T., **8**, 705⁹³ (674T)
Levason, W., **1**, 244¹⁹²ᵃ (176, 195), 246³³²ᵇ (195); **3**, 838f¹⁶, 947⁷⁷ (831, 843, 847, 848, 861), 947¹⁰⁰ (843, 848)
Levason, W. A., **5**, 266¹³⁸ (29, 31, 40, 41)
Levchenko, E. S., **7**, 655⁴⁹⁵ (606)
Levchenko, L. V., **6**, 762¹⁶⁸⁵ (733)
Levchenko, S. N., **3**, 1070¹⁹¹ (995, 1000), 1070¹⁹² (995, 1000)
Levchuk, L. E., **2**, 620²³³ (550, 556)
Levedeva, E. G., **8**, 934⁵⁵⁹ (889)
Levene, R., **7**, 159¹¹¹ (148f, 151, 152f), 252⁶⁵ (238), 253⁹⁶ (241), 727¹⁷⁴ (704)
Levens, E., **7**, 108⁴⁶³ (63)
Levenson, R. A., **3**, 797f⁸, 798f²¹ᵇ, 810f³, 826f¹, 826f⁶, 833f²⁹, 863f³⁵, 1085f⁸, 1089f³, 1106f¹¹, 1262f⁸, 1275f¹, 1275f¹⁰; **4**, 12f¹⁶, 153²²⁷ (59), 234²⁵ (164), 321¹⁶⁶ (262), 663f⁴, 688¹³ (664, 665), 875f¹, 886¹⁵⁷ (874), 928¹⁰ (924); **6**, 792f⁵, 796f⁵, 840f⁴⁹, 841f¹²⁸, 850f²⁰, 876¹⁶⁵ (791, 793, 800), 876¹⁷⁶ (794)
Lever, A. B. P., **3**, 86⁴¹¹ (59), 264⁴⁰ (178), 695⁴⁴ (651), 1253³⁸⁸ (1239), 1384²⁴⁴ (1375); **4**, 97f¹⁷, 97f¹⁹, 153²⁹⁰ (72), 607¹⁵⁸ (545), 612⁴⁶⁸ (596), 648¹⁰ (617); **5**, 186f⁸, 273⁵⁷⁹ (192); **6**, 13⁴⁵ (7)
Lever, Jr., O. W., **7**, 38f⁵, 96f⁹, 110⁶⁰⁰ (95, 96f), 728²⁰⁹ (710)
Leverett, P., **4**, 324³⁹¹ (288)
Levesque, G., **7**, 224⁹⁵ (206)
Levi, A., **5**, 536¹¹²² (477), 537¹¹³⁸ (475T)
Levi, D. L., **2**, 827f¹
LeVier, R. R., **2**, 363¹⁹² (359)
Levin, C., **7**, 510¹¹ (470)
Levin, G., **1**, 110f¹, 110f², 112f³, 120³⁰⁷ (111, 111T), 120³⁰⁷ (111, 111T), 120³⁰⁸ (110, 111), 120³¹⁸ (114), 251⁶⁰⁰ (234, 235, 236)
Levin, V. Yu., **2**, 362¹⁷¹ (346)
Levina, N. P., **1**, 541²²⁸ᶜ (530)
Levine, R., **7**, 16f⁴, 38f², 104²⁴² (31), 104²⁴³ (31); **8**, 222¹⁰⁸ (137, 150)
Levine-Pinto, H., **8**, 498¹¹⁸ (495)
Levins, P. L., **2**, 624⁵⁰⁷ (587)
Levinson, J. G., **5**, 622⁵⁷ (550, 582)
Levisalles, C., **3**, 1318¹³⁴ (1303)
Levisalles, J., **1**, 242¹⁰⁶ (166); **3**, 1297f¹⁸, 1299f⁴; **6**, 347²⁷⁷ (315), 384¹¹⁹ (379), 384¹²⁰ (379), 442⁵⁹ (393, 433), 442⁵⁹ (393, 433); **7**, 728¹⁸⁸ (706), 728²²⁹ (715); **8**, 98²⁵⁴ (72), 98²⁵⁵ (73), 368⁴⁶⁶ (353), 550⁶⁵ᵇ (515)
Levison, J. H., **6**, 263¹⁶⁷ (257)
Levison, J. J., **4**, 695f², 810⁸ (693, 736), 810⁶² (699), 812¹⁸¹ (718, 719), 1058⁸³ (978, 981), 1059⁹² (979); **5**, 355f¹, 527⁴⁵⁹ (351), 527⁴⁶⁰ (351); **6**, 262¹¹⁹ (253, 254); **8**, 304f²⁰
Levison, K. A., **1**, 40⁴⁶ (12), 673¹⁴² (587, 621)
Levitan, S. R., **7**, 102¹⁴³ (22)
Levitin, I., **5**, 530⁶⁶⁴ (387)
Levitin, I. Ya., **5**, 271⁴⁶² (153); **8**, 927³⁶ (800), 934⁵¹⁷ (879)
Levitt, B. W., **3**, 1074⁴⁰⁷ (1035)
Levitt, L. S., **3**, 1074⁴⁰⁷ (1035)
Levitus, R., **4**, 242⁵²¹ (231, 232T)
Levkovskii, Y. S., **5**, 272⁵⁴⁷ (185); **8**, 341f¹⁴, 363²⁰² (316), 364²¹⁶ (319), 366³⁵¹ (340), 366³⁶⁰ (342), 646²⁷³ (622T)
Levowicz, M. E., **4**, 329⁶⁸⁸ (318)
Levy, A., **6**, 806f²¹
Levy, A. B., **1**, 275f²⁶, 308⁴⁴⁴ (293), 308⁴⁴⁶ (293), 309⁵¹⁵ (297, 298), 374¹⁰⁵ (321); **7**, 141⁶⁵ (124), 141⁶⁶ (124), 142¹⁰⁵ (131), 142¹⁰⁶ (131), 142¹²² (134), 142¹²³ (135), 197¹⁸⁶ (187), 197¹⁸⁷ (187), 197¹⁹⁴ (190), 197¹⁹⁵ (190), 197¹⁹⁶ (190), 299⁴⁶ᵃ (275), 299⁴⁶ᵇ (275), 299⁴⁷ (275), 299⁷³ (278), 299⁷⁴ (278), 300⁸⁶ᵃ (280), 300⁸⁶ᵇ (280), 321³ᵃ (304, 312), 321⁷ (305, 314), 336²⁴ᵃ (337), 336²⁴ᵇ (337), 336³⁰ (328), 336³⁷ᵃ (329), 336³⁷ᵇ (329), 336⁴³ᵃ (331), 336⁴³ᵇ (331), 346¹³ (339, 340)
Levy, D. A., **3**, 700³⁸⁶ (675)
Levy, G. C., **3**, 168¹⁹ (98)
Levy, H. A., **6**, 850f²³, 874³⁴ (765); **7**, 263¹⁶ (255)
Levy, J., **7**, 159¹¹⁷ (152)
Levy, M. L., **3**, 279³ (271)
Levy, M. N., **3**, 1068⁷⁶ (976), 1069⁸⁹ (979)
Lew, G., **7**, 142¹³⁸ (137), 196¹³⁰ (175), 321¹ (304, 310), 322⁴⁵ (314), 347³⁵ (342, 344)
Lew, L., **1**, 455¹⁴³ (432, 434, 435, 439)
Lewandos, G. S., **3**, 1072²⁹⁸ (1017), 1383²⁰⁰ (1365); **8**, 549⁴⁴ (504), 549⁴⁴ (504)
Lewarchik, R. J., **7**, 726¹²⁵ (690)
Lewin, A. H., **7**, 726¹¹⁵ (689)
Lewinsky, H., **5**, 76f¹², 137f¹³
Lewinsohn, M., **2**, 553f¹
Lewis, A., **2**, 971¹¹¹ (884)
Lewis, A. C., **3**, 1112f³, 1147⁷¹ (1113), 1317⁵² (1281)
Lewis, B., **2**, 1019²⁴² (1005); **4**, 401f²¹, 422f¹, 505¹¹² (409, 469), 505¹¹³ (409), 505¹¹⁴ (409, 437), 505¹¹⁵ (409), 510³⁷⁹ (474), 813²⁵³ (733), 814²⁹¹ (745); **5**, 539¹²⁵⁸ (502)
Lewis, B. F., **4**, 507²²³ (438, 464, 465)
Lewis, C., **1**, 374¹¹² (322)
Lewis, C. P., **4**, 509³⁵⁴ (466), 512⁴⁹¹ (497)
Lewis, D., **3**, 85³³² (46)
Lewis, D. F., **3**, 427⁶⁹ (354), 427⁷⁰ (354), 628¹² (562, 565, 566), 1141f⁷, 1141f¹⁶, 1143f¹, 1143f²ᵇ
Lewis, D. L., **3**, 81¹¹⁷ (12), 1141f¹⁵, 1143f³, 1143f⁴, 1143f⁵
Lewis, E., **3**, 904f⁹
Lewis, E. A., **8**, 607¹¹² (564)
Lewis, E. S., **1**, 310⁵⁷⁹ (299)
Lewis, F. M., **2**, 362¹³⁶ (330)
Lewis, G. J., **7**, 103¹⁸⁶ (25)
Lewis, H. C., **4**, 235¹¹⁹ (174, 181)
Lewis, H. L., **2**, 194³⁶⁷ᵃ (94)
Lewis, J., **1**, 41¹⁵⁹ (35), 41¹⁶⁰ (35), 41¹⁶³ (35), 42¹⁶⁵ (35), 42¹⁶⁶ (35); **2**, 768f⁴, 818²⁶ (767); **3**, 86⁴⁰⁵ (57), 108f²⁶, 108f²⁷, 108f²⁸, 108f³¹, 118f¹², 118f¹⁵, 120f¹⁴, 125f¹⁴, 156f¹⁸, 156f¹⁹, 165f³, 165f⁷, 170¹³⁷ (154), 170¹⁴⁰ (154), 170¹⁴¹ (154), 170¹⁵⁰ (157), 170¹⁵¹ (157, 158), 170¹⁵⁴ (158), 170¹⁶⁰ (161), 170¹⁶² (161), 170¹⁶⁶ (162), 171¹⁸³ (167), 171¹⁸⁴ (167), 798f¹⁷, 810f⁷, 863f²¹, 944f³, 948¹¹⁸ (846), 948¹⁴⁴ (860), 1075⁴⁴⁸ (1039), 1076⁵⁴⁰ (1058, 1060), 1089f⁸ᵃ, 1146¹⁸ (1093), 1251²⁷⁷ (1217, 1227), 1252³⁴² (1230), 1383²²⁷ (1370); **4**, 12f²², 12f²⁵, 12f²⁸, 13f⁶, 65f⁶², 150⁶¹ (18), 151⁹⁷ (25, 68), 151⁹⁸ (25, 68), 158⁶¹⁵ (140), 241⁴²⁸ (214, 215T, 231, 232T), 320⁹³ (252), 320¹⁰³ (252, 306), 321¹²⁹ (257), 321¹⁶⁷ (262), 322¹⁹¹ (266, 317), 322²⁴⁹ (271), 324³⁷¹ (287), 327⁵⁷⁰ (306), 327⁵⁷⁸ (306), 327⁵⁸⁰ (306, 316), 327⁵⁸² (306), 329⁶⁷⁸ (316), 380f¹⁹, 422f¹⁶, 424f¹, 435f¹⁸, 435f²⁸, 505¹⁰¹ (405), 505¹⁰⁹ (408, 423), 505¹¹⁰ (408), 505¹¹⁰ (408), 506¹³⁰ (413), 506¹⁵⁸ (424, 455), 506¹⁵⁸ (424, 455), 507¹⁸¹ (429), 507¹⁸³ (429, 443), 507¹⁸⁷ (430), 508²⁴⁸ (442), 508²⁴⁸ (442), 508²⁵² (442), 509³⁴⁵ (463), 509³⁴⁹ (464, 498), 510³⁵⁹ (468), 510³⁶⁰ (468), 512⁴⁸⁹ (496), 512⁴⁸⁹ (496), 512⁴⁹² (498), 512⁴⁹⁵ (498), 602f⁶, 608²³⁴ (565, 565f), 612⁴⁷⁹ (597), 613⁵¹⁶ (600, 602f), 616f¹, 648² (615, 616, 617, 623), 648³ (615), 648⁴ (615, 616, 644), 649¹⁰⁴ (644), 658f²⁹, 658f³⁰, 658f³⁹, 658f⁴⁰, 658f⁴⁴, 658f⁴⁵, 658f⁴⁶, 658f⁵³, 664f¹, 664f⁸, 689³² (666), 689³⁴ (666), 689³⁶ (666), 689⁶⁴ (669), 689⁷⁶ (672, 673, 674), 690⁹² (673), 810³³ (696, 697), 810⁵⁵ (699), 811¹²⁶ (709), 814²⁸¹ (743), 814³⁰⁴ (747), 814³⁰⁵ (747, 750), 814³⁰⁶ (747), 814³⁰⁷ (747), 814³⁰⁸ (747), 814³²⁴ (750, 758), 814³³⁰ (750, 752), 815³⁴¹ (752), 815³⁴² (752), 815³⁶³ (755), 815³⁷² (756), 815³⁷³ (757), 815³⁷⁸ (758), 840⁶⁶ (832), 841⁸² (836), 841⁸⁵ (836), 841⁹⁰ (837), 846f¹, 846f⁶, 873f⁸, 884f¹, 884⁵ (844, 849, 881), 884¹¹ (844, 848), 884¹⁷ (847), 884¹⁸ (848, 850), 884²⁸ (849),

884^{29} (850), 884^{30} (850), 884^{31} (850), 885^{60} (854), 885^{61} (854), 885^{95} (863), 886^{97} (863), 886^{100} (864), 886^{102} (864), 886^{108} (866), 886^{111} (866), 886^{141} (871), 886^{160} (875), 887^{162} (875), 887^{177} (881), 887^{178} (881), 887^{179} (881), 887^{180} (881), 887^{181} (881, 882), 887^{191} (882), 887^{192} (882), 887^{193} (882), 887^{194} (882), 887^{199} (883), 887^{201} (883), 890f^{1}, 903f^{2}, 903f^{3}, 905f^{1}, 906^{3} (889, 896), 906^{4} (889, 896), 906^{6} (890, 891), 906^{7} (890, 891), 906^{8} (890, 891), 907^{26} (892), 907^{35} (896, 901), 907^{37} (896, 898), 907^{40} (898, 905), 907^{46} (899), 907^{47} (899), 907^{53} (900, 901, 904), 907^{57} (901), 907^{58} (902), 907^{61} (902), 907^{62} (902), 907^{63} (902), 907^{65} (903), 907^{66} (903), 907^{67} (904), 907^{70} (904), 907^{71} (904, 905), 908^{72} (904), 908^{73} (904, 905), 908^{75} (905), 908^{80} (905), 928^{5} (924), 928^{20} (925), 939f^{15}, 965^{181} (961), 1057^{2} (968, 973, 975), 1057^{3} (968), 1057^{23} (969, 1004), 1057^{29} (971), 1057^{30} (971), 1057^{31} (971), 1058^{43} (972, 1052), 1058^{44} (972), 1058^{47} (972), 1058^{48} (973, 1033), 1058^{50} (973), 1058^{56} (974, 975), 1058^{66} (975, 1031, 1032), 1058^{68} (976), 1060^{184} (1001), 1060^{206} (1015, 1017), 1060^{210} (1007, 1015), 1060^{211} (1015), 1060^{216} (1017), 1061^{257} (1026), 1061^{260} (1026, 1027, 1050), 1061^{269} (1028), 1061^{271} (1028), 1061^{273} (1029), 1061^{274} (1029), 1061^{278} (1030), 1062^{284} (1031), 1062^{285} (1031), 1062^{286} (1032), 1062^{290} (1032), 1062^{294} (1033), 1062^{295} (1033), 1062^{308} (1035, 1038), 1062^{311} (1035), 1062^{316} (1036), 1062^{321} (1038), 1062^{324} (1039, 1040, 1041), 1062^{325} (1039), 1062^{326} (1039), 1062^{328} (1039), 1062^{331} (1041), 1062^{332} (1042), 1062^{339} (1043), 1062^{340} (1043), 1063^{341} (1043, 1050), 1063^{349} (1044, 1045), 1063^{352} (1046), 1063^{353} (1046), 1063^{367} (1050), 1063^{370} (1050), 1063^{371} (1050), 1063^{372} (1050), 1063^{373} (1050, 1053), 1063^{381} (1052), 1063^{384} (1052), 1063^{385} (1052), 1063^{386} (1053), 1063^{387} (1053), 1063^{393} (1054), 1063^{396} (1054), 1063^{397} (1054), 1063^{398} (1054), 1063^{399} (1055), 1063^{400} (1055), 1063^{401} (1055), 1064^{402} (1056), 1064^{403} (1056, 1057), 1064^{404} (1056), 1064^{406} (1056), 1064^{407} (1056), 1064^{408} (1057), 1064^{409} (977, 982, 984, 994, 1006, 1014, 1057), 1064^{411} (1017), 1064^{413} (1018), 1064^{417} (1026), 1064^{418} (1032), 1064^{419} (1048), 1064^{420} (1050); **5**, 229f^{10}, 264^{26} (6), 268^{288} (77), 272^{569} (189, 192, 239), 272^{576} (191), 274^{703} (238, 239), 274^{704} (239), 327f^{2}, 331f^{3}, 362f^{13}, 524^{306} (318, 327, 328, 332, 360), 524^{307} (318), 525^{350} (328, 329), 527^{507} (360), 527^{508} (360), 531^{742} (405), 535^{995} (448, 449, 486), 535^{997} (449, 491, 506, 511), 536^{1080} (467, 512), 536^{1082} (468, 514, 516), 536^{1114} (474T), 536^{1115} (473, 474T), 537^{1169} (467, 484, 516), 538^{1196} (485, 512, 513), 539^{1283} (516), 539^{1284} (516), 539^{1285} (518), 608f^{2}, 610f^{2}, 610f^{2}, 628^{457} (607, 609), 628^{458} (607), 628^{463} (609), 628^{502} (618); **6**, 36^{175} (32), 261^{20} (245), 261^{28} (245), 262^{133} (254), 346^{227} (312T, 312), 346^{268} (315, 316, 337), 347^{319} (321), 383^{30} (365, 380), 383^{31} (365, 380), 383^{32} (365, 380), 445^{268} (422, 429), 446^{322} (429), 446^{323} (429), 737^{93} (490), 741^{326} (519), 741^{327} (519, 568, 582), 742^{369} (524), 742^{370} (524), 742^{401} (528), 742^{403} (528), 742^{404} (528), 743^{465} (534T), 749^{876} (603), 749^{879} (604), 750^{935} (615), 750^{936} (615, 617, 652, 654), 751^{1010} (622, 626, 694), 751^{1012} (622), 753^{1149} (640), 753^{1150} (640), 753^{1152} (640), 754^{1198} (648T), 754^{1217} (652, 661), 754^{1218} (652, 661), 754^{1220} (652), 754^{1222} (652), 756^{1340} (665, 666), 756^{1342} (666), 762^{1693} (734), 806f^{52}, 841f^{110}, 841f^{127}, 842f^{147}, 843f^{203}, 851f^{50}, 868f^{35}, 871f^{125}, 871f^{137}, 873^{1} (763), 875^{113} (779), 876^{216} (814, 821), 877^{223} (818), 987f^{1}, 1018f^{18}, 1019f^{75}, 1028f^{15}, 1028f^{24}, 1028f^{32}, 1028f^{35}, 1039^{7} (988, 991); **7**, 225^{118} (208); **8**, 280^{45} (245), 934^{526} (881), 1007^{6} (940, 988, 996), 1009^{105} (970, 1004), 1009^{105} (970, 1004), 1009^{105} (970, 1004), 1009^{114} (971), 1009^{118} (972), 1009^{121} (973), 1009^{122} (973), 1009^{149} (979, 980), 1009^{161} (982), 1010^{192} (994), 1010^{211} (1004), 1010^{212} (1004), 1011^{229} (1006), 1011^{230} (1007)

Lewis, J. E., **4**, 510^{394} (480)
Lewis, J. S., **2**, 506^{6} (402)
Lewis, J. W., **7**, 159^{73} (146, 148f), 253^{89} (240, 242), 253^{101} (242)
Lewis, L. N., **3**, 698^{259} (668, 669), 698^{261} (669), 779^{65} (715, 717); **4**, 157^{552} (131), 157^{553} (131); **6**, 228^{265} (204T, 206)
Lewis, N. A., **3**, 1114^{56} (1104)
Lewis, N. J., **7**, 108^{472} (65)
Lewis, N. S., **5**, 346f^{10}, 404f^{22}, 526^{407} (342, 343), 526^{414} (342), 526^{419} (343, 345, 382), 526^{428} (344), 526^{441} (346)
Lewis, P. H., **1**, 40^{40} (11), 671^{11} (557, 585, 587, 621)
Lewis, P. L., **1**, 40^{84} (17, 18T)
Lewis, R. A., **7**, 108^{451} (62)
Lewis, R. N., **2**, 198^{557} (132)
Lewis, T., **7**, 455^{28} (378)
Lewis, W., **1**, 119^{227} (91); **7**, 456^{106} (389), 648^{132} (545)
Lewis, W. P. G., **2**, 706^{101} (694)
Lexa, D., **5**, 269^{379} (118)
Lexmond, Th. M., **2**, 1016^{72} (986)
Lexy, H., **7**, 101^{109} (16), 106^{346} (47)
Ley, J. A., **5**, 538^{1208} (306), 621^{22} (547); **8**, 362^{106} (294)
Ley, K., **8**, 795^{90} (793)
Ley, S. V., **4**, 422f^{7}, 422f^{14}, 506^{124} (411, 424), 506^{157} (424), 608^{207} (556, 559f, 561); **8**, 1007^{23} (943), 1007^{24} (944), 1010^{223} (1005)
Leyden, R. N., **1**, 537^{18a} (462), 537^{18b} (462), 539^{92} (488, 490, 491, 507, 513, 527), 541^{200} (521); **6**, 225^{84} (214T), 225^{93} (214T), 226^{148} (206, 214T, 215, 216, 219), 845f^{275}, 945^{275} (934T, 935, 936, 937T, 939, 940), 945^{276} (934T, 935)
Leydon, R. J., **8**, 1066^{135} (1037), 1066^{137} (1037)
Leznoff, C. C., **8**, 605^{11} (553)
Lhomme, J., **7**, 159^{102} (149), 159^{103} (149), 159^{104} (149), 224^{42} (201), 224^{46} (201), 224^{47} (201)
L'Honore, A., **2**, 676^{140} (643)
Lhotak, H., **7**, 100^{57} (7)
Li, G. S., **6**, 758^{1429} (675)
Li, M. P., **5**, 536^{1099} (471T); **6**, 409f^{1}, 444^{199} (409)
Li, T., **6**, 944^{178} (912, 913T)
Li, T. M., **2**, 675^{83} (639)
Li, W. K., **2**, 192^{311} (79)
Li, Y. S., **1**, 262f^{29}, 262f^{37}, 263f^{16}, 263f^{17}, 302^{17} (256, 263), 302^{50} (263); **2**, 191^{248} (60), 191^{248} (60), 203^{729} (180)
Liang, G., **1**, 453^{31} (419, 420); **4**, 471f^{1}, 510^{362} (469), 510^{373} (471), 512^{520} (503)
Liang, Y., **7**, 460^{365} (422)
Liau, H. T. L., **7**, 512^{143} (495)
Liauw, L., **1**, 454^{134} (432, 441)
Liaw, C., **2**, 192^{311} (79)
Libby, W. F., **3**, 547^{113} (537)
Liberman, G. S., **1**, 272f^{13}; **7**, 336^{19} (326, 327, 328)
Liberov, L. G., **8**, 95^{57} (33), 97^{157} (51), 282^{143} (272, 274), 282^{152} (272, 274), 282^{153} (272, 274)
Libich, S., **2**, 932f^{2}, 932f^{3}, 933f^{3}, 975^{339} (931), 975^{349} (931, 932)
Libit, L., **3**, 80^{9} (2, 18)
Libove, C., **2**, 363^{190} (359)
Lichtenberg, D., **7**, 159^{107} (149), 223^{19} (199)
Lichtenberg, D. W., **3**, 695^{74} (653), 851f^{42}, 948^{130} (853); **4**, 97f^{25}, 154^{363} (90), 374^{73} (347), 374^{75} (347), 380f^{10}, 505^{58} (394), 610^{375} (589); **5**, 275^{733} (247); **7**, 108^{476} (65); **8**, 1008^{93} (967)
Lichtenberger, D. L., **3**, 80^{24} (4), 80^{25} (4), 80^{26} (4), 81^{72} (6), 81^{73} (8), 82^{172} (24), 84^{269} (37, 40), 84^{288} (40), 84^{289} (40), 84^{290} (40), 86^{395} (54, 58), 118f^{16}, 362f^{13}, 368f^{8}, 428^{129} (363), 702^{495} (686), 781^{199} (773), 949^{190} (875), 1067^{39} (967), 1318^{95} (1291); **4**, 152^{184} (45), 154^{344} (86), 375^{146} (368), 391f^{3}, 504^{49} (391); **5**, 264^{24} (4), 268^{251} (66); **6**, 1113^{166} (1086)
Lichtenwalter, M., **1**, 250^{552} (227); **6**, 747^{742} (585), 747^{743} (585), 747^{746} (585)
Lichter, R. L., **8**, 1095f^{5}
Licoccia, S., **6**, 742^{391} (527, 538T, 539T)

Liddle, K. S., **2**, 784f², 819⁹⁴ (783, 784)
Lide, Jr., D. R., **1**, 263f¹⁸, 263f²⁰; **2**, 203⁷³⁸ (182)
Lidy, W., **2**, 191²⁵² (61), 199⁵⁹⁷ (145); **7**, 658⁶⁷⁹ (642)
Lieb, F., **2**, 200⁶⁰⁸ (146)
Liebelt, W., **8**, 642⁷⁶ (632)
Lieber, E., **2**, 677²⁰² (652)
Lieber, J. M., **5**, 33f⁹
Liebeskind, L. S., **8**, 769⁶ (714T, 723T, 724T, 725T, 732), 794²⁶ (785)
Liebhafsky, H. A., **2**, 187⁵² (12)
Liebich, B. W., **2**, 622⁴⁰⁹ (572)
Liebl, R., **2**, 303⁴¹³ (296T)
Liebman, D., **4**, 505¹⁰² (405, 472)
Liebman, J. F., **1**, 118¹⁶⁴ (79)
Liebman, S., **3**, 546⁵⁸ (500)
Liebmer, J. F., **1**, 42²⁰³ (39)
Liedtke, J. D., **1**, 308⁴³² (292)
Liégeois, C., **3**, 1029f⁶, 1073³⁵⁹ (1026, 1029)
Liehr, G., **4**, 237²³⁵ (189T, 190, 192), 237²³⁹ᵃ (192)
Liem, D. H., **2**, 932f¹, 975³⁴¹ (931)
Lien, W. S., **2**, 706⁸³ (691)
Liengme, B. V., **2**, 621³⁴⁵ (566); **4**, 325⁴¹⁵ (291), 325⁴⁵⁴ (295), 325⁴⁵⁵ (295), 648⁵¹ (630, 631)
Lienhard, K., **2**, 198⁵⁶¹ᵃ (134)
Liepa, A. J., **4**, 613⁵¹⁷ (600, 602f); **8**, 1010¹⁷⁸ (988), 1010¹⁸⁵ (988)
Liepins, E., **2**, 202⁶⁸⁹ (167)
Liesner, C. E., **8**, 606⁵⁸ (557, 595T, 596T)
Lieto, J., **4**, 965¹⁷⁷ (961); **8**, 221⁷⁸ (119, 128), 605¹⁵ (553, 561, 605), 605¹⁶ (553, 561, 562T, 601T, 605), 607⁹¹ (562T, 592, 594T, 605), 607⁹² (562T, 594T, 605), 607⁹³ (561, 562T, 594T, 605)
Lieto, Z., **8**, 609²²³ (594T, 605)
Lieutenant, J. P., **2**, 617⁶⁵ (531)
Light, J. R. C., **1**, 654f³; **3**, 696¹⁰⁶ (656), 780¹⁵⁷ (757); **8**, 458²⁷⁵ (412), 670¹⁰⁷ (662, 663T)
Light, R. H., **4**, 324³⁹⁷ (289)
Light, R. W., **1**, 754¹⁴³ (752)
Ligi, J. J., **1**, 671³⁹ (561), 682⁷³³ (581)
Likholobov, V. A., **6**, 361¹²ᵃ (352); **8**, 223¹⁴³ (167), 705⁹⁷ (691, 692T)
Likowski, T., **3**, 630¹⁰⁹ (575)
Likussar, W., **1**, 309⁵³⁹ (298)
Lile, W. J., **2**, 678²⁹⁰ (661); **6**, 747⁷⁵⁰ (585)
Liles, D. C., **2**, 201⁶⁶² (162), 517⁶⁸⁹ (502), 623⁴²³ (574), 623⁴²⁴ (574), 631f⁸, 677²¹⁶ (654)
Lilienthal, J., **3**, 82¹³⁸ (18); **6**, 792f⁴, 840f⁷⁶, 876¹⁶⁷ (793, 817)
Lillie, T. J., **2**, 512³⁷² (446), 973¹⁹³ (897)
Lillya, C. P., **3**, 86⁴⁴², 114f³, 118f⁹, 1075⁴⁵⁷ (1040); **4**, 507¹⁹⁴ (431, 493), 509³³⁹ (462), 509³⁴⁸ (464), 509³⁴⁸ (464), 510³⁵⁶ (467), 510³⁶² (469), 510³⁶² (469), 512⁴⁷⁹ (494), 512⁴⁸⁰ (494), 512⁴⁸⁰ (494); **8**, 1009¹⁰⁷ (970), 1009¹⁰⁸ (970), 1009¹¹¹ (970, 971)
Lim, D., **1**, 116⁵⁰ (51), 118¹⁸⁰ (81)
Lim, H. S., **6**, 1021f¹⁵⁸
Lim, R. M., **7**, 658⁶⁶¹ (642)
Lim, T. F. O., **2**, 187⁴² (9), 189¹⁶⁸ (38), 193³³⁰ (84), 200⁶¹⁹ (150), 297⁴¹ (220), 297⁵⁶ (224), 298¹¹⁴ (235); **7**, 109⁵³⁸ (78), 159f⁸ (146)
Limburg, W., **7**, 657⁶²⁸ (635)
Limouzin, Y., **2**, 616¹⁷ (523); **3**, 1074³⁹² (1032)
Lin, A. L., **1**, 720⁷⁶ (691)
Lin, C., **7**, 461³⁹¹ (427)
Lin, C. C., **8**, 606⁴⁹ (556, 557), 607¹¹¹ (564), 607¹⁴⁴ (569, 590, 597T), 608¹⁸² (581, 585, 597T)
Lin, C. H., **1**, 681⁶⁵⁶ (653); **7**, 461³⁸⁹ (427, 428), 461³⁹⁰ (427), 461³⁹² (427), 461³⁹³ (427), 651³⁰⁷ (576); **8**, 935⁶⁴⁰ (899)
Lin, C. S., **1**, 720²² (686)
Lin, C. T., **2**, 706¹⁰⁵ (694, 698), 706¹²⁵ (697), 706¹³³ (698)
Lin, D. S., **3**, 1246⁴¹ (1159); **4**, 155⁴²⁴ (116, 117)
Lin, G. I., **8**, 95⁵⁷ (33), 282¹⁴³ (272, 274), 282¹⁵² (272, 274), 282¹⁵³ (272, 274), 282¹⁶⁶ (274)

Lin, G.-Y., **4**, 239³⁷⁰ (207T, 224T, 225, 231), 239³⁷¹ (207T, 225); **8**, 550⁵⁸ᵃ (514, 524)
Lin, H. C., **2**, 971⁸⁴ (876); **7**, 513¹⁸¹ (500, 503)
Lin, I. J. B., **3**, 429¹⁹⁶ (378), 429¹⁹⁷ (378), 429²¹⁰ (381); **4**, 1058⁹¹ (979)
Lin, J. J., **1**, 249⁴⁷⁵ (214), 249⁴⁸⁸ (218); **2**, 760²⁶ (716, 739, 752), 762¹²⁶ (739); **8**, 366³⁶⁶ (342), 642⁶⁷ (632), 642⁸⁷ (632), 645²⁰⁹ (633)
Lin, K. C., **8**, 670¹²⁵ (661)
Lin, K.-K. G., **4**, 107f⁶⁰, 511⁴⁶¹ (489, 490T); **6**, 1113¹⁹² (1091)
Lin, L.-P., **4**, 508²⁹¹ (449)
Lin, R., **8**, 339f³
Lin, S., **1**, 245²⁸⁰ (188); **3**, 1072³⁰⁴ (1018); **4**, 612⁴⁹¹ (597); **7**, 110⁵⁵⁴ (81); **8**, 929¹⁶³ (810)
Lin, Y. C., **4**, 1061²⁵³ᵃ (1025), 1061²⁵⁶ (1026), 1063³⁵¹ (1046)
Linarte, R., **8**, 363¹⁹⁰ (309)
Linarte-Lazcano, R., **8**, 606⁶² (558, 596T, 597T), 607⁸⁶ (560, 597T), 610²⁷⁷ (597T)
Linberg, L. F., **7**, 101¹¹² (16)
Linch, F. R., **7**, 102¹⁶² (24)
Linck, M. H., **3**, 858f¹⁶ᵇ, 858f¹⁸
Lincoln, F. H., **7**, 651³²³ (579)
Lincoln, R., **4**, 241⁴⁵⁷ (216)
Lind, W., **1**, 721¹³² (702), 721¹³³ (702), 721¹³⁴ (702)
Lindau, I., **8**, 360⁷ (286)
Lindauer, M. W., **6**, 850f²⁴, 869f⁴⁴
Lindberg, S. E., **2**, 1017¹⁵² (998)
Lindblom, L., **7**, 99f²², 105²⁷⁸ (36)
Lindel, W., **1**, 723²⁶¹ (717)
Lindemann, H., **2**, 676¹⁷⁷ (651, 654)
Lindenberg, B., **3**, 800f⁴, 947⁵⁵ (820); **4**, 153²²⁹ (60), 237²⁵⁸ (196)
Lindenlaub, W., **8**, 709²⁷⁵ (672), 710²⁹⁹ (690), 710³⁰⁰ (690, 692T)
Linder, H. A., **2**, 707¹⁷⁰ (702)
Lindert, A., **7**, 725¹⁰ (663)
Lindler, E., **5**, 29f¹¹
Lindley, J., **6**, 362⁶⁰ (358); **8**, 935⁵⁷⁴ (890)
Lindley, P. F., **3**, 86⁴⁴⁷, 1177f⁷, 1247⁹⁸ (1178); **4**, 309f⁵, 323²⁹⁵ (277), 327⁶⁰¹ (308), 328⁶³⁵ (310), 607¹⁵⁷ (545), 608²³⁷ (566)
Lindner, D. L., **5**, 533⁸⁷⁹ (428)
Lindner, E., **1**, 601f⁴, 678⁵¹¹ (634, 656); **2**, 511³³¹ (442), 517⁶⁶⁴ (489), 571f¹, 571f¹, 622³⁸² (570), 622³⁸³ (570), 622³⁸⁴ (570, 571), 622³⁸⁵ (570), 678²⁷⁴ (659); **3**, 807f²ᵃ, 826f⁷, 829f⁹, 840f¹⁵, 842f¹⁰, 851f⁶⁰, 879f⁴, 879f¹³, 879f¹⁹, 881f⁵, 949²¹⁷ (881), 949²¹⁷ (881), 1076⁵³⁴ (1057), 1120f⁴, 1120f⁵, 1146⁴⁶ (1098), 1249¹⁶⁴ (1191), 1252³²⁶ (1226), 1264f²ᵃ, 1275f¹¹, 1288f⁷, 1289f⁶ (1288f), 1383²¹² (1366); **4**, 33f²⁸, 50f¹⁴, 50f²⁹, 50f³⁰, 74f³², 107f⁷¹, 107f⁷², 107f⁹¹, 151¹³¹ (34, 35, 38, 57, 61, 101, 102), 152²⁰⁶ (55), 152²⁰⁷ (55), 152²⁰⁸ (55, 58), 152²¹⁶ (58), 152²¹⁷ (58), 152²¹⁸ (58), 152²²⁴ (59), 154³²³ (78, 85), 154³⁵² (88), 154³⁵³ (88), 235⁸⁴ (170), 236¹⁶⁰ (179, 215T), 237²⁰¹ (185), 237²¹³ (189, 189T), 237²¹⁷ (189T, 190), 237²¹⁸ (189T), 237²¹⁹ (189T, 192), 237²²² (189T), 237²²³ (189T, 190), 237²²⁸ (189T, 190), 237²²⁹ (189T, 192), 237²³¹ (189T, 191), 237²³² (189T, 191), 237²³³ (189T, 192), 237²³⁴ (189T), 237²³⁵ (189T, 190, 192), 237²³⁸ (192), 237²³⁹ᵃ (192), 238²⁸² (202), 238²⁸³ (202), 238²⁸⁴ (202), 238²⁸⁵ (202, 212T, 215), 238²⁸⁶ (202), 238²⁸⁷ (202), 238²⁸⁸ (202), 238²⁸⁹ (202), 238²⁹⁰ (203, 219T, 222, 228), 241⁴⁷⁸ (219, 219T, 222, 228), 241⁴⁷⁹ (219, 219T, 222, 228), 241⁴⁸⁰ (219, 219T, 222, 228), 321¹⁵¹ (260); **5**, 27f¹², 39f⁵, 48f⁵, 64f³, 64f⁵, 64f²¹, 267²³² (52), 268²⁵³ (66); **6**, 14⁸⁹ (9), 839f³⁶, 1018f¹, 1021f¹⁵⁴, 1031f¹⁷, 1032f³⁰, 1035f¹⁵, 1040⁹⁹ (1004), 1111⁵⁶ᵇ (1053, 1065)
Lindner, H., **4**, 34f⁶², 65f⁵³
Lindner, H. A., **4**, 12f¹⁰, 52f⁹⁵, 153²³⁶ (61)
Lindner, H. H., **1**, 275f²⁵, 303⁹¹ (267), 375¹⁷⁷ (335); **5**, 276⁸⁰⁵ (261), 276⁸⁰⁶ (261, 262), 538¹²¹⁴ (488); **6**, 231¹⁴ (230); **7**, 158⁷ (143), 226¹⁹⁴ (217)

Lindner, H. J., **2**, 904f[16], 973[242] (905, 935); **3**, 86[439] (62); **4**, 612[483] (597)
Lindner, T. L., **3**, 1306f[3]; **4**, 241[492] (223, 224T), 242[493] (223, 224T), 242[504] (223, 224T, 227); **6**, 805f[6], 840f[51], 840f[52], 841f[114], 874[35] (765)
Lindner, W., **2**, 706[118] (697), 706[118] (697)
Lindon, J. C., **4**, 509[337] (461)
Lindoy, S., **1**, 264f[3]
Lindquist, J., **6**, 14[88] (9)
Lindsay, C. H., **5**, 524[269] (309, 314); **6**, 278[21] (266T, 269, 270), 469[63] (466); **8**, 331f[21]
Lindsay, D., **2**, 189[127] (30)
Lindsay, K. L., **7**, 455[24] (376)
Lindsay, P. H., **2**, 972[186] (896), 976[418] (950, 951)
Lindsell, W. E., **1**, 250[526] (223, 224, 228, 235, 237), 250[539] (224, 226, 229, 230), 250[541] (224, 225, 227, 228, 229, 230, 233), 250[557] (227, 229, 233), 250[567] (230, 231), 251[594] (233), 251[602] (235); **3**, 733f[13], 851f[17], 874f[4], 1248[145] (1186), 1250[200] (1199), 1250[203] (1199), 1250[203] (1199), 1380[80] (1335), 1382[130] (1346), 1382[130] (1346), 1382[131] (1346); **4**, 150[76] (22), 605[49] (519), 813[224] (726); **7**, 99[9] (8, 8f, 24, 38)
Lindsey, Jr., R. V., **1**, 677[451] (630); **4**, 965[149] (956); **6**, 93[23] (39, 43T), 252f[5], 262[97] (251), 752[1064] (633, 672, 712), 757[1373] (671), 757[1398] (672, 673, 674), 757[1417] (673), 758[1464] (679); **8**, 361[47] (287), 382f[9], 392f[6], 397f[17], 422f[2], 425f[1], 455[69] (381, 383, 392, 414, 421), 456[139] (395), 1071[350] (1063)
Lineberger, W. C., **4**, 319[46] (247)
Linek, A., **1**, 539[97] (489, 507, 536), 541[212] (525, 534T), 542[250] (534T), 540[0159a] (514, 533)
Lineva, A. N., **3**, 327[76] (300), 348f[9], 348f[10], 379f[17], 379f[18], 429[185] (377), 429[186] (377), 429[187] (377), 696[123] (658), 696[159] (661), 698[271] (670), 698[272] (670), 698[273] (670), 698[274] (670), 698[275] (670), 698[278] (670), 698[279] (670), 699[295] (671), 700[346] (673), 700[348] (673), 701[406] (677, 681), 701[408] (677), 701[431] (680, 681, 682), 701[441] (681); **6**, 225[89] (190)
Ling, A. C., **4**, 479f[36], 511[423] (484); **8**, 1064[47] (1020, 1025), 1067[197] (1044)
Ling, J. D., **6**, 757[1371] (670)
Ling, J. H., **6**, 749[874] (602), 753[1148] (640), 756[1336] (664)
Lini, D. C., **3**, 1246[22] (1155); **5**, 539[1271] (507), 539[1272] (507)
Link, T. H., **3**, 547[111] (537)
Linke, K.-H., **2**, 196[451] (113), 513[417] (453), 707[162] (701)
Linke, S., **7**, 142[101] (130), 142[102] (130), 299[70a] (278)
Linn, W. J., **6**, 34[97] (30), 139[28] (102, 104T, 122T), 180[46] (173T), 223[14] (192)
Linn, W. S., **2**, 971[122] (885); **7**, 253[145] (250)
Linowsky, L., **5**, 275[785] (256)
Linsen, B. G., **6**, 757[1396] (672, 674)
Linstrumelle, G., **7**, 99f[30], 106[349] (47), 648[148] (548), 727[175] (704); **8**, 937[721] (911, 912, 913), 937[732] (913, 914, 915)
Linyeva, A. N., **1**, 248[428] (207); **3**, 696[148] (660), 696[153] (660)
Linzina, O. V., **2**, 515[543] (471), 515[544] (471), 861[152] (857)
Lion, C., **7**, 104[223c] (29), 104[234] (31)
Lionetti, A., **5**, 532[823] (418, 448), 532[824] (418, 419, 447, 448)
Liotta, C., **8**, 367[451] (351)
Liotta, C. L., **8**, 368[467] (353)
Liotta, D., **2**, 202[716] (175); **7**, 66f[10], 103[221] (29), 655[497] (606, 607)
Liotta, R., **1**, 275f[20], 275f[21], 275f[22], 275f[23], 374[95] (321), 374[96] (321), 374[97] (321); **7**, 141[31] (116, 119), 158[66] (146, 151), 158[69] (146), 172f[2], 196[140] (177, 180), 196[141] (177), 196[145] (178), 196[146] (179), 196[147] (179, 180), 196[152] (181), 224[24] (200), 224[69] (203, 206), 224[88] (205, 206), 225[102] (206, 207), 226[204] (218), 226[219] (219, 219f, 220f, 221f, 223), 363[4] (350)
Lipisko, B., **7**, 651[282] (573)
Lipman, A., **7**, 196[158] (181)
Lipman, Jr., A. L., **3**, 1072[300a] (1018)
Lipovich, V. G., **3**, 702[479] (685); **6**, 99[366] (64); **8**, 341f[2], 366[361] (342), 458[269] (412), 644[195] (616, 622T)
Lipowitz, J., **2**, 196[469] (115), 363[186] (353)
Lipp, A., **8**, 1008[55] (952)
Lippard, S. J., **1**, 539[108] (491); **3**, 81[117] (12), 84[265] (37), 125f[7], 168[11] (91), 328[154] (320), 1084f[11], 1121f[9], 1137f[14], 1141f[7], 1141f[13], 1141f[14], 1141f[15], 1141f[16], 1141f[21], 1143f[1], 1143f[2b], 1143f[3], 1143f[4], 1143f[5], 1143f[7], 1147[87] (1122), 1147[118] (1139), 1147[120] (1144), 1253[406] (1245); **4**, 374[59] (343, 344f), 435f[19], 818[538] (778); **5**, 479f[8], 536[1057] (462, 463), 536[1058] (462, 463); **6**, 349[429] (334T, 334f), 444[184] (408), 446[355] (438), 942[46] (898, 899T), 942[58] (902T), 942[70] (901, 902T, 903T), 943[156] (910, 911T), 943[164] (913T), 944[167] (913T, 918T, 919), 944[177] (912, 913T), 944[178] (912, 913T), 944[183] (910, 914), 944[199] (918T, 919), 944[200] (918T, 919), 945[287] (937T, 940)
Lippert, E., **3**, 731f[16]
Lippincott, E. R., **2**, 674[11] (630); **4**, 760f[6], 816[399] (760)
Lippman, N. M., **4**, 509[350] (465)
Lipscomb, J. D., **2**, 1019[244] (1005)
Lipscomb, W. N., **1**, 41[121] (24), 41[127] (28), 41[129] (28), 41[130] (28), 42[204] (39), 117[153] (77, 78), 152[199] (144, 147), 258f[4], 258f[5], 258f[8], 303[78] (266), 303[80] (266), 374[56] (313), 409[69] (400), 420f[9], 420f[11], 420f[12], 420f[18], 420f[21], 420f[22], 420f[22], 420f[23], 444f[2], 444f[3], 452[1] (412, 413, 418), 452[2] (412), 452[3] (412), 452[3] (412), 452[3] (412), 452[13] (413), 452[16] (415), 452[19] (415, 434), 452[19] (415, 434), 452[21] (420), 452[25] (418), 453[33] (420), 454[128] (431, 448), 454[131] (431, 432), 454[132] (431), 454[132] (431), 455[137] (432), 455[139] (432), 455[139] (432), 455[164] (437, 443), 456[196] (441), 456[231] (448), 456[231] (448), 537[1a] (460, 463, 466, 467, 468, 481), 538[28a] (463, 467), 538[29a] (464), 538[29b] (464, 467, 468), 538[32] (467), 538[33] (467, 473), 538[35] (468), 538[41] (481), 541[220] (526), 553[47] (548); **3**, 169[95] (141); **6**, 751[965] (617), 945[264] (933), 945[266] (933), 945[268] (933, 934T), 945[285] (937T, 940), 945[286] (937T, 940); **7**, 160[146] (155)
Lipshutz, B. H., **7**, 650[244] (565), 728[228] (715)
Lipsky, S. D., **7**, 26f[14], 103[201] (27), 103[201] (27)
Liptak, D., **2**, 904f[10], 973[245] (906)
Lipton, M. F., **1**, 116[52b] (52); **7**, 107[407] (55f), 459[268] (412)
Lis, T., **5**, 306f[14], 523[224] (304T)
Li Shing Man, L. K. K., **3**, 108f[13], 146f[3], 165f[4], 169[108] (146); **4**, 156[457] (122), 608[216] (560); **6**, 842f[173], 850f[21]
Lisichkin, G. V., **2**, 516[640] (484); **6**, 225[103] (203T); **8**, 339f[31], 641[23] (627T), 641[32] (627T)
Liske, D. B., **2**, 1018[236] (1005)
Liss, E., **4**, 817[512] (775)
Liss, T. A., **8**, 1010[213] (1005)
Lissi, E. A., **1**, 308[409] (291), 308[412] (291), 308[413] (291); **7**, 301[155a] (294)
Lissillour, R., **3**, 83[191] (28)
Lister, D. G., **1**, 263f[9], 263f[10], 302[40] (259), 302[41] (259, 263); **2**, 904f[3]
Lister, M. W., **3**, 789f[1], 1146[8] (1082), 1317[6] (1257); **4**, 328[652] (313); **6**, 752[1040] (628)
Litman, S., **4**, 509[318] (452)
Litmanovich, A. D., **8**, 708[229] (701)
Litrenti, J., **5**, 520[41] (281, 305), 622[85] (557)
Litscher, G., **2**, 395[32] (370)
Litt, M., **7**, 464[563] (453)
Little, B. F., **1**, 249[512] (221, 222)
Little, J. L., **1**, 539[99d] (489, 529), 540[167] (513, 528), 541[210a] (524), 541[210c] (524), 541[211c] (524), 541[213a]

(525), 541²¹³ᵇ (525), 541²¹⁴ (525, 526, 534T), 541²¹⁵ (526), 541²²³ (528), 552⁶ (543), 553³⁵ (547, 549), 553³⁶ (548), 553³⁸ (548), 553⁴⁹ (549), 553⁵¹ (549); **6**, 945²⁸⁸ (941)
Little, R. D., **7**, 108⁴⁷¹ (65)
Little, R. G., **4**, 83f¹, 83f², 83f³, 83f¹⁶, 326⁵²⁰ (299), 812¹⁶⁶ (716)
Little, W. F., **3**, 368f⁹, 429¹⁵² (369); **5**, 531⁷⁶¹ (409), 624²¹⁹ (574); **8**, 1066¹⁴² (1038), 1066¹⁴³ (1038)
Littlecott, G. W., **5**, 531⁷³⁴ (400), 624²¹⁶ (573); **6**, 36¹⁷⁴ (32), 751⁹⁷⁷ (619), 752¹⁰⁴⁶ (629), 760¹⁵⁶⁸ (702), 760¹⁵⁷¹ (702, 703)
Littlefield, L. B., **2**, 706¹²² (697)
Littler, J. S., **7**, 511¹⁰⁰ (488)
Litvin, E. F., **4**, 938f³, 938f⁴, 939f⁸, 939f⁹; **8**, 311f⁵, 311f¹⁰, 312f⁵⁵, 312f⁶⁰, 365³¹⁰ (336), 365³²⁵ (338, 343), 402f², 457²⁰¹ (401), 643¹⁴⁹ (627T)
Litvinova, O. V., **2**, 621³¹¹ (561)
Litz, P. F., **1**, 375¹²³ (325)
Litzow, M. R., **2**, 517⁷⁰⁰ (503); **6**, 1062f²
Liu, A. T., **3**, 1249¹⁵⁷ (1190)
Liu, C., **2**, 193³⁴⁷ᵇ (89, 90), 193³⁴⁷ᵈ (89); **8**, 668²⁵ (656)
Liu, C.-S., **1**, 152²¹² (145), 152²¹⁷ (145); **2**, 296¹⁵ (211), 298¹³⁴ (240), 301²⁹⁵ (271), 303⁴⁰³ (295T); **6**, 36¹⁹³ (18)
Liu, E. K. S., **2**, 188¹¹⁷ (28), 510²⁶⁸ (435), 859¹⁹ (829), 859²⁰ (829), 977⁴⁷¹ (958)
Liu, J.-C., **7**, 650²⁴³ (565)
Liu, K.-T., **7**, 510⁸ (469, 479, 480, 482)
Liu, L. K., **6**, 143²³⁹ (104T, 111, 112), 182¹⁴⁴ (146T, 147, 151)
Liu, M., **3**, 87⁵¹³ (75); **6**, 36¹⁹² (23), 98²⁹⁰ (59T, 61T, 64, 76, 77, 79), 143²⁶⁶ (109); **8**, 454¹⁴ (374), 551¹²¹ (532), 644¹⁷⁸ (624), 795⁵⁷ (779)
Liu, M. I. M., **6**, 98³¹⁰ (59T, 61T, 64, 76)
Liu, R. S., **8**, 97¹⁹¹ (58)
Liu, S. J. Y., **1**, 672⁷³ (568, 569, 660)
Liu, Y. C., **8**, 96⁷³ (37)
Livage, J., **3**, 768f¹⁷, 768f¹⁸, 769f¹³
Livant, P., **1**, 242⁷⁰ᵃ (161, 166)
Livasy, J. A., **7**, 159¹²⁹ (154), 194¹⁴ (162)
Livigni, R. A., **1**, 251⁵⁸⁶ᵃ (232, 233)
Livingstone, J. G., **2**, 972¹⁸⁴ (896)
Livingstone, S. E., **4**, 1058⁷¹ (976, 979, 980, 992); **6**, 349⁴⁴⁵ (340)
Lizina, V. N., **6**, 226¹⁶² (192, 193T)
Ljunggren, S. O., **8**, 368⁵²⁰ (359), 670¹¹⁷ (668), 934⁵³⁶ (883)
Ljungqvist, A., **1**, 246³⁰⁶ (192); **3**, 87⁵¹⁰ (74, 76); **6**, 98²⁸⁰ (45, 54T, 75), 99³⁴⁰ (45, 75), 225¹³¹ (203T)
Ljungstrom, E., **3**, 944f⁸, 945f¹, 945f⁴, 1143f⁹
Ljusberg-Wohren, H., **8**, 608¹⁵⁵ (577)
Llobyslin, O. Y., **6**, 441⁴⁷ (391)
Llonch, J.-P., **2**, 197⁵⁰⁰ (122); **7**, 656⁵⁸⁰ (625)
Lloyd, A. D., **5**, 531⁷²⁷ (399)
Lloyd, D., **1**, 42¹⁷⁹ (37); **2**, 706¹³⁷ (698), 706¹³⁷ (698), 706¹³⁷ (698); **8**, 1009¹²⁰ (973)
Lloyd, D. J., **3**, 870f²; **5**, 534⁹⁵⁸ (442), 534⁹⁶¹ (442)
Lloyd, D. R., **3**, 80⁴² (6), 80⁴³ (6), 80⁴⁶ (6), 81⁵⁴ (9), 81⁷⁵ (9), 83¹⁹⁸ (28), 84²⁷⁶ (40), 84²⁷⁸ (40), 84²⁷⁹ (40), 84²⁸⁰ (40), 88⁵²⁹ (77), 88⁵³⁰ (77), 731f⁵, 792f¹², 792f¹³, 989f², 1069¹³⁸ (987, 1032), 1083f¹², 1083f¹³, 1250²³⁵ᵃ (1206), 1260f¹², 1260f¹³, 1318¹⁴² (1308); **4**, 241⁴⁵⁹ (216), 319⁴⁰ (246, 248, 291), 328⁶⁵⁴ (313), 454f²²; **6**, 12²⁹ (5), 179⁹ (146T, 152), 224³⁹ (195)
Lloyd, H. H., **1**, 310⁵⁸⁰ (299)
Lloyd, J. D., **3**, 950²⁷⁹ (905)
Lloyd, J. E., **1**, 596f⁵, 680⁶¹⁰ (649), 680⁶¹¹ (649); **7**, 461⁴¹² (431, 433), 461⁴¹³ (431, 433)
Lloyd, J. P., **3**, 893f⁸, 904f⁷; **8**, 1070³⁰¹ (1058)
Lloyd, L. L., **2**, 186⁷ (4)
Lloyd, M. K., **3**, 125f⁴, 149f⁵, 886f⁵, 1022f¹, 1052f¹, 1073³²²ᵇ (1021, 1031, 1054, 1055), 1076⁵²⁵ (1056), 1249¹⁷⁶ (1192); **4**, 606¹¹⁰ (536), 818⁵⁷³ (784); **5**, 344f¹, 346f⁵, 346f⁷, 353f⁵, 353f⁹, 418f⁵, 526⁴⁰³ (342, 345, 347, 382, 499, 507), 526⁴³⁵ (345, 348, 354), 526⁴³⁶ (345), 532⁷⁹⁷ (414), 532⁷⁹⁸ (414), 622⁵⁵ (550, 551, 562, 598), 624¹⁸⁴ (566), 624²⁰¹ (569); **6**, 223⁴ (202)
Lloyd, N. C., **2**, 198⁵⁵² (131), 198⁵⁵³ (131), 199⁵⁶⁴ (135), 199⁵⁶⁸ (137)
Lloyd, R. M., **7**, 650²²³ (561)
Lloyd, W. G., **8**, 934⁵⁵⁸ (889)
Lím, D., **1**, 116⁹⁴ (61)
Lo, D. H., **2**, 193³²⁸ (83)
Lo, E. S., **1**, 243¹⁶⁷ (175)
Lo, F. Y., **1**, 540¹⁴⁶ (502, 503, 533), 540¹⁴⁷ (504, 533T), 540¹⁶⁵ᵇ (512, 533), 541²²⁴ᵇ (529, 535); **3**, 329¹⁷⁷ (325), 633²⁸² (623)
Lo, F. Y.-K., **4**, 321¹⁷⁷ (263), 323³⁰⁶ (278)
Lo, G. Y.-S., **7**, 8f⁸
Lo, S. M., **5**, 529⁶⁰³ (376)
Loaris, G., **1**, 721¹⁰⁶ (701, 705)
Lobach, M. I., **3**, 632²⁶⁵ (620); **4**, 73f²⁰, 155⁴²² (116); **5**, 273⁶²⁷ (211, 214, 225), 626³⁷³ (597); **6**, 179⁸ (158), 179¹⁶ (158), 180³⁵ (158), 180⁵⁷ (158), 181¹⁰³ (158), 181¹²² (158); **8**, 707¹⁹² (701), 708¹⁹⁸ (702, 703), 708¹⁹⁹ (701, 703), 708²⁰⁸ (701, 702, 703), 708²¹³ (702, 703), 708²¹⁵ (702, 703), 708²²⁸ (701), 708²³⁹ (703)
Lobeeva, T. S., **3**, 430²⁷⁶ (402); **4**, 812¹⁹⁹ (720), 939f¹⁹; **6**, 759¹⁴⁹⁹ (685); **8**, 280⁴² (243), 282¹²⁹ (270)
Lobkovskii, É. B., **3**, 699³²³ (673); **6**, 942³⁹ (899T), 942⁶² (902T)
Lobo, P. A., **1**, 672¹²² (578, 633, 650, 662)
Locatelli, P., **3**, 546⁴⁶ (494), 546⁵⁹ (500); **6**, 348³⁶⁶ (325, 334T)
Locher, R., **7**, 103²⁰⁹ (28, 34)
Lochmann, L., **1**, 116⁵⁰ (51), 116⁹⁴ (61), 118¹⁷⁹ (81), 118¹⁸⁰ (81), 118¹⁸⁰ (81)
Lochow, C. F., **8**, 223¹⁵⁰ (172), 641⁴⁵ (626, 627T, 628)
Lock, C. J. L., **3**, 85³⁵¹ (47, 51, 59); **4**, 237²³⁹ᵇ (192), 237²³⁹ᶜ (192); **5**, 529⁶¹³ (379, 380), 535¹⁰⁴² (461, 462, 470, 472T), 536¹⁰⁵⁹ (463); **6**, 349⁴¹⁷ᵇ (333, 334T), 261²² (245), 361⁹ (352, 353, 354, 356), 468¹ (455), 760¹⁵⁵⁶ (696, 700T, 703); **8**, 280⁵³ (247), 281⁷⁴ (255), 927⁵⁰ (801)
Locke, J., **3**, 388f¹⁴, 427⁷¹ (354), 1381¹⁰⁸ (1342); **4**, 107f⁸⁶; **5**, 257f⁴
Locke, J. M., **7**, 463⁵²⁹ (450)
Lockhart, J. C., **1**, 300f⁴, 302³⁹ (259), 302⁴² (259), 305²³⁹ (279), 310⁵⁵⁹ (299), 377²⁶⁰ (349), 379³⁹⁴ (364), 379⁴⁰¹ (364); **2**, 203⁷⁵⁰ (185)
Lockhart, S. H., **2**, 516⁵⁹⁷ (480)
Lockman, B. L., **1**, 455¹⁴³ (432, 434, 435, 439), 455¹⁵⁶ (435, 439); **3**, 169⁵⁷ (127); **5**, 269³⁴⁴ (103, 118, 127), 269³⁴⁹ (105, 109, 118), 270³⁸⁹ (125, 131)
Lockyer, J. M., **6**, 226¹⁶⁵ (198)
Lodam, B. D., **2**, 1016⁸² (987)
Loder, D. J., **7**, 104²⁴⁹ (32)
Loder, J. W., **7**, 66f²
Lodewick, R., **6**, 96¹⁹⁹ (53T); **8**, 382f²⁸, 388f¹, 389f¹⁰, 455⁷¹ (383, 387, 389), 643¹²⁹ (616, 617, 621T, 622T)
Lodewijk, E., **6**, 737⁸⁴ (489), 745⁶⁰⁷ (560)
Lodge, P. G., **4**, 887¹⁹¹ (882), 1062²⁸⁶ (1032)
Lodochnikova, V. N., **2**, 678²⁵⁸ (657)
Lodonov, V. A., **7**, 457¹³⁵ (393)
Loeffler, B. M., **5**, 623¹³⁵ (562, 567, 568)
Loefving, I., **1**, 376²³⁴ (346)
Loeliger, P., **1**, 244¹⁹⁰ (176)
Loew, G. H., **3**, 83¹⁹³ (28); **4**, 479f¹⁶; **8**, 1070³³⁷ (1062)
Loew, P., **7**, 253¹¹⁷ (246)
Loewen, W., **4**, 156⁴⁷⁶ (125)
Loffredo, R. E., **1**, 456²²⁶ (448), 540¹⁷⁴ (514)
Lofgren, P. A., **3**, 1076⁴⁹⁶ (1050, 1051)
Lofroth, G., **2**, 1017¹⁶² (998)
Logan, N., **4**, 235⁷⁹ (169), 235⁸⁰ (170), 235¹³¹ (176); **6**, 13⁸³ (9)

Logan, S. R., **4**, 481f[1], 482f[2], 510[396] (480)
Logan, T. J., **7**, 144f[6]
Loghry, R. A., **5**, 21f[8], 265[87] (20)
Logusch, E. W., **7**, 728[213] (711), 728[215] (711)
Loh, K.-L., **2**, 300[213] (252, 254)
Lohmann, B., **4**, 608[228] (563, 565f)
Lohmann, C., **8**, 16[9] (2, 3T, 4, 7, 8, 9, 10, 14, 15, 16), 95[15] (22)
Lohmann, D. H., **2**, 622[401] (572)
Lohr, D. F., **7**, 8f[1]
Lohr, L. L., **1**, 41[129] (28); **3**, 1249[187] (1196)
Lohri, B., **7**, 103[196] (27)
Loi, A., **7**, 106[355] (48)
Loim, N. M., **7**, 656[559] (620), 656[565] (621), 656[569] (622); **8**, 1067[177] (1041)
Loiseau, P., **1**, 374[102] (321); **7**, 159[94] (149), 196[155] (181)
Lokensgard, J. P., **2**, 872f[9], 977[482] (960)
Lokken, S. J., **6**, 755[1272] (656)
Lokshin, B. V., **1**, 248[408] (203, 233); **3**, 334f[3], 334f[43], 341f[10], 341f[14], 344f[22], 344f[24], 348f[6], 348f[7], 376f[20], 379f[8], 427[39] (339, 342, 347), 427[51] (347), 429[190] (377), 628[36] (564, 565, 573, 618), 629[37] (564, 575, 576, 617, 618), 630[120] (576, 577), 632[249] (617, 618), 632[250] (618), 698[235] (666), 698[236] (666), 699[333] (673), 702[470] (684), 710f[1], 711f[3], 711f[8], 711f[9], 1075[450] (1039), 1249[172] (1192, 1195), 1251[275] (1216), 1251[280] (1217), 1251[281] (1218), 1338f[16], 1383[187] (1363), 1383[191] (1364), 1383[192] (1364); **4**, 157[551] (131), 157[563] (132), 239[339] (206, 207T, 208), 239[348] (206, 207T, 207, 232T), 239[374] (207), 240[375] (207, 208), 240[386] (208), 240[412] (211, 212T, 213), 240[413] (211, 212T, 213), 401f[30], 479f[42], 507[209] (437), 607[136] (539f, 541), 611[407] (592), 1061[223] (1018); **6**, 13[40] (6), 100[419] (40, 43T, 79); **8**, 366[354] (341), 1064[48] (1020)
Loktev, M. I., **8**, 642[77] (622T)
Loktev, S. M., **8**, 95[57] (33), 282[143] (272, 274), 282[152] (272, 274), 282[153] (272, 274), 282[166] (274)
Loleit, H., **2**, 707[174] (703)
Loleit, R., **1**, 150[84] (124)
Lolt, J. W., **6**, 945[262] (932)
Lomakina, S. I., **2**, 190[220] (52)
Lomakova, I. V., **3**, 631[218] (600), 768f[20], 768f[21]; **6**, 263[145] (255), 445[311] (427), 1029f[69], 1033f[4], 1040[90] (1003)
Lomas, J. S., **7**, 103[177] (25)
Lombardo, E. A., **8**, 550[91] (521, 531)
Lombardo, L., **7**, 652[333] (581)
Lompa-Krzymien, L., **7**, 107[416] (56)
Loncor, F., **1**, 379[395] (364)
Long, A. G., **2**, 622[352] (567)
Long, D. R., **1**, 380[442] (368)
Long, G. G., **2**, 696f[4], 696f[5], 705[52] (687), 706[104] (694), 707[152] (701), 707[153] (701)
Long, G. J., **1**, 542[256] (535); **6**, 944[191] (915), 1112[148] (1082, 1083)
Long, L. D., **1**, 120[318] (114)
Long, L. H., **1**, 262f[5], 302[20] (257), 675[313] (617), 721[81] (693, 694); **2**, 827f[1], 832f[2]; **7**, 194[2] (161), 194[3] (161), 194[11] (162)
Long, M. A., **6**, 750[893] (607)
Long, N. R., **2**, 192[291] (74)
Long, R., **6**, 278[24] (271), 443[127] (402), 446[330] (430); **8**, 929[165] (810), 929[191] (813, 834)
Long, R. F., **6**, 742[401] (528), 742[404] (528), 743[465] (534T), 749[876] (603), 753[1152] (640)
Long, T. V., **3**, 1004f[6], 1072[254] (1010), 1211f[6]
Long, W. P., **3**, 406f[3], 406f[5]
Longato, B., **3**, 630[158] (582, 599); **5**, 622[77] (552), 625[253] (579), 625[254] (579), 625[255] (579); **6**, 345[187] (309, 340), 761[1665] (728); **8**, 291f[26]
Longe, G., **2**, 872f[8]
Longfield, T. H., **1**, 120[301b] (109)
Longhetti, L., **5**, 267[218] (45), 280f[7], 282f[6], 285f[1], 291f[1], 327f[6], 327f[13], 520[17] (280, 339), 525[335] (322, 324), 525[348] (327)

Longi, P., **1**, 674[259] (607, 624); **3**, 546[48] (496); **7**, 455[43] (381)
Longiave, C., **8**, 407f[30]
Longmuir, K., **1**, 303[106] (268)
Longoni, G., **1**, 41[157] (35); **4**, 312f[4], 321[177] (263), 329[682] (317); **5**, 265[64] (14, 41), 265[76] (17), 325f[3], 325f[7], 327f[7], 335f[2], 335f[4], 524[328] (319, 320, 328, 331, 332), 525[361] (322, 333), 525[379] (339), 624[224] (574); **6**, 14[96] (10), 14[97] (10, 11), 14[98] (10), 14[99] (10, 11), 14[100] (10), 14[110] (12), 14[118] (10), 94[60] (60T, 64), 96[177] (42, 43T, 44), 96[178] (43T, 44), 96[179] (44), 96[181] (40), 97[270] (42, 43T, 92T), 98[326] (64), 345[179] (308), 345[180] (308), 345[181] (308), 345[182] (308), 736[3] (474, 478), 736[8] (474), 736[32] (478), 736[33] (480), 736[34] (480), 736[35] (480), 736[37] (481), 749[827] (593, 594T, 596), 749[850] (597, 600), 749[862] (600), 806f[45], 806f[47], 806f[67], 851f[63], 870f[109], 870f[110], 870f[111], 871f[122], 872f[156], 872f[162]; **8**, 97[192] (58), 222[90] (121), 339f[33], 669[64] (650, 657T)
Longstaff, P. A., **5**, 522[185] (302, 302T, 470), 530[689] (394, 431)
Longuet-Higgins, H. C., **1**, 40[38] (11), 41[128] (28); **3**, 80[3] (2); **8**, 1009[129] (976)
Lonitz, M., **2**, 195[416] (104); **7**, 655[531] (614)
Lonza, A. G., **8**, 17[39] (15)
Loomis, G. L., **7**, 727[171] (703)
Loonat, M. S., **4**, 817[486] (773)
Loontjes, J. A., **7**, 108[483] (69)
Loots, M. J., **3**, 557[44] (554), 557[51] (555), 631[196] (590), 631[197] (590); **8**, 772[193] (746, 766T, 767T, 768T), 772[194] (746, 766T, 767T, 768T), 772[195] (746, 768T); 933[503] (878)
Lopatin, B. V., **1**, 380[431] (367)
Lopatina, V. S., **2**, 515[558] (473)
Lopatko, O. Ya., **1**, 149[16] (122, 145)
Lopéz, R. E., **3**, 1072[292] (1016)
Lopp, I. G., **1**, 249[457] (211); **7**, 102[165] (24)
Lopp, M., **1**, 242[78] (163)
Loprete, G. A., **4**, 819[616] (797); **5**, 362f[10], 418f[8], 527[498] (359, 360, 415)
Lorber, M. E., **2**, 860[64] (836), 974[313] (925)
Lorberth, J., **1**, 720[24] (686, 714), 752[27] (729); **2**, 191[256] (62), 192[265] (65), 198[537] (128), 507[108] (410), 507[109] (410), 508[111] (410), 617[84] (535), 620[248] (552), 620[249] (552), 620[270] (555), 623[445] (578), 624[496] (585), 625[591] (599), 631f[5], 676[149] (647), 676[150] (647), 676[151] (647), 676[153] (647), 676[154] (647), 676[155] (647), 676[156] (647), 676[157] (647), 676[158] (647), 677[203] (653), 678[279] (660), 678[280] (660), 853f[6], 860[48] (833), 872f[8], 925f[2], 925f[4], 972[176] (960), 973[213] (900), 973[217] (899), 973[220] (900); **6**, 748[768] (585, 587), 748[819] (591); **7**, 647[79] (531, 533)
Lord, E. W., **6**, 13[51] (7)
Lorenc, C., **4**, 610[373] (588)
Lorens, L. N., **6**, 35[107] (21T, 23), 35[113] (21T, 23), 94[97] (49, 53T), 95[149] (40, 43T), 96[172] (40, 43T), 139[6] (105T, 116, 121T), 143[243] (104T, 106), 143[260] (104T, 106), 179[11] (153T, 156), 179[27] (146T, 151, 162); **8**, 642[79] (621T)
Lorentz, H., **2**, 190[194] (43)
Lorentz, R., **6**, 738[140] (497), 738[141] (497), 738[162] (499)
Lorenz, A. N., **6**, 182[164] (146T, 159T, 176T)
Lorenz, D., **3**, 265[73] (180, 182)
Lorenz, H., **1**, 375[146] (330, 333, 335), 409[71] (401); **3**, 863f[45], 897f[9], 911f[1], 950[268] (902), 950[288] (907), 1306f[1], 1318[116] (1301), 1318[135] (1304); **4**, 156[502] (125, 127), 157[511] (127), 157[515] (127); **5**, 276[798] (260); **6**, 94[45] (42, 43T), 94[62] (42, 43T), 227[210] (213, 213T), 227[210] (213, 213T); **8**, 97[194] (59)
Lorenz, I.-P., **2**, 706[109] (695); **3**, 138[199] (1341); **4**, 65f[14], 107f[77], 153[265] (68)
Lorenz, K., **1**, 244[198] (177)
Lorenzelli, V., **4**, 322[235] (269)
Lorenzi, G. P., **1**, 674[219] (598, 655), 676[387] (625); **3**, 547[128] (541)
Lorey, O., **2**, 516[616] (489)

Losi, S., **3**, 265[71] (180, 182, 187)
Loskot, S., **2**, 516[628] (483)
Lösler, A., **8**, 429f[1b]
Lott, A. L., **3**, 628[30] (563, 564, 565)
Lott, J. W., **1**, 539[99a] (489, 490), 540[157a] (506, 536T), 540[157b] (506, 536T), 542[249] (536); **6**, 945[269] (935, 934T), 945[270] (934T, 935), 945[271] (935, 934T), 945[272] (935, 934T)
Lott, R. S., **7**, 658[663] (642); **8**, 930[287] (840)
Lottes, K., **4**, 663f[2]; **5**, 27f[3], 29f[2], 64f[13], 325f[1], 524[300] (318)
Lotts, K. D., **2**, 189[135] (32); **7**, 90f[4], 647[70] (530, 533)
Lotz, J., **3**, 949[233] (887)
Lotz, S., **3**, 879f[22], 881f[1], 897f[10], 897f[14], 904f[11]
Lotz, T. J., **5**, 35f[22], 266[169] (36, 44), 266[179] (37)
Loubinoux, B., **8**, 645[218] (633)
Loubriel, G., **6**, 14[122] (5)
Louen, M., **6**, 843f[195]
Lough, R. M., **1**, 679[531] (638); **7**, 455[38] (380), 456[107] (390), 456[108] (390)
Louis, E., **2**, 202[692] (168); **3**, 697[224] (665), 698[229] (665), 798f[9], 833f[1], 833f[2]
Louis, E. J., **2**, 188[82] (21); **7**, 654[435] (598)
Lourait, J. P., **4**, 319[10] (245)
Lourens, R., **1**, 42[197] (37), 244[211] (177)
Loutellier, A., **6**, 36[176] (28T), 36[184] (30), 141[126] (110), 1113[165] (1086)
Louw, R., **7**, 102[155] (23), 102[155] (23)
Louw, W., **6**, 741[325] (519)
Love, G. M., **7**, 653[412] (594)
Love, P., **1**, 263f[18]
Love, R. A., **3**, 842f[20], 1106f[5], 1108f[6], 1112f[7], 1115f[2], 1269f[12], 1317[58] (1281, 1282); **4**, 324[347] (283), 895f[1], 907[22] (892, 894), 1058[49] (973); **6**, 754[1167] (641, 642T, 651, 652)
Love, W. E., **4**, 325[432] (292)
Loveitt, M. E., **2**, 882f[5], 882f[20]; **7**, 725[57] (674)
Lovejoy, R. W., **1**, 262f[24]
Lovelock, J. E., **2**, 1015[42] (983), 1015[43] (983)
Lovie, J. C., **2**, 298[128] (237)
Low, G. G., **8**, 98[202] (59)
Low, J. Y. F., **1**, 250[546] (226); **6**, 93[13] (45, 50T, 57T, 65), 94[57] (45, 57T, 65), 263[155] (256), 263[156] (256), 263[157] (256), 346[251] (314), 346[252] (314), 346[253] (314)
Low, K.-S., **7**, 512[143] (495)
Low, W., **3**, 264[57] (179)
Lowe, D. J., **8**, 1104[3] (1074), 1106[119] (1103)
Lowe, J. A., **2**, 193[324] (82); **7**, 647[80] (533); **8**, 1009[152] (980)
Lowe, P. A., **7**, 110[564] (84)
Lowe, U., **7**, 650[252] (567), 650[253] (567)
Löwe, W., **7**, 650[252] (567), 650[253] (567)
Löwenborg, A., **6**, 442[64] (395, 435); **8**, 929[182] (812)
Lower, L. D., **4**, 321[177] (263); **6**, 14[96] (10), 14[99] (10, 11), 34[90] (20T, 26)
Löwig, C., **2**, 674[1] (629)
Lowman, D. W., **1**, 303[126] (268), 456[210] (444), 456[212] (444)
Lown, J. W., **7**, 254[152] (250)
Lowrance, B. R., **1**, 150[52] (123), 150[73] (123), 151[111] (127), 151[116] (127), 151[117] (127)
Lowrie, S. F. W., **4**, 510[379] (474); **5**, 535[1012] (448, 450, 485, 489, 492, 517), 628[464] (611); **8**, 317f[11], 1068[235] (1049)
Loy, N. J., **1**, 541[215] (526), 553[49] (549)
Lu, M. D., **2**, 1017[138] (997)
Lu, S.-L., **7**, 108[459] (63)
Lübbe, F., **8**, 669[76] (658T)
Luberoff, B. J., **8**, 934[558] (889)
Lubinkowski, J., **7**, 728[212] (711)
Lubke, B., **3**, 86[445] (63), 1068[48] (970)
Lubosch, W., **7**, 104[272] (34), 105[308] (41)
Lubovich, A. A., **4**, 510[398] (481), 816[424] (762), 816[426] (762, 770), 816[428] (762), 816[445] (765), 817[461] (767), 817[469] (769, 770), 1061[228] (1018), 1061[231] (1018)

Lubuzh, E. D., **7**, 66f[3]
Lucarini, L., **1**, 125f[11], 150[66] (123, 128, 148, 149), 674[214] (597, 608, 624); **3**, 547[134] (543)
Lucas, C. R., **3**, 303f[4], 327[71] (299), 327[88] (305, 306), 328[138] (314), 328[152] (320), 359f[9], 767f[6], 767f[7], 769f[4], 769f[5], 775f[14], 775f[15], 781f[191] (769); **6**, 942[60] (902T), 943[109] (904T), 943[110] (904T, 905)
Lucas, H., **7**, 462[480a] (442)
Lucchese, R. R., **1**, 149[9] (122), 245[274] (187, 205)
Lucchetti, J., **7**, 97f[23], 103[207] (28), 103[208] (29), 103[212] (28)
Lucchini, V., **2**, 975[337] (930, 939)
Luche, J. L., **2**, 763[167] (752, 753); **7**, 728[205] (709)
Lucherini, A., **1**, 247[356] (198); **3**, 84[251] (35); **4**, 819[653] (806), 958f[5], 958f[6]; **5**, 137f[27], 270[409] (132), 531[751] (407, 435), 531[752] (407, 435), 535[1030] (407), 539[1307] (407), 627[451] (607), 628[479] (614); **6**, 345[176] (307, 336, 337); **8**, 454[19] (374)
Luchian, N., **2**, 302[351] (285)
Luciani, L., **7**, 463[523] (448), 463[525] (448)
Lucken, E. A. C., **1**, 40[86] (18, 19), 115[20] (45, 64, 65T, 66); **2**, 515[555] (473), 515[557] (473), 704[3] (683), 704[6] (683); **4**, 400f[1], 460f[3], 506[148] (419), 608[225] (563); **6**, 1020f[108]
Luckenbach, R., **1**, 244[198] (177)
Lucki, S. J., **8**, 646[274] (622T)
Lückoff, M., **3**, 1077[567a] (1062)
Lucy, A. R., **5**, 539[1306] (365)
Lüders, H., **3**, 695[80] (653, 665)
Ludi, A., **3**, 945f[7]; **4**, 814[273] (741, 742), 814[326] (750)
Ludlum, D. B., **3**, 545[23] (490)
Ludsteck, D., **1**, 53f[1]
Ludwick, A. G., **2**, 908f[15], 971[119] (885)
Ludwick, L. M., **2**, 908f[15], 971[119] (885)
Ludwig, P., **6**, 187[14] (186), 442[70] (395)
Luedeke, V. D., **8**, 368[494] (354)
Luehder, K., **8**, 341f[15], 366[349] (340)
Lueken, H., **1**, 409[24] (385, 392, 397, 402); **5**, 272[575] (262)
Lüelhder, K., **3**, 1069[114] (984)
Luft, R., **7**, 196[112] (172)
Luger, P., **2**, 904f[7]
Luginin, V. A., **6**, 14[126] (8)
Lugli, G., **3**, 269[358] (239), 269[359] (239, 262), 269[360] (239), 269[361] (239, 240), 269[370] (242), 269[376] (243), 270[416] (258, 259)
Luh, T.-Y., **2**, 624[536] (591)
Luijten, J. G. A., **2**, 512[377] (447), 565f[1], 617[61] (530, 531), 617[62] (530, 531), 617[66] (531), 617[76] (532), 620[221] (548), 620[232] (549), 621[297] (558), 622[348] (567), 622[349] (567), 623[430] (575), 624[489] (585), 624[515] (588), 624[528] (590), 625[597] (600), 625[603] (600), 625[607] (600), 626[662] (608, 610, 611), 626[672] (610, 611), 627[720] (616), 678[260] (658)
Lukach, C. A., **1**, 672[110] (577)
Lukacs, M., **5**, 621[31] (548, 550, 551), 621[31] (548, 550, 551)
Lukas, J. H., **6**, 383[50] (367), 441[10] (388, 391, 429), 442[55] (393), 443[131] (402), 444[202] (409), 446[324] (430), 751[997] (621, 624T), 752[1018] (624T), 761[1622] (716), 761[1623] (716); **7**, 458[223] (403), 458[224] (404); **8**, 929[170] (810)
Lukas, R., **3**, 1250[217] (1203), 1380[30] (1328)
Lukas, S., **1**, 309[497] (296)
Lukashina, N. N., **8**, 610[316] (599T)
Lüke, H.-W., **2**, 197[510] (123)
Luke, W. D., **3**, 269[349a] (235), 269[349b] (235), 269[349c] (235)
Lukehart, C. M., **3**, 950[244] (888), 1318[129] (1302); **4**, 33f[35], 84f[4], 84f[5], 84f[6], 84f[8], 84f[9], 84f[10], 84f[11], 153[284] (71), 154[330] (79, 85, 89), 159[645] (148), 241[430] (214, 215T), 241[438] (216), 242[511] (223, 224T, 225, 227); **5**, 532[785] (412); **6**, 344[84] (292)
Lukevics, E., **2**, 197[475] (117, 118, 119), 202[689] (167), 202[689] (167), 360[44] (313); **6**, 757[1423] (675), 758[1424] (675)

Lukevits, E. Ya., **2**, 186²¹ (4), 509²¹⁹ (427, 433); **7**, 655⁵⁴⁰ (615, 616)
Lukhton, N. E., **3**, 698²⁷⁵ (670)
Luklas, R., **3**, 1246⁴⁸ (1160)
Lukton, D., **7**, 59f⁸
Luk'yanenko, N. G., **1**, 250⁵⁶⁴ (229)
Luly, M., **3**, 304f², 327⁸⁶ (303, 305)
Lumbroso, H., **3**, 1004f²⁹, 1029f⁴, 1029f⁶, 1068⁷⁰ (974), 1073³⁵⁹ (1026, 1029); **4**, 454f¹⁶, 509³³² (457)
Lundeen, A. J., **1**, 678⁴⁹⁹ (633), 680⁶⁵⁰ (652); **7**, 425f², 462⁴⁶⁴ (440)
Lundeen, J. W., **2**, 820¹⁴³ (794)
Lundell, G. F., **7**, 653³⁸³ (589)
Lundgren, B., **1**, 119²²¹ (91)
Lundin, R. E., **2**, 202⁶⁹⁷ (169), 974²⁹² (923, 956), 974²⁹⁵ (923)
Luneva, L. K., **3**, 376f⁷
Luneva, N. P., **8**, 1105⁶² (1086), 1105⁶³ (1086)
Lunt, R. J., **5**, 536¹⁰⁶⁰ (463, 472T, 475T, 484), 627³⁹⁷ (600, 601), 627⁴⁰⁷ (601); **6**, 347³⁰⁰ (319), 756¹³³⁵ (664, 666); **8**, 317f¹⁶
Luong, J. C., **4**, 236¹⁶⁴ (179)
Luong, P. K., **7**, 103¹⁷⁷ (25)
Luong-Thi, N. T., **3**, 102f², 629⁵⁴ (568, 580, 581, 583, 585, 587, 596), 630¹⁴⁸ (568, 581, 587, 590, 595, 602, 603), 631¹⁶⁰ (582, 585, 586), 1250²⁰⁶ (1201), 1250²⁰⁷ (1201), 1382¹³⁸ (1348), 1382¹³⁹ (1348); **6**, 1040⁹⁶ (1004, 1007), 1041¹³¹ (1013, 1038), 1041¹³² (1013); **8**, 1092f⁵, 1105⁸⁸ (1094)
Luong-Thi, T., **1**, 246³³⁶ (195); **6**, 1034f⁶
Lupan, S., **8**, 1070³⁰² (1058)
Lupin, M. S., **3**, 694²³ (649, 654), 1074⁴⁰³ᵇ (1035), 1383¹⁸⁶ (1363); **4**, 454f¹⁰, 479f²⁹, 694f⁵, 694f⁶, 695f⁶, 810¹⁵ (693), 811¹²⁹ (709, 710, 721); **5**, 539¹²⁶⁸ (507), 627³⁹⁸ (600, 602); **6**, 442⁸¹ (396), 442⁸² (396, 421), 444¹⁸⁹ (408), 444¹⁹⁷ (408), 760¹⁶¹⁶ (714); **8**, 928⁹² (803), 928⁹³ (803)
Luppold, E., **5**, 531⁷⁷¹ (410)
Lüpschen, R., **2**, 202⁶⁹⁵ (169)
Lupu, D., **5**, 265⁶¹ (14)
Luria, M., **6**, 13⁷⁴ (8)
Lusch, M. J., **2**, 763¹⁶⁰ (751); **7**, 728²²⁴ (714)
Lusk, D. I., **1**, 118¹⁸² (60, 82)
Lustig, M., **5**, 288f⁵, 521⁶⁹ (286)
Lusztyk, J., **1**, 125f¹⁷, 149²⁶ (122, 147), 149²⁷ (122, 145, 147), 152²¹⁴ (145), 152²¹⁵ (145), 152²²⁷ (146), 248⁴¹⁰ (203, 205)
Luteri, G. F., **1**, 249⁴⁵⁸ (211)
Luth, H., **1**, 732f⁶, 753⁵⁶ (735); **3**, 1246⁸ (1153)
Luther, III, G. W., **2**, 199⁶⁰⁰ (146)
Lutomski, K., **1**, 116⁸⁷ (59)
Lutsche, H., **1**, 720⁵⁴ (690)
Lutsenko, A. I., **1**, 303¹¹² (268); **4**, 610³²⁰ (581); **5**, 275⁷³⁰ (245); **6**, 142¹⁸³ (105T, 110, 116, 121T), 181¹²⁵ (156, 168)
Lutsenko, I. F., **2**, 192²⁸⁸ (74), 507⁹⁷ (409), 508¹²² (411, 413, 414, 435, 438, 440), 508¹²³ (411), 508¹²⁹ (411), 508¹³² (411), 508¹⁴⁶ (414, 454), 509²⁰⁵ (424), 510²⁵³ (433), 511³¹⁰ (440), 511³³² (442), 623⁴⁵⁹ (581), 623⁴⁶¹ (581), 974²⁸⁸ (922), 975³²² (927); **7**, 652³⁵⁶ (584), 652³⁵⁶ (584)
Luttinger, L. B., **4**, 965¹⁵⁹ (956)
Lüttke, W., **3**, 703⁵³³ (689)
Lutton, J. M., **6**, 737⁶⁶ (488)

Lutz, E. F., **8**, 458²⁶⁸ (412), 645²³⁹ (617, 621T), 646²⁷⁶ (617, 621T), 647³⁰⁸ (617)
Lutz, K., **3**, 695⁵⁴ (651, 652T, 652, 653)
Lutz, O., **3**, 792f⁶, 1083f⁶, 1260f⁶
Lutz, P., **7**, 100⁴³ (6), 100⁴⁴ (6)
Lutz, W., **7**, 650²⁴² (565), 658⁷⁰⁰ (644)
Lux, F., **4**, 234³⁴ (164), 327⁵⁴⁹ (303, 304, 311); **8**, 220¹⁹ (108)
Luxmoore, A. R., **4**, 387f¹, 504² (378)
Luxon, P. L., **2**, 680³⁹⁸ (673), 1018¹⁷⁹ (1000, 1001, 1010), 1018²²⁴ (1004), 1019²⁴¹ (1005)
Luzikov, Yu. N., **1**, 118¹⁶⁶ (79); **3**, 125f²⁷, 125f²⁹; **8**, 1068²⁰² (1044, 1046)
L'vov, A. I., **1**, 541²¹⁷ (526)
L'vova, V. A., **1**, 722¹⁸⁴ (711)
Lwowski, W., **7**, 102¹³¹ (20)
Lyakhovetsky, Yu. I., **7**, 656⁵⁶² (620); **8**, 1076f⁵
Lyamtseva, L. N., **1**, 250⁵²⁹ (224, 225, 227, 228, 229, 233)
Lyamtseva, N. K., **1**, 250⁵⁶⁴ (229)
Lyapina, N. Sh., **7**, 95f¹²
Lyashenko, G. S., **2**, 515⁵⁴⁹ (472)
Lyashenko, L. V., **8**, 349f¹⁹, 363¹⁷⁹ (305)
Lyatifov, I. R., **4**, 480f⁴, 510³⁹¹ (477), 510⁴⁰⁶ (481, 482), 510⁴⁰⁷ (481, 482); **5**, 274⁷¹⁵ (244)
Lydford, IV, J., **5**, 12f²
Lydon, J. E., **4**, 814²⁹⁵ (745); **6**, 748⁷⁸⁴ (587), 748⁷⁸⁶ (587); **8**, 457²³³ (407)
Lye, J., **2**, 1019²⁶⁸ (1010)
Lyerla, J. R., **3**, 168²⁵ (99, 167); **4**, 885⁵³ (852)
Lyle, M. A., **2**, 617⁶⁷ (531), 618¹¹⁶ (539); **4**, 309f⁴, 328⁶¹⁹ (310, 311); **6**, 1110³⁴ (1048)
Lyle, R. E., **7**, 101¹¹⁸ (18), 159¹¹⁶ (152)
Lynaugh, N., **6**, 179⁹ (146T, 152), 224³⁹ (195)
Lynch, A. H., **3**, 1250²⁰⁵ (1199); **6**, 1061f¹¹, 1111⁸⁸ (1064)
Lynch, G. J., **7**, 725⁵⁴ (673)
Lynch, J., **3**, 829f³ᵇ, 1317³⁸ (1276); **4**, 375¹³⁸ (366)
Lynch, J. A., **8**, 1008⁵³ (952)
Lynch, J. F., **8**, 362⁷⁷ (288)
Lynch, Jr., M. A., **3**, 629⁶⁵ (569); **4**, 2f⁴, 149⁹ (6, 8, 22, 24, 43)
Lynch, M. W., **4**, 510³⁹⁴ (480)
Lynch, R. J., **2**, 975³⁵⁶ (935, 937), 977⁴²⁸ (952)
Lynch, T. J., **1**, 118¹⁷⁵ (81)
Lynd, R. A., **1**, 681⁶⁸² (661), 681⁶⁸⁴ (661); **7**, 456¹⁰⁰ (388), 458²⁰⁰ (400), 458²⁰⁸ (401), 458²⁴¹ (407)
Lynds, L., **1**, 260f¹⁵, 260f¹⁵; **7**, 159¹³⁷ (154), 197¹⁹¹ (187)
Lynn, K. N., **8**, 1066¹⁴³ (1038)
Lyons, A. R., **1**, 308⁴¹⁸ (291)
Lyons, H. J., **4**, 818⁵⁵¹ (780, 781), 818⁵⁵² (780)
Lyons, J. E., **2**, 17f¹⁰, 196⁴⁶⁵ (115), 197⁴⁹² (120), 197⁵¹⁴ (124); **3**, 697²¹³ (665), 697²¹⁵ (665); **4**, 944f², 964⁸⁶ (945), 964⁸⁷ (945), 965¹⁸⁵ (962); **5**, 621³⁵ (548, 550), 621³⁷ (548); **6**, 758¹⁴⁵⁵ (677); **7**, 656⁵⁸¹ (625); **8**, 360² (286)
Lyons, J. R., **8**, 930²⁸¹ (839)
Lysenko, E. N., **2**, 619¹⁹⁸ (547)
Lyster, M. A., **2**, 203⁷⁴⁴ (183), 203⁷⁴⁵ (183); **7**, 657⁶⁴⁰ᵃ (639), 657⁶⁴⁰ᵇ (639), 657⁶⁴⁷ (639), 658⁶⁷² (641)
Lysyak, T. L., **8**, 280²⁶ (236)
Lysyak, T. V., **5**, 526⁴⁰⁰ (342)
Lytwyn, E., **7**, 653⁴²³ (596)
Lyubinova, C. V., **1**, 117¹²³ᶜ (69)

M

Ma, E. C. L., **2**, 516[601] (481, 483)
Ma, O., **1**, 309[492] (296)
Ma, P., **7**, 252[18] (231)
Maalta, E. A., **3**, 268[306] (226, 249, 257)
Maas, T. A. M. M, **8**, 610[318] (600T)
Maasböl, A., **3**, 800f[1], 809f[7], 829f[1a], 891f[1], 949[230] (884), 950[247] (888), 1077[545] (1059), 1125f[1], 1297f[1], 1317[35] (1276), 1318[104] (1294); **4**, 157[535] (129); **6**, 739[188] (502)
Maatman, R., **8**, 282[161] (273)
Maatta, E. A., **3**, 270[392] (249, 250, 251, 252, 253), 270[393] (249, 250, 251, 252, 253), 270[394] (251), 270[397] (252, 253), 270[410] (257), 270[411] (257), 1253[404] (1245)
Mabbott, D. J., **6**, 349[440] (339, 342), 349[461] (342), 442[63] (395), 442[63] (395), 442[77] (396), 442[78] (396, 410), 454[42] (453), 469[45] (463), 469[45] (463), 761[1652] (721, 727)
Mabbs, F. E., **5**, 268[288] (77); **8**, 1104[5] (1074)
Mabuchi, K., **8**, 397f[2]
McAdam, A., **3**, 86[391] (52); **6**, 752[1024] (624T, 625T), 752[1025] (623, 624T, 632)
McAdoo, D. H., **6**, 225[97] (195)
McAdoo, D. J., **4**, 389f[15]; **6**, 225[97] (195)
McAlees, A. J., **3**, 441f[1], 473[28] (438), 473[29] (438, 439); **6**, 347[303] (319)
McAlister, D. R., **3**, 328[147] (318), 630[153] (581, 585, 587, 592, 599, 603), 631[183] (587), 632[231] (602, 603, 613, 614), 633[308] (613, 614), 633[309] (614); **4**, 239[333b] (206, 207T), 239[364] (206, 207T), 239[365] (206, 207T), 239[366] (206, 207T, 231); **5**, 137f[28], 194f[18], 270[448] (146, 152), 535[1023] (458); **8**, 95[62] (35), 95[67] (36), 220[22] (108), 367[436] (350), 550[64] (515)
Macalka, H., **6**, 942[44] (898, 899T)
McAllister, D. M., **8**, 1104[28] (1079)
McAllister, R. M., **5**, 269[348] (103)
McAllister, W. A., **6**, 1112[137] (1076)
MacAlpine, G. A., **7**, 512[133] (491)
McArdle, J. V., **5**, 623[175] (565, 566), 623[176] (566)
McArdle, P., **4**, 435f[18], 510[359] (468), 539f[10], 539f[30], 839[8] (823), 840[21] (824); **5**, 272[557] (187, 226); **6**, 844f[255]; **8**, 1009[118] (972), 1009[161] (982)
McArdle, P. A., **3**, 1248[141] (1186, 1192); **4**, 236[179] (182, 183), 607[138] (541)
MacArtor, F. L., **8**, 796[108] (774)
Macášek, F., **3**, 775f[9]
Macaulay, E. W., **2**, 706[141] (699), 706[142] (699)
McAuliffe, C. A., **1**, 244[192a] (176, 195), 246[332b] (195); **2**, 191[237] (56), 969[4] (864), 970[28] (866, 871, 873, 879, 885, 892, 894, 961, 962, 966), 1016[63] (983); **3**, 838f[16], 947[76] (831, 843, 847, 848, 861), 947[77] (831, 843, 847, 848, 861), 947[100] (843, 848); **4**, 326[480] (297); **5**, 32f[5], 34f[6], 266[138] (29, 33, 35, 38, 39, 41), 266[138] (29, 31, 40, 41), 552f[2], 552f[4], 621[16] (544, 551); **6**, 36[196] (19T, 21T, 22T, 23), 140[39] (104T, 113), 361[29] (353, 354), 754[1155] (640), 1113[178] (1088); **7**, 725[45] (671); **8**, 610[330] (601T)
McAvoy, J. S., **1**, 456[195b] (441), 453[39] (620)
McBee, E. T., **1**, 243[163b] (174)
McBride, B. C., **2**, 1016[48] (983), 1018[201] (1002), 1018[202] (1002), 1018[203] (1002), 1018[204] (1002), 1018[205] (1002)
McBride, D. W., **2**, 723f[12], 761[94] (728); **4**, 325[466] (296), 327[558] (304); **5**, 64f[15], 273[634] (214); **6**, 227[206] (205); **8**, 1067[158] (1040)
MacBride, J. A. H., **7**, 109[505] (72)
McBride, T., **6**, 740[274] (515), 745[557] (547), 746[659] (566), 749[842] (596, 597), 749[844] (597)
McCabe, L. J., **1**, 377[285] (351)
McCaffery, E. L., **1**, 243[166] (174)
McCaffrey, D. J. A., **5**, 327f[5], 327f[8], 327f[11], 524[308] (318, 320), 525[337] (322), 525[368] (336); **6**, 441[11] (389), 749[880] (604), 753[1143] (639), 761[1617] (714)
McCall, J. M., **3**, 386f[4], 388f[6], 430[221] (384, 385), 630[123] (577)
McCallum, R. S., **5**, 175f[7]
McCandlish, L. E., **2**, 762[120c] (737), 908f[6], 974[291] (922, 923, 935)
McCarley, R. E., **3**, 833f[72], 833f[73], 840f[13]; **6**, 840f[63], 840f[64], 840f[66], 868f[3], 875[151] (787, 821), 876[154] (788)
McCarley, T., **5**, 529[630] (379)
McCarty, V., **3**, 1115f[9], 1119f[17], 1147[84] (1117)
McCaskie, J. E., **4**, 459f[4]
McCauley, G. B., **6**, 382[8] (364), 753[1128] (638)
Macchia, B., **2**, 861[111] (849); **7**, 725[15] (664)
Macchia, F., **2**, 861[111] (849); **7**, 725[15] (664)
Maccioni, A., **1**, 379[421] (366); **7**, 106[356] (48), 106[357] (48)
Maccioni, M., **1**, 380[445] (368); **7**, 197[200] (190)
McClaflin, G. G., **1**, 681[703] (664, 666)
McClanahan, S., **8**, 367[417] (347)
McClellan, W. R., **4**, 64f[5], 153[266] (68, 91, 115, 116), 153[292] (72); **5**, 64f[2], 213f[2]
McClelland, B. J., **1**, 120[304e] (109, 113)
McClellen, W. R., **5**, 264[10] (3, 211)
McCleverty, J. A., **2**, 816f[4], 821[212] (815, 816); **3**, 85[323] (45), 125f[4], 125f[5], 149f[5], 149f[6], 168[18] (96, 116), 388f[14], 388f[15], 388f[19], 427[71] (354), 427[72] (354), 427[73] (354), 427[81] (356), 775f[5], 775f[6], 778[10] (706, 707), 781[169] (761, 773), 886f[5], 948[172] (872), 949[173] (872), 1022f[1], 1052f[1], 1073[322b] (1021, 1031, 1054, 1055), 1076[525] (1056), 1141f[11], 1147[121] (1144), 1245[5] (1152), 1246[56] (1163), 1249[168] (1192), 1249[176] (1192), 1249[176] (1192), 1249[176] (1192), 1249[176] (1192), 1249[176] (1192), 1250[213] (1203, 1244), 1250[213] (1203, 1244), 1250[213] (1203, 1244), 1252[309] (1223), 1381[108] (1342), 1381[108] (1342), 1381[118] (1344); **4**, 107[86], 155[398] (102), 157[569] (133, 134), 157[573] (134), 157[574] (134), 166f[2], 233[5] (162), 238[274] (200), 606[110] (536), 659[4] (658), 810[50] (698, 724), 811[118] (708), 817[517] (776, 777); **5**, 257f[4], 265[113] (24, 25), 288f[2], 288f[6], 344f[1], 344f[2], 346f[5], 346f[6], 346f[7], 353f[5], 353f[9], 353f[10], 371f[3], 371f[4], 371f[5], 373f[6], 373f[7], 373f[13], 373f[15], 374f[4], 404f[19], 520[20] (281), 521[65] (285), 521[70] (286), 522[184] (302, 302T, 314), 526[403] (342, 345, 347, 382, 499, 507), 526[404] (342, 345, 348, 382), 526[435] (345, 348, 354), 526[436] (345), 528[541] (367, 368, 369), 528[551] (367, 368, 502), 528[558] (369), 528[559] (369), 529[650] (385), 624[201] (569), 628[482] (614); **6**, 223[4] (202); **8**, 1068[217] (1047)
McClure, G. L., **2**, 821[208] (814); **5**, 626[326] (590); **6**, 751[989] (620, 621), 759[1529] (692)
McClure, J. D., **4**, 965[153] (956); **6**, 100[406] (86, 91T),

180[38] (176T, 177); **8**, 382f[6], 454[12] (374, 383), 641[9] (616, 621T)
McClure, J. R., **1**, 116[77] (57); **7**, 103[215] (29)
McClure, M. D., **3**, 85[319] (44); **6**, 761[1640] (719, 723T)
McColeman, C., **2**, 706[82] (691)
Maccoll, A., **6**, 750[947] (615)
McCollor, D. P., **6**, 98[297] (45, 50T, 57T, 60T, 65), 231[21] (229)
McColynn, S. P., **3**, 84[291] (40)
McCombie, A., **2**, 678[313] (664)
McCombie, S. W., **7**, 510[14] (471), 510[15] (471); **8**, 930[232] (824, 835)
McCombs, C. A., **7**, 649[201] (559), 649[202] (559)
McCombs, D. A., **1**, 120[284] (105)
McConnell, H. M., **3**, 700[379] (674), 703[542] (690)
McConnell, K. P., **2**, 1018[237] (1005)
McConway, J. C., **4**, 819[641] (802)
McCormack, M. J., **4**, 52f[87], 52f[90]
McCormick, B. J., **5**, 621[24] (547)
McCormick, C. L., **1**, 376[196] (339)
McCormick, F. B., **4**, 375[129] (364, 367, 369T, 370)
McCormick, J. E., **1**, 379[407] (364), 379[408] (364)
McCormick, J. M., **3**, 82[132] (17), 82[134] (17)
McCormick, M. J., **3**, 779[63] (713); **4**, 152[213] (57), 608[190] (551), 648[17] (619); **5**, 267[196] (41); **6**, 278[15] (268), 278[15] (268), 278[16] (266T, 268), 278[22] (266T, 270)
McCowan, J. D., **3**, 334f[15], 359f[14], 398f[7], 398f[15], 398f[49], 426[15] (336, 347f), 428[144] (365), 429[201] (378, 381), 430[271] (401), 430[272] (401), 436f[18], 473[31] (439)
McCrae, W., **7**, 726[102] (684), 727[130] (693, 694, 695)
McCready, R., **2**, 201[676] (165); **7**, 652[352] (584)
McCrindle, R., **6**, 347[303] (319)
McCue, J. P., **3**, 946[32] (812)
McCullough, F. P., **6**, 36[196] (19T, 21T, 22T, 23)
McCullough, J. D., **2**, 972[152] (890)
McCure, G., **5**, 546f[13]
McCurry, Jr., P. M., **7**, 649[203] (559)
McCusker, P. A., **1**, 305[240] (279), 305[241] (279, 281), 305[242] (279, 284), 305[249] (279), 305[267] (281), 305[268] (281), 307[352] (288), 308[460] (294); **2**, 202[724] (178, 182); **7**, 158[13] (143)
McDaniel, C. R., **1**, 247[375] (199, 203, 205); **3**, 948[140] (859, 860)
McDaniel, D. H., **1**, 677[438] (628, 634)
McDaniels, L., **4**, 321[120] (255, 260, 317)
McDermott, B., **3**, 1067[8] (956, 95f)
McDermott, J. X., **1**, 247[345] (197); **3**, 362f[16], 398f[20], 398f[21], 419f[2], 419f[3], 430[260] (396, 420); **6**, 745[564] (550, 578), 745[565] (550, 578); **8**, 454[15] (374, 375), 454[16] (374, 375), 454[17] (374, 375), 551[120] (532, 537)
MacDiarmid, A. G., **2**, 186[19a] (20, 27, 47, 49, 59, 77, 80), 186[22] (4, 10, 12, 143, 178, 184), 197[520] (125), 200[607] (146), 202[726] (179), 203[747] (184), 360[5] (306), 360[42] (312, 317), 396[46] (374), 506[49] (403), 509[165] (418), 518[711] (504), 619[175] (545, 549, 550, 551, 559); **4**, 65f[29], 319[25] (246); **5**, 39f[2], 267[185] (38); **6**, 1112[105] (1069), 1112[146] (1081), 1113[169] (1087), 1114[227] (1108), 1114[227] (1108); **7**, 646[2] (516, 575), 654[461] (600)
McDivitt, J. R., **1**, 674[255] (606, 627)
MacDonald, A. A., **1**, 456[214] (444)
McDonald, C. C., **4**, 649[79] (638)
McDonald, C. W., **5**, 621[6] (542)
McDonald, J., **5**, 546f[5], 621[19] (547); **6**, 743[440] (532T)
McDonald, J. W., **3**, 86[422] (59), 86[423] (59), 1119f[11b], 1119f[13], 1119f[15], 1147[85] (1117), 1318[80] (1283), 1384[262] (1379); **5**, 621[42] (548); **6**, 987f[5], 1039[21] (991)
Macdonald, T. L., **7**, 103[193] (27)
McDonald, M. E., **4**, 52f[97], 152[214] (58), 235[126] (175)
McDonald, R., **1**, 672[76] (569)
McDonald, R. N., **7**, 245f[3]

Macdonald, T. L., **7**, 98f[9], 652[329] (580), 652[330] (580)
McDonald, T. R. R., **1**, 584f[13]
McDonald, W. S., **1**, 40[53] (14, 15T), 40[66] (15), 539[103b] (490, 498, 536), 584f[2], 584f[12], 584f[13], 673[132] (582, 586), 689f[7], 720[46] (688), 720[47] (688); **3**, 108f[32]; **4**, 325[450] (294), 325[451] (294); **5**, 404f[42], 523[218] (304T), 530[691] (394, 432), 624[248] (578, 581), 625[264] (580); **6**, 384[111] (378), 384[112] (378), 443[180] (407), 443[181] (407), 743[461] (534T), 743[478] (536T, 537), 749[847] (597, 598), 749[858] (598), 749[870] (602), 752[1082] (634, 641, 644T, 651, 652), 754[1175] (644T, 723T, 724), 754[1180] (645T, 651, 652), 761[1657] (723T, 724), 761[1658] (723T, 724), 945[241] (927, 930), 945[246] (928T, 929), 945[259] (931), 945[265] (933), 945[274] (934T, 935), 945[283] (937T, 938, 939); **8**, 296f[11], 304f[21], 349f[11]
McDonnell, J. J., **4**, 816[450] (766), 816[451] (766)
McDonnell, J. P., **2**, 1019[298] (1014)
McDowell, D., **1**, 456[223] (446), 539[99b] (489, 514)
McDowell, D. C., **7**, 253[137] (248), 301[165] (295)
McDowell, M. V., **4**, 65f[29]; **5**, 39f[2], 267[185] (38); **6**, 1112[105] (1069), 1114[227] (1108)
McDowell, R. S., **3**, 81[76] (9, 12), 792f[1], 793f[2], 946[11] (792), 1083f[1], 1260f[1]; **4**, 247f[1], 319[14] (245, 246); **5**, 26f[1], 266[116] (25), 266[119] (25); **6**, 13[31] (6, 6T, 6), 13[36] (6), 13[53] (8)
McElhinney, R. S., **1**, 379[407] (364), 379[408] (364)
McElligott, P. J., **4**, 374[34] (337), 504[16] (382)
McElroy, A., **8**, 1010[174] (986)
McElvain, S. S., **8**, 930[284] (840), 1008[70] (957)
McEntee, H. R., **2**, 360[45] (313)
McEwan, D. M., **2**, 949f[1], 976[395] (942), 976[398] (946, 948)
McEwen, G. K., **3**, 805f[2], 833f[6], 851f[13], 851f[33], 851f[34], 851f[35], 863f[17], 879f[1], 886f[5], 947[89] (831), 948[119] (847), 948[120] (847), 948[154] (861), 1076[525] (1056); **6**, 34[65] (20T), 94[94] (43T)
McEwen, I. J., **2**, 362[173] (346)
McEwen, W. E., **2**, 705[55] (687), 706[105] (694, 698), 706[123] (697), 706[125] (697), 706[133] (698), 707[147] (700); **4**, 815[390] (759), 816[456] (766), 816[457] (766), 817[458] (766, 767)
McFadden, D. L., **5**, 100f[2]
McFarland, P. E., **7**, 728[193] (707)
McFarland, W., **3**, 833f[58]
McFarlane, W., **1**, 303[125] (268); **2**, 528f[2], 529f[2], 530f[5], 530f[9], 530f[10], 617[42] (527), 617[43] (527), 617[44] (527), 617[47] (527), 617[48] (527, 529), 617[55] (528, 565), 618[153] (542, 543), 623[443] (578), 623[446] (578), 623[458] (580), 626[647] (606), 632f[3], 634f[1], 634f[3], 674[17] (630, 633), 674[35] (633, 666), 674[37] (633), 861[140] (854, 856, 857f); **3**, 841f[1], 1004f[26], 1075[455] (1040), 1248[136] (1145), 1380[74] (1335); **4**, 154[354] (88), 312f[1], 321[157] (260), 328[649] (312), 435f[26], 602f[22], 611[385] (590), 812[185] (718), 840[27] (825); **5**, 403f[12], 479f[11], 523[234] (305), 529[606] (378), 536[1083] (468), 624[233] (575); **6**, 840f[69], 876[215] (814), 1018f[31]; **8**, 1010[218] (1005)
McFarlane, W. J., **3**, 833f[48]
MacFie, J., **4**, 155[421] (115)
McGahey, L. F., **2**, 618[108] (538)
McGarry, E. J., **7**, 252[78] (239)
McGarvey, B. R., **3**, 264[49] (178); **4**, 812[172] (717, 722, 723, 725, 737, 748), 962[7] (932, 946); **5**, 264[17] (3)
McGarvey, G., **2**, 189[160] (36); **7**, 648[132] (545)
McGary, C. W., **2**, 971[82] (875)
McGazy, Jr., C. W., **2**, 875f[2]
McGee, J., **4**, 643f[1], 649[101] (643); **8**, 364[272] (327, 348)
McGee, L. R., **3**, 557[47] (554)
McGiffert, B., **5**, 624[215] (573)
McGiffert, M., **5**, 528[575] (376, 496)
MacGillavry, C. H., **1**, 40[59] (14, 15, 15T)
McGillivray, G., **1**, 742f[9], 754[116] (747, 749); **7**, 512[104] (489), 512[161] (499), 512[166] (499, 503), 513[206] (505, 506)

McGinnety, J. A., **1**, 537[16c] (462, 513), 540[169] (513, 536T); **3**, 85[357] (49), 85[362] (50); **5**, 546f[8]; **6**, 142[206] (132), 361[39] (355, 356), 747[684] (574, 574T), 752[1020] (624T), 752[1021] (624T, 627T), 752[1022] (624T, 626), 752[1027] (623, 625T, 627T)

McGinnis, J., **4**, 511[461] (489, 490T); **8**, 538f[1], 549[22] (503), 550[47] (507, 508, 511), 550[49] (510), 551[132] (537, 545), 1071[342] (1062)

McGirk, R. H., **2**, 971[128] (886)

McGlinchey, M. J., **1**, 677[419] (627); **3**, 557[33] (551), 981f[2], 981f[6], 981f[9], 981f[20], 1004f[28], 1005f[23], 1067[11] (958), 1069[94c] (979, 1021), 1069[97] (981, 985), 1069[113] (984), 1069[121] (985, 988), 1070[154] (987), 1070[155] (988, 995), 1070[193] (997, 999), 1074[380] (1031), 1074[385] (1032), 1247[68] (1168); **4**, 811[112] (707), 886[128] (869), 1059[154] (993); **6**, 143[237] (112), 143[237] (112); **8**, 97[169] (55), 643[126] (634T, 638), 1065[98] (1028), 1067[174] (1041), 1067[174] (1041), 1069[292] (1057)

McGlynn, S. P., **3**, 83[190] (28), 1069[143] (987), 1074[391] (1032)

McGrady, M. M., **2**, 622[374] (569), 623[463] (581)

McGrady, N. M., **5**, 535[1003] (450)

McGrath, B. G., **3**, 1115f[8]

McGrath, J., **2**, 326f[1], 362[121] (326), 362[156] (338)

McGreer, J. F., **4**, 512[484] (495, 502); **8**, 1066[122] (1032, 1033, 1033f, 1034)

McGregor, A., **6**, 1113[200] (1095)

MacGregor, A. C., **4**, 649[102] (643)

McGregor, K. T., **3**, 698[269] (670), 698[270] (670)

McGuiggan, M. F., **5**, 529[618] (380, 381)

McGuinness, S. J., **8**, 1066[107] (1028, 1028f, 1029, 1030f)

McGuire, M. A., **8**, 934[532] (883)

McGuirk, P. R., **7**, 196[143] (178), 225[103] (207), 729[241] (717, 719)

Mach, K., **1**, 673[163] (590); **3**, 326[7] (283), 326[8] (283), 328[164] (321)

Macha, J., **4**, 817[505] (775)

Machida, M., **7**, 110[574] (87)

Machin, D. J., **6**, 943[113] (904T)

Machirant, M. P., **5**, 538[1248] (498)

Macho, V., **6**, 1035f[21]; **8**, 705[65] (693, 694T), 710[313] (694T)

McHugh, T. M., **3**, 82[173] (25)

Maciel, G. E., **2**, 189[126] (29), 674[33] (633)

McIntosh, A. V., **7**, 104[238] (31)

McIntosh, C. L., **2**, 300[235] (259T, 261)

McIntosh, D., **2**, 821[221] (817), 821[222] (817); **6**, 736[2] (474, 475)

McIntosh, D. F., **2**, 821[193] (812)

McIntyre, N. S., **3**, 694[22] (649, 650), 792f[10], 1083f[10], 1260f[10]; **4**, 150[23] (7); **6**, 13[48] (6, 7T)

McIver, Jr., R. T., **1**, 119[270] (102), 245[273] (187)

Mack, A. G., **7**, 66f[5], 109[517] (74)

Mack, T., **3**, 120f[3], 1247[71] (1169)

Mackay, K. M., **2**, 509[200] (423, 468, 470); **4**, 238[301] (204), 328[621] (310), 328[622] (310), 328[623] (310); **6**, 1066f[2], 1105f[2], 1110[16] (1044, 1070, 1078, 1088, 1101, 1107), 1110[21] (1046, 1084), 1110[30] (1047, 1090), 1110[44] (1051, 1057), 1111[64] (1055), 1111[65] (1056), 1111[66] (1056, 1057), 1111[94] (1066, 1067, 1068), 1111[94] (1066, 1067, 1068), 1112[149] (1082), 1112[156] (1084, 1086), 1112[161] (1084, 1086, 1087), 1113[187] (1090), 1113[188] (1090), 1114[220] (1101)

MacKay, M. F., **2**, 912f[13], 975[328] (929); **5**, 273[591] (196), 534[966] (442)

McKean, D. R., **7**, 649[162] (552), 658[654] (640), 658[656] (641), 658[664] (642)

McKechnie, J. S., **3**, 1252[336] (1228)

McKee, M. L., **1**, 304[168] (270), 454[131] (431); **7**, 159[140] (154, 155), 160[147] (155)

McKeever, L. D., **1**, 117[125] (70, 77, 78), 117[129] (70, 78), 118[206] (87), 118[206] (87), 251[610] (235)

McKelvey, J. M., **1**, 115[35] (48, 72, 77, 93, 107)

McKenna, C. E., **2**, 203[743] (183)

McKenna, J., **7**, 99f[36], 104[273] (34), 253[120] (246)

McKennis, J. S., **3**, 87[492] (70); **4**, 507[219] (438, 498), 553f[9]; **7**, 336[44] (332)

McKenzie, E. D., **5**, 268[310] (86)

McKenzie, J. W., **5**, 628[507] (620)

Mackenzie, K., **8**, 455[110] (390)

McKenzie, P. B., **8**, 498[124] (498)

MacKenzie, R., **4**, 380f[27], 435f[22]; **6**, 140[78] (103, 104T, 110)

MacKenzie, R. E., **3**, 1250[210] (1201), 1382[140] (1349), 1382[147] (1351, 1352); **6**, 980[29] (956, 959T), 980[34] (956, 959T); **8**, 550[62a] (515, 521, 531, 534, 535), 1067[193] (1043)

McKenzie, S., **6**, 143[261] (105T); **8**, 606[22] (553, 569, 597T, 598T)

McKenzie, T. C., **3**, 328[111] (309), 328[145] (317, 318), 368f[22], 428[136] (363); **8**, 1010[173] (986, 988), 1104[22] (1077, 1079)

McKeon, J. E., **6**, 262[80] (249), 262[100] (251), 262[106] (251), 262[107] (251), 262[125] (254), 346[218] (312T, 312), 346[225] (312T, 312), 346[226] (312T, 312), 443[141] (403); **8**, 927[70] (801), 927[73] (801), 927[75] (801), 934[567] (889), 934[568] (889)

McKervey, M. A., **7**, 109[537] (78), 253[147] (250); **8**, 550[86] (520)

McKetta, J. J., **1**, 671[39] (561), 682[733] (581); **8**, 368[494] (354)

Mackie, A. G., **8**, 382f[19], 388f[5], 389f[12], 392f[3], 414f[3], 455[68] (381, 387, 389, 392, 414), 938[798] (925)

Mackie, P., **3**, 545[6] (486)

McKiernan, J. E., **4**, 505[62] (395)

McKillop, A., **1**, 241[49] (159, 196), 742f[9], 752[6] (725, 741, 747), 753[39] (731, 748), 753[80] (738, 740), 754[116] (747, 749), 754[117] (747), 754[118] (747), 754[131] (749); **7**, 106[343] (47), 106[347] (47), 510[1b] (465, 487, 505), 510[1d] (465, 487, 505), 510[1e] (465, 487, 500), 510[1f] (465, 487, 500), 510[1g] (465, 487), 510[7] (468, 470, 473, 487, 495), 510[8] (469, 479, 480, 482), 510[9] (469, 470, 479, 480, 482, 483), 510[20] (471), 510[26] (474, 479), 510[27] (475), 510[28] (475, 479), 511[46] (479), 511[48] (480), 511[49] (480, 482), 511[68] (483), 511[97] (488, 497), 512[104] (489), 512[105] (489, 498), 512[129] (491, 493), 512[139] (494), 512[161] (499), 512[166] (499, 503), 512[167] (499, 500, 501, 502), 513[185] (501), 513[195] (504), 513[197] (504, 508), 513[206] (505, 506), 513[207] (505), 513[208] (505), 513[210] (505), 513[216] (506), 513[223] (508), 513[226] (508), 513[227] (508), 513[228] (509); **8**, 933[436] (857)

McKim, J. M., **2**, 1020[314] (1006f)

McKinley, S. V., **1**, 119[272] (101T, 103); **8**, 607[99] (562)

McKinney, R. J., **3**, 13f[3], 24f[1], 81[105] (12, 16), 82[163] (24, 26), 87[507] (73), 87[512] (74, 75), 88[547] (79), 170[118] (148), 546[30] (491), 695[49] (651, 654); **4**, 33[45], 65f[26], 83f[13], 83f[19], 83f[20], 83f[21], 83f[22], 83f[23], 150[22] (7), 152[161] (41, 93), 156[451] (121), 241[431] (214, 215T, 219T, 220), 241[469] (219, 219T, 220), 241[472] (219, 219T, 220), 242[510] (223, 224T, 229), 242[529] (229, 231, 232T), 506[143] (417), 657f[11], 658f[37], 819[602] (794), 840[61] (831), 885[67] (855, 856), 885[69] (857), 920[37] (917), 920[38] (917), 920[40] (917, 918), 928[4] (924); **5**, 366f[9], 528[526] (363, 364, 483, 494); **6**, 843f[179], 875[128] (783); **8**, 454[8] (374), 1067[155] (1039)

McKinnie, B. G., **2**, 17f[14], 297[78] (228)

McKinnon, K. P., **6**, 99[393] (53T)

Mackle, H., **1**, 245[277] (187, 202)

Macklin, J. W., **2**, 908f[6], 974[291] (922, 923, 935), 974[298] (923)

McKnight, G. F., **3**, 1137f[16]

Mackor, A., **2**, 706[131] (698); **8**, 455[116] (391)

McKown, G. L., **1**, 420f[5], 420f[5]

McLachlan, A. D., **3**, 264[56] (179)

McLain, S. J., **3**, 108f[1], 109f[1], 721f[1], 721f[2], 721f[3], 723f[2], 733f[6], 734f[6], 735f[2], 735f[8], 745f[1], 745f[2], 745f[5], 745f[6], 745f[7], 745f[8], 745f[10], 752f[1], 752f[2], 764f[11], 764f[21], 779[82] (723, 726, 729, 741), 779[85] (723), 779[93] (727), 779[94] (728), 780[115] (739, 755, 756), 780[136] (746, 751, 752, 757), 780[137] (746, 747,

748), 780[138] (749); **8**, 388f[4], 388f[7], 454[20] (374), 454[23] (375, 380), 455[102] (387, 389), 455[103] (387), 455[118] (391), 550[63] (515), 550[65a] (515)
McLane, R. C., **7**, 14f[1]
McLaren, A. B., **3**, 268[271] (217)
McLaren, J. V., **4**, 816[448] (766, 773)
McLauchlan, K. A., **6**, 744[498] (540, 542, 542T)
McLaughlin, G. M., **1**, 40[48] (12, 15T), 249[470] (212), 673[168] (590); **3**, 891f[13], 1125f[5], 1299f[1]; **5**, 417f[1], 418f[4], 532[790] (412, 413), 532[792] (413), 532[796] (414)
MacLaury, M. R., **5**, 530[660] (387)
Maclean, C., **6**, 444[221] (412, 417)
Maclean, D. B., **1**, 305[227] (279)
McLean, R. A. N., **3**, 694[16] (649, 649T, 651, 660), 1187f[6]; **4**, 33f[8], 65f[22], 152[185] (45), 233[8] (163), 234[37] (164), 236[198] (185), 323[302] (277, 302), 840[74] (834), 887[185] (881), 928[2] (924); **6**, 840f[75], 850f[27], 875[110] (778, 779)
McLean, W., **1**, 117[147] (75)
McLendon, G., **8**, 362[80] (289)
MacLeod, Jr., W. D., **7**, 224[50] (201)
McLick, J., **2**, 17f[2], 17f[6], 187[69] (19, 109), 202[700] (170)
McLoskey, A. L., **1**, 373[5] (313, 314, 315, 316, 318, 322, 326, 329, 333, 334, 335, 337, 338, 341, 342)
McLoughlin, V. C. R., **2**, 713f[7], 761[63] (721)
McMahan, D. G., **7**, 104[275] (35)
McMahon, E., **5**, 538[1194] (485); **6**, 382[12] (364), 753[1140] (639)
McMahon, I. J., **6**, 748[772] (585)
McMahon, J. E., **2**, 196[474] (116); **4**, 511[460] (489, 490T)
McMahon, M., **3**, 1248[138] (1186)
McMane, D. G., **6**, 756[1315] (663), 756[1317] (663)
McManus, S. P., **3**, 1076[500b] (1051); **7**, 105[322] (44); **8**, 606[32] (554), 606[71] (558), 607[115] (564), 607[118] (564)
McMaster, A. D., **1**, 119[224] (91); **2**, 516[604] (481), 680[389] (671); **3**, 125f[32]
McMeeking, J., **3**, 265[109] (184), 266[164] (198, 199, 200), 267[212] (210), 392f[6], 392f[7], 392f[8], 430[251] (393), 430[252] (393), 430[253] (393), 630[97] (573, 578), 891f[13]; **5**, 403f[3], 528[576] (376), 532[790] (412, 413), 624[228] (575), 624[232] (575); **6**, 93[2] (55T), 95[131] (58, 59T, 61T, 65, 66, 76), 98[307] (59T, 65, 67, 76, 77), 141[137] (105T), 741[306] (518), 1094f[5]; **8**, 455[112] (390), 455[114] (390), 641[2] (634T), 641[3] (635T, 638), 642[68] (633, 634T), 642[68] (633, 634T), 670[102] (653)
McMillan, J. H., **7**, 658[707] (645), 658[707] (645)
McMillan, R., **5**, 266[175] (37); **6**, 34[47] (21T, 23, 26); **8**, 606[45] (555, 569, 579, 597T, 598T, 601T)
McMillan, R. J., **5**, 537[1135] (476)
McMillan, R. S., **8**, 296f[3], 365[277] (328, 338), 497[61] (478)
McMillin, D. R., **6**, 754[1212] (652)
McMullan, R. D., **6**, 876[208] (810, 811)
McMullan, R. K., **3**, 1269f[4]; **6**, 96[174] (42, 43T), 870f[93]
McMullen, C. H., **3**, 1004f[12], 1071[233a] (1008, 1018, 1038)
McMullen, J. C., **1**, 309[493] (296), 309[548] (298); **7**, 299[80c] (279)
McMullin, C. M., **3**, 1072[256] (1011)
McMunn, D., **8**, 642[100] (626, 627T)
McMurry, J. E., **3**, 279[31] (273), 279[36] (273, 274), 279[38] (273), 279[39] (273); **7**, 103[176] (25), 252[21] (231), 252[22] (231); **8**, 1008[69] (957)
McNamara, S., **7**, 101[110] (16)
McNamee, G. M., **2**, 972[148] (890)
McNaughton, J. L., **6**, 755[1289] (658, 709)
McNeese, T. J., **3**, 326[36] (292), 557[56] (555), 557[57] (555), 633[276] (622, 624), 646[46] (642), 646[47] (642, 643, 644), 709f[6], 764f[19], 769f[14], 771f[16], 948[153] (861), 1146[33] (1095); **8**, 305[44], 365[279] (328)
McNeil, D. W., **6**, 225[97] (195)
MacNeil, P. A., **8**, 471f[9], 496[32] (470)

McNeill, E. A., **1**, 420f[1], 420f[3], 420f[7]; **4**, 65f[21], 328[653] (313); **5**, 264[43] (10)
McNeish, A., **3**, 82[129] (16); **4**, 320[53] (248)
McNelis, E., **8**, 550[85a] (519)
McNiff, M., **6**, 441[6] (386, 388); **8**, 807f[2], 928[143] (806)
Macomber, D. W., **3**, 1067[26b] (964), 1248[123] (1183), 1380[63] (1333); **8**, 607[113] (564), 607[114] (564)
McOmie, J. F. W., **2**, 878f[12]
McOsker, C. C., **2**, 196[460] (113), 196[466] (115); **7**, 656[571] (622)
McPartlin, M., **1**, 732f[1], 732f[2], 732f[4], 732f[5], 753[46] (734), 753[48] (734), 753[55] (735), 753[64] (735); **2**, 621[322] (562); **3**, 628[15] (562, 565, 566), 949[210] (880), 1286f[2], 1286f[4], 1318[77] (1283); **4**, 664f[1], 887[179] (881), 887[191] (882), 903f[2], 903f[3], 907[26] (892), 907[40] (898, 905), 907[57] (901), 907[58] (902), 907[61] (902), 907[62] (902), 907[65] (903), 907[71] (904, 905), 908[75] (905), 1058[48] (973, 1033), 1062[286] (1032), 1062[331] (1041), 1062[339] (1043), 1063[387] (1053), 1063[396] (1054), 1063[398] (1054), 1064[407] (1056), 1064[408] (1057); **5**, 533[886] (429), 539[1269] (507), 624[190] (567); **6**, 749[875] (602), 753[1154] (640), 754[1207] (650T), 754[1209] (650T)
MacPeek, D. L., **7**, 455[53] (382), 455[68] (383)
McPhail, A. T., **1**, 722[160] (709); **2**, 197[511] (123); **3**, 1073[340] (1024), 1075[445] (1038), 1100f[8], 1249[170] (1192); **4**, 387f[13], 505[68] (397); **5**, 100f[2], 100f[8]; **7**, 461[398] (428)
MacPhee, J. A., **7**, 104[234] (31), 105[333] (46)
McPherson, A. M., **1**, 40[55] (14, 15T), 583f[21], 585f[2], 672[68] (567, 582, 587, 588); **7**, 456[92] (387)
McPherson, H. D., **6**, 745[583] (555)
McQuade, K. J., **4**, 929[33] (927), 965[176] (961); **6**, 737[48] (482), 871f[119], 877[244] (823); **8**, 607[94] (561, 562T, 594T, 605), 608[208] (592)
McQuillan, G. P., **2**, 621[319] (562)
McQuillin, F. J., **4**, 962[6] (932); **5**, 531[740] (405), 531[741] (405); **6**, 441[34] (390, 421, 424, 427), 441[35] (390, 421), 745[575] (554), 746[676] (573, 577, 580), 746[678] (573), 746[680] (573), 750[914] (611), 757[1414] (673, 712), 761[1637] (718, 719), 943[138] (907, 909T), 943[139] (907, 909T), 943[140] (907, 909T, 910, 911T); **7**, 512[125] (491); **8**, 312f[61], 331f[9], 361[28] (286), 361[30] (286), 363[164] (301), 365[326] (338, 343), 497[55] (477), 551[123] (533), 927[53] (801), 928[106] (804, 805, 812), 928[126] (805), 928[134] (805, 813), 928[147] (806)
McQuillin, J. F., **8**, 607[88] (560, 568, 597T)
MacQuitty, J. J., **4**, 612[458] (596); **8**, 706[116] (693, 694T)
MacRae, D. M., **2**, 301[323] (278)
McReynolds, L. A., **8**, 368[479] (354)
McRitchie, D. D., **7**, 110[589] (91)
McShane, W. J., **2**, 1019[290] (1012f)
McVey, S., **3**, 1177f[2]; **5**, 531[749] (407, 456, 482), 531[750] (407, 456, 457), 535[1014] (453, 482), 535[1015] (453, 456); **6**, 1019f[79], 1029f[54]; **8**, 1064[44] (1019)
McVicker, G. B., **1**, 152[202] (144, 145, 146, 147), 152[204] (144, 145); **3**, 1188f[31], 1188f[34], 1248[149] (1187), 1337f[5]; **4**, 605[42] (519, 591); **5**, 12f[7]; **6**, 980[24] (954), 1041[128] (1012, 1013, 1038), 1041[134] (1013), 1041[143] (1039), 1041[144] (1039); **8**, 98[226] (61, 62)
McWeeny, R., **6**, 744[496] (539T), 751[963] (617)
McWhinnie, W. R., **2**, 617[26] (524); **3**, 949[178] (872); **5**, 530[658] (381), 530[708] (396), 530[709] (396), 625[301] (587); **6**, 344[80] (282), 347[334] (321), 347[335] (321), 749[837] (595T)
McWilliam, D., **4**, 611[417] (592)
McWilliam, D. C., **2**, 674[32] (633)
Madach, T., **3**, 1067[20] (962), 1187f[4], 1247[95] (1177), 1380[49] (1331); **4**, 321[182] (264, 282), 324[344] (282); **5**, 267[203] (42, 43); **6**, 36[199] (20T), 228[263] (200, 201T, 202, 203T), 779f[2], 792f[1], 793f[1], 839f[37], 839f[38], 875[111] (778, 779, 798, 809), 876[168] (793, 807), 876[194] (800), 876[200] (807)
Madawinata, K., **7**, 106[382] (51), 107[394] (53)
Madden, D. P., **4**, 326[509] (299), 814[272] (740), 815[358]

(754), 886^{117} (868, 870); **5**, 521^{85} (289, 290), 521^{86} (289); **8**, 770^{74} (728, 732)
Madden, P., **8**, 708^{243} (697)
Madden, T. D., **8**, 367^{455} (352)
Maddock, A., **6**, 752^{1043} (628)
Maddock, A. G., **6**, 1110^{5a} (1044)
Maddock, B. G., **2**, 1019^{272} (1010)
Maddock, S. J., **3**, 645^{29} (639); **8**, 378f^{16}, 644^{166} (629)
Maddocks, P. J., **1**, 374^{115} (322); **7**, 300^{121} (287)
Maddox, M. L., **6**, 744^{514} (542, 545)
Maddren, P. S., **1**, 375^{161} (332), 409^{70} (400, 401); **5**, 272^{572} (190); **6**, 140^{65} (117, 121T)
Madeja, K., **3**, 922f^{13}; **4**, 965^{140} (953); **8**, 341f^{15}, 366^{349} (340)
Madelmont, J. C., **1**, 244^{200} (177)
Mader, M., **7**, 104^{242} (31)
Madhavan, S., **4**, 606^{68} (522)
Madhavarao, M., **4**, 374^{32} (336, 347), 374^{76} (347), 504^{23} (383), 504^{52b} (393), 505^{56} (394), 610^{360} (586); **8**, 1008^{78} (959, 961, 962), 1008^{89} (966)
Madix, R. J., **8**, 97^{174} (55, 57)
Madl, R., **2**, 713f^{48}, 760^{30} (716, 739)
Madon, R. J., **8**, 96^{91} (41, 48), 97^{139} (48, 49)
Madruga, M. I. L. M, **7**, 510^{38} (475)
Madsen, J. O., **7**, 104^{253} (33)
Maeda, E., **7**, 106^{366} (48)
Maeda, K., **4**, 965^{164} (959); **8**, 930^{283} (839), 935^{594} (892)
Maeda, R., **6**, 97^{274} (58T, 61T, 62T, 63T, 73)
Maeda, S., **2**, 1019^{290} (1012f); **6**, 225^{128} (190)
Maeda, T., **1**, 721^{123} (701), 722^{161} (707), 723^{275} (719)
Maeda, Y., **2**, 621^{343} (566)
Maemura, K., **8**, 866f^{2}
Maemura, M., **4**, 511^{444} (486), 817^{465} (767); **6**, 347^{337} (322, 339), 347^{340} (322, 323, 336, 337, 338, 339); **8**, 861f^{9}, 865f^{14}, 933^{454} (860), 935^{591} (892), 1067^{184} (1043), 1067^{185} (1043), 1067^{188} (1043)
Maercker, A., **1**, 115^{36} (49), 115^{38} (49), 115^{39} (49), 116^{49} (51), 116^{49} (51), 116^{49} (51), 241^{55} (159), 243^{150} (173, 189), 245^{271} (187), 246^{291} (189), 246^{292} (189, 191), 249^{453} (210), 249^{454} (210), 249^{480} (215); **7**, 108^{444} (61), 109^{530} (77, 79), 109^{531} (77), 110^{561} (83, 84)
Maertens, D., **4**, 33f^{28}, 50f^{14}, 151^{131} (34, 35, 38, 57, 61, 101, 102)
Maestro, M., **1**, 149^{18} (122)
Maffeo, C. V., **7**, 727^{179} (705)
Magatti, C. V., **4**, 373^{7} (333, 351, 370), 504^{55} (394), 610^{373} (588)
Magee, C. P., **1**, 539^{113a} (493), 552^{11} (544), 722^{210} (714)
Magee, T. A., **3**, 947^{86} (831), 1075^{435} (1037)
Magee, T. D., **3**, 833f^{20}, 833f^{22}, 833f^{68}, 833f^{69}
Mageli, O. L., **2**, 623^{468} (582)
Magennis, S. A., **2**, 796f^{10}, 818^{15} (766), 820^{161} (797), 820^{162} (799); **8**, 933^{470} (868, 872), 933^{483} (872)
Maggio, F., **6**, 748^{755} (586)
Maggs, R. J., **2**, 1015^{42} (983)
Magid, R. M., **7**, 105^{327} (45, 49), 110^{589} (91)
Magin, A., **8**, 223^{147} (171, 175, 176, 189, 190), 411f^{11}, 458^{267} (412), 796^{150} (775)
Maginn, C., **3**, 886f^{13}
Maginn, R. E., **3**, 265^{83} (182, 184, 185), 265^{114} (186)
Maglio, G., **3**, 87^{450} (64); **4**, 613^{514} (600, 602f); **6**, 443^{182} (408), 444^{188} (408), 444^{242} (418, 419), 444^{243} (418), 444^{246} (418), 444^{248} (419), 445^{279} (422); **8**, 1010^{171} (985)
Magné, J., **5**, 268^{296} (80)
Magnouat, P., **8**, 454^{43} (379)
Magnum, M. G., **7**, 649^{192} (556)
Magnus, P., **2**, 189^{140} (33), 189^{140} (33); **7**, 5f^{5}, 91f^{4}, 96f^{4}, 97f^{25}, 99f^{26}, 646^{15} (517, 518), 646^{20} (519), 646^{21} (520), 646^{25} (521), 647^{44} (525), 647^{69} (529), 647^{72} (530), 647^{73} (530), 647^{74} (530), 647^{75} (531), 647^{76} (531), 648^{125} (543, 544), 648^{125} (543, 544), 648^{128} (544), 648^{149} (548), 649^{153} (549), 650^{258} (569), 653^{379} (586, 587, 591), 656^{589} (626, 629), 657^{604} (630)
Magnus, P. D., **8**, 934^{551} (885)
Magnuson, J. A., **1**, 245^{251} (182)
Magnuson, R. H., **5**, 271^{462} (153)
Magnuson, V. E., **2**, 970^{65} (871); **5**, 117f^{1}, 269^{351} (105, 111, 117)
Magnuson, V. R., **1**, 40^{49} (12, 15T), 151^{159} (137), 249^{486} (216), 673^{139} (585); **5**, 267^{219} (46)
Magnuson, W. L., **3**, 1137f^{6}
Magnusson, E. A., **6**, 342^{5} (280, 283f), 738^{114} (494), 738^{115} (494)
Magnusson, G., **7**, 104^{257} (33), 253^{103} (243)
Magolda, R. L., **7**, 658^{673} (642)
Magomedev, G. I., **5**, 628^{496} (617)
Magomedov, G. K., **3**, 1071^{247} (1009), 1072^{275} (1014), 1072^{280} (1014); **8**, 365^{313} (337)
Magomedov, G. K. I., **2**, 971^{74} (874); **3**, 1075^{467a} (1043), 1075^{467b} (1043); **4**, 240^{380}
Magon, L., **4**, 236^{166} (179), 816^{435} (763); **6**, 843f^{206}
Magon, M., **4**, 612^{494} (598)
Magoon, E. F., **4**, 965^{190} (962)
Magos, L., **1**, 149^{6} (122); **2**, 194^{377} (96), 626^{659} (608, 609, 610), 903f^{2}, 943f^{5}, 976^{399} (946)
Magovern, R. L., **3**, 546^{70} (506)
Mague, J. T., **2**, 761^{96} (727); **3**, 109f^{11}; **4**, 694f^{8}; **5**, 310f^{10}, 311f^{1}, 316f^{3}, 317f^{17}, 317f^{19}, 317f^{20}, 317f^{21}, 404f^{18}, 404f^{23}, 438f^{7}, 444f^{3}, 523^{243} (303T, 307, 314), 524^{267} (309), 524^{268} (309, 314), 524^{292} (314), 524^{293} (315), 524^{294} (315), 524^{295} (315, 381, 382, 441), 529^{623} (381), 529^{628} (380, 398), 529^{631} (381), 529^{639} (383, 384), 531^{735} (393, 407, 409), 531^{759} (408, 409, 428, 440), 531^{760} (408), 531^{762} (409), 531^{763} (409), 533^{882} (428, 440), 535^{1029} (350), 628^{477} (613)
Maguire, J. F., **8**, 1067^{163} (1040)
Magyar, E. S., **3**, 86^{442} (62), 114f^{3}, 118f^{9}; **4**, 509^{339} (462), 512^{479} (494), 512^{480} (494), 512^{480} (494)
Mah, R. W. H., **7**, 142^{98} (130), 263^{23} (258), 322^{71c} (321)
Mah, T., **7**, 109^{552} (80, 92)
Mahaffy, C. A. L., **3**, 1022f^{3}, 1071^{220} (1001), 1071^{223} (1002), 1073^{311} (1019, 1034, 1038), 1251^{293} (1220), 1382^{177a} (1362); **8**, 1065^{97a} (1027), 1068^{233} (1049)
Mahaffy, P. G., **2**, 186^{29} (6), 193^{327} (83)
Mahaim, C., **4**, 463f^{6}; **8**, 935^{628} (898)
Mahajan, D., **5**, 523^{251} (307); **8**, 291f^{12}, 364^{221} (320)
Mahajan, J. R., **7**, 224^{93} (205)
Mahalanabis, K. K., **7**, 104^{267} (34)
Mahale, V. B., **2**, 194^{377} (96), 768f^{13}, 818^{25} (767, 808), 903f^{2}, 943f^{5}, 976^{399} (946); **6**, 1028f^{20}, 1028f^{43}, 1040^{83} (1000)
Mahan, J. E., **6**, 95^{136} (55T, 57T, 65, 75), 98^{278} (56T, 58T, 59T, 65, 73), 98^{309} (55T, 56T, 57T, 58T, 59T, 65, 66, 73), 99^{391} (58T, 59T), 142^{167} (105T, 121T); **8**, 646^{288} (621T), 646^{289} (621T), 646^{290} (621T), 647^{303} (621T), 710^{316} (672), 769^{12} (736), 769^{32} (736), 795^{60} (790, 791)
Mahdavi-Damghani, Z., **7**, 104^{267} (34)
Maher, J. M., **3**, 1125f^{9}, 1147^{89} (1123)
Maher, J. P., **1**, 728f^{2}, 752^{24} (729), 752^{25} (729); **4**, 323^{258} (271, 295), 1064^{412} (1018); **5**, 265^{97} (22), 270^{434} (140, 142), 355f^{10}, 404f^{31}, 525^{382} (317, 354), 530^{655} (386), 530^{656} (386); **8**, 368^{504} (357)
Mahler, J. E., **3**, 1252^{356} (1232); **4**, 400f^{6}, 505^{92} (403), 506^{169} (426), 507^{177} (428), 512^{477} (493), 608^{191} (553, 555, 559f), 613^{512} (600, 602f); **8**, 1007^{2} (940), 1007^{7} (940), 1010^{169} (984), 1010^{170} (985)
Mahler, W., **2**, 706^{115} (696)
Mahmoud, F. T., **5**, 535^{1001} (450), 627^{393} (599); **6**, 384^{87} (374, 376), 753^{1133} (638)
Mahnke, H., **3**, 118f^{3}, 168^{3a} (90), 168^{3b} (90), 168^{48} (116); **4**, 319^{31} (246), 325^{418} (291); **6**, 13^{41} (7)
Maholanyiova, E., **8**, 1066^{141} (1038)

Mahone, L. G., **2**, 193^338 (86), 360^13 (309)
Mahrwald, R., **1**, 753^91 (740)
Mahtab, R., **3**, 87^508 (73), 545^28 (491), 1382^142 (1349), 1382^146 (1350), 1382^149 (1354); **5**, 271^452 (149); **8**, 453^6 (374), 549^25 (503)
Maier, D. E., **1**, 754^143 (752)
Maier, D. P., **1**, 310^553 (298); **7**, 336^50c (334)
Maier, G., **2**, 186^30 (7, 84), 186^30 (7, 84); **7**, 99^21 (3), 108^455 (62)
Maier, J. P., **2**, 674^50 (636); **3**, 1074^408 (1035, 1058), 1251^267 (1215, 1224), 1383^184 (1363), 1383^205 (1366)
Maier, K., **1**, 378^356 (360)
Maier, L., **1**, 246^332a (195); **2**, 513^450 (458, 459, 460, 466), 704^22 (684)
Maier, M., **1**, 672^86 (571)
Maier, N. A., **2**, 971^185 (876), 971^129 (887), 971^130 (887, 888), 972^138 (888); **8**, 1064^24 (1017)
Maier, T. L., **3**, 1071^229b (1045, 1046); **8**, 1069^283b (1056, 1057)
Maier, W. F., **7**, 107^401 (54), 650^252 (567)
Maijs, L., **2**, 511^317 (440)
Maillard, A., **1**, 252^623 (237, 238)
Maillard, P., **3**, 398f^14, 431^290 (404), 631^171 (583); **5**, 269^374 (114)
Main, P., **4**, 907^29 (894)
Maina, G., **7**, 252^69 (238), 252^70 (238, 239), 252^72 (239)
Mainwaring, D. E., **4**, 965^178 (961); **6**, 873^14 (764), 877^245 (823)
Mainz, V. V., **3**, 1133f^3
Maionica, E., **6**, 738^168 (499)
Maiorana, S., **3**, 1072^301a (1018, 1037); **4**, 608^207 (556, 559f, 561)
Maiorova, L. P., **2**, 509^198 (423), 510^221 (426, 437), 510^222 (426), 512^345 (443), 514^527 (469); **6**, 100^423 (39, 43T), 1029f^73, 1029f^79, 1029f^80, 1033f^5, 1036f^8, 1040^88 (1001), 1040^89 (1003)
Maire, J. C., **2**, 302^383 (293), 616^17 (523), 617^69 (531); **3**, 1074^392 (1032)
Mais, R. H. B., **3**, 86^415 (59), 858f^19; **4**, 240^388 (210), 323^266 (272, 301), 325^443 (293), 326^515 (299); **6**, 35^143 (24), 35^161 (30), 241^2 (234), 443^168 (406), 443^174 (407), 754^1163 (641, 642T), 760^1592 (707T), 760^1593 (707T), 844f^258
Maisch, H., **1**, 376^209 (342), 378^339 (358)
Maisel, G., **3**, 1051f^4, 1074^416 (1054)
Maisonnat, A., **5**, 51f^11, 266^153 (33), 301f^1, 301f^2, 438f^2, 438f^5, 522^169 (300, 421), 522^171 (300), 522^174 (300), 533^870 (426), 533^871 (427), 533^872 (427), 533^873 (427), 628^474 (613, 614); **8**, 362^92 (292)
Maiti, R. K., **3**, 701^451 (682)
Maitland, R., **6**, 241^6 (235)
Maitlis, P. M., **1**, 305^234 (279), 373^38 (313), 376^213 (343), 376^224 (344), 378^344 (359); **3**, 85^321 (44), 85^323 (45), 85^351 (47, 51, 59), 87^456 (66), 87^457 (67), 87^458 (67), 87^460 (67), 118f^18, 142f^3, 142f^4, 144f^3, 144f^4, 144f^5, 144f^6, 144f^6, 169^78 (131), 169^100 (143), 169^104 (145), 169^105 (145), 169^106 (145), 170^119 (148), 427^81 (356), 1380^46 (1331); **4**, 508^261 (444, 472), 508^269 (445), 508^269 (445), 606^52 (519), 815^386 (759), 819^634 (801), 965^145 (955); **5**, 64f^16, 240f^3, 240f^14, 258f^5, 274^706 (239, 244), 290f^5, 357f^4, 357f^5, 362f^5, 362f^15, 371f^3, 371f^5, 373f^1, 373f^2, 373f^4, 373f^5, 373f^6, 373f^7, 373f^9, 373f^10, 373f^11, 373f^12, 373f^15, 373f^17, 373f^18, 374f^1, 374f^2, 374f^3, 374f^4, 374f^5, 403f^8, 438f^12, 455f^2, 479f^2, 479f^9, 479f^12, 521^92 (289, 440, 471T), 527^476 (356, 451), 527^477 (356, 451, 468, 500, 501, 516), 527^478 (356, 357, 435, 451, 468, 501), 527^479 (356, 357, 369, 490, 491), 527^485 (358), 527^512 (361), 527^516 (363, 367, 369, 377), 528^535 (367), 528^536 (367, 369), 528^537 (367, 369), 528^540 (367, 369), 528^541 (367, 368, 369), 528^549 (367, 369, 451, 465, 475T), 528^550 (367), 528^551 (367, 368, 502), 528^553 (368, 369), 528^554 (369, 501), 528^555 (369), 528^557 (369, 394), 528^558 (369), 528^561 (369), 528^562 (369), 528^565 (369), 528^566 (369), 528^569 (357, 369, 490, 514), 531^749 (407, 456, 482), 531^750 (407, 456, 457), 535^1002 (450, 468, 516), 535^1007 (450, 501), 535^1008 (450, 501), 535^1009 (451, 500, 501, 502), 535^1010 (451), 535^1011 (451), 535^1014 (453, 482), 535^1015 (453, 456), 535^1016 (453), 535^1022 (457, 458), 536^1074 (356, 472, 512, 514), 536^1079 (467, 501), 537^1178 (457, 481), 538^1216 (490, 491), 538^1219 (491), 604f^4, 604f^7, 604f^8, 604f^9, 604f^10, 604f^11, 604f^12, 606f^4, 606f^4, 606f^7, 608f^5, 608f^7, 608f^8, 608f^10, 608f^11, 610f^3, 610f^3, 610f^4, 626^362 (596, 605, 607), 626^363 (596), 626^364 (596), 626^365 (596), 626^366 (596), 626^367 (596), 626^368 (596, 607, 611), 626^369 (596), 627^437 (603, 605), 627^437 (603, 605), 627^439 (603, 605, 607, 609, 614), 627^440 (603, 604), 627^441 (605, 611), 627^449 (605, 611), 627^454 (607), 628^460 (607), 628^466 (611), 628^467 (611); **6**, 278^17a (268), 35^114 (19T, 20T, 21T, 26), 187^20 (184), 187^22 (186), 187^23 (185, 186), 187^24 (185), 241^1 (233, 236, 241), 241^21 (236), 241^28 (237), 241^29 (238), 241^33 (238), 261^22 (245), 261^47 (247), 263^182 (259, 260), 263^187 (260), 263^188 (260), 263^189 (260), 263^191 (260), 263^192 (260), 277^1 (265), 278^30 (272), 278^31 (272), 278^41 (273), 278^48 (275), 278^49 (266T, 275), 346^239 (312, 336), 347^284 (317, 334T), 347^285 (316, 317), 348^377 (327), 348^379 (327, 334T), 348^380 (327, 334T), 348^381 (327), 348^382 (327, 332), 348^383 (327, 332), 348^384 (327), 348^385 (327, 333, 334T, 336), 348^386 (328, 334T), 349^415 (333, 334T, 334f, 337), 349^433 (336), 349^435 (337, 338, 339), 349^440 (339, 342), 349^461 (342), 361^7 (352), 361^8 (352, 357), 361^9 (352, 353, 354, 356), 361^30 (353), 383^18 (365, 372, 373), 383^22 (365, 367, 372, 373), 383^48 (367), 383^49 (367, 373), 383^52 (368, 377, 380), 383^53 (368, 377), 383^54 (368, 373, 377, 382), 383^57 (368, 373, 377, 382), 383^61 (369), 383^62 (370, 373), 383^68 (371), 383^70 (371), 383^80 (373, 375), 383^82 (373, 382), 383^84 (374, 380), 384^91 (375, 377), 384^92 (375, 382), 384^99 (377), 384^100 (376), 384^108 (377), 384^126 (380), 384^127 (380), 384^128 (380), 384^130 (381), 384^132 (382), 384^133 (382), 384^134 (382), 384^136 (382), 384^138 (382), 442^63 (395), 442^63 (395), 442^66 (395, 429), 442^69 (395, 421, 429), 442^74 (395, 429), 442^75 (395, 429), 442^76 (395), 442^77 (396), 442^78 (396, 410), 442^111b (400, 422), 442^113 (400, 407), 442^114 (400, 407), 442^143 (403), 443^144 (403, 410), 443^155 (404), 443^158a (405), 443^179 (407), 444^250 (419), 445^270 (422), 445^271 (422), 445^300 (424, 426, 429), 453^14 (448), 453^19 (449, 450, 452), 454^42 (453), 468^1 (455), 468^9 (456), 468^10 (456), 468^11 (456, 460), 468^12 (456, 460), 468^16 (456, 462, 463, 465), 468^19 (456), 468^20 (456, 457, 458), 468^26 (458), 468^26 (458), 469^34 (461), 469^38 (462), 469^39 (462), 469^40 (462, 466), 469^42 (462, 463), 469^43 (462, 463), 469^44 (463), 469^45 (463), 469^45 (463), 469^46 (463, 465), 469^48 (464), 469^49 (464), 469^50 (464), 469^52 (465), 469^53 (465), 469^56 (465), 469^60 (466), 751^1008 (622), 751^1013 (622), 752^1029 (626), 756^1345 (666), 759^1545 (696), 759^1546 (696), 759^1547 (696), 760^1556 (696, 700T, 703), 760^1562 (697), 761^1634 (718, 722T, 727), 761^1635 (718, 729), 761^1636 (718), 761^1641 (719), 761^1642 (719, 729), 761^1652 (721, 727), 761^1654 (722T), 761^1668 (729), 761^1683 (732), 762^1702 (736), 844f^253, 876^158 (789); **8**, 282^184 (275), 282^187 (275), 296f^15, 296f^16, 365^338 (338), 411f^14, 458^246 (410), 458^276 (412), 462^489 (453), 551^122 (533), 926^1 (800, 803), 927^20 (800), 927^50 (801), 932^419 (855), 1068^204 (1045, 1046), 1069^293 (1057), 1069^293 (1057), 1070^297 (1058), 1070^328 (1061)
Maizus, Z. K., **4**, 965^186 (962), 965^186 (962)
Majagi, S., **8**, 935^588 (891)
Majer, J., **7**, 511^79 (484)
Majert, H., **1**, 306^326 (287), 647f^1, 679^560 (645)
Majeste, R. J., **3**, 842f^16
Majetich, G., **7**, 728^231 (715)
Majima, T., **2**, 677^235 (656); **6**, 141^125 (104T, 113), 343^23 (282), 362^59 (358), 453^22 (449), 752^1079 (634), 762^1689 (734)

Majumdar, D., **7**, 299^{78b} (279)
Majumdar, M. K., **1**, 275f^8, 305^{203} (273)
Majunke, W., **3**, 120f^3
Mak, T. C. W., **2**, 908f^2
Makambo, L., **8**, 98^{218} (61)
Makambo, P., **8**, 98^{214} (61)
Makarenko, N. P., **2**, 511^{311} (440); **6**, 1029f^{73}, 1033f^5, 1036f^8, 1040^{89} (1003)
Makarenko, V. G., **1**, 696f^{23}, 720^{31} (687)
Makarov, E. F., **4**, 611^{402} (591)
Makarov, N. V., **2**, 298^{147} (242)
Makarov, S. P., **2**, 619^{215} (548)
Makarov, Yu. V., **3**, 698^{235} (666), 711f^3, 711f^8, 1075^{450} (1039), 1075^{460} (1040), 1249^{172} (1192, 1195), 1251^{281} (1218), 1383^{192} (1364); **4**, 156^{490} (125), 239^{338} (206, 207T, 208), 239^{339} (206, 207T, 208), 239^{339} (206, 207T, 208), 239^{340} (206, 207T, 208), 239^{340} (206, 207T, 208), 239^{341} (206, 207T), 239^{342} (206, 207T), 239^{348} (206, 207T, 207, 232T), 239^{355} (206, 207T, 208), 239^{358a} (206, 207T, 215), 239^{358b} (206, 207T, 210, 215), 239^{359} (206, 215), 239^{374} (207), 240^{375} (207, 208), 240^{376} (207), 240^{381} (208), 240^{387} (210); **8**, 1065^{89b} (1026)
Makarova, L., **2**, 875f^3, 973^{194} (898, 953, 956, 960, 961, 964, 965)
Makarova, L. G., **2**, 516^{642} (484), 970^{26} (866, 869, 871, 874, 875, 879, 887, 888, 890, 891, 892, 895); **3**, 1072^{277} (1014), 1177f^3, 1189f^{12}, 1338f^{13}, 1380^{29} (1328), 1380^{52} (1331), 1380^{53} (1331); **4**, 611^{383} (590), 611^{391} (591); **6**, 1018f^{15}, 1019f^{72}, 1027f^{10}, 1028f^{52}, 1040^{54} (995); **7**, 725^{46} (671); **8**, 1068^{202} (1044, 1046), 1068^{222} (1048)
Makarova, L. I., **2**, 300^{261} (265T)
Makarovskaya, A. G., **6**, 141^{121} (105T, 117, 121T), 231^{16} (230); **8**, 365^{309} (336), 1065^{60} (1021)
Makaryan, G. M., **8**, 771^{113} (737)
Makavetskii, K. L., **3**, 547^{137} (544)
Makhaev, V. D., **2**, 978^{510} (964); **6**, 943^{106} (901, 904T)
Makhdi, V., **6**, 181^{130} (158, 159T, 160)
Makhija, R., **2**, 677^{208} (653)
Makhtarulin, S. I., **3**, 547^{89} (520)
Maki, A. H., **3**, 328^{161} (321); **4**, 155^{407} (114); **6**, 14^{92} (9); **8**, 1064^5 (1015)
Maki, Y., **2**, 1015^{32} (982)
Makin, G. I., **1**, 307^{365} (288), 722^{194} (712), 722^{202} (713)
Makin, P. H., **2**, 634f^4, 674^{34} (633), 680^{393} (671), 680^{394} (671); **3**, 428^{105} (361), 702^{486} (685), 735f^5, 735f^6
Makino, K., **8**, 709^{274} (678), 711^{365} (701)
Makino, S., **7**, 656^{553} (619); **8**, 1007^{28} (945), 1007^{29} (945), 1007^{30} (945), 1007^{31} (946), 1007^{32} (946), 1007^{33} (947), 1007^{41} (949)
Makino, T., **7**, 658^{695} (642)
Makishima, S., **3**, 328^{167} (322); **4**, 964^{71} (942); **6**, 362^{64} (359)
Makosza, M., **1**, 261f^{39}
Makova, M. K., **3**, 113f^3, 113f^5, 168^{24} (99), 1071^{202} (1000); **6**, 223^5 (192)
Makovetskii, K. L., **3**, 1308f^2, 1311f^{11}, 1311f^{12}, 1319^{150} (1311); **8**, 411f^{12}, 458^{272} (412), 549^{19} (503, 505), 550^{82} (518), 708^{238} (701)
Makowka, O., **6**, 468^4 (456), 468^5 (456)
Makrtik, E., **5**, 533^{866} (425, 473)
Maksimov, N. G., **3**, 474^{109} (467), 632^{268} (620)
Maksimov, S. M., **8**, 642^{92} (618)
Maksimova, L. N., **2**, 191^{223} (52)
Maksimova, T. P., **3**, 368f^{12}
Maksinov, V. L., **3**, 547^{95} (529)
Malaidza, M., **2**, 302^{344} (284), 675^{113} (642)
Malaitong, N., **7**, 511^{52} (480)
Malakhova, N. D., **8**, 366^{360} (342), 642^{59} (621T, 622T), 643^{140} (621T), 646^{273} (622T)
Malatesta, L., **3**, 949^{226} (884), 1141f^1, 1141f^4, 1141f^5, 1147^{116} (1139); **4**, 158^{627} (141, 143, 144, 146, 148, 149), 236^{173} (181, 182), 322^{206} (268), 322^{212} (268), 322^{213} (268, 269), 322^{230} (269), 322^{233} (269), 690^{122} (682), 690^{123} (682), 1059^{103a} (981); **5**, 20f^6, 265^{77} (17, 22, 23, 24), 266^{135} (29), 280f^3, 524^{302} (318), 526^{413} (342), 527^{452} (350), 556f^9, 558f^6, 559f^1, 559f^7, 622^{92} (559, 620), 622^{94} (560), 624^{235} (576), 624^{236} (576, 598), 624^{237} (576), 625^{291} (585, 586), 628^{469} (612, 613), 628^{472} (612), 628^{483} (614, 619), 628^{486} (615, 616, 619), 628^{503} (619), 628^{511} (620); **6**, 261^8 (244, 245), 261^{14} (244), 261^{33} (245), 261^{34} (245, 248), 262^{77} (249), 262^{83} (249), 343^{36} (285), 343^{45} (285), 343^{46} (285), 383^{51} (368), 383^{77} (372), 446^{320} (429), 468^7 (456), 736^6 (474, 475), 736^7 (474, 494), 737^{67a} (488), 738^{146} (498, 499); **8**, 293f^{21}, 927^{46} (801)
Malatesta, M., **4**, 326^{472} (296)
Malatesta, M. C., **1**, 41^{160} (35); **4**, 664f^1, 887^{179} (881), 903f^2, 907^{58} (902), 1058^{43} (972, 1052), 1063^{393} (1054), 1064^{402} (1056); **5**, 5f^8, 624^{224} (574); **6**, 738^{112} (493, 732, 733), 742^{382} (525, 706), 746^{669} (569)
Malatesta, V., **3**, 731f^7, 780^{120} (740)
Malchenko, S., **8**, 1010^{197} (997)
Malcolme-Lawes, D. J., **7**, 110^{554} (81)
Maldonado, L., **7**, 97f^{24}
Malek, A., **3**, 427^{23} (336)
Maley, T., **3**, 428^{128} (363)
Malhotra, R., **2**, 187^{60b} (13), 203^{746} (183); **7**, 651^{295} (576), 658^{666} (639, 642), 658^{668} (639)
Malhotra, S. C., **4**, 322^{220} (269)
Malhotra, S. L., **7**, 8f^{11}
Mali, R. S., **7**, 104^{261} (34), 104^{262} (34)
Malik, A. A., **6**, 241^{10} (235)
Malik, K. M. A., **1**, 247^{343} (196), 248^{434} (207); **2**, 198^{545} (130), 201^{668} (163), 302^{395} (295T); **3**, 85^{322} (45), 431^{332} (426), 1133f^6; **4**, 241^{449} (215T, 216), 241^{451} (215T, 216), 241^{454} (215T, 216), 241^{455} (215T, 216, 217, 229), 241^{458} (216), 607^{149} (543), 841^{94} (838); **5**, 373f^8, 528^{545} (311), 528^{552} (368)
Malik, L., **6**, 95^{104} (45), 95^{105} (45); **8**, 771^{118} (769), 771^{119} (769), 771^{154} (769), 771^{157} (769)
Malik, S. K., **4**, 886^{155} (874, 875), 887^{164} (875), 887^{175} (879, 880), 887^{176} (880); **6**, 877^{222} (818)
Malinowski, S., **3**, 427^{25} (336); **6**, 181^{112} (157); **8**, 641^8 (616, 622T), 642^{55} (616, 622T), 642^{56} (616, 622T), 643^{109} (616, 622T), 708^{236} (701)
Malisch, W., **2**, 192^{268} (66), 192^{269} (67), 194^{364} (94), 298^{115} (236), 707^{179} (704); **3**, 966f^4, 966f^5, 1067^{32} (966), 1067^{33} (966), 1188f^2, 1188f^6, 1188f^8, 1188f^{27}, 1188f^{35}, 1248^{115} (1182), 1249^{161} (1190), 1338f^2, 1338f^5, 1338f^6, 1338f^7, 1338f^8, 1380^{62} (1333), 1381^{93} (1340), 1381^{93} (1340), 1381^{93} (1340), 1381^{94} (1340); **4**, 606^{105} (532), 611^{433} (593), 611^{434} (593), 611^{438} (594), 611^{439} (594); **6**, 34^{93} (20T), 35^{117} (20T), 782f^4, 782f^5, 1110^{19} (1045), 1112^{123} (1072, 1075); **7**, 656^{596} (627)
Malisheva, A. V., **3**, 326^{12} (284, 285)
Malito, J. T., **3**, 1067^{36} (966, 967), 1067^{36} (966, 967), 1067^{37} (967), 1068^{40} (967), 1249^{168} (1192), 1249^{174} (1192), 1251^{294a} (1220), 1317^{61} (1281), 1317^{62} (1281), 1381^{101} (1342), 1381^{106} (1342), 1383^{198} (1365); **4**, 152^{178} (44), 158^{620} (140)
Malizia, E., **2**, 1019^{274} (1010)
Malkerova, E. E., **1**, 252^{628} (238)
Malkin, L. S., **4**, 921^{50} (919); **6**, 1113^{197} (1092)
Mal'kov, V. D., **2**, 678^{267} (659), 678^{268} (659)
Malkova, A. I., **8**, 1065^{60} (1021), 1065^{60} (1021)
Mal'kova, G. Ya., **3**, 461f^{35}, 474^{98} (464), 547^{95} (529)
Malkova, T. I., **2**, 506^{35} (403)
Mallabar, J. J., **2**, 201^{651} (159)
Mallamo, J. P., **1**, 119^{243} (95)
Mallan, J. M., **1**, 115^7 (44, 53T)
Mallard, T. M., **1**, 303^{122} (268)

Malleron, J. L., **8**, 497[97] (489), 497[98] (489), 930[236] (826)
Mallet, G., **8**, 366[386] (343), 366[395] (343)
Malley, P. J., **8**, 644[193] (618)
Mallinson, L. G., **2**, 947f[1]; **6**, 737[98] (491)
Mallinson, R. F. N., **6**, 13[78] (9)
Malmquist, P. A., **4**, 319[35] (246), 509[342] (462)
Malnar, M., **2**, 553f[1]
Malofeev, N. I., **8**, 349f[20]
Malone, J. F., **1**, 40[53] (14, 15T), 40[66] (15), 584f[2], 673[132] (582, 586), 689f[7], 720[46] (688), 720[47] (688); **5**, 539[1292] (520), 539[1293] (520); **6**, 384[111] (378), 384[112] (378), 443[180] (407), 443[181] (407)
Malov, I., **8**, 934[559] (889)
Malpass, D. B., **1**, 247[379] (200, 223), 247[380] (200), 247[380] (200), 249[515] (221), 250[522] (223), 671[39] (561), 682[733] (581); **7**, 100[64] (8), 455[10] (370), 461[379a] (423, 424)
Malte, A., **7**, 727[128] (691, 692)
Maltesson, A., **1**, 376[227] (346), 376[228] (346), 376[229] (346), 376[232] (346)
Maltsev, A. K., **2**, 193[323] (82), 508[134] (412), 515[581] (478, 482), 972[137] (888), 977[467] (958)
Maltsev, V. V., **8**, 642[77] (622T)
Maltz, H., **4**, 435f[29], 559f[18]
Malý, K., **1**, 539[97] (489, 507, 536)
Maly, N. A., **8**, 378f[9], 454[35] (378), 646[272] (618)
Malysheva, A. V., **3**, 460f[4], 474[82] (459, 462), 474[84] (462), 474[97] (464), 631[165] (583, 590), 631[165] (583, 590), 646[42b] (640, 641), 646[42b] (640, 641); **6**, 1058f[2]
Malysheva, I. P., **2**, 677[210] (654)
Malz, H., **2**, 197[513] (123)
Mamaeva, G. I., **6**, 942[59] (902T), 942[81] (901, 902T)
Mamakov, K. A., **2**, 705[33] (685)
Mamdapur, V. A., **8**, 934[542] (884)
Mamedaliev, G. A., **8**, 414f[2], 643[118] (618, 623T), 644[197] (623T), 708[241] (701)
Mamelov, Sh. M., **8**, 1105[43] (1081)
Mammano, N. J., **4**, 480f[6], 510[394] (480)
Mammarella, R. E., **1**, 119[259b] (97), 119[260a] (97); **2**, 190[179] (39, 40), 676[144] (646); **7**, 647[82] (533), 648[120] (541)
Mammi, M., **2**, 631f[6], 631f[10], 674[7] (630), 675[80] (638), 676[181] (651)
Manabe, O., **1**, 307[372] (288); **7**, 336[23] (327)
Manabe, Y., **1**, 243[153] (173)
Manakov, M. N., **2**, 296[18] (211), 298[136] (241), 300[217] (253), 515[576] (478, 479, 481, 482, 483, 484, 485, 486)
Manas, A.-R. B., **7**, 97f[28]
Manassen, C., **8**, 605[1] (553)
Manassen, J., **8**, 365[324] (338, 351), 607[97] (562, 594T, 597T), 644[167] (629)
Manassero, M., **3**, 1108f[3], 1108f[4], 1108f[5], 1115f[1]; **4**, 153[226] (59), 237[214] (189, 189T, 190), 237[250] (194, 195), 237[251] (194), 312f[4], 326[471] (296), 329[682] (317); **5**, 525[346] (327, 328), 538[1211] (489), 625[292] (586), 625[293] (586), 625[294] (586), 628[476] (613), 628[487] (615, 619), 628[488] (615); **6**, 97[270] (42, 43T, 92T), 140[79] (123T, 128), 736[13] (475), 736[37] (481), 739[230] (509T), 806f[45], 806f[47], 870f[109], 870f[111], 871f[122]; **8**, 97[192] (58), 99[283] (80), 280[29] (236), 281[99] (262)
Manastyrskyj, S., **3**, 265[72] (180, 182), 265[83] (182, 184, 185), 265[114] (186)
Manastyrskyj, S. A., **3**, 695[28] (650, 693), 697[189] (663), 708f[2], 710f[2], 710f[3], 778[9] (706, 708)
Mancelle, N., **7**, 101[86] (13)
Manchand, P. S., **6**, 446[346] (434); **8**, 807f[3], 928[146] (806)
Manchot, J., **3**, 703[531] (689)
Manchot, W., **4**, 688[3] (662), 689[60] (669, 674), 689[61] (669), 1058[59] (974, 976, 1035); **5**, 520[1] (278, 281), 628[509] (620); **6**, 342[2] (280), 342[3] (280), 342[4] (280)
Mancinelli, P. A., **7**, 14f[4], 108[473] (65)

Mandai, H., **8**, 647[300] (622T)
Mandai, T., **7**, 460[322] (417); **8**, 460[363] (431), 460[365] (431), 460[376] (431), 460[377] (431), 460[379] (431), 888f[3], 888f[7], 888f[8], 930[229] (824, 847), 930[268] (836), 930[269] (837), 931[321] (846), 931[329] (847), 931[336] (847), 931[347] (847, 848), 932[371] (850), 932[377] (850)
Mandal, A. K., **1**, 275f[4]; **7**, 141[29] (115), 160[155] (157), 160[156] (157), 194[33] (162, 164, 172, 174, 176, 182, 190), 194[36] (162, 164, 169), 195[41] (162), 195[77] (167), 195[84] (168), 195[88] (168, 169, 169f), 224[76] (204), 226[170] (213), 253[125] (246), 253[127] (246), 253[134] (248)
Mandal, B. M., **7**, 457[184] (398, 399, 400)
Mandel, G. S., **7**, 252[17] (231), 322[64d] (319)
Mandel, N. S., **7**, 252[17] (231), 322[64d] (319)
Mandelbaum, A., **3**, 1005f[13], 1073[361] (1026)
Mandeville, W. H., **2**, 763[174] (755); **7**, 728[225] (714)
Mandik, L., **2**, 362[163] (341)
Mandl, J. R., **2**, 818[57] (775), 818[59] (775), 819[69] (777), 819[90] (782), 819[91] (782); **6**, 99[382] (48, 50T), 344[139a] (302), 441[45] (391)
Mane, A. S., **1**, 377[279] (351)
Manetti, R., **4**, 958f[13]
Manfre, R. J., **1**, 679[546] (640, 661)
Manfredotti, A. G., **1**, 41[139] (32, 33T, 34); **2**, 762[110] (732); **3**, 372f[9], 388f[16], 429[166] (373); **6**, 743[458] (534T), 743[476] (536T, 539T), 744[483] (538T), 744[488] (538T), 744[489] (538T), 744[490] (538T), 759[1525] (691); **8**, 669[35] (651, 658T)
Mangham, J. R., **1**, 150[52] (123), 151[111] (127), 151[117] (127), 676[356] (624, 625, 627), 676[360] (624)
Mangini, A., **3**, 1068[70] (974), 1073[308a] (1018)
Mangion, M., **1**, 537[24b] (462), 540[128] (498, 536T), 540[131] (498, 536T), 540[155] (506, 536T); **5**, 240f[9]; **6**, 945[235] (926), 945[238] (926), 945[261] (932)
Mango, F. D., **3**, 87[464] (67, 70); **5**, 274[710] (241), 623[128] (561); **6**, 187[15] (184), 187[15] (184); **8**, 549[29] (504), 549[29] (504), 550[59a] (515), 551[128] (535), 670[95] (653)
Mangold, D. J., **1**, 552[5] (543)
Mangravite, J. A., **1**, 285f[30], 306[331] (287); **8**, 1065[54] (1020)
Mani, R. P., **4**, 1057[5] (968, 974, 976, 978, 1023, 1027); **5**, 536[1091] (339, 361), 554f[1], 622[80] (553); **6**, 736[4] (474)
Manit, R. P., **4**, 884[3] (844)
Maniwa, S., **7**, 651[309] (577)
Maniyama, K., **3**, 951[315] (916)
Mann, A. L., **4**, 1062[332] (1042)
Mann, B., **5**, 622[52] (550)
Mann, B. E., **1**, 245[261] (186, 205); **2**, 517[696] (503), 528f[2], 617[48] (527, 529); **3**, 85[329] (45), 87[456] (66), 87[457] (67), 87[460] (67), 113f[4], 125f[5], 129f[2], 135f[8], 135f[9], 136f[1], 136f[2], 136f[6], 142f[3], 142f[4], 144f[3], 144f[4], 144f[5], 144f[6], 144f[6], 146f[2], 149f[6], 168[18] (96, 116), 168[20] (98), 169[64] (127), 169[81] (132), 169[86] (134, 138), 169[97] (141, 150, 151), 169[100] (143), 169[104] (145), 169[105] (145), 169[106] (145), 169[109] (146), 779[39] (707), 792f[3], 833f[66], 947[101] (843), 1074[379] (1031), 1077[547] (1059), 1083f[3], 1245[5] (1152), 1250[213] (1203, 1244), 1251[263] (1214), 1252[338] (1229), 1260f[3], 1383[182] (1363), 1383[223] (1369); **4**, 325[419] (291), 454f[5], 479f[19], 509[322] (453, 503), 694f[7], 810[43] (697, 704, 706), 840[77] (835); **5**, 523[216] (304T), 523[219] (304T), 549f[5], 554f[3], 558f[7], 624[214] (572); **6**, 143[255] (104T, 106), 261[72] (248, 249T), 262[123] (254), 278[41] (273), 348[353] (323), 348[380] (327, 334T), 443[143] (403), 443[144] (403, 410), 443[155] (404), 443[158a] (405), 454[42] (453), 469[38] (462), 469[39] (462), 469[50] (464), 469[53] (465), 744[522] (542), 744[538] (545), 749[845] (597, 598), 749[848] (597), 749[857] (598), 751[1013] (622), 755[1229] (653), 755[1238] (653), 759[1533] (693, 702, 704), 761[1628] (716, 717, 726, 730, 731), 761[1635] (718, 729), 761[1636] (718), 761[1652] (721, 727), 761[1658] (723T, 724); **8**, 1068[217] (1047)

Mann, C. D. M., **2**, 679^{367} (669); **5**, 265^{65} (15, 164); **6**, 1019f^{67}, 1020f^{90}, 1080f^{6}
Mann, C. K., **2**, 970^{57} (869)
Mann, F. G., **1**, 244^{179} (175, 178), 244^{213} (178); **2**, 696f^{1}, 704^{19} (684), 705^{26} (684, 694), 705^{51} (687); **6**, 241^{17} (235)
Mann, G., **1**, 732f^{17}, 753^{71} (735)
Mann, J. R., **2**, 943f^{7}, 944f^{11}
Mann, K., **5**, 526^{405} (342, 343)
Mann, K. R., **3**, 1141f^{18}; **4**, 512^{510} (501), 816^{443} (764); **5**, 344f^{3}, 344f^{7}, 346f^{10}, 346f^{12}, 404f^{22}, 526^{407} (342, 343), 526^{412} (342, 343), 526^{414} (342), 526^{419} (343, 345, 382), 526^{420} (343, 344, 345, 346), 526^{422} (343), 526^{425} (344), 526^{426} (344), 526^{428} (344), 526^{439} (345), 526^{440} (346), 526^{441} (346); **6**, 806f^{24}, 850f^{28}
Mann, U., **2**, 17f^{1}
Mannan, Kh.A.I.F.M, **6**, 806f^{27}, 843f^{204}
Mannerskantz, H. C. E., **3**, 797f^{14}, 879f^{2}, 879f^{23}, 1085f^{15}, 1262f^{15}; **4**, 51f^{47}
Mannhardt, H. J., **7**, 727^{134} (693)
Manning, A. R., **3**, 695^{98} (655), 965f^{2}, 965f^{7}, 966f^{9}, 1067^{18} (961), 1067^{22} (962), 1067^{28} (965), 1187f^{16}, 1187f^{18}, 1189f^{19}, 1247^{93} (1176), 1248^{120} (1183, 1185), 1248^{141} (1186, 1192), 1337f^{17}, 1338f^{19}, 1380^{47} (1331, 1332), 1380^{81} (1336); **4**, 12f^{19}, 12f^{28}, 109f^{12}, 150^{61} (18), 158^{640} (147), 321^{167} (262), 322^{201} (267, 288), 322^{207} (268), 325^{449} (294), 326^{486} (297), 539f^{10}, 539f^{30}, 605^{21} (516), 606^{75} (524f, 525, 526), 606^{86} (528), 607^{138} (541), 689^{36} (666), 818^{551} (780, 781), 819^{601} (794), 839^{8} (823), 840^{21} (824); **5**, 33f^{20}, 34f^{3}, 34f^{11}, 175f^{4}, 186f^{6}, 265^{81} (17, 18), 266^{146} (31, 35), 266^{157} (35), 266^{161} (35), 272^{557} (187, 226), 272^{561} (187, 188, 226, 228), 273^{596} (198, 200), 275^{766} (252); **6**, 225^{88} (212, 213T), 779f^{10}, 841f^{109}, 843f^{203}, 844f^{231}, 844f^{235}, 844f^{238}, 844f^{255}, 844f^{260}, 845f^{270}, 850f^{7}, 850f^{8}, 870f^{82}, 1018f^{5}, 1018f^{9}, 1018f^{22}, 1019f^{63}, 1019f^{66}, 1019f^{75}, 1021f^{131}, 1021f^{135}, 1021f^{141}, 1021f^{151}, 1021f^{152}, 1021f^{153}, 1027f^{3}, 1027f^{4}, 1028f^{45}, 1028f^{48}, 1028f^{50}, 1031f^{2}, 1039^{51} (995, 997, 1004), 1040^{75} (999), 1040^{84} (1001), 1061f^{2}, 1061f^{5}, 1080f^{6}, 1111^{49a} (1052, 1053, 1084, 1087), 1111^{77} (1061), 1111^{82} (1063)
Manning, K., **1**, 249^{487} (216)
Manning, M. J., **7**, 35f^{6}, 656^{568} (622)
Mannzer, L. E., **3**, 780^{116} (740)
Manoharan, P. T., **4**, 810^{46} (697)
Manojlović-Muir, L., **2**, 821^{218} (816); **3**, 1253^{401} (1243), 1381^{97b} (1341, 1378), 1384^{258} (1378), 1384^{258} (1378); **5**, 621^{28} (547); **6**, 93^{5} (92, 92T), 139^{19} (120, 122T, 133T, 134T, 135, 136), 179^{4} (173), 344^{104} (297), 344^{105} (297), 737^{60} (486), 737^{61} (486), 737^{87} (490), 738^{150} (498), 738^{151} (498), 738^{153} (498), 739^{199} (503), 739^{206} (505, 508T), 739^{211} (506), 739^{220} (508T), 739^{221} (508T, 509), 739^{222} (508T), 743^{439} (532T, 540), 743^{451} (533T, 539T), 743^{452} (533T, 539T), 752^{1023} (624T); **8**, 1067^{160} (1040)
Manoli, J. M., **4**, 814^{314} (748), 814^{315} (748), 814^{316} (749), 814^{327} (750); **5**, 627^{423} (602)
Manoussakis, G., **2**, 512^{364} (445)
Manoussakis, G. E., **6**, 228^{265} (204T, 206)
Manov-Yuneskii, V. I., **3**, 698^{279} (670)
Manriquez, J. M., **3**, 264^{59c} (17, 21, 23), 268^{304} (226, 248), 268^{305} (226, 228, 248, 249, 255, 256, 257), 268^{306} (226, 249, 257), 268^{308} (226, 227, 228, 229, 249), 268^{311} (229, 230, 249), 269^{385} (248, 249), 270^{386} (248, 249), 270^{388} (249), 270^{389} (249, 250, 251), 270^{390} (249, 250), 270^{391} (249, 250, 251, 253, 254), 270^{393} (249, 250, 251, 252, 253), 270^{409} (256, 257), 328^{147} (318), 630^{153} (581, 585, 587, 592, 599, 603), 632^{231} (602, 603, 613, 614), 632^{235} (603, 615, 616), 633^{306} (613), 633^{308} (613, 614), 633^{309} (614); **8**, 95^{67} (36), 96^{70} (36), 220^{38} (111, 112), 367^{436} (350), 550^{64} (515), 1104^{28} (1079), 1104^{31} (1079)

Mansfield, C. A., **3**, 1077^{584a} (1064); **4**, 815^{364} (755), 815^{365} (755), 815^{367} (755); **8**, 1010^{180} (988), 1010^{180} (988), 1064^{36} (1018)
Manske, R. H. F., **8**, 1010^{204} (1001)
Månsson, J. E., **6**, 226^{175} (196, 206); **8**, 770^{72} (729)
Mansuy, D., **4**, 375^{144} (368), 375^{144} (368), 375^{145} (368), 376^{148} (369), 610^{346} (585); **6**, 741^{303} (518), 742^{420} (530), 753^{1095} (635), 753^{1119} (637), 753^{1147} (639), 756^{1318} (663), 758^{1473} (680); **8**, 281^{73} (254)
Mantagnoli, G., **3**, 547^{134} (543)
Mantica, E., **3**, 546^{38} (492), 1004f^{19}
Mantovani, A., **4**, 664f^{5}, 689^{86} (673), 810^{61} (699, 723), 815^{381} (759, 805), 815^{382} (759); **6**, 343^{59} (291), 742^{372} (524)
Manuel, G., **2**, 299^{166} (245, 247T, 249), 299^{167} (245), 299^{170} (246, 247T), 299^{183} (248), 300^{259} (265T), 301^{288} (270), 302^{368} (291), 510^{244} (432), 511^{294} (438), 516^{613} (482), 618^{129} (540), 974^{269} (919, 950), 974^{279} (920, 950)
Manuel, T. A., **2**, 619^{161} (544); **3**, 94^{746} (817), 1005f^{2}, 1071^{251b} (1010, 1014), 1121f^{5}, 1211f^{11}, 1360f^{7}, 1382^{174} (1362, 1366); **4**, 156^{477} (125), 322^{208} (268), 322^{257} (271, 287), 323^{301} (278, 303), 324^{378} (287), 435f^{9}, 435f^{25}, 609^{291} (577); **5**, 266^{136} (540); **6**, 744^{499} (540); **8**, 606^{85} (560), 1010^{214} (1005)
Manyailo, A. T., **7**, 378f^{1}
Manyik, R. M., **3**, 270^{430} (262); **8**, 378f^{8}, 435f^{1}, 444f^{4}, 454^{11} (374), 460^{393} (433), 460^{400} (434), 460^{401} (434), 929^{218} (820, 826), 931^{325} (846), 931^{343} (847), 932^{402} (853)
Manyik, R. W., **4**, 944f^{7}
Manzer, L. E., **1**, 675^{298} (615); **3**, 266^{154} (197, 202), 266^{155} (197), 266^{156} (197), 266^{181} (204), 303f^{7}, 327^{60} (297), 327^{81} (301), 327^{84} (302), 327^{102} (307), 328^{126} (312), 328^{129} (312), 427^{34} (337, 357), 696^{139} (659), 700^{389} (675), 701^{417} (677), 701^{422} (678), 701^{460} (683), 736f^{1}, 736f^{2}, 767f^{14}, 772f^{2}, 775f^{13}, 781^{207} (774), 922f^{18}; **4**, 150^{77} (22), 153^{279} (70); **5**, 623^{178} (566, 578); **6**, 140^{61} (102, 104T, 121T, 122T), 343^{51} (286, 290f), 738^{145} (497), 738^{147} (498), 739^{231} (509), 744^{492} (535, 546, 547), 744^{501} (540, 543, 545), 744^{521} (542, 589), 744^{523} (542, 543T), 744^{525} (542, 543T), 744^{528} (543), 745^{582} (555), 747^{712} (582, 583), 747^{716} (582), 747^{717} (582), 748^{813} (590), 748^{814} (590, 591), 752^{1032} (626, 691, 697, 708), 753^{1085} (634, 652, 705, 709), 753^{1086} (634, 652), 754^{1223} (652), 755^{1236} (653), 755^{1239} (653), 760^{1598} (708, 709, 710); **8**, 281^{64} (253)
Manzocchi, A., **7**, 724^{8} (663)
Maoz, N., **7**, 458^{229} (405); **8**, 1007^{4} (940)
Maples, P. K., **4**, 73f^{15}, 154^{296} (74), 154^{299} (74), 154^{300} (74); **6**, 98^{322} (59T, 60T, 66), 139^{9} (120, 122T), 751^{1015} (623), 752^{1051} (630), 752^{1053} (630); **8**, 312f^{38}, 331f^{30}, 339f^{35}
Marais, I. L., **3**, 851f^{43}, 1179f^{5}, 1247^{102c} (1179, 1183)
Marakatkina, M. A., **7**, 107^{397} (53), 109^{550} (80, 81), 109^{551} (80), 110^{556} (81)
Marans, N. S., **2**, 188^{115} (28)
Maraschin, N. J., **1**, 452^{17} (415), 456^{197} (441)
Marat, R. K., **2**, 203^{732} (180)
Maratova, R. G., **8**, 609^{243} (595T)
Marcacci, F., **8**, 669^{69} (651, 657T, 658T)
Marcati, F., **5**, 521^{63} (284), 537^{1158} (477), 537^{1159} (477); **8**, 471f^{12}
March, F. C., **2**, 707^{145} (699); **3**, 1108f^{7}; **5**, 523^{255} (307), 621^{48} (550); **8**, 280^{36} (237, 238), 281^{97} (262), 1088f^{4}
March, J., **1**, 53f^{5}; **8**, 367^{461} (353, 354)
March, R. E., **6**, 1111^{50} (1052, 1087)
Marchand, A., **2**, 503f^{4}, 503f^{6}, 507^{82} (407, 432), 517^{692} (502)
Marchese, A. L., **1**, 247^{344d} (196); **3**, 951^{314} (916); **5**, 269^{324} (90)
Marchese, G., **7**, 727^{179} (705)
Marchessault, R. H., **3**, 546^{76} (511)

Marchetti, F., **2**, 819^{97} (783), 821^{227} (817); **3**, 326^{25} (288), 630^{149} (581, 598, 600); **8**, 220^{20} (108), 367^{427} (349)
Marchetti, L., **7**, 101^{124} (18), 101^{125} (18)
Marchetti, M., **8**, 365^{314} (337)
Marchi, M., **8**, 283^{198} (278)
Marchiori, M.L.P.F.C., **7**, 105^{283} (37)
Marcincal, P., **1**, 244^{185} (176); **8**, 1065^{79} (1025)
Marcincal-Lefebvre, A., **1**, 244^{185} (176)
Marconi, W., **3**, 269^{358} (239), 270^{416} (258, 259), 304f^1, 368f^{14}, 429^{162} (370), 546^{68} (505); **8**, 378f^5
Marcum, J. D., **1**, 120^{304c} (109, 113)
Marcus, E., **7**, 455^{53} (382), 455^{68} (383)
Marcus, L., **5**, 68f^3, 268^{265} (69, 71, 73)
Marcushova, K., **2**, 969^{18} (865)
Marczewski, M., **8**, 99^{274} (78)
Mardanov, M. A., **8**, 709^{277} (685T)
Mardanov, V. G., **8**, 709^{277} (685T)
Mardashev, Y. S., **6**, 181^{85} (157)
Mardykin, V. P., **1**, 677^{416} (626)
Maréchal, E., **8**, 708^{224} (701, 702), 708^{225} (701, 702)
Mares, F., **3**, 83^{217} (31), 266^{139} (192, 193), 266^{140} (192, 193), 266^{145} (194), 269^{329} (232), 269^{340} (234); **4**, 812^{190} (719)
Mares, V., **2**, 302^{381} (293)
Maresca, L., **4**, 324^{338} (282), 649^{76} (638); **6**, 753^{1120} (638), 754^{1172} (641, 643T), 754^{1173} (641, 643T), 756^{1353} (667), 756^{1360} (668), 756^{1361} (668), 756^{1362} (668), 757^{1363} (668), 757^{1364} (669), 757^{1365} (669), 757^{1366} (669), 843f^{181}, 876^{180} (795)
Maresch, G., **2**, 677^{194} (652)
Marey, R., **7**, 104^{255} (33)
Marfat, A., **1**, 244^{197} (177); **7**, 196^{143} (178), 225^{103} (207), 729^{241} (717, 719)
Marganian, V. M., **6**, 1094f^5
Margetts, A. J., **3**, 632^{264} (620)
Margrave, J. L., **1**, 250^{544} (225), 304^{142} (269); **2**, 193^{346} (89), 296^{13} (211, 236), 301^{295} (271), 302^{372} (291), 515^{578} (478, 479, 481, 486); **3**, 264^{66} (180)
Margulis, M. A., **7**, 378f^1, 455^{25} (377)
Margulis, T. N., **4**, 422f^{15}, 510^{401} (481)
Mari, A., **6**, 35^{99} (31)
Marianelli, R. S., **3**, 266^{192} (206)
Mariano, P. S., **2**, 296^{34} (217)
Maricic, S., **6**, 754^{1211} (652)
Maricq, M. M., **3**, 1074^{380} (1031)
Mariezcurrena, R. A., **6**, 744^{485} (532, 538T)
Mårin, R., **2**, 197^{504} (122, 171); **5**, 5f^3
Mar'in, V. P., **3**, 398f^{16}, 631^{165} (583, 590), 631^{168} (583), 646^{42b} (640, 641), 700^{349} (673), 700^{350} (673), 700^{351} (673), 701^{404} (677, 679), 701^{418} (678); **6**, 226^{179} (195)
Marinangeli, A., **3**, 546^{34} (492)
Marinelli, E. R., **7**, 336^{37b} (329)
Marinelli, G. P., **8**, 770^{99} (734)
Marinetti, A., **6**, 97^{228} (88, 92T), 100^{418} (88), 143^{248} (134T, 136), 144^{278} (134T, 136), 226^{188} (212, 213T), 228^{269} (212), 806f^{43}, 870f^{106}, 870f^{108}
Maringgele, W., **1**, 379^{389} (363), 379^{390} (363), 380^{447} (368); **2**, 677^{194} (652)
Marino, J. P., **7**, 728^{197} (707), 728^{198} (705, 708), 728^{199} (708)
Mario, S., **1**, 379^{421} (366)
Mariot, J.-P., **4**, 512^{512} (501, 502); **8**, 1070^{296} (1058)
Mark, C., **8**, 497^{116} (494)
Mark, F., **4**, 508^{255} (443)
Mark, J. E., **2**, 342f^1, 362^{144} (334), 362^{147} (334), 362^{165} (341)
Mark, V., **4**, 760f^7, 816^{452} (766)
Markall, R. N., **2**, 680^{398} (673), 1017^{115} (994, 1000), 1018^{180} (1000, 1001), 1020^{318} (1010f)
Markby, R., **5**, 158f^1, 194f^1, 203f^2, 271^{468} (157)
Marker, A., **2**, 912f^{15}, 932f^5, 975^{330} (929, 930), 975^{331} (930)

Markevich, I. N., **3**, 327^{66} (298), 436f^{31}, 473^{17} (437)
Markezich, R. L., **4**, 509^{346} (464), 613^{513} (600)
Markham, L. D., **4**, 810^{20} (695, 696, 698), 813^{260} (737), 944f^5, 958f^1, 965^{161} (957); **8**, 298f^{14}
Markham, R., **5**, 530^{690} (394, 412, 431), 624^{248} (578, 581); **6**, 348^{358} (324), 749^{869} (601), 749^{870} (602)
Markiewicz, W. T., **7**, 652^{341} (582), 652^{341} (582), 652^{341} (582), 652^{341} (582)
Märkl, G., **1**, 42^{182} (37), 42^{185} (37), 42^{186} (37), 42^{193} (37); **2**, 193^{330} (84), 200^{608} (146), 301^{290} (271, 274), 301^{292} (271), 301^{292} (271), 301^{316} (275), 303^{413} (296T), 507^{107} (410), 517^{678} (493, 498), 705^{41} (686), 970^{56} (869); **7**, 108^{446} (61)
Markó, B., **6**, 870f^{76}
Markó, L., **1**, 243^{123} (169); **3**, 474^{107} (466), 1311f^6, 1319^{147} (1309); **4**, 321^{182} (264, 282), 324^{344} (282), 324^{345} (283), 327^{561} (304); **5**, 34f^2, 35f^{15}, 40f^6, 51f^9, 264^{30} (7), 264^{45} (10), 266^{154} (33, 35), 266^{182} (37), 267^{202} (42), 267^{213} (44), 267^{221} (46), 267^{234} (52), 271^{469} (157), 271^{472} (157), 271^{474} (157, 160), 271^{490} (162, 170), 295f^{11}, 301f^3, 521^{62} (284), 521^{63} (284), 521^{125} (294), 522^{138} (296, 354), 522^{179} (300, 303T), 537^{1137} (475T); **6**, 870f^{76}, 1020f^{99}, 1020f^{114}, 1021f^{143}, 1040^{62} (997), 1040^{112} (1008); **8**, 221^{59} (116, 119, 121, 122, 125, 128, 129T, 130, 140, 143, 144, 152), 222^{103} (128, 129T), 280^{21} (232, 245), 304f^4, 305f^{40}, 361^{60} (288), 363^{200} (315), 364^{255} (325), 365^{332} (338), 496^{50} (477), 498^{123} (498)
Marko-Monostory, B., **4**, 324^{344} (282)
Markov, P., **1**, 249^{489} (218), 249^{489} (218), 249^{492} (218), 249^{498} (219), 249^{499} (219, 235)
Markova, I. Ya., **5**, 266^{117} (25)
Markova, V. V., **7**, 227^{230} (221), 456^{99} (388)
Markovskii, L. N., **7**, 658^{670} (642), 658^{705} (645)
Markowitz, M., **8**, 930^{265} (835)
Marks, B. W., **6**, 241^{26} (237)
Marks, D. L., **2**, 196^{446} (112)
Marks, R. W., **6**, 945^{244} (928T, 929)
Marks, T. J., **1**, 247^{344e} (196); **2**, 517^{662} (489), 517^{670} (490), 679^{371} (490), 713f^{42}, 723f^{10}, 760^{20} (715), 975^{314} (926); **3**, 83^{212} (31), 125f^3, 125f^{11}, 142f^1, 156f^2, 156f^3, 156f^4, 168^{4c} (90), 169^{60} (127, 143), 169^{85} (134), 170^{134} (153), 170^{168} (164), 263^1 (174), 263^3 (174, 180, 182, 184), 264^{23} (177, 178), 264^{43} (178), 264^{49} (178), 264^{50} (178, 179, 217, 245), 264^{59a} (17, 21, 23), 264^{59c} (17, 21, 23), 264^{61} (179, 233), 265^{104} (184, 185, 186), 265^{116} (186, 219, 221), 266^{152} (197, 210, 262), 266^{161} (198, 199, 200), 266^{180} (202, 205), 266^{199} (208), 267^{230} (211, 212), 267^{231} (211, 212), 267^{235} (212), 267^{236} (212), 267^{256} (214, 215, 218), 267^{259} (215, 218), 267^{266} (217), 268^{267} (217), 268^{299} (224), 268^{300} (224), 268^{302} (224), 268^{303} (224, 225), 268^{304} (226, 248), 268^{305} (226, 228, 248, 249, 255, 256, 257), 268^{305} (226, 228, 248, 249, 255, 256, 257), 268^{306} (226, 249, 257), 268^{308} (226, 227, 228, 229, 249), 268^{309} (228), 268^{310} (229), 268^{311} (229, 230, 249), 268^{314} (230, 232, 235), 268^{320} (231, 232), 269^{363} (241), 269^{369} (242, 243, 244, 245, 246), 269^{373} (242, 243, 246), 269^{378} (245), 269^{379} (246), 269^{381} (246, 247), 269^{385} (248, 249), 270^{386} (248, 249), 270^{387} (248, 249), 270^{388} (249), 270^{389} (249, 250, 251), 270^{390} (249, 250), 270^{391} (249, 250, 251, 253, 254), 270^{392} (249, 250, 251, 252, 253), 270^{393} (249, 250, 251, 252, 253), 270^{394} (251), 270^{397} (252, 253), 270^{402} (254), 270^{404} (255), 270^{405} (255), 270^{409} (256, 257), 270^{410} (257), 270^{411} (257), 270^{415} (258), 270^{417} (259), 270^{418} (259), 270^{421} (261), 270^{422} (261), 270^{423} (262), 328^{153} (320), 632^{222} (601), 632^{224} (602), 632^{228} (602), 702^{480} (685), 1068^{42} (968), 1246^{55} (1163), 1380^{33} (1328, 1331); **4**, 158^{591} (136), 253f^3, 253f^4, 327^{587} (307), 327^{593} (307), 328^{639} (311), 328^{640} (311), 479f^{22}, 605^{18} (515), 608^{202} (556, 559f, 560), 657f^8, 815^{350} (753), 818^{536} (778), 840^{19} (823), 840^{53} (830, 831, 832), 885^{42} (851, 852); **5**, 12f^5; **6**, 845f^{281}, 851f^{64}, 874^{39} (765), 942^{48}

(897, 899T, 900, 901T, 902T, 904T, 905, 907, 907T, 908T, 909T, 911T, 912), 942^{55} (900, 901, 902T, 903T), 942^{75} (901, 902T, 903T), 942^{76} (901, 902T, 903T), 942^{87} (903T), 942^{89} (901, 903T), 943^{107} (901, 904T, 905), 943^{121} (905, 906T, 917, 918T), 1019^{55}, 1031f^{15}, 1031f^{20}, 1035f^{13}, 1036f^{12}, 1040^{105} (1006, 1008), 1041^{121} (1009), 1041^{145} (1006), 1061f^2, 1111^{55} (1053, 1065), 1112^{142} (1079), 1112^{152} (1083); **8**, 96^{70} (36), 220^{38} (111, 112), 1067^{193} (1043)
Markusic, B., **2**, 975^{345} (931)
Marlett, E. M., **1**, 151^{111} (127), 151^{121} (127), 152^{223} (146), 152^{224} (146), 152^{243} (147), 286^{41}
Marlin, G. V., **8**, 607^{110} (564), 607^{117} (564)
Marmor, R. S., **2**, 872f^6, 872f^{12}; **7**, 726^{82} (680)
Marmur, L. Z., **2**, 201^{648} (159)
Marndapur, V. R., **8**, 888f^6
Marongiu, E., **1**, 250^{565} (229); **7**, 106^{357} (48)
Marongiu, G., **3**, 1286f^5, 1286f^6, 1286f^7
Maroni, P., **1**, 242^{87b} (164); **2**, 974^{282} (920, 921)
Marple, K. E., **1**, 583f^{10}
Marquadt, G., **2**, 302^{375} (291)
Marquarding, D., **4**, 511^{445} (486); **8**, 1067^{179} (1042), 1069^{270} (1053), 1070^{316} (1059)
Marquardt, D. N., **8**, 365^{292} (329, 351), 608^{207} (592, 594T)
Marquardt, G., **2**, 298^{104} (233), 302^{390} (294)
Marques, S., **1**, 116^{69} (55)
Marquet, A., **1**, 118^{171} (80), 118^{171} (80), 118^{171} (80); **7**, 106^{337b} (46, 61), 656^{574} (623)
Marquet, B., **7**, 159^{91} (148), 253^{85} (240), 253^{86} (240)
Marr, G., **4**, 816^{448} (766, 773), 817^{470} (769); **8**, 1064^{22} (1017, 1041, 1050), 1064^{23} (1017, 1041, 1050), 1069^{288} (1057), 1069^{288} (1057), 1069^{288} (1057)
Marra, J. V., **1**, 305^{240} (279), 305^{242} (279, 284), 305^{268} (281)
Marre, W., **3**, 838f^{10}
Marrero, R., **7**, 650^{228} (561)
Marricchi, P., **6**, 746^{652} (565)
Marriott, J. C., **6**, 261^{71} (248)
Marrs, O. L., **2**, 299^{186} (248T, 268), 301^{278} (268), 302^{333} (280, 288), 679^{346} (666)
Mars, P., **8**, 669^{39} (664), 669^{74} (666)
Marsala, V., **4**, 690^{111} (677, 682), 817^{4} (700, 703), 812^{153} (714), 819^{617} (797), 887^{187} (881); **5**, 366f^1, 371f^1, 527^{518} (363, 369, 377), 556f^{15}
Marschner, F., **8**, 95^{41} (30, 31, 33, 39)
Marsden, C. J., **4**, 106f^{36}, 237^{200} (185); **7**, 655^{505} (606)
Marsden, K., **3**, 1249^{177} (1192); **4**, 986f^1, 1059^{117} (986, 1009), 1060^{187} (1004, 1013), 1060^{191} (1006, 1008, 1011), 1060^{192} (1005, 1008, 1010); **5**, 533^{912} (432), 625^{307} (588); **8**, 97^{188} (58)
Marse, J. P., **1**, 119^{261} (97)
Marsel, C. J., **1**, 676^{365} (624), 677^{452} (630)
Marsella, J. A., **3**, 346f^2, 346f^3, 350f^8, 376f^4, 427^{43} (339, 342, 348), 427^{61} (350, 351), 630^{154} (582), 630^{158} (582, 599), 631^{181} (586)
Marsh, D. G., **6**, 738^{160} (499)
Marsh, F. C., **2**, 696f^7
Marsh, H. A., **7**, 463^{504} (443)
Marsh, J. Г., **1**, 308^{131} (292)
Marsh, R. A., **4**, 814^{301} (746)
Marsh, R. E., **1**, 41^{147} (32, 33T, 34); **3**, 328^{111} (309), 328^{145} (317, 318), 632^{235} (603, 615, 616), 633^{308} (613, 614); **4**, 156^{491} (125), 328^{657} (313), 511^{469} (490T), 817^{481} (773); **6**, 944^{185} (914); **8**, 1104^{22} (1077, 1079), 1104^{31} (1079)
Marsh, W. C., **4**, 236^{198} (185), 236^{198} (185)
Marshall, A. S., **1**, 303^{97} (268)
Marshall, C. J., **4**, 690^{108} (676)
Marshall, D. W., **1**, 680^{642} (652); **7**, 457^{139} (393), 457^{159} (395)
Marshall, J. A., **1**, 308^{436} (292); **2**, 860^{49} (834); **7**, 224^{64} (203), 225^{105} (207), 252^{23} (231), 252^{37} (233), 300^{129} (289), 651^{310} (577), 727^{168} (703)
Marshall, J. L., **3**, 948^{140} (859, 860); **7**, 159^{118} (152)

Marshall, K. L., **4**, 158^{638} (146)
Marshall, R., **2**, 1019^{263} (1009, 1010)
Marshalsea, J., **4**, 34f^{65}, 180f^4, 236^{158} (179), 236^{168} (181)
Marsi, K. L., **2**, 196^{467} (115)
Marsi, M., **4**, 241^{439} (216)
Marsich, N., **2**, 713f^{12}, 713f^{14}, 713f^{16}, 713f^{18}, 713f^{36}, 723f^7, 724f^3, 760^{12} (710, 722), 760^{25a} (716, 717, 724, 743), 761^{34} (717, 724, 743), 761^{74} (724, 732, 740), 761^{75} (724, 740), 761^{82} (725, 727), 762^{134} (744), 762^{135} (744), 762^{140} (745), 763^{152} (750), 763^{184} (727, 758); **5**, 269^{362} (110, 111)
Marsili, M., **3**, 870f^{13}, 948^{166} (871)
Marsman, J. W., **2**, 715f^{13}, 736f^1, 761^{50} (719, 734, 735)
Marsmann, H. C., **2**, 504f^5
Marsters, Jr., J. C., **8**, 100^{327} (92)
Marstokk, K. M., **1**, 146f^3, 152^{230} (147), 152^{231} (147)
Marston, A. L., **3**, 697^{203} (664)
Marsubayashi, G., **6**, 224^{75} (192, 193, 193T)
Marsura, A., **7**, 14f^2
Martel, B., **1**, 242^{108} (166, 177); **2**, 189^{150} (35); **7**, 646^{28} (521, 524), 653^{420} (595)
Martell, A. E., **3**, 851f^{58}, 948^{135} (854); **5**, 313f^4, 355f^8, 524^{282} (313, 354); **8**, 99^{310} (90), 1102f^1, 1106^{115} (1102)
Martell, C., **5**, 520^{22} (281, 282)
Martelli, G., **2**, 515^{573} (477)
Martelli, M., **4**, 813^{264} (739, 792); **5**, 310f^5, 522^{164} (297), 523^{252} (307), 529^{608} (379), 558f^{10}, 621^1 (542), 622^{73} (551), 623^{113} (561), 623^{114} (561)
Martel-Siegfried, V., **8**, 645^{210} (632)
Marten, D., **3**, 108f^{11}, 168^{36} (103), 169^{61} (127, 146); **4**, 374^{79} (350), 505^{87} (402, 415), 512^{501} (498), 613^{523} (604); **8**, 1008^{81} (963)
Marten, D. F., **4**, 73f^3, 150^{52} (16, 18), 241^{489} (223, 224T, 228), 374^{76} (347), 504^{23} (383), 504^{26} (384); **6**, 806f^{20}, 842f^{154}, 874^{85} (774, 775); **8**, 1008^{78} (959, 961, 962)
Martens, D., **1**, 119^{249a}, 119^{264} (98, 104); **7**, 110^{598} (93)
Martens, H. F., **1**, 244^{194} (176); **2**, 619^{202} (547), 620^{223} (548)
Martin, A. H., **5**, 269^{318} (89)
Martin, B., **6**, 944^{185} (914)
Martin, C., **7**, 108^{446} (61)
Martin, D. F., **7**, 753^{59} (735)
Martin, Jr., D. S., **6**, 755^{1272} (656), 756^{1315} (663), 756^{1317} (663)
Martin, D. T., **3**, 106^{43} (968, 969), 1249^{174} (1192), 1380^{34} (1328), 1381^{106} (1342)
Martin, G. A., **8**, 95^{28} (25, 27), 95^{33} (27), 97^{162} (54), 282^{160} (273, 274)
Martin, G. F., **2**, 197^{511} (123)
Martin, G. J., **1**, 242^{101} (165), 243^{152a} (173)
Martin, H., **1**, 670^{3a} (557, 558, 638), 671^{26} (558, 563, 607, 611, 612, 625, 626, 634, 642, 663), 671^{30} (559), 671^{41} (561, 626), 671^{42} (559, 609, 625, 626, 638), 675^{278} (611, 630); **3**, 270^{426} (262), 270^{428} (262), 270^{429} (262), 279^{19} (271); **7**, 454^7 (368, 442), 455^{12} (372); **8**, 378f^1, 454^{33} (377)
Martin, H. A., **3**, 328^{131} (313), 328^{132} (313), 328^{133} (313), 368f^3, 428^{117} (361), 428^{142} (365), 430^{270} (401), 631^{200} (590, 620, 621), 701^{411} (677)
Martin, H. D., **8**, 1009^{137} (977)
Martin, J., **2**, 976^{374} (939); **3**, 701^{436} (680); **7**, 510^{16} (471)
Martin, J. C., **7**, 109^{499} (71), 109^{512} (72)
Martin, J. L., **3**, 108f^{14}, 112f^{11}; **4**, 657f^2, 814^{282} (743)
Martin, L., **3**, 1299f^4
Martin, M., **2**, 860^{65} (836); **3**, 545^1 (476); **4**, 511^{467} (490, 490T)
Martin, R., **5**, 344f^4, 526^{417} (342, 343)
Martin, R. L., **3**, 279^{41} (273), 303f^6, 327^{67} (298), 327^{70} (299), 327^{73} (299), 327^{74} (300), 327^{75} (300),

327⁸⁵ (303, 304, 305), 346f⁴, 350f⁷, 427⁴⁴ (339, 342)
Martin, S., **6**, 187¹⁰ (183T, 184); **8**, 669³⁸ (653, 658T)
Martin, S. F., **7**, 110⁶⁰² (95, 98f)
Martin, T. R., **1**, 246³²⁶ (194, 197), 246³²⁶ (194, 197); **3**, 419f¹⁰, 631²⁰⁷ᵃ (593, 596), 631²⁰⁸ (593, 607, 609), 646³⁰ (639), 745f¹⁴, 771f⁶, 772f⁸, 780¹³⁴ (745)
Martin, W. E., **8**, 796¹²¹ (777)
Martina, D., **8**, 930²⁵⁶ (834), 1009¹¹⁶ (972), 1009¹¹⁹ (973)
Martinas, F., **2**, 678²⁹⁴ (662)
Martindale, **2**, 1015² (980, 983, 996f)
Martineau, M., **2**, 187⁷⁰ (19)
Martinelli, P., **1**, 247³⁵⁶ (198); **5**, 531⁷⁵² (407, 435)
Martinengo, S., **1**, 41¹⁵⁷ (35); **4**, 810¹⁸ (695); **5**, 265⁶⁸ (15), 267²¹⁵ (45), 267²¹⁶ (45), 267²¹⁷ (45), 267²¹⁸ (45), 280f⁴, 285f⁶, 290f⁸, 325f⁴, 325f⁵, 325f⁶, 325f⁷, 325f⁸, 325f⁹, 325f¹⁰, 327f⁴, 327f⁵, 327f⁶, 327f⁸, 327f⁹, 327f¹⁰, 327f¹¹, 327f¹², 335f¹, 335f³, 335f⁴, 335f⁵, 335f⁶, 520¹⁶ (280, 318), 521⁶¹ (284), 521⁹⁶ (290), 522¹⁴⁰ (297, 378), 524³⁰⁸ (318, 320), 524³¹³ (318), 524³¹⁷ (318), 524³²⁰ (318), 524³²² (327, 330), 524³²³ (378), 524³²⁵ (322), 524³²⁶ (319, 320), 524³³⁰ (319), 525³³⁵ (322, 324), 525³³⁷ (322), 525³³⁸ (322), 525³⁴² (328), 525³⁴⁵ (327), 525³⁵⁶ (332), 525³⁵⁷ (331), 525³⁵⁸ (331, 378), 525³⁶⁰ (332), 525³⁶¹ (322, 333), 525³⁶² (363), 525³⁶³ (333), 525³⁶⁴ (333, 334), 525³⁶⁵ (333, 334), 525³⁶⁶ (333, 334), 525³⁶⁷ (336), 525³⁶⁸ (336), 525³⁶⁹ (336), 525³⁷⁰ (336), 525³⁷¹ (336), 525³⁷² (336), 525³⁷³ (337), 525³⁷⁹ (339), 525³⁸³ (318), 525³⁸⁴ (322), 525³⁸⁵ (336), 532⁸¹⁶ (378, 497), 535¹⁰²⁸ (323, 325), 537¹¹⁷¹ (323), 554f⁵, 626³⁵⁶ (594), 628⁴⁸⁷ (615, 619), 628⁴⁸⁸ (615); **6**, 14⁹⁷ (10, 11), 14¹⁰⁰ (10), 14¹¹⁸ (10), 96¹⁷⁹ (44), 736³³ (480), 737⁵⁷ (484), 806f⁶⁸, 851f⁶³, 871f¹⁴², 871f¹⁴⁶, 871f¹⁴⁷, 872f¹⁵⁰, 872f¹⁵⁷, 872f¹⁵⁸, 872f¹⁵⁹, 874⁷⁵ (772), 874⁷⁶ (772), 876¹⁵⁵ (788)
Martinez, E. D., **1**, 753⁹⁴ (741)
Martinez, F., **1**, 753⁷⁹ (738); **5**, 76f⁹; **6**, 99³⁴⁹ (50T), 343²¹ (281, 283f, 306), 345¹⁵⁶ (306, 307), 345¹⁷⁴ (306), 345²⁰⁸ (311, 340)
Martinez, G. R., **7**, 646¹⁸ (518)
Martinez, N., **4**, 158⁵⁹⁰ (136), 375¹¹² (359)
Martinez-Carrera, S., **2**, 937f⁵, 976³⁶⁶ (936, 937)
Martinez-Ripoll, M., **4**, 907²⁹ (894)
Martin-Gil, J., **4**, 242⁵⁰⁷ (223, 224T, 227); **6**, 842f¹⁶¹, 843f¹⁹⁴, 868f³⁰, 875¹³³ (784)
Martinho-Simoes, J. A., **3**, 981f⁴, 988f³, 989f⁴, 1034f³, 1034f⁴, 1067¹³ (958), 1070¹⁵⁸ (988, 989, 990, 1000, 1023, 1034, 1035), 1247⁷⁵ (1171), 1249¹⁹¹ (1198), 1251²⁷⁰ (1215, 1224), 1382¹²⁸ (1346), 1383¹⁸⁵ (1363), 1383²⁰⁴ (1366); **5**, 276⁸⁰⁹ (264)
Martino, G., **8**, 341f⁴, 341f¹¹, 341f¹³, 459³¹⁹ (419), 606²¹ (553)
Martinon, S., **6**, 383⁶⁹ (371), 468²⁴ (458)
Martinova, M. A., **8**, 646²⁷⁷ (616, 622T), 646²⁷⁸ (616, 622T), 646²⁸⁶ (622T)
Martínez, F., **6**, 345¹⁶⁹ (306, 309), 346²¹³ (306, 307)
Marton, D., **2**, 618¹²⁸ (540)
Martvoň, A., **7**, 659⁷¹³ (645)
Marty, A. W., **6**, 13⁵³ (8)
Marty, W., **2**, 970⁶⁴ (871)
Martynov, B. I., **2**, 515⁵⁴⁸ (472), 976³⁶⁷ᵃ (937), 976³⁶⁷ᵇ (937)
Martynov, V. P., **4**, 509³²⁰ (453)
Martynova, M. A., **3**, 547¹⁰² (531), 547¹⁰² (531); **8**, 644¹⁹⁴ (616, 622T)
Martynova, V. P., **5**, 521⁸⁴ (288, 289)
Maruca, R., **2**, 300²³⁷ (259), 300²⁴⁰ (260)
Maruoka, K., **7**, 107⁴³³ (58)
Marusich, N. I., **8**, 341f⁸, 366³⁶² (342), 366³⁹¹ (343), 645²¹⁴ (632)
Marutani, K., **8**, 645²⁴⁰ (621T)
Maruya, K., **6**, 97²⁷¹ (56T, 72), 746⁶⁵⁶ (565); **8**, 379f¹⁵, 459³²⁶ (420), 641²¹ (618, 623T), 641⁴⁶ (616, 622T), 704⁶ (683)
Maruya, K. I., **6**, 95¹⁵⁰ (56T, 72); **8**, 642⁷⁴ (621T)

Maruyama, K., **1**, 303¹⁰⁵ (268), 379³⁹⁹ᵃ (364), 379³⁹⁹ᵇ (364); **2**, 763¹⁷⁰ (753, 755, 756); **3**, 557⁴⁸ (554); **4**, 153²⁸⁰ (70); **6**, 36¹⁹¹ (21T, 24), 96¹⁹⁸ (49, 53T, 56T), 96²⁰⁰ (49, 53T, 56T); **7**, 64f⁵, 107⁴¹⁷ (56), 226²⁰⁸ (219), 226²¹³ (219), 322¹⁴ (306), 322²⁵ (309, 314), 322⁵⁴ᵃ (316), 322⁵⁴ᶜ (316), 322⁵⁸ (317), 363²⁸ (357), 363²⁸ᵇ (357), 363²⁹ (357), 458¹⁹² (399), 459³⁰⁰ (414, 415), 728¹⁸³ (705), 728²³² (715), 728²³³ (715); **8**, 769³⁶ (730), 794¹⁷ (790, 791), 934⁵⁵² (885), 938⁷⁹¹ (924)
Maruyama, O., **8**, 933⁴⁴¹ (858)
Maruzeni, S., **8**, 366³⁸⁹ (343), 645²⁴⁷ (632)
Marvel, C. S., **2**, 705⁸⁰ (691); **7**, 104²⁴⁸ (32)
Marvich, R. H., **3**, 286f¹, 328¹⁴⁴ (316, 317, 320), 368f¹⁸, 398f⁶⁰, 430²⁶³ (396); **8**, 291f¹, 293f¹, 1076f⁹, 1104¹⁷ (1077)
Marwede, G., **8**, 549¹⁷ (502)
Marx, A., **1**, 380⁴⁷² (371)
Marx, G., **3**, 935f⁴
Marx, J. N., **5**, 270³⁹⁸ (129)
Marxer, A., **7**, 101⁸³ (12)
Maryanoff, B. E., **1**, 378³¹⁵ (356, 364); **7**, 108⁴⁸⁵ (69)
Maryanoff, C. A., **3**, 102f⁵
Marynick, D. S., **1**, 42²⁰⁴ (39), 117¹⁵³ (77, 78), 149²⁹ (122, 145), 409⁶⁹ (400), 452¹⁶ (415), 452²⁷ (418, 420), 452²⁸ (418, 444), 454¹³¹ (431), 456¹⁹⁸ (441), 538²⁹ᵇ (464, 467, 468), 538³³ (467,.473); **3**, 121f², 734f⁶, 760f², 781¹⁶⁶ (760)
Marz, G., **3**, 935f¹, 942f¹
Marzano, G., **4**, 963⁶³ (940)
Marzilli, L. G., **5**, 100f³, 100f⁴, 100f⁵, 101f¹, 101f¹, 269³³⁹ (99), 269³⁴⁰ (99, 116, 131), 269³⁴⁷ (103), 270⁴⁰¹ (130), 270⁴⁰³ (131)
Marzocchi, M. P., **4**, 907¹⁷ (892)
Masada, H., **4**, 320⁸⁸ (251), 320¹¹⁸ (254, 259); **8**, 221⁷⁴ (118, 140), 221⁷⁵ (118, 140), 1008⁵⁴ (952)
Masagutov, R. M., **8**, 642⁹² (618)
Masai, H., **3**, 419f¹⁸; **6**, 93³⁴ (80), 744⁵⁴² (546), 745⁵⁵⁶ (547)
Masamune, S., **1**, 41¹⁴³ (32, 33T, 34), 41¹⁴⁴ (32, 33T, 34); **3**, 87⁴⁹¹ (70); **4**, 508²⁶² (444, 472); **6**, 442¹⁰⁵ (399); **7**, 460³⁶³ (422), 653³⁹⁸ (592); **8**, 1009¹³⁰ (976), 1009¹⁴⁰ (977)
Masamune, T., **7**, 460³⁶⁶ (422)
Masano, S., **7**, 106³⁶⁶ (48)
Masaoka, K., **8**, 460³⁷⁴ (431), 460³⁷⁵ (431), 888f¹, 931³⁶³ (849, 850), 931³⁶⁴ (849), 931³⁶⁵ (849)
Mascherini, R., **3**, 788f¹⁶, 1081f¹³, 1258f¹⁰
Masdupy, E., **1**, 251⁵⁷⁹ (231)
Masek, J., **3**, 798f¹⁸, 863f³, 863f⁵²; **5**, 266¹²⁷ (28)
Mashiko, T., **8**, 497¹⁰⁹ (493)
Mashkina, A. V., **8**, 365³²⁹ (338)
Mashoshina, S. N., **2**, 511³³² (442); **7**, 652³⁵⁶ (584)
Masilamani, D., **7**, 109⁵⁰³ (71)
Masino, A., **3**, 1269f⁵
Masino, A. P., **3**, 266¹⁴⁶ (194), 268²⁷⁵ (218)
Masip, M. J., **6**, 876²¹⁷ (815)
Maskell, R. K., **2**, 706¹¹⁶ (693, 694T)
Maskill, R., **3**, 334f²³; **8**, 1104²⁰ (1077)
Maslen, E. N., **3**, 1067⁵ (955); **5**, 274⁶⁶⁵ (226)
Maslennikov, V. P., **1**, 249⁴⁶⁸ (212), 307³⁶⁵ (288); **2**, 678²⁶⁷ (659), 678²⁶⁸ (659); **7**, 108⁴⁶⁸ (65)
Masler, W. F., **5**, 537¹¹³³ (476); **8**, 472f², 496¹⁸ (467, 476, 477)
Maslova, V. A., **3**, 700³⁴⁶ (673); **6**, 225⁸⁹ (190)
Maslowsky, Jr., E., **1**, 115¹³ (44, 53T), 302³⁰ (259); **2**, 704²¹ (684); **3**, 126f¹, 135f⁵, 265⁸⁸ (182), 362f¹, 362f³, 629⁹¹ (572), 699³⁰³ (672), 780¹⁰⁴ (731); **4**, 509³¹⁵ (452), 510³⁸⁸ (476), 885⁴³ (851, 852), 885⁴⁵ (851); **6**, 876¹⁸¹ (795)
Mason, D. R., **4**, 320⁷² (250)
Mason, J., **5**, 267²¹⁷ (45), 327f¹², 335f⁶, 525³⁷³ (337); **8**, 1095f¹, 1095f², 1095f⁴
Mason, P., **7**, 252³² (231)
Mason, P. R., **4**, 65f³⁷, 533f⁶, 613⁵²⁴ (604); **6**, 34⁷⁴ (19T)

Mason, R., **1**, 40^{47} (12), 41^{104} (21), 42^{164} (35), 42^{166} (35); **2**, 189^{159} (36), 762^{97} (727, 736), 762^{98} (728), 762^{122} (737, 738), 819^{101} (785), 819^{102} (785); **3**, 82^{149} (21, 22), 84^{302} (40), 84^{314} (44), 86^{383} (52), 86^{432} (62), 170^{146} (157), 1077^{560} (1061), 1108f^7; **4**, 12f^{27}, 19f^7, 150^{17} (7), 153^{229} (60), 237^{256} (195), 237^{258} (196), 241^{476} (219, 222), 508^{233} (440), 509^{304} (450), 613^{518} (600, 602f), 688^{11} (664), 840^{76} (835), 905f^3, 907^{41} (898), 908^{74} (904), 1058^{65} (975), 1059^{140} (990), 1061^{275} (1029), 1061^{276} (1029), 1063^{399} (1055); **5**, 266^{150} (31), 270^{440} (142), 344f^1, 346f^5, 346f^7, 353f^5, 353f^9, 523^{254} (307, 432), 523^{255} (307), 523^{258} (307, 432), 526^{403} (342, 345, 347, 382, 499, 507), 526^{435} (345, 348, 354), 526^{436} (345), 533^{886} (429), 535^{1024} (458), 539^{1269} (507), 558f^9, 621^{48} (550), 621^{48} (550), 621^{50} (550, 613), 624^{190} (567), 624^{201} (569), 625^{263} (580), 625^{273} (582); **6**, 36^{170} (32), 263^{168} (257), 349^{426} (334T, 334f), 384^{109} (378), 384^{110} (378), 442^{100} (399), 443^{162} (406), 443^{163} (406, 408), 443^{164} (406), 443^{169} (406), 444^{211} (410, 422), 444^{212} (410, 422), 736^{43} (482), 736^{44} (482), 738^{125} (494, 496), 738^{126} (494, 496, 498), 740^{242c} (511), 740^{246} (512, 513), 740^{247} (512, 513), 743^{449} (533T), 743^{450} (533T), 743^{465} (534T), 743^{466} (534T), 744^{496} (539T), 747^{683} (574, 574T), 748^{788} (588), 749^{853} (597, 598), 749^{878} (603, 604), 749^{879} (604), 751^{962} (617), 751^{963} (617), 752^{1038} (627T), 752^{1039} (627, 697), 753^{1134} (639), 754^{1198} (648T), 754^{1199} (641, 648T), 754^{1202} (649T), 754^{1203} (649T), 759^{1510} (689), 759^{1511} (689), 761^{1660} (724, 725), 806f^{48}, 850f^{40}, 850f^{42}, 871f^{116}, 871f^{117}, 875^{122} (781, 813), 876^{211} (813), 1113^{205} (1096); **8**, 280^{31} (237), 280^{36} (237, 238), 281^{97} (262), 456^{176} (398), 1088f^4, 1092f^2, 1105^{84} (1092)

Mason, R. B., **7**, 102^{170} (24)

Mason, R. F., **8**, 645^{226} (617, 621T), 647^{309} (616, 617)

Mason, S. A., **4**, 846f^7, 885^{81} (860), 907^{62} (902)

Mason, S. F., **6**, 753^{1101} (636, 659)

Mason, T., **6**, 757^{1380} (672)

Mason, W. R., **5**, 520^{41} (281, 305), 521^{89} (289, 462, 471T), 526^{410} (342); **6**, 738^{159} (499), 738^{161} (499)

Masotti, R., **1**, 676^{392} (625)

Masoui, R., **6**, 468^{22} (458)

Maspero, F., **5**, 437f^5, 438f^8, 533^{863} (424), 533^{881} (303T, 428), 626^{347} (592, 598); **8**, 317f^8

Masra, W., **5**, 622^{85} (557)

Massa, W., **2**, 676^{155} (647), 676^{158} (647)

Massad, S., **8**, 607^{122} (566)

Massé, J., **1**, 246^{330} (195); **2**, 17f^5, 17f^{15}, 17f^{16}, 17f^{18}, 190^{178} (39), 299^{187} (248T), 301^{282} (269), 302^{332} (280)

Masse, J. P., **2**, 190^{180} (40); **7**, 657^{607} (631); **8**, 771^{121} (738)

Massé, J. P. R., **1**, 246^{337} (195); **8**, 771^{167} (740)

Masserly, J. F., **2**, 379f^2

Massey, A. G., **1**, 304^{173} (270), 304^{174} (270), 310^{560} (299), 375^{129} (325), 675^{329} (620); **2**, 507^{50} (403, 406), 507^{80} (407), 675^{117} (643), 715f^{10}, 904f^{13}, 904f^{18}, 904f^{19}, 973^{247} (906), 973^{248} (906), 973^{249} (906), 973^{252} (906), 973^{252} (906); **3**, 266^{153} (197), 419f^{12}, 431^{310}, 1308f^{6}, 1311f^{1}; **4**, 33f^{26}, 152^{162} (41, 61, 88, 93), 321^{129} (257), 323^{285} (276, 279), 509^{326} (455); **5**, 267^{244} (62, 65), 273^{584} (193), 273^{593} (197), 537^{1176} (481); **6**, 142^{195} (133T, 135), 383^{43} (367); **7**, 110^{554} (81), 110^{559} (82); **8**, 1067^{161} (1040)

Massey, R. C., **3**, 879f^{20a}, 879f^{20b}, 879f^{21}

Massey, W. D., **7**, 653^{385} (589)

Massobrio, M., **2**, 715f^{19}, 723f^{21}, 762^{118} (736, 737, 751, 757); **6**, 739^{208} (505)

Massol, M., **2**, 298^{148} (242), 298^{150} (242), 299^{160} (244), 506^{17} (402, 406, 409, 410, 411, 412, 420, 421, 426, 433, 440, 470, 478, 479, 481, 482, 483, 484, 485, 486), 507^{72} (406), 507^{106} (410), 510^{243} (432, 438), 510^{282} (437, 479, 481, 483), 511^{288} (438), 511^{293} (438, 439), 511^{334} (442), 516^{587} (479), 516^{620} (483), 516^{624} (483), 517^{648} (486), 518^{709} (504), 534f^7, 619^{165} (544), 623^{440} (577), 977^{469} (958)

Masson, C. R., **2**, 200^{639} (157), 200^{640} (157), 200^{641} (157)

Masson, J., **1**, 243^{139} (171); **7**, 108^{481} (68)

Masson, J. C., **2**, 507^{105} (410), 676^{127} (643)

Masson, S., **7**, 105^{302} (41), 105^{302} (41), 105^{314} (42)

Mast, N. R., **1**, 244^{211} (177)

Mastafanova, L. I., **7**, 101^{112} (16)

Mastalerz, P., **7**, 657^{646a} (639)

Masters, A. F., **4**, 241^{448} (215T, 216, 232T)

Masters, C., **1**, 39^{19} (7); **2**, 200^{626} (153); **3**, 780^{99} (730); **4**, 374^{49} (341), 605^{8} (514), 818^{555} (780), 873f^{15}, 887^{167} (877), 1060^{204b} (1012); **5**, 265^{47} (10), 267^{242} (60), 355f^{9}, 523^{216} (304T), 523^{218} (304T), 523^{219} (304T), 527^{467} (354), 549f^{5}, 554f^{3}, 555f^{1}, 558f^{7}, 622^{52} (550), 624^{186} (567); **6**, 742^{406} (529), 745^{588} (556), 749^{884} (606), 749^{885} (606), 749^{886} (606), 750^{887} (607), 750^{888} (607); **8**, 95^{30} (26, 35), 96^{94} (41, 58, 59), 221^{46} (112), 296f^{11}, 304f^{21}, 305f^{48}, 349f^{11}, 361^{68} (288, 295, 303, 324)

Masthoff, R., **1**, 151^{139} (131), 151^{140} (131), 153^{250} (148), 250^{548} (226, 228, 229), 250^{548} (226, 228, 229), 250^{549} (226, 232), 250^{563} (229), 250^{568} (230), 251^{618} (237)

Mastikhin, V. M., **5**, 622^{79} (553); **6**, 361^{12a} (352), 446^{316} (428), 446^{353} (438), 761^{1629} (716); **8**, 435f^{8}, 460^{410} (434), 706^{98} (691, 692T)

Mastragostino, M., **3**, 1070^{150} (987, 1030)

Mastropasqua, P., **4**, 886^{131} (869), 886^{135} (870)

Mastryukov, V. S., **1**, 420f^4, 420f^4, 420f^{13}, 420f^{15}, 420f^{15}, 452^{23} (418), 452^{23} (418), 689f^{14}, 696f^{8}, 721^{91} (694); **2**, 297^{65} (226)

Masuda, R., **7**, 108^{491} (70), 109^{492} (70)

Masuda, S., **7**, 9f^5

Masuda, T., **8**, 458^{261} (411, 412), 608^{185} (581, 584, 595T)

Masuda, Y., **1**, 307^{390} (289), 307^{391} (289), 307^{392} (289); **7**, 109^{504} (71), 158^{64} (146), 196^{129} (175), 322^{46} (314)

Masui, K., **8**, 405f^{18}, 457^{219} (404), 457^{220} (404), 709^{254} (691), 709^{260} (691)

Masunaga, T., **8**, 937^{754} (920)

Matarasso-Tchiroukhine, E., **2**, 515^{547} (471); **7**, 655^{526} (612)

Matašová, E., **8**, 771^{157} (769)

Matchan, W. C., **3**, 1071^{221b} (1001)

Mateer, R. A., **3**, 1074^{400a} (1034, 1045)

Mateescu, G. D., **6**, 383^{59} (369, 382), 443^{158a} (405), 468^{17} (456, 457), 469^{37} (461), 469^{41} (462)

Matejcek, K. M., **3**, 1249^{164} (1191); **4**, 237^{228} (189T, 190), 237^{234} (189T)

Mateos, A. F., **7**, 225^{119} (208), 252^{26} (231)

Materikova, R. B., **3**, 629^{67} (569); **4**, 480f^4, 510^{391} (477), 510^{406} (481, 482), 510^{407} (481, 482); **5**, 274^{715} (244); **6**, 100^{408} (40), 228^{260} (194, 196)

Matern, E., **2**, 298^{120} (237), 302^{391} (294)

Mather, A. P., **6**, 1113^{197} (1092)

Mather, G. G., **3**, 851f^2

Mather, I. H., **5**, 521^{112} (292)

Mather, J. P., **1**, 373^{43} (313)

Matheson, T., **1**, 41^{163} (35); **4**, 649^{104} (644), 907^{35} (896, 901)

Matheson, T. W., **3**, 118f^{15}, 135f^{11}, 135f^{12}, 156f^{18}, 156f^{19}, 160f^5, 169^{99} (141), 170^{137} (154), 170^{141} (154), 170^{150} (157), 170^{160} (161), 171^{184} (167); **4**, 156^{73} (524, 524f, 526), 499f^5, 508^{248} (442), 512^{516} (502), 608^{234} (565, 565f), 657f^{15}, 657f^{19}, 658f^{30}, 658f^{44}, 658f^{46}, 689^{32} (666), 819^{632} (801), 819^{633} (801), 819^{637} (802, 804), 819^{647} (804), 819^{648} (804), 884^{17} (847), 884^{18} (848, 850), 886^{111} (866), 886^{141} (871), 887^{193} (882), 1057^{30} (971), 1058^{68} (976), 1060^{218} (1017, 1022), 1062^{285} (1031), 1062^{326} (1039); **5**, 175f^2, 264^{26} (6), 327f^2, 362f^{13}, 524^{325} (318, 327, 328, 332, 360), 527^{508} (360); **6**, 35^{151} (32), 868f^{35}, 870f^{95}, 875^{113} (779); **8**, 1010^{212} (1004)

Mathew, C. P., **7**, 226^{182} (214)

Mathew, M., **1**, 409²⁷ (385, 386, 391), 537¹²ᵃ (461, 465, 533); **2**, 904f¹¹, 904f¹², 973²³⁹ (905, 906, 935), 973²⁴⁴ (906); **3**, 84²⁵⁴ (35), 1247⁸⁴ (1174); **4**, 325⁴⁵³ (295), 326⁵⁰⁹ (299), 512⁴⁸¹ (495), 608¹⁹⁵ (555), 609³⁰¹ (578); **5**, 535⁹⁸⁴ (445); **6**, 241²⁰ (236), 261³⁷ (246), 278⁴⁴ (274), 469⁶⁸ (467)
Mathew, P. M., **3**, 368f¹⁶, 429¹⁶¹ (370)
Mathews, C. N., **3**, 947⁸⁶ (831)
Mathews, N. J., **3**, 84²⁸⁴ (40), 84²⁸⁵ (40), 84²⁸⁶ (40), 1074³⁸⁴ (1032), 1074³⁸⁹ (1032), 1076⁵¹¹ (1054); **6**, 140⁷⁶ (103)
Mathews, R. O., **8**, 935⁶³² (899)
Mathey, F., **1**, 754¹⁴² (752); **3**, 474⁹¹ (463); **4**, 158⁶⁰⁶ (138), 158⁶⁰⁷ (138), 158⁶⁰⁸ (138), 158⁶⁰⁹ (139), 323³⁰³ (277), 324³⁸⁷ (288), 511⁴⁵¹ (487), 511⁴⁵² (487), 511⁴⁵³ (487), 511⁴⁵⁴ (487), 533f⁹, 606⁵⁷ (520), 609³¹¹ (580), 612⁴⁵⁹ (596), 612⁴⁶⁰ (596), 613⁵²⁵ (604); **6**, 225⁸⁵ (203T, 204T, 206), 225¹¹⁴ (204T, 206), 225¹¹⁵ (204T, 206), 226¹⁷⁴ (203T, 205T, 206), 227¹⁸⁹ (204T, 206), 228²⁵¹ (203T, 206), 228²⁶⁴ (203T, 206); **7**, 104²⁴⁶ (32), 109⁵¹⁹ (75); **8**, 1067¹⁷⁷ (1041), 1070³³⁰ (1061)
Mathiasch, B., **2**, 626⁶³² (603)
Mathieu, R., **3**, 798f¹⁰ᵇ, 833f¹⁰, 833f¹⁶, 833f⁶², 833f⁹³; **4**, 323³²² (280, 306), 323³²³ (280), 323³²⁴ (280), 323³²⁶ (280), 323³²⁷ (280), 324³²⁹ (280), 324³³³ (281), 574f⁴, 609²⁶⁶ (571, 574f), 609²⁶⁸ (571, 574f); **5**, 273⁵⁹⁷ (198), 534⁹³⁶ (435); **6**, 987f⁹, 1039⁶ (988)
Mathis, C., **1**, 251⁵⁸³ (232), 251⁶⁰⁹ (235, 236), 251⁶⁰⁹ (235, 236), 251⁶¹⁴ (236), 251⁶¹⁵ (237), 251⁶¹⁵ (237), 251⁶¹⁶ (237); **7**, 8f¹⁰
Mathis, F., **2**, 518⁷¹³ (504), 518⁷¹³ (504)
Mathis, R., **2**, 518⁷¹³ (504), 518⁷¹³ (504)
Mathisen, D., **7**, 105³¹⁸ (43, 46)
Mathovskii, P. E., **7**, 462⁴⁶⁸ (440)
Mathur, P., **3**, 156f¹³; **4**, 606⁷⁴ (524f, 525, 526)
Matienzo, L. J., **3**, 858f⁷, 1252³¹⁴ᵃ (1224); **6**, 36¹⁸⁶ (30)
Matisons, J., **4**, 873f¹
Matisons, J. G., **4**, 873f¹⁰, 886¹⁵⁶ (874)
Matkovskii, P. E., **3**, 406f¹⁴; **7**, 462⁴⁶⁷ (440)
Matlack, A. S., **7**, 464⁵⁵⁶ (453)
Matley, F., **1**, 42¹⁸⁵ (37)
Matlock, A. S., **8**, 361⁵³ (287)
Matlock, P. L., **4**, 312f², 320¹¹⁶ (254, 315)
Matosyan, V. A., **8**, 708²⁰⁴ (701, 702)
Matschiner, H., **1**, 753⁷³ (737); **2**, 619¹⁸⁵ (546), 707¹⁶¹ (701); **6**, 98³³³ (77), 142¹⁶⁹ (110, 121T, 123T, 124T, 124, 127, 129)
Matson, M. S., **6**, 839f³⁵
Matsoyan, S. G., **8**, 668¹³ (657T), 668¹⁴ (657T)
Matsubara, I., **2**, 396⁶⁷ (376), 396⁷⁰ (377)
Matsubayashi, G., **2**, 674²⁷ (632); **3**, 700³⁸³ (675); **6**, 225¹⁰² (193, 193T), 344¹²⁶ (300T), 344¹²⁷ (300, 303), 740²⁴²ᵉ (511), 740²⁴²ⁱ (512, 513), 740²⁴³ (512, 513)
Matsubayashi, G. E., **3**, 699³¹² (672, 674)
Matsuda, A., **8**, 100³⁴² (94)
Matsuda, I., **2**, 197⁵¹⁵ (124), 197⁵¹⁶ (124); **4**, 83f⁴, 83f¹¹, 83f¹⁵, 154³²⁸ (79), 241⁴⁷¹ (219, 219T, 220); **5**, 532⁷⁹⁹ (415), 532⁸⁰¹ (415), 532⁸⁰² (415); **6**, 349⁴¹⁴ (333), 469⁶¹ (466)
Matsuda, K., **7**, 252⁴⁰ (234)
Matsuda, M., **6**, 362⁷² (360), 362⁷³ (360)
Matsuda, S., **2**, 620²⁸¹ (556); **4**, 320⁷⁶ (250); **7**, 109⁵¹¹ (72)
Matsuda, T., **1**, 247³⁶⁰ (198); **6**, 97²⁶⁷ (57T, 60T, 75), 445²⁸⁰ (422); **8**, 771¹²³ (742, 744T, 752T, 753T, 754T), 866f², 928¹²⁴ (805, 925), 932⁴¹⁸ (866), 933⁴⁵⁹ (862), 936⁶⁹⁹ (909), 936⁷⁰⁰ (909)
Matsui, M., **8**, 368⁴⁶⁵ (353)
Matsumora, Y., **3**, 863f⁵, 863f⁶, 863f⁷, 948¹⁶² (867)
Matsumori, K., **7**, 101¹¹¹ (16)
Matsumoto, H., **1**, 307⁴⁰² (290); **2**, 189¹⁴⁷ (34), 196⁴⁴⁴ (111), 360²⁵ (310), 360³¹ (310), 360³² (310), 395¹⁵ (366, 373, 376), 396⁶⁷ (376), 396⁷⁰ (377), 396⁷² (378), 622³⁷⁶ (570); **4**, 965¹⁶⁵ (959), 965¹⁸² (962), 965¹⁸³ (962), 965¹⁸⁴ (962); **6**, 1112¹⁴³ (1080); **7**, 142¹¹³ (133), 300¹³⁷ (291), 652³⁵¹ (583); **8**, 496²² (469), 771¹³⁷ (742, 743T, 744T, 748T), 771¹⁵⁹ (742, 743T, 748T, 749T), 937⁷⁵⁵ (920), 937⁷⁵⁶ (920), 1067¹⁸¹ (1042)
Matsumoto, K., **6**, 348³⁷⁴ (326); **7**, 657⁶³³ (637), 657⁶³⁵ (637), 657⁶³⁶ (637); **8**, 368⁴⁶⁴ (353)
Matsumoto, M., **2**, 196⁴⁵⁵ (113, 122); **6**, 140³⁸ (123T, 126), 140⁹³ (124T, 132), 241⁴¹ (240), 261⁶⁷ (248), 262⁷⁹ (249), 278⁴⁵ (266T, 274); **7**, 50f⁷; **8**, 291f⁹, 311f¹⁴
Matsumoto, S., **2**, 506²⁹ (403); **6**, 345¹⁵² (297, 305); **8**, 549¹⁶ᶜ (502)
Matsumoto, T., **8**, 99²⁷⁰ (76, 77)
Matsumoto, Y., **1**, 247³⁴⁴ᵃ (196); **7**, 725³¹ (668)
Matsumura, A., **1**, 250⁵³⁰ᵃ (224, 225, 226, 229); **8**, 769¹³ (723T, 732, 734, 737)
Matsumura, F., **2**, 969¹¹ (864)
Matsumura, K., **2**, 196⁴²³ (105), 396⁷⁷ (378, 379), 396⁸² (379, 380); **8**, 368⁴⁷⁶ (354)
Matsumura, Y., **2**, 706¹²⁰ (697), 707¹⁵⁷ (701); **4**, 324³⁷⁴ (287); **5**, 34f¹⁰, 273⁶⁰⁰ (199); **6**, 262¹¹⁶ (253), 346²²³ (312T, 312), 442¹⁰² (399); **8**, 928⁹⁷ (803)
Matsunaga, F., **8**, 606⁷⁷ (559, 569, 601T), 610³³¹ (601T)
Matsuo, A., **3**, 546⁵⁰ (496)
Matsuo, M., **2**, 978⁵²⁴ (966)
Matsuoka, Y., **8**, 769¹³ (723T, 732, 734, 737), 770⁵⁵ (727T, 732, 733)
Matsushima, Y., **8**, 17⁴¹ (15)
Matsuura, K., **8**, 646²⁷⁵ (618)
Matsuura, T., **5**, 270³⁸⁷ (124)
Matsuura, Y., **5**, 275⁷⁷⁶ (254)
Matsuyama, M., **2**, 300²²⁷ (257)
Matsuzaki, K., **2**, 202⁷¹⁴ (174); **3**, 327⁵⁸ (297); **8**, 444f²
Matsuzawa, T., **2**, 192³¹¹ (79)
Matt, D., **6**, 843f¹⁹⁵, 850f³¹, 875¹⁴⁰ (785)
Mattausch, Hj., **3**, 266¹⁹¹ (206)
Matteazzi, J., **1**, 244¹⁹⁰ (176)
Matteoli, U., **4**, 873f¹⁴, 894f⁶, 963²⁶ (935), 963²⁷ (935), 963⁴² (937), 963⁴³ᵃ (937), 963⁴⁴ (938), 964¹²⁶ (951), 965¹³¹ (951); **8**, 364²⁷⁵ (328), 497⁵⁸ (478), 497⁶⁰ (478)
Matternas, L. U., **2**, 619¹⁶¹ (544)
Mattes, R., **4**, 237²⁰² (187); **6**, 34³³ (18), 142²¹⁰ (128)
Matteson, D. S., **1**, 265f², 273f¹⁷, 285f¹⁰, 285f¹², 285f¹³, 285f¹⁴, 285f¹⁵, 285f²⁷, 286f⁸, 302³² (259), 304¹⁹⁵ (271), 306²⁷¹ (282, 287), 306²⁹⁸ (284), 306²⁹⁹ (284), 306³¹² (284), 306³¹⁵ (284), 306³¹⁷ (284), 306³¹⁸ (284), 306³¹⁹ (284), 308⁴³² (292), 373⁵ᵉ (313, 314, 315, 316, 318, 322, 326, 329, 333, 334, 335, 337, 338, 341, 342), 373⁴¹ (313), 373⁴² (313), 373⁴⁸ (313), 373⁴⁹ (313), 375¹⁸² (336), 379⁴⁰⁹ (364), 379⁴¹⁰ (364), 379⁴¹¹ (364), 379⁴¹² (364), 379⁴¹³ (364), 379⁴¹⁴ (364), 379⁴¹⁵ (364), 379⁴¹⁶ (364), 379⁴¹⁷ (364), 379⁴¹⁸ (364), 452⁹ (412, 436, 437), 454¹²⁵ (431), 540¹⁷⁷ (517); **2**, 618¹⁰⁶ (538), 970⁵⁹ (870); **4**, 158⁶³⁹ (146); **5**, 20f⁵; **6**, 224²³ (220, 214T, 215T); **7**, 142⁹⁸ (130), 263²³ (258), 299⁵² (276), 299⁷⁸ᵇ (279), 301¹⁶⁸ (296), 301¹⁶⁹ (297), 301¹⁷⁰ (297), 301¹⁷³ᵃ (297), 301¹⁷³ᵇ (297), 301¹⁷³ᶜ (297), 322¹⁸ (307), 322⁶⁴ᵃ (319), 322⁷¹ᵃ (321), 322⁷¹ᵇ (321), 322⁷¹ᶜ (321), 322⁷² (321), 322⁷⁴ (321), 335¹⁵ (325), 336³⁹ᵇ (329), 347⁴⁷ᵃ (345)
Matthews, C. N., **3**, 833f²⁰, 833f²², 833f⁶⁸, 833f⁶⁹, 1075⁴³⁵ (1037)
Matthews, J. A., **2**, 818⁴⁰ (772)
Matthews, J. D., **2**, 621³²² (562); **3**, 427⁵⁴ (348), 628¹⁵ (562, 565, 566)
Matthews, J. S., **8**, 937⁷⁷⁵ (921)
Matthews, R. O., **8**, 936⁶⁶⁹ (904)
Matthews, R. W., **1**, 732f¹, 732f², 732f³, 732f⁵, 732f⁸, 732f¹⁶, 753⁴⁸ (734), 753⁴⁹ (734), 753⁵⁵

(735), 753[64] (735), 753[67] (735), 753[70] (735), 754[103] (743), 754[104] (744), 754[104a] (744); **2**, 194[383] (96); **5**, 341f[4], 526[394] (340)
Matthys, P., **4**, 886[126] (869), 963[47] (938); **8**, 100[334] (93)
Mattia, J., **3**, 419f[27], 431[309] (420)
Mattmann, G., **8**, 770[73] (729), 1065[92] (1026)
Mattogno, G., **6**, 98[288] (55T, 60T, 80)
Mattraw, H. C., **3**, 788f[13]
Mattschei, P. K., **1**, 375[128] (325), 375[182] (336), 452[28] (418, 444), 454[89] (427), 454[122] (431), 454[125] (431)
Matveev, K. I., **6**, 736[5] (474, 592), 737[65] (487), 738[116] (494), 738[117] (494), 738[119] (494), 738[120] (494); **8**, 339f[37], 365[329] (338)
Matveeva, I. A., **8**, 708[207] (701)
Matvienko, L. G., **5**, 622[79] (553), 622[82] (557, 612, 620)
Matwiyoff, N. A., **2**, 677[188] (652), 677[214] (654); **3**, 700[378] (674, 675)
Mauermann, H., **1**, 247[347] (197); **4**, 818[589] (790)
Mauldin, C., **5**, 628[494] (617)
Mauldin, C. H., **4**, 328[664] (314, 315), 963[58] (940, 941); **7**, 225[117] (208); **8**, 17[25] (12), 100[329] (93, 94), 100[330] (93, 94), 222[125] (157, 157T, 158), 364[252] (324)
Mauldin, C. J., **8**, 364[247] (324)
Maung, M. T., **2**, 975[360] (935)
Mauny, M., **7**, 44f[1]
Mauret, P., **5**, 268[295] (80), 268[296] (80); **6**, 187[7] (183T, 184), 187[10] (183T, 184); **8**, 668[5] (658T), 669[38] (653, 658T)
Mauro, A. E., **4**, 327[588] (307), 327[592] (307)
Mäusbacher, R., **4**, 460f[10]
Mauzé, B., **1**, 119[260c] (97), 119[260d] (97), 243[133] (170); **2**, 847f[3]; **7**, 91f[3], 100[51] (7), 100[51] (7), 101[82] (12), 101[84] (12), 101[91] (13), 101[96] (13), 101[96] (13), 101[97] (13)
Mavani, I. P., **4**, 235[121] (174, 175, 189T), 236[138] (178)
Maverick, A. W., **5**, 526[425] (344), 526[427] (344, 346)
Mavity, J. M., **1**, 584f[2], 671[40] (561, 589, 626, 630, 631, 632)
Mavlonov, M., **4**, 323[321] (280)
Mavrodieva, L. B., **4**, 602f[3]
Mawby, A., **3**, 1092f[1], 1248[140] (1186); **4**, 154[334] (85), 155[436] (118)
Mawby, A. H., **3**, 851f[15]
Mawby, R. J., **3**, 833f[54], 1156f[10], 1246[29] (1157), 1248[137] (1185), 1248[142] (1186); **4**, 155[386] (100), 155[435] (118, 119), 155[436] (118), 156[441] (120), 156[442] (120), 657f[4], 810[38] (697, 742), 810[39] (697), 813[226] (726, 727, 729), 813[239] (729), 814[277] (742); **5**, 29f[7], 524[296] (315), 623[142] (563), 623[143] (563, 613), 627[391] (599); **6**, 745[605] (560), 745[608] (560), 745[609] (560); **8**, 220[9] (106), 1066[121] (1032)
Maxa, E., **7**, 512[145] (496), 512[147] (496)
Maxfield, P. L., **4**, 401f[19], 611[427] (593)
Maxim, I., **3**, 379f[15]
Maxova, E., **3**, 700[368] (674); **6**, 228[246] (190)
Maxwell, J. C., **4**, 325[436] (293)
Maxwell, W. M., **1**, 409[49] (391), 454[118] (431, 434), 454[118] (431, 434), 454[118] (431, 434), 455[155] (435), 456[188] (440), 538[34] (468, 495, 533), 538[40] (470, 495, 497, 533), 538[49] (473, 478, 481, 532, 535), 538[60] (465, 474, 485, 526, 531, 532, 534), 538[77f] (481, 485, 505, 509, 526, 531, 537), 539[116] (494, 495), 539[117] (494, 495), 539[119] (495, 500, 505), 540[136] (500, 536), 552[29] (546), 553[62] (550), 553[63] (550); **6**, 225[104] (220, 221, 215T), 844f[225], 844f[226], 844f[227], 844f[228]
May, C. E., **1**, 378[346] (359)
May, C. J., **6**, 278[38] (273), 349[416] (332), 445[262] (421), 445[288] (423), 454[25] (450), 468[25] (458), 468[25] (458), 469[47] (463)
May, J. C., **2**, 563f[4], 617[36] (526)
May, S., **5**, 296f[2], 353f[7], 522[136] (296, 348, 499)
Mayanza, A., **5**, 529[642] (384, 385), 529[646] (384)
Maybury, P. C., **8**, 365[291] (329), 641[47] (632), 641[47] (632)

Mayer, B., **2**, 193[343] (88)
Mayer, C., **5**, 558f[5]
Mayer, J. M., **7**, 511[57] (480)
Mayer, K. K., **5**, 271[484] (160), 532[810] (416)
Mayer, N., **1**, 250[531] (224); **7**, 107[432] (58)
Mayerle, J. J., **6**, 944[178] (912, 913T)
Mayer-Shochet, N., **2**, 623[448] (578, 583)
Mayes, N., **1**, 455[149] (434), 552[4] (543)
Mayfield, C. I., **2**, 1018[187] (1001, 1003, 1010)
Mayle, C., **4**, 373[9] (333)
Maynard, R. B., **1**, 538[43c] (471, 481, 526, 534), 539[80] (481, 526, 531, 534), 539[122] (496, 533), 542[255] (535), 542[256] (535); **3**, 270[406] (255), 270[407] (256); **6**, 844f[229]
Mayne, N., **4**, 97f[2], 97f[6], 240[410] (211, 212T, 213), 240[411] (211, 212T, 213), 240[416] (211, 212T, 213, 218, 219T), 612[472] (597); **5**, 532[848] (420, 421)
Mayo, F. R., **6**, 241[32] (238), 361[4] (351, 352, 357); **8**, 927[39] (801)
Mayofis, I. M., **2**, 363[184] (351)
Mayorova, L. P., **6**, 263[144] (255)
Mayr, A., **3**, 886f[10]; **4**, 106f[54], 606[79] (525), 606[80] (525), 606[81] (525), 606[83] (524f, 526, 593); **5**, 628[510] (620); **6**, 263[148] (255), 343[49] (285, 314), 738[134] (497), 842f[167], 844f[224], 877[231] (819)
Mayr, A. J., **4**, 609[289] (577, 596)
Mayr, W., **3**, 792f[6], 1083f[6], 1260f[6]
Mayring, L., **3**, 699[310] (672, 674); **6**, 224[71] (192, 193, 193T)
Mays, M. J., **1**, 723[279] (719); **2**, 821[191] (811); **3**, 1187f[10], 1188f[24], 1188f[37], 1337f[8], 1337f[10], 1337f[12], 1337f[24], 1380[81] (1336), 1380[81] (1336); **4**, 153[285] (71), 156[73] (524, 524f, 526), 238[299] (203), 247[12], 247f[13], 321[162] (261), 325[456] (295), 327[591] (307), 329[677] (316), 524f[13], 649[105] (645), 649[108] (645), 649[109] (645), 689[47] (667), 813[208] (723, 724), 886[140] (871), 907[59] (902), 907[60] (902), 928[3] (924), 928[7] (924), 928[25] (926), 1059[109] (983), 1062[309] (1035), 1063[344] (1044), 1063[345] (1044), 1063[365] (1050), 1063[366] (1050), 1063[377] (1051), 1063[378] (1051), 1063[379] (1052), 1064[402] (1056); **5**, 268[249] (65, 219), 272[529] (177), 272[530] (177, 180, 189), 273[629] (211), 274[677] (231, 232), 275[767] (252), 341f[4], 444f[5], 525[381] (317, 354), 526[394] (340), 533[885] (428, 440), 556f[3], 558f[12], 559f[5], 560f[4], 570f[1], 624[205] (569), 626[354] (594), 628[485] (615); **6**, 736[43] (482), 737[68] (488), 738[157] (499, 502), 744[534] (545, 546T, 558), 868f[21], 869f[37], 869f[42], 869f[57], 870f[75], 870f[89], 870f[90], 870f[91], 870f[95], 870f[96], 871f[116], 874[69] (771), 874[72] (772), 874[73] (772, 773), 874[80] (774), 875[152] (788), 876[196] (800), 876[206] (810, 811), 877[238] (822), 980[52] (962, 964, 965, 966, 967, 970T, 971T), 980[53] (962, 965, 966, 970T), 980[54] (964, 969T, 973, 974, 975, 977T), 980[55] (964, 965, 967, 969T, 970T), 980[57] (964, 965, 969T), 980[81] (974, 978T), 1018f[13], 1018f[14], 1018f[23], 1018f[24], 1018f[28], 1018f[35], 1019f[46], 1027f[8], 1028f[12], 1028f[17], 1028f[29], 1031f[4], 1031f[8], 1031f[12], 1031f[19], 1033f[1], 1033f[2], 1035f[11], 1035f[12], 1036f[11], 1039[25] (992), 1039[29] (993, 995, 996, 997, 998, 999, 1000, 1001, 1002, 1004, 1005, 1008), 1040[60] (996, 998), 1040[91] (1003), 1040[104] (1005, 1007), 1040[108] (1007); **8**, 292f[12], 362[108] (294), 1064[2] (1015, 1016, 1021, 1031, 1032, 1040, 1041, 1048, 1059), 1064[10] (1016)
Mayser, U., **4**, 607[126] (539f, 540, 584, 585); **6**, 99[400] (87, 91T), 227[192] (192, 193T, 199, 201T); **8**, 1068[213b] (1047)
Mayweg, V., **6**, 14[91] (9), 36[172] (32)
Mazaki, T., **8**, 444f[2]
Mazalov, L. N., **6**, 226[149] (214T)
Mazan, J., **5**, 627[411] (601)
Mazdiyasni, K. S., **2**, 396[95] (384), 510[283] (437)
Mazerolles, P., **1**, 246[330] (195); **2**, 191[226] (53), 202[706] (172), 297[77] (228), 297[94] (231), 298[100] (233), 298[101] (233), 299[157] (243), 299[166] (245, 247T, 249), 299[167] (245), 299[170] (246, 247T), 299[183] (248), 300[234] (259T, 260), 300[259] (265T), 301[285] (269), 301[288]

(270), 302³⁵⁴ (286, 287), 302³⁵⁵ (286, 287), 302³⁶⁸ (291), 302³⁸³ (293), 434f¹, 501f⁴, 501f⁶, 502f⁷, 503f¹, 503f³, 504f², 506⁹ (402–405, 407–412, 415–427, 430–433, 435–438, 440–453, 455, 457, 458, 460–466, 468–471, 475–477, 502, 504, 505), 507⁷⁶ (406), 507⁷⁷ (407), 507⁷⁸ (407), 507⁷⁹ (406, 407, 422, 456), 507⁸⁷ (408), 508¹³¹ (411), 508¹⁴⁷ (414), 508¹⁴⁹ (415), 508¹⁶³ (418), 509¹⁸⁹ (422), 509¹⁹⁰ (422), 510²⁴⁴ (432), 511²⁹¹ (438), 511²⁹⁴ (438), 511³³⁵ (442, 446), 513⁴³⁹ (456), 514⁴⁸⁸ (464, 467), 516⁶¹³ (482); **7**, 654⁴⁵³ (599)
Mazid, M. A., **5**, 625³⁰⁵ (588); **6**, 263¹⁷⁵ (258), 349⁴¹³ (332), 742³⁶² (523)
Mazieres, C., **6**, 224⁴² (190)
Mazo, G. J., **6**, 278⁵⁹ (266T, 276)
Mazur, S., **8**, 608¹⁴⁸ (573)
Mazur, Y., **7**, 158²⁵ (144), 224⁵¹ (201), 224⁵² (201), 224⁹⁴ (205, 208), 252¹⁹ (231), 252⁶⁶ (238)
Mazurek, M., **1**, 303¹²² (98)
Mazurek, M. A., **7**, 658⁶⁶¹ (642)
Mazurek, V. V., **3**, 473⁵¹ (445), 473⁵² (445); **7**, 9f⁴
Mazza, M. C., **6**, 263¹⁸⁴ (260), 278⁴² (266T, 273, 274), 383⁶³ (370), 383⁶⁴ (370), 751¹⁰⁰⁹ (622)
Mazzanti, G., **1**, 153²⁵⁴ (148), 674²⁵⁹ (607, 624); **3**, 303f², 328¹⁵⁷ (321), 545¹⁹ (489, 492), 546³⁷ (492), 546³⁸ (492), 546⁴⁸ (496); **6**, 980²³ (953), 980²³ (953); **7**, 455⁴³ (381), 463⁵²⁷ (449); **8**, 549² (500, 502, 503)
Mazzei, A., **3**, 266¹⁵² (197, 210, 262), 268³¹⁷ (230), 269³⁵⁸ (239), 269³⁵⁹ (239, 262), 269³⁶¹ (239, 240), 269³⁷⁰ (242), 270⁴²⁴ (262); **8**, 366³⁶⁹ (342)
Mazzi, U., **4**, 173f⁶, 180f⁶, 180f⁸, 235¹³² (176), 236¹⁶⁶ (179), 236¹⁷¹ (181), 236¹⁷² (181), 816⁴⁴¹ (764); **5**, 21f⁴, 265⁸⁹ (20)
Mazzocchin, G. A., **4**, 180f⁸, 236¹⁷² (181), 816⁴³⁰ (762), 816⁴³¹ (762); **6**, 746⁶⁶⁰ (566)
Mazzu, A., **7**, 103¹⁹⁷ (27)
M'Baye, N., **3**, 473²⁵ (437, 438)
Meade, C. F., **8**, 1067¹⁶⁴ (1041)
Meadow, M., **7**, 726¹¹⁸ (690)
Meadows, J. H., **3**, 266¹⁸⁰ (202, 205)
Meads, R. E., **4**, 511⁴³³ (485, 488, 491); **7**, 108⁴⁴¹ (60)
Meakin, P., **3**, 121f¹, 168⁴⁶ (113), 170¹³⁶ (153), 709f⁴, 731f¹, 737f⁸, 750f⁷, 771f¹³, 779⁵² (709), 780¹¹² (738), 780¹⁴² (750, 751); **4**, 150⁷⁷ (22), 319²² (246), 325⁴⁶⁰ (295, 313), 400f¹¹, 506¹⁴⁵ (419), 657f²⁰, 689⁵⁷ (668), 812¹⁷⁷ (718), 812¹⁸⁸ (718), 1058⁷⁹ (978); **5**, 355f³, 527⁴⁶³ (354), 533⁸⁷⁹ (428), 622⁵⁸ (550); **6**, 94⁶¹ (40, 43T), 95¹³⁰ (39, 40, 43T), 95¹³² (40, 43T), 95¹⁴⁶ (40, 43T), 241¹⁵ (235), 241¹⁵ (235), 241¹⁶ (235), 262⁹⁹ (251); **8**, 368⁵⁰⁵ (357, 358)
Mealli, C., **3**, 85³²⁰ (44); **5**, 33f²²; **6**, 34⁶⁷ (22T, 24, 31), 94¹⁰¹, 97²⁶⁹ (62T, 64, 78), 97²⁶⁹ (62T, 64, 78), 182¹⁹² (178)
Meals, R. N., **1**, 252⁶²¹ (237, 238, 239); **2**, 196⁴⁵² (113)
Méchin, B., **1**, 242¹⁰¹ (165), 243¹⁵²ᵃ (173)
Mechin, R., **7**, 8f⁵
Medema, D., **6**, 343²⁷ (282, 284), 362⁶³ (359), 445³⁰⁷ (426, 429, 436, 439), 445³⁰⁸ (426, 429, 430, 436, 439); **8**, 397f¹³, 456¹⁷⁰ (397), 456¹⁷¹ (397), 456¹⁷² (397), 456¹⁷⁴ (397), 928¹⁰⁹ (804, 844), 928¹¹⁰ (804, 813, 834, 846), 931³¹¹ (844), 931³²⁴ (846)
Medford, G., **1**, 537²⁴ᶜ (462); **6**, 944¹⁸⁹ (915)
Medici, A., **2**, 912f¹²; **7**, 100⁶⁹ (10, 11), 100⁷³ (10, 11)
Medinger, T., **3**, 557⁶⁴ (556), 557⁶⁵ (556), 632²⁵⁸ (620), 632²⁵⁹ (620), 697¹⁷² (662), 951³⁴⁵ (929)
Medlik, A., **1**, 116⁷¹ (56), 116⁷¹ (56), 116⁷⁸ (57)
Medlik-Balan, A., **1**, 120²⁹² (106)
Medrud, R. C., **6**, 754¹²⁰⁰ (641, 649T)
Medsford, S., **8**, 282¹⁵⁶ (273)
Medvedev, A. V., **2**, 974²⁵⁶ (917)
Medvedev, S. S., **1**, 252⁶²⁸ (238); **3**, 435f⁴
Medvedeva, A. S., **6**, 97²⁵⁶ (55T, 60T, 64, 71, 73); **8**, 669⁵² (657T), 669⁵³ (657T), 670¹²² (657T)

Medvedeva, A. V., **3**, 632²⁴⁷ (617), 786f⁶, 1072²⁷⁵ (1014); **4**, 233³ (162)
Medwid, A. R., **2**, 683f², 705⁷¹ (690)
Meek, D. W., **2**, 194³⁶¹ (93), 198⁵⁴⁰ (129); **3**, 841f⁶, 1146¹⁹ (1093); **4**, 1059¹⁴³ (990); **5**, 33f¹⁴, 266¹⁴⁸ (31), 266¹⁵⁰ (31), 313f³, 355f⁶, 355f⁷, 404f¹⁵, 404f¹⁶, 522¹⁴⁹ (297, 329), 524²⁸¹ (313, 381), 527⁴⁶⁵ (354), 527⁴⁶⁶ (354), 529⁶³² (381), 533⁹⁰³ (430); **6**, 741³⁴⁴ (522), 743⁴³⁹ (532T, 540); **8**, 304f¹⁴, 339f¹⁷
Meeks, B. S., **2**, 978⁴⁹⁵ (962); **5**, 269³³⁵ (96, 98, 108, 112)
Meer, W., **3**, 703⁵⁴⁴ (690)
Meerwein, H., **1**, 306³²⁶ (287), 647f¹, 679⁵⁶⁰ (645)
Meester, M. A. M., **5**, 438f¹, 532⁸⁴² (419), 626³³⁸ (591); **6**, 755¹²³¹ (653, 655), 755¹²³⁴ (653), 755¹²³⁵ (653, 654, 657), 755¹²⁶⁷ (654)
Mehandru, S. P., **1**, 149¹⁴ (122)
Mehers, A. J., **7**, 98f¹⁶
Mehler, K., **1**, 243¹¹⁹ (168), 243¹²² (168, 191), 247³⁵⁰ (197), 249⁵⁰¹ (219); **3**, 327⁵⁰ (295), 633²⁸⁷ (624, 625, 626); **6**, 181⁹¹ (159T, 174, 176T); **7**, 99¹⁸ (3), 100⁴⁹ (6); **8**, 707¹⁴⁶ (690, 691, 699), 707¹⁶⁹ (699)
Mehler, M., **3**, 279³⁰ (273)
Mehne, L. F., **4**, 325⁴²⁶ (292)
Mehner, H., **2**, 621²⁹⁰ (557)
Mehra, H. C., **3**, 781¹⁹⁵ (770)
Mehra, M., **7**, 461³⁹¹ (427)
Mehrotra, I., **7**, 224⁹⁰ (205, 213, 214), 226¹⁹⁶ (217), 226¹⁹⁷ (217), 226²⁰⁰ (218), 226²⁰³ (218), 363¹⁹ (355)
Mehrotra, P. K., **2**, 762¹²⁰ᵉ (737)
Mehrotra, R. C., **2**, 509¹⁹⁴ (422, 437), 510²⁵⁹ (437, 438, 440, 441, 442, 443), 510²⁶⁰ (422), 510²⁶⁷ (435, 441), 511³²² (440), 511³²³ (440), 512³⁴¹ (443), 572f¹, 621³⁰² (559, 561), 622⁴⁰³ (572), 623⁴³⁸ (577), 623⁴⁴⁴ (578); **3**, 428⁸³ (356), 557¹⁶ (550), 778¹⁷ (706)
Mehrotra, S. K., **1**, 380⁴⁶⁰ (369); **2**, 510²⁶⁷ (435, 441), 512³⁴¹ (443), 572f¹, 622⁴⁰³ (572), 623⁴³⁸ (577)
Mehta, A. K., **3**, 851f²⁰, 863f¹⁵; **4**, 810¹¹ (693)
Mehta, R. S., **6**, 12⁶ (4)
Mehta, S., **8**, 95⁴⁵ (30, 34)
Meier, E., **4**, 463f⁶
Meier, F., **8**, 435f¹⁴ᵃ, 435f¹⁴ᵇ, 460⁴¹⁸ (434), 460⁴¹⁹ (434)
Meier, H., **3**, 1253³⁸⁹ (1239); **7**, 729²⁶⁵ (722); **8**, 668⁶ (652, 658T, 659T), 668¹¹ (652, 658T)
Meier, J., **7**, 727¹³⁹ (695)
Meier, J. D., **8**, 1009¹⁴⁸ (979)
Meier, K., **5**, 269³⁵² (106)
Meier, M., **6**, 261²³ (245), 261⁷³ (249), 262⁸⁵ (249)
Meier, U., **6**, 96¹⁹⁹ (53T); **8**, 382f²⁸, 388f¹, 389f¹⁰, 455⁷¹ (383, 387, 389), 643¹²⁹ (616, 617, 621T, 622T)
Meier, W.-P., **3**, 840f¹⁵, 851f⁶⁰, 879f¹³, 881f⁵, 949²¹⁷ (881), 949²¹⁷ (881)
Meier zu Kocker, H., **4**, 907¹³ (891)
Meij, R., **3**, 947⁶⁶ (822), 1317²⁶ (1272), 1317²⁷ (1272), 1317²⁸ (1272), 1318⁷³ (1283); **4**, 323²⁹⁷ (277, 303, 304), 327⁵⁴⁷ (303, 304); **5**, 625²⁹⁶ (586); **6**, 142¹⁶⁰ (124T, 128)
Meijer, J., **1**, 242¹¹⁰ (166); **2**, 762¹⁴⁸ (750), 763¹⁶¹ (752), 763¹⁶³ (752); **7**, 42f⁶, 66f⁶, 648¹³² (545), 654⁴⁴² (598), 728¹⁹¹ (707), 729²³⁸ (716), 729²⁴⁶ (718), 729²⁴⁸ (718), 729²⁵³ (719)
Meilakh, E., **6**, 278²³ (270), 343¹² (280)
Meilakh, E. A., **6**, 760¹⁵⁷⁹ (704)
Meinders, H. C., **8**, 607¹⁰⁴ (563, 599T), 607¹⁰⁵ (563, 599T, 600T), 610³¹⁹ (600T)
Meineke, E. W., **3**, 1297f⁶; **4**, 157⁵⁴⁰ (130), 157⁵⁴⁴ (130), 242⁴⁹⁸ (223, 224T, 227)
Meinema, H. A., **2**, 617⁷³ (531), 620²²³ (548), 706¹¹⁷ (697), 706¹²⁹ (698), 706¹³¹ (698), 706¹³¹ (698), 707¹⁴⁸ (700), 1019²⁶⁰ (1008)
Meiners, J. H., **3**, 851f⁴⁶; **6**, 35¹²¹ (22T)
Meissner, I., **2**, 679³¹⁷ (664)
Meissner, J., **8**, 385f¹², 455⁹² (384)

Meissner, M., 2, 200⁶²⁵ (153); 6, 36₀02 (19T, 20T, 30)
Meister, B., 8, 429f¹ᵇ, 497⁹⁰ (486)
Meister, H., 8, 670⁹¹ (650)
Meister, W., 1, 378³⁵⁷ (360)
Meisters, A., 1, 672¹⁰⁵ (577), 680⁶¹³ (649); 6, 94⁸⁹ (54T, 61T, 72), 180⁵⁶ (172, 173T); 7, 458²³⁵ (406), 459²⁴⁶ (408), 459²⁴⁷ (408), 459²⁹³ (413, 441), 460³²⁰ᵃ (416), 460³²⁰ᵇ (416), 460³²¹ (417), 460³³⁸ (418), 460³³⁹ (418), 461⁴¹⁸ (432), 462⁴⁵⁹ (438); 8, 772¹⁸² (746, 764T, 765T), 772¹⁸³ (746, 766T), 772¹⁸⁴ (746, 766T), 772¹⁸⁵ (746, 764T), 772¹⁸⁶ (746), 772¹⁹¹ (769), 772²²⁵ (769)
Meixmer, W., 1, 53f⁶
Mekhtiev, S. I., 8, 641¹⁵ (622T)
Melamed, M., 1, 285f¹¹
Melamud, N. L., 8, 644²⁰³ (632)
Melby, E. G., 7, 457¹⁸¹ (398), 457¹⁸² (398), 458¹⁹³ (399)
Melcher, L. A., 1, 273f¹⁶
Melchiori, P., 2, 1019²⁷⁴ (1010)
Melenevskaya, E. Yu., 1, 117¹²³ᵇ (69); 7, 8f
Melent'eva, T. G., 7, 104²⁵⁹ (33)
Mel'gunova, L. F., 6, 738¹¹⁹ (494)
Meli, A., 5, 194f²¹, 273⁶⁰² (199), 274⁶⁷² (228); 6, 182¹⁸⁵ (178)
Melikyan, R. H., 4, 965¹⁶⁶ (960)
Melillo, D. G., 1, 241¹⁴ (157); 7, 252³⁵ (233)
Melis, S., 1, 250⁵⁶⁵ (229); 7, 106³⁵⁷ (48)
Melkonyan, L. N., 6, 262¹²² (253, 254), 349⁴⁵⁹ (341)
Mellanby, K. A., 2, 1020³⁰⁹ (1014)
Meller, A., 1, 373²⁷ (313), 373³³ (313), 379³⁸⁹ (363), 379³⁹⁰ (363), 380⁴⁴⁷ (368), 553⁷¹ (551); 2, 199⁵⁶⁸ (137), 677¹⁹⁴ (652); 3, 398f⁹; 7, 461⁴³¹ᵃ (433)
Mellet, R., 1, 150⁷⁸ (123)
Mellini, M., 3, 326²⁵ (288); 8, 367⁴²⁷ (349)
Mellon, E. K., 1, 272f¹¹, 373³² (313)
Melloni, G., 6, 468²² (458)
Mellor, D. P., 6, 754¹¹⁶¹ (641, 642T)
Mellor, M. T. J., 2, 627⁷¹¹ (615), 627⁷¹² (615)
Melmed, K. M., 1, 539¹⁰⁸ (491); 3, 84²⁶⁵ (37), 328¹⁵⁴ (320); 6, 942⁵⁸ (902T), 943¹⁶⁴ (913T), 944¹⁷⁸ (912, 913T), 944²⁰⁰ (918T, 919)
Melnikoff, A., 6, 36¹⁸¹ (29)
Mel'nikov, V. N., 7, 456⁸² (385)
Mel'nikova, N. E., 7, 458²³² (405)
Mel'nikova, T. Ya., 2, 973²³⁴ (902)
Melpolder, J. B., 8, 933⁴⁷¹ (868, 870)
Melstrom, D. S., 1, 60f¹⁰
Melstrom, S. S., 7, 110⁵⁷² (85)
Meltzow, W., 7, 459²⁷¹ (412)
Melville, D. P., 4, 1058⁸⁹ (979, 982), 1059¹⁰⁰ (981), 1059¹³⁵ (989); 8, 362⁹¹ (290)
Melvin, H. W., 2, 196⁴⁵³ (113)
Melvin, L. S., 3, 557⁵⁰ (555); 7, 95f¹³, 728²⁰¹ (708)
Memering, M. M., 3, 798f²¹ᵇ, 833f²⁹, 863f³⁵
Memiroff, M. A., 3, 1100f⁷, 1115f⁵
Memon, M. A., 5, 621³² (548)
Menachem, Y., 3, 1170f⁷
Menapace, H. R., 3, 1380⁴¹ (1330); 8, 378f⁹, 454³⁵ (378), 550⁷⁰ (517), 646²⁷² (618), 647³¹⁴ (632)
Menapace, L. W., 2, 624⁵⁰⁰ (585, 590, 591)
Menchi, G., 4, 963⁴² (937), 963⁴³ᵃ (937), 963⁴⁴ (938), 964¹²⁶ (951), 965¹³¹ (951); 8, 364²⁷⁵ (328)
Menczel, G., 2, 6f¹⁵, 201⁶⁶⁵ (162)
Mende, U., 8, 935⁶¹³ (896), 935⁶¹⁵ (896)
Mendel, A., 1, 241¹⁷ (157)
Mendeleev, D. I., 2, 506² (402)
Mendelsohn, I., 2, 623⁴⁶⁰ (581)
Mendelsohn, J., 2, 617⁵⁸ (529)
Mendelsohn, J. C., 2, 516⁶³³ (483)
Mendicino, F. D., 8, 644¹⁷⁴ (632), 934⁵²³ (880)
Mendoza, A., 1, 379⁴¹⁷ (364); 7, 301¹⁷⁰ (297)
Mendoza, A. R., 7, 511⁶⁷ (482)
Menegus, F., 1, 40⁶⁷ (15, 16, 18), 689f¹², 720¹⁶ (686)

Mengoli, G., 2, 619¹⁹⁴ (547), 619¹⁹⁹ (547), 619²⁰⁰ (547), 675⁶³ (637), 675⁶⁴ (637), 675⁶⁴ (637)
Menicagli, R., 1, 153²⁵⁶ (148), 672⁹² (572); 7, 460³⁶⁹ (422), 460³⁷⁰ (423), 460³⁷¹ᵃ (423), 460³⁷¹ᵇ (423); 8, 641³⁹ (627T), 643¹⁴⁵ (626, 627T)
Menig, H., 1, 247³⁵⁵ (198); 3, 1068⁶⁰ (972); 5, 626³⁶¹ (596, 601)
Mennenga, H., 2, 893f³; 3, 696¹³³ (658), 942f¹², 951³⁵² (936), 1131f¹⁰, 1131f¹¹
Menon, B. C., 1, 116⁶⁷ (55), 118²¹⁵ (89, 90T), 118²¹⁶ (89)
Mensch, S., 6, 468²³ (458)
Mentasti, E., 5, 266¹⁴¹ (30)
Mente, D. C., 2, 706⁸⁷ (692)
Mente, P. G., 4, 609²⁸⁸ (577)
Mentele, J. W., 2, 333f¹, 334f¹, 341f¹
Menteshashvili, M. M., 2, 300²²¹ (255T, 288)
Mentzen, B. F., 8, 339f²⁴, 362¹³⁵ (297, 328)
Mentzer, E., 5, 311f⁴, 523²²² (304T, 311), 536¹¹⁰⁶ (471T, 474T, 475T), 621⁵⁰ (550, 613), 622⁵¹ (550, 553, 580), 627³⁹⁹ (600); 6, 943¹⁴⁴ (909T, 910), 943¹⁴⁵ (909T, 910); 8, 304f²⁵, 363¹⁶⁹ (302)
Menyailo, A. T., 7, 455²⁵ (377)
Menzebach, B., 2, 626⁶⁵⁰ (607)
Menzel, D., 4, 689⁴⁵ (667)
Menzel, H., 2, 189¹³¹ (31), 191²⁵⁶ (62), 194³⁶⁰ (93); 5, 266¹⁷⁶ (37); 6, 34⁴³ (19T, 21T, 26); 7, 647⁷¹ (530), 647⁷⁹ (531, 533); 8, 606³⁰ (554)
Menzel, W., 1, 676³⁶¹ (624)
Menzie, G. K., 2, 361⁵⁴ (314)
Menzies, R. C., 1, 753⁶⁵ (735); 2, 678²⁹⁰ (661); 6, 747⁷⁵⁰ (585), 748⁷⁵⁶ (586), 748⁷⁵⁷ (586), 748⁷⁵⁸ (586)
Mérault, G., 2, 190¹⁹⁵ (44), 190¹⁹⁷ (44)
Merbach, P., 4, 12f²¹, 33f²¹, 152¹⁷⁰ (43, 102), 158⁶⁴¹ (147), 236¹⁵¹ (178, 215T), 602f¹⁷; 5, 33f¹⁰, 34f⁵, 266¹⁴⁵ (30); 6, 980⁷⁴ (968, 978T), 1110²⁶ (1046, 1080, 1084), 1113¹⁷³ (1087)
Mercati, G., 4, 811⁸² (701), 811⁸² (701), 1059¹⁰⁵ (981, 982, 984, 992, 1010), 1059¹³⁶ (989)
Mercer, E. E., 5, 621¹⁴ (544)
Mercer, G. D., 1, 455¹⁵⁹ (435, 440, 443), 455¹⁸⁴ (440), 456¹⁸⁵ (440), 456¹⁸⁶ (440), 538⁷⁷ᵉ (481, 483, 505, 512); 5, 621¹⁸ (547), 621³⁸ (548); 8, 99³¹⁷ (90, 91)
Mercer, M., 6, 453³ (447), 762¹⁶⁹⁷ (735); 8, 1100f³, 1106¹⁰⁶ (1100)
Mercer-Smith, J. A., 6, 758¹⁴⁵⁹ (677)
Mercier, F., 4, 612⁴⁵⁹ (596); 6, 226¹⁷⁴ (203T, 205T, 206), 227¹⁸⁹ (204T, 206), 228²⁵¹ (203T, 206), 228²⁶⁴ (203T, 206); 7, 104²⁴⁶ (32)
Mercier, R., 3, 736f⁸, 736f⁹, 745f¹², 745f¹³, 753f⁸, 753f⁹, 767f¹, 767f², 771f⁵, 772f¹, 780¹³⁵ (745, 757)
Merck, A., 3, 279²³ (272), 557⁷³ (556)
Merckling, N. G., 3, 780¹⁵⁵ (757)
Mereer, A., 3, 1266f⁹
Merényi, R., 3, 1086f⁹, 1247⁸⁷ (1175, 1196, 1240), 1263f⁹; 4, 435f⁵, 607¹³⁷ (539f, 541, 549, 583, 584), 607¹⁸¹ (549); 5, 194f⁹; 8, 1009¹⁵⁴ (980)
Merero, D., 3, 426¹⁶ (336, 377f)
Mergen, W. W., 7, 653⁴²⁶ (588), 658⁶⁷⁵ (642)
Merienne, C., 5, 269³⁷⁶ (115)
Merijan, A., 5, 240f⁷
Merilees, H., 2, 1018²⁰³ (1002)
Meriwether, L. S., 6, 35¹²⁹ (24), 35¹⁶³ (30); 8, 411f², 458²⁵⁵ (411), 670⁹⁹ (655)
Merk, W., 3, 87⁴⁶⁸ (67, 70); 4, 553f⁹; 8, 644¹⁶⁵ (629)
Merkel, W., 2, 978⁵⁰⁵ (963)
Merker, R. L., 1, 244²⁰⁴ (177)
Merkle, H. R., 7, 336³³ᵇ (328), 725³⁵ (669)
Merkley, J. H., 1, 243¹²¹ (168, 211), 247³⁸⁰ (200), 249⁴⁶⁰ (211); 7, 100³⁵ (4), 100³⁵ (4)
Merle, G., 5, 270³⁸⁸ (124)
Merlini, L., 8, 935⁵⁹⁰ (892)

Merlino, S., **3**, 86³⁸⁶ (52), 630¹⁴⁹ (581, 598, 600); **4**, 690⁹⁰ (673), 690⁹¹ (673), 690¹³⁵ (688), 1058⁶³ (976); **6**, 754¹¹⁸⁹ (647T)
Mermillod-Blardet, D., **2**, 503f²
Merola, J. S., **3**, 1071²⁴⁹ (1010, 1018), 1074³⁹⁸ (1033, 1047); **5**, 271⁵⁰¹ (167), 271⁵¹¹ (169, 170, 173), 272⁵¹⁵ (172), 272⁵¹⁸ (174), 274⁷¹³ (242); **8**, 1069²⁶² (1052, 1055), 1069²⁸⁵ (1057)
Mérour, J. Y., **3**, 1246⁴⁹ (1161), 1246⁵² (1161), 1380³¹ (1328); **4**, 155³⁷¹ (91, 117), 326⁴⁹⁰ (297), 505⁵⁹ (395); **8**, 1008⁶⁸ (956), 1008¹⁰³ (970)
Merriam, J. S., **1**, 374⁶⁷ (313, 354), 378³²⁵ (356), 378³²⁶ (356)
Merrill, R. E., **7**, 105³²³ (44), 108⁴⁷⁶ (65), 300¹³¹ᵇ (290), 336⁴⁰ (330, 333), 336⁴¹ (330), 336⁴² (331), 346²⁴ (340)
Mersecchi, R., **6**, 751⁹⁷⁶ (619)
Mertes, M. P., **8**, 932⁴³⁰ (857)
Mertino, S., **2**, 819⁹⁷ (783)
Mertis, K., **3**, 88⁵³⁰ (77), 731f⁵, 731f⁶, 1308f⁵, 1311f³, 1312f¹³; **4**, 241⁴⁴² (215T, 216), 241⁴⁴³ (215T, 216), 241⁴⁴⁴ (215T, 216, 217, 229), 241⁴⁴⁵ (215T, 216, 229), 241⁴⁴⁷ (215T, 216, 217), 241⁴⁴⁸ (215T, 216, 232T), 241⁴⁵² (215T, 216), 241⁴⁵⁵ (215T, 216, 217, 229), 241⁴⁵⁹ (216); **5**, 76f⁸, 268²⁹⁰ (78); **6**, 93³⁰ (85, 86, 91T), 93³¹ (85, 89, 91T, 92T), 94⁸⁸ (86), 140⁵² (104T, 113), 179²⁴ (175, 176T), 179²⁵ (175, 176T), 223² (203T, 206), 227²⁰⁴ (205)
Mertschenk, B., **3**, 114f⁵, 134f⁴, 703⁵⁶⁷ (692, 693), 703⁵⁸³ (693), 1067¹⁵ (960); **4**, 508²³⁶ (440), 815³⁶⁸ (756, 804); **5**, 258f⁴
Mertz, K., **1**, 40⁷⁰ (16, 18), 700f², 700f¹⁴, 704f¹, 704f², 704f³, 721⁹⁸ (698), 721¹⁴² (703), 721¹⁴³ (703), 721¹⁴⁴ (703), 723²⁷² (718)
Mertzweiller, J. K., **7**, 463⁵³⁸ (451); **8**, 647³⁰⁷ (632)
Merz, A., **2**, 200⁶⁰⁸ (146)
Merz, P. L., **2**, 301²⁹⁰ (271, 274)
Merzoni, S., **8**, 795⁴¹ (784), 795⁷⁵ (788), 795⁸⁵ (782), 795⁸⁵ (782)
Mesnard, D., **2**, 299¹⁶⁰ (244), 511²⁹³ (438, 439), 511³³⁴ (442), 861¹⁰² (846); **7**, 100⁵³ (7)
Mesood, M., **8**, 936⁶⁹⁴ (907)
Messeguer, A., **7**, 103¹⁸⁴ (25); **8**, 770¹¹¹ (735)
Messer, D., **4**, 158⁵⁷⁸ (135)
Messerle, L. W., **3**, 103f¹, 721f³, 721f⁴, 721f⁵, 721f⁶, 722f⁵, 723f², 725f², 725f⁵, 731f¹, 733f⁴, 733f⁵, 733f¹⁰, 734f⁵, 735f⁷, 752f⁶, 771f¹⁰, 779⁸⁵ (723), 779⁹⁰ (724), 780⁹⁶ (728, 752), 780¹⁰¹ (730, 737, 738)
Messing, A. W., **2**, 187⁶⁴ (14); **3**, 557⁵² (555)
Messmer, G. G., **6**, 744⁴⁹³ (539T)
Messmer, R. P., **2**, 821¹⁹³ (812); **3**, 85³⁵² (48); **6**, 241⁵ (234), 751⁹⁵³ (615, 691)
Mestroni, E., **5**, 35f¹⁹, 137f⁹, 274⁶⁶³ (225)
Mestroni, G., **5**, 33f²¹, 35f¹⁹, 137f⁹, 137f¹², 229f⁶, 229f¹³, 268³⁰⁹ (86, 92), 274⁶⁶³ (225), 274⁶⁷³ (228), 295f⁷, 295f⁸, 521¹¹⁴ (292, 383, 425, 426, 441, 474T), 521¹¹⁵ (292, 298, 473, 474T, 47), 521¹¹⁹ (292, 383, 471T, 475T), 533⁸⁶⁶ (425, 473), 536¹¹⁰³ (470, 471T, 472T, 475T), 537¹¹⁸⁷ (483, 489), 560f⁵, 626³³⁶ (591), 627⁴¹² (601), 627⁴¹⁴ (601); **8**, 291f²¹, 291f²², 312f⁵⁸, 364²³⁰ (322), 364²³⁹ (324), 364²⁴⁰ (324), 367⁴⁵⁹ (352)
Mesuda, Y., **7**, 226²⁰⁹ (219)
Meszorer, L., **7**, 457¹⁷³ (397), 457¹⁷⁴ (397)
Metcalf, B. W., **7**, 648¹³⁶ (546), 648¹⁴¹ (547)
Metcalfe, D. A., **7**, 651³⁰⁸ (576)
Metham, T. N., **2**, 303³⁹⁷ (295T), 303⁴⁰¹ (295T), 303⁴⁰⁶ (295T)
Meth-Cohn, O., **3**, 428⁸⁵ (357); **7**, 101¹¹⁰ (16), 104²⁷⁴ (35); **8**, 1066¹³⁶ (1037)
Methong, U., **5**, 265⁷⁵ (16, 167)
Metlesics, W., **3**, 951³³⁹ (929), 951³⁴⁶ (929), 1069¹¹¹ᵃ (984)
Metlin, S., **5**, 5f⁵; **8**, 222¹⁰² (128, 129T), 293f⁵
Métras, F., **2**, 516⁶³³ (483)
Metters, C., **4**, 158⁵⁹⁷ (138)

Metyšová, J., **7**, 510¹⁷ (471), 510¹⁸ (471), 510 (471)
Metz, B., **4**, 158⁶⁰⁷ (138)
Metz, F. I., **2**, 506²⁶ (402, 403)
Metzer, H., **1**, 681⁷¹⁶ (667, 668)
Metzger, H. G., **6**, 35¹⁴⁵ (22T)
Metzger, J., **7**, 72⁵⁴⁷ (67T)
Metzger, K. J., **8**, 642⁸⁹ (622T)
Metzinger, L., **2**, 201⁶⁷⁵ (164)
Metzler, D. E., **7**, 724¹ (662)
Metzner, P., **1**, 243¹³⁹ (171), 243¹³⁹ (171); **7**, 105²⁹⁶ (40, 41, 68), 108⁴⁸¹ (68)
Metzner, P. J., **8**, 807¹⁷, 927⁴³ (801, 809)
Meunier, B., **1**, 246³³⁷ (195); **3**, 1249¹⁸¹ (1194), 1249¹⁸⁸ (1196, 1199); **6**, 1041¹²³ (1011), 1041¹³³ (1013, 1037, 1038), 1041¹⁴¹ (1038); **7**, 106³⁴⁴ (47); **8**, 771¹²⁰ (739, 740, 747T), 771¹⁶⁷ (740), 771¹⁶⁹ (745)
Meunier, J. C., **1**, 242¹⁰¹ (165)
Meunier, P., **3**, 631¹⁶³ (583), 633²⁷⁴ (621)
Meunier-Piret, J., **2**, 819¹²¹ (790), 903f⁴; **3**, 268²⁹⁸ (224), 268²⁹⁹ (224), 1156f⁸, 1246²⁷ᵃ (1157), 1327f⁶, 1379²³ (1326); **4**, 553f⁶, 607¹⁷⁵ (549), 607¹⁷⁶ (549), 610³³⁶ (583)
Mevnikova, T. Ya., **2**, 975³¹⁹ (926)
Mews, R., **2**, 198⁵⁵⁰ᵇ (131); **4**, 33f²², 107f⁶⁵, 151¹⁴⁹ (37, 68, 101, 102), 235⁸⁹ (168), 236¹⁴⁸ (178), 236¹⁵⁰ (178), 238²⁶⁹ (199), 238²⁷¹ (199), 238²⁷² (199)
Meyer, A., **3**, 1005f¹¹, 1005f¹⁷, 1071²⁴² (1008, 1027, 1028, 1049), 1073³¹³ (1019), 1073³⁶² (1026), 1074³⁷¹ (1030), 1075⁴⁴⁰ (1038, 1047), 1076⁴⁸⁶ᵇ (1048), 1076⁴⁹¹ (1050), 1076⁵⁰⁹ (1053), 1360f¹⁰; **8**, 1068²³⁶ (1049), 1069²⁸⁶ᵃ (1057), 1070³⁰⁹ᵇ (1059), 1070³¹² (1059), 1070³¹³ (1059)
Meyer, A. Y., **1**, 116⁷¹ (56), 116⁷⁸ (57)
Meyer, B., **7**, 658⁶⁶⁹ (641)
Meyer, C. D., **5**, 623¹⁷⁴ (565); **8**, 99³²³ (91)
Meyer, C. M., **8**, 281¹¹² (265, 266, 267)
Meyer, D., **8**, 471f¹⁰, 496²⁶ (469, 470), 498¹¹⁸ (495)
Meyer, Jr., E. F., **4**, 234⁷⁵ (169, 198), 238²⁶⁴ (198), 238²⁶⁶ (199), 812¹⁵⁸ (715), 812¹⁶⁴ (716), 886¹²⁴ (868)
Meyer, E. J., **2**, 624⁵⁴¹ (592)
Meyer, F., **8**, 645²⁴³ (621T)
Meyer, F. J., **1**, 150⁷⁷ (123, 140, 148), 249⁵⁰⁹ (221, 222, 239), 672⁸⁸ (572)
Meyer, G., **2**, 619²⁰⁴ (547)
Meyer, G. J., **7**, 196¹⁵⁸ (181)
Meyer, H., **2**, 200⁶¹³ (148); **5**, 523²⁴⁰ (283); **7**, 98f¹, 655⁴⁹² (605)
Meyer, J., **3**, 696¹⁰⁴ (656); **4**, 322²²⁸ (269); **7**, 87f¹⁴
Meyer, J. G., **8**, 645²⁴⁴ (621T), 646²⁸⁴ (621T)
Meyer, J. L., **6**, 868f³, 876¹⁵⁴ (788)
Meyer, K., **1**, 670³ᵃ (557, 558, 638); **2**, 676¹³⁷ (643); **3**, 1070¹⁸¹ (991, 992, 1001), 1075⁴³⁴ (1037), 1250²³⁸ (1206); **8**, 96¹⁰⁶ (41, 57)
Meyer, K. R., **3**, 547¹⁰⁸ (536)
Meyer, N., **1**, 116⁹⁷ (61, 62T); **7**, 74f¹, 98f⁵, 108⁴⁶⁷ (64)
Meyer, P., **6**, 453² (447)
Meyer, R., **1**, 242⁸⁷ᵇ (164); **2**, 974²⁸² (920, 921); **7**, 101⁸⁵ (12), 105³⁰⁴ (41)
Meyer, R. J., **1**, 731f²
Meyer, R. V., **6**, 36¹⁸⁰ (29); **8**, 704²⁴ (680), 706¹¹⁴ (678, 680, 681, 684, 685T, 687T)
Meyer, T. J., **3**, 1247⁹⁶ (1177, 1182), 1248¹³⁹ (1186), 1248¹³⁹ (1186); **4**, 150²¹ (7, 12, 21), 323³⁰¹ (278, 303), 510⁴¹² (482), 605³⁵ (519, 520), 605³⁷ (519, 521, 522), 609²⁹¹ (577), 611⁴⁴⁰ (594), 640f⁴, 649⁸² (639), 649⁸³ (639), 649⁸⁵ (639), 649⁹⁸ᵃ (642), 649⁹⁸ᵇ (642), 649¹⁰⁰ (643), 690¹¹⁷ (679), 690¹¹⁸ (680, 681), 811¹⁰² (705), 814³²⁶ (750); **5**, 546f⁷, 621²⁷ (547); **8**, 1070³³⁵ᶜ (1061, 1062), 1071³³⁹ (1062)
Meyer, V. B., **7**, 101¹¹³ (16)
Meyer-Dayan, M., **7**, 510²² (473)
Meyers, A., **1**, 118¹⁶⁹ (80)
Meyers, A. I., **1**, 116⁸⁷ (59); **7**, 35f¹⁰, 44f⁴, 76f⁷, 98f²⁰,

Meyers, A. J., **1**, 241^{10} (157)
Meyers, C. H., **7**, 109^{493} (70)
Meyers, E., **1**, 375^{145} (330, 331), 385f^{1}, 409^{55} (392, 394, 398)
Meyers, E. A., **1**, 540^{131} (498, 536T)
Meyers, R., **2**, 199^{580} (141), 513^{419} (453)
Meyers, T. J., **6**, 876^{199} (807, 813, 817, 818, 819)
Meyerstein, D., **3**, 951^{327} (925); **5**, 269^{319} (89); **8**, 362^{114} (294)
Meyet, J., **1**, 116^{58} (54)
Meyn, B., **4**, 107f^{100}, 237^{227} (189T)
Mez, H. C., **6**, 187^{21} (185)
Mezey, E. J., **1**, 457^{242} (451)
Mezey, P. G., **1**, 149^{11} (122)
Micetich, R. G., **7**, 42f^{1}, 87f^{8}
Michael, A., **1**, 671^{18a} (658)
Michael, K. W., **2**, 187^{64} (14), 197^{482} (118), 363^{187} (353)
Michael, U., **1**, 376^{241} (347); **7**, 105^{279} (36)
Michaelis, A., **1**, 285f^{1}; **7**, 336^{26} (327, 328)
Michaelson, R. C., **4**, 374^{51} (342), 375^{136} (366, 370, 371); **8**, 497^{110} (493)
Michaely, W. J., **8**, 795^{56} (788)
Michalik, M., **2**, 197^{513} (123)
Michalowski, J. T., **6**, 349^{436} (337), 753^{1141} (639)
Michalska, Z. M., **8**, 605^{8} (553)
Michalski, J., **2**, 187^{72} (19), 203^{745} (183); **7**, 657^{646c} (639)
Michalski, M., **8**, 366^{344} (340)
Micha-Screttas, M., **1**, 116^{102} (62); **7**, 100^{65} (10)
Michaud, H., **1**, 678^{466} (631)
Michaud, P., **4**, 512^{512} (501, 502); **8**, 1070^{296} (1058)
Michejda, C. J., **2**, 859^{22} (829)
Michel, E., **1**, 243^{160} (174), 245^{282} (188), 680^{624} (650)
Michel, G., **3**, 268^{297} (223)
Michel, L. J., **5**, 273^{607} (204), 534^{974} (442, 457), 535^{1020} (457), 535^{1021} (457, 458, 519)
Michel, U., **2**, 972^{179} (896, 958); **7**, 679f^{1}
Michelbrink, R., **5**, 274^{692} (234)
Michelet, D., **8**, 281^{118} (267)
Micheli, R. P., **3**, 1247^{80a} (1172)
Michelin, R. A., **3**, 886f^{9}; **4**, 658f^{28}, 815^{345} (752), 840^{62} (831); **6**, 383^{23} (365), 742^{408} (529), 743^{453} (533T, 539T), 743^{455} (533T), 746^{657} (565); **8**, 364^{224} (321)
Michelotti, E. L., **8**, 771^{144} (740, 750T, 754T, 755T), 771^{145} (740, 751T, 752T, 753T)
Michels, G. D., **3**, 788f^{17}, 792f^{14}, 1081f^{14}, 1083f^{14}, 1258f^{11}, 1260f^{14}, 1318^{89} (1291)
Michl, J., **2**, 108f^{754}, 193^{344} (88), 396^{55} (375)
Michman, M., **1**, 243^{131} (170), 243^{131} (170), 243^{131} (170); **5**, 68f^{3}, 268^{257} (69, 70), 268^{265} (69, 71, 73), 268^{270} (70); **8**, 934^{518} (879)
Mickiewicz, M., **2**, 705^{36} (685); **3**, 1246^{9} (1153)
Miconi, F., **8**, 1068^{245} (1050)
Micoud, M. H., **6**, 13^{67} (8), 34^{96} (22T)
Midcalf, C., **4**, 323^{264} (272, 300)
Middleton, A. R., **3**, 428^{86} (357), 473^{18} (437, 442), 633^{313} (620), 645^{28} (639), 735f^{8}, 780^{131} (743); **4**, 811^{119} (708)
Middleton, R., **3**, 981f^{5}, 1069^{98} (981, 1021)
Midgley, I., **7**, 252^{71} (238, 239)
Midgley, J. M., **7**, 651^{319} (579)
Midgley, T., **2**, 674^{3} (629)
Midland, M. M., **1**, 275f^{26}, 307^{340} (287), 307^{343} (287, 288), 307^{344} (287), 307^{346} (287), 307^{348} (287), 307^{358} (288), 307^{403} (290), 307^{405} (290), 308^{444} (293), 308^{446} (293), 309^{515} (297, 298), 374^{90} (321), 374^{106} (321), 374^{107} (321), 374^{108} (321); **7**, 103^{182} (25), 141^{61} (123), 141^{62} (123), 141^{63} (123), 141^{65} (124), 142^{105} (131), 142^{106} (131), 142^{121} (134), 142^{122} (134), 142^{133} (136), 142^{134} (136), 196^{134} (176), 196^{169} (183), 197^{186} (187), 197^{187} (187), 197^{193} (190), 197^{195} (190), 197^{196} (190), 226^{192} (216), 253^{136} (248), 253^{137} (248), 299^{35} (273), 299^{36} (273), 299^{37a} (273), 299^{37b} (273), 299^{39} (274), 299^{45} (275), 299^{46a} (275), 299^{46b} (275), 299^{73} (278), 299^{74} (278), 300^{95} (282), 301^{154} (293), 301^{163} (294, 295), 301^{164} (295), 301^{165} (295), 321^{3a} (304, 312), 321^{3b} (304, 312), 322^{36} (312), 336^{24a} (337), 336^{30} (328), 346^{13} (339, 340), 346^{25} (341), 346^{31} (341), 347^{33} (342), 347^{34} (342), 363^{12c} (351, 355), 363^{12d} (351, 352, 355)
Midollini, S., **3**, 85^{320} (44), 851f^{62}; **6**, 94^{85} (41, 43T), 94^{99} (41, 43T), 98^{337} (70), 141^{133} (124T, 128), 180^{77} (178), 180^{78} (178), 180^{79} (178), 182^{192} (178), 943^{137} (907, 909T, 913T), 1113^{203} (1095)
Mierop, R., **1**, 241^{56} (159, 210, 214)
Miesel, J. L., **7**, 252^{52} (235), 252^{53} (235)
Miesserov, K. G., **3**, 327^{65} (298); **6**, 181^{130} (158, 159T, 160)
Miessler, G. L., **4**, 820^{663} (809)
Miftakhov, M. S., **2**, 190^{220} (52), 191^{223} (52); **3**, 368f^{10}, 372f^{16}, 398f^{54}, 398f^{55}, 557^{53} (555), 630^{143} (580, 585); **4**, 539f^{15}, 602f^{3}; **6**, 96^{217} (88), 225^{110} (192, 193T), 226^{158} (193T)
Mighell, A. D., **6**, 873^{22} (764)
Miginiac, L., **1**, 243^{133} (170), 243^{160} (174), 246^{325} (194), 246^{328} (194), 273f^{20}, 306^{291} (283); **2**, 847f^{2}, 847f^{3}, 861^{102} (846), 861^{103} (846), 861^{104} (846); **7**, 14f^{5}, 100^{51} (7), 100^{51} (7), 100^{53} (7), 101^{82} (12), 101^{84} (12), 101^{91} (13), 101^{96} (13), 101^{96} (13), 101^{97} (13), 101^{100} (15), 106^{358} (48), 462^{463} (440), 725^{20} (665)
Miginiac, P., **1**, 243^{127} (169), 243^{162} (174); **7**, 100^{50} (6), 101^{82} (12), 101^{86} (13), 103^{181} (25), 103^{181} (25), 431f^{1}, 460^{330} (417), 461^{409} (431)
Migita, T., **2**, 191^{261} (64), 191^{261} (64), 191^{262} (64), 192^{263} (64), 192^{287} (74), 193^{317} (81), 299^{95} (232); **8**, 930^{293} (841), 937^{734} (914), 937^{737} (914, 922), 937^{752} (919), 937^{753} (919)
Mignani, G., **4**, 609^{272} (570f, 574); **5**, 271^{499} (167)
Mihelich, E. D., **7**, 76f^{7}, 99f^{37}, 106^{367} (48), 106^{367} (48), 107^{418} (56, 58)
Mihichuk, L., **2**, 510^{257} (433); **3**, 156f^{5}, 863f^{11}; **4**, 241^{474} (219, 219T, 222), 609^{304} (579); **6**, 110^{43} (1051, 1088)
Mihm, G., **2**, 186^{30} (7, 84)
Miholová, D., **4**, 605^{38} (519)
Mijazawa, Y., **7**, 648^{96} (537)
Mikaelian, R. G., **2**, 515^{581} (478, 482)
Mikhailov, B. M., **1**, 256f^{8}, 272f^{7}, 275f^{7}, 275f^{32}, 275f^{34}, 286f^{7}, 286f^{11}, 286f^{12}, 286f^{13}, 300f^{7}, 303^{73} (265), 303^{107} (268, 277, 278, 281), 303^{124} (268), 304^{179} (270), 305^{224} (278), 305^{225} (278, 287, 294), 305^{252} (279), 305^{253} (280), 305^{254} (280), 306^{283} (283), 306^{289} (283), 306^{327} (287), 306^{328} (287), 306^{332} (287), 306^{333} (287), 306^{334} (287), 306^{335} (287), 306^{336} (287), 307^{366} (288), 307^{369} (288), 307^{370} (288), 307^{380} (289), 307^{381} (289), 308^{433} (292), 308^{463} (294), 308^{464} (294), 308^{472} (294), 308^{473} (294), 309^{484} (296), 309^{490} (296), 309^{491} (296), 309^{508} (297), 310^{578} (299), 373^{5h} (313, 314, 315, 316, 318, 322, 326, 329, 333, 334, 335, 337, 338, 341, 342), 373^{34} (313), 373^{37} (313), 373^{54a} (313), 374^{58} (313, 324), 374^{59} (313, 315, 316, 317, 324, 330), 374^{71} (313, 324), 374^{73} (315), 374^{75} (315), 374^{82} (317), 374^{121} (324), 374^{122} (325), 375^{124} (325), 375^{132b} (327), 375^{185} (338), 376^{186} (338), 376^{187} (338), 376^{188} (338), 376^{189} (338), 376^{190} (338), 376^{195} (339), 376^{197} (339), 376^{204} (340), 376^{220} (344), 376^{221} (344), 376^{244} (347), 376^{245} (347), 377^{270} (349), 377^{271} (350), 377^{272} (350), 377^{273} (350), 377^{276a} (350), 377^{276b} (350), 377^{277} (350), 377^{278} (351, 353), 377^{286} (351), 377^{291} (353), 378^{331} (357), 378^{332} (357), 378^{333} (357), 378^{351} (359), 378^{353} (359), 379^{381} (362), 379^{382} (362), 379^{384} (362),

Mikhailov, ..., 379³⁸⁶ (362), 379⁴²⁵ᵃ (366), 379⁴²⁶ (366), 380⁴³¹ (367), 380⁴⁸²ᵃ (372), 380⁴⁸²ᵇ (372), 540¹⁷⁹ᵃ (517), 552¹⁵ (545); **3**, 126f⁶, 126f⁷; **7**, 158⁴³ (146), 158⁴⁴ (146), 158⁵⁴ (146), 159⁷² (146, 148f), 159⁸⁰ (146), 159⁸¹ (146), 159⁸⁸ (147), 159⁸⁹ (147, 149), 194¹ (161), 194⁷ (161), 194¹⁹ (162), 195⁴² (163), 195⁹⁴ (170), 195⁹⁸ (170), 195⁹⁹ (170), 195¹⁰⁰ (170), 195¹⁰¹ (170), 196¹⁸¹ (186), 197¹⁸⁴ (186), 223⁵ (199, 208, 209, 217), 225¹²⁸ (208), 225¹²⁹ (208), 225¹³¹ (208, 211, 212), 225¹³³ (208, 212), 225¹⁵⁰ (209, 211), 225¹⁵⁷ (211), 225¹⁵⁹ (211), 225¹⁶⁰ (211), 226¹⁶⁵ (212), 226¹⁶⁶ (212), 226¹⁷³ (213), 226¹⁹⁹ (217), 226²⁰¹ (218), 251³ (229, 234, 235, 247), 252¹² (230), 252⁴⁹ (234), 253⁸⁸ (240), 263³² (261), 300¹⁰⁸ (285), 335¹⁰ (324), 335¹³ (325), 347⁴² (343), 363¹ᵃ (349, 353, 354, 355, 358, 360, 361), 363¹ᵇ (349, 353, 354, 355, 358, 360, 361), 363¹ᶜ (349, 353, 354, 355, 358, 360, 361), 363² (350), 363³ (350), 363⁶ (351), 363²⁷ (357), 363³¹ᵃ (358), 363³¹ᵇ (358), 363³⁵ (360), 363³⁶ (360), 363³⁷ (360), 363³⁸ (360), 363³⁹ (362)

Mikhailov, I. E., **2**, 912f⁸, 912f⁹, 974²⁶⁰ (918), 974²⁶² (918)
Mikhailova, I. F., **7**, 107⁴¹² (55)
Mikhailova, N. F., **6**, 14¹³⁶ (8)
Mikhailyants, S. A., **2**, 507⁸⁸ (409, 486)
Mikhalchenko, V. G., **6**, 180⁶⁰ (157)
Mikhalevich, K. N., **4**, 1058⁷³ (976)
Mikheev, E. P., **2**, 361⁸⁰ (317); **3**, 786f⁶, 1080f⁶, 1256f⁵ᵃ
Mikhtarov, Ya. G., **6**, 757¹³⁹³ (672)
Miki, K., **6**, 345¹⁵⁵ (306), 345¹⁸⁵ (308, 334T), 346²¹⁴ (310, 334T), 349⁴²⁸ (334T, 334f)
Miki, M., **6**, 263¹⁷⁷ (258), 278⁴⁵ (266T, 274)
Mikolajczyk, M., **7**, 67f³, 103²⁰⁵ (28, 83), 108⁴⁴³ (61), 108⁴⁴³ (61)
Mikulaj, V., **2**, 674⁴⁰ (635); **3**, 775f⁹
Milaev, A. G., **2**, 972¹⁷⁰ (895)
Milaeva, E. R., **5**, 530⁶⁹⁶ (395); **6**, 441⁴⁷ (391)
Milam, R. L., **8**, 459³¹⁰ (419), 645²⁴⁹ (622T)
Milazzo, T. S., **2**, 510²⁴⁵ (432)
Milburn, G. H. W., **1**, 732f¹⁴, 753⁶⁹ (735); **5**, 528⁵⁶⁴ (369)
Milburn, R. M., **6**, 752¹⁰⁷⁰ (633, 661, 662T)
Milchereit, A., **1**, 675³¹⁰ (617); **7**, 462⁴⁴⁸ᵇ (436)
Milder, S. J., **5**, 526⁴²⁰ (343, 344, 345, 346), 526⁴²⁵ (344)
Miles, D. E., **7**, 96f⁸
Miles, D. L., **4**, 374⁵⁰ (342, 356), 374⁵² (342, 356), 374⁵² (342, 356), 375⁸⁷ (352, 354)
Miles, M. G., **2**, 819¹¹⁷ (789), 819¹²⁰ (790)
Miles, S. J., **2**, 194³⁸¹ (96), 194³⁸⁵ (96, 129), 517⁶⁶⁸ (490), 620²⁵⁸ (554); **6**, 741³¹⁶ (518, 521), 1061f¹⁴, 1111⁵⁸ (1054, 1065)
Miles, S. L., **3**, 82¹²³ (15); **4**, 374⁵² (342, 356); **5**, 522¹⁵⁴ (297), 530⁶⁸⁰ (393)
Miles, Jr., W. J., **4**, 65f³¹, 97f¹³, 153²⁴⁹ (66, 67), 235¹¹⁰ (172)
Mileshrevide, V. P., **2**, 361¹¹¹ (324), 361¹¹⁵ (325), 362¹²⁹ (328)
Milgrom, J., **6**, 758¹⁴⁵³ (677, 679)
Milhaev, A. G., **2**, 894f⁹
Milker, R., **2**, 199⁵⁹⁰ (144)
Milks, J. E., **1**, 262f⁵², 378³³⁰ (357)
Millar, M., **3**, 104f⁵, 168³⁰ (99), 696¹³⁴ (658), 942f⁵, 942f⁶, 942f⁷, 942f⁸, 942f⁹, 1131f⁷, 1131f¹⁴, 1131f¹⁵, 1133f⁵, 1261f³, 1312f⁷, 1312f⁸, 1312f¹³, 1312f¹⁴, 1312f¹⁵; **8**, 367⁴¹¹ (347)
Millard, A. A., **8**, 771¹⁷⁵ (741, 762T)
Millard, M. M., **2**, 202⁶⁹⁷ (169), 202⁶⁹⁷ (169)
Millard, P. L., **2**, 362¹⁵⁷ (338)
Milledge, H. J., **2**, 620²⁷² (555)
Miller, A., **3**, 883f³
Miller, A. E. G., **1**, 679⁵⁵⁹ (644, 648)
Miller, B., **7**, 103²¹⁹ (29)
Miller, C. D., **1**, 377³⁰² (354)
Miller, C. O., **3**, 1137f¹⁰

Miller, D. B., **1**, 678⁴⁹⁶ (633); **7**, 431f², 457¹⁷⁵ (397, 398, 400), 461⁴¹⁰ (431)
Miller, D. C., **5**, 271⁵⁰⁸ (169), 272⁵¹⁶ (172); **6**, 1020f⁹¹, 1032f²⁹, 1035f²⁰, 1040¹⁰⁹ (1007)
Miller, D. J., **3**, 1249¹⁸³ (1194); **8**, 365²⁸⁹ (329)
Miller, D. R., **2**, 1016⁷⁷ (986)
Miller, D. S., **1**, 308⁴⁵⁰ (293); **8**, 362⁸⁰ (289)
Miller, E. H., **3**, 944f⁹
Miller, E. M., **5**, 549f⁵, 623¹⁵⁶ (565, 572, 573), 624²¹⁴ (572)
Miller, F. A., **6**, 755¹²⁵⁶ (654)
Miller, G. A., **2**, 623⁴⁶⁵ (581)
Miller, G. R., **4**, 238²⁶⁷ (199)
Miller, H. C., **1**, 456²¹⁹ (445), 456²³⁴ (450, 451), 457²⁴⁶ (451)
Miller, H. M., **2**, 1017¹⁴⁶ (998), 1017¹⁴⁷ (998)
Miller, I. B., **2**, 1015¹⁰ (980, 994)
Miller, I. T., **1**, 244¹⁷⁹ (175, 178)
Miller, J., **4**, 156⁴⁴⁸ (121), 812¹⁵⁵ (715), 887¹⁸⁹ (881); **5**, 526⁴⁰⁶ (342, 345, 348, 382, 434); **8**, 1066¹⁰² (1028, 1029, 1030)
Miller, J. D., **3**, 949¹⁷⁸ (872)
Miller, J. J., **2**, 882f¹³, 972¹⁶¹ (892), 978⁵³³ (967)
Miller, J. M., **1**, 245²⁸⁰ (188); **2**, 677¹⁹² (652), 971⁸⁷ (876, 888), 972¹³⁴ (887, 888, 921), 977⁴³⁹ (956); **3**, 419f¹³, 1074⁴⁰⁵ (1035); **5**, 529⁶³⁵ (303T, 376); **7**, 110⁵⁵⁴ (81)
Miller, J. R., **3**, 1074⁴⁰⁴ (1035); **4**, 12f²⁸, 150⁶¹ (18), 320⁶⁴ (249, 285), 321¹⁶⁷ (262), 689³⁶ (666); **6**, 843f²⁰³, 1019f⁷⁵, 1021f¹⁵³
Miller, J. S., **3**, 646⁵⁴ (645), 781²¹⁶ (776), 1100f⁴, 1146⁵⁰ (1099); **4**, 480f⁸, 480f⁹, 510⁴⁰² (481), 510⁴⁰² (481), 689²¹ (665); **5**, 552f², 628⁵⁰⁵ (619); **6**, 278³² (272), 343⁵² (286, 293), 343⁵³ (286, 290f), 738¹³¹ (497), 738¹⁴² (497, 499, 501), 738¹⁶⁰ (499), 739²²⁷ (508T)
Miller, J. T., **3**, 269³⁴⁵ (234); **7**, 100⁶¹ (7), 100⁶¹ (7)
Miller, L. L., **8**, 769⁴ (714T, 715T, 738)
Miller, N. E., **1**, 309⁴⁹³ (296), 309⁵⁴⁸ (298), 378³⁶³ (361), 456²³³ (450, 451); **2**, 195³⁹¹ (99); **7**, 299⁸⁰ᶜ (279), 656⁵⁸⁸ (626, 627, 628)
Miller, R., **1**, 246²⁹⁴ (190); **7**, 99²² (3)
Miller, R. B., **2**, 189¹⁶⁰ (36); **7**, 100³¹ (4), 648¹³² (545); **8**, 938⁸⁰³ (925)
Miller, R. D., **7**, 649¹⁶² (552), 658⁶⁵⁴ (640), 658⁶⁵⁶ (641), 658⁶⁶⁴ (642)
Miller, R. G., **1**, 681⁷⁰⁷ (666); **6**, 94⁶³ (55T, 56T, 64, 79), 98³³⁰ (64), 98³³¹ (81), 98³³² (74), 943¹⁵⁸ (910, 912); **7**, 463⁵⁴³ (451); **8**, 223¹⁵⁰ (172), 425f², 459³²⁴ (420), 641⁶ (628), 641¹⁰ (628), 641¹³ (628), 641¹⁴ (628), 641⁴⁵ (626, 627T, 628), 770⁹³ (736)
Miller, R. M., **8**, 281¹¹² (265, 266, 267)
Miller, R. W., **1**, 722¹⁶⁰ (709)
Miller, S. A., **4**, 510³⁸¹ (475); **7**, 462⁴⁸² (442)
Miller, S. B., **1**, 539f⁸, 720⁶¹ (690), 721¹¹¹ (701, 705), 721¹¹⁴ (701, 705, 712), 722¹⁹⁵ (712); **6**, 95¹⁴⁸ (42, 43T), 225¹³⁰ (214T, 220, 221)
Miller, S. I., **7**, 729²⁷¹ (722)
Miller, T., **1**, 303¹¹³ (268)
Miller, T. J., **1**, 378³¹¹ (356)
Miller, T. S., **3**, 1080f⁹, 1256f⁸; **4**, 319¹¹ (245, 278); **5**, 5f⁴
Miller, V. L., **2**, 1016⁷⁰ (986)
Miller, V. R., **1**, 375¹⁴⁰ (330), 375¹⁴¹ (330), 409²⁷ (385, 386, 391), 409⁴² (390, 391), 409⁴³ (391), 409⁴⁵ (391), 409⁴⁷ (391), 409⁴⁹ (391), 453³⁵ (420), 453⁵² (422, 423), 453⁵⁶ (423), 454¹¹⁸ (431, 434), 454¹¹⁸ (431, 434), 454¹¹⁸ (431, 434), 537¹²ᵃ (461, 465, 533), 537¹²ᵇ (461, 493, 494, 497), 537¹⁴ (462, 474, 475, 493, 499, 500, 517), 537¹⁷ᵃ (462, 463, 490, 492, 507), 537¹⁷ᵇ (462, 463, 490, 491, 492, 496, 497, 505, 507), 538⁷⁷ᵃ (481, 483, 486, 496, 501, 505), 539⁸² (485, 493, 499, 502), 539¹¹⁶ (494, 495), 539¹¹⁷ (494, 495); **3**, 84²⁵⁴ (35); **6**, 224²⁴ (214T, 219), 224⁴⁹ (214T, 219, 220, 221), 844f²²⁵, 944²¹² (921, 923, 924), 944²¹³ (921, 923, 924, 934T, 935), 944²²² (923, 924, 934T, 935)

Miller, W., **5**, 274[705] (239), 357f[6], 527[481] (357, 458); **8**, 1069[248a] (1051, 1057), 1069[248b] (1051, 1057)
Miller, W. T., **2**, 714f[2], 715f[11], 723f[18], 761[45] (718, 741), 761[95] (739, 744, 745, 757, 758)
Miller, W. V., **5**, 305f[6], 523[205] (303T, 304T), 523[206] (303T); **6**, 943[141] (910, 909T); **8**, 292f[3], 298f[3]
Millership, J. S., **7**, 651[319] (579)
Millhauser, G., **1**, 454[134] (432, 441)
Millich, F., **6**, 1080f[3]
Millié, P., **1**, 245[274] (187, 205)
Milliman, G. E., **7**, 457[179] (398)
Mills, D. R., **6**, 226[140] (205); **8**, 281[101] (262), 282[132] (270)
Mills, G. A., **8**, 95[13] (22, 23, 24, 25, 26), 282[139] (272, 273)
Mills, H. H., **8**, 1070[306] (1059)
Mills, J. C., **2**, 904f[5], 904f[6]; **6**, 748[776] (587)
Mills, J. L., **1**, 310[574] (299); **2**, 514[507] (467), 704[20] (684, 702), 706[87] (692); **3**, 840f[7], 840f[8]; **4**, 324[383] (288); **6**, 35[106] (20T)
Mills, N. S., **1**, 120[293] (106); **7**, 98f[4]
Mills, O. S., **1**, 41[137] (30, 32, 33T, 34); **3**, 86[434] (62), 86[438] (62), 86[447] (63), 86[448] (63), 87[449] (63), 88[534] (77), 842f[7], 893f[4], 897f[1], 897f[2], 897f[3], 897f[4], 897f[5], 897f[8], 1067[16a] (960), 1072[285b] (1015, 1016), 1073[333] (1023), 1077[551] (1059), 1177f[7], 1247[98] (1178); **4**, 51f[69], 142f[2], 156[459] (123), 323[295] (277), 323[296] (277, 303), 326[505] (299), 326[506] (299), 326[511] (299), 326[512] (299), 327[551] (303), 387f[8], 454f[2], 509[295] (449), 524f[12], 524f[13], 553f[3], 605[23] (517), 606[77] (524f, 525), 607[150] (543), 607[157] (545), 607[166] (547), 608[237] (566), 609[298] (578), 648[44] (628), 648[45] (629), 839[9], 1062[334] (1042); **5**, 271[470] (157, 160), 527[471] (356), 527[473] (356), 527[501] (360), 527[503] (360), 530[693] (395), 530[698] (396), 530[700] (395); **6**, 96[207] (50), 142[196] (136), 187[21] (185)
Mills, R., **6**, 806f[25], 868f[32]
Mills, R. M., **3**, 82[154] (21, 23); **4**, 510[361] (468); **5**, 271[503] (167), 537[1170] (361, 416); **6**, 868f[29], 875[134] (784)
Mills, W. C., **3**, 1246[47] (1160), 1248[112c] (1181), 1380[60] (1333)
Milne, C. R. C., **1**, 246[326] (194, 197); **3**, 557[25] (550), 631[160] (582, 585, 586), 631[208] (593, 607, 609), 722f[6], 735f[4], 736f[4], 736f[5], 736f[7], 745f[14], 767f[11], 771f[4], 771f[6], 772f[7], 772f[8], 780[134] (745), 781[192] (769, 771); **6**, 344[82] (291), 348[388] (328), 349[466] (342), 468[27] (459), 468[30] (460), 744[537] (545)
Milne, D. B., **2**, 1016[88] (988)
Milne, D. W., **3**, 792f[5], 833f[65], 1083f[5], 1260f[5]
Milner, D. L., **5**, 532[826] (418, 419, 461, 462, 472T), 554f[10], 624[249] (579, 600), 627[401] (600)
Milone, L., **3**, 118f[8], 120f[15], 168[8] (91), 170[115] (147), 170[127] (152, 163), 170[149] (157); **4**, 324[349] (283), 326[527] (300), 327[552] (303), 415f[2], 506[131] (413), 607[183] (549, 551, 553f), 608[242] (568, 568f, 569), 609[295] (577), 648[18] (619), 648[25] (621), 648[26] (621), 658[1] (653), 658f[31], 658f[42], 658f[43], 689[33] (666), 819[604] (795), 846f[8], 846f[12] (847), 884[13] (847), 884[14] (847), 884[16] (847), 884[19] (848, 861), 884[22] (849), 884[26] (849), 885[72] (859), 885[78] (860, 862), 885[82] (860), 885[83] (860), 885[84] (860), 885[85] (860), 885[88] (861), 885[89] (861), 885[91] (862), 886[127] (869), 890f[3], 906[10] (891), 907[45] (898), 928[15] (924), 964[78] (943), 1062[313] (1036), 1064[410] (972, 1032); **5**, 273[594] (198); **6**, 97[228] (88, 92T), 139[34] (133T, 135, 136), 141[154] (134T, 136), 226[154] (212, 213T), 869f[63], 870f[84], 870f[85], 870f[88], 870f[107]
Milovskaya, E. B., **1**, 681[714] (667); **7**, 456[124] (392)
Milowski, K., **3**, 474[88] (462), 1311f[8]
Milstein, D., **4**, 965[142] (954); **8**, 936[711] (910), 937[777] (922), 937[778] (922)
Miltenberger, K., **1**, 125f[4], 150[91] (124, 126), 720[52] (690)
Milton, A. J. S., **7**, 102[127] (20, 24)
Milton, P. A., **7**, 462[478] (442)
Mil'vitskaya, E. M., **7**, 656[564] (621)
Milyaev, V. A., **2**, 973[195] (898), 973[205] (898)

Mimoun, H., **5**, 538[1248] (498); **6**, 278[60] (266T, 277); **8**, 497[116] (494), 928[153] (809, 884)
Mimura, M., **8**, 644[192] (618)
Mimura, T., **7**, 107[410] (55)
Minachev, K. M., **8**, 98[219] (61), 339f[5]
Minacheva, M. Kh., **3**, 628[16] (562, 563, 564, 569, 573, 574, 575, 617, 618), 628[19] (562, 564), 628[20] (562), 628[21] (562, 564), 628[22] (562, 575), 628[23] (562), 628[24] (563), 628[27] (563, 564), 628[31] (563), 628[32] (563, 564, 565, 573, 575), 628[33] (563), 628[36] (564, 565, 573, 618), 629[37] (564, 575, 576, 617, 618), 629[39] (564, 565), 629[68] (569, 574, 617, 618), 630[116] (575, 576, 618), 630[122] (577), 630[139] (580)
Minaeva, N. A., **2**, 503f[1]
Minami, K., **6**, 347[316] (321), 749[836] (595, 595T)
Minami, N., **2**, 188[100] (26); **7**, 657[617] (632), 657[621] (633), 657[623] (634)
Minamida, H., **3**, 1381[122] (1344); **5**, 533[875] (428); **8**, 456[137] (394)
Minamikawa, J., **7**, 299[42] (274)
Minasso, B., **6**, 355f[1], 361[22] (352, 353, 355, 357)
Minasyants, M. Kh., **4**, 400f[9], 400f[14], 414f[1], 414f[2]; **6**, 454[29] (450)
Minasz, R. J., **2**, 977[454] (957); **7**, 679f[3], 726[77] (678)
Minato, A., **7**, 106[349] (47); **8**, 771[123] (742, 744T, 752T, 753T, 754T), 771[129] (739, 739T, 748T, 749T, 752T, 753T, 754T), 771[155] (739, 740, 760T, 761T), 933[504] (874), 936[717] (911, 914)
Minato, H., **1**, 307[367] (288), 680[596] (648), 680[597] (648)
Minaysan, M. K., **6**, 443[167] (406)
Mincione, E., **7**, 158[17] (143, 150), 158[23] (144), 224[62] (202, 203); **8**, 930[274] (839), 1010[199] (997)
Minciullo, G., **6**, 34[95] (22T)
Minder, R. E., **7**, 225[116] (208), 512[160] (498)
Minematsu, H., **6**, 261[38] (246); **8**, 461[429] (437), 932[406] (853)
Mineo, I. C., **2**, 188[91] (24)
Minghetti, G., **1**, 753[62] (735); **2**, 715f[19], 723f[21], 762[118] (736, 737, 751, 757), 762[119] (737), 816f[1], 816f[2], 816f[3], 816f[5], 816f[6], 816f[8], 818[49] (774), 818[50] (774), 818[50] (774), 819[71] (777), 819[72] (777), 819[74] (777), 821[210] (814), 821[211] (814), 821[213] (815, 816), 821[214] (815, 816), 821[217] (816), 974[296] (923), 974[297] (923); **3**, 949[228] (884), 1141f[12], 1189f[23]; **5**, 295f[4], 520[45] (283), 521[105] (292), 527[456] (350), 559f[16]; **6**, 344[86] (293), 738[122] (494), 738[166] (499), 738[168] (499), 738[169] (499), 739[208] (505), 1039[26] (992)
Mingos, D. M. P., **1**, 39[8] (2, 39), 40[47] (12), 42[164] (35), 538[27b] (463, 467, 472, 500), 538[47b] (493, 501, 520), 538[47c] (473, 520), 538[53a] (473, 519, 520, 535), 538[53b] (473, 519, 520), 540[154] (506), 540[184e] (519); **2**, 762[120f] (737), 762[122] (737, 738), 1016[64] (983); **3**, 82[135] (17), 82[143] (20, 21), 82[144] (20, 21, 22), 82[148] (21, 22), 82[149] (21, 22), 82[150] (21, 22), 83[235] (32, 44), 83[243] (34), 84[301] (40), 84[307] (42), 85[322] (45), 85[338] (46, 47), 85[339] (46, 47), 85[340] (46, 47), 86[383] (52), 86[407] (57), 87[455] (65, 66), 87[476] (68, 69), 87[480] (69), 87[481] (69), 88[551] (80), 279[29] (273); **4**, 321[184] (265), 454f[18], 506[122] (410), 509[299] (450), 689[19] (665), 814[290] (745, 754), 907[30] (896), 1057[15] (969), 1061[239] (1020), 1063[389] (1053); **5**, 274[680] (231), 373f[8], 528[552] (368), 538[1223] (368), 558f[9], 622[99] (561); **6**, 96[173] (42), 187[6] (186), 227[211] (213, 213T), 744[505] (541), 752[1038] (627T), 1074f[1]; **8**, 1066[112] (1031, 1032, 1034)
Mink, J., **2**, 821[225] (817), 943f[1], 943f[2], 943f[2], 944f[4], 974[270a] (919, 920), 974[302] (924), 976[384] (942), 976[387] (942), 976[393] (942); **5**, 282f[2], 306f[6], 520[40] (281), 523[210] (303T, 305, 306); **6**, 278[27] (271), 343[13] (280, 283f, 284, 342), 737[90] (490), 737[91] (490, 490T), 737[92] (490, 490T)
Mink, R., **3**, 1249[190] (1198); **4**, 511[425] (484); **8**, 1067[166] (1041)

Mink, R. I., **3**, 1250²¹¹ (1201), 1382¹⁵² (1355); **4**, 238³²⁵ (205, 206T, 207T, 215, 231, 232T); **5**, 276⁸⁰⁷ (261, 262), 538¹²⁰⁹ (488); **6**, 805f⁸, 840f⁸³; **8**, 367⁴¹¹ (347)
Minkiewicz, J. J., **8**, 607⁹¹ (562T, 592, 594T, 605)
Minkiewicz, J. V., **6**, 745⁶⁰³ (559); **8**, 934⁵⁰⁶ (877)
Minkin, V. I., **2**, 912f⁸, 912f⁹, 974²⁶⁰ (918), 974²⁶² (918)
Minks, R., **1**, 117¹¹⁸ (65T, 67)
Minnich, E. R., **1**, 120³¹⁸ (114)
Minniti, D., **6**, 743⁴²² (531), 743⁴²⁴ (531), 743⁴²⁵ (531), 743⁴²⁷ (531), 746⁶⁶⁰ (566), 746⁶⁶³ (566), 746⁶⁶⁴ (566)
Minoura, Y., **7**, 225⁹⁶ (206), 225¹⁰⁰ (206), 225¹⁰¹ (206)
Minova, N. V., **2**, 301³¹² (273)
Minshall, P. C., **3**, 85³²² (45); **5**, 373f⁸, 528⁵⁵² (368)
Minsker, D. L., **8**, 460³⁹⁷ (433)
Minsker, K. S., **1**, 681⁷¹⁵ (667, 669); **3**, 546³⁶ (492, 502); **7**, 458²⁰³ (400), 459²⁵⁰ (408)
Minsker, S. K., **8**, 706¹³⁵ (691, 692T, 693T)
Minter, D. E., **7**, 110⁵⁸⁵ (89)
Mintz, E., **5**, 240f⁸, 274⁷⁰⁹ (239, 242)
Mintz, E. A., **3**, 267²³¹ (211, 212), 268³⁰⁹ (228), 269³⁷⁹ (246), 270⁴⁰⁵ (255), 270⁴²¹ (261), 398f³⁷, 419f²², 430²⁸¹ (403), 1067³⁸ (967), 1380⁵¹ (1331); **5**, 240f⁹; **6**, 942³³ (895, 896T); **8**, 607¹¹² (564)
Miocque, M., **7**, 102¹³⁸ (21)
Mioskowski, C., **3**, 1076⁴⁹⁰ (1049); **7**, 103¹⁹⁹ (27); **8**, 1070³¹¹ (1059)
Miotta, M., **3**, 545⁷ (487)
Mirbach, M. J., **8**, 367⁴³² (350)
Miriithi, N., **3**, 1146¹⁶ (1091)
Miro, N. D., **4**, 611⁴¹³ (592)
Mironov, B. F., **2**, 186²¹ (4)
Mironov, V. F., **1**, 244¹⁸⁴ᶜ (176), 455¹⁸¹ (439); **2**, 196⁴³⁰ (109), 198⁵²³ (125), 298¹⁴⁹ (242), 299¹⁹⁰ (248T), 300²⁶⁶ (265T), 301³²⁴ (278), 302³⁵⁷ (288), 303⁴⁰⁸ (295T), 303⁴⁰⁹ (295T), 361⁸⁵ (318), 503f¹, 506¹² (402, 403, 413), 506³² (403), 507⁵¹ (404, 419), 507⁸⁸ (409, 486), 507⁹⁴ (409), 508¹⁴¹ (413), 509¹⁸⁰ (420), 509²¹⁰ (424, 427, 482, 484, 487, 488), 509²²⁰ (425), 510²⁸¹ (437), 511³²⁵ (441), 511³²⁶ (441), 511³²⁷ (441), 516⁶¹⁴ (482), 516⁶¹⁷ (482), 516⁶⁴⁴ (485), 517⁶⁵¹ (487); **7**, 655⁵³⁶ (614)
Mironov, Yu. I., **6**, 738¹¹⁸ (494)
Mironova, G. N., **6**, 347³²⁹ (321)
Mironova, L. F., **8**, 643¹¹⁰ (621T)
Mironova, L. V., **6**, 99³⁶⁶ (64), 100⁴¹⁰ (43T); **8**, 385f³⁶, 641²⁷ (621T), 642⁵⁷ (621T), 642⁷⁹ (621T), 642¹⁰¹ (621T), 643¹³⁸ (621T), 643¹³⁹ (621T), 643¹⁴⁰ (621T), 644¹⁹⁸ (621T), 646²⁸⁵ (621T)
Mirri, A. M., **3**, 102f²⁶
Mirsaidov, U., **6**, 942³⁸ (899T)
Mirskov, R. G., **2**, 506³⁵ (403), 508¹²⁰ (410), 511³²⁴ (441), 511³²⁶ (441), 512³⁵⁰ (444), 512³⁶¹ (445), 512³⁶⁶ (445), 518⁷⁰⁸ (504), 623⁴⁷⁹ (583), 626⁶⁴⁸ (606); **7**, 654⁴⁵⁵ (599)
Mirskova, I. S., **8**, 311f²³
Mirviss, S. B., **1**, 307³⁴⁹ (288); **7**, 457¹³⁸ (393)
Mirzaei, F., **5**, 622¹⁰² (561)
Misbach, P., **6**, 95¹⁶⁴ (38, 39, 43T, 80, 81), 143²²⁸ (103, 104T, 109), 980¹⁸ (952, 953, 959T); **7**, 463⁵³⁴ (450); **8**, 641⁵ (640)
Mise, T., **5**, 537¹¹⁶⁴ (477); **6**, 97²²⁶ (85, 91T), 226¹⁷³ (199, 201T, 202, 205T, 206); **8**, 497¹⁰⁶ (492), 771¹³⁸ (740, 744T, 747T)
Mishima, S., **2**, 674⁵⁵ (636)
Misiti, D., **8**, 933⁴⁶⁹ (868)
Miskowski, V. M., **5**, 526⁴¹⁴ (342), 526⁴²⁰ (343, 344, 345, 346), 526⁴²⁵ (344), 526⁴⁴¹ (346)
Mislow, K., **1**, 42¹⁸⁴ (37), 258f⁶; **2**, 187⁶⁵ (14), 187⁷⁴ (19), 190²¹⁶ (51), 190²¹⁶ (51), 190²¹⁷ (51), 191²⁴² (57), 191²⁴⁴ (58), 191²⁴⁵ (59), 196⁴⁴⁰ (111), 397¹¹¹ (386), 513⁴¹⁰ (453), 514⁵⁰⁰ (466), 705⁷⁶ (691), 705⁷⁶ (691); **3**, 102f⁵, 102f⁶, 102f⁷, 102f⁸, 102f²², 102f²³, 102f²⁸, 1073³³⁸ᵇ (1024), 1076⁵⁰¹ (1052); **4**, 511⁴²⁹ (485); **7**, 108⁴⁵¹ (62), 108⁴⁵¹ (62), 108⁴⁸⁵ (69), 195⁸¹ (168), 245f⁴, 253¹²⁴ (246)
Mison, P., **7**, 14f³; **8**, 771¹²⁶ (738, 754T)
Misono, A., **4**, 374⁴¹ (340, 361), 965¹⁵¹ (956), 965¹⁵² (956), 965¹⁵⁶ (956); **5**, 39f⁸; **6**, 261⁵³ (247), 278⁵⁰ (275); **8**, 280⁴⁶ (245), 315f¹, 331f⁶, 366³⁵⁵ (341), 392f⁴, 397f³, 397f⁹, 400f¹⁶, 405f⁶, 408f⁶, 408f⁹, 456¹²⁴ (392), 456¹⁵⁴ (396, 401), 456¹⁶⁴ (396), 456¹⁶⁷ (396), 457²²³ (404), 459³¹⁴ (419)
Misono, M., **6**, 758¹⁴⁵⁸ (677)
Misra, R. N., **7**, 648¹³⁰ (544)
Missert, J. R., **3**, 1319¹⁵⁵ (1314, 1316); **8**, 549⁴² (504, 506, 512, 523, 527, 543, 545)
Misterkiewicz, B., **8**, 1064³³ (1018)
Misumi, S., **3**, 1072²⁶² (1012)
Misurkin, I. A., **1**, 119²⁶⁹ᵃ (102)
Mita, K., **8**, 365³⁰² (332)
Mita, N., **8**, 934⁵¹⁶ (879), 936⁷¹⁶ (911, 914, 915)
Mitani, H., **7**, 512¹³⁵ (494)
Mitani, K., **3**, 546⁵⁰ (496)
Mitani, S., **8**, 457²²¹ (404)
Mitchard, L. C., **3**, 1247⁶⁰ (1165, 1207), 1250²³⁹ (1206), 1250²⁴⁰ᵃ (1206, 1207); **4**, 375¹²⁴ (364), 818⁵⁴⁶ (779, 780)
Mitchell, C. M., **2**, 768f¹⁶, 818²¹ (767, 771, 772, 805, 806, 809, 810)
Mitchell, D. K., **3**, 1317⁴⁰ (1278), 1318⁸⁸ (1289); **4**, 50f¹², 155³⁷⁷ (93), 241⁴³³ (214, 215, 215T, 216)
Mitchell, H. L., **1**, 241⁶⁰ (160, 161), 241⁶⁰ (160, 161); **3**, 703⁵⁷⁸ (693), 779³⁸ (707)
Mitchell, J. D., **3**, 851f³⁷, 851f³⁸, 949²¹⁵ (880)
Mitchell, M. A., **6**, 443¹⁵¹ (403), 443¹⁵² (403); **7**, 726⁹⁸ (684); **8**, 928¹⁵⁴ (810), 928¹⁵⁵ (810, 877)
Mitchell, M. J., **7**, 726¹⁰⁸ (686)
Mitchell, P. C. H., **3**, 1084f¹⁶, 1138f⁹, 1138f¹⁰ (1139T)
Mitchell, P. R., **2**, 189¹²⁶ (29); **5**, 64f⁸, 64f¹⁸, 158f¹⁰, 267²⁴⁶ (62), 271⁴⁷⁷ (159, 160)
Mitchell, R. E., **2**, 706⁸⁷ (692)
Mitchell, R. W., **4**, 963¹⁶ (934), 963¹⁶ (934); **5**, 305f³, 523²⁰¹ (303T); **8**, 362¹²⁸ (296), 365²⁹¹ (329), 641⁴⁷ (632), 641⁴⁷ (632)
Mitchell, T. N., **2**, 195⁴¹³ (103), 504f⁵, 513⁴⁰⁴ (452), 529f³, 530f⁴, 530f¹¹, 617⁴² (527), 617⁶⁰ (529), 619¹⁶⁴ (544), 620²³⁰ (549), 623⁴⁷⁸ (583), 625⁶⁰⁵ (600), 625⁶⁰⁶ (600), 626⁶⁴⁷ (606), 634f², 674³⁶ (633), 678³¹¹ (662)
Mitchell, T. R. B., **3**, 1072³⁰¹ᵇ (1018, 1037), 1076⁴⁸⁵ (1048); **5**, 267²³⁷ (53), 623¹⁴⁰ (563), 624¹⁸⁷ (567); **6**, 757¹³⁹⁹ (673); **8**, 455¹¹⁷ (391)
Mitchener, J. P., **4**, 694f⁸; **5**, 316f³, 317f¹⁹, 523²⁴³ (303T, 307, 314), 524²⁹³ (315)
Mitcheson, G. R., **6**, 14¹¹¹ (5)
Mitina, G. K., **3**, 1317²² (1272)
Mitra, A., **7**, 103²¹⁰ (28), 655⁵¹⁷ (609, 611)
Mitra, R. P., **3**, 1137f²⁷
Mitrofanova, E. V., **1**, 584f⁸, 672¹⁰⁷ (577, 653), 680⁶²⁵ (650), 680⁶²⁶ (650), 681⁶⁵⁹ (653); **2**, 515⁵³² (470); **7**, 457¹²⁹ (392)
Mitroshina, Z. B., **6**, 445²⁶³ (422)
Mitrprachachon, J. L., **6**, 806f⁵³, 806f⁵⁴, 806f⁵⁵
Mitrprachachon, P., **2**, 820¹⁸⁸ (808); **6**, 96¹⁸⁰ (44), 737⁴⁷ (482), 742³⁶¹ (523), 868f³⁰, 871f¹²¹, 871f¹³⁸ᵃ, 871f¹³⁸ᵇ, 871f¹³⁹, 874⁸⁸ (775, 777), 875¹³³ (784)
Mitschke, K. H., **2**, 706¹¹⁰ (695, 696), 707¹⁵⁸ (701)
Mitschker, A., **2**, 762¹³⁹ (745)
Mitschler, A., **3**, 80³¹ (5), 789f², 946⁸ (791); **4**, 511⁴⁵¹ (487), 511⁴⁵² (487), 511⁴⁵³ (487), 605²⁵ (517, 518), 839¹² (823); **6**, 278⁶⁰ (266T, 277), 349⁴²³ (334T, 334f), 806f⁶², 872f¹⁵², 872f¹⁵⁴, 876¹⁷² (793), 1041¹²³ (1011); **8**, 928¹⁵³ (809, 884)
Mitschlev, A., **4**, 613⁵²⁵ (604)
Mitsudo, T., **4**, 320⁸⁸ (251), 401f³¹, 414f⁶, 505¹⁰⁴ (406), 505¹⁰⁵ (406), 505¹⁰⁵ (406), 506¹⁴⁹ (419), 506¹⁵⁰ (419, 425), 506¹⁵⁹ (425), 506¹⁶¹ (425, 432),

965¹⁶⁰ (957); **8**, 100³³⁷ (94), 221⁷⁴ (118, 140), 497⁸⁰ (483)
Mitsudo, T.-A., **4**, 401f²⁹, 458f⁴, 458f⁵, 504²⁸ (384), 506¹⁶⁰ (425), 506¹⁶² (425)
Mitsumura, M., **7**, 9f³
Mitsuomi, I., **1**, 307³⁴⁶ (287)
Mitsuyasu, T., **8**, 444f⁵, 444f⁶, 461⁴²² (436, 437), 461⁴³⁰ (437), 461⁴³¹ (437), 461⁴⁵¹ (442), 461⁴⁶⁸ (446), 931³²⁶ (846), 931³⁴⁴ (847), 932³⁷³ (850), 932³⁷⁴ (850), 932⁴⁰⁰ (853), 932⁴⁰¹ (853)
Mittal, I. P., **3**, 430²²⁹ (385)
Mittal, R. K., **5**, 623¹¹⁸ (561, 591, 594)
Mittnacht, H., **3**, 1075⁴³⁷ᵃ (1037, 1038), 1076⁵³² (1056)
Miura, M., **3**, 279⁵⁴ (276); **8**, 771¹⁴² (740, 751T, 752T), 771¹⁵⁶ (740, 745, 747T, 748T, 752T, 753T), 771¹⁵⁸ (739, 740, 755T, 758T, 760T)
Miura, S., **4**, 885⁹⁰ (862)
Miura, Y., **1**, 242¹⁰² (165); **6**, 446³⁵² (436); **8**, 378f⁷, 641⁴⁹ (618), 1106¹¹³ (1101)
Mix, H., **8**, 378f¹², 385f¹², 455⁹² (384), 645²²⁸ (622T)
Miya, H., **8**, 366³⁷¹ (342)
Miya, S., **5**, 539¹²⁹⁶ (343)
Miyagawa, R., **8**, 311f¹⁶
Miyagawa, Y., **4**, 458f⁵, 506¹⁶² (425)
Miyagi, S., **8**, 927⁴² (801, 891)
Miyajima, S., **7**, 458²²⁰ (403)
Miyaka, A., **4**, 504³⁵ (386); **6**, 758¹⁴⁷⁷ (682)
Miyake, A., **1**, 681⁷⁰¹ (664); **3**, 632²⁶⁹ (621), 1067²⁷ (964), 1068⁵⁴ (971), 1380⁷² (1335); **6**, 839f⁴; **7**, 455⁶⁵ (382); **8**, 312f³², 312f⁵³, 385f²⁴, 400f⁵, 425f³, 435f¹¹, 449f³, 449f⁶, 455⁸⁸ (384), 457¹⁹⁴ (399, 400), 457²³⁰ (407), 457²³¹ (407), 459³¹¹ (419), 459³²² (420), 460⁴¹⁷ (434, 435, 436, 447), 461⁴²⁴ (436, 438, 447, 450), 707¹⁶⁶ (680), 709²⁶¹ (680), 709²⁶² (680), 709²⁶³ (680), 711³⁴³ (680), 929²¹⁷ (820, 826), 929²¹⁹ (820), 929²²⁶ (823), 931³⁵⁸ (849), 932³⁶⁷ (849)
Miyake, N., **8**, 496²² (469), 497¹⁰⁵ (492), 668¹⁰ (660), 771¹²³ (742, 744T, 752T, 753T, 754T), 771¹³⁷ (742, 743T, 744T, 748T), 771¹⁶⁴ (743T, 744T)
Miyaki, A., **3**, 1248¹³⁵ (1185)
Miyamoto, N., **7**, 301¹⁵¹ (293), 301¹⁶⁶ (295)
Miyamoto, S., **2**, 193³²⁶ (83), 298¹¹⁶ (236); **6**, 261¹⁸ (244), 261¹⁹ (244); **8**, 435f², 709²⁵⁵ (685T), 927⁵⁴ (801)
Miyamoto, T., **6**, 344¹²⁹ (301), 740²⁴²ᵍ (511), 753¹¹⁴⁴ (639)
Miyamoto, T. K., **3**, 265¹³⁴ (189, 190)
Miyamoto, Y., **8**, 711³³⁴ (677)
Miyano, S., **2**, 848f³, 861¹⁰⁶ (848), 861¹⁰⁷ (848); **7**, 650²²⁴ (561), 725³¹ (668), 725³² (668); **8**, 471f¹⁸, 496²⁴ (469)
Miyao, K., **2**, 506⁴⁴ (403)
Miyaro, S., **7**, 651²⁸² (573)
Miyasaka, M., **6**, 344¹³² (301), 344¹³³ (301, 302), 444²³⁰ (415), 445²⁶⁷ (422)
Miyasaka, T., **7**, 657⁶⁴⁸ (639)
Miyashita, A., **2**, 713f², 713f³, 713f⁵, 713f¹¹, 724f¹, 724f², 761⁵⁵ (720, 744), 761⁸⁹ (724, 735, 740, 744), 762¹³³ (744), 763¹⁴⁹ (750); **3**, 87⁵¹³ (75), 88⁵¹⁴ (75), 114f⁴, 134f³, 170¹²² (150), 419f⁴, 419f⁷, 431³¹¹ 1073³²¹ (1021); **4**, 512⁴⁸² (495); **6**, 36¹⁹² (23), 97²⁵⁸ (59T, 65, 67), 97²⁶³ (59T, 61T, 65, 67, 76, 77), 97²⁶⁴ (59T, 61T, 64, 76, 79), 98²⁸⁹ (61T, 67, 76), 98²⁹⁰ (59T, 61T, 64, 76, 77, 79), 98²⁹¹ (59T, 61T, 64, 76), 98²⁹² (59T, 64, 67, 76, 77, 79), 98³¹⁰ (59T, 61T, 64, 76), 98³³⁵ (75), 141¹⁰⁹ (103, 104T), 143²⁶⁶ (109), 143²⁶⁶ (109), 143²⁶⁷ (109); **8**, 281⁶⁷ (254), 454⁹ (374, 390), 454¹⁴ (374), 454²¹ (374), 454²⁸ (375), 455¹⁰⁸ (390), 550⁶⁶ (516), 551¹²¹ (532), 643¹¹⁹ (633, 634T), 643¹²⁴ (616, 617, 618, 621T, 624, 638), 643¹²⁵ (638), 644¹⁷⁸ (624), 644¹⁷⁸ (624), 794¹⁶ (779), 795⁵⁷ (779)
Miyashita, M., **7**, 651²⁷⁸ (573); **8**, 888f¹⁰
Miyata, S., **8**, 368⁴⁹⁸ (355)
Miya-uchi, Y., **4**, 107f⁹⁵; **8**, 797¹⁵⁴ (788), 797¹⁵⁵ (788)

Miyaura, N., **1**, 308⁴⁴⁵ (293), 308⁴⁶⁵ (294); **7**, 142¹²⁴ (135), 142¹³⁴ (136), 196¹⁶² (182), 226²¹⁰ (219), 226²¹⁴ (219), 226²¹⁶ (219), 299⁶⁰ (277), 300⁸⁷ (280), 300¹³² (290, 291), 300¹³⁵ᵃ (291), 300¹³⁵ᶜ (291), 300¹³⁶ (291), 301¹⁴⁹ (292), 301¹⁵⁰ᵃ (292), 301¹⁵⁰ᵇ (292), 301¹⁵⁴ (293), 322²⁶ᵃ (309), 322⁴³ (314), 336³⁴ (329), 336³⁹ᵃ (329), 346²⁶ (341), 347³³ (342), 347⁴⁰ (343), 347⁴¹ (343), 363²³ (356); **8**, 931³⁶³ (849, 850), 933⁴⁹⁹ (914), 937⁷⁷⁶ (921)
Miyayra, N., **1**, 307³⁴⁵ (287)
Miyazaki, E., **8**, 98²²⁴ (61)
Miyazaki, H., **8**, 866f¹
Miyazawa, Y., **7**, 648⁹⁴ (537), 656⁵⁵⁰ (618)
Miyoshi, H., **1**, 753⁹³ (741), 753⁹⁷ (741); **2**, 971¹¹⁴ (884), 971¹²³ (885); **7**, 512¹¹² (490), 512¹³¹ (491, 493), 512¹⁵¹ (497), 512¹⁵² (497), 513¹⁷³ (499, 505, 507), 726⁶⁷ (676); **8**, 932⁴⁰⁸ (857)
Miyoshi, K., **7**, 649¹⁷⁷ (554)
Miyoshi, M., **2**, 971¹²³ (885); **8**, 646²⁷⁵ (618)
Miyoshi, N., **2**, 202⁷¹⁶ (175), 202⁷¹⁷ (175), 202⁷¹⁷ (175); **7**, 655⁵⁰⁶ (606), 655⁵⁰⁸ (607), 655⁵⁰⁹ (607)
Mizobe, Y., **8**, 1088f⁷, 1092f⁶, 1093f³, 1105⁸¹ (1090), 1105⁸⁹ (1094)
Mizoguchi, T., **4**, 460f⁸, 508²⁸⁴ (447), 607¹⁴⁴ (542); **6**, 468²¹ (457, 461)
Mizorki, T., **6**, 746⁶⁵⁶ (565)
Mizoroki, T., **6**, 95¹⁵⁰ (56T, 72), 97²⁷¹ (56T, 72), 98³¹⁹ (56T, 65); **8**, 99²⁶⁴ (75), 99²⁷⁰ (76, 77), 312f⁵⁷, 317f², 379f³, 379f¹⁵, 459³²⁶ (420), 606⁶⁹ (558), 606⁷⁰ (558, 598T), 610²⁹⁰ (598T), 610²⁹¹ (598T), 641²¹ (618, 623T), 641⁴² (616, 621T, 622T), 641⁴⁶ (616, 622T), 642⁷⁴ (621T), 645²⁴⁰ (621T), 646²⁶⁰ (622T), 704⁶ (683), 864f⁴, 936⁶⁵⁰ (901), 936⁶⁷⁷ (905)
Mizugaki, M., **8**, 771¹⁴⁶ (739, 757T, 758T, 759T, 760T)
Mizumachi, K., **4**, 920² (909)
Mizusawa, E., **1**, 444f⁶, 456²¹⁸ (445), 456²¹⁸ (445)
Mizuta, H., **8**, 461⁴⁷⁵ (447)
Mizuta, M., **2**, 512³⁶⁹ (445), 678²⁹¹ (662); **4**, 242⁵¹² (223, 224T, 227, 228)
Mizutani, K., **6**, 349⁴³² (335); **8**, 460³⁶⁷ (431), 931³³⁸ (847)
Mladenova, M., **2**, 861¹¹⁰ (849); **7**, 725¹⁵ (664)
Mo, Y. K., **2**, 202⁷²⁸ (179)
Moattar, M. T. Z., **3**, 1247⁷⁵ (1171); **5**, 276⁸⁰⁹ (264)
Moberg, C., **5**, 274⁶⁸⁶ (232); **6**, 180⁷¹ (174, 176T), 182¹⁹⁰ (169, 173T), 223⁶ (196, 203T, 206), 225⁸⁶ (196), 226¹⁵⁰ (196), 228²⁴⁹ (196); **8**, 460⁴⁰⁴ (434, 452), 706¹¹⁰ (691, 692T), 770⁷⁰ (729), 770⁷¹ (729), 929¹⁷⁹ (811, 829)
Mobilio, D., **7**, 648¹⁰⁷ (539)
Mocella, M. T., **8**, 550⁵¹ (512, 517), 551¹³¹ (537, 545)
Mocellin, E., **3**, 760f³, 768f¹⁹, 769f¹⁵, 779⁵³ (709)
Mochel, V. D., **7**, 8f, 463⁵³⁰ (450)
Mochida, I., **8**, 400f⁸, 457¹⁹⁷ (400), 704⁸ (672, 674T, 674, 690), 704⁴² (672, 674T, 674, 690), 705⁷⁶ (672, 674T, 674, 690), 706⁹⁹ (672, 674T, 674, 690)
Mochida, K., **2**, 505f³, 509¹⁶⁹ (420, 476), 509¹⁷⁸ (420, 475), 515⁵⁶¹ (473)
Mochizuki, A., **8**, 930²⁹² (841)
Mochs, P. J., **2**, 202⁶⁹¹ (168)
Mock, G. A., **7**, 649²⁰⁰ (559)
Möckel, R., **3**, 981f¹³, 981f¹⁵, 1069¹⁰¹ (981, 988, 990), 1069¹⁰⁴ (982)
Mockel, V. D., **3**, 547¹⁰⁹ (537)
Moczygemba, G. A., **8**, 366³⁴⁷ (340), 711³⁷⁴ (702)
Modelli, A., **2**, 976⁴¹⁶ (950)
Modena, G., **2**, 187⁵³ (12), 187⁵³ (12); **5**, 536¹¹²² (477), 537¹¹³⁸ (475T); **6**, 468²² (458); **8**, 497¹¹³ (494)
Moder, T. I., **2**, 618⁸⁶ (535)
Modiano, A., **8**, 1065⁸⁰ (1025, 1053)
Modinos, A., **1**, 375¹⁶¹ (332), 409⁷⁰ (400, 401); **5**, 272⁵⁷² (190); **6**, 140⁶⁵ (117, 121T), 290f², 349⁴²⁷ (334T, 334f), 737⁴⁶ (482), 737⁶⁴ (487)
Modinos, A. G. J., **4**, 158⁶⁰⁵ (138)

Moedritzer, K., **2**, 203[750] (185), 203[751] (185), 509[195] (423), 509[196] (423, 426), 509[197] (423), 513[444] (458), 620[217] (548), 620[218] (548), 705[57] (688), 706[94] (693, 701); **4**, 168f[4], 235[73] (168), 235[113] (174)

Moellendal, H., **1**, 146f[3], 152[230] (147), 152[231] (147)

Moeller, C. W., **1**, 308[448] (293)

Moeller, T., **3**, 263[9] (174, 176)

Moelwyn-Hughes, J. T., **4**, 33f[26], 52f[100], 65f[59], 152[162] (41, 61, 88, 93), 153[234] (61), 173f[1], 235[97] (170, 171, 174), 235[97] (170, 171, 174), 237[260] (197), 238[321] (205, 206T, 210, 215, 232T)

Moerck, R., **7**, 646[15] (517, 518), 646[20] (519), 648[125] (543, 544)

Moerikofer, A. W., **7**, 144f[2], 158[4] (143, 154), 160[150] (155), 195[90] (170, 172f), 195[91] (170, 172), 226[228] (220f), 253[133] (247)

Moering, U., **4**, 157[512] (127)

Moerke, W., **3**, 326[14] (284)

Moers, F. G., **3**, 833f[47], 94f[97] (836); **4**, 694f[15], 812[149] (714), 813[204] (722, 724), 813[206] (722), 814[280] (743), 1059[98] (981), 1059[102b] (981, 996, 1006), 1060[159] (993, 994); **5**, 533[877] (428), 549f[3]

Moews, P. C., **1**, 309[482] (296)

Moffat, A. J., **8**, 606[73] (558, 569, 597T), 606[74] (558, 569, 597T)

Moffat, J., **6**, 241[33] (238), 361[7] (352), 469[42] (462, 463), 469[43] (462, 463); **8**, 411f[14], 458[276] (412)

Moffat, J. B., **1**, 118[173] (81)

Moffatt, J., **6**, 348[384] (327)

Moffett, R. B., **7**, 20f[2], 101[91] (13), 104[238] (31)

Moffitt, W. E., **1**, 673[135] (582)

Mognaschi, E. R., **3**, 135f[10], 168[45] (111), 546[34] (492), 1073[352] (1025); **4**, 509[321] (453, 503)

Mohai, B., **3**, 1308f[1], 1311f[7]

Mohammed, M. S., **8**, 97[134] (48)

Mohen, M., **3**, 1137f[27]

Mohiuddin, R., **4**, 695f[10], 695f[12]

Mohler, E. L., **2**, 976[422] (950, 951)

Mohlo, D., **7**, 510[22] (473)

Mohr, D., **3**, 1246[34] (1158), 1253[380] (1237), 1253[382] (1237)

Mohr, G., **4**, 157[524] (128), 157[525] (128), 327[548] (303), 327[557] (304); **6**, 850f[25], 850f[26], 868f[7], 868f[8], 869f[38], 869f[39], 869f[40], 869f[41], 877[232] (820), 877[233] (820)

Mohr, U., **6**, 843f[184]

Mohr, W., **4**, 107f[66], 234[68] (167, 184T, 201), 238[279] (201), 238[281] (201); **6**, 842f[142]

Mohring, H., **2**, 624[504] (585)

Mohtachemi, R., **2**, 512[352] (444, 447), 626[640] (604); **3**, 797f[15], 797f[16], 949[213] (880), 949[213] (880), 1085f[16], 1085f[17], 1262f[16], 1262f[17]

Moinet, C., **4**, 512[506] (500, 501); **8**, 1067[157] (1040), 1068[242] (1049)

Moinet, G., **8**, 1007[13] (941)

Moise, C., **1**, 385f[5]; **3**, 376f[14], 407f[13], 428[147] (370, 396), 429[154] (370), 429[175] (374), 431[298] (408), 697[209] (664, 676), 699[313] (672, 679, 682), 700[396] (676), 701[436] (680); **4**, 510[409] (482), 511[468] (490T); **8**, 1065[73] (1025)

Moiseenkov, A. M., **1**, 249[505] (219); **7**, 99[19] (3), 110[597] (93)

Moiseev, I. I., **6**, 278[59] (266T, 276), 349[465] (307), 354f[1], 354f[1], 354f[2], 361[16] (352), 361[17] (352, 354), 361[18] (352, 354), 361[23] (352), 361[37] (355), 362[56] (358), 362[57] (358), 383[42] (366, 370), 441[20] (389), 441[21] (389, 426), 441[22] (389), 441[23] (389), 442[54] (393), 442[111a] (400, 422), 442[116] (401, 406), 443[121] (401), 443[146] (403), 445[295] (424), 446[319] (429), 750[912] (611), 750[944] (615), 757[1389] (672); **8**, 292f[50], 331f[28], 331f[29], 339f[36], 362[124] (296, 328), 363[173] (302), 365[322] (338), 644[202] (621T, 632), 937[763] (921)

Moiseev, S. K., **2**, 713f[37], 754f[13], 760[16] (715); **4**, 511[428] (485, 486)

Mojé, S., **7**, 727[128] (691, 692)

Mok, C., **5**, 273[609] (208), 534[963] (442, 519), 535[1021] (457, 458, 519)

Mok, C. Y., **5**, 269[369] (114), 269[371] (114)

Mok, K. S., **3**, 851f[22], 858f[8]

Mok, Y. I., **8**, 645[230] (632)

Mokeeva, T. I., **2**, 678[263] (658)

Mokhtar-Jamai, H., **2**, 618[88] (536)

Mokoti, S., **7**, 105[309] (41)

Mol, J. C., **8**, 549[7] (500), 549[8a] (500), 549[9e] (500, 512, 515, 516, 519, 525, 536, 538), 549[16b] (502), 549[28] (503), 549[32] (504, 505), 550[74] (517)

Molander, G. A., **2**, 970[62] (871); **7**, 142[140] (137), 196[131] (175, 181, 182), 321[2] (304, 310, 313), 347[44] (344), 347[45] (345)

Mole, T., **1**, 40[30] (10, 11, 15), 247[346] (197), 247[346] (197), 672[101] (576, 589, 627), 672[102] (576), 672[105] (577), 673[150] (589, 602), 673[152] (589, 590), 673[154] (589, 610, 627), 673[155] (589, 632), 673[179] (592), 674[198] (594, 597), 674[206] (595), 674[232] (602), 674[242] (603), 675[274] (610), 675[281] (612), 676[362] (624, 631, 655), 677[420] (627), 677[427] (628), 677[428] (628), 680[613] (649), 682[725] (581), 682[734] (581), 720[35] (687, 690, 691); **2**, 859[11] (825); **7**, 335[8] (324), 456[77] (384, 385, 395, 405, 430, 442), 458[235] (406), 459[247] (408), 459[293] (413, 441), 459[310] (415), 460[320a] (416), 460[320b] (416), 460[338] (418), 460[339] (418), 461[415] (431), 461[418] (432), 462[459] (438); **8**, 772[182] (746, 764T, 765T), 772[183] (746, 766T), 772[184] (746, 766T), 772[185] (746, 764T), 772[186] (746), 772[191] (769), 772[225] (769)

Molenda, R. P., **3**, 851f[31]

Moles, A., **6**, 1029f[62]

Molin, M., **6**, 383[39] (366); **8**, 931[298] (843)

Molin, Yu. N., **1**, 115[44] (50, 103T)

Molina, W., **8**, 97[148] (49, 56)

Molina-Orden, M. T., **7**, 98f[21]

Molinari, M. A., **1**, 376[211] (343)

Moll, D. B., **4**, 613[511] (600, 602f)

Moll, D. J., **6**, 12[6] (4)

Moll, M., **2**, 198[535] (128), 198[536] (128), 517[663] (489), 678[308] (662); **3**, 809f[13], 809f[14], 1248[128a] (1183), 1248[128b] (1183); **4**, 12f[17], 12f[21], 33f[21], 52f[95], 109f[11], 152[170] (43, 102), 153[236] (61), 158[641] (147), 236[151] (178, 215T), 238[291] (203), 321[152] (260, 310), 509[312] (452), 509[312] (452), 602f[17]; **5**, 32f[6], 34f[5], 34f[8], 266[145] (30); **6**, 1061f[13], 1074f[8], 1110[26] (1046, 1080, 1084), 1111[56a] (1053, 1065), 1113[173] (1087)

Mollbach, A., **6**, 33[11] (17, 17T), 97[250] (84)

Molle, G., **1**, 116[55] (52), 241[19] (157, 162); **7**, 102[159] (24), 103[178] (25)

Möllenberg, T., **5**, 270[446] (144)

Moller, F. N., **8**, 95[41] (30, 31, 33, 39)

Moller, U., **4**, 324[386] (288)

Mollère, P. D., **2**, 296[7] (207), 302[346] (284)

Molloy, K. C., **2**, 525f[4], 563f[5], 620[255] (554), 621[323] (563), 622[410] (572), 622[411] (573), 623[428] (575)

Molls, W., **3**, 698[252] (668); **4**, 156[481] (125); **6**, 33[22] (17)

Molnar, S. P., **6**, 749[831] (594T); **8**, 861f[2]

Molodova, K. A., **6**, 760[1581] (704), 760[1588] (705)

Moloy, K. G., **3**, 346f[2], 346f[3], 350f[8], 376f[4], 427[43] (339, 342, 348), 427[61] (350, 351), 631[181] (586)

Molzahn, D. C., **6**, 1112[128] (1073)

Monaghan, J. J., **2**, 198[526] (127), 396[108] (385)

Monaghan, P. K., **2**, 819[98] (783, 785)

Monakhova, E. S., **2**, 189[153] (35); **8**, 459[338] (423), 643[112] (616, 617, 622T), 669[77] (651, 658T)

Monakov, Yu. B., **3**, 267[222] (210), 267[223] (210), 368f[10], 372f[16], 398f[55]; **4**, 539f[15], 602f[3]; **6**, 225[110] (192, 193T)

Monakov, Yu. G., **2**, 191[223] (52)

Monastyrskii, L. M., **2**, 619[198] (547)

Monchamp, R. R., **3**, 1081f[4]; **4**, 149[15] (7)

Moncrief, J. W., **4**, 155[394] (102)

Mond, H., **3**, 1080f[1], 1146[3] (1080)

Mond, L., **4**, 319[1] (244), 688[1] (662); **5**, 5f[1], 264[3] (2, 4, 7); **6**, 12[14] (4T, 4)

Mond, R. L., **4**, 325[462] (296)

Mondal, J., **2**, 938f[1], 938f[4], 938f[5], 939f[1], 939f[3], 939f[4], 939f[7], 972[164] (892, 937), 976[369] (937, 938), 976[370] (937, 940, 941), 976[371] (937)
Mondelli, G., **8**, 795[41] (784)
Moneti, S., **3**, 85[320] (44); **6**, 182[192] (178)
Monin, J.-P., **8**, 1065[73] (1025)
Mönkemeyer, K., **6**, 33[16] (17)
Monoakhova, E. S., **8**, 392f[12]
Monroe, C. M., **2**, 362[158] (339)
Monshi, M., **3**, 83[230] (32), 84[294] (40), 84[295] (40), 87[484] (70), 87[486] (70), 700[360] (674, 690), 1077[588] (1065); **8**, 1010[187] (993)
Montagnoli, G., **3**, 86[386] (52), 547[128] (541); **4**, 690[90] (673), 690[91] (673), 690[135] (688), 1058[63] (976); **6**, 754[1189] (647T)
Montanari, F., **8**, 770[99] (734)
Montemayor, R. G., **4**, 324[96] (288); **5**, 306f[11], 523[217] (304T); **6**, 12[3] (4, 7T), 348[357] (324), 749[851] (597); **7**, 457[152] (395)
Montermoso, J. C., **2**, 622[362] (568)
Monteverdi, S., **2**, 507[72] (406)
Montgomery, C. W., **8**, 97[149] (49)
Montgomery, L. K., **2**, 186[29] (6), 193[327] (83)
Monti, S. A., **8**, 100[846] (950)
Montillier, J. P., **7**, 109[497] (71)
Montino, F., **6**, 143[219] (118)
Montrasi, G., **5**, 266[171] (36), 267[197] (41); **8**, 222[99] (124, 127)
Montury, M., **7**, 455[51] (381), 647[42] (525), 648[145] (548)
Mooberry, E. S., **6**, 843f[185]
Moock, T., **8**, 938[803] (925)
Moodie, I. M., **7**, 66f[1]
Moodie, R. B., **1**, 303[77] (265), 307[361] (288)
Moody, D. C., **1**, 444f[4], 456[222] (446); **3**, 267[228] (211); **4**, 812[137] (711, 809), 812[138] (711); **6**, 36[169] (32)
Moody, R. J., **1**, 379[413] (364), 379[416] (364); **7**, 301[168] (296), 301[173a] (297)
Mooij, J. J., **1**, 120[310] (111), 120[310] (111), 120[315] (113), 120[315] (113), 120[315] (113)
Moon, B. J., **7**, 459[278] (412)
Moon, E. H., **3**, 702[476] (684)
Mooney, E. F., **1**, 260f[18], 260f[26], 260f[27], 260f[29], 260f[30], 261f[43], 273f[40], 303[92] (267), 304[199] (271), 374[57] (313, 364), 379[419] (366); **7**, 335[6] (324)
Mooney, R. C. L., **2**, 696f[2]
Moore, D. S., **4**, 811[130] (709), 813[248] (732), 964[113] (949), 1060[179] (999, 1001), 1060[180] (999, 1001), 1060[181b] (999, 1003)
Moore, D. W., **5**, 213f[4], 538[1193] (485)
Moore, E. B., **1**, 41[129] (28), 258f[8]; **6**, 945[268] (933, 934T)
Moore, F. W., **1**, 60f[2]; **3**, 1084f[2]
Moore, G. J., **1**, 242[81] (163, 165, 175), 242[99] (165, 175), 244[107] (176), **2**, 679[345] (666)
Moore, G. T., **3**, 1249[175] (1192), 1381[107] (1342)
Moore, J. W., **4**, 40[52] (13, 14, 15T), 585f[1], 673[134] (582, 587, 588, 627); **6**, 755[1274] (656)
Moore, L. O., **1**, 305[201] (273)
Moore, M. L., **1**, 116[103] (63); **7**, 100[48] (6)
Moore, P., **2**, 912f[2], 915f[6], 945f[2], 975[326] (927, 928, 929), 975[351] (932, 947T); **3**, 1252[365] (1233), 1383[238] (1373); **6**, 841f[103], 874f[82] (774)
Moore, R. A., **7**, 513[175] (499, 503)
Moore, R. D., **6**, 751[1014] (623, 627), 752[1046] (629), 760[1613] (713, 714)
Moore, R. E., **1**, 249[464] (211)
Moore, T. F., **1**, 262f[23], 262f[25], 268f[5], 302[16] (256), 302[38] (259), 303[116] (268)
Moore, W. R., **7**, 195[87] (168), 253[129] (247, 250)
Moore, W. S., **2**, 512[398] (452)
Moorehead, E. L., **8**, 1098f[3], 1098f[4], 1105[95] (1097)
Moorhouse, S., **2**, 191[223] (52), 194[373] (95, 96), 859[23] (829, 845); **3**, 334f[1], 426[5] (332, 336), 473[33] (440), 701[429] (680), 711f[10], 732f[12], 732f[13], 733f[7], 733f[8], 764f[4], 781[180] (763), 1177f[4], 1187f[6], 1189f[15], 1246[42] (1159), 1338f[15], 1380[52] (1331); **4**, 155[423] (116), 239[335] (206, 207T), 239[336] (206, 207T, 232T), 505[103] (406), 539f[2], 814[288] (744, 746), 840[54] (830); **5**, 249f[3], 249f[4], 273[632] (211), 529[627] (378), 538[1226] (358, 493), 538[1227] (358, 493), 624[185] (567); **6**, 840f[75], 850f[27], 875[110] (778, 779), 1060f[5], 1061f[11], 1110[40] (1050, 1051, 1060, 1064), 1111[45] (1051, 1095)
Moorhouse, S. M., **4**, 233[8] (163), 928[2] (924)
Mootz, D., **1**, 40[83] (17, 18T), 126f[6], 151[152] (134); **2**, 199[562] (134), 200[636] (156)
Moraczewski, J., **3**, 84[261] (36); **5**, 272[554] (187, 229, 238), 274[675] (230)
Moradi-Araghi, A., **3**, 82[167] (24)
Moradini, F., **5**, 625[253] (579)
Moraglio, G., **3**, 547[90] (520)
Moran, J. T., **1**, 541[210a] (524), 541[213a] (525), 552[6] (543), 553[35] (547, 549)
Moran, M., **3**, 326[22] (287), 429[168] (373), 702[471] (684), 971f[12]
Morand, P., **4**, 963[45] (938)
Morandini, F., **5**, 622[77] (552), 625[254] (579), 625[255] (579); **6**, 761[1665] (728), 761[1670] (729), 761[1671] (729); **7**, 106[371] (49); **8**, 291f[26], 497[107] (492), 771[147] (740, 744T, 745, 747T, 748T), 771[151] (742, 744T, 752T)
Moras, D., **4**, 323[303] (277); **6**, 737[53] (484), 806f[61], 850f[32]
Morazzoni, F., **4**, 811[82] (701), 811[82] (701), 1059[105] (981, 982, 984, 992, 1010)
Mordenti, L., **7**, 101[78] (11f, 12)
Moreau, J. J. E., **2**, 196[454] (113), 509[182] (421, 428, 433, 477), 510[235] (428, 477); **3**, 711f[7], 736f[3], 736f[4], 764f[5], 768f[13], 768f[27], 768f[28], 775f[7], 775f[8], 781[181] (764, 773, 774); **4**, 607[173] (548), 965[163] (959); **6**, 758[1448] (677), 760[1611] (712); **8**, 481f[4], 497[73] (480, 482), 497[76] (482)
Moreau, J. L., **7**, 462[444] (435), 652[335] (581)
Moreau, P., **1**, 242[97] (165, 175), 243[168] (175); **7**, 511[57] (480)
Moreau, R., **1**, 374[102] (321); **7**, 159[94] (149), 196[155] (181)
Morehouse, E. L., **3**, 629[70a] (569), 629[70b] (569)
Morehouse, S. M., **3**, 125f[7], 168[11] (91); **4**, 374[59] (343, 344f), 818[538] (778); **6**, 241[36] (239, 240), 278[56] (266T, 276), 444[184] (408); **8**, 927[41] (801)
Morel, D., **6**, 182[186] (157); **8**, 642[93] (616, 622T, 632), 708[212] (701)
Morel, J., **1**, 376[243] (347); **7**, 101[114] (16), 104[246] (32)
Moreland, C. G., **1**, 286f[1]
Moreland, J. A., **4**, 818[578] (785), 818[579] (785)
Moreland, M., **7**, 647[67] (527)
Morell, W., **2**, 944f[14]
Morelli, D., **6**, 362[83] (360, 361), 441[18] (389), 1027f[11]; **8**, 928[140] (806)
Moreno, V., **3**, 411f[8], 431[301] (409), 631[201] (590); **5**, 76f[11], 268[293] (78); **6**, 99[359] (50T), 345[145] (304, 305), 744[543] (546)
Moreno-Manas, M., **8**, 770[112] (737)
Moreton, P. M., **2**, 1019[252] (1007)
Moretti, G., **8**, 458[271] (412)
Moretto, H. H., **2**, 303[411] (295T)
Morgan, A., **1**, 40[77] (17)
Morgan, A. D., **7**, 106[361] (48)
Morgan, B., **7**, 511[55] (480)
Morgan, C. R., **6**, 361[27] (352), 362[84] (360, 361), 441[19] (389); **8**, 382f[13], 388f[4], 454[25] (376, 381, 387)
Morgan, G. J., **4**, 816[448] (766, 773)
Morgan, G. L., **1**, 40[29] (10), 125f[14], 126f[1], 149[26] (122, 147), 149[34] (122), 150[97] (124, 125, 126), 150[100] (126), 151[124] (128, 129, 130, 138), 151[128] (129, 130, 131, 138), 152[195] (144), 152[202] (144, 145, 146, 147), 152[203] (144, 146), 152[204] (144, 145), 152[222] (146, 147); **6**, 748[793] (588, 588T)
Morgan, K. A., **5**, 29f[4]
Morgan, P. H., **7**, 701[423] (678)
Morgan, R. A., **6**, 346[262] (315, 316), 346[263] (315, 316, 337), 756[1329] (664), 756[1330] (664)

Morganti, G., **4**, 559f[5], 602f[20]
Morgat, J.-L., **8**, 498[118] (495)
Mori, A., **7**, 650[267] (571), 651[282] (573), 657[623] (634)
Mori, A. L., **3**, 270[407] (256)
Mori, H., **4**, 938f[6], 938f[7]; **6**, 445[298] (424); **8**, 280[6] (228)
Mori, K., **6**, 141[98] (110), 180[72] (163, 165T); **7**, 97f[17]; **8**, 668[22] (657T), 708[197] (701), 864f[4], 936[650] (901), 936[677] (905)
Mori, M., **6**, 441[43] (391, 430); **8**, 223[160] (180), 769[19] (736), 769[20] (736), 769[21] (736), 769[37] (736), 770[53] (723T, 724T, 732, 734, 736), 771[141] (736), 933[460] (865, 907), 933[462] (865), 936[687] (906), 936[690] (907), 936[691] (907), 936[692] (907), 936[693] (907)
Mori, T., **4**, 328[667] (315)
Mori, Y., **1**, 241[37] (158); **3**, 1248[106] (1180); **7**, 456[87] (385), 649[206] (559); **8**, 445f[1], 461f[62] (445), 931[319] (846, 901)
Moriarty, R. E., **3**, 1380[36] (1329), 1384[246] (1375)
Moriarty, R. M., **3**, 1379[5] (1323); **4**, 506[123] (411), 506[127] (412), 506[128] (412), 607[127] (539f, 540, 603), 610[339] (539f, 585); **7**, 512[128] (491, 493); **8**, 928[99] (803), 1007[20] (943)
Morifuji, K., **4**, 374[41] (340, 361); **8**, 405f[6], 408f[6], 456[164] (396), 457[223] (404)
Morii, S., **8**, 769[7] (714, 715T, 722)
Morikawa, H., **7**, 253[148] (250); **8**, 457[200] (401, 407), 709[256] (685T), 709[258] (678), 709[259] (678, 690), 710[309] (678), 710[318] (672), 710[319] (672)
Morikawa, M., **6**, 362[62] (359), 442[96] (399), 446[325] (430), 446[339] (433), 446[340] (433), 758[1454] (677); **8**, 929[192] (813), 930[257] (834)
Morikawe, H., **8**, 707[158] (678)
Morimoto, C. N., **4**, 234[75] (169, 198)
Morinaga, S., **6**, 349[463] (292)
Morishima, I., **1**, 753[93] (741); **2**, 971[114] (884); **4**, 504[28] (384), 506[159] (425); **7**, 512[131] (491, 493)
Morita, K., **7**, 252[56] (236); **8**, 368[476] (354)
Morita, M., **2**, 1019[287] (1012f); **6**, 758[1486] (683)
Morita, T., **2**, 187[60b] (13), 203[745] (183); **7**, 651[297] (576), 652[345] (583), 658[667] (639)
Morita, Y., **1**, 304[182] (270, 288), 304[183] (270, 288), 681[694] (664); **7**, 223[12] (199), 223[13] (199); **8**, 496[28] (469)
Moritani, I., **1**, 303[117] (268); **2**, 300[227] (257); **4**, 460f[8], 508[284] (447), 607[144] (542); **5**, 530[705] (396); **6**, 343[24] (282), 349[438] (338), 349[439] (338), 361[6] (352, 353, 355, 359), 362[71] (360), 362[72] (360), 362[73] (360), 362[74] (360), 362[75] (360), 362[76] (360), 362[77] (360), 362[78] (360), 383[58] (368, 375, 381), 383[81] (373, 380), 441[24] (389), 443[156] (404), 446[321] (429), 468[2] (455), 468[18] (456, 457), 468[21] (457, 461); **7**, 159[83] (146, 149), 253[110] (244), 300[89a] (280), 300[125] (288); **8**, 861f[3], 927[37] (800, 858), 928[156] (810), 929[220] (820), 930[237] (826), 930[290] (840), 932[420] (860), 933[437] (858), 933[438] (858), 933[439] (858, 859), 933[442] (858), 933[443] (858), 935[586] (891), 936[715] (911, 914), 937[739] (914, 918), 937[741] (916, 918), 1064[40] (1019), 1064[40] (1019), 1070[299a] (1058), 1070[299a] (1058)
Moritz, J., **6**, 740[285] (516), 744[487] (538T)
Moriuti, S., **8**, 497[101] (491)
Moriya, T., **8**, 709[247] (678), 709[248] (678), 709[285] (690), 709[287] (678)
Moriyama, H., **6**, 95[117] (38, 43T), 349[453] (341, 342), 943[135] (907, 909T); **8**, 305f[37], 339f[15]
Morliere, P., **4**, 375[144] (368)
Mornet, R., **1**, 243[128] (169, 211); **7**, 100[32] (4), 100[32] (4)
Morokuma, K., **1**, 149[15] (122); **7**, 160[148] (155)
Moroney, P. M., **6**, 278[46] (266T, 274)
Moroni, E. C., **5**, 621[20] (547)
Moronski, M., **8**, 339f[3]
Moro-oka, Y., **5**, 536[1062] (462); **6**, 349[432] (335), 446[317] (428); **7**, 649[182] (555); **8**, 927[88] (803, 804)
Morosin, B., **1**, 40[78] (17, 18T), 126f[5], 151[125] (128, 130, 131); **2**, 762[104] (730)

Morozova, L. N., **6**, 35[105] (21T, 23), 96[171] (40, 43T, 54T, 64, 75, 79), 100[409] (40, 43T), 100[419] (40, 43T, 79)
Morozova, L. V., **3**, 1072[275] (1014), 1072[280] (1014); **5**, 628[496] (617); **8**, 365[313] (337)
Morrell, D. G., **3**, 83[217] (31), 269[329] (232), 269[335] (233); **6**, 98[315] (55T, 56T, 61T, 64, 70, 75, 77, 79, 80), 141[148] (116, 119), 231[17] (230); **7**, 106[348] (47); **8**, 771[128] (741, 742, 752T, 762T)
Morris, A., **3**, 949[192] (875)
Morris, D., **5**, 29f[7]
Morris, D. E., **4**, 326[473] (296), 326[474] (296); **5**, 622[87] (557, 602); **8**, 222[93] (121), 339f[23], 607[139] (569)
Morris, D. R., **3**, 379f[16]
Morris, Jr., E. D., **4**, 320[73] (250)
Morris, G. A., **2**, 516[638] (484); **3**, 168[17] (96); **6**, 1111[52] (1053)
Morris, G. E., **3**, 1357f[3], 1382[162] (1357, 1358); **5**, 626[388] (599), 627[406] (601); **6**, 841f[103], 874[82] (774); **8**, 364[217] (320)
Morris, J. H., **1**, 152[232] (147), 373[24] (313, 368, 369), 374[116] (323, 324), 374[117] (323), 376[200] (339), 378[337] (358); **4**, 65f[11], 106f[15], 153[261] (68); **6**, 263[147] (255), 942[37] (899T); **7**, 195[49] (163), 226[176] (213)
Morris, P. J., **7**, 17f[2], 101[101] (15)
Morris, R. H., **5**, 533[852] (421), 537[1131] (476), 537[1135] (476); **8**, 296f[3], 365[277] (328, 338), 497[61] (478)
Morris, S., **3**, 632[264] (620)
Morrison, D. L., **6**, 1110[41] (1050)
Morrison, G. F., **7**, 142[103] (130), 299[75] (279)
Morrison, I. G., **8**, 1064[44] (1019), 1065[55] (1021, 1022f), 1071[352] (1063)
Morrison, J. A., **1**, 117[109] (64); **2**, 509[174] (420, 426, 435), 861[134] (853, 855), 949f[2]; **6**, 1114[220] (1101)
Morrison, J. D., **1**, 246[314] (193), 248[426] (207, 211), 672[85] (571); **5**, 537[1133] (476); **7**, 50f, 102[167] (24), 103[185] (25), 103[189] (26), 725[16] (664, 668); **8**, 472f[2], 496[1] (464, 465), 496[18] (467, 476, 477)
Morrison, R. C., **7**, 100[45] (6)
Morrison, R. F., **6**, 749[829] (592, 594T)
Morrison, R. J., **1**, 150[96] (124, 128); **2**, 976[420] (950, 951); **5**, 623[125] (561, 572, 597); **8**, 317f[15], 608[163] (579)
Morrison, T. I., **2**, 636f[3], 674[48] (635)
Morrison, Jr., W. H., **4**, 510[411] (482), 511[441] (485), 610[377] (589), 610[378] (589), 816[425] (762), 816[439] (764), 816[443] (764); **6**, 987f[10], 1020[86], 1039[15] (989, 990), 1040[66] (997); **7**, 97f[26], 102[146a] (22), 102[147] (22, 56), 657[613] (632); **8**, 1068[237] (1049), 1070[336a] (1061, 1062), 1070[336a] (1061, 1062), 1070[336c] (1062)
Morrow, B. A., **6**, 745[546] (546)
Morrow, S. D., **8**, 930[235] (826, 833)
Morse, D. L., **3**, 695[46] (651, 653), 708f[6], 779[46] (708); **4**, 150[50] (16), 234[43] (164, 179), 235[106] (172), 816[412] (761, 763)
Morse, J. G., **3**, 851f[57]; **4**, 52f[93]; **6**, 13[64] (8), 13[70] (8), 34[38] (23)
Morse, K. W., **6**, 13[64] (8), 34[38] (23), 944[170] (913T), 944[171] (913T), 944[176] (913T), 944[179] (913T, 914), 944[180] (913T, 914), 944[184] (912T, 912)
Morse, M. L., **2**, 1019[289] (1012)
Morse, S. D., **2**, 972[155] (891)
Mortensen, J., **3**, 1211f[1], 1251[246] (1210, 1211)
Mortensen, J. P., **3**, 1028f[2], 1071[215] (1001, 1028, 1029), 1360f[1], 1382[165] (1359); **8**, 1068[246] (1051, 1056)
Mortensen, P., **3**, 1004f[2]
Mortensen, L. E., **8**, 1104[4] (1074)
Mortier, W., **1**, 251[581] (231, 232)
Mortikova, E. I., **3**, 628[817] (562, 563, 617, 618)
Mortimer, C. T., **1**, 675[314] (617), 721[82] (693, 694); **5**, 523[237] (305, 307); **6**, 744[502] (540), 744[502a] (540), 744[503] (541), 752[1041] (628), 752[1042] (628), 755[1288] (658), 755[1289] (658, 709), 760[1564] (697)
Mortimer, D. C., **2**, 1016[77] (986)
Mortimer, G. A., **3**, 398f[19], 406f[4], 406f[11], 407f[2], 407f[5], 411f[2], 430[268] (396, 408), 430[280] (402)

Mortimer, J., **3**, 701[423] (678), 702[477] (684); **8**, 454[40] (378)
Mortimer, R., **7**, 346[17] (340, 341)
Mortimer, R. D., **7**, 346[22] (340, 341)
Morton, A. A., **1**, 53f[1], 53f[7]; **2**, 872f[11]; **7**, 100[63] (8)
Morton, D. R., **7**, 648[139] (547), 651[303] (576)
Morton, H. E., **7**, 99f[33]
Morton, Jr., J. W., **1**, 115[9] (44, 53T, 54)
Morton, M., **7**, 107[396] (53, 74)
Morton, N., **6**, 752[1042] (628)
Morton, S., **4**, 50f[35], 65f[39], 326[528] (300); **5**, 27f[6], 29f[5]; **6**, 36[205] (19T), 36[206] (21T, 22T, 24, 25)
Morton, S. F., **2**, 970[50] (869), 1015[19] (981), 1017[153] (998, 1007f), 1019[253] (1007), 1019[254] (1007)
Mortreux, A., **3**, 1253[384] (1237); **8**, 98[215] (61, 62), 408f[2], 457[241] (409), 497[92] (487), 551[141] (548), 551[141] (548), 551[142] (548), 643[121] (616), 643[150] (634T), 644[199] (624), 706[115] (684), 706[145] (673), 708[235] (684)
Morvillo, A., **5**, 32f[1], 266[144] (30, 31); **6**, 97[262] (54T, 65), 98[286] (56T, 77), 98[287] (56T, 65, 77); **8**, 368[508] (358), 770[97] (734), 770[98] (734)
Morwick, T., **7**, 99f[23], 653[387] (590)
Moscony, J. J., **2**, 202[726] (179)
Moscowitz, J., **2**, 626[678] (611)
Möseler, R., **2**, 198[541] (129)
Moseley, K., **5**, 357f[4], 373f[1], 403f[8], 438f[12], 479f[2], 479f[9], 527[476] (356, 451), 527[477] (356, 451, 468, 500, 501, 516), 527[478] (356, 357, 435, 451, 468, 501), 527[516] (363, 367, 369, 377), 535[1007] (450, 501), 535[1010] (451), 536[1079] (467, 501), 604f[4], 606f[4], 608f[5], 608f[8], 610f[3], 626[362] (596, 605, 607), 626[363] (596), 626[364] (596), 627[437] (603, 605), 627[454] (607); **6**, 187[22] (186), 261[47] (247), 263[182] (259, 260), 263[187] (260), 263[188] (260), 263[189] (260), 346[239] (312, 336), 349[415] (333, 334T, 334f, 337), 383[62] (370), 469[49] (464), 469[56] (465), 469[60] (466), 751[1008] (622), 759[1546] (696), 759[1547] (696), 844f[253]; **8**, 1070[328] (1061)
Moseley, M. A., **5**, 535[1046] (462), 535[1048] (462)
Moseley, P. T., **1**, 249[471] (212); **2**, 860[54] (835)
Moser, E., **3**, 798f[9], 891f[9], 893f[1], 1297f[5]; **4**, 605[44] (519, 595), 612[455] (595)
Moser, G., **6**, 1034f[6], 1040[96] (1004, 1007), 1041[132] (1013)
Moser, G. A., **1**, 246[336] (195); **3**, 891f[3], 1072[300a] (1018), 1072[300b] (1018), 1250[206] (1201), 1250[207] (1201), 1382[138] (1348), 1382[139] (1348); **5**, 622[108] (561, 567), 623[116] (561); **6**, 1041[131] (1013, 1038); **7**, 109[553] (80); **8**, 606[71] (558), 607[115] (564), 1067[164] (1041), 1067[171] (1041)
Moser, W. R., **7**, 727[148] (697)
Mosher, H. S., **1**, 245[241] (181, 186, 205), 247[364] (198, 199), 672[85] (571); **7**, 103[185] (25), 103[189] (26), 725[16] (664, 668); **8**, 496[1] (464, 465)
Mosimann, P., **3**, 315f[3], 326[19] (285)
Mosin, A. M., **2**, 299[192] (249T, 270); **5**, 266[117] (25)
Mosin, V. A., **4**, 964[119] (949)
Moskalenko, L. N., **1**, 249[494] (218, 219, 234, 235, 237), 249[496] (219, 234, 235, 236, 237), 252[624] (237, 238, 240), 252[628] (238)
Muskalenko, V. A., **2**, 362[171] (346)
Moskovits, M., **2**, 762[109] (732); **3**, 264[65] (180, 211), 694[14] (649, 654); **6**, 12[8] (4), 33[25] (18), 241[40] (240), 736[2] (474, 475)
Moskovitz, M., **4**, 319[50] (248)
Moskowitz, J. W., **1**, 245[274] (187, 205); **2**, 860[35] (831)
Moss, J. H., **2**, 704[23b] (684)
Moss, J. R., **3**, 170[139] (154), 833f[14], 1146[26] (1093); **4**, 33f[32], 34f[48], 50f[20], 50f[21], 73f[4], 151[155] (40, 90), 152[156] (40), 325[450] (294), 344f[2], 374[62] (343, 344f), 610[349] (586), 610[357] (586), 688[9] (662, 663), 818[547] (779), 1057[76] (968, 969, 970, 972), 1057[16] (969, 970, 977, 978), 1057[24] (970, 974, 976, 1004), 1058[42] (972), 1061[249] (1023); **6**, 843[211], 845[263], 869[72]
Moss, K. C., **5**, 543f[3]
Moss, R. A., **2**, 395[18] (367); **7**, 90f[3]
Mossman, A. B., **2**, 203[745] (183); **7**, 658[672] (641)

Mostovoi, N. V., **1**, 286f[12], 376[195] (339), 377[291] (353); **7**, 195[99] (170), 252[49] (234)
Motegi, T., **2**, 360[25] (310), 360[32] (310), 395[15] (366, 373, 376)
Motevalle, M., **8**, 1092f[4]
Motojima, S., **3**, 734f[10], 780[129] (743, 756)
Motroni, G., **4**, 958f[8], 958f[13]
Motsarev, G. V., **2**, 508[148] (414)
Motsch, A., **3**, 950[270] (902)
Mott, G. N., **4**, 323[265] (272, 276, 303), 609[256] (570f, 571), 609[260] (570f, 571), 609[261] (570f, 571), 609[262] (570f, 571), 609[263] (571); **6**, 871f[123]
Mott, R. C., **7**, 650[233] (563)
Mottweiler, R., **3**, 279[23] (272), 557[73] (556)
Motz, K. L., **7**, 462[464] (440)
Motz, V. M., **8**, 550[83] (519)
Motzfeldt, T., **2**, 625[582] (598), 680[391] (671)
Mouchina, E. A., **8**, 642[75] (621T)
Moulijn, J. A., **8**, 549[7] (500), 549[8a] (500), 549[9e] (500, 512, 515, 516, 519, 525, 536, 538), 549[28] (503), 549[32] (504, 505), 551[140] (548)
Moulines, F., **8**, 645[210] (632)
Moulines, J., **7**, 725[64] (675)
Moulton, C. J., **5**, 404[41] (523[254] (307, 432), 530[688] (394), 625[269] (581); **6**, 95[147] (43T, 57T, 61T, 64, 69), 345[147] (304, 324, 341)
Moulton, C. L., **5**, 530[690] (394, 412, 431)
Mouncher, P. D., **5**, 273[578] (192)
Mounier, J., **1**, 125f[7], 150[92] (124, 127, 130), 150[107] (127), 151[118] (127), 151[130] (130), 151[131] (130, 131, 132), 151[132] (130), 151[133] (130), 151[141] (131)
Mountfield, B. A., **1**, 261f[42]
Mourad, A. F., **3**, 1072[263] (1012)
Mouri, T., **8**, 458[261] (411, 412)
Mousseron, M., **7**, 196[115] (172), 225[115] (208)
Moutran, R., **2**, 190[182] (40)
Mowat, W., **1**, 247[343] (196); **2**, 194[362] (93); **3**, 88[524] (77), 461f[15], 696[117] (657, 660, 661), 696[150] (660), 723f[5], 723f[6], 725f[9], 732f[7], 732f[8], 779[86] (723), 937f[1], 937f[2], 937f[4], 950[307] (916, 936, 939), 951[354] (936), 951[356] (939), 1131f[1], 1131f[2], 1131f[4], 1133f[1], 1147[107] (1134), 1312f[2], 1312f[3], 1319[145] (1309), 1319[146] (1309); **4**, 154[322] (78); **5**, 538[1233] (493, 494), 626[359] (595)
Mowthorpe, D. J., **2**, 621[291] (558), 623[420] (574)
Moy, D., **1**, 720[70] (691); **2**, 976[408] (948)
Moya, S. A., **4**, 328[666] (315), 963[68] (941); **6**, 869f[60a], 869f[61], 869f[65], 877[241] (822), 877[242] (822); **8**, 17[24] (12), 17[35] (13)
Moye, T., **1**, 115[28c] (46)
Moyer, P. H., **3**, 547[112] (537)
Moyer, W. W., **7**, 104[248] (32)
Moyes, D. A., **2**, 679[343] (666)
Moyes, R. B., **8**, 642[100] (626, 627T)
Moyle, B., **5**, 523[254] (307, 432)
Moyn, S. A., **5**, 628[500] (617, 620)
Mozaffar-Zanganeh, H., **3**, 840f[5]; **6**, 34[72] (20T, 22T)
Mozdzen, E. C., **2**, 302[363] (290); **7**, 103[180] (25), 657[640c] (639)
Mozzanega, H., **8**, 98[216] (61)
Mozzhukhin, D. D., **3**, 1070[194] (999), 1070[200] (999)
Mpango, G. B., **7**, 104[267] (34)
Mraz, T. J., **2**, 196[461] (113)
Mrowca, J. J., **1**, 247[340] (196, 197); **3**, 108f[20]; **5**, 436f[2], 438f[10], 534[928] (434), 536[1081] (467); **6**, 740[261] (515T, 551)
Mstislavsky, V. I., **3**, 125f[27]
Muckenhuber, E., **6**, 942[42] (899T)
Mucklejohn, S. A., **5**, 290f[4], 291f[4], 521[91] (289)
Mudd, K. R., **2**, 621[328] (563)
Mudry, W. L., **7**, 455[10] (370)
Mueckter, H., **1**, 376[238] (346)
Mueh, H. J., **4**, 33f[29], 34f[58], 50f[16], 52f[106], 52f[107],

52f[108], 109f[1], 109f[6], 109f[7], 144f[1], 144f[2], 156[478] (125, 149), 157[557] (132), 158[629] (141, 143, 144, 145), 158[633] (143, 145), 158[634] (144), 158[637] (146)
Mueller, B. W., **1**, 376[236] (346)
Mueller, D. C., **2**, 972[174] (896), 977[470] (958); **7**, 679f[6]
Mueller, E., **1**, 671[44] (561, 625, 634), 676[334] (621); **2**, 302[349] (284), 302[350] (284)
Mueller, Jr., F. X., **1**, 251[601] (234)
Mueller, G., **7**, 457[168] (396), 458[239a] (407)
Mueller, G. P., **8**, 796[108] (774)
Mueller, J., **3**, 863f[29]; **5**, 626[361] (596, 601)
Mueller, K.-D., **1**, 376[218] (343), 378[316] (356)
Mueller, R., **2**, 676[176] (651)
Mueller, R. H., **1**, 307[377] (288), 374[119] (323), 374[120] (323); **7**, 158[33] (145), 158[34] (145), 226[189] (216), 299[49a] (275), 649[196] (558)
Mueller, U., **1**, 721[100] (698)
Mueller-Tamm, H., **7**, 463[521] (448), 463[522] (448)
Mueller-Westerhoff, U. T., **3**, 83[193] (28); **4**, 479f[16], 511[416] (482); **8**, 1070[335b] (1061), 1070[337] (1062)
Muench, W. C., **2**, 302[363] (290)
Muetterties, E. L., **1**, 41[124] (25), 41[132] (28), 41[133] (28), 286f[4], 302[7] (254, 270, 271, 274, 279, 281, 284, 286, 294), 305[212] (277), 305[228] (279), 305[229] (279, 282), 305[230] (279), 308[479] (296), 308[480] (296), 310[567] (299), 310[581] (300), 373[8] (313), 374[70] (313, 368), 452[1] (412, 413, 418), 452[5] (412, 423, 424, 436, 437, 441, 442), 452[6] (412, 424, 425, 436, 437, 442), 453[64] (424), 454[87] (427), 454[115] (430), 454[136] (432), 455[144] (433), 456[202] (443), 456[213] (444, 445, 450), 456[219] (445), 456[232] (449), 456[234] (450, 451), 457[246] (451), 457[246] (451), 537[1b] (460, 463), 537[1d] (460, 463, 481), 538[73] (480, 524, 525, 535), 539[98] (489, 513), 539[100] (489, 506, 507, 536T), 539[107b] (491), 539[107c] (491), 539[107d] (491, 536), 541[222] (528), 739[107a] (491); **2**, 202[694] (169), 202[726] (179), 515[579] (478), 706[115] (696); **3**, 81[109] (12), 81[119] (12), 83[249] (35), 86[441] (62), 142f[2], 168[9] (91), 170[121] (150), 170[128] (152, 163), 328[155] (320), 946[29] (812), 1067[21] (962), 1068[67] (974), 1249[192] (1198), 1250[220] (1203), 1251[258] (1214, 1218, 1219, 1220), 1360f[11], 1382[157] (1356), 1382[175] (1362); **4**, 34f[74], 50f[7], 64f[5], 65f[20], 65f[54], 153[246] (63), 153[250] (66, 117), 153[266] (68, 91, 115, 116), 236[162a] (179), 247f[5], 247f[8], 247f[9], 312f[7], 312f[9], 319[26] (246), 319[28] (246), 325[459] (295, 313), 325[460] (295, 313), 327[569] (305, 318), 328[645] (312), 329[683] (317, 318), 329[684] (317, 318), 374[25] (335), 380f[29], 400f[2], 435f[21], 504[14] (382), 505[86] (402), 506[146] (419, 428), 506[147] (419), 507[190] (431), 507[227] (439), 607[161] (546), 608[224] (563), 620f[1], 648[20] (619), 649[110] (645, 646), 657f[14], 657f[20], 689[57] (668), 812[177] (718), 812[184] (718), 812[188] (718), 819[638] (802), 819[644] (803), 873f[17], 886[154] (874), 963[33] (936), 1060[204a] (1012), 1061[270] (1028), 1062[296] (1033), 1062[298] (1033), 1063[343] (1044), 1064[405] (1056); **5**, 68f[8], 68f[9], 194f[20], 213f[2], 213f[18], 229f[7], 264[10] (3, 211), 267[193] (41), 267[194] (41), 268[254] (67, 70, 73), 268[267] (70, 72, 182, 222, 228), 273[638] (216), 274[661] (222), 276[807] (261, 262), 525[351] (525), 525[377] (339), 526[408] (342), 538[1209] (488), 538[1231] (494, 503), 622[76] (552), 628[498] (617), 628[499] (617); **6**, 140[72] (123T, 128), 140[87] (133T, 134, 134T, 138), 141[118] (123T, 128, 134T, 138), 141[132] (105T, 134T, 138), 143[270] (124T, 129, 133T, 134T, 136, 138), 227[229] (214T, 215), 227[230] (214T, 215), 227[234] (213), 227[237] (213), 278[61] (277), 741[343] (522), 845f[272], 868f[9], 873[7] (764), 873[10] (764), 873[11] (764), 873[12] (764), 874[44] (767, 773), 944[192] (917, 918T, 919), 944[205] (918T, 919), 944[209] (920T, 921), 944[210] (920T, 921), 945[263] (933, 934T, 935), 945[280] (936, 937T, 938), 1021f[157]; **7**, 140[6] (112), 158[12] (143, 146, 153), 253[130] (247), 263[12] (255), 335[1b] (323); **8**, 95[11] (21, 25, 28, 34), 95[36] (28), 96[95] (41, 56, 58, 59), 97[178] (56), 97[179] (56), 97[184] (58), 97[185] (58), 220[37] (111), 291f[5], 291f[30], 331[24], 331[25], 349f[2], 361[67] (288, 326), 361[69] (288), 362[82] (289), 362[103] (294), 363[155] (300), 363[166] (302), 364[233] (323, 327, 348), 364[262] (326), 364[263] (326, 329), 364[268] (327), 364[273] (327), 367[411] (347), 368[509] (358), 405f[15], 550[51] (512, 517), 550[75] (517), 550[77] (517), 550[81] (518, 520), 551[131] (537, 545), 609[218] (605), 609[219] (605), 642[82] (632), 642[88] (632), 643[155] (632), 669[33] (658T), 669[42] (657T, 664), 669[51] (658T), 704[21] (672), 705[79] (672), 1068[224] (1048), 1068[232] (1049)
Mufti, A. S., **2**, 621[293] (558), 621[327] (563), 622[355] (567), 622[356] (567)
Muggleton, B., **2**, 562f[2], 621[317] (561), 624[534] (590)
Mugnier, Y., **1**, 385f[5]; **4**, 510[409] (482)
Muhm, H., **5**, 531[767] (410), 531[768] (410)
Mui, J. Y.-P., **2**, 192[298] (77, 111), 977[454] (957), 977[463] (957); **7**, 679f[3], 726[77] (678), 726[78] (678)
Muir, K. W., **3**, 85[356] (49), 631[219] (601), 1072[285a] (1015, 1016), 1143f[8], 1148[122] (1144), 1253[401] (1243), 1381[97b] (1341, 1378), 1384[258] (1378), 1384[258] (1378); **5**, 523[236] (305), 546f[8], 621[28] (547); **6**, 93[5] (92, 92T), 139[19] (120, 122T, 133T, 134T, 135, 136), 179[4] (173), 344[104] (297), 344[105] (297), 737[60] (486), 737[61] (486), 737[87] (490), 738[150] (498), 738[153] (498), 739[199] (503), 739[206] (505, 508T), 739[211] (506), 739[219] (508), 739[220] (508T), 739[221] (508T, 509), 739[222] (508T), 739[223] (508T), 740[239] (510, 511), 740[242b] (511), 740[248] (513), 741[305] (518, 536T, 538T, 539T, 541), 743[430] (532), 743[431] (532), 743[439] (532T, 540), 743[451] (533T, 539T), 743[452] (533T, 539T), 743[475] (536T, 539T), 744[482] (532, 538T, 539T), 752[1023] (624T), 1058f[10], 1111[73] (1059), 1113[192] (1091); **8**, 1067[160] (1040)
Muir, L. M., **3**, 85[356] (49)
Muir, M. M., **6**, 753[1087] (634, 635)
Muir, W. R., **5**, 623[162] (565); **6**, 842f[172], 874[83] (774, 775)
Muiry, I. B., **2**, 202[687] (166)
Mujamoto, T., **3**, 1067[5] (955)
Mujazawa, T., **3**, 546[52] (497)
Mukaida, M., **3**, 429[197] (378); **4**, 920[4] (909)
Mukaiyama, I., **7**, 650[266] (571)
Mukaiyama, T., **3**, 279[32] (273), 279[34] (273); **7**, 101[103] (15), 103[188] (25), 103[188] (25), 103[200] (27), 104[229] (30), 106[354] (47, 87), 106[369] (49), 299[82] (279), 300[84] (280), 462[452] (437), 650[257] (568), 650[264] (570, 573); **8**, 769[49] (725T, 726T, 727T, 732, 733), 770[54] (719T, 722, 732), 770[55] (727T, 732, 733), 796[130] (791), 796[133] (791), 1008[92] (966), 1008[92] (966)
Mukaiyima, T., **2**, 202[714] (174)
Mukhamedov, N. M., **6**, 181[110] (146T, 149, 159T, 160)
Mukhedkar, A. J., **5**, 529[640] (383, 401, 411, 427), 533[861] (385, 436); **6**, 261[41] (246), 262[118] (253, 254), 343[22] (281), 346[230] (311, 312T, 312), 745[613] (560), 752[1049] (630), 752[1050] (630)
Mukhedkar, V. A., **5**, 529[640] (383, 401, 411, 427), 533[861] (385, 436); **6**, 752[1050] (630)
Mukherjee, A. K., **4**, 321[168] (262, 271, 286), 324[370] (286)
Mukherjee, R. N., **1**, 151[167] (138), 674[211] (596), 678[463] (631), 722[152] (706), 723[247] (717)
Mukhtarov, Y. G., **8**, 349f[20], 642[102] (632)
Mula, B., **1**, 151[130] (130), 151[131] (130, 131, 132)
Mulac, W. A., **8**, 362[114] (294)
Mulay, L. N., **3**, 113f[2], 168[6] (90), 1069[132] (986); **4**, 816[414] (761)
Mulford, R. N. R., **8**, 282[176] (275)
Mulhaupt, R., **3**, 547[132] (542, 543); **7**, 462[497] (443, 448)
Mullen, A., **8**, 99[263] (74, 75), 100[332] (93, 94), 223[142] (166, 168, 172, 179, 181, 184, 186, 188, 206, 207, 209), 223[153] (173, 175, 176, 187, 188, 190, 191, 192, 194, 200, 201, 202, 203, 210, 212, 214)
Müllen, K., **1**, 118[184] (82)
Müller, A., **3**, 1070[181] (991, 992, 1001), 1075[434] (1037), 1137f[13], 1250[238] (1206); **6**, 873[24] (764), 873[25] (764)
Müller, B., **3**, 1068[46] (969)
Müller, D. C., **2**, 705[76] (691)

Muller, D. E., **7**, 727^{141} (696)
Müller, E., **1**, 53f^1, 596f^4, 681^{716} (667, 668), 681^{716} (667, 668), 682^{724} (581); **2**, 624^{516} (588), 859^5 (824, 832, 833, 858), 971^{114} (884); **3**, 935f^3, 1253^{389} (1239); **5**, 531^{764} (410), 531^{765} (410, 440, 445), 531^{766} (410), 531^{767} (410), 531^{768} (410), 531^{769} (410), 531^{770} (410), 531^{771} (410), 531^{772} (410), 531^{773} (410), 531^{774} (410), 531^{775} (410), 531^{776} (410), 531^{777} (410); **6**, 383^{60} (369), 469^{67} (467); **7**, 724^3 (662), 725^{22} (666), 725^{37} (669), 725^{44} (671, 672), 727^{131} (693, 695), 727^{140} (695), 727^{144} (696), 727^{154} (699), 729^{266} (722); **8**, 668^6 (652, 658T, 659T), 669^{41} (652, 658T)
Muller, E. G., **3**, 386f^{12}, 388f^3, 430^{225} (385), 430^{233} (389), 699^{284} (671, 682, 686), 699^{287} (671, 682, 686)
Müller, E. W., **1**, 681^{705} (666); **6**, 261^{21} (245); **8**, 403f^1, 457^{210} (403, 404, 407), 707^{164} (672, 673), 709^{278} (672, 691), 927^{751} (801)
Müller, F.-J., **3**, 697^{221} (665), 1051f^2, 1075^{427} (1036); **4**, 320^{58} (249, 287); **6**, 36^{177} (29); **8**, 447f^{10}
Müller, G., **2**, 973^{232} (902); **4**, 324^{387} (288), 609^{311} (580); **6**, 97^{251} (57T, 58T, 62T, 63T, 64, 72, 79), 97^{260} (58T, 63T, 72, 79), 99^{344} (48, 50T), 99^{358} (48, 50T), 99^{392} (53T, 58T, 71), 345^{165} (306, 336, 337), 345^{178} (336, 337)
Müller, G. E., **1**, 68f^4, 671^{48b} (562, 615), 674^{212} (596), 674^{213} (596)
Müller, H., **1**, 152^{184} (140), 305^{260} (280), 307^{389} (289), 583f^{17}, 672^{72} (568, 592, 594, 623, 627, 629, 638, 641, 642, 644, 659), 672^{129} (579, 651, 659); **2**, 195^{404} (102), 195^{407} (102), 860^{87} (843), 861^{151} (857), 861^{153} (857); **3**, 919f^2, 922f^4; **4**, 320^{83} (251, 273), 509^{329} (455); **6**, 231^{14} (230), 941^{32} (895, 896T), 942^{33} (895, 896T), 1114^{216} (1101); **7**, 141^{47} (120), 195^{72} (165), 298^{15} (269), 654^{460} (600), 655^{532} (614); **8**, 422f^5, 425f^{10}, 457^{218} (404, 421, 427), 457^{226} (405), 707^{161} (677), 930^{278} (839), 1070^{324} (1060)
Müller, H.-D., **2**, 190^{194} (43); **3**, 851f^{44}, 858f^3; **4**, 156^{498} (125, 128), 156^{500} (125), 156^{501} (125, 127), 157^{511} (127), 157^{514} (127), 157^{515} (127); **6**, 850f^{26}, 869f^{41}, 877^{233} (820)
Müller, H. P., **6**, 344^{144} (304, 305)
Müller, I., **3**, 695^{73} (653, 665, 666), 695^{76} (653, 665), 698^{231} (665)
Müller, J., **1**, 247^{355} (198), 248^{422} (206), 385f^3, 409^{53} (392, 393), 678^{470} (631), 678^{471} (631), 678^{472} (631), 722^{153} (706), 722^{155} (706), 722^{156} (706), 722^{157} (706); **3**, 114f^5, 134f^4, 144f^2, 169^{101} (143), 265^{82} (182), 266^{158} (198), 266^{159} (198), 266^{166} (199), 266^{167} (199, 200), 460f^6, 463f^2, 463f^4, 474^{80} (459), 474^{85} (462), 474^{86} (462), 474^{87} (462), 474^{88} (462), 697^{207} (664, 694), 697^{224} (665), 698^{255} (668), 699^{340} (673), 703^{537} (689), 703^{563} (690, 694), 703^{567} (692, 693), 703^{570} (692), 703^{572} (692), 703^{583} (693), 798f^{24}, 829f^{3b}, 891f^4, 893f^{16}, 937f^6, 950^{288} (907), 989f^1, 1004f^{30}, 1067^{15} (960), 1068^{60} (972), 1068^{62} (973), 1069^{116} (984), 1070^{161} (988, 989), 1070^{163} (989, 1055), 1072^{296} (1017), 1074^{403a} (1035), 1074^{406} (1035), 1250^{216} (1203), 1317^{38} (1276), 1318^{135} (1304), 1382^{154} (1348), 6463f^1; **4**, 375^{138} (366), 389f^{16}, 479f^{30}, 508^{236} (440), 508^{236} (440), 606^{51} (519), 815^{368} (756, 804), 815^{370} (756, 758), 815^{377} (758, 803, 805), 816^{419} (762), 1060^{214} (1015); **5**, 255f^3, 258f^4, 272^{568} (189, 250), 534^{930} (435, 448, 503), 536^{1070} (465, 504), 539^{1260} (503), 627^{405} (601, 620); **6**, 94^{62} (42, 43T), 96^{174} (42, 43T), 139^8 (104T, 105T, 113), 227^{199} (210), 227^{210} (213, 213T), 227^{210} (213, 213T), 227^{216} (212, 213T), 453^2 (447), 751^{979} (620), 779f^{11}, 842f^{145}, 875^{149} (787); **8**, 97^{194} (59), 644^{159} (632)
Muller, J. M., **8**, 98^{203} (60)
Müller, K.-D., **1**, 303^{115} (268), 378^{308a} (356), 378^{308b} (356), 378^{308c} (356), 378^{309} (356), 378^{310} (356)
Muller, N., **1**, 673^{148} (588, 602), 720^{53} (690), 720^{57} (690, 693); **6**, 752^{1033} (626, 697), 752^{1034} (626, 697)

Müller, P., **2**, 679^{376} (669); **6**, 93^{14} (55T, 70), 99^{342} (46, 55T, 70), 99^{356} (46, 50T, 57), 139^7 (109, 110), 141^{117} (109, 114), 141^{152} (110), 143^{250} (109), 1094f^3, 1113^{202} (1095)
Müller, R., **2**, 186^{10} (4), 202^{727} (179), 202^{727} (179), 203^{730} (180), 298^{112} (235), 675^{77} (638), 678^{272} (659), 859^{18} (829); **3**, 948^{169} (871), 1075^{437b} (1037, 1038), 1249^{161} (1190), 1251^{257} (1214), 1251^{292b} (1220), 1381^{93} (1340), 1382^{176} (1362); **4**, 107f^{56}, 610^{343} (585); **6**, 36^{200} (20T), 782f^6, 782f^7, 841f^{101}, 844f^{242}, 844f^{243}, 874^{36} (765), 875^{121} (781); **7**, 658^{680} (642)
Müller, S., **3**, 798f^9
Müller, U., **1**, 700f^4; **2**, 904f^7; **5**, 274^{649} (218); **6**, 748^{777} (587)
Muller, V., **3**, 1092f^7
Müller, W., **2**, 298^{112} (235); **4**, 322^{228} (269)
Muller, W. K. H., **8**, 97^{132} (48)
Muller-Hagen, G., **2**, 971^{95} (879)
Muller-Westerhoff, U., **3**, 83^{217} (31), 83^{218} (31), 266^{138} (192, 230), 269^{329} (232)
Mulley, R. E., **3**, 267^{212} (210)
Mulliez, E., **6**, 753^{1147} (639)
Mulligan, B. W., **1**, 260f^4, 262f^{10}
Mulliken, R. S., **1**, 302^{11} (256), 676^{338} (622)
Mullineaux, R. D., **8**, 221^{80} (120, 121), 222^{88} (120)
Mullins, D., **7**, 653^{402} (593), 653^{404} (593)
Mullins, M. A., **2**, 621^{325} (563)
Mullins, M. J., **7**, 108^{482} (68)
Mulokozi, A. M., **3**, 699^{327} (673); **4**, 816^{410} (761); **6**, 228^{257} (190)
Muloy, K. G., **3**, 268^{309} (228)
Multani, R. K., **3**, 265^{124} (189), 265^{125} (189), 265^{126} (189), 265^{127} (189), 265^{128} (189), 265^{129} (189), 265^{130} (189), 265^{131} (189), 266^{175} (202), 430^{231} (385), 633^{283} (624), 633^{295} (628), 699^{299} (671), 767f^6, 768f^2, 781^{194} (770), 782^{220} (776), 1249^{179} (1193), 1249^{179} (1193), 1250^{215} (1203), 1382^{133} (1347), 1382^{134} (1348), 1382^{135} (1348); **6**, 943^{120} (905, 906T)
Mumma, R. O., **2**, 1018^{208} (1002, 1003, 1012)
Munakata, H., **6**, 94^{44} (43T), 96^{167} (38, 43T, 65), 96^{168} (43T), 96^{185} (38), 96^{187} (38), 180^{31} (172, 173T, 176T), 182^{175} (167, 170, 174), 349^{451} (341), 349^{452} (341), 349^{454} (341), 349^{460} (342), 943^{150} (910, 911T), 943^{151} (910, 911T), 943^{153} (910, 911T), 943^{157} (910), 943^{159} (910); **8**, 456^{132} (394), 460^{366} (431)
Munakata, K., **7**, 66f^7
Munava, R. M., **2**, 623^{450} (578)
Munchenbach, B., **3**, 1187f^{12}, 1337f^{20}; **6**, 35^{109} (21T, 23), 844f^{248}, 850f^{47}
Munch-Petersen, J., **1**, 241^{13} (157, 186); **7**, 104^{251} (32), 728^{203} (708, 709, 720)
Münck, E., **2**, 1019^{244} (1005); **4**, 23f^{12}, 151^{87} (24); **8**, 1104^2 (1074)
Mund, S. L., **6**, 757^{1389} (672); **8**, 331f^{29}, 339f^{36}
Munding, G., **4**, 152^{218} (58), 238^{288} (202)
Mundt, O., **2**, 200^{613} (148), 200^{617} (149)
Munekata, T., **1**, 308^{457} (293); **7**, 141^{46} (120), 253^{121} (246, 247)
Munjal, R. C., **7**, 90f^3
Munk, K., **6**, 383^{60} (369), 469^{67} (467)
Munoz-Escalona, A., **3**, 1072^{302} (1018)
Munro, G. A. M., **4**, 155^{434} (118, 122), 155^{438} (119), 156^{444} (120), 156^{452} (122); **8**, 1066^{127} (1034), 1070^{304} (1058)
Munro, J. D., **3**, 1076^{529} (1056, 1057, 1064), 1077^{589a} (1065), 1077^{590} (1065), 1253^{376} (1235); **4**, 607^{139} (539f, 541, 602f)
Munsch, B., **2**, 187^{35} (8)
Munson, B., **1**, 722^{195} (712); **3**, 1070^{164} (989, 1035, 1055), 1071^{218b} (1001), 1251^{271} (1215)
Münzberg, R., **6**, 143^{216} (116, 121T)
Munzenmaier, W., **8**, 934^{512} (879)
Mur, J. B., **1**, 680^{617} (649), 680^{619} (649); **7**, 461^{420} (432), 461^{422} (432), 461^{423} (432)
Mura, L., **1**, 380^{445} (368); **7**, 197^{200} (190)

Mura, L. A., **7**, 141^{96} (129), 299^{77} (279)
Mura, P., **4**, 695f^{11}; **6**, 754^{1176} (641, 644T, 645T, 647T, 651), 754^{1184} (646T, 651, 661), 754^{1190} (647T)
Murahashi, S., **1**, 379^{399b} (364), 676^{351} (624); **5**, 275^{773} (254), 530^{692} (395); **6**, 346^{214} (310, 334T), 347^{325} (338), 349^{438} (338), 349^{439} (338), 361^{12} (352), 753^{1113} (637); **8**, 927^{42} (801, 891), 935^{587} (891), 935^{588} (891)
Murahashi, S. I., **1**, 242^{109} (166); **4**, 460f^8, 508^{284} (447), 607^{144} (542); **6**, 468^{21} (457, 461); **7**, 226^{213} (219), 300^{125} (288), 300^{126a} (288), 322^{25} (309, 314), 322^{54a} (316), 322^{54b} (316), 322^{54c} (316), 653^{386} (590), 725^{52} (673); **8**, 497^{100} (490), 929^{220} (820), 930^{237} (826), 930^{261} (835, 891), 930^{262} (835, 891), 930^{283} (839), 930^{290} (840), 934^{516} (879), 935^{594} (892), 935^{606} (895), 936^{715} (911, 914), 936^{716} (911, 914, 915), 937^{739} (914, 918), 937^{740} (918), 937^{741} (916, 918)
Murai, A., **7**, 460^{366} (422)
Murai, S., **2**, 187^{60a} (13, 60), 191^{254} (61), 197^{476} (117), 197^{486} (119), 202^{716} (175), 202^{717} (175), 202^{717} (175); **6**, 1113^{171} (1087); **7**, 649^{168} (553), 650^{224} (561), 650^{224} (561), 650^{236} (563), 651^{286} (574), 651^{287} (574), 655^{506} (606), 655^{508} (607), 655^{509} (607), 656^{552} (618), 656^{553} (619), 656^{554} (619), 656^{555} (619), 656^{558} (619), 658^{675} (642); **8**, 397f^{18}, 769^{29} (727T, 733), 770^{107} (735), 794^4 (784, 785, 786, 787, 791), 794^8 (784), 794^{27} (784), 795^{43} (785), 795^{47} (785, 786), 795^{52} (787), 1008^{44} (950), 1008^{44} (950)
Murakami, M., **2**, 194^{355} (91), 196^{445} (111), 300^{271} (266); **7**, 460^{356b} (421); **8**, 368^{471} (354), 706^{122} (690), 706^{123} (690)
Murakami, Y., **5**, 269^{377} (116)
Muraoka, T., **2**, 196^{423} (105), 396^{84} (380)
Murase, I., **7**, 727^{152} (698)
Murase, Y., **8**, 366^{375} (342), 366^{389} (343), 645^{247} (632)
Murashkin, Yu. V., **6**, 342^8 (280, 283f, 284)
Murata, H., **3**, 788f^{14}
Murata, K., **8**, 100^{342} (94)
Murata, S., **7**, 650^{261} (569), 651^{275} (572)
Muratova, R. G., **8**, 609^{244} (595T)
Murav'eva, L. S., **7**, 100^{44} (6)
Murayama, E., **8**, 368^{465} (353)
Murayama, T., **6**, 252f^2, 262^{94} (251), 349^{457} (341)
Murbach, P., **4**, 109f^{11}
Murdoch, H. D., **3**, 886f^1, 949^{234} (887), 1121f^3, 1147^{86} (1122), 1246^{33} (1158), 1246^{33} (1158), 1318^{87} (1289), 1380^{25} (1327); **4**, 321^{143} (258), 325^{399} (289), 379f^1, 389f^1, 400f^1, 504^5 (381), 505^{83} (401, 412), 506^{148} (419), 508^{250} (442), 508^{251} (442), 608^{225} (563), 612^{470} (597); **8**, 1007^{18} (943), 1008^{82} (964), 1008^{82} (964), 1008^{96} (968)
Murdoch, J. R., **1**, 118^{214} (89, 90T)
Murdock, A. G., **2**, 620^{254} (554)
Murdock, T. O., **2**, 860^{38} (832, 854); **3**, 981f^{11}; **6**, 99^{364} (45, 50T), 231^9 (230); **8**, 769^{44} (714T, 723T, 732)
Mureinik, R. J., **5**, 623^{164} (565), 624^{196} (568)
Murgia, S. M., **4**, 327^{595} (308), 506^{153} (423); **5**, 29f^8, 266^{128} (28), 274^{660} (222)
Muriithi, N., **3**, 1084f^9, 1146^{31} (1094), 1261f^{12}
Murillo, C. A., **3**, 1131f^8, 1133f^4, 1147^{108} (1134), 1246^{37} (1159), 1246^{38} (1159), 1248^{112c} (1181), 1253^{395} (1242), 1312f^{14}, 1312f^{15}, 1312f^{17}, 1319^{160} (1316), 1380^{60} (1333)
Murinov, Y. I., **3**, 267^{222} (210)
Murofushi, T., **7**, 649^{164} (552)
Murphy, Jr., C. B., **1**, 456^{215} (444), 456^{216} (444), 456^{216} (444)
Murphy, D. W., **4**, 1057^{10} (970, 974, 1036); **5**, 530^{659} (387, 426); **6**, 1112^{144} (1080, 1095)
Murphy, E., **3**, 266^{170} (201)
Murphy, E. M., **8**, 96^{128} (47)
Murphy, G. J., **1**, 119^{260b} (97), 119^{260c} (97); **2**, 190^{179} (39, 40), 676^{144} (646), 971^{133} (887, 888, 957), 977^{452} (957), 977^{458} (957), 977^{460} (957)
Murphy, J., **2**, 619^{182} (545, 546, 547), 1017^{174} (999)

Murphy, J. L., **4**, 159^{649} (149), 180f^1, 236^{167} (180), 236^{167} (180); **5**, 623^{167} (565)
Murphy, L. M. A., **3**, 1067^{14} (958, 959)
Murphy, M., **2**, 362^{179} (348); **7**, 108^{463} (63)
Murphy, M. A., **3**, 81^{82} (9), 947^{88} (831, 846), 1103f^1; **8**, 367^{433} (350)
Murphy, M. K., **1**, 304^{146} (269), 304^{147} (269)
Murphy, R., **7**, 301^{160} (294)
Murphy, W. S., **1**, 307^{395} (289); **7**, 107^{425} (57), 299^{40} (274)
Murray, A. J., **3**, 1245^5 (1152), 1246^{56} (1163); **4**, 812^{157} (715), 812^{157} (715), 886^{123} (868)
Murray, H. H., **1**, 119^{268} (100); **3**, 86^{418} (59), 109f^5, 1253^{397} (1243); **4**, 479f^{23}
Murray, J. D., **2**, 623^{425} (575)
Murray, J. G., **3**, 285f^1; **8**, 339f^{30}
Murray, K., **7**, 141^{48} (120)
Murray, K. J., **1**, 275f^{27}, 305^{260} (280), 306^{324} (287); **7**, 141^{47} (120), 194^6 (161, 162), 195^{72} (165), 298^{15} (269)
Murray, K. S., **2**, 820^{131} (791); **3**, 918f^5; **5**, 269^{365} (112), 521^{128} (294, 468), 530^{663} (387), 627^{416} (601, 613); **6**, 747^{735} (584)
Murray, L. J., **1**, 275f^{27}; **7**, 194^6 (161, 162)
Murray, M., **2**, 191^{224} (52, 53), 947f^1, 975^{315} (926); **3**, 108f^{25}; **5**, 194f^{12}, 265^{79} (17, 18, 29); **6**, 35^{131} (24), 737^{98} (491), 738^{128} (495, 496), 751^{1004} (621, 626), 751^{1007} (622, 687), 758^{1435} (675, 677, 712), 1094f^8, 1113^{209} (1098)
Murray, P. T., **1**, 117^{147} (75)
Murray, R. E., **7**, 107^{386} (51)
Murray, R. K., **7**, 108^{451} (62)
Murray, S. G., **1**, 244^{192a} (176, 195); **5**, 552f^2; **6**, 737^{76} (488); **8**, 339f^{34}
Murray, T. F., **6**, 469^{51} (465); **7**, 461^{395} (428); **8**, 935^{636} (899, 900), 935^{638} (899), 935^{639} (899)
Murray-Rust, J., **6**, 743^{432} (532); **7**, 650^{240} (564)
Murray-Rust, P., **7**, 650^{240} (564)
Murrell, E., **7**, 511^{55} (480)
Murrell, J. N., **3**, 85^{378} (52); **4**, 479f^{33}, 816^{397} (760); **6**, 751^{964} (617); **7**, 646^{14} (517)
Murrell, L. L., **1**, 674^{233} (602); **8**, 605^{20} (553, 569)
Murrill, E., **2**, 198^{554} (132)
Murugesan, N., **8**, 641^{48} (632)
Musatti, A., **6**, 298f^2
Muscarella, J. C., **4**, 811^{101} (705)
Muschi, J., **4**, 23f^{14}, 51f^{49}, 65f^{42}, 151^{94} (25, 57, 72), 322^{253} (271, 287); **5**, 64f^{12}; **6**, 1019f^{45}
Muschiol, M., **4**, 344f^{10}
Musco, A., **3**, 85^{326} (45), 125f^2, 149f^3, 169^{51} (121), 169^{85} (134), 169^{90} (139, 141), 170^{177} (167), 1068^{41} (967), 1077^{548} (1059), 1252^{339} (1229), 1383^{224} (1369); **4**, 154^{337} (86), 504^{46} (389, 451), 507^{221} (438, 464), 612^{478} (559f, 597), 657f^8, 815^{350} (753), 840^{52} (830), 840^{53} (830, 831, 832), 885f^1 (851), 885f^2 (851, 852); **5**, 538^{1244} (498); **6**, 34^{82} (23), 143^{255} (104T, 106), 241^{41} (240), 241^{41} (240), 261^{66} (248), 261^{72} (248, 249T), 262^{82} (249), 361^{10} (352), 443^{182} (408), 444^{186} (408), 444^{210} (410, 412, 413), 444^{227} (413), 444^{242} (418, 419), 444^{243} (418), 444^{246} (418), 444^{248} (419), 445^{278} (422), 736^{19} (476), 761^{1678} (730), 761^{1679} (731); **8**, 280^{54} (247), 283^{192} (276), 283^{193} (276), 283^{196} (276), 397f^{14}, 400f^3, 444f^8, 444f^9, 444f^{10}, 456^{180} (398), 457^{192} (399), 461^{452} (442), 461^{456} (442), 461^{457} (442), 927^{55} (801), 930^{246} (829), 931^{304} (844), 931^{305} (844)
Musgrave, O. C., **1**, 306^{274} (282), 378^{367a} (361)
Musgrave, W. K. R., **1**, 244^{173} (175); **2**, 972^{184} (896)
Mushak, P., **6**, 442^{108} (400), 442^{109} (400), 454^{28} (450), 469^{35} (461); **8**, 459^{343} (426), 928^{103} (803), 934^{509} (878)
Mushenko, D. V., **8**, 311f^{20}, 312f^{54}, 934^{559} (889)
Mushin, D. V., **7**, 95f^{12}
Mushina, E. A., **6**, 179^{21} (161, 166), 181^{116} (166); **7**, 100^{44} (6); **8**, 641^{17} (623T), 644^{187} (621T), 668^{24} (664, 666)

Musker, W. K., **2**, 189^{126} (29), 192^{293} (76); **7**, 110^{562} (83), 300^{88} (280), 462^{470} (440)
Muslimov, Z. S., **8**, 460^{402} (434)
Muslin, D. V., **2**, 511^{312} (440)
Musser, G. S., **2**, 680^{409} (673)
Musser, J. H., **8**, 1008^{69} (957)
Musser, M. T., **8**, 368^{491} (354), 645^{235} (632)
Musso, H., **2**, 873f^{15}, 903f^{5}, 913f^{1}, 973^{236} (905, 922, 923, 935), 974^{289} (922, 924), 974^{290} (922), 974^{293} (923)
Mustafaeva, I. F., **8**, 642^{86} (621T), 645^{216} (621T)
Mutet, C., **6**, 348^{346} (322, 328)
Muth, A., **8**, 95^{59} (33), 97^{161} (53, 57)
Muth, C. L., **7**, 657^{640c} (639)
Mutin, R., **8**, 538f^{1}, 538f^{4}, 549^{15} (502, 546), 551^{134} (538, 541), 551^{139} (544), 606^{44} (555, 601T)
Muxart, R., **1**, 150^{78} (123)
Muzette, C., **3**, 112f^{9}
Myagkova, G. I., **8**, 795^{87} (781), 795^{88} (781)
Myakishev, K. G., **6**, 942^{64} (901, 902T), 942^{84} (903T), 943^{100} (901)
Myatt, H. L., **7**, 194^{31} (162)
Myatt, J., **3**, 327^{99} (307), 328^{168} (322), 632^{240} (567, 607, 609), 696^{151} (660); **6**, 979^{5} (948, 958T), 1058f^{14}
Mychajlowskij, W., **2**, 189^{163} (37); **7**, 647^{86} (534), 647^{86} (534), 648^{123} (542)
Myerholz, R. W., **7**, 462^{494} (443)
Myers, H. K., **8**, 646^{294} (634T), 646^{295} (635T), 647^{296} (635T)
Myers, J. K., **2**, 190^{181} (40); **7**, 148f^{3}, 159^{78} (146)
Myers, M. M., **1**, 246^{293} (190); **7**, 99^{24} (3)
Myers, R. E., **4**, 180f^{2}, 236^{144} (178, 180, 182)
Myers, R. F., **7**, 648^{139} (547)
Myers, S. E., **3**, 1251^{268} (1215)
Myers, V. G., **6**, 261^{70} (248)
Myers, W. R., **5**, 229f^{8}
Mylius, F., **6**, 738^{113} (494)
Mylnikov, V. S., **2**, 762^{113} (732)
Mynott, R., **3**, 170^{172} (165), 1068^{61} (972); **5**, 272^{555} (187); **6**, 97^{244} (82, 85T), 97^{245} (81, 85T), 99^{365} (81, 83, 85T), 100^{403} (89, 92T), 140^{94} (104T, 110, 115T), 141^{130} (104T, 105T, 106, 112), 143^{235} (105T, 112), 143^{238} (104T, 107), 143^{249} (104T, 106, 108, 109, 133T, 134), 143^{256} (104T, 105T, 106, 109), 181^{135} (145, 146T, 149, 150, 151, 153T, 156, 167, 168), 181^{136} (145, 146T, 147, 157, 159T, 160T, 161, 162, 164, 165T, 167), 181^{138} (152, 153T, 154, 156, 166, 167), 182^{147} (174, 176T), 182^{153} (154, 165T), 182^{158} (174, 176T, 177), 182^{159} (153T, 154, 155, 166, 176T, 177), 182^{176} (165T, 167, 173T), 182^{183} (146T, 148, 151, 166, 166T, 171), 182^{184} (172, 173T), 187^{8} (183T, 185), 228^{262} (195), 231^{18} (230); **8**, 457^{215} (404, 407), 458^{279} (412), 706^{142} (679), 707^{159} (679), 707^{160} (679), 707^{171} (688), 795^{71} (782), 929^{159} (810)
Mynott, R. J., **5**, 624^{250} (579), 624^{251} (579)
Myong, S. O., **7**, 108^{471} (65)
Mysin, N. I., **2**, 513^{435} (455), 623^{469} (582)
Mysov, E. I., **2**, 190^{207} (48, 59), 196^{457} (113); **3**, 978f^{10}; **8**, 932^{411} (879), 937^{762} (921)

N

Naaktgeboren, A. J., **5**, 536[1090] (428, 471T); **8**, 607[101] (563), 607[102] (563), 609[230] (594T)
Naar-Colin, C., **1**, 457[247] (452)
Naarmann, H., **8**, 610[311] (599T)
Nabbefeld, E. F., **8**, 444f[15], 461[459] (444), 705[72] (686, 687T, 689), 707[155] (687T), 710[311] (686, 687T)
Naber, B., **6**, 95[103] (45, 50T)
Nackashi, J., **1**, 242[111] (167, 171), 248[421] (206, 210, 211, 212, 213), 248[421] (206, 210, 211, 212, 213)
Nadeau, H. G., **1**, 307[397] (290)
Nadir, U. K., **7**, 108[473] (65)
Nadirov, N. K., **8**, 366[352] (340)
Nadon, L., **1**, 754[108] (746); **7**, 510[12] (470, 471)
Nadvosnik, M., **3**, 971f[10]
Naegele, W., **1**, 674[254] (606, 623, 627), 674[255] (606, 627), 678[490] (632)
Näf, F., **7**, 728[206] (709, 713), 728[206] (709, 713), 728[220] (713)
Nagai, Y., **2**, 187[50] (11), 195[422] (105), 196[423] (105), 196[444] (111), 196[444] (111), 196[455] (113, 122), 197[463] (114), 197[488] (119, 120), 199[573] (139), 202[709] (173), 202[712] (174), 299[165] (245, 252), 299[185] (248), 360[25] (310), 360[31] (310), 360[32] (310), 395[15] (366, 373, 376), 395[44] (373), 396[49] (374), 396[67] (376), 396[70] (377), 396[72] (378), 396[78] (378), 396[84] (380); **4**, 812[174] (717), 921[48] (919), 965[165] (959), 965[182] (962), 965[183] (962), 965[184] (962); **6**, 941[29] (889, 891T), 1110[38] (1050, 1080, 1091, 1092), 1112[143] (1080); **7**, 652[351] (583), 654[448] (599), 654[464] (600), 655[519] (609), 656[547] (617), 656[547] (617), 656[548] (617), 656[548] (617), 658[685] (642), 658[686] (642); **8**, 481f[7], 937[755] (920), 937[756] (920), 1065[59] (1021)
Nagakawa, T., **1**, 541[194] (520, 534T)
Nagakura, I., **7**, 728[231] (715)
Nagao, Y., **7**, 108[479] (67), 657[648] (639); **8**, 382f[15], 455[64] (381)
Nagaoka, I., **6**, 141[98] (110), 180[72] (163, 165T); **8**, 708[197] (701)
Nagarajan, G., **6**, 850f[24]
Nagarjunan, T. S., **8**, 95[58] (33)
Nagasaki, T., **1**, 680[596] (648), 680[597] (648); **7**, 14f[5]
Nagasawa, N., **7**, 9f[3]
Nagase, H., **2**, 1016[77] (986)
Nagase, K., **7**, 196[114] (172), 224[85] (205, 206, 209), 224[87] (205, 206)
Nagase, S., **1**, 149[15] (122); **7**, 160[148] (155)
Nagase, T., **7**, 727[149] (698); **8**, 497[102] (491)
Nagashima, H., **8**, 460[374] (431), 931[365] (849)
Nagashima, N., **8**, 771[152] (742, 743T, 748T)
Nagashima, S., **2**, 360[31] (310), 360[32] (310), 395[44] (373); **8**, 937[755] (920), 937[756] (920)
Nagashima, T., **8**, 936[681] (905)
Nagasundara, K. R., **6**, 344[81] (286), 738[143] (497)
Nagata, M., **8**, 365[316] (337), 708[219] (702)
Nagata, S., **7**, 105[300] (40)
Nagata, W., **1**, 678[465] (631), 679[580] (647), 679[581] (647), 679[582] (647), 679[583] (647, 662), 681[657] (653); **7**, 460[356a] (421), 460[356b] (421), 460[356c] (421), 461[397] (428); **8**, 368[470] (354), 368[471] (354)
Nagel, C. C., **4**, 890f[2], 906[2] (889, 891, 893)
Nagel, K., **1**, 53f[1], 248[416] (205), 670[3a] (557, 558, 638), 671[26] (558, 563, 607, 611, 612, 625, 626, 634, 642, 663), 671[37] (560), 675[271] (610, 629, 655)

Nagel, U., **5**, 266[176] (37); **6**, 34[43] (19T, 21T, 26); **8**, 606[30] (554)
Nagel, W., **3**, 879f[19]
Nagelberg, S. B., **3**, 1074[409] (1035)
Nagendrappa, G., **6**, 383[24] (365)
Nagira, K., **8**, 866f[2], 936[699] (909), 936[700] (909)
Nagl, A., **2**, 904f[8], 973[243] (906)
Naglieri, A. N., **8**, 797[156] (788), 797[157] (788)
Nagy, A. G., **4**, 511[471] (491)
Nagy, J., **2**, 6f[9], 188[83] (21), 199[567] (136), 202[688] (166)
Nagy, P. L. I., **3**, 1067[10] (956); **4**, 33f[26], 33f[27], 152[162] (41, 61, 88, 93), 152[163] (41), 373[19] (334), 374[68] (347), 401f[27], 505[78] (401, 413); **5**, 273[626] (211, 225); **6**, 761[162l] (715T), 1019f[73]; **8**, 550[58b] (514, 524), 608[158] (578), 1008[87] (965)
Nagy-Magos, Z., **5**, 34f[2], 266[154] (33, 35), 295f[11], 521[125] (294); **8**, 304f[4], 305f[40]
Nahabedian, K. V., **1**, 308[458] (293)
Nahar, S. K., **1**, 247[352] (197)
Nahm, F. C., **1**, 262f[39], 302[44] (259, 262)
Nahrstedt, A., **6**, 753[1123] (638)
Naik, D. V., **2**, 617[35] (526), 621[326] (563); **4**, 609[255] (571)
Naiman, A., **5**, 273[612] (205)
Nainan, K. C., **1**, 250[516] (222); **3**, 797f[6], 819f[20], 947[63] (821), 1072[274] (1014), 1077[565] (1062), 1085f[6], 1252[350] (1231), 1262f[6], 1382[167] (1361); **4**, 107f[96], 238[277] (200); **5**, 622[101] (561)
Naish, P. J., **3**, 1253[383] (1237); **4**, 606[98] (530), 606[99] (530), 840[34] (826), 840[35] (828), 840[36a] (828), 840[36b] (828), 840[37] (828); **8**, 550[61] (515)
Naithani, A. K., **1**, 409[66] (398, 399)
Naito, S., **8**, 282[181] (276)
Naito, T., **7**, 651[311] (577)
Naito, Y., **8**, 460[369] (431), 460[371] (431), 888f[12], 888f[13], 931[331] (847), 931[333] (847)
Najam, A. A., **2**, 618[103] (537)
Najdo, L., **8**, 281[118] (267)
Najera, C., **2**, 882f[21]
Naka, M., **1**, 250[545] (225); **7**, 727[155] (700)
Nakadaira, Y., **2**, 187[32] (7, 108), 193[333] (85), 193[340] (86), 194[365] (93), 196[427] (108), 297[55] (224, 225), 297[58] (225), 297[62] (226, 240), 299[162] (244, 288), 300[236] (259T, 260), 301[291] (271), 301[293] (271), 301[294] (271, 274), 301[317] (275), 301[318] (276), 301[319] (276), 301[326] (278), 301[329] (279), 395[26] (368, 377), 396[57] (375), 396[66] (376), 396[69] (376), 396[71] (377); **4**, 507[212] (437); **6**, 1111[61] (1054, 1081); **7**, 649[177] (554); **8**, 461[448] (442, 447, 449), 932[387] (851), 932[388] (851), 937[760] (920)
Nakae, I., **7**, 656[549] (617)
Nakagaurara, Y., **6**, 445[280] (422)
Nakagawa, A., **7**, 651[309] (577)
Nakagawa, J., **7**, 109[539] (79)
Nakagawa, K., **2**, 193[340] (86), 193[342] (87), 296[23] (213), 297[38] (218, 220), 396[61] (376), 396[62] (376); **6**, 343[24] (282), 347[316] (321), 749[836] (595, 595T)
Nakagawa, Y., **4**, 965[160] (957); **8**, 711[365] (701)
Nakahama, S., **8**, 397f[18]
Nakahara, A., **4**, 325[429] (292)
Nakai, H., **1**, 541[194] (520, 534T); **7**, 460[375] (423)
Nakai, T., **7**, 107[410] (55)

Nakajima, H., **6**, 223[15] (192); **8**, 368[475] (354), 368[498] (355)
Nakajima, I., **4**, 965[164] (959); **8**, 771[129] (739, 739T, 748T, 749T, 752T, 753T, 754T)
Nakajima, M., **6**, 96[169] (38, 43T), 943[135] (907, 909T), 943[136] (907, 909T), 943[152] (910, 911T); **7**, 652[365] (585), 652[365] (585), 652[365] (585), 652[367] (585); **8**, 305f[37], 339f[15]
Nakajima, Y., **7**, 658[695] (642)
Nakajo, Y., **6**, 181[129] (149)
Nakamaye, K. L., **2**, 970[58] (869); **6**, 758[1475] (681); **8**, 283[191] (276), 456[179] (398), 931[303] (844)
Nakamoto, K., **2**, 970[33] (867), 970[33] (867); **3**, 362f[1], 362f[3], 629[91] (572); **6**, 13[35] (6), 261[70] (248), 361[35] (354), 444[192] (408), 742[405] (528), 745[551] (546, 557), 745[552] (546, 557), 745[553] (546), 745[554] (546), 753[1104] (636), 753[1105] (636), 753[1106] (636), 755[1251] (654), 755[1253] (654), 756[1298] (659)
Nakamoto, M., **4**, 237[215] (188, 189T, 190, 191, 192)
Nakamura, A., **1**, 120[280] (101T, 103, 105), 247[377] (199, 202, 205); **2**, 395[17] (367); **3**, 86[404] (55), 129f[1], 780[158] (759), 1071[243] (1009), 1249[195] (1198), 1249[195] (1198), 1250[196] (1198), 1253[388] (1239), 1253[403] (1244), 1381[122] (1344), 1381[122] (1344), 1384[244] (1375); **4**, 323[299] (277, 303), 326[518] (299), 607[164] (547), 608[231] (565, 565f, 598), 608[233] (565, 565f), 609[277] (575, 578), 840[39] (828); **5**, 186f[11], 194f[2], 229f[12], 240f[4], 273[637] (215, 219), 274[655] (219), 274[708] (239), 275[775] (254), 353f[8], 526[446] (348), 533[875] (428), 534[946] (439, 440), 534[948] (439, 453), 537[1152] (477), 537[1153] (477), 537[1156] (477), 537[1157] (477); **6**, 33[19] (17), 34[87] (19T, 21T, 24), 93[17] (54T, 55T, 57T, 59T, 65, 74, 75, 78), 94[64] (55T, 56T, 75), 140[38] (123T, 126), 140[64] (105T, 124T, 130), 140[84] (130, 135), 140[85] (132), 140[91] (130), 141[123] (124T, 130), 142[211] (123T, 128), 227[215] (212), 262[111] (251), 263[177] (258), 263[178] (258), 263[179] (258), 263[180] (258), 343[48] (285), 343[57] (287, 289), 343[60] (287), 346[234] (312T, 312), 349[425] (334T, 334f), 746[626] (561), 751[974] (619, 683, 684); **8**, 312f[46], 361[23] (286), 364[223] (321), 456[137] (394), 456[140] (395), 458[245] (410), 497[103] (491), 642[78] (638), 670[112] (665), 771[162] (747T), 772[200] (737), 795[55] (794), 795[92] (793), 795[93] (793), 795[94] (793), 795[95] (793, 794), 935[614] (896), 935[617] (896, 897), 935[618] (896), 1010[216] (1005)
Nakamura, E., **7**, 649[164] (552), 649[164] (552), 649[164] (552), 649[184] (555), 649[193] (557), 651[274] (572)
Nakamura, H., **1**, 250[550] (226, 228, 229, 230), 251[570] (230)
Nakamura, K., **6**, 224[30] (204T, 205T, 206, 207, 208); **7**, 105[299] (40, 68), 105[300] (40), 108[483] (69)
Nakamura, M., **6**, 750[939] (615, 617, 654)
Nakamura, R., **3**, 270[423] (262); **4**, 74f[31]; **8**, 549[16c] (502)
Nakamura, T., **6**, 95[113] (49, 53T, 54T, 59T); **8**, 646[275] (618)
Nakamura, Y., **3**, 1072[289] (1015, 1035); **4**, 609[303] (579); **5**, 270[438] (142, 146); **6**, 93[21] (49, 53T, 54T, 64), 95[150] (56T, 72), 95[161] (59T, 61T, 72), 95[162] (49, 53T, 54T), 97[271] (56T, 72), 98[295] (52, 53T), 99[386] (52, 53T), 142[178] (118, 121T), 252f[3], 261[46] (247), 262[96] (251), 348[401] (329, 331), 348[402] (329, 331), 349[458] (341), 443[153] (403), 443[154] (403), 742[398] (527), 745[554] (546), 746[656] (565); **8**, 496[28] (469), 609[256] (596T), 609[257] (596T), 609[261] (596T), 772[205] (739, 755T)
Nakanishi, F., **8**, 1066[145] (1038)
Nakanishi, H., **3**, 102f[25]; **4**, 401f[31], 414f[6], 504[28] (384), 505[104] (406), 506[149] (419), 506[150] (419, 425), 506[159] (425)
Nakanishi, S., **4**, 321[153] (260)
Nakanishi, T., **8**, 1009[123] (973)
Nakano, S., **8**, 610[308] (599T)
Nakano, T., **1**, 242[75] (163), 742f[10]; **2**, 196[444] (111); **3**, 694[20] (649); **4**, 965[182] (962), 965[184] (962); **6**, 1112[143] (1080); **7**, 513[172] (499), 652[351] (583)

Nakano, Y., **1**, 249[503] (219, 220); **7**, 8f[4], 459[290] (413)
Nakao, S., **8**, 378f[7]
Nakao, Y., **8**, 609[254] (596T)
Nakasugi, O., **2**, 861[138] (853)
Nakata, T., **7**, 651[311] (577)
Nakatsu, K., **4**, 401f[31], 414f[6], 458f[4], 458f[5], 505[104] (406), 506[149] (419), 506[150] (419, 425), 506[161] (425, 432), 506[162] (425); **6**, 140[38] (123T, 126), 140[93] (124T, 132), 241[41] (240), 262[79] (249), 278[45] (266T, 274); **8**, 291f[9]
Nakatsugawa, K., **7**, 658[685] (642)
Nakatsuka, M., **8**, 930[289] (840, 845)
Nakatsuka, T., **2**, 713f[4], 761[62] (721); **8**, 771[124] (739, 753T, 756T)
Nakayama, H., **4**, 153[256] (67)
Nakayama, M., **8**, 99[264] (75)
Nakayama, N., **4**, 65f[50]
Nakayama, Y., **5**, 270[387] (124)
Nakazawa, N., **8**, 644[192] (618)
Nakazawa, T., **7**, 109[511] (72)
Nakhmanovich, B. I., **1**, 251[582] (231, 232), 251[587] (232, 235, 236), 251[588] (232), 251[589] (232), 251[589] (232); **7**, 8f[2], 8f[10], 9f[2]
Nakhshunova, I. L., **8**, 641[50] (627T)
Naldini, L., **5**, 622[92] (559, 620); **6**, 737[67a] (488), 943[162] (912, 913T), 944[169] (912, 913T), 944[175] (913T)
Nalesnik, T. E., **3**, 633[275] (621); **8**, 367[417] (347)
Nam, N. H., **7**, 652[334] (581)
Nambu, H., **1**, 308[437] (292), 308[438] (292), 308[439] (292), 308[440] (292); **7**, 142[97] (129), 299[65] (278), 299[66] (278), 299[67] (278), 299[68] (278), 299[69] (278), 336[27] (328), 336[28] (328), 363[13] (352, 357)
Nametkin, N. S., **1**, 42[170] (36); **2**, 186[29] (6), 193[312] (80), 193[312] (80), 193[323] (82), 193[327] (83), 201[669] (163), 297[73] (227, 292), 297[79] (229), 297[80] (229), 297[81] (229, 230), 297[87] (230), 297[88] (230), 297[90] (231, 232), 298[102] (233, 234, 268), 298[108] (234), 298[109] (234), 298[119] (236), 298[121] (237), 298[123] (237), 298[125] (237), 298[133] (239), 298[143] (241), 298[153] (243), 299[155] (243, 262), 299[156] (243), 299[188] (248T), 300[246] (262), 301[322] (277), 302[380] (292), 507[83] (407), 507[83] (407), 509[199] (423), 509[213] (424), 516[634] (484), 517[673] (490); **3**, 436f[31], 436f[32], 473[17] (437), 1071[235] (1008), 1071[236] (1008); **4**, 321[131] (257, 274, 275, 280, 282), 323[321] (280), 510[358] (467), 602f[12], 602f[14], 613[527] (604); **6**, 442[107] (400), 445[287] (422); **7**, 9f[1], 9f[1], 59f[4]; **8**, 311f[23], 646[278] (616, 622T), 1009[113] (971)
Namikawa, S., **1**, 673[173] (591); **3**, 547[138] (544)
Namiki, H., **8**, 933[459] (862)
Namiki, M., **7**, 66f[7]
Namtvedt, J., **1**, 376[225] (346), 376[231] (346)
Namy, J. L., **1**, 246[313] (193, 211), 249[455] (211), 679[564] (645); **3**, 267[204] (209); **7**, 425f[3], 459[309] (415, 416), 460[316] (416), 461[385] (426), 461[386] (426), 461[403] (429)
Nanbo, Y., **5**, 530[672] (390, 391, 412)
Nance, L. E., **4**, 509[353] (466, 497)
Nanda, R. K., **3**, 631[220] (601), 632[223] (602), 632[227] (602), 632[229] (602); **6**, 942[65] (901, 902T, 903T), 942[85] (901, 903T), 942[90] (901, 903T), 942[91] (903T)
Nanje Gowda, N. M., **6**, 344[81] (286), 737[69] (488)
Nanninga, D., **1**, 258f[16], 380[436] (367)
Napier, D. R., **1**, 681[693] (662); **7**, 455[27] (378)
Napier, J., **2**, 186[1] (3)
Napochatykh, V. P., **1**, 250[558] (227, 233)
Napoletano, T., **4**, 1059[105] (981, 982, 984, 992, 1010), 1059[136] (989)
Nappier, Jr., T. E., **5**, 313f[3], 404f[15], 404f[16], 524[281] (313, 381), 529[632] (381); **6**, 741[344] (522)
Narang, S. C., **2**, 187[60b] (13), 203[746] (183); **7**, 651[295] (576), 658[659] (642), 658[666] (639, 642), 658[668] (639), 658[671] (642)
Naraoka, T., **7**, 51[63] (482)
Narasaka, K., **7**, 106[369] (49), 650[266] (571); **8**, 1008[92] (966), 1008[92] (966)

Narasimham, P. T., **1**, 676³³⁰ (620)
Narasimhan, N. S., **7**, 104²⁶¹ (34), 104²⁶¹ (34), 104²⁶² (34)
Narasimhan, S., **7**, 511⁵⁰ (480)
Narayan, S. R., **4**, 689⁴⁰ (666)
Narazio, G., **5**, 626³¹⁸ (589)
Narbel, P., **4**, 612⁴⁷⁵ (597), 815³³⁵ (751)
Nardelli, M., **2**, 622³⁷⁸ (570), 622³⁷⁹ (570), 622³⁸⁰ (570), 622³⁸¹ (570); **6**, 298f²
Nardin, G., **1**, 379⁴²⁰ (366); **2**, 713f³⁶, 760¹² (710, 722), 761⁸² (725, 727), 761⁹³ (725, 736), 762¹³⁵ (744), 763¹⁵² (750), 763¹⁸⁴ (727, 758); **5**, 100f⁹, 100f¹⁰; **7**, 59f³
Narisada, M., **1**, 679⁵⁸⁰ (647), 679⁵⁸¹ (647), 679⁵⁸² (647)
Narisano, E., **7**, 103¹⁹⁹ (27), 109⁴⁹⁸ (71)
Narisawa, S., **8**, 711³³⁹ (701), 711³⁴² (701)
Narita, T., **7**, 8f⁹
Narkis, N., **8**, 1069²⁵² (1051, 1063)
Narula, A. S., **4**, 512⁴⁹⁸ᵇ (498); **8**, 1010¹⁷⁶ (988), 1010¹⁷⁷ (988, 994)
Naruse, M., **7**, 300¹³³ (290), 346¹⁸ (340, 341), 347⁴³ (343)
Naruta, Y., **8**, 769³⁶ (730)
Narutis, V. P., **5**, 546f³, 549f¹³, 570f⁴
Naruto, M., **6**, 33¹⁹ (17), 34⁸⁷ (19T, 21T, 24), 93¹⁷ (54T, 55T, 57T, 59T, 65, 74, 75, 78), 262¹¹¹ (251), 343⁶⁰ (287), 346²³⁴ (312T, 312); **8**, 795⁹³ (793)
Nash, N. W., **1**, 671⁷ (557, 612)
Nasielski, J., **2**, 617⁶⁵ (531), 618¹⁰⁴ (538), 618¹¹² (538); **3**, 1051f¹⁰, 1074⁴²² (1036), 1076⁵¹³ (1054); **7**, 650²²⁵ (561)
Nasini, R., **6**, 12¹⁴ (4T, 4)
Nasirov, F. A., **8**, 642⁸⁶ (621T), 645²¹⁶ (621T)
Nasirov, F. M., **7**, 458²³² (405)
Nasirova, R. M., **7**, 100⁴⁴ (6)
Naso, F., **7**, 727¹⁷⁹ (705)
Nasonova, L., **6**, 226¹⁴⁹ (214T)
Nassimbeni, L. R., **2**, 915f⁵, 973²²⁸ (901); **3**, 858f¹⁵, 858f¹⁶ᵃ, 858f¹⁶ᵇ; **4**, 156⁵⁰⁸ (126), 536f², 612⁴⁴⁷ (594)
Nast, R., **1**, 252⁶³⁰ (239), 727f⁸, 728f⁹, 752¹³ (726); **2**, 507¹⁰¹ (410), 818⁴³ (772, 775), 859¹⁸ (829), 861¹³² (853); **3**, 944f⁷, 949²³¹ (884), 1137f¹, 1147¹¹⁴ (1139); **4**, 153²⁸³ (71), 373⁴ (332); **5**, 76f¹⁰, 76f¹², 76f¹³, 137f¹³, 268²⁹² (78), 270⁴¹⁸ (138, 141), 622¹⁰⁵ (561, 567), 622¹⁰⁶ (561), 622¹⁰⁷ (561), 624²²⁵ (574); **6**, 98³²⁹ (60T, 69), 99³⁶² (45), 261⁵⁹ (248), 261⁶⁰ (248), 261⁶¹ (248), 344¹⁴³ (304, 305), 344¹⁴⁴ (304, 305), 345¹⁴⁶ (304, 305), 740²⁵² (514), 740²⁸⁴ (516), 740²⁸⁵ (516)
Nastart, Jr., M. A., **6**, 1112¹⁴⁶ (1081)
Natalie, Jr., K. J., **2**, 190¹⁶⁹ (38)
Natarajan, K., **4**, 811¹²⁴ (709)
Natarajan, P., **6**, 758¹⁴⁷² (680)
Nath, D., **3**, 428¹¹⁴ (361), 430²³⁰ (385)
Nathan, E. C., **7**, 104²²⁴ (29)
Nathan, R. A., **7**, 109⁵²⁹ (77)
Natile, G., **4**, 321¹³³ (257), 324³³⁸ (282); **5**, 267¹⁸³ (37), 267²⁰⁶ (43), 267²⁰⁷ (43); **6**, 753¹¹²⁰ (638), 754¹¹⁷² (641, 643T), 754¹¹⁷³ (641, 643T), 756¹³⁵³ (667), 756¹³⁶⁰ (668), 756¹³⁶¹ (668), 756¹³⁶² (668), 757¹³⁶³ (668), 757¹³⁶⁴ (669), 757¹³⁶⁵ (669), 757¹³⁶⁶ (669)
Natori, Y., **8**, 497⁶² (478)
Natsukawa, K., **1**, 249⁵⁰³ (219, 220); **7**, 8f⁴
Natta, G., **1**, 153²⁵⁴ (148), 671³² (559), 674²⁵⁹ (607, 624); **3**, 270⁴³⁴ (263), 303f², 328¹⁵⁷ (321), 328¹⁵⁹ (321), 545² (477), 545¹⁴ (488), 545¹⁹ (489, 492), 546³² (492), 546³⁷ (492), 546³⁸ (492), 546⁵² (497), 546⁵³ (497), 546⁶³ (503), 546⁶⁴ (503), 546⁷³ (510), 547¹¹⁰ (537), 547¹²¹ (539), 547¹²⁵ (541), 547¹²⁶ (541), 547¹²⁸ (541), 695⁴⁰ (650), 786f⁵, 946¹ (784, 794), 1004f⁴, 1004f¹⁰, 1071²¹³ᵃ (1001, 1015, 1018), 1071²¹³ᵇ (1001, 1015, 1018), 1146¹ (1080, 1101), 1316¹ (1256, 1257); **4**, 149³ (5, 6), 958f⁷; **5**, 264¹⁶ (3, 4, 6, 8, 53); **6**, 231¹⁵ (230), 980²³ (953); **7**, 454⁸ (368), 455⁴³ (381), 463⁴⁹⁹ (443, 449), 463⁵⁰³ (443, 445, 450), 463⁵²⁷ (449), 463⁵⁴⁶ (452); **8**, 17³⁸ (15), 95³⁸ (30, 31), 98²³² (63, 66, 68), 221⁷⁹ (119, 121), 222¹⁰⁰ (124), 282¹⁶⁴ (274), 397f¹, 454³⁴ (377), 456¹⁶³ (396), 549² (500, 502, 503)
Naulet, N., **1**, 243¹⁵²ᵃ (173), 243¹⁵²ᵃ (173)
Nauman, S., **1**, 753⁷³ (737)
Naumann, D., **2**, 949f³
Naumann, M., **3**, 1256f⁷
Naumov, A. D., **1**, 376¹⁸⁶ (338)
Navarre, A., **8**, 708²¹⁸ (701)
Navarro, R., **3**, 82¹⁵⁵ (21, 23); **4**, 242⁵⁰⁷ (223, 224T, 227), 242⁵⁰⁹ (223, 224T, 227); **5**, 76f⁹; **6**, 99³⁴⁹ (50T), 345¹⁵⁶ (306, 307), 345¹⁶³ (306), 345¹⁶⁷ (306, 307, 311), 345¹⁶⁸ (306, 340), 345¹⁷⁴ (306), 345²⁰⁹ (311), 349⁴⁴³ (340), 737⁴⁹ (483), 840f⁵⁷, 842f¹⁶¹, 868f³⁰, 875¹³² (784, 787), 875¹³³ (784)
Navazio, G., **5**, 186f¹, 272⁵³³ (177)
Nave, C., **5**, 533⁸⁸⁹ (429), 533⁸⁹⁰ (429)
Nawa, M., **8**, 471f¹⁸, 496²⁴ (469)
Naylor, F. E., **8**, 711³⁶⁸ (702)
Naylor, Jr., R. E., **1**, 263f¹¹, 302⁵¹ (263); **3**, 102f⁴
Nazarenko, Y. P., **6**, 140⁵¹ (132)
Nazarian, G. M., **3**, 1146⁹ (1082), 131⁷⁷ (1257)
Nazarova, E. B., **3**, 702⁴⁷⁰ (684); **8**, 366³⁵⁴ (341)
Nazarova, N. M., **8**, 312f⁶⁰, 312f⁶³, 315f⁹, 339f³², 363¹⁷⁷ (302), 366³³⁹ (338, 348)
Nazarova, R. G., **3**, 1075⁴⁴⁴ (1038), 1251²⁸² (1218), 1360f⁸, 1383¹⁹⁴ (1365); **6**, 181¹¹⁴ (176f, 176T)
Nazarova, R. V., **3**, 699³³³ (673)
Nazarova, Z. N., **1**, 248³⁹³ (201)
Nazery, M., **1**, 378³²³ (356), 380⁴⁴¹ (368); **2**, 510²⁸⁰ (437)
Nazmutdinov, R. Y., **7**, 652³⁶⁴ (584)
Nazy, J. R., **1**, 305²⁵⁰ (279)
Ncube, S., **7**, 97f¹⁸, 106³⁶³ (48), 300⁸³ (279, 280), 300⁸⁵ (280)
Neal, A. H., **8**, 385f²³, 455⁹⁶ (386), 646²⁵⁷ (621T)
Nebergall, W. H., **1**, 53f⁹; **2**, 196⁴⁵² (113), 507⁵⁵ (404)
Nechaeva, T. I., **8**, 644¹⁹⁵ (616, 622T)
Nechiporenko, V. P., **8**, 795⁸⁷ (781), 795⁸⁸ (781)
Neckers, D. C., **3**, 1317⁶⁷ (1282), 1317⁶⁸ (1282); **8**, 605¹⁰ (553), 606⁵⁷ (557, 595T, 596T, 602T), 606⁵⁸ (557, 595T, 596T), 606⁵⁹ (557, 601T), 606⁶⁰ (557), 611³⁴² (596T), 927⁶⁸ (801)
Nedelec, L., **8**, 368⁴⁶⁸ (353)
Nedoshivina, M. B., **3**, 1069¹¹⁸ᶜ (985)
Neece, G. A., **1**, 265f⁵
Neef, H., **7**, 658⁶⁸⁰ (642)
Neel, J. V., **2**, 1015⁵ (980)
Neese, H.-J., **3**, 126f², 355f², 455f², 455f³, 455f⁵, 455f⁶, 457f², 474⁷¹ (452), 474⁷³ (458); **6**, 1058f¹², 1111⁷¹ (1058)
Nefedov, A. I., **8**, 368⁵¹⁷ (359)
Nefedov, B. K., **2**, 978⁵⁴⁰ (968); **3**, 698²⁷⁹ (670); **8**, 98²⁵⁹ (74, 75, 76), 796¹²² (777)
Nefedov, O. M., **1**, 68f³, 115²⁷ (46, 83), 118¹⁸⁵ (82, 83), 244¹⁷⁴ (175, 188); **2**, 193³²³ (82), 193³³⁶ (86), 296¹⁸ (211), 298¹³⁶ (241), 300²¹⁷ (253), 397¹³¹ (394), 506¹⁹ (402, 478, 482, 483, 484, 485, 486, 488, 490), 508¹³⁴ (412), 510²⁴² (431), 515⁵⁷⁶ (478, 479, 481, 482, 483, 484, 485, 486), 515⁵⁸¹ (478, 482), 515⁵⁸² (478), 516⁶¹⁹ (483), 516⁶²¹ (483), 516⁶²² (483), 517⁶⁴⁵ (485, 486), 517⁶⁴⁷ (486), 517⁶⁴⁹ (486), 517⁶⁶¹ (489), 762¹¹⁷ (736), 972¹³⁷ (888), 977⁴⁵⁰ (957), 977⁴⁶⁷ (958); **7**, 109⁵⁴⁷ (80, 87, 88), 110⁵⁵⁸ (82); **8**, 458²⁴² (409), 460⁴⁰² (434), 706¹³⁶ (672, 674T, 678)
Nefedov, V. A., **8**, 1066¹³⁸ (1037), 1066¹³⁸ (1037)
Nefedov, V. I., **5**, 570f², 625³¹⁷ (589, 594); **6**, 100⁴²⁴ (80), 141¹²² (104T, 124, 127), 144²⁸⁵ (105T)
Nefedova, M. N., **3**, 1075⁴⁵⁴ (1040); **8**, 1065⁵⁸ (1021), 1065⁸⁹ᵃ (1026)
Neff, B. L., **1**, 119²³⁹ (94)
Neff, L. D., **8**, 97¹⁵⁶ (51)
Neff, V., **2**, 860⁷⁵ (840)

Neff, W. E., **8**, 366[398] (344), 930[260] (835)
Negishi, E., **1**, 274f[2], 275f[6], 286f[2], 306[280] (283), 306[290] (283), 307[341] (287), 308[475] (283), 374[62] (313), 374[63] (313, 314, 315, 317, 318, 319, 321, 322, 334, 335), 374[92] (321), 374[113] (322), 680[644] (652), 681[685] (661), 681[686] (661), 681[687] (661); **2**, 861[117] (850), 861[118] (850); **3**, 411f[6], 431[305] (409, 412), 557[40] (553, 554, 555), 557[43] (554), 557[49] (554, 555), 631[180] (585), 631[198] (590); **7**, 105[323] (44), 110[605] (95), 140[15] (112), 140[19] (114), 140[20] (114), 140[21] (114), 141[81] (126), 141[82] (126), 141[84] (127), 141[85] (127), 141[86] (127), 142[100] (130), 142[119] (133, 134), 142[131] (136), 142[138] (137), 142[139] (137), 142[142] (138), 142[147] (139), 144f[5], 158[31] (145, 146), 158[32] (145, 146), 158[45] (146), 158[47] (146), 159[95] (149), 195[62] (164, 165, 166), 195[64] (164), 195[68] (164), 195[69] (164), 195[70] (164), 195[71] (165, 193), 195[73] (166), 195[76] (166), 195[105] (171), 196[130] (175), 196[166] (183), 196[167] (183), 196[170] (183), 224[78] (204), 224[81] (204), 225[120] (208), 225[121] (208, 209, 210, 211), 225[127] (208), 225[130] (208, 212), 225[136] (209, 210, 211, 212, 213), 225[138] (209, 215), 225[145] (209), 225[146] (209, 211), 225[148] (209, 211), 225[151] (209, 210, 211, 216), 225[156] (211), 226[163] (211), 226[167] (212), 226[177] (213), 226[191] (216), 226[207] (219), 226[224] (219), 226[225] (219), 226[2] (255), 262[8] (255), 263[20] (256), 263[22] (256), 263[24a] (259), 263[24b] (259), 298[2] (265), 298[4] (266), 298[5] (266), 298[6a] (267), 298[6b] (267), 298[7] (267), 298[8] (268), 298[12a] (268), 298[13] (268), 299[22] (271, 290), 299[81] (279, 290), 300[83] (279, 280), 300[96b] (282), 300[102a] (284), 300[102b] (284), 300[103a] (284), 300[103b] (284), 300[104] (284), 300[106] (285), 300[107] (285), 300[109a] (285), 300[130a] (290), 300[131a] (290), 300[131b] (290), 301[143] (292), 301[150a] (292), 321[1] (304, 310), 321[6] (304), 321[10] (306, 310), 321[12] (306), 322[27a] (309), 322[27b] (309), 322[29] (310), 322[32] (310), 322[33] (310, 316), 322[37] (312), 322[41] (313), 322[45] (314), 336[20] (326, 328), 336[32] (328), 336[40] (330, 333), 336[41] (330), 336[42] (331), 336[45] (332), 346[3] (337, 338), 346[7a] (338), 346[7b] (338), 346[24] (340), 347[35] (342, 344), 347[36] (342, 344), 347[38] (344), 363[10] (351, 356), 363[17] (354), 363[20] (355), 456[81] (385), 456[115] (391), 456[117] (391), 456[118] (391), 458[188] (399, 402), 458[189] (399), 458[209] (401), 458[210] (401), 458[211] (401), 461[381] (424), 649[159] (551), 725[36] (669); **8**, 771[134] (738, 752T, 753T, 762T, 763T), 771[172] (741, 763T), 771[174] (741, 763T), 772[177] (741, 762T), 773[178] (741, 762T), 927[72] (801), 937[718] (911, 914), 937[719] (911, 912), 937[720] (911, 912), 937[722] (911, 913, 914), 937[731] (913, 914), 937[733] (914, 915, 916)
Negoiu, D., **4**, 694f[9]
Negrebetskii, V. V., **1**, 303[124] (268), 374[82] (317)
Nehl, H., **1**, 250[521] (223), 678[521] (635), 681[672] (657); **2**, 859[13] (828)
Nehls, D., **8**, 341f[15], 366[349] (340)
Neibecker, D., **6**, 180[50] (173T, 173), 181[92] (169, 173T, 173), 181[93] (173T, 173)
Neilan, J. P., **4**, 507[218] (437), 509[347] (464); **8**, 400f[7], 457[196] (400, 446), 931[342] (847)
Neilsen, T., **2**, 680[412] (673)
Neilson, R. H., **2**, 198[552] (131)
Nekaeva, I. M., **8**, 1105[47] (1082)
Nekhaev, A. I., **4**, 323[321] (280), 510[358] (467), 602f[14], 613[527] (604); **8**, 1009[113] (971)
Nekipelov, V. M., **6**, 750[898] (610)
Nekrasov, Yu. S., **2**, 974[277] (920, 921, 922), 974[280] (920), 974[283] (920); **3**, 334f[37], 362f[10], 428[130] (363), 698[266] (670), 1381[111] (1342); **4**, 236[157] (179, 207T), 239[343] (206, 207T, 208, 212T), 240[387] (210), 242[502] (223, 224T, 224), 606[67] (522); **6**, 139[6] (105T, 116, 121T), 179[11] (153T, 156); **8**, 1067[195] (1043)
Nelke, J. M., **7**, 35f[8], 649[184] (555)
Nelson, A. J., **2**, 193[339] (86), 300[226] (256), 300[239] (259), 302[339] (281, 294)
Nelson, D., **3**, 1074[410] (1035), 1252[316] (1224), 1383[208] (1366); **4**, 454f[13]; **7**, 177f[1]
Nelson, G. O., **4**, 375[134] (368, 369, 369T), 376[154] (372), 504[40] (386), 507[182] (429, 464, 496, 497, 498), 507[182] (429, 464, 496, 497, 498), 507[224] (438, 464, 465); **8**, 551[107] (528), 1008[72] (957)
Nelson, G. V., **3**, 695[55] (651, 652); **4**, 51f[58], 242[524] (231, 232T)
Nelson, III, H. H., **3**, 1067[14] (958, 959); **4**, 325[406] (290); **8**, 367[433] (350)
Nelson, J., **3**, 1147[73] (1113)
Nelson, J. F., **2**, 861[126] (852)
Nelson, J. H., **3**, 85[375] (51), 85[376] (51), 85[377] (51), 87[504] (73); **6**, 96[182] (40), 142[204] (102, 134, 135), 241[14] (235, 238), 241[14] (235, 238), 345[149] (304), 362[42a] (356), 750[927] (614T), 750[948] (615, 618), 750[949] (615, 618), 750[950] (615), 750[951] (615, 617, 618, 691), 750[952] (615, 617, 618, 691), 752[1030] (626, 630), 760[1561] (696, 697, 700T, 704), 760[1563] (697), 760[1573] (702, 704), 1114[214] (1099); **8**, 771[115] (737), 772[214] (737)
Nelson, L. A., **2**, 969[11] (864)
Nelson, L. E., **2**, 196[472b] (116, 118), 298[98] (232), 298[126] (237), 299[171] (247T, 287), 360[50] (314); **7**, 655[543] (616)
Nelson, N. J., **4**, 605[31] (518), 649[96] (642), 840[22] (824), 840[23] (824)
Nelson, R. D., **4**, 760f[6], 816[399] (760)
Nelson, R. V., **7**, 658[694] (643)
Nelson, R. W., **1**, 375[179] (335)
Nelson, S. M., **3**, 1147[73] (1113); **4**, 507[175] (427), 612[510] (600); **5**, 455f[1], 532[832] (419, 422, 447, 448, 449), 532[833] (419), 534[982] (358, 434, 448, 449, 466, 467, 468, 480, 483), 535[996] (448), 535[998] (449, 452, 480), 535[999] (449, 452, 480)
Nelson, T. R., **3**, 279[46] (275)
Nelson, W. J. H., **4**, 664f[1], 887[179] (881), 903f[2], 903f[3], 907[26] (892), 907[40] (898, 905), 907[57] (901), 907[58] (902), 907[61] (902), 907[62] (902), 907[77] (904, 905), 1063[396] (1054), 1064[407] (1056), 1064[408] (1057)
Nelson, W. K., **3**, 279[9] (271), 447f[8], 447f[9], 447f[17], 473[1] (433), 473[47] (445)
Nemeth, S., **8**, 293f[17], 363[191] (309)
Nemirovskaya, I. B., **8**, 1064[48] (1020)
Nemirovskii, L. M., **1**, 696f[21], 721[104] (698)
Nemoto, H., **8**, 1009[151] (980)
Nencetti, G., **1**, 379[420] (366)
Nenciulescu, S., **8**, 643[133] (621T)
Nenitzescu, C. D., **3**, 545[12] (488, 490); **6**, 382[9] (364, 365), 383[59] (369, 382), 443[158a] (405), 468[17] (456, 457), 469[37] (461), 469[41] (462), 469[65] (467)
Nennig, J. F., **6**, 737[54] (484), 806f[64], 868f[27], 872f[151], 872f[154], 874[55] (769), 874[56] (769)
Nentvig, W., **7**, 8f[1]
Neogi, A. N., **8**, 607[89] (560), 610[322] (600T)
Neplynev, V. M., **2**, 873f[17]
Nepyshnevskii, V. M., **1**, 676[347] (623)
Neretin, V. V., **2**, 508[116] (410, 439, 472), 872f[14]
Nerlekar, P. G., **6**, 758[1429] (675)
Neruda, B., **6**, 748[819] (591)
Nesbitt, S. L., **2**, 202[713] (174); **7**, 654[459] (600, 601)
Nescner, E., **7**, 654[483] (603)
Nesenhard, J. O., **3**, 911f[5]
Nesmeyanov, A. N., **1**, 241[6] (156, 157, 158, 163, 164, 166, 167, 170, 171, 172, 173, 175, 177, 181, 188, 192, 193, 207, 211, 223), 242[90] (164), 272f[13], 285f[4], 285f[5], 285f[6], 285f[7], 285f[38], 286f[18], 304[190] (270, 283), 306[313] (284), 373[17] (313), 583f[9], 671[43] (561, 624), 676[349] (624), 679[543] (639), 682[726] (581), 682[726] (581), 727f[4], 731f[5], 742f[4], 752[7] (726); **2**, 516[627] (483), 516[636] (484), 516[637] (484), 516[642] (484), 618[118] (539), 619[206] (547), 619[207] (547), 619[208] (547), 623[459] (581), 631f[18], 705[40] (686), 706[95] (693), 706[124] (697), 707[178] (704), 713f[37], 713f[38], 713f[39], 715f[15], 715f[17], 754f[13], 760[16] (715), 761[72] (722, 757), 761[83] (730), 762[103] (730), 763[175a] (757), 768f[1], 768f[2], 768f[6], 768f[10], 768f[14], 769f[1], 769f[2], 769f[3], 770f[2], 770f[3], 773f[3], 773f[5], 780f[1],

Nesmeyanov (cont.)
780f[2], 780f[3], 780f[4], 818[10] (766, 767, 773, 778, 779, 780, 786, 787, 790, 803, 804, 805, 806, 807, 809, 810), 818[18] (767, 769), 818[20] (767), 818[27] (767), 818[28] (767), 818[29] (767), 818[30] (769), 818[31] (769), 819[77] (779), 819[78] (779), 819[79] (779), 819[80] (780), 878f[20], 894f[8], 970[26] (866, 869, 871, 874, 875, 879, 887, 888, 890, 891, 892, 895), 970[26] (866, 869, 871, 874, 875, 879, 887, 888, 890, 891, 892, 895), 970[54] (869), 970[61] (870, 926), 971[125] (886), 972[160] (892), 973[226] (901), 973[230] (901), 974[277] (920, 921, 922), 974[280] (920), 974[281] (920), 974[283] (920), 975[318] (926), 975[320] (926), 975[323] (927); **3**, 111f[2], 334f[2], 334f[3], 334f[10], 334f[11], 334f[16], 334f[17], 334f[18], 334f[19], 334f[20], 334f[31], 334f[32], 334f[35], 334f[36], 334f[37], 334f[43], 341f[2], 341f[3], 341f[4], 341f[5], 341f[6], 341f[7], 341f[8], 341f[9], 341f[10], 341f[12], 341f[13], 341f[14], 341f[15], 341f[16], 344f[6], 344f[7], 344f[8], 344f[10], 344f[11], 344f[12], 344f[15], 344f[16], 344f[22], 344f[23], 344f[24], 347f[1], 348f[2], 348f[3], 348f[4], 348f[5], 348f[6], 348f[7], 348f[8], 348f[11], 350f[11], 362f[6], 362f[7], 362f[10], 362f[17], 367f[2], 376f[2], 376f[3], 376f[20], 376f[21], 376f[22], 379f[6], 379f[8], 379f[9], 379f[10], 379f[12], 379f[14], 426[13] (336), 426[14] (336, 361), 426[19] (336, 338, 339, 342, 348), 427[36] (338, 342), 427[37] (338, 342), 427[39] (339, 342, 347), 427[41] (339, 342), 427[48] (347), 427[49] (347), 427[50] (347), 427[51] (347), 427[53] (347), 428[120] (361), 428[130] (363), 429[189] (377), 429[190] (377), 628[29] (563, 564, 569), 628[34] (563, 564, 573, 575, 576), 629[43] (564), 629[67] (569), 698[239] (666, 667), 698[240] (666), 698[241] (666, 667), 711f[2], 711f[3], 711f[4], 735f[9], 737f[12], 754f[1], 754f[2], 754f[3], 754f[4], 754f[5], 754f[6], 754f[9], 754f[11], 754f[12], 754f[14], 760f[6], 760f[8], 764f[1], 767f[11], 768f[11], 768f[29], 772f[3], 780[146] (754), 781[165] (760), 781[174] (762), 781[177] (763), 786f[6], 819f[19], 978f[10], 981f[16], 981f[19], 1051f[11], 1067[4a] (955, 1002, 1006), 1067[26b] (964), 1067[31] (965), 1069[84b] (978), 1069[105] (982), 1069[107] (983, 988), 1070[189] (993), 1070[191] (995), 1070[192] (995, 1000), 1071[227] (1006), 1071[230] (1007), 1071[231a] (1007), 1071[231b] (1007), 1071[232] (1007), 1072[277] (1014), 1072[293] (1016), 1075[460] (1040), 1080f[3], 1080f[6], 1177f[3], 1189f[10], 1189f[12], 1189f[22], 1211f[4], 1211f[8], 1246[10] (1153), 1248[151] (1188), 1251[250] (1212, 1213), 1251[252] (1213), 1253[390] (1240), 1256f[2], 1256f[5a], 1317[16] (1271), 1338f[12], 1338f[13], 1338f[16], 1360f[12], 1379[14] (1324), 1380[29] (1328), 1380[52] (1331), 1380[53] (1331), 1381[82] (1338), 1381[88] (1340), 1382[168] (1361), 1382[173] (1362); **4**, 156[467] (124), 157[550] (131), 163f[3], 233[7] (163), 237[240b] (193, 207T, 210), 238[307] (204, 205), 238[309] (205), 239[334] (206, 207T, 210, 232T), 239[338] (206, 207T, 208), 239[339] (206, 207T, 208), 239[339] (206, 207T, 208), 239[340] (206, 207T, 208), 239[341] (206, 207T), 239[342] (206, 207T), 239[348] (206, 207T, 207, 232T), 239[355] (206, 207T, 208), 239[358a] (206, 207T, 215), 239[359] (206, 207T), 240[377] (208), 240[393a] (211, 212T), 240[394] (211, 212T), 240[395] (211, 212T), 240[396] (211, 212, 212T, 213, 219), 240[401] (211, 212T), 240[412] (211, 212T, 213), 240[413] (211, 212T, 213), 240[414] (211, 212T, 213), 240[415] (211, 212T, 213), 240[420] (212T), 380f[17], 401f[23], 401f[30], 414f[5], 415f[1], 415f[2], 415f[3], 422f[8], 479f[40], 499f[2], 499f[7], 499f[9], 504[24] (384), 505[66] (396), 505[67] (396), 505[88] (402, 493), 505[91] (403), 506[133] (413, 416), 506[134] (413), 506[156] (424), 508[289] (448), 511[428] (485, 486), 511[446] (486), 511[447] (486), 512[504] (500), 512[505] (500, 501), 512[507] (500), 512[513] (501), 606[67] (522), 608[244] (568f, 569), 610[320] (581), 610[321] (581), 611[383] (590), 611[391] (591), 611[407] (592), 611[414] (592), 613[520] (603), 648[6] (616), 816[426] (762, 770), 817[469] (769, 770), 817[474] (770), 817[477] (770), 819[619] (797), 1060[207] (1015), 1061[226] (1018); **5**, 274[715] (244), 275[730] (245), 538[1255] (500, 506), 626[374] (597); **6**, 35[105] (21T, 23), 35[113] (21T, 23), 93[15] (85, 91T), 94[96] (91T), 94[97] (49, 53T), 95[149] (40, 43T), 96[171] (40, 43T, 54T, 64, 75, 79), 96[172] (40, 43T), 97[225] (85, 91T), 100[409] (40, 43T), 100[419] (40, 43T, 79), 139[6] (105T, 116, 121T), 140[92] (105T, 117, 121T), 141[121] (105T, 117, 121T), 141[141] (105T, 116, 121T), 141[149] (117, 121T), 142[159] (116, 121T), 142[183] (105T, 110, 116, 121T), 143[243] (104T, 106), 143[244] (117), 143[260] (104T, 106), 179[10] (176T), 179[11] (153T, 156), 181[111] (153T, 156), 181[125] (156, 168), 182[164] (146T, 159T, 176T), 223[7] (203T, 206), 225[87] (203T, 206), 225[129] (190), 231[11] (230), 231[13] (230), 231[16] (230), 384[139] (382), 443[123] (401), 443[148] (403), 443[149] (403), 444[193] (408, 422), 444[213] (410), 445[263] (422), 445[289] (423), 445[290] (423), 445[292] (423), 445[293] (423), 454[30] (450), 761[1630] (717), 779f[6], 805f[7], 805f[18], 840f[45], 840f[67], 840f[72], 840f[73], 840f[82], 841f[115], 841f[116], 842f[133], 843f[207], 851f[55], 875[127] (783), 875[136] (784), 1018f[15], 1019f[72], 1027f[10], 1028f[47], 1028f[52], 1040[54] (995), 1040[58] (996); **7**, 99[6] (2), 107[389] (52), 108[490] (70), 140[9] (112), 225[124] (208), 225[124] (208), 263[13] (255), 336[19] (326, 327, 328), 336[47] (333), 510[1a] (465, 487, 505, 508), 724[4] (662), 725[38] (670), 725[46] (671), 725[46] (671); **8**, 365[309] (336), 642[79] (621T), 1064[46] (1019), 1065[58] (1021), 1065[58] (1021), 1065[60] (1021), 1065[60] (1021), 1065[67] (1023, 1024f), 1065[81] (1025), 1066[99] (1028, 1041, 1050, 1062), 1066[109] (1029), 1066[138] (1037), 1067[156] (1040), 1067[175] (1041), 1067[196a] (1043), 1068[202] (1044, 1046), 1068[222] (1048), 1068[234] (1049), 1068[234] (1049), 1068[238] (1049), 1068[247a] (1051), 1068[247a] (1051), 1069[247b] (1051), 1069[247b] (1051), 1069[247c] (1051), 1069[287] (1057), 1070[329a] (1061), 1070[329a] (1061), 1070[329c] (1061), 1070[329d] (1061), 1070[329e] (1061), 1070[329e] (1061), 1070[329f] (1061), 1070[334] (1061), 1071[351a] (1063), 1071[351b] (1063), 1071[351c] (1063), 1071[353] (1063), 1071[355a] (1063), 1071[355b] (1063), 1105[65] (1086)

Nesmeyanova, O. A., **1**, 243[119] (168), 243[119] (168), 305[225] (278, 287, 294), 308[463] (294); **7**, 363[38] (360); **8**, 1064[46] (1019)

Nesterov, B. A., **6**, 226[156] (203T)

Nesterov, G. A., **1**, 681[658] (653); **3**, 474[109] (467); **6**, 943[100] (901)

Nesterov, G. V., **1**, 672[108] (577)

Nesterov, L. V., **7**, 652[356] (584)

Nestle, M. O., **5**, 194f[11], 270[429] (139, 150, 192, 195, 201, 204), 271[511] (169, 170, 173), 272[517] (173)

Nestler, B., **6**, 100[416] (54T, 57T, 59T, 65, 74), 144[273] (117, 122T); **8**, 796[128] (792)

Netland, P. A., **7**, 106[378] (51)

Nettle, A. J., **6**, 748[798] (588)

Nettleton, Jr., D. E., **6**, 756[1311] (661)

Netto, N., **6**, 361[10] (352)

Netzel, T. L., **5**, 269[373] (114)

Neu, R., **1**, 309[540] (298), 309[541] (298), 378[361] (360), 379[376b] (362)

Neubauer, D., **4**, 156[465] (124); **6**, 261[26] (245)

Neubauer, K., **8**, 927[48] (801)

Neubauer, M., **2**, 943f[3], 973[197] (898)

Neuberg, M. K., **5**, 537[1133] (476); **8**, 472f[2], 496[18] (467, 476, 477)

Neudeck, H., **8**, 1070[312] (1059)

Neudert, B., **2**, 200[610] (146), 514[495] (466), 516[598] (480), 517[657] (489), 517[659] (489)

Neuenschwander, K., **3**, 84[316] (44)

Neuenschwander, M., **6**, 179[3] (146T, 152), 468[23] (458)

Neuffer, J., **1**, 754[140] (752)

Neugebauer, D., **3**, 83[247] (35), 474[66] (450), 701[414] (677, 678), 823f[2], 893f[18], 908f[4], 911f[6], 947[50] (819), 950[286] (906), 950[287] (906), 950[295] (911), 1073[315] (1020), 1073[317] (1020), 1073[318a] (1021), 1073[318b] (1021), 1076[537] (1057), 1306f[2]; **4**, 12f[8], 13f[17], 34f[52], 107f[81], 150[65] (21), 157[523] (128), 234[42] (164), 242[495] (223, 224T, 227), 817[472] (769, 773); **8**, 1068[222] (1048)

Neugebauer, H. J., **6**, 383[55] (368, 375, 377, 381), 442[67] (395), 468[13] (456, 460)

Neugebauer, W., **1**, 119[258] (97, 100)

Neujahr, H. Y., **2**, 1015[17] (981)

Neukomm, H., **5**, 366f[4], 366f[8], 404f[28], 527[515] (359,

363), 528^{527} (363, 384); **6**, 224^{43} (202, 203T, 205T, 206, 208, 209T); **8**, 772^{210} (734), 1105^{77} (1089), 1105^{78} (1089, 1098)
Neumaier, H., **6**, 944^{181} (912)
Neumair, G., **5**, 268^{264} (69)
Neuman, M. A., **4**, 649^{90} (642)
Neumann, F., **4**, 65f^{30}, 238^{297} (203); **6**, 980^{41} (960, 962, 963T), 980^{42} (960, 961, 963T, 967, 971T), 980^{49} (961, 963T), 980^{65} (967, 971T), 980^{80} (973, 978T), 980^{82} (974, 978T), 1018f^{34}, 1039^{52} (995)
Neumann, H., **1**, 119^{226} (91); **2**, 195^{417} (104), 514^{495} (466), 514^{496} (466); **5**, 533^{909} (431, 498); **6**, 34^{70} (19T, 20T, 28, 30), 35^{101} (20T, 30); **7**, 64f^{4}, 67f^{2}, 105^{319} (43)
Neumann, H. M., **1**, 241^{12} (157), 245^{243} (181, 192, 193), 249^{456} (211, 214), 249^{485} (216, 217), 672^{65} (566, 572), 672^{90} (572, 646); **7**, 102^{164a} (24), 460^{313} (416)
Neumann, S. M., **3**, 829f^{2}, 904f^{3}, 1317^{34} (1276), 1318^{130} (1303); **4**, 151^{106} (26), 166f^{4}, 234^{62} (167), 239^{366} (206, 207T, 231), 320^{68} (250, 287), 374^{38} (339); **7**, 106^{350} (47); **8**, 95^{60} (35), 95^{64} (35), 97^{189} (58), 220^{29} (110)
Neumann, W. P., **1**, 654f^{2}, 675^{303} (616, 649), 678^{509} (633), 678^{510} (633), 680^{616} (649); **2**, 6f^{19}, 193^{343} (88), 194^{357} (92), 194^{358} (92), 195^{405} (102), 195^{407} (102), 195^{408} (102), 195^{411} (102, 112), 195^{413} (103), 195^{413} (103), 195^{413} (103), 195^{413} (103), 510^{249} (432), 510^{249} (432), 515^{563} (474), 516^{602} (481, 485), 516^{607} (481), 529f^{3}, 534f^{1}, 534f^{5}, 534f^{6}, 534f^{8}, 553f^{1}, 553f^{1}, 616^{2} (522, 534, 586, 588), 617^{71} (531), 618^{126} (540), 618^{139} (541), 620^{227} (549), 623^{453} (579), 624^{492} (585), 624^{495} (585), 624^{502} (585), 624^{503} (585), 624^{504} (585), 624^{506} (586), 624^{510} (587), 624^{516} (588), 624^{519} (588), 624^{520} (588), 624^{526} (589), 624^{542} (592), 624^{543} (592), 624^{547} (592), 624^{550} (593), 624^{551} (593), 625^{555} (593, 594), 625^{556} (593), 625^{558} (594), 625^{562} (594), 625^{564} (595, 597), 625^{570} (596), 625^{576} (597), 625^{577} (597), 625^{578} (597), 625^{608} (601), 626^{631} (603), 674^{20} (630, 648), 676^{163} (647), 678^{297} (662, 666), 678^{307} (662), 678^{310} (662), 972^{181} (896); **6**, 1114^{218} (1101); **7**, 462^{450} (436, 439)
Neuschwander, B., **7**, 100^{68} (10)
Neuse, E. W., **3**, 1004f^{22}, 1072^{267a} (1013), 1073^{332} (1023); **4**, 761f^{2}, 816^{405} (761, 773), 817^{466} (768), 817^{486} (773), 817^{487} (774), 817^{488} (774); **8**, 1064^{26} (1018), 1064^{27} (1018), 1064^{30} (1018), 1064^{30} (1018), 1067^{169} (1041), 1069^{255} (1051)
Neuss, G. R. H., **5**, 554f^{18}, 621^{41} (548)
Neustadt, R. J., **4**, 324^{367} (286), 327^{590} (307); **6**, 1035f^{14}, 1036f^{13}, 1041^{146} (1009)
Neuwirth, Z., **3**, 1005f^{13}, 1073^{361} (1026)
Nevel'skii, E. A., **3**, 546^{44} (493)
Neville, A. C., **3**, 266^{188} (205)
Nevodchikov, V. I., **2**, 677^{233} (655)
New, L., **4**, 813^{248} (732), 1062^{283} (1031); **6**, 347^{328} (321)
Newburg, N. R., **3**, 303f^{1}, 328^{158} (321)
Newbury, M. L., **2**, 860^{34} (831, 854), 861^{124} (851), 943f^{1}, 976^{382} (942)
Newcomb, M., **1**, 118^{175} (81), 119^{263} (98), 120^{285} (105); **7**, 103^{198} (27), 106^{341} (47)
Newell, C. J., **4**, 329^{681} (317); **8**, 282^{131} (270)
Newell, J. K., **4**, 236^{138} (178)
Newirth, T. L., **7**, 108^{474} (65)
Newitt, D. M., **2**, 827f^{1}
Newkome, G. R., **1**, 60f^{12}; **6**, 348^{409} (331), 759^{1529} (692)
Newlands, M. J., **2**, 186^{15a} (4, 126), 298^{118} (236), 617^{77} (532); **4**, 309f^{14}, 327^{603} (308), 605^{22} (516, 517), 611^{422} (592); **5**, 270^{435} (141); **6**, 224^{16} (202, 203T), 1110^{8a} (1044), 1112^{144} (1080, 1095)
Newman, A. R., **2**, 517^{670} (490), 679^{371} (669); **4**, 328^{639} (311)
Newman, C. G., **1**, 720^{74} (691)
Newman, H., **7**, 459^{298} (414), 459^{306} (415, 418), 648^{134} (546)

Newman, J., **4**, 12f^{19}, 109f^{12}, 158^{640} (147), 322^{207} (268); **5**, 175f^{4}, 265^{81} (17, 18), 272^{561} (187, 188, 226, 228); **6**, 225^{88} (212, 213T), 870f^{82}, 1021f^{135}
Newman, M. S., **8**, 936^{703} (909)
Newman, R. D., **2**, 1019^{290} (1012f)
Newman, T. H., **2**, 397^{122} (388), 397^{122} (388)
Newmann, S. M., **3**, 800f^{3}
Newsome, D. S., **8**, 17^{19} (10)
Newton, M. G., **4**, 324^{384} (288, 293), 325^{446} (293), 458f^{2}, 507^{184} (429), 507^{200} (432); **5**, 266^{179} (37)
Newton, R. F., **7**, 651^{314} (578), 651^{316} (578), 651^{318} (578), 728^{181} (705), 728^{185} (706), 728^{200} (708)
Newton, Jr., R. J., **1**, 374^{93} (321); **7**, 159^{98} (149), 298^{19} (270), 457^{132} (392)
Newton, W., **8**, 1084f^{2}
Newton, W. E., **3**, 86^{422} (59), 86^{423} (59), 362f^{11}, 427^{55} (348, 378), 628^{14} (562, 563), 629^{44a} (565), 629^{90} (572), 1119f^{11b}, 1119f^{15}, 1147^{85} (1117), 1318^{80} (1283), 1384^{262} (1379); **4**, 81^{99} (705); **5**, 621^{42} (548); **8**, 291f^{3}, 349f^{3}, 1104^{2} (1074), 1106^{119} (1103)
Ng, F. T. T., **5**, 269^{342} (101, 114, 116); **8**, 99^{316} (90, 91), 317f^{4}, 365^{333} (338)
Ng, L., **4**, 51f^{39}; **6**, 842f^{150}
Ng, Q., **8**, 607^{131} (568, 597T, 598T), 607^{145} (570, 572, 594T, 597T, 598T), 608^{147} (572, 597T), 608^{150} (574, 576, 598T), 608^{182} (581, 585, 597T)
Ng, T. W., **4**, 611^{442} (594); **6**, 35^{138} (25), 36^{198} (19T, 21T), 140^{50} (133T, 134T, 135, 136), 141^{119} (133T, 135, 136)
Ng, Y. S., **5**, 175f^{5}, 272^{565} (188)
Ngai, L. H., **3**, 1069^{131} (986)
Nguyen Thoai, **1**, 242^{96} (165, 175, 188)
Nguyen Trong Anh, **2**, 514^{486} (464)
Ni, E. K., **8**, 1069^{283b} (1056, 1057)
Ni, J.-S., **2**, 972^{151} (890)
Ni, S. W., **5**, 528^{556} (369)
Nibler, J. W., **1**, 152^{196} (144), 152^{222} (146, 147)
Nicco, A., **1**, 677^{411} (626)
Nice, J. P., **4**, 839^{9} (823); **5**, 527^{503} (360); **6**, 227^{202} (199, 210T)
Ni Chang, S. W. Y., **4**, 344f^{7}
Nicholas, K. M., **2**, 970^{73} (874); **4**, 374^{31} (336), 374^{76} (347), 375^{103} (357), 375^{118} (362), 393f^{2}, 504^{23} (383), 504^{39} (386), 504^{52d} (393), 504^{53} (394), 504^{54} (394), 505^{63} (396), 508^{278} (447, 472), 607^{162} (546); **5**, 270^{429} (139, 150, 192, 195, 201, 204), 273^{604} (201); **7**, 252^{25} (231); **8**, 1008^{78} (959, 961, 962), 1008^{85} (965), 1008^{88} (965), 1008^{94} (968), 1009^{134} (977), 1068^{201} (1044)
Nicholls, B., **3**, 85^{335} (46), 799f^{1}, 833f^{23}, 1004f^{3}, 1004f^{5}, 1004f^{5}, 1005f^{6}, 1028f^{3}, 1071^{211} (1001), 1071^{214} (1001, 1002, 1028, 1037), 1073^{309} (1018), 1086f^{1}, 1211f^{12}, 1263f^{1}; **7**, 725^{50} (672, 673); **8**, 1065^{95} (1027)
Nicholls, D., **3**, 427^{79} (355), 430^{243} (392)
Nicholls, J. N., **4**, 907^{57} (901), 1064^{407} (1056)
Nichols, D. I., **2**, 770f^{6}, 820^{124} (790); **5**, 306f^{15}, 523^{227} (304T), 524^{285} (314), 531^{722} (398, 428)
Nichols, J. B., **4**, 387f^{13}, 505^{68} (397)
Nichols, L. D., **1**, 302^{25} (257)
Nichols, S. A., **3**, 279^{55} (277); **7**, 456^{85} (385), 456^{114} (390)
Nicholson, B. J., **3**, 85^{344}, 1072^{286} (1015)
Nicholson, B. K., **4**, 11f^{3}, 150^{39} (12), 150^{40} (12), 150^{73} (22); **5**, 266^{173} (36), 271^{497} (166); **6**, 1105f^{2}, 1110^{16} (1044, 1070, 1078, 1088, 1101, 1107), 1110^{30} (1047, 1090), 1110^{44} (1051, 1057), 1111^{91} (1066), 1111^{92} (1066), 1113^{181} (1090), 1113^{188} (1090)
Nicholson, C. G., **5**, 535^{1036} (461), 536^{1102} (471T), 536^{1123} (474T)
Nicholson, D. G., **4**, 479f^{9}
Nicholson, E. D., **8**, 608^{161} (579, 592, 594T)
Nicholson, J. K., **4**, 695f^{1}, 814^{294} (745), 964^{122} (950); **5**, 532^{821} (418), 535^{1035} (461), 539^{1292} (520); **6**, 443^{128} (402); **8**, 457^{233} (407), 929^{166} (810)
Nicholson, P. N., **5**, 537^{1125} (475T); **8**, 364^{219} (320)
Nickels, K. O., **2**, 675^{105} (641)

Nickl, J., **7**, 463[521] (448), 463[522] (448)
Nickless, G., **2**, 188[106] (27)
Nicodem, D. E., **7**, 105[283] (37)
Nicol, A. T., **4**, 907[18] (892), 907[19] (892)
Nicolaou, K. C., **7**, 252[18] (231), 658[673] (642)
Nicolau, K., **3**, 557[50] (555)
Nicole, J., **8**, 405f[1]
Nicolescu, I. V., **8**, 642[65] (621T), 643[117] (617, 621T), 643[133] (621T)
Nicoletti, J. W., **1**, 243[147] (172, 186)
Nicolini, C., **2**, 970[51] (869)
Nicolini, M., **2**, 631f[19], 679[379] (669), 679[380] (669); **3**, 461f[40], 473[34] (440), 646[33] (640, 641), 646[33] (640, 641), 696[120] (657), 779[75] (719); **6**, 262[142] (255), 343[38] (285), 343[43] (285, 290f, 293), 343[59] (291), 343[72] (291), 343[73] (291), 343[74] (291, 295), 343[75] (291), 343[76] (291), 344[89] (293), 344[112] (291, 293), 344[113] (291, 295), 739[172] (500), 739[186] (502), 743[473] (536T), 746[647] (565), 756[1317] (663), 845f[287], 875[92] (776), 1094f[5]
Niebuhr, R., **6**, 94[90] (55T, 60T, 65, 71, 79), 94[92] (60T, 64, 79)
Niebylski, L. M., **1**, 151[114] (127), 151[119] (127), 151[121] (127)
Niecke, E., **2**, 199[590] (144)
Niedballa, U., **7**, 727[131] (693, 695)
Niedenzu, K., **1**, 260f[25], 262f[32], 262f[39], 265f[5], 302[44] (259, 262), 303[114] (268), 303[115] (268), 303[123] (268), 305[238] (279), 308[468] (294), 310[566] (299), 310[567] (299), 373[18] (313), 373[23] (313), 373[31] (313), 373[45] (313), 373[46a] (313), 373[46b] (313), 374[67] (313, 354), 375[123] (325), 376[218] (343), 377[300] (354), 377[301] (354), 377[302] (354), 377[304] (355), 377[306] (355), 377[307] (355), 378[316] (356), 378[320] (356), 378[325] (356), 378[326] (356), 378[334] (358), 378[335] (358), 378[336] (358), 378[346] (359), 378[352] (359), 379[383] (362), 379[385] (362)
Nieder, R., **2**, 192[305] (78)
Niederhausen, A., **6**, 468[23] (458)
Niederländer, K., **3**, 778[1] (706)
Niederprüm, H., **2**, 198[532] (128), 198[553] (131); **7**, 653[407] (594)
Niederreuther, U., **2**, 514[493] (466); **3**, 833f[79]; **6**, 36[185] (30)
Niedner, R., **2**, 192[307] (78)
Nief, F., **4**, 158[609] (139)
Nield, E., **1**, 244[172] (175)
Nielsen, B., **8**, 1066[142] (1038)
Nielsen, F. H., **6**, 13[52] (7, 7T)
Nielsen, S. D., **1**, 251[586a] (232, 233)
Nielsen, T., **2**, 1019[275] (994f, 1010f), 1020[317] (1010f)
Nielson, A. J., **6**, 348[347] (322)
Nielson, G. W., **4**, 150[75] (22); **5**, 265[62] (14)
Nieman, J., **3**, 699[294] (671)
Niemann, H., **2**, 627[708] (615)
Niermann, H., **1**, 654f[2]; **2**, 534f[1], 624[495] (585), 624[519] (588)
Niethammer, K., **7**, 729[267] (722)
Nieuwland, J. A., **2**, 872f[3]; **8**, 411f[1], 458[253] (410)
Nieuwpoort, A., **3**, 1084f[16]
Nieuwpoort, W. C., **3**, 80[49] (6), 83[231] (32), 703[574] (692, 693), 1069[140] (987)
Nieves, J., **7**, 650[250] (566)
Nifant'ev, E. E., **6**, 444[252] (419); **8**, 305f[41], 349f[16], 363[175] (302)
Nigam, H., **4**, 322[255] (271, 288)
Nigam, H. L., **3**, 798f[17], 863f[22]
Nigam, L., **2**, 511[323] (440)
Nigam, S. N., **3**, 767f[6], 781[194] (770), 781[195] (770), 781[196] (770)
Nihonyanagi, M., **2**, 197[463] (114), 202[709] (173); **7**, 654[448] (599), 656[547] (617)
Nijs, H. H., **8**, 98[207] (61), 98[208] (61)
Nijs, R., **8**, 96[113] (42)
Nikaido, T., **4**, 965[183] (962)
Nikanorov, V. A., **2**, 768f[11], 972[156] (891)
Nikanorov, V. I., **2**, 818[19] (767)

Nikanova, V. A., **2**, 978[525] (966)
Niki, H., **4**, 320[73] (250)
Nikiforov, A., **8**, 1071[348] (1063)
Nikishin, G. I., **2**, 298[146] (242), 300[247] (262), 300[248] (262)
Nikitaev, A. T., **6**, 750[898] (610)
Nikitin, V. S., **2**, 511[325] (441)
Nikitin, Y. E., **3**, 267[222] (210)
Nikitina, A. G., **8**, 311f[20], 312f[30], 312f[31], 312f[54], 643[143] (632), 644[160] (632)
Nikitina, A. N., **1**, 303[72] (265), 303[73] (265)
Nikitina, T. V., **4**, 510[386] (476, 484); **8**, 1071[355b] (1063)
Nikolaev, A. F., **8**, 641[36] (618), 707[151] (702)
Nikolaev, N. I., **1**, 117[123c] (69)
Nikolaeva, G. V., **8**, 1105[51] (1085)
Nikolaeva, L. E., **2**, 631f[17], 677[205] (653)
Nikolaeva, N. A., **7**, 363[31a] (358), 363[31b] (358), 363[35] (360)
Nikonova, L. A., **1**, 285f[6], 285f[38]; **8**, 96[72] (37), 1071[351c] (1063), 1084f[2], 1084f[2], 1105[52] (1085), 1105[58] (1085), 1105[60] (1085, 1086), 1105[61] (1086), 1105[62] (1086), 1105[63] (1086), 1105[64] (1086)
Nikonova, T. N., **8**, 644[202] (621T, 632)
Nikora, J. A., **5**, 531[744] (406)
Nile, T. A., **8**, 643[128] (630T), 645[211] (632), 669[57] (660), 705[66] (693, 694T)
Nilson, J., **1**, 40[76] (17)
Nilssen, E. W., **1**, 117[159] (77, 79), 264f[6]
Nilsson, J. E., **1**, 125f[9], 126f[3], 149[1] (122, 127); **4**, 816[395] (760)
Nilsson, M., **2**, 713f[20], 754f[8]; **6**, 223[6] (196, 203T, 206), 225[86] (196); **7**, 726[116] (689); **8**, 770[70] (729)
Nindakova, L. O., **5**, 272[547] (185); **8**, 363[202] (316)
Nindel, H., **1**, 244[192b] (176); **3**, 922f[16]
Ninnes, C. W., **4**, 811[118] (708)
Nipper, E., **4**, 817[496] (775), 817[497] (775), 817[500] (775), 817[506] (775)
Nir, Z., **7**, 458[229] (405)
Nirensen, Ø., **3**, 546[83] (520)
Nishi, M., **7**, 101[103] (15)
Nishi, S., **8**, 930[288] (840, 843)
Nishida, I., **7**, 649[194] (557)
Nishida, S., **7**, 224[31] (200); **8**, 706[122] (690), 706[123] (690)
Nishida, T., **7**, 652[326] (580); **8**, 643[134] (626, 627T)
Nishide, H., **8**, 606[80] (559), 610[315] (599T)
Nishido, T., **1**, 247[344a] (196)
Nishigaki, S., **4**, 458f[4], 506[161] (425, 432)
Nishiguchi, T., **4**, 964[112] (949), 964[115] (949), 964[120] (949), 964[121] (950); **8**, 364[242] (324), 641[26] (618), 937[771] (921), 937[772] (921), 937[773] (921)
Nishiguichi, T., **8**, 366[401] (344), 367[402] (344), 367[403] (344)
Nishihara, H., **4**, 328[667] (315)
Nishii, N., **2**, 706[126] (697), 706[131] (698); **5**, 532[805] (416)
Nishiike, H., **8**, 708[219] (702)
Nishijima, K., **6**, 362[65] (359), 446[341] (433); **8**, 935[631] (899)
Nishikawa, N., **3**, 1075[463] (1041)
Nishikawa, Y., **8**, 461[470] (446)
Nishimoto, K., **7**, 109[539] (79)
Nishimura, J., **2**, 860[63] (836); **7**, 725[28] (668), 725[29] (668), 725[30] (668); **8**, 644[192] (618)
Nishimura, K., **2**, 297[60] (225), 396[64] (376); **3**, 918f[1], 951[328] (927); **5**, 5f[7]
Nishimura, S., **4**, 938f[5], 938f[6], 938f[7]; **8**, 365[305] (336), 459[331] (421), 641[22] (633, 634T), 644[200] (635T), 708[244] (691), 708[244] (691), 772[201] (730), 772[202] (730)
Nishimura, T., **3**, 473[59] (448), 473[60] (448), 759f[2], 781[160] (759); **4**, 508[290] (449); **8**, 1009[145] (978)
Nishimura, Y., **8**, 930[284] (840)
Nishinaga, A., **5**, 270[387] (124)
Nishino, H., **7**, 511[63] (482)
Nishino, M., **2**, 554f[1]; **8**, 457[230] (407), 457[231] (407), 707[166] (680)

Nishino, Y., **8**, 709²⁶¹ (680)
Nishio, K., **7**, 101⁸⁸ (13)
Nishioka, S., **6**, 361⁶ (352, 353, 355, 359), 441²⁴ (389), 443¹⁵⁶ (404), 468² (455); **8**, 928¹⁵⁶ (810)
Nishiwaki, K., **2**, 187⁴⁰ (9), 189¹⁵⁰ (35), 194³⁶⁹ (95); **7**, 646²⁷ (521, 524), 647⁴⁵ (525)
Nishiyama, H., **6**, 344¹²² (300T), 344¹²⁵ (300T, 302), 344¹³¹ (301), 344¹³⁴ (302), 443¹³⁵ (402); **8**, 928¹³³ (805)
Nishiyama, S., **8**, 710³³¹ (701), 711³³² (701), 711³⁵⁵ (701)
Nishiyama, T., **8**, 606⁸⁰ (559)
Nishizawa, E. E., **7**, 511⁶⁷ (482)
Nishizawa, K., **5**, 270³⁸⁷ (124)
Nisiguchi, I., **7**, 650²⁵⁵ (568)
Nisiguchi, T., **8**, 364²³⁸ (324)
Nissim, S., **2**, 626⁶⁶¹ (608)
Nistratov, V. P., **3**, 700³⁴⁶ (673), 700³⁴⁷ (673), 700³⁵⁵ (673); **6**, 225⁸⁹ (190), 226¹⁵⁵ (190, 194)
Niswander, R. H., **3**, 1261f⁵
Nitani, N., **4**, 505¹⁰⁵ (406)
Nitasaka, T., **2**, 624⁵³⁸ (591)
Nitay, M., **4**, 156⁶⁵ (522, 531), 374⁸⁰ (350), 376¹⁵⁵ (373), 504²⁰ (383)
Nitsche, M., **7**, 110⁵⁸⁸ (90)
Nitsche, R., **1**, 304¹⁹³ (271); **7**, 140⁵ (112)
Nitzschmann, R. E., **3**, 694¹² (649); **4**, 33f⁷, 151¹²⁵ (30)
Nivard, R. J. F., **2**, 820¹³⁴ (792)
Niven, I. E., **4**, 326⁴⁸⁰ (297); **6**, 1113¹⁷⁸ (1088)
Nivert, C., **2**, 847f³
Nivert, C. L., **3**, 833f³⁶; **5**, 32f⁸, 33f⁹, 271⁵¹³ (171), 271⁵¹⁴ (172)
Niwa, E., **7**, 66f⁷
Niwa, M., **2**, 624⁵⁴⁰ (592)
Nix, Jr., G., **8**, 496⁴⁷ (476)
Nixon, J. F., **3**, 81⁶¹ (6), 81⁶² (6), 81⁶³ (6), 81⁶⁴ (6), 81⁶⁵ (6), 81⁶⁶ (6), 781²¹⁰ (776), 798f¹¹, 833f⁸⁷, 833f⁹⁶, 840f⁶, 842f¹³, 851f⁵⁰, 947⁵¹ (819), 947⁸³ (831), 947⁹² (836); **4**, 65f³², 507¹⁸⁰ (428), 689⁵⁹ (669), 810⁴⁰ (697), 810⁴¹ (697), 810⁵¹ (698, 699), 813²¹⁴ (723), 814²⁹⁸ (746), 814²⁹⁹ (746), 815³³⁴ (751, 752), 1058⁸⁵ᵃ (978), 1058⁸⁵ᵇ (978), 1058⁸⁶ (978); **5**, 213f¹², 258f¹, 273⁶⁴⁰ (217), 273⁶⁴⁶ (217, 218), 273⁶⁴⁷ (217, 219), 274⁶⁴⁸ (217), 274⁶⁵⁶ (221), 362f⁷, 366f⁷, 436f³, 438f⁴, 438f¹³, 455f³, 479f³, 520²⁶ (281), 522¹⁷² (300), 522¹⁷⁶ (300, 496), 523²²⁶ (304T), 525³⁴⁷ (327), 527⁴⁹¹ (358, 359, 363, 435, 449, 467, 483), 528⁵²³ (363), 528⁵²⁴ (363), 530⁶⁹⁵ (395), 531⁷²⁰ (398, 399), 531⁷²⁸ (399, 400), 533⁸⁷⁶ (428), 533⁸⁸⁴ (428, 450), 534⁹³⁶ (435), 535⁹⁸⁵ (445), 535⁹⁸⁶ (445, 459), 538¹²³² (494), 538¹²³⁵ (495, 496), 538¹²³⁶ (496), 538¹²³⁷ (496), 538¹²³⁸ (496), 622⁷² (551, 576); **6**, 35¹³¹ (24), 260⁴ (244), 444²³⁵ (417, 420), 871f¹⁴⁴; **8**, 331f¹⁰, 339f¹¹, 405f¹⁰, 458²⁵⁰ (410)
Nixon, J. R., **2**, 882f²²
Nixon, L. A., **2**, 626⁶²⁷ (603)
Nizker, I. I., **8**, 1076f⁷, 1105⁴³ (1081)
Niznik, G. E., **7**, 97f²⁶, 102¹⁴⁶ᵃ (22), 102¹⁴⁶ᵃ (22), 102¹⁴⁷ (22, 56), 657⁶¹³ (632)
Nizynska, M., **3**, 326⁹ (283); **8**, 407f¹⁴
Noack, K., **3**, 82¹⁶⁰ (24, 26), 1248¹³⁶ (1185); **4**, 154²⁹⁷ (74), 154³³⁸ (69, 86), 155³⁸² (99), 155³⁸³ (99), 319¹² (245, 249, 291), 320⁸⁰ (250, 270), 819⁵⁹⁷ (793), 839¹⁴ (823, 825), 839¹⁵ (823), 1061²³³ (1020); **5**, 524³⁰³ (318); **6**, 1018f⁶, 1019f⁵², 1019f⁷⁴, 1020f¹⁰⁰, 1020f¹⁰⁸, 1032f²⁷; **8**, 220⁹ (106), 220²⁵ᵃ (109)
Noack, M., **4**, 33f³, 33f⁴, 50f⁶, 151¹³⁸ (36, 55), 151¹⁵⁰ (38, 43, 101, 102), 234³⁵ (164), 234³⁶ (164, 214, 215T), 236¹⁶² (179); **6**, 842f¹³²
Nobbs, M. S., **8**, 461⁴⁴³ (440), 461⁴⁴⁵ (441), 461⁴⁴⁶ (441), 704³⁴ (687T, 688, 691), 705⁶² (687T, 688, 691), 705⁸⁶ (687T, 688), 931³⁵⁹ (849), 931³⁶⁰ (849), 931³⁶¹ (849), 931³⁶² (849), 934⁵⁵¹ (885)
Nobile, C. F., **5**, 526⁴⁰² (342); **6**, 94⁷⁶ (39, 43T), 140⁷⁹ (123T, 128), 141¹³⁸ (123T, 128); **8**, 280¹⁹ (232), 280²⁸ (236), 281⁹⁹ (262), 281¹⁰² (264), 292f²
Nobinger, G. L., **5**, 526⁴¹⁴ (342)

Nobis, J. F., **1**, 676³⁸⁰ (624)
Nocchi, E., **5**, 115f¹, 269³⁷² (114, 115)
Nocci, R., **8**, 608¹⁷⁷ (581)
Noda, I., **4**, 242⁵¹² (223, 224T, 227, 228)
Noding, S. A., **1**, 153²⁵⁹ (148); **3**, 279⁵⁰ (276), 279⁵¹ (276), 702⁴⁷⁸ (685); **7**, 103¹⁹¹ (26), 103¹⁹³ (27), 456⁸⁶ (385), 456¹¹⁶ (391), 460³²⁷ (417, 418); **8**, 643¹⁴⁴ (633)
Noe, J. L., **2**, 299¹⁶⁵ (245, 252), 300²⁶⁸ (265)
Noel, J. P., **7**, 104²²⁷ (30)
Noel, Y., **7**, 656⁵⁴⁶ (617)
Noelle, D., **1**, 380⁴⁴⁹ (369), 380⁴⁵⁰ (369), 380⁴⁵⁴ (369), 380⁴⁵⁶ (369), 380⁴⁶¹ (370), 380⁴⁶⁶ (370), 380⁴⁶⁷ (370), 380⁴⁶⁸ (370)
Noels, A. F., **8**, 550⁵⁹ᵇ (515), 930²⁷⁰ (837), 935⁶¹⁶ (896)
Noeth, H., **1**, 378³⁵⁰ (359)
Noethe, D., **5**, 526⁴¹⁶ (342, 345)
Nogi, T., **8**, 935⁶³⁴ (899), 935⁶³⁵ (899)
Nogina, O. V., **3**, 334f², 334f³, 334f¹⁰, 334f¹¹, 334f¹⁶, 334f¹⁷, 334f¹⁹, 334f²⁰, 334f³², 334f³⁵, 334f³⁶, 334f³⁷, 334f⁴³, 341f², 341f³, 341f⁴, 341f⁵, 341f⁶, 341f⁸, 341f⁹, 341f¹⁰, 341f¹², 341f¹³, 341f¹⁴, 341f¹⁵, 341f¹⁶, 344f⁶, 344f⁷, 344f⁸, 344f¹⁰, 344f¹¹, 344f¹², 344f¹⁵, 344f¹⁶, 344f²², 344f²³, 344f²⁴, 347f¹, 348f², 348f³, 348f⁴, 348f⁵, 348f⁶, 348f⁷, 348f⁸, 348f¹¹, 350f¹¹, 362f⁶, 362f⁷, 362f¹⁰, 362f¹⁷, 368f², 376f², 376f³, 376f²⁰, 376f²¹, 376f²², 379f⁶, 379f⁸, 379f⁹, 379f¹⁰, 379f¹², 379f¹⁴, 426¹³ (336), 426¹⁴ (336, 361), 426¹⁹ (336, 338, 339, 342, 348), 427²² (336), 427³⁶ (338, 342), 427³⁷ (338, 342), 427³⁹ (339, 342, 347), 427⁴¹ (339, 342), 427⁴⁸ (347), 427⁴⁹ (347), 427⁵⁰ (347), 427⁵¹ (347), 427⁵³ (347), 428¹²⁰ (361), 428¹³⁰ (363), 429¹⁸⁹ (377), 429¹⁹⁰ (377), 430²⁷⁷ (402)
Nógrádi, M., **7**, 510²¹ (473, 475), 510²⁹ (475), 510³¹ (475, 478), 510³³ (475), 510³⁷ (475), 511⁴⁰ (475), 511⁴¹ (475, 478), 511⁴² (475), 511⁴³ (475)
Noguchi, I., **3**, 328¹⁶⁷ (322)
Noguchi, J., **6**, 97²²¹ (85, 91T), 225¹²³ (203T, 205T, 206, 207, 208, 209T)
Noguchi, T., **8**, 711³³⁵ (702), 711³³⁶ (701), 711³⁴² (701)
Noguera, H., **3**, 1100f⁵, 1115f⁴
Nohr, R. S., **3**, 951³³¹ (927), 951³³³ (928); **4**, 813²⁰¹ (720, 722, 723), 813²⁰¹ᵃ (720, 722, 723)
Nolan, S. M., **7**, 96f⁷
Nolen, D. A., **7**, 455³⁰ (378)
Noll, M., **5**, 33f¹⁰
Noll, W., **2**, 360⁴ (306), 361¹¹⁴ (325), 362¹³⁰ (328)
Nolle, A., **3**, 792f⁶, 1083f⁶, 1260f⁶
Noller, C. R., **2**, 860⁴¹ (832); **7**, 107⁴¹¹ (55)
Nolley, Jr., J. P., **8**, 864f², 864f⁷
Nolte, C. R., **3**, 1179f³, 1247¹⁰²ᵇ (1179, 1183); **4**, 324³⁹³ (288), 610³⁴¹ (585), 611⁴³² (593), 612⁴⁴⁶ (536f, 594), 819⁵⁹⁸ (794), 928¹⁹ (925); **6**, 782f¹, 782f², 843f²¹⁴, 844f²⁴⁶, 844f²⁴⁷, 850f⁴⁰, 850f⁴¹, 850f⁴⁴, 875¹¹⁷ (780, 799), 875¹²² (781, 813), 875¹²³ (781, 813, 819), 876²¹² (813)
Nolte, M., **5**, 625²⁷⁵ (583, 602), 625²⁷⁶ (583), 625²⁷⁷ (583); **8**, 280⁴⁴ (244, 245)
Nolte, M. J., **1**, 259f²¹; **3**, 84²⁹⁸ (40, 44), 1248¹²⁵ (1183), 1380⁶⁹ (1334); **4**, 813²¹⁸ (714, 723), 814³¹⁹ (749), 814³²¹ (749), 814³²³ (749), 815³⁷⁴ (757, 802, 804); **5**, 538¹²¹³ (489), 625²⁷⁹ (583, 600), 625²⁸¹ (583)
Nolte, R. J. M., **5**, 536¹⁰⁹⁰ (428, 471T); **8**, 607¹⁰¹ (563), 607¹⁰² (563), 609²³⁰ (594T), 796⁹⁸ (794), 796⁹⁸ (794), 796⁹⁹ (794), 796⁹⁹ (794)
Noltemeyer, M., **2**, 199⁵⁶⁶ (136)
Noltes, J. G., **1**, 39²⁶ (10), 39²⁷ (10), 41¹⁰³ (21), 41¹⁰⁴ (21), 41¹⁰⁵ (21), 116⁹⁵ (61, 92, 93, 94), 117¹⁴¹ (68T, 74), 117¹⁴⁵ (75), 244²¹² (177), 246³²³ (194, 195), 375¹⁶⁹ (334), 704f⁴; **2**, 510²⁴⁷ (432), 510²⁷⁰ (436, 471, 472), 516⁶²³ (483), 617⁶² (530, 531), 617⁷³ (531), 619¹⁵⁹ (543), 619¹⁶⁰ (543), 619¹⁸⁶ (546), 619²¹² (548), 620²⁶³ (555), 620²⁶⁴ (555), 620²⁶⁵

(555), 621²⁸⁵ (556), 623⁴⁵⁴ (580), 624⁴⁸⁹ (585), 624⁵⁰⁹ (587), 624⁵¹⁴ (588), 624⁵¹⁵ (588), 624⁵¹⁷ (588), 624⁵²⁸ (590), 624⁵²⁹ (590), 624⁵⁴⁹ (592), 625⁵⁸⁵ (598), 625⁵⁸⁶ (598), 625⁵⁸⁷ (598), 627⁷²⁰ (616), 676¹⁶⁵ (649), 679³¹⁶ (664), 706¹¹⁷ (697), 706¹²⁹ (698), 706¹³¹ (698), 706¹³¹ (698), 707¹⁴⁸ (700), 713f¹⁰, 713f¹⁵, 713f¹⁷, 713f¹⁹, 713f²¹, 713f²², 713f²³, 713f²⁴, 713f²⁵, 713f²⁶, 713f²⁷, 713f²⁹, 713f³³, 713f³⁴, 713f³⁵, 713f⁴⁶, 713f⁴⁷, 713f⁴⁹, 714f⁷, 715f⁹, 715f¹³, 723f², 723f⁸, 723f⁹, 723f¹³, 723f¹⁴, 723f¹⁵, 723f¹⁹, 724f⁴, 736f¹, 736f², 736f⁴, 754f³, 754f⁵, 760⁹ (710, 711, 718, 719, 721, 741, 743), 760¹⁵ (715, 717, 718, 740), 760¹⁷ (715, 716, 720, 728, 736, 739, 740), 760¹⁸ (715, 716, 717, 760), 760²⁷ (716, 734, 735, 741), 760²⁸ (716, 722, 753, 755), 760²⁹ (716, 739, 740, 752), 760³¹ (716, 720, 722, 724, 725, 727, 728, 743), 761³² (716), 761³³ (716, 724, 754), 761³⁵ (717, 727, 732, 733), 761³⁶ (717, 734), 761³⁷ (717, 737), 761³⁸ (718), 761³⁹ (718, 720, 748), 761⁵⁰ (719, 734, 735), 761⁵² (719, 720, 733, 734, 743), 761⁶⁴ (721, 736, 737, 746, 750), 761⁷⁰ (722, 734, 749, 755, 756, 757), 761⁷¹ (722, 724, 734, 738, 740, 748, 749, 750, 755), 761⁷⁶ (724, 733, 734, 743), 761⁷⁷ (724, 740, 741, 744), 761⁷⁸ (724, 758), 761⁸¹ (725, 748, 759), 761⁸⁶ (722, 724, 725, 727, 728, 730, 738, 749, 757), 761⁸⁷ (722, 727, 735, 741, 742), 761⁹⁰ (724, 740), 761⁹¹ (724, 727, 737, 738, 739, 741, 750), 761⁹² (724, 734, 735, 736, 738, 741, 742, 756), 762⁹⁷ (727, 736), 762⁹⁸ (728), 762¹⁰⁰ (728, 729, 743, 744, 747, 748, 749, 755), 762¹¹⁴ (732), 762¹¹⁵ (734), 763¹⁸⁰ (758), 763¹⁸¹ (758), 763¹⁸³ (758), 763¹⁸⁷ (760), 770f⁴, 818⁶⁷ (777), 819⁶⁸ (777, 781), 819⁸¹ (780), 819⁸² (780), 819⁸³ (780), 819⁸⁴ (780), 819⁸⁵ (781), 819⁸⁸ (781), 826f¹, 827f¹¹, 831f², 831f³, 838f², 838f⁴, 841f², 841f³, 843f¹, 860²⁸ (831), 860³⁰ (831), 860⁵³ (835), 860⁶⁹ (837, 838), 860⁷⁰ (838), 860⁷⁴ (839), 860⁷⁸ (840), 860⁸⁰ (840), 860⁸¹ (840), 860⁸⁴ (842), 860⁸⁸ (843), 860⁹⁰ (844, 857), 861¹¹⁴ (850); **3**, 376f¹³; **5**, 529⁵⁹⁰ (377); **6**, 749⁸³⁴ (593, 594T, 595T), 1031f⁵, 1035f⁹, 1058f³, 1110³⁶ (1049, 1058), 1112¹⁰⁸ (1070); **7**, 725²⁰ (665), 726¹¹³ (688); **8**, 367⁴¹³ (347), 669⁷¹ (663T), 937⁷²⁸ (913)

Nome, F., **2**, 1015²² (981); **5**, 269³⁵⁷ (107)
Nomiya, K., **5**, 331f⁴, 331f⁵, 525³⁵² (329), 525³⁵³ (329)
Nomura, T., **7**, 654⁴³⁷ (598)
Nonaka, Y., **6**, 34⁴¹ (19T, 21T, 26), 34⁵³ (19T, 21T, 26); **8**, 606⁴⁶ (555), 607⁹⁸ (562)
Nonoyama, M., **5**, 530⁷⁰¹ (395), 530⁷⁰² (395), 530⁷⁰⁶ (396), 530⁷⁰⁷ (396), 530⁷¹⁰ (396), 530⁷¹¹ (396), 625²⁹⁹ (586), 625³⁰⁰ (587), 625³⁰² (587); **6**, 347³³⁰ (321), 347³³² (321), 348³⁴⁹ (323), 348³⁵⁰ (323), 749⁸³⁹ (595T); **8**, 861f⁶, 1067¹⁸⁶ (1043)
Noordik, J. H., **1**, 120³¹⁰ (111), 120³¹⁰ (111), 120³¹⁵ (113), 120³¹⁵ (113), 377²⁸⁰ (351)
Norbury, A. H., **3**, 372f⁶, 429¹⁶⁵ (373)
Nord, F. F., **8**, 609²⁵³ (596T)
Nordberg, R. E., **8**, 929¹⁷⁹ (811, 829)
Nordlander, J. E., **1**, 246²⁹⁰ (189)
Nordling, C., **3**, 85³⁸⁰ (52); **6**, 752¹⁰³⁷ (627T, 697)
Nordman, C. E., **1**, 457²⁴³ (451), 457²⁴⁵ (451)
Nordsieck, H. H., **3**, 1138f³
Norin, T., **7**, 512¹²³ (491)
Norins, M. E., **5**, 306f⁸, 523²¹³ (304T)
Norman, A. D., **1**, 456²²⁶ (448), 540¹⁷⁴ (514); **2**, 199⁶⁰⁴ (146), 509²¹¹ (424), 511²⁹⁸ (438), 514⁴⁶⁷ (461), 514⁴⁶⁸ (461), 514⁴⁶⁹ (461), 514⁴⁷⁰ (461), 514⁴⁷³ (461), 514⁴⁷⁵ (461); **7**, 194¹³ (162)
Norman, A. W., **3**, 557⁵² (555)
Norman, J., **5**, 534⁹⁵³ (440); **8**, 669⁸¹ (665)
Norman, Jr., J. G., **3**, 81⁶⁵ (6), 85³⁷⁹ (52); **4**, 690¹¹⁴ (678); **5**, 520²⁵ (281), 520²⁶ (281); **6**, 751⁹⁶⁹ (617)
Norman, J. H., **1**, 456²³⁹ (450, 451)
Norman, R. O. C., **7**, 511⁷² (484), 511⁷³ (484), 511⁷⁴ (484), 512¹²⁷ (491, 492); **8**, 933⁴⁴⁴ (858), 937⁷⁴³ (918), 938⁷⁹³ (925)
Normand, H., **3**, 767f¹⁰, 767f¹², 767f¹³, 767f²⁰, 767f²¹, 781¹⁹⁸ (772)

Normant, H., **1**, 241³¹ (158, 173), 241³⁵ (158, 163, 172, 193), 242¹⁰³ (165, 175), 243¹⁶⁵ (174, 175, 176, 177), 247³⁸⁶ (200, 212); **7**, 102¹³⁵ (21), 106³⁸¹ (51), 108⁴⁶⁶ (64), 110⁵⁸³ (88); **8**, 641⁴⁴ (632)
Normant, J. F., **1**, 119²²⁷ (91), 244¹⁹⁶ (177), 244¹⁹⁹ (177), 247³⁵¹ (197), 247³⁵² (197); **2**, 754f¹¹, 760⁴ (710), 760¹³ (710, 751, 752), 762¹³² (743, 744, 751), 762¹³⁶ (744, 751), 762¹⁴⁸ (750), 763¹⁵⁰ (750, 756), 763¹⁵⁹ (751, 752), 763¹⁶² (752); **7**, 99²⁶ (3), 104²²⁸ (30, 31), 104²⁵⁸ (33), 106³⁷⁰ (49), 106³⁷⁴ (49), 106³⁷⁹ (51), 107³⁸⁸ (52), 107⁴²⁶ (57), 110⁵⁹⁰ (91), 321⁵ (304), 727¹⁶³ (701), 727¹⁶⁶ (702, 719, 720, 721), 727¹⁷⁸ (704), 727¹⁷⁸ (704), 728²³⁵ (716), 729²³⁶ (716, 719, 720), 729²³⁷ (716, 717), 729²³⁹ (717), 729²⁴⁰ (717), 729²⁴² (717), 729²⁴⁴ (717), 729²⁴⁵ (718), 729²⁴⁷ (718), 729²⁴⁸ (718), 729²⁵⁹ (721), 729²⁶¹ (722); **8**, 281⁷³ (254)
Normant, J. M., **7**, 461³⁸⁷ (426)
Noro, A., **2**, 302³⁸⁵ (293)
Norris, A. R., **2**, 934f⁵
Norrish, R. G. W., **1**, 302²⁰ (257), 675³¹³ (617); **2**, 832f²
Norsoph, E. B., **2**, 507⁷³ (406)
North, B., **3**, 170¹⁷⁵ (166); **5**, 240f², 270⁴³¹ (139, 144); **8**, 1068²²⁶ (1048)
North, H. E., **2**, 1018²³¹ (1005)
North, P. P., **2**, 620²⁶² (555)
Northington, Jr., D. J., **7**, 725⁶⁵ (675)
Norton, F. J., **4**, 2f³, 149⁷ (6)
Norton, J., **4**, 96⁴⁸⁵ (945)
Norton, J. R., **3**, 102f¹, 156f¹⁸, 160f¹, 168⁵ (90), 168²¹ (98, 99), 170¹⁴⁰ (154), 170¹⁶² (161), 630¹⁵⁸ (582, 599), 1074³⁸¹ (1032); **4**, 168f⁵, 237²⁴¹ (193), 237²⁴² (193), 649⁷⁴ (638, 641), 819⁵⁹⁹ (794), 819⁶⁰⁰ (794), 886¹⁰⁸ (866), 886¹³⁶ᵃ (871), 886¹³⁶ᵇ (871), 886¹³⁷ (871), 886¹⁴² (871), 906⁴ (889, 896), 907⁵⁴ (900), 929²⁷ (927), 1057⁷ (968, 1004, 1005, 1014, 1023), 1057¹⁹ (969, 970, 977, 993, 1004, 1005, 1014), 1061²⁴⁸ (1023), 1063¹⁴⁸ (1044); **5**, 264²⁶ (6), 327f², 362f¹³, 524³⁰⁶ (318, 327, 328, 332, 360), 524³⁰⁷ (318), 527⁵⁰⁷ (360); **6**, 469⁵¹ (465), 737⁹³ (490), 850f⁴³, 850f⁴⁵, 876¹⁹¹ (799, 813, 819), 876²¹⁰ (813, 819); **7**, 461³⁹⁵ (428); **8**, 365²⁹² (329, 351), 608²⁰⁷ (592, 594T), 935⁶³⁶ (899, 900), 935⁶³⁸ (899), 935⁶³⁹ (899)
Norton, M. C., **5**, 624²⁴⁸ (578, 581), 625²⁶⁴ (580); **6**, 749⁸⁷⁰ (602)
Norton, M. G., **2**, 821²²⁵ (817); **5**, 282f², 306f⁶, 523²¹⁰ (303T, 305, 306); **6**, 343¹⁹ (280), 737⁹⁰ (490), 737⁹¹ (490, 490T)
Norton, R. J., **3**, 411f⁴, 461f⁴¹, 474¹²⁵ (472), 556⁶ (550), 631¹⁸⁸ (587, 590, 595), 631¹⁹⁵ (590), 646³² (640), 646³⁸ (641), 646³⁹ (641), 734f⁸
Norvell, J. C., **4**, 325⁴³⁰ (292)
Nose, Y., **8**, 610³²¹ (601T)
Noshay, A., **2**, 326f¹, 362¹²¹ (326), 362¹⁵⁶ (338)
Noskova, N. F., **8**, 341f⁸, 366³⁴² (340), 366³⁴³ (340), 366³⁵² (340), 366³⁶² (342), 366³⁹⁰ (343), 366³⁹¹ (343), 609²²⁴ (594T), 642⁵¹ (632), 643¹²⁷ (632), 644²⁰³ (632), 645²¹³ (633), 645²¹⁴ (632)
Nösler, G. H., **2**, 626⁶⁸¹ (611)
Nosova, V. M., **2**, 510²⁸¹ (437)
Nota, N. K., **3**, 949¹⁸⁸ (873)
Nöth, H., **1**, 248⁴⁴⁷ᵇ (209), 266f¹, 267f¹, 273f²², 273f³¹, 286f¹⁴, 300f¹, 300f², 302¹⁶ (256), 303⁸¹ (266, 299, 300), 303⁸³ (266, 267), 303⁹³ (268), 303¹⁰⁹ (268), 303¹¹⁶ (268), 303¹²⁵ (268), 303¹²⁸ (269), 303¹²⁹ (269), 304¹³⁰ (269), 304¹³¹ (269), 304¹³² (269), 304¹³⁷ (269), 305²⁰² (273), 305²⁰⁴ (273, 283), 306²⁷⁰ (282), 306²⁸⁸ (283), 309⁴⁸³ (296), 309⁴⁸⁵ (296), 309⁴⁹⁶ (296), 309⁴⁹⁷ (296), 309⁵⁰⁷ (297), 373⁵ᵍ (313, 314, 315, 316, 318, 322, 326, 329, 333, 334, 337, 338, 341, 342, 362, 370), 373⁵⁵ (313, 335, 340, 342, 367, 369, 372), 374⁷⁶ (315), 374⁷⁷ (315, 355, 356), 374⁷⁸ (315), 374⁷⁹ (315), 374⁸⁰ (315), 375¹³⁸ (329), 375¹³⁹ (329), 375¹⁷² (335), 375¹⁷³ (335), 377³⁰³ (355), 377³⁰⁵ (355), 378³¹⁹ (356, 364), 378³²² (356), 378³²⁴ (356), 378³⁵⁵ (360), 378³⁵⁷ (360), 378³⁵⁸

(360), 379³⁸⁷ (363), 380⁴³⁰ (367), 380⁴⁴⁷ (368), 380⁴⁴⁸ (368), 380⁴⁴⁹ (369), 380⁴⁵⁰ (369), 380⁴⁵¹ (369), 380⁴⁵³ (369), 380⁴⁵⁴ (369), 380⁴⁵⁵ (369), 380⁴⁵⁶ (369), 380⁴⁵⁷ (369), 380⁴⁵⁸ (369), 380⁴⁵⁹ (369), 380⁴⁶¹ (370), 380⁴⁶² (370), 380⁴⁶⁷ (370), 380⁴⁶⁸ (370), 380⁴⁶⁹ (370), 380⁴⁷⁰ (370), 409²¹ (384), 410⁷⁵ (402), 454¹¹³ (630); **2**, 195⁴¹⁵ (104), 198⁵⁵¹ (131), 198⁵⁵¹ (131), 202⁶⁹⁹ (170), 620²⁴⁸ (552), 625⁶¹⁶ (601, 602); **3**, 429¹⁹⁸ (378), 833f⁸⁰, 838f¹¹, 840f³, 947⁹⁹ (841), 949²¹⁶ (880), 1071²⁴⁶ (1009), 1072²⁵⁵ᵃ (1011), 1072²⁵⁵ᵇ (1011), 1077⁵⁶⁶ (1062), 1077⁵⁷⁵ (1063), 1188f³², 1252³⁴⁹ (1231), 1252³⁵⁵ (1232), 1337f¹, 1383²³¹ (1371); **4**, 401f²⁸; **5**, 213f⁹, 273⁶⁴¹ (217, 218); **6**, 35¹³⁵ (25), 941⁴ (881T, 882), 941⁵ (881T, 882, 892), 941⁹ (882, 883T, 887, 888T, 889, 890T, 891T, 892, 893T), 941¹² (884, 885T), 941¹⁷ (885T, 886, 893T, 894), 941¹⁸ (885T, 886, 890T, 893T, 894), 941²⁰ (886, 887T), 941²¹ (887, 888T, 894), 941²² (887, 888T), 941²³ (887, 888T, 889, 894), 941²⁴ (887, 888T, 889, 891T, 892, 893T), 941²⁶ (889, 890T, 891T, 892, 893T, 894), 941²⁸ (889, 890T, 893T), 941³⁰ (892, 893T), 941³¹ (894), 942⁵⁰ (900, 902T, 904T, 905, 907T, 908T, 911T), 942⁵² (900, 902T), 942⁵³ (900, 902T), 942⁵⁶ (900, 902T), 942⁵⁷ (900, 902T), 942⁸³ (901, 903T), 943¹¹⁸ (905, 906T); **7**, 195⁴⁶ (163), 196¹⁷⁶ (184), 347⁴⁸ (345)
Noth, W. H., **4**, 504⁵²ᵉ (393)
Nöthe, D., **4**, 241⁴⁸⁸ (223, 224T); **5**, 265¹⁰² (23); **6**, 779f¹¹, 842f¹⁴⁵, 875¹⁴⁹ (787)
Nouguier, R., **8**, 549¹⁵ (502, 546)
Novak, A., **1**, 244²¹⁴ (178, 180, 186), 245²³³ (180, 183, 186), 248³⁹⁹ (202), 248³⁹⁹ (202), 248⁴⁰⁵ (202)
Novák, C., **1**, 541²¹² (525, 534T)
Novak, D. P., **1**, 117¹⁴² (75), 125f¹⁵, 146f², 152²²⁶ (146), 673¹⁴⁵ (588); **3**, 699³²⁴ (673)
Novak, K., **1**, 682⁷²¹ (669)
Novak, R. W., **1**, 453⁶² (423)
Novaro, O., **8**, 220¹¹ (106, 107), 363¹⁹⁰ (309), 454⁴³ (379)
Novi, M., **3**, 1068⁷⁰ (974)
Novichkova, A. S., **2**, 202⁷⁰⁹ (173); **7**, 654⁴⁴⁹ (599)
Novikov, S. S., **1**, 309⁴⁸¹ (296); **2**, 878f³, 975³⁶¹ (935)
Novikov, V. M., **1**, 379³⁹¹ (363), 380⁴⁷¹ (370)
Novikov, Y. D., **7**, 656⁵⁶⁰ (620)
Novikova, E. S., **8**, 311f²⁰, 707¹⁸² (701), 707¹⁸⁵ (701, 703), 708²⁰⁰ (701, 703), 708²²⁰ (701, 703)
Novikova, G. M., **8**, 458²⁵⁴ (410)
Novikova, L. N., **3**, 1067²⁶ᵇ (964); **8**, 1068²⁰² (1044, 1046)
Novikova, N. N., **1**, 583f⁹, 671⁴³ (561, 624)
Novikova, N. V., **2**, 619²⁰⁸ (547), 705⁴⁰ (686), 970⁶¹ (870, 926)
Novikova, Ye. I., **3**, 547⁹⁵ (529)
Novikova, Z. S., **2**, 511³³² (442), 974²⁸⁸ (922); **7**, 652³⁵⁶ (584), 652³⁵⁶ (584)
Novoselitskaya, L. M., **1**, 250⁵³⁷ (224, 225, 226, 227, 230)
Novoselova, A. V., **1**, 149³⁹ (122)
Novotnak, G. C., **6**, 844f²⁴⁵
Novotny, M., **3**, 1084f¹¹, 1141f⁷, 1141f¹³, 1141f¹⁴, 1141f¹⁵, 1143f²ᵇ, 1143f⁵
Novotorov, Yu. N., **3**, 701⁴⁰⁸ (677)
Novotortsev, V. M., **3**, 699²⁸³ (671), 764f¹⁵, 781¹⁸⁷ (765)
Novozhenyuk, Z. M., **5**, 554f⁶
Nowacki, W., **3**, 1073³³⁶ (1023)
Nowak, K., **2**, 821²⁰⁵ (813)
Nowak, W., **3**, 1249¹⁵⁸ (1190)
Nowakowski, L., **1**, 678⁴⁵⁷ (631)
Nowakowski, P. M., **2**, 197⁵²¹ (125), 199⁵⁷²ᵃ (139), 199⁵⁷²ᵃ (139); **7**, 654⁴³⁰ (588)
Nowatari, H., **8**, 365²⁸⁵ (328)
Nowell, I. W., **1**, 151¹³⁸ (131); **2**, 937f³, 975³⁵⁶ (935, 937), 977⁴²⁸ (952); **3**, 858f¹⁰, 870f⁶, 870f⁷, 870f⁸, 870f⁹; **4**, 50f²⁰, 158⁶⁰⁵ (138), 818⁵²⁹ (777, 793); **5**, 275⁷⁶³ (252), 528⁵⁶⁸ (370); **6**, 987f¹⁵, 987f¹⁶, 1039¹⁰ (988), 1039¹⁸ (989, 990)

Nowell, J. W., **2**, 621³⁴⁴ᵃ (566)
Nowicki, S. C., **5**, 310f³, 523²⁵⁰ (307), 539¹²⁶³ (307)
Noyes, O. R., **2**, 1017¹⁴⁴ (998), 1017¹⁴⁵ (998)
Noyori, R., **2**, 190¹⁷⁷ (38); **4**, 508²⁹⁰ (449); **6**, 442¹⁰³ (399); **7**, 648¹⁰⁹ (539), 649¹⁶⁴ (552), 649¹⁹⁴ (557), 650²⁶¹ (569), 651²⁷⁴ (572), 651²⁷⁵ (572), 652³⁴⁶ (583), 728²³⁴ (715); **8**, 363²⁰¹ (315, 324), 497¹⁰¹ (491), 641²⁴ (629, 637T, 639), 641²⁵ (636, 637T, 639), 642⁵² (629), 642¹⁰³ (635T, 638), 644¹⁶³ (636T, 637T, 639), 644¹⁶⁴ (639), 928¹⁰¹ (803), 930²⁷¹ (837, 843), 1007²⁷ (944), 1007²⁸ (945), 1007²⁹ (945), 1007³⁰ (945), 1007³¹ (946), 1007³² (946), 1007³³ (947), 1007³⁴ (947), 1007³⁵ (947), 1007³⁶ (948), 1007³⁷ (948), 1007³⁹ (949), 1007⁴⁰ (949), 1007⁴¹ (949), 1007⁴² (950), 1008⁴⁴ (950), 1008⁴⁴ (950), 1008⁴⁵ (950), 1009¹⁴⁵ (978)
Nozaki, F., **8**, 281¹²⁰ (268)
Nozaki, H., **1**, 674²⁵¹ (605, 652); **2**, 189¹⁴¹ (33), 189¹⁴⁴ (34), 189¹⁴⁵ (34), 191²⁵⁰ (60); **3**, 279⁵⁹ (278); **7**, 96f¹², 99f²⁹, 101⁸⁸ (13), 106³³⁶ (46), 110⁵⁹⁰ (91), 300⁹⁰ (280), 300¹³³ (290), 301¹⁵¹ (293), 301¹⁶⁶ (295), 322⁴⁹ (315), 322⁵⁰ (315), 322⁵⁶ (316), 336³⁵ (329), 336⁴⁶ (333), 346¹⁸ (340, 341), 347⁴³ (343), 457¹³⁴ (393), 458²¹⁵ (402), 458²¹⁶ (402), 458²¹⁷ (402), 459²⁵⁶ (410, 431), 459²⁵⁷ (410), 460³³⁵ (418), 460³⁴⁴ (419), 460³⁶⁰ (421), 461³⁸² (424), 461³⁹⁹ (428), 461⁴⁰⁰ (429), 461⁴¹¹ (431), 511⁹⁰ (486), 647⁶² (527), 648¹¹² (540), 648¹³⁷ (546), 650²⁵⁹ (569), 727¹⁶⁹ (703), 728²²¹ (713), 729²⁵³ (719); **8**, 497¹⁰¹ (491), 930²⁵³ (832), 937⁷³⁸ (914)
Nozaki, S., **8**, 769² (717T, 718T, 722)
Nozakura, S., **1**, 676³⁵¹ (624); **6**, 361¹² (352), 753¹¹¹³ (637)
Nozawa, S., **1**, 307³⁴⁶ (287), 307⁴⁰⁴ (290), 308⁴⁴⁵ (293); **7**, 224³³ (201), 301¹⁴⁸ (292)
Nozawa, T., **8**, 608¹⁸⁷ (581), 608¹⁸⁸ (582, 600T), 610³²¹ (601T)
Nozawa, Y., **3**, 703⁵⁴⁷ (690)
Nozoe, T., **3**, 269³²⁸ (232)
Nozue, I., **2**, 508¹⁶¹ (418)
Nriagu, J. O., **2**, 1016⁵² (983, 992, 993, 994f, 1009), 1016⁵³ (983, 985, 1005, 1006f), 1016¹⁰⁴ (992), 1016¹⁰⁷ (993), 1020³¹⁰ (1014)
Nuber, B., **3**, 1252³⁶² (1233, 1236); **5**, 265¹⁰¹ (23); **6**, 1111⁸¹ (1063)
Nudelman, A., **7**, 657⁶⁴⁹ (639)
Nudelman, N. S., **7**, 102¹⁵⁵ (23)
Nuffer, R., **1**, 251⁶⁰⁹ (235, 236)
Nugent, Jr., A., **1**, 151¹¹² (127)
Nugent, L. J., **3**, 264³⁶ (178, 182), 267²⁴¹ (212)
Nugent, W. A., **1**, 246³⁰⁴ (192, 193); **2**, 201⁶⁴⁴ (158), 201⁶⁴⁶ (158), 201⁶⁴⁷ (158), 904f⁹, 973²⁴⁶ (906), 976⁴¹² (950), 977⁴³⁶ (954, 955), 978⁵²⁰ (965), 978⁵²² (966)
Numata, S., **1**, 727f⁶, 728f⁴, 731f⁴, 731f⁸, 742f⁸, 752⁹ (726), 753⁵⁰ (734, 739); **2**, 194³⁸³ (96), 770f¹⁶; **6**, 348⁴¹⁰ (331), 444²³⁴ (416), 445²⁷² (422), 445²⁷³ (422, 427), 741²⁹⁵ (517), 761¹⁶⁷⁵ (730); **8**, 929²¹⁰ (815), 929²¹¹ (815)
Numata, T., **7**, 654⁴⁶⁷ (601)
Nunes, A. C., **4**, 325⁴³⁰ (292)
Nunn, E. E., **8**, 1009¹³⁶ (977)
Nunn, E. K., **2**, 622³⁷¹ (569)
Nuretdinov, I. A., **7**, 108⁴⁴⁸ (61)
Nurgalieva, A. N., **7**, 457¹⁴⁷ (394), 458²⁰⁴ (400)
Nurnburg, H. W., **2**, 1015⁴⁴ (983, 998, 1001, 1002), 1015⁴⁵ (983, 998, 1001, 1002)
Nurse, C. R., **3**, 87⁴⁵⁵ (65, 66)
Nurse, J., **1**, 452³⁰ (419)
Nurtdinova, G. V., **2**, 189¹⁵³ (35); **8**, 392f, 459³³⁸ (423), 459³³⁹ (423), 459³⁴⁰ (423), 643¹¹² (616, 617, 622T), 669⁷⁷ (651, 658T), 706¹²⁸ (685T), 707¹⁵⁰ (685T)
Nussbaum, S., **5**, 268²⁵⁷ (69, 70), 268²⁷⁰ (70)
Nusse, B. J., **5**, 537¹¹⁷⁵ (480)
Nüssel, H.-G., **1**, 672¹²⁷ (579, 665); **8**, 386f¹, 454⁵¹ (379, 384, 386, 387)

Nussim, M., **7**, 158^{25} (144), 224^{51} (201), 224^{52} (201), 224^{53} (201), 224^{59} (202), 224^{94} (205, 208), 252^{19} (231), 252^{66} (238)

Nutt, M. O., **3**, 109f^{11}; **5**, 317f^{21}, 404f^{18}, 404f^{23}, 524^{295} (315, 381, 382, 441), 529^{639} (383, 384), 531^{735} (393, 407, 409)

Nutt, W. R., **1**, 303^{88} (267), 303^{110} (268)

Nutton, A., **4**, 965^{145} (955); **5**, 362f^{15}, 373f^{18}, 527^{512} (361), 528^{566} (369)

Nützel, K., **1**, 241^7 (156, 158, 163, 164, 166, 170, 171, 172, 173, 175, 177, 181, 185, 188, 189, 192, 193, 199, 203, 204, 211); **2**, 859^5 (824, 832, 833, 858), 859^7 (825), 859^8 (825); **7**, 725^{43} (670); **8**, 549^{17} (502), 549^{18b} (502)

Nuzzo, R. G., **8**, 364^{248} (324, 338)

Nyathi, J. Z., **2**, 194^{380} (96); **3**, 1246^{54} (1162, 1243), 1247^{86f} (1174, 1242, 1243), 1380^{32} (1328, 1377), 1384^{253b} (1377); **7**, 461^{435} (434)

Nyburg, S. C., **1**, 40^{42} (11), 671^{10} (557, 592); **2**, 187^{31} (7, 83), 622^{370} (569); **3**, 86^{388} (52), 326^{35} (291), 557^{57} (555), 633^{276} (622, 624), 646^{47} (642, 643, 644); **6**, 143^{231} (103T, 108), 263^{161} (257), 278^{37} (266T, 273), 349^{419} (334T, 334f), 445^{262} (421), 454^{26} (450), 468^{25} (458), 468^{25} (458), 469^{47} (463), 751^{1016} (624T, 626), 752^{1017} (624T); **8**, 305f^{44}

Nyholm, J., **3**, 798f^{17}

Nyholm, R. S., **1**, 731f^7, 753^{53} (734, 738), 753^{76} (737); **2**, 707^{175} (703), 770f^8, 818^{38} (771), 819^{101} (785), 819^{102} (785), 820^{149} (794); **3**, 171^{182} (167), 695^{56} (652, 655, 656), 798f^{17}, 798f^{18}, 810f^7, 863f^1, 863f^2, 863f^3, 863f^{21}, 863f^{22}, 863f^{52}, 965f^6, 1084f^8, 1089f^{8b}, 1179f^2, 1187f^{17}, 1247f^{102a} (1179, 1183), 1248^{145} (1186), 1261f^{10}, 1337f^{18}; **4**, 12f^{22}, 12f^{23}, 12f^{25}, 13f^6, 13f^8, 34f^{55}, 51f^{43}, 150^{68} (22), 173f^8, 180f^7, 236^{170} (181), 320^{103} (252, 306), 322^{255} (271, 288), 324^{371} (287), 326^{468} (296), 327^{577} (306), 929^{34} (928), 1059^{95} (980), 1061^{275} (1029), 1061^{276} (1029); **5**, 529^{586} (376), 529^{622} (381), 531^{724} (398, 399), 533^{887} (429), 533^{888} (429); **6**, 13^{42} (7), 14^{109} (5), 33^{29} (18), 345^{206} (311, 340), 349^{444} (340), 740^{264} (515T, 572), 743^{465} (534T), 749^{874} (602), 749^{876} (603), 749^{877} (603, 604), 749^{878} (603, 604), 749^{879} (604), 750^{947} (615), 751^{959} (617), 753^{1148} (640), 753^{1149} (640), 753^{1150} (640), 753^{1152} (640), 753^{1153} (640), 754^{1159} (640), 754^{1160} (640), 756^{1336} (664), 757^{1370} (670), 758^{1440} (676), 806f^{56}, 839f^{20}, 840f^{62}, 841f^{110}, 841f^{111}, 843f^{196}, 843f^{198}, 843f^{203}, 850f^{48}, 851f^{50}, 851f^{58}, 871f^{140}, 873^1 (763), 874^{53} (769), 875^{94} (776), 875^{108} (777), 876^{216} (814, 821), 1028f^{37}, 1029f^{56}, 1029f^{63}, 1029f^{66}, 1029f^{70}, 1040^{64} (997)

Nyilas, E., **1**, 378^{340c} (359)

Nyman, C. J., **6**, 263^{162} (257), 263^{163} (257), 263^{165} (257, 258), 751^{975} (619), 751^{1003} (621, 712), 759^{1501} (686); **8**, 99^{315} (90, 91), 280^{30} (237)

Nyman, F., **4**, 240^{388} (210)

Nyquist, R. A., **2**, 943f^7, 944f^{11}

O

Oae, S., **7**, 654[467] (601)
Oakes, F. T., **1**, 116[88] (59)
Oakes, J. D., **1**, 453[47] (422)
Oakes, V., **2**, 619[190] (546, 547)
Oakley, R. T., **2**, 200[623] (152), 200[626] (153), 200[626] (153), 397[122] (388), 397[122] (388)
Oates, G., **1**, 454[90] (427, 445, 448), 454[119] (431); **2**, 201[655] (159)
Obaid, R. M. S., **3**, 547[107] (535)
Obayashi, M., **2**, 189[141] (33), 189[145] (34), 191[250] (60); **7**, 300[90] (280), 336[35] (329), 460[360] (421), 658[691] (643), 728[221] (713), 729[253] (719)
Obayashi, Y., **4**, 814[270] (740)
Obenland, C. O., **1**, 454[127] (431)
Oberender, H., **8**, 930[275] (839)
Oberhammer, H., **2**, 6f[16], 191[244] (58), 201[665] (162), 201[679] (165), 977[472] (959); **4**, 460f[2]
Oberhansli, W. E., **6**, 187[14] (186), 384[107] (377), 442[65] (395, 406), 442[73] (395), 443[160] (405), 468[8] (456)
Oberholzer, M. E., **7**, 511[44] (475)
Oberkirch, W., **3**, 632[256] (620), 1067[7] (956, 957), 1246[19] (1155), 1246[20] (1155), 1379[20] (1326); **4**, 401f[25]; **5**, 273[628] (211); **6**, 261[32] (245), 446[356] (438), 761[1626] (716); **8**, 397f[12], 454[52] (379, 393, 396, 397, 405, 407), 549[17] (502), 646[254] (617, 622T)
Obeshchalova, N. V., **7**, 463[540] (451); **8**, 385f[11]
Obeshchalova, N. W., **8**, 647[297] (621T)
Obezyuk, N. S., **3**, 427[22] (336); **4**, 157[551] (131), 242[502] (223, 224T, 224); **6**, 842f[174]
Obi, K., **2**, 196[448] (112)
O'Brien, D. F., **1**, 116[89] (59)
O'Brien, D. H., **1**, 118[211] (89, 90T), 119[252] (97, 102, 102T); **2**, 188[116] (28), 194[367b] (95), 199[570] (138), 296[34] (217)
O'Brien, E., **4**, 512[483] (495); **5**, 371f[2], 527[490] (358, 360, 363, 435, 449), 534[931] (435, 449, 459, 460, 468)
O'Brien, J. F., **1**, 674[235] (602)
O'Brien, R. J., **1**, 40[42] (11), 262f[8], 671[10] (557, 592), 675[304] (616); **2**, 620[251] (554), 622[366] (568, 572), 679[367] (669); **3**, 398f[31], 398f[35], 695[56] (652, 655, 656); **4**, 606[101] (532); **5**, 265[65] (15, 164); **6**, 839f[20], 1019f[67], 1020f[90], 1041[137] (1013), 1080f[6]; **8**, 1105[45] (1082)
O'Brien, S., **3**, 111f[3], 168[37] (110), 632[255] (620), 632[255] (620), 1067[8] (956, 95f); **5**, 538[1225] (358, 493), 539[1274] (508); **6**, 261[31] (245), 445[258] (420), 446[334] (431), 761[1627] (716, 728), 761[1664] (727, 728, 731)
O'Brien, T. A., **3**, 1253[381] (1237); **6**, 97[238] (86), 182[163] (161), 182[187] (174)
Obryoshi, A., **5**, 621[13] (544)
Ochiai, E., **4**, 964[71] (942)
Ochiai, M., **7**, 511[88] (485), 512[109] (489), 512[110] (489), 512[142] (495), 648[105] (538), 648[106] (538)
Ochsenbien, U., **1**, 120[300] (109)
O'Con, C. A., **1**, 537[15] (462, 523, 535); **8**, 331f[18]
O'Connell, C. M., **4**, 811[92] (704)
O'Connor, C., **5**, 288f[3], 521[67] (285, 286), 624[193] (567)
O'Connor, G. L., **8**, 460[401] (434)
O'Connor, J., **3**, 947[38] (814), 1269f[3]
O'Connor, J. E., **3**, 1189f[25]; **4**, 611[397] (591, 592)
O'Connor, J. P., **4**, 643f[1], 649[101] (643); **5**, 267[211] (44), 272[523] (177); **8**, 221[86] (120), 331f[14], 364[272] (327, 348)

O'Connor, U., **7**, 648[107] (539)
Oda, J., **7**, 658[695] (642), 725[27] (668)
Oda, K., **6**, 441[41] (390), 441[42] (390), 443[165] (406), 443[166] (406)
Oda, M., **7**, 658[684] (642)
Oda, R., **6**, 442[102] (399); **8**, 928[97] (803)
Oda, Y., **8**, 930[271] (837, 843)
Odaira, Y., **6**, 348[374] (326); **8**, 934[521] (880), 936[674] (904)
O'Daly, C., **3**, 1383[199] (1365)
Oddo, B., **7**, 107[439] (58)
Odell, K., **5**, 528[580] (376)
Odell, K. J., **3**, 1071[244] (1009), 1384[248] (1375); **5**, 404f[42], 530[690] (394, 412, 431), 530[691] (394, 432); **6**, 142[182] (133T, 135, 136), 346[233] (312T, 312), 737[97] (491), 741[296] (517), 741[299] (517), 741[300] (517), 741[301] (517), 741[302] (518), 741[311] (518)
Odenigbo, G., **5**, 531[767] (410), 531[769] (410)
Odenthal, H. J., **6**, 1111[83] (1063)
Odiaka, T. I., **4**, 512[496] (498), 815[366] (755); **8**, 1010[184] (988)
Odic, Y., **2**, 623[462] (581), 624[482] (583)
Odinka, T. I., **4**, 1064[419] (1048)
Odinokov, V. N., **8**, 642[102] (632)
Odle, R., **8**, 933[461] (865, 870)
Odling, W., **1**, 40[35] (11), 670[2] (557, 624)
O'Doherty, C. M., **3**, 473[53] (446)
Odom, J. D., **1**, 256f[3], 256f[5], 262f[23], 262f[25], 262f[29], 262f[31], 262f[33], 262f[34], 262f[35], 262f[36], 262f[37], 262f[38], 262f[40], 262f[41], 263f[3], 263f[16], 263f[17], 267f[3], 267f[3], 267f[4], 268f[5], 302[15] (256), 302[16] (256), 302[17] (256, 263), 302[33] (259, 263), 302[34] (259), 302[35] (259), 302[36] (259, 263), 302[37] (259), 302[38] (259), 302[50] (263), 303[85] (267), 303[104] (268), 303[116] (268), 303[118] (268), 303[120] (268), 303[126] (268), 303[127] (268), 308[426] (292), 380[474] (371), 456[210] (444), 456[212] (444); **2**, 945f[3]; **3**, 267[228] (211); **4**, 319[25] (246)
O'Donnell, G., **1**, 252[621] (237, 238, 239), 252[621] (237, 238, 239)
O'Donnell, M. J., **8**, 1106[119] (1103)
O'Donnell, T. A., **3**, 1084f[12]
O'Donoghue, M. F., **2**, 971[89] (876)
O'Donohoe, C., **8**, 98[204] (60)
O'Donohue, A. M., **2**, 971[79] (874)
O'Driscoll, K. F., **8**, 609[255] (596T)
O'Driscoll, K. R., **8**, 611[343] (599T)
Odubela, A. A., **7**, 656[571] (622)
O'Dwyer, B., **6**, 1061f[2], 1111[77] (1061)
Odyakov, V. F., **8**, 339f[37], 365[329] (338)
Oe, K., **7**, 658[706] (645)
Oeda, M., **7**, 97f[28]
Oefele, K., **3**, 786f[7]
Oehling, D., **1**, 120[320a] (114)
Oehlschlager, A. C., **1**, 680[650] (652); **7**, 425f[2]
Oehme, G., **2**, 893f[3]; **3**, 942f[12], 951[352] (936), 1131f[10], 1131f[11]; **6**, 345[166] (306, 308), 346[228] (312T, 312); **8**, 331f[2], 392f[7], 392f[8], 439f[3], 456[125] (392), 456[126] (392), 932[384] (850)
Oehmichen, U., **4**, 323[274] (273), 939f[17]; **8**, 339f[9]
Oelfe, K., **3**, 1068[70] (974)
Oertel, G., **2**, 197[513] (123)
Oertle, K., **7**, 726[91] (682)

Oetjen, H.-H., **4**, 237²¹⁷ (189T, 190), 237²³¹ (189T, 191), 237²³² (189T, 191)
Oetker, C., **5**, 529⁵⁹¹ (303T), 623¹²¹ (561)
Ofanasova, O. B., **2**, 768f⁶, 770f³, 773f⁵, 780f³, 819⁷⁷ (779), 819⁷⁸ (779)
Öfele, K., **3**, 88⁵³⁶ (77), 103f⁴, 786f¹¹, 799f⁶, 947⁴⁸ (818), 950²⁵² (894), 950²⁵³ (894), 1004f¹, 1004f², 1028f², 1029f², 1068⁶⁹ (974), 1068⁶⁹ (974), 1070¹⁷⁹ (991, 992, 1001), 1071²¹² (1001, 1015), 1071²¹⁵ (1001, 1028, 1029), 1072²⁸¹ (1015, 1018), 1072²⁹⁹ (1018, 1022), 1077⁵⁶¹ (1061), 1146³⁶ (1097), 1147⁹⁰ (1123), 1147⁹¹ (1123), 1211f¹, 1211f², 1251²⁴⁶ (1210, 1211), 1360f¹, 1380⁴⁰ (1330), 1382¹⁶⁵ (1359); **4**, 33f¹, 33f², 64f³, 151¹³⁷ (36), 153²⁴⁵ (63), 242⁵²² (231, 232T), 375¹⁴⁰ (366), 605¹⁴ᶜ (514, 519), 609²⁹³ (577); **6**, 344⁹⁹ (297), 442¹¹² (400); **8**, 1068²⁴⁶ (1051, 1056)
Offhaus, E., **3**, 1317¹⁷ (1271); **4**, 12f⁴, 150⁵¹ (16, 18), 241⁴⁸⁸ (223, 224T); **6**, 779f¹¹, 842f¹⁴⁵, 875¹⁴⁹ (787)
O'Flynn, K. H. P., **6**, 743⁴⁷⁸ (536T, 537), 749⁸⁴⁷ (597, 598)
Ofstead, E. A., **3**, 88⁵⁴⁵ (79); **6**, 739¹⁹⁰ (502); **7**, 462⁴⁸⁷ᵇ (442); **8**, 538f⁵, 539f², 540f¹, 549⁹ᵇ (500, 512, 515, 516, 519, 525, 536, 538), 549⁹ᶠ (500, 512, 515, 516, 519, 525, 536, 538), 549²⁷ (503), 551¹³⁶ (539, 542, 543, 544)
Ogasawara, S., **8**, 611³³⁵ (602T)
Ogata, I., **3**, 1075⁴⁷¹ (1043); **4**, 819⁶¹⁴ (796, 797), 963²⁹ (936); **5**, 537¹¹⁸⁸ (483), 537¹¹⁸⁹ (483); **6**, 757¹³⁸¹ (672); **8**, 222¹¹²ᵇ (140), 296f⁶, 349f¹, 366³⁹⁶ (343), 496³¹ (470), 497⁸¹ (483), 497⁸⁶ (485), 497⁸⁸ (486), 608¹⁹⁴ (586), 794³ (790), 936⁶⁴⁵ (900)
Ogawa, H., **2**, 970⁵¹ (869)
Ogawa, K., **4**, 609²⁷³ (575, 578)
Ogawa, M., **3**, 473⁵⁹ (448), 473⁶⁰ (448); **7**, 109⁵¹³ (73)
Ogawa, M. K., **8**, 865f¹³, 932⁴³² (857)
Ogawa, O., **8**, 282¹⁸¹ (276)
Ogawa, S., **2**, 624⁵³⁵ (590)
Ogden, J. S., **3**, 1205f⁴, 1250²²⁶ (1205); **6**, 13³⁸ (6), 241⁴⁰ (240)
Ogden, S. J., **3**, 264⁶⁵ (180, 211)
Ogi, K., **2**, 194³⁵³ (91)
Ogibin, Yu. N., **2**, 300²⁴⁷ (262), 300²⁴⁸ (262)
Ogilvie, F. B., **3**, 833f⁶⁴
Ogilvie, K. K., **2**, 201⁶⁵³ (159); **7**, 651³⁰⁰ (576)
Ogima, I., **8**, 496⁴⁴ (475)
Ogini, W. O., **5**, 306f¹¹, 523²¹⁷ (304T); **6**, 749⁸⁴⁶ (597), 749⁸⁵² (597)
Ogiwara, J., **2**, 192²⁶³ (64)
Ogorodnikova, N. A., **1**, 750f³, 754¹³⁹ (751)
Ogoshi, H., **1**, 242¹⁰² (165); **4**, 812¹⁶⁸ (716); **5**, 295f⁶, 404f³⁶, 521¹⁰⁹ (292), 521¹¹⁰ (292), 529⁵⁹⁶ (377, 388, 389), 530⁶⁶⁷ (388, 389), 530⁶⁶⁸ (388, 389), 530⁶⁷² (390, 391, 412), 530⁶⁷³ (391), 530⁶⁷⁴ (391), 626³⁷¹ (597, 613); **6**, 344¹⁰² (297, 298f, 314), 345¹⁵² (297, 305)
Ogura, K., **7**, 97f¹⁹
Ogura, T., **6**, 241³⁹ (240), 263¹⁷⁴ (258), 348³⁹³ (329), 348³⁹⁴ (329, 330), 348³⁹⁶ (329), 348⁴⁰³ (329, 331), 348⁴⁰⁴ (329, 331), 441³² (390, 421), 441³⁷ (390), 441³⁸ (390), 441³⁹ (390), 441⁴⁰ (390), 441⁴¹ (390), 443¹⁶⁵ (406); **8**, 928¹²⁸ (805)
Oguri, T., **7**, 107⁴³¹ (58)
Oguro, K., **6**, 35¹⁵⁹ (31), 94⁹⁸ (58T, 61T, 63T, 69, 70), 97²⁵² (57T, 61T, 62T, 64, 69, 70, 72), 97²⁵⁵ (58T, 62T, 63T, 72, 78), 97²⁷² (55T, 58T, 73), 97²⁷³ (60T, 61T, 62T, 64), 97²⁷⁴ (58T, 61T, 62T, 63T, 73), 98²⁹⁹ (61T, 62T, 63T, 69, 70), 98³⁰² (55T, 62T, 63T, 64, 73, 75, 77), 98³¹³ (55T, 61T, 62T, 64); **7**, 38f¹, 104²²³ᵃ (29), 105²⁸⁵ (37); **8**, 794¹³ (779, 790), 795⁵⁹ (779, 780)
Ogushi, T., **1**, 307³⁷² (288)
Ohama, Y., **6**, 347³²³ (321)
Ohara, M., **2**, 569f¹, 622³⁴⁷ (567)
Ohashi, M., **7**, 512¹⁵⁶ (498)
Ohashi, Y., **5**, 269³⁵³ (106); **8**, 363¹⁸⁶ (307), 771¹¹⁶ (737)

O'Haver, T. C., **2**, 1019²⁶² (1009, 1010f)
Ohbe, Y., **1**, 247³⁶⁰ (198); **6**, 97²⁶⁷ (57T, 60T, 75)
Ohfune, Y., **7**, 651²⁷⁶ (573)
Ohga, K., **6**, 99³⁸⁹ (60T, 69, 71)
Ohga, Y., **5**, 537¹¹⁶⁰ (477)
Ohgo, Y., **8**, 293f⁹, 363¹⁸⁹ (309), 497⁶² (478), 497⁶⁵ (479)
Ohi, F., **2**, 296²¹ (212), 296³⁰ (215), 396⁶¹ (376)
Ohkata, H., **8**, 935⁵⁸⁶ (891)
Ohkawa, K., **7**, 652³⁵¹ (583)
Ohkawara, M., **6**, 98³¹⁹ (56T, 65); **8**, 610²⁹¹ (598T)
Ohki, S., **7**, 14f⁵
Ohkubo, K., **1**, 117¹⁵¹ (77), 245²⁷⁵ (187), 304¹⁵⁵ (269); **4**, 964¹²⁷ (951), 964¹²⁸ (951, 953), 964¹²⁹ (951, 953), 964¹³⁰ (951, 953); **8**, 364²⁵⁸ (325)
Ohlbrecht, P., **2**, 675¹⁰⁶ (641)
Ohloff, G., **1**, 681⁶⁹¹ (662); **7**, 159¹¹⁵ (151), 225¹¹² (207), 512¹²³ (491), 728²⁰⁶ (709, 713)
Ohmori, K., **7**, 148f³
Ohmori, M., **2**, 199⁵⁷³ (139)
Ohnishi, T., **6**, 344¹³¹ (301); **8**, 928¹³³ (805)
Ohno, A., **2**, 978⁵¹⁷ (965); **7**, 105²⁹⁹ (40, 68), 105³⁰⁰ (40), 108⁴⁸³ (69); **8**, 937⁷⁴⁶ (918), 937⁷⁷⁹ (923)
Ohno, H., **3**, 1072²⁶² (1012)
Ohno, J., **5**, 522¹⁸⁷ (302, 302T, 379, 380)
Ohno, K., **5**, 529⁶¹² (379, 380); **7**, 110⁵⁷⁴ (87), 656⁵⁴⁹ (617); **8**, 439f¹ᵃ, 439f¹ᵇ, 444f⁵, 444f⁶, 444f¹⁶, 448f³, 449f⁷, 461⁴³³ (439, 447), 461⁴⁵¹ (442), 461⁴⁶⁰ (445), 932³⁸² (850, 851), 932³⁸³ (850, 851), 932⁴⁰⁰ (853), 932⁴⁰¹ (853), 932⁴⁰⁴ (853), 936⁷⁰¹ (909, 910)
Ohno, M., **7**, 648¹⁰² (538), 653⁴⁰³ (593)
Ohno, S., **8**, 770⁷⁶ (737)
Ohno, T., **8**, 1015³² (982)
Ohnuma, H., **1**, 120²⁸⁰ (101T, 103, 105)
Ohnuma, Y., **1**, 249⁵⁰² (219, 220); **3**, 129f¹
Ohsawa, A., **8**, 933⁴⁹¹ (874), 937⁷²⁶ (913, 914)
Ohsawa, Y., **8**, 408f⁹
Ohshima, N., **8**, 710³³¹ (701), 711³³² (701), 711³⁵⁵ (701)
Ohshiro, Y., **7**, 35f⁵; **8**, 670¹⁰⁶ (660), 796¹¹⁷ (776, 792), 796¹²⁰ (777), 937⁷⁵⁴ (920)
Ohta, A., **7**, 106³⁶⁶ (48)
Ohta, K., **7**, 9f³
Ohta, N., **8**, 929¹⁹⁸ (813, 839)
Ohta, S., **8**, 366³⁷³ (342)
Ohta, T., **8**, 397f¹⁸, 397f²¹
Ohtaka, S., **8**, 710³¹⁹ (672)
Ohtaki, T., **1**, 153²⁵² (148)
Ohtani, Y., **5**, 529⁶²⁹ (381), 533⁸⁸⁰ (428, 429), 533⁸⁸³ (428), 539¹²⁹⁶ (343); **8**, 291f¹⁰, 363²⁰⁷ (318), 364²¹⁰ (318)
Ohtsu, K., **8**, 368⁴⁶⁴ (353)
Ohuchi, T., **8**, 929¹⁶¹ (810)
Ohwada, T., **7**, 106³⁶⁶ (48)
Ohyoshi, A., **3**, 85³⁷³ (51); **6**, 141¹⁵³ (132), 751⁹⁶¹ (617)
Oida, S., **8**, 796¹²⁷ (792)
Oishi, T., **7**, 651³¹¹ (577); **8**, 934⁵²¹ (880)
Oita, K., **3**, 545¹⁰ (488)
Oiwa, I. T., **3**, 267²⁰⁵ (210)
Ojima, I., **2**, 191²⁵⁴ (61), 196⁴⁵⁵ (113, 122), 197⁴⁶³ (114), 197⁴⁸⁸ (119, 120), 202⁷⁰⁹ (173), 202⁷¹² (174), 360⁴⁶ (313); **5**, 534⁹²⁰ (433, 477), 537¹¹⁶¹ (477); **7**, 647⁶⁰ (527), 647⁶⁴ (527), 648⁹⁴ (537), 648⁹⁶ (537), 649¹⁷⁸ (554), 654⁴⁴⁸ (599), 654⁴⁶⁴ (600), 656⁵⁴⁷ (617), 656⁵⁴⁷ (617), 656⁵⁴⁸ (617), 656⁵⁴⁸ (617), 656⁵⁵⁰ (618), 656⁵⁸³ (625), 656⁵⁸⁵ (625, 626), 658⁶⁸⁵ (642), 658⁶⁸⁶ (642), 658⁶⁹⁷ (644), 658⁶⁹⁸ (644); **8**, 461⁴⁷⁸ (447), 461⁴⁷⁹ (447), 481f⁶, 481f⁷, 497⁵² (477), 497⁵³ (477), 497⁷¹ (480, 482), 497⁷⁷ (483), 498¹¹⁹ (495), 644¹⁶⁹ (631), 932³⁸⁵ (851), 932³⁸⁶ (851)
Oka, S., **2**, 977⁴⁴⁵ (956), 978⁵¹⁷ (965); **7**, 105²⁹⁹ (40, 68), 105³⁰⁰ (40), 108⁴⁸³ (69); **8**, 937⁷⁴⁶ (918), 937⁷⁴⁷ (918), 937⁷⁷⁹ (923)
Okada, A., **2**, 195⁴⁰⁰ (100), 396⁵¹ (374); **7**, 653⁴¹⁷ (597), 655⁵²⁵ (610, 611), 655⁵²⁵ (610, 611)

Okada, H., **1**, 242[75] (163), 754[122] (747); **8**, 445f[3], 461[464] (445)
Okada, I., **8**, 709[258] (678), 709[259] (678, 690), 710[309] (678)
Okada, K., **7**, 336[46] (333), 511[91] (487)
Okada, M., **1**, 117[151] (77), 304[155] (269); **4**, 964[128] (951, 953); **8**, 392f[9], 771[153] (738, 753T)
Okada, T., **6**, 362[66] (359); **7**, 104[230] (30)
Okajima, M., **5**, 344f[6], 526[423] (343, 344)
Okamoto, N., **4**, 239[361] (206, 207T)
Okamoto, T., **2**, 977[445] (956), 978[517] (965); **6**, 442[85] (397), 442[86] (397), 442[87] (397); **8**, 364[214] (318), 770[101] (734), 796[110] (775, 776), 937[746] (918), 937[747] (918), 937[779] (923)
Okamoto, Y., **2**, 187[60b] (13), 203[745] (183); **7**, 9f[3], 9f[4], 651[297] (576), 652[345] (583), 658[667] (639)
Okamura, H., **7**, 647[48] (526); **8**, 771[142] (740, 751T, 752T), 771[143] (740, 745, 747T, 748T), 771[156] (740, 745, 747T, 748T, 752T, 753T), 771[158] (739, 740, 755T, 758T, 760T), 932[414] (871)
Okamura, K., **2**, 192[311] (79), 396[93] (384)
Okamura, W. H., **3**, 557[52] (555)
Okana, M., **2**, 978[507] (963)
Okano, M., **1**, 742f[3], 742f[13], 753[93] (741), 753[95] (741), 753[97] (741), 754[110] (746), 754[112] (746, 747), 754[115] (747), 754[123] (748), 754[129] (749), 754[132] (749); **2**, 763[186] (759), 971[114] (884), 971[123] (885), 971[123] (885); **7**, 512[112] (490), 512[131] (491, 493), 512[136] (494), 512[137] (494), 512[149] (497), 512[150] (497), 512[151] (497), 512[152] (497), 512[159] (498), 513[173] (499, 505, 507), 513[200] (504, 505), 513[202] (504, 505), 513[213] (505), 513[214] (505), 726[67] (676); **8**, 932[408] (857), 934[556] (885)
Okano, T., **5**, 299f[3], 353f[12], 404f[40], 522[142] (296, 297, 348), 530[682] (393); **6**, 349[431] (335), 742[411] (529); **8**, 280[49] (245, 247, 264), 281[95] (262), 304f[7], 364[271] (327)
Okawa, T., **8**, 610[308] (599T)
Okawara, M., **8**, 610[290] (598T)
Okawara, P., **3**, 948[162] (867)
Okawara, R., **1**, 721[123] (701), 721[124] (701, 713), 722[161] (707), 722[203] (713), 723[275] (719), 727[26], 728f[4], 731f[7], 731f[8], 731f[9], 731f[10], 742f[6], 742f[7], 742f[8], 752[5b] (725, 726, 728-731, 733-735, 737, 739, 741, 743, 747-750), 752[9] (726), 753[34] (730, 738, 739), 753[35] (730, 738, 739), 753[36] (731), 753[50] (734, 739), 753[58] (735, 743, 744), 753[66] (735, 738), 753[82] (739), 754[100] (743, 744); **2**, 194[383] (96), 512[365] (445), 554f[1], 569f[1], 617[28] (525), 617[56] (529, 565), 621[289] (557), 621[294] (558), 621[300] (559), 621[331] (564, 565, 566, 567, 568, 570, 571), 621[343] (566), 622[347] (567), 622[365] (568), 622[376] (570), 623[415] (574), 623[416] (574), 623[426] (575), 674[27] (642), 677[241] (656), 678[259] (658), 706[120] (697), 706[126] (697), 706[131] (698), 707[157] (701), 770f[16]; **3**, 863f[5], 863f[6], 863f[7]; **4**, 324[374] (287); **5**, 34f[10], 273[600] (199); **6**, 94[98] (58T, 61T, 63T, 69, 70), 98[299] (61T, 62T, 63T, 69, 70), 262[116] (253), 262[117] (253), 346[223] (312T, 312), 346[224] (312T, 312), 348[410] (331), 444[234] (416), 445[272] (422), 741[295] (517), 741[313] (518), 745[584] (555), 748[761] (586), 761[1633] (717), 761[1648] (720), 761[1675] (730); **7**, 510[2] (466); **8**, 929[210] (815)
Okazaki, H., **8**, 458[301] (418)
Okazaki, R., **1**, 246[302] (192); **7**, 74f[7]
Okazaki, S., **1**, 244[209] (177); **2**, 303[402] (295T), 396[68] (376); **6**, 98[301] (57T, 59T, 64, 70, 79); **8**, 461[449] (442, 447, 450)
Okazaki, T., **2**, 302[379] (292)
Okeya, S., **6**, 348[402] (329, 331), 348[406] (329, 331, 334T), 348[407] (329, 331), 441[38] (390), 441[39] (390)
Okhlobystin, O. Yu., **1**, 151[164] (138), 241[45] (158), 242[76] (163, 164, 193), 242[92] (164, 165), 242[92] (164, 165), 246[310] (193, 194, 195), 273f[36], 671[55b] (564, 579, 608), 675[285] (613, 632), 676[350] (624, 652), 676[370] (624), 676[384] (624), 676[385] (624), 676[389] (625, 664), 723[255] (717), 727f[2]; **2**, 860[46] (833, 855), 861[99] (846), 861[100] (846), 894f[6], 894f[9], 908f[10], 972[170] (895),
973[240] (905, 935), 975[316] (926), 975[319] (926), 975[320] (926); **5**, 530[696] (395); **7**, 455[33] (379)
Okhlobystina, L. V., **2**, 872f[10], 975[361] (935)
Oki, M., **3**, 102f[25]
Oki, Y., **4**, 814[270] (740)
Okimoto, K., **7**, 652[371] (586)
Okinoshima, H., **2**, 201[670] (163), 300[214] (253), 300[215] (253); **8**, 669[65] (660), 937[759] (920)
Okita, M., **8**, 223[160] (180), 936[691] (907)
Okita, T., **8**, 1007[32] (946)
Okorskaga, A. P., **4**, 1058[73] (976)
Okrasinski, S. J., **4**, 1057[19] (969, 970, 977, 993, 1004, 1005, 1014)
Okubo, M., **1**, 246[302] (192); **7**, 64f[5], 101[93] (13), 102[171] (24), 107[434] (58)
Okuda, H., **6**, 261[50] (247), 751[987] (620), 752[1031] (626), 752[1036] (627)
Okuda, Y., **8**, 221[75] (118, 140)
O'Kuhn, S., **7**, 727[172] (703, 704)
Okukado, N., **2**, 861[118] (850); **3**, 557[49] (554, 555); **7**, 456[118] (391), 458[211] (401), 725[36] (669); **8**, 771[134] (738, 752T, 753T, 762T, 763T), 771[172] (741, 763T), 937[718] (911, 914), 937[719] (911, 912), 937[720] (911, 912), 937[731] (913, 914)
Okulevich, P. O., **4**, 157[560] (132)
Okumura, T., **1**, 681[657] (653); **7**, 461[397] (428)
Okuno, H., **4**, 920[2] (909)
Okuno, O., **4**, 253[148] (250)
Okushi, T., **7**, 336[23] (327)
Oladimeji, A. A., **2**, 1018[206] (1002)
Olah, G. A., **1**, 453[31] (419, 420); **2**, 187[60b] (13), 195[397] (100), 202[728] (179), 203[746] (183), 970[35] (867, 874), 970[38] (868, 883), 970[39] (868, 883), 970[40] (868, 883), 971[84] (876); **3**, 1074[397] (1033, 1034), 1075[458] (1040, 1041); **4**, 471f[1], 510[362] (469), 510[373] (471), 512[520] (503); **6**, 468[22] (458); **7**, 104[263] (34), 513[181] (500, 503), 651[295] (576), 652[354] (584), 657[641a] (639), 657[641b] (639), 657[641c] (639), 658[659] (642), 658[666] (639, 642), 658[668] (639), 658[671] (642); **8**, 937[774] (921), 1065[85] (1025), 1069[285] (1057)
Olapinski, H., **1**, 722[188] (712), 722[189] (712, 717), 723[249] (717), 752[31] (730); **7**, 457[169] (396)
Olbertz, B., **7**, 108[472] (65)
Olbrich, G., **4**, 508[255] (443)
Olbricht, T., **8**, 935[621] (897)
Olbrysch, O., **1**, 242[113] (167), 243[116b] (168), 674[260] (608), 679[545] (639); **7**, 99[13] (3), 99[14] (3), 455[35] (380)
Ol'dekop, Yu. A., **2**, 971[85] (876), 971[129] (887), 971[130] (887, 888), 972[138] (888), 977[435] (954); **3**, 735f[5], 736f[17], 736f[19], 767f[8], 767f[10], 768f[10]
Oldenziel, O. H., **7**, 511[97] (488, 497)
Oldfield, D., **2**, 565f[1], 569f[1], 620[241] (551), 620[252] (554), 621[313] (561)
Oldham, C., **6**, 742[401] (528), 742[403] (528), 742[404] (528), 754[1198] (648T)
Olechowski, J. R., **3**, 1070[197] (999); **5**, 538[1193] (485); **6**, 35[134] (24), 383[17] (365, 368, 372); **8**, 931[297] (843)
Oleinik, E. P., **2**, 511[311] (440), 511[312] (440), 511[313] (440), 512[395] (452)
Olekhnovich, L. P., **2**, 912f[8], 912f[9], 974[260] (918), 974[262] (918)
Olgemöller, B., **3**, 886f[10], 137[99] (1323); **4**, 240[421] (212T); **6**, 263[148] (255), 343[49] (285, 314), 738[134] (497)
Olie, K., **3**, 131[726] (1272), 131[873] (1283); **4**, 328[608] (309); **5**, 625[296] (586); **6**, 1112[158c] (1084)
Olimpio, P. D., **8**, 608[206] (592)
Olinger, R. D., **7**, 105[322] (44)
Oliphant, V., **4**, 107f[101], 151[121] (28), 237[216] (188, 189T, 191, 192), 237[237] (191), 812[154] (715)
Olive, G. H., **3**, 83[209] (30)
Olive, S., **3**, 83[209] (30), 328[160] (321), 328[162] (321), 328[163] (321), 328[165] (321), 703[546] (690), 703[549] (690), 703[550] (690), 1069[91] (979), 1069[115] (984); **6**, 979[1] (948, 958T), 979[4] (948, 958T); **8**, 96[118]

(43), 97[140] (48, 49), 97[160] (52, 53), 221[63] (116, 140, 144), 365[301] (332), 378f[14], 385f[8], 392f[1], 453[4] (372, 378), 454[39] (378), 455[83] (384), 456[121] (392), 456[127] (393), 459[320] (419), 641[40] (621T), 1076f[10], 1080f[6], 1083f[2], 1104[35] (1079, 1083)
Oliveira, L. A. A., **4**, 322[200] (267)
Oliver, A. J., **1**, 303[121] (268); **4**, 97f[15]; **5**, 362f[8], 373f[10], 404f[29], 404f[30], 418f[4], 438f[14], 527[495] (359, 385), 528[555] (369), 529[647] (384), 529[649] (385, 398, 435, 436), 532[795] (414), 532[796] (414), 604f[1], 604f[9], 606f[2], 626[367] (596), 627[434] (603, 605); **6**, 987f[19], 1039[9] (988, 992); **7**, 107[427] (57)
Oliver, I. P., **2**, 976[408] (948)
Oliver, J., **1**, 457[242] (451)
Oliver, J. D., **6**, 263[151] (256), 343[62] (287, 313), 443[172] (406), 737[89] (490), 738[155] (498), 743[443] (532T), 744[480] (537T), 759[1519] (690), 759[1521] (690), 761[1653] (722T)
Oliver, J. P., **1**, 39[23] (10, 15), 40[52] (13, 14, 15T), 40[54] (14, 15T), 40[62] (15), 40[90] (19), 40[95] (19), 72f[1], 115[12] (44, 53T, 68T, 70), 115[18] (45), 117[114b] (65T, 67, 72), 248[419] (206), 583f[12], 585f[1], 672[67] (566, 591), 673[133] (603, 625), 673[134] (582, 587, 588, 627), 673[137] (582, 592), 673[159] (590, 603, 611), 674[239] (603), 682[730] (581), 682[735] (581), 692f[1], 692f[2], 692f[3], 692f[4], 692f[5], 692f[6], 696f[4], 696f[7], 697f[1], 719[7] (684), 720[29] (687, 690), 720[33] (687, 691), 720[69] (691), 720[70] (691), 721[92] (697), 721[93] (697), 723[278] (719), 728f[7], 752[220] (728); **2**, 195[398] (100), 195[398] (100), 195[402] (101), 195[403] (101), 195[408] (102), 195[409] (102), 195[410] (102), 298[139] (241), 762[101] (728), 859[9] (825), 859[10] (825), 861[93] (845); **3**, 1188f[19], 1188f[20], 1188f[22], 1188f[27], 1188f[36], 1248[117] (1182), 1250[209] (1201), 1337f[4], 1337f[13]; **4**, 607[155] (544); **6**, 980[39] (957, 963T), 987f[20], 1018f[8], 1027f[5], 1031f[3], 1034f[3], 1034f[4], 1034f[5], 1036f[2], 1036f[3], 1036f[5], 1039[28] (993), 1040[94] (1004, 1006), 1040[95] (1004, 1005, 1010), 1040[107] (1006, 1008, 1010), 1114[219] (1101); **7**, 455[62] (382)
Oliver, K. L., **8**, 222[89] (120)
Oliveto, E. P., **7**, 158[19] (143)
Olivier, D., **8**, 98[211] (61)
Olivier, I. P., **2**, 904f[10]
Olivier, J. P., **2**, 973[245] (906)
Olivier, M. C., **2**, 934f[1]
Olivier, M. J., **2**, 912f[3]
Ollin, J. F., **8**, 282[180] (275)
Ollinger, J., **7**, 110[591] (91)
Ollis, W. D., **1**, 302[8] (254, 275, 288, 294, 295); **2**, 503f[2], 506[15] (402, 403, 418, 419, 424, 469), 517[674] (490), 704[13] (684), 848f[1], 849f[1], 858f[1]; **3**, 279[33] (273); **5**, 264[1] (2), 268[303] (81, 102, 103, 107, 109, 113, 114, 117); **7**, 140[16] (112, 139), 158[42] (146), 194[24] (162, 163), 223[6] (199, 208), 253[131] (247), 262[7] (255), 346[8] (338), 363[30] (357), 510[24] (474, 475), 510[25] (474, 475), 646[10] (517, 575), 649[159] (551), 654[457] (597); **8**, 932[389] (851)
Olmstead, H. D., **7**, 649[160] (551)
Olmstead, M. M., **4**, 13f[16], 19f[11], 159[644] (147); **5**, 346f[8], 346f[9], 346f[11], 524[269] (309, 314), 525[380] (309), 526[430] (342, 345), 526[437] (342, 343, 345), 526[438] (345); **6**, 278[18] (266T, 269, 270), 278[19] (266T, 269, 270), 278[21] (266T, 269, 270), 278[36] (266T, 272, 274), 469[63] (466), 1113[205] (1096); **8**, 331f[21]
Olofson, R. A., **2**, 189[135] (32); **3**, 904f[1]; **7**, 87f[11], 90f[1], 90f[4], 107[400] (54), 647[70] (530, 533), 651[285] (574)
Olsen, B. H., **2**, 1017[142] (998), 1017[143] (998)
Olsen, C., **4**, 326[501] (298); **8**, 100[336] (94), 1008[57] (953)
Olsen, D. H., **2**, 625[554] (593)
Olsen, D. J., **6**, 347[302] (319, 334T, 336); **8**, 223[179] (210), 935[603] (893, 902), 936[659] (902)
Olsen, G. F., **2**, 1020[314] (1006f)
Olsen, G. J., **2**, 1016[98] (989, 999, 1008)
Olsen, J. F., **3**, 82[178] (27)

Olsen, J. P., **3**, 1112f[6], 1269f[11], 1317[57] (1281, 1282); **4**, 65f[63], 153[270] (68)
Olsen, L. M., **3**, 1247[79] (1171), 1380[42] (1330)
Olsen, R. G., **1**, 455[162] (436)
Olsen, R. R., **1**, 455[163] (436)
Olsen, R. W., **3**, 264[21] (177)
Ol'shevskaya, V. A., **1**, 454[110] (430)
Olson, M., **4**, 810[64] (699, 739, 744, 745, 808), 944f[10]
Olson, O. E., **2**, 1018[239] (1005), 1019[240] (1005)
Olson, R. E., **7**, 95f[4], 649[183] (555), 657[619] (633, 636)
Olsson, E., **3**, 85[380] (52); **6**, 752[1037] (627T, 697)
Olsson, L.-I., **7**, 100[33] (4), 729[260] (721)
Olsson, O., **3**, 1137f[18]
Olsson, T., **6**, 226[175] (196, 206); **8**, 770[72] (729)
Olsthoorn, A. A., **8**, 549[8b] (500), 550[90] (521)
Oltay, E., **5**, 264[44] (10); **8**, 298f[10]
Olthof, G. J., **3**, 328[119] (311), 328[142] (315)
Oltmanns, M., **4**, 236[150] (178)
Omae, I., **2**, 619[193] (546), 620[281] (556); **4**, 241[485] (219), 380f[24]; **5**, 267[225] (48); **6**, 347[305a] (320), 347[305b] (320), 753[1138] (639)
Omelanczuk, J., **7**, 108[443] (61), 108[443] (61)
Omiya, S., **4**, 812[158] (715), 886[124] (868)
Omizu, H., **5**, 537[1140] (475T)
Omori, M., **2**, 192[310] (79), 192[311] (79), 396[92] (384), 396[93] (384)
Omura, H., **2**, 713f[30], 723f[17], 761[80] (724, 743, 748); **8**, 769[29] (727T, 733), 770[107] (735), 794[8] (784)
Omura, K., **7**, 460[343] (418)
Omura, T., **5**, 295f[6], 404f[36], 521[109] (292), 521[110] (292), 529[596] (377, 388, 389), 530[673] (391)
On, H. P., **7**, 456[106] (389)
On, P., **1**, 42[174] (36)
Ona, H., **1**, 41[143] (32, 33T, 34), 41[144] (32, 33T, 34)
Onada, T., **8**, 608[164] (579)
Onagawa, O., **8**, 711[343] (680)
Onak, T., **1**, 275f[25], 302[6] (254, 270, 271, 274, 279, 281, 286, 291, 293, 299), 374[60] (313), 375[184] (337), 452[6] (412, 424, 425, 436, 437, 442), 452[8] (412, 436, 437), 452[27] (418, 420), 452[28] (418, 444), 453[34] (420), 453[41] (421), 453[59] (423), 453[61] (423), 454[85] (427), 454[88] (427, 428, 434), 454[89] (427), 454[90] (427, 445, 448), 454[92] (428), 454[100] (429), 454[119] (431), 454[129] (431), 454[133] (432), 454[134] (432, 441), 455[143] (432, 434, 435, 439), 455[143] (432, 434, 435, 439), 455[156] (435, 439), 455[160] (435), 455[165] (437), 455[170] (438, 441), 455[171] (438), 456[193] (440, 441), 456[198] (441), 456[203] (443, 445, 446, 447, 448), 456[211] (444), 456[230c] (448, 450), 457[244] (451), 537[4e] (460, 463, 476, 485, 515, 518), 538[28b] (463); **7**, 140[13] (112), 158[7] (143), 158[41] (146), 226[194] (217), 262[5] (255), 335[2a] (324)
Onak, T. P., **1**, 258f[4], 303[90] (267), 303[91] (267), 375[177] (335), 380[477] (372), 444f[3], 452[14] (415, 427), 452[30] (419), 453[32] (420, 423, 425, 431), 453[34] (420), 453[41] (421), 453[42] (421), 453[57] (423, 425), 453[57] (423, 425), 453[68] (425, 438, 439), 454[133] (432), 455[147] (434), 456[206] (444, 448), 456[207] (444), 456[208] (444, 448, 449), 456[209] (444), 456[228] (448), 456[231] (448), 539[79b] (481, 493, 533), 739[79a] (481, 493, 497, 533); **3**, 82[153] (21, 23); **4**, 690[121] (682); **7**, 159[131] (154), 194[16] (162)
Onaka, M., **8**, 769[49] (725T, 726T, 727T, 732, 733), 770[54] (719T, 722, 732), 770[55] (727T, 732, 733), 796[130] (791), 796[133] (791)
Onaka, S., **3**, 120f[6], 266[197] (207), 266[198] (208), 815f[1]; **4**, 65f[49], 321[126] (256, 261), 321[148] (259, 315, 316), 606[107] (532), 839[13] (823), 887[204] (884); **6**, 225[125] (205, 213T), 980[44] (960, 963T), 1111[98] (1068), 1111[100a] (1068)
Onan, K. D., **2**, 197[511] (123); **4**, 387f[13], 505[68] (397)
Onda, M., **7**, 511[54] (480)
Onderdelinden, A. L., **5**, 532[825] (418, 419), 625[310] (588), 626[345] (592, 593, 599, 600); **8**, 366[383] (343, 344)
Ondrus, T. A., **7**, 16f[6], 107[430] (58)

O'Neill, P. S., **3**, 1067^{22} (962); **6**, 1018f^5, 1027f^4, 1031f^2, 1039^{51} (995, 997, 1004)
Ong, B. S., **7**, 107^{392} (53), 647^{86} (534)
Ong, C. W., **8**, 1010^{200} (998)
Ong, T.-S., **4**, 506^{135} (416), 509^{344} (463)
Onions, A., **8**, 435f^{12}, 461^{425} (436, 447), 704^{15} (691, 692T)
Onishchenko, P. P., **7**, 87f^9
Onishi, A., **1**, 251^{620} (237); **3**, 547^{117} (539)
Onishi, M., **6**, 262^{132} (254), 344^{108} (297), 344^{111} (298), 346^{231} (312T, 312), 347^{323} (321)
Onishi, T., **7**, 652^{326} (580); **8**, 611^{334} (602T), 643^{134} (626, 627T)
Onkasa, Y., **8**, 99^{275} (78)
Ono, I., **8**, 405f^{17}, 457^{208} (403), 457^{209} (403)
Ono, K., **3**, 759f^2, 781^{160} (759), 1067^9 (956)
Ono, M., **7**, 460^{366} (422)
Ono, T., **8**, 397f^3, 645^{218} (633)
Onoda, T., **5**, 621^{30} (548, 550)
Onodera, Y., **2**, 199^{573} (139)
Onorato, F. J., **2**, 363^{190} (359)
Onoue, H., **5**, 530^{705} (396); **6**, 343^{24} (282), 347^{316} (321), 749^{836} (595, 595T); **8**, 861f^3, 930^{237} (826)
Onoyama, N., **3**, 734f^{10}, 780^{129} (743, 756)
Onozawa, K., **8**, 447f^6, 461^{466} (446), 497^{94} (488), 931^{348} (848)
Onsager, O. T., **8**, 368^{463} (353), 379f^{10}, 385f^{26}, 454^{49} (379, 384), 458^{286} (414), 644^{180} (617)
Onuma, K., **2**, 706^{130} (698); **5**, 537^{1152} (477), 537^{1153} (477), 537^{1156} (477), 537^{1157} (477)
Onyszchuk, M., **2**, 677^{192} (652), 677^{208} (653)
Ookawa, M., **8**, 1080f^4, 1104^{37} (1080, 1083, 1084)
Ookita, M., **6**, 347^{288} (317); **8**, 932^{424} (855)
Oosawa, Y., **6**, 344^{121} (300T, 301), 344^{128} (301), 344^{130} (301, 303), 344^{140} (303), 740^{242g} (511), 740^{242h} (511), 740^{249} (513)
Ooshima, T., **8**, 711^{342} (701)
Oosthuizen, G. J., **8**, 96^{131} (48)
Ooyama, J., **6**, 345^{173} (306)
Opara, A. E., **7**, 725^{11} (664)
Oparin, D. A., **7**, 104^{259} (33)
Opavsky, W., **4**, 236^{139} (178, 201), 236^{163} (179, 183, 184)
Opitz, J., **3**, 798f^{15}, 833f^{40}; **4**, 810^{44} (697), 810^{45} (697), 810^{57} (699), 840^{78} (835), 841^{79} (835), 841^{84} (836), 884^{10} (844, 872), 886^{150} (872)
Opitz, R., **3**, 1308f^1, 1311f^6, 1311f^7, 1319^{147} (1309)
Oppengeim, V. D., **2**, 298^{153} (243), 299^{188} (248T)
Opperlein, B. W., **3**, 792f^6, 1083f^6, 1260f^6
Opperman, G., **3**, 406f^{15}; **8**, 550^{57b} (514, 534, 536)
Opperman, M., **7**, 140^{17} (112), 160^{154} (157), 194^{28} (162)
Oppermann, G., **3**, 631^{174} (585, 587), 631^{213} (598)
Oppolzer, W., **7**, 649^{165} (552), 651^{288} (574), 652^{327} (580), 652^{332} (580); **8**, 937^{750} (918)
Oprunenko, Y. F., **3**, 1067^{26b} (964)
Orama, O., **2**, 818^{63} (776); **3**, 866f^2, 870f^{12}, 947^{72} (826); **4**, 156^{501} (125, 127), 242^{506} (223, 224T, 227); **6**, 95^{139} (58T, 73), 99^{344} (48, 50T), 99^{358} (48, 50T), 841f^{113}, 842f^{160}, 874^{47} (769), 875^{135} (784)
Orana, O., **3**, 1067^6 (956)
Orazsakhatov, B., **3**, 699^{283} (671)
Orbeck, T., **2**, 351f^1
Orchard, A. F., **1**, 248^{409} (203, 205), 720^{20} (686); **2**, 674^{50} (636), 976^{414} (950); **3**, 80^{43} (6), 80^{45} (6), 81^{68} (6), 83^{200} (29), 83^{201} (29), 694^{24} (650), 699^{341} (673, 674), 792f^{13}, 1083f^{13}, 1260f^{13}; **4**, 65f^{23}, 479f^{12}, 816^{409} (761), 1061^{224} (1018); **5**, 275^{721} (245); **6**, 224^{46} (211), 227^{244} (191, 191T, 193T), 942^{79} (901, 902T, 903T); **8**, 1064^3 (1015)
Orchard, D. G., **4**, 157^{574} (134)
Orchin, M., **4**, 241^{437} (214); **5**, 5f^5, 264^{41} (10), 264^{42} (10), 265^{48} (10); **6**, 737^{74} (488), 737^{78} (489), 737^{81} (489), 737^{95} (490), 745^{592} (559), 749^{831} (594T), 750^{934} (615), 753^{1090} (635), 753^{1091} (635), 753^{1092} (635), 753^{1121} (638), 753^{1122} (638), 754^{1214} (652, 661), 754^{1216} (652, 661, 705, 708), 754^{1221} (652), 754^{1224} (653), 755^{1226} (653), 755^{1243} (654, 667), 755^{1244} (654), 755^{1273} (656), 756^{1305} (660), 756^{1310} (661), 756^{1312} (661, 663T), 756^{1313} (661, 663T), 756^{1319} (663), 756^{1339} (665, 677, 679), 756^{1354} (667), 757^{1379} (672), 844f^{233}, 875^{100} (777), 1019f^{81}, 1020f^{98}, 1039^{49} (995), 1039^{50} (995); **8**, 95^8 (21), 98^{260} (75), 99^{295} (83), 99^{298} (83, 84), 221^{72} (118, 140), 222^{108} (137, 150), 222^{113} (140), 361^{40} (287), 363^{194} (314), 367^{405} (345), 861f^2
Ord, W. O., **8**, 607^{88} (560, 568, 597T)
Orenski, P. J., **8**, 644^{168} (630)
Oreshkin, I. A., **3**, 547^{137} (544), 759f^1, 780^{122} (741), 781^{159} (759), 1308f^2, 1311f^{11}, 1311f^{12}, 1319^{150} (1311); **8**, 550^{82} (518)
Orfanopoulos, M., **7**, 656^{578} (624)
Orfanova, M. N., **3**, 1071^{203} (1000)
Orfert, I., **1**, 249^{500} (219)
Orgel, L. E., **2**, 973^{231} (901); **3**, 80^3 (2), 81^{116} (12), 697^{200} (664), 700^{358} (674), 700^{386} (675), 1073^{326} (1022), 1147^{115} (1142); **4**, 323^{310} (278), 504^1 (378); **6**, 750^{947} (615), 751^{970} (617); **7**, 107^{420} (56); **8**, 1009^{129} (976)
Orgil'yanova, L. V., **2**, 506^{35} (403)
Ori, M., **6**, 753^{1115} (637)
Oribe, T., **2**, 197^{490} (119); **7**, 656^{548} (617)
Orio, A. A., **4**, 328^{657} (313); **5**, 21f^4, 21f^{10}, 33f^{12}, 40f^7, 265^{89} (20), 266^{143} (30), 267^{192} (40)
Orioli, P., **4**, 1059^{101} (981)
Orisaku, M., **6**, 823f^1, 823f^1, 871f^{128}, 877^{243} (822)
Orlandini, A., **6**, 94^{99} (41, 43T), 98^{337} (70), 141^{133} (124T, 128), 943^{137} (907, 909T, 913T), 1113^{203} (1095)
Orlandini, A. B., **1**, 259f^{22}
Orlopp, A., **4**, 324^{363} (286), 509^{334} (459)
Orlov, V. Yu., **2**, 516^{634} (484), 517^{702} (503)
Orlova, L. V., **4**, 507^{209} (437), 607^{136} (539f, 541)
Orlova, T. Yu., **8**, 1065^{90} (1026)
Orlova, Zh. I., **6**, 442^{90} (398), 442^{91} (398); **8**, 929^{178} (811)
Ormand, K. L., **7**, 510^{24} (474, 475), 510^{25} (474, 475)
Orme-Johnson, N. R., **8**, 1104^2 (1074)
Orme-Johnson, W. H., **2**, 1019^{244} (1005); **8**, 1104^2 (1074), 1106^{119} (1103)
Ornstein, P. L., **7**, 652^{344} (583), 657^{645} (639), 658^{660a} (642)
Oro, L. A., **5**, 299f^{12}, 341f^3, 524^{274} (298, 481, 489), 526^{393} (340), 536^{1084} (468, 516), 536^{1087} (468, 476), 536^{1101} (290, 292, 473, 474T, 475T), 536^{1107} (470, 475T), 536^{1119} (474T, 481), 536^{1121} (474, 475T, 476), 537^{1127} (475T, 476), 537^{1128} (475T, 489), 537^{1129} (475T, 476), 537^{1177} (481), 538^{1210} (489), 539^{1294} (292), 539^{1295} (340, 468), 627^{433} (603); **8**, 291f^{13}, 291f^{17}, 291f^{18}, 339f^{21}, 363^{156} (301), 365^{337} (338)
Orpen, A. G., **4**, 329^{678} (316), 606^{99} (530), 658f^{40}, 840^{35} (828), 840^{36a} (828), 846f^1, 886^{100} (864), 1058^{36a} (971), 1061^{272} (1028), 1062^{317} (1037), 1063^{346} (1044), 1063^{352} (1046), 1063^{353} (1046), 1063^{381} (1052), 1064^{402} (1056); **6**, 278^{63} (271f); **8**, 550^{61} (515)
Orrell, K. G., **3**, 125f^{35}, 388f^7, 430^{234} (389), 630^{126} (577); **4**, 511^{458} (488, 489); **5**, 628^{490} (616); **6**, 748^{763} (586, 588), 748^{766} (587, 588)
Ors, J. A., **7**, 224^{41} (201)
Orszulik, S. T., **7**, 513^{203} (505)
Ortaggi, G., **2**, 773f^2, 818^{47} (772), 925f^5, 925f^7, 974^{306} (925), 974^{308} (925); **3**, 125f^{18}; **4**, 479f^{35}, 511^{421} (483, 484), 816^{437} (763), 816^{438} (763); **8**, 930^{274} (839), 1065^{52a} (1020), 1065^{52b} (1020, 1025), 1065^{68} (1024, 1024f), 1069^{274} (1055), 1069^{278} (1055)
Ortar, G., **7**, 512^{107} (489), 512^{108} (489), 512^{144} (495)
Ortega, A., **4**, 689^{45} (667)
Ortego, J. D., **3**, 264^{32} (178)
Orval, O. E., **3**, 1383^{201} (1365)

Orwoll, E. F., **7**, 726^{117} (690)
Osaki, A., **8**, 606^{69} (558), 606^{70} (558, 598T), 610^{291} (598T)
Osanai, S., **8**, 462^{487} (452)
Osanova, N. A., **2**, 705^{53} (687), 705^{54} (687), 706^{134} (698)
Osawa, H., **2**, 195^{390} (98)
Osberghaus, R., **1**, 679^{550} (642)
Osborn, J. A., **2**, 762^{99} (728); **3**, 86^{400} (55), 108f^{12}, 118f^{17}, 1245^{2} (1151); **4**, 813^{202} (721), 938f^{2}, 962^{5} (932), 963^{52} (939); **5**, 299f^{8}, 306f^{2}, 438f^{6}, 520^{11} (278), 522^{155} (297, 298, 449, 473, 474T, 475T, 476), 522^{186} (302, 302T, 428), 522^{190} (302, 302T, 303T, 314), 527^{458} (351), 529^{623} (381), 529^{624} (381, 497), 529^{628} (380, 398), 531^{718} (398, 399), 533^{860} (364, 449, 475T, 47, 48), 534^{947} (439), 536^{1068} (425, 450, 464, 465, 473, 483, 488, 489, 492), 536^{1111} (473), 536^{1112} (473, 475T, 476), 536^{1113} (473), 536^{1117} (473, 474T, 475T), 536^{1124} (475T, 476), 537^{1126} (475T, 476), 539^{1298} (328), 552f^{6}, 623^{160} (565), 623^{160} (565), 623^{161} (565), 627^{404} (601), 627^{432} (603), 628^{464} (611); **6**, 262^{81} (249), 262^{89} (250), 262^{114} (252, 257), 262^{114} (252, 257), 383^{44} (367), 445^{266} (422), 741^{333} (519, 520, 521), 741^{338} (521), 741^{339} (521), 741^{340} (521), 758^{1483} (683, 684); **8**, 220^{5} (103), 222^{88} (120), 304f^{18}, 361^{55} (287), 361^{56} (287), 364^{218} (320), 455^{107} (389, 390), 496^{12} (466), 496^{49} (476), 550^{80} (518)
Osborn, R. B. L., **5**, 546f^{10}, 621^{25} (547); **6**, 262^{128} (254), 346^{243} (313), 750^{937} (615), 750^{940} (615, 617, 618, 619, 626, 629), 759^{1503} (686), 759^{1515} (689)
Osborne, A. G., **2**, 303^{414} (296T), 773f^{4}; **3**, 431^{331} (426); **4**, 12f^{25}, 12f^{26}, 13f^{6}, 13f^{7}, 34f^{69}, 49f^{1}, 51f^{48}, 106f^{1}, 151^{134} (36), 173f^{8}, 180f^{7}, 236^{170} (181), 236^{190} (186T), 511^{427} (485), 511^{432} (485, 488, 490T), 511^{433} (485, 488, 491), 511^{434} (485, 488, 490T, 491); **5**, 524^{318} (318), 524^{319} (318), 628^{490} (616); **7**, 108^{441} (60), 108^{477} (65); **8**, 1067^{168} (1041)
Osborne, D. W., **1**, 120^{296} (107)
Osborne, H. J., **2**, 878f^{18}
Oschmann, W., **1**, 408^{4} (383, 387), 409^{37} (387, 388); **3**, 84^{256} (35); **6**, 225^{101} (214T, 223)
Oschwald, A., **3**, 547^{129} (541, 542)
Osella, D., **1**, 538^{46} (472); **4**, 658f^{43}, 884^{13} (847), 884^{14} (847, 848), 884^{15} (847, 849), 884^{26} (849), 885^{72} (859), 890f^{3}, 906^{10} (891), 907^{45} (898), 929^{29} (927), 964^{78} (943), 964^{79} (943), 964^{83} (944), 1064^{410} (972, 1032); **6**, 97^{230} (89, 92T), 870f^{85}, 870f^{88}, 871f^{132}, 871f^{133}
Oshima, K., **3**, 279^{59} (278); **4**, 1061^{247} (1022); **7**, 96f^{12}, 457^{134} (393), 458^{216} (402), 458^{217} (402), 459^{257} (410), 460^{335} (418), 460^{344} (419), 647^{62} (527), 648^{112} (540), 650^{259} (569); **8**, 937^{738} (914)
Oshima, M. O., **8**, 930^{282} (839, 892)
Oshima, N., **4**, 815^{375} (757); **8**, 711^{367} (701)
Osiecki, J. H., **4**, 817^{479} (773)
Osipov, A. M., **6**, 361^{12a} (352)
Osipov, D. A., **5**, 522^{131} (294)
Osipov, O. A., **2**, 973^{234} (902), 975^{319} (926); **3**, 1317^{22} (1272)
Osipova, M. A., **1**, 285f^{7}, 731f^{5}
Osipova, O. P., **2**, 631f^{18}; **3**, 1067^{31} (965), 1248^{151} (1188), 1381^{82} (1338); **4**, 163f^{3}, 239^{334} (206, 207T, 210, 232T); **6**, 805f^{7}, 840f^{82}
Oskam, A., **3**, 80^{39} (6), 80^{44} (6), 633^{286} (624), 874f^{1}, 874f^{3}, 949^{198} (875), 949^{199} (875), 1115f^{7}, 1147^{76} (1114); **4**, 52f^{94}, 236^{141} (178), 319^{41} (246), 323^{314} (278), 324^{360} (285), 328^{608} (309); **5**, 532^{837} (419, 420); **6**, 226^{151} (203T, 205T, 206), 1086f^{1}, 1112^{136} (1076, 1086), 1112^{158c} (1084), 1113^{164} (1086), 1113^{164} (1086)
Osman, A. M., **2**, 860^{66} (836, 837), 861^{147} (855), 862^{161} (859)
Osman, R., **1**, 754^{137} (752); **6**, 12^{21} (5)
Osokin, Y. G., **8**, 642^{104} (626, 627T)
Ospici, A., **1**, 377^{292} (353)
Ostasheva, N. S., **2**, 518^{709} (504)
Osterhof, H. J., **7**, 455^{39} (380)

Österle, F., **3**, 326^{6} (283)
Östermann, T., **2**, 707^{177} (703)
Ostfeld, D., **4**, 238^{264} (198), 812^{161} (716), 812^{161} (716), 886^{120} (868)
Osthoff, R. C., **2**, 198^{526} (127), 201^{664} (162)
Ostoja-Starzewski, K. A., **3**, 1247^{64} (1168)
Ostravskaya, I. Y., **3**, 781^{159} (759)
Ostrikova, V. N., **3**, 714f^{10}, 714f^{12}, 714f^{13}, 737f^{14}, 753f^{5}; **6**, 1036f^{1}, 1040^{103} (1005, 1010)
Ostrovskaya, I. Ya., **3**, 759f^{1}, 1308f^{2}, 1311f^{11}; **8**, 550^{82} (518)
Ostrowski, P. C., **7**, 103^{216} (29)
Ostwald, C., **2**, 511^{286} (438)
Osugi, J., **7**, 64f^{5}
O'Sullivan, D. G., **7**, 725^{13} (664)
O'Sullivan, D. J., **4**, 819^{631} (800); **5**, 253f^{2}, 253f^{8}, 296f^{3}, 373f^{14}, 522^{137} (296, 425, 468), 528^{560} (369), 537^{1168} (370)
Oswald, F., **1**, 720^{66} (690)
Oswald, H.-R., **1**, 409^{35} (387); **6**, 224^{44} (194)
Oswald, L., **3**, 699^{292} (671), 699^{316} (672)
Oswald, N., **3**, 82^{180} (28); **4**, 155^{408} (114); **6**, 224^{54} (190, 194); **8**, 1064^{3} (1015)
Ota, T., **7**, 9f^{5}
Otera, J., **8**, 930^{269} (837)
Otermat, A. L., **1**, 720^{53} (690), 720^{57} (690, 693)
Otero, A., **2**, 706^{99} (694)
Otero-Schipper, Z., **4**, 965^{177} (961); **8**, 609^{223} (594T, 605)
Othen, D. G., **2**, 513^{409} (453), 621^{284} (556)
Otsa, E., **1**, 242^{78} (163)
Otsu, T., **8**, 707^{184} (701, 702)
Otsubo, T., **3**, 1072^{262} (1012)
Otsuji, Y., **1**, 679^{555} (644); **3**, 279^{48} (275), 328^{169} (322), 556^{7} (550); **4**, 321^{153} (260); **6**, 979^{3} (948, 958T)
Otsuka, S., **1**, 243^{127} (169), 249^{504} (219, 220); **3**, 86^{403} (55), 86^{404} (55), 780^{158} (759), 1249^{195} (1198), 1249^{195} (1198), 1250^{196} (1198), 1253^{388} (1239), 1253^{403} (1244), 1381^{122} (1344), 1381^{122} (1344), 1384^{244} (1375); **4**, 323^{299} (277, 303), 326^{518} (299), 608^{231} (565, 565f, 598), 608^{233} (565, 565f), 609^{273} (575, 578), 609^{277} (575, 578), 840^{39} (828); **5**, 39f^{11}, 186f^{11}, 213f^{13}, 213f^{16}, 229f^{2}, 258f^{3}, 273^{637} (215, 219), 274^{662} (222), 275^{775} (254), 299f^{3}, 353f^{8}, 353f^{12}, 404f^{40}, 522^{142} (296, 297, 348), 526^{446} (348), 529^{634} (382), 530^{682} (393), 533^{875} (428), 534^{946} (439, 440), 534^{948} (439, 453); **6**, 33^{19} (17), 34^{87} (19T, 21T, 24), 34^{88} (21T), 93^{17} (54T, 55T, 57T, 59T, 65, 74, 75, 78), 94^{64} (55T, 56T, 75), 94^{65} (55T, 59T, 65), 139^{24} (123T, 124T, 125, 130), 139^{37} (104T, 105T, 110, 121T), 140^{38} (123T, 126), 140^{64} (105T, 124T, 130), 140^{84} (130, 135), 140^{85} (132), 140^{85} (132), 140^{90} (124T, 131), 140^{91} (130), 141^{123} (124T, 130), 142^{203} (124T, 129, 134), 142^{207} (129), 142^{211} (123T, 128), 143^{262} (104T), 179^{12} (148, 153T, 154), 227^{215} (212), 241^{41} (240), 261^{67} (248), 262^{79} (249), 262^{111} (251), 263^{164} (257), 263^{177} (258), 263^{178} (258), 263^{179} (258), 263^{180} (258), 278^{29} (271, 272), 278^{45} (266T, 274), 343^{47} (285, 287), 343^{48} (285), 343^{57} (287, 289), 343^{58} (287), 343^{60} (287), 346^{234} (312T, 312), 349^{425} (334T, 334f), 349^{431} (335), 349^{455} (341), 443^{129} (402, 421), 737^{73} (488, 492, 493), 742^{411} (529), 746^{626} (561), 746^{628} (561, 563), 751^{974} (619, 683, 684), 751^{994} (621); **8**, 17^{31} (12, 13, 14), 280^{49} (245, 247, 264), 281^{95} (262), 291f^{9}, 291f^{31}, 292f^{7}, 304f^{7}, 305f^{51}, 312f^{46}, 364^{223} (321), 364^{271} (327), 397f^{7}, 400f^{10}, 456^{137} (394), 456^{140} (395), 456^{150} (396), 456^{161} (396, 401), 456^{165} (396), 458^{245} (410), 497^{69} (480), 497^{103} (491), 497^{112} (494), 498^{125} (480), 642^{78} (638), 670^{89} (665), 670^{112} (665), 704^{33} (690), 705^{85} (678, 690), 772^{200} (737), 794^{35} (790), 795^{55} (794), 795^{66} (782), 795^{92} (793), 795^{93} (793), 795^{94} (793), 795^{95} (793, 794), 931^{309} (844), 935^{614} (896), 935^{617} (896, 897), 935^{618} (896)
Otsuka, T., **2**, 196^{427} (108)
Ott, D. G., **8**, 95^{50} (31), 282^{142} (272, 274)
Ott, K., **8**, 550^{79} (518)

Ott, K. C., **5**, 523^{235} (305, 370)
Ottavio, D., **3**, 84^{300} (40, 44, 45)
Ottley, R. P., **1**, 308^{454} (293)
Otto, E. E. H., **3**, 700^{398} (676), 713f^7, 713f^9, 735f^7, 736f^1, 737f^1, 750f^6, 769f^9, 780^{123} (742, 774); **6**, 943^{117} (905)
Otto, J., **3**, 933f^7, 933f^8, 933f^9, 933f^{17}, 942f^2, 942f^4, 951^{349} (936)
Otto, P. P. H., **2**, 620^{221} (548)
Otto, R., **2**, 969^5 (864)
Ottoila, P., **1**, 335^{43} (122)
Ottolenghi, A., **7**, 647^{83} (533)
Otvös, I., **5**, 271^{469} (157)
Ou, Y.-C., **3**, 267^{219} (210)
Ouahab, L., **3**, 1076^{510a} (1053)
Ouchi, H., **2**, 971^{101} (882), 971^{102} (882)
Oudeman, A., **8**, 296f^8, 305f^{32}
Oudshoorn, Ch., **3**, 80^{39} (6), 80^{44} (6); **4**, 319^{41} (246)
Ouellette, D., **7**, 110^{588} (90)
Ouellette, R. J., **2**, 196^{446} (112), 977^{433} (953); **7**, 510^{1i} (465, 487), 510^{11} (470), 512^{138} (494), 512^{140} (495)
Ou-Khan, **3**, 431^{327} (425), 431^{328} (425)
Ould-Kada, S., **2**, 186^{27} (5, 14)
Ourisson, G., **7**, 158^{20} (143), 159^{102} (149), 159^{103} (149), 159^{104} (149), 224^{28} (200), 224^{42} (201), 224^{46} (201), 224^{47} (201), 224^{49} (201)
Outterson, Jr., G. G., **6**, 945^{249} (928T, 930, 937T)
Ouweltjes, W., **5**, 532^{846} (420)
Ovadia, D., **8**, 935^{622} (897), 935^{623} (897)
Ovcharenko, A. G., **8**, 1105^{59} (1085)
Ovcharenko, V. I., **6**, 347^{329} (321)
Ovcharova, S. V., **2**, 191^{225} (52)
Ovchinnikov, A. A., **1**, 119^{269a} (102)
Ovchinnikov, I. V., **3**, 702^{464} (684)
Ovchinnikov, M. V., **2**, 769f^2, 818^{30} (769)
Ovchinnikova, N. A., **8**, 339f^5
Ovenall, D. W., **3**, 431^{316} (422); **8**, 549^{41} (504, 511, 513, 522)
Overbeek, A. R., **4**, 327^{547} (303, 304); **6**, 740^{255} (514, 581), 845f^{286}
Overbeek, O., **6**, 143^{246} (127), 226^{187} (198)
Overberger, C. G., **7**, 26f^4
Overbosch, P., **5**, 625^{298} (586); **6**, 143^{246} (127), 226^{187} (198), 343^{71} (289, 298f)
Overman, L. E., **1**, 245^{273} (187); **7**, 725^{53} (673); **8**, 930^{228} (824), 930^{296} (843)
Overton, H., **6**, 748^{757} (586)
Overzet, F., **3**, 327^{51} (295)
Ovsyannikova, I. A., **6**, 446^{354} (438)
Owen, B. B., **3**, 786f^3, 786f^4
Owen, D. A., **1**, 454^{93} (428, 438), 455^{157} (435), 455^{157} (435); **6**, 227^{238} (219); **8**, 339f^3

Owen, J. D., **1**, 537^{16c} (462, 513), 540^{169} (513, 536T)
Owen, M. J., **2**, 362^{150} (336), 362^{157} (338)
Owens, A., **6**, 761^{1661} (724)
Owens, R. A., **2**, 192^{289} (74)
Owsley, D. C., **7**, 35f^8, 649^{184} (555), 652^{328} (580)
Owston, P. G., **3**, 85^{354} (48), 86^{415} (59), 858f^{19}; **4**, 240^{388} (210), 323^{266} (272, 301), 325^{443} (293), 326^{515} (299); **5**, 268^{286} (77); **6**, 35^{143} (24), 35^{161} (30), 241^2 (234), 443^{168} (406), 443^{174} (407), 754^{1163} (641, 642T), 754^{1164} (641, 642T), 754^{1165} (641, 642T, 651), 754^{1174} (643T), 754^{1177} (641, 644T, 651, 732), 758^{1480} (682), 760^{1592} (707T), 760^{1593} (707T)
Owyang, R., **4**, 965^{153} (956)
Oxton, I. A., **4**, 324^{345} (283), 689^{30} (666), 907^{63} (902), 907^{66} (903); **5**, 524^{312} (318)
Oyakawa, R. T., **8**, 1067^{179} (1042)
Oyamada, T., **2**, 631f^1, 675^{80} (638)
Ozaki, A., **6**, 98^{319} (56T, 65); **8**, 99^{270} (76, 77), 312f^{57}, 317f^2, 379f^3, 379f^{15}, 459^{326} (420), 610^{290} (598T), 641^{21} (618, 623T), 641^{42} (616, 621T, 622T), 641^{46} (616, 622T), 642^{74} (621T), 646^{260} (622T), 704^6 (683), 864f^4, 936^{650} (901), 936^{677} (905)
Ozaki, M., **2**, 506^{42} (403), 506^{43} (403)
Ozaki, S., **8**, 645^{240} (621T), 935^{596} (892, 893)
Ozaki, Y., **6**, 759^{1517} (690)
Ozasa, S., **7**, 106^{348} (47); **8**, 771^{153} (738, 753T)
Ozawa, F., **6**, 252f^3, 261^{46} (247), 262^{96} (251), 349^{458} (341); **8**, 281^{75} (255)
Ozawa, H., **8**, 280^{11} (228)
Ozawa, N., **7**, 14f^5; **8**, 710^{328} (701)
Ozawa, S., **7**, 458^{216} (402), 460^{344} (419)
Ozin, G. A., **1**, 262f^8, 675^{304} (616); **2**, 762^{109} (732), 821^{193} (812), 821^{221} (817), 821^{222} (817); **3**, 81^{98} (12, 16), 81^{99} (12), 81^{100} (12), 81^{101} (12), 82^{124} (15), 82^{128} (16), 264^{65} (180, 211), 326^{17} (285), 694^{14} (649, 654), 695^{44} (651), 695^{81} (654), 695^{82} (654), 703^{522} (688); **4**, 150^{35} (8, 21), 234^{32} (164), 319^{50} (248), 504^{31} (385); **5**, 264^{17} (3), 265^{63} (14), 272^{536} (178), 280f^1, 280f^6, 280f^8, 520^{12} (279), 520^{13} (279, 318), 520^{14} (279), 622^{95} (560, 612); **6**, 13^{45} (7), 14^{107} (12), 33^{25} (18), 139^{11} (132), 139^{14} (132), 139^{15} (132), 140^{63} (132), 141^{99} (103, 104T), 141^{129} (128), 141^{155} (103, 120), 141^{156} (103, 104T), 141^{156} (103, 104T), 141^{157} (103, 104T), 141^{158} (104T, 120), 241^{40} (240), 261^{51} (247), 736^2 (474, 475), 838f^1, 839f^{14}, 839f^{19}; **8**, 365^{296} (329), 708^{242} (679)
Özkar, S., **3**, 112f^1, 168^{44} (111), 1072^{305} (1018), 1076^{536} (1057), 1076^{537} (1057), 1251^{254} (1213), 1382^{172} (1361)
Özman, S., **3**, 84^{297} (40)
Ozsyannikova, I. A., **6**, 738^{120} (494)
Ozubko, R., **2**, 932f^3, 975^{349} (931, 932)

P

Pabon, H. J. J., **7**, 105[329] (45); **8**, 769[15] (714T)
Pace, S. C., **1**, 302[26] (257); **2**, 203[752] (185)
Pacevitz, H. A., **1**, 250[552] (227)
Pachevskaya, V. M., **2**, 973[226] (901)
Paci, M., **4**, 815[371] (756, 758, 759, 776, 805)
Pacifici, J. A., **1**, 120[321] (114)
Packard, A. B., **6**, 344[98] (296, 298f), 347[302] (319, 334T, 336); **8**, 223[179] (210), 936[659] (902)
Packer, I., **1**, 246[336] (195); **3**, 1250[207] (1201), 1382[139] (1348); **6**, 1041[131] (1013, 1038)
Packer, K. J., **2**, 706[115] (696)
Pacquer, D., **1**, 243[136] (171, 192)
Padberg, F. J., **2**, 678[271] (659)
Paddick, K. E., **3**, 1156f[6], 1246[30] (1157)
Paddock, N. L., **3**, 1317[24] (1272), 1317[25] (1272)
Paddon-Row, M. N., **1**, 376[201] (340), 376[202] (340)
Padilla, J., **7**, 224[50] (201)
Padlan, E. A., **4**, 325[432] (292)
Padoa, G., **4**, 322[230] (269), 322[232] (269), 690[122] (682), 690[123] (682)
Padwa, A., **7**, 102[130] (20)
Padyukova, N. Sh., **7**, 652[341] (582)
Paetsch, J., **7**, 108[457] (62)
Paetzold, P. I., **1**, 286f[43], 306[285] (283), 373[40] (313), 375[143] (330), 376[209] (342), 378[339] (358), 380[429] (367)
Paetzold, R., **2**, 198[525] (127)
Pagani, G., **8**, 222[99] (124, 127)
Page, J. A., **4**, 375[102] (357, 357T)
Paget, W. E., **7**, 336[36] (329)
Pagni, R. M., **3**, 269[322] (231)
Pahlmann, W., **1**, 409[58] (393, 394, 395, 396, 402); **4**, 819[656] (806); **5**, 538[1221] (492, 514)
Pahor, N. B., **6**, 743[459] (534T), 743[468] (535T), 743[471] (535T), 754[1172] (641, 643T)
Pai, Y., **2**, 193[347d] (89)
Paiaro, G., **3**, 86[387] (52); **4**, 504[45] (389), 504[46] (389, 451); **5**, 538[1244] (498); **6**, 346[274] (315, 316), 346[275] (315, 316), 346[276] (315), 361[10] (352), 383[38] (365), 384[116] (379), 384[117] (379), 444[227] (413), 444[228] (413), 444[242] (418, 419), 743[457] (533T), 753[1098] (636), 753[1099] (636), 753[1100] (636, 659), 753[1101] (636, 659), 753[1102] (636, 659), 753[1103] (636), 753[1110] (636, 654), 755[1290] (659), 755[1294] (659), 756[1299] (659, 667), 756[1300] (659, 666), 756[1301] (659, 666), 756[1302] (660), 756[1303] (660), 756[1337] (665), 756[1346] (666, 667, 667T), 756[1347] (666), 756[1349] (667); **8**, 388f[3], 930[246] (829)
Paiaro, P., **6**, 444[246] (418)
Paik, H.-N., **3**, 1318[78] (1283); **4**, 107[62], 155[427] (117), 325[453] (295), 605[34] (518), 608[249] (569, 570f, 571), 609[257] (570f, 571), 609[259] (570f, 571), 609[264] (570f, 571), 612[461] (596); **6**, 36[198] (19T, 21T), 139[35] (133T, 134), 140[50] (133T, 134T, 135, 136); **8**, 100[340] (94)
Pailer, M., **1**, 305[233] (279)
Pain, G. N., **3**, 82[154] (21, 23); **5**, 271[503] (167), 273[591] (196), 534[963] (442, 519), 534[965] (442, 519), 534[966] (442), 537[1170] (361, 416); **6**, 868f[29], 872f[155], 874[89] (775, 777), 875[134] (784)
Paine, R. T., **1**, 754[143] (752); **4**, 324[397] (289)
Painter, G. S., **3**, 80[17] (2, 5, 23)
Pajaro, G., **1**, 679[541] (638)

Pakhomov, V. I., **2**, 908f[1], 908f[11], 908f[17], 974[256] (917), 975[317] (926), 977[474] (959)
Pakkanen, T., **2**, 194[364] (94); **6**, 1112[147] (1081)
Pakuro, N. I., **8**, 707[186] (701)
Pal, B. C., **2**, 915f[10]
Paladino, N., **3**, 269[358] (239)
Palagi, P., **1**, 125f[11], 150[66] (123, 128, 148, 149), 674[214] (597, 608, 624)
Palágyi, J., **5**, 51f[9], 267[234] (52)
Palan, P. R., **2**, 623[432] (576), 623[439] (577)
Palazzi, A., **4**, 155[381] (93), 155[389] (102), 158[577] (135), 504[52a] (393); **5**, 529[643] (384), 536[1109] (472); **6**, 343[50] (286, 293), 445[274] (422), 739[170] (499), 739[203] (504), 746[647] (565), 756[1332] (664, 665)
Palazzotto, M. C., **3**, 695[88] (654, 656); **4**, 605[35] (519, 520), 840[18] (823, 824, 825); **6**, 849f[1], 1060f[3]
Palchak, R. J. F., **1**, 456[239] (450, 451)
Palchik, R. I., **7**, 656[546] (617)
Paleeva, I. E., **1**, 250[538] (224, 225, 226, 227, 228, 229), 250[542] (224, 225, 226), 250[556] (227, 228, 229), 251[571] (230), 251[573] (230, 231, 232, 233, 234), 251[573] (230, 231, 232, 233, 234), 251[576] (231); **2**, 853f[3], 861[131] (852), 861[143] (855)
Palei, B. A., **1**, 115[42] (50), 246[308] (193), 677[431] (628), 680[640] (652); **7**, 457[157] (395)
Palenik, G. J., **1**, 409[27] (385, 386, 391), 537[12a] (461, 465, 533); **3**, 84[254] (35), 1077[579] (1064), 1247[84] (1174), 1252[357] (1232); **4**, 325[453] (295), 326[509] (299), 512[481] (495), 608[195] (555), 609[255] (571), 609[301] (578), 612[461] (596); **5**, 137f[29], 274[700] (237), 521[86] (289), 531[757] (408), 535[984] (445); **6**, 139[35] (133T, 134), 241[20] (236), 261[37] (246), 278[44] (274), 469[68] (467)
Palermo, R. E., **8**, 497[110] (493)
Paley, B. A., **1**, 246[288] (189); **7**, 109[521] (75)
Paliani, G., **4**, 326[470] (296), 327[595] (308), 506[153] (423); **5**, 274[660] (222); **6**, 227[201] (210)
Palie, M., **1**, 241[25] (157); **3**, 807f[4], 946[16] (794), 1087f[4], 1264f[4]
Palladino, N., **8**, 458[266] (412, 417), 458[273] (412), 609[234] (594T), 609[235] (594T), 609[236] (594T)
Pallaghy, C. K., **2**, 1015[41] (983)
Pallin, V., **1**, 242[61] (160), 242[78] (163)
Palm, C., **3**, 799f[4], 1076[542a] (1058), 1086f[4], 1247[73] (1170), 1251[255] (1214, 1227, 1228), 1263f[6], 1383[219a] (1368); **4**, 239[331] (206, 207T), 242[531] (231, 232T)
Palmer, D., **5**, 624[228] (575)
Palmer, D. A., **8**, 280[51] (247, 258), 362[136] (299)
Palmer, D. E., **1**, 374[66] (313, 331), 409[52] (392); **2**, 513[408] (453); **5**, 403f[3], 528[576] (376), 624[232] (575); **6**, 93[2] (55T), 741[306] (518), 1094f[5]
Palmer, D. W., **1**, 378[352] (359)
Palmer, I. S., **2**, 1018[239] (1005), 1019[240] (1005)
Palmer, J. G., **8**, 1105[56] (1085), 1105[57] (1085)
Palmer, J. R., **1**, 679[579] (647); **7**, 460[346] (419), 648[151] (549)
Palmer, K. J., **1**, 40[58] (14, 15, 15T)
Palmer, M. R., **8**, 1105[57] (1085)
Palmieri, P., **1**, 119[265] (99), 120[283] (105)
Palocsay, F. A., **4**, 326[475] (296); **5**, 266[123] (26)
Palosaari, N., **2**, 626[667] (609)
Palumbo, R., **3**, 87[450] (64); **4**, 504[45] (389), 504[46] (389,

451), 613^{514} (600, 602f); **6**, 346^{274} (315, 316), 346^{275} (315, 316), 346^{276} (315), 361^{10} (352), 383^{38} (365), 384^{116} (379), 384^{117} (379), 444^{188} (408), 444^{248} (419), 445^{279} (422), 753^{1098} (636), 753^{1103} (636), 756^{1300} (659, 666), 756^{1301} (659, 666), 756^{1346} (666, 667, 667T), 756^{1347} (666), 756^{1349} (667); **8**, 1010^{171} (985)
Pályi, G., **3**, 474^{107} (466), 697^{202} (664); **5**, 266^{182} (37), 267^{202} (42), 267^{231} (52), 271^{469} (157), 271^{472} (157), 271^{474} (157, 160), 271^{490} (162, 170), 271^{509} (169), 273^{582} (193), 273^{583} (193), 273^{584} (193), 273^{587} (193), 521^{62} (284), 521^{63} (284); **6**, 13^{80} (9)
Pampus, G., **1**, 251^{618} (237)
Pan, S.-K., **2**, 1015^{23} (981, 1007), 1015^{24} (981, 1007)
Pan, Y.-G., **7**, 650^{209} (559), 650^{235} (563)
Panasenko, A. A., **2**, 189^{153} (35); **7**, 64f^{6}, 459^{250} (408); **8**, 461^{440} (440), 643^{142} (630, 630T, 631), 643^{151} (632), 706^{107} (685T), 707^{149} (685T), 931^{354} (848)
Panattoni, C., **1**, 40^{67} (15, 16, 18), 40^{68} (15, 16), 689f^{12}, 720^{16} (686); **2**, 625^{553} (593), 680^{392} (671); **5**, 275^{726} (245); **6**, 743^{462} (534T), 751^{967} (617, 624T), 751^{968} (617, 624T), 752^{1023} (624T), 752^{1058} (632, 704), 754^{1195} (648T), 760^{1554} (699T)
Panaye, A., **7**, 104^{223c} (29)
Panda, A., **5**, 524^{290} (314)
Pande, C. S., **3**, 810f^{7}, 863f^{21}, 1084f^{8}, 1261f^{10}
Pande, K. C., **1**, 742f^{12}; **2**, 553f^{1}, 554f^{1}, 620^{242} (551, 552)
Pandey, G. D., **8**, 936^{696} (907)
Pandey, P. S., **7**, 654^{471} (602)
Pandey, R. D., **3**, 1119f^{1}
Pandey, R. N., **6**, 241^{38} (239), 361^{38} (355); **8**, 935^{584} (891)
Pandey, V. N., **3**, 1337f^{15}; **4**, 606^{69} (522); **6**, 779f^{8}, 841f^{117}, 874^{46} (769)
Pandolfi, L. J., **8**, 365^{291} (329), 641^{47} (632)
Panek, E. J., **1**, 115^{29} (47), 115^{31} (47), 119^{239} (94), 246^{307} (192); **2**, 762^{146} (747); **7**, 64f^{8}, 108^{459} (63), 727^{163} (701)
Panek, M. G., **1**, 119^{239} (94)
Paneth, F. A., **1**, 39^{18} (7), 150^{84} (124); **2**, 707^{174} (703)
Pang, M., **2**, 622^{389} (571)
Pank, V., **6**, 344^{144} (304, 305), 345^{146} (304, 305)
Pankiewicz, J., **7**, 101^{114} (16)
Pankow, L. M., **7**, 104^{275} (35)
Pankowski, M., **3**, 326^{28} (289); **4**, 151^{141} (36, 37), 322^{247} (271), 374^{24} (335), 689^{82} (672), 810^{35} (696), 1058^{61b} (974, 975, 976); **5**, 40f^{1}, 265^{59} (14); **6**, 34^{77} (31), 34^{81} (20T), 34^{89} (31), 35^{156} (31), 36^{184} (30), 1021f^{139}; **8**, 220^{10} (106)
Pankratov, L. V., **2**, 515^{533} (470, 471)
Pankratova, T. M., **6**, 179^{15} (159T)
Pankratova, V. N., **1**, 680^{645} (652); **7**, 458^{196} (400)
Pannan, C. D., **6**, 278^{15} (268), 278^{22} (266T, 270)
Pannatoni, C., **6**, 384^{98} (376)
Pannekoek, J., **4**, 610^{379} (589)
Pannekoek, W. J., **8**, 364^{236} (323), 1068^{243} (1049, 1050)
Pannell, K. H., **1**, 408^{1} (381); **2**, 679^{366} (669); **3**, 1072^{298} (1017), 1179f^{4}, 1188f^{25}, 1246^{50} (1161), 1247^{103} (1179, 1183), 1247^{105a} (1180, 1183, 1185), 1248^{121} (1183), 1252^{329} (1226); **4**, 326^{481} (297), 605^{48} (519), 609^{289} (577, 596), 611^{384} (590), 611^{411} (592), 612^{443} (594); **5**, 194f^{7}, 213f^{3}; **6**, 180^{82} (145, 146T, 159T), 443^{136} (402), 1018f^{26}, 1019f^{65}, 1112^{148} (1082, 1083); **8**, 929^{173} (810)
Pannetier, G., **4**, 814^{314} (748), 814^{316} (749), 814^{317} (749), 814^{327} (750), 814^{327} (750); **5**, 290f^{2}, 290f^{7}, 479f^{6}, 521^{83} (288, 425), 521^{95} (290, 474T), 535^{1043} (461), 536^{1092} (469, 470, 471T, 472T, 476), 536^{1094} (471T, 472T, 474T), 536^{1096} (470, 471T, 472T, 475T), 536^{1118} (473, 475T, 476), 626^{375} (597, 601), 627^{394} (599, 600), 627^{408} (601), 627^{409} (601), 627^{413} (601), 627^{420} (601), 627^{421} (601), 627^{422} (602), 627^{424} (602, 614); **8**, 99^{265} (75, 76), 99^{269} (76, 77)

Pannhorst, W., **5**, 269^{330} (92), 269^{331} (92)
Panosyan, G. A., **3**, 1071^{231a} (1007), 1074^{383} (1032), 1077^{557} (1060); **4**, 157^{560} (132), 236^{157} (179, 207T), 239^{353} (206, 207T, 207), 240^{376} (207); **8**, 1065^{89b} (1026), 1069^{279} (1055), 1070^{329c} (1061)
Panov, E. M., **2**, 677^{248} (657), 678^{257} (657), 678^{258} (657)
Panov, V. B., **5**, 530^{696} (395)
Panova, T. P., **8**, 1098f^{7}, 1105^{97} (1097)
Panse, E., **6**, 95^{142} (54T, 55T, 70)
Panse, M., **3**, 474^{89} (462, 466)
Panster, P., **3**, 1067^{33} (966), 1188f^{6}, 1188f^{35}, 1338f^{7}, 1381^{93} (1340), 1381^{93} (1340); **4**, 611^{433} (593), 611^{438} (594), 611^{439} (594); **6**, 34^{93} (20T), 35^{117} (20T)
Pant, B. C., **2**, 506^{13} (402, 403, 503), 507^{68} (406, 407, 408, 409, 410, 415, 416, 417), 618^{149} (542), 676^{129} (643), 676^{139} (643), 676^{173} (650), 679^{316} (664), 679^{317} (664), 679^{318} (664)
Pantaleo, N. S., **4**, 458f^{2}, 507^{200} (432); **5**, 266^{179} (37)
Panter, R., **3**, 1252^{363} (1233), 1383^{239} (1374)
Pantini, G., **5**, 531^{781} (411, 439, 508), 533^{862} (421, 439, 440), 539^{1276} (508)
Panunzi, A., **3**, 86^{387} (52); **5**, 538^{1197} (486); **6**, 346^{275} (315, 316), 346^{276} (315), 384^{116} (379), 384^{117} (379), 743^{457} (533T), 753^{1098} (636), 753^{1099} (636), 753^{1100} (636, 659), 753^{1101} (636, 659), 753^{1102} (636, 659), 753^{1103} (636), 753^{1110} (636, 654), 754^{1197} (648T), 755^{1294} (659), 756^{1299} (659, 667), 756^{1300} (659, 666), 756^{1302} (660), 756^{1303} (660), 756^{1334} (664), 756^{1346} (666, 667, 667T), 756^{1349} (667), 758^{1487} (684, 685, 714); **8**, 388f^{3}
Panunzio, M., **4**, 329^{680} (316)
Paoletti, P., **3**, 788f^{16}, 1081f^{13}, 1258f^{10}
Paolillo, L., **5**, 538^{1197} (486)
Paolucci, D., **4**, 512^{521} (503)
Paolucci, G., **8**, 861f^{10}
Paonessa, R. S., **4**, 688^{17} (665)
Pap, G., **8**, 100^{343} (94)
Papadakis, N., **1**, 120^{318} (114)
Papadimitriou, V., **6**, 443^{122} (401)
Papaefthymiou, V., **6**, 840f^{84}, 840f^{85}, 850f^{10}, 873^{17} (764), 874^{28} (764, 801), 874^{30} (764, 801)
Paparizos, C., **2**, 820^{135} (792), 820^{165} (798)
Pape, C., **2**, 186^{5} (3)
Papetti, S., **1**, 454^{127} (431), 455^{168} (438)
Papp, L., **6**, 1021f^{143}
Papp, S., **6**, 13^{80} (9)
Pappalardo, P., **7**, 648^{149} (548)
Pappalardo, R., **3**, 264^{39} (178), 265^{71} (180, 182, 187), 265^{90} (182, 183), 265^{91} (182, 183), 265^{92} (182), 265^{94} (182)
Pappo, R., **1**, 679^{579} (647); **7**, 197^{211} (192), 460^{346} (419), 460^{352} (420), 648^{151} (549)
Paquer, D., **1**, 243^{138} (171); **7**, 105^{295} (40, 41, 68), 105^{298} (40), 105^{305} (41)
Paquette, L. A., **3**, 87^{473} (67), 124^{80a} (1172); **4**, 422f^{14}, 506^{157} (424), 608^{207} (556, 559f, 561); **7**, 44f^{7}, 107^{406} (55), 110^{584} (89), 225^{107} (207), 648^{126} (543), 648^{127} (543), 648^{129} (544), 729^{272} (723), 729^{274} (723), 729^{275} (723), 729^{276} (724), 729^{277} (724), 729^{277} (724); **8**, 1009^{138} (977), 1009^{138} (977), 1009^{138} (977), 1010^{223} (1005)
Paquette, M. S., **6**, 228^{272} (213, 213T)
Paquin, D. P., **1**, 456^{193} (440, 441), 720^{74} (691); **2**, 516^{601} (481, 483), 516^{631} (483)
Paradies, H. H., **1**, 242^{100} (165), 245^{228} (180)
Parameswaran, T., **6**, 225^{79} (190)
Paramonova, N. N., **6**, 762^{1685} (733)
Paraschiv, M., **1**, 380^{427} (366)
Parashar, G. K., **3**, 428^{83} (356)
Pardo, R., **7**, 648^{119} (541)
Pardy, R. B. A., **3**, 1251^{303} (1223), 1252^{304} (1223); **5**, 248f^{4}, 253f^{4}, 258f^{7}, 272^{540} (180, 189, 225, 258); **8**, 644^{201} (621T, 622T)
Parenago, O. P., **1**, 247^{349} (197); **6**, 180^{61} (159T, 160),

181[132] (161); **8**, 311f[22], 312f[34], 707[182] (701), 707[183] (701), 707[185] (701, 703), 708[200] (701, 703), 708[220] (701, 703)
Parfenova, G. A., **8**, 708[221] (701)
Parge, H. E., **3**, 631[188] (587, 590, 595)
Parham, W. E., **1**, 60f[3], 60f[5], 60f[19], 116[92] (59); **7**, 102[133] (20), 104[232] (31), 105[286] (37), 105[287] (37), 109[545] (80), 109[546] (80), 650[230] (562)
Pariasamy, M. P., **2**, 713f[9]
Paris, B., **4**, 816[398] (760)
Parish, R. V., **2**, 616[18] (523, 524, 525), 617[25] (524), 620[253] (554); **3**, 1141f[9]; **4**, 322[195] (266, 267, 286, 290), 326[480] (297), 479f[28], 921[50] (919); **5**, 346f[2], 526[415] (342, 344, 345, 348, 380), 536[1060] (463, 472T, 475T, 484), 556f[11], 627[397] (600, 601), 627[407] (601); **6**, 343[55] (286), 346[273] (315), 347[300] (319), 756[1335] (664, 666), 756[1341] (665, 666), 756[1348] (666), 1080f[7], 1093f[2], 1093f[3], 1110[37] (1050), 1112[129] (1074, 1083), 1112[129] (1074, 1083), 1113[178] (1088), 1113[194] (1092), 1113[197] (1092), 1113[197] (1092), 1113[197] (1092), 1114[212] (1099); **8**, 317f[16]
Park, A. J., **1**, 310[560] (299)
Park, B., **1**, 697f[1], 721[92] (697)
Park, J., **4**, 510[410] (482); **8**, 1069[272a] (1054), 1070[335a] (1061)
Park, J. D., **2**, 196[449] (112)
Park, K.-H., **7**, 95f[12], 651[322] (579)
Park, T. O., **1**, 378[367a] (361)
Park, W. R. R., **2**, 882f[6], 978[526] (966)
Park, Y., **4**, 374[46] (340, 344f)
Párkányi, C., **1**, 375[171] (334), 408[1] (381)
Párkányi, L., **2**, 6f[8], 6f[9], 199[567] (136), 202[688] (166), 202[688] (166), 387f[6], 387f[7], 396[105] (385), 396[106] (385)
Parker, B., **1**, 285f[28], 742f[5], 752[3] (725); **7**, 299[56] (276), 512[165] (499, 502, 503)
Parker, D., **5**, 534[921] (433)
Parker, D. G., **2**, 970[35] (867, 874); **3**, 118f[12], 120f[14], 165f[3]; **4**, 509[349] (464, 498), 512[489] (496), 512[492] (498), 512[495] (498), 602f[6], 658f[29], 840[66] (832), 1060[211] (1015); **7**, 512[125] (491); **8**, 1009[114] (971), 1010[192] (994)
Parker, D. J., **4**, 12f[23], 12f[24], 150[62] (18); **6**, 1019f[44]
Parker, D. R., **2**, 199[584] (142)
Parker, D. W., **1**, 309[530] (297), 309[532] (297); **3**, 1248[114] (1181); **4**, 64f[2], 151[89] (24, 92), 153[242] (62, 63), 241[439] (216), 605[40] (519)
Parker, G., **3**, 168[38] (110); **4**, 657f[16], 814[300] (746); **6**, 94[66] (90, 92T), 139[36] (104T, 105T, 112), 180[39] (176T, 177), 224[25] (209T), 443[173] (406), 454[35] (452, 453)
Parker, G. A., **2**, 196[439] (111, 112)
Parker, G. J., **3**, 168[43] (110); **5**, 539[1273] (489, 507), 626[358] (595); **6**, 752[1055] (631)
Parker, K. A., **7**, 653[415] (595)
Parker, P. J., **4**, 107f[92], 107f[94]
Parker, P. T., **8**, 385f[23], 455[96] (386)
Parker, R. D., **1**, 246[320] (194)
Parker, R. G., **2**, 627[710] (615)
Parker, W., **8**, 1007[38] (949)
Parkes, H. M., **1**, 119[254] (97, 103, 104), 120[294] (106)
Parkes, S., **6**, 839f[32]
Parkhill, L., **5**, 341f[4], 526[394] (340)
Parkhomenko, N. A., **7**, 658[705] (645)
Parkhurst, L. J., **4**, 325[424] (292, 293), 325[440] (293)
Parkin, C., **2**, 768f[2], 769f[6], 770f[1], 784f[2], 796f[2], 818[32] (769, 772), 819[94] (783, 784), 820[156] (795); **6**, 241[31] (238)
Parkins, A. W., **4**, 510[364] (469), 612[508] (599, 602f), 815[342] (752), 846f[10], 886[107] (866); **5**, 229f[10], 272[569] (189, 192, 239), 536[1080] (467, 512), 628[458] (607); **8**, 668[7] (653), 1011[228] (1006)
Parkinson, B., **7**, 225[107] (207)
Parkinson, C., **2**, 192[300] (77)
Parks, J., **6**, 344[94] (294), 739[183] (501)
Parks, J. E., **2**, 816f[1], 821[215] (815, 816); **5**, 158f[6], 271[483] (160); **6**, 739[176] (500, 501)
Parnaud, J. J., **8**, 223[180] (210, 211)

Parnell, C. P., **3**, 807f[3], 809f[3], 1087f[3]; **6**, 1061f[9], 1110[28] (1046, 1063)
Parnell, D. R., **6**, 98[331] (81)
Parnes, Z. N., **1**, 677[442] (629), 681[676] (659); **2**, 618[98] (537); **6**, 757[1391] (672); **7**, 455[58] (382), 656[559] (620), 656[561] (620), 656[562] (620), 656[563] (620), 656[564] (621), 656[565] (621), 656[569] (622), 656[572] (622); **8**, 339f[6], 1067[177] (1041)
Parodi, S., **3**, 547[85] (520); **7**, 463[512] (447), 463[513] (447)
Parr, R. G., **3**, 81[114] (12), 81[115] (12)
Parr, W. J. E., **3**, 102f[27]; **7**, 511[74] (484)
Parrett, F. W., **2**, 200[635] (156), 203[747] (184)
Parris, G. E., **1**, 245[239] (181, 182, 186, 204, 214), 248[391] (201, 203, 204, 205), 248[421] (206, 210, 211, 212, 213), 674[199] (594); **2**, 621[287] (557), 705[52] (687), 706[85] (691); **7**, 459[311] (415, 416)
Parris, R. M., **2**, 705[52] (687)
Parrish, D. R., **8**, 496[47] (476)
Parrod, J., **1**, 250[531] (224)
Parrott, C. T., **5**, 275[741] (249)
Parrott, D. W., **6**, 34[39] (19T, 21T, 22T)
Parrott, J. C., **1**, 696f[12], 696f[13], 696f[19], 696f[36], 720[36] (687, 690), 720[37] (687, 694, 701), 720[38] (687, 694), 721[90] (694), 753[85] (740); **7**, 513[194] (503)
Parrott, M. J., **7**, 252[32] (231)
Parry, R. W., **1**, 41[121] (24), 41[158] (35, 39), 309[482] (296), 457[243] (451), 457[245] (451), 722[159] (707, 712), 722[164] (708); **4**, 324[367] (286), 324[395] (288, 291), 324[396] (288); **6**, 12[3] (4, 7T), 737[66] (488); **7**, 457[152] (395)
Parshall, G. W., **1**, 40[34] (11), 247[340] (196, 197), 247[340] (196, 197), 310[581] (300), 456[219] (445), 539[98] (489, 513), 675[298] (615); **3**, 279[58] (278), 328[172] (324), 431[289] (405, 422), 431[316] (422), 473[3] (434), 557[20] (550), 557[27] (550), 645[5] (636), 645[10] (636), 696[102] (656), 713f[1], 736f[2], 737f[7], 750f[1], 767f[14], 772f[2], 775f[2], 775f[11], 775f[13], 775f[16], 778[11] (706, 707, 712, 750, 756, 761, 762, 773), 780[103] (730, 739), 781[204] (774), 781[205] (774), 781[207] (774), 950[302] (915), 1147[105] (1128), 1249[155] (1190); **4**, 151[120] (28), 400f[5], 812[194] (719), 813[256] (736, 737), 964[90] (946), 965[168] (960), 1059[102a] (981, 996, 1006); **5**, 530[686] (394), 532[831] (419, 420, 422), 532[838] (419, 420, 427), 546f[11], 622[76] (552), 622[93] (560), 625[252] (579, 580); **6**, 94[67] (56T, 61T, 62T, 64, 65, 80), 141[112] (123T, 128), 143[268] (119, 122T), 182[169] (160), 227[230] (214T, 215), 261[17] (244), 262[112] (252), 343[33] (284), 346[212] (309, 312T, 312), 347[314] (320), 441[30] (390), 441[31] (390), 442[58] (393), 740[261] (515T, 551), 741[343] (522), 742[383] (526), 744[530] (545), 744[531] (545), 745[593] (559), 749[821] (592), 749[822] (592), 749[854] (597), 757[1401] (673), 757[1417] (673), 757[1419] (673), 941[7] (882, 883T), 941[8] (882, 883T, 884, 885T), 943[114] (904T, 905), 945[280] (936, 937T, 938); **8**, 281[62] (249), 291f[30], 292f[42], 292f[43], 339f[28], 361[25] (286, 337, 338, 340), 363[178] (303, 306), 367[443] (351), 367[446] (351), 367[457] (352), 368[509] (358), 455[101] (387), 458[303] (418, 423), 496[7] (465, 470), 549[41] (504, 511, 513, 522), 550[57a] (514, 534, 536), 606[25] (554), 644[171] (617, 621T, 632), 928[113] (805), 929[184] (812)
Parson, T. C., **3**, 268[318] (230)
Parsons, T., **1**, 305[218] (277)
Parsons, T. D., **1**, 272f[10], 285f[34], 305[219] (277), 305[243] (279), 305[244] (279, 288), 306[272] (282, 292, 299), 306[273] (282); **7**, 322[23] (308)
Partenheimer, W., **5**, 532[844] (419, 420, 482, 484); **6**, 383[72] (372), 383[83] (373), 755[1227] (653), 755[1287] (658, 658T)
Partis, M. D., **2**, 620[240] (551)
Parton, R. L., **4**, 507[179] (428)
Partridge, J. A., **1**, 456[235] (450)
Partridge, J. J., **7**, 195[82] (168), 253[114] (245), 253[115] (246)

Parts, L., **3**, 1071^{217a} (1001)
Pascal, P., **2**, 506^4 (402); **8**, 281^{119} (268), 282^{170} (275)
Pascal, Y.-L., **4**, 964^{123} (950), 964^{124} (950); **8**, 392f^{11}
Pascard, C., **6**, 277^7 (266T, 267), 277^7 (266T, 267), 454^{40} (453), 454^{41} (453)
Pascault, J. P., **1**, 118^{213} (89), 249^{490} (218, 219), 249^{491} (218), 249^{495} (218), 251^{595} (233, 234)
Pashcenko, N. M., **7**, 463^{540} (451)
Pashinkin, A. S., **3**, 703^{529} (689), 988f^2, 1071^{205} (1000)
Pasini, A., **4**, 611^{410} (592); **5**, 623^{158} (565)
Pasinsky, A. A., **3**, 698^{235} (666), 711f^8; **4**, 239^{374} (207)
Pasinsky, J. P., **1**, 420f^{16}, 420f^{16}
Pasmurtseva, N. A., **7**, 655^{495} (606)
Pasquale, P., **5**, 554f^5
Pasquali, M., **2**, 762^{110} (732); **3**, 326^{30} (289), 429^{182} (373, 394)
Pasquier, B., **1**, 245^{235} (180, 187, 202); **2**, 943f^1, 944f^4, 974^{270b} (919, 920); **6**, 180^{42} (159T, 162), 180^{43} (159T, 162)
Pasquon, I., **3**, 270^{434} (263), 545^2 (477), 545^{14} (488), 546^{32} (492), 546^{34} (492), 546^{34} (492); **8**, 98^{232} (63, 66, 68)
Passino, H. J., **8**, 797^{159} (792)
Pässler, P., **4**, 235^{84} (170), 236^{159} (179, 214), 236^{160} (179, 215T)
Passon, B., **8**, 644^{159} (632)
Pasternak, H., **5**, 538^{1239} (497, 507), 539^{1270} (507); **8**, 363^{152} (300)
Pasternak, M., **4**, 605^1 (514)
Pasto, D. J., **1**, 304^{139} (269), 304^{145} (269), 304^{156} (269), 307^{364} (288), 308^{410} (291), 308^{419} (291), 308^{420} (291), 308^{421} (291), 308^{428} (292), 310^{561} (299); **2**, 971^{106} (883); **7**, 106^{350} (47), 148f^6, 152f^1, 158^{11} (143), 158^{35} (145), 159^{82} (146), 159^{84} (146), 159^{108} (149), 159^{127} (154), 159^{128} (154), 159^{136} (154, 155), 160^{160} (157), 196^{173} (184), 223^{11} (199), 223^{22} (199), 227^{233} (223), 252^{29} (231, 235, 236, 237), 252^{52} (235), 252^{53} (235), 252^{54} (235, 236), 253^{92} (240, 244), 253^{93} (241), 253^{109} (244), 253^{146} (250), 299^{62} (277), 459^{294} (413, 415), 728^{192} (707); **8**, 669^{63} (662), 771^{139} (738, 740, 747T)
Pastol, J.-L., **1**, 241^{11} (157)
Pastour, P., **1**, 376^{243} (347); **7**, 101^{114} (16)
Pastukhova, I. V., **2**, 299^{189} (248T)
Pasutto, F. M., **7**, 16f^1, 101^{108} (16)
Pasynkiewicz, S., **1**, 647f^2, 654f^7, 673^{180} (592), 673^{181} (592), 674^{210} (596), 674^{243} (603), 677^{413} (626), 677^{415} (626), 677^{422} (627), 678^{479} (632), 678^{480} (632), 678^{486} (632), 678^{488} (632), 679^{562} (645), 679^{568} (645), 679^{577} (647), 680^{603} (648, 650), 680^{612} (649); **2**, 675^{72} (637), 675^{73} (637), 677^{187} (652), 861^{119} (851), 861^{120} (851); **3**, 326^5 (283), 326^9 (283), 326^{11} (284); **5**, 268^{258} (69); **7**, 425f^1, 457^{131} (392), 457^{170} (397), 457^{173} (397), 457^{174} (397), 458^{202} (400), 458^{228} (405), 459^{254} (409), 459^{308} (415), 460^{324} (417), 460^{376} (423), 461^{416} (432), 461^{417} (432), 461^{425} (433), 462^{446} (435); **8**, 282^{137} (271), 366^{348} (340), 407f^{14}, 642^{95} (632), 646^{291} (632)
Pasynskii, A. A., **3**, 698^{233} (666), 698^{239} (666, 667), 698^{240} (666), 698^{241} (666, 667), 698^{265} (670), 698^{266} (670), 698^{267} (670), 698^{268} (670), 699^{283} (671), 699^{288} (671), 701^{447} (682), 710f^1, 710f^4, 711f^2, 711f^2, 711f^3, 711f^4, 711f^5, 711f^7, 711f^{13}, 713f^{13}, 714f^6, 714f^7, 714f^{10}, 714f^{12}, 714f^{13}, 737f^{14}, 753f^5, 753f^7, 754f^1, 754f^2, 754f^3, 754f^4, 754f^5, 754f^6, 754f^9, 754f^{11}, 754f^{14}, 760f^6, 760f^8, 764f^1, 764f^{13}, 764f^{14}, 764f^{15}, 768f^4, 768f^5, 769f^2, 769f^3, 771f^8, 771f^{14}, 779^{34} (707), 779^{58} (712), 780^{146} (754), 781^{165} (760), 781^{187} (765), 781^{209} (775), 971f^{11}, 1187f^3; **6**, 805f^2, 839f^{24}, 839f^{25}, 875^{102} (777), 942^{95} (900), 943^{115} (905, 907), 943^{116} (905), 1036f^1, 1040^{103} (1005, 1010)

Patai, S., **1**, 120^{299} (107); **8**, 221^{49} (113), 280^3 (227, 249, 253, 258)
Patai, S. C., **8**, 223^{184} (214, 215, 216, 217, 218)
Pataiik, S. M., **7**, 158^{38} (145, 146, 147)
Patane, J., **2**, 970^{41} (868, 883), 970^{41} (868, 883)
Patat, F., **3**, 398f^{18}
Patat, P., **3**, 545^{20} (489)
Patel, B., **3**, 1141f^{11}
Patel, B. A., **8**, 864f^3, 930^{267} (836), 933^{488} (873), 933^{494} (877), 934^{506} (877)
Patel, C. G., **3**, 86^{415} (59); **6**, 760^{1593} (707T)
Patel, D. J., **1**, 243^{149} (172, 189)
Patel, H. A., **3**, 146f^5, 169^{114} (147); **4**, 608^{195} (555), 609^{255} (571), 609^{301} (578); **5**, 273^{603} (200)
Paterson, I., **7**, 648^{99} (538), 648^{120} (541), 649^{161} (552, 563), 649^{185} (556), 650^{251} (567), 650^{254} (568), 650^{254} (568), 650^{256} (568)
Pathak, D. N., **3**, 1380^{55} (1332), 1380^{55} (1332)
Patheiger, M., **1**, 53f^1, 248^{416} (205)
Pati, S. N., **7**, 511^{102} (488)
Patil, B. B., **1**, 115^{47} (50); **7**, 95f^7
Patil, D. S., **3**, 461f^{26}, 474^{77} (459), 557^{30} (550, 551), 645^{12} (637, 639)
Patil, H. R. H., **2**, 679^{357} (668); **3**, 966^6, 1189f^{19}, 1338f^{11}
Patin, H., **3**, 1073^{312} (1019); **4**, 609^{272} (570f, 574); **5**, 271^{499} (167); **8**, 928^{129} (805, 812), 1009^{123} (973), 1009^{125} (974)
Patino, F. T., **4**, 810^{27} (696); **5**, 311f^2, 524^{278} (311, 383)
Patmore, D. J., **1**, 118^{186b} (83, 87, 100), 723^{226} (715); **2**, 516^{641} (484); **4**, 611^{431} (593, 594), 611^{435} (594), 634f^1, 648^{57} (633), 648^{59} (633); **5**, 12f^{13}, 366f^5, 528^{521} (363), 528^{522} (363), 625^{314} (589, 592); **6**, 845f^{291}, 874^{50} (769), 980^{43} (960, 963T, 964, 969T), 980^{48} (961, 963T, 966, 968, 969T, 970T, 971T, 976, 978T), 980^{59} (966, 970T), 980^{69} (968, 971T), 1019f^{68}, 1021f^{159}, 1113^{174} (1087, 1089); **8**, 293f^{20}, 606^{81} (559, 595T)
Patnaik, P., **8**, 367^{416} (347)
Patnode, W., **2**, 201^{663} (162)
Paton, J. P., **2**, 301^{304} (273), 302^{337} (281, 288)
Paton, W. F., **4**, 511^{429} (485)
Patrick, T. B., **2**, 977^{477} (959), 977^{478} (959)
Pattenden, G., **7**, 101^{123} (18)
Patterman, S. P., **1**, 118^{190} (83, 84T, 85)
Patterson, A. S., **1**, 120^{276} (103), 120^{281} (105)
Patterson, C. C., **2**, 1016^{106} (992)
Patterson, D. B., **1**, 40^{45} (11), 673^{187} (593), 676^{332} (620), 721^{147} (705, 706)
Patterson, D. R., **5**, 538^{1200} (487)
Patterson, I., **7**, 649^{170} (553)
Patterson, J., **4**, 51f^{39}; **6**, 841f^{130}, 842f^{150}, 877^{236} (821)
Patterson, Jr., J. W., **7**, 649^{188b} (556)
Patterson, W. J., **3**, 1076^{500b} (1051)
Pattinson, I., **1**, 723^{230} (716)
Pattison, I., **1**, 286f^{16}, 673^{172} (591); **2**, 861^{113} (849)
Patty, S., **2**, 302^{369} (291)
Paty, P. B., **2**, 202^{716} (175); **7**, 655^{497} (606, 607)
Paudler, W. L., **7**, 101^{114} (16)
Paukstis, E. A., **3**, 557^{68} (556), 632^{268} (620); **6**, 943^{100} (901)
Paul, I., **1**, 676^{369} (624); **3**, 1073^{328a} (1022), 1073^{328b} (1022); **4**, 152^{183} (45), 309f^3, 309f^5, 327^{598} (308), 327^{601} (308), 328^{629} (310), 611^{406} (592)
Paul, I. C., **1**, 541^{214} (525, 526, 534T), 553^{51} (549); **3**, 1252^{336} (1228); **4**, 422f^{11}, 509^{327} (455), 612^{502} (599), 612^{505} (599), 648^{32} (623)
Paul, J., **3**, 1073^{363} (1027, 1028)
Paul, M., **7**, 654^{439} (598); **8**, 645^{212} (632)
Paul, R., **6**, 143^{249} (104T, 106, 108, 109, 133T, 134), 143^{256} (104T, 105T, 106, 109), 182^{183} (146T, 148, 151, 166, 166T, 171), 182^{184} (172, 173T), 231^{18} (230); **7**, 44f^1, 87f^{13}, 511^{51} (480)
Paulik, F. E., **2**, 972^{183} (896); **5**, 628^{497} (617); **6**, 752^{1067} (633); **8**, 221^{58} (116, 124, 125, 126, 140)

Pauling, H., **6**, 180⁵² (145, 146T, 151, 156, 159T, 163, 165T); **8**, 429f¹ᵇ, 497⁹⁰ (486)
Pauling, L., **1**, 304¹⁵¹ (269), 671⁴⁶ (562), 689f², 720⁴² (688); **3**, 80²³ (3, 5), 629⁸⁰ (570, 627); **4**, 325⁴³⁵ (293), 688² (662); **6**, 277² (265), 739²¹⁸ (508, 513, 532); **7**, 263¹⁵ᵃ (255)
Pauling, P., **2**, 820¹⁵⁰ (794); **3**, 1251²⁷² (1216), 1252³¹² (1224), 1266f³, 1383¹⁸⁸ (1363); **4**, 327⁵⁸¹ (306); **6**, 1028f⁴⁴
Pauling, P. J., **6**, 743⁴⁶⁵ (534T), 743⁴⁶⁶ (534T)
Paulissen, R., **8**, 935⁶¹² (896)
Paulmier, C., **1**, 242¹⁰¹ (165), 376²⁴³ (347)
Paulsen, H., **7**, 96f², 252⁴⁵ (234)
Paulus, E. F., **2**, 626⁶⁵⁵ (607); **4**, 480f⁵; **5**, 527⁴⁷¹ (356), 527⁵⁰⁰ (360), 527⁵⁰¹ (360), 527⁵¹⁴ (360), 529⁵⁸² (376); **6**, 96²⁰⁷ (50)
Paulus, E. S., **5**, 527⁴⁷³ (356)
Pauluzzi, E., **1**, 676³⁵⁷ (624)
Pauly, S., **2**, 553f¹, 621²⁹⁶ (558)
Paushkin, Ya. M., **7**, 363¹⁸ (355)
Pauson, P. L., **1**, 394⁴ (2); **3**, 86⁴³⁴ (62), 279¹⁰ (271), 279¹¹ (271), 428⁹⁸ (361), 629⁶³ (569), 1022f³, 1071²²⁰ (1001), 1071²²³ (1002), 1071²²⁵ (1002, 1006, 1018), 1073³¹¹ (1019, 1034, 1038), 1076⁵¹⁵ (1054, 1055), 1076⁵¹⁶ (1054, 1055, 1059, 1060), 1076⁵²⁰ᵇ (1055), 1076⁵²⁹ (1056, 1057, 1064), 1076⁵³⁹ (1058), 1077⁵⁸⁰ (1064, 1065), 1077⁵⁸⁷ (1065), 1077⁵⁸⁹ᵃ (1065), 1077⁵⁸⁹ᵇ (1065), 1077⁵⁹⁰ (1065), 1147⁷⁰ (1113), 1177f², 1248¹⁴⁵ (1186), 1251²⁹³ (1220), 1253³⁷⁶ (1235), 1382¹⁷⁷ᵃ (1362); **4**, 34f⁵⁹, 109f¹⁰, 155⁴²⁰ (115), 155⁴³⁰ (118, 120), 155⁴³⁴ (118, 122), 155⁴³⁸ (119), 155⁴³⁹ (119), 156⁴⁴⁴ (120), 156⁴⁴⁸ (121), 156⁴⁵² (122), 156⁴⁵⁹ (123), 156⁴⁸² (125, 148, 149), 158⁵⁹⁵ (137), 158⁵⁹⁶ (138), 324³⁸¹ (288), 326⁵⁰⁵ (299), 326⁵¹³ (305), 435f⁶, 505¹⁰⁶ (407, 467), 506¹⁶⁴ (426), 510³⁸⁰ (475), 511⁴⁴⁹ (486), 606⁷⁷ (524f, 525), 607¹³⁹ (539f, 541, 602f), 609²⁹⁷ (578), 648⁴⁴ (628), 648⁴⁷ (629); **5**, 213f²², 229f⁴, 246f⁴, 271⁴⁷³ (157, 160, 161), 271⁴⁸⁷ (161), 274⁶⁶⁴ (225), 274⁶⁷⁰ (228), 274⁶⁷⁸ (231), 274⁶⁷⁹ (231, 234), 276⁷⁹⁴ (258), 530⁶⁹³ (395), 621⁵⁰ (550, 613); **6**, 843f¹⁸², 1019f⁷⁹, 1029f⁵⁴; **7**, 462⁴⁸¹ (442); **8**, 1009¹⁰⁹ (970), 1009¹¹⁰ (970), 1064²⁹ (1018), 1064³⁴ (1018, 1038), 1064⁴⁴ (1019), 1064⁴⁵ (1019), 1064⁵⁰ (1020), 1065⁵⁵ (1021, 1022f), 1065⁹⁷ᵃ (1027), 1066¹⁰¹ (1028), 1066¹¹³ (1031, 1032, 1061), 1066¹²² (1032, 1033, 1033f, 1034), 1066¹²³ (1032, 1033f), 1066¹²⁷ (1034), 1068²³³ (1049), 1070³⁰⁴ (1058), 1070³²² (1060), 1071³⁵² (1063), 1071³⁵² (1063), 1071³⁵⁴ (1063)
Pavel, N. V., **6**, 443¹⁷¹ (406)
Pavlik, I., **3**, 700³⁶⁸ (674); **6**, 225¹¹⁶ (190), 226¹⁶⁶ (214T), 228²⁴⁶ (190)
Pavlikova, G. P., **2**, 972¹⁶⁹ (895)
Pavlov, V. A., **8**, 497⁵⁶ (477)
Pavlova, L. A., **7**, 104²⁵⁹ (33)
Pawelke, G., **1**, 259f¹⁹, 262f⁵⁰; **2**, 908f¹⁹, 976³⁹² (942), 977⁴⁷³ (959)
Pawlenko, S., **1**, 674²⁶² (608, 625), 675³¹⁶ (618), 678⁴⁶¹ (631); **2**, 186²⁵ᶜ (4, 154), 501f³, 504f⁶, 505f¹, 506¹⁴ (402, 403, 404, 405, 409, 410, 411, 418, 419, 420, 423, 424, 425, 426, 427, 429, 432, 433, 435, 460, 468, 469, 472, 503, 505), 553f¹, 616⁶ (522, 532, 551, 559, 579, 586, 599, 605)
Pawson, B. A., **6**, 756¹²⁹⁵ (659), 756¹²⁹⁷ (659)
Pawson, D., **6**, 943¹⁴⁶ (909T, 910)
Paxton, T., **1**, 310⁵⁷³ (299); **7**, 195¹⁰⁴ (171); **8**, 610²⁸⁹ (597T, 598T)
Paxson, T. E., **1**, 453⁶³ (424), 456²⁰¹ (443), 539¹⁰² (490, 513, 514), 541²⁰³ (521, 522), 541²⁰⁵ᵃ (523); **6**, 227²³⁵ (213, 220), 945²⁸⁴ (937T, 938, 939), 945²⁸⁵ (937T, 940); **8**, 304f², 607⁹⁰ (561, 591, 597T, 598T)
Paxton, K., **4**, 810⁵⁸ (699), 886¹⁴⁴ (872)
Payer, R., **8**, 221⁶⁰ (116)
Payling, D. W., **1**, 306³²⁹ (287); **7**, 253¹⁰⁰ (242)
Payne, Jr., D. A., **1**, 251⁵⁷⁴ (230), 373²⁵ (313)
Payne, D. H., **4**, 52f⁷⁵, 152²⁰⁴ (55)
Payne, N. C., **1**, 259f¹⁸; **2**, 623⁴⁶⁴ (581); **3**, 86⁴¹² (59), 86⁴¹⁴ (59); **4**, 1058⁷⁸ (977, 982, 998); **5**, 537¹¹⁴⁴ (477); **6**, 143²⁴⁷ (134T, 136), 344⁸² (291), 739²²⁴ (508T), 739²²⁵ (508T), 739²²⁶ (508T), 743⁴⁴⁴ (532T), 743⁴⁴⁵ (532T), 746⁶⁴³ (564), 754¹¹⁸⁶ (646T, 651), 754¹¹⁹³ (641, 647T, 651), 759¹⁴⁸⁸ (684, 685), 759¹⁵⁴⁹ (698T), 760¹⁵⁵⁵ (699T), 760¹⁵⁸⁷ (705, 706, 707T, 709), 760¹⁵⁹⁴ (707T), 760¹⁵⁹⁵ (707T), 762¹⁶⁸⁷ (733), 762¹⁶⁹⁵ (735), 845f²⁷¹
Payne, Z. A., **4**, 52f⁷⁵, 152²⁰⁴ (55)
Paz-Andrade, M. I., **3**, 1034f¹, 1074⁴⁰² (1034, 1056); **4**, 389f⁵, 454f¹⁴
Pazdernik, L., **2**, 6f¹⁸, 196⁴⁴⁶ (112), 1018¹⁸⁴ (1001)
Pazdernik, L. J., **2**, 202⁶⁹⁷ (169), 202⁶⁹⁷ (169), 202⁶⁹⁷ (169)
Pazhitnova, N. V., **2**, 299¹⁸⁹ (248T)
Pazienza, G., **4**, 965¹⁷³ (961); **8**, 609²⁶⁰ (596T)
Pchelintsev, V. I., **2**, 296³² (216)
Pdungsap, L., **4**, 816⁴¹² (761, 763)
Peach, M. E., **2**, 512³⁵⁶ (445), 706⁸⁸ (692)
Peachey, R. M., **4**, 611⁴⁰⁸ (592)
Peachey, S. J., **1**, 246³²² (194), 247³³⁸ (196); **6**, 740²⁵⁶ (514), 747⁷²⁶ (583, 585), 747⁷³⁶ (585)
Peacock, K., **1**, 304¹⁹⁵ (271), 306²⁹⁸ (284), 306²⁹⁹ (284); **7**, 322⁷¹ᵇ (321), 347⁴⁷ᵃ (345)
Peacock, R. D., **2**, 619¹⁶⁹ (545); **3**, 264³³ (178), 1084f¹⁰; **4**, 690¹⁰⁵ (676), 690¹⁰⁶ (676), 690¹⁰⁷ (676), 690¹⁰⁸ (676), 690¹⁰⁹ (676); **5**, 306f¹⁵, 523²²⁷ (304T), 524²⁸⁵ (314), 554f¹¹
Peacock, S. C., **7**, 511⁵⁷ (480)
Peake, B. M., **4**, 150⁷² (22), 234²⁹ (164), 320⁵⁵ (248, 255), 321¹⁵⁴ (260), 689⁴⁹ (667), 689⁵⁰ (667), 689⁵¹ (667), 908⁷⁶ (905), 928⁹ (924); **5**, 271⁵¹² (170)
Pearce, A., **2**, 189¹⁶¹ (37); **7**, 648⁹⁸ (538), 648¹²² (542)
Pearce, A. A., **7**, 159⁷³ (146, 148f), 253⁸⁹ (240, 242), 253¹⁰¹ (242)
Pearce, C. A., **2**, 198⁵⁵² (131), 199⁵⁶³ (135), 199⁵⁶⁴ (135), 199⁵⁶⁸ (137)
Pearce, P. J., **7**, 104²⁵² (32)
Pearce, R., **1**, 39²⁵ (10), 40³³ (11), 40⁷¹ (16), 40⁷² (16), 41¹⁰¹ (21), 248⁴²⁷ (207), 676³⁴⁵ (622); **2**, 190²⁰⁵ (47), 190²⁰⁶ (48), 515⁵⁶⁴ (474), 713f⁶, 713f⁶, 723f⁴, 723f⁴, 760¹⁴ (715, 724, 725, 733, 750), 760¹⁴ (715, 724, 725, 733, 750); **3**, 83²¹⁶ (31), 88⁵²⁵ (77), 265¹⁰⁹ (184), 266¹⁶³ (198, 199), 266¹⁶⁴ (198, 199, 200), 266¹⁷⁶ (202, 203, 204), 266¹⁸² (204), 267²¹² (210), 310f², 328¹¹⁰ (309), 328¹⁷⁵ (325), 398f²², 406f¹⁶, 430²⁶¹ (396), 430²⁶² (396), 461f¹⁴, 461f²⁸, 470f¹, 470f², 473² (434, 462, 469), 474¹¹⁴ (469, 470), 474¹¹⁵ (469, 470), 557²² (550, 552), 557²³ (550), 557²⁶ (550), 629⁶⁰ (569, 570, 583, 585, 596), 631¹⁷³ (585), 645¹ (635, 636, 637), 645² (635, 636), 645⁶ (636, 637, 638, 639), 645⁸ (636, 637, 638), 646³¹ (639), 696¹⁰¹ (656), 701⁴⁰⁷ (677), 780¹⁰² (730, 739), 950³⁰³ (915), 1147¹⁰⁴ (1128); **4**, 373¹ (332); **5**, 268²⁷⁶ (74), 528⁵⁷⁴ (375); **6**, 740²⁶⁸ (515T), 740²⁷² (515T, 541, 549), 979⁶ (949, 952, 953, 959T), 980¹⁹ (952, 959T), 980²⁰ (952, 959T); **7**, 655⁵²⁸ (613), 655⁵²⁸ (613); **8**, 281⁶¹ (249)
Pearman, A. J., **4**, 813²⁰⁷ (722), 819⁶³⁰ (800), 939f¹²; **6**, 943¹²⁹ (907, 908T); **8**, 339f¹², 363¹⁷⁰ (302), 1092f³, 1093f¹, 1105⁸⁷ (1094)
Pearn, E. J., **1**, 260f¹²
Pearson, A. J., **4**, 504¹³ (382, 423), 509³⁵² (466, 470, 496, 497), 512⁴⁹⁸ᵃ (498); **7**, 512¹¹⁴ (490); **8**, 1007⁸ (940, 941, 987), 1008¹⁰¹ (969), 1008¹⁰² (969), 1009¹¹⁵ (971), 1009¹²⁴ (974), 1010¹⁶⁵ (993, 988), 1010¹⁷² (985, 988), 1010¹⁷⁴ (986), 1010¹⁸¹ (988), 1010¹⁸² (988), 1010¹⁸⁶ (993), 1010¹⁸⁸ (993), 1010¹⁸⁹ (994), 1010¹⁹⁰ (994), 1010¹⁹³ (995), 1010¹⁹⁴ (996, 1002), 1010¹⁹⁵ (996, 1002), 1010¹⁹⁶ (997, 999), 1010¹⁹⁸ (997), 1010¹⁹⁹ (997), 1010²⁰⁰ (998), 1010²⁰¹ (1000), 1010²⁰³ (1000), 1010²⁰⁵ (1001), 1010²⁰⁶ (1002), 1010²⁰⁷ (1002), 1010²⁰⁸ (1003), 1011²³¹ (1003)
Pearson, D. E., **1**, 241²⁹ (157); **7**, 39f⁴, 102¹²⁶ (20, 21), 106³⁶² (48)
Pearson, D. P. J., **7**, 87f²

Pearson, G. A., **6**, 869f[47], 869f[48], 869f[49], 875[98] (777)
Pearson, G. D. N., **5**, 530[679] (393)
Pearson, G. G., **2**, 196[449] (112)
Pearson, N. R., **2**, 193[322] (82), 199[584] (142); **7**, 158[28] (144), 197[220] (193), 226[226] (220), 300[119] (287)
Pearson, R., **6**, 14[123] (8), 14[138] (8)
Pearson, R. G., **2**, 713f[45], 761[84] (722, 734, 735, 739, 752, 753, 755), 819[116] (789); **3**, 82[156] (24), 87[466] (67, 70), 87[498] (71), 88[516] (76); **4**, 84f[1], 97f[24] (44, 84, 89), 153[293] (72, 89), 155[386] (100), 320[112] (254), 373[5] (332T, 333), 375[106] (357), 375[109] (359), 605[1] (514), 906[12] (891, 892), 963[68] (941), 1057[22] (969, 973, 1053); **5**, 269[334] (95), 623[151] (564), 623[162] (565); **6**, 13[58] (8), 33[2] (15), 241[11] (235), 261[23] (245), 261[73] (249), 262[74] (249), 262[85] (249), 262[87] (250), 262[88] (250), 738[124] (494), 741[322] (518, 519, 520), 741[325] (519), 742[414] (530), 743[477] (536T), 745[545] (546), 746[653] (565), 752[1068] (633, 661), 752[1069] (633), 815f[1], 850f[33], 869f[60a], 869f[60b], 869f[64], 869f[65], 874[61] (770), 876[219] (815), 877[242] (822); **7**, 159[142] (155), 727[162] (701, 703); **8**, 17[35] (13), 220[9] (106), 362[84] (289), 362[85] (289), 362[101] (294), 363[142] (299), 796[97] (794)
Pearson, S. M., **3**, 1380[81] (1336); **6**, 1018f[24], 1018f[28], 1028f[17]
Pearson, T. H., **1**, 248[394] (201, 207, 208, 230), 654f[4], 676[356] (624, 625, 627), 678[469] (631, 663)
Pearson, W. H., **7**, 59f[6]
Pease, R. N., **7**, 158[9] (143)
Peblandre, C., **7**, 650[225] (561)
Pebler, J., **2**, 678[280] (660), 678[281] (660); **4**, 609[276] (575, 578), 612[464] (596)
Pecchini, G., **8**, 769[31] (725T, 726T, 727T, 732, 733, 736), 794[15] (784, 791)
Pecherle, R. G., **7**, 110[586] (89)
Pechet, M. M., **7**, 653[410] (594)
Pechhold, E., **1**, 241[30] (158, 172, 186)
Pechurina, S. Ya., **1**, 455[181] (439)
Pecile, C., **1**, 377[253] (348)
Pedain, J., **2**, 534f[6], 624[502] (585), 624[542] (592), 624[551] (593), 625[562] (594)
Peddle, G. J. D., **2**, 192[283] (72, 72f), 196[424] (106), 302[366] (290), 509[215] (425, 440); **7**, 657[614c] (632, 635, 638)
Pedersen, C., **7**, 42f[5]
Pedersen, C. T., **6**, 14[87] (9)
Pedersen, S. D., **4**, 929[27] (927)
Pedersen, S. E., **3**, 160f[1], 695[97] (655), 965f[4]; **4**, 326[482] (297, 309), 819[600] (794); **6**, 850f[43], 876[191] (799, 813, 819), 980[72] (968, 975, 976, 978T), 980[83] (976, 978T, 979T), 980[85] (976, 977, 979T), 981[87] (976)
Pederson, S. E., **3**, 1188f[39]
Pedley, J. B., **1**, 39[17] (7), 302[24] (257), 304[143] (269), 675[317] (618), 675[318] (618); **2**, 6f[6], 198[543] (130), 516[612] (482, 485, 505), 636f[1], 674[39] (635), 674[49] (636), 674[53] (636); **3**, 88[528] (77), 461f[16], 461f[26], 469f[1], 474[77] (459), 557[30] (550, 551), 645[11] (636), 645[12] (637, 639)
Pedonc, C., **3**, 86[385] (52), 86[387] (52), 87[450] (64); **4**, 387f[2], 387f[3]; **6**, 444[186] (408), 444[187] (408), 444[188] (408), 445[278] (422), 445[279] (422), 743[457] (533T), 753[1103] (636), 754[1178] (644T, 651, 661), 754[1179] (645T, 651), 754[1204] (649T, 659), 756[1334] (664), 758[1487] (684, 685, 714)
Pedretti, U., **3**, 269[358] (239), 270[416] (258, 259)
Pedrosa, M. P., **8**, 607[86] (560, 597T)
Pedrosa, R., **7**, 462[465] (440), 462[466] (440)
Pedrotty, D. G., **3**, 1249[185] (1195), 1381[112] (1342); **4**, 239[327] (206), 511[420] (483, 484); **6**, 941[3] (880, 881T), 1039[1] (984)
Pedulli, G. F., **2**, 515[560] (473), 515[572] (477), 515[573] (477)
Peel, J. B., **5**, 520[27] (281)
Peerdeman, A. F., **2**, 631f[16], 676[182] (651)
Peet, J. H. J., **7**, 109[518] (75); **8**, 1067[177] (1041)
Peet, N. P., **2**, 973[196] (898)

Peet, W. G., **1**, 539[107b] (491); **3**, 645[10] (636); **4**, 325[459] (295, 313), 435f[21], 812[184] (718); **5**, 621[9] (542, 550); **6**, 944[205] (918T, 919)
Peeters, W. H. M., **2**, 1016[81] (987)
Peganova, T. A., **6**, 140[92] (105T, 117, 121T), 141[121] (105T, 117, 121T), 141[141] (105T, 116, 121T), 141[149] (117, 121T), 142[159] (116, 121T), 142[183] (105T, 110, 116, 121T), 143[244] (117), 181[111] (153T, 156), 181[125] (156, 168), 231[11] (230), 231[13] (230), 231[16] (230)
Pegot, C., **5**, 35f[17]
Peiffer, G., **8**, 425f[14], 497[92] (487), 644[199] (624), 708[235] (684)
Pein, J., **3**, 279[23] (272), 557[73] (556)
Pek, G. Yu., **6**, 383[42] (366, 370), 441[22] (389), 441[23] (389), 442[54] (393)
Pelczar, F. L., **2**, 533f[9], 534f[4], 624[522] (589, 590)
Pélichet, C., **4**, 1057[8] (969, 974, 1004)
Pelin, W. K., **6**, 944[211] (919, 923, 926), 944[231] (925, 926)
Pelisser, M., **3**, 81[57] (6)
Pélissier, M., **6**, 12[24] (5)
Pelizzetti, E., **5**, 266[141] (30)
Pelizzi, C., **2**, 563f[3], 621[318] (562), 622[378] (570), 622[379] (570), 622[380] (570), 622[381] (570)
Pelizzi, G., **2**, 563f[3], 621[318] (562), 622[378] (570), 622[379] (570), 622[380] (570), 622[381] (570); **6**, 737[100] (491)
Pelkk, P. S., **2**, 873f[17]
Pellegrina, M., **8**, 668[5] (658T)
Pellerito, L., **1**, 722[190] (712), 754[101] (743), 754[102] (743); **2**, 617[37] (526, 565), 677[207] (653), 706[127] (698), 706[128] (698), 820[146] (794)
Pellet, R. J., **8**, 291f[6]
Pellicciotto, A. M., **1**, 378[341] (359)
Pellino, E., **3**, 1068[63] (973)
Pellizer, G., **2**, 760[19] (715); **5**, 269[346] (103); **7**, 59f[3]
Pelloquin, A., **8**, 366[394] (343)
Pelter, A., **1**, 302[8] (254, 275, 288, 294, 295), 306[297] (283), 308[476] (295), 373[54b] (313), 374[115] (322); **7**, 97f[18], 106[363] (48), 140[16] (112, 139), 141[87] (127, 128), 141[88] (127), 142[125] (135), 142[126] (135), 142[136] (137), 158[42] (146), 158[60] (146), 194[23] (162), 194[24] (162, 163), 195[74] (166), 195[88] (168, 169, 169f), 223[6] (199, 208), 225[139] (209, 215), 226[169] (212, 215), 253[131] (247), 262[7] (255), 299[44] (275), 300[83] (279, 280), 300[85] (280), 300[114] (286), 300[115] (286), 300[116] (286), 300[117] (286), 300[118] (286), 300[121] (287), 322[31] (310), 335[5] (324), 346[2] (337, 343, 344), 346[8] (338), 346[11] (339, 340), 346[12] (340, 341), 346[14] (340, 341), 346[15] (340, 341), 346[16] (340, 341), 346[19a] (340, 341), 346[20] (340, 341), 346[21] (340), 346[32] (341), 363[14] (352), 511[53] (480); **8**, 1010[183] (988)
Pelz, K., **7**, 510[18] (471)
Penavic, M., **2**, 913f[2], 973[254] (917)
Pendlebury, R. E., **1**, 151[144] (132, 141, 142), 310[572] (299); **2**, 761[46] (719)
Penfold, B. R., **2**, 617[30] (525, 565), 621[321] (562); **3**, 86[394] (52), 169[72] (131); **4**, 325[452] (294), 612[508] (599, 602f), 648[52] (631); **5**, 175f[1], 175f[5], 175f[7], 271[489] (162, 164, 169, 170, 174, 177), 272[565] (188); **6**, 95[124] (60T, 61T, 67), 96[166] (60T, 61T, 65, 67), 139[20] (123T, 127), 139[22] (120, 122T), 141[107] (120, 122T), 143[214] (120, 122T), 230[6] (229), 278[16] (266T, 268), 742[356] (522), 751[965] (617), 751[992] (620, 625T, 626); **8**, 670[97] (653), 1011[228] (1006)
Peng, H., **2**, 680[414] (673)
Peng, M., **3**, 315f[7], 398f[43]
Peng, M. H., **8**, 1068[230b] (1049)
Peng, S.-M., **4**, 325[433] (292), 374[46] (340, 344f), 374[47] (340, 344f); **5**, 266[151] (31), 269[321] (89, 102)
Pénigault, E., **3**, 1069[137] (987); **6**, 226[178] (190, 192, 194, 195f)
Penley, M. W., **2**, 1015[20] (981)
Pennella, F., **3**, 696[141] (659, 661); **4**, 814[278] (742, 751), 964[76] (942), 964[76] (942); **8**, 551[143] (548)
Penneman, R. A., **3**, 268[262] (215)
Penner, H. P., **2**, 872f[11]
Penninger, J. M. L., **5**, 264[44] (10); **8**, 221[81] (120, 140, 141), 222[115] (142)

Pennington, B. T., **6**, 99³⁶¹ (45); **8**, 708²⁰¹ (701)
Penrose, W. R., **2**, 1017¹²⁷ (997, 1013, 1014)
Pensak, D. A., **3**, 13f³, 24f¹, 81¹⁰⁵ (12, 16), 82¹⁶³ (24, 26), 695⁴⁹ (651, 654); **4**, 65f²⁶, 150²² (7)
Pentilla, R. E., **1**, 246³²⁶ (194, 197); **3**, 630¹⁰³ (574, 587, 595, 596), 631²⁰⁸ (593, 607, 609), 745f¹⁴, 771f⁶, 772f⁸, 780¹³⁴ (745)
Pentin, Yu. A., **2**, 943f¹, 944f⁴, 974²⁷⁰ᵃ (919, 920)
Pentreath, R. J., **2**, 1016⁸⁰ (986), 1017¹⁵⁵ (998, 1002)
Peone, Jr., J., **5**, 33f¹³, 305f¹, 306f¹, 522¹⁹¹ (302, 302T), 522¹⁹² (302, 302T), 522¹⁹³ (302, 302T, 303T), 522¹⁹⁴ (302, 302T), 522¹⁹⁵ (302T, 303T, 304T, 305, 314), 543f¹, 621⁷ (542, 543), 621⁸ (542, 543), 626³³⁴ (591)
Peoples, P. R., **1**, 118²⁰⁹ (88)
Peoples, S. A., **2**, 1017¹²⁴ (996, 997, 1011f)
Pepe, B. L., **1**, 753⁵² (734); **2**, 820¹³⁰ (790)
Pepe, J. P., **7**, 87f¹¹
Pepperberg, I. M., **1**, 454¹³² (431)
Peraldo, M., **3**, 546³⁸ (492), 546⁵² (497); **6**, 870f⁸⁷
Percec, V., **8**, 670¹²³ (658T)
Perchenko, V. N., **8**, 311f²³
Percival, A., **2**, 190¹⁷³ (38)
Percival, M. P., **8**, 367⁴⁵³ (352)
Perega, G., **3**, 703⁵⁷⁹ (693)
Perego, C., **8**, 283¹⁹⁶ (276), 444f⁹, 461⁴⁵⁶ (442)
Perego, G., **1**, 40⁵⁷ (14, 15T), 41¹⁵¹ (32, 33T, 34), 152¹⁸¹ (140), 673¹³⁸ (585, 590); **3**, 87⁴⁵² (64), 269³⁶¹ (239, 240), 269³⁷⁶ (243), 547⁹⁷ (529); **5**, 437f⁵, 438f⁸, 533⁸⁸¹ (303T, 428), 625²⁵⁶ (579, 592), 625²⁵⁸ (579), 626³⁸⁰ (598)
Peregudov, A. S., **2**, 509¹⁹³ (422), 912f¹¹
Pereira da Luz, A., **2**, 622³⁵³ (567); **8**, 331f⁵
Perelman, M., **6**, 756¹³¹¹ (661)
Perepelkin, O. V., **1**, 250⁵⁶¹ (228); **7**, 5f¹¹
Pereshein, V. V., **3**, 699²⁹⁵ (671), 701⁴⁴¹ (681)
Perevalova, E. G., **1**, 727f⁴, 752⁷ (726); **2**, 715f¹⁷, 768f¹, 768f², 768f⁶, 768f¹⁰, 768f¹⁴, 769f¹, 769f², 769f³, 770f², 770f³, 773f³, 773f⁵, 780f¹, 780f², 780f³, 780f⁴, 818¹⁰ (766, 767, 773, 778, 779, 780, 786, 787, 790, 803, 804, 805, 806, 807, 809, 810), 818¹⁸ (767, 769), 818²⁰ (767), 818²⁷ (767), 818²⁸ (767), 818²⁹ (767), 818³⁰ (769), 818³¹ (769), 819⁷⁷ (779), 819⁷⁸ (779), 819⁷⁹ (779), 819⁸⁰ (780), 820¹⁴⁷ (794); **3**, 735f⁶, 735f⁹, 736f³, 736f⁷, 737f¹², 745f¹¹, 767f¹¹, 768f¹¹, 768f²⁹, 772f³, 780¹³³ (745), 781¹⁷⁴ (762), 781¹⁷⁷ (763); **4**, 510³⁸⁶ (476, 484), 816⁴²⁶ (762, 770); **6**, 93¹⁵ (85, 91T), 94⁹⁶ (91T), 223⁷ (203T, 206), 225⁸⁷ (203T, 206), 851⁵⁵; **7**, 107³⁸⁹ (52); **8**, 1064⁴⁶ (1019), 1065⁵⁸ (1021), 1065⁶⁷ (1023, 1024f), 1066¹³⁸ (1037), 1067¹⁷⁵ (1041), 1067¹⁹⁶ᵃ (1043), 1069²⁴⁷ᶜ (1051), 1069²⁸⁷ (1057), 1069²⁸⁷ (1057), 1071³⁵³ (1063), 1071³⁵⁵ᵇ (1063)
Perevozchikova, N. V., **3**, 1382¹³⁸ (1348); **6**, 95¹²⁰ (90, 92T), 1061f¹¹
Pereyre, M., **1**, 681⁶⁹⁶ (664); **2**, 515⁵⁴⁶ (471), 565f¹, 616¹⁵ (522), 617⁸¹ (535, 588), 618¹⁰⁷ (538), 618¹³⁴ (540), 618¹³⁶ (541), 619¹⁷³ (545), 623⁴³⁵ (577), 623⁴⁵⁵ (580), 623⁴⁶⁰ (581), 623⁴⁶² (581), 623⁴⁷⁶ (583), 623⁴⁷⁷ (583), 624⁴⁸² (583), 624⁴⁹³ (585), 624⁴⁹⁴ (585), 624⁵²⁴ (589), 624⁵²⁵ (589), 624⁵³³ (590); **7**, 650²²⁶ (561)
Pérez-Ossorio, R., **7**, 103¹⁹² (26f)
Pérez-Rubalcaba, A., **7**, 98f²¹, 103¹⁹² (26f)
Periasamy, M., **7**, 102¹⁴⁶ᵃ (22)
Periasamy, M. P., **1**, 117¹⁴⁰ (73); **2**, 761⁷³ (722, 743, 750), 763¹⁵⁷ (750)
Pericas, M. A., **5**, 271⁴⁹¹ (162); **7**, 103¹⁸⁴ (25); **8**, 770¹¹¹ (735)
Perichen, J., **6**, 99³⁹⁶ (55T, 56T, 65), 99³⁹⁷ (55T, 56T, 65)
Périchon, J., **1**, 242⁷⁹ (163, 185), 245²⁴⁵ (182, 185), 245²⁵⁶ (185), 245²⁵⁸ (185), 245²⁵⁹ (185); **8**, 770⁵⁷ (723T, 732), 770⁶⁰ (723T, 724T, 732), 770⁶¹ (723T, 732), 770⁶⁷ (723T, 732)
Périé, J. J., **2**, 882f¹⁴, 970³⁷ (868), 978⁵²⁸ (966); **6**, 745⁶⁰⁴ (559f), 756¹³²⁵ (664); **7**, 725⁶³ (675), 725⁶³ (675), 725⁶⁴ (675)
Peries, R., **1**, 119²³⁰ (92); **2**, 618¹²⁴ (539)
Peringer, P., **2**, 973²¹⁸ (900)
Perkin, G. J., **3**, 557⁶⁹ (556)
Perkins, D. C. L., **6**, 747⁷⁰⁰ (579); **8**, 551¹¹¹ᵃ (529)
Perkins, I., **5**, 299f⁵, 522¹⁵¹ (297, 386), 529⁶⁵² (386), 622⁸⁴ (557), 624²²¹ (574)
Perkins, K. A., **2**, 193³⁴⁴ (88)
Perkins, L. R., **2**, 706¹⁰⁶ (695)
Perkins, M., **7**, 104²⁴⁴ (31)
Perkins, P., **5**, 275⁷⁶⁴ (252); **8**, 606³⁵ (554, 598T)
Perkins, P. G., **1**, 40⁴⁶ (12), 304¹⁵⁷ (269), 304¹⁵⁸ (269), 304¹⁵⁹ (269), 304¹⁶⁴ (270), 304¹⁶⁵ (270), 304¹⁶⁶ (270), 304¹⁶⁷ (270), 673¹⁴² (587, 621), 674¹⁹⁵ᵇ (594), 675²⁹⁶ (614, 622), 721¹¹⁰ (701, 705); **2**, 193³⁴⁴ (88); **3**, 83¹⁸⁹ (28), 84²⁹³ (40), 87⁵⁰¹ (73), 87⁵⁰³ (73), 700³⁶¹ (674), 700³⁶² (674); **4**, 479f¹⁴; **6**, 224⁶¹ (190, 194), 263¹⁴⁷ (255), 751⁹⁵⁵ (615)
Perkins, T. G., **2**, 933f⁴, 975³⁴² (931, 933)
Perlikowska, W., **7**, 108⁴⁴³ (61), 108⁴⁴³ (61)
Perlin, B. A., **8**, 707¹⁷⁹ (701)
Perl'mutter, B. L., **2**, 510²⁴² (431), 516⁶²¹ (483), 516⁶²² (483)
Perloff, A., **1**, 258f¹¹, 444f¹, 456²⁰⁴ (443)
Permin, A. B., **2**, 563f², 563f², 621³²⁹ (563), 973¹⁹⁹ (898); **6**, 745⁵⁸⁵ (555)
Pernick, A., **3**, 951³¹⁸ (923)
Perold, G. W., **7**, 513²¹⁷ (506)
Peron, A., **6**, 752¹⁰⁸³ (634), 758¹⁴⁷³ (680)
Perot, G., **8**, 312f²⁶
Perov, V. A., **2**, 705⁶⁸ (689)
Perozzi, E. F., **7**, 109⁵¹² (72)
Perraud, R., **7**, 103¹⁷⁴ (25)
Perree-Fauvet, M., **5**, 270³⁸⁰ (118), 270³⁸⁵ (123); **8**, 430f⁷, 460³⁸⁶ (432)
Perrichon, V., **8**, 97¹⁴⁸ (49, 56), 97¹⁷³ (55, 57)
Perrin, C., **2**, 971⁸¹ (875)
Perrin, H., **8**, 281¹¹⁰ (265)
Perrin, M., **8**, 282¹⁶³ (274)
Perrin, P., **1**, 247³⁸⁶ (200, 212)
Perriot, P., **7**, 104²²⁸ (30, 31), 110⁵⁹⁰ (91)
Perrotta, A. J., **8**, 17¹⁸ (8), 96⁸⁷ (41, 43, 44, 61)
Perrotti, E., **5**, 533⁸⁶³ (424), 625²⁵⁶ (579, 592), 626³⁴⁷ (592, 598); **8**, 317f⁸, 796¹²³ (777)
Perry, E., **1**, 672¹¹² (577); **3**, 545¹⁷ (488); **7**, 456¹²³ (392)
Perry, G. M., **7**, 105²⁸⁴ (37)
Perry, J. S., **2**, 971¹¹⁶ (884)
Perry, R., **2**, 1016¹⁰⁹ (994, 1010), 1017¹¹¹ (994, 1010f)
Perry, W. D., **3**, 1147⁷³ (1113)
Perry, W. L., **7**, 725⁵⁸ (674)
Pershikova, N. I., **6**, 262¹³⁴ (254), 346²²² (312T, 312); **8**, 96⁷² (37), 1084f², 1105⁵² (1085), 1105⁶⁰ (1085, 1086), 1105⁶¹ (1086)
Persianova, I. V., **1**, 309⁵³⁵ (297)
Pertici, P., **4**, 812¹⁷⁸ (718, 719), 815³⁷¹ (756, 758, 759, 776, 805), 815³⁸¹ (759, 805), 815³⁸² (759), 965¹⁷⁵ (961); **6**, 180⁶³ (158, 159T, 164, 165T, 173T, 173); **8**, 292f⁴⁷, 379f¹⁶, 606⁷² (558, 601T)
Perucaud, M.-C., **1**, 248⁴⁰⁷ (203)
Perutz, M. F., **4**, 325⁴³¹ (292)
Perutz, R. N., **2**, 199⁵⁸⁵ (143); **3**, 81⁹⁴ (12), 81⁹⁷ (12), 82¹³⁰ (17), 1074⁴¹² (1035), 1381¹¹⁴ (1343); **5**, 269³⁶⁷ (113)
Peruzzini, M., **6**, 97²⁶⁹ (62T, 64, 78)
Peruzzo, V., **2**, 618¹²⁸ (540), 618¹³⁰ (540), 620²⁵⁶ (554), 621³³² (564), 621³³³ (564, 568), 621³³⁷ (565), 679³⁴¹ (666)
Pervalova, E. G., **8**, 1105⁶⁵ (1086)
Pesa, F., **6**, 737⁹⁵ (490), 753¹¹²¹ (638), 756¹³¹⁹ (663), 756¹³³⁹ (665, 677, 679), 756¹³⁵⁴ (667)
Pesci, L., **2**, 973²¹¹ (899)
Pesel, H., **2**, 189¹²⁹ (30), 200⁶³² (155), 201⁶⁴⁷ (158); **7**, 651²⁹⁰ (575), 653³⁸² (588)
Pesnelle, P., **7**, 158²⁰ (143), 224²⁸ (200)

Pesotskaya, G. V., **7**, 650²²³ (561)
Pestrikov, S. V., **6**, 354f¹, 354f¹, 354f², 361¹⁶ (352), 361¹⁷ (352, 354), 361¹⁸ (352, 354), 361²³ (352)
Pestunovich, V. A., **2**, 297⁷⁶ (228), 511³²⁶ (441), 511³²⁷ (441)
Petch, E. A., **1**, 249⁴⁸⁷ (216)
Peteau-Boisdenghien, M., **2**, 819¹²¹ (790)
Peter, H., **8**, 704³⁹ (678), 706¹⁰⁰ (681, 687T)
Peter, R., **3**, 473⁴⁴ (443, 446)
Peter, W., **2**, 187⁴⁹ (11), 187⁵⁵ (12, 30, 155), 189¹²⁹ (30), 395⁴² (372), 396⁸⁷ (381); **3**, 102f²⁴
Peterhans, J., **3**, 695⁵⁰ (651, 652), 833f²⁶
Peterleitner, M. G., **8**, 1066¹³⁴ (1037, 1038), 1066¹⁴⁰ (1037)
Peters, C. A., **7**, 252⁷⁵ (239)
Peters, D., **3**, 85³³² (46)
Peters, D. G., **2**, 972¹⁴⁷ (889), 972¹⁴⁸ (890), 972¹⁴⁹ (890)
Peters, E. M., **6**, 95¹⁵⁵ (54T, 70)
Peters, F. M., **1**, 151¹³⁶ (131), 151¹⁴⁸ (133), 596f¹¹, 677⁴⁴³ (629), 677⁴⁴⁴ (629)
Peters, Jr., J. R., **2**, 696f¹²
Peters, K., **2**, 200⁶²²ᵇ (152, 153); **6**, 95¹⁵⁵ (54T, 70)
Peters, R., **4**, 1063³⁶⁹ (1050)
Peters, S. W., **5**, 622⁹¹ (559)
Peters, W., **2**, 969⁷ (864, 889)
Petersen, E., **2**, 625⁵⁵⁶ (593), 625⁶⁰⁸ (601); **7**, 67f, 108⁴⁸⁹ (70)
Petersen, J. L., **3**, 362f¹³, 368f⁶, 368f⁸, 388f³, 427⁶⁰ (350, 351), 428¹²⁹ (363), 428¹³⁵ (363), 430²³³ (389), 630¹⁰¹ (574, 577), 699²⁸⁷ (671, 682, 686), 701⁴²⁵ (679, 680), 702⁴⁶⁶ (684, 686), 702⁴⁹⁴ (686), 702⁴⁹⁵ (686), 781¹⁹⁹ (773), 947³⁷ (814), 947³⁸ (814), 1249¹⁶² (1190), 1249¹⁶² (1190), 1269f², 1269f³, 1269f⁴, 1269f⁵; **5**, 404f¹⁵
Petersen, R. B., **1**, 723²⁸⁰ (719), 723²⁸¹ (719); **3**, 1337f², 1337f⁷; **4**, 512⁴⁷⁵ (492), 611³⁹² (591); **6**, 980³¹ (954, 955, 956, 957, 959T, 960, 962, 963T, 965, 966, 969T, 970T), 1018f³⁰, 1019f⁷⁷, 1019f⁷⁸, 1020f⁸⁸, 1040⁷⁰ (997, 998), 1040⁷³ᵃ (998, 1008), 1040⁷³ᵇ (998, 1008), 1040⁷⁹ (999)
Peterson, C. R., **1**, 541²¹⁴ (525, 526, 534T), 553⁵¹ (549)
Peterson, D., **7**, 646²³ (520, 522), 646²³ (520, 522), 646²⁹ (522), 646³⁴ (523), 647⁹⁰ (535)
Peterson, D. B., **2**, 675⁹² (640)
Peterson, D. J., **1**, 116⁸³ (57, 61, 62T), 116⁹⁸ (61), 116⁹⁸ (61); **2**, 187³⁹ (9), 187⁴⁰ (9), 194³⁶⁶ (94), 509²⁰¹ (423), 533f⁴; **7**, 5f³, 646⁷ (517, 520), 647⁴⁵ (525), 655⁵¹⁸ (609)
Peterson, J. L., **3**, 84²⁶⁷ (37, 40), 84²⁶⁸ (37, 40), 84²⁶⁹ (37, 40), 350f¹⁰; **5**, 355f⁷, 527⁴⁶⁶ (354), 529⁶³² (381); **6**, 741³⁴⁴ (522), 743⁴³⁹ (532T, 540); **8**, 304f¹⁴
Peterson, L. D., **4**, 480f⁸
Peterson, L. K., **2**, 513⁴¹⁶ (453); **4**, 52f⁸⁶, 238²⁷⁵ (200), 238²⁷⁶ (200)
Peterson, P. E., **7**, 648¹⁴² (547), 648¹⁴² (547), 648¹⁴² (547), 648¹⁴⁴ (547)
Peterson, R. L., **5**, 266¹⁴⁷ (31)
Peterson, S. W., **1**, 41⁹⁸ (20), 285f²⁷, 306³¹² (284); **4**, 510⁴⁰² (481); **5**, 628³⁰⁶ (620)
Peterson, W., **2**, 396⁷⁹ (378)
Peterson, W. M., **5**, 621¹⁴ (544)
Peterson, Jr., W. R., **4**, 324³⁸⁵ (288); **7**, 658⁷⁰⁷ (645); **8**, 1064⁴³ (1019)
Petiaud, R., **1**, 245²⁴⁴ (182)
Petieau-Borsdenchien, M., **2**, 903f⁴
Petillon, F. Y., **3**, 699²⁸⁵ (671), 753f¹⁰, 1253⁴⁰¹ (1243); **4**, 536f¹⁴, 606¹¹⁷ (536f, 537), 818⁵⁶¹ (782)
Petiniot, N., **8**, 935⁶¹⁶ (896)
Petit, F., **1**, 246³³⁶ (195); **6**, 1041¹³¹ (1013, 1038); **8**, 98²¹⁵ (61, 62), 363²⁰⁹ (318), 364²¹² (318), 405f¹, 408f², 425f¹⁴, 457²⁴¹ (409), 497⁹² (487), 608¹⁵⁷ (578), 643¹²¹ (616), 643¹⁵⁰ (634T), 644¹⁹⁹ (624), 705⁹⁵ (673), 706¹¹⁵ (684), 706¹²⁴ (684), 706¹⁴⁵ (673), 708²³⁵ (684), 710³²¹ (673), 710³²² (673), 928¹²³ (805, 815)
Petrakova, V. A., **8**, 1067¹⁵⁶ (1040), 1068²³⁴ (1049)

Petrashkevich, L. A., **3**, 628¹⁷ (562, 563, 617, 618), 628³² (563, 564, 565, 573, 575)
Petree, H. E., **1**, 677⁴⁴⁶ (630)
Petri, R., **1**, 753⁷⁵ (737); **7**, 513²²⁴ (508)
Petri, W., **5**, 51f¹⁰; **6**, 343⁵⁴ (286, 291)
Petříček, V., **1**, 539⁹⁷ (489, 507, 536), 541²¹² (525, 534T), 542²⁵⁰ (534T)
Petridis, D., **6**, 347³¹² (320)
Petrina, A., **1**, 539⁹⁷ (489, 507, 536)
Petroskii, P. V., **4**, 415f¹
Petrosyan, V. S., **1**, 246³⁰⁹ (193); **2**, 530f¹, 563f², 617⁵¹ (527), 617⁵² (527), 619²¹⁴ (548), 945f¹, 973¹⁹⁹ (898), 973²⁰⁴ (898), 975³¹⁸ (926), 975³³⁴ (930, 935, 944), 976³⁷³ (939), 976³⁹⁶ (944); **6**, 745⁵⁸⁵ (555); **7**, 105³²⁸ (45)
Petrouleas, V., **6**, 840f⁸⁴, 840f⁸⁵, 850f¹⁰, 873¹⁷ (764), 874²⁸ (764, 801), 874³⁰ (764, 801)
Petrov, A. A., **1**, 677⁴²⁵ (627), 679⁵⁵² (642); **2**, 507¹⁰⁰ (409), 507¹⁰³ (410); **7**, 100³⁶ (4, 7), 227²³⁰ (221), 456⁹⁹ (388); **8**, 668²¹ (662, 663T), 669⁴⁰ (662, 663T)
Petrov, A. D., **2**, 186²¹ (4), 188⁹² (25), 188¹⁰⁸ (27), 197⁴⁷⁷ (117), 197⁴⁹¹ (120), 297⁷⁰ (227), 298¹⁴⁶ (242), 299¹⁷³ (247T), 300²⁴⁸ (262), 302³⁵⁶ (288), 360⁴⁹ (313, 314), 507⁹⁴ (409); **7**, 656⁵⁴⁶ (617)
Petrov, B. I., **2**, 195⁴⁰⁴ (102), 511³⁰² (439, 472), 511³⁰⁵ (439), 515⁵⁴⁸ (472), 620²⁶⁰ (554), 972¹⁸⁶ (896); **6**, 225¹¹⁷ (202, 203T)
Petrov, E. S., **1**, 120³⁰⁵ (109), 120³⁰⁵ (109)
Petrov, G., **1**, 251⁵⁹² (232, 233)
Petrov, K. A., **2**, 299¹⁸⁹ (248T)
Petrov, L., **8**, 363¹⁹⁶ (314)
Petrov, V. P., **2**, 619²⁰¹ (547)
Petrova, T. A., **8**, 341f⁸, 645²¹³ (633)
Petrova, V. N., **2**, 623⁴⁷⁹ (583)
Petrovich, P. J., **2**, 878f⁵
Petrovskaya, E. A., **4**, 610³²⁰ (581)
Petrovskaya, L. I., **2**, 970⁵⁴ (869)
Petrovskii, P. V., **1**, 303¹¹² (268), 303¹²⁴ (268), 374⁸² (317), 750f³, 754¹³⁹ (751); **2**, 975³²³ (927); **3**, 334f¹⁶, 334f¹⁷, 334f¹⁸, 334f³⁶, 341f⁵, 341f⁶, 341f⁷, 341f⁸, 341f¹⁵, 341f¹⁶, 344f¹¹, 344f²³, 347f¹, 348f⁴, 348f⁵, 348f⁸, 362f⁶, 362f⁷, 368f², 376f²¹, 376f²², 379f⁶, 379f¹⁰, 379f¹⁴, 427⁴⁹ (347), 427⁵³ (347), 629³⁷ (564, 575, 576, 617, 618), 629⁴³ (564), 632²⁴⁹ (617, 618), 711f³, 1067⁴⁶ᵃ (955, 1002, 1006), 1071²³¹ᵃ (1007), 1074³⁸³ (1032), 1075⁴⁵⁶ (1040), 1077⁵⁵⁷ (1060), 1211f⁸, 1246¹⁰ (1153), 1379¹⁴ (1324); **4**, 157⁵⁵¹ (131), 236¹⁵⁷ (179, 207T), 239³⁵³ (206, 207T, 207), 240³⁷⁶ (207), 240³⁹⁶ (211, 212, 212T, 213, 219), 415f², 506¹³⁴ (413), 510⁴⁰⁷ (481, 482), 610³²¹ (581), 1061²²⁶ (1018); **5**, 275⁷³⁰ (245); **6**, 100⁴¹⁹ (40, 43T, 79), 142¹⁸³ (105T, 110, 116, 121T), 179¹⁰ (176T), 181¹²⁵ (156, 168), 182¹⁶⁴ (146T, 159T, 176T), 841f¹¹⁵, 875¹³⁶ (784), 1029f⁷⁹, 1040⁸⁸ (1001); **7**, 656⁵⁶² (620); **8**, 1064⁴⁹ (1020), 1065⁸⁹ᵇ (1026), 1069²⁷⁹ (1055), 1070³²⁹ᵈ (1061), 1070³²⁹ᵉ (1061)
Petrunin, A. B., **1**, 420f⁴, 452²³ (418)
Petrushanskaya, N. V., **6**, 96¹⁷⁰ (40), 141¹²⁰ (104T), 142¹⁸¹ (104T, 109, 134T); **8**, 641¹⁹ (621T), 641²⁸ (623T), 642⁵³ (621T), 643¹⁰⁶ (621T), 644¹⁸⁶ (621T), 644¹⁸⁹ (621T), 645²²⁴ (621T)
Petruzzelli, D., **6**, 758¹⁴⁵¹ (677)
Petrzilka, M., **7**, 649¹⁶⁵ (552)
Pettersen, R. C., **2**, 190¹⁹² (43); **4**, 238²⁶⁵ (198), 607¹⁵¹ (543), 607¹⁷² (548, 549), 609²⁸⁹ (577, 596), 649⁷² (637)
Pettersen, E., **8**, 938⁸⁰⁰ (925)
Pettersson, K., **7**, 76f²
Pettifor, D. G., **6**, 736²⁷ (478)
Pettit, R., **1**, 376²¹⁰ (342), 378³⁴⁰ᵃ (359); **2**, 970⁷³ (874); **3**, 85³³⁶ (46), 86⁴³³ (62), 87⁴⁶⁸ (67, 70), 87⁴⁹² (70), 780¹⁰⁰ (730), 1074³⁹⁴ (1032, 1045), 1247⁹⁰ (1175), 1250²⁰⁷ (1201), 1252³⁵⁶ (1232), 1380⁴⁵ (1331), 1382¹³⁹ (1348), 1383²⁰⁰ (1365); **4**, 320⁹⁵ (252), 322²⁵⁰ (271), 328⁶⁶⁴ (314, 315), 328⁶⁶⁵ (315), 374³⁷ (339), 375¹³⁶ (366, 370,

371), 380f², 380f⁸, 389f¹², 400f⁶, 435f³, 454f¹², 460f⁶, 460f⁷, 505⁹² (403), 505⁹⁴ (403), 506¹⁶⁵ (426), 506¹⁶⁷ (426), 506¹⁶⁹ (426), 506¹⁷¹ (426), 507¹⁷⁷ (428), 507¹⁹¹ (431, 498), 507²⁰² (435), 508²⁶³ (444, 445, 472), 508²⁷⁰ (445), 508²⁷⁸ (447, 472), 508²⁸¹ (447), 508²⁸² (447, 472), 508²⁸⁶ (448, 474), 510³⁷⁵ (474), 512⁴⁷⁷ (493), 553f⁹, 607¹⁴⁶ (543), 607¹⁶² (546), 608¹⁹¹ (553, 555, 559f), 608¹⁹⁸ (555, 559f, 560, 561), 608²⁰⁹ (556, 559f, 597), 608²³⁵ (566), 612⁴⁷⁶ (597), 612⁴⁹³ (598), 613⁵¹² (600, 602f), 613⁵¹⁵ (600, 602f), 613⁵²¹ (603), 815³⁸³ (759), 815³⁸⁴ (759), 840⁶⁷ (833), 963⁵⁰ (938), 963⁵⁸ (940, 941); **5**, 240f¹, 273⁶³⁶ (215, 218), 628⁴⁹⁴ (617); **7**, 252²⁵ (231); **8**, 17²⁵ (12), 17³⁴ (12), 96⁷³ (37), 97¹⁶⁸ (55, 59), 100³²⁹ (93, 94), 100³³⁰ (93, 94), 100³³⁹ (94), 220³¹ (110), 222¹²⁵ (157, 157T, 158), 362⁷⁸ (288, 324), 364²⁴⁷ (324), 364²⁵² (324), 549⁴⁴ (504), 549⁴⁴ (504), 644¹⁶⁵ (629), 1007² (940), 1007⁵ (940), 1007⁷ (940), 1008⁷¹ (957), 1008⁹⁸ (969), 1009¹³¹ (976, 977), 1009¹³⁴ (977), 1009¹³⁵ (977), 1009¹³⁹ (977), 1009¹⁴³ (978), 1010¹⁶⁹ (984), 1010¹⁷⁰ (985), 1064¹⁴ (1016), 1069²⁸¹ (1056)
Petty, J. D., **1**, 115⁴¹ (50), 116⁷⁷ (57)
Petty, J. P., **7**, 44f³
Petukhov, G. G., **1**, 309⁵⁴³ (298), 584f⁸, 680⁶²⁵ (650), 680⁶²⁶ (650), 681⁶⁵⁹ (653); **2**, 510²⁷³ (436), 675⁸⁶ (639), 675⁸⁹ (640), 675⁹⁰ (640), 977⁴⁸⁷ (960); **3**, 702⁵⁰⁷ (687, 688), 978f⁷, 1004f²⁵, 1069⁸⁷ (978, 1000), 1071²⁰⁶ (1000), 1071²⁰⁷ (1000), 1071²⁵² (1010, 1043); **6**, 223⁸ (199, 201T), 748⁸¹⁶ (591); **7**, 457¹²⁹ (392)
Petukhov, V. A., **1**, 265f³, 303⁷² (265); **8**, 312f⁶³, 796¹²² (777)
Petz, W., **1**, 273f³¹; **4**, 320¹¹⁵ (254), 612⁴⁶⁴ (596), 612⁴⁶⁵ (596); **6**, 33⁹ (16), 806f⁴², 850f⁴⁶, 875¹²⁹ (783), 941¹⁷ (885T, 886, 893T, 894), 941¹⁸ (885T, 886, 889, 890T, 893T, 894), 941³¹ (894), 980³² (955, 959T)
Peuckert, M., **6**, 96¹⁹⁹ (53T); **8**, 382f²⁸, 388f¹, 389f¹⁰, 455⁷¹ (383, 387, 389), 455⁷⁵ (384), 643¹²⁹ (616, 617, 621T, 622T)
Peyronel, G., **6**, 1021f¹³³, 1021f¹⁴⁴
Peyronel, J. F., **8**, 481f⁵, 497⁷² (480)
Peyton, G. H., **1**, 117¹⁵¹ (77)
Pez, G. P., **3**, 279²⁵ (272), 279²⁶ (272), 328¹⁴⁸ (319), 328¹⁴⁹ (320), 398f⁶¹, 431²⁸⁷ (405), 557²¹ (550), 632²³⁶ (606, 607), 633²⁹⁷ (610); **4**, 812¹⁹² (719), 813²⁶¹ (737), 963¹² (933), 963⁴⁶ (938); **8**, 293f³, 367⁴¹⁵ (347), 382f², 454⁵⁵ (380), 1104²⁷ (1079)
Peziale, V. S., **2**, 882f¹⁵
Pfab, W., **5**, 264⁶ (3); **7**, 462⁴⁸⁴ (442)
Pfaffenberger, C. D., **7**, 195⁶⁷ (164), 226¹⁶⁸ (212, 213)
Pfajfer, Z., **4**, 508²³⁹ (441), 508²⁴⁰ (441)
Pfeffer, M., **4**, 241⁴⁸¹ (219); **5**, 267²²⁶ (48); **6**, 347³⁰⁴ (320), 347³²¹ (321), 347³²⁴ (321), 348³⁴³ (322), 348³⁴⁴ (322), 348³⁴⁵ (322), 348³⁴⁶ (322, 328), 348³⁸⁹ (328, 334T), 349⁴²³ (334T, 334f), 742³⁶¹ (523), 761¹⁶³⁹ (719, 723T), 806f⁶⁰, 841f¹⁰⁴, 841f¹⁰⁵, 845f²⁷⁶, 868f²⁶; **8**, 223¹⁶² (183)
Pfeffer, P. E., **7**, 42f²
Pfefferkorn, K., **8**, 938f¹
Pfeifer, C. R., **1**, 677⁴³⁷ (628, 634)
Pfeifer, G., **2**, 514⁵¹³ (468); **3**, 798f¹⁹, 798f³⁰, 863f⁴⁰
Pfeiffer, E., **3**, 1249¹⁵⁴ (1189), 1381⁸⁷ (1339); **5**, 275⁷⁷⁷ (254), 275⁷⁷⁸ (254); **6**, 226¹⁵¹ (203T, 205T, 206)
Pfeiffer, F., **1**, 696f²⁵
Pfeiffer, G., **8**, 706¹²⁴ (684)
Pfeiffer, H., **1**, 720⁵⁸ (690, 701, 705)
Pfeiffer, I., **1**, 696f²⁵, 720⁵⁸ (690, 701, 705)
Pfeiffer, P., **1**, 246³²² (194), 246³²² (194); **2**, 677¹⁹³ (652), 972¹⁸⁰ (896)
Pfeil, R., **1**, 539⁹⁰ (487, 491); **3**, 327⁹⁷ (306)
Pfister, A., **3**, 1248¹²⁸ᵃ (1183), 1248¹²⁸ᵇ (1183)
Pflegler, K. H., **2**, 976⁴¹⁷ (950)
Pfletschinger, J., **7**, 95f¹¹

Pfluger, C. E., **4**, 459f⁴, 459f⁴
Pfnür, H., **4**, 689⁴⁵ (667)
Pfohl, W., **1**, 671³⁶ (560, 563, 625, 629), 675²⁶⁹ (610), 675²⁷¹ (610, 629, 655), 677³⁹⁶ (625); **7**, 454² (367, 369, 372), 455³² (379)
Pfrengle, O., **4**, 506¹⁶³ (426, 427)
Pfützenreuter, C., **6**, 141¹⁴² (124T, 131)
Phala, H., **8**, 282¹²⁷ (269)
Pham, Q.-T., **1**, 245²⁴⁴ (182); **7**, 8f¹, 8f³
Philipp, F., **7**, 77f¹³
Philips, W. D., **4**, 649⁷⁹ (638)
Phillips, C. J., **7**, 14f¹
Phillips, C. S. G., **1**, 272f¹
Phillips, D. A., **5**, 622⁷⁵ (552, 557)
Phillips, F. C., **6**, 362⁵³ (357), 468³ (456)
Phillips, G., **6**, 747⁶⁹⁹ (579)
Phillips, J. C., **2**, 976⁴⁰⁶ (946)
Phillips, J. R., **1**, 308⁴²⁴ (292); **2**, 675¹¹⁵ (643); **5**, 76f⁵; **6**, 142²⁰² (134T, 138); **7**, 148f⁵
Phillips, K. A., **3**, 1084f¹²
Phillips, L., **2**, 972¹⁵⁸ (891); **4**, 819⁶⁴¹ (802)
Phillips, L. R., **2**, 190¹⁶⁹ (38)
Phillips, R. C., **2**, 525f⁴, 563f⁵, 571f¹, 622³⁶⁴ (568), 622³⁸⁷ (571), 631f¹⁴, 674⁴ (630), 677²²⁹ (654)
Phillips, R. F., **2**, 819¹¹² (788), 861¹⁴⁵ (855); **3**, 266¹⁶⁹ (201, 209)
Phillips, R. J., **1**, 728f³, 732f⁴, 732f⁵, 752¹¹ (726), 752¹² (726), 753⁴⁶ (734), 753⁴⁷ (734), 753⁴⁸ (734)
Phillips, R. L., **6**, 740²⁷³ (515), 761¹⁶³⁸ (719), 761¹⁶⁴⁹ (720)
Phillips, R. P., **3**, 170¹¹⁸ (148); **4**, 657f¹¹, 840⁵⁸ (831), 884³² (850), 885⁵⁵ (853), 907⁴² (898), 920³⁸ (917), 920⁴² (918), 1060²¹⁵ (1017), 1060²¹⁹ (1017, 1018), 1062³³⁵ (1042)
Phillips, S., **6**, 384¹⁰⁴ (376); **8**, 935⁵⁷⁹ (890)
Phillips, W. V., **7**, 107³⁹⁹ (54)
Phisanbut, S., **8**, 607¹²⁴ (566, 594T)
Phokeev, A. P., **3**, 701⁴²⁴ (679, 680)
Photis, J. M., **3**, 124f⁸⁰ᵃ (1172); **7**, 44f⁷
Phung, N.-H., **6**, 758¹⁴⁶⁷ (679); **8**, 385f⁹, 389f⁶, 459³¹⁹ (419), 550⁷¹ (517), 647³⁰⁶ (621T)
Piacenti, F., **4**, 328⁶⁶³ (314), 688⁶ (662), 810⁴² (697, 699), 810⁶⁵ (699), 814²⁸⁶ (744), 873f⁴, 873f⁹, 884⁶ (844), 886¹⁵⁸ (875, 879), 886¹⁵⁹ (875), 887²⁰² (883), 894f¹, 907¹⁴ (891), 907⁶⁸ (904), 963²⁷ (935), 963⁴² (937), 963⁴³ᵃ (937), 963⁴⁴ (938), 963⁵³ (940), 963⁵⁵ (940), 963⁶³ (940), 964¹²⁶ (951), 965¹³¹ (951); **5**, 39f³, 39f⁴, 267²³⁶ (53), 271⁴⁹⁰ (162, 170); **8**, 99²⁶¹ (75, 76, 79), 221⁵³ (116, 120, 123, 126, 128, 140, 142, 151, 152, 153), 221⁷⁷ (119, 121, 125, 126, 128, 130, 131, 132, 136, 140, 144, 152), 222⁹⁶ (122, 123), 222¹⁰⁵ (131), 222¹⁰⁹ (137, 138, 150, 188, 191, 210), 222¹³¹ (159), 223¹⁴¹ (166, 167, 168, 170), 223¹⁵⁴ (173, 175, 176, 179, 188, 189, 190, 191, 192, 194, 196, 200, 201, 206, 212), 364²⁷⁵ (328), 796¹⁰⁹ (775), 796¹²⁴ (788)
Piancatelli, G., **7**, 104²⁴⁰ (31)
Piau, F., **2**, 507⁷⁷ (407); **8**, 930²³⁴ (826, 832)
Picard, J.-P., **2**, 187³¹ (7, 83), 188⁸⁶ (22), 188⁸⁶ (22), 188⁸⁷ (23), 188⁹¹ (24), 192²⁷⁷ (71), 196⁴⁶² (113), 514⁴⁸⁷ (464); **7**, 648¹²¹ (541), 657⁶¹⁰ (631)
Picart, B., **2**, 299²⁰⁶ (251T)
Piccini, F., **7**, 101⁷⁷ (11)
Piccirilli, R. M., **1**, 60f³; **7**, 104²³² (31)
Piccolo, O., **7**, 106³⁷¹ (49); **8**, 497¹⁰⁷ (492), 771¹⁴⁷ (740, 744T, 745, 747T, 748T), 771¹⁵¹ (742, 744T, 752T)
Pichard, J.-P., **7**, 655⁵³⁵ (614)
Pichat, L., **7**, 104²²⁷ (30), 652³³⁴ (581); **8**, 772²⁰⁶ (741, 763T), 937⁷³⁰ (913, 914)
Pichler, H., **3**, 270⁴³⁶ (263); **4**, 907¹³ (891), 939f¹⁸, 963⁵⁴ (940); **8**, 96¹⁰⁴ (41), 96¹¹⁵ (43), 97¹⁵⁴ (50), 97¹⁵⁹ (51), 282¹⁵⁷ (273)
Pichuzhkina, E. I., **1**, 379⁴²³ (366)
Pickard, A., **8**, 99³²⁶ (92)
Pickard, A. L., **1**, 721¹⁰⁸ (701, 706, 707, 713), 721¹¹³ (701, 707, 712, 717); **6**, 262¹²⁶ (254), 262¹²⁷ (254), 741³¹⁰ (518), 751⁹⁹⁵ (621, 629), 752¹⁰⁴⁴ (629)

Pickard, P. L., **7**, 20f⁴
Pickardt, J., **1**, 247³⁵⁵ (198), 376²⁴⁶ᵃ (340, 347); **3**, 169¹⁰² (143), 424f², 842f¹⁹; **4**, 325⁴⁰⁸ (290), 840⁷⁸ (835); **5**, 288f¹², 306f⁷, 521⁸⁰ (288, 300), 523²¹² (303T, 305), 539¹²⁶² (503); **6**, 34⁹¹ (19T, 24), 1105f³
Pickel, H. H., **1**, 723²¹⁹ (715); **2**, 513⁴²⁰ (454), 513⁴²² (454)
Pickering, M. V., **7**, 87f⁹
Pickering, R. A., **2**, 971⁷⁸ (874); **3**, 1286f⁸, 1297f¹⁹, 1318¹⁰⁰ (1291, 1292), 1318¹⁰¹ (1291)
Pickett, A. W., **2**, 1018²⁰⁴ (1002)
Pickett, C. J., **3**, 629⁴⁵ (567, 568, 570, 583, 585, 586, 606, 609), 695³³ (650), 695³⁴ (650), 807f¹, 946¹⁴ (794), 1087f¹, 1264f¹; **4**, 33f¹⁸, 151¹¹⁴ (27), 151¹⁵² (38), 234⁴³ (164, 179), 241⁴³² (214, 215, 215T, 216, 224T), 320⁵⁶ (248, 255); **6**, 14⁹⁵ (10, 11); **8**, 1105⁷⁴ (1088), 1105⁷⁷ (1089), 1105⁷⁸ (1089, 1098), 1106¹⁰¹ (1098), 1106¹⁰³ (1099)
Pickett, W., **2**, 1018²⁰³ (1002)
Pickholtz, Y., **4**, 944f¹, 965¹³⁵ (952); **5**, 624¹⁹⁴ (568)
Pickles, G. M., **1**, 250⁵⁶⁹ (230), 754¹³⁰ (749); **7**, 513¹⁸⁹ (502, 507)
Pidcock, A., **2**, 303³⁹⁷ (295T), 303⁴⁰¹ (295T), 303⁴⁰⁶ (295T), 679³⁸¹ (669), 679³⁸² (669); **3**, 851f², 851f⁴³, 1070¹⁸³ᵇ (991), 1076⁵³⁰ (1056), 1211f⁷, 1251²⁸⁵ (1218, 1219), 1252³¹⁰ (1225), 1360f⁹, 1383¹⁹⁵ (1365), 1383²¹⁴ (1366); **4**, 159⁶⁴⁹ (149), 180f¹, 236¹⁶⁷ (180), 236¹⁶⁷ (180); **5**, 528⁵⁸⁰ (376), 623¹⁶⁷ (565); **6**, 384⁸⁸ (374), 737⁹⁷ (491), 741²⁹⁶ (517), 741²⁹⁷ (517), 741²⁹⁹ (517), 741³⁰⁰ (517), 741³⁰¹ (517), 741³⁰² (518), 741³⁰⁴ (518), 741³⁰⁷ (518), 742³⁸⁵ (526), 742⁴⁰⁹ (529), 744⁵¹⁵ (542T), 745⁵⁴⁹ (546T), 745⁵⁸⁷ (556), 1094f⁵, 1094f⁵, 1113²⁰⁶ (1096), 1113²⁰⁶ (1096); **7**, 656⁵⁸² (625); **8**, 1067¹⁹⁸ (1044)
Pidcock, A. L., **5**, 266¹³⁷ (29, 33, 35, 38, 39, 41)
Pierantozzi, R., **4**, 929³³ (927), 965¹⁷⁶ (961); **5**, 622⁵⁶ (550, 579); **6**, 737⁴⁸ (482), 871f¹¹⁹, 877²⁴⁴ (823); **8**, 367⁴³¹ (350), 607⁹⁴ (561, 562T, 594T, 605), 608²⁰⁸ (592)
Pierce, A. E., **2**, 201⁶⁴⁹ (159), 361⁹³ (319); **7**, 651²⁹³ (576)
Pierce, J. B., **2**, 192²⁸⁶ (73), 300²⁵⁰ (263)
Pierce, L., **3**, 102f⁹
Pierce, O. R., **2**, 362¹³⁸ (330), 362¹⁵³ (337)
Pierce, R. A., **2**, 193³³⁰ (84); **7**, 109⁵³⁸ (78)
Pierce-Butler, M., **2**, 198⁵⁴⁹ (131)
Pierdet, A., **8**, 368⁴⁶⁸ (353)
Pieronczyk, W., **6**, 99³⁶⁸ (90, 92T), 142¹⁷² (133T, 135); **8**, 471f⁷
Pieroni, O., **3**, 547¹³⁰ (542)
Pierpont, C. G., **1**, 259f²²; **3**, 86³⁹³ (52); **4**, 511⁴⁶⁴ (489, 490T), 648¹³ (617), 1062³⁰⁴ (1035), 1062³⁰⁵ (1035), 1062³⁰⁶ (1035), 1062³³⁷ (1042), 1062³³⁸ (1043); **5**, 628⁵⁰¹ (617, 618, 619, 620), 628⁵⁰⁴ (619); **6**, 14¹³⁰ (9), 35¹⁵⁷ (31), 99³⁷¹ (86), 140⁸⁸ (123T, 126), 263¹⁸⁴ (260), 263¹⁸⁵ (260), 278⁴² (266T, 273, 274), 344¹³⁴ (302), 383⁶³ (370), 383⁶⁴ (370), 751¹⁰⁰⁹ (622), 845f²⁶⁴
Pierrard, C., **2**, 187⁵⁵ (12, 30, 155), 201⁶⁴⁷ (158); **3**, 102f²⁴
Pierre, J.-L., **7**, 14f², 103¹⁷⁴ (25), 103¹⁷⁴ (25), 725³³ (669)
Pierron, E. D., **6**, 35¹⁴⁴ (25)
Piers, E., **7**, 99f³³, 728²³¹ (715)
Piersma, J. D., **3**, 430²¹⁹ (384)
Pierson, R. H., **1**, 304¹⁷⁵ (270)
Pierson, R. M., **8**, 711³⁶⁰ (701)
Pierspont, C., **6**, 841f¹⁰²
Piesbergen, U., **3**, 978f³, 1070¹⁷³ (990)
Pieter, R., **7**, 26f¹⁵, 98f¹²
Pieterse, A. I., **5**, 520⁴⁶ (283)
Pietra, F., **4**, 559f⁵, 602f²⁰
Pietrasanta, F., **7**, 224⁹² (205)
Pietro, W. J., **2**, 186²⁹ (6)

Pietropaolo, D., **4**, 158⁵⁷⁷ (135); **6**, 737⁹⁶ (491); **7**, 657⁶²⁷ (635)
Pietropaolo, P., **5**, 549f¹, 559f², 606f³
Pietropaolo, R., **2**, 976³⁷⁷ (940); **4**, 236¹⁸³ (183); **5**, 288f¹, 521⁶⁴ (285, 378), 529⁶⁰⁵ (378, 385), 533⁸⁵¹ (421), 558f¹¹, 622⁸⁶ (557, 620), 624²⁰⁰ (568, 620), 628⁵⁰⁸ (620); **6**, 345¹⁶² (306, 307), 347²⁸⁰ (316), 347²⁸¹ (316), 384⁹³ (375), 384¹²¹ (379), 443¹¹⁹ (401), 737⁹⁶ (491), 745⁵⁷² (553), 746⁶¹⁸ (561), 746⁶¹⁹ (561), 746⁶⁶¹ (566), 750⁹²³ (614T, 715T), 756¹³³³ (664), 757¹³⁸⁷ (672) 1110⁷ (1044); **8**, 929¹⁷⁷ (810)
Pietrusza, E. W., **2**, 196⁴²⁹ (109); **7**, 655⁵³⁷ (615)
Pietrzykowski, A., **5**, 268²⁵⁸ (69)
Pietzner, E., **5**, 68f⁷, 137f⁸, 270⁴¹³ (133); **6**, 96²⁰¹ (49, 53T)
Pignataro, S., **3**, 792f⁹, 1083f⁹, 1260f⁹; **5**, 27f⁵, 266¹²¹ (26), 267²⁰⁷ (43), 520⁴⁵ (283)
Pignolet, L. H., **4**, 812¹⁴⁴ (712), 820⁶⁶³ (809); **5**, 310f³, 523²⁵⁰ (307), 529⁶¹⁸ (380, 381), 539¹²⁶³ (307); **8**, 223¹⁸⁵ (215)
Pijpers, F. W., **1**, 120³¹⁴ (111)
Pijselman, J., **2**, 624⁴⁹³ (585), 624⁴⁹⁴ (585)
Pike, J. E., **7**, 651³²³ (579)
Pike, M. T., **7**, 252²³ (231)
Pike, P. E., **2**, 978⁴⁹¹ (961)
Pike, R. A., **2**, 196⁴⁷⁴ (116), 201⁶⁷⁸ (165)
Pike, R. M., **2**, 202⁷²⁵ (179), 510²⁷⁵ (437); **8**, 458²⁹³ᵇ (417)
Pike, S., **7**, 653⁴²³ (596), 654⁴⁷⁵ (599)
Pilbrow, M. F., **6**, 442⁹⁹ (399), 736²¹ (476, 477), 740²⁴⁶ (512, 513), 747⁶⁸³ (574, 574T), 747⁶⁹⁵ (577), 752¹⁰⁷⁷ (634)
Pilcher, G., **1**, 39f⁶ (2, 5, 6, 8, 38, 39), 39¹⁴ (5, 38), 302¹⁹ (256), 672¹⁰⁴ (576, 617); **2**, 832f³; **3**, 83²⁴⁵ (35), 788f⁵, 788f⁸, 1081f⁵, 1081f⁹, 1258f³; **6**, 12¹⁶ (5), 839f³²
Pilcher, J. G., **1**, 721⁸⁰ (693, 694)
Piliero, P. A., **3**, 266¹⁸⁹ (206, 210); **8**, 367⁴²² (348), 367⁴²³ (348)
Pillai, M. D., **7**, 511⁶² (482)
Pilling, R. L., **1**, 540¹⁷⁵ᵃ (515, 516, 518, 520, 535); **3**, 1250²¹⁹ (1203), 1382¹⁵⁶ (1356); **4**, 238²⁹⁴ (203); **6**, 383⁷¹ (371, 375), 840f⁷¹, 874⁶⁵ (771)
Pilloni, G., **1**, 752²³ (728, 737), 754¹¹⁹ (747, 749); **4**, 813²⁶⁴ (739, 792); **5**, 310f⁵, 522¹⁶⁴ (297), 523²⁵² (307), 529⁶⁰⁸ (379), 558f¹⁰, 621¹ (542), 622⁷³ (551), 622⁷⁴ (551, 557), 623¹¹³ (561), 623¹¹⁴ (561)
Pillot, C., **1**, 118²¹³ (89)
Pillot, J.-P., **2**, 188⁸⁶ (22), 189¹⁶⁵ (37), 189¹⁶⁶ (37); **7**, 646⁴ (516), 647⁴⁰ (524), 647⁹³ (537), 648¹¹⁸ (540), 648¹²¹ (541), 648¹²⁴ (542)
Pillsbury, D. G., **8**, 641²⁰ (634T), 769¹⁸ (722T, 723T, 732)
Pilotti, A.-M., **4**, 648⁵³ (631)
Pilson, M. E. Q., **2**, 1019²⁸⁵ (1012)
Pimenta, L. de O., **7**, 510³⁸ (475)
Pina, F. J. S., **3**, 1250²⁰¹ (1199, 1244), 1382¹³¹ (1346); **8**, 608²⁰⁶ (592)
Pinazzi, C., **1**, 374⁸⁸ (318); **7**, 224⁹⁵ (206)
Pinazzi, C. P., **7**, 225⁹⁷ (206), 225⁹⁹ (206)
Pince, R., **3**, 833f⁷, 1248¹³⁴ (1185, 1186), 1380⁷³ (1335); **5**, 520²⁸ (281)
Pincombe, C. F., **3**, 1073³⁵¹ (1025), 1076⁵⁰² (1052)
Pine, S. H., **3**, 328¹⁷³ (324); **7**, 95f⁹
Pines, A. N., **2**, 189¹⁶² (37)
Pines, H., **8**, 936⁷⁰⁵ (909)
Pinet-Vallier, M., **1**, 243¹²⁹ (170, 190)
Pinhas, A. R., **3**, 87⁴⁹³ (71), 87⁴⁹⁴ (71), 1067²⁴ (963), 1248¹¹⁰ (1180); **4**, 505⁷³ (398), 605²⁷ (517, 518, 519), 839¹⁰ (823); **5**, 527⁵⁰⁹ (360, 361, 416); **6**, 876¹⁷⁴ (793); **8**, 1009¹²⁷ (975), 1009¹²⁸ (976)
Pinhey, J. T., **2**, 677²⁵¹ (657), 678²⁶⁵ (658); **7**, 513¹⁸³ (500, 503), 513²¹⁸ (506)
Pinilla, E., **5**, 537¹¹²⁸ (475T, 489)
Pinillos, M. T., **5**, 539¹²⁹⁴ (292); **8**, 363¹⁵⁶ (301)
Pinke, P. A., **6**, 943¹⁵⁸ (910, 912); **8**, 641¹⁰ (628), 641¹³ (628), 641¹⁴ (628)

Pinkerton, A. A., **3**, 1252³⁴⁸ (1231); **4**, 380f²⁵, 463f⁶, 612⁴⁷⁵ (597), 612⁴⁸⁵ (565f, 597), 815³³⁵ (751), 815³³⁶ (751); **5**, 528⁵²³ (363); **6**, 743⁴⁵⁶ (533T)
Pinkerton, F. H., **7**, 653³⁸⁵ (589)
Pinkus, A. G., **1**, 243¹³⁵ (170), 245²³² (180); **7**, 102¹⁷³ (25), 102¹⁷³ (25)
Pinna, F., **8**, 609²³⁴ (594T), 609²³⁵ (594T)
Pinnavaia, T. J., **3**, 628¹⁸ (562, 563, 576), 628²⁶ (563), 628³⁰ (563, 564, 565), 629⁴⁰ (564, 565)
Pinnell, R. P., **6**, 35¹⁶⁴ (26)
Pinnick, H. W., **7**, 109⁵⁰² (71), 650²³⁸ (564), 651²⁹⁶ (576), 653³⁷⁴ (584, 586)
Pino, P., **1**, 125f¹¹, 150⁶⁶ (123, 128, 148, 149), 151¹²³ (128, 148), 674²¹⁴ (597, 608, 624), 674²¹⁹ (598, 655), 674²⁵⁹ (607, 624), 676³⁵² (624), 676³⁸⁷ (625); **3**, 328¹⁵⁷ (321), 474¹¹² (468), 546³⁷ (492), 546³⁸ (492), 547¹²⁸ (541), 547¹²⁸ (541), 547¹²⁹ (541, 542), 547¹³² (542, 543), 547¹³³ (542), 547¹³⁴ (543), 946¹ (784, 794), 1146¹ (1080, 1101), 1316¹¹ (1256, 1257); **4**, 149³ (5, 6), 320⁸⁵ (251), 321¹³⁰ (257), 328⁶⁶³ (314), 328⁶⁶³ (314), 504⁷ (381, 439), 568f², 605² (514, 545, 548, 549, 553, 569, 594), 648¹¹ (617), 664f², 689⁸⁵ (673), 689⁸⁷ (673), 814²⁸⁶ (744), 885⁷¹ (859), 887²⁰² (883), 963⁵⁵ (940), 963⁶² (940); **5**, 264¹⁶ (3, 4, 6, 8, 53), 264³⁶ (8), 267²²⁴ (48, 214, 216, 219, 220), 267²³⁶ (53), 267²³⁶ (53), 273⁵⁸⁰ (192, 203, 204), 530⁶⁷⁷ (392); **6**, 755¹²²⁸ (653), 755¹²⁹¹ (659), 756¹³⁰⁴ (660), 758¹⁴²⁵ (675), 876²¹⁸ (815); **7**, 363²⁵ (356), 455⁴³ (381), 456⁷⁸ (384), 462⁴⁹⁷ (443, 448), 656⁵⁵⁸ (619); **8**, 96¹²⁵ (44), 99²⁶¹ (75, 76, 79), 220⁶ (103), 220⁶ (103), 221⁴⁵ (112), 221⁵³ (116, 120, 123, 126, 128, 140, 142, 151, 152, 153), 221⁵³ (116, 120, 123, 126, 128, 140, 142, 151, 152, 153), 221⁶¹ (116, 140, 140T, 142), 221⁷⁷ (119, 121, 125, 126, 128, 130, 131, 132, 136, 140, 144, 152), 221⁷⁷ (119, 121, 125, 126, 128, 130, 131, 132, 136, 140, 144, 152), 221⁷⁹ (119, 121), 222⁹⁶ (122, 123), 222⁹⁶ (122, 123), 222¹⁰⁹ (137, 138, 150, 188, 191, 210), 222¹¹¹ (139), 222¹¹²ᵃ (140), 222¹¹⁷ (146), 222¹²³ (156, 157), 222¹²⁹ (159, 188, 189, 192, 193, 199, 202, 208, 212, 213), 222¹³¹ (159), 222¹³¹ (159), 222¹³² (159, 163, 164, 189, 192, 194, 198, 200, 207, 208), 222¹³⁶ (159, 170, 188, 199, 201, 202, 212, 214), 222¹³⁶ (159, 170, 188, 199, 201, 202, 212, 214), 222¹³⁷ (159, 170), 223¹⁴¹ (166, 167, 168, 170), 223¹⁴¹ (166, 167, 168, 170), 223¹⁵¹ (173, 174, 176, 177, 179, 180, 181, 182, 183, 184, 185, 186), 223¹⁵⁴ (173, 175, 176, 179, 188, 189, 190, 191, 192, 194, 196, 200, 201, 206, 212), 223¹⁵⁴ (173, 175, 176, 179, 188, 189, 190, 191, 192, 194, 196, 200, 201, 206, 212), 223¹⁶⁶ (188, 193, 198, 200, 203), 223¹⁸⁰ (210, 211), 223¹⁸³ (214, 215, 216, 217, 218, 219), 361¹⁵ (286), 368⁴⁸² (354, 355, 356f, 357, 358), 397f¹, 456¹⁶³ (396), 496³ (464, 483), 497⁷⁸ (483), 497⁷⁹ (483, 484, 485), 497⁸⁵ (485), 497⁸⁶ (485), 608¹⁹³ (586), 644¹⁷² (632), 796¹⁰⁰ (774), 796¹⁰⁹ (775), 1007¹ (940)
Pinsky, B. L., **3**, 700³⁹² (675, 676), 700³⁹³ (675, 676), 700³⁹⁴ (675); **5**, 275⁷²⁵ (245); **6**, 225¹⁰⁷ (192, 193T, 194); **8**, 1071³⁴¹ (1062), 1071³⁴¹ (1062)
Pinsonnault, J., **7**, 650²⁵¹ (567)
Pioch, R. P., **2**, 188¹¹⁵ (28)
Pioli, A. J. P., **3**, 269³⁶⁷ (242), 474¹⁰⁵ (465), 557⁶⁴ (556), 632²⁵⁸ (620), 645¹⁶ (637), 697¹⁷² (662)
Piotrowska, H., **1**, 378³⁶⁴ (361)
Pipal, J. P., **6**, 35¹¹⁹ (20T, 21T)
Pipal, J. R., **1**, 409⁴⁸ (391, 392), 455¹⁴⁶ (434), 537²⁰ (462, 473), 537²¹ (462, 473, 490, 505, 506, 536), 538³⁶ (468, 497, 498), 538³⁷ (469, 507, 536), 538⁴⁰ (470, 495, 497, 533), 538⁴¹ (471, 526, 527, 534), 538⁴² (471, 525, 526), 538⁴³ᵃ (466, 471, 526, 532, 534, 535), 538⁷⁰ (479, 496, 533), 539⁸⁸ (486, 526, 534), 539¹¹⁸ (494, 500, 533), 539¹²⁶ (497, 536T), 539¹²⁷ (498, 536T), 540¹⁵³ (505, 506, 536), 541²¹⁹ (526, 531), 542²²⁹ (532, 535), 553⁶⁴ (550); **3**, 1246²¹ (1155); **6**, 225¹⁰⁴ (220, 221, 215T), 226¹⁸² (214T, 216, 221), 944²¹⁵ (921, 924), 944²²⁶ (924), 944²²⁷ (924, 227), 944²²⁹ (925), 945²⁷³ (934T, 935)
Piper, T. S., **1**, 247³⁴⁴ᶜ (196); **2**, 713f⁴⁰, 761⁵⁹ (721), 974³⁰⁴ (924, 926); **3**, 168¹⁰ (91), 398f³, 799f²ᵃ, 971f⁵, 1086f²ᵃ, 1263f²ᵃ; **4**, 2f⁸, 156⁴⁶³ (124, 133), 158⁵⁸⁸ (136), 605¹⁴ᵃ (514); **5**, 255f⁵; **6**, 14⁸⁸ (9), 453¹⁰ (448), 1018f²¹
Pippard, D., **4**, 1058³⁶ᵃ (971), 1061²⁶⁰ (1026, 1027, 1050), 1062²⁸⁴ (1031), 1062³¹⁷ (1037), 1063³⁷⁰ (1050), 1063³⁷² (1050), 1064⁴²⁰ (1050)
Piraino, P., **4**, 690¹¹⁰ (677), 690¹¹¹ (677, 682), 811⁷⁴ (700, 703), 887¹⁸⁶ (881, 883), 887¹⁸⁷ (881); **5**, 373f¹⁷, 374f⁵, 528⁵⁶⁵ (369), 529⁵⁸⁸ (376), 529⁶⁰⁵ (378, 385), 533⁸⁵¹ (421), 549f¹, 558f¹¹, 559f², 559f², 559f¹⁵, 570f³, 606f³, 622⁸⁶ (557, 620), 624²⁰⁶ (569), 627⁴¹⁷ (601), 628⁵⁰⁸ (620); **6**, 737⁹⁶ (491), 876¹⁵⁸ (789)
Piras, P. P., **1**, 250⁵⁶⁵ (229); **7**, 106³⁵⁶ (48)
Pirazzini, G., **7**, 654⁴⁷³ (602), 657⁶⁰⁶ (631)
Pirelahi, H., **7**, 105³¹⁶ (42, 69), 108⁴⁸⁴ (69)
Piret, P., **3**, 1156f⁸, 1246²⁷ᵃ (1157), 1327f⁶, 1379²³ (1326); **4**, 326⁵¹⁴ (299), 553f⁶, 607¹⁷⁵ (549), 607¹⁷⁶ (549), 608²⁴⁶ (568f, 569), 610³³⁶ (583)
Piret-Meunier, J., **3**, 268²⁹⁸ (224)
Pirinoli, F., **3**, 1253⁴⁰⁵ (1245); **7**, 463⁵¹² (447); **8**, 551¹⁴⁴ (548)
Pirkes, S. B., **8**, 367⁴²⁴ (348)
Piron, J., **4**, 326⁵¹⁴ (299), 607¹⁷⁵ (549)
Pirozhkov, S. D., **8**, 362⁷⁶ (288)
Pirtskhalava, N. I., **1**, 306²⁸⁷ (283)
Piryatinski, V. M., **7**, 9f¹, 9f¹
Pisareva, I. V., **1**, 455¹⁷² (438), 541²⁰⁵ᶠ (523); **8**, 461⁴⁷² (447)
Pischtschan, S., **2**, 621²⁸⁸ (557)
Pisciotti, F., **1**, 246³²⁷ᵃ (194); **2**, 189¹⁶⁶ (37), 190¹⁷² (38), 299²⁰² (250); **7**, 646⁴ (516)
Piskunova, L. G., **1**, 115⁴⁵ (50); **7**, 64f¹
Pisman, I. I., **7**, 99¹⁰ (3); **8**, 645²²¹ (623T)
Pis'mennaya, G. I., **7**, 100³⁶ (4, 7)
Pitcher, E., **4**, 153²⁶⁰ (68, 140), 374⁶⁴ (345); **5**, 137f²⁶; **8**, 1067¹⁵⁸ (1040)
Pitcher, G., **3**, 1258f⁸
Pitkethly, R. C., **6**, 143²⁶¹ (105T); **8**, 606²² (553, 569, 597T, 598T), 608²⁰² (590, 591, 597T), 609²³⁸ (594T, 597T, 598T, 602T), 609²³⁹ (594T), 704¹² (672), 709²⁶⁹ (672)
Pitochelli, A. R., **1**, 552¹ (543), 552² (543)
Pitt, C. G., **1**, 722¹⁶⁰ (709); **2**, 300²⁶⁷ (265T), 392f¹, 392f², 395¹⁴ (366, 382, 388, 390, 391), 397¹²⁷ (391)
Pittam, D. A., **3**, 788f⁵, 788f⁸, 1081f⁵, 1081f⁹, 1258f³, 1258f⁸
Pittman, Jr., C. U., **3**, 833f³⁷, 1067³⁸ (967), 1076⁵⁰⁰ᵃ (1051), 1076⁵⁰⁰ᵇ (1051), 1383²⁰¹ (1365); **4**, 12f⁷, 325⁴⁶¹ (296), 479f⁴¹, 643f¹ 649¹⁰¹ (643), 965¹⁶⁹ (960), 965¹⁷⁰ (960); **5**, 266¹⁷⁵ (37), 267²¹¹ (44), 272⁵²³ (177); **6**, 34⁴⁷ (21T, 23, 26), 34⁶⁰ (21T, 26), 873⁹ (764); **8**, 98²²⁷ (61), 221⁸⁶ (120), 222¹⁰⁷ (137), 331f¹⁴, 364²⁷² (327, 348), 397f²², 457¹⁸⁹ (399), 462⁴⁹⁰ (453), 462⁴⁹¹ (453), 605² (553, 569), 605⁷ (553), 605¹⁷ (553), 606³¹ (554), 606³² (554), 606⁴¹ (555, 587, 588, 594T, 597T, 598T), 606⁴² (555, 569, 579, 587, 588, 594T, 597T, 598T), 606⁴³ (555, 579, 580, 594T), 606⁴⁵ (555, 569, 579, 597T, 598T, 601T), 606⁴⁹ (556, 557), 606⁵⁰ (556, 557, 590, 597T), 606⁵¹ (556, 593, 600T, 601T, 603), 606⁶⁵ (558, 596T, 602T), 606⁷¹ (558), 607¹⁰⁶ (564), 607¹⁰⁸ (564), 607¹⁰⁹ (564), 607¹¹⁰ (564), 607¹¹¹ (564), 607¹¹² (564), 607¹¹³ (564), 607¹¹⁴ (564), 607¹¹⁵ (564), 607¹¹⁶ (564), 607¹¹⁷ (564), 607¹¹⁸ (564), 607¹¹⁹ (564), 607¹²² (566), 607¹²³ (566), 607¹³¹ (568, 597T, 598T), 607¹³⁴ (569, 579), 607¹⁴¹ (569, 572, 589, 597T), 607¹⁴² (569, 597T), 607¹⁴³ (569, 597T), 607¹⁴⁴ (569, 590, 597T), 607¹⁴⁵ (570, 572, 594T, 597T, 598T), 608¹⁴⁶ (570, 572, 597T), 608¹⁴⁷ (572, 597T), 608¹⁵⁰ (574, 576, 598T), 608¹⁶² (588, 598T), 608¹⁶⁵ (579, 580, 594T), 608¹⁸² (581, 585, 597T), 608¹⁹² (586, 597T), 608¹⁹⁵ (586, 587, 588, 594T, 595T, 597T, 598T), 608¹⁹⁶ (586, 587, 588, 594T, 595T, 597T, 598T), 608¹⁹⁷ (588, 594T, 598T), 608¹⁹⁸ (588, 590, 594T, 598T), 609²¹¹ (593, 600T, 601T, 603), 609²¹² (593, 600T, 601T, 603), 609²¹⁶ (598T, 604), 609²²⁰ (605), 609²²¹ (605),

609^{226} (594T), 609^{232} (594T), 610^{279} (597T, 598T), 611^{338} (598T), 611^{339} (594T, 595T, 598T), 668^8 (651, 658T), 704^{25} (672, 673), 704^{26} (672, 673), 704^{27} (672), 707^{165} (690), 927^{64} (801), 931^{327} (846), 1069^{277} (1055), 1071^{340} (1062)
Pittorth, C. G. V., **2**, 186^{18} (4, 6, 8, 110)
Pitts, A. D., **1**, 540^{175a} (515, 516, 518, 520, 535); **3**, 1250^{219} (1203), 1382^{156} (1356); **4**, 238^{294} (203); **6**, 383^{71} (371, 375), 840f^{71}, 874^{65} (771)
Pitts, R. B., **3**, 1247^{96} (1177, 1182), 1380^{62} (1333); **4**, 11f^2, 234^{30} (164)
Pitts, W. D., **5**, 531^{738} (401); **6**, 741^{349} (522), 741^{352} (522, 537T)
Pitzer, K. S., **1**, 40^{39} (11), 583f^3, 671^{9b} (557, 562, 594, 624)
Pitzer, R. M., **6**, 143^{251} (102)
Piwinski, J. J., **7**, 105^{280} (36)
Pizey, J. S., **7**, 158^{52} (146, 149), 194^{21} (162, 163)
Pizzino, T., **6**, 748^{755} (586)
Pizzotti, M., **4**, 237^{225} (189T, 190), 322^{254} (271, 295), 324^{382} (288, 298), 690^{100} (676), 810^{37} (697, 700, 706), 811^{69} (700, 723, 744), 811^{93} (705), 811^{111} (707), 887^{163} (875), 963^{22} (935, 942); **6**, 749^{838} (595T); **8**, 280^{56} (248), 292f^{36}
Plaas, D., **4**, 840^{36a} (828)
Plabst, D., **3**, 904f^6
Plachky, M., **7**, 655^{527} (612)
Plackett, D. V., **4**, 689^{41} (667), 841^{81} (835), 963^{67} (941); **8**, 223^{157} (175)
Plamondon, J., **7**, 141^{50} (121), 223^9 (199), 252^{77} (239), 322^{38} (312) 322^{53} (316)
Planck, J., **5**, 418f^{11}
Plank, J., **3**, 270^{399} (254), 270^{400} (254), 698^{258} (668), 698^{262} (669); **4**, 606^{96} (530); **5**, 362f^{16}, 527^{513} (361), 532^{812} (416), 532^{813} (361, 416), 539^{1302} (360, 361), 539^{1303} (361, 416); **8**, 97^{180} (56), 221^{40} (111), 550^{60} (515)
Plankey, B. J., **6**, 33^5 (15, 16, 18, 21T, 22T)
Plante, M. S., **7**, 322^{41} (313)
Plappert, P., **7**, 101^{87} (13)
Plaquevent, J.-C., **7**, 101^{92} (13)
Plass, H., **1**, 120^{297} (107)
Plastas, H. J., **3**, 842f^4, 842f^5
Plastas, J. H., **3**, 833f^{33}
Platbrood, G., **8**, 367^{434} (350)
Plate, A. F., **7**, 656^{564} (621); **8**, 641^{50} (627T)
Plate, N. A., **8**, 611^{337} (602T)
Plath, P. J., **8**, 98^{220} (61)
Plato, V., **6**, 942^{82} (901, 902T)
Platonova, A. T., **2**, 506^{35} (403)
Platt, A. E., **1**, 308^{411} (291)
Platt, R. H., **2**, 617^{22} (523), 617^{25} (524), 620^{253} (554), 620^{254} (554), 622^{396} (571); **4**, 327^{591} (307); **6**, 1031f^{19}, 1036f^{11}
Plattier, M., **1**, 679^{569} (645), 679^{570} (645), 681^{692} (662); **7**, 224^{49} (201)
Platz, H., **7**, 196^{144} (178), 225^{106} (207)
Platzen, G., **5**, 266^{176} (37); **6**, 34^{43} (19T, 21T, 26); **8**, 606^{30} (554)
Platzer, H., **1**, 118^{217} (89)
Platzer, H. K., **3**, 883f^4, 886f^6
Platzer, N., **4**, 814^{314} (748); **5**, 536^{1089} (468), 627^{415} (601), 627^{422} (602)
Plazzogna, G., **2**, 618^{130} (540), 621^{332} (564), 621^{333} (564, 568), 677^{219} (654), 679^{341} (666), 975^{338} (930)
Plazzotta, M., **6**, 743^{474} (536, 536T, 540)
Plenat, F., **7**, 224^{92} (205)
Plenkina, O. N., **2**, 507^{53} (404, 420, 435)
Plešek, J., **1**, 453^{74} (426, 428, 435), 453^{74} (426, 428, 435), 453^{74} (426, 428, 435), 454^{96} (428), 454^{101} (429, 435), 454^{111} (430, 440), 454^{111} (430, 440), 455^{152} (435), 455^{152} (435), 455^{158} (435, 440), 455^{161} (436), 456^{190} (440), 456^{190} (440), 456^{191} (440), 456^{192} (440), 456^{224} (446, 447), 456^{237} (450), 540^{161} (510), 541^{191} (520), 541^{193a} (520), 541^{193b} (520), 542^{252} (535), 553^{32} (549, 550), 553^{34} (549), 553^{65} (550), 553^{67} (551), 740^{176a} (517); **6**, 226^{168} (214T, 220)
Pleshakov, V. G., **3**, 1072^{293} (1016)
Pleshkova, A. P., **2**, 508^{137} (412)
Plessi, L., **8**, 364^{260} (325)
Plesske, K., **3**, 697^{191} (663)
Pletcher, D., **1**, 245^{257} (185); **2**, 619^{200} (547); **3**, 695^{33} (650), 695^{34} (650), 807f^1, 946^{14} (794), 1087f^1, 1264f^1; **4**, 33f^{18}, 151^{114} (27), 151^{152} (38), 234^{43} (164, 179), 320^{56} (248, 255); **6**, 14^{95} (10, 11), 98^{293} (78), 99^{379} (75); **8**, 769^{33} (723T, 732), 770^{69} (723T, 732, 736), 770^{94} (736)
Plets, V. M., **3**, 264^{67} (180), 279^6 (271), 447f^{14}
Plevyak, J. E., **8**, 864f^1, 864f^3, 933^{456} (862)
Plieninger, H., **8**, 769^{28} (718T)
Plodinec, J., **1**, 119^{220} (89, 89T)
Plodinec, M. J., **1**, 251^{596} (234)
Ploeg, H. J., **8**, 456^{138} (394)
Ploeger, F., **4**, 841^{88} (836), 907^{55} (901)
Ploner, K.-J., **8**, 416f^6, 417f^2, 459^{351} (426, 427), 459^{352} (427), 668^{26} (655, 658T), 704^4 (681), 704^{43} (681, 682)
Plotkin, J. S., **1**, 453^{37} (420), 454^{105} (429), 454^{106} (429), 454^{106} (429), 456^{189} (440), 538^{58} (474, 481, 486, 494, 500, 501, 505), 539^{89} (486); **6**, 870f^{74}, 944^{190} (915), 944^{191} (915)
Plotová, H., **1**, 456^{237} (450)
Plowman, K., **4**, 256f^1, 321^{127} (256)
Plowman, K. R., **3**, 888f^2, 1318^{97} (1291)
Plowman, R. A., **4**, 34f^{73}, 151^{136} (36), 505^{82} (401); **8**, 1008^{95} (968)
Plueddemann, E. P., **2**, 336f^1, 337f^1
Plum, H., **2**, 617^{63} (530, 531), 617^{64} (531), 620^{219} (548, 549), 627^{721} (616)
Plummer, E. W., **4**, 689^{21} (665)
Pluschnov, S. K., **8**, 646^{278} (616, 622T)
Pluth, J. J., **3**, 265^{123} (188); **5**, 531^{717} (397, 433), 533^{916} (433, 490), 534^{917} (433), 538^{1215} (490); **8**, 298f^4, 317f^7, 361^{59} (288, 320, 321), 363^{205} (317), 363^{206} (317, 320), 496^{13b} (466, 473), 496^{37} (473), 496^{40} (474, 475, 476)
Pluzhnov, S. K., **8**, 643^{120} (622T), 644^{194} (616, 622T), 646^{277} (616, 622T), 646^{286} (622T)
Pluzinski, T., **3**, 696^{108} (656)
Plyasova, L. M., **5**, 554f^9; **6**, 738^{118} (494)
Plyukhina, V. N., **2**, 763^{175b} (757), 715f^{16}
Plzák, Z., **1**, 456^{192} (440), 456^{224} (446, 447)
Pobloth, H., **2**, 679^{368} (669); **4**, 309f^8, 327^{575} (306, 307); **6**, 1019f^{50}
Pochan, J. M., **3**, 362^{169} (345)
Pochopien, D. J., **4**, 816^{451} (766)
Pocknell, D., **2**, 362^{183} (350)
Poda, L. N., **2**, 300^{260} (265T)
Podall, H. E., **1**, 248^{394} (201, 207, 208, 230), 677^{446} (630), 677^{447} (630), 681^{699} (664), 681^{700} (664); **3**, 694^1 (648), 708f^1, 778^6 (706, 708), 786f^8, 786f^9, 1080f^7, 1080f^8, 1084f^2, 1256f^4, 1256f^6, 1261f^4; **4**, 149^{11} (6), 149^{13} (6)
Podd, B. D., **4**, 320^{64} (249, 285)
Podda, G., **1**, 250^{565} (229)
Poddar, R. K., **4**, 810^{23} (695), 810^{46} (697); **5**, 622^{53} (550)
Podder, S. K., **1**, 247^{387} (200), 677^{439} (628, 634)
Poddubny, V. G., **2**, 199^{570} (138)
Poddubnyi, I. Ya., **3**, 447f^{11}, 460f^9, 474^{83} (462), 474^{92} (463)
Podesta, J. C., **1**, 250^{569} (230), 754^{130} (749); **2**, 972^{186} (896); **7**, 513^{189} (502, 507)
Podgornaya, M. I., **5**, 554f^9
Podoplelov, A. V., **1**, 115^{44} (50, 103T)
Podvisotskaya, L. S., **1**, 242^{91} (164, 176), 455^{138} (432, 434), 455^{166} (437, 438); **2**, 975^{355} (935); **3**, 398f^{51}

Poë, A., **4**, 12f^{34}, 12f^{35}, 20f^1, 51f^{39}, 150^{20} (7), 150^{46} (15, 21), 150^{63} (20, 21), 234^{22} (163), 235^{96} (170), 235^{101} (171), 235^{102} (171), 509^{349} (464, 498), 810^{54} (699), 886^{155} (874, 875), 887^{164} (875), 887^{172} (878, 879), 887^{173} (879), 887^{175} (879, 880), 887^{176} (880); **5**, 264^{36} (8), 273^{598} (199); **6**, 841f^{125}, 841f^{126}, 841f^{130}, 842f^{140}, 842f^{150}, 876^{161} (790, 793), 876^{203} (808, 809, 817), 877^{221} (818), 877^{222} (818), 877^{236} (821), 1113^{179} (1088)
Poë, A. E., **4**, 163f^5
Poë, A. J., **3**, 82^{128} (16); **4**, 20f^1, 20f^2, 20f^2, 20f^4, 51f^{40}, 150^{19} (7, 19), 150^{35} (8, 21), 150^{58} (18), 150^{64} (20), 152^{197} (53), 163f^5, 234^{24} (164), 235^{95} (170), 235^{100} (171, 172), 320^{59} (249, 291), 688^8 (662); **5**, 266^{162} (35), 273^{592} (197), 273^{599} (199); **6**, 241^3 (235), 842f^{149}, 876^{162} (790, 808, 817), 876^{163} (790, 808, 817)
Poë, M., **4**, 649^{79} (638)
Poersch, F., **3**, 630^{131} (579)
Poesche, W., **1**, 376^{222} (344)
Poesche, W. H., **1**, 305^{237} (279)
Poeth, T., **7**, 726^{115} (689)
Poeth, T. P., **3**, 1004f^6, 1072^{254} (1010), 1211f^6
Poffenberger, C. A., **3**, 86^{393} (52); **6**, 99^{371} (86), 140^{88} (123T, 126)
Poggio, S., **3**, 269^{359} (239, 262)
Pogrebnyak, A. A., **4**, 380f^{17}, 608^{244} (568f, 569)
Pohl, H., **7**, 458^{233} (405)
Pohl, I., **2**, 625^{602} (600)
Pohl, R. L., **3**, 1072^{290} (1016), 1248^{118} (1182), 1248^{118} (1182), 1253^{391} (1240), 1380^{64} (1333); **4**, 29f^1, 151^{124} (29, 71), 240^{426} (213), 817^{513} (776), 817^{514} (776); **5**, 265^{56} (13); **6**, 227^{207} (205), 841f^{94}, 874^{60} (770, 807, 816), 1021f^{162}
Pohl, S., **3**, 842f^8, 842f^9
Pohl, U., **1**, 754^{106} (745), 754^{107} (745), 754^{126} (748)
Pohland, E., **2**, 676^{174} (651)
Pohlmann, J. L. W., **1**, 676^{376} (624), 696f^{26}, 721^{115} (701), 727f^5, 752^8 (726)
Pohmakotr, M., **1**, 249^{481} (215)
Pohmer, L., **1**, 244^{179} (175, 178)
Poilblanc, R., **3**, 798f^{10a}, 798f^{10b}, 833f^7, 833f^{10}, 833f^{11}, 833f^{12}, 833f^{16}, 833f^{18}, 833f^{62}, 833f^{70}, 833f^{71}, 833f^{89}, 833f^{90}, 833f^{93}, 1110f^5, 1248^{134} (1185, 1186), 1380^{73} (1335); **4**, 323^{322} (280, 306), 323^{323} (280), 323^{326} (280), 324^{329} (280), 324^{333} (281), 533f^9, 574f^4, 609^{266} (571, 574f), 813^{201b} (721, 722, 723); **5**, 32f^2, 34f^1, 35f^{17}, 35f^{18}, 51f^{11}, 266^{140} (30), 266^{153} (33), 266^{155} (33), 266^{163} (35), 267^{208} (44), 288f^{11}, 301f^1, 301f^2, 301f^6, 404f^{25}, 438f^2, 438f^5, 520^{28} (281), 521^{78} (287, 300), 521^{79} (288), 521^{93} (289, 298, 300, 427), 522^{165} (297), 522^{169} (300, 421), 522^{170} (300), 522^{171} (300), 522^{174} (300), 522^{181} (300), 529^{642} (384, 385), 529^{644} (384), 529^{646} (384), 533^{870} (426), 533^{871} (427), 533^{872} (427), 533^{873} (427), 627^{425} (602), 628^{474} (613, 614); **6**, 14^{101} (11), 34^{75} (20T, 21T, 22T, 32), 34^{81} (20T), 871f^{143}, 877^{239} (822), 987f^9, 1021f^{136}, 1021f^{150}, 1039^6 (988), 1039^{53} (995, 997); **8**, 221^{47} (113), 331f^{22}, 362^{92} (292), 364^{276} (328)
Poindexter, G. S., **1**, 241^{24} (157, 159, 171, 172)
Poirier, J.-M., **7**, 98f^{16}
Poirier, M., **2**, 509^{185} (422)
Poist, J. E., **2**, 190^{201} (46)
Pokatilova, S. D., **8**, 641^{15} (622T)
Pokorny, S., **5**, 535^{1032} (419, 482)
Pola, J., **2**, 298^{151} (242)
Polacek, J., **3**, 326^8 (283), 328^{164} (321)
Polak, R. J., **1**, 552^5 (543)
Poland, J. S., **1**, 696f^{14}, 719^9 (685, 686, 687, 709), 721^{138} (702, 703, 705, 712); **2**, 191^{255} (62), 501f, 507^{109} (410), 676^{149} (647); **3**, 1250^{210} (1201), 1381^{88} (1340), 1382^{140} (1349); **5**, 522^{176} (300, 496), 531^{728} (399, 400), 538^{1232} (494), 624^{233} (575); **6**, 980^{29} (956, 959T), 980^{34} (956, 959T), 1041^{132} (1013); **8**, 458^{250} (410), 1067^{193} (1043)
Polansky, O., **8**, 457^{214} (404)

Polansky, O. E., **3**, 87^{470} (67, 70); **4**, 508^{246} (442)
Polatebekov, N. P., **2**, 511^{329} (441)
Poletaev, V. A., **2**, 297^{88} (230), 298^{119} (236); **3**, 436f^{31}, 436f^{32}, 473^{17} (437), 1071^{235} (1008), 1071^{236} (1008)
Poletaeva, I. A., **8**, 769^9 (714T)
Poletti, A., **4**, 326^{470} (296); **6**, 227^{201} (210)
Poletto, J. F., **1**, 679^{578} (647); **7**, 460^{348} (420), 460^{349} (420)
Poletyeva, I. A., **6**, 445^{306} (426)
Polevy, J. H., **1**, 262f^{52}, 378^{330} (357)
Poli, A., **6**, 870f^{88}
Poli, R., **4**, 235^{120} (174, 183, 184)
Poliakoff, M., **3**, 81^{93} (12), 81^{94} (12), 81^{97} (12), 82^{127} (16), 82^{129} (16), 1318^{99} (1291, 1292); **4**, 319^{30} (246), 319^{47} (247, 248), 319^{48} (247), 319^{49} (247), 320^{52} (248), 320^{53} (248), 321^{128} (257), 321^{163} (261), 326^{476} (296), 689^{27} (666), 886^{138} (871), 886^{139} (871), 1057^{12} (969, 987), 1057^{13} (969)
Polichnowski, S. W., **3**, 1317^{32} (1279, 1280), 1317^{43} (1278, 1279), 1317^{44} (1278, 1279); **8**, 551^{106} (528, 542)
Polikarpov, V. B., **2**, 820^{129} (790), 820^{129} (790); **6**, 748^{816} (591)
Poliner, B. S., **3**, 1030f^2, 1074^{375} (1031)
Polinin, E. V., **7**, 110^{597} (93)
Polis, A., **2**, 186^6 (3)
Polishchuk, V. R., **2**, 972^{171} (895)
Politzer, I. R., **7**, 44f^4, 98f^{20}
Polivka, Z., **7**, 195^{54} (163), 195^{55} (163), 251^8 (230), 251^9 (230), 252^{46} (234)
Pollack, S. K., **2**, 186^{29} (6)
Pollard, D. R., **1**, 753^{81} (738)
Pollard, F. H., **2**, 188^{106} (27)
Pollard, R. T., **1**, 720^{79} (693)
Poller, R. C., **2**, 503f^2, 506^{15} (402, 403, 418, 419, 424, 469), 512^{370} (445), 553f^1, 554f^1, 565f^1, 616^3 (522, 523, 529, 552, 557, 559, 586), 617^{26} (524), 618^{110} (538), 619^{171} (545), 619^{182} (545, 546, 547), 621^{293} (558), 621^{327} (563), 622^{355} (567), 622^{356} (567), 627^{706} (614), 627^{709} (615), 704^{13} (684), 1016^{83} (987, 990, 999), 1017^{174} (999); **3**, 732f^{15}; **6**, 348^{387} (328), 446^{363} (441); **7**, 724^5 (662)
Pollicino, S., **7**, 106^{337c} (46)
Pollick, P. J., **4**, 107f^{79}, 155^{403} (111), 323^{286} (276), 325^{448} (294), 649^{75} (638)
Pöllmann, P., **2**, 787f^5, 819^{110} (787); **4**, 153^{235} (61); **5**, 522^{198} (302T)
Pollock, D. F., **4**, 508^{269} (445), 815^{386} (759); **6**, 383^{54} (368, 373, 377, 382), 383^{57} (368, 373, 377, 382), 383^{82} (373, 382), 442^{66} (395, 429), 468^{11} (456, 460), 468^{12} (456, 460)
Pollock, L. W., **8**, 368^{480} (354)
Pollock, R., **5**, 621^{16} (544, 551)
Pollock, R. J. I., **6**, 740^{274} (515), 745^{557} (547), 745^{586} (556), 746^{659} (566), 749^{842} (596, 597), 749^{844} (597)
Polm, L. H., **4**, 509^{335} (459), 841^{87} (836), 841^{88} (836), 841^{89} (836), 907^{55} (901); **6**, 843f^{213}
Polmanteer, K. E., **2**, 345f^1, 362^{138} (330), 362^{149} (334), 362^{153} (337), 362^{168} (345)
Poloni, M., **7**, 101^{125} (18)
Polovyanyuk, I. V., **3**, 1072^{277} (1014)
Polozov, B. V., **2**, 507^{100} (409)
Polster, R., **1**, 674^{223} (598)
Polston, N. L., **1**, 304^{184} (270), 309^{536} (298); **7**, 142^{141} (138), 142^{143} (138), 158^{61} (146), 195^{75} (166), 196^{117} (173), 196^{124} (175), 226^{218} (219, 220, 221, 221f, 222, 223), 322^{47} (315), 347^{39} (344)
Polunir, A. A., **5**, 522^{131} (294)
Polyakova, M. V., **2**, 511^{325} (441)
Polynova, T. N., **2**, 696f^9
Polzonetti, G., **6**, 98^{288} (55T, 60T, 80)
Pombeiro, A. J. L., **3**, 1143f^8, 1148^{122} (1144); **4**, 236^{177} (182, 224T, 227, 228, 229), 236^{177} (182, 224T, 227, 228, 229); **8**, 1104^9 (1075)
Pomerantseva, L. A., **6**, 14^{136} (8)

Pomerantseva, M. G., **2**, 197^{475} (117, 118, 119), 360^{44} (313); **6**, 758^{1424} (675)
Pomeroy, R. K., **3**, 120f^7, 120f^{16}, 948^{167} (871); **4**, 328^{618} (310), 328^{625} (310), 657f^1, 810^{53} (699), 813^{229b} (726, 734), 884^7 (844), 920^{12} (910, 913, 914, 919), 920^{19} (911), 920^{27} (913), 920^{28} (913), 920^{29} (913, 914), 920^{32} (914, 915), 921^{45} (919), 921^{47} (919), 1064^{414} (1022); **6**, 1061f^{12}, 1080f^8, 1111^{85} (1063), 1111^{86} (1064), 1112^{127} (1073, 1076), 1112^{151} (1083)
Pommerening, H., **1**, 304^{137} (269); **2**, 202^{699} (170)
Pommier, J.-C., **1**, 244^{195} (176), 681^{696} (664); **2**, 201^{650} (159), 513^{436} (455), 616^{15} (522), 617^{57} (529), 617^{58} (529), 623^{447} (578), 623^{476} (583), 623^{477} (583), 623^{481} (583), 625^{595} (600), 625^{612} (601), 625^{613} (601), 625^{615} (601, 602), 625^{618} (602), 626^{619} (602); **3**, 700^{356} (673), 1073^{323b} (1021), 1073^{349} (1025), 1074^{392} (1032); **5**, 275^{718} (244); **6**, 224^{62} (190), 225^{105} (190), 226^{152} (190); **7**, 650^{226} (561)
Pomogailo, A. D., **8**, 610^{307} (599T)
Pompas, G., **8**, 549^{17} (502), 549^{18b} (502)
Pomykáček, J., **7**, 510^{18} (471)
Poncelet, G., **8**, 98^{207} (61)
Pondaven-Raphalen, A., **8**, 934^{547} (884, 885)
Ponec, V., **8**, 95^{25} (25, 27, 28), 96^{88} (41, 49, 52, 54), 97^{164} (54), 361^{71} (288)
Pönicke, K., **2**, 623^{452} (579)
Ponomarenko, V. A., **2**, 186^{21} (4), 196^{430} (109), 509^{166} (419); **7**, 655^{536} (614)
Ponomarenko, V. I., **8**, 705^{93} (674T)
Ponomarev, G. V., **3**, 698^{233} (666)
Ponomarev, O. A., **3**, 546^{36} (492, 502)
Ponomarev, S. V., **2**, 507^{97} (409), 508^{119} (410), 508^{132} (411), 623^{459} (581)
Ponomarev, V. I., **3**, 1070^{170} (989)
Ponosova, E. S., **2**, 512^{354} (445)
Pont, L. O., **6**, 224^{26} (213T, 214T, 215T)
Pontenagel, W. M. G. F, **2**, 620^{264} (555), 713f^{26}, 761^{78} (724, 758)
Ponti, P. P., **6**, 753^{1094} (635)
Ponticello, G. S., **7**, 653^{383} (589)
Pontier, A., **1**, 379^{402} (364)
Poon, Y. C., **2**, 187^{31} (7, 83)
Poonia, N. S., **1**, 245^{231} (180)
Pooranamoorthy, R., **7**, 513^{186} (501, 503), 727^{180} (705)
Popa, V., **4**, 507^{212} (437)
Pope, A. E., **1**, 302^{22} (257)
Pope, L., **4**, 344f^2, 610^{349} (586), 815^{333} (750)
Pope, W., **1**, 246^{322} (194)
Pope, W. J., **1**, 247^{338} (196), 247^{338} (196); **2**, 817^4 (766, 786); **6**, 740^{256} (514), 747^{726} (583, 585), 747^{736} (585)
Popelis, J., **2**, 202^{689} (167)
Popescu, I., **7**, 461^{424} (433)
Popkov, K. K., **2**, 361^{64} (315)
Pople, J. A., **1**, 42^{199} (39), 42^{201} (39), 117^{137} (73), 117^{156} (77, 99, 101), 117^{156} (77, 99, 101), 117^{158} (77, 79), 117^{160} (77), 119^{237} (93), 119^{269b} (102), 120^{298} (107), 149^{12} (122), 149^{21} (122), 149^{23} (122), 304^{152} (269), 304^{170} (270); **2**, 187^{43} (10)
Popodko, N. R., **6**, 96^{217} (88)
Popov, A. F., **1**, 674^{263} (608), 677^{395} (625), 677^{403} (625), 678^{477} (632)
Popov, A. I., **2**, 300^{266} (265T)
Popov, A. M., **6**, 442^{107} (400)
Popov, G., **7**, 100^{43} (6)
Popov, V. G., **3**, 547^{102} (531); **8**, 642^{72} (618)
Popov, V. I., **2**, 706^{93} (693, 694, 698)
Popova, A. G., **7**, 14f^8
Popova, T. V., **2**, 908f^9, 975^{323} (927)
Popowski, E., **2**, 202^{688} (166)
Popp, G., **1**, 150^{103} (126), 151^{178} (140), 152^{179} (140), 152^{180} (140), 152^{197} (144, 148), 152^{198} (144, 148), 552^7 (543), 552^8 (543); **3**, 1051f^5
Popp, W., **2**, 198^{535} (128), 678^{308} (662); **4**, 12f^{17}, 509^{312} (452), 608^{197} (555, 559f, 560, 561)
Poppinger, D., **1**, 42^{200} (39), 118^{165} (79)

Poppitz, W., **6**, 142^{179} (123T, 124T, 128)
Popplestone, R. J., **8**, 435f^{12}, 461^{425} (436, 447), 704^{15} (691, 692T), 705^{87} (691, 693T, 695T, 696T, 697), 932^{378} (850)
Porai-Koshits, M. A., **2**, 696f^9; **3**, 714f^{10}, 714f^{12}, 714f^{13}, 737f^{14}, 753f^5; **5**, 570f^2, 625^{317} (589, 594); **6**, 383^{42} (366, 370), 443^{159} (405) 1036f^1, 1040^{103} (1005, 1010)
Pornet, J., **1**, 243^{160} (174); **7**, 14f^5, 101^{100} (15), 648^{110} (539), 648^{110} (539)
Porret, J., **1**, 248^{427} (207), 248^{427} (207); **3**, 461f^{36}, 474^{64} (450), 474^{124} (472)
Porret, R., **3**, 460f^{11}
Porri, L., **3**, 84^{251} (35), 426^{16} (336, 377f), 474^{111} (467), 546^{63} (503), 546^{64} (503), 547^{121} (539), 547^{125} (541), 547^{126} (541); **4**, 814^{296} (745), 815^{371} (756, 758, 759, 776, 805), 819^{653} (806), 958f^5, 958f^6, 958f^7; **5**, 213f^8, 273^{644} (217, 218), 531^{780} (411, 439, 453), 531^{781} (411, 439, 508), 532^{823} (418, 448), 532^{824} (418, 419, 447, 448), 533^{862} (421, 439, 440), 538^{1251} (499), 538^{1252} (499), 539^{1276} (508), 628^{479} (614); **6**, 94^{86} (51, 53T), 94^{86} (51, 53T), 142^{165} (108), 180^{30} (163, 165T), 180^{63} (158, 159T, 164, 165T, 173T, 173), 231^{15} (230), 277^4 (266T, 266), 277^4 (266T, 266), 442^{106} (400), 446^{361} (441); **7**, 463^{503} (443, 445, 450); **8**, 453^1 (372), 669^{85} (665), 669^{86} (666), 708^{202} (701), 770^{84} (730), 795^{82} (790)
Porsch, P. H., **7**, 105^{310} (41)
Pörschke, K. R., **6**, 95^{143} (46, 50T), 96^{192} (39, 43T, 46, 50T), 96^{193} (39, 46, 50T), 140^{95} (114), 142^{184} (104T, 115T), 143^{222} (115T)
Porta, F., **4**, 237^{225} (189T, 190), 322^{254} (271, 295), 324^{382} (288, 298), 690^{100} (676), 810^{37} (697, 700, 706), 811^{69} (700, 723, 744), 811^{93} (705), 811^{111} (707), 887^{163} (875), 963^{22} (935, 942), 965^{187} (962); **6**, 739^{230} (509T), 749^{838} (595T); **8**, 99^{283} (80), 280^{56} (248), 292f^{36}
Porta, P., **5**, 627^{391} (599)
Porte, A. L., **3**, 702^{493} (685), 736f^6, 736f^{13}, 767f^{16}, 768f^1, 772f^4, 781^{200} (773)
Porter, A. S., **7**, 512^{126} (491, 492)
Porter, C. W., **2**, 707^{168} (702)
Porter, G., **2**, 627^{696} (613)
Porter, J., **7**, 95f^6
Porter, N. A., **2**, 882f^{22}
Porter, R. A., **4**, 813^{223} (725), 962^8 (932); **8**, 366^{359} (341)
Porter, R. F., **1**, 310^{589} (301)
Porter, S. J., **5**, 271^{503} (167); **6**, 868f^{29}, 875^{134} (784)
Porter, S. K., **6**, 349^{420} (334T, 334f)
Portman, O. W., **2**, 1018^{237} (1005)
Portnykh, E. B., **2**, 299^{176} (246); **3**, 1071^{235} (1008)
Porzi, G., **1**, 60f^7
Porzio, W., **4**, 812^{178} (718, 719); **5**, 137f^{27}, 270^{409} (132), 534^{935} (435), 535^{1030} (407), 626^{343} (592, 595), 627^{451} (607); **8**, 292f^{47}
Posey, R. G., **6**, 181^{94} (160T, 162), 181^{105} (160T, 162)
Posin, B., **3**, 557^{57} (555), 633^{276} (622, 624), 646^{47} (642, 643, 644); **8**, 305f^{44}
Poskozim, P. S., **2**, 516^{585} (479)
Posner, G. H., **1**, 119^{243} (95); **2**, 754f^2, 754f^6, 760^3 (710, 745, 754), 760^6 (710, 751), 763^{169} (753), 763^{173} (755); **7**, 109^{542} (79), 301^{139} (291), 649^{166} (552), 727^{158} (700, 709), 727^{159} (700, 701, 702), 727^{170} (703), 727^{170} (703), 727^{171} (703), 727^{174} (704), 727^{176} (704), 728^{193} (707), 728^{193} (707), 728^{219} (713), 728^{230} (715), 728^{231} (715), 728^{231} (715)
Posniak, A., **6**, 739^{179} (501)
Posno, T., **5**, 529^{626} (381); **6**, 943^{147} (910, 909T)
Pospíšil, J., **1**, 116^{94} (61)
Post, B., **2**, 201^{665} (162)
Post, E. W., **1**, 300f^3; **4**, 12f^{15}, 241^{491} (223, 224T), 511^{426} (484); **8**, 1067^{167} (1041)
Post, H. W., **2**, 675^{108} (642)
Postgate, J. R., **8**, 1106^{119} (1103)
Postle, S. R., **4**, 602f^6

Postnikova, T. K., **1**, 722[194] (712); **2**, 820[129] (790); **3**, 702[507] (687, 688), 702[511] (688)
Postnov, V. N., **3**, 1305f[6], 1318f[24] (1301)
Posynskii, A. A., **6**, 384[139] (382)
Potapov, V. M., **7**, 101[92] (13)
Potapova, T. V., **1**, 540[179a] (517), 552[15] (545)
Potenza, J., **2**, 908f[4]
Potenza, J. A., **2**, 974[285] (920, 921, 935); **3**, 1247[88a] (1175), 1247[88b] (1175, 1240)
Potier, A., **1**, 125f[7], 150[92] (124, 127, 130), 151[130] (130), 151[131] (130, 131, 132)
Potsepkina, R. N., **1**, 682[720] (669)
Potter, D. E., **1**, 115[37] (49, 103T); **7**, 110[596] (93)
Potter, H. R., **2**, 680[398] (673), 1017[115] (994, 1000), 1018[180] (1000, 1001), 1020[318] (1010f)
Potter, L., **2**, 1020[315] (1006f)
Potthast, R., **6**, 873[25] (764)
Potts, D., **2**, 512[381] (447), 527f[3], 622[368] (568), 622[377] (570), 678[276] (660); **3**, 797f[13], 879f[12b], 949[218] (881), 1085f[14], 1262f[14]
Potvin, C., **4**, 814[314] (748), 814[316] (749), 814[317] (749), 814[327] (750), 814[327] (750)
Potyagailo, E. D., **3**, 406f[13]
Pouet, M.-J., **1**, 118[172] (81, 83), 379[402] (364); **3**, 1246[51] (1161); **7**, 110[563] (83)
Poulin, J-C., **5**, 537[1148] (477, 489); **8**, 471f[2], 471f[10], 481f[1], 496[26] (469, 470), 496[29] (470), 498[118] (495), 583f[1], 608[179] (581, 582, 600T), 608[180] (581, 600T)
Poulos, A. T., **5**, 623[150] (564), 623[151] (564), 626[378] (598)
Poulter, C. D., **7**, 101[88] (13), 725[26] (667)
Pound, R. V., **3**, 126f[3]
Pounds, J., **2**, 302[367] (290)
Pourcelot, G., **2**, 676[140] (643)
Pourzal, A.-A., **1**, 377[281] (351)
Poutsma, J. L., **8**, 98[201] (59)
Povarnitsyna, T. N., **1**, 151[168] (139), 151[169] (139); **7**, 102[150] (23f), 102[151] (23f)
Poveda, M. L., **6**, 100[421] (50T, 54T, 58T, 59T, 64, 72, 73, 85, 91T); **8**, 795[61] (791)
Povelikina, L. N., **2**, 882f[24]
Povey, D. C., **2**, 618[153] (542, 543)
Povey, W. T., **5**, 280f[7], 282f[6], 285f[1], 291f[1], 520[17] (280, 339)
Povinelli, R. J., **2**, 675[92] (640)
Powell, A. R., **5**, 531[718] (398, 399); **6**, 241[36] (239, 240), 278[56] (266T, 276); **8**, 927[41] (801)
Powell, D. B., **2**, 821[204] (813); **4**, 324[345] (283), 907[66] (903), 1059[149] (992); **6**, 34[50] (19T, 20T, 28), 361[34] (354), 383[73] (372), 753[1125] (638), 755[1245] (654), 755[1257] (654, 655)
Powell, D. J., **6**, 755[1263] (654, 656)
Powell, D. L., **2**, 201[666] (163), 510[274] (437), 677[213] (654)
Powell, E. W., **5**, 275[767] (252)
Powell, H. B., **2**, 940f[5], 940f[7], 975[360] (935), 975[360] (935)
Powell, H. M., **1**, 259f[22], 732f[15], 753[42] (733); **2**, 819[112] (788), 819[113] (788); **3**, 697[199] (664), 1337f[19]; **4**, 12f[23], 321[122] (255), 322[217] (268), 322[218] (268), 322[225] (269); **5**, 268[250] (65), 627[391] (599); **6**, 384[97] (376), 743[464] (534T), 743[472] (536T), 754[1201] (649T), 805f[17], 806f[26], 806f[66], 841f[122], 843f[199], 843f[200]
Powell, J., **3**, 126f[4]; **4**, 810[59] (699, 746), 812[148] (714); **5**, 273[629] (211), 296f[2], 344f[5], 353f[7], 353f[16], 438f[3], 522[136] (296, 348, 499), 526[421] (343, 344, 350), 526[447] (348), 531[723] (398, 421), 535[1042] (461, 462, 470, 472T), 536[1059] (463), 537[1184] (483, 497, 499, 500, 506, 507, 508), 538[1247] (497, 499, 500), 538[1253] (499, 500), 539[1292] (520), 624[213] (572, 595, 597); **6**, 261[29] (245), 262[135] (254), 278[37] (266T, 273), 278[38] (273), 343[29] (283), 349[416] (332), 349[417b] (333, 334T), 442[82] (396, 421), 442[83] (397), 442[84] (397), 443[128] (402), 443[142] (403), 444[185] (408, 410, 411, 412, 413, 414, 416, 420, 430), 444[189] (408), 444[205] (410, 422), 444[209] (410), 444[223] (412, 415, 420), 444[225] (413, 422), 444[253] (420), 445[262] (421), 445[277] (422), 445[288] (423), 446[358] (439), 446[359] (440), 446[362] (441), 446[364] (441), 454[25] (450), 454[26] (450), 468[25] (458), 468[25] (458), 469[47] (463), 469[47] (463), 754[1225] (653), 755[1232] (653), 761[1618] (715T), 761[1620] (715T), 761[1667] (729), 761[1681] (731), 761[1682] (731); **8**, 280[53] (247), 281[74] (255), 453[2] (372), 927[52] (801), 928[92] (803), 928[95] (803), 928[112] (804), 929[166] (810), 930[245] (829)
Powell, K. C., **5**, 531[741] (405)
Powell, K. G., **5**, 531[740] (405); **6**, 746[678] (573), 746[680] (573); **8**, 551[123] (533)
Powell, P., **1**, 39[5] (2, 8, 12, 38, 39), 272f[1], 305[200] (273); **3**, 83[210] (30), 1246[35] (1158), 1252[365] (1233), 1383[238] (1373); **4**, 611[418] (592), 814[328] (750); **5**, 535[991] (447, 448, 449, 511), 537[1173] (480, 511); **6**, 228[256] (191, 193T), 444[238] (418), 941[12] (884, 885T), 941[24] (887, 888T, 889, 891T, 892, 893T)
Powell, R. E., **7**, 335[16] (326)
Power, J., **6**, 141[156] (103, 104T)
Power, P. P., **2**, 194[385] (96, 129), 194[386c] (96, 129), 198[538] (129), 198[539] (129), 501f[9], 502f[6], 505f[6], 506[20] (402, 410, 422, 423, 447, 448, 449, 450, 451, 455, 456, 457, 458, 473, 474, 475, 480, 482, 490, 502, 504, 505), 515[565] (474, 480, 481, 482, 490, 505), 516[595] (480, 482), 517[668] (490), 625[572] (596), 704[4] (683); **3**, 427[74] (354), 474[67] (451), 557[19] (550); **6**, 741[316] (518, 521), 1061f[14], 1111[58] (1054, 1065); **7**, 107[398] (53, 54)
Power, W. J., **3**, 695[82] (654); **4**, 504[31] (385); **5**, 265[63] (14); **6**, 13[45] (7), 14[107] (12), 141[99] (103, 104T), 141[129] (128), 141[155] (103, 120), 141[156] (103, 104T), 141[157] (103, 104T), 141[158] (104T, 120), 261[51] (247); **8**, 708[242] (679)
Powers, D. R., **3**, 948[160] (867)
Powers, J. C., **1**, 150[108] (127)
Powers, M. J., **4**, 510[412] (482); **8**, 1071[339] (1062)
Poynter, R. L., **1**, 420f[2], 420f[6]
Poyntz, R. B., **6**, 752[1040] (628)
Pozamantir, A. G., **1**, 681[677] (659); **7**, 457[171] (397)
Pozdeeva, A. A., **6**, 96[217] (88)
Pozdnev, V. F., **3**, 126f[6]; **7**, 226[199] (217)
Pozzi, R., **4**, 460f[3]
Praat, A. P., **5**, 534[950] (439, 453); **6**, 444[218] (411, 413, 414, 415), 444[222] (412, 415, 417), 444[232] (415), 444[233] (415), 444[236] (417), 445[254] (420), 759[1494] (685), 759[1495] (685)
Prabhu, N. V., **2**, 1020[313] (1006f)
Pracejus, H., **2**, 893f[3]; **6**, 345[166] (306, 308), 346[228] (312T, 312); **8**, 392f[7], 392f[8], 439f[3], 439f[8], 456[125] (392), 456[126] (392), 457[188] (399), 458[259] (411, 412), 461[437] (439), 608[167] (581, 595T), 610[294] (598T), 927[34] (800), 932[384] (850)
Pracht, H. J., **2**, 199[579] (140)
Pradat, C., **8**, 339f[24], 362[135] (297, 328)
Pradel, J. P., **2**, 511[294] (438)
Pradilla-Sorzano, J., **6**, 755[1252] (654)
Praefcke, K., **2**, 202[720] (176); **7**, 66f[11], 655[500] (606)
Praeger, D., **2**, 976[401] (946), 976[403] (946, 948)
Prager, R. H., **7**, 300[110] (285), 301[160] (294)
Prakash, G. K. S., **1**, 453[31] (419, 420)
Prakash, H., **2**, 506[33] (403)
Pralaiud, H., **8**, 550[51] (512, 517)
Prange, U., **8**, 796[144] (780)
Prasad, H. S., **1**, 151[174] (140), 250[516] (222); **2**, 622[402a] (572), 707[145] (699), 707[146] (699)
Prasanna, S., **7**, 67f[4]
Prasch, A., **3**, 833f[85], 1250[236] (1206, 1218); **4**, 689[55] (668), 812[187] (718), 1058[81a] (978), 1058[81b] (978)
Prasilova, J., **2**, 1016[75] (986, 1006f), 1016[76] (986, 1006f), 1019[250] (1007)
Prater, B. E., **2**, 517[699] (503); **4**, 690[124] (682), 811[84] (702), 813[208] (723, 724), 920[9] (910), 920[10] (910), 1059[109] (983); **6**, 1039[24] (992), 1039[25] (992)
Pratesi, S., **4**, 963[43a] (937), 965[131] (951)
Pratt, B. C., **6**, 1021f[146]
Pratt, C. S., **5**, 621[2] (542, 561)

Pratt, D. E., **1**, 260f[29], 273f[40], 304[199] (271); **7**, 335[6] (324)
Pratt, D. W., **5**, 265[96] (22)
Pratt, G. L., **2**, 675[84] (639)
Pratt, J. L., **4**, 156[457] (122); **5**, 627[447] (605); **6**, 842f[173], 850f[21]
Pratt, J. M., **2**, 1015[20] (981), 1018[230] (1004); **3**, 334f[23]; **5**, 100f[6], 265[93] (22), 268[301] (81, 88, 91, 92, 97, 98, 99, 102, 103, 129, 132, 138, 142, 144, 145), 268[304] (81, 98, 99, 102, 103, 130), 270[394] (127); **6**, 747[708] (582), 981[89] (977, 979T); **8**, 305f[45], 1104[20] (1077)
Pratt, J. R., **7**, 653[385] (589)
Pratt, K. F., **2**, 636f[4]
Pratt, L., **3**, 775f[6], 781[169] (761, 773), 799f[3b], 1075[455] (1040), 1086f[3b], 1170f[2], 1177f[6], 1248[136] (1185), 1263f[4], 1380[74] (1335), 1381[118] (1344), 1383[202] (1366); **4**, 154[354] (88), 155[429] (118, 120), 155[433] (118), 156[454] (122), 238[317] (205, 206T, 206), 312f[1], 328[649] (312), 435f[26], 512[508] (500), 602f[22], 611[385] (590), 648[30] (623), 815[359] (755, 803), 840[27] (825); **5**, 64f[17], 274[689] (234), 479f[11], 520[7] (278, 450), 536[1083] (468); **6**, 343[33] (284), 442[58] (393), 840f[69], 876[215] (814), 1018f[31]
Pravikova, N. A., **3**, 435f[4]
Precigoux, G., **7**, 101[78] (11f, 12)
Predieri, G., **6**, 298f[2]
Preece, M., **4**, 813[257] (736); **5**, 530[685] (394), 533[913] (432, 471T); **6**, 750[892] (607); **8**, 292f[6]
Preetz, W., **4**, 1058[53] (973, 975, 999), 1058[54] (975, 999), 1058[55] (974, 975), 1059[148] (992), 1059[150] (992), 1059[151] (992), 1059[152] (992)
Pregaglia, G. F., **5**, 39f[7], 266[171] (36), 267[187] (38, 39), 267[188] (39), 267[197] (41); **6**, 355f[1], 361[20] (352), 361[21] (352, 353), 361[22] (352, 353, 355, 357), 383[26] (365); **8**, 221[85] (120), 311f[19], 364[257a] (325), 457[184] (398, 433), 927[49] (801), 928[135] (806), 931[341] (847)
Pregosin, P. S., **6**, 744[535] (545), 756[1358] (668), 756[1359] (668), 1114[214] (1099)
Preiner, G., **2**, 199[583] (142)
Premuzic, E., **6**, 755[1277] (656), 755[1279] (657)
Prentice, D. E., **2**, 680[416] (673)
Prentice, J. D., **6**, 361[36] (354)
Preobrazhenskaya, M. N., **7**, 653[380] (587)
Preobrazhenskii, N. A., **1**, 379[422] (366); **8**, 795[87] (781)
Prescott, A. M., **2**, 943f[3], 944f[3], 976[391] (942)
Preseglio, S., **8**, 770[87] (720T, 721T)
Pressley, Jr., G. A., **1**, 304[144] (269)
Preston, F. J., **4**, 106f[2]
Preston, Jr., H. D., **4**, 454f[3]
Preston, H. S., **2**, 904f[5]; **3**, 842f[5]; **6**, 748[776] (587)
Preston, L. D., **4**, 510[402] (481)
Preston, P. N., **2**, 508[117] (410), 513[430] (454), 678[312] (664); **4**, 150[76] (22), 605[49] (519)
Preston, S. B., **7**, 322[36] (312), 363[12d] (351, 352, 355)
Preston, S. W., **4**, 480f[8]
Prestridge, H. B., **3**, 786f[9], 1080f[8], 1256f[6]
Preti, C., **3**, 879f[15]
Pretzer, W. R., **1**, 454[94] (428), 455[159] (435, 440, 443), 552[22] (546); **4**, 607[161] (546); **5**, 267[194] (41), 525[177] (339); **6**, 141[118] (123T, 128, 134T, 138), 141[132] (105T, 134T, 138), 143[270] (124T, 129, 133T, 134T, 136, 138), 845f[272], 873[12] (764); **8**, 331f[25], 361[67] (288, 326), 364[268] (327), 364[273] (327), 405f[15], 609[219] (605), 642[82] (632), 642[88] (632), 643[155] (632), 669[33] (658T), 669[42] (657T, 664), 669[51] (658T), 705[79] (672)
Preut, H., **2**, 620[259] (554), 625[552] (593), 631f[7], 631f[9], 676[180] (651); **4**, 238[296] (203), 238[297] (203), 238[298] (203), 238[311] (205); **6**, 980[56] (964, 969T), 980[58] (965, 970T), 980[64] (967, 971T), 980[65] (967, 971T), 980[66] (967, 971T), 980[67] (967), 980[68] (967, 971T), 1112[109a] (1070)
Prevost, C., **7**, 456[127] (392)
Prewitt, C. T., **1**, 152[216] (145); **3**, 699[286] (671); **4**, 605[33] (518), 640f[2], 649[80] (638, 639); **6**, 757[1398] (672, 673, 674)

Prewo, R., **1**, 704f[7], 722[174] (710)
Prianichnicova, M. A., **5**, 535[1047] (462)
Pri-Bar, I., **4**, 965[141] (953)
Přibil, Jr., R., **5**, 266[127] (28)
Pribula, A. J., **5**, 521[81] (284, 285, 288, 289); **6**, 409f[1], 444[199] (409)
Pribula, C. D., **4**, 23f[12], 151[87] (24), 151[118] (27)
Pribytkova, I. M., **2**, 191[234] (54); **3**, 125f[26], 125f[27]; **6**, 97[237] (88), 227[212] (212)
Price, C. C., **2**, 189[122] (29)
Price, D. H., **3**, 782[217] (776)
Price, F. P., **2**, 188[107] (27)
Price, J. H., **6**, 241[19] (236)
Price, J. T., **3**, 1004f[35], 1070[151] (987, 1031), 1211f[9], 1251[262] (1214), 1360f[4], 1383[181] (1363); **4**, 52f[80]; **6**, 34[64] (22T)
Price, M. J., **7**, 510[6] (468)
Price, R., **8**, 1065[97b] (1027, 1028)
Price, S. J. W., **1**, 39[15] (6), 720[71] (691, 694), 720[77] (693, 694), 721[84] (693, 694), 752[16] (726); **2**, 675[82] (639)
Price, S. R., **2**, 977[434] (953, 954)
Price, T., **4**, 375[128] (364); **8**, 1065[91] (1026)
Prichard, W. W., **5**, 273[623] (211); **6**, 1021f[147]; **8**, 794[38] (783), 797[153] (776)
Prickett, J. E., **4**, 324[356] (285)
Pridgen, L. N., **8**, 771[122] (739, 755T, 756T)
Priebe, E., **3**, 697[196] (664, 688), 703[531] (689)
Priesner, C., **6**, 262[141] (255), 344[100] (297)
Priester, Jr., R. D., **8**, 607[113] (564), 607[114] (564)
Priester, W., **1**, 116[82] (57, 107), 116[82] (57, 107); **2**, 507[102] (410); **4**, 156[65] (522, 531), 375[128] (364), 376[152] (371), 376[155] (373), 504[20] (383), 504[37] (386); **8**, 472f[9], 550[103] (527), 1065[91] (1026)
Prigge, H., **6**, 442[117] (401)
Prikhot'ko, A. F., **2**, 618[143] (541); **3**, 632[254] (619)
Přikryl, R., **6**, 95[104] (45); **8**, 771[118] (769)
Primet, M., **8**, 95[28] (25, 27), 95[29] (25), 97[162] (54), 97[173] (55, 57), 281[110] (265), 282[160] (273, 274), 282[163] (274)
Princ, R., **4**, 510[403] (481)
Prince, M. I., **1**, 597f[3], 678[475] (632); **7**, 461[438] (434)
Prince, R. H., **2**, 187[53] (12), 187[64] (14), 188[79] (20), 1018[193] (1001, 1004); **4**, 810[22] (695, 697); **5**, 269[329] (92)
Prince, S. R., **1**, 454[126] (431, 438)
Pringle, G. E., **3**, 1092f[1], 1248[140] (1186); **4**, 154[334] (85)
Pringle, Jr., W. C., **2**, 297[67] (226)
Prins, D. G., **3**, 874f[3], 949[199] (875)
Prins, R., **3**, 82[185] (28), 82[186] (28), 83[194] (28), 83[203] (29), 83[204] (29), 700[359] (674), 700[367] (674), 700[374] (674), 700[385] (675), 1069[142] (987), 1069[145] (987, 990)
Prinz, E., **8**, 454[38] (378)
Prinz, R., **1**, 409[9] (383, 403, 404, 406); **3**, 802f[6], 802f[7], 833f[4], 863f[27], 949[187] (873), 1071[222] (1002), 1077[571a] (1063), 1211f[14], 1247[74] (1170), 1251[256] (1214)
Priola, A., **7**, 457[187] (398)
Prior, M., **8**, 770[112] (737)
Prisbylla, M., **7**, 650[262] (570), 651[282] (573)
Pritchard, D. E., **1**, 673[148] (588, 602); **6**, 752[1033] (626, 697), 752[1034] (626, 697)
Pritchard, F., **3**, 279[5] (271)
Pritzkow, W., **2**, 882f[3], 971[95] (879); **8**, 459[333] (421), 641[16] (623T, 626, 627T), 704[11] (684)
Privalova, L. G., **4**, 965[186] (962)
Privost, C., **1**, 680[623] (650)
Prizant, L., **2**, 912f[3], 934f[1]; **3**, 1308f[7]
Prober, M., **2**, 361[66] (315)
Proctor, C. J., **6**, 13[78] (9)
Prodayko, L. A., **3**, 427[29] (337); **8**, 1076f[4], 1080f[3], 1105[42] (1081)
Proffitt, G. D., **1**, 242[77] (163)

Proidakov, A. G., 2, 518^{708} (504); 6, 100^{410} (43T); 8, 642^{57} (621T), 642^{79} (621T), 643^{110} (621T), 643^{138} (621T), 643^{139} (621T)
Prokai, B., 1, 305^{208} (274), 305^{209} (274), 305^{211} (277, 292, 294), 308^{470} (294), 454^{115} (430); 2, 625^{617} (602); 6, 745^{595} (559, 560, 561, 563); 7, 336^{54} (335)
Prokhorove, A. A., 7, 363^{18} (355)
Prokof'ev, A. I., 5, 530^{696} (395); 6, 441^{47} (391)
Prokof'ev, A. K., 1, 118^{185} (82, 83), 244^{174} (175, 188); 2, 620^{278} (556), 894f^{6}, 908f^{10}, 973^{234} (902), 975^{316} (926), 975^{319} (926), 975^{320} (926), 977^{450} (957); 7, 109^{547} (80, 87, 88)
Prokof'ev, E. P., 1, 305^{224} (278)
Prokscha, H., 6, 36^{211} (20T, 22T)
Prons, V. N., 2, 506^{32} (403)
Prooi, J. J., 1, 674^{246} (604); 3, 169^{68} (128)
Prophet, H., 3, 781^{210} (776)
Prosen, E. J., 1, 302^{21} (257)
Proshutinskii, V. I., 2, 507^{53} (404, 420, 435), 507^{59} (404)
Pross, A., 1, 117^{155} (77, 79)
Prössdorf, W., 3, 699^{308} (672), 700^{384} (675), 701^{414} (677, 678), 702^{461} (683), 1068^{50} (970); 5, 275^{723} (245); 6, 228^{254} (193, 193T)
Prost, M., 1, 244^{190} (176); 7, 460^{331} (418), 460^{332} (418)
Prostakov, N. S., 3, 1072^{293} (1016)
Protas, J., 2, 621^{298} (558), 623^{429} (576); 3, 429^{177} (374, 375), 629^{81} (570, 594), 1073^{339} (1024), 1073^{345a} (1024), 1073^{345b} (1024), 1073^{345c} (1024), 1077^{552} (1060), 1187f^{14}, 1338f^{25}; 4, 511^{468} (490T); 6, 737^{56} (484), 805f^{11}, 805f^{13}, 868f^{25}, 868f^{28}
Protiva, M., 7, 510^{17} (471), 510^{18} (471), 510^{19} (471)
Proud, J., 2, 197^{479} (117); 6, 758^{1444} (677), 1094f^{7}
Prout, C. F., 6, 182^{175} (167, 170, 174)
Prout, C. K., 3, 84^{266} (37, 40), 695^{59} (652), 702^{489} (685), 767f^{17}, 768f^{7}, 779^{44} (708), 1076^{543} (1059), 1249^{156} (1190); 4, 154^{360} (90), 238^{322} (205, 206T, 206), 240^{402} (211, 212T); 6, 182^{175} (167, 170, 174), 839f^{8}, 841f^{96}, 849f^{2}, 874^{29} (764), 874^{31} (764), 1111^{88} (1064); 8, 456^{132} (394)
Prout, F. S., 7, 725^{42} (670)
Prout, K., 3, 84^{263} (37, 40), 109f^{3}, 135f^{2}, 136f^{4}, 328^{138} (314), 629^{52} (568, 570, 571), 646^{50} (644), 702^{490} (685), 711f^{8}, 760f^{10}, 764f^{8}, 764f^{9}, 764f^{17}, 767f^{12}, 767f^{16}, 768f^{9}, 768f^{12}, 768f^{26}, 771f^{2}, 771f^{3}, 781^{182} (764), 781^{183} (764), 781^{197} (771), 1247^{82} (1172, 1244), 1249^{180} (1193), 1249^{181} (1194), 1249^{188} (1196, 1199), 1250^{199} (1199), 1250^{202} (1199), 1250^{204} (1199), 1250^{205} (1199), 1250^{205} (1199), 1250^{207} (1201), 1250^{208} (1201), 1250^{208} (1201), 1250^{214} (1203), 1250^{242} (1207, 1208), 1252^{368} (1234), 1253^{386} (1238), 1382^{132} (1346), 1382^{137} (1348), 1382^{150} (1355); 6, 849f^{4}, 873^{16} (764), 980^{29} (956, 959T), 980^{35} (956, 959T), 1041^{124} (1011), 1041^{125} (1011); 8, 1067^{193} (1043), 1070^{298} (1058)
Prozorova, V. I., 6, 446^{353} (438), 446^{354} (438)
Pruchnik, F., 5, 285f^{5}, 306f^{14}, 520^{60} (284), 521^{116} (292), 523^{224} (304T), 538^{1239} (497, 507), 538^{1246} (497), 539^{1270} (507); 8, 317f^{5}, 363^{152} (300), 365^{280} (328)
Prudhoe, G., 7, 101^{115} (17)
Prudnik, I. M., 2, 300^{264} (265T)
Pruett, R. L., 3, 170^{167} (163), 694^{10} (649, 651), 694^{11} (649), 703^{526} (688), 1071^{217a} (1001); 4, 73f^{23}, 74f^{26}, 154^{306} (75, 100, 100T, 101T), 156^{464} (124), 375^{111} (359), 511^{460} (489, 490T), 886^{98} (863), 965^{155} (956), 1058^{45} (972); 5, 229f^{8}, 327f^{14}, 525^{354} (330), 525^{355} (330), 525^{374} (337), 525^{375} (338), 525^{376} (339); 8, 98^{241} (69), 99^{304} (85, 86T, 87), 221^{64} (116, 119, 120, 121, 122, 123, 126, 127, 128, 130, 131, 132, 133, 135, 140, 143), 221^{76} (119, 140), 222^{92} (121), 361^{58} (288), 1067^{158} (1040)
Prustel, D., 2, 299^{174} (247T), 302^{370} (291)
Pryde, A., 4, 536f^{10}, 818^{557} (781, 782, 795)
Pryde, E. H., 8, 366^{398} (344)

Pryde, W. J., 6, 383^{54} (368, 373, 377, 382), 442^{66} (395, 429), 468^{11} (456, 460)
Przhevalskaya, L. K., 6, 181^{126} (157)
Psaila, A. F., 6, 748^{797} (588), 748^{798} (588)
Psaro, R., 4, 511^{424} (484); 6, 736^{42} (482); 8, 361^{66} (288, 329)
Psarras, T., 1, 245^{242} (181, 185, 205), 247^{378} (200, 206)
Psaume, B., 7, 647^{42} (525), 648^{145} (548)
Pscheidl, H., 8, 364^{211} (318)
Pshenichnikov, V., 3, 546^{36} (492, 502)
Ptitsyna, O. A., 2, 706^{95} (693), 972^{150} (890)
Pu, L. S., 3, 735f^{10}, 737f^{12}, 737f^{13}, 771f^{15}; 5, 35f^{21}, 68f^{1}, 68f^{2}, 186f^{3}, 266^{156} (33, 69, 70), 268^{255} (69, 178), 268^{272} (71), 532^{787} (412); 8, 280^{47} (245), 382f^{5}, 382f^{5}, 388f^{2}, 455^{61} (381, 387), 455^{62} (381, 387)
Pucci, S., 1, 247^{356} (198); 3, 630^{155} (582, 587); 5, 265^{75} (16, 167), 531^{752} (407, 435); 8, 95^{69} (36), 281^{58} (248)
Puddephatt, R. J., 2, 617^{42} (527), 619^{175} (545, 549, 550, 551, 559), 621^{282} (556), 626^{647} (606), 632f^{1}, 632f^{2}, 632f^{3}, 634f^{4}, 674^{15} (630, 651), 674^{16} (630, 651), 674^{17} (630, 633), 674^{34} (633), 676^{124} (643), 676^{132} (643), 677^{185} (652), 677^{224} (654, 655), 677^{227} (654), 677^{231} (655), 679^{334} (666), 680^{393} (671), 680^{394} (671), 768f^{3}, 768f^{4}, 768f^{7}, 768f^{15}, 769f^{4}, 769f^{5}, 796f^{4}, 796f^{5}, 796f^{6}, 796f^{12}, 796f^{13}, 796f^{14}, 813f^{8}, 817^{2} (765, 766, 776, 786, 794), 818^{12} (766), 818^{13} (766), 818^{22} (767, 805, 808, 809), 818^{44} (772, 806, 809, 811, 814), 819^{98} (783, 785), 820^{133} (791, 793, 807), 820^{148} (794, 807), 820^{172} (802, 806, 810, 811), 820^{173} (802, 810), 820^{176} (805, 808), 820^{177} (805, 807), 820^{178} (806), 820^{179} (806, 807), 820^{183} (807, 808), 820^{184} (807, 808), 820^{186} (808, 811), 820^{187} (808), 820^{189} (809, 811), 821^{192} (812); 3, 86^{414} (59), 398f^{11}, 428^{105} (361), 430^{284} (404), 436f^{24}, 473^{20} (437), 702^{486} (685), 735f^{5}, 735f^{6}; 4, 140^{49} (122T), 346^{210} (311), 348^{387} (328), 446^{363} (441), 737^{59} (486, 489), 737^{60} (486), 737^{61} (486), 737^{62} (486), 740^{273} (515), 741^{336} (519), 742^{363} (523), 742^{379} (525, 709, 713), 742^{381} (525, 706), 742^{416} (530, 556), 742^{417} (530, 556), 742^{418} (530), 742^{419} (530, 556, 557), 744^{502} (540), 744^{503} (541), 745^{555} (547), 745^{558} (547, 548T), 745^{568} (552), 745^{570} (552, 558), 745^{573} (553), 745^{574} (553), 745^{576} (554), 745^{577} (554), 745^{589} (556, 557, 582), 745^{600} (559), 746^{631} (563, 709), 746^{632} (563), 746^{633} (563, 709), 746^{634} (563), 746^{635} (563), 746^{638} (564), 746^{679} (573), 746^{682} (574, 574T, 575), 747^{685} (574, 577), 747^{686} (575, 576), 747^{687} (575, 577), 747^{688} (575), 747^{689} (576), 747^{691} (577), 747^{699} (579), 747^{700} (579), 747^{702} (580), 747^{721} (583), 747^{722} (583), 748^{808} (590), 748^{810} (590), 748^{812} (590, 591), 752^{1041} (628), 755^{1288} (658), 755^{1289} (658, 709), 760^{1564} (697), 760^{1587} (705, 706, 707T, 709), 761^{1638} (719), 761^{1649} (720); 8, 551^{111a} (529), 551^{111b} (529), 551^{124} (534)
Pudeev, L. M., 3, 702^{513} (688); 6, 224^{69} (193T), 225^{90} (193T)
Pudel, M. E., 4, 965^{186} (962), 965^{186} (962)
Pudovik, A. N., 2, 678^{296} (662); 7, 652^{356} (584), 652^{364} (584)
Puerzer, A., 5, 342f^{4}, 523^{253} (307, 309, 341)
Puff, H., 2, 623^{428a} (575), 626^{653} (607), 626^{654} (607)
Pugh, J., 4, 1064^{417} (1026)
Pugh, N. J., 6, 1094f^{8}, 1113^{209} (1098)
Puglia, G., 7, 107^{424} (57); 8, 935^{589} (892)
Puhl, W. H., 2, 938f^{2}
Pukhnarevich, V. B., 6, 760^{1602} (712), 760^{1603} (712); 7, 656^{546} (617)
Pukhov, N. K., 6, 760^{1582} (704)
Pulido, F. J., 7, 460^{377} (423)
Pullman, B. J., 2, 675^{114} (643)
Pullmann, B., 8, 1065^{56} (1021)
Pump, J., 7, 653^{394} (592)

Pump, W., **5**, 68f[14], 213f[20], 272[566] (188, 218, 221, 222, 223, 224, 225)
Puntambeker, S. V., **7**, 39f[2]
Puosi, G., **1**, 377[255] (348); **8**, 368[506] (357)
Purcell, E. M., **3**, 126f[3]
Purcell, K. F., **1**, 262f[47], 262f[48]
Purdue, L. J., **2**, 1019[278] (1010)
Purmort, J. I., **1**, 68f[2], 119[238] (93, 99, 101)
Purnell, J. H., **2**, 675[84] (639)
Purucker, B., **2**, 820[132] (791); **6**, 348[373] (326), 737[102] (491)
Pürzer, A., **4**, 400f[3], 414f[4], 509[312] (452)
Pushakova, T., **2**, 300[265] (265T)
Pushchevaya, K. S., **2**, 188[108] (27), 297[70] (227), 298[143] (241), 299[155] (243, 262), 299[156] (243), 301[322] (277), 302[356] (288)
Pusset, J., **6**, 753[1119] (637)
Puterbaugh, W. H., **1**, 116[88] (59)
Putilina, L. H., **7**, 378f[1]
Putilina, L. K., **7**, 455[25] (377)
Putnik, C. F., **3**, 632[236] (606, 607); **4**, 400f[2], 504[14] (382), 506[146] (419, 428), 608[224] (563), 620f[1], 648[20] (619)
Puttfarcken, U., **3**, 695[77] (653), 695[91] (655), 695[92] (655, 668), 695[93] (655)
Püttmann, M., **2**, 198[524] (127)

Puxeddu, A., **3**, 1069[90] (979); **5**, 269[328] (92)
Puxley, D. C., **2**, 620[272] (555)
Puzitskii, K. V., **8**, 98[258] (74), 98[259] (74, 75, 76)
Pyatnova, Yu. B., **7**, 457[145] (394)
Pye, P. L., **3**, 103f[5], 103f[7], 819f[23], 823f[5], 950[254] (894), 1125f[4], 1125f[5], 1297f[7], 1297f[15], 1299f[1]; **4**, 606[64] (522), 609[258] (570f, 571), 612[458] (596), 690[128] (683), 690[129] (684), 690[130] (685), 886[103] (865), 1060[200] (1008), 1060[201] (1009); **5**, 158f[1], 271[465] (156), 536[1098] (471T); **6**, 33[7] (16, 21T), 143[265] (109), 226[147] (201, 201T)
Pye, W. E., **7**, 226[188] (215), 300[105] (284)
Pygall, C. F., **1**, 248[409] (203, 205); **3**, 83[200] (29), 1138f[9], 1138f[10] (1139T); **4**, 816[409] (761), 1061[224] (1018)
Pyles, R. A., **2**, 1019[290] (1012f)
Pyne, G. S., **2**, 530f[10], 634f[1], 634f[3], 674[35] (633, 666), 674[37] (633)
Pyschev, A. I., **6**, 349[411] (334T) 442[91] (398)
Pyshnograeva, N. I., **4**, 52f[98], 158[600] (138), 158[601] (138), 158[602] (138), 239[349] (206, 207T), 239[353] (206, 207T, 207), 240[376] (207); **8**, 1065[89b] (1026)
Pyszora, H., **1**, 260f[20], 260f[21], 260f[28], 260f[34], 261f[42], 262f[43]; **2**, 199[586] (143), 619[179] (545)
Pyzhik, A. B., **6**, 13[72] (8)

Q

Qadri, S. U., **2**, 1018[206] (1002)
Qazi, A. R., **4**, 109f[10], 158[595] (137), 158[596] (138), 511[449] (486)
Quack, G., **7**, 8f[1]
Quagliato, D., **7**, 648[128] (544)
Quallich, G. J., **8**, 930[286] (840)
Quan, M. L., **2**, 676[127] (643)
Quan, P. M., **8**, 937[744] (918)
Quane, D., **2**, 6f[3], 506[13] (402, 403, 503), 506[46] (403), 512[386] (449)
Quang, D. V., **8**, 455[81] (384, 387, 415)
Quang, N. S., **8**, 708[232] (702)
Quang-Minh, T., **7**, 87f[6]
Quarta, A., **6**, 738[111] (493, 732, 733, 734)
Quast, H., **7**, 102[158] (24), 109[510] (72)
Que, Jr., L., **2**, 1019[244] (1005)
Queau, R., **6**, 871f[143]
Quéguiner, G., **7**, 104[246] (32)
Queirós, M. A. M., **4**, 811[123] (709), 1060[185] (1002)
Queneau, P. E., **6**, 12[2] (3, 4, 6, 8)
Quest, D. E., **1**, 120[301b] (109)
Quick, M. H., **3**, 823f[3b], 947[56] (820); **4**, 152[173] (43), 606[88] (528, 529), 606[91] (529); **6**, 1080f[4]
Quicksall, C. O., **2**, 632f[5], 674[19] (630); **4**, 150[31] (7), 234[19] (163), 663f[3], 689[29] (666), 1057[28] (1023); **6**, 796f[3], 842f[138], 876[160] (790, 793, 795)
Quigley, M. A., **7**, 657[614c] (632, 635, 638)
Quilliam, M. A., **2**, 201[653] (159); **7**, 651[300] (576)
Quillinan, A. J., **7**, 44f[8]
Quin, L. D., **2**, 196[467] (115)
Quinby, M. S., **3**, 945f[9]
Quincke, F., **4**, 319[1] (244)
Quinn, H. A., **8**, 929[171] (810)
Quinn, H. W., **2**, 760[7] (710); **3**, 85[349] (47); **5**, 272[528] (177, 188, 228, 229); **6**, 750[929] (614T)
Quinn, P. J., **8**, 367[453] (352), 367[454] (352), 367[455] (352)
Quintard, J. P., **2**, 515[546] (471)
Quirk, J. L., **2**, 820[189] (809, 811)
Quirk, R. D., **1**, 117[119] (68, 69)
Quirk, R. P., **1**, 754[125] (748); **2**, 194[367a] (94), 978[530] (967), 978[532] (967)
Quirke, E., **7**, 510[16] (471)
Quiroga, M. L., **7**, 98f[21], 103[192] (26f)
Quitmann, D., **3**, 265[121] (188)
Quo, E., **8**, 1064[30] (1018)
Qureshi, A. M., **3**, 944f[11]
Quy Dao, N., **2**, 973[219] (900)
Quyser, M. A., **6**, 746[679] (573), 747[686] (575, 576), 747[688] (575), 747[689] (576), 747[691] (577)

R

Raab, G., **2**, 195[396] (99)
Raaberg, S. B., **4**, 510[394] (480)
Rabalais, J. W., **3**, 83[202] (29); **4**, 479f[17]; **6**, 227[244] (191, 191T, 193T)
Rabenstein, D. L., **2**, 932f[2], 932f[3], 932f[7], 932f[10], 932f[11], 932f[14], 933f[3], 933f[5], 969[12] (864, 927, 931, 933), 975[339] (931), 975[340] (931), 975[348] (931), 975[349] (931, 932), 975[350] (931, 932)
Raber, H., **1**, 309[539] (298)
Rabesiaka, J., **1**, 241[34] (158); **7**, 102[136] (21)
Rabideau, S. W., **1**, 150[51] (122, 127, 130, 138), 150[70] (123)
Rabinovich, I. B., **1**, 721[85] (694); **3**, 265[86] (182), 267[250] (214), 334f[25], 398f[17], 557[32] (550), 557[32] (550), 699[343] (673, 689), 699[344] (673), 700[346] (673), 700[347] (673), 700[348] (673), 700[355] (673), 788f[2], 788f[11], 946[5] (785), 988f[2], 988f[5], 1070[156] (988, 989, 990), 1081f[2], 1146[5] (1080), 1258f[2], 1317[5] (1257); **6**, 225[89] (190), 225[109] (191f), 225[126] (191f), 225[127] (191f), 226[155] (190, 194), 748[806] (590)
Rabinovitch, A. M., **3**, 315f[5], 646[42a] (641)
Rabinovitz, M., **7**, 158[24] (144)
Rabitz, H., **7**, 253[119] (246, 250)
Rabizzoni, A., **3**, 786f[5]
Rabo, J. A., **8**, 98[201] (59)
Rabosin, B. I., **3**, 1071[206] (1000)
Rabovskaya, N. S., **1**, 681[715] (667, 669)
Rabovskaya, R. V., **6**, 182[188] (166); **8**, 708[221] (701), 708[229] (701)
Racanelli, P., **5**, 531[781] (411, 439, 508), 533[862] (421, 439, 440), 539[1276] (508)
Rachkova, O. F., **3**, 702[506] (687), 702[510] (688); **6**, 445[301] (424), 454[32] (451)
Rachkovskaya, L. N., **6**, 736[5] (474, 592), 737[65] (487), 738[116] (494), 738[117] (494), 738[119] (494), 738[120] (494)
Racz, W. J., **2**, 934f[5]
Radak, R. E., **7**, 658[653] (640)
Radchenko, E. D., **8**, 292f[50], 363[173] (302)
Radchenko, S. I., **1**, 250[559] (228); **7**, 100[52] (7); **8**, 669[40] (662, 663T), 669[46] (663T)
Radd, F. J., **1**, 677[404] (625)
Radeglia, R., **2**, 397[123] (388)
Rademaker, W. J., **1**, 537[10a] (461, 493), 537[10b] (461, 493, 533), 552[9] (544), 552[10] (544)
Radford, S. R., **4**, 818[528] (777), 839[4] (823, 824)
Radhakrishnamurti, P. S., **7**, 511[102] (488)
Radics, L., **7**, 512[119] (490), 512[120] (490)
Radionova, T. A., **8**, 708[211] (701)
Radloff, J., **1**, 42[189] (37)
Radom, L., **1**, 117[155] (77, 79), 376[201] (340), 376[202] (340)
Radonovich, L. J., **3**, 85[317] (44), 703[530] (689); **5**, 76f[6], 268[280] (74, 78); **6**, 96[186] (45), 98[297] (45, 50T, 57T, 60T, 65), 230[2] (229), 231[12] (229), 231[21] (229), 231[22] (229); **8**, 367[410] (347)
Raduchel, B., **8**, 935[613] (896), 935[615] (896)
Radzinskii, S. A., **8**, 707[187] (701)
Radziuk, B., **2**, 1017[110] (994, 1009)
Rae, A. I. M., **3**, 170[146] (157); **4**, 688[11] (664); **6**, 36[170] (32), 759[1510] (689), 759[1511] (689)
Rae, I. D., **3**, 1073[351] (1025), 1076[502] (1052); **5**, 274[701] (237); **6**, 445[284] (422)

Raeburn, V. A., **3**, 632[239] (607); **4**, 325[409] (290, 293)
Raethlein, K. H., **2**, 818[56] (774)
Rafalko, J. J., **4**, 321[125] (256); **8**, 607[92] (562T, 594T, 605), 607[93] (561, 562T, 594T, 605)
Rafalko, P. W., **8**, 607[91] (562T, 592, 594T, 605)
Rafeequnnisa, **8**, 291f[24]
Raff, P., **1**, 285f[19]; **7**, 346[5] (338)
Raffay, U., **2**, 773f[1], 818[45] (772)
Raffia, P., **8**, 364[257a] (325)
Rafikov, S. R., **3**, 267[222] (210), 267[223] (210); **7**, 455[55] (382); **8**, 439f[5], 459[334] (421), 459[339] (423), 461[436] (439), 461[439] (439), 642[62] (629, 630T), 704[48] (677), 705[57] (693, 694T, 695), 705[82] (693, 694T), 706[128] (685T)
Ragaini, J. D., **1**, 537[24a] (462), 537[24b] (462), 539[93c] (488, 498), 540[128] (498, 536T); **3**, 118f[10]; **6**, 945[236] (926), 945[237] (926), 945[238] (926)
Ragatz, P., **1**, 538[43b] (471, 490, 515, 528, 536), 538[26] (462), 553[34] (549), 553[65] (550)
Raghavan, N. V., **2**, 763[177] (757); **4**, 818[582] (787), 818[583] (787), 818[586] (790), 818[587] (790); **6**, 869f[71]
Raghu, S., **3**, 108f[11], 168[36] (103), 169[84] (132); **4**, 374[71] (347), 374[76] (347), 374[77] (349), 374[79] (350), 380f[11], 504[23] (383), 512[501] (498), 613[523] (604); **8**, 1008[76] (959), 1008[78] (959, 961, 962), 1008[79] (961), 1008[81] (963)
Ragini, J. D., **6**, 945[235] (926)
Ragni, A., **6**, 1021f[133], 1021f[144]
Rahm, A., **2**, 617[81] (535, 588), 618[107] (538)
Rahman, M. T., **1**, 242[83] (163, 175), 244[178] (175), 244[178] (175), 247[352] (197)
Rahman, W., **2**, 624[537] (591)
Rahn, C. H., **7**, 105[321] (43)
Rai, A. K., **3**, 778[17] (706)
Rai, D. N., **1**, 552[22] (546)
Rai, R., **4**, 510[405] (481)
Rai, R. S., **2**, 679[335] (666)
Raimbault, J., **8**, 455[82] (384, 415)
Raines, S., **1**, 242[90] (164)
Rainis, A., **1**, 120[318] (114)
Rainville, D. P., **1**, 307[384] (289); **7**, 159[97] (149), 197[209] (192)
Raithby, P. R., **2**, 198[544] (130); **4**, 153[275] (69), 322[191] (266, 317), 329[678] (316), 512[495] (498), 658f[39], 658f[40], 658f[41], 846f[1], 846f[4], 846f[6], 886[97] (863), 886[100] (864), 886[143] (871), 887[191] (882), 907[40] (898, 905), 907[62] (902), 1058[44] (972), 1058[47] (972), 1058[48] (973, 1033), 1058[50] (973), 1060[184] (1001), 1061[268] (1027), 1061[271] (1028), 1061[273] (1029), 1061[274] (1029), 1062[284] (1031), 1062[286] (1032), 1062[290] (1032), 1062[294] (1033), 1062[295] (1033), 1062[316] (1036), 1062[328] (1039), 1062[331] (1041), 1062[332] (1042), 1062[352] (1046), 1062[353] (1046), 1063[365] (1050), 1063[366] (1050), 1063[370] (1050), 1063[372] (1050), 1063[377] (1051), 1063[378] (1051), 1063[381] (1052), 1063[385] (1052), 1063[387] (1053), 1064[403] (1056, 1057), 1064[404] (1056), 1064[417] (1026), 1064[419] (1048), 1064[420] (1050); **5**, 628[502] (618); **6**, 806f[52], 871f[137]; **8**, 99[326] (92), 1010[198] (997), 1010[199] (997)
Raj, P., **2**, 679[339] (666)
Rajan, S., **3**, 697[216] (665); **5**, 275[765] (252)

Rajan, S. J., **2**, 973²²⁹ (901)
Rajaram, J., **4**, 939f¹⁴; **6**, 741³²² (518, 519, 520), 741³²⁵ (519), 741³⁵⁰ (522, 535T), 743⁴⁷⁷ (536T), 980⁷⁷ (972, 978T); **8**, 365³¹⁷ (337), 366³⁹² (343), 644¹⁹¹ (632)
Rajca, A., **8**, 367⁴⁰⁴ (345)
Rajca, I., **8**, 367⁴⁰⁴ (345)
Rajšner, M., **7**, 510¹⁹ (471)
Raju, J. R., **3**, 1072²⁸² (1015), 1073³²⁷ᵇ (1022), 1075⁴⁶⁸ (1043, 1044); **8**, 1066¹⁰³ (1028)
Rake, A. T., **6**, 1069f¹, 1112¹⁰⁴ (1069), 1112¹⁰⁷ (1069, 1083)
Rakhlin, V. I., **2**, 512³⁶⁶ (445)
Rakita, P. E., **2**, 189¹²⁹ (30), 191²³⁷ (56), 191²³⁸ (57), 191²³⁸ (57), 191²³⁹ (57), 618¹⁴⁴ (541); **3**, 125f²⁴, 125f²⁸, 125f³⁰, 169⁵⁵ (121); **5**, 546f⁷, 621²⁷ (547)
Rakitin, Yu. V., **3**, 699²⁸³ (671)
Rakow, S., **2**, 1015¹⁶ (981)
Rakowski, M. C., **5**, 213f¹⁸, 273⁶³⁸ (216); **8**, 291f⁵
Rakshys, J. W., **8**, 607⁹⁹ (562)
Ralea, R., **3**, 379f¹⁵
Ralek, M., **8**, 96⁸¹ (41, 42, 43, 44, 45, 46T, 46, 47, 48, 49, 50, 51, 52, 57, 59, 61), 96⁹³ (41, 43, 44, 45, 46T, 46, 48, 61), 97¹³⁴ (48), 98²²¹ (61), 98²³⁵ (63)
Rall, G. J. H., **7**, 511⁴⁴ (475)
Ralph, D. A., **7**, 252³⁴ (231)
Ralston, D., **6**, 231⁹ (230); **8**, 643¹³⁰ (627T, 633)
Ram, R., **2**, 977⁴⁷⁵ (959)
Ramadan, N., **2**, 190²⁰⁴ (47)
Ramadas, S. R., **7**, 42f⁷
Ramage, R., **7**, 224⁴⁵ (201); **8**, 362⁷⁸ (288, 324), 1007³⁸ (949)
Ramaiah, M., **7**, 728²²⁷ (714)
Ramakers, J. E., **6**, 758¹⁴⁸⁴ (683)
Ramakers-Blom, J. E., **6**, 741³⁵¹ (522)
Ramana Rao, D. V., **4**, 322²⁵⁵ (271, 288)
Ramana Rao, V. V., **7**, 223¹⁷ (199), 225¹⁰⁸ (207)
Ramanvongse, S., **7**, 99f²², 105²⁷⁸ (36)
Ramaprasad, K. R., **4**, 460f³
Ramasubbu, A., **8**, 455¹¹⁷ (391)
Rambaud, J., **6**, 347²⁷⁸ (315, 316, 326, 327)
Rambaud, M., **7**, 97f²⁵, 104²⁴⁷ (32, 34, 88)
Ramberg, L., **6**, 738¹³⁸ (497)
Rambold, W., **5**, 270⁴⁴⁵ (144)
Ramesh, B. R., **5**, 299f⁷, 317f¹¹, 317f¹³, 317f¹⁴, 521¹¹⁷ (292, 298, 314), 522¹⁵⁷ (297, 314), 522¹⁶² (298, 314), 522¹⁶³ (298, 314)
Ramey, K. C., **1**, 674²³⁵ (602); **3**, 1246²² (1155), 1379⁵ (1323); **4**, 506¹²⁷ (412); **5**, 539¹²⁷¹ (507), 539¹²⁷² (507); **6**, 444²⁰⁰ (409), 444²²⁰ (412, 418); **8**, 928⁹⁹ (803), 929²⁰⁴ (814)
Ramon, F., **2**, 188⁹⁶ (25, 77)
Rampone, R., **6**, 444¹⁸⁶ (408), 445²⁷⁸ (422), 445²⁸² (422)
Ramsden, A., **2**, 193³²⁸ (83)
Ramsden, H. E., **1**, 249⁴⁹⁷, 249⁵⁰⁸ (221), 676³⁷¹ (624), 676³⁷² (624), 676³⁷⁹ (624)
Ramsey, B. G., **1**, 260f⁶, 302⁵⁷ (264), 302⁶⁰ (264, 265), 302⁶³ (264), 302⁶⁴ (264, 265), 303⁶⁹ (265), 303¹⁰⁶ (268); **2**, 301³²⁷ (278), 396⁵⁸ (375); **7**, 263²⁹ (261), 336⁵¹ (334), 657⁶²⁴ (634), 657⁶²⁵ (634)
Ramsey, N. F., **6**, 13⁴⁴ (7)
Ranade, A. C., **7**, 87f¹⁵
Randaccio, L., **2**, 563f⁵, 713f³⁶, 760¹² (710, 722), 761⁸² (725, 727), 761⁹³ (725, 736), 762¹³⁵ (744), 763¹⁸⁴ (727, 758); **5**, 100f¹, 100f³, 100f⁴, 100f⁵, 100f⁹, 100f¹⁰, 101f¹, 101f¹, 269³³⁹ (99), 269³⁴⁰ (99, 116, 131); **6**, 743⁴⁵⁹ (534T), 743⁴⁶⁸ (535T), 743⁴⁷¹ (535T), 743⁴⁷⁴ (536, 536T, 540), 754¹¹⁷² (641, 643T)
Randall, E. W., **1**, 675³²⁹ (620); **3**, 328¹⁶¹ (321), 398f⁴⁰, 792f⁵, 833f⁶⁵, 899f², 899f⁵, 1029f³, 1070¹⁵² (987, 1031), 1074³⁶⁹ᵇ (1029), 1083f⁵, 1215f², 1251²⁶⁴ (1214), 1260f⁵; **4**, 658⁴³, 689³³ (666), 846f⁸, 884¹³ (847), 884¹⁶ (847), 928¹⁵ (924); **6**, 139³⁴ (133T, 135, 136), 739²³² (509), 755¹²³⁰ (653), 869f⁶³
Randall, F. J., **3**, 833f⁶¹

Randall, G. L. P., **4**, 435f¹⁸, 510³⁵⁹ (468); **8**, 1009¹¹⁸ (972), 1009¹⁶¹ (982), 1011²²⁹ (1006)
Randall, W., **4**, 415f², 506¹³¹ (413)
Randall, W. J., **1**, 753⁵⁹ (735)
Randrianoelina, B., **1**, 243¹⁶⁰ (174)
Ranganathan, T. N., **3**, 1317²⁴ (1272)
Rankel, L. A., **3**, 120f⁵, 170¹⁷³ (165), 1248¹¹²ᵃ (1181, 1241), 1248¹¹²ᵇ (1181), 1248¹¹²ᶜ (1181), 1253³⁹⁵ (1242), 1380⁶⁰ (1333); **6**, 739²⁰¹ (503, 506), 746⁶⁶⁷ (568, 570), 746⁶⁷³ (571, 582); **8**, 550⁶⁷ (516)
Rankers, R., **2**, 202⁶⁹⁶ (169, 172); **7**, 654⁴⁵³ (599)
Rankin, D. A., **8**, 1105⁷⁷ (1089)
Rankin, D. M., **2**, 301³⁰⁴ (273)
Rankin, D. W. H., **1**, 722²⁰⁹ (714); **2**, 187³³ (8, 124), 192²⁷⁰ (68), 502f⁸, 512³⁵³ (444), 514⁴⁹⁷ (466), 517⁶⁹¹ (502); **3**, 838f¹⁷, 840f², 842f¹³, 842f¹⁴, 851f⁴⁵, 1252³²⁰ (1225); **4**, 238³⁰⁴ (204); **6**, 1094f⁵, 1110³⁹ (1050, 1096), 1110⁴² (1051), 1112¹⁵⁹ᵇ (1084), 1113²⁰⁷ (1096), 1114²²⁵ (1106)
Ranson, R. J., **2**, 876f³, 971¹⁷⁵ (874, 876)
Rao, B. R., **8**, 97¹⁴³ (49, 56)
Rao, C. N. R., **2**, 677²⁰² (652)
Rao, D. V. R., **4**, 13f⁸, 51f⁴³, 150⁶⁸ (22)
Rao, G. S. R. S, **8**, 365³¹⁷ (337)
Rao, K. S., **2**, 904f²
Rao, P. R., **6**, 241⁷ (235)
Rao, V. N. M., **2**, 190²¹⁵ (50), 974³¹² (925, 952)
Raper, E. S., **1**, 379³⁹³ (363)
Raper, G., **4**, 325⁴⁵⁰ (294), 325⁴⁵¹ (294); **5**, 523²¹⁸ (304T); **6**, 743⁴⁶¹ (534T), 754¹¹⁷⁵ (644T, 723T, 724), 761¹⁶⁵⁷ (723T, 724), 761¹⁶⁵⁸ (723T, 724); **8**, 296f¹¹, 304f²¹, 349f¹¹
Raphael, R., **7**, 727¹³⁰ (693, 694, 695)
Raphael, R. A., **7**, 649²⁰⁰ (559); **8**, 1007³⁸ (949), 1010¹⁹⁷ (997)
Rapka, L. F., **6**, 750⁹¹⁵ (612)
Rappe, A. K., **3**, 88⁵⁴⁸ (79); **6**, 99³⁵⁰ (45); **8**, 95³⁴ (27), 550⁹² (521, 526)
Rappé, T., **8**, 550¹⁰¹ (526, 529, 536)
Rappoport, L. V., **6**, 756¹³²³ (664)
Rappoport, Z., **6**, 443¹⁵⁰ (403); **8**, 367⁴⁶⁰ (353)
Rapsomanikis, S., **2**, 1015⁴⁶ (983), 1017¹⁷⁰ (999), 1017¹⁷⁵ (999, 1000, 1002)
Rasadkina, E. N., **8**, 609²⁶⁵ (596T)
Rasburn, E. J., **3**, 1077⁵⁷⁸ (1063)
Rascher, H., **3**, 891f¹⁰, 950²⁴⁹ (894, 901), 1297f¹⁴
Raschig, F., **2**, 198⁵²⁷ (127), 198⁵²⁹ (127)
Rase, H. F., **8**, 609²⁴¹ (595T), 609²⁶⁴ (596T)
Raseher, H., **3**, 950²⁶³ (902)
Rash, D., **3**, 1076⁵⁰² (1052)
Rashidi, M., **6**, 737⁵⁹ (486, 489), 737⁶¹ (486)
Rasmussen, J. K., **2**, 187⁶⁰ᵃ (13, 60), 201⁶⁵⁷ (160); **7**, 649¹⁵⁹ (551), 658⁶⁷⁴ (642)
Rasmussen, J. R., **4**, 374⁵⁶ (343, 354, 356, 359); **8**, 220²⁵ᵇ (109)
Rasmussen, P. G., **5**, 295f⁵, 521¹⁰⁷ (292, 468), 521¹⁰⁸ (292), 558f⁸, 627⁴¹⁸ (601, 614)
Rasmussen, S. E., **6**, 744⁴⁸⁵ (532, 538T), 760¹⁵⁵³ (698T)
Raspin, K. A., **4**, 810²² (695, 697)
Rassat, L., **6**, 33¹⁷ (17)
Rastogi, D. V., **3**, 1249¹⁵⁸ (1190)
Rastogi, M. K., **3**, 767f⁶, 781¹⁹⁴ (770), 781¹⁹⁵ (770), 781¹⁹⁶ (770), 1382¹³³ (1347), 1382¹³⁵ (1348)
Raston, C. L., **2**, 704⁷ (684), 913f⁵, 974²⁵⁹ (917, 918), 1018²⁰⁷ (1002, 1012); **3**, 419f¹⁶, 556¹ (550), 629⁴⁹ (567, 568, 581, 586, 606, 607, 608, 609), 629⁵⁰ (567, 606, 607, 609), 630¹⁴⁶ (581, 593), 630¹⁴⁷ (581, 594), 631¹⁸⁷ (587), 1246⁹ (1153); **4**, 387f¹¹, 812¹⁴³ (712), 812¹⁴⁵ (713); **6**, 1029f⁶⁷, 1040⁸⁷ (1001)
Rastrogina, N. A., **8**, 368⁵¹⁶ (359)
Rasuwajew, G., **2**, 706⁸⁴ (691)
Ratajczak, A., **8**, 106⁴³³ (1018)
Ratajczak, H., **1**, 149¹⁷ (122)
Ratcliff, B., **4**, 611⁴¹⁰ (592); **6**, 34⁶² (21T), 745⁵⁴⁹ (546T), 845f²⁹², 851f⁶², 874⁵⁴ (769, 821), 1094f⁵
Ratcliff, M., **8**, 933⁴⁶¹ (865, 870)
Ratcliff, R., **6**, 745⁵⁸⁷ (556)

Ratcliffe, C. T., **8**, 100³⁴³ (94)
Ratcliffe, E. H., **2**, 362¹⁷⁵ (346)
Ratcliffe, R., **7**, 252²⁴ (231)
Ratcliffe, R. W., **7**, 654⁴³³ (592)
Rather, E. M., **1**, 116⁷⁴ (56)
Rathke, J., **1**, 377²⁹⁰ (353); **7**, 300⁹⁴ (281)
Rathke, J. W., **1**, 444f⁵; **4**, 374²⁵ (335), 505⁸⁶ (402), 507¹⁹⁰ (431); **6**, 34³⁵ (19T, 21T); **8**, 96⁷⁴ (37), 96⁷⁵ (37), 98²⁴³ (69), 98²⁴⁵ (69), 362⁷⁵ (288), 367⁴⁰⁷ (345)
Rathke, M. W., **1**, 307⁴⁰¹ (290), 307⁴⁰² (290), 308⁴⁷⁷ (295), 308⁴⁷⁸ (295); **2**, 192²⁹⁰ (74), 192²⁹¹ (74), 861¹¹⁵ (850); **7**, 26f¹¹, 35f³, 98f⁶, 104²⁷⁰ (34), 141⁵¹ (121), 141⁶⁴ (123), 141⁷⁷ (126), 141⁸⁰ (126), 141⁸³ (127), 141⁹³ (129), 141⁹⁴ (129), 141⁹⁵ (129), 142¹¹² (133), 142¹¹³ (133), 142¹¹⁴ (133), 142¹¹⁵ (133), 196¹⁶³ (182), 223⁷ (199), 298²⁰ (271), 299⁴¹ (274, 275), 299⁶³ (277, 278), 299⁶⁴ (277), 300⁹⁸ (283), 300⁹⁹ (283), 300¹⁰⁰ (283), 300¹³⁷ (291), 301¹⁴⁰ (291), 301¹⁴¹ (291), 301¹⁴⁶ (292), 301¹⁴⁷ (292), 301¹⁶⁷ (296), 301¹⁷⁴ (298), 322⁵⁷ (317), 363¹⁵ (353), 647⁵⁴ (527), 647⁶² (527), 650²³⁵ (563), 651²⁸³ (573), 724² (662), 725¹⁰ (663), 725¹⁷ (665); **8**, 771¹⁷⁵ (741, 762T)
Räthlein, K.-H., **2**, 192²⁷² (69); **6**, 839f⁷, 875¹¹⁵ (780)
Rathnamala, S., **8**, 365³¹⁷ (337)
Rathousky, J., **2**, 186¹² (4), 186¹² (4), 360³ (306)
Ratier, M., **2**, 624⁵²⁵ (589), 624⁵³³ (590)
Ratka, R., **6**, 444²¹⁷ (410)
Ratner, M. A., **1**, 245²⁷⁴ (187, 205); **2**, 396¹⁰⁰ (385, 388), 397¹¹⁰ (385), 860³⁵ (831); **3**, 104f⁸, 168³³ (99)
Ratov, A. N., **8**, 457²³⁸ (408), 705⁷⁷ (672, 674T)
Ratovskii, G. V., **6**, 100⁴¹⁰ (43T); **8**, 643¹¹⁰ (621T), 643¹³⁹ (621T), 644¹⁹⁸ (621T)
Rattray, A. D., **4**, 812¹⁷⁵ (718); **6**, 278²⁰ (269), 278⁴⁶ (266T, 274), 278⁴⁶ (266T, 274); **8**, 368⁵¹¹ (358)
Rattray, A. J. M., **2**, 821²²⁵ (817); **5**, 282f², 306f⁶, 523²¹⁰ (303T, 305, 306); **6**, 737⁹⁰ (490)
Rattue, J. A., **5**, 539¹³⁰⁹ (448)
Ratushnaya, S. Kh., **2**, 507⁷⁸⁴ (409), 518⁷⁰⁶ (504), 518⁷⁰⁷ (504), 518⁷¹⁰ (504)
Ratzenhofer, M., **8**, 670¹¹⁶ (668)
Rau, B., **6**, 441⁴⁴ (391)
Rau, H., **2**, 827f⁶, 831f¹, 860²⁹ (831); **3**, 474⁸⁶ (462), 474⁸⁷ (462), 474⁸⁸ (462)
Rau, R., **4**, 106f⁷, 106f⁸, 106f¹³, 236¹⁹¹ (185, 186T, 200)
Raubenheimer, H. G., **3**, 429¹⁸¹ (377), 879f²², 881f¹, 891f¹⁵, 897f¹⁴, 904f¹¹, 949²³³ (887)
Rauch, F. C., **8**, 223¹⁴⁸ (171)
Raucher, S., **7**, 5f⁷, 98f²
Rauchfuss, T. B., **4**, 324³⁵⁰ (303), 810²⁴ (695), 810²⁷ (696), 810²⁸ (696, 702); **5**, 311f¹, 311f², 524²⁷⁷ (311, 381, 383), 524²⁷⁸ (311, 383), 549f⁶, 623¹⁷² (565); **6**, 226¹⁵³ (203T, 206), 749⁸⁷¹ (602)
Rauchschwalbe, G., **1**, 120²⁸⁸ᵃ (105)
Rauchschwalbe, R., **7**, 363²¹ (355, 356)
Raudnitz, H., **2**, 705²⁷ (684)
Rauk, A., **1**, 42¹⁸⁴ (37); **2**, 705⁷⁶ (691), 821¹⁹⁴ (812); **6**, 736¹⁴ (475), 751⁹⁵⁶ (616, 617); **7**, 253¹³⁵ (248)
Raulinat, P., **3**, 406f¹⁵, 631²¹³ (598); **8**, 550⁵⁷ᵇ (514, 534, 536)
Rausch, G. W., **6**, 747⁷¹¹ (582)
Rausch, M. D., **1**, 117¹¹⁸ (65T, 67); **2**, 300²¹⁹ (254), 894f¹⁶, 925f¹, 970⁷² (874), 972¹⁸⁵ (896), 974³⁰³ (924), 977⁴⁴⁰ (956); **3**, 125f¹⁶, 170¹⁴² (154), 285f⁵, 315f⁶, 326¹⁸ (285), 398f⁶, 398f¹², 398f¹³, 398f²⁵, 398f²⁸, 398f³⁷, 398f⁵⁶, 398f⁵⁷, 406f⁸, 407f³, 407f⁷, 411f⁵, 419f¹³, 419f¹⁴, 419f¹⁵, 419f²², 419f²³, 419f²⁶, 419f²⁷, 430²⁶⁷ (396), 430²⁸¹ (403), 430²⁸² (404), 430²⁸³ (404), 431²⁸⁵ (404), 431²⁹⁶ (408), 431²⁹⁷ (408), 431³⁰⁸ (420), 431³⁰⁹ (420), 447f⁶, 448f², 473⁴⁶ (444, 445), 629⁵⁶ (568, 612, 615), 629⁵⁸ (568, 614, 615), 630¹⁰² (574, 587, 595), 630¹⁴⁰ (580, 583, 621), 630¹⁴⁴ (580, 583, 591, 610, 622), 630¹⁴⁵ (580, 589, 622), 631¹⁷⁰ (583, 584), 631¹⁷² (583), 631²⁰⁵ (591, 596), 631²⁰⁹ (596), 632²⁷² (622), 698²⁴³ (667), 701⁴¹⁹ (678, 679), 701⁴²⁷ (679, 680), 736f⁵, 780¹¹⁷ (740), 891f³, 1067²⁶ᵇ (964), 1067³⁸ (967), 1071²¹⁷ᵇ (1001), 1071²²⁴ (1002, 1017, 1018, 1019), 1072³⁰⁰ᵃ (1018), 1072³⁰⁰ᵇ (1018), 1075⁴⁶² (1041), 1248¹²³ (1183), 1253³⁸¹ (1237), 1380⁵¹ (1331), 1380⁶³ (1333); **4**, 508²⁶⁸ (445), 510³⁶² (469), 511⁴²⁵ (484), 760f⁷, 816⁴⁴⁶ (766), 816⁴⁴⁷ (766, 768, 769), 816⁴⁵² (766), 816⁴⁵⁵ (766), 817⁴⁶⁰ (767, 773); **5**, 76f³, 137f²⁵, 137f²⁹, 240f⁵, 240f⁸, 240f⁹, 240f¹⁰, 249f¹, 270⁴⁰⁸ (132), 270⁴¹⁰ (132), 273⁶¹⁵ (208), 274⁷⁰⁰ (237), 274⁷⁰² (238), 274⁷⁰⁵ (239), 274⁷⁰⁹ (239, 242), 357f⁶, 362f⁴, 403f⁹, 447f¹, 527⁴⁸¹ (357, 458), 527⁴⁸⁴ (358), 529⁵⁸³ (377, 385), 531⁷⁵⁶ (408, 442), 531⁷⁵⁷ (408), 531⁷⁵⁸ (408), 534⁹⁶² (442, 458), 534⁹⁶⁸ (442, 443, 457), 534⁹⁶⁹ (442, 457), 534⁹⁷⁰ (442), 534⁹⁷¹ (442), 534⁹⁷³ (442), 534⁹⁸³ (445), 535⁹⁸⁷ (445), 535⁹⁸⁸ (445), 535¹⁰²⁵ (458), 622¹⁰⁸ (561, 567), 623¹¹⁶ (561), 627⁴⁴⁸ (605), 627⁴⁵² (607), 627⁴⁵³ (607), 628⁴⁶¹ (609, 614); **6**, 97²³⁵ (85), 99⁴⁰¹ (85, 86, 91T), 228²⁵³ (192), 345¹⁶¹ (306); **7**, 109⁵⁵³ (80); **8**, 458²⁸¹ (413), 606⁷¹ (558), 607¹¹² (564), 607¹¹³ (564), 607¹¹⁴ (564), 607¹¹⁵ (564), 1010²¹⁵ (1005), 1064¹⁵ (1016), 1064¹⁶ (1016), 1066¹⁴⁴ (1038), 1066¹⁴⁴ (1038), 1067¹⁶⁴ (1041), 1067¹⁶⁶ (1041), 1067¹⁷¹ (1041), 1067¹⁷² (1041), 1067¹⁷⁷ (1041), 1069²⁴⁸ᵇ (1051, 1057), 1069²⁵¹ (1051), 1070³³⁵ᶜ (1061, 1062), 1071³⁴⁹ (1063)
Rauscher, G., **1**, 42²⁰⁰ (39), 118¹⁶⁵ (79)
Rautenstrauch, V., **7**, 102¹⁴⁹ (23), 110⁵⁹⁶ (93)
Raveglia, M., **4**, 173f², 235¹¹⁴ (174)
Raveh, A., **8**, 1065⁸⁰ (1025, 1053)
Raverdino, V., **4**, 819⁶⁰⁴ (795), 885⁸⁹ (861); **6**, 97²²⁸ (88, 92T), 141¹⁵⁴ (134T, 136), 226¹⁵⁴ (212, 213T), 870f¹⁰⁷
Raverty, W. D., **3**, 266¹⁷² (201), 266¹⁷⁴ (201); **4**, 508²⁵⁶ (443), 509³⁰⁷ (451); **8**, 1009¹¹⁵ (971), 1010²⁰⁹ (1004)
Ravindran, N., **1**, 275f¹¹, 275f¹², 275f¹³, 275f¹⁴, 275f¹⁵, 275f¹⁶, 275f¹⁷, 275f¹⁹, 306²⁹² (283); **7**, 141³⁵ (117, 118, 138), 141³⁶ (117, 118), 141³⁷ (118), 141³⁸ (118), 141⁵⁵ (121), 141⁵⁷ (122), 159¹³⁸ (154), 159¹³⁹ (154), 194³⁷ (162, 184, 187), 196¹⁷⁵ (184, 186, 187), 196¹⁷⁸ (184), 196¹⁷⁹ (184, 187), 197¹⁸⁵ (187), 197¹⁸⁹ (187, 188, 189), 197¹⁹⁰ (188, 189), 197²¹³ (192), 197²¹⁴ (192), 224⁷¹ (204, 219, 219f), 224⁷² (204), 224⁷⁹ (204, 219, 219f), 224⁸⁰ (204), 322¹⁵ (307), 322¹⁶ᵃ (307), 322⁴⁸ (315)
Ravindranathan, T., **7**, 321¹³ (306, 308, 310), 511⁹³ (487)
Ravoux, J. P., **8**, 1065⁷² (1024)
Rawlinson, D. J., **7**, 511¹⁰³ (489, 498)
Rawlinson, R. M., **3**, 81⁸⁷ (9), 84²⁹⁶ (40), 1251²⁶⁶ (1214), 1383¹⁸³ (1363); **6**, 842f¹³¹
Ray, G. J., **3**, 546⁴⁹ (496)
Ray, J. G., **1**, 248⁴²³ (206)
Ray, N. K., **1**, 149⁸ (122), 149¹⁴ (122); **7**, 160¹⁴⁸ (155)
Ray, P., **3**, 168³⁹ (110)
Raycheba, J. M. T., **2**, 932f¹⁵
Rayment, I., **1**, 375¹³⁰ (326); **2**, 199⁵⁹⁸ (145)
Raymond, K. N., **1**, 540¹⁸⁰ (517, 535T); **3**, 81¹²¹ (15), 263⁵ (174, 180, 182, 184), 264¹⁶ (176, 191), 265⁹⁷ (182, 183), 265¹⁰⁸ (184, 188, 203), 266¹⁴² (192, 193), 266¹⁴⁴ (194), 267²⁵⁸ (214), 268³¹⁹ (231, 232), 268³²⁰ (231, 232), 269³⁴⁸ (235, 236), 269³⁷⁵ (243), 269³⁸¹ (246, 247), 270⁴¹⁹ (260), 630¹⁰² (574, 587, 595), 1317²⁹ (1274); **4**, 50f¹, 155⁴¹⁰ (114), 322¹⁹⁹ (267), 480f⁴, 510³⁹² (477); **5**, 265⁸³ (19), 265⁹⁴ (22); **8**, 1064⁴ (1015), 1067¹⁹³ (1043)
Raynand, L., **6**, 749⁸⁸⁵ (606)
Rayner-Canham, G. W., **5**, 625²⁸⁸ (585)
Raynolds, P. W., **7**, 35f⁶
Raynor, J. B., **4**, 690¹⁰⁹ (676)

Razavi, A., **3**, 949^{179} (872); **4**, 13f^{17}, 150^{65} (21), 158^{618} (140), 158^{622} (140)
Razenberg, V. I., **2**, 974^{273} (919, 920)
Razina, R. S., **1**, 250^{559} (228); **7**, 100^{54} (7); **8**, 669^{32} (663T)
Razorenov, Yu. V., **5**, 266^{117} (25)
Razumovskii, V. V., **6**, 755^{1270} (654, 656), 756^{1323} (664), 761^{1650} (721)
Razuvaev, G. A., **1**, 248^{428} (207), 310^{549} (298), 584f^8, 672^{107} (577, 653), 672^{108} (577), 680^{625} (650), 680^{626} (650), 681^{658} (653), 681^{659} (653), 681^{715} (667, 669), 752^{32} (730); **2**, 195^{401} (101), 200^{629} (154), 201^{676} (165), 201^{678} (165), 507^{64} (405, 411, 468, 469, 470, 472), 508^{160} (417), 510^{239} (431, 472, 484), 510^{251} (432, 439), 510^{263} (435, 440), 510^{264} (435, 440), 511^{299} (438), 511^{300} (438), 511^{306} (439), 511^{307} (439), 511^{312} (440), 511^{313} (440), 512^{344} (443), 512^{345} (443), 514^{509} (467), 514^{515} (468, 469, 471), 514^{520} (468, 472), 515^{532} (470), 515^{533} (470, 471), 515^{542} (471), 515^{543} (471), 515^{544} (471), 515^{569} (476), 553f^1, 623^{469} (582), 675^{91} (640), 677^{233} (655), 679^{331} (665), 705^{53} (687), 705^{54} (687), 706^{134} (698), 861^{152} (857), 861^{154} (858), 862^{162} (859), 971^{129} (887), 973^{214} (899), 977^{435} (954), 977^{437} (955), 977^{487} (960), 977^{488} (960); **3**, 267^{200} (208), 267^{201} (208), 267^{203} (209), 315f^5, 326^{12} (284, 285), 326^{16} (285), 327^{82} (302), 334f^{25}, 348f^9, 348f^{10}, 359f^{16}, 359f^{17}, 379f^{13}, 379f^{17}, 398f^{16}, 398f^{17}, 398f^{44}, 407f^{10}, 424f^5, 424f^7, 426^{17} (336), 427^{56} (348), 428^{89} (358), 428^{108} (361), 429^{185} (377), 429^{186} (377), 429^{187} (377), 431^{321} (423), 431^{329} (425), 436f^{10}, 436f^{29}, 460f^4, 461f^{35}, 474^{82} (459, 462), 474^{97} (464), 474^{98} (464), 631^{165} (583, 590), 631^{165} (583, 590), 631^{168} (583), 646^{42a} (641), 646^{42b} (640, 641), 646^{42b} (640, 641), 696^{114} (657, 660), 696^{122} (657), 696^{123} (658), 696^{148} (660), 696^{149} (660), 696^{153} (660), 696^{159} (661), 698^{271} (670), 698^{273} (670), 698^{274} (670), 700^{349} (673), 700^{351} (673), 701^{404} (677, 679), 701^{406} (677, 681), 701^{408} (677), 701^{409} (677, 678, 679), 701^{418} (678), 701^{424} (679, 680), 701^{430} (680), 701^{431} (680, 681, 682), 701^{432} (680), 701^{441} (681), 701^{446} (682), 736f^{18}, 768f^{20}, 966f^3, 978f^6, 981f^7, 986f^4, 1004f^{25}, 1004f^{36}, 1070^{199} (999), 1071^{207} (1000), 1071^{210} (1001), 1071^{252} (1010, 1043), 1072^{307} (1018), 1073^{325} (1022), 1075^{444} (1038), 1188f^4, 1251^{282} (1218), 1338f^4, 1360f^8, 1383^{194} (1365); **4**, 401f^{26}; **5**, 271^{460} (153); **6**, 100^{423} (39, 43T), 226^{156} (203T), 226^{179} (195), 226^{185} (205T, 208), 228^{266} (205T, 208), 263^{144} (255), 445^{276} (422), 445^{301} (424), 445^{311} (427), 454^{32} (451), 873^5 (763), 1018f^{10}, 1020f^{120}, 1029f^{73}, 1029f^{80}, 1029f^{81}, 1032f^{31}, 1033f^5, 1036f^8, 1039^{34} (993, 994, 1000, 1008), 1040^{67} (997, 1001), 1040^{89} (1003), 1040^{101} (1004, 1008), 1058f^2, 1058f^4, 1058f^7, 1060f^6, 1085f^1, 1110^2 (1044, 1045, 1048, 1052, 1083), 1111^{72} (1059), 1113^{201} (1095), 1114^{222} (1101), 1114^{223} (1101); **7**, 336^{18} (326), 457^{129} (392), 458^{203} (400), 655^{524} (610, 612)
Read, G., **7**, 725^{11} (664)
Reade, W., **1**, 262f^{30}, 304^{149} (269)
Reading, J. C., **2**, 1019^{301} (1014)
Real, F. M., **5**, 523^{211} (303T, 363)
Ream, B. C., **6**, 262^{106} (251), 346^{218} (312T, 312); **8**, 927^{75} (801)
Reamer, D. C., **2**, 1019^{246} (1005), 1019^{262} (1009, 1010f)
Reames, D. C., **7**, 105^{288} (37, 37f), 106^{380} (51)
Reardon, Jr., E. J., **4**, 435f^{30}, 509^{350} (465)
Reason, M. S., **1**, 375^{129} (325)
Reavill, R. E., **2**, 188^{114} (28, 29)
Reay, B. R., **3**, 881f^4
Rebek, J., **2**, 201^{676} (165); **7**, 652^{352} (584)
Rebullida, C., **5**, 537^{1177} (481)
Reckziegel, A., **3**, 702^{499} (687, 689), 988f^4, 1070^{159} (988), 1250^{233} (1206); **4**, 322^{196} (266, 271, 288, 290)
Reddy, B. R., **4**, 507^{219} (438, 498); **7**, 336^{44} (332)

Reddy, G. K. N., **4**, 694f^{14}, 694f^{16}, 811^{83} (702); **5**, 299f^7, 317f^{11}, 317f^{13}, 317f^{14}, 353f^{14}, 521^{113} (292, 297, 298, 314), 521^{117} (292, 298, 314), 522^{157} (297, 314), 522^{162} (298, 314), 522^{163} (298, 314), 527^{450} (348), 549f^8, 554f^8, 556f^{16}; **6**, 344^{81} (286), 737^{69} (488), 738^{143} (497)
Reddy, G. S., **3**, 108f^{24}, 279^{58} (278), 328^{172} (324), 431^{289} (405, 422); **5**, 534^{934} (435, 436); **8**, 331f^{25}, 550^{57a} (514, 534, 536)
Reddy, J., **6**, 945^{266} (933)
Reddy, M. L. N., **2**, 507^{50} (403, 406); **4**, 323^{285} (276, 279), 323^{316} (279); **7**, 110^{559} (82)
Reddy, M. S., **4**, 694f^{17}
Redhouse, A. D., **2**, 763^{178} (757), 937f^6; **3**, 88^{534} (77), 842f^7, 897f^2, 897f^3; **4**, 156^{496} (125), 157^{539} (130), 241^{434} (214, 215T), 607^{150} (543), 658f^{32}, 884^8 (844, 865), 894f^7
Red'kin, A. N., **2**, 819^{79} (779)
Redman, H. E., **1**, 677^{408} (626)
Redoules, G., **2**, 501f^{10}, 513^{456} (459, 462), 513^{457} (459, 460, 462), 514^{481} (463, 464, 465), 514^{482} (463, 464), 514^{492} (466, 484), 514^{501} (466)
Redpath, C. R., **6**, 754^{1211} (652)
Redwane, N., **1**, 242^{97} (165, 175)
Redwood, M. E., **1**, 249^{451} (210, 211, 212, 213, 214)
Reed, A. T., **2**, 191^{241} (57), 631f^{13}, 675^{81} (638)
Reed, C. A., **3**, 82^{123} (15); **4**, 1059^{93} (979, 980, 993), 1059^{121b} (987); **5**, 522^{154} (297), 530^{680} (393), 543f^1, 546f^1, 556f^7, 622^{97} (560), 622^{98} (561), 623^{169} (565, 574), 623^{173} (565); **6**, 845^{288}, 875^{95} (776)
Reed, D., **1**, 539^{107h} (491); **6**, 944^{208} (919, 920T), 945^{246} (928T, 929)
Reed, F. J. S., **5**, 523^{242} (303T, 307), 549f^7, 556f^4, 559f^6, 621^{49} (550, 553); **6**, 1094f^5
Reed, H. W. B., **8**, 457^{206} (403)
Reed, J., **3**, 781^{193} (770); **8**, 607^{103} (563)
Reed, J. J. R., **6**, 752^{1030} (626, 630), 760^{1563} (697)
Reed, J. L. E., **8**, 932^{375} (850)
Reed, L. C., **3**, 945f^9
Reed, P. J., **1**, 72f^2
Reed, Jr., P. R., **1**, 262f^{24}, 263f^{13}, 302^{53} (263)
Reed, R., **1**, 241^{41} (158), 456^{186} (440)
Reed, R. C., **5**, 33f^9
Reed, R. I., **4**, 106f^2
Reeder, S. K., **2**, 908f^{16}
Reedijk, J., **8**, 796^{99} (794)
Reegen, S. L., **7**, 464^{561} (453, 454)
Reeke, G. N., **2**, 620^{262} (555)
Rees, B., **3**, 80^{31} (5), 789f^2, 789f^4, 946^8 (791), 1073^{334} (1023); **4**, 605^{25} (517, 518), 839^{12} (823); **6**, 876^{172} (793)
Rees, C. W., **3**, 1125f^8; **4**, 326^{499} (298), 609^{288} (577); **8**, 1009^{136} (977)
Rees, D. C., **8**, 1010^{203} (1000), 1010^{205} (1001), 1010^{208} (1003)
Rees, G. V., **3**, 84^{263} (37, 40), 629^{52} (568, 570, 571), 702^{490} (685), 767f^{12}, 767f^{16}, 767f^{17}, 768f^7, 768f^9, 771f^2, 771f^3, 781^{197} (771), 1250^{199} (1199), 1250^{204} (1199), 1382^{132} (1346); **6**, 839f^8, 849f^2, 849f^4, 873^{16} (764), 874^{31} (764)
Rees, R. G., **1**, 379^{419} (366); **2**, 623^{441} (578)
Rees, T. C., **1**, 246^{296} (191); **7**, 99^{24} (3)
Reese, C. B., **7**, 110^{560} (83), 651^{293} (576)
Reetz, M. T., **1**, 115^{24} (46); **2**, 199^{572b} (139, 160); **3**, 473^{42} (443), 473^{43} (443), 473^{44} (443, 446); **7**, 102^{168} (24), 107^{401} (54), 109^{534} (78), 109^{535} (78), 109^{536} (78), 650^{252} (567), 650^{253} (567), 655^{527} (612)
Reeves, A. L., **1**, 149^5 (122)
Reeves, L. W., **1**, 304^{136} (269); **2**, 617^{39} (527), 904f^9; **6**, 754^{1210} (651)
Reeves, P. C., **3**, 1005f^{16}, 1005f^{17}, 1028f^4, 1073^{366} (1028), 1074^{377} (1031), 1247^{83} (1173), 1380^{45} (1331); **4**, 507^{193} (431, 493), 508^{282} (447, 472), 510^{376} (474), 510^{377} (474), 815^{383} (759); **7**, 225^{117} (208); **8**, 1070^{319} (1059)
Reeves, R., **4**, 380f^8
Regan, C. M., **4**, 507^{175} (427), 612^{510} (600); **5**, 535^{999} (449, 452, 480)

Regan, M. T., **5**, 404f[14], 529[614] (380), 529[620] (380), 529[630] (379)
Regan, T. H., **1**, 310[552] (298), 310[553] (298), 376[217] (343); **7**, 336[50b] (334), 336[50c] (334)
Regel, W., **7**, 658[707] (645)
Regen, S. L., **4**, 964[95] (946, 947), 964[109] (948); **7**, 108[469] (65); **8**, 937[749] (918)
Reger, D. L., **2**, 760[8] (710); **3**, 108f[10], 109f[8], 703[559] (691, 692), 1253[385] (1237); **4**, 157[571] (134, 136, 149), 374[30] (336), 374[34] (337), 375[115] (361), 375[116] (361), 391f[2], 504[16] (382), 504[18] (382), 505[57] (394), 510[367] (470); **5**, 274[674] (230); **8**, 367[447] (351), 367[448] (351)
Regler, D., **4**, 12f[12], 19f[5], 607[152] (544), 846f[10], 886[107] (866)
Reglier, M., **8**, 935[576] (890, 891)
Regnet, W., **1**, 309[483] (296), 379[387] (363), 380[448] (369), 380[453] (369), 410[75] (402)
Regnier, B., **7**, 658[660b] (642)
Regulski, T. W., **1**, 672[76] (569)
Rehani, S., **4**, 1062[331] (1041), 1063[387] (1053)
Rehder, D., **3**, 695[67] (653), 695[69] (653, 666), 695[70] (653, 665, 666), 695[71] (653, 666), 695[73] (653, 665, 666), 695[75] (653, 665), 695[76] (653, 665), 695[77] (653), 695[78] (653, 665), 695[79] (653, 665), 695[80] (653, 665), 695[91] (655), 695[92] (655, 668), 695[93] (655), 697[201] (664, 666), 698[230] (665), 698[231] (665), 698[232] (666), 698[251] (668), 711f[4], 711f[6], 779[40] (707)
Rehder-Stirnweiss, W., **5**, 549f[10], 621[33] (548), 621[44] (548)
Rehn, D., **8**, 1070[316] (1059)
Rehn, H., **8**, 1070[316] (1059)
Rei, M.-H., **7**, 103[192] (26f), 725[55] (674, 675)
Reibel, L. C., **7**, 458[195] (400)
Reich, C. R., **3**, 133f[4], 1246[45] (1160)
Reich, H. J., **2**, 192[278] (71); **7**, 66f[9], 95f[4], 109[507] (72), 647[55] (527), 649[183] (555), 657[614a] (632, 635, 638), 657[619] (633, 636), 657[620] (633)
Reich, I. L., **7**, 109[507] (72)
Reich, P., **2**, 674[23] (632)
Reich, R., **2**, 760[1] (710)
Reichardt, W., **3**, 922f[5], 951[347] (929)
Reichart, B. E., **4**, 512[494] (498)
Reichel, C. J., **7**, 658[658] (641)
Reichel, C. L., **4**, 605[35] (519, 520), 840[18] (823, 824, 825); **5**, 266[172] (36); **6**, 844f[236], 1113[171] (1087); **8**, 367[441] (351), 609[213] (603)
Reichel, H., **8**, 402f[1], 430f[6], 447f[11], 449f[1], 457[202] (401), 460[385] (432), 462[482] (450), 931[351] (848)
Reichel, S., **2**, 675[77] (638), 676[176] (651)
Reichelderfer, R. F., **3**, 1308f[7], 1317[40] (1278), 1318[88] (1289); **4**, 155[377] (93), 241[433] (214, 215, 215T, 216); **5**, 626[370] (597)
Reichenbach, G., **4**, 389f[4]; **5**, 27f[10], 28f[3], 29f[8], 266[128] (28); **8**, 339f[22]
Reichenbach, T., **7**, 100[31] (4)
Reichenbach, W., **1**, 380[462] (370)
Reichert, B. E., **1**, 41[159] (35); **2**, 820[131] (791); **3**, 170[151] (157, 158), 170[162] (162); **4**, 658f[53], 689[34] (666), 907[47] (899), 1061[269] (1028), 1062[318] (1038), 1063[342] (1043), 1063[391] (1053); **6**, 445[283] (422), 445[284] (422), 747[735] (584), 748[796] (588)
Reichert, K. H., **1**, 679[535] (638); **3**, 547[108] (536)
Reichert, W. W., **3**, 971f[13], 1077[598] (1067), 1248[112c] (1181), 1380[60] (1333); **8**, 281[83] (258)
Reichl, R. H., **8**, 220[3] (103)
Reichle, W. T., **2**, 569f[1], 619[210] (547, 554, 558, 569), 623[421] (574), 626[642] (605), 677[200] (652); **3**, 696[141] (659, 661), 697[164] (661); **6**, 944[182] (912)
Reichold, P., **4**, 817[492] (774, 775)
Reich-Rohrwig, P., **3**, 1249[166] (1191); **4**, 612[449] (536f, 595)
Reichstein, T., **7**, 110[571] (85)
Reid, A. F., **1**, 248[411] (203), 248[435] (207); **2**, 680[390] (671); **3**, 265[74] (180, 182, 213, 220), 303f[3], 334f[22], 426[7] (332), 628[1] (561, 569), 629[69] (569), 629[71] (569, 603), 629[86] (572, 573, 576), 629[89] (572), 699[331] (673)

Reid, J. G., **3**, 797f[17], 810f[1], 1089f[1], 1262f[18]
Reid, K. I. G., **4**, 509[327] (455), 612[502] (599)
Reid, W., **2**, 978[505] (963)
Reid, jr., W. E., **6**, 942[63] (901, 902T)
Reider, P. J., **7**, 653[422] (596)
Reidlinger, A., **1**, 677[452] (630)
Reiff, H., **7**, 98f[15]
Reiff, H. F., **2**, 617[70] (531), 676[139] (643)
Reiff, W. M., **4**, 649[85] (639), 649[100] (643)
Reihlen, H., **4**, 506[163] (426, 427)
Reihsig, J., **8**, 385f[12], 455[92] (384), 645[228] (622T)
Reijnders, P. J. M., **8**, 769[38] (714T, 722), 769[45] (714T, 722)
Reikhsfel'd, V. O., **2**, 202[695] (169), 301[305] (273), 510[240] (431); **6**, 758[1433] (675); **7**, 654[440] (598), 654[451] (599); **8**, 643[107] (629, 630T), 644[161] (630T, 631)
Reilly, C. A., **4**, 812[179] (718, 723); **5**, 538[1229] (494); **8**, 305f[46]
Reilly, E. L., **2**, 202[724] (178, 182)
Reilly, T. J., **1**, 453[80] (427, 433), 454[104] (429, 438), 456[195c] (441)
Reimann, R. H., **3**, 948[146] (861), 1248[125] (1183), 1380[69] (1334); **4**, 12f[8], 12f[9], 12f[31], 13f[14], 19f[4], 19f[6], 33f[17], 33f[31], 33f[44], 34f[66], 34f[72], 50f[18], 50f[31], 51f[66], 51f[70], 52f[84], 52f[85], 65f[47], 150[45] (14, 15, 18, 38, 55, 56, 66, 67), 150[59] (18), 150[69] (22, 54, 56), 151[127] (30, 39, 42), 151[140] (36, 39, 40, 42, 57), 152[164] (42), 152[198] (53, 54, 56, 57), 158[625] (140, 141), 158[626] (140, 141), 173f[5], 235[125] (175, 176), 236[149] (178, 179), 239[356] (206, 207T, 208), 605[45] (519), 648[50] (630), 814[322] (749), 814[323] (749), 815[374] (757, 802, 804); **5**, 306f[8], 523[213] (304T)
Reimann, W., **5**, 525[344] (327, 328); **8**, 365[293] (329), 539f[1]
Reimer, K. J., **3**, 84[312] (43); **4**, 64f[6], 152[173] (43), 154[311] (75, 124), 156[469] (124); **5**, 362f[6], 527[486] (358, 435, 467), 527[487] (358, 435, 467), 527[488] (358, 467), 529[641] (383, 384), 536[1077] (467), 536[1078] (467), 537[1131] (476), 623[179] (566, 591, 594), 624[247] (578)
Reimer, M., **2**, 1018[205] (1002)
Reimschneider, R., **6**, 445[261] (421)
Reinäcker, R., **1**, 674[217] (598); **7**, 456[90] (386)
Reinarz, R. B., **7**, 100[48] (6)
Reinders, F. J., **3**, 82[186] (28), 83[203] (29)
Reinecke, M. G., **7**, 101[86] (13)
Reinehr, D., **1**, 242[112] (167, 168, 220), 242[113] (167), 242[114] (167, 168), 242[115] (167, 190, 191), 242[115] (167, 190, 191), 242[115] (167, 190, 191), 243[116b] (168), 243[122] (168, 191), 583f[18], 671[56] (564, 592, 597, 606, 627), 679[545] (639); **7**, 99[13] (3), 99[14] (3), 99[15a] (3), 99[15b] (3), 99[15d] (3), 99[15d] (3), 99[15d] (3), 100[49] (6), 455[35] (380), 455[52] (381); **8**, 461[444] (441, 444), 461[447] (441), 642[91] (628), 705[64] (687T, 688), 705[72] (686, 687T, 689), 705[89] (687T, 688), 706[100] (681, 687T), 706[101] (678, 681, 687T, 686), 708[234] (678, 681, 686), 710[314] (678), 710[315] (672, 678), 710[325] (686, 687T)
Reinert, K., **1**, 305[261] (280), 305[264] (280), 601f[3], 613f[1], 675[279] (611, 613); **7**, 298[17] (269), 335[12] (325)
Reingold, I. D., **8**, 930[279] (839)
Reinhardt, B. A., **6**, 73[81] (489)
Reinhardt, R. E., **8**, 549[21a] (503, 547)
Reinhart, P. B., **1**, 263f[13], 302[53] (263)
Reinheckel, H., **1**, 647f[4], 672[111] (577), 674[221] (598), 677[393] (625), 678[459] (631), 680[590] (647, 661), 680[595] (648), 680[598] (648), 680[599] (648), 680[600] (648, 658), 680[601] (648), 680[602] (648), 680[606] (649, 650), 680[609] (649, 650), 680[622] (650), 682[737] (581); **3**, 436f[30], 473[19] (437, 442); **7**, 406f[1], 406f[3], 406f[4], 406f[5], 406f[6], 409f[1], 409f[2], 455[50] (381), 456[88] (385, 401, 406, 407, 409, 410), 457[168] (396), 458[201] (400, 441), 458[237] (406), 458[238a] (407), 458[238b] (407), 458[239b] (407), 459[248] (408), 459[255] (409), 459[258] (410), 459[259] (410), 459[260] (410), 461[414] (431), 462[475] (442)

Reinheimer, H., **2**, 773f[1], 813f[1], 813f[3], 818[45] (772), 821[196] (812), 821[198] (812, 813), 821[205] (813); **6**, 241[33] (238), 348[384] (327), 361[7] (352), 469[42] (462, 463), 469[43] (462, 463); **8**, 411f[14], 458[276] (412)
Reinhoudt, D. N., **5**, 626[335] (591); **6**, 262[120] (253), 751[996] (621, 629), 756[1314] (663)
Reinke, H., **8**, 331f[2]
Reinmuth, O., **1**, 241[5] (156, 157, 158, 159, 160, 163, 164, 170, 171, 172, 177, 188, 192, 211); **7**, 99[5] (2, 10, 13, 14f, 17f, 20–25, 28–43, 47–52, 54, 57, 58, 59f, 60–63, 63f, 64, 66, 67f, 71, 72, 75–76f)
Reinsalu, P., **4**, 811[96] (705); **5**, 296f[2], 353f[7], 522[136] (296, 348, 499)
Reintjes, M., **1**, 379[425b] (366), 540[175a] (515, 516, 518, 520, 535); **3**, 1250[219] (1203), 1382[156] (1356); **4**, 238[294] (203); **6**, 383[71] (371, 375), 840f[71], 874[65] (771); **7**, 301[144] (292)
Reis, Jr., A. H., **1**, 542[240] (534T), 542[244] (534T), 542[246] (517, 534T), 552[13] (544, 545), 552[14] (545); **4**, 480f[8], 480f[9], 510[402] (481), 510[402] (481); **5**, 536[1061] (463), 622[91] (559), 628[506] (620)
Reis, H., **6**, 261[26] (245); **8**, 927[48] (801)
Reis, J. E. de P., **7**, 510[38] (475)
Reis, J. G., **3**, 1085f[18]
Reischig, G., **5**, 549f[10]
Reisdorf, R. P., **2**, 1016[102] (991f, 992, 1009)
Reisenauer, H. P., **2**, 186[30] (7, 84)
Reisenhofer, E., **5**, 269[328] (92)
Reishig, G., **5**, 621[44] (548)
Reisinger, K., **2**, 680[398] (673), 1015[44] (983, 998, 1001, 1002), 1015[45] (983, 998, 1001, 1002)
Reisner, G. M., **3**, 1249[158] (1190), 1286f[1]; **4**, 508[268] (445); **5**, 240f[8], 274[709] (239, 242), 275[755] (251), 535[987] (445), 535[988] (445); **8**, 458[281] (413)
Reisner, M. G., **3**, 1249[170] (1192), 1381[92] (1340); **4**, 344f[10], 450f[2], 509[298] (449, 450), 509[319] (453), 612[492] (598), 648[38] (625)
Reiss, J. G., **3**, 1311f[3], 1311f[5]
Reiss, W., **2**, 705[62] (689)
Reissaus, G. G., **2**, 679[384] (670)
Reitano, M., **2**, 198[523] (125); **7**, 653[397] (592)
Reiter, B., **3**, 698[262] (669); **4**, 156[473] (125), 157[547] (130)
Reith, H., **3**, 833f[80], 838f[11]
Reitman, O., **6**, 143[257] (117)
Reitsma, H. J., **8**, 551[140] (548)
Reitz, D. B., **7**, 110[603] (95, 98f)
Reitz, R. R., **3**, 703[577] (693)
Rejchsfel'd, V. O., **8**, 411f[12], 458[272] (412)
Rejoan, A., **3**, 1076[498] (1051)
Reley, P. P., **8**, 496[13b] (466, 473)
Relf, J., **2**, 943f[5], 975[335] (930, 940)
Remick, R. J., **3**, 646[45] (642), 1205f[7], 1250[230] (1205); **6**, 181[120] (153T, 156)
Remijnse, J. D., **8**, 363[188] (308)
Rempel, G. L., **4**, 664f[6], 664f[7], 689[41] (667), 810[20] (695, 696, 698), 841[80] (835), 841[81] (835), 907[15] (891), 938f[1], 944f[5], 963[16] (934), 963[67] (941), 963[67] (941), 964[111] (948, 950), 965[133] (951), 965[134] (951, 953); **5**, 269[342] (101, 114, 116), 524[321] (318), 525[344] (327, 328); **8**, 223[157] (175), 331f[3], 362[120] (296, 329), 362[138] (299, 329), 365[293] (329), 365[304] (333), 609[255] (596T), 610[273] (596T), 611[343] (599T)
Rempp, P., **7**, 100[43] (6), 100[44] (6)
Remy, H., **4**, 689[62] (669)
Renaud, J., **6**, 741[319] (518, 521), 741[320] (518, 521), 741[321] (518, 521)
Renaut, P., **3**, 429[148] (366, 370), 628[3] (561, 570), 629[81] (570, 594), 630[159] (582, 599), 1187f[2]; **6**, 839f[18], 875[101] (777)
Rendle, D. F., **1**, 700f[8], 723[225] (715); **2**, 706[140] (699)
Renes, P. A., **1**, 40[59] (14, 15, 15T)
Renfrow, B., **1**, 53f[3]
Renga, J. M., **7**, 109[507] (72)
Renger, B., **7**, 26f[15], 98f[12], 98f[12], 98f[12], 647[66] (527)
Rengstl, A., **2**, 303[405] (295T)

Renk, E. B., **1**, 115[26] (46)
Renk, I. W., **3**, 840f[14], 874f[2], 1147[63] (1109), 1251[291] (1219); **6**, 33[28] (18), 142[212] (127)
Renk, T., **1**, 377[295] (353), 410[88] (407); **4**, 511[422] (483); **8**, 1065[82] (1025)
Renk, T. H., **1**, 377[292] (353)
Rennick, R. D., **6**, 748[793] (588, 588T)
Renning, J., **2**, 193[313] (80)
Rennison, S. C., **3**, 1004f[7], 1005f[4], 1073[342] (1024), 1073[348] (1025), 1211f[5], 1211f[13]; **5**, 240f[7]
Renoe, B. W., **6**, 760[1570] (702)
Renold, W., **7**, 512[123] (491)
Renshaw, R. R., **3**, 473[11] (434)
Rensing, A., **7**, 100[57] (7)
Renson, M., **7**, 87f[6], 87f[10]
Renwanz, G., **1**, 285f[3], 696f[22]
Renz, W., **6**, 36[211] (20T, 22T)
Repka, B. C., **7**, 462[491] (443, 444), 462[496] (443)
Repp, K.-R., **4**, 155[431] (118); **8**, 1068[239] (1049)
Reppe, W., **4**, 328[661] (314); **6**, 1021f[148]; **8**, 220[2] (103, 188), 222[124] (157), 223[147] (171, 175, 176, 189, 190), 411f[6], 411f[9], 411f[11], 455[115] (391, 412, 426), 458[244] (410, 412), 458[267] (412), 670[91] (650), 670[91] (650), 796[150] (775)
Řeřicha, R., **4**, 921[49] (919)
Reshetnikova, L. V., **8**, 368[516] (359), 368[517] (359), 368[518] (359)
Reshetova, L. N., **8**, 368[516] (359), 368[517] (359), 368[518] (359)
Resibois, B., **2**, 299[206] (251T), 300[229] (258)
Reske, E., **7**, 106[360] (48)
Respess, W. L., **1**, 241[21] (157, 175), 242[98] (165, 175, 201), 249[476] (214); **2**, 763[165] (752); **7**, 728[204] (708)
Ressner, J. M., **2**, 194[380] (96); **7**, 461[435] (434)
Rest, A. J., **3**, 81[91] (12), 81[92] (12), 82[127] (16), 82[173] (25), 949[181] (872), 1075[426] (1036); **4**, 97f[3], 97f[4], 97f[5], 150[37] (9), 154[341] (86), 240[411] (211, 212T, 213), 241[462] (218, 218T, 219), 326[476] (296), 326[477] (296), 886[110] (866), 1057[12] (969, 987); **5**, 266[126] (26); **6**, 13[59] (8), 33[24] (18), 226[167] (199, 210), 262[128] (254), 345[159] (306), 345[160] (306), 744[532] (545), 750[937] (615), 750[940] (615, 617, 618, 619, 626, 629)
Restall, C. J., **8**, 367[453] (352), 367[454] (352)
Restivo, R., **4**, 648[53] (631); **6**, 384[104] (376); **8**, 935[579] (890)
Restivo, R. J., **4**, 648[29] (622), 819[631] (800); **5**, 373f[14], 528[560] (369), 625[311] (588); **6**, 141[119] (133T, 135, 136)
Rétey, J., **5**, 269[330] (92), 269[331] (92), 269[332] (93)
Retta, N., **2**, 194[377] (96)
Rettenmaier, A. J., **3**, 851f[30]
Rettig, M. F., **3**, 82[181] (28, 30), 83[187] (28), 86[406] (57), 700[353] (673), 700[380] (674, 675), 700[387] (675), 701[440] (681, 687), 703[569] (692, 693); **4**, 155[407] (114); **6**, 224[32] (192), 225[121] (192, 193, 193T), 278[30] (272), 278[31] (272), 346[266] (315, 317), 384[106] (377); **8**, 934[565] (889), 1064[5] (1015), 1068[231] (1049)
Rettig, S., **3**, 858f[10], 870f[6]
Rettig, S. J., **1**, 258f[5], 258f[16], 258f[17], 378[359] (360), 380[435] (367), 380[436] (367), 700f[9], 700f[10], 700f[11], 700f[12], 700f[15], 723[233] (716), 723[234] (716), 723[235] (716), 723[236] (716), 723[237] (716), 723[254] (717), 723[268] (718); **3**, 1246[40] (1159)
Rettig, S. L. J., **6**, 980[36] (956, 959T)
Rettkowski, W., **6**, 36[190] (31)
Reuben, D. M. E., **6**, 750[899] (610)
Reuben, J., **3**, 264[53] (179)
Reucroft, J., **7**, 110[566] (84)
Reus, III, W. F., **7**, 110[589] (91)
Reuschenbach, G., **2**, 200[621] (151)
Reuss, R. H., **7**, 650[232] (563), 650[238] (564)
Reuter, J. M., **4**, 965[136] (952), 965[147] (955)
Reuter K., **2**, 6f[19], 195[405] (102), 195[408] (102), 195[411] (102, 112), 195[413] (103); **6**, 1114[218] (1101)
Reuter, M. J., **2**, 192[281] (72)
Reutov, O. A., **1**, 241[32] (158, 159, 164, 166), 242[90]

(164), 243¹⁴⁰ (171), 246³⁰⁹ (193), 753⁷⁴ (737), 753⁷⁵ (737); **2**, 511³²⁰ (440), 618⁹⁵ (536), 619²¹⁴ (548), 706⁹⁵ (693), 706⁹⁶ (693), 763¹⁸⁵ (759), 768f¹¹, 818¹⁹ (767), 873f¹⁶, 882f¹¹, 894f⁷, 940f⁴, 945f¹, 969¹⁵ (864, 866), 969¹⁸ (865), 970⁶⁹ (873), 971¹²⁷ (886), 972¹⁵⁰ (890), 972¹⁵⁴ (891), 972¹⁵⁶ (891), 972¹⁶⁰ (892), 972¹⁸⁸ (896), 972¹⁸⁹ (897), 972¹⁹¹ (897), 973¹⁹⁵ (898), 973¹⁹⁹ (898), 973²⁰⁴ (898), 973²⁰⁵ (898), 974²⁷³ (919, 920), 974²⁷⁵ (920), 975³¹⁸ (926), 975³³³ (930, 931, 935), 975³³⁴ (930, 935, 944), 976³⁷³ (939), 976³⁹⁷ (939), 977⁴³² (953), 978⁴⁹⁷ (962), 978⁴⁹⁸ (962), 978⁵⁰⁰ (962), 978⁵⁰⁶ (963), 978⁵⁰⁹ (964), 978⁵¹⁰ (964), 978⁵¹¹ (964), 978⁵¹² (964), 978⁵¹⁸ (965), 978⁵²⁵ (966); **4**, 239³⁴⁵ (206, 207T), 239³⁴⁶ (206, 207T), 239³⁵⁴ (206, 207T); **5**, 527⁴⁹² (359); **6**, 263¹⁴³ (255), 263¹⁴⁴ (255), 263¹⁴⁶ (255), 346²⁴⁶ (314), 346²⁴⁷ (314), 346²⁴⁸ (314), 346²⁴⁹ (314), 346²⁵⁰ (314, 322), 347³³⁸ (322), 740²⁹² (517), 741²⁹³ (517), 741²⁹⁴ (517, 518), 745⁵⁸⁵ (555), 1028f²⁸, 1029f⁷¹, 1029f⁷², 1029f⁷³, 1029f⁷⁴, 1029f⁷⁵, 1029f⁷⁶, 1029f⁷⁷, 1029f⁷⁸, 1033f⁵, 1036f⁸, 1039³³ (993, 995, 999, 1000, 1001), 1039³⁹ (994, 1001), 1039⁴⁰ (994, 1001), 1039⁴¹ (994, 999, 1000), 1040⁷¹ (998, 1000), 1040⁸¹ (999), 1040⁸⁹ (1003); **7**, 105³¹⁷ (43, 45, 46), 105³²⁸ (45), 108⁴⁹⁰ (70), 513²²⁴ (508); **8**, 933⁴⁵⁵ (860), 1067¹⁸³ (1043), 1067¹⁸⁹ (1043), 1067¹⁹⁰ (1043), 1067¹⁹⁰ (1043), 1067¹⁹⁹ (1044)
Reutov, P. A., **2**, 617⁵² (527)
Reutter, D. W., **6**, 140⁸⁶ (105T, 110)
Reuvers, J. G. A., **3**, 833f⁴⁷, 947⁹⁷ (836)
Reuwer, J. F., **1**, 285f³⁰, 306³³¹ (287)
Revel, G., **1**, 241¹¹ (157)
Revelle, L. K., **2**, 298¹³² (238)
Revenko, L. V., **4**, 965¹⁸⁶ (962)
Rewicki, D., **1**, 118¹⁹⁹ (83, 84T), 118²⁰⁰ (83, 84T)
Reyes, J., **5**, 299f¹², 524²⁷⁴ (298, 481, 489), 538¹²¹⁰ (489)
Reynolds, D. J., **1**, 453³⁸ (420), 453³⁹ (620)
Reynolds, D. M., **4**, 12f¹¹, 65f⁵², 153²⁴⁷ (63), 153²⁴⁸ (63, 66, 67)
Reynolds, D. P., **7**, 651³¹⁶ (578), 651³¹⁸ (578)
Reynolds, L. T., **1**, 720²¹ (686), 750f¹; **3**, 267²⁵⁵ (214), 368f⁴
Reynolds, M. A., **7**, 109⁵⁰² (71)
Reynolds, P. A., **2**, 975³⁵⁶ (935, 937), 977⁴²⁸ (952)
Reynolds, P. W., **7**, 656⁵⁶⁸ (622)
Reynolds, W. B., **7**, 108⁴⁶⁴ (63), 457¹³⁰ (392)
Reynolds, W. F., **2**, 187³¹ (7, 83), 193³⁴⁸ (89), 296¹⁶ (211); **6**, 97²³⁹ (86)
Reynoldson, T., **4**, 107f⁹⁸
Reyx, D., **1**, 374⁸⁸ (318); **7**, 225⁹⁷ (206), 225⁹⁹ (206)
Rezukhina, T. N., **3**, 788f⁴ᵃ, 788f¹⁰, 1081f⁷, 1081f⁸, 1146⁷ (1080), 1258f⁶, 1258f⁷
Rhee, I., **4**, 648⁴³ (628); **5**, 12f⁶, 12f¹⁴; **8**, 769²⁹ (727T, 733), 770¹⁰⁷ (735), 794⁴ (784, 785, 786, 787, 791), 794⁸ (784), 795⁴⁷ (785, 786), 1008⁵⁴ (952)
Rhee, R., **7**, 104²⁵⁰ (32)
Rhee, R. P., **7**, 671⁴
Rhee, S. G., **1**, 597f⁴, 642f¹, 671⁴⁵ (561, 568), 671⁶¹ (564, 568, 570, 604, 641, 669), 672⁷⁹ (570, 629), 673¹⁴¹ᵃ (585, 621, 622), 674²⁰¹ (594, 604), 674²⁰² (594, 604, 641), 674²⁰³ (594), 674²⁰⁴ (594), 674²⁰⁵ (594, 604, 629), 677⁴⁴¹ (629, 659), 681⁶⁸⁰ (660); **7**, 456¹⁰⁴ (389), 456¹¹⁰ (390), 456¹¹¹ (390), 456¹¹² (390), 456¹¹³ (390)
Rhee, W. M., **3**, 125f³⁴, 851f⁴⁰; **5**, 33f¹⁹
Rheingold, A. L., **1**, 373¹⁴ (313); **2**, 387f¹, 392f¹, 395⁹ (366, 371, 387), 395¹⁴ (366, 382, 388, 390, 391), 396¹⁰⁰ (385, 388), 705³⁷ (686), 707¹⁶¹ (701); **4**, 327⁵³⁸ (301), 380f²⁸, 389f¹⁴, 396f¹, 480f⁶, 480f⁷, 510³⁹⁴ (480), 510³⁹⁵ (480), 658f²¹, 840⁶⁸ (833); **5**, 29f⁹
Rheingold, R. I., **2**, 705⁵⁴⁶ (686)
Rheinwald, G., **8**, 549¹⁴ᵇ (502), 549²⁴ (503)
Rheinwald, M., **7**, 196¹⁴⁴ (178), 225¹⁰⁶ (207)
Rhine, W., **1**, 117¹¹⁴ᵃ (65T, 66, 72), 118¹⁹⁴ (83, 84T), 118¹⁹⁵ (83, 84T), 118¹⁹⁶ (83, 84T, 86), 118¹⁹⁸ (83, 84T), 120³¹⁶ (113), 251⁵⁹⁸ (234)

Rhine, W. E., **1**, 40⁵⁵ (14, 15T), 40⁹⁴ (19, 20), 41⁹⁸ (20), 41¹¹³ (23), 41¹¹⁵ (23), 41¹¹⁶ (23), 583f²¹, 585f², 672⁶⁸ (567, 582, 587, 588); **7**, 456⁹² (387)
Rhodes, J. A. L., **2**, 1017¹¹⁸ (995)
Rhodes, L., **2**, 1019²⁸² (1011)
Rhodes, R. E., **5**, 546f¹⁴, 621²⁹ (547)
Rhodes, S. P., **1**, 308⁴³⁴ (292); **7**, 196¹⁶¹ (182), 227²³⁷ (223), 252⁵⁹ (236), 300¹²⁸ᵃ (289)
Rhodes, Y. E., **7**, 224⁴⁰ (201)
Rhodin, T., **8**, 361⁶⁷ (288, 326)
Rhodin, T. N., **5**, 267¹⁹⁴ (41), 525³⁷⁷ (339); **6**, 873¹² (764); **8**, 609²¹⁹ (605)
Rhyne, L. D., **3**, 268³¹⁵ (230, 261); **6**, 181¹²⁷ (156, 159T), 443¹³⁹ (402), 761¹⁶²⁴ (716); **8**, 929¹⁷⁴ (810)
Ribeiro da Silva, M. A. V., **3**, 1249¹⁹¹ (1198), 1382¹²⁸ (1346)
Ribeyre, F., **2**, 1016⁶⁸ (985)
Ribola, D., **5**, 355f², 527⁴⁶² (304T, 354, 471T, 474T)
Ricard, L., **3**, 1245² (1151), 1245³ᵇ (1152), 1384²⁶² (1379); **4**, 156⁴⁹² (125), 511⁴⁵² (487), 613⁵²⁵ (604); **6**, 737⁵⁵ (484), 806f⁶², 806f⁶⁵, 872f¹⁵², 872f¹⁵³, 1041¹²³ (1011), 1113¹⁷² (1087)
Ricart, S., **8**, 770¹¹¹ (735)
Riccardi, G., **3**, 1072³⁰¹ᵃ (1018, 1037)
Ricci, A., **2**, 503f³; **7**, 654⁴⁷³ (602), 657⁶⁰⁶ (631), 657⁶²⁷ (635)
Ricci, G. M. B., **6**, 736¹² (475)
Ricci, Jr., J. S., **4**, 323²⁷⁵ (273), 812¹⁵⁶ (715); **5**, 539¹²⁹¹ (519), 626³²² (590), 626³²⁴ (590)
Riccio, P., **8**, 1069²⁷⁸ (1055)
Ricco, A. J., **6**, 14¹³² (5), 228²⁶⁷ (211)
Riccoboni, L., **2**, 723f³
Rice, B., **1**, 262f⁵³; **7**, 159¹²⁹ (154), 159¹³² (154), 194¹⁴ (162), 194¹⁷ (162)
Rice, C. E., **2**, 820¹³² (791)
Rice, D. A., **3**, 436f²⁸, 473²⁷ (438, 439), 473³⁰ (438), 645¹⁹ (637, 639), 646³⁶ (641), 732f², 732f¹⁷, 733f¹, 733f², 734f¹, 734f², 735f¹⁰, 737f¹²
Rice, D. P., **5**, 536¹¹¹¹ (473)
Rice, G. W., **2**, 762¹²⁴ (739), 818⁵³ (774, 795, 797), 820¹⁸⁵ (807); **3**, 942f¹¹, 942f¹³, 951³⁶⁰ (940), 971f¹⁴, 1133f⁷; **6**, 740²⁵⁹ (514, 516, 581), 747⁷⁰⁵ (581)
Rice, N. C., **6**, 738¹⁵⁵ (498), 743⁴⁴³ (532T), 744⁴⁸⁰ (537T)
Ricevuto, V., **6**, 97²⁶¹ (57T, 72), 241¹² (235), 742⁴²¹ (531), 743⁴⁷⁴ (536, 536T, 540), 744⁵¹² (541), 746⁶⁴⁸ (565), 746⁶⁴⁹ (565), 746⁶⁵⁰ (565), 746⁶⁵¹ (565), 746⁶⁵² (565)
Rich, D. H., **7**, 459²⁷⁸ (412)
Rich, W. E., **3**, 1030f², 1074³⁷⁵ (1031)
Richard, J. P., **1**, 752¹⁶ (726)
Richards, B., **4**, 236¹⁷⁶ (182)
Richards, D. H., **1**, 250⁵³⁹ (224, 226, 229, 230); **7**, 104²⁵² (32)
Richards, G. F., **6**, 383⁶⁷ (371)
Richards, J. A., **2**, 563f³, 571f¹, 622³⁸⁷ (571), 625⁵⁸³ (598), 631f¹⁴, 674⁴ (630), 677²²⁹ (654); **3**, 1338f¹⁴; **4**, 309f¹², 328⁶²⁰ (310, 311), 328⁶²⁷ (310); **6**, 1111⁵⁹ (1054, 1065, 1082, 1089)
Richards, J. H., **4**, 511⁴⁶⁹ (490T), 816⁴³⁶ (763), 816⁴⁵⁴ (766); **8**, 1065⁶⁴ (1021), 1069²⁶⁸ (1053), 1069²⁷³ (1055)
Richards, O. V., **1**, 285f²⁶, 306³¹¹ (284); **7**, 513¹⁹⁰ (502, 503, 505)
Richards, R. L., **3**, 461f⁴⁰, 473³⁴ (440), 646³³ (640, 641), 646³³ (640, 641), 696¹²⁰ (657), 779⁷³ (719), 779⁷⁴ (719), 779⁷⁵ (719), 1143f⁸, 1148¹²² (1144); **4**, 236¹⁷⁷ (182, 224T, 227, 228, 229), 236¹⁷⁷ (182, 224T, 227, 228, 229), 811⁸⁵ (702), 1058⁸⁹ (979, 982), 1059¹⁰⁰ (981), 1059¹⁰⁸ (982), 1059¹¹¹ (983), 1059¹³⁵ (989); **6**, 343³⁸ (285), 343⁴⁴ (285, 291), 343⁵⁰ (286, 293), 343⁷⁴ (291, 295), 343⁷⁵ (291), 343⁷⁶ (291), 344⁸⁸ (293), 738¹⁵⁸ (499), 738¹⁶⁵ (499, 539T), 738¹⁶⁷ (499), 739¹⁷⁰ (499), 739¹⁷³ (500), 739¹⁸⁶ (502), 739²⁰³ (504), 739²³³ (509), 740²³⁹

(510, 511); **8**, 362⁹¹ (290), 1092f³, 1092f⁵, 1093f¹, 1095f¹, 1095f², 1095f³, 1095f⁴, 1100f¹, 1100f², 1100f⁴, 1104⁹ (1075), 1105⁸³ (1092), 1105⁸⁷ (1094), 1105⁸⁸ (1094), 1105⁹⁰ (1095), 1105⁹¹ (1096), 1106¹⁰⁴ (1099), 1106¹⁰⁵ (1100), 1106¹⁰⁷ (1100), 1106¹¹⁹ (1103)
Richards, T. A., **7**, 727¹³⁷ (694)
Richardson, B. A., **2**, 627⁶⁸⁶ (612), 627⁶⁸⁹ (612), 627⁶⁹⁰ (612)
Richardson, D. C., **3**, 823f¹
Richardson, J. D., **7**, 652³³⁶ (581)
Richardson, J. H., **4**, 319⁴² (246)
Richardson, J. W., **3**, 80² (2)
Richardson, N. V., **2**, 976⁴¹⁴ (950)
Richardson, R. P., **4**, 812¹⁹⁶ (720), 963¹⁵ (934, 942)
Riche, C., **4**, 536f¹¹; **5**, 270³⁸³ (121); **6**, 383⁶⁹ (371), 468²⁴ (458)
Richelme, S., **2**, 434f⁵, 434f⁶, 434f⁷, 501f⁷, 503f², 507⁸⁴ (409), 508¹³⁶ (412, 451, 480), 509¹⁹¹ (422, 438, 473, 474, 475, 477), 510²³⁸ (430), 518⁷⁰⁶ (504), 518⁷⁰⁷ (504), 518⁷¹⁰ (504), 518⁷¹² (504)
Richer, J.-C., **7**, 223²⁰ (199)
Richers, C., **1**, 252⁶³⁰ (239); **2**, 861¹³² (853)
Richey, Jr., H. G., **1**, 243¹⁵⁴ (173, 189), 246²⁹⁵ (190, 206), 246²⁹⁶ (191), 249⁴⁶² (211), 249⁴⁶³ (211), 249⁴⁶⁴ (211); **7**, 14f¹, 99²³ (3), 99²⁴ (3), 100²⁸ (4), 107⁴⁰² (54)
Richman, J. E., **7**, 97f¹⁹
Richman, R. M., **5**, 526⁴²⁸ (344)
Richmond, G. Kh., **8**, 457²³⁸ (408), 705⁷⁷ (672, 674T)
Richmond, T. G., **4**, 74f³³
Richter, A., **1**, 380⁴²⁹ (367)
Richter, B., **7**, 461⁴⁰⁶ (430)
Richter, F., **3**, 1066³³ (966), 1337f²⁸, 1381⁹³ (1340); **4**, 324³³² (281); **5**, 267²⁰³ (42, 43); **6**, 868f⁴, 868f⁵, 868f⁶, 868f¹⁶, 868f¹⁷, 875¹⁴⁵ (786), 876¹⁹⁴ (800); **8**, 365²⁸⁷ (329)
Richter, I., **3**, 699³¹⁶ (672)
Richter, J. M., **4**, 606⁷⁰ (522)
Richter, K., **3**, 863f⁴⁶, 866f⁵, 908f⁵, 908f⁶, 908f⁷, 950²⁵¹ (894, 901), 950²⁹⁴ (911), 950²⁹⁹ (911)
Richter, R. F., **2**, 882f⁷, 971¹⁰⁷ (883), 971¹¹⁵ (884), 976⁴⁰⁶ (946)
Richter, S. I., **3**, 160f⁴, 170¹⁵³ (157), 171¹⁸⁰ (167); **4**, 658f⁵¹, 658f⁵², 894f⁴, 894f⁵, 895f³, 907³² (896), 907³⁴ (896), 1062³¹⁹ (1038)
Richter, U., **6**, 842f¹⁵⁹, 875¹¹⁹ (781)
Richter, W., **2**, 192²⁷³ (69), 194³⁷⁶ (95), 508¹¹⁸ (410), 706¹³⁶ (698, 700), 706¹³⁹ (698), 707¹⁶⁴ (702), 715f¹⁸, 736f⁷, 761⁶⁸ (722, 738), 818⁵⁹ (775); **6**, 36²¹⁵ (22T), 99³³⁹ (59T, 64, 76, 77, 79), 99³³⁹ (59T, 64, 76, 77, 79), 143²³⁴ (116, 121T), 144²⁸³ (105T), 187¹⁷ (183T, 185, 187), 187¹⁷ (183T, 185, 187), 187¹⁷ (183T, 185, 187); **8**, 670⁹⁴ (653, 656), 670⁹⁴ (653, 656), 794²¹ (778)
Richtsmeier, S., **1**, 117¹⁴⁹ (75, 76, 77, 78)
Richtzenhain, H., **8**, 796¹⁴⁴ (780)
Richtzenhain, K., **2**, 190¹⁹¹ (42)
Rick, E. A., **6**, 98³²³ (56T, 65, 77), 262¹¹³ (252), 346²¹⁷ (312T, 312), 346²²⁰ (312T, 312); **8**, 644¹⁷⁴ (632), 644¹⁷⁵ (632), 927⁷⁴ (801, 862), 934⁵²² (880), 934⁵²³ (880)
Rickard, C. E. F., **3**, 268²⁸⁵ (220, 222)
Rickard, D. T., **2**, 1016¹⁰⁴ (992)
Rickborn, B., **2**, 969¹⁶ (864, 866, 892, 895, 961, 962, 965, 966), 972¹⁶¹ (892); **7**, 224³⁰ (200), 300⁹¹ (280), 728¹⁸² (705, 707)
Ricke, R. D., **3**, 786f¹¹
Ricroch, M. N., **8**, 315f⁵
Riddle, C., **2**, 514⁴⁶⁴ (460), 518⁷¹⁶ (505)
Riddle, J. M., **1**, 275f³¹, 285f²⁰, 309⁵³⁷ (298); **2**, 675⁷⁶ (638), 1018¹⁸⁹ (1001), 1018¹⁹⁰ (1001); **7**, 299⁵⁰ (276), 299⁵⁴ (276)
Ridenour, R. E., **2**, 572f¹, 622⁴⁰⁵ (572)
Ridge, D. P., **4**, 319³⁸ (246); **5**, 267²²⁸ (52); **6**, 14¹¹⁴ (6)
Ridgway, R. W., **1**, 246³¹⁴ (193)

Ridgway, T. H., **4**, 238²⁶⁷ (199)
Ridgwell, P. J., **6**, 383⁷⁰ (371)
Riding, G. H., **3**, 1170f⁹, 1247⁶⁷ (1168, 1169); **4**, 818⁵⁶⁰ (782); **6**, 226¹⁴⁵ (205T, 207)
Ridley, D., **1**, 249⁴⁵¹ (210, 211, 212, 213, 214), 249⁴⁵¹ (210, 211, 212, 213, 214), 249⁴⁸² (216, 217); **2**, 838f¹, 838f³, 841f¹, 843f¹, 860⁶⁸ (826f, 837, 850), 860⁷¹ (826f, 838, 842, 843), 944f¹
Ridley, W. P., **2**, 1015¹⁴ (981, 982, 983, 1001), 1015¹⁶ (981), 1018²²⁸ (1004), 1019²⁴⁴ (1005); **5**, 269³⁵⁹ (109); **6**, 747⁷⁰⁷ (582)
Ridout, D. C., **3**, 1067³⁵ (966)
Ridsdale, S., **2**, 1015²⁰ (981), 1018²³⁰ (1004)
Ridsdale, S. C., **6**, 747⁷⁰⁸ (582)
Rie, J. E., **1**, 674²³⁹ (603), 692f⁶
Rieche, A., **2**, 623⁴⁶⁷ (582), 623⁴⁷⁰ (582), 677²⁴³ (656); **8**, 16⁷ (2, 3T, 4, 7, 8, 9, 10), 94² (20), 96⁸⁰ (41, 44, 45, 46, 47, 48), 98²³¹ (63, 67, 67T), 98²⁵⁶ (74), 99²⁷⁹ (80), 280⁴ (227)
Rieck, R., **6**, 33²⁰ (17)
Riecke, R. D., **1**, 720³² (687), 721¹²⁸ (701), 721¹²⁹ (701), 721¹³⁰ (701)
Riecker, A., **1**, 676³³⁵ (621)
Riedel, A., **4**, 240³⁸³ (208, 224T, 229)
Riedel, D., **5**, 362f¹⁶, 527⁵¹³ (361), 539¹³⁰² (360, 361), 539¹³⁰³ (361, 416)
Riederer, M., **3**, 874f⁷
Riedmüller, S., **3**, 904f²
Riefling, B., **2**, 977⁴⁴⁴ (956, 957); **7**, 726⁸⁹ (681), 726⁹⁵ (683); **8**, 936⁶⁶⁴ (903), 938⁷⁹⁰ (924)
Riegel, B., **7**, 104²³⁸ (31)
Riegel, F., **1**, 301f¹, 301f¹, 310f¹, 310⁵⁸⁷ (301)
Rieger, K., **3**, 819f¹, 819f¹⁰, 833f²⁵, 1085f⁹, 1106f², 1262f⁹, 1275f²
Rieger, P. H., **5**, 271⁵¹² (170)
Rieke, R. D., **1**, 241²⁴ (157, 159, 171, 172), 241²⁴ (157, 159, 171, 172); **2**, 860⁴⁰ (832); **3**, 268³¹⁵ (230, 231), 633³¹⁰ (614), 1030f², 1074³⁷⁵ (1031); **6**, 98³¹² (57T, 65), 98³¹² (57T, 65), 100⁴¹² (45, 50T), 181¹²⁷ (156, 159T), 263¹⁵⁸ (256), 346²⁵⁵ (314), 346²⁵⁶ (314), 443¹³⁸ (402), 443¹³⁹ (402), 741³¹⁷ (518), 761¹⁶²⁴ (716); **7**, 39f⁶, 724⁹ (663); **8**, 927⁴⁵ (801), 929¹⁷⁴ (810), 929¹⁷⁵ (810)
Riekens, R., **2**, 188⁹⁸ (25)
Rieker, A., **1**, 676³³⁴ (621)
Riemer, A., **4**, 886¹³¹ (869)
Riemschneider, R., **3**, 1005f²¹; **4**, 153²⁷⁷ (70)
Rienäcker, R., **1**, 675²⁷⁸ (611, 630), 679⁵⁵⁷ (644), 681⁶⁹¹ (662); **6**, 180⁵⁹ (147); **7**, 456¹⁰¹ (388)
Riepe, W., **1**, 379³⁷⁹ (362), 380⁴³⁷ (367), 380⁴³⁸ (367)
Riera, V., **3**, 170¹⁷⁸ (167); **4**, 33f²⁴, 34f⁶⁷, 151¹³⁹ (36, 37, 42), 151¹⁴⁶ (37), 380f¹⁸, 658f²⁶, 658f³⁷, 815³⁴⁷ (753), 840⁴⁴ (829, 830, 831, 832), 840⁶¹ (831), 885⁴⁶ (851, 856), 885⁴⁷ (851, 852), 885⁵⁶ (853), 885⁶⁷ (855, 856), 920³⁵ (916), 920⁴⁰ (917, 918)
Ries, W., **2**, 194³⁶⁴ (94); **4**, 606¹⁰⁵ (532); **6**, 1112¹²³ (1072, 1075)
Rieser, J., **4**, 606⁹² (529, 530)
Riess, J. G., **1**, 244¹⁷⁰ (175), 248⁴³⁰ (207), 248⁴³¹ (207), 250⁵⁴³ (225), 302²⁶ (257); **2**, 203⁷⁵² (185); **3**, 731f⁸, 734f³; **6**, 35¹⁴⁴ (25); **7**, 102¹⁶⁰ (24); **8**, 339f²⁴, 362¹³⁵ (297, 328)
Riess, J. R., **3**, 734f¹¹
Riesselmann, B., **4**, 817⁴⁹⁸ (775), 817⁴⁹⁹ (775), 817⁵⁰⁹ (775)
Riethmiller, S., **1**, 262f³¹, 262f³⁵, 262f⁴¹, 302³⁴ (259), 302³⁵ (259)
Rietvelde, D., **3**, 1067¹⁴ (958, 959)
Rietz, R. R., **1**, 453⁴⁸ (422, 423, 426), 453⁴⁸ (422, 423, 426), 453⁴⁸ (422, 423, 426), 453⁸¹ (427), 541²¹¹ᵈ (524), 541²¹¹ᵉ (524); **6**, 13³⁰ (5), 224²⁷ (221, 214T, 215T, 222), 225⁹² (221, 214T, 215T, 222)
Rigamonti, E., **3**, 546⁴⁶ (494), 546⁵⁹ (500)
Rigatti, G., **3**, 1005f³, 1074³⁹⁰ (1032), 1074³⁹⁹ᵃ (1033); **6**, 345¹⁸⁷ (309, 340); **8**, 1069²⁸⁵ (1057)
Rigaudy, J., **1**, 673¹³¹ (581); **7**, 653⁴²³ (596)

Rigby, W., **3**, 85³²³ (45), 427⁸¹ (356); **5**, 371f³, 371f⁵, 373f⁶, 373f⁷, 373f¹⁵, 374f⁴, 528⁵⁴¹ (367, 368, 369), 528⁵⁵¹ (367, 368, 502), 528⁵⁵⁸ (369)
Riggs, W. M., **3**, 85³⁸² (52); **6**, 34⁹⁷ (30), 139²⁸ (102, 104T, 122T), 180⁴⁶ (173T), 223¹⁴ (192)
Rigo, P., **4**, 695f⁷, 695f⁸; **5**, 32f¹, 40f⁵, 229f³, 266¹⁴⁴ (30, 31), 267¹⁹¹ (40), 274⁶⁷¹ (228), 299f¹⁰, 522¹⁵⁹ (298), 552f⁷, 556f³, 622⁶⁸ (551); **6**, 36²⁰³ (21T, 24), 99³⁸³ (39, 43T), 143²⁵⁸ (122T), 746⁶⁴⁵ (565), 746⁶⁴⁶ (565); **8**, 643¹⁵³ (626, 627T)
Rihl, H., **1**, 379³⁸⁷ (363)
Rijkens, F., **2**, 506²⁵ (402, 403, 420, 436), 508¹⁵⁵ (417), 508¹⁵⁶ (417), 510²⁷¹ (436), 512³⁷⁷ (447)
Rikhlina, E. M., **2**, 678²⁸⁶ (661)
Riley, B. F., **6**, 1080f⁷, 1112¹²⁹ (1074, 1083), 1112¹²⁹ (1074, 1083)
Riley, D. P., **5**, 533⁹¹⁶ (433, 490), 537¹¹⁷² (477), 538¹²¹⁵ (490); **8**, 363²⁰⁵ (317), 363²⁰⁶ (317, 320), 496³⁷ (473)
Riley, E. M., **3**, 1073³²⁷ᵃ (1022)
Riley, P. E., **3**, 1077⁵⁶² (1062), 1077⁵⁶³ (1062), 1146³⁷ (1097); **4**, 151¹¹¹ (27), 325⁴⁰⁷ (290), 380f²⁰, 460f⁴, 507¹⁹¹ (431, 498), 507¹⁹⁵ (431, 493, 494), 508²⁸⁰ (447), 553f², 607¹⁴⁶ (543), 613⁵¹⁵ (600, 602f); **5**, 273⁶¹⁹ (209), 273⁶³⁶ (215, 218), 274⁷¹² (242), 275⁷²⁷ (245)
Riley, P. I., **2**, 505f⁵, 507⁵⁴ (404, 420, 424, 473, 475, 476), 625⁵⁵⁹ (594); **3**, 556¹ (550), 629⁴⁵ (567, 568, 570, 583, 585, 586, 606, 609), 629⁴⁸ (567, 586, 607, 608), 631¹⁶⁴ (567, 583, 607), 631¹⁷⁵ (585, 587, 593, 594, 595), 851f²⁸, 948¹²¹ (847), 948¹⁵² (861), 1146³² (1095)
Riley, P. N. K., **1**, 304¹⁴³ (269)
Riley, R. E., **2**, 818³⁹ (771)
Riley, R. F., **3**, 1137f³
Rimbault, C. G., **7**, 650²⁴¹ (565)
Rimerman, R., **4**, 508²⁷¹ (446)
Rimmelin, P., **8**, 1065⁸⁸ (1026)
Rimmer, J., **7**, 511⁵⁹ (480)
Rinck, R., **3**, 947⁹⁴ (836); **4**, 106f⁴⁶
Rindone, B., **7**, 512¹⁵⁵ (498)
Rinehart, E. A., **1**, 263f¹³, 302⁵³ (263)
Rinehart, Jr., K. L., **3**, 697¹⁹² (663, 667); **4**, 479f³, 510³⁸⁷ (476, 488, 489), 511⁴⁶⁰ (489, 490T); **8**, 1064⁷ (1016, 1017, 1048, 1063), 1064²⁵ (1017), 1071³⁴⁷ (1063)
Rinehart, R. E., **4**, 958f⁴; **5**, 535¹⁰³⁴ (461), 627³⁹⁶ (600); **6**, 753¹¹²⁹ (638)
Ring, H., **1**, 263f⁵, 263f⁶, 263f⁷; **4**, 506¹²⁵ (411); **8**, 1007¹⁹ (943)
Ring, M. A., **1**, 720⁷⁴ (691), 720⁷⁵ (691); **2**, 516⁶¹⁰ (482), 516⁶²⁹ (483), 516⁶³¹ (483)
Ring, W., **1**, 679⁵⁷⁴ (647)
Ringel, E., **2**, 203⁷³⁵ (181)
Ringel, I., **4**, 507¹⁹⁷ (432), 607¹⁶⁸ (547), 608²³⁰ (563, 565f)
Ringger, H. J., **3**, 474¹¹² (468), 547¹³³ (542)
Ringsdorf, H., **2**, 189¹²¹ (29)
Rink, D. R., **3**, 1071²¹⁷ᵃ (1001)
Rinke, K., **6**, 241²⁴ (237)
Rinker, R. G., **4**, 328⁶⁶⁶ (315), 963⁶⁸ (941); **5**, 628⁵⁰⁰ (617, 620); **6**, 869f⁶⁰ᵃ, 869f⁶¹, 869f⁶⁵, 877²⁴⁰ (822), 877²⁴¹ (822), 877²⁴² (822); **8**, 17²⁴ (12), 17³⁵ (13)
Rinne, D., **2**, 197⁵¹⁰ (123)
Rinz, J. E., **4**, 239³³³ᵇ (206, 207T), 239³⁶³ (206, 207T), 239³⁶⁵ (206, 207T); **8**, 95⁶² (35), 220²² (108)
Rinze, P. V., **3**, 144f¹, 169¹⁰⁷ (146); **5**, 213f⁹, 213f¹¹, 213f¹⁵, 258f², 273⁶⁴¹ (217, 218), 273⁶⁴² (216), 273⁶⁴³ (217), 274⁶⁴⁹ (218), 274⁶⁵³ (218)
Riobé, O., **7**, 44f¹
Rion, K. F., **7**, 101¹⁰⁵ (16)
Rioult, P., **7**, 105³⁰⁵ (41)
Ripmeester, J. A., **3**, 102f¹², 102f¹⁴, 104f⁶, 168³¹ (99)
Risaliti, A., **7**, 59f³, 59f³
Risby, T. H., **4**, 928¹⁴ (924)
Risch, A. P., **8**, 98²⁰¹ (59)

Risen, Jr., W. M., **6**, 796f¹, 796f², 840f⁴⁸, 840f⁵⁰, 876¹⁸³ (795), 876¹⁸⁴ (795), 1020f¹⁰⁵, 1032f²⁶, 1035f¹⁹, 1039³⁷ (993), 1086f², 1086f², 1112¹³⁷ (1076), 1113¹⁶³ (1086), 1113¹⁶³ (1086)
Risenberg, R., **3**, 87⁴⁹⁴ (71)
Riser, G. R., **8**, 366³⁹⁸ (344)
Rit, T. P., **2**, 762¹²¹ (737)
Ritchey, W. M., **3**, 797f⁴, 819¹⁷, 1085f⁴, 1146⁴¹ (1097), 1262f⁴, 1384²⁴⁵ (1375)
Ritchie, C. D., **8**, 1069²⁷⁶ (1055)
Ritsko, J. J., **4**, 480f⁹, 510⁴⁰² (481)
Ritter, A., **1**, 681⁶⁹⁷ (664); **2**, 186²⁰ (4), 197⁵⁰⁶ (123), 197⁵¹² (123, 127), 202⁷⁰³ (171); **3**, 1072²⁶⁸ (1013), 1251²⁴⁹ (1212); **7**, 648¹³³ (546), 653³⁹⁹ (592), 658⁷⁰³ (645)
Ritter, D. M., **1**, 53f⁵, 256f⁴, 262f⁵⁴, 264f¹⁰, 265f¹, 272f¹⁰, 285f³⁴, 304¹⁶⁰ (269), 305²⁴³ (279), 305²⁴⁴ (279, 288), 457²⁴² (451); **7**, 322²³ (308)
Ritter, G., **2**, 571f¹, 571f¹, 622³⁸³ (570), 622³⁸⁵ (570)
Ritter, III, G. W., **2**, 200⁶³¹ (155)
Ritter, J. J., **1**, 263f¹, 263f², 273f²⁸, 302⁴⁸ (263), 302⁴⁹ (263), 305²¹³ (277, 279), 305²¹⁵ (277), 305²²¹ (277)
Rittig, F. R., **1**, 305²³¹ (279)
Rivarola, E., **2**, 677²³⁴ (656), 706¹²⁹ (698), 820¹³⁰ (790), 940f¹, 976³⁷⁷ (940)
Riveccié, M., **3**, 697²⁰⁹ (664, 676), 700³⁹⁶ (676), 1383²¹⁷ (1368)
Rivera, A. V., **3**, 372f¹², 430²⁵⁵ (394), 1100f⁵, 1115f⁴; **4**, 422f¹⁶, 505¹⁰⁸ (408, 467), 505¹⁰⁹ (408, 423), 506¹⁵⁵ (423), 1058³⁶ᵃ (971), 1063³⁹² (1053), 1064⁴⁰² (1056)
Rivera, J. G., **2**, 978⁴⁹¹ (961)
Rivers, G. T., **7**, 107⁴⁰⁹ (55), 459²⁸⁴ (412)
Rivest, R., **2**, 6f¹⁸, 202⁶⁹⁷ (169), 912f³, 934f¹; **3**, 863f³¹; **4**, 325⁴⁰⁵ (290)
Rivett, G. A., **6**, 744⁵²⁹ (543, 545)
Rivetti, F., **8**, 99²⁸⁴ (80, 81), 99²⁸⁷ (81), 99²⁸⁸ (81)
Riviere, H., **8**, 934⁵⁴⁹ (884), 937⁷⁸² (923)
Rivière, P., **2**, 198⁵³⁸ (129), 434f², 434f³, 434f⁴, 434f⁵, 434f⁶, 434f⁷, 434f⁸, 434f⁹, 501f⁷, 503f⁶, 504f¹, 504f⁴, 504f⁸, 504f⁹, 504f¹⁰, 505f⁵, 505f⁶, 506¹⁷ (402, 406, 409, 410, 411, 412, 420, 421, 426, 433, 440, 470, 478, 479, 481, 482, 483, 484, 485, 486), 507⁵⁴ (404, 420, 424, 473, 475, 476), 507⁸² (407, 432), 507⁸⁴ (409), 507⁸⁵ (408, 496, 498, 504), 508¹²⁴ (411, 412, 428, 477), 508¹³⁵ (412, 433, 469, 474), 508¹³⁶ (412, 451, 480), 508¹⁴² (413, 451, 480, 494, 495), 508¹⁵⁴ (416, 417, 440, 484), 509¹⁷⁵ (420, 482, 483, 484), 509¹⁷⁶ (420, 482, 483, 484), 509¹⁹¹ (422, 438, 473, 474, 475, 477), 509²⁰³ (424, 439), 509²¹⁴ (425, 469), 510²²³ (426, 432, 443, 445, 446), 510²²⁴ (426, 429, 440, 460, 466), 510²²⁵ (427), 510²³⁰ (427, 446), 510²³¹ (427, 429, 434, 490, 491, 498), 510²³² (427, 428, 480), 510²³³ (428, 429, 432, 445, 483, 484), 510²³⁷ (429), 510²³⁸ (430), 510²⁸² (437, 479, 481, 483), 511²⁹⁶ (438, 487), 511²⁹⁷ (438, 480, 489), 511³⁰⁹ (439, 488, 494, 498), 512³⁷³ (446, 479, 484), 512³⁷⁵ (447, 460, 466, 479), 513⁴³⁷ (455, 495, 496, 497, 498), 514⁴⁹² (466, 484), 515⁵⁵¹ (473, 476, 481, 484, 496), 515⁵⁶⁵ (474, 480, 481, 482, 490, 505), 515⁵⁶⁶ (474, 490), 516⁵⁸⁹ (479, 480), 516⁵⁹⁹ (481, 488, 489), 516⁶⁰⁰ (481, 483), 516⁶²⁰ (483), 516⁶²⁵ (483), 516⁶⁴³ (485, 487, 488), 517⁶⁴⁸ (489), 517⁶⁵⁰ (486, 487), 517⁶⁵² (488, 494), 517⁶⁵⁵ (489), 517⁶⁷² (490, 494, 495, 497, 498), 517⁶⁸¹ (494, 495, 497), 518⁷⁰⁶ (504), 518⁷⁰⁷ (504), 518⁷⁰⁹ (504), 518⁷¹⁰ (504), 518⁷¹² (504), 625⁵⁵⁹ (594), 625⁵⁷² (596)
Rivière-Baudet, M., **2**, 198⁵³⁸ (129), 434f⁴, 434f⁵, 434f⁶, 434f⁷, 501f⁷, 503f⁴, 505f⁵, 505f⁶, 507⁵⁴ (404, 420, 424, 473, 475, 476), 508¹³⁶ (412, 451, 480), 508¹⁴² (413, 451, 480, 494, 495), 508¹⁵⁴ (416, 417, 440, 484), 509¹⁹¹ (422, 438, 473, 474, 475, 477), 510²²⁴ (426, 429, 440, 460, 466), 510²³⁸ (430), 511²⁹⁶ (438, 487), 511²⁹⁷ (438, 480, 489), 512³⁷³ (446, 479, 484), 512³⁸⁴ (449, 450, 455), 512³⁹⁰ (451), 512³⁹¹ (451), 513⁴¹⁴

(453), 513^{438} (455, 457), 513^{440} (456), 513^{441} (457), 513^{442} (457, 458), 513^{443} (457), 513^{445} (458), 515^{565} (474, 480, 481, 482, 490, 505), 515^{566} (474, 490), 517^{672} (490, 494, 495, 497, 498), 517^{681} (494, 495, 497), 517^{682} (495), 517^{692} (502), 625^{559} (594), 625^{572} (596)

Rix, C. J., **3**, 841f^7, 841f^8, 851f^{34}, 851f^{35}, 863f^{20}, 948^{120} (847), 948^{152} (861), 948^{154} (861), 1072^{272} (1013), 1084f^7, 1089f^5, 1146^{17} (1091), 1146^{21} (1093), 1146^{32} (1095), 1261f^8, 1266f^5; **6**, 34^{65} (20T), 94^{94} (43T); **8**, 642^{54} (626, 627T)

Rizkalla, N., **8**, 797^{156} (788), 797^{157} (788)

Rizvi, S. Q. A., **7**, 105^{281} (37)

Rizzardi, G., **2**, 976^{377} (940); **5**, 33f^{12}, 40f^7, 266^{143} (30); **6**, 754^{1173} (641, 643T), 757^{1364} (669), 757^{1365} (669), 757^{1366} (669)

Rizzo, A., **1**, 377^{261} (349)

Roach, L., **6**, 1105f^3

Roark, D. N., **2**, 17f^{13}, 196^{424} (106), 299^{194} (249T), 302^{366} (290)

Robb, J. C., **1**, 674^{234} (602, 637), 679^{529} (637, 641), 679^{530} (637); **7**, 455^{37} (380)

Robb, J. D., **3**, 1188f^{24}, 1337f^{10}, 1337f^{12}, 1380^{81} (1336); **6**, 1018f^{13}, 1018f^{14}, 1027f^8, 1028f^{12}, 1031f^4, 1033f^1, 1040^{60} (996, 998), 1040^{91} (1003)

Robb, W., **5**, 535^{1036} (461), 536^{1093} (471T), 536^{1102} (471T), 536^{1123} (474T)

Robb, W. L., **2**, 358f^1

Robbins, D. W., **6**, 756^{1348} (666)

Robbins, J., **3**, 83^{210} (30); **6**, 228^{256} (191, 193T)

Robbins, J. L., **4**, 155^{406} (114), 155^{410} (114), 480f^3, 480f^4, 510^{390} (477), 510^{392} (477); **8**, 1064^4 (1015), 1064^4 (1015), 1064^6 (1015)

Robbins, J. M., **2**, 301^{320} (277)

Röber, K. C., **2**, 893f^3

Roberge, R., **2**, 193^{352} (91)

Roberts, B. P., **1**, 243^{147} (172, 186), 272f^{15}, 304^{181} (270), 307^{342} (287, 288), 307^{350} (288, 291), 307^{354} (288), 307^{357} (288), 307^{394} (289), 307^{406} (291), 307^{407} (291), 672^{106} (577, 650), 672^{109b} (577); **2**, 194^{358} (92), 194^{358} (92), 562f^2, 618^{111} (538), 618^{115} (539, 595), 619^{158} (543), 621^{315} (561), 621^{317} (561), 624^{534} (590), 625^{567} (595), 977^{486} (960, 966); **7**, 141^{67} (124), 142^{120} (134), 263^{325} (260), 299^{28} (272), 299^{33} (273), 299^{34} (273), 299^{43} (274), 301^{155b} (294), 455^{19} (375), 653^{390} (591)

Roberts, B. W., **4**, 508^{271} (446), 508^{274} (446); **8**, 1008^{83} (964), 1008^{84} (964)

Roberts, D. A., **6**, 844f^{245}, 845f^{264}, 874^{49} (769, 813, 814, 819), 875^{118} (781, 797, 813); **8**, 937^{750} (918)

Roberts, D. H., **1**, 675^{306} (616)

Roberts, D. R., **4**, 235^{109} (172); **8**, 280^{57} (248)

Roberts, G. G., **3**, 1381^{123} (1345)

Roberts, G. L., **8**, 644^{207} (633)

Roberts, J. D., **1**, 116^{49} (51), 117^{136} (73), 150^{104} (127), 243^{149} (172, 189), 245^{251} (182), 245^{262} (186, 187), 245^{270} (186), 245^{272} (187), 246^{290} (189), 674^{244} (603); **2**, 192^{295} (77), 859^{12} (827), 947f^2, 976^{396} (944), 976^{409} (948); **3**, 108f^{18}, 126f^1, 126f^5, 156f^6, 169^{111} (146), 546^{55} (498), 546^{55} (498), 1249^{173} (1192), 1381^{103} (1342); **4**, 605^{19} (515, 520), 658f^{23}, 840^{20} (823); **5**, 436f^1, 438f^{11}, 534^{927} (434, 436); **8**, 771^{126} (738, 754T)

Roberts, J. L., **7**, 101^{88} (13)

Roberts, J. S., **6**, 443^{140} (403), 444^{216} (410); **7**, 650^{240} (564); **8**, 934^{520} (880), 1010^{197} (997)

Roberts, N. K., **6**, 347^{326} (321); **8**, 471f^9, 496^{32} (470)

Roberts, P. D., **1**, 125f^3, 125f^8, 150^{46} (122, 123, 124, 126, 127, 130, 131, 132, 133, 137, 138), 150^{93} (124, 126, 127), 150^{106} (127, 142, 143, 144); **2**, 826f^2

Roberts, P. J., **1**, 676^{341} (622); **3**, 870f^5, 870f^7; **4**, 325^{452} (294), 609^{260} (570f, 571), 648^{52} (631), 887^{170} (878), 887^{171} (878); **5**, 270^{441} (143); **6**, 93^{33} (48, 50T), 95^{123} (46, 50T), 95^{141} (46, 50T), 140^{97} (124T, 131), 142^{190} (115), 224^{39} (195), 347^{303} (319); **8**, 1104^{12} (1075), 1106^{117} (1102)

Roberts, P. M., **8**, 934^{553} (885)

Roberts, R. D., **1**, 120^{321} (114)

Roberts, R. M. G., **2**, 190^{174} (38), 533f^7, 875f^4, 876f^3, 970^{66} (871), 970^{72} (874), 971^{75} (874, 876); **3**, 461f^{38}, 474^{122} (471); **4**, 511^{440} (485); **6**, 1018f^{16}, 1018f^{36}, 1027f^7, 1029f^{53}, 1040^{55} (996), 1040^{82} (999, 1000); **7**, 513^{182} (500)

Roberts, S. D., **2**, 512^{386} (449)

Roberts, S. M., **7**, 651^{314} (578), 651^{318} (578), 728^{181} (705), 728^{185} (706), 728^{200} (708)

Robertson, A., **3**, 81^{69} (6); **4**, 238^{304} (204); **6**, 1110^{42} (1051), 1112^{106} (1069, 1086), 1112^{159b} (1084), 1114^{225} (1106)

Robertson, A. V., **7**, 252^{56} (236)

Robertson, C. G., **3**, 1100f^8, 1249^{170} (1192)

Robertson, D. R., **4**, 810^{49} (698), 814^{313} (748), 814^{329} (750), 815^{361} (755, 801), 819^{624} (798), 819^{625} (799), 819^{627} (799), 819^{628} (799), 819^{629} (799); **5**, 373f^{16}, 528^{563} (369), 528^{564} (369), 604f^{10}, 627^{440} (603, 604)

Robertson, E. E., **3**, 1248^{152} (1189), 1381^{85} (1339); **4**, 107f^{98}

Robertson, F. C., **1**, 250^{539} (224, 226, 229, 230), 251^{602} (235)

Robertson, G. B., **2**, 819^{101} (785), 819^{102} (785); **3**, 86^{413} (59), 135f^{11}, 135f^{12}, 169^{99} (141), 870f^{14}, 949^{210} (880), 1072^{270c} (1013), 1072^{272} (1013), 1286f^4; **4**, 154^{321} (77), 154^{335} (85), 154^{336} (85), 380f^{14}, 380f^{14}, 499f^5, 505^{60} (395), 512^{516} (502), 657f^{15}, 813^{267} (739), 819^{615} (796), 819^{632} (801), 819^{637} (802, 804), 819^{647} (804), 886^{145} (872), 1060^{218} (1017, 1022); **5**, 268^{248} (65), 520^{50} (283), 533^{905} (431), 533^{907} (431), 534^{975} (443), 534^{977} (443), 538^{1249} (498), 627^{430} (602); **6**, 93^{27} (55T, 69), 180^{69} (172, 173T), 263^{168} (257), 348^{359} (324), 384^{109} (378), 384^{110} (378), 444^{211} (410, 422), 742^{393} (527, 533T, 537T), 743^{442} (532T, 539T, 540), 743^{449} (533T), 743^{450} (533T), 743^{465} (534T), 743^{466} (534T), 749^{867} (601), 749^{868} (601), 749^{878} (603, 604), 749^{879} (604), 753^{1134} (639), 754^{1198} (648T), 754^{1199} (641, 648T), 754^{1202} (649T), 754^{1203} (649T), 754^{1208} (650T), 759^{1534} (693, 698T), 759^{1550} (698T), 759^{1551} (698T), 760^{1552} (698T), 760^{1572} (702); **8**, 280^{31} (237)

Robertson, I. C., **3**, 84^{293} (40); **4**, 608^{245} (568f, 569)

Robertson, I. W., **4**, 815^{361} (755, 801)

Robertson, K. N., **4**, 237^{247} (193)

Robertson, R. E., **3**, 703^{542} (690)

Robey, R. L., **7**, 510^8 (469, 479, 480, 482), 511^{97} (488, 497), 512^{167} (499, 500, 501, 502), 513^{185} (501), 513^{226} (508), 513^{228} (509)

Robiette, A. G., **2**, 187^{33} (8, 124), 187^{36} (8), 198^{526} (127), 502f^8, 514^{497} (466), 517^{691} (502); **6**, 1112^{159a} (1084)

Robin, M. B., **3**, 85^{365} (50)

Robinson, A. E., **7**, 464^{559} (453)

Robinson, A. L., **8**, 605^{12} (553)

Robinson, B. H., **3**, 160f^5, 170^{150} (157); **4**, 65f^{62}, 150^{72} (22), 151^{97} (25, 68), 151^{98} (25, 68), 234^{29} (164), 320^{55} (248, 255), 321^{154} (260), 658f^{30}, 689^{32} (666), 689^{49} (667), 689^{50} (667), 689^{51} (667), 890f^1, 906^6 (890, 891), 906^8 (890, 891), 928^9 (924), 1057^{30} (971); **5**, 171f^1, 175f^1, 175f^2, 175f^3, 175f^6, 176f^1, 264^{21} (4), 271^{489} (162, 164, 169, 170, 174, 177), 271^{512} (170), 272^{519} (176), 272^{520} (176); **6**, 868f^{35}

Robinson, B. P., **7**, 195^{53} (163)

Robinson, D. T., **8**, 461^{445} (441), 704^{34} (687T, 688, 691), 705^{86} (687T, 688), 931^{359} (849), 931^{360} (849)

Robinson, F. M., **7**, 511^{56} (480)

Robinson, G., **4**, 454f^2, 509^{295} (449); **5**, 271^{470} (157, 160)

Robinson, G. C., **2**, 674^{58} (636), 675^{96} (640), 1015^{22} (981); **5**, 269^{357} (107)

Robinson, I. M., **2**, 1016^{103} (992)

Robinson, J., **7**, 52f^3

Robinson, J. W., **2**, 1017[118] (995), 1019[263] (1009, 1010), 1019[281] (1011), 1019[282] (1011)
Robinson, M. J. T., **7**, 159[109] (149), 223[23] (199)
Robinson, P. J., **2**, 192[300] (77); **8**, 606[22] (553, 569, 597T, 598T), 608[202] (590, 591, 597T), 609[238] (594T, 597T, 598T, 602T), 704[12] (672)
Robinson, P. L., **4**, 689[58] (669), 690[105] (676)
Robinson, P. R., **3**, 1138f[7]; **8**, 1098f[3], 1098f[4], 1105[95] (1097)
Robinson, P. W., **4**, 154[362] (90), 374[74] (347), 610[375] (589), 906[7] (890, 891); **5**, 331f[3], 525[350] (328, 329)
Robinson, R. E., **2**, 197[495] (121)
Robinson, R. N., **2**, 623[417] (574)
Robinson, R. W., **4**, 152[176] (44, 88, 89)
Robinson, S. D., **4**, 675f[4], 694f[12], 695f[2], 810[8] (693, 736), 810[21] (695, 699), 810[62] (699), 811[94] (705, 748), 811[103] (706, 724), 811[106] (706), 811[109] (707), 811[110] (707), 811[113] (707), 811[114] (707), 811[123] (709), 811[127] (709, 720, 729), 811[128] (709), 811[130] (709), 811[131] (710, 712, 724, 725), 812[134] (710, 725), 812[135] (710, 712, 713, 714), 812[146] (713, 715), 812[150] (714), 812[181] (718, 719), 813[216] (723), 813[248] (732), 813[257] (736), 964[113] (949), 965[137] (953), 965[138] (953), 1058[80] (978, 1014), 1058[83] (978, 981), 1059[92] (979), 1059[99] (981, 1006, 1027), 1059[123] (987), 1059[137] (989, 990), 1059[145] (990), 1060[164] (996), 1060[165] (997), 1060[166] (997), 1060[167] (997), 1060[168] (997), 1060[174] (999), 1060[175] (999), 1060[176] (999), 1060[177] (999, 1001), 1060[178] (999), 1060[179] (999, 1001), 1060[180] (999, 1001), 1060[181a] (999, 1003), 1060[181b] (999, 1003), 1060[182] (1001), 1060[183] (1001), 1060[185] (1002); **5**, 305f[4], 305f[5], 305f[8], 355f[1], 523[202] (303T), 523[204] (303T), 523[208] (303T), 527[459] (351), 527[460] (351), 530[685] (394), 533[913] (432, 471T), 549f[4], 608f[1], 621[46] (548), 622[57] (550, 582), 625[274] (582, 600), 627[398] (600, 602), 627[423] (602), 627[455] (607), **6**, 262[119] (253, 254), 263[167] (257), 348[362] (324), 348[363] (324), 382[15] (365), 383[46] (367), 384[114] (378), 441[51] (392, 393, 408, 409, 410, 421, 432), 443[177] (407, 408, 410, 421), 444[203] (410, 422, 424), 444[209] (410), 453[13] (448), 747[748] (585), 749[864] (601), 749[865] (601), 750[892] (605), 762[1698] (735), 762[1699] (735); **8**, 292f[6], 304f[20], 363[167] (302), 364[259] (325), 927[81] (803), 927[82] (803)
Robinson, V., **4**, 818[572] (784)
Robinson, W. B., **4**, 905f[3], 908[74] (904)
Robinson, W. R., **3**, 695[97] (655), 965f[4], 1112f[5], 1147[81] (1116), 1188f[39], 1317[60] (1281); **4**, 326[482] (297, 309); **5**, 12f[15], 12f[17]; **6**, 980[61] (966, 970T), 980[62] (966, 970T, 976, 978T), 980[72] (968, 975, 976, 978T), 980[83] (976, 978T, 979T), 980[85] (976, 978T), 980[86] (976, 977, 979T), 981[87] (976), 1019f[77], 1020f[88], 1020f[89], 1021f[123], 1040[70] (997, 998), 1040[72] (998, 999)
Robinson, W. T., **1**, 409[50] (392), 539[121] (496, 533), 540[138] (501, 505, 533T); **4**, 65f[60], 106f[25], 153[268] (68), 238[300] (204), 886[136a] (871), 907[54] (900), 1063[348] (1044); **6**, 1110[30] (1047, 1090), 1110[44] (1051, 1057), 1112[158a] (1084), 1112[158b] (1084)
Robsen, J. H., **2**, 971[100] (879)
Robson, A., **3**, 1246[8] (1153); **6**, 748[782] (587)
Robson, R., **4**, 236[169] (181); **8**, 1100f[1]
Rocamora, M., **6**, 99[392] (53T, 58T, 71)
Roche, R. T., **2**, 302[363] (290)
Roches, D. D., **4**, 320[87] (251)
Rochfort, G. L., **3**, 694[8] (648, 649, 651, 652, 653)
Rochon, F. D., **6**, 755[1261] (654), 759[1526] (692), 759[1528] (692), 760[1583] (704), 760[1597] (707T)
Rochow, E. G., **1**, 53f[14], 273f[27], 675[326] (619), 696f[6], 720[51] (690, 712); **2**, 186f[9] (4), 186[10] (4), 188[103] (26), 192[299] (77), 196[473] (116), 198[534] (128), 198[561a] (134), 302[396] (295T), 501f[2], 502f[1], 506[5] (402, 418, 419, 424, 435, 478, 502), 509[181] (421), 510[226] (427), 513[407] (453), 553f[1], 554f[1], 620[239] (551), 704[22] (684); **3**, 1069[132] (986); **7**, 102[132] (20), 263[15b] (255), 653[395] (592), 655[538] (615)
Rockett, B. W., **3**, 379f[16]; **4**, 158[596] (138); **7**, 109[518] (75); **8**, 1064[22] (1017, 1041, 1050), 1064[23] (1017, 1041, 1050), 1067[177] (1041)
Rockett, J., **2**, 188[115] (28)
Rocklage, S., **3**, 733f[9], 1319[154] (1314); **8**, 551[109] (528)
Rocklage, S. M., **3**, 721f[4], 721f[5], 721f[15], 721f[16], 733f[10], 752f[6], 752f[8], 752f[9], 780[96] (728, 752), 780[97] (728), 780[144] (752), 780[145] (752)
Rockstroh, C., **3**, 1188f[40]; **6**, 980[78] (972, 978T)
Rodatz, K.-W., **4**, 237[201] (185)
Rodd, E. H., **7**, 102[162] (24)
Rode, W. C., **3**, 1246[43] (1159), 1380[28] (1327)
Rodeheaver, G. T., **4**, 435f[14], 435f[16], 508[232] (439), 509[354] (466); **8**, 934[555] (885), 934[557] (889), 1009[162] (982)
Rodemer, W., **5**, 344f[4], 526[417] (342, 343)
Röder, A., **3**, 474[107] (466)
Röder, N., **1**, 250[524] (223), 722[158] (706)
Rodesiler, P. F., **2**, 680[395] (672)
Rodewald, B., **1**, 150[45] (122, 123, 126)
Rodewald, G., **6**, 36[212] (19T)
Rodger, M., **2**, 512[358] (445)
Rodgers, A., **2**, 516[592] (480, 481)
Rodgers, J. R., **4**, 818[584] (790)
Rodgers, R. D., **3**, 1147[97] (1129, 1130)
Rodini, D. J., **7**, 458[225] (404), 458[227] (404)
Rodionov, A. N., **1**, 72f[4], 245[264] (186, 205), 302[46] (259), 675[321] (619), 696f[33], 720[56] (690), 723[273] (719), 723[274] (719)
Rodionov, E. S., **2**, 300[266] (265T)
Rodionova, N. M., **6**, 141[120] (104T); **8**, 642[53] (621T), 644[186] (621T), 644[189] (621T)
Rodionova, T. A., **8**, 708[222] (701)
Rodley, G. A., **3**, 1252[323] (1225)
Rodrian, J., **6**, 1020f[117]
Rodrigo, R., **8**, 1010[204] (1001)
Rodriguez, A., **7**, 652[355] (584)
Rodriguez, H. R., **7**, 99f[36], 104[269] (34, 40, 67), 104[273] (34)
Rodriguez, L. A. M., **3**, 473[39] (442), 473[40] (442), 545[7] (487), 545[7] (487), 545[27] (491, 493), 546[41] (493)
Rodriguez, M., **8**, 364[243] (324)
Rodriguez, R., **1**, 115[10b] (44, 53T, 57, 58, 59)
Rodrique, L., **4**, 608[246] (568f, 569)
Roe, D. M., **1**, 246[336] (195); **3**, 1250[207] (1201), 1382[139] (1348); **5**, 273[593] (197), 537[1176] (481); **6**, 348[385] (327, 333, 334T, 336), 349[415] (333, 334T, 334f, 337), 383[43] (367), 469[40] (462, 466), 469[60] (466), 1041[131] (1013, 1038), 1041[132] (1013); **7**, 110[559] (82); **8**, 1067[161] (1040)
Roeber, K. C., **6**, 345[166] (306, 308)
Roedel, G. F., **7**, 159[130] (154), 194[15] (162)
Roeder, A., **3**, 326[14] (284)
Roeder, G., **2**, 878f[1]
Roeder, N., **1**, 722[181] (710, 711)
Roehrig, G. R., **1**, 309[492] (296)
Roelen, O., **8**, 220[1] (103, 115), 220[1] (103, 115), 361[38] (286)
Roelle, W., **2**, 625[599] (600)
Roelofsen, G., **4**, 380f[15]
Roesch, M., **2**, 189[151] (35)
Roesky, H. W., **1**, 380[460] (369); **2**, 197[513] (123), 199[598] (145); **3**, 430[235] (389)
Roessler, F., **7**, 655[529] (613)
Roethe, K. P., **3**, 778[3] (706)
Roffia, P., **8**, 457[184] (398, 433), 927[40] (801), 927[49] (801), 931[341] (847)
Roffia, R., **6**, 261[10] (244)
Rogachev, B. G., **6**, 445[285] (422); **8**, 296f[12], 311f[24]
Rogachevskii, V. L., **2**, 301[312] (273)
Rogers, C. A., **5**, 404f[34], 530[662] (387)
Rogers, D., **4**, 422f[7], 506[124] (411, 424); **5**, 525[389] (340)
Rogers, D. E., **6**, 241[27] (237)
Rogers, D. M., **7**, 101[117] (17)
Rogers, G. T., **7**, 159[78] (146)
Rogers, H. N., **1**, 420f[8]

Rogers, H. R., **1**, 241[60] (160, 161); **2**, 969[19a] (865)
Rogers, M. T., **1**, 676[330] (620)
Rogers, R. B., **7**, 35f[7]
Rogers, R. D., **2**, 198[533] (128), 516[593] (480, 482), 1015[34] (982, 998), 1015[35] (982, 998), 1017[164] (998), 1017[166] (998); **3**, 265[102] (183), 265[109] (184), 266[164] (198, 199, 200), 419f[27], 430[249] (393, 426), 431[309] (420), 629[44b] (566), 629[56] (568, 612, 615), 629[57] (568), 629[58] (568, 614, 615), 630[130] (578), 632[246] (617, 618), 632[251] (618, 619), 1246[48] (1160), 1252[307] (1223); **4**, 235[120] (174, 183, 184), 511[437] (485); **6**, 100[421] (50T, 54T, 58T, 59T, 64, 72, 73, 85, 91T), 944[172] (913T); **8**, 795[61] (791), 1068[200] (1044), 1068[221] (1048)
Rogers, R. J., **1**, 241[60] (160, 161), 241[60] (160, 161)
Rogers, W., **4**, 375[102] (357, 357T)
Rogers, W. N., **4**, 375[89] (353)
Rogerson, P. F., **2**, 392f[2]
Rogerson, P. L., **8**, 17[13] (5, 6), 95[54] (31)
Rogerson, T. D., **8**, 772[179] (741, 762T), 772[180] (741, 762T)
Roggero, A., **3**, 546[48] (496)
Rogić, M. M., **1**, 307[401] (290), 307[402] (290), 308[437] (292), 308[438] (292), 308[439] (292), 308[478] (295); **7**, 109[503] (71), 141[51] (121), 141[77] (126), 141[93] (129), 141[94] (129), 141[95] (129), 142[112] (133), 142[113] (133), 142[114] (133), 142[115] (133), 158[50] (146), 196[159] (182), 298[20] (271), 299[61a] (277), 299[61b] (277), 299[63] (277, 278), 299[64] (277), 299[65] (278), 299[66] (278), 300[137] (291), 301[140] (291), 301[141] (291), 301[146] (292), 301[147] (292), 335[3] (324, 328), 336[27] (328), 336[28] (328)
Rogido, R. J., **2**, 300[228] (257); **7**, 648[124] (542)
Rogozhin, I. S., **2**, 515[582] (478), 517[661] (489)
Rogozhin, K. L., **1**, 72f[4], 675[321] (619)
Rogozhnikova, I. S., **7**, 655[502] (606)
Rogues, B. F., **1**, 376[240] (347)
Roha, M., **1**, 678[489] (632)
Rohbock, K., **4**, 1060[156] (993)
Röhl, H., **3**, 350f[12], 426[10] (332, 336)
Rohm, W., **4**, 34f[56], 236[163] (179, 183, 184), 236[187] (184), 237[221] (189T, 191, 192)
Rohmer, M. M., **1**, 149[31] (122, 145); **3**, 84[283] (40); **6**, 179[13] (146T, 152), 180[40] (152)
Rohmer, R., **4**, 52f[75], 152[204] (55)
Röhrscheid, F., **3**, 326[10] (283), 646[52] (644), 781[212] (776); **4**, 512[511] (501); **6**, 14[85] (9), 14[130] (9)
Rohwedder, W. K., **8**, 223[169] (191), 930[260] (835)
Rohwer, R. K., **8**, 95[50] (31), 282[142] (272, 274)
Rojas, A. C., **7**, 100[30] (4)
Rojas, E., **5**, 76f[11], 268[293] (78)
Rokhlina, E. M., **2**, 509[193] (422), 631f[15], 674[6] (630), 915f[7], 973[226] (901)
Roland, E., **4**, 840[71] (833), 887[169] (877), 928[1] (923); **6**, 841f[97], 875[124] (781)
Roland, J. R., **2**, 713f[32], 761[61] (721)
Rolfe, P. H., **2**, 860[57] (836)
Roling, P. V., **1**, 672[89] (572); **2**, 971[78] (874); **7**, 460[317] (416), 460[318] (416, 417); **8**, 1066[144] (1038), 1070[335c] (1061, 1062)
Rolle, M., **8**, 645[243] (621T)
Rollin, A. J., **7**, 653[414] (595)
Rollin, Y., **6**, 99[396] (55T, 56T, 65); **8**, 770[60] (723T, 724T, 732), 770[61] (723T, 732), 770[67] (723T, 732)
Rollmann, L. D., **8**, 222[94] (122), 606[47] (555, 558), 606[53] (557, 599T, 600T), 606[66] (558), 608[201] (590, 591), 608[203] (592)
Roloff, A., **8**, 444f[15], 461[459] (444), 704[39] (678), 705[63] (691, 692, 692T, 695), 705[72] (686, 687T, 689), 705[73] (684, 685T, 686, 687T), 707[152] (674T, 675, 678, 686, 687T), 710[311] (686, 687T)
Rolph, M. G., **2**, 969[11] (864)
Román, E., **4**, 499f[8], 512[488] (496), 512[512] (501, 502), 611[381] (589), 611[382] (590), 817[476] (771); **8**, 1067[157] (1040), 1068[238] (1049), 1068[242] (1049), 1070[296] (1058), 1070[296] (1058)
Roman, M., **1**, 380[427] (366)

Roman, N. K., **2**, 363[189] (358)
Roman, S. A., **7**, 727[176] (704)
Romanelli, M. G., **8**, 430f[3], 460[398] (434, 440)
Romanenko, V. D., **7**, 658[670] (642)
Romanenko, V. I., **8**, 1069[247b] (1051), 1071[355a] (1063)
Romanin, A., **3**, 1004f[20], 1005f[15], 1030f[3], 1030f[4], 1074[373a] (1030), 1074[373b] (1030), 1074[374] (1030)
Romano, A. R., **7**, 100[57] (7)
Romano, U., **8**, 99[284] (80, 81), 99[287] (81), 99[288] (81)
Romano, V., **6**, 748[755] (586)
Romanova, G. N., **2**, 196[473] (116); **7**, 652[356] (584), 652[364] (584)
Romanova, T. M., **6**, 354f[1], 354f[1], 361[17] (352, 354)
Romanowska, K., **1**, 149[17] (122)
Romanyuk, T. G., **8**, 644[161] (630T, 631)
Romao, C., **6**, 943[122] (906T, 913T, 914); **8**, 1066[116] (1031)
Romas, E., **1**, 380[427] (366)
Romberg, E., **3**, 786f[2], 788f[6], 788f[18], 1080f[2], 1081f[6], 1146[6] (1080), 1256f[1b], 1258f[5]
Romeo, A., **7**, 512[107] (489), 512[108] (489)
Romeo, R., **2**, 940f[1], 976[377] (940); **6**, 742[421] (531), 743[422] (531), 743[423] (531), 743[424] (531), 743[425] (531), 743[426] (531), 743[427] (531), 743[428] (531), 743[474] (536, 536T, 540), 744[512] (541), 746[648] (565), 746[649] (565), 746[650] (565), 746[651] (565), 746[652] (565), 746[660] (566), 746[663] (566), 746[664] (566)
Romiti, P., **4**, 166f[3], 166f[11], 166f[12], 166f[13], 166f[14], 234[28] (164), 234[48] (165, 167), 234[58] (167, 187), 234[60] (167), 235[86] (170), 235[104] (171, 172), 236[145] (178, 182, 183), 236[178] (182)
Romm, I. P., **1**, 615f[1], 675[299] (615)
Rona, P., **1**, 303[98] (268); **7**, 252[10] (230), 728[190] (707); **8**, 457[229] (406)
Rona, R. J., **7**, 646[29] (522), 648[130] (544)
Ronald, R. C., **1**, 116[52a] (52); **7**, 109[523] (76), 109[523] (76)
Ronayne, J., **8**, 1069[288] (1057)
Roncari, E., **4**, 180f[8], 236[172] (181)
Roncin, J., **2**, 515[556] (473)
Roncucci, L., **2**, 677[236] (656), 677[238] (656)
Roncucci Fiorani, L., **1**, 753[52] (734)
Rondan, N. G., **1**, 118[176] (81)
Ronecker, S., **2**, 195[419] (105)
Ronman, P., **7**, 102[146b] (22, 64, 72)
Ronnestant, M.-L., **7**, 107[387] (52)
Ronova, I. A., **2**, 191[230] (54), 908f[10], 975[316] (926); **3**, 334f[30], 426[12] (336), 428[133] (363), 428[134] (363), 629[77] (570); **4**, 19f[3], 233[12] (163), 233[14] (163); **6**, 225[118] (210)
Rony, P. R., **8**, 367[456] (352)
Ronzini, L., **7**, 727[179] (705)
Roobeek, C. F., **2**, 820[174] (803); **3**, 631[169] (583, 584); **6**, 745[567] (551), 746[644] (564); **8**, 710[310] (672, 674T)
Rooney, C. S., **7**, 511[56] (480)
Rooney, J. J., **3**, 87[508] (73), 545[28] (491), 545[28] (491), 1382[146] (1350); **6**, 443[124] (401); **8**, 98[204] (60), 453[6] (374), 549[9c] (500, 512, 515, 516, 519, 525, 536, 538), 549[25] (503), 550[86] (520), 550[86] (520), 551[137] (540), 551[138] (540, 543), 929[171] (810)
Roorda, H. J., **6**, 12[2] (3, 4, 6, 8)
Roos, B., **3**, 86[384] (52), 87[479] (69), 88[518] (76); **6**, 94[91] (45), 99[341] (45, 75), 99[360] (45), 141[139] (102)
Roos, C., **1**, 376[233] (346)
Roos, E., **3**, 1147[91] (1123)
Roose, W. R. W., **3**, 695[80] (653, 665)
Roosendaal, E., **3**, 1115f[7], 1147[76] (1114)
Roosevelt, C.-S., **7**, 650[230] (562)
Root, K. D. J., **2**, 194[353] (91)
Root, W. G., **4**, 609[283] (576, 577); **8**, 1008[62] (954)
Ropal, R., **3**, 428[131] (363)
Roper, A. N., **7**, 463[514] (447)
Roper, J. M., **1**, 60f[12]

Röper, M., **8**, 461[473a] (447), 461[473b] (447), 461[476] (447), 462[487] (452)
Roper, N. R., **5**, 623[169] (565, 574)
Roper, W. R., **2**, 821[209] (814); **3**, 88[515] (76); **4**, 33f[33], 152[157] (41), 375[139] (366), 694f[4], 810[13] (693, 699, 700, 709), 810[66] (699), 811[68] (700, 741, 744), 811[79] (701, 712, 808), 811[80] (701, 712, 808), 811[88] (703, 710), 811[89] (703, 809), 811[116] (708), 812[132] (710, 730, 731), 812[147] (713), 813[232] (727, 729, 730), 813[242] (730), 813[244] (730, 731, 732), 813[245] (731, 732), 813[247] (732), 986f[1], 1058[75] (977, 979, 980, 981), 1058[78] (977, 982, 998), 1058[88] (978, 979), 1059[93] (979, 980, 993), 1059[107] (982), 1059[110] (983, 984, 994, 1007, 1010), 1059[112] (984, 986, 994, 996), 1059[113] (984), 1059[114] (984, 1011), 1059[115] (984, 986), 1059[116] (984, 994, 995, 996), 1059[117] (986, 1009), 1059[118] (986, 994, 1014), 1059[119] (986, 1004, 1013), 1059[120] (986, 994, 996, 1004, 1008), 1059[121a] (987), 1059[121b] (987), 1059[125] (987), 1059[134] (989), 1059[153] (993), 1060[161] (994, 996), 1060[163] (996), 1060[169] (998), 1060[170] (998), 1060[187] (1004, 1013), 1060[188] (1004, 1013), 1060[189] (1004, 1010, 1011), 1060[190] (1005), 1060[191] (1006, 1008, 1011), 1060[192] (1005, 1008, 1010); **5**, 418f[7], 522[150] (297), 526[397] (341), 529[610] (379), 532[804] (415), 543f[1], 546f[1], 554f[15], 556f[7], 559f[3], 560f[2], 570f[6], 570f[6], 622[67] (551), 622[97] (560), 622[98] (561), 623[134] (562, 568), 623[173] (565), 624[208] (569, 571), 624[208] (569, 571), 624[231] (575, 576), 624[243] (577), 624[244] (577), 624[245] (577); **6**, 344[103] (297), 739[217] (507), 845f[288], 845f[295], 845f[296], 875[95] (776), 987f[13], 1021f[160], 1029f[57], 1039[20] (990); **8**, 97[188] (58), 280[33] (237), 292f[9], 362[88] (290)
Ropple, R., **6**, 231[9] (230)
Roques, B. P., **3**, 1004f[29], 1005f[24], 1029f[4], 1068[70] (974), 1073[323b] (1021), 1073[349] (1025), 1073[350] (1025), 1073[353] (1025)
Ros, P., **3**, 80[12] (2, 5, 6), 80[48] (6), 81[60] (6), 83[194] (28), 87[502] (73), 545[25] (490, 500), 700[359] (674), 1069[142] (987); **6**, 12[22] (5), 14[112] (5)
Ros, R., **4**, 504[52a] (393); **5**, 531[738] (401), 626[355] (594); **6**, 262[105] (251, 254), 262[138] (255), 262[139] (255), 343[28] (283, 326, 336, 337, 338), 346[219] (312T, 312), 346[244] (313), 346[245] (313), 348[372] (326), 445[274] (422), 741[319] (518, 521), 741[320] (518, 521), 741[321] (518, 521), 741[346] (522), 741[348] (522), 741[349] (522), 742[408] (529), 743[453] (533T, 539T), 743[454] (533T, 539T), 743[455] (533T), 743[456] (533T), 743[471] (535T), 746[657] (565), 746[658] (566), 757[1368] (669); **8**, 363[193] (314, 324), 364[224] (321), 643[132] (626), 936[653] (901)
Rosales, M. J., **4**, 1064[417] (1026)
Rosalky, J. M., **4**, 158[607] (138); **6**, 760[1552] (698T)
Rosan, A., **3**, 108f[11], 112f[2], 168[36] (103), 169[84] (132); **4**, 374[32] (336, 347), 374[33] (337), 374[76] (347), 374[77] (349), 374[77] (349), 504[23] (383), 504[52b] (393), 504[52c] (393), 504[52g] (393), 505[56] (394), 506[127] (412), 610[358] (586), 610[360] (586), 612[500] (598); **8**, 1008[76] (959), 1008[78] (959, 961, 962), 1008[89] (966), 1008[90] (966), 1008[91] (966)
Rosan, A. M., **1**, 247[358] (198); **3**, 1247[57] (1163, 1165, 1172, 1173), 1247[59] (1165), 1247[81] (1172), 1249[169] (1192), 1381[102] (1342); **4**, 504[53] (394)
Rosanke, R., **4**, 325[418] (291)
Rosario, O., **2**, 188[94] (25); **7**, 148f[7], 148f[8], 253[108] (244), 299[78a] (279)
Rosca, S. I., **8**, 1066[106] (1028, 1028f), 1066[106] (1028, 1028f)
Rösch, L., **1**, 676[339] (622, 624), 676[366] (624); **2**, 195[402] (101), 195[404] (102), 195[407] (102), 195[416] (104), 195[416] (104), 195[416] (104), 195[416] (104), 195[417] (104), 199[603] (146), 513[465] (461), 514[471] (461), 514[479] (462), 514[495] (466), 514[496] (466), 514[502] (467), 514[530] (469), 860[91] (844, 857), 861[153] (857); **3**, 424f[2], 842f[19]; **4**, 325[400] (289), 325[408] (290); **6**, 34[70] (19T, 20T, 28, 30), 34[91] (19T, 24), 36[185] (30), 1114[216] (1101), 1114[217] (1101); **7**, 654[480] (603), 655[523] (610, 613), 655[523] (610, 613), 655[530] (614), 655[531] (614), 655[532] (614)
Rösch, N., **3**, 80[38] (6), 83[199] (28, 29), 83[220] (31), 85[352] (48), 86[408] (58), 269[332] (232); **6**, 139[33] (102), 180[41] (150), 751[953] (615, 691)
Roschchutskina, O. S., **6**, 445[285] (422)
Röschenthaler, G.-V., **4**, 607[148] (543), 610[318] (581); **6**, 13[69] (8), 1019f[59]
Roscoe, J. S., **1**, 455[168] (438); **6**, 943[125] (908T)
Rose, D., **4**, 811[98] (705, 740), 812[196] (720), 963[15] (934, 942); **8**, 435f[6], 460[392] (433), 931[328] (846)
Rose, E., **7**, 101[78] (11f, 12)
Rose, G. G., **3**, 1119f[14]
Rose, J. M., **2**, 1017[146] (998), 1017[147] (998)
Rose, P. D., **2**, 196[443] (111), 510[255] (433)
Rose, S. H., **7**, 197[198] (190)
Rösel, E., **2**, 707[144] (699)
Roselli, A., **3**, 630[155] (582, 587); **8**, 95[69] (36), 281[58] (248)
Roseman, L., **2**, 300[240] (260)
Rose-Munch, F., **4**, 326[533] (300, 303), 609[312] (580); **6**, 347[277] (315), 384[119] (379), 384[120] (379), 442[59] (393, 433)
Rosen, A., **1**, 305[222] (277)
Rosen, C. G., **2**, 1015[12] (981, 998)
Rosen, R., **6**, 806f[32], 869f[59]
Rosenbaum, J., **2**, 302[58] (264)
Rosenberg, E., **2**, 302[378] (292); **3**, 121f[4], 156f[6], 170[149] (157), 328[147] (318), 633[309] (614), 792f[5], 833f[65], 899f[2], 899f[5], 1075[459] (1040, 1041), 1083f[5], 1251[276] (1216), 1260f[5], 1383[190] (1364); **4**, 157[561] (132), 415f[2], 506[131] (413), 605[19] (515, 520), 658f[23], 658f[31], 658f[42], 658f[48], 689[33] (666), 840[20] (823), 846f[8], 884[16] (847), 884[19] (848, 861), 885[82] (860), 885[90] (862), 928[15] (924), 929[36] (928), 1064[410] (972, 1032); **6**, 139[34] (133T, 135, 136), 739[232] (509), 755[1230] (653), 869f[63]; **8**, 1065[86] (1026), 1104[28] (1079)
Rosenberg, G., **5**, 520[36] (282); **8**, 298f[15], 362[121] (296)
Rosenberg, H., **2**, 198[561b] (134); **4**, 817[467] (768), 817[468] (768, 773); **8**, 1064[21] (1017, 1037, 1038, 1041, 1048, 1050), 1064[28] (1018), 1067[182] (1042), 1071[345] (1062)
Rosenberg, S. D., **2**, 553f[1], 616[1] (522, 549, 551, 564, 572, 577), 620[231] (549)
Rosenblum, L., **7**, 158[14] (143)
Rosenblum, L. D., **7**, 104[260] (33), 728[194] (707)
Rosenblum, M., **1**, 247[358] (198); **3**, 85[331] (46), 108f[11], 125f[8], 133f[5], 168[36] (103), 169[61] (127, 146), 169[84] (132), 169[92] (140), 170[175] (166); **4**, 156[65] (522, 531), 374[32] (336, 347), 374[33] (337), 374[35] (372), 374[69] (347, 349, 350), 374[71] (347), 374[76] (347), 374[76] (347), 374[77] (349), 374[77] (349), 374[79] (350), 374[80] (350), 375[103] (357), 375[128] (364), 376[152] (371), 376[155] (373), 380f[11], 380f[11], 393f[1], 422f[15], 478f[1], 504[20] (383), 504[22] (383), 504[23] (383), 504[25] (384), 504[37] (386), 504[52b] (393), 504[52c] (393), 504[52g] (393), 505[56] (394), 505[87] (402, 415), 506[127] (412), 508[277] (446), 510[385] (475), 510[393] (476, 480), 510[400] (481), 510[401] (481), 512[501] (498), 605[36] (519), 610[358] (586), 610[360] (586), 612[500] (598), 613[523] (604), 816[436] (763), 1060[220a] (1018); **5**, 194f[5], 240f[2], 270[431] (139, 144); **7**, 462[483] (442); **8**, 223[159] (180), 550[103] (527), 1008[75] (959), 1008[76] (959), 1008[77] (959, 961), 1008[78] (959, 961, 962), 1008[79] (961), 1008[81] (963), 1008[89] (966), 1008[90] (966), 1008[91] (966), 1009[132] (976), 1064[19] (1017, 1020), 1064[20] (1017, 1018, 1020, 1021, 1022f, 1025, 1037, 1038, 1041, 1048, 1050, 1059, 1061), 1065[51] (1020), 1065[64] (1021), 1065[71] (1024), 1065[91] (1026), 1068[226] (1048)
Rosenbuch, P., **4**, 323[292] (276)
Rosendo, H., **4**, 452[30] (419)
Rosenfelder, J., **3**, 874f[12], 949[195] (875), 1120f[4], 1289f[6] (1288f)
Rosenfeldt, F., **3**, 630[151] (581, 589), 630[152] (581, 582, 585, 589), 631[186] (587), 631[194] (590, 592, 596)
Rosenman, H., **4**, 965[189] (962)

Rosenthal, A., 7, 252⁴² (234), 252⁴⁴ (234); 8, 223¹⁵¹ (173, 174, 176, 177, 179, 180, 181, 182, 183, 184, 185, 186)
Rosenthal, A. F., 7, 652³⁷¹ (586)
Rosenthal, U., 3, 942f¹², 951³⁵¹ (936), 951³⁵² (936), 1131f¹⁰, 1131f¹¹
Röser, H., 2, 514⁵¹³ (468); 3, 798f¹⁹, 798f³⁰, 863f⁴⁰
Rosete, R. O., 4, 813²²¹ (725)
Rosevear, D. T., 5, 76f⁵; 6, 260⁵ (244), 262¹⁰¹ (251, 253, 254), 345¹⁵⁹ (306), 345¹⁶⁰ (306), 346²¹⁵ (312T, 312), 744⁵³² (545); 8, 927⁵⁹ (801)
Roshchupkina, O. S., 3, 334f²⁹, 398f⁵⁰, 436f¹⁵
Rosini, G., 2, 912f¹²; 7, 100⁶⁹ (10, 11), 100⁷⁰ (10), 100⁷³ (10, 11)
Rosmus, P., 2, 186³⁰ (7, 84)
Ross, B. F., 3, 797f⁴, 819f¹⁷, 1085f⁴, 1262f⁴
Ross, B. L., 3, 1146⁴¹ (1097), 1384²⁴⁵ (1375)
Ross, D. A., 4, 154³⁶² (90), 374⁷⁴ (347)
Ross, D. S., 2, 621³¹⁹ (562)
Ross, E. J., 2, 517⁶⁹⁷ (503)
Ross, E. P., 3, 851f⁶³; 4, 51f⁵⁹; 6, 1066f³
Ross, F. P., 3, 557⁵² (555)
Ross, J., 4, 321¹⁸⁷ (265)
Ross, J. R. H., 8, 17¹⁶ (6, 7), 17¹⁷ (6, 7)
Ross, L. W., 4, 319⁸ (244)
Ross, M., 8, 1008⁸⁴ (964)
Ross, W. J., 2, 827f⁵
Rosseels, G., 1, 244¹⁹⁰ (176)
Rosseinsky, D. R., 6, 748⁸⁰⁹ (590)
Rossek, A., 3, 1311f⁷
Rossell, O., 6, 94⁸³ (58T, 64, 72, 79), 95¹¹⁹ (58T, 63T, 72), 97²⁶⁰ (58T, 63T, 72, 79), 345¹⁶⁵ (306, 336, 337)
Rossetti, R., 3, 118f⁸, 120f¹⁵; 4, 324³⁴⁸ (283), 324³⁴⁹ (283), 324³⁵² (283), 326⁵²⁷ (300), 327⁵⁵² (303), 327⁵⁵⁶ (304), 327⁵⁶⁸ (305), 689²⁵ (666), 928²² (925), 1057²⁷ (971); 5, 194f⁴, 266¹⁴¹ (30), 267²²² (47, 167), 271⁵⁰⁰ (167, 170, 180), 273⁵⁹⁴ (198); 6, 35¹⁴⁰ (25), 139²⁹ (133T, 135), 139³⁰ (133T, 135), 139³⁴ (133T, 135, 136), 140⁶² (133T), 142¹⁹⁷ (135), 225⁹¹ (199, 201T), 870f⁸¹, 871f¹²⁷
Rossetto, F., 1, 377²⁵⁵ (348)
Rossetto, G., 3, 267²²⁶ (211, 214)
Rossi, A. R., 3, 81¹¹⁹ (12); 5, 622⁹⁹ (561), 622¹⁰⁰ (561)
Rossi, F. M., 1, 308⁴⁶⁰ (294)
Rossi, M., 4, 511⁴¹⁵ (482); 5, 39f¹¹, 213f¹³, 274⁶⁶² (222), 538¹²³⁴ (494, 503), 627⁴⁰² (600), 628⁴⁸¹ (614); 8, 280³⁹ (239), 291f²⁸, 292f², 305f⁴⁹, 305f⁵¹, 305f⁵², 312f⁵², 366³⁵⁷ (341), 366³⁸⁴ (343, 344), 1070³³⁵f (1061, 1062)
Rossi, R., 3, 268²⁸⁴ (220, 222), 474¹¹¹ (467); 4, 816⁴³⁵ (763), 958f⁵, 958f⁶; 5, 538¹²⁵² (499), 628⁴⁷⁹ (614); 6, 226¹⁵⁹ (190, 194, 195f), 442¹⁰⁶ (400); 8, 669⁸⁵ (665), 669⁸⁶ (666), 796¹¹³ (775)
Rossi, R. A., 7, 336³¹ (328)
Rossinskaya, E. R., 4, 511⁴³⁰ (485); 6, 851f⁵³, 851f⁵⁴; 8, 1067¹⁹⁶ᵇ (1043)
Rossiter, B. E., 8, 497¹¹⁵ (494)
Rossmanith, K., 6, 942⁴¹ (899T), 942⁴² (899T), 942⁴³ (898, 899T), 942⁴⁴ (898, 899T)
Rossmy, G., 2, 299¹⁵⁹ (244)
Rössner, H., 3, 1249¹⁶¹ (1190), 1381⁹³ (1340); 4, 611⁴³⁴ (593); 6, 782f⁵
Rostomyan, I. M., 8, 669³¹ (658T)
Roszondai, B., 2, 190¹⁸² (40)
Rot, I., 4, 153²⁶² (68)
Rotella, F. J., 2, 762¹¹¹ (732); 4, 156⁴⁴⁷ (121), 156⁴⁵⁶ (122), 607¹⁵⁴ (544), 846f², 886¹¹³ (867), 886¹¹⁴ (867), 920²¹ (911), 1058⁴⁰ (972, 1026); 5, 528⁵³⁹ (367)
Rotermund, G. W., 1, 305²⁵⁷ (280), 305²⁶² (280), 305²⁶³ (280), 308⁴⁵³ (293), 454⁹¹ (428), 454¹²³ (431); 7, 158¹⁶ (143), 195⁵¹ (163), 195⁵² (163), 226¹⁶⁴ (211), 226¹⁷⁵ (213), 300¹¹³ (286), 346⁶ᵇ (338)

Roth, A., 2, 626⁶²¹ (602), 626⁶²² (602), 626⁶²⁸ (603), 626⁶³⁴ (604), 679³²² (665), 679³²⁵ (665)
Roth, A. S., 1, 120²⁸⁴ (105)
Roth, G., 3, 350f¹², 426¹⁰ (332, 336)
Roth, G. P., 7, 99f³⁵; 8, 496⁴⁷ (476)
Roth, J. A., 5, 264⁴² (10); 8, 99²⁹⁸ (83, 84), 363¹⁹⁴ (314), 364²⁶⁴ (326)
Roth, J. F., 5, 628⁴⁹⁷ (617); 8, 605¹⁹ (553)
Roth, R. S., 6, 841f¹¹⁸, 850f¹⁷, 873¹⁸ (764)
Roth, R. W., 2, 190¹⁹¹ (42)
Roth, W., 3, 267²³⁹ (212)
Roth, W. L., 7, 159¹³⁰ (154), 194¹⁵ (162)
Roth, W. R., 3, 1076⁵²⁰ᵃ (1055), 1252³¹⁸ (1224); 8, 1009¹⁴⁸ (979)
Rothberg, I., 7, 224⁵⁵ (202)
Rothchild, R., 8, 549³⁸ (504, 509)
Rothermel, W., 1, 410⁸⁶ (407), 410⁸⁹ (407); 3, 84²⁵⁹ (35)
Rothgery, E. F., 1, 262f³⁹, 302⁴⁴ (259, 262), 377³⁰¹ (354), 377³⁰⁴ (355), 378³⁶² (361), 379³⁸⁸ (363)
Rothinger, E., 6, 842f¹⁶⁹
Rothman, A. M., 7, 99²³ (3)
Rothrock, R. K., 2, 512³⁷⁶ (447); 4, 326⁵³³ (300, 303), 327⁵⁴⁶ (303), 609³¹² (580), 609³¹³ (580); 6, 737⁸² (489)
Rothschild, A. J., 2, 189¹²⁹ (30), 191²⁶² (64)
Rothwell, I. P., 3, 1131f⁵, 1147¹⁰⁹ (1134); 4, 1062²⁸³ (1031), 1063³⁵⁷ (1048, 1049), 1064⁴¹⁶ (1025, 1026); 5, 404f⁴⁶, 521¹²⁰ (292, 396, 471T), 522¹⁵² (288, 298, 314), 528⁵⁴⁵ (311); 6, 347³²⁸ (321), 445²⁶⁹ (422)
Rotondo, E., 5, 522¹⁷⁵ (300, 359); 6, 347²⁸⁰ (316), 347²⁸¹ (316), 384⁹³ (375), 384¹²¹ (379), 756¹³³³ (664)
Rötsch, L., 2, 195⁴⁰⁶ (102)
Rottig, W., 8, 96⁸¹ (41, 42, 43, 44, 45, 46T, 46, 47, 48, 49, 50, 51, 52, 57, 59, 61), 97¹⁵² (49), 98²³⁰ (63, 66, 67, 67T, 70, 85, 86), 98²³⁵ (63)
Röttinger, E., 4, 106f¹⁴, 106f⁴⁵, 106f⁵¹, 107f⁸², 237²⁰⁴ (187, 188), 237²⁰⁸ (187, 188), 237²¹⁰ (187), 237²¹² (188), 327⁵⁶² (304); 5, 259f³, 276⁷⁹⁶ (260); 6, 844f²⁴², 844f²⁴³, 874³⁶ (765), 877²³⁰ (819)
Rottler, C. L., 3, 102f²⁰
Rottler, R., 1, 674²⁴¹ (603)
Rotundo, E., 5, 624²⁰⁰ (568, 620)
Roubineau, A., 2, 625⁶¹² (601), 625⁶¹³ (601), 625⁶¹⁸ (602), 626⁶¹⁹ (602)
Rouchaud, J.-C., 1, 241¹¹ (157)
Roue, J., 3, 767f⁷
Rouessac, F., 7, 649¹⁷⁴ (554)
Rougee, M., 4, 325⁴²⁵ (292), 375¹⁴⁴ (368)
Roulet, D., 3, 474¹⁰⁶ (466)
Roulet, R., 2, 821²⁰³ (812); 3, 1252³⁴⁸ (1231); 4, 380f²⁵, 463f⁶, 612⁴⁷⁵ (597), 612⁴⁸⁵ (565f, 597), 815³³⁵ (751), 815³³⁶ (751); 6, 262¹⁰⁵ (251, 254), 346²¹⁹ (312T, 312), 348³⁷² (326), 384⁹⁴ (375), 445²⁵⁶ (420), 741³¹⁹ (518, 521), 741³²⁰ (518, 521), 741³²¹ (518, 521), 742⁴⁰⁸ (529), 743⁴⁵⁶ (533T), 746⁶⁵⁸ (566), 752¹⁰⁷⁸ (634); 8, 364²²⁴ (321)
Roumestant, M. L., 1, 243¹⁶¹ (174), 243¹⁶² (174)
Roundhill, D. M., 3, 947⁸² (831); 4, 810²⁷ (696); 5, 273⁵⁹⁰ (196), 274⁶⁶⁹ (227), 311f¹, 311f², 524²⁷⁷ (311, 381, 383), 524²⁷⁸ (311, 383), 531⁷³⁹ (405, 409), 543f², 549f⁶, 556f⁵, 556f¹³, 621¹⁸ (547), 621³⁸ (548), 623¹⁷² (565); 6, 349⁴⁴⁶ (340), 361⁴¹ (356), 362⁴²ᵃ (356), 751⁹⁸⁸ (620), 760¹⁵⁵⁷ (696, 700T), 760¹⁵⁶¹ (696, 697, 700T, 704), 760¹⁵⁶⁹ (702), 760¹⁵⁷⁰ (702), 760¹⁵⁷⁷ (704); 8, 99³¹⁷ (90, 91), 339f²⁵
Roundhill, S. G. N., 8, 339f²⁵
Rounsefell, T. D., 3, 1067³⁸ (967); 8, 607¹⁰⁸ (564), 607¹¹⁰ (564), 607¹¹¹ (564), 607¹¹² (564)
Rouquerol, J., 3, 699³⁴⁴ (673), 700³⁴⁷ (673)
Rousche, J., 3, 1246²⁵ (1156)
Rouschias, G., 4, 236¹⁷⁶ (182); 5, 624²⁰² (569); 6, 344⁹² (294), 739¹⁸⁰ (501), 739¹⁸¹ (501)
Rouse, K. D., 4, 907⁶² (902), 1058³⁶ᵃ (971), 1062²⁸⁴ (1031), 1062²⁹⁵ (1033), 1062³¹⁷ (1037)
Roush, W. R., 7, 458²²² (403), 651³²⁵ (579)
Rousseau, C., 8, 363²⁰⁹ (318), 364²¹² (318)

Rousseau, J. P. G., **3**, 436f[22], 447f[7]
Roussel, J., **2**, 970[37] (868); **3**, 1248[134] (1185, 1186), 1380[73] (1335); **7**, 725[63] (675), 725[63] (675)
Roussi, G., **8**, 771[131] (740, 745, 747T, 748T)
Roussi, P. F., **5**, 269[323] (90)
Roustan, J. L., **3**, 1246[49] (1161), 1246[51] (1161), 1246[52] (1161), 1380[31] (1328); **4**, 155[371] (91, 117), 326[489] (297, 313), 326[490] (297), 505[59] (395), 505[90] (403), 506[154] (423), 508[257] (443, 449), 508[258] (443, 449); **8**, 1008[67] (956), 1008[68] (956), 1008[103] (970)
Rouvier, E., **2**, 504f[7], 518[714] (505)
Rouvillois, J., **3**, 1256f[1a], 1316[3] (1256)
Rouvray, D. H., **1**, 538[27c] (463, 467, 472, 500)
Roux, D. G., **7**, 510[30] (475), 510[35] (475, 478), 511[44] (475)
Roux, M. C., **7**, 103[211] (28, 29)
Roux-Geurraz, C., **8**, 366[370] (342)
Roux-Schmitt, M. C., **7**, 103[211] (28, 29)
Rovang, J., **5**, 266[115] (25)
Rowan, A. J., **4**, 840[30] (826), 840[31] (826), 840[33] (826), 1061[234] (1020)
Rowbotham, P. J., **6**, 1114[212] (1099)
Rowbottom, J. F., **4**, 237[226] (189T, 190, 192)
Rowe, G. A., **4**, 241[440] (215T, 216); **6**, 742[388] (526), 742[389] (526), 759[1522] (691, 694, 696, 701)
Rowe, J. M., **5**, 268[286] (77); **6**, 442[52] (393), 443[159] (405), 754[1174] (643T); **8**, 456[175] (398), 927[84] (803)
Rowe, K., **1**, 308[476] (295); **7**, 141[87] (127, 128), 141[88] (127), 226[169] (212, 215), 300[116] (286), 300[117] (286)
Rowland, I. R., **2**, 1017[151] (998), 1017[160] (998)
Rowland, R. L., **7**, 725[58] (674)
Rowley, R. J., **1**, 244[184a] (176), 244[188] (176); **2**, 533f[12], 618[125] (540), 618[147] (542), 623[456] (580); **4**, 241[475] (219, 219T, 222), 241[476] (219, 222), 886[113] (867), 920[21] (911)
Rowsell, D. G., **4**, 97f[9]
Roy, A., **3**, 411f[4], 461f[41], 474[125] (472), 631[188] (587, 590, 595), 631[195] (590), 646[32] (640), 938f[2]
Roy, G., **7**, 96f[4], 647[44] (525), 647[73] (530), 647[74] (530), 647[75] (531)
Roy, M. A., **2**, 972[159] (891, 896, 957, 958)
Royer, E., **6**, 99[359] (50T), 345[145] (304, 305), 744[543] (546)
Royo, G., **1**, 246[330] (195); **2**, 17f[3], 17f[4], 17f[5], 17f[17], 187[76] (19), 187[78] (20), 188[80] (20), 509[185] (422)
Royo, P., **1**, 753[79] (738); **2**, 706[99] (694), 770f[8], 818[38] (771), 820[149] (794), 820[151] (794), 820[152] (794, 806); **5**, 137f[20], 268[308] (86), 529[585] (376), 529[587] (376), 622[109] (561), 622[110] (561, 567), 623[115] (561, 567); **6**, 35[150] (31), 93[16] (45, 60T, 72), 98[283] (45, 60T, 61T, 72), 98[284] (45, 50T, 60T), 98[285] (57T, 58T, 64), 98[285] (57T, 58T, 64), 98[308] (57T, 58T, 72), 283f[3], 345[170] (306), 345[171] (306), 345[206] (311, 340), 345[207] (311, 340), 345[208] (311, 340), 747[725] (583)
Royo, R., **5**, 529[586] (376)
Royston, G. H. D., **3**, 1143f[8], 1148[122] (1144); **4**, 811[85] (702), 1059[108] (982); **6**, 344[88] (293), 739[173] (500), 740[239] (510, 511)
Rozantsev, E. G., **8**, 365[310] (336)
Rozenberg, V. I., **2**, 768f[11], 818[19] (767), 972[156] (891), 978[525] (966)
Rozenberg, V. R., **2**, 508[148] (414)
Rozhdestvenskaya, I. D., **6**, 444[252] (419); **8**, 305f[41], 349f[16], 363[175] (302), 609[265] (596T)
Rozhkova, M. I., **7**, 87f[1], 656[551] (618)
Rozhtov, I. N., **2**, 188[118] (28)
Roziere, J., **3**, 947[37] (814), 1269f[2]
Rozmonova, L. A., **6**, 180[61] (159T, 160)
Rozovskii, A. Ya., **8**, 95[57] (33), 282[143] (272, 274), 282[152] (272, 274), 282[153] (272, 274), 282[166] (274)
Rozsondai, B., **2**, 517[685] (502), 517[688] (502)
Rsujitani, R., **8**, 935[618] (896)
Ruben, G., **2**, 904f[7]
Ruben, H., **3**, 266[137] (191, 192)

Rubert, P., **4**, 609[271] (570f, 574)
Rubesa, F., **2**, 760[19] (715)
Rubezhov, A. Z., **2**, 976[411] (948); **4**, 815[392] (759), 819[619] (797), 1060[207] (1015), 1061[242] (1022); **5**, 213f[6], 274[652] (218), 530[696] (395), 538[1255] (500, 506), 538[1256] (500), 539[1257] (500), 610f[1], 626[374] (597), 628[462] (609); **6**, 227[220] (192), 441[47] (391), 443[123] (401), 443[148] (403), 443[149] (403), 444[193] (408, 422), 444[213] (410), 444[241] (418), 445[263] (422), 445[289] (423), 445[290] (423), 445[292] (423), 445[293] (423), 454[30] (450), 748[790] (588), 761[1630] (717), 762[1701] (736)
Rubin, I. D., **8**, 1064[49] (1020)
Rubinraut, S., **7**, 653[405] (593)
Rubinshtein, A. M., **6**, 181[85] (157)
Rubinskaya, M. I., **4**, 648[6] (616)
Rubinson, K. A., **3**, 82[141] (18), 695[39] (650), 695[43] (651)
Rubottom, G. M., **7**, 650[228] (561), 650[233] (563), 650[239] (564), 650[247] (566)
Rübsamen, K., **2**, 624[506] (586)
Rucci, G., **3**, 86[383] (52); **5**, 558f[9]; **6**, 36[201] (19T, 24), 141[110] (110), 142[174] (123T, 128), 752[1038] (627T)
Ruch, M., **4**, 154[297] (74), 319[12] (245, 249, 291)
Rüchardt, C., **8**, 796[132] (777), 796[140] (788)
Ruch'eva, N. I., **1**, 302[46] (259), 720[56] (690)
Rucklidge, J. C., **3**, 398f[3]
Ruda, W. A., **4**, 97f[22], 158[576] (134, 137)
Rudakova, I. P., **1**, 379[422] (366)
Rudakova, R. I., **6**, 750[920] (613)
Rudashevskaya, T. Yu., **1**, 243[119] (168), 243[119] (168), 308[463] (294); **7**, 363[38] (360)
Rudd, C. J., **2**, 680[416] (673)
Ruddick, J. D., **2**, 768f[12], 818[24] (767); **3**, 398f[24]; **4**, 694f[10], 963[16] (934); **5**, 137f[10], 305f[3], 306f[10], 523[201] (303T), 523[215] (304T), 622[78] (553, 565); **6**, 742[412] (530, 542), 744[517] (542T, 546T, 554, 581, 582, 584, 588, 589, 590), 744[518] (542T, 546T, 554, 581, 582, 584, 588, 589), 745[561] (549), 747[715] (582), 943[142] (910, 909T)
Ruddick, J. N. R., **2**, 524f[2], 525f[1], 526f[1], 617[21] (523, 566), 617[26] (524), 696f[5]
Ruddlesden, J., **3**, 368f[11]
Ruden, R. A., **2**, 190[195] (44), 192[288] (74), 194[366] (94); **7**, 38f[4], 225[105] (207), 647[43] (525)
Rudham, R., **3**, 547[93] (526), 547[94] (526)
Rudie, A. W., **3**, 695[74] (653), 851f[42], 948[130] (853); **4**, 511[413a] (482); **5**, 275[733] (247); **8**, 1070[338] (1062)
Rudie, C. N., **5**, 272[515] (172), 272[517] (173), 272[518] (174)
Rudkovskii, D. M., **5**, 628[495] (617)
Rudler, H., **3**, 1297f[18], 1299f[4], 1318[134] (1303); **6**, 346[211] (311), 384[90] (375); **7**, 728[188] (706); **8**, 98[254] (72), 98[255] (73), 934[515] (879), 1105[48] (1082)
Rudler, R., **8**, 550[65b] (515)
Rudler-Chauvin, M., **6**, 346[211] (311), 384[90] (375); **7**, 728[188] (706); **8**, 934[515] (879)
Rudner, B., **1**, 678[497] (633), 680[649] (652)
Rudnevskii, N. K., **3**, 698[276] (670)
Rudnick, D., **2**, 507[107] (410), 517[678] (493, 498)
Rudnick, S. E., **1**, 444f[6], 456[218] (445)
Rudnicki, R. P. T., **2**, 197[518] (124, 178, 178f, 184)
Rudolfo de Gil, E., **3**, 430[233] (394)
Rudolph, G., **2**, 517[656] (489), 517[657] (489), 517[660] (489)
Rudolph, M., **3**, 696[138] (659)
Rudolph, R. W., **1**, 305[216] (277), 454[94] (428), 455[159] (435, 440, 443), 537[25a] (462), 537[25b] (462), 538[27a] (463, 467, 472, 473, 500), 538[63b] (476, 523), 538[68] (477, 517), 539[96] (489, 508, 536), 539[99c] (489, 528), 552[20] (545), 552[21] (545), 552[22] (546), 552[23] (546); **2**, 680[396] (672); **6**, 1114[214] (1099); **8**, 304f[3]
Rudolph, S. E., **7**, 102[167] (24)
Rüdorff, W., **3**, 1146[11] (1082)
Ruechardt, C., **7**, 458[197] (400), 458[198] (400), 458[199] (400)
Rueckert, A., **1**, 285f[19]
Ruehlmann, K., **2**, 299[209] (251T), 301[289] (270)

Ruel, O., **1**, 244[193] (176)
Ruestem, D., **8**, 456[149] (396)
Ruf, H., **2**, 202[722] (177), 626[639] (604)
Ruf, W., **4**, 511[422] (483); **8**, 1065[82] (1025)
Ruff, J. K., **1**, 306[320] (284), 676[358] (624, 625); **3**, 797f[18], 797f[19], 798f[3], 809f[6], 809f[8], 809f[9], 809f[16], 810f[2], 810f[8], 811f[17], 826f[4], 879f[3], 879f[5], 883f[7], 883f[8], 946[23] (808), 946[27] (810), 947[52] (820), 949[214] (880), 949[229] (884), 1089f[2], 1106f[9], 1146[13] (1088), 1262f[22], 1262f[23], 1269f[1b], 1275f[8], 1288f[2], 1317[47] (1278), 1318[75] (1283, 1284); **4**, 12f[18], 151[123] (29), 321[145] (259), 322[198] (267, 285), 324[368] (286, 289, 291), 324[394] (288), 328[610] (309); **5**, 12f[7]; **6**, 14[104] (12), 384[115] (378), 805f[10], 840f[47], 868f[12], 868f[36], 874[66] (771), 874[70] (771), 980[46] (960, 961, 963T, 965, 966, 970T), 980[51] (962, 969T), 1033f[3], 1061f[8], 1066f[9], 1112[112a] (1070); **7**, 299[55] (276)
Rufinska, A., **1**, 247[350] (197); **6**, 100[403] (89, 92T), 181[91] (159T, 174, 176T), 182[147] (174, 176T), 182[158] (174, 176T, 177); **8**, 366[348] (340), 707[146] (690, 691, 699), 707[169] (699), 707[171] (688)
Rugen, D. F., **8**, 458[293a] (417)
Ruggles, C. R., **4**, 324[342] (282)
Ruh, S., **4**, 815[332] (750)
Rühle, H., **4**, 608[247] (569)
Ruhle, M. W., **3**, 1068[66] (973)
Rühlmann, K., **2**, 17f[1], 186[20] (4), 191[257] (62, 74), 191[257] (62, 74), 198[534] (128), 199[589] (144, 174, 183); **7**, 649[184] (555), 652[348] (583), 653[392] (591, 592), 653[395] (592), 654[483] (603), 658[704] (645)
Ruhmann, W., **4**, 929[33] (927), 965[176] (961); **6**, 737[48] (482), 871f[119], 877[244] (823); **8**, 607[94] (561, 562T, 594T, 605)
Ruhs, A., **3**, 866f[4], 870f[1], 950[296] (911), 950[298] (911), 1305f[8], 1318[138] (1306), 1318[139] (1306), 1318[140] (1306), 1318[141] (1306), 1384[261] (1379)
Ruidisch, I., **2**, 509[164] (418), 619[176] (545), 678[300] (662)
Ruisi, G., **1**, 754[102] (743)
Ruiz, M. E., **8**, 220[11] (106, 107)
Ruiz-Amil, A., **2**, 937f[5], 976[366] (936, 937)
Ruiz-Ramirez, L., **4**, 695f[4], 810[25] (696, 698, 705, 748), 814[310] (748), 814[311] (748), 814[312] (748)
Ruiz-Vizcaya, M. E., **8**, 363[190] (309)
Rumarel, S., **8**, 1105[58] (1085)
Rumberg, E., **3**, 874f[11]
Rumfeldt, R. C., **1**, 752[16] (726)
Rumin, R., **4**, 510[369] (470); **6**, 752[1083] (634), 758[1473] (680), 758[1474] (680)
Rummel, S., **3**, 696[108] (656)
Rummens, C., **8**, 608[204] (592, 599T)
Rumohr, A. V., **2**, 972[146]
Rumpf, R., **1**, 241[9] (157)
Rümpler, K. D., **3**, 933f[4]
Rumyantsev, V. D., **8**, 641[36] (618), 707[151] (702)
Rumyantseva, M. R., **7**, 456[82] (385)
Rumyantseva, V. P., **3**, 1071[204] (1000), 1071[205] (1000)
Rund, J. V., **1**, 379[374] (362); **4**, 326[475] (296); **5**, 266[123] (26); **6**, 33[5] (15, 16, 18, 21T, 22T)
Rundle, R. E., **1**, 40[40] (11), 40[64] (15), 40[73] (16, 17, 18, 18T), 40[84] (17, 18T), 125f[1], 125f[2], 126f[2], 150[48] (122, 124, 125, 126), 150[90] (124, 125, 126), 150[98] (125), 244[220] (178, 179, 180, 202), 244[221] (178, 179f), 671[11] (557, 585, 587, 621), 671[13] (557), 689f[4], 720[44] (688); **2**, 625[554] (593); **3**, 703[566] (690); **6**, 747[740] (585, 587), 747[744] (585), 747[747] (585)
Runge, F., **1**, 696f[25], 720[58] (690, 701, 705)
Runge, T. A., **8**, 927[56] (801, 842)
Runina, A., **3**, 924f[9]
Rupainwar, D. C., **3**, 429[195] (378)
Rupich, M. W., **8**, 280[34] (237)
Rupilius, W., **8**, 221[72] (118, 140), 222[113] (140), 365[315] (337)
Rupp, H. H., **3**, 700[381] (674); **5**, 265[102] (23), 285f[2], 520[58] (283, 294), 526[416] (342, 345), 559f[14]; **6**, 738[140] (497), 738[162] (499)

Ruppert, I., **2**, 199[590] (144), 200[618] (149), 706[97] (694); **7**, 655[493] (605)
Ruppert, J. F., **7**, 724[7] (663), 725[19] (665)
Rupprecht, G. A., **3**, 88[540] (78), 103f[3], 546[29] (491), 721f[4], 721f[5], 721f[6], 721f[7], 721f[9], 721f[11], 721f[12], 731f[3], 733f[5], 733f[9], 733f[10], 752f[4], 752f[6], 760f[4], 780[95] (728, 758, 761), 780[96] (728, 752), 780[97] (728), 1319[154] (1314); **4**, 1060[158] (994); **8**, 382f[3], 454[24] (375, 380), 551[109] (528)
Rusach, E. B., **3**, 698[236] (666), 711f[9], 1075[450] (1039), 1249[172] (1192, 1195), 1251[275] (1216), 1251[280] (1217), 1251[281] (1218), 1383[187] (1363), 1383[191] (1364), 1383[192] (1364); **4**, 239[348] (206, 207T, 207, 232T), 240[375] (207, 208), 240[386] (208), 479f[42], 1061[223] (1018)
Ruschenburg, E., **8**, 97[142] (49, 56)
Ruscher, H., **3**, 833f[55]
Ruse, D., **2**, 678[294] (662)
Rusek, J. J., **7**, 649[183] (555)
Rush, P. E., **6**, 737[89] (490)
Rushig, H., **1**, 53f[6]
Rusholme, G. A., **3**, 170[123] (151), 1100f[3], 1250[212] (1202); **4**, 153[229] (60), 237[258] (196), 325[402] (289); **6**, 227[203] (200)
Rusina, A., **8**, 363[199] (315)
Rusinko, R. N., **1**, 696f[28], 720[59] (690, 701, 705); **2**, 194[379] (96)
Russ, B. J., **3**, 1137f[14]
Russ, C. R., **4**, 507[222] (438, 464), 815[355] (754), 840[43] (829, 831), 885[54] (852); **8**, 1009[126] (975), 1010[224] (1006)
Russ, M., **7**, 658[654] (640)
Russegger, P., **1**, 119[245] (96)
Russek, A., **3**, 1308f[1]
Russel, W. W., **8**, 282[176] (275)
Russell, B. R., **1**, 119[266] (99)
Russell, C. R., **1**, 118[211] (89, 90T), 119[252] (97, 102, 102T); **2**, 194[367b] (95)
Russell, D. R., **3**, 632[239] (607); **4**, 235[94] (164, 170), 608[234] (565, 565f), 690[108] (676), 813[234] (727), 1060[170] (998), 1060[172] (999), 1060[194] (1006); **5**, 270[440] (142), 275[763] (252), 531[736] (401), 531[783] (411, 480), 532[847] (420), 534[957] (441, 459), 534[979] (443, 459), 535[1027] (459), 536[1053] (462), 539[1286] (519), 539[1287] (519), 539[1288] (519), 624[223] (574), 625[305] (588), 626[372] (597), 627[419] (601); **6**, 263[175] (258), 348[390] (329), 348[391] (329, 334T), 349[413] (332), 442[100] (399), 443[163] (406, 408), 469[64] (466), 737[88] (490), 740[246] (512, 513), 740[247] (512, 513), 742[362] (523), 743[447] (533T), 747[683] (574, 574T), 752[1026] (625T), 759[1505] (687), 987f[15], 987f[16], 1039[10] (988), 1039[18] (989, 990)
Russell, G. A., **1**, 115[28c] (46), 115[43] (50, 70, 103T); **2**, 977[448] (957), 977[449] (957)
Russell, J. G., **1**, 118[187] (83, 87, 89); **7**, 100[42] (6)
Russell, J. W., **3**, 629[87] (572); **4**, 608[222] (563, 565f, 585); **6**, 227[209] (194)
Russell, K. J., **5**, 535[991] (447, 448, 449, 511)
Russell, L. F., **8**, 366[377] (342)
Russell, L. J., **3**, 1252[365] (1233), 1383[238] (1373)
Russell, M. J. H., **4**, 819[634] (801); **5**, 373f[4], 374f[1], 528[549] (367, 369, 451, 465, 475T), 535[1011] (451), 604f[10], 608f[11], 627[440] (603, 604), 628[460] (607); **6**, 445[270] (422), 445[271] (422); **8**, 365[338] (338), 550[80] (518)
Russo, D. A., **1**, 243[146] (172)
Russo, M. V., **6**, 98[288] (55T, 60T, 80), 740[288] (516), 742[390] (526, 527), 742[391] (527, 538T, 539T), 743[476] (536T, 539T), 744[484] (538T), 744[488] (538T), 744[489] (538T), 759[1525] (691), 760[1560] (696, 700T), 760[1578] (704); **8**, 669[27] (650, 657T), 669[44] (650, 657T), 669[45] (655, 658T), 669[62] (655, 657T, 658T), 669[79] (657T, 658T)
Russo, P. J., **3**, 966f[1], 1188f[1], 1338f[1]; **6**, 1110[17] (1045)
Rust, F. F., **3**, 951[317] (923, 927)
Rustemeyer, P., **4**, 242[495] (223, 224T, 227)
Ruth, J. A., **7**, 727[168] (703)

Ruth, J. L., **8**, 932[431] (857), 933[480] (871)
Rutkowski, A. J., **1**, 305[241] (279, 281), 305[267] (281), 680[629] (650); **7**, 158[13] (143), 457[167a] (396)
Rutledge, T. E., **4**, 817[462] (767)
Ruttinger, R., **8**, 220[4] (103), 934[544] (884)
Ruyter, E., **4**, 12f[7], 33f[10], 151[132] (34, 35), 152[224] (59)
Ruzicka, V., **8**, 707[148] (672), 710[320] (672)
Ryabenko, D. M., **3**, 632[247] (617); **4**, 233[3] (162)
Ryabov, A. D., **8**, 933[453] (860), 938[799] (925)
Ryabtsev, A. N., **2**, 940f[4], 975[333] (930, 931, 935)
Ryan, C. M., **2**, 197[511] (123)
Ryan, J. L., **3**, 264[44] (178)
Ryan, J. W., **2**, 197[483] (118), 360[39] (311), 361[54] (314), 510[228] (427); **6**, 758[1430] (675)
Ryan, K. J., **7**, 252[41] (234)
Ryan, R. C., **4**, 643f[1], 649[101] (643); **5**, 267[211] (44), 272[523] (177); **6**, 873[9] (764), 1035f[24], 1040[98] (1004); **8**, 98[227] (61), 221[86] (120), 331f[14], 364[272] (327, 348), 606[65] (558, 596T, 602T), 607[123] (566), 609[220] (605), 609[221] (605)
Ryan, R. R., **3**, 268[262] (215), 945f[5], 1115f[9], 1119f[17], 1147[84] (1117); **4**, 812[137] (711, 809), 812[138] (711), 1060[173] (999); **5**, 524[283] (313), 533[899] (430), 534[938] (435); **6**, 36[169] (32)
Ryang, M., **3**, 951[344] (929); **4**, 648[43] (628); **5**, 12f[6], 12f[14]; **6**, 33[10] (16); **7**, 97f[27], 102[153] (23), 102[156] (23); **8**, 222[127] (159, 161, 162, 165), 769[29] (727T, 733), 794[4] (784, 785, 786, 787, 791), 794[8] (784), 794[25] (786), 794[25] (786), 794[27] (784), 794[39] (784, 785), 794[40] (784), 794[40] (784), 795[42] (784), 795[43] (785), 795[44] (785), 795[44] (785), 795[47] (785, 786), 795[52] (787), 795[52] (787), 796[142] (788), 1008[54] (952), 1008[54] (952)
Ryashentseva, M. A., **8**, 339f[5]
Ryason, P. R., **5**, 526[420] (343, 344, 345, 346)
Ryazanova, O. D., **7**, 226[201] (218)
Rybak, W. K., **8**, 611[336] (602T)
Rybakov, N. N., **2**, 509[167] (419)
Rybakova, M. N., **1**, 250[534] (224, 225, 230), 250[537] (224, 225, 226, 227, 230)
Rybalka, B., **7**, 103[183] (25)
Rybin, L. V., **4**, 240[396] (211, 212, 212T, 213, 219), 326[523] (299), 380f[17], 387f[5], 422f[8], 505[66] (396), 505[67] (396), 608[244] (568f, 569), 610[320] (581), 610[321] (581), 613[520] (603), 648[6] (616); **6**, 841f[115], 841f[116], 875[136] (784)
Rybina, T. N., **3**, 1067[26b] (964)

Rybinskaya, M. I., **2**, 908f[9], 975[323] (927); **3**, 819f[19], 1067[4a] (955, 1002, 1006), 1071[227] (1006), 1071[230] (1007), 1071[231a] (1007), 1071[231b] (1007), 1071[232] (1007), 1211f[4], 1211f[8], 1246[10] (1153), 1251[250] (1212, 1213), 1251[252] (1213), 1253[390] (1240), 1317[16] (1271), 1360f[12], 1379[14] (1324), 1382[168] (1361), 1382[173] (1362); **4**, 240[396] (211, 212, 212T, 213, 219), 326[523] (299), 380f[17], 387f[5], 422f[8], 499f[2], 505[64] (396), 505[66] (396), 505[67] (396), 512[507] (500), 608[244] (568f, 569), 610[320] (581), 610[321] (581), 613[520] (603), 817[474] (770); **6**, 225[129] (190), 840f[45], 840f[67], 841f[115], 841f[116], 875[127] (783), 875[136] (784); **8**, 1065[69] (1024, 1050), 1070[329a] (1061), 1070[329c] (1061), 1070[329d] (1061), 1070[329e] (1061), 1070[329f] (1061), 1070[334] (1061)
Rycheck, M., **6**, 737[74] (488)
Rycroft, D. S., **2**, 530f[9]; **3**, 833f[58]
Ryder, D. J., **7**, 195[74] (166), 195[88] (168, 169, 169f)
Ryder, I. E., **4**, 508[248] (442), 508[248] (442), 814[324] (750, 758); **8**, 1010[212] (1004)
Rykov, S. V., **2**, 978[513] (964)
Rylander, P., **8**, 607[124] (566, 594T), 611[339] (594T, 595T, 598T)
Rylander, P. N., **3**, 697[215] (665); **6**, 757[1385] (672); **8**, 221[52] (116, 140), 361[9] (286), 459[360] (431, 432, 452), 926[5] (800)
Rynard, C. M., **2**, 970[36] (868, 884); **4**, 319[43] (246)
Rynbrandt, R. H., **7**, 511[67] (482)
Ryono, L. S., **8**, 769[8] (723T, 725T, 732, 733), 794[9] (786)
Rys, E. G., **1**, 420f[13], 456[187] (440), 541[195] (520)
Ryschkewitsch, G. E., **1**, 303[97] (268), 303[99] (268), 308[479] (296), 376[246b] (340, 347), 376[247] (347), 376[248] (348), 377[249] (348), 456[217] (445), 457[242] (451); **4**, 50f[34]
Ryska, M., **5**, 535[1052] (462)
Ryslyaev, G. V., **7**, 9f[2]
Rytter, E., **3**, 546[83] (520)
Rytz, G., **5**, 269[352] (106)
Ryu, I., **2**, 187[60a] (13, 60), 191[254] (61); **7**, 649[168] (553), 650[224] (561), 650[236] (563), 658[675] (642); **8**, 770[107] (735)
Ryumshin, A. E., **6**, 14[136] (8)
Ryutina, N. M., **8**, 341f[14], 364[216] (319), 366[351] (340)
Rzaev, Z. M., **2**, 622[357] (567)
Rzehak, H., **8**, 449f[2], 461[471] (447), 462[488] (452)
Rzepa, H. S., **1**, 149[22] (122), 149[30] (122, 145, 147)
Rzepkowska, Z., **1**, 673[180] (592)

S

Saal, W., **4**, 157[517] (128)
Saalfeld, F. E., **4**, 65f[29]; **5**, 39f[2], 267[185] (38); **6**, 1112[105] (1069), 1112[146] (1081), 1114[227] (1108), 1114[227] (1108)
Saam, J., **6**, 758[1436] (675)
Saam, J. C., **2**, 360[40] (311), 360[41] (311), 362[138] (330), 362[153] (337)
Saba, A., **8**, 365[314] (337), 497[83] (484)
Sabacky, M. J., **5**, 536[1104] (471T, 474T), 537[1134] (474T, 476), 537[1147] (477); **8**, 361[16] (286, 320), 471f[3], 471f[4], 473f[4], 496[16] (466), 496[19] (467), 496[34] (473), 496[35] (473)
Sabadie, J., **4**, 965[144] (955); **8**, 606[63] (558, 596T), 607[86] (560, 597T), 610[272] (597T)
Sabanski, M., **7**, 300[104] (284)
Sabatini, A., **5**, 266[152] (31); **6**, 35[110] (22T, 24)
Sabbah, R., **3**, 699[344] (673), 700[347] (673)
Sabbatini, M., **4**, 511[424] (484)
Sabbatini, M. M., **4**, 482f[1]
Sabel, A., **6**, 362[54] (358); **8**, 927[29] (800, 835, 883)
Sabesan, A., **7**, 102[173] (25)
Sabeti, F., **2**, 201[648] (159)
Sabherwal, I. H., **2**, 200[612] (148); **4**, 238[280] (201); **5**, 27f[1], 27f[7], 266[134] (28); **6**, 14[94] (10), 34[40] (19T, 20T, 21T), 36[184] (30), 941[11] (884, 885T)
Sabirova, R. A., **7**, 652[356] (584)
Sabo, S., **3**, 697[167] (661)
Sabol, Jr., E. J., **8**, 1069[259] (1052, 152f, 1055)
Sabol, W. W., **3**, 788f[13]
Sabourault, B., **7**, 425f[4]; **8**, 772[199] (769)
Sacchelli, G., **8**, 795[78] (782), 795[79] (781), 795[81] (781, 782)
Sacchi, C., **3**, 546[51] (496), 546[55] (498)
Sacchi, M. C., **3**, 546[46] (494), 546[59] (500)
Sacco, A., **3**, 833f[42], 851f[9], 1141f[1], 1141f[4], 1141f[5]; **4**, 2f[9], 12f[9], 34f[70], 150[70] (22), 322[206] (268), 322[230] (269), 322[231] (269); **5**, 20f[2], 20f[6], 33f[16], 265[91] (22), 265[105] (23), 265[106] (23), 266[135] (29), 538[1234] (494, 503), 622[64] (551); **6**, 36[197] (21T, 23), 94[76] (39, 43T), 143[241] (104T, 106), 736[9] (475), 1029f[62]; **8**, 292f[2], 305f[49], 305f[52], 366[357] (341)
Saccone, P., **4**, 400f[4], 602f[19]
Sacconi, L., **3**, 85[320] (44); **4**, 612[444] (594); **5**, 33f[22], 76f[7], 194f[21], 266[152] (31), 268[294] (79), 274[672] (228); **6**, 34[67] (22T, 24, 31), 35[110] (22T, 24), 35[152] (31), 35[153] (31), 93[4] (62T, 64), 94[41] (62T, 70), 94[85] (41, 43T), 94[99] (41, 43T), 94[101], 95[122] (62T, 73), 95[151] (62T, 70), 95[153] (62T, 73, 79), 95[159] (41, 43T), 98[337] (70), 141[133] (124T, 128), 180[77] (178), 180[78] (178), 180[78] (178), 180[79] (178), 182[185] (178), 182[192] (178), 943[137] (907, 909T, 913T), 1113[203] (1095); **8**, 795[62] (791)
Sacerdoti, M., **4**, 459f[2]; **5**, 28f[3], 28f[4]
Sacharov, S. G., **6**, 745[585] (555)
Sachdev, H. S., **7**, 96f[6], 647[56] (527)
Sachdev, K., **7**, 96f[6], 647[53] (527), 647[56] (527)
Sachtler, W. M. H., **8**, 95[26] (25, 26, 27), 97[166] (54, 57, 60)
Sackman, J. F., **1**, 721[81] (693, 694)
Sacks, C. E., **2**, 754f[4]
Sadana, K. L., **2**, 201[653] (159); **7**, 651[300] (576)
Sadani, M. T., **3**, 447f[5], 448f[1], 473[48] (445)
Sadavoy, L., **4**, 812[183] (718, 719, 723, 725)
Saddei, D., **3**, 82[177] (27)

Sadeh, S., **4**, 508[288] (448), 608[232] (565, 565f, 598)
Sadekov, I. D., **7**, 77f[11], 109[524] (76)
Sadel'nikov, B. A., **2**, 506[31] (403)
Sadet, J., **1**, 241[9] (157)
Sadikov, G. G., **3**, 714f[10], 714f[12], 714f[13], 737f[14], 753f[5]; **6**, 1036f[1], 1040[103] (1005, 1010)
Sadkova, R. G., **8**, 281[115] (267)
Sadler, A. C., **1**, 116[52b] (52); **7**, 107[407] (55f)
Sadler, J. C., **7**, 106[377] (50)
Sadler, J. E., **3**, 150f[1], 327[47] (294)
Sadler, P. J., **6**, 744[540] (545), 756[1356] (668), 756[1357] (668)
Sadovaya, N. R., **1**, 60f[11]
Sadovnikov, N. P., **2**, 974[288] (922)
Sadownick, J. A., **6**, 349[429] (334T, 334f)
Sadownik, A., **1**, 678[479] (632)
Sadownik, J. A., **6**, 446[355] (438)
Sadurski, E. A., **2**, 195[403] (101); **6**, 1114[219] (1101)
Sadykh-Zade, S. I., **2**, 197[491] (120), 299[173] (247T)
Sadykov, R. A., **8**, 643[151] (632)
Saegebarth, K. A., **7**, 225[147] (209)
Saegusa, T., **1**, 678[482] (632), 679[561] (645); **2**, 196[442] (111), 713f[4], 713f[41], 713f[43], 713f[44], 761[57] (721), 761[58] (721, 750), 761[60] (721), 761[62] (721), 763[151] (750), 763[153] (750), 763[154] (750), 763[156] (750); **3**, 547[117] (539); **6**, 181[129] (149), 181[129] (149), 344[115] (296, 298), 344[116] (296), 344[117] (296, 299), 344[118] (299), 362[65] (359), 446[341] (433); **7**, 649[195] (557), 650[229] (561), 650[234] (563), 727[152] (698), 727[152] (698); **8**, 99[289] (81), 281[69] (254), 281[70] (254), 281[71] (254), 281[89] (259), 281[90] (260), 281[91] (260), 281[93] (261), 281[104] (264), 281[105] (264), 929[198] (813, 839), 930[288] (840, 843), 930[289] (840, 845), 930[291] (841, 880), 930[292] (841), 935[631] (899)
Saeki, K., **8**, 331f[23]
Saeki, T., **7**, 108[491] (70), 109[492] (70)
Saeman, M., **3**, 1075[475a] (1044); **7**, 101[78] (11f, 12); **8**, 1066[132] (1035, 1036, 1036f, 1037)
Saeman, M. C., **8**, 549[40] (504, 513)
Saenko, G. I., **8**, 643[107] (629, 630T)
Safa, K. D., **2**, 194[387] (97), 194[388] (97), 194[388] (97), 195[389] (98)
Safari, M., **3**, 851f[43]
Safarik, I., **2**, 193[352] (91)
Safaryan, E. P., **6**, 181[104] (146, 164)
Saffer, B., **8**, 457[187] (399)
Safonova, E. N., **1**, 305[253] (280)
Safonova, M. K., **2**, 677[217] (654)
Safonova, S. N., **7**, 225[150] (209, 211)
Safoyan, H. N., **8**, 937[763] (921)
Safronova, L. P., **6**, 97[256] (55T, 60T, 64, 71, 73)
Safronova, O. A., **2**, 192[288] (74)
Saft, M. S., **8**, 930[235] (826, 833)
Sagdeev, R. Z., **1**, 115[44] (50, 103T), 115[44] (50, 103T), 120[320c] (114)
Sage, S. H., **4**, 611[392] (591); **6**, 1019f[78]
Sagherichi, H., **7**, 108[484] (69)
Saha, H. K., **1**, 273f[35], 305[214] (277)
Saha, J. G., **7**, 101[104] (15f)
Saha, M., **7**, 101[119] (18)
Saha, S. L., **1**, 247[352] (197)
Sahajpal, A., **4**, 811[109] (707), 811[110] (707), 811[113] (707), 811[114] (707), 812[150] (714), 1060[164] (996),

1060[165] (997), 1060[166] (997), 1060[167] (997), 1060[168] (997)
Sahatjian, R. A., **3**, 1075[457] (1040)
Sahberwal, I. H., **4**, 106f[28]
Said, F. F., **1**, 721[131] (702, 707, 710); **3**, 646[40] (641)
Saidi, K., **2**, 192[288] (74)
Saika, A., **6**, 750[939] (615, 617, 654)
Saikina, M. K., **2**, 975[346b] (931, 940)
Saillant, R. B., **3**, 946[31] (812); **4**, 234[53] (167), 237[259] (197), 238[326] (206), 907[16] (892); **5**, 265[49] (11), 295f[5], 521[107] (292, 468), 521[108] (292), 558f[8], 627[418] (601, 614); **6**, 874[86] (775)
Saillard, J. Y., **3**, 949[240] (888), 950[241] (888), 950[242] (888), 1069[139] (987), 1074[388] (1032); **8**, 312f[44], 365[318] (338)
Sailliant, R. B., **8**, 361[49] (287, 293, 302, 333)
Saimoto, H., **7**, 101[88] (13)
Saindane, M., **7**, 66f[10], 103[221] (29)
Sainsbury, G. L., **7**, 103[186] (25)
St. Clair, D., **1**, 540[143] (502, 533T), 541[204] (521, 534T), 542[230] (516, 534T), 542[245] (534T); **3**, 1068[64] (973)
St. Cyr, D. R., **8**, 928[121] (805)
St. Denis, J. N., **1**, 248[419] (206), 723[278] (719); **2**, 86[193] (845); **3**, 1188f[19], 1188f[36], 1337f[4], 1337f[13]; **6**, 980[39] (957, 963?), 1031f[3], 1034f[3], 1034f[4], 1036f[2], 1036f[5], 1040[94] (1004, 1006), 1040[107] (1006, 1008, 1010)
St. John, N. B., **7**, 39f[5]
Saint-Joly, C., **6**, 35[99] (31), 35[154] (31)
St. Pierre, L. E., **2**, 362[170] (345)
Saint-Roch, B., **2**, 200[619] (150), 516[611] (482)
Saito, G., **8**, 933[445] (859)
Saito, H., **2**, 1019[249] (1007)
Saito, K., **5**, 404f[40], 530[682] (393), 532[834] (419, 420); **6**, 181[137] (156, 159T), 753[1109] (636); **8**, 769[2] (717T, 718T, 722)
Saito, M., **2**, 190[182] (40); **7**, 647[37] (524), 648[103] (538), 648[110] (539)
Saito, N., **7**, 104[228] (30, 31)
Saito, O., **8**, 933[454] (860), 1067[188] (1043)
Saito, R., **8**, 710[308] (678), 932[427] (856), 933[445] (859), 933[475] (870)
Saito, S., **6**, 758[1457] (677); **8**, 496[28] (469)
Saito, T., **1**, 247[382] (200); **3**, 80[45] (6), 427[28] (336), 694[24] (650); **4**, 328[667] (315), 374[41] (340, 361), 811[95] (705); **6**, 94[100] (43T), 95[117] (38, 43T), 96[167] (38, 43T, 65), 96[168] (43T), 96[169] (38, 43T), 96[185] (38), 96[185] (38), 96[185] (38), 96[187] (38), 344[121] (300T, 301), 344[128] (301), 344[130] (301, 303), 344[140] (303), 349[451] (341), 349[452] (341), 349[453] (341, 342), 349[454] (341), 740[242g] (511), 740[242h] (511), 740[249] (513), 753[1144] (639), 943[135] (907, 909T), 943[136] (907, 909T), 943[150] (910, 911T), 943[151] (910, 911T), 943[152] (910, 911T), 943[153] (910, 911T); **8**, 305f[37], 339f[15], 397f[3], 405f[6], 408f[6], 456[164] (396), 457[223] (404), 459[314] (419)
Saito, Y., **2**, 971[97] (879), 971[108] (883), 971[110] (884), 976[405] (946), 976[405] (946), 978[524] (966); **6**, 753[1107] (636), 753[1108] (636), 755[1233] (653), 758[1458] (677); **8**, 710[308] (678)
Saitoh, H., **2**, 1019[264] (1009)
Saitseva, N. N., **3**, 981f[19]
Saji, A., **1**, 303[99] (268)
Sajus, L., **3**, 376f[9]; **7**, 458[230b] (405); **8**, 341f[13], 365[336] (338)
Sakaba, H., **2**, 193[333] (85)
Sakaguchi, R., **8**, 709[285] (690)
Sakaguchi, T., **8**, 709[265] (690), 709[281] (690), 710[288] (690), 710[303] (690)
Sakai, A., **1**, 153[252] (148)
Sakai, K., **8**, 928[124] (805, 925)
Sakai, M., **1**, 41[143] (32, 33T, 34), 41[144] (32, 33T, 34); **2**, 971[114] (884); **3**, 87[491] (70); **6**, 442[105] (399); **8**, 341f[3], 379f[6], 379f[13], 642[80] (632), 643[114] (621T), 643[137] (617, 621T), 643[141] (616, 621T, 622T), 643[154] (632), 708[219] (702), 935[577] (890)
Sakai, N., **7**, 300[90] (280), 336[35] (329)
Sakai, S., **1**, 584f[11], 678[503] (633), 680[618] (649); **2**, 197[515] (124), 197[515] (124); **6**, 261[47] (247), 263[181] (259, 260), 278[39] (273), 347[297] (319, 325), 361[5] (351), 382[2] (364, 370), 443[130] (402), 444[214] (410), 445[264] (422), 445[298] (424), 446[331] (430, 433, 436), 446[332] (430, 433, 436), 446[351] (436), 446[360] (440), 469[55] (465), 759[1500] (685); **7**, 459[252] (409), 459[261] (410), 461[421] (432), 462[473] (441), 464[561] (453, 454); **8**, 456[173] (397), 927[69] (801), 928[98] (803, 811), 928[111] (804, 811), 929[168] (810), 929[212] (815, 841), 934[564] (889)
Sakaki, S., **3**, 85[370] (51), 85[371] (51), 85[372] (51), 85[373] (51), 87[496] (71), 87[505] (73); **5**, 621[13] (544); **6**, 141[153] (132), 751[954] (615, 656, 691), 751[961] (617)
Sakakibara, J., **8**, 929[168] (810)
Sakakibara, M., **6**, 443[130] (402), 445[264] (422), 445[298] (424)
Sakakibara, T., **7**, 462[474] (441); **8**, 936[674] (904), 938[794] (925), 938[795] (925), 938[801] (925)
Sakakibara, Y., **2**, 977[445] (956), 978[517] (965); **6**, 442[86] (397); **7**, 512[118] (490); **8**, 341f[3], 379f[6], 379f[13], 642[80] (632), 643[114] (621T), 643[137] (617, 621T), 643[141] (616, 621T, 622T), 643[154] (632), 708[219] (702), 796[102] (774), 796[110] (775, 776), 937[746] (918), 937[747] (918), 937[779] (923)
Sakakiyama, T., **6**, 443[150] (403)
Sakamoto, I., **6**, 140[54] (104T, 121T)
Sakamoto, J.-I., **2**, 199[573] (139)
Sakamoto, S., **2**, 396[81] (378)
Sakamoto, T., **8**, 771[146] (739, 757T, 758T, 759T, 760T), 937[727] (913)
Sakanoue, K., **8**, 644[190] (626, 627T)
Sakata, J., **7**, 649[164] (552), 649[194] (557), 651[274] (572)
Sakata, R., **1**, 153[252] (148)
Sakata, Y., **3**, 1072[262] (1012)
Sake Gowda, D. S., **5**, 524[290] (314)
Sakembaeva, S. M., **2**, 973[204] (898)
Sakharov, S. G., **2**, 619[214] (548)
Sakharov, V. M., **1**, 246[285] (188, 195)
Sakharovskaya, G. B., **1**, 678[477] (632), 678[478] (632)
Sakharovskii, V. G., **7**, 656[546] (617)
Sakibara, M., **6**, 444[214] (410)
Sakkab, N. Y., **5**, 546f[3], 549f[13], 570f[4]
Sakodynskii, K. I., **1**, 246[285] (188, 195)
Sakunai, F., **5**, 536[1062] (462)
Sakurai, H., **1**, 244[183] (176); **2**, 187[32] (7, 108), 187[40] (9), 187[60b] (13), 188[89] (24), 189[150] (35), 190[171] (38), 190[176] (38), 192[279] (72), 193[332] (85), 193[333] (85), 193[337] (86, 91), 193[340] (86), 194[353] (91), 194[354] (91), 194[355] (91), 194[365] (93), 194[369] (95), 195[390] (98), 195[399a] (100), 195[400] (100), 195[422] (105), 196[427] (108), 196[445] (111), 197[484] (118), 203[745] (183), 297[55] (224, 225), 297[58] (225), 297[62] (226, 240), 298[99] (232), 298[145] (242, 262), 299[162] (244, 288), 300[231] (258), 300[236] (259T, 260), 300[271] (266), 301[279] (268), 301[291] (271), 301[293] (271), 301[294] (271, 274), 301[317] (275), 301[318] (276), 301[319] (276), 301[326] (278), 301[329] (279), 303[407] (295T), 361[79] (317), 395[24] (368), 395[26] (368, 377), 396[50] (374), 396[51] (374), 396[57] (375), 396[60] (376, 377, 391, 392), 396[66] (376), 396[69] (376), 396[71] (377), 397[128] (392), 397[136] (395), 505f[3], 508[159] (417, 427, 430, 473, 474, 476, 477), 508[161] (418), 509[169] (420, 476), 509[178] (420, 475), 515[561] (473); **3**, 419f[5], 419f[6], 419f[8], 431[312] (421), 431[313] (421); **4**, 507[212] (437); **5**, 194f[23], 240f[6], 273[614] (206, 208); **6**, 758[1442] (676), 1111[61] (1054, 1081), 758[1457] (677); **7**, 646[27] (521, 524), 647[37] (524), 647[38] (524), 647[45] (525), 648[95] (537), 648[101] (538), 648[103] (538), 648[104] (538), 648[110] (539), 648[111] (539), 648[116] (540), 648[119] (541), 649[177] (554), 649[181] (555), 650[216] (560), 651[297] (576), 652[331] (580), 652[345] (583), 653[417] (597), 653[417] (597), 655[516] (609), 655[525] (610, 611), 655[525] (610, 611), 657[615] (632), 657[643] (639), 658[655] (640), 658[667] (639); **8**, 461[448] (442, 447, 449), 932[387] (851), 932[388] (851), 934[550] (885), 937[760] (920), 937[761] (920)
Sakurai, M., **6**, 345[173] (306), 742[415] (530)

Sakurai, N., **8**, 368[498] (355)
Sakurai, S., **8**, 608[173] (581), 608[175] (581, 596T)
Sala, O., **4**, 327[588] (307), 327[592] (307); **5**, 270[416] (138, 209); **6**, 13[34] (6T, 6), 1020f[104], 1032f[25], 1040[113] (1008)
Salah, O. M. A., **6**, 740[286] (516)
Salamatin, B. A., **3**, 703[529] (689), 988f[2], 1070[194] (999), 1071[205] (1000)
Salaneck, W. R., **4**, 480f[9], 510[402] (481), 689[21] (665)
Sala-Pala, J., **3**, 736f[8], 736f[9], 737f[5], 745f[12], 745f[13], 753f[8], 753f[9], 753f[10], 767f[1], 767f[2], 767f[7], 768f[16], 768f[17], 768f[18], 769f[11], 769f[13], 771f[5], 771f[12], 772f[1], 780[135] (745, 757), 1250[205] (1199)
Salaun, J., **7**, 511[89] (486, 489)
Salazar, R. W., **2**, 626[626] (603)
Salazar A., R. W., **2**, 200[629] (154)
Salcedo, R., **5**, 536[1064] (463, 484)
Saldarriaga-Molina, C. H., **3**, 428[131] (363), 629[78] (570), 629[79] (570)
Sale, F. R., **6**, 13[47] (6)
Salem, G. F., **7**, 658[671] (642)
Salemnik, G., **7**, 158[24] (144)
Salentine, C. G., **1**, 455[144] (433), 538[65] (478, 529), 538[66] (478, 504, 533), 538[77b] (481, 483, 505), 541[187] (520), 541[211e] (524), 541[225] (530); **2**, 974[292] (923, 956); **3**, 328[176] (325), 329[178] (326), 329[179] (326), 427[31] (337), 633[280] (623), 633[281] (623), 700[391] (675), 1068[64] (973); **6**, 225[92] (221, 214T, 215T, 222), 225[119] (214T, 221), 225[120] (214T, 221, 222), 225[122] (214T, 221, 222), 845f[273]
Salerno, G., **6**, 141[101] (104T, 108, 118, 121T, 122T); **8**, 222[130] (159, 160, 161, 188, 189, 192, 193, 196, 199, 202, 208, 213), 669[48] (655), 770[78] (730), 770[79] (730), 770[80] (731), 770[81] (731), 770[87] (720T, 721T), 770[110] (731), 795[77] (782)
Sales, D. L., **6**, 241[30] (238)
Sales, J., **1**, 242[82] (163); **6**, 94[78] (57T, 58T), 94[82] (58T, 64, 72, 79), 94[83] (58T, 64, 72, 79), 95[119] (58T, 63T, 72), 97[251] (57T, 58T, 62T, 63T, 64, 72, 79), 97[260] (58T, 63T, 72, 79), 98[305] (57T, 62T, 64, 79), 99[392] (53T, 58T, 71), 345[165] (306, 336, 337), 345[165] (306, 336, 337), 345[178] (336, 337)
Sales, K. D., **3**, 942f[15]
Saleske, H., **2**, 191[221] (52)
Salfeld, J. C., **7**, 726[109] (686)
Salia, Ya. E., **5**, 570f[2]
Salib, K. A., **2**, 973[207] (899)
Salienko, S. I., **8**, 1104[23] (1077), 1104[23] (1077)
Salim, V. M., **7**, 512[168] (499, 501, 503, 505), 513[188] (501)
Salimgareeva, I. M., **2**, 302[376] (292); **7**, 455[55] (382), 455[67a] (383), 456[74] (383); **8**, 439f[5], 449f[8], 456[151] (396), 461[436] (439), 642[62] (629, 630T), 642[85] (630T), 642[97] (630, 630T, 631), 643[108] (629, 630T, 631), 643[115] (629, 630T, 631), 643[136] (629, 630, 630T, 631), 643[142] (630, 630T, 631), 643[148] (630T, 631), 643[151] (632), 704[32] (693, 694T, 695), 705[56] (693, 694T, 695), 705[57] (693, 694T, 695), 705[58] (693, 694T), 705[59] (693, 694T, 695), 705[81] (694T), 705[82] (693, 694T), 705[83] (693, 694T), 706[125] (693, 694T, 695), 706[130] (693, 694T, 695), 706[143] (672, 674T), 707[147] (693, 694T)
Salin, J. V., **6**, 141[122] (104T, 124, 127)
Salin, Ya. E., **5**, 625[317] (589, 594)
Salinger, R. M., **1**, 245[241] (181, 186, 205), 247[378] (200, 206); **2**, 972[187] (896)
Salins, J., **6**, 100[424] (80), 144[285] (105T)
Salle, R., **7**, 8f[1], 8f[3]
Salmon, D., **4**, 649[85] (639)
Salmon, D. J., **4**, 690[117] (679), 690[118] (680, 681), 814[326] (750)
Sal'nikova, T. N., **3**, 1070[172] (990), 1337f[22]; **4**, 380f[17], 380f[17], 480f[4], 505[65] (396), 510[391] (477); **5**, 539[1257] (500), 610f[1], 628[462] (609); **8**, 281[115] (267)
Salomon, C., **8**, 222[111] (139), 497[79] (483, 484, 485)
Salomon, M. F., **6**, 349[434] (336), 383[41] (366); **8**, 929[183] (812), 937[742] (917, 918)

Salomon, R. G., **2**, 190[203] (47), 302[379] (292); **4**, 965[136] (952), 965[147] (955); **5**, 535[1038] (461, 483); **7**, 648[152] (549), 727[150] (697)
Salot, S., **3**, 265[117] (187)
Salthouse, J. A., **6**, 261[71] (248)
Saltman, W. M., **3**, 547[111] (537), 547[137] (544); **7**, 462[493] (443), 463[500] (443, 449), 463[504] (443), 463[506] (443, 450), 463[529] (450)
Saltman, W. W., **8**, 710[327] (701)
Salvadori, P., **1**, 151[123] (128, 148); **6**, 753[1112] (637), 754[1196] (641, 648T), 755[1228] (653), 755[1291] (659), 756[1304] (660); **7**, 456[78] (384), 457[153] (395)
Salvatori, T., **6**, 871f[142], 876[155] (788)
Salvetti, F., **4**, 675f[2], 689[78] (672, 673, 676), 810[7] (693, 705, 722)
Salyn, Ya. V., **5**, 535[1047] (462); **6**, 755[1265] (654, 656)
Salz, R., **6**, 97[244] (82, 85T), 97[266] (59T, 65, 67, 77, 79), 99[343] (76), 99[375] (82, 85T), 140[96] (104T, 107, 108), 143[223] (104T, 105T, 121T), 143[235] (105T, 112), 143[238] (104T, 107), 180[80] (165T, 167), 181[135] (145, 146T, 149, 150, 151, 153T, 156, 167, 168), 181[138] (152, 153T, 154, 156, 166, 167), 182[141] (165T, 167), 182[176] (165T, 167, 173T); **8**, 456[142] (395), 457[215] (404, 407), 669[72] (653, 665), 706[142] (679), 707[159] (679), 707[160] (679), 794[18] (776, 779), 795[71] (782), 929[159] (810)
Salzer, A., **1**, 409[35] (387); **3**, 1076[544] (1059, 1061), 1077[558] (1061), 1077[592] (1066), 1252[330b] (1227), 1252[333] (1228), 1252[344] (1230), 1252[346] (1230), 1252[347] (1231), 1253[371] (1235, 1236, 1238), 1383[216a] (1367), 1383[216b] (1367), 1383[217] (1368), 1383[228b] (1370), 1383[232] (1372); **4**, 607[132] (539f, 540, 555, 595f); **5**, 273[578] (192), 274[676] (230); **6**, 94[66] (90, 92T), 139[5] (104T, 105T, 113), 139[36] (104T, 105T, 112), 141[113] (105T, 112, 133T, 136), 180[39] (176T, 177), 223[9] (208, 209T), 223[11] (192, 193T, 196, 208, 209T), 224[17] (194), 224[25] (209T), 224[44] (194), 225[112] (194, 208, 209T), 227[208] (194, 207, 209T); **8**, 770[73] (729), 770[73] (729), 1010[184] (988), 1065[92] (1026)
Salzer, S., **3**, 84[253] (35)
Salzmann, J. J., **3**, 315f[3], 326[19] (285)
Salzmann, T. N., **7**, 654[433] (592)
Samaan, S., **2**, 704[10] (684)
Samarina, L. V., **2**, 512[395] (452)
Samate, D., **1**, 119[261] (97); **2**, 190[178] (39), 190[180] (40)
Samdal, S., **1**, 41[110] (22); **2**, 859[17] (828); **3**, 83[205] (30); **4**, 155[412] (114), 480f[3], 510[390] (477); **8**, 1064[5] (1015)
Samejima, H., **8**, 280[6] (228)
Samek, Z., **7**, 652[341] (582), 652[341] (582)
Sammes, M. P., **7**, 101[117] (17), 101[117] (17)
Sammes, P. G., **7**, 110[566] (84)
Samoilenko, L. M., **8**, 365[309] (336)
Samotus, A., **3**, 1137f[15], 1137f[28] (1136T)
Sampson, R. J., **7**, 225[143] (209)
Samra, F. A., **8**, 98[252] (71)
Sams, D., **2**, 696f[5]
Sams, J. R., **2**, 530f[6], 620[233] (550, 556), 621[341] (565, 568), 621[345] (566), 622[388] (571), 622[396] (571); **4**, 325[415] (291), 325[454] (295), 325[455] (295), 609[305] (579), 609[309] (580), 611[431] (593, 594), 611[435] (594), 634f[1], 648[51] (630, 631), 648[57] (633), 648[59] (633); **6**, 1019f[68], 1111[86] (1064)
Samson, M., **2**, 191[250] (60); **7**, 650[246] (566)
Samson, S., **5**, 526[405] (342, 343)
Samsonov, A. E., **6**, 14[126] (8)
Samuel, E., **3**, 334f[24], 350f[5], 359f[10], 368f[15], 368f[17], 372f[2], 388f[5], 398f[14], 398f[56], 419f[26], 428[109] (361), 429[160] (370), 429[163] (370, 378, 380, 389), 429[164] (370), 431[286] (404), 431[290] (404), 629[64] (569), 629[76] (570, 573, 574, 576), 629[92] (572), 630[98] (573), 630[140] (580, 583, 621), 630[145] (580, 589, 622), 631[171] (583), 631[209] (596), 632[270] (621), 632[271] (621, 622), 632[272] (622), 701[419] (678, 679), 701[427] (679, 680), 736f[5], 780[117] (740), 1380[51] (1331); **4**, 816[403] (761, 773); **6**, 454[27] (450); **8**, 497[68] (479), 929[158] (810)

Samuel, O., **8**, 471f[8], 472f[2], 472f[3], 473f[3], 496[30] (470, 473)
Samuels, G. J., **3**, 951[334] (928)
Samuels, S. B., **4**, 374[35] (337), 380f[11]
Samuelson, A. G., **3**, 87[494] (71)
Samvelyan, S. K., **6**, 13[40] (6)
Sanada, S., **8**, 281[90] (260)
Sanada, T., **8**, 281[105] (264)
Sanchez, C., **3**, 768f[17], 768f[18], 769f[13]
Sanchez, M. O., **4**, 320[64] (249, 285)
Sanchez-Delgado, R. A., **4**, 811[72b] (700), 963[21] (935, 937, 940), 963[40] (937); **5**, 531[729] (399, 408); **8**, 222[97] (122, 148), 339f[10]
Sancho, J., **3**, 745f[6], 745f[7], 752f[2], 780[137] (746, 747, 748), 1319[156] (1314); **5**, 137f[20], 268[308] (86); **8**, 388f[4], 388f[7], 455[102] (387, 389), 455[103] (387), 550[65a] (515), 551[146] (548)
Sancier, K. M., **8**, 97[175] (56)
Sand, D. M., **7**, 105[321] (43)
Sand, J., **2**, 969[8] (864)
Sandberg, E., **1**, 376[233] (346)
Sandberg, G. R., **2**, 1017[132] (997), 1019[294] (1014)
Sandefur, L. O., **7**, 649[172] (553)
Sandel, V., **4**, 155[417] (115, 118)
Sandel, V. R., **1**, 118[188] (83, 86, 87, 88), 119[272] (101T, 103); **6**, 383[85] (374)
Sandell, E. B., **2**, 1019[299] (1014)
Sanders, A., **4**, 373[7] (333, 351, 370), 374[78] (349, 351), 380f[26], 504[21] (383), 504[55] (394), 610[366] (587), 610[367] (587, 588), 610[373] (588)
Sanders, D. A., **1**, 40[52] (13, 14, 15T), 40[62] (15), 583f[12], 585f[1], 673[133] (603, 625), 673[134] (582, 587, 588, 627), 673[159] (590, 603, 611)
Sanders, J. G., **2**, 1018[220] (1003)
Sanders, J. R., **1**, 150[67] (123, 125, 128, 138); **3**, 1381[88] (1340), 1381[90] (1340); **4**, 812[186] (718), 813[210] (723), 813[215] (723, 724, 802); **5**, 552f[7]; **6**, 750[917] (612, 613)
Sanders, M., **4**, 479f[23]
Sanders, R., **1**, 150[99] (125, 138)
Sanders, R. N., **1**, 152[223] (146), 152[224] (146)
Sanderson, A. P., **7**, 513[170] (499, 503)
Sanderson, C. C., **2**, 1016[108] (993)
Sanderson, J. A., **4**, 818[528] (777), 839[4] (823, 824)
Sanderson, R. T., **1**, 251[574] (230), 251[599] (234, 235), 251[605] (235), 273f[21], 304[194] (271); **7**, 457[177] (398)
Sandford, H., **1**, 304[148] (269)
Sandford, H. F., **1**, 409[64] (395, 398)
Sandhu, J. S., **1**, 456[227] (448)
Sandhu, M. A., **8**, 1064[34] (1018, 1038), 1065[55] (1021, 1022f)
Sandhu, S. S., **3**, 810f[7], 851f[20], 863f[15], 863f[21]; **4**, 12f[25], 13f[6], 324[371] (287), 508[279] (447), 810[11] (693)
Sandman, D. J., **7**, 195[81] (168), 245f[4]
Sandorfy, C., **2**, 193[352] (91); **3**, 85[366] (50)
Sandoval, S., **7**, 299[78a] (279)
Sandri, E., **7**, 106[337c] (46)
Sandrini, P., **5**, 186f[1], 272[533] (177), 621[4] (542), 626[318] (589); **6**, 349[462] (291)
Sandrini, P. L., **3**, 118f[12], 120f[14], 165f[3]; **4**, 608[201] (555), 648[8] (617), 658f[28], 658f[29], 815[345] (752), 815[381] (759, 805), 815[382] (759), 840[62] (831), 840[66] (832); **6**, 383[23] (365)
Sands, C. A., **7**, 195[45] (163)
Sands, J. E., **2**, 395[28] (369)
Sandström, J., **8**, 1065[88] (1026)
Sandstrom, P. H., **8**, 711[359] (701)
Sane, R. T., **4**, 235[111] (173), 818[552] (780); **6**, 845f[283], 845f[284]
San Filippo, Jr., J., **1**, 243[147] (172, 186); **2**, 754f[9], 762[127] (739), 762[142] (746), 762[143] (746), 763[171a] (755), 908f[4], 974[285] (920, 921, 935), 978[531] (967); **4**, 321[120] (255, 260, 317), 321[125] (256); **7**, 727[163] (701), 727[167] (702, 703), 727[180] (705)
Sang, F., **5**, 626[382] (598)

Sangalov, Yu. A., **1**, 681[715] (667, 669); **2**, 705[53] (687); **3**, 546[36] (492, 502); **7**, 458[203] (400)
Sanger, A. R., **2**, 501f[9], 502f[6], 506[20] (402, 410, 422, 423, 447, 448, 449, 450, 451, 455, 456, 457, 458, 473, 474, 475, 480, 482, 490, 502, 504, 505), 761[96] (727); **3**, 327[79] (301, 306), 327[80] (301, 302, 307), 427[74] (354), 474[67] (451), 557[19] (550); **5**, 310f[1], 310f[10], 310f[11], 311f[1], 317f[17], 523[245] (307), 523[246] (303T, 307, 312), 524[267] (309), 524[268] (309, 314), 524[270] (309), 627[410] (601, 614), 627[429] (602), 628[477] (613); **6**, 343[16] (281), 839f[13], 1058f[13]; **7**, 107[398] (53, 54); **8**, 610[286] (597T)
Sanger, G., **2**, 626[682] (611)
Sanina, L. P., **2**, 202[722] (177); **7**, 654[452] (599)
Sanjoaquin, J. L., **2**, 820[154] (794)
Sanjoh, H., **7**, 512[115] (490), 512[116] (490), 512[117] (490), 512[121] (491)
Sankey, S. W., **4**, 907[71] (904, 905), 1062[328] (1039)
Sanner, R. D., **3**, 328[145] (317, 318), 368f[22], 428[136] (363), 630[153] (581, 585, 587, 592, 599, 603), 632[231] (602, 603, 613, 614), 632[235] (603, 615, 616); **4**, 325[461] (296), 689[18] (665), 964[84] (945); **8**, 95[67] (36), 367[436] (350), 367[441] (351), 550[64] (515), 606[51] (556, 593, 600T, 601T, 603), 609[211] (593, 600T, 601T, 603), 609[212] (593, 600T, 601T, 603), 1104[22] (1077, 1079), 1104[31] (1079)
Sanner, R. O., **3**, 328[111] (309)
Sano, H., **3**, 279[48] (275)
Sano, K., **8**, 17[29] (12)
Sano, T., **3**, 545[24] (490)
Sansone, M. J., **8**, 362[77] (288)
Sansoni, M., **3**, 1108f[4]; **4**, 153[226] (59), 312f[4], 329[682] (317); **5**, 267[215] (45), 267[216] (45), 290f[8], 521[96] (290), 525[359] (332), 525[367] (336), 525[369] (336), 525[370] (336), 525[371] (336), 525[372] (336), 624[238] (576), 625[292] (586), 625[293] (586), 625[294] (586); **6**, 97[270] (42, 43T, 92T), 261[64] (248), 736[11] (475), 736[37] (481), 739[230] (509T), 806f[45], 806f[47], 870f[111], 871f[122], 871f[146], 872f[159]; **8**, 97[192] (58), 99[283] (80)
Santambrogio, A., **8**, 458[266] (412, 417), 458[273] (412)
Santambrogio, E., **3**, 1004f[10], 1071[213b] (1001, 1015, 1018)
Santaniello, E., **7**, 724[8] (663)
Santarella, G., **6**, 383[51] (368), 383[56] (368, 377, 381), 442[68] (395, 421, 426, 427, 429), 446[320] (429), 468[7] (456), 468[14] (456)
Santelli, M., **1**, 243[154] (173, 189); **7**, 648[108] (539), 648[119] (541)
Santer, J. O., **4**, 816[436] (763); **8**, 1064[19] (1017, 1020)
Santhanakrishnan, T. S., **7**, 461[388] (427), 461[389] (427, 428)
Santi, R., **8**, 283[198] (278), 772[211] (734)
Santini, C., **4**, 158[608] (138), 612[459] (596); **5**, 186f[4], 272[538] (178); **6**, 36[201] (19T, 24), 142[174] (123T, 128), 228[264] (203T, 206)
Santini, G., **1**, 244[170] (175), 250[543] (225); **7**, 102[160] (24)
Santini, S., **8**, 339f[22]
Santini-Scampucci, C., **1**, 248[430] (207), 248[431] (207); **3**, 731f[8], 732f[3], 732f[19], 734f[3], 734f[11], 1311f[3], 1311f[5]
Santo, W., **3**, 398f[31], 398f[35]; **8**, 1105[45] (1082)
Santos, A., **3**, 411f[8], 431[301] (409), 631[201] (590); **5**, 76f[11], 268[293] (78); **6**, 99[359] (50T), 345[145] (304, 305), 744[543] (546)
Santos, P. S., **5**, 270[416] (138, 209)
Santos-Macias, A., **2**, 943f[6], 975[354] (935)
Santostasi, M. L., **3**, 304f[1], 368f[14], 429[162] (370); **8**, 378f[5]
Santry, D. P., **3**, 85[374] (51); **6**, 751[960] (617)
Santucci, L., **1**, 261f[38]
Sanz, F., **1**, 42[191] (37); **2**, 707[171] (702); **3**, 919f[5], 924f[6], 926f[3], 926f[4], 926f[5], 926f[6]; **4**, 401f[21], 422f[1], 505[113] (409), 814[291] (745); **5**, 282f[5], 520[38] (281, 282)

Sapienza, R. S., **4**, 507[191] (431, 498), 613[515] (600, 602f); **8**, 362[77] (288)
Saporta, M., **3**, 1286f[2], 1318[77] (1283)
Sapozhnikova, T. A., **7**, 652[356] (584)
Sappa, E., **1**, 538[46] (472); **3**, 170[115] (147), 170[149] (157); **4**, 321[172] (262), 607[183] (549, 551, 553f), 608[242] (568, 568f, 569), 609[295] (577), 648[12] (617), 648[18] (619), 648[25] (621), 648[26] (621), 648[27] (621), 649[67] (636), 658f[31], 658f[42], 689[39] (666), 814[274] (741, 752), 815[340] (752), 819[604] (795), 884[12] (847), 884[19] (848, 861), 885[58] (853), 885[59] (853), 885[75] (859), 885[78] (860, 862), 885[79] (860), 885[82] (860), 885[83] (860), 885[84] (860), 885[85] (860), 885[86] (861), 885[87] (861), 885[88] (861), 885[89] (861), 885[92] (862), 885[93] (862), 885[94] (863), 886[96] (863), 886[127] (869), 887[182] (881), 887[183] (881, 882), 890f[3], 906[10] (891), 929[29] (927), 929[30] (927), 929[31] (927); **5**, 194f[4]; **6**, 97[228] (88, 92T), 97[228] (88, 92T), 97[229] (89, 92T), 97[230] (89, 92T), 100[418] (88), 100[418] (88), 141[154] (134T, 136), 143[248] (134T, 136), 144[278] (134T, 136), 144[279] (136), 226[154] (212, 213T), 226[188] (212, 213T), 226[188] (212, 213T), 228[268] (212, 213T), 228[269] (212), 806f[43], 806f[44], 870f[104], 870f[105], 870f[106], 870f[107], 870f[108], 871f[131], 871f[132], 871f[133], 871f[134], 871f[135]; **8**, 458[262] (411, 412)
Saquet, M., **7**, 105[302] (41)
Sara, A. N., **2**, 510[279] (437), 511[287] (438)
Saraev, V. V., **3**, 702[479] (685); **6**, 95[108] (45), 99[366] (64); **8**, 341f[2], 366[360] (342), 366[361] (342), 644[198] (621T)
Sarafidis, C., **8**, 459[318] (419)
Saran, H., **2**, 198[550b] (131)
Saran, M. S., **3**, 266[153] (197), 851f[54], 851f[56], 948[136] (854), 1246[11] (1153), 1317[10] (1257, 1265), 1317[59] (1281), 1379[15] (1325); **4**, 52f[102], 109f[9], 154[304] (75), 373[12] (333), 606[61] (520), 606[93] (529, 531); **5**, 21f[1], 265[85] (20)
Sarapu, A., **4**, 33f[30], 51f[68]
Sarapu, A. C., **3**, 81[73] (8); **4**, 33f[9], 50f[17], 142f[1], 144f[4], 152[184] (45), 153[233] (60), 158[635] (145)
Saratov, I. E., **2**, 301[305] (273), 510[240] (431)
Sarayev, V. V., **5**, 272[547] (185); **8**, 363[202] (316)
Sarbaev, T. G., **7**, 457[147] (394), 458[204] (400)
Sard, H., **7**, 648[150] (549)
Sarel, S., **4**, 380f[5], 507[196] (432), 507[196] (432), 507[197] (432), 608[230] (563, 565f), 608[240] (566, 567, 568f), 612[490] (597), 648[35] (625); **7**, 224[27] (200); **8**, 1007[14] (942), 1007[15] (942), 1007[16] (942)
Sarett, L. H., **7**, 511[56] (480)
Sargent, M. W., **4**, 559f[17]
Sargsyan, M. S., **7**, 106[368] (49); **8**, 771[113] (737)
Sarhan, J. K. K., **6**, 756[1352] (667), 756[1355] (667), 756[1357] (668)
Sarhangi, A., **3**, 121f[4], 1075[459] (1040, 1041), 1251[276] (1216), 1383[190] (1364); **4**, 157[561] (132); **8**, 769[25] (727T, 732, 733), 796[131] (791), 1065[86] (1026)
Sariego, R., **5**, 536[1121] (474, 475T, 476), 537[1177] (481); **8**, 291f[17]
Sarkar, S., **4**, 236[181] (182); **8**, 367[416] (347), 641[48] (632)
Sarkar, T., **7**, 649[153] (549), 650[258] (569), 657[604] (630)
Sarkar, T. K., **7**, 648[100] (538)
Sarkisyan, D. A., **1**, 377[286] (351)
Sarkisyan, E. L., **8**, 668[2] (650, 657T), 668[18] (657T), 669[31] (658T)
Sarneski, J. E., **3**, 945f[6]
Sarnowski, R., **7**, 159[90] (148), 253[84] (240)
Sarraje, I., **2**, 925f[4], 973[217] (899)
Sarry, B., **3**, 731f[13], 731f[14], 731f[15], 731f[16], 780[113] (738), 1311f[4], 1311f[6], 1311f[7], 1311f[8], 1319[148] (1310)
Sartain, D., **1**, 42[183] (37)
Sartain, D. S., **6**, 14[91] (9)
Sartorelli, M., **5**, 556f[2]
Sartorelli, N., **3**, 851f[59]
Sartorelli, U., **3**, 1112f[8], 1147[65] (1110); **4**, 51f[57], 152[196] (53), 173f[2], 173f[4], 235[114] (174), 235[118] (174), 236[184] (183, 221); **5**, 327f[13], 525[345] (327), 525[346] (327, 328), 525[348] (327); **6**, 343[40] (285)
Sartorelli, V., **3**, 1106f[3], 1141f[10], 1275f[3]
Sartori, F., **3**, 86[389] (52); **6**, 754[1196] (641, 648T)
Sartori, G., **3**, 986f[2], 1069[90] (979), 1250[231] (1205); **6**, 760[1612] (713); **7**, 107[424] (57), 463[499] (443, 449); **8**, 669[62] (655, 657T, 658T), 935[589] (892)
Sartori, P., **2**, 859[21] (829, 833); **7**, 109[526] (76)
Sartori, S., **3**, 1005f[19], 1075[481] (1046); **8**, 1069[282b] (1056, 1057)
Saruyama, T., **6**, 34[86] (21T, 24), 93[21] (49, 53T, 54T, 64), 95[113] (49, 53T, 54T, 59T), 95[152] (49, 53T, 54T), 95[162] (49, 53T, 54T); **8**, 794[6] (791)
Sasada, Y., **4**, 813[230] (727, 735, 745); **5**, 269[353] (106), 521[110] (292); **6**, 144[275] (118, 121T); **8**, 363[186] (307)
Sasakawa, E., **6**, 180[36] (169, 173T); **8**, 457[221] (404), 459[331] (421), 641[22] (633, 634T), 644[200] (635T), 708[244] (691), 772[202] (730)
Sasaki, K., **7**, 657[643] (639), 658[655] (640)
Sasaki, M., **7**, 650[255] (568)
Sasaki, N., **7**, 300[132] (290, 291)
Sasaki, S., **7**, 459[257] (410)
Sasaki, T., **1**, 754[99] (741); **4**, 458f[4], 506[161] (425, 432); **6**, 384[103] (376); **7**, 511[80] (484), 511[91] (487), 648[102] (538), 653[403] (593); **8**, 606[77] (559, 569, 601T), 610[331] (601T), 935[581] (891)
Sasaki, Y., **3**, 1067[5] (955); **4**, 65f[50], 153[256] (67), 327[586] (307), 328[667] (315), 963[65] (941), 963[65] (941); **6**, 95[117] (38, 43T), 96[169] (38, 43T), 344[121] (300T, 301), 344[128] (301), 344[129] (301), 344[130] (301, 303), 344[140] (303), 349[453] (341, 342), 740[242g] (511), 740[242h] (511), 740[249] (513), 753[1144] (639), 943[135] (907, 909T), 943[136] (907, 909T), 943[152] (910, 911T), 980[44] (960, 963T), 1019f[54], 1031f[14], 1041[116] (1008); **8**, 282[128] (270), 282[130] (270), 283[194] (276, 277), 283[195] (276, 277), 305[37], 339f[15], 400f[4], 444f[12], 444f[13], 448f[4], 457[193] (399), 461[454] (442), 461[455] (442), 645[219] (633), 1071[340] (1062)
Sasazawa, K., **8**, 937[734] (914)
Sasin, G. S., **2**, 626[641] (604)
Sasse, H. E., **3**, 1067[32] (966), 1252[362] (1233, 1236); **4**, 13f[9], 13f[13], 19f[9], 156[445] (120), 611[423] (592); **6**, 1111[81] (1063)
Sasson, Y., **4**, 964[96] (946, 947), 964[99] (947), 964[100] (947, 948, 949), 964[106] (948, 949), 964[108] (948), 964[110] (948), 964[111] (948, 950), 964[116] (949), 965[133] (951), 965[134] (951, 953), 965[135] (952); **8**, 365[304] (333)
Sastrawan, S. B., **6**, 1111[97b] (1067)
Sastri, M. V. C., **8**, 95[58] (33)
Sasvari, K., **2**, 6f[8], 387f[6], 387f[7], 396[105] (385), 396[106] (385); **4**, 907[29] (894)
Sata, M., **3**, 279[54] (276)
Satake, M., **8**, 283[201] (279), 927[58] (801, 852)
Satek, L., **1**, 241[23] (157)
Satek, L. C., **3**, 851f[36]; **6**, 94[63] (55T, 56T, 64, 79); **8**, 770[93] (736)
Satgé, J., **2**, 200[614] (148), 200[614] (148), 200[615] (148), 200[619] (150), 298[148] (242), 298[150] (242), 299[160] (244), 434f[1], 434f[3], 434f[4], 434f[5], 434f[6], 434f[7], 434f[8], 434f[9], 501f[6], 501f[7], 501f[8], 501f[10], 501f[11], 502f[7], 503f[1], 503f[3], 503f[4], 503f[6], 504f[2], 504f[4], 504f[8], 504f[9], 504f[10], 506[9] (402–405, 407–412, 415–427, 430–433, 435–438, 440–453, 455, 457, 458, 460–466, 468–471, 475–477, 502, 504, 505), 506[17] (402, 406, 409, 410, 411, 412, 420, 421, 426, 433, 440, 478, 479, 481, 482, 483, 484, 485, 486), 507[81] (407, 414, 416, 431), 507[82] (407, 432), 507[84] (409), 507[85] (408, 496, 498, 504), 507[98] (409, 465), 507[99] (409), 507[106] (410), 508[124] (411, 412, 420, 477), 508[135] (412, 433, 469, 474), 508[136] (412, 451, 480), 508[142] (413, 451, 480, 494, 495), 509[175] (420, 482, 483, 484), 509[176] (420, 482, 483, 484), 509[191] (422, 438, 473, 474, 475, 477), 509[203] (424, 439), 509[214] (425, 469), 510[223] (426, 432, 443, 445, 446), 510[224] (426, 449, 460, 466),

510²²⁵ (427), 510²³¹ (427, 429, 434, 490, 491, 498), 510²³² (427, 428, 480), 510²³³ (428, 429, 432, 445, 483, 484), 510²³⁷ (429), 510²³⁸ (430), 510²⁴³ (432, 438), 510²⁵⁴ (433), 510²⁷⁸ (437), 510²⁸² (437, 479, 481, 483), 511²⁸⁸ (438), 511²⁹³ (438, 439), 511²⁹⁵ (438, 493, 497), 511²⁹⁶ (438, 487), 511²⁹⁷ (438, 480, 489), 511³⁰⁸ (439, 489, 493, 498), 511³⁰⁹ (439, 488, 494, 498), 511³¹⁵ (440, 441, 451), 511³³³ (442), 511³³⁴ (442), 511³³⁵ (442, 446), 512³³⁷ (443), 512³³⁹ (443, 449), 512³⁷³ (446, 479, 484), 512³⁷⁵ (447, 460, 466, 479), 512³⁸⁴ (449, 450, 455), 512³⁹⁰ (451), 512³⁹¹ (451), 513⁴¹⁴ (453), 513⁴³⁷ (455, 495, 496, 497, 498), 513⁴³⁸ (455, 457), 513⁴⁴⁰ (456), 513⁴⁴¹ (457), 513⁴⁴² (457, 458), 513⁴⁴³ (457), 513⁴⁴⁵ (458), 513⁴⁵⁶ (459, 462), 513⁴⁵⁷ (459, 460, 462), 513⁴⁵⁸ (459, 460, 461, 462, 480), 513⁴⁵⁹ (459, 460, 496, 497), 514⁴⁸⁰ (462, 463), 514⁴⁸¹ (463, 464, 465), 514⁴⁸² (463, 464), 514⁴⁸³ (463, 465), 514⁴⁸⁴ (463), 514⁴⁸⁵ (464), 514⁴⁸⁶ (464), 514⁴⁸⁷ (464), 514⁴⁸⁸ (464, 467), 514⁴⁸⁹ (465), 514⁴⁹⁰ (465), 514⁴⁹¹ (466), 514⁴⁹² (466, 484), 514⁵⁰¹ (466), 515⁵⁴⁶ (471), 515⁵⁵¹ (473, 476, 481, 484, 496), 515⁵⁶⁶ (474, 490), 516⁵⁸⁷ (479), 516⁵⁸⁸ (480, 489), 516⁵⁸⁹ (479, 480), 516⁵⁹⁹ (481, 488, 489), 516⁶⁰⁰ (481, 483), 516⁶¹¹ (482), 516⁶²⁰ (483), 516⁶²⁴ (483), 516⁶²⁵ (483), 516⁶³⁵ (484), 516⁶⁴³ (485, 487, 488), 517⁶⁴⁸ (486), 517⁶⁵⁰ (486, 487), 517⁶⁵² (488, 494), 517⁶⁵⁵ (489), 517⁶⁷² (490, 494, 495, 497, 498), 517⁶⁷⁹ (493, 497), 517⁶⁸⁰ (493), 517⁶⁸¹ (494, 495, 497), 517⁶⁸² (495), 517⁶⁸³ (497), 517⁶⁸⁴ (497, 498), 518⁷⁰⁶ (504), 518⁷⁰⁷ (504), 518⁷⁰⁹ (504), 518⁷¹⁰ (504), 518⁷¹² (504), 518⁷¹³ (504), 518⁷¹³ (504), 534f⁷, 623⁴⁴⁰ (577); **7**, 654⁴⁸⁹ (604), 655⁴⁹⁰ (604), 655⁴⁹¹ (604)

Satija, S. K., **3**, 798f⁶, 949¹⁸⁰ (872), 949¹⁸¹ (872)

Sato, F., **1**, 243¹²⁶ (169), 455¹⁵⁹ (435, 440, 443), 538⁷² (480, 525, 534), 679⁵⁵³ (644), 679⁵⁵⁴ (644); **3**, 279⁴⁹ (275, 276), 279⁵⁴ (276); **6**, 96²¹⁸ (92T, 93), 97²²¹ (85, 91T), 223¹⁰ (204T, 205T, 206, 207), 223¹² (203T, 206), 224²⁸ (205T, 207, 208, 209T), 224³⁰ (204T, 205T, 206, 207, 208), 225¹²³ (203T, 205T, 206, 207, 208, 209T), 945²⁷⁷ (936, 937T), 945²⁷⁸ (936, 937T); **7**, 38f¹, 104²²³ᵃ (29), 105²⁸⁵ (37), 456⁸⁷ (385), 458¹⁹¹ (399, 401), 458²⁴³ (407), 459²⁵¹ (409)

Sato, H., **2**, 506³⁶ (403), 622⁴⁰⁰ (572), 678²⁵⁹ (658); **8**, 711³³⁵ (702), 711³³⁶ (701), 711³³⁷ (702), 711³³⁸ (701, 702), 711³³⁹ (701), 711³⁴⁰ (701, 702), 711³⁴¹ (701), 711³⁷⁰ (701, 702), 711³⁷¹ (702)

Sato, K., **1**, 244²⁰² (177); **3**, 108f¹⁷; **5**, 21f², 265⁸⁸ (20, 180), 534⁹²³ (433); **6**, 181¹³⁷ (156, 159T); **7**, 512¹⁵⁶ (498); **8**, 769² (717T, 718T, 722), 769⁷ (714, 715T, 722), 772²¹⁸ (715T), 772²¹⁹ (714T, 715T), 772²²⁰ (714T), 935⁵⁹¹ (892)

Sato, M., **1**, 243¹²⁶ (169), 679⁵⁵³ (644), 679⁵⁵⁴ (644), 754¹²¹ (747, 748); **3**, 279⁴⁹ (275, 276), 386f¹³, 430²²⁴ (385), 430²⁴¹ (391), 701⁴⁴⁹ (682), 768f¹⁴, 768f¹⁵, 768f³¹, 858f¹, 922f¹¹, 948¹²⁷ (848, 854), 1072²⁸⁹ (1015, 1035), 1250²⁰³ (1199), 1382¹³¹ (1346); **6**, 96²¹⁸ (92T, 93), 97²²¹ (85, 91T), 223¹⁰ (204T, 205T, 206, 207), 223¹² (203T, 206), 224²⁸ (205T, 207, 208, 209T), 224³⁰ (204T, 205T, 206, 207, 208), 225¹²³ (203T, 205T, 206, 207, 208, 209T); **7**, 38f¹, 104²²³ᵃ (29), 105²⁸⁵ (37), 456⁸⁷ (385), 458¹⁹¹ (399, 401), 458²⁴³ (407), 459²⁵¹ (409); **8**, 405f⁵, 936⁶⁷⁹ (905), 1088f¹, 1092f¹, 1092f⁶, 1093f³, 1105⁸¹ (1090), 1105⁸⁹ (1094)

Sato, R., **2**, 506³⁶ (403), 506³⁷ (403)

Sato, S., **1**, 679⁵⁵³ (644), 679⁵⁵⁴ (644); **2**, 512³⁶⁵ (445), 706¹²⁰ (697); **3**, 279⁴⁹ (275, 276)

Sato, T., **2**, 188¹⁰⁰ (26), 300²²⁷ (257); **3**, 279³⁴ (273); **6**, 347²⁷⁹ (315), 384¹¹⁸ (379); **7**, 103¹⁸⁸ (25), 104²⁵⁸ (33), 657⁶²² (634), 657⁶²³ (634), 657⁶²³ (634), 657⁶³⁴ (637); **8**, 709²⁵⁸ (678), 709²⁵⁹ (678, 690), 935⁵⁹⁵ (892), 1007³⁵ (947), 1007³⁶ (948)

Sato, Y., **2**, 299¹⁹⁶ (249T), 624⁵⁴⁰ (592); **7**, 74f⁴, 95f⁶, 159⁷⁵ (146), 656⁵⁹² (627)

Satoh, J. Y., **8**, 928¹⁴² (806, 808, 809)

Satorelli, N., **3**, 833f¹⁷

Satou, Y., **8**, 1064³⁷ (1018)

Satsko, N. G., **6**, 446³¹⁹ (429)
Sattelberger, A. P., **3**, 752f⁵, 951³⁵⁹ (940)
Saturnino, D. J., **1**, 375¹⁷⁹ (335); **7**, 226¹⁸³ (214, 215)
Saturnino, D. T., **1**, 258f¹³
Sau, A. C., **2**, 563f⁴
Sauchenko, I. A., **2**, 978⁵¹⁸ (965)
Saucy, G., **8**, 472f⁹
Sauer, Sr., D. T., **4**, 324³⁹⁶ (288)
Sauer, H., **1**, 670³ᵃ (557, 558, 638)
Sauer, J. C., **1**, 456²¹³ (444, 445, 450), 456²³⁴ (450, 451), 457²⁴⁶ (451); **8**, 459³⁴¹ (426)
Sauer, R., **2**, 190²¹⁹ (52, 55)
Sauer, R. O., **2**, 188¹⁰⁷ (27)
Sauerbeier, M., **5**, 531⁷⁶⁷ (410)
Sauerbier, M., **6**, 383⁶⁰ (369), 469⁶⁷ (467)
Sauerborn, H., **3**, 841f³
Sauermann, G., **1**, 41⁹⁹ (21), 41¹⁰⁰ (21), 115¹⁹ᵃ (45, 62T, 65T, 66), 117¹¹¹ (65T, 66), 117¹¹³ (65T, 66), 117¹³² (72), 675³¹¹ (617), 678⁵²⁰ (635), 689f⁸, 722¹⁶⁶ (709)
Saunders, A. D., **1**, 249⁵⁰⁷ (220)
Saunders, B. C., **2**, 676¹⁶⁹ (650), 676¹⁷⁰ (650), 676¹⁷¹ (650), 677²¹² (654, 656), 677²²⁰ (654), 678²⁸³ (660, 664), 678³¹³ (664), 678³¹⁴ (664)
Saunders, J., **3**, 267²¹⁶ (210)
Saunders, J. H., **7**, 26f⁴
Saunders, J. K., **1**, 672¹⁰¹ (576, 589, 627), 673¹⁵² (589, 590), 677⁴²⁰ (627); **2**, 859¹¹ (825)
Saunders, J. R., **2**, 853f²
Saunders, L., **3**, 344f⁵, 350f⁶, 426²⁰ (336)
Saunders, M., **1**, 119²⁶⁸ (100), 119²⁶⁸ (100)
Saunders, V. P., **3**, 946⁹ (791)
Saunders, V. R., **1**, 304¹⁵⁴ (269); **3**, 80¹¹ (2, 5, 6), 81⁵⁸ (6), 81⁵⁹ (6), 84²⁷⁷ (40); **6**, 12¹⁹ (5), 227¹⁹⁸ (211)
Saupe, A., **2**, 904f⁴
Saus, A., **8**, 367⁴³² (350)
Saussine, L., **6**, 345¹⁶⁴ (306), 383⁶⁶ (370, 371, 375); **8**, 934⁵¹⁹ (879)
Sauter, J. F., **1**, 241¹⁴ (157)
Sauva, R. A., **2**, 893f⁴
Sauve, D. M., **1**, 115⁸ (44, 53T, 108)
Sauvetre, R., **1**, 119²²⁷ (91); **7**, 103²¹⁴ (29)
Saux, A., **8**, 669⁶⁷ (662, 663T)
Savage, W. J., **2**, 514⁴⁹⁹ (466)
Savariault, J.-M., **3**, 80⁵¹ (6), 81⁵⁷ (6), 1074³⁹³ᵇ (1032); **4**, 323³²⁷ (280), 509³⁴³ (462); **6**, 12²⁴ (5), 12²⁴ (5), 13⁴⁶ (7), 13⁶⁷ (8), 34⁹⁶ (22T), 141¹³¹ (103)
Savchenko, B. M., **4**, 964¹¹⁴ (949)
Savéant, J. M., **5**, 269³⁷⁹ (118); **8**, 281¹¹⁸ (267)
Savelev, M. M., **8**, 641⁵⁰ (627T)
Saveleva, I. S., **1**, 679⁵⁴³ (639), 742f⁴
Savel'eva, N. I., **2**, 508¹²⁹ (411), 511³¹⁰ (440)
Savidan, L., **1**, 720⁶⁷ (690)
Savignac, P., **7**, 110⁵⁶³ (83)
Savin, V. I., **1**, 246³⁰³ (192), 246³⁰⁵ (192), 246³⁰⁶ (192), 246³⁰⁶ (192); **2**, 704¹⁷ (684); **7**, 104²²⁵ (29), 104²²⁵ (29)
Savina, L. A., **1**, 674²²⁰ (655, 659), 674²⁵² (606), 681⁶⁶⁵ (655), 681⁶⁶⁶ (655); **7**, 455⁴⁸ (381), 455⁴⁹ (381), 455⁵⁴ (382), 462⁴⁵⁴ (438)
Savinykh, L. V., **2**, 978⁵⁰⁰ (962)
Savitskii, A. V., **3**, 699²⁷⁷ (671); **4**, 816⁴²¹ (762)
Savoia, D., **7**, 459³⁰³ (414, 417)
Savory, C. G., **1**, 453³⁶ (420), 455¹⁶⁷ (438, 439), 455¹⁶⁷ (438, 439), 456¹⁹⁵ᵇ (441), 456¹⁹⁹ (442), 539⁹³ᵃ (488, 492), 539¹¹³ᵈ (493); **4**, 611³⁹⁴ (591); **6**, 944²¹⁹ (923), 945²⁴² (929, 928T)
Savory, C. J., **4**, 1059¹²⁴ (987)
Savva, R. A., **2**, 972¹⁶⁸ (895)
Sawa, Y., **8**, 794⁴⁰ (784), 794⁴⁰ (784), 795⁴⁴ (785), 795⁵² (787), 1008⁵⁴ (952)
Sawa, Y. K., **7**, 252⁷³ (239)
Sawada, S., **7**, 725²⁷ (668)
Sawai, H., **2**, 904f²⁰, 973²³⁷ (905); **4**, 964⁷¹ (942); **6**, 362⁶⁴ (359)
Sawai, T., **4**, 33f⁴⁰, 156⁴⁸⁸ (125), 158⁶³⁶ (145)

Sawano, T., **7**, 461^{378b} (423)
Sawara, K., **4**, 965^{150a} (956)
Sawatzky, G., **3**, 703^{573} (692, 693)
Sawaya, H. S., **7**, 727^{171} (703)
Sawbridge, A. C., **2**, 527f^2
Sawitzki, G., **2**, 203^{733} (180)
Sawkins, L. C., **6**, 98^{316} (60T, 64), 345^{184} (308)
Sawodny, W., **1**, 262f^{32}, 265f^5; **2**, 202693a (168), 397^{114} (387)
Sawyer, A. K., **2**, 569f^1, 616^4 (522, 532f, 593), 619^{177} (545), 621^{309} (561), 621^{331} (564, 565, 566, 567, 568, 570, 571), 621^{334} (565), 622^{358} (568), 624^{501} (585), 624^{544} (592), 625^{560} (594); **6**, 1110^{8a} (1044)
Sawyer, A. W., **2**, 1016^{61} (983, 987, 990)
Sawyer, J. F., **2**, 620^{274} (555, 556); **8**, 643^{126} (634T, 638)
Sawyer, L., **5**, 528^{564} (369)
Saxby, J. D., **5**, 478f^2, 479f^{10}, 535^{1044} (461, 463, 470)
Sayed, Y., **7**, 105^{287} (37)
Sayed, Y. A., **1**, 116^{92} (59)
Sayer, B. G., **3**, 557^{33} (551); **8**, 643^{126} (634T, 638)
Sayer, T. S. B., **7**, 107^{399} (54)
Sayler, A. A., **3**, 427^{70} (354), 628^{12} (562, 565, 566); **6**, 223^{13} (220, 221, 215T)
Sayre, L. M., **2**, 972^{166} (894, 895), 978^{492} (962)
Sazikova, D. L., **8**, 461^{432} (438), 932^{366} (849)
Sazonova, B. A., **2**, 715f^{15}, 761^{72} (722, 757)
Sazonova, N. S., **2**, 715f^{15}, 715f^{16}, 761^{72} (722, 757), 763^{175b} (757)
Sazonova, V. A., **1**, 272f^{13}, 285f^4, 285f^5, 285f^6, 285f^8, 285f^{38}, 286f^{18}; **2**, 713f^{37}, 713f^{38}, 713f^{39}, 715f^{16}, 754f^{13}, 760^{16} (715), 761^{83} (730), 762^{103} (730), 763^{175a} (757), 763^{175b} (757); **4**, 511^{428} (485, 486), 511^{446} (486), 511^{447} (486); **7**, 322^{22} (308), 336^{19} (326, 327, 328), 336^{47} (333), 336^{52} (335); **8**, 1069^{247b} (1051), 1069^{247b} (1051), 1071^{351a} (1063), 1071^{351b} (1063), 1071^{351c} (1063), 1071^{355a} (1063)
Sbrana, G., **4**, 664f^2, 675f^2, 689^{78} (672, 673, 676), 689^{85} (673), 689^{87} (673), 690^{135} (688), 690^{136} (688), 810^7 (693, 705, 722), 810^{65} (699), 813^{200} (720, 725), 813^{240} (729, 735, 742, 744), 813^{243} (730), 814^{286} (744), 873f^4, 885^{71} (859), 886^{158} (875, 879), 887^{202} (883), 944f^8, 963^{19} (934, 942), 963^{28} (935, 937), 963^{55} (940), 963^{62} (940), 963^{63} (940), 963^{66} (941), 965^{172} (961), 965^{173} (961), 965^{174} (961); **8**, 98^{253} (71), 223^{176} (201), 331f^8, 339f^8, 382f^{10}, 455^{70} (383), 606^{68} (558, 601T), 606^{75} (559, 595T, 601T), 606^{76} (559, 569), 609^{245} (595T, 596T, 598T, 601T), 609^{259} (596T), 609^{260} (596T), 610^{327} (601T)
Sbrignadello, G., **4**, 150^{29} (7), 233^9 (163), 233^{13} (163), 649^{76} (638), 689^{25} (666), 689^{26} (666), 928^{22} (925), 1057^{27} (971); **5**, 267^{206} (43), 524^{303} (318); **6**, 842f^{134}, 843f^{181}, 843f^{206}, 871f^{127}, 876^{177} (795), 876^{180} (795)
Scaiano, J. C., **1**, 308^{409} (291), 308^{413} (291); **2**, 562f^1, 621^{315} (561), 621^{316} (561); **7**, 301^{155b} (294), 301^{155c} (294), 301^{156} (294)
Scaife, D. E., **3**, 334f^{22}, 629^{89} (572), 699^{331} (673)
Scala, A. A., **1**, 246^{312} (193); **7**, 102^{136} (21)
Scanlan, I., **1**, 42^{188} (37)
Scanlan, I. W., **1**, 42^{190} (37)
Scanley, C., **1**, 671^6 (557, 626); **7**, 406f^2
Scaramuzza, L., **6**, 744^{484} (538T)
Scarborough, Jr., R. M., **7**, 107^{428} (57)
Scarbrough, F. E., **1**, 420f^{11}
Scatturin, V., **5**, 265^{70} (16), 265^{71} (16), 525^{332} (320), 525^{333} (321), 628^{491} (616); **6**, 261^{62} (248), 261^{65} (248)
Scettri, A., **7**, 104^{240} (31)
Schaad, L. H., **1**, 306^{273} (282)
Schaaf, T. F., **1**, 117^{114b} (65T, 67, 72); **2**, 195^{398} (100), 195^{398} (100), 195^{408} (102), 195^{409} (102); **3**, 703^{577} (693); **6**, 226^{164} (192), 1114^{219} (1101)
Schaaf, T. K., **7**, 226^{184} (214), 253^{139} (249)
Schaal, M., **4**, 690^{127} (682), 1059^{106} (982)
Schaap, A., **7**, 106^{375} (50), 729^{249} (719)

Schaap, C. A., **2**, 619^{212} (548), 713f^{49}, 761^{37} (717, 737), 762^{115} (734), 763^{180} (758), 770f^4, 819^{68} (777, 781); **4**, 963^{36} (937)
Schaart, B. J., **1**, 241^{57} (160), 242^{69} (161, 166), 242^{70b} (161, 166), 250^{551} (226)
Schaat, T. F., **1**, 40^{95} (19)
Schabacher, W., **1**, 260f^{10}, 262f^{12}
Schachl, H., **4**, 153^{235} (61); **5**, 522^{198} (302T)
Schachtschneider, J., **8**, 549^{29} (504)
Schachtschneider, J. H., **3**, 83^{194} (28), 87^{464} (67, 70), 87^{502} (73), 545^{25} (490, 500), 700^{359} (674), 1069^{142} (987); **5**, 274^{710} (241); **6**, 187^{15} (184); **8**, 670^{95} (653)
Schade, W., **6**, 98^{275} (59T, 79)
Schädel, E., **3**, 697^{226} (665); **4**, 50f^{23}, 157^{522} (128); **5**, 275^{751} (250); **6**, 34^{68} (19T, 25)
Schaedel, E., **4**, 152^{215} (58)
Schaefer, III, H. F., **1**, 117^{161} (77, 91), 149^9 (122), 149^{13} (122), 149^{32} (122, 145, 147), 245^{274} (187, 205); **2**, 193^{344} (88); **6**, 143^{251} (102)
Schaefer, J. P., **7**, 224^{58} (202)
Schaefer, R., **2**, 675^{62} (637)
Schaefer, T., **3**, 102f^{27}
Schaefer, W. P., **5**, 268^{311} (86); **8**, 551^{118} (531)
Schaeffer, Jr., C. D., **3**, 108f^9
Schaeffer, E., **5**, 269^{316} (88, 204), 530^{675} (391)
Schaeffer, G. W., **6**, 943^{125} (908T); **7**, 159^{129} (154), 194^{14} (162), 195^{44} (163)
Schaeffer, H., **8**, 367^{411} (347)
Schaeffer, H. J., **1**, 672^{99} (573)
Schaeffer, R., **1**, 303^{79} (266), 304^{141} (269), 306^{276} (282), 306^{277} (282), 377^{290} (353), 377^{305} (355), 444f^4, 444f^5, 453^{48} (422, 423, 426), 453^{48} (422, 423, 426), 453^{48} (422, 423, 426), 454^{126} (431, 438), 456^{222} (446), 539^{125} (497, 533T), 540^{130b} (498, 536), 542^{249} (536), 553^{34} (549), 553^{65} (550); **2**, 514^{475} (461); **5**, 533^{899} (430); **6**, 945^{257} (931), 945^{269} (935, 934T); **7**, 300^{94} (281)
Schafarik, A., **1**, 670^1 (557)
Schäfer, A., **2**, 202^{696} (169, 172); **7**, 654^{453} (599)
Schäfer, H., **2**, 199^{604} (146), 200^{607} (146); **4**, 107f^{64}, 610^{344} (585, 604); **6**, 36^{207} (19T, 21T), 226^{186} (201, 203T, 206), 241^{24} (237), 1113^{169} (1087)
Schäfer, L., **1**, 149^{33} (122, 145); **3**, 699^{328} (673), 703^{534} (689), 971f^8, 1069^{129} (986), 1069^{131} (986), 1073^{335} (1023, 1024); **4**, 480f^5, 816^{402} (761); **6**, 227^{243} (190)
Schafer, R., **1**, 672^{126} (578), 678^{517} (634)
Schäfer, W., **1**, 42^{185} (37), 671^{23a} (558); **3**, 327^{59} (297, 298), 474^{63} (448)
Schäfer-Stahl, H., **6**, 228^{261} (190)
Schäffler, J., **5**, 269^{332} (93)
Schaffner, H., **8**, 772^{228} (734)
Schagen, J. D., **3**, 131^{71} (1283); **4**, 327^{547} (303, 304); **6**, 740^{255} (514, 581)
Schaible, B., **1**, 723^{248} (717), 723^{249} (717), 723^{250} (717)
Schalk, D. E., **8**, 549^{23} (503)
Schallig, L. R., **6**, 343^{16} (281); **8**, 610^{286} (597T)
Schambeck, W., **4**, 157^{545} (130), 242^{497} (223, 224T, 227)
Schamp, N., **7**, 107^{404} (54)
Schank, K., **7**, 647^{58} (527)
Schaper, B. J., **2**, 510^{283} (437)
Schaper, H., **3**, 1252^{324} (1225)
Schaper, K.-J., **1**, 375^{166} (333), 377^{266} (349, 353), 409^{12} (383, 406); **4**, 511^{422} (483); **8**, 1065^{82} (1025)
Schardt, K., **2**, 511^{331} (442)
Scharf, E., **8**, 422f^5, 425f^{10}, 457^{218} (404, 421, 427)
Scharf, G., **4**, 607^{124} (539f, 540, 597); **5**, 554f^{15}, 624^{195} (568); **8**, 936^{709} (910)
Scharf, H. D., **3**, 1247^{83} (1173); **8**, 770^{105} (735)
Scharf, W., **3**, 474^{66} (450), 474^{75} (458), 630^{138a} (580)
Scharpp, K., **5**, 522^{199} (302T)
Scharrnbeck, W., **1**, 285^{17}, 306^{310} (284)
Schastnev, P. V., **4**, 512^{517} (502)

Schat, G., **1**, 241⁵⁶ (159, 210, 214), 244²⁰⁸ (177, 210, 213, 214), 244²²⁴ (179f, 180), 245²⁵⁴ (183), 248⁴⁰⁴ (202, 204)
Schauble, J. H., **2**, 624⁵¹³ (588)
Schauer, E., **2**, 626⁶³⁴ (604)
Schaumann, E., **7**, 105³¹¹ (42, 69)
Schaumberg, G. D., **7**, 322⁷⁴ (321)
Schechter, H., **2**, 194³⁶⁰ (93)
Scheck, D. M., **3**, 893f²³; **4**, 74f³⁰, 84f¹², 154³³² (84), 241⁴³⁵ (214, 215T, 224T, 228); **6**, 747⁶⁹⁰ (576); **8**, 551¹²⁵ (534)
Scheel, D., **7**, 100⁴⁰ (6)
Scheer, H., **2**, 302³⁷⁵ (291), 302³⁹⁰ (294), 620²⁴⁴ (551)
Scheffler, A., **4**, 1058⁵⁵ (974, 975)
Scheffler, K., **1**, 753⁸⁶ (740), 753⁸⁷ (740), 753⁸⁸ (740), 754¹⁰⁵ (745)
Scheffold, R., **2**, 945f², 972¹⁷⁹ (896, 958); **5**, 269³⁵² (106); **7**, 679f¹
Schehl, R. R., **8**, 96⁹⁶ (41, 44, 45, 59, 61)
Scheiber, D. H., **7**, 729²⁷⁰ (722)
Scheidt, W., **2**, 617³⁵ (526), 621³²⁶ (563); **6**, 36¹⁷⁹ (29), 97²³² (82), 181¹²⁸ (159T, 163)
Scheidt, W. R., **3**, 714f⁴, 714f⁸, 714f⁹, 714f¹¹, 779³⁷ (707, 713), 779⁶² (713, 717); **4**, 1060¹⁵⁸ (994); **5**, 268³¹² (86); **6**, 805f³, 839f²⁷, 839f²⁸, 839f²⁹
Scheiner, P., **7**, 658⁷⁰⁴ (645)
Scheinmann, F., **7**, 44f⁸, 105³³⁰ (45), 651³⁰⁸ (576)
Schell, R. A., **4**, 238³²⁰ (206T, 210, 218, 219T, 232T); **6**, 757¹³⁷⁴ (671), 757¹³⁷⁵ (671)
Schelle, S., **3**, 833f⁵, 833f⁸, 842f², 842f³
Schellenberg, M., **2**, 932f⁹, 933f¹, 975³³⁶ (930, 931)
Scheller, A., **8**, 668⁶ (652, 658T, 659T), 669⁴¹ (652, 658T)
Schenach, T. A., **6**, 446³¹⁵ (428, 433)
Schenk, C., **1**, 246³⁰² (192); **7**, 107⁴³⁵ (58)
Schenk, H., **3**, 1115f⁷, 1147⁷⁶ (1114), 1317⁷¹ (1283); **6**, 740²⁵⁵ (514, 581), 754¹¹⁷¹ (643T), 845f²⁸⁶
Schenk, K. J., **4**, 814²⁷³ (741, 742)
Schenk, W. A., **3**, 819f²⁵, 841f⁵, 879f¹⁰
Schenkluh, J., **6**, 181¹³⁶ (145, 146T, 147, 157, 159T, 160T, 161, 162, 164, 165T, 167)
Schenkluhn, H., **6**, 36¹⁷⁹ (29), 36¹⁸⁰ (29), 97²³² (82), 97²⁴⁶ (81), 97²⁴⁹ (81, 83, 83f, 84), 99³⁶⁵ (81, 83, 85T), 181¹²⁸ (159T, 163), 182¹⁷² (171); **8**, 458²⁹⁸ (417), 704⁴¹ (685T, 685), 705⁷³ (684, 685T, 686, 687T), 706¹¹² (677), 706¹¹³ (672, 677), 706¹¹⁴ (678, 680, 681, 684, 685T, 687T), 706¹³⁹ (672, 673T, 677), 706¹⁴⁰ (672, 673T), 706¹⁴¹ (672, 677), 707¹⁷⁷ (672), 708²³³ (672, 677)
Scherer, F., **3**, 1205f², 1250²²³ (1204, 1205), 1357f¹, 1382¹⁵⁹ (1357, 1358)
Scherer, H., **2**, 626⁶⁵⁵ (607)
Scherer, K., **5**, 627⁴⁰⁵ (601, 620)
Scherer, O., **1**, 680⁶⁴³ (652); **7**, 457¹⁵⁸ (395)
Scherer, O. J., **2**, 198⁵²²ᵃ (125, 137), 198⁵²⁴ (127), 198⁵²⁴ (127), 198⁵²⁴ (127), 198⁵⁵⁰ᵃ (131, 145), 199⁵⁹⁰ (144), 199⁵⁹⁷ (145), 199⁵⁹⁸ (145), 513⁴²⁶ (454), 678²⁹⁹ (662), 678³⁰¹ (662), 678³⁰² (662), 678³⁰⁹ (662), 705⁶⁰ (688), 707¹⁶⁶ (702); **6**, 753¹¹²³ (638); **7**, 653³⁹⁶ (592)
Schering, A. G., **7**, 454⁹ (370, 371), 455⁶⁷ᵇ (383)
Scherm, H.-P., **2**, 818⁶⁰ (776), 818⁶¹ (776), 818⁶² (776); **5**, 531⁷⁵⁵ (407, 465); **6**, 99³⁵⁴ (48, 50T)
Schermer, E. D., **3**, 1249¹⁶³ (1191); **4**, 606¹¹⁶ (537), 887¹⁸⁴ (881)
Schern, H. P., **6**, 344¹³⁹ᵇ (303)
Scherr, P. A., **1**, 40⁵² (13, 14, 15T), 40⁶² (15), 40⁹⁰ (19), 72f¹, 115¹⁸ (45), 585f¹, 673¹³⁴ (582, 587, 588, 627), 673¹⁵⁹ (590, 603, 611); **2**, 974²⁷⁴ (919), 974²⁷⁸ (920)
Scherrer, O. J., **2**, 512³⁷⁸ (447)
Scherzer, K., **5**, 536¹⁰⁷⁰ (465, 504)
Scheuer, G. F., **3**, 866f⁷
Scheunemann, K.-H., **7**, 110⁵⁹³ (92)
Schexnayder, D. A., **3**, 833f⁶⁷
Schiavon, G., **4**, 1060²¹⁰ (1007, 1015); **5**, 529⁶⁰⁸ (379), 622⁷⁴ (551, 557), 623¹¹³ (561), 623¹¹⁴ (561); **6**, 99³⁹⁹ (55T, 68); **8**, 770⁵⁶ (723T, 732)
Schick, H., **1**, 380⁴³⁰ (367); **7**, 463⁵¹⁹ (448), 463⁵²⁰ (448), 463⁵²¹ (448), 463⁵²² (448)
Schick, L. E., **7**, 651³²⁵ (579)
Schid, G., **3**, 1084f¹³, 1261f⁹
Schieda, O., **2**, 199⁵⁷⁸ (140)
Schieder, G., **2**, 678³⁰² (662)
Schieferstein, L., **4**, 380f²¹, 507¹⁸⁹ (430), 606⁸² (524f, 526); **6**, 34⁹² (20T, 31), 99³⁷⁶ (82, 85T), 143²²⁴ (114, 115T), 143²²⁷ (115T), 182¹⁴² (165T, 167)
Schier, E., **3**, 947⁶⁵ (822)
Schieser, G. A., **7**, 650²¹³ (559)
Schiff, L., **4**, 422f¹⁵
Schiffers, H., **7**, 458²⁴⁵ (408)
Schildcrout, S. M., **4**, 479f³¹
Schildknecht, C. E., **7**, 462⁴⁹¹ (443, 444)
Schill, D., **7**, 105²⁷⁷ (36)
Schilling, B., **4**, 50f³⁰, 152²⁰⁷ (55), 152²⁰⁸ (55, 58), 152²¹⁷ (58), 152²¹⁸ (58), 238²⁸² (202), 238²⁸³ (202), 238²⁸⁴ (202), 238²⁸⁷ (202), 238²⁸⁸ (202), 238²⁸⁹ (202)
Schilling, B. E. R., **3**, 86³⁹⁵ (54, 58), 87⁴⁸⁷ (70); **4**, 375¹⁴⁶ (368), 391f³, 504⁴⁹ (391), 648¹⁵ (617, 618), 688¹⁴ (664, 665), 907³⁰ (896); **5**, 271⁵¹⁰ (169, 170, 173); **6**, 96¹⁷³ (42), 227²¹¹ (213, 213T)
Schilling, G., **3**, 267²⁵⁴ (214)
Schilling, M. D., **5**, 531⁷⁸³ (411, 480), 534⁹⁴³ (425, 441, 459, 468); **6**, 263¹⁷⁵ (258), 349⁴¹³ (332), 742³⁶² (523)
Schimpf, R., **1**, 672⁷¹ (568, 662); **6**, 383³⁵ (365); **7**, 455⁶⁴ (382, 383)
Schindler, A., **3**, 545¹⁶ (488), 546³³ (492); **8**, 1104³² (1079)
Schindler, F., **1**, 596f⁶, 596f¹⁰, 673¹⁸³ (592), 722²⁰⁵ (713); **2**, 200⁶³⁷ (156), 200⁶⁴³ (158), 838f⁵, 857f²
Schindler, H.-D., **3**, 118f¹, 429¹⁷⁴ (374, 385), 1249¹⁷¹ (1192); **4**, 157⁵⁶⁷ (133), 158⁵⁸¹ (135), 158⁵⁸³ (135, 136); **5**, 27f¹², 29f¹⁰, 29f¹¹
Schinzer, D., **7**, 109⁵³⁶ (78)
Schipper, D. J., **3**, 264⁵⁷ (179)
Schipper, P., **7**, 458²¹⁴ (402)
Schipperijn, A. J., **6**, 751⁹⁹⁷ (621, 624T), 752¹⁰¹⁸ (624T)
Schirawski, G., **2**, 197⁵⁰⁷ (123)
Schirlin, D., **7**, 95f⁵
Schissel, P., **6**, 225⁹⁷ (195)
Schlag, E. W., **3**, 80⁴² (6), 792f¹², 1083f¹², 1250²³⁵ᵃ (1206), 1260f¹²; **4**, 31⁹⁴⁰ (246, 248, 291); **6**, 12²⁹ (5)
Schlatter, V., **8**, 1065⁷¹ (1024)
Schlebusch, J. J. J., **5**, 535¹⁰⁵⁰ (462)
Schlecker, R., **7**, 104²⁷² (34)
Schleede, A., **1**, 676³³⁷ (621)
Schlegel, H. B., **2**, 186³⁰ (7, 84), 193³²⁸ (83)
Schlemper, E. O., **2**, 620²⁶⁶ (555), 620²⁷¹ (555), 623⁴⁶⁵ (581); **3**, 1138f⁷
Schlenk, H., **7**, 105³²¹ (43)
Schlenk, W., **1**, 245²³⁷ (181, 198), 247³⁷² (199), 671¹⁸ᵃ (658), 671¹⁸ᵇ (578); **2**, 193³¹³ (80)
Schlesinger, H. I., **1**, 157² (123, 147), 150¹⁰⁹ (127, 147), 273f²¹, 304¹⁹⁴ (271), 305²¹⁸ (277), 305²¹⁹ (277), 310⁵⁶² (299), 310⁵⁸⁸ (301), 671²⁵ (558), 674²⁴⁰ (603); **2**, 624⁴⁸⁷ (585); **7**, 195⁹² (170), 195⁹³ (170)
Schlesinger, M. D., **8**, 96¹²⁸ (47)
Schlessinger, R. H., **7**, 97f¹⁹, 653⁴¹³ (595); **8**, 930²⁸⁶ (840)
Schleussner, G., **3**, 429²⁰⁷ (381)
Schleyer, P. von R., **1**, 41¹⁴² (32, 33T, 34), 42¹⁹⁹ (39), 42²⁰⁰ (39), 42²⁰¹ (39), 42²⁰² (39), 115²² (45, 77, 107, 108), 117¹³⁷ (73), 117¹⁵⁰ (77, 79), 117¹⁵⁴ (77, 78), 117¹⁵⁵ (77, 79), 117¹⁵⁶ (77, 99, 101), 117¹⁵⁶ (77, 99, 101), 117¹⁵⁸ (77, 79), 117¹⁶⁰ (77), 117¹⁶² (77, 82, 83), 118¹⁶³ (77), 118¹⁶⁵ (79), 119²³⁶ (93), 119²³⁷ (93), 119²⁵⁸ (97, 100), 119²⁶⁹ᵇ (102), 120²⁹⁸ (107), 149¹² (122), 149¹⁹ (122), 149²¹ (122), 149²³ (122), 149²⁴ (122), 149³² (122, 145, 147), 304¹⁷⁰ (270); **2**, 187⁴³

(10); **7**, 109^{533} (78), 110^{577} (88), 160^{143} (155), 511^{86} (485, 486)
Schleyerbach, C., **1**, 379^{378} (362)
Schlichte, K., **6**, 181^{115} (156, 160T, 168), 182^{148} (156, 159T, 160, 165T, 168), 445^{257} (420)
Schlichting, O., **8**, 411f^6, 458^{244} (410, 412), 670^{91} (650), 670^{91} (650)
Schlientz, W. J., **3**, 798f^3, 809f^6, 809f^8, 826f^4, 879f^3, 883f^8, 949^{214} (880), 949^{229} (884), 1106f^9, 1275f^8, 1317^{47} (1278), 1318^{75} (1283, 1284); **5**, 12f^7
Schlingmann, M., **1**, 380^{464} (370), 380^{465} (370); **2**, 512^{389} (450)
Schlodder, R., **5**, 529^{591} (303T), 623^{121} (561), 626^{327} (590), 628^{478} (613), 628^{478} (613); **6**, 741^{347} (522)
Schloemer, G., **7**, 20f^1
Schlögl, K., **3**, 1005f^{18}, 1071^{238} (1008, 1027, 1048), 1072^{264} (1012, 1017), 1073^{355} (1026), 1073^{357} (1026), 1073^{360} (1026, 1027), 1073^{363} (1027, 1028); **4**, 760f^1, 815^{389} (759, 767), 817^{464} (767, 771), 817^{478} (771); **8**, 1064^{21} (1017, 1037, 1038, 1041, 1048, 1050), 1070^{310} (1059), 1070^{312} (1059)
Schlosser, H., **1**, 116^{64} (55)
Schlosser, M., **1**, 115^2 (44, 50T, 52, 53T, 54, 55, 72T, 1114), 115^5 (44, 45, 52, 53, 53T, 58, 61, 62, 62T), 116^{63} (55), 116^{68} (55), 116^{80} (57), 119^{244} (95), 119^{251} (97, 102), 119^{255} (97, 100, 100T, 101), 120^{288a} (105), 120^{288b} (105), 245^{236a} (180, 182, 187); **7**, 99^3 (2), 107^{419} (56), 363^{21} (355, 356), 728^{189} (706), 728^{189} (706), 729^{255} (721)
Schloter, K., **3**, 1253^{402b} (1244), 1384^{259} (1378)
Schlueter, A. W., **4**, 816^{406} (761, 762)
Schluge, M., **3**, 911f^5, 1305f^5, 1318^{123} (1301)
Schlupp, J., **8**, 96^{76} (37), 98^{242} (69), 99^{305} (86, 86T, 87, 88), 362^{73} (288)
Schlupp, R., **3**, 1138f^5
Schlyer, D. J., **1**, 720^{75} (691)
Schmall, E. A., **7**, 461^{433} (434)
Schmeisser, M., **1**, 60f^8; **2**, 853f^4, 949f^3; **7**, 109^{526} (76), 654^{460} (600)
Schmich, M., **7**, 194^8 (162)
Schmid, B., **1**, 119^{242} (95); **7**, 109^{546} (80)
Schmid, C., **3**, 1089f^7
Schmid, G., **1**, 306^{270} (282), 375^{138} (329), 375^{139} (329), 378^{327} (357), 378^{328} (357), 378^{329} (357), 409^8 (383, 404, 406), 410^{83} (405), 410^{84} (405), 539^{90} (487, 491), 539^{109} (491); **2**, 194^{365} (93), 509^{202} (423, 470); **3**, 268^{265} (216), 327^{97} (306), 427^{33} (337), 429^{178} (377), 429^{179} (377), 629^{83} (573, 574, 575, 576), 632^{226} (602), 948^{129} (848), 1092f^7, 1187f^{11}, 1188f^{32}, 1266f^8, 1337f^1, 1337f^{26}; **4**, 323^{268} (272), 607^{120} (539, 539f), 609^{276} (575, 578); **5**, 12f^{18}, 12f^{19}, 12f^{20}, 265^{74} (16, 41, 162, 163, 164, 165, 166, 170), 266^{180} (37), 267^{199} (42, 165), 271^{495} (164), 271^{496} (164), 271^{498} (166); **6**, 35^{135} (25), 779f^4, 782f^3, 805f^{1a}, 805f^{1b}, 805f^9, 839f^{15}, 839f^{16}, 841f^{98}, 843f^{216}, 868f^{24}, 870f^{79}, 870f^{94}, 874f^{37} (765), 874f^{59} (769), 941^5 (881T, 882, 892), 941^9 (882, 883T, 887, 888T, 889, 890T, 891T, 892, 893T), 941^{18} (885T, 886, 889, 890T, 893T, 894), 941^{20} (886, 887T), 941^{21} (887, 888T, 894), 941^{22} (887, 888T), 941^{23} (887, 888T, 889, 894), 941^{24} (887, 888T, 889, 891T, 892, 893T), 941^{25} (887, 888T, 889, 890T, 892), 941^{26} (889, 890T, 891T, 892, 893T, 894), 941^{27} (889, 890T, 891T, 892, 894), 941^{28} (889, 890T, 893T), 941^{31} (894), 942^{34} (895, 896T, 897), 942^{35} (896T, 897), 942^{36} (896T, 897), 942^{86} (903T), 980^{32} (955, 959T), 980^{47} (960, 961, 963T, 966, 970T), 1074f^6, 1111^{62} (1054, 1089), 1111^{68} (1057), 1112^{122} (1072), 1112^{141} (1078), 1112^{148} (1082, 1083), 1113^{180} (1090), 1113^{185} (1090), 1113^{186} (1090), 1113^{188} (1090), 1113^{190} (1090, 1109)
Schmid, G. H., **2**, 971^{91} (879)
Schmid, G. M., **1**, 672^{76} (569)
Schmid, H., **4**, 609^{303} (579), 815^{369} (756), 819^{645} (804); **6**, 441^{33} (390, 391); **8**, 928^{119} (805, 811)
Schmid, H. G., **2**, 704^2 (683); **3**, 863f^{45}, 866f^2, 870f^{12}, 870f^{13}, 947^{60} (821), 948^{166} (871), 1067^6 (956); **4**, 156^{502} (125, 127), 327^{548} (303)
Schmid, K. H., **2**, 198^{529} (127), 300^{256} (264)
Schmid, K. R., **3**, 901f^4
Schmid, P., **2**, 199^{605} (146), 514^{478} (462)
Schmid, R., **7**, 648^{143} (547)
Schmidbaur, H., **1**, 42^{177} (36), 42^{178} (36), 246^{333} (195), 247^{389} (200), 247^{389} (200), 596f^6, 596f^7, 596f^8, 596f^{10}, 597f^6, 673^{171} (591), 673^{183} (592), 674^{208} (595), 674^{209} (596), 678^{493} (633), 700f^5, 721^{117} (701), 721^{118} (701, 707), 721^{119} (701, 705), 721^{120} (701), 721^{121} (701, 705), 721^{122} (701, 705), 722^{148} (705, 712), 722^{205} (713), 722^{206} (713), 722^{207} (714), 722^{211} (714), 722^{212} (714), 723^{213} (714), 723^{214} (714), 723^{215} (714), 723^{216} (715), 723^{217} (715), 723^{218} (715), 723^{219} (715), 723^{227} (716), 723^{228} (716), 728f^6, 752^{19} (728); **2**, 188^{112} (28), 191^{245} (59), 192^{266} (65, 68, 99, 156), 192^{268} (66), 192^{268} (66), 192^{269} (67), 192^{269} (67), 192^{270} (68), 192^{270} (68), 192^{271} (68), 192^{272} (69), 192^{272} (69), 192^{273} (69), 192^{273} (69), 192^{274} (69), 194^{376} (95), 194^{376} (95), 195^{394} (99), 200^{634} (156), 200^{637} (156), 200^{637} (156), 200^{642} (157), 200^{643} (158), 201^{644} (158), 201^{645} (158), 202^{728} (179), 203^{747} (184), 296^{10} (210), 297^{89} (230), 298^{115} (236), 508^{118} (410), 509^{164} (418), 513^{433} (455), 619^{176} (355), 622^{390} (571), 623^{434} (577), 677^{228} (654), 706^{110} (695, 696), 706^{135} (698), 706^{136} (698, 700), 706^{139} (698), 707^{158} (701), 707^{164} (702), 715f^{18}, 715f^{18}, 715f^{18}, 715f^{18}, 736f^5, 736f^6, 736f^7, 761^{65} (722, 724), 761^{66} (722), 761^{67} (722), 761^{68} (722, 738), 761^{69} (722), 768f^1, 768f^5, 768f^{12}, 774f^1, 787f^1, 796f^7, 796f^{15}, 817^5 (766, 786), 817^6 (766, 786, 788, 790, 793), 817^8 (766, 782), 817^9 (766, 775, 782, 797), 818^{23} (767), 818^{48} (773), 818^{55} (775, 782, 783, 789, 798, 802, 804), 818^{56} (774), 818^{57} (775), 818^{59} (775), 818^{60} (776), 818^{61} (776), 818^{62} (776), 818^{63} (776), 818^{64} (776), 819^{69} (777), 819^{90} (782), 819^{91} (782), 819^{91} (782), 820^{123} (790), 820^{125} (790, 791), 820^{137} (792), 820^{142} (793, 794), 820^{158} (795, 800), 820^{164} (797, 798, 802), 820^{166} (798), 820^{167} (798), 820^{168} (798), 820^{168} (798), 820^{170} (800), 820^{171} (800), 820^{182} (807, 808), 838f^5, 841f^4, 857f^2, 973^{232} (902); **3**, 474^{66} (450), 474^{75} (458), 630^{138a} (580), 1188f^6, 1338f^5; **4**, 813^{229a} (726, 734); **5**, 268^{259} (69, 70, 72), 268^{260} (69, 70), 268^{284} (77), 531^{755} (407, 465), 543f^5; **6**, 93^9 (48, 50T), 94^{53} (51, 53T, 54T, 59T, 61T, 62T, 72), 94^{54} (48, 50T), 99^{344} (48, 50T), 99^{347} (50T), 99^{348} (50T), 99^{351} (48, 50T), 99^{352} (48, 50T), 99^{354} (48, 50T), 99^{358} (48, 50T), 99^{382} (48, 50T), 344^{136} (302), 344^{137} (302), 344^{138} (302), 344^{139a} (302), 344^{139b} (303), 441^{45} (391); **7**, 108^{456} (62), 656^{586} (626), 656^{590} (627), 656^{591} (627), 656^{594} (627), 656^{595} (627), 656^{596} (627), 656^{597} (627), 657^{600} (628), 657^{601} (628), 657^{603} (628)
Schmidhauser, J., **2**, 203^{743} (183)
Schmidlin, J., **1**, 680^{593} (647)
Schmidling, D. G., **1**, 689f^1, 720^{41} (688); **3**, 695^{38} (650); **4**, 319^{17} (245), 388f^2
Schmidt, A., **1**, 374^{81} (317)
Schmidt, A. A., **8**, 643^{149} (627T)
Schmidt, A. H., **7**, 658^{654} (640)
Schmidt, B., **8**, 97^{134} (48)
Schmidt, E., **4**, 374^{39} (339, 361); **5**, 29f^{10}; **8**, 392f^1, 456^{121} (392)
Schmidt, E. K. G., **4**, 509^{338} (461)
Schmidt, F. K., **6**, 99^{366} (64), 100^{410} (43T); **8**, 642^{57} (621T), 642^{59} (621T, 622), 642^{79} (621T), 642^{101} (621T), 646^{273} (622T), 646^{285} (621T)
Schmidt, G., **6**, 875^{98} (777); **7**, 658^{689} (642)
Schmidt, G. E. L., **6**, 869f^{49}
Schmidt, H., **1**, 377^{267} (349), 409^{10} (383, 405), 409^{14} (383, 405, 406); **2**, 195^{393} (98), 200^{613} (148), 678^{289} (661), 882f^3, 974^{269} (919, 950), 974^{279} (920, 950); **3**, 54^{522} (490), 1071^{245} (1009), 1251^{247} (1211), 1382^{166} (1361); **6**, 344^{79} (292), 739^{184} (501); **7**, 655^{492} (605); **8**, 459^{333} (421), 641^{16} (623T, 626, 627T), 704^{11} (684)
Schmidt, H. M., **2**, 190^{198} (45)
Schmidt, H. W., **1**, 654f^1

Schmidt, J., **3**, 695[69] (653, 666), 695[71] (653, 666), 697[201] (664, 666), 698[232] (666); **4**, 326[483] (297)
Schmidt, J. B., **8**, 16[8] (2, 3T, 4, 7, 8, 10, 15, 16), 95[42] (30), 96[100] (41, 44, 45), 98[229] (63, 66), 99[309] (90)
Schmidt, J. R., **3**, 631[207b] (591, 593, 597)
Schmidt, M., **1**, 305[231] (279), 309[545] (298), 375[165] (333), 380[480] (372); **2**, 200[637] (156), 201[644] (158), 201[645] (158), 202[722] (177), 508[153] (416), 514[502] (467), 622[390] (571), 623[434] (577), 626[620] (602), 626[629] (603), 626[635] (604), 626[636] (604), 626[637] (604, 605), 626[639] (604), 626[644] (605), 674[24] (632, 661), 678[292] (662), 678[299] (662), 678[300] (662), 678[301] (662), 679[320] (665), 679[321] (665), 679[322] (665), 679[323] (665), 679[326] (665), 705[60] (688), 707[166] (702), 707[177] (703), 707[177] (703); **3**, 372f[10], 386f[3], 386f[10], 386f[11], 386f[14], 388f[4], 388f[13], 411f[9], 430[220] (384), 430[222] (385), 431[299] (409), 630[125] (577), 879f[10]
Schmidt, M. A., **4**, 606[58] (520)
Schmidt, M. W., **4**, 155[415] (114), 238[315] (205, 206T, 231, 232T), 242[528] (231, 232T); **8**, 1066[126] (1033, 1040)
Schmidt, P., **5**, 535[1051] (462); **6**, 753[1092] (635), 754[1214] (652, 661), 755[1243] (654, 667), 755[1244] (654)
Schmidt, R., **2**, 676[158] (647)
Schmidt, R. R., **1**, 119[232] (92), 119[242] (95), 119[245] (96); **7**, 109[546] (80)
Schmidt, U., **2**, 680[399] (673), 1017[176] (1000), 1017[177] (1000, 1001, 1004), 1018[183] (1000, 1001); **7**, 652[334] (581); **8**, 453[3] (372), 708[210] (701)
Schmidt, W., **2**, 674[49] (636), 706[118] (697); **3**, 951[320] (923, 927)
Schmidt, Jr., W. C., **4**, 325[412] (290)
Schmidtberg, G., **2**, 301[284] (269)
Schmidt-Fritsche, W., **2**, 514[479] (462)
Schmiedeknecht, K., **3**, 696[138] (659), 918f[2], 919f[4], 922f[5], 924f[8], 933f[10], 933f[11], 933f[12], 933f[15], 933f[16], 933f[18], 935f[3], 951[348] (936)
Schmitkons, T. A., **1**, 537[24b] (462), 540[128] (498, 536T); **6**, 944[184] (912T, 912), 945[234] (926), 945[238] (926)
Schmitt, G., **1**, 681[683]; **3**, 84[297] (40); **6**, 96[199] (53T); **7**, 108[472] (65), 456[126] (392), 459[270] (412), 459[271] (412), 459[272] (412), 461[380] (424); **8**, 382f[28], 388f[1], 389f[10], 455[71] (383, 387, 389), 643[129] (616, 617, 621T, 622T), 796[104] (774), 1068[237] (1049)
Schmitt, H. J., **4**, 607[163] (546); **6**, 187[12] (183T, 184); **8**, 458[257] (411)
Schmitt, J. L., **7**, 74f[2], 109[541] (79)
Schmitt, R., **2**, 678[281] (660)
Schmitt, R. J., **2**, 190[202] (47)
Schmitt, S., **3**, 114f[5], 134f[4]; **4**, 508[236] (440), 815[368] (756, 804), 815[370] (756, 758); **8**, 644[159] (632)
Schmittou, E. R., **5**, 530[661] (387)
Schmitz, D., **1**, 409[73] (401, 402); **6**, 143[254] (117, 121T)
Schmitz, E., **2**, 972[180] (896); **8**, 938[805] (926)
Schmitz, F. J., **7**, 252[75] (239)
Schmitz, M., **2**, 761[43] (718, 722)
Schmitz-DuMont, O., **2**, 675[105] (641), 678[304] (662)
Schmock, F., **1**, 248[422] (206), 722[153] (706); **2**, 872f[8], 972[176] (960)
Schmonsees, W., **2**, 915f[8], 974[266] (919, 920)
Schmuck, R., **2**, 978[538] (968)
Schmutzler, R., **2**, 191[244] (58), 201[655] (159), 202[711] (173), 706[111] (696), 706[115] (696); **3**, 833f[82], 833f[86], 1247[76] (1171), 1252[319] (1225); **6**, 13[69] (8), 35[131] (24)
Schnabel, W., **6**, 278[25] (271)
Schneider, A., **4**, 157[518] (128); **8**, 646[294] (634T), 646[295] (635T), 647[296] (635T)
Schneider, B., **2**, 510[248] (432), 534f[1], 624[543] (592), 624[547] (592), 626[631] (603)
Schneider, B. E., **3**, 265[87] (182)
Schneider, D. F., **4**, 608[207] (556, 559f, 561)
Schneider, D. R., **1**, 119[247] (97), 119[249a], 119[249b], 119[264] (98, 104), 120[320b] (114); **7**, 110[598] (93)
Schneider, E., **4**, 505[75] (398)
Schneider, G., **6**, 736[21] (476, 477)
Schneider, J., **1**, 671[26] (558, 563, 607, 611, 612, 625, 626, 634, 642, 663), 671[27] (559, 579, 625, 638, 664), 679[558] (644, 648, 649, 659, 666); **4**, 327[557] (304); **6**, 850[f26], 868f[8], 869f[40], 869f[41], 877[233] (820); **7**, 454[3] (367, 372)
Schneider, K., **1**, 679[558] (644, 648, 649, 659, 666); **4**, 507[172] (427, 455)
Schneider, M., **3**, 695[37] (650), 697[180] (662), 697[181] (662), 703[560] (691, 692); **4**, 817[498] (775), 817[504] (775), 817[512] (775)
Schneider, M. J., **7**, 649[197] (558)
Schneider, M. L., **4**, 51f[73], 152[199] (54); **5**, 554f[4], 621[15] (544); **6**, 349[450] (341)
Schneider, P. W., **8**, 291f[3], 349f[3]
Schneider, R., **1**, 152[208] (145); **3**, 699[326] (673), 699[332] (673, 689), 703[531] (689)
Schneider, R. F., **8**, 936[706] (910)
Schneider, R. J. J., **3**, 698[228] (665), 698[229] (665), 698[247] (667, 668, 669), 698[255] (668), 1051f[12]
Schneider, S., **3**, 788f[7]
Schneider, W., **1**, 583f[15], 676[388] (625, 627); **4**, 153[277] (70); **7**, 105[277] (36)
Schneider, W. G., **1**, 675[324] (619); **2**, 933f[2], 945f[1]
Schneider, W. P., **7**, 651[323] (579)
Schneidt, D., **8**, 97[134] (48)
Schneller, S. W., **8**, 1104[21] (1077), 1104[34] (1079)
Schnering, H. G., **6**, 241[23] (237)
Schnittker, J., **2**, 976[374] (939)
Schnitzler, M., **4**, 157[520] (128), 157[521] (128)
Schnuelle, G. W., **3**, 81[114] (12), 81[115] (12)
Schnur, F., **8**, 96[81] (41, 42, 43, 44, 45, 46T, 46, 47, 48, 49, 50, 51, 52, 57, 59, 61), 98[235] (63)
Schnurpfeil, D., **2**, 882f[3]
Schober, P., **2**, 299[180] (246)
Schödel, H., **2**, 705[59] (688, 690)
Schödl, G., **3**, 935f[1], 935f[2], 942f[1], 942f[3]
Schoeller, W., **2**, 872f[13]
Schoeller, W. R., **1**, 117[157] (77)
Schoelm, R., **3**, 1073[355] (1026)
Schoen, L. J., **1**, 307[397] (290)
Schoenberg, A., **8**, 936[675] (905), 936[689] (907), 936[698] (908)
Schoenberg, E., **7**, 463[504] (443)
Schoenborn, B. P., **4**, 325[430] (292)
Schoening, R. C., **3**, 170[167] (163); **4**, 886[98] (863); **5**, 524[331] (320, 322, 337, 339), 525[374] (337), 525[376] (339), 539[1297] (322), 539[1299] (335), 539[1301] (338); **8**, 221[76] (119, 140)
Schoenlieber, D., **6**, 442[72] (395)
Scholer, F. R., **1**, 420f[1], 420f[3], 420f[7], 455[159] (435, 440, 443), 455[184] (440), 456[185] (440), 456[186] (440), 456[186] (440), 538[77e] (481, 483, 505, 512), 541[210a] (524), 541[210c] (524), 541[210d] (524), 541[211a] (524), 552[27] (546); **3**, 86[435] (62); **4**, 65f[21], 322[204] (267); **5**, 264[43] (10)
Schöler, H.-F., **2**, 192[267] (66), 200[608] (146); **7**, 657[598] (627)
Scholes, G., **4**, 435f[31], 507[182] (429, 464, 496, 497, 498), 507[182] (429, 464, 496, 497, 498), 507[224] (438, 464, 465), 508[254] (443), 512[480] (494), 512[480] (494); **6**, 758[1476] (682); **8**, 435f[9], 444f[3], 460[411] (434, 444, 447), 931[356] (849)
Scholl, E., **1**, 380[429] (367)
Scholl, R., **2**, 189[126] (29)
Scholle, S., **3**, 897f[5]
Schöllkopf, U., **2**, 189[140] (33), 191[256] (62), 192[264] (65), 676[152] (647); **7**, 98f[11], 98f[11], 101[85] (12), 105[310] (41), 106[382] (51), 107[394] (53), 110[593] (92), 647[63] (527)
Scholor, F. R., **4**, 328[653] (313)
Scholten, J. P., **8**, 456[138] (394)
Scholtens, H., **3**, 310f[3], 699[294] (671); **8**, 1104[25] (1077, 1078)
Scholz, H.-U., **2**, 189[140] (33), 191[256] (62), 192[264] (65); **7**, 647[63] (527)
Scholz, K. H., **8**, 707[153] (672, 677)
Scholz, P., **3**, 696[131] (658), 696[135] (658), 696[136] (659)

Schomaker, V., **1**, 41[146] (32, 33T, 34), 264f[10]; **2**, 198[539] (129), 516[595] (480, 482), 675[79] (638); **4**, 460f[5], 1062[334] (1042)
Schomburg, D., **2**, 513[424] (454, 502); **3**, 350f[3], 455f[8], 474[70] (452); **4**, 511[431] (485)
Schomburg, G., **1**, 242[113] (167), 242[115] (167, 190, 191), 243[116b] (168), 243[122] (168, 191), 377[268] (349), 453[78] (426, 431, 437), 673[177] (592), 678[485] (632), 679[545] (639); **6**, 180[62] (149, 159T); **7**, 99[13] (3), 99[14] (3), 99[15a] (3), 99[15b] (3), 100[49] (6), 195[50] (163), 252[50] (234), 455[35] (380); **8**, 704[28] (672, 674T, 677)
Schön, A., **4**, 817[493] (775)
Schön, M., **3**, 731f[14]
Schon, N., **8**, 549[17] (502)
Schönafinger, K., **7**, 658[704] (645)
Schonauer, G., **3**, 819f[13]
Schönberg, A., **7**, 67f, 108[489] (70)
Schöneburg, T., **3**, 474[113] (469)
Schoneman, D. P., **8**, 711[361] (701)
Schonenberger, U., **3**, 1076[523] (1056)
Schönfinger, E., **2**, 678[262] (658)
Schönleber, D., **6**, 187[14] (186)
Schönowsky, H., **7**, 727[136] (694)
Schoonover, M. W., **4**, 814[292] (745), 814[293] (745); **5**, 538[1230] (494)
Schore, N. E., **3**, 629[55] (568, 581, 586, 587, 595, 607); **5**, 275[757] (251), 275[760] (251); **7**, 100[60] (7)
Schörkhuber, W., **7**, 659[710] (645)
Schorpp, K., **5**, 529[591] (303T), 623[121] (561); **6**, 741[345] (522), 758[1470] (679), 759[1498] (685)
Schorpp, K. T., **3**, 170[151] (157, 158), 170[166] (162); **4**, 658f[53], 689[34] (666), 885[95] (863), 907[46] (899), 907[47] (899), 1061[269] (1028), 1062[308] (1035, 1038), 1062[311] (1035), 1063[386] (1053)
Schössner, H., **2**, 705[59] (688, 690), 705[59] (688, 690), 707[170] (702); **3**, 863f[47]; **5**, 27f[9]
Schott, A., **6**, 99[353] (44), 139[3] (105T, 111), 179[14] (146T, 147, 156, 160T, 165T, 169)
Schott, G., **2**, 187[66] (14), 511[286] (438)
Schott, H., **6**, 13[76] (8), 99[353] (44), 139[3] (105T, 111), 179[14] (146T, 147, 156, 160T, 165T, 169), 263[169] (257)
Schott, V. G., **2**, 510[241] (431)
Schotz, H. U., **2**, 676[152] (647)
Schoufs, M., **7**, 87f[14]
Schrader, Jr., G. L., **8**, 607[93] (561, 562T, 594T, 605)
Schram, E. P., **1**, 674[225] (600), 674[226] (600); **2**, 395[34] (370), 395[39] (371); **3**, 424f[4], 431[320] (423); **4**, 812[176] (718); **6**, 941[16] (885T, 886), 980[33] (956, 959T), 1058f[6], 1110[33] (1047, 1059)
Schraml, J., **8**, 706[105] (693, 694T, 695)
Schramm, C., **5**, 265[52] (11)
Schramm, C. H., **3**, 430[217] (384)
Schramm, J., **8**, 772[228] (734)
Schramm, K. D., **4**, 820[664] (809); **6**, 144[277] (124T, 130)
Schramm, R. F., **6**, 241[19] (236), 241[19] (236)
Schranzer, G. M., **8**, 927[28] (800, 844)
Schraut, W., **2**, 301[292] (271)
Schrauth, W., **2**, 872f[13]
Schrauzer, G. N., **2**, 506[33] (403); **3**, 778[2] (706); **4**, 509[327] (455), 608[187] (550), 609[287] (577, 578), 612[502] (599), 648[32] (623); **5**, 89f[1], 95f[1], 265[107] (23), 265[108] (24), 268[305] (81, 89, 97, 103, 106, 117), 268[306] (81), 269[320] (89), 269[338] (97, 116, 131), 537[1180] (482), 608f[4], 628[459] (607); **6**, 14[91] (9), 36[172] (32), 1035f[22]; **8**, 221[57] (116, 126, 132, 138, 140, 159, 166, 167, 170, 173–175, 181, 186, 188, 190, 192, 201, 206–208, 210, 212, 213, 214, 217), 293f[15], 305f[39], 411f[7], 456[177] (397, 398, 428, 431, 452), 458[263] (412), 458[264] (412), 458[292] (417), 459[357] (428), 796f[132] (777), 796[140] (788), 1008[52] (951), 1009[156] (980), 1010[215] (1005), 1010[221] (1005), 1011[226] (1006), 1098f[1], 1098f[2], 1098f[3], 1098f[4], 1098f[5], 1105[56] (1085), 1105[57] (1085), 1105[93] (1096, 1097), 1105[94] (1096, 1097), 1105[95] (1097)
Schreer, H., **3**, 1147[95] (1128)
Schreiber, S. L., **7**, 461[383] (424)

Schreiner, A. F., **3**, 80[50] (6), 84[292] (40); **6**, 755[1282] (657)
Schreiner, J. L., **7**, 650[228] (561)
Schreiner, K., **1**, 120[320a] (114)
Schreiner, P. R., **4**, 810[63] (699, 739, 744, 808), 814[289] (744)
Schreiner, S., **3**, 699[334] (673), 988f[4], 1029f[1], 1069[134] (986), 1074[369a] (1029); **4**, 760f[4]
Schrem, H., **1**, 722[170] (709), 723[251] (717)
Schreurs, J., **1**, 120[315] (113)
Schrews, J. W. H., **1**, 112f[2]
Schrieke, R. R., **3**, 1337f[5], 1337f[6]; **6**, 980[25] (954), 980[26] (954, 959T), 980[27] (954, 959T)
Schriewer, M., **2**, 516[602] (481, 485)
Schriller, G., **8**, 221[87] (120)
Schrock, R. R., **1**, 40[34] (11), 247[340] (196, 197), 248[429] (207); **3**, 85[359] (49), 88[537] (77), 88[538] (77, 80), 88[539] (78), 88[540] (78), 102f[3], 103f[1], 103f[2], 103f[3], 108f[1], 109f[1], 121f[1], 135f[1], 150f[2], 168[26] (99), 473[3] (434), 546[29] (491), 557[20] (550), 557[28] (550), 628[6] (561), 645[5] (636), 646[35] (641), 696[102] (656), 709f[1], 721f[1], 721f[1], 721f[2], 721f[2], 721f[3], 721f[4], 721f[4], 721f[5], 721f[5], 721f[6], 721f[6], 721f[7], 721f[7], 721f[8], 721f[9], 721f[10], 721f[11], 721f[12], 721f[15], 721f[16], 722f[1], 722f[2], 722f[3], 722f[4], 722f[5], 722f[8], 723f[1], 723f[2], 723f[4], 725f[1], 725f[2], 725f[4], 725f[5], 725f[7], 731f[1], 731f[1], 731f[2], 731f[2], 731f[3], 731f[7], 731 706, 720, 723, 740), 779[50] (709), 779[71] (718, 765), 779[79] (720, 722, 724), 779[80] (722, 723, 726), 779[81] (722), 779[82] (723, 726, 729, 741), 779[83] (723), 779[84] (723), 779[85] (723), 779[88] (724), 779[89] (724, 726, 729, 741), 779[90] (724), 779[91] (726, 740), 779[92] (726), 779[93] (727), 779[94] (728), 780[95] (728, 758, 761), 780[96] (728, 752), 780[97] (728), 780[98] (729), 780[101] (730, 737, 738), 780[103] (730, 739), 780[112] (738), 780[115] (739, 755, 756), 780[119] (740), 780[120] (740), 780[125] (743), 780[136] (746, 751, 752, 757), 780[137] (746, 747, 748), 780[138] (749), 780[144] (752), 780[145] (752), 780[149] (755, 759), 781[208] (775, 777, 778), 782[221] (777f, 778f), 950[302] (915), 1147[105] (1128), 1319[153] (1314), 1319[154] (1314), 1319[155] (1314, 1316), 1319[156] (1314), 1319[157] (1315, 1316), 1382[145] (1350); **4**, 814[304] (747), 815[378] (758), 939f[15], 1060[206] (1015, 1017), 1064[411] (1017); **5**, 299f[8], 522[155] (297, 298, 449, 473, 474T, 475T, 476), 533[860] (364, 449, 475T, 47, 48), 536[1068] (425, 450, 464, 465, 473, 483, 488, 489, 492), 536[1112] (473, 475T, 476), 536[1117] (473, 474T, 475T), 536[1124] (475T, 476), 537[1126] (475T, 476), 628[464] (611); **6**, 383[44] (367), 445[266] (422), 943[114] (904T, 905); **8**, 97[196] (59), 281[62] (249), 364[218] (320), 382f[3], 388f[4], 388f[7], 454[20] (374), 454[23] (375, 380), 454[24] (375, 380), 455[102] (387, 389), 455[103] (387), 455[118] (391), 496[49] (476), 549[35a] (504, 513), 549[35b] (504, 513), 549[42] (504, 506, 512, 523, 527, 543, 545), 550[55] (513), 550[56] (514), 550[63] (515), 550[65a] (515), 550[96] (524), 550[97b] (524), 550[98] (524), 551[108] (528), 551[109] (528), 551[146] (548)
Schröder, F. A., **1**, 244[222] (179)
Schröder, F. W., **7**, 102[149] (23)
Schröder, G., **3**, 80[5] (2); **4**, 612[494] (598)
Schröder, M., **4**, 1061[246] (1022)
Schröder, S., **1**, 262f[55]; **2**, 859[24] (829); **3**, 696[126] (658)
Schroeder, B., **2**, 194[357] (92), 195[413] (103), 195[413] (103)
Schroeder, F., **7**, 647[58] (527)
Schroeder, H., **1**, 454[127] (431), 456[238] (450)
Schroeder, H. A., **2**, 1017[139] (997, 1014)
Schroeder, M. A., **2**, 197[489] (119); **7**, 656[556] (619); **8**, 292f[45], 367[430] (350)
Schroeder, S., **3**, 473[19] (437, 442)
Schroeder, T., **2**, 680[415] (673), 680[417] (673), 680[418] (673)
Schroen, R., **1**, 380[447] (368)
Schroer, H. P., **3**, 924f[9], 986f[3]; **8**, 363[199] (315)
Schroer, T. E., **4**, 507[176] (427), 507[178] (428), 612[509] (600, 602f), 648[33] (624)

Schröer, U., **2**, 534f[8], 618[126] (540), 618[139] (541), 625[577] (597)
Schroetter, H. W., **7**, 462[469] (440)
Schropp, Jr., W., **4**, 13f[3], 23f[2], 33f[37], 51f[42], 51f[45], 150[48] (15), 151[108] (26), 151[130] (34, 35); **6**, 1018f[33], 1028f[23]
Schropp, W. K., **4**, 106f[16]; **6**, 227[223] (202)
Schroth, G., **1**, 242[114] (167, 168), 242[115] (167, 190, 191), 242[115] (167, 190, 191), 243[122] (168, 191), 247[350] (197); **3**, 632[260] (620, 626); **6**, 33[11] (17, 17T), 97[250] (84), 100[403] (89, 92T), 180[52] (145, 146T, 151, 156, 159T, 163, 165T), 180[55] (146T, 151), 181[91] (159T, 174, 176T), 181[135] (145, 146T, 149, 150, 151, 153T, 156, 167, 168), 182[147] (174, 176T), 182[158] (174, 176T, 177); **7**, 99[15a] (3), 99[15b] (3), 99[15d] (3), 100[49] (6); **8**, 455[114] (390), 641[2] (634T), 707[159] (679), 707[169] (699), 707[171] (688), 795[71] (782), 929[159] (810)
Schrötter, H. W., **1**, 676[333] (621)
Schrübbers, H., **8**, 98[220] (61)
Schubert, C. C., **1**, 675[320] (618)
Schubert, E., **3**, 695[35] (650, 651, 652, 654, 655)
Schubert, E. H., **4**, 321[181] (264), 324[398] (289); **6**, 850f[22]
Schubert, M. P., **4**, 325[441] (293); **5**, 265[50] (11); **6**, 874[38] (765)
Schubert, P. F., **2**, 200[626] (153)
Schubert, U., **2**, 191[245] (59), 199[592] (144), 303[405] (295T), 517[669] (490), 621[342] (565), 818[60] (776); **3**, 474[66] (450), 701[414] (677, 678), 701[438] (680, 681), 823f[2], 900f[5], 901f[2], 904f[4], 904f[5], 911f[2], 947[50] (819), 947[72] (826), 949[232] (887), 950[289] (907), 950[293] (910), 950[295] (911), 1073[317] (1020), 1306f[2], 1317[37] (1276), 1318[112] (1300), 1318[114] (1300), 1318[115] (1300), 1318[119] (1301, 1302); **4**, 157[536] (130), 241[487] (223), 242[486] (223), 242[506] (223, 224T, 227); **5**, 268[261] (69, 70, 72, 73), 366f[10], 528[529] (364); **6**, 99[344] (48, 50T), 99[358] (48, 50T), 841f[113], 842f[160], 849f[6b], 874[47] (769), 1061f[14], 1111[60] (1054, 1065); **8**, 1106[114] (1102)
Schubert, W., **2**, 679[363] (668), 679[364] (668)
Schuchardt, U., **1**, 378[355] (360), 378[366] (361); **3**, 949[216] (880), 1077[575] (1063), 1252[355] (1232), 1383[231] (1371); **6**, 94[14] (881T, 882); **8**, 414f[4], 770[103] (737), 932[393] (852)
Schuda, P. F., **7**, 650[212] (559)
Schué, F., **1**, 251[603] (235), 252[623] (237, 238), 252[626] (238); **7**, 99[11] (3)
Scheuirer, E., **2**, 973[198] (898)
Schueler, P. E., **7**, 224[40] (201)
Schuessler, W., **1**, 379[406] (364)
Schuett, W. R., **7**, 464[557] (453)
Schuh, R., **4**, 168f[9], 233[2a] (162)
Schuhbauer, N., **3**, 1114[36] (1097)
Schuierer, E., **2**, 677[209] (654)
Schuit, G. C. A., **8**, 608[204] (592, 599T), 610[323] (600T)
Schuk, W., **2**, 623[428a] (575)
Schuknecht, B., **2**, 974[301] (924)
Schüler, H., **1**, 250[548] (226, 228, 229)
Schuler, P., **1**, 753[88] (740)
Schuller, W. H., **8**, 933[440] (858)
Schulman, J. M., **8**, 1095f[5]
Schulte-Elte, K. H., **7**, 159[115] (151)
Schulten, H., **4**, 168f[7], 328[644] (312, 313); **5**, 5f[3], 265[58] (14); **6**, 845f[279], 874[41] (766), 1020f[96]; **7**, 67f, 108[489] (70)
Schülter, A. W., **3**, 1247[97] (1178)
Schultz, A. J., **3**, 85[359] (49), 88[540] (78), 270[409] (256, 257), 721f[6], 721f[9], 721f[10], 725f[4], 752f[3], 780[98] (729), 1247[69a] (1168), 1249[190] (1198), 1380[38] (1329); **4**, 323[325] (280), 400f[12], 414f[7], 506[142] (417), 1063[362] (1049); **5**, 623[174] (565), 623[175] (565, 566), 623[176] (566); **6**, 96[178] (43T, 44); **8**, 97[197] (59)
Schultz, D., **4**, 658f[32], 884[8] (844, 865), 894f[7]
Schultz, H. W., **6**, 942[98] (901)
Schultz, J. F., **8**, 282[175] (275)
Schultz, L. D., **3**, 1318[84] (1284)
Schultz, R. G., **6**, 346[261] (315, 337), 442[79] (396), 442[80] (396); **8**, 928[91] (803), 928[145] (806)
Schultz, R. V., **1**, 453[65] (424), 538[38] (469, 478, 510, 533), 538[72] (480, 525, 534), 553[69] (551); **6**, 945[278] (936, 937T)
Schultze, A., **2**, 705[61] (688, 689)
Schulz, D., **4**, 380f[7], 380f[23], 504[11] (381, 388), 505[71] (397), 508[255] (443), 609[269] (570f, 574), 648[24] (621)
Schulz, D. N., **3**, 547[109] (537); **7**, 8f, 463[530] (450)
Schulz, G., **7**, 100[44] (6), 512[145] (496), 512[147] (496), 652[337] (581)
Schulz, H., **8**, 96[81] (41, 42, 43, 44, 45, 46T, 46, 47, 48, 49, 50, 51, 52, 57, 59, 61), 96[104] (41), 96[114] (43, 44), 96[127] (47, 49, 51), 97[143] (49, 56), 97[145] (49, 51), 97[146] (49, 51, 52, 53), 97[159] (51), 98[235] (63)
Schulz, H. F., **4**, 963[56] (940)
Schulz, H. J., **3**, 270[431] (263)
Schulz, J. A., **7**, 648[151] (549)
Schulz, M., **8**, 930[275] (839)
Schulz, R. G., **6**, 382[7] (364)
Schulz, W., **8**, 385f[12], 455[92] (384), 645[228] (622T), 646[265] (616, 622T)
Schulze, F., **1**, 150[53] (123, 126, 148), 150[54] (123, 125, 126, 138, 148), 151[163] (138), 153[257] (148), 246[316] (193), 250[527] (224, 228), 250[540] (224, 225); **7**, 39f[5]
Schulze, J., **1**, 378[328] (357), 378[329] (357), 409[8] (383, 404, 406), 410[83] (405), 410[84] (405); **4**, 607[120] (539, 539f); **8**, 17[37] (14)
Schulze, W., **3**, 1384[241] (1374)
Schulze-Bentrop, R., **2**, 972[180] (896); **8**, 95[41] (30, 31, 33, 39)
Schulz-Ekloff, G., **8**, 98[220] (61)
Schumacher, E., **3**, 84[252] (35); **6**, 227[209] (194)
Schumacher, F., **8**, 339f[26]
Schumaker, R. R., **7**, 96f[2]
Schumann, H., **2**, 195[419] (105), 199[599b] (146, 153), 199[603] (146), 200[609] (146), 200[609] (146), 200[611] (146), 200[620] (151), 200[625] (153), 200[626] (153), 508[153] (416), 509[164] (418), 512[352] (444, 447), 513[447] (458, 459, 460, 466, 467, 468), 513[451] (459, 460), 513[452] (459), 513[453] (459), 513[454] (459, 460, 463), 513[455] (459, 460), 513[463] (460, 489), 513[465] (461), 514[466] (461), 514[471] (461), 514[479] (462), 514[493] (466), 514[494] (466), 514[495] (466), 514[496] (466), 514[502] (467), 514[510] (468), 514[511] (468), 514[512] (468), 514[513] (468), 517[657] (489), 517[658] (489), 517[659] (489), 619[176] (545), 626[620] (602), 626[621] (602), 626[622] (602), 626[623] (603), 626[624] (603), 626[625] (603), 626[628] (603), 626[629] (603), 626[634] (604), 626[635] (604), 626[636] (604), 626[637] (604, 605), 626[640] (604), 626[644] (605), 674[22] (632, 665), 674[23] (632), 674[24] (632, 661), 678[289] (661), 678[292] (662), 679[320] (665), 679[321] (665), 679[322] (665), 679[323] (665), 679[324] (665), 679[325] (665), 679[326] (665), 707[177] (703), 707[177] (703); **3**, 265[111] (185), 265[112] (185), 266[158] (198), 266[159] (198), 266[161] (198, 199, 200), 266[166] (199), 266[167] (199, 200), 266[168] (200), 266[180] (202, 205), 267[202] (208), 797f[15], 797f[16], 798f[15], 798f[19], 798f[22], 798f[23], 798f[25], 798f[30], 833f[40], 833f[41], 833f[45], 833f[57], 838f[9], 842f[19], 863f[40], 863f[41], 863f[42], 863f[43], 949[212] (880), 949[212] (880), 949[213] (880), 949[213] (880), 1085f[16], 1085f[17], 1262f[16], 1262f[17]; **4**, 106f[34], 325[400] (289), 325[408] (290), 810[44] (697), 810[45] (697), 810[57] (699), 840[78] (835), 841[79] (835), 841[84] (836), 884[10] (844, 872), 886[150] (872); **5**, 34f[4], 288f[12], 299f[4], 301f[4], 306f[7], 306f[12], 316f[9], 521[80] (288, 300), 522[146] (296, 297, 300, 303T, 304T), 522[173] (300, 314), 523[212] (303T, 305), 523[220] (304T); **6**, 34[69] (20T, 28, 30), 34[70] (19T, 20T, 28, 30), 34[78] (20T, 30), 34[79] (19T, 20T, 30), 34[91] (19T, 24), 35[100] (20T, 30), 35[101] (20T, 30), 36[185] (30), 36[185] (30), 36[202] (19T, 20T, 30), 36[212] (19T, 24), 1114[221] (1101); **7**, 654[480] (603), 654[481] (603)
Schumann, K., **6**, 442[104] (399); **8**, 928[100] (803), 932[392] (852)
Schumann, W., **3**, 696[111] (657), 697[165] (661)

Schumann-Ruidisch, I., **2**, 197^{496b} (121), 626^{620} (602), 626^{637} (604, 605)
Schumb, W. C., **1**, 721^{125} (701, 706)
Schumer, A., **7**, 460^{332} (418)
Schunn, R. A., **3**, 699^{286} (671), 833f^9, 842f^1; **4**, 51f^{71}, 320^{100} (252, 310), 605^{53} (518), 640f^2, 649^{80} (638, 639), 813^{256} (736, 737), 964^{89} (946), 964^{90} (946); **5**, 530^{686} (394), 621^9 (542, 550); **6**, 94^{61} (40, 43T), 95^{154} (39, 43T), 96^{184} (40), 139^2 (110), 139^{32} (104T, 110), 140^{89} (110), 252f^7
Schurath, U., **4**, 320^{74} (250); **6**, 13^{73} (8)
Schurgers, M., **4**, 320^{75} (250)
Schurig, V., **5**, 424f^1, 520^{53} (283, 419, 462, 484), 520^{54} (283, 423), 520^{55} (283, 423), 520^{56} (283, 423), 520^{57} (283, 423), 538^{1198} (486), 538^{1199} (486); **6**, 94^{293} (900); **8**, 367^{445} (351), 497^{116} (494), 606^{27} (554, 594T, 597T), 606^{28} (554, 594T, 597T), 608^{181} (581, 585, 595T), 609^{229} (594T, 597T), 1076f^6, 1080f^5, 1104^{29} (1079)
Schussler, D. P., **5**, 12f^{15}, 12f^{17}; **6**, 980^{61} (966, 970T), 980^{62} (966, 970T, 976, 978T), 980^{83} (976, 978T, 979T), 980^{85} (976, 978T), 981^{87} (976)
Schuster, H. G., **2**, 395^{42} (372)
Schuster, L., **4**, 235^{82} (170, 174, 182, 215)
Schuster, R. E., **7**, 159^{131} (154), 194^{16} (162)
Schuster-Woldan, H., **5**, 527^{500} (360); **6**, 453^3 (447), 453^7 (448), 737^{58} (486), 762^{1691} (734), 762^{1696} (735)
Schuster-Woldan, H. G., **5**, 527^{494} (359, 363)
Schutz, R. G., **6**, 441^{26} (390)
Schvindlerman, G., **7**, 457^{172} (397, 398)
Schwab, G.-M., **3**, 700^{369} (674)
Schwab, R., **3**, 810f^{5a}, 810f^{5b}
Schwab, W., **4**, 507^{174} (427)
Schwabacher, W. B., **2**, 819^{118} (789)
Schwabe, P., **2**, 513^{454} (459, 460, 463), 626^{634} (604), 674^{22} (632, 665), 679^{320} (665), 679^{321} (665), 679^{323} (665)
Schwachula, G., **7**, 100^{43} (6)
Schwager, I., **2**, 506^{28} (403); **6**, 757^{1378} (672); **7**, 253^{119} (246, 250); **8**, 609^{251} (596T, 602T)
Schwanzer, A., **3**, 908f^4, 911f^6
Schwartz, A., **7**, 512^{134} (491)
Schwartz, J. E., **3**, 630^{142} (580, 585); **7**, 654^{470} (602)
Schwartz, J., **1**, 679^{576} (647); **2**, 763^{158} (751); **3**, 150f^1, 327^{47} (294), 556^8 (550), 556^{11} (550, 552), 556^{11} (550, 552), 556^{12} (550, 552), 557^{36} (552), 557^{37} (552), 557^{39} (552), 557^{41} (553), 557^{42} (553, 554), 557^{44} (554), 557^{45} (554), 557^{46} (554), 557^{51} (555), 630^{136} (580, 612, 613), 630^{137} (580, 612, 613), 630^{156} (582, 587), 630^{157} (582, 587), 631^{179} (585), 631^{185} (587), 631^{189} (588, 590), 631^{196} (590), 631^{197} (590), 631^{199} (590), 631^{204} (591), 632^{232} (602, 603, 606), 633^{296} (607, 610, 611), 633^{303} (611), 633^{304} (611, 612, 613), 633^{305} (613), 713f^{12}, 737f^6, 753f^3, 753f^4, 780^{124} (742, 756, 757, 773), 780^{153} (756, 757, 773); **4**, 559f^{22}; **5**, 528^{575} (376, 496), 531^{730} (399), 531^{731} (399, 400), 623^{119} (561, 579), 623^{126} (561), 623^{127} (561), 624^{215} (573); **6**, 979^{13} (950, 958T); **7**, 456^{121} (392), 460^{353} (420); **8**, 96^{71} (37), 98^{247} (69), 363^{146} (300), 366^{363} (342), 771^{170} (741, 746, 763T, 768T), 772^{188} (746, 764T, 765T, 766T), 772^{189} (746, 764T, 765T, 766T), 772^{193} (746, 766T, 767T, 768T), 772^{194} (746, 766T, 767T, 768T), 772^{195} (746, 768T), 928^{138} (806, 815, 817), 933^{503} (878)
Schwartz, N., **1**, 455^{149} (434)
Schwartz, N. N., **1**, 552^4 (543)
Schwartz, N. V., **4**, 608^{188} (550); **7**, 657^{614c} (632, 635, 638)
Schwartz, R. D., **1**, 248^{448} (209), 248^{450} (210)
Schwartz, S. J., **7**, 142^{123} (135), 300^{86a} (280), 300^{86b} (280), 336^{43a} (331)
Schwartz, W., **1**, 689f^6, 700f^2, 700f^6, 700f^7, 700f^{13}, 704f^2, 704f^3, 704f^5, 704f^6, 704f^7, 720^{48} (688), 721^{142} (703), 721^{144} (703), 722^{174} (710), 722^{176} (710), 722^{177} (710), 722^{178} (710), 723^{222} (715), 723^{223} (715), 723^{260} (717)

Schwartzendruber, L. J., **4**, 510^{402} (481)
Schwartzendruber, L. T., **4**, 480f^8
Schwartzman, L. H., **1**, 679^{559} (644, 648)
Schwarz, A., **2**, 625^{564} (595, 597); **8**, 1070^{302} (1058)
Schwarz, H., **7**, 654^{431} (596)
Schwarz, J., **1**, 115^{32} (47, 101, 101T)
Schwarz, K., **2**, 1016^{88} (988)
Schwarz, W., **1**, 721^{98} (698), 732f^{17}, 753^{71} (735); **2**, 696f^3, 696f^{11}, 706^{132} (698); **3**, 1246^{48} (1160)
Schwarzenbach, D., **4**, 463f^6, 612^{475} (597), 815^{336} (751); **6**, 743^{456} (533T)
Schwarzenbach, G., **2**, 932f^9, 933f^1, 975^{336} (930, 931)
Schwarzenbach, K., **2**, 860^{61} (836)
Schwarzer, J., **5**, 258f^6, 274^{691} (234); **8**, 1066^{148} (1038), 1070^{324} (1060)
Schwarzhans, K. E., **2**, 633f^1, 674^{25} (632), 676^{141} (645); **3**, 697^{193} (663), 698^{263} (669), 700^{370} (674, 689), 700^{376} (674), 700^{377} (674), 703^{543} (690); **4**, 240^{378} (208), 608^{247} (569), 816^{444} (764); **5**, 403f^6, 528^{581} (376), 529^{582} (376); **6**, 14^{90} (9), 747^{749} (585), 750^{938} (615), 754^{1215} (652, 661), 762^{1692} (734, 735), 868f^1, 868f^2, 980^{37} (956, 959T), 980^{50} (962, 963T), 1113^{183} (1090), 1113^{191} (1090); **8**, 1064^8 (1016, 1024)
Schwärzle, J. A., **3**, 108f^5, 1179f^9, 1379^{10} (1323), 1380^{57} (1332), 1384^{256} (1377)
Schwarzmann, G., **2**, 507^{96} (409)
Schwebke, E. L., **2**, 389f^1
Schwebke, G. L., **2**, 195^{420} (105), 395^8 (366, 367, 368, 369, 370), 395^{30} (369), 395^{31} (369)
Schweckendiek, W. J., **8**, 411f^9, 455^{115} (391, 412, 426)
Schweig, A., **1**, 42^{185} (37), 42^{189} (37); **2**, 618^{129} (540), 974^{269} (919, 950), 974^{279} (920, 950)
Schweiger, A., **3**, 703^{551} (689, 690)
Schweizer, B., **1**, 118^{167} (65T, 80)
Schweizer, E. E., **7**, 110^{565} (84)
Schweizer, I., **5**, 271^{480} (159), 271^{482} (159, 160)
Schweizer, P., **1**, 309^{497} (296)
Schwengers, D., **1**, 679^{557} (644); **7**, 456^{90} (386), 456^{101} (388)
Schwerdtel, W., **8**, 934^{573} (890)
Schwerin, S. G., **1**, 454^{93} (428, 438)
Schwering, H. U., **1**, 700f^{18}, 721^{146} (705, 713, 717), 722^{192} (712, 718), 723^{220} (715), 723^{240} (716), 723^{253} (717), 723^{271} (718)
Schwerthoeffer, R., **1**, 378^{312} (356)
Schwier, J. R., **7**, 141^{28} (115), 194^{35} (162, 169), 195^{78} (167, 169), 195^{79} (167), 224^{77} (204)
Schwind, H., **8**, 453^3 (372)
Schwindeman, J., **7**, 646^{15} (517, 518), 648^{125} (543, 544), 648^{125} (543, 544)
Schwirten, K., **1**, 674^{209} (596), 723^{218} (715), 723^{219} (715)
Schwochau, M., **7**, 652^{334} (581)
Scibelli, J., **4**, 309f^{11}, 328^{631} (310); **6**, 1112^{120} (1072, 1078)
Scibelli, J. V., **2**, 515^{539} (470, 490), 516^{603} (481), 516^{626} (485)
Scilly, N. F., **7**, 104^{252} (32)
Scolastico, C., **7**, 103^{199} (27), 512^{155} (498)
Scollary, C. E., **3**, 85^{378} (52)
Scollary, G., **5**, 523^{254} (307, 432)
Scollary, G. P., **3**, 1146^{22} (1093), 1146^{25} (1093)
Scollary, G. R., **1**, 40^{72} (16), 676^{344} (622); **3**, 266^{183} (204), 1119f^9, 1119f^{12}; **4**, 675f^9, 690^{98} (674), 694f^3; **5**, 266^{150} (31), 355f^5, 521^{75} (287), 523^{258} (307, 432), 527^{464} (354); **6**, 278^{28} (271), 343^{14} (280, 342), 343^{17} (281, 283f, 284), 737^{71} (488), 737^{72} (488), 980^{20} (952, 959T), 980^{21} (953)
Scordamaglia, R., **3**, 461f^{24}, 474^{103} (465), 1247^{64} (1168); **4**, 456f^3, 509^{301} (450)
Scorrano, G., **5**, 536^{1122} (477), 537^{1138} (475T)
Scott, A. I., **6**, 384^{105} (377), 755^{1277} (656), 755^{1278} (656), 755^{1279} (657); **8**, 935^{580} (891)
Scott, B. S., **7**, 101^{107} (16)

Scott, C., **3**, 1246[54] (1162, 1243), 1380[32] (1328, 1377)
Scott, D. J., **5**, 554f[4], 621[15] (544)
Scott, D. L., **2**, 194[360] (93); **7**, 647[79] (531, 533)
Scott, D. R., **6**, 228[246] (190)
Scott, D. W., **2**, 379f[2], 674[46] (635), 674[46] (635)
Scott, F., **2**, 763[162] (752); **4**, 819[592] (792); **7**, 729[248] (718)
Scott, F. L., **2**, 882f[18]
Scott, J. C., **2**, 696f[5]; **4**, 609[305] (579), 609[309] (580), 634f[1], 648[59] (633)
Scott, Jr., J. E., **1**, 453[61] (423), 453[69] (425)
Scott, J. G. V., **2**, 821[204] (813); **6**, 755[1257] (654, 655)
Scott, J. M., **3**, 84[293] (40)
Scott, J. S., **4**, 611[435] (594)
Scott, J. W., **1**, 671[35] (560); **5**, 533[915] (432); **8**, 361[11] (286), 496[4] (464), 496[47] (476)
Scott, K. N., **1**, 303[100] (268), 378[318] (356)
Scott, K. W., **7**, 462[487a] (442), 462[487b] (442), 464[554] (452); **8**, 549[27] (503), 550[69] (517)
Scott, L., **4**, 695f[9], 810[48] (698, 701, 710); **8**, 368[474] (354)
Scott, M. J., **1**, 244[204] (177)
Scott, R. N., **5**, 546f[6], 549f[12], 621[26] (547); **6**, 941[14] (884, 885T), 941[15] (884, 885T)
Scott, R. P., **6**, 343[42] (285, 293), 739[171] (500)
Scott, W. L., **7**, 322[64c] (319)
Scotti, M., **1**, 410[78] (403, 404), 410[79] (403), 410[82] (404); **3**, 1077[571b] (1063), 1077[571c] (1063); **6**, 143[263] (105T, 113), 228[252] (194, 196), 1111[83] (1063); **8**, 1065[83] (1025)
Scotton, M. J., **3**, 630[141] (580)
Scouten, C. G., **1**, 275f[20]; **7**, 141[30] (116), 158[65] (146, 151), 158[69] (146), 160[151] (156), 160[152] (156), 172f[2], 196[133] (176, 177, 180), 196[136] (176), 196[137] (176), 196[141] (177), 196[147] (179, 180), 224[69] (203, 206), 224[91] (205, 213, 214), 226[219] (219, 219f, 220f, 221f, 223), 253[132] (247), 263[21] (256), 298[11] (268)
Scovell, W. M., **1**, 40[88] (19), 117[128] (70); **2**, 787f[3], 787f[4], 819[108] (788, 793), 819[109] (788), 819[114] (789), 1018[229] (1004); **4**, 323[317] (279)
Screttas, C. G., **1**, 116[60b] (54), 116[102] (62); **7**, 100[65] (10)
Scrivanti, A., **3**, 114f[4], 134f[3], 170[122] (150), 1073[321] (1021), 1076[541b] (1058); **4**, 150[36] (9), 507[186] (429), 512[482] (495); **6**, 141[109] (103, 104T), 743[459] (534T), 761[1665] (728), 761[1670] (729), 761[1671] (729), 761[1674] (730)
Scroggins, W. T., **3**, 700[388] (675); **6**, 225[121] (192, 193, 193T)
Scudder, M., **3**, 951[314] (916); **5**, 269[324] (90)
Scully, Jr., F. E., **7**, 101[83] (12)
Scurrel, M. S., **8**, 99[272] (78), 99[273] (78)
Scutcher, W., **5**, 536[1053] (462)
Seale, S. K., **1**, 675[306] (616), 676[343] (622), 732f[10]; **7**, 462[478] (442)
Sealfon, S., **7**, 458[225] (404)
Seaman, W., **1**, 306[306] (284)
Searcy, I. W., **1**, 456[209] (444), 456[230c] (448, 450)
Searle, G. H., **6**, 753[1101] (636, 659)
Searle, G. W., **6**, 745[563] (549)
Searle, M. L., **6**, 752[1065] (633)
Searle, R., **1**, 310[553] (298); **7**, 336[50c] (334)
Searles, J. E., **4**, 811[99] (705)
Searles, S., **7**, 106[382] (51)
Sears, C. T., **3**, 1077[565] (1062), 1252[350] (1231); **4**, 813[241] (729), 815[385] (759), 840[55] (830, 831), 885[74] (859, 862, 863); **5**, 554f[2], 556f[6], 621[8] (542, 543), 621[11] (544, 564, 565), 622[101] (561), 623[157] (565); **6**, 384[135] (382)
Seaton, D. L., **2**, 197[518] (124, 178, 178f, 184)
Sebald, A., **2**, 820[136] (792)
Sebastian, J. F., **1**, 116[88] (59), 119[266] (99), 120[282] (105)
Secaur, C. A., **3**, 268[300] (224), 268[303] (224, 225)
Secci, M., **1**, 380[445] (368); **7**, 106[356] (48), 106[357] (48), 197[200] (190)

Secemski, E., **3**, 264[57] (179)
Sechser, L., **2**, 622[390] (571)
Seckar, J. A., **2**, 199[587] (143)
Seco, M., **6**, 97[251] (57T, 58T, 62T, 63T, 64, 72, 79)
Seconi, G., **2**, 190[210] (48); **7**, 657[606] (631)
Secrist, J. A., **3**, 557[50] (555)
Sedaghat-Herati, M. R., **2**, 970[48] (869, 870, 871)
Seddon, D., **3**, 1249[168] (1192), 1249[176] (1192), 1249[176] (1192); **4**, 606[110] (536), 810[50] (698, 724); **6**, 223[4] (202)
Seddon, E. A., **3**, 81[66] (6); **4**, 689[19] (665)
Seddon, K. R., **1**, 262f[30]; **6**, 737[59] (486, 489), 737[60] (486), 737[61] (486), 737[62] (486), 742[363] (523), 747[685] (574, 577), 748[804] (589)
Sedkmier, J., **8**, 934[544] (884)
Sedletskaya, T. N., **4**, 964[97] (947)
Sedlmeier, J., **4**, 320[98] (252); **5**, 20f[4]; **6**, 362[54] (358), 443[125] (402), 758[1465] (679); **8**, 220[4] (103), 927[29] (800, 835, 883), 929[169] (810)
Sedney, D., **4**, 649[85] (639)
Sedova, N. N., **2**, 713f[37], 713f[38], 713f[39], 754f[13], 760[16] (715), 761[83] (730), 762[103] (730); 763[175a] (757), **4**, 511[428] (485, 486), 511[446] (486), 511[447] (486)
Seebach, D., **1**, 116[97] (61, 62T), 118[167] (65T, 80), 118[184] (82), 118[184] (82), 118[184] (82), 119[226] (91), 249[481] (215); **2**, 187[40] (9), 189[150] (35), 194[368] (95), 617[74] (531); **7**, 5f[2], 26f[15], 44f[5], 44f[6], 52f[1], 64f[4], 67f[2], 74f[1], 74f[3], 96f[13], 96f[14], 97f[16], 97f[16], 98f[1], 98f[5], 98f[12], 98f[12], 98f[12], 98f[13], 98f[14], 99[2] (2, 95, 96f, 98f), 99f[24], 100[40] (6), 100[40] (6), 103[187] (25), 103[202] (28), 103[209] (28, 34), 104[272] (34), 105[308] (41), 105[319] (43), 105[320] (43), 107[390] (52), 108[467] (64), 110[578] (88), 110[588] (90), 110[599] (95), 110[600] (95, 96f), 110[601] (95, 96f), 646[27] (521, 524), 647[46] (525), 647[51] (527), 647[57] (527), 647[66] (527), 647[83] (533), 653[373] (578, 586), 657[611] (632), 657[612] (632)
Seeber, R., **2**, 203[747] (184); **4**, 180f[8], 236[172] (181); **6**, 746[660] (566)
Seeger, R., **1**, 117[158] (77, 79), 149[12] (122), 149[23] (122); **8**, 1069[256] (1051, 1052, 1053)
Seeger, W., **1**, 672[86] (571)
Seeholzer, J., **3**, 978f[1], 1068[80] (977, 990)
Seel, F., **4**, 325[464] (296), 607[148] (543), 610[318] (581); **5**, 64f[22], 271[476] (157); **6**, 1019f[59], 1020f[117]
Seel, G., **6**, 12[9] (4, 11)
Seelig, H. S., **8**, 96[110] (42, 58)
Seely, D. A., **8**, 1104[41] (1081)
Seely, G. R., **1**, 457[242] (451)
Seeman, J. I., **8**, 496[43] (475)
Seevogel, K., **3**, 632[260] (620, 626); **6**, 33[11] (17, 17T), 97[244] (82, 85T), 97[250] (84), 143[238] (104T, 107), 180[55] (146T, 151), 181[135] (145, 146T, 149, 150, 151, 153T, 156, 167, 168), 181[138] (152, 153T, 154, 156, 166, 167); **8**, 707[159] (679), 707[160] (679), 795[71] (782), 929[159] (810)
Sefcik, M. D., **2**, 516[629] (483)
Seff, K., **5**, 273[619] (209)
Segal, B. G., **6**, 942[46] (898, 899T), 943[156] (910, 911T)
Segal, J. A., **3**, 86[399] (55), 108f[15], 108f[16], 109f[3], 109f[4], 109f[9], 109f[10], 135f[2], 135f[3], 136f[4], 136f[5], 168[34] (103), 168[35] (103), 1247[63] (1166, 1203, 1221), 1247[82] (1172, 1244), 1253[386] (1238); **4**, 34[59], 155[430] (118, 120), 155[439] (119), 326[491] (298), 811[117] (708), 1058[74] (977), 1059[94] (979, 980), 1059[124] (987), 1059[126] (987), 1059[128] (987, 999, 1014), 1059[129] (987, 999, 1014), 1059[130] (987, 989); **8**, 1066[101] (1028), 1066[123] (1032, 1033f)
Segal, J. L., **4**, 155[420] (115)
Segal, Y., **8**, 935[620] (896)
Segala, P., **5**, 523[230] (305)
Segall, E., **7**, 224[27] (200)
Segard, C., **3**, 1004f[29], 1029f[4], 1068[70] (974), 1073[323b] (1021), 1073[349] (1025), 1073[350] (1025)
Segawa, J., **7**, 651[281] (573), 651[298] (576), 653[429] (588), 654[445] (599)
Segewitz, G., **2**, 680[419] (673)

Seglin, L., **8**, 95^14 (22, 25, 26), 282^141 (272)
Segnitz, A., **3**, 144f^5, 169^106 (145), 780^105 (731); **5**, 268^310 (86), 531^767 (410), 531^776 (410); **6**, 347^284 (317, 334T), 347^285 (316, 317), 384^99 (377), 384^100 (376), 443^158a (405), 469^38 (462), 756^1345 (666); **8**, 932^419 (855)
Segre, A. L., **5**, 213f^8, 273^644 (217, 218); **6**, 444^243 (418); **7**, 107^421 (56)
Seguin, R. P., **7**, 158^30 (145); **8**, 496^6 (464)
Segutin, V. M., **1**, 117^123b (69)
Sei, T., **1**, 247^377 (199, 202, 205)
Seibert, W. E., **3**, 631^189 (588, 590)
Seibl, J., **7**, 253^118 (246), 652^361 (585)
Seibold, C. D., **3**, 833f^39
Seibold, H. J., **2**, 678^308 (662); **4**, 509^312 (452)
Seibt, H., **8**, 422f^5, 425f^10, 457^218 (404, 421, 427)
Seide, W., **8**, 796^112 (776)
Seidel, B., **3**, 327^68 (298)
Seidel, G., **1**, 374^86 (320)
Seidel, K. B., **7**, 655^494 (605)
Seidel, S. L., **2**, 1019^259 (1008)
Seidel, W., **1**, 247^369 (199, 204, 206, 221); **3**, 327^64 (298), 461f^33, 474^99 (464), 696^125 (658), 696^127 (658), 696^128 (658), 696^129 (658), 696^130 (658), 696^131 (658), 696^132 (658), 696^133 (658), 696^135 (658), 696^136 (659), 696^160 (661), 697^161 (661), 697^163 (661), 919f^4, 922f^5, 924f^3, 924f^8, 933f^15, 951^313 (916), 951^347 (929); **5**, 268^274 (74); **6**, 94^102 (56T, 64, 79), 95^103 (45, 50T), 99^388 (55T, 64)
Seidel, W. C., **6**, 99^369 (59T, 66), 139^27 (102, 104T, 110, 120, 122T), 139^31 (104T, 106, 109), 140^86 (105T, 110), 262^78 (249, 250), 738^147 (498), 751^991 (620, 628, 628T); **8**, 368^486 (354), 368^490 (354), 645^234 (628, 632), 646^252 (632), 709^250 (691, 692T, 693T, 694T)
Seidl, H., **2**, 192^281 (72); **7**, 657^624 (634)
Seidl, M. C., **7**, 512^168 (499, 501, 503, 505)
Seidner, R. T., **7**, 460^363 (422)
Seidov, N. M., **8**, 646^280 (618)
Seifert, F., **1**, 125f^4, 150^91 (124, 126), 150^102 (126, 128), 247^363 (198, 203, 205, 208), 720^52 (690)
Seifert, P., **2**, 625^578 (597)
Seifert, R., **2**, 512^389 (450)
Seiler, P., **1**, 118^167 (65T, 80); **4**, 479f^7, 480f^2; **6**, 228^270 (190)
Seiler, P. G., **6**, 227^195 (192)
Seinard, D., **1**, 376^243 (347)
Seinen, W., **2**, 626^671 (609)
Seip, H. M., **1**, 264f^3, 264f^4, 264f^6, 264f^8, 304^163 (269); **2**, 387f^4; **3**, 1146^10 (1082), 1317^8 (1257); **4**, 19f^2, 154^333 (85), 233^14 (163)
Seip, R., **1**, 41^110 (22), 248^415 (205), 264f^3, 264f^4; **2**, 859^17 (828); **3**, 86^440 (62), 699^324 (673), 1073^335 (1023, 1024); **4**, 154^333 (85); **8**, 1064^4 (1015)
Seita, J., **8**, 1065^88 (1026)
Seitz, D. E., **2**, 195^421 (105), 203^744 (183); **7**, 103^202 (28), 646^35 (524)
Seitz, E. P., **7**, 658^701 (642)
Seitz, L. M., **1**, 40^89 (19), 117^126 (70), 117^144 (75), 249^511 (221, 222), 249^512 (221, 222), 249^512 (221, 222), 249^514 (221, 222); **2**, 713f^48, 760^30 (716, 739)
Seitz, M., **6**, 943^118 (905, 906T)
Seiwell, L. P., **5**, 534^933 (435), 534^939 (436), 534^940 (437)
Seiyama, T., **8**, 400f^8, 457^197 (400), 704^8 (672, 674T, 674, 690), 704^42 (672, 674T, 674, 690)
Sekers, A., **1**, 241^8 (157)
Seki, Y., **2**, 197^476 (117), 197^486 (119); **6**, 1113^171 (1087); **7**, 656^553 (619), 656^554 (619), 656^555 (619), 656^558 (619); **8**, 794^27 (784)
Sekiguchi, A., **2**, 191^260 (63), 191^260 (63), 191^260 (63), 191^261 (64), 191^262 (64), 192^263 (64), 192^278 (71), 192^287 (74), 193^317 (81), 297^39 (219), 297^40 (220); **7**, 657^629 (636)
Sekija, A., **8**, 936^714 (911)
Sekine, K., **8**, 709^274 (678)
Sekine, M., **7**, 652^358 (584), 652^365 (585), 652^365 (585), 652^367 (585), 652^369 (586), 652^370 (586), 652^371 (586), 652^371 (586), 652^371 (586)
Sekiya, A., **7**, 106^349 (47), 513^193 (503); **8**, 936^713 (911, 913, 914, 925), 937^748 (918)
Sekiya, S., **8**, 400f^4, 448f^4, 457^193 (399)
Sekizaki, H., **7**, 511^92 (487)
Seklemian, H. V., **1**, 453^84 (427)
Sekutowski, D., **3**, 304f^2, 305f^1, 327^86 (303, 305), 327^87 (305), 327^90 (305), 781^202 (773, 774); **8**, 707^146 (690, 691, 699)
Sekutowski, D. G., **3**, 327^89 (305), 328^130 (313), 368f^5, 419f^24
Sekutowski, J., **8**, 456^142 (395)
Sekutowski, J. C., **1**, 675^309 (617), 675^310 (617), 700f^5, 723^214 (714); **2**, 820^166 (798), 820^168 (798); **3**, 951^360 (940), 1141f^17, 1143f^6, 1147^113 (1139), 1261f^3, 1261f^5; **4**, 325^445 (293); **5**, 272^555 (187); **6**, 97^223 (89, 92T), 97^241 (54T, 71, 79, 84), 97^242 (81, 85T), 97^266 (59T, 65, 67, 77, 79), 99^351 (48, 50T), 140^94 (104T, 110, 115T), 141^127 (105T, 112), 142^185 (115, 115T), 142^189 (115T), 181^89 (160T, 162), 181^108 (163, 165T, 166T, 170), 181^109 (159T, 161), 181^135 (145, 146T, 149, 150, 151, 153T, 156, 167, 168), 187^11 (183T, 185), 228^262 (195), 278^8 (266T, 267), 344^137 (302), 454^36 (453); **8**, 283^197 (278), 669^72 (653, 665), 707^159 (679), 794^18 (776, 779), 795^71 (782), 929^159 (810)
Selbeck, H., **8**, 458^289 (415), 670^87 (665), 707^167 (682)
Selbin, J., **3**, 264^32 (178), 268^292 (223)
Selby, W. M., **1**, 53f^1
Selegue, J. P., **4**, 375^130 (365, 369T, 370), 1063^350 (1046), 1063^354 (1047, 1048), 1063^355 (1048, 1050), 1063^356 (1048), 1063^363 (1049), 1063^364 (1049)
Self, J. M., **1**, 306^273 (282)
Seligman, B., **8**, 96^109 (42, 58)
Selimov, F. A., **8**, 460^403 (434), 460^405 (434), 460^407 (434), 705^69 (685T), 706^119 (691), 710^293 (685T), 772^203 (732), 931^355 (849)
Selin, T. G., **2**, 188^84 (22), 196^472a (116), 197^481 (117); **6**, 758^1438 (675); **7**, 655^545 (617)
Selina, L. I., **4**, 690^97 (674)
Seliverstova, E. I., **8**, 609^248 (596T)
Selke, E., **3**, 1076^499 (1051)
Selke, R., **8**, 927^34 (800), 933^468 (867)
Sell, C. S., **5**, 270^397 (128)
Sella, C., **4**, 319^9 (245)
Sellars, P. J., **5**, 269^372 (114, 115), 270^395 (128), 270^397 (128)
Sellars, P. W., **1**, 675^314 (617)
Sellers, D. J., **7**, 103^186 (25)
Sellers, P. J., **5**, 115f^1
Sellman, D., **3**, 84^289 (40), 851f^29, 947^58 (821); **4**, 323^278 (274); **8**, 1106^99 (1098), 1106^102 (1099)
Sellmann, D., **1**, 152^210 (145); **3**, 947^67 (822), 1051f^4, 1074^416 (1054); **4**, 157^527 (129), 157^528 (129), 157^529 (129), 157^530 (129), 157^531 (129), 157^532 (129), 239^347 (206, 207T, 208), 536f^4, 611^429 (593); **6**, 750^938 (615), 754^1215 (652, 661), 755^1250 (654); **7**, 107^440 (59); **8**, 1104^13 (1075, 1081)
Sellmann, D. L., **6**, 383^75 (372)
Selman, C. M., **1**, 116^59a (54, 73), 116^59a (54, 73), 116^59b (54, 73), 125f^6, 150^64 (123, 127), 241^43 (158, 200, 203); **7**, 76f^4
Selmayr, T., **3**, 900f^5, 908f^2, 908f^3, 950^271 (903), 950^273 (903), 1317^37 (1276), 1318^112 (1300)
Selover, J. C., **1**, 309^526 (297), 309^529 (297), 309^530 (297); **3**, 1248^114 (1181); **4**, 155^376 (92), 605^40 (519)
Selton, R., **3**, 429^160 (370)
Selva, A., **7**, 252^69 (238)
Selva, S., **7**, 252^72 (239)
Selveira, Jr., A., **7**, 142^100 (130)
Selwitz, C. M., **7**, 459^292 (413); **8**, 934^537 (884)
Selwood, P. W., **4**, 321^155 (260)
Selwyn, M. J., **2**, 988f^1, 1016^86 (988, 991f)
Semchikova, G. S., **2**, 200^629 (154)

Semenenko, K. N., **1**, 149^{39} (122); **3**, 328^{156} (320), 699^{323} (673); **6**, 942^{39} (899T), 942^{40} (899T), 942^{62} (902T), 943^{106} (901, 904T)
Semenov, N. P., **2**, 872f^5; **5**, 268^{281} (74)
Semenov, O. Yu., **2**, 512^{344} (443)
Semenovsky, A. V., **1**, 249^{505} (219); **7**, 99^{19} (3), 110^{597} (93), 725^{65} (675)
Semenuk, N. S., **1**, 454^{127} (431)
Semerano, G., **2**, 723f^3
Semichenko, D. P., **8**, 281^{113} (267)
Semikolenov, V. A., **8**, 705^{97} (691, 692T)
Semin, G. K., **1**, 723^{255} (717); **2**, 977^{474} (959); **3**, 334f^{32}, 344f^7, 362f^{17}, 426^{13} (336), 426^{14} (336, 361); **4**, 239^{340} (206, 207T, 208)
Semin, S. K., **2**, 973^{240} (905, 935)
Semion, V. A., **4**, 240^{393b} (211, 212T, 216); **6**, 96^{214} (88), 748^{790} (588), 762^{1701} (736)
Semlyen, J. A., **1**, 272f^1; **2**, 361^{113} (324)
Semmelhack, M. F., **3**, 1075^{441} (1038, 1043), 1075^{461} (1041), 1075^{472} (1043), 1075^{473} (1044), 1075^{474} (1044), 1075^{475a} (1044), 1075^{476} (1044); **6**, 182^{157} (146); **7**, 100^{75} (11), 101^{76} (11), 101^{78} (11f, 12), 101^{80} (12); **8**, 769^8 (723T, 725T, 732, 733), 769^{39} (720T, 729), 770^{85} (720T, 729), 770^{104} (729), 772^{179} (741, 762T), 772^{180} (741, 762T), 794^9 (786), 796^{129} (792), 1065^{94} (1027, 1035, 1056), 1065^{96a} (1027), 1066^{131} (1035), 1066^{131} (1035), 1066^{132} (1035, 1036, 1036f, 1037), 1066^{132} (1035, 1036, 1036f, 1037), 1067^{171} (1041)
Semmelhack, M. S., **8**, 770^{68} (734)
Semmlinger, W., **3**, 1004f^2, 1028f^2, 1068^{47} (970), 1071^{215} (1001, 1028, 1029), 1077^{555a} (1060), 1211f^1, 1251^{246} (1210, 1211), 1360f^1, 1382^{165} (1359); **6**, 980^{75} (968, 978T); **8**, 1068^{246} (1051, 1056)
Sen, A., **6**, 745^{566} (551); **8**, 364^{225} (321)
Sen, B., **1**, 723^{232} (716)
Sen, D., **3**, 388f^{17}
Sen, D. N., **3**, 429^{192} (378)
Sena, S. F., **4**, 511^{419} (483)
Senchenko, O. G., **7**, 459^{250} (408)
Senda, Y., **7**, 159^{106} (149), 223^{18} (199); **8**, 927^{78} (803)
Sendai, **1**, 375^{151} (331)
Senior, B. J., **2**, 526f^3
Senior, J. B., **2**, 973^{207} (899)
Senior, R. G., **4**, 328^{637} (311); **6**, 839f^{30}, 839f^{31}
Senkler, Jr., G. H., **2**, 705^{76} (691); **7**, 108^{485} (69)
Sennett, M. S., **8**, 100^{328} (92)
Sennikov, P. G., **2**, 518^{712} (504); **3**, 1075^{444} (1038), 1251^{282} (1218), 1360f^8, 1383^{194} (1365)
Senning, A., **2**, 202^{690} (167, 168)
Sennyey, G., **6**, 225^{114} (204T, 206)
Seno, K., **7**, 108^{479} (67), 657^{648} (639)
Seno, M., **6**, 95^{156} (55T, 56T, 57T, 80), 740^{242f} (511, 513), 755^{1286} (657, 658T)
Senoff, C. V., **3**, 126f^1, 893f^{17}, 1073^{331} (1023), 1125f^6, 1297f^{11}; **4**, 658^{35}, 885^{44} (851); **5**, 625^{311} (588); **8**, 1104^8 (1075)
Sens, M. A., **1**, 380^{474} (371); **2**, 945f^3
Sentell, Jr., G. W., **4**, 2f^3, 149^7 (6)
Senyek, M. L., **8**, 538f^5, 539f^2, 540f^1, 551^{136} (539, 542, 543, 544)
Sepelak, D., **4**, 611^{413} (592)
Sepelak, D. J., **2**, 189^{168} (38); **3**, 86^{393} (52); **4**, 375^{142} (366, 372), 610^{361} (587); **6**, 99^{371} (86), 140^{88} (123T, 126)
Sepp, E., **2**, 678^{308} (662); **3**, 1248^{128b} (1183); **4**, 321^{152} (260, 310), 400f^3, 414f^4; **6**, 1074f^8
Seppelt, K., **2**, 198^{525} (127), 198^{530} (127)
Septe, B., **5**, 270^{389} (125, 131)
Serafin, B., **1**, 378^{364} (361)
Serafini, A., **3**, 80^{51} (6), 81^{57} (6); **6**, 12^{24} (5), 12^{24} (5)
Serantoni, E. F., **2**, 912f^{12}; **4**, 155^{381} (93)
Serban, I., **4**, 694f^9
Serebryakov, T. A., **7**, 656^{577} (624)
Seredenko, V. I., **1**, 378^{331} (357), 378^{332} (357), 379^{381} (362), 379^{426} (366)

Serelis, A. K., **2**, 300^{249} (262)
Serezhkina, N. S., **2**, 509^{166} (419)
Serfass, R. E., **5**, 5f^{10}, 265^{114} (25)
Sergeev, G. B., **1**, 24^{266} (161)
Sergeev, P. G., **2**, 705^{67} (689, 690)
Sergeev, V. A., **8**, 668^9 (658T), 668^{23} (652), 668^{23} (652)
Sergeev, V. N., **2**, 508^{129} (411)
Sergeeva, A. N., **4**, 1058^{73} (976)
Sergeeva, M. B., **2**, 297^{88} (230), 298^{119} (236); **3**, 436f^{31}, 436f^{32}, 473^{17} (437)
Sergeeva, N. S., **2**, 978^{540} (968)
Sergeeva, T. N., **8**, 642^{59} (621T, 622T), 643^{135} (622T)
Sergeyev, N. M., **2**, 199^{570} (138), 618^{138} (541), 618^{145} (541), 947f^3; **3**, 125f^{23}, 125f^{25}, 125f^{29}, 125f^{31}
Sergheraert, C., **8**, 1065^{79} (1025)
Sergi, S., **4**, 236^{183} (183), 690^{111} (677, 682), 811^{74} (700, 703), 811^{100} (705), 887^{187} (881), 887^{200} (883); **5**, 288f^1, 521^{64} (285, 378), 533^{851} (421); **6**, 345^{162} (306, 307), 746^{618} (561), 746^{619} (561), 851f^{60}; **8**, 929^{177} (810)
Sergienko, S. R., **8**, 312f^{63}
Sergutin, V. M., **1**, 117^{120} (68, 71T), 117^{123a} (69, 71T), 117^{123c} (69)
Serizawa, T., **8**, 1066^{139} (1037)
Serlin, J., **2**, 973^{210} (899, 900)
Serov, V. A., **1**, 119^{233} (92)
Serpone, N., **3**, 120f^{18}
Serrano, R., **2**, 820^{152} (794, 806); **5**, 529^{587} (376)
Serratosa, F., **5**, 271^{491} (162)
Serravalle, G., **3**, 695^{36} (650)
Serres, B., **2**, 297^{77} (228), 297^{94} (231)
Serun, G. K., **2**, 908f^1
Servens, C., **2**, 618^{136} (541), 623^{455} (580)
Servoss, W. C., **7**, 102^{173} (25)
Serwatowska, A., **7**, 462^{446} (435); **8**, 646^{291} (632)
Serwatowski, J., **1**, 674^{210} (596), 678^{480} (632)
Serzysko, J., **7**, 425f^1, 461^{416} (432)
Sesny, W. J., **4**, 2f^4, 149^9 (6, 8, 22, 24, 43)
Sessions, W. V., **2**, 626^{645} (605)
Setchfield, J. H., **5**, 556f^{11}; **6**, 1093f^3, 1110^{37} (1050), 1113^{194} (1092), 1113^{197} (1092)
Sethi, D. S., **1**, 306^{281} (283); **7**, 105^{289} (38), 226^{202} (218)
Sethi, S. P., **4**, 939f^{14}
Setkina, V., **3**, 1381^{105} (1342)
Setkina, V. N., **1**, 541^{197} (521); **3**, 1051f^{11}, 1068^{49} (970), 1070^{185a} (992), 1070^{185b} (993), 1073^{365a} (1028), 1074^{383} (1032), 1075^{439} (1038), 1075^{450} (1039), 1075^{451} (1039, 1040), 1075^{452} (1040), 1075^{454} (1040), 1075^{456} (1040), 1077^{557} (1060), 1195f^2, 1249^{172} (1192, 1195), 1251^{281} (1218), 1381^{111} (1342), 1383^{192} (1364); **4**, 52f^{98}, 157^{560} (132), 157^{562} (132), 157^{563} (132), 158^{600} (138), 158^{601} (138), 158^{602} (138), 239^{349} (206, 207T), 239^{353} (206, 207T, 207T), 239^{357} (206, 207T), 240^{375} (207, 208), 240^{376} (207), 240^{377} (208), 240^{379} (208); **6**, 224^{40} (192), 224^{40} (192), 224^{40} (192), 987f^4, 1039^5 (988), 1066f^{10}, 1112^{114} (1071); **7**, 656^{560} (620); **8**, 1064^{48} (1020), 1064^{49} (1020), 1065^{58} (1021), 1065^{58} (1021), 1065^{89a} (1026), 1065^{89b} (1026), 1065^{90} (1026), 1069^{266} (1052), 1069^{279} (1055), 1069^{279} (1055)
Setsune, J., **5**, 404f^{36}, 530^{668} (388, 389), 530^{672} (390, 391, 412), 530^{674} (391), 626^{371} (597, 613)
Setsune, J. I., **5**, 529^{596} (377, 388, 389), 530^{667} (388, 389), 622^{83} (557)
Setterquist, R. A., **3**, 557^{71} (556)
Setton, R., **3**, 368f^{15}, 629^{64} (569), 630^{98} (573), 632^{270} (621)
Seufert, A., **1**, 41^{149} (32, 33T, 34), 454^{112} (430), 454^{112} (430), 454^{112} (430); **2**, 191^{222} (52), 508^{151} (416); **3**, 125f^{21}, 334f^{39}, 426^6 (332)
Seuring, B., **7**, 99f^{24}
Seus, D., **3**, 978f^8
Sevastyanova, E. I., **2**, 507^{84} (409), 518^{706} (504), 518^{707} (504)

Severin, T., **7**, 100⁴⁰ (6)
Severson, R. G., **3**, 1380³³ (1328, 1331), 1381⁹⁸ (1341)
Sevin, A., **6**, 383⁶⁹ (371), 468²⁴ (458); **7**, 460³³³ᵇ (418)
Sevrin, M., **7**, 50f⁴, 106³⁸³ (51)
Sewaki, K., **6**, 344¹⁰⁸ (297)
Sexton, B. A., **8**, 97¹⁷¹ (55, 57), 282¹⁴⁸ (272, 273, 274)
Sexton, M. D., **5**, 523²²⁶ (304T); **6**, 260⁴ (244)
Seyam, A. M., **3**, 267²⁵⁶ (214, 215, 218), 268³⁰⁶ (226, 249, 257), 269³⁶³ (241), 269³⁶⁹ (242, 243, 244, 245, 246), 270⁴⁰³ (254); **6**, 1061f²
Seybold, D., **1**, 307³⁸⁹ (289), 678⁴⁷¹ (631)
Seybold, G., **6**, 468²³ (458), 468²³ (458)
Seyden-Penne, J., **1**, 118¹⁷² (81, 83); **7**, 103²¹¹ (28, 29), 103²¹¹ (28, 29), 103²¹⁴ (29), 103²¹⁸ (29), 110⁵⁶³ (83), 653⁴¹⁹ (595)
Seyferth, D., **1**, 53f⁸, 62f², 62f³, 116⁹³ (61, 63), 119²²⁹ (92), 119²⁴¹ (95), 119²⁵⁶ (97), 119²⁵⁹ᵃ (97), 119²⁵⁹ᵇ (97), 119²⁶⁰ᵃ (97), 119²⁶⁰ᵇ (97), 119²⁶⁰ᶜ (97), 242⁹⁰ (164), 242⁹³ (165, 174, 176, 188), 242⁹³ (165, 174, 176, 188), 243¹⁶⁴ (174), 373⁵⁰ (313), 681⁶⁹⁶ (664), 681⁶⁹⁸ (664), 682⁷³⁶ (581); **2**, 186¹⁰ (4), 186¹⁵ᵃ (4, 126), 186¹⁵ᵃ (4, 126), 186¹⁵ᵈ (4, 126), 188⁹⁵ (25), 188¹⁰³ (26), 189¹²⁴ (29), 189¹²⁵ (29), 189¹³⁰ (31), 189¹³⁰ (31), 189¹³¹ (31), 189¹³³ (32), 189¹³³ (32), 189¹⁴⁹ (35), 189¹⁶⁸ (38), 190¹⁷⁹ (39, 40), 190¹⁷⁹ (39, 40), 190¹⁹⁰ (42), 190¹⁹⁰ (42), 190²¹⁴ (49), 190²¹⁷ (51), 191²⁵⁶ (62), 192²⁹⁷ (77, 111), 192²⁹⁸ (77, 111), 192²⁹⁹ (77), 193³⁴⁹ (89), 194³⁵⁹ (92), 194³⁵⁹ (92), 194³⁶⁰ (93), 194³⁷⁸ (96), 195³⁹² (98), 195³⁹² (98), 195³⁹⁶ (99), 196⁴⁷³ (116), 199⁵⁹³ (145), 200⁶¹⁹ (150), 202⁷⁰⁶ (172), 296⁴ (206), 296⁶ (207, 208T, 209T), 296⁸ (207, 223), 296⁹ (207), 296¹⁰ (210), 296¹¹ (210), 296¹⁴ (211, 236, 239), 296²⁴ (214), 297⁴¹ (220), 297⁴² (220), 297⁵² (223), 297⁵³ (223, 224, 236, 239), 297⁵⁴ (224), 297⁵⁶ (224), 297⁸² (230), 297⁹³ (231), 297⁹⁴ (231), 298¹¹¹ (235), 300²⁷⁰ (266), 302³⁹⁶ (295T), 363¹⁹³ (359), 507⁶⁵ (405), 507⁷² (406), 507⁷⁴ (406), 507⁷⁵ (406), 507⁹⁰ (409, 421, 424, 433, 472), 508¹¹³ (410), 509¹⁷⁹ (420, 424), 509¹⁸¹ (421), 510²⁴⁶ (432), 510²⁵⁴ (433), 553f¹, 554f¹, 617⁷⁵ (531), 618¹²¹ (539), 618¹²² (539), 618¹³² (540), 619¹⁵⁵ (542), 619¹⁶⁵ (544), 619¹⁶⁶ (544), 619¹⁷² (545), 619¹⁷³ (545), 620²³⁹ (551), 620²⁵⁰ (552), 676¹²⁵ (643), 676¹⁴⁴ (646), 676¹⁴⁴ (646), 676¹⁴⁸ (646), 760¹³ (710, 751, 752), 861¹⁰⁸ (848), 872f⁶, 872f¹², 893f¹, 894f¹⁰, 970²⁹ (866), 970⁶⁸ (957), 971¹³³ (887, 888, 957), 972¹⁶² (892), 972¹⁷⁴ (896), 972¹⁷⁷ (958), 977⁴⁵¹ (957), 977⁴⁵² (957), 977⁴⁵³ (957), 977⁴⁵⁴ (957), 977⁴⁵⁵ (957), 977⁴⁵⁶ (957), 977⁴⁵⁷ (957), 977⁴⁵⁸ (957), 977⁴⁶⁰ (957), 977⁴⁶¹ (957), 977⁴⁶² (957, 958), 977⁴⁶³ (957), 977⁴⁶⁴ (957), 977⁴⁶⁵ (957), 977⁴⁶⁶ (958), 977⁴⁶⁸ (958), 977⁴⁶⁹ (958), 977⁴⁷⁰ (958), 1020³⁰⁷ (1014); **3**, 368f¹³, 428¹¹³ (361), 778¹⁸ (706), 778¹⁹ (706), 778²⁰ (706), 949²²⁵ (882), 1004f⁸, 1004f²³, 1071²⁴⁹ (1010, 1018), 1072²⁵³ (1010), 1072³⁰³ (1018), 1074³⁹⁸ (1033, 1047); **4**, 149⁴ (5), 322¹⁹⁷ (267), 323³²⁰ (279), 510³⁷⁶ (474), 659⁴ (658); **5**, 194f¹¹, 270⁴²⁹ (139, 150, 192, 195, 201, 204), 271⁴⁸⁸ (162, 164, 167, 169, 170, 171, 172, 173, 174, 195), 271⁵⁰¹ (167), 271⁵⁰² (167), 271⁵¹¹ (169, 170, 173), 271⁵¹³ (171), 271⁵¹⁴ (172), 272⁵¹⁵ (172), 272⁵¹⁷ (173), 272⁵¹⁸ (174), 274⁷¹³ (242); **6**, 742³⁷⁸ (525), 1020f¹¹⁵, 1021f¹⁴⁵, 1040⁸⁰ (999); **7**, 26f¹⁰, 91f⁵, 99² (2, 95, 96f, 98f), 99⁹ (8, 8f, 24, 38), 100⁶⁴ (8), 100⁷⁵ (11), 103²⁰² (28), 108⁴⁴¹ (60), 108⁴⁶⁸ (65), 110⁵⁶⁹ (85), 159⁷⁵ (146), 647⁶⁵ (527, 533), 647⁷¹ (530), 647⁷⁹ (531, 533), 647⁸¹ (533), 647⁸² (533), 648¹¹⁰ (539), 648¹²⁰ (541), 655⁵³⁸ (615), 656⁵⁷⁶ (623), 679f², 679f³, 679f⁴, 679f⁵, 679f⁶, 679f⁷, 726⁷⁴ (676, 678), 726⁷⁵ (677), 726⁷⁶ (677), 726⁷⁷ (678), 726⁷⁸ (678), 726⁷⁹ (678), 726⁸⁰ (680), 726⁸¹ (680), 726⁸² (680), 726⁸³ (680), 726⁸⁵ (681), 726⁸⁶ (681); **8**, 222¹³⁵ (159, 161), 1069²⁶² (1052, 1055), 1069²⁸⁵ (1057)
Seyferth, D. F., **1**, 681⁶⁹⁵ (664)

Seyffert, H., **2**, 198⁵³⁵ (128); **4**, 320⁹¹ (252, 267)
Seyler, J. K., **5**, 270⁴³³ (140, 142)
Seyler, R. C., **6**, 241³² (238), 361⁴ (351, 352, 357); **8**, 927³⁹ (801)
Seymour, H., **2**, 333f¹, 334f¹
Seymour, R. B., **2**, 341f¹, 362¹⁴² (330)
Sgarabotto, P., **2**, 189¹⁴² (33); **4**, 422f¹² , 506¹²¹ (410); **6**, 143²⁶⁹ (118, 121T), 179¹⁹ (165T, 170), 180⁶⁷ (163, 165T, 170); **8**, 770⁸³ (736), 794²⁹ (784), 795⁷⁷ (782), 795⁷⁸ (782), 795⁷⁹ (781), 795⁸³ (781), 795⁸³ (781)
Sgonnik, V., **7**, 8f⁵
Shaapuni, D. Kh., **6**, 757¹³⁹¹ (672); **8**, 339f⁶
Shabanov, A. V., **2**, 977⁴³⁷ (955)
Shabari, A. R., **6**, 34⁶⁶ (19T, 20T, 21T, 22T)
Shabarov, Yu. S., **2**, 971¹²⁶ (886)
Shadan, A., **1**, 681⁷⁰³ (664, 666)
Shade, J. E., **4**, 375¹³¹ (365, 368, 369T)
Shäfer, W., **4**, 508²⁴³ (441), 508²⁴³ (441)
Shaffer, L. H., **2**, 201⁶⁷⁸ (165)
Shafferman, R., **1**, 260f³⁴, 309⁴⁸⁶ (296), 310⁵⁵⁴ (299), 379⁴²⁴ (366)
Shafranskii, V. N., **5**, 265¹¹⁰ (24), 265¹¹¹ (24)
Shagova, E. A., **1**, 308⁴⁷³ (294), 375¹³²ᵇ (327)
Shah, D. H., **7**, 653⁴¹⁶ (595)
Shah, D. P., **3**, 858f⁷
Shah, S. K., **2**, 192²⁷⁸ (71); **7**, 647⁵⁵ (527), 657⁶¹⁴ᵃ (632, 635, 638), 657⁶²⁰ (633)
Shah, V. K., **8**, 1104⁴ (1074)
Shah, Y. T., **8**, 17¹⁸ (8), 96⁸⁷ (41, 43, 44, 61)
Shaik, S., **3**, 695⁶⁴ (652)
Shaikh, A. U., **2**, 1019³⁰⁰ (1014)
Shaiman, M. S., **3**, 700³⁴⁷ (673)
Shakhatuni, K. G., **3**, 473²¹ (437)
Shakhovskoi, B. G., **7**, 5f¹⁴
Shakir, R., **3**, 83²¹⁴ (31), 1067³⁶ (966, 967), 1067³⁷ (967)
Shakshooki, S. K., **6**, 262¹²⁴ (254), 343⁶¹ (287, 313)
Shalaby, S. W., **1**, 243¹⁶⁶ (174)
Shal'nova, K. G., **6**, 444²³⁹ (418, 421, 426), 445²⁷⁶ (422), 445²⁹⁷ (424), 445³⁰¹ (424), 445³¹² (427), 454³² (451)
Shalvoy, R., **8**, 643¹⁴⁷ (632)
Sham, H. L., **7**, 650²¹³ (559)
Sham, T. K., **1**, 720⁶⁰ (690); **2**, 617³² (526), 617³⁴ (526), 622⁴⁰²ᵃ (572), 623⁴⁶⁴ (581)
Shamaev, V. S., **8**, 457²³⁸ (408), 705⁷⁷ (672, 674T)
Shamberger, R. J., **2**, 1019²⁴⁵ (1005)
Shamshin, L. N., **2**, 300²²² (254), 301³⁰⁷ (273)
Shani, A., **7**, 729²⁵⁸ (721)
Shanklin, J. R., **7**, 110⁵⁹¹ (91)
Shannon, J. S., **3**, 629⁸⁶ (572, 573, 576); **6**, 36¹⁶⁵ (26)
Shannon, M. L., **2**, 510²⁵⁴ (433)
Shannon, P. V. R., **7**, 224³⁷ (201, 202)
Shannon, R. D., **1**, 152²¹⁶ (145); **3**, 175f¹
Shannon, T. W., **2**, 397¹¹³ (387)
Shanzer, A., **2**, 623⁴⁴⁸ (578, 583), 623⁴⁴⁹ (578); **7**, 653³⁹¹ (592), 653⁴⁰⁵ (593), 654⁴⁷⁰ (602)
Shapely, J. R., **3**, 86⁴⁰⁰ (55)
Shapiro, A. B., **8**, 365³¹⁰ (336)
Shapiro, B. L., **5**, 327f¹, 524³⁰⁴ (318)
Shapiro, H., **1**, 676³⁵⁹ (624), 681⁷⁰⁰ (664); **2**, 1016⁶² (983); **3**, 786f⁸, 786f⁹, 1080f⁷, 1080f⁸, 1256f⁴, 1256f⁶; **4**, 149¹¹ (6)
Shapiro, I., **1**, 260f³, 260f⁷, 262f⁶, 262f⁷, 262f²⁸, 262f⁵¹, 375¹⁷⁶ (335), 380⁴⁷⁷ (372), 552³ (543); **7**, 194⁸ (162), 194¹² (162)
Shapiro, O. I., **6**, 942⁶⁶ (901, 902T, 903T)
Shapiro, R. H., **1**, 116⁵²ᵇ (52); **7**, 107⁴⁰⁵ (54, 55)
Shapiro, T., **7**, 158⁸ (143)
Shapirova, S. Kh., **7**, 87f¹
Shapkin, S. V., **8**, 311f²⁰
Shapley, J. R., **3**, 108f¹², 118f¹⁷, 160f⁴, 160f⁶, 170¹⁵³ (157), 170¹⁵⁵ (158), 170¹⁵⁷ (159), 170¹⁶⁴ (161), 170¹⁶⁵ (162), 171¹⁸⁰ (167); **4**, 648¹³ (617), 658f⁵¹, 658f⁵², 894f⁴, 894f⁵, 895f³, 907³² (896), 907³⁴

(896), 1058⁴¹ᵃ (972, 1032), 1061²⁶¹ (1026, 1027, 1043), 1061²⁶² (1026), 1062³⁰⁴ (1035), 1062³⁰⁵ (1035), 1062³¹⁹ (1038), 1062³²⁹ (1040), 1062³³⁷ (1042), 1063³⁵⁹ (1049), 1063³⁶⁰ (1049), 1063³⁶¹ (1049), 1063³⁶² (1049), 1063³⁷⁵ (1051); **5**, 362f¹¹, 362f¹², 527⁵⁰⁵ (360), 527⁵⁰⁶ (360), 527⁵¹⁰ (361, 416), 535¹⁰³¹ (416), 536¹¹¹³ (473), 536¹¹¹⁷ (473, 474T, 475T), 538¹²⁰² (416), 539¹³⁰⁵ (365), 627⁴⁰⁴ (601), 627⁴³² (603), 628⁴⁹² (616), 628⁴⁹³ (617), 628⁵⁰¹ (617, 618, 619, 620), 628⁵⁰⁴ (619); **6**, 442¹¹⁰ (400), 805f¹⁵, 868f²², 869f⁴⁷, 869f⁴⁸, 869f⁴⁹, 875⁹⁷ (777), 875⁹⁸ (777), 875⁹⁹ (777); **8**, 97¹⁹⁷ (59), 98¹⁹⁸ (59), 292f⁴⁸, 364²⁶⁶ (327), 455¹⁰⁷ (389, 390), 455¹¹³ (390)

Sharaev, O. K., **3**, 473¹⁶ (437), 547¹¹⁴ (537, 539); **6**, 180⁴⁴ (158, 161, 165T), 181¹³² (161); **8**, 708²¹⁷ (702)

Sharapov, V. A., **2**, 301³¹⁵ (275)

Shareef, S., **4**, 1059⁹⁶ (981)

Sharefkin, J. G., **1**, 307³⁹³ (289)

Sharev, O. K., **1**, 247³⁴⁹ (197); **3**, 327⁶⁵ (298); **6**, 179¹⁸ (159T, 160)

Sharf, V. Z., **4**, 964⁹⁷ (947), 964¹⁰¹ (947), 964¹⁰² (947), 964¹⁰³ (947), 964¹⁰⁵ (948), 964¹⁰⁷ (948), 964¹¹⁴ (949)

Sharifkanova, G. N., **8**, 366³⁹⁰ (343)

Sharifov, K. A., **3**, 788f¹⁰, 1081f⁸, 1081f¹¹, 1258f⁷

Sharipova, F. V., **8**, 461⁴³² (438), 461⁴³⁹ (439), 932³⁶⁶ (849)

Sharkey, W., **7**, 100⁴⁴ (6)

Sharma, B. K., **3**, 1137f²⁷

Sharma, H. D., **2**, 527f³, 622³⁷⁷ (570)

Sharma, K. C., **3**, 372f¹⁵

Sharma, K. K., **2**, 621³³⁰ (563)

Sharma, K. M., **3**, 633²⁸³ (624), 633²⁹⁵ (628), 782²²⁰ (776)

Sharma, K. R., **4**, 20f¹, 150²⁰ (7), 235⁹⁵ (170); **6**, 841f¹²⁶, 876²⁰³ (808, 809, 817)

Sharma, R. K., **1**, 753⁹⁴ (741), 753⁹⁶ (741); **3**, 334f¹³, 368f⁷, 372f¹⁴, 379f¹¹, 426⁴ (332), 428¹¹⁴ (361), 429¹⁶⁹ (373), 429¹⁸⁴ (377), 429¹⁹⁴ (378), 430²¹⁶ (383), 628¹⁰ (561); **7**, 512¹⁴⁸ (497)

Sharma, S. D., **2**, 754f¹⁰

Sharp, D. W. A., **3**, 86⁴¹⁶ (59), 86⁴²⁰ (59), 86⁴²⁶ (59, 60), 1119f¹⁸, 1247⁸⁶ᵃ (1174, 1242, 1243), 1253³⁹⁶ (1242), 1253⁴⁰¹ (1243), 1381⁹⁵ (1341), 1384²⁵⁷ (1377); **4**, 97f²⁶, 106f⁵, 321¹⁴² (258), 536f⁸, 574f³, 609²⁶⁷ (571, 574f), 818⁵⁶¹ (782); **5**, 273⁶⁰⁵ (204), 273⁶⁰⁶ (204), 274⁶⁹⁶ (235), 276⁷⁹¹ (257), 520²⁹ (281), 534⁹⁶⁷ (442), 621²⁷ (547); **6**, 93⁵ (92, 92T), 95¹²⁸ (92, 92T), 139¹⁹ (120, 122T, 133T, 134T, 135, 136), 140⁷³ (133T), 141¹⁴⁵ (120, 122T, 133T, 134T, 135, 136), 179⁴ (173), 223³ (202, 203T), 230⁵ (229); **7**, 513¹⁹⁶ (504); **8**, 668¹⁹ (658T), 668²⁰ (658T), 1067¹⁶⁰ (1040), 1067¹⁶⁰ (1040)

Sharp, G., **3**, 88⁵²⁸ (77), 461f¹⁶, 469f¹, 645¹¹ (636)

Sharp, G. J., **1**, 675³¹⁷ (618), 675³¹⁸ (618); **2**, 198⁵⁴³ (130), 516⁶¹² (482, 485, 505), 674⁵³ (636); **3**, 81⁶² (6)

Sharp, K. G., **2**, 193³⁴⁷ᵃ (89), 203⁷³⁸ (182), 203⁷³⁸ (182), 397¹²⁴ (388), 515⁵⁷⁸ (478, 479, 481, 486)

Sharp, P. R., **3**, 102f³, 108f¹, 109f¹, 630¹⁰² (574, 587, 595), 721f⁷, 722f³, 722f⁴, 732f¹⁶, 733f¹¹, 734f⁷, 735f², 735f², 735f⁴, 745f¹⁰, 750f⁵, 779⁸¹ (722), 779⁸³ (723), 779⁸⁹ (724, 726, 729, 741), 780¹¹⁵ (739, 755, 756), 1319¹⁵⁷ (1315, 1316), 1382¹⁴⁵ (1350); **8**, 550⁹⁶ (524), 550⁹⁸ (524)

Sharp, R. L., **7**, 158⁶² (146), 159⁷¹ (146, 148f), 159¹²⁵ (154), 194²⁰ (162), 253⁸⁷ (240, 244)

Sharpe, A. G., **1**, 682⁷³¹ (581); **3**, 949²²⁰ (882), 949²²² (882), 951³⁶² (940), 1147¹¹¹ (1134); **4**, 1058⁶⁹ (976); **6**, 1110⁵ᵃ (1044)

Sharpless, K. B., **4**, 1061²⁴⁷ (1022); **8**, 497¹¹⁰ (493), 497¹¹¹ (493), 497¹¹⁴ (494), 497¹¹⁵ (494)

Sharratt, P. J., **5**, 522¹⁵⁶ (297, 298)

Sharrocks, D. N., **1**, 540¹⁷² (513); **3**, 1179f⁸, 1247¹⁰⁵ᶜ (1180, 1183, 1185); **4**, 97f¹⁴, 886¹¹⁹ (868)

Sharutin, V. V., **2**, 705⁵⁴ (687), 706¹³⁴ (698); **3**, 431³²⁹ (425), 431³³⁰ (426), 736f¹⁸, 767f⁹; **4**, 511⁴³⁵ (485)

Shashkov, A. S., **1**, 374¹²² (325), 376²⁰⁴ (340)

Shashkova, E. M., **1**, 275f⁷, 374⁷³ (315), 374⁷⁵ (315), 375¹²⁴ (325); **7**, 196¹⁸¹ (186), 225¹³¹ (208, 211, 212), 226¹⁶⁵ (212), 226¹⁷³ (213)

Shatalov, G. V., **3**, 341f¹³, 350f¹¹, 376f³, 379f¹², 427⁴¹ (339, 342), 429¹⁸⁹ (377)

Shatenshtein, A. I., **1**, 120³⁰⁵ (109), 553⁴⁶ (548); **6**, 224⁴⁰ (192)

Shaulov, Yu. Kh., **2**, 502f⁵; **5**, 266¹¹⁷ (25)

Shavanov, S. S., **3**, 456⁷⁵ (383); **8**, 425f¹², 704⁹ (684), 704⁴⁵ (685T), 704⁴⁶ (684, 685T), 704⁴⁸ (677), 704⁴⁹ (685T), 704⁵⁰ (677, 680), 705⁶⁷ (684, 685T), 705⁶⁹ (685T), 710²⁹³ (685T), 710²⁹⁵ (685T)

Shaver, A., **3**, 84³¹² (43), 133f³, 386f⁴, 388f⁶, 430²²¹ (384, 385), 630¹²³ (577), 1100f³, 1246³⁹ (1159); **4**, 64f⁶, 152¹⁷³ (43), 154³¹¹ (75, 124), 156⁴⁶⁹ (124), 323²⁶⁹ (273, 275, 278), 608²⁰⁵ (556, 559f, 561); **5**, 362f⁶, 527⁴⁸⁶ (358, 435, 467), 527⁴⁸⁷ (358, 435, 467), 527⁴⁸⁸ (358, 467), 536¹⁰⁷⁷ (467), 536¹⁰⁷⁸ (467); **6**, 35¹¹⁶ (19T, 23), 95¹²⁶ (43T, 60T, 61T, 67), 141¹⁰⁵ (102, 122T), 746⁶⁴³ (564), 762¹⁶⁹⁴ (735), 762¹⁶⁹⁵ (735); **8**, 1070³³¹ (1061)

Shaw, B. L., **3**, 88⁵²³ (77), 108f³², 833f¹⁴, 947⁹¹ (831), 1071²⁴⁴ (1009), 1384²⁴⁸ (1375); **4**, 65f⁴¹, 173f⁷, 180f⁵, 235¹³³ (176, 181), 237²⁵⁵ (195), 237²⁵⁶ (195), 325⁴⁵⁰ (294), 374⁴² (340), 675f⁸, 689⁶³ (669), 694f¹, 694f⁵, 694f⁶, 694f⁷, 695f⁵, 695f⁶, 810¹² (693, 721), 810¹⁵ (693), 810⁴³ (697, 704, 706), 810⁵⁹ (699, 746), 811¹²⁹ (709, 710, 721), 813²⁰⁵ (722, 724), 813²⁰⁹ (723), 813²⁶⁵ (739), 814²⁹⁴ (745), 840⁷⁶ (835), 840⁷⁷ (835), 964¹²² (950), 1059¹⁴⁰ (990), 1060¹⁹⁶ (1006); **5**, 76f², 268²⁸⁵ (77, 78), 272⁵²⁵ (177, 226), 306f⁵, 306f¹³, 311f³, 311f⁴, 311f⁵, 316f⁴, 316f⁵, 355f⁹, 403f¹², 403f¹³, 404f⁴¹, 404f⁴², 438f³, 522¹⁸⁸ (302, 302T, 303T, 305, 306, 314, 378), 523²¹⁶ (304T), 523²¹⁸ (304T), 523²¹⁹ (304T), 523²²² (304T, 311), 523²²³ (304T, 305, 311, 378, 380, 381), 523²²⁵ (304T), 523²³⁴ (305), 523²⁵⁴ (307, 432), 523²⁵⁵ (307), 524²⁷⁵ (303T, 314, 378, 381), 524²⁷⁶ (304T, 311), 527⁴⁶⁷ (354), 528⁵⁷⁰ (375), 529⁶⁰⁶ (378), 530⁶⁸⁷ (394), 530⁶⁸⁸ (394), 530⁶⁹⁰ (394, 412, 431), 530⁶⁹¹ (394, 432), 531⁷²³ (398, 421), 531⁷³⁶ (401), 532⁸²¹ (418), 534⁹⁴⁵ (439), 535¹⁰³⁵ (461), 537¹¹⁷⁴ (480, 508), 537¹¹⁸⁴ (483, 497, 499, 500, 506, 507, 508), 538¹²⁴⁷ (497, 499, 500), 538¹²⁵³ (499, 500), 539¹²⁹² (520), 549f¹, 549f¹, 549f², 549f⁵, 549f⁵, 549f¹¹, 552f⁵, 554f³, 554f³, 554f³, 554f¹³, 556f¹, 556f³, 556f⁷, 558f⁷, 558f¹², 560f⁴, 608f¹, 621⁴³ (548), 621⁴⁷ (548, 550), 621⁴⁸ (550), 621⁵⁰ (550, 613), 622⁵¹ (550, 553, 580), 622⁵¹ (550, 553, 580), 622⁵² (550), 623¹³⁰ (562), 623¹³¹ (562), 623¹³² (562, 572, 573), 623¹³⁸ (562, 593), 623¹³⁹ (562, 572, 593, 597, 612), 623¹⁴⁹ (564, 572, 573, 597), 623¹⁵² (564, 568), 623¹⁵⁶ (565, 572, 573), 623¹⁵⁹ (565, 597), 623¹⁸⁰ (566, 592, 594, 597), 623¹⁸¹ (566, 572), 624²¹³ (572, 595, 597), 624²¹⁴ (572), 624²³⁹ (576), 624²⁴⁸ (578, 581), 625²⁶¹ (580, 600), 625²⁶³ (580), 625²⁶⁴ (580), 625²⁶⁹ (581), 626³⁶⁰ (595), 626³⁸¹ (598), 627³⁹⁵ (600), 627³⁹⁸ (600, 602), 627⁴⁵⁵ (607), 628⁴⁷¹ (612), **6**, 95¹⁴⁷ (43T, 57T, 61T, 64, 69), 98³¹⁶ (60T, 64), 98³²⁸ (72), 142¹⁸² (133T, 135, 136), 241¹¹ (235), 241³¹ (238), 261¹¹ (244), 261²⁹ (245), 262¹²³ (254), 262¹³⁵ (254), 343²⁹ (283), 344⁹² (294), 345¹⁴⁷ (304, 324, 341), 345¹⁸⁴ (308), 346²³³ (312T, 312), 347³²⁷ (321), 347³³⁶ (322), 348³⁵² (323), 348³⁵³ (323), 348³⁵⁴ (324), 348³⁵⁸ (324), 349⁴⁴⁷ (340), 362⁷⁰ (360), 382¹⁵ (365), 383²⁰ (365, 372, 373, 378), 383⁴⁵ (367), 383⁴⁶ (367), 384¹⁰⁹ (378), 384¹¹¹ (378), 384¹¹⁴ (378), 441⁹ (387, 408, 421), 441⁵⁰ (392, 409, 410, 421, 432), 441⁵¹ (392, 393, 408, 409, 410, 421, 432), 442⁵⁶ (393, 421), 442⁸¹ (396), 442⁸² (396, 421), 443¹²⁰ (401, 436), 443¹²⁸ (402), 443¹⁴² (403), 443¹⁷⁷ (407, 408, 410, 421), 443¹⁸⁰ (407), 444¹⁸⁵ (408, 410, 411, 412, 413, 414, 416, 420, 430), 444¹⁸⁹ (408), 444²⁰³ (410, 422, 424), 444²⁰⁹

(410), 444²¹⁹ (412), 444²²³ (412, 415, 420), 444²³¹ (415, 421), 445²⁶⁰ (421), 453¹³ (448), 453¹⁷ (449), 453¹⁸ (449), 739¹⁸⁰ (501), 739¹⁸¹ (501), 740²⁵⁸ (514, 515, 518, 530, 540, 541, 549, 555, 582), 740²⁷⁷ (516, 524, 542T, 674, 679), 740²⁸² (516, 530, 540, 541, 549, 566, 582), 741³¹¹ (518), 741³¹⁴ (518), 741³³⁷ (519), 742⁴¹⁴ (530), 743⁴⁴⁹ (533T), 744⁵⁰⁷ (541), 744⁵¹⁷ (542T, 546T, 554, 581, 582, 584, 588, 589, 590), 744⁵¹⁸ (542T, 546T, 554, 581, 582, 584, 588, 589), 744⁵²² (542), 744⁵⁴¹ (546), 744⁵⁴⁴ (546, 546T), 745⁵⁵⁹ (547), 745⁵⁸⁰ (555), 745⁵⁸¹ (555), 746⁶⁶⁶ (568, 571), 746⁶⁷² (571), 747⁷¹⁵ (582), 747⁷¹⁹ (582), 747⁷²⁰ (583), 747⁷⁴⁸ (585), 749⁸³⁵ (592, 595T, 599), 749⁸⁴⁵ (597, 598), 749⁸⁴⁷ (597, 598), 749⁸⁴⁸ (597), 749⁸⁴⁹ (597), 749⁸⁵³ (597, 598), 749⁸⁵⁵ (597), 749⁸⁵⁶ (598), 749⁸⁵⁷ (598), 749⁸⁵⁹ (598), 749⁸⁶⁰ (598), 749⁸⁶⁹ (601), 749⁸⁷⁰ (602), 749⁸⁷² (602), 750⁹²⁶ (614T, 715T), 751⁹⁷³ (619), 752¹⁰⁸² (634, 641, 644T, 651, 652), 753¹¹³⁴ (639), 753¹¹³⁵ (639), 754¹¹⁸⁰ (645T, 651, 652), 754¹²⁰² (649T), 756¹³²⁷ (664), 758¹⁴⁷⁸ (682), 759¹⁵²³ (691, 697, 701), 759¹⁵³³ (693, 702, 704), 759¹⁵³⁷ (694), 760¹⁶¹⁴ (714, 734, 735), 760¹⁶¹⁶ (714), 761¹⁶²⁸ (716, 717, 726, 730, 731), 761¹⁶⁵⁸ (723T, 724), 762¹⁶⁹⁸ (735), 762¹⁶⁹⁹ (735), 943¹⁴⁴ (909T, 910), 943¹⁴⁵ (909T, 910), 943¹⁴⁶ (909T, 910); **8**, 296f¹¹, 304f²¹, 304f²⁵, 349f¹¹, 363¹⁶⁹ (302), 457²³³ (407), 927⁵² (801), 927⁸¹ (803), 927⁸² (803), 928⁸⁹ (803), 928⁹² (803), 928⁹³ (803), 929¹⁶⁶ (810), 930²⁴⁵ (829)

Shaw, B. W., **1**, 41¹³⁷ (30, 32, 33T, 34); **4**, 606⁷⁷ (524f, 525); **6**, 142¹⁹⁶ (136)

Shaw, III, C. F., **2**, 187⁵⁶ (12), 195⁴¹⁹ (105), 510²³⁴ (428), 796f³, 820¹⁴³ (794); **3**, 1318⁹⁷ (1291)

Shaw, D., **1**, 675³²⁹ (620); **2**, 617⁴⁵ (527)

Shaw, D. B., **2**, 508¹¹² (410); **3**, 949²¹¹ (880), 950²⁵⁸ (895)

Shaw, D. L., **3**, 1146²⁶ (1093)

Shaw, G., **4**, 813²⁵⁹ (737), 840⁷² (834), 840⁷³ (834), 873f³, 873f¹¹, 886¹⁵² (874, 875), 887¹⁶⁵ (876), 894f³, 929³² (927); **5**, 537¹¹⁷⁴ (480, 508); **6**, 383²⁰ (365, 372, 373, 378), 384¹⁰⁹ (378), 384¹¹¹ (378), 421⁹ (387, 408, 421), 443¹²⁰ (401, 436), 443¹⁸⁰ (407), 444²¹⁹ (412), 444²³¹ (415, 421), 743⁴⁴⁹ (533T), 753¹¹³⁴ (639), 753¹¹³⁵ (639), 754¹²⁰² (649T), 761¹⁶²⁸ (716, 717, 726, 730, 731), 761¹⁶⁵⁸ (723T, 724), 871f¹¹², 871f¹¹⁴, 871f¹¹⁵, 871f¹³⁶, 874⁸¹ (774)

Shaw, H., **3**, 1250²⁰³ (1199); **8**, 96⁹¹ (41, 48)

Shaw, R. A., **2**, 706⁸⁹ (692); **7**, 653⁴⁰⁸ (594)

Shawl, E. T., **3**, 798f²⁸

Shchegolev, I. F., **3**, 1071²⁰² (1000)

Shchegoleva, T. A., **1**, 275f⁷, 275f³⁴, 275f³⁵, 304¹⁷⁹ (270), 307³⁷⁰ (288), 309⁴⁸⁴ (296), 309⁴⁹¹ (296), 374⁷³ (315), 374⁷⁵ (315), 375¹²⁴ (325), 380⁴⁸²ᵇ (372); **7**, 159⁷² (146, 148f), 194¹⁹ (162), 196¹⁸¹ (186), 225¹³¹ (208, 211, 212), 226¹⁶⁵ (212), 226¹⁶⁶ (212), 226¹⁷³ (213), 253⁸⁸ (240)

Shchelokov, R. J., **3**, 269³²³ (231)

Shchembelov, G. A., **2**, 193³³³ (85); **4**, 415f², 415f³, 506¹³³ (413, 416)

Shchepinov, S. A., **2**, 188¹⁰⁴ (26), 299¹⁹² (249T, 270), 299¹⁹³ (249T), 300²²² (254), 301³⁰⁸ (273)

Shcherbakov, V. I., **1**, 721⁹⁶ (698), 753⁸⁹ (740); **2**, 973²¹⁴ (899), 973²²¹ (900)

Shcherbakova, S. I., **4**, 964¹⁰¹ (947)

Shchervakov, V. I., **5**, 753³³ (730)

Shchukovskaya, L. L., **7**, 656⁵⁴⁶ (617)

Sheahan, R. M., **3**, 918f⁵

Shearer, H. M. M., **1**, 40⁶⁹ (16), 40⁷⁹ (17, 18, 18T), 40⁸⁰ (17, 18, 18T), 40⁸¹ (17, 18, 18T), 40⁸⁵ (18, 22), 40⁹⁶ (19), 41¹¹¹ (23), 118¹⁹³ (83, 84T, 86, 91), 126f⁸, 151¹³⁸ (131), 151¹⁵⁵ (135, 137, 138), 152¹⁹⁰ (141, 147), 152²³⁶ (147), 249⁴⁷¹ (212), 249⁴⁸⁷ (216), 375¹³⁰ (326), 723²³¹ (716), 723²⁵² (717); **2**, 199⁵⁹⁸ (145), 621²⁸⁴ (556), 762¹⁰⁵ (732), 762¹⁰⁶ (732), 762¹⁰⁷ (732), 818⁴² (772), 859¹⁶ (828), 860⁵⁴ (835), 860⁶⁷ (826f, 837), 860⁷⁹ (840), 860⁸⁵ (843), 860⁸⁶ (843); **3**, 1248¹⁵² (1189); **6**, 187²¹ (185), 349⁴⁵⁰ (341), 1041¹²² (1010)

Sheargold, S. W., **5**, 290f¹, 521⁸² (288, 289, 300)

Shearhouse, S. A., **7**, 98f⁷

Sheats, J. E., **3**, 1067³⁸ (967); **5**, 274⁶⁸¹ (231, 234), 274⁶⁸⁴ (232, 233, 234, 244, 245, 247, 262), 274⁷⁰⁵ (239), 275⁷³¹ (245), 357f⁶, 527⁴⁸¹ (357, 458); **8**, 607¹¹² (564), 1066¹⁴⁷ (1038, 1039), 1066¹⁵⁴ (1039), 1069²⁴⁸ᵃ (1051, 1057), 1069²⁴⁸ᵇ (1051, 1057), 1069²⁴⁸ᵇ (1051, 1057), 1069²⁵⁹ (1052, 152f, 1055)

Shebaldova, A. D., **8**, 363¹⁷⁶ (302)

Shechter, H., **2**, 296² (206), 298¹³⁵ (240); **7**, 647⁸⁰ (533); **8**, 1071³⁴⁶ (1063)

Sheehan, T. G., **3**, 436f²⁸, 473²⁷ (438, 439)

Sheepy, J. M., **7**, 17f¹⁵

Shehadeh, M. A., **4**, 690⁹⁹ (674)

Sheikh, M. E., **2**, 298¹¹⁷ (236)

Sheiman, M. S., **3**, 700³⁴⁶ (673), 700³⁵⁵ (673), 788f¹¹; **6**, 225⁸⁹ (190), 226¹⁵⁵ (190, 194)

Shein, S. M., **1**, 115⁴⁴ (50, 103T), 115⁴⁴ (50, 103T), 120³²⁰ᶜ (114)

Sheinker, A. P., **8**, 707¹⁸⁷ (701)

Sheinker, Yu. N., **3**, 334f²⁰, 341f⁹, 344f¹⁰, 348f², 427⁵⁰ (347); **6**, 840f⁷³

Shekoyan, I. S., **4**, 964¹⁰⁵ (948), 964¹⁰⁷ (948)

Sheldon, A. W., **2**, 988f¹, 1016⁸⁹ (988, 989, 991f)

Sheldon, J. C., **1**, 373³⁵ (313)

Sheldon, R. A., **6**, 263¹⁷³ (258), 349⁴¹² (332, 336, 337), 751¹⁰⁰² (621, 688)

Sheldrake, P. W., **3**, 557⁵⁰ (555)

Sheldrick, B., **3**, 1246²⁷ᵇ (1157), 1379²³ (1326); **4**, 236¹⁴³ᵇ (178)

Sheldrick, G. M., **1**, 40⁶⁵ (15), 41¹⁵⁹ (35), 41¹⁶⁰ (35), 41¹⁶¹ (35), 752¹⁷ (727); **2**, 6f¹¹, 187³³ (8, 124), 187³⁶ (8), 191²⁴⁰ (57), 191²⁵⁹ (62), 195⁴¹⁸ (104), 198⁵²⁶ (127), 198⁵³³ (128), 199⁵⁶⁶ (136), 201⁶⁴⁴ (158), 502f⁸, 514⁴⁹⁷ (466), 517⁶⁸⁷ (502), 620²⁶⁷ (555), 620²⁶⁸ (555), 620²⁷⁷ (556), 621²⁹⁵ (558, 569), 622³⁹² (571), 622⁴⁰⁷ (572), 622⁴¹² (573), 623⁴¹³ (573), 623⁴²⁷ (575), 631f⁴, 678²⁶² (658); **3**, 82¹⁴¹ (18), 170¹⁶⁶ (162), 695³⁹ (650); **4**, 106f³⁶, 237²⁰⁰ (185), 422f¹⁶, 505¹⁰⁸ (408, 467), 505¹⁰⁹ (408, 423), 506¹⁵⁵ (423), 512⁴⁹⁴ (498), 512⁴⁹⁵ (498), 658f⁵³, 841⁹⁰ (837), 886¹⁰⁹ (866), 907⁴⁷ (899), 1058³⁶ᵃ (971), 1058⁴³ (972, 1052), 1058⁴⁴ (972), 1058⁴⁸ (973, 1033), 1061²⁶⁸ (1027), 1061²⁷¹ (1028), 1061²⁷² (1028), 1062²⁸⁴ (1031), 1062³¹⁷ (1037), 1062³¹⁸ (1038), 1062³³¹ (1041), 1063³⁴² (1043), 1063³⁴⁶ (1044), 1063³⁸⁷ (1053), 1063³⁹¹ (1053), 1063³⁹² (1053), 1063³⁹³ (1054), 1063³⁹⁴ (1054), 1063³⁹⁵ (1054), 1064⁴⁰² (1056), 1064⁴⁰³ (1056, 1057); **5**, 269³²⁹ (92), 628⁵⁰² (618); **6**, 1020f¹⁰⁶, 1041¹¹⁵ (1008), 1112¹⁵⁹ᵃ (1084); **8**, 99³²⁶ (92)

Sheldrick, W. S., **1**, 40⁶⁵ (15), 752¹⁷ (727); **2**, 192³⁰⁵ (78), 192³⁰⁶ (78), 192³⁰⁷ (78), 198⁵²⁶ (127), 201⁶⁴⁴ (158), 202⁷¹¹ (173), 513⁴²⁴ (454, 502), 622⁴¹² (573), 623⁴¹³ (573); **3**, 858f⁴, 858f⁵, 858f⁶, 948¹²⁶ (848); **6**, 36²⁰⁶ (21T, 22T, 24, 25)

Sheline, R. K., **1**, 40³⁹ (11); **3**, 118f³, 168³ᵃ (90), 168³ᵇ (90), 168⁴⁸ (116), 264⁶² (180), 267²²⁴ (211), 695⁴⁵ (651), 797f⁴, 819f¹⁴, 946²¹ (803, 912, 914), 947⁷⁹ (831, 843), 1085f⁴, 1086f⁷, 1106f⁴, 1110f⁶, 1262f⁴, 1263f⁷, 1275f⁴, 1379²³ (1323), 1382¹⁷⁰ (1361); **4**, 12f², 12f¹⁰, 150²⁵ (7), 150⁵⁶ (18), 150⁵⁷ (18), 151¹⁰¹ (26), 234¹⁸ (163), 319³¹ (246), 324³⁹⁸ (289), 325⁴¹⁷ (291), 325⁴¹⁸ (291); **6**, 13⁴¹ (7), 796f⁴, 842f¹³⁵, 842f¹³⁶, 842f¹³⁹, 842f¹⁴⁴, 843f¹⁸⁵, 843f¹⁸⁶, 850f¹⁸, 850f¹⁹, 850f²², 850f³⁶, 869f⁴⁴, 869f⁴⁵, 876¹⁷⁸ (795)

Shelly, J., **4**, 435f⁴, 507²⁰³ (435), 605¹⁶ (514)

Shelokhneva, L. F., **6**, 180³⁷ (160, 165T, 169), 181¹²⁴ (146T, 149, 159T, 160, 165T, 169), 445³⁰⁶ (426); **8**, 769⁹ (714T)

Shelton, G., **5**, 269³¹⁷ (88, 91)

Sheludyakov, V. D., **1**, 309⁴⁹¹ (296); **2**, 189¹⁵³ (35), 198⁵²³ (125), 298¹⁴⁹ (242), 300²⁶⁶ (265T); **7**, 194¹⁹ (162), 226¹⁶⁶ (212); **8**, 643¹¹⁶ (617, 622T), 706¹⁰⁶ (685T), 706¹⁰⁷ (685T), 706¹⁰⁹ (685T), 706¹²⁹ (685T), 707¹⁴⁹ (685T)

Shen, C. C., **7**, 105²⁸⁶ (37)

Shen, K., **2**, 706^{123} (697), 707^{147} (700)
Shen, Q., **1**, 689f^3, 720^{43} (688)
Shen, T. Y., **8**, 796^{103} (774)
Shenav, H., **2**, 514^{475} (461)
Shenhav, H., **1**, 542^{249} (536); **6**, 945^{269} (935, 934T)
Shenoy, G. K., **2**, 617^{24} (523)
Shepard, L. H., **1**, 248^{396} (201)
Shepherd, I., **3**, 1071^{244} (1009), 1384^{248} (1375); **5**, 523^{225} (304T); **6**, 142^{182} (133T, 135, 136), 346^{233} (312T, 312), 347^{327} (321), 741^{311} (518)
Shepherd, Jr., L. H., **1**, 151^{111} (127), 152^{240} (147), 152^{241} (147), 152^{242} (147), 152^{243} (147), 153^{244} (147); **7**, 455^{60} (382), 457^{148} (394), 460^{329} (417), 461^{408} (430), 461^{419} (432)
Shepherd, R. E., **4**, 690^{131} (686)
Sheppard, G. L., **4**, 83f^9, 241^{466} (219, 219T, 220), 886^{130} (869); **5**, 530^{699} (396); **6**, 347^{320} (321)
Sheppard, J. H., **7**, 195^{74} (166), 195^{88} (168, 169, 169f)
Sheppard, N., **1**, 262f^9; **4**, 907^{66} (903); **6**, 361^{34} (354), 361^{36} (354), 442^{56} (393, 421), 442^{98} (399), 453^{17} (449), 747^{693} (577), 747^{694} (577, 580), 755^{1245} (654), 755^{1257} (654, 655), 760^{1614} (714, 734, 735)
Sheppard, W. A., **2**, 713f^8, 713f^{30}, 713f^{31}, 713f^{32}, 723f^{16}, 723f^{17}, 760^{25b} (716, 717, 739, 745), 761^{61} (721), 761^{79} (724, 734, 739, 743, 748), 761^{80} (724, 743, 748), 762^{128} (739), 770f^7, 796f^8, 818^{33} (771, 804); **7**, 109^{506} (72)
Shergina, I. V., **2**, 678^{296} (662)
Sheridan, J., **1**, 263f^9, 302^{41} (259, 263); **2**, 904f^3; **6**, 453^{11} (448)
Sherman, Jr., E. O., **4**, 810^{63} (699, 739, 744, 808), 810^{64} (699, 739, 744, 745, 808), 814^{289} (744), 944f^{10}
Sherrington, D. C., **3**, 427^{24} (336); **8**, 605^7 (553)
Sherry, A. D., **5**, 623^{136} (562)
Sherwin, P. F., **5**, 273^{622} (210)
Sherwood, Jr., D. E., **3**, 80^{29} (4, 5, 12), 946^{7c} (791); **4**, 606^{62} (522); **6**, 14^{135} (5)
Shestakov, G., **6**, 262^{108} (251)
Shestakov, G. K., **8**, 349f^{17}, 458^{254} (410)
Shestakova, E. D., **6**, 13^{62} (8)
Shestakova, E. P., **4**, 320^{61} (249, 287)
Shevchenko, Yu. V., **2**, 395^{40} (371)
Shevelev, Yu. A., **3**, 981f^{19}, 1069^{107} (983, 988), 1070^{196} (999)
Sheverdina, N. I., **1**, 72f^4, 250^{533} (224, 225, 228), 250^{538} (224, 225, 226, 227, 228, 229), 250^{555} (227, 228), 251^{571} (230), 251^{573} (230, 231, 232, 233, 234), 251^{573} (230, 231, 232, 233, 234), 302^{46} (259), 675^{321} (619), 676^{377} (624), 696f^{30}, 696f^{31}, 696f^{32}, 696f^{33}, 696f^{34}, 696f^{35}, 720^{56} (690), 721^{112} (701, 707), 722^{204} (713), 723^{273} (719), 723^{274} (719); **2**, 508^{157} (417), 508^{158} (417), 515^{558} (473), 827f^9, 853f^3, 859^4 (824, 832, 849, 852, 858f, 859), 860^{55} (835), 860^{56} (835), 860^{59} (836), 861^{131} (852), 861^{143} (855); **7**, 725^{538} (670)
Shevlyakova, N. P., **8**, 339f^6
Shevtsova, O. N., **1**, 378^{360} (360)
Shewchuk, E., **2**, 705^{47} (687); **3**, 863f^{33}
Sheyanov, N. G., **2**, 677^{222} (654)
Shibaeva, N. V., **1**, 248^{393} (201)
Shibaeva, R. P., **3**, 1070^{169} (989), 1070^{170} (989), 1071^{203} (1000)
Shibano, T., **6**, 362^{48} (357), 362^{50} (357), 362^{51} (357), 760^{1607} (712); **8**, 397f^{10}, 430f^{1a}, 435f^{15a}, 439f^{6a}, 439f^{6c}, 456^{155} (396, 431, 434, 435), 459^{359} (431, 434, 435), 460^{389} (433), 460^{390} (433), 931^{301} (844), 931^{302} (844, 846, 848, 849), 932^{380} (850), 932^{381} (850)
Shibasaki, M., **7**, 651^{315} (578), 651^{318} (578); **8**, 888f^{11}
Shibata, A., **7**, 512^{121} (491)
Shibata, S., **1**, 689f^{11}, 720^{17} (686)
Shibata, T., **7**, 461^{384} (426)
Shields, S., **5**, 623^{153} (565, 577); **6**, 751^{978} (619)
Shields, T. C., **8**, 430f^{13}, 445f^2, 460^{383} (431), 461^{463} (445), 931^{318} (846)
Shiels, A., **3**, 1381^{100} (1341)

Shiels, T., **3**, 1188f^{26}, 1189f^{24}, 1338f^{18}, 1380^{81} (1336)
Shier, G. D., **1**, 753^{40} (732); **2**, 633f^2, 674^{26} (632); **6**, 442^{88} (398), 444^{215} (410), 446^{357} (439); **8**, 456^{133} (394, 450)
Shiga, T., **2**, 506^{42} (403), 506^{43} (403)
Shigorin, D. N., **1**, 72f^4, 302^{46} (259), 675^{321} (619), 720^{56} (690)
Shih, H.-H. J., **7**, 651^{325} (579)
Shih, H.-M., **2**, 297^{94} (231)
Shihada, A. F., **2**, 678^{281} (660)
Shiihara, I., **1**, 677^{412} (626); **2**, 196^{469} (115), 623^{436} (577), 624^{490} (585)
Shiina, K., **1**, 244^{175} (175)
Shiira, K., **2**, 188^{91} (24)
Shikata, K., **8**, 378f^7
Shikhmamedbekova, A. Z., **7**, 648^{124} (542)
Shiller, A. M., **3**, 328^{147} (318), 633^{309} (614); **8**, 1104^{28} (1079)
Shiller, N. A., **7**, 336^{52} (335)
Shilov, A. E., **3**, 328^{114} (311), 328^{166} (322), 436f^{19}; **5**, 213f^{17}, 268^{269} (70, 71, 73); **6**, 749^{823} (592), 750^{898} (610), 750^{905} (611), 750^{907} (611), 750^{910} (611), 750^{911} (611), 750^{919} (613), 757^{1421} (674); **8**, 96^{72} (37), 281^{115} (267), 339f^4, 1084f^1, 1084f^2, 1084f^2, 1098f^6, 1098f^7, 1104^{23} (1077), 1104^{24} (1077), 1105^{50} (1084), 1105^{51} (1085), 1105^{52} (1085), 1105^{53} (1085), 1105^{55} (1085), 1105^{58} (1085), 1105^{59} (1085), 1105^{60} (1085, 1086), 1105^{61} (1086), 1105^{62} (1086), 1105^{63} (1086), 1105^{96} (1097), 1105^{97} (1097), 1105^{98} (1097), 1106^{109} (1101), 1106^{110} (1101), 1106^{111} (1101)
Shilova, A. K., **3**, 328^{114} (311); **8**, 1098f^6, 1104^{23} (1077), 1104^{23} (1077), 1104^{24} (1077), 1105^{98} (1097), 1106^{111} (1101)
Shilova, G. N., **8**, 708^{211} (701), 708^{222} (701)
Shilovtseva, L. S., **7**, 107^{389} (52); **8**, 1068^{234} (1049), 1071^{353} (1063)
Shima, I., **7**, 108^{449} (61)
Shimada, A., **2**, 707^{151} (701)
Shimada, H., **1**, 117^{151} (77), 304^{155} (269)
Shimada, T., **8**, 457^{237} (407)
Shimada, Y., **7**, 9f^3
Shimagaki, M., **7**, 511^{54} (480)
Shimamura, T., **8**, 929^{220} (820)
Shimazaki, N., **8**, 397f^2
Shimitzu, M., **2**, 1015^{23} (981, 1007)
Shimiza, F., **8**, 1007^{37} (948), 1007^{42} (950), 1008^{45} (950)
Shimizu, H., **7**, 103^{188} (25), 108^{486} (69)
Shimizu, I., **8**, 460^{367} (431), 460^{368} (431), 460^{369} (431), 460^{371} (431), 710^{330} (701), 888f^{12}, 888f^{13}, 930^{295} (843), 931^{331} (847), 931^{333} (847), 931^{337} (847), 931^{338} (847), 933^{454} (860), 934^{539} (884), 1067^{188} (1043)
Shimizu, M., **2**, 1015^{24} (981, 1007); **7**, 110^{574} (87), 649^{164} (552), 651^{274} (572), 655^{510} (608)
Shimizu, N., **7**, 224^{31} (200), 650^{215} (560)
Shimizu, T., **8**, 937^{737} (914, 922), 937^{752} (919), 937^{753} (919)
Shimizu, Y., **8**, 937^{734} (914)
Shimo, N., **8**, 930^{283} (839), 935^{594} (892)
Shimohigashi, T., **6**, 95^{160} (58T, 63T, 72, 73)
Shimoji, K., **7**, 96f^{12}, 647^{62} (527)
Shimokawa, S., **8**, 711^{367} (701)
Shimomura, H., **8**, 368^{465} (353)
Shimp, L. A., **1**, 42^{206} (39), 116^{105} (64), 117^{107} (64), 117^{108} (64), 117^{110} (64); **3**, 328^{153} (320), 632^{224} (602); **6**, 942^{55} (900, 901, 902T, 903T), 942^{75} (901, 902T, 903T)
Shimura, T., **8**, 349f^1
Shina, K., **7**, 225^{96} (206)
Shindo, M., **2**, 707^{157} (701)
Shingles, T., **8**, 96^{131} (48)
Shinhama, K., **1**, 241^{20} (157)
Shinkarev, A. N., **2**, 860^{37} (832)
Shinoda, M., **7**, 101^{88} (13)

Shinoda, S., **2**, 971⁹⁷ (879), 971¹¹⁰ (884); **6**, 753¹¹⁰⁷ (636), 753¹¹⁰⁸ (636)
Shinohara, H., **4**, 965¹⁵² (956)
Shinohara, K., **8**, 929¹⁶¹ (810)
Shinonaga, A., **2**, 187⁶⁰ᵃ (13, 60), 191²⁵⁴ (61); **7**, 649¹⁶⁸ (553), 658⁶⁷⁵ (642)
Shinozaki, H., **2**, 970⁵¹ (869), 970⁵¹ (869)
Shinsugi, T., **4**, 965¹⁶⁰ (957)
Shiobara, J., **8**, 937⁷⁵² (919)
Shioiri, T., **2**, 192²⁶⁵ (65); **7**, 107⁴³¹ (58)
Shiojima, T., **2**, 187⁵⁰ (11)
Shiomi, M. T., **6**, 143²³¹ (103T, 108)
Shiono, M., **7**, 299⁸² (279), 300⁸⁴ (280)
Shiotani, A., **2**, 200⁶⁴² (157), 768f¹, 768f¹², 796f⁷, 818²³ (767), 818⁶⁴ (776), 820¹⁴² (793, 794), 820¹⁵⁸ (795, 800), 820¹⁷⁰ (800), 820¹⁷¹ (800), 820¹⁸² (807, 808).
Shipley, R., **4**, 321¹²⁶ (256, 261)
Shipov, A. G., **7**, 109⁵⁰⁰ (71)
Shippey, M. A., **2**, 195³⁹⁹ᵇ (100); **7**, 646²⁹ (522), 649¹³⁴ (550), 653⁴¹⁷ (597), 655⁵¹⁵ (609), 655⁵²⁷ (612)
Shirado, M., **8**, 400f¹⁵
Shirafuji, T., **7**, 511⁹⁰ (486)
Shirahata, A., **2**, 190¹⁷¹ (38); **7**, 648¹¹¹ (539), 649¹⁸¹ (555), 650²¹⁶ (560), 657⁶⁴³ (639)
Shirai, H., **2**, 299¹⁹⁶ (249T), 624⁵⁴⁰ (592); **7**, 95f⁶
Shirai, N., **7**, 512¹¹⁸ (490)
Shiraishi, M., **8**, 459³⁰⁹ (419)
Shiraishi, T., **8**, 646²⁷⁵ (618)
Shirakawa, H., **8**, 610²⁹⁰ (598T)
Shiralian, M., **3**, 1381⁹⁷ᵇ (1341, 1378), 1384²⁵⁸ (1378)
Shirayama, K., **7**, 463⁵⁰⁸ (447)
Shirley, D. A., **2**, 861¹¹⁶ (850, 858f, 859); **7**, 725³⁹ (670)
Shirley, D. E., **6**, 179⁹ (146T, 152)
Shirmal, A. K., **3**, 866f⁶, 947⁷¹ (825), 1112f⁹, 1147⁶² (1105), 1147⁶⁸ (1111), 1317⁶⁹ (1282)
Shiro, M., **1**, 541¹⁹⁴ (520, 534T)
Shirokii, V. L., **2**, 972¹³⁸ (888)
Shiryaev, V. I., **2**, 303⁴⁰⁹ (295T), 397¹³¹ (394)
Shishiyama, Y., **2**, 191²⁵⁰ (60); **7**, 460³⁶⁰ (421), 658⁶⁹¹ (643)
Shishkin, V. N., **2**, 972¹⁸⁸ (896), 972¹⁸⁹ (897), 972¹⁹¹ (897)
Shishkina, M. V., **8**, 668²⁴ (664, 666)
Shitikov, V. K., **8**, 668²³ (652)
Shitov, O. P., **1**, 309⁴⁸¹ (296), 379³⁹¹ (363), 380⁴⁷¹ (370)
Shivalova, N. I., **8**, 1105⁵⁵ (1085)
Shive, L. W., **4**, 241⁴⁴⁷ (215T, 216, 217)
Shizume, Y., **7**, 105²⁹⁹ (40, 68)
Shklyar, S. A., **8**, 1064²⁴ (1017)
Shkol'nik, O. V., **5**, 628⁴⁹⁶ (617)
Shlyachter, R. A., **8**, 707¹⁹² (701)
Shmelev, L. V., **7**, 725⁶⁵ (675); **8**, 457²³⁸ (408), 705⁷⁷ (672, 674T)
Shmidt, A. A., **8**, 365³²⁵ (338, 343)
Shmidt, F. K., **3**, 702⁴⁷⁹ (685); **5**, 272⁵⁴⁷ (185); **8**, 341f², 341f¹⁴, 363²⁰² (316), 364²¹⁶ (319), 366³⁵¹ (340), 366³⁶⁰ (342), 366³⁶¹ (342), 385f³⁶, 458²⁶⁹ (412), 641²⁷ (621T), 643¹¹⁰ (621T), 643¹³⁵ (622T), 643¹³⁸ (621T), 643¹³⁹ (621T), 643¹⁴⁰ (621T), 644¹⁹⁸ (621T), 644²⁰² (621T, 632)
Shnol', T. R., **2**, 512³⁴⁷ (444)
Shoemaker, A. L., **4**, 511⁴³⁸ (485)
Shoening, R. C., **4**, 1058⁴⁵ (972)
Shoer, L. I., **6**, 979¹³ (950, 958T); **8**, 96⁷¹ (37), 98²⁴⁷ (69), 366³⁶³ (342)
Shoji, F., **8**, 771¹⁴⁶ (739, 757T, 758T, 759T, 760T)
Shoji, T., **4**, 964¹³⁰ (951, 953)
Sholer, F. R., **4**, 155⁴³² (118)
Shomaker, V., **4**, 648¹⁶ (618, 619)
Shono, K., **2**, 396⁶⁷ (376), 396⁷⁰ (377), 396⁷² (378)
Shono, T., **6**, 442¹⁰² (399); **7**, 650²⁵⁵ (568); **8**, 928⁹⁷ (803)
Shook, H. E., **6**, 140⁵⁷ (104T, 122T); **8**, 368⁴⁸⁵ (354)

Shoolery, J. N., **1**, 675³²² (619)
Shopov, D., **8**, 363¹⁹⁶ (314)
Shore, S. G., **1**, 258f¹³, 305²²⁰ (277), 375¹⁷⁸ (335), 375¹⁷⁹ (335), 380⁴⁴² (368), 456²²⁰ (446), 456²³⁰ᵃ (448, 450), 457²⁴⁰ (450), 457²⁴⁰ (450), 537²⁴ᵃ (462), 537²⁴ᵇ (462), 537²⁴ᶜ (462), 539⁹³ᶜ (488, 498), 539¹⁰³ᵃ (490, 498), 539¹⁰⁴ (490, 493), 539¹⁰⁷ᵍ (491), 540¹²⁸ (498, 536T), 540¹³¹ (498, 536T), 540¹⁵⁵ (506, 536T); **3**, 1118f¹⁰; **4**, 23f⁶, 151⁹⁰ (24), 890f², 890f⁶, 906² (889, 891, 893), 907²⁴ (892), 907²⁵ (892, 893); **5**, 12f³; **6**, 870f⁷⁴, 875¹⁴⁷ (787, 815), 944¹⁶⁸ (912, 913T, 918T, 919, 937T, 940), 944¹⁸⁴ (912T, 912), 944¹⁸⁹ (915), 944¹⁹⁰ (915), 944¹⁹¹ (915), 944²¹⁷ (922, 923), 944²¹⁸ (922), 945²³⁵ (926), 945²³⁶ (926), 945²³⁸ (926), 945²⁴⁹ (928T, 930, 937T), 945²⁵⁰ (928T, 930), 945²⁵⁶ (931, 932), 945²⁶⁰ (931), 945²⁶¹ (932); **7**, 197¹⁹⁸ (190), 225¹⁵³ (210), 226¹⁸³ (214, 215)
Shores, R. D., **3**, 842f¹⁵
Shorin, V. A., **2**, 506³¹ (403)
Short, J. N., **7**, 463⁵²⁶ (448)
Short, L. N., **6**, 33²⁹ (18)
Short, M. R., **7**, 225¹⁰⁷ (207); **8**, 1009¹³⁸ (977)
Shortland, A., **3**, 88⁵²⁴ (77), 696¹¹⁷ (657, 660, 661), 937f¹, 937f², 937f⁴, 950³⁰⁷ (916, 936, 939), 1131f¹, 1131f², 1133f¹, 1312f², 1312f³, 1319¹⁴⁹ (1310); **4**, 154³²² (78)
Shortland, A. C., **4**, 873f⁷, 886¹⁵¹ (872, 876, 878)
Shortland, A. J., **3**, 951³⁵⁴ (936), 951³⁵⁶ (939), 1308f⁴, 1311f⁹
Shorygin, P. P., **1**, 380⁴³¹ (367)
Shostakovskii, M. F., **2**, 623⁴⁷⁹ (583), 676¹³³ (643), 677²²³ (654)
Shou-Shan Chen, **3**, 398f⁴²
Shpakov, P. P., **6**, 181¹⁰³ (158); **8**, 707¹⁷⁹ (701), 708²¹³ (702, 703)
Shpiro, E. S., **8**, 339f⁵
Shreeve, J. M., **2**, 621³¹² (561, 564), 678³⁰³ (662), 972¹⁵⁵ (891); **3**, 392f⁹
Shreve, R. N., **2**, 878f¹⁷
Shrimal, A. K., **4**, 884³ (844), 1057⁵ (968, 974, 976, 978, 1023, 1027); **5**, 536¹⁰⁹¹ (339, 361), 554f¹, 622⁸⁰ (553); **6**, 736⁴ (474)
Shrimal, A. R., **3**, 863f¹⁶
Shriner, R. L., **2**, 705³⁵ (685, 699), 849f²; **7**, 20f², 724² (662)
Shriro, V. S., **2**, 507⁵⁶ (404, 420, 437), 507⁵⁷ (404, 437), 507⁵⁸ (404)
Shriver, D. F., **1**, 304¹⁷¹ (270), 675²⁹⁷ (615), 722¹⁵⁹ (707, 712), 722¹⁶⁴ (708), 723²⁸² (719); **2**, 860⁴⁹ (834); **3**, 82¹⁷⁵ (27), 266¹⁹⁹ (208), 815f¹, 1381¹²⁰ (1344); **4**, 74f²⁹, 74f³¹, 74f³³, 154³⁰⁹ (75), 238³¹⁹ (205, 206T, 206), 239³²⁸ (206), 242⁵¹⁸ (228), 247f³, 247f⁴, 247f⁶, 247f⁷, 312f³, 312f⁵, 312f⁶, 320⁶³ (249, 260, 287), 320⁷¹ (250, 316), 321¹²⁵ (256), 321¹²⁶ (256, 261), 321¹⁴⁰ (258, 263), 321¹⁴⁸ (259, 315, 316), 321¹⁷⁶ (263), 321¹⁷⁸ (263, 264, 316), 321¹⁸⁷ (265), 322¹⁹⁰ (266), 322¹⁹² (266, 317, 318), 328⁶⁶⁹ (315, 316), 329⁶⁷¹ (315), 329⁶⁷⁴ (316), 329⁶⁸⁵ (318), 329⁶⁸⁶ (318), 373¹⁵ (334), 605²⁹ (518), 605³¹ (518), 648⁶⁰ (634), 648⁶¹ (634), 648⁶² (634), 649⁹⁶ (642), 649⁹⁷ (642), 813²²³ (725), 839¹³ (823), 840²² (824), 840²³ (824), 887²⁰³ (884), 887²⁰⁴ (884), 962⁸ (932), 1063³⁸⁰ (1052); **5**, 536¹¹⁰⁸ (472), 546f⁶, 549f¹², 621²⁶ (547), 623¹⁶⁵ (565), 623¹⁶⁶ (565); **6**, 224²¹ (205, 213T), 225¹²⁵ (205, 213T), 262⁹² (250), 941¹ (880, 881T, 883T, 884), 941² (880, 881T), 941¹³ (884, 885T), 941¹⁴ (884, 885T), 941¹⁵ (884, 885T), 1039² (984, 998); **8**, 220¹⁶ (107), 220³⁶ (111), 220³⁷ (111), 366³⁵⁸ (341), 366³⁵⁹ (341), 366³⁶⁴ (342)
Shroeder, S., **3**, 436f³⁰
Shryne, T. M., **4**, 958f⁹; **6**, 262⁸⁴ (249), 446³³⁷ (432, 436, 438); **8**, 430f⁸, 435f¹⁸, 447f⁸, 449f⁵, 459³⁵⁸ (431, 432), 796¹⁵¹ (775)
Shteinman, A. A., **6**, 750⁸⁹⁸ (610), 750⁹⁰⁵ (611), 750⁹⁰⁷ (611), 750⁹¹² (611), 750⁹¹⁵ (612), 750⁹¹⁹ (613)
Shteinshneider, A. Ya., **1**, 68f³; **2**, 762¹¹⁷ (736)
Shterenberg, B. Z., **2**, 511³²⁶ (441), 511³²⁷ (441)

Shu, P., **1**, 273f[30], 375[144] (330), 375[145] (330, 331), 385f[1], 408[5] (383, 394, 401), 409[55] (392, 394, 398); **2**, 619[162] (544); **4**, 511[415] (482); **7**, 322[59] (317); **8**, 1070[335e] (1061, 1062), 1070[335f] (1061, 1062)
Shu, T., **3**, 473[50] (445)
Shubber, A. K., **2**, 201[678] (165), 623[474] (582)
Shubert, M. P., **6**, 1020f[92]
Shubkin, R. L., **3**, 1248[128c] (1183, 1184), 1380[68] (1334), 1380[69] (1334); **4**, 507[210] (437, 492); **6**, 97[236] (87); **8**, 1066[120] (1032)
Shufler, S. L., **4**, 320[65] (249)
Shuikina, L. P., **8**, 311f[22]
Shukis, A. J., **2**, 882f[1]
Shukys, J. G., **5**, 158f[7], 271[468] (157)
Shul'ga, Yu. M., **3**, 398f[50]
Shulgaitser, L. A., **8**, 1104[18] (1077)
Shulka, P. R., **4**, 1061[282] (1031)
Shulman, P. M., **6**, 844f[245]
Shulman, T. S., **2**, 971[126] (886)
Shul'pin, G. B., **4**, 499f[2], 512[507] (500), 817[474] (770); **6**, 225[129] (190); **8**, 1065[69] (1024, 1050), 1070[334] (1061)
Shul'pina, L. S., **4**, 817[477] (771); **8**, 1068[238] (1049)
Shults, R. H., **7**, 106[350] (47), 728[192] (707); **8**, 669[63] (662), 771[139] (738, 740, 747T)
Shultz, A. J., **4**, 1063[360] (1049)
Shultz, J. F., **8**, 96[109] (42, 58)
Shulyndin, S. V., **8**, 609[243] (595T), 609[244] (595T)
Shum, W., **3**, 279[24] (272), 427[62] (351)
Shumakov, A. I., **6**, 942[62] (902T)
Shumate, R. E., **5**, 537[1172] (477)
Shupack, S. I., **6**, 753[1091] (635), 755[1273] (656), 756[1313] (661, 663T)
Shur, V. B., **3**, 326[13] (284, 285), 398f[34], 427[29] (337), 430[275] (402); **5**, 570f[2], 625[317] (589, 594); **8**, 1076f[1], 1076f[2], 1076f[4], 1076f[5], 1076f[7], 1080f[1], 1080f[2], 1080f[3], 1083f[1], 1104[6] (1075, 1080, 1081, 1082, 1083), 1104[14] (1076), 1104[16] (1077), 1104[16] (1077), 1104[18] (1077), 1104[38] (1080, 1081), 1104[39] (1080), 1105[42] (1081), 1105[43] (1081), 1105[44] (1082), 1105[47] (1082)
Shurvell, H. F., **6**, 942[68] (901, 902T, 903T), 942[71] (901, 902T, 903T)
Shushani, M., **6**, 224[64] (190)
Shushchinskaya, S. P., **7**, 656[546] (617)
Shushunov, N. V., **3**, 703[538] (689)
Shushunov, V. A., **1**, 115[28a] (46), 249[466] (212), 307[365] (288); **2**, 510[263] (435, 440), 623[473] (582), 675[93] (640), 677[217] (654), 677[218] (654), 678[266] (659), 678[267] (659), 678[268] (659), 977[485] (960)
Shusterman, A. J., **6**, 747[690] (576); **8**, 551[104] (527), 551[125] (534)
Shustorovich, E. M., **3**, 83[188] (28), 700[357] (674, 689), 703[541] (690)
Shustova, L. M., **6**, 760[1589] (706)
Shuto, Y., **3**, 473[57] (448), 473[58] (448)
Shuttleworth, D. M., **6**, 13[78] (9)
Shuvalov, N. F., **8**, 1098f[6]
Shuvalova, N. I., **8**, 1098f[6], 1098f[7], 1105[53] (1085), 1105[59] (1085), 1105[97] (1097)
Shuyrev, V. V., **3**, 1081f[7]
Shvartsman, R. A., **6**, 12[5] (4), 12[5] (4)
Shveima, J. S., **3**, 951[326] (923)
Shvets, V. A., **6**, 181[126] (157)
Shvetsov, Yu. A., **8**, 1080f[2], 1083f[1]
Shvo, Y., **4**, 320[60] (249), 422f[9], 435f[15], 507[173] (427), 965[167] (960), 1061[265] (1027); **8**, 100[21] (943), 100[22] (943), 1009[106] (970), 1009[117] (972)
Shvyrev, U. V., **3**, 788f[4a], 1146[7] (1080), 1258f[6]
Sianesi, D., **1**, 153[253] (148)
Sibert, J. W., **4**, 812[162] (716), 886[121] (868)
Sibgatullina, F. G., **7**, 108[448] (61)
Sibille, S., **6**, 99[396] (55T, 56T, 65), 99[397] (55T, 56T, 65); **8**, 770[57] (723T, 732), 770[60] (723T, 724T, 732), 770[61] (723T, 732), 770[67] (723T, 732)
Siddall, J. B., **7**, 728[184] (706), 728[184] (706), 728[221] (713), 729[252] (719)
Siddiqi, I. A., **3**, 1075[449] (1039), 1251[279] (1217), 1383[193] (1364); **5**, 270[400] (130)
Siddique, I., **1**, 247[352] (197)
Siddiqui, Z. V., **3**, 1072[257a] (1011)
Sideridu, A. Ya., **2**, 507[83] (407)
Sidorov, V. I., **2**, 197[501] (122)
Siebenlist, K., **2**, 626[667] (609)
Sieber, R., **6**, 362[54] (358); **8**, 220[4] (103), 927[29] (800, 835, 883), 934[544] (884), 934[545] (884)
Siebert, H., **1**, 262f[4]; **2**, 674[10] (630), 683f[3]; **3**, 460f[5]
Siebert, W., **1**, 264f[4], 264f[8], 301f[1], 301f[1], 305[231] (279), 309[545] (298), 310[587] (301), 373[30] (313), 374[69] (313), 375[147] (330), 375[165] (333), 375[166] (333), 377[258] (348), 377[266] (349, 353), 377[267] (349), 377[292] (353), 377[294] (353), 377[295] (353), 377[296] (353), 377[297] (353), 377[298] (353), 377[299] (353), 380[480] (372), 408[3] (381), 409[10] (383, 405), 409[11] (383, 405, 406), 409[12] (383, 406), 409[14] (383, 405, 406), 409[17] (383, 384, 407), 409[18] (383, 387, 407), 409[19] (383, 407), 409[28] (386, 387, 407), 409[30] (386, 389), 409[40] (389), 409[41] (389), 410[85] (407), 410[86] (407), 410[87] (407), 410[88] (407), 410[89] (407), 410[90] (407), 454[117] (431), 577[293a] (353), 577[293b] (353); **2**, 617[83] (535), 676[131] (643); **3**, 84[258] (35), 84[259] (35), 1071[245] (1009), 1077[569] (1062), 1077[574] (1063), 1251[247] (1211), 1382[166] (1361); **4**, 158[613] (139), 158[614] (139), 511[422] (483); **6**, 225[108] (214T, 223), 225[124] (214T, 223), 226[157] (214T, 223), 226[172] (214T, 223); **7**, 194[38] (162, 187); **8**, 1065[82] (1025)
Siebrand, W., **2**, 933f[2], 945f[1]
Sieckhaus, J. F., **1**, 454[127] (431); **6**, 223[13] (220, 221, 215T)
Siedle, A. R., **1**, 303[82] (266), 455[159] (435, 440, 443), 456[223] (446), 456[238] (450), 539[99b] (489, 514), 539[99e] (489, 514), 540[173] (513), 541[209] (523), 553[59] (549); **3**, 695[32] (650), 699[322] (673); **4**, 819[657] (806); **5**, 257f[2], 543f[4], 622[76] (552); **6**, 224[26] (213T, 214T, 215T), 225[106] (214T), 841f[118], 850f[17], 873[18] (764), 873[22] (764), 945[279] (936, 937T), 945[281] (936, 937T, 938), 981[90] (977, 979T)
Sicfert, E. E., **2**, 193[350] (90), 300[213] (252, 254); **4**, 321[169] (262, 294), 325[420] (291)
Siefert, J. H., **1**, 304[161] (269); **2**, 974[274] (919)
Siegal, B. Z., **2**, 1015[11] (981)
Siegal, S. M., **2**, 1015[11] (981)
Siegbahn, H., **3**, 85[380] (52); **6**, 752[1037] (627T, 697)
Siegbahn, K., **3**, 83[202] (29), 85[380] (52); **4**, 319[35] (246), 479f[17], 509[342] (462); **6**, 227[244] (191, 191T, 193T), 752[1037] (627T, 697)
Siegel, A., **2**, 970[72] (874); **4**, 816[455] (766), 817[460] (767, 773); **5**, 534[969] (442, 457); **8**, 339f[3], 1067[177] (1041)
Siegel, H., **1**, 118[184] (82), 118[184] (82), 118[184] (82); **7**, 110[578] (88); **8**, 221[65] (116, 131, 140), 496[15] (466), 497[82] (483, 484)
Siegel, J. R., **2**, 680[409] (673)
Siegel, M. G., **7**, 511[57] (480)
Siegel, S., **2**, 363[188] (355); **5**, 536[1061] (463); **8**, 312f[26]
Siegert, F. W., **3**, 398f[30], 419f[20], 431[324] (424), 700[401] (677), 701[410] (677, 678), 701[412] (677, 678), 701[420] (678), 736f[8], 736f[9], 759f[5], 767f[4], 767f[5], 781[190] (769)
Siegl, W. O., **4**, 320[62] (249, 250, 287), 324[388] (288), 374[26] (336), 811[71] (700), 886[148] (872); **5**, 296f[1], 313f[1], 522[135] (296, 381, 382), 524[279] (312), 559f[13], 622[63] (551)
Siegling, S. K., **8**, 642[64] (618, 623T, 626, 627T)
Siekman, R. W., **6**, 347[307] (320), 347[309] (320), 749[828] (592, 594T); **8**, 861f[1], 933[446] (859)
Sieler, J., **8**, 706[108] (685T, 689)
Sienel, G. R., **3**, 268[264] (216), 268[268] (217), 268[281] (219)
Sievers, R., **2**, 623[428a] (575), 626[654] (607)
Sievers, R. E., **3**, 264[46] (178)
Sievert, A. C., **3**, 1251[258] (1214, 1218, 1219, 1220),

1360f[11], 1382[175] (1362); **4**, 649[110] (645, 646), 819[638] (802); **6**, 868f[9], 868f[18], 868f[19], 874[44] (767, 773); **8**, 1068[232] (1049)
Siew, N. P. Y., **2**, 194[388] (97)
Sigal, I. S., **5**, 526[420] (343, 344, 345, 346), 526[425] (344)
Sigan, A. L., **5**, 530[664] (387)
Siganporia, N., **3**, 711f[7], 736f[4], 764f[5], 764f[8], 768f[12], 768f[13], 768f[26], 768f[28], 775f[8], 781[181] (764, 773, 774), 781[183] (764)
Sigel, H., **2**, 189[126] (29); **8**, 610[320] (600T)
Sigel, J., **2**, 512[398] (452)
Signor, A., **2**, 631f[6], 675[80] (638)
Sigurdson, E., **5**, 76f[8], 268[290] (78)
Sigurdson, E. R., **3**, 266[196] (207), 269[364] (241)
Sigwalt, P., **1**, 249[493] (218, 234, 235), 251[608] (235, 236); **7**, 8f[13]
Sih, J. C., **7**, 461[392] (427), 461[393] (427), 461[394] (427); **8**, 935[640] (899)
Siirala-Hansen, K., **6**, 180[53] (156, 159T), 347[301] (319, 326), 347[302] (319, 334T, 336); **8**, 223[179] (210), 460[404] (434, 452), 706[110] (691, 692T), 769[5] (720T, 721T, 722T, 729, 730), 935[599] (893), 936[658] (902), 936[659] (902)
Sijpesteijn, A. K., **2**, 506[34] (403), 626[662] (608, 610, 611), 1015[27] (982, 998), 1015[29] (982)
Šik, V., **3**, 125f[35]; **6**, 748[763] (586, 588), 748[766] (587, 588)
Sikirica, M., **2**, 916f[1], 916f[2], 916f[3]
Siklosi, M. P., **2**, 302[363] (290); **7**, 103[180] (25)
Sikora, D. J., **3**, 629[56] (568, 612, 615), 629[58] (568, 614, 615)
Sikora, J., **4**, 157[575] (134)
Sikorski, J. A., **7**, 195[40] (162, 193), 224[83] (204), 226[227] (220), 300[120a] (287)
Sikova, J., **4**, 505[102] (405, 472)
Silavwe, N. D., **3**, 1249[165] (1191)
Silber, P., **1**, 150[81] (124)
Silbert, L. S., **7**, 42f[2]
Silk, T. A. G., **2**, 677[230] (654)
Sille, F., **1**, 723[245] (717)
Sille, K., **1**, 700f[13], 723[260] (717)
Silvani, A., **6**, 241[41] (240); **8**, 283[192] (276), 397f[14], 456[180] (398), 931[304] (844)
Silveira, Jr., A., **7**, 263[22] (256), 299[22] (271, 290), 299[81] (279, 290), 322[29] (310), 322[41] (313), 336[32] (328), 336[45] (332), 346[3] (337, 338), 363[10] (351, 356), 513[231] (509); **8**, 927[72] (801)
Silver, D., **3**, 732f[15]; **7**, 724[5] (662)
Silver, J., **2**, 194[385] (96, 129), 525f[2], 625[579] (597); **6**, 1111[90] (1065, 1068, 1078, 1083)
Silver, J. L., **6**, 344[120] (300T, 303), 740[245] (512)
Silver, S. M., **7**, 646[31] (523)
Silverberg, B. A., **2**, 1019[241] (1005), 1019[276] (1010)
Silverman, L. D., **2**, 516[594] (480)
Silverman, M. B., **1**, 53f[5], 272f[10], 285f[34], 305[244] (279, 288); **7**, 322[23] (308)
Silverman, P. R., **5**, 265[93] (22)
Silverman, R. B., **3**, 904f[1]; **5**, 269[314] (87, 126, 185), 270[392] (126); **7**, 658[653] (640)
Silverman, S. B., **7**, 656[578] (624)
Silverstein, H. T., **1**, 541[213b] (525), 541[213c] (525, 526, 534), 553[36] (548), 553[37] (548), 553[38] (548), 553[44] (548, 549), 553[52] (549)
Silverthorn, W., **2**, 707[159] (701)
Silverthorn, W. E., **3**, 85[334] (46), 1070[160] (988, 999, 1001, 1035), 1205f[6], 1247[60] (1165, 1207), 1247[60] (1165, 1207), 1250[218] (1203), 1250[224] (1204), 1250[239] (1206), 1250[240a] (1206, 1207), 1250[240b] (1206, 1207), 1250[241] (1207), 1250[242] (1207, 1208), 1250[243] (1208), 1250[244] (1208); **4**, 512[502] (499), 611[428] (593); **5**, 276[803] (261, 263), 570f[10], 624[212] (571); **6**, 759[1514] (689); **8**, 1064[9] (1016, 1027, 1048), 1070[298] (1058)
Silverton, J. V., **3**, 1138f[4]
Silvestri, A., **2**, 677[206] (653), 975[338] (930)
Silvestri, A. J., **8**, 98[222] (61)

Silvestri, G., **3**, 694[9] (648, 649), 695[36] (650), 786f[10]; **6**, 12[10] (4); **8**, 95[6] (21)
Silvestro, L., **6**, 345[162] (306, 307), 746[618] (561), 746[619] (561)
Silvon, M. P., **3**, 1205f[5], 1249[189] (1198, 1203), 1250[228] (1205, 1206), 1357f[2], 1380[37] (1329), 1382[155] (1356), 1382[161] (1357, 1358)
Sim, G. A., **1**, 40[48] (12, 15T), 673[168] (590); **3**, 629[59] (568, 570), 1068[44] (969), 1068[45] (969), 1072[285a] (1015, 1016), 1073[340] (1024), 1073[347] (1024, 1027), 1075[445] (1038), 1100f[8], 1249[170] (1192); **4**, 107f[59], 401f[20], 422f[4], 422f[5], 507[208] (436, 492), 510[357] (467), 574f[3]; **6**, 738[165] (499, 539T), 739[223] (508T), 743[430] (532), 743[431] (532); **8**, 1009[110] (970), 1064[50] (1020), 1068[209] (1046)
Sim, S. A., **4**, 505[106] (407, 467)
Sim, S.-Y., **2**, 619[170] (545), 679[346] (666)
Simalty, M., **4**, 158[609] (139)
Simandi, L. I., **8**, 293f[17], 363[191] (309)
Simchen, G., **2**, 191[252] (61); **7**, 95f[11], 106[365] (48), 649[163] (552), 658[696] (644)
Sime, J. G., **4**, 608[245] (568f, 569)
Sime, R. J., **1**, 259f[22]; **8**, 1069[265] (1052)
Sime, R. L., **8**, 1069[265] (1052)
Sime, W. J., **4**, 695f[9], 695f[13], 810[47] (698, 699, 701), 810[48] (698, 701, 710), 810[49] (698), 811[78] (701), 920[8] (910); **6**, 1080f[9]
Simehen, G., **7**, 652[339] (581)
Simhon, E. D., **6**, 840f[84], 840f[85], 840f[86], 850f[10], 873[17] (764), 874[28] (764, 801), 874[30] (764, 801)
Simionescu, C., **8**, 670[123] (658T), 670[124] (658T)
Simmonds, R. J., **7**, 103[186] (25)
Simmons, G. W., **8**, 95[44] (30, 33, 34), 95[45] (30, 34), 282[165] (274)
Simmons, H. D., **2**, 977[454] (957), 977[456] (957); **3**, 1072[284] (1015), 1072[291] (1016); **7**, 679f[3], 679f[5], 726[77] (678)
Simmons, H. E., **2**, 860[60] (836), 861[105] (847); **7**, 725[21] (666)
Simmons, N. P. C., **2**, 515[575] (477), 674[43] (635), 674[44] (635)
Simmons, R. F., **2**, 192[300] (77)
Simmons, R. G., **1**, 696f[9], 719[3] (684), 719[4] (684), 720[55] (690, 701, 705); **2**, 194[379] (96)
Simms, B. B., **2**, 510[272] (436)
Simms, P. G., **3**, 1141f[9]; **5**, 346f[2], 526[415] (342, 344, 345, 348, 380); **6**, 343[55] (286)
Simolike, J. B., **2**, 301[273] (266)
Simon, A., **3**, 266[191] (206); **8**, 280[21] (232, 245)
Simon, F. E., **4**, 414f[3]; **6**, 806f[49], 844f[261]
Simon, G. L., **4**, 153[240] (61); **5**, 276[800] (260), 276[801] (261); **6**, 1019f[41]
Simon, K., **2**, 6f[9], 202[688] (166); **6**, 349[421] (334T, 334f), 469[58] (465); **8**, 459[344] (426)
Simon, S., **2**, 515[536] (470), 515[537] (470)
Simonelli, G. P., **4**, 815[381] (759, 805)
Simonetti, F., **5**, 533[863] (424); **8**, 317f[8]
Simonidesz, V., **7**, 512[119] (490), 512[120] (490)
Simonin, F., **8**, 645[210] (632)
Simon-Leclerc, D., **3**, 428[128] (363)
Simonneaux, G., **3**, 1075[440] (1038, 1047), 1076[507] (1053), 1076[509] (1053), 1076[510a] (1053), 1076[510b] (1053), 1076[510c] (1053), 1975[429] (1036, 1053); **4**, 159[648] (149); **8**, 339f[16], 1069[250a] (1051), 1069[292] (1057)
Simonnet, C., **8**, 647[315] (633)
Simonnin, M. P., **1**, 118[172] (81, 83); **7**, 110[563] (83)
Simonotti, L., **2**, 976[421] (950, 951)
Simonov, M. A., **2**, 620[269] (555), 631f[17], 677[205] (653)
Simons, J. W., **2**, 196[438] (111)
Simons, L. H., **3**, 1077[562] (1062), 1146[37] (1097); **8**, 669[75] (650, 651, 655, 657T, 658T)
Simons, L. H. J. G., **7**, 458[214] (402)
Simons, P. B., **2**, 621[340] (565), 679[362] (668); **6**, 1066f[2]
Simonsen, J. L., **2**, 820[138] (793)
Simonsen, S. H., **5**, 21f[8], 265[87] (20)

Simopoulos, A., **6**, 840f[84], 840f[85], 850f[10], 873[17] (764), 874[28] (764, 801), 874[30] (764, 801)
Simpson, B. H. R., **4**, 908[76] (905)
Simpson, H. D., **4**, 460f[7], 510[375] (474), 613[521] (603)
Simpson, J., **1**, 39[17] (7); **2**, 636f[1], 674[39] (635); **4**, 150[72] (22), 234[29] (164), 234[70] (167), 236[143a] (178), 238[300] (204), 320[55] (248, 255), 321[154] (260), 689[49] (667), 689[50] (667), 689[51] (667), 928[9] (924); **5**, 175f[3], 175f[6], 176f[1], 271[497] (166), 271[512] (170), 272[519] (176); **6**, 1111[92] (1066), 1113[181] (1090), 1114[226a] (1106)
Simpson, K., **3**, 86[388] (52)
Simpson, K. A., **4**, 156[457] (122); **6**, 842f[173], 850f[21]
Simpson, P., **2**, 508[126] (411), 509[186] (422, 456), 515[545] (471)
Simpson, P. G., **6**, 945[264] (933)
Simpson, P. L., **8**, 607[88] (560, 568, 597T)
Simpson, R. B., **2**, 932f[4], 932f[8], 975[329b] (929)
Simpson, R. N. F., **4**, 928[25] (926); **5**, 556f[3], 558f[12], 559f[5], 560f[4], 626[354] (594); **6**, 870f[90], 1020f[106], 1041[115] (1008), 1112[159a] (1084)
Simpson, R. T., **6**, 469[70] (467)
Simpson, S. J., **2**, 198[546] (130); **3**, 269[382] (247), 270[412] (257), 270[414] (258), 1249[188] (1196, 1199), 1381[116] (1343)
Simpson, S. R., **3**, 981f[5], 1069[98] (981, 1021)
Simpson, W. B., **2**, 622[367] (568, 569)
Simpson, W. I., **1**, 40[45] (11), 676[332] (620)
Sims, A. L., **1**, 540[147] (504, 533T), 540[149] (504, 531, 533), 540[165b] (512, 533), 540[181] (517, 534T)
Sims, H., **7**, 26f[6]
Sinani, S. V., **1**, 151[172] (139); **7**, 102[152] (23f)
Sinclair, J., **4**, 814[299] (746); **5**, 528[524] (363)
Sinclair, J. A., **1**, 309[516] (297); **7**, 142[133] (136), 142[134] (136), 142[137] (137), 347[33] (342), 347[34] (342), 347[37] (343, 344), 347[44] (344)
Sinclair, J. D., **4**, 648[56] (633), 649[65] (636); **5**, 266[181] (37)
Sinclair, R. A., **6**, 34[48] (30)
Šindelář, K., **7**, 510[17] (471), 510[18] (471), 510[19] (471)
Sindellari, L., **6**, 749[873] (602)
Sinden, A. W., **2**, 199[596] (145), 512[340] (443, 446), 620[246] (552); **7**, 654[435] (598)
Sinfelt, J. H., **8**, 365[294] (329)
Singaram, B., **7**, 141[28] (115), 194[35] (162, 169), 195[78] (167, 169), 195[79] (167), 195[110] (171), 224[77] (204), 226[182] (214)
Singer, H., **4**, 155[431] (118), 242[526] (231, 232T), 815[376] (757, 796), 939f[17], 1060[217] (1017, 1022); **5**, 437f[2], 532[822] (418, 448, 483), 535[992] (448), 535[1040] (461, 472T), 556f[9], 626[350] (353), 627[392] (599, 600); **8**, 339f[9], 368[503] (357), 411f[4], 458[256] (411), 458[257] (411), 459[336] (422), 459[337] (423), 460[396] (433), 931[352] (848), 1066[125] (1033), 1068[239] (1049)
Singer, M. I. C., **1**, 42[179] (37); **2**, 706[137] (698), 706[137] (698)
Singer, N., **3**, 427[54] (348)
Singer, R. M., **3**, 833f[61]
Singer, S. J., **6**, 741[352] (522, 537T)
Singh, A., **2**, 194[381] (96), 510[260] (422), 511[322] (440); **3**, 557[24] (550), 1178f[2], 1187f[5]; **6**, 741[312] (518), 741[323] (519), 779f[1], 840f[68]
Singh, B., **1**, 250[541] (224, 225, 227, 228, 229, 230, 233)
Singh, G., **2**, 674[30] (633), 977[456] (957); **7**, 679f[5], 726[85] (681)
Singh, H., **3**, 731f[15], 780[113] (738)
Singh, J., **7**, 647[84] (533), 649[189b] (556)
Singh, K. P., **7**, 196[116] (172), 225[114] (208)
Singh, M. M., **5**, 306f[17], 316f[1], 521[123] (285, 304T), 521[126] (294, 426), 521[127] (294), 522[132] (294), 522[133] (294), 522[197] (302T, 305), 524[284] (314, 426)
Singh, P., **4**, 510[399] (481); **5**, 522[145] (297)
Singh, P. P., **3**, 863f[31]; **4**, 325[405] (290)
Singh, R. P., **3**, 368f[7], 379f[11], 429[184] (377), 429[194] (378), 628[13] (562)
Singh, R. V., **3**, 430[216] (383)
Singh, S., **3**, 863f[31]; **4**, 325[405] (290)
Singh, V. K., **2**, 509[194] (422, 437)
Singhal, A., **5**, 538[1208] (306), 621[22] (547); **8**, 362[106] (294)
Singleton, D. M., **8**, 459[342] (426)
Singleton, E., **3**, 948[146] (861); **4**, 12f[8], 12f[9], 12f[31], 13f[14], 19f[4], 19f[6], 33f[17], 33f[31], 33f[44], 34f[66], 34f[72], 50f[18], 50f[31], 51f[66], 51f[70], 52f[84], 65f[45], 65f[47], 150[45] (14, 15, 18, 38, 55, 56, 66, 67), 150[59] (18), 150[69] (22, 54, 56), 151[127] (30, 39, 42), 151[140] (36, 39, 40, 42, 57), 152[164] (42), 152[198] (53, 54, 56, 57), 153[255] (67), 158[625] (140, 141), 158[626] (140, 141), 173f[1], 173f[5], 235[97] (170, 171, 174), 235[125] (175, 176), 236[149] (178, 179), 322[202] (267), 605[45] (519), 812[189] (719, 723, 724), 813[217] (723, 736, 802), 813[218] (714, 723), 813[219] (724), 813[220] (724), 814[318] (749, 750), 814[319] (749), 814[320] (749), 814[321] (749), 814[322] (749), 814[323] (749), 814[325] (750), 815[333] (750), 815[374] (757, 802, 804), 886[105] (865); **5**, 299f[9], 317f[12], 522[158] (298, 314), 556f[6], 623[138] (562, 593), 623[139] (562, 572, 593, 597, 612), 625[275] (583, 602), 625[276] (583), 625[277] (583), 625[278] (583, 602), 625[279] (583, 600), 625[280] (583), 625[281] (583), 626[360] (595), 627[403] (600); **8**, 280[43] (244, 245), 280[44] (244, 245)
Singleton, Jr., V. D., **7**, 728[186] (706)
Singollitou-Kourakou, A., **2**, 512[364] (445)
Sinha, N. D., **7**, 726[114] (688)
Sinitsa, A. D., **7**, 658[705] (645)
Sinitsyn, N. M., **4**, 690[97] (674)
Sinn, E., **1**, 420f[21], 452[18] (415), 455[145] (434), 455[146] (434), 538[34] (468, 495, 533), 538[43a] (466, 471, 526, 532, 534, 535), 538[43c] (471, 481, 526, 534), 538[49] (473, 478, 481, 532, 535), 539[80] (481, 526, 531, 534), 539[112b] (492, 537), 539[122] (496, 533), 540[134] (499, 533T), 541[219] (526, 531), 542[254] (534, 535), 542[255] (535), 542[256] (535), 542[257] (535); **6**, 225[104] (220, 221, 215T), 844f[226], 844f[229]
Sinn, H., **1**, 679[535] (638); **3**, 279[23] (272), 398f[18], 431[288] (405), 545[20] (489), 547[106] (535), 556[14] (550, 556), 557[72] (556), 557[73] (556), 631[174] (585, 587), 631[212] (597), 631[213] (598), 631[214] (598), 631[215] (598); **7**, 8f[1], 462[492] (443, 444); **8**, 549[1a] (500), 550[57b] (514, 534, 536)
Sinn, V., **1**, 250[531] (224)
Sinnema, A., **1**, 674[246] (604); **3**, 169[68] (128)
Sinnwell, V., **5**, 623[112] (561, 581)
Sinou, D., **4**, 965[132] (951), 965[144] (955); **5**, 537[1132] (475T, 476, 477), 537[1165] (477), 537[1166] (477); **8**, 471f[14], 472f[1], 472f[6], 496[21] (468, 470), 551[139] (544), 606[44] (555, 601T)
Sinoway, L., **7**, 728[230] (715)
Sinsheimer, J. E., **7**, 513[219] (506)
Sirigu, A., **1**, 676[340] (622); **4**, 387f[2], 387f[3], 905f[2], 907[69] (904); **6**, 182[182] (174), 979[10] (949, 958T)
Sirna, A., **7**, 224[62] (202, 203); **8**, 930[274] (839)
Sirna, H., **7**, 158[17] (143, 150)
Sironi, A., **4**, 166f[3], 166f[11], 166f[12], 234[48] (165, 167), 234[57] (167), 234[58] (167, 187), 234[60] (167), 234[61] (167); **5**, 267[217] (45), 267[218] (45), 325f[8], 325f[9], 325f[10], 327f[12], 335f[1], 335f[5], 335f[6], 524[325] (322), 525[339] (325), 525[356] (332), 525[363] (333), 525[365] (333, 334), 525[373] (337), 532[816] (378, 497), 535[1028] (323, 325), 537[1171] (323, 325), 628[488] (615)
Sirota, G. R., **2**, 1019[269] (1010)
Sirotkin, N. I., **3**, 1004f[25], 1004f[36], 1071[252] (1010, 1043), 1072[307] (1018), 1073[325] (1022), 1075[444] (1038), 1251[275] (1216), 1251[282] (1218), 1360f[8], 1383[187] (1363), 1383[194] (1365)
Sirotkina, E. I., **3**, 334f[37], 362f[10], 428[130] (363); **8**, 1068[247a] (1051)
Sirowej, H., **8**, 769[28] (718T)
Sirtl, E., **3**, 1147[114] (1139)
Siryatskaya, V. N., **1**, 420f[15]
Sisak, A., **8**, 312f[36], 363[200] (315), 367[420] (348), 708[233] (672, 677)
Sisido, K., **2**, 553f[1], 619[187] (546), 619[188] (546), 619[189] (546), 622[399] (572), 625[596] (600), 625[598] (600)

Siskin, M., **8**, 367⁴¹⁸ (347)
Sisler, H. H., **1**, 456²¹⁷ (445), 457²⁴² (451)
Sisti, A. J., **2**, 882f⁹; **7**, 26f⁵
Sistrunk, T. O., **2**, 674⁵⁸ (636)
Sitnikov, G. M., **8**, 368⁵¹⁴ (359)
Sitnikova, S. P., **2**, 508¹²⁰ (410), 512³⁶¹ (445), 512³⁷⁴ (446); **7**, 654⁴⁵⁵ (599)
Sittig, M., **1**, 677³⁹⁸ (625); **2**, 674⁵⁷ (636); **3**, 546⁶⁹ (506)
Sivak, A. J., **5**, 538¹²³¹ (494, 503); **8**, 331f²⁴, 331f²⁵
Sivaram, S., **1**, 674²²⁸ (600); **7**, 457¹⁸⁰ (398, 399, 400)
Sivaramakrishnan, R., **4**, 422f⁷, 506¹²⁴ (411, 424); **8**, 365³¹⁷ (337)
Sivov, N. A., **7**, 101⁹² (13)
Sivova, L. I., **7**, 101⁹² (13)
Siwapinyoyos, G., **1**, 454⁸⁵ (427), 454¹³³ (432), 454¹³⁴ (432, 441), 455¹⁶⁰ (435), 539⁷⁹ᵇ (481, 493, 533)
Sixtus, E., **2**, 517⁶⁶³ (489); **3**, 809f¹³, 809f¹⁴; **4**, 321¹⁵² (260, 310); **6**, 1061f¹³, 1074f⁸, 1111⁵⁶ᵃ (1053, 1065)
Sizoi, V. F., **3**, 334f³⁷, 362f¹⁰, 428¹³⁰ (363), 698²⁶⁶ (670); **4**, 239³⁴³ (206, 207T, 208, 212T), 240³⁸⁷ (210), 242⁵⁰² (223, 224T, 224), 606⁶⁷ (522); **8**, 1067¹⁹⁵ (1043)
Sjöberg, B., **2**, 622³⁵⁴ (567)
Sjöberg, K., **8**, 769¹⁶ (730), 935⁵⁹⁹ (893)
Sjöstrand, U., **2**, 190²¹⁶ (51), 190²¹⁶ (51)
Skachilova, S. Ya., **3**, 699²⁹⁷ (671)
Skachkov, B. K., **1**, 696f²⁰, 720⁷⁸ (693)
Skancke, A., **1**, 117¹⁵⁹ (77, 79)
Skapski, A., **5**, 520⁴⁹ (283)
Skapski, A. C., **2**, 194³⁶² (93); **3**, 350f⁹, 426¹⁸ (336, 343T), 427⁵⁹ (350), 723f⁵, 725f⁹, 1131f², 1133f¹, 1312f³, 1319¹⁴⁹ (1310); **4**, 237²³⁰ (189T, 190), 812¹⁷³ (717), 812¹⁹⁷ (720), 814²⁸⁴ (744), 819⁶⁴¹ (802); **5**, 525³⁸⁹ (340), 529⁶²⁵ (381); **6**, 241³⁷ (239), 278⁵⁶ (266T, 276), 736¹⁶ (476, 491T), 759¹⁵¹⁶ (689)
Skarstad, P. M., **3**, 1248¹⁴⁹ (1187); **6**, 1018f³², 1040⁷⁸ (999), 1041¹²⁷ (1012, 1013)
Skatteböl, L., **1**, 242⁷⁴ (163); **7**, 26f⁹, 727¹³⁷ (694)
Skeeters, M. J., **2**, 878f¹⁷
Skeist, I., **7**, 462⁴⁹¹ (443, 444)
Skelcey, J. S., **3**, 376f⁵
Skell, P. S., **1**, 241⁴⁷ (158), 677⁴¹⁹ (627); **2**, 296¹ (206, 210), 872f⁷, 977⁴⁷⁶ (959), 977⁴⁷⁹ (959), 977⁴⁸⁰ (960), 977⁴⁸¹ (960); **3**, 327⁴⁹ (295), 646⁴⁵ (642), 981f², 1067¹¹ (958), 1069⁹⁴ᶜ (979, 1021), 1069¹¹³ (984), 1205f⁵, 1205f⁷, 1247⁶⁸ (1168), 1249¹⁸⁹ (1198, 1203), 1250²²⁸ (1205, 1206), 1250²³⁰ (1205), 1357f², 1380³⁷ (1329), 1382¹⁵⁵ (1356), 1382¹⁶¹ (1357, 1358); **4**, 157⁵³³ (129), 508²⁴⁷ (442); **5**, 264² (2); **6**, 143²³⁷ (112), 143²³⁷ (112), 181¹²⁰ (153T, 156); **8**, 97¹⁶⁹ (55)
Skelton, B. W., **2**, 704⁷ (684), 913f⁵, 974²⁵⁹ (917, 918), 1018²⁰⁷ (1002, 1012); **3**, 630¹⁴⁷ (581, 594), 631¹⁸⁷ (587); **4**, 508²⁷³ (446), 818⁵⁶⁹ (784, 792), 818⁵⁷² (784), 818⁵⁹¹ (792)
Skillern, K. R., **2**, 300²⁶⁷ (265T)
Skinner, A. C., **1**, 250⁵²⁸ (224, 225, 226, 227, 228, 229, 230), 251⁶¹³ (236)
Skinner, D., **4**, 658f⁴², 884¹⁹ (848, 861)
Skinner, H. A., **1**, 39¹⁴ (5, 38), 245²⁷⁷ (187, 202), 257f¹, 302¹⁸ (256), 302²² (257), 302²³ (257), 302²⁴ (257), 410⁸² (404); **2**, 6f¹, 502f², 625⁵⁶³ (594), 631f², 683f¹, 954f¹; **3**, 83²⁴⁶ (246), 703⁵²⁸ (689), 731f³, 788f⁸, 788f⁹, 788f¹², 981f⁴, 988f¹, 988f³, 989f⁴, 1034f¹, 1034f², 1034f³, 1034f⁴, 1067¹³ (958), 1070¹⁵⁸ (988, 989, 990, 1000, 1023, 1034, 1035), 1070¹⁷⁷ (991), 1074⁴⁰² (1034, 1056), 1081f⁹, 1081f¹⁰, 1247⁷⁵ (1171), 1251²⁷⁰ (1215, 1224), 1258f⁸, 1383¹⁸⁵ (1363), 1383²⁰⁴ (1366); **4**, 152¹⁸⁹ (45), 154³⁴² (86), 389f⁵, 415f⁹, 454f¹⁴, 454f¹⁵; **5**, 264³² (7), 276⁸⁰⁹ (264)
Skinner, P., **4**, 324³⁴⁵ (283)
Skittrall, S. J., **5**, 290f⁹, 295f¹, 521⁹⁷ (291)
Sklyanova, A. M., **2**, 512³⁵⁰ (444)

Skobeleva, S. E., **2**, 518⁷¹⁰ (504), 518⁷¹² (504); **6**, 100⁴²³ (39, 43T)
Skoglund, M., **7**, 647⁸⁰ (533)
Skolnik, S., **7**, 194⁸ (162)
Skoog, I. H., **1**, 375¹⁶⁸ (333), 379³⁶⁸ᵇ (361)
Skorobogatova, E. V., **2**, 882f²⁴
Skovlin, D. O., **7**, 653⁴⁰⁸ (594)
Skowronska, M. D., **1**, 674²⁴³ (603)
Skowrońska-Ptasińska, M., **1**, 678⁴⁸⁶ (632), 678⁴⁸⁷ (632), 678⁴⁸⁸ (632); **7**, 457¹³¹ (392)
Skowronska-Serafinowa, B., **1**, 261f³⁹
Skramovska, J., **5**, 535¹⁰³² (419, 482), 535¹⁰⁵¹ (462)
Skripkin, V. V., **2**, 631f³; **4**, 606⁶⁷ (522), 610³⁶² (587), 611³⁹⁸ (591), 611³⁹⁹ (591), 611⁴⁰¹ (591), 611⁴⁰² (591)
Skripkin, Yu. V., **3**, 701⁴⁴⁷ (682), 714f⁶, 714f⁷, 714f¹⁰, 714f¹², 714f¹³, 737f¹⁴, 753f⁵, 753f⁷, 768f⁴, 769f², 769f³, 771f¹⁴, 1187f³; **6**, 805f², 839f²⁴, 839f²⁵, 875¹⁰² (777), 943¹¹⁵ (905, 907), 943¹¹⁶ (905), 1036f¹, 1040¹⁰³ (1005, 1010)
Skuballa, W., **8**, 935⁶¹³ (896)
Skupinska, J., **2**, 861¹¹⁹ (851), 861¹²⁰ (851); **8**, 282¹³⁷ (271)
Skupinski, W., **3**, 427²⁵ (336); **6**, 181¹¹² (157); **8**, 641⁸ (616, 622T), 642⁵⁵ (616, 622T), 642⁵⁶ (616, 622T), 643¹⁰⁹ (616, 622T), 708²³⁶ (701)
Skvortsov, I. M., **1**, 696f²¹, 721¹⁰⁴ (698)
Slack, D. A., **2**, 970⁶³ (871), 978⁴⁹⁴ (962); **4**, 153²⁹⁴ (72, 89), 154³⁵¹ (88), 374⁵⁷ (343), 375⁸⁴ (351), 375⁹³ (354), 375⁹⁵ (354), 375⁹⁸ (356, 359); **5**, 529⁶¹⁵ (380), 533⁸⁷⁸ (428), 537¹¹³⁰ (475T, 477); **8**, 95⁶³ (35), 364²²⁰ (320), 496³⁶ (473)
Slade, M. J., **2**, 198⁵³⁹ (129), 516⁵⁹⁵ (480, 482), 516⁵⁹⁵ (480, 482)
Slade, Jr., P. E., **6**, 441⁴⁸ (392), 441⁴⁹ (392), 758¹⁴⁷⁹ (682); **8**, 927⁷⁹ (803)
Slade, R. C., **8**, 668⁷ (653)
Slade, R. M., **5**, 523²¹⁶ (304T), 549f⁵, 554f³, 556f¹; **6**, 749⁸⁴⁵ (597, 598), 749⁸⁴⁸ (597); **8**, 365³²⁰ (338)
Sladkov, A. M., **2**, 723f²², 723f²³, 761⁴⁰ (718, 720, 744), 761⁴¹ (718, 720), 762¹¹² (732), 762¹¹³ (732); **3**, 376f⁷; **4**, 238²⁶⁸ (199)
Sladkova, T. A., **6**, 226¹⁵⁶ (203T)
Slater, A., **2**, 1019²⁷⁹ (1010)
Slater, D. H., **2**, 1016¹⁰⁹ (994, 1010)
Slater, D. M., **3**, 398f¹¹, 430²⁸⁴ (404)
Slater, J., **4**, 151¹⁰¹ (26)
Slater, J. A., **1**, 456²²⁶ (448)
Slater, J. C., **3**, 80³⁷ (6)
Slater, J. L., **3**, 264⁶² (180), 264⁶³ (180), 264⁶⁴ (180), 267²²⁴ (211)
Slater, S., **3**, 1067²¹ (962); **8**, 364²³³ (323, 327, 348)
Slates, R. V., **1**, 109f¹
Slaugh, L. H., **1**, 679⁵⁵⁶ (644); **4**, 965¹⁵³ (956), 965¹⁹⁰ (962); **6**, 758¹⁴⁷⁵ (681); **8**, 221⁸⁰ (120, 121), 222⁸⁸ (120), 282¹²⁶ (269), 283¹⁹¹ (276), 456¹⁷⁹ (398), 931³⁰³ (844)
Slaven, R. W., **4**, 387f⁴, 401f¹⁵, 504¹² (382, 423), 505⁹⁶ (404, 466), 610³⁴⁰ (585); **8**, 1008⁹⁷ (968, 969)
Slayden, S., **7**, 252¹⁴ (231)
Slayden, S. H., **7**, 227²³⁸ (221f)
Slayden, S. W., **7**, 159⁷⁰ (146)
Slaytor, M., **7**, 97f²⁴
Sleddon, G. J., **1**, 601f¹, 677⁴⁵⁵ (630)
Sleezer, P. D., **2**, 976⁴¹⁰ (948); **3**, 169⁵⁸ (127); **6**, 443¹⁵⁰ (403)
Slegeir, W., **4**, 328⁶⁶⁴ (314, 315), 328⁶⁶⁵ (315), 963⁵⁰ (938), 963⁵⁸ (940, 941); **5**, 628⁴⁹⁴ (617); **8**, 17²⁵ (12), 100³²⁹ (93, 94), 100³³⁰ (93, 94), 100³³⁹ (94), 222¹²⁵ (157, 157T, 158), 364²⁴⁷ (324), 364²⁵² (324)
Sleigeir, W., **3**, 87⁴⁹² (70)
Sleta, T. M., **7**, 5f⁸
Sliam, E., **6**, 382⁹ (364, 365), 469⁶⁵ (467), 469⁶⁵ (467)
Sligh, J. L., **1**, 153²⁴⁹ (148)
Slinkin, A. A., **6**, 141¹⁴⁹ (117, 121T), 231¹¹ (230); **8**, 642⁷⁷ (622T)

Slivinskii, E. V., **8**, 95⁵⁷ (33), 282¹⁴³ (272, 274), 282¹⁵² (272, 274), 282¹⁵³ (272, 274)
Sliwa, E., **1**, 679⁵⁶² (645); **7**, 460³²⁴ (417)
Sloan, C. L., **3**, 334f²⁷, 428¹⁰³ (361)
Sloan, H., **3**, 1022f², 1072²⁵⁶ (1011)
Sloan, M., **4**, 507¹⁷⁵ (427), 612⁵¹⁰ (600); **5**, 455f¹, 532⁸³² (419, 422, 447, 448, 449), 532⁸³³ (419), 535⁹⁹⁶ (448), 535⁹⁹⁸ (449, 452, 480)
Sloan, M. F., **7**, 464⁵⁵⁶ (453); **8**, 361⁵³ (287)
Slocum, D. W., **1**, 116⁸⁵ (58); **5**, 537¹¹⁸² (482); **7**, 77f¹², 107⁴³⁶ (58); **8**, 339f³, 496¹¹ (466), 496³⁵ (473), 1064⁴² (1019), 1065⁵⁷ (1021), 1065⁶³ (1021, 1022f)
Slonimskii, G. L., **2**, 362¹⁷¹ (346)
Slopianka, M., **1**, 376²⁴⁶ᵃ (340, 347)
Slovetskii, V. I., **2**, 940f⁶
Slovokhotov, Yu. L., **3**, 781¹⁷² (762), 781¹⁷³ (762), 781¹⁷⁴ (762), 781¹⁷⁵ (762)
Slupchin'sky, M., **4**, 602f¹²
Slusarska, E., **7**, 14f¹²
Slutsky, J., **2**, 189¹⁶⁴ (37, 38, 54), 190¹⁶⁹ (38), 191²²⁹ (54), 191²⁶² (64)
Sly, W. G., **1**, 41¹³⁶ (30, 32, 33T, 34)
Smadja, W., **1**, 116⁵⁸ (54); **4**, 964¹²⁵ (950)
Smagin, V. M., **7**, 456⁸² (385), 457¹⁴¹ (394), 457¹⁴² (394), 457¹⁵⁵ (395)
Smail, W. R., **5**, 268²⁸⁸ (77)
Smale, T. C., **8**, 934⁵⁵³ (885)
Small, G. J., **4**, 817⁴⁸⁵ (773)
Small, P. A., **3**, 267²¹² (210)
Small, R. W. H., **2**, 908f³, 908f¹³, 908f¹⁴, 912f¹⁷, 971¹¹⁸ (885, 935), 971¹²⁰ (885), 974²⁸⁴ (920, 921, 935), 976³⁷⁹ (913, 941)
Smalley, E. W., **1**, 247³⁸⁷ (200)
Smarandache, V. S., **6**, 33⁴ (15, 20T, 21T)
Smardzewski, R. R., **3**, 1069¹⁰⁸ (984); **6**, 231²⁰ (230)
Smart, C., **6**, 755¹²⁴⁷ (654)
Smart, J., **3**, 83²¹⁰ (30); **6**, 228²⁵⁶ (191, 193T)
Smart, J. B., **1**, 72f¹, 248⁴¹⁹ (206)
Smart, J. C., **1**, 453⁷⁰ (426, 427, 431, 435, 437, 443), 454⁹⁹ (429, 436, 441); **3**, 700³⁹² (675, 676), 700³⁹³ (675, 676), 700³⁹⁴ (675), 1249¹⁸⁸ (1196, 1199); **4**, 155⁴⁰⁶ (114), 155⁴¹⁰ (114), 480f³, 480f⁴, 510³⁹⁰ (477), 510³⁹² (477), 511⁴⁵⁸ (488, 489); **5**, 246f⁵, 275⁷²⁵ (245); **6**, 225¹⁰⁷ (192, 193T, 194); **7**, 108⁴⁷⁶ (65); **8**, 1064⁴ (1015), 1064⁴ (1015), 1064⁶ (1015), 1071³⁴¹ (1062), 1071³⁴¹ (1062), 1071³⁴¹ (1062)
Smart, J. L., **6**, 868f¹⁸
Smart, L., **4**, 1058⁶⁴ (975)
Smart, L. E., **2**, 563f¹; **3**, 1253³⁸⁴ (1237); **4**, 512⁴⁸³ (495), 818⁵⁸¹ (786), 819⁶⁰³ (794), 884²⁴ (849), 1061²⁷⁹ (1030); **5**, 371f², 527⁴⁹⁰ (358, 360, 363, 435, 449), 531⁷³³ (400, 457), 534⁹³¹ (435, 449, 459, 460, 468); **6**, 741³⁵⁴ (522, 537T), 742³⁵⁸ (522), 743⁴⁴⁸ (533T), 744⁴⁸¹ (537T), 759¹⁵⁰⁶ (687, 690), 759¹⁵⁴⁴ (695)
Smart, M. L., **6**, 241³⁷ (239), 278⁵⁶ (266T, 276)
Smas, M. J., **5**, 404f⁴³; **6**, 347³¹⁵ (322), 749⁸³² (592, 594T); **8**, 861f⁵
Smedal, H. S., **2**, 677²¹¹ (654); **3**, 800f⁶, 947⁵⁴ (820); **4**, 153²²⁹ (60), 237²⁵⁸ (196); **5**, 529⁵⁹¹ (303T), 623¹²¹ (561)
Smedley, S., **7**, 252⁴³ (234)
Smegal, J. A., **6**, 806f³¹, 869f⁶⁶, 869f⁶⁷, 876¹⁹⁷ (807, 811, 812), 876²⁰⁹ (811)
Smentkowski, T. A., **3**, 102f¹⁸
Smetankina, N. P., **2**, 298¹⁴⁶ (242), 299¹⁷³ (247T)
Smetanyuk, V. I., **3**, 547¹⁰² (531), 547¹⁰² (531); **8**, 642⁷², 643¹²⁰ (622T), 644¹⁹⁴ (616, 622T), 646²⁷⁷ (616, 622T), 646²⁷⁸ (616, 622T), 646²⁸⁶ (622T)
Smid, J., **1**, 118²⁰² (86), 118²⁰⁵ (86), 118²¹² (89), 118²¹³ (89), 251⁵⁹⁶ (234), 251⁵⁹⁷ (234)
Smidt, F. K., **6**, 95¹⁰⁸ (45)
Smidt, J., **6**, 362⁵⁴ (358), 362⁵⁵ (358), 442¹¹⁵ (401), 442¹¹⁷ (401), 453¹² (448), 758¹⁴⁶⁵ (679), 760¹⁶¹⁵ (714); **8**, 220⁴ (103), 927²⁹ (800, 835, 883), 927⁸³ (803, 809), 934⁵⁴⁴ (884), 934⁵⁴⁵ (884)
Smillie, R. D., **7**, 649¹⁷² (553)
Smirnov, A. A., **8**, 281¹¹³ (267)
Smirnov, A. S., **3**, 699³³³ (673), 1382¹³⁸ (1348); **6**, 181¹¹⁴ (176f, 176T), 1061f¹¹
Smirnov, V. A., **7**, 100⁵⁹ (7)
Smirnov, V. N., **1**, 305²²⁴ (278); **7**, 195¹⁰⁰ (170), 300¹⁰⁸ (285), 363³⁹ (362)
Smirnov, V. V., **1**, 242⁶⁶ (161)
Smirnov, W. N., **7**, 226²⁰¹ (218)
Smirnov, Yu. N., **1**, 722¹⁷² (709)
Smirnova, E. M., **6**, 100⁴⁰⁸ (40), 224²² (190), 224⁶⁴ (190), 228²⁶⁰ (194, 196), 262¹³⁴ (254), 346²²² (312T, 312)
Smirnova, L. S., **2**, 196⁴⁷³ (116)
Smirnova, O. G., **2**, 975³²² (927)
Smirnova, R. S., **8**, 641¹⁷ (623T)
Smirnova, S. A., **3**, 334f⁴¹, 334f⁴², 362f⁸, 362f⁹, 398f³³, 406f¹², 428¹²¹ (362), 428¹²² (362), 428¹²³ (362); **4**, 510³⁹⁸ (481), 816⁴²⁴ (762), 816⁴²⁸ (762), 1061²²⁸ (1018)
Smirnowa, N., **7**, 8f⁵
Smirnyagina, N. A., **1**, 250⁵⁶⁶ (230)
Smironova, T. K., **3**, 447f¹¹
Smit, W. A., **7**, 725⁶⁵ (675)
Smith, III, A. B., **7**, 99f³², 99f³², 107⁴²⁸ (57); **8**, 1095f⁵
Smith, Jr., A. C., **2**, 553f¹
Smith, A. E., **4**, 814³⁰² (746); **6**, 182¹⁶⁰ (175), 443¹⁶¹ (405, 406, 409), 443¹⁸³ (408)
Smith, A. K., **3**, 135f¹¹, 135f¹², 169⁹⁹ (141); **4**, 499f⁵, 512⁵¹⁶ (502), 657f¹⁵, 819⁶¹³ (796, 797, 799, 800, 802), 819⁶¹⁵ (796), 819⁶²² (798), 819⁶³⁷ (802, 804), 819⁶⁴⁷ (804), 963³¹ (936, 950), 965¹⁷⁹ (961), 1060²¹⁸ (1017, 1022), 1061²⁴³ (1022); **5**, 479f¹², 525³⁴⁴ (327, 328), 535¹⁰⁰² (450, 468, 516); **6**, 35¹¹⁴ (19T, 20T, 21T, 26), 736⁴² (482), 873⁸ (764); **8**, 311f⁸, 361⁶⁶ (288, 329), 365²⁹³ (329)
Smith, A. L., **2**, 302³⁸⁷ (294)
Smith, B. C., **1**, 373³⁵ (313), 675³²⁸ (619), 696f²⁴; **2**, 706⁸⁹ (692); **4**, 663f⁶, 689²² (666); **7**, 653⁴⁰⁸ (594)
Smith, B. E., **6**, 942⁶⁸ (901, 902T, 903T), 942⁶⁹ (901, 902T, 903T), 942⁷¹ (901, 902T, 903T), 942⁷⁷ (901, 902T, 903T), 942⁸⁸ (903T); **8**, 1104² (1074), 1106¹¹⁹ (1103)
Smith, B. T., **6**, 13⁵³ (8)
Smith, C., **3**, 698²⁸² (671); **6**, 227²²⁴ (202)
Smith, C. A., **1**, 671⁴⁷ (562), 673¹⁵⁶ᵃ (589), 673¹⁵⁶ᵇ (589)
Smith, C. D., **1**, 245²⁸³ (188); **7**, 95f³
Smith, C. E., **8**, 368⁴⁷⁸ (354), 646²⁶⁴ (622T, 623T)
Smith, C. F., **1**, 242⁹⁵ (165, 175), 242⁹⁵ (165, 175), 242⁹⁹ (165, 175); **2**, 619¹⁶⁷ (545); **5**, 76f⁴, 268²⁷⁹ (74, 77, 78)
Smith, C. L., **2**, 188⁸³ (21), 195⁴²¹ (105), 300²⁵⁸ (265T), 302³⁶⁷ (290), 395²² (367)
Smith, C. V., **8**, 408f¹, 457²³⁶ (407)
Smith, D. C., **3**, 833f⁹⁷, 847f⁶, 851f¹⁵
Smith, D. F., **1**, 53f⁵; **8**, 97¹⁴⁴ (49, 56)
Smith, D. L., **1**, 41¹³⁸ (30, 30T, 31T, 32, 33T, 34), 125f¹³, 151¹²⁶ (129, 130, 132, 138, 142, 143, 146), 151¹⁴⁶ (132, 136, 143); **4**, 649⁶⁸ (636)
Smith, D.O., **5**, 280f⁷, 282f⁶, 285f¹, 291f¹, 327f⁶, 327f¹⁰, 520¹⁷ (280, 339), 525³³⁵ (322, 324), 525³⁶⁶ (333, 334)
Smith, D. O. N., **1**, 303¹¹³ (268)
Smith, D. S., **8**, 1010²¹³ (1005)
Smith, E. M., **7**, 101¹¹⁹ (18), 110⁵⁷³ (87)
Smith, Jr., F. C., **3**, 80⁵² (6)
Smith, F. E., **4**, 50f⁹
Smith, G., **3**, 745f⁸, 745f⁹, 754f¹⁶, 780¹³⁸ (749), 780¹⁴⁹ (755, 759); **6**, 99³⁴⁵ (55T, 57T, 60T, 61T, 64, 75, 79), 944¹⁷⁴ (913T); **8**, 455¹¹⁸ (391), 770⁵⁸ (738)
Smith, G. B., **1**, 677⁴³⁸ (628, 634)
Smith, G. B. L., **7**, 194⁸ (162)

Smith, G. D., **2**, 908f[16]
Smith, G. F., **2**, 195[397] (100)
Smith, G. H., **1**, 671[52] (563); **3**, 1076[515] (1054, 1055), 1077[580] (1064, 1065), 1077[589b] (1065)
Smith, G. P., **8**, 1104[40] (1080)
Smith, G. S., **1**, 722[199] (712); **2**, 199[565] (136)
Smith, G. U., **6**, 757[1380] (672)
Smith, G. W., **3**, 102f[30]
Smith, Jr., H. D., **1**, 539[85] (486), 552[19] (545), 553[60] (549, 550)
Smith, H. P., **4**, 958f[4]; **8**, 549[21a] (503, 547)
Smith, I. C., **1**, 255f[1], 302[9] (254)
Smith, J., **1**, 539[85] (486), 552[19] (545); **3**, 1147[107] (1134), 1319[145] (1309), 1319[146] (1309)
Smith, J. A., **3**, 428[138] (363); **8**, 222[92] (121)
Smith, J. A. S., **6**, 748[764] (586, 588, 588T), 748[791] (588), 754[1211] (652)
Smith, J. D., **1**, 40[48] (12, 15T), 249[470] (212), 310[575] (299), 584f[9], 584f[10], 673[167] (590, 633), 673[168] (590), 676[367] (624), 678[501] (633), 678[502] (633), 678[505] (633), 723[277] (719); **2**, 186[25a] (4), 194[377] (96), 194[380] (96), 194[382] (96), 203[736] (181), 861[136] (853); **3**, 1070[183b] (991), 1211f[7], 1251[285] (1218, 1219), 1337f[3], 1337f[5], 1337f[6], 1360f[9], 1383[195] (1365); **6**, 761[1653] (722T), 980[25] (954), 980[26] (954, 959T), 980[27] (954, 959T), 980[40] (957, 963T); **7**, 461[435] (434)
Smith, J. G., **3**, 833f[53], 833f[92]; **4**, 324[369] (286); **7**, 17f[15]
Smith, J. H., **1**, 720[62] (690), 722[195] (712)
Smith, J. J., **3**, 436f[7], 696[141] (659, 661)
Smith, J. M., **2**, 618[111] (538); **4**, 152[182] (45), 168f[2]
Smith, K., **1**, 302[8] (254, 275, 288, 294, 295), 304[191] (270, 273, 279, 281, 283), 306[297] (283), 308[476] (295), 373[21] (313), 374[115] (322); **7**, 97f[18], 104[265] (34), 106[363] (48), 140[16] (112, 139), 141[76] (126), 141[87] (127, 128), 141[88] (127), 142[136] (137), 158[42] (146), 158[53] (146), 194[24] (162, 163), 225[122] (208), 226[169] (212, 215), 262[7] (255), 299[44] (275), 300[83] (279, 280), 300[85] (280), 300[101c] (283), 300[115] (286), 300[116] (286), 300[117] (286), 300[118] (286), 300[121] (287), 335[2b] (324), 335[5] (324), 346[2] (337, 343, 344), 346[8] (338)
Smith, K. D., **1**, 247[384] (200, 201, 202, 203, 206, 207, 233); **3**, 265[79] (181), 265[107] (184)
Smith, K. G., **6**, 226[183] (208, 209T)
Smith, K. M., **7**, 510[14] (471), 510[15] (471), 510[16] (471), 511[59] (480), 511[60] (480); **8**, 933[435] (857)
Smith, L., **2**, 617[50] (527), 617[53] (527), 617[59] (529), 621[303] (559, 566), 623[446] (578), 623[451] (579), 623[457] (580), 623[458] (580), 1016[87] (988, 990); **4**, 507[231] (439)
Smith, L. A. H., **3**, 949[207] (876)
Smith, L. I., **7**, 52f[4]
Smith, L. K., **3**, 121f[3], 709f[7], 779[51] (709)
Smith, L. R., **2**, 514[507] (467), 704[20] (684, 702); **4**, 965[169] (960), 965[170] (960); **5**, 538[1208] (306), 621[22] (547), 621[23] (547), 623[137] (562), 625[259] (579); **8**, 362[106] (294), 397f[22], 457[189] (399), 606[41] (555, 587, 588, 594T, 595T, 597T, 598T), 606[42] (555, 569, 579, 587, 588, 594T, 597T, 598T), 608[162] (588, 598T), 608[195] (586, 587, 588, 594T, 595T, 597T, 598T), 608[196] (586, 587, 588, 594T, 595T, 597T, 598T), 611[339] (594T, 595T, 598T), 668[8] (651, 658T), 704[26] (672, 673), 704[27] (672), 707[165] (690)
Smith, M. A. R., **2**, 518[705] (503); **5**, 543f[3]; **6**, 261[43] (247), 741[353] (522), 752[1056] (631)
Smith, M. B., **1**, 40[51] (13), 245[238] (181), 583f[6], 593f[1], 618f[1], 673[190] (593), 673[191] (593, 594, 603, 611), 673[192] (593), 673[193] (593), 673[194] (593), 674[261] (608, 609, 617); **2**, 860[36] (832); **4**, 321[147] (259), 328[660] (314); **6**, 806f[34], 843f[215]; **7**, 455[17] (373, 380), 455[18] (373, 380)
Smith, M. J., **3**, 1382[147] (1351, 1352); **6**, 182[175] (167, 170, 174); **8**, 456[132] (394), 457[217] (404)
Smith, Jr., M. R., **1**, 244[178] (175); **7**, 105[289] (38)
Smith, P., **1**, 677[399] (625, 626); **7**, 463[541] (451)
Smith, P. D., **3**, 698[256] (668), 1067[37] (967); **4**, 1059[155] (993), 1060[157] (993), 1060[158] (994)

Smith, P. J., **2**, 524f[1], 524f[1], 524f[1], 524f[2], 525f[3], 525f[3], 525f[4], 527f[1], 528f[1], 529f[1], 553f[1], 553f[1], 554f[1], 554f[1], 563f[5], 616[5] (522, 608, 609, 611), 616[14] (522, 535, 553, 608), 617[20] (523, 566, 572), 617[46] (527, 554), 617[49] (527), 617[50] (527), 617[59] (529), 620[228] (549), 620[272] (555), 621[291] (558), 621[299] (558), 621[301] (559), 621[303] (559, 566), 621[324] (563), 622[351] (567), 622[398] (571), 623[420] (574), 623[446] (578), 623[451] (579), 623[457] (580), 623[458] (580), 626[660] (608, 609), 626[669] (609), 626[670] (609), 626[684] (612), 626[685] (612), 627[693] (613), 627[722] (616), 634f[4], 674[34] (633), 988f[1], 1016[87] (988, 990), 1016[101] (991f); **7**, 141[96] (129), 299[77] (279)
Smith, R., **2**, 976[374] (939)
Smith, R. A., **2**, 191[254] (61), 904f[21], 904f[22], 977[483] (960), 977[484] (960); **3**, 120f[8]; **4**, 328[624] (310), 607[185] (550, 553f); **5**, 521[86] (289); **6**, 1112[113b] (1071), 1112[132] (1075), 1112[146] (1081), 1112[151] (1083); **7**, 658[692] (643)
Smith, R. A. J., **7**, 97f[28], 728[218] (712)
Smith, R. D., **2**, 860[60] (836)
Smith, R. K., **7**, 101[98b] (14), 101[98c] (14)
Smith, R. L., **1**, 537[24a] (462), 539[93c] (488, 498); **3**, 118f[10]; **6**, 945[236] (926); **7**, 252[79] (239), 252[80] (239), 253[81] (239)
Smith, R. N. M., **7**, 512[169] (499, 500, 503), 513[177] (499, 503)
Smith, R. R., **1**, 251[586a] (232, 233)
Smith, R. S., **1**, 248[415] (205); **7**, 460[314] (416)
Smith, S. A., **5**, 623[145] (563)
Smith, S. D., **2**, 300[268] (265)
Smith, S. G., **2**, 1015[20] (981); **7**, 102[164c] (24), 102[167] (24)
Smith, S. R., **1**, 673[160] (590)
Smith, T., **1**, 248[395] (201, 207); **3**, 279[52] (276)
Smith, T. D., **1**, 676[369] (624); **4**, 51f[65], 152[200] (54)
Smith, T. F., **4**, 612[468] (596); **5**, 186f[8]
Smith, T. J., **2**, 1019[301] (1014)
Smith, T. N., **8**, 435f[12], 435f[20], 435f[21], 449f[4], 460[414] (434), 460[415] (434, 447), 461[425] (436, 447), 461[426] (436, 438, 447, 450), 461[427] (436, 438, 447, 450), 704[2] (691, 692T, 693T), 704[3] (691, 692T, 693T), 704[15] (691, 692T)
Smith, T. P., **5**, 526[425] (344)
Smith, V. B., **2**, 715f[10]; **3**, 1308f[6], 1311f[1]
Smith, W., **3**, 84[282] (40), 703[553] (690), 1069[141] (987); **4**, 609[259] (570f, 571)
Smith, W. C., **2**, 706[98] (694)
Smith, W. E., **2**, 196[474] (116), 361[69] (315), 361[84] (318); **6**, 942[37] (899T); **7**, 726[81] (680), 726[82] (680)
Smith, W. F., **4**, 387f[9], 608[249] (569, 570f, 571), 609[258] (570f, 571), 609[265] (571), 873f[5], 885[77] (860)
Smith, W. N., **1**, 115[40] (50), 241[40] (158, 199, 200); **7**, 103[183] (25)
Smith, Z., **2**, 387f[4]
Smithers, R. H., **7**, 110[570] (85)
Smithies, A. C., **5**, 623[131] (562); **6**, 737[74] (488)
Smithson, L. D., **2**, 196[434] (110)
Smitnov, N. N., **1**, 374[71] (313, 324)
Smits, J. M. M., **2**, 81[970] (777)
Smolin, E. M., **2**, 534f[2]
Smolinsky, G., **1**, 380[433] (367)
Smolka, H. G., **1**, 375[143] (330)
Smolyan, Z. S., **2**, 619[198] (547)
Smrt, J., **7**, 652[341] (582), 652[341] (582)
Smucker, L., **5**, 269[375] (114)
Smutny, E., **6**, 262[84] (249)
Smutny, E. J., **6**, 446[337] (432, 436, 438); **8**, 397f[11], 430f[9], 435f[19], 456[130] (393, 396, 430, 431, 433, 452), 456[156] (396, 431, 432), 459[358] (431, 432), 460[382a] (431, 432), 461[474] (447), 927[30] (800), 931[300] (843), 931[346] (847)
Smyslova, E. I., **2**, 768f[11], 768f[14], 818[18] (767, 769), 818[19] (767), 818[20] (767)
Smyslova, N. A., **1**, 250[558] (227, 233)
Snaith, R., **1**, 39[8] (2, 39), 272f[3]

Snakin, Yu. Ya., **2**, 769f², 769f³, 780f⁴, 818³⁰ (769), 818³¹ (769)
Sneath, R. L., **1**, 453⁶⁶ (424), 539¹⁰¹ (490, 514); **6**, 227²³² (214T, 215T, 215, 220, 221), 945²⁸⁸ (941), 945²⁸⁹ (941)
Sneddon, L. G., **1**, 375¹⁴⁰ (330), 409²⁷ (385, 386, 391), 409⁴² (390, 391), 409⁴⁵ (391), 409⁴⁶ (391), 453³⁷ (420), 453⁶⁰ (423, 445), 454¹⁰⁵ (429), 454¹⁰⁶ (429), 454¹⁰⁶ (429), 456¹⁸⁹ (440), 537¹¹ (461, 523), 537¹²ᵃ (461, 465, 533), 537¹²ᵇ (461, 493, 494, 497), 537¹⁴ (462, 474, 475, 493, 499, 500, 517), 538⁵⁷ (474, 475, 478, 481, 493, 497, 499, 523), 538⁵⁸ (474, 481, 486, 494, 500, 501, 505), 538⁷⁵ᵃ (480, 496), 538⁷⁵ᵇ (480, 496, 500), 539⁸⁹ (486), 539⁹³ᵃ (488, 492), 539⁹⁵ᵃ (489, 498, 507), 539⁹⁵ᵇ (489, 505, 506), 539¹¹²ᵃ (492, 537), 539¹¹³ᵃ (493), 539¹²⁵ (497, 533T), 540¹³⁵ (500, 533T), 542²⁶⁰ (536), 552¹¹ (544), 722²¹⁰ (714), 750f⁴, 754¹³⁶ (750, 752); **3**, 84²⁵⁴ (35); **6**, 224²⁴ (214T, 219), 224⁴⁹ (214T, 219, 220, 221), 944²¹⁴ (921, 924, 930, 934T, 935), 944²¹⁹ (923), 944²²³ (923), 945²³⁹ (927, 934T, 935), 945²⁵³ (930)
Sneeden, R. P. A., **3**, 696¹⁰⁷ (656), 918f⁴, 919f³, 919f⁵, 922f⁷, 922f⁸, 924f⁴, 924f⁶, 926f¹, 926f², 926f⁴, 926f⁵, 926f⁶, 950³⁰⁰ (912, 914, 915, 929), 951³¹⁰ (916), 951³¹¹ (916), 951³²¹ (923, 927), 951³²⁹ (927), 951³⁴⁰ (929), 951³⁴³ (929), 1068⁷⁵ (976, 988, 989, 990, 1000, 1021, 1022, 1023, 1024, 1034), 1068⁷⁷ (977), 1077⁵⁹⁹ (1067); **8**, 16² (1), 17⁴³ (15), 94¹ (20, 21, 28, 39, 40, 75, 76, 80, 81, 83, 89), 96¹²³ (44), 97¹⁴⁸ (49, 56), 98²⁰⁶ (60), 99²⁶⁸ (75, 76, 81), 280² (227, 228, 229, 232, 239, 245, 249, 258, 266, 275), 280³ (227, 249, 253, 258), 281⁵⁹ (248), 281⁶⁰ (249, 253, 275), 281¹²⁴ (268)
Snegova, A. D., **2**, 508¹⁴⁸ (414)
Sneyd, J. C. R., **3**, 699³⁴² (673), 1068⁵³ (971); **4**, 155⁴¹³ (114), 479f³⁹; **5**, 275⁷¹⁶ (244, 249); **6**, 226¹⁸¹ (191f)
Snider, B. B., **1**, 243¹³² (170), 681⁶⁸⁸ (661); **3**, 279⁵⁶ (277); **7**, 458²²⁵ (404), 458²²⁶ (404), 458²²⁷ (404), 511⁹⁴ (487), 648¹³² (545); **8**, 669⁶¹ (662, 663T), 669⁸² (662, 663T), 771¹⁴⁰ (748T)
Snider, T. E., **2**, 533f⁸, 676¹²³ (643)
Snieckus, V., **3**, 146f⁵, 169¹¹³ (147), 169¹¹⁴ (147); **4**, 815³⁵⁸ (754); **7**, 104²⁶⁷ (34), 104²⁷⁰ (34), 104²⁷⁰ (34), 104²⁷⁰ (34)
Snoeck, T., **3**, 949¹⁹⁸ (875)
Snoussi, M., **7**, 110⁵⁶³ (83)
Snover, J. A., **1**, 150⁶⁵ (123, 127, 147), 275f²⁷; **7**, 194⁶ (161, 162)
Snow, A. I., **1**, 40⁷³ (16, 17, 18, 18T), 125f¹, 125f², 126f², 150⁴⁸ (122, 124, 125, 126), 150⁹⁰ (124, 125, 126)
Snow, J. T., **1**, 286f⁹, 309⁵⁴⁷ (298), 680⁶⁵⁵ (652, 661); **7**, 141⁵⁰ (121), 142¹³⁰ (136), 142¹³² (136), 142¹⁴⁵ (138, 139), 196¹²⁸ (175), 223⁹ (199), 322³⁸ (312), 322⁴⁴ (314), 322⁵² (315, 316)
Snow, M., **6**, 987f², 1039¹⁶ (989)
Snow, M. R., **3**, 851f¹⁹, 863f¹, 948¹⁴⁵ (860), 948¹⁵⁰ (861), 1251²⁷² (1216), 1251²⁷⁸ (1217), 1266f³, 1383¹⁸⁸ (1363); **4**, 33f²³, 34f⁵⁵, 34f⁷¹, 151¹⁴² (37), 152¹⁶⁵ (42), 152¹⁶⁶ (42), 818⁵⁸⁴ (790), 818⁵⁹⁰ (791), 819⁵⁹³ (792); **5**, 546f⁵, 621¹⁹ (547); **6**, 743⁴⁴⁰ (532T), 743⁴⁴¹ (532T)
Snowden, R. L., **7**, 648⁹⁸ (538), 651²⁸⁸ (574), 652³³² (580)
Snyakin, A., **1**, 455¹⁵¹ (434)
Snyder, C. H., **1**, 285f³⁶, 285f²⁹, 141⁷² (125), 141⁷³ (125), 299⁵⁹ (277), 301¹⁵⁹ᵃ (294), 301¹⁵⁹ᵇ (294), 301¹⁵⁹ᶜ (294), 301¹⁵⁹ᵈ (294), 729²⁶⁹ (722), 729²⁶⁹ (722)
Snyder, D. M., **7**, 95f¹⁰
Snyder, E. S., **7**, 103¹⁹⁸ (27)
Snyder, H. R., **1**, 261f⁴⁰, 285f²⁹, 285f³⁵, 304¹⁸⁰ (270, 287), 306³⁰⁷ (284), 377²⁸³ (351), 377²⁸⁴ (351); **3**, 978f⁹, 1069⁸⁵ (978); **7**, 197²⁰⁸ (191), 299⁵⁸ᵃ (277), 301¹⁵⁸ᵃ (294); **8**, 367⁴⁶² (353)
Snyder, J., **6**, 384¹²⁶ (380)
Snyder, L. C., **1**, 251⁶⁰⁶ (235)
Snyder, L. J., **2**, 1019²⁷⁷ (1010)
Snyder, R., **7**, 459²⁹⁴ (413, 415)
Snyder, R. G., **5**, 535¹⁰³⁷ (461)
Snyder, Sr. R., **7**, 159⁸² (146), 160¹⁶⁰ (157), 223¹¹ (199), 252⁵⁴ (235, 236), 253⁹² (240, 244)
Snyder-Robinson, P. A., **5**, 628⁴⁷³ (613)
Soai, K., **7**, 103¹⁸⁸ (25), 103¹⁸⁸ (25); **8**, 1008⁹² (966), 1008⁹² (966)
Sobata, T., **6**, 348⁴⁰³ (329, 331), 348⁴⁰⁴ (329, 331); **8**, 928¹²⁸ (805)
Sobczak, J., **8**, 610³²⁵ (600T)
Sobel, H., **5**, 269³³⁴ (95)
Soboczenski, E. J., **1**, 307³⁸⁸ (289)
Sobolev, E. S., **1**, 309⁵³⁵ (297)
Sobolev, E. V., **6**, 942⁶⁶ (901, 902T, 903T), 942⁶⁷ (901, 902T, 903T)
Soboleva, T. V., **8**, 708²⁰⁹ (702)
Sobota, P., **3**, 696¹⁰⁸ (656), 696¹⁰⁹ (656), 1077⁵⁹⁷ (1067); **8**, 281¹¹⁶ (267), 366³⁶⁸ (342), 1104³⁶ (1079, 1082, 1084), 1105⁴⁹ (1082, 1084), 1106¹¹² (1101)
Sobota, T., **6**, 441⁴⁰ (390)
Sobti, R. R., **7**, 224⁶⁰ (202)
Sobtsov, A. A., **2**, 201⁶⁶⁹ (163)
Sochacka, M., **6**, 180⁵⁴ (157)
Soda, G., **3**, 102f³³
Soddy, T., **7**, 17f⁸
Sodeau, J. R., **3**, 1075⁴²⁶ (1036)
Soderberg, R. H., **6**, 14⁸⁵ (9)
Söderholm, M., **2**, 201⁶⁶⁷ (163)
Soderquist, C. J., **2**, 1016⁹¹ (988, 989)
Soderquist, J. A., **1**, 374¹⁰³ (321); **2**, 296³⁵ (217), 299¹⁸⁴ (248), 508¹²⁵ (411), 618¹¹⁷ (539); **7**, 148f⁸, 159⁷⁹ (146, 148f), 173f⁵, 196¹⁵⁷ (181), 253⁹¹ (240, 243), 657⁶⁰⁹ (631)
Sodi, F., **4**, 663f⁵, 689²³ (666)
Sodisawa, T., **8**, 281¹²⁰ (268)
Soga, K., **3**, 545²⁴ (490), 547⁹¹ (521); **8**, 283²⁰⁰ (279)
Soga, T., **8**, 473f⁶
Sogah, G. D. Y., **7**, 511⁵⁷ (480)
Sogo, P., **3**, 83²⁰⁸ (30)
Sohár, P., **7**, 510³¹ (475, 478)
Sohma, K., **1**, 754¹³² (749); **2**, 971¹²³ (885); **7**, 512¹⁴⁹ (497), 726⁶⁷ (676)
Sohn, Y. S., **3**, 83¹⁹⁵ (28, 29); **4**, 479f¹⁸, 510⁴⁰⁴ (481), 761f¹, 811¹²⁵ (709), 816⁴⁰⁴ (761), 816⁴⁰⁶ (761, 762), 816⁴²⁵ (762); **5**, 306f⁴, 523²⁰⁹ (303T, 306, 464), 627⁴²⁶ (602); **6**, 1020f⁸⁶, 1040⁶⁶ (997)
Soinov, S. C., **8**, 365³⁰⁹ (336)
Sokolik, R. A., **1**, 304¹⁹⁰ (270, 283), 373¹⁷ (313), 676³⁴⁹ (624), 682⁷²⁶ (581); **7**, 140⁹ (112), 225¹²⁴ (208), 263¹³ (255)
Sokolov, E. B., **1**, 696f²⁰
Sokolov, V. I., **2**, 873f¹⁶, 882f¹¹, 970⁶⁹ (873), 971¹²⁷ (886); **4**, 239³⁴⁵ (206, 207T), 239³⁴⁶ (206, 207T), 239³⁵⁴ (206, 207T); **6**, 263¹⁴³ (255), 263¹⁴⁴ (255), 263¹⁴⁶ (255), 346²⁴⁶ (314), 346²⁴⁷ (314), 346²⁴⁸ (314), 346²⁴⁹ (314), 346²⁵⁰ (314, 322), 347³¹⁷ (321), 347³³⁸ (322), 740²⁹¹ (517), 740²⁹² (517), 741²⁹³ (517), 741²⁹⁴ (517, 518), 749⁸³³ (593, 594T), 1028f²⁸, 1029f⁷¹, 1029f⁷², 1029f⁷³, 1029f⁷⁴, 1029f⁷⁵, 1029f⁷⁶, 1029f⁷⁷, 1029f⁷⁸, 1029f⁷⁹, 1033f⁵, 1036f⁸, 1039³³ (993, 995, 999, 1000, 1001), 1039³⁹ (994, 1001), 1039⁴⁰ (994, 1001), 1039⁴¹ (994, 999, 1000), 1040⁷¹ (998, 1000), 1040⁸¹ (999), 1040⁸⁸ (1001), 1040⁸⁹ (1003); **8**, 933⁴⁵⁵ (860), 1067¹⁸³ (1043), 1067¹⁸⁹ (1043), 1067¹⁹⁰ (1043), 1067¹⁹⁰ (1043), 1067¹⁹⁹ (1044)
Sokolov, V. N., **3**, 269³²³ (231), 269³⁸⁰ (246); **8**, 641³⁶ (618), 707¹⁹² (701)
Sokolov, V. S., **2**, 511³⁰¹ (438, 474); **3**, 684f¹, 702⁴⁶³ (684)
Sokolov, V. V., **2**, 193³⁵¹ (90), 296¹⁷ (211)
Sokolova, V. L., **8**, 708²⁰⁵ (701)
Sokolovskii, V. D., **6**, 180⁶⁰ (157)
Sokol'skii, D. V., **8**, 341f⁸, 366³⁴² (340), 366³⁴³ (340), 366³⁵² (340), 366³⁶² (342), 366³⁹⁰ (343), 366³⁹¹ (343), 609²²⁴ (594T), 609²⁴⁸ (596T), 610³⁰⁷ (599T), 642⁵¹ (632), 644²⁰³ (632)

Sokol'skii, G. A., **2**, 872f⁴, 872f⁵; **5**, 268²⁸¹ (74)
Sokoryanskaya, T. I., **6**, 181¹¹³ (158, 161); **8**, 708²²³ (702)
Solaja, B., **7**, 456¹²⁸ (392)
Solar, J. P., **4**, 375⁸⁵ (352), 610³⁶³ (587)
Solar, J. R., **3**, 269³⁵⁴ (237)
Solcaniova, E., **8**, 1066¹⁴¹ (1038)
Soldatova, V. A., **8**, 642⁶⁶ (621T), 642⁸⁶ (621T)
Soliman, M., **2**, 6f¹⁹, 195⁴⁰⁸ (102); **6**, 1114²¹⁸ (1101)
Söll, M., **1**, 671²⁷ (559, 579, 625, 638, 664); **7**, 454³ (367, 372)
Solladié, G., **3**, 1072²⁶⁷ᵇ (1013), 1076⁴⁹⁰ (1049); **7**, 103¹⁹⁹ (27); **8**, 1070³¹¹ (1059)
Solladié-Cavallo, A., **3**, 1072²⁶⁷ᵇ (1013), 1076⁴⁸⁹ (1049), 1076⁴⁹⁰ (1049); **7**, 101⁷⁹ (12); **8**, 1070³¹¹ (1059), 1070³¹⁵ (1059)
Sollich-Baumgartner, W. A., **6**, 750⁹⁰⁴ (611)
Sollman, P. B., **7**, 648¹⁵¹ (549)
Sollott, G. P., **4**, 324³⁸⁵ (288); **8**, 1064⁴³ (1019)
Söllradl, H. P., **2**, 395⁴³ (372)
Solodar, J., **8**, 339f²⁷, 472f¹⁰, 497⁵¹ (477)
Solodova, M. Ya., **4**, 240⁴²⁰ (212T)
Solodovnikov, S. P., **2**, 397¹³¹ (394); **4**, 499f⁷, 499f⁹, 510⁴⁰⁶ (481, 482), 510⁴⁰⁷ (481, 482), 512⁵⁰⁵ (500, 501), 512⁵¹³ (501)
Soloman, J., **2**, 1019²⁵⁵ (1007)
Solomon, I. J., **1**, 457²⁴¹ (451)
Solomun, T., **6**, 737⁶¹ (486), 743⁴³⁹ (532T, 540)
Soloski, E. J., **1**, 116⁵³ (52), 242⁸¹ (163, 165, 175), 242⁹⁵ (165, 175); **2**, 533f¹, 621³⁰⁸ (560), 675¹¹⁸ (643), 679³⁴⁵ (666); **3**, 398f³⁹
Solouki, B., **2**, 186³⁰ (7, 84), 193³³¹ (84)
Soloveichik, G. L., **3**, 328¹⁵⁶ (320), 427²⁶ (336), 699³²³ (673); **6**, 979² (948, 958T, 965); **8**, 366³⁶⁵ (342)
Soloveichik, I. P., **7**, 104²⁵⁹ (33)
Solov'ev, I. F., **6**, 226¹⁴⁴ (195)
Solov'eva, G. V., **3**, 267²⁵⁰ (214)
Solovyanov, A. A., **1**, 118²⁰³ (86)
Soloway, A. H., **1**, 378³⁴⁰ᶜ (359)
Solter, L. E., **1**, 115⁴¹ (50)
Soltmann, B., **6**, 876¹⁵⁹ (789)
Soltwisch, M., **3**, 327⁴⁶ (294)
Soltz, B. A., **2**, 396¹⁰¹ (385); **3**, 102f¹⁶, 102f¹⁷
Soltz, B. L., **2**, 301³⁰³ (272, 288)
Solymosi, F., **8**, 282¹⁴⁵ (272)
Soma, M., **8**, 611³³⁴ (602T)
Somasundaram, S. N., **8**, 795⁵² (787)
Somekh, L., **7**, 653³⁹¹ (592)
Somers, K. R., **4**, 323²⁵⁸ (271, 295), 325⁴⁵⁷ (295)
Sometani, T., **8**, 709²⁸¹ (690)
Someya, T., **8**, 705⁸⁵ (678, 690), 710²⁸⁸ (690), 931³⁰⁹ (844)
Somin, I. N., **1**, 242⁸⁶ (164)
Sommenfeld, R. J., **1**, 60f¹
Sommer, J., **8**, 1065⁸⁸ (1026)
Sommer, L. H., **1**, 42¹⁷⁴ (36), 42¹⁷⁵ (36); **2**, 17f², 17f⁶, 17f⁷, 17f⁸, 17f⁹, 17f¹⁰, 17f¹¹, 17f¹², 17f¹³, 186²⁴ (4, 14, 15, 177), 187³³ (8, 124), 187⁴⁵ (10), 187⁴⁸ (11), 187⁶² (14), 187⁶⁴ (14), 187⁶⁹ (19, 109), 187⁷³ (19), 188¹¹⁵ (28), 189¹²³ (29), 189¹⁵⁷ (36), 190¹⁷⁰ (38), 193³¹⁸ (81), 193³²¹ (81), 193³²² (82), 193³²² (82), 196⁴²⁹ (109), 196⁴³⁹ (111, 112), 196⁴⁶⁵ (115), 197⁴⁸² (118), 197⁵¹⁸ (124, 178, 178f, 184), 197⁵²¹ (125), 199⁵⁸⁴ (142), 199⁵⁸⁴ (142), 199⁵⁸⁴ (142), 200⁶³³ (155), 202⁷⁰⁰ (170), 203⁷³⁷ (182), 297⁶⁹ (227), 297⁸³ (230), 297⁹¹ (231), 298¹⁰⁵ (233), 299¹⁹⁴ (249T), 302³⁵⁹ (289, 290), 302³⁶⁰ (290), 302³⁸⁸ (294); **7**, 646⁵ (516), 646¹³ (517), 646¹⁶ (518), 646²² (520), 646²² (520), 654⁴³⁰ (588), 655⁵³⁷ (615), 656⁵⁸¹ (625)
Sommer, P., **2**, 201⁶⁵⁶ (160); **7**, 652³³⁴ (581)
Sommer, R., **2**, 395³⁶ (371), 510²⁴⁸ (432), 534f³, 534f⁵, 620²²⁹ (549), 624⁵⁰³ (585), 624⁵⁰⁶ (586), 624⁵¹⁶ (588), 624⁵¹⁹ (588), 624⁵⁴⁷ (592), 624⁵⁵¹ (593), 625⁵⁵⁶ (593), 625⁶⁰⁸ (601), 626⁶³¹ (603)
Sommers, J. R., **7**, 104²⁴² (31)

Sommerville, P., **4**, 12f³¹, 19f⁶, 344f², 610³⁴⁹ (586), 1062³⁰⁹ (1035); **6**, 870f⁹⁷
Somoano, R., **5**, 526⁴⁰⁵ (342, 343)
Somorjai, G. A., **8**, 97¹⁷⁰ (55, 57), 97¹⁷¹ (55, 57), 282¹⁴⁸ (272, 273, 274), 282¹⁵⁰ (272, 273), 360⁵ (286)
Sonada, N., **7**, 650²²⁴ (561), 650²²⁴ (561)
Sonderquist, J. A., **2**, 190¹⁹⁵ (44)
Sondheimer, F., **7**, 158²⁵ (144), 224⁵¹ (201), 224⁵² (201), 224⁵³ (201), 224⁵⁹ (202), 224⁹⁴ (205, 208), 252¹⁹ (231), 252⁶⁶ (238), 727¹³⁵ (693); **8**, 769⁴⁶ (725T, 732)
Songstad, J., **5**, 269³³⁴ (95)
Sonina, N. V., **2**, 511³²⁵ (441)
Sonke, H., **1**, 306³²⁶ (287), 647f¹, 679⁵⁶⁰ (645)
Sonnek, G., **1**, 677³⁹³ (625); **3**, 436f³⁰, 473¹⁹ (437, 442); **6**, 98³⁰⁰ (59T, 64); **7**, 455⁵⁰ (381), 457¹⁶⁸ (396), 458²³⁸ᵃ (407), 458²³⁸ᵇ (407), 458²³⁹ᵃ (407), 458²³⁹ᵇ (407), 458²⁴⁰ (407), 459²⁵⁸ (410), 459²⁵⁹ (410), 459²⁶⁰ (410)
Sonnenberg, F. M., **7**, 458²¹⁸ (403)
Sonnenberger, D., **4**, 234²³ (163, 171); **6**, 842f¹⁴⁸, 876²⁰² (808, 809)
Sonnenfeld, R. J., **1**, 116⁷⁹ (57)
Sonnet, P. E., **7**, 106³⁴²ᵇ (47)
Sonnichsen, G., **3**, 83²¹⁷ (31), 269³²⁹ (232)
Sonntag, G., **2**, 299¹⁷⁷ (246)
Sono, S., **7**, 299⁴⁵ (275)
Sonoda, A., **1**, 379³⁹⁹ᵇ (364); **3**, 87⁴⁶⁰ (67), 142f³, 142f⁴, 144f⁴, 144f⁶, 144f⁶, 169¹⁰⁴ (145), 169¹⁰⁵ (145); **6**, 443¹⁴³ (403), 443¹⁴⁴ (403, 410), 443¹⁷⁹ (407), 761¹⁶³⁵ (718, 729), 761¹⁶³⁶ (718), 761¹⁶⁵⁴ (722T); **7**, 226²¹³ (219), 300¹²⁶ᵃ (288), 322²⁵ (309, 314), 322⁵⁴ᵃ (316), 322⁵⁴ᵇ (316), 322⁵⁴ᶜ (316), 725⁵² (673); **8**, 927⁴² (801, 891), 930²⁶¹ (835, 891), 930²⁸³ (839), 935⁵⁸⁷ (891), 935⁵⁸⁸ (891), 935⁵⁹⁴ (892), 1064⁴⁰ (1019), 1070²⁹⁹ᵃ (1058), 1070²⁹⁹ᵃ (1058)
Sonoda, N., **2**, 187⁶⁰ᵃ (13, 60), 191²⁵⁴ (61), 197⁴⁷⁶ (117), 197⁴⁸⁶ (119), 202⁷¹⁶ (175), 202⁷¹⁷ (175), 202⁷¹⁷ (175); **6**, 97²⁷² (55T, 58T, 73), 97²⁷³ (60T, 61T, 62T, 64), 1113¹⁷¹ (1087); **7**, 649¹⁶⁸ (553), 650²³⁶ (563), 651²⁸⁷ (574), 655⁵⁰⁶ (606), 655⁵⁰⁸ (607), 655⁵⁰⁹ (607), 656⁵⁵² (618), 656⁵⁵³ (619), 656⁵⁵⁴ (619), 656⁵⁵⁵ (619), 656⁵⁵⁸ (619), 658⁶⁷⁵ (642); **8**, 769²⁹ (727T, 733), 770¹⁰⁷ (735), 794⁴ (784, 785, 786, 787, 791), 794⁸ (784), 794²⁷ (784), 795⁴³ (785), 795⁴⁷ (785, 786)
Sonogashira, K., **3**, 419f¹⁷, 419f¹⁸, 1072²⁹¹ (1016); **5**, 532⁸⁰⁵ (416); **6**, 93³⁴ (80), 95¹⁵⁸ (59T, 65, 66, 79), 97²²² (85, 91T), 98³³⁶ (79), 99³⁸⁹ (60T, 69, 71), 261³⁶ (245), 263¹⁷⁰ (257), 263¹⁷¹ (257), 344¹⁴² (304, 305), 348³⁹² (329), 468²⁸ (459), 740²⁸⁷ (516, 527), 742³⁷⁷ (525, 706), 742³⁹² (527), 744⁵⁴² (546), 745⁵⁵⁶ (547); **8**, 607¹²⁰ (564), 769²² (723T, 734, 737), 769²³ (723T, 732, 734), 937⁷²³ (912), 937⁷²⁹ (913, 914), 937⁷⁸¹ (923)
Sonz, A., **4**, 690¹²² (682)
Soogenbits, U., **1**, 242⁶¹ (160)
Soong, C. C., **6**, 748⁷⁹³ (588, 588T)
Soova, H., **1**, 242⁷⁸ (163)
Soper, C., **2**, 301²⁹² (271), 970⁵⁶ (869)
Sorensen, C. M., **1**, 116⁵²ᵇ (52); **7**, 107⁴⁰⁷ (55f)
Sorensen, T. S., **3**, 1004f³⁵, 1070¹⁵¹ (987, 1031), 1211f⁹, 1251²⁶² (1214), 1360f⁴, 1383¹⁸¹ (1363); **4**, 512⁴⁷⁸ (493), 602f¹⁵
Sorokin, Y. A., **3**, 966f³, 978f⁷, 986f⁴, 1069⁸⁷ (978, 1000), 1070¹⁹⁶ (999), 1188f⁴, 1338f⁴, 1382¹³⁸ (1348); **6**, 95¹²⁰ (90, 92T), 225¹¹⁷ (202, 203T), 1018f¹⁰, 1020f¹²⁰, 1020f¹²¹
Sorokina, L. A., **3**, 701⁴³⁰ (680)
Sorokina, L. D., **7**, 104²⁴⁶ (32)
Sorokina, L. P., **1**, 672¹²⁸ (579, 647), 677⁴⁴⁰ (628)
Sorokina, T. A., **6**, 347³¹⁷ (321)
Sorokina, T. G., **1**, 252⁶³² (240), 252⁶³⁵ (240); **7**, 458²⁴² (407, 408)
Sorokoumova, T. A., **3**, 702⁵¹² (688, 689)
Soroos, H., **2**, 188¹⁰⁵ (27), 679³²⁸ (665), 972¹⁸² (896); **7**, 77f⁹

Sorrell, T., **5**, 533[903] (430)
Sorrell, T. N., **3**, 557[54] (555), 1106f[5], 1108f[6], 1112f[7], 1115f[2]; **4**, 19f[12], 23f[16], 151[102] (26), 234[46] (165)
Sorriso, S., **2**, 503f[3]; **4**, 479f[34], 504[43] (388); **6**, 1019f[70]
Sortwell, R. J., **2**, 680[416] (673)
Sosin, S. L., **2**, 395[40] (371)
Sosinsky, B. A., **1**, 538[63a] (476, 523); **4**, 380f[29], 400f[2], 504[14] (382), 506[146] (419, 428), 506[147] (419), 608[224] (563), 620f[1], 648[20] (619), 815[346] (752, 756, 793), 815[347] (753), 840[49] (830), 884[27] (849, 850), 885[64] (854), 907[43] (898), 907[52] (900), 920[34] (915), 920[35] (916), 920[44] (919); **5**, 628[498] (617); **8**, 1068[211] (1046)
Sosnovsky, G., **1**, 115[28c] (46); **2**, 861[122] (851); **7**, 108[460] (63, 64), 511[103] (489, 498)
Sosnovtsev, V. M., **8**, 707[151] (702)
Sostero, S., **3**, 694[25] (650); **4**, 816[430] (762), 816[431] (762), 816[432] (762), 816[433] (763), 816[434] (763), 1061[230] (1018); **6**, 752[1060] (632)
Sotgiu, F., **7**, 106[357] (48)
Søtofte, A. I., **2**, 762[97] (727, 736)
Sotowicz, A. J., **2**, 882f[19]
Sotoyama, T., **7**, 336[38a] (329)
Soucek, J., **8**, 366[387] (343)
Souchi, T., **8**, 100[734] (947)
Soufflet, J. P., **8**, 549[30] (504, 505, 507), 550[76] (517)
Soula, D., **2**, 507[85] (408, 496, 498, 504), 512[375] (447, 460, 466, 479), 516[589] (479, 480)
Soulard, M. H., **2**, 503f[4], 517[692] (502)
Soulati, J., **1**, 692f[5]; **2**, 859[9] (825), 859[10] (825)
Soulie, J., **1**, 303[65] (265), 303[66] (265), 303[67] (265), 306[282] (283), 379[402] (364); **6**, 742[420] (530); **7**, 196[151] (181), 226[205] (218)
Soum, A., **7**, 8f[13]
Sourisseau, C., **1**, 245[235] (180, 187, 202); **2**, 943f[1], 944f[4], 974[270b] (919, 920); **6**, 180[42] (159T, 162), 180[43] (159T, 162)
Sourisseau, O., **4**, 323[290] (276)
Soussan, G., **1**, 246[329] (195), 248[425] (207); **2**, 514[486] (464); **7**, 655[490] (604)
Soutar, I., **1**, 250[539] (224, 226, 229, 230), 251[602] (235)
South, M. S., **8**, 794[26] (785)
Southern, J. F., **3**, 1069[129] (986)
Southern, T. G., **4**, 323[274] (273); **5**, 534[980] (443, 444); **6**, 806f[29], 850f[37]
Southgate, R., **8**, 934[553] (885)
Southwart, D. W., **2**, 362[155] (338)
Sovokin, Yu. A., **6**, 1061f[11]
Sowa, J. R., **2**, 189[122] (29)
Sowerby, D. B., **2**, 696f[13], 705[74] (691)
Sowerby, J. D., **1**, 40[81] (17, 18, 18T), 152[236] (147); **3**, 1248[152] (1189)
Sowinski, F. A., **1**, 378[347a] (359), 378[347b] (359)
Soysa, H. S. D., **2**, 201[670] (163), 202[701] (170), 202[701] (170)
Spacu, P., **4**, 323[279] (274)
Spadaro, A., **6**, 347[281] (316), 384[93] (375), 384[121] (379), 756[1333] (664)
Spagna, R., **6**, 754[1169] (642T), 754[1170] (641, 642T), 754[1176] (641, 644T, 645T, 647T, 651), 754[1182] (645T, 651, 661), 754[1183] (645T, 661), 754[1184] (646T, 651, 661), 754[1187] (646T, 651), 754[1188] (647T), 754[1190] (647T), 760[1596] (707T)
Spahr, R. J., **2**, 872f[3]
Spalding, T. R., **1**, 39[17] (7), 539[111] (492); **2**, 517[700] (503), 636f[1], 674[39] (635); **3**, 362f[1], 428[115] (361, 363), 629[66] (569, 572, 578); **6**, 944[211] (919, 923, 926), 944[221] (923), 944[231] (925, 926), 1062f[2], 1112[154] (1083, 1086)
Spangler, C. W., **3**, 125f[20]
Spangler, W. J., **2**, 1017[146] (998), 1017[147] (998)
Sparke, M. B., **6**, 758[1450] (677)
Spatz, S. M., **2**, 677[198] (652)
Spaulding, L., **6**, 737[81] (489), 737[95] (490), 754[1224] (653)
Spaulding, L. D., **8**, 362[77] (288)

Spear, R. J., **2**, 971[124] (886); **6**, 468[22] (458); **7**, 726[67] (676)
Spector, M. L., **6**, 362[58] (358)
Speed, C. S., **4**, 388f[1], 389f[10], 454f[1], 460f[1], 509[296] (449)
Speer, H., **1**, 119[232] (92), 119[242] (95)
Speer, L. O., **3**, 951[331] (927)
Speier, G., **5**, 40f[6]; **6**, 94[59] (43T), 140[40] (110); **8**, 280[21] (232, 245), 388f[3], 455[59] (381), 455[100] (387)
Speier, J., **2**, 361[71] (316); **6**, 758[1436] (675)
Speier, J. L., **2**, 197[475] (117, 118, 119), 197[480] (117), 197[483] (118), 360[38] (311), 360[39] (311), 360[40] (311), 360[41] (311), 361[54] (314), 361[59] (315), 510[228] (427); **6**, 757[1422] (675), 758[1426] (675), 758[1430] (675); **7**, 646[17] (518), 655[543] (616), 656[558] (619)
Spek, A. L., **1**, 39[27] (10), 41[105] (21), 244[224] (179f, 180), 248[404] (202, 204); **2**, 620[263] (555), 620[264] (555), 620[265] (555), 713f[25], 713f[26], 724f[4], 761[77] (724, 740, 741, 744), 761[78] (724, 758), 761[86] (722, 724, 725, 727, 728, 730, 738, 749, 757), 860[82] (841); **4**, 380f[15]; **6**, 749[834] (593, 594T, 595T), 1112[108] (1070)
Spek, T. G., **8**, 363[161] (301)
Spencer, A., **4**, 690[114] (678), 690[115] (678), 690[116] (678, 679), 811[86b] (702, 710), 963[16] (934), 963[18] (934); **5**, 137f[19], 137f[24], 270[411] (132, 145, 147), 270[423] (139); **8**, 99[301] (84, 85), 311f[9], 362[128] (296)
Spencer, B., **3**, 266[137] (191, 192)
Spencer, C. B., **1**, 151[155] (135, 137, 138); **2**, 860[67] (826f, 837), 860[79] (840); **6**, 1041[122] (1010)
Spencer, D. D., **6**, 1020f[109]
Spencer, J. A., **2**, 674[47] (635)
Spencer, J. G., **7**, 455[41] (380)
Spencer, J. L., **1**, 537[13a] (462, 474, 486, 517, 518), 537[13b] (462, 474, 517, 534, 535), 538[47a] (473, 517, 520), 538[56] (474, 475, 501, 533T), 538[59] (474, 500, 501, 509, 533, 534), 540[137] (500, 501, 509), 552[17] (545), 754[134] (749, 751); **2**, 189[152] (35), 197[479] (117), 820[188] (808); **3**, 86[409] (58), 108f[25], 169[72] (131), 411f[12], 431[304] (409); **5**, 539[1309] (448); **6**, 93[29] (60T, 61T, 67), 96[166] (60T, 61T, 65, 67), 96[180] (44), 140[53] (120, 122T, 133T, 134), 140[70] (105T), 142[173] (105T, 134T, 138), 143[214] (120, 122T), 224[8] (214T, 219), 225[80] (214T, 219, 220), 227[196] (214T, 219, 220), 230[6] (229), 261[42] (247), 343[64] (287, 313), 382[3] (364, 370), 737[47] (482), 738[127] (495, 496), 738[128] (495, 496), 739[216] (507), 741[315] (518, 519), 741[354] (522, 537T), 741[355] (522), 742[357] (522), 742[358] (522), 742[359] (523), 742[360] (523), 742[361] (523), 743[448] (533T), 743[470] (535T, 680, 681, 717), 744[481] (537T), 751[980] (620, 621), 751[981] (620, 621), 751[982] (620, 621), 751[992] (620, 625T, 626), 751[1001] (621, 694, 701), 751[1004] (621, 626), 751[1005] (621, 629, 630, 631), 751[1006] (621, 625T), 751[1007] (622, 687), 752[1045] (629), 752[1051] (630), 758[1434] (675, 677), 758[1435] (675, 677, 712), 758[1444] (677), 759[1506] (687, 690), 759[1538] (694, 695), 759[1540] (694, 695), 759[1543] (695, 696, 699T), 759[1544] (695), 760[1610] (712), 761[1625] (716, 726, 727), 871f[138a], 874[88] (775, 777), 1094f[7], 1094f[8], 1113[209] (1098), 1114[211] (1099), 1114[211] (1099); **8**, 456[141] (395), 670[97] (653)
Spencer, M. S., **4**, 965[188] (962)
Spencer, S., **8**, 607[114] (564)
Spencer, T., **1**, 753[83] (739, 749); **7**, 513[221] (507, 508); **8**, 932[409] (858)
Spencer, T. A., **8**, 930[279] (839)
Spendjian, G., **4**, 52f[80]; **6**, 34[64] (22T)
Spendjian, H. K., **3**, 863f[8]; **4**, 50f[10], 50f[25], 52f[104], 322[245] (270)
Speranza, M., **7**, 107[421] (56)
Sperline, R. P., **3**, 94[82] (831)
Spetch, E. R., **4**, 81[053] (699), 884[7] (844)
Spevak, V. P., **8**, 312f[31], 643[143] (632)
Speziale, V., **2**, 978[536] (967); **7**, 725[52] (673)
Spialter, L., **2**, 188[93] (25), 192[280] (72), 196[434] (110), 196[446] (112); **7**, 647[88] (535), 657[616] (632); **8**, 281[122] (268)
Spicer, C. K., **7**, 159[116] (152)
Spicer, L. D., **2**, 199[594] (145)

Spicer, W. E., **8**, 360[7] (286)
Spiegel, B. I., **3**, 557[49] (554, 555); **7**, 458[211] (401); **8**, 771[172] (741, 763T), 937[720] (911, 912)
Spiegl, A. W., **3**, 269[346] (234, 235)
Spiegl, H. J., **4**, 373[3] (332)
Spielman, J., **1**, 456[209] (444)
Spielman, J. R., **1**, 310[591] (301), 453[59] (423), 453[61] (423), 453[69] (425), 456[193] (440, 441), 456[195a] (441), 456[198] (441), 457[243] (451)
Spielman, R., **2**, 617[65] (531)
Spielvogel, B. F., **1**, 286f[1], 303[88] (267), 303[110] (268)
Spielvogel, D. E., **2**, 362[122] (326)
Spierenburg, J., **2**, 678[252] (657), 678[256] (657)
Spiesecke, H., **1**, 675[324] (619)
Spiess, H. W., **4**, 319[29] (246); **6**, 13[41] (7)
Spigarelli, J. L., **2**, 1017[146] (998), 1017[147] (998)
Spillburg, C. A., **8**, 608[156] (577)
Spinicelli, L. F., **7**, 14f[6]
Spinney, H. G., **2**, 512[356] (445), 518[715] (505)
Spirer, L., **3**, 344f[5], 350f[6], 426[20] (336)
Spiridonov, V. P., **6**, 942[59] (902T), 942[81] (901, 902T)
Spiridonova, N. N., **2**, 861[154] (858); **3**, 696[123] (658), 696[159] (661), 701[409] (677, 678, 679), 701[432] (680); **6**, 1060f[6]
Spirikhin, A. V., **8**, 705[68] (674T, 675)
Spiro, T. G., **1**, 40[88] (19), 117[128] (70); **2**, 632f[4], 632f[5], 674[18] (630), 674[19] (630); **3**, 269[338] (233, 234); **4**, 150[31] (7), 163f[4], 234[19] (163), 321[125] (256), 323[317] (279), 649[92] (642), 663f[3], 689[29] (666), 1057[28] (1023); **6**, 748[775] (587), 796f[3], 842f[138], 876[160] (790, 793, 795), 942[70] (901, 902T, 903T), 1069f[3], 1111[102] (1069)
Spitsyn, V. I., **4**, 690[96] (674)
Spivack, B., **3**, 646[54] (645), 781[216] (776)
Spivack, B. D., **5**, 288f[7], 521[71] (286, 387)
Spivak, A. Yu., **7**, 455[56] (382)
Spivak, B. D., **5**, 404f[32]
Spliethoff, B., **8**, 385f[34], 455[97] (386, 387), 644[158] (617, 621T, 623)
Spoerri, P. E., **7**, 17f[10]
Spohn, R., **6**, 1021f[145], 1040[80] (999)
Spohn, R. J., **6**, 1020f[115]
Spooncer, W. W., **4**, 965[190] (962)
Sporka, K., **8**, 707[148] (672), 710[320] (672)
Sporzynski, A., **7**, 459[254] (409)
Sprague, M. J., **1**, 722[187] (712)
Sprangers, W. J. J. M, **7**, 102[155] (23), 102[155] (23)
Spratley, R., **3**, 85[353] (48); **6**, 754[1166] (641, 642T, 652)
Spratt, R., **3**, 1004f[7], 1005f[4], 1073[342] (1024), 1073[348] (1025), 1211f[5], 1211f[13]
Sprecher, N., **2**, 506[21] (402, 421)
Sprenger, G. H., **2**, 972[155] (891)
Spring, D. J., **2**, 973[222] (900)
Springer, C. S., **4**, 920[30] (913)
Springer, S., **8**, 927[66] (801)
Sprinzl, M., **7**, 252[42] (234), 252[44] (234)
Sproul, E. E., **2**, 626[682] (611)
Spyridomos, P., **6**, 443[122] (401)
Squire, A., **3**, 1073[329] (1023); **4**, 150[30] (7); **6**, 444[191] (408), 1018f[39]
Squire, D., **1**, 265f[5]
Squire, E. N., **8**, 645[222] (628, 632)
Sredinskaya, I. A., **1**, 696f[21], 721[104] (698)
Sreekumar, C., **1**, 116[100] (62, 74)
Sreenathan, B. R., **2**, 679[361] (668)
Sridhara, N. S., **5**, 534[954] (440), 624[229] (575, 620); **6**, 262[121] (254), 345[148] (304), 741[324] (519)
Srinivasamurthy, K. G., **4**, 694f[16], 811[83] (702); **5**, 353f[14], 527[450] (348)
Srinivasan, K. S. V., **2**, 395[6] (365, 384)
Srinivasan, P. R., **8**, 1095f[5]
Srinivasan, P. S., **7**, 42f[7]
Srinivasan, R., **4**, 506[128] (412)
Srivastava, G., **1**, 285f[14]; **2**, 198[559] (133), 510[259] (437, 438, 440, 441, 442, 443), 510[260] (422), 510[267] (435, 441), 512[341] (443), 572f[1], 621[302] (559, 561), 622[403] (572), 623[438] (577), 623[444] (578)
Srivastava, R. C., **1**, 125f[12], 125f[13], 150[49] (122, 123, 142, 143, 144), 150[60] (123, 124, 128, 130, 131, 132, 133, 140), 151[126] (129, 130, 132, 138, 142, 143, 146); **2**, 501f[9], 502f[6], 506[20] (402, 410, 422, 423, 447, 448, 449, 450, 451, 455, 456, 457, 458, 473, 474, 475, 480, 482, 490, 502, 504, 505), 679[339] (666); **3**, 359f[5], 362f[1], 362f[11], 427[74] (354), 427[77] (354), 428[115] (361, 363), 429[195] (378), 474[67] (451), 474[76] (459), 557[19] (550), 629[66] (569, 572, 578), 629[90] (572), 630[128] (578, 590), 764f[16], 781[185] (764); **7**, 107[398] (53, 54)
Srivastava, S. C., **1**, 248[444] (209), 248[449] (210), 722[160] (709); **3**, 863f[16], 866f[6], 947[71] (825), 1112f[9], 1119f[1], 1147[62] (1105), 1147[68] (1111), 1317[69] (1282), 1380[55] (1332); **4**, 606[69] (522), 884[3] (844), 1057[5] (968, 974, 976, 978, 1023, 1027); **5**, 536[1091] (339, 361), 554f[1], 622[80] (553); **6**, 736[4] (474)
Srivastava, T. N., **2**, 512[367] (445), 512[392] (452), 678[293] (662)
Srivastava, T. S., **3**, 1072[257b] (1011), 1251[248] (1211); **4**, 238[264] (198), 812[164] (716)
Staab, H. A., **2**, 762[139] (745); **4**, 508[265] (444), 508[266] (445)
Staal, L. H., **4**, 13f[12], 52f[94], 236[141] (178), 509[335] (459), 841[87] (836), 841[88] (836), 841[89] (836), 907[55] (901); **6**, 842f[152], 843f[213]
Stabba, R., **6**, 95[164] (38, 39, 43T, 80, 81), 143[228] (103, 104T, 109), 980[18] (952, 953, 959T); **7**, 463[534] (450); **8**, 641[5] (640)
Stacey, F. W., **2**, 196[447] (112)
Stacey, G. J., **2**, 676[169] (650), 676[171] (650), 677[212] (654, 656), 677[220] (654)
Stach, J., **6**, 100[417] (59T, 79), 143[257] (117), 144[274] (111, 131)
Stachowiak, R. W., **8**, 711[361] (701)
Stackhouse, J., **2**, 397[111] (386); **7**, 108[485] (69)
Stadelhofer, J., **1**, 119[224] (91), 152[229] (147), 673[184] (592), 673[185] (592), 720[23] (686), 720[25] (686), 720[26] (686)
Stadermann, D., **3**, 696[128] (658), 697[162] (661), 697[163] (661)
Stadlbauer, E. A., **4**, 817[497] (775)
Stadler, W., **3**, 1384[254] (1377)
Stadnichuk, M. D., **2**, 507[103] (410); **7**, 5f[8], 5f[12]
Stafford, F. E., **1**, 304[144] (269); **3**, 1069[131] (986)
Stafford, R. C., **1**, 454[93] (428, 438)
Stafford, S. L., **1**, 256f[7], 260f[2], 260f[17], 262f[49], 304[133] (269, 279), 304[135] (269), 306[322] (286), 308[422] (292); **3**, 1071[251b] (1010, 1014); **4**, 320[101] (252, 254), 325[466] (296), 374[22] (335), 610[319] (581); **5**, 137f[26]; **6**, 744[499] (540), 744[514] (542, 545)
Stahl, H. O., **3**, 799f[2b], 1086f[2b], 1205f[1], 1205f[2], 1250[222] (1204), 1250[223] (1204, 1205), 1263f[2b], 1357f[1], 1382[159] (1357, 1358); **6**, 453[9] (448), 1018f[2]
Stahl, L. H., **3**, 1115f[7], 1147[76] (1114)
Stahl, L. S., **5**, 273[638] (216)
Stahl, R., **6**, 36[181] (29)
Stähle, M., **1**, 116[63] (55), 116[80] (57), 119[255] (97, 100, 100T, 101), 245[236a] (180, 182, 187); **7**, 107[419] (56)
Stahlke, K. R., **3**, 1247[83] (1173)
Stahly, E. E., **6**, 13[51] (7)
Staicu, S., **6**, 348[378] (327, 336), 443[157] (404), 446[333] (431), 468[15] (456, 460), 468[33] (461), 469[36] (461); **8**, 928[157] (810)
Stainbank, R. E., **5**, 523[216] (304T), 523[219] (304T), 549f[2], 549f[5], 554f[3], 554f[3], 623[159] (565, 597), 623[181] (566, 572); **6**, 749[872] (602)
Stakem, F. G., **8**, 933[489] (873, 874, 899)
Stakheeva, E. N., **2**, 762[103] (730); **4**, 511[447] (486)
Staley, R. H., **8**, 609[213] (603)
Stalick, J. K., **6**, 143[218] (103T, 119, 120), 1113[162] (1086)
Stallings, W., **2**, 387f[3], 396[90] (383, 386); **4**, 508[275] (446)

Stallmann, H., **4**, 1057[1] (968), 1058[60] (974, 975, 976)
Stallovski, S. M., **6**, 262[108] (251)
Stalteri, M. A., **2**, 796f[12], 820[186] (808, 811)
Stam, C. H., **4**, 327[547] (303, 304), 841[88] (836), 907[55] (901)
Stamatoff, G. S., **7**, 463[507] (447)
Stamm, W., **2**, 618[135] (540), 620[247] (552), 621[314] (561), 625[604] (600)
Stammer, C. H., **7**, 658[663] (642); **8**, 930[287] (840)
Stammreich, H., **3**, 703[533] (689); **4**, 320[109] (253); **6**, 13[34] (6T, 6), 1020f[104], 1032f[25], 1040[113] (1008)
Stamos, I. K., **4**, 508[259] (443, 444), 609[314] (580); **5**, 272[541] (180)
Stamper, P. J., **3**, 1073[328a] (1022); **4**, 613[511] (600, 602f)
Stampf, E. J., **1**, 256f[3], 262f[29], 262f[35], 262f[36], 262f[40], 262f[41], 263f[16], 267f[3], 302[35] (259), 302[37] (259), 302[50] (263), 303[85] (267), 303[127] (268), 308[426] (292)
Stanberry, T. E., **1**, 119[262] (98)
Stanclift, W. E., **3**, 833f[75], 1076[527] (1056)
Standfest, R., **1**, 379[387] (363)
Standford, D., **2**, 1020[315] (1006f)
Standucher, F., **3**, 851f[25]
Stanford, J. B., **1**, 674[238] (603)
Stanford, Jr., R. H., **8**, 1010[173] (986, 988)
Stanford, T. B., **1**, 40[61] (15)
Stang, A. F., **1**, 456[229] (448); **7**, 457[167b] (396)
Stang, P. J., **7**, 649[192] (556)
Stange, H., **1**, 306[304] (284)
Stanger, Jr., C. W., **3**, 1070[164] (989, 1035, 1055), 1071[218b] (1001), 1251[271] (1215)
Stanger, G. B., **4**, 322[217] (268)
Stanghellini, P. L., **3**, 118f[8], 120f[15]; **4**, 324[348] (283), 324[349] (283), 324[352] (283), 326[527] (300), 327[552] (303), 327[556] (304), 327[568] (305), 689[25] (666), 928[21] (925), 928[22] (925), 1057[27] (971); **5**, 266[141] (30), 267[222] (47, 167), 271[500] (167, 170, 180), 273[585] (193), 273[586] (193), 273[594] (198); **6**, 35[140] (25), 139[29] (133T, 135), 139[30] (133T, 135), 139[34] (133T, 135, 136), 140[62] (133T), 142[197] (135), 225[91] (199, 201T), 870f[81], 871f[126], 871f[127]
Staniland, P. A., **7**, 224[37] (201, 202)
Stanislawski, D. A., **2**, 200[623] (152), 397[119] (388), 397[122] (388)
Stanislowski, A. G., **1**, 259f[18]; **3**, 1246[38] (1159)
Stankem, F. G., **8**, 928[108] (804, 812)
Stankevich, O. S., **7**, 654[455] (599)
Stanko, J. A., **4**, 690[95] (674)
Stanko, V. I., **1**, 242[91] (164, 176), 273f[25], 304[196] (271), 454[95] (428), 454[107] (429), 455[138] (432, 434), 455[138] (432, 434), 455[140] (432, 434), 455[173] (438), 455[174] (438), 455[175] (438), 455[175] (438), 455[176] (439), 455[177] (439), 455[178] (439), 541[228a] (530), 541[228d] (530), 553[33] (549, 550); **7**, 363[7] (351)
Stanley, D. R., **4**, 241[432] (214, 215, 215T, 216, 224T); **8**, 1105[78] (1089, 1098), 1106[101] (1098), 1106[103] (1099)
Stanley, G., **3**, 646[54] (645), 781[216] (776)
Stanley, G. G., **3**, 118f[14]; **4**, 610[329] (582), 840[50] (830); **6**, 796f[6], 839f[34], 876[186] (795)
Stanley, K., **3**, 976[374] (939); **3**, 1246[50] (1161); **4**, 374[43] (340, 342); **5**, 64f[15], 213f[3], 273[634] (214); **6**, 94[68] (86), 180[82] (145, 146T, 159T), 443[136] (402); **8**, 929[173] (810)
Stanner, F., **4**, 51f[60], 236[188] (184)
Stansfield, R. F. D., **3**, 86[419] (59), 169[83] (132), 1077[596] (1066), 1253[393] (1241), 1253[394] (1241), 1253[396] (1242); **4**, 156[497] (125), 602f[24], 885[69] (857), 885[70] (857); **6**, 142[173] (105T, 134T, 138), 759[1540] (694); **8**, 1011[227] (1006)
Stansky, N., **6**, 99[384] (50T)
Stanton, M., **4**, 815[358] (754)
Stapp, P. R., **3**, 267[210] (210), 267[214] (210)
Staricco, E. H., **3**, 1073[310] (1019, 1037), 1251[292a] (1220)
Staring, A. G. J., **3**, 414f[6]

Stark, F. O., **2**, 186[11] (4), 187[64] (14), 362[151] (336), 363[185] (352)
Stark, K., **4**, 325[399] (289), 508[250] (442), 508[251] (442); **8**, 1008[82] (964)
Stark, R. A., **2**, 512[376] (447)
Stark, T., **3**, 947[60] (821)
Starker, L., **7**, 726[118] (690)
Starks, C. M., **1**, 675[280] (612); **7**, 457[164] (396); **8**, 367[451] (351)
Starks, D. F., **3**, 266[140] (192, 193), 268[316] (230), 268[318] (230)
Staroscik, J., **7**, 728[182] (705, 707)
Starostina, T. I., **2**, 623[469] (582)
Starowieyski, K. B., **1**, 149[26] (122, 147), 152[214] (145), 152[227] (146), 248[410] (203, 205), 673[180] (592), 673[181] (592), 674[243] (603), 677[413] (626), 678[486] (632), 678[487] (632), 678[488] (632); **7**, 457[131] (392), 459[254] (409), 461[436] (434)
Startzev, A. N., **8**, 708[203] (701)
Stary, F. E., **2**, 396[101] (385); **3**, 102f[16], 102f[17], 102f[18]; **4**, 151[112] (27), 323[319] (279), 510[372] (471); **5**, 528[532] (364, 420); **6**, 14[101] (11), 1021f[163]
Stary, J., **2**, 1016[75] (986, 1006f), 1016[76] (986, 1006f), 1019[250] (1007)
Stary, R. E., **4**, 454f[23]
Starysh, M. P., **5**, 265[110] (24), 265[111] (24)
Starzewski, K. A. O., **3**, 1147[78] (1114); **6**, 33[14] (17), 1114[214] (1099)
Stasch, J. P., **8**, 367[442] (351)
Staško, A., **6**, 95[104] (45), 95[105] (45); **8**, 771[118] (769), 771[119] (769), 771[154] (769), 771[157] (769)
Statler, J. A., **3**, 858f[7]
Statton, G. L., **1**, 376[193] (338), 376[194] (338, 339), 377[287] (353); **6**, 444[200] (409), 444[220] (412, 418); **8**, 929[204] (814)
Staudacher, F., **6**, 839f[40], 875[125] (782)
Staudacher, L., **3**, 847f[3], 851f[47]; **4**, 50f[32], 152[201] (54)
Staude, E., **2**, 195[395c] (99, 102, 105); **7**, 655[520] (610)
Staudigl, B., **3**, 169[53] (121)
Stauffer, R. D., **6**, 98[331] (81), 943[158] (910, 912); **8**, 641[10] (628), 641[14] (628), 772[179] (741, 762T), 772[180] (741, 762T), 796[129] (792)
Staves, J., **1**, 540[129] (498), 540[132] (498); **4**, 611[394] (591); **6**, 226[141] (214T, 215), 945[242] (929, 928T), 945[246] (928T, 929), 945[247] (928T, 930), 945[248] (928T, 930, 937T), 945[251] (928T, 930), 945[283] (937T, 938, 939)
Stchastnev, P. V., **3**, 474[109] (467)
Steadman, T. R., **6**, 361[27] (352), 362[84] (360, 361), 441[19] (389); **8**, 382f[13], 388f[4], 454[25] (376, 381, 387)
Stear, A. N., **6**, 1019f[76]
Stearley, K. L., **2**, 395[6] (365, 384); **3**, 1249[190] (1198)
Stearns, R. J., **5**, 273[624] (211)
Stearns, R. S., **1**, 678[464] (631)
Stec, W. J., **2**, 191[247] (60); **7**, 658[675] (642)
Stecher, O., **2**, 195[395c] (99, 102, 105); **7**, 655[520] (610)
Stedman, D. H., **6**, 13[55] (8), 14[123] (8), 14[131] (8), 14[138] (8)
Stedronsky, E. R., **2**, 762[142] (746), 762[143] (746), 762[146] (747); **6**, 744[508] (541, 549, 551)
Steel, F., **7**, 105[281] (37)
Steel, J. R., **6**, 748[758] (586)
Steel, M. C. F., **8**, 17[16] (6, 7), 17[17] (6, 7)
Steele, B. R., **1**, 247[348] (197); **4**, 512[487] (496, 502); **6**, 345[175] (307), 740[253] (514, 581), 1094f[5], 1113[206] (1096); **8**, 1070[295] (1058)
Steele, D. F., **5**, 317f[10], 522[167] (300, 305), 522[168] (300, 305, 306, 314, 384)
Steele, D. R., **6**, 757[1385] (672)
Steele, R. B., **1**, 674[230] (601, 634, 650, 661), 674[231] (601, 650, 652, 661, 663); **7**, 457[144] (394), 459[299] (414)
Steele, W. C., **1**, 302[25] (257)
Steele, W. V., **1**, 721[86] (694); **2**, 674[47] (635), 683f[1]

Steen, N. D. C. T, **6**, 782f[1], 844f[246], 850f[44], 870f[97], 875[123] (781, 813, 819)
Steer, I. A., **1**, 262f[30], 689f[1], 720[41] (688); **2**, 696f[6], 706[111] (696)
Steevensz, R. C., **1**, 704f[4]
Stefani, A., **1**, 679[547] (641); **7**, 363[25] (356), 455[63] (382), 456[93] (387); **8**, 222[117] (146), 222[118] (147)
Stefanini, F. P., **4**, 813[208] (723, 724), 1059[109] (983); **5**, 556f[3], 558f[12], 559f[5], 560f[4], 570f[1], 624[205] (569), 626[354] (594); **8**, 292f[12], 362[108] (294)
Stefanovic, M., **7**, 456[128] (392)
Stefanovskaya, N. N., **1**, 247[349] (197); **3**, 924f[10]; **6**, 181[132] (161); **8**, 708[205] (701)
Steffen, W. L., **3**, 427[68] (353, 354); **4**, 819[632] (801)
Steffer, W. L., **6**, 241[20] (236)
Steffgen, F. W., **8**, 95[13] (22, 23, 24, 25, 26), 96[101] (41), 282[139] (272, 273), 361[70] (288)
Steffl, I., **5**, 270[432] (139, 159)
Stegemann, J., **3**, 86[439] (62); **4**, 612[483] (597)
Steggerda, J. J., **5**, 533[877] (428)
Steglich, W., **7**, 652[337] (581)
Stegmann, H. B., **1**, 753[86] (740), 753[87] (740), 753[88] (740), 754[105] (745)
Stegmeier, G., **2**, 530f[2]
Steichen, R., **2**, 189[129] (30)
Steiert, D., **6**, 1113[188] (1090)
Steiger, H., **6**, 868f[1], 980[37] (956, 959T)
Steiger, W., **5**, 344f[4], 526[417] (342, 343)
Steigerwald, H., **4**, 964[104] (947); **5**, 621[31] (548, 550, 551), 621[31] (548, 550, 551); **8**, 641[29] (632), 641[30] (632, 633), 642[58] (632), 642[81] (632)
Steiglitz, L., **3**, 267[239] (212)
Steiling, L., **2**, 192[306] (78); **7**, 651[292] (575), 653[378] (586)
Stein, A. A., **2**, 510[272] (436)
Stein, J., **4**, 247f[9], 312f[9], 327[569] (305, 318), 1060[204a] (1012); **8**, 95[11] (21, 25, 28, 34), 96[95] (41, 56, 58, 59), 361[69] (288)
Stein, P., **3**, 269[338] (233, 234)
Stein, R. L., **1**, 242[62] (160)
Stein, Y., **7**, 224[27] (200)
Steinbach, M., **2**, 872f[1]
Steinbach, R., **3**, 473[42] (443), 473[43] (443), 473[44] (443, 446)
Steinbank, R. E., **5**, 622[52] (550)
Steinbeck, K., **1**, 244[180] (175)
Steinberg, H., **1**, 373[5] (313, 314, 315, 316, 318, 322, 326, 329, 333, 334, 335, 337, 338, 341, 342), 373[6] (313), 378[343] (359); **7**, 263[10] (255), 263[11] (255)
Steinberger, B., **1**, 243[131] (170)
Steinborn, D., **1**, 244[189] (176); **3**, 398f[52], 474[120] (471), 933f[5]; **6**, 94[71] (91T), 95[157] (50T)
Steiner, B., **7**, 654[431] (596)
Steiner, E., **6**, 348[351] (323)
Steiner, E. C., **1**, 118[204] (86)
Steiner, L., **2**, 200[606] (146)
Steiner, R. P., **1**, 120[289] (106)
Steiner, W., **1**, 247[361] (198); **2**, 515[538] (470, 490), 516[596] (480), 517[666] (489, 490), 517[667] (489, 490), 517[669] (490); **6**, 1061f[14], 1111[60] (1054, 1065)
Steinfink, H., **2**, 201[665] (162)
Steingross, W., **2**, 676[130] (643)
Steinhardt, P. C., **4**, 928[24] (926); **6**, 806f[50], 869f[58], 874[43] (767, 772, 787, 815)
Steinhauser, K. G., **4**, 107f[100], 237[227] (189T)
Steinike, U., **6**, 12[4] (4)
Steinkopf, W., **2**, 878f[15]
Steinmetz, D., **8**, 367[432] (350)
Steinmetz, G. R., **4**, 907[56] (901); **6**, 806f[32], 844f[245], 869f[59], 875[118] (781, 797, 813)
Steinrücke, E., **3**, 632[256] (620), 1067[7] (956, 957), 1246[19] (1155); **4**, 401f[25]; **5**, 273[628] (211); **6**, 261[32] (245), 446[356] (438); **8**, 397f[12], 454[52] (379, 393, 396, 397, 405, 407)
Steinrücke, F., **6**, 761[1626] (716)
Steinseifer, F., **2**, 507[92] (409), 676[146] (646); **7**, 100[57] (7)
Steinwand, P. J., **8**, 99[280] (80, 81), 935[626] (898)

Steliou, K., **2**, 202[692] (168); **4**, 323[269] (273, 275, 278); **7**, 652[349] (583), 653[400] (592), 653[402] (593), 654[447] (599), 654[472] (602)
Steltner, A., **1**, 303[113] (268)
Stelzer, N. A., **4**, 505[66] (396), 505[67] (396)
Stelzer, O., **2**, 191[244] (58), 513[454] (459, 460, 463), 514[493] (466), 514[502] (467), 674[22] (632, 665), 679[322] (665); **3**, 630[134] (579), 630[135] (579), 833f[44], 833f[79], 838f[8], 838f[13], 847f[8], 948[124] (848), 948[125] (848), 949[212] (880), 949[213] (880), 1247[6] (1171); **4**, 325[400] (289); **6**, 36[185] (30), 36[185] (30), 36[205] (19T), 36[206] (21T, 22T, 24, 25), 839f[9], 839f[10]
Stemke, J. E., **7**, 107[410] (55)
Stempfle, W., **3**, 632[260] (620, 626); **6**, 33[11] (17, 17T), 97[250] (84), 180[55] (146T, 151)
Stendel, R., **2**, 397[123] (388)
Stener, A., **7**, 59f[3], 59f[3]
Stenhouse, I. A., **8**, 1095f[1], 1095f[2]
Stensland, B., **2**, 201[645] (158)
Stenson, J. P., **3**, 1248[128d] (1183); **4**, 606[77] (524f, 525)
Step, G., **7**, 109[537] (78)
Stepaniak, R. F., **6**, 739[204] (504), 739[224] (508T), 739[225] (508T), 739[226] (508T)
Stepanov, V. V., **2**, 301[300] (272)
Stepanova, L. P., **8**, 457[238] (408), 705[77] (672, 674T)
Stepanyants, A. U., **1**, 379[391] (363), 380[471] (370)
Stephan, W., **1**, 115[24] (46); **7**, 109[534] (78), 109[535] (78)
Stephany, R. W., **8**, 796[98] (794)
Stephen, K., **4**, 256f[1]
Stephens, F. A., **4**, 812[197] (720)
Stephens, F. S., **3**, 1067[31] (965); **4**, 327[597] (308), 524f[7], 539f[30], 606[86] (528); **5**, 272[560] (187, 226), 272[562] (187), 274[666] (226); **6**, 224[31] (200, 201T), 224[57] (200, 201T), 224[58] (200, 201T), 806f[35], 806f[36], 806f[37], 806f[38], 806f[39], 806f[57], 806f[58], 806f[59], 844f[232], 844f[234], 844f[237], 844f[239], 844f[240], 845f[267], 845f[268], 845f[269], 1019f[69], 1040[85] (1001)
Stephens, J., **2**, 1017[168] (998)
Stephens, R., **1**, 243[169] (175), 243[169] (175), 244[172] (175)
Stephens, R. D., **7**, 726[126] (691, 692)
Stephens, R. S., **2**, 1019[244] (1005)
Stephenson, A., **7**, 67f, 108[489] (70)
Stephenson, G. R., **4**, 507[183] (429, 443), 508[256] (443), 509[307] (451), 512[489] (496), 512[489] (496), 512[498b] (498); **8**, 1009[105] (970, 1004), 1010[176] (988), 1010[178] (988), 1010[209] (1004)
Stephenson, I. L., **2**, 397[112] (387)
Stephenson, L. M., **4**, 319[42] (246); **8**, 457[224] (404), 705[94] (672, 674T, 676)
Stephenson, T. A., **3**, 1084f[1]; **4**, 689[65] (669), 690[112] (678), 694f[2], 695f[4], 695f[9], 695f[13], 810[14] (693, 695, 704), 810[25] (696, 698, 705, 748), 810[47] (698, 699, 701), 810[48] (698, 701, 710), 810[49] (698), 811[76] (701), 811[78] (701), 812[151] (714), 812[152] (714), 814[310] (748), 814[311] (748), 814[312] (748), 814[313] (748), 814[329] (750), 815[361] (755, 801), 819[624] (798), 819[625] (799), 819[626] (799), 819[627] (799), 819[628] (799), 819[629] (799), 887[190] (881), 920[5] (910), 920[8] (910), 1060[186] (1003), 1061[244] (1022); **5**, 276[789] (257), 317f[10], 373f[16], 522[167] (300, 305), 522[168] (300, 305, 306, 314, 384), 528[563] (369), 528[564] (369), 604f[10], 627[440] (603, 604); **6**, 241[36] (239, 240), 278[56] (266T, 276), 384[95] (374), 757[1367] (669), 1080f[9]; **8**, 927[41] (801), 1064[10] (1016)
Stepnova, N. D., **8**, 97[157] (51)
Stepovik, L. P., **1**, 672[108] (577), 680[645] (652), 681[658] (653); **7**, 457[135] (393), 457[136] (393), 458[196] (400), 458[244] (407)
Steppel, R. N., **7**, 245f[3]
Sterlin, R. N., **2**, 972[173] (896)
Sterlin, S. R., **2**, 515[548] (472)
Sterling, G. P., **4**, 610[356] (586)
Sterling, J. J., **7**, 649[166] (552), 728[219] (713), 728[231] (715)
Stermitz, F. R., **8**, 771[163] (739, 757T)

Stern, D. R., **1**, 260f[15], 260f[15]; **7**, 159[137] (154), 197[191] (187)
Stern, E. W., **6**, 263[172] (257), 362[58] (358); **8**, 223[163] (188), 312f[38], 331f[30], 339f[35], 927[28] (800, 844)
Stern, R., **3**, 376f[9]; **8**, 223[181] (211), 365[336] (338)
Stern, S. A., **2**, 363[190] (359)
Sternberg, H. W., **4**, 241[437] (214), 320[65] (249); **5**, 5f[5], 158f[7], 194f[1], 203f[2], 264[41] (10), 271[468] (157); **6**, 875[100] (777); **8**, 222[102] (128, 129T)
Sterner, C. D., **2**, 679[360] (668); **6**, 1061f[3]
Sternhell, S., **2**, 677[251] (657), 678[265] (658); **7**, 513[183] (500, 503), 513[218] (506)
Stetter, H., **1**, 244[180] (175); **7**, 106[360] (48)
Stetter, K. H., **6**, 149[90] (9)
Steuck, M. J., **3**, 945f[9]
Steudel, O. W., **1**, 309[544] (298), 609f[1], 674[258] (607, 608, 609, 610, 625, 629, 638); **2**, 675[62] (637); **7**, 454[4] (367, 369, 372, 373, 379)
Steudel, W., **2**, 301[311] (273)
Stevens, A. E., **4**, 97f[29], 376[150] (369, 370); **5**, 274[661] (222); **6**, 226[184] (210); **8**, 550[68a] (516, 529)
Stevens, Jr., J. F., **1**, 263f[15]
Stevens, J. G., **2**, 696f[5]
Stevens, J. R., **4**, 1059[146] (992)
Stevens, L. G., **1**, 696f[7], 697f[1], 720[29] (687, 690), 721[92] (697)
Stevens, R., **1**, 263f[14], 302[12] (256, 263)
Stevens, R. E., **3**, 694[8] (648, 649, 651, 652, 653); **6**, 1111[76] (1060)
Stevens, R. R., **6**, 442[88] (398), 444[215] (410); **7**, 300[88] (280), 462[470] (440)
Stevens, S. C. V., **3**, 473[31] (439); **5**, 270[444] (144, 147)
Stevenson, D. L., **3**, 1249[180] (1193); **5**, 267[219] (46); **6**, 870f[77]
Stevenson, G. R., **1**, 120[309] (111)
Stevenson, J., **1**, 42[173] (36)
Stevenson, P. E., **1**, 118[218] (89)
Stevenson, R., **7**, 727[129] (691)
Steward, O. W., **2**, 186[15c] (4, 126), 186[15c] (4, 126), 194[370] (95), 194[371] (95), 508[128] (411)
Stewart, A., **8**, 549[9c] (500, 512, 515, 516, 519, 525, 536, 538), 550[86] (520), 550[86] (520)
Stewart, A. C., **6**, 943[125] (908T)
Stewart, C. A., **2**, 625[582a] (598)
Stewart, C. D., **3**, 87[508] (73), 545[28] (491), 545[28] (491), 1382[146] (1350); **8**, 453[6] (374), 549[25] (503)
Stewart, C. P., **3**, 702[493] (685), 736f[6], 736f[13], 767f[16], 768f[1], 772f[4], 781[200] (773)
Stewart, H. F., **2**, 362[125] (327)
Stewart, J. A. G., **2**, 189[138] (32); **7**, 659[712] (645)
Stewart, J. E., **1**, 262f[11]
Stewart, J. J. P., **3**, 87[501] (73)
Stewart, J. M., **3**, 833f[33], 842f[4], 842f[5], 858f[7]; **6**, 759[1548] (698T), 873[22] (764)
Stewart, M. J., **4**, 375[120] (362)
Stewart, O. J., **1**, 60f[18]; **7**, 726[119] (690)
Stewart, R. C., **5**, 269[347] (103), 270[403] (131)
Stewart, Jr., R. P., **3**, 947[37] (814), 1249[162] (1190), 1249[175] (1192), 1269f[2], 1269f[5], 1381[107] (1342); **4**, 73f[5], 74f[28], 86f[1], 154[298] (74), 154[345] (86), 239[361] (206, 207T), 247f[11], 374[44] (340), 375[117] (360, 361), 607[185] (550, 553f), 608[194] (555), 610[317] (581), 649[106] (645); **8**, 99[321] (91)
Stewart, R. S., **5**, 270[404] (131)
Stewart, T., **2**, 363[188] (355)
Steyrer, W., **3**, 1071[238] (1008, 1027, 1048)
Stezowski, J. J., **1**, 723[241] (716); **3**, 629[38] (564, 565, 566), 1337f[7]; **6**, 1018f[30], 1040[79] (999), 1041[129] (1012)
Štibr, B., **1**, 453[74] (426, 428, 435), 453[75] (426), 454[101] (429, 435), 454[102] (429), 454[111] (430, 440), 455[152] (435), 455[152] (435), 456[224] (446, 447), 538[67] (478, 510), 538[77c] (481, 483, 505, 521), 539[97] (489, 507, 536), 540[159b] (510, 513, 533), 540[161] (510), 540[166] (512), 542[252] (535), 553[32] (549, 550), 740[176a] (517); **6**, 226[168] (214T, 220)
Stickney, P. B., **3**, 267[213] (210)

Stiddard, M. H. B., **3**, 168[41] (110), 695[56] (652, 655, 656), 798f[5b], 798f[17], 798f[18], 810f[7], 810f[10], 863f[1], 863f[3], 863f[21], 863f[22], 863f[52], 874f[8], 948[104] (843), 948[115] (846), 949[196] (875), 949[202] (875), 965f[6], 1084f[8], 1089f[6b], 1089f[10], 1119f[16], 1147[82] (1116), 1156f[3], 1179f[2], 1187f[17], 1247[102a] (1179, 1183), 1248[145] (1186), 1251[272] (1216), 1251[273] (1216), 1261f[10], 1266f[3], 1327f[2], 1337f[18], 1360f[6], 1379[22] (1326, 1369), 1383[188] (1363), 1383[189] (1363); **4**, 12f[23], 12f[24], 12f[25], 12f[26], 13f[6], 13f[7], 34[55], 34f[69], 49f[1], 51f[48], 51f[51], 150[62] (18), 151[134] (36), 152[165] (42), 173f[8], 180f[7], 234[74] (168, 169), 236[170] (181), 324[371] (287); **5**, 546f[4]; **6**, 839f[20], 840f[62], 843f[196], 843f[197], 843f[198], 843f[203], 850f[48], 874[53] (769), 875[108] (777), 1020f[101], 1028f[21], 1028f[25]; **8**, 292f[1]
Stiefel, E. I., **8**, 1068[201] (1044), 1104[4] (1074)
Stieger, H., **5**, 621[14] (544)
Stierand, H., **4**, 106f[21]; **6**, 1021f[140]
Stierle, D., **4**, 510[377] (474)
Stigliani, G., **3**, 547[130] (542)
Stilke, R., **2**, 190[190] (42)
Still, H., **3**, 1147[94] (1128)
Still, W. C., **1**, 62f[4], 116[100] (62, 74); **7**, 98f[7], 98f[9], 103[193] (27), 103[210] (28), 106[383] (51), 649[197] (558), 652[329] (580), 652[330] (580), 655[517] (609, 611)
Stille, J. K., **2**, 978[542] (968); **3**, 87[459] (67), 88[520] (76); **4**, 944f[9]; **5**, 404f[14], 529[614] (380), 529[616] (380, 506), 529[617] (380), 529[620] (380), 529[630] (379); **6**, 346[260] (338), 346[262] (315, 316), 346[263] (315, 316, 337), 346[269] (315), 384[101] (376), 741[335] (519), 756[1329] (664), 756[1330] (664), 756[1343] (666), 756[1344] (666); **8**, 99[285] (81), 223[177] (203), 223[178] (208, 209), 368[519] (359), 497[84] (484), 585f[1], 607[121] (564, 565, 595T), 608[183] (581, 584, 595T), 608[184] (581, 584, 595T), 608[185] (581, 584, 595T), 608[190] (584, 595T), 608[191] (584, 595T), 608[191] (584, 595T), 611[346] (597T), 794[11] (786), 930[240] (826), 934[527] (881), 934[535] (883), 934[561] (889), 935[627] (898), 935[629] (898), 935[630] (898), 936[651] (901), 936[652] (901), 936[654] (901), 936[655] (901), 936[656] (901), 936[657] (901), 936[661] (902), 936[682] (905, 906), 936[683] (905), 936[684] (905), 936[685] (905), 936[688] (906), 936[711] (910), 936[712] (910), 937[777] (922), 937[778] (922)
Stimson, R. E., **3**, 82[175] (27); **4**, 74[29], 74f[31], 154[309] (75), 242[518] (228), 605[29] (518); **8**, 220[16] (107), 366[364] (342)
Stirling, C. J., **7**, 109[532] (77)
Stirnweiss, V., **3**, 696[145] (660)
Stiubianu, G., **4**, 611[419] (592)
Stiverson, R. K., **6**, 180[32] (156, 159T, 163, 165T)
Stobart, S. R., **1**, 41[107] (22), 119[224] (91); **2**, 191[232] (54), 191[233] (54), 191[236] (55), 194[374] (95), 194[375] (95), 194[376] (95), 510[252] (433), 511[318] (440), 515[535] (470), 516[592] (480, 481), 516[604] (481), 617[27] (524), 617[67] (531), 618[116] (539), 618[146] (542), 680[389] (671), 861[135] (853), 925f[3], 974[307] (925); **3**, 125f[22], 125f[32], 168[2] (90), 169[54] (121), 169[69] (128, 130), 888f[4]; **4**, 156[505] (126), 238[301] (204), 238[305] (204), 239[351] (206, 207T), 309f[4], 328[612] (309, 313), 328[619] (310, 311), 689[53] (668); **6**, 745[614] (660), 1018f[38], 1040[56] (996), 1066f[2], 1069f[1], 1074f[1], 1080f[1], 1085f[1], 1086f[4], 1093f[1], 1110[9] (1044, 1048, 1050, 1052, 1055, 1068, 1075, 1082, 1083, 1100), 1110[17] (1045), 1110[34] (1048), 1111[64] (1055), 1111[94] (1066, 1067, 1068), 1111[95] (1067, 1068), 1111[103] (1069, 1086), 1112[161] (1084, 1086, 1087)
Stobbe, S., **6**, 97[241] (54T, 71, 79, 84), 97[244] (82, 85T), 142[213] (104T, 107, 123T, 128), 143[238] (104T, 107), 181[108] (163, 165T, 166T, 170), 181[138] (152, 153T, 154, 156, 166, 167), 182[139] (163, 164, 165T, 166T, 167, 168, 169, 172, 173T); **8**, 283[197] (278), 670[104] (656), 707[160] (679)
Stöber, I., **1**, 60f[17]
Stocco, F., **2**, 787f[3], 819[109] (788)
Stocco, G. C., **2**, 617[37] (526, 565), 677[204] (653), 677[207] (653), 677[234] (656), 706[128] (698), 787f[3], 787f[4],

796f[11], 819[108] (788, 793), 819[109] (788), 820[130] (790), 820[139] (793), 820[141] (793, 794), 820[144] (794, 795), 820[146] (794), 940f[1], 944f[10], 976[377] (940); **6**, 748[752] (585)
Stock, A., **1**, 373[2] (312), 537[1e] (460, 463); **2**, 186[26] (5, 109)
Stock, L. M., **2**, 624[536] (591); **7**, 513[180] (500)
Stockdale, J. A. D., **6**, 13[50] (6, 11)
Stockis, A., **3**, 87[511] (74, 75), 87[512] (74, 75); **5**, 539[1308] (412, 459, 502); **8**, 454[7] (374)
Stockmayer, W. H., **2**, 361[110] (324)
Stocks, J., **5**, 554f[11]
Stockton, A., **7**, 652[349] (583), 654[472] (602)
Stockton, R. A., **2**, 1019[290] (1012f)
Stockwell, J. A., **3**, 359f[4], 398f[45], 427[21] (336, 360, 405), 473[33] (440), 947[49] (818)
Stoeckli-Evans, H., **3**, 270[395] (251), 326[21] (287), 414f[5], 430[226] (383, 395, 413), 474[62] (448, 449), 474[65] (450); **4**, 511[432] (485, 488, 490T), 511[434] (485, 488, 490T, 491)
Stoeger, W., **2**, 514[526] (469), 515[531] (470)
Stoeppler, M., **2**, 1015[44] (983, 998, 1001, 1002), 1015[45] (983, 998, 1001, 1002)
Stoffers, O., **7**, 457[151] (395)
Stofko, Jr., J. J., **5**, 538[1203] (487, 509), 538[1204] (487, 509)
Støgard, A., **3**, 86[384] (52), 87[479] (69); **6**, 99[360] (45), 141[139] (102)
Stohler, F., **3**, 703[524] (688, 689), 948[131] (853), 1070[174b] (990), 1070[190c] (993, 995); **8**, 1067[173] (1041)
Stohmeier, W., **8**, 642[81] (632)
Stohr, G., **1**, 376[209] (342)
Stohrer, W. D., **1**, 41[145] (32, 33T, 34), 376[201] (340)
Stoicheff, B. P., **2**, 904f[2]
Stokes, J., **6**, 241[30] (238)
Stokes, J. C., **4**, 149[14] (6)
Stokis, A., **3**, 112f[9]
Stoklosa, H., **4**, 150[77] (22)
Stoklosa, H. J., **3**, 701[455] (683)
Stolberg, U. G., **6**, 752[1064] (633, 672, 712), 757[1398] (672, 673, 674), 757[1417] (673); **8**, 361[47] (287)
Stoll, A. P., **8**, 472f[5]
Stoll, G., **3**, 924f[3]
Stoll, M., **2**, 507[86] (408)
Stolle, W. T., **7**, 14f[7], 14f[7]
Stollenwerk, A. H., **3**, 267[254] (214), 268[280] (219)
Stollmaier, F., **3**, 646[53] (645)
Stolz, I. W., **3**, 797f[4], 819f[14], 946[21] (803, 912, 914), 947[79] (831, 843), 1085f[4], 1086f[7], 1106f[4], 1110f[6], 1262f[4], 1263f[7], 1275f[4], 1379[7] (1323), 1382[170] (1361)
Stolze, G., **3**, 922f[3], 922f[6], 922f[10], 922f[12], 924f[1], 933f[3], 1068[74] (976)
Stolzenberg, H., **4**, 612[452] (595)
Stolzenburg, J. E., **2**, 1017[133] (997)
Stölzle, G., **1**, 251[591] (232, 233)
Stomberg, R., **3**, 944f[13], 944f[14], 945f[10]
Stone, A. L., **4**, 608[198] (555, 559f, 560, 561)
Stone, F. G. A., **1**, 115[16] (44, 68T), 243[163a] (174, 175), 256f[6], 256f[7], 260f[2], 260f[17] (273f[34], 273f[38], 285f[32], 285f[33], 300f[8], 302[25] (257), 302[31] (259, 271, 273, 279, 283), 303[103] (268), 304[133] (269, 279), 304[134] (269, 299), 304[135] (269), 304[188] (270, 292), 304[197] (271), 305[247] (279), 306[276] (282), 308[422] (292), 308[424] (292), 308[425] (292), 310[583] (300), 310[585] (301), 537[13a] (462, 474, 486, 517, 518), 537[13b] (462, 474, 517, 534, 535), 538[47a] (473, 517, 520), 538[56] (474, 475, 501, 533T), 538[59] (474, 500, 501, 509, 533, 534), 539[79b] (481, 493, 533), 540[137] (500, 501, 509), 542[253] (535), 552[17] (545), 671[34] (559), 671[58] (564, 571, 574, 575, 651), 682[727] (581), 682[728] (581), 682[735] (581), 738[47d] (473, 520, 524, 535), 739[79a] (481, 493, 497, 533), 754[134] (749, 751); **2**, 189[152] (35), 191[224] (52, 53), 197[479] (117), 509[209] (424), 675[115] (643), 768f[16], 818[21] (767, 771, 772, 805, 806, 809, 810), 820[188] (808), 859[14] (828), 975[315] (926); **3**, 82[151] (21, 23), 82[152] (21, 23), 82[153] (21, 23), 82[154] (21, 23), 82[155] (21, 23), 84[310] (43), 86[409] (58), 86[416] (59), 108f[25], 165f[5], 169[72] (131), 169[73] (131, 137), 170[118] (148), 170[174] (165), 170[178] (167), 171[179] (167), 270[420] (261), 376f[11], 388f[12], 398f[38], 407f[6], 407f[8], 407f[11], 411f[7], 411f[12], 429[171] (373), 431[295] (408), 431[300] (409), 431[304] (409), 631[190] (589), 633[297] (610), 697[187] (663), 698[280] (670), 833f[52], 838f[7], 840f[10], 1005f[2], 1067[25] (963), 1071[251b] (1010, 1014), 1072[283] (1015, 1016), 1077[596] (1066), 1179f[8], 1187f[8], 1211f[11], 1246[54] (1162, 1243), 1247[86b] (1174, 1243), 1247[86d] (1174, 1243), 1247[86f] (1174, 1242, 1243), 1247[92] (1176), 1247[105c] (1180, 1183, 1185), 1248[129] (1185), 1249[160] (1190), 1251[302a] (1221, 1234), 1251[302b] (1221, 1234), 1252[305] (1221, 1223, 1234), 1252[314b] (1224, 1234), 1252[340] (1229), 1252[370] (1234), 1253[384] (1237), 1253[393] (1241), 1253[394] (1241), 1253[395] (1242), 1360f[7], 1380[32] (1328, 1377), 1382[174] (1362, 1366), 1384[252] (1377), 1384[253a] (1377), 1384[253b] (1377); **4**, 23f[3], 33f[32], 33f[33], 33f[34], 33f[45], 34f[48], 50f[20], 50f[21], 50f[22], 51f[67], 64f[4], 65f[11], 65f[36], 73f[4], 83f[1], 83f[5], 83f[6], 83f[7], 83f[8], 83f[9], 83f[10], 83f[12], 97f[1], 97f[2], 97f[3], 97f[4], 97f[5], 97f[6], 97f[11], 97f[12], 97f[14], 106f[1], 106f[15], 150[80] (24, 62), 151[155] (40, 90), 152[156] (40), 152[157] (41), 152[158] (41, 66), 152[161] (41, 93), 152[209] (55), 153[259] (68, 75, 76, 94), 153[260] (68, 140), 153[261] (68), 153[288] (72, 78), 153[289] (72), 153[291] (72, 94, 115), 154[305] (75, 76, 94), 154[310] (75), 154[327] (79), 155[367] (91), 155[369] (91), 155[428] (117), 156[451] (121), 233[1] (162), 234[41] (164, 212T, 216), 235[115] (174), 236[190] (186T), 240[399] (211, 212T), 240[403] (211, 212T), 240[404] (211, 212T, 213), 240[405] (211, 212T, 213), 240[406] (211, 212T, 213), 240[407] (211, 212T, 213), 240[408] (211, 212T, 213), 240[409] (211, 212T, 213), 240[410] (211, 212T, 213), 240[411] (211, 212T, 213), 240[416] (211, 212T, 213, 218, 219T), 240[418] (211, 212T, 213), 241[461] (218, 218T), 241[462] (218, 218T, 219), 241[463] (218, 218T), 241[465] (219, 219T, 220), 241[466] (219, 219T, 220), 241[467] (219, 219T, 220), 241[470] (219, 219T, 220), 242[507] (223, 224T, 227), 242[508] (223, 224T, 227), 242[509] (223, 224T, 227), 242[510] (223, 224T, 229), 242[523] (231, 232T), 242[529] (229, 231, 232T), 309f[3], 309f[5], 309f[6], 320[101] (252, 254), 320[102] (252), 321[156] (260, 314), 322[203] (267), 324[378] (287), 325[466] (296), 327[598] (308), 327[601] (308), 327[602] (308), 328[629] (310), 373[13] (333), 373[16] (334), 373[17] (334), 374[20] (334), 374[22] (335), 374[48] (341, 361), 374[64] (345), 375[139] (366), 375[139] (366), 380f[18], 435f[9], 435f[25], 505[82] (401), 507[201] (432, 457), 507[222] (438, 464), 606[100] (531), 607[143] (542), 608[213] (560), 608[223] (563), 609[252] (570f, 571, 574, 577), 610[319] (581), 610[324] (582), 610[332] (583, 584), 610[352] (586), 610[354] (586), 611[406] (592), 612[472] (597), 657f[11], 658f[22], 658f[26], 658f[27], 658f[37], 658f[38], 659[5] (658), 664f[3], 675f[6], 689[48] (667, 668), 689[84] (672, 673, 675), 690[103] (676), 690[104] (676), 690[119] (681), 690[120] (681, 682), 690[121] (682), 810[4] (693, 704, 708), 810[9] (693, 696), 810[32] (696), 811[87] (702), 811[112] (707), 813[211] (723), 813[251] (733), 813[259] (737), 814[269] (740, 780), 814[271] (740), 815[344] (752, 756), 815[346] (752, 756, 793), 815[347] (753), 815[348] (753, 754), 815[354] (754), 815[355] (754), 815[385] (759), 817[475] (771), 817[515] (776, 777, 779), 817[516] (776), 817[522] (777, 793, 794, 795), 818[547] (779), 818[548] (780), 818[549] (780, 785), 818[550] (780, 787, 788), 818[553] (780, 783, 784, 785, 791, 792), 818[566] (783), 818[574] (785, 787, 788), 818[577] (785), 818[578] (785), 818[580] (786), 818[582] (787), 819[602] (794), 839[7] (823), 840[38] (828), 840[40] (828), 840[43] (829, 831), 840[44] (829, 830, 831, 832), 840[46] (829), 840[49] (830), 840[55] (830, 831), 840[58] (831), 840[60] (831), 840[61] (831), 840[72] (834), 840[73] (834), 841[86b] (836), 873f[2], 873f[3], 873f[11], 873f[16], 884[1] (844), 884[27] (849, 850), 884[32] (850), 885[33] (850), 885[35] (851), 885[39] (851), 885[46] (851, 856), 885[47] (851, 852), 885[54] (852), 885[55] (853), 885[56] (853), 885[64] (854), 885[66] (855), 885[67] (855, 856), 885[68] (856), 885[69] (857), 885[74]

(859, 862, 863), 886^{104} (865), 886^{115} (867), 886^{118} (868), 886^{119} (868), 886^{125} (868, 869), 886^{128} (869), 886^{130} (869), 886^{152} (874, 875), 887^{161} (875, 877), 887^{165} (876), 887^{168} (877), 894f^3, 907^{42} (898), 907^{43} (898), 907^{52} (900), 920^{11} (910, 912, 913, 914), 920^{13} (911, 913), 920^{18} (911, 912, 913, 914), 920^{22} (912), 920^{23} (912), 920^{25} (912, 913), 920^{26} (912, 914), 920^{33} (915), 920^{34} (915), 920^{35} (916), 920^{37} (917), 920^{38} (917), 920^{39} (917), 920^{40} (917, 918), 920^{41} (918), 920^{42} (918), 920^{43} (918), 920^{44} (919), 928^4 (924), 928^6 (924, 926, 927, 928), 928^8 (924, 926), 929^{32} (927), 1057^9 (969), 1059^{104} (981, 982), 1059^{154} (993), 1060^{199} (1008), 1060^{215} (1017), 1060^{219} (1017, 1018), 1061^{237} (1020), 1061^{250} (1023), 1061^{252} (1023), 1062^{335} (1042); **5,** 64f^7, 64f^{10}, 76f^5, 137f^{21}, 137f^{26}, 158f^9, 213f^{14}, 229f^{11}, 264^{14} (3), 264^{15} (3), 267^{243} (62, 65), 267^{245} (62, 65, 66, 67, 139, 147, 180, 214, 232), 271^{479} (159, 160), 271^{503} (167), 274^{654} (218, 222, 230), 274^{657} (221), 275^{746} (250), 276^{792} (257), 288f^{10}, 305f^2, 418f^7, 521^{77} (287, 303T, 421), 524^{314} (318), 524^{315} (318), 529^{640} (383, 401, 411, 427), 530^{694} (395), 530^{697} (396), 530^{699} (396), 530^{703} (395), 530^{704} (395), 532^{804} (415), 532^{848} (420, 421), 533^{861} (385, 436), 537^{1170} (361, 416), 539^{1309} (448), 546f^{10}, 621^{25} (547), 623^{129} (562, 578), 623^{183} (566), 624^{231} (575, 576), 624^{244} (577), 624^{245} (577), 625^{312} (589, 594), 626^{319} (589); **6,** 93^{29} (60T, 61T, 67), 93^{37} (92, 92T), 94^{40} (54T, 60T, 73), 96^{166} (60T, 61T, 65, 67), 96^{180} (44), 96^{212} (87), 98^{322} (59T, 60T, 66), 139^9 (120, 122T), 139^{21} (123T, 125), 140^{53} (120, 122T, 133T, 134), 140^{70} (105T), 140^{74} (105T), 142^{171} (133, 134, 134T, 138), 142^{173} (105T, 134T, 138), 142^{188} (133T, 134, 138), 142^{202} (134T, 138), 143^{214} (120, 122T), 143^{215} (105T, 120, 122T), 181^{119} (147), 224^{48} (214T, 219), 224^{59} (215T, 219, 220), 225^{80} (214T, 219, 220), 227^{196} (214T, 219, 220), 227^{206} (205), 230^6 (229), 230^6 (229), 261^{41} (246), 261^{42} (251), 262^{101} (251, 253, 254), 262^{109} (251, 253), 262^{118} (253, 254), 262^{124} (254), 262^{128} (254), 263^{150} (256), 263^{151} (256), 263^{152} (256), 343^{22} (281), 343^{61} (287, 313), 343^{62} (287, 313), 343^{63} (287, 313), 343^{64} (287, 313), 344^{97} (295), 344^{103} (297), 345^{153} (304), 345^{159} (306), 345^{160} (306), 346^{215} (312T, 312), 346^{230} (311, 312T, 312), 346^{237} (311, 313), 346^{243} (313), 347^{318} (321), 347^{320} (321), 348^{375} (326), 349^{433} (336), 382^3 (364, 370), 383^{80} (373, 375), 384^{135} (382), 469^{62} (466), 736^{39} (481, 482), 737^{47} (482), 737^{49} (483), 737^{50} (483), 737^{51} (483), 737^{52} (484), 738^{127} (495, 496), 738^{128} (495, 496), 739^{216} (507), 739^{217} (507), 740^{263} (515T, 572), 741^{315} (518, 519), 741^{331} (519, 522), 741^{354} (522, 537T), 741^{355} (522), 742^{357} (522), 742^{358} (522), 742^{359} (523), 742^{360} (523), 742^{361} (523), 743^{448} (533T), 743^{470} (535T, 680, 681, 717), 744^{481} (537T), 744^{499} (540), 744^{532} (545), 745^{613} (560), 746^{674} (572, 573), 750^{937} (615), 750^{940} (615, 617, 618, 619, 626, 629), 751^{980} (620, 621), 751^{981} (620, 621), 751^{992} (620, 625T, 626), 751^{1001} (621, 694, 701), 751^{1004} (621, 626), 751^{1005} (621, 629, 630, 631), 751^{1006} (621, 625T), 751^{1007} (622, 687), 751^{1015} (623), 752^{1045} (629), 752^{1049} (630), 752^{1051} (630), 752^{1053} (630), 758^{1434} (675, 677), 758^{1435} (675, 677, 712), 758^{1444} (677), 758^{1476} (682), 759^{1503} (686), 759^{1504} (686, 687, 690), 759^{1506} (687, 690), 759^{1515} (689), 759^{1518} (690), 759^{1519} (690), 759^{1520} (690), 759^{1531} (693), 759^{1538} (694, 695), 759^{1539} (694), 759^{1540} (694), 759^{1543} (695, 696, 699T), 759^{1544} (695), 760^{1610} (712), 761^{1625} (716, 726, 727), 761^{1639} (719, 723T), 779f^3, 805f^{16}, 806f^{53}, 806f^{54}, 806f^{55}, 840f^{57}, 840f^{58}, 840f^{59}, 840f^{60}, 841f^{93}, 841f^{120}, 841f^{121}, 842f^{161}, 843f^{177}, 843f^{178}, 843f^{179}, 843f^{193}, 843f^{194}, 843f^{201}, 843f^{208}, 843f^{209}, 844f^{262}, 850f^{16}, 851f^{56}, 851f^{57}, 851f^{59}, 868f^{14}, 868f^{15}, 868f^{29}, 868f^{30}, 868f^{31}, 869f^{51}, 869f^{56}, 871f^{112}, 871f^{114}, 871f^{115}, 871f^{121}, 871f^{136}, 871f^{138a}, 871f^{138b}, 871f^{139}, 871f^{145}, 872f^{155}, 873^4 (763), 874^{81} (774), 874^{87} (775, 783, 784), 874^{88} (775, 777), 874^{88} (775, 777), 874^{89} (775, 777), 875^{103} (777), 875^{128} (783), 875^{131} (783, 784), 875^{132} (784, 787), 875^{133} (784), 875^{134} (784), 875^{153} (788, 794), 943^{126} (908T), 1018f^3, 1020f^{83}, 1020f^{84}, 1094f^7, 1094f^8, 1105f^5, 1105f^5, 1110^{5a} (1044), 1110^{25} (1046, 1056, 1076), 1111^{47} (1052), 1112^{130} (1074), 1112^{130} (1074), 1113^{209} (1098), 1113^{210} (1098), 1114^{211} (1099), 1114^{211} (1099); **7,** 148f^5, 158^{10} (143), 194^{26} (162), 194^{27} (162), 462^{492} (443, 444), 463^{530} (450), 510^{1e} (465, 487, 500); **8,** 435f^9, 444f^3, 455^{110} (390), 456^{141} (395), 458^{247} (410), 458^{248} (410), 460^{411} (434, 444, 447), 670^{97} (653), 927^{59} (801), 931^{356} (849), 1008^{95} (968), 1009^{126} (975), 1010^{214} (1005), 1010^{224} (1006), 1064^{31} (1018), 1067^{158} (1040), 1067^{178} (1041, 1050, 1061), 1068^{211} (1046)

Stone, J. A., **3,** 267^{229} (211, 212, 214, 218), 268^{279} (219, 223), 269^{325} (232, 233), 269^{352} (237), 269^{384} (248)
Stone, J. G., **3,** 326^{33} (290); **8,** 95^{35} (28), 367^{437} (350)
Stone, K. E., **3,** 326^{18} (285)
Stone, M. L., **4,** 816^{411} (761)
Stone, T. E., **7,** 87f^9
Stoppa, G., **3,** 547^{126} (541)
Stoppioni, P., **4,** 612^{444} (594); **5,** 68f^{13}, 76f^7, 268^{294} (79); **6,** 35^{152} (31), 35^{153} (31), 93^4 (62T, 64), 95^{122} (62T, 73), 95^{151} (62T, 70), 95^{153} (62T, 73, 79), 97^{269} (62T, 64, 78), 97^{269} (62T, 64, 78); **8,** 795^{62} (791)
Storace, A. P., **4,** 812^{139} (711, 712)
Storch, H. H., **8,** 95^{10} (21, 26), 96^{82} (41, 44, 45, 46, 47, 48, 49, 50, 51, 52, 56, 66), 96^{128} (47)
Storch, W., **1,** 273f^{22}, 305^{204} (273, 283), 374^{78} (315), 374^{79} (315), 374^{80} (315), 380^{458} (369), 380^{459} (369); **2,** 625^{616} (601, 602)
Storeck, A., **8,** 644^{204} (618, 623T)
Storfer, S. J., **1,** 247^{368} (199)
Storhoff, B., **4,** 152^{205} (55), 235^{129} (176), 235^{129} (176)
Storhoff, B. N., **1,** 541^{213c} (525, 526, 534), 553^{37} (548), 553^{52} (549); **3,** 899f^1, 947^{45} (817); **4,** 235^{119} (174, 181); **5,** 362f^3
Stori, I. T., **8,** 769^{46} (725T, 732)
Stork, G., **2,** 198^{536} (128), 201^{652} (159, 161); **7,** 97f^{24}, 101^{81} (12), 646^8 (517), 646^9 (517), 647^{84} (533), 647^{84} (533), 649^{160} (551), 649^{160} (551), 649^{189b} (556), 649^{189c} (556), 649^{190} (556), 653^{415} (595), 653^{415} (595), 656^{546} (617), 728^{213} (711)
Storlie, J. C., **6,** 740^{275} (515, 530, 554, 682), 753^{1127} (638)
Storr, A., **1,** 678^{476} (632), 700f^8, 700f^9, 700f^{10}, 700f^{11}, 700f^{12}, 700f^{15}, 722^{164} (708), 722^{165} (708), 723^{224} (715), 723^{225} (715), 723^{226} (715), 723^{233} (716), 723^{234} (716), 723^{235} (716), 723^{236} (716), 723^{237} (716), 723^{254} (717), 723^{268} (718); **3,** 1246^{40} (1159), 1381^{120} (1344); **6,** 980^{28} (954, 959T), 980^{36} (956, 959T)
Storrs, C. D., **6,** 13^{66} (8), 34^{51} (23), 36^{195} (23); **8,** 610^{297} (599T)
Story, P. R., **7,** 106^{352} (47)
Stothers, J. B., **1,** 120^{289} (106); **2,** 970^{32} (867); **6,** 744^{521} (542, 589), 744^{523} (542, 543T), 752^{1032} (626, 691, 697, 708), 755^{1236} (653)
Stotter, D. A., **2,** 1018^{193} (1001, 1004), **5,** 269^{329} (92)
Stotter, P., **7,** 649^{191} (556)
Stout, C. D., **3,** 703^{569} (692, 693)
Stout, J. L., **7,** 16f^2
Stover, R. L., **2,** 516^{586} (479)
Stowell, J. C., **1,** 244^{197} (177); **3,** 87^{473} (67); **7,** 729^{274} (723); **8,** 1009^{138} (977)
Stoyanovich, F. M., **7,** 66f^3, 107^{397} (53), 107^{397} (53), 109^{550} (80, 81), 109^{551} (80), 110^{556} (81), 110^{556} (81)
Stozhkova, G. A., **8,** 705^{88} (677)
Strack, H., **3,** 86^{397} (55), 86^{444} (62), 108f^2, 108f^3, 108f^6, 115f^1, 1076^{521} (1056, 1058), 1252^{311} (1224, 1227), 1379^4 (1323, 1330, 1350), 1383^{203} (1366)
Stradiotto, N. R., **2,** 969^{19b} (865)

Straehle, J., **5**, 535⁹⁹⁰ (447)
Strafford, R. G., **1**, 40⁶³ (15), 304¹⁴⁰ (269), 720⁵⁰ (690, 694, 712)
Strähle, J., **1**, 678⁴⁷¹ (631); **2**, 622³⁹³ (571), 678²⁷⁴ (659); **3**, 842f¹⁰, 881f⁵, 949²¹⁷ (881), 1146¹² (1083); **4**, 152²¹⁸ (58), 237²³¹ (189T, 191), 238²⁸⁸ (202); **5**, 265⁶⁹ (15)
Strahm, R. D., **1**, 304¹⁷⁶ (270), 307³⁷⁶ (288)
Strametz, H., **4**, 237²⁴⁰ᵃ (193, 206, 207T, 210)
Strampach, N. A., **8**, 1098f⁵, 1105⁹⁴ (1096, 1097)
Strange, B. S., **5**, 546f³
Strange, J. H., **3**, 102f¹⁵, 104f⁷, 168³² (99)
Strange, R. S., **5**, 549f¹³, 570f⁴
Strasak, M., **7**, 510¹¹ (465, 487), 511⁷⁶ (484), 511⁷⁷ (484), 511⁷⁸ (484), 511⁷⁹ (484)
Strathdee, G., **4**, 964⁸⁸ (945, 946), 964⁹⁴ (946), 965¹⁷¹ (961); **8**, 610³²⁹ (601T)
Strating, J., **1**, 60f¹⁵
Straub, H., **2**, 970²⁷ (866, 869, 892, 895); **5**, 531⁷⁷⁷ (410); **7**, 725⁴⁴ (671, 672); **8**, 934⁵¹² (879)
Strauss, I., **2**, 511³¹⁷ (410)
Strauss, J. U. G., **4**, 505⁶⁹ (397); **6**, 446³⁴⁹ (435); **8**, 929¹⁹⁰ (813), 929²⁰¹ (814), 929²⁰² (814), 929²¹³ (815)
Strauss, S. H., **3**, 82¹⁷⁵ (27); **4**, 74f²⁹, 154³⁰⁹ (75), 242⁵¹⁸ (228); **8**, 220¹⁶ (107), 366³⁵⁸ (341), 366³⁶⁴ (342)
Strausz, O. P., **1**, 149¹¹ (122); **2**, 193³⁵² (91), 196⁴⁴⁸ (112), 904f²¹, 904f²², 977⁴⁷⁶ (959), 977⁴⁸³ (960), 977⁴⁸⁴ (960)
Streba, E., **4**, 611⁴¹⁹ (592); **8**, 1104¹⁵ (1076)
Streba, S., **8**, 1076f⁸
Streck, R., **7**, 463⁵⁴⁸ (452); **8**, 549¹³ (502)
Strecker, M., **2**, 192³⁰⁵ (78), 192³⁰⁶ (78)
Street, A. E., **2**, 680⁴¹⁶ (673)
Street, G. B., **6**, 35¹³⁰ (24)
Strege, P. E., **6**, 441¹⁶ (389), 441¹⁷ (389), 446³⁴⁷ (434), 446³⁴⁸ (434); **8**, 499⁷⁶ (489), 807f⁴, 807f⁵, 927⁶¹ (801, 821), 928¹⁴⁴ (806), 928¹⁴⁸ (806, 814), 929²⁰⁶ (814, 816), 929²⁰⁸ (814, 816), 929²⁰⁹ (814, 817, 818)
Stregnell, C. J., **8**, 608¹⁶³ (579)
Streib, W. E., **1**, 40⁴⁴ (11, 12, 15T), 258f¹⁴, 420f¹⁴, 420f¹⁸, 420f¹⁸, 420f²⁰, 453³³ (420), 456¹⁹⁶ (441), 673¹⁸⁸ (593); **3**, 266¹⁸⁴ (204); **5**, 418f⁹, 532⁸⁰⁶ (416), 533⁸⁹³ (429)
Streichfuss, D., **5**, 531⁷⁶⁷ (410)
Streit, C. A., **6**, 226¹⁴⁰ (205); **8**, 281¹⁰¹ (262), 282¹³² (270)
Streit, W., **1**, 246²⁹² (189, 191)
Streitberger, H.-J., **7**, 101¹⁰⁹ (16)
Streitwieser, Jr., A., **1**, 115²¹ (45, 77, 79), 115³⁵ (48, 72, 77, 93, 107), 116⁶² (55), 117¹⁵² (77), 117¹⁶¹ (77, 91), 118²¹⁴ (89, 90T), 149⁷ (122), 149³² (122, 145, 147), 251⁶¹⁷ (237), 304¹⁶² (269); **3**, 83²¹⁷ (31), 83²¹⁸ (31), 83²²⁰ (31), 266¹³⁸ (192, 230), 266¹³⁹ (192, 193), 266¹⁴⁰ (192, 193), 266¹⁴⁵ (194), 268³¹⁴ (230, 232, 235), 268³¹⁶ (230), 268³¹⁸ (230), 269³²¹ (231), 269³²⁴ (232), 269³²⁸ (232), 269³²⁹ (232), 269³³² (232), 269³³⁵ (233), 269³⁴⁰ (234), 269³⁴¹ (234), 269³⁴⁴ (234, 235), 269³⁴⁷ (234, 235), 269³⁴⁹ᵇ (235), 269³⁴⁹ᶜ (235), 269³⁵⁰ (235), 269³⁵⁴ (237), 269³⁵⁵ (238); **7**, 159¹²⁴ (153), 253¹¹⁶ (246, 247), 253¹¹⁹ (246, 250), 457¹⁷⁶ (397)
Strekas, T. C., **6**, 1069f³
Strelenko, Yu. A., **2**, 507⁵⁶ (404, 420, 437), 507⁵⁷ (404, 437), 974²⁷³ (919, 920), 974²⁸⁶ (921)
Strelets, V. V., **1**, 753⁷⁴ (737); **2**, 969¹⁸ (865)
Stremple, P., **6**, 840f⁸⁴, 840f⁸⁵, 850f¹⁰, 873¹⁷ (764), 874²⁸ (764, 801), 874³⁰ (764, 801)
Strepparola, E., **1**, 153²⁵³ (148)
Streusand, B. J., **2**, 199⁵⁸⁸ (143)
Strich, A., **3**, 81⁵⁶ (6), 81¹⁰⁶ (12), 88⁵²¹ (76), 695⁸³ (654); **4**, 319²⁰ (245); **5**, 267²³⁰ (52)
Stricker, C., **1**, 675³¹⁵ (617)
Strickland, R. C., **3**, 1004f¹⁸, 1005f⁸, 1075⁴⁷⁸ (1045)
Strijtveen, H. J. M., **7**, 42f³, 108⁴⁸³ (69)

Stringer, A. J., **5**, 534⁹⁴⁵ (439); **6**, 746⁶⁶⁶ (568, 571), 746⁶⁷² (571), 759¹⁵²³ (691, 697, 701)
Stringer, M. B., **4**, 508²⁷² (446)
Stringham, R. A., **2**, 624⁵³⁸ (591)
Stripp, I. M., **1**, 260f²⁷
Strizhkova, A. S., **3**, 1070²⁰⁰ (999)
Strohmeier, W., **1**, 125f⁴, 150⁸⁶ (124, 140), 150⁸⁷ (124, 140), 150⁸⁸ (124, 140), 150⁹¹ (124, 126), 150¹⁰¹ (126, 128), 150¹⁰² (126, 128), 150¹⁰³ (126), 151¹⁷⁸ (140), 152¹⁷⁹ (140), 152¹⁸⁰ (140), 152¹⁸⁵ (140), 152¹⁸⁶ (140), 247³⁶³ (198, 203, 205, 208), 676³³⁶ (621), 676³⁶⁴ (624), 720⁵² (690); **2**, 827f⁸, 859⁷ (825); **3**, 697²¹⁰ (664, 676), 697²¹⁸ (665), 697²²¹ (665), 699³³⁵ (673), 699³³⁶ (673), 797f², 797f⁹, 798f⁴ᵈ, 819f³, 819f⁷, 819f¹³, 819f¹⁵, 819f¹⁶, 826f³, 886f³, 947⁴⁷ (817), 1004f²⁷, 1004f³¹, 1029f⁵, 1051f¹, 1051f², 1051f³, 1051f⁵, 1051f⁸, 1071²¹⁸ᵃ (1001), 1071²²¹ᵃ (1001), 1073³¹⁰ (1019, 1037), 1074³⁷⁰ (1030), 1074⁴¹³ (1035), 1074⁴²³ (1036), 1075⁴²⁷ (1036), 1075⁴³⁷ᵃ (1037, 1038), 1075⁴³⁷ᵇ (1037, 1038), 1076⁴⁹⁷ (1051), 1076⁵³² (1056), 1085f², 1085f¹⁰, 1086f⁸, 1121f⁷, 1211f³, 1251²⁵⁷ (1214), 1251²⁵⁹ (1214, 1215), 1251²⁹²ᵃ (1220), 1251²⁹²ᵇ (1220), 1252³²⁵ (1226), 1262f², 1262f¹⁰, 1263f⁸, 1360f³, 1382¹⁷⁶ (1362), 1383¹⁷⁸ (1362), 1383²¹⁰ (1366); **4**, 320⁵⁸ (249, 287), 939f¹⁰, 963³⁹ (937), 963⁴¹ (937), 963⁴³ᵇ (937), 965¹⁵⁴ (956); **5**, 549f¹⁰, 621³⁰ (548, 550), 621³⁰ (548, 550), 621³¹ (548, 550, 551), 621³¹ (548, 550, 551), 621³¹ (548, 550, 551), 621³³ (548), 621³⁷ (548), 621⁴⁴ (548), 622⁶⁰ (550); **8**, 312f⁴¹, 367⁴⁴² (351), 608¹⁶⁴ (579), 641²⁹ (632), 641³⁰ (632, 633), 642⁵⁸ (632)
Strohmeier, W. W., **6**, 36¹⁷⁷ (29)
Strom, K. A., **2**, 508¹²⁷ (411)
Strommen, D. P., **2**, 677¹⁹⁷ (652), 970³³ (867)
Stromnova, T. A., **6**, 278⁵⁹ (266T, 276)
Strona, L., **5**, 327f¹⁰, 525³³⁸ (322), 525³⁶⁶ (333, 334)
Strong, P. L., **1**, 303⁶⁸ (265), 379³⁹⁶ (364); **7**, 141³² (116), 159¹⁰⁰ (149), 197¹⁹⁷ (190), 226²²² (219, 219f), 347⁴⁶ (345)
Strope, D., **4**, 329⁶⁷⁴ (316), 648⁶¹ (634), 649⁹⁶ (642), 840²³ (824), 887²⁰⁴ (884), 1063³⁸⁰ (1052); **5**, 623¹⁶⁵ (565), 623¹⁶⁶ (565); **6**, 225¹²⁵ (205, 213T)
Štrouf, O., **6**, 942⁹⁴ (900)
Strouse, C. E., **1**, 309⁵²⁹ (297), 538⁶⁶ (478, 504, 533), 540¹⁴⁶ (502, 503, 533), 540¹⁴⁷ (504, 533T), 540¹⁴⁹ (504, 531, 533), 540¹⁸¹ (517, 534T), 541²⁰⁷ (523, 535T), 541²²⁴ᵇ (529, 535), 542²³⁸ (533T); **3**, 329¹⁷⁷ (325), 630¹³⁸ᵇ (580, 600), 633²⁸² (623); **4**, 155³⁷⁶ (92), 239³⁶⁸ (207T), 846f⁵, 884⁹ (844, 868), 1061²⁵³ᵃ (1025); **5**, 267²⁰⁴ (43); **6**, 225¹²⁰ (214T, 221, 222), 225¹²² (214T, 221, 222), 870f⁷⁸, 1114²²⁹ (1109)
Strow, C. B., **4**, 965¹⁵⁵ (956)
Strozier, R. W., **1**, 118¹⁷⁶ (81)
Struchkov, Yu. T., **1**, 455¹⁷⁵ (438), 455¹⁷⁸ (439), 542²⁵¹ (534T); **2**, 191²³⁰ (54), 201⁶⁶⁸ (163), 508¹⁴³ (413), 618¹⁴³ (541), 620²⁵⁷ (554), 620²⁷⁸ (556), 631f³, 631f¹⁵, 631f¹⁸, 674⁶ (630), 678²⁸⁶ (661), 713f³⁸, 761⁸³ (730), 762¹⁰³ (730), 908f⁵, 908f⁷, 908f⁹, 908f¹⁰, 912f⁷, 912f⁸, 912f⁹, 912f¹¹, 913f⁴, 915f⁷, 970²⁵ (866, 905), 973²²³ (900), 974²⁵⁵ (917), 974²⁶⁰ (918), 974²⁶¹ (918), 974²⁶² (918), 974²⁶⁷ (919, 920), 974²⁸⁷ (922), 975³¹⁶ (926); **3**, 430²⁷⁶ (402), 431³³⁰ (426), 629⁴¹ (564, 565), 630¹²⁹ (578, 618), 632²⁴⁹ (617, 618), 632²⁵³ (619), 698²⁴² (667), 698²⁶⁷ (670), 698²⁶⁸ (670), 699³²³ (673), 711f¹³, 713f⁴, 713f¹³, 714f⁷, 736¹⁰, 753f⁷, 754f⁶, 754f⁷, 754f⁸, 754f⁹, 754f¹⁰, 754f¹³, 754f¹⁴, 754f¹⁵, 760f⁸, 760f⁹, 764f¹⁴, 764f¹⁵, 769f³, 769f⁶, 771f⁷, 771f⁸, 771f¹⁴, 771f¹⁷, 779⁵⁸ (712), 779⁶¹ (712), 779⁶⁶ (715), 780¹⁴⁷ (754), 781¹⁷² (762), 781¹⁷³ (762), 781¹⁷⁴ (762), 781¹⁷⁵ (762), 781¹⁸⁷ (765), 781²⁰⁹ (775), 1067³¹ (965), 1068⁴⁹ (970), 1070¹⁷² (990), 1071²³⁰ (1007), 1071²³¹ᵇ (1007), 1187f³, 1187f⁶, 1248¹⁵¹ (1188), 1337f²², 1337f²³, 1380²⁹ (1328), 1380⁵³ (1331), 1381⁸² (1338), 1384²⁶³ (1379); **4**,

52f^{98}, 97f^{28}, 157^{550} (131), 157^{562} (132), 158^{600} (138), 158^{601} (138), 158^{602} (138), 163f^{3}, 233^{12} (163), 237^{239d} (192), 239^{334} (206, 207T, 210, 232T), 239^{349} (206, 207T), 239^{358b} (206, 207T, 210, 215), 240^{393b} (211, 212T, 216), 240^{414} (211, 212T, 213), 242^{500} (223, 224T, 224, 232T), 344f^{9}, 380f^{17}, 380f^{17}, 387f^{5}, 400f^{9}, 400f^{14}, 414f^{1}, 414f^{2}, 414f^{5}, 422f^{8}, 463f^{1}, 480f^{4}, 499f^{2}, 505^{65} (396), 505^{66} (396), 505^{88} (402, 493), 506^{156} (424), 509^{320} (453), 510^{391} (477), 511^{430} (485), 511^{435} (485), 511^{436} (485), 511^{442} (485), 511^{446} (486), 511^{447} (486), 512^{507} (500), 610^{322} (581), 610^{362} (587), 611^{398} (591), 611^{399} (591), 611^{400} (591), 611^{401} (591), 611^{405} (592), 812^{199} (720), 816^{440} (764); **5,** 539^{1257} (500), 610f^{1}, 628^{462} (609); **6,** 96^{214} (88), 140^{55} (116, 121T), 226^{185} (205T, 208), 228^{266} (205T, 208), 278^{59} (266T, 276), 345^{205} (310), 349^{411} (334T, 334f), 442^{90} (398), 443^{167} (406), 454^{29} (450), 748^{790} (588), 762^{1701} (736), 805f^{2}, 805f^{5}, 805f^{7}, 839f^{24}, 840f^{77}, 840f^{82}, 842f^{174}, 851f^{53}, 851f^{54}, 875^{102} (777), 943^{111} (904T), 943^{116} (905), 987f^{12}, 1029f^{75}, 1029f^{79}, 1029f^{81}, 1032f^{31}, 1039^{14} (989, 990), 1039^{31} (993), 1039^{40} (994, 1001), 1040^{67} (997, 1001), 1040^{88} (1001), 1040^{101} (1004, 1008), 1066f^{10}, 1112^{114} (1071), 1113^{189} (1090), 1113^{201} (1095); **8,** 280^{42} (243), 461^{439} (439), 929^{178} (811), 1067^{196b} (1043), 1068^{222} (1048), 1069^{266} (1052), 1070^{334} (1061)

Struchkova, M. P., **6,** 468^{6} (456)
Strugnell, C. J., **5,** 622^{59} (550, 591), 623^{125} (561, 572, 597); **8,** 292f^{40}, 317f^{15}, 363^{182} (306, 316)
Strukul, G., **6,** 445^{309} (426); **8,** 312f^{33}, 312f^{39}, 363^{154} (300), 363^{163} (301), 608^{206} (592), 609^{234} (594T), 609^{235} (594T), 609^{236} (594T), 643^{132} (626)
Strumolo, D., **5,** 267^{215} (45), 285f^{6}, 290f^{8}, 327f^{11}, 521^{61} (284), 521^{96} (290), 525^{342} (328), 525^{368} (336), 525^{369} (336), 525^{370} (336), 525^{371} (336), 525^{372} (336), 525^{385} (336); **6,** 871f^{146}, 872f^{159}
Strunin, B. N., **1,** 151^{164} (138), 241^{45} (158), 676^{370} (624)
Strunk, H. T., **3,** 948^{165} (871)
Strunkina, L. I., **3,** 630^{118} (576)
Struwe, H., **8,** 704^{41} (685T, 685)
Stuart, D. A., **2,** 915f^{5}, 973^{228} (901)
Stubbe, M., **7,** 96f^{2}
Stubbs, W. H., **4,** 109f^{10}, 158^{595} (137), 511^{449} (486), 606^{77} (524f, 525)
Stuber, S., **3,** 108f^{7}, 112f^{4}
Stuchlík, J., **1,** 456^{200} (442)
Stuchov, Ya. T., **4,** 326^{523} (299)
Stucke, C., **3,** 1119f^{4}
Stucki, H., **3,** 135f^{7}, 945f^{7}; **4,** 509^{316} (452)
Stückler, P., **3,** 1076^{494} (1050); **4,** 157^{543} (130), 157^{544} (130), 239^{372} (207T), 241^{496} (223, 224T, 227), 242^{494} (223, 224T, 227), 242^{498} (223, 224T, 227)
Stucky, G. D., **1,** 40^{49} (12, 15T), 40^{55} (14, 15T), 40^{75} (17), 40^{82} (17, 18T), 40^{94} (19, 20), 41^{97} (20), 41^{98} (20), 41^{112} (23), 41^{113} (23), 41^{114} (23), 41^{115} (23), 41^{116} (23), 117^{114a} (65T, 66, 72), 117^{116} (65T, 67), 117^{118} (65T, 67), 118^{190} (83, 84T, 85), 118^{191} (83, 84T, 85), 118^{194} (83, 84T), 118^{195} (83, 84T), 118^{196} (83, 84T, 86), 118^{197} (83, 84T), 118^{198} (83, 84T), 118^{201} (83, 85, 86, 87, 113), 120^{316} (113), 120^{317} (113), 151^{158} (137, 147), 151^{159} (137), 153^{248} (148), 244^{220} (178, 179, 180, 202), 244^{225} (179f), 245^{227} (179f, 180), 245^{229} (179f, 180), 248^{400} (202), 249^{486} (216), 250^{519} (222, 223), 251^{593} (233), 251^{598} (234), 542^{242} (324T), 583f^{21}, 585f^{2}, 672^{68} (567, 582, 587, 588), 673^{139} (585), 675^{305} (616), 676^{342} (622), 678^{512} (634); **2,** 189^{133} (32), 970^{52} (869); **3,** 265^{81} (182), 304f^{2}, 305f^{1}, 327^{86} (303, 305), 327^{87} (305), 327^{89} (305), 327^{90} (305), 327^{100} (307), 327^{101} (307), 328^{130} (313), 368f^{5}, 419f^{24}, 632^{236} (606, 607), 702^{465} (684, 687), 721f^{4}, 725f^{5}, 731f^{1}, 733f^{4}, 734f^{5}, 735f^{7}, 780^{101} (730, 737, 738), 1249^{190} (1198), 1250^{211} (1201), 1382^{152} (1355); **4,** 238^{325} (205, 206T, 207T, 215, 231, 232T), 400f^{2}, 400f^{12}, 414f^{7}, 504^{14} (382), 506^{142} (417), 506^{146} (419, 428), 511^{425} (484), 608^{224} (563), 620f^{1}, 648^{20} (619), 1063^{360} (1049), 1063^{362} (1049); **6,** 805f^{8}, 840f^{83}; **7,** 456^{92} (387), 461^{434} (434); **8,** 97^{197} (59), 1067^{166} (1041)
Studier, M. H., **8,** 97^{138} (48)
Stufkens, D. J., **3,** 874f^{1}, 947^{66} (822), 949^{198} (875), 1317^{27} (1272), 1317^{28} (1272); **4,** 323^{297} (277, 303, 304), 323^{314} (278), 324^{360} (285), 327^{547} (303, 304); **5,** 290f^{3}, 291f^{3}, 404f^{45}, 437f^{3}, 437f^{4}, 438f^{1}, 438f^{1}, 520^{52} (283, 420), 521^{90} (289, 396), 523^{221} (304T, 432), 532^{836} (419, 420), 532^{837} (419, 420), 532^{842} (419), 532^{845} (420), 624^{218} (573, 581, 592), 625^{260} (580, 588, 590), 625^{265} (580), 625^{266} (581), 625^{267} (581, 599, 600), 625^{295} (586), 625^{297} (586), 625^{298} (586), 626^{338} (591), 626^{339} (591), 626^{340} (591), 626^{341} (592); **6,** 142^{160} (124T, 128), 343^{71} (289, 298f), 348^{356} (324), 744^{526} (542, 543T, 545, 545T), 755^{1231} (653, 655), 755^{1234} (653), 755^{1235} (653, 654, 657), 755^{1237} (653, 654), 755^{1267} (654); **7,** 462^{447} (435); **8,** 291f^{23}
Stüger, H., **2,** 395^{38} (371)
Stuhl, L. S., **4,** 34f^{74}, 65f^{54}, 153^{250} (66, 117); **5,** 213f^{18}, 274^{661} (222); **8,** 349f^{2}, 363^{155} (300)
Stühler, H., **2,** 192^{274} (69); **7,** 657^{603} (628)
Stühler, H.-O., **3,** 144f^{2}, 169^{101} (143), 169^{102} (143); **5,** 534^{930} (435, 448, 503), 536^{1070} (465, 504), 536^{1071} (465, 503, 504), 539^{1260} (503), 539^{1261} (503), 539^{1262} (503), 539^{1265} (506)
Stühler, O., **5,** 627^{405} (601, 620)
Stuhlmann, H., **4,** 322^{243} (270, 307), 327^{572} (306); **6,** 987f^{7}, 1019^{47}, 1028f^{30}, 1028f^{31}, 1028f^{38}, 1039^{35} (993), 1040^{59} (996)
Stukan, R. A., **3,** 1069^{84b} (978); **4,** 415f^{6}, 611^{402} (591)
Stults, B. R., **3,** 104f^{5}, 118f^{14}, 168^{30} (99), 1131f^{7}, 1246^{38} (1159), 1247^{97} (1178), 1312f^{1}, 1312f^{7}, 1312f^{8}, 1312f^{10}, 1312f^{12}, 1312f^{16}, 1319^{159} (1316); **4,** 158^{589} (136), 321^{136} (257, 273), 325^{444} (293), 607^{159} (546), 607^{170} (548), 610^{329} (582), 648^{34} (624), 840^{50} (830); **5,** 210f^{3}, 527^{486} (358, 435, 467); **8,** 281^{65} (253), 281^{85} (258), 361^{16} (286, 320), 496^{34} (473), 496^{35} (473)
Stumbrevichyute, Z. A., **2,** 976^{367a} (937), 976^{367b} (937)
Stump, D. D., **2,** 302^{372} (291)
Stumpe, R. W., **1,** 115^{39} (49); **7,** 109^{531} (77)
Stuntz, G. F., **3,** 170^{164} (161), 170^{165} (162); **5,** 628^{492} (616), 628^{493} (617), 628^{501} (617, 618, 619, 620), 628^{504} (619)
Stupczyński, M., **4,** 602f^{14}
Sturdivant, J. H., **6,** 747^{740} (585, 587), 747^{744} (585)
Sturges, J. S., **1,** 118^{208} (87), 118^{208} (87)
Sturis, A. P., **6,** 445^{281} (422)
Sturtz, G., **8,** 934^{547} (884, 885)
Sturtzel, D. P., **4,** 375^{131} (365, 368, 369T)
Stütte, B., **3,** 268^{265} (216), 427^{33} (337), 429^{178} (377), 429^{179} (377), 629^{83} (573, 574, 575, 576); **5,** 271^{495} (164), 271^{496} (164), 271^{498} (166); **6,** 805f^{1a}, 839f^{15}, 874^{37} (765)
Stutz, A., **7,** 456^{105} (389)
Styan, G. E., **2,** 705^{39} (686), 705^{42} (686), 705^{44} (686)
Styles, E., **3,** 1252^{365} (1233), 1383^{238} (1373)
Styles, V. L., **2,** 705^{25} (684)
Stynes, D. V., **5,** 404f^{35}, 530^{665} (388); **8,** 349f^{10}
Su, A. C. L., **8,** 458^{302} (418, 420), 458^{305} (419), 459^{306} (419), 459^{325} (420), 707^{157} (683, 684)
Su, B. M., **1,** 117^{121} (68, 71, 78)
Su, C. C., **3,** 1068^{41} (967)
Su, S. C. H., **8,** 609^{217} (601T, 605)
Su, S. R., **4,** 374^{76} (347), 375^{99} (357), 380f^{12}, 504^{36} (386)
Suami, T., **2,** 624^{535} (590)
Suart, S. R., **6,** 262^{90} (250)
Subba Rao, B. C., **1,** 275f^{30}, 308^{455} (293, 294), 308^{461} (294, 295); **7,** 140^{1} (112), 140^{2} (112), 141^{40} (119), 141^{44} (119), 144f^{1}
Subrahmanyam, C., **7,** 142^{126} (135), 195^{88} (168, 169, 169f), 346^{12} (340, 341), 346^{14} (340)

Subrahmanyan, V., **7**, 511[51] (480)
Subramanian, M. S., **6**, 261[28] (245), 346[268] (315, 316, 337), 383[30] (365, 380), 756[1342] (666)
Subramanian, N., **4**, 817[500] (775)
Subramanian, P. V., **7**, 511[51] (480)
Subramanian, R. V., **2**, 622[359] (568), 622[361] (568), 627[697] (613)
Subraminiam, C. S., **8**, 888f[6], 934[542] (884)
Subrtová, V., **1**, 541[212] (525, 534T), 542[250] (534T), 5400[159a] (514, 533)
Sucrow, W., **1**, 376[246a] (340, 347); **8**, 669[76] (658T)
Suda, H., **8**, 927[78] (803)
Sudarikov, V. S., **3**, 629[41] (564, 565)
Sudmeier, J. L., **2**, 933f[4], 975[342] (931, 933)
Sudo, Y., **3**, 473[59] (448), 473[60] (448); **6**, 753[1107] (636)
Sudol, J. J., **6**, 225[97] (195)
Süess, R., **8**, 472f[5]
Suffolk, R. J., **3**, 81[65] (6), 81[66] (6); **5**, 520[26] (281)
Suffritti, G. B., **3**, 82[176] (27); **5**, 264[25] (6, 10); **8**, 222[116] (142)
Suga, K., **7**, 104[228] (30, 31); **8**, 400f[9], 457[198] (400), 457[237] (407), 461[469] (446), 462[483] (450), 932[379] (850)
Sugahara, H., **3**, 87[468] (67, 70), 473[57] (448), 473[60] (448); **8**, 644[165] (629)
Sugahara, S., **7**, 657[635] (637)
Sugasawa, T., **1**, 679[580] (647), 679[581] (647), 679[582] (647)
Sugavanam, B., **2**, 626[675] (610, 611), 1016[85] (987, 989)
Sugawara, T., **8**, 932[427] (856)
Sugaya, T., **2**, 193[342] (87)
Sugden, J. K., **1**, 241[22] (157)
Suggs, J. W., **2**, 624[499] (585, 590, 591); **5**, 404f[38], 404f[44], 530[678] (392), 530[679] (393), 530[714] (396)
Sugi, Y., **5**, 537[1167] (477); **8**, 100[342] (94), 471f[15], 471f[17]
Sugimori, A., **4**, 811[86a] (702), 817[459] (767); **8**, 1066[139] (1037), 1066[145] (1038)
Sugimoto, H., **4**, 812[168] (716)
Sugimoto, M., **6**, 348[350] (323); **8**, 1067[186] (1043)
Sugimura, H., **8**, 771[158] (739, 740, 755T, 758T, 760T)
Sugimura, K., **6**, 347[323] (321)
Sugimura, N., **7**, 650[248] (566), 651[271] (571)
Sugino, K., **6**, 344[108] (297), 344[111] (298)
Sugisawa, H., **2**, 297[60] (225), 396[64] (376)
Sugita, N., **6**, 344[129] (301), 745[603] (559); **8**, 282[127] (269), 936[647] (900)
Sugita, T., **2**, 971[99] (879); **7**, 109[539] (79), 512[113] (490)
Sugiyama, H., **2**, 194[354] (91)
Sugiyama, I., **8**, 796[147] (774)
Sugiyama, K., **3**, 734f[10], 780[129] (743, 756)
Suhubert, U., **6**, 875[135] (784)
Suib, S. L., **3**, 632[236] (606, 607); **4**, 1063[362] (1049)
Suiria, V. K., **8**, 1105[59] (1085)
Sujishi, S., **2**, 187[33] (8, 124); **4**, 611[412] (592)
Sukhai, R. S., **2**, 202[719] (176); **7**, 42f[4], 66f[6], 654[442] (598), 655[504] (606)
Sukhal, R. S., **7**, 654[474] (599)
Sukharev, Yu. N., **4**, 242[502] (223, 224T, 224)
Sukhorukova, N. A., **7**, 108[447] (61)
Sukhova, T. G., **6**, 746[662] (566); **8**, 458[254] (410)
Suld, G., **8**, 646[294] (634T)
Suleimanov, G. Z., **4**, 239[345] (206, 207T), 239[346] (206, 207T), 239[354] (206, 207T), 240[382] (208); **6**, 741[293] (517), 1028f[28], 1029f[71], 1029f[72], 1029f[77], 1029f[78], 1039[39] (994, 1001), 1039[41] (994, 999, 1000), 1040[71] (998, 1000), 1040[81] (999); **8**, 1067[199] (1044)
Sullivan, B. P., **1**, 537[18a] (462), 539[92] (488, 490, 491, 507, 513, 527); **4**, 811[102] (705), 814[326] (750); **6**, 225[93] (214T), 226[148] (206, 214T, 216, 219), 845f[275], 945[275] (934T, 935, 936, 937T, 939, 940)
Sullivan, D. A., **5**, 137f[29], 274[700] (237), 531[757] (408)
Sullivan, D. F., **2**, 192[290] (74); **7**, 647[62] (527), 650[235] (563), 651[283] (573), 725[17] (665)

Sullivan, E. A., **1**, 150[108] (127)
Sullivan, J. F., **2**, 199[588] (143), 512[393] (452); **6**, 943[113] (904T)
Sullivan, M. B., **6**, 443[118] (401)
Sullivan, M. F., **3**, 368f[9], 429[152] (369); **5**, 531[761] (409), 624[219] (574)
Sullivan, R. E., **3**, 694[23] (649, 654)
Sullivan, S., **4**, 510[401] (481)
Sullivan, S. A., **1**, 304[148] (269)
Sulsky, R. B., **7**, 653[413] (595)
Sultana, Q., **3**, 1247[96] (1177, 1182), 1247[96] (1177, 1182), 1380[50a] (1331), 1380[62] (1333), 1380[76] (1335); **4**, 11f[2], 234[30] (164)
Sultanov, A. Sh., **2**, 191[225] (52); **3**, 398f[54]; **6**, 226[158] (193T); **8**, 456[151] (396), 704[49] (685T)
Sultanov, R. A., **7**, 648[124] (542)
Sultanova, V. S., **7**, 64f[6], 459[250] (408)
Sulzbach, R. A., **1**, 246[298] (192); **2**, 188[102] (26)
Sulzmann, K. G. P., **4**, 319[5] (244)
Sumi, K., **7**, 97f[28]
Sumida, S., **1**, 247[344a] (196)
Sumitani, K., **7**, 106[348] (47); **8**, 771[121] (738), 771[129] (739, 739T, 748T, 749T, 752T, 753T, 754T)
Summers, L., **2**, 675[67] (637, 657), 676[168] (650), 679[347] (666); **3**, 398f[26], 398f[27], 428[100] (361), 428[101] (361), 430[265] (396), 430[266] (396)
Summerville, R. H., **1**, 409[32] (386); **3**, 84[260] (36), 695[64] (652); **4**, 607[142] (542); **6**, 35[160] (30), 95[116] (39, 43T), 182[179] (162), 224[77] (195), 1114[228] (1109)
Sumner, Jr., Ch. E., **4**, 607[146] (543)
Sumner, G. G., **5**, 264[22] (4)
Sun, H., **2**, 187[65] (14)
Sun, K. K., **1**, 244[187] (176); **2**, 715f[11], 723f[18], 761[95] (739, 744, 745, 757, 758)
Sun, R. C., **8**, 472f[9]
Sun, Y. Y., **3**, 838f[18]
Sundaram, S., **1**, 262f[46]
Sundberg, K. R., **7**, 160[146] (155)
Sundberg, R. J., **4**, 690[131] (686), 690[132] (686), 690[134] (687)
Sundbom, M., **1**, 149[28] (122)
Sunder, S., **6**, 844f[244]
Sunderman, F. W., **6**, 13[52] (7, 7T)
Sundermann, F.-B., **1**, 243[155] (173)
Sundermeyer, W., **2**, 191[252] (61), 198[530] (127), 199[595] (145), 199[597] (145), 617[72] (531), 972[146]; **7**, 658[679] (642), 658[700] (644)
Sunder-Plassmann, P., **7**, 461[388] (427), 461[389] (427, 428)
Sung Moon, **7**, 725[51] (672)
Sung-Yu, N. K., **3**, 267[227] (211)
Sunjic, V., **8**, 498[123] (498)
Supniewski, J., **3**, 696[105] (656)
Supp, E., **8**, 17[14] (6), 95[52] (31)
Suprinovich, E. S., **1**, 250[529] (224, 225, 227, 228, 229, 233)
Surer, H., **3**, 429[209] (381)
Surovtsev, A. A., **8**, 641[28] (623T)
Surridge, J. H., **6**, 1029f[60]
Surtees, J. R., **1**, 584f[5], 672[102] (576), 673[153] (589, 629), 673[154] (589, 610, 627), 674[198] (594, 597), 677[427] (628), 677[428] (628), 677[433] (628), 682[738] (581); **3**, 327[92] (305), 386f[2], 429[202] (378), 430[254] (394)
Surya Prakash, G. K., **8**, 937[774] (921)
Suschitzky, H., **7**, 66f[4], 101[122] (18), 105[326] (45), 109[517] (74)
Sushchinskaya, S. P., **6**, 760[1603] (712)
Susheelanma, G. H., **5**, 521[113] (292, 297, 298, 314)
Sushilova, N. N., **8**, 365[329] (338)
Suskin, A., **3**, 1069[123] (985)
Suskina, I. A., **3**, 986f[5], 1070[194] (999)
Suslick, K. S., **4**, 325[434] (293)
Süss, G., **3**, 797f[12], 879f[7a], 1072[273] (1013), 1085f[13], 1110f[3], 1262f[13], 1331[76] (1283), 1331[86] (1284); **4**, 234[56] (167, 185), 236[199] (185), 329[678] (316), 658[39], 658f[40], 846f[1], 846f[6], 886[97] (863), 886[100] (864), 1058[44] (972), 1058[47] (972), 1063[381] (1052)

Suss, J., **7**, 197[204] (191, 192), 227[231] (221)
Süss-Fink, G., **4**, 963[57] (940)
Süss-Fink, M., **3**, 1051f[7], 1076[506] (1053); **4**, 156[507] (126)
Susuki, T., **3**, 1248[106] (1180); **6**, 384[125] (380), 441[29] (390), 446[327] (430, 431), 446[329] (430); **8**, 930[259] (834, 845), 930[276] (839)
Sutcliffe, L. H., **2**, 820[178] (806); **6**, 746[638] (564)
Suter, C. M., **1**, 247[385] (200, 212)
Suter, D. J., **2**, 696f[1]
Sutherland, E., **2**, 827f[5]
Sutherland, H. H., **3**, 426[18] (336, 343T)
Sutherland, I. O., **3**, 168[14] (91); **7**, 510[24] (474, 475), 510[25] (474, 475)
Sutherland, R. G., **4**, 512[487] (496, 502), 610[379] (589), 611[380] (589); **8**, 364[236] (323), 1064[38] (1018), 1066[100] (1028, 1049), 1068[205] (1046), 1068[241] (1049), 1068[243] (1049, 1050), 1070[295] (1058), 1070[303a] (1058)
Sutor, P. A., **2**, 397[124] (388)
Sutphen, C., **1**, 120[318] (114)
Sutton, D., **3**, 949[177] (872); **4**, 157[534] (129), 326[494] (298); **5**, 552f[8], 554f[12], 554f[12], 622[65] (551, 585), 622[69] (551, 553, 573, 613), 624[192] (567), 625[283] (584), 625[284] (584, 585), 625[285] (584, 585), 625[286] (584, 585), 625[287] (585), 625[288] (585), 625[289] (585); **6**, 278[20] (269); **8**, 368[511] (358)
Sutton, J. R., **8**, 1064[38] (1018)
Sutton, L. E., **2**, 631f[2]; **3**, 1029f[3], 1074[369b] (1029), 1215f[2], 1251[264] (1214); **6**, 743[430] (532), 743[431] (532), 743[432] (532), 750[947] (615)
Sutton, P. W., **4**, 324[343] (282), 1062[287] (1032); **5**, 210f[2]
Sutton, R. N., **7**, 98f[7]
Suvanprakorin, C., **2**, 932f[3], 975[349] (931, 932)
Suvorova, K. M., **3**, 714f[6]; **6**, 839f[25], 942[95] (900)
Suvorova, L. N., **8**, 311f[13], 311f[15], 312f[28]
Suvorova, O. N., **3**, 427[56] (348), 431[329] (425), 431[330] (426), 736f[18], 767f[9]; **4**, 401f[26], 511[435] (485)
Suzukawa, T., **2**, 627[714] (615)
Suzuki, A., **1**, 307[345] (287), 307[346] (287), 307[374] (288), 307[390] (289), 307[402] (290), 307[404] (290), 308[445] (293), 308[465] (294), 379[398] (364), 672[83] (571); **7**, 142[113] (133), 142[116] (133), 142[124] (135), 142[134] (136), 148f[3], 196[129] (175), 196[162] (182), 224[33] (201), 224[35] (201), 226[209] (219), 226[210] (219), 226[214] (219), 226[216] (219), 263[28] (261), 299[38] (274), 299[45] (275), 299[49b] (275), 299[60] (277), 299[76] (279), 300[87] (280), 300[132] (290, 291), 300[135a] (291), 300[135c] (291), 300[136] (291), 300[137] (291), 301[142a] (292), 301[148] (292), 301[149] (292), 301[150a] (292), 301[150b] (292), 301[152] (292), 301[154] (293), 301[157] (294), 301[161a] (294), 301[162] (294, 295), 322[26a] (309), 322[43] (314), 322[46] (314), 336[34] (329), 336[38a] (329), 336[38b] (329), 336[39a] (329), 346[19b] (340, 341), 346[26] (341), 347[33] (342), 347[40] (343), 347[41] (343), 363[9] (351, 352), 363[23] (356), 648[146] (548); **8**, 931[363] (849, 850), 933[499] (914), 937[776] (921)
Suzuki, E., **3**, 547[87] (520)
Suzuki, F., **3**, 102f[25]
Suzuki, H., **3**, 341f[17], 344f[26], 376f[6], 376f[12], 427[47] (347); **5**, 331f[4], 331f[5], 525[352] (329), 525[353] (329), 536[1062] (462); **6**, 349[414] (333), 349[421] (334T, 334f), 349[432] (335), 446[317] (428), 469[58] (465), 469[59] (465), 469[61] (466); **7**, 649[182] (555); **8**, 459[344] (426), 460[369] (431), 888f[12], 927[88] (803, 804), 931[331] (847), 934[529] (881)
Suzuki, K., **6**, 261[50] (247), 262[115] (253, 257), 345[173] (306), 346[221] (312T, 312), 453[23] (450), 741[318] (518, 521), 742[415] (530), 745[591] (558), 751[987] (620), 752[1031] (626), 752[1036] (627); **7**, 103[188] (25), 106[349] (47); **8**, 771[155] (739, 740, 760T, 761T), 933[504] (874), 936[717] (911, 914), 1009[151] (980)
Suzuki, M., **2**, 190[177] (38), 904f[9]; **7**, 102[172] (24), 648[109] (539), 650[261] (569), 651[275] (572), 652[346] (583), 728[234] (715); **8**, 930[271] (837, 843)
Suzuki, R., **8**, 430f[2], 931[350] (848), 931[353] (848)

Suzuki, S., **7**, 649[205] (559), 651[269] (571); **8**, 937[751] (918, 923)
Suzuki, T., **2**, 1016[69] (986), 1016[71] (986); **3**, 546[50] (496); **6**, 383[28] (365); **7**, 8f[6], 8f[7], 460[319] (416), 728[234] (715); **8**, 365[316] (337), 498[119] (495), 608[194] (586), 928[94] (803, 813)
Suzuki, T. M., **4**, 817[473] (770); **8**, 222[112b] (140), 497[86] (485)
Suzuki, Y., **2**, 302[379] (292); **6**, 95[158] (59T, 65, 66, 79), 98[336] (79), 98[336] (79); **8**, 769[10] (723T, 732, 734), 769[22] (723T, 734, 737), 769[23] (723T, 732, 734), 795[91] (793)
Svátek, E., **7**, 510[18] (471), 510[19] (471)
Svatos, G. F., **6**, 343[35] (284)
Svec, H. J., **1**, 304[141] (269); **3**, 788f[17], 792f[11], 792f[14], 1081f[14], 1083f[11], 1083f[14], 1258f[11], 1260f[11], 1260f[14], 1318[98] (1291); **4**, 150[24] (7), 163f[6], 234[20] (163), 816[420] (762); **6**, 841f[129], 842f[146], 875[114] (779, 790)
Svedung, D. H., **3**, 1138f[8]
Svensson, C., **1**, 376[239] (347)
Svergun, V. I., **1**, 723[255] (717); **2**, 298[119] (236); **3**, 436f[31], 436f[32], 473[17] (437), 1311f[12], 1319[150] (1311)
Svetlanova, T. B., **2**, 978[498] (962)
Svitsyn, R. A., **1**, 309[535] (297)
Svoboda, M., **6**, 95[129] (54T, 64, 70), 99[390] (59T, 64); **8**, 669[66] (650, 654, 657T, 663T)
Svoboda, P., **2**, 197[487] (119), 361[63] (315); **4**, 921[49] (919); **5**, 624[242] (577); **6**, 758[1431] (675), 760[1604] (712); **7**, 656[557] (619); **8**, 339f[18], 366[387] (343), 405f[11], 439f[2], 460[388] (433), 606[37] (555, 594T, 597T, 600T), 608[200] (590), 609[240] (594T, 595T, 596T, 600T), 706[102] (672), 709[273] (693, 694T), 927[63] (801)
Svyatkin, V. A., **2**, 508[134] (412)
Swaddle, T. W., **2**, 507[60] (404); **5**, 20f[3], 265[103] (23)
Swain, C. G., **7**, 103[179] (25)
Swain, J. R., **3**, 833f[96], 947[51] (819), 947[92] (836); **5**, 355f[3], 522[172] (300), 527[463] (354), 531[720] (398, 399)
Swain, R. E., **2**, 201[671] (164)
Swain, R. J., **4**, 814[298] (746); **5**, 622[58] (550)
Swallow, A. G., **3**, 427[54] (348); **6**, 748[779] (587), 748[787] (588)
Swaminathan, K., **7**, 104[265] (34)
Swaminathan, S., **5**, 272[559] (187)
Swan, J. M., **1**, 374[112] (322); **3**, 386f[2], 429[202] (378), 629[86] (572, 573, 576)
Swanepoel, H. E., **4**, 322[202] (267), 886[105] (865)
Swaney, M. W., **2**, 878f[17]
Swann, B. P., **7**, 510[26] (474, 479), 511[46] (479), 511[48] (480), 511[49] (480, 482), 511[97] (488, 497), 513[216] (506)
Swansiger, W. A., **2**, 196[446] (112)
Swanson, B. I., **3**, 81[78] (9, 12), 798f[6], 945f[5], 949[180] (872), 949[181] (872); **4**, 247f[1], 319[14] (245, 246), 321[125] (256); **5**, 26f[1], 266[119] (25)
Swanson, C. L., **8**, 311f[2]
Swanson, M. E., **3**, 1112f[5], 1147[81] (1116), 1317[60] (1281)
Swanton, P. F., **6**, 445[282] (422)
Swanwick, M. G., **3**, 1250[205] (1199); **4**, 154[360] (90), 240[402] (211, 212T), 375[124] (364), 811[95] (705), 818[546] (779, 780); **6**, 752[1075] (633), 1061f[11], 1111[88] (1064)
Swartz, G. L., **4**, 324[380] (288)
Swartz, J., **4**, 325[426] (292)
Swartz, W. E., **6**, 36[186] (30)
Sweany, R. L., **5**, 264[18] (4), 264[23] (4)
Sweeley, C. C., **6**, 876[159] (789)
Sweeney, A., **5**, 537[1192] (484)
Sweeney, J. J., **2**, 194[375] (95), 976[420] (950, 951); **6**, 1028f[20], 1028f[43], 1040[83] (1000), 1114[220] (1101)
Sweet, E. M., **8**, 606[39] (555), 606[54] (557, 599T), 607[124] (566, 594T), 607[132] (568, 594T), 607[133] (568, 569, 594T)
Sweet, J. R., **4**, 239[362] (206, 207T)
Sweet, R. M., **4**, 320[100] (252, 310)

Sweigart, D. A., **3**, 1074[408] (1035, 1058), 1077[583] (1064), 1251[267] (1215, 1224), 1253[372] (1235, 1236), 1383[184] (1363), 1383[205] (1366), 1383[233] (1372), 1383[234] (1372); **4**, 34f[60], 156[443] (120), 156[449] (121), 236[154] (178, 231, 232T), 401f[18], 510[374] (472), 512[514] (501), 512[514] (501), 512[515] (501), 815[360] (755), 819[636] (801), 1061[241] (1020); **6**, 842f[172], 874[83] (774, 775); **8**, 1066[128a] (1034, 1034f, 1035), 1066[128b] (1034f, 1035, 1058), 1066[129] (1035)
Swenson, D., **6**, 840f[84], 840f[85], 840f[86], 873[17] (764), 874[28] (764, 801), 874[30] (764, 801)
Swenson, D. C., **2**, 908f[20], 973[233] (902, 926)
Swenson, P., **6**, 850f[10]
Swenton, J. S., **7**, 35f[6], 656[568] (622)
Swetnick, S., **8**, 609[217] (601T, 605)
Swetnick, S. J., **8**, 550[88] (520)
Swierczewski, G., **1**, 243[124] (169, 191, 196), 249[461] (211); **6**, 1041[140] (1038); **7**, 100[29] (4, 47, 49); **8**, 704[22] (691, 699), 771[130] (738, 740, 745), 771[131] (740, 745, 747T, 748T), 771[132] (740, 745, 748T)
Swift, D., **4**, 1057[10] (970, 974, 1036)
Swift, H. E., **5**, 538[1245] (498); **8**, 356f[1], 356f[2], 368[512] (358, 359), 642[89] (622T), 644[173] (632), 646[282] (632), 647[313] (632)
Swile, G. A., **6**, 747[710] (582), 747[728] (583, 589), 747[729] (584), 747[730] (584), 747[731] (584), 747[732] (584), 747[734] (584), 748[760] (586, 588), 748[767] (585, 587, 588), 748[769] (585), 748[794] (588), 748[795] (588), 748[799] (589), 748[805] (589)
Swincer, A. G., **4**, 818[556] (781, 785, 789, 790, 792, 793), 818[567] (783), 818[570] (784), 818[575] (785), 818[584] (790), 819[594] (793), 819[595] (793), 1060[203] (1011)
Swindall, J. J., **2**, 194[377] (96), 903f[2], 976[399] (946)
Swindell, C. S., **8**, 771[144] (740, 750T, 754T, 755T)
Swindell, R. T., **3**, 1004f[18], 1005f[8]
Swinehart, J. H., **3**, 951[320] (923, 927)
Swisher, J. V., **2**, 196[472b] (116, 118), 197[485] (119), 197[489] (119), 297[75] (228), 298[144] (242, 262, 277, 285, 292), 302[353] (286), 360[50] (314); **7**, 655[543] (616)
Switkes, E. S., **4**, 695f[4], 811[76] (701), 814[310] (748), 814[311] (748)
Switzer, M. E., **3**, 700[353] (673); **4**, 155[407] (114); **6**, 224[32] (192); **8**, 1064[5] (1015), 1068[231] (1049)
Swope, W. C., **1**, 149[13] (122)
Syavtsillo, S. V., **1**, 682[720] (669)
Sybert, P. D., **8**, 585f[1]
Sykes, A., **1**, 304[177] (270)
Sylvester, G., **5**, 68f[12]; **6**, 845f[266]
Symes, T. J., **7**, 463[542] (451); **8**, 379f[4], 385f[16], 389f[9], 454[47] (379, 384), 644[179] (617, 624)

Symes, W. R., **2**, 623[478] (583), 624[484] (584), 625[605] (600)
Symmes, Jr., C., **2**, 196[467] (115)
Symon, D. A., **4**, 611[386] (590), 612[454] (595), 649[88] (639, 641), 649[93] (642); **5**, 271[487] (161)
Symons, M. C. R., **1**, 242[65] (161), 302[58] (264), 308[418] (291); **2**, 704[5] (683), 970[21] (866, 951), 970[21] (866, 951); **3**, 328[168] (322); **4**, 150[75] (22); **5**, 265[62] (14), 275[758] (251); **6**, 979[5] (948, 958T), 1113[167a] (1086); **8**, 362[113] (294)
Syrkin, V. G., **2**, 971[74] (874); **3**, 1072[275] (1014), 1072[280] (1014), 1075[467a] (1043), 1075[467b] (1043)
Syrkin, Y. K., **4**, 816[421] (762); **6**, 361[37] (355), 362[57] (358), 441[20] (389), 442[111a] (400, 422), 442[116] (401, 406), 443[146] (403), 444[198] (409), 446[319] (429)
Sytsma, L. F., **2**, 973[216] (899, 946)
Syutkina, O. P., **2**, 677[248] (657)
Szabó, P., **5**, 34f[2], 266[154] (33, 35)
Szachnowska, H., **1**, 678[479] (632)
Szafran, Z., **1**, 262f[37], 263f[17], 267f[4], 302[17] (256, 263)
Szajewski, R. P., **7**, 253[102] (242)
Szary, A. C., **3**, 165f[5], 171[179] (167); **4**, 658[27], 658f[37], 658f[38], 815[354] (754), 840[60] (831), 840[61] (831), 885[35] (851), 885[67] (855, 856), 885[68] (856), 920[41] (918); **7**, 647[51] (527)
Szczepanski, N., **2**, 301[276] (267)
Szczurek, M., **1**, 678[457] (631)
Sze, S. N., **6**, 744[536] (545)
Szeimies, G., **7**, 77f[13]
Szekeres, D. P., **7**, 648[121] (541)
Szeverenyi, N. M., **1**, 118[177] (81)
Szeverenyi, Z., **8**, 293f[17], 363[191] (309)
Szmant, H. H., **2**, 623[450] (578)
Szostak, R., **4**, 846f[5], 884[9] (844, 868), 1061[253a] (1025)
Sztajer, Z., **3**, 948[163] (867)
Szucs, S. S., **1**, 249[463] (211)
Szwarc, M., **1**, 109f[1], 110f[1], 110f[2], 112f[3], 115[15a] (44, 45, 86, 89, 91, 109, 110T, 111, 112T), 115[15b] (44, 45, 86, 89, 91, 109, 110T, 111, 112T), 118[206] (87), 118[212] (89), 119[221] (91), 120[304a] (109, 113), 120[307] (111, 111T), 120[307] (111, 111T), 120[308] (110, 111), 120[312] (111), 120[313] (111), 120[318] (114), 120[318] (114), 251[581] (231, 232), 251[581] (231, 232), 251[600] (234, 235, 236); **7**, 8f[8], 100[62] (8)
Szymańska-Buzar, T., **8**, 610[324] (600T)
Szymański, J. T., **2**, 622[370] (569)
Szymanski, J. W., **1**, 552[5] (543)

T

Taarit, Y. B., **8**, 550[51] (512, 517)
Tabacchi, R., **1**, 248[427] (207); **3**, 460f[7], 460f[11], 461f[17], 461f[20], 461f[21], 463f[3], 474[64] (450), 474[96] (464)
Tabata, A., **1**, 754[110] (746), 754[123] (748); **2**, 763[186] (759); **7**, 512[159] (498)
Tabata, M., **7**, 142[136] (137), 299[49b] (275), 301[162] (294, 295), 335[5] (324), 346[2] (337, 343, 344)
Tabatabaian, K., **4**, 818[528] (777), 818[529] (777, 793), 839[4] (823, 824); **5**, 249f[6], 528[567] (370)
Taber, A. M., **6**, 181[85] (157); **8**, 644[195] (616, 622T), 670[111] (664)
Taber, D. F., **7**, 728[207] (709)
Tabereaux, A., **1**, 455[167] (438, 439), 455[182] (439), 539[113b] (493), 547f[2], 553[31] (547); **2**, 679[356] (668)
Tabet, J. C., **7**, 656[574] (623)
Tabner, B. J., **1**, 112f[2]
Tabrina, G. M., **3**, 1071[205] (1000)
Tacchi, V. M., **5**, 556f[12], 626[329] (590, 594)
Tachibana, H., **3**, 473[59] (448)
Tachibana, Y., **3**, 759f[2], 781[160] (759)
Tachihashi, K., **4**, 508[259] (443, 444)
Tachikawa, M., **3**, 160f[4], 170[153] (157), 171[180] (167); **4**, 247f[8], 247f[9], 312f[7], 312f[9], 327[569] (305, 318), 329[683] (317, 318), 329[684] (317), 648[13] (617), 649[110] (645, 646), 1061[261] (1026, 1027, 1043), 1061[262] (1026), 1062[304] (1035), 1062[305] (1035), 1062[319] (1038), 1062[337] (1042), 1064[405] (1056); **6**, 868f[9], 869f[49], 874[44] (767, 773), 875[98] (777); **8**, 97[178] (56), 97[179] (56), 220[37] (111)
Tacke, R., **2**, 192[304] (78), 192[305] (78), 192[306] (78), 192[306] (78), 192[307] (78)
Tacqikan, M. M., **4**, 1059[96] (981)
Tada, H., **1**, 721[123] (701), 722[203] (713); **7**, 252[73] (239)
Tada, M., **2**, 970[51] (869), 970[51] (869); **6**, 347[279] (315), 384[118] (379); **8**, 935[595] (892)
Taddei, F., **2**, 618[89] (536); **3**, 1068[70] (974), 1073[308a] (1018)
Taddei, M., **7**, 657[627] (635)
Tadros, M. E., **4**, 964[93] (946), 964[98] (947); **5**, 621[39] (548)
Tadros, S., **3**, 879f[6]; **6**, 14[90] (9), 36[171] (32)
Taeger, T., **1**, 380[468] (370), 380[470] (370), 380[481] (372); **2**, 202[699] (170)
Taft, Jr., R. W., **1**, 263f[18]
Tagaki, M., **6**, 445[280] (422)
Tagami, H., **7**, 142[124] (135), 196[162] (182), 322[43] (314), 336[39a] (329)
Tagano, T., **8**, 379f[13]
Tagat, J., **7**, 102[133] (20), 105[332] (45)
Tagawa, T., **8**, 367[402] (344), 367[403] (344)
Tagliavini, G., **2**, 618[128] (540), 618[130] (540), 620[256] (554), 621[332] (564), 621[333] (564, 568), 621[337] (565), 679[341] (666)
Taguchi, H., **7**, 110[590] (91), 647[62] (527)
Taguchi, M., **2**, 704[8] (684), 1019[287] (1012f)
Taguchi, T., **1**, 307[374] (288); **7**, 14f[2], 101[103] (15), 263[28] (261), 299[38] (274), 301[161a] (294), 647[48] (526)
Tahara, A., **7**, 511[54] (480)
Tai, A., **1**, 679[526] (637); **8**, 496[2] (464)
Tai, S., **8**, 397f[8], 456[166] (396)
Tailby, G. R., **5**, 194f[8], 194f[13], 203f[1], 267[198] (41)
Taimsalu, P., **2**, 674[12] (630)

Tainturier, G., **3**, 429[148] (366, 370), 557[59] (556), 628[3] (561, 570), 629[81] (570, 594), 630[159] (582, 599), 631[163] (583), 631[167] (583), 632[244] (616, 617), 1071[239] (1008, 1050), 1187f[2]; **6**, 839f[18], 875[101] (777); **8**, 1065[73] (1025), 1065[77] (1025), 1069[290] (1057)
Tait, J. C., **2**, 201[684] (166), 515[571] (476), 625[575] (596)
Tait, P. J., **3**, 545[3] (484)
Tait, T. A., **7**, 105[303] (41, 68)
Taits, E. S., **8**, 1070[329f] (1061)
Tajika, M., **8**, 771[127] (743T, 748T)
Tajima, Y., **8**, 425f[7]
Tajtelbaum, J., **3**, 947[48] (818), 1077[561] (1061), 1146[36] (1097)
Takabatake, E., **2**, 1015[30] (982), 1015[31] (982, 1001), 1015[33] (982)
Takabe, K., **8**, 365[316] (337)
Takacs, J. M., **7**, 652[357] (584), 652[359] (585), 652[368] (585)
Takadato, A., **7**, 658[701] (642)
Takagaki, H., **7**, 650[263] (570), 651[273] (572)
Takagi, K., **2**, 977[445] (956), 978[517] (965); **8**, 770[59] (723T, 724T, 732), 770[100] (734), 770[101] (734), 772[212] (734), 937[746] (918), 937[747] (918), 937[779] (923)
Takagi, M., **1**, 247[360] (198); **6**, 97[267] (57T, 60T, 75); **8**, 932[418] (866)
Takagi, Y., **4**, 939f[11]; **8**, 365[306] (336)
Takahashi, H., **6**, 343[25] (282, 283f), 343[65] (287), 344[140] (303), 346[267] (315), 346[270] (315), 346[271] (315, 337), 347[313] (320), 384[113] (378), 384[123] (379), 384[124] (379, 380), 446[336] (431), 446[339] (433), 446[340] (433); **7**, 96f[12]; **8**, 397f[8], 456[166] (396), 929[196] (813), 929[199] (814), 934[524] (881), 936[670] (904)
Takahashi, K., **1**, 116[77] (57), 138[207] (87), 248[413] (205, 231, 232); **4**, 459f[4], 609[314] (580); **5**, 272[541] (180); **6**, 758[1477] (682); **8**, 400f[5], 422f[4a], 435f[11], 449f[3], 449f[6], 457[194] (399, 400), 460[417] (434, 435, 436, 447), 461[424] (436, 438, 447, 450), 929[217] (820, 826), 929[219] (820), 929[226] (823), 930[289a] (840), 931[358] (849), 932[367] (849)
Takahashi, M., **6**, 446[317] (428); **7**, 646[19] (519), 653[421] (596); **8**, 461[423] (436), 646[269] (621T), 888f[9], 927[88] (803, 804), 931[330] (847), 933[497] (878, 921), 934[546] (884, 904), 1080f[4], 1104[37] (1080, 1083, 1084)
Takahashi, N., **8**, 99[275] (78)
Takahashi, S., **4**, 939f[11]; **5**, 274[682] (232), 274[683] (232); **6**, 34[41] (19T, 21T, 26), 34[53] (19T, 21T, 26), 95[158] (59T, 65, 66, 79), 97[222] (85, 91T), 98[336] (79), 98[336] (79), 99[389] (60T, 69, 71), 260[2] (243, 245), 261[35] (245), 261[36] (245), 261[38] (246), 263[160] (257), 263[170] (257), 263[171] (257), 346[241] (312, 313, 334T), 362[48] (357), 362[49] (357), 362[50] (357), 362[51] (357), 740[287] (516, 527), 742[392] (527), 760[1607] (592); **8**, 365[306] (336), 397f[10], 430f[1a], 430f[1b], 435f[15a], 435f[15b], 439f[6a], 439f[6b], 439f[6c], 439f[7], 456[155] (396, 431, 434, 435), 456[168] (396, 431, 434, 435, 452), 459[359] (431, 434, 435), 460[389] (433), 460[390] (433), 461[429] (437), 461[434] (439), 606[46] (555), 607[98] (562), 669[57] (660), 769[10] (723T, 732, 734), 769[22] (723T, 734, 737), 769[23] (723T, 732, 734), 931[301] (844), 931[302] (844, 846, 848, 849), 931[345] (847), 932[380] (850), 932[381] (850), 932[406] (853), 937[729] (913, 914), 1066[149] (1039), 1066[150] (1039)

Takahashi, T., **1**, 246^{302} (192); **6**, 278^{43} (273); **7**, 107^{434} (58), 653^{421} (596); **8**, 460^{370} (431), 460^{372} (431), 460^{374} (431), 460^{375} (431), 888f^1, 888f^2, 888f^4, 930^{251} (832), 930^{252} (832), 930^{294} (842), 931^{330} (847), 931^{332} (847), 931^{334} (847), 931^{335} (847), 931^{363} (849, 850), 931^{364} (849), 931^{365} (849), 932^{369} (849, 850), 932^{372} (850), 934^{543} (884), 934^{546} (884, 904), 936^{681} (905), 1092f^6, 1093f^2, 1093f^3, 1105^{89} (1094)

Takahashi, Y., **1**, 307^{374} (288), 379^{398} (364); **3**, 279^{54} (276), 734f^{10}, 780^{129} (743, 756); **6**, 261^{47} (247), 263^{181} (259, 260), 263^{186} (260), 263^{188} (260), 263^{190} (260), 278^{39} (273), 346^{240} (312), 347^{297} (319, 325), 361^5 (351), 382^2 (364, 370), 443^{130} (402), 444^{214} (410), 445^{264} (422), 445^{298} (424), 446^{331} (430, 433, 436), 446^{332} (430, 433, 436), 446^{351} (436), 446^{360} (440), 469^{55} (465), 469^{57} (465), 759^{1500} (685); **7**, 263^{28} (261), 299^{38} (274), 301^{152} (293), 301^{157} (294); **8**, 456^{173} (397), 927^{69} (801), 927^{71} (801), 928^{98} (803, 811), 928^{111} (804, 811), 929^{168} (810), 929^{212} (815, 841), 934^{564} (889)

Takahata, Y., **3**, 81^{114} (12)
Takai, H., **7**, 647^{48} (526)
Takai, K., **3**, 279^{59} (278); **7**, 457^{134} (393), 458^{217} (402), 460^{335} (418); **8**, 937^{738} (914)
Takaishi, N., **7**, 158^{18} (143), 224^{56} (202), 224^{65} (203), 224^{67} (203); **8**, 608^{183} (581, 584, 595T), 608^{184} (581, 584, 595T)
Takaki, M., **1**, 116^{77} (57), 138^{207} (87)
Takaki, U., **1**, 118^{205} (86), 251^{597} (234)
Takamatsu, H., **8**, 646^{287} (622T), 647^{301} (618), 647^{304} (622T)
Takamatsu, M., **6**, 95^{113} (49, 53T, 54T, 59T)
Takami, Y., **8**, 280^8 (228), 283^{199} (279), 422f^{1a}, 422f^{1b}, 422f^{4a}, 422f^{4b}, 444f^{11}, 459^{307} (419), 930^{289a} (840), 931^{312} (845), 931^{313} (845), 931^{314} (845)
Takamura, S., **8**, 933^{459} (862)
Takani, Y., **8**, 281^{88} (259)
Takano, T., **4**, 327^{586} (307); **6**, 1019f^{54}, 1031f^{14}, 1041^{116} (1008)
Takao, K., **5**, 621^{36} (548)
Takao, S., **7**, 657^{648} (639)
Takaoka, T., **2**, 396^{56} (375)
Takashi, Y., **1**, 673^{176} (591, 619)
Takata, T., **8**, 610^{310} (599T)
Takatori, M., **8**, 711^{354} (702), 711^{356} (701, 702)
Takats, J., **2**, 762^{102} (728); **3**, 86^{443} (62), 108f^{13}, 108f^{14}, 112f^3, 112f^{11}, 118f^5, 125f^1, 125f^1, 146f^3, 149f^1, 149f^2, 165f^4, 168^{12} (91), 169^{108} (146), 266^{146} (194), 268^{275} (218), 268^{276} (218, 220), 431^{322} (424), 431^{325} (424), 632^{252} (618), 1077^{549} (1059); **4**, 156^{457} (122), 400f^4, 435f^{10}, 454f^7, 509^{309} (451), 602f^{19}, 608^{204} (556, 559f, 561), 608^{211} (560), 608^{216} (560), 657f^2, 657f^5, 814^{282} (743); **6**, 842f^{173}, 850f^{21}; **8**, 1068^{219} (1047), 1068^{221} (1048)
Takaya, H., **4**, 508^{290} (449); **6**, 442^{103} (399); **8**, 497^{101} (491), 641^{24} (629, 637T, 639), 641^{25} (636, 637T, 639), 642^{52} (629), 642^{103} (635T, 638), 644^{163} (636T, 637T, 639), 644^{164} (639), 928^{101} (803), 1007^{28} (945), 1007^{31} (946), 1007^{33} (947), 1007^{41} (949), 1008^{44} (950), 1008^{44} (950), 1008^{45} (950), 1009^{145} (978)
Takayama, K., **8**, 705^{85} (678, 690), 710^{304} (690), 931^{309} (844)
Takayanagi, H., **6**, 347^{330} (321)
Takayanagi, K., **1**, 241^{37} (158)
Takebe, N., **4**, 96^{367} (941)
Takeda, A., **1**, 241^{20} (157)
Takeda, M., **3**, 703^{547} (690); **6**, 758^{1469} (679); **7**, 252^{33} (231), 461^{426} (433), 728^{222} (713)
Takeda, S., **1**, 675^{277} (611, 630)
Takeda, T., **2**, 202^{714} (174), **6**, 345^{202} (310), 347^{288} (317), 347^{299} (319); **8**, 932^{424} (855), 932^{425} (855), 932^{427} (856)
Takeda, Y., **2**, 553f^1, 619^{187} (546); **7**, 462^{476} (442)
Takegami, Y., **3**, 546^{50} (496); **4**, 320^{88} (251), 320^{118} (254, 259), 401f^{29}, 401f^{31}, 414f^6, 458f^4, 458f^5, 504^{28} (384), 505^{104} (406), 505^{105} (406), 505^{105} (406), 506^{149} (419), 506^{150} (419, 425), 506^{159} (425), 506^{160} (425), 506^{161} (425, 432), 506^{162} (425), 965^{160} (957); **7**, 8f^6, 8f^7, 460^{319} (416); **8**, 100^{337} (94), 221^{74} (118, 140), 221^{75} (118, 140), 497^{80} (483), 770^{109} (735)

Takei, H., **7**, 650^{248} (566), 650^{263} (570), 651^{271} (571), 651^{273} (572); **8**, 771^{142} (740, 751T, 752T), 771^{143} (740, 745, 747T, 748T), 771^{156} (740, 745, 747T, 748T, 752T, 753T), 771^{158} (739, 740, 755T, 758T, 760T), 932^{414} (871)
Takeichi, T., **8**, 498^{120} (495)
Takemoto, K., **8**, 610^{305} (599T), 610^{306} (599T), 610^{310} (599T)
Takenaka, A., **5**, 521^{110} (292); **6**, 144^{275} (118, 121T)
Takenaka, Y., **7**, 97f^{17}
Takesada, M., **5**, 536^{1110} (473); **8**, 305f^{42}
Takeshita, K., **7**, 656^{558} (619); **8**, 705^{76} (672, 674T, 674, 690), 706^{99} (672, 674T, 674, 690)
Takeshita, T., **1**, 673^{175} (591, 620)
Takeshita, Y., **3**, 473^{59} (448), 473^{60} (448)
Taketa, F., **2**, 626^{667} (609)
Taketomi, K., **8**, 456^{165} (396)
Taketomi, T., **5**, 213f^{16}, 229f^2, 258f^3; **8**, 397f^7, 400f^{10}, 456^{150} (396), 456^{161} (396, 401), 704^{33} (690), 705^{85} (678, 690), 931^{309} (844)
Takeuchi, H., **3**, 473^{50} (445)
Take-Uchi, K., **5**, 353f^{13}, 526^{449} (348, 434, 474T, 476)
Takeuchi, S., **1**, 676^{351} (624); **8**, 293f^9, 363^{189} (309), 497^{62} (478), 497^{65} (479)
Takeuchi, Y., **7**, 654^{469} (602); **8**, 710^{329} (701), 711^{353} (702)
Takezaki, Y., **8**, 282^{127} (269), 936^{647} (900)
Takigawa, T., **7**, 97f^{17}; **8**, 930^{230} (824)
Takiguchi, T., **3**, 341f^1, 344f^{26}, 376f^6, 376f^{12}, 427^{47} (347); **8**, 647^{316} (632)
Takimoto, C., **1**, 454^{134} (432, 441)
Takino, T., **3**, 265^{73} (180, 182)
Takiyama, K., **7**, 461^{378b} (423)
Takizawa, T., **2**, 904f^{20}, 973^{237} (905); **8**, 331f^{27}, 769^{35} (735), 795^{91} (793), 795^{96} (794)
Takizawa, Y., **2**, 1015^7 (980, 985, 1006, 1007f)
Takken, H. J., **8**, 937^{764} (921)
Takubo, T., **2**, 300^{253} (263, 264, 264T), 301^{274} (266)
Takui, T., **7**, 648^{131} (545)
Takusagawa, F., **4**, 479f^8; **5**, 325f^4, 327f^4, 524^{326} (319, 320); **6**, 806f^{32}, 869f^{59}, 870f^{110}, 871f^{130}, 874^{76} (772), 944^{184} (912T, 912)
Takvoryan, N. E., **5**, 404f^{17}, 529^{633} (382)
Talaty, E. R., **7**, 104^{275} (35), 104^{275} (35)
Talay, R., **3**, 695^{70} (653, 665, 666)
Talbiersky, J., **1**, 119^{245} (96)
Talbot, M. L., **1**, 285f^{10}, 306^{318} (284), 306^{319} (284)
Talebinasab-Savari, M., **1**, 456^{201} (443), 541^{206} (523); **4**, 964^{92} (946)
Talley, J. J., **7**, 658^{688} (642)
Tallman, D. F., **2**, 1019^{300} (1014)
Tallmann, R. C., **2**, 882f^1
Talmi, Y., **2**, 1017^{137} (997)
Talukdar, P. B., **2**, 301^{280} (268, 280)
Tam, G. K. H., **2**, 1018^{206} (1002)
Tam, S. W., **4**, 506^{129} (412); **5**, 531^{742} (405)
Tam, W., **1**, 309^{525} (297), 309^{527} (297), 309^{528} (297), 309^{530} (297), 309^{531} (297), 309^{532} (297); **3**, 1248^{114} (1181); **4**, 64f^2, 151^{89} (24, 92), 153^{242} (62, 63), 234^{45} (164), 239^{367} (206, 207T), 239^{368} (207T), 239^{369} (207T, 224T, 225, 231), 239^{371} (207T, 225), 605^{40} (519); **5**, 12f^1; **6**, 842f^{155}, 851f^{51}, 875^{150} (787); **8**, 95^{65} (35)
Tamagaki, S., **3**, 131^{767} (1282)
Tamahi, A., **2**, 762^{124} (739)
Tamai, K., **8**, 315f^1, 331f^6, 397f^9, 456^{167} (396)
Tamaki, A., **2**, 768f^9, 796f^{10}, 818^{15} (766), 818^{16} (802, 803, 807, 808), 818^{52} (774, 795, 808), 820^{160} (797, 799), 820^{161} (797), 820^{162} (799); **8**, 935^{596} (892, 893)

Tamao, K., **1**, 244[209] (177), 246[299] (192), 375[131] (326); **2**, 189[147] (34), 189[147] (34), 195[420] (105), 202[727] (179), 202[727] (179), 299[161] (244, 288), 300[253] (263, 264, 264T), 301[274] (266), 302[385] (293), 395[11] (366, 368, 369, 372, 373, 385, 388), 396[65] (376, 377), 396[68] (376); **6**, 94[58] (79, 91T), 98[301] (57T, 59T, 64, 70, 79), 140[41] (104T, 107), 225[82] (203T, 206), 1094f[2], 1113[204] (1095); **7**, 106[348] (47), 106[349] (47), 646[19] (519), 648[131] (545), 656[549] (617), 656[549] (617); **8**, 461[449] (442, 447, 450), 496[22] (469), 497[105] (492), 497[106] (492), 641[43] (630T), 644[170] (629, 630), 644[205] (628), 668[10] (660), 670[109] (661), 769[30] (723T, 724T, 725T, 732), 771[121] (738), 771[123] (742, 744T, 752T, 753T, 754T), 771[124] (739, 753T, 756T), 771[125] (739, 749T, 752T, 753T, 754T), 771[127] (743T, 748T), 771[129] (739, 739T, 748T, 749T, 752T, 753T, 754T), 771[135] (749T, 750T), 771[136] (749T), 771[137] (742, 743T, 744T, 748T), 771[138] (740, 744T, 747T), 771[155] (739, 740, 760T, 761T), 771[159] (742, 743T, 748T, 749T), 771[164] (743T, 744T), 888f[9], 933[497] (878, 921), 933[504] (874), 934[507] (878), 936[717] (911, 914), 1067[181] (1042)
Tamara, K., **8**, 363[162] (301)
Tamaru, K., **8**, 282[181] (276), 611[334] (602T), 1104[1] (1073)
Tamaru, Y., **6**, 347[289] (318), 347[290] (318), 445[303] (424); **7**, 67f[1], 105[306] (41); **8**, 430f[2], 929[188] (812), 931[350] (848), 931[353] (848), 932[416] (866, 901), 933[484] (872, 873), 933[485] (873), 933[486] (873), 933[487] (873), 935[608] (895), 937[767] (921)
Tamás, J., **2**, 515[581] (478, 482)
Tamba, Y., **6**, 347[325] (338)
Tamborski, C., **1**, 116[53] (52), 241[21] (157, 175), 242[81] (163, 165, 175), 242[95] (165, 175), 242[95] (165, 175), 242[98] (165, 175, 201), 242[99] (165, 175), 244[187] (176); **2**, 533f[1], 619[167] (545), 621[308] (560), 675[118] (643), 679[345] (666); **3**, 398f[39]; **5**, 76f[4], 268[279] (74, 77, 78); **7**, 109[549] (80)
Tambuté, A., **1**, 249[461] (211)
Tammaro, D. A., **6**, 13[55] (8), 14[123] (8)
Tämnefors, I., **7**, 729[260] (721)
Tamo, K., **8**, 937[758] (920)
Tampieri, M., **8**, 222[99] (124, 127)
Tamura, F., **5**, 194f[2]; **8**, 411f[13], 458[274] (412)
Tamura, M., **2**, 762[144] (746), 762[145] (746); **3**, 547[87] (520); **4**, 153[282] (70); **7**, 729[254] (721), 729[256] (721), 729[268] (722); **8**, 368[475] (354)
Tamura, T., **3**, 1070[149] (987, 1032); **8**, 769[35] (735)
Tamura, Y., **7**, 299[42] (274), 651[281] (573), 651[298] (576), 653[429] (588), 654[445] (599)
Tan, K. G., **5**, 627[410] (601, 614); **6**, 343[16] (281)
Tan, T. H., **2**, 622[388] (571)
Tan, T.-S., **3**, 981f[6], 981f[9], 981f[20], 1069[97] (981, 985), 1070[154] (987), 1070[155] (988, 995), 1070[193] (997, 999); **8**, 1065[98] (1028), 1067[174] (1041)
Tanabe, M., **7**, 653[410] (594), 653[411] (594)
Tanabe, S., **7**, 651[273] (572)
Tanada, K., **6**, 446[356] (438)
Tanahashi, Y., **7**, 159[104] (149), 224[47] (201)
Tanaka, E., **8**, 400f[6], 447f[6], 447f[7], 457[195] (400), 461[466] (446), 497[94] (488), 931[306] (844, 848), 931[348] (848)
Tanaka, H., **6**, 278[43] (273), 362[77] (360), 751[1011] (622); **7**, 66f[7]; **8**, 400f[13], 457[234] (407), 711[344] (701), 711[345] (701), 930[230] (824), 933[438] (858)
Tanaka, J., **1**, 377[254] (348), 673[160] (590); **8**, 365[316] (337)
Tanaka, K., **3**, 632[256] (620), 759f[2], 781[160] (759), 1067[7] (956, 957), 1067[9] (956), 1246[19] (1155); **4**, 107f[95], 237[215] (188, 189T, 190, 191, 192), 401f[25], 939f[11], 965[146] (955); **5**, 213f[20], 272[566] (188, 218, 221, 222, 223, 224, 225), 273[628] (211), 403f[7], 527[517] (363, 376), 539[1259] (503); **6**, 34[54] (21T, 22, 23), 34[55] (21T, 22, 23), 261[32] (245), 347[298] (319), 761[1626] (716); **8**, 365[306] (336), 379f[6], 397f[12], 454[52] (379, 393, 396, 397, 405, 407), 643[114] (621T), 643[141] (616, 621T, 622T), 928[130] (805)
Tanaka, M., **1**, 731f[9], 753[66] (735, 738), 753[82] (739); **5**, 267[227] (51), 537[1188] (483), 537[1189] (483); **6**, 263[149] (255), 346[232] (312T, 312); **7**, 9f[5], 648[137] (546); **8**, 496[31] (470), 497[80] (483), 497[88] (486), 769[47] (723T, 734), 771[116] (737), 936[645] (900), 936[697] (908, 923), 937[771] (921), 937[772] (921)
Tanaka, S., **7**, 461[400] (429); **8**, 397f[2]
Tanaka, T., **1**, 674[237] (602); **2**, 616[16] (523), 674[27] (632), 677[241] (656); **3**, 108f[17], 108f[22], 108f[23]; **4**, 107f[95], 237[215] (188, 189T, 190, 191, 192), 657f[3], 814[285] (744); **5**, 21f[2], 68f[14], 186f[2], 265[88] (20, 180), 272[534] (178), 344f[6], 353f[1], 353f[2], 353f[3], 353f[11], 353f[13], 526[423] (343, 344), 526[433] (345), 526[434] (345), 526[442] (347, 428, 434), 526[443] (347), 526[444] (347, 434), 526[448] (348, 434), 526[449] (348, 434, 474T, 476), 533[867] (425, 441), 533[869] (426), 534[922] (433, 434), 534[923] (433), 624[199] (568, 601); **6**, 34[54] (21T, 22T, 23), 34[55] (21T, 22T, 23), 140[66] (119, 122T), 344[126] (300T), 344[127] (300, 303), 740[242e] (511), 740[242i], 740[243] (512, 513), 759[1517] (690); **7**, 95f[4], 110[574] (87), 462[476] (442), 648[115] (540), 655[510] (608), 657[632] (637)
Tanaka, Y., **6**, 231[9] (230); **8**, 642[99] (627T, 633), 643[130] (627T, 633)
Tanba, Y., **6**, 349[439] (338); **8**, 937[739] (914, 918), 937[740] (918)
Tancrede, J., **3**, 169[84] (132); **4**, 374[77] (349), 504[52g] (393), 610[358] (586); **8**, 1008[76] (959), 1008[90] (966)
Tandon, J. P., **3**, 430[216] (383)
Tandura, S. N., **2**, 511[326] (441), 511[327] (441)
Tanelian, C., **7**, 8f[5]
Tanfield, P. J., **6**, 96[185] (38)
Tang, C. C., **7**, 67f[6]
Tang, D. Y., **7**, 196[158] (181)
Tang, P. J. C., **3**, 473[12] (434, 449)
Tang, P. W., **1**, 119[243] (95)
Tang, S., **1**, 454[119] (431); **8**, 610[289] (597T, 598T)
Tang, S. C., **8**, 607[90] (561, 591, 597T, 598T)
Tang, Y.-N., **2**, 193[350] (90), 300[213] (252, 254)
Tangari, N., **7**, 91f[2]
Tanguy, L., **8**, 362[133] (297)
Tang Wong, K. L., **3**, 971f[1], 1381[115] (1343, 1379)
Tani, B., **5**, 536[1061] (463)
Tani, H., **1**, 120[280] (101T, 103, 105), 120[290] (106), 249[502] (219, 220), 249[503] (219, 220), 673[169a] (591); **7**, 8f[4], 459[290] (413), 461[405] (430), 462[456] (438), 462[458] (438)
Tani, K., **4**, 608[231] (565, 565f, 598), 608[233] (565, 565f); **5**, 534[948] (439, 453); **6**, 34[88] (21T), 94[65] (55T, 59T, 65), 139[37] (104T, 105T, 110, 121T), 140[38] (123T, 126), 143[262] (104T), 179[12] (148, 153T, 154), 349[425] (334T, 334f), 751[974] (619, 683, 684); **8**, 425f[4], 456[140] (395), 459[316] (419), 497[112] (494), 498[125] (480), 670[89] (665), 794[35] (790), 795[66] (782)
Tanida, H., **7**, 245f[4]
Tanielian, C., **8**, 550[85b] (519)
Taniewski, M., **6**, 180[45] (146T, 149, 156, 159T, 16); **8**, 642[84] (621T, 632)
Tanigaki, T., **1**, 308[417] (291, 293), 308[450] (293)
Tanigawa, Y., **8**, 869f[3], 932[412] (857, 868)
Taniguchi, H., **7**, 141[43] (119), 144f[4], 196[139] (177), 298[10] (268); **8**, 711[333] (701), 866f[1], 933[441] (858), 936[668] (904)
Taniguchi, K., **8**, 709[276] (690)
Tanimoto, M., **6**, 223[15] (192)
Tanlak, T., **7**, 8f[8]
Tanner, D. D., **7**, 511[96] (487)
Tanner, H. A., **8**, 281[112] (265, 266, 267)
Tansjö, L., **2**, 203[731] (180)
Tanz, H., **8**, 16[9] (2, 3T, 4, 7, 8, 9, 10, 14, 15, 16), 95[15] (22)
Tanzella, F. L., **6**, 13[68] (8)
Taqui Khan, M. M., **3**, 851f[58], 948[135] (854); **4**, 694f[17], 695f[10], 695f[12]; **5**, 313f[4], 355f[8], 524[282] (313, 354); **8**, 99[310] (90), 1102f[1], 1106[115] (1102)
Tara, H., **1**, 742f[13], 753[95] (741); **7**, 512[149] (497), 512[150] (497), 512[151] (497)

Tarabando, V. E., **8**, 938[797] (925)
Tarabarina, A. P., **1**, 249[466] (212); **2**, 201[678] (165), 201[682] (166), 201[682] (166), 201[682] (166)
Tarama, K., **3**, 85[371] (51), 87[496] (71), 87[505] (73); **6**, 141[106] (132); **8**, 311f[14], 312f[59], 364[231] (322), 369[522] (359), 369[524] (360)
Tarao, R., **1**, 675[277] (611, 630)
Tarasconi, P., **2**, 622[381] (570)
Tarasenko, N. A., **2**, 623[418] (574)
Tarasov, A. N., **1**, 251[576] (231)
Tarassoli, A., **2**, 203[749] (184), 620[236] (550, 561)
Tarassoli, M., **7**, 105[316] (42, 69)
Tarbell, D. S., **7**, 14f[1]
Tardat, M., **7**, 510[12] (470, 471)
Tarhouni, R., **7**, 97f[25]
Tarino, J. Z., **7**, 726[125] (690)
Tarkhova, T. N., **2**, 620[269] (555), 631f[17], 677[205] (653); **3**, 327[76] (300)
Tarnow, M., **8**, 425f[13], 707[173] (684)
Tarnquist, E. G. M., **2**, 362[136] (330)
Taro, K., **8**, 1098f[2]
Tarpey, B., **4**, 965[162] (958)
Tarrant, P., **1**, 60f[18]
Tartakovskii, V. A., **1**, 309[481] (296), 379[391] (363), 380[471] (370); **2**, 361[95] (319), 878f[3], 975[361] (935)
Tartiari, V., **8**, 283[196] (276), 444f[9], 461[456] (442)
Tarunin, B. I., **2**, 510[265] (435), 675[93] (640)
Tarygina, L. K., **8**, 1066[138] (1037)
Tarzia, G., **7**, 653[410] (594)
Taschner, M. J., **7**, 110[574] (87)
Tashima, M., **1**, 116[54] (52)
Tasker, P. A., **1**, 732f[8], 732f[16], 753[67] (735), 753[70] (735), 754[104] (744), 754[104a] (744)
Tatagi, H., **8**, 938[792] (924)
Tatarinova, A. A., **2**, 508[116] (410, 439, 472), 872f[14]
Tatarsky, D., **3**, 1074[419] (1035, 1051); **8**, 339f[16], 606[48] (555, 556)
Tate, D. P., **3**, 547[109] (537), 819f[18], 1146[42] (1098), 1384[245] (1375); **7**, 8f, 463[530] (450); **8**, 1067[165] (1041)
Tatibouet, F., **2**, 861[144] (855)
Taticchi, A., **7**, 224[43] (201)
Tatlow, J. C., **1**, 243[169] (175), 243[169] (175), 243[169] (175), 244[172] (175); **2**, 619[169] (545); **3**, 407f[12]; **7**, 110[555] (81)
Tatone, D., **8**, 222[117] (146), 222[118] (147)
Tatsumi, K., **1**, 679[555] (644); **3**, 86[403] (55), 86[404] (55), 88[520] (76), 328[169] (322); **6**, 12[23] (5), 140[84] (130, 135), 140[85] (132), 140[85] (132), 140[91] (130), 187[15] (184), 979[3] (948, 958T); **8**, 669[28] (653)
Tatsumi, T., **3**, 858f[1], 948[127] (848, 854); **8**, 304f[16]
Tatsuno, T., **5**, 353f[8], 526[446] (348)
Tatsuno, Y., **6**, 139[24] (123T, 124T, 125, 130), 140[64] (105T, 124T, 130), 140[90] (124T, 131), 142[203] (124T, 129, 134), 142[207] (129), 142[211] (123T, 128), 263[177] (258), 263[178] (258), 263[180] (258), 278[29] (271, 272), 278[45] (266T, 274), 343[47] (285, 287), 343[48] (285), 443[129] (402, 421); **8**, 497[103] (491), 795[55] (794)
Tatsuoka, K., **8**, 459[308] (419), 709[257] (683)
Tatsuta, K., **7**, 651[309] (577)
Tattershall, B. W., **4**, 97f[3], 97f[4], 241[462] (218, 218T, 219)
Tatzel, A., **1**, 722[170] (709)
Tau, K. D., **5**, 533[903] (430)
Taube, H., **3**, 951[320] (923, 927); **4**, 690[131] (686), 690[132] (686), 690[133] (686), 1059[147] (992); **8**, 1104[10] (1075)
Taube, R., **3**, 398f[52]; **4**, 610[347] (585); **6**, 94[71] (91T), 95[107] (45, 50T), 99[384] (50T); **8**, 453[3] (372), 708[210] (701)
Taube, W., **3**, 696[104] (656)
Taubenest, R., **3**, 84[252] (35); **6**, 227[209] (194)
Tauchner, P., **2**, 813f[4], 813f[5], 821[201] (812), 821[207] (814)
Taugbol, K., **2**, 511[287] (438)
Taunton-Rigby, A., **3**, 833f[52], 838f[7], 840f[10]; **4**, 240[408] (211, 212T, 213), 610[354] (586)
Tauszik, G. R., **5**, 269[346] (103)

Tauzher, G., **5**, 33f[21], 269[362] (110, 111), 269[363] (110), 269[364] (111)
Tavaniepour, I., **3**, 1067[21] (962); **6**, 806f[31], 869f[67], 869f[68]
Tavares, Y., **4**, 320[109] (253)
Tavernari, D., **7**, 100[73] (10, 11)
Tavniepour, I., **6**, 876[197] (807, 811, 812)
Tavs, P., **8**, 772[196] (734), 772[196] (734)
Tawara, K., **8**, 930[288] (840, 843)
Tawney, P. O., **7**, 728[202] (708, 720); **8**, 772[190] (746)
Tayim, H. A., **3**, 1170f[4]; **5**, 535[1001] (450), 627[393] (599); **6**, 383[21] (365), 383[47] (367), 384[87] (374, 376), 753[1130] (638), 753[1131] (638), 753[1132] (638), 753[1133] (638), 757[1397] (672), 757[1407] (673, 674, 677), 757[1413] (673, 679); **8**, 365[335] (338)
Tayler, G. E., **4**, 818[572] (784)
Taylor, A. J., **4**, 817[501] (775), 817[502] (775), 817[503] (775), 817[505] (775)
Taylor, B. F., **1**, 538[59] (474, 500, 501, 509, 533, 534); **2**, 821[225] (817); **3**, 113f[4], 129f[2], 168[20] (98), 169[64] (127); **5**, 282f[2], 306f[6], 523[210] (303T, 305, 306); **6**, 737[90] (490), 744[516] (542, 542T)
Taylor, B. S. F., **2**, 971[87] (876, 888)
Taylor, B. W., **3**, 1070[183b] (991), 1076[530] (1056), 1211f[7], 1251[285] (1218, 1219), 1252[310] (1225), 1360f[9], 1383[195] (1365), 1383[214] (1366); **8**, 368[512] (358, 359), 644[173] (632)
Taylor, D., **2**, 1019[272] (1010)
Taylor, D. J., **2**, 621[328] (563); **3**, 82[173] (25), 1075[426] (1036)
Taylor, D. R., **2**, 714f[4], 761[48] (719)
Taylor, D. T., **3**, 858f[19]
Taylor, D. W., **4**, 107f[59]
Taylor, E. C., **1**, 742f[9], 752[6] (725, 741, 747), 753[39] (731, 748), 753[80] (738, 740), 754[116] (747, 749), 754[117] (747), 754[118] (747), 754[131] (749); **7**, 106[347] (47), 510[1b] (465, 487, 505), 510[1d] (465, 487, 505), 510[1e] (465, 487, 500), 510[1f] (465, 487, 500), 510[7] (468, 470, 473, 487, 495), 510[8] (469, 479, 480, 482), 510[9] (469, 470, 479, 480, 482, 483), 510[20] (471), 510[26] (474, 479), 510[27] (475), 510[28] (475, 479), 511[46] (479), 511[47] (479), 511[48] (480), 511[49] (480, 482), 511[68] (483), 511[97] (488, 497), 512[104] (489), 512[105] (489, 498), 512[129] (491, 493), 512[139] (494), 512[161] (499), 512[166] (499, 503), 512[167] (499, 500, 501, 502), 513[185] (501), 513[195] (504), 513[197] (504, 508), 513[206] (505, 506), 513[207] (505), 513[208] (505), 513[210] (505), 513[216] (506), 513[223] (508), 513[226] (508), 513[227] (508), 513[228] (509), 513[230] (509), 658[675] (642); **8**, 933[436] (857)
Taylor, F., **2**, 1017[168] (998)
Taylor, G. A., **2**, 191[237] (56), 191[238] (57); **3**, 125f[30]
Taylor, G. E., **3**, 1384[251] (1376); **4**, 606[98] (530), 813[242] (730), 840[34] (826), 840[36a] (828), 840[37] (828)
Taylor, H. P., **4**, 885[37] (851), 907[49] (899)
Taylor, Jr., I. F., **4**, 690[132] (686)
Taylor, J. A., **7**, 726[127] (691, 692)
Taylor, J. E., **2**, 510[245] (432)
Taylor, J. M., **2**, 627[688] (612)
Taylor, K., **3**, 1384[243] (1374); **8**, 365[334] (338)
Taylor, K. A., **5**, 552f[3], 622[72] (551, 576); **6**, 262[133] (254), 346[227] (312T, 312), 741[326] (519), 741[327] (519, 568, 582)
Taylor, K. N. R., **3**, 264[18] (177)
Taylor, L., **2**, 1017[173] (999, 1002), 1018[196] (1002)
Taylor, L. T., **7**, 35f[1], 104[265] (34)
Taylor, M. B., **4**, 97f[16], 153[287] (72)
Taylor, M. D., **1**, 310[555] (299), 310[556] (299); **7**, 195[45] (163)
Taylor, M. J., **1**, 722[179] (710); **3**, 81[65] (6), 81[66] (6); **5**, 520[26] (281); **6**, 1039[30] (993)
Taylor, N. A., **3**, 129f[2], 169[64] (127)
Taylor, N. J., **2**, 194[381] (96), 194[385] (96, 129), 517[668] (490), 620[258] (554), 915f[1], 975[347] (931, 933); **4**, 323[272] (273), 323[324] (280), 387f[9], 608[249] (569, 570f, 571), 609[256] (570f, 571), 609[258] (570f, 571), 609[259] (570f, 571), 609[260] (570f, 571), 609[261] (570f, 571),

609²⁶² (570f, 571), 609²⁶⁴ (570f, 571), 609²⁶⁵ (571), 609²⁷¹ (570f, 574), 873f⁵, 885⁷⁷ (860); **6**, 241²⁰ (236), 469⁷⁰ (467), 469⁷⁰ (467), 871f¹²³, 1061f¹⁴, 1111⁵⁸ (1054, 1065)
Taylor, P. D., **8**, 367⁴⁰⁵ (345)
Taylor, R., **2**, 622³⁹² (571), 631f⁴, 678²⁶² (658), 876f¹, 970⁷¹ (874), 978⁵²¹ (965); **5**, 269³²⁹ (92); **7**, 107⁴¹⁵ (56); **8**, 98²³⁶ (66)
Taylor, R. C., **1**, 263f⁸; **3**, 840f¹¹, 851f²⁶, 851f⁶¹, 851f⁶⁴, 948¹²³ (847); **4**, 322²⁰⁵ (267); **5**, 29f¹²; **6**, 384¹¹⁵ (378)
Taylor, R. D., **2**, 507⁹¹ (409), 512³⁷¹ (445), 512³⁷² (446), 533f³, 973¹⁹³ (897)
Taylor, R. J. K., **7**, 651³¹³ (578), 652³³³ (581)
Taylor, R. T., **2**, 1018¹⁹² (1001, 1004), 1018¹⁹⁵ (1001, 1004); **5**, 269³⁷⁵ (114); **7**, 110⁵⁸⁴ (89)
Taylor, S. E., **2**, 934f⁵
Taylor, S. H., **3**, 87⁴⁵⁷ (67), 1317⁵³ (1281); **4**, 506¹¹⁸ (409, 471, 472), 818⁵⁷³ (784); **5**, 479f⁵, 536¹⁰⁶⁹ (464, 473, 474T, 475T), 622⁵⁵ (550, 551, 562, 598), 624²²² (574, 598), 626³³² (591, 598), 626³⁸² (598), 626³⁸⁵ (599, 600), 626³⁸⁶ (599); **6**, 278¹⁷ᵃ (268), 347²⁸⁵ (316, 317), 348³⁸² (327, 332), 348³⁸³ (327, 332), 384⁹⁹ (377), 384¹⁰⁸ (377), 442²⁷⁶ (395), 443¹⁵⁵ (404), 468²⁶ (458), 468²⁶ (458), 469⁵⁰ (464), 762¹⁷⁰² (736); **8**, 932⁴¹⁹ (855), 1070³²⁷ (1061)
Tazima, Y., **3**, 1071²⁰⁹ (1001)
Tazuke, S., **8**, 280¹¹ (228)
Tazzoli, V., **3**, 1250²⁰⁸ (1201), 1250²⁰⁸ (1201); **6**, 1041¹²⁵ (1011)
Tchakirian, A., **2**, 506⁴ (402), 553f¹
Tchelitcheff, S., **7**, 87f¹³
Tchissambou, L., **3**, 1005f⁵, 1071²¹⁶ (1001), 1075⁴⁷⁰ (1043); **8**, 1066¹⁰⁵ (1028, 1028f)
Tchoubar, B., **8**, 1106¹¹¹ (1101)
Tchoumaevski, N. A., **2**, 503f¹
Tebbe, F. N., **1**, 305²³⁰ (279), 453⁷⁰ (426, 427, 431, 435, 437, 443), 453⁷⁰ (426, 427, 431, 435, 437, 443), 453⁷⁷ (426, 428, 437), 453⁷⁷ (426, 428, 437), 454⁹³ (428, 438), 454⁹⁸ (437, 443); **3**, 88⁵⁴⁷ (79), 279⁵⁸ (278), 328¹⁴¹ (315), 328¹⁷⁰ (322), 328¹⁷¹ (323), 328¹⁷² (324), 328¹⁷⁴ (324), 419f¹¹, 431²⁸⁹ (405, 422), 431³¹⁵ (422), 431³¹⁶ (422), 557²⁷ (550), 645¹⁰ (636), 645²⁶ (639), 709f², 709f⁴, 713f¹, 713f⁶, 731f¹⁰, 731f¹², 736f², 737f⁷, 737f⁸, 737f¹⁵, 750f¹, 750f⁷, 750f¹⁰, 767f¹⁴, 769f⁸, 771f¹³, 772f², 775f¹³, 775f¹³, 775f¹⁶, 775f¹⁷, 778¹¹ (706, 707, 712, 750, 756, 761, 762, 773), 779³⁵ (707, 742, 773, 774), 779³⁶ (707, 713, 762, 774), 779⁴⁹ (709), 779⁵² (709), 780¹⁴² (750, 751), 781¹⁷⁰ (761), 781²⁰⁴ (774), 781²⁰⁷ (774); **4**, 657f²⁰, 689⁵⁷ (668); **6**, 979⁷ (949, 951, 958T), 979⁹ (949, 951, 958T), 980¹⁶ (951, 958T, 959T); **7**, 456¹²⁰ (391); **8**, 292f⁴², 292f⁴³, 363¹⁴⁹ (300), 549⁴¹ (504, 511, 513, 522), 550⁵⁷ᵃ (514, 534, 536), 551¹⁴⁵ (548)
Tebboth, J. A., **4**, 510³⁸¹ (475); **7**, 462⁴⁸² (442)
Tedder, J. M., **2**, 515⁵⁷⁰ (476)
Tedoradze, G. A., **1**, 720³⁴ (687), **2**, 972¹⁴⁴ (889, 890)
Teearu, P., **6**, 738¹³⁶ (497)
Teets, R. E., **3**, 628²⁶ (563)
Teichert, H., **6**, 36²¹¹ (20T, 22T)
Teichner, S. J., **8**, 95³² (26), 609²⁶² (596T)
Teino, M., **8**, 368⁴⁹⁸ (355)
Teisseire, P., **1**, 679⁵⁶⁹ (645), 679⁵⁷⁰ (645); **7**, 224⁴⁹ (201)
Teleshev, A. T., **6**, 444²⁵² (419); **8**, 363¹⁷⁵ (302)
Teller, R. G., **1**, 541²⁰⁸ᵃ (523, 535), 541²⁰⁸ᵇ (523, 535), 542²⁴¹ (535T); **3**, 84²⁷⁵ (40), 1269f⁸ᵇ, 1317¹³ (1268); **4**, 247f⁹, 253f¹, 312f⁹, 320¹⁰⁶ (253), 327⁵⁶⁹ (305, 318), 374⁵⁵ (342, 356), 375⁸⁸ (353, 354, 355, 356), 607¹²² (539f, 540); **5**, 265⁷⁶ (17); **6**, 96¹⁷⁴ (42, 43T), 870f⁹³, 876²⁰⁸ (810, 811); **8**, 296f¹³, 304f²⁴, 361⁵⁰ (287)
Teller, U., **6**, 980⁸⁴ (976, 978T), 1020f⁹⁷, 1020f¹¹¹, 1032f²², 1035f¹⁷, 1039⁴⁸ (995, 1004)
Tel'noi, V. I., **3**, 265⁸⁶ (182), 267²⁵⁰ (214), 334f²⁵, 398f¹⁷, 557³² (550), 557³² (550), 699³⁴³ (673, 689),

699³⁴⁴ (673), 700³⁴⁸ (673), 788f², 946⁵ (785), 988f², 988f⁵, 1070¹⁵⁶ (988, 989, 990), 1081f², 1146⁵ (1080), 1258f², 1317⁵ (1257); **6**, 225¹⁰⁹ (191f), 225¹²⁶ (191f), 225¹²⁷ (191f)
Telschow, J. E., **7**, 108⁴⁷⁰ (65)
Temkin, M. I., **8**, 17¹⁵ (6, 7, 10)
Temkin, O. N., **2**, 972¹⁶⁹ (895); **6**, 262¹⁰⁸ (251), 262¹³⁴ (254), 345²⁰¹ (310), 345²⁰⁵ (310), 346²²² (312T, 312), 468⁶ (456), 746⁶⁶² (566); **8**, 349f¹⁷, 368⁵¹⁶ (359), 368⁵¹⁷ (359), 368⁵¹⁸ (359), 458²⁵⁴ (410)
Tempel, M., **2**, 706¹³² (698)
Tempest, A. C., **3**, 268²⁸³ (219), 268²⁸⁵ (220, 222), 268²⁸⁶ (220, 222), 268³¹³ (230)
Temple, Jr., D. L., **1**, 241¹⁰ (157)
Temple, J. S., **3**, 556⁸ (550), 556¹¹ (550, 552); **8**, 928¹³⁸ (806, 815, 817)
Templeton, D. H., **1**, 259f²², 540¹⁴³ (502, 533T), 540¹⁴⁴ (502, 533T), 541²⁰⁴ (521, 534T), 542²³⁰ (516, 534T), 542²³³ (535T), 542²³⁴ (534T), 542²³⁷ (534T), 542²³⁹ (534T), 542²⁴⁵ (534T); **3**, 264²⁰ (177), 266¹³⁷ (191, 192), 269³⁴⁹ᵃ (235), 269³⁴⁹ᶜ (235), 269³⁵¹ (235, 236), 269³⁵⁵ (238), 270⁴⁰⁸ (255, 256), 1068⁶⁴ (973); **4**, 238²⁹⁵ (203), 760f⁵, 816³⁹⁴ (759); **6**, 746⁶⁸² (574, 574T, 575), 748⁷⁷⁵ (587)
Templeton, J. L., **3**, 86⁴²⁵ (59), 109f⁷, 121f⁷, 780¹⁵⁰ (755), 1119f¹¹ᵃ, 1147⁸³ (1117), 1253³⁸⁷ (1239), 1286f⁸, 1286f⁹, 1318⁸¹ (1283), 1318⁸³ (1284), 1384²⁶² (1379); **6**, 840f⁶³, 875¹⁵¹ (787, 821)
Templeton, L. K., **3**, 269³⁵¹ (235, 236); **6**, 746⁶⁸² (574, 574T, 575)
Tenaglia, A., **8**, 707¹⁷⁴ (678, 686, 687T)
Tenajas, M. L., **5**, 537¹¹²⁸ (475T, 489)
ten Cate, L. C., **3**, 414f⁶
Tenenboim, N. F., **1**, 151¹⁷³ (139)
Tengler, H., **4**, 158⁶¹⁷ (140)
ten Hoedt, R. W. M., **1**, 39²⁷ (10), 41¹⁰⁵ (21), 116⁹⁵ (61, 92, 93, 94); **2**, 713f¹⁰, 713f³⁴, 723f¹⁹, 760¹⁵ (715, 717, 718, 740), 761³⁹ (718, 720, 748), 761⁷⁰ (722, 734, 749, 755, 756, 757), 761⁸⁶ (722, 724, 725, 727, 728, 730, 738, 749, 757), 762¹⁰⁰ (728, 729, 743, 744, 747, 748, 749, 755), 762¹⁰⁰ (728, 729, 743, 744, 747, 748, 749, 755); **4**, 694f¹⁵, 812¹⁴⁹ (714), 813²⁰⁶ (722), 1059⁹⁸ (981), 1060¹⁵⁹ (993, 994); **8**, 669⁷¹ (663T), 937⁷²⁸ (913)
Tenisheva, T. Kh., **2**, 705⁷⁸ (691)
Tennent, H. G., **3**, 461f³⁷, 474¹²¹ (471), 645²⁴ (638, 639), 696¹⁵⁴ (661), 922f¹⁷, 937f⁵, 950³⁰⁸ (916); **4**, 153²⁷⁸ (70), 373²; **5**, 271⁴⁵⁹ (153)
Tennent, N. H., **2**, 971⁷⁸ (874); **4**, 154³²⁴ (78); **6**, 94³⁹ (87), 345¹⁹² (310), 749⁸³⁰ (594T, 595)
Tenney, H. M., **8**, 647³⁰⁷ (632)
Tenny, A. M., **2**, 620²²² (548)
Tenny, K. S., **2**, 620²²² (548)
Tenud, L., **7**, 652³⁶¹ (585)
Teo, B.-K., **4**, 106f³⁸, 323³¹¹ (278, 300), 533f⁴, 640f⁴, 649⁷⁷ (638), 649⁸³ (639); **5**, 266¹⁷⁰ (36), 276⁷⁸⁷ (256), 628⁴⁷³ (613); **6**, 14⁹³ (9), 870f¹⁰², 876¹⁹² (800, 817), 876¹⁹³ (800, 817); **8**, 607¹⁰³ (563)
Teo, W. K., **4**, 664f⁷, 689⁴¹ (667), 841⁸¹ (835), 963⁶⁷ (941); **5**, 524³²¹ (318), **8**, 223¹⁵⁷ (175), 362¹³⁸ (299, 329)
Tepka, W. J., **1**, 60f¹
Tep Kolavudh, **3**, 344f²⁵, 346f⁶, 427⁴⁶ (342, 354)
Teplova, I. A., **6**, 444²³⁹ (418, 421, 426), 445²⁷⁶ (422), 445²⁹⁷ (424), 445³⁰¹ (424), 454³² (451)
Teplova, T. N., **6**, 1029f⁷⁹, 1040⁸⁸ (1001)
Terada, I., **4**, 964¹²⁷ (951), 964¹³⁰ (951, 953); **8**, 364²⁵⁸ (325)
Terada, K., **8**, 771¹⁵³ (738, 753T)
Terai, Y., **5**, 532⁸³⁴ (419, 420); **6**, 753¹¹⁰⁹ (636)
Teranaka, O., **6**, 34⁸⁸ (21T), 94⁶⁵ (55T, 59T, 65), 139³⁷ (104T, 105T, 110, 121T); **8**, 794³⁵ (790)
Teranishi, S., **4**, 965¹⁵⁰ᵃ (956); **5**, 621³⁶ (548); **6**, 362⁷² (360), 362⁷⁴ (360), 362⁷⁵ (360), 362⁷⁷ (360); **8**, 17²⁹ (12), 361²⁰ (286), 459³⁴⁵ (426), 459³⁴⁶ (426), 459³⁴⁷ (426), 459³⁴⁸ (426), 459³⁴⁹ (426), 607¹²⁷ (567,

594T), 607^{128} (567, 594T), 607^{129} (567, 598T), 609^{233} (594T), 610^{295} (598T), 866f^1, 927^{767} (801), 932^{420} (860), 933^{437} (858), 933^{438} (858), 933^{439} (858, 859), 933^{442} (858), 933^{443} (858), 933^{490} (873), 933^{495} (878), 933^{496} (878), 934^{508} (878), 934^{510} (878), 934^{513} (879), 1064^{40} (1019), 1064^{40} (1019)
Terano, M., 3, 547^{91} (521)
Terasawa, M., 8, 459^{346} (426), 607^{127} (567, 594T), 607^{128} (567, 594T), 607^{129} (567, 598T), 609^{233} (594T), 610^{295} (598T), 927^{767} (801), 934^{513} (879)
Terasawa, T., 7, 104^{230} (30)
Terashima, M., 7, 110^{595} (92)
Terashima, S., 8, 497^{109} (493)
Teratani, S., 4, 939f^{11}; 8, 365^{306} (336)
Terekhova, L. I., 3, 628^{20} (562)
Terenghi, G., 6, 143^{269} (118, 121T); 7, 107^{424} (57); 8, 770^{82} (736), 770^{83} (736), 794^{29} (784), 794^{30} (784), 935^{589} (892)
Tergis, P., 1, 245^{263} (186)
TerHaar, G. L., 1, 152^{242} (147), 152^{243} (147); 3, 268^{270} (217, 218)
TerHaar, G. T., 1, 457^{243} (451), 245^{263} (186)
Termont, D., 7, 650^{221} (561)
Terpko, M. O., 8, 864f^3, 933^{478} (870)
Terpstra, A., 5, 532^{837} (419, 420)
Terpugova, N. A., 8, 609^{250} (596T)
Terrell, C. L., 3, 1080f^9
Terrell, D. L., 3, 1256f^8; 4, 319^{11} (245, 278); 5, 5f^4
Terreros, F., 5, 529^{585} (376)
Terreros, F. P., 5, 622^{109} (561), 622^{110} (561, 567), 623^{115} (561, 567); 8, 1105^{79} (1089)
Terreros, R., 5, 539^{1310} (465)
Terry, Jr., H. W., 1, 119^{222} (91)
Tersac, G., 1, 307^{347} (287)
Ter-Sarkisyan, G. S., 7, 363^{31a} (358), 363^{35} (360)
Tertov, B. A., 1, 248^{393} (201); 7, 77f^{11}, 87f^9, 109^{524} (76)
Tertyshnik, G. V., 7, 9f^2
Terunuma, D., 2, 299^{199} (249), 302^{379} (292)
Terzis, A., 4, 649^{92} (642); 6, 1069f^3
Tesmann, H., 1, 120^{302} (109)
Tesseire, P., 1, 681^{692} (662)
Tessie, P., 8, 550^{59b} (515)
Teterina, M.-P., 6, 179^{21} (161, 166), 179^{22} (159T, 162)
Tetteroo, J. M. J., 8, 796^{111} (775)
Teuben, J. H., 1, 247^{353} (197), 248^{437} (207); 3, 310f^3, 310f^4, 328^{113} (310), 328^{118} (311), 328^{120} (311), 328^{121} (311), 328^{122} (311), 328^{123} (312), 328^{124} (312), 328^{125} (312), 328^{128} (312), 398f^{29}, 398f^{36}, 398f^{46}, 411f^{10}, 414f^6, 414f^7, 414f^8, 419f^{19}, 419f^{25}, 427^{30} (337, 356, 394), 428^{143} (365), 430^{259} (395), 430^{269} (401), 430^{273} (402), 430^{274} (402), 430^{279} (402), 431^{302} (409), 431^{307} (413), 557^{515} (550), 632^{243} (608), 699^{294} (671), 701^{405} (677), 701^{413} (677, 678), 701^{415} (677), 701^{416} (677), 701^{421} (678), 713f^2, 713f^3, 736f^{10}, 737f^9, 737f^{10}, 737f^{11}, 750f^2, 750f^3, 750f^8, 764f^3, 779^{77} (719, 739, 743, 756), 779^{78} (719, 742, 743, 751, 756), 780^{114} (739, 742, 756), 780^{118} (740), 780^{141} (750, 751), 781^{179} (763, 764), 782^{222} (778); 8, 1104^{19} (1077), 1104^{25} (1077, 1078), 1104^{26} (1078)
Tevault, D., 2, 970^{33} (867), 970^{33} (867)
Tevault, D. E., 3, 1069^{108} (984); 6, 231^{20} (230)
Textor, M., 1, 409^{35} (387); 6, 224^{44} (194), 749^{853} (597, 598)
Teyssié, M., 1, 120^{306} (111)
Teyssie, P., 3, 269^{342a} (234), 546^{62} (503, 539), 704^{588} (694); 6, 179^{17} (158, 159T), 182^{146} (156, 159T, 162), 182^{168} (162), 383^{78} (373), 384^{86} (374); 7, 458^{231} (405), 462^{493} (443); 8, 707^{188} (701), 708^{226} (701, 703), 708^{226} (701, 703), 930^{270} (837), 935^{612} (896), 935^{616} (896)
Tezuka, Y., 6, 441^{32} (390, 421), 441^{37} (390), 441^{41} (390), 443^{165} (406)

Thackeray, J. R., 3, 701^{453} (682, 683), 701^{454} (682, 683), 701^{456} (683), 701^{457} (683), 701^{458} (683), 701^{459} (683)
Thaisrivongs, S., 1, 380^{443} (368); 7, 197^{199} (190)
Thakar, K. A., 7, 103^{195} (27)
Thakur, C. P., 2, 706^{89} (692)
Thal, A., 1, 671^{18a} (658)
Thalhofer, A., 4, 322^{251} (271)
Thallmair, E., 3, 947^{67} (822)
Thames, S. F., 7, 653^{385} (589)
Than, K. A., 5, 556f^2
Thangaraj, T., 8, 366^{392} (343), 644^{191} (632)
Thankarajan, N., 3, 833f^{19}, 851f^{10}, 863f^{34}, 947^{90} (831)
Thapebinkarn, S., 3, 1073^{351} (1025)
Thasitis, A., 3, 826f^7, 1275f^{11}
Thatcher, J. G., 8, 339f^1
Thavard, D., 4, 612^{460} (596); 6, 225^{115} (204T, 206)
Thayer, J. S., 1, 241^3 (156); 2, 186^3 (3), 199^{586} (143), 199^{586} (143), 199^{587} (143), 513^{411} (453), 619^{180} (545), 619^{181} (545, 549), 677^{197} (652), 677^{200} (652), 1018^{178} (1000); 5, 269^{358} (108); 6, 747^{703} (581)
Thé, K. I., 2, 512^{379} (447, 453), 513^{416} (453)
Thebtaranonth, C., 7, 511^{52} (480)
Thebtaranonth, Y., 3, 1075^{476} (1044); 7, 101^{80} (12); 8, 1066^{131} (1035)
Theilacker, W., 7, 76f^5, 107^{429} (57)
Theisen, D., 8, 549^{18b} (502)
Theissen, F., 1, 679^{549} (642); 7, 456^{70} (383)
Theissen, F. J., 8, 930^{277} (839)
Theissen, R. J., 7, 99^{22} (3)
Thekumparampil, J. K., 2, 706^{109} (695)
Thelen, L., 1, 681^{717} (668)
Theobald, J. G., 3, 736f^9, 745f^{13}, 753f^9, 767f^2, 771f^5, 772f^1, 780^{135} (745, 757)
Theodoropulos, S., 6, 225^{97} (195)
Theolier, A., 4, 965^{179} (961); 6, 736^{42} (482); 8, 361^{66} (288, 329), 538f^1, 538f^4, 551^{134} (538, 541)
Theophanides, T., 6, 737^{79} (489), 737^{80} (489), 737^{103} (492), 752^{1076} (634), 754^{1194} (648T), 755^{1249} (654), 755^{1261} (654), 756^{1316} (663), 759^{1526} (692), 759^{1528} (692), 760^{1583} (704), 760^{1597} (707T)
Theopold, K. H., 3, 695^{80} (653, 665); 8, 551^{119} (532, 533)
Thépot, J. Y., 3, 888f^2
Therrell, Jr., B. L., 1, 272f^{11}
Thery, B., 8, 705^{95} (673), 710^{321} (673)
Theubert, F., 4, 23f^7, 23f^8, 49f^2, 65f^{33}, 150^{83} (24), 150^{84} (24, 55, 66); 6, 1019f^{43}
Thevarasa, M., 2, 617^{26} (524)
Thewalt, U., 2, 197^{510} (123); 3, 326^6 (283), 350f^3, 428^{127} (363), 429^{207} (381), 429^{208} (381), 429^{213} (382), 429^{214} (382), 430^{215} (382), 455f^8, 474^{70} (452), 646^{53} (645); 4, 511^{431} (485); 6, 187^4 (183T, 184)
Thewissen, D. H. M. W, 5, 305f^9, 522^{147} (297, 303T)
Theyson, T. W., 3, 965f^4, 1337f^9; 5, 12f^{16}; 6, 980^{73} (968, 972, 973, 974, 976, 977, 978T), 1020f^{118}
Thibeault, J. C., 3, 85^{367} (51, 53, 55, 56, 57, 58, 60, 63, 64, 65); 4, 389f^3
Thich, J. A., 5, 344f^7, 526^{422} (343), 526^{428} (344)
Thiele, G., 2, 707^{170} (702); 3, 809f^{13}, 1249^{181} (1194); 4, 237^{235} (189T, 190, 192), 237^{239a} (192), 400f^3, 414f^4, 509^{312} (452), 818^{533} (778); 5, 266^{166} (35), 342f^4, 523^{253} (307, 309, 341); 6, 241^{23} (237), 241^{35} (239)
Thiele, K.-H., 1, 68f^4, 125f^{18}, 150^{61} (123, 129), 150^{80} (124, 130), 286f^{42}; 2, 713f^1, 760^{21} (715), 827f^6, 830f^1, 831f^1, 853f^5, 859^3 (824, 826f), 859^{24} (829), 860^{29} (831), 860^{47} (833), 861^{97} (845), 861^{98} (845), 861^{133} (853), 861^{137} (853); 3, 267^{244} (213), 269^{365} (242), 326^{14} (284), 327^{59} (297, 298), 327^{63} (298), 431^{335} (426), 435f^3, 436f^{11}, 436f^{30}, 460f^6, 461f^{22}, 461f^{23}, 463f^2, 463f^4, 473f^6, 473f^7 (434), 473^{19} (437, 442), 473^{26} (438), 473^{32} (439), 474^{63} (448), 474^{80} (459), 474^{85} (462), 474^{87} (462), 474^{88} (462),

474[89] (462, 466), 474[93] (463), 474[102] (464, 465, 466), 474[107] (466), 474[113] (469), 474[119] (471), 645[21b] (638), 646[37] (641), 646[37] (641), 696[110] (657, 661), 696[111] (657), 696[113] (657), 696[126] (658), 696[147] (660, 661), 696[152] (660, 661), 697[165] (661), 697[166] (661), 697[171] (662), 699[292] (671), 699[316] (672), 732f[5], 733f[3], 734f[4], 1308f[1], 1311f[1], 1311f[2], 1311f[4], 1311f[6], 1311f[7], 1319[147] (1309), 6463f[1]; **4**, 153[281] (70); **5**, 68f[7], 137f[8], 270[413] (133); **6**, 94[50] (45, 55T, 65), 94[92] (60T, 64, 79), 95[142] (54T, 55T, 70), 96[201] (49, 53T), 100[415] (55T, 70); **7**, 363[24a] (356), 363[24b] (356), 363[26] (356)
Thiele, W., **2**, 973[220] (900); **8**, 933[468] (867)
Thielke, R. C., **3**, 1137f[11]
Thielmann, F., **1**, 671[19] (558)
Thiem, J., **7**, 658[669] (641)
Thieme, H. K., **4**, 606[92] (529, 530)
Thies, R. W., **7**, 651[325] (579), 651[325] (579), 651[325] (579), 658[701] (642)
Thiessen, R. J., **1**, 246[294] (190)
Thiollet, G., **4**, 511[454] (487), 533f[9]
Thiovolle-Cazat, J., **8**, 456[183] (398)
Thirase, G., **1**, 62f[1]; **2**, 514[519] (468)
Thistlethwaite, G. H., **2**, 676[124] (643), 677[227] (654)
Thivolle-Cazat, J., **8**, 706[126] (690), 708[243] (697), 711[377] (690), 770[86] (720T, 732)
Thoennes, D., **1**, 40[87] (19), 117[115] (65T, 67), 117[117] (65T, 67), 248[401] (202), 248[402] (202), 249[510] (221); **5**, 623[112] (561, 581)
Thom, K. F., **2**, 626[644] (605), 678[289] (661)
Thoma, T., **3**, 1072[293] (1016)
Thomas, B. S., **1**, 537[1c] (460, 463), 539[91] (488, 512), 722[193] (712, 714); **3**, 1381[120] (1344); **6**, 980[28] (954, 959T), 980[36] (956, 959T)
Thomas, C. B., **7**, 511[72] (484), 511[73] (484), 511[74] (484), 512[127] (491, 492), 513[178] (499, 505); **8**, 933[444] (858), 937[743] (918), 938[793] (925)
Thomas, D. K., **2**, 362[176] (349)
Thomas, D. R., **2**, 362[183] (350)
Thomas, F. L., **8**, 223[169] (191), 366[398] (344)
Thomas, G., **1**, 149[40] (122)
Thomas, G. E., **4**, 689[43] (667)
Thomas, H., **8**, 605[19] (553)
Thomas, H. T., **7**, 253[124] (246)
Thomas, J., **7**, 101[91] (13); **8**, 644[206] (633)
Thomas, J. C., **6**, 1028f[46]
Thomas, J. L., **3**, 265[84] (182), 265[119] (187), 266[147] (194), 557[61] (556), 633[300] (611, 612), 704[590] (694), 710f[6], 713f[8], 737f[2], 750f[4], 753f[1], 780[140] (750), 1249[186] (1196), 1250[201] (1199, 1244), 1381[113] (1343), 1381[115] (1343, 1379); **8**, 291f[33], 291f[34], 367[426] (348)
Thomas, K., **5**, 531[718] (398, 399)
Thomas, K. M., **1**, 41[104] (21), 42[164] (35), 42[166] (35), 249[470] (212); **2**, 194[384] (96), 198[539] (139), 625[580] (597), 762[98] (728); **4**, 241[476] (219, 222), 606[66] (522), 840[76] (835), 907[41] (898), 1059[140] (990), 1063[399] (1055); **5**, 523[255] (307), 621[48] (550), 625[263] (580); **8**, 1088f[4], 1092f[2], 1105[84] (1092)
Thomas, L., **3**, 1137f[17]
Thomas, L. F., **6**, 453[11] (448)
Thomas, M., **8**, 457[187] (399)
Thomas, M. A., **3**, 398f[41]; **4**, 819[608] (795)
Thomas, M. D. O., **6**, 142[173] (105T, 134T, 138), 759[1540] (694)
Thomas, M. G., **4**, 324[396] (288), 607[161] (546), 1063[343] (1044); **5**, 628[498] (617), 628[499] (617); **6**, 140[87] (133T, 134, 134T, 138), 141[118] (123T, 128, 134T, 138), 141[132] (105T, 134T, 138), 143[270] (124T, 129, 133T, 134T, 136, 138), 845f[272]; **8**, 97[185] (58), 364[268] (327), 364[273] (327), 405f[15], 642[82] (632), 642[88] (632), 643[155] (632), 669[33] (658T), 669[42] (657T, 664), 669[51] (658T), 705[79] (672)
Thomas, P. D. P., **1**, 700f[1], 722[208] (714), 722[209] (714); **6**, 942[79] (901, 902T, 903T)
Thomas, P. J., **8**, 888f[6], 934[542] (884)
Thomas, R., **4**, 158[587] (136); **5**, 531[765] (410, 440, 445), 531[767] (410)

Thomas, R. C., **7**, 322[42] (314)
Thomas, R. D., **2**, 195[403] (101)
Thomas, R. H. P., **2**, 191[241] (57)
Thomas, S., **4**, 690[130] (685)
Thomassen, Y., **2**, 1017[110] (994, 1009)
Thomassin, J. M., **3**, 546[62] (503, 539); **8**, 707[188] (701)
Thomassin, R. B., **2**, 509[183] (421)
Thomasson, J. E., **4**, 154[362] (90), 374[74] (347)
Thömel, F., **8**, 459[351] (426, 427), 459[352] (427), 704[4] (681), 704[41] (685T, 685)
Thommen, W., **7**, 728[220] (713)
Thompson, A. J., **6**, 227[194] (190, 191)
Thompson, A. R., **2**, 618[100] (537)
Thompson, A. W., **7**, 66f[4]
Thompson, C. C., **1**, 272f[6]
Thompson, D. A., **1**, 454[94] (428), 455[159] (435, 440, 443), 537[25a] (462), 537[25b] (462), 538[63b] (476, 523), 539[96] (489, 508, 536), 539[99c] (489, 528); **5**, 627[427] (602); **8**, 304f[3]
Thompson, D. J., **3**, 368f[11], 556[9] (550); **4**, 505[110] (408), 507[187] (430), 510[370] (470); **8**, 471f[16], 1009[149] (979, 980), 1010[163] (983, 986, 988, 996), 1010[191] (994), 1011[230] (1007)
Thompson, D. T., **3**, 632[264] (620), 798f[13a], 833f[53], 833f[92], 851f[4], 948[142] (860), 1244[94] (1177); **4**, 106f[29], 323[266] (272, 301), 323[302] (277, 302), 323[312] (278, 301), 324[369] (286), 325[409] (290, 293), 325[443] (293), 327[542] (302), 810[31] (696), 840[70] (833), 840[74] (834), 884[4] (844, 850, 871), 887[185] (881); **6**, 35[143] (24), 35[161] (30), 361[40] (355), 445[294] (423), 742[365] (524, 674, 679), 745[598] (559), 760[1585] (704, 708f, 714), 840f[56], 842f[163], 875[104] (777); **8**, 305f[43], 378f[16]
Thompson, D. W., **1**, 681[689] (661); **3**, 279[55] (277), 473[53] (446); **7**, 456[85] (385), 456[114] (390)
Thompson, E. A., **2**, 201[653] (159); **7**, 651[300] (576)
Thompson, J. A. J., **2**, 679[362] (668), 1018[185] (1001), 1018[186] (1001); **4**, 238[308] (204, 205); **6**, 1066f[2], 1066f[5]
Thompson, J. B., **6**, 140[57] (104T, 122T), 382[12] (364)
Thompson, J. C., **2**, 193[348] (89), 296[13] (211, 236), 296[16] (211), 301[295] (271), 678[295] (662)
Thompson, J. F., **2**, 201[669] (163), 361[108] (324)
Thompson, J. L., **7**, 651[303] (576)
Thompson, J. M., **6**, 343[26] (282), 347[322] (339); **8**, 861f[4], 936[671] (904)
Thompson, J. P., **6**, 346[210] (311)
Thompson, L. K., **6**, 224[16] (202, 203T), 1112[144] (1080, 1095)
Thompson, M. E., **7**, 158[33] (145), 226[189] (216)
Thompson, M. L., **1**, 452[20] (417, 421, 427, 432, 433), 455[167] (438, 439), 539[113c] (493), 547f[1], 552[30] (547)
Thompson, M. R., **2**, 190[196] (44); **4**, 649[110] (645, 646); **5**, 271[506] (168, 207), 276[807] (261, 262), 538[1209] (488); **6**, 868f[9], 874[44] (767, 773)
Thompson, N., **3**, 1071[233a] (1008, 1018, 1038)
Thompson, N. R., **1**, 304[173] (270); **4**, 321[129] (257)
Thompson, P. G., **1**, 308[423] (292)
Thompson, P. J., **2**, 796f[5], 820[133] (791, 793, 807), 820[148] (794, 807), 820[187] (808), 821[192] (812); **6**, 742[416] (530, 556), 742[417] (530, 556), 742[418] (530), 742[419] (530, 556, 557), 745[574] (553), 745[589] (556, 557, 582), 746[638] (564), 747[687] (575, 577); **8**, 551[111b] (529)
Thompson, R. C., **2**, 622[388] (571)
Thompson, R. J., **1**, 303[87] (267); **2**, 1019[278] (1010)
Thompson, R. S., **5**, 373f[18], 528[566] (369)
Thompson, S. J., **5**, 357f[5], 373f[11], 373f[12], 374f[2], 374f[3], 527[479] (356, 357, 369, 490, 491), 528[557] (369, 394), 528[561] (369), 528[562] (369), 536[1074] (356, 472, 512, 514), 538[1219] (491), 604f[11], 604f[12], 606f[7], 608f[10], 610f[4], 626[368] (596, 607, 611), 627[441] (605, 611), 627[449] (605, 611), 628[467] (611); **8**, 1068[204] (1045, 1046), 1069[293] (1057)
Thompson, W. H., **5**, 623[157] (565)
Thompson, W. J., **7**, 252[17] (231)
Thomsen, M. E., **6**, 444[244] (418), 444[247] (419)

Thomson, A. J., **3**, 695^{47} (651); **4**, 320^{52} (248), 816^{407} (761); **5**, 275^{722} (245)
Thomson, B. J., **4**, 819^{594} (793); **8**, 1064^{31} (1018), 1068^{205} (1046)
Thomson, D. T., **8**, 221^{54} (116, 121, 122, 138, 140, 145, 174, 175, 176, 188, 190, 192, 203, 204), 221^{57} (116, 126, 132, 138, 140, 159, 166, 167, 170, 173-175, 181, 186, 188, 190, 192, 201, 206-208, 210, 212, 213, 214, 217)
Thomson, J., **6**, 93^{19} (87, 91T), 94^{68} (86), 95^{106} (86), 97^{233} (86), 97^{239} (86)
Thomson, J. B., **5**, 538^{1194} (485); **6**, 753^{1140} (639)
Thomson, M. A., **4**, 812^{151} (714), 814^{312} (748)
Thomson, R. A., **6**, 1113^{188} (1090)
Thomson, S. J., **8**, 360^{4} (286)
Thomson, T. B., **1**, 119^{250} (97, 100, 101, 101T)
Thönnessen, M., **1**, 409^{73} (401, 402), 409^{74} (402); **5**, 258f^{8}, 272^{574} (191); **6**, 143^{254} (117, 121T)
Thorausch, P., **2**, 513^{461} (459)
Thoren, S., **7**, 253^{103} (243)
Thorez, A., **5**, 628^{474} (613, 614); **8**, 362^{92} (292)
Thorn, D. L., **3**, 80^{22} (3), 82^{142} (18, 20, 21, 23), 85^{367} (51, 53, 55, 56, 57, 58, 60, 63, 64, 65), 87^{495} (71, 72), 87^{512} (74, 75), 88^{547} (79); **4**, 389f^{3}, 607^{160} (546, 549, 550, 553, 556, 561, 579), 607^{161} (546), 648^{37} (625); **6**, 143^{270} (124T, 129, 133T, 134T, 136, 138), 845f^{272}; **8**, 280^{49} (245, 247, 264), 281^{95} (262), 304f^{7}, 364^{273} (327), 454^{44} (379), 551^{116} (531), 669^{51} (658T)
Thorn, V., **3**, 833f^{80}, 838f^{11}
Thornback, J. R., **4**, 811^{119} (708), 812^{157} (715), 812^{157} (715), 812^{169} (716), 886^{123} (868), 1063^{353} (1046), 1063^{371} (1050)
Thorne, D. E., **7**, 511^{55} (480)
Thorneley, R. N. F., **8**, 1104^{3} (1074), 1106^{119} (1103)
Thornhill, D. J., **3**, 965f^{2}, 1067^{28} (965), 1380^{81} (1336); **5**, 33f^{20}, 34f^{11}, 266^{146} (31, 35), 266^{161} (35); **6**, 844f^{235}, 1018f^{9}, 1027f^{3}
Thornton, D. A., **2**, 707^{169} (702, 703); **3**, 798f^{13b}, 851f^{5}, 863f^{26}; **4**, 325^{442} (293)
Thornton-Pett, M., **3**, 431^{332} (426)
Thorp, R., **4**, 812^{159} (715)
Thorpe, D., **3**, 428^{85} (357)
Thorpe, F. G., **1**, 250^{569} (230), 273f^{39}, 753^{83} (739, 749), 754^{130} (749); **2**, 908f^{14}, 971^{120} (885), 972^{186} (896), 976^{418} (950, 951); **7**, 336^{22} (326), 513^{189} (502, 507), 513^{221} (507, 508); **8**, 932^{409} (858)
Thorsett, E. D., **8**, 771^{163} (739, 757T)
Thorsteinson, E. M., **5**, 27f^{2}, 29f^{1}, 29f^{7}, 266^{125} (26, 27), 523^{239} (307); **6**, 33^{3} (15), 1021f^{129}
Thorwart, W., **4**, 508^{265} (444)
Thrall, C. L., **2**, 516^{586} (479)
Threlkel, R. S., **3**, 279^{27} (272), 629^{72} (569, 570), 631^{216} (599, 603, 605, 616), 631^{216} (599, 603, 605, 616), 713f^{11}, 722f^{9}, 722f^{10}, 736f^{6}, 737f^{3}, 753f^{6}, 779^{69} (717), 780^{132} (745); **4**, 510^{384} (475)
Throckmorton, M. C., **3**, 267^{220} (210); **8**, 710^{327} (701), 711^{351} (701), 711^{358} (701), 711^{359} (701), 711^{364} (701)
Throndsen, H. P., **3**, 918f^{4}, 951^{311} (916), 951^{321} (923, 927)
Thrower, J., **2**, 713f^{7}, 761^{63} (721)
Thuillier, A., **7**, 105^{302} (41), 105^{302} (41), 105^{314} (42)
Thurman, N., **2**, 972^{140} (889)
Thuy, N. H., **3**, 1252^{348} (1231); **4**, 380f^{25}, 612^{485} (565f, 597), 815^{336} (751)
Thweatt, J. G., **7**, 650^{220} (560)
Thyret, H., **5**, 538^{1229} (494)
Thyret, H. E., **4**, 504^{8} (381); **6**, 262^{84} (249), 446^{337} (432, 436, 438), 753^{1114} (637); **8**, 435f^{17}, 459^{358} (431, 432), 460^{412} (434)
Tibbetts, D. L., **6**, 444^{206} (410, 419, 421)
Tibbetts, F. E., **5**, 76f^{3}; **6**, 345^{161} (306); **7**, 109^{553} (80)
Ticozzi, C., **2**, 706^{138} (698); **6**, 344^{119} (300T, 303), 344^{124} (300T, 303), 344^{135} (302)
Tidwell, E. R., **1**, 119^{266} (99)

Tidwell, T. T., **2**, 970^{36} (868, 884); **7**, 105^{291} (39), 158^{26} (144)
Tiecco, M., **2**, 515^{573} (477)
Tiedtke, G., **5**, 275^{739} (249); **6**, 99^{400} (87, 91T), 227^{192} (192, 193T, 199, 201T)
Tieghi, G., **6**, 93^{20} (51, 53T), 94^{69} (51, 53T), 94^{70} (51, 53T), 95^{114} (51, 53T), 443^{170} (406); **8**, 795^{82} (790)
Tien, C.-F., **7**, 8f^{12}
Tien, R. Y., **2**, 533f^{9}, 534f^{4}, 624^{522} (589, 590)
Tierney, P. A., **7**, 141^{34} (117), 196^{172} (184)
Tiethof, J. A., **5**, 355f^{6}, 355f^{7}, 527^{465} (354), 527^{466} (354); **8**, 304f^{14}
Tiffany, B. D., **7**, 511^{67} (482)
Tifft, E. C., **2**, 976^{425} (950)
Tigler, D., **7**, 17f^{3}
Tihanyi, B., **6**, 35^{123} (21T, 24)
Tikhonov, G. F., **8**, 458^{254} (410)
Tikhonov, V. D., **3**, 334f^{25}, 398f^{17}
Tilhard, H.-J., **7**, 103^{204a} (28)
Tillay, E. W., **3**, 1249^{163} (1191)
Tille, D., **3**, 430^{248} (392), 922f^{15}, 924f^{5}, 924f^{7}, 933f^{2}, 933f^{13}, 933f^{14}, 933f^{19}, 942f^{10}
Tilley, B. P., **1**, 275f^{8}, 308^{469} (294), 308^{470} (294)
Tilley, T. D., **3**, 266^{137} (191, 192), 266^{193} (207)
Tillmetz, K. D., **8**, 96^{105} (41, 57)
Tilney-Bassett, J. F., **6**, 142^{200} (136), 142^{201} (136), 844f^{256}, 844f^{257}, 870f^{103}
Timberlake, J. F., **1**, 754^{141} (752)
Timm, D., **8**, 930^{278} (839)
Timmer, K., **6**, 749^{834} (593, 594T, 595T)
Timmermans, G. J., **8**, 363^{181} (305)
Timmers, F. J., **3**, 714f^{4}
Timms, D. G., **3**, 547^{101} (531)
Timms, P. L., **1**, 306^{278} (282), 306^{279} (282), 375^{160} (332), 375^{161} (332), 375^{162} (332), 409^{67} (400), 409^{70} (400, 401), 452^{15} (415), 538^{55} (473); **2**, 296^{13} (211, 236), 302^{372} (291), 515^{577} (478, 479, 481, 486); **3**, 83^{250} (35), 326^{2} (282), 326^{34} (291), 326^{40} (292), 702^{518} (688), 703^{519} (688), 703^{584} (693), 981f^{1}, 981f^{1}, 981f^{5}, 981f^{14}, 981f^{21}, 981f^{22}, 1069^{93} (979), 1069^{94a} (979, 985), 1069^{94e} (979, 982), 1069^{94f} (979), 1069^{96} (981, 1054, 1061), 1069^{98} (981, 1021), 1069^{100} (981, 982, 988, 990, 999, 1015, 1054), 1076^{541a} (1058), 1205f^{8}, 1250^{229} (1205, 1210); **4**, 380f^{27}, 400f^{10}, 400f^{10}, 435f^{22}, 479f^{4}, 504^{30} (385), 507^{228} (439, 500), 819^{654} (806); **5**, 264^{2} (2), 272^{537} (178, 188), 272^{572} (190); **6**, 140^{65} (117, 121T), 140^{78} (103, 104T, 110); **8**, 769^{11} (723T, 732), 1068^{225} (1048)
Timms, R. E., **2**, 621^{336} (565), 621^{338} (565)
Timms, R. N., **6**, 446^{344} (434), 446^{345} (434); **8**, 928^{120} (805, 813, 814, 816), 928^{125} (805), 928^{131} (805)
Timney, A. J., **3**, 11f^{1}, 11f^{1}, 81f^{89} (10)
Timofeeva, T. M., **8**, 668^{21} (662, 663T)
Timokhin, B. V., **1**, 246^{334} (195); **7**, 108^{447} (61), 108^{453} (62), 108^{454} (62)
Timony, P. E., **1**, 304^{139} (269)
Timoshenko, M. M., **2**, 974^{280} (920)
Timyakova, E. I., **8**, 549^{19} (503, 505)
Tin, K.-C., **7**, 108^{490} (70)
Ting, J.-S., **7**, 109^{542} (79)
Tinhof, W., **1**, 304^{130} (269), 378^{322} (356), 380^{470} (370)
Tinker, H. B., **8**, 222^{93} (121), 607^{139} (569)
Tinkler, H. B., **5**, 622^{87} (557, 602)
Tinsley, S. W., **7**, 455^{53} (382), 455^{68} (383)
Tinyakova, E. I., **1**, 247^{349} (197), 250^{566} (230); **3**, 327^{62} (298), 327^{65} (298), 473^{16} (437), 546^{65} (504), 547^{114} (537, 539), 547^{115} (537), 547^{137} (544), 759f^{1}, 780^{122} (741), 781^{159} (759), 924f^{10}, 1308f^{2}, 1311f^{11}, 1311f^{12}, 1319^{150} (1311); **6**, 179^{5} (146T, 147, 156, 159T, 160), 179^{18} (159T, 160), 180^{44} (158, 161, 165T), 181^{130} (158, 159T, 160), 181^{132} (161), 182^{188} (166); **8**, 550^{82} (518), 705^{90} (701), 706^{127} (701), 708^{205} (701), 708^{209} (702), 708^{217} (702), 708^{221} (701), 708^{229} (701), 708^{238} (701)
Tippe, A., **6**, 945^{267} (933)

Tipper, C. F. H., **2**, 618⁹³ (536, 537, 538), 876f¹, 970⁴⁹ (870, 871, 898, 952), 970⁷¹ (874), 977⁴³⁴ (953, 954), 978⁵²¹ (965); **6**, 746⁶⁷⁵ (573, 580), 746⁶⁷⁹ (573), 747⁶⁸⁵ (574, 577), 747⁶⁸⁶ (575, 576), 747⁶⁸⁷ (575, 577), 747⁶⁸⁸ (575), 747⁶⁸⁹ (576), 747⁶⁹¹ (577), 747⁶⁹⁹ (579), 747⁷⁰⁰ (579), 747⁷⁰² (580); **8**, 551¹¹¹ᵃ (529), 551¹¹¹ᵇ (529)
Tipping, A. E., **2**, 194³⁶⁰ (93), 298¹¹⁸ (236), 298¹¹⁸ (236); **7**, 647⁷⁹ (531, 533)
Tipton, D. L., **3**, 771f¹, 775f⁴, 779⁵⁹ (712, 772), 1106f⁵, 1108f⁶, 1112f⁶, 1112f⁷, 1115f², 1269f¹¹, 1317⁵⁷ (1281, 1282), 1381¹¹⁹ (1344), 1384²⁴⁹ (1376); **6**, 96¹⁷⁴ (42, 43T), 96¹⁷⁴ (42, 43T), 227²¹⁰ (213, 213T), 943¹²¹ (905, 906T, 917, 918T)
Tirayanti, G., **2**, 1019²⁷⁴ (1010)
Tiripicchio, A., **1**, 538⁴⁶ (472); **2**, 762¹¹⁹ (737), 819⁷⁴ (777); **3**, 170¹¹⁵ (147); **4**, 607¹⁸³ (549, 551, 553f), 609²⁹⁵ (577), 648²⁵ (621), 648²⁶ (621), 648²⁷ (621), 649⁶⁷ (636), 658f⁴⁸, 884²⁶ (849), 885⁷⁵ (859), 885⁸⁶ (861), 885⁸⁷ (861), 885⁸⁸ (861), 885⁹⁰ (862), 907⁴⁵ (898), 929²⁹ (927), 929³⁰ (927), 929³¹ (927), 929³⁶ (928); **5**, 539¹²⁹⁴ (292); **6**, 97²²⁸ (88, 92T), 97²²⁹ (89, 92T), 97²³⁰ (89, 92T), 100⁴¹⁸ (88), 100⁴¹⁸ (88), 143²⁴⁸ (134T, 136), 144²⁷⁸ (134T, 136), 144²⁷⁹ (136), 226¹⁸⁸ (212, 213T), 226¹⁸⁸ (212, 213T), 228²⁶⁸ (212, 213T), 228²⁶⁹ (212), 754¹¹⁷³ (641, 643T), 757¹³⁶⁴ (669), 806f⁴³, 806f⁴⁴, 870f⁸⁵, 870f¹⁰⁴, 870f¹⁰⁵, 870f¹⁰⁶, 870f¹⁰⁸, 871f¹³¹, 871f¹³², 871f¹³³, 871f¹³⁴, 871f¹³⁵
Tiripicchio Camellini, M., **2**, 762¹¹⁹ (737); **4**, 609²⁹⁵ (577), 658f⁴⁸, 884²⁶ (849), 885⁸⁸ (861), 907⁴⁵ (898), 929²⁹ (927), 929³⁰ (927), 929³⁶ (928); **5**, 539¹²⁹⁴ (292); **6**, 754¹¹⁷³ (641, 643T)
Tirouflet, J., **1**, 385f⁵; **3**, 327⁸³ (302), 344f²⁵, 346f⁶, 376f²³, 407f¹³, 427⁴⁶ (342, 354), 428¹²⁵ (363), 429¹⁵¹ (366, 408), 429¹⁵³ (370, 374), 429¹⁵⁴ (370), 429¹⁵⁵ (370), 429¹⁵⁶ (370), 429¹⁵⁸ (370), 429¹⁷⁵ (374), 429¹⁷⁷ (374, 375), 431²⁹² (405), 431²⁹⁸ (405), 431³²⁷ (425), 629⁵¹ (568), 697²⁰⁹ (664, 676), 699³¹³ (672, 679, 682), 700³⁹⁶ (676), 1004f³⁴, 1071²³⁹ (1008, 1050), 1072²⁷⁶ᵃ (1014), 1073³³⁹ (1024), 1073³⁴⁵ᵃ (1024), 1076⁴⁹² (1050); **4**, 510⁴⁰⁹ (482); **8**, 1065⁷³ (1025), 1065⁷⁷ (1025), 1068²²⁰ (1048)
Tirpak, J. G., **7**, 726¹¹¹ (687)
Tirpark, M. R., **5**, 194f³
Tischler, S. A., **7**, 98f¹⁹
Tishchenko, G. N., **2**, 517⁶⁸⁶ (502)
Tishchenko, L. M., **8**, 349f¹⁷
Tishler, M., **1**, 244²⁰¹ (177)
Titchmarch, D. M., **2**, 978⁴⁹⁵ (962); **5**, 269³³⁵ (96, 98, 108, 112)
Titeria, R., **1**, 302⁶² (264)
Titov, V. A., **6**, 95¹²⁰ (90, 92T)
Titov, V. V., **8**, 1066¹³⁸ (1037)
Titova, S. N., **6**, 181¹²¹ (159T, 164, 165T), 226¹⁵⁶ (203T), 226¹⁸⁰ (205T, 208), 226¹⁸⁵ (205T, 208), 228²⁶⁶ (205T, 208), 263¹⁴⁵ (255), 445²⁹⁷ (424), 445³¹¹ (427), 1029f⁶⁹, 1029f⁸¹, 1032f³¹, 1033f⁴, 1040⁶⁷ (997, 1001), 1040⁹⁰ (1003), 1040¹⁰¹ (1004, 1008), 1040¹⁰² (1004), 1113²⁰¹ (1095)
Tittle, B., **2**, 705⁴³ (686)
Titus, D. D., **4**, 328⁶⁵⁷ (313)
Tius, M. A., **7**, 654⁴⁶⁵ (601), 658⁶⁹⁰ (643), 726¹⁰⁴ (675, 685); **8**, 1008⁷⁰ (957)
Tiwari, K. P., **8**, 936⁶⁹⁴ (907), 936⁶⁹⁶ (907)
Tjioe, P. S., **2**, 1016⁸¹ (987)
Tkáč, A., **6**, 95¹⁰⁴ (45), 95¹⁰⁵ (45); **8**, 771¹¹⁸ (769), 771¹¹⁹ (769), 771¹⁵⁴ (769), 771¹⁵⁷ (769)
Tkach, V. S., **6**, 95¹⁰⁸ (45); **8**, 385f³⁶, 641²⁷ (621T), 642⁵⁹ (621T, 622T), 642¹⁰¹ (621T), 643¹³⁵ (622T), 643¹⁶⁰ (621T), 644²⁰² (621T, 632), 646²⁷³ (622T), 646²⁸⁵ (621T)
Tkachenko, Z. I., **4**, 1058⁷³ (976)
Tkachev, V. V., **3**, 428¹³² (363)
Tkatchenko, I., **1**, 679⁵⁸⁴ (647); **3**, 279⁴² (274); **6**, 34⁸⁰ (19T, 22T, 26), 97²⁴⁷ (83), 182¹⁸⁰ (171), 347²⁷⁸ (315, 316, 326, 327); **8**, 96⁸⁶ (41, 49, 53, 58), 98²¹⁶ (61), 339f²⁴, 362¹³⁵ (297, 328), 405f³, 425f⁹, 456¹⁸³ (398), 457²¹⁶ (404, 407), 643¹¹¹ (634T), 644²⁰¹ (621T, 622T), 705⁷⁸ (673), 706¹⁰⁴ (673), 706¹²⁶ (690), 708²⁴³ (697), 709²⁴⁹ (673), 709²⁵³ (672, 673), 710³⁰² (690), 711³⁷⁷ (690), 770⁸⁶ (720T, 732)
Toan, T., **4**, 640f³, 640f⁴, 648⁵⁸ (633, 643), 649⁸³ (639), 649⁸⁴ (639), 649⁹⁰ (642), 649⁹⁹ (642), 649¹⁰³ (643); **5**, 273⁶¹⁵ (208), 534⁹⁷⁰ (442)
Tobe, M. L., **2**, 188⁷⁹ (20); **3**, 863f², 1089f⁸ᵇ; **6**, 746⁶⁵⁴ (565), 841f¹¹¹, 875⁹⁴ (776), 1029f⁷⁰; **8**, 368⁵⁰⁷ (357)
Tobias, R. S., **1**, 722¹⁸⁷ (712), 722¹⁹⁰ (712), 722¹⁹¹ (712), 723²⁴⁴ (717); **2**, 621²⁸⁶ (557, 558), 622³⁷⁴ (569), 623⁴⁶³ (581), 677²²¹ (654), 762¹²⁴ (739), 787f³, 787f⁴, 787f⁵, 796f³, 796f¹¹, 818⁵³ (774, 795, 797), 819¹⁰⁸ (788, 793), 819¹⁰⁹ (788), 819¹¹⁰ (787), 819¹¹⁴ (789), 819¹¹⁵ (789), 819¹¹⁷ (789), 819¹¹⁸ (789), 819¹¹⁹ (789, 801), 819¹²⁰ (790), 820¹²⁸ (790), 820¹³² (791), 820¹³⁹ (793), 820¹⁴⁰ (793, 794, 800, 801), 820¹⁴¹ (793, 794), 820¹⁴³ (794), 820¹⁴⁴ (794, 795), 820¹⁸⁵ (807), 912f⁶, 934f³, 934f⁴, 944f¹⁰, 973²²⁴ (900); **3**, 428¹³⁹ (365, 378), 429¹⁹³ (378), 701⁴⁴³ (682, 684), 701⁴⁴⁴ (682, 684); **6**, 740²⁵⁹ (514, 516, 581), 747⁷⁰⁵ (581), 748⁷⁵² (585), 748⁸⁰¹ (589)
Tobin, M. C., **2**, 674¹¹ (630)
Tobin, P. S., **7**, 97f²⁰
Toby, B., **3**, 1247⁸⁸ᵃ (1175)
Tochtermann, W., **2**, 973²⁵⁰ (906)
Toda, F., **4**, 460f⁹, 612⁴⁹⁶ (598)
Toda, N., **8**, 496⁴⁴ (475)
Toda, S., **2**, 704⁸ (684), 1019²⁸⁷ (1012f)
Todd, D., **3**, 788f⁸, 1081f⁹, 1258f⁸
Todd, J. F. J., **1**, 378³²³ (356)
Todd, K. H., **3**, 1076⁵¹⁶ (1054, 1055, 1059, 1060), 1076⁵²⁰ᵇ (1055), 1076⁵³⁹ (1058), 1077⁵⁸⁷ (1065)
Todd, L. J., **1**, 303⁸² (266), 453⁶⁵ (424), 453⁶⁶ (424), 455¹⁵⁹ (435, 440, 443), 456²²³ (446), 456²³⁸ (450), 538²⁶ (462), 538³⁸ (469, 478, 510, 533), 538⁴³ᵇ (471, 490, 515, 528, 536), 538⁷² (480, 525, 534), 539⁹⁹ᵇ (489, 514), 539⁹⁹ᵉ (489, 514), 539¹⁰¹ (490, 514), 540¹⁶⁷ (513, 528), 541¹⁹³ᵇ (520), 541²¹⁰ᵃ (524), 541²¹⁰ᶜ (524), 541²¹⁰ᵈ (524), 541²¹¹ᵃ (524), 541²¹¹ᶜ (524), 541²¹³ᵃ (525), 541²¹³ᵇ (525), 541²¹³ᶜ (525, 526, 534), 541²¹⁴ (525, 526, 534T), 541²¹⁵ (526), 541²¹⁶ (526), 541²¹⁸ (526), 541²²¹ (527), 552⁶ (543), 552²⁴ (546), 552²⁶ (546), 552²⁷ (546), 552²⁸ (546), 553³⁵ (547, 549), 553³⁶ (548), 553³⁷ (548), 553³⁸ (548), 553⁴⁴ (548, 549), 553⁴⁹ (549), 553⁵⁰ (549), 553⁵¹ (549), 553⁵² (549), 553⁵⁴ (549), 553⁵⁵ (549), 553⁵⁶ (549), 553⁵⁷ (548), 553⁵⁸ (549), 553⁵⁹ (549), 553⁶¹ (550), 553⁶⁶ (550), 553⁶⁸ (551), 553⁶⁹ (551), 553⁷⁰ (551); **2**, 977⁴⁵¹ (957), 977⁴⁶⁴ (957); **3**, 120f¹¹, 170¹³⁸ (154), 170¹⁴² (154), 694¹⁹ (649), 899f¹, 1074³⁸² (1032), 1074⁴¹¹ (1035), 1248¹⁴⁰ (1186), 1252³⁶⁹ (1234); **4**, 234²⁶ (164), 321¹⁷⁹ (264), 329⁶⁷³ (316), 374⁶¹ (343), 608¹⁹² (553, 553f), 609²⁹⁴ (577, 579), 648¹⁹ (619), 689³⁵ (666); **5**, 285f², 362f², 362f³, 404f⁴³, 418f⁹, 523²³² (305), 532⁸⁰⁶ (416), 534⁹⁶² (442, 458), 534⁹⁷¹ (442), 622⁷⁶ (552); **6**, 225¹⁰⁶ (214T), 227²³² (214T, 215T, 215, 220, 221), 227²³⁹ (220), 876¹⁸⁸ (797), 945²⁷⁷ (936, 937T), 945²⁷⁸ (936, 937T), 945²⁸¹ (936, 937T, 938), 945²⁸⁸ (941), 945²⁸⁹ (941); **7**, 679f²
Todd, P. F., **3**, 327⁹⁹ (307), 632²⁴⁰ (567, 607, 609); **4**, 326⁵¹⁵ (299); **8**, 368⁴⁹² (354), 550⁶²ᵇ (515, 521, 531, 534, 535)
Todhunter, J. A., **2**, 972¹⁶⁷ (895)
Todozhokova, A. S., **8**, 331f³²
Todres, Z. V., **3**, 269³⁴²ᵇ (234)
Todt, E., **1**, 720³⁰ (687)
Todwinter, J. A., **2**, 894f¹¹
Toeniskoetter, R. H., **1**, 696f¹⁷, 721⁹⁷ (698)
Toepel, T., **8**, 411f⁶, 458²⁴⁴ (410, 412), 670⁹¹ (650)
Toft, M. A., **6**, 944²¹⁷ (922, 923), 944²²⁵ (923)
Togashi, S., **4**, 981f¹²
Togo, H., **7**, 654⁴⁶⁷ (601)

Tohda, Y., **6**, 97²²² (85, 91T), 348³⁹² (329), 468²⁸ (459), 742³⁷⁷ (525, 706); **8**, 331f²³, 937⁷²³ (912), 937⁷⁸¹ (923)
Toi, H., **7**, 159⁸³ (146, 149), 253¹¹⁰ (244), 300¹²⁵ (288), 300¹²⁶ᵃ (288)
Tojima, H., **8**, 711³⁷¹ (702)
Tokach, S. K., **2**, 193³⁵² (91)
Tokareva, S. E., **3**, 427²⁶ (336); **6**, 979² (948, 958T, 965); **8**, 366³⁶⁵ (342)
Tokas, E. F., **5**, 240f⁹, 534⁹⁷³ (442), 535⁹⁸⁷ (445)
Tokina, L. A., **6**, 757¹⁴²¹ (674)
Tokizane, S., **8**, 457²³¹ (407), 707¹⁶⁶ (680), 709²⁶² (680), 709²⁶³ (680)
Tokizawa, M., **8**, 445f³, 461⁴⁶⁴ (445)
Tokstikov, G. A., **8**, 705⁸⁰ (674T, 675)
Tokuda, A., **6**, 347²⁹⁷ (319, 325); **8**, 934⁵⁶⁴ (889)
Tokuda, M., **1**, 379³⁹⁷ (364), 379³⁹⁸ (364); **7**, 301¹⁵² (293), 301¹⁵⁷ (294)
Tokunaga, K., **5**, 269³⁷⁷ (116)
Tokunan, H., **6**, 263¹⁷⁴ (258), 348³⁹⁴ (329, 330), 348³⁹⁸ (329, 334T)
Tokura, N., **7**, 109⁵⁰¹ (71)
Tolbert, T. L., **7**, 20f⁴
Tollin, B. C., **1**, 304¹⁴¹ (269)
Tolls, E., **2**, 200⁶²⁰ (151); **6**, 34⁵⁸ (26)
Tolman, C. A., **3**, 52f¹, 85³⁶³ (50), 87⁴⁶² (67), 87⁴⁶³ (67), 851f¹⁴, 851f³¹, 851f³², 851f³⁶, 946²⁰ (802, 803), 948¹⁰⁶ (844); **4**, 374²¹ (334, 335), 374⁴⁵ (340), 380f⁶, 499f⁴, 504³⁸ (386, 431), 506¹⁴⁴ (419), 512⁵⁰⁹ (500), 813²³⁶ (728), 813²³⁷ (728), 813²³⁸ (729), 813²⁵⁸ (736), 1058⁷⁹ (978), 1060¹⁹³ (1006), 1060¹⁹⁵ (1006), 1060¹⁹⁷ (1006); **5**, 533⁸⁷⁹ (428); **6**, 34⁹⁷ (30), 35¹⁴⁶ (30), 35¹⁴⁷ (23), 36¹⁷⁸ (23, 23T, 24, 29, 29T), 95¹³⁰ (39, 40, 43T), 96¹⁸³ (40), 96¹⁸⁴ (40), 99³⁶⁹ (59T, 66), 139²⁶ (102, 102T, 106, 110, 120, 121T, 122T), 139²⁷ (102, 104T, 110, 120, 122T), 139²⁸ (102, 104T, 122T), 140⁶¹ (102, 104T, 121T, 122T), 140⁸⁶ (105T, 110), 180⁴⁶ (173T), 182¹⁷⁰ (163), 182¹⁷⁷ (173), 223¹⁴ (192), 252f⁶, 262⁷⁸ (249, 250), 262⁹⁸ (251), 751⁹⁹¹ (620, 628, 628T); **8**, 221⁸³ (120), 281⁸⁰ (256), 291f³², 368⁴⁸⁶ (354), 368⁴⁹⁰ (354), 368⁴⁹⁷ (355), 368⁵⁰⁵ (357, 358), 456¹²⁹ (393), 646²⁵² (632), 707¹⁷⁰ (688, 698), 709²⁵⁰ (691, 692T, 693T, 694T)
Tolpin, E. I., **1**, 420f²², 420f²², 452¹⁹ (415, 434), 452¹⁹ (415, 434), 456²¹⁸ (445)
Tolstaya, M. V., **2**, 780f³; **4**, 499f², 512⁵⁰⁷ (500); **8**, 1070³³⁴ (1061)
Tolstikov, G. A., **1**, 680⁶²⁸ (650); **2**, 189¹⁵³ (35), 189¹⁵³ (35), 190²²⁰ (52), 191²²³ (52), 191²²⁵ (52), 974²⁸³ (920); **3**, 267²²² (210), 368¹⁰, 372f¹⁶, 398f⁵⁴, 398f⁵⁵, 557⁵³ (555), 630¹⁴³ (580, 585); **4**, 539f¹⁵, 602f³; **6**, 94⁹⁵ (45, 80), 225¹¹⁰ (192, 193T), 226¹⁵⁸ (193T); **7**, 455⁵⁵ (382), 455⁵⁶ (382), 455⁶⁷ᵃ (383), 456⁷⁴ (383), 456⁷⁵ (383), 456⁸⁴ (385), 456⁹⁵ (387), 457¹⁶⁵ (396), 457¹⁶⁶ (396); **8**, 392f¹², 402f⁴, 402f⁵, 406f¹², 416f⁵, 417f¹, 425f¹², 439f⁵, 449f⁸, 457¹⁹⁹ (401), 457²⁰³ (401, 402), 457²⁰⁵ (402), 457²³⁹ (408), 458²⁴² (409), 459³³⁴ (421), 459³³⁵ (421), 459³³⁹ (423), 460³⁹⁷ (433), 460⁴⁰² (434), 460⁴⁰³ (434), 460⁴⁰⁵ (434), 460⁴⁰⁶ (434), 460⁴⁰⁷ (434), 461⁴²⁰ (434), 461⁴³² (438), 461⁴³⁶ (439), 461⁴³⁸ (439), 461⁴³⁹ (439), 461⁴⁴⁰ (440), 461⁴⁶¹ (445), 642⁶⁹ (618, 623T), 642⁷⁰ (632), 642¹⁰² (632), 643¹¹² (616, 617, 622T), 643¹¹⁵ (629, 630T, 631), 644¹⁸⁸ (633, 634T), 669⁷⁷ (651, 658T), 704⁹ (684), 704¹⁰ (672, 674T, 690), 704²⁹ (674T, 675), 704³⁰ (672, 674T), 704³¹ (677, 690), 704³² (693, 694T, 695), 704³⁵ (672, 674T, 674), 704³⁶ (672, 674T), 704³⁷ (691, 692T), 704⁴⁵ (685T), 704⁴⁷ (680), 704⁴⁸ (677), 704⁴⁹ (685T), 704⁵⁰ (677, 680), 705⁵¹ (672, 674T), 705⁵² (685T, 685), 705⁵⁶ (693, 694T, 695), 705⁵⁷ (693, 694T, 695), 705⁵⁸ (693, 694T), 705⁵⁹ (693, 694T, 695), 705⁶⁷ (684, 685T), 705⁶⁸ (674T, 675), 705⁶⁹ (685T), 705⁷⁰ (691, 692T), 705⁷¹ (691, 692T), 705⁷⁴ (677), 705⁸¹ (694T), 705⁹¹ (690), 705⁹² (685T), 705⁹³ (674T), 706¹⁰³ (685T, 685), 706¹⁰⁷ (685T), 706¹¹⁷ (690, 691, 692T), 706¹¹⁸ (674T, 675, 680), 706¹¹⁹ (691), 706¹²⁰ (680, 681, 686, 687T), 706¹²¹ (672, 674T, 678), 706¹²⁸ (685T), 706¹³² (672, 674T, 690), 706¹³³ (691, 692T), 706¹³⁴ (690), 706¹³⁵ (691, 692T, 693T), 706¹³⁶ (672, 674T, 678), 707¹⁴⁹ (685T), 709²⁷² (672, 674T), 710²⁹³ (685T), 710²⁹⁴ (672, 674T), 710²⁹⁵ (685T), 710³⁰⁵ (685T), 772²⁰³ (732), 931³⁵⁴ (848), 931³⁵⁵ (849), 932³⁶⁶ (849)
Tolstikova, N. G., **2**, 188¹⁰⁴ (26)
Tom, G. M., **1**, 541²⁰³ (521, 522); **6**, 227²³⁵ (213, 220)
Toma, H. E., **4**, 322²⁰⁰ (267)
Toma, N. D. A., **8**, 610³³⁰ (601T)
Toma, S., **4**, 505¹⁰⁶ (407, 467); **7**, 510¹ᵏ (465, 487); **8**, 1009¹¹⁰ (970), 1064⁵⁰ (1020), 1066¹⁴¹ (1038)
Tomaja, D. L., **2**, 618¹⁴² (541); **4**, 328⁶⁴⁰ (311)
Tomalonis, M., **5**, 536¹⁰⁷⁶ (466)
Toman, K., **2**, 903f³, 908f¹², 971¹²¹ (885, 935)
Tomanova, D., **8**, 606⁶⁷ (558, 560, 599T), 610³²⁶ (600T)
Tomao, K., **2**, 303⁴⁰² (295T)
Tomás, M., **5**, 76f⁹; **6**, 99³⁴⁹ (50T), 345¹⁵⁶ (306, 307), 346²¹³ (306, 307)
Tomasi, R. A., **7**, 646²⁶ (521), 656⁵⁸⁷ (626, 628, 629)
Tomassini, M., **2**, 622⁴⁰⁹ (572)
Tomaszewski, J. E., **1**, 248⁴²⁶ (207, 211); **7**, 50f
Tomat, G., **8**, 843f²⁰⁶
Tomczak, Z., **1**, 149¹⁷ (122)
Tomczyk, H., **8**, 642⁸⁴ (621T, 632)
tom Dieck, H., **3**, 118f⁶, 120f³, 120f⁹, 819f²², 838f², 840f¹⁴, 874f², 948¹¹⁶ (846), 949¹⁹⁴ (875), 1085f¹⁹, 1089f⁴ᵇ, 1119f⁸, 1146³⁹ (1097), 1146⁴⁹ (1099), 1147⁵⁷ (1105), 1147⁵⁹ (1105), 1147⁶⁰ (1105), 1147⁶³ (1109), 1147⁷⁸ (1114), 1147⁷⁹ (1114), 1156f¹, 1245³ᵃ (1152), 1246²⁴ᵇ (1156, 1168), 1247⁶⁴ (1168), 1247⁷¹ (1169), 1251²⁹¹ (1219), 1262f¹⁹; **4**, 324³⁶³ (286), 324³⁶⁴ (286), 509³³³ (457), 509³³⁴ (459); **6**, 33²⁸ (18), 33³⁰ (18), 33³² (18), 95¹²⁹ (54T, 64, 70), 99³⁹⁰ (59T, 64), 142²¹⁰ (128), 142²¹² (127); **8**, 400f¹⁸, 669⁶⁶ (650, 654, 657T, 663T)
Tomek, V., **8**, 710³²⁰ (672)
Tomesch, J. C., **8**, 770⁸⁵ (720T, 729)
Tomiie, Y., **3**, 1067⁹ (956)
Tomilov, A. P., **2**, 705²⁴ (684), 972¹⁶⁹ (895)
Tominaga, A., **8**, 647³⁰⁰ (622T)
Tominaga, H., **8**, 304f¹⁶
Tominari, K., **3**, 833f³⁵, 838f⁵; **8**, 362¹⁰⁴ (294), 1105⁶⁷ (1087)
Tomisawa, S., **2**, 506³⁶ (403)
Tomita, H., **8**, 444f¹⁴, 461⁴⁵⁸ (444), 932⁴⁰⁵ (853)
Tomita, R., **8**, 709²⁷⁶ (690)
Tomita, S., **2**, 713f⁴³, 761⁶⁰ (721), 763¹⁵⁶ (750); **7**, 727¹⁵² (698)
Tomita, T., **7**, 300¹³³ (290)
Tomiya, A., **8**, 496²⁷ (469)
Tomkins, I. B., **3**, 946²⁵ᵇ (809), 1084f⁶, 1084f⁶, 1092f⁶, 1092f⁹, 1119f⁹, 1146²² (1093), 1146²³ (1093), 1146²⁴ (1093), 1246⁷ (1153), 1261f⁷, 1379¹² (1324); **4**, 380f¹⁴, 505⁶⁰ (395), 694f¹¹, 810²⁶ (696, 743), 813²⁶⁶ (739, 743, 744), 813²⁶⁷ (739), 814²⁶⁸ (739, 744), 818⁵⁶⁵ (783, 785, 792), 819⁵⁹⁶ (793), 886¹⁴⁵ (872), 886¹⁴⁶ (872), 1061²³⁶ (1020); **5**, 310f⁶, 317f¹⁵, 523²⁵⁶ (307, 314), 531⁷²⁵ (399, 431), 531⁷²⁶ (399, 431, 498), 533⁹⁰⁸ (431), 538¹²⁴⁹ (498), 625²⁷⁰ (581, 602), 625²⁷¹ (581, 588, 592, 602), 625³⁰⁴ (588, 590, 592, 593); **6**, 180⁶⁹ (172, 173T), 744⁵¹⁹ (542), 748⁷⁹⁹ (589)
Tomkinson, J., **6**, 942⁷⁸ (901, 902T, 903T)
Tomlinson, A. J., **4**, 509³²⁶ (455); **7**, 110⁵⁵⁹ (82)
Tomlinson, C. H., **3**, 981f⁵, 1066⁹⁸ (981, 1021)
Tomlinson, P. E., **8**, 645²³¹ (628, 632)
Tomo, Y., **7**, 651²⁶⁹ (571)
Tomoi, M., **1**, 246³¹¹ (193), 247³⁹⁰ (201, 204), 247³⁹⁰ (201, 204); **8**, 609²¹⁴ (603)
Tomori, S., **3**, 473⁶⁰ (448)
Tompkins, M. A., **2**, 1019²⁵⁸ (1008)
Tomuro, Y., **7**, 458²⁴³ (407), 459²⁵¹ (409)

Tonamura, K., **2**, 1015^{24} (981, 1007), 1016^{71} (986), 1016^{73} (986), 1017^{148} (998), 1017^{149} (998), 1017^{150} (998)
Tondello, E., **3**, 83^{223} (31), 269^{336} (233, 254), 362f^{12}; **4**, 689^{20} (665)
Tondeur, Y., **2**, 515^{537} (470), 618^{90} (536, 588), 618^{91} (536, 586), 624^{545} (592), 625^{569} (595)
Toney, J., **1**, 244^{225} (179f), 245^{227} (179f, 180), 245^{229} (179f, 180), 248^{400} (202)
Toney, M. K., **1**, 245^{283} (188)
Tong, C. C., **2**, 203^{729} (180)
Tong, S. B., **2**, 201^{684} (166), 625^{575} (596)
Toniolo, L., **3**, 1077^{586} (1064), 1252^{358} (1233, 1235, 1236), 1253^{375} (1235); **4**, 508^{235} (440), 608^{220} (563, 582), 658f^{28}, 815^{345} (752), 840^{62} (831); **5**, 556f^{10}, 624^{226} (574); **6**, 443^{171} (406), 445^{256} (420), 445^{275} (422), 744^{486} (538T), 760^{1576} (703)
Tonn, B., **4**, 1060^{157} (993)
Tonoyan, I. G., **1**, 720^{78} (693)
Toogood, G. E., **3**, 266^{170} (201)
Toonder, F. E., **1**, 696f^1, 696f^2, 719^6 (684, 701), 721^{83} (693)
Top, S., **3**, 429^{156} (370), 429^{157} (370), 429^{158} (370), 429^{177} (374, 375), 1004f^{34}, 1071^{219} (1001, 1010), 1074^{396} (1033, 1047), 1076^{483} (1047); **8**, 1069^{286a} (1057), 1069^{292} (1057)
Topart, J., **2**, 619^{156} (543)
Topchiev, A. V., **2**, 298^{124} (237), 299^{155} (243, 262); **7**, 363^{18} (355)
Topf, D., **7**, 461^{406} (430)
Topf, W., **3**, 948^{141} (860)
Topich, J., **5**, 269^{360} (109, 110, 153)
Topiol, S., **1**, 245^{274} (187, 205); **2**, 860^{35} (831)
Toporcer, L. H., **1**, 306^{323} (287), 379^{375} (362); **2**, 298^{137} (241, 251), 299^{171} (247T, 287)
Topping, G., **2**, 1017^{161} (998)
Topsøe, H., **8**, 98^{209} (61)
Torck, B., **7**, 458^{230b} (405)
Torgeson, D. C., **2**, 626^{662} (608, 610, 611)
Torgov, I. V., **7**, 656^{577} (624)
Torian, R. L., **3**, 629^{87} (572); **6**, 227^{209} (194)
Torigoe, Y., **8**, 710^{330} (701)
Torii, A., **4**, 609^{273} (575, 578)
Torisawa, Y., **7**, 651^{315} (578), 651^{318} (578)
Torkelson, S., **7**, 649^{169} (553)
Tornau, W., **1**, 584f^6, 678^{481} (632)
Törnqvist, E. G. M., **3**, 546^{63} (503), 547^{113} (537); **7**, 463^{499} (443, 449), 463^{546} (452)
Torocheshnikov, V. N., **2**, 199^{570} (138)
Toropova, V. F., **2**, 975^{346b} (931, 940)
Toros, S., **5**, 537^{1137} (475T); **8**, 364^{255} (325), 496^{50} (477)
Torp, E. C., **2**, 972^{147} (889)
Torrence, G. P., **4**, 84f^4, 84f^5, 84f^6, 84f^8, 84f^{10}, 153^{284} (71), 154^{330} (79, 85, 89)
Torrens, H., **5**, 536^{1064} (463, 484)
Torres, M., **2**, 904f^{21}, 904f^{22}, 977^{483} (960), 977^{484} (960)
Torrini, I., **7**, 512^{144} (495)
Torroni, S., **3**, 327^{103} (308); **4**, 812^{191} (719); **5**, 539^{1281} (511); **6**, 1112^{155} (1083)
Torssell, K., **1**, 285f^{18}, 285f^{22}, 306^{308} (284), 373^3 (312, 314), 373^{5c} (313, 314, 315, 316, 318, 322, 326, 329, 333, 334, 335, 337, 338, 341, 342, 360, 362, 366), 377^{282} (351), 379^{371} (362); **2**, 706^{102} (694)
Tortora, J. A., **8**, 934^{569} (889)
Tortorelli, V. J., **2**, 193^{345} (89), 296^{22} (213, 217)
Toscano, P. J., **5**, 100f^4, 100f^5, 101f^1, 269^{339} (99), 269^{340} (99, 116, 131), 270^{401} (130)
Toshima, N., **8**, 609^{254} (596T)
Toshimitsu, A., **1**, 742f^3, 754^{110} (746), 754^{111} (746), 754^{112} (746, 747); **2**, 763^{186} (759), 978^{507} (963); **7**, 512^{112} (490), 512^{136} (494), 512^{137} (494), 513^{202} (504, 505), 513^{213} (505), 513^{214} (505)
Tosi, C., **3**, 546^{51} (496), 546^{54} (497); **4**, 958f^{13}
Tossell, K., **1**, 307^{353} (288)
Tossidis, I., **2**, 512^{364} (445)
Tostikov, G. A., **8**, 456^{151} (396)

Totani, T., **1**, 541^{194} (520, 534T)
Toth, K., **5**, 537^{1136} (474T); **8**, 472f^9
Tóth, Z., **4**, 810^{30a} (696), 963^{14} (933); **8**, 365^{321} (338)
Totino, F., **7**, 513^{231} (509)
Totzauer, W., **4**, 507^{217} (437)
Touchard, D., **4**, 323^{273} (273); **8**, 1065^{78} (1025)
Tourangeau, M. C., **2**, 933f^5, 975^{340} (931)
Tourillon, G., **1**, 241^{19} (157, 162)
Tourrou, G., **2**, 301^{285} (269)
Touzin, A. M., **1**, 119^{227} (91); **7**, 87f^{13}
Tovstenko, V. I., **7**, 658^{670} (642)
Towarnicky, J. M., **4**, 812^{176} (718)
Towe, R. H., **2**, 894f^{10}
Towers, C., **4**, 107f^{67}, 107f^{68}, 158^{603} (138), 158^{604} (138), 158^{605} (138), 238^{278} (201), 242^{530} (231, 232T)
Towl, A. D. C., **2**, 819^{101} (785), 819^{102} (785); **5**, 327f^5, 524^{308} (318, 320); **6**, 736^{35} (480), 744^{496} (539T), 749^{878} (603, 604), 749^{879} (604), 751^{963} (617)
Towle, I. D. H., **3**, 1249^{154} (1189); **4**, 105f^{75}, 107f^{83}, 107f^{84}, 107f^{97}; **5**, 521^{100} (291), 521^{101} (291); **7**, 105^{313} (42)
Town, K. G., **4**, 1059^{116} (984, 994, 995, 996); **5**, 526^{397} (341), 570f^6, 570f^6, 622^{67} (551), 624^{208} (569, 571), 624^{208} (569, 571), 624^{243} (577)
Townsend, C. A., **7**, 77f^{15}
Townsend, D. R., **2**, 1016^{77} (986)
Townsend, J. M., **3**, 753f^4, 780^{153} (756, 757, 773); **5**, 539^{1311} (489); **8**, 496^{47} (476), 930^{279} (839)
Townsend, L. B., **7**, 653^{425} (596)
Townsend, R. E., **3**, 810f^{10}, 1089f^{10}, 1251^{273} (1216), 1360f^6, 1383^{189} (1363); **5**, 546f^4; **8**, 292f^1
Toyoda, Y., **8**, 795^{43} (785)
Toyoshima, N., **6**, 740^{287} (516, 527)
Toyoshima, S., **1**, 241^{37} (158); **2**, 506^{36} (403)
Traas, P. C., **8**, 937^{764} (921)
Trabelsi, M., **6**, 141^{126} (110)
Trad, S., **4**, 237^{218} (189T), 237^{232} (189T, 191)
Traenckner, K. C., **8**, 16^5 (2), 16^9 (2, 3T, 4, 7, 8, 9, 10, 14, 15, 16), 95^{15} (22), 221^{60} (116)
Traficante, D. D., **1**, 540^{130a} (498); **5**, 555f^{19}, 556f^{10}; **6**, 945^{243} (928T, 929), 945^{244} (928T, 929), 945^{254} (931), 945^{255} (931)
Träger, P., **2**, 191^{257} (62, 74)
Trahanovsky, W. S., **3**, 1004f^{21}, 1067^{4b} (955, 1006), 1071^{228} (1006), 1072^{306} (1018), 1073^{356} (1026), 1074^{395} (1033), 1075^{453} (1040), 1075^{475b} (1044); **7**, 101^{77} (11), 510^{1i} (465, 487); **8**, 1066^{130} (1035), 1067^{171} (1041), 1069^{260a} (1052, 1052f, 1056), 1069^{284} (1056), 1069^{291} (1057), 1070^{332a} (1061)
Traier, B., **3**, 270^{436} (263)
Trambouze, Y., **8**, 281^{110} (265), 282^{149} (272), 282^{154} (272, 274), 282^{163} (274)
Tramm, H., **8**, 97^{151} (49)
Tramontano, A., **1**, 374^{106} (321), 374^{107} (321), 374^{108} (321); **7**, 253^{136} (248), 253^{137} (248), 301^{163} (294, 295), 301^{164} (295), 301^{165} (295)
Tranah, M., **1**, 134f^7, 136f^6, 150^{44} (122, 123, 130, 131, 132, 133, 136, 137), 152^{191} (142, 143)
Trandell, R. F., **2**, 396^{52} (374)
Traoré, M., **2**, 517^{684} (497, 498)
Trapper, J., **8**, 96^{119} (43)
Traunmüller, R., **3**, 85^{350} (47, 48), 87^{470} (67, 70); **6**, 750^{932} (614T), 751^{972} (619); **8**, 416f^1, 456^{145} (396, 399), 457^{214} (404)
Trautz, M., **4**, 319^4 (244)
Trautz, V., **8**, 1008^{60} (953), 1008^{60} (953)
Traven, V. F., **2**, 397^{135} (395)
Travers, N. F., **1**, 537^{16a} (462, 513), 537^{16b} (462, 513), 540^{168} (513), 541^{201} (521)
Traverso, O., **3**, 267^{226} (211, 214), 694^{25} (650); **4**, 816^{430} (762), 816^{431} (762), 816^{432} (762), 816^{433} (763), 816^{434} (763), 816^{435} (763), 816^{441} (764), 1061^{230} (1018); **5**, 531^{738} (401); **6**, 226^{159} (190, 194, 195f), 741^{349} (522), 752^{1059} (632), 752^{1060} (632)
Travis, K. E., **5**, 404f^{17}, 529^{633} (382)

Travkin, N. N., **1**, 720^{78} (693); **3**, 1071^{204} (1000), 1071^{205} (1000)
Traylor, T. G., **1**, 307^{367} (288), 307^{368} (288), 674^{249} (604); **2**, 187^{38} (8), 618^{127} (540), 882f^{10}, 882f^{16}, 894f^5, 971^{113} (884), 971^{114} (884), 974^{271} (919, 920), 974^{276} (920), 978^{496} (962); **4**, 325^{427} (292), 325^{428} (292); **7**, 646^{14} (517), 725^{58} (674); **8**, 1065^{53} (1020), 1065^{54} (1020)
Traynham, J. G., **7**, 725^{65} (675)
Traynor, M. F., **6**, 34^{65} (20T), 94^{94} (43T)
Treadwell, W. D., **3**, 1137f^{24}
Trebellas, J. C., **5**, 538^{1193} (485); **6**, 383^{17} (365, 368, 372); **8**, 931^{297} (843)
Treboganov, A. D., **8**, 795^{87} (781)
Trécourt, F., **7**, 104^{246} (32)
Trefonas, L. M., **3**, 842f^{16}
Trehan, I. R., **8**, 772^{204} (714T, 722)
Treharne, R. W., **8**, 281^{114} (267)
Treiber, A., **2**, 859^{15} (828); **3**, 736f^{11}, 781^{188} (769)
Treiber, A. J. H., **2**, 977^{454} (957); **7**, 679f^3, 726^{77} (678)
Treichel, P., **5**, 137f^{26}
Treichel, P. M., **1**, 243^{163a} (174, 175), 273f^{29}; **2**, 508^{112} (410); **3**, 398f^{38}, 407f^6, 407f^8, 431^{295} (408), 767f^4, 767f^5, 768f^{30}, 769f^{12}, 833f^{43}, 847f^7, 847f^9, 847f^{10}, 847f^{11}, 858f^2, 858f^{11}, 886f^8, 947^{98} (836), 949^{227} (884, 887), 949^{235} (887), 949^{236} (887), 949^{237} (887), 1141f^{19}, 1147^{117} (1139), 1179f^6, 1187f^8, 1246^{16} (1155), 1248^{128c} (1183, 1184), 1248^{128d} (1183), 1249^{163} (1191), 1269f^{1a}, 1380^{56} (1332), 1380^{68} (1334), 1380^{69} (1334); **4**, 23f^{15}, 33f^{29}, 33f^{42}, 34f^{49}, 34f^{50}, 34f^{58}, 50f^{15}, 50f^{16}, 51f^{61}, 52f^{92}, 52f^{106}, 52f^{107}, 52f^{108}, 64f^4, 65f^{11}, 73f^{11}, 86f^1, 106f^4, 106f^{15}, 109f^1, 109f^4, 109f^5, 109f^6, 109f^7, 109f^8, 144f^1, 144f^2, 144f^3, 149f^6 (5), 150^{71} (22, 85), 151^{95} (25, 54, 56, 57, 75), 152^{160} (41, 93), 152^{219} (58), 152^{220} (58), 152^{223} (59), 153^{240} (61), 153^{259} (68, 75, 76, 94), 153^{260} (68, 140), 153^{261} (68), 153^{288} (72, 78), 154^{345} (86), 155^{393} (102), 156^{472} (124), 156^{478} (125, 149), 157^{516} (128), 157^{557} (132), 158^{628} (141, 148, 149), 158^{629} (141, 143, 144, 145), 158^{630} (141, 143, 144, 145), 158^{631} (142), 158^{632} (143, 144), 158^{633} (143, 145), 158^{634} (144), 158^{637} (146), 235^{107} (172), 236^{174} (181, 182), 236^{182} (182), 237^{261} (197), 320^{101} (252, 254), 323^{293} (276, 278, 301, 302), 324^{389} (288), 327^{537} (301, 304), 374^{20} (334), 374^{22} (335), 374^{82} (350), 507^{210} (437, 492), 512^{486} (496, 502), 606^{77} (524f, 525), 609^{252} (570f, 571, 574, 577), 610^{319} (581), 612^{445} (533f, 594), 640f^1, 649^{81} (638, 639), 818^{542} (779, 783, 784, 785, 792, 793); **5**, 229f^{11}, 265^{78} (17, 24, 130), 267^{243} (62, 65), 271^{449} (147), 275^{746} (250), 276^{792} (257); **6**, 97^{236} (87), 343^{37} (285), 343^{56} (286, 291), 738^{121} (494), 738^{144} (497, 498, 499), 738^{149} (498), 738^{163} (499, 501), 738^{164} (499), 739^{209} (505), 739^{228} (509T), 739^{229} (509T), 742^{371} (524), 746^{621} (561), 746^{622} (561), 746^{623} (561), 746^{624} (561), 746^{625} (561, 562), 746^{629} (562), 746^{674} (572, 573), 779f^3, 841f^{93}, 1112^{128} (1073); **8**, 1066^{120} (1032), 1068^{203a} (1045, 1046), 1068^{203c} (1045, 1058)
Trekel, R. S., **3**, 428^{145} (365)
Trekoval, J., **1**, 118^{179} (81); **7**, 8f^3, 8f^8
Trelor, L. R. G., **2**, 362^{145} (334), 362^{164} (341)
Tremaine, J. F., **4**, 510^{381} (475); **7**, 462^{482} (442)
Trembovler, V. N., **3**, 1075^{439} (1038)
Tremmel, P. O., **3**, 1253^{374} (1235)
Tremont, S. J., **6**, 98^{314} (55T, 74, 78); **8**, 670^{101} (655), 794^{12} (790)
Tremper, H. S., **7**, 656^{560} (620)
Trenkle, A., **4**, 50f^{33}, 152^{202} (54), 324^{392} (288), 327^{545} (302), 609^{270} (570f, 574); **6**, 840f^{54}, 844f^{243}
Trent, D. E., **4**, 816^{398} (760)
Trepka, W. J., **1**, 116^{79} (57), 251^{601} (234)
Tresoldi, G., **4**, 819^{616} (797); **5**, 362f^{10}, 366f^1, 371f^1, 418f^8, 527^{498} (359, 360, 415), 527^{518} (363, 369, 377), 529^{588} (376), 570f^3, 624^{206} (569); **6**, 347^{280} (316)
Tresselt, L. W., **6**, 740^{278} (516, 530, 682)
Tretyakov, V. P., **5**, 622^{79} (553); **6**, 750^{920} (613)
Treverton, J. A., **2**, 6f^6

Trewin, A.-M., **6**, 1111^{49b} (1052, 1084, 1087)
Tribo, M., **1**, 538^{77e} (481, 483, 505, 512)
Trickle, I. R., **3**, 949^{192} (875)
Triebner, A., **3**, 267^{242} (213)
Trifan, D. S., **4**, 816^{453} (766)
Trificante, D. D., **6**, 227^{228} (214T, 216)
Trifonova, O. I., **3**, 1067^{26b} (964)
Triggs, C., **6**, 277^3 (266), 441^{12} (389, 429)
Trigwell, K. R., **3**, 1092f^{11}; **4**, 611^{394} (591); **6**, 945^{242} (929, 928T)
Trimaille, B., **3**, 376f^{23}
Trimitsis, G. B., **1**, 116^{75a} (56, 57), 116^{75b} (56)
Trinderup, P., **2**, 706^{86} (692)
Trinh Hung, **6**, 94^{43} (50T, 84), 182^{173} (163, 165T, 166T, 171); **8**, 770^{90} (731), 770^{90} (731)
Trink, Y. N., **8**, 349f^{12}
Trinquier, G., **2**, 516^{611} (482)
Tripathi, J. B. P., **4**, 156^{448} (121), 325^{416} (291)
Tripathi, S. C., **3**, 863f^{16}, 866f^6, 947^{71} (825), 1112f^9, 1119f^1, 1147^{62} (1105), 1147^{68} (1111), 1317^{69} (1282), 1380^{55} (1332); **4**, 606^{69} (522), 884^3 (844), 1057^5 (968, 974, 976, 978, 1023, 1027); **5**, 536^{1091} (339, 361), 554f^1, 622^{80} (553); **6**, 736^4 (474)
Tripathy, P. B., **1**, 285f^{12}; **6**, 760^{1557} (696, 700T), 760^{1569} (702), 760^{1570} (702); **7**, 322^{18} (307)
Triplett, K., **4**, 606^{103} (532); **6**, 1110^{23} (1046), 1111^{67} (1057, 1087, 1088)
Tripp, M. R., **2**, 1020^{316} (1006f)
Tripp, T., **2**, 510^{276} (437)
Tritto, I., **8**, 1069^{278} (1055)
Trivedi, B., **6**, 757^{1380} (672)
Tröber, A., **1**, 675^{315} (617)
Trocha-Grimshaw, J., **5**, 404f^{37}, 521^{111} (292, 391), 530^{669} (389), 530^{670} (389), 530^{671} (389), 624^{188} (567), 624^{189} (567)
Troeber, A., **7**, 461^{406} (430)
Troeltzsch, J., **8**, 95^{49} (31), 282^{147} (272)
Troesch, J., **1**, 115^{38} (49)
Trofimenko, S., **1**, 286f^{17}, 378^{338} (358), 379^{377} (362); **3**, 949^{184} (873), 1119f^{19}, 1146^{48} (1098, 1099), 1147^{69} (1113), 1246^{36} (1158), 1380^{26} (1327); **4**, 34f^{57}, 107f^{88}, 107f^{89}, 151^{135} (36), 155^{400} (102); **5**, 533^{864} (425); **6**, 347^{341} (322), 347^{342} (322)
Trofimov, B. A., **1**, 241^{54} (159, 177, 189); **6**, 760^{1602} (712); **7**, 106^{351} (47)
Trofimov, B. F., **6**, 760^{1603} (712)
Trofimova, I. V., **2**, 360^7 (306, 307)
Trogler, W. C., **4**, 33f^5, 64f^8, 151^{148} (37, 38, 67), 324^{366} (286)
Trogu, E. F., **3**, 879f^{15}, 1072^{260} (1011), 1251^{251} (1212, 1215), 1286f^6, 1286f^7, 1382^{169} (1361, 1363); **5**, 624^{251} (579); **6**, 1021f^{133}, 1021f^{144}
Troilo, G. G., **6**, 344^{87} (293)
Troitskaya, A. D., **3**, 702^{464} (684); **5**, 523^{228} (304T), 555f^{21}
Troitskaya, L. L., **6**, 346^{247} (314), 346^{250} (314, 322), 347^{317} (321), 347^{338} (322); **8**, 933^{455} (860), 1067^{189} (1043), 1067^{190} (1043), 1067^{190} (1043)
Trombini, C., **2**, 976^{421} (950, 951); **7**, 95f^6
Trong Anh, N., **3**, 84^{303} (40)
Tronich, W., **1**, 42^{178} (36); **7**, 657^{600} (628), 657^{601} (628), 726^{80} (680), 726^{81} (680), 726^{82} (680)
Trooster, J. M., **2**, 762^{121} (737)
Trop, H. S., **4**, 237^{262} (197)
Tropsch, H., **8**, 97^{137} (48)
Trost, B. M., **2**, 618^{133} (540), 624^{483} (583); **3**, 556^8 (550), 556^{11} (550, 552); **6**, 441^{16} (389), 441^{17} (389), 446^{347} (434), 446^{348} (434); **7**, 59f^6, 67f^1, 459^{284} (412), 648^{113} (540), 648^{114} (540), 649^{176} (554), 728^{207} (709); **8**, 49^{75} (488, 489), 49^{96} (489), 607^{130} (567, 602T), 796^{126} (792), 807f^1, 807f^4, 807f^5, 807f^6, 807f^7, 869f^3, 926^{10} (800, 803, 818), 926^{11} (800), 926^{12} (800, 802, 825), 927^{43} (801, 809), 927^{56} (801, 842), 927^{60} (801), 927^{61} (801, 821), 927^{65} (801, 821), 927^{66} (801), 928^{139} (806, 814), 928^{144} (806), 928^{148} (806, 814), 928^{149} (808, 816), 928^{150} (808, 814, 816), 928^{151} (808, 816), 929^{205}

(814), 929²⁰⁶ (814, 816), 929²⁰⁷ (814, 817, 818), 929²⁰⁸ (814, 816), 929²⁰⁹ (814, 817, 818), 929²¹⁵ (818), 929²¹⁶ (820, 822), 929²²² (820, 823, 827, 829), 929²²³ (820), 929²²⁴ (822, 858), 929²²⁵ (822, 858), 930²³¹ (824, 828, 829, 836, 837), 930²³³ (825, 826, 828, 831), 930²³⁸ (826, 829), 930²³⁹ (826), 930²⁴² (827), 930²⁴³ (827), 930²⁴⁴ (828), 930²⁴⁷ (830), 930²⁴⁹ (832), 930²⁵⁰ (832, 833), 930²⁵⁵ (833), 930²⁵⁶ (834), 930²⁷² (837), 930²⁸⁴ (840), 932³⁹⁵ (852), 932³⁹⁶ (852), 932³⁹⁷ (853), 932³⁹⁹ (853), 932⁴¹² (857, 868), 1008⁵⁹ (953), 1009¹⁰⁴ (970), 1009¹⁴⁶ (978)

Trostyanskaya, I. G., **2**, 975³²² (927)

Trotman-Dickenson, A. F., **4**, 1058⁷¹ (976, 979, 980, 992)

Trotter, J., **1**, 258f⁵, 258f¹⁶, 258f¹⁷, 378³⁵⁹ (360), 380⁴³⁵ (367), 380⁴³⁶ (367), 700f⁸, 700f⁹, 700f¹⁰, 700f¹¹, 700f¹², 700f¹⁵, 723²²⁵ (715), 723²³³ (716), 723²³⁴ (716), 723²³⁵ (716), 723²³⁶ (716), 723²³⁷ (716), 723²⁵⁴ (717), 723²⁶⁸ (718); **2**, 620²⁵¹ (554), 622³⁹⁵ (571), 705⁷³ (691), 705⁷³ (691), 707¹⁵⁰ (700), 707¹⁵³ (701), 908f²; **3**, 858f¹⁰, 870f⁵, 870f⁶, 870f⁷, 870f⁸, 870f⁹, 881f⁷, 946²⁶ (810), 949¹⁹¹ (875, 879), 1067³⁴ (966), 1067³⁹ (967), 1246⁴⁰ (1159), 1266f⁹, 1317²⁵ (1272), 1380³⁴ (1328); **4**, 52f⁷⁴, 236¹⁹⁸ (185), 236¹⁹⁸ (185), 325⁴⁵² (294), 609³⁰⁷ (579), 648⁵² (631), 817⁴⁸² (773), 817⁴⁸³ (773), 817⁴⁸⁴ (773), 817⁴⁸⁵ (773), 887¹⁷⁰ (878), 887¹⁷¹ (878); **5**, 266¹⁶⁷ (35); **6**, 980³⁶ (956, 959T)

Troughton, P. G. H., **3**, 350f⁹, 426¹⁸ (336, 343T), 427⁵⁹ (350); **4**, 812¹⁷³ (717); **5**, 525³⁸⁹ (340), 529⁶²⁵ (381); **6**, 736¹⁶ (476, 491T), 759¹⁵¹⁶ (689)

Troup, J. M., **3**, 86⁴³¹ (61, 62), 120f¹², 156f¹², 170¹⁴⁵ (157, 161), 1131f¹², 1133f²; **4**, 319¹⁸ (245), 321¹²⁴ (255), 321¹³⁴ (257, 292, 293), 321¹³⁷ (257), 321¹³⁸ (257, 293), 321¹⁶¹ (260), 324³⁵³ (285, 292), 422f¹⁰, 435f³², 450f¹, 509²⁹⁷ (449, 450), 509³⁰³ (450), 606⁷¹ (524, 524f, 526), 607¹³³ (539f, 540), 607¹⁷⁴ (549, 599), 612⁴⁷⁴ (597), 649⁶⁶ (636); **5**, 240f⁸, 240f¹⁰, 274⁷⁰⁹ (239, 242), 539¹²⁹⁹ (335)

Troupel, M., **1**, 245²⁴⁵ (182, 185), 245²⁵⁶ (185), 245²⁵⁸ (185), 245²⁵⁹ (185); **6**, 99³⁹⁶ (55T, 56T, 65), 99³⁹⁷ (55T, 56T, 65); **8**, 770⁵⁷ (723T, 732), 770⁶⁰ (723T, 724T, 732), 770⁶¹ (723T, 732), 770⁶⁷ (723T, 732)

Trout, W. E., **6**, 13⁸⁴ (9)

Trovati, A., **4**, 173f⁴, 235¹¹⁸ (174), 237²⁴³ (193), 237²⁴⁴ (193), 237²⁴⁵ (193), 237²⁴⁶ (193), 675f¹, 689⁸³ (675), 811⁹⁰ (704), 811¹²⁰ (708)

Troxler, E., **8**, 458²⁸⁹ (415), 704³⁹ (678), 705⁷² (686, 687T, 689), 707¹⁶⁷ (682), 710³²³ (678), 710³²⁵ (686, 687T)

Troyanowsky, C., **1**, 243¹⁶⁰ (174)

Trozzi, M., **6**, 241¹² (235), 742⁴²¹ (531), 743⁴²² (531), 743⁴²⁴ (531), 744⁵¹² (541), 746⁶⁴⁸ (565), 746⁶⁴⁹ (565), 746⁶⁵⁰ (565), 746⁶⁵¹ (565)

Trsic, M., **2**, 199⁵⁹⁸ (145)

Trubnikov, A. V., **3**, 632²⁶⁶ (620)

Truce, W. E., **2**, 763¹⁶⁰ (751); **7**, 95f¹⁰, 95f¹⁰, 107⁴³⁷ (58), 109⁵¹⁴ (73), 141⁹⁶ (129), 299⁷⁷ (279), 728²²⁴ (714)

Trueblood, K. N., **4**, 511⁴⁶⁰ (489, 490T); **6**, 751⁹⁶⁶ (617)

Truelock, M. M., **3**, 398f²³, 645⁴ (636), 645⁴ (636); **6**, 348³⁵⁴ (324), 743⁴⁵¹ (533T, 539T), 757¹³⁹⁰ (672)

Truesdale, L. K., **2**, 191²⁴⁹ (60), 202⁷¹³ (174); **7**, 322⁶⁴ᶜ (319), 650²²¹ (561), 652³⁵⁷ (584), 654⁴⁴⁴ (598), 654⁴⁵⁸ (600), 654⁴⁵⁹ (600, 601), 658⁶⁷⁶ (642), 658⁶⁷⁷ (642), 658⁶⁷⁸ (642), 658⁶⁸¹ (642)

Truesdell, D., **4**, 422f¹⁴, 506¹⁵⁷ (424); **8**, 1010²²³ (1005)

Truett, W. L., **3**, 780¹⁵⁵ (757)

Trujillo, R. E., **2**, 396⁹⁶ (384)

Trus, B., **8**, 368⁴⁷² (354)

Truskier, R., **1**, 246³²² (194); **2**, 677¹⁹³ (652)

Truter, M. R., **1**, 42¹⁸³ (37), 732f⁶, 732f¹⁴, 753⁵⁶ (735), 753⁶⁹ (735); **3**, 1246⁸ (1153); **4**, 387f¹, 504² (378), 814²⁹⁵ (745); **5**, 533⁸⁸⁹ (429), 533⁸⁹⁰ (429); **6**, 14⁹¹ (9), 743⁴³² (532), 748⁷⁵⁴ (586), 748⁷⁶⁵ (586), 748⁷⁷⁸ (587), 748⁷⁷⁹ (587), 748⁷⁸⁰ (587), 748⁷⁸¹ (587), 748⁷⁸² (587), 748⁷⁸³ (587), 748⁷⁸⁴ (587), 748⁷⁸⁵ (587), 748⁷⁸⁶ (587), 748⁷⁸⁷ (588)

Trutia, A., **1**, 302⁶² (264)

Trutter, M. R., **8**, 457²³³ (407)

Trybulski, E. J., **3**, 557⁵⁰ (555)

Trzabiatowska, B. J., **8**, 281¹¹⁶ (267)

Tsai, A., **4**, 459f⁴

Tsai, A. I., **4**, 508²⁵⁹ (443, 444), 609³¹⁴ (580); **5**, 272⁵⁴¹ (180)

Tsai, C., **1**, 258f¹⁴, 420f¹⁴, 420f¹⁴

Tsai, J. H., **2**, 530f⁸, 707¹⁴⁹ (700), 760⁷ (710); **3**, 85³⁴⁹ (47); **4**, 154³¹² (76, 98), 154³¹⁴ (76, 98); **5**, 272⁵²⁸ (177, 188, 228, 229); **6**, 744⁵⁰⁰ (540), 750⁹²⁹ (614T)

Tsai, M., **7**, 461³⁹⁶ (428)

Tsai, M. R., **1**, 116⁴⁸ (50)

Tsai, T.-T., **2**, 198⁵⁶¹ᵇ (134), 622³⁶⁹ (568)

Tsamo, E., **3**, 1072²⁶⁷ᵇ (1013), 1076⁴⁸⁹ (1049); **8**, 1070³¹⁵ (1059)

Tsang, W. S., **3**, 841f⁶, 1146¹⁹ (1093)

Tsao, J.-H., **2**, 189¹²¹ (29)

Tsay, T. H., **6**, 142¹⁹² (122T), 142²⁰⁸ (128)

Tsay, Y. G., **6**, 143²⁴⁹ (104T, 106, 108, 109, 133T, 134)

Tsay, Y.-H., **1**, 377²⁹⁷ (353), 377²⁹⁸ (353), 409¹⁸ (383, 387, 407), 409¹⁹ (383, 407), 409²⁸ (386, 387, 407), 409⁴⁰ (389), 676³⁴¹ (622); **2**, 198⁵²⁴ (127), 516⁶⁰⁵ (481), 625⁵⁸²ᵇ (598); **3**, 86⁴³⁷ (62), 1077⁵⁶⁸ (1062), 1245³ᵃ (1152), 1252³⁵³ (1231), 1383²³⁰ (1371); **4**, 158⁶¹⁴ (139), 380f²¹, 456f², 456f⁴, 504¹¹ (381, 388), 504⁴² (388), 609²⁵⁴ (571); **5**, 270⁴⁴¹ (143), 272⁵⁵⁵ (187), 272⁵⁶⁷ (189); **6**, 34⁵² (21T, 24, 29), 93³³ (48, 50T), 94⁵⁵ (47, 50T), 95¹¹⁶ (39, 43T), 95¹²³ (46, 50T), 95¹⁴¹ (46, 50T), 95¹⁴³ (46, 50T), 96²⁰³ (49, 53T), 97²⁴¹ (54T, 71, 79, 84), 98³⁰⁷ (59T, 65, 67, 76, 77), 98³²⁵ (59T, 65, 66, 76, 77), 140⁴² (103, 104T), 140⁴³ (124T, 131), 140⁹⁴ (104T, 110, 115T), 140⁹⁵ (114), 140⁹⁷ (124T, 131), 141¹³⁷ (105T), 142¹⁸⁷ (123T, 124, 125), 142¹⁹⁰ (115), 143²³² (103T, 108), 181¹⁰⁸ (163, 165T, 166T, 170), 181¹¹⁵ (156, 160T, 168), 182¹⁵⁰ (154), 182¹⁸³ (146T, 148, 151, 166, 166T, 171), 225¹²⁴ (214T, 223), 226¹⁷² (214T, 223), 228²⁶² (195), 278⁸ (266T, 267), 445²⁵⁷ (420), 454³⁶ (453); **8**, 280²⁰ (232), 283¹⁹⁷ (278), 456¹³⁵ (394), 670¹⁰² (653), 1104¹² (1075), 1106¹¹⁶ (1102), 1106¹¹⁷ (1102)

Tschamber, T., **6**, 94⁸⁰ (61T, 69)

Tse, A. K. K., **3**, 1074⁴⁰⁰ᵃ (1034, 1045); **8**, 1069²⁸³ᵃ (1056, 1057), 1069²⁸³ᵇ (1056, 1057)

Tse, J., **1**, 375¹⁸⁴ (337), 457²⁴⁴ (451); **2**, 674⁵¹ (636)

Tse, M.-W., **2**, 562f², 618¹¹⁵ (539, 595), 618¹⁴⁸ (542), 618¹⁵³ (542, 543), 619¹⁵⁸ (543), 619¹⁶⁸ (545), 621³¹⁷ (561), 625⁵⁶⁶ (595, 596), 625⁵⁶⁷ (595), 625⁵⁸⁴ (598)

Tse, P.-K., **4**, 694f¹⁸

Tse, Y.-C., **3**, 84³⁰⁰ (40, 44, 45)

Tse-Chuan, S., **3**, 267²¹⁸ (210)

Tsereteli, I. Yu., **3**, 447f¹¹

Tserkovnitskaya, I. A., **6**, 14¹²⁶ (8)

Tsetlina, E. O., **2**, 512³⁶⁶ (445); **7**, 654⁴⁵⁵ (599)

Tsiklis, D. S., **8**, 222¹²¹ (156)

Tsin, T. B., **6**, 1111⁸⁶ (1064)

Tsipis, C. A., **2**, 197⁴⁷⁹ (117); **6**, 228²⁶⁵ (204T, 206), 758¹⁴³⁴ (675, 677), 758¹⁴³⁵ (675, 677, 712), 758¹⁴⁴⁴ (677), 760¹⁶¹⁰ (712), 1113²¹⁰ (1098)

Tso, C. C., **2**, 199⁵⁹⁶ (145)

Tsoi, A. A., **3**, 1074³⁸³ (1032)

Tsonis, C. P., **3**, 1251²⁹⁷ (1220, 1221); **8**, 610²⁸² (594T)

Tsou, T. T., **6**, 35¹¹⁸ (21T, 23), 99³⁷³ (55T, 56T, 57T, 65, 66), 99³⁷⁴ (56T, 57T, 60T, 64, 65), 142¹⁸⁰ (123T, 127); **8**, 770⁶² (732, 734, 738), 770⁶³ (734, 738), 936⁶⁸⁰ (905)

Tsubata, K., **6**, 344¹¹⁵ (296, 298)

Tsuboi, S., **1**, 241²⁰ (157)

Tsuchida, E., **8**, 606⁷⁸ (559, 599T, 600T), 606⁸⁰ (559), 610³¹⁵ (599T)

Tsuchida, M., **2**, 971¹⁰¹ (882)

Tsuchihashi, G.-I., **7**, 97f[19]
Tsuchiya, H., **6**, 345[154] (306, 310, 335, 336, 337), 349[417a] (333, 334)
Tsuchiya, S., **6**, 95[156] (55T, 56T, 57T, 80), 740[242f] (511, 513)
Tsuda, T., **2**, 713f[4], 713f[41], 713f[44], 761[57] (721), 761[58] (721, 750), 761[62] (721), 763[151] (750), 763[153] (750), 763[154] (750); **6**, 181[129] (149), 181[129] (149), 362[65] (359), 446[341] (433); **8**, 99[289] (81), 281[69] (254), 281[70] (254), 281[71] (254), 281[89] (259), 281[90] (260), 281[91] (260), 281[93] (261), 281[104] (264), 281[105] (264), 930[288] (840, 843), 935[631] (899)
Tsuge, O., **7**, 658[706] (645)
Tsui, F. P., **2**, 299[197] (249T); **7**, 654[431] (596)
Tsuihiji, T., **4**, 811[86a] (702)
Tsuji, H., **8**, 405f[5]
Tsuji, J., **3**, 1248[106] (1180), 1248[106] (1180); **5**, 522[187] (302, 302T, 379, 380), 529[612] (379, 380), 530[677] (392); **6**, 343[25] (282, 283f), 343[31] (284), 343[65] (287), 346[267] (315), 346[270] (315), 346[271] (315, 337), 347[313] (320), 349[441] (339), 362[62] (359), 383[28] (365), 384[113] (378), 384[123] (379), 384[124] (379, 380), 384[125] (380), 441[27] (390, 430), 441[28] (390, 431, 435), 441[29] (390), 442[96] (399), 443[134] (402), 444[237] (417), 446[325] (430), 446[326] (430), 446[327] (430, 431), 446[328] (430, 431), 446[329] (430), 446[336] (431), 446[339] (433), 446[340] (433), 758[1454] (677), 761[1673] (730); **7**, 460[322] (417), 649[205] (559), 653[421] (596), 656[549] (617), 656[585] (625, 626); **8**, 99[299] (83, 84), 221[45] (112), 222[133] (159, 161, 163, 165), 223[152] (199, 201, 208), 223[158] (180, 203), 223[161] (181, 186), 223[167] (190, 202, 205, 206, 210, 212, 213), 223[170] (192, 199, 200, 201, 203, 208), 223[183] (214, 215, 216, 217, 218, 219), 282[183] (275), 439f[1a], 439f[1b], 444f[5], 444f[6], 444f[16], 445f[1], 445f[4], 448f[3], 449f[7], 456[178] (398, 431), 457[190] (399, 419, 431), 460[361] (431), 460[362] (431), 460[363] (431), 460[364] (431), 460[365] (431), 460[367] (431), 460[368] (431), 460[369] (431), 460[370] (431), 460[371] (431), 460[372] (431), 460[374] (431), 460[375] (431), 460[376] (431), 460[377] (431), 460[378] (431), 460[379] (431), 461[421] (436), 461[422] (436, 437), 461[423] (436), 461[428] (436), 461[430] (437), 461[431] (437), 461[433] (439, 447), 461[451] (442), 461[460] (445), 461[462] (445), 461[465] (445), 461[468] (446), 462[480] (449), 462[481] (449), 496[8] (465), 496[27] (469), 497[93] (488), 796[125] (792), 888f[1], 888f[2], 888f[3], 888f[4], 888f[5], 888f[7], 888f[8], 888f[12], 888f[13], 926[2] (800, 801, 803, 804), 926[7] (800), 926[13] (800), 926[14] (800), 926[15] (800), 926[16] (800), 928[94] (803, 813), 928[132] (805), 929[167] (810), 929[176] (810), 929[192] (813), 929[193] (813), 929[194] (813, 845), 929[195] (813), 929[196] (813), 929[199] (814), 929[200] (814), 930[229] (824, 847), 930[252] (832), 930[252] (832), 930[257] (834), 930[258] (834), 930[259] (834, 845), 930[264] (835), 930[268] (836), 930[276] (839), 930[294] (842), 930[295] (843), 931[299] (843), 931[317] (845, 900, 901), 931[319] (846, 901), 931[320] (846), 931[321] (846), 931[323] (846, 900), 931[326] (846), 931[329] (847), 931[330] (847), 931[331] (847), 931[332] (847), 931[333] (847), 931[334] (847), 931[335] (847), 931[336] (847), 931[337] (847), 931[338] (847), 931[339] (847), 931[344] (847), 931[347] (847, 848), 931[363] (849, 850), 931[364] (849), 931[365] (849), 932[369] (849, 850), 932[371] (850), 932[372] (850), 932[373] (850), 932[374] (850), 932[376] (850), 932[377] (850), 932[382] (850, 851), 932[383] (850, 851), 932[400] (853), 932[401] (853), 932[404] (853), 934[511] (879), 934[524] (881), 934[539] (884), 934[543] (884), 934[546] (884, 904), 935[634] (899), 935[635] (899), 935[670] (904), 936[681] (905), 936[701] (909, 910), 937[751] (918, 923)
Tsuji, T., **6**, 444[201] (409, 410); **7**, 224[31] (200)
Tsuji, Y., **7**, 8f[6], 8f[7]
Tsukiyama, K., **6**, 446[332] (430, 433, 436); **8**, 928[98] (803, 811), 929[212] (815, 841)
Tsukuma, I., **1**, 678[482] (632)
Tsumita, T., **3**, 547[117] (539)
Tsumura, R., **3**, 698[238] (666), 699[315] (672, 679), 701[426] (679, 680); **8**, 444f[2]
Tsuneda, K., **4**, 938f[5], 938f[6], 938f[7]
Tsunemi, H., **2**, 303[415] (296T)

Tsunoda, T., **2**, 190[177] (38); **7**, 648[109] (539), 652[346] (583)
Tsuro, Y., **7**, 650[215] (560)
Tsuruoka, K., **7**, 656[585] (625, 626); **8**, 460[364] (431), 931[339] (847)
Tsuruta, N., **8**, 794[25] (786)
Tsuruta, T., **1**, 252[622] (237), 252[627] (238), 252[627] (238), 679[575] (647); **2**, 860[73] (838), 860[76] (840, 851), 861[138] (853); **7**, 8f[9], 459[288] (413), 460[354] (420); **8**, 282[136] (271), 498[120] (495), 610[309] (599T)
Tsuruya, S., **1**, 245[275] (187)
Tsushima, T., **7**, 245f[4]
Tsutsui, M., **1**, 373[44] (313), 537[4a] (460, 461, 463, 469, 474, 476, 485, 493, 510, 515, 518, 520), 553[48] (549), 682[730] (581), 682[734] (581), 752[5a] (725, 726, 728–731, 733–735, 737, 739, 741, 743, 747–750); **2**, 186[19b] (20, 27, 47, 49, 59, 77, 80), 509[196] (423, 426), 514[517] (468, 469), 761[87] (722, 727, 735, 741, 742), 819[84] (780); **3**, 86[390] (52), 263[7] (174), 264[58] (179), 265[73] (180, 182), 265[133] (190), 265[134] (189, 190), 266[135] (190, 202), 266[151] (196), 266[178] (202), 267[211] (210), 269[371] (242), 269[372] (242, 245, 246), 269[374] (243), 269[377] (243), 460f[10], 924f[2], 1068[76] (976), 1069[88] (979), 1069[89] (979), 1069[112] (984), 1071[208] (1001), 1071[243] (1009); **4**, 155[414] (114), 234[75] (169, 198), 237[263] (197), 238[264] (198), 238[265] (198), 238[266] (199), 238[267] (199), 479f[41], 504[10] (381), 504[34] (385), 506[141] (417, 442, 500), 510[386] (476, 484), 658f[50], 812[158] (715), 812[161] (716), 812[161] (716), 812[164] (716), 840[39] (828), 886[120] (868), 886[124] (868), 964[91] (946); **5**, 532[843] (419); **6**, 94[87] (59T, 61T, 64, 76), 362[47] (357), 736[42] (482), 741[333] (519, 520, 521), 753[1115] (637), 753[1116] (637), 753[1117] (637, 641, 643T), 753[1118] (637); **8**, 96[78] (37, 38, 71), 96[86] (41, 49, 53, 58), 98[216] (61), 98[253] (71), 221[68] (116), 280[5] (227, 232, 236, 239, 244, 245, 247, 249, 252, 253, 255), 331f[24], 360[315] (286), 361[23] (286), 361[66] (288, 329), 362[77] (288), 364[213] (318), 365[293] (329), 367[423] (348), 382f[7], 454[13] (374, 383), 456[147] (396, 398, 404), 471f[19], 481f[2], 496[3] (464, 483), 496[13a] (466, 467), 496[25] (469, 477), 496[34] (473), 551[127] (535), 607[91] (562T, 592, 594T, 605), 607[106] (594), 608[196] (586, 587, 588, 594T, 595T, 597T, 598T), 609[212] (593, 600T, 601T, 603), 927[32] (800), 1076f[1], 1080f[1], 1104[16] (1077)
Tsutsumi, S., **3**, 951[344] (929); **4**, 648[43] (628); **5**, 12f[6], 12f[14]; **6**, 33[10] (16), 348[374] (326), 348[376] (327); **7**, 102[153] (23), 108[491] (70), 109[492] (70), 651[286] (574), 651[287] (574); **8**, 222[127] (159, 161, 162, 165), 382f[15], 455[64] (381), 794[25] (786), 794[25] (786), 794[33] (786), 794[39] (784, 785), 794[40] (784), 794[40] (784), 795[42] (784), 795[43] (785), 795[44] (785), 795[44] (785), 795[52] (787), 795[52] (787), 796[142] (788), 934[521] (880), 1008[44] (950), 1008[54] (952), 1008[54] (952)
Tsutsusi, M., **6**, 95[113] (49, 53T, 54T, 59T)
Tsuzuki, K., **7**, 649[199] (558)
Tsuzuki, Y., **1**, 260f[8]; **8**, 938[794] (925)
Tsvankin, D. Ya., **2**, 362[171] (346)
Tsvetanov, Ch. B., **7**, 9f[7]
Tsvetkov, V. G., **1**, 675[291] (613), 721[94] (697), 722[151] (705)
Tsvilikhovskaya, B. A., **6**, 354f[2], 361[18] (352, 354)
Tsyban, A. V., **1**, 306[283] (283); **3**, 126f[7]
Tsyganova, E. I., **3**, 700[349] (673), 700[350] (673), 702[515] (688); **6**, 226[179] (195)
Tszun-Chan, Li., **3**, 546[74] (510)
Tucci, E. R., **8**, 221[82] (120)
Tuchtenhagen, G., **2**, 198[534] (128); **7**, 653[395] (592)
Tuck, D. G., **1**, 689f[3], 689f[13], 696f[14], 700f[16], 704f[4], 719[2] (684, 694, 703, 709), 719[5] (684), 719[9] (685, 686, 687, 709), 720[11] (685), 720[12] (685), 720[13] (685, 701, 707, 710), 720[14] (685), 720[15] (685), 720[22] (686), 720[28] (687), 720[43] (688), 721[131] (702, 707, 710), 721[138] (702, 703, 705, 712), 723[238] (716), 723[243] (717), 723[262] (717), 723[263] (718), 723[264] (718), 723[265] (718), 723[276] (719); **2**, 619[195] (547), 860[66] (836, 837), 861[146] (855), 861[147] (855), 972[145] (889); **3**, 646[40] (641); **6**, 98[311] (45, 50T, 54T, 55T, 56T, 57T, 58T, 65), 346[257] (314)

Tucker, H., **7**, 463^{502} (443)
Tucker, J. R., **3**, 103f^6; **4**, 375^{134} (368, 369, 369T), 375^{135} (366, 368, 369T), 504^{50} (392)
Tucker, N. I., **4**, 97f^7, 97f^8; **5**, 532^{849} (420, 421, 427); **6**, 262^{123} (254), 759^{1533} (693, 702, 704)
Tucker, P. A., **3**, 135f^{11}, 135f^{12}, 169^{99} (141); **4**, 499f^5, 512^{516} (502), 657f^{15}, 819^{637} (802, 804), 819^{647} (804), 1060^{218} (1017, 1022); **5**, 533^{907} (431), 534^{979} (443, 459), 536^{1053} (462), 539^{1286} (519), 539^{1287} (519), 624^{223} (574), 626^{372} (597), 627^{419} (601); **6**, 348^{390} (329), 348^{391} (329, 334T), 469^{64} (466), 737^{88} (490), 743^{447} (533T), 752^{1026} (625T), 759^{1505} (687)
Tucker, P. M., **1**, 306^{276} (282), 456^{207} (444), 456^{208} (444, 448, 449); **4**, 611^{406} (592)
Tucker, R. L., **8**, 550^{89} (521)
Tucker, S., **8**, 1064^{42} (1019)
Tudor, R., **1**, 272f^{15}, 307^{350} (288, 291)
Tufariello, J. J., **1**, 308^{441} (292), 308^{442} (292), 308^{443} (292); **3**, 279^{46} (275); **7**, 142^{99} (130), 299^{71} (278), 299^{80a} (279), 299^{80b} (279), 336^{29} (328), 336^{33a} (328)
Tuggle, L. M., **4**, 608^{194} (555)
Tuggle, R. M., **5**, 627^{447} (605); **6**, 182^{161} (178), 182^{162} (178)
Tuinman, A., **7**, 728^{215} (711)
Tuinstra, H. E., **3**, 1317^{44} (1278, 1279); **8**, 549^{40} (504, 513), 551^{110} (529, 545)
Tuli, R. K., **3**, 372f^{14}, 429^{169} (373)
Tulip, T. H., **3**, 88^{547} (79); **5**, 625^{282} (584), 626^{379} (598); **8**, 291f^{31}, 292f^7, 551^{116} (531)
Tullbane, R. J., **2**, 696f^5
Tully, C. R., **2**, 187^{65} (14), 193^{334} (86); **7**, 651^{304} (576)
Tully, M. T., **8**, 929^{187} (812)
Tulyathan, B., **5**, 527^{451} (284, 291, 350)
Tumanskii, B. L., **6**, 100^{419} (40, 43T, 79)
Tumey, M. L., **2**, 193^{324} (82); **7**, 647^{80} (533)
Tunaley, D., **2**, 878f^{19}, 944f^2, 971^{86} (876); **7**, 512^{169} (499, 500, 503), 513^{176} (499, 503)
Tuncay, A., **1**, 116^{75a} (56, 57), 116^{75b} (56)
Tune, D. J., **2**, 195^{407} (102); **6**, 278^8 (266T, 267), 443^{173} (406), 454^{35} (452, 453), 454^{36} (453); **7**, 655^{521} (610); **8**, 861f^{11}, 933^{449} (860)
Tung, L., **7**, 8f^8
Tupčiauskas, A. P., **2**, 528f^1, 529f^1, 617^{46} (527, 554), 947f^3
Tupper, G. B., **5**, 39f^{12}, 267^{186} (38)
Tupper, G. B. J., **5**, 624^{220} (574)
Turbak, A. F., **1**, 680^{629} (650); **7**, 457^{167a} (396)
Turbitt, T. D., **4**, 512^{519} (503), 817^{463} (767); **8**, 1064^{41} (1019), 1064^{41} (1019), 1067^{162} (1040), 1068^{206} (1046, 1059) 1069^{269} (1053, 1055)
Turchi, I. J., **1**, 378^{315} (356, 364); **7**, 513^{227} (508)
Turco, A., **1**, 377^{253} (348); **5**, 40f^5, 267^{191} (40); **6**, 94^{84} (56T, 65), 95^{135} (56T, 77), 97^{262} (54T, 65), 98^{286} (56T, 77), 98^{287} (56T, 65, 77), 140^{46} (110), 227^{238} (219); **8**, 368^{508} (358), 770^{97} (734), 770^{98} (734)
Turcotte, J., **3**, 948^{161} (867), 1214f^1, 1215f^1, 1251^{265} (1214)
Turevskaya, E. P., **7**, 107^{422} (57)
Turkel, R. M., **2**, 977^{464} (957); **7**, 679f^2, 729^{252} (719)
Turkova, T. V., **8**, 365^{322} (338)
Turley, J. W., **2**, 187^{71} (19)
Turlier, P., **8**, 97^{148} (49, 56), 97^{173} (55, 57)
Turnbull, A. G., **1**, 248^{411} (203); **4**, 760f^3, 816^{400} (760)
Turner, A. W., **2**, 1019^{286} (1012)
Turner, C. A., **1**, 456^{226} (448)
Turner, C. J., **2**, 861^{139} (854)
Turner, D. W., **2**, 674^{50} (636), 1019^{283} (1011); **3**, 80^{32} (5, 29), 80^{45} (6), 81^{68} (6), 83^{201} (29), 694^{24} (650); **4**, 65f^{23}
Turner, E. E., **1**, 53f^2
Turner, G., **5**, 529^{613} (379, 380), 535^{1042} (461, 462, 470, 472T), 536^{1059} (463)
Turner, G. K., **6**, 143^{263} (105T, 113), 228^{252} (194, 196), 277^7 (266T, 267), 277^7 (266T, 267), 345^{190} (309), 453^{15} (449), 454^{39} (453), 454^{40} (453); **8**, 1065^{83} (1025)
Turner, H. S., **1**, 377^{259} (349)
Turner, H. W., **2**, 198^{546} (130); **3**, 270^{408} (255, 256), 270^{412} (257), 270^{414} (258), 721f^5, 721f^8, 721f^{16}, 723f^4, 752f^8, 779^{80} (722, 723, 726), 780^{144} (752)
Turner, J. B., **2**, 512^{393} (452)
Turner, J. J., **3**, 81^{91} (12), 81^{92} (12), 81^{93} (12), 81^{94} (12), 81^{95} (12), 81^{97} (12), 82^{127} (16), 82^{129} (16), 82^{130} (17); **4**, 319^{30} (246), 319^{47} (247, 248), 319^{48} (247), 320^{53} (248), 321^{128} (257), 321^{163} (261), 326^{476} (296), 689^{27} (666), 886^{138} (871), 886^{139} (871), 1057^{12} (969, 987), 1057^{13} (969); **6**, 13^{59} (8)
Turner, J. O., **4**, 965^{185} (962); **5**, 621^{37} (548)
Turner, K., **3**, 697^{217} (665); **4**, 33f^{36}, 50f^{36}, 152^{159} (41); **5**, 158f^3, 271^{467} (157), 417f^1, 417f^2, 418f^3, 532^{791} (413), 532^{792} (413), 532^{793} (413), 532^{794} (414), 624^{246} (578); **6**, 740^{241} (510), 740^{242} (510)
Turner, L., **1**, 251^{579} (231); **8**, 549^{26} (503, 504)
Turner, R., **2**, 904f^2
Turner, R. B., **6**, 756^{1311} (661)
Turner, R. F., **3**, 81^{97} (12)
Turner, R. M., **2**, 196^{443} (111), 196^{443} (111), 510^{255} (433), 510^{256} (433); **3**, 950^{277} (905)
Turner, R. W., **2**, 970^{31} (867); **6**, 277^5 (266); **8**, 460^{373} (431), 706^{131} (696T), 769^{48} (714T), 932^{368} (849)
Turner-Jones, A., **3**, 546^{57} (500)
Turney, T. W., **3**, 326^{40} (292), 703^{584} (693), 981f^{22}, 1069^{94e} (979, 982), 1076^{541a} (1058); **4**, 400f^{10}, 479f^4, 504^{30} (385), 506^{122} (410), 690^{119} (681), 814^{290} (745, 754), 819^{622} (798), 819^{623} (798, 804), 819^{632} (801), 963^{31} (936, 950), 963^{32} (936); **5**, 194f^{12}, 265^{79} (17, 18, 29), 272^{537} (178, 188), 534^{975} (443), 534^{976} (443), 534^{977} (443), 534^{978} (443), 535^{1026} (459); **6**, 140^{78} (103, 104T, 110); **8**, 296f^5, 311f^8, 364^{256} (325, 338, 347)
Turnipseed, C. D., **3**, 1248^{149} (1187)
Turov, B. S., **8**, 708^{211} (701), 708^{222} (701), 711^{366} (701)
Turova, N. Ya., **1**, 149^{39} (122)
Turova, Ya. N., **7**, 107^{422} (57)
Turtle, B. L., **6**, 98^{316} (60T, 64), 345^{184} (308), 741^{314} (518), 749^{847} (597, 598), 749^{859} (598)
Tushnalobova, V. A., **8**, 281^{113} (267)
Tutetskaya, R. A., **2**, 360^7 (306, 307)
Tutorskaya, F. B., **1**, 306^{327} (287), 306^{328} (287); **7**, 363^6 (351)
Tuulmets, A., **1**, 242^{78} (163), 242^{78} (163), 245^{246} (182), 246^{301} (192), 246^{301} (192), 246^{301} (192), 247^{388} (200)
Twaik, M., **5**, 537^{1151} (477)
Tweedale, A., **1**, 304^{143} (269)
Tweedy, H. E., **1**, 681^{689} (661); **3**, 473^{53} (446)
Twentyman, M. E., **1**, 674^{195b} (594), 675^{296} (614, 622), 721^{110} (701, 705)
Twigg, M. V., **4**, 150^{58} (18), 163f^5, 234^{24} (164), 506^{158} (424, 455), 508^{248} (442), 810^{54} (699), 810^{55} (699), 814^{281} (743), 814^{307} (747), 884^{11} (844, 848), 887^{172} (878, 879), 887^{173} (879), 887^{174} (879); **6**, 842f^{149}, 876^{162} (790, 808, 817), 877^{221} (818); **8**, 361^{34} (286), 1010^{212} (1004)
Twiss, J., **1**, 151^{155} (135, 137, 138), 723^{231} (716)
Twitchett, H. J., **3**, 428^{85} (357)
Tyabin, M. B., **6**, 750^{905} (611), 750^{907} (611)
Tyers, K. G., **6**, 143^{247} (134T, 136), 845f^{271}
Tyfield, S. P., **2**, 197^{519} (125); **3**, 694^{16} (649, 649T, 651, 660), 1248^{124} (1183); **4**, 151^{126} (30), 233^1 (162), 234^{37} (164), 235^{127} (175, 178); **5**, 266^{139} (29, 31); **6**, 876^{213} (813, 814)
Tyler, D. R., **3**, 82^{138} (18); **4**, 321^{166} (262), 606^{58} (520), 663f^4, 688^{13} (664, 665), 875f^1, 886^{157} (874), 928^{10} (924), 1058^{58} (974, 976); **6**, 792f^4, 840f^{76}, 850f^{20}, 876^{167} (793, 817), 876^{176} (794), 877^{224} (818)
Tyler, L. J., **2**, 187^{45} (10), 190^{170} (38), 200^{633} (155), 362^{166} (345), 363^{191} (359)

Tyman, J. H. P., **7**, 102[158] (24), 104[231] (31), 110[557] (81)
Tyminiski, I. J., **2**, 624[522] (589, 590), 624[523] (589)
Tyrlik, S., **3**, 279[37] (273); **5**, 272[546] (185); **8**, 331f[13], 366[344] (340), 497[63] (478)
Tyurenkova, O. A., **8**, 606[82] (559, 596T), 609[248] (596T), 609[249] (596T), 609[250] (596T), 609[252] (596T)
Tyurin, V. D., **4**, 321[131] (257, 274, 275, 280, 282), 323[321] (280), 510[358] (467), 602f[12], 602f[14], 613[527] (604); **6**, 445[287] (422); **8**, 1009[113] (971), 1067[175] (1041)
Tzeng, D., **2**, 193[345] (89)
Tzinmann, M., **8**, 341f[6], 643[113] (632)
Tzschach, A., **1**, 244[192b] (176), 249[484] (216); **2**, 200[627] (153), 619[185] (546), 623[452] (579), 704[1] (683), 705[45] (686), 705[48] (687), 707[159] (701), 707[161] (701); **3**, 922f[16]; **7**, 655[494] (605)

U

Ubbelohde, A. R., **1**, 245²⁷⁷ (187, 202)
Uberhammer, H., **2**, 903f¹
Ubozhenko, O. D., **3**, 698²⁶⁵ (670), 698²⁷² (670)
Ucciani, E., **8**, 362¹³³ (297), 366³⁸⁶ (343), 366³⁹³ (343), 366³⁹⁴ (343) 366³⁹⁵ (343)
Uchida, A., **7**, 109⁵¹¹ (72)
Uchida, H. S., **7**, 159¹³² (154), 194¹⁷ (162)
Uchida, K., **1**, 674²⁵¹ (605, 652); **2**, 189¹⁴⁴ (34); **7**, 322⁴⁹ (315), 322⁵⁰ (315), 322⁵⁶ (316), 461³⁸² (424)
Uchida, S., **1**, 754¹¹⁵ (747); **7**, 513²⁰⁰ (504, 505)
Uchida, T., **2**, 397¹³⁶ (395); **3**, 858f¹, 948¹²⁷ (848, 854)
Uchida, Y., **3**, 833f³⁵, 838f⁵, 858f¹, 948¹²⁷ (848, 854); **4**, 374⁴¹ (340, 361), 965¹⁴⁶ (955), 965¹⁵¹ (956), 965¹⁵² (956); **5**, 39f⁸; **6**, 34³⁷ (22T, 25), 95¹⁵⁶ (55T, 56T, 57T, 80), 139¹⁶ (111), 252f², 261⁵² (247), 261⁵³ (247), 261⁵⁴ (247), 262⁹⁴ (251), 278⁵⁰ (275), 278⁵¹ (275), 278⁵² (275), 348³⁶⁸ (325), 349⁴⁵⁷ (341), 823f¹, 823f¹, 871f¹²⁸, 877²⁴³ (822); **8**, 280⁴⁶ (245), 281⁸⁷ (259), 304f¹⁶, 315f¹, 331f⁶, 362¹⁰⁴ (294), 366³⁵⁵ (341), 392f⁴, 397f³, 397f⁹, 400f⁶, 400f¹⁴, 400f¹⁵, 400f¹⁶, 400f¹⁷, 405f⁶, 405f⁸, 408f⁶, 408f⁹, 447f³, 447f⁶, 447f⁷, 456¹²⁴ (392), 456¹⁵⁴ (396, 401), 456¹⁶⁰ (396, 401), 456¹⁶⁴ (396), 456¹⁶⁷ (396), 457¹⁹⁵ (400), 457²²³ (404), 459³¹⁴ (419), 459³²⁹ (421), 461⁴⁶⁶ (446), 461⁴⁷⁵ (447), 497⁹⁴ (188), 794³ (790), 796¹³⁹ (792), 931³⁰⁶ (848, 848), 931³⁴⁸ (848), 936⁶⁷⁶ (905), 936⁶⁷⁹ (905), 1088f¹, 1088f⁷, 1092f¹, 1092f⁶, 1093f², 1093f³, 1105⁶⁷ (1087), 1105⁸¹ (1090), 1105⁸⁹ (1094)
Uchino, M., **6**, 95¹⁰⁹ (55T, 56T, 70, 79); **8**, 385f²⁸, 455⁸⁶ (384), 610²⁹⁰ (598T), 641³¹ (621T)
Uchino, N., **8**, 341f³, 379f⁶, 379f¹³, 642⁸⁰ (632), 643¹¹⁴ (621T), 643¹³⁷ (617, 621T), 643¹⁴¹ (616, 621T, 622T), 643¹⁵⁴ (632), 708²¹⁹ (702)
Uchiyama, M., **3**, 473⁶⁰ (448)
Uchiyama, T., **8**, 459³⁴⁶ (426), 459³⁴⁹ (426), 610²⁹⁵ (598T), 933⁴⁹⁶ (878), 934⁵⁰⁸ (878), 934⁵¹³ (879)
Uchtman, V. A., **1**, 538⁵² (473); **5**, 259f¹, 276⁷⁹⁹ (260); **6**, 227²¹⁸ (211), 227²¹⁹ (211), 871f¹⁴⁸, 872f¹⁴⁹, 875⁹⁰ (775), 875⁹¹ (775)
Ucko, D. A., **6**, 944¹⁶⁷ (913T, 918T, 919), 944¹⁹⁹ (918T, 919)
Uda, J., **8**, 99³⁰⁰ (84)
Uda, S., **2**, 706¹³⁰ (698)
Uden, P. C., **2**, 188¹⁰⁶ (27); **3**, 398f⁶
Udovich, C. A., **4**, 319²⁴ (246, 291), 688¹⁰ (662, 669); **5**, 39f¹, 64f¹⁹, 64f²⁰, 68f¹⁰, 68f¹¹, 267¹⁸⁴ (38, 66), 268²⁵² (66)
Ue, M., **6**, 823f¹, 823f¹, 871f¹²⁸, 877²⁴³ (822)
Ueda, F., **5**, 532⁷⁹⁹ (415), 532⁸⁰¹ (415), 532⁸⁰² (415); **6**, 261⁴⁸ (247), 261⁴⁹ (247)
Ueda, H., **5**, 532⁸⁰⁷ (416)
Ueda, K., **2**, 763¹⁵¹ (750); **8**, 709²⁶⁴ (695, 695T, 696, 696T), 709²⁸⁰ (690), 710³²⁸ (701)
Ueda, M., **7**, 96f¹, 301¹⁶² (294, 295)
Ueda, S., **2**, 362¹⁸² (349); **7**, 101⁹³ (13)
Ueda, T., **2**, 624⁵³⁵ (590); **6**, 737⁷³ (488, 492, 493)
Ueda, Y., **8**, 17³¹ (12, 13, 14)
Uedelhoven, W., **3**, 1379¹⁹ (1326)
Ueeda, R., **2**, 677²⁴¹ (656)
Uegaki, E., **1**, 742f¹⁰; **7**, 513¹⁷² (499)

Uehara, K., **8**, 771¹¹⁶ (737)
Uehiro, T., **2**, 704⁸ (684), 1019²⁸⁷ (1012f)
Ueki, T., **2**, 302³⁷⁹ (292), 620²⁸⁰ (556), 620²⁸¹ (556); **5**, 275⁷⁷⁶ (254); **6**, 260² (243, 245), 346²⁴¹ (312, 313, 334T), 441⁴¹ (390), 441⁴² (390), 443¹⁶⁵ (406), 443¹⁶⁶ (406)
Uemura, M., **3**, 1075⁴⁶³ (1041)
Uemura, S., **1**, 742f³, 742f¹⁰, 742f¹³, 753⁹³ (741), 753⁹⁵ (741), 753⁹⁷ (741), 754¹¹⁰ (746), 754¹¹¹ (746), 754¹¹² (746, 747), 754¹¹³ (747), 754¹¹⁴ (747), 754¹¹⁵ (747), 754¹²³ (748), 754¹²⁹ (749), 754¹³² (749); **2**, 763¹⁸⁶ (759), 971¹¹⁴ (884), 971¹²³ (885), 971¹²³ (885), 978⁵⁰⁷ (963); **7**, 510²³ (474), 512¹¹² (490), 512¹¹³ (490), 512¹³¹ (491, 493), 512¹³⁶ (494), 512¹³⁷ (494), 512¹⁴⁹ (497), 512¹⁵⁰ (497), 512¹⁵¹ (497), 512¹⁵² (497), 512¹⁵⁹ (498), 513¹⁷² (499), 513¹⁷³ (499, 505, 507), 513¹⁹⁸ (504), 513¹⁹⁹ (504), 513²⁰⁰ (504, 505), 513²⁰¹ (504, 505), 513²⁰² (504, 505), 513²¹³ (505), 513²¹⁴ (505), 513²²⁰ (507), 726⁶⁷ (676); **8**, 932⁴⁰⁸ (857), 934⁵⁵⁶ (885), 937⁷⁸⁵ (924)
Uemura, T., **6**, 223¹² (203T, 206)
Ueng, S., **7**, 110⁵⁹² (92)
Ueno, T., **2**, 971⁹⁸ (879); **8**, 366³⁷¹ (342)
Ueshima, T., **1**, 679⁵⁶¹ (645)
Ueyama, N., **7**, 461⁴⁰⁵ (430)
Ugagliati, P., **6**, 1110⁷ (1044)
Ughetto, G., **6**, 754¹¹⁸⁴ (646T, 651, 661), 754¹¹⁸⁸ (647T), 756¹³⁵⁸ (668), 756¹³⁵⁹ (668)
Ugi, I., **1**, 376²¹⁹ (344); **4**, 511⁴⁴⁵ (486), 1059¹⁰³ᵇ (981); **5**, 269³³³ (93); **8**, 1064³² (1018), 1067¹⁷⁹ (1042), 1069²⁷⁰ (1053), 1070³¹⁶ (1059), 1070³¹⁶ (1059), 1070³¹⁶ (1059)
Uglova, E. V., **2**, 511³²⁰ (440), 978⁵¹⁰ (964), 978⁵¹¹ (964)
Ugo, R., **1**, 753⁶⁰ (735); **2**, 761⁸⁷ (722, 727, 735, 741, 742); **3**, 557⁶⁰ (556), 863f²⁴, 1076⁵³³ (1057); **4**, 65f⁴³, 153²⁵⁷ (67), 240³⁹⁷ (211, 212T), 963⁶¹ (940), 965¹⁵⁶ (956), 965¹⁵⁷ (956), 965¹⁷⁹ (961), 1062²⁹⁷ (1033); **5**, 39f⁷, 266¹⁷¹ (36), 267¹⁸⁷ (38, 39), 267¹⁸⁸ (39), 267¹⁹⁷ (41), 295f¹⁰, 316f⁷, 520⁵⁰ (283), 521⁸⁷ (289), 521⁸⁸ (289), 521¹⁰³ (288, 293), 521¹²⁴ (288, 294, 468), 524²⁸⁸ (314), 558f¹, 622⁵⁴ (550, 551), 623¹⁵⁸ (565); **6**, 34⁶² (21T), 252f¹, 261¹⁶ (244, 249), 262⁹³ (250), 263¹⁶⁸ (257), 355f¹, 361²² (352, 353, 355, 357), 362⁸³ (360, 361), 441¹⁸ (389), 736⁶ (474, 475), 736²¹ (476, 477), 736⁴² (482), 749⁸⁴¹ (596, 597), 749⁸⁴³ (596), 751⁹⁹³ (621), 760¹⁵⁶⁵ (700), 845f²⁹², 851f⁶², 874⁵⁴ (769, 821), 1021f¹⁴², 1027f¹¹, 1029f⁶²; **8**, 221⁸⁵ (120), 280³¹ (237), 311f¹⁹, 331f⁷, 360² (286), 361⁶⁶ (288, 329), 362¹¹⁷ (295), 364²⁵⁷ᵃ (325), 367⁴²⁵ (348), 367⁴⁵⁹ (352), 368⁴⁸¹ (354), 414f¹, 457¹⁸⁴ (398, 433), 458²⁸⁵ (414, 418, 421), 496³ (464, 483), 497⁶⁷ (479), 497⁷¹ (480, 482), 498¹²³ (498), 606²³ (554), 927⁴⁹ (801), 928¹⁴⁰ (806), 931³⁴¹ (847)
Ugolick, R. C., **3**, 981f¹²; **8**, 643¹²³ (629, 634T)
Ugoono, R., **8**, 456¹²⁰ (391)
Uguagliati, P., **4**, 237²⁴³ (193), 237²⁴⁵ (193), 237²⁴⁶ (193), 608²⁰¹ (555), 648⁸ (617), 689⁸³ (675), 811⁹⁰ (704); **5**, 285f³, 520⁵⁹ (284), 522¹⁶⁶ (298, 300), 522¹⁷⁷ (300, 427), 527⁴⁵³ (345, 433), 529⁶⁴³ (384), 625³¹⁶ (589, 590); **6**, 261⁴⁰ (246), 346²⁶⁴ (315, 316),

443^{119} (401), 739^{174} (500), 743^{423} (531), 746^{657} (565), 746^{660} (566), 746^{661} (566), 746^{663} (566), 746^{664} (566), 750^{923} (614T, 715T), 751^{985} (620, 628, 630), 757^{1363} (668)
Uhde, G., **7**, 225^{112} (207)
Uher, M., **7**, 659^{713} (645)
Uhl, K., **1**, 680^{643} (652); **7**, 457^{158} (395)
Uhl, W., **2**, 200^{613} (148)
Uhle, K., **2**, 511^{286} (438)
Uhlemann, E., **2**, 974^{301} (924); **3**, 1084f^{17}
Uhlenbrauck, M., **7**, 648^{133} (546)
Uhlenbrock, W., **2**, 197^{499} (122), 199^{576} (139), 199^{576} (139)
Uhlig, D., **2**, 517^{664} (489); **3**, 807f^{2a}, 1264f^{2a}; **4**, 321^{151} (260); **6**, 839f^{36}, 1018f^{1}, 1031f^{17}, 1035f^{15}, 1040^{99} (1004), 1111^{56b} (1053, 1065)
Uhlig, E., **2**, 679^{376} (669); **3**, 697^{161} (661); **6**, 93^{14} (55T, 70), 93^{25} (65), 94^{77} (55T, 65, 75, 77), 95^{110} (54T), 98^{306} (55T, 65, 75, 77, 79), 98^{333} (77), 99^{342} (46, 55T, 70), 99^{356} (46, 50T, 57), 99^{357} (46, 50T), 99^{363} (46), 99^{380} (59T, 70), 100^{414} (55T, 65, 79), 100^{416} (54T, 57T, 59T, 65, 74), 100^{424} (80), 139^{4} (105T), 139^{7} (109, 110), 140^{60} (109), 140^{71} (110), 141^{116} (109), 141^{117} (109, 114), 141^{122} (104T, 124, 127), 141^{152} (110), 142^{169} (110, 121T, 123T, 124T, 124, 127, 129), 142^{179} (123T, 124T, 128), 143^{216} (116, 121T), 143^{242} (109, 110), 143^{250} (109), 143^{252} (105T, 110), 143^{257} (117), 143^{271} (106, 108), 144^{273} (117, 122T), 144^{285} (105T), 181^{86} (163, 165T), 224^{33} (195, 197, 203T), 1094f^{3}, 1113^{202} (1095); **8**, 711^{346} (701), 770^{51} (723T, 732T, 733), 796^{128} (792)
Uhlig, G. F., **7**, 650^{220} (560)
Uhlmann, G., **5**, 265^{102} (23), 526^{416} (342, 345)
Uhlmann, J. G., **2**, 193^{338} (86), 297^{50} (222, 239)
Uhlmann, R., **2**, 200^{623} (152), 200^{624} (152), 200^{624} (152), 200^{625} (153); **6**, 36^{210} (20T, 22T)
Uhm, S. J., **7**, 724^{9} (663)
Uhrig, H., **3**, 428^{110} (361)
Ujszászy, K., **2**, 515^{581} (478, 482)
Ukai, T., **6**, 278^{40} (266T, 274), 346^{238} (312), 383^{63} (370), 469^{55} (465)
Ukai, Y., **6**, 263^{176} (258)
Ukhin, L. Yu., **2**, 723f^{23}, 761^{41} (718, 720); **5**, 530^{696} (395); **6**, 349^{411} (334T, 334f), 442^{90} (398), 442^{91} (398), 442^{92} (398) **8**, 929^{178} (811), 1106^{109} (1101)
Ukita, T., **2**, 1015^{23} (981, 1007), 1015^{24} (981, 1007)
Ulbrecht, V., **5**, 275^{741} (249)
Ulery, H., **2**, 619^{196} (547)
Ullah, S. S., **4**, 380f^{19}, 424f^{1}, 435f^{28}, 506^{158} (424, 455), 814^{305} (747, 750), 884^{30} (850), 884^{31} (850), 1060^{216} (1017)
Ulland, L. A., **2**, 196^{439} (111, 112)
Ullenius, C., **2**, 754f^{8}, 763^{168} (753)
Uller, W., **3**, 851f^{52}, 863f^{44}; **4**, 12f^{11}, 34f^{61}
Ulm, K., **3**, 971f^{3}, 971f^{6}, 971f^{7}
Ulman, J., **1**, 454^{120} (431), 456^{221} (446); **2**, 514^{528} (469), 514^{529} (469), 976^{412} (961)
Ulman, J. A., **1**, 453^{43} (421), 539^{93b} (488, 497), 539^{99a} (489, 490), 539^{110} (492); **6**, 944^{220} (923, 926, 930), 945^{252} (930)
Ulmer, S. W., **3**, 1188f^{30}, 1248^{149} (1187); **4**, 151^{91} (24, 71); **6**, 1018f^{32}, 1028f^{27}, 1040^{78} (999), 1041^{127} (1012, 1013), 1041^{129} (1012), 1041^{135} (1013, 1037)
Ulmschneider, D., **1**, 261f^{36}, 262f^{22}, 286f^{10}, 306^{325} (287), 378^{348a} (359), 378^{349} (359)
Ulmschneider, K. B., **1**, 753^{86} (740), 753^{87} (740), 754^{105} (745)
Uloth, R. H., **3**, 398f^{26}, 398f^{27}, 428^{100} (361), 428^{101} (361), 430^{265} (396), 430^{266} (396)
Ulrich, B., **6**, 141^{113} (105T, 112, 133T, 136), 225^{112} (194, 208, 209T)
Ulrich, S. E., **2**, 617^{31} (525)
Ulrici, B., **7**, 17f^{14}, 101^{103} (15)
Ul'Yanova, L. N., **2**, 512^{374} (446)
Ul'yanova, M. V., **3**, 547^{102} (531)

Umani-Ronchi, A., **1**, 119^{265} (99), 120^{283} (105); **4**, 329^{680} (316); **7**, 91f^{1}, 91f^{2}, 459^{303} (414, 417)
Umbach, W., **8**, 459^{336} (422)
Umeda, I., **8**, 363^{201} (315, 324), 641^{24} (629, 637T, 639)
Umemura, S., **8**, 796^{102} (774), 796^{146} (774)
Umemura, Y., **7**, 9f^{1}, 9f^{3}
Umen, M. J., **7**, 727^{160} (701), 727^{161} (701)
Umeno, M., **8**, 644^{170} (629, 630)
Umezaki, H., **4**, 965^{150a} (956)
Umilin, V. A., **3**, 702^{502} (687, 689), 702^{503} (687, 689), 702^{504} (687), 702^{505} (687), 702^{506} (687), 702^{509} (688), 702^{510} (688), 702^{512} (688, 689), 1069^{117} (985), 1069^{118a} (985), 1069^{118b} (985), 1070^{195} (999), 1250^{232} (1205)
Umino, H., **2**, 194^{354} (91), 195^{400} (100), 195^{422} (105), 303^{407} (295T), 396^{51} (374); **3**, 419f^{5}, 419f^{6}, 419f^{8}, 431^{312} (421), 431^{313} (421); **7**, 655^{525} (610, 611)
Umland, F., **1**, 379^{378} (362)
Umland, P., **3**, 948^{168} (871); **4**, 157^{519} (128); **5**, 27f^{8}; **6**, 35^{115} (20T, 21T)
Umpleby, J. D., **7**, 99^{15d} (3), 106^{371} (49); **8**, 461^{442} (440), 704^{22} (691, 699), 931^{357} (849)
Undavia, N. K., **7**, 103^{195} (27)
Under, E., **6**, 839f^{9}
Underhill, A. E., **5**, 520^{9} (278, 375, 376)
Underhill, M., **3**, 171^{181} (167), 171^{182} (167), 171^{182} (167); **4**, 375^{139} (366), 884^{18} (848, 850), 1060^{199} (1008), 1061^{277} (1030), 1061^{280} (1030), 1062^{307} (1035, 1036), 1062^{320} (1038); **8**, 364^{267} (327)
Ungarescu, C., **8**, 1076f^{8}, 1104^{15} (1076)
Unger, E., **3**, 630^{134} (579), 833f^{44}, 838f^{8}, 838f^{13}, 847f^{8}, 948^{124} (848), 948^{125} (848); **4**, 323^{278} (274), 536f^{4}
Ungermann, C., **1**, 454^{88} (427, 428, 434); **4**, 328^{666} (315), 963^{68} (941); **5**, 628^{500} (617, 620); **6**, 869f^{60a}, 869f^{61}, 869f^{65}, 877^{241} (822), 877^{242} (822); **8**, 17^{24} (12), 17^{35} (13)
Ungermann, C. B., **1**, 303^{90} (267), 453^{68} (425, 438, 439), 739^{79a} (481, 493, 497, 533); **3**, 82^{153} (21, 23), 112f^{5}; **4**, 509^{311} (452), 690^{121} (682)
Ungnade, H. E., **7**, 726^{117} (690)
Ungurenasu, C., **1**, 241^{25} (157); **3**, 379f^{15}, 807f^{4}, 946^{16} (794), 1087f^{4}, 1264f^{4}; **4**, 611^{419} (592)
Ungváry, F., **5**, 264^{30} (7), 264^{45} (10); **8**, 293f^{12}, 312f^{36}, 363^{200} (315), 367^{420} (348)
Unni, M. K., **7**, 159^{87} (147), 173f^{1}, 251^{6} (229)
Uno, K., **8**, 647^{316} (632)
Uno, T., **8**, 497^{100} (490), 930^{262} (835, 891)
Unrin, H., **8**, 709^{267} (685T, 685)
Unsworth, J. F., **7**, 511^{59} (480), 511^{60} (480)
Untch, K. G., **1**, 285f^{31}; **7**, 650^{219} (560)
Uohama, M., **7**, 105^{300} (40), 108^{483} (69)
Upton, C. E. E., **6**, 745^{576} (554), 745^{577} (554), 748^{804} (589), 748^{808} (590), 748^{810} (590), 748^{812} (590, 591)
Upton, C. J., **1**, 243^{137} (171); **7**, 108^{480} (68)
Upton, T. H., **6**, 141^{156} (103, 104T); **8**, 95^{34} (27)
Urabe, H., **6**, 344^{121} (300T, 301), 344^{130} (301, 303), 740^{242h} (511), 740^{249} (513)
Urakawa, K., **7**, 9f^{4}
Uralets, I. A., **3**, 427^{22} (336)
Uramoto, Y., **5**, 537^{1139} (475T); **8**, 642^{63} (627T, 630, 630T, 631)
Uraneck, C. A., **1**, 251^{601} (234)
Urano, S., **7**, 658^{706} (645)
Urata, K., **7**, 462^{449} (436)
Urbain, M., **7**, 460^{331} (418), 460^{332} (418)
Urban, R., **4**, 373^{4} (332), 511^{445} (486); **8**, 1067^{179} (1042), 1070^{316} (1059), 1070^{316} (1059)
Urbanec, J., **7**, 511^{76} (484), 511^{77} (484)
Urbanowicz, M. A., **2**, 1015^{10} (980, 994)
Urbanski, T., **1**, 378^{364} (361); **7**, 102^{163} (24f)
Urch, D. S., **4**, 323^{285} (276, 279), 323^{316} (279), 509^{326} (455)
Urdaneta-Perez, M., **2**, 514^{523} (469, 471)
Urenovitch, J. V., **2**, 396^{46} (374)
Uriarte, A. K., **1**, 306^{275} (282)

Urquhart, P. W., **5**, 623^{127} (561)
Urry, G., **1**, 273f^{35}, 305^{212} (277), 305^{214} (277), 305^{218} (277), 305^{219} (277); **2**, 195^{406} (102), 202^{692} (168), 396^{52} (374); **6**, 849f^5, 875^{130} (783), 1066f^5, 1113^{175} (1087)
Urry, W. H., **6**, 443^{118} (401), 758^{1453} (677, 679)
Urtane, I., **2**, 202^{689} (167), 202^{689} (167)
Urwin, J. R., **1**, 72f^2
Uryu, T., **4**, 817^{459} (767)
Usami, S., **5**, 5f^7
Ushakov, N. V., **2**, 298^{133} (239), 299^{176} (246)
Ushakov, S. N., **2**, 192^{296} (77); **7**, 646^{12} (517)
Ushakova, R. L., **2**, 516^{634} (484)
Ushio, M., **1**, 116^{77} (57)
Usieli, V., **4**, 608^{240} (566, 567, 568f)
Uski, V. A., **1**, 538^{63a} (476, 523); **3**, 1248^{116} (1182), 1380^{66} (1334); **4**, 606^{118} (537, 539f)
Uskoković, M. R., **7**, 195^{82} (168), 253^{114} (245), 253^{115} (246)
Usón, R., **1**, 728f^8, 752^{18} (728), 753^{77} (737), 753^{79} (738); **2**, 770f^9, 770f^{10}, 770f^{11}, 770f^{12}, 770f^{13}, 770f^{14}, 770f^{15}, 786f^1, 786f^2, 786f^3, 786f^4, 786f^5, 796f^9, 796f^{16}, 796f^{17}, 818^{34} (771, 804), 818^{36} (771, 775, 789, 795, 797), 818^{37} (771, 804), 818^{54} (775, 776, 795, 797), 818^{54} (775, 776, 795, 797), 819^{106} (787, 793), 819^{107} (787, 789, 793), 820^{151} (794), 820^{153} (794, 801), 820^{154} (794), 820^{155} (794), 820^{159} (795); **4**, 33f^{24}, 34f^{67}, 151^{139} (36, 37, 42), 151^{146} (37); **5**, 76f^9, 299f^{12}, 341f^3, 524^{274} (298, 481, 489), 526^{393} (340), 536^{1101} (290, 292, 473, 474T, 475T), 536^{1119} (474T, 481), 536^{1121} (474, 475T, 476), 537^{1127} (475T, 476), 537^{1129} (475T, 476), 537^{1177} (481), 538^{1210} (489), 539^{1294} (292), 539^{1295} (340, 468); **6**, 99^{349} (50T), 283f^3, 343^{21} (281, 283f, 306), 345^{156} (306, 307), 345^{163} (306), 345^{167} (306, 307, 311), 345^{168} (306, 340), 345^{169} (306, 309), 345^{170} (306), 345^{171} (306), 345^{172} (306), 345^{174} (306), 345^{208} (311, 340), 345^{209} (311), 346^{213} (306, 307), 349^{443} (340), 747^{713} (582), 747^{714} (582), 747^{718} (582), 747^{725} (583), 748^{800} (589); **8**, 291f^{17}, 291f^{18}, 339f^{21}, 363^{156} (301), 365^{337} (338)
Ustavshchikov, B. F., **8**, 708^{211} (701), 708^{222} (701)
Ustynyuk, N. A., **3**, 1067^{26b} (964), 1072^{293} (1016), 1075^{450} (1039), 1177f^3, 1249^{172} (1192, 1195), 1251^{281} (1218), 1380^{29} (1328), 1380^{52} (1331), 1380^{53} (1331), 1381^{88} (1340), 1383^{192} (1364), 1384^{263} (1379); **4**, 240^{375} (207, 208); **8**, 1068^{202} (1044, 1046), 1068^{222} (1048)
Ustynyuk, Yu. A., **2**, 191^{230} (54), 191^{234} (54), 193^{333} (85), 507^{56} (404, 420, 437), 507^{57} (404, 437), 507^{58} (404), 618^{138} (541), 618^{140} (541), 618^{145} (541), 676^{142} (645), 947f^3, 974^{273} (919, 920), 974^{286} (921); **3**, 125f^{23}, 125f^{25}, 125f^{26}, 125f^{27}, 125f^{29}, 125f^{31}, 1067^{26b} (964), 1072^{293} (1016); **4**, 415f^2, 415f^3, 506^{133} (413, 416), 611^{420} (592); **6**, 96^{213} (87), 96^{214} (88), 96^{215} (87), 96^{216} (88), 97^{237} (88), 227^{212} (212), 227^{220} (192); **8**, 1068^{202} (1044, 1046), 1069^{287} (1057), 1069^{287} (1057)
Usuki, A., **7**, 648^{102} (538), 653^{403} (593)
Utermoehlen, C. M., **7**, 104^{275} (35)
Uthe, J. F., **2**, 1019^{255} (1007), 1019^{269} (1010)
Utimoto, K., **1**, 674^{251} (605, 652); **2**, 189^{141} (33), 189^{144} (34), 189^{145} (34), 191^{250} (60); **7**, 300^{90} (280), 300^{133} (290), 301^{151} (293), 301^{166} (295), 322^{49} (315), 322^{50} (315), 322^{56} (316), 336^{35} (329), 336^{46} (333), 346^{18} (340, 341), 347^{43} (343), 460^{360} (421), 461^{382} (424), 648^{137} (546), 658^{691} (643), 728^{221} (713), 729^{253} (719)
Utke, A. R., **1**, 251^{599} (234, 235), 251^{605} (235)
Utko, J., **8**, 366^{368} (342)
Uttech, R., **6**, 182^{156} (151), 182^{156} (151)
Uttley, M. F., **4**, 810^{21} (695, 699), 810^{62} (699), 811^{103} (706, 724), 811^{106} (706), 811^{127} (709, 720, 729), 811^{128} (709), 1058^{83} (978, 981), 1059^{137} (989, 990), 1060^{174} (999), 1060^{175} (999), 1060^{181a} (999, 1003); **5**, 305f^4, 305f^5, 305f^8, 355f^1, 523^{202} (303T), 523^{204} (303T), 523^{208} (303T), 527^{460} (351), 549f^4, 621^{46} (548); **6**, 943^{145} (909T, 910); **8**, 304f^{20}, 304f^{25}, 363^{169} (302)
Utvary, K., **2**, 397^{121} (388)
Uvalić, D., **6**, 180^{62} (149, 159T), 180^{62} (149, 159T)
Uvarova, N. M., **2**, 820^{129} (790), 820^{129} (790); **6**, 748^{816} (591)
Uytterhoeven, J. B., **8**, 17^{36} (14), 96^{113} (42), 98^{208} (61)
Uzarewicz, A., **7**, 159^{90} (148), 159^{113} (151), 159^{119} (152), 225^{109} (206, 208), 225^{110} (207), 252^{61} (238), 252^{63} (238), 253^{82} (240), 253^{83} (240), 253^{84} (240)
Uzarewicz, I., **7**, 159^{113} (151), 225^{109} (206, 208), 252^{61} (238), 252^{63} (238)
Uznanski, B., **2**, 191^{247} (60); **7**, 658^{675} (642)

V

Vaganova, E. A., **8**, 643[116] (617, 622T)
Vaglio, G. A., **4**, 321[172] (262), 689[38] (666), 689[39] (666), 815[331] (750), 840[56] (830), 840[57] (831), 884[14] (847, 848), 884[20] (849), 884[22] (849), 884[23] (849), 884[26] (849), 885[73] (859), 907[45] (898), 963[23] (935), 963[25] (935), 964[78] (943), 964[79] (943), 964[80] (943), 964[81] (944), 964[82] (944), 964[83] (944), 1062[299] (1033, 1035), 1062[300] (1035), 1062[301] (1035), 1062[314] (1036), 1062[330] (1041), 1062[333] (1042); **5**, 273[595] (198), 524[309] (318); **6**, 871f[124], 871f[141], 876[164] (790); **8**, 364[274] (328)
Vahremkamp, H., **6**, 841f[89]
Vahrenhorst, A., **2**, 676[146] (646), 676[146] (646); **7**, 101[109] (16)
Vahrenhorst, A. M., **2**, 507[92] (409)
Vahrenkamf, H., **6**, 1113[188] (1090)
Vahrenkamp, H., **1**, 264f[7], 267f[2], 300f[2], 303[83] (266, 267), 303[93] (268), 380[455] (369), 538[52] (473); **3**, 695[63] (652), 697[226] (665), 847f[1], 847f[3], 847f[5], 851f[25], 851f[47], 858f[17], 863f[13], 866f[1], 879f[7b], 947[94] (836), 948[168] (871), 948[169] (871), 948[169] (871), 1067[20] (962), 1067[33] (966), 1187f[4], 1247[95] (1177), 1249[161] (1190), 1249[163] (1191), 1249[167] (1191, 1194), 1337f[28], 1380[49] (1331), 1381[93] (1340), 1381[93] (1340), 1381[97a] (1341); **4**, 50f[11], 50f[23], 50f[32], 50f[33], 106f[9], 106f[10], 106f[11], 106f[12], 106f[14], 106f[31], 106f[32], 106f[41], 106f[42], 106f[43], 106f[44], 106f[45], 106f[46], 106f[47], 106f[48], 106f[49], 106f[50], 106f[51], 106f[52], 106f[53], 106f[54], 106f[55], 107f[56], 107f[57], 107f[63], 107f[70], 107f[82], 152[201] (54), 152[202] (54), 152[215] (58), 155[404] (111), 157[519] (128), 157[522] (128), 236[196] (185, 186T), 236[197] (185, 186T), 237[203] (187), 237[204] (187, 188), 237[206] (187), 237[207] (187), 237[208] (187, 188), 237[209] (187), 237[210] (187), 237[211] (188), 237[212] (188), 321[182] (264, 282), 324[332] (281), 324[344] (282), 324[392] (288), 326[492] (298), 326[493] (298), 326[531] (300), 327[545] (302), 327[562] (304), 605[5] (514), 609[270] (570f, 574), 610[342] (585), 610[343] (585), 610[345] (585), 840[71] (833), 887[169] (877), 928[1] (923); **5**, 27f[8], 259f[3], 266[133] (28), 267[200] (42, 44), 267[203] (42, 43), 272[522] (177), 272[564] (188), 275[751] (250), 275[753] (251), 276[796] (260); **6**, 34[46] (19T, 20T), 34[68] (19T, 25), 35[115] (20T, 21T), 35[155] (30), 36[199] (20T), 36[200] (20T), 227[219] (211), 227[226] (197), 228[263] (200, 201T, 202, 203T), 736[40] (482), 779f[2], 782f[6], 782f[7], 792f[1], 793f[1], 793f[2], 805f[12], 839f[37], 839f[38], 839f[40], 839f[42], 839f[43], 839f[44], 840f[54], 840f[55], 841f[87], 841f[88], 841f[90], 841f[97], 841f[101], 842f[159], 842f[164], 842f[166], 842f[167], 842f[168], 842f[169], 842f[170], 842f[171], 843f[187], 843f[188], 843f[189], 843f[217], 843f[218], 844f[219], 844f[221], 844f[222], 844f[223], 844f[224], 844f[242], 844f[243], 850f[9], 850f[15], 850f[38], 850f[39], 868f[4], 868f[5], 868f[6], 868f[10], 868f[16], 868f[17], 868f[23], 873[2] (763, 814, 817, 818, 819), 874[36] (765), 875[111] (778, 779, 798, 809), 875[119] (781), 875[120] (781), 875[121] (781), 875[124] (781), 875[125] (782), 875[126] (782), 875[138] (785), 875[141] (785), 875[143] (786, 809), 875[144] (786, 819), 875[145] (786), 876[156] (788), 876[168] (793, 807), 876[169] (793, 800, 807), 876[194] (800), 876[200] (807), 877[227] (819), 877[228] (819, 821), 877[229] (819), 877[230] (819), 877[231] (819), 877[237] (821, 822), 941[6] (881T, 882); **8**, 365[287] (329)
Vainberg, A. M., **3**, 978f[10]; **6**, 139[6] (105T, 116, 121T), 179[11] (153T, 156)
Vainshtein, B. K., **2**, 517[686] (502)
Vaisarová, V., **8**, 439f[2], 439f[3], 439f[8], 461[437] (439), 705[53] (693, 694T), 706[105] (693, 694T, 695), 710[307] (693, 694T), 932[384] (850)
Vajda, E., **2**, 515[581] (478, 482)
Vakhrushev, L. P., **2**, 189[139] (33)
Valade, J., **1**, 244[195] (176); **2**, 201[650] (159), 516[633] (483), 533f[11], 565f[1], 617[57] (529), 617[58] (529), 617[79] (532), 623[435] (577), 623[447] (578), 623[460] (581), 623[481] (583), 624[505] (585), 624[508] (587)
Valasinas, A., **7**, 511[61] (482)
Valcher, S., **3**, 1070[150] (987, 1030); **5**, 522[164] (297)
Valderrama, M., **5**, 536[1119] (474T, 481), 537[1177] (481)
Valdez, C., **4**, 97f[9]
Valeev, F. A., **3**, 557[53] (555), 630[143] (580, 585)
Valente, L. F., **1**, 681[687] (661); **7**, 456[115] (391); **8**, 937[733] (914, 915, 916)
Valenti, V., **3**, 703[555] (690); **4**, 235[86] (170), 236[165] (179); **5**, 264[39] (9); **6**, 225[100] (190, 192)
Valentine, Jr., D., **1**, 671[35] (560); **4**, 812[136] (711, 809), 886[137] (871), 964[85] (945); **5**, 533[915] (432), 537[1136] (474T), 555f[20], 621[18] (547); **8**, 361[11] (286), 472f[9], 496[4] (464), 496[47] (476)
Valentine, J., **4**, 812[136] (711, 809)
Valentine, J. H., **3**, 1076[515] (1054, 1055), 1077[580] (1064, 1065), 1077[589b] (1065)
Valentine, J. S., **4**, 1060[171] (998); **5**, 555f[20], 621[18] (547), 625[257] (579)
Valentini, G., **4**, 963[66] (941), 965[173] (961), 965[174] (961); **8**, 223[176] (201), 609[259] (596T), 609[260] (596T), 610[327] (601T)
Valenty, S. J., **2**, 872f[7], 977[476] (959), 977[479] (959), 977[480] (960), 977[481] (960)
Valetskii, P. M., **1**, 454[107] (429)
Valette, G., **7**, 108[466] (64)
Valitova, I. F., **3**, 267[222] (210)
Valkovich, P. B., **2**, 298[106] (233), 298[129] (238, 239)
Vallarino, L., **5**, 522[183] (302, 302T, 314), 523[229] (304T), 526[411] (342, 344, 345, 348), 526[413] (342)
Vallarino, L. M., **3**, 87[474] (68); **5**, 282f[3], 290f[1], 520[31] (281, 282), 521[82] (288, 289, 300), 522[196] (302T, 304T, 314, 315); **6**, 346[258] (315), 347[286] (316), 382[6] (364, 365, 375, 376), 383[51] (368), 383[56] (368, 377, 381), 442[68] (395, 421, 426, 427, 429), 446[320] (429), 468[7] (456), 468[14] (456), 740[257] (514), 756[1326] (664)
Valle, M., **4**, 648[12] (617), 658[43], 689[38] (666), 814[274] (741, 752), 815[331] (750), 815[340] (752), 840[56] (830), 846f[8], 884[13] (847), 884[14] (847, 848), 884[15] (847, 849), 884[16] (847), 884[20] (849), 884[22] (849), 884[26] (849), 885[58] (853), 885[59] (853), 885[72] (859), 885[73] (859), 885[92] (862), 885[93] (862), 885[94] (863), 887[182] (881), 907[45] (898), 963[23] (935), 963[25] (935), 964[78] (943), 964[79] (943), 964[80] (943), 964[81] (944), 964[82] (944), 964[83] (944), 1062[299] (1033, 1035); **5**, 273[595] (198), 524[309] (318); **6**, 871f[124], 871f[141], 876[164] (790)
Vallee, M., **8**, 364[274] (328)
Vallejos, J. C., **7**, 511[58] (480)
Vallino, M., **1**, 244[223] (179f), 248[407] (203)
Valuev, V. I., **8**, 707[192] (701)
Valueva, Z. P., **2**, 878f[20]; **3**, 698[236] (666), 711f[9],

1080f⁶, 1251²⁸⁰ (1217), 1256f⁵ᵃ, 1383¹⁹¹ (1364); **4**, 240³⁸² (208), 240³⁸⁶ (208), 240⁴²⁰ (212T)
Valvassori, A., **7**, 463⁵⁰⁰ (443, 449), 463⁵²⁷ (449)
Valvassori, L., **7**, 463⁴⁹⁹ (443, 449)
Vamplew, D., **1**, 742f², 754¹⁰⁹ (746)
Van Aken, E., **6**, 754¹¹⁷¹ (643T)
Van Alten, L., **1**, 457²⁴² (451)
Van Auken, T. V., **6**, 753¹⁰⁹⁷ (636, 659)
van Baalen, A., **3**, 759f⁶, 768f²⁵
van Baar, J. F., **5**, 290f³, 291f³, 404f⁴⁵, 521⁹⁰ (289, 396), 625²⁹⁵ (586), 625²⁹⁶ (586), 625²⁹⁷ (586), 625²⁹⁸ (586); **6**, 343⁷¹ (289, 298f)
van Barneveld, W. A. A., **2**, 674²⁹ (633), 678²⁵⁵ (657)
van Bavel, T., **8**, 222¹⁰⁴ (129)
van Beelen, D. C., **2**, 674³¹ (633), 674³¹ (633), 675¹¹¹ (642), 677²⁴⁶ (657), 678²⁵⁵ (657)
van Beijnen, A. J. M., **8**, 796⁹⁹ (794)
van Bekkum, H., **1**, 674²⁴⁶ (604); **3**, 169⁶⁸ (128), 1004f⁹, 1004f³³, 1005f⁹, 1005f¹⁴, 1028f¹, 1073³⁴¹ (1024, 1025), 1073³⁵⁴ (1025), 1074³⁶⁷ (1029); **6**, 757¹³⁹⁵ (672, 674); **8**, 296f⁸, 296f¹⁹, 305f³², 363¹⁶¹ (301), 363¹⁸⁰ (305, 309, 314, 337), 363¹⁸¹ (305), 363¹⁸⁸ (308), 363¹⁹² (313), 1069²⁴⁹ (1051), 1069²⁵⁴ (1051)
van Bergen, T. J., **7**, 101¹²¹ (18)
van Berkel, J. M., **8**, 669³⁹ (664)
van Berkel, P. C. J. M, **8**, 670¹¹⁸ (664)
Van Beylen, M., **1**, 251⁵⁸¹ (231, 232), 251⁵⁸¹ (231, 232); **7**, 9f⁶
Van Boeckel, C. A. A., **7**, 652³⁴³ (582)
van Bolhuis, F., **3**, 328¹¹⁹ (311), 328¹²³ (312), 414f⁸, 750f⁸, 782²²² (778)
Van Boom, J. H., **7**, 652³⁴² (582), 652³⁴³ (582)
Van Bostelen, P. B., **7**, 511⁹⁶ (487)
van Boven, M., **8**, 221⁸¹ (120, 140, 141), 222¹¹⁵ (142)
van Broekhoven, J. A. M., **1**, 120³¹⁴ (111)
van Bronswijk, W., **4**, 327⁵⁷⁷ (306), 929³⁴ (928); **6**, 806f⁵⁶, 871f¹⁴⁰, 1028f³⁷, 1040⁶⁴ (997)
Van Buren, II, V. D., **7**, 107⁴³⁸ (58)
van Buskirk, G., **4**, 327⁵⁶⁵ (304, 316), 648⁴⁰ (626)
van Bynum, R., **3**, 430²⁴⁹ (393, 426)
Van Campen, Jr., M. G., **1**, 285f², 304¹⁷⁸ (270, 288), 304¹⁸⁹ (270, 287); **7**, 299⁵⁸ᵇ (277), 301¹⁵⁸ᵇ (294)
Van-Catledge, F. A., **3**, 112f⁶, 112f⁷; **4**, 418f⁴, 505⁹⁸ (404, 417, 429, 442), 506¹⁴⁴ (419), 509³¹⁰ (452); **7**, 102¹⁴³ (22)
Vance, C. J., **1**, 245²⁵⁷ (185)
Vance, R. L., **1**, 453⁵⁵ (422)
Vancea, L., **2**, 303³⁹⁸ (295T); **3**, 120f⁷, 120f⁸; **4**, 65f¹⁸, 168f³, 234⁵² (165), 309f¹, 322²⁴⁸ (271), 323²⁷⁰ (273), 327⁵⁹⁹ (308), 328⁶¹⁸ (310), 328⁶²⁴ (310), 328⁶²⁵ (310), 657f¹, 689⁵⁴ (668, 672), 920¹⁴ (911), 920²⁷ (913), 1057²⁰ (969, 974); **6**, 1112¹³⁴ (1075, 1084), 1112¹⁵¹ (1083), 1112¹⁵¹ (1083)
Vanchagova, V. K., **3**, 702⁵⁰³ (687, 689), 702⁵⁰⁴ (687), 702⁵⁰⁶ (687), 1069¹¹⁷ (985), 1069¹¹⁸ᵇ (985)
Vancheesan, S., **4**, 939f¹⁴; **8**, 366³⁹² (343), 644¹⁹¹ (632)
Van Cruser, F. D., **3**, 944f⁹
Van Dam, E. M., **3**, 1205f⁵, 1249¹⁸⁹ (1198, 1203), 1250²²⁸ (1205, 1206), 1357f², 1380³⁷ (1329), 1382¹⁵⁵ (1356), 1382¹⁶¹ (1357, 1358)
van Dam, H., **2**, 762¹¹⁴ (732); **4**, 323³¹⁴ (278); **5**, 532⁸³⁷ (419, 420)
van den Bekerom, F. L. A., **5**, 444f¹, 523²¹⁴ (304T, 428, 442), 532⁸²⁹ (419)
Van Den Berg, C., **8**, 610³⁰² (599T)
Vandenberg, E. J., **1**, 672¹¹⁸ (578); **7**, 462⁴⁹¹ (443, 444), 464⁵⁵⁹ (453), 464⁵⁵⁹ (453), 464⁵⁶⁰ (453), 464⁵⁶² (453), 464⁵⁶⁴ (453)
van den Berg, G. C., **6**, 1086f¹, 1112¹³⁶ (1076, 1086), 1112¹⁵⁸ᶜ (1084), 1113¹⁶⁴ (1086), 1113¹⁶⁴ (1086)
van den Berg, H. J., **8**, 366³⁸⁸ (343), 642⁹⁶ (632)
Van Den Berg, P. J., **2**, 360⁸ (307)
Van Den Bergen, A. M., **3**, 918f⁵, 951³¹⁴ (916); **5**, 269³²⁴ (90), 269³⁶⁵ (112)

van den Bergen, H., **3**, 1071²²¹ᵇ (1001)
van den Berghe, E. V., **2**, 619¹⁷⁷ (545)
Vanden Born, H. W., **4**, 814²⁸⁷ (744)
Van den Eeckhout, E., **7**, 513²¹⁹ (506)
Van den Elzen, R., **7**, 108⁴⁹⁰ (70)
Van den Eynde, I., **2**, 515⁵³⁷ (470)
van den Hark, Th. E. M., **1**, 120³¹⁰ (111), 377²⁸⁰ (351)
Vandenheuvel, W. J. A., **3**, 1074⁴⁰⁹ (1035)
van den Hurk, J. W. G., **2**, 619¹⁹² (546, 550), 826f¹, 827f¹¹, 831f³, 860²⁸ (831)
Vander Baan, J. L., **7**, 652³³⁴ (581)
van der Ent, A., **5**, 444f², 532⁸²⁵ (418, 419), 533⁸⁵⁰ (421), 534⁹⁵⁵ (440), 625³⁰⁹ (588, 589), 625³¹⁰ (588), 625³¹³ (589, 591, 592, 593), 626³⁴⁴ (592, 603), 626³⁴⁵ (592, 593, 599, 600), 626³⁴⁸ (593), 626³⁵³ (594); **6**, 760¹⁵⁵⁹ (696, 700T); **8**, 317f¹², 366³⁸³ (343, 344)
Vanderesse, R., **3**, 279⁴⁷ (275); **8**, 769⁴¹ (725T, 732), 937⁷⁶⁶ (921)
van der Gen, A., **2**, 675¹¹¹ (642), 678²⁵³ (657), 678²⁵⁴ (657), 678²⁵⁵ (657); **7**, 103²⁰⁵ (28, 83), 105³³¹ (45)
van der Heijden, H., **3**, 631¹⁶⁹ (583, 584)
van der Helm, D., **2**, 620²⁵⁵ (554), 622⁴¹⁰ (572), 622⁴¹¹ (573)
van der Helm, J., **4**, 323²⁹⁷ (277, 303, 304)
van der Helm, V., **3**, 1251²⁶⁹ (1215, 1223)
Van der Hout-Lodder, A. E., **6**, 468³¹ (460)
Vander Jagt, D. L., **7**, 224⁵⁵ (202)
van der Kelen, G. P., **1**, 302¹⁴ (256, 268), 310⁵⁶⁴ (299), 720⁶⁵ (690); **2**, 553f¹, 619¹⁷⁷ (545), 621²⁸³ (556), 705⁷² (691), 819⁹¹ (782), 819⁹¹ (782); **3**, 798f²¹ᵃ, 819f¹², 833f¹³, 833f³⁴, 833f⁵⁰, 863f³⁸; **4**, 52f⁸⁸; **6**, 34⁴⁵ (19T, 20T, 21T, 29), 1028f⁴², 1086f⁵, 1112¹³⁸ (1076), 1113¹⁶⁵ (1086), 1113¹⁶⁷ᵇ (1086)
van der Kerk, G. J. M., **1**, 375¹⁶⁹ (334), 377²⁷⁵ (314, 350); **2**, 506²⁵ (402, 403, 420, 436), 506²⁶ (402, 403), 508¹⁵⁵ (417), 508¹⁵⁶ (417), 510²⁷¹ (436), 512³⁷⁷ (447), 565f¹, 617⁶¹ (530, 531), 617⁶² (530, 531), 617⁶⁶ (531), 617⁷⁶ (532), 619¹⁶⁰ (543), 620²³² (549), 622³⁴⁸ (567), 622³⁴⁹ (567), 623⁴⁵⁴ (580), 624⁴⁸⁹ (585), 624⁵⁰⁹ (587), 624⁵¹⁵ (588), 624⁵²⁸ (590), 624⁵²⁹ (590), 624⁵⁴⁸ (592), 625⁵⁹⁷ (600), 625⁶⁰³ (600), 625⁶⁰⁷ (600), 626⁶⁶² (608, 610, 611), 626⁶⁷² (610, 611), 627⁷²⁰ (616), 675⁶⁹ (637, 650, 654, 657, 664, 665, 666, 670), 676¹⁴⁵ (646), 676¹⁶⁴ (649), 676¹⁶⁵ (649), 677²³² (655), 677²⁴⁹ (657), 678²⁶⁰ (658), 679³²⁷ (665, 666), 679³³² (665, 666), 679³³⁷ (666), 679³⁴⁴ (666), 679³⁴⁹ (666), 679³⁵⁰ (666), 679³⁵² (666, 668), 713f¹³, 714f⁵, 714f⁶, 715f¹², 715f¹⁴, 723f², 723f⁵, 723f⁶, 723f¹¹, 736f³, 760⁹ (710, 711, 718, 719, 721, 741, 743), 760²³ (715, 734, 741), 761⁴⁹ (719), 761⁵¹ (719, 734, 735), 761⁵³ (719, 732, 734, 743), 761⁵⁴ (719, 757), 761⁸⁵ (722, 730), 763¹⁵⁵ (750), 784f¹, 819f⁸⁶ (781), 819f⁸⁷ (781), 819⁹⁵ (783, 800), 820¹³⁴ (792), 827f¹⁰, 860²⁵ (829), 860²⁶ (829), 860⁵² (834), 860⁹⁰ (844, 857), 860⁹² (844), 861⁹⁴ (845), 861⁹⁵ (845), 861⁹⁶ (845); **3**, 376f¹³, 699²⁹⁸ (671), 700³⁹⁹ (677, 678), 700⁴⁰³ (677, 678, 683), 702⁴⁷⁴ (684); **6**, 1036f⁴, 1040⁹⁷ (1004, 1006); **8**, 281⁷² (254)
Van der Kerk, S. M., **1**, 377²⁷⁵ (314, 350)
van der Kolk, C. E. M., **2**, 763¹⁸² (758)
van der Kooi, H. O., **2**, 677²⁴⁶ (657), 678²⁵⁵ (657)
van der Leij, M., **2**, 189¹⁵⁵ (36); **7**, 42f³, 105³¹⁵ (42, 69), 108⁴⁸³ (69), 108⁴⁸³ (69)
Van der Linde, R., **6**, 252f⁴, 261⁴⁴ (247), 261⁴⁵ (247), 262⁹⁵ (251), 349⁴⁵⁶ (341); **8**, 769¹⁵ (714T), 927⁴⁴ (801), 929²¹⁴ (815)
van der Linden, H. G. M., **6**, 141¹³⁶ (111)
van der Lugt, W.Th.A.M., **3**, 87⁴⁶⁹ (67, 70)
van der Meer, H., **1**, 42¹⁹⁵ (37); **5**, 521¹²² (292)
van der Meulen, J. D., **2**, 860²⁵ (829)
van der Niet, J. D., **1**, 241⁵⁷ (160)
Van der Plank, P., **8**, 366³⁸³ (343, 344), 611³⁴¹ (597T, 601T)
van der Plas, H. C., **7**, 17f¹¹, 17f¹², 17f¹³

van der Ploeg, A.F.J.M., **2**, 763[182] (758); **5**, 526[398] (341), 622[81] (556, 613)
van der Ploeg, H. J., **8**, 669[39] (664)
van der Poel, H., **5**, 290f[6], 521[94] (289)
Vander-Sande, J. B., **1**, 241[18] (157, 160)
Vandersar, T. J. D., **7**, 657[628] (635)
van der Sluis, K. L., **3**, 264[36] (178, 182), 267[241] (212)
van der Stoel, R. E., **7**, 17f[11], 17f[12], 17f[13]
van der Stok, E., **5**, 625[275] (583, 602), 625[276] (583), 625[277] (583), 625[278] (583, 602), 625[279] (583, 600), 625[280] (583), 625[281] (583)
van der Toorn, J. M., **3**, 1004f[9], 1005f[9], 1073[341] (1024, 1025), 1073[354] (1025)
Vanderveer, D. G., **4**, 323[277] (273), 326[530] (300), 649[71] (637); **5**, 536[1066] (464); **6**, 14[117] (9), 142[170] (123T, 128)
van Derveer, M. C., **6**, 144[282] (111)
van der Velden, J. W. A., **2**, 819[70] (777)
Vander Voet, A., **3**, 81[98] (12, 16), 81[100] (12); **6**, 139[14] (132)
van der Vondel, D. F., **2**, 819[91] (782), 819[91] (782)
van der Wal, H. R., **3**, 327[51] (295), 327[56] (296), 328[127] (312)
van der Wal, W. F. J., **3**, 328[127] (312)
Vanderwalle, M., **7**, 650[221] (561)
Van der Weide, H. C., **8**, 608[204] (592, 599T)
van der Weij, F. W., **3**, 310f[3], 328[121] (311); **8**, 1104[19] (1077), 1104[25] (1077, 1078), 1104[25] (1077, 1078)
van der Woude, C., **3**, 780[99] (730); **5**, 555f[1]; **8**, 305f[48]
Van de Steen, M., **2**, 515[537] (470)
van Deventer, E. H., **1**, 120[296] (107)
van de Vondel, D. F., **2**, 621[283] (556)
Vandewalle, M., **2**, 191[250] (60); **7**, 650[246] (566)
Van Dijk, L., **8**, 611[341] (597T, 601T)
Van Dongen, H., **2**, 704[1] (683)
Van Doorn, J., **8**, 305f[48]
van Doorn, J. A., **2**, 200[626] (153); **3**, 780[99] (730); **4**, 374[49] (341), 818[555] (780), 873f[15], 887[167] (877); **5**, 267[242] (60), 555f[1], 623[168] (565), 624[186] (567); **6**, 263[173] (258), 349[412] (332, 336, 337), 742[406] (529), 751[1002] (621, 688)
van Drunen, J. A. A., **1**, 119[273] (101T, 103, 105)
van Duong, K. N., **2**, 978[495] (962)
Van Duyne, R. P., **4**, 480f[9]
van Dyke, C. E., **3**, 372f[3]
van Dyke, C. H., **2**, 507[93] (409), 511[285] (438); **4**, 611[413] (592); **7**, 654[462] (600); **8**, 610[288] (597T)
Van Eenoo, M., **7**, 658[660b] (642)
Van Ende, D., **7**, 647[91] (536)
van Gaal, H., **5**, 625[309] (588, 589); **8**, 317f[12]
van Gaal, H. L. M., **5**, 444f[1], 444f[2], 523[214] (304T, 428, 442), 529[626] (381), 532[829] (419), 533[850] (421), 533[877] (428), 534[944] (340, 440), 534[955] (440, 570f[7], 624[210] (571, 589), 625[313] (589, 591, 592, 593), 626[344] (592, 603), 626[353] (594); **6**, 760[1559] (696, 700T), 943[147] (910, 909T)
van Gemert, J. T., **8**, 382f[18], 455[66] (381)
Vanghan, W. E., **8**, 220[3] (103)
Van Gogh, J., **6**, 757[1395] (672, 674)
van Gorkom, M., **3**, 368f[3], 428[117] (361)
van Hecke, G. R., **5**, 29f[6]
van Heerden, F. R., **7**, 510[30] (475)
van Helden, R., **6**, 343[27] (282, 284), 362[63] (359), 445[307] (426, 429, 436, 439), 445[308] (426, 429, 430, 436, 439); **8**, 392f[10], 397f[13], 456[170] (397), 456[171] (397), 456[172] (397), 456[174] (397), 928[109] (804, 844), 928[110] (804, 813, 834, 846), 931[311] (844), 931[324] (846)
van Herwijnen, T., **8**, 17[20] (10)
van Hieu, D., **2**, 200[632] (155)
Van Horn, D. E., **1**, 681[686] (661), 681[687] (661); **3**, 557[49] (554, 555), 631[198] (590); **7**, 321[6] (304), 456[115] (391), 456[117] (391), 458[189] (399), 458[211] (401); **8**, 771[172] (741, 763T), 771[174] (741, 763T), 937[719] (911, 912), 937[720] (911, 912), 937[722] (911, 913, 914)
Vanhove, D., **8**, 98[214] (61), 98[215] (61, 62), 98[218] (61)

Vanin, J. A., **2**, 904f[9]
Vanin, V., **4**, 327[594] (308)
van Kampen, A. E. J., **2**, 674[31] (633)
Vankerckhoven, H., **7**, 9f[6]
van Koningsveld, H., **3**, 1073[344] (1024), 1073[346] (1024)
van Koten, G., **1**, 39[26] (10), 39[27] (10), 41[103] (21), 41[104] (21), 41[105] (21), 116[95] (61, 92, 93, 94), 117[141] (68T, 74), 117[145] (75), 244[212] (177); **2**, 619[212] (548), 620[263] (555), 620[264] (555), 620[265] (555), 713f[10], 713f[15], 713f[17], 713f[19], 713f[21], 713f[22], 713f[23], 713f[24], 713f[25], 713f[26], 713f[27], 713f[29], 713f[33], 713f[34], 713f[35], 713f[46], 713f[47], 713f[49], 714f[7], 715f[9], 715f[13], 723f[8], 723f[9], 723f[13], 723f[14], 723f[15], 723f[19], 724f[4], 736f[1], 736f[2], 736f[4], 754f[3], 754f[5], 760[15] (715, 717, 718, 740), 760[17] (715, 716, 720, 728, 736, 739, 740), 760[18] (715, 716, 717, 760), 760[27] (716, 734, 735, 741), 760[28] (716, 722, 753, 755), 760[29] (716, 739, 740, 752), 760[31] (716, 720, 722, 724, 725, 727, 728, 743), 761[32] (716), 761[33] (716, 724, 754), 761[35] (717, 727, 732, 733), 761[36] (717, 734), 761[37] (717, 737), 761[38] (718), 761[39] (718, 720, 748), 761[50] (719, 734, 735), 761[52] (719, 720, 733, 734, 743), 761[64] (721, 736, 737, 746, 750), 761[70] (722, 734, 749, 755, 756, 757), 761[71] (722, 724, 734, 738, 740, 748, 749, 750, 755), 761[76] (724, 733, 734, 743), 761[77] (724, 740, 741, 744), 761[78] (724, 758), 761[81] (725, 748, 759), 761[86] (722, 724, 725, 727, 728, 730, 738, 749, 757), 761[87] (722, 727, 735, 741, 742), 761[90] (724, 740), 761[91] (724, 727, 737, 738, 739, 741, 750), 761[92] (724, 734, 735, 736, 738, 741, 742, 756), 762[97] (727, 736), 762[98] (728), 762[100] (728, 729, 743, 744, 747, 748, 749, 755), 762[114] (732), 762[115] (734), 763[180] (758), 763[181] (758), 763[182] (758), 763[183] (758), 763[187] (760), 770f[4], 818[67] (777), 819[68] (777, 781), 819[81] (780), 819[82] (780), 819[83] (780), 819[84] (780), 819[85] (781), 819[88] (781); **4**, 13f[12], 841[87] (836), 841[89] (836); **5**, 290f[6], 521[94] (289), 529[590] (377); **6**, 143[246] (127), 226[187] (198), 842f[152], 843f[213], 845f[293], 1029f[61], 1029f[64], 1039[43] (994, 1002, 1003), 1039[44] (994, 1003); **7**, 462[447] (435), 726[113] (688); **8**, 367[413] (347), 669[71] (663T), 937[728] (913)
van Landeghem, H., **8**, 647[299] (621T)
Vanlautem, N., **8**, 772[224] (748T)
van Leeuwen, P. W. N. M, **2**, 820[174] (803), 820[180] (806); **3**, 631[169] (583, 584); **6**, 442[55] (393), 444[232] (415), 444[233] (415), 445[254] (420), 745[567] (551), 746[644] (564), 759[1497] (685); **8**, 710[310] (672, 674T), 927[77] (803)
van Lienden, P. W., **3**, 557[66] (556)
van Lier, P. M., **7**, 458[214] (402)
Van Loon, J. C., **2**, 1017[110] (994, 1009), 1019[268] (1010)
van Looy, H. M., **3**, 473[39] (442), 473[40] (442), 545[27] (491, 493), 546[41] (493)
Van Meerbeeck, C., **7**, 460[332] (418)
van Meerssche, M., **2**, 819[121] (790), 903f[4]; **3**, 268[298] (224), 268[299] (224); **4**, 326[514] (299), 553f[6], 607[175] (549), 607[176] (549), 608[246] (568f, 569), 610[336] (583)
van Meurs, F., **3**, 1004f[9], 1004f[33], 1005f[9], 1005f[14], 1028f[1], 1073[341] (1024, 1025), 1073[344] (1024), 1073[346] (1024), 1073[354] (1025), 1074[367] (1029); **4**, 1060[189] (1004, 1010, 1011); **8**, 1069[249] (1051), 1069[254] (1051)
Van Minnen-Pathius, G., **6**, 757[1395] (672, 674); **8**, 363[188] (308)
van Mourik, G. L., **1**, 244[211] (177)
Vann Bynum, R., **3**, 265[102] (183); **8**, 1068[221] (1048)
Vannerberg, N.-G., **3**, 944f[4], 945f[4], 1138f[8]
Vannice, M. A., **8**, 95[23] (25, 26), 96[90] (41), 98[212] (61), 98[226] (61, 62), 282[155] (273), 361[72] (288)
van Ommen, J. G., **8**, 669[39] (664), 669[74] (666), 670[118] (664)
van Oort, B., **4**, 963[36] (937)
Van Oosten, H. J., **8**, 366[383] (343, 344), 611[341] (597T, 601T)

van Oven, H. O., **3**, 293f[1], 293f[2], 326[38] (292), 326[39] (292), 326[41] (293), 327[51] (295), 327[52] (295), 327[53] (296), 327[54] (296), 327[55] (296), 334f[34], 633[284] (624), 703[568] (692), 782[218] (776)
Van Peppen, J. F., **6**, 262[91] (250)
van Rantwijk, F., **1**, 674[246] (604); **3**, 169[68] (128); **8**, 296f[8], 296f[19], 305f[32], 361[29] (286), 363[161] (301), 363[180] (305, 309, 314, 337), 363[181] (305), 363[188] (308), 363[192] (313)
van Remoortere, F. P., **2**, 620[262] (555)
van Rijn, P. E., **2**, 860[26] (829)
van Roode, J. H. G., **2**, 572f[1], 572f[1], 622[408] (572)
van Santvoort, F. A. J. J, **2**, 860[82] (841); **4**, 380f[15]
van Seyerl, J., **3**, 428[138] (363)
van Soest, T. C., **5**, 626[348] (593)
van Swieten, A. P., **7**, 102[155] (23)
van Tamelen, E. E., **1**, 117[134] (72, 72T, 97), 285f[31]; **6**, 383[19] (365, 372, 373); **8**, 1076f[11], 1080f[7], 1104[7] (1075, 1079, 1081, 1082), 1104[21] (1077), 1104[33] (1079, 1081), 1104[34] (1079), 1104[41] (1081), 1105[48] (1082), 1105[86] (1093)
Van't Hof, L. P., **6**, 757[1396] (672, 674)
van Tilborg, J., **3**, 83[210] (30)
van Tongelen, M., **8**, 645[236] (621T)
Van Veen, A., **8**, 363[188] (308)
Van Veen, R., **1**, 375[149] (331), 375[150] (331), 375[153] (331)
Van Venrooy, J. J., **7**, 458[213] (402)
van Vliet, P. I., **5**, 523[203] (285, 303T); **6**, 845f[285], 845f[289], 845f[293], 981[91] (977, 979T), 1029f[59], 1029f[61], 1029f[64], 1039[43] (994, 1002, 1003), 1039[44] (994, 1003)
van Vollenhoven, J. S., **5**, 520[44] (283), 520[46] (283)
van Voorst, J. D. W., **3**, 700[367] (674), 700[374] (674)
van Wazer, J. R., **1**, 754[137] (752); **2**, 203[751] (185), 509[197] (423), 512[385] (449), 972[185] (896); **6**, 12[21] (5); **7**, 335[9] (324)
van Willigen, H., **1**, 308[447] (293); **5**, 274[702] (238), 535[1025] (458)
Van Winkle, J. L., **4**, 965[190] (962)
van Wyk, J. A., **4**, 606[112] (533f, 536, 536f)
van Zwet, H., **8**, 647[310] (618)
Varache, M., **1**, 242[108] (166, 177); **2**, 189[150] (35); **7**, 646[28] (521, 524)
Varadarajan, A., **4**, 509[355] (466)
Váradi, G., **5**, 271[469] (157), 271[472] (157), 273[582] (193), 273[583] (193), 273[584] (193), 273[587] (193)
Varadi, Z. B., **3**, 1084f[16]
Varagnat, J., **8**, 471f[11], 472f[4]
Varaprath, S., **8**, 585f[1]
Varava, T. I., **8**, 339f[32]
Vardanyan, L. M., **8**, 708[232] (702)
Vardanyan, M. A., **8**, 402f[2], 457[201] (401)
Vardapetyan, S. K., **7**, 106[368] (49)
Varech, D., **7**, 252[31] (231)
Varfolomeeva, N. A., **6**, 226[162] (192, 193T)
Vargaftik, M. N., **6**, 278[59] (266T, 276), 349[465] (307), 362[56] (358), 362[57] (358), 441[21] (389, 426), 442[111a] (400, 422), 444[198] (409), 445[295] (424)
Vargas, L. A., **7**, 652[371] (586)
Vargas, M., **2**, 860[87] (843)
Varma, R. K., **7**, 141[64] (123), 226[184] (214), 226[186] (215), 226[187] (215), 253[128] (247), 253[139] (249), 253[140] (249), 299[41] (274, 275)
Varma, V., **7**, 461[395] (428); **8**, 935[638] (899), 935[639] (899)
Varnek, V. A., **5**, 622[82] (557, 612, 620)
Varnek, V. M., **5**, 622[79] (553)
Varova, L. S., **5**, 554f[9]
Varret, P., **4**, 512[512] (501, 502)
Varshavskaya, L. S., **1**, 379[422] (366)
Varshavskii, Yu. S., **4**, 320[61] (249, 287); **5**, 291f[2], 295f[12], 301f[5], 520[48] (283), 521[118] (292), 522[129] (294), 522[180] (300), 522[197] (302T, 305), 523[231] (305), 533[853] (421), 533[854] (422); **6**, 13[62] (8), 737[83] (489)

Vartanyan, M. M., **1**, 376[197] (339), 377[271] (350), 377[272] (350), 377[273] (350); **7**, 252[12] (230)
Vartanyan, R. S., **2**, 508[152] (416); **3**, 473[21] (437); **8**, 937f[62] (921)
Varyukhin, V. A., **6**, 445[312] (427)
Vasapollo, G., **2**, 770f[5], 820[175] (804); **5**, 622[64] (551); **6**, 36[197] (21T, 23), 143[241] (104T, 106), 736[9] (475)
Vashkevich, V. A., **6**, 179[15] (159T), 180[64] (163, 165T); **8**, 708[207] (701)
Vasileiskaya, N. S., **2**, 511[311] (440), 511[312] (440), 511[313] (440), 512[395] (452); **7**, 95f[12]
Vasilescu, A., **1**, 379[380] (362)
Vasil'ev, A. M., **8**, 349f[17]
Vasil'ev, L. S., **1**, 305[252] (279), 305[253] (280), 305[254] (280), 306[334] (287), 307[380] (289), 307[381] (289), 376[186] (338), 376[197] (339), 377[270] (349), 377[271] (350), 377[272] (350), 377[273] (350); **7**, 195[94] (170), 225[150] (209, 211), 225[157] (211), 225[160] (211), 252[12] (230)
Vasil'ev, V. A., **3**, 431[334] (426) 632[265] (620), 632[265] (620); **6**, 179[16] (158), 180[35] (158), 181[113] (158, 161); **8**, 708[223] (702)
Vasil'ev, V. K., **3**, 269[380] (246)
Vasil'eva, E. V., **8**, 460[397] (433)
Vasil'eva, G. A., **3**, 327[82] (302), 557[32] (550), 631[165] (583, 590), 631[165] (583, 590), 646[42b] (640, 641), 646[42b] (640, 641)
Vasil'eva, L. I., **2**, 192[288] (74)
Vasileva, V. N., **6**, 179[15] (159T), 180[64] (163, 165T), 182[189] (159T)
Vasiljeva, L. B., **3**, 398f[34], 430[275] (402); **8**, 1105[44] (1082)
Vasilkovskaya, G. V., **8**, 645[221] (623T)
Vasilyeva, G. A., **3**, 424f[5], 424f[7], 431[321] (423); **6**, 1058f[2], 1058f[4], 1058f[7], 1111[72] (1059)
Vasisht, S. K., **2**, 199[580] (141), 513[415] (453), 513[418] (453), 513[419] (453)
Vasishtha, S. C., **2**, 622[391] (571, 572), 623[439] (577), 625[610] (601)
Vaska, L., **4**, 813[203] (721), 964[93] (946), 964[98] (947), 1058[87] (978), 1059[97] (981), 1059[101] (981); **5**, 33f[13], 305f[1], 305f[6], 306f[1], 522[191] (302, 302T), 522[192] (302, 302T), 522[193] (302, 302T, 303T), 522[194] (302, 302T), 522[195] (302T, 303T, 304T, 305, 314), 523[205] (303T, 304T), 523[206] (303T), 527[457] (351), 543f[1], 543f[6], 546f[2], 546f[2], 546f[14], 552f[1], 554f[4], 556f[5], 558f[9], 621[7] (542, 543), 621[8] (542, 543), 621[10] (544), 621[12] (544), 621[14] (544), 621[15] (544), 621[29] (547), 621[39] (548), 622[62] (551), 626[331] (591), 626[334] (591); **6**, 941[14] (884, 885T), 943[141] (910, 909T); **8**, 281[94] (262), 292f[3], 298f[3], 298f[6], 305f[47], 361[52] (287), 362[90] (290)
Vasneva, N. A., **4**, 238[268] (199)
Vasserberg, V. E., **8**, 644[195] (616, 622T), 670[111] (664)
Vassiliades, K., **2**, 553f[1]
Vassilian, A., **6**, 383[21] (365), 383[47] (367), 753[1132] (638)
Vassort, J., **1**, 374[88] (318); **7**, 225[97] (206)
Vastag, S., **5**, 68f[7], 273[587] (193); **6**, 96[201] (49, 53T); **8**, 305f[40]
Vastea, L., **8**, 100[328] (92)
Vastikhin, W. M., **6**, 446[354] (438)
Vastine, F. D., **5**, 522[150] (297), 559f[3], 560f[2]; **6**, 845f[295], 845f[296], 1021f[160]
Vasudev, P., **4**, 328[606] (308)
Vasudeva, S. K., **1**, 378[364] (361)
Vasyukova, N. I., **3**, 981f[19], 1069[107] (983, 988), 1070[189] (993), 1381[111] (1342); **4**, 236[157] (179, 207T); **6**, 142[183] (105T, 110, 121T), 181[125] (156, 168)
Vatanatham, S., **8**, 611[344] (598T)
Vater, N., **2**, 199[566] (136)
Vaughan, D. H., **6**, 241[9] (235)
Vaughan, L. G., **1**, 119[241] (95), 681[698] (664); **2**, 618[122] (539), 770f[7], 796f[8], 818[33] (771, 804), 819[75] (778, 803)

Vaughan, R. W., **4**, 479f[25], 907[18] (892), 907[19] (892)
Vaughan, V., **4**, 507[219] (438, 498)
Vaughan, W. R., **2**, 860[64] (836); **7**, 724[6] (662)
Vaver, V. A., **1**, 303[73] (265), 310[578] (299)
Vavilina, N. N., **2**, 511[312] (440)
Vazeux, M., **1**, 243[138] (171); **7**, 105[298] (40)
Vdovin, V. M., **1**, 42[170] (36); **2**, 188[108] (27), 193[312] (80), 201[669] (163), 297[65] (226), 297[68] (226), 297[70] (227), 297[79] (229), 297[80] (229), 297[81] (229, 230), 297[87] (230), 297[88] (230), 297[90] (231, 232), 298[108] (234), 298[109] (234), 298[119] (236), 298[121] (237), 298[123] (237), 298[125] (237), 298[133] (239), 298[143] (241), 298[153] (243), 299[155] (243, 262), 299[156] (243), 299[176] (246), 299[188] (248T), 300[246] (262), 301[322] (277), 302[356] (288), 516[634] (484); **3**, 436f[31], 436f[32], 461f[29], 473[17] (437), 1071[235] (1008), 1071[236] (1008); **4**, 309f[9], 328[636] (310); **6**, 442[107] (400), 1112[121] (1072, 1078); **8**, 425f[8]
Vdovina, L. I., **8**, 668[23] (652)
Veal, J. T., **4**, 83f[16]
Veale, H. S., **1**, 246[295] (190, 206)
Veazey, R. L., **3**, 1004f[16], 1004f[18], 1005f[8], 1074[400a] (1034, 1045); **8**, 1069[283b] (1056, 1057)
Veber, M., **5**, 270[382] (121)
Vecsei, I., **5**, 271[469] (157), 273[584] (193)
Vedejs, E., **2**, 977[442] (956); **6**, 349[434] (336), 383[40] (366), 383[41] (366); **7**, 14f[7], 14f[7], 108[470] (65), 646[18] (518); **8**, 929[183] (812), 937[742] (917, 918)
Vedelhoven, W., **3**, 1318[139] (1306)
Veening, H., **3**, 1073[323a] (1021), 1073[324] (1022)
Veenstra, S. J., **3**, 327[56] (291)
Vefghi, P., **3**, 113f[4], 168[20] (98)
Vegas, A., **2**, 937f[1], 937f[2], 975[365] (936)
Vegh, G., **2**, 974[302] (924)
Veidis, M. V., **6**, 93[3] (57T, 64), 96[210] (90), 806f[40], 806f[41], 870f[98], 870f[99], 870f[100]
Veigel, E., **1**, 704f[1], 721[143] (703), 732f[9], 753[44] (733)
Veillard, A., **3**, 80[13] (2, 5, 6), 81[56] (6), 81[106] (12), 82[131] (17), 83[196] (28), 84[281] (40), 84[283] (40), 695[83] (654); **4**, 319[20] (245), 816[408] (700); **5**, 267[230] (52); **6**, 12[20] (5, 5T), 179[13] (146T, 152), 180[40] (152)
Veith, M., **2**, 6f[12], 199[571] (138), 199[574] (139), 199[575] (139), 199[578] (140), 199[581] (141), 513[413] (453), 625[601] (600); **3**, 701[439] (681)
Veldman, M. E. E., **3**, 293f[2], 327[53] (296), 327[56] (296)
Velentini, G., **8**, 98[253] (71)
Velichko, F. K., **2**, 908f[1], 977[474] (959)
Velling, P., **3**, 731f[13]
Venable, T. L., **1**, 539[105] (490, 507, 536), 539[112b] (492, 537)
Venanzi, L. M., **3**, 87[474] (68), 851f[53], 948[147] (861); **4**, 34f[54], 51f[54], 151[154] (39, 60), 239[360] (206, 207T), 325[403] (289), 695f[11], 811[72a] (700), 811[73] (700), 886[149] (872); **5**, 33f[23], 520[4] (278, 461, 463, 466), 523[242] (303T, 307), 523[259] (307), 524[286] (314), 524[296] (315), 535[1033] (461, 463, 464, 466, 471T, 472T, 474T, 484), 549f[7], 556f[4], 559f[6], 621[49] (550, 553), 624[251] (579), 627[391] (599); **6**, 346[258] (315), 347[286] (316), 362[43] (356), 382[6] (364, 365, 375, 376), 384[97] (376), 445[259] (421), 740[257] (514), 740[279] (516), 743[464] (534T), 750[941] (615, 619, 629), 751[957] (616), 751[958] (617, 661, 662T), 751[984] (620, 621, 628), 752[1062] (633, 639, 656), 752[1070] (633, 661, 662T), 753[1146] (639), 754[1182] (645T, 651, 661), 754[1201] (649T), 755[1269] (654, 656), 755[1275] (656), 756[1307] (661, 662T), 756[1308] (661, 662T), 756[1309] (661, 662T), 756[1326] (664), 756[1358] (668), 756[1359] (668), 851f[52], 875[107] (777, 778); **8**, 933[466] (867)
Venayak, N. D., **7**, 101[115] (17)
Vencl, J., **2**, 196[457] (113)
Venerable, D., **4**, 812[159] (715)
Vengerova, N. A., **8**, 610[316] (599T)
Veniaminov, N. N., **2**, 191[230] (54); **6**, 225[118] (210)
Veniard, L., **2**, 676[140] (643)
Venier, C. G., **7**, 108[483] (69)

Venit, J., **7**, 646[21] (520), 653[379] (586, 587, 591)
Venkatachar, A. C., **1**, 263f[8]
Venkatasubramanian, N., **7**, 511[50] (480)
Venkateswarlu, A., **2**, 187[46] (10), 201[654] (159); **7**, 651[302] (576, 577)
Venturi, M. T., **8**, 769[14] (731)
Venzel, J., **1**, 456[218] (445)
Venzo, A., **3**, 1004f[20], 1005f[15], 1030f[3], 1030f[4], 1071[248] (1010), 1074[373a] (1030), 1074[373b] (1030), 1074[399b] (1033, 1034); **4**, 512[521] (503); **7**, 101[77] (11); **8**, 1068[245] (1050), 1069[260b] (1052, 1052f, 1056)
Veracini, C. A., **6**, 753[1112] (637)
Verani, G., **3**, 1072[260] (1011), 1251[251] (1212, 1215), 1382[169] (1361, 1363)
Verbeek, F., **2**, 860[74] (839); **6**, 1058f[3], 1110[36] (1049, 1058)
Verbeek, W., **2**, 199[595] (145), 199[597] (145), 617[72] (531)
Verberg, G., **8**, 456[171] (397), 931[324] (846)
Verbit, L., **7**, 159[124] (153), 253[116] (246, 247), 253[119] (246, 250), 254[151] (250)
Verblovskii, A. M., **6**, 13[72] (8)
Verboom, W., **7**, 77f[8]
Verborgt, J., **2**, 627[698] (613)
Verbrugge, C., **7**, 141[73] (125), 301[159b] (294)
Verdegaal, C. H. M., **7**, 652[342] (582)
Verdonck, J. J., **8**, 17[36] (14), 96[113] (42)
Verdonck, L. D., **2**, 553f[1], 619[177] (545)
Vergamini, P. G., **4**, 873f[14], 894f[6]; **8**, 497[58] (478)
Vergamini, P. J., **1**, 420f[5], 420f[5]; **3**, 1249[167] (1191, 1194); **4**, 237[211] (188), 606[111] (536, 536f), 649[86] (641); **6**, 759[1513] (689), 850f[9], 876[156] (788)
Verhé, R., **7**, 107[404] (54)
Verhoeck, G. J., **2**, 620[265] (555)
Verhoeven, T. R., **8**, 497[111] (493), 928[150] (808, 814, 816), 928[151] (808, 816), 930[231] (824, 828, 829, 836, 837), 930[233] (825, 826, 828, 831), 930[244] (828), 930[249] (832), 930[250] (832, 833), 930[255] (833), 1009[104] (970)
Verkade, C. P., **3**, 750f[9], 759f[9], 781[164] (760, 778)
Verkade, J. G., **3**, 833f[15], 833f[64], 833f[72], 833f[73], 833f[76], 840f[12], 840f[13], 851f[46], 947[81] (831); **5**, 355f[3], 527[463] (354), 622[58] (550); **6**, 13[68] (8), 14[106] (12), 34[35] (19T, 21T), 34[65] (20T), 35[119] (20T, 21T), 35[120] (20T), 35[121] (22T), 94[94] (43T); **7**, 654[432] (587); **8**, 642[54] (626, 627T)
Verkouw, H. T., **3**, 293f[1], 293f[2], 334f[34]
Verkuijlen, E., **8**, 549[14a] (502), 549[16a] (502), 549[16b] (502)
Verlaak, J. M. J., **5**, 529[626] (381); **6**, 943[147] (910, 909T)
Verlan, J. P. J., **5**, 532[829] (419), 534[944] (340, 440), 570f[7], 624[210] (571, 589)
Verma, V. K., **2**, 620[235] (550)
Vermeer, H., **1**, 42[194] (37), 42[197] (37), 244[211] (177)
Vermeer, P., **1**, 242[110] (166); **2**, 762[148] (750), 763[161] (752), 763[163] (752), 763[164] (752); **7**, 42f[6], 77f[8], 87f[14], 648[132] (545), 728[191] (707), 728[223] (714), 729[238] (716), 729[243] (717), 729[246] (718), 729[248] (718), 729[249] (719), 729[253] (719)
Vermeulen, T., **8**, 367[414] (347)
Vermount, D. F., **2**, 302[337] (281, 288)
Vernon, C. C., **3**, 696[103] (656)
Vernon, L. H., **1**, 672[122] (578, 633, 650, 662)
Vernon, W. D., **3**, 156f[7], 170[126] (151, 152); **4**, 605[20] (515), 818[554] (780), 839[6] (823); **6**, 224[73] (201T)
Verrall, K., **4**, 34f[73], 151[136] (36)
Versluis-de Haan, G., **2**, 1019[260] (1008)
Verstuyft, A. W., **6**, 96[182] (40), 241[14] (235, 238), 241[14] (235, 238), 345[149] (304)
Vertyulina, L. N., **3**, 698[278] (670), 978f[6], 986f[4]
Verwey, J., **2**, 971[80] (875)
Vesnovskaya, G. I., **1**, 115[45] (50), 249[466] (212), 249[466] (212); **7**, 64f[1], 64f[2]
Vetrova, Z. P., **6**, 224[56] (193T)
Vetter, H., **4**, 320[97] (252), 328[651] (313, 314); **8**, 222[124] (157)
Vezey, P. N., **8**, 361[61] (288)

Vialle, J., **1**, 243[137] (171), 243[139] (171), 243[139] (171); **7**, 108[481] (68)
Viard, B., **3**, 768f[17], 768f[18], 769f[13]
Vibet, A., **1**, 243[139] (171)
Vicens, J. J., **7**, 74f[2], 106[337a] (46)
Vicente, J., **2**, 770f[10], 770f[11], 770f[12], 770f[14], 786f[2], 786f[4], 786f[5], 796f[16], 818[34] (771, 804), 818[37] (771, 804), 818[54] (775, 776, 795, 797), 819[106] (787, 793), 819[107] (787, 789, 793); **6**, 142[173] (105T, 134T, 138), 751[1005] (621, 629, 630, 631), 759[1540] (694), 759[1544] (695)
Vichi, E. J. S., **4**, 507[183] (429, 443), 509[349] (464, 498); **8**, 1009[105] (970, 1004)
Vick, S. C., **1**, 119[229] (92); **2**, 189[149] (35), 190[190] (42), 190[217] (51), 297[52] (223), 297[53] (223, 224, 236, 239), 297[54] (224)
Vickery, E. H., **7**, 105[290] (38)
Vickrey, T. M., **5**, 270[393] (126), 270[398] (129); **8**, 1098f[3], 1098f[4], 1105[56] (1085), 1105[95] (1097)
Vickroy, V. V., **3**, 406f[11], 407f[5], 430[280] (402)
Victor, R., **4**, 380f[5], 607[168] (547), 608[240] (566, 567, 568f), 612[484] (565f, 597), 612[490] (597), 612[495] (598), 648[35] (625); **8**, 1007[15] (942), 1007[16] (942), 1009[150] (980)
Victoriano, L., **1**, 719[5] (684)
Vidal, A., **7**, 457[181] (398)
Vidal, J. L., **3**, 170[167] (163); **4**, 50f[34], 73f[23], 886[98] (863), 1058[45] (972); **5**, 327f[14], 524[331] (320, 322, 337, 339), 525[340] (325), 525[374] (337), 525[375] (338), 525[376] (339), 537[1150] (279, 354), 539[1297] (322), 539[1299] (335), 539[1300] (337, 338), 539[1301] (338); **8**, 221[76] (119, 140)
Videla, G. J., **1**, 376[211] (343)
Viebrock, I., **6**, 382[16] (365), 383[34] (365), 383[36] (365)
Viegers, T. P. A., **2**, 762[121] (737)
Viehe, H. G., **7**, 726[66] (676), 727[138] (695)
Vielstich, W., **8**, 97[136] (48)
Viens, V. A., **6**, 746[677] (573)
Vieroth, C., **1**, 151[139] (131), 250[563] (229), 250[568] (230)
Viertel, G., **1**, 753[87] (740)
Vig, O. P., **2**, 754f[10]; **8**, 772[204] (714T, 722)
Vigato, P. A., **8**, 861f[10]
Viglino, P., **3**, 879f[15]
Vigoureux, S., **3**, 697[186] (663, 667, 673), 699[289] (671, 683)
Viguer, M., **1**, 251[603] (235)
Viirlaid, S., **1**, 246[301] (192), 246[301] (192)
Vij, P. K., **3**, 768f[2]
Viktorov, N. A., **2**, 199[570] (138)
Viktorova, E. A., **7**, 87f[1]; **8**, 641[32] (627T)
Viktorova, I. M., **1**, 250[533] (224, 225, 228), 302[46] (259), 696f[30], 696f[31], 696f[32], 696f[33], 696f[34], 696f[35], 720[56] (690), 721[112] (701, 707), 722[204] (713), 723[273] (719), 723[274] (719)
Vil'chevskaya, V. D., **3**, 1051f[11]; **8**, 1065[81] (1025)
Vilkov, L. V., **1**, 420f[4], 420f[4], 420f[13], 420f[15], 420f[15], 452[23] (418), 452[23] (418), 689f[14], 696f[8], 721[91] (694); **2**, 297[65] (226), 623[418] (574), 625[611] (601, 604), 908f[17]
Villa, A. C., **1**, 41[139] (32, 33T, 34); **3**, 372f[9], 429[166] (373); **6**, 743[458] (534T), 743[476] (536T, 539T), 744[483] (538T), 744[488] (538T), 744[489] (538T), 744[490] (538T), 759[1525] (691); **8**, 280[37] (238), 281[96] (262), 669[35] (651, 658T)
Villani, Jr., F. J., **8**, 927[72] (801)
Ville, G., **4**, 964[125] (950)
Villemin, D., **3**, 1297f[18], 1299f[4], 1318[134] (1303); **8**, 550[65b] (515)
Villiéras, J., **1**, 242[80] (163, 165, 174, 175, 188), 244[199] (177); **2**, 762[132] (743, 744, 751), 763[150] (750, 756), 763[162] (752); **7**, 97f[25], 104[228] (30, 31), 104[247] (32, 34, 88), 107[388] (52), 110[580] (88, 91), 110[590] (91), 727[178] (704), 729[237] (716, 717), 729[239] (717), 729[240] (717), 729[244] (717), 729[245] (718), 729[247] (718), 729[248] (718), 729[259] (721), 729[261] (722)

Vince, D. G., **1**, 752[10] (726), 753[78] (737); **3**, 266[172] (201), 266[173] (201), 266[174] (201); **5**, 269[325] (90)
Vincent, G. A., **2**, 351f[1]
Vincent, J. E., **7**, 648[113] (540)
Vincent, J. S., **2**, 704[3] (683)
Vincent, P., **8**, 772[206] (741, 763T)
Vines, S. M., **7**, 109[497] (71), 653[404] (593)
Vineyard, B. D., **5**, 536[1104] (471T, 474T), 537[1134] (474T, 476), 537[1147] (477); **8**, 361[16] (286, 320), 471f[3], 471f[4], 472f[8], 473f[4], 473f[9], 496[19] (467), 496[34] (473), 496[35] (473), 496[48] (476)
Vink, P., **1**, 245[247] (182), 245[248] (182, 183)
Vinogradova, L. E., **1**, 541[198] (521)
Vinogradova, S. M., **6**, 141[151] (128)
Vinogradova, V. N., **2**, 516[642] (484); **3**, 1189f[12], 1338f[13]; **4**, 611[383] (590), 611[391] (591); **6**, 1018f[15], 1019f[72], 1027f[10], 1028f[52], 1040[54] (995)
Vinokur, E., **7**, 647[41] (525)
Vinokurova, N. G., **2**, 192[288] (74)
Vinson, J. R., **6**, 182[149] (148, 168); **8**, 795[68] (783, 792)
Vinter, V., **1**, 302[62] (264)
Vinyard, E., **2**, 1016[88] (988)
Viola, H., **7**, 105[304] (41)
Vioux, A., **6**, 1066f[8], 1112[112c] (1070, 1071)
Vir, D., **8**, 99[296] (83)
Virmani, Y., **3**, 788f[9], 788f[12], 988f[1], 1034f[2], 1070[177] (991), 1081f[9], 1081f[10]; **4**, 152[189] (45); **5**, 264[32] (7)
Vishinskaya, L. I., **2**, 861[154] (858); **3**, 315f[5], 424f[5], 431[321] (423), 631[165] (583, 590), 631[165] (583, 590), 646[42a] (641), 646[42b] (640, 641), 646[42b] (640, 641), 696[148] (660), 696[153] (660), 701[409] (677, 678, 679); **6**, 1058f[7], 1111[72] (1059)
Vishnevskii, L. D., **1**, 677[395] (625)
Visscher, M. O., **3**, 1100f[4], 1146[50] (1099); **5**, 533[893] (429)
Visser, A., **6**, 261[44] (247); **8**, 927[44] (801)
Visser, G. W. M., **3**, 328[128] (312)
Visser, H. D., **1**, 720[69] (691)
Visser, J. P., **5**, 626[335] (591); **6**, 262[120] (253), 741[351] (522), 745[588] (556), 751[996] (621, 629), 751[997] (621, 624T), 752[1018] (624T), 758[1484] (683)
Viswanatha, V., **5**, 404f[37], 530[669] (389), 530[670] (389), 530[671] (389)
Viswanathan, N., **7**, 654[462] (600)
Vitagliano, A., **5**, 538[1197] (486); **6**, 756[1337] (665), 756[1338] (665), 758[1487] (684, 685, 714); **8**, 388f[3]
Vitale, A. A., **7**, 102[155] (23)
Vitali, D., **4**, 52f[96], 235[119] (174, 181), 235[120] (174, 183, 184), 235[121] (174, 175, 189T), 236[138] (178), 236[140] (178), 236[186] (183), 236[186] (183)
Vitulli, G., **4**, 812[178] (718, 719), 815[371] (756, 758, 759, 776, 805), 815[381] (759, 805), 815[382] (759), 965[175] (961); **5**, 213f[8], 273[644] (217, 218); **6**, 94[86] (51, 53T), 94[86] (51, 53T), 142[165] (108), 180[30] (163, 165T), 180[63] (158, 159T, 164, 165T, 173T, 176), 277[4] (266T, 266), 446[361] (441); **8**, 292f[47], 379f[16], 453[1] (372), 606[72] (558, 601T), 770[84] (730), 795[82] (790)
Vitz, E., **3**, 427[42] (339, 361), 428[140] (365), 428[141] (365), 702[467] (684)
Vitzthum, G., **2**, 571f[1], 622[385] (570); **6**, 14[89] (9)
Vivien, D., **3**, 768f[18]
Vizi-Orosz, A., **4**, 327[561] (304); **5**, 266[182] (37), 267[201] (42), 267[202] (42), 271[472] (157), 273[584] (193), 273[587] (193), 521[62] (284), 521[63] (284); **6**, 1020f[114], 1021f[143], 1040[62] (997)
Vladimirskaya, N. B., **7**, 100[59] (7)
Vladuchick, S. A., **7**, 725[21] (666)
Vladytskaya, N. V., **1**, 674[263] (608)
Vlasenko, V. M., **8**, 95[31] (26), 282[158] (273)
Vlaskina, R. Ya., **3**, 699[277] (671)
Vlasov, V. M., **2**, 623[479] (583)
Vlattas, I., **7**, 96f[12], 99f[39]
Vlček, A. A., **3**, 924f[9], 986f[3]; **4**, 605[38] (519); **5**, 266[127] (28), 628[474] (613, 614), 628[474] (613, 614); **6**, 1020f[110]; **8**, 363[199] (315)
Vliek, M., **8**, 1067[170] (1041)

Vlismas, T., **1**, 246^320 (194)
Vodolazskaya, V. M., **2**, 511^303 (439, 469)
Voecks, G. E., **5**, 28f^1; **8**, 641^20 (634T)
Voegelen, E. Z., **2**, 509^208 (424)
Voelker, C., **5**, 539f^1298 (328)
Voet, D., **1**, 420f^23, 455^164 (437, 443), 539^112a (492, 537); **6**, 944^223 (923)
Vogel, D., **4**, 107f^100, 237^227 (189T)
Vogel, E., **4**, 612^487 (597)
Vogel, F., **1**, 309^520 (297); **7**, 253^138 (248)
Vogel, G., **1**, 71f^1
Vogel, G. E., **2**, 201^686 (166), 362^151 (336), 363^185 (352)
Vogel, M., **5**, 29f^10
Vogel, P., **3**, 1252^348 (1231); **4**, 380f^25, 463f^6, 612^475 (597), 612^485 (565f, 597), 815^335 (751), 815^336 (751); **8**, 935^628 (898)
Vogel, P. L., **5**, 625^285 (584, 585)
Vogel, T. M., **7**, 654^431 (596)
Vogel, U., **7**, 20f^1
Vogelaar-van der Huizen, T. M., **3**, 701^421 (678)
Voges, R. L., **3**, 1076^500a (1051); **8**, 607^116 (564)
Vogl, J., **3**, 798f^1b, 809f^4, 1120f^2, 1264f^5, 1288f^4
Vogler, A., **4**, 818^544 (779), 819^597 (793), 839^1 (823), 839^14 (823, 825), 1061^233 (1020); **6**, 278^26 (271), 453^6 (448), 1019f^74
Vogler, E. A., **1**, 242^62 (160)
Vogler, H. C., **4**, 818^555 (780)
Vogt, B. R., **6**, 225^97 (195)
Vogt, H. J., **2**, 302^384 (293)
Vogt, L. H., **2**, 362^134 (329)
Vogt, R. R., **2**, 872f^3
Vogt, W., **8**, 796^144 (780)
Vohler, O., **5**, 264^9 (3), 522^182 (302, 302T, 304T, 314); **6**, 12^15 (4T, 4)
Vohwinkel, F., **8**, 407f^15
Voigt, C. E., **2**, 333f^1, 334f^1, 341f^1
Voigtländer, R., **2**, 619^185 (546); **3**, 429^206 (378, 380)
Voitländer, J., **3**, 700^369 (674)
Vojtko, J., **7**, 511^76 (484), 511^77 (484)
Vokovskii, V. Yu., **2**, 511^324 (441)
Volchenskova, I. I., **6**, 241^25 (237)
Vol'eva, V. B., **2**, 978^509 (964)
Volger, H. C., **3**, 87^489 (70); **4**, 374^49 (341), 965^190 (962); **5**, 267^242 (60), 478f^1, 479f^7, 534^950 (439, 453), 535^1041 (461, 462, 480, 484), 535^1049 (462), 538^1240 (497), 538^1242 (497), 538^1243 (497), 538^1250 (497), 624^186 (567); **6**, 262^136 (254), 262^137 (254), 441^7 (386, 387), 442^55 (393), 446^318 (429), 742^406 (529), 758^1452 (677), 758^1466 (679), 759^1494 (685), 759^1495 (685), 759^1497 (685), 761^1662 (726, 727, 730), 761^1676 (730), 761^1680 (731); **8**, 927^77 (803), 928^122 (805)
Volgin, Yu. V., **2**, 713f^38, 761^83 (730); **4**, 511^446 (486)
Vol'kenau, N. A., **2**, 894f^8; **4**, 499f^7, 499f^9, 512^504 (500), 512^505 (500, 501), 512^513 (501), 817^477 (771); **8**, 1066^109 (1029), 1067^156 (1040), 1068^234 (1049), 1068^234 (1049), 1068^238 (1049), 1068^247a (1051), 1068^247a (1051)
Völkner, S., **8**, 646^265 (616, 622T)
Volkov, A. F., **6**, 182^189 (159T)
Volkov, V. A., **5**, 32f^4
Volkov, V. L., **3**, 786f^6, 1080f^6, 1256f^5a
Volkov, V. V., **1**, 538^77d (481, 505); **6**, 226^149 (214T), 226^160 (214T), 226^170 (214T), 942^64 (901, 902T), 942^66 (901, 902T, 903T), 942^67 (901, 902T, 903T), 942^84 (903T), 943^100 (901)
Volkova, L. G., **6**, 345^201 (310); **8**, 927^36 (800), 934^517 (879)
Volkova, L. I., **1**, 377^286 (351)
Volkova, L. M., **2**, 188^83 (21), 300^260 (265T)
Volkova, V. S., **8**, 934^559 (889)
Volkova, V. V., **2**, 193^323 (82)
Vollenbroek, F. A., **2**, 819^70 (777); **5**, 526^398 (341)
Vollershtein, E. L., **1**, 115^25 (46, 102T)

Vollhardt, K. P. C., **2**, 190^187 (41), 190^188 (41), 190^189 (41), 190^196 (44), 190^196 (44), 190^213 (49); **5**, 271^506 (168, 207), 273^610 (205), 273^611 (205), 273^612 (205), 273^613 (205), 274^711 (241), 274^714 (243), 275^764 (252); **7**, 460^364 (422), 649^158 (550); **8**, 282^186 (275), 458^284 (413), 458^294 (417), 458^295 (417), 458^296 (417), 606^35 (554, 598T), 608^160 (578), 1009^151 (980)
Vollmer, H.-J., **3**, 279^23 (272), 557^73 (556), 631^210 (597), 631^211 (597, 598), 631^212 (597), 631^215 (598), 632^245 (617); **6**, 979^15 (951, 958T)
Vollmer, S. H., **3**, 265^115 (186, 187), 268^308 (226, 227, 228, 229, 249), 268^311 (229, 230, 249), 270^386 (248, 249), 270^390 (249, 250), 270^391 (249, 250, 251, 253, 254), 270^393 (249, 250, 251, 252, 253), 1133f^3; **8**, 220^38 (111, 112)
Volodarskii, L. B., **6**, 347^329 (321)
Volpe, J. A., **4**, 325^436 (293)
Vol'pin, M. E., **1**, 681^676 (659); **2**, 190^207 (48, 59), 196^457 (113), 297^45 (221, 251), 508^143 (413), 508^152 (416), 618^98 (537); **3**, 326^13 (284, 285), 328^116 (311), 398f^34, 427^29 (337), 430^275 (402), 430^276 (402), 430^277 (402), 430^279 (402), 473^21 (437); **4**, 812^199 (720), 939f^19, 964^117 (949), 964^118 (949), 964^119 (949); **5**, 271^462 (153), 526^400 (342), 530^664 (387), 570f^2, 624^242 (577), 625^317 (589, 594); **6**, 749^824 (592), 759^1499 (685); **8**, 280^5 (227, 232, 236, 239, 244, 245, 247, 249, 252, 253, 255), 280^26 (236), 280^42 (243), 282^129 (270), 296f^9, 641^50 (627T), 927^36 (800), 932^411 (879), 934^517 (879), 937^762 (921), 937^763 (921), 1076f^1, 1076f^2, 1076f^4, 1076f^5, 1076f^7, 1080f^1, 1080f^2, 1080f^3, 1083f^1, 1104^6 (1075, 1080, 1081, 1082, 1083), 1104^14 (1076), 1104^16 (1077), 1104^16 (1077), 1104^18 (1077), 1104^38 (1080, 1081), 1104^39 (1080), 1105^42 (1081), 1105^43 (1081), 1105^44 (1082), 1105^47 (1082)
Volponi, L., **6**, 749^873 (602)
Volz, W. E., **2**, 302^345 (284)
von Ammon, R., **3**, 265^89 (182), 265^98 (182), 265^99 (183), 265^100 (183), 267^245 (213), 268^260 (215), 268^261 (215), 268^272 (217), 632^225 (602), 632^226 (602)
von Angerer, E., **3**, 1125f^8
von Au, G., **4**, 238^285 (202, 212T, 215), 238^286 (202), 238^290 (203, 219T, 222, 228), 241^478 (219, 219T, 222, 228), 241^479 (219, 219T, 222, 228)
von Brauchitsch, M., **2**, 676^143 (645)
von Christiani, A. F., **7**, 17f^7
Voncken, P., **8**, 460^394 (433)
von Dahlen, K.-H., **1**, 722^180 (710); **6**, 748^768 (585, 587)
von Deuten, K., **6**, 98^329 (60T, 69)
Von Dollen, L., **7**, 95f^6
von Drunen, J. A. A., **1**, 119^273 (101T, 103, 105)
von Foerster, M., **3**, 697^193 (663); **4**, 240^378 (208), 816^444 (764); **8**, 1064^8 (1016, 1024)
von Fraunberg, K., **8**, 447f^10
von Grosse, A., **1**, 731f^1, 731f^3; **2**, 674^2 (629)
von Halasz, S. P., **2**, 201^655 (159)
von Hobe, D., **3**, 699^335 (673), 797f^2, 819f^3, 1074^423 (1036), 1085f^2, 1086f^8, 1252^325 (1226), 1262f^2, 1263f^8, 1383^178 (1362), 1383^210 (1366)
Vonk, J. W., **2**, 1015^27 (982, 998), 1015^29 (982), 1016^97 (989, 991f)
von Kutepow, N., **8**, 411f^11, 458^267 (412)
von Lehmann, T., **1**, 375^145 (330, 331), 385f^1, 409^55 (392, 394, 398)
von Mao, L., **8**, 641^38 (622T)
Von Meier, W.-P., **3**, 842f^10
Vonnahme, R. L., **4**, 401f^16, 505^61 (395), 505^62 (395), 505^95 (404); **8**, 1008^99 (969), 1008^100 (969)
von Narbutt, J., **6**, 384^96 (376)
von Philipsborn, W., **3**, 1077^558 (1061), 1252^346 (1230); **4**, 454f^6, 607^132 (539f, 540, 555, 595f), 610^326 (582), 815^332 (750), 1060^208 (1015)
von Pigenot, D., **3**, 798f^2, 886f^4, 1121f^2; **4**, 322^193 (266), 322^194 (266), 612^463 (596)
Von Rein, F. W., **1**, 249^462 (211)

von Schnering, H. G., **2**, 6f[13], 200[622b] (152, 153), 200[624] (152), 200[625] (153), 200[628] (153), 203[733] (180); **4**, 611[416] (592); **6**, 95[155] (54T, 70), 1074f[2]
von Seyerl, J., **1**, 409[14] (383, 405, 406); **2**, 200[618] (149); **3**, 870f[13], 948[166] (871), 1075[447] (1039); **4**, 157[512] (127), 157[513] (127), 157[523] (128), 157[526] (128), 327[557] (304); **6**, 850f[26], 868f[8], 869f[40], 869f[41], 877[233] (820); **7**, 654[487] (604)
von Tilborg, J., **6**, 228[256] (191, 193T)
von Werner, K., **5**, 403f[11], 529[598] (303T, 377), 529[599] (377), 546f[4], 622[71] (551), 623[171] (565); **6**, 746[637] (563), 760[1599] (710); **8**, 933[482] (872)
von Winbush, S., **8**, 1104[40] (1080)
von Zelewsky, A., **1**, 120[300] (109)
Voorbergen, P., **1**, 244[224] (179f, 180), 244[226] (179, 182, 183, 204, 206)
Voorhees, R. L., **1**, 538[68] (477, 517), 552[20] (545), 552[21] (545); **2**, 680[396] (672)
Voorhoeve, R. J. H., **2**, 186[22] (4, 10, 12, 143, 178, 184), 360[2] (306, 307)
Vora, K. P., **8**, 223[150] (172)
Vorbrüggen, H., **7**, 658[702] (644); **8**, 935[609] (896), 935[613] (896), 935[615] (896)
Voreb'ev, B. S., **8**, 368[517] (359)
Vornberger, W., **2**, 192[269] (67)
Voronchikhina, L. I., **5**, 213f[6], 274[652] (218); **6**, 443[123] (401), 443[148] (403), 444[213] (410)
Voronkov, M. G., **2**, 186[21] (4), 187[59] (13), 187[59] (13), 187[71] (19), 192[308] (79, 166), 196[455] (113, 122), 196[473] (116), 197[475] (117, 118, 119), 201[648] (159), 201[685] (166), 203[740] (183), 297[76] (228), 300[263] (265T), 360[44] (313), 361[91] (319), 361[111] (324), 361[115] (325), 362[129] (328), 506[35] (403), 508[133] (411), 509[219] (427, 433), 511[324] (441), 511[326] (441), 511[327] (441), 512[350] (444), 512[361] (445), 512[366] (445), 626[648] (606); **6**, 757[1423] (675), 758[1424] (675), 760[1602] (712), 760[1603] (712); **7**, 654[455] (599), 655[540] (615, 616)
Voronkov, V. G., **2**, 508[120] (410)
Vorontsova, T. A., **3**, 328[114] (311); **8**, 1105[98] (1097), 1106[110] (1101)
Vorotyntseva, V. D., **2**, 512[394] (452)
Vos, Á., **3**, 328[133] (313)
Vos, H. J. T., **7**, 77f[8]
Vos, J. G., **4**, 811[92] (704)
Vose, D. W., **1**, 150[108] (127)
Voss, J., **6**, 740[284] (516)
Vostokov, I. A., **2**, 512[360] (445), 512[363] (445), 512[395] (452), 512[396] (452), 512[397] (452), 513[399] (452), 513[400] (452), 513[402] (452)
Vostrikova, O. S., **7**, 456[84] (385); **8**, 402f[4], 457[199] (401), 457[203] (401, 402), 459[335] (421), 704[47] (680), 705[52] (685T, 685), 705[54] (685T, 685), 705[55] (680), 706[103] (685T, 685), 706[132] (672, 674T, 690), 710[305] (685T)
Vostrikova, T. N., **1**, 454[95] (428)
Vostrowsky, O., **7**, 196[144] (178), 197[204] (191, 192), 225[106] (207), 227[231] (221), 653[418] (595)
Votinský, J., **3**, 971f[10]
Vouillamoz, R., **6**, 384[94] (375), 752[1078] (634)
Voyakin, A. S., **2**, 945f[1]
Voyevodskaya, T. I., **6**, 96[215] (87), 97[237] (88), 227[212] (212)
Voyle, M., **8**, 1065[97b] (1027, 1028)
Vozdvizhenskii, V. F., **6**, 342[9] (280, 283f), 343[10] (280, 283f)
Voznesensky, V. N., **2**, 508[137] (412)
Vranka, R. G., **1**, 40[41] (11), 584f[1], 671[12] (557, 562, 585, 586, 621), 689f[5], 720[45] (688); **6**, 278[54] (276), 736[23] (477); **7**, 263[18] (256)
Vreugdenhil, A. D., **1**, 244[208] (177, 210, 213, 214), 245[247] (182), 249[465] (212)

Vrieze, K., **1**, 246[321] (194), 247[348] (197); **3**, 85[328] (45), 168[1] (90, 110), 874f[3], 947[66] (822), 949[199] (875), 1072[268] (1013), 1115f[7], 1114[776] (1114), 1249[154] (1189), 1251[249] (1212), 1317[27] (1272), 1317[28] (1272), 1317[72] (1283), 1381[87] (1339); **4**, 13f[12], 52f[94], 236[141] (178), 323[297] (277, 303, 304), 327[547] (303, 304), 509[335] (459), 841[87] (836), 841[88] (836), 841[89] (836), 907[55] (901); **5**, 275[777] (254), 275[778] (254), 290f[3], 290f[6], 291f[3], 295f[9], 404f[45], 437f[3], 437f[4], 438f[1], 438f[1], 478f[1], 479f[7], 520[52] (283, 420), 521[90] (289, 396), 521[94] (289), 521[121] (292), 523[203] (285, 303T), 523[221] (304T, 432), 532[836] (419, 420), 532[842] (419), 532[845] (420), 534[950] (439, 453), 535[1041] (461, 462, 480, 484), 538[1240] (497), 538[1242] (497), 538[1243] (497), 538[1250] (497), 552f[9], 621[8] (542, 543), 622[66] (551), 624[218] (573, 581, 592), 625[260] (580, 588, 590), 625[265] (580), 625[266] (581), 625[267] (581, 599, 600), 625[295] (586), 625[297] (586), 625[298] (586), 626[338] (591), 626[339] (591), 626[340] (591), 626[341] (592); **6**, 142[160] (124T, 128), 226[151] (203T, 205T, 206), 262[136] (254), 262[137] (254), 343[71] (289, 298f), 345[175] (307), 348[356] (324), 444[218] (411, 413, 414, 415), 444[221] (412, 417), 444[222] (412, 415, 417), 444[232] (415), 444[236] (417), 445[286] (422), 740[253] (514, 581), 740[254] (514, 581), 744[526] (542, 543T, 545, 545T), 755[1231] (653, 655), 755[1234] (653), 755[1235] (653, 654, 657), 755[1237] (653, 654), 755[1267] (654), 758[1466] (679), 759[1494] (685), 759[1495] (685), 759[1496] (685), 759[1497] (685), 761[1662] (726, 727, 730), 761[1676] (730), 761[1680] (731), 842f[152], 843f[213], 845f[285], 845f[289], 845f[290], 845f[293], 981[91] (977, 979T), 1029f[59], 1029f[61], 1029f[63], 1029f[64], 1029f[66], 1039[43] (994, 1002, 1003), 1039[44] (994, 1003), 1110[5b] (1044, 1075), 1113[164] (1086); **7**, 108[487] (69), 108[488] (69), 462[447] (435); **8**, 291f[23], 927[76] (803), 927[77] (803)
Vuiskaya, K., **2**, 679[331] (665)
Vuru, G., **3**, 734f[9], 780[152] (756)
Vyakhirev, D. A., **3**, 1069[118c] (985); **6**, 224[56] (193T)
Vyazankin, N. S., **2**, 195[401] (101), 195[404] (102), 200[629] (154), 201[678] (165), 202[704] (171), 202[722] (177), 507[64] (405, 411, 468, 469, 470, 472), 508[110] (410), 508[116] (410, 439, 472), 508[145] (414), 509[198] (423), 510[221] (426, 437), 510[222] (426), 510[251] (432, 439), 511[302] (439, 472), 511[303] (439, 469), 511[304] (439), 511[305] (439), 511[306] (439), 511[307] (439), 512[344] (443), 512[345] (443), 512[346] (444), 512[348] (444), 513[406] (452, 472), 514[515] (468, 469, 471), 514[520] (468, 472), 514[521] (468, 471), 514[522] (468), 514[527] (469), 515[532] (470), 515[542] (471), 515[543] (471), 515[544] (471), 515[548] (472), 515[549] (472), 515[550] (472), 861[152] (857), 872f[2], 972[186] (896); **3**, 966f[3], 1188f[4], 1338f[4]; **6**, 97[256] (55T, 60T, 64, 71, 73), 873[5] (763), 1018f[10], 1020f[120], 1020f[121], 1085f[1], 1110[2] (1044, 1045, 1048, 1052, 1083); **7**, 654[452] (599), 654[454] (599), 655[524] (610, 612); **8**, 669[52] (657T), 669[53] (657T), 670[122] (657T)
Vybiral, V., **2**, 361[63] (315); **6**, 758[1431] (675)
Vydrina, T. K., **3**, 327[65] (298)
Vygodskaya, E. M., **1**, 150[89] (124)
Vyshinskaya, L. I., **1**, 248[428] (207); **3**, 326[13] (284, 285), 326[16] (285), 327[82] (302), 334f[25], 359f[16], 359f[17], 379f[13], 398f[16], 398f[17], 398f[44], 398f[50], 407f[10], 424f[7], 426[17] (336), 428[89] (358), 428[108] (361), 547[95] (529), 696[114] (657, 660), 696[119] (660), 699[318] (672), 701[404] (677, 679), 701[418] (678), 701[430] (680), 701[432] (680), 701[433] (680), 701[446] (682); **6**, 1058f[2], 1058f[4], 1060f[6]; **8**, 1104[18] (1077)
Vyshinskii, N. N., **1**, 722[202] (713); **3**, 359f[17], 698[275] (670), 698[276] (670), 698[277] (670)
Vysotskii, V. A., **2**, 506[32] (403)
Vystricil, A., **7**, 252[16] (231)

W

Waack, R., **1**, 68f², 117¹²⁵ (70, 77, 78), 117¹²⁹ (70, 78), 118²⁰⁴ (86), 118²⁰⁶ (87), 118²¹⁸ (89), 119²³⁸ (93, 99, 101), 251⁶¹⁰ (235)
Wachsmann, H., **5**, 275⁷⁶⁹ (253)
Wachter, J., **3**, 1246¹⁸ (1155), 1249¹⁶⁴ (1191), 1381⁹² (1340)
Wachter, W. A., **3**, 267²³⁰ (211, 212), 267²³⁵ (212), 267²⁵⁶ (214, 215, 218), 269³⁶⁸ (242), 269³⁷³ (242, 243, 246), 269³⁸¹ (246, 247); **8**, 1067¹⁹³ (1043)
Wackerle, L., **3**, 112f⁴; **5**, 526⁴²⁴ (344)
Wada, A., **2**, 396⁷⁰ (377)
Wada, F., **8**, 866f², 933⁴⁵⁹ (862), 936⁶⁹⁹ (909), 936⁷⁰⁰ (909)
Wada, K., **2**, 762¹⁴⁴ (746)
Wada, M., **1**, 260f⁸; **2**, 512³⁶⁵ (445), 554f¹, 617⁵⁶ (529, 565), 621²⁸⁹ (557), 621²⁹⁴ (558), 621³³¹ (564, 565, 566, 567, 568, 570, 571); **6**, 94⁹⁸ (58T, 61T, 63T, 69, 70), 95¹¹¹ (58T, 63T, 72), 95¹¹² (82, 85T), 95¹⁶⁰ (58T, 63T, 72, 73), 97²⁵² (57T, 61T, 62T, 64, 69, 70, 72), 97²⁵⁵ (58T, 62T, 63T, 72, 78), 97²⁷² (55T, 58T, 73), 97²⁷³ (60T, 61T, 62T, 64), 97²⁷⁴ (58T, 61T, 62T, 63T, 73), 98²⁹⁹ (61T, 62T, 63T, 69, 70), 98³⁰² (55T, 62T, 63T, 64, 73, 75, 77), 98³¹³ (55T, 61T, 62T, 64), 100⁴²² (58T, 61T, 62T, 63T, 70), 180⁶⁵ (164, 165T); **8**, 794¹³ (779, 790), 795⁵⁹ (779, 780)
Wada, S., **8**, 17⁴¹ (15)
Wada, T., **8**, 1070²⁹⁹ᵃ (1058)
Wada, Y., **8**, 936⁶⁷⁶ (905)
Waddams, A. L., **8**, 16⁴ (2, 6), 280¹⁴ (229)
Waddan, D. Y., **8**, 368⁴⁸⁸ (354), 368⁴⁹³ (354), 647²⁹⁸ (632)
Wadden, D. Y., **8**, 368⁴⁸⁹ (354)
Waddington, G., **2**, 379f², 674⁴⁶ (635); **4**, 150¹⁸ (7)
Waddington, T. C., **2**, 706⁸⁸ (692); **4**, 320⁸⁴ (251, 270, 312), 611³⁸⁶ (590), 612⁴⁵⁴ (595), 649⁸⁸ (639, 641), 649⁹³ (642); **5**, 626³⁴⁹ (593); **6**, 13⁷⁹ (9), 181¹⁰⁷ (146T, 151, 159T, 162), 755¹²⁶⁶ (654, 656), 942⁷⁸ (901, 902T, 903T)
Wade, D. R., **7**, 513²¹⁹ (506)
Wade, K., **1**, 39² (2, 39), 39⁵ (2, 8, 12, 38, 39), 39⁸ (2, 39), 39¹¹ (4, 11, 12, 34, 35, 38, 39), 39¹² (4, 26, 27, 28, 32, 34, 39), 40³¹ (10, 11), 40³² (10, 11), 40⁶⁰ (15), 40⁶⁹ (16), 40⁸¹ (17, 18, 18T), 40⁸⁵ (18, 22), 40⁹⁶ (19), 41¹¹¹ (23), 41¹²⁵ (26, 28, 35, 39), 41¹³⁴ (29, 30, 30T, 31T, 32, 34), 41¹⁵² (32, 34), 41¹⁵⁴ (35, 39), 41¹⁵⁸ (35, 39), 115³ (44, 53T, 72T), 118¹⁹³ (83, 84T, 86, 91), 149³⁶ (122, 137), 152²³⁶ (147), 249⁴⁸⁷ (216), 258f¹⁰, 272f³, 286f¹⁶, 305²⁰⁰ (273), 373⁹ (313), 409³⁴ (387), 452¹¹ (412, 414), 537² (460, 463, 467, 468, 472, 473, 500), 538³¹ (467), 552¹⁶ (545), 596f⁵, 671⁶⁴ (546), 673¹⁶⁹ᵇ (591), 673¹⁷² (591), 673¹⁸² (592), 675²⁹² (614), 680⁶⁰⁷ (649, 650), 680⁶¹⁰ (649), 680⁶¹¹ (649), 682⁷²³ (581), 682⁷²⁹ (581), 696f¹⁶, 721¹⁰⁵ (601), 723²²⁹ (716), 723²³⁰ (716), 723²³¹ (716), 752²² (728, 735, 750); **2**, 506⁴⁷ (403), 513⁴⁰⁹ (453), 621²⁸⁴ (556), 817³ (766), 859⁶ (824), 859¹⁶ (828), 861¹¹³ (849), 973²³⁵ (902, 953, 954), 1016⁶⁴ (983); **3**, 82¹⁴⁶ (21, 22), 82¹⁴⁷ (21, 22), 85³³³ (46); **4**, 321¹⁸³ (265), 663f⁶, 689²² (666), 1063³⁸⁸ (1049), 1064⁴²¹ (1053); **5**, 265⁷² (16); **6**, 736²⁵ (478, 481, 484), 736²⁶ (478, 481, 484, 491), 1074f¹; **7**, 140⁷ (112), 225¹²³ (208), 263¹⁴ (255), 461⁴¹² (431, 433), 461⁴¹³ (431, 433), 461⁴³⁹ (434)
Wade, M., **6**, 35¹⁵⁹ (31)

Wade, P. A., **1**, 674²⁴⁶ (604); **3**, 169⁶⁸ (128); **8**, 930²³⁵ (826, 833)
Wade, R. C., **2**, 893f¹, 972¹⁶² (892)
Wade, R. J., **2**, 1015⁴² (983)
Wadepohl, H., **3**, 411f¹², 431³⁰⁴ (409); **6**, 759¹⁵³⁸ (694, 695), 1114²¹¹ (1099)
Wadsworth, C. L., **2**, 394f³, 397¹³⁰ (394)
Waegell, B., **8**, 462⁴⁸⁸ (452), 707¹⁷⁴ (678, 686, 687T), 935⁵⁷⁶ (890, 891)
Waespe-Sarcevic, N., **7**, 197²¹⁵ (192)
Wager, J. S., **2**, 509²⁰⁴ (424)
Wagner, A., **4**, 157⁵¹² (127)
Wagner, B. O., **1**, 119²²⁵ (91), 243¹⁴² (172, 185, 186, 205), 244¹⁸² (176), 245²⁶² (186, 187), 245²⁶⁵ (186, 188)
Wagner, D., **2**, 707¹⁶³ (702)
Wagner, F., **8**, 668⁶ (652, 658T, 659T), 668¹¹ (652, 658T)
Wagner, F. E., **2**, 818⁶³ (776), 819⁹¹ (782), 819⁹¹ (782); **5**, 559f¹⁴
Wagner, G., **4**, 2f¹¹, 23f¹, 64f¹, 150⁶⁷ (22, 62, 75), 150⁷⁹ (24, 25, 28, 67), 153²⁵⁸ (68)
Wagner, G. H., **2**, 189¹⁶² (37)
Wagner, H., **4**, 818⁵³³ (778)
Wagner, H. U., **1**, 119²⁶⁴ (98, 104); **7**, 110⁵⁹⁸ (93)
Wagner, J., **1**, 40³⁷ (11)
Wagner, J. L., **6**, 241²⁷ (237), 361²⁶ (352, 353)
Wagner, J. R., **4**, 52f⁸², 151¹⁴⁷ (37)
Wagner, K., **7**, 107⁴³² (58)
Wagner, K. P., **4**, 34f⁵⁰, 52f¹⁰⁶, 152¹⁶⁰ (41, 93), 157⁵⁵⁷ (132); **6**, 739²²⁸ (509T), 739²²⁹ (509T), 742³⁷¹ (524), 746⁶²⁵ (561, 562), 746⁶²⁹ (562), 1112¹²⁸ (1073)
Wagner, L. J., **4**, 533f²
Wagner, P. J., **3**, 427⁴² (339, 361), 428¹⁴¹ (365)
Wagner, R., **2**, 199⁵⁹¹ (144); **4**, 321¹⁴⁴ (258, 272), 327⁵⁵⁴ (303), 327⁵⁵⁵ (303, 304), 508²⁵⁵ (443); **8**, 367⁴³⁸ (350)
Wagner, R. E., **4**, 606⁹¹ (529)
Wagner, R. I., **1**, 153²⁴⁵ (147), 380⁴⁷³ (371); **7**, 194²⁵ (162)
Wagner, S., **1**, 286f⁴²; **3**, 696¹¹¹ (657), 697¹⁶⁵ (661), 697¹⁷¹ (662); **7**, 363²⁶ (356)
Wagner, S. D., **6**, 180⁵³ (156, 159T); **8**, 769⁵ (720T, 721T, 722T, 729, 730), 1088f³
Wagner, T. E., **2**, 617²⁴ (523)
Wagner, U., **5**, 559f¹⁴
Wagner, W. R., **3**, 950²⁹¹ (907), 1305f², 1318¹¹⁸ (1301), 1318¹³⁷ (1306); **8**, 550⁹⁵ (522)
Wagnon, J., **7**, 728²²⁹ (715)
Wahab, M., **1**, 302⁶² (264)
Wahl, A. C., **4**, 510⁴⁰⁸ (482)
Wahl, K., **4**, 463f⁵
Wahl, V., **1**, 60f⁹
Wahlgren, U. I., **3**, 80²⁸ (4), 83¹⁹⁷ (28), 88⁵¹⁸ (76); **4**, 479f¹⁵; **6**, 12²² (5), 99³⁴¹ (45, 75)
Wahren, M., **8**, 1105⁵⁸ (1085)
Wahren, R., **2**, 754f¹²; **4**, 312f², 320¹¹⁶ (254, 315)
Wailes, P. C., **1**, 248⁴³⁵ (207), 248⁴³⁶ (207); **2**, 680³⁹⁰ (671); **3**, 84²⁶² (37), 265⁷⁴ (180, 182, 213, 220), 265¹⁰⁶ (184, 196, 202), 279⁴¹ (273), 303f³, 303f⁶, 327⁶⁷ (298), 327⁷⁰ (299), 327⁷³ (299), 327⁷⁴ (300), 327⁷⁵ (300), 327⁷⁷ (300), 327⁷⁸ (300), 327⁸⁵ (303, 304, 305), 327⁹³ (305), 327⁹⁶ (306), 327¹⁰⁵ (309),

327[106] (309), 327[107] (309), 327[108] (309), 328[109] (309), 328[112] (310), 328[137] (314), 334f[22], 346f[4], 350f[7], 372f[5], 372f[11], 386f[2], 398f[8], 424f[6], 426[7] (332), 427[44] (339, 342), 427[66] (353), 427[67] (353), 429[191] (378), 429[199] (378), 429[202] (378), 429[204] (378), 431[291] (405), 431[293] (405), 431[318] (423), 556[2] (550), 557[35] (552), 557[38] (552), 557[58] (556), 628[1] (561, 569), 628[4] (561, 580, 583), 628[9] (561, 575, 576, 603), 628[69] (569), 629[71] (569, 603), 629[74] (575), 629[82] (571), 629[86] (572, 573, 576), 629[89] (572), 630[99] (573, 602, 603), 630[105] (574, 575), 630[107] (574), 630[117] (575), 631[177] (585, 591), 631[178] (585), 631[217] (600, 601), 632[230] (602), 632[233] (603), 632[234] (603), 632[241] (607, 610), 633[291] (626), 699[331] (673), 778[27] (706), 778[28] (706), 779[29] (706); **4**, 238[318] (205, 206T, 206); **6**, 979[8] (949, 958T), 979[11] (949, 958T), 979[12] (949), 979[14] (950, 958T), 980[30] (954, 957, 959T), 1058f[5], 1111[69] (1057, 1059); **8**, 363[148] (300), 364[232] (322), 1009[155] (980)
Wainwright, K. P., **3**, 1246[9] (1153); **5**, 539[1310] (465)
Wainwright, N. J., **3**, 1252[304] (1223)
Waite, D. W., **1**, 539[91] (488, 512), 722[193] (712, 714)
Wajda, K., **5**, 285f[5], 306f[14], 520[60] (284), 521[116] (292), 523[224] (304T)
Wakabayashi, T., **1**, 679[580] (647), 679[581] (647), 679[582] (647); **6**, 95[112] (82, 85T), 180[65] (164, 165T)
Wakai, H., **1**, 244[202] (177)
Wakalski, W. W., **2**, 972[153] (891)
Wakamatsu, H., **4**, 12f[7], 33f[10], 151[132] (34, 35), 99[300] (84)
Wakamatsu, T., **7**, 649[188c] (556); **8**, 933[460] (865, 907)
Wakao, N., **4**, 812[174] (717), 921[48] (919); **6**, 1093f[3], 1110[38] (1050, 1080, 1091, 1092)
Wakasugi, M., **7**, 513[173] (499, 505, 507); **8**, 932[408] (857)
Wakatsuki, K., **1**, 674[237] (602); **7**, 462[476] (442)
Wakatsuki, Y., **4**, 648[28] (621); **5**, 137f[30], 194f[15], 194f[16], 240f[12], 270[424] (139, 144, 180), 270[425] (139, 241), 270[426] (139, 143, 149, 180, 235), 270[427] (139), 270[428] (139), 271[453] (150, 152), 271[454] (150), 271[457] (150), 271[458] (150, 205), 271[507] (168, 207, 208), 273[617] (208), 274[697] (237, 241), 274[698] (237, 239), 404f[26], 528[528] (364, 384, 457), 534[956] (441); **6**, 361[12] (352), 753[1113] (637), 844f[241], 876[157] (788); **8**, 458[299] (417), 458[300] (417)
Wakefield, B. J., **1**, 39[24] (10), 115[4] (44, 45, 52, 54, 55, 57, 58, 59, 61, 62, 63, 67, 72T, 86, 106), 149[42] (122), 241[42] (158, 178, 181, 183, 193, 210), 244[176] (175), 244[177] (175), 245[268] (186, 201, 204, 207, 210), 249[452] (210, 212, 213), 676[386] (624); **7**, 17f[2], 17f[16], 66f[5], 99[1] (2, 5f, 6-13, 14f, 15-17f, 20-25, 28-39, 43-53, 53f, 54-58, 59f, 60-66, 67f, 71-77, 80-90, 92), 100[66] (10), 101[101] (15), 101[115] (17), 102[129] (20), 102[139] (21), 102[142] (21), 102[142] (21), 105[326] (45), 107[413] (55), 109[505] (72), 109[517] (74); **8**, 1069[288] (1057)
Walba, D. M., **7**, 729[264] (722)
Walbergs, U., **8**, 1068[237] (1049)
Walborsky, H. M., **1**, 60f[14], 116[57] (54), 117[140] (73), 241[52] (159, 162), 242[105] (166, 172), 243[152b] (173); **2**, 713f[9], 761[73] (722, 743, 750), 763[157] (750), 970[57] (869); **5**, 530[676] (392); **7**, 97f[26], 102[146a] (22), 102[146a] (22), 102[146a] (22), 102[146b] (22, 64, 72), 102[147] (22, 56), 102[148] (22), 106[350] (47), 657[613] (632), 727[164] (701)
Walch, S. P., **3**, 80[18] (2); **6**, 12[28] (5); **8**, 95[34] (27)
Walckiers, E., **3**, 546[62] (503, 539); **8**, 707[188] (701)
Walczak, K., **1**, 117[118] (65T, 67); **4**, 511[425] (484); **8**, 1067[166] (1041)
Walczak, M., **1**, 41[114] (23), 117[118] (65T, 67), 118[197] (83, 84T), 120[317] (113); **4**, 511[425] (484); **8**, 1067[166] (1041)
Waldbillig, J. O., **1**, 285f[27], 306[312] (284), 306[317] (284); **7**, 322[64a] (319)
Walde, A., **1**, 116[63] (55); **7**, 107[419] (56)
Walde, R. A., **7**, 459[292] (413)

Waldemar, L., **1**, 723[239] (716)
Walder, L., **5**, 269[352] (106)
Waldhör, S., **2**, 397[115] (386, 387)
Waldman, M. C., **2**, 530f[6]
Waldmüller, A., **6**, 342[4] (280)
Waldron, R. W., **8**, 497[64] (478)
Waldrop, M., **3**, 388f[18], 702[469] (684); **4**, 151[112] (27), 323[319] (279), 326[504] (299), 454f[23], 510[372] (471); **5**, 528[532] (364, 420); **6**, 14[101] (11), 1021f[163]
Wales, R. A., **6**, 739[199] (503), 739[220] (508T), 739[221] (508T, 509)
Walker, A., **2**, 527f[3], 622[367] (568, 569), 622[368] (568), 622[370] (569), 622[377] (570), 678[276] (660); **4**, 812[148] (714), 1058[78] (977, 982, 998), 1060[170] (998); **5**, 526[447] (348)
Walker, A. O., **7**, 195[92] (170)
Walker, A. P., **3**, 694[16] (649, 649T, 651, 660); **4**, 234[37] (164)
Walker, D. G., **8**, 17[42] (15)
Walker, D. J., **2**, 202[698] (169, 174), 202[698] (169, 174)
Walker, D. W., **8**, 368[479] (354)
Walker, F., **1**, 241[12] (157)
Walker, F. J., **7**, 650[211] (559)
Walker, F. W., **1**, 241[33] (158, 179, 181, 182)
Walker, G., **8**, 367[444] (351)
Walker, H., **4**, 963[68] (941); **6**, 869f[60a], 869f[65], 877[242] (822); **8**, 17[35] (13)
Walker, H. W., **4**, 320[112] (254), 906[12] (891, 892), 1057[19] (969, 970, 977, 993, 1004, 1005, 1014), 1057[22] (969, 973, 1053); **6**, 815f[1], 869f[60b], 869f[64], 876[219] (815); **8**, 363[142] (299)
Walker, J. A., **7**, 322[42] (314), 511[62] (482), 511[66] (482)
Walker, K., **8**, 365[307] (336)
Walker, M. E., **8**, 378f[8], 454[11] (374)
Walker, M. L., **3**, 826f[6], 840f[7], 840f[8], 1106f[11], 1275f[10]; **4**, 153[227] (59), 324[383] (288); **6**, 35[106] (20T)
Walker, N., **3**, 1269f[6]; **4**, 325[421] (291), 374[36] (339)
Walker, N. W., **3**, 1245[5] (1152); **6**, 290f[1]
Walker, P. J. C., **4**, 155[435] (118, 119), 155[436] (118), 156[441] (120), 156[442] (120); **8**, 1066[121] (1032)
Walker, R., **3**, 269[335] (233), 269[350] (235), 269[351] (235, 236), 1143f[8], 1148[122] (1144); **6**, 737[87] (490), 740[239] (510, 511), 740[242b] (511)
Walker, R. W., **3**, 1074[409] (1035)
Walker, W. E., **3**, 270[430] (262); **4**, 944f[7]; **5**, 525[340] (325), 525[374] (337), 537[1150] (279, 354), 539[1301] (338); **8**, 221[76] (119, 140), 430[13], 435f[1], 444f[4], 445f[2], 460[383] (431), 460[393] (433), 460[400] (434), 461[463] (445), 929[218] (820, 826), 931[318] (846), 931[325] (846), 931[343] (847), 932[402] (853)
Wall, G. D., **2**, 819[89] (782)
Wallace, E., **8**, 1069[283b] (1056, 1057)
Wallace, W. E., **3**, 270[432] (263); **8**, 95[22] (24), 98[225] (61)
Wallace, W. J., **4**, 321[139] (258, 292), 325[436] (293)
Wallach, P., **7**, 653[423] (596)
Wallbridge, M. G. H., **1**, 454[96] (428), 455[167] (438, 439), 455[167] (438, 439), 456[195b] (441), 456[199] (442), 538[47e] (473, 520, 535), 538[48] (473, 519, 535), 538[51] (473, 519, 520), 539[113d] (493), 540[158] (510, 534T), 540[184d] (519, 535), 541[185] (520, 535T), 552[18] (545), 671[47] (562), 673[156a] (589), 673[156b] (589), 722[164] (708); **2**, 618[131] (540); **3**, 83[238] (33), 84[308] (42), 84[309] (42), 126f[8], 169[65] (128), 631[220] (601), 631[221] (601, 602), 632[223] (602), 632[227] (602), 632[229] (602), 1067[8] (956, 95f); **6**, 343[42] (285, 293), 738[125] (494, 496), 738[126] (494, 496, 498), 739[171] (500), 941[17] (885T, 886, 893T, 894), 942[51] (902T), 942[54] (900, 901, 902T, 903T), 942[65] (901, 902T, 903T), 942[69] (901, 902T, 903T), 942[85] (901, 903T), 942[90] (901, 903T), 942[91] (903T), 943[124] (905, 907T, 914); **8**, 281[121] (268)
Wallenfels, K., **4**, 606[92] (529, 530); **8**, 367[460] (353)
Walling, C., **1**, 245[283] (188); **7**, 108[461] (63)
Wallis, A. E., **4**, 325[462] (296)
Wallis, C. J., **7**, 96f[3], 103[205] (28, 83)

Wallis, R. C., **4**, 658f³², 815³⁹³ (759, 771, 773), 818⁵⁶⁵ (783, 785, 792), 818⁵⁶⁷ (783), 818⁵⁶⁸ (783, 792), 818⁵⁷⁰ (784), 818⁵⁷¹ (784), 818⁵⁷² (784), 818⁵⁷⁶ (785, 789, 790, 792), 818⁵⁹¹ (792), 819⁵⁹⁴ (793), 819⁵⁹⁵ (793), 873f¹⁰, 884⁸ (844, 865), 886¹⁰⁶ (865), 886¹³² (869), 894f⁷, 1060¹⁹⁸ (1006, 1011), 1061²³⁶ (1020), 1061²³⁸ (1020)
Wallner, G., **4**, 374⁵³ (342, 355)
Wallo, A., **4**, 812¹⁹² (719), 813²⁶¹ (737), 963¹² (933), 963⁴⁶ (938); **8**, 367⁴¹⁵ (347)
Walls, C., **2**, 904f³
Wallwork, S. C., **2**, 622³⁷¹ (569)
Walmsley, D. A. G., **2**, 675⁹² (640)
Walsch, K. A., **6**, 12¹³ (4T, 4)
Walsh, A. D., **1**, 302⁵⁴ (263), 673¹³⁶ (582); **2**, 675⁸³ (639); **3**, 81¹¹¹ (12), 85³⁶¹ (50)
Walsh, J. D., **4**, 818⁵⁹⁰ (791)
Walsh, J. L., **1**, 152²⁰⁰ (144), 152²³² (147), 152²³⁵ (147), 537²² (462), 540¹³³ᵃ (498), 540¹³³ᵇ (498, 499, 536)
Walsh, L. M., **2**, 1017¹³⁶ (997)
Walsh, R., **1**, 42¹⁷⁶ (36); **2**, 6f²
Walsh, Jr., R. E., **6**, 942⁹⁹ (901)
Walsh, T. D., **3**, 851f⁶¹, 851f⁶⁴
Walshe, N. D. A., **8**, 1066¹³⁶ (1037)
Walsingham, R. W., **2**, 6f⁷, 195⁴⁰⁹ (102)
Walter, A., **2**, 303³⁹⁹ (295T)
Walter, D., **1**, 672¹²⁷ (579, 665); **3**, 632²⁵⁶ (620), 1067⁷ (956, 957), 1246¹⁹ (1155); **4**, 401f²⁵; **5**, 273⁶²⁸ (211); **6**, 261³² (245), 446³⁵⁶ (438), 761¹⁶²⁶ (716); **8**, 385f³³, 386f¹, 397f¹², 454⁵¹ (379, 384, 386, 387), 454⁵² (379, 393, 396, 397, 405, 407), 455⁹¹ (384, 396), 456¹²⁸ (393)
Walter, E., **1**, 453⁴⁸ (422, 423, 426)
Walter, G., **2**, 530f¹¹
Walter, K., **1**, 150⁵⁵ (123, 125, 126)
Walter, R., **2**, 949f³
Walter, R. H., **4**, 1058⁷⁴ (977), 1059¹²⁴ (987); **5**, 623¹⁷⁰ (565, 573, 575, 590)
Walter, W., **2**, 197⁵¹⁰ (123); **7**, 105³¹¹ (42, 69)
Walter, W. F., **6**, 226¹⁴⁰ (205); **8**, 281¹⁰¹ (262), 282¹³² (270)
Walters, M. E., **3**, 279⁴⁴ (275), 279⁴⁵ (275)
Walters, S. J., **7**, 463⁵⁰⁴ (443)
Walther, B., **1**, 752²⁶ (729, 738), 753⁶¹ (735, 744), 753⁷³ (737), 753⁹¹ (740), 753⁹² (740); **3**, 1188f⁴⁰; **6**, 980⁷⁸ (972, 978T), 980⁷⁹ (972, 973, 976, 978T)
Walther, D., **3**, 874f⁵, 1147⁷² (1113), 1147⁷⁴ (1113), 1147⁷⁵ (1113); **6**, 13⁶³ (8), 93¹⁴ (55T, 70), 93²⁵ (65), 94⁷² (60T, 77, 79), 98²⁷⁵ (59T, 79), 98³³³ (77), 99³⁷⁷ (83, 85T), 100⁴¹⁷ (59T, 79), 139⁷ (109, 110), 139²⁵ (109, 127), 140⁵⁹ (109, 110, 123T, 124, 127), 140⁸³ (109, 123T, 127), 141¹¹⁴ (123T, 124, 127), 141¹¹⁵ (105, 109, 110, 118, 121T, 122T, 123T, 124, 127), 141¹²² (104T, 124, 127), 141¹⁴² (124T, 131), 142¹⁶⁸ (118, 121T, 122T, 123T, 124, 127), 142¹⁶⁹ (110, 121T, 123T, 124T, 124, 127, 129), 143²⁴⁵ (121T, 123T, 127, 133T), 143²⁷¹ (106, 108), 144²⁷⁴ (111, 131), 144²⁷⁶ (122T, 133T), 181⁹⁵ (158); **8**, 706¹⁰⁸ (685T, 689), 711³⁵⁷ (701), 772²¹⁵ (737), 772²¹⁶ (737)
Walther, H., **6**, 99³⁸⁰ (59T, 77), 143²⁴² (109, 110), 143²⁵² (105T, 110), 224³³ (195, 197, 203T); **7**, 106³⁶⁴ (48), 106³⁶⁵ (48)
Walthers, K. K., **3**, 945f⁹
Walton, A., **4**, 328⁶¹¹ (309, 313)
Walton, D. R. M., **2**, 186²⁵ᵃ (4), 187⁴⁰ (9), 187⁵⁴ (12), 189¹²² (29), 190¹⁸⁴ (40), 190¹⁸⁴ (40), 190¹⁸⁵ (41), 190¹⁸⁶ (41), 190¹⁹⁷ (41), 190¹⁹⁷ (44), 190¹⁹⁹ (45), 190²⁰⁰ (45), 190²¹⁰ (48), 192²⁹² (75), 194³⁸⁸ (97), 195³⁸⁹ (98), 195⁴⁰⁷ (102), 196⁴⁵⁷ (113), 197⁵⁰³ (122), 202⁶⁸⁷ (166), 202⁶⁸⁷ (166), 298¹³¹ (238, 239, 248T, 268), 508¹⁵⁰ (415), 512³⁶⁸ (445), 618¹⁰⁰ (537), 618¹⁰¹ (537), 618¹⁰³ (537); **3**, 645²² (638), 1004f¹⁴, 1005f⁷, 1071²²⁶ (1006, 1046), 1251²⁹⁹ (1220), 1253³⁹² (1240); **6**, 744⁵³³ (545); **7**, 648¹³³ (546), 653³⁸⁴ (589), 653³⁹³ (592), 653⁴²³ (596), 654⁴⁴² (598), 654⁴⁷⁵ (599), 655⁵²¹ (610), 657⁶⁰⁶ (631); **8**, 937⁷⁵⁷ (920), 1069²⁸⁰ (1056)

Walton, E. S., **7**, 651³²⁵ (579)
Walton, H. F., **2**, 940f³, 975³⁴⁶ᵃ (931)
Walton, J. B., **4**, 612⁴⁶⁸ (596); **5**, 186f⁸
Walton, J. K., **4**, 818⁵⁹¹ (792)
Walton, R. A., **3**, 1084f³, 1141f¹⁷, 1141f²⁰, 1143f⁶, 1147¹¹³ (1139); **4**, 180f², 236¹⁴⁴ (178, 180, 182)
Waltzman, R., **5**, 268³¹¹ (86)
Walz, P., **7**, 650²⁵³ (567)
Walz, S., **3**, 1305f², 1318¹¹³ (1300), 1318¹¹⁸ (1301), 1318¹³¹ (1303)
Wampler, D. L., **1**, 41¹⁶² (35); **4**, 648¹ (615, 644), 689⁷⁹ (672); **5**, 520²² (281, 282)
Wan, C., **3**, 1337f⁷; **6**, 278⁴⁶ (266T, 274), 1018f³⁰, 1040⁷⁹ (999)
Wan, C. N., **7**, 196¹⁵⁸ (181), 646³² (523), 649¹⁷⁵ (554)
Wan, E., **1**, 453³⁴ (420), 454¹⁰⁰ (429), 456²¹¹ (444)
Wan, J. K. S., **2**, 515⁵⁶⁷ (475, 477)
Wan, K. Y., **3**, 85³⁸⁰ (52), 86³⁹⁸ (55); **6**, 751¹⁰¹⁶ (624T, 626), 752¹⁰³⁵ (626, 627, 691, 693, 697), 752¹⁰³⁷ (627T, 697), 759¹⁵⁴² (694, 700)
Wanders, A. C. M., **1**, 675²⁸² (612)
Wang, A. H.-J., **4**, 422f¹¹, 612⁵⁰⁵ (599), 648³² (623)
Wang, C. L. J., **7**, 647⁶¹ (527), 728²³¹ (715)
Wang, C. S. C., **2**, 621³¹² (561, 564)
Wang, D. K. W., **4**, 812¹⁷⁵ (718), 813²⁶⁰ (737), 939f¹⁶, 963¹⁰ (933); **5**, 537¹¹³⁵ (476); **8**, 296f³, 298f¹³, 365²⁷⁷ (328, 338), 497⁶¹ (478)
Wang, D. M., **5**, 269³⁵⁶ (106)
Wang, F. E., **6**, 945²⁶⁴ (933)
Wang, H., **8**, 379f¹⁰, 385f²⁶, 454⁴⁹ (379, 384), 458²⁸⁶ (414), 644¹⁸⁰ (617)
Wang, H. C., **1**, 110f², 120³⁰⁷ (111, 111T), 120³⁰⁷ (111, 111T)
Wang, I. C., **7**, 653⁴¹² (594)
Wang, J. H., **4**, 325⁴²⁹ (292)
Wang, J. L., **3**, 1380⁴¹ (1330); **8**, 550⁷⁰ (517)
Wang, J. T., **1**, 242⁶⁴ (161); **2**, 507⁹³ (409)
Wang, K. K., **7**, 160¹⁵¹ (156), 160¹⁵² (156), 196¹³⁶ (176), 196¹³⁷ (176), 253¹³² (247), 263²¹ (256)
Wang, N.-C., **1**, 242⁸⁵ (164, 216)
Wang, R., **4**, 155⁴⁰⁷ (114); **8**, 1064⁵ (1015)
Wang, T., **7**, 658⁶⁹⁴ (643)
Wang, T. S., **3**, 833f²⁰, 833f⁶⁸, 947⁸⁶ (831), 1075⁴³⁵ (1037)
Wang, Y., **2**, 189¹³³ (32); **6**, 140⁸² (133T, 136)
Wang, Y. F., **7**, 651²⁸² (573)
Wang, Z., **1**, 542²⁵ (535)
Wanklyn, J. A., **1**, 241¹ (155); **2**, 761⁴² (718), 859² (824)
Wannagat, U., **1**, 380⁴⁶⁴ (370), 380⁴⁶⁵ (370), 380⁴⁷⁶ (372); **2**, 192³⁰⁴ (78), 192³⁰⁶ (78), 197⁵⁰⁷ (123), 198⁵²²ᵃ (125, 137), 198⁵³² (128), 198⁵³⁴ (128), 198⁵³⁵ (128), 198⁵⁵³ (131), 198⁵⁵⁸ (132), 203⁷³⁵ (181), 303⁴¹¹ (295T), 512³⁸⁹ (450); **4**, 320⁹¹ (252, 267); **6**, 34⁷¹ (20T); **7**, 651²⁹² (575), 653³⁷⁸ (586), 653³⁹⁴ (592), 653³⁹⁵ (592), 653⁴⁰⁷ (594)
Wanpher, E. J., **1**, 53f⁷
Waraszkiewicz, S. M., **7**, 652³³⁶ (581)
Ward, B. C., **3**, 86⁴²⁵ (59), 109f⁷, 121f⁷, 780¹⁵⁰ (755), 1119f¹¹ᵃ, 1147⁸³ (1117), 1253³⁸⁷ (1239), 1286f³, 1286f⁹, 1318⁸³ (1284), 1384²⁶² (1379); **6**, 241³ (234)
Ward, C. H., **4**, 389f²
Ward, D., **5**, 269³¹⁷ (88, 91)
Ward, D. L., **5**, 28f¹
Ward, G. A., **8**, 935⁵⁷⁵ (890)
Ward, H. R., **1**, 241⁵¹ (159)
Ward, I. M., **1**, 537⁵ᵃ (460, 462, 488, 489, 490, 491, 512, 513)
Ward, J. C., **3**, 266¹⁸⁷ (205)
Ward, J. E. H., **3**, 863f⁸, 863f⁹, 863f¹⁰, 870f⁷, 893f¹⁷, 1125f⁶, 1297f¹¹; **4**, 52f⁸¹; **6**, 739²¹⁰ (505), 739²³⁴ (509), 740²³⁶ (509), 744⁵²³ (542, 543T), 744⁵²⁴ (542, 543T), 744⁵²⁵ (542, 543T), 744⁵²⁷ (543, 544T), 755¹²³⁶ (653)
Ward, J. F., **1**, 116⁹⁸ (61); **2**, 533f⁴

Ward, J. P., **7**, 462^{487b} (442); **8**, 549^{27} (503)
Ward, J. S., **3**, 1247^{90} (1175); **4**, 508^{281} (447), 508^{286} (448, 474), 840^{67} (833); **8**, 1009^{143} (978)
Ward, R. S., **7**, 511^{53} (480)
Wardell, J. L., **1**, 115^{16} (44, 68T); **2**, 507^{91} (409), 512^{371} (445), 512^{372} (446), 533f^3, 626^{657} (608), 678^{285} (660, 661), 704^{16} (684), 705^{50} (687, 701), 970^{30} (866), 970^{60} (870), 973^{193} (897); **6**, 745^{583} (555)
Wardlaw, W., **2**, 509^{192} (422); **3**, 1137f^9
Wardle, R., **6**, 98^{327} (64), 345^{191} (309), 453^3 (447), 453^4 (448), 453^5 (448), 740^{290} (517), 762^{1688} (734, 735), 762^{1697} (735), 839f^5
Wardleworth, J. M., **7**, 336^{36} (329)
Ware, J. C., **1**, 307^{367} (288), 307^{368} (288)
Ware, M. J., **3**, 788f^5, 1081f^5, 1258f^3; **4**, 663f^3, 689^{28} (666); **5**, 275^{729} (245); **6**, 261^{71} (248), 842f^{147}
Warf, J. C., **3**, 265^{117} (187), 266^{185} (205), 266^{186} (205)
Warfield, L. T., **3**, 633^{275} (621)
Warin, R., **3**, 546^{62} (503, 539); **6**, 179^{17} (158, 159T), 182^{146} (156, 159T, 162), 182^{168} (162); **8**, 707^{188} (701), 708^{226} (701, 703), 708^{226} (701, 703)
Waring, S., **1**, 302^{13} (256)
Warne, R. J., **1**, 377^{259} (349)
Warneke, J., **7**, 652^{327} (580)
Warner, B. R., **8**, 97^{149} (49)
Warner, C. M., **7**, 657^{614c} (632, 635, 638)
Warner, C. R., **6**, 758^{1439} (675, 677)
Warner, D. K., **3**, 428^{131} (363)
Warner, H., **6**, 987f^{17}
Warner, J. L., **1**, 541^{211a} (524), 552^{27} (546)
Warner, P., **7**, 108^{459} (63)
Warnhoff, E. W., **7**, 727^{146} (696)
Warnock, R. G., **2**, 1016^{77} (986)
Warren, J. D., **7**, 658^{707} (645)
Warren, K. D., **1**, 409^{22} (385, 392); **3**, 83^{225} (32), 83^{226} (32), 83^{227} (32), 83^{228} (32), 83^{229} (32), 87^{485} (70), 266^{143} (192, 233), 269^{331} (232, 233), 699^{304} (672, 674, 689), 700^{364} (674), 700^{365} (674), 700^{366} (674), 703^{556} (690), 703^{575} (692), 703^{582} (693), 1068^{52} (970, 971), 1069^{136} (987), 1077^{564} (1062), 1077^{577} (1063); **5**, 275^{720} (245); **6**, 180^{76} (178), 181^{100} (178), 181^{101} (178), 187^5 (183), 224^{34} (190), 224^{35} (190, 194), 226^{137} (190), 228^{247} (190, 193T), 228^{248} (190), 231^{19} (230)
Warren, Jr., L. F., **1**, 540^{175a} (515, 516, 518, 520, 535), 540^{182} (518, 519), 540^{183} (518, 521, 522), 541^{201} (521); **3**, 83^{240} (33), 1250^{219} (1203), 1382^{156} (1356); **4**, 238^{294} (203), 812^{170} (717); **6**, 227^{221} (194), 227^{235} (213, 220), 383^{71} (371, 375), 840f^{71}, 874^{65} (771)
Warren, R., **1**, 453^{61} (423), 456^{193} (440, 441)
Warren, R. G., **1**, 456^{198} (441)
Warren, R. N., **1**, 456^{195a} (441)
Warren, S., **7**, 96f^3, 97f^{18}, 97f^{22}, 103^{205} (28, 83), 103^{206} (28, 83)
Warren, S. G., **7**, 652^{363} (585)
Warrener, R. N., **7**, 252^{34} (231)
Warrick, C., **8**, 1104^5 (1074)
Warrick, E. L., **2**, 362^{138} (330), 362^{153} (337), 362^{172} (346)
Wartanessian, S., **2**, 188^{98} (25)
Wartik, T., **1**, 150^{109} (127, 147), 273f^{24}, 286f^5, 305^{217} (277), 375^{180} (336), 674^{240} (603)
Wartski, L., **7**, 103^{208} (29), 103^{211} (28, 29), 103^{211} (28, 29), 103^{218} (29)
Warwel, S., **1**, 246^{298} (192), 681^{683}; **2**, 506^{27} (403); **3**, 1381^{84} (1339); **7**, 455^{66} (383), 456^{79} (384), 457^{163} (396), 458^{245} (408), 459^{270} (412), 459^{271} (412), 459^{272} (412), 461^{380} (424)
Waser, J., **2**, 707^{171} (702)
Washburn, B., **1**, 310^{569} (299)
Washburn, R. M., **7**, 108^{463} (63)
Washburne, S. S., **2**, 186^{15c} (4, 126), 186^{15c} (4, 126), 195^{389} (98), 297^{82} (230), 297^{93} (231), 300^{270} (266), 300^{272} (266), 301^{273} (266), 619^{172} (545); **7**, 651^{312} (577), 658^{707} (645), 658^{707} (645), 658^{707} (645)
Washecheck, D. M., **6**, 736^{37} (481)
Washita, H., **8**, 281^{93} (261), 281^{104} (264)
Waskowska, A., **2**, 620^{270} (555), 631f^5, 677^{203} (653)
Wason, S. K., **1**, 310^{589} (301)
Wassen, J., **4**, 612^{487} (597)
Wasserman, H. H., **7**, 650^{244} (565)
Wasserman, H. J., **3**, 721f^{16}, 752f^8, 780^{144} (752), 1072^{271} (1013), 1319^{157} (1315, 1316); **4**, 19f^1, 149^{16} (7), 163f^1, 233^{10} (163), 1061^{281} (1030)
Wasson, J. R., **3**, 701^{455} (683)
Wasylischen, R. E., **1**, 245^{262} (186, 187)
Watabe, H., **6**, 347^{339} (322, 339); **7**, 463^{508} (447); **8**, 1067^{190} (1043)
Watabe, K., **3**, 547^{138} (544)
Watabe, T., **7**, 658^{684} (642)
Watanabe, E., **5**, 295f^6, 521^{109} (292)
Watanabe, F., **1**, 245^{275} (187)
Watanabe, H., **2**, 195^{422} (105), 195^{422} (105), 196^{444} (111), 196^{444} (111), 199^{573} (139), 299^{185} (248), 395^{44} (373), 396^{49} (374), 396^{67} (376), 396^{70} (377), 396^{78} (378), 396^{84} (380); **4**, 401f^{29}, 458f^5, 505^{105} (406), 505^{105} (406), 506^{160} (425), 506^{162} (425); **7**, 38f^1, 101^{111} (16), 105^{285} (37), 195^{86} (168), 655^{519} (609); **8**, 444f^2, 1066^{139} (1037), 1066^{145} (1038)
Watanabe, I., **3**, 1070^{149} (987, 1032)
Watanabe, K., **7**, 101^{103} (15)
Watanabe, M., **2**, 397^{128} (392); **7**, 104^{270} (34)
Watanabe, S., **7**, 104^{228} (30, 31); **8**, 365^{302} (332), 400f^9, 457^{198} (400), 457^{237} (407), 461^{469} (446), 462^{483} (450), 932^{379} (850)
Watanabe, T., **4**, 609^{273} (575, 578); **5**, 259f^4; **6**, 224^{52} (212, 213T); **7**, 106^{366} (48); **8**, 610^{308} (599T), 769^{29} (727T, 733), 794^8 (784)
Watanabe, Y., **4**, 320^{88} (251), 320^{118} (254, 259), 401f^{29}, 401f^{31}, 414f^6, 458f^4, 458f^5, 504^{28} (384), 505^{104} (406), 505^{105} (406), 505^{105} (406), 506^{149} (419), 506^{150} (419, 425), 506^{159} (425), 506^{160} (425), 506^{161} (425, 432), 506^{162} (425), 965^{152} (956), 965^{160} (957); **8**, 100^{337} (94), 221^{74} (118, 140), 221^{75} (118, 140), 497^{80} (483)
Watarai, S., **8**, 869f^4
Watari, F., **2**, 508^{114} (410), 632f^1, 674^{14} (630)
Watase, T., **2**, 187^{34} (8)
Waterhouse, A., **7**, 106^{350} (47), 728^{192} (707); **8**, 669^{63} (662), 771^{139} (738, 740, 747T)
Waterman, E. L., **6**, 180^{53} (156, 159T); **8**, 769^5 (720T, 721T, 722T, 729, 730), 769^{16} (730), 769^{17} (716T, 717T, 722), 770^{88} (730), 770^{89} (730), 935^{605} (894)
Waterman, P. S., **4**, 375^{121} (363), 504^{27} (384), 610^{357} (586), 610^{359} (586)
Waters, A., **2**, 190^{218} (55), 618^{137} (541)
Waters, J. A., **3**, 398f^{19}, 406f^4, 406f^{11}, 407f^2, 407f^5, 411f^2, 430^{268} (396, 408), 430^{280} (402)
Waters, J. M., **4**, 812^{132} (710, 730, 731), 812^{133} (710, 730), 813^{242} (730), 1059^{107} (982), 1059^{125} (987), 1059^{127} (987), 1059^{131} (987), 1059^{133} (989), 1060^{162} (995), 1060^{189} (1004, 1010, 1011); **6**, 1029f^{57}
Waters, T. N., **6**, 241^4 (234)
Waters, W. L., **2**, 971^{113} (884), 971^{122} (885), 971^{122} (885), 978^{491} (961); **7**, 253^{144} (250), 253^{145} (250), 254^{149} (250)
Waterworth, L. G., **1**, 721^{126} (701), 721^{135} (702, 705), 721^{137} (702), 721^{139} (702), 721^{140} (702, 707)
Watkins, Jr., D. D., **3**, 1249^{163} (1191), 1381^{96} (1341); **4**, 606^{109} (532); **5**, 554f^{16}
Watkins, J. J., **1**, 117^{145} (75); **2**, 762^{126} (739), 762^{126} (739), 860^{50} (834)
Watkins, S. F., **3**, 386f^{12}, 430^{225} (385), 699^{284} (671, 682, 686); **5**, 39f^{12}, 265^{100} (23), 267^{186} (38); **6**, 741^{352} (522, 537T)
Watling, R. C., **6**, 748^{784} (587), 748^{785} (587)
Watson, D. G., **6**, 140^{39} (104T, 113), 241^{17} (235), 361^{29} (353, 354), 754^{1155} (640)

Watson, D. J., **4**, 321[154] (260), 689[49] (667), 908[76] (905), 1063[349] (1044, 1045); **6**, 806f[52], 871f[137]
Watson, H. R., **2**, 707[175] (703); **3**, 695[58] (652), 798f[12b], 833f[51], 851f[1], 1070[182] (991, 1037), 1250[237] (1206), 1251[253] (1213, 1219); **6**, 241[17] (235), 261[9] (244)
Watson, K. J., **3**, 1100f[6], 1115f[3], 1246[38] (1159)
Watson, P. L., **3**, 83[215] (31), 86[424] (59), 266[136] (191, 205), 267[217] (210), 1253[400] (1243), 1253[402c] (1244), 1384[259] (1378), 1384[260] (1378); **5**, 68f[9], 194f[20], 229f[7], 268[267] (70, 72, 182, 222, 228)
Watson, R. A., **4**, 507[182] (429, 464, 496, 497, 498), 507[224] (438, 464, 465)
Watson, S. C., **1**, 246[286] (189, 194), 678[458] (631); **7**, 455[10] (370), 461[379a] (423, 424)
Watson, W. M., **6**, 14[124] (8)
Watson, W. P., **5**, 270[397] (128)
Watt, G. W., **2**, 970[67] (873); **3**, 265[120] (188), 315f[2], 419f[21], 631[203] (591, 610), 633[298] (610); **6**, 261[58] (248)
Watt, J. A. C., **2**, 298[128] (237)
Watt, P., **8**, 551[137] (540)
Watt, R., **2**, 509[200] (423, 468, 470); **3**, 133f[1], 165f[7], 169[93] (140), 1246[46] (1160); **4**, 33[43], 154[320] (77), 154[336] (85), 241[464] (219, 219T, 220); **5**, 539[1285] (518)
Wattanasin, S., **7**, 107[425] (57)
Watters, K. L., **4**, 12f[15], 241[491] (223, 224T); **5**, 266[147] (31); **6**, 1039[37] (993), 1086f[2], 1086f[2], 1113[163] (1086), 1113[163] (1086)
Watters, L. L., **2**, 818[40] (772)
Watterson, K. F., **5**, 64f[17]
Watts, G. B., **1**, 307[351] (288), 308[450] (293); **2**, 625[573] (596)
Watts, L., **4**, 506[167] (426), 508[270] (445), 815[384] (759); **8**, 1009[131] (976, 977), 1009[135] (977), 1009[139] (977)
Watts, Jr., L. W., **8**, 461[441] (440)
Watts, O., **3**, 268[312] (230); **4**, 512[474] (492)
Watts, W. E., **3**, 1071[225] (1002, 1006, 1018), 1076[520b] (1055); **4**, 511[459] (488, 491), 511[470] (491), 512[484] (495, 502), 512[519] (503), 512[522] (503), 817[463] (767); **5**, 271[473] (157, 160, 161), 271[487] (161), 274[677] (231, 232), 274[678] (231); **8**, 1064[2] (1015, 1016, 1021, 1031, 1032, 1040, 1041, 1048, 1059), 1064[29] (1018), 1064[34] (1018, 1038), 1064[39] (1018), 1064[41] (1019), 1064[41] (1019), 1065[55] (1021, 1022f), 1065[61] (1021, 1022), 1065[62] (1021, 1022f), 1065[69] (1024, 1050), 1066[107] (1028, 1028f, 1029, 1030f), 1066[122] (1032, 1033, 1033f, 1034), 1066[122] (1032, 1033, 1033f, 1034), 1067[162] (1040), 1067[178] (1041, 1050, 1061), 1068[206] (1046, 1059), 1069[258] (1052, 1052f, 1054, 1055), 1069[261] (1052, 1052f, 1053, 1054, 1055, 1059), 1069[269] (1053, 1055), 1069[271a] (1054), 1069[272a] (1054), 1069[272b] (1055), 1069[275a] (1055), 1069[275a] (1055), 1069[275b] (1060), 1070[318] (1059), 1070[321] (1059), 1070[322] (1060), 1070[326] (1060)
Waugh, F., **2**, 190[197] (44); **3**, 411f[7], 431[300] (409); **4**, 240[418] (211, 212T, 213), 373[16] (334); **6**, 345[153] (304); **7**, 648[133] (546)
Waugh, J. S., **3**, 126f[4], 1074[380] (1031); **4**, 885[52] (852)
Waugh, T., **2**, 940f[3]
Waugh, T. D., **2**, 975[346a] (931)
Wawersik, H., **4**, 12f[5], 20f[3], 158[616] (140), 237[253] (195); **5**, 357f[1], 357f[2], 527[470] (356, 451), 527[471] (356), 527[472] (356), 527[474] (356), 627[442] (605), 627[444] (605); **8**, 1066[153] (1039)
Waxman, B. H., **7**, 725[51] (672)
Way, G. M., **1**, 375[125] (325), 375[126] (325), 375[127] (325), 453[83] (427), 454[121] (431)
Wayda, A. L., **3**, 83[213] (31), 265[110] (185, 191), 266[160] (198, 202), 266[162] (198, 202), 266[177] (202, 203), 266[180] (202, 205), 266[189] (206, 210), 266[190] (206, 210); **8**, 367[422] (348), 367[423] (348)
Wayland, B. B., **4**, 325[426] (292); **6**, 241[19] (236), 241[19] (236), 1114[227] (1108)
Weathers, B. J., **8**, 1098f[5], 1105[94] (1096, 1097)

Weaver, D. L., **3**, 85[319] (44); **6**, 182[161] (178), 182[162] (178), 347[309] (320), 347[310] (320), 349[422] (334T, 334f), 761[1640] (719, 723T)
Weaver, J., **4**, 422f[13], 506[120] (410), 539f[27]; **6**, 1113[177] (1088)
Weaver, T. R., **5**, 546f[7], 621[27] (547)
Webb, A. F., **1**, 244[178] (175); **2**, 623[441] (578)
Webb, F., **2**, 878f[9]
Webb, F. J., **7**, 109[515] (73)
Webb, G., **2**, 714f[4], 761[48] (719); **8**, 360[4] (286), 361[27] (286)
Webb, G. A., **8**, 264[48] (178)
Webb, J. C., **2**, 970[57] (869)
Webb, M., **3**, 461f[31], 470f[3], 629[54] (568, 580, 581, 583, 585, 587, 596), 645[13] (637, 638)
Webb, M. J., **2**, 190[197] (44); **4**, 73f[5], 238[306] (204), 241[473] (219, 219T, 221), 242[503] (223, 224T)
Webb, N. C., **4**, 817[481] (773)
Webb, T. R., **3**, 866f[3], 870f[11], 1131f[12], 1133f[2]; **4**, 389f[2]
Webber, K. M., **8**, 609[209] (592, 597T, 604)
Weber, H., **1**, 681[708] (666); **4**, 154[353] (88), 237[202] (187), 237[222] (189T); **6**, 14[89] (9); **7**, 253[117] (246), 253[118] (246); **8**, 707[189] (701)
Weber, H. P., **4**, 323[307] (278); **6**, 1019f[82]
Weber, J., **3**, 1069[137] (987); **6**, 35[123] (21T, 24), 226[178] (190, 192, 194, 195f)
Weber, J.-B., **1**, 248[427] (207); **3**, 461f[36], 474[124] (472)
Weber, J. H., **2**, 970[65] (871), 1018[194] (1001, 1004); **5**, 117f[1], 268[299] (81, 92, 103, 106, 109, 116, 132, 144, 145), 269[348] (103), 269[351] (105, 111, 117), 269[361] (109); **8**, 305f[39], 497[64] (478)
Weber, K., **1**, 116[49] (51); **4**, 320[74] (250); **6**, 13[73] (8)
Weber, L., **1**, 275[33], 378[327] (357); **3**, 86[437] (62), 829f[11], 1077[568] (1062), 1252[353] (1231), 1383[230] (1371); **4**, 609[276] (575, 578); **6**, 441[16] (389), 446[347] (434), 446[348] (434), 942[35] (896T, 897), 942[36] (896T, 897); **8**, 807f[5], 807f[6], 928[144] (806), 928[149] (808, 816), 929[207] (814, 817, 818), 929[208] (814, 816), 929[209] (814, 817, 818)
Weber, R., **7**, 87f[10]
Weber, S., **2**, 621[335] (565)
Weber, S. R., **4**, 499f[3], 507[226] (439, 501)
Weber, W., **1**, 265f[5], 379[369] (361); **2**, 395[16] (367); **7**, 108[446] (61)
Weber, W. P., **2**, 193[345] (89), 193[345] (89), 201[670] (163), 201[671] (164), 202[701] (170), 202[701] (170), 296[26] (214), 296[28] (214, 287), 298[106] (233), 298[129] (238, 239), 300[252] (263, 278, 286), 301[297] (272), 301[328] (278, 279); **7**, 654[466] (601); **8**, 367[449] (351)
Webl, R., **2**, 705[41] (686)
Webster, D. E., **1**, 675[327] (619); **3**, 699[342] (673), 1068[53] (971); **4**, 155[413] (114), 479f[39], 605[4] (514), 817[470] (769), 964[73] (942), 964[74] (942), 964[75] (942); **5**, 275[716] (244, 249), 621[34] (548, 551); **6**, 226[181] (191f), 749[820] (592, 608, 609, 613), 750[901] (610, 611, 612), 750[906] (611), 750[908] (611, 612), 750[913] (611), 750[917] (612, 613), 758[1456] (677, 679), 1028f[13], 1111[79] (1062, 1067, 1082); **8**, 605[8] (553), 644[183] (628)
Webster, H. G., **6**, 13[60] (8)
Webster, J. A., **2**, 197[480] (117); **6**, 757[1422] (675); **7**, 655[543] (616)
Webster, M., **2**, 563f[1], 621[320] (562), 621[328] (563)
Webster, N. J., **1**, 39[15] (6); **2**, 675[82] (639)
Webster, X., **2**, 361[71] (316)
Wechter, W. J., **1**, 307[359] (288); **7**, 159[105] (149)
Wedegaertner, D. K., **2**, 978[499] (962)
Wedgwood, F. A., **3**, 945f[3]
Wedmid, Y., **7**, 105[321] (43)
Weedon, A. C., **2**, 624[513] (588)
Weedon, B. C. L., **7**, 727[137] (694)
Weeks, B., **5**, 624[248] (578, 581); **6**, 348[348] (323), 348[358] (324), 749[835] (592, 595T, 599), 749[869] (601)
Weeks, P. D., **2**, 977[442] (956); **6**, 349[434] (336), 383[41] (366); **8**, 929[183] (812)
Weferling, N., **6**, 36[205] (19T)

Wege, D., **3**, 1067[5] (955); **4**, 387f[11], 508[272] (446), 612[479] (597)
Wegner, E., **7**, 76f[5], 107[429] (57)
Wegner, G., **2**, 872f[1]
Wegner, P., **3**, 1068[67] (974); **7**, 658[702] (644)
Wegner, P. A., **1**, 454[86] (427, 428, 439), 454[86] (427, 428, 439), 454[93] (428, 438), 454[93] (428, 438), 455[166] (437, 438), 537[3] (460, 476, 515), 537[5b] (460, 488, 491, 512), 538[73] (480, 524, 525, 535), 539[98] (489, 513), 539[107b] (491), 540[175a] (515, 516, 518, 520, 535), 540[184c] (519); **3**, 83[232] (32), 83[241] (33), 1248[116] (1182), 1250[219] (1203), 1250[220] (1203), 1380[66] (1334), 1382[156] (1356), 1382[157] (1356); **4**, 238[294] (203), 606[118] (537, 539f), 610[356] (586); **5**, 622[76] (552); **6**, 225[94] (215T), 227[230] (214T, 215), 227[234] (213), 383[71] (371, 375), 840f[71], 874[65] (771), 944[205] (918T, 919), 945[280] (936, 937T, 938)
Wehinger, E., **4**, 508[265] (444)
Wehman, A. T., **5**, 194f[11]
Wehner, G., **2**, 187[60a] (13, 60); **7**, 650[222] (561), 658[682] (642), 658[682] (642)
Wehner, H. W., **8**, 1064[12] (1016)
Wehner, W., **2**, 626[658] (608)
Wehner, W. H., **3**, 1250[216] (1203), 1382[154] (1356)
Wehrli, F., **3**, 1073[350] (1025)
Wehrmann, F., **4**, 12f[8], 34f[52], 107f[81], 234[42] (164)
Wei, C., **4**, 234[71] (168)
Wei, C. H., **3**, 84[313] (44), 170[145] (157, 161), 170[159] (161); **4**, 152[188] (45), 321[160] (260, 261), 323[283] (275, 278), 323[305] (278, 282), 323[308] (278), 640f[1], 649[81] (638, 639); **5**, 210f[1], 267[205] (43), 267[213] (44), 267[214] (44), 267[220] (46), 524[299] (317); **6**, 870f[77]; **8**, 1067[159] (1040)
Wei, C. Y., **4**, 1062[293] (1033); **5**, 265[76] (17); **6**, 944[184] (912T, 912)
Wei, I. Y., **3**, 102f[11]
Weibel, A. T., **1**, 728f[7], 752[20] (728)
Weiber, U., **3**, 1146[12] (1083)
Weibl, A. T., **2**, 970[41] (868, 883)
Weichsel, C., **2**, 202[720] (176); **7**, 66f[11], 655[500] (606)
Weidemüller, W., **4**, 608[221] (563)
Weidenbaum, K., **3**, 1073[337] (1024, 1038, 1051)
Weidenborner, J. E., **3**, 169[71] (130)
Weidenbruch, M., **1**, 60f[8]; **2**, 187[49] (11), 187[55] (12, 30, 155), 189[129] (30), 200[632] (155), 201[647] (158), 201[648] (159), 202[696] (169, 172), 853f[4], 859[21] (829, 833); **3**, 102f[24]; **7**, 651[290] (575), 653[382] (588), 654[453] (599)
Weidenhammer, K., **3**, 270[399] (254), 714f[1], 779[64] (714), 1245[4] (1152), 1253[374] (1235), 1379[8] (1323), 1384[241] (1374); **4**, 107f[85], 156[503] (125), 157[533] (129); **5**, 270[432] (139, 159), 539[1303] (361, 416); **6**, 187[12] (183T, 184)
Weidlein, J., **1**, 40[70] (16, 18), 119[224] (91), 152[229] (147), 262f[13], 302[43] (259, 262), 673[140] (585, 588), 673[162] (590), 673[164] (590), 673[184] (592), 673[185] (592), 674[256] (606), 680[633] (650), 689f[6], 700f[2], 700f[7], 700f[13], 700f[14], 704f[1], 704f[3], 704f[6], 720[23] (686), 720[25] (686), 720[26] (686), 720[48] (688), 721[98] (698), 721[119] (701, 705), 721[143] (703), 721[144] (703), 721[145] (705), 721[146] (705, 713, 717), 722[150] (705, 710, 712), 722[170] (709), 722[175] (710), 722[176] (710), 722[178] (710), 722[188] (712), 722[189] (712, 717), 723[220] (715), 723[221] (715), 723[223] (715), 723[239] (716), 723[240] (716), 723[241] (716), 723[242] (716), 723[245] (717), 723[246] (717), 723[248] (717), 723[249] (717), 723[250] (717), 723[251] (717), 723[253] (717), 723[260] (717), 723[269] (718), 723[270] (718), 723[271] (718), 723[272] (718), 732f[17], 752[31] (730), 753[71] (735); **2**, 706[132] (698); **7**, 457[169] (396), 462[477] (442)
Weidmann, H., **1**, 378[367b] (361)
Weidner, U., **2**, 618[129] (540)
Weigel, D., **6**, 224[65] (190)
Weigelt, L., **4**, 963[39] (937), 963[41] (937); **5**, 621[31] (548, 550, 551); **8**, 312f[41]
Weigert, F. J., **2**, 859[12] (827); **6**, 442[110] (400); **8**, 455[113] (390), 460[387] (432, 453)

Weigold, H., **3**, 84[262] (37), 398f[8], 429[191] (378), 431[291] (405), 431[293] (405), 556[2] (550), 557[35] (552), 557[38] (552), 557[58] (556), 628[4] (561, 580, 583), 628[9] (561, 575, 576, 603), 629[74] (575), 629[82] (571), 630[99] (573, 602, 603), 630[117] (575), 631[177] (585, 591), 631[178] (585), 632[230] (602), 632[233] (603), 632[234] (603), 632[241] (607, 610), 632[273] (621, 622), 633[291] (626); **6**, 979[8] (949, 958T), 979[11] (949, 958T), 979[12] (949), 979[14] (950, 958T), 1058f[5], 1111[69] (1057, 1059); **8**, 363[148] (300), 364[232] (322)
Weijers, F., **2**, 714f[6], 761[54] (719, 757)
Weil, T. A., **6**, 737[78] (489), 742[372] (524), 759[1530] (692, 694, 700); **8**, 223[166] (188, 193, 198, 200, 203), 293f[5], 794[34] (783)
Weiler, L., **7**, 98f[19]
Weill-Raynal, J., **7**, 158[55] (146)
Weilmuenster, E. A., **1**, 457[242] (451)
Weimann, B., **6**, 36[179] (29), 97[232] (82), 181[128] (159T, 163); **8**, 706[139] (672, 673T, 677)
Weimann, B.-J., **5**, 276[808] (262), 527[480] (357)
Weimann, W., **8**, 706[140] (672, 673T)
Weinberg, E., **2**, 199[577] (140), 513[415] (453)
Weinberg, E. L., **2**, 620[231] (549); **3**, 398f[15], 430[272] (401); **5**, 529[619] (380)
Weinberg, N. L., **2**, 978[529] (966)
Weinberg, W. H., **4**, 689[31] (666), 689[42] (667), 689[43] (667); **6**, 943[101] (901), 943[102] (901), 943[103] (901)
Weiner, M. A., **1**, 62f[2], 71f[1], 116[93] (61, 63); **2**, 618[121] (539), 618[132] (540), 676[125] (643); **3**, 81[74] (9), 879f[14], 949[208] (876); **7**, 26f[10]
Weingarten, H., **2**, 509[204] (424)
Weingert, F. J., **2**, 947f[2]
Weinkauff, D. J., **5**, 537[1147] (477); **8**, 361[16] (286, 320), 471f[4], 473f[4], 496[35] (473)
Weinmayr, V., **8**, 1064[28] (1018)
Weinreb, S. M., **1**, 679[585] (647); **2**, 198[523] (125); **7**, 67f[4], 459[263] (411), 459[268] (412), 459[269] (412), 462[453] (437), 653[397] (592)
Weinstein, B., **7**, 105[280] (36)
Weir, C. E., **2**, 362[167] (345)
Weir, J. R., **8**, 930[267] (836)
Weis, C., **3**, 1147[55] (1104); **7**, 102[168] (24)
Weis, J. C., **3**, 1317[20] (1271), 1317[23] (1272)
Weis, R., **3**, 949[212] (880), 949[213] (880)
Weis, W., **7**, 659[713] (645)
Weisenberger, C. R., **6**, 870f[74]
Weisenfeld, R. B., **7**, 5f[4], 96f[12]
Weishaupt, M., **4**, 152[218] (58), 238[287] (202), 238[288] (202)
Weisheit, W., **6**, 35[123] (21T, 24)
Weisleder, D., **8**, 930[260] (835)
Weismann, T. J., **1**, 303[70a] (265), 308[449] (293)
Weiss, A., **2**, 201[666] (163)
Weiss, A. J., **3**, 629[84] (572); **4**, 511[456] (488, 491)
Weiss, E., **1**, 40[74] (16, 17), 40[86] (18, 19), 40[87] (19), 41[99] (21), 41[100] (21), 41[102] (21), 62f[1], 115[19a] (45, 62T, 65T, 66), 115[19b] (45, 62T, 65T, 66), 115[20] (45, 64, 65T, 66), 117[111] (65T, 66), 117[113] (65T, 66), 117[115] (65T, 67), 117[117] (65T, 67), 117[132] (72), 118[192] (83, 84T, 86), 120[297] (107), 126f[7], 151[175] (140), 151[176] (140), 152[193] (142), 244[218] (178), 248[398] (201, 202), 248[401] (202), 248[402] (202), 248[403] (202, 203), 249[510] (221), 259f[22], 675[308] (616), 675[311] (617), 678[520] (635), 689f[8], 689f[9], 689f[10], 722[166] (709), 722[168] (709), 722[169] (709), 722[171] (709, 710); **2**, 200[634] (156), 200[642] (157), 514[519] (468), 762[123] (738), 860[89] (844); **3**, 86[446] (63), 431[319] (423), 695[37] (650), 697[175] (662), 697[176] (662), 697[177] (662), 697[178] (662), 697[179] (662), 697[180] (662), 697[181] (662), 697[182] (662), 697[183] (663), 697[184] (663), 697[195] (664), 699[325] (673), 703[560] (691, 692), 1069[125] (985); **4**, 155[409] (114), 319[21] (245, 271), 321[143] (258), 324[390] (288), 325[399] (289), 327[560] (304), 379f[1], 389f[1], 435f[5], 435f[11], 458f[3], 504[5] (381), 505[83] (401, 412), 507[198] (432), 507[211] (437), 507[213] (437), 508[250] (442), 508[251] (442), 607[128] (539f, 540, 583, 603), 607[137] (539f, 541,

549, 583, 584), 607[184] (550, 553f), 608[186] (550, 553f), 608[243] (568f, 569), 609[282] (576), 609[290] (577), 610[331] (584), 610[338] (583), 612[470] (597), 817[480] (773), 818[539] (779), 818[540] (779), 839[5] (823, 824), 840[47] (829), 840[48] (829); **5**, 275[717] (244); **6**, 1021f[132], 1058f[11], 1105f[4], 1110[32] (1047, 1059), 1112[113a] (1071); **8**, 1008[82] (964), 1008[96] (968), 1009[154] (980), 1009[157] (980, 981), 1009[158] (981)

Weiss, H. G., **1**, 375[176] (335), 453[57] (423, 425); **7**, 158[8] (143), 194[8] (162), 194[12] (162)

Weiss, J., **2**, 199[598] (145), 860[72] (838); **5**, 265[101] (23); **6**, 14[88] (9), 14[88] (9), 738[140] (497)

Weiss, J. C., **3**, 947[64] (822), 1146[47] (1098)

Weiss, K., **1**, 597f[3], 676[365] (624), 678[475] (632); **3**, 900f[4], 950[274] (903, 910), 1318[125] (1301, 1306); **7**, 461[438] (434)

Weiss, M. C., **5**, 269[315] (87, 204)

Weiss, M. J., **1**, 679[578] (647); **7**, 460[348] (420), 460[349] (420), 460[350] (420)

Weiss, R., **1**, 375[140] (330), 375[142] (330), 409[42] (390, 391), 409[44] (391, 392), 409[47] (391), 420f[21], 452[18] (415), 455[145] (434), 537[12b] (461, 493, 494, 497), 537[17b] (462, 463, 490, 491, 492, 496, 497, 505, 507), 537[19] (462, 491, 498, 514), 538[49] (473, 478, 481, 532, 535), 538[69] (479, 492, 497, 505), 539[120] (496), 542[231] (533T); **2**, 199[597] (145); **3**, 84[255] (35), 933f[1], 933f[2], 933f[6], 942f[10], 950[306] (916), 951[353] (936), 1138f[5], 1245[3b] (1152), 1384[262] (1379); **4**, 158[607] (138), 326[510] (299), 376[148] (369), 380f[16], 459f[1], 459f[3], 511[451] (487), 609[275] (575, 578); **6**, 94[80] (61T, 69), 95[125] (61T, 69), 224[49] (214T, 219, 220, 221), 262[141] (255), 278[60] (266T, 277), 344[100] (297), 737[53] (484), 806f[61], 850f[32], 872f[154], 944[213] (921, 923, 924, 934T, 935), 944[216] (921), 944[224] (923), 944[232] (926), 944[233] (926), 1041[123] (1011), 1113[172] (1087); **7**, 26f[12], 653[406] (594); **8**, 928[153] (809, 884)

Weiss, R. E., **3**, 1245[2] (1151)

Weiss, R. W., **2**, 506[48] (403)

Weiss, W., **3**, 778[3] (706); **4**, 157[531] (129); **7**, 107[440] (59); **8**, 1104[13] (1075, 1081), 1106[102] (1099)

Weissberger, A., **7**, 513[225] (508)

Weissenfels, M., **7**, 17f[14], 101[103] (15)

Weissermel, K., **8**, 16[12] (4, 5, 6, 7, 8, 9, 14, 15), 94[4] (20, 49), 98[228] (62, 63), 98[257] (74, 75, 79), 221[67] (116, 170, 171, 188), 280[12] (228), 368[477] (354, 359, 360), 796[101] (774, 775)

Weissman, E. C., **6**, 97[227] (85, 91T), 227[205] (205)

Weissman, P. M., **4**, 817[513] (776); **6**, 841f[91], 841f[94], 874[51] (769, 770, 807), 874[52] (769, 770, 807), 874[60] (770, 807, 816), 1021f[162]

Weissman, S. I., **1**, 112f[1], 251[606] (235), 308[447] (293)

Weisz, I., **7**, 651[306] (576)

Weitkamp, A. W., **8**, 96[110] (42, 58), 96[111] (42)

Weitkamp, H., **8**, 772[196] (734)

Weitz, H. M., **8**, 368[499] (355)

Weitzberg, M., **5**, 623[164] (565), 624[196] (568)

Welch, A. J., **1**, 537[13b] (462, 474, 517, 534, 535), 538[47a] (473, 517, 520), 538[47c] (473, 520), 538[53a] (473, 519, 520, 535), 538[59] (474, 500, 501, 509, 533, 534), 539[79b] (481, 493, 533), 540[139a] (501, 533), 540[139b] (501, 533), 540[139c] (501, 533), 540[184e] (519), 542[232] (534T, 536T), 542[235] (535T), 542[253] (535), 738[47d] (473, 520, 524, 535), 739[79a] (481, 493, 497, 533); **3**, 82[153] (21, 23), 84[305] (42), 84[306] (42), 84[307] (42), 84[310] (43), 86[416] (59), 266[157] (197, 198), 1246[54] (1162, 1243), 1247[86b] (1174, 1243), 1247[86d] (1174, 1243), 1247[86f] (1174, 1242, 1243), 1251[302a] (1221, 1234), 1252[305] (1221, 1223, 1234), 1252[367] (1234), 1252[370] (1234), 1253[383] (1237), 1380[32] (1328, 1377), 1384[252] (1377), 1384[253a] (1377), 1384[253b] (1377); **4**, 387f[7], 505[74] (398), 507[230] (439, 472), 509[325] (455), 539f[19], 606[100] (531), 690[119] (681), 690[121] (682), 818[560] (782), 840[38] (828); **5**, 194f[12], 265[79] (17, 18, 29); **6**, 140[70] (105T), 140[74] (105T), 142[171] (133, 134, 134T, 138), 142[188] (133T, 134, 138), 181[119] (147), 224[59]

(215T, 219, 220), 225[80] (214T, 219, 220), 226[145] (205T, 207), 343[64] (287, 313), 469[62] (466); **8**, 458[248] (410)

Welch, C. N., **1**, 305[220] (277)

Welch, D. E., **1**, 242[90] (164)

Welch, S. C., **3**, 279[44] (275), 279[45] (275); **8**, 368[472] (354)

Welcker, P. S., **1**, 541[214] (525, 526, 534T), 541[215] (526), 541[218] (526), 553[49] (549), 553[50] (549), 553[51] (549); **6**, 227[239] (220), 944[177] (912, 913T), 944[183] (910, 914)

Welcman, N., **3**, 362f[2]; **4**, 106f[33], 107f[58], 153[262] (68), 236[192] (186T), 323[292] (276), 324[340] (282), 324[351] (283)

Weld, A. G., **3**, 838f[3]

Welde, G., **6**, 100[415] (55T, 70)

Weleman, N., **3**, 809f[8], 826f[4], 1106f[9], 1275f[8]

Weleski, Jr., E. T., **6**, 344[120] (300T, 303), 740[245] (512)

Weller, F., **1**, 380[446] (368), 700f[4], 721[99] (698), 721[100] (698); **2**, 925f[2], 973[213] (900), 973[220] (900)

Weller, T., **7**, 653[373] (578, 586)

Weller, W. P., **2**, 820[126] (790)

Welling, M., **4**, 818[574] (785, 787, 788)

Wells, A. F., **2**, 696f[8]; **6**, 241[22] (237), 241[30] (238)

Wells, D., **3**, 169[84] (132), 170[175] (166); **4**, 374[77] (349); **5**, 240f[2], 270[431] (139, 144); **8**, 1008[76] (959), 1068[226] (1048)

Wells, D. K., **3**, 1004f[21], 1072[306] (1018), 1074[395] (1033); **8**, 1069[260a] (1052, 1052f, 1056), 1069[284] (1056)

Wells, E. J., **3**, 102f[32], 168[23] (98)

Wells, J. M., **2**, 6f[2]

Wells, J. R., **8**, 645[223] (632), 645[232] (632)

Wells, P. B., **4**, 964[73] (942), 964[74] (942), 964[75] (942); **5**, 621[34] (548, 551); **6**, 750[901] (610, 611, 612), 750[906] (611), 750[908] (611, 612), 750[913] (611), 750[917] (612, 613), 758[1456] (677, 679); **8**, 642[100] (626, 627T), 644[183] (628)

Wells, P. R., **1**, 246[331a] (195); **2**, 674[32] (633), 679[330] (665, 666), 679[333] (666), 679[342] (666), 679[343] (666), 975[318] (926), 975[337] (930, 939), 976[407] (948)

Welter, J. J., **3**, 1250[211] (1201), 1382[152] (1355); **4**, 238[325] (205, 206T, 207T, 215, 231, 232T), 400f[2], 504[14] (382), 506[146] (419, 428), 608[224] (563), 620f[1], 648[20] (619); **6**, 805f[8], 840f[83]

Welvart, Z., **7**, 95f[3], 104[254] (33)

Welz, E., **2**, 194[365] (93); **3**, 1084f[13], 1089f[7], 1261f[9]; **6**, 1074f[6], 1112[122] (1072), 1112[148] (1082, 1083)

Welz, W., **3**, 1092f[7]

Wen, W. Y., **8**, 95[16] (22, 57)

Wendel, S. R., **2**, 363[192] (359)

Wender, I., **2**, 197[498] (121); **3**, 946[1] (784, 794), 1146[1] (1080, 1101), 1316[1] (1256, 1257); **4**, 149[3] (5, 6), 241[437] (214), 320[65] (249), 320[85] (251), 321[130] (257), 328[663] (314), 504[7] (381, 439), 568f[2], 605[2] (514, 545, 548, 549, 553, 569, 594), 648[11] (617); **5**, 5f[5], 158f[7], 194f[1], 203f[2], 264[16] (3, 4, 6, 8, 53), 264[41] (10), 267[224] (48, 214, 216, 219, 220), 267[236] (53), 271[468] (157), 273[580] (192, 203, 204), 530[677] (392), 621[20] (547); **6**, 758[1425] (675), 875[100] (777), 876[218] (815); **7**, 656[558] (619); **8**, 95[8] (21), 96[89] (41, 49, 51, 52), 96[125] (44), 98[248] (70, 70T), 98[260] (75), 99[261] (75, 76, 79), 99[295] (83), 220[6] (103), 220[6] (103), 221[45] (112), 221[53] (116, 120, 123, 126, 128, 140, 142, 151, 152, 153), 221[77] (119, 121, 125, 126, 128, 130, 131, 132, 136, 140, 144, 152), 221[79] (119, 121), 222[96] (122, 123), 222[102] (128, 129T), 222[108] (137, 150), 222[109] (137, 138, 150, 188, 191, 210), 222[129] (159, 188, 189, 192, 193, 199, 202, 208, 212, 213), 222[131] (159), 222[132] (159, 163, 164, 189, 192, 194, 198, 200, 207, 208), 222[136] (159, 170, 188, 199, 201, 202, 212, 214), 222[137] (159, 170), 223[141] (166, 167, 168, 170), 223[151] (173, 174, 176, 177, 179, 180, 181, 182, 183, 184, 185, 186), 223[151] (173, 174, 176, 177, 179, 180, 181, 182, 183, 184, 185, 186), 223[154] (173, 175, 176, 179, 188, 189, 190, 191, 192, 194, 196, 200, 201, 206, 212), 223[166] (188, 193, 198, 200, 203), 223[183] (214, 215, 216,

217, 218, 219), 293f[5], 367[406] (345), 368[482] (354, 355, 356f, 357, 358), 644[172] (632), 1007[1] (940)
Wender, P. A., **7**, 101[99] (14), 650[237] (563); **8**, 930[285] (840)
Wendisch, D., **7**, 727[144] (696), 727[154] (699)
Wendt, B., **1**, 676[368] (624)
Wendt, R. C., **6**, 34[97] (30), 139[28] (102, 104T, 122T), 180[46] (173T), 223[14] (192)
Weng, N. S., **2**, 554f[1]
Wenger, J., **4**, 815[336] (751); **6**, 743[456] (533T)
Wengrovius, J., **3**, 721f[4], 733f[9], 780[97] (728); **8**, 549[42] (504, 506, 512, 523, 527, 543, 545)
Wengrovius, J. H., **3**, 628[6] (561), 646[35] (641), 1319[154] (1314), 1319[155] (1314, 1316), 1319[156] (1314); **8**, 551[109] (528), 551[146] (548)
Wenham, A. J. M., **6**, 758[1450] (677)
Weniger, W., **2**, 301[283] (269)
Wenkert, E., **7**, 99[15d] (3), 224[93] (205), 725[24] (666); **8**, 771[144] (740, 750T, 754T, 755T), 771[145] (740, 751T, 752T, 753T)
Wennerström, O., **2**, 713f[20], 714f[8]; **6**, 226[175] (196, 206); **8**, 770[72] (729)
Wenninger, J., **5**, 268[261] (69, 70, 72, 73), 272[550] (185, 216)
Wensky, A., **4**, 107f[61]
Wenteler, G. L., **1**, 244[197] (177)
Wentrcek, P. R., **8**, 97[163] (54)
Wentworth, R. A. D., **3**, 1253[404] (1245); **4**, 155[416] (115); **6**, 839f[35]
Wenzel, M., **4**, 817[495] (775), 817[496] (775), 817[497] (775), 817[498] (775), 817[499] (775), 817[500] (775), 817[501] (775), 817[502] (775), 817[503] (775), 817[504] (775), 817[505] (775), 817[506] (775), 817[507] (775), 817[508] (775), 817[509] (775), 817[510] (775), 817[511] (775), 817[512] (775)
Wenzinger, G. R., **7**, 224[41] (201)
Wenzl, R., **3**, 146f[4]
Wepplo, P. J., **7**, 97f[19]
Weps, P., **6**, 980[74] (968, 978T)
Wepster, B. M., **3**, 1028f[1], 1074[367] (1029); **8**, 1069[249] (1051)
Werber, F. X., **1**, 678[468] (631, 663)
Werber, G. P., **3**, 767f[4], 767f[5], 768f[30], 769f[12]; **5**, 271[449] (147)
Werchowsky, W., **8**, 361[41] (287)
Werme, L. O., **3**, 83[202] (29); **4**, 479f[17]; **6**, 227[244] (191, 191T, 193T)
Wermer, P., **5**, 265[48] (10); **8**, 361[40] (287)
Werneke, M. F., **5**, 621[15] (544)
Werner, A., **6**, 742[400] (528, 547)
Werner, F., **2**, 195[413] (103), 515[563] (474)
Werner, G. K., **3**, 264[36] (178, 182), 267[241] (212)
Werner, H., **1**, 409[9] (383, 403, 404, 406), 409[26] (385, 386, 389), 410[77] (403), 410[78] (403, 404), 410[79] (403), 410[80] (404), 410[82] (404); **3**, 82[159] (24), 84[253] (35), 125f[13], 125f[33], 149f[7], 169[59] (127), 546[47] (496), 800f[6], 800f[7], 802f[2], 802f[4], 802f[6], 802f[7], 833f[4], 833f[49], 833f[55], 863f[27], 891f[10], 893f[7], 904f[1], 946[19] (800), 947[54] (820), 949[187] (873), 950[249] (894, 901), 950[260] (899), 950[263] (902), 950[265] (902), 1071[222] (1002), 1072[297] (1017), 1075[433] (1037), 1076[522] (1056), 1076[523] (1056), 1077[571a] (1063), 1077[571b] (1063), 1077[571c] (1063), 1077[573a] (1063), 1211f[14], 1247[74] (1170), 1251[256] (1214), 1252[330b] (1227), 1252[354] (1232), 1297f[14], 1317[18] (1271), 1317[50] (1278), 1383[216a] (1367), 1383[216b] (1367), 1383[219b] (1368); **4**, 156[487] (125), 324[345] (283), 505[79] (401, 433, 440), 657f[17], 819[649] (804), 819[650] (804), 819[651] (804), 819[652] (805), 1061[245] (1022); **5**, 137f[17], 137f[19], 137f[24], 186f[5], 186f[10], 229f[9], 255f[1], 255f[3], 259f[3], 270[411] (132, 145, 147), 270[419] (139, 254), 270[420] (139, 254), 270[421] (139, 148), 270[423] (139), 272[531] (177, 187, 189, 211, 214, 216, 218, 227, 228, 229, 230, 239), 272[542] (180), 272[543] (182, 252), 275[780] (254), 275[781] (255), 275[782] (256), 276[788] (256), 276[790] (257), 276[796] (260), 366f[3], 366f[4], 366f[6], 366f[8], 366f[10], 404f[27], 404f[28], 438f[15], 527[499] (360, 364), 527[515] (359, 363), 528[520] (363, 364, 384), 528[525] (363, 384, 425, 474T), 528[527] (363, 384), 528[529] (364), 529[597] (359, 398, 435, 436), 529[601] (378, 437); **6**, 94[66] (90, 92T), 97[224] (85, 91T), 139[5] (104T, 105T, 113), 139[36] (104T, 105T, 112), 140[48] (105T, 113), 141[113] (105T, 112, 133T, 136), 143[263] (105T, 113), 144[280] (105T, 113), 179[6] (175, 176T), 180[39] (176T, 177), 223[9] (208, 209T), 223[11] (192, 193T, 196, 208, 209T), 224[17] (194), 224[18] (192, 193T, 194), 224[25] (209T), 224[41] (194, 196, 208, 209T), 224[43] (202, 203T, 205T, 206, 208, 209T), 225[111] (197), 225[112] (194, 208, 209T), 225[113] (192, 193T, 194, 195, 206), 226[146] (203T, 206, 208, 209T), 226[169] (197), 227[208] (194, 207, 209T), 228[252] (194, 196), 228[258] (193T, 194, 198, 205T, 206, 208, 209T), 261[24] (245, 248), 261[25] (245, 248), 262[110] (251), 278[8] (266T, 267), 278[9] (267), 278[10] (267), 278[11] (268), 278[12] (268), 278[13] (268), 343[32] (284), 343[34] (284), 346[216] (312T, 312, 326), 383[27] (365), 442[57] (393), 443[173] (406), 444[204] (410), 454[24] (450, 452), 454[33] (452), 454[34] (452), 454[35] (452, 453), 454[36] (453), 454[37] (453), 454[38] (453), 761[1651] (721), 843f[190], 843f[191], 845f[278], 1039[3] (988, 993), 1094f[10], 1094f[11], 1110[31] (1047, 1082), 1111[83] (1063); **8**, 221[43] (112), 454[30] (376), 770[73] (729), 770[73] (729), 772[210] (734), 861f[11], 927[80] (803), 933[449] (860), 1009[153] (980, 981), 1064[17] (1016), 1065[83] (1025), 1065[92] (1026), 1068[212] (1046), 1068[218] (1047), 1068[223] (1048), 1068[227] (1048)
Werner, K. V., **1**, 242[96] (165, 175, 188); **6**, 738[107] (493), 738[110] (493); **8**, 99[282] (80)
Werner, R., **4**, 320[98] (252), 321[186] (265, 315, 316, 317), 657f[17], 819[649] (804), 819[650] (804), 819[651] (804), 819[652] (805), 1061[245] (1022); **5**, 438f[15], 529[601] (378, 437)
Werner, R. P. M., **3**, 694[1] (648), 695[28] (650, 693), 695[52] (651, 652T, 652), 695[60] (652), 697[189] (663), 708f[1], 708f[2], 710f[2], 710f[3], 760f[7], 778[6] (706, 708), 778[9] (706, 708), 1084f[14], 1106f[8]; **6**, 36[188] (32)
Wernike, M. F., **5**, 554f[4]
Wernlund, R. F., **6**, 13[56] (8)
Wertheim, G. K., **8**, 1019f[61]
Wertz, D. W., **5**, 535[1046] (462), 535[1048] (462); **6**, 754[1185] (646T, 647T), 755[1262] (654)
Wesolek, M. G., **8**, 550[80] (518)
Wessel, N., **1**, 60f[8]
Wessely, H. J., **2**, 200[628] (153)
Wesslau, H., **1**, 679[540] (638); **7**, 455[14] (372, 374)
Wesslén, B., **7**, 9f[8]
Wesson, J. P., **2**, 396[91] (384), 396[94] (384), 396[98] (384)
West, B. O., **1**, 247[344d] (196), 753[78] (737); **2**, 675[75] (638), 675[114] (643), 705[34] (685), 820[131] (791); **3**, 424f[8], 431[317] (423), 858f[13], 870f[2], 918f[5], 948[134] (853), 951[314] (916), 1071[221b] (1001), 1156f[7], 1251[290] (1219), 1327f[5]; **4**, 106f[35], 324[391] (288), 327[543] (302); **5**, 269[324] (90), 269[325] (90), 269[365] (112), 269[378] (118), 404f[34], 521[128] (294, 468), 530[662] (387), 530[663] (387), 627[416] (601, 613); **6**, 36[165] (26), 36[165] (26), 99[393] (53T), 445[283] (422), 445[284] (422), 747[735] (584)
West, C. T., **2**, 187[47] (11, 110), 196[458] (113), 196[459] (113), 196[460] (113), 196[466] (115); **7**, 656[570] (622), 656[571] (622)
West, J. C., **6**, 750[916] (612, 613)
West, K. W., **5**, 626[333] (620), 628[512] (620)
West, P., **1**, 68f[2], 119[238] (93, 99, 101), 251[572] (230, 231, 233), 251[577] (231); **2**, 925f[1], 974[303] (924); **3**, 125f[16]
West, R., **1**, 53f[10], 53f[14], 71f[1], 116[70] (56, 57, 107), 116[82] (57, 107), 116[82] (57, 107), 116[82] (57, 107), 117[131] (71T, 72), 671[34] (559), 671[58] (564, 571, 574, 575, 651), 682[728] (581), 682[735] (581), 750f[5], 754[135] (749); **2**, 108f[754], 186[25b] (4, 20), 187[34] (8), 187[41] (9), 188[84] (22), 188[91] (24), 190[215] (50), 192[294] (76, 138, 159), 192[294] (76, 138, 159), 193[344] (88), 195[420] (105), 196[472a] (116), 197[481] (117), 197[500] (122), 197[517a] (124), 198[528] (127), 199[572a] (139), 199[572a]

(139), 199^{572a} (139), 199^{586} (143), 200^{623} (152), 200^{626} (153), 201^{660} (161), 201^{666} (163), 202^{715} (175), 203^{747} (184), 297^{46} (222, 269), 298^{142} (241, 262, 277), 379f^1, 380f^1, 387f^2, 387f^5, 387f^8, 394f^1, 394f^2, 394f^3, 395^1 (365, 366, 388, 391, 392, 393), 395^5 (365, 379, 380, 387, 388), 395^6 (365, 384), 395^{20} (367, 373, 381), 395^{27} (368, 380, 381), 396^{55} (375), 396^{74} (378), 396^{75} (378), 396^{76} (378), 396^{77} (378, 379), 396^{80} (378), 396^{82} (379, 380), 396^{83} (380), 396^{85} (381), 396^{89} (383), 396^{95} (384), 396^{97} (384), 396^{101} (385), 396^{103} (385), 396^{104} (385), 396^{107} (385), 397^{117} (388), 397^{119} (388), 397^{122} (388), 397^{122} (388), 397^{126} (390, 393), 397^{129} (393, 394), 397^{130} (394), 397^{133} (394), 397^{134} (394), 397^{135} (395), 507^{102} (410), 508^{162} (418), 510^{274} (437), 513^{428} (454), 513^{429} (454), 619^{180} (545), 677^{200} (652), 677^{213} (654), 974^{312} (925, 952); **3**, 102f^{16}, 102f^{17}, 633^{297} (610); **4**, 816^{417} (761); **5**, 534^{953} (440); **6**, 758^{1438} (675); **7**, 95f^4, 462^{492} (443, 444), 463^{530} (450), 510^{1e} (465, 487, 500), 647^{68} (527), 655^{541} (616), 655^{545} (617), 657^{624} (634), 657^{630} (636); **8**, 669^{81} (665)

Westall, S., **2**, 197^{512} (123, 127)
Westaway, M. T., **8**, 367^{444} (351)
Westberg, H. H., **3**, 87^{491} (70)
Westberg, K., **4**, 320^{77} (250)
Westera, G., **1**, 245^{254} (183), 245^{260} (186, 204), 246^{289} (189); **7**, 106^{353} (47)
Westerhaus, A., **2**, 195^{393} (98)
Westerhof, A., **1**, 248^{437} (207); **3**, 169^{87} (134), 264^{60} (179), 266^{141} (192, 194), 327^{54} (296), 328^{134} (314), 750f^9, 759f^8, 759f^9, 759f^{10}, 764f^3, 781^{163} (760), 781^{164} (760, 778), 781^{179} (763, 764)
Westerman, P. W., **8**, 1010^{186} (993)
Westermann, J., **3**, 473^{42} (443), 473^{43} (443), 473^{44} (443, 446)
Westermark, H., **2**, 196^{432} (109)
Westheimer, F. H., **2**, 187^{68} (15), 875f^1, 878f^{11}, 971^{81} (875)
Westlake, A. H., **3**, 1146^{40} (1097)
Westlake, D. J., **4**, 375^{108} (359), 1058^{57} (974, 975, 976, 977, 1015, 1017, 1018)
Westland, A. D., **3**, 1084f^9, 1146^{16} (1091), 1146^{31} (1094), 1261f^{12}; **6**, 745^{547} (546T, 616)
Westman, L. F., **4**, 511^{460} (489, 490T)
Westmijze, H., **2**, 762^{148} (750), 763^{161} (752), 763^{163} (752), 763^{164} (752); **7**, 77f^8, 648^{132} (545), 728^{191} (707), 728^{223} (714), 729^{238} (716), 729^{243} (717), 729^{246} (718), 729^{248} (718), 729^{249} (719), 729^{253} (719)
Westmore, J. B., **2**, 201^{653} (159); **7**, 651^{300} (576)
Weston, A. F., **1**, 378^{323} (356), 378^{365} (361), 380^{440} (368)
Weston, C. A., **4**, 605^{50} (519); **6**, 96^{182} (40), 225^{98} (199, 201T)
Weston, M., **1**, 673^{161} (590); **2**, 674^{38} (635)
Weston, Jr., R. E., **2**, 705^{75} (691)
Westoo, G., **2**, 1017^{140} (997)
Westover, G. F., **5**, 240f^8, 240f^{10}, 274^{709} (239, 242)
Westwood, N. P. C., **1**, 675^{317} (618); **3**, 81^{64} (6)
Westwood, W. T., **1**, 243^{169} (175)
Wetherington, J. B., **4**, 155^{394} (102)
Wetter, H., **7**, 462^{479} (442)
Wetter, H. F., **8**, 927^{24} (800)
Wettstein, A., **1**, 680^{593} (647)
Weustink, R. J. M., **1**, 244^{211} (177)
Wewerka, D., **8**, 341f^5
Weyenberg, D. R., **2**, 193^{336} (86), 296^{19} (212, 214), 297^{48} (222), 297^{83} (230), 298^{98} (232), 298^{126} (237), 298^{137} (241, 251), 299^{171} (247T, 287), 299^{210} (251, 253), 360^{13} (309), 360^{15} (309), 360^{17} (309), 360^{19} (310), 362^{131} (328), 395^{19} (367, 374), 396^{47} (374), 396^{48} (374, 388)
Weyer, K., **1**, 674^{216} (598, 650, 658); **7**, 455^{15} (372, 379, 393)
Weyers, F., **2**, 861^{96} (845)
Whaley, T. P., **1**, 151^{122} (127)
Whaley, T. W., **8**, 95^{50} (31), 282^{142} (272, 274)

Whaley, W. M., **7**, 726^{118} (690)
Whalley, W. B., **7**, 651^{319} (579)
Whan, D. A., **3**, 1147^{107} (1134), 1319^{145} (1309), 1319^{146} (1309); **8**, 95^{12} (21, 24, 25, 26, 33), 96^{99} (41, 42, 50, 51, 54, 55, 57), 98^{234} (63), 282^{140} (272, 274)
Whang, J. J., **6**, 756^{1295} (659)
Wharf, I., **2**, 677^{192} (652), 860^{58} (836); **6**, 262^{92} (250)
Wharmby, D. H. W., **1**, 584f^{10}, 673^{167} (590, 633)
Wharton, E. J., **3**, 388f^{15}, 427^{72} (354), 1381^{108} (1342); **4**, 157^{573} (134); **5**, 276^{789} (257)
Wharton, P. S., **7**, 254^{150} (250)
Whatley, A. T., **7**, 158^9 (143)
Wheatland, D. A., **3**, 833f^{48}, 841f^1
Wheatley, J. B., **1**, 380^{479} (372)
Wheatley, P. J., **2**, 199^{567} (136), 200^{637} (156), 706^{110} (695, 696); **3**, 951^{346} (929), 1068^{73} (976, 984, 985, 988, 990, 1022), 1069^{126a} (985); **4**, 479f^{10}, 1062^{309} (1035); **5**, 624^{209} (569); **6**, 35^{144} (25), 737^{86} (490), 1019f^{40}, 1031f^9, 1031f^{10}, 1031f^{11}, 1041^{118} (1009), 1041^{119} (1009), 1041^{120} (1009)
Wheeler, A. G., **6**, 443^{162} (406), 443^{164} (406), 740^{242c} (511)
Wheeler, D. M. S., **7**, 97f^{20}
Wheeler, S. H., **4**, 812^{144} (712)
Wheeler, S. R., **2**, 1017^{144} (998)
Wheelock, K. S., **3**, 85^{375} (51), 85^{376} (51), 85^{377} (51), 87^{504} (73); **6**, 142^{204} (102, 134, 135), 750^{948} (615, 618), 750^{950} (615), 750^{951} (615, 617, 618, 691), 750^{952} (615, 617, 618, 691), 760^{1573} (702, 704)
Whelan, R., **3**, 368f^{11}
Whiddon, S. E., **5**, 5f^{10}, 265^{114} (25)
Whimp, P. O., **3**, 86^{413} (59), 870f^{14}, 1072^{270c} (1013), 1072^{272} (1013); **4**, 154^{321} (77), 154^{335} (85), 154^{336} (85), 380f^{14}, 380f^{14}, 505^{60} (395), 813^{267} (739), 886^{145} (872); **5**, 533^{905} (431), 533^{907} (431), 534^{975} (443), 534^{977} (443), 538^{1249} (498), 627^{430} (602); **6**, 93^{27} (55T, 69), 180^{69} (172, 173T), 348^{359} (324), 384^{109} (378), 384^{110} (378), 444^{211} (410, 422), 444^{212} (410, 422), 740^{242c} (511), 742^{393} (527, 533T, 537T), 743^{449} (533T), 743^{450} (533T), 749^{867} (601), 749^{868} (601), 753^{1134} (639), 754^{1202} (649T), 754^{1203} (649T), 759^{1534} (693, 698T), 759^{1550} (698T), 759^{1551} (698T), 760^{1552} (698T), 760^{1572} (702), 1113^{205} (1096)
Whipple, L. D., **2**, 978^{499} (962)
Whipple, P. O., **5**, 627^{443} (605)
Whipple, R. O., **5**, 520^3 (278, 356)
Whitaker, A., **3**, 789f^3
Whitby, F. J., **2**, 675^{99} (641)
Whitcombe, R. A., **1**, 310^{565} (299), 675^{295} (614), 696f^5, 697f^4, 721^{89} (694, 697, 698, 713, 717), 728f^1, 753^{54} (735)
White, A. H., **2**, 704^7 (684), 913f^5, 974^{259} (917, 918), 1018^{207} (1002, 1012); **3**, 630^{147} (581, 594), 631^{187} (587), 1067^5 (955), 1092f^{11}, 1246^9 (1153); **4**, 327^{583} (307), 387f^{11}, 508^{273} (446), 812^{143} (712), 812^{145} (713), 815^{393} (759, 771, 773), 818^{569} (784, 792), 818^{571} (784); **6**, 944^{174} (913T), 1028f^{16}, 1039^{17} (989, 991, 994), 1040^{86} (1001)
White, A. J., **3**, 118f^{14}, 156f^8, 156f^{15}, 170^{130} (153), 170^{131} (153); **4**, 605^{32} (518), 606^{55} (520), 606^{56} (520), 607^{140} (539f, 541), 610^{329} (582), 612^{456} (596), 649^{89} (641), 840^{25} (825), 840^{50} (830)
White, A. K., **4**, 818^{591} (792)
White, A. L., **6**, 1029f^{67}, 1040^{87} (1001)
White, A. W., **2**, 705^{77} (691)
White, B. M., **5**, 257f^8
White, C., **3**, 113f^4, 833f^{54}, 1248^{137} (1185), 1248^{142} (1186); **4**, 818^{528} (777), 818^{529} (777, 793), 819^{634} (801), 839^4 (823, 824); **5**, 248f^2, 249f^6, 253f^3, 258f^9, 272^{571} (189), 275^{736} (247), 275^{768} (252, 253, 258), 357f^5, 373f^4, 373f^{10}, 373f^{11}, 373f^{12}, 374f^1, 374f^2, 374f^3, 479f^2, 527^{477} (356, 451, 468, 500, 501, 516), 527^{479} (356, 357, 369, 490, 491), 528^{537} (367, 369), 528^{549} (367, 369, 451, 465, 475T), 528^{554} (369, 501), 528^{555} (369), 528^{557} (369, 394), 528^{561} (369), 528^{562}

(369), 528⁵⁶⁷ (370), 528⁵⁶⁸ (370), 528⁵⁶⁹ (357, 369, 490, 514), 535¹⁰¹¹ (451), 536¹⁰⁷⁴ (356, 472, 512, 514), 538¹²¹⁷ (490, 514), 538¹²¹⁹ (491), 539¹²⁸² (514), 604f⁹, 604f¹⁰, 604f¹¹, 604f¹², 606f⁷, 608f¹⁰, 608f¹¹, 610f³, 610f⁴, 626³⁶⁴ (596), 626³⁶⁷ (596), 626³⁶⁸ (596, 607, 611), 627⁴⁴⁰ (603, 604), 627⁴⁴¹ (605, 611), 627⁴⁴⁹ (605, 611), 628⁴⁶⁰ (607), 628⁴⁶⁶ (611), 628⁴⁶⁷ (611); **6**, 445²⁷⁰ (422), 445²⁷¹ (422); **8**, 296f¹⁶, 365³³⁸ (338), 1065⁸⁷ (1026), 1066¹¹⁸ (1031), 1068²⁰⁴ (1045, 1046), 1069²⁹³ (1057), 1069²⁹³ (1057)

White, D., **8**, 435f³

White, D. A., **3**, 362f⁵, 427⁵⁸ (348, 378); **4**, 613⁵¹⁶ (600, 602f); **5**, 536¹¹¹⁴ (474T), 536¹¹¹⁵ (473, 474T); **6**, 261¹⁷ (244), 261²⁰ (245), 261²⁸ (245), 346²⁵⁹ (315, 316), 383³¹ (365, 380), 383³² (365, 380), 383³³ (365, 367, 375), 384¹⁰² (376), 442⁵² (393), 444²¹¹ (410, 422), 445²⁶⁵ (422), 445²⁶⁸ (422, 429), 446³²² (429), 446³²³ (429), 453¹⁶ (449), 453²¹ (449), 742⁴⁰² (528), 752¹⁰⁸⁰ (634), 752¹⁰⁸¹ (634); **8**, 392f⁵, 456¹³¹ (394), 927⁸⁴ (803), 934⁵²⁶ (881), 1007⁶ (940, 988, 996)

White, D. D., **2**, 297⁶³ (226)
White, D. G., **1**, 376¹⁹² (338, 339); **7**, 252⁴⁸ (234)
White, D. L., **2**, 190¹⁹⁰ (42), 190²¹⁴ (49)
White, D. M., **7**, 649¹⁶⁷ (553)
White, G., **1**, 723²³² (716)
White, H., **6**, 349⁴²⁰ (334T, 334f)
White, J. D., **7**, 650²¹³ (559), 724⁷ (663), 725¹⁹ (665)
White, J. E., **3**, 1252³⁰⁹ (1223)
White, J. F., **1**, 247³⁴⁵ (197); **3**, 810f⁴, 826f², 947⁶² (821), 1075⁴³⁸ (1038), 1076⁴⁹⁵ (1050), 1089f⁴ª, 1251²⁸⁸ (1219), 1251²⁹⁶ (1220), 1275f⁵, 1383¹⁹⁷ (1365); **6**, 745⁵⁶⁴ (550, 578), 745⁵⁶⁵ (550, 578); **7**, 510⁹ (469, 470, 479, 480, 482, 483); **8**, 454¹⁷ (374, 375), 551¹²⁰ (532, 537)
White, J. W., **3**, 1156f¹¹, 1327f⁸; **4**, 153²²⁸ (59), 235⁹² (168), 240⁴²³ (212T, 231, 232T)
White, K., **5**, 627⁴³² (603)
White, M. A., **5**, 362f¹⁴, 520¹⁸ (280, 361)
White, N., **5**, 531⁷³³ (400, 457)
White, P. S., **3**, 429²¹⁰ (381); **4**, 1058⁹¹ (979)
White, R., **8**, 455¹⁰⁷ (389, 390)
White, R. F. M., **2**, 617⁴⁰ (527, 558, 566), 617⁵⁹ (529), 620²²⁸ (549), 623⁴⁴⁶ (578), 623⁴⁵⁷ (580), 623⁴⁵⁸ (580), 861¹³⁹ (854)
White, R. P., **6**, 14¹⁰⁴ (12), 805f¹⁰, 868f¹², 874⁷⁰ (771)
White, S., **7**, 98f¹⁶
White, T. M., **8**, 1069²⁸⁸ (1057)
White, W. D., **1**, 117¹⁵¹ (77), 149²⁵ (122), 673¹⁴¹ᵇ (587, 621, 622)
Whiteford, R. A., **2**, 514⁴⁹⁹ (466)
Whitehead, G., **1**, 40⁶⁹ (16), 40⁸⁵ (18, 22), 40⁹⁶ (19), 41¹¹¹ (23), 118¹⁹³ (83, 84T, 86, 91), 249⁴⁸⁷ (216); **2**, 621²⁸⁴ (556), 859¹⁶ (828)
Whitehouse, M. L., **7**, 725⁶⁰ (674)
Whitehurst, D. D., **6**, 346²⁶² (315, 316), 756¹³²⁹ (664); **8**, 221⁷⁸ (119, 128), 222⁹⁴ (122), 361⁶² (288), 606⁶⁶ (558), 607⁸⁷ (560), 607¹³⁶ (569), 607¹⁴⁰ (569, 570, 573, 589, 597T), 608¹⁴⁹ (573, 597T), 608²⁰¹ (590, 591), 610²⁷⁴ (597T, 602T), 610²⁷⁵ (597T, 600T), 610²⁷⁶ (597T)
Whiteley, M. W., **4**, 510³⁶¹ (468), 510³⁷⁸ (474)
Whiteley, R. H., **2**, 303⁴¹⁴ (296T), 773f⁴; **3**, 431³³¹ (426); **4**, 511⁴²⁷ (485), 511⁴³² (485, 488, 490T), 511⁴³³ (485, 488, 491), 511⁴³⁴ (485, 488, 490T, 491); **7**, 108⁴⁴¹ (60); **8**, 1067¹⁶⁸ (1041)
Whiteley, R. N., **3**, 1381⁸⁸ (1340); **4**, 380f¹³, 504¹⁷ (382, 492), 810⁵⁰ (698, 724); **8**, 1008⁷³ (958)
Whiteley, T. E., **7**, 252⁴⁰ (234)
Whitesides, G. M., **1**, 115²⁹ (47), 115³¹ (47), 150¹⁰⁴ (127), 241¹⁸ (157, 160), 241⁶⁰ (160, 161), 241⁶⁰ (160, 161), 242⁷¹ (162), 242¹⁰⁷ (166, 177), 244²⁰⁶ (177, 194), 245²⁷⁰ (186), 247³⁴⁵ (197), 248³⁹² (201, 205, 206, 210, 211, 213); **2**, 297⁷⁴ (228), 714f¹, 754f⁹,

761⁴⁴ (718, 746, 747), 762¹⁴² (746), 762¹⁴³ (746), 762¹⁴⁶ (747), 762¹⁴⁷ (747, 749), 763¹⁶⁵ (752), 763¹⁷¹ª (755), 763¹⁷⁴ (755), 970⁶³ (871), 972¹⁴² (889), 978⁴⁹³ (962), 978⁵³¹ (967), 978⁵³⁴ (967); **3**, 84²⁹⁹ (40, 41), 125f¹⁵, 269³⁵⁷ (238), 279²⁸ (272), 279⁵⁷ (278), 362f¹⁶, 368f²³, 398f²⁰, 398f²¹, 419f², 419f³, 428¹⁴⁶ (365, 396), 430²⁶⁰ (396, 420), 632²⁶² (620), 703⁵⁷⁸ (693), 779³⁸ (707), 922f⁹, 951³⁴¹ (929); **4**, 155³⁸⁴ (100), 374⁵⁶ (343, 354, 356, 359), 375⁹² (354), 510³⁸⁴ (475), 964¹⁰⁹ (948); **5**, 537¹¹⁶² (477); **6**, 744⁵⁰⁸ (541, 549, 551), 744⁵²⁰ (542, 542T), 745⁵⁶⁴ (550, 578), 745⁵⁶⁵ (550, 578), 747⁶⁹⁶ (578), 749⁸⁸² (605); **7**, 64f⁸, 102¹⁵⁴ (23), 106³⁴⁵ (47), 108⁴⁵⁹ (63), 108⁴⁶⁹ (65), 108⁴⁷⁴ (65), 456⁸³ (385), 726¹⁰¹ (684), 726¹⁰³ (685), 727¹⁶³ (701), 727¹⁶⁴ (701), 727¹⁶⁷ (702, 703), 727¹⁸⁰ (705), 728²⁰⁴ (708), 728²²⁵ (714); **8**, 220²⁵ᵇ (109), 361⁶⁴ (288), 364²⁴⁸ (324, 338), 388f², 454¹⁵ (374, 375), 454¹⁶ (374, 375), 454¹⁷ (374, 375), 455¹⁰⁴ (389), 458²⁵¹ (410), 458²⁵² (410), 551¹¹⁴ (531), 551¹²⁰ (532, 537), 608¹⁸⁶ (581), 670⁹³ (653)

Whitesides, T. H., **3**, 84²⁹⁰ (40), 112f⁸, 114f¹, 134f¹, 134f², 169⁸² (132, 138), 170¹⁷⁶ (166), 1077⁵⁵⁰ (1059); **4**, 155³⁷⁰ (91, 122), 387f⁴, 400f⁷, 401f¹⁵, 418f³, 435f⁴, 504¹² (382, 423), 505⁹³ (403), 505⁹⁶ (404, 466), 505⁹⁷ (404, 417), 506¹³⁹ (417), 507²⁰³ (435), 507²¹⁸ (437), 509³⁴⁷ (464), 509³⁵¹ (466), 605¹⁶ (514), 610³⁴⁰ (585), 657f⁶, 658f³⁶, 814³⁰³ (746), 815³⁴³ (752, 755), 884²⁵ (849), 885³⁴ (850); **8**, 1008⁹⁷ (968, 969)

Whitfield, G. H., **6**, 278²⁴ (271), 446³³⁰ (430); **8**, 929¹⁹¹ (813, 834)
Whitfield, J. M., **5**, 39f¹², 267¹⁸⁶ (38)
Whiting, D. A., **4**, 456f¹
Whiting, M., **3**, 85³³⁵ (46)
Whiting, M. C., **1**, 242⁷⁴ (163); **3**, 85³³¹ (46), 799f¹, 833f²³, 1004f³, 1004f⁵, 1004f⁵, 1005f⁶, 1028f³, 1071²¹¹ (1001), 1071²¹⁴ (1001, 1002, 1028, 1037), 1073³⁰⁹ (1018), 1086f¹, 1211f¹², 1263f¹; **4**, 321¹⁸⁰ (264), 510³⁸⁵ (475), 608¹⁸⁸ (550); **7**, 26f⁹, 462⁴⁸³ (442); **8**, 796¹⁰³ (774), 1009¹⁵⁵ (980), 1065⁹⁵ (1027)
Whiting, S. M., **4**, 602f²⁴; **8**, 1011²²⁷ (1006)
Whitla, A., **3**, 697¹⁹⁹ (664)
Whitla, W. A., **6**, 384⁹⁷ (376), 743⁴⁶⁴ (534T), 754¹²⁰¹ (649T)
Whitley, R. J., **2**, 193³³² (85), 199⁵⁹¹ (144), 300²³² (258); **4**, 886¹²⁹ (869), 920¹⁶ (911); **5**, 274⁶⁶⁷ (226), 535⁹⁹³ (448)
Whitley, R. N., **5**, 527⁵¹¹ (361)
Whitlock, B. J., **7**, 105²⁸⁷ (37)
Whitlock, Jr., H. W., **3**, 135f⁷; **4**, 509³¹⁶ (452), 509³⁴⁶ (464), 613⁵¹³ (600); **7**, 105²⁸⁷ (37)
Whitlow, S. H., **4**, 817⁴⁸⁴ (773)
Whitmer, J. C., **6**, 942⁷² (901, 902T, 903T), 942⁷³ (901, 902T, 903T)
Whitmire, K. H., **4**, 247f⁶, 247f⁷, 312f⁵, 312f⁶, 321¹⁴¹ (258), 321¹⁸⁷ (265), 322¹⁸⁹ (266, 315, 317), 322¹⁹⁰ (266), 322¹⁹² (266, 317, 318), 329⁶⁸⁵ (318), 329⁶⁸⁶ (318); **8**, 220³⁷ (111)
Whitmore, A. W. P., **2**, 1018¹⁸¹ (1000), 1018¹⁹⁷ (1002)
Whitmore, F. C., **2**, 189¹⁵⁷ (36), 190¹⁷⁰ (38), 196⁴²⁹ (109), 197⁵¹⁸ (124, 178, 178f, 184), 203⁷³⁷ (182), 972¹⁴⁰ (889); **7**, 104²⁴⁹ (32), 646¹³ (517), 646¹⁶ (518), 646²² (520), 646²² (520), 655⁵³⁷ (615)
Whitney, C. C., **1**, 286f⁹, 303¹¹⁹ (268), 304¹⁸⁴ (270), 680⁶³⁸ (651, 652), 680⁶⁵⁵ (652, 661); **7**, 142¹²⁸ (135), 142¹³⁰ (136), 142¹³² (136), 142¹⁴³ (138), 195⁷⁵ (166), 225¹¹³ (208), 322³⁹ (312, 313), 322⁴⁴ (314), 322⁴⁷ (315), 457¹⁵⁶ (395)
Whitney, J. F., **3**, 266¹³⁶ (191, 205)
Whitt, C. D., **1**, 126f⁴, 151¹⁴⁵ (132)
Whittaker, D., **4**, 326⁵³² (300, 302), 327⁵³⁹ (301, 315); **5**, 266¹³² (28, 42); **6**, 844f²²⁰
Whitten, C. E., **7**, 101⁹⁸ᵇ (14), 103¹⁹⁷ (27), 728¹⁹³ (707), 728¹⁹³ (707), 728²¹⁹ (713), 728²³¹ (715), 728²³¹ (715)

Whitten, C. W., **7**, 649[166] (552)
Whitten, D. G., **6**, 758[1459] (677)
Whittle, K. R., **4**, 812[132] (710, 730, 731), 812[133] (710, 730), 1059[107] (982), 1059[125] (987), 1059[127] (987), 1059[131] (987), 1059[133] (989)
Whittle, M. J., **6**, 227[197] (210)
Whittle, R. B., **1**, 375[127] (325), 453[83] (427)
Whittlesey, B. R., **3**, 842f[20], 1269f[12], 1317[58] (1281, 1282); **6**, 943[121] (905, 906T, 917, 918T)
Whyman, R., **3**, 851f[15], 948[118] (846), 948[144] (860), 1089f[8a], 1146[18] (1093); **4**, 689[52] (668), 813[212] (723); **5**, 280f[5], 299f[1], 331f[1], 520[15] (279, 296, 297, 327, 328), 525[343] (327), 536[1072] (462, 465, 520), 559f[1], 560f[1], 622[96] (560), 623[117] (561), 628[470] (612, 616), 628[489] (616); **6**, 261[55] (247), 278[55] (276), 736[10] (475); **8**, 221[57] (116, 126, 132, 138, 140, 159, 166, 167, 170, 173–175, 181, 186, 188, 190, 192, 201, 206–208, 210, 212, 213, 214, 217), 222[119] (149), 292f[39]
Wiaux-Zamar, C., **1**, 244[199] (177)
Wiberg, E., **1**, 245[278] (188, 206, 208), 309[507] (297), 678[466] (631), 696f[10], 722[162] (708), 722[163] (708); **2**, 195[395c] (99, 102, 105), 201[659] (161), 509[212] (424, 425, 426, 427, 429, 430, 431, 432), 705[57] (688), 706[94] (693, 701); **6**, 943[160] (912, 913T), 943[161] (912, 913T), 944[181] (912); **7**, 655[520] (610)
Wiberg, K. B., **1**, 244[207] (177); **6**, 752[1020] (624T); **7**, 511[101] (488)
Wiberg, N., **1**, 673[166] (590); **2**, 197[499] (122), 197[502] (122, 139), 198[527] (127), 198[529] (127), 199[569] (137), 199[575] (139), 199[576] (139), 199[576] (139), 199[577] (140), 199[578] (140), 199[578] (140), 199[579] (140), 199[580] (141), 199[582] (141), 199[583] (142), 199[592] (144), 199[593] (145), 513[413] (453), 513[415] (453), 513[418] (453), 513[419] (453), 625[601] (600); **3**, 430[256] (394), 701[437] (680), 701[438] (680, 681)
Wickberg, B., **7**, 104[264] (34)
Wicke, R., **7**, 8f[11]
Wickens, D., **7**, 110[554] (81)
Wickens, D. A., **2**, 904f[13], 904f[18], 904f[19], 973[247] (906), 973[248] (906), 973[249] (906)
Wicker, G. R., **8**, 645[226] (617, 621T)
Wicker, J., **3**, 631[194] (590, 592, 596)
Wickham, A. J., **6**, 1019f[53], 1028f[34]
Widdowson, D. A., **5**, 269[323] (90); **8**, 1009[123] (973)
Wideman, L. G., **8**, 378f[9], 454[35] (378)
Widersatz, G. O., **5**, 438f[2], 532[840] (419, 422)
Widler, H. J., **1**, 704f[6], 722[150] (705, 710, 712), 722[175] (710), 722[176] (710), 722[178] (710)
Wiebe, V. G., **1**, 722[165] (708)
Wiebel, A. T., **2**, 915f[8], 974[266] (919, 920)
Wieber, M., **2**, 507[96] (409), 704[14] (684), 705[29] (685), 707[155] (701); **7**, 513[209] (505)
Wiebers, D. O., **3**, 833f[46]
Wiechers, A., **1**, 244[197] (177)
Wieczorck, J., **3**, 947[64] (822)
Wiede, O. F., **3**, 944f[12]
Wiedersatz, G. O., **3**, 108f[7], 108f[21]; **5**, 532[839] (419, 422)
Wiegand, G., **1**, 150[80] (124, 130)
Wiegand, K. E., **7**, 458[234] (405)
Wiegel, K., **2**, 303[411] (295T), 303[412] (296T); **3**, 457f[4], 474[72] (453, 458)
Wieland, D. M., **7**, 728[182] (705, 707), 728[195] (707)
Wienand, H., **3**, 1246[34] (1158), 1253[374] (1235), 1253[380] (1237), 1253[382] (1237)
Wier, P. J., **8**, 100[328] (92)
Wieringa, J. H., **1**, 60f[15]
Wiernik, M., **2**, 618[151] (542); **7**, 108[442] (60)
Wiersema, R. J., **1**, 453[45] (421, 430, 432), 455[142] (432, 434), 455[148] (434, 443), 538[77g] (481, 505, 521), 538[77h] (481, 505, 530), 540[179b] (517), 540[186b] (520), 541[203] (521, 522), 552[12] (544, 545); **6**, 224[36] (214T), 224[50] (220, 222), 227[235] (213, 220)
Wiersig, J. R., **7**, 197[215] (192)
Wiesboeck, R. A., **1**, 454[93] (428, 438), 537[8] (460)
Wiese, U., **6**, 241[24] (237)
Wiesemann, T. L., **1**, 241[58] (160); **7**, 102[165] (24), 103[213] (28), 460[336] (418)

Wieser, G. W., **3**, 103f[4], 1147[90] (1123)
Wieser, H., **3**, 797f[13], 879f[12b], 949[218] (881), 1085f[14], 1262f[14]
Wieser, J. D., **1**, 444f[4]
Wiesinger, F., **2**, 620[220] (548)
Wiesner, K., **8**, 796[127] (792)
Wiewiorowski, M., **7**, 652[341] (582)
Wiff, D. R., **2**, 198[561b] (134)
Wiger, G., **6**, 346[266] (315, 317), 384[106] (377); **8**, 934[565] (889)
Wiger, G. R., **3**, 86[406] (57)
Wiggans, P. W., **4**, 504[6] (381), 612[457] (596)
Wiggen, J. P., **6**, 98[330] (64)
Wijsekera, K. S., **4**, 920[32] (914, 915), 1064[415] (1022); **6**, 1080f[8]
Wijsman, A., **7**, 105[331] (45)
Wikholm, G. S., **1**, 552[26] (546), 553[38] (548)
Wikholm, R. J., **2**, 706[105] (694, 698)
Wilbey, M. D., **5**, 543f[7], 556f[3]
Wilburn, B. E., **3**, 1205f[7], 1250[230] (1205); **6**, 181[120] (153T, 156)
Wilcke, F. W., **8**, 385f[12], 455[92] (384), 645[228] (622T)
Wilcke, S., **2**, 827f[6]
Wilcock, D. F., **2**, 201[663] (162)
Wilcox, C. S., **7**, 459[279] (412)
Wilcox, W. A., **8**, 366[350] (340), 644[207] (633)
Wilcsek, R. J., **1**, 375[131] (326), 379[409] (364); **7**, 336[48] (334)
Wilczynski, J. J., **1**, 542[241] (535T)
Wilczynski, R., **1**, 409[46] (391), 453[60] (423, 445), 538[75a] (480, 496), 539[95a] (489, 498, 507); **6**, 945[239] (927, 934T, 935)
Wild, F. R. W. P., **4**, 607[119] (537, 539f)
Wild, P., **4**, 33[28], 50f[14], 151[131] (34, 35, 38, 57, 61, 101, 102)
Wild, R. E., **3**, 1141f[20]
Wild, S. B., **2**, 705[36] (685), 705[47] (687); **3**, 697[208] (664), 863f[33], 948[164] (867), 1072[291] (1016), 1075[448] (1039), 1076[519] (1055), 1092f[11], 1246[9] (1153), 1246[9] (1153), 1251[277] (1217, 1227), 1252[317] (1224), 1383[209] (1366); **4**, 327[578] (306), 327[580] (306, 316), 327[582] (306), 327[583] (307), 454f[11], 613[516] (600, 602f); **5**, 275[745] (250); **6**, 226[163] (199, 201T), 347[326] (321), 987f[1], 1018f[18], 1028f[15], 1028f[16], 1028f[24], 1028f[32], 1028f[35], 1029f[67], 1039[7] (988, 991), 1039[17] (989, 991, 994), 1040[86] (1001), 1040[87] (1001); **8**, 1007[6] (940, 988, 996)
Wilde, H. J., **3**, 945f[3], 945f[6]
Wildenau, A., **1**, 672[119] (578)
Wilemon, G. M., **8**, 606[65] (558, 596T, 602T), 607[141] (569, 572, 589, 597T), 609[220] (605), 609[221] (605), 609[232] (594T), 1071[340] (1062)
Wilen, S. H., **7**, 253[99] (242)
Wiles, D. R., **4**, 234[31] (164), 689[40] (666); **6**, 841f[123]
Wiles, M., **7**, 99[11] (3)
Wiles, M. R., **6**, 142[195] (133T, 135)
Wiley, D. W., **8**, 1009[159] (981)
Wiley, P., **7**, 513[225] (508)
Wiley, R. H., **7**, 513[225] (508)
Wilfinger, H. J., **2**, 706[118] (697)
Wilford, J. B., **3**, 697[199] (664), 1337f[19]; **4**, 241[461] (218, 218T); **5**, 64f[7], 268[250] (65); **6**, 805f[17], 841f[122]
Wilka, E.-M., **7**, 103[187] (25), 107[390] (52)
Wilka, H., **7**, 52f[1]
Wilke, G., **1**, 247[344b] (196), 583f[15], 583f[17], 671[17] (558), 671[29b] (559), 671[33] (559), 672[72] (568, 592, 594, 623, 627, 629, 638, 641, 642, 644, 659), 672[127] (579, 665), 672[129] (579, 651, 659), 676[388] (625, 627), 681[702] (664, 666), 681[704] (666), 681[705] (666), 681[706] (666), 681[710] (666); **3**, 87[453] (64), 87[470] (67, 70), 170[172] (165), 269[356] (238), 327[45] (294), 372f[13], 548[139] (545), 630[108] (574), 630[133] (579), 632[238] (624, 625, 626, 627), 632[256] (620), 632[260] (620, 626), 632[263] (620), 633[290] (626), 703[586] (694), 1067[7] (956, 957), 1068[61] (972), 1246[19] (1155), 1246[23] (1155); **4**,

401f25, 6056 (514), 64828 (621); **5,** 68f14, 213f20, 272566 (188, 218, 221, 222, 223, 224, 225), 273628 (211); **6,** 11 (1), 121 (3, 4, 6, 8, 10, 12), 1211 (4), 331 (15, 16, 19, 21f, 22f, 23, 25, 26, 30), 3311 (17, 17T), 931 (37, 39–42, 43f, 44, 45, 49, 50f, 51, 52, 53f, 59f, 61f, 62f, 64, 66, 67, 68, 80, 81, 83, 85, 85f, 91f, 92f), 9332 (82), 95164 (38, 39, 43T, 80, 81), 96175 (38, 41, 81), 96176 (38, 39, 42), 96191 (39), 96206 (50), 97241 (54T, 71, 79, 84), 97244 (82, 85T), 97246 (81), 97247 (83), 97250 (84), 99353 (44), 99365 (81, 83, 85T), 1361 (101, 103, 105f, 107, 108, 109, 110, 111, 116, 117, 118, 119, 121f, 122f, 123, 124f, 127, 128, 132, 133, 134f, 136), 1393 (105T, 111), 13918 (103, 104T, 107, 109), 14096 (104T, 107, 108), 141130 (104T, 105T, 106, 112), 142191 (103), 143228 (103, 104T, 109), 143238 (104T, 107), 143239 (104T, 111, 112), 143240 (108), 143253 (103, 110), 1791 (145, 146f, 147, 152, 153, 153f, 154, 158, 160f, 161, 166, 166f, 173f, 175, 176, 176f, 177), 17914 (146T, 147, 156, 160T, 165T, 169), 17926 (153T, 154, 158, 160T, 167), 18052 (145, 146T, 151, 156, 159T, 163, 165T), 18055 (146T, 151), 18062 (149, 159T), 18080 (165T, 167), 181106 (145), 181108 (163, 165T, 166T, 170), 181135 (145, 146T, 149, 150, 151, 153T, 156, 167, 168), 181136 (145, 146T, 147, 157, 159T, 160T, 161, 162, 164, 165T, 167), 181138 (152, 153T, 154, 156, 166, 167), 182144 (146T, 147, 151), 182151 (156), 182165 (158), 182180 (171), 1871 (183, 183f, 186, 187), 2231 (189, 190, 191f, 192, 193f, 194–196, 198, 200, 201f, 201, 202, 205, 205f, 206, 207, 208, 209f, 210, 211, 213f, 214, 215f, 218, 220), 2301 (229), 26121 (245), 26130 (245), 26132 (245), 263169 (257), 443145 (403), 444207 (410), 446356 (438), 7611626 (716), 98018 (952, 953, 959T); **7,** 109533 (78), 4541 (367), 4546 (367, 372, 376, 384, 450), 463534 (450), 463539 (451); **8,** 222134 (159, 160, 165, 166, 174, 188, 189, 190, 191, 192, 193, 194, 195, 196, 198, 199, 202, 208, 213, 218), 28176 (255), 282185 (275), 283197 (278), 385f33, 385f34, 386f1, 397f12, 397f23, 402f3, 403f1, 425f9, 429f1b, 45410 (374, 412, 413), 45446 (379), 45451 (379, 384, 386, 387), 45452 (379, 393, 396, 397, 405, 407), 45591 (384, 396), 45597 (386, 387), 45598 (387, 427), 455119 (391), 456128 (393), 456134 (394), 456146 (396), 456147 (396, 398, 404), 456148 (396), 456159 (396, 401, 407), 457185 (398), 457186 (398), 457207 (403, 421, 453), 457210 (403, 404, 407), 457212 (404, 408, 422), 457214 (404), 457216 (404, 407), 457225 (405), 457226 (405), 457232 (407), 458279 (412), 458280 (413), 459327 (421), 459350 (426), 49790 (486), 551122 (533), 6131 (613), 6132 (613), 6411 (615, 616, 617, 618, 619, 619T, 622f, 623, 623f, 624, 625, 626, 627f, 629, 630f, 632, 633, 634f, 637f, 639, 640), 6415 (640), 644158 (617, 621T, 623), 6681 (649, 650, 652, 655, 659f, 664, 666), 66978 (654, 657T), 67087 (665), 67090 (665), 67092 (649), 7041 (672, 673, 674f, 676, 677, 680, 681, 682, 683, 684, 685, 685f, 690, 691, 693f, 694f, 697, 698, 701, 702, 703), 7045 (683), 70424 (680), 70428 (672, 674T, 677), 707159 (679), 707160 (679), 707161 (677), 707162 (677, 679), 707164 (672, 673), 707178 (698), 709278 (672, 691), 7691 (719f, 722f, 722, 727f, 728, 729, 732, 738, 739, 740, 761f), 77090 (731), 77091 (732, 737), 77091 (732, 737), 7941 (773, 774, 775, 776, 777, 780, 782, 783, 787, 788, 791), 79567 (782), 79571 (782), 79574 (788), 79589 (792), 92751 (801), 929159 (810), 929185 (812)

Wilker, C. N., **4,** 510374 (472)

Wilkes, G. R., **3,** 170159 (161), 1249163 (1191); **4,** 15199 (25), 640f1, 64981 (638, 639); **5,** 524299 (317); **6,** 944186 (914)

Wilkie, C. A., **1,** 7197 (684); **2,** 18896 (25, 77)

Wilkins, B., **5,** 522176 (300, 496), 533884 (428, 450), 5381235 (495, 496), 5381236 (496), 5381237 (496), 5381238 (496)

Wilkins, B. T., **2,** 67449 (636)

Wilkins, C. J., **2,** 203732 (180)

Wilkins, Jr., C. W., **1,** 249464 (211); **7,** 10028 (4)

Wilkins, E. J., **6,** 748764 (586, 588, 588T)

Wilkins, J. D., **3,** 359f4, 398f45, 42721 (336, 360, 405), 428105 (361), 47330 (438), 732f2, 732f17, 732f18,

733f1, 733f2, 733f14, 733f15, 733f16, 733f17, 734f1, 734f2, 734f12, 734f13, 734f14, 734f15, 734f16, 734f17, 734f18, 734f19, 735f5, 77976 (719, 743), 780109 (738), 780110 (738, 743), 780111 (738), 780126 (743), 780127 (743), 780128 (743), 780130 (743), 842f18, 1092f3, 1092f8, 1092f10, 114630 (1094), 1266f6, 1266f7

Wilkins, J. M., **2,** 763166 (752); **7,** 727160 (701), 728208 (709)

Wilkins, R. G., **4,** 325439 (293); **6,** 24131 (238), 746655 (565)

Wilkinson, A. J., **6,** 443127 (402)

Wilkinson, B., **3,** 1076502 (1052)

Wilkinson, C. W., **3,** 1081f12

Wilkinson, D. I., **3,** 1072258 (1011, 1013)

Wilkinson, G., **1,** 244184b (176, 198, 207), 247340 (196, 197), 247341 (196, 203), 247342 (196, 207), 247343 (196), 247343 (196), 247344c (196), 247366 (198, 201, 203, 204, 206), 248432 (207), 248433 (207), 248434 (207), 347383 (200); **2,** 194362 (93), 194372 (95), 194373 (95, 96), 198545 (130), 302395 (295T), 680388 (671), 713f40, 76159 (721), 768f12, 8171 (765), 81824 (767), 85923 (829, 845), 86043 (833), 974304 (924, 926); **3,** 801 (2), 8021 (3, 9), 88524 (77), 88529 (77), 88530 (77), 16810 (91), 16977 (131), 263f8 (174, 176), 26312 (174, 178), 26469 (180, 182), 267255 (214), 269364 (241), 27911 (271), 27912 (271), 315f1, 327104 (309), 362f15, 368f4, 398f3, 398f24, 428f86 (357), 42898 (361), 42899 (361), 428113 (361), 431332 (426), 461f15, 461f39, 473f18 (437, 442), 473f61 (448), 474123 (472), 629f61 (569), 629f62 (569), 629f63 (569), 633313 (620), 6459 (636, 639), 64518 (637), 64528 (639), 684f2, 696117 (657, 660, 661), 696150 (660), 699306 (672), 699314 (672), 699321 (673, 681, 684), 699338 (673, 674), 723f5, 723f6, 725f9, 731f3, 731f4, 731f5, 731f6, 731f9, 732f3, 732f7, 732f8, 732f12, 732f13, 732f14, 732f19, 733f7, 733f8, 733f12, 735f8, 766f3, 774f1, 775f5, 775f6, 7785 (706), 77810 (706, 707), 77986 (723), 780131 (743), 781169 (761, 773), 788f3, 788f15, 793f1, 797f14, 798f4a, 799f2a, 799f3a, 799f3b, 819f9, 833f21, 833f91, 863f51, 874f10, 879f2, 879f23, 937f1, 937f2, 937f4, 942f14, 944f3, 950307 (916, 936, 939), 951354 (936), 951356 (939), 971f4, 971f5, 1075455 (1040), 1076514 (1054, 1056), 1081f3, 1084f1, 1085f15, 1086f2a, 1086f3a, 1086f3b, 1131f1, 1131f2, 1131f3, 1131f4, 1131f12, 1131f16, 1131f17, 1133f1, 1133f2, 114797 (1129, 1130), 114798 (1129), 114799 (1129), 1170f2, 1177f6, 1178f2, 1187f5, 1248136 (1185), 1251289 (1219, 1225, 1226), 1252306 (1223), 1252307 (1223), 1252308 (1223), 1258f4, 1258f9, 1262f15, 1263f2a, 1263f3, 1263f4, 1308f3, 1308f4, 1308f5, 1311f2, 1311f3, 1311f9, 1311f10, 1312f2, 1312f3, 1312f13, 1312f18 (1312f), 1313f4, 1318142 (1308), 1318143 (1308), 1319144 (1308), 1319149 (1310), 1319152 (1314, 1316), 1338f17, 138074 (1335), 1381118 (1344), 1383202 (1366), 1383211 (1366); **4,** 2f5, 2f7, 2f8, 34f53, 51f47, 51f50, 65f17, 151113 (27), 151153 (39), 152172 (43, 45, 61), 153251 (67), 153274 (69), 154322 (78), 154354 (88), 155405 (113), 155429 (118, 120), 155433 (118), 156454 (122), 156463 (124, 133), 158588 (136), 166f2, 168f6, 2335 (162), 23591 (168), 235134 (177), 237226 (189T, 190, 192), 238316 (205, 206T, 206), 238317 (205, 206T, 206), 239333a (206, 207T), 241442 (215T, 216), 241443 (215T, 216), 241444 (215T, 216, 217, 229), 241445 (215T, 216, 229), 241447 (215T, 216, 217), 241448 (215T, 216, 232T), 241450 (215T, 216), 241452 (215T, 216), 241453 (215T, 216), 241454 (215T, 216), 241455 (215T, 216, 217, 229), 241456 (216), 241457 (216), 241458 (216), 241459 (216), 242521 (231, 232T), 312f1, 3196 (244), 321157 (260), 323271 (273), 324373 (287), 328649 (312), 375141 (366), 400f5, 435f26, 478f2, 510382 (475, 476), 512508 (500), 602f22, 605f14a (514), 607149 (543), 611385 (590), 64830 (623), 657f10, 657f18, 664f4, 675f4, 675f5, 68965 (669), 690102 (676), 690112 (678), 690114 (678), 690115 (678), 690116 (678, 679), 694f2, 694f10,

810^{14} (693, 695, 704), 811^{72b} (700), 811^{75} (700, 704), 811^{86b} (702, 710), 811^{91} (704), 811^{94} (705, 748), 811^{98} (705, 740), 811^{119} (708), 812^{142} (712), 812^{169} (716), 812^{172} (717, 722, 723, 725, 737, 748), 812^{182} (718, 720, 725, 729, 738, 742, 746, 751, 755), 812^{185} (718), 812^{196} (720), 813^{201} (720, 722, 723), 813^{201a} (720, 722, 723), 813^{221} (725), 813^{225} (726, 737), 813^{228} (726, 734), 813^{231} (727, 734), 813^{263} (739, 744), 814^{279} (742, 755), 814^{283} (744, 745, 751), 814^{284} (744), 814^{309} (748), 814^{309} (748), 815^{359} (755, 803), 815^{387} (759), 815^{388} (759, 762), 816^{418} (761), 817^{517} (776, 777), 818^{562} (783), 819^{640} (802), 819^{641} (802), 819^{642} (803), 840^{27} (825), 841^{94} (838), 841^{95} (838), $890f^1$, 906^1 (889, 891), 906^8 (890, 891), 920^3 (909), 920^5 (910), 920^6 (910), 920^7 (910), 962^5 (932), 962^7 (932, 946), 963^{13} (933, 940), 963^{15} (934, 942), 963^{16} (934), 963^{16} (934), 963^{17} (934), 963^{21} (935, 937, 940), 963^{38} (937), 963^{52} (939), 964^{77} (943); **5**, $32f^7$, $34f^7$, $64f^{17}$, $76f^8$, $137f^{10}$, $229f^1$, $246f^4$, $249f^2$, $255f^5$, 264^7 (3), 268^{290} (78), 272^{539} (179), 272^{556} (187, 226), 273^{589} (196), 273^{590} (196), 274^{669} (227), 274^{689} (234), $285f^1$, $285f^4$, $288f^3$, $299f^2$, $305f^3$, $306f^2$, $306f^{10}$, $341f^1$, $341f^5$, $342f^1$, $342f^2$, $342f^3$, $355f^2$, $403f^4$, $404f^{39}$, $438f^6$, $438f^7$, $444f^3$, $444f^5$, $479f^{11}$, 520^3 (278, 356), 520^7 (278, 450), 520^{11} (278), 520^{20} (281), 520^{32} (282, 284, 285, 288, 292), 520^{43} (283, 462), 521^{67} (285, 286), 522^{130} (341), 522^{143} (297), 522^{144} (297), 522^{184} (302, 302T, 314), 522^{186} (302, 302T, 428), 522^{190} (302, 302T, 303T, 314), 523^{201} (303T), 523^{211} (303T, 363), 523^{215} (304T), 525^{381} (317, 354), 525^{388} (340), 526^{390} (340, 341, 342), 526^{395} (340), 526^{396} (340, 341), 527^{458} (351), 527^{462} (304T, 354, 471T, 474T), 527^{469} (356), 528^{571} (375), 528^{577} (376), 528^{578} (376, 407), 528^{579} (376, 407), 529^{607} (378), 529^{623} (381), 529^{624} (381, 497), 529^{628} (380, 398), 529^{650} (385), 530^{681} (393, 426), 531^{718} (398, 399), 531^{719} (398), 531^{729} (399, 408), 531^{739} (405, 409), 531^{759} (408, 409, 428, 440), 533^{855} (422), 533^{882} (428, 440), 533^{885} (428, 440), 535^{1004} (450), 535^{1018} (457), 535^{1019} (457), 535^{1039} (461, 485), 536^{1083} (468), 536^{1100} (472T), 536^{1120} (354, 474T), 538^{1233} (493, 494), 539^{1280} (511), $556f^9$, $570f^5$, $570f^8$, 621^9 (542, 550), 622^{78} (553, 565), 623^{111} (561, 567), 623^{124} (561), 623^{154} (565), 624^{203} (569, 571), 624^{211} (571), 624^{227} (575, 590), 626^{359} (595), 626^{383} (599), 627^{443} (605); **6**, 34^{36} (20T), 36^{170} (32), 36^{170} (32), 36^{175} (32), 241^{36} (239, 240), 262^{89} (250), 262^{103} (251), 263^{162} (257), 263^{163} (257), 263^{165} (257, 258), 278^{56} (266T, 276), 343^{33} (284), 346^{242} (313), 382^{13} (365), 382^{14} (365), 441^{30} (390), 441^{31} (390), 442^{58} (393), 453^1 (447), 453^{10} (448), 736^{15} (476), 740^{265} (515T, 541), 740^{270} (515T, 541), 745^{561} (549), 745^{612} (560), 751^{975} (619), 751^{988} (620), 752^{1028} (626), 757^{1388} (672), 757^{1415} (673), 759^{1501} (686), 759^{1502} (686, 689), 759^{1509} (689), 759^{1510} (689), $779f^1$, $840f^{68}$, $840f^{69}$, 876^{215} (814), 943^{123} (905, 906T, 914), 943^{142} (910, 909T), $1018f^{21}$, $1018f^{31}$; **7**, 462^{483} (442); **8**, 96^{79} (38), 96^{122} (44, 48), 98^{246} (69), 99^{307} (88, 88T, 89), 99^{315} (90, 91), 99^{324} (91), 220^5 (103), 220^{24} (108), 220^{27} (109), 222^{88} (120), 222^{91} (121, 126, 144), 222^{97} (122, 148), 222^{101} (127), 280^{30} (237), 280^{32} (237, 249, 258, 261), $315f^7$, $331f^3$, $339f^{10}$, 361^{21} (286), 361^{55} (287), 361^{56} (287), 362^{128} (296), 365^{323} (338), 367^{428} (349), 368^{503} (357), $411f^4$, 458^{256} (411), 496^{12} (466), 610^{273} (596T), 927^{41} (801), 928^{113} (805), 1010^{218} (1005), 1069^{293} (1057)

Wilkinson, J., **8**, 929^{165} (810)
Wilkinson, J. F., **2**, 705^{66} (689)
Wilkinson, J. R., **3**, $120f^{11}$, 170^{138} (154), 170^{142} (154), 1074^{411} (1035), 1248^{140} (1186); **4**, 234^{26} (164), 321^{179} (264), 329^{673} (316), 374^{61} (343), 608^{192} (553, 553f), 648^{19} (619); **5**, $285f^2$, $362f^2$, $404f^{43}$, $418f^9$, 523^{232} (305), 532^{806} (416), 534^{962} (442, 458); **6**, 876^{188} (797), 945^{277} (936, 937T)
Wilkinson, M., **1**, 721^{141} (703)
Wilkinson, M. P., **6**, 744^{503} (541), 752^{1042} (628), 755^{1288} (658)

Wilkinson, P. R., **8**, $382f^{18}$, 455^{66} (381)
Wilkinson, R. R., **2**, 1016^{102} (991f, 992, 1009)
Will, G. J., **4**, 907^{40} (898, 905)
Will, J. P., **7**, 107^{420} (56)
Willard, A. K., **2**, 300^{252} (263, 278, 286); **7**, 649^{196} (558)
Willard, G. F., **1**, 249^{469} (212, 214), 249^{473} (214, 218), 249^{477} (214, 218), 249^{483} (216, 218); **7**, 103^{194} (27), 109^{543} (80), 109^{543} (80), 109^{544} (80), 461^{437} (434)
Willard, H. H., **2**, 706^{106} (695); **3**, $1137f^{11}$
Wille, H., **1**, $275f^9$, 376^{206} (341), 376^{207} (341); **7**, 252^{11} (230)
Willeford, Jr., B. R., **3**, $1004f^6$, $1029f^7$, $1030f^2$, 1072^{254} (1010), 1072^{284} (1015), 1072^{290} (1016), 1073^{323a} (1021), 1074^{375} (1031), 1074^{409} (1035), $1211f^6$
Willemart, A., **7**, 727^{139} (695)
Willemen, H., **2**, 621^{283} (556)
Willemsen, H. G., **1**, 375^{183} (336)
Willemsens, L. C., **2**, 624^{548} (592), 675^{69} (637, 650, 654, 657, 664, 665, 666, 670), 676^{145} (646), 676^{147} (646), 677^{232} (655), 677^{249} (657), 678^{256} (657), 679^{327} (665, 666), 679^{332} (665, 666), 679^{337} (666), 679^{344} (666), 679^{348} (666), 679^{349} (666), 679^{350} (666), 679^{352} (666, 668)
Willenberg, H., **3**, $851f^{44}$, $858f^3$, 947^{60} (821)
Willett, B. C., **2**, 972^{147} (889), 972^{148} (890)
Willett, R. M., **4**, 606^{70} (522)
Willey, G. R., **1**, 552^{13} (544, 545), 552^{14} (545); **2**, 187^{33} (8, 124), 197^{496a} (121, 123), 198^{549} (131), 198^{559} (133)
Willi, C., **5**, 536^{1061} (463)
Williams, A. A., **2**, 742^{389} (526), 751^{973} (619), 759^{1522} (691, 694, 696, 701), 759^{1537} (694)
Williams, A. L., **1**, 377^{285} (351)
Williams, A. R., **2**, 969^4 (864)
Williams, B. E., **7**, 105^{324} (44)
Williams, D. A., **2**, 970^{62} (871)
Williams, D. F., **6**, $1020f^{108}$
Williams, D. J., **4**, $422f^7$, 506^{124} (411, 424); **7**, 300^{118} (286)
Williams, D. R., **7**, $98f^{16}$
Williams, D. S., **3**, 951^{332} (927)
Williams, E. A., **2**, 397^{120} (388), 397^{124} (388)
Williams, E. D., **4**, 689^{42} (667)
Williams, F., **1**, 24^{264} (161)
Williams, F. R., **2**, 818^{17} (766), 1018^{191} (1001, 1004), 1018^{230} (1004); **6**, 747^{709} (582)
Williams, G. A., **5**, 621^{48} (550), 621^{50} (550, 613)
Williams, G. H., **5**, 271^{511} (169, 170, 173), 271^{514} (172); **7**, 656^{576} (623)
Williams, G. J., **7**, 159^{74} (146), 253^{90} (240, 242)
Williams, G. J. B., **6**, 754^{1167} (641, 642T, 651, 652)
Williams, G. M., **1**, 309^{525} (297), 309^{530} (297), 309^{532} (297); **3**, 630^{156} (582, 587), 631^{185} (587), 633^{305} (613), 1248^{114} (1181); **4**, $64f^2$, 151^{89} (24, 92), 153^{242} (62, 63), 605^{40} (519); **5**, $12f^1$; **7**, 107^{420} (56)
Williams, I. G., **4**, 107^{179}, 155^{403} (111), 321^{129} (257), 322^{249} (271), 689^{64} (669), 690^{92} (673), 811^{126} (709), 815^{341} (752), 841^{82} (836), 841^{85} (836), $873f^8$, 884^5 (844, 849, 881), 887^{162} (875), 887^{180} (881), 887^{181} (881, 882), 908^{73} (904, 905), 928^{20} (925), 1063^{367} (1050), 1064^{418} (1032); **6**, $841f^{127}$, $871f^{125}$, 877^{223} (818)
Williams, J., **3**, $1141f^{11}$, 1147^{121} (1144), 1249^{176} (1192); **5**, $344f^2$, $346f^6$, $353f^{10}$, $371f^4$, $373f^{13}$, $404f^{19}$, 526^{404} (342, 345, 348, 382), 528^{559} (369); **7**, $14f^1$
Williams, J. A., **6**, $290f^1$
Williams, Jr., J. E., **1**, 115^{35} (48, 72, 77, 93, 107), 149^7 (122), 251^{617} (237), 304^{162} (269)
Williams, J. L. R., **1**, 303^{71} (265), 310^{552} (298), 310^{553} (298), 376^{215} (343), 376^{216} (343), 376^{217} (343); **7**, 336^{50b} (334), 336^{50c} (334), 336^{50d} (334), 336^{50e} (334)
Williams, J. M., **3**, 85^{359} (49), 88^{540} (78), 270^{409} (256,

257), 632²²² (601), 721f⁶, 721f⁹, 721f¹⁰, 725f⁴, 752f³, 780⁹⁸ (729), 947³⁷ (814), 947³⁸ (814), 1247⁶⁹ᵃ (1168), 1249¹⁶² (1190), 1249¹⁹⁰ (1198), 1269f², 1269f³, 1269f⁴, 1380³⁸ (1329); **4**, 247f⁹, 312f⁹, 327⁵⁶⁹ (305, 318), 329⁶⁸⁴ (317), 400f¹², 414f⁷, 480f⁸, 506¹⁴² (417), 510⁴⁰² (481), 607¹²² (539f, 540), 1058³⁶ᵇ (971, 972), 1063³⁶⁰ (1049), 1063³⁶² (1049); **6**, 96¹⁷⁸ (43T, 44), 942⁸⁹ (901, 903T); **8**, 97¹⁷⁹ (56), 97¹⁹⁷ (59)
Williams, J. P., **4**, 154³⁶⁵ (90), 154³⁶⁶ (90, 124), 158⁶³¹ (142), 236¹⁷⁴ (181, 182), 236¹⁸² (182), 374⁷² (347), 375¹⁰⁰ (357); **8**, 1008⁸⁰ (962)
Williams, J. W., **8**, 331f²⁴
Williams, K. C., **1**, 117¹⁴³ (75), 671⁵⁴ (563, 602); **2**, 675⁷⁰ (637), 675¹⁰⁹ (642), 678²⁷⁵ (660), 679³⁵³ (668), 679³⁵⁴ (668)
Williams, L. F., **2**, 707¹⁶⁹ (702, 703); **4**, 327⁵⁴⁴ (302, 303, 316), 611⁴³⁰ (593); **5**, 275⁷⁵² (250)
Williams, L. F. G., **1**, 307³⁷³ (288); **7**, 301¹⁶¹ᵇ (294)
Williams, M., **4**, 608²³⁸ (566), 608²³⁹ (566)
Williams, M. L., **4**, 815³⁹³ (759, 771, 773), 818⁵⁹¹ (792)
Williams, P., **8**, 367⁴⁵³ (352)
Williams, R., **5**, 526⁴⁰⁵ (342, 343); **8**, 1066¹⁴² (1038), 1066¹⁴³ (1038)
Williams, R. E., **1**, 41¹²⁶ (26, 28), 41¹⁴⁰ (32, 33T, 34), 380⁴⁷⁷ (372), 452¹⁰ (412, 413), 453⁴⁰ (420), 453⁴⁷ (422), 453⁴⁹ (422, 433), 453⁵⁷ (423, 425), 453⁵⁷ (423, 425), 453⁵⁹ (423), 453⁸⁰ (427, 433), 453⁸⁴ (427), 454⁸⁵ (427), 454¹⁰⁵ (429), 455¹⁷¹ (438), 456²³⁹ (450, 451), 538³⁰ (465, 502), 552³ (543); **8**, 934⁵³² (883)
Williams, R. J. P., **2**, 818¹⁷ (766), 1015²⁰ (981), 1018¹⁹¹ (1001, 1004), 1018²³⁰ (1004); **6**, 747⁷⁰⁸ (582), 747⁷⁰⁹ (582)
Williams, R. L., **1**, 260f¹⁶, 456²³⁶ (450), 456²³⁶ (450)
Williams, R. M., **5**, 526⁴⁰⁷ (342, 343); **7**, 142¹⁴⁷ (139), 196¹³⁰ (175), 321¹ (304, 310), 322³³ (310, 316)
Williams, R. O., **8**, 795⁵¹ (786), 796¹¹⁴ (775)
Williams, S., **7**, 510¹¹ (470)
Williams, T. C., **2**, 396⁹¹ (384), 396⁹⁴ (384), 396⁹⁸ (384)
Williams, W. E., **4**, 605⁴⁶ (519); **8**, 1066¹¹¹ (1031)
Williamsen, P., **7**, 513²³¹ (509)
Williamson, A. G., **2**, 627⁷¹¹ (615), 627⁷¹² (615)
Williamson, A. N., **6**, 241¹⁹ (236)
Williamson, D. H., **3**, 732f¹⁹, 1131f¹², 1133f²; **4**, 241⁴⁴² (215T, 216); **5**, 538¹²⁰⁵ (486, 487), 538¹²⁰⁷ (487, 510), 539¹²⁷⁸ (510), 626³³⁷ (591, 592, 593); **7**, 464⁵⁵⁵ (453); **8**, 361³¹ (286, 333), 1007¹⁰ (941, 987), 1070³²⁵ (1060)
Williamson, J. M., **4**, 607¹³⁹ (539f, 541, 602f)
Williamson, K. L., **3**, 328¹⁴⁷ (318), 633³⁰⁹ (614); **8**, 1104²⁸ (1079)
Williamson, R. B., **4**, 811¹¹⁵ (708)
Williams-Smith, D. L., **3**, 981f², 1067¹¹ (958), 1069¹¹³ (984); **4**, 508²⁴⁷ (442); **6**, 143²³⁷ (112)
Willing, R. I., **3**, 632²⁷³ (621, 622)
Willis, A. C., **4**, 157⁵³⁴ (129), 608²³⁸ (566); **8**, 1067¹⁸⁰ (1042)
Willis, C., **3**, 279⁵⁷ (278); **7**, 456⁸³ (385); **8**, 388f², 455¹⁰⁴ (389)
Willis, C. J., **1**, 304¹³⁶ (269), 309⁵¹² (297), 309⁵¹³ (297); **3**, 473¹⁰ (434)
Willis, C. L., **7**, 99²⁰ (3)
Willis, C. M., **4**, 608¹⁸⁹ (551, 553, 553f), 608²⁴⁵ (568f, 569)
Willis, H. A., **1**, 260f¹⁸, 260f²⁶, 260f²⁷, 260f²⁹, 260f³⁰, 261f⁴³
Willis, J. E., **3**, 1087f³
Willis, S., **4**, 606⁸⁶ (528)
Willoughby, S. D., **3**, 85³²² (45); **5**, 373f⁸, 528⁵⁵² (368), 538¹²²³ (368)
Wills, I. E., **7**, 95f⁶
Wills, M. T., **7**, 95f⁶, 651³²⁵ (579)
Willson, J. S., **8**, 938⁷⁹³ (925)
Wilmarth, W. K., **1**, 308⁴⁴⁸ (293)

Wilputte-Steinert, L., **3**, 1067¹⁴ (958, 959); **8**, 367⁴³⁴ (350)
Wilson, A. A., **5**, 271⁵⁰³ (167); **6**, 868f²⁹, 875¹³⁴ (784)
Wilson, C., **7**, 653³⁹⁰ (591)
Wilson, C. A., **6**, 347³³¹ (321)
Wilson, C. J., **6**, 745⁶⁰⁸ (560), 745⁶⁰⁹ (560), 752¹⁰⁷² (633), 752¹⁰⁷³ (633)
Wilson, Jr., C. O., **1**, 260f³, 260f⁷, 262f⁶, 262f⁷, 262f²⁸
Wilson, C. V., **7**, 729²⁶³ (722)
Wilson, D. A., **3**, 398f⁷, 428¹⁴⁴ (365), 430²⁷¹ (401)
Wilson, D. R., **1**, 672⁹⁴ (573); **4**, 512⁴⁷⁶ (493)
Wilson, Jr., E. B., **1**, 263f¹¹, 302⁵¹ (263); **3**, 102f⁴
Wilson, F. B., **4**, 107f⁵⁹
Wilson, Jr., G. E., **7**, 104²⁶⁰ (33)
Wilson, G. L., **3**, 1074⁴⁰⁵ (1035)
Wilson, H. E., **6**, 759¹⁴⁹⁶ (685)
Wilson, I. L., **1**, 722¹⁷³ (709), 722¹⁸² (711); **4**, 690¹⁰⁷ (676), 690¹⁰⁸ (676), 690¹⁰⁹ (676)
Wilson, J. M., **4**, 321¹²⁹ (257), 321¹⁶⁷ (262), 322²⁴⁹ (271), 689³⁶ (666); **6**, 841f¹²⁷, 1019f⁷⁵
Wilson, J. W., **1**, 150⁹⁶ (124, 128); **7**, 107⁴²⁷ (57)
Wilson, K. E., **7**, 460³⁶³ (422)
Wilson, K. W., **4**, 320⁷⁷ (250)
Wilson, L. S., **2**, 201⁶⁶⁶ (163)
Wilson, M. E., **3**, 362f¹⁶, 398f²¹, 419f², 419f³, 430²⁶⁰ (396, 420); **5**, 537¹¹⁶² (477); **8**, 361⁶⁴ (288), 454¹⁵ (374, 375), 608¹⁸⁶ (581)
Wilson, M. K., **1**, 262f⁴⁴
Wilson, N., **7**, 142¹²³ (135), 300⁸⁶ᵇ (280), 336⁴³ᵃ (331)
Wilson, N. K., **2**, 945f³, 976⁴⁰⁰ (946)
Wilson, P. W., **2**, 193³⁴⁶ (89), 515⁵⁷⁸ (478, 479, 481, 486)
Wilson, Jr., R. B., **3**, 752f⁵
Wilson, R. D., **3**, 694⁷ (648, 650), 771f¹, 775f⁴, 779⁵⁹ (712, 772), 1269f⁹, 1381¹¹⁹ (1344); **4**, 234⁵⁹ (167), 321¹⁴⁷ (259), 324³⁴⁷ (283), 895f¹, 907²² (892, 894), 907²⁸ (894), 1059¹³² (973), 1059¹³² (987, 989); **6**, 96¹⁷⁴ (42, 43T), 344¹⁰² (297, 298f, 314), 806f³⁴, 843f²¹⁵, 870f⁹³, 876²⁰⁸ (810, 811)
Wilson, R. J., **6**, 227²²¹ (194)
Wilson, S., **6**, 737⁸⁸ (490)
Wilson, S. E., **1**, 41¹¹⁸ (24); **7**, 100⁵⁷ (7), 729²⁷⁵ (723)
Wilson, S. R., **2**, 190¹⁶⁹ (38); **7**, 105³⁰¹ (40, 93); **8**, 549²³ (503)
Wilson, S. T., **3**, 86⁴⁰⁰ (55), 108f¹²; **4**, 690¹¹⁷ (679), 690¹¹⁸ (680, 681), 813²⁰² (721), 938f²; **8**, 304f¹⁸
Wilson, T. P., **3**, 270⁴³⁰ (262); **8**, 98²³⁸ (69, 69T, 79), 378f⁸, 454¹¹ (374)
Wilson, V. A., **3**, 430²⁴⁰ (391); **6**, 838f², 839f⁵, 839f⁸, 839f¹⁷, 873¹⁹ (764), 875¹¹⁶ (780)
Wilson, W., **4**, 65f¹⁶
Wilson, W. D., **8**, 609²²⁰ (605), 609²²¹ (605)
Wilt, J. R., **5**, 520²³ (281)
Wilt, J. W., **8**, 936⁷⁰⁴ (909)
Wilt, M. H., **8**, 936⁷⁰² (909)
Wiltshire, E. R., **1**, 753⁶⁵ (735); **6**, 748⁷⁵⁶ (586)
Wilzbach, K. E., **1**, 150¹⁰⁹ (127, 147); **2**, 624⁴⁸⁷ (585)
Wimmer, F. L., **3**, 948¹⁵⁰ (861); **4**, 33f²³, 34f⁷¹, 151¹⁴² (37), 152¹⁶⁶ (42)
Winarko, S., **4**, 19f¹², 23f¹⁶, 151¹⁰² (26), 234⁴⁶ (165)
Winch, B. L., **6**, 444¹⁹³ (408, 422), 454³⁰ (450)
Windom, H. L., **2**, 1016⁴⁹ (983, 1006f), 1017¹⁶⁸ (998)
Windsor, N. J., **4**, 818⁵⁶³ (783), 1061²³⁵ (1020)
Windus, C., **4**, 611⁴¹² (592)
Winfield, J. M., **2**, 201⁶⁵⁵ (159)
Wing, R. M., **1**, 540¹⁸⁴ᵃ (519, 534), 542²⁴³ (534T); **3**, 81⁸⁰ (9), 83²³⁷ (33, 34), 83²³⁹ (33, 34), 86⁴⁰⁶ (57), 701⁴⁴⁰ (681, 687), 1100f¹; **4**, 150²⁷ (7), 607¹⁶⁵ (547, 548); **6**, 225¹²¹ (192, 193, 193T)
Wingeleth, D. C., **2**, 514⁴⁶⁸ (461), 514⁴⁶⁹ (461)

Wingfield, J. N., **2**, 202⁶⁹⁸ (169, 174), 513⁴⁰⁵ (452); **3**, 1317²⁴ (1272); **4**, 694f¹² , 813²⁵⁷ (736), 1059⁹⁹ (981, 1006, 1027), 1059¹⁴⁵ (990); **5**, 530⁶⁸⁵ (394); **7**, 654⁴³⁵ (598)
Wingler, F., **7**, 725³⁷ (669)
Winkeler, M. A. M., **2**, 627⁶⁹⁸ (613)
Winkelman, A., **5**, 623¹⁴⁴ (563, 564, 568), 623¹⁴⁷ (563, 564)
Winkelmann, H., **6**, 345¹⁸⁶ (309), 444²²⁶ (413, 422)
Winkhaus, G., **3**, 428¹¹⁰ (361); **4**, 155⁴²⁹ (118, 120), 155⁴³⁷ (119), 242⁵²⁶ (231, 232T), 815³⁷⁶ (757, 796), 1060²¹⁷ (1017, 1022); **5**, 229f¹, 272⁵⁵⁶ (187, 226), 437f², 532⁸²² (418, 448, 483), 535⁹⁹² (448), 535¹⁰⁴⁰ (461, 472T), 626³⁵⁰ (593), 627³⁹² (599, 600); **8**, 1066¹²⁵ (1033)
Winkle, M. R., **1**, 116⁵²ᵃ (52); **7**, 109⁵²³ (76)
Winkler, C. A., **2**, 506¹ (402, 503)
Winkler, D., **4**, 152¹⁷⁹ (44)
Winkler, E., **3**, 829f³ᵇ, 1317³⁸ (1276); **4**, 375¹³⁸ (366); **5**, 158f², 271⁴⁶⁶ (156); **6**, 33⁸ (16); **7**, 225⁹⁸ (206)
Winkler, H., **1**, 116⁹⁰ (59); **8**, 455⁹⁹ (387)
Winkler, H. A., **2**, 1019²⁴⁸ (1007)
Winkler, H. J. S., **1**, 116⁹⁰ (59); **3**, 1068⁷³ (976, 984, 985, 988, 990, 1022); **6**, 753¹⁰⁹⁷ (636, 659), 755¹²⁹³ (659), 756¹²⁹⁵ (659)
Winkler, J., **7**, 727¹⁷² (703, 704)
Winkler, T., **5**, 558f⁵; **8**, 770⁷³ (729), 1065⁹² (1026)
Winn, J. S., **6**, 14¹²¹ (8), 14¹³⁹ (8)
Winnett, J. W. G., **6**, 13⁶⁰ (8)
Winokur, M., **2**, 859¹² (827)
Winquist, B. H. C., **6**, 35¹⁶³ (30)
Winslow, A. F., **2**, 187⁵² (12)
Winstein, S., **1**, 742f¹²; **2**, 894f⁵, 976⁴¹⁰ (948), 978⁴⁹⁶ (962); **3**, 169⁵⁸ (127), 1076⁵⁴²ᵇ (1059), 1077⁵⁴⁵ (1059), 1170f⁸, 1247⁷² (1169), 1252³³¹ (1227, 1228), 1252³³² (1228, 1229), 1252³³⁵ (1228), 1383²¹⁸ (1368, 1374), 1383²²¹ (1368); **4**, 435f¹³, 608²⁰⁰ (555, 559f, 561); **6**, 443¹⁵⁰ (403); **7**, 510⁵ (468), 725²⁶ (667)
Winter, E., **3**, 695³⁵ (650, 651, 652, 654, 655), 695⁵⁰ (651, 652), 695⁵³ (651, 652)
Winter, G., **1**, 380⁴⁵⁹ (369); **2**, 625⁶¹⁶ (601, 602)
Winter, J. N., **2**, 194³⁵⁸ (92), 562f², 621³¹⁷ (561)
Winter, M. J., **3**, 1077⁵⁹⁶ (1066), 1252³⁴⁰ (1229), 1253³⁹³ (1241), 1253³⁹⁴ (1241), 1253³⁹⁵ (1242)
Winter, S. R., **4**, 320⁶⁹ (250), 373¹¹ (333), 374⁵⁸ (343); **8**, 220¹⁷ (108)
Winter, W., **4**, 460f⁹, 612⁴⁹⁶ (598); **5**, 531⁷⁷¹ (410), 531⁷⁷² (410), 531⁷⁷³ (410), 531⁷⁷⁸ (410, 445), 531⁷⁷⁹ (410, 490), 535⁹⁸⁹ (447), 535⁹⁹⁰ (447), 538¹¹⁹⁹ (486); **8**, 668⁶ (652, 658T, 659T), 669⁴¹ (652, 658T)
Winterfeldt, E., **7**, 726⁶⁶ (676)
Winterfelt, E., **7**, 456⁸⁹ (386, 412, 422, 429, 430, 433, 437, 438)
Wintermayr, H., **1**, 120³²⁰ᵇ (114)
Winternitz, P. F., **1**, 308⁴⁵² (293); **7**, 298¹⁴ (269)
Winters, R. E., **1**, 673¹⁵⁸ (589, 618); **3**, 697²⁰⁶ (664), 792f⁸, 1083f⁸, 1260f⁸; **4**, 150³² (7), 319³⁷ (246); **5**, 275⁷⁴⁴ (250); **6**, 13⁵⁰ (6, 11)
Winterstein, W., **1**, 380⁴⁵⁰ (369), 380⁴⁵¹ (369), 380⁴⁵² (369), 380⁴⁵⁴ (369), 380⁴⁵⁶ (369), 380⁴⁵⁷ (369), 380⁴⁶² (370), 380⁴⁶⁷ (370)
Winterton, N., **3**, 951³²³ (923); **4**, 154³⁵⁶ (89), 154³⁵⁷ (89), 154³⁵⁸ (89), 374⁶⁷ (346, 352), 611⁴⁴⁰ (594)
Winterton, R. C., **4**, 327⁵⁸⁹ (307); **6**, 1028f³⁶, 1036f⁷, 1040⁷⁶ (999, 1004), 1041¹²⁹ (1012), 1112¹²⁴ (1072)
Winton, P. M., **8**, 460³⁷³ (431), 461⁴⁴⁶ (441), 705⁶² (687T, 688, 691), 706¹³¹ (696T), 769⁴⁸ (714T), 931³⁶¹ (849), 932³⁶⁸ (849)
Winzenburg, M. L., **2**, 679³⁷⁴ (669); **5**, 33f¹¹, 265⁵⁷ (14), 280f², 520¹⁹ (280), 622⁸⁹ (559)
Winzer, A., **4**, 810²⁹ (696)
Wipff, G., **7**, 101⁷⁹ (12)
Wipke, W. T., **6**, 346²⁶⁵ (315, 316)
Wirkkala, R. A., **2**, 876f², 878f², 971⁸³ (876); **7**, 512¹⁶⁴ (476)
Wirkner, C., **2**, 195³⁹³ (98)
Wirl, A., **3**, 701⁴⁵⁰ (682)

Wirsching, A., **4**, 320⁸⁹ (251, 271)
Wirsén, A., **7**, 9f⁸
Wirth, H., **1**, 250⁵⁴⁹ (226, 232)
Wirth, H. O., **2**, 626⁶⁵⁸ (608)
Wirth, R. K., **8**, 769²⁷ (715T, 716T, 717T, 718T, 722)
Wirzmüller, A., **4**, 242⁵³² (231, 232T)
Wise, H., **8**, 97¹⁶³ (54), 97¹⁷⁵ (56)
Wise, W. B., **3**, 1246²² (1155); **5**, 539¹²⁷¹ (507), 539¹²⁷² (507)
Wisener, J. T., **7**, 101¹⁰⁶ (16)
Wismar, H.-J., **2**, 198⁵⁵⁸ (132)
Wisniewska, K., **7**, 459²⁵⁴ (409)
Wissner, A., **4**, 508²⁷¹ (446); **7**, 651²⁷² (572), 651²⁸⁴ (574), 652³⁵⁰ (583)
Wiswedel, I., **6**, 94⁵⁰ (45, 55T, 65)
Witanowski, M., **1**, 117¹³⁶ (73), 245²⁷⁰ (186), 674²⁴⁴ (603)
Withers, G. P., **7**, 648¹³⁰ (544), 649¹⁷⁵ (554)
Withers, Jr., H. P., **2**, 510²⁴⁶ (432); **7**, 108⁴⁴¹ (60)
Withers, H. W., **5**, 272⁵²¹ (177); **6**, 870f⁸³, 874⁷⁷ (772)
Witiak, J. L., **2**, 300²³⁵ (259T, 261)
Witke, K., **1**, 262f⁵⁵
Witkop, B., **7**, 252²⁸ (231), 252⁵⁶ (236)
Witman, M. K., **5**, 268²⁹⁹ (81, 92, 103, 106, 109, 116, 132, 144, 145)
Witman, M. W., **5**, 269³⁶¹ (109)
Witt, B., **6**, 100⁴¹¹ (40, 43T); **8**, 706¹⁴⁴ (686, 698)
Witt, M. E., **5**, 623¹²² (561)
Witte, H., **1**, 307³⁷⁵ (288), 377²⁵¹ (348), 377²⁵² (348), 377²⁵⁶ (348); **7**, 461⁴³¹ᵇ (433)
Witte, J., **8**, 549¹⁷ (502)
Wittel, K., **2**, 199⁵⁷⁵ (139), 976⁴¹⁷ (950)
Wittenberg, D., **1**, 150⁷⁶ (123, 128, 148), 676³⁷⁵ (624), 677⁴¹⁷ (626); **2**, 195³⁹⁵ᵃ (99, 102), 195⁴⁰⁰ (100), 196⁴⁵⁶ (113), 298¹⁴¹ (241), 301²⁸⁰ (268, 280); **7**, 655⁵¹⁴ (609); **8**, 422f⁵, 425f¹⁰, 457²¹⁸ (404, 421, 427), 459³³² (421)
Wittig, G., **1**, 53f³, 60f⁹, 150⁷⁶ (123, 128, 148), 150⁷⁷ (123, 140, 148), 151¹³⁴ (130, 142), 151¹⁷⁷ (140), 244¹⁷⁹ (175, 178), 249⁵⁰⁹ (221, 222, 239), 251⁶¹⁹ (237), 285f¹⁹, 672⁸⁸ (572), 672¹⁰⁰ (575, 601, 601T), 674²²⁹ (601), 676³⁷⁵ (624); **2**, 624⁵⁴¹ (592), 706¹⁰² (694), 706¹⁰³ (694, 699), 706¹⁰⁶ (695, 697), 706¹⁰⁸ (695, 697), 762¹³⁸ (745), 813f⁷, 821²⁰⁰ (812), 860⁶¹ (836), 973²⁵⁰ (906), 973²⁵⁰ (906); **3**, 933f⁴; **6**, 187²⁶ (184), 187²⁶ (184), 759¹⁵²⁴ (691, 692); **7**, 76f³, 95f², 98f¹⁵, 108⁴⁴⁴ (61), 109⁵⁰⁸ (72), 346⁵ (338), 729²⁶⁷ (722); **8**, 458²⁷⁷ (412), 670⁹⁶ (653), 670⁹⁶ (653), 1105⁴⁶ (1082)
Wittmann, G. T. W., **2**, 1016⁵⁵ (983, 1005)
Wittmayr, H., **1**, 116⁴⁹ (51), 243¹⁵⁰ (173, 189)
Witz, S., **2**, 187³³ (8, 124)
Wizemann, T., **1**, 307³⁸⁹ (289)
Wnuk, T. A., **4**, 818⁵²⁶ (777, 779, 780), 840²⁹ (825)
Wöbke, B., **6**, 34⁷⁸ (20T, 30)
Woditsch, A., **3**, 1380³⁰ (1328)
Woerlee, F. G., **8**, 550⁷⁴ (517)
Woessner, W. D., **7**, 97f²⁸
Woffenden, N. P., **4**, 154³⁰¹ (75), 155³⁸⁸ (100)
Wofler, D., **2**, 395³⁵ (371)
Wohl, R. A., **7**, 650²¹⁸ (560)
Wohlfährt, L., **6**, 850f²⁶, 869f⁴¹, 877²³³ (820)
Wohlleben, A., **2**, 818⁶³ (776), 819⁹¹ (782)
Wohlleben-Hammer, A., **2**, 818⁵⁷ (775)
Wojcicki, A., **3**, 82¹⁶¹ (24, 26), 695⁵¹ (651), 697²⁰⁴ (664), 797f⁷, 841f⁶, 1085f⁷, 1146¹⁹ (1093), 1249¹⁶⁶ (1191), 1262f⁷, 1380³³ (1328, 1331), 1381⁹⁸ (1341), 1381⁹⁸ (1341); **4**, 73f¹, 73f², 73f⁶, 97f²⁵, 107⁷⁹, 107f⁹², 107f⁹³, 107f⁹⁴, 149⁵ (5), 152¹⁷⁶ (44, 88, 89), 153²³⁰ (60), 153²³¹ (60), 153²³⁷ (61), 154²⁹⁵ (72, 75, 99, 100), 154³⁴⁶ (87, 88, 90), 154³⁴⁷ (87), 154³⁴⁸ (87, 88), 154³⁴⁹ (87), 154³⁵⁰ (87), 154³⁶² (90), 154³⁶³ (90), 154³⁶⁴ (90), 154³⁶⁵ (90), 154³⁶⁶ (90, 124), 155⁴⁰³ (111), 156⁴⁷⁵ (125), 237²²⁰ (189T, 190, 228), 240⁴²⁴ (211, 228), 323²⁵⁹ (272), 323²⁸⁶ (276), 325⁴⁴⁸ (294), 374²⁸ (336), 374⁵⁴ (342), 374⁵⁵ (342,

356), 374^{70} (347, 353), 374^{71} (347), 374^{72} (347), 374^{73} (347), 374^{74} (347), 374^{75} (347), 375^{86} (352, 352T), 375^{88} (353, 354, 355, 356), 375^{91} (353), 375^{96} (356), 375^{97} (356, 356T), 375^{99} (357), 375^{100} (357), 375^{107} (358), 380f^{10}, 380f^{12}, 504^{36} (386), 505^{58} (394), 607^{130} (539f), 610^{375} (589), 612^{449} (536f, 595), 612^{450} (595), 649^{75} (638), 818^{530} (777, 778); **5**, 264^{27} (6, 18), 267^{238} (53, 66), 275^{748} (250), 306f^{3}, 316f^{2}, 523^{200} (303T, 304T, 314), 529^{637} (381); **6**, 13^{83} (9), 343^{20} (281), 745^{596} (559, 559f), 745^{616} (560, 561), 746^{617} (560, 561), 748^{818} (591); **8**, 220^{12} (106, 107), 220^{26} (109), 1008^{80} (962), 1008^{93} (967)
Wojcicki, A. J., **4**, 149^{5} (5)
Wojnarowski, T., **1**, 680^{603} (648, 650)
Wojnarowski, W., **7**, 224^{49} (201)
Wojnowski, W., **2**, 395^{20} (367, 373, 381), 396^{74} (378), 396^{75} (378); **7**, 654^{463} (600)
Wojtczak, J., **6**, 228^{250} (194)
Wojtkowski, P. W., **1**, 304^{156} (269), 308^{442} (292), 308^{443} (292); **7**, 142^{99} (130), 299^{62} (277), 299^{71} (278), 299^{80b} (279), 336^{29} (328), 336^{33a} (328)
Wokulat, J., **7**, 653^{396} (592)
Wolber, P., **2**, 515^{583} (478, 482)
Wolcott, D. K., **2**, 1019^{281} (1011), 1019^{282} (1011)
Wolcott, J. M., **2**, 299^{157} (243), 509^{190} (422)
Wolczanski, P. T., **3**, 557^{17} (550), 629^{73} (569, 570, 582, 585, 603), 631^{161} (582, 585, 603, 614), 631^{216} (599, 603, 605, 616), 722f^{9}, 779^{69} (717); **8**, 95^{68} (36), 97^{190} (58), 220^{30} (110)
Wolf, A. D., **2**, 191^{262} (64)
Wolf, A. P., **2**, 706^{123} (697), 707^{147} (700); **7**, 196^{158} (181)
Wolf, C. N., **2**, 705^{35} (685, 699)
Wolf, L. R., **4**, 508^{247} (442)
Wolf, M., **4**, 929^{33} (927), 965^{176} (961); **6**, 737^{48} (482), 871f^{119}, 877^{244} (823); **8**, 607^{94} (561, 562T, 594T, 605)
Wolf, R., **3**, 703^{551} (689, 690)
Wolf, W., **2**, 297^{89} (230), 706^{139} (698)
Wolf, W. J., **6**, 98^{312} (57T, 65), 263^{158} (256), 346^{255} (314); **8**, 927^{45} (801)
Wolfbeis, O., **3**, 1076^{541b} (1058); **4**, 150^{36} (9), 507^{186} (429)
Wolfe, J. F., **7**, 35f^{1}, 104^{265} (34)
Wolfe, R. S., **2**, 1018^{201} (1002)
Wolfe, S., **2**, 196^{433} (110); **4**, 435f^{7}; **7**, 224^{51} (201), 253^{135} (248); **8**, 929^{180} (812)
Wolfer, D., **1**, 380^{475} (372)
Wolfes, W., **4**, 238^{298} (203); **6**, 980^{56} (964, 969T), 980^{58} (965, 970T)
Wolff, G., **2**, 197^{513} (123)
Wolff, M. A., **7**, 158^{63} (146), 159^{126} (154)
Wolff, S., **7**, 728^{211} (711); **8**, 930^{273} (839)
Wolff, T. E., **8**, 1104^{5} (1074)
Wolfner, A., **7**, 510^{32} (475), 510^{34} (475)
Wolfrom, M. L., **7**, 252^{40} (234)
Wolfrum, R., **1**, 126f^{7}, 151^{175} (140), 675^{311} (617), 678^{520} (635), 689f^{8}, 722^{166} (709); **2**, 860^{89} (844)
Wolfsberger, W., **1**, 246^{333} (195), 596f^{8}, 674^{208} (595), 674^{209} (596), 723^{216} (715), 723^{217} (715), 723^{218} (715), 723^{227} (716), 723^{228} (716); **2**, 513^{412} (453, 454), 513^{420} (454), 513^{421} (454), 513^{422} (454), 513^{424} (454, 502), 513^{425} (454), 513^{431} (454), 513^{432} (454, 455)
Wollast, R., **2**, 1016^{74} (986, 998)
Wollenberg, R. H., **1**, 119^{230} (92); **2**, 618^{119} (539), 618^{124} (539)
Wollmann, K., **4**, 51f^{41}, 236^{146} (178)
Wollmann, R. G., **8**, 1070^{336b} (1062)
Wollrab, J. E., **1**, 263f^{13}, 302^{53} (263)
Wollthan, H., **1**, 671^{23b} (558)
Wolmershäuser, G. G., **2**, 198^{524} (127)
Wolmershäuser, G. I., **2**, 199^{598} (145)
Wolochowicz, I., **3**, 279^{37} (273); **4**, 238^{274} (200), 811^{118} (708); **8**, 497^{63} (478)
Wolovsky, R., **7**, 458^{229} (405)
Wolsey, W. C., **1**, 542^{253} (535)

Wolter, H., **1**, 374^{61} (313)
Woltermann, A., **2**, 762^{139} (745); **7**, 17f^{3}, 100^{57} (7), 101^{109} (16), 103^{203} (28)
Wolters, A. P., **3**, 1092f^{9}, 1266f^{1}, 1266f^{2}, 1266f^{4}
Wolters, J., **2**, 674^{29} (633), 674^{31} (633), 675^{111} (642), 677^{246} (657), 678^{252} (657), 678^{253} (657), 678^{254} (657), 678^{255} (657), 678^{256} (657), 971^{80} (875); **7**, 513^{184} (500, 503)
Wong, A., **3**, 842f^{12}; **4**, 605^{41} (519); **6**, 1041^{142} (1039); **8**, 97^{186} (58), 97^{187} (58)
Wong, A. C., **1**, 541^{223} (528)
Wong, C., **3**, 267^{257} (214)
Wong, C. E., **2**, 675^{79} (638)
Wong, C. H., **1**, 125f^{16}, 146f^{5}, 152^{211} (145, 146), 152^{212} (145); **3**, 265^{78} (181)
Wong, C. L., **2**, 970^{23} (866)
Wong, C. S., **6**, 348^{388} (328), 468^{27} (459), 736^{20} (476), 742^{375} (525, 706), 742^{376} (525, 706), 759^{1536} (693), 760^{1590} (706), 760^{1591} (706); **8**, 304^{28}, 365^{312} (337)
Wong, E. H. S., **1**, 538^{54} (473), 540^{178} (517, 523, 535); **4**, 819^{658} (806), 820^{659} (806)
Wong, F. S., **4**, 328^{623} (310), 818^{564} (783, 789, 792), 818^{569} (784, 792), 819^{593} (792), 819^{596} (793); **6**, 1110^{21} (1046, 1084), 1111^{66} (1056, 1057), 1112^{149} (1082), 1112^{156} (1084, 1086)
Wong, G. T. F., **1**, 452^{14} (415, 427), 454^{88} (427, 428, 434)
Wong, H., **4**, 649^{85} (639)
Wong, H. S., **1**, 553^{47} (548); **6**, 446^{346} (434); **8**, 807f^{3}, 928^{146} (806)
Wong, J., **8**, 1008^{83} (964), 1008^{84} (964)
Wong, K., **4**, 907^{71} (904, 905), 908^{75} (905), 1058^{48} (973, 1033), 1062^{295} (1033), 1062^{331} (1041), 1063^{387} (1053)
Wong, K. C., **4**, 908^{80} (905), 1063^{384} (1052); **8**, 280^{45} (245)
Wong, K. S., **1**, 456^{188} (440), 539^{88} (486, 526, 534), 539^{115} (493, 494, 500), 539^{119} (495, 500, 505), 552^{25} (546), 552^{29} (546), 553^{63} (550), 553^{64} (550); **2**, 680^{397} (672), 714f^{5}, 714f^{8}, 714f^{11}, 769f^{1}, 775f^{3}, 779^{37} (707, 713), 779^{62} (713, 717), 779^{70} (717, 730), 781^{203} (773); **6**, 805f^{3}, 839f^{26}, 839f^{27}, 839f^{28}, 839f^{29}, 844f^{227}, 844f^{228}
Wong, K. T. T., **3**, 1249^{187} (1196)
Wong, L.-Y., **8**, 368^{507} (357)
Wong, P. K., **2**, 978^{542} (968); **8**, 223^{177} (203), 934^{561} (889), 936^{661} (902), 936^{682} (905, 906), 936^{685} (905)
Wong, P. T. S., **2**, 680^{398} (673), 1017^{116} (995, 1001, 1010), 1017^{169} (998, 999, 1000, 1002, 1005), 1017^{173} (999, 1002), 1018^{179} (1000, 1001, 1010), 1018^{187} (1001, 1003, 1010), 1018^{196} (1002), 1018^{224} (1004), 1019^{241} (1005), 1019^{264} (1009), 1019^{265} (1009), 1019^{266} (1009, 1010), 1019^{268} (1010), 1019^{273} (1010), 1019^{276} (1010)
Wong, R. Y., **2**, 191^{250} (60); **7**, 653^{388} (590)
Wong, S. F., **4**, 813^{247} (732), 1060^{163} (996)
Wong, S. T., **4**, 52f^{89}
Wong, V. K., **1**, 309^{534} (297)
Wong, W., **6**, 741^{352} (522, 537T)
Wong, W. K., **1**, 309^{531} (297); **3**, 847f^{10}, 847f^{11}, 858f^{2}, 858f^{11}; **4**, 52f^{92}, 152^{220} (58), 239^{367} (206, 207T), 239^{368} (207T), 239^{369} (207T, 224T, 225, 231), 239^{371} (207T, 225)
Wong, Y. S., **2**, 912f^{1}, 915f^{1}, 915f^{2}, 943f^{12}, 944f^{8}, 944f^{9}, 975^{324} (927, 932), 975^{325} (927, 928, 932), 975^{347} (931, 933); **4**, 609^{257} (570f, 571); **6**, 241^{20} (236)
Wong-Ng, W., **3**, 86^{388} (52), 557^{57} (555), 633^{276} (622, 624), 646^{47} (642, 643, 644); **8**, 305f^{44}
Wood, A. M., **4**, 240^{388} (210); **6**, 35^{143} (24), 241^{2} (234)
Wood, B. J., **8**, 97^{163} (54)
Wood, C. D., **3**, 103f^{1}, 103f^{3}, 721f^{1}, 721f^{2}, 721f^{3}, 721f^{7}, 721f^{11}, 722f^{5}, 723f^{2}, 725f^{2}, 731f^{3}, 733f^{6}, 734f^{6}, 735f^{1}, 735f^{8}, 745f^{1}, 745f^{2}, 752f^{1}, 764f^{11},

764f[21], 771f[10], 779[82] (723, 726, 729, 741), 779[85] (723), 779[90] (724), 779[93] (727), 780[125] (743), 780[136] (746, 751, 752, 757); **8**, 454[20] (374), 550[63] (515), 551[105] (527)
Wood, D. C., **4**, 155[387] (100), 815[353] (753); **5**, 546f[10]; **6**, 752[1057] (632); **8**, 1010[222] (1005)
Wood, D. W., **7**, 455[28] (378)
Wood, E., **4**, 328[606] (308)
Wood, G. B., **1**, 150[62] (123, 148)
Wood, J. L., **2**, 674[12] (630); **7**, 459[269] (412)
Wood, Jr., J. M., **1**, 151[120] (127), 151[122] (127), 153[244] (147); **2**, 969[11] (864), 1015[12] (981, 998), 1015[13] (981), 1015[14] (981, 982, 983, 1001), 1015[15] (981), 1015[16] (981), 1015[20] (981), 1017[172] (999), 1018[228] (1004), 1019[244] (1005), 1019[257] (1008); **5**, 269[359] (109); **6**, 747[707] (582)
Wood, J. S., **5**, 20f[1], 265[82] (19), 265[92] (22), 627[448] (605)
Wood, K. N., **1**, 243[169] (175)
Wood, L. A., **2**, 362[167] (345)
Wood, R., **3**, 129f[2], 169[64] (127)
Wood, R. J., **2**, 530f[5], 617[55] (528, 565)
Wood, S. E., **7**, 224[30] (200)
Wood, T. E., **3**, 1141f[17], 1141f[20], 1143f[6], 1147[113] (1139)
Wood, T. G., **6**, 806f[31], 869f[66], 869f[67], 876[197] (807, 811, 812), 876[209] (811)
Woodard, C. M., **1**, 375[127] (325), 453[83] (427); **2**, 973[252] (906); **4**, 814[298] (746)
Woodard, S. S., **3**, 1290f[3]
Woodbury, R. P., **2**, 192[290] (74), 192[291] (74); **7**, 104[270] (34), 650[235] (563)
Woodcock, C., **8**, 291f[29], 362[94] (292, 348)
Woodhouse, D. I., **4**, 422f[4], 505[106] (407, 467), 507[208] (436, 492), 510[357] (467), 510[361] (468); **8**, 1009[110] (970), 1064[50] (1020), 1068[209] (1046)
Woodruff, R. A., **1**, 119[260b] (97); **2**, 190[179] (39, 40), 977[457] (957), 977[460] (957); **7**, 107[423] (57), 679f[6]
Woods, L. A., **1**, 251[580] (231, 237, 238), 252[621] (237, 238, 239), 252[621] (237, 238, 239); **2**, 678[277] (660), 760[24] (716), 796f[1], 819[105] (787, 791), 820[157] (795); **7**, 727[156] (700)
Woods, T. A., **8**, 1070[319] (1059)
Woods, W. G., **1**, 265f[4], 303[68] (265), 373[5d] (313, 314, 315, 316, 318, 322, 326, 329, 333, 334, 335, 337, 338, 341, 342, 364, 366), 378[313] (356), 379[370] (361), 379[396] (364); **7**, 141[32] (116), 159[100] (149), 197[197] (190), 226[222] (219, 219f), 322[64b] (319), 322[67] (320), 347[46] (345)
Woods, W. W., **1**, 677[404] (625)
Woodville, M. C., **1**, 251[572] (230, 231, 233), 251[577] (231); **2**, 925f[1], 974[303] (924); **3**, 125f[16]
Woodward, L. A., **1**, 262f[9], 720[64] (690), 753[41] (732); **2**, 943f[10], 975[343] (931), 975[344] (931); **6**, 261[69] (248)
Woodward, P., **1**, 375[161] (332), 409[15] (383, 401), 409[25] (385, 401), 409[70] (400, 401); **2**, 763[176] (757), 763[176] (757), 820[188] (808), 821[190] (810); **3**, 82[154] (21, 23), 86[419] (59), 169[83] (132), 170[118] (148), 170[178] (167), 171[179] (167), 823f[3a], 841f[9], 842f[6], 858f[14], 947[57] (820), 948[133] (853), 949[182] (872, 875), 1077[596] (1066), 1246[54] (1162, 1243), 1252[340] (1229), 1253[393] (1241), 1253[394] (1241), 1253[395] (1242), 1253[396] (1242), 1380[32] (1328, 1377); **4**, 107f[73], 156[497] (125), 309f[5], 320[114] (254, 310), 327[601] (308), 328[635] (310), 344f[5], 380f[18], 422f[13], 505[115] (409), 506[120] (410), 507[222] (438, 464), 509[324] (455), 510[361] (468), 510[363] (469), 510[365] (469), 512[483] (495), 539f[27], 602f[24], 608[223] (563), 610[364] (587), 611[396] (591), 657f[11], 658f[38], 690[119] (681), 813[253] (733), 814[301] (746), 815[355] (754), 815[357] (754), 818[572] (784), 818[573] (784), 818[574] (785, 787, 788), 819[603] (794), 840[41] (828), 840[43] (829, 831), 840[58] (831), 840[63] (831), 840[64] (831), 846f[9], 884[24] (849), 885[37] (851), 885[38] (851), 885[46] (851, 856), 885[54] (852), 885[55] (853), 885[56] (853), 885[68] (856), 885[69] (857), 885[70] (857), 907[38] (898), 907[49] (899), 920[24] (912), 920[36] (916), 920[38] (917), 920[39] (917), 928[11] (924), 1058[64] (975), 1060[219] (1017, 1018), 1061[252] (1023), 1062[335] (1042); **5**, 194f[12], 265[79] (17, 18, 29), 265[100] (23), 271[503] (167), 272[545] (184, 221), 272[572] (190), 272[573] (191), 366f[12], 371f[2], 527[490] (358, 360, 363, 435, 449), 528[533] (365), 532[830] (419, 420, 422, 434, 435), 534[931] (435, 449, 459, 460, 468), 536[1063] (463, 464), 537[1170] (361, 416), 622[55] (550, 551, 562, 598); **6**, 96[180] (44), 140[65] (117, 121T), 141[100] (117, 121T), 142[173] (105T, 134T, 138), 241[30] (238), 290f[2], 347[293] (318, 334T), 349[427] (334T, 334f), 737[46] (482), 737[47] (482), 737[64] (487), 742[361] (523), 743[446] (533T), 751[998] (621), 759[1540] (694), 806f[25], 806f[30], 806f[53], 806f[54], 806f[55], 868f[29], 868f[31], 868f[32], 869f[62], 871f[121], 871f[138a], 871f[138b], 871f[139], 874[88] (775, 777), 875[134] (784), 1094f[8], 1113[177] (1088), 1113[209] (1098), 1114[211] (1099); **8**, 1009[126] (975), 1010[224] (1006), 1011[227] (1006)
Woodward, R. B., **1**, 672[70] (568); **3**, 85[331] (46), 87[471] (67), 169[70] (128, 137); **4**, 510[385] (475); **7**, 103[179] (25), 462[483] (442)
Woodward, S. J., **3**, 1318[89] (1289, 1291, 1292)
Wookulich, M. J., **3**, 1072[271] (1013)
Woolf, A. A., **3**, 1246[31] (1157)
Woolias, M., **7**, 658[687] (642)
Woolley, R. G., **6**, 14[128] (10), 14[129] (10), 736[28] (478, 480), 736[29] (478), 736[30] (478)
Woolmington, K., **3**, 951[318] (923)
Woolsey, I. S., **4**, 1059[145] (990)
Woolson, E. A., **2**, 1017[123] (996), 1017[128] (997), 1019[290] (1012f), 1019[292] (1013)
Woon, P. S., **3**, 1076[496] (1050, 1051), 1247[89] (1175, 1196, 1240), 1251[300] (1220)
Work, R. W., **1**, 696f[6], 720[51] (690, 712)
Work, S. D., **6**, 758[1429] (675)
Workulich, M. S., **3**, 948[107] (845), 948[108] (845)
Worley, S. D., **1**, 376[203] (340); **4**, 389f[2], 454f[19]
Wormald, J., **1**, 41[155] (35); **2**, 762[99] (728); **4**, 247f[13], 344f[4], 344f[6], 422f[6], 505[107] (407), 511[417] (482), 610[325] (582), 610[369] (587), 649[105] (645), 649[107] (645), 885[63] (854), 903f[1], 907[60] (902), 907[64] (903)
Wörmann, H., **4**, 401f[22], 505[76] (398), 607[153] (544), 610[333] (584)
Wormsbaecher, D., **3**, 1077[556] (1060)
Worrall, D. E., **2**, 706[100] (694)
Worrall, I. J., **1**, 721[126] (701), 721[127] (701), 721[132] (702), 721[133] (702), 721[134] (702), 721[135] (702, 705), 721[136] (702), 721[137] (702), 721[139] (702), 721[140] (702, 707), 721[141] (703)
Worsfold, D. J., **1**, 117[130] (70, 71), 118[186b] (83, 87, 100), 118[189] (83, 87), 119[257] (62T, 97, 99, 100, 100T, 101, 101T), 119[267] (100); **7**, 8f[3]
Worsley, M., **7**, 254[152] (250)
Worth, B. R., **8**, 1009[123] (973)
Worthington, J. M., **4**, 818[528] (777), 839[4] (823, 824)
Wotiz, J. H., **1**, 242[77] (163); **3**, 833f[22], 833f[69], 947[86] (831), 1075[435] (1037); **5**, 194f[1], 194f[3], 203f[2]
Wouters, G., **1**, 244[190] (176)
Wovkulich, P. M., **7**, 99f[32]
Wozniak, B., **2**, 768f[12], 818[24] (767); **3**, 398f[24]; **5**, 137f[10]; **6**, 745[561] (549)
Wozniak, W. T., **4**, 234[18] (163); **6**, 796f[4], 842f[135], 842f[136], 842f[139], 843f[186], 850f[19], 876[178] (795), 942[70] (901, 902T, 903T)
Wrackmeyer, B., **1**, 266f[1], 267f[1], 268f[1], 300f[2], 302[16] (256), 303[81] (266, 299, 300), 303[108] (268), 303[109] (268), 303[111] (268), 303[116] (268), 303[125] (268), 303[128] (269), 303[129] (269), 304[130] (269), 304[131] (269), 304[132] (269), 304[137] (269), 373[55] (313, 335, 340, 342, 367, 369, 372), 374[76] (315), 374[77] (315, 355, 356), 374[81] (317), 375[137] (328), 375[172] (335), 375[174] (335), 375[175] (335), 377[303] (355), 378[319] (356, 364), 378[322] (356), 409[21] (384), 452[26] (418), 454[113] (630); **2**, 530f[10], 617[68] (531), 634f[3], 674[37] (633); **7**, 195[65] (164)

Wray, V., **3**, 948^{124} (848)
Wreford, S. S., **1**, 539^{93a} (488, 492), 540^{130a} (498), 540^{130b} (498, 536); **3**, 121f^2, 121f^3, 121f^5, 121f^6, 326^{35} (291), 326^{36} (292), 328^{140} (315), 557^{56} (555), 557^{57} (555), 557^{62} (556), 633^{276} (622, 624), 633^{288} (624), 646^{46} (642), 646^{47} (642, 643, 644), 646^{48} (642, 643, 644), 646^{49} (642, 643, 644), 708f^{10}, 709f^3, 709f^6, 709f^7, 734f^4, 734f^5, 734f^6, 760f^1, 760f^2, 760f^3, 764f^{19}, 768f^{19}, 769f^{14}, 769f^{15}, 771f^{16}, 779^{48} (709), 779^{51} (709), 779^{53} (709), 781^{166} (760), 948^{151} (861), 948^{153} (861), 1146^{33} (1095), 1146^{34} (1095), 1146^{35} (1095); **5**, 555f^{19}, 556f^{10}; **6**, 227^{228} (214T, 216), 944^{219} (923), 945^{243} (928T, 929), 945^{244} (928T, 929), 945^{254} (931), 945^{255} (931), 945^{257} (931); **8**, 293f^2, 305f^{44}, 305f^{53}, 365^{278} (328, 342), 365^{279} (328), 382f^1, 388f^3, 388f^6, 454^{54} (380, 387, 389)
Wright, A., **2**, 192^{294} (76, 138, 159), 202^{715} (175), 361^{76} (317), 508^{162} (418); **7**, 657^{630} (636)
Wright, A. N., **2**, 188^{103} (26), 196^{437} (111)
Wright, A. P. G., **2**, 193^{348} (89), 296^{16} (211)
Wright, D., **6**, 737^{84} (489), 745^{606} (560), 745^{607} (560); **8**, 364^{257b} (325), 397f^{15}, 456^{181} (398, 433), 458^{287} (415, 446), 460^{391} (433), 931^{340} (847)
Wright, E. E., **5**, 270^{393} (126)
Wright, G. A., **3**, 1067^8 (956, 95f); **6**, 444^{250} (419), 469^{34} (461)
Wright, G. F., **2**, 878f^{14}, 882f^6, 908f^8, 971^{100} (879), 971^{117} (885, 935), 973^{203} (898), 978^{526} (966)
Wright, G. J., **2**, 190^{207} (48, 59)
Wright, J. C., **1**, 302^{45} (259, 262), 376^{200} (339); **7**, 225^{132} (208, 212)
Wright, J. D., **4**, 608^{198} (555, 559f, 560, 561)
Wright, K., **6**, 94^{46} (38, 43T), 94^{47} (38, 43T), 943^{127} (907, 908T, 910, 911T), 943^{133} (907, 909T, 910, 911T, 912, 913T)
Wright, L. J., **2**, 821^{209} (814); **4**, 813^{232} (727, 729, 730), 813^{242} (730), 986f^1, 1059^{117} (986, 1009), 1060^{189} (1004, 1010, 1011), 1060^{190} (1005), 1060^{192} (1005, 1008, 1010)
Wright, L. L., **3**, 86^{406} (57)
Wright, L. W., **4**, 939f^{13}
Wright, P. V., **2**, 361^{113} (324)
Wright, R. A., **4**, 97f^{10}, 240^{417} (211, 212T, 213, 219); **5**, 273^{635} (214), 626^{376} (597)
Wright, T. L., **7**, 513^{180} (500)
Wright, W. F., **1**, 541^{193b} (520), 553^{57} (548), 553^{58} (549)
Wrighton, M., **3**, 1103f^2, 1147^{54} (1104), 1317^{30} (1274), 1379^6 (1323), 1380^{43} (1330); **4**, 150^{50} (16), 510^{368} (470); **8**, 362^{79} (289)
Wrighton, M. S., **2**, 197^{489} (119); **3**, 82^{137} (18), 82^{138} (18), 82^{139} (18), 633^{299} (610), 695^{46} (651, 653), 708f^6, 779^{46} (708), 946^{12} (793, 804), 1074^{421} (1036), 1074^{421} (1036), 1147^{119} (1144), 1187f^7, 1187f^9, 1246^{47} (1160), 1248^{108} (1180, 1241), 1337f^{14}, 1337f^{16}, 1380^{58} (1332), 1384^{249} (1376); **4**, 23f^5, 50f^{24}, 65f^{55}, 150^{33} (8, 21), 150^{34} (8, 21), 151^{93} (24, 25, 26, 68), 152^{210} (56), 234^{43} (164, 179), 235^{106} (172), 236^{164} (179), 325^{461} (296), 605^{35} (519, 520), 649^{95} (642), 688^{17} (665), 689^{18} (665), 816^{412} (761, 763), 840^{18} (823, 824, 825), 906^5 (889, 893, 897), 963^{24} (935), 964^{84} (945); **5**, 266^{172} (36); **6**, 779f^5, 779f^7, 779f^9, 792f^2, 792f^3, 792f^4, 840f^{74}, 840f^{76}, 841f^{92}, 841f^{99}, 841f^{124}, 842f^{151}, 844f^{236}, 875^{112} (779, 817), 876^{166} (791, 800, 817, 818), 876^{167} (793, 817), 876^{204} (817), 876^{205} (817), 1066^6, 1112^{116a} (1071), 1113^{171} (1087); **7**, 656^{556} (619); **8**, 292f^{45}, 367^{430} (350), 367^{439} (350), 367^{441} (351), 606^{51} (556, 593, 600T, 601T, 603), 609^{211} (593, 600T, 601T, 603), 609^{212} (593, 600T, 601T, 603), 609^{213} (603)
Wristers, J., **3**, 87^{468} (67, 70); **8**, 644^{165} (629)
Wristers, J. P., **8**, 367^{418} (347)
Wrixon, A. D., **6**, 755^{1278} (656), 755^{1279} (657)
Wrobel, G., **2**, 513^{417} (453)
Wrobel, J. T., **7**, 105^{276} (36)
Wroczynski, R. J., **2**, 190^{217} (51), 191^{244} (58), 196^{440} (111); **3**, 102f^{22}, 102f^{23}
Wu, A., **3**, 1005f^{16}, 1005f^{17}, 1028f^4, 1073^{366} (1028), 1074^{377} (1031)
Wu, A.-B., **1**, 243^{135} (170)
Wu, A. W., **2**, 705^{32} (685); **3**, 870f^4
Wu, C. C., **6**, 1112^{148} (1082, 1083)
Wu, C. H., **1**, 42^{207} (39); **5**, 628^{507} (620)
Wu, C.-Y., **8**, 356f^1, 356f^2, 646^{282} (632), 647^{313} (632)
Wu, E. S. C., **8**, 769^{39} (720T, 729)
Wu, G., **7**, 301^{174} (298)
Wu, J. S., **7**, 650^{244} (565)
Wu, M. L., **5**, 306f^{16}, 522^{161} (298, 300, 304T, 471T)
Wu, M. M.-H., **2**, 978^{522} (966)
Wu, R., **2**, 1018^{195} (1001, 1004)
Wu, S.-M., **4**, 374^{55} (342, 356), 375^{88} (353, 354, 355, 356), 895f^1, 907^{22} (892, 894), 1058^{49} (973)
Wu, T. T., **2**, 977^{478} (959)
Wucherer, E. J., **6**, 736^{37} (481)
Wudl, F., **2**, 301^{320} (277); **4**, 649^{77} (638); **5**, 266^{170} (36); **6**, 14^{93} (9)
Wuest, J. D., **1**, 380^{443} (368); **7**, 197^{199} (190), 653^{424} (596)
Wulff, W. D., **2**, 196^{426} (107), 297^{43} (269), 299^{178} (246), 300^{241} (261), 301^{301} (272)
Wulfsberg, G., **1**, 750f^5, 754^{135} (749); **2**, 974^{312} (925, 952), 974^{313} (925); **4**, 816^{417} (761)
Wülknitz, P., **3**, 714f^2
Wuller, J. E., **3**, 899f^1
Wunderlich, J. A., **3**, 629^{82} (571), 629^{82} (571); **6**, 754^{1161} (641, 642T)
Wurrey, C. J., **1**, 262f^{34}, 263f^4, 302^{33} (259, 263)
Wursthorn, K. R., **1**, 62f^3, 119^{259a} (97), 119^{259b} (97); **2**, 189^{168} (38), 195^{397} (100), 533f^5; **7**, 648^{120} (541)
Würstl, P., **2**, 198^{535} (128), 198^{536} (128), 678^{308} (662); **4**, 12f^{17}, 12f^{21}, 109f^{11}, 158^{641} (147), 509^{312} (452), 602f^{17}
Wurzinger, A., **3**, 1380^{40} (1330)
Wuts, P. G. M., **7**, 651^{310} (577)
Wuu, S. K., **8**, 462^{490} (453), 608^{198} (588, 590, 594T, 598T), 927^{64} (801), 931^{327} (846)
Wuyts, L. F., **4**, 52f^{88}; **6**, 1086f^5, 1113^{165} (1086), 1113^{167b} (1086)
Wyatt, B. K., **1**, 673^{169b} (591), 673^{182} (592), 680^{607} (649, 650); **7**, 461^{439} (434)
Wybourne, B. G., **3**, 264^{19} (177)
Wyes, K. H., **2**, 516^{618} (482, 489)
Wyman, J. E., **3**, 694^{10} (649, 651), 703^{526} (688), 708f^3, 779^{41} (708), 779^{45} (709), 1071^{217a} (1001)
Wyman, L., **5**, 623^{153} (565, 577); **6**, 751^{978} (619)
Wymore, C. E., **6**, 263^{162} (257), 759^{1501} (686); **8**, 280^{30} (237)
Wynberg, H., **1**, 60f^{15}; **7**, 253^{147} (250)

X

Xenakis, G. Is., **3**, 1141f[6]

Y

Yablokov, N. V., **2**, 201⁶⁸² (166)
Yablokov, V. A., **2**, 201⁶⁷⁸ (165), 201⁶⁷⁸ (165), 201⁶⁸² (166), 201⁶⁸² (166), 511³⁰⁷ (439)
Yablokova, N. V., **2**, 201⁶⁷⁸ (165), 511³⁰⁷ (439)
Yablonskii, O. P., **7**, 463⁵⁴⁰ (451)
Yablunky, H. L., **1**, 246³¹⁸ (193, 195); **2**, 705⁶⁴ (689)
Yager, C. B., **7**, 77f⁹
Yagi, H., **8**, 400f⁶, 400f¹⁵, 447f⁶, 447f⁷, 457¹⁹⁵ (400), 461⁴⁶⁶ (446), 497⁹⁴ (488), 931³⁰⁶ (844, 848), 931³⁴⁸ (848)
Yagi, M., **2**, 506³⁹ (403, 441, 445); **8**, 709²⁶⁵ (690), 709²⁸⁴ (690), 709²⁸⁵ (690), 710³⁰³ (690)
Yagi, N., **6**, 753¹¹³⁸ (639)
Yagi, S., **8**, 341f³, 643¹⁵⁴ (632)
Yagi, Y., **2**, 506⁴⁰ (403, 441, 445); **7**, 74f⁴, 656⁵⁹² (627); **8**, 645²²⁷ (621T), 709²⁴⁶ (685T), 711³³⁵ (702), 711³³⁶ (701), 711³³⁸ (701, 702), 711³³⁹ (701), 711³⁴¹ (701), 711³⁴² (701)
Yagubsky, E. B., **3**, 1071²⁰² (1000)
Yagudeev, T. A., **7**, 457¹⁴⁷ (394), 458²⁰⁴ (400)
Yagupsky, G., **3**, 88⁵²⁴ (77), 125f², 149f³, 169⁵¹ (121), 696¹¹⁷ (657, 660, 661), 937f¹, 937f², 950³⁰⁷ (916, 936, 939), 1068⁴¹ (967), 1131f¹, 1312f²; **4**, 154³²² (78), 154³³⁷ (86), 840¹⁶ (823); **5**, 299f², 522¹⁴³ (297), 522¹⁴⁴ (297), 531⁷¹⁹ (398), 538¹²³³ (493, 494), 623¹¹¹ (561, 567), 623¹²⁴ (561), 626³⁵⁹ (595)
Yagupsky, M., **3**, 88⁵²⁴ (77), 696¹¹⁷ (657, 660, 661), 937f¹, 950³⁰⁷ (916, 936, 939), 1131f¹, 1312f²; **5**, 522¹⁴⁴ (297), 570f⁵, 624²⁰³ (569, 571)
Yagupsky, M. A., **5**, 526³⁹⁶ (340, 341)
Yagupsky, M. P., **5**, 341f⁵, 342f²
Yajima, S., **2**, 192³¹⁰ (79), 192³¹¹ (79), 395² (365, 384), 395³ (365, 384), 396⁹² (384), 396⁹³ (384)
Yakerson, V. I., **6**, 181⁸⁵ (157); **8**, 670¹¹¹ (664)
Yakhontov, L. N., **7**, 101¹¹² (16)
Yakimovich, S. I., **2**, 297⁷² (227)
Yako, T., **2**, 360³² (310)
Yakobson, G. G., **1**, 244¹⁷³ (175)
Yakovlev, I. P., **2**, 301³⁰⁵ (273); **4**, 964⁹⁷ (947); **7**, 159⁸⁹ (147, 149)
Yakovlev, V. A., **1**, 247³⁴⁹ (197); **3**, 547¹³⁷ (544), 759f¹, 781¹⁵⁹ (759); **6**, 179⁵ (146T, 147, 156, 159T, 160), 181¹³² (161); **8**, 708²⁰⁹ (702), 708²³⁸ (701)
Yakovleva, E. A., **1**, 120³⁰⁵ (109), 553⁴⁶ (548)
Yakovleva, O. N., **3**, 327⁶³ (298); **6**, 179⁵ (146T, 147, 156, 159T, 160)
Yakovleva, V. S., **2**, 860⁵⁹ (836)
Yakubowich, A. Yu., **2**, 619²¹⁵ (548)
Yakupova, A. Z., **8**, 460⁴⁰³ (434), 461⁴²⁰ (434), 704³⁷ (691, 692T), 705⁷⁰ (691, 692T), 705⁷¹ (691, 693T), 706¹¹⁷ (690, 691, 692T), 706¹¹⁹ (691), 706¹³⁴ (690), 706¹³⁵ (691, 692T, 693T), 772²⁰³ (732)
Yakushin, F. S., **6**, 224⁴⁰ (192); **8**, 707¹⁸⁷ (701), 1065⁹⁰ (1026)
Yale, H. L., **1**, 378³⁴⁷ᵃ (359), 378³⁴⁷ᵇ (359)
Yalvac, E. D., **6**, 14¹³⁸ (8)
Yamabe, T., **7**, 105³⁰⁰ (40)
Yamada, H., **6**, 750⁹³⁹ (615, 617, 654)
Yamada, K., **6**, 278⁴³ (273), 751¹⁰¹¹ (622); **7**, 226²¹⁴ (219), 300¹³⁵ᶜ (291), 322²⁶ᵃ (309), 347⁴⁰ (343), 347⁴¹ (343); **8**, 933⁴⁹⁹ (914)

Yamada, M., **2**, 1017¹⁴⁸ (998), 1017¹⁴⁹ (998), 1017¹⁵⁰ (998)
Yamada, S., **8**, 646²⁶⁷ (621T)
Yamada, S.-I., **7**, 107⁴³¹ (58); **8**, 497¹⁰⁹ (493)
Yamada, T., **2**, 861¹⁰¹ (846); **7**, 460³²² (417); **8**, 460³⁷⁹ (431), 888f⁸, 930²⁹⁵ (843), 931³²¹ (846)
Yamada, Y., **7**, 512¹¹⁵ (490), 512¹¹⁶ (490), 512¹¹⁷ (490), 512¹²¹ (491); **8**, 933⁴⁸⁴ (872, 873), 933⁴⁸⁵ (873), 933⁴⁸⁶ (873), 933⁴⁸⁷ (873), 937⁷⁶⁷ (921)
Yamagata, H., **7**, 652³⁶⁹ (586), 652³⁷¹ (586)
Yamagata, T., **6**, 143²⁶² (104T), 179¹² (148, 153T, 154); **8**, 291f³¹, 292f⁷, 456¹⁴⁰ (395), 670⁸⁹ (665), 795⁶⁶ (782)
Yamagishi, A., **5**, 529⁶²⁹ (381), 533⁸⁸⁰ (428, 429), 533⁸⁸³ (428); **7**, 8f⁸; **8**, 291f¹⁰, 363²⁰⁷ (318), 364²¹⁰ (318)
Yamagishi, T., **8**, 497⁷² (480)
Yamaguchi, H., **3**, 87⁴⁹¹ (70); **7**, 225¹⁰⁰ (206)
Yamaguchi, K., **6**, 187¹⁵ (184); **7**, 652³⁷⁰ (586); **8**, 669²⁸ (653)
Yamaguchi, M., **7**, 106³⁶⁹ (49); **8**, 397f⁸, 456¹⁶⁶ (396), 646²⁶⁹ (621T)
Yamaguchi, N., **8**, 711³⁵³ (702)
Yamaguchi, T., **8**, 311f¹⁶
Yamaguchi, Y., **6**, 753¹¹⁰⁷ (636), 753¹¹⁰⁸ (636)
Yamaichi, A., **7**, 103²¹² (28)
Yamakami, N., **8**, 99³⁰⁰ (84)
Yamakawa, H., **8**, 937⁷²⁷ (913)
Yamakawa, M., **8**, 642⁵² (629), 642¹⁰³ (635T, 638)
Yamakawa, T., **8**, 460³⁷⁷ (431), 888f⁷, 930²⁶⁴ (835), 930²⁶⁸ (836), 932³⁷⁷ (850)
Yamamori, T., **7**, 102¹⁴⁵ (22), 102¹⁴⁵ (22)
Yamamoto, A., **2**, 713f², 713f³, 713f⁵, 713f¹¹, 724f¹, 724f¹, 724f², 761⁵⁵ (720, 744), 761⁸⁹ (724, 735, 740, 744), 761⁸⁹ (724, 735, 740, 744), 762¹³³ (744), 763¹⁴⁹ (750), 970⁵¹ (869); **3**, 88⁵²⁰ (76), 918f¹, 951³¹² (916), 951³¹⁵ (916), 951³²⁸ (927); **4**, 153²⁸⁰ (70), 374²³ (335), 374⁴¹ (340, 361), 812¹⁸⁰ (718, 742), 812¹⁹⁸ (720), 813²⁵⁴ (735), 813²⁶² (737, 742, 744), 958f³, 963¹¹ (933, 942), 965¹⁴³ (954), 965¹⁴⁸ (955); **5**, 35f²¹, 68f¹, 68f², 68f⁶, 68f¹⁵, 137f², 137f⁷, 137f¹¹, 186f³, 266¹⁵⁶ (33, 69, 70), 268²⁵⁵ (69, 178), 268²⁵⁶ (69, 71), 268²⁶³ (69, 73, 185), 268²⁶⁶ (70, 133), 268²⁷¹ (71), 268²⁷² (71), 268²⁷⁷ (74, 133, 142), 270⁴¹⁵ (133, 142, 145, 146, 149), 270⁴³⁷ (142, 143, 145), 270⁴³⁸ (142, 146), 272⁵⁴⁸ (185), 272⁵⁴⁹ (185), 532⁷⁸⁷ (412); **6**, 34³⁴ (18, 21T, 22T, 23), 34⁸⁶ (21T, 24), 35¹¹¹ (22T, 24), 36¹⁹¹ (21T, 24), 36²⁰⁹ (18, 22T, 23), 36²¹³ (18, 21T, 22T, 24), 93²¹ (49, 53T, 54T, 64), 93²² (59T, 80), 95¹⁰⁹ (55T, 56T, 70, 79), 95¹¹³ (49, 53T, 54T, 59T), 95¹⁵² (49, 53T, 54T), 95¹⁶¹ (59T, 61T, 72), 95¹⁶² (49, 53T, 54T), 95¹⁶³ (49, 59T, 79), 96¹⁹⁸ (49, 53T, 56T), 96²⁰⁰ (49, 53T, 56T), 97²⁵⁴ (59T, 77), 98²⁷⁶ (52, 53T, 54T, 65), 98²⁹⁸ (54T, 70, 80), 98³⁰³ (54T, 71), 98³³⁴ (72, 75, 77), 98³³⁸ (75), 98³³⁸ (75), 99³⁹⁴ (59T, 72, 75, 77), 100⁴⁰⁵ (54T, 57T, 58T, 60T, 61T, 65, 70, 73, 78), 140⁸¹ (122T), 142¹⁶² (118, 121T), 142¹⁷⁷ (121), 142¹⁷⁸ (118, 121T), 143²⁵⁹ (104T), 144²⁷⁵ (118, 121T), 181⁹⁰ (146T, 147, 156), 181¹³¹ (163, 165T), 252f³, 261⁴⁶ (247), 262⁹⁶ (251), 345¹⁵⁴ (306, 310, 335, 336, 337), 348⁴⁰⁸ (331), 349⁴¹⁷ᵃ (333, 334), 349⁴⁵⁸ (341), 742³⁹⁶ (527, 529), 742³⁹⁷ (527), 742³⁹⁸ (527), 744⁵⁰⁹ (541, 550), 980²² (953); **8**,

Yamamoto, 280³⁵ (237, 238), 280⁴¹ (243), 280⁴⁷ (245), 280⁴⁸ (245, 246), 281⁶⁶ (253), 281⁶⁷ (254), 281⁶⁸ (254), 281⁷⁵ (255), 281⁹² (261), 281¹⁰³ (264), 292f⁴⁶, 363²⁰³ (316), 382f⁵, 382f⁵, 388f², 405f⁶, 405f⁸, 408f⁶, 455⁶¹ (381, 387), 455⁶² (381, 387), 456¹⁶⁴ (396), 457²²³ (404), 459³⁰⁹ (419), 641³¹ (621T), 668¹⁷ (656), 770⁷⁵ (732), 770⁹² (732), 770¹⁰⁸ (725T, 732), 772²¹⁷ (737), 794⁶ (791), 794¹⁴ (779, 785), 794¹⁷ (790, 791), 794¹⁹ (779), 794²⁴ (791), 795⁵⁴ (779), 796¹³⁴ (791), 796¹³⁵ (791), 1080f⁴, 1104³⁷ (1080, 1083, 1084), 1106¹¹³ (1101)

Yamamoto, H., **2**, 970⁵⁰ (869), 1015¹⁸ (981); **6**, 262¹¹⁵ (253, 257), 262¹³² (254), 346²²¹ (312T, 312), 346²³¹ (312T, 312), 741³¹⁸ (518, 521), 745⁵⁹¹ (558); **7**, 96f¹², 99f²⁹, 101⁸⁸ (13), 107⁴³³ (58), 110⁵⁹⁰ (91), 458²¹⁵ (402), 459²⁵⁶ (410, 431), 459²⁵⁷ (410), 460³⁷⁵ (423), 461³⁹⁹ (428), 461⁴⁰⁰ (429), 461⁴¹¹ (431), 647⁶² (527), 650²¹³ (559), 650²⁵⁹ (569); **8**, 280⁶ (228), 496²² (469), 710³²⁸ (701), 771¹³⁷ (742, 743T, 744T, 748T), 771¹⁵⁹ (742, 743T, 748T, 749T), 930²⁵³ (832), 1067¹⁸¹ (1042)

Yamamoto, I., **2**, 197⁴⁸⁶ (119); **7**, 652³⁵⁸ (584), 656⁵⁵⁴ (619)

Yamamoto, J., **1**, 243¹³⁷ (171); **7**, 108⁴⁸⁰ (68)

Yamamoto, K., **2**, 300²¹⁴ (253), 300²¹⁵ (253), 360⁴⁶ (313), 619¹⁷² (545); **4**, 965¹⁶⁴ (959); **5**, 537¹¹³⁹ (475T), 537¹¹⁴⁰ (475T), 537¹¹⁴¹ (475T); **6**, 35¹²⁷ (23), 180³⁶ (169, 173T), 758¹⁴⁴⁵ (677), 758¹⁴⁴⁶ (677); **7**, 159⁷⁶ (146), 649¹⁷⁹ (554), 649²⁰⁵ (559), 651²⁶⁹ (571), 656⁵⁴⁹ (617), 656⁵⁸⁵ (625, 626); **8**, 444f¹⁴, 457²²¹ (404), 460³⁶⁴ (431), 460³⁶⁷ (431), 461⁴⁵⁸ (444), 481f³, 496²⁷ (469), 497⁷¹ (480, 482), 497⁸⁰ (483), 497¹⁰⁵ (492), 641⁴³ (630T), 642⁶³ (627T, 630, 630T, 631), 644¹⁶⁹ (631), 669⁶⁵ (660), 709²⁸⁰ (690), 771¹⁶⁴ (743T, 744T), 929¹⁶¹ (810), 930²⁸⁴ (840), 931³³⁸ (847), 931³³⁹ (847), 932⁴⁰⁵ (853), 934⁵³⁹ (884), 937⁷⁵¹ (918, 923), 937⁷⁵⁹ (920), 1008⁷⁰ (957), 1069²⁸⁹ (1057)

Yamamoto, M., **8**, 711³³⁵ (702), 711³³⁶ (701)

Yamamoto, N., **8**, 312f⁵⁹, 364²³¹ (322)

Yamamoto, O., **1**, 268f⁴, 673¹⁵⁷ (589, 602), 674²³⁶ (602)

Yamamoto, R., **7**, 253¹⁴⁸ (250)

Yamamoto, S., **7**, 299⁸² (279), 300⁸⁴ (280)

Yamamoto, T., **1**, 552²⁸ (546), 553⁵⁶ (549); **2**, 713f², 713f⁵, 724f², 761⁵⁵ (720, 744); **3**, 951³¹² (916), 1252³⁶⁹ (1234); **5**, 68f¹⁵, 137f², 137f¹¹, 268²⁵⁶ (69, 71), 268²⁷⁷ (74, 133, 142), 270⁴³⁷ (142, 143, 145), 418f⁹, 532⁸⁰⁶ (416), 534⁹⁷¹ (442); **6**, 34³⁴ (18, 21T, 22T, 23), 34⁸⁶ (21T, 24), 35¹¹¹ (22T, 24), 36²⁰⁹ (18, 22T, 23), 36²¹³ (18, 21T, 22T, 24), 93²¹ (49, 53T, 54T, 64), 93²² (59T, 80), 95¹¹³ (49, 53T, 54T, 59T), 95¹⁵² (49, 53T, 54T), 95¹⁶¹ (59T, 61T, 72), 95¹⁶² (49, 53T, 54T), 95¹⁶³ (49, 59T, 79), 97²⁵⁴ (59T, 77), 98²⁷⁶ (52, 53T, 54T, 65), 98²⁹⁸ (54T, 70, 80), 98³⁰³ (54T, 71), 98³⁰⁴ (54T, 59T, 79), 98³³⁴ (72, 75, 77), 98³³⁸ (75), 98³³⁸ (75), 99³⁹⁴ (59T, 72, 75, 77), 100⁴⁰⁵ (54T, 57T, 58T, 60T, 61T, 65, 70, 73, 78), 140⁸¹ (122T), 142¹⁶² (118, 121T), 142¹⁷⁷ (121), 142¹⁷⁸ (118, 121T), 143²⁵⁹ (104T), 144²⁷⁵ (118, 121T), 181⁹⁰ (146T, 147, 156), 181¹³¹ (163, 165T), 744⁵⁰⁹ (541, 550), 945²⁷⁷ (936, 937T), 980²² (953); **8**, 281⁶⁶ (253), 281⁶⁸ (254), 281⁹² (261), 668¹⁷ (656), 709²⁶⁴ (695, 695T, 696, 696T), 770⁷⁵ (732), 770⁹² (732), 770¹⁰⁸ (725T, 732), 772²⁰⁷ (734), 772²¹⁷ (737), 794⁶ (791), 794¹⁴ (779, 785), 794¹⁹ (779), 794²⁴ (791), 795⁵⁴ (779), 796¹³⁴ (791), 796¹³⁵ (791)

Yamamoto, Y., **1**, 303¹⁰⁵ (268), 303¹¹⁷ (268), 306²⁹⁶ (283), 308⁴⁰⁸ (291), 308⁴¹⁴ (291), 374¹¹⁸ (323), 379³⁹⁹ᵃ (364), 379³⁹⁹ᵇ (364); **2**, 706¹³⁵ (698), 707¹⁶⁴ (702), 715f¹⁸, 736f⁵, 736f⁶, 761⁶⁶ (722), 761⁶⁷ (722), 763¹⁷⁰ (753, 755, 756), 774f³, 818⁵⁸ (775); **3**, 557⁴⁸ (554); **4**, 154³⁶⁴ (90), 374⁷¹ (347), 375¹³² (365), 610³⁷⁵ (589); **5**, 265⁸⁰ (17), 265⁹⁰ (20), 270⁴²⁷ (139), 346f³, 526⁴¹⁸ (342, 343, 345), 526⁴³¹ (345, 348, 433), 527⁴⁵⁵ (344, 349, 350), 539¹²⁹⁶ (343); **6**, 97²²⁰ (85, 91T), 97²³⁴ (85), 225⁹⁵ (208, 209T), 343⁶⁸ (288), 343⁶⁹ (288), 343⁷⁰ (288), 446³³⁵ (431), 738¹²³ (494), 738¹²⁹ (495), 746⁶²⁰ (561), 746⁶²⁷ (561); **7**, 107⁴¹⁷ (56), 142¹⁰⁹ (132), 142¹¹⁰ (132), 142¹¹¹ (132), 159⁸³ (146, 149), 226¹⁷⁹ (214), 226¹⁸⁰ (214), 226²⁰⁸ (219), 226²¹³ (219), 253¹¹⁰ (244), 300⁸⁹ᵃ (280), 300⁹³ᵇ (281), 300⁹³ᶜ (281), 300⁹³ᵈ (281), 300¹²⁵ (288), 300¹²⁶ᵃ (288), 322¹⁴ (306), 322²⁵ (309, 314), 322⁵⁴ᵃ (316), 322⁵⁴ᵇ (316), 322⁵⁴ᶜ (316), 322⁵⁸ (317), 363²⁸ (357), 363²⁸ᵇ (357), 363²⁹ (357), 458¹⁹² (399), 459³⁰⁰ (414, 415), 728¹⁸³ (705), 728²³² (715), 728²³³ (715); **8**, 795⁹⁶ (794), 795⁹⁶ (794), 934⁵⁵² (885), 936⁶⁷² (904), 937⁷⁶⁷ (921), 938⁷⁹¹ (924)

Yamamura, A., **7**, 658⁶⁸⁴ (642)

Yamamura, K., **8**, 869f⁴, 933⁴⁷² (868), 933⁴⁷³ (868, 869)

Yamamura, M., **6**, 347³²⁵ (338), 349⁴³⁸ (338), 349⁴³⁹ (338); **8**, 934⁵¹⁶ (879), 936⁷¹⁵ (911, 914), 936⁷¹⁶ (911, 914, 915), 937⁷³⁹ (914, 918), 937⁷⁴⁰ (918), 937⁷⁴¹ (916, 918)

Yamanaka, H., **7**, 101¹²⁰ (18); **8**, 771¹⁴⁶ (739, 757T, 758T, 759T, 760T)

Yamane, T., **1**, 247³⁶⁰ (198); **6**, 97²⁶⁷ (57T, 60T, 75)

Yamaoko, R., **8**, 931³⁴⁷ (847, 848)

Yamasaki, Y., **2**, 971¹⁹⁹ (879)

Yamashita, A., **8**, 770⁸⁵ (720T, 729)

Yamashita, M., **7**, 97f¹⁹; **8**, 100³³⁷ (94), 770¹⁰⁹ (735)

Yamashita, S., **1**, 250⁵³⁰ᵃ (224, 225, 226, 229), 250⁵⁴⁵ (225), 250⁵⁵⁰ (226, 228, 229, 230), 250⁵⁵³ (227, 228), 251⁵⁷⁰ (230); **8**, 644¹⁹² (618), 935⁵⁸⁷ (891)

Yamatera, H., **3**, 120f⁶; **4**, 65f⁴⁹; **6**, 1111⁹⁸ (1068)

Yamauchi, M., **1**, 247³⁷⁷ (199, 202, 205), 375¹⁷⁹ (335)

Yamaya, M., **7**, 461³⁸² (424)

Yamazaki, H., **3**, 411f¹¹, 431³⁰³ (409); **4**, 106f³⁰, 375¹³² (365), 511⁴⁶⁵ (489, 490T), 648²¹ (619), 648²⁸ (621), 813²⁵⁵ (735), 818⁵⁴³ (779, 794), 965¹⁵⁸ (956); **5**, 137f¹⁶, 137f³⁰, 186f⁹, 186f¹², 194f⁶, 194f¹⁵, 194f¹⁶, 194f¹⁷, 240f¹¹, 240f¹², 240f¹⁶, 255f², 265⁸⁰ (17), 270⁴⁰⁷ (132, 208), 270⁴²⁴ (139, 144, 180), 270⁴²⁵ (139, 241), 270⁴²⁶ (139, 143, 149, 180, 235), 270⁴²⁷ (139), 270⁴²⁸ (139), 271⁴⁵³ (150, 152), 271⁴⁵⁴ (150), 271⁴⁵⁵ (150), 271⁴⁵⁷ (150), 271⁴⁵⁸ (150, 205), 271⁵⁰⁷ (168, 207, 208), 273⁶¹⁷ (208), 274⁶⁹⁴ (235), 274⁶⁹⁵ (235), 274⁶⁹⁷ (237, 241), 274⁶⁹⁸ (237, 239), 346f³, 366f², 404f²⁶, 526⁴¹⁸ (342, 343, 345), 526⁴³¹ (345, 348, 433), 528⁵¹⁹ (363), 528⁵²⁸ (364, 384, 457), 534⁹⁵⁶ (441), 536¹¹¹⁰ (473), 539¹²⁹⁶ (343), 604f², 608f³, 627⁴³⁵ (603); **6**, 96²¹⁹ (87, 91T), 97²²⁰ (85, 91T), 97²²⁶ (85, 91T), 97²³⁴ (85), 97²⁴⁰ (88), 140⁵⁸ (134T, 136), 142¹⁹⁹ (136), 142²⁰⁵ (136), 225⁹⁵ (208, 209T), 226¹⁷³ (199, 201T, 202, 205T, 206), 277⁶ (266T, 266), 343⁶⁸ (288), 343⁶⁹ (288), 343⁷⁰ (288), 362⁴⁹ (357), 446³³⁵ (431), 738¹²³ (494), 738¹²⁹ (495), 746⁶²⁰ (561), 746⁶²⁷ (561), 823f¹, 823f¹, 842f¹⁶⁵, 844f²³⁰, 844f²⁴¹, 844f²⁴⁹, 844f²⁵⁰, 844f²⁵¹, 844f²⁵⁴, 871f¹²⁸, 875¹³⁷ (785), 875¹³⁹ (785), 875¹⁴² (785), 876¹⁵⁷ (788), 877²⁴³ (822); **7**, 159⁷⁵ (146); **8**, 223¹⁴⁴ (167), 305f⁴², 411f⁵, 430f¹ᵇ, 435f¹⁵ᵇ, 439f⁶ᵇ, 447f², 447f⁴, 456¹⁶⁸ (396, 431, 434, 435, 452), 458²⁶⁰ (411), 458²⁹⁹ (417), 458³⁰⁰ (417), 931³⁴⁵ (847), 936⁶⁷² (904), 1066¹⁵⁰ (1039)

Yamazaki, K., **2**, 187⁵⁰ (11); **5**, 530⁷⁰¹ (395); **7**, 654⁴³⁷ (598)

Yamazaki, M., **8**, 311f¹⁶

Yamazaki, N., **3**, 473⁵⁰ (445); **8**, 397f¹⁸, 397f²¹, 710²⁸⁹ (690)

Yamazaki, S., **2**, 704⁸ (684), 1019²⁸⁷ (1012f)

Yamazaki, Y., **8**, 369⁵²² (359), 369⁵²³ (359), 669⁸⁰ (661)

Yambushev, F. D., **2**, 704¹⁷ (684), 705⁷⁸ (691)

Yamova, M. S., **2**, 36¹⁶⁴ (315)

Yampolskaya, M. A., **1**, 678⁴⁹¹ (632); **8**, 611³³⁷ (602T)

Yamuchi, M., **1**, 120²⁸⁰ (101T, 103, 105)

Yan, C. F., **7**, 649²⁰³ (559)

Yanagida, N., **7**, 650²⁴⁸ (566)

Yanagisawa, K., **8**, 936⁷¹⁶ (911, 914, 915)

Yanagisawa, M., **1**, 268f[4], 673[157] (589, 602), 674[236] (602)
Yanami, T., **7**, 651[278] (573); **8**, 888f[10]
Yanase, N., **6**, 348[402] (329, 331), 443[154] (403)
Yandle, J. R., **4**, 1064[412] (1018)
Yaneff, P. V., **3**, 949[239] (887), 1318[91] (1289); **4**, 812[141] (712), 812[148] (714), 1060[160] (994); **5**, 270[417] (138, 178), 344f[5], 353f[16], 525[387] (339), 526[421] (343, 344, 350), 526[447] (348)
Yang, D. B., **3**, 947[40] (813, 816); **4**, 964[69] (941); **8**, 17[27] (12), 17[32] (12), 365[330] (338)
Yang, D. J., **2**, 508[138] (412)
Yang, D. T. C., **7**, 197[216] (192), 197[218] (192), 197[219] (192)
Yang, E. S., **4**, 510[408] (482)
Yang, J., **7**, 107[409] (55)
Yang, J. J., **8**, 607[143] (569, 597T), 608[182] (581, 585, 597T)
Yang, L. S., **2**, 298[135] (240)
Yang, M. T., **4**, 320[66] (249, 253, 284); **8**, 1008[53] (952)
Yang, N. C., **7**, 107[409] (55)
Yang, P. P., **1**, 117[135] (73)
Yang, R., **8**, 496[47] (476)
Yang, S., **1**, 120[312] (111)
Yang-Chieu, W., **2**, 972[160] (892)
Yaniuk, D. W., **6**, 753[1145] (639), 754[1205] (649T, 650T, 654), 754[1206] (650T), 754[1207] (650T), 755[1240] (653)
Yankee, E. W., **7**, 459[276] (412), 459[277] (412), 460[337] (418), 651[307] (576), 651[307] (576)
Yannakou, K., **3**, 1072[267a] (1013)
Yannoni, C. S., **3**, 168[25] (99, 167); **4**, 885[53] (852)
Yano, T., **7**, 226[216] (219), 300[135c] (291), 653[386] (590); **8**, 935[606] (895), 937[776] (921)
Yanovsky, A. I., **3**, 781[172] (762), 781[173] (762); **4**, 157[562] (132); **6**, 1066f[10], 1112f[14] (1071)
Yany, F., **7**, 650[243] (565)
Yarbrough, L. W., **3**, 81[67] (6, 10), 947[103] (843, 844); **6**, 14[106] (12)
Yared, Y. W., **3**, 82[123] (15); **5**, 522[154] (297), 530[680] (393)
Yarnell, T. M., **7**, 648[139] (547)
Yaroshevskii, A. B., **2**, 705[25] (684)
Yarrow, D. J., **3**, 1108f[7], 1108f[8]; **4**, 815[372] (756), 1064[413] (1018); **5**, 274[703] (238, 239), 535[995] (448, 449, 486), 535[997] (449, 491, 506, 511), 539[1284] (516), 610f[2], 628[463] (609); **6**, 139[24] (123T, 124T, 125, 130), 743[467] (534T); **8**, 280[36] (237, 238), 281[97] (262)
Yarrow, P. I. W., **3**, 83[214] (31), 629[45] (567, 568, 570, 583, 585, 586, 606, 609), 631[164] (567, 583, 607), 631[175] (585, 587, 593, 594, 595)
Yasafuku, K., **6**, 806f[63]
Yashida, T., **6**, 443[129] (402, 421)
Yashima, Y., **8**, 99[275] (78)
Yashin, A. I., **6**, 181[130] (158, 159T, 160)
Yashin, Y. I., **6**, 224[56] (193T)
Yashiro, M., **8**, 934[540] (884)
Yashuoka, N., **6**, 263[160] (257), 443[165] (406)
Yastrebov, L. N., **1**, 680[608] (649, 650)
Yastrebov, V. V., **2**, 511[289] (438), 511[290] (438), 512[336] (443)
Yasuda, A., **7**, 461[399] (428), 461[400] (429)
Yasuda, G., **1**, 242[89] (164)
Yasuda, H., **1**, 120[280] (101T, 103, 105), 120[290] (106), 247[377] (199, 202, 205), 249[502] (219, 220), 249[503] (219, 220), 673[169a] (591); **3**, 129f[1]; **7**, 8f[4], 462[456] (438), 462[458] (438); **8**, 460[365] (431), 460[378] (431), 462[480] (449), 771[162] (747T), 888f[5], 931[320] (846), 931[323] (846, 900), 931[329] (847), 931[347] (847, 848), 934[511] (879)
Yasuda, K., **1**, 721[123] (701), 721[124] (701, 713), 722[203] (713); **2**, 617[28] (525), 622[365] (568), 622[376] (570), 623[415] (574), 623[416] (574), 623[426] (575), 704[8] (684), 1019[287] (1012f)
Yasuda, M., **1**, 754[120] (747), 754[122] (747)
Yasuda, N., **4**, 463f[3], 612[499] (598); **6**, 441[41] (390); **7**, 650[263] (570)
Yasuda, S., **8**, 1070[299a] (1058)
Yasuda, T., **6**, 345[150] (305, 329, 334T), 468[29] (460)
Yasuda, Y., **1**, 252[622] (237), 679[575] (647)
Yasufuku, K., **3**, 411f[11], 431[303] (409); **4**, 106f[30], 511[465] (489, 490T), 648[21] (619), 818[543] (779, 794); **5**, 194f[6], 194f[17], 240f[11], 240f[16], 274[695] (235); **6**, 96[219] (87, 91T), 97[240] (88), 140[58] (134T, 136), 142[199] (136), 142[205] (136), 739[200] (503), 739[210] (505), 739[234] (509), 740[236] (509), 742[380] (525), 823f[1], 823f[1], 823f[2], 823f[2], 842f[165], 844[230], 844f[241], 844f[249], 844f[250], 844f[251], 844f[254], 871f[128], 875[137] (785), 875[139] (785), 875[142] (785), 876[157] (788), 877[243] (822), 877[243] (822)
Yasui, M., **8**, 711[339] (701)
Yasui, S., **8**, 711[335] (702), 711[336] (701), 711[341] (701), 711[342] (701), 711[370] (701, 702), 711[371] (702)
Yasukawa, T., **3**, 327[58] (297)
Yasumori, I., **6**, 758[1457] (677); **8**, 98[224] (61), 365[285] (328)
Yasunaga, H., **8**, 710[328] (701)
Yasuoka, N., **1**, 247[377] (199, 202, 205), 673[170] (591); **2**, 620[280] (556), 620[281] (556), 706[130] (698), 860[73] (838); **3**, 129f[1], 1072[259] (1011, 1017); **4**, 242[512] (223, 224T, 227, 228), 460f[8], 463f[3], 607[144] (542), 612[499] (598); **5**, 275[776] (254), 534[949] (439); **6**, 260[2] (243, 245), 345[150] (305, 329, 334T), 345[155] (306), 345[185] (308, 334T), 346[241] (312, 313, 334T), 348[397] (329, 330, 334T), 348[398] (329, 334T), 348[399] (329, 330, 334T), 348[400] (329, 330, 334T), 348[405] (329, 331, 334T), 348[406] (329, 331, 334T), 349[428] (334T, 334f), 441[42] (390), 443[166] (406), 468[21] (457, 461), 468[29] (460), 758[1485] (683), 758[1486] (683); **7**, 462[457] (438); **8**, 642[73] (631)
Yasupova, F. G., **8**, 707[149] (685T)
Yatagai, H., **1**, 303[105] (268); **7**, 226[208] (219), 226[213] (219), 322[14] (306), 322[25] (309, 314), 322[54a] (316), 322[54b] (316), 322[54c] (316), 322[58] (317), 363[28b] (357), 363[29] (357), 458[192] (399), 459[300] (414, 415); **8**, 934[552] (885), 938[791] (924)
Yatake, T., **6**, 97[222] (85, 91T), 740[287] (516, 527)
Yates, A., **4**, 819[634] (801); **5**, 373f[4], 374f[1], 528[549] (367, 369, 451, 465, 475T), 535[1011] (451), 604f[10], 627[440] (603, 604); **6**, 278[41] (273), 445[270] (422), 445[271] (422), 751[1013] (622); **8**, 365[338] (338)
Yates, J. T., **5**, 266[116] (25)
Yates, K., **1**, 672[76] (569); **2**, 192[282] (72); **7**, 657[624] (634), 657[624] (634)
Yates, P., **2**, 872f[9], 977[482] (960); **7**, 105[284] (37)
Yates, R. R. J., **7**, 16f[3]
Yatsenko, M. S., **2**, 298[133] (239)
Yatsimirsky, A. K., **8**, 933[453] (860), 938[799] (925)
Yatsimirsky, K. B., **6**, 140[75] (132)
Yau, C.-C., **7**, 107[399] (54)
Yavorskii, B. M., **3**, 1075[439] (1038)
Yawney, D. B. W., **4**, 895f[4], 906[9] (890), 928[8] (924, 926); **6**, 869f[56], 875[153] (788, 794)
Yax, E., **8**, 710[321] (673)
Yazankin, N. S. V., **2**, 872f[14]
Yazawa, T., **5**, 530[674] (391)
Yeager, W. L., **2**, 622[360] (568)
Yeargin, G. S., **7**, 461[379a] (423, 424)
Yeats, P. A., **2**, 622[388] (571)
Yeddanapalli, L. M., **1**, 675[320] (618)
Yee, L. S., **2**, 190[187] (41); **5**, 274[711] (241)
Yeh, C.-L., **3**, 137[95] (1323); **4**, 506[127] (412), 506[128] (412); **8**, 928[99] (803)
Yeh, E. L., **3**, 137[95] (1323); **8**, 928[99] (803)
Yeh, E. S., **5**, 537[1163] (477); **8**, 1067[180] (1042)
Yeh, G. S. Y., **2**, 342f[1], 362[147] (334), 362[165] (341)
Yeh, H. J. C., **4**, 506[123] (411); **8**, 1007[20] (943)
Yeh, M.-K., **7**, 14f[1]
Yelon, W. B., **3**, 789f[4]
Yelton, R. O., **3**, 1119f[13]
Yen, T., **3**, 267[257] (214)
Yergey, A. L., **1**, 39[16] (7)
Yerkess, J., **3**, 945f[6]

Yermakov, Yu. I., **3**, 474[109] (467), 546[42] (493), 546[43] (493), 547[86] (520), 547[89] (520), 547[103] (531), 557[68] (556); **6**, 180[66] (157); **8**, 435f[5], 643[156] (616, 633), 707[190] (701), 708[203] (701)
Yesinowski, J. P., **4**, 886[109] (866), 886[110] (866); **6**, 755[1284] (657), 755[1285] (657)
Yildirimyan, H., **2**, 200[634] (156)
Yim, A., **2**, 362[170] (345)
Yin, C. C., **4**, 1061[254a] (1025, 1031), 1061[255] (1025), 1061[258] (1026), 1061[264] (1027), 1061[266] (1027)
YingLiu, I., **3**, 398f[42]
Yingst, R. E., **6**, 753[1142] (639)
Ykel, H. L., **8**, 1104[40] (1080)
Ynuosov, S. M., **8**, 1105[43] (1081)
Yoda, N., **5**, 534[920] (433, 477)
Yoder, C. H., **2**, 197[509] (123), 197[511] (123), 197[511] (123), 510[266] (435), 512[387] (449), 512[398] (452)
Yodono, M., **8**, 932[427] (856), 933[445] (859)
Yogev, A., **1**, 245[267] (186, 192)
Yogo, T., **7**, 363[9] (351, 352), 648[146] (548); **8**, 771[133] (750T, 769)
Yokkaichi, M., **8**, 710[328] (701)
Yokoi, M., **7**, 654[437] (598)
Yokokawa, C., **8**, 221[75] (118, 140)
Yokoo, H., **3**, 951[344] (929)
Yokoo, Y., **2**, 860[77] (840); **7**, 457[150] (395); **8**, 282[136] (271)
Yokota, K., **8**, 771[149] (739, 749T)
Yokota, K.-I., **7**, 106[348] (47)
Yokota, M., **6**, 349[425] (334T, 334f)
Yokotake, I., **8**, 1093f[2]
Yokoyama, K., **6**, 225[128] (190); **7**, 649[164] (552), 651[274] (572); **8**, 1007[39] (949), 1007[39] (949), 1007[40] (949)
Yokoyama, T., **2**, 970[50] (869), 1015[18] (981)
Yokoyama, Y., **3**, 1070[149] (987, 1032)
Yokozawa, Y., **6**, 223[15] (192)
Yomakawa, M., **8**, 644[163] (636T, 637T, 639)
Yoneda, Y., **6**, 758[1458] (677)
Yoneyama, T., **1**, 247[390] (201, 204)
Yoneyoshi, Y., **7**, 727[149] (698)
Yonezawa, K., **7**, 653[417] (597), 655[525] (610, 611), 727[152] (698)
Yonezawa, T., **2**, 978[507] (963)
Yontz, L. Z., **2**, 908f[4]
Yonuyoshi, Y., **8**, 497[102] (491)
Yoo, J. S., **3**, 267[208] (210), 267[209] (210), 1137f[4]; **8**, 459[310] (419), 645[245] (622T), 645[246] (622T), 645[248] (623T), 645[249] (622T), 646[268] (622T), 646[270] (622T), 646[271] (622T), 710[290] (683, 701), 710[291] (683, 701)
Yoo, S.-E., **3**, 557[50] (555)
Yoon, N. M., **1**, 275f[24], 374[84] (319, 320); **7**, 141[27] (115), 145f[1], 145f[2], 145f[4], 159[110] (145f, 151), 194[18] (162), 194[34] (162, 169, 169f), 195[77] (167), 195[83] (168, 182), 195[84] (168), 196[121] (173), 196[153] (181), 224[76] (204), 252[27] (231, 242), 253[113] (245, 245f, 250), 253[126] (246)
Yorifuji, T., **7**, 104[242] (31)
York, Jr., O., **7**, 100[58] (7)
Yorke, W., **5**, 555f[1], 621[21] (547); **8**, 362[102] (294)
Yoshida, G., **1**, 722[161] (707); **6**, 262[116] (253), 262[117] (253), 345[155] (306), 345[185] (308, 334T), 346[223] (312T, 312), 346[224] (312T, 312), 741[313] (518), 745[584] (555), 748[761] (586), 761[1669] (729)
Yoshida, H., **7**, 513[211] (505), 513[212] (505); **8**, 936[647] (900)
Yoshida, J., **1**, 244[209] (177); **2**, 189[147] (34), 202[727] (179), 303[402] (295T); **8**, 769[30] (723T, 724T, 725T, 732), 933[497] (878, 921)
Yoshida, J. I., **6**, 98[301] (57T, 59T, 64, 70, 79); **7**, 646[19] (519)
Yoshida, K., **3**, 951[344] (929)
Yoshida, M., **2**, 620[281] (556)
Yoshida, N., **3**, 269[324] (232)
Yoshida, S., **2**, 203[745] (183); **6**, 141[106] (132); **7**, 652[345] (583); **8**, 363[162] (301), 369[524] (360), 400f[14], 400f[16], 456[154] (396, 401)
Yoshida, T., **1**, 306[290] (283); **3**, 86[403] (55), 386f[13], 411f[6], 430[224] (385), 557[40] (553, 554, 555), 557[43] (554), 631[180] (585), 701[449] (682), 768f[14], 768f[15], 768f[31], 1250[203] (1199), 1382[131] (1346); **4**, 323[299] (277, 303), 326[518] (299), 609[273] (575, 578), 609[277] (575, 578); **5**, 186f[11], 299f[3], 353f[12], 404f[40], 522[142] (296, 297, 348), 530[682] (393); **6**, 33[19] (17), 34[87] (19T, 21T, 24), 93[17] (54T, 55T, 57T, 59T, 65, 74, 75, 78), 140[85] (132), 140[90] (124T, 131), 141[123] (124T, 130), 142[203] (124T, 129, 134), 227[215] (212), 241[41] (240), 261[67] (248), 262[79] (249), 262[111] (251), 263[164] (257), 263[179] (258), 343[57] (287, 289), 343[60] (287), 346[234] (312T, 312), 349[431] (335), 349[455] (341), 737[73] (488, 492, 493), 741[312] (518), 741[323] (519), 742[393] (527, 533T, 537T), 742[411] (529), 746[626] (561), 751[994] (621), 759[1534] (693, 698T), 759[1535] (693, 701, 702), 760[1572] (702), 760[1574] (703); **7**, 142[100] (130), 142[138] (137), 142[142] (138), 142[147] (139), 159[95] (149), 195[76] (166), 196[130] (175), 263[22] (256), 299[22] (271, 290), 299[81] (279, 290), 300[83] (279, 280), 300[131a] (290), 321[1] (304, 310), 322[29] (310), 322[32] (310), 322[33] (310, 316), 322[37] (312), 322[45] (314), 336[23] (327), 336[32] (328), 336[45] (332), 346[3] (337, 338), 347[35] (342, 344), 347[38] (344), 363[10] (351, 356), 363[20] (355), 456[81] (385); **8**, 17[31] (12, 13, 14), 280[49] (245, 247, 264), 281[95] (262), 291f[9], 291f[31], 292f[7], 304f[7], 364[271] (327), 608[166] (581), 642[78] (638), 710[304] (690), 710[312] (690), 772[200] (737), 795[93] (793), 795[95] (793, 794), 935[614] (896)
Yoshida, Y., **3**, 430[241] (391), 431[305] (409, 412); **5**, 536[1075] (466); **8**, 281[108] (264), 888f[9], 1064[37] (1018)
Yoshida, Z., **1**, 242[102] (165), 307[372] (288); **4**, 812[168] (716); **5**, 295f[6], 404f[36], 521[109] (292), 530[668] (388, 389), 530[672] (390, 391, 412), 530[673] (391), 530[674] (391), 626[371] (597, 613); **6**, 262[140] (255), 344[101] (297, 314), 344[102] (297, 298f, 314), 345[152] (297, 305), 347[289] (318), 347[290] (318), 445[303] (424); **8**, 430f[2], 929[188] (812), 931[350] (848), 931[353] (848), 932[416] (866, 901), 933[484] (872, 873), 933[485] (873), 933[486] (873), 933[487] (873), 935[608] (895), 937[767] (921)
Yoshida, Z. I., **5**, 521[110] (292), 529[596] (377, 388, 389), 530[667] (388, 389), 622[83] (557); **7**, 105[306] (41)
Yoshidomi, M., **8**, 933[441] (858)
Yoshifugi, M., **7**, 101[76] (11), 108[449] (61)
Yoshifuji, M., **3**, 631[197] (590), 631[204] (591), 1075[473] (1044), 1075[474] (1044); **8**, 1066[131] (1035)
Yoshihiro, K., **2**, 360[31] (310); **8**, 937[755] (920)
Yoshii, E., **2**, 197[490] (119); **7**, 654[469] (602), 656[548] (617)
Yoshikawa, M., **8**, 711[363] (702)
Yoshikawa, S., **8**, 455[109] (390), 457[221] (404), 459[331] (421), 641[22] (633, 634T), 642[60] (635T, 639), 642[61] (633, 634T), 644[200] (635T), 708[244] (691), 708[244] (691), 772[201] (730), 772[202] (701)
Yoshikawa, Y., **3**, 120f[6]; **4**, 65f[49]; **6**, 1111[98] (1068)
Yoshikoshi, A., **7**, 651[278] (573); **8**, 888f[10]
Yoshimura, H., **1**, 250[553] (227, 228)
Yoshimura, J., **1**, 244[202] (177); **8**, 293f[9], 363[189] (309), 497[62] (478), 497[65] (479)
Yoshimura, N., **6**, 347[325] (338); **8**, 930[290] (840), 937[740] (918)
Yoshimura, T., **6**, 442[102] (399); **8**, 928[97] (803)
Yoshimura, Y., **8**, 647[300] (622T)
Yoshinaga, K., **4**, 964[127] (951), 964[128] (951, 953), 964[129] (951, 953), 964[130] (951, 953); **8**, 364[258] (325)
Yoshinari, T., **7**, 346[26] (341)
Yoshino, A., **3**, 473[58] (448); **8**, 930[293] (841)
Yoshino, T., **1**, 243[153] (173)
Yoshioka, H., **6**, 241[41] (240), 278[45] (266T, 274)
Yoshioka, M., **1**, 678[465] (631), 679[583] (647, 662), 681[657] (653); **7**, 460[356a] (421), 460[356b] (421), 460[356c] (421), 461[397] (428); **8**, 368[470] (354), 368[471] (354)
Yoshioka, Y., **2**, 193[344] (88)
Yoshisato, E., **8**, 794[33] (786), 795[42] (784)

Yoshiura, H., **6**, 180^{59} (147); **8**, 646^{261} (621T), 646^{262} (621T), 646^{263} (621T)
Youdale, F. N., **6**, 748^{758} (586)
Young, A. E., **1**, 60f^{14}, 242^{105} (166, 172)
Young, A. R., **1**, 597f^5, 678^{474} (632)
Young, D., **3**, 279^{42} (274), 326^1 (282), 326^4 (283), 703^{523} (688), 1069^{94b} (979), 1205f^4, 1250^{226} (1205), 1250^{227a} (1205), 1382^{163} (1357, 1358, 1359); **4**, 504^{32} (385, 429, 440, 442); **8**, 457^{227} (405), 704^{13} (672, 677)
Young, D. A., **6**, 94^{73} (92T, 93)
Young, D. A. T., **1**, 540^{179b} (517), 552^{12} (544, 545), 552^{13} (544, 545), 552^{14} (545); **4**, 418f^1, 506^{140} (417)
Young, D. C., **1**, 453^{70} (426, 427, 431, 435, 437, 443), 454^{93} (428, 438), 455^{157} (435), 455^{166} (437, 438), 537^3 (460, 476, 515), 540^{175a} (515, 516, 518, 520, 535); **3**, 83^{232} (32), 1250^{219} (1203), 1382^{156} (1356); **4**, 238^{294} (203); **6**, 383^{71} (371, 375), 840f^{71}, 874^{65} (771)
Young, D. E., **1**, 375^{178} (335); **7**, 225^{153} (210)
Young, D. W., **7**, 512^{139} (494)
Young, F., **7**, 141^{96} (129), 299^{77} (279)
Young, F. R., **3**, 798f^{21b}, 833f^{29}, 863f^{35}
Young, G. B., **1**, 247^{341} (196, 203); **2**, 972^{142} (889); **3**, 461f^{39}, 474^{123} (472), 645^9 (636, 639), 732f^{14}, 733f^{12}; **6**, 744^{510} (541, 566), 744^{511} (541, 566), 747^{696} (578)
Young, G. G., **5**, 275^{741} (249)
Young, G. J., **6**, 141^{150} (105T, 117, 121T), 231^7 (230)
Young, J. C., **2**, 203^{737} (182); **5**, 158f^5, 271^{464} (156, 160, 161); **6**, 1113^{172} (1087)
Young, J. F., **4**, 920^3 (909); **5**, 438f^6, 520^{11} (278), 522^{186} (302, 302T, 428), 626^{383} (599); **6**, 262^{89} (250), 757^{1415} (673), 1110^3 (1044); **8**, 220^5 (103), 222^{88} (120), 361^{55} (287), 496^{12} (466)
Young, M. A., **1**, 377^{259} (349)
Young, P. R., **3**, 1250^{211} (1201), 1382^{152} (1355); **4**, 238^{325} (205, 206T, 207T, 215, 231, 232T); **6**, 805f^8, 840f^{83}
Young, P. W., **8**, 16^{11} (4, 6, 7, 8, 9, 10, 11, 15), 95^{17} (22, 23, 24), 96^{112} (42)
Young, R. C., **3**, 1137f^5, 1137f^{26}
Young, R. J., **4**, 819^{640} (802), 819^{641} (802), 819^{642} (803); **5**, 539^{1280} (511); **8**, 1069^{293} (1057)
Young, R. N., **1**, 118^{210} (88), 119^{248} (97, 104), 119^{253} (97, 103), 119^{254} (97, 103, 104), 119^{271} (103), 120^{274} (103), 120^{277} (103), 120^{294} (106); **7**, 8f^{14}, 9f^2, 100^{45} (6)
Young, R. V., **1**, 250^{552} (227)
Young, T. F., **1**, 262f^{53}
Young, W. G., **2**, 976^{410} (948); **3**, 169^{58} (127); **6**, 443^{150} (403)
Young, W. J., **8**, 549^{42} (504, 506, 512, 523, 527, 543, 545)
Youngblood, A. V., **7**, 456^{85} (385)
Youngman, E. A., **4**, 958f^9; **6**, 758^{1468} (679)
Youngs, R. W., **1**, 672^{87} (571)
Youngs, W. J., **3**, 88^{541} (78), 88^{542} (78), 88^{543} (78), 108f^1, 109f^1, 721f^3, 721f^{13}, 721f^{14}, 723f^2, 723f^3, 725f^7, 725f^8, 735f^2, 735f^9, 745f^3, 745f^4, 745f^9, 745f^{10}, 754f^{16}, 764f^{12}, 779^{71} (718, 765), 779^{72} (718), 779^{85} (723), 780^{115} (739, 755, 756), 780^{139} (749), 780^{149} (755, 759), 780^{151} (755), 1319^{155} (1314, 1316), 1319^{158} (1316)
Ytsma, D., **3**, 701^{416} (677)
Yu, H., **2**, 395^6 (365, 384), 396^{97} (384), 861^{115} (850)
Yu, K. C., **2**, 515^{580} (478)
Yu, S. H., **1**, 241^{27} (157, 171), 244^{216} (178, 182, 183), 248^{420} (206), 679^{571} (646), 679^{572} (646); **2**, 970^{35} (867, 874), 970^{40} (868, 883); **3**, 1074^{397} (1033, 1034), 1075^{458} (1040, 1041); **4**, 510^{362} (469); **7**, 460^{315} (416, 417), 460^{317} (416), 460^{361} (421); **8**, 280^{42} (243), 934^{559} (889), 1065^{85} (1025), 1069^{285} (1057)
Yuasa, K., **7**, 301^{152} (293)
Yuasa, S., **8**, 400f^8, 457^{197} (400), 704^8 (672, 674T, 674, 690), 704^{42} (672, 674T, 674, 690)
Yuasa, Y., **8**, 933^{477} (872)
Yue, H., **5**, 531^{753} (407, 465)
Yuen, C.-K., **2**, 297^{84} (229); **6**, 1074f^2, 1112^{150} (1082)
Yuen, J. M. C., **4**, 812^{183} (718, 719, 723, 725)
Yuffa, A. Y., **2**, 516^{640} (484); **6**, 225^{103} (203T); **8**, 339f^{31}, 641^{23} (627T), 641^{32} (627T)
Yugov, S. I., **6**, 942^{64} (901, 902T)
Yuguchi, S., **3**, 1071^{209} (1001); **8**, 425f^4, 459^{315} (419), 459^{316} (419), 459^{317} (419), 459^{321} (420)
Yukawa, H., **5**, 533^{867} (425, 441)
Yukawa, T., **6**, 348^{376} (327); **8**, 934^{521} (880)
Yukawa, Y., **7**, 512^{135} (494)
Yukevich, A. M., **8**, 934^{517} (879)
Yuki, H., **7**, 9f^1, 9f^3, 9f^4, 9f^5
Yukupova, A. Z., **8**, 931^{355} (849)
Yule, J., **4**, 608^{249} (569, 570f, 571), 609^{256} (570f, 571), 609^{259} (570f, 571)
Yule, W., **2**, 1015^{10} (980, 994)
Yumoto, O., **4**, 938f^6
Yumoto, Y., **3**, 108f^{23}; **5**, 353f^3, 526^{444} (347, 434)
Yuntila, L. O., **2**, 195^{401} (101), 514^{520} (468, 472)
Yunusov, S. M., **8**, 1076f^7
Yurchenko, E. N., **5**, 523^{228} (304T), 554f^9, 555f^{21}, 621^{40} (548), 622^{79} (553), 622^{82} (557, 612, 620); **6**, 181^{133} (151, 162), 761^{1629} (716), 943^{100} (901)
Yur'ev, V. P., **1**, 680^{628} (650); **2**, 189^{153} (35), 191^{225} (52), 299^{169} (245), 302^{376} (292); **7**, 455^{55} (382), 455^{56} (382), 455^{67a} (383), 456^{74} (383), 456^{95} (387), 457^{165} (396), 457^{166} (396); **8**, 392f^{12}, 439f^5, 449f^8, 456^{151} (396), 459^{338} (423), 459^{339} (423), 459^{340} (423), 461^{436} (439), 642^{62} (629, 630T), 642^{85} (630T), 642^{97} (630, 630T, 631), 643^{108} (629, 630T, 631), 643^{112} (616, 617, 622T), 643^{115} (629, 630T, 631), 643^{116} (617, 622T), 643^{142} (630, 630T, 631), 643^{148} (630T, 631), 669^{77} (651, 658T), 704^{10} (672, 674T, 690), 704^{31} (677, 690), 704^{32} (693, 694T, 695), 705^{56} (693, 694T, 695), 705^{57} (693, 694T, 695), 705^{58} (693, 694T), 705^{59} (693, 694T, 695), 705^{81} (694T), 705^{82} (693, 694T), 705^{83} (693, 694T), 706^{106} (685T), 706^{107} (685T), 706^{109} (685T), 706^{128} (685T), 706^{129} (685T), 706^{130} (693, 694T, 695), 706^{143} (672, 674T), 707^{147} (693, 694T), 707^{149} (685T), 707^{150} (685T)
Yur'ev, Yu. K., **1**, 60f^{11}; **2**, 298^{147} (242)
Yur'eva, L. P., **3**, 978f^{10}, 981f^8, 981f^{16}, 981f^{19}, 1069^{84b} (978), 1069^{105} (982), 1069^{107} (983, 988), 1070^{172} (990), 1070^{189} (993), 1070^{191} (995), 1070^{192} (995, 1000); **4**, 816^{426} (762, 770); **8**, 365^{309} (336), 1066^{138} (1037)
Yur'eva, N. M., **1**, 118^{166} (79)
Yurkevich, A. M., **1**, 378^{360} (360), 379^{422} (366), 379^{423} (366)
Yurrow, D. J., **8**, 530f^1, 551^{113} (530)
Yus, M., **1**, 116^{96} (61); **2**, 882f^{21}, 978^{527} (966, 968); **6**, 181^{117} (146T, 147, 156, 157, 159T, 160T, 168); **7**, 109^{540} (79)
Yusupova, F. G., **2**, 189^{153} (35), 189^{153} (35); **7**, 456^{95} (387); **8**, 392f^{12}, 459^{338} (423), 459^{339} (423), 459^{340} (423), 643^{112} (616, 617, 622T), 643^{116} (617, 622T), 669^{77} (651, 658T), 706^{106} (685T), 706^{107} (685T), 706^{109} (685T), 706^{128} (685T), 706^{129} (685T), 707^{150} (685T)
Yuzefovich, G. E., **8**, 95^{31} (26), 282^{158} (273)
Yuzhelevskii, Yu. A., **2**, 361^{111} (324), 361^{115} (325), 362^{129} (328)
Yzumi, Y., **8**, 496^2 (464)

Z

Zabicky, J., **2**, 971[91] (879)
Zabolotskaya, E. V., **6**, 180[34] (161); **8**, 707[186] (701)
Zacharewicz, W., **7**, 252[63] (238)
Zack, N. R., **6**, 13[64] (8), 34[38] (23)
Zado, F., **2**, 973[208] (899, 931)
Zador, M., **1**, 754[108] (746); **7**, 510[12] (470, 471)
Zaev, E. E., **6**, 942[66] (901, 902T, 903T)
Zafarani-Moattar, M. T., **3**, 981f[4], 988f[3], 989f[4], 1034f[3], 1034f[4], 1067[13] (958), 1070[158] (988, 989, 990, 1000, 1023, 1034, 1035), 1251[270] (1215, 1224), 1383[185] (1363), 1383[204] (1366); **4**, 415f[9], 454f[15]
Zagli, A. E., **8**, 282[162] (273, 274)
Zagorevskii, D. V., **3**, 698[266] (670); **4**, 817[474] (770)
Zagorsky, V. V., **1**, 242[66] (161)
Zahler, R., **3**, 328[173] (324)
Zahn, E., **6**, 33[27] (18)
Zahn, U., **4**, 817[489] (774), 817[490] (774), 817[494] (775), 965[140] (953); **5**, 520[6] (278, 450), 535[1005] (450)
Zahra, J.-P., **7**, 648[119] (541)
Zähres, M., **6**, 36[179] (29), 97[232] (82), 181[128] (159T, 163)
Zahurak, S., **6**, 845f[264], 874[49] (769, 813, 814, 819)
Zaichenko, T. N., **2**, 679[331] (665)
Zaidlewicz, M., **1**, 275f[10]; **7**, 159[90] (148), 159[113] (151), 159[119] (152), 196[177] (184), 196[180] (186), 224[86] (205, 208, 209, 211, 212), 225[109] (206, 208), 225[110] (207), 225[111] (207), 252[61] (238), 253[82] (240), 253[83] (240), 253[84] (240)
Zaiko, E. J., **3**, 1072[300a] (1018)
Zaitsev, L. M., **6**, 445[295] (424)
Zaitseva, G. S., **2**, 192[288] (74), 192[288] (74)
Zaitseva, M. G., **6**, 468[6] (456)
Zaitseva, N. N., **3**, 978f[10], 981f[8], 981f[16], 1069[84b] (978), 1069[105] (982), 1069[107] (983, 988), 1070[172] (990), 1070[189] (993), 1070[191] (995); **8**, 365[309] (336)
Zaitseva, V. N., **2**, 508[129] (411)
Zak, A. V., **6**, 181[103] (158); **8**, 707[179] (701), 708[213] (702, 703)
Zakarov, L. N., **6**, 1032f[31], 1040[101] (1004, 1008)
Zakarov, V. A., **3**, 546[43] (493)
Zakharchenko, O. A., **3**, 1075[467b] (1043)
Zakhariev, A., **8**, 363[196] (314), 364[214] (318)
Zakharkin, L. I., **1**, 115[42] (50), 151[164] (138), 241[45] (158), 242[76] (163, 164, 193), 242[91] (164, 176), 242[92] (164, 165), 242[92] (164, 165), 246[288] (189), 246[308] (193), 248[397] (201), 248[408] (203, 233), 252[631] (239, 240), 252[632] (240), 252[633] (240), 252[634] (240), 252[635] (240), 273f[25], 273f[36], 275f[29], 304[196] (271), 420f[13], 453[46] (421), 454[109] (430), 454[110] (430), 455[138] (432, 434), 455[138] (432, 434), 455[141] (432, 434), 455[151] (434), 455[166] (437, 438), 455[172] (438), 455[179] (439), 455[179] (439), 455[179] (439), 455[183] (439, 440), 456[187] (440), 538[62] (476), 539[86] (486, 518), 541[188a] (520), 541[190a] (520), 541[190b] (520), 541[195] (520), 541[196] (521), 541[197] (521), 541[198] (521), 541[199] (521), 541[205c] (523), 541[205d] (523), 541[205e] (523), 541[205f] (523), 541[217] (526), 541[228b] (530), 541[228c] (530), 542[251] (534T), 553[39] (548), 553[40] (548), 553[41] (548), 553[42] (548), 553[43] (548), 553[45] (548), 553[46] (548), 601f[2], 647f[3], 671[55b] (564, 579, 608), 672[128] (579, 647), 674[220] (655, 659), 674[252] (606), 675[270] (610), 675[285] (613, 632), 676[350] (624, 652), 676[370] (624), 676[384] (624), 676[385] (624), 676[389] (625, 664), 677[409] (626), 677[410], 677[431] (628), 677[434] (628, 634), 677[435] (628, 634), 677[436] (628, 634, 645), 677[440] (628), 677[442] (629), 677[449] (630), 677[453] (630), 678[467] (631, 652, 663), 678[492] (632), 678[495] (633), 678[516] (634), 678[518] (635), 678[519] (635), 679[523] (635), 679[566] (645), 679[567] (645, 650, 662), 680[591] (647), 680[592] (647), 680[604] (648), 680[605] (648), 680[615] (649), 680[627] (650, 663), 680[631] (650), 680[640] (652), 680[641] (652), 680[646] (652, 659), 680[653] (652), 681[665] (655), 681[666] (655), 722[167] (709, 711), 722[172] (709), 722[184] (711), 722[185] (711), 722[186] (711), 727f[2]; **2**, 860[46] (833, 855), 861[100] (846), 975[355] (935); **3**, 398f[51], 1071[247] (1009); **4**, 240[398] (211, 212T), 507[209] (437), 607[136] (539f, 541); **6**, 345[188] (309, 340), 345[189] (309); **7**, 104[246] (32), 109[521] (75), 225[144] (209), 225[149] (209), 225[162] (211), 363[7] (351), 455[33] (379), 455[48] (381), 455[49] (381), 455[54] (382), 455[58] (382), 456[82] (385), 456[125] (392), 457[140] (394), 457[141] (394), 457[142] (394), 457[146] (394), 457[155] (395), 457[157] (395), 457[162] (396), 458[236] (406), 458[242] (407, 408), 459[280] (412), 459[281] (412), 459[295] (413), 459[301] (414, 415, 418), 459[302] (414, 415), 460[374] (423), 461[401] (429), 461[429] (433, 438), 462[454] (438); **8**, 365[313] (337), 407f[16], 447f[9], 456[153] (396), 456[158] (396, 446), 461[472] (447), 668[23] (652)
Zakharov, L. N., **2**, 620[260] (554); **3**, 431[330] (426); **4**, 511[435] (485); **6**, 226[185] (205T, 208), 228[266] (205T, 208), 1029f[81], 1040[67] (997, 1001), 1113[201] (1095)
Zakharov, P. I., **2**, 193[333] (85)
Zakharov, V. A., **3**, 474[109] (467), 546[42] (493), 547[89] (520), 547[103] (531), 557[68] (556), 632[266] (620), 632[266] (620), 632[267] (620), 632[267] (620), 632[268] (620), 632[268] (620), 632[268] (620), 788f[11]; **6**, 180[51] (157), 943[100] (901); **8**, 707[194] (701), 707[195] (701), 708[203] (701)
Zakharova, A. I., **1**, 542[252] (535)
Zakharova, G. N., **2**, 201[668] (163), 620[257] (554)
Zakharova, I. A., **1**, 539[97] (489, 507, 536); **5**, 535[1047] (462), 536[1088] (468), 537[1183] (483); **6**, 226[161] (215), 383[42] (366, 370), 443[121] (401), 445[281] (422), 755[1264] (654, 656), 755[1265] (654, 656)
Zakharova, M. Y., **3**, 1189f[10], 1189f[21], 1338f[12], 1338f[16]
Zakharychev, A. V., **7**, 656[577] (624)
Zakharycheva, I. I., **2**, 977[432] (953)
Zakhs, E. R., **5**, 521[84] (288, 289)
Zaks, I. M., **7**, 110[597] (93)
Zakurin, N. V., **4**, 157[559] (132), 816[442] (764), 1061[229] (1018); **6**, 987f[11], 1020f[87]; **8**, 1066[134] (1037, 1038)
Zalenaya, A. V., **2**, 298[125] (237)
Zalkin, A., **1**, 259f[22], 540[138] (501, 505, 533T), 540[143] (502, 533T), 540[144] (502, 533T), 541[204] (521, 534T), 542[230] (516, 534T), 542[233] (535T), 542[234] (534T), 542[237] (534T), 542[239] (534T), 542[245] (534T); **3**, 264[20] (177), 266[137] (191, 192), 268[319] (231, 232), 269[349a] (235), 269[349c] (235), 269[355] (238), 270[408] (255, 256), 1068[64] (973); **4**, 238[295] (203), 480f[6]; **6**, 746[682] (574, 574T, 575), 748[775] (587)
Zalkow, L. H., **8**, 368[467] (353)
Zamankhan, H., **3**, 430[235] (389)

Zamaraev, K. I., **4**, 380f[29], 506[147] (419); **6**, 750[898] (610)
Zamarlik, H., **2**, 302[342] (283)
Zambelli, A., **1**, 675[276] (611); **3**, 545[2] (477), 546[32] (492), 546[34] (492), 546[42] (493), 546[46] (494), 546[51] (496), 546[53] (497), 546[54] (497), 546[55] (498), 546[55] (498), 546[56] (499), 546[59] (500)
Zambonelli, L., **4**, 695f[11]; **5**, 523[259] (307), 524[286] (314); **6**, 752[1084] (634, 642T, 651), 754[1169] (642T), 754[1170] (641, 642T), 754[1176] (641, 644T, 645T, 647T, 651), 754[1181] (645T), 754[1182] (645T, 651, 661), 754[1183] (645T, 661), 754[1184] (646T, 651, 661), 754[1187] (646T, 651), 754[1188] (647T), 754[1190] (647T), 756[1358] (668), 756[1359] (668), 760[1596] (707T)
Zamboni, R., **7**, 650[210] (559)
Zamoyskaya, L. V., **1**, 681[714] (667)
Zanazzi, P. F., **5**, 265[75] (16, 167), 269[336] (96), 269[337] (96); **8**, 280[22] (233)
Zanderighi, G. M., **4**, 963[61] (940); **6**, 736[42] (482); **8**, 331f[7], 361[66] (288, 329)
Zanella, P., **2**, 677[219] (654), 975[338] (930); **3**, 83[223] (31), 267[226] (211, 214), 268[281] (219), 268[284] (220, 222), 268[287] (221), 268[291] (222), 269[336] (233, 254); **4**, 816[434] (763), 1061[230] (1018)
Zanella, R., **5**, 626[355] (594); **6**, 343[67] (288), 344[89] (293), 344[90] (293), 739[177] (500), 746[630] (562); **8**, 363[193] (314, 324)
Zanelli, S., **1**, 379[420] (366)
Zange, E., **6**, 942[45] (899T)
Zangrando, E., **2**, 761[93] (725, 736); **5**, 100f[1]
Zanini, G., **3**, 547[125] (541)
Zanirato, P., **7**, 59f[7]
Zank, G. A., **3**, 694[8] (648, 649, 651, 652, 653)
Zannoni, G., **6**, 445[282] (422)
Zanobi, A., **5**, 626[347] (592, 598)
Zanobini, F., **5**, 33f[22]; **6**, 34[67] (22T, 24, 31), 94[101]
Zanotti, G., **3**, 268[284] (220, 222); **5**, 523[230] (305); **6**, 743[453] (533T, 539T), 743[454] (533T, 539T), 761[1655] (722T, 728), 761[1656] (722T, 728)
Zanzari, A. R., **5**, 269[336] (96)
Zanzottera, C., **5**, 556f[12], 626[329] (590, 594)
Zapata, A., **7**, 103[202] (28), 646[35] (524)
Zappel, A., **1**, 378[348b] (359), 260f[23]
Zappel, D. A., **2**, 195[390] (98)
Zaripova, F., **8**, 368[515] (359)
Zarkadas, A., **2**, 199[602] (146), 200[620] (151)
Zarli, B., **6**, 749[873] (602)
Zartman, W., **7**, 26f[16]
Zaruma, D., **6**, 445[281] (422)
Zask, A., **8**, 937[765] (921)
Zaslavskaya, G. B., **3**, 1075[439] (1038)
Zassinovich, G., **5**, 268[309] (86, 92), 295f[7], 521[114] (292, 383, 425, 426, 441, 474T), 521[119] (292, 383, 471T, 475T), 533[866] (425, 473), 536[1103] (470, 471T, 472T, 475T), 537[1187] (483, 489), 627[412] (601), 627[414] (601); **8**, 291f[21], 291f[22], 364[239] (324), 364[240] (324), 367[459] (352)
Zateev, B. G., **3**, 696[122] (657)
Zatorski, A., **7**, 103[205] (28, 83)
Zavadovskaya, E. N., **6**, 179[18] (159T, 160), 180[44] (158, 161, 165T); **8**, 708[217] (702)
Zavgorodnii, V. S., **1**, 677[425] (627); **2**, 507[100] (409), 625[611] (601, 604)
Zavistoski, J. G., **2**, 517[646] (485)
Zavizion, S. Ya., **1**, 252[631] (239, 240), 252[632] (240), 252[633] (240), 252[634] (240), 252[635] (240); **7**, 458[242] (407, 408), 459[295] (413)
Zav'yalov, V. I., **2**, 298[108] (234), 298[123] (237), 299[156] (243)
Zawartke, M., **8**, 708[236] (701)
Zaworotko, M. J., **2**, 516[593] (480, 482), 516[595] (480, 482); **3**, 327[103] (308), 631[175] (585, 587, 593, 594, 595), 1147[97] (1129, 1130); **5**, 362f[4], 527[484] (358), 539[1281] (511); **8**, 1071[349] (1063)
Zayarnaya, R. F., **3**, 632[247] (617)
Zazzetta, A., **3**, 270[416] (258, 259); **5**, 437f[5], 438f[8], 533[881] (303T, 428), 625[258] (579)
Zbierzchowska, A., **7**, 461[417] (432)

Zbiral, E., **7**, 512[145] (496), 512[146] (495), 512[147] (496), 657[602] (628), 659[709] (645), 659[709] (645), 659[710] (645)
Zborovskaya, L. S., **3**, 702[507] (687, 688), 702[508] (688), 702[511] (688)
Zdanovich, V. I., **3**, 1068[49] (970), 1070[185b] (993), 1075[450] (1039), 1075[454] (1040), 1075[456] (1040), 1077[557] (1060), 1195f[2], 1249[172] (1192, 1195), 1251[281] (1218), 1381[111] (1342), 1383[192] (1364); **4**, 236[157] (179, 207T), 240[375] (207, 208); **8**, 1064[49] (1020), 1065[89a] (1026), 1069[266] (1052)
Zderic, S. A., **1**, 374[106] (321), 374[107] (321); **7**, 253[136] (248), 301[164] (295)
Zdorova, S. N., **2**, 974[288] (922)
Zdunneck, P., **2**, 860[47] (833); **3**, 435f[3], 461f[22], 461f[23], 473[7] (434), 473[26] (438), 474[87] (462), 474[88] (462), 474[93] (463), 474[102] (464, 465, 466); **7**, 363[24a] (356)
Zebovitz, T. C., **8**, 864f[3], 864f[10]
Zecchin, S., **1**, 752[23] (728, 737); **5**, 529[608] (379), 622[74] (551, 557), 623[113] (561), 623[114] (561)
Zeck, O. F., **2**, 193[350] (90)
Zeeh, B., **5**, 538[1194] (485); **6**, 382[12] (364), 753[1140] (639); **7**, 727[141] (696)
Zefirov, N. S., **1**, 118[166] (79); **2**, 882f[23]
Zehr, R. D., **2**, 976[400] (946)
Zeidler, A., **4**, 324[330] (280)
Zeiger, H. J., **6**, 12[6] (4)
Zeigler, I., **1**, 376[219] (344)
Zeigler, R. J., **6**, 876[183] (795)
Zeigler, T., **3**, 86[402] (55)
Zeil, W., **2**, 201[665] (162), 676[130] (643)
Zeile, J. V., **3**, 1318[129] (1302); **4**, 33f[35], 84f[4], 84f[5], 84f[8], 153[284] (71), 154[330] (79, 85, 89), 241[430] (214, 215T)
Zeine, T., **6**, 94[50] (45, 55T, 65)
Zeiner, H., **4**, 157[533] (129); **6**, 444[217] (410)
Zeinstra, J. D., **3**, 83[231] (32), 326[43] (293), 632[243] (608), 703[574] (692, 693), 1069[140] (987)
Zeise, W. C., **6**, 361[1] (351, 354, 354T, 355T), 361[2] (351, 354), 750[921] (614, 632, 633)
Zeiser, H., **7**, 17f[6]
Zeiss, H., **1**, 373[10] (313), 677[401] (625), 682[739] (581); **3**, 80[2] (2), 778[2] (706), 1068[73] (976, 984, 985, 988, 990, 1022), 1068[77] (977), 1068[78] (977), 1069[111a] (984), 1069[111b] (984), 1069[112] (984); **4**, 155[414] (114); **7**, 455[16] (372, 396)
Zeiss, H. H., **3**, 696[106] (656), 696[107] (656), 780[157] (757), 919f[3], 919f[5], 922f[1], 922f[2], 922f[7], 922f[8], 924f[2], 924f[4], 924f[6], 926f[2], 926f[4], 926f[5], 926f[6], 950[305] (915), 951[310] (916), 951[329] (927), 951[339] (929), 951[340] (929), 951[342] (929), 951[343] (929), 951[346] (929), 1068[72] (975), 1068[83] (978), 1077[599] (1067); **8**, 458[275] (412), 670[107] (662, 663T)
Zeiss, H. J., **7**, 363[32] (358)
Zeitler, G., **4**, 11f[1], 13f[1], 65f[57], 150[38] (10, 12, 15, 26, 68)
Zei-Tsan Tsai, **3**, 362f[19]
Zelchan, G., **2**, 202[689] (167), 202[689] (167)
Zelchan, G. I., **2**, 511[326] (441)
Zeldin, M., **1**, 305[217] (277), 305[222] (277), 375[180] (336); **2**, 516[594] (480)
Zelenev, S. V., **3**, 698[271] (670)
Zelenova, L. M., **8**, 416f[5], 417f[1], 459[335] (421), 705[51] (672, 674T), 705[52] (685T, 685)
Zelentsov, V. V., **3**, 698[265] (670)
Zelesko, M. J., **1**, 742f[9]; **7**, 512[161] (499), 512[166] (499, 503), 513[204] (505)
Zelikhman, L. A., **6**, 14[125] (8)
Zeller, K.-P., **2**, 970[27] (866, 869, 892, 895); **7**, 725[44] (671, 672), 729[265] (722)
Zellerhoff, R., **4**, 612[487] (597)
Zelonka, R. A., **4**, 815[362] (755, 796, 797), 819[618] (797); **6**, 94[68] (86)
Zeluka, J., **3**, 326[7] (283)
Zemany, P. D., **2**, 188[107] (27)
Zembayashi, M., **1**, 246[299] (192); **6**, 758[1446] (677); **8**,

497[106] (492), 644[205] (628), 769[30] (723T, 724T, 725T, 732), 771[125] (739, 749T, 752T, 753T, 754T), 771[129] (739, 739T, 748T, 749T, 752T, 753T, 754T), 771[135] (749T, 750T), 771[136] (749T), 771[138] (740, 744T, 747T)
Zemkin, V. I., **2**, 508f[148] (414)
Zemlyanichenko, M. A., **1**, 250[533] (224, 225, 228), 250[555] (227, 228), 251[573] (230, 231, 232, 233, 234)
Zemlyanskii, N. N., **2**, 507[56] (404, 420, 437), 507[57] (404, 437), 507[58] (404), 508[157] (417), 508[158] (417), 618[140] (541), 676[142] (645), 678[257] (657), 678[258] (657)
Zemskov, S. V., **6**, 748[759] (586)
Zemtsova, V. S., **6**, 226[156] (203T)
Zenina, G. V., **1**, 302[46] (259), 676[377] (624)
Zenitani, Y., **6**, 348[398] (329, 334T), 348[399] (329, 330, 334T)
Zenkin, A. A., **2**, 191[234] (54); **3**, 125f[26]
Zenneck, U., **3**, 981f[15], 1069[104] (982), 1070[175] (991)
Zens, A. P., **3**, 168[22] (98)
Zeppezauer, M., **4**, 1061[225] (1018)
Zerbaev, I. N., **7**, 457[147] (394)
Zerby, G. A., **7**, 96f[8]
Zerger, R. P., **1**, 40[94] (19, 20), 41[97] (20), 117[114a] (65T, 66, 72), 117[116] (65T, 67), 118[196] (83, 84T, 86), 251[593] (233); **2**, 970[52] (869); **3**, 265[81] (182)
Zerina, E. N., **1**, 720[68] (691)
Zerner, M. C., **4**, 479f[16]
Zetta, L., **1**, 676[331] (620)
Zetterberg, K., **6**, 347[302] (319, 334T, 336), 442[64] (395, 435), 446[350] (435); **8**, 223[179] (210), 929[181] (812, 829), 929[182] (812), 935[598] (893), 935[599] (893), 936[659] (902)
Zettler, F., **1**, 40[70] (16, 18), 258f[7], 377[294] (353), 700f[3], 704f[2], 721[101] (698), 721[142] (703)
Zeuch, E. A., **3**, 267[207] (210)
Zezeli, V., **2**, 904f[14], 973[241] (905, 906)
Zgonnik, V. N., **1**, 117[120] (68, 71T), 117[123a] (69, 71T), 117[123b] (69), 117[123c] (69); **7**, 8f
Zhadaev, B. G., **2**, 973[199] (898)
Zhakaeva, A. Zh., **3**, 1068[49] (970), 1075[450] (1039), 1077[557] (1060), 1195f[2], 1249[172] (1192, 1195), 1251[281] (1218), 1381[111] (1342), 1383[192] (1364); **4**, 236[157] (179, 207T), 240[375] (207, 208); **8**, 1069[266] (1052)
Zhang, S. Y., **8**, 471f[8], 472f[2], 472f[3], 473f[3], 496[30] (470, 473)
Zharkikh, A. A., **3**, 698[272] (670)
Zharkov, G. I., **6**, 748[759] (586)
Zhavoronkova, T. A., **2**, 299[191] (248T, 270)
Zhdanov, A. A., **2**, 300[260] (265T), 362[171] (346)
Zhdanov, S. I., **6**, 96[217] (88)
Zhebarov, O. Z., **2**, 302[376] (292); **8**, 439f[5], 449f[8], 461[436] (439), 642[62] (629, 630T), 704[32] (693, 694T, 695), 705[56] (693, 694T, 695), 705[57] (693, 694T, 695), 705[58] (693, 694T), 705[59] (693, 694T, 695), 705[60] (693, 694T), 705[81] (694T), 705[82] (693, 694T), 705[83] (693, 694T), 706[130] (693, 694T, 695), 707[147] (693, 694T)
Zhesko, T. E., **5**, 266[174] (36); **8**, 311[20], 312f[30], 312f[31], 312f[54], 643[143] (632), 644[160] (632)
Zhigach, A. F., **1**, 306[338] (287), 309[535] (297), 420f[4], 420f[4], 420f[15], 420f[15], 452[23] (418), 674[263] (608), 677[395] (625), 677[403] (625), 678[477] (632), 678[478] (632)
Zhigareva, G. G., **1**, 242[91] (164, 176)
Zhil'tsov, S. F., **1**, 309[543] (298), 721[96] (698), 753[89] (740); **2**, 973[214] (899), 973[221] (900), 977[437] (955), 977[487] (960), 977[488] (960); **3**, 1071[207] (1000); **6**, 226[144] (195)
Zhil'tsova, E. E., **6**, 223[8] (199, 201T)
Zhir-Lebed, L. N., **6**, 345[205] (310)
Zhornitskaya, E. I., **8**, 645[221] (623T)
Zhu, Z.-H., **6**, 806f[23], 868f[11]
Zhuchikhina, I. G., **8**, 641[33] (618, 627T), 641[34] (618, 627T), 707[191] (701)
Zhugastrova, V. A., **6**, 750[920] (613)
Zhuk, S. Ya., **3**, 699[318] (672)

Zhukov, M. A., **7**, 655[502] (606)
Zhukova, S. E., **6**, 746[662] (566)
Zhukovskii, S. S., **6**, 181[126] (157); **8**, 644[195] (616, 622T), 670[111] (664)
Zhumagaliev, S., **7**, 458[204] (400)
Zhvanko, O. S., **4**, 239[343] (206, 207T, 208, 212T); **8**, 1067[195] (1043)
Zia, M. C., **8**, 296f[4]
Ziebarth, M., **2**, 195[413] (103)
Ziegleder, G., **2**, 199[582] (141)
Ziegler, Jr., C. B., **8**, 864f[3], 864f[6], 933[458] (862), 933[476] (870)
Ziegler, E., **1**, 308[416] (291), 676[348] (623, 655)
Ziegler, F. E., **7**, 101[98c] (14), 658[694] (643), 726[114] (688)
Ziegler, H. E., **1**, 120[320a] (114), 245[272] (187); **2**, 976[409] (948); **3**, 126f[1], 126f[5]; **7**, 105[318] (43, 46)
Ziegler, J. C., **1**, 249[472] (214)
Ziegler, K., **1**, 53f[1], 150[85] (124), 153[251] (148), 248[416] (205), 250[518] (222), 251[590] (232), 306[300] (284), 309[544] (298), 584f[7], 597f[1], 597f[2], 601f[3], 601f[4], 609f[1], 613f[1], 654f[5], 670[3a] (557, 558, 638), 671[15] (558), 671[16] (558), 671[19] (558), 671[20] (558), 671[21] (558), 671[22] (558), 671[23a] (558), 671[23b] (558), 671[24] (558), 671[26] (558, 563, 607, 611, 612, 625, 626, 634, 642, 663), 671[27] (559, 579, 625, 638, 664), 671[28] (559, 625, 633, 650), 671[29a] (759), 671[29b] (559), 671[30] (559), 671[31] (559), 671[36] (560, 563, 625, 629), 671[37] (560), 671[38] (560, 590), 671[41] (561, 626), 671[42] (561, 609, 625, 626, 638), 671[44] (561, 625, 634), 672[69] (568, 638), 672[121] (578), 672[126] (578), 674[216] (598, 650, 658), 674[258] (607, 608, 609, 610, 625, 629, 638), 675[268] (610), 675[271] (610, 629, 655), 675[278] (611, 630), 675[279] (611, 613), 675[284] (612), 675[286] (613), 675[289] (613, 632), 675[290] (613, 654), 676[381] (624, 627), 677[396] (625), 677[401] (625), 677[406] (626), 677[407] (626), 677[448] (630), 678[483] (633), 678[484] (633), 678[500] (633, 650), 678[511] (634, 656), 678[513] (634), 678[515] (634), 679[536] (638), 679[538] (638), 679[539] (638), 679[558] (644, 648, 649, 659, 666), 681[667] (656), 681[719] (669), 682[724] (581), 682[739] (581); **2**, 675[62] (637), 675[62] (637); **3**, 270[426] (262), 270[427] (262), 270[428] (262), 270[429] (262), 279[19] (271), 545[1] (476), 545[9] (487); **7**, 17f[6], 454[2] (367, 369, 372), 454[3] (367, 372), 454[4] (367, 369, 372, 373, 379), 454[5] (367, 372), 454[6] (367, 372, 376, 384, 450), 454[7] (368, 442), 455[12] (372), 455[13] (372), 455[15] (372, 379, 393), 455[16] (372, 396), 455[31] (379, 380, 383, 385, 392, 406, 423, 434, 436, 439), 455[34] (380); **8**, 378f[2], 454[31] (377), 454[32] (377), 454[33] (377), 454[46] (379)
Ziegler, M. L., **2**, 860[72] (838); **3**, 270[399] (254), 711f[11], 711f[15], 714f[1], 714f[2], 760f[12], 779[56] (710, 761), 779[64] (714), 1067[32] (966), 1188f[29], 1245[4] (1152), 1246[34] (1158), 1252[362] (1233, 1236), 1252[363] (1233), 1253[374] (1235), 1253[380] (1237), 1253[382] (1237), 1379[8] (1323), 1383[239] (1374), 1384[241] (1374); **4**, 12f[2], 13f[9], 13f[13], 19f[9], 107f[85], 150[57] (18), 156[445] (120), 156[503] (125), 157[533] (129), 606[95] (529, 530), 607[163] (546), 611[423] (592), 612[462] (596), 815[369] (756), 819[645] (804); **5**, 270[432] (139, 159), 418f[11], 532[812] (416), 532[813] (361, 416), 539[1303] (361, 416); **6**, 187[12] (183T, 184), 444[217] (410), 1018f[12], 1021f[164], 1040[61] (996), 1040[65] (997, 1001, 1002), 1111[81] (1063)
Ziegler, R. J., **6**, 796f[1], 840[48], 1020f[105], 1032f[26], 1035f[19]
Ziegler, T., **2**, 821[194] (812); **6**, 12[23] (5), 736[14] (475), 751[956] (616, 617)
Ziemek, P., **1**, 676[334] (621); **6**, 383[60] (369), 469[67] (467)
Ziesecke, H.-H., **3**, 270[436] (263)
Ziesecke, K. H., **8**, 96[115] (43), 222[120] (150, 155)
Zietz, J. R., **1**, 677[446] (630)
Zilenovski, J. S. R., **7**, 103[219] (29), 103[219] (29)
Zilkha, A., **7**, 647[83] (533)
Zima, G., **2**, 202[716] (175); **7**, 66f[10], 655[497] (606, 607)
Ziman, S. D., **8**, 1008[59] (953)

Zimich, J. A., **4**, 606⁶⁰ (520)
Zimler, T., **4**, 327⁵⁶¹ (304)
Zimmer, H., **2**, 618¹⁵² (542), 619²¹¹ (547, 554), 675⁷¹ (637, 665, 666), 676¹⁴³ (645); **7**, 652³⁶⁶ (585), 652³⁶⁶ (585)
Zimmer, J.-C., **4**, 328⁶²⁸ (310)
Zimmer, R., **2**, 623⁴²⁸ᵃ (575), 626⁶⁵³ (607), 626⁶⁵⁴ (607)
Zimmer-Gasser, B., **2**, 191²⁴⁵ (59), 192²⁷⁰ (68), 192²⁷⁰ (68); **7**, 656⁵⁹⁴ (627)
Zimmerman, A. A., **2**, 680⁴⁰⁹ (673)
Zimmerman, G. J., **1**, 409⁴⁶ (391), 538⁷⁵ᵃ (480, 496), 538⁷⁵ᵇ (480, 496, 500), 539⁹⁵ᵇ (489, 505, 506), 540¹³⁵ (500, 533T), 542²⁶⁰ (536); **6**, 944²¹⁴ (921, 924, 930, 934T, 935), 945²⁵³ (930)
Zimmerman, H., **3**, 1246¹⁹ (1155); **6**, 261³² (245), 446³⁵⁶ (438), 1058f¹
Zimmerman, Jr., H. K., **1**, 286f¹⁵, 378³⁶⁷ᵇ (361)
Zimmerman, R., **2**, 1019²⁴⁴ (1005); **8**, 1104² (1074)
Zimmerman, W. T., **7**, 107⁴⁰⁹ (55)
Zimmermann, G., **7**, 106³⁴⁰ (47)
Zimmermann, H., **3**, 424f³, 632²⁵⁶ (620), 1067⁷ (956, 957); **4**, 401f²⁵; **5**, 273⁶²⁸ (211); **6**, 761¹⁶²⁶ (716); **8**, 397f¹², 454⁵² (379, 393, 396, 397, 405, 407)
Zimmermann, W., **1**, 696f²⁵, 720⁵⁸ (690, 701, 705)
Zingales, F., **3**, 798f¹²ᶜ, 833f¹⁷, 851f³, 851f⁵⁹, 863f²⁴, 886f⁷, 948¹¹⁰ (845), 948¹¹¹ (845), 1070¹⁸³ᵃ (991), 1076⁵³³ (1057), 1119f², 1119f³, 1121f¹, 1141f², 1247⁷⁷ (1171), 1247⁷⁷ (1171), 1251²⁸⁴ (1218); **4**, 50f⁴, 51f⁵⁷, 152¹⁹⁶ (53), 173f², 173f⁴, 235¹¹⁴ (174), 235¹¹⁸ (174), 236¹⁸⁴ (183, 221), 237²⁴³ (193), 237²⁴⁴ (193), 237²⁴⁵ (193), 237²⁴⁶ (193), 608²⁰¹ (555), 648⁸ (617), 689⁸³ (675), 811⁹⁰ (704); **5**, 554f⁵, 556f², 621⁴ (542); **6**, 383⁵¹ (368), 446³²⁰ (429), 468⁷ (456), 469⁶⁶ (467)
Zingaro, R. A., **2**, 704¹⁶ (684), 1019²⁹⁰ (1012f); **5**, 556f¹⁴
Zinger, B., **4**, 965¹⁴² (954)
Zinich, J. A., **3**, 851f²⁷; **4**, 52f¹⁰⁵, 73f¹², 154³⁰² (75)
Zink, J. I., **3**, 1103f³; **5**, 265⁵² (11)
Zinnatullina, G. Ya., **1**, 151¹⁷⁰ (139), 151¹⁷¹ (139); **7**, 102¹⁵¹ (23f), 102¹⁵² (23f)
Zinnen, H. A., **3**, 265¹²³ (188)
Zinnius, A., **1**, 40⁸³ (17, 18T), 126f⁶, 151¹⁵² (134); **2**, 199⁵⁶² (134), 200⁶³⁶ (156)
Zinov'ev, V. D., **3**, 981f⁷, 981f⁸, 981f¹⁶, 981f¹⁹, 1069¹⁰⁵ (982), 1069¹⁰⁷ (983, 988), 1069¹⁰⁹ (984)
Zinov'eva, T. I., **2**, 201⁶⁷⁶ (165), 705⁵⁴ (687)
Zinsius, M., **6**, 347³²¹ (321), 347³²⁴ (321), 348³⁸⁹ (328, 334T), 349⁴²³ (334T, 334f)
Ziółkowski, J. J., **8**, 610³²⁴ (600T), 610³²⁵ (600T), 611³³⁶ (602T)
Zippel, H., **3**, 851f⁴¹, 948¹³² (853); **8**, 362¹³⁴ᵇ (297)
Zipper, M., **5**, 64f²¹, 268²⁵³ (66)
Zipperer, W. C., **3**, 698²²⁷ (665); **4**, 97f²¹, 154³²⁵ (78), 610³⁷² (588)
Zizlsperger, H., **3**, 810f⁶; **6**, 33²⁶ (18)
Zlotina, I. B., **3**, 1317²² (1272); **4**, 97f²⁸, 240⁴¹² (211, 212T, 213), 240⁴¹³ (211, 212T, 213), 240⁴¹⁴ (211, 212T, 213), 240⁴¹⁵ (211, 212T, 213, 228), 401f³⁰, 414f⁵, 505⁸⁸ (402, 493)
Znobina, G. K., **4**, 240⁴¹² (211, 212T, 213), 240⁴¹³ (211, 212T, 213), 401f³⁰
Zobel, T., **2**, 707¹⁵⁰ (700)
Zober, A., **2**, 943f³, 973¹⁹⁷ (898)
Zobl-Ruh, S., **4**, 454f⁶, 1060²⁰⁸ (1015)
Zocchi, M., **4**, 812¹⁷⁸ (718, 719); **5**, 137f²⁷, 270⁴⁰⁹ (132), 534⁹³⁵ (435), 535¹⁰³⁰ (407), 626³⁴² (592), 626³⁴³ (592, 595), 627⁴⁵¹ (607); **6**, 93²⁰ (51, 53T), 94⁶⁹ (51, 53T), 94⁷⁰ (51, 53T), 95¹¹⁴ (51, 53T), 180⁴⁷ (173T, 174), 443¹⁷⁰ (406); **8**, 292f⁴⁷, 795⁸² (790)
Zoellner, E. A., **1**, 53f¹; **7**, 39f²
Zoellner, R., **6**, 231⁹ (230); **8**, 643¹³⁰ (627T, 633)
Zöller, M., **4**, 13f¹³, 156⁴⁴⁵ (120); **6**, 1021f¹⁶⁴, 1040⁶¹ (996)
Zöller, W. H., **2**, 1019²⁴⁶ (1005), 1019²⁶² (1009, 1010f)
Zol'nikova, G. P., **4**, 463f¹, 508²⁸⁹ (448)
Zolopa, A. R., **7**, 300⁹⁵ (282)
Zolotarev, B. M., **1**, 378³⁵³ (359), 379³⁸⁴ (362), 379³⁸⁶ (362)
Zolotoi, A. B., **2**, 626⁶⁴⁸ (606)
Zon, G., **2**, 299¹⁹⁷ (249T); **7**, 654⁴³¹ (596), 654⁴³¹ (596)
Zones, Z. I., **8**, 1105⁵⁶ (1085), 1105⁵⁷ (1085)
Zonnebelt, S. M., **7**, 656⁵⁷¹ (622)
Zook, H. D., **1**, 53f⁵
Zorin, A. D., **3**, 702⁵⁰⁵ (687), 702⁵⁰⁶ (687), 702⁵⁰⁹ (688), 702⁵¹⁰ (688), 702⁵¹² (688, 689), 1069¹¹⁸ᵇ (985)
Zorina, E. N., **1**, 721⁸⁵ (694)
Zorsi, C. D., **2**, 1019²⁷⁴ (1010)
Zosel, K., **1**, 670³ᵃ (557, 558, 638), 671²⁷ (559, 579, 625, 638, 664), 671²⁸ (559, 625, 633, 650), 671³⁶ (560, 563, 625, 629), 671³⁸ (560, 590), 678⁵⁰⁰ (633, 650); **7**, 454² (367, 369, 372), 454³ (367, 372), 454⁵ (367, 372)
Zotti, G., **4**, 813²⁶⁴ (739, 792); **5**, 310f⁵, 523²⁵² (307), 558f¹⁰, 621¹ (542), 622⁷³ (551), 622⁷⁴ (551, 557)
Zoubek, G., **2**, 707¹⁷⁰ (702); **5**, 266¹⁶⁶ (35)
Zountsas, G., **2**, 302³⁴⁹ (284), 302³⁵⁰ (284); **5**, 531⁷⁶⁵ (410, 440, 445), 531⁷⁷⁵ (410)
Zozulin, A. J., **1**, 262f⁴¹, 268f⁵
Zschau, W., **8**, 366³⁷⁶ (342)
Zschunke, A., **4**, 508²⁴³ (441)
Zsolnai, L., **1**, 409²⁹ (386, 401); **3**, 1075⁴⁴⁷ (1039)
Zuber, M., **8**, 365²⁸⁰ (328)
Zubiani, G., **1**, 244²⁰⁵ (177), 272f⁵; **7**, 91f¹, 227²³⁵ (223), 227²³⁶ (223), 301¹⁷¹ (297), 459³⁰⁴ (414)
Zubieta, J. A., **2**, 616¹³ (522, 535, 552, 553, 555, 575), 621³³⁹ (565); **4**, 510³⁹⁵ (480), 1059¹⁴⁰ (990); **6**, 736⁴³ (482), 736⁴⁴ (482), 806f⁴⁸, 850f⁴⁰, 850f⁴², 871f¹¹⁶, 871f¹¹⁷, 875¹²² (781, 813), 876²¹¹ (813), 1100⁸ᵇ (1044, 1101, 1106, 1108), 1105f²
Zubov, P. I., **2**, 622³⁵⁷ (567)
Zubreichuk, Z. P., **2**, 971⁸⁵ (876)
Zubrick, J. W., **2**, 191²⁴⁶ (59)
Zubritskii, L. M., **6**, 99³⁴⁶ (56T, 74, 76); **7**, 5f¹⁰, 100⁵¹ (7); **8**, 642⁸³ (640), 668¹² (663T), 669⁴³ (662), 669⁸³ (655)
Zuccaro, C., **4**, 658f⁴¹, 846f⁴, 886¹⁴³ (871), 1058⁵⁰ (973), 1060¹⁸⁴ (1001), 1062²⁹⁰ (1032), 1062²⁹⁴ (1033), 1063³⁴⁹ (1044, 1045); **8**, 99³²⁶ (92)
Zucchini, G. L., **4**, 816⁴⁴¹ (764)
Zucchini, U., **1**, 674¹⁹⁷ (594, 624); **3**, 443f¹, 461f¹⁸, 461f¹⁹, 468f¹, 468f¹, 473¹⁵ (437, 466, 467, 468), 474¹⁰¹ (464, 467), 547¹⁰⁴ (535), 557⁷⁰ (556), 645³ (636), 645¹⁴ (637, 638, 639, 641), 645²⁷ (639); **8**, 281⁶³ (252)
Zuckerman, J. J., **1**, 378³¹⁴ (356), 378³¹⁷ (356); **2**, 302³⁷⁸ (292), 360⁶ (306), 509¹⁶⁵ (418), 510²⁶⁶ (435), 512³⁸⁷ (449), 517⁶⁴⁶ (485), 616¹³ (522, 535, 552, 553, 555, 575), 617¹⁹ (523), 617³¹ (525), 617³³ (526, 572), 618¹⁴² (541), 620²⁵⁵ (554), 621³³⁹ (565), 621³⁴⁴ (566), 622⁴⁰² (572), 622⁴¹⁰ (572), 622⁴¹¹ (573), 625⁵⁹³ (599), 1016¹⁰² (991f, 992, 1009); **3**, 125f³⁴, 1004f⁶, 1072²⁵⁴ (1010), 1211f⁶; **4**, 328⁶⁴⁰ (311), 611⁴⁰⁴ (592); **5**, 627³⁹⁰ (599); **6**, 35¹⁰¹ (20T, 30), 36²¹² (19T), 1100⁸ᵇ (1044, 1101, 1106, 1108), 1105f², 1114²²⁴ (1101, 1108)
Zudin, V. N., **8**, 223¹⁴³ (167)
Zuech, E. A., **2**, 196⁴⁵³ (113), 301³¹⁰ (273), 301³¹¹ (273), 675¹¹² (642); **3**, 1248¹⁴⁸ (1186); **8**, 549⁶ᵃ (500), 645²³⁷ (621T), 934⁵³⁸ (884), 934⁵⁴¹ (884)
Zuehlke, L., **1**, 376²⁴⁶ᵃ (340, 347)
Zuerner, E. C., **3**, 703⁵³⁰ (689)
Zueva, G. Ya., **2**, 502f⁵, 509¹⁶⁶ (419), 511³¹⁷ (440)
Zuhm, H., **3**, 922f¹⁴
Zulkin, A., **4**, 510³⁹⁴ (480)
Zullig, Jr., C., **2**, 197⁴⁸⁹ (119)
Zurflüh, R., **7**, 728¹⁸⁴ (706)
Zushi, K., **1**, 754¹¹⁰ (746), 754¹²⁹ (749); **2**, 763¹⁸⁶ (759); **8**, 934⁵⁵⁶ (885)
Zverev, V. A., **2**, 191²²⁵ (52)

Zverev, Yu. B., **3**, 702^{502} (687, 689), 1069^{117} (985), 1069^{118a} (985)
Zvonkova, Z. V., **1**, 258f^3, 258f^3
Zwanenburg, B., **2**, 189^{155} (36); **7**, 42f^3, 105^{315} (42, 69), 108^{483} (69), 108^{483} (69)
Zwart, J., **8**, 608^{204} (592, 599T), 610^{318} (600T)
Zweifel, G., **1**, 119^{227} (91), 275f^{27}, 275f^{28}, 275f^{38}, 286f^9, 303^{119} (268), 304^{184} (270), 305^{206} (274), 305^{260} (280), 305^{269} (281), 307^{360} (288), 308^{456} (293), 308^{457} (293), 309^{536} (298), 309^{547} (298), 375^{132a} (327), 674^{200} (594, 604), 674^{230} (601, 634, 650, 661), 674^{231} (601, 650, 652, 661, 663), 679^{528} (637), 680^{638} (651, 652), 680^{655} (652, 661), 681^{682} (661), 681^{684} (661); **7**, 98f^6, 107^{386} (51), 140^{18} (114), 140^{22} (114), 141^{23} (115, 121), 141^{24} (115), 141^{26} (115), 141^{41} (119), 141^{42} (119), 141^{46} (120), 141^{47} (120), 141^{49} (121), 141^{50} (121), 141^{59} (122), 142^{128} (135), 142^{129} (136), 142^{130} (136), 142^{132} (136), 142^{141} (138), 142^{143} (138), 142^{144} (138), 142^{145} (138, 139), 142^{146} (139), 158^{22} (143), 158^{28} (144), 158^{36} (145), 158^{37} (145), 158^{61} (146), 158^{67} (146), 158^{68} (144f, 146, 149), 159^{93} (149), 159^{121} (153), 159^{122} (153), 159^{123} (153), 160^{153} (157), 194^5 (161), 194^6 (161, 162), 195^{66} (164, 166), 195^{72} (165), 195^{75} (166), 195^{80} (168), 195^{85} (168, 169f), 195^{89} (169, 174, 175, 179), 196^{111} (172, 173f), 196^{113} (172), 196^{114} (172), 196^{117} (173), 196^{123} (174), 196^{124} (175), 196^{125} (175), 196^{127} (175), 196^{128} (175), 196^{138} (177), 196^{174} (184), 197^{220} (193), 223^9 (199), 223^{10} (199, 222, 223), 223^{21} (199, 200), 224^{34} (201), 224^{68} (203), 224^{85} (205, 206, 209), 224^{87} (205, 206), 224^{89} (205), 225^{113} (208), 226^{190} (216), 226^{212} (219), 226^{217} (219, 223), 226^{218} (219, 220, 221, 221f, 222, 223), 226^{226} (220), 227^{234} (223), 252^{77} (239), 253^{112} (245, 245f, 247, 249), 253^{121} (246, 247), 253^{123} (246, 247), 263^{33} (262), 298^9 (268), 298^{15} (269), 299^{79} (279), 300^{119} (287), 301^{172a} (297), 301^{172b} (297), 321^4 (304, 307, 310), 321^9 (305), 322^{19} (308), 322^{34} (311), 322^{35} (312), 322^{38} (312), 322^{39} (312, 313), 322^{40} (313), 322^{44} (314), 322^{47} (315), 322^{52} (315, 316), 322^{53} (316), 322^{69} (320), 322^{70} (321), 346^{23} (340), 346^{23b} (340), 347^{39} (344), 363^{11} (351), 363^{12a} (351, 355), 363^{12b} (351, 355, 359), 363^{22} (356), 456^{91} (386), 456^{100} (388), 456^{106} (389), 457^{144} (394), 457^{156} (395), 458^{200} (400), 458^{208} (401), 458^{241} (407), 459^{299} (414), 648^{132} (545), 648^{138} (546)
Zweig, J., **7**, 728^{205} (709)
Zweig, J. S., **2**, 763^{167} (752, 753)
Zwick, W., **2**, 978^{537} (968)
Zwierzak, A., **7**, 14f^{12}
Zwijnenburg, A., **3**, 326^{38} (292)
Zwikker, J. W., **8**, 796^{99} (794), 796^{99} (794)
Zwinselman, J. J., **4**, 327^{547} (303, 304)
Zygmunt, J., **7**, 657^{646a} (639)
Zyontz, L., **2**, 974^{285} (920, 921, 935); **3**, 1247^{88a} (1175)
Zyuzina, L. F., **3**, 265^{85} (182), 265^{86} (182), 295^{96} (182, 185)
Zyzik, G., **3**, 735f^6, 736f^3, 736f^7, 745f^{11}, 780^{133} (745)
Zyzyck, L. A., **3**, 160f^1; **4**, 649^{74} (638, 641), 819^{599} (794), 819^{600} (794), 929^{27} (927); **6**, 850f^{43}, 850f^{45}, 876^{191} (799, 813, 819), 876^{210} (813, 819)

Index of Structures Determined by Diffraction Methods

M. I. BRUCE
University of Adelaide

This index comprises a list of all compounds of those metals included in the foregoing volumes of *Comprehensive Organometallic Chemistry*, and containing at least one metal-to-carbon bond, whose structures have been determined by methods utilizing diffraction of X-rays, electrons or neutrons.

Scope. Organic derivatives of the Main Group elements in Groups IA, IIA, IIIB, IVB (except carbon) and VB (except nitrogen and phosphorus) are included, as described in Chapters 2–13, 16 and 17, although there have been no reported structural studies of such compounds containing barium, francium, radium or strontium. Compounds of all transition metals, lanthanides and actinides, that is those described in Chapters 14, 15 and 21–43, containing metal-to-carbon bonds (either σ or π) are likewise listed. No structural studies of organic derivatives of lanthanum, promethium, europium, terbium, dysprosium, holmium, thulium, actinium, protactinium, neptunium or higher actinides have been described.

For the purposes of this compilation, carbonyls, carbonyl hydrides, carbonyl halides, *etc.*, and cluster carbonyl complexes containing interstitial atoms such as carbon or nitrogen are included, even though these do not contain 'organic' carbon. Cyanides are excluded, unless there is another organic ligand or CO present.

Period. I have endeavoured to include all compounds whose structures have been reported in the primary journals up to December 1980, with the possible exception of a few structures reported in Russian journals; a few references to the early 1981 literature have also been included. The earliest reference is to a study of $[Fe_2(CO)_9]$, which appeared in 1927.

Methods. This index is limited to molecular structures determined by diffraction of X-rays, neutrons or electrons. Reports of structural parameters determined by other methods, such as microwave spectroscopy, are not included.

Cambridge Crystallographic Data Centre (CCDC). As is well known, the Cambridge Crystallographic Data Centre (Director: Dr. O. Kennard, University Chemical Laboratory, Lensfield Road, Cambridge CB2 1EW) now keeps records of all compounds containing organic carbon which have been studied by X-ray or neutron diffraction. CCDC is a repository for crystallographic information, and several excellent surveys of the purpose, functions and methods of access are available.[1] Continually updated information is kept in three major files, namely the bibliographic, chemical connectivity and structural data files. The second of these has been searched for all compounds containing element-to-carbon bonds, and the entries so retrieved, which have been independently verified, form a major part of this index.

Unfortunately for the organometallic chemist, the CCDC files do not contain information on metal carbonyls and related compounds, as these do not contain 'organic' carbon. This deficiency is being remedied by the file of inorganic structures at present (1981) being assembled at the University of Bonn (Professor G. Bergerhoff, Institut für Anorganische Chemie), but these were not accessible during the period that this index was being compiled. Other secondary sources of information about molecular structures are described in a recent review.[2]

Arrangement of the index. Compounds are arranged by element in alphabetical order of symbol, from Al to Zr, with further division according to the number of atoms of that element present, *e.g.* Al, Al_2, Al_3, ... *etc.* The index is presented in four columns:

1. Within each sub-section, entries are ordered using the modified Hill system (*all* metal atoms, C, H, then other elements alphabetically) used in the general formula index.

2. A line formula, giving as much information as possible concerning the identity of the compound. In many cases it has not been possible to represent the structure of complex organic ligands satisfactorily; an appropriate footnote reference allows reference to the *Chemical Abstracts* name (in most cases) for the ligand.
3. Notes include references to footnotes, to the temperature (Kelvin) of the determination (if significantly below room temperature), and to the method. In the large majority of entries, structure determination was by single crystal X-ray diffraction (X), and no specific reference is made unless other methods have also been used. Structure determinations by electron (E) or neutron (N) diffraction are indicated. The letter D indicates a few reports containing a structural diagram, which may be accompanied by brief details of bond parameters, but with no description of unit cells, structure solutions, *etc.*
4. References are indicated by numbers which relate to each table. A preliminary account is indicated (*) if a later, full report has appeared. In these cases, if the authors are the same, only the later journal reference is given; in some, the *order* of names may differ. In addition, where more than one method has been used to study the compound, the appropriate symbol (E, N or X) and temperature (if necessary) are listed after the reference.

The structures of 211 organic derivatives of main group and transition metals have been studied in the vapour phase by electron diffraction techniques. These entries have been collected in the *Table of Structures Determined by Electron Diffraction*. In recent years the number of neutron diffraction studies has increased markedly. Most of these have been carried out to determine hydrogen atom positions, but others have been used in conjunction with X-ray studies to study electron density distributions. Nearly 50 structures determined by this technique are collected in the *Table of Structures Determined by Neutron Diffraction*. Chapter 40 describes those complexes containing heteronuclear bonds between transition metals, and Chapters 41–43 cover compounds containing bonds between transition metals and elements of Groups IA, IIA, IIIB or IVB. Separate tables of structure determinations of compounds in these two classes have been compiled (the latter excluding metalla-boranes and -carboranes), entries being listed by the combination of elements bonded (indicated by bold type), *e.g.* $WMn(CO)_8(\eta-C_5H_5)$ appears under **MnW**$C_{13}H_5O_8$.

Exclusions. Abstracts of meetings of associations of crystallographers have been published either separately, or as supplements to journals such as *Acta Crystallographica* or *Zeitschrift für Kristallographie*. Structures described at meetings of the American Crystallographic Association (abstracted in its *Transactions*), European Crystallographers, the Crystallography Section of the Deutsche Chemische Gesellschaft,[3] and the International Union of Crystallographers[4] have not been included in the Index. In most cases, these studies are reported subsequently in the primary journals.

Miscellaneous compounds. The following studies of biologically related and other complex compounds are not otherwise included in the Index:

1. Ethylene–Ag(I) complex in partially exchanged zeolite A: Y. Kim and K. Seff, *J. Am. Chem. Soc.*, 1978, **100**, 175.
2. Cyclopropane–Co(II) and –Mn(II) complexes in partially exchanged zeolite A: W. V. Cruz, P. C. W. Leung and K. Seff, *J. Am. Chem. Soc.*, 1978, **100**, 6997.
3. Myoglobin–CO adduct: J. C. Norvell, A. C. Nunes and B. P. Schoenborn, *Science*, 1975, **190**, 568 (N).
4. Erythrocruorin–CO adduct: R. Huber, O. Epp and H. Formanek, *J. Mol. Biol.*, 1970, **52**, 349.
5. Horse haemoglobin–CO adduct: E. J. Heidner, R. C. Ladner and M. F. Perutz, *J. Mol. Biol.*, 1976, **104**, 707.
6. Human haemoglobin–CO adduct: J. M. Baldwin, *J. Mol. Biol.*, 1980, **136**, 103.

The vitamin B_{12} story. Extensive studies on various complexes whose structures directly or indirectly led to the determination of the vitamin B_{12} structure are also not listed in the Index. These were first communicated in:

1. C. Brink, D. C. Hodgkin, J. Lindsey, J. Pickworth, J. H. Robertson and J. G. White, *Nature*, 1954, **174**, 1169.
2. D. C. Hodgkin, J. Pickworth, J. H. Robertson, K. N. Trueblood, R. J. Prosen, J. G. White, R. Bonnett, J. R. Cannon, A. W. Johnson, I. Sutherland, A. Todd and E. L. Smith, *Nature*, 1955, **176**, 325.
3. D. C. Hodgkin and J. Kamper, *Nature*, 1955, **176**, 551.

4. D. C. Hodgkin, J. Kamper, M. Mackay, J. Pickworth, K. N. Trueblood and J. G. White, *Nature*, 1956, **178**, 64.

Full accounts of the various structure determinations are to be found in a fascinating series of papers in the *Proceedings* of the Royal Society:

1. D. C. Hodgkin, J. Kamper, J. Lindsey, M. Mackay, J. Pickworth, J. H. Robertson, C. Brink-Shoemaker, J. G. White, R. J. Prosen and K. N. Trueblood, *Proc. R. Soc. London, Ser. A*, 1957, **242**, 228 (vitamin B_{12}).
2. D. C. Hodgkin, J. Pickworth, J. H. Robertson, R. J. Prosen, R. A. Sparks and K. N. Trueblood, *Proc. R. Soc. London, Ser. A*, 1959, **251**, 306 (vitamin B_{12} hexacarboxylic acid).
3. J. G. White, *Proc. R. Soc. London, Ser. A*, 1962, **266**, 440 (air-dried vitamin B_{12}).
4. D. C. Hodgkin, J. Lindsey, M. Mackay and K. N. Trueblood, *Proc. R. Soc. London, Ser. A*, 1962, **266**, 475 (air-dried vitamin B_{12}).
5. D. C. Hodgkin, J. Lindsey, R. A. Sparks, K. N. Trueblood and J. G. White, *Proc. R. Soc. London, Ser. A*, 1962, **266**, 494 (air-dried vitamin B_{12}).
6. C. Brink-Shoemaker, D. W. J. Cruickshank, D. C. Hodgkin, M. J. Kamper and D. Pilling, *Proc. R. Soc. London, Ser. A*, 1964, **278**, 1 (wet vitamin B_{12}).
7. P. G. Lenhert, *Proc. R. Soc. London, Ser. A*, 1968, **303**, 45 (5'-deoxyadenosylcobalamin).
8. S. W. Hawkinson, C. L. Coulter and M. L. Greaves, *Proc. R. Soc. London, Ser. A*, 1970, **318**, 143 (vitamin B_{12} 5'-phosphate hydrate).
9. K. Venkatesan, D. Dale, D. C. Hodgkin, C. E. Nockolds, F. H. Moore and B. H. O'Connor, *Proc. R. Soc. London, Ser. A*, 1971, **323**, 455 (cobyric acid 11-hydrate).

Mistaken identities. Three compounds are not included because they were subsequently shown to have different structures:

1. The compound $[PtMe_4]_4$, described by R. E. Rundle and J. H. Sturdivant (*J. Am. Chem. Soc.*, 1974, **69**, 1561), is in reality $[PtMe_3(OH)]_4$ (D. O. Cowan, N. G. Krieghoff and G. Donnay, *Acta Crystallogr.*, 1968, **B24**, 287; H. S. Preston, J. C. Mills and C. H. L. Kennard, *J. Organomet. Chem.*, 1968, **14**, 447).
2. The $[Pt_2Me_6]$ of G. Illuminati and R. E. Rundle (*J. Am. Chem. Soc.*, 1949, **71**, 3575) was shown to be $[PtIMe_3]_4$ (G. Donnay, L. B. Coleman, N. G. Krieghoff and D. O. Cowan, *Acta Crystallogr.*, 1968, **B24**, 157).
3. The supposed dicarbonyl $[Ru(CO)_2(TPP)]$ of D. Cullen, E. Meyer, T. S. Srivastava and M. Tsutsui (*J. Chem. Soc., Chem. Commun.*, 1972, 584) is actually $[Ru(CO)(EtOH)(TPP)]$ (J. J. Bonnet, S. S. Eaton, G. R. Eaton, R. H. Holm and J. A. Ibers, *J. Am. Chem. Soc.*, 1973, **95**, 2141).

Abbreviations. In addition to the abbreviations generally used throughout the work, the following have been employed in this index:

as$_3$	MeC(CH$_2$AsPh$_2$)$_3$	ind	indenyl
az	azulene	mbt	mercaptobenzothiazole anion
c$_2$b$_2$s	3,4-diethyl-2,5-dimethyl-1,2,5-thiadiborolene, $\overline{SBMe(CEt)_2}BMe$	Meim	1-methylimidazolyl
		men	menthyl
c-C$_3$H$_5$	cyclopropyl	nas$_3$	N(CH$_2$CH$_2$AsPh$_2$)$_3$
cdt	cyclododeca-1,5,9-triene	np$_3$	N(CH$_2$CH$_2$PPh$_2$)$_3$
2,2,2-crypt	N(C$_2$H$_4$OC$_2$H$_4$OC$_2$H$_4$)$_3$N	n$_3$as	N(CH$_2$CH$_2$NEt$_2$)$_2$(CH$_2$CH$_2$AsPh$_2$)
dbm	dibenzoylmethanide	n$_3$p	N(CH$_2$CH$_2$NEt$_2$)$_2$(CH$_2$CH$_2$PPh$_2$)
diglyme	(MeOCH$_2$CH$_2$)$_2$O	OEP	octaethylporphyrin dianion
diox	1,4-dioxane	oxin	8-quinolinato (oxine anion)
dmap	Me$_2$As(CH$_2$)$_3$AsMe$_2$	pc	phthalocyanine dianion
dmpz	3,5-dimethylpyrazolyl	teba	[NEt$_3$(CH$_2$Ph)]$^+$
dpm	[Bu^{t}COCHCOBu^t]$^-$	tfba	[CF$_3$COCHCOPh]$^-$
dppp	Ph$_2$P(CH$_2$)$_3$PPh$_2$	tmba	[NMe$_3$(CH$_2$Ph)]$^+$
		TMEDA	Me$_2$N(CH$_2$)$_2$NMe$_2$
ffars	Me$_2$As$\overline{C=C(AsMe_2)CF_2CF_2}$	trop	tropolonato
fn	fumaronitrile	ttac	thenoyltrifluoroacetone anion
gaz	guaiazulene	ttas	MeAs(C$_6$H$_4$AsMe$_2$-2)$_2$

REFERENCES

1. See, for example: O. Kennard, D. Watson, F. Allen, W. Motherwell, W. Town and J. Rodgers, *Chem. Ber.*, 1975, **11**, 213; F. H. Allen, S. Bellard, M. D. Brice, B. A. Cartwright, A. Doubleday, H. Higgs, T. Hummelink, B. Hummelink-Peters, O. Kennard, W. D. S. Motherwell, J. R. Rodgers and D. G. Watson, *Acta Crystallogr.*, 1979, **B35**, 2331.
2. M. R. Truter, 'Molecular Structures by Diffraction Methods', Chemical Society, London, 1978, vol. 6, p. 93.

3. Abstracts of recent meetings are in: *Z. Kristallogr.*, 1977, **146,** 89–112 (17th, Munster, 1977); 1977, **146,** 143–166 (18th, Freudenstadt, 1978); 1979, **149,** 79–196 (19th, Aachen, 1979); 1981, **154,** 235–344 (20th, Göttingen, 1980).
4. Abstracts of the International Congresses are in: *Acta Crystallogr.*, 1963, **16,** A1–198 (6th, Rome, 1963); 1966, **21,** A1–304 (7th, Moscow, 1966); 1969, **A25,** S1–295 (8th, Buffalo and Stony Brook, 1969); 1972, **A28,** S1–303 (9th, Kyoto, 1972); 1975, **A31,** S1–338 (10th, Amsterdam, 1975); 1978, **A34,** S1–431 (11th, Warsaw, 1978).

Organometallic Structures Determined by Electron Diffraction

Molecular formula	Structure	Notes	Ref.
AlC_3H_9	$AlMe_3$	a	1
$AlC_6H_{18}N$	$AlMe_3(NMe_3)$		2
AlC_7H_{11}	$AlMe_2(C_5H_5)$		3
$Al_2C_4H_{12}Br_2$	$[AlBrMe_2]_2$		4
$Al_2C_4H_{12}Cl_2$	$[AlClMe_2]_2$		4, 5
$Al_2C_4H_{14}$	$[HAlMe_2]_2$		6
$Al_2C_6H_{18}$	Al_2Me_6	a	1, 4, 7–9
$Al_2C_6H_{18}S_2$	$[AlMe_2(SMe)]_2$		10
$Al_2C_{12}H_{30}O_2$	$[AlMe_2(OBu^t)]_2$		11
$Al_3C_9H_{27}O_3$	$[AlMe_2(OMe)]_3$		12
$Al_4C_8H_{24}F_4$	$[AlFMe_2]_4$		13
$[AsCH_3]_n$	$[AsMe]_n$	b	14
AsC_2H_6Br	$AsBrMe_2$		15
AsC_2H_6Cl	$AsClMe_2$		15
$AsSiC_2H_6F_3$	$AsMe_2(SiF_3)$		16
AsC_2H_6I	$AsIMe_2$		15
AsC_3H_9	$AsMe_3$		17
AsC_3H_9O	$AsMe_3O$		18
AsC_3H_9S	$AsMe_3S$		18
AsC_3F_9	$As(CF_3)_3$		19
AsC_5H_5	AsC_5H_5	c	20
BCH_3F_2	BF_2Me		21
BCH_3O	$BH_3(CO)$		22
BC_2H_6F	$BFMe_2$		21
BC_3H_9	BMe_3		23
$BC_3H_9S_2$	$BMe(SMe)_2$		24
BC_6H_5Cl	BCl_2Ph		25
BC_6H_9	$B(CH=CH_2)_3$		26
$B_2C_4H_{12}O$	$(BMe_2)_2O$		27
$B_3C_2H_5$	$1,5-C_2B_3H_5$		28
$B_3C_3H_9O_3$	$[BMeO]_3$		29
$B_4C_2H_6$	$1,2-C_2B_4H_6$		30
$B_4C_2H_6$	$1,6-C_2B_4H_6$		28, 31
B_5CH_7	CB_5H_7		30
B_5CH_{11}	B_5H_8Me-1		32
B_5CH_{11}	B_5H_8Me-2		32
$B_5C_2H_7$	$2,4-C_2B_5H_7$		33
$B_{10}AsCH_{11}$	$1,12-AsB_{10}H_{10}CH$		34
$B_{10}CH_{11}P$	$1,12-PB_{10}H_{10}CH$		34
$B_{10}C_2H_{10}I_2$	$1,2-I_2C_2B_{10}H_{10}$		35
$B_{10}C_2H_{12}$	$1,2-H_2C_2B_{10}H_{10}$		36
$B_{10}C_2H_{12}$	$1,7-H_2C_2B_{10}H_{10}$		36
$B_{10}C_2H_{12}$	$1,12-H_2C_2B_{10}H_{10}$		36
$B_{10}C_4H_{16}$	$1,2-Me_2C_2B_{10}H_{10}$		37
BeC_5H_5Br	$BeBr(C_5H_5)$		38
BeC_5H_5Cl	$BeCl(C_5H_5)$		39
$BeBC_5H_9$	$Be(BH_4)(C_5H_5)$		40
BeC_6H_8	$BeMe(C_5H_5)$		39, 41
BeC_7H_6	$Be(C\equiv CH)(C_5H_5)$		38
BiC_3H_9	$BiMe_3$		42
$CaC_{10}H_{10}$	$Ca(C_5H_5)_2$		43
CoC_3NO_4	$Co(CO)_3(NO)$		44
CoC_4HO_4	$HCo(CO)_4$		45, 46
$CoGeC_4H_3O_4$	$Co(GeH_3)(CO)_4$		47
$CoSiC_4H_3O_4$	$Co(SiH_3)(CO)_4$		48
$CoC_6H_5O_3$	$Co(CO)_3(\eta-C_3H_5)$		49
$CoC_7H_5O_2$	$Co(CO)_2(\eta-C_5H_5)$		50
$CoC_{10}H_{10}$	$Co(\eta-C_5H_5)_2$		51
CrC_6O_6	$Cr(CO)_6$		52
$CrC_9H_6O_3$	$Cr(CO)_3(\eta-C_6H_6)$		53
$CrC_{10}H_{10}$	$Cr(\eta-C_5H_5)_2$		43, 54
$CrC_{12}H_{12}$	$Cr(\eta-C_6H_6)_2$		55, 56
$FeC_2N_2O_4$	$Fe(CO)_2(NO)_2$		44
$FeC_4H_2O_4$	$H_2Fe(CO)_4$		45, 46
FeC_5O_5	$Fe(CO)_5$		45, 57–61
$FeC_6H_4O_4$	$Fe(CO)_4(\eta-C_2H_4)$		62
$FeC_6F_4O_4$	$Fe(CO)_4(\eta-C_2F_4)$		63
$FeC_7H_4O_3$	$Fe(CO)_3(\eta-C_4H_4)$		62, 64
$FeC_7H_6O_3$	$Fe(CO)_3(\eta-C_4H_6)$		62

Electron Diffraction   Structure Index

Molecular formula	Structure	Notes	Ref.
$FeC_7H_6O_3$	$Fe(CO)_3\{\eta^4\text{-}C(CH_2)_3\}$		65
$FeC_{10}H_{10}$	$Fe(\eta\text{-}C_5H_5)_2$		66–70
$FeC_{20}H_{30}$	$Fe(\eta^5\text{-}C_5Me_5)_2$		71
GaC_3H_9	$GaMe_3$		72
$GaC_6H_{18}N$	$GaMe_3(NMe_3)$		73
$GaC_6H_{18}P$	$GaMe_3(PMe_3)$		73
$GeCH_3Br_3$	$GeBr_3Me$		74
$GeCH_3Cl_3$	$GeCl_3Me$		75
$GeCH_3F_3$	GeF_3Me		76
$GeCCl_6$	$GeCl_3(CCl_3)$		77, 78
$GeC_2H_6Br_2$	$GeBr_2Me_2$		74
$GeC_2H_6Cl_2$	$GeCl_2Me_2$		75
$GeC_2H_6F_2$	GeF_2Me_2		76
GeC_3H_9Br	$GeBrMe_3$		74
GeC_4H_{12}	$GeMe_4$		79
GeC_4F_{12}	$Ge(CF_3)_4$		80
GeC_8H_{14}	$GeMe_3(C_5H_5)$		81
$GeC_{10}H_{18}$	$MeGeC_9H_{15}$	d	82
$GeC_{20}H_{30}$	$Ge(C_5Me_5)_2$		83
$Ge_2C_6H_{18}O$	$(GeMe_3)_2O$		84
$Ge_2C_8H_{18}O$	$(GeMe_3)_2C=C=O$		85
HgC_2H_6	$HgMe_2$		86–89
HgC_2F_6	$Hg(CF_3)_2$		90
InC_3H_9	$InMe_3$		91, 92
$MgC_{10}H_{10}$	$Mg(C_5H_5)_2$		43
MnC_5HO_5	$HMn(CO)_5$		46, 93
$MnGeC_5H_3O_5$	$Mn(GeH_3)(CO)_5$		94
$MnSiC_5H_3O_5$	$Mn(SiH_3)(CO)_5$		94
$MnGeC_5Br_3O_5$	$Mn(GeBr_3)(CO)_5$		95
$MnSiC_5F_3O_5$	$Mn(SiF_3)(CO)_5$		96
$MnC_6H_3O_5$	$MnMe(CO)_5$		97
$MnC_6F_3O_5$	$Mn(CF_3)(CO)_5$		98
$MnC_{10}H_{10}$	$Mn(\eta\text{-}C_5H_5)_2$		99, 100
$MnC_{12}H_{14}$	$Mn(\eta\text{-}C_5H_4Me)_2$	e	101
$MnC_{20}H_{30}$	$Mn(\eta^5\text{-}C_5Me_5)_2$		102
$Mn_2C_{10}O_{10}$	$Mn_2(CO)_{10}$		103, 104
$MoC_5F_3O_5P$	$Mo(CO)_5(PF_3)$		105
MoC_6O_6	$Mo(CO)_6$		52, 106, 107
NiC_4O_4	$Ni(CO)_4$		108
NiC_5H_5NO	$Ni(NO)(\eta\text{-}C_5H_5)$		109
$NiC_{10}H_{10}$	$Ni(\eta\text{-}C_5H_5)_2$		110, 111
PbC_4H_{12}	$PbMe_4$		86, 112, 113
$PbC_{10}H_{10}$	$Pb(C_5H_5)_2$		114
$Pb_2C_6H_{18}$	Pb_2Me_6		115
$ReGeC_5H_3O_5$	$Re(GeH_3)(CO)_5$		116
$ReSiC_5H_3O_5$	$Re(SiH_3)(CO)_5$		116
$ReC_6H_3O_5$	$ReMe(CO)_5$		116
$Re_2C_{10}O_{10}$	$Re_2(CO)_{10}$		117
$RuC_{10}H_{10}$	$Ru(\eta\text{-}C_5H_5)_2$		70
SbC_3F_9	$Sb(CF_3)_3$		19
$SiCH_3Br_3$	$SiBr_3Me$		118, 119
$SiCH_3Cl_3$	$SiCl_3Me$		120
$SiCH_6$	H_3SiMe		121
$SiCCl_6$	$SiCl_3(CCl_3)$		122
SiC_2HCl_5	$SiCl_3(CH=CHCl\text{-}trans)$		123
$SiC_2H_3Cl_3$	$SiCl_3(CH=CH_2)$		123
$SiC_2H_4Cl_4$	$SiCl_3(CH_2CH_2Cl)$		119, 124
$SiC_2H_4Cl_4$	$SiCl_3(CHClMe)$		119, 124
$SiC_2H_5Cl_3$	$SiCl_3Et$		119, 124
$SiC_2H_6Br_2$	$SiBr_2Me_2$		119, 125
SiC_2H_6ClF	$SiClFMe_2$		126
$SiC_2H_6Cl_2$	$SiCl_2Me_2$		120, 127
$SiC_2H_6F_2$	SiF_2Me_2		126
SiC_2H_8	H_2SiMe_2		117
SiC_3H_8	$H_3Si(CH_2CH=CH_2)$		128
SiC_3H_9Br	$SiBrMe_3$		119, 125
SiC_3H_9Cl	$SiClMe_3$		129
SiC_3H_9F	$SiFMe_3$		126
$SiC_3H_9N_3$	$SiMe_3(N_3)$		130

Molecular formula	Structure	Notes	Ref.
SiC_3H_{10}	$HSiMe_3$		121
$SiC_4H_6Cl_2$	$\overline{Cl_2SiCH_2CH=CHCH_2}$		131
$SiC_4H_6F_2$	$\overline{F_2SiCH_2CH=CHCH_2}$		131
SiC_4H_8	$\overline{H_2SiCH_2CH=CHCH_2}$		131
SiC_4H_9N	$SiMe_3(CN)$		132
SiC_4H_9NO	$SiMe_3(NCO)$		133
SiC_4H_9NS	$SiMe_3(NCS)$		133
SiC_4H_{10}	$\overline{H_2Si(CH_2)_3CH_2}$		134
$SiC_4H_{10}Cl_2$	$SiMe_2(CH_2Cl)_2$		135
$SiC_4H_{11}Cl$	$SiMe_3(CH_2Cl)$		136
SiC_4H_{12}	$SiMe_4$		86, 137, 138
$SiC_4H_{12}O_3$	$SiMe(OMe)_3$		139
$SiC_4H_{13}P$	$H_3SiCH=PMe_3$		140
SiC_5H_8	$H_3Si(C_5H_5)$		141
$SiC_5H_{10}Cl_2$	$\overline{Cl_2Si(CH_2)_4CH_2}$		142
SiC_5H_{12}	$\overline{H_2Si(CH_2)_4CH_2}$		134
$SiC_5H_{12}O$	$SiMe_3(OCH=CH_2)$		143
$SiC_6H_5Cl_3$	$SiCl_3Ph$		119, 144
SiC_6H_8	H_3SiPh		145
SiC_6H_{12}	$\overline{Si[(CH_2)_2CH_2]_2}$	f	146
$SiC_6H_{18}NP$	$(SiMe_3)N=PMe_3$		147
$SiC_7H_{13}Cl$	$\overline{ClSi(\mu\text{-}CH_2CH_2)_3CH}$		148
$SiC_7H_{15}NO_3$	$\overline{MeSi(\mu\text{-}OC_2H_4)_3N}$		149
$SiC_7H_{16}O_2$	$\overline{(MeO)_2Si(CH_2)_4CH_2}$		142
SiC_8H_{10}	$\overline{MeSi(\mu\text{-}CH=CH)_3CH}$		150
SiC_8H_{12}	$Si(CH=CH_2)_4$		151
SiC_8H_{14}	$SiMe_3(C_5H_5)$		152
$SiC_{12}H_{10}Cl_2$	$SiCl_2Ph_2$		145
$SiC_{12}H_{28}$	$HSiBu_3^i$		153
$SiC_{24}H_{20}$	$SiPh_4$		119, 142
$Si_2CH_2Cl_6$	$(SiCl_3)_2CH_2$		119, 124
$Si_2C_2H_4Cl_4$	$\overline{Cl_2SiCH_2SiCl_2CH_2}$		154
$Si_2C_4H_{12}S_2$	$[SiMe_2S]_2$		119, 155
$Si_2C_6H_{18}$	Si_2Me_6		4, 138
$Si_2C_6H_{18}O$	$(SiMe_3)_2O$		119, 156–158
$Si_2C_6H_{18}O_2$	$(SiMe_3)_2O_2$		159
$Si_2C_6H_{19}N$	$(SiMe_3)_2NH$		160
$Si_3C_6H_{18}O_3$	$[SiMe_2O]_3$		161
$Si_3C_6H_{18}S_3$	$[SiMe_2S]_3$		119, 155, 162
$Si_3C_6H_{21}N_3$	$[SiMe_2NH]_3$		119, 163
$Si_4C_8H_{24}O_4$	$[SiMe_2O]_4$		119, 162
$Si_4C_8H_{24}S_4$	$[SiMe_2S]_4$		119
$Si_4C_8H_{28}N_4$	$[SiMe_2NH]_4$		164
$Si_4BeC_{12}H_{36}N_2$	$Be\{N(SiMe_3)_2\}_2$		165
$Si_5C_{10}H_{30}O_5$	$[SiMe_2O]_5$		162
$Si_5C_{12}H_{36}$	$Si(SiMe_3)_4$		166
$Si_5C_{12}H_{36}O_4$	$Si(OSiMe_3)_4$		119
$Si_6C_{12}H_{36}O_6$	$[SiMe_2O]_6$		162
$SnCH_3Br_3$	$SnBr_3Me$		15
$SnCH_3Cl_3$	$SnCl_3Me$		15, 167
$SnCH_3I_3$	SnI_3Me		15
$SnC_2H_6Br_2$	$SnBr_2Me_2$		15
$SnC_2H_6Cl_2$	$SnCl_2Me_2$		15, 168
$SnC_2H_6I_2$	SnI_2Me_2		15
SnC_2H_8	H_2SnMe_2		167
SnC_3H_9Br	$SnBrMe_3$		15
SnC_3H_9Cl	$SnClMe_3$		15, 167
SnC_3H_9I	$SnIMe_3$		15
SnC_3H_{10}	$HSnMe_3$		167
SnC_4H_{12}	$SnMe_4$		86
SnC_5H_{10}	$SnMe_3(C\equiv CH)$		169
SnC_8H_{12}	$Sn(CH=CH_2)_4$		170
$SnC_{10}H_{10}$	$Sn(C_5H_5)_2$		114
$SnC_{12}F_{12}$	$Sn(C\equiv CCF_3)_4$		171
$Sn_2C_6H_{18}O$	$(SnMe_3)_2O$		84
$Sn_2C_8H_{18}$	$(SnMe_3)C\equiv C(SnMe_3)$		172

Molecular formula	Structure	Notes	Ref.
TiC$_5$H$_5$Br$_3$	TiBr$_3$(η-C$_5$H$_5$)		173
TiC$_{10}$H$_{10}$Cl$_2$	TiCl$_2$(η-C$_5$H$_5$)$_2$		174, 175
TiBC$_{10}$H$_{14}$	Ti(H$_2$BH$_2$)(η-C$_5$H$_5$)$_2$		176
VC$_6$O$_6$	V(CO)$_6$		177
VC$_{10}$H$_{10}$	V(η-C$_5$H$_5$)$_2$		54
WC$_6$O$_6$	W(CO)$_6$		52, 106, 107
ZrC$_{10}$H$_{10}$Cl$_2$	ZrCl$_2$(η-C$_5$H$_5$)$_2$		175, 178

[a] Ref. 1 studies mixture of AlMe$_3$ and Al$_2$Me$_6$. [b] n probably 5. [c] Arsabenzene. [d] 1-Me-1-germaadamantane.
[e] Mixture of high-spin (^{6}A$_{1g}$) and low-spin (^{2}E$_{2g}$) forms. [f] 4-Silaspiro[3.3]heptane.

1. A. Almenningen, S. Halvorsen and A. Haaland, *Acta Chem. Scand.*, 1971, **25**, 1937.
2. G. A. Anderson, F. R. Forgaard and A. Haaland, *Acta Chem. Scand.*, 1972, **26**, 1947.
3. D. A. Drew and A. Haaland, *J. Chem. Soc., Chem. Commun.*, 1972, 1300*; *Acta Chem. Scand.*, 1973, **27**, 3735.
4. L. O. Brockway and N. R. Davidson, *J. Am. Chem. Soc.*, 1941, **63**, 3287.
5. K. Brendhaugen, A. Haaland and D. P. Novak, *Acta Chem. Scand., Ser. A*, 1974, **28**, 45.
6. G. A. Anderson, A. Almenningen, F. R. Forgaard and A. Haaland, *Chem. Commun.*, 1971, 480*; *Acta Chem. Scand.*, 1972, **26**, 2315.
7. N. R. Davidson, J. A. C. Hugill, H. A. Skinner and L. E. Sutton, *Trans. Faraday Soc.*, 1940, **36**, 1212.
8. K. W. Kohlrausch and J. Wagner, *Z. Phys. Chem.*, 1942, **52B**, 185.
9. H. A. Skinner and L. E. Sutton, *Nature (London)*, 1945, **156**, 601.
10. A. Haaland, O. Stokkeland and J. Weidlein, *J. Organomet. Chem.*, 1975, **94**, 353.
11. A. Haaland and O. Stokkeland, *J. Organomet. Chem.*, 1975, **94**, 345.
12. D. A. Drew, A. Haaland and J. Weidlein, *Z. Anorg. Allg. Chem.*, 1973, **398**, 241.
13. G. Gundersen, T. Haugen and A. Haaland, *J. Chem. Soc., Chem. Commun.*, 1972, 708*; *J. Organomet. Chem.*, 1973, **54**, 77.
14. J. Waser and V. Schomaker, *J. Am. Chem. Soc.*, 1945, **67**, 2014.
15. H. A. Skinner and L. E. Sutton, *Trans. Faraday Soc.*, 1944, **40**, 164.
16. H. Oberhammer and R. Demuth, *J. Chem. Soc., Dalton Trans.*, 1976, 1121.
17. H. D. Springall and L. O. Brockway, *J. Am. Chem. Soc.*, 1938, **60**, 996.
18. C. J. Wilkins, K. Hagen, L. Hedberg, Q. Shen and K. Hedberg, *J. Am. Chem. Soc.*, 1975, **97**, 6352.
19. H. J. M. Bowen, *Trans. Faraday Soc.*, 1954, **50**, 463.
20. T. C. Wong, A. J. Ashe and L. S. Bartell, *J. Mol. Struct.*, 1975, **25**, 65; T. C. Wong and L. S. Bartell, *J. Mol. Struct.*, 1978, **44**, 169 (with microwave study).
21. S. H. Bauer and J. M. Hastings, *J. Am. Chem. Soc.*, 1942, **64**, 2686.
22. S. H. Bauer, *J. Am. Chem. Soc.*, 1937, **59**, 1804.
23. H. A. Levy and L. O. Brockway, *J. Am. Chem. Soc.*, 1937, **59**, 2085.
24. S. Lindoy, H. M. Seip and R. Seip, *Acta Chem. Scand., Ser. A*, 1976, **30**, 54.
25. K. P. Coffin and S. H. Bauer, *J. Phys. Chem.*, 1955, **59**, 193.
26. A. Foord, B. Beagley, W. Reade and I. A. Steer, *J. Mol. Struct.*, 1975, **24**, 131.
27. G. Gundersen and H. Vahrenkamp, *J. Mol. Struct.*, 1976, **33**, 97.
28. E. A. McNeill, K. L. Gallaher, F. R. Scholer and S. H. Bauer, *Inorg. Chem.*, 1973, **12**, 2108.
29. S. H. Bauer and J. Y. Beach, *J. Am. Chem. Soc.*, 1941, **63**, 1394.
30. E. A. McNeill and F. R. Scholer, *Inorg. Chem.*, 1975, **14**, 1081.
31. V. S. Mastryukov, O. V. Dorofeeva, L. V. Vilkov, A. F. Zhigach, V. T. Laptev and A. B. Petrunin, *J. Chem. Soc., Chem. Commun.*, 1973, 276.
32. J. D. Wieser, D. C. Moody, J. C. Huffman, R. Hilderbrandt and R. Schaeffer, *J. Am. Chem. Soc.*, 1975, **97**, 1074.
33. E. A. McNeill and F. R. Scholer, *J. Mol. Struct.*, 1975, **27**, 151.
34. V. S. Mastryukov, E. G. Atavin, L. V. Vilkov, A. V. Golubinskii, V. N. Kalinin, G. G. Zhagareva and L. I. Zakharkin, *J. Mol. Struct.*, 1979, **56**, 139.
35. A. Almenningen, O. V. Dorofeeva, V. S. Mastryukov and L. V. Vilkov, *Acta Chem. Scand., Ser. A*, 1976, **30**, 306.
36. R. K. Bohn and M. D. Bohn, *Inorg. Chem.*, 1971, **10**, 350.
37. L. V. Vilkov, V. S. Mastryukov, A. F. Zhigach and V. N. Siryatskaya, *Zh. Strukt. Khim.*, 1967, **8**, 3.
38. A. Haaland and D. P. Novak, *Acta Chem. Scand., Ser. A*, 1974, **28**, 153.
39. D. A. Drew and A. Haaland, *Chem. Commun.*, 1971, 1551.
40. D. A. Drew, G. Gundersen and A. Haaland, *Acta Chem. Scand.*, 1972, **26**, 2147.
41. D. A. Drew and A. Haaland, *Acta Chem. Scand.*, 1972, **26**, 3079.
42. B. Beagley and K. T. McAloon, *J. Mol. Struct.*, 1973, **17**, 429.
43. A. Haaland, J. Lusztyk, D. P. Novak, J. Brunvoll and K. B. Starowieyski, *J. Chem. Soc., Chem. Commun.*, 1974, 54.*
44. L. O. Brockway and J. S. Anderson, *Trans. Faraday Soc.*, 1937, **33**, 1233.
45. R. V. G. Ewens and M. Lister, *Trans. Faraday Soc.*, 1939, **35**, 681.
46. E. A. McNeill and F. R. Scholer, *J. Am. Chem. Soc.*, 1977, **99**, 6243.
47. D. W. H. Rankin and A. Robertson, *J. Organomet. Chem.*, 1976, **104**, 179.
48. A. G. Robiette, G. M. Sheldrick, R. N. F. Simpson, B. J. Aylett and J. N. Campbell, *J. Organomet. Chem.*, 1968, **14**, 279.
49. R. Seip, *Acta Chem. Scand.*, 1972, **26**, 1966.

50. B. Beagley, C. T. Parrott, V. Ulbrecht and G. G. Young, *J. Mol. Struct.*, 1979, **52**, 47.
51. A. Almenningen, E. Gard, A. Haaland and J. Brunvoll, *J. Organomet. Chem.*, 1976, **107**, 273.
52. L. O. Brockway, R. V. G. Ewens and M. Lister, *Trans. Faraday Soc.*, 1938, **34**, 1350.
53. N.-S. Chiu, L. Schäfer and R. Seip, *J. Organomet. Chem.*, 1975, **101**, 331.
54. E. Gard, A. Haaland, D. P. Novak and R. Seip, *J. Organomet. Chem.*, 1975, **88**, 181.
55. A. Haaland, *Acta Chem. Scand.*, 1965, **19**, 41.
56. L. Schäfer, J. F. Southern, S. J. Cyvin and J. Brunvoll, *J. Organomet. Chem.*, 1970, **24**, C13.
57. M. I. Davis and H. P. Hanson, *J. Phys. Chem.*, 1965, **69**, 3405.
58. J. Donohue and A. Caron, *J. Phys. Chem.*, 1966, **70**, 603 (comments on ref. 57).
59. A. Almenningen, A. Haaland and K. Wahl, *Acta Chem. Scand.*, 1969, **23**, 2245.
60. B. Beagley, D. W. J. Cruickshank, P. M. Pinder, A. G. Robiette and G. M. Sheldrick, *Acta Crystallogr.*, 1969, **25**, 737.
61. B. Beagley and D. G. Schmidling, *J. Mol. Struct.*, 1974, **22**, 466 (reevaluation with spectroscopic data).
62. M. I. Davis and C. S. Speed, *J. Organomet. Chem.*, 1970, **21**, 401.
63. B. Beagley, D. G. Schmidling and D. W. J. Cruickshank, *Acta Crystallogr.*, 1973, **B29**, 1499.
64. H. Oberhammer and H. A. Brune, *Z. Naturforsch., Teil A*, 1969, **24**, 607.
65. A. Almenningen, A. Haaland and K. Wahl, *Chem. Commun.*, 1968, 1027*; *Acta Chem. Scand.*, 1969, **23**, 1145.
66. E. A. Seibold and L. E. Sutton, *J. Chem. Phys.*, 1955, **23**, 1967.
67. P. Akishin, N. G. Rambidi and T. N. Bredikhina, *Zh. Strukt. Khim.*, 1961, **2**, 476.
68. N. G. Rambidi, E. Z. Zasorin and B. M. Shchedrin, *Zh. Strukt. Khim.*, 1964, **5**, 503.
69. R. K. Bohn and A. Haaland, *J. Organomet. Chem.*, 1966, **5**, 470.
70. A. Haaland and J. E. Nilson, *Acta Chem. Scand.*, 1968, **22**, 2653.
71. A. Almenningen, A. Haaland, S. Samdal, J. Brunvoll, J. L. Robbins and J. C. Smart, *J. Organomet. Chem.*, 1979, **173**, 293.
72. B. Beagley, D. G. Schmidling and I. A. Steer, *J. Mol. Struct.*, 1974, **21**, 437.
73. L. Golubinskaya, A. V. Golubinskii, V. S. Mastryukov, L. V. Vilkov and V. I. Bregadze, *J. Organomet. Chem.*, 1976, **117**, C4.
74. J. E. Drake, R. T. Hemmings, J. L. Hencher, F. M. Mustoe and Q. Shen, *J. Chem. Soc., Dalton Trans.*, 1976, 811.
75. J. E. Drake, J. L. Hencher and Q. Shen, *Can. J. Chem.*, 1977, **55**, 1104.
76. J. E. Drake, R. T. Hemmings, J. L. Hencher, F. M. Mustoe and Q. Shen, *J. Chem. Soc., Dalton Trans.*, 1976, 394.
77. E. Vajda, I. Hargittai, A. K. Maltsev and O. M. Nefedov, *J. Mol. Struct.*, 1974, **23**, 417.
78. I. Hargittai and J. Brunvoll, *J. Mol. Struct.*, 1978, **44**, 107 (redetermination; barrier to internal rotation).
79. L. O. Brockway and H. O. Jenkins, *J. Am. Chem. Soc.*, 1936, **58**, 2036.
80. H. Oberhammer and R. Eujen, *J. Mol. Struct.*, 1979, **51**, 211.
81. N. N. Veniaminov, Y. A. Ustynyuk, Y. T. Struchkov, N. V. Alekseev and I. A. Ronova, *Zh. Strukt. Khim.*, 1970, **11**, 127.
82. Q. Shen, C. A. Kapfer, P. Boudjouk and R. L. Hilderbrandt, *J. Mol. Struct.*, 1979, **54**, 295.
83. L. Fernholt, A. Haaland, P. Jutzi and R. Seip, *Acta Chem. Scand., Ser. A*, 1980, **34**, 585.
84. L. V. Vilkov and N. A. Tarasenko, *Zh. Strukt. Khim.*, 1969, **10**, 1102.
85. B. Rozsondai and I. Hargittai, *J. Mol. Struct.*, 1973, **17**, 53.
86. L. O. Brockway and H. O. Jenkins, *J. Am. Chem. Soc.*, 1936, **58**, 2036.
87. A. H. Gregg, B. C. Hamson, G. I. Jenkins, P. L. F. Jones and L. E. Sutton, *Trans. Faraday Soc.*, 1937, **33**, 852.
88. T. A. Babushkina, E. V. Bryukhova, F. K. Velichko, V. I. Pakhomov and G. K. Semin, *Zh. Strukt. Khim.*, 1968, **9**, 207.
89. K. Kashiwabara, S. Konaka, T. Iijima and M. Kimura, *Bull. Chem. Soc. Jpn.*, 1973, **46**, 407.
90. H. Oberhammer, *J. Mol. Struct.*, 1978, **48**, 389.
91. L. Pauling and A. W. Laubengayer, *J. Am. Chem. Soc.*, 1941, **63**, 480.
92. G. Barbe, J. L. Hencher, Q. Shen and D. G. Tuck, *Can. J. Chem.*, 1974, **52**, 3936.
93. A. G. Robiette, G. M. Sheldrick and R. N. F. Simpson, *Chem. Commun.*, 1968, 506*; *J. Mol. Struct.*, 1969, **4**, 221.
94. D. W. H. Rankin and A. Robertson, *J. Organomet. Chem.*, 1975, **85**, 225.
95. N I. Gapotchenko, N. V. Alekseev, A. B. Antonova, K. N. Anisimov, N. E. Kolobova, I. A. Ronova and Y. T. Struchkov, *J. Organomet. Chem.*, 1970, **23**, 525; N. I. Gapotchenko, Y. T. Struchkov, N. V. Alekseev and I. A. Ronova, *Zh. Strukt. Khim.*, 1971, **12**, 571.
96. D. W. H. Rankin, A. Robertson and R. Seip, *J. Organomet. Chem.*, 1975, **88**, 191.
97. H. M. Seip and R. Seip, *Acta Chem. Scand.*, 1970, **24**, 3431.
98. B. Beagley and G. G. Young, *J. Mol. Struct.*, 1977, **40**, 295.
99. A. Almenningen, A. Haaland and T. Motzfeldt, in 'Selected Topics in Structural Chemistry', Universitetsforlaget, Oslo, 1967, p. 105.
100. A. Haaland, *Inorg. Nucl. Chem. Lett.*, 1979, **15**, 267.
101. A. Almenningen, S. Samdal and A. Haaland, *J. Chem. Soc., Chem. Commun.*, 1977, 14*; *J. Organomet. Chem.*, 1978, **149**, 219.
102. L. Fernholt, A. Haaland, R. Seip, J. L. Robbins and J. C. Smart, *J. Organomet. Chem.*, 1980, **194**, 351.
103. N. I. Gapotchenko, N. V. Alekseev, K. N. Anisimov, N. E. Kolobova and I. A. Ronova, *Zh. Strukt. Khim.*, 1968, **9**, 892.
104. A. Almenningen, G. G. Jacobsen and H. M. Seip, *Acta Chem. Scand.*, 1969, **23**, 685.
105. D. M. Bridges, G. C. Holywell, D. W. H. Rankin and J. M. Freeman, *J. Organomet. Chem.*, 1971, **32**, 87.

106. R. Glauber and V. Schomaker, *Phys. Rev.*, 1953, **89**, 667 (further discussion of ref. 52).
107. S. P. Arnesen and H. M. Seip, *Acta Chem. Scand.*, 1966, **20**, 2711.
108. L. O. Brockway and P. C. Cross, *J. Chem. Phys.*, 1935, **3**, 828.
109. I. A. Ronova, N. V. Alekseeva, N. N. Veniaminov and M. A. Kravers, *Zh. Strukt. Khim.*, 1975, **16**, 476.
110. I. A. Ronova and N. V. Alekseev, *Zh. Strukt. Khim.*, 1966, **7**, 886; I. A. Ronova, D. A. Bochvar, A. L. Chistyakov, Y. T. Struchkov and N. V. Alekseev, *J. Organomet. Chem.*, 1969, **18**, 337.
111. L. Hedberg and K. Hedberg, *J. Chem. Phys.*, 1970, **53**, 1228.
112. C. Wong and V. Schomaker, *J. Chem. Phys.*, 1958, **28**, 1007.
113. T. Oyamada, T. Iijima and M. Kimura, *Bull. Chem. Soc. Jpn.*, 1971, **44**, 2638.
114. A. Almenningen, A. Haaland and T. Motzfeldt, *J. Organomet. Chem.*, 1967, **7**, 97.
115. H. A. Skinner and L. E. Sutton, *Trans. Faraday Soc.*, 1940, **36**, 1209.
116. D. W. H. Rankin and A. Robertson, *J. Organomet. Chem.*, 1976, **105**, 331.
117. N. I. Gapotchenko, N. V. Alekseev, N. E. Kolobova, K. N. Anisimov, I. A. Ronova and A. A. Johansson, *J. Organomet. Chem.*, 1972, **35**, 319; N. I. Gapotchenko, Y. T. Struchkov, N. V. Alekseev and I. A. Ronova, *Zh. Strukt. Khim.*, 1973, **14**, 419.
118. K. Yamasaki, A. Kotera, M. Yokoi and M. Iwasaki, *J. Chem. Phys.*, 1949, **17**, 1355.
119. M. Yokoi, *Bull. Chem. Soc. Jpn.*, 1957, **30**, 100.
120. R. L. Livingstone and L. O. Brockway, *J. Am. Chem. Soc.*, 1944, **66**, 94.
121. A. C. Bond and L. O. Brockway, *J. Am. Chem. Soc.*, 1954, **76**, 3312.
122. Y. Morino and E. Hirota, *J. Chem. Phys.*, 1958, **28**, 185.
123. H. Murata, *J. Chem. Phys.*, 1953, **21**, 181.
124. C. Iida, M. Yokoi and K. Yamasaki, *J. Chem. Soc. Jpn.*, 1952, **73**, 882.
125. K. Yamasaki, A. Kotera, M. Yokoi and M. Iwasaki, *J. Chem. Phys.*, 1949, **17**, 1355.
126. C. J. Wilkins and L. E. Sutton, *Trans. Faraday Soc.*, 1954, **50**, 783.
127. V. S. Mastryukov, A. V. Golubinskii and L. V. Vilkov, *Zh. Strukt. Khim.*, 1980, **21**(1), 48.
128. B. Beagley, A. Foord, R. Moutran and B. Rozsondai, *J. Mol. Struct.*, 1977, **42**, 117.
129. R. L. Livingston and L. O. Brockway, *J. Am. Chem. Soc.*, 1946, **68**, 719.
130. M. Dakkouri and H. Oberhammer, *Z. Naturforsch.*, *Teil A*, 1972, **27**, 1331.
131. S. Cradock, E. A. V. Ebsworth, B. M. Hamill, D. W. H. Rankin, J. M. Wilson and R. A. Whiteford, *J. Mol. Struct.*, 1979, **57**, 123.
132. M. Dakkouri and H. Oberhammer, *Z. Naturforsch.*, *Teil A*, 1974, **29**, 513.
133. K. Kimura, K. Katada and S. H. Bauer, *J. Am. Chem. Soc.*, 1966, **88**, 416.
134. Q. Shen, R. L. Hilderbrandt and V. S. Mastryukov, *J. Mol. Struct.*, 1979, **54**, 121.
135. Q. Shen, *J. Mol. Struct.*, 1978, **49**, 337.
136. S. H. Bauer and J. M. Hastings, *J. Chem. Phys.*, 1950, **18**, 13.
137. W. F. Sheehan and V. Schomaker, *J. Am. Chem. Soc.*, 1952, **74**, 3956.
138. B. Beagley, J. J. Monaghan and T. G. Hewitt, *J. Mol. Struct.*, 1971, **8**, 401.
139. E. Gergo, I. Hargittai and G. Schultz, *J. Organomet. Chem.*, 1976, **112**, 29.
140. E. A. V. Ebsworth, D. W. H. Rankin, B. Zimmer-Gasser and H. Schmidbaur, *Chem. Ber.*, 1980, **113**, 1637.
141. J. E. Bentham and D. W. H. Rankin, *J. Organomet. Chem.*, 1971, **30**, C54.
142. R. Carleer, L. van den Enden, H. J. Geise and F. C. Mijlhoff, *J. Mol. Struct.*, 1978, **50**, 345.
143. Q. Shen, *J. Mol. Struct.*, 1979, **51**, 61.
144. M. Yokoi, *J. Chem. Soc. Jpn.*, 1952, **73**, 822.
145. F. A. Keidel and S. H. Bauer, *J. Chem. Phys.*, 1956, **25**, 1218.
146. V. S. Mastryukov, O. V. Dorofeeva, L. V. Vilkov and N. A. Tarasenko, *J. Mol. Struct.*, 1975, **27**, 216.
147. E. E. Astrup, A. M. Bouzga and K. A. Ostoja Starzewski, *J. Mol. Struct.*, 1979, **51**, 51.
148. H. Schei, Q. Shen, R. F. Cunico and R. L. Hilderbrandt, *J. Mol. Struct.*, 1980, **63**, 59.
149. Q. Shen and R. L. Hilderbrandt, *J. Mol. Struct.*, 1980, **64**, 257.
150. Q. Shen, R. L. Hilderbrandt, G. T. Burns and T. J. Barton, *J. Organomet. Chem.*, 1980, **195**, 39.
151. S. Rustad and B. Beagley, *J. Mol. Struct.*, 1978, **48**, 381.
152. N. N. Veniaminov, Y. A. Ustynyuk, N. V. Alekseev, I. A. Ronova and Y. T. Struchkov, *J. Organomet. Chem.*, 1970, **22**, 551.
153. S. K. Doun and L. S. Bartell, *J. Mol. Struct.*, 1980, **63**, 249.
154. L. V. Vilkov, M. M. Kusakov, N. S. Nametkin and V. D. Oppengeim, *Dokl. Akad. Nauk SSSR*, 1968, **183**, 830.
155. M. Yokoi, T. Momura and K. Yamasaki, *J. Am. Chem. Soc.*, 1955, **77**, 4484.
156. K. Yamasaki, A. Kotera, M. Yokoi and Y. Ueda, *J. Chem. Phys.*, 1950, **18**, 1414.
157. C. M. Lucht, unpublished work cited in W. L. Roth, *Annu. Rev. Phys. Chem.*, 1951, **2**, 217.
158. B. Csakvari, Z. Wagner, P. Gomory, F. C. Mijlhoff, B. Rozsondai and I. Hargittai, *J. Organomet. Chem.*, 1976, **107**, 287.
159. D. Käss, H. Oberhammer, D. Brandes and A. Blaschette, *J. Mol. Struct.*, 1977, **40**, 65.
160. A. G. Robiette, G. M. Sheldrick, W. S. Sheldrick, B. Beagley, D. W. J. Cruickshank, J. J. Monaghan, B. J. Aylett and I. A. Ellis, *Chem. Commun.*, 1968, 909.
161. E. H. Aggarwal and S. H. Bauer, *J. Chem. Phys.*, 1950, **18**, 42.
162. H. Oberhammer, W. Zeil and G. Fogarasi, *J. Mol. Struct.*, 1973, **18**, 309.
163. B. Rozsondai, I. Hargittai, A. V. Golubinskii, L. V. Vilkov and V. S. Mastryukov, *J. Mol. Struct.*, 1975, **28**, 339.
164. M. Yokoi and K. Yamasaki, *J. Am. Chem. Soc.*, 1953, **75**, 4139.
165. A. H. Clark and A. Haaland, *Acta Chem. Scand.*, 1970, **24**, 3024.
166. L. S. Bartell, F. B. Clippard and T. L. Boates, *Inorg. Chem.*, 1970, **9**, 2436.
167. B. Beagley, K. McAloon and J. M. Freeman, *Acta Crystallogr.*, 1974, **B30**, 444.
168. H. Fujii and M. Kimura, *Bull. Chem. Soc. Jpn.*, 1971, **44**, 2643.

169. L. S. Khaikin, V. P. Novikov, L. V. Vilkov, V. S. Zavgorodnii and A. A. Petrov, *J. Mol. Struct.*, 1977, **39**, 91.
170. L. S. Khaikin, V. P. Novikov and L. V. Vilkov, *J. Mol. Struct.*, 1978, **44**, 43.
171. V. P. Novikov, L. S. Khaikin and L. V. Vilkov, *J. Mol. Struct.*, 1977, **42**, 139.
172. L. S. Khaikin and V. P. Novikov, *J. Mol. Struct.*, 1977, **42**, 129.
173. I. A. Ronova and N. V. Alekseev, *Dokl. Akad. Nauk SSSR*, 1969, **185**, 1303.
174. N. V. Alekseev and I. A. Ronova, *Zh. Strukt. Khim.*, 1966, **7**, 103; *Dokl. Akad. Nauk SSSR*, 1967, **174**, 614.
175. I. A. Ronova and N. V. Alekseev, *Zh. Strukt. Khim.*, 1977, **18**, 212.
176. G. I. Mamaeva, I. Hargittai and V. P. Spiridonov, *Inorg. Chim. Acta*, 1977, **25**, L123.
177. D. G. Schmidling, *J. Mol. Struct.*, 1975, **24**, 1.
178. I. A. Ronova, N. V. Alekseev, N. I. Gapotchenko and Y. T. Struchkov, *J. Organomet. Chem.*, 1970, **25**, 149; *Zh. Strukt. Khim.*, 1970, **11**, 584.

Organometallic Structures Determined by Neutron Diffraction

Molecular formula	Structure	Notes[a]	Ref.
$AsMo_4C_2H_7O_{15}^{2-} \cdot 2CH_6N_3^+ \cdot H_2O$	$[CH_6N_3]_2[(Me_2As)Mo_4O_{14}(OH)] \cdot H_2O$	X, b	1
$AsC_{24}H_{20}^+Ru_6C_{18}HO_{18}^-$	$[AsPh_4][HRu_6(CO)_{18}]$	X	2
$3AsC_{24}H_{20}^+Ni_{12}C_{21}HO_{21}^{3-} \cdot C_3H_6O$	$[AsPh_4]_3[HNi_{12}(CO)_{21}] \cdot Me_2CO$	X	3
$BLiC_4H_{12}$	$LiBMe_4$	X	4
$Co_3FeC_{18}H_{28}O_{18}P_3$	$HFeCo_3(CO)_9\{P(OMe)_3\}_3$	90	5, 6
$Co_6C_{15}HO_{15}^-C_{36}H_{30}NP_2^+$	$[PPN][HCo_6(CO)_{15}]$	80	7
CrC_6O_6	$Cr(CO)_6$	X–N	8
$CrC_9H_6O_3$	$Cr(CO)_3(\eta\text{-}C_6H_6)$	X, 78	9
$CrC_{12}H_{12}$	$Cr(\eta\text{-}C_6H_6)_2$		10
$Cr_2C_{10}HO_{10}^-C_8H_{20}N^+$	$[NEt_4][HCr_2(CO)_{10}]$		11
$Cr_2C_{10}HO_{10}^-KC_{18}H_{36}N_2O_6^+$	$[K(crypt\text{-}222)][HCr_2(CO)_{10}]$	X, 20	12
$Cr_2C_{10}HO_{10}^-C_{36}H_{30}NP_2^+$	$[PPN][HCr_2(CO)_{10}]$		11
$Cr_2C_{10}DO_{10}^-C_{36}H_{30}NP_2^+$	$[PPN][DCr_2(CO)_{10}]$	17	13
$FeC_{10}H_{10}$	$Fe(\eta\text{-}C_5H_5)_2$	173, 298	14
$FeC_{12}H_{10}O_4$	$Fe(\eta\text{-}C_5H_4CO_2H)_2$	78	15
$FeC_{17}H_{40}O_9P_3^+BF_4^-$	$[Fe\{P(OMe)_3\}_3(\eta^3\text{-}C_8H_{13})][BF_4]$	30, 110	16
$FeCo_3C_{18}H_{28}O_{18}P_3$	$HFeCo_3(CO)_9\{P(OMe)_3\}_3$	90	5
$Fe_2C_{14}H_{10}O_4$	$trans\text{-}[Fe(CO)_2(\eta\text{-}C_5H_5)]_2$		17
$Fe_4C_{13}H_2O_{12}$	$HFe_4(\mu\text{-}\eta^2\text{-}CH)(CO)_{12}$		18
$HfB_2C_{12}H_{22}$	$Hf(BH_4)_2(\eta\text{-}C_5H_4Me)_2$		19
HgC_2H_3N	$HgMe(CN)$	X	20
$LiBC_4H_{12}$	$LiBMe_4$	X	4
$MoC_{10}H_{12}$	$H_2Mo(\eta\text{-}C_5H_5)_2$		21
$Mo_2C_{16}H_{17}O_4P$	$HMo_2(\mu\text{-}PMe_2)(CO)_4(\eta\text{-}C_5H_5)_2$		11, 22
Na_2C_2	Na_2C_2		23
$Ni_4C_{20}H_{23}$	$H_3Ni_4(\eta\text{-}C_5H_5)_4$	81	5, 24
$Ni_{12}C_{21}HO_{21}^{3-} \cdot 3AsC_{24}H_{20}^+ \cdot C_3H_6O$	$[AsPh_4]_3[HNi_{12}(CO)_{21}] \cdot Me_2CO$	X	3
$Ni_{12}C_{21}H_2O_{21}^{2-} \cdot 2C_{24}H_{20}P^+$	$[PPh_4]_2[H_2Ni_{12}(CO)_{21}]$	X	3
$Os_3C_9H_2O_9S$	$H_2Os_3(\mu_3\text{-}S)(CO)_9$	X	25
$Os_3C_{10}H_2O_{10}$	$H_2Os_3(CO)_{10}$	110	26, 27
$Os_3C_{11}H_4O_{10}$	$H_2Os_3(\mu\text{-}CH_2)(CO)_{10}$	110, X	28
$Os_3C_{12}H_4O_{10}$	$HOs_3(\mu\text{-}\eta^1,\eta^2\text{-}CH=CH_2)(CO)_{10}$	X	26, 29
$Os_4C_{12}H_3IO_{12}$	$H_3Os_4I(CO)_{12}$		30
$Os_4C_{19}H_{10}O_{11}$	$H_3Os_4(\mu\text{-}\eta^1,\eta^2\text{-}CH=CHPh)(CO)_{11}$	X	31
$PtC_2H_4Cl_3^-K^+ \cdot H_2O$	$K[PtCl_3(\eta\text{-}C_2H_4)] \cdot H_2O$		32
$Pt_2C_{24}H_{48}O_4$	$[PtMe_3\{(OCPr^i)_2CH\}]_2$		33
$Pt_4C_{12}H_{40}O_4$	$[PtMe_3(OH)]_4$		34
$Ru_3C_{15}H_{10}O_9$	$HRu_3(\mu_3\text{-}C_2Bu^t)(CO)_9$		35
$Ru_6C_{18}HO_{18}^-AsC_{24}H_{20}^+$	$[AsPh_4][HRu_6(CO)_{18}]$	X	2
$TaC_{10}H_{13}$	$H_3Ta(\eta\text{-}C_5H_5)_2$	90	36
$TaC_{20}H_{38}P$	$Ta(CHBu^t)(\eta\text{-}C_2H_4)(PMe_3)(\eta^5\text{-}C_5Me_5)$	20	37
$Ta_2C_{16}H_{38}Cl_6P_2$	$[TaCl_3(CHBu^t)(PMe_3)]_2$	110	37, 38
$Th_2C_{40}H_{64} \cdot C_7H_8$	$[H_2Th(\eta^5\text{-}C_5Me_5)_2]_2 \cdot PhMe$		39
$TiC_{13}H_{14}Cl_2$	$TiCl_2\{(\eta\text{-}C_5H_4)_2(CH_2)_3\}$		40
$W_2C_9HNO_{10}$	$HW_2(CO)_9(NO)$	X	41
$W_2C_{11}H_{10}NO_{12}P$	$HW_2(CO)_8(NO)\{P(OMe)_3\}$	X	42
$W_2C_{24}H_{24}$	$W_2(C_8H_8)_3$	110, X	43

[a] X–N, electron density distribution study. [b] CH_6N_3 = guanidinium.

1. K. M. Barkigia, L. M. Rajković-Blazer, M. T. Pope, E. Prince and C. O. Quicksall, *Inorg. Chem.*, 1980, **19**, 2531.

2. P. F. Jackson, B. F. G. Johnson, J. Lewis, P. R. Raithby, M. McPartlin, W. J. H. Nelson, K. D. Rouse, J. Allibon and S. A. Mason, *J. Chem. Soc., Chem. Commun.*, 1980, 295.
3. R. W. Broach, L. F. Dahl, G. Longoni, P. Chini, A. J. Schultz and J. M. Williams, *Adv. Chem. Ser.*, 1978, **167**, 93.
4. W. E. Rhine, G. Stucky and S. W. Peterson, *J. Am. Chem. Soc.*, 1975, **97**, 6401.
5. T. F. Koetzle, R. K. McMullan, R. Bau, D. W. Hart, R. G. Teller, D. L. Tipton and R. D. Wilson, *Adv. Chem. Ser.*, 1978, **167**, 61.
6. R. G. Teller, R. D. Wilson, R. K. McMullan, T. F. Koetzle and R. Bau, *J. Am. Chem. Soc.*, 1978, **100**, 3071.
7. D. W. Hart, R. G. Teller, C.-Y. Wei, R. Bau, G. Longoni, S. Campanella, P. Chini and T. F. Koetzle, *Angew. Chem.*, 1979, **91**, 86 (*Angew. Chem., Int. Ed. Engl.*, 1979, **18**, 80).
8. A. Jost, B. Rees and W. B. Yelon, *Acta Crystallogr.*, 1975, **B31**, 2649 (N); B. Rees and A. Mitschler, *J. Am. Chem. Soc.*, 1976, **98**, 7918 (X-N).
9. B. Rees and P. Coppens, *J. Organomet. Chem.*, 1972, **42**, C102*; *Acta Crystallogr.*, 1973, **B29**, 2516.
10. G. Albrecht, E. Förster, D. Sippel, F. Eichhorn and E. Kurras, *Z. Chem.*, 1968, **8**, 311*; E. Förster, G. Albrecht, W. Dürselen and E. Kurras, *J. Organomet. Chem.*, 1969, **19**, 215.
11. J. L. Petersen, L. F. Dahl and J. M. Williams, *Adv. Chem. Ser.*, 1978, **167**, 11.
12. J. L. Petersen, R. K. Brown and J. M. Williams, *Inorg. Chem.*, 1981, **20**, 158.
13. J. L. Petersen, R. K. Brown, J. M. Williams and R. K. McMullan, *Inorg. Chem.*, 1979, **18**, 3493.
14. F. Takusagawa and T. F. Koetzle, *Acta Crystallogr.*, 1979, **B35**, 1074.
15. F. Takusagawa and T. F. Koetzle, *Acta Crystallogr.*, 1979, **B35**, 2888 (also X at 298 K).
16. J. M. Williams, R. K. Brown, A. J. Schultz, G. D. Stucky and S. D. Ittel, *J. Am. Chem. Soc.*, 1978, **100**, 7407 (N at 110 K); R. K. Brown, J. M. Williams, A. J. Schultz, G. D. Stucky, S. D. Ittel and R. L. Harlow, *J. Am. Chem. Soc.*, 1980, **102**, 981 (N at 30, 110 K; X).
17. A. Mitschler, B. Rees and M. S. Lehmann, *J. Am. Chem. Soc.*, 1978, **100**, 3390.
18. M. A. Beno, J. M. Williams, M. Tachikawa and E. L. Muetterties, *J. Am. Chem. Soc.*, 1981, **103**, 1485.
19. P. L. Johnson, S. A. Cohen, T. J. Marks and J. M. Williams, *J. Am. Chem. Soc.*, 1978, **100**, 2709.
20. J. C. Mills, H. S. Preston and C. H. L. Kennard, *J. Organomet. Chem.*, 1968, **14**, 33.
21. A. J. Schultz, K. L. Stearley, J. M. Williams, R. Mink and G. D. Stucky, *Inorg. Chem.*, 1977, **16**, 3303.
22. J. L. Petersen, L. F. Dahl and J. M. Williams, *J. Am. Chem. Soc.*, 1974, **96**, 6610; J. L. Petersen and J. M. Williams, *Inorg. Chem.*, 1978, **17**, 1308 (comparison with X).
23. M. Atoji, *J. Chem. Phys.*, 1974, **60**, 3324.
24. T. F. Koetzle, J. Müller, D. L. Tipton, D. W. Hart and R. Bau, *J. Am. Chem. Soc.*, 1979, **101**, 5631.
25. B. F. G. Johnson, J. Lewis, D. Pippard, P. R. Raithby, G. M. Sheldrick and K. D. Rouse, *J. Chem. Soc., Dalton Trans.*, 1979, 616.
26. A. G. Orpen, A. V. Rivera, E. G. Bryan, D. Pippard, G. M. Sheldrick and K. D. Rouse, *J. Chem. Soc., Chem. Commun.*, 1978, 723 (X-N to locate H).
27. R. W. Broach and J. M. Williams, *Inorg. Chem.*, 1979, **18**, 314 (110 K).
28. R. B. Calvert, J. R. Shapley, A. J. Schultz, J. M. Williams, S. L. Suib and G. D. Stucky, *J. Am. Chem. Soc.*, 1978, **100**, 6240; A. J. Schultz, J. M. Williams R. B. Calvert, J. R. Shapley and G. D. Stucky, *Inorg. Chem.*, 1979, **18**, 319 (N at 110 K).
29. A. G. Orpen, D. Pippard, G. M. Sheldrick and K. D. Rouse, *Acta Crystallogr.*, 1978, **B34**, 2466.
30. B. F. G. Johnson, J. Lewis, P. R. Raithby, K. Wong and K. D. Rouse, *J. Chem. Soc., Dalton Trans.*, 1980, 1248.
31. B. F. G. Johnson, J. Lewis, A. G. Orpen, P. R. Raithby and K. D. Rouse, *J. Chem. Soc., Dalton Trans.*, 1981, 788.
32. R. A. Love, T. F. Koetzle, G. J. B. Williams, L. C. Andrews and R. Bau, *Inorg. Chem.*, 1975, **14**, 2653.
33. R. N. Hargreaves and M. R. Truter, *J. Chem. Soc. (A)*, 1969, 2282.
34. H. S. Preston, J. C. Mills and C. H. L. Kennard, *J. Organomet. Chem.*, 1968, **14**, 447.
35. M. Catti, G. Gervasio and S. A. Mason, *J. Chem. Soc., Dalton Trans.*, 1977, 2260.
36. R. D. Wilson, T. F. Koetzle, D. W. Hart, A. Kvick, D. L. Tipton and R. Bau, *J. Am. Chem. Soc.*, 1977, **99**, 1775.
37. A. J. Schultz, R. K. Brown, J. M. Williams and R. R. Schrock, *J. Am. Chem. Soc.*, 1981, **103**, 169.
38. A. J. Schultz, J. M. Williams, R. R. Schrock, G. A. Rupprecht and J. D. Fellmann, *J. Am. Chem. Soc.*, 1979, **101**, 1593*.
39. R. W. Broach, A. J. Schultz, J. M. Williams, G. M. Brown, J. M. Manriquez, P. J. Fagan and T. J. Marks, *Science*, 1979, **203**, 172.
40. E. F. Epstein and I. Bernal, *Inorg. Chim. Acta*, 1973, **7**, 211.
41. J. P. Olsen, T. F. Koetzle, S. W. Kirtley, M. Andrews, D. L. Tipton and R. Bau, *J. Am. Chem. Soc.*, 1974, **96**, 6621.
42. R. A. Love, H. B. Chin, T. F. Koetzle, S. W. Kirtley, B. R. Whittlesey and R. Bau, *J. Am. Chem. Soc.*, 1976, **98**, 4491.
43. F. A. Cotton, S. A. Koch, A. J. Schultz and J. M. Williams, *Inorg. Chem.*, 1978, **17**, 2093.

Ag   Silver

Molecular formula	Structure	Notes	Ref.
$[AgAlC_6H_6Cl_4]_n$	$[Ag(\mu\text{-}AlCl_4)(\eta^2\text{-}C_6H_6)]_n$		1
$[AgC_6H_6ClO_4]_n$	$[Ag(ClO_4)(\mu\text{-}\eta^2\text{-}C_6H_6)]_n$		2, 3
$[AgC_7H_{14}NO_3S]_n$	$[Ag(O_2NO)(\eta^2\text{-}CH_2{=}CHCMe_2CH_2SMe)]_n$		4
$[AgC_7H_4S^+ClO_4^-]_n$	$[\{Ag(\eta^2\text{-}CH_2{=}CHCMe_2CH_2SMe)\}\{ClO_4\}]_n$		4
$[AgC_8H_8NO_3]_n$	$[Ag(ONO_2)(\mu\text{-}\eta^4\text{-}cot)]_n$		5
$[AgC_8H_{10}NO_3]_n$	$[Ag(\mu\text{-}NO_3)(\eta^2\text{-}C_8H_{10})]_n$	a	6
$[AgC_9H_{14}F_3O_2S]_n$	$[Ag(OCOCF_3)(\eta^2\text{-}CH_2{=}CHCMe_2CH_2SMe)]_n$		4
$[AgC_{10}H_{12}O^+BF_4^-]_n$	$[\{Ag(OH_2)(\mu\text{-}C_{10}H_{10})\}\{BF_4\}]_n$	b	7
$[AgC_{12}H_8ClO_4]_n$	$[Ag(\mu\text{-}ClO_4)(\mu\text{-}\eta^4\text{-}C_{12}H_8)]_n$	c	8
$[AgC_{12}H_{10}ClO_4]_n$	$[Ag(\mu\text{-}ClO_4)(\mu\text{-}\eta^4\text{-}C_{12}H_{10})]_n$	d	8
$[AgC_{14}H_{14}ClO_4]_n$	$[Ag(\mu\text{-}ClO_4)\{Ph(CH_2)_2Ph\}]_n$		9
$[AgC_{14}H_{16}NO_3]_n$	$[Ag(ONO_2)(\mu\text{-}C_{14}H_{16})]_n$	e	10
$[AgC_{14}H_{16}NO_3]_n$	$[Ag(ONO_2)(\mu\text{-}C_{14}H_{16})]_n$	f	11
$AgC_{14}H_{28}S_2^+BF_4^-$	$[Ag(\eta^2\text{-}CH_2{=}CHCMe_2CH_2SMe)_2][BF_4]$		4
$AgFeC_{15}H_{23}ClO_{11}$	$Ag(OClO_3)(OH_2)\{(acac)_3Fe\}$		12
$[AgC_{15}H_{24}NO_3]_n$	$[Ag(\mu\text{-}NO_3)(\mu\text{-}C_{15}H_{24})]_n$	g	13
$[AgC_{15}H_{24}NO_3]_n$	$[Ag(NO_3)(\mu\text{-}C_{15}H_{24})]_n$	h	14
$[AgC_{16}H_{16}NO_3]_n$	$[Ag(NO_3)(\mu\text{-}C_{16}H_{16})]_n$	i	15
$[AgC_{16}H_{20}ClO_4]_n$	$[Ag(\mu\text{-}ClO_4)(C_6H_4Me_2\text{-}1,3)_2]_n$		16
$AgC_{16}H_{24}^+BF_4^-$	$[Ag(cod)_2][BF_4]$		17
$AgC_{20}H_{36}NO_3$	$Ag(ONO_2)(cis\text{-}C_{10}H_{18})_2$	j	18
$AgC_{20}H_{36}NO_3$	$Ag(ONO_2)(trans\text{-}C_{10}H_{18})_2$	j	19
$AgC_{24}H_{32}ClO_4$	$Ag(OClO_3)(PhCy)_2$		20
$AgC_{24}H_{44}NO_3$	$Ag(ONO_2)(trans\text{-}C_{12}H_{22})_2$	k	21
$AgFe_2C_{27}H_{20}NO_6P^+ClO_4^- \cdot C_6H_6 \cdot C_7H_8$	$[AgFe_2(\mu\text{-}PPh_2)(\mu\text{-}CHCPhNHMe)(CO)_6]\text{-}[ClO_4] \cdot C_6H_6 \cdot PhMe$		22
$AgC_{28}H_{52}NO_3$	$Ag(O_2NO)(C_{14}H_{26})_2$	l	18
$AgC_{29}H_{37}NO_5^+BF_4^- \cdot 2C_3H_8O$	$[Ag(C_{29}H_{37}NO_5)][BF_4] \cdot 2Pr^iOH$	m	23
$AgC_{30}H_{30}^+BF_4^-$	$[Ag(C_{10}H_{10})_3][BF_4]$	b	24
$AgOsC_{45}H_{37}Cl_2OP_2$	$Os(AgCl)\{C(Tol)\}(Cl)(CO)(PPh_3)_2$		25
$AgRh_2C_{48}H_{40}O_2P_2^+F_6P^- \cdot C_7H_8$	$[Ag\{Rh(CO)(PPh_3)(\eta\text{-}C_5H_5)\}_2][PF_6] \cdot PhMe$		26
$AgIrC_{49}H_{47}N_3O_3P_2 \cdot C_4H_8O_2$	$IrAg\{MeN_3(Tol)\}(OCOPr^i)(CO)(PPh_3)_2 \cdot Pr^iCO_2H$		27

^{a} C_8H_{10} = exo-tricyclo[3.2.1.0^{2,4}]oct-6-ene. ^{b} $C_{10}H_{10}$ = bullvalene. ^{c} $C_{12}H_8$ = acenaphthylene. ^{d} $C_{12}H_{10}$ = acenaphthene. ^{e} $C_{14}H_{16}$ = decahydro-4,7-methano-2,3,8-methenocyclopent[a]indene (a dimer of bicyclo[2.2.1]hepta-2,5-diene). ^{f} $C_{14}H_{16}$ = another dimer of bicyclo[2.2.1]hepta-2,4-diene. ^{g} $C_{15}H_{24}$ = β-gorgonene. ^{h} $C_{15}H_{24}$ = germacratriene. ^{i} $C_{16}H_{16}$ = dimer of cot; m.p. 38.5 °C. ^{j} $C_{10}H_{18}$ = cyclodecene. ^{k} $C_{12}H_{22}$ = cyclododecene. ^{l} $C_{14}H_{26}$ = 1,1,4,4-Me$_4$-cis cyclodec-7-ene. ^{m} $C_{29}H_{37}NO_5$ = phomin (macrolide).

1. R. W. Turner and E. L. Amma, *J. Am. Chem. Soc.*, 1966, **88**, 3243.
2. R. E. Rundle and J. H. Goring, *J. Am. Chem. Soc.*, 1950, **72**, 5337.
3. H. G. Smith and R. E. Rundle, *J. Am. Chem. Soc.*, 1958, **80**, 5075.
4. E. C. Alyea, G. Ferguson, A. McAlees, R. McCrindle, R. Myers, P. Y. Siew and S. A. Dias, *J. Chem. Soc., Dalton Trans.*, 1981, 481.
5. F. S. Mathews and W. N. Lipscomb, *J. Am. Chem. Soc.*, 1958, **80**, 4745*; *J. Phys. Chem.*, 1959, **63**, 845.
6. C. S. Gibbons and J. Trotter, *J. Chem. Soc. (A)*, 1971, 2058.
7. J. S. McKechnie and I. C. Paul, *Chem. Commun.*, 1968, 44*; *J. Chem. Soc. (B)*, 1968, 1445.
8. P. F. Rodesiler and E. L. Amma, *Inorg. Chem.*, 1972, **11**, 388.
9. I. F. Taylor and E. L. Amma, *Acta Crystallogr.*, 1975, **B31**, 598.
10. G. E. Voecks, P. W. Jennings, G. D. Smith and C. N. Caughlan, *J. Org. Chem.*, 1972, **37**, 1460*; *Acta Crystallogr.*, 1976, **B32**, 1390.
11. T. J. Katz, N. Acton and I. C. Paul, *J. Am. Chem. Soc.*, 1969, **91**, 206.
12. L. R. Nassimbeni and M. M. Thackeray, *Inorg. Nucl. Chem. Lett.*, 1973, **9**, 539* (no H$_2$O located); *Acta Crystallogr.*, 1974, **B30**, 1072.
13. M. B. Hossain and D. van der Helm, *J. Am. Chem. Soc.*, 1968, **90**, 6607.
14. F. H. Allen and D. Rogers, *Chem. Commun.*, 1967, 588*; *J. Chem. Soc. (B)*, 1971, 257.
15. S. C. Nyburg and J. Hilton, *Chem. Ind. (London)*, 1957, 1072*; *Acta Crystallogr.*, 1959, **12**, 116.
16. I. F. Taylor, E. A. Hall and E. L. Amma, *J. Am. Chem. Soc.*, 1969, **91**, 5745.
17. A. Albinati, S. V. Meille and G. Carturan, *J. Organomet. Chem.*, 1979, **182**, 269.
18. O. Ermer, H. Eser and J. D. Dunitz, *Helv. Chim. Acta*, 1971, **54**, 2469.
19. P. Ganis and J. D. Dunitz, *Helv. Chim. Acta*, 1967, **50**, 2379.
20. E. A. Hall and E. L. Amma, *Chem. Commun.*, 1968, 622*; E. A. Hall and E. L. Amma, *J. Am. Chem. Soc.*, 1971, **93**, 3167.
21. P. Ganis, V. Giuliano and U. Lepore, *Tetrahedron Lett.*, 1971, 765.
22. A. J. Carty, G. N. Mott and N. J. Taylor, *J. Am. Chem. Soc.*, 1979, **101**, 3131.
23. G. M. McLaughlin, G. A. Sim, J. R. Kiechel and C. Tamm, *Chem. Commun.*, 1970, 1398.
24. J. S. McKechnie, M. G. Newton and I. C. Paul, *J. Am. Chem. Soc.*, 1966, **88**, 3161*; 1967, **89**, 4819.
25. G. R. Clark, C. M. Cochrane, W. R. Roper and L. J. Wright, *J. Organomet. Chem.*, 1980, **199**, C35.
26. N. G. Connelly, A. R. Lucy and A. M. R. Galas, *J. Chem. Soc., Chem. Commun.*, 1981, 43.
27. J. Kuyper, K. Vrieze and K. Olie, *Cryst. Struct. Commun.*, 1976, **5**, 179.

Ag₂ Disilver

Molecular formula	Structure	Notes	Ref.
$[Ag_2C_2O]_n$	$[Ag_2C{=}C{=}O]_n$		1
$[Ag_2C_7H_8N_2O_6]_n$	$[Ag_2(\mu\text{-}ONO_2)_2(\mu\text{-nbd})]_n$		2
$[Ag_2C_{10}H_6F_6O_4]_n$	$[Ag_2(\mu\text{-}CF_3CO_2)_2(\mu\text{-}C_6H_6)]_n$		3
$[Ag_2AsC_{11}H_{15}^{2+}2NO_3^-]_n$	$[\{Ag_2[\mu\text{-}C_6H_4(CH_2CH{=}CH_2)(AsMe_2)\text{-}1,2]\}\text{-}\{NO_3\}]_n$		4
$[Ag_2C_{12}H_{18}N_2O_6]_n$	$[Ag_2(\mu\text{-}ONO_2)_2(\mu\text{-}C_{12}H_{18})]_n$	a	5
$Ag_2C_{24}H_{36}^{2+}2NO_3^-{\cdot}2H_2O$	$[Ag_2(\mu\text{-}C_{12}H_{18})_2][NO_3]_2{\cdot}H_2O$	b	6
$Ag_2C_{15}H_{20}N_2O_8$	$Ag_2(NO_3)_2(\mu\text{-}C_{15}H_{20}O_2)$	c	7
$Ag_2C_{15}H_{24}^{2+}2NO_3^-$	$[Ag_2(\mu\text{-}C_{15}H_{24})][NO_3]_2$	d	8, 9
$Ag_2C_{18}H_{16}^{2+}2ClO_4^-$	$[Ag_2(\mu\text{-}C_9H_8)_2][ClO_4]_2$	e	10
$Ag_2C_{18}H_{30}^{2+}2ClO_4^-$	$[Ag_2(C_6H_{10})_3][ClO_4]_2$	f	11
$[Ag_2C_{22}H_{28}P_2]_n$	$[\{Ag(PMe_3)_2\}\{Ag(C{\equiv}CPh)_2\}]_n$		12
$Ag_2C_{32}H_{40}Cl_2O_8$	$Ag_2(\mu\text{-}OClO_3)_2(\mu\text{-}C_6H_4Me_2\text{-}1,2)_2$		13
$Ag_2B_{16}C_{40}H_{52}P_2{\cdot}C_3H_6O$	$[11\text{-}\{Ag(PPh_3)\}\text{-}5,6\text{-}C_2B_8H_{11}]_2{\cdot}Me_2CO$	173	14
$Ag_2C_{68}H_{106}O_{16}{\cdot}2C_3H_6O$	$Ag_2(\mu\text{-}C_{34}H_{53}O_8)_2{\cdot}2Me_2CO$	g	15
$Ag_2RhC_{94}H_{45}F_{25}P_3$	$Ag_2Rh(C_2C_6F_5)_5(PPh_3)_3$		16

ª $C_{12}H_{18}$ = 3-isopropenyl-4-vinylcyclohexane (geijerene). ᵇ $C_{12}H_{18}$ = 2,8-Me₂-cyclodeca-1,5,7-triene (pregeijerene). ᶜ $C_{15}H_{20}O_2$ = costunolide. ᵈ $C_{15}H_{24}$ = humulene. ᵉ C_9H_8 = indene. ᶠ C_6H_{10} = hexa-1,5-diene. ᵍ $C_{34}H_{53}O_8$ = antibiotic X537A.

1. E. T. Blues, D. Bryce-Smith, H. Hirsch and M. J. Simons, *Chem. Commun.*, 1970, 699.
2. N. C. Baenziger, H. L. Haight, R. Alexander and J. R. Doyle, *Inorg. Chem.*, 1966, **5**, 1399.
3. G. W. Hunt, T. C. Lee and E. L. Amma, *Inorg. Nucl. Chem. Lett.*, 1974, **10**, 909.
4. M. K. Cooper, R. S. Nyholm, P. W. Carrick and M. McPartlin, *J. Chem. Soc., Chem. Commun.*, 1974, 343.
5. D. J. Robinson and C. H. L. Kennard, *Chem. Commun.*, 1968, 914*; *J. Chem. Soc. (B)*, 1970, 965.
6. R. J. McClure, G. A. Sim, P. Coggon and A. T. McPhail, *Chem. Commun.*, 1970, 128*; P. Coggon, A. T. McPhail and G. A. Sim, *J. Chem. Soc. (B)*, 1970, 1024.
7. F. Sorm, M. Suchy, M. Holub, A. Linek, I. Hadinec and C. Novak, *Tetrahedron Lett.*, 1970, 1893*; A. Linek and C. Novak, *Acta Crystallogr.*, 1978, **B34**, 3369.
8. A. T. McPhail, R. I. Reed and G. A. Sim, *Chem. Ind. (London)*, 1964, 976*; A. T. McPhail and G. A. Sim, *J. Chem. Soc. (B)*, 1966, 112.
9. J. A. Hartsuck and I. C. Paul, *Chem. Ind. (London)*, 1964, 977.
10. P. F. Rodesiler, E. A. Hall Griffith and E. L. Amma, *J. Am. Chem. Soc.*, 1972, **94**, 761.
11. I. W. Bassi and G. Fagherazzi, *J. Organomet. Chem.*, 1968, **13**, 535.
12. P. W. R. Corfield and H. M. M. Shearer, *Acta Crystallogr.*, 1966, **20**, 502.
13. I. F. Taylor and E. L. Amma, *Chem. Commun.*, 1970, 1442*; *J. Cryst. Mol. Struct.*, 1975, **5**, 129.
14. H. M. Colquhoun, T. J. Greenhough and M. G. H. Wallbridge, *J. Chem. Soc., Chem. Commun.*, 1980, 192.
15. C. A. Maier and I. C. Paul, *Chem. Commun.*, 1971, 181.
16. O. M. Abu Salah, M. I. Bruce, M. R. Churchill and B. G. DeBoer, *J. Chem. Soc., Chem. Commun.*, 1974, 688*; M. R. Churchill and B. G. DeBoer, *Inorg. Chem.*, 1975, **14**, 2630.

Ag₃ Trisilver

Molecular formula	Structure	Notes	Ref.
$Ag_3C_9H_{12}^{3+}3NO_3^-$	$[Ag_3(\mu_3\text{-}C_9H_{12})][NO_3]_3$	a	1
$[Ag_3NiC_{15}H_{23}N_2O_{13}]_n$	$[Ag_3(ONO_2)_2(OH_2)\{(acac)_3Ni\}]_n$		2

ª C_9H_{12} = cis,cis,cis-cyclonona-1,4,7-triene.

1. R. B. Jackson and W. E. Streib, *J. Am. Chem. Soc.*, 1967, **89**, 2539.
2. W. H. Watson and C.-T. Lin, *Inorg. Chem.*, 1966, **5**, 1074.

Ag₄ Tetrasilver

Molecular formula	Structure	Notes	Ref.
$Ag_4C_{10}H_{16}O_4^{4+}4ClO_4^-$	$[Ag_4(OH_2)_4(\mu_4\text{-}C_{10}H_8)][ClO_4]_4$		1, 2
$Ag_4C_{14}H_{12}O^{4+}4ClO_4^-$	$[Ag_4(OH_2)(\mu_4\text{-}C_{14}H_{10})][ClO_4]_4$		1, 3
$Ag_4Fe_4C_{52}H_{64}N_4$	$[(1\text{-}Ag\text{-}2\text{-}Me_2NCH_2\text{-}\eta\text{-}C_5H_3)Fe(\eta\text{-}C_5H_5)]_4$		4

1. E. A. Hall and E. L. Amma, *J. Am. Chem. Soc.*, 1969, **91**, 6538*.
2. E. A. H. Griffith and E. L. Amma, *J. Am. Chem. Soc.*, 1974, **96**, 743.
3. E. A. H. Griffith and E. L. Amma, *J. Am. Chem. Soc.*, 1974, **96**, 5407.
4. A. N. Nesmeyanov, N. N. Sedova, Y. T. Struchkov, V. G. Andrianov, E. N. Stakheeva, and V. A. Sazonova, *J. Organomet. Chem.*, 1978, **153**, 115.

Al Aluminium

Molecular formula	Structure	Notes	Ref.
$AlCH_3Cl^-K^+$	$K[AlCl_3Me]$		1
AlB_2CH_{11}	$MeAl(H_2BH_2)_2$	E	2
$AlC_2H_6I_2^-Cs^+ \cdot C_8H_{10}$	$Cs[AlI_2Me_2] \cdot C_6H_4Me_2\text{-}1,4$		3
AlC_3H_9	$AlMe_3$	E	4
$AlC_3H_9I^-C_4H_{12}N^+$	$[NMe_4][AlIMe_3]$		5
$AlC_3H_9NO_3^-K^+ \cdot C_6H_6$	$K[AlMe_3(ONO_2)] \cdot C_6H_6$		6
$AlC_3H_9N_3^-Cs^+$	$Cs[AlMe_3(N_3)]$		7
$AlC_3H_9N_3^-Rb^+$	$Rb[AlMe_3(N_3)]$		8
$[AlC_3H_9S]_n$	$[AlMe_2(SMe)]_n$		9
$AlC_3H_{10}^-K^+$	$K[HAlMe_3]$		10
$AlC_4H_9N^-K^+$	$K[AlMe_3(CN)]$		11
$AlC_4H_9NS^-TlC_2H_6^+$	$[TlMe_2][AlMe_3(NCS)]$	a	12
$AlC_4H_9NS^-Cs^+$	$Cs[AlMe_3(NCS)]$		13
$AlC_4H_{12}^-Rb^+$	$Rb[AlMe_4]$		14
$AlB_9C_4H_{16}$	$3\text{-}(AlEt)\text{-}1,2\text{-}C_2B_9H_{11}$		15
$AlB_9C_4H_{18}$	$7,8\text{-}(\mu\text{-}AlMe_2)\text{-}1,2\text{-}C_2B_9H_{12}$	173	16
$AlC_5H_{12}N$	$AlMe_3(NCMe)$		17
$AlC_5H_{12}O_2^-C_4H_{12}N^+$	$[NMe_4][AlMe_3(OAc)]$		18
$AlC_5H_{15}IN$	$AlIMe_2(NMe_3)$		19
$AlC_5H_{15}O$	$AlMe_3(OMe_2)$	E	20
$AlC_6H_{18}N$	$AlMe_3(NMe_3)$	E	21
$AlC_6H_{18}P$	$AlMe_3(PMe_3)$	E	22
AlC_7H_{11}	$AlMe_2(\eta^1\text{-}C_5H_5)$	E	23
$AlC_8H_{12}Cl_3$	$AlCl_3(\eta^1\text{-}C_4Me_4)$		24
$AlC_8H_{20}^-C_{22}H_{22}CoN_4^+$	$[cis\text{-}CoMe_2(bipy)_2][AlEt_4]$		25
$[AlLiC_8H_{20}]_n$	$[LiAlEt_4]_n$		26
$AlC_{10}H_{22}N$	$AlMe_3[N(C_2H_4)_3CH]$		27
$AlWC_{12}H_{34}Cl_2P_3$	$W(\mu\text{-}C^*AlClMe)(CH)(Cl)(PMe_3)_3\text{-}mer$	b	28
$AlTiC_{14}H_{20}Cl_2$	$Et_2Al(\mu\text{-}Cl)_2Ti(\eta\text{-}C_5H_5)_2$		29
$AlYC_{14}H_{22}$	$Me_2Al(\mu\text{-}Me)_2Y(\eta\text{-}C_5H_5)_2$		30, 31
$AlYbC_{14}H_{22}$	$Me_2Al(\mu\text{-}Me)_2Yb(\eta\text{-}C_5H_5)_2$		30, 32
$AlSn_4C_{15}H_{36}N_3O$	$(\mu\text{-}AlMe_3O)(Bu^tN)_3Sn_4$		33
$AlC_{16}H_{24}^-K^+$	$K[Al(C_8H_{12})_2]$	c	34
$AlC_{18}H_{25}N_2O_2$	$AlMe_2(OCPh=NPh)(ONMe_3)$		35
$AlZrC_{21}H_{31}$	$Et_3Al(\mu\text{-}H)Zr(\eta\text{-}C_5H_5)_3$		36
$AlNiC_{22}H_{41}Cl_3P$	$NiCl(AlMeCl_2)(PCy_3)(\eta\text{-}C_3H_5)$	D	37
$AlTi_2C_{24}H_{31}$	$(\mu\text{-}H_2AlEt_2)(\mu\text{-}H)(\mu\text{-}\eta^5,\eta^5\text{-}C_{10}H_8)\text{-}\{Ti(\eta\text{-}C_5H_5)\}_2$		38
$AlFeC_{25}H_{20}O_2^-C_8H_{20}N^+$	$[NEt_4][Fe(AlPh_3)(CO)_2(\eta\text{-}C_5H_5)]$		39
$AlC_{38}H_{35}O$	$\overline{CPh=CPhCPh=CPhAl}Ph(OEt_2)$		40
$AlNiC_{46}H_{47}O$	$Ni[\eta^4\text{-}\overline{CPh=CPhCPh=CPhAl}Ph(OEt_2)](cod)$		40

^a Tl interacts with 2C, 2S of anions. ^b C* = 82:18 Me:Cl; bridges Al—W. ^c C_8H_{12} = cis-cyclooct-1-ene-3,8-diyl.

1. J. L. Atwood, D. C. Hrncir and W. R. Newberry, *Cryst. Struct. Commun.*, 1974, **3**, 615.
2. M. T. Barlow, C. J. Dain, A. J. Downs, P. D. P. Thomas and D. W. H. Rankin, *J. Chem. Soc., Dalton Trans.*, 1980, 1374.
3. R. D. Rogers and J. L. Atwood, *J. Cryst. Mol. Struct.*, 1979, **9**, 45.
4. A. Almenningen, S. Halvorsen and A. Haaland, *Chem. Commun.*, 1969, 644*; *Acta Chem. Scand.*, 1971, **25**, 1937.
5. R. D. Rogers, L. B. Stone and J. L. Atwood, *Cryst. Struct. Commun.*, 1980, **9**, 143.
6. J. L. Atwood, K. D. Crissinger and R. D. Rogers, *J. Organomet. Chem.*, 1978, **155**, 1.
7. J. L. Atwood and W. R. Newberry, *J. Organomet. Chem.*, 1975, **87**, 1.
8. J. L. Atwood and J. M. Cummings, *J. Cryst. Mol. Struct.*, 1977, **7**, 257.
9. D. J. Brauer and G. D. Stucky, *J. Am. Chem. Soc.*, 1969, **91**, 5462.
10. G. Hencken and E. Weiss, *J. Organomet. Chem.*, 1974, **73**, 35.
11. J. L. Atwood and R. E. Cannon, *J. Organomet. Chem.*, 1973, **47**, 321.
12. S. K. Seale and J. L. Atwood, *J. Organomet. Chem.*, 1974, **64**, 57.
13. R. Shakir, M. J. Zarawotko and J. L. Atwood, *J. Cryst. Mol. Struct.*, 1979, **9**, 135.
14. J. L. Atwood and C. D. Hrncir, *J. Organomet. Chem.*, 1973, **61**, 43.
15. D. A. T. Young, G. R. Willey, M. F. Hawthorne, M. R. Churchill and A. H. Reis, *J. Am. Chem. Soc.*, 1970, **92**, 6663*; M. R. Churchill and A. H. Reis, *J. Chem. Soc., Dalton Trans.*, 1972, 1317.
16. M. R. Churchill, A. H. Reis, D. A. T. Young, G. R. Willey and M. F. Hawthorne, *Chem. Commun.*, 1971, 298*; M. R. Churchill and A. H. Reis, *J. Chem. Soc., Dalton Trans.*, 1972, 1314.
17. J. L. Atwood, S. K. Seale and D. H. Roberts, *J. Organomet. Chem.*, 1973, **51**, 105.
18. J. L. Atwood, W. E. Hunter and K. D. Crissinger, *J. Organomet. Chem.*, 1977, **127**, 403.
19. J. L. Atwood and P. A. Milton, *J. Organomet. Chem.*, 1972, **36**, C1*; 1973, **52**, 275.
20. A. Haaland, S. Samda, O. Stokkeland and J. Weidlein, *J. Organomet. Chem.*, 1977, **134**, 165.

21. G. A. Anderson, F. R. Forgaard and A. Haaland, *Acta Chem. Scand.*, 1972, **26**, 1947.
22. A. Almenningen, L. Fernholt and A. Haaland, *J. Organomet. Chem.*, 1978, **145**, 109.
23. D. A. Drew and A. Haaland, *J. Chem. Soc., Chem. Commun.*, 1972, 1300*; *Acta Chem. Scand.*, 1973, **27**, 3735.
24. C. Krüger, P. J. Roberts, Y.-H. Tsay and J. B. Koster, *J. Organomet. Chem.*, 1974, **78**, 69.
25. S. Komiya, T. Yamamoto, A. Yamamoto, A. Takenaka and Y. Sasada, *Acta Crystallogr.*, 1979, **B35**, 2702.
26. R. L. Gerteis, R. E. Dickerson and T. L. Brown, *Inorg. Chem.*, 1964, **3**, 872.
27. C. D. Whitt, L. M. Parker and J. L. Atwood, *J. Organomet. Chem.*, 1971, **32**, 291.
28. P. R. Sharp, S. J. Holmes, R. R. Schrock, M. R. Churchill and H. J. Wasserman, *J. Am. Chem. Soc.*, 1981, **103**, 965.
29. G. Natta, P. Corradini and I. W. Bassi, *J. Am. Chem. Soc.*, 1958, **80**, 755.
30. J. Holton, M. F. Lappert, G. R. Scollary, D. G. H. Ballard, R. Pearce, J. L. Atwood and W. E. Hunter, *J. Chem. Soc., Chem. Commun.*, 1976, 425.*
31. G. R. Scollary, *Aust. J. Chem.*, 1978, **31**, 411.
32. J. Holton, M. F. Lappert, D. G. H. Ballard, R. Pearce, J. L. Atwood and W. E. Hunter, *J. Chem. Soc., Dalton Trans.*, 1979, 45.
33. M. Veith and O. Recktenwald, *Z. Naturforsch., Teil B*, 1981, **36**, 144.
34. A. M. McPherson, G. Stucky and H. Lehmkuhl, *J. Organomet. Chem.*, 1978, **152**, 367.
35. Y. Kai, N. Yasuoka, N. Kasai, M. Kakudo, H. Yasuda and H. Tani, *Chem. Commun.*, 1971, 940*; Y. Kai, N. Yasuoka, N. Kasai and M. Kakudo, *Bull. Chem. Soc. Jpn.*, 1972, **45**, 3388; H. Yasuda, T. Araki and H. Tani, *J. Organomet. Chem.*, 1973, **49**, 103.
36. H. Sinn, W. Kaminsky, H.-J. Vollmer and R. Woldt, *Angew. Chem.*, 1980, **92**, 396 (*Angew. Chem., Int. Ed. Engl.*, 1980, **19**, 390)* (D); J. Kopf, H.-J. Vollmer and W. Kaminsky, *Cryst. Struct. Commun.*, 1980, **9**, 985.
37. C. Krüger and Y.-H. Tsay, unpublished work cited in B. Bogdanovic, B. Henc, A. Lösler, B. Meister, H. Pauling and G. Wilke, *Angew. Chem.*, 1973, **85**, 1013 (*Angew. Chem., Int. Ed. Engl.*, 1973, **12**, 954).
38. L. J. Guggenberger and F. N. Tebbe, *J. Am. Chem. Soc.*, 1973, **95**, 7870.
39. J. M. Burlitch, M. E. Leonowicz, R. B. Petersen and R. E. Hughes, *Inorg. Chem.*, 1979, **18**, 1097.
40. C. Krüger, J. C. Sekutowski, H. Hoberg and R. Krause-Göing, *J. Organomet. Chem.*, 1977, **141**, 141.

Al_2 Dialuminum

Molecular formula	Structure	Notes	Ref.
$Al_2C_2H_6Cl_4$	$[AlCl_2Me]_2$		1
$Al_2C_4H_{12}Br_2$	$[AlBrMe_2]_2$	E	2
$Al_2C_4H_{12}Cl_2$	$[AlClMe_2]_2$	E	2, 3
$Al_2C_4H_{14}$	$[(\mu\text{-}H)AlMe_2]_2$	E	4
$Al_2C_6H_{18}$	Al_2Me_6	E, X	2, 5–12
$Al_2C_6H_{18}F^-K^+\cdot C_6H_6$	$K[(AlMe_3)_2(\mu\text{-}F)]\cdot C_6H_6$		13
$Al_2C_6H_{18}NO_3^-K^+$	$K[(AlMe_3)_2(\mu\text{-}NO_3)]$		14
$Al_2C_6H_{18}N_2O_2$	$AlMe_3(\overline{ON{=}NMeOAlMe_2})$		15
$Al_2C_6H_{18}N_3^-K^+$	$K[(AlMe_3)_2(\mu\text{-}N_3)]$		16
$Al_2C_6H_{18}S_2$	$[AlMe_2(SMe)]_2$	E	17
$Al_2C_7H_{18}NS^-K^+$	$K[(AlMe_3)_2(\mu\text{-}NCS)]$		18
$Al_2C_8H_{18}N_2O_2$	$trans\text{-}(AlMe_2)_2[C_2O_2(NMe)_2]$		19
$Al_2MgC_8H_{24}$	$[Me_2Al(\mu\text{-}Me)_2]_2Mg$		20
$Al_2C_8H_{24}N_2$	$[Me_2AlNMe_2]_2$		21, 22
$Al_2C_{10}H_{18}$	$[AlMe_2(\mu\text{-}C{\equiv}CMe)]_2$	E	23
$Al_2C_{10}H_{24}N_2$	$[AlMe_2(\mu\text{-}N{=}CMe_2)]_2$		24
$Al_2C_{10}H_{24}N_4$	$(AlMe_2)_2[C_2(NMe)_4]$		25
$Al_2C_{10}H_{26}O_2$	$(AlMe_3)_2(\mu\text{-}C_4H_8O_2)$		26
$Al_2C_{10}H_{28}N_2$	$cis\text{-}[AlMe_2(\mu\text{-}NHPr^i)]_2$	a	27
$Al_2C_{10}H_{28}N_2$	$trans\text{-}[AlMe_2(\mu\text{-}NHPr^i)]_2$	a	27
$Al_2C_{12}H_{30}F^-K^+$	$K[(AlEt_3)_2(\mu\text{-}F)]$		28
$Al_2C_{12}H_{30}N_4$	$[AlMe_2\{(NMe)_2CMe\}]_2$		29
$Al_2C_{12}H_{30}O_2$	$[AlMe_2(OBu^t)]_2$	E	30
$[Al_2MgC_{12}H_{32}O_6]_n$	$[\{Me_2Al(\mu\text{-}OMe)\}_2Mg(diox)]_n$		31
$Al_2FeC_{14}H_{21}Cl$	$Fe(\eta\text{-}C_5H_5)(\eta\text{-}C_5H_4Al_2ClMe_4)$		32
$Al_2C_{16}H_{22}$	$[AlMe_2(\mu\text{-}Ph)]_2$		33
$Al_2C_{17}H_{25}N$	$(AlMe_2)_2(\mu\text{-}Me)(\mu\text{-}NPh_2)$		34
$Al_2C_{18}H_{30}$	$Al_2(c\text{-}C_3H_5)_6$	211, 295	35
$Al_2W_2C_{20}H_{22}O_6$	$\{\mu\text{-}CO(AlMe_2)CO\}_2\{W(CO)(\eta\text{-}C_5H_5)\}_2$		36
$Al_2C_{20}H_{29}NO_2$	$AlMe_3(\overline{OCHMeNPh{=}CPhOAlMe_2})$		37, 38
$Al_2ZrC_{20}H_{33}Cl$	$ZrCl\{CH_2CH(AlEt_2)_2\}(\eta\text{-}C_5H_5)_2$		39
$Al_2ZrC_{20}H_{33}^+C_5H_5^-$	$[Zr\{CH_2CH(AlEt_2)_2\}(\eta\text{-}C_5H_5)_2][C_5H_5]$	D	40
$Al_2C_{22}H_{30}$	$[AlEt(C_6H_4CHMeCH_2\text{-}2)]_2$		41
$Al_2C_{22}H_{36}Cl_2$	$[Al(\mu\text{-}Cl)(Me)(\eta^3\text{-}C_5Me_5)]_2$		42
$Al_2C_{24}H_{28}^{2-}2Na C_8H_{16}O_2^+$	$[Na(THF)_2]_2[\{AlMe_2(C_{10}H_8)\}_2]$	b	43

Molecular formula	Structure	Notes	Ref.
$Al_2Fe_2C_{26}H_{40}O_4$	$[Fe(\mu\text{-COAlEt}_3)(CO)(\eta\text{-}C_5H_5)]_2$		44
$Al_2Ti_2C_{28}H_{38}$	$\{Ti(HAlEt_2)(\eta\text{-}C_5H_5)\}_2(\mu\text{-}\eta^5,\eta^5\text{-}C_{10}H_8)$	c,d	45, 46
$Al_2Ti_2C_{28}H_{38}\cdot C_7H_8$	$[Ti(HAlEt_2)(\eta\text{-}C_5H_5)]_2(\mu\text{-}\eta^5,\eta^5\text{-}C_{10}H_8)\cdot PhMe$	c	47
$Al_2C_{28}H_{58}$	$[AlBu_2^i(\mu\text{-}trans\text{-}CH{=}CHBu^t)]_2$		48
$Al_2C_{30}H_{32}N_2O_2$	$[AlMe_2(OCPh{=}NPh)]_2$		49
$Al_2C_{32}H_{32}^{2-}\cdot 2NaC_8H_{16}O_2^+$	$[Na(THF)_2]_2[\{AlMe_2(C_{14}H_{10})\}_2]$		50
$Al_2C_{34}H_{40}N_2O_4$	$[AlMe_2(OCPh{=}NPhCHMeO)]_2$		38, 51
$Al_2Zr_2C_{34}H_{54}Cl_2$	$\{Zr(ClAlEt_3)(\eta\text{-}C_5H_5)_2\}_2(\mu\text{-}C_2H_4)$	D	40
$Al_2C_{36}H_{30}$	Al_2Ph_6		52
$Al_2C_{40}H_{30}$	$[AlPh_2(\mu\text{-}C{\equiv}CPh)]_2$		53
$Al_2C_{40}H_{46}O_2$	$[AlEt(\mu\text{-}CPh{=}CPh)(THF)]_2$		54
$Al_2C_{50}H_{38}Br_2N_2\cdot 2C_6H_6$	$[AlPh_2\{\mu\text{-}N{=}CPh(C_6H_4Br\text{-}4)\}]_2\cdot 2C_6H_6$		55

^{a} 2:1 mixture of *cis* and *trans* isomers in crystal. ^{b} $C_{10}H_8$ = 1,4-dihydronaphthylene-1,4-diyl; ion pair. ^{c} $C_{10}H_8$ = fulvalene. ^{d} Data in ref. 45 relating to supposed $[Ti(\mu\text{-AlEt}_2)(\eta\text{-}C_5H_5)_2]$ reinterpreted in ref. 46 in favour of η^5,η^5-fulvene structure. ^{e} $C_{14}H_{10}$ = 9,10-dihydroanthracene-9,10-diyl.

1. G. Allegra, G. Perego and A. Immirzi, *Makromol. Chem.*, 1963, **61**, 69.
2. L. O. Brockway and N. R. Davidson, *J. Am. Chem. Soc.*, 1941, **63**, 3287.
3. K. Brendhaugen, A. Haaland and D. P. Novak, *Acta Chem. Scand., Ser. A*, 1974, **28**, 45.
4. G. A. Anderson, A. Almenningen, F. R. Forgaard and A. Haaland, *Chem. Commun.*, 1971, 480*; *Acta Chem. Scand.*, 1972, **26**, 2315.
5. N. R. Davidson, J. A. C. Hugill, H. A. Skinner and L. E. Sutton, *Trans. Faraday Soc.*, 1940, **36**, 1212 (E).
6. K. W. Kohlrausch and J. Wagner, *Z. Phys. Chem., Ser. B*, 1942, **52**, 185 (E).
7. H. A. Skinner and L. E. Sutton, *Nature (London)*, 1945, **156**, 601 (E).
8. A. Almenningen, S. Halvorsen and A. Haaland, *Acta Chem. Scand.*, 1971, **25**, 1937 (E).
9. P. H. Lewis and R. E. Rundle, *J. Chem. Phys.*, 1953, **21**, 986 (X, at 253 K).
10. R. G. Vranka and E. L. Amma, *J. Am. Chem. Soc.*, 1967, **89**, 3121 (X, at 223 K).
11. S. K. Byram, J. K. Fawcett, S. C. Nyburg and R. J. O'Brien, *Chem. Commun.*, 1970, 16 (X; refinement of data from ref. 10).
12. J. C. Huffman and W. E. Streib, *Chem. Commun.*, 1971, 911 (X, at 103 K).
13. J. L. Atwood and W. R. Newberry, *J. Organomet. Chem.*, 1974, **66**, 15.
14. J. L. Atwood, K. D. Crissinger and R. D. Rogers, *J. Organomet. Chem.*, 1978, **155**, 1.
15. S. Amirkhalili, P. B. Hitchcock, J. D. Smith and J. G. Stamper, *J. Chem. Soc., Dalton Trans.*, 1980, 2493.
16. J. L. Atwood and W. R. Newberry, *J. Organomet. Chem.*, 1972, **42**, C77*; 1974, **66**, 145.
17. A. Haaland, O. Stokkeland and J. Weidlein, *J. Organomet. Chem.*, 1975, **94**, 353.
18. R. Shakir, M. J. Zawarotko and J. L. Atwood, *J. Organomet. Chem.*, 1979, **171**, 9.
19. P. Fischer, R. Gräf, J. J. Stezowski and J. Weidlein, *J. Am. Chem. Soc.*, 1977, **99**, 6131.
20. J. L. Atwood and G. D. Stucky, *J. Am. Chem. Soc.*, 1969, **91**, 2538.
21. H. Hess, A. Hinderer and S. Steinhauser, *Z. Anorg. Allg. Chem.*, 1970, **377**, 1.
22. G. M. McLaughlin, G. A. Sim and J. D. Smith, *J. Chem. Soc., Dalton Trans.*, 1972, 2197.
23. A. Almenningen, L. Fernholt and A. Haaland, *J. Organomet. Chem.*, 1978, **155**, 245.
24. S. K. Seale and J. L. Atwood, *J. Organomet. Chem.*, 1974, **73**, 27.
25. F. Gerstner, W. Schwarz, H.-D. Hausen and J. Weidlein, *J. Organomet. Chem.*, 1979, **175**, 33.
26. J. L. Atwood and G. D. Stucky, *J. Am. Chem. Soc.*, 1967, **89**, 5362.
27. S. Amirkhalili, P. B. Hitchcock, A. D. Jenkins, J. Z. Nyathi and J. D. Smith, *J. Chem. Soc., Dalton Trans.*, 1981, 377.
28. G. Allegra and G. Perego, *Acta Crystallogr.*, 1963, **16**, 185.
29. H.-D. Hausen, F. Gerstner and W. Schwarz, *J. Organomet. Chem.*, 1978, **145**, 277.
30. A. Haaland and O. Stokkeland, *J. Organomet. Chem.*, 1975, **94**, 345.
31. J. L. Atwood and G. D. Stucky, *J. Organomet. Chem.*, 1968, **13**, 53.
32. R. D. Rogers, W. J. Cook and J. L. Atwood, *Inorg. Chem.*, 1979, **18**, 279.
33. J. F. Malone and W. S. McDonald, *Chem. Commun.*, 1970, 280*; *J. Chem. Soc., Dalton Trans.*, 1972, 2649.
34. V. R. Magnuson and G. D. Stucky, *J. Am. Chem. Soc.*, 1968, **90**, 3269*; 1969, **91**, 2544.
35. J. W. Moore, D. A. Sanders, P. A. Scherr I. D. Glick and J. P. Oliver, *J. Am. Chem. Soc.*, 1971, **93**, 1035*; W. H. Ilsley, M. D. Glick, J. P. Oliver and J. W. Moore, *Inorg. Chem.*, 1980, **19**, 3572.
36. G. J. Gainsford, R. R. Schrieke and J. D. Smith, *J. Chem. Soc., Chem. Commun.*, 1972, 650*; A. J. Conway, G. J. Gainsford, R. R. Schrieke and J. D. Smith, *J. Chem. Soc., Dalton Trans.*, 1975, 2499.
37. Y. Kai, N. Yasuoka, N. Kasai, M. Kakudo, H. Yasuda and H. Tani, *Chem. Commun.*, 1970, 1243*; Y. Kai, N. Yasuoka, N. Kasai and M. Kakudo, *Bull. Chem. Soc. Jpn.*, 1972, **45**, 3403.
38. H. Yasuda, T. Araki and H. Tani, *J. Organomet. Chem.*, 1973, **49**, 333.
39. W. Kaminsky, J. Kopf and G. Thirase, *Liebigs Ann. Chem.*, 1974, 1531; J. Kopf, W. Kaminsky and H.-J. Vollmer, *Cryst. Struct. Commun.*, 1980, **9**, 197.
40. W. Kaminsky, J. Kopf, H. Sinn and H.-J. Vollmer, *Angew. Chem.*, 1975, **88**, 688 (*Angew. Chem., Int. Ed. Engl.*, 1976, **15**, 629); J. Kopf, H.-J. Vollmer and W. Kaminsky, *Cryst. Struct. Commun.*, 1980, **9**, 271.
41. D. J. Brauer and C. Krüger, *Z. Naturforsch., Teil B*, 1979, **34**, 1293.
42. P. R. Schonberg, R. T. Paine and C. F. Campana, *J. Am. Chem. Soc.*, 1979, **101**, 7726.
43. D. J. Brauer and G. D. Stucky, *J. Am. Chem. Soc.*, 1970, **92**, 3956.

44. N. E. Kime, N. J. Nelson and D. F. Shriver, *J. Am. Chem. Soc.*, 1969, **91**, 5173*; *Inorg. Chim. Acta*, 1973, **7**, 393.
45. G. Natta, G. Mazzanti, P. Corradini, U. Giannini and S. Cesca, *Atti Accad. Naz. Lincei Sci. Fis. Mat. Nat. Rend.*, 1959, **26**, 150; G. Natta and G. Mazzanti, *Tetrahedron*, 1960, **8**, 86* (D); P. Corradini and A. Sirigu, *Inorg. Chem.*, 1976, **16**, 601.
46. F. N. Tebbe and L. J. Guggenberger, *J. Chem. Soc., Chem. Commun.*, 1973, 227.
47. L. J. Guggenberger and F. N. Tebbe, *J. Am. Chem. Soc.*, 1973, **95**, 7870.
48. M. J. Albright, W. M. Butler, T. J. Anderson, M. D. Glick and J. P. Oliver, *J. Am. Chem. Soc.*, 1976, **98**, 3995.
49. Y. Kai, N. Yasuoka, N. Kasai, M. Kakudo, H. Yasuda and H. Tani, *Chem. Commun.*, 1968, 1332*; Y. Kai, N. Yasuoka, N. Kasai and M. Kakudo, *J. Organomet. Chem.*, 1971, **32**, 165.
50. D. J. Brauer and G. D. Stucky, *J. Organomet. Chem.*, 1972, **37**, 217.
51. Y. Kai, N. Yasuoka, N. Kasai, M. Kakudo, H. Yasuda and H. Tani, *Chem. Commun.*, 1969, 575*; Y. Kai, N. Yasuoka, N. Kasai and M. Kakudo, *Bull. Chem. Soc. Jpn.*, 1972, **45**, 3397.
52. J. F. Malone and W. S. McDonald, *Chem. Commun.*, 1967, 444*; *J. Chem. Soc., Dalton Trans.*, 1972, 2646.
53. G. D. Stucky, A. M. McPherson, W. E. Rhine, J. J. Eisch and J. L. Considine, *J. Am. Chem. Soc.*, 1974, **96**, 1941.
54. H. Hoberg, V. Gotor, A. Milcherit, C. Krüger and J. C. Sekutowski, *Angew. Chem.*, 1977, **89**, 563 (*Angew. Chem., Int. Ed. Engl.*, 1977, **16**, 539).
55. W. S. McDonald, *Acta Crystallogr.*, 1969, **B25**, 1385.

Al$_3$ Trialuminium

Molecular formula	Structure	Notes	Ref.
Al$_3$C$_9$H$_{27}$O$_3$	[AlMe$_2$(OMe)]$_3$	E	1
Al$_3$C$_9$H$_{30}$N$_3$	cis-[AlMe$_2$(NHMe)]$_3$		2
Al$_3$C$_{10}$H$_{30}$Se$^-$K$^+$·2C$_6$H$_6$	K[(AlMe$_3$)$_3$SeMe]·2C$_6$H$_6$		3
Al$_3$C$_{12}$H$_{30}$N$_3$	[AlMe$_2$($\overline{\text{NCH}_2\text{CH}_2}$)]$_3$		4
Al$_3$C$_{12}$H$_{36}$N$_3$O$_3$	[AlMe$_2$(ONMe$_2$)]$_3$		5
Al$_3$Mo$_2$C$_{25}$H$_{35}$	(μ-H$_2$AlMe$_2$){μ-AlMe(η-C$_5$H$_4$)$_2$AlMe$_2$}-Mo(η-C$_5$H$_5$)$_2$		6, 7

1. D. A. Drew, A. Haaland and J. Weidlein, *Z. Anorg. Allg. Chem.*, 1973, **398**, 241.
2. K. Gosling, G. M. McLaughlin, G. A. Sim and J. D. Smith, *Chem. Commun.*, 1970, 1617*; G. M. McLaughlin, G. A. Sim and J. D. Smith, *J. Chem. Soc., Dalton Trans.*, 1972, 2197.
3. J. L. Atwood and S. K. Seale, *J. Organomet. Chem.*, 1976, **114**, 107.
4. J. L. Atwood and G. D. Stucky, *J. Am. Chem. Soc.*, 1970, **92**, 285.
5. H. D. Hausen, G. Schmoger and W. Schwarz, *J. Organomet. Chem.*, 1978, **153**, 271.
6. R. A. Forder, M. L. H. Green, R. E. MacKenzie, J. S. Poland and K. Prout, *J. Chem. Soc., Chem. Commun.*, 1973, 426*; R. A. Forder and K. Prout, *Acta Crystallogr.*, 1974, **B30**, 2312.
7. S. J. Rettig, A. Storr, B. S. Thomas and J. Trotter, *Acta Crystallogr.*, 1974, **B30**, 666.

Al$_4$ Tetraaluminium

Molecular formula	Structure	Notes	Ref.
Al$_4$C$_8$H$_{24}$F$_4$	[AlFMe$_2$]$_4$	E	1
Al$_4$C$_{16}$H$_{40}$N$_4$	[MeAlNPr^i]$_4$		2
Al$_4$Mo$_2$C$_{26}$H$_{34}$	[Mo{μ-AlMe(η-C$_5$H$_4$)$_2$AlMe$_2$}]$_2$		3
Al$_4$Fe$_2$C$_{26}$H$_{34}$Cl$_2$	[Fe(η-C$_5$H$_5$)(η-C$_5$H$_3$Al$_2$ClMe$_3$)]$_2$		4
Al$_4$C$_{48}$H$_{40}$N$_4$	[PhAlNPh]$_4$		5
Al$_4$C$_{48}$H$_{90}$O$_4$	[CPh{AlEt$_2$(OEt$_2$)}$_2$]$_2$C$_2$		6

1. G. Gundersen, T. Haugen and A. Haaland, *J. Chem. Soc., Chem. Commun.*, 1972, 708*; *J. Organomet. Chem.*, 1973, **54**, 77.
2. G. del Piero, M. Cesari, G. Dozzi and A. Mazzei, *J. Organomet. Chem.*, 1977, **129**, 281.
3. R. A. Forder, M. L. H. Green, R. E. MacKenzie, J. S. Poland and K. Prout, *J. Chem. Soc., Chem. Commun.*, 1973, 426*; R. A. Forder and K. Prout, *Acta Crystallogr.*, 1974, **B30**, 2312.
4. J. L. Atwood and A. L. Shoemaker, *J. Chem. Soc., Chem. Commun.*, 1976, 536.
5. T. R. R. McDonald and W. S. McDonald, *Proc. Chem. Soc.*, 1963, 382*; *Acta Crystallogr.*, 1972, **B28**, 1619.
6. C. Krüger and L. K. Liu, unpublished work cited in H. Hoberg and F. Aznar, *J. Organomet. Chem.*, 1980, **193**, 155.

Al$_6$ Hexaaluminium

Molecular formula	Structure	Notes	Ref.
Al$_6$C$_{24}$H$_{60}$N$_6$	[MeAlNPr^i]$_6$		1

1. G. del Piero, G. Perego, S. Cucinella, M. Cesari and A. Mazzei, *J. Organomet. Chem.*, 1977, **136**, 13.

Al$_7$ Heptaaluminium

Molecular formula	Structure	Notes	Ref.
Al$_7$C$_{14}$H$_{42}$N$_7$	[MeAlNMe]$_7$		1

1. P. B. Hitchcock, G. M. McLaughlin, J. D. Smith and K. M. Thomas, *J. Chem. Soc., Chem. Commun.*, 1973, 934*; P. B. Hitchcock, J. D. Smith and K. M. Thomas, *J. Chem. Soc., Dalton Trans.*, 1976, 1433.

Al$_8$ Octaaluminium

Molecular formula	Structure	Notes	Ref.
Al$_8$C$_{18}$H$_{54}$N$_8$	(Me$_2$AlNHMe)$_2$(MeAlNMe)$_6$		1

1. S. Amirkhalili, P. B. Hitchcock and J. D. Smith, *J. Chem. Soc., Dalton Trans.*, 1979, 1206.

As Arsenic

Molecular formula	Structure	Notes	Ref.
[AsCH$_3$]$_n$	[AsMe]$_n$	E, X, a	1
[AsCH$_3$]$_n$	[AsMe]$_n$	b	2
AsCH$_3$I$_2$	AsI$_2$Me		3
AsCH$_4$O$_6$P^{2-}·2C$_6$H$_{14}$N$^+$	[NH$_3$Cy]$_2$[CH$_2${AsO$_2$(OH)}{PO$_2$(OH)}]	c	4
AsMo$_6$CH$_{15}$O$_{27}^{2-}$·2CH$_6$N$_3^+$·6H$_2$O	[CH$_6$N$_3$]$_2$[(AsMe)Mo$_6$O$_{21}$(OH)$_6$]·6H$_2$O	d	5
AsC$_2$H$_2$Cl$_3$	*cis*-AsCl$_2$(CH=CHCl)	E	6
AsC$_2$H$_2$Cl$_3$	*trans*-AsCl$_2$(CH=CHCl)	E	6
AsC$_2$H$_6$Br	AsBrMe$_2$	E	7
AsC$_2$H$_6$Cl	AsClMe$_2$	E	7
AsSiC$_2$H$_6$F$_3$	AsMe$_2$(SiF$_3$)	E	8
AsC$_2$H$_6$I	AsIMe$_2$	E	7
AsMo$_4$C$_2$H$_7$O$_{15}^{2-}$·2CH$_6$N$_3^+$·H$_2$O	[CH$_6$N$_3$]$_2$[(AsMe$_2$)Mo$_4$O$_{14}$(OH)]·H$_2$O	X, N, d	5, 9
AsC$_2$H$_7$O$_2$	AsMe$_2$(O)(OH)		10
[AsC$_3$H$_3$N$_2$]$_n$	[AsMe(CN)$_2$]$_n$		11, 12
AsC$_3$H$_9$	AsMe$_3$	E	13
AsC$_3$H$_9$Br$^+$Br$^-$	[AsBrMe$_3$]Br		14
AsC$_3$H$_9$Cl$_2$	AsCl$_2$Me$_3$		14
AsC$_3$H$_9$O	AsMe$_3$O	E	15
AsC$_3$H$_9$O$_3$	AsPr(O)(OH)$_2$		16
AsC$_3$H$_9$S	AsMe$_3$S	E	15
AsC$_3$H$_{10}$N$_2$S$^+$Cl$^-$·CH$_4$N$_2$S	[AsMe$_2${SC(NH$_2$)$_2$}]Cl·SC(NH$_2$)$_2$		17
AsAlB$_3$C$_3$H$_{12}$	AsMe$_3${Al(BH$_4$)$_3$}		18
AsC$_3$F$_9$	As(CF$_3$)$_3$	E	19
[AsC$_4$H$_9$I$_2$NS$_2$]$_n$	[AsI$_2$Me(S$_2$CNMe$_2$)]$_n$	e	20
AsC$_4$H$_{12}^+$	[AsMe$_4$]$^+$ salts: see p. 1239	E, f	21, 22
AsC$_5$H$_5$	AsC$_5$H$_5$		
AsC$_5$H$_{11}$O$_2$·H$_2$O	AsMe$_3$(CH$_2$CO$_2$)·H$_2$O	g	23
AsB$_{20}$C$_5$H$_{23}$	MeAs(CB$_{10}$H$_{10}$CCB$_{10}$H$_{10}$C)		24
AsC$_6$H$_6$NO$_6$	As{C$_6$H$_3$(NO$_2$-3)(OH-4)}(O)(OH)$_2$		25
AsC$_6$H$_6$O$_2$S$^-$·C$_6$H$_{16}$N$^+$	[NHEt$_3$][AsPhSO(OH)]		26
AsC$_6$H$_7$O$_3$	AsPh(O)(OH)$_2$	g	27, 28
AsC$_6$H$_8$NO$_3$	As{C$_6$H$_4$(NH$_2$-2)}(O)(OH)$_2$		29
AsC$_6$H$_8$NO$_3$	As{C$_6$H$_4$(NH$_2$-3)}(O)(OH)$_2$		30
AsC$_6$H$_{15}$S	AsEt$_3$S		31
AsFeC$_7$H$_9$O$_4$	Fe(AsMe$_3$)(CO)$_4$		32
AsC$_8$H$_{19}$O$_2$	AsBu$_2$(O)(OH)	h	33
AsCoFeC$_9$H$_6$O$_7$	CoFe(μ-AsMe$_2$)(CO)$_7$		34
AsFeMnC$_{10}$H$_6$O$_8$	FeMn(μ-AsMe$_2$)(CO)$_8$		35

As   *Structure Index*   1228

Molecular formula	Structure	Notes	Ref.
$AsFeMnC_{10}H_6ClO_8^-\,As_2FeMn\text{-}C_{12}H_{12}O_8^+$	$[FeMn(\mu\text{-}AsMe_2)(Cl)(CO)_8]^-\,[FeMn(\mu\text{-}AsMe_2)_2(CO)_8]$		36
$AsCrC_{11}H_7O_5$	$Cr(H_2AsPh)(CO)_5$		37
$AsFe_2C_{11}H_{12}NO_7$	$Fe_2(\mu\text{-}AsMe_2)(\mu\text{-}O=CNMe_2)(CO)_6$		38
$[AsAg_2C_{11}H_{15}]_n^{2n+}\,2nNO_3^-$	$[(AsMe_2)C_6H_4(CH_2CH=CH_2\text{-}2)\text{-}(AgNO_3)_2]_n$		39
$AsCrMnC_{12}H_6O_{10}$	$CrMn(\mu\text{-}AsMe_2)(CO)_{10}$		40
$AsC_{12}H_8ClO$	$Cl\overline{AsC_6H_4OC_6H_4}$		41
$AsSbC_{12}H_8Cl_6O_2$	$Cl(Cl_5SbO)\overline{AsC_6H_4OC_6H_4}$		42
$AsC_{12}H_9BrN$	$Br\overline{AsC_6H_4(NH)C_6H_4}$		43
$AsC_{12}H_9ClN$	$Cl\overline{AsC_6H_4(NH)C_6H_4}$		43, 44
$AsC_{12}H_{10}Br$	$AsBrPh_2$		45
$AsC_{12}H_{10}Cl$	$AsClPh_2$		46
$AsC_{12}H_{10}I$	$AsIPh_2$		47
$AsC_{12}H_{14}Cl_4NO_4$	$MeAs\{(OC_2H_4)_2NMe\}(O_2C_6Cl_4)$		48
$AsMoC_{12}H_{17}O_2$	$\overline{Mo[(CH_2)_3AsMe_2](CO)_2(\eta\text{-}C_5H_5)}$		49
$AsSnC_{12}H_{21}N_2O_4$	$AsMe_2[\overline{C=NN(SnMe_3)C(CO_2Me)=C}\text{-}(CO_2Me)]$		50
$AsMn_2C_{13}H_{11}O_6$	$Mn_2(\mu\text{-}AsMe_2)(CO)_6(\eta\text{-}C_5H_5)$		51
$AsC_{13}H_{11}O_4$	$MeAs(OC_6H_4O)_2$		52
$AsC_{13}H_{13}N_2O_2$	$MeAs(OC_6H_4NH)_2$		53
$AsFeMnC_{13}H_{15}O_8P$	$FeMn(\mu\text{-}AsMe_2)(CO)_8(PMe_3)$ (*cis*-PAs)		54
$AsFeMnC_{13}H_{15}O_8P$	$FeMn(\mu\text{-}AsMe_2)(CO)_8(PMe_3)$ (*trans*-PAs)		54
$AsCr_2C_{14}H_{11}O_7$	$Cr_2(\mu\text{-}AsMe_2)(CO)_7(\eta\text{-}C_5H_5)$		55
$AsCo_2FeMoC_{15}H_{11}O_8S$	$Co_2FeMo(\mu_3\text{-}S)(\mu\text{-}AsMe_2)(CO)_8(\eta\text{-}C_5H_5)$		56
$AsCoFeC_{15}H_{14}O_6$	$CoFe(\mu\text{-}AsMe_2)(CO)_6(nbd)$		57
$AsPtC_{15}H_{26}Cl_2N$	*trans*-$PtCl_2(AsEt_3)[NMe=CH(Tol)]$		58
$AsCr_2C_{16}H_5O_{10}$	$PhAs\{Cr(CO)_5\}_2$		59
$AsCrC_{16}H_{11}O_7$	$Cr[AsPh\{OCMe=CHC(O)=CH_2\}](CO)_5$		60
$AsHgMoC_{16}H_{18}IO_2$	$Mo(HgI)(AsMe_2Ph)(CO)_2(\eta\text{-}C_5H_5)$		61
$AsC_{16}H_{25}N_2S_4$	$AsPh(S_2CNEt_2)_2$		62
$AsCo_2FeMoC_{17}H_{11}O_{10}S$	$Co_2FeMo(\mu_3\text{-}S)(\mu\text{-}AsMe_2)(CO)_{10}(\eta\text{-}C_5H_5)$		56
$AsC_{18}H_{13}$	$PhAs\overline{C_6H_4C_6H_4}$	i	63
$AsC_{18}H_{15}$	$AsPh_3$		64
$AsAuC_{18}H_{15}Br$	$AuBr(AsPh_3)$		65
$AsC_{18}H_{15}F_2$	AsF_2Ph_3		66
$AsC_{18}H_{15}N_4O_2S_4$	$Ph_3As=NSO_2N=\overline{SN=S=NS}$		67
$AsC_{18}H_{15}N_4S_3$	$Ph_3AsN(S_3N_3)$		68
$AsC_{18}H_{15}O\cdot C_6HF_5O$	$AsPh_3O\cdot C_6F_5(OH)$	j	69
$AsC_{18}H_{15}O\cdot C_6H_2Cl_4O_2$	$AsPh_3O\cdot C_6Cl_4(OH)_2\text{-}1,2$	j	70
$AsC_{18}H_{15}O\cdot H_2O$	$AsPh_3O\cdot H_2O$	h	71
$2AsC_{18}H_{15}O\cdot H_2O_3Se$	$2AsPh_3O\cdot H_2SeO_3$	j	72, 73
$AsC_{18}H_{15}S$	$AsPh_3S$		74
$AsC_{18}H_{16}BrO$	$AsPh_3(OH)Br$		75
$AsC_{18}H_{16}ClO$	$AsPh_3(OH)Cl$		75
$2AsC_{18}H_{16}O^+\,Nb_6Cl_{18}^{2-}$	$[AsPh_3(OH)]_2[Nb_6Cl_{18}]$		76
$AsC_{18}H_{22}O^+\,Br^-\cdot H_2O$	$[Ph_2As(CH_2CHMeOCHMeCH_2)]Br\cdot H_2O$		77
$AsC_{18}H_{22}O^+\,NO_3^-$	$[Ph_2As(CH_2CHMeOCHMeCH_2)][NO_3]$		78
$AsC_{18}H_{29}O_4$	$PhAs(OCMe_2CMe_2O)_2$		79
$AsC_{19}H_{13}$	$As(\mu\text{-}C_6H_4)_3CH$	k	80
$AsC_{19}H_{18}^+$	$[AsMePh_3]^+$ salts: see p. 1239		
$AsCoC_{20}H_{15}NO_3$	$Co(AsPh_3)(CO)_2(NO)$		81
$AsHgC_{20}H_{15}N_2S_2$	$Hg(SCN)_2(AsPh_3)$		82
$AsC_{20}H_{16}^+Cl^-\cdot H_2O$	$[MeAs(\mu\text{-}C_6H_4)_3CH]Cl\cdot H_2O$	k	83
$AsPtC_{20}H_{17}Cl_2$	$PtCl_2(\eta^2\text{-}CH=CHC_6H_4AsPh_2\text{-}2)$		84, 85
$AsCrC_{21}H_{15}O_3$	$Cr(CO)_3(\eta^6\text{-}PhAsPh_2)$		86
$AsC_{21}H_{18}N_3O$	$AsONPhCH_2\overline{CHCPh=NNPh}$		87
$AsC_{21}H_{21}$	$As(C_6H_4Me\text{-}4)_3$		88
$AsFeC_{22}H_{16}F_4O_4P$	$Fe(CO)_4\{(Ph_2P)\overline{C=C(AsMe_2)CF_2CF_2}\}$		89
$AsMo_2C_{22}H_{34}O_4P_2^+\,MoC_8H_5O_3^-$	$[AsMe_2\{Mo(CO)_2(PMe_3)(\eta\text{-}C_5H_5)\}_2][Mo(CO)_3\text{-}(\eta\text{-}C_5H_5)]$		90
$AsCrC_{23}H_{15}O_5$	$Cr(AsPh_3)(CO)_5$		91
$AsC_{23}H_{17}$	$\overline{AsCPhCHCHCPhC}Ph$		92
$AsCo_6C_{24}H_3O_{18}$	$As\{(\mu\text{-}C\equiv CH)Co_2(CO)_6\}_3$		93
$AsC_{24}H_{12}N_3O_6$	$As(C\equiv CC_6H_4NO_2\text{-}4)_3$		94
$AsC_{24}H_{15}$	$As(C\equiv CPh)_3$		95
$AsC_{24}H_{20}^+$	$[AsPh_4]^+$ salts—see p. 1239		

Molecular formula	Structure	Notes	Ref.
$AsC_{24}H_{27}$	$As(C_6H_3Me_2-2,5)_3$		96
$AsC_{25}H_{17}$	$As(\mu-C_6H_4)_3CPh$	k	97
$AsFeC_{26}H_{15}F_{12}S_4$	$Fe(AsPh_3)[S_2C_2(CF_3)_2]_2$		98
$AsC_{26}H_{21}$	$Ph\overline{AsC_6H_4CH(CH_2Ph)}C_6H_4$		99
$AsPtC_{26}H_{21}F_6O_3$	$\overline{Pt\{CH(CH_2OMe)C_6H_4AsPh_2-2\}}(hfac)$		85, 100
$AsC_{26}H_{22}O^+SnC_{18}H_{15}Cl_2^-$	$[AsPh_3(CH_2COPh)][SnCl_2Ph_3]$		101
$AsFe_3C_{27}H_{16}F_4O_9P$	$Fe_3(\mu-AsMe_2)(\mu-Ph_2PC_4F_4)(CO)_9$		102
$AsNiC_{27}H_{27}O_2P_2S_2 \cdot 0.5C_6H_6$	$Ni\{S_2P(O)(OMe)\}[Ph_2As(CH_2)_2PPh_2] \cdot 0.5C_6H_6$		103
$AsNiC_{27}H_{42}N_4S^+BC_{24}H_{20}^-$	$[Ni(NCS)(n_3as)][BPh_4]$		104
$AsUC_{28}H_{35}N_2O_3S_4$	$UO_2(S_2CNEt_2)_2(OAsPh_3)$		105
$AsUC_{28}H_{35}N_2O_3Se_4$	$UO_2(Se_2CNEt_2)_2(OAsPh_3)$		106
$AsNiC_{28}H_{42}N_5S_2$	$Ni(NCS)_2(n_3as)$		107
$AsC_{30}H_{25} \cdot C_6H_{12}$	$AsPh_5 \cdot C_6H_{12}$		108, 109
$AsSnC_{30}H_{25}N_2O_7$	$(AsPh_3O)SnPh_2(O_2NO)_2$		110
$AsMnC_{31}H_{20}O_3$	$Mn(CO)_3(\eta^5-AsC_4Ph_4)$		111
$AsSnC_{36}H_{30}NO_4$	$(AsPh_3O)SnPh_3(ONO_2)$		112
$AsC_{36}H_{30}N_3P_2$	$Ph_2As=\overline{NPPh_2=NPPh_2=N}$		113
$AsC_{37}H_{27}O_2$	$Ph_3As=\overline{CCH=C[C(O)Ph]C[C(O)Ph]=CH}$		114
$AsNi_2C_{38}H_{43}O_9$	$(\mu-AsPh_3O)\{Ni_2(acac)_4\}$		115
$AsC_{43}H_{33}O$	$Ph_3As\{\overline{C=CPhCPh=CPhC=C(O)Me}\}$		116
$AsC_{43}H_{34}O^+ClO_4^-$	$[Ph_3As\{\overline{CHCPh=CPhCPhC(COMe)}\}][ClO_4]$		117
$AsVC_{51}H_{41}O_4P$	$V\{Ph_2As(CH_2)_2PPh_2\}(CO)_3(\eta^2-O=CC_3H_2Ph_3)$		118
$AsRhC_{72}H_{61}P_3 \cdot 0.5C_6H_6$	$HRh(AsPh_3)(PPh_3)_3 \cdot 0.5C_6H_6$		119

[a] $n \sim 5$. [b] Ladder polymer of As_2Me_2 units. [c] 2:1 P, As disorder. [d] CH_6N_3 = guanidinium. [e] Polymer by —I$_2$IAsII$_2$IAs— chains. [f] Arsabenzene; combined ED-microwave study in ref. 22. [g] H-bonded polymer. [h] H-bonded dimer. [i] 9-Ph-9-arsafluorene. [j] H-bonded adduct. [k] Arsatriptycene derivative.

1. J. Waser and V. Schomaker, *J. Am. Chem. Soc.*, 1945, **67**, 2014.
2. J. J. Daly and F. Sanz, *Helv. Chim. Acta*, 1970, **53**, 1879.
3. N. Camerman and J. Trotter, *Acta Crystallogr.*, 1963, **16**, 922.
4. L. Falvello, P. G. Jones, O. Kennard and G. M. Sheldrick, *Acta Crystallogr.*, 1977, **B33**, 3207.
5. K. Y. Matsumoto, *Bull. Chem. Soc. Jpn.*, 1979, **52**, 3284.
6. J. Donohue, G. Humphrey and V. Schomaker, *J. Am. Chem. Soc.*, 1947, **69**, 1713.
7. H. A. Skinner and L. E. Sutton, *Trans. Faraday Soc.*, 1944, **40**, 164.
8. H. Oberhammer and R. Demuth, *J. Chem. Soc., Dalton Trans.*, 1976, 1121.
9. H. M. Barkigia, L. M. Rajkovic, M. T. Pope and C. O. Quicksall, *J. Am. Chem. Soc.*, 1975, **97**, 4146*; K. M. Barkigia, L. M. Rajkovic-Blazer, M. T. Pope, E. Prince and C. O. Quicksall, *Inorg. Chem.*, 1980, **19**, 2531 (X, N).
10. J. Trotter and T. Zobel, *J. Chem. Soc.*, 1965, 4466.
11. N. Camerman and J. Trotter, *Can. J. Chem.*, 1963, **41**, 460.
12. E. O. Schlemper and D. Britton, *Acta Crystallogr.*, 1966, **20**, 777.
13. H. D. Springall and L. O. Brockway, *J. Am. Chem. Soc.*, 1938, **60**, 996.
14. M. B. Hursthouse and I. A. Steer, *J. Organomet. Chem.*, 1971, **27**, C11.
15. C. J. Wilkins, K. Hagen, L. Hedberg, Q. Shen and K. Hedberg, *J. Am. Chem. Soc.*, 1975, **97**, 6352.
16. M. R. Smith, R. A. Zingaro and E. A. Myers, *J. Organomet. Chem.*, 1971, **27**, 341.
17. P. H. Javora, R. A. Zingaro and E. A. Myers, *Cryst. Struct. Commun.*, 1975, **4**, 67.
18. N. A. Bailey, P. H. Bird and M. G. H. Wallbridge, *Inorg. Chem.*, 1968, **7**, 1575.
19. H. J. M. Brown, *Trans. Faraday Soc.*, 1954, **50**, 463.
20. G. Beurskeur, P. T. Beurskens, J. H. Noordik, J. Willemse and J. A. Cras, *Rec., J. Roy. Netherlands Chem. Soc.*, 1979, **9B**, 416.
21. T. C. Wong, A. J. Ashe and L. S. Bartell, *J. Mol. Struct.*, 1975, **25**, 65.
22. T. C. Wong and L. S. Bartell, *J. Mol. Struct.*, 1978, **44**, 169.
23. J. S. Edmonds, K. A. Francesconi, J. R. Cannon, C. L. Raston, B. W. Skelton and A. H. White, *Tetrahedron Lett.*, 1977, 1543.
24. A. I. Yanovskii, N. G. Furmanova, Y. T. Struchkov, N. F. Shemyakin and L. I. Zakharkin, *Izv. Akad. Nauk SSSR, Ser. Khim.*, 1979, 1523.
25. A. Chatterjee and S. P. SenGupta, *Acta Crystallogr.*, 1977, **B33**, 3593.
26. L. G. McRae, R. W. Perry, C. K. Fair, A. Hunt and A. W. Cordes, *Inorg. Chem.*, 1972, **11**, 618.
27. A. Shimada, *Bull. Chem. Soc. Jpn.*, 1959, **32**, 309*; 1960, **33**, 301.
28. Y. T. Struchkov, *Izv. Akad. Nauk SSSR, Ser. Khim.*, 1962, 1960.
29. A. Chatterjee and S. P. SenGupta, *Acta Crystallogr.*, 1977, **B33**, 164.
30. A. Shimada, *Bull. Chem. Soc. Jpn.*, 1962, **35**, 1600.
31. V. E. Zavodnik, V. K. Bel'skii and I. P. Gol'dshtein, *Zh. Strukt. Khim.*, 1979, **20**, 152.
32. J.-J. Legendre, C. Girard and M. Huber, *Bull. Soc. Chim. Fr.*, 1971, 1998.
33. M. R. Smith, R. A. Zingaro and E. A. Meyers, *J. Organomet. Chem.*, 1969, **20**, 105.
34. E. Keller and H. Vahrenkamp, *Chem. Ber.*, 1976, **109**, 229.
35. H. Vahrenkamp, *Chem. Ber.*, 1973, **106**, 2570.
36. H.-J. Langenbach, E. Röttinger and H. Vahrenkamp, *Chem. Ber.*, 1980, **113**, 42.
37. J. von Seyerl, A. Frank and G. Huttner, *Cryst. Struct. Commun.*, 1981, **10**, 97.

38. E. Keller, A. Trenkle and H. Vahrenkamp, *Chem. Ber.*, 1977, **110**, 441.
39. M. K. Cooper, R. S. Nyholm, P. W. Carrick and M. McPartlin, *J. Chem. Soc., Chem. Commun.*, 1974, 343.
40. H. Vahrenkamp, *Chem. Ber.*, 1972, **105**, 1486.
41. J. E. Stuckey, A. W. Cordes, L. B. Handy, R. W. Perry and C. K. Fair, *Inorg. Chem.*, 1972, **11**, 1846.
42. R. J. Holliday, R. W. Broach, L. B. Handy, A. W. Cordes and L. Thomas, *Inorg. Chem.*, 1972, **11**, 1849.
43. M. Fukuyo, K. Nakatsu and A. Shimada, *Bull. Chem. Soc. Jpn.*, 1966, **39**, 1614.
44. A. Camerman and J. Trotter, *J. Chem. Soc.*, 1965, 730.
45. J. Trotter, *J. Chem. Soc.*, 1962, 2567.
46. J. Trotter, *Can. J. Chem.*, 1962, **40**, 1590.
47. J. Trotter, *Can. J. Chem.*, 1963, **41**, 191.
48. P. Maroni, M. Holeman, J. G. Wolf, L. Ricard and J. Fischer, *Tetrahedron Lett.*, 1976, 1193*; P. Maroni, M. Holeman and J. G. Wolf, *Bull. Soc. Chim. Belg.*, 1977, **86**, 209.
49. P. D. Brotherton, C. L. Raston, A. H. White and S. B. Wild, *J. Chem. Soc., Dalton Trans.*, 1976, 1193.
50. M. Birkhahn, R. Hohlfeld, W. Massa, R. Schmidt and J. Lorberth, *J. Organomet. Chem.*, 1980, **192**, 47.
51. H. Vahrenkamp, *Chem. Ber.*, 1974, **107**, 3867.
52. H. Wunderlich, *Acta Crystallogr.*, 1978, **B34**, 1000.
53. H. Wunderlich, *Acta Crystallogr.*, 1980, **B36**, 1492.
54. E. Keller and H. Vahrenkamp, *Chem. Ber.*, 1978, **111**, 65.
55. E. Röttinger and H. Vahrenkamp, *Chem. Ber.*, 1978, **111**, 2199.
56. F. Richter and H. Vahrenkamp, *Angew. Chem.*, 1979, **91**, 566 (*Angew. Chem., Int. Ed. Engl.*, 1979, **18**, 531).
57. H. J. Langenbach, E. Keller and H. Vahrenkamp, *Angew. Chem.*, 1977, **89**, 197 (*Angew. Chem., Int. Ed. Engl.*, 1977, **16**, 188)*; *J. Organomet. Chem.*, 1979, **171**, 259.
58. D. Hottentot and C. H. Stam, *Cryst. Struct. Commun.*, 1975, **4**, 421.
59. G. Huttner, J. von Seyerl, M. Marsili and H.-G. Schmid, *Angew. Chem.*, 1975, **87**, 455 (*Angew. Chem., Int. Ed. Engl.*, 1975, **14**, 434).
60. J. von Seyerl, G. Huttner and K. Krüger, *Z. Naturforsch., Teil B*, 1980, **35**, 1552.
61. M. M. Mickiewicz, C. L. Raston, A. H. White and S. B. Wild, *Aust. J. Chem.*, 1977, **30**, 1685.
62. R. Bally, *Acta Crystallogr.*, 1967, **23**, 295.
63. D. Sartain and M. R. Truter, *J. Chem. Soc.*, 1963, 4414.
64. J. Wetzel, *Z. Kristallogr., Kristallgeom., Kristallphys., Kristallchem.*, 1942, **104**, 305.
65. F. W. B. Einstein and R. Restivo, *Acta Crystallogr.*, 1975, **B31**, 624.
66. A. Augustine, G. Ferguson and F. C. March, *Can. J. Chem.*, 1975, **53**, 1647.
67. H. W. Roesky, M. Witt, W. Clegg, W. Isenberg, M. Noltemeyer and G. M. Sheldrick, *Angew. Chem.*, 1980, **92**, 959 (*Angew. Chem., Int. Ed. Engl.*, 1980, **19**, 943).
68. E. M. Holt, S. L. Holt and K. J. Watson, *J. Chem. Soc., Dalton Trans.*, 1977, 514.
69. B. Birknes, *Acta Chem. Scand.*, 1976, **B30**, 450.
70. D. A. Davenport, F. F. Farris and W. R. Robinson, *Inorg. Nucl. Chem. Lett.*, 1971, **7**, 613*; F. F. Farris and W. R. Robinson, *J. Organomet. Chem.*, 1971, **31**, 375.
71. G. Ferguson and E. W. Macaulay, *J. Chem. Soc. (A)*, 1969, 1.
72. T. S. Cameron, *Acta Crystallogr.*, 1976, **B32**, 2094.
73. H.-J. Haupt, F. Huber, H. Preut and R. Menge, *Z. Anorg. Allg. Chem.*, 1976, **424**, 167.
74. P. M. Boorman, P. W. Codding and K. A. Kerr, *J. Chem. Soc., Dalton Trans.*, 1979, 1482.
75. G. Ferguson and E. W. Macaulay, *Chem. Commun.*, 1968, 1288.
76. R. A. Field, D. L. Kepert, B. W. Robinson and A. H. White, *J. Chem. Soc., Dalton Trans.*, 1973, 1858.
77. N. Drager, *J. Organomet. Chem.*, 1975, **94**, 383.
78. M. Drager, *Z. Anorg. Allg. Chem.*, 1976, **421**, 174.
79. H. Goldwhite, J. Grey and R. Teller, *J. Organomet. Chem.*, 1976, **113**, C1*; H. Goldwhite and R. G. Teller, *J. Am. Chem. Soc.*, 1978, **100**, 5357.
80. F. J. M. Freijee and C. H. Stam, *Acta Crystallogr.*, 1980, **B36**, 1247.
81. G. Gilli, M. Sacerdoti and G. Reichenbach, *Acta Crystallogr.*, 1973, **B29**, 2306.
82. R. Makhija, A. L. Beauchamp and R. Rivest, *J. Chem. Soc., Chem. Commun.*, 1972, 1043*; J. Hubert, A. L. Beauchamp and R. Rivest, *Can. J. Chem.*, 1975, **53**, 3383.
83. F. Smit and C. H. Stam, *Acta Crystallogr.*, 1980, **B36**, 1254.
84. M. K. Cooper, P. J. Guerney, M. Elder and M. McPartlin, *J. Organomet. Chem.*, 1977, **137**, C22*.
85. M. K. Cooper, P. J. Guerney and M. McPartlin, *J. Chem. Soc., Dalton Trans.*, 1980, 349.
86. H. J. Wasserman, M. J. Wovkulich, J. D. Atwood and M. R. Churchill, *Inorg. Chem.*, 1980, **19**, 2831.
87. A. I. Yanovskii, Y. T. Struchkov, E. N. Dianova, N. A. Chadaeva and B. A. Arbuzov, *Dokl. Akad. Nauk SSSR*, 1979, **249**, 120.
88. J. Trotter, *Can. J. Chem.*, 1963, **41**, 14.
89. F. W. B. Einstein and R. D. G. Jones, *J. Chem. Soc., Dalton Trans.*, 1972, 442.
90. R. Janta, W. Albert, H. Rössner, W. Malisch, H.-J. Langenbach, E. Röttinger and H. Vahrenkamp, *Chem. Ber.*, 1980, **113**, 2729.
91. A. J. Carty, N. J. Taylor, A. W. Coleman and M. F. Lappert, *J. Chem. Soc., Chem. Commun.*, 1979, 639.
92. F. Sanz and J. J. Daly, *Angew. Chem.*, 1972, **84**, 679 (*Angew. Chem., Int. Ed. Engl.*, 1972, **11**, 630)*; *J. Chem. Soc., Dalton Trans.*, 1973, 511.
93. P. H. Bird and A. R. Fraser, *Chem. Commun.*, 1970, 681.
94. D. Mootz and W. Look, *Z. Anorg. Allg. Chem.*, 1968, **356**, 244.
95. D. Mootz, P. Holst, L. Berg and K. Drews, *Z. Kristallogr., Kristallgeom., Kristallphys., Kristallchem.*, 1962, **117**, 233.
96. J. Trotter, *Acta Crystallogr.*, 1963, **16**, 1187.

97. C. van Rooyen-Reiss and C. H. Stam, *Acta Crystallogr.*, 1980, **B36**, 1252.
98. E. F. Epstein and I. Bernal, *Inorg. Chim. Acta*, 1977, **25**, 145.
99. C. H. Stam, *Acta Crystallogr.*, 1980, **B36**, 455.
100. M. K. Cooper, P. J. Guerney, P. Donaldson and M. McPartlin, *J. Organomet. Chem.*, 1977, **131**, C11*.
101. P. G. Harrison, K. C. Molloy, R. C. Phillips, P. J. Smith and A. J. Crowe, *J. Organomet. Chem.*, 1978, **160**, 421.
102. F. W. B. Einstein and R. D. G. Jones, *J. Chem. Soc., Dalton Trans.*, 1972, 2563.
103. L. Gastaldi, P. Porta and A. A. G. Tomlinson, *J. Chem. Soc., Dalton Trans.*, 1974, 1424.
104. M. DiVaira and A. B. Orlandini, *J. Chem. Soc., Dalton Trans.*, 1972, 1704.
105. R. Graziani, B. Zarli, A. Cassol, G. Bombieri, E. Forsellini and E. Tondello, *Inorg. Chem.*, 1970, **9**, 2116.
106. B. Zarli, R. Graziani, E. Forsellini, U. Croatto and G. Bombieri, *Chem. Commun.*, 1971, 1501.
107. M. DiVaira and L. Sacconi, *Chem. Commun.*, 1969, 10*; M. DiVaira, *J. Chem. Soc. (A)*, 1971, 148.
108. P. J. Wheatley and G. Wittig, *Proc. Chem. Soc.*, 1962, 251.
109. C. P. Brock and D. F. Webster, *Acta Crystallogr.*, 1976, **B32**, 2089.
110. M. Nardelli, C. Pelizzi, G. Pelizzi and P. Tarasconi, *Inorg. Chim. Acta*, 1978, **30**, 179.
111. E. W. Abel, I. W. Nowell, A. G. J. Modinos and C. Towers, *J. Chem. Soc., Chem. Commun.*, 1973, 258.
112. M. Nardelli, C. Pelizzi and G. Pelizzi, *J. Organomet. Chem.*, 1977, **125**, 161.
113. M. J. Begley, D. B. Sowerby and R. J. Tillott, *Acta Crystallogr.*, 1977, **B33**, 2703.
114. G. Ferguson and D. F. Rendle, *J. Chem. Soc., Dalton Trans.*, 1976, 171.
115. J. H. Binks, L. S. Dent-Glasser, G. J. Dorward, R. A. Howie and G. P. McQuillan, *Inorg. Chim. Acta*, 1977, **22**, L17.
116. G. Ferguson, D. F. Rendle, D. Lloyd and M. I. C. Singer, *Chem. Commun.*, 1971, 1647*; G. Ferguson and D. F. Rendle, *J. Chem. Soc., Dalton Trans.*, 1975, 1284.
117. F. C. March, G. Ferguson and D. Lloyd, *J. Chem. Soc., Dalton Trans.*, 1975, 1377.
118. U. Franke and E. Weiss, *J. Organomet. Chem.*, 1979, **165**, 329.
119. R. W. Baker, B. Ilmaier, P. J. Pauling and R. S. Nyholm, *Chem. Commun.*, 1970, 1077.

As$_2$ Diarsenic

Molecular formula	Structure	Notes	Ref.
[As$_2$C$_2$H$_6$]$_n$	[As$_2$Me$_2$]$_n$	a	1
As$_2$Mo$_6$C$_2$H$_6$O$_{24}^{4-}$·2C$_4$H$_{12}$N$^+$·2Na$^+$·6H$_2$O	Na$_2$[NMe$_4$]$_2$[(AsMe)$_2$Mo$_6$O$_{24}$]·6H$_2$O		2
As$_2$C$_4$H$_{12}$S$_2$	Me$_2$AsSAsMe$_2$S		3
As$_2$C$_6$H$_4$Br$_2$O	$\overline{\text{C}_6\text{H}_4(\text{AsBr})\text{OAsBr}}$		4
As$_2$C$_6$H$_4$Cl$_2$O	$\overline{\text{C}_6\text{H}_4(\text{AsCl})\text{OAsCl}}$		4, 5
As$_2$Pd$_2$C$_6$H$_{18}$Br$_4$	[PdBr$_2$(AsMe$_3$)]$_2$		6
As$_2$Pd$_2$C$_6$H$_{18}$Cl$_4$	[PdCl$_2$(AsMe$_3$)]$_2$		7
As$_2$C$_8$H$_{10}$I$_2$	*meso*-1,2-(AsIMe)$_2$C$_6$H$_4$		8
As$_2$C$_8$H$_{10}$I$_2$	*rac*-1,2-(AsIMe)$_2$C$_6$H$_4$		8
As$_2$C$_8$H$_{10}$I$_2$·As$_2$C$_9$H$_{13}$O$^+$I$^-$	*meso*-1,2-(AsIMe)$_2$C$_6$H$_4$·{1,2-MeAsO(AsMe)$\overline{\text{C}_6\text{H}_4}$}I	b	8
As$_2$ReC$_8$H$_{12}$Cl$_4$F$_4$	ReCl$_4$(ffars)		9
As$_2$C$_9$H$_{13}$O$^+$I$^-$·As$_2$C$_8$H$_{10}$I$_2$	{1,2-$\overline{\text{C}_6\text{H}_4}$(AsMe)OAsMe}I·*meso*-1,2-(AsIMe)$_2$-C$_6$H$_4$	b	8
As$_2$CrC$_{10}$H$_{12}$ClF$_3$O$_4$	Cr(CO)$_4${(AsMe$_2$)CF$_2$CFCl(AsMe$_2$)}		10
As$_2$Fe$_2$C$_{10}$H$_{12}$O$_6$	Fe$_2$(μ-AsMe$_2$)$_2$(CO)$_6$		11, 12
As$_2$CrC$_{10}$H$_{13}$F$_3$O$_4$	Cr(CO)$_4${(AsMe$_2$)CHFCF$_2$(AsMe$_2$)}		10, 13
As$_2$MoC$_{10}$H$_{13}$F$_3$O$_4$	Mo(CO)$_4${(AsMe$_2$)CHFCF$_2$(AsMe$_2$)}		13, 14
As$_2$CrC$_{10}$H$_{14}$F$_2$O$_4$	Cr(CO)$_4${(AsMe$_2$)CH$_2$CF$_2$(AsMe$_2$)}		10
As$_2$WC$_{10}$H$_{16}$Cl$_4$O	WOCl$_4$(diars)		15
As$_2$MnC$_{10}$H$_{18}$ClO$_3$	*fac*-MnCl(CO)$_3$(dmap)		16
As$_2$GeMnC$_{10}$H$_{18}$Cl$_3$O$_3$	*fac*-Mn(GeCl$_3$)(CO)$_3$(dmap)		17
As$_2$MoC$_{10}$H$_{18}$O$_4$P$_2$	Mo(CO)$_4${Me$_2$P(AsMe)$_2$PMe$_2$}		18
As$_2$CrFeC$_{11}$H$_{12}$O$_7$	CrFe(μ-AsMe$_2$)$_2$(CO)$_7$		12
As$_2$MoC$_{11}$H$_{12}$F$_6$O$_4$	Mo(CO)$_4${(AsMe$_2$)CF(CF$_3$)CF$_2$(AsMe$_2$)}		13, 19
As$_2$WC$_{11}$H$_{12}$F$_6$I$_2$O$_3$	WI$_2$(CO)$_3${(AsMe$_2$)C(CF$_3$)=C(CF$_3$)(AsMe$_2$)}		20
As$_2$CrC$_{11}$H$_{13}$ClF$_4$O$_4$	Cr(CO)$_4${(AsMe$_2$)CF$_2$CHClCF$_2$(AsMe$_2$)}		21
As$_2$PtC$_{11}$H$_{21}$ClF$_6$	*trans*-PtClMe(AsMe$_3$)$_2${η^2-C$_2$(CF$_3$)$_2$}		22
As$_2$C$_{12}$H$_8$O	C$_{12}$H$_8$As$_2$O	c	23
As$_2$C$_{12}$H$_8$S	C$_{12}$H$_8$As$_2$S	d	23, 24
As$_2$C$_{12}$H$_8$Se	C$_{12}$H$_8$As$_2$Se	e	23
As$_2$C$_{12}$H$_8$Te	C$_{12}$H$_8$As$_2$Te	f	23
As$_2$C$_{12}$H$_{10}$N$_4$S$_2$	[PhAsNSN]$_2$	173	25
As$_2$C$_{12}$H$_{10}$S$_3$	PhAsS$_2$(AsPh)S		26
As$_2$W$_6$C$_{12}$H$_{11}$O$_{25}^{5-}$·5CH$_6$N$_3^+$·2H$_2$O	[CH$_6$N$_3$]$_5$[(AsPh)$_2$W$_6$O$_{24}$(OH)]·2H$_2$O	g	27

Molecular formula	Structure	Notes	Ref.
$As_2Cr_2C_{12}H_{12}O_8$	$[Cr(\mu\text{-}AsMe_2)(CO)_4]_2$		12
$As_2FeMnC_{12}H_{12}O_8^+ AsFeMn\text{-}C_{10}H_6ClO_8^-$	$[FeMn(\mu\text{-}AsMe_2)_2(CO)_8][FeMn(\mu\text{-}AsMe_2)\text{-}(Cl)(CO)_8]$		28
$As_2Mo_6C_{12}H_{12}O_{25}^{4-}\cdot 4CH_6N_3^+\cdot 4H_2O$	$[CH_6N_3]_4[(AsPh)_2Mo_6O_{23}(OH)_2]\cdot 4H_2O$	g	29
$As_2FeC_{12}H_{16}$	$Fe(\eta^5\text{-}AsC_4H_2Me_2\text{-}2,5)_2$		30
$As_2UC_{12}H_{30}Cl_4O_2$	$UCl_4(OAsEt_3)_2$		31
$As_2C_{12}F_8O$	$C_{12}F_8As_2O$	h	32
$As_2FeC_{13}H_{16}O_3$	$Fe(CO)_3(diars)$		33
$As_2C_{14}H_6F_8$	$\overline{MeAsC_6F_4(AsMe)C_6F_4}$		34
$As_2Co_2C_{14}H_{12}F_4O_6$	$Co_2(CO)_6(ffars)$		35
$As_2Fe_2C_{14}H_{12}F_4O_6$	$Fe_2(CO)_6(ffars)$		36
$As_2C_{14}H_{14}$	$\overline{MeAsC_6H_4(AsMe)C_6H_4}$		37
$As_2C_{14}H_{14}Br_2$	$MeBr_2\overline{AsC_6H_4(AsMe)}C_6H_4$		38
$As_2C_{14}H_{14}I_2$	$MeI_2\overline{AsC_6H_4(AsMe)}C_6H_4$		38
$As_2WC_{14}H_{16}IO_4^+ I_3^-$	$[WI(CO)_4(diars)]I_3$		39
$As_2RhC_{14}H_{20}ClF_{12}O$	$\{RhC_4(CF_3)_4\}(Cl)(OH_2)(AsMe_3)_2$		40
$As_2FeNiC_{15}H_{20}I_2O$	$NiI_2(CO)\{\eta\text{-}(AsMe_2)C_5H_4\}_2Fe$		41
$As_2FeC_{16}H_{10}O_4$	$Fe(CO)_4(\eta^2\text{-}As_2Ph_2)$		42
$As_2Mn_2C_{16}H_{12}F_4I_2O_8$	$\{MnI(CO)_4\}_2(\mu\text{-}ffars)$		43
$As_2Mn_2C_{16}H_{12}F_4O_8$	$Mn_2(CO)_8(ffars)$		43, 44
$As_2Mn_2C_{16}H_{12}F_4O_8$	$Mn_2(\mu\text{-}AsMe_2)(\mu\text{-}AsMe_2C_4F_4)(CO)_8$		45
$As_2MoC_{16}H_{12}F_8O_4$	$Mo(CO)_4\{(AsMe_2)_2C_8F_8\}$	i	46
$As_2PdC_{16}H_{20}S_2\cdot C_5H_5N$	$\overline{Pd(SC_6H_4AsMe_2\text{-}2)}_2\cdot py$		47, 48
$As_2PtC_{16}H_{20}S_2$	$\overline{Pt(SC_6H_4AsMe_2\text{-}2)}_2$		49
$As_2CrC_{16}H_{26}O_4$	$Cr(CO)_4\{(AsMe_2)\overline{CHCMe_2CH(AsMe_2)}CMe_2\}$	123	50
$As_2FeC_{16}F_{10}O_4$	$Fe(CO)_4\{\eta^2\text{-}As_2(C_6F_5)_2\}$		51
$As_2Fe_3C_{17}H_{12}F_4O_9$	$Fe_3(\mu\text{-}AsMe_2)\{\mu\text{-}(AsMe_2)\overline{C=CCF_2CF_2}\}(CO)_9$		52
$As_2Co_3C_{17}H_{15}F_4O_7$	$Co_3(\mu\text{-}CMe)(CO)_7(ffars)$		53
$As_2VC_{17}H_{23}O_3$	$V(CO)_3(diars)(\eta^3\text{-}C_4H_7)$		54
$As_2Fe_3C_{18}H_{12}F_4O_{10}$	$Fe_3(CO)_{10}(ffars)$		55
$As_2Ru_3C_{18}H_{12}F_4O_{10}$	$Ru_3(CO)_{10}(ffars)$		56
$As_2MoC_{18}H_{12}F_{12}O_4$	$Mo(CO)_4\{(AsMe_2)_2C_{10}F_{12}\}$	j	57
$As_2Mn_2WC_{18}H_{12}O_{14}$	$W(CO)_4\{(\mu\text{-}AsMe_2)Mn(CO)_5\}_2$		58
$As_2C_{18}H_{22}N_4S_2$	$[(Mes)AsNSN]_2$	173	25
$As_2RhC_{18}H_{26}Cl_3O_2$	$RhCl_3\{AsMe_2(C_6H_4OMe\text{-}2)\}_2$		59
$As_2PdC_{18}H_{26}I_2S_2$	$PdI_2\{1,2\text{-}(AsMe_2)(SMe)C_6H_4\}_2$		60
$As_2Si_2C_{18}H_{42}O_2$	$[MeAsCBu^t(OSiMe_3)]_2$		61
$As_2PtC_{19}H_{29}I$	$PtIMe_3\{rac\text{-}(AsMePh)_2C_2H_4\}$		62
$As_2Fe_3C_{20}H_{16}O_{10}$	$Fe_3(CO)_{10}(diars)$		63
$As_2Ir_4C_{20}H_{16}O_{10}$	$Ir_4(CO)_{10}(diars)$		64
$As_2RhC_{20}H_{32}Cl_3N_2$	$RhCl_3\{1,2\text{-}(AsMe_2)(NMe_2)C_6H_4\}_2$		65
$As_2Cu_2C_{20}H_{32}I_2N_2$	$[Cu(\mu\text{-}I)\{1,2\text{-}(AsMe_2)(NMe_2)C_6H_4\}]_2$		66, 67
$As_2Fe_3C_{21}H_{10}O_9$	$Fe_3(\mu_3\text{-}AsPh)_2(CO)_9$		68, 69
$As_2CoFe_2C_{22}H_{27}O_3$	$CoFe_2(\mu\text{-}AsMe_2)_2(CO)_3(\eta\text{-}C_5H_5)_3$		70
$As_2BCuC_{22}H_{28}N_8$	$Cu(pdma)\{B(pz)_4\}$		71
$As_2PtC_{22}H_{31}Br_3O$	$\overline{PtBr_3\{CH_2CH(OEt)C_6H_4(AsMe_2)\text{-}2\}\text{-}\{\eta^2\text{-}CH_2=CHC_6H_4(AsMe_2)\text{-}2\}}$		72
$As_2C_{24}H_{16}O_2S$	$(\overline{AsC_6H_4OC_6H_4})_2S$		73
$As_2C_{24}H_{20}O$	$(AsPh_2)_2O$		74
$As_2Mn_2C_{24}H_{32}O_8$	$[Mn(CO)_4(AsMe_2Ph)]_2$		75
$As_2PtC_{24}H_{35}Br_3O$	$\overline{PtBr_3(CH_2CH\{CH_2(OEt)\}C_6H_4(AsMe_2)\text{-}2)\text{-}\{(AsMe_2)C_6H_4CH_2CH=CH_2\text{-}2\}}$		76
$As_2Mn_2C_{26}H_{22}O_4$	$meso\text{-}H_2As Ph_2\{Mn(CO)_5(\eta\text{-}C_5H_5)\}_2$		77
$As_2Mn_2C_{26}H_{30}O_4$	$(\mu\text{-}diars)\{Mn(CO)_2(\eta\text{-}C_5H_4Me)\}_2$	D	78
$As_2Cr_3C_{27}H_{10}O_{15}$	$As_2Ph_2\{Cr(CO)_5\}_3$		79
$As_2CrC_{27}H_{22}O_2$	$\overline{Cr(CO)_2\{(\eta\text{-}Ph)AsPhCH_2AsPh_2\}}$		80
$As_2WC_{28}H_{22}I_2O_3$	$WI_2(CO)_3(dpam)$		81
$As_2AuC_{28}H_{48}P_2^+I^-$	$[Au\{1,2\text{-}(AsEt_2)(PEt_2)C_6H_4\}_2]I$	k	82
$As_2CuC_{28}H_{48}P_2^+I^-$	$[Cu\{1,2\text{-}(AsEt_2)(PEt_2)C_6H_4\}_2]I$	k	82
$As_2PdC_{30}H_{34}N^+F_6P^-$	$(+)\text{-}[Pd\{(S)\text{-}C_6H_4(CHMeNMe_2\text{-}2)\}\text{-}\{(S,S)\text{-}1,2\text{-}(AsMePh)_2C_6H_4\}][PF_6]$		83
$As_2Re_2C_{31}H_{22}Cl_2O_6\cdot 0.25C_6H_{14}$	$[ReCl(CO)_3]_2(\mu\text{-}dpam)\cdot 0.25C_6H_{14}$		84
$As_2NiC_{31}H_{35}I_2NO$	$NiI_2(noas_2)$	l	85
$As_2NbC_{32}H_{37}$	$Nb(diars)(\eta^4\text{-}C_8H_8)(\eta^5\text{-}C_8H_8Ph)$		86
$As_2W_2C_{34}H_{28}Br_2O_5\cdot C_3H_6O$	$W_2Br(\mu\text{-}Br)(\mu\text{-}dpam)(\mu\text{-}C_2Me_2)(CO)_5\cdot Me_2CO$		87
$As_2CoC_{36}H_{30}Cl_2O_2$	$CoCl_2(OAsPh_3)_2$		88
$As_2CoC_{36}H_{30}Cl_2O_2\cdot C_2H_6O$	$CoCl_2(OAsPh_3)_2\cdot EtOH$		89

Molecular formula	Structure	Notes	Ref.
$As_2HgC_{36}H_{30}Cl_2O_2$	$HgCl_2(OAsPh_3)_2$		90, 91
$As_2PdC_{36}H_{30}Cl_2$	trans-$PdCl_2(AsPh_3)_2$		92
$As_2Hg_2C_{36}H_{30}Cl_4O_2$	$[HgCl_2(OAsPh_3)]_2$		91
$As_2UC_{36}H_{30}N_2O_{10}$	$UO_2(NO_3)_2(OAsPh_3)_2$		93
$2As_2C_{36}H_{31}O_2^+Hg_2Br_6^{2-}$	$[(AsPh_3O)_2(\mu\text{-H})]_2[Hg_2Br_6]$		94
$As_2C_{36}H_{32}BrO_2^+Br_3^-$	$[\{AsPh(OH)\}_2(\mu\text{-Br})]Br_3$		95
$As_2C_{36}H_{32}ClO_2^+Cl_2I^-$	$[\{AsPh_3(OH)\}_2(\mu\text{-Cl})][ICl_2]$		96
$As_2C_{36}H_{32}O_5Se$	$(AsPh_3O)_2 \cdot H_2SeO_3$	m	97, 98
$As_2PtC_{38}H_{30}F_4$	$Pt(AsPh_3)_2(\eta\text{-}C_2F_4)$		99
$As_2Fe_2C_{40}H_{32}F_8O_4P_2$	$Fe_2(CO)_4\{(AsMe_2)\overline{C{=}C(PPh_2)CF_2CF_2}\}$		100
$As_2Cu_2C_{40}H_{36}I_2N_2$	$[CuI(NCMe)(AsPh_3)]_2$		101
$As_2RhC_{40}H_{37}Cl_2$	$RhCl_2(AsPh_3)_2(\eta^3\text{-}C_4H_7)$		102
$As_2PtC_{42}H_{30}N_4O$	$\overline{Pt\{C_2(CN)_4O\}(AsPh_3)_2}$		103
$As_2Co_2C_{42}H_{32}F_8O_6P_2$	$[Co(CO)_3\{(PPh_2)\overline{C{=}C(AsMe_2)CF_2CF_2}\}]_2$		104
$As_2IrC_{43}H_{30}ClN_4O$	$IrCl(CO)(AsPh_3)_2\{\eta\text{-}C_2(CN)_4\}$		105
$As_2PtC_{44}H_{34}Cl_2$	trans-$PtCl_2(babp)$	n	106
$As_2Pt_2C_{46}H_{42}O_4$	$\{\overline{Pt(CH{=}CMeC_6H_4AsPh_2\text{-}2)}\}_2(\mu\text{-}O_2CMe)_2$		107
$As_2Hg_2C_{49}H_{22}F_{20}$	$\{Hg(C_6F_5)_2\}_2(\mu\text{-dpam})$		108
$As_2Mo_2C_{52}H_{48}Br_4P_2$	$Mo_2Br_4\{Ph_2As(CH_2)_2PPh_2\}_2$		109
$As_2Co_3C_{54}H_{96}N_8O_{10}P_2 \cdot 2H_2O$	$\{Co(PBu_3)(\mu\text{-OAsMePh})(\mu\text{-dmg})_2\}_2Co \cdot 2H_2O$		110
$As_2Sn_4C_{72}H_{60}N_2O_6$	$[Sn(ONO_2)(AsPh_3)(SnPh_3)]_2$		111

^a Arsenomethane, purple form. ^b Lattice complex. ^c 5,10-Epoxy-5,10-dihydroarsanthrene. ^d 5,10-Epithio-5,10-dihydroarsanthrene. ^e 5,10-Episeleno-5,10-dihydroarsanthrene. ^f 5,10-Epitelluro-5,10-dihydroarsanthrene. ^g $CH_6N_3^+$ = guanidinium. ^h F_8-5,10-epoxy-5,10-dihydroarsanthrene. ⁱ $(AsMe_2)_2C_8F_8$ = 2,2'-$(AsMe_2)_2$-F_8-1,1'-bicyclobut-1-enyl. ^j $(AsMe_2)_2C_{10}F_{12}$ = 2,2'-$(AsMe_2)_2$-F_{12}-1,1'-bicyclopent-1-enyl. ^k Heavy atom positions determined; P, As not distinguished. ^l noas$_2$ = N{$(CH_2)_2OMe$}{$(CH_2)_2AsPh_2$}$_2$. ^m H-bonded adduct. ⁿ babp = 2,11-$(Ph_2AsCH_2)_2$benzo[c]phenanthrene.

1. J. J. Daly and F. Sanz, *Helv. Chim. Acta*, 1970, **53**, 1879.
2. W. Kwak, L. M. Rajkovic, J. K. Stalick, M. T. Pope and C. O. Quicksall, *Inorg. Chem.*, 1976, **15**, 2778.
3. N. Camerman and J. Trotter, *J. Chem. Soc.*, 1964, 219.
4. J. C. Dewan, K. Henrick, A. H. White and S. B. Wild, *Aust. J. Chem.*, 1975, **28**, 15.
5. W. R. Cullen and J. Trotter, *Can. J. Chem.*, 1962, **40**, 1113.
6. A. F. Wells, *Proc. Roy. Soc. London, Ser. A*, 1938, **167**, 169.
7. S. F. Watkins, *Chem. Commun.*, 1968, 504*; *J. Chem. Soc. (A)*, 1970, 168.
8. K. Henrick, C. L. Raston, A. H. White and S. B. Wild, *Aust. J. Chem.*, 1977, **30**, 2417.
9. E. N. Maslen, J. C. Dewan, D. L. Kepert, K. R. Trigwell and A. H. White, *J. Chem. Soc., Dalton Trans.*, 1974, 2128.
10. I. W. Nowell, S. Rettig and J. Trotter, *J. Chem. Soc., Dalton Trans.*, 1972, 2381.
11. E. Keller and H. Vahrenkamp, *Chem. Ber.*, 1977, **110**, 430.
12. E. Keller and H. Vahrenkamp, *Chem. Ber.*, 1979, **112**, 1991 (redetermination).
13. W. R. Cullen, I. W. Nowell, P. J. Roberts, J. Trotter and J. E. H. Ward, *Chem. Commun.*, 1971, 560*.
14. I. W. Nowell and J. Trotter, *J. Chem. Soc. (A)*, 1971, 2922.
15. M. G. B. Drew and R. Mandyczewsky, *Chem. Commun.*, 1970, 292.
16. C. A. Bear and J. Trotter, *J. Chem. Soc., Dalton Trans.*, 1973, 673.
17. W. R. Cullen, F. W. B. Einstein, R. K. Pomeroy and P. L. Vogel, *Inorg. Chem.*, 1975, **14**, 3017.
18. W. S. Sheldrick, *Acta Crystallogr.*, 1975, **B31**, 1789.
19. P. J. Roberts and J. Trotter, *J. Chem. Soc. (A)*, 1971, 1501.
20. A. Mercer and J. Trotter, *Can. J. Chem.*, 1974, **52**, 3331.
21. I. W. Nowell and J. Trotter, *J. Chem. Soc., Dalton Trans.*, 1972, 2378.
22. B. W. Davies, R. J. Puddephatt and N. C. Payne, *Can. J. Chem.*, 1972, **50**, 2276.
23. O. Kennard, D. L. Wampler, J. C. Coppola, W. D. S. Motherwell, F. G. Mann, D. G. Watson, C. H. MacGillavry, C. H. Stam and P. Benci, *J. Chem. Soc. (C)*, 1971, 1511.
24. D. W. Allen, J. C. Coppola, O. Kennard, F. G. Mann, W. D. S. Motherwell and D. G. Watson, *J. Chem. Soc. (C)*, 1970, 810*.
25. N. W. Alcock, E. M. Holt, J. Kuyper, J. J. Mayerle and G. B. Street, *Inorg. Chem.*, 1979, **18**, 2235.
26. A. W. Cordes, P. D. Gwinup and M. C. Malmstrom, *Inorg. Chem.*, 1972, **11**, 836.
27. S. H. Wasfi, W. Kwak, M. T. Pope, K. M. Barkigia, R. J. Butcher and C. O. Quicksall, *J. Am. Chem. Soc.*, 1978, **100**, 7786.
28. H. J. Langenbach, E. Röttinger and H. Vahrenkamp, *Chem. Ber.*, 1980, **113**, 42.
29. W. Kwak, L. M. Rajkovic, M. T. Pope, C. O. Quicksall, K. Y. Matsumoto and Y. Sasaki, *J. Am. Chem. Soc.*, 1977, **99**, 6463*; K. Y. Matsumoto, *Bull. Chem. Soc. Jpn.*, 1978, **51**, 492.
30. L. Chiche, J. Galy, G. Thiollet and F. Mathey, *Acta Crystallogr.*, 1980, **B36**, 1344.
31. J. G. H. du Preez, B. J. Gellatly and M. Laing, *J. Inorg. Nucl. Chem.*, 1976, **38**, 1872; P. Sommerville and M. Laing, *Acta Crystallogr.*, 1976, **B32**, 1551.
32. D. S. Brown, A. G. Massey and T. K. Mistry, *J. Fluorine Chem.*, 1980, **16**, 483.
33. D. S. Brown and G. W. Bushnell, *Acta Crystallogr.*, 1967, **22**, 296.
34. R. E. Cobbledick, R. Copes and F. W. B. Einstein, *Acta Crystallogr.*, 1977, **B33**, 2914.
35. J. P. Crow, W. R. Cullen, W. Harrison and J. Trotter, *J. Am. Chem. Soc.*, 1970, **92**, 6339*; W. Harrison and J. Trotter, *J. Chem. Soc. (A)*, 1971, 1607.

36. F. W. B. Einstein, W. R. Cullen and J. Trotter, *J. Am. Chem. Soc.*, 1966, **88**, 5670*' F. W. B. Einstein and J. Trotter, *J. Chem. Soc. (A)*, 1967, 824.
37. O. Kennard, F. G. Mann, D. G. Watson, J. K. Fawcett and K. A. Kerr, *Chem. Commun.*, 1968, 269.
38. D. J. Sutor and F. R. Harper, *Acta Crystallogr.*, 1959, **12**, 585.
39. M. G. B. Drew and J. D. Wilkins, *J. Organomet. Chem.*, 1974, **69**, 271.
40. J. T. Mague, *J. Am. Chem. Soc.*, 1971, **93**, 3550*; *Inorg. Chem.*, 1973, **12**, 2649.
41. C. G. Pierpont and R. Eisenberg, *Inorg. Chem.*, 1972, **11**, 828.
42. M. Jacob and E. Weiss, *J. Organomet. Chem.*, 1978, **153**, 31.
43. J. P. Crow, W. R. Cullen, F. L. Hou, L. Y. Y. Chan and F. W. B. Einstein, *Chem. Commun.*, 1971, 1229*.
44. L. Y. Y. Chan and F. W. B. Einstein, *J. Chem. Soc., Dalton Trans.*, 1973, 111.
45. F. W. B. Einstein and A. C. MacGregor, *J. Chem. Soc., Dalton Trans.*, 1974, 783.
46. A. R. Davis, F. W. B. Einstein and J. D. Hazlett, *Acta Crystallogr.*, 1977, **B33**, 212.
47. J. P. Beale, L. F. Lindoy, S. E. Livingstone and N. C. Stephenson, *Inorg. Nucl. Chem. Lett.*, 1971, **7**, 851*.
48. J. P. Beale and N. C. Stephenson, *Acta Crystallogr.*, 1972, **B28**, 557.
49. J. P. Beale and N. C. Stephenson, *Acta Crystallogr.*, 1971, **B27**, 73.
50. F. W. B. Einstein and R. D. G. Jones, *Inorg. Chem.*, 1973, **12**, 1148.
51. P. S. Elmes, P. Leverett and B. O. West, *Chem. Commun.*, 1971, 747.
52. F. W. B. Einstein and A.-M. Svensson, *J. Am. Chem. Soc.*, 1969, **91**, 3663*; F. W. B. Einstein, A.-M. Pilotti and R. Restivo, *Inorg. Chem.*, 1971, **10**, 1947.
53. F. W. B. Einstein and R. D. G. Jones, *Inorg. Chem.*, 1972, **11**, 395.
54. U. Franke and E. Weiss, *J. Organomet. Chem.*, 1979, **168**, 311.
55. P. J. Roberts, B. R. Penfold and J. Trotter, *Inorg. Chem.*, 1970, **9**, 2137.
56. P. J. Roberts and J. Trotter, *J. Chem. Soc. (A)*, 1971, 1479.
57. W. R. Cullen, A. W. Wu, A. R. Davis, F. W. B. Einstein and J. D. Hazlett, *Can. J. Chem.*, 1976, **54**, 2871.
58. E. Röttinger and H. Vahrenkamp, *J. Chem. Res. (M)*, 1977, 818; *J. Chem. Res. (S)*, 1977, 76.
59. R. Graziani, G. Bombieri, L. Volponi and C. Panattoni, *Chem. Commun.*, 1967, 1284*; R. Graziani, G. Bombieri, L. Volponi, C. Panattoni and R. J. H. Clark, *J. Chem. Soc. (A)*, 1969, 1236.
60. J. P. Beale and N. C. Stephenson, *Acta Crystallogr.*, 1970, **B26**, 1555.
61. G. Becker and G. Gutekunst, *Z. Anorg. Allg. Chem.*, 1980, **470**, 157.
62. G. Casalone and R. Mason, *Inorg. Chim. Acta*, 1973, **7**, 429.
63. A. Bino, F. A. Cotton, P. Lahuerta, P. Puebla and R. Usón, *Inorg. Chem.*, 1980, **19**, 2357.
64. J. R. Shapley, G. F. Stuntz, M. R. Churchill and J. P. Hutchinson, *J. Am. Chem. Soc.*, 1979, **101**, 7425*; M. R. Churchill and J. P. Hutchinson, *Inorg. Chem.*, 1980, **19**, 2765.
65. G. Bombieri, R. Graziani, C. Panattoni and L. Volponi, *Chem. Commun.*, 1967, 977*; G. Bombieri, R. Graziani, C. Panattoni, L. Volponi, R. J. H. Clark and G. Natile, *J. Chem. Soc. (A)*, 1970, 14.
66. K. K. Cheung, R. J. Cross, K. P. Forrest, R. Wardle and M. Mercer, *Chem. Commun.*, 1971, 875.
67. R. Graziani, G. Bombieri and E. Forsellini, *J. Chem. Soc. (A)*, 1971, 2331.
68. G. Huttner, G. Mohr, A. Frank and U. Schubert, *J. Organomet. Chem.*, 1976, **118**, C73.
69. M. Jacob and E. Weiss, *J. Organomet. Chem.*, 1977, **131**, 263.
70. E. Röttinger, R. Müller and H. Vahrenkamp, *Angew. Chem.*, 1977, **89**, 341 (*Angew. Chem., Int. Ed. Engl.*, 1977, **16**, 332)*; E. Röttinger, A. Trenkle, R. Müller and H. Vahrenkamp, *Chem. Ber.*, 1980, **113**, 1280.
71. O. M. Abu Salah, M. I. Bruce, P. J. Lohmeyer, C. L. Raston, B. W. Skelton and A. H. White, *J. Chem. Soc., Dalton Trans.*, 1981, 962.
72. M. A. Bennett, K. Hoskins, W. R. Kneen, R. S. Nyholm, R. Mason, P. B. Hitchcock, G. B. Robertson and A. D. C. Towl, *J. Am. Chem. Soc.*, 1971, **93**, 4592.
73. W. K. Grindstaff, A. W. Cordes, C. K. Fair, R. W. Perry and L. B. Handy, *Inorg. Chem.*, 1972, **11**, 1852.
74. W. R. Cullen and J. Trotter, *Can. J. Chem.*, 1963, **41**, 2983.
75. M. Laing, T. Ashworth, P. Sommerville, E. Singleton and R. Reimann, *J. Chem. Soc., Chem. Commun.*, 1972, 1251.
76. M. A. Bennett, G. J. Erskine, J. Lewis, R. Mason, R. S. Nyholm, G. B. Robertson and A. D. C. Towl, *Chem. Commun.*, 1966, 395.
77. G. Huttner, H.-G. Schmid and H. Lorenz, *Chem. Ber.*, 1976, **109**, 3741.
78. M. J. Bennett and R. Mason, *Proc. Chem. Soc.*, 1964, 395.
79. G. Huttner, H.-G. Schmid, A. Frank and O. Orama, *Angew. Chem.*, 1976, **88**, 255 (*Angew. Chem., Int. Ed. Engl.*, 1976, **15**, 234).
80. G. B. Robertson, P. O. Whimp, R. Colton and C. J. Rix, *Chem. Commun.*, 1971, 573*; G. B. Robertson and P. O. Whimp, *Inorg. Chem.*, 1974, **13**, 1047.
81. M. G. B. Drew and A. P. Wolters, *Acta Crystallogr.*, 1977, **B33**, 205.
82. W. Cochran, F. A. Hart and F. G. Mann, *J. Chem. Soc.*, 1957, 2816.
83. B. W. Skelton and A. H. White, *J. Chem. Soc., Dalton Trans.*, 1980, 1556.
84. C. J. Commons and B. F. Hoskins, *Aust. J. Chem.*, 1975, **28**, 1201.
85. L. Sacconi, J. J. van der Zee, K. G. Shields and C. H. L. Kennard, *Cryst. Struct. Commun.*, 1973, **2**, 229.
86. R. R. Schrock, L. J. Guggenberger and A. D. English, *J. Am. Chem. Soc.*, 1976, **98**, 903.
87. E. O. Fischer, A. Ruhs, P. Friedrich and G. Huttner, *Angew. Chem.*, 1977, **89**, 481 (*Angew. Chem., Int. Ed. Engl.*, 1977, **16**, 465).
88. P. J. M. W. L. Birker, P. Prick and P. T. Beurskens, *Cryst. Struct. Commun.*, 1976, **5**, 135.
89. P. Prick, P. T. Beurskens and P. J. M. W. L. Birker, *Cryst. Struct. Commun.*, 1977, **6**, 437.
90. C.-I. Branden, *Acta Chem. Scand.*, 1963, **17**, 1363.

91. C.-I. Branden, *Arkiv. Kemi.*, 1964, **22**, 485.
92. S. T. Malinovskii, I. F. Burshtein and T. I. Malinovskii, *Izv. Akad. Nauk Mold. SSSR, Ser. Fiz.-Tekh. Mat. Nauk*, 1979, 45 (*Chem. Abstr.*, 1979, **91**, 149 713).
93. C. Panattoni, R. Graziani, U. Croatto, B. Zali and G. Bombieri, *Inorg. Chim. Acta*, 1968, **2**, 43.
94. G. S. Harris, F. Inglis, J. McKechnie, K. K. Cheung and G. Ferguson, *Chem. Commun.*, 1967, 442.
95. M. Calleri and G. Ferguson, *Cryst. Struct. Commun.*, 1972, **1**, 331.
96. F. C. March and G. Ferguson, *J. Chem. Soc., Dalton Trans.*, 1975, 1381.
97. T. S. Cameron, *Acta Crystallogr.*, 1976, **B32**, 2094.
98. H.-J. Haupt, F. Huber, H. Preut and R. Menge, *Z. Anorg. Allg. Chem.*, 1976, **424**, 167.
99. D. R. Russell and P. A. Tucker, *J. Chem. Soc., Dalton Trans.*, 1975, 1752.
100. F. W. B. Einstein and R. D. G. Jones, *Inorg. Chem.*, 1973, **12**, 255.
101. M. R. Churchill and J. R. Missert, *Inorg. Chem.*, 1981, **20**, 619.
102. T. G. Hewitt and J. J. de Boer, *Chem. Commun.*, 1968, 1413*; T. G. Hewitt, J. J. de Boer and K. Anzenhofer, *Acta Crystallogr.*, 1970, **B26**, 1244.
103. R. Schlodder, J. A. Ibers, M. Lenarda and M. Graziani, *J. Am. Chem. Soc.*, 1974, **96**, 6893.
104. F. W. B. Einstein and R. Kirkland, *Acta Crystallogr.*, 1978, **B34**, 1690.
105. J. B. R. Dunn, R. Jacobs and C. J. Fritchie, *J. Chem. Soc., Dalton Trans.*, 1972, 2007.
106. G. Balimann, L. M. Venanzi, F. Bachechi and L. Zambonelli, *Helv. Chim. Acta*, 1980, **63**, 420.
107. M. K. Cooper, P. J. Guerney, H. J. Goodwin and M. McPartlin, *J. Chem. Soc., Chem. Commun.*, 1978, 861.
108. A. J. Canty and B. M. Gatehouse, *Chem. Commun.*, 1971, 443*; *J. Chem. Soc., Dalton Trans.*, 1972, 511.
109. F. A. Cotton, P. E. Fanwick, J. W. Fitch, H. D. Glicksman and R. A. Walton, *J. Am. Chem. Soc.*, 1979, **101**, 1752.
110. W. R. Cullen, D. Dolphin, F. W. B. Einstein, L. M. Mihichuk and A. C. Willis, *J. Am. Chem. Soc.*, 1979, **101**, 6898.
111. C. Pelizzi, G. Pelizzi and P. Tarasconi, *J. Chem. Soc., Dalton Trans.*, 1977, 1935.

As₃ Triarsenic

Molecular formula	Structure	Notes	Ref.
As$_3$C$_5$H$_9$	(AsCH$_2$)$_3$CMe	a	1
As$_3$C$_5$H$_9$O$_3$	(OAsCH$_2$)$_3$CMe	b	2
As$_3$C$_5$H$_9$S$_3$	(SAsCH$_2$)$_3$CMe	c	3
As$_3$CrC$_{10}$H$_9$O$_5$	Cr(CO)$_5${(AsCH$_2$)$_3$CMe}	a	4
As$_3$NiC$_{11}$H$_{27}$Br$_2$	NiBr$_2$(tas)	d	5
As$_3$Mn$_2$C$_{13}$H$_{18}$ClO$_7$	Mn$_2$(μ-AsMe$_2$)(μ-As$_2$Me$_4$)(Cl)(CO)$_7$		6
As$_3$Mn$_2$C$_{16}$H$_{18}$F$_5$O$_6$	Mn$_2$(μ-AsMe$_2$){μ-CF$_2$C(AsMe$_2$)C(CF$_3$)-(AsMe$_2$)}(CO)$_6$		7
As$_3$NiC$_{16}$H$_{36}$NP$^+$ClO$_4^-$	[Ni(CN){[Me$_2$As(CH$_2$)$_3$]$_3$P}][ClO$_4$]		8
As$_3$AgCoC$_{21}$H$_{23}$O$_4$	Co{Ag(ttas)}(CO)$_4$	e	9
As$_3$CoCr$_2$FeC$_{28}$H$_{28}$O$_{12}$	{Fe(CO)$_4$(μ-AsMe$_2$){Co(CO)$_3$}(μ-AsMe$_2$)-{Cr(CO)$_2$(η-C$_5$H$_5$)}(μ-AsMe$_2$){Cr(CO)$_3$(η-C$_5$H$_5$)}		10
As$_3$C$_{36}$H$_{30}$N$_3$	[NAsPh$_2$]$_3$		11
As$_3$NiC$_{42}$H$_{42}$IN	NiI(nas$_3$)		12
As$_3$NiC$_{43}$H$_{35}$BrS$^+$ClO$_4^-\cdot$C$_6$H$_5$Cl	[NiBr{As(C$_6$H$_4$AsPh$_2$-2)$_2$(C$_6$H$_4$SMe-2)}][ClO$_4$]·PhCl		13
As$_3$NiC$_{48}$H$_{47}$N$^+$BC$_{24}$H$_{20}^-$	[NiPh(nas$_3$)][BPh$_4$]		14
As$_3$Bi$_2$C$_{54}$H$_{45}$I$_6$O$_3$	(Ph$_3$AsO)$_3$Bi(μ-I)$_3$BiI$_3$		15
As$_3$NiC$_{60}$H$_{57}$NP$^+$ClO$_4^-$	[Ni(PPh$_3$)(nas$_3$)][ClO$_4$]		16

ᵃ 4-Me-1,2,6-triarsatricyclo[2.2.1.0²,⁶]heptane. ᵇ 7-Me-1,3,5-triarsa-2,4,9-trioxaadamantane. ᶜ 7-Me-1,3,5-triarsa-2,4,9-trithiaadamantane. ᵈ tas = Me$_2$As(CH$_2$)$_3$AsMe(CH$_2$)$_3$AsMe$_2$. ᵉ ttas = MeAs(C$_6$H$_4$AsMe$_2$-2)$_2$.

1. G. Thiele, G. Zoubek, H. A. Lindner and J. Ellermann, *Angew. Chem.*, 1978, **90**, 133 (*Angew. Chem., Int. Ed. Engl.*, 1978, **17**, 135).
2. B. J. McKerley, K. Reinhardt, J. L. Mills, G. M. Reisner, J. D. Korp and I. Bernal, *Inorg. Chim. Acta*, 1978, **31**, L411.
3. J. Ellermann, M. Lietz, P. Merbach, G. Thiele and G. Zoubek, *Z. Naturforsch., Teil B*, 1979, **34**, 975.
4. J. Ellermann, H. A. Lindner, H. Schössner, G. Thiele and G. Zoubek, *Z. Naturforsch., Teil B*, 1978, **33**, 1386.
5. G. A. Mair, H. M. Powell and D. E. Hann, *Proc. Chem. Soc.*, 1960, 415.
6. E. Röttinger, A. Trenkle, R. Müller and H. Vahrenkamp, *Chem. Ber.*, 1980, **113**, 1280.
7. W. R. Cullen, L. Mihichuk, F. W. B. Einstein and J. S. Field, *J. Organomet. Chem.*, 1974, **73**, C53*; F. W. B. Einstein and J. S. Field, *J. Chem. Soc., Dalton Trans.*, 1975, 172.
8. D. L. Stevenson and L. F. Dahl, *J. Am. Chem. Soc.*, 1967, **89**, 3424.
9. B. T. Kilbourn, T. L. Blundell and H. M. Powell, *Chem. Commun.*, 1965, 444*; T. L. Blundell and H. M. Powell, *J. Chem. Soc. (A)*, 1971, 1685.
10. H. J. Langenbach, E. Keller and H. Vahrenkamp, *J. Organomet. Chem.*, 1980, **191**, 95.

11. L. K. Krannich, U. Thewalt, W. J. Cook, S. R. Jain and H. H. Sisler, *Inorg. Chem.*, 1973, **12**, 2304.
12. P. Dapporto and L. Sacconi, *Inorg. Chim. Acta*, 1980, **39**, 61.
13. M. Mathew, G. J. Palenik, G. J. Dyer and D. W. Meek, *J. Chem. Soc., Chem. Commun.*, 1972, 379.
14. P. Dapporto and L. Sacconi, *Inorg. Chim. Acta*, 1974, **9**, L2.
15. F. Lazarini, L. Golic and G. Pelizzi, *J. Cryst. Mol. Struct.*, 1976, **6**, 113.
16. S. Midollini, S. Moneti, A. Orlandini and L. Sacconi, *Cryst. Struct. Commun.*, 1980, **9**, 1153.

As_4 Tetraarsenic

Molecular formula	Structure	Notes	Ref.
$As_4C_2H_4O_4$	$As_4(CH_2)_2O_4$	a	1
$As_4C_4F_{12}$	$[As(CF_3)]_4$		2
$As_4Fe_2C_{10}H_{12}O_6$	$(\mu\text{-}As_4Me_4)Fe_2(CO)_6$		3
$As_4Fe_4C_{16}H_{12}O_{12}$	$[Fe(\mu_3\text{-}AsMe)(CO)_3]_4$		4
$As_4Cr_2C_{16}H_{24}O_8$	$(\mu\text{-}As_4Me_8)\{Cr(CO)_4\}_2$		5
$As_4AuC_{20}H_{32}^+AuC_{12}F_{10}^-$	$[Au(diars)_2][Au(C_6F_5)_2]$		6
$As_4AuC_{20}H_{32}I_2^+I^-$	$[AuI_2(diars)_2]I$		7
$As_4TaC_{20}H_{32}Br_4^+TaBr_6^-$	$[TaBr_4(diars)_2][TaBr_6]$		8
$As_4CoC_{20}H_{32}Cl_2^+Cl^-$	$[trans\text{-}CoCl_2(diars)_2]Cl$		9
$As_4CoC_{20}H_{32}Cl_2^+ClO_4^-$	$[trans\text{-}CoCl_2(diars)_2][ClO_4]$		10
$As_4NiC_{20}H_{32}Cl_2^+Cl^-$	$[trans\text{-}NiCl_2(diars)_2]Cl$		9, 11
$As_4PtC_{20}H_{32}Cl_2$	$trans\text{-}PtCl_2(diars)_2$		12
$As_4TcC_{20}H_{32}Cl_2^+Cl^-$	$[trans\text{-}TcCl_2(diars)_2]Cl$		13, 14
$As_4TcC_{20}H_{32}Cl_2^+ClO_4^-$	$[trans\text{-}TcCl_2(diars)_2][ClO_4]$		13, 14
$As_4MoC_{20}H_{32}Cl_4^+I_3^-$	$[MoCl_4(diars)_2]I_3$		15
$As_4NbC_{20}H_{32}Cl_4$	$NbCl_4(diars)_2$		16
$As_4NbC_{20}H_{32}Cl_4^+NbCl_4O^-$	$[NbCl_4(diars)_2][NbOCl_4]$		17
$2As_4NbC_{20}H_{32}Cl_4^+NbCl_3O_2^{2-}$	$[NbCl_4(diars)_2]_2[NbO_2Cl_3]$		17
$As_4TaC_{20}H_{32}Cl_4^+TaC_2H_5Cl_5O^-$	$[TaCl_4(diars)_2][TaCl_5(OEt)]$		17
$As_4TcC_{20}H_{32}Cl_4^+F_6P^-$	$[TcCl_4(diars)_2][PF_6]$		13
$As_4CoC_{20}H_{32}^{2+}2ClO_4^-$	$[Co(diars)_2][ClO_4]_2$		18
$As_4CoC_{20}H_{32}NO^{2+}2ClO_4^-$	$[Co(NO)(diars)_2][ClO_4]_2$		19
$As_4CuC_{20}H_{32}^+F_6P^-$	$[Cu(diars)_2][PF_6]$		20
$As_4FeC_{20}H_{32}NO^{2+}2ClO_4^-$	$[Fe(NO)(diars)_2][ClO_4]_2$		21
$As_4NiC_{20}H_{32}I_2$	$NiI_2(diars)_2$		22, 23
$As_4PdC_{20}H_{32}I_2$	$PdI_2(diars)_2$		24
$As_4PtC_{20}H_{32}I_2$	$PtI_2(diars)_2$		25
$As_4PtC_{20}H_{32}^{2+}2Cl^-$	$[Pt(diars)_2]Cl_2$		23
$As_4OsC_{21}H_{32}Br_2O$	$OsBr_2(CO)(diars)_2$		26
$As_4CoC_{21}H_{32}N_2OS^+CNS^-$	$[Co(NCS)(NO)(diars)_2][NCS]$		19
$As_4FeC_{21}H_{32}N_2OS^+\cdot BC_{24}H_{20}^-\cdot C_3H_6O$	$[Fe(NCS)(NO)(diars)_2][BPh_4]\cdot Me_2CO$		21
$As_4MoC_{22}H_{32}ClO_2^+I_3^-\cdot 2CHCl_3$	$[MoCl(CO)_2(diars)_2]I_3\cdot 2CHCl_3$		27
$As_4C_{24}H_{16}$	$[As_2(\mu\text{-}C_6H_4)_2]_2$	b	28
$As_4C_{24}H_{20}S_4$	$[AsPhS]_4$		29
$As_4Co_4C_{24}H_{24}F_8O_8$	$Co_4(CO)_8(ffars)_2$		30
$As_4Ru_3C_{24}H_{24}F_8O_8$	$Ru_3(CO)_8(ffars)_2$		31
$As_4PdC_{24}H_{30}Cl^+ClO_4^-\cdot C_6H_6$	$[PdCl(dmap)][ClO_4]\cdot C_6H_6$	c	32
$As_4CoC_{24}H_{38}O_2^+ClO_4^-$	$(+)\text{-}\Delta\text{-}cis\text{-}\beta\text{-}[Co(O_2)(R,R\text{-}as_4)][ClO_4]$	d	33
$As_4Cu_4C_{24}H_{60}I_4$	$[CuI(AsEt_3)]_4$		34, 35
$As_4Co_4C_{25}H_{26}F_8O_9$	$H_2Co_4(\mu\text{-}AsMe_2)_2\{\mu\text{-}C_8F_8\text{-}(AsMe_2)_2\}(CO)_9$		36
$As_4AuC_{28}H_{48}^+I^-$	$[Au(pdea)_2]I$	e	37
$As_4NiC_{32}H_{40}Cl_2$	$NiCl_2(dmab)_2$	f	38
$As_4Cu_2C_{32}H_{44}Cl_2$	$[Cu(\mu\text{-}Cl)(AsMe_2Ph)_2]_2$		39
$As_4RhC_{32}H_{44}O_2^+ClO_4^-$	$[Rh(O_2)(AsMe_2Ph)_4][ClO_4]$		40
$As_4PdC_{40}H_{40}^{2+}2Cl^-\cdot 2C_2H_6O_2$	$meso\text{-}[Pd\{RR,SS\text{-}C_6H_4(AsMePh)_2\text{-}1,2\}_2]Cl_2\cdot 2C_2H_4(OH)_2$		41
$As_4PdC_{40}H_{40}^{2+}2I^-$	$meso\text{-}[Pd\{RR,SS\text{-}C_6H_4(AsMePh)_2\text{-}1,2\}_2]I_2$		41
$As_4MoC_{43}H_{40}I_2O_3$	$meso\text{-}MoI_2(CO)_3\{C_6H_4(AsMePh)_2\text{-}1,2\}_2$		42
$As_4MoC_{43}H_{40}I_2O_3\cdot CHCl_3$	$rac\text{-}MoI_2(CO)_3\{C_6H_4(AsMePh)_2\text{-}1,2\}_2\cdot CHCl_3$		42
$As_4C_{48}H_{40}N_4$	$[Ph_2AsN]_4$		43
$As_4Pd_2C_{51}H_{44}Cl_2O\cdot 3C_6H_{14}$	$\{PdCl(\mu\text{-}dpam)\}_2(\mu\text{-}CO)\cdot 3C_6H_{14}$		44
$As_4Pt_2C_{51}H_{44}Cl_2O$	$\{PtCl(\mu\text{-}dpam)\}_2(\mu\text{-}CO)$		45
$As_4MoC_{52}H_{44}Br_2O_2$	$MoBr_2(CO)_2(dpam)_2$		46, 47
$As_4MoC_{52}H_{44}Cl_2O_2$	$MoCl_2(CO)_2(dpam)_2$		48

Molecular formula	Structure	Notes	Ref.
$As_4Rh_2C_{52}H_{44}Cl_2O_2$	$[RhCl(CO)(\mu\text{-dpam})]_2$		49
$As_4CoC_{52}H_{52}ClO_8^+ClO_4^-$	$[Co(OClO_3)(OAsMePh_2)_4][ClO_4]$		50
$As_4WC_{53}H_{44}Br_2O_3$	$WBr_2(CO)_3(dpam)_2$		46
$As_4HgC_{54}H_{42}Br_2\cdot CH_2Cl_2$	$HgBr_2(qas)\cdot CH_2Cl_2$		51
$As_4RuC_{54}H_{42}Br_2$	$RuBr_2(qas)$		52
$As_4PtC_{54}H_{42}I^+BPh_4^-$	$[PtI(qas)][BPh_4]$		53
$As_4Co_2C_{66}H_{54}O_2\cdot C_2H_4Cl_2$	$\{Co(CO)(dpam)\}_2(\mu\text{-}C_2Ph_2)\cdot C_2H_4Cl_2$		54
$As_4CuC_{72}H_{60}O_4^{2+}2CuCl_2^-$	$[Cu(OAsPh_3)_4][CuCl_2]_2$		55
$As_4Cu_4C_{72}H_{60}I_4\cdot C_6H_6$	$[CuI(AsPh_3)]_4\cdot C_6H_6$		56

a 1,3,5,7-Tetraarsa-2,4,6,8-tetraoxaadamantane. b Arsanthrene dimer. c dmap = C_6H_4[AsMe-$(C_6H_4AsMe_2\text{-}2)]_2$-1,2. d as$_4$ = $Me_2As(CH_2)_3AsPh(CH_2)_2AsMe_2$. e pdea = $C_6H_4(AsEt_2)_2$-1,2. f dmab = $[C_6H_4(AsMe_2\text{-}2)]_2$.

1. J. Kopf, K. von Deuten and G. Klar, *Inorg. Chim. Acta*, 1980, **38**, 67.
2. N. Mandel and J. Donohue, *Acta Crystallogr.*, 1971, **B27**, 476.
3. B. M. Gatehouse, *Chem. Commun.*, 1969, 948.
4. E. Röttinger and H. Vahrenkamp, *Angew. Chem.*, 1978, **90**, 294 (*Angew. Chem., Int. Ed. Engl.*, 1978, **17**, 273).
5. F. A. Cotton and T. R. Webb, *Inorg. Chim. Acta*, 1974, **10**, 127.
6. R. Uson, A. Laguna, J. Vicente, J. Garcia, P. G. Jones and G. M. Sheldrick, *J. Chem. Soc., Dalton Trans.*, 1981, 655.
7. V. F. Duckworth, C. M. Harris and N. C. Stephenson, *Inorg. Nucl. Chem. Lett.*, 1968, **4**, 419*; V. F. Duckworth and N. C. Stephenson, *Inorg. Chem.*, 1969, **8**, 1661.
8. M. G. B. Drew, A. P. Wolters and J. D. Wilkins, *Acta Crystallogr.*, 1975, **B31**, 324.
9. P. K. Bernstein, G. A. Rodley, R. Marsh and H. B. Gray, *Inorg. Chem.*, 1972, **11**, 3040.
10. P. J. Pauling, D. W. Porter and G. B. Robertson, *J. Chem. Soc. (A)*, 1970, 2728.
11. P. Kreisman, R. Marsh, J. R. Preer and H. B. Gray, *J. Am. Chem. Soc.*, 1968, **90**, 1067.
12. N. C. Stephenson, *Acta Crystallogr.*, 1964, **17**, 1517.
13. K. A. Glavan, R. Whittle, J. F. Johnson, R. C. Elder and E. Deutsch, *J. Am. Chem. Soc.*, 1980, **102**, 2103*.
14. R. C. Elder, R. Whittle, K. A. Glavan, J. F. Johnson and E. Deutsch, *Acta Crystallogr.*, 1980, **B36**, 1662.
15. M. G. B. Drew, G. M. Egginton and J. D. Wilkins, *Acta Crystallogr.*, 1974, **B30**, 1895.
16. D. L. Kepert, B. W. Skelton and A. W. White, *J. Chem. Soc., Dalton Trans.*, 1981, 652.
17. J. C. Dewan, D. L. Kepert, C. L. Raston and A. H. White, *J. Chem. Soc., Dalton Trans.*, 1975, 2031.
18. F. W. B. Einstein and G. A. Rodley, *J. Inorg. Nucl. Chem.*, 1967, **29**, 347.
19. J. H. Enemark, R. D. Feltham, J. Riker-Nappier and K. F. Bizot, *Inorg. Chem.*, 1975, **14**, 624.
20. O. M. Abu Salah, M. I. Bruce, P. J. Lohmeyer, C. L. Raston, B. W. Skelton and A. H. White, *J. Chem. Soc., Dalton Trans.*, 1981, 962.
21. J. H. Enemark, R. D. Feltham, B. T. Huie, P. L. Johnson and K. B. Swedo, *J. Am. Chem. Soc.*, 1977, **99**, 3285.
22. N. C. Stephenson and G. A. Jeffrey, *Proc. Chem. Soc.*, 1963, 173*.
23. N. C. Stephenson, *Acta Crystallogr.*, 1964, **17**, 592.
24. C. M. Harris, R. S. Nyholm and N. C. Stephenson, *Nature (London)*, 1956, **177**, 1127*; N. C. Stephenson, *J. Inorg. Nucl. Chem.*, 1962, **24**, 797.
25. N. C. Stephenson, *J. Inorg. Nucl. Chem.*, 1962, **24**, 791.
26. F. Bottomley, I. J. B. Lin and P. S. White, *J. Chem. Soc., Dalton Trans.*, 1978, 1726.
27. M. G. B. Drew and J. D. Wilkins, *J. Chem. Soc., Dalton Trans.*, 1973, 2664.
28. C. Jongsma and H. van der Meer, *Tetrahedron Lett.*, 1970, 1323.
29. G. Bergerhoff and H. Namgung, *Z. Kristallogr., Kristallgeom., Kristallphys., Kristallchem.*, 1979, **150**, 209.
30. F. W. B. Einstein and R. D. G. Jones, *J. Chem. Soc. (A)*, 1971, 3359.
31. P. J. Roberts and J. Trotter, *J. Chem. Soc. (A)*, 1970, 3246.
32. T. L. Blundell and H. M. Powell, *J. Chem. Soc. (A)*, 1967, 1650.
33. D. B. Crump, R. F. Stepaniak and N. C. Payne, *Can. J. Chem.*, 1977, **55**, 438.
34. A. F. Wells, *Z. Kristallogr., Kristallgeom., Kristallphys., Kristallchem.*, 1936, **94**, 447; F. G. Mann, D. Purdie and A. F. Wells, *J. Chem. Soc.*, 1936, 1503.
35. M. R. Churchill and K. L. Kalra, *Inorg. Chem.*, 1974, **13**, 1899.
36. F. W. B. Einstein and R. D. G. Jones, *J. Chem. Soc., Dalton Trans.*, 1972, 2568.
37. W. Cochran, F. A. Hart and F. G. Mann, *J. Chem. Soc.*, 1957, 2816.
38. D. W. Allen, D. A. Kennedy and I. W. Nowell, *Inorg. Chim. Acta*, 1980, **40**, 171.
39. J. T. Gill, J. J. Mayerle, P. S. Welcker, D. F. Lewis, D. A. Ucko, D. J. Barton, D. Stowens and S. J. Lippard, *Inorg. Chem.*, 1976, **15**, 1155.
40. M. Laing, M. J. Nolte and E. Singleton, *J. Chem. Soc., Chem. Commun.*, 1975, 660*; M. J. Nolte and E. Singleton, *Acta Crystallogr.*, 1975, **B31**, 2223.
41. B. W. Skelton and A. H. White, *J. Chem. Soc., Dalton Trans.*, 1980, 1556.
42. J. C. Dewan, K. Henrick, D. L. Kepert, K. R. Trigwell, A. H. White and S. B. Wild, *J. Chem. Soc., Dalton Trans.*, 1975, 546.
43. M. J. Begley, D. B. Sowerby and R. J. Tillott, *J. Chem. Soc., Dalton Trans.*, 1974, 2527.
44. R. Colton, M. J. McCormick and C. D. Pannan, *J. Chem. Soc., Chem. Commun.*, 1977, 823*; *Aust. J. Chem.*, 1978, **31**, 1425.

45. M. P. Brown, A. N. Keith, L. Manojlovic-Muir, K. W. Muir, R. J. Puddephatt and K. R. Seddon, *Inorg. Chim. Acta*, 1979, **34**, L223.
46. M. G. B. Drew, A. W. Johans, A. P. Wolters and I. B. Tomkins, *Chem. Commun.*, 1971, 819*.
47. M. G. B. Drew, *J. Chem. Soc., Dalton Trans.*, 1972, 626.
48. M. G. B. Drew, A. P. Wolters and I. B. Tomkins, *J. Chem. Soc., Dalton Trans.*, 1977, 974.
49. J. T. Mague, *Inorg. Chem.*, 1969, **8**, 1975.
50. P. Pauling, G. B. Robertson and G. A. Rodley, *Nature (London)*, 1965, **207**, 73.
51. G. Dyer, D. C. Goodall, R. H. B. Mais, H. M. Powell and L. M. Venanzi, *J. Chem. Soc. (A)*, 1966, 1110.
52. R. H. B. Mais and H. M. Powell, *J. Chem. Soc.*, 1965, 7471.
53. G. A. Mair, H. M. Powell and L. M. Venanzi, *Proc. Chem. Soc.*, 1961, 170.
54. P. H. Bird, A. R. Fraser and D. N. Hall, *Inorg. Chem.*, 1977, **16**, 1923.
55. R. H. P. Francisco, R. H. de Almeida Santos, J. R. Lechat and A. C. Massabni, *Acta Crystallogr.*, 1981, **B37**, 232.
56. M. R. Churchill and W. J. Youngs, *Inorg. Chem.*, 1979, **18**, 1133.

As_5 Pentaarsenic

Molecular formula	Structure	Notes	Ref.
$As_5C_5H_{15}$	$[AsMe]_5$		1
$As_5MgC_{15}H_{45}O_5^{2+}2ClO_4^-$	$[Mg(OAsMe_3)_5][ClO_4]_2$		2
$As_5NiC_{15}H_{45}O_5^{2+}2ClO_4^-$	$[Ni(OAsMe_3)_5][ClO_4]_2$		2, 3

1. J. H. Burns and J. Waser, *J. Am. Chem. Soc.*, 1957, **79**, 859.
2. Y. S. Ng, G. A. Rodley and W. T. Robinson, *Inorg. Chem.*, 1976, **15**, 303.
3. S. H. Hunter, K. Emerson and G. A. Rodley, *Chem. Commun.*, 1969, 1398*.

As_6 Hexaarsenic

Molecular formula	Structure	Notes	Ref.
$As_6Zn_4C_{12}H_{36}S_{13}$	$(Me_2AsS_2)_6Zn_4S$		1
$As_6C_{36}H_{30}$	$[AsPh]_6$		2
$As_6C_{36}H_{33}N_5 \cdot C_6H_6$	$N\{PhAsNHAsPh\}_3N \cdot C_6H_6$	a	3
$As_6Co_2C_{82}H_{81}^+BC_{24}H_{20}^-$	$[\{Co(as_3)\}_2(\mu\text{-}H)_3][BPh_4]$		4
$As_6Ni_2C_{84}H_{84}IN_2^+BC_{24}H_{20}^- \cdot 3C_4H_8O$	$[\{Ni(nas_3)\}_2(\mu\text{-}I)][BPh_4]\cdot 3THF$		5

a 2,4,6,8,9,11-$(PhAs)_6$-1,3,5,7,10-pentaazabicyclo[3.3.3]undecane.

1. D. Johnstone, J. E. Fergusson and W. T. Robinson, *Bull. Chem. Soc. Jpn.*, 1972, **45**, 3721.
2. K. Hedberg, E. W. Hughes and J. Waser, *Acta Crystallogr.*, 1961, **14**, 369.
3. K. von Deuten, H. Müller and G. Klar, *Cryst. Struct. Commun.*, 1980, **9**, 1081.
4. P. Dapporto, S. Midollini and L. Sacconi, *Inorg. Chem.*, 1975, **14**, 1643.
5. L. Sacconi, P. Dapporto and P. Stoppioni, *Inorg. Chem.*, 1977, **16**, 224.

As_8 Octaarsenic

Molecular formula	Structure	Notes	Ref.
$As_8Mo_2C_{30}H_{56}O_6$	$Mo_2(CO)_6(\mu\text{-}As_8Pr_8^n)$		1
$As_8Zn_2C_{40}H_{64}O_8^{4+}4ClO_4^-$	$[\{Zn(diars\text{-}O_2)_2\}_2][ClO_4]_4$	a	2

a diars-O_2 = $C_6H_4\{As(O)Me_2\}_2$-1,2.

1. P. S. Elmes, B. M. Gatehouse, D. J. Lloyd and B. O. West, *J. Chem. Soc., Chem. Commun.*, 1974, 953.
2. S. H. Hunter, G. A. Rodley and K. Emerson, *Inorg. Nucl. Chem. Lett.*, 1976, **12**, 113.

As_9 Nonaarsenic

Molecular formula	Structure	Notes	Ref.
$As_9Cr_2C_{15}H_{27}O_6$	$Cr_2(CO)_6(\mu\text{-}As_9Me_9)$		1
$As_9Ca_2C_{27}H_{81}O_9^{4+}4ClO_4^-$	$[Ca_2(OAsMe_3)_9][ClO_4]_4$		2

1. P. S. Elmes, B. M. Gatehouse, D. J. Lloyd and B. O. West, *J. Chem. Soc., Chem. Commun.*, 1974, 953.
2. Y. S. Ng, G. A. Rodley and W. T. Robinson, *Acta Crystallogr.*, 1977, **B33**, 931.

AsR$_4^+$ Arsonium Salts

Molecular formula	Structure	Notes	Ref.
Tetramethylarsonium salts			
AsC$_4$H$_{12}^+$GaCH$_3$Cl$_3^-$	[AsMe$_4$][GaCl$_3$Me]		1
AsC$_4$H$_{12}^+$InCH$_3$Cl$_3^-$	[AsMe$_4$][InCl$_3$Me]		2
AsC$_4$H$_{12}^+$GaC$_2$H$_6$Cl$_2^-$	[AsMe$_4$][GaCl$_2$Me$_2$]		1
AsC$_4$H$_{12}^+$InC$_2$H$_6$Br$_2^-$	[AsMe$_4$][InBr$_2$Me$_2$]		3
AsC$_4$H$_{12}^+$GaC$_3$H$_9$Cl$^-$	[AsMe$_4$][GaClMe$_3$]		4
AsC$_4$H$_{12}^+$InC$_3$H$_9$Cl$^-$	[AsMe$_4$][InClMe$_3$]		4
AsC$_4$H$_{12}^+$Br$^-$	[AsMe$_4$]Br		5
Methyltriphenylarsonium salts			
AsC$_{19}$H$_{18}^+$C$_{12}$H$_4$N$_4^-$·C$_{12}$H$_4$N$_4$	[AsMePh$_3$][TCNQ]·TCNQ		6
AsC$_{19}$H$_{18}^+$CoC$_{14}$H$_{12}$S$_4^-$·0.5C$_2$H$_6$O	[AsMePh$_3$][Co(S$_2$C$_6$H$_3$Me)$_2$]·½EtOH		7
2AsC$_{19}$H$_{18}^+$NiCl$_4^{2-}$	[AsMePh$_3$]$_2$[NiCl$_4$]		8
Tetraphenylarsonium salts			
AsC$_{24}$H$_{20}^+$SnCH$_3$Cl$_4^-$	[AsPh$_4$][SnCl$_4$Me]		9
AsC$_{24}$H$_{20}^+$ReC$_2$H$_3$Br$_4$NO$^-$	[AsPh$_4$][ReOBr$_4$(NCMe)]		10
2AsC$_{24}$H$_{20}^+$Mo$_2$C$_2$H$_3$Cl$_8$NO$_2^{2-}$	[AsPh$_4$]$_2$[{MoOCl$_4$}$_2$(NCMe)]		11
AsC$_{24}$H$_{20}^+$AuC$_2$N$_2$O$_2^-$	[AsPh$_4$][Au(CNO)$_2$]		12
AsC$_{24}$H$_{20}^+$WC$_2$Cl$_{10}$N$^-$	[AsPh$_4$][W(NC$_2$Cl$_5$)Cl$_5$]		13
2AsC$_{24}$H$_{20}^+$NiC$_2$S$_6^-$	[AsPh$_4$]$_2$[Ni(S$_2$CS)$_2$]		14
2AsC$_{24}$H$_{20}^+$Mo$_2$C$_4$H$_6$Cl$_4$O$_4^{2-}$·2CH$_4$O	[AsPh$_4$]$_2$[Mo$_2$Cl$_4$(OAc)$_2$]·2MeOH		15
AsC$_{24}$H$_{20}^+$TcC$_4$H$_8$OS$_4^-$	[AsPh$_4$][TcO(S$_2$C$_2$H$_4$)$_2$]		16
AsC$_{24}$H$_{20}^+$FeHg$_2$C$_4$Cl$_3$O$_4^-$	[AsPh$_4$][Fe(HgCl)(HgCl$_2$)(CO)$_4$]		17
2AsC$_{24}$H$_{20}^+$NiC$_4$N$_4$S$_4^{2-}$	[AsPh$_4$]$_2$[Ni(S$_2$CNCN)$_2$]		18
AsC$_{24}$H$_{20}^+$C$_5$H$_4$N$_5^-$·3H$_2$O	[AsPh$_4$][C$_5$H$_4$N$_5$]·3H$_2$O	a	19
2AsC$_{24}$H$_{20}^+$FeC$_5$N$_6$O^{2-}	[AsPh$_4$]$_2$[Fe(CN)$_5$(NO)]		20
2AsC$_{24}$H$_{20}^+$NbC$_5$N$_5$OS$_5^{2-}$	[AsPh$_4$]$_2$[NbO(NCS)$_5$]		21
2AsC$_{24}$H$_{20}^+$ReC$_5$N$_6$S$_5^{2-}$	[AsPh$_4$]$_2$[ReN(NCS)$_5$]		22
3AsC$_{24}$H$_{20}^+$InC$_6$N$_6$S$_6^{3-}$	[AsPh$_4$]$_3$[In(NCS)$_6$]		23
2AsC$_{24}$H$_{20}^+$CoC$_8$F$_{12}$O$_8^{2-}$	[AsPh$_4$]$_2$[Co(O$_2$CCF$_3$)$_4$]		24
AsC$_{24}$H$_{20}^+$PtC$_9$H$_{15}$O$_3$S$_6^-$	[AsPh$_4$][Pt{S$_2$C(OEt)}$_3$]		25
AsC$_{24}$H$_{20}^+$C$_9$FN$_6^-$	[AsPh$_4$][C(CN)$_2$NCFC(CN)C(CN)$_2$]	b	26
AsC$_{24}$H$_{20}^+$FeC$_{10}$H$_7$O$_3^-$	[AsPh$_4$][Fe(CO)$_3$(η^3-C$_7$H$_7$)]		27
AsC$_{24}$H$_{20}^+$ReC$_{10}$H$_{14}$Cl$_2$O$_4^-$	[AsPh$_4$][*trans*-ReCl$_2$(acac)$_2$]		28
AsC$_{24}$H$_{20}^+$Re$_3$C$_{12}$H$_2$O$_{12}^-$	[AsPh$_4$][H$_2$Re$_3$(CO)$_{12}$]		29
2AsC$_{24}$H$_{20}^+$Re$_4$C$_{12}$H$_6$O$_{12}^-$	[AsPh$_4$]$_2$[H$_6$Re$_4$(CO)$_{12}$]		30
AsC$_{24}$H$_{20}^+$Re$_2$C$_{12}$H$_{15}$O$_9^-$	[AsPh$_4$][Re$_2$(μ-OEt)$_3$(CO)$_6$]		31
2AsC$_{24}$H$_{20}^+$FeC$_{12}$N$_6$S$_6^-$	[AsPh$_4$]$_2$[Fe{S$_2$C$_2$(CN)$_2$}$_3$]		32
2AsC$_{24}$H$_{20}^+$MoC$_{12}$N$_6$S$_6^{2-}$	[AsPh$_4$]$_2$[Mo{S$_2$C$_2$(CN)$_2$}$_3$]		33, 34
2AsC$_{24}$H$_{20}^+$NiC$_{12}$N$_6$Se$_6^{2-}$	[AsPh$_4$]$_2$[Ni{Se$_2$C=C(CN)$_2$}]		35
2AsC$_{24}$H$_{20}^+$UC$_{14}$H$_6$N$_2$O$_{10}^{2-}$·6H$_2$O	[AsPh$_4$]$_2$[UO$_2$(pdc)$_2$]·6H$_2$O	c	36
AsC$_{24}$H$_{20}^+$Mn$_3$C$_{14}$O$_{14}^-$	[AsPh$_4$][Mn$_3$(CO)$_{14}$]		37
AsC$_{24}$H$_{20}^+$Na$^+$FeC$_{16}$H$_{16}$S$_4^{2-}$·2C$_2$H$_3$N	Na[AsPh$_4$][Fe{(SCH$_2$)$_2$C$_6$H$_4$}$_2$]·2MeCN		38
AsC$_{24}$H$_{20}^+$Mo$_2$C$_{16}$H$_{16}$O$_4$P$^-$	[AsPh$_4$][Mo$_2$(μ-PMe$_2$)(CO)$_4$(η-C$_5$H$_5$)$_2$]		39
AsC$_{24}$H$_{20}^+$AuC$_{16}$H$_{28}$N$_{16}^-$	[AsPh$_4$]$_2$[Au(CN$_4$Pr^i)$_4$]		40
2AsC$_{24}$H$_{20}^+$Ru$_6$C$_{17}$O$_{16}^-$	[AsPh$_4$]$_2$[Ru$_6$C(CO)$_{16}$]		41
AsC$_{24}$H$_{20}^+$Ru$_6$C$_{18}$HO$_{18}^-$	[AsPh$_4$][HRu$_6$(CO)$_{18}$]	X, N	42
AsC$_{24}$H$_{20}^+$NbC$_{18}$H$_{12}$S$_6^-$	[AsPh$_4$][Nb(S$_2$C$_6$H$_4$)$_3$]		43
AsC$_{24}$H$_{20}^+$TaC$_{18}$H$_{12}$S$_6^-$	[AsPh$_4$][Ta(S$_2$C$_6$H$_4$)$_3$]		44
AsC$_{24}$H$_{20}^+$NiC$_{18}$H$_{15}$Br$_3$P$^-$	[AsPh$_4$][NiBr$_3$(PPh$_3$)]		45
AsC$_{24}$H$_{20}^+$NiC$_{18}$H$_{15}$I$_3$P$^-$	[AsPh$_4$][NiI$_3$(PPh$_3$)]		46
3AsC$_{24}$H$_{20}^+$Ni$_{12}$C$_{21}$HO$_{21}^{3-}$·C$_3$H$_6$O	[AsPh$_4$]$_3$[HNi$_{12}$(CO)$_{21}$]·Me$_2$CO		47
2AsC$_{24}$H$_{20}^+$Ni$_{12}$C$_{21}$H$_2$O$_{21}^{2-}$	[AsPh$_4$]$_2$[H$_2$Ni$_{12}$(CO)$_{21}$]		47
AsC$_{24}$H$_{20}^+$MoC$_{24}$H$_{20}$OS$_4^-$	[AsPh$_4$][MoO(SPh)$_4$]		48
AsC$_{24}$H$_{20}^+$NbC$_{24}$H$_{24}^-$	[AsPh$_4$][Nb(η^3-C$_8$H$_8$)$_2$(η^4-C$_8$H$_8$)]		49
2AsC$_{24}$H$_{20}^+$Pt$_{12}$C$_{24}$O$_{24}^{2-}$	[AsPh$_4$]$_2$[{Pt$_3$(CO)$_6$}$_4$]		50
AsC$_{24}$H$_{20}^+$RhC$_{25}$H$_{20}$IN$_2$OPS$_2^-$	[AsPh$_4$][RhI(COEt)(PPh$_3$){S$_2$C$_2$(CN)$_2$}]		51
2AsC$_{24}$H$_{20}^+$Pt$_{15}$C$_{30}$O$_{30}^{2-}$	[AsPh$_4$]$_2$[{Pt$_3$(CO)$_6$}$_5$]		50
AsC$_{24}$H$_{20}^+$AuCl$_4^-$	[AsPh$_4$][AuCl$_4$]		52
AsC$_{24}$H$_{20}^+$Br$_3^-$	[AsPh$_4$]Br$_3$	d	53
AsC$_{24}$H$_{20}^+$Br$_3^-$	[AsPh$_4$]Br$_3$	e	54
AsC$_{24}$H$_{20}^+$ClO$_4^-$	[AsPh$_4$][ClO$_4$]		55
AsC$_{24}$H$_{20}^+$CrCl$_4$O$^-$	[AsPh$_4$][CrOCl$_4$]		56
AsC$_{24}$H$_{20}^+$FeCl$_4^-$	[AsPh$_4$][FeCl$_4$]		57, 58
AsC$_{24}$H$_{20}^+$MoCl$_4$N$^-$	[AsPh$_4$][MoNCl$_4$]		59

Molecular formula	Structure	Notes	Ref.
$AsC_{24}H_{20}^+MoCl_4O^-$	$[AsPh_4][MoOCl_4]$		59, 60
$AsC_{24}H_{20}^+OsCl_4N^-$	$[AsPh_4][OsNCl_4]$		61, 62
$AsC_{24}H_{20}^+ReCl_4N^-$	$[AsPh_4][ReNCl_4]$		63
$AsC_{24}H_{20}^+RuCl_4N^-$	$[AsPh_4][RuNCl_4]$		62
$2AsC_{24}H_{20}^+TiCl_4N_6^{2-}$	$[AsPh_4]_2[TiCl_4(N_3)]$		64
$AsC_{24}H_{20}^+ReCl_4O^-$	$[AsPh_4][ReOCl_4]$		65
$AsC_{24}H_{20}^+VCl_4O^-$	$[AsPh_4][VOCl_4]$		66
$2AsC_{24}H_{20}^+NbCl_5O^{2-}\cdot 2CH_2Cl_2$	$[AsPh_4]_2[NbOCl_5]\cdot 2CH_2Cl_2$		67
$AsC_{24}H_{20}^+ReCl_5O^-$	$[AsPh_4][ReOCl_5]$		65
$AsC_{24}H_{20}^+UCl_5O^-$	$[AsPh_4][UOCl_5]$		68
$AsC_{24}H_{20}^+WCl_5S^-$	$[AsPh_4][WSCl_5]$		69
$2AsC_{24}H_{20}^+Cu_2Cl_6^{2-}$	$[AsPh_4]_2[Cu_2Cl_6]$		70
$2AsC_{24}H_{20}^+Ti_2Cl_8N_6^{2-}$	$[AsPh_4]_2[(TiCl_4)_2(\mu-N_3)_2]$		71
$2AsC_{24}H_{20}^+W_2Cl_8Se_3^{2-}$	$[AsPh_4]_2[(WCl_4)_2(\mu-Se)(\mu-Se_2)]$		72
$2AsC_{24}H_{20}^+W_2Cl_{10}N^{2-}$	$[AsPh_4]_2[(WCl_5)_2(\mu-N)]$		73
$2AsC_{24}H_{20}^+Re_3Cl_{11}^{2-}\cdot H_2O$	$[AsPh_4]_2[Re_3Cl_{11}]\cdot H_2O$		74
$2AsC_{24}H_{20}^+CoN_4O_{12}^{2-}$	$[AsPh_4]_2[Co(NO_3)_4]$		75
$2AsC_{24}H_{20}^+CuN_4O_{12}^{2-}\cdot CH_2Cl_2$	$[AsPh_4]_2[Cu(NO_3)_4]\cdot CH_2Cl_2$		76
$2AsC_{24}H_{20}^+EuN_5O_{15}^{2-}$	$[AsPh_4]_2[Eu(NO_3)_5]$		77
$AsC_{24}H_{20}^+F_3N_2O_2S_2^-$	$[AsPh_4][NSF_2NSO_2F]$		78
$AsC_{24}H_{20}^+MoF_4N^-$	$[AsPh_4][MoNF_4]$		79
$AsC_{24}H_{20}^+FeN_4O_{12}^-$	$[AsPh_4][Fe(NO_3)_4]$		80
$2AsC_{24}H_{20}^+FeN_{15}^{2-}$	$[AsPh_4]_2[Fe(N_3)_5]$		81
$AsC_{24}H_{20}^+Fe_4N_7O_7S_3^-$	$[AsPh_4][Fe_4(\mu_3-S)_3(NO)_7]$		82
$AsC_{24}H_{20}^+TeHCl_4O^-\cdot H_2O$	$[AsPh_4][TeCl_4(OH)]\cdot H_2O$		83
$AsC_{24}H_{20}^+HN_2O_6^-$	$[AsPh_4][H(NO_3)_2]$		84
$AsC_{24}H_{20}^+MoH_2Br_4O_2^-$	$[AsPh_4][MoOBr_4(OH_2)]$		85
$AsC_{24}H_{20}^+MoH_2Cl_4O_2^-$	$[AsPh_4][MoOCl_4(OH_2)]$		86
$AsC_{24}H_{20}^+TeH_3Cl_4O_2^-$	$[AsPh_4][TeCl_4(OH)(OH_2)]$		83
$AsC_{24}H_{20}^+RuH_4Cl_4O_2^-\cdot H_2O$	$[AsPh_4][cis-RuCl_4(OH_2)_2]\cdot H_2O$		87
$AsC_{24}H_{20}^+H_5O_2^+2Cl^-$	$[AsPh_4][H_5O_2]Cl_2$		88
$AsC_{24}H_{20}^+I^-$	$[AsPh_4]I$		89
$AsC_{24}H_{20}^+I_3^-$	$[AsPh_4]I_3$	113	90, 91
$AsC_{24}H_{20}^+OsI_4N^-$	$[AsPh_4][OsNI_4]$		92
$2AsC_{24}H_{20}^+MnN_4O_{12}^{2-}$	$[AsPh_4]_2[Mn(NO_3)_4]$		93
$AsC_{24}H_{20}^+MoN_{13}^-$	$[AsPh_4][MoN(N_3)_4]$		94
$2AsC_{24}H_{20}^+NiN_4O_{12}^{2-}\cdot CH_2Cl_2$	$[AsPh_4]_2[Ni(NO_3)_4]\cdot CH_2Cl_2$		95
$2AsC_{24}H_{20}^+ZnN_4O_{12}^{2-}$	$[AsPh_4]_2[Zn(NO_3)_4]$		96
$2AsC_{24}H_{20}^+Pd_2N_{18}^{2-}$	$[AsPh_4]_2[Pd_2(N_3)_6]$		97

[a] $C_5H_4N_5$ = adenine anion. [b] 3-F-1,1,4,5,5-$(CN)_5$-2-azapentadienide. [c] pdc = pyridine-2,6-dicarboxylate. [d] Modification 1: asymmetric Br_3^- ion. [e] Modification 2: symmetric Br_3^- ion.

1. H. D. Hausen, H. J. Guder and W. Schwarz, *J. Organomet. Chem.*, 1977, **132**, 37.
2. H. J. Guder, W. Schwarz, J. Weidlein, H. J. Widler and H. D. Hausen, *Z. Naturforsch., Teil B*, 1976, **31**, 1185.
3. W. Schwarz, H. J. Guder, R. Prewo and H. D. Hausen, *Z. Naturforsch., Teil B*, 1976, **31**, 1427.
4. H. J. Widler, W. Schwarz, H. D. Hausen and J. Weidlein, *Z. Anorg. Allg. Chem.*, 1977, **435**, 179.
5. E. Collins, D. J. Sutor and F. G. Mann, *J. Chem. Soc.*, 1963, 4051.
6. A. T. McPhail, G. M. Semenink and D. B. Chestnut, *J. Chem. Soc. (A)*, 1971, 2174.
7. R. Eisenberg, Z. Dori, H. B. Gray and J. A. Ibers, *Inorg. Chem.*, 1968, **7**, 741.
8. P. Pauling, *Inorg. Chem.*, 1966, **5**, 1498.
9. M. Webster, K. R. Mudd and D. J. Taylor, *Inorg. Chim. Acta*, 1976, **20**, 231.
10. F. A. Cotton and S. J. Lippard, *Inorg. Chem.*, 1966, **5**, 416.
11. H. Weller, U. Müller, U. Weicher and K. Dehnicke, *Z. Anorg. Allg. Chem.*, 1980, **460**, 191.
12. U. Nagel, K. Peters, H. G. von Schnering and W. Beck, *J. Organomet. Chem.*, 1980, **185**, 427.
13. U. Weiher, K. Dehnicke and D. Fenske, *Z. Anorg. Allg. Chem.*, 1979, **457**, 105.
14. J. S. McKechnie, S. L. Miesel and I. C. Paul, *Chem. Commun.*, 1967, 152.
15. C. D. Garner, S. Parkes, I. B. Walton and W. Clegg, *Inorg. Chim. Acta*, 1978, **31**, L451*; *Inorg. Chem.*, 1979, **18**, 2250.
16. J. E. Smith, E. F. Byrne, F. A. Cotton and J. C. Sekutowski, *J. Am. Chem. Soc.*, 1978, **100**, 5571.
17. P. D. Brotherton, D. L. Kepert, A. H. White and S. B. Wild, *J. Chem. Soc., Dalton Trans.*, 1976, 1870.
18. F. A. Cotton and C. B. Harris, *Inorg. Chem.*, 1968, **7**, 2140.
19. T. J. Kirstenmacher, *Acta Crystallogr.*, 1973, **B29**, 1974.
20. E. Castellano, O. E. Piro and B. E. Rivero, *Acta Crystallogr.*, 1977, **B33**, 1728.
21. B. Kamenar and C. K. Prout, *J. Chem. Soc. (A)*, 1970, 2379.
22. M. A. A. F. de C. T. Carrondo, R. Shakir and A. C. Skapski, *J. Chem. Soc., Dalton Trans.*, 1978, 844.
23. F. W. B. Einstein, M. M. Gilbert, D. G. Tuck and P. L. Vogel, *Acta Crystallogr.*, 1976, **B32**, 2234.
24. J. G. Bergman and F. A. Cotton, *Inorg. Chem.*, 1966, **5**, 1420.
25. M. C. Cornock, R. O. Gould, C. L. Jones, J. D. Owen, D. F. Steele and T. A. Stephenson, *J. Chem. Soc., Dalton Trans.*, 1977, 496.

26. G. J. Palenik, *Acta Crystallogr.*, 1966, **20**, 471.
27. E. Seap, A. Purzer, G. Thiele and H. Behrens, *Z. Naturforsch., Teil B*, 1978, **33**, 261.
28. C. J. L. Lock and C. N. Murphy, *Acta Crystallogr.*, 1979, **B35**, 951.
29. M. R. Churchill, P. H. Bird, H. D. Kaesz, R. Bau and B. Fontal, *J. Am. Chem. Soc.*, 1968, **90**, 7135.
30. H. D. Kaesz, B. Fontal, R. Bau, S. W. Kirtley and M. R. Churchill, *J. Am. Chem. Soc.*, 1969, **91**, 1021.
31. M. R. Churchill, unpublished work cited in M. R. Churchill and S. W. Y. Chan, *Inorg. Chem.*, 1974, **13**, 2413.
32. A. Sequeira and I. Bernal, *J. Cryst. Mol. Struct.*, 1973, **3**, 157.
33. G. F. Brown and E. I. Stiefel, *Chem. Commun.*, 1970, 728*.
34. G. F. Brown and E. I. Stiefel, *Inorg. Chem.*, 1973, **12**, 2140.
35. J. Kaiser, W. Dietzsch, R. Richter, L. Golic and J. Siftar, *Acta Crystallogr.*, 1980, **B36**, 147.
36. G. Marangoni, S. Degetto, R. Graziani, G. Bombieri and E. Forsellini, *J. Inorg. Nucl. Chem.*, 1974, **36**, 1787.
37. R. Bau, S. W. Kirtley, T. N. Sorrell and S. Winarko, *J. Am. Chem. Soc.*, 1974, **96**, 988.
38. R. W. Lane, J. A. Ibers, R. B. Frankel, G. C. Papaefthymiou and R. H. Holm, *J. Am. Chem. Soc.*, 1977, **99**, 84.
39. J. L. Petersen and R. P. Stewart, *Inorg. Chem.*, 1980, **19**, 186.
40. W. P. Fehlhammer and L. F. Dahl, *J. Am. Chem. Soc.*, 1972, **94**, 3370.
41. B. F. G. Johnson, J. Lewis, S. W. Sankey, K. Wong, M. McPartlin and W. J. H. Nelson, *J. Organomet. Chem.*, 1980, **191**, C3.
42. P. F. Jackson, B. F. G. Johnson, J. Lewis, P. R. Raithby, M. McPartlin, W. J. H. Nelson, K. D. Rouse, J. Allibon and S. A. Mason, *J. Chem. Soc., Chem. Commun.*, 1980, 295.
43. M. J. Bennett, M. Cowie, J. L. Martin and J. Takats, *J. Am. Chem. Soc.*, 1973, **95**, 7504*; M. Cowie and M. J. Bennett, *Inorg. Chem.*, 1976, **15**, 1589.
44. J. L. Martin and J. Takats, *Inorg. Chem.*, 1975, **14**, 1358.
45. L. R. Hanton and P. R. Raithby, *Acta Crystallogr.*, 1980, **B36**, 2417.
46. R. P. Taylor, D. H. Templeton and W. de W. Horrocks, *Inorg. Chem.*, 1968, **7**, 2629.
47. R. W. Broach, L. F. Dahl, G. Longoni, P. Chini, A. J. Schultz and J. M. Williams, *Adv. Chem. Ser.*, 1978, **167**, 93.
48. J. R. Bradbury, M. F. Mackay and A. G. Wedd, *Aust. J. Chem.*, 1978, **31**, 2423.
49. L. J. Guggenberger and R. R. Schrock, *J. Am. Chem. Soc.*, 1975, **97**, 6693.
50. J. C. Calabrese, L. F. Dahl, P. Chini, G. Longoni and S. Martinengo, *J. Am. Chem. Soc.*, 1974, **96**, 2614.
51. C. H. Cheng, B. D. Spivack and R. Eisenberg, *J. Am. Chem. Soc.*, 1977, **99**, 3003.
52. P. G. Jones, J. J. Guy and G. M. Sheldrick, *Acta Crystallogr.*, 1975, **B31**, 2687.
53. J. Ollis, V. J. James, D. Ollis and M. Bogaard, *Cryst. Struct. Commun.*, 1976, **5**, 39.
54. M. P. Bogaard, J. Peterson and A. D. Rae, *Cryst. Struct. Commun.*, 1979, **8**, 347.
55. M. C. Couldwell, *Cryst. Struct. Commun.*, 1979, **8**, 469.
56. B. Gahan, C. D. Garner, L. H. Hill, F. E. Mabbs, K. D. Hargrave and A. T. McPhail, *J. Chem. Soc., Dalton Trans.*, 1977, 1726.
57. B. Zaslow and R. E. Rundle, *J. Phys. Chem.*, 1957, **61**, 490.
58. F. A. Cotton and C. A. Murillo, *Inorg. Chem.*, 1975, **14**, 2467.
59. B. Knopp, K. P. Lorcher and J. Strahle, *Z. Naturforsch., Teil B*, 1977, **32**, 1361.
60. C. D. Garner, L. H. Hill, F. E. Mabbs, D. C. McFadden and A. T. McPhail, *J. Chem. Soc., Dalton Trans.*, 1977, 953.
61. S. R. Fletcher, W. P. Griffith, D. Pawson, F. L. Phillips and A. C. Skapski, *Inorg. Nucl. Chem. Lett.*, 1973, **9**, 1117*.
62. F. L. Phillips and A. C. Skapski, *J. Cryst. Mol. Struct.*, 1975, **5**, 83; *Acta Crystallogr.*, 1975, **B31**, 2667.
63. W. Liese, K. Dehnicke, R. D. Rogers, R. Shakir and J. L. Atwood, *J. Chem. Soc., Dalton Trans.*, 1981, 1061.
64. W.-M. Dyck, K. Dehnicke, F. Weller and U. Müller, *Z. Anorg. Allg. Chem.*, 1980, **470**, 89.
65. T. Lis and B. Jezowska-Trzebiatowska, *Acta Crystallogr.*, 1977, **B33**, 1248.
66. G. Beindorf, J. Strahle, W. Liebelt and K. Dehnicke, *Z. Naturforsch., Teil B*, 1980, **35**, 522.
67. U. Müller and I. Lorenz, *Z. Anorg. Allg. Chem.*, 1980, **463**, 110.
68. J. F. de Wet and J. G. H. du Preez, *J. Chem. Soc., Dalton Trans.*, 1978, 592.
69. F. Weller, P. Ruschke and K. Dehnicke, *Z. Anorg. Allg. Chem.*, 1980, **467**, 89.
70. R. D. Willett, *J. Chem. Soc., Chem. Commun.*, 1973, 607*; R. D. Willett and C. Chow, *Acta Crystallogr.*, 1974, **B30**, 207.
71. U. Müller, W. M. Dyck and K. Dehnicke, *Z. Anorg. Allg. Chem.*, 1980, **468**, 172.
72. M. G. B. Drew, G. W. A. Fowles, E. M. Page and D. A. Rice, *J. Am. Chem. Soc.*, 1979, **101**, 5827.
73. F. Weller, W. Liebelt and K. Dehnicke, *Angew. Chem.*, 1980, **92**, 211 (*Angew. Chem., Int. Ed. Engl.*, 1980, **19**, 220).
74. B. R. Penfold and W. T. Robinson, *Inorg. Chem.*, 1966, **5**, 1758.
75. J. G. Bergman and F. A. Cotton, *Inorg. Chem.*, 1966, **5**, 1208.
76. T. J. King and A. Morris, *Inorg. Nucl. Chem. Lett.*, 1974, **10**, 237.
77. J.-C. G. Bünzli, B. Klein, G. Chapuis and K. J. Schenk, *J. Inorg. Nucl. Chem.*, 1980, **42**, 1307.
78. B. Buss, D. Altena, R. Hoefer and O. Glemser, *J. Chem. Soc., Chem. Commun.*, 1978, 226.
79. D. Fenske, W. Liebelt and K. Dehnicke, *Z. Anorg. Allg. Chem.*, 1980, **467**, 83.
80. T. J. King, N. Logan, A. Morris and S. C. Wallwork, *Chem. Commun.*, 1971, 554.
81. J. Drummond and J. S. Wood, *Chem. Commun.*, 1969, 1373.
82. C. T. Chu and L. F. Dahl, *Inorg. Chem.*, 1977, **16**, 3245.
83. P. H. Collins and M. Webster, *J. Chem. Soc., Dalton Trans.*, 1974, 1545.
84. B. D. Faithful and S. C. Wallwork, *Chem. Commun.*, 1967, 1211.
85. J. G. Scane, *Acta Crystallogr.*, 1967, **23**, 85.

86. C. D. Garner, L. H. Hill, F. E. Mabbs, D. C. McFadden and A. T. McPhail, *J. Chem. Soc., Dalton Trans.*, 1977, 1202.
87. T. E. Hopkins, A. Zalkin, D. H. Templeton and M. G. Adamson, *Inorg. Chem.*, 1966, **5**, 1427.
88. B. D. Faithful and S. C. Wallwork, *Acta Crystallogr.*, 1972, **B28**, 2301.
89. R. C. L. Mooney, *J. Am. Chem. Soc.*, 1940, **62**, 2955.
90. R. C. L. M. Slater, *Acta Crystallogr.*, 1959, **12**, 187.
91. J. Runsink, S. Swen-Walstra and T. Migchelson, *Acta Crystallogr.*, 1972, **B28**, 1331 (at 113 and 293 K).
92. F. L. Phillips and A. C. Skapski, *Transition Met. Chem.*, 1975, **1**, 28.
93. J. Drummond and J. S. Wood, *Chem. Commun.*, 1970, 226.
94. K. Dehnicke, J. Schmitte and D. Fenske, *Z. Naturforsch., Teil B*, 1980, **35**, 1070.
95. M. J. Begley, M. J. Haley, T. J. King and A. Morris, *Inorg. Nucl. Chem. Lett.*, 1976, **12**, 99.
96. C. Bellitto, L. Gastaldi and A. A. G. Tomlinson, *J. Chem. Soc., Dalton Trans.*, 1976, 989.
97. W. P. Fehlhammer and L. F. Dahl, *J. Am. Chem. Soc.*, 1972, **94**, 3377.

Au   Gold

Molecular formula	Structure	Notes	Ref.
$AuC_3H_3N_2$	$Au(CN)(CNMe)$		1
$AuC_3H_8F_3O_4S$	$Me_2Au(OSO_2CF_3)(OH_2)$		2
$AuB_{18}C_4H_{22}^- AuC_{10}H_{20}N_2S_4^+$	$[Au(S_2CNEt_2)_2][3,3'-Au(1,2-C_2B_9H_{11})_2]$		3, 4
$AuC_6H_{17}OS$	$Me_3Au(CH_2SOMe_2)$		5
$AuB_9C_7H_{21}NS_2$	$3-(Et_2NCS_2)-3,1,2-AuC_2B_9H_{11}$		3, 6
$AuC_8H_{22}NP_2$	$Me_2Au\{(CH_2PMe_2)_2N\}$		7
$AuBC_8H_{24}P_2$	$\overline{AuMe_2(CH_2PMe_2BH_2PMe_2CH_2)}$		8
$AuCo_2C_8O_8^- C_{36}H_{30}NP_2^+$	$[PPN][Au\{Co(CO)_4\}_2]$		9
$AuC_9H_{23}P_2$	$Me_2Au\{(CH_2PMe_2)_2CH\}$		7
$[AuC_{11}H_{14}N]_n$	$[Au(C_2Ph)(NH_2Pr^i)]_n$		10
$AuC_{12}H_{19}Cl_2S$	$AuCl_2Ph(SPr_2)$		11
$AuC_{12}F_{10}^- As_4AuC_{20}H_{32}^+$	$[Au(diars)_2][Au(C_6F_5)_2]$		12
$AuSnC_{16}H_{22}Cl_3P_2$	$Au(SnCl_3)(PMe_2Ph)_2$		13
$AuC_{16}H_{28}N_{16}^- AsC_{24}H_{20}^+$	$[AsPh_4][Au(CN_4Pr^i)_4]$		14
$AuC_{19}H_{18}P$	$AuMe(PPh_3)$		15
$AuC_{20}H_{17}Br_3P$	$\overline{AuBr_2\{CH(CH_2Br)C_6H_4PPh_2-2\}}$		16
$AuC_{21}H_{19}Br_3P$	$\overline{AuBr_2\{CH(CH_2Br)CH_2C_6H_4PPh_2-2\}}$		16
$AuCoC_{22}H_{15}O_4P$	$(Ph_3P)AuCo(CO)_4$		17
$AuC_{24}H_{15}F_5P$	$Au(C_6F_5)(PPh_3)$		18
$AuFeC_{24}H_{20}O_3P$	$(Ph_3P)AuFe(CO)_3(\eta-C_3H_5)$		19
$AuWC_{26}H_{20}O_3P$	$(Ph_3P)AuW(CO)_3(\eta-C_5H_5)$		20
$AuC_{26}H_{24}O_2P$	$Au\{C_6H_3(OMe)_2-2,6\}(PPh_3)$	238	21
$AuC_{30}H_{15}ClF_{10}P$	$AuCl(C_6F_5)_2(PPh_3)$		22
$AuC_{30}H_{32}I_2N_4^+ ClO_4^- \cdot C_4H_{10}O$	$[AuI_2\{C[NH(Tol)]_2\}_2][ClO_4]\cdot Et_2O$		23
$AuMnC_{40}H_{30}O_7P_2$	$(Ph_3P)AuMn(CO)_4\{P(OPh)_3\}$		24

1. S. Esperas, *Acta Chem. Scand., Ser. A*, 1976, **30**, 527.
2. S. Komiya, J. C. Huffman and J. K. Kochi, *Inorg. Chem.*, 1977, **16**, 2138.
3. H. M. Colquhoun, T. J. Greenhough and M. G. H. Wallbridge, *J. Chem. Soc., Chem. Commun.*, 1976, 1019*.
4. H. M. Colquhoun, T. J. Greenhough and M. G. H. Wallbridge, *Acta Crystallogr.*, 1977, **B33**, 3604.
5. J. P. Fackler and C. Paparizos, *J. Am. Chem. Soc.*, 1977, **99**, 2363.
6. H. M. Colquhoun, T. J. Greenhough and M. G. H. Wallbridge, *J. Chem. Soc., Dalton Trans.*, 1978, 303.
7. C. Krüger, J. C. Sekutowski, R. Goddard, H. J. Füller, O. Gasser and H. Schmidbaur, *Isr. J. Chem.*, 1976/77, **15**, 149.
8. H. Schmidbaur, G. Müller, K. C. Dash and B. Milewski-Mahola, *Chem. Ber.*, 1981, **114**, 441.
9. R. Uson, A. Laguna, M. Laguna, P. G. Jones and G. M. Sheldrick, *J. Chem. Soc., Dalton Trans.*, 1981, 366.
10. P. W. R. Corfield and H. M. M. Shearer, *Acta Crystallogr.*, 1967, **23**, 156.
11. M. McPartlin and A. J. Markwell, *J. Organomet. Chem.*, 1973, **57**, C25.
12. R. Uson, A. Laguna, J. Vicente, J. Garcia, P. G. Jones and G. M. Sheldrick, *J. Chem. Soc., Dalton Trans.*, 1981, 655.
13. W. Clegg, *Acta Crystallogr.*, 1978, **B34**, 278.
14. W. P. Fehlhammer and L. F. Dahl, *J. Am. Chem. Soc.*, 1972, **94**, 3370.
15. P. D. Gavens, J. J. Guy, M. J. Mays and G. M. Sheldrick, *Acta Crystallogr.*, 1977, **B33**, 137.
16. M. A. Bennett, K. Hoskins, W. R. Kneen, R. S. Nyholm, P. B. Hitchcock, R. Mason, G. B. Robertson and A. D. C. Towl, *J. Am. Chem. Soc.*, 1971, **93**, 4591.
17. B. T. Kilbourn, T. L. Blundell and H. M. Powell, *Chem. Commun.*, 1965, 444*; T. L. Blundell and H. M. Powell, *J. Chem. Soc. (A)*, 1971, 1685.
18. R. W. Baker and P. J. Pauling, *J. Chem. Soc., Dalton Trans.*, 1972, 2264.
19. F. E. Simon and J. W. Lauher, *Inorg. Chem.*, 1980, **19**, 2338.

20. J. B. Wilford and H. M. Powell, *J. Chem. Soc. (A)*, 1969, 8.
21. P. E. Riley and R. E. Davis, *J. Organomet. Chem.*, 1980, **192**, 283.
22. R. W. Baker and P. Pauling, *Chem. Commun.*, 1969, 745.
23. L. Manojlovic-Muir, *J. Organomet. Chem.*, 1974, **73**, C45.
24. K. A. I. F. M. Mannan, *Acta Crystallogr.*, 1967, **23**, 649.

Au$_2$ Digold

Molecular formula	Structure	Notes	Ref.
Au$_2$C$_2$H$_6$Br$_4$	[AuBr$_2$Me]$_2$		1
Au$_2$C$_8$H$_{20}$Br$_2$	[AuBrEt$_2$]$_2$		2
Au$_2$C$_{12}$H$_{24}$F$_6$P$_2$	{Au(PMe$_3$)}C(CF$_3$)=C(CF$_3$){AuMe$_2$(PMe$_3$)}		3
Au$_2$C$_{12}$H$_{24}$P$_2$	[Au{(CH$_2$)$_2$P(CH$_2$)$_4$}]$_2$		4
Au$_2$C$_{12}$H$_{28}$Cl$_2$P$_2$	[AuCl{(CH$_2$)$_2$PEt$_2$}]$_2$		5
Au$_2$C$_{12}$H$_{28}$P$_2$	[Au{(CH$_2$)$_2$PEt$_2$}]$_2$		6
Au$_2$C$_{35}$H$_{43}$P$_3$	Au$_2${μ-(CH$_2$)$_2$PBu$_2^i$}{μ-(Ph$_2$P)$_2$CH}		7
Au$_2$C$_{40}$H$_{30}$F$_6$P$_2$	{Au(PPh$_3$)}C(CF$_3$)=C(CF$_3$){Au(PPh$_3$)}		8
Au$_2$FeC$_{46}$H$_{39}$P$_2^+$BF$_4^-$	[{Au(PPh$_3$)}$_2$(η-C$_5$H$_4$)Fe(η-C$_5$H$_5$)]BF$_4$		9
Au$_2$C$_{56}$H$_{42}$O$_2$	[AuC$_4$Ph$_4$(μ-OH)]$_2$		10

1. S. Komiya, J. C. Huffman and J. K. Kochi, *Inorg. Chem.*, 1977, **16**, 1253.
2. A. Burawoy, C. S. Gibson, G. C. Hampson and H. M. Powell, *J. Chem. Soc.*, 1937, 1690.
3. J. A. J. Jarvis, A. Johnson and R. J. Puddephatt, *J. Chem. Soc., Chem. Commun.*, 1973, 373.
4. H. Schmidbaur, H.-P. Scherm and U. Schubert, *Chem. Ber.*, 1978, **111**, 764.
5. H. Schmidbaur, J. R. Mandl, A. Frank and G. Huttner, *Chem. Ber.*, 1976, **109**, 466.
6. H. Schmidbaur, J. E. Mandl, W. Richter, V. Bejenke, A. Frank and G. Huttner, *Chem. Ber.*, 1977, **110**, 2236.
7. H. Schmidbaur, J. R. Mandl, J.-M. Bassett, G. Bleschke and B. Zimmer-Gasser, *Chem. Ber.*, 1981, **114**, 433.
8. C. J. Gilmore and P. Woodward, *Chem. Commun.*, 1971, 1233.
9. V. G. Andrianov, Y. T. Struchkov and E. R. Rossinskaya, *J. Chem. Soc., Chem. Commun.*, 1973, 338*; *Zh. Strukt. Khim.*, 1974, **15**, 74.
10. M. Bois, D'Enghien-Petau, J. Meunier-Piret and M. van Meerssche, *Cryst. Struct. Commun.*, 1975, **4**, 375.

Au$_3$ Trigold

Molecular formula	Structure	Notes	Ref.
Au$_3$C$_{30}$H$_{36}$N$_3$O$_3$	[Au{C(OEt)=N(Tol)}]$_3$		1

1. A. Tiripicchio, M. Tiripicchio-Camellini and G. Minghetti, *J. Organomet. Chem.*, 1979, **171**, 399.

Au$_4$ Tetragold

Molecular formula	Structure	Notes	Ref.
Au$_4$C$_8$H$_{28}$O$_4$	[Au(OH)Me$_2$]$_4$		1

1. G. E. Glass, J. Konnert, M. G. Miles, D. Britton and R. S. Tobias, *J. Am. Chem. Soc.*, 1968, **90**, 1131.

Au$_5$ Pentagold

Molecular formula	Structure	Notes	Ref.
Au$_5$C$_{100}$H$_{87}$P$_8^{2+}$2NO$_3^-$	[Au$_5${CH(PPh$_2$)$_2$}(dppm)$_3$](NO$_3$)$_2$		1

1. J. W. A. van der Velden, J. J. Bour, F. A. Vollenbroek, P. T. Beurskens and J. M. M. Smits, *J. Chem. Soc., Chem. Commun.*, 1979, 1162.

B Boron

Molecular formula	Structure	Notes	Ref.
BCH_3F_2	BF_2Me	E	1
BCH_3O	H_3BCO	E	2
BCH_6NO_2	$H_2B(CO_2H)(NH_3)$	a	3
$BCF_6^-K^+$	$K[BF_3(CF_3)]$		4
BC_2H_6F	$BFMe_2$	E	1
$BC_2H_7NO^-CH_6N^+$	$[NH_3Me][H_3BC(O)NHMe]$		5
$BC_2F_8^-Cs^+$	$Cs[BF_2(CF_3)_2]$		6
BC_3H_8Cl	$BMe_2(CH_2Cl)$	93	7
BC_3H_9	BMe_3	E	8, 9
$BC_3H_9S_2$	$BMe(SMe)_2$	E	10
$[BLiC_4H_{12}]_n$	$[LiBMe_4]_n$	X, N	11
$BC_4H_{12}N$	$BMe_2(NMe_2)$	178	12
$BC_4H_{12}NO_2$	$H_2B(CO_2H)(NMe_3)$	a	13
$BC_4H_{14}P$	$H_3BCH_2PMe_3$		14
$BC_6H_5Cl_2$	BCl_2Ph	E	15
$BC_6H_6BrO_2$	$B(C_6H_4Br-4)(OH)_2$		16
$BC_6H_7N_2OS$	$\overline{B(OH)NMeN=CHCCH=CHS}$	b	17
$BC_6H_7O_2$	$BPh(OH)_2$		18
BC_6H_9	$B(CH=CH_2)_3$	E	19
$BC_6H_{18}NP_2$	$H_2\overline{BCH_2PMe_2NPMe_2CH_2}$		20
$BC_8H_4^-H_4N^+$	$[NH_4][B(C\equiv CH)_4]$		21
$BC_8H_4^-H_5N_2^+\cdot H_4N_2$	$[N_2H_5][B(C\equiv CH)_4]\cdot N_2H_4$		22
$BC_8H_9N_2O$	$Ph\overline{B(ON=CMeNH)}$		23
$BC_{10}H_{14}NO_2$	$Ph\overline{B(\mu\text{-}OC_2H_4)_2NH}$		24
$BC_{10}H_{15}N_2$	$Me_2\overline{B(C_6H_4CH=NNHMe)}$		25
$BC_{12}H_9O_2$	$\overline{BPh(OC_6H_4O)}$		26
$BC_{12}H_{14}NOS_2$	$\overline{B\{(C_4H_2S)_2C_2H_4\}(OC_2H_4NH_2)}$	c	27
$BC_{13}H_{12}BrClN$	$BClPh\{NMe(C_6H_4Br-4)\}$		28, 29
$BMnC_{14}H_{10}O_3$	$Mn(CO)_3(\eta^6\text{-}C_5H_5BPh)$		30
$BC_{14}H_{14}F_2NO$	$(4\text{-}FC_6H_4)_2\overline{BOC_2H_4NH_2}$		31
$BRuC_{14}H_{16}F_3$	$Ru(\eta^6\text{-}PhBF_3)(\eta^5\text{-}C_8H_{11})$		32
$BC_{14}H_{16}NO$	$Ph_2\overline{BOC_2H_4NH_2}$	d	33
$BC_{14}H_{16}NO$	$Ph_2\overline{BOC_2H_4NH_2}$	e	34
$BFeSiC_{15}H_{15}O_3$	$Fe(CO)_3\{\eta^5\text{-}PhB(CH=CH)_2SiMe_2\}$		35
$BC_{15}H_{16}BrClN$	$BCl(C_6H_4Me-2)\{NMe(C_6H_3Me-2-Br-4)\}$		28
$BC_{15}H_{16}NO_2$	$Ph_2\overline{B(ONMe=CMeO)}$		36
$BC_{15}H_{18}NO_2$	$Ph_2\overline{B(ONMe_2CH_2O)}$		37
$BC_{15}H_{23}N_2O_3$	$H_2\overline{BCH(CO_2Et)CHMeNMeN=CH\text{-}}$ (C_6H_4OMe-4)		38
$BFeC_{16}H_{19}INO_2$	$FeI(CO)_2(\eta^5\text{-}\overline{BPhCMeC_2H_2N}Bu^t)$		39
$BC_{16}H_{20}NO$	$(Tol)_2\overline{BOC_2H_4NH_2}$		34
$BCr_2C_{16}H_{25}N_4O_3$	$\{\mu\text{-}NEt(BEt_2)\}(\mu\text{-}NO)\{Cr(NO)(\eta\text{-}C_5H_5)\}_2$		40
$BC_{17}H_{14}NO_5$	$PhB\{OC(O)C(O)O\}(ONC_9H_9)$	f	41
$BC_{17}H_{17}BrNO_4$	$PhBO_2\{C_5H_6O(OH)(NHC_6H_4Br-4)\}$	g	42
$BC_{17}H_{18}NO_2$	$Ph_2\overline{B\{NHC_4H_7C(O)O\}}$	h	43
$BMn_2C_{18}H_{13}O_6$	$(\mu\text{-}\eta^5,\eta^5\text{-}PhBC_4H_3Et)\{Mn(CO)_3\}_2$		44
$BC_{18}H_{15}$	BPh_3		45
$BC_{18}H_{24}^-LiC_8H_{20}O_4^+$	$[Li(DME)_2][H_2B(Mes)_2]$		46
$BMoC_{18}H_{25}N_6O_2$	$Mo\{(pz)_2BEt_2\}(pzH)(CO)_2(\eta\text{-}C_3H_5)$		47
$BC_{19}H_{15}O_2$	$Ph_2\overline{B\{OC_6H_4C(O)H-2\}}$		48
$BMoC_{19}H_{23}N_4O_2$	$Mo\{(pz)_2BEt_2\}(CO)_2(\eta^3\text{-}C_7H_7)$		49
$BC_{20}H_{18}N_2O_2^-C_4H_{12}N^+$	$[NMe_4][BPh_3(ONCMeNO)]$		50
$BMoC_{20}H_{19}N_6O_2$	$Mo\{(pz)_3BPh\}(CO)_2(\eta\text{-}C_3H_5)$		51
$BPtC_{20}H_{27}N_4$	$PtMe\{(pz)_2BEt_2\}(\eta^2\text{-}MeC_2Ph)$		52
$BMoC_{21}H_{25}N_4O_2$	$Mo\{(pz)_2BEt_2\}(CO)_2(\eta^3\text{-}CH_2CPhCH_2)$		53
$BC_{21}H_{26}NO_4S$	$Et_2\overline{B\{CEt=CPhS(O)(CH_2C_6H_4NO_2-4)O\}}$		54
$BC_{21}H_{35}F_3NO_2$	$BCy\{CCy_2NHC(O)CF_3\}(OH)$		55
$BNiC_{21}H_{40}P$	$Ni\{BEt(CH=CH_2)(CH_2)_3PCy_2\}(\eta^2\text{-}C_2H_4)$	D	56
$BC_{23}H_{34}NO_2$	$\overline{B(c\text{-}C_5H_9)\{C(c\text{-}C_5H_9)_2NHC(O)Ph\}(OH)}$		55
$BNiC_{23}H_{38}N_3$	$NiEt\{N(BEt_3)=CHBu^t\}(bipy)$		57
$BC_{24}H_{20}^-$	$[BPh_4]^-$ salts: see p. 1257		
$BC_{24}H_{20}NO$	$Ph_2\overline{B(OC_{10}H_6CH=NMe)}$		58
$BMoC_{24}H_{21}N_6O_2$	$Mo\{(pz)_3BPh\}(CO)_2(\eta^3\text{-}C_7H_7)$		59
$BMoC_{24}H_{23}N_4O_2$	$Mo\{(pz)_2BPh_2\}(CO)_2(\eta^3\text{-}C_4H_7)$		60

Molecular formula	Structure	Notes	Ref.
$BFeC_{26}H_{20}NO_2$	$Fe\{CN(BPh_3)\}(CO)_2(\eta\text{-}C_5H_5)$		61
$BMoC_{27}H_{20}O_3^-C_8H_{20}N^+$	$[NEt_4][Mo(CO)_3(\eta^6\text{-}PhBPh_3)]$	138	62
$BCuC_{27}H_{28}N_2O$	$Cu(CO)(en)(\eta^2\text{-}PhBPh_3)$		63
$BC_{27}H_{33}$	$B(Mes)_3$		64
$BC_{27}H_{34}BrO_4$	$(4\text{-}BrC_6H_4)BO_2(C_{21}H_{30}O_2)$	i	65
$BC_{28}H_{26}$	$(Mes)\overline{B}C_6H_4CHPh\overline{C}_6H_4$		66
$BFeC_{28}H_{36}NO_2P_2$	$FeMe\{CN(BPh_3)\}(CO)_2(PMe_3)_2$		67
$BRuC_{29}H_{25}$	$Ru(\eta\text{-}C_5H_5)(\eta^6\text{-}PhBPh_3)$		68
$BMoC_{30}H_{27}N_6O_2$	$Mo\{(pz)_2BPh_2\}(pzH)(CO)_2(\eta^3\text{-}C_7H_7)$		59
$BRhC_{30}H_{38}O_6P_2$	$Rh(\eta^6\text{-}PhBPh_3)\{P(OMe)_3\}_2$		69
$BMoC_{31}H_{27}$	$Mo(\eta^6\text{-}PhBPh_3)(\eta\text{-}C_7H_7)$	138	62
$BC_{31}H_{32}N$	$B(Mes)_2(N=CPh_2)$		70
$BRhC_{31}H_{36}NPS_2$	$Rh\{NC(BPh_3)\}(S_2PMe_2)(\eta^5\text{-}C_5Me_5)$		71
$BFe_2C_{32}H_{24}O_4^-C_8H_{20}N^+\cdot 0.5C_4H_8O$	$[NEt_4][Fe_2(CO)_4(\eta\text{-}C_5H_5)(\eta^5\text{-}C_5H_4BPh_3)]\cdot 0.5THF$		72
$BRuC_{32}H_{31}$	$Ru(\eta^6\text{-}PhBPh_3)(\eta^5\text{-}C_8H_{11})$		32
$BAgC_{39}H_{37}N_4P$	$Ag\{(pz)_2BPh_2\}\{P(Tol)_3\}$		73
$BFe_4C_{40}H_{36}$	$\cdot BFc_4$	j	74
$BWC_{42}H_{50}BrClN_2P_3\cdot CH_2Cl_2$	$HWClBr\{N=NH(BPh_3)\}(PMe_2Ph)_3\cdot CH_2Cl_2$		75
$BRhC_{50}H_{44}P_2$	$Rh(dppe)(\eta^6\text{-}PhBPh_3)$		76
$BC_{52}H_{59}BrNO_{17}\cdot CH_2Cl_2$	$(4\text{-}BrC_6H_4)BO_2(C_{46}H_{55}NO_{15})\cdot CH_2Cl_2$	k	77

^a H-bonded dimer.   ^b 7-OH-6-Me-7,6-borazathieno[3,2-c]pyridine.   ^c Spiro(9H-borepino[2,3-b:7,6-b']dithiopheno-9,2')-1,3,2-oxazaborolidine.   ^d Monoclinic.   ^e Orthorhombic.   ^f 3,4-Dihydroisoquinoline N-oxide adduct of 2-Ph-1,3,2-dioxaborolane-4,5-dione.   ^g Ph boronate ester of N-(4-BrC_6H_4)-α-D-ribopyranosylamine.   ^h L-Prolinato.   ⁱ 4-BrC_6H_4 boronate ester of 17α,20β,21-(OH)_3-pregn-4-en-3-one.   ^j Zwitterion: ferricenyl$^+$BFc$_3^-$.   ^k 4-BrC_6H_4 boronate ester of streptovaricin C triacetate.

1. S. H. Bauer and J. M. Hastings, *J. Am. Chem. Soc.*, 1942, **64**, 2686.
2. S. H. Bauer, *J. Am. Chem. Soc.*, 1937, **59**, 1804.
3. B. F. Spielvogel, M. K. Das, A. T. McPhail, K. D. Onan and I. H. Hall, *J. Am. Chem. Soc.*, 1980, **102**, 6343.
4. D. J. Brauer, H. Bürger and G. Pawelke, *Inorg. Chem.*, 1977, **16**, 2305.
5. R. W. Parry, C. E. Nordman, J. C. Carter and G. Terhaar, *Adv. Chem. Ser.*, 1964, **42**, 302.
6. D. J. Brauer, H. Bürger and G. Pawelke, *J. Organomet. Chem.*, 1980, **192**, 305.
7. J. C. Huffman, *Cryst. Struct. Commun.*, 1974, **3**, 649.
8. H. A. Levy and L. O. Brockway, *J. Am. Chem. Soc.*, 1937, **59**, 2085.
9. L. S. Bartell and B. L. Carroll, *J. Chem. Phys.*, 1965, **42**, 3076.
10. S. Lindoy, H. M. Seip and R. Seip, *Acta Chem. Scand., Ser. A*, 1976, **30**, 54.
11. D. Groves, W. Rhine and G. D. Stucky, *J. Am. Chem. Soc.*, 1971, **93**, 1553 (X); W. E. Rhine, G. D. Stucky and S. W. Peterson, *J. Am. Chem. Soc.*, 1975, **97**, 6401 (X, N).
12. G. J. Bullen and N. H. Clark, *J. Chem. Soc. (A)*, 1970, 992.
13. B. F. Spielvogel, L. Wojnowich, M. K. Das, A. T. McPhail and K. D. Hargrave, *J. Am. Chem. Soc.*, 1976, **98**, 5702.
14. H. Schmidbaur, G. Müller, B. Milewski-Mahrla and U. Schubert, *Chem. Ber.*, 1980, **113**, 2575.
15. K. P. Coffin and S. H. Bauer, *J. Phys. Chem.*, 1955, **59**, 193.
16. Z. V. Zvonkova and V. P. Gluskova, *Kristallografiya*, 1958, **3**, 559.
17. B. Aurivillius and I. Lofving, *Acta Chem. Scand., Ser. B*, 1974, **28**, 989.
18. S. J. Rettig and J. Trotter, *Can. J. Chem.*, 1977, **55**, 3071.
19. A. Foord, B. Beagley, W. Reade and I. A. Steer, *J. Mol. Struct.*, 1975, **24**, 131.
20. H. Schmidbaur, H.-J. Fuller, G. Muller and A. Frank, *Chem. Ber.*, 1979, **112**, 1448.
21. A. I. Gusev, M. G. Los', A. F. Zhigach, R. A. Svitsyn and E. S. Sobolev, *Zh. Strukt. Khim.*, 1976, **17**, 537.
22. A. I. Gusev, D. Y. Nesterov, A. F. Zhigach, R. A. Svitsyn and E. S. Sobolev, *Zh. Strukt. Khim.*, 1978, **19**, 180.
23. E. S. Raper, *Acta Crystallogr.*, 1978, **B34**, 3281.
24. S. J. Rettig and J. Trotter, *Can. J. Chem.*, 1975, **53**, 1393.
25. C. Svensson, *Acta Crystallogr.*, 1976, **B32**, 3341.
26. F. Zettler, H. D. Hausen and H. Hess, *Acta Crystallogr.*, 1974, **B30**, 1876.
27. I. Cynkier and H. Hope, *Acta Crystallogr.*, 1978, **B34**, 2990.
28. H. Friebolin, H. Morgenthaler, K. Autenrieth and M. L. Ziegler, *Org. Magn. Reson.*, 1977, **10**, 157.
29. M. L. Ziegler, K. Weidenhammer, K. Autenrieth and H. Friebolin, *Z. Naturforsch., Teil B*, 1978, **33**, 200.
30. G. Huttner and W. Gartzke, *Chem. Ber.*, 1974, **107**, 3786.
31. S. J. Rettig and J. Trotter, *Acta Crystallogr.*, 1974, **B30**, 2139.
32. T. V. Ashworth, M. J. Nolte, R. H. Reimann and E. Singleton, *J. Chem. Soc., Chem. Commun.*, 1977, 937.
33. S. J. Rettig and J. Trotter, *Can. J. Chem.*, 1973, **51**, 1288.
34. S. J. Rettig and J. Trotter, *Can. J. Chem.*, 1976, **54**, 3130.
35. G. E. Herberich, E. Bauer, J. Hengesbach, U. Kolle, G. Huttner and H. Lorenz, *Chem. Ber.*, 1977, **110**, 760.

36. S. J. Rettig, J. Trotter, W. Kliegel and D. Nanninga, *Can. J. Chem.*, 1978, **56**, 1676.
37. S. J. Rettig, J. Trotter and W. Kliegel, *Can. J. Chem.*, 1974, **52**, 2531.
38. W. Sucrow, L. Zuhlke, M. Slopianka and J. Pickardt, *Chem. Ber.*, 1977, **110**, 2818.
39. J. Schulze, R. Boese and G. Schmid, *Chem. Ber.*, 1980, **113**, 2348.
40. R. G. Ball, B. W. Hames, P. Legzdins and J. Trotter, *Inorg. Chem.*, 1980, **19**, 3626.
41. P. Paetzold, P. Bohm, A. Richter and E. Scholl, *Z. Naturforsch., Teil B*, 1976, **31**, 754.
42. H. Shimanouchi, N. Saito and Y. Sasada, *Bull. Chem. Soc. Jpn.*, 1969, **42**, 1239.
43. S. J. Rettig and J. Trotter, *Can. J. Chem.*, 1977, **55**, 958.
44. G. Herberich, J. Hengesbach, U. Kölle, G. Huttner and A. Frank, *Angew. Chem.*, 1976, **88**, 450 (*Angew. Chem., Int. Ed. Engl.*, 1976, **15**, 433).
45. F. Zettler, H. D. Hausen and H. Hess, *J. Organomet. Chem.*, 1974, **72**, 157.
46. J. Hooz, S. Akiyama, F. J. Cedar, M. J. Bennett and R. M. Tuggle, *J. Am. Chem. Soc.*, 1974, **96**, 274.
47. F. A. Cotton, B. A. Frenz and A. G. Stanislowski, *Inorg. Chim. Acta*, 1973, **7**, 503.
48. S. J. Rettig and J. Trotter, *Can. J. Chem.*, 1976, **54**, 1168.
49. F. A. Cotton and V. W. Day, *J. Chem. Soc., Chem. Commun.*, 1974, 415.
50. K. von Deuten, C. von Schlabrendorff and G. Klar, *Cryst. Struct. Commun.*, 1980, **9**, 753.
51. F. A. Cotton, C. A. Murillo and B. R. Stults, *Inorg. Chim. Acta*, 1977, **22**, 75.
52. B. W. Davies and N. C. Payne, *J. Organomet. Chem.*, 1975, **102**, 245.
53. F. A. Cotton, T. LaCour and A. G. Stanislowski, *J. Am. Chem. Soc.*, 1974, **96**, 754.
54. J. H. Noordik and T. E. M. van den Hark, *Cryst. Struct. Commun.*, 1978, **7**, 287.
55. P. R. Mallinson, D. N. J. White, A. Pelter, K. Rowe and K. Smith, *J. Chem. Res.*, 1978, (*M*) 3101, (*S*) 234.
56. B. Barnett and C. Krüger, unpublished work cited in K. Fischer, K. Jonas, P. Misbach, R. Stabba and G. Wilke, *Angew. Chem.*, 1973, **85**, 1002 (*Angew. Chem., Int. Ed. Engl.*, 1973, **12**, 943).
57. H. Hoberg, V. Götz and C. Krüger, *J. Organomet. Chem.*, 1979, **169**, 219.
58. O. E. Kompan, N. G. Furmanova, Y. T. Struchkov, L. M. Setkina, V. A. Bren' and V. I. Minkin, *Zh. Strukt. Khim.*, 1980, **21** (2), 90.
59. F. A. Cotton, C. A. Murillo and B. R. Stults, *Inorg. Chim. Acta*, 1977, **22**, 75.
60. F. A. Cotton, B. A. Frenz and C. A. Murillo, *J. Am. Chem. Soc.*, 1975, **97**, 2118.
61. M. Laing, G. Kruger and A. L. du Preez, *J. Organomet. Chem.*, 1974, **82**, C40.
62. M. B. Hossain and D. van der Helm, *Inorg. Chem.*, 1978, **17**, 2893.
63. M. Pasquali, C. Floriani and A. Gaetani-Manfredotti, *J. Chem. Soc., Chem. Commun.*, 1978, 921*; *Inorg. Chem.*, 1980, **19**, 1191.
64. J. F. Blount, P. Finocchiaro, D. Gust and K. Mislow, *J. Am. Chem. Soc.*, 1973, **95**, 7019.
65. P. J. Cox, P. D. Cradwick and G. A. Sim, *J. Chem. Soc., Perkin Trans. 2*, 1976, 110.
66. P. Finocchiaro, A. Recca, F. A. Bottino, F. Bickelhaupt, R. van Veen, H. Schenk and J. D. Schagen, *J. Am. Chem. Soc.*, 1980, **102**, 5594.
67. D. Ginderow, *Acta Crystallogr.*, 1980, **B36**, 1950.
68. G. J. Kruger, A. L. du Preez and R. J. Haines, *J. Chem. Soc., Dalton Trans.*, 1974, 1302.
69. M. J. Nolte and G. Gafner, *Acta Crystallogr.*, 1974, **B30**, 738.
70. G. J. Bullen and K. Wade, *Chem. Commun.*, 1971, 1122*; G. J. Bullen, *J. Chem. Soc., Dalton Trans.*, 1973, 858.
71. M. C. Cornock, D. R. Robertson, T. A. Stephenson, C. L. Jones, G. H. W. Milburn and L. Sawyer, *J. Organomet. Chem.*, 1977, **135**, C50.
72. J. M. Burlitch, J. H. Burk, M. E. Leonowicz and R. E. Hughes, *Inorg. Chem.*, 1979, **18**, 1702.
73. M. I. Bruce, J. D. Walsh, B. W. Skelton and A. H. White, *J. Chem. Soc., Dalton Trans.*, 1981, 956.
74. D. O. Cowan, P. Shu, F. L. Hedberg, M. Rossi and T. J. Kistenmacher, *J. Am. Chem. Soc.*, 1978, **101**, 1304.
75. T. Takahashi, Y. Mizobe, M. Sato, Y. Uchida and M. Hidai, *J. Am. Chem. Soc.*, 1980, **102**, 7461.
76. P. Albano, M. Aresta and M. Manassero, *Inorg. Chem.*, 1980, **19**, 1069.
77. A. H.-J. Wang, I. C. Paul, K. L. Rinehart and F. J. Antosz, *J. Am. Chem. Soc.*, 1971, **93**, 6275*; A. H.-J. Wang and I. C. Paul, *J. Am. Chem. Soc.*, 1976, **98**, 4612.

B_2 Diboron

Molecular formula	Structure	Notes	Ref.
$B_2C_2H_4Cl_4$	[CH$_2$BCl$_2$]$_2$		1
$B_2C_3H_9NS_2$	MeB$\overline{S_2BMeN}$Me		2
$B_2C_4H_{12}N_2S$	MeB(NMe)$_2$BMeS		2
$B_2C_4H_{12}O$	(BMe$_2$)$_2$O	E	3
$B_2C_4H_{12}S_2$	(BMe$_2$)$_2$S$_2$	E	4
$B_2C_5H_{15}N_3$	MeB(NMe)$_2$BMeNMe		2
$B_2C_6H_{10}I_2S$	IB(CEt)$_2$BIS		5
$B_2C_6H_{20}N_2$	[H$_2$BCH$_2$NMe$_2$]$_2$		6
$B_2C_8H_{18}N_2$	MeB(CEt)$_2$BMeNHNH		7
$B_2C_8H_{19}^-C_{16}H_{36}N^+$	[NBu$_4$][(μ-H)$_2$B$_2$(μ-C$_4$H$_8$)$_2$]		8
$B_2NiC_{10}H_{12}F_2O_2 \cdot B_2C_8H_{12}F_2$	Ni(CO)$_2$(η^4-C$_4$Me$_4$B$_2$F$_2$)·C$_4$Me$_4$B$_2$F$_2$	a	9
$B_2C_{10}H_{22}N_2S$	(Me$_2$N)B(CEt)$_2$B(NMe$_2$)S		10
$B_2FeC_{11}H_{10}O_3S$	Fe(CO)$_3${η^5-C$_6$H$_4$(BMe)$_2$S}	b	11

Molecular formula	Structure	Notes	Ref.
$B_2CoC_{11}H_{15}$	$Co(\eta^4\text{-}C_4H_4B_2Me_2)(\eta\text{-}C_5H_5)$		12
$B_2CrC_{11}H_{18}N_2O_3$	$Cr(CO)_3\{\eta\text{-}Me\overline{B(CEt)_2BMeNHNH}\}$		7
$B_2CoC_{12}H_{16}$	$Co(\eta\text{-}C_5H_5BMe)_2$		13
$B_2CoC_{12}H_{16}O_2$	$Co\{\eta\text{-}C_5H_5B(OMe)\}_2$		13, 14
$B_2C_{13}H_{19}N_6^+F_6P^-$	$[EtB(\mu\text{-}pz)_3BEt][PF_6]$		15
$B_2FeC_{13}H_{22}N_2O_3S$	$Fe(CO)_3\{\eta^5\text{-}(Me_2N)\overline{B(CEt)_2B(NMe_2)S}\}$		10
$B_2C_{14}H_{24}Br_2N_4$	$[BEt_2(\mu\text{-}C_3H_2BrN_2)]_2$		16
$B_2Si_4Sn_2C_{14}H_{42}N_4$	$[MeB\{N(SiMe_3)\}_2Sn]_2$		17
$B_2Fe_2C_{16}H_{16}O_4$	$[Fe(CO)_2(\eta^6\text{-}C_5H_5BMe)]_2$		18
$B_2C_{16}H_{19}NO_3$	$PhBO_2(C_2H_2Me_2BPhNHO)$	c	19
$B_2C_{16}H_{30}$	$[(\mu\text{-}H)B(C_8H_{14})]_2$	d	20
$B_2NiC_{17}H_{28}$	$Ni(\eta\text{-}Et\overline{B(CEt)_2BEtCMe})(\eta\text{-}C_5H_5)$		21
$B_2Fe_2C_{18}H_{26}S$	$\{\mu\text{-}\eta^5,\eta^5\text{-}Me\overline{B(CEt)_2BMeS}\}\{Fe(\eta\text{-}C_5H_5)\}_2$		22
$B_2C_{20}H_{12}OS_4$	$(C_{10}H_6BS_2)_2O$	e	23
$B_2C_{20}H_{18}F_{10}N_2$	$[C_6F_5BNBu^t]_2$		24
$B_2NiC_{20}H_{32}N_8$	$Ni\{(pz)_2BEt_2\}_2$		25
$B_2NiC_{24}H_{30}S_2$	$Ni\{\eta^5\text{-}PhB(CH=CH)_2SiMe_2\}_2$		26
$B_2Mo_2C_{24}H_{32}N_8O_4\cdot CS_2$	$Mo_2\{(pz)_2BEt_2\}_2(O_2CMe)_2\cdot CS_2$		27
$B_2C_{26}H_{38}Cl_2N_2$	$Et\overline{BCEt_2N(C_6H_4Cl\text{-}4)B(CEt_3)N}(C_6H_4Cl\text{-}4)$	148	28
$B_2C_{28}H_{24}O$	$(C_{14}H_{12}B)_2O$	f	29
$B_2Fe_2C_{32}H_{38}N_2O_4$	$cis\text{-}[Fe(CO)_2\{\eta^5\text{-}Ph\overline{BCMe(CH)_2NBu^t}\}]_2$		30
$B_2NiC_{36}H_{32}N_8$	$Ni\{(pz)_2BPh_2\}_2$		31
$B_2C_{37}H_{30}N^-MoSnC_{30}H_{54}Cl_3N_6^+$	$[Mo(SnCl_3)(CNBu^t)_6][(BPh_3)_2CN]$		32
$B_2C_{38}H_{80}N_2O_2$	$(C_6H_{13})_2BOC(=NPr_2^i)B(C_6H_{13})_2C(=NPr_2^i)O$		33

[a] $C_4Me_4B_2F_2$ = 1,4-F_2-1,4-dihydro-2,3,5,6-Me_4-1,4-diborin. [b] $C_6H_4(BMe)_2S$ = 1,3-Me_2-2,1,3-benzothiadiborolene. [c] 8,8-Me_2-3,5-Ph_2-2,4,6-trioxa-1-azonia-3-bora-5-boranatobicyclo[3.3.0]octane. [d] Bi(9-borabicyclo[3.3.1]nonyl). [e] Bis(4-dithieno[3,2-b:2′,3-f]borepinyl) ether. [f] Bis(4-dibenzoborepinyl) ether.

1. E. B. Moore and W. N. Lipscomb, *Acta Crystallogr.*, 1956, **9**, 668.
2. H. Fussstetter, H. Nöth, K. Peters, H. G. von Schnering and J. C. Huffman, *Chem. Ber.*, 1980, **113**, 3881.
3. G. Gundersen and H. Vahrenkamp, *J. Mol. Struct.*, 1976, **33**, 97.
4. R. Johansen, H. M. Seip and W. Siebert, *Acta Chem. Scand., Ser. A*, 1975, **29**, 644.
5. F. Zettler, H. Hess, W. Siebert and R. Full, *Z. Anorg. Allg. Chem.*, 1976, **420**, 285.
6. T. H. Hseu and L. A. Larsen, *Inorg. Chem.*, 1975, **14**, 330.
7. W. Siebert, R. Full, H. Schmidt, J. von Seyerl, M. Halstenberg and G. Huttner, *J. Organomet. Chem.*, 1980, **191**, 15.
8. W. R. Clayton, D. J. Saturnino, P. W. R. Corfield and S. G. Shore, *J. Chem. Soc., Chem. Commun.*, 1973, 377*; D. J. Saturnino, M. Yamauchi, W. R. Clayton, R. W. Nelson and S. G. Shore, *J. Am. Chem. Soc.*, 1975, **97**, 6063.
9. J. A. K. Howard, I. W. Kerr and P. Woodward, *J. Chem. Soc., Dalton Trans.*, 1975, 2466.
10. W. Siebert, R. Full, J. Edwin, K. Kinberger and C. Krüger, *J. Organomet. Chem.*, 1977, **131**, 1.
11. W. Siebert, G. Augustin, R. Fall, C. Krüger and Y.-H. Tsay, *Angew. Chem.*, 1975, **87**, 286 (*Angew. Chem., Int. Ed. Engl.*, 1975, **14**, 262).
12. G. E. Herberich, B. Hessner, S. Beswetherick, J. A. K. Howard and P. Woodward, *J. Organomet. Chem.*, 1980, **192**, 421.
13. G. Huttner, B. Krieg and W. Gartzke, *Chem. Ber.*, 1972, **105**, 3424.
14. G. Huttner and B. Krieg, *Angew. Chem.*, 1972, **84**, 29 (*Angew. Chem., Int. Ed. Engl.*, 1972, **11**, 42)*.
15. E. M. Holt, S. L. Holt, K. J. Watson and B. Olsen, *Cryst. Struct. Commun.*, 1978, **7**, 613.
16. E. M. Holt, S. L. Tebben, S. L. Holt and K. J. Watson, *Acta Crystallogr.*, 1977, **B33**, 1986.
17. H. Fussstetter and H. Nöth, *Chem. Ber.*, 1979, **112**, 3672.
18. G. Huttner and W. Gartzke, *Chem. Ber.*, 1974, **107**, 3786.
19. S. J. Rettig, J. Trotter, W. Kliegel and H. Becker, *Can. J. Chem.*, 1976, **54**, 3142.
20. D. J. Brauer and C. Krüger, *Acta Crystallogr.*, 1973, **B29**, 1684.
21. W. Siebert, M. Bochmann, J. Edwin, C. Krüger and Y.-H. Tsay, *Z. Naturforsch., Teil B*, 1978, **33**, 1410.
22. W. Siebert, T. Renk, K. Kinberger, M. Bochmann and C. Krüger, *Angew. Chem.*, 1976, **88**, 850 (*Angew. Chem., Int. Ed. Engl.*, 1976, **15**, 779).
23. B. Aurivillius, *Acta Chem. Scand., Ser. B*, 1974, **28**, 998.
24. P. Paetzold, A. Richter, T. Thijssen and S. Wurtenberg, *Chem. Ber.*, 1979, **112**, 3811.
25. H. M. Echols and D. Dennis, *Acta Crystallogr.*, 1974, **B30**, 2173.
26. G. E. Herberich, M. Thönnessen and D. Schmitz, *J. Organomet. Chem.*, 1980, **191**, 27.
27. D. M. Collins, F. A. Cotton and C. A. Murillo, *Inorg. Chem.*, 1976, **15**, 1861.
28. C. Tsai and W. E. Streib, *Tetrahedron Lett.*, 1968, 669*; *Acta Crystallogr.*, 1970, **B26**, 835.
29. I. Cynkier and N. Furmanova, *Cryst. Struct. Commun.*, 1980, **9**, 307.
30. J. Schulze and G. Schmid, *Angew. Chem.*, 1980, **92**, 61 (*Angew. Chem., Int. Ed. Engl.*, 1980, **19**, 54)*; J. Schulze, R. Boese and G. Schmid, *Chem. Ber.*, 1980, **113**, 2348.
31. F. A. Cotton and C. A. Murillo, *Inorg. Chim. Acta*, 1976, **17**, 121.
32. C. M. Giandomenico, J. C. Dewan and S. J. Lippard, *J. Am. Chem. Soc.*, 1981, **103**, 1407.
33. A. S. Fletcher, W. E. Paget, K. Smith, K. Swaminathan and M. J. Haley, *J. Chem. Soc., Chem. Commun.*, 1979, 573.

B₃   *Structure Index*

B$_3$ Triboron

Molecular formula	Structure	Notes	Ref.
B$_3$C$_2$H$_5$	1,5-C$_2$B$_3$H$_5$	E	1
B$_3$C$_3$H$_9$N$_3$	[MeBN]$_3$		2
B$_3$C$_3$H$_9$O$_3$	[MeBO]$_3$	E	3
B$_3$FeC$_5$H$_7$O$_3$	C$_2$B$_3$H$_7${Fe(CO)$_3$}		4
B$_3$C$_9$H$_{24}$N$_3$	[CH$_2$B(NMe$_2$)]$_3$		5
B$_3$C$_{12}$H$_{30}$N$_3$	B$_3$N$_3$Et$_6$		6
B$_3$Co$_2$C$_{13}$H$_{17}$	1,7-{Co(η-C$_5$H$_5$)}$_2$-3-Me-2,3-C$_2$B$_3$H$_4$		7
B$_3$Co$_2$C$_{13}$H$_{17}$	1,7-{Co(η-C$_5$H$_5$)}$_2$-2-Me-2,4-C$_2$B$_3$H$_4$		8
B$_3$Co$_2$C$_{14}$H$_{19}$	1,2-{Co(η-C$_5$H$_5$)}$_2$-4,5-Me$_2$-4,5-C$_2$B$_3$H$_3$		9
B$_3$CoFeC$_{14}$H$_{20}$	1-{HFe(η-C$_5$H$_5$)}-2-{Co(η-C$_5$H$_5$)}-4,5-Me$_2$-4,5-C$_2$B$_3$H$_3$		9
B$_3$CoHgC$_{14}$H$_{25}$Cl	1-{Co(η-C$_5$H$_5$)}-2,3-Me$_2$-4,5-(μ-HgCl)-2,3-C$_2$B$_3$H$_4$		10
B$_3$CoC$_{14}$H$_{35}$P$_2$	2-{Co(PEt$_3$)$_2$}-1,6-C$_2$B$_3$H$_5$		11
B$_3$Co$_2$C$_{15}$H$_{17}$	1,7-{Co(η-C$_5$H$_5$)}$_2$-2,3-(μ-C$_3$H$_4$)-2,3-C$_2$B$_3$H$_3$		12
B$_3$CrC$_{15}$H$_{30}$N$_3$O$_3$	Cr(CO)$_3$(η^6-B$_3$N$_3$Et$_6$)		13
B$_3$C$_{24}$H$_{23}$O$_6$	PhBOCH$_2$CH($\overline{\text{O}}$)CH($\overline{\text{O}}$)CH(OBPh)CH($\overline{\text{O}}$)CH$_2$OBPh	a	14
B$_3$C$_{24}$H$_{24}$N$_3$O$_3$	[$\overline{\text{B}}$(O)C$_6$H$_4$(CH$_2$NCH$_2$)]$_3$	b	15
B$_3$CoC$_{33}$H$_{28}$	1-{Co(η-C$_5$H$_5$)}-4,5,7,8-Ph$_4$-4,5,7,8-C$_4$B$_3$H$_3$		16
B$_3$C$_{36}$H$_{24}$N$_3$	B$_3$N$_3$(C$_{12}$H$_8$)$_3$	c	17
B$_3$C$_{36}$H$_{30}$N$_3$	B$_3$N$_3$Ph$_6$	123	18

^a D-Mannitol tris(phenylboronate). ^b Tribenzotaralene: 5H,7H,9H,11H-18,8-(1,2-benzenomethano)-16,20-epoxy-6,10-methano-6H-dibenzo[e,n]-1,3-dioxa-8,10,12-triaza-2,4,16-triboracyclohexadecine. ^c 1,2:3,4:5,6-Tris(2,2'-biphenylene)borazine.

1. E. A. McNeill, K. L. Gallaher, F. R. Scholer and S. H. Bauer, *Inorg. Chem.*, 1973, **12**, 2108.
2. K. Anzenhofer, *Mol. Phys.*, 1966, **11**, 495.
3. S. H. Bauer and J. Y. Beach, *J. Am. Chem. Soc.*, 1941, **63**, 1394.
4. J. P. Brennan, R. N. Grimes, R. Schaeffer and L. G. Sneddon, *Inorg. Chem.*, 1973, **12**, 2266.
5. H. Hess, *Acta Crystallogr.*, 1969, **B25**, 2334.
6. M. A. Viswamitra and S. N. Vaidya, *Z. Kristallogr.*, 1965, **121**, 472.
7. D. C. Beer, V. R. Miller, L. G. Sneddon, R. N. Grimes, M. Mathew and G. J. Palenik, *J. Am. Chem. Soc.*, 1973, **95**, 3046.
8. W. T. Robinson and R. N. Grimes, *Inorg. Chem.*, 1975, **14**, 3056.
9. R. N. Grimes, E. Sinn and R. B. Maynard, *Inorg. Chem.*, 1980, **19**, 2384.
10. D. C. Finster and R. N. Grimes, *Inorg. Chem.*, 1981, **20**, 863.
11. G. K. Barker, M. Green, M. P. Garcia, F. G. A. Stone, J.-M. Bassett and A. J. Welch, *J. Chem. Soc., Chem. Commun.*, 1980, 1266.
12. J. R. Pipal and R. N. Grimes, *Inorg. Chem.*, 1978, **17**, 10.
13. G. Huttner and B. Krieg, *Angew. Chem.*, 1971, **83**, 541 (*Angew. Chem., Int. Ed. Engl.*, 1971, **10**, 512)*; *Chem. Ber.*, 1972, **105**, 3437.
14. A. Gupta, A. Kirfel, G. Will and G. Wulff, *Acta Crystallogr.*, 1977, **B33**, 637.
15. E. B. Fleischer and R. Dewar, *Tetrahedron Lett.*, 1970, 363.
16. G. J. Zimmerman and L. G. Sneddon, *Inorg. Chem.*, 1980, **19**, 3651.
17. P. J. Roberts, D. J. Brauer, Y.-H. Tsay and C. Krüger, *Acta Crystallogr.*, 1974, **B30**, 2673.
18. D. Lux, W. Schwarz and H. Hess, *Cryst. Struct. Commun.*, 1979, **8**, 33.

B$_4$ Tetraboron

Molecular formula	Structure	Notes	Ref.
B$_4$C$_2$H$_6$	1,6-C$_2$B$_4$H$_6$	E	1, 2
B$_4$C$_2$H$_8$	2,3-C$_2$B$_4$H$_8$		3, 4
B$_4$GaC$_3$H$_9$	1-GaMe-2,3-C$_2$B$_4$H$_6$		5
B$_4$C$_4$H$_{11}^-$RuC$_{25}$H$_{46}$N$_5^+$	[HRu(CNBu^t)$_5$][2,3-Me$_2$-2,3-C$_2$B$_4$H$_5$]		6
B$_4$C$_4$H$_{12}$	2,3-Me$_2$-2,3-C$_2$B$_4$H$_6$		3
B$_4$C$_4$H$_{12}$N$_2$S$_2$	(BMe)$_4$N$_2$S$_2$	a	7
B$_4$CoC$_9$H$_{15}$	1-{Co(η-C$_5$H$_5$)}-2,3-Me$_2$-2,3-C$_2$B$_4$H$_4$		8
B$_4$PtC$_{14}$H$_{36}$P$_2$	1-{Pt(PEt$_3$)$_2$}-2,4-C$_2$B$_4$H$_6$	215	9
B$_4$PtC$_{14}$H$_{38}$P$_2$	4,5-{μ-*trans*-HPt(PEt$_3$)$_2$}-5,6-(μ-H)-2,3-C$_2$B$_4$H$_6$		6, 10
B$_4$NiC$_{16}$H$_{24}$F$_4$	Ni(η^4-C$_4$Me$_4$B$_2$F$_2$)$_2$	b	11
B$_4$NiC$_{16}$H$_{32}$S$_2$	Ni{η^5-Me$\overline{\text{B}}$(CEt)$_2$BMe$\overline{\text{S}}$}$_2$		12
B$_4$PtC$_{16}$H$_{40}$P$_2$	1-{Pt(PEt$_3$)$_2$}-2,3-Me$_2$-2,3-C$_2$B$_4$H$_4$	215	6, 9

Molecular formula	Structure	Notes	Ref.
$B_4C_{16}H_{44}N_8$	$[Bu^tBNHNH]_4$		13
$B_4Na_4C_{16}H_{50}O$	$\overline{(NaHBMe_3)_4OEt_2}$	133	14
$B_4FeMn_2C_{22}H_{32}O_6S_2$	$Fe\{\mu\text{-}\eta^5,\eta^5\text{-}Me\overline{B(CEt)_2BMeS}\}_2\{Mn(CO)_3\}_2$		15

^a 2,4,6,8-Me$_4$-3,7-dithia-1,5-diaza-2,4,6,8-tetraborabicyclo[3.3.0]octane. ^b C$_4$Me$_4$B$_2$F$_2$ = 1,4-F$_2$-1,4-dihydro-2,3,5,6-Me$_4$-1,4-diborin.

1. V. S. Mastryukov, O. V. Dorofeeva, L. V. Vilkov, A. F. Zhigach, V. T. Laptev and A. B. Petrunin, *J. Chem. Soc., Chem. Commun.*, 1973, 276*; V. S. Mastryukov, O. V. Dorofeeva, L. V. Vilkov, A. V. Golubinskii, A. F. Zhigach, V. T. Laptev and A. B. Petrunin, *Zh. Strukt. Khim.*, 1975, **16**, 171.
2. E. A. McNeill, K. L. Gallaher, F. R. Scholer and S. H. Bauer, *Inorg. Chem.*, 1973, **12**, 2108; E. A. McNeill and F. R. Scholer, *Inorg. Chem.*, 1975, **14**, 1081.
3. F. P. Boer, W. E. Streib and W. N. Lipscomb, *Inorg. Chem.*, 1964, **3**, 1666.
4. G. S. Pawley, *Acta Crystallogr.*, 1966, **20**, 631.
5. R. N. Grimes, W. J. Rademaker, M. L. Denniston, R. F. Bryan and P. T. Greene, *J. Am. Chem. Soc.*, 1972, **94**, 1865.
6. G. K. Barker, M. Green, T. P. Onak, F. G. A. Stone, C. B. Ungermann and A. J. Welch, *J. Chem. Soc., Chem. Commun.*, 1978, 169.
7. H. Nöth and R. Ullmann, *Chem. Ber.*, 1975, **108**, 3125.
8. R. Weiss and R. F. Bryan, *Acta Crystallogr.*, 1977, **B33**, 589.
9. G. K. Barker, M. Green, F. G. A. Stone and A. J. Welch, *J. Chem. Soc., Dalton Trans.*, 1980, 1186.
10. G. K. Barker, M. Green, F. G. A. Stone, A. J. Welch, T. P. Onak and G. Siwapanyoyos, *J. Chem. Soc., Dalton Trans.*, 1979, 1687.
11. P. S. Maddren, A. Modinos, P. L. Timms and P. Woodward, *J. Chem. Soc., Dalton Trans.*, 1975, 1272.
12. W. Siebert, R. Full, C. Krüger and Y.-H. Tsay, *Z. Naturforsch., Teil B*, 1976, **31**, 203.
13. P. C. Thomas and I. C. Paul, *Chem. Commun.*, 1968, 1130.
14. N. A. Bell, H. M. M. Shearer and C. B. Spencer, *J. Chem. Soc., Chem. Commun.*, 1980, 711.
15. W. Siebert, C. Böhle, C. Krüger and Y.-H. Tsay, *Angew. Chem.*, 1978, **90**, 558 (*Angew. Chem., Int. Ed. Engl.*, 1978, **17**, 527).

B$_5$ Pentaboron

Molecular formula	Structure	Notes	Ref.
B_5CH_7	CB_5H_7	E	1
B_5CH_{11}	$B_5H_8Me\text{-}1$	E	2
B_5CH_{11}	$B_5H_8Me\text{-}2$	E	2
$B_5C_2H_7$	$2,4\text{-}C_2B_5H_7$	E	3
$B_5C_2H_{13}$	$B_5H_7Me_2\text{-}2,3$		4
$B_5SiC_3H_{16}Br$	$(\mu\text{-}Me_3Si)B_5H_7Br\text{-}1$		5
$B_5Co_2C_{12}H_{17}$	$1,7\text{-}\{Co(\eta\text{-}C_5H_5)\}_2\text{-}5,6\text{-}C_2B_5H_7$		6
$B_5Co_2C_{12}H_{17}$	$1,8\text{-}\{Co(\eta\text{-}C_5H_5)\}_2\text{-}5,6\text{-}C_2B_5H_7$		6
$B_5Ni_3C_{16}H_{21}$	$7,8,9\text{-}\{Ni(\eta\text{-}C_5H_5)\}_3\text{-}1\text{-}CB_5H_6$		7
$B_5Pt_2C_{26}H_{67}P_4$	$2,3\text{-}\{Pt(PEt_3)_2\}_2\text{-}1,6\text{-}C_2B_5H_7$		8

1. E. A. McNeill and F. R. Scholer, *Inorg. Chem.*, 1975, **14**, 1081.
2. J. D. Wieser, D. C. Moody, J. C. Huffman, R. Hilderbrandt and R. Schaeffer, *J. Am. Chem. Soc.*, 1975, **97**, 1074.
3. E. A. McNeill and F. R. Scholer, *J. Mol. Struct.*, 1975, **27**, 151.
4. L. B. Friedman and W. N. Lipscomb, *Inorg. Chem.*, 1966, **5**, 1752.
5. J. C. Calabrese and L. F. Dahl, *J. Am. Chem. Soc.*, 1971, **93**, 6042.
6. R. N. Grimes, A. Zalkin and W. T. Robinson, *Inorg. Chem.*, 1976, **15**, 2274.
7. C. G. Salentine, C. E. Strouse and M. F. Hawthorne, *J. Am. Chem. Soc.*, 1976, **98**, 841*; *Inorg. Chem.*, 1976, **15**, 1832.
8. G. K. Barker, M. Green, J. L. Spencer, F. G. A. Stone, B. F. Taylor and A. J. Welch, *J. Chem. Soc., Chem. Commun.*, 1975, 804.

B$_6$ Hexaboron

Molecular formula	Structure	Notes	Ref.
$B_6C_4H_{12}$	$1,7\text{-}Me_2\text{-}1,7\text{-}C_2B_6H_6$		1
$B_6MnC_5H_8O_3^-C_{19}H_{18}P^+$	$[PMePh_3][1\text{-}\{Mn(CO)_3\}\text{-}4,6\text{-}C_2B_6H_8]$		2
$B_6PtC_8H_{26}P_2$	$1\text{-}\{Pt(PMe_3)_2\}\text{-}6,8\text{-}C_2B_6H_8$		3, 4
$B_6C_{10}H_{22}$	$(BMe)_6(CH)_4$	a	5
$B_6PtC_{10}H_{30}P_2$	$1\text{-}\{Pt(PMe_3)_2\}\text{-}6,8\text{-}Me_2\text{-}6,8\text{-}C_2B_6H_6$		3, 4

B_6

Molecular formula	Structure	Notes	Ref.
$B_6Co_2C_{12}H_{18}$	2,6-{Co(η-C$_5$H$_5$)}$_2$-1,10-C$_2$B$_6$H$_8$	123	6
$B_6Fe_2C_{12}H_{18}$	1,6-{Fe(η-C$_5$H$_5$)}$_2$-2,3-C$_2$B$_6$H$_8$	113, b	7
$B_6Co_2C_{14}H_{20}$	2,4-{Co(η-C$_5$H$_5$)}$_2$-7,8,9,10-C$_4$B$_6$H$_{10}$		8
$B_6CoC_{14}H_{39}P_2$	2-{HCo(PEt$_3$)$_2$}-1,8-C$_2$B$_6$H$_8$		9
$B_6PtC_{16}H_{42}P_2$	2-{Pt(PEt$_3$)$_2$}-3,8-Me$_2$-3,8-C$_2$B$_6$H$_6$		3, 10
$B_6Co_2C_{18}H_{28}$	{Co(η-C$_5$H$_5$)}$_2$Me$_4$C$_4$B$_6$H$_6$	c	11
$B_6Co_2HgC_{18}H_{30}$	{1-[Co(η-C$_5$H$_5$)]$_2$-2,3-Me$_2$-2,3-C$_2$B$_3$H$_4$}$_2$-4,5-(μ-Hg)		12

^{a} 2,4,6,8,9,10-(BMe)$_6$-adamantane. ^{b} Diamagnetic isomer. ^{c} Isomer 5.

1. H. Hart and W. N. Lipscomb, *Inorg. Chem.*, 1968, **7**, 1070.
2. F. J. Hollander, D. H. Templeton and A. Zalkin, *Inorg. Chem.*, 1973, **12**, 2262.
3. M. Green, J. L. Spencer, F. G. A. Stone and A. J. Welch, *J. Chem. Soc., Chem. Commun.*, 1974, 794*.
4. A. J. Welch, *J. Chem. Soc., Dalton Trans.*, 1976, 225.
5. I. Rayment and H. M. M. Shearer, *J. Chem. Soc., Dalton Trans.*, 1977, 136.
6. E. L. Hoel, C. E. Strouse and M. F. Hawthorne, *Inorg. Chem.*, 1974, **13**, 1388.
7. K. P. Callahan, W. J. Evans, F. Y. Lo, C. E. Strouse and M. F. Hawthorne, *J. Am. Chem. Soc.*, 1975, **97**, 296.
8. K.-S. Wong, J. R. Bowser, J. R. Pipal and R. N. Grimes, *J. Am. Chem. Soc.*, 1978, **100**, 5045.
9. G. K. Barker, M. Green, M. P. Garcia, F. G. A. Stone, J.-M. Bassett and A. J. Welch, *J. Chem. Soc., Dalton Trans.*, 1980, 1266.
10. A. J. Welch, *J. Chem. Soc., Dalton Trans.*, 1977, 962.
11. J. R. Pipal and R. N. Grimes, *Inorg. Chem.*, 1979, **18**, 1936.
12. D. C. Finster and R. N. Grimes, *Inorg. Chem.*, 1981, **20**, 863.

B_7 Heptaboron

Molecular formula	Structure	Notes	Ref.
$B_7C_4H_{13}$	1,6-Me$_2$-1,6-C$_2$B$_7$H$_7$		1
$B_7C_4H_{15}$	4,5-Me$_2$-4,5-C$_2$B$_7$H$_9$	103	2
$B_7C_4H_{17}$	6,8-Me$_2$-6,8-C$_2$B$_7$H$_{11}$		3
$B_7CoC_6H_{13}^-Cs^+$	Cs[3-{Co(η-C$_5$H$_5$)}-4-CB$_7$H$_8$]		4
$B_7CoC_7H_{16}$	8-{Co(η-C$_5$H$_5$)}-6,7-C$_2$B$_7$H$_{11}$	113	5
$B_7CoNiC_{11}H_{18}$	2-{Ni(η-C$_5$H$_5$)}-3-{Co(η-C$_5$H$_5$)}-10-CB$_7$H$_8$		6
$B_7CoFeC_{12}H_{19}$	1-{Fe(η-C$_5$H$_5$)}-8-{Co(η-C$_5$H$_5$)}-2,3-C$_2$B$_7$H$_9$		7
$B_7CoC_{13}H_{24}$	{Co(η-C$_5$H$_5$)}Me$_4$C$_4$B$_7$H$_7$	a	8
$B_7CoC_{13}H_{24}$	{Co(η-C$_5$H$_5$)}Me$_4$C$_4$B$_7$H$_7$	b	9
$B_7FeC_{13}H_{25}$	{Fe(η-C$_5$H$_5$)}Me$_4$C$_4$B$_7$H$_8$		10
$B_7CoC_{15}H_{28}O$	1-{Co(η-C$_5$H$_5$)}-2,3,7,8-Me$_4$-2,3,7,8-C$_4$B$_7$H$_6$-(OEt-12)		11
$B_7PtC_{16}H_{43}P_2$	9-{Pt(PEt$_3$)$_2$}-2,7-Me$_2$-2,7-C$_2$B$_7$H$_7$		12
$B_7NiC_{16}H_{45}P_2$	6-{Ni(PEt$_3$)$_2$}-5,9-Me$_2$-5,9-C$_2$B$_7$H$_9$		13
$B_7Co_2C_{18}H_{29}$	Co(2,3-Me$_2$-2,3-C$_2$B$_3$H$_5$){5-[Co(η-C$_5$H$_5$)(η-C$_5$H$_4$)]-2,3-Me$_2$-2,3-C$_2$B$_4$H$_3$}		14
$B_7RuC_{25}H_{32}P$	6-{Ru(η^2-CH$_2$=CHCH$_2$C$_6$H$_4$PPh$_2$)}-2,3-Me$_2$-2,3-C$_2$B$_7$H$_7$		15

^{a} Isomer 2. ^{b} Isomer 3.

1. T. F. Koetzle, F. E. Scarborough and W. N. Lipscomb, *Inorg. Chem.*, 1968, **7**, 1076.
2. J. C. Huffman and W. E. Streib, *J. Chem. Soc., Chem. Commun.*, 1972, 665.
3. D. Voet and W. N. Lipscomb, *Inorg. Chem.*, 1967, **6**, 113.
4. K. P. Callahan, C. E. Strouse, A. L. Sims and M. F. Hawthorne, *Inorg. Chem.*, 1974, **13**, 1393.
5. K. P. Callahan, F. Y. Lo, C. E. Strouse, A. L. Sims and M. F. Hawthorne, *Inorg. Chem.*, 1974, **13**, 2842.
6. G. E. Hardy, K. P. Callahan and M. F. Hawthorne, *Inorg. Chem.*, 1978, **17**, 1662.
7. K. P. Callahan, A. L. Sims, C. B. Knobler, F. Y. Lo and M. F. Hawthorne, *Inorg. Chem.*, 1978, **17**, 1658.
8. R. N. Grimes, E. Sinn and J. R. Pipal, *Inorg. Chem.*, 1980, **19**, 2087.
9. R. B. Maynard, E. Sinn and R. N. Grimes, *Inorg. Chem.*, 1981, **20**, 1201.
10. W. M. Maxwell, R. F. Bryan and R. N. Grimes, *J. Am. Chem. Soc.*, 1977, **99**, 4008.
11. J. R. Pipal and R. N. Grimes, *J. Am. Chem. Soc.*, 1978, **100**, 3083.
12. M. Green, J. L. Spencer, F. G. A. Stone and A. J. Welch, *J. Chem. Soc., Chem. Commun.*, 1974, 571*; A. J. Welch, *J. Chem. Soc., Dalton Trans.*, 1975, 2270.
13. M. Green, J. A. K. Howard, J. L. Spencer and F. G. A. Stone, *J. Chem. Soc., Chem. Commun.*, 1974, 153*; *J. Chem. Soc., Dalton Trans.*, 1975, 2274.
14. J. R. Pipal, W. M. Maxwell and R. N. Grimes, *Inorg. Chem.*, 1978, **17**, 1447.
15. C. W. Jung, R. T. Baker, C. B. Knobler and M. F. Hawthorne, *J. Am. Chem. Soc.*, 1980, **102**, 5782.

B₈   Octaboron

Molecular formula	Structure	Notes	Ref.
$B_8C_2H_{10}$	$1,10\text{-}C_2B_8H_{10}$	E	1
$B_8C_4H_{14}$	$1,6\text{-}Me_2\text{-}1,6\text{-}C_2B_8H_8$	238–253	2
$B_8C_8H_{20}$	$2,3,7,8\text{-}Me_4\text{-}2,3,7,8\text{-}C_4B_8H_8$		3
$B_8FeC_8H_{22}$	$(2,3\text{-}Me_2\text{-}2,3\text{-}C_2B_4H_4)_2FeH_2$		4
$B_8PtC_8H_{28}P_2$	$8\text{-}\{Pt(PMe_3)_2\}\text{-}7,10\text{-}C_2B_8H_{10}$		5
$B_8C_9H_{17}N$	$10\text{-}PhCH_2\text{-}10\text{-}N\text{-}7,8\text{-}C_2B_8H_{10}$		6
$B_8Co_2C_{12}H_{20}$	$2,3\text{-}\{Co(\eta\text{-}C_5H_5)\}_2\text{-}1,7\text{-}C_2B_8H_{10}$		7
$B_8CoFeC_{13}H_{25}$	$2\text{-}\{Co(\eta\text{-}C_5H_5)\}\text{-}1\text{-}Fe\text{-}4,5,4',5'\text{-}Me_4C_4B_8H_8$		8
$B_8PtC_{14}H_{40}P_2$	$9,10\text{-}\{\mu\text{-}HPt(PEt_3)_2\}\text{-}7,8\text{-}C_2B_8H_9$		9
$B_8Pt_2C_{14}H_{46}P_4$	$4,8\text{-}\{\mu\text{-}Pt(PMe_3)_2\}\text{-}8\text{-}\{Pt(PMe_3)_2\}\text{-}7,10\text{-}C_2B_8H_{10}$		5
$B_8FeC_{18}H_{28}$	$4\text{-}Fc\text{-}2,3,7,8\text{-}Me_4C_4B_8H_7$		10
$B_8CoC_{18}H_{29}$	$12\text{-}\{Co(\eta\text{-}C_5H_5)(\eta\text{-}C_5H_4)\}\text{-}7,8,9,10\text{-}Me_4C_4B_8H_8$		11
$B_8Fe_2C_{18}H_{30}$	$7,8\text{-}\{Fe(\eta\text{-}C_5H_5)\}_2\text{-}4,11,12,14\text{-}Me_4C_4B_8H_8$	a	12, 13
$B_8Fe_2C_{18}H_{30}$	$7,8\text{-}\{Fe(\eta\text{-}C_5H_5)\}_2\text{-}4,11,12,14\text{-}Me_4C_4B_8H_8$	b	12, 13
$B_8Fe_2C_{18}H_{30}$	$7,8\text{-}\{Fe(\eta\text{-}C_5H_5)\}_2\text{-}3,4,12,14\text{-}Me_4C_4B_8H_8$	c	13
$B_8Fe_2C_{18}H_{30}$	$1,14\text{-}\{Fe(\eta\text{-}C_5H_5)\}_2\text{-}2,5,9,12\text{-}Me_4C_4B_8H_8$	d	14
$B_8CoPtC_{19}H_{45}P_2$	$1\text{-}\{Co(\eta\text{-}C_5H_5)\}\text{-}8\text{-}\{Pt(PEt_3)_2\}\text{-}2,7\text{-}C_2B_8H_{10}$	D	15
$B_8Co_2FeC_{32}H_{64}S_4$	$\{[Me\bar{B}(CEt)_2BMe\bar{S}]_2Co\}_2Fe$		16
$B_8NiC_{34}H_{44}P_2$	$1\text{-}\{Ni(dppe)\}\text{-}3,7,9,13\text{-}Me_4C_4B_8H_8$		17
$B_8PtC_{37}H_{42}P_2$	$9\text{-}\{Pt(PPh_3)_2\}\text{-}6\text{-}CB_8H_{12}$		18
$B_8PtC_{38}H_{40}P_2$	$Pt(\eta^2\text{-}C_2B_8H_{10})(PPh_3)_2$		19
$B_8Co_3C_{38}H_{49}$	$7,7'\text{-}\{Co(\eta\text{-}C_5H_5)\}_2\text{-}3\text{-}Co\text{-}1,2,1',2'\text{-}Me_4C_4B_8H_7$		20

a Isomer 1, brown. b Isomer 2, green. c Isomer 5. d Isomer 8.

1. E. G. Atavin, V. S. Mastryukov, A. V. Golubinskii and L. V. Vilkov, *J. Mol. Struct.*, 1980, **65**, 259.
2. T. F. Koetzle and W. N. Lipscomb, *Inorg. Chem.*, 1970, **9**, 2279.
3. D. P. Freyberg, R. Weiss, E. Sinn and R. N. Grimes, *Inorg. Chem.*, 1977, **16**, 1847.
4. J. R. Pipal and R. N. Grimes, *Inorg. Chem.*, 1979, **18**, 263.
5. G. K. Barker, M. Green, J. L. Spencer, F. G. A. Stone, B. F. Taylor and A. J. Welch, *J. Chem. Soc., Chem. Commun.*, 1975, 804.
6. J. Plešek, S. Heřmánek, J. Huffman, P. Ragatz and R. Schaeffer, *J. Chem. Soc., Chem. Commun.*, 1975, 835.
7. K. P. Callahan, C. E. Strouse, A. L. Sims and M. F. Hawthorne, *Inorg. Chem.*, 1974, **13**, 1397.
8. W. M. Maxwell, E. Sinn and R. N. Grimes, *J. Am. Chem. Soc.*, 1976, **98**, 3490.
9. G. K. Barker, M. Green, F. G. A. Stone, A. J. Welch and W. C. Wolsey, *J. Chem. Soc., Chem. Commun.*, 1980, 627.
10. R. N. Grimes, W. M. Maxwell, R. B. Maynard and E. Sinn, *Inorg. Chem.*, 1980, **19**, 2981.
11. R. N. Grimes, J. R. Pipal and E. Sinn, *J. Am. Chem. Soc.*, 1979, **101**, 4172.
12. W. M. Maxwell, E. Sinn and R. N. Grimes, *J. Chem. Soc., Chem. Commun.*, 1976, 389*.
13. W. M. Maxwell, R. Weiss, E. Sinn and R. N. Grimes, *J. Am. Chem. Soc.*, 1977, **99**, 4016.
14. J. R. Pipal and R. N. Grimes, *Inorg. Chem.*, 1978, **17**, 6.
15. W. E. Carroll, M. Green, F. G. A. Stone and A. J. Welch, *J. Chem. Soc., Dalton Trans.*, 1975, 2263.
16. W. Siebert, W. Rothermal, C. Böhle, C. Krüger and D. J. Brauer, *Angew. Chem.*, 1979, **91**, 1014 (*Angew. Chem., Int. Ed. Engl.*, 1979, **18**, 949).
17. R. N. Grimes, E. Sinn and J. R. Pipal, *Inorg. Chem.*, 1980, **19**, 2087.
18. G. A. Kukina, I. A. Zakharova, M. A. Porai-Koshits, B. Stibr, V. S. Sergienko, K. Base and I. Dolanskii, *Izv. Akad. Nauk SSSR, Ser. Khim.*, 1978, 1228.
19. G. A. Kukina, M. A. Porai-Koshits, V. S. Sergienko, O. Strouf, K. Base, I. A. Zakharova and B. Stibr, *Izv. Akad. Nauk SSSR, Ser. Khim.*, 1980, 1686.
20. D. C. Finster, E. Sinn and R. N. Grimes, *J. Am. Chem. Soc.*, 1981, **103**, 1399.

B₉   Nonaboron

Molecular formula	Structure	Notes	Ref.
$B_9TlC_2H_{11}^-C_{19}H_{18}P^+\cdot 0.5THF$	$[PMePh_3][3,1,2\text{-}TlC_2B_9H_{11}]\cdot 0.5THF$	173	1, 2
$B_9C_3H_{15}$	$11\text{-}Me\text{-}2,7\text{-}C_2B_9H_{12}$		3
$B_9C_4H_{14}BrO_2$	$2,7\text{-}Me_2\text{-}2,3\text{-}C_2B_9H_6Br\text{-}10\text{-}(OH)_2\text{-}4,7$		4
$B_9C_4H_{15}$	$6,9\text{-}Me_2\text{-}6,9\text{-}C_2B_9H_9$		5
$B_9AlC_4H_{16}$	$3\text{-}(AlEt)\text{-}1,2\text{-}C_2B_9H_{11}$		6
$B_9AlC_4H_{18}$	$7,8\text{-}(\mu\text{-}AlMe_2)\text{-}1,2\text{-}C_2B_9H_{11}$	173	7
$B_9ReC_5H_{11}O_3^-Cs^+$	$Cs[3\text{-}\{Re(CO)_3\}\text{-}1,2\text{-}C_2B_9H_{11}]$		8
$B_9C_5H_{18}^-Cs^+$	$Cs[7,8\text{-}C_2B_9H_9(Me_3\text{-}9,10,11)]$		9
$B_9AsCoC_6H_{15}$	$3\text{-}\{Co(\eta\text{-}C_5H_5)\}\text{-}2\text{-}As\text{-}1\text{-}CB_9H_{10}$	D	10
$B_9FeC_6H_{15}^-C_4H_{12}N^+$	$[NMe_4][1\text{-}\{Fe(\eta\text{-}C_5H_5)\}\text{-}2\text{-}CB_9H_{10}]$		11
$B_9FeC_7H_{16}$	$3\text{-}\{Fe(\eta\text{-}C_5H_5)\}\text{-}1,2\text{-}C_2B_9H_{11}$		12
$B_9AuC_7H_{21}NS_2$	$3\text{-}\{Au(S_2CNEt_2)\}\text{-}1,2\text{-}C_2B_9H_{11}$		13

Molecular formula	Structure	Notes	Ref.
$B_9PdC_8H_{27}N_2$	3-{Pd(TMEDA)}-1,2-$C_2B_9H_{11}$		14
$B_9PdC_8H_{29}P_2$	3-{Pd(PMe_3)_2}-1,2-$C_2B_9H_{11}$		14
$B_9FeC_9H_{15}F_3O_2$	3-{Fe(η-C_5H_5)}-1,2-$C_2B_9H_{10}$(OCOCF_3-8)	153	15
$B_9CoC_9H_{18}O$	3-{Co(η-C_5H_5)}-1,2-$C_2B_9H_{10}$(COMe-8)		16
$B_9CoC_9H_{18}O_2$	3-{Co(η-C_5H_5)}-1,2-$C_2B_9H_{10}$(OCOMe-8)		16
$B_9CoC_9H_{23}N$	5-{Co(η-C_5H_5)}-2-Me_3N-2-CB_9H_9	D	17
$B_9Co_2C_{11}H_{20}^-C_4H_{12}N^+$	[NMe_4][2,3-{Co(η-C_5H_5)}_2-1-CB_9H_{10}]		18
$B_9CoC_{12}H_{20}$	1-{Co(η-C_5H_5)(η-C_5H_4)}-1,2-$C_2B_9H_{11}$		19
$B_9PtC_{14}H_{41}P_2$	3-{Pt(PEt_3)_2}-1,2-$C_2B_9H_{11}$	215	20
$B_9HgC_{20}H_{26}P\cdot 0.5C_4H_8O_2$	3-{Hg(PPh_3)}-1,2-$C_2B_9H_{11}\cdot$0.5diox	213	1, 21
$B_9RhC_{20}H_{26}NO_3P\cdot 3CH_2Cl_2$	3-{Rh(NO_3)(PPh_3)}-1,2-$C_2B_9H_{11}\cdot$3CH_2Cl_2		22
$B_9PtC_{20}H_{37}P_2$	1-{Pt(PMe_2Ph)_2}-2,4-Me_2-2,4-$C_2B_9H_9$		23
$B_9RhC_{24}H_{33}P$	3-{HRh(PPh_3)}-1,3-{μ-η^2-CH_2=CH(CH_2)_2}-1,2-$C_2B_9H_{10}$		24
$B_9RhC_{26}H_{30}NOP$	3-{Rh(CO)(PPh_3)}-1,2-$C_2B_9H_{10}$(py-4)	119	25
$B_9RhC_{28}H_{39}P$	3-{HRh(PPh_3)}-1,2-{μ-η^2-3,4-(CH_2)_2CMe=CH-(CH_2)_3}-1,2-$C_2B_9H_9$		26
$B_9RhC_{38}H_{42}O_4P_2S\cdot C_4H_{10}O$	3-{Rh(HSO_4)(PPh_3)_2}-1,2-$C_2B_9H_{11}\cdot$Et_2O	119	27
$B_9RhC_{38}H_{42}P_2$	3-{HRh(PPh_3)_2}-1,2-$C_2B_9H_{11}$		28
$B_9RuC_{38}H_{43}P_2\cdot 3C_4H_8O_2$	2-{H_2Ru(PPh_3)_2}-1,7-$C_2B_9H_{11}\cdot$3diox		29
$B_9IrC_{44}H_{56}P_2\cdot C_7H_8$	3,9-{μ-H_3Ir[P(Tol)_3]_2}-7,8-$C_2B_9H_{11}\cdot C_7H_8$	119	30

1. H. M. Colquhoun, T. J. Greenhough and M. G. Wallbridge, *J. Chem. Soc., Chem. Commun.*, 1977, 737*.
2. H. M. Colquhoun, T. J. Greenhough and M. G. H. Wallbridge, *Acta Crystallogr.*, 1978, **B34**, 2373.
3. Y. T. Struchkov, M. Y. Antipin, V. I. Stanko, V. A. Bratsev, N. I. Kirillova and S. P. Knyazev, *J. Organomet. Chem.*, 1977, **141**, 133.
4. M. E. Leonowicz and F. R. Scholer, *Inorg. Chem.*, 1980, **19**, 122.
5. C. Tsai and W. E. Streib, *J. Am. Chem. Soc.*, 1966, **88**, 4513.
6. D. A. T. Young, G. R. Willey, M. F. Hawthorne, M. R. Churchill and A. H. Reis, *J. Am. Chem. Soc.*, 1970, **92**, 6663*; M. R. Churchill and A. H. Reis, *J. Chem. Soc., Dalton Trans.*, 1972, 1317.
7. M. R. Churchill, A. H. Reis, D. A. T. Young, G. R. Willey and M. F. Hawthorne, *Chem. Commun.*, 1971, 298*; M. R. Churchill and A. H. Reis, *J. Chem. Soc., Dalton Trans.*, 1972, 1314.
8. A. Zalkin, T. E. Hopkins and D. H. Templeton, *Inorg. Chem.*, 1966, **5**, 1189.
9. N. I. Kirillova, M. Y. Antipin, S. P. Knyazev, V. A. Bratsev, Y. T. Struchkov and V. I. Stanko, *Izv. Akad. Nauk SSSR, Ser. Khim.*, 1979, 2474; *Cryst. Struct. Commun.*, 1980, **9**, 599.
10. W. E. Streib and C. Boss, unpublished work cited in L. J. Todd, A. R. Burke, A. R. Garber, H. T. Silverstein and B. N. Storhoff, *Inorg. Chem.*, 1970, **9**, 2175.
11. V. Subrtova, A. Linek and J. Hasek, *Acta Crystallogr.*, 1978, **B34**, 2720.
12. A. Zalkin, D. H. Templeton and T. E. Hopkins, *J. Am. Chem. Soc.*, 1965, **87**, 3988.
13. H. M. Colquhoun, T. J. Greenhough and M. G. H. Wallbridge, *J. Chem. Soc., Chem. Commun.*, 1976, 1019*; *J. Chem. Soc., Dalton Trans.*, 1978, 303.
14. H. M. Colquhoun, T. J. Greenhough and M. G. H. Wallbridge, *J. Chem. Soc., Chem. Commun.*, 1978, 322.
15. L. I. Zakharkin, V. V. Korbak, A. I. Kovredov, N. G. Furmanova and Y. T. Struchkov, *Izv. Akad. Nauk SSSR, Ser. Khim.*, 1979, 1097.
16. T. Totani, H. Nakai, M. Shiro and T. Nakagawa, *J. Chem. Soc., Dalton Trans.*, 1975, 1938.
17. R. V. Schultz, J. C. Huffman and L. J. Todd, *Inorg. Chem.*, 1979, **18**, 2883.
18. V. Subrtova, A. Linek, C. Novak, V. Petricek and J. Jecny, *Acta Crystallogr.*, 1977, **B33**, 3843.
19. M. R. Churchill and B. G. DeBoer, *J. Am. Chem. Soc.*, 1974, **96**, 6310.
20. D. M. P. Mingos, M. I. Forsyth and A. J. Welch, *J. Chem. Soc., Chem. Commun.*, 1977, 605*; *J. Chem. Soc., Dalton Trans.*, 1978, 1363.
21. H. M. Colquhoun, T. J. Greenhough and M. G. H. Wallbridge, *J. Chem. Soc., Dalton Trans.*, 1979, 619.
22. Z. Demidowicz, R. G. Teller and M. F. Hawthorne, *J. Chem. Soc., Chem. Commun.*, 1979, 831.
23. M. Green, J. L. Spencer, F. G. A. Stone and A. J. Welch, *J. Chem. Soc., Chem. Commun.*, 1974, 571*; *J. Chem. Soc., Dalton Trans.*, 1975, 179 (D); A. J. Welch, *J. Chem. Soc., Dalton Trans.*, 1975, 1473.
24. M. S. Delaney, C. B. Knobler and M. F. Hawthorne, *J. Chem. Soc., Chem. Commun.*, 1980, 849.
25. R. G. Teller, J. J. Wilczynski and M. F. Hawthorne, *J. Chem. Soc., Chem. Commun.*, 1979, 472.
26. M. S. Delaney, R. G. Teller and M. F. Hawthorne, *J. Chem. Soc., Chem. Commun.*, 1981, 235.
27. W. C. Kalb, R. G. Teller and M. F. Hawthorne, *J. Am. Chem. Soc.*, 1979, **101**, 5417.
28. G. E. Hardy, K. P. Callahan, C. E. Strouse and M. F. Hawthorne, *Acta Crystallogr.*, 1976, **B32**, 264.
29. E. H. S. Wong and M. F. Hawthorne, *J. Chem. Soc., Chem. Commun.*, 1976, 257.
30. J. A. Doi, R. G. Teller and M. F. Hawthorne, *J. Chem. Soc., Chem. Commun.*, 1980, 80.

B_{10} Decaboron

Molecular formula	Structure	Notes	Ref.
$B_{10}CH_9Cl_2P$	1,7-$PCB_{10}H_9Cl_2$-9,10		1
$B_{10}AsCH_{11}$	1,12-$AsCHB_{10}H_{10}$	E	2
$B_{10}CH_{11}P$	1,12-$PCHB_{10}H_{10}$	E	2
$B_{10}C_2H_2Cl_{10}$	1,7-$H_2C_2B_{10}Cl_{10}$		3
$B_{10}C_2H_4Cl_8$	1,2-$H_2C_2B_{10}H_2Cl_8$-3H,6H		4, 5
$B_{10}C_2H_9Br_3$	1,2-$H_2C_2B_{10}H_7Br_3$-8,9,12		6
$B_{10}C_2H_9Br_3$	1,7-$H_2C_2B_{10}H_7Br_3$-9,10,12		7
$B_{10}C_2H_9Cl_3$	1,7-$H_2C_2B_{10}H_7Cl_3$-4,9,10		8
$B_{10}C_2H_{10}Br_2$	1,2-$H_2C_2B_{10}H_8Br_2$-9,12		9
$B_{10}C_2H_{10}Br_2$	1-Br-1,2-$HC_2B_{10}H_9Br$-12		10
$B_{10}C_2H_{10}Br_2$	1,7-$H_2C_2B_{10}H_8Br_2$-9,10		11
$B_{10}C_2H_{10}I_2$	1,2-$I_2C_2B_{10}H_{10}$	E	12
$B_{10}C_2H_{11}I$	1,2-$H_2C_2B_{10}H_9I$-12		13
$B_{10}C_2H_{11}I$	1,7-$H_2C_2B_{10}H_9I$-9		14
$B_{10}C_2H_{12}$	1,2-$H_2C_2B_{10}H_{10}$	E	15
$B_{10}C_2H_{12}$	1,7-$H_2C_2B_{10}H_{10}$	E	15
$B_{10}C_2H_{12}$	1,12-$H_2C_2B_{10}H_{10}$	E	15
$B_{10}C_2H_{18}$	1-$EtB_{10}H_{13}$		16
$B_{10}C_3H_{11}Br_3$	1-Me-7-H-1,7-$C_2B_{10}H_7Br_3$-9,10,12		17
$B_{10}C_3H_{12}ClI$	1,7-$H_2C_2B_{10}H_7Cl$-2-I-10-Me-6		18
$B_{10}HgC_3H_{13}Br$	1-Me-2-(HgBr)$C_2B_{10}H_{10}$		19
$B_{10}C_3H_{14}O_2S$	1,7-$H_2C_2B_{10}H_9$(OSOMe)-9		20
$B_{10}C_4H_{12}Br_4$	1,2-$Me_2C_2B_{10}H_6Br_4$-8,9,10,12		21
$B_{10}C_4H_{14}Br_2$	1,2-$(CH_2Br)_2C_2B_{10}H_{10}$		5, 22
$B_{10}C_4H_{14}Cl_2$	1,7-$Me_2C_2B_{10}H_8Cl_2$-5,12		23
$B_{10}HgC_4H_{15}Cl$	1-(HgMe)-2-$(CH_2Cl)C_2B_{10}H_{10}$		24
$B_{10}C_4H_{16}$	1,2-$Me_2C_2B_{10}H_{10}$	E	25
$B_{10}C_4H_{17}^-C_4H_{12}N^+$	[NMe_4][9,12-$Me_2C_2B_{10}H_{11}$]		26
$B_{10}MoC_5H_{10}O_5^{2-}2C_{16}H_{36}N^+$	[NBu_4]$_2$[1,12-{μ-OC(O)}-12-{$Mo(CO)_3$}-1-$CB_{10}H_{10}$]		27
$B_{10}C_5H_{16}S_2$	1,2-$H_2C_2B_{10}H_8$-9,12-(S_2CMe_2)		28
$B_{10}C_5H_{17}NS$	1-$Me_2NC(S)$-2-$HC_2B_{10}H_{10}$		29
$B_{10}CoC_6H_{11}^-C_4H_{12}N^+$	[NMe_4][2-{$Co(\eta$-$C_5H_5)$}-1-$HCB_{10}H_{10}$]		30
$B_{10}C_6H_{20}$	1-Bu^t-2-$HC_2B_{10}H_{10}$	153	31
$B_{10}C_6H_{20}$	1,2-$Me_2C_2B_{10}H_8Me_2$-3,6	153	32
$B_{10}SiC_6H_{22}$	1-$(SiMe_3)$-2-$MeC_2B_{10}H_{10}$	153	31
$B_{10}SnC_6H_{22}$	1-(Me_3SnCH_2)-2$HC_2B_{10}H_{10}$	153	33
$B_{10}CoC_7H_{17}$	13-{$Co(\eta$-$C_5H_5)$}-7,9-$C_2B_{10}H_{12}$	a	34, 35
$B_{10}C_8H_{14}I$	1-Ph-2-$HC_2B_{10}H_9I$-12		36
$B_{10}HgC_8H_{15}Br$	1-(HgBr)-2-$PhC_2B_{10}H_{10}$		19
$B_{10}C_8H_{15}Cl_5N_3P_3$	1-Ph-2-$(N_3P_3Cl_5)C_2B_{10}H_{10}$		37
$B_{10}C_8H_{28}S$	9-$CyB_{10}H_{11}${SMe_2-5(7)}		38
$B_{10}C_9H_{18}$	1,2-$H_2C_2B_{10}H_9${(Tol)-4}		39
$B_{10}C_9H_{18}O$	1,2-$H_2C_2B_{10}H_9(OCH_2Ph$-4)		40
$B_{10}C_{10}H_{20}$	1,2-$Me_2C_2B_{10}H_9Ph$-9		39
$B_{10}HgC_{10}H_{20}$	1-(HgMe)-2-$(PhCH_2)C_2B_{10}H_{10}$		41
$B_{10}C_{10}H_{24}NP$	7-(Me_3N)-9,10-{μ-(PPh)}-7-$CB_{10}H_{10}$	113	42
$B_{10}FeC_{10}H_{25}O$	1-{$Fe(\eta$-$C_5H_5)$}-2-Et_2O-2-$CB_{10}H_{10}$	D	43
$B_{10}SiSn_2C_{13}H_{40}$	1,7-$(Me_3Sn)_2C_2B_{10}H_9${$(CH_2)_2SiMe_3$-10}		44
$B_{10}C_{14}H_{20}$	1,7-$Ph_2C_2B_{10}H_{10}$		45
$B_{10}C_{14}H_{21}^-C_4H_{12}N^+$	[NMe_4][9,12-Ph_2-9,12-$HC_2B_{10}H_{10}$]		46
$B_{10}PdC_{14}H_{37}N_3$	1-{$Pd(CNBu^t)_2$}-2-(NMe_3)-2-$CB_{10}H_{10}$		47
$B_{10}PtC_{15}H_{42}P_2$	1-{$\overline{Pt(CHMe=PEt_2)}(PEt_3)$}-2-$MeC_2B_{10}H_{10}$		48
$B_{10}PtC_{26}H_{56}P_2$	1-{$\overline{Pt(CHEt=PPr_2)}(PPr_3)$}-2-$PhC_2B_{10}H_{10}$		49
$B_{10}NiC_{38}H_{40}P_2$	1,2-{μ-$Ni(PPh_3)_2$}-1,2-$C_2B_{10}H_{10}$		50
$B_{10}RhC_{38}H_{43}P_2·1.5C_2H_4Cl_2$	1-{$HRh(PPh_3)_2$}-2,4-$C_2B_{10}H_{12}·1.5C_2H_4Cl_2$	118	51
$B_{10}RhC_{44}H_{45}P_2$	1-{$Rh(PPh_3)_2$}-2-$PhC_2B_{10}H_{10}$		52
$B_{10}PtC_{45}H_{54}P_2$	1-{$Pt[CHPh=P(CHPh)_2][P(CH_2Ph)_3]$}-2-$MeC_2B_{10}H_{10}$		53

[a] Red, isomer 2.

1. H. S. Wong and W. N. Lipscomb, *Inorg. Chem.*, 1975, **14**, 1350.
2. V. S. Mastryukov, E. G. Atavin, L. V. Vilkov, A. V. Golubinskii, V. N. Kalinin, G. G. Zhagareva and L. I. Zakharkin, *J. Mol. Struct.*, 1979, **56**, 139.
3. J. A. Potenza and W. N. Lipscomb, *Proc. Natl. Acad. Sci. USA*, 1966, **56**, 1917.
4. J. A. Potenza and W. N. Lipscomb, *Inorg. Chem.*, 1964, **3**, 1673.
5. G. S. Pawley, *Acta Crystallogr.*, 1966, **20**, 631.
6. J. A. Potenza and W. N. Lipscomb, *Inorg. Chem.*, 1966, **5**, 1478.

7. A. A. Sayler and H. Beall, *Can. J. Chem.*, 1976, **54**, 1771.
8. N. I. Kirillova, A. I. Klimova, Y. T. Struchkov and V. I. Stanko, *Zh. Strukt. Khim.*, 1976, **17**, 892.
9. J. A. Potenza and W. N. Lipscomb, *Inorg. Chem.*, 1966, **5**, 1471.
10. V. Subrtova, A. Linek and C. Novak, *Collect. Czech. Chem. Commun.*, 1975, **40**, 2005.
11. H. Beall and W. N. Lipscomb, *Inorg. Chem.*, 1967, **6**, 874.
12. A. Almenningen, O. V. Dorofeeva, V. S. Mastryukov and L. V. Vilkov, *Acta Chem. Scand., Ser. A*, 1976, **30**, 306.
13. V. G. Andrianov, V. I. Stanko and Y. T. Struchkov, *Zh. Strukt. Khim.*, 1967, **8**, 707.
14. V. G. Andrianov, V. I. Stanko and Y. T. Struchkov, *Zh. Strukt. Khim.*, 1967, **8**, 558.
15. R. K. Bohn and M. D. Bohn, *Inorg. Chem.*, 1971, **10**, 350.
16. A. Perloff, *Acta Crystallogr.*, 1964, **17**, 332.
17. I. S. Astakhova, Y. T. Struchkov, V. I. Stanko and N. S. Titova, *Zh. Strukt. Khim.*, 1969, **10**, 1063.
18. N. I. Kirillova, Y. V. Gol'tyanin, Y. T. Struchkov and V. I. Stanko, *Zh. Strukt. Khim.*, 1976, **17**, 681.
19. V. I. Pakhomov, A. V. Medvedev, V. I. Bregadze and O. Y. Okhlobystin, *J. Organomet. Chem.*, 1971, **29**, 15.
20. K. Maly, A. Petrina, V. Petricek, L. Hummel and A. Linek, *Acta Crystallogr.*, 1980, **B36**, 181.
21. J. A. Potenza and W. N. Lipscomb, *Inorg. Chem.*, 1966, **5**, 1483.
22. D. Voet and W. N. Lipscomb, *Inorg. Chem.*, 1964, **3**, 1679.
23. H. V. Hart and W. N. Lipscomb, *Inorg. Chem.*, 1973, **12**, 2644.
24. N. G. Bokii, Y. T. Struchkov, V. N. Kalinin and L. I. Zakharkin, *Zh. Strukt. Khim.*, 1978, **19**, 380.
25. L. V. Vilkov, V. S. Mastryukov, A. F. Zhigach and V. N. Siryatskaya, *Zh. Strukt. Khim.*, 1967, **8**, 3.
26. M. R. Churchill and B. G. DeBoer, *Inorg. Chem.*, 1973, **12**, 2674.
27. P. A. Wegner, L. J. Guggenberger and E. L. Muetterties, *J. Am. Chem. Soc.*, 1970, **92**, 3473.
28. V. Subrtova, A. Linek and J. Hasek, *Acta Crystallogr.*, 1980, **B36**, 858.
29. H. Beall, *Inorg. Nucl. Chem. Lett.*, 1977, **13**, 111.
30. V. Petricek, K. Maly, A. Petrina, L. Hummel and A. Linek, *Acta Crystallogr.*, 1979, **B35**, 3044.
31. N. I. Kirillova, T. V. Klimova, Y. T. Struchkov and V. I. Stanko, *Izv. Akad. Nauk SSSR, Ser. Khim.*, 1979, 2481.
32. N. I. Kirillova, M. Y. Antipin, Y. V. Gol'tyapin, Y. T. Struchkov and V. I. Stanko, *Izv. Akad. Nauk SSSR, Ser. Khim.*, 1978, 859.
33. N. I. Kirillova, T. V. Klimova, Y. T. Struchkov and V. I. Stanko, *Zh. Strukt. Khim.*, 1980, **21**, 166.
34. M. R. Churchill and B. G. DeBoer, *J. Chem. Soc., Chem. Commun.*, 1972, 1326.
35. M. R. Churchill, B. G. DeBoer and K.-L. G. Lin, *Inorg. Chem.*, 1974, **13**, 1411.
36. V. I. Stanko and Y. T. Struchkov, *Zh. Obshch. Khim.*, 1965, **35**, 930.
37. A. G. Scopelianos, J. P. O'Brien and H. R. Allcock, *J. Chem. Soc., Chem. Commun.*, 1980, 198*; H. R. Allcock, A. G. Scopelianos, J. P. O'Brien and M. Y. Bernheim, *J. Am. Chem. Soc.*, 1981, **103**, 350.
38. E. Mizusawa, S. E. Rudnick and K. Eriks, *Inorg. Chem.*, 1980, **19**, 1188.
39. V. N. Kalinin, N. I. Kobel'kova, A. V. Astakhin, A. I. Gusev and L. I. Zakharkin, *J. Organomet. Chem.*, 1978, **149**, 9.
40. A. V. Astakhin, V. N. Kalinin, V. V. Romanov, A. I. Gusev, N. I. Kobel'kova and L. I. Zakharkin, *Zh. Strukt. Khim.*, 1978, **19**, 555.
41. N. G. Furmanova, Y. T. Struchkov, V. N. Kalinin, B. Y. Finkel'shtein and L. I. Zakharkin, *Zh. Strukt. Khim.*, 1980, **21** (5), 96.
42. W. F. Wright, J. C. Huffman and L. J. Todd, *J. Organomet. Chem.*, 1978, **148**, 7.
43. W. Johnson and J. Huffman, unpublished work cited in R. V. Schultz, F. Sato and L. J. Todd, *J. Organomet. Chem.*, 1977, **125**, 115.
44. S. N. Gurkhova, N. V. Alekseev, A. I. Gusev, S. Y. Pechurina and V. I. Grigos, *Zh. Strukt. Khim.*, 1977, **18**, 384.
45. A. V. Astakhin, V. V. Romanov, A. I. Gusev, V. N. Kalinin, L. I. Zakharkin and M. G. Los', *Zh. Strukt. Khim.*, 1977, **18**, 406.
46. E. I. Tolpin and W. N. Lipscomb, *J. Chem. Soc., Chem. Commun.*, 1973, 257*; *Inorg. Chem.*, 1973, **12**, 2257.
47. W. E. Carroll, M. Green, F. G. A. Stone and A. J. Welch, *J. Chem. Soc., Dalton Trans.*, 1975, 2263.
48. N. Bresciani-Pahor, *Acta Crystallogr.*, 1977, **B33**, 3214.
49. N. Bresciani, M. Calligaris, P. Delise, G. Nardin and L. Randaccio, *J. Am. Chem. Soc.*, 1974, **96**, 5642.
50. A. A. Sayler, H. Beall and J. F. Sieckhaus, *J. Am. Chem. Soc.*, 1973, **95**, 5790.
51. J. D. Hewes, C. B. Knobler and M. F. Hawthorne, *J. Chem. Soc., Chem. Commun.*, 1981, 206.
52. G. Allegra, M. Calligaris, R. Furlanetto, G. Nardin and L. Randaccio, *Cryst. Struct. Commun.*, 1974, **3**, 69.
53. S. Bresadola, N. Bresciani-Pahor and B. Longato, *J. Organomet. Chem.*, 1979, **179**, 73.

B_{14} Tetradecaboron

Molecular formula	Structure	Notes	Ref.
$B_{14}CoC_4H_{18}^-C_8H_{20}N^+$	[NEt$_4$][Co(B$_7$C$_2$H$_9$)$_2$]		1

1. D. St Clair, A. Zalkin and D. H. Templeton, *Inorg. Chem.*, 1972, **11**, 377.

B_{16} Hexadecaboron

Molecular formula	Structure	Notes	Ref.
$B_{16}Co_2C_9H_{25}^-C_8H_{20}N^+$	$[NEt_4][3-\{Co(\eta-C_5H_5)\}-1,2-C_2B_8H_{10}-12,3'-Co-1,2-C_2B_8H_{10}]$		1
$B_{16}Ag_2C_{40}H_{52}P_2 \cdot C_3H_6O$	$[11-\{Ag(PPh_3)\}-5,6-C_2B_8H_{11}]_2 \cdot Me_2CO$	173	2

1. G. Evrard, J. A. Ricci, I. Bernal, W. J. Evans, D. F. Dustin and M. F. Hawthorne, *J. Chem. Soc., Chem. Commun.*, 1974, 234*; M. Creswick, I. Bernal and G. Evrard, *Cryst. Struct. Commun.*, 1979, **8**, 839.
2. H. M. Colquhoun, T. J. Greenhough and M. G. H. Wallbridge, *J. Chem. Soc., Chem. Commun.*, 1980, 192.

B_{17} Heptadecaboron

Molecular formula	Structure	Notes	Ref.
$B_{17}CoC_9H_{26}N^-C_8H_{20}N^+$	$[NEt_4][3,11'-Co(1,2-C_2B_9H_{11})\{7',8'-C_2B_8H_{10}(py-9')\}]$		1

1. M. R. Churchill and K. Gold, *J. Chem. Soc., Chem. Commun.*, 1972, 901*; *Inorg. Chem.*, 1973, **12**, 1157.

B_{18} Octadecaboron

Molecular formula	Structure	Notes	Ref.
$B_{18}CoC_4H_{16}Br_6^-C_4H_{12}N^+$	$[NMe_4][3,3'-Co(1,2-C_2B_9H_8Br_3-5,9,10)_2]$		1
$B_{18}C_4H_{22}$	$[7,8-C_2B_9H_{11}]_2$		2
$B_{18}AuC_4H_{22}^-AuC_{10}H_{20}N_2S_4^+$	$[Au(S_2CNEt_2)_2][3,3'-Au(1,2-C_2B_9H_{11})_2]$		3
$B_{18}UC_4H_{22}Cl_2^{2-} \cdot 2LiC_{16}H_{32}O_4^+$	$[Li(THF)_4]_2[3,3'-UCl_2(1,2-C_2B_9H_{11})_2]$		4
$B_{18}CoC_4H_{22}^-Cs^+$	$Cs[3,3'-Co(1,2-C_2B_9H_{11})_2]$		5
$B_{18}CuC_4H_{22}^-C_{19}H_{18}P^+$	$[PMePh_3][3,3'-Cu(1,2-C_2B_9H_{11})_2]$		6
$B_{18}CuC_4H_{22}^{2-} \cdot 2C_8H_{20}N^+$	$[NEt_4]_2[3,3'-Cu(1,2-C_2B_9H_{11})_2]$		7
$B_{18}NiC_4H_{22}$	$3,3'-Ni(1,2-C_2B_9H_{11})_2$		8
$B_{18}NiC_4H_{22}^-C_4H_{12}N^+$	$[NMe_4][3,3'-Ni(1,2-C_2B_9H_{11})_2]$		9
$B_{18}NiC_4H_{22}^{2-} \cdot C_8H_{18}N_2^{2+}$	$[MeN(C_2H_4)_3NMe][3,3'-Ni(1,7-C_2B_9H_{11})_2]$		10
$B_{18}FeC_4H_{26}P_2$	$3,3'-Fe(7-PMe-1-HCB_9H_9)_2$		11
$B_{18}CoC_5H_{21}S_2$	$3,3'-Co(1,2-C_2B_9H_{10})_2S_2CH-8,8'$		12
$B_{18}CoC_5H_{23}O$	$3,3'-Co(1,2-C_2B_9H_{10})_2OMe-8,8'$		13
$B_{18}Fe_2C_8H_{22}O_4^{2-} \cdot 2Cs^+ \cdot C_3H_6O \cdot H_2O$	$Cs_2[\{3-[Fe(CO)_2]-1,2-C_2B_9H_{11}\}_2] \cdot Me_2CO \cdot H_2O$		14
$B_{18}CrC_8H_{30}^-Cs^+ \cdot H_2O$	$Cs[3,3'-Cr(1,2-Me_2C_2B_9H_9)_2] \cdot H_2O$		15
$B_{18}NiC_8H_{30}$	$3,4'-Ni(1,2-Me_2C_2B_9H_9)_2$		16
$B_{18}Rh_2C_{40}H_{52}P_2 \cdot 2CH_2Cl_2$	$[(3,8':3',7-\mu-H_2)-3-\{Rh(PPh_3)\}-1,2-C_2B_9H_{10}]_2 \cdot CH_2Cl_2$	113	17

1. B. G. DeBoer, A. Zalkin and D. H. Templeton, *Inorg. Chem.*, 1968, **7**, 2288.
2. I. Sklenar and J. Hasek, *Z. Kristallogr.*, 1978, **147**, 147.
3. H. M. Colquhoun, T. J. Greenhough and M. G. H. Wallbridge, *J. Chem. Soc., Chem. Commun.*, 1976, 1019*; *Acta Crystallogr.*, 1977, **B33**, 3604.
4. F. R. Fronczek, G. W. Halstead and K. N. Raymond, *J. Chem. Soc., Chem. Commun.*, 1976, 279*; *J. Am. Chem. Soc.*, 1977, **99**, 1769.
5. A. Zalkin, T. E. Hopkins and D. H. Templeton, *Inorg. Chem.*, 1967, **6**, 1911.
6. R. M. Wing, *J. Am. Chem. Soc.*, 1968, **90**, 4828.
7. R. M. Wing, *J. Am. Chem. Soc.*, 1967, **89**, 5599.
8. D. St Clair, A. Zalkin and D. H. Templeton, *J. Am. Chem. Soc.*, 1970, **92**, 1173.
9. F. V. Hansen, R. G. Hazell, C. Hyatt and G. D. Stucky, *Acta Chem. Scand.*, 1973, **27**, 1210.
10. R. M. Wing, *J. Am. Chem. Soc.*, 1970, **92**, 1187.
11. L. J. Todd, I. C. Paul, J. L. Little, P. S. Welcker and C. R. Peterson, *J. Am. Chem. Soc.*, 1968, **90**, 4489.
12. M. R. Churchill, K. Gold, J. N. Francis and M. F. Hawthorne, *J. Am. Chem. Soc.*, 1969, **91**, 1222*; M. R. Churchill and K. Gold, *Inorg. Chem.*, 1971, **10**, 1928.
13. V. Subrtova, V. Petricek, A. Linek and J. Jecny, *Z. Kristallogr.*, 1976, **144**, 139.
14. P. T. Greene and R. F. Bryan, *Inorg. Chem.*, 1970, **9**, 1464.
15. D. St Clair, A. Zalkin and D. H. Templeton, *Inorg. Chem.*, 1971, **10**, 2587.
16. M. R. Churchill and K. Gold, *J. Am. Chem. Soc.*, 1970, **92**, 1180.
17. R. T. Baker, R. E. King, C. Knobler, C. A. O'Con and M. F. Hawthorne, *J. Am. Chem. Soc.*, 1978, **100**, 8266.

B_{20} Icosaboron

Molecular formula	Structure	Notes	Ref.
$B_{20}Si_2C_4H_{20}Cl_4$	$1,2':1',2\text{-}(\mu\text{-}SiCl_2)_2(1,2\text{-}C_2B_{10}H_{10})_2$		1
$B_{20}C_4H_{22}$	$1,2'\text{-}(1,2\text{-}HC_2B_{10}H_{10})_2$		2
$B_{20}C_4H_{22}$	$2,2'\text{-}(1,12\text{-}HC_2B_{10}H_{10})_2$		3
$B_{20}AsC_5H_{23}$	$1,2'\text{-}(\mu\text{-}AsMe)\text{-}1',2\text{-}(1,2\text{-}C_2B_{10}H_{10})_2$		4
$B_{20}C_6H_{20}O_2$	$1,2':1',2\text{-}(\mu\text{-}CO)_2(1,2\text{-}C_2B_{10}H_{10})_2$		5
$B_{20}C_6H_{25}P$	$1,2'\text{-}(\mu\text{-}PMe)\text{-}1',2\text{-}(\mu\text{-}CH_2)(1,2\text{-}C_2B_{10}H_{10})_2$		4
$B_{20}C_6H_{26}ClPO$	$(1,2\text{-}MeC_2B_{10}H_{10})_2P(O)Cl$		6
$B_{20}GeC_6H_{28}$	$(1,2\text{-}HC_2B_{10}H_{10})_2GeMe_2$		7
$B_{20}GeC_8H_{30}$	$1,2'\text{-}(\mu\text{-}GeMe_2)\text{-}1',2'\text{-}(\mu\text{-}C_2H_4)(1,2\text{-}C_2B_{10}H_{10})_2$		8
$B_{20}SnC_8H_{30}O$	$1,2'\text{-}(\mu\text{-}SnMe_2)\text{-}1',2\text{-}\{\mu\text{-}CH(OMe)\}(1,2\text{-}C_2B_{10}\text{-}H_{10})_2$		9
$B_{20}TiC_8H_{32}^{2-}2C_4H_{12}N^+\cdot 2C_3H_6O$	$[NMe_4]_2[4,4'\text{-}Ti(1,6\text{-}Me_2\text{-}1,6\text{-}C_2B_{10}H_{10})_2]\cdot 2Me_2CO$	113	10
$B_{20}GeC_{12}H_{31}P$	$1,2'\text{-}(\mu\text{-}GeMe_2)\text{-}1',2\text{-}(\mu\text{-}PPh)(1,2\text{-}C_2B_{10}H_{10})_2$		9
$B_{20}PtC_{28}H_{41}ClP_2$	$PtCl(2\text{-}CB_{10}H_{10}CPPh_2\text{-}1)(1\text{-}PPh_2\text{-}2\text{-}HC_2B_{10}\text{-}H_{10})$		11
$B_{20}IrC_{45}H_{54}ClOP_2\cdot 2.5CH_2Cl_2$	$IrCl(CO)(PPh_3)_2\{1,2\text{-}(C\equiv C)C_2B_{10}H_{10}\}\{1,2\text{-}(CH=CH)C_2B_{10}H_{10}\}\cdot 2.5CH_2Cl_2$		12

1. R. R. Ryan and R. Schaeffer, *Cryst. Struct. Commun.*, 1981, **10**, 133.
2. L. H. Hall, A. Perloff, F. A. Maver and S. Block, *J. Chem. Phys.*, 1965, **43**, 3911.
3. N. I. Kirillova, A. I. Klimova, Y. T. Struchkov and V. I. Stanko, *Zh. Strukt. Khim.*, 1976, **17**, 675.
4. A. I. Yanovskii, N. G. Furmanova, Y. T. Struchkov, N. F. Shemyakin and L. I. Zakharkin, *Izv. Akad. Nauk SSSR, Ser. Khim.*, 1979, 1523.
5. R. W. Rudolph, J. L. Pflug, C. M. Bock and M. Hodgson, *Inorg. Chem.*, 1970, **9**, 2274.
6. N. G. Furmanova, Y. T. Struchkov, A. N. Degtyarev, V. I. Bregadze, N. N. Godovikov and M. I. Kabachnik, *Izv. Akad. Nauk SSSR, Ser. Khim.*, 1980, 845.
7. M. Y. Antipin, N. G. Furmanova, A. I. Yanovskii and Y. T. Struchkov, *Koord. Khim.*, 1977, **3**, 1447.
8. A. I. Yanovskii, T. V. Timofeeva, Y. T. Struchkov, N. F. Shemyakin and L. I. Zakharkin, *Izv. Akad. Nauk SSSR, Ser. Khim.*, 1980, 1150.
9. N. G. Bokii, A. I. Yanovskii, Y. T. Struchkov, N. F. Shemyakin and L. I. Zakharkin, *Izv. Akad. Nauk SSSR, Ser. Khim.*, 1978, 380.
10. F. Y. Lo, C. E. Strouse, K. P. Callahan, C. B. Knobler and M. F. Hawthorne, *J. Am. Chem. Soc.*, 1975, **97**, 428.
11. L. Manojlovic-Muir, K. W. Muir and T. Solomun, *J. Chem. Soc., Dalton Trans.*, 1980, 317.
12. K. P. Callahan, C. E. Strouse, S. W. Layton and M. F. Hawthorne, *J. Chem. Soc., Chem. Commun.*, 1973, 465.

B_{26} Hexacosaboron

Molecular formula	Structure	Notes	Ref.
$B_{26}Co_2C_6H_{32}^{2-}2Cs^+\cdot H_2O$	$Cs_2[3,6\text{-}\{3\text{-}Co\text{-}1,2\text{-}C_2B_9H_{11}\}_2\text{-}1,2\text{-}C_2B_8H_{10}]\cdot H_2O$		1

1. D. St Clair, A. Zalkin and D. H. Templeton, *Inorg. Chem.*, 1969, **8**, 2080.

B_{34} Tetratriacontaboron

Molecular formula	Structure	Notes	Ref.
$B_{34}Co_3C_8H_{42}^{3-}3C_8H_{20}N^+$	$[NEt_4]_3[Co\{(1,2\text{-}C_2B_8H_{10})Co(1,2\text{-}C_2B_9H_{11})\}_2]$		1

1. M. R. Churchill, A. H. Reis, J. N. Francis and M. F. Hawthorne, *J. Am. Chem. Soc.*, 1970, **92**, 4993.

B_{40} Tetracontaboron

Molecular formula	Structure	Notes	Ref.
$B_{40}CoC_8H_{40}^-C_8H_{20}N^+$	$[NEt_4][Co\{(1,2\text{-}C_2B_{10}H_{10})_2\}_2]$		1

1. R. A. Love and R. Bau, *J. Am. Chem. Soc.*, 1972, **94**, 8274.

B_{50} Pentacontaboron

Molecular formula	Structure	Notes	Ref.
$B_{50}C_{15}H_{64}P_2$	$(1,2\text{-MeC}_2B_{10}H_{10})_2PCH_2(\mu\text{-}1,2\text{-}C_2B_{10}H_{10})\text{-}$ $P(1,2\text{-MeC}_2B_{10}H_{10})(1\text{-CH}_2\text{-}2\text{-HC}_2B_{10}H_{10})$		1

1. N. G. Furmanova, A. I. Yanovskii, Y. T. Struchkov, V. I. Bregadze, N. N. Godovikov, A. N. Degtyarev and M. I. Kabachnik, *Izv. Akad. Nauk SSSR, Ser. Khim.*, 1979, 2346.

BPh_4^- Tetraphenylborates

Molecular formula	Structure	Notes	Ref.
$BC_{24}H_{20}^-TeC_3H_9^+$	$[TeMe_3][BPh_4]$		1
$BC_{24}H_{20}^-C_4H_{12}N^+$	$[NMe_4][BPh_4]$		2
$BC_{24}H_{20}^-CuC_5H_{13}N_3O^+$	$[Cu(CO)(dien)][BPh_4]$		3
$BC_{24}H_{20}^-ZnC_6H_{18}ClN_4^+$	$[ZnCl(tren)][BPh_4]$		4
$2BC_{24}H_{20}^-NiC_6H_{24}N_6^{2+}\cdot 3C_2H_6OS$	$[Ni(en)_3][BPh_4]_2\cdot 3Me_2SO$		5
$BC_{24}H_{20}^-C_7H_{16}NO_2^+$	$[C_7H_{16}NO_2][BPh_4]$	a	6
$2BC_{24}H_{20}^-Cu_2C_8H_{24}N_6O_2^{2+}$	$[Cu_2(CO)_2(en)_3][BPh_4]_2$		7
$BC_{24}H_{20}^-PtC_9H_{17}N_6^+$	$[\overline{Pt\{C(NHMe)[NMeN=C(NHMe)]\}}\text{-}(CNMe)_2][BPh_4]$		8
$BC_{24}H_{20}^-NiC_9H_{18}N_3S_3^+$	$[\overline{Ni\{C(NMe_2)SC(NMe_2)S\}}(SCNMe_2)][BPh_4]$		9
$BC_{24}H_{20}^-CuC_{10}H_{25}N_3^+$	$[Cu(dien)(C_6H_{12})][BPh_4]$	b	10
$BC_{24}H_{20}^-CuC_{11}H_{23}N_3^+$	$[Cu(dien)(C_7H_{10})][BPh_4]$	c	11
$BC_{24}H_{20}^-VC_{12}H_{10}O_2^+$	$[V(CO)_2(\eta\text{-}C_5H_5)_2][BPh_4]$		12
$BC_{24}H_{20}^-C_{12}H_{28}N^+\cdot H_2O$	$[NHBu_3][BPh_4]\cdot H_2O$		13
$2BC_{24}H_{20}^-Cu_2C_{12}H_{36}Cl_2N_8^{2+}$	$[Cu_2(\mu\text{-Cl})_2(tren)_2][BPh_4]$		14
$2BC_{24}H_{20}^-Ni_2C_{12}H_{36}N_{14}^{2+}$	$[Ni_2(\mu\text{-}N_3)_2(tren)_2][BPh_4]_2$		15
$BC_{24}H_{20}^-NiC_{12}H_{36}P_4^+$	$[Ni(PMe_3)_4][BPh_4]$		16
$BC_{24}H_{20}^-VC_{13}H_{16}O^+$	$[V(OCMe_2)(\eta\text{-}C_5H_5)_2][BPh_4]$		17
$BC_{24}H_{20}^-FeC_{14}H_{11}N_2O_2^+\cdot C_3H_6O$	$[Fe(C_7H_6N_2)(CO)_2(\eta\text{-}C_5H_5)][BPh_4]\cdot Me_2CO$	d	18
$BC_{24}H_{20}^-Cu_2C_{14}H_{32}ClN_4O^+$	$[Cu_2(\mu\text{-Cl})(CO)_2(TMEDA)_2][BPh_4]$		19
$2BC_{24}H_{20}^-Cu_2C_{14}H_{36}N_{10}^{2+}$	$[Cu_2(\mu\text{-CN})_2(tren)_2][BPh_4]_2$		20
$2BC_{24}H_{20}^-Cu_2C_{14}H_{36}N_{10}O_2^{2+}$	$[Cu_2(\mu\text{-NCO})_2(tren)_2][BPh_4]_2$		14
$2BC_{24}H_{20}^-Cu_2C_{14}H_{36}N_{10}S_2^{2+}$	$[Cu_2(\mu\text{-NCS})_2(tren)_2][BPh_4]_2$		14
$2BC_{24}H_{20}^-Mn_2C_{14}H_{36}N_{10}O_2^{2+}$	$[Mn_2(\mu\text{-NCO})_2(tren)_2][BPh_4]_2$		21
$2BC_{24}H_{20}^-Mn_2C_{14}H_{36}N_{10}S_2^{2+}$	$[Mn_2(\mu\text{-NCS})_2(tren)_2][BPh_4]_2$		21
$2BC_{24}H_{20}^-Ni_2C_{14}H_{36}N_{10}O_2^{2+}$	$[Ni_2(\mu\text{-NCO})_2(tren)_2][BPh_4]_2$		22
$2BC_{24}H_{20}^-B_2Ni_2C_{14}H_{42}N_{10}^{2+}$	$[Ni_2(\mu\text{-NCBH}_3)_2(tren)_2][BPh_4]_2$		23
$BC_{24}H_{20}^-Fe_2C_{15}H_{15}O_3S^+$	$[Fe_2(SEt)(CO)_3(\eta\text{-}C_5H_5)_2][BPh_4]_2$		24
$BC_{24}H_{20}^-CuC_{15}H_{26}N_2S_2^+$	$[Cu(pea)][BPh_4]$	e	25
$BC_{24}H_{20}^-C_{16}H_{36}N^+\cdot H_2O$	$[NBu_4][BPh_4]$		13
$BC_{24}H_{20}^-AgC_{17}H_{25}N_3S_2^+$	$[Ag(C_{17}H_{25}N_3S_2)][BPh_4]$	f	26
$2BC_{24}H_{20}^-Cu_2C_{17}H_{27}N_9O_2^{2+}$	$[Cu_2(CO)_2(hm)_3][BPh_4]_2$	g	27
$BC_{24}H_{20}^-CoC_{18}H_{18}N_6^+\cdot 5H_2O$	$[Co(aH_4)(qH_2)_2][BPh_4]\cdot 5H_2O$	h	28
$2BC_{24}H_{20}^-Mo_2C_{18}H_{28}S_4^{2+}$	$[Mo_2(\mu\text{-SMe})_4(\eta\text{-PhMe})_2][BPh_4]_2$		29
$2BC_{24}H_{20}^-Cu_2C_{18}H_{30}N_6O_4^{2+}$	$[Cu_2(C_{10}H_4O_4)(dien)_2][BPh_4]_2$	i	30
$2BC_{24}H_{20}^-Ni_2C_{18}H_{36}Cl_2N_8O_4^{2+}$	$[Ni_2(C_6Cl_2O_4)(tren)_2][BPh_4]_2$		31
$2BC_{24}H_{20}^-Cu_2C_{18}H_{46}N_{12}^{2+}$	$[Cu_2(\mu\text{-}N_3)_2(Me_5dien)_2][BPh_4]_2$		32, 33
$2BC_{24}H_{20}^-RuC_{18}H_{52}N_4O_{12}P_4^{2+}$	$[trans\text{-Ru}(NH_2N=CMe_2)_2\{P(OMe)_3\}_4]\text{-}[BPh_4]_2$		34
$2BC_{24}H_{20}^-Rh_2C_{20}H_{24}N_8^{2+}\cdot C_2H_3N$	$[Rh_2\{CN(CH_2)_3NC\}_4][BPh_4]_2\cdot MeCN$		35
$BC_{24}H_{20}^-Cu_2C_{20}H_{37}N_4O_3^+$	$[Cu_2(\mu\text{-CO})(\mu\text{-}O_2CPh)(TMEDA)_2][BPh_4]$		36
$BC_{24}H_{20}^-CuC_{20}H_{38}N_4^+$	$[Cu(CNCy)_2(TMEDA)][BPh_4]$		10
$BC_{24}H_{20}^-PtC_{20}H_{41}O_4P_2^+$	$[\overline{Pt\{CH(CO_2Me)C[C(O)OMe]=CHMe\}}\text{-}(PEt_3)_2][BPh_4]$		37
$BC_{24}H_{20}^-As_4FeC_{21}H_{32}N_2\text{-}OS^+\cdot C_3H_6O$	$[Fe(NCS)(NO)(diars)_2][BPh_4]\cdot Me_2CO$		38
$BC_{24}H_{20}^-Fe_2C_{22}H_{49}O_6P_4S_2^+$	$[\{Fe(\mu\text{-SMe})(CO)(PMe_3)_2\}_2\{C_2H(CO_2Me)_2\}]\text{-}[BPh_4]$	111	39
$2BC_{24}H_{20}^-Cu_2C_{24}H_{46}Cl_2\text{-}N_6O_4^{2+}$	$[Cu_2(C_6Cl_2O_4)(Me_5dien)_2][BPh_4]_2$		31
$2BC_{24}H_{20}^-Cu_2C_{24}H_{50}N_{10}^{2+}$	$[Cu_2(biim)(Me_5dien)_2][BPh_4]_2$	j	40
$BC_{24}H_{20}^-Os_2C_{25}H_{50}N_5S_{12}^+$	$[Os_2(S_2CNEt_2)_3(S_3CNEt_2)_2][BPh_4]$		41
$BC_{24}H_{20}^-MoC_{26}H_{40}N_5S_6^+$	$[Mo(N=NEtPh)\{S_2C\overline{N(CH_2)_4CH_2}\}_3][BPh_4]$		42
$BC_{24}H_{20}^-NiC_{26}H_{42}BrN_3P^+$	$[NiBr(n_3p)][BPh_4]$		43

Molecular formula	Structure	Notes	Ref.
$BC_{24}H_{20}^-WC_{27}H_{33}IO_3P_3^+$	$[WI(CO)_3(PMe_2Ph)_3][BPh_4]$		44
$BC_{24}H_{20}^-AsNiC_{27}H_{42}N_4S^+$	$[Ni(NCS)(n_3as)][BPh_4]$		45
$BC_{24}H_{20}^-NaC_{28}H_{40}O_{10}^+$	$[Na(C_{14}H_{20}O_5)_2][BPh_4]$	k	46
$2BC_{24}H_{20}^-Ag_2C_{30}H_{44}N_8^{2+}$	$[Ag_2(C_{30}H_{44}N_8)][BPh_4]_2$	l	47
$2BC_{24}H_{20}^-Cu_2C_{30}H_{66}N_6O_4^{2+}$	$[Cu_2(C_2O_4)(Et_5dien)_2][BPh_4]_2$		32, 48
$BC_{24}H_{20}^-Pt_2C_{30}H_{67}P_4^+$	$[H_2Pt_2Ph(PEt_3)_4][BPh_4]$		49
$BC_{24}H_{20}^-IrPtC_{30}H_{68}P_4^+$	$[H_3IrPtPh(PEt_3)_4][BPh_4]$		50
$BC_{24}H_{20}^-FeC_{31}H_{27}OP_2^+$	$[Fe(CO)(dppm)(\eta\text{-}C_5H_5)][BPh_4]$		51
$BC_{24}H_{20}^-NiC_{31}H_{34}IP_2S_2^+$	$[NiI(C_{31}H_{34}P_2S_2)][BPh_4]$	m	52
$BC_{24}H_{20}^-Ni_2C_{32}H_{24}Br_2N_8^+$	$[Ni_2Br_2(napy)_4][BPh_4]$	n	53
$[BC_{24}H_{20}^-NaV_2C_{32}H_{28}N_4O_6^+]_n$	$[Na\{VO(salen)\}_2\{BPh_4\}]_n$		54
$BC_{24}H_{20}^-NaNi_2C_{32}H_{28}N_4O_4^+\cdot 2C_2H_3N$	$[Na\{Ni(salen)\}_2][BPh_4]\cdot 2MeCN$		55
$BC_{24}H_{20}^-IrC_{32}H_{44}O_2P_4^+$	$[Ir(O_2)(PMe_2Ph)_4][BPh_4]$		56, 57
$BC_{24}H_{20}^-RhC_{32}H_{44}O_2P_4^+$	$[Rh(O_2)(PMe_2Ph)_4][BPh_4]$		56, 58
$BC_{24}H_{20}^-FeC_{33}H_{32}NP_2^+$	$[Fe(NCMe)(dppe)(\eta\text{-}C_5H_5)][BPh_4]$	238	59
$BC_{24}H_{20}^-NiC_{35}H_{36}O_2P_3S^+$	$[Ni\{OS(O)Me\}\{[PPh_2(CH_2)_2]_2PPh\}][BPh_4]$		60
$2BC_{24}H_{20}^-CoC_{36}H_{44}O_2P_4^{2+}$	$[Co(C_{36}H_{44}O_2P_4)][BPh_4]_2$	o, p	61
$2BC_{24}H_{20}^-CoC_{36}H_{44}O_2P_4^{2+}$	$[Co(C_{36}H_{44}O_2P_4)][BPh_4]_2$	o, q	61
$2BC_{24}H_{20}^-Ni_3C_{36}H_{84}Cl_4N_2P_6^{2+}$	$[Ni_3Cl_4(Etnp_3)_2][BPh_4]_2$	r	62
$2BC_{24}H_{20}^-Ni_3C_{36}H_{90}P_6S_2^{2+}$	$[Ni_3(\mu_3\text{-}S)_2(PEt_3)_6][BPh_4]_2$		63
$2BC_{24}H_{20}^-Ni_9C_{36}H_{90}P_6S_9^{2+}$	$[Ni_9(\mu_4\text{-}S)(\mu_3\text{-}S)_6(PEt_3)_6][BPh_4]_2$		64
$BC_{24}H_{20}^-Pt_2C_{38}H_{87}P_4^+$	$[H_3Pt_2\{Bu_2^tP(CH_2)_3PBu_2^t\}_2][BPh_4]$		65
$BC_{24}H_{20}^-Co_2NaC_{40}H_{44}N_4O_6^-$	$[Na\{Co(salen)\}_2(THF)_2][BPh_4]$		66
$BC_{24}H_{20}^-CoC_{42}H_{39}BrOP_3^+$	$[CoBr(CO)(triphos)][BPh_4]$		67
$BC_{24}H_{20}^-FeC_{42}H_{42}BrP_4^+$	$[FeBr(pp_3)][BPh_4]$		68
$BC_{24}H_{20}^-FeC_{42}H_{42}BrP_4^+\cdot CH_2Cl_2$	$[FeBr(p_4)][BPh_4]\cdot CH_2Cl_2$	s	69
$BC_{24}H_{20}^-CoC_{42}H_{42}INP_3^+\cdot C_7H_8$	$[CoI(np_3)][BPh_4]\cdot PhMe$		70
$BC_{24}H_{20}^-CoC_{42}H_{42}N_2OP_3^+$	$[Co(NO)(np_3)][BPh_4]$		71
$BC_{24}H_{20}^-CoC_{42}H_{42}N_2O_2P_3^+$	$[Co(NO)_2(np_2po)][BPh_4]$	t	72
$BC_{24}H_{20}^-FeC_{42}H_{42}NOP_4^+$	$[Fe(NO)(pp_3)][BPh_4]$		73
$BC_{24}H_{20}^-FeC_{42}H_{42}N_2OP_3^+$	$[Fe(NO)(np_3)][BPh_4]$		71
$BC_{24}H_{20}^-NiC_{42}H_{42}N_2OP_3^+$	$[Ni(NO)(np_3)][BPh_4]$		71
$BC_{24}H_{20}^-FeC_{42}H_{43}P_4S^+$	$[Fe(SH)(pp_3)][BPh_4]$		74
$BC_{24}H_{20}^-NiC_{42}H_{43}P_4S^+$	$[Ni(SH)(pp_3)][BPh_4]$		74, 75
$BC_{24}H_{20}^-CoC_{43}H_{42}NOP_3^+\cdot C_3H_6O$	$[Co(CO)(np_3)][BPh_4]\cdot Me_2CO$		76
$BC_{24}H_{20}^-CoC_{43}H_{42}O_2P_3^+\cdot C_3H_6O$	$[Co(OAc)(triphos)][BPh_4]\cdot Me_2CO$		77
$2BC_{24}H_{20}^-NiC_{43}H_{42}NOP_3^+\cdot NiC_{44}H_{45}NOP_3^+\cdot 4C_4H_8O$	$[\{Ni(CO)(np_3)\}\{Ni(COMe)(np_3)\}][BPh_4]_2\cdot 4THF$	u	78
$BC_{24}H_{20}^-CoC_{43}H_{45}NP_3S^+\cdot C_3H_6O$	$[Co(SMe)(np_3)][BPh_4]\cdot Me_2CO$		74
$BC_{24}H_{20}^-NiC_{43}H_{45}NP_3^+\cdot C_3H_6O$	$[NiMe(np_3)][BPh_4]\cdot Me_2CO$		79
$BC_{24}H_{20}^-NiC_{44}H_{45}NOP_3^+\cdot 2.5THF$	$[Ni(COMe)(np_3)][BPh_4]\cdot 2.5THF$		78, 80
$BC_{24}H_{20}^-CoC_{44}H_{47}NO_3P_3S^+\cdot 0.5CH_2Cl_2$	$[Co(SO_3Et)(np_3)][BPh_4]\cdot 0.5CH_2Cl_2$		81
$BC_{24}H_{20}^-Ni_3C_{48}H_{46}N_7O_6^+\cdot 2C_4H_8O$	$[(NH_4)\{Ni(salen)\}_3][BPh_4]\cdot 2THF$		55
$BC_{24}H_{20}^-As_3NiC_{48}H_{47}N^+$	$[NiPh(nas_3)][BPh_4]$		82
$BC_{24}H_{20}^-Ru_2C_{48}H_{69}O_3P_6^+$	$[Ru_2(\mu\text{-}OH)_3(PMe_2Ph)_6][BPh_4]$		83
$BC_{24}H_{20}^-RhC_{50}H_{45}ClP_4^+$	$[HRhCl(dppe)_2][BPh_4]$		84
$BC_{24}H_{20}^-RuC_{52}H_{48}NOP_4^+\cdot C_3H_6O$	$[Ru(NO)(dppe)_2][BPh_4]\cdot Me_2CO$		85
$BC_{24}H_{20}^-WC_{52}H_{50}ClN_2P_4^+$	$[WCl(N{=}NH_2)(dppe)_2][BPh_4]$		86
$BC_{24}H_{20}^-Rh_2C_{53}H_{44}ClO_3P_4^+$	$[Rh_2Cl(CO)_3(dppm)_2][BPh_4]$		87
$BC_{24}H_{20}^-As_4PtC_{54}H_{42}I^+$	$[PtI(qas)][BPh_4]$		88
$BC_{24}H_{20}^-CoC_{54}H_{42}ClP_4^+$	$[CoCl(qp)][BPh_4]$		89
$BC_{24}H_{20}^-AuC_{54}H_{45}^+$	$[Au(PPh_3)_3][BPh_4]$		90
$BC_{24}H_{20}^-AuC_{54}H_{45}^+\cdot CHCl_3\cdot C_{18}H_{15}P$	$[Au(PPh_3)_3][BPh_4]\cdot CHCl_3\cdot PPh_3$		91
$BC_{24}H_{20}^-RuC_{54}H_{52}NOP_4^+$	$[Ru(NO)(dppp)_2][BPh_4]$		92
$2BC_{24}H_{20}^-Rh_2C_{56}H_{40}N_8^{2+}$	$[Rh_2(CNPh)_8][BPh_4]_2$		93
$2BC_{24}H_{20}^-Cu_{12}C_{56}H_{72}N_{28}S_{12}^{2+}\cdot 4C_2H_3N$	$[Cu_{12}(C_4H_5N_2S)_{12}(NCMe)_4][BPh_4]_2\cdot 4MeCN$	v	94
$BC_{24}H_{20}^-NiSnC_{60}H_{57}NP_3^+$	$[Ni(SnPh_3)(np_3)][BPh_4]$		95

Molecular formula	Structure	Notes	Ref.
$BC_{24}H_{20}^-IrC_{72}H_{57}P_5^+$	$[Ir(PPh_3)(qp)][BPh_4]$		96
$2BC_{24}H_{20}^-[xPt_2C_{72}H_{62}N_4P_4 \cdot yPt_2C_{72}H_{64}N_2P_4]^{2+}$	$[x\{Pt(\mu-N=NH)(PPh_3)_2\} \cdot y\{Pt(\mu-NH_2)- (PPh_3)_2\}][BPh_4]_2$	w	97
$BC_{24}H_{20}^-AuC_{72}H_{60}P_4^+ \cdot C_2H_3N$	$[Au(PPh_3)_4][BPh_4] \cdot MeCN$	123	91
$BC_{24}H_{20}^-AuC_{72}H_{60}P_4^+ \cdot C_2H_6O$	$[Au(PPh_3)_4][PPh_4] \cdot EtOH$		91
$2BC_{24}H_{20}^-As_3Co_2C_{82}H_{78}P_6^{2+}$	$[\{Co(triphos)\}_2(\mu-As_3)][BPh_4]_2$		98
$2BC_{24}H_{20}^-CoNiC_{82}H_{78}P_9^{2+} \cdot 2C_3H_6O$	$[\{Co(triphos)\}(\mu-P_3)\{Ni(triphos)\}][BPh_4]_2 \cdot 2Me_2CO$		99
$2BC_{24}H_{20}^-CoRhC_{82}H_{78}P_9^{2+} \cdot 2C_3H_6O$	$[\{Co(triphos)\}(\mu-P_3)\{Rh(triphos)\}][BPh_4]_2 \cdot 2Me_2CO$		100
$BC_{24}H_{20}^-Co_2C_{82}H_{78}P_6S_2^+ \cdot 0.5C_3H_7NO$	$[\{Co(triphos)\}_2(\mu-S)_2][BPh_4] \cdot 0.5DMF$		101
$2BC_{24}H_{20}^-Ni_2C_{82}H_{78}P_6S^{2+} \cdot 1.6C_3H_7NO$	$[\{Ni(triphos)\}_2(\mu-S)][BPh_4]_2 \cdot 1.6DMF$		102
$2BC_{24}H_{20}^-Ni_2C_{82}H_{78}P_9^{2+} \cdot 2.5C_3H_6O$	$[\{Ni(triphos)\}_2(\mu-P_3)][BPh_4]_2 \cdot 2.5Me_2CO$		99
$BC_{24}H_{20}^-As_6Co_2C_{82}H_{81}^+$	$[\{Co(as_3)\}_2(\mu-H)_3][BPh_4]$		103
$2BC_{24}H_{20}^-Co_2C_{83}H_{78}P_6S_2^{2+} \cdot 2C_3H_6O$	$[\{Co(triphos)\}(\mu-CS_2)][BPh_4]_2 \cdot 2Me_2CO$		104
$BC_{24}H_{20}^-Co_4SbC_{84}H_{60}O_{12}P_4^+ \cdot CH_2Cl_2$	$[Sb\{Co(CO)_3(PPh_3)\}_4][BPh_4] \cdot CH_2Cl_2$		105
$BC_{24}H_{20}^-As_6Ni_2C_{84}H_{84}IN_2^+ \cdot 3C_4H_8O$	$[\{Ni(nas_3)\}_2(\mu-I)][BPh_4] \cdot 3THF$		106
$2BC_{24}H_{20}^-Co_2C_{84}H_{84}P_6S_2^{2+} \cdot 2C_3H_6O$	$[\{Co(triphos)\}_2(\mu-SMe)][BPh_4]_2 \cdot 2Me_2CO$		101
$2BC_{24}H_{20}^-Au_6C_{126}H_{126}P_6^{2+}$	$[Au_6\{P(Tol)_3\}_6][BPh_4]_2$		107
$BC_{24}H_{20}^-H_4N^+$	$[NH_4][BPh_4]$		108, 109
$BC_{24}H_{20}^-K^+$	$K[BPh_4]$		110, 111
$BC_{24}H_{20}^-Rb^+$	$Rb[BPh_4]$		112

[a] $C_7H_{16}NO_2$ = acetylcholine. [b] C_6H_{12} = hex-1-ene. [c] C_7H_{10} = bicyclo[2.2.1]hept-2-ene. [d] $C_7H_6N_2$ = 1N-benzimidazole. [e] pea = $N[(CH_2)_2SEt]_2[(CH_2)_2C_5H_4N-2]$. [f] $C_{17}H_{25}N_3S_2$ = 2,15-Me$_2$-7,10-dithia-3,14,20-triazabicyclo[14.3.1]icosa-1(20),2,14,16,18-pentaene. [g] hm = histamine. [h] aH$_4$ = 1,2-benzosemiquinone diimide; qH$_2$ = 1,2-benzoquinone diimide. [i] $C_{10}H_4O_2$ = 5,8-(OH)$_2$-1,4-naphthoquinone dianion. [j] biim = 2,2'-biimidazole dianion. [k] $C_{14}H_{20}O_5$ = 2,3,5,6,8,9,11,12-octahydro-1,4,7,10,13-pentaoxabenzocyclopentadecin (benzo-15-crown-5). [l] $C_{30}H_{44}N_8$ = μ-2,12,18,28-Me$_4$-3,7,11,19,23,27,33,34-octaazatricyclo-[27.3.1.1^{13,17}]tetratriaconta-1(33),2,11,13,15,17(34),18,27,29,31-decaene-$N^3, N^{23}, N^{27}, N^{33}$:$N^7, N^{11}, N^{19}$,$N^{34}$. [m] $C_{31}H_{34}P_2S_2$ = $Ph_2P(CH_2)_2S(CH_2)_2S(CH_2)_2PPh_2$. [n] napy = 1,8-naphthyridine. [o] $C_{36}H_{44}O_2P_4$ = α-4,7,13,16-Ph$_4$-1,10-dioxa-4,7,13,16-tetraphosphacyclooctadecane. [p] α-Isomer, Co coordinated by OP$_4$ atom set. [q] β-Isomer, Co coordinated by O$_2$P$_4$ atom set. [r] Etnp$_3$ = $N[(CH_2)_2PEt_2]_3$. [s] p$_4$ = $Ph_2P(CH_2)_2PPh(CH_2)_2PPh(CH_2)_2PPh_2$. [t] np$_2$po = $N[(CH_2)_2PPh_2]_2[(CH_2)_2P(O)Ph_2]$. [u] Solid solution. [v] $C_4H_5N_2S$ = 1-Me-2-mercaptoimidazole anion. [w] $x + y = 1$.

1. R. F. Ziolo and J. M. Troup, *Inorg. Chem.*, 1979, **18**, 2271.
2. K. Hoffmann and E. Weiss, *J. Organomet. Chem.*, 1974, **67**, 221.
3. M. Pasquali, F. Marchetti and C. Floriani, *Inorg. Chem.*, 1978, **17**, 1684.
4. R. J. Sime, R. P. Dodge, A. Zalkin and D. H. Templeton, *Inorg. Chem.*, 1971, **10**, 537.
5. R. E. Cramer and J. T. Huncke, *Inorg. Chem.*, 1978, **17**, 365.
6. N. Datta, P. Mondal and P. Pauling, *Acta Crystallogr.*, 1980, **B36**, 906.
7. M. Pasquali, C. Floriani and A. Gaetani-Manfredotti, *Inorg. Chem.*, 1980, **19**, 1191.
8. W. M. Butler, J. H. Enemark, J. Parks and A. L. Balch, *Inorg. Chem.*, 1973, **12**, 451.
9. W. K. Dean, R. S. Charles and D. G. van Derveer, *Inorg. Chem.*, 1977, **16**, 3328.
10. M. Pasquali, C. Floriani, A. Gaetani-Manfredotti and A. Chiesi-Villa, *Inorg. Chem.*, 1979, **18**, 3535.
11. M. Pasquali, C. Floriani, A. Gaetani-Manfredotti and A. Chiesi-Villa, *J. Am. Chem. Soc.*, 1978, **100**, 4918.
12. J. L. Atwood, R. D. Rogers, W. E. Hunter, C. Floriani, G. Fachinetti and A. Chiesi-Villa, *Inorg. Chem.*, **19**, 3812.
13. A. Aubry, J. Protas, E. Moreno-Gonzalez and M. Marraud, *Acta Crystallogr.*, 1977, **B33**, 2572.
14. E. J. Laskowski, D. M. Duggan and D. N. Hendrickson, *Inorg. Chem.*, 1975, **14**, 2449.
15. C. G. Pierpont, D. N. Hendrickson, D. M. Duggan, F. Wagner and E. K. Barefield, *Inorg. Chem.*, 1975, **14**, 604.
16. A. Gleizes, M. Dartiguenave, Y. Dartiguenave, J. Gaby and H. F. Klein, *J. Am. Chem. Soc.*, 1977, **99**, 5187.
17. S. Gambarotta, M. Pasquali, C. Floriani, A. Chiesi-Villa and C. Guastini, *Inorg. Chem.*, 1981, **20**, 1173.
18. A. N. Nesmeyanov, Y. A. Belousov, V. N. Babin, G. G. Aleksandrov, Y. T. Struchkov and N. S. Kochetkova, *Inorg. Chim. Acta*, 1977, **23**, 155.
19. M. Pasquali, G. Marini, C. Floriani and A. Gaetani-Manfredotti, *J. Chem. Soc., Chem. Commun.*, 1979, 937.
20. D. M. Duggan and D. N. Hendrickson, *Inorg. Chem.*, 1974, **13**, 1911.

21. E. J. Laskowski and D. N. Hendrickson, *Inorg. Chem.*, 1978, **17**, 457.
22. D. M. Duggan and D. N. Hendrickson, *Inorg. Chem.*, 1974, **13**, 2056.
23. B. G. Segal and S. J. Lippard, *Inorg. Chem.*, 1977, **16**, 1623.
24. R. B. English, L. R. Nassimbeni and M. F. Philpott, *Acta Crystallogr.*, 1978, **B34**, 2304.
25. K. D. Karlin, P. L. Dahlstrom, M. L. Stanford and J. Zubieta, *J. Chem. Soc., Chem. Commun.*, 1979, 465.
26. M. G. B. Drew, C. Cairns, S. G. McFall and S. M. Nelson, *J. Chem. Soc., Dalton Trans.*, 1980, 2020.
27. M. Pasquali, C. Floriani, A. Gaetani-Manfredotti and C. Guastini, *J. Chem. Soc., Chem. Commun.*, 1979, 197*; M. Pasquali, G. Marini, C. Floriani, A. Gaetani-Manfredotti and C. Guastini, *Inorg. Chem.*, 1980, **19**, 2525.
28. M. Zehnder and H. Löliger, *Helv. Chim. Acta*, 1980, **63**, 754.
29. W. E. Silverthorn, C. Couldwell and K. Prout, *J. Chem. Soc., Chem. Commun.*, 1978, 1009.
30. C. G. Pierpont, L. C. Francesconi and D. N. Hendrickson, *Inorg. Chem.*, 1978, **17**, 3470.
31. C. G. Pierpont, L. C. Francesconi and D. N. Hendrickson, *Inorg. Chem.*, 1977, **16**, 2367.
32. T. R. Felthouse, E. J. Laskowski, D. S. Bieksza and D. N. Hendrickson, *J. Chem. Soc., Chem. Commun.*, 1976, 777*.
33. T. R. Felthouse and D. N. Hendrickson, *Inorg. Chem.*, 1978, **17**, 444.
34. M. J. Nolte and E. Singleton, *J. Chem. Soc., Dalton Trans.*, 1974, 2406.
35. H. B. Gray, K. R. Mann, N. S. Lewis, J. A. Thich and R. M. Richman, *Adv. Chem. Ser.*, 1978, **168**, 44 (D); K. R. Mann, J. A. Thich, R. A. Bell, C. L. Coyle and H. B. Gray, *Inorg. Chem.*, 1980, **19**, 2462.
36. M. Pasquali, C. Floriani, A. Gaetani-Manfredotti and C. Guastini, *J. Am. Chem. Soc.*, 1981, **103**, 185.
37. C. P. Brock and T. G. Attig, *J. Am. Chem. Soc.*, 1980, **102**, 1319.
38. J. H. Enemark, R. D. Feltham, B. T. Hine, P. L. Johnson and K. B. Swedo, *J. Am. Chem. Soc.*, 1977, **99**, 3285.
39. J. J. Bonnet, R. Mathieu and J. A. Ibers, *Inorg. Chem.*, 1980, **19**, 2448.
40. M. S. Haddad, E. N. Duesler and D. N. Hendrickson, *Inorg. Chem.*, 1979, **18**, 141.
41. L. J. Maheu and L. H. Pignolet, *Inorg. Chem.*, 1979, **18**, 3626.
42. F. C. March, R. Mason and K. M. Thomas, *J. Organomet. Chem.*, 1975, **96**, C43.
43. I. Bertini, P. Dapporto, G. Fallani and L. Sacconi, *Inorg. Chem.*, 1971, **10**, 1703.
44. M. G. B. Drew and J. D. Wilkins, *J. Chem. Soc., Dalton Trans.*, 1974, 1654.
45. M. di Vaira and A. B. Orlandini, *J. Chem. Soc., Dalton Trans.*, 1972, 1704.
46. J. D. Owen, *J. Chem. Soc., Dalton Trans.*, 1980, 1066.
47. M. G. B. Drew, S. G. McFall, S. M. Nelson and C. P. Waters, *J. Chem. Res.*, 1979, (*M*) 0360, (*S*) 16.
48. T. R. Felthouse, E. J. Laskowski and D. N. Hendrickson, *Inorg. Chem.*, 1977, **16**, 1077.
49. G. Bracher, D. M. Grove, L. M. Venanzi, F. Bachechi, P. Mura and L. Zambonelli, *Angew. Chem.*, 1978, **90**, 826 (*Angew. Chem., Int. Ed. Engl.*, 1978, **17**, 778).
50. A. Immirzi, A. Musco, P. S. Pregosin and L. M. Venanzi, *Angew. Chem.*, 1980, **92**, 744 (*Angew. Chem., Int. Ed. Engl.*, 1980, **19**, 721).
51. R. B. English and M. M. de V. Steyn, *Acta Crystallogr.*, 1979, **B35**, 954.
52. K. Aurivillius and G.-I. Bertinsson, *Acta Crystallogr.*, 1980, **B36**, 790.
53. D. Gatteschi, C. Mealli and L. Sacconi, *J. Am. Chem. Soc.*, 1973, **95**, 2736.
54. M. Pasquali, F. Marchetti, C. Floriani and M. Cesari, *Inorg. Chem.*, 1980, **19**, 1198.
55. N. Bresciani-Pahor, M. Calligaris, P. Delise, G. Nardin, L. Randaccio, E. Zotti, G. Fachinetti and C. Floriani, *J. Chem. Soc., Dalton Trans.*, 1976, 2310.
56. M. Laing, M. J. Nolte and E. Singleton, *J. Chem. Soc., Chem. Commun.*, 1975, 660*.
57. M. Nolte and E. Singleton, *Acta Crystallogr.*, 1976, **B32**, 1838.
58. M. J. Nolte and E. Singleton, *Acta Crystallogr.*, 1976, **B32**, 1410.
59. P. E. Riley, C. E. Capshaw, R. Pettit and R. E. Davis, *Inorg. Chem.*, 1978, **17**, 408.
60. C. Mealli, M. Peruzzini and P. Stoppioni, *J. Organomet. Chem.*, 1980, **192**, 437.
61. M. Ciampolini, P. Dapporto, N. Nardi and F. Zanobini, *J. Chem. Soc., Chem. Commun.*, 1980, 177.
62. C. Bianchini, C. Mealli, A. Meli and L. Sacconi, *Inorg. Chim. Acta*, 1980, **43**, 223.
63. C. A. Ghilardi, S. Midollini and L. Sacconi, *Inorg. Chim. Acta*, 1978, **31**, L431.
64. C. A. Ghilardi, S. Midollini and L. Sacconi, *J. Chem. Soc., Chem. Commun.*, 1981, 47.
65. T. H. Tulip, T. Yamagata, T. Yoshida, R. D. Wilson, J. A. Ibers and S. Otsuka, *Inorg. Chem.*, 1979, **18**, 2239.
66. C. Floriani, F. Calderazzo and L. Randaccio, *J. Chem. Soc., Chem. Commun.*, 1973, 384*; L. Randaccio, *Gazz. Chim. Ital.*, 1974, **104**, 991.
67. C. A. Ghilardi, S. Midollini and L. Sacconi, *J. Organomet. Chem.*, 1980, **186**, 279.
68. L. Sacconi and M. di Vaira, *Inorg. Chem.*, 1978, **17**, 810.
69. M. Bacci and C. A. Ghilardi, *Inorg. Chem.*, 1974, **13**, 2398.
70. M. di Vaira, *J. Chem. Soc., Dalton Trans.*, 1975, 1575.
71. M. di Vaira, C. A. Ghilardi and L. Sacconi, *Inorg. Chem.*, 1976, **15**, 1555.
72. C. A. Ghilardi and L. Sacconi, *Cryst. Struct. Commun.*, 1975, **4**, 687.
73. M. di Vaira, A. Tarli, P. Stoppioni and L. Sacconi, *Cryst. Struct. Commun.*, 1975, **4**, 653.
74. M. di Vaira, S. Midollini and L. Sacconi, *Inorg. Chem.*, 1977, **16**, 1518.
75. M. di Vaira, S. Midollini and L. Sacconi, *Cryst. Struct. Commun.*, 1976, **5**, 117.
76. C. A. Ghilardi, A. Sabatini and L. Sacconi, *Inorg. Chem.*, 1976, **15**, 2763.
77. C. Mealli, S. Midollini and L. Sacconi, *Inorg. Chem.*, 1975, **14**, 2513.
78. P. Stoppioni, P. Dapporto and L. Sacconi, *Inorg. Chem.*, 1978, **17**, 718.
79. L. Sacconi, P. Dapporto, P. Stoppioni, P. Innocenti and C. Benelli, *Inorg. Chem.*, 1977, **16**, 1669.
80. L. Sacconi, P. Dapporto and P. Stoppioni, *J. Organomet. Chem.*, 1976, **116**, C33*.
81. P. Stoppioni and P. Dapporto, *Cryst. Struct. Commun.*, 1978, **7**, 375.
82. P. Dapporto and L. Sacconi, *Inorg. Chem.*, 1974, **9**, L2*; L. Sacconi, P. Dapporto and P. Stoppioni, *Inorg. Chem.*, 1976, **15**, 325.

83. T. V. Ashworth, M. J. Nolte and E. Singleton, *J. Chem. Soc., Chem. Commun.*, 1977, 936.
84. M. Cowie and S. K. Dwight, *Inorg. Chem.*, 1979, **18**, 1209.
85. C. G. Pierpont, A. Pucci and R. Eisenberg, *J. Am. Chem. Soc.*, 1971, **93**, 3050*; C. G. Pierpont and R. Eisenberg, *Inorg. Chem.*, 1973, **12**, 199.
86. G. A. Heath, R. Mason and K. M. Thomas, *J. Am. Chem. Soc.*, 1974, **96**, 259.
87. M. Cowie, J. T. Mague and A. R. Sanger, *J. Am. Chem. Soc.*, 1978, **100**, 3628*; M. Cowie, *Inorg. Chem.*, 1979, **18**, 286.
88. G. A. Mair, H. M. Powell and L. M. Venanzi, *Proc. Chem. Soc.*, 1961, 170.
89. T. L. Blundell, H. M. Powell and L. M. Venanzi, *Chem. Commun.*, 1967, 763*; T. L. Blundell and H. M. Powell, *Acta Crystallogr.*, 1971, **27**, 2304.
90. P. G. Jones, *Acta Crystallogr.*, 1980, **B36**, 3105.
91. P. G. Jones, *J. Chem. Soc., Chem. Commun.*, 1980, 1031.
92. G. Bombieri, E. Forsellini, R. Graziani and G. Zotti, *Transition Met. Chem.*, 1977, **2**, 264.
93. K. R. Mann, N. S. Lewis, R. M. Williams, H. B. Gray and J. G. Gordon, *Inorg. Chem.*, 1978, **17**, 828.
94. Y. Agnus, R. Louis and R. Weiss, *J. Chem. Soc., Chem. Commun.*, 1980, 867.
95. S. Midollini, A. Orlandini and L. Sacconi, *J. Organomet. Chem.*, 1978, **162**, 109*; *Cryst. Struct. Commun.*, 1977, **6**, 733.
96. L. M. Venanzi, R. Spagna and L. Zambonelli, *Chem. Commun.*, 1971, 1570.
97. G. C. Dobinson, R. Mason, G. B. Robertson, R. Ugo, F. Conti, D. Morrell, S. Cenini and F. Bonati, *Chem. Commun.*, 1967, 739.
98. M. di Vaira, S. Midollini, L. Sacconi and F. Zanobini, *Angew. Chem.*, 1978, **90**, 720 (*Angew. Chem., Int. Ed. Engl.*, 1978, **17**, 676)*.
99. M. di Vaira, S. Midollini and L. Sacconi, *J. Am. Chem. Soc.*, 1979, **101**, 1757.
100. C. Bianchini, M. di Vaira, A. Meli and L. Sacconi, *Angew. Chem.*, 1980, **92**, 412 (*Angew. Chem., Int. Ed. Engl.*, 1980, **19**, 405)*; *J. Am. Chem. Soc.*, 1981, **103**, 1448.
101. C. A. Ghilardi, C. Mealli, S. Midollini, V. I. Nefedov, A. Orlandini and L. Sacconi, *Inorg. Chem.*, 1980, **19**, 2454.
102. C. Mealli, S. Midollini and L. Sacconi, *Inorg. Chem.*, 1978, **17**, 632.
103. P. Dapporto, S. Midollini and L. Sacconi, *Inorg. Chem.*, 1975, **14**, 1643.
104. C. Bianchini, C. Mealli, A. Meli, A. Orlandini and L. Sacconi, *Angew. Chem.*, 1979, **91**, 739 (*Angew. Chem., Int. Ed. Engl.*, 1979, **18**, 673)*; *Inorg. Chem.*, 1980, **19**, 2968.
105. R. E. Cobbledick and F. W. B. Einstein, *Acta Crystallogr.*, 1979, **B35**, 2041.
106. L. Sacconi, P. Dapporto and P. Stoppioni, *Inorg. Chem.*, 1977, **16**, 224.
107. P. L. Bellon, M. Manassero, L. Naldini and M. Sansoni, *J. Chem. Soc., Chem. Commun.*, 1972, 1035*; P. Bellon, M. Manassero and M. Sansoni, *J. Chem. Soc., Dalton Trans.*, 1973, 2423.
108. S. Arnott and S. C. Abrahams, *Acta Crystallogr.*, 1958, **11**, 449.
109. W. J. Westerhaus, O. Knop and M. Falk, *Can. J. Chem.*, 1980, **58**, 1355 (at 120, 273 K).
110. K. Hoffmann and E. Weiss, *J. Organomet Chem.*, 1974, **67**, 221.
111. J. Ozols, I. Tetere, S. Vimba and A. Ievins, *Latv. PSR Zinat. Akad. Vestes, Kim. Ser.*, 1975, 517 (*Chem. Abstr.*, 1976, **84**, 52 461).
112. Y. Ozol, S. Vimba and A. Ievins, *Kristallografiya*, 1962, **7**, 362.

Be Beryllium

Molecular formula	Structure	Notes	Ref.
$[BeC_2H_6]_n$	$[BeMe_2]_n$		1
$BeC_4H_{12}^{2-} 2Li^+$	$Li_2[BeMe_4]$		2
BeC_5H_5Br	$BeBr(C_5H_5)$	E	3
BeC_5H_5Cl	$BeCl(C_5H_5)$	E	4
$BeBC_5H_9$	$Be(BH_4)(C_5H_5)$	E	5
$BeB_5C_5H_{13}$	$\{\mu\text{-}Be(C_5H_5)\}B_5H_8$	173	6
BeC_6H_8	$BeMe(C_5H_5)$	E	7
BeC_7H_6	$Be(C\equiv CH)(C_5H_5)$	E	8
$BeC_{10}H_{10}$	$Be(C_5H_5)_2$	E, X	9–11
$BeC_{16}H_{32}N_2$	$BeMe_2\{N(C_2H_4)_3CH\}_2$		12

1. A. I. Snow and R. E. Rundle, *Acta Crystallogr.*, 1951, **4**, 348.
2. E. Weiss and R. Wolfrum, *J. Organomet. Chem.*, 1968, **12**, 257.
3. A. Haaland and D. P. Novak, *Acta Chem. Scand., Ser. A*, 1974, **28**, 153.
4. D. A. Drew and A. Haaland, *Chem. Commun.*, 1971, 1551.
5. D. A. Drew, G. Gundersen and A. Haaland, *Acta Chem. Scand.*, 1972, **26**, 2147.
6. D. F. Gaines, K. M. Coleson and J. C. Calabrese, *J. Am. Chem. Soc.*, 1979, **101**, 3979.
7. D. A. Drew and A. Haaland, *Chem. Commun.*, 1971, 1551*; *Acta Chem. Scand.*, 1972, **26**, 3079.
8. A. Haaland and D. P. Novak, *Acta Chem. Scand., Ser. A*, 1974, **28**, 153.
9. A. Almenningen, O. Bastiansen and A. Haaland, *J. Chem. Phys.*, 1964, **40**, 3434; A. Haaland, *Acta Chem. Scand.*, 1968, **22**, 3030 (E).
10. C.-H. Wong, K.-J. Chao, C. Chih and T.-Y. Lee, *J. Chinese Chem. Soc.*, 1969, **16**, 15; C. Wong, T.-Y. Lee, T. J. Lee, T. W. Chang and C.S.Liu, *Inorg. Nucl. Chem. Lett.*, 1973, **9**, 667*; C.-H. Wong, T.-Y. Lee, K.-J. Chao and S. Lee, *Acta Crystallogr.*, 1972, **B28**, 1662 (X, at 153 K).
11. D. A. Drew and A. Haaland, *Acta Crystallogr.*, 1972, **B28**, 3617 (comparison of E and X structures).
12. C. D. Whitt and J. L. Atwood, *J. Organomet Chem.*, 1971, **32**, 17.

Be₂ Diberyllium

Molecular formula	Structure	Notes	Ref.
$Be_2C_{14}H_{30}N_2$	[BeMe(μ-C≡CMe)(NMe$_3$)]$_2$		1
$Be_2Si_4C_{14}H_{40}N_4$	[Be{(NMeSiMe$_2$)$_2$CH$_2$}]$_2$		2
$Be_2Na_2C_{16}H_{42}O_2$	[BeEt$_2$(μ-H)Na(OEt$_2$)]$_2$		3

1. B. Morosin and J. Howatson, *J. Organomet. Chem.*, 1971, **29**, 7.
2. D. J. Brauer, H. Burger, H. H. Moretto, U. Wannagat and K. Wiegel, *J. Organomet. Chem.*, 1979, **120**, 161.
3. G. W. Adamson and H. M. M. Shearer, *Chem. Commun.*, 1965, 240*; G. W. Adamson, N. A. Bell and H. M. M. Shearer, *Acta Crystallogr.*, 1981, **B37**, 68.

Be₄ Tetraberyllium

Molecular formula	Structure	Notes	Ref.
$Be_4Si_4C_{16}H_{48}O_4$	[BeMe(OSiMe$_3$)]$_4$		1

1. D. Mootz, A. Zinnius and B. Bottcher, *Angew. Chem.*, 1969, **81**, 398 (*Angew. Chem., Int. Ed. Engl.*, 1969, **8**, 378).

Bi Bismuth

Molecular formula	Structure	Notes	Ref.
BiC_3H_9	BiMe$_3$	E	1
$BiC_{11}H_{23}N_2S_4$	BiMe(S$_2$CNEt$_2$)$_2$	a	2
$BiC_{16}H_{13}N_2O_2S_2$	BiPh(SC$_5$H$_4$NO)$_2$		3
$BiC_{18}H_{15}$	BiPh$_3$	b	4, 5
$BiC_{18}H_{15}Cl_2$	BiCl$_2$Ph$_3$		6
$BiCrC_{23}H_{15}O_5$	Cr(CO)$_5$(BiPh$_3$)		7
$BiMn_3C_{24}H_{12}O_9$	Bi{(η-C$_5$H$_4$)Mn(CO)$_3$}$_3$		8
$BiC_{24}H_{20}^+ClO_4^-$	[BiPh$_4$][ClO$_4$]		9

^a Two data sets at 135, 273 K. ^b Ref. 4 interprets structure as planar BiC$_3$ skeleton; ref. 5 shows correct pyramidal shape.

1. B. Beagley and K. T. McAloon, *J. Mol. Struct.*, 1973, **17**, 429.
2. C. Burschka and M. Wieber, *Z. Naturforsch., Teil B*, 1979, **34**, 1037.
3. J. D. Curry and R. J. Jandacek, *J. Chem. Soc., Dalton Trans.*, 1972, 1120.
4. J. Wetzel, *Z. Kristallogr.*, 1942, **104**, 305.
5. D. M. Hawley and G. Ferguson, *J. Chem. Soc. (A)*, 1968, 2059.
6. D. M. Hawley and G. Ferguson, *J. Chem. Soc. (A)*, 1968, 2539.
7. A. J. Carty, N. J. Taylor, A. W. Coleman and M. F. Lappert, *J. Chem. Soc., Chem. Commun.*, 1979, 639.
8. L. N. Zakharov, Y. T. Struchkov, V. V. Sharutin and O. N. Suvorova, *Koord. Khim.*, 1980, **6**, 805.
9. J. Bordner and L. D. Freedman, *Phosphorus*, 1973, **3**, 33.

Bi₂ Dibismuth

Molecular formula	Structure	Notes	Ref.
$Bi_2C_{36}H_{30}Cl_2O_9$	{BiPh$_3$(OClO$_3$)}$_2$O		1

1. G. Ferguson, R. G. Goel, F. C. March, D. R. Ridley and H. S. Prasad, *Chem. Commun.*, 1971, 1547*; F. C. March and G. Ferguson, *J. Chem. Soc., Dalton Trans.*, 1975, 1291.

Ca Calcium

Molecular formula	Structure	Notes	Ref.
CaC$_{10}$H$_{10}$	Ca(C$_5$H$_5$)$_2$	E	1
[CaC$_{10}$H$_{10}$]$_n$	[Ca(C$_5$H$_5$)$_2$]$_n$		2

1. A. Haaland, J. Lusztyk, D. P. Novak, J. Brunvoll and K. B. Starowieyski, *J. Chem. Soc., Chem. Commun.*, 1974, 54.
2. R. Zerger and G. Stucky, *J. Organomet. Chem.*, 1974, **80**, 7.

Cd Cadmium

Molecular formula	Structure	Notes	Ref.
CdSi$_2$C$_{18}$H$_{30}$N$_2$·0.5C$_{10}$H$_8$N$_2$	Cd(CH$_2$SiMe$_3$)$_2$(bipy)·0.5bipy		1

1. G. W. Bushnell and S. R. Stobart, *Can. J. Chem.*, 1980, **58**, 574.

Ce Cerium

Molecular formula	Structure	Notes	Ref.
CeKC$_{22}$H$_{30}$O$_3$	Ce(η-C$_8$H$_8$)$_2$K(diglyme)		1
CeC$_{32}$H$_{26}$N	Ce(py)(C$_9$H$_7$)$_3$		2

1. K. O. Hodgson and K. N. Raymond, *Inorg. Chem.*, 1972, **11**, 3030.
2. A. Zazzetta and A. Greco, *Acta Crystallogr.*, 1979, **B35**, 457.

Ce$_2$ Dicerium

Molecular formula	Structure	Notes	Ref.
Ce$_2$C$_{32}$H$_{48}$Cl$_2$O$_4$	[CeCl(THF)$_2$(η-C$_8$H$_8$)]$_2$		1

1. F. Mares, K. O. Hodgson and A. Streitweiser, *J. Organomet. Chem.*, 1971, **28**, C24*; K. O. Hodgson and K. N. Raymond, *Inorg. Chem.*, 1972, **11**, 171.

Co Cobalt

Molecular formula	Structure	Notes	Ref.
$CoAs_3C_3O_3$	$\{\mu_3\text{-}Co(CO)_3\}As_3$		1
CoC_3NO_4	$Co(CO)_3(NO)$	E	2
CoC_4HO_4	$HCo(CO)_4$	E	3, 4
$CoGeC_4H_3O_4$	$Co(GeH_3)(CO)_4$	E	5
$CoSiC_4H_3O_4$	$Co(SiH_3)(CO)_4$	E	6
$CoB_{18}C_4H_{16}Br_6^-C_4H_{12}N^+$	$[NMe_4][Co(\eta^5\text{-}B_9C_2H_8Br_3\text{-}5,9,10)_2]$		7
$CoB_{14}C_4H_{18}^-C_8H_{20}N^+$	$[NEt_4][Co(\eta^5\text{-}B_7C_2H_9)_2]$		8
$CoB_{18}C_4H_{22}^-Cs^+$	$Cs[Co(\eta^5\text{-}B_9C_2H_{11})_2]$		9
$CoGeC_4Cl_3O_4$	$Co(GeCl_3)(CO)_4$		10
$CoSiC_4Cl_3O_4$	$Co(SiCl_3)(CO)_4$		11
$CoSiC_4F_3O_4$	$Co(SiF_3)(CO)_4$		12
$CoC_4O_4^-C_3H_{10}N^+$	$[NHMe_3][Co(CO)_4]$		13
$CoC_4O_4^-C_6H_{16}N^+$	$[NHEt_3][Co(CO)_4]$		13
$CoC_4O_4^-Si_2C_8H_{24}P^+$	$[PMe_2(SiMe_3)_2][Co(CO)_4]$		14
$CoC_4O_4^-CoC_{25}H_{19}O_2P^+$	$[Co(CO)_2(\eta\text{-}C_5H_4PPh_3)][Co(CO)_4]$		15
$CoTlC_4O_4$	$TlCo(CO)_4$		16
$CoB_4C_5H_{13}$	$2\text{-}\{Co(\eta\text{-}C_5H_5)\}B_4H_8$		17
$CoB_6C_5H_{13}S_2$	$7\text{-}\{Co(\eta\text{-}C_5H_5)\}\text{-}6,8\text{-}S_2B_6H_8$		18
$CoB_9C_5H_{14}Se_2$	$7\text{-}\{Co(\eta\text{-}C_5H_5)\}\text{-}8,12\text{-}Se_2B_9H_9$	155	19
$CoB_9C_5H_{18}$	$5\text{-}\{Co(\eta\text{-}C_5H_5)\}B_9H_{13}$		20
$CoB_{18}C_5H_{21}S_2$	$Co\{\eta^5\text{-}B_9C_2H_{10})_2S_2CH\text{-}8,8'\}$		21
$CoB_{18}C_5H_{23}O$	$Co\{\eta^5\text{-}B_9C_2H_{10})_2OMe\text{-}8,8'\}$		22
$CoC_6H_5O_3$	$Co(CO)_3(\eta\text{-}C_3H_5)$	E	23
$CoB_7C_6H_{13}^-Cs^+$	$Cs[3\text{-}\{Co(\eta\text{-}C_5H_5)\}\text{-}4\text{-}CB_7H_8]$		24
$CoAsB_9C_6H_{15}$	$3\text{-}\{Co(\eta\text{-}C_5H_5)\}\text{-}2,1\text{-}AsCB_9H_{10}$	D	25
$CoB_{10}C_6H_{16}^-C_4H_{12}N^+$	$[NMe_4][2\text{-}\{Co(\eta\text{-}C_5H_5)\}\text{-}1\text{-}CB_{10}H_{11}]$		26
$CoC_7HF_4N_5^{3-}3K^+$	$K_3[Co(CN)_5(CF_2CF_2H)]$		27
$CoHgC_7H_5Cl_2O_2$	$Co(HgCl_2)(CO)_2(\eta\text{-}C_5H_5)$		28
$CoHg_3C_7H_5Cl_6O_2$	$Co(HgCl_2)_3(CO)_2(\eta\text{-}C_5H_5)$		29
$CoC_7H_5O_2$	$Co(CO)_2(\eta\text{-}C_5H_5)$	E	30
$CoB_7C_7H_{16}$	$8\text{-}\{Co(\eta\text{-}C_5H_5)\}\text{-}6,7\text{-}C_2B_7H_{11}$	113	31
$CoB_{10}C_7H_{17}$	$1\text{-}\{Co(\eta\text{-}C_5H_5)\}\text{-}2,4\text{-}C_2B_{10}H_{12}$	a	32, 33
$CoC_8H_{14}PS_5$	$Co(S_5)(PMe_3)(\eta\text{-}C_5H_5)$		34
$CoB_{40}C_8H_{40}^-C_8H_{20}N^+$	$[NEt_4][Co\{(B_{10}C_2H_{10})_2\}_2]$		35
$CoFeC_8O_8^-C_{36}H_{30}NP_2^+$	$[PPN][CoFe(CO)_8]$		36
$CoC_9H_5F_6S_2$	$Co\{S_2C_2(CF_3)_2\}(\eta\text{-}C_5H_5)$		37
$CoC_9H_5N_2S_2$	$Co\{S_2C_2(CN)_2\}(\eta\text{-}C_5H_5)$		38
$CoAsFeC_9H_6O_7$	$CoFe(\mu\text{-}AsMe_2)(CO)_7$		39
$CoFeC_9H_6O_7P$	$CoFe(\mu\text{-}PMe_2)(CO)_7$		40
CoC_9H_9	$Co(\eta\text{-}C_4H_4)(\eta\text{-}C_5H_5)$		41
$CoC_9H_{14}PS_2$	$Co(\eta^2\text{-}S{=}CS)(PMe_3)(\eta\text{-}C_5H_5)$		42
$CoB_4C_9H_{15}$	$1\text{-}\{Co(\eta\text{-}C_5H_5)\}\text{-}2,3\text{-}Me_2C_2B_4H_4$		43
$CoB_9C_9H_{18}O$	$1\text{-}\{Co(\eta\text{-}C_5H_5)\}\text{-}2,3\text{-}C_2B_9H_{10}(COMe)\text{-}5$		44
$CoB_9C_9H_{18}O_2$	$1\text{-}\{Co(\eta\text{-}C_5H_5)\}\text{-}2,3\text{-}C_2B_9H_{10}(OCOMe)\text{-}5$		44
$CoC_9H_{19}N_4O_5$	$CoMe(OH_2)(dmg)_2$		45, 46
$CoB_9C_9H_{23}N$	$5\text{-}\{Co(\eta\text{-}C_5H_5)\}\text{-}2\text{-}(NMe_3)CB_9H_9$	D	47
$CoB_{17}C_9H_{26}N^-C_8H_{20}N^+$	$[NEt_4][Co\{\eta^4\text{-}B_8C_2H_{10}(NC_5H_5)\}(\eta^5\text{-}B_9C_2H_{11})]$		48
$CoC_{10}H_{10}$	$Co(\eta\text{-}C_5H_5)_2$	X, E	49, 50
$CoC_{10}H_{10}^+CoC_{18}H_{15}I_3P^-$	$[Co(\eta\text{-}C_5H_5)_2][CoI_3(PPh_3)]$		51
$CoC_{10}H_{15}N_5^+ClO_4^-$	$[Co(CNMe)_5][ClO_4]$		52
$CoC_{10}H_{20}ClN_4O_4\cdot H_2O$	$CoClEt(dmg)_2\cdot H_2O$		53
$CoFeC_{11}H_5O_6$	$CoFe(CO)_6(\eta\text{-}C_5H_5)$		54
$CoC_{11}H_{10}O_2^+F_6P^-$	$[Co(\eta\text{-}C_5H_5)(\eta\text{-}C_5H_4CO_2H)][PF_6]$	b, 238	55
$CoB_2C_{11}H_{15}$	$Co(\eta^4\text{-}MeBC_4H_4BMe)(\eta\text{-}C_5H_5)$		56
$CoC_{11}H_{17}N_8O$	$Co(CO)(C_{10}H_{17}N_8)$	c	57
$CoB_7NiC_{11}H_{18}$	$2,3\text{-}(\eta\text{-}C_5H_5)_2\text{-}2,3\text{-}NiCo\text{-}10\text{-}CB_7H_8$		58
$CoFe_2C_{11}H_{18}N_2O_7P_3$	$\{Co(CO)_3\}(\mu\text{-}PMe_2)\text{-}\{Fe(CO)_2\}(\mu\text{-}PMe_2)_2\{Fe(NO)_2\}$		59
$CoOs_3C_{12}H_3O_{12}$	$H_3CoOs_3(CO)_{12}$		60
$CoRu_3C_{12}H_3O_{12}$	$H_3CoRu_3(CO)_{12}$		61
$CoFe_2C_{12}H_{12}O_8PS_2$	$CoFe_2(\mu\text{-}PMe_2)(\mu\text{-}SMe)_2(CO)_8$		62
$CoC_{12}H_{13}N_2O_2$	$Co\{(NO)_2C_7H_8\}(\eta\text{-}C_5H_5)$	d	63
$CoC_{12}H_{13}O_2$	$Co(\eta^4\text{-}C_5H_5CO_2Me)(\eta\text{-}C_5H_5)$	e	64
$CoC_{12}H_{14}F_8O_5P$	$\overline{Co\{\eta^2\text{-}CH_2{=}CHCH_2CF(CF_3)\dot{C}F(CF_3)\}}\text{-}(CO)\{P(OMe)_3\}$		65
$CoC_{12}H_{15}O_2$	$Co(CO)_2(\eta\text{-}C_5Me_5)$		66
$CoB_2C_{12}H_{16}$	$Co(\eta\text{-}C_5H_5BMe)_2$		67
$CoB_2C_{12}H_{16}O_2$	$Co\{\eta\text{-}C_5H_5B(OMe)\}_2$		68
$CoC_{12}H_{19}$	$Co(\eta^4\text{-}C_4H_6)(\eta^5\text{-}C_8H_{13})$	f	69

Molecular formula	Structure	Notes	Ref.
$CoB_7FeC_{12}H_{19}$	$1,8\text{-}(\eta\text{-}C_5H_5)_2\text{-}1,8\text{-}FeCo\text{-}2,3\text{-}C_2B_7H_9$		70
$CoB_9C_{12}H_{20}$	$Co(\eta\text{-}C_5H_5)(\eta^5\text{-}C_5H_4B_9C_2H_{11})$		71
$CoC_{12}H_{23}N_{10}$	$CoMe(NH_2NHMe)(C_{10}H_{14}N_8)$	g	72
$CoC_{12}H_{24}N_4O_3^+ClO_4^-$	$CoMe(OH_2)(C_{11}H_{19}N_4O_2)$	h	73
$CoC_{12}H_{34}P_3$	$CoMe_2\{(CH_2)_2PMe_2\}(PMe_3)_2$		74
$CoC_{13}H_6F_{12}O_2P$	$Co\{\eta^4\text{-}C_4(CF_3)_4P(O)(OH)\}(\eta\text{-}C_5H_5)$		75
$CoB_7C_{13}H_{12}$	$\{Co(\eta\text{-}C_5H_5)\}Me_4C_4B_7H_7$	i	76
$CoC_{13}H_{21}N_2O_2$	$CoMe(C_{12}H_{20}N_2O_2)$	j	77
$CoC_{13}H_{23}N_6O_4$	$CoMe(Meim)(dmg)_2$		78
$CoB_7C_{13}H_{24}$	$1\text{-}\{Co(\eta\text{-}C_5H_5)\}\text{-}3,7,9,13\text{-}Me_4C_4B_7H_7$		79
$CoB_8FeC_{13}H_{25}$	$(\eta\text{-}C_5H_5)CoFeMe_4C_4B_8H_8$		80
$CoC_{13}H_{25}N_4O_2$	$CoMe_2(C_{11}H_{19}N_4O_2)$	h	81
$CoRu_3C_{13}O_{13}^-C_{36}H_{30}NP_2^+$	$[PPN][CoRu_3(CO)_{13}]$		82
$CoC_{14}H_5F_{12}O$	$Co\{\eta^4\text{-}C_4(CF_3)_4CO\}(\eta\text{-}C_5H_5)$		83
$CoC_{14}H_{15}O_6$	$\overline{Co\{C(O)C(CO_2Et)=C(O)OEt\}}(CO)(\eta\text{-}C_5H_5)$		84
$CoC_{14}H_{17}O$	$Co(\eta^4\text{-}C_4Me_4CO)(\eta\text{-}C_5H_5)$		85
$CoB_3FeC_{14}H_{20}$	$1,2\text{-}(\eta\text{-}C_5H_5)_2\text{-}1,2\text{-}CoFe(\mu\text{-}H)\text{-}4,5\text{-}Me_2C_2B_3H_4$		86
$CoC_{14}H_{22}N_5O_4$	$CoMe(py)(dmg)_2$		87
$CoC_{14}H_{23}N_2O_3$	$Co(CH{=}CH_2)(OH_2)(C_{12}H_{18}N_2O_2)$	j	88
$CoC_{14}H_{23}N_6O_4$	$CoMe(NH{=}NC_5H_5)(dmg)_2$		89
$CoB_3HgC_{14}H_{25}Cl$	$\{Co(\eta\text{-}C_5Me_5)\}Me_2C_2B_3H_4(\mu\text{-}HgCl)$		90
$CoC_{14}H_{26}N_4O^+Br^-$	$[\overline{CoEt(en)\{OC_6H_4CMe{=}N(CH_2)_2NH_2\}}]Br$		91
$CoB_3C_{14}H_{35}P_2$	$2\text{-}\{Co(PEt_3)_2\}\text{-}1,6\text{-}C_2B_3H_5$		92
$CoB_6C_{14}H_{39}P_2$	$2\text{-}\{HCo(PEt_3)_2\}\text{-}1,8\text{-}C_2B_6H_8$		92
$CoB_7C_{14}H_{39}P_2$	$6\text{-}\{Co(PEt_3)_2\}\text{-}1,2\text{-}C_2B_7H_9$		93
$CoB_7C_{14}H_{40}P_2$	$2\text{-}\{HCo(PEt_3)_2\}\text{-}1,6\text{-}C_2B_7H_9$		94
$CoB_8C_{14}H_{40}P_2$	$1\text{-}\{Co(PEt_3)_2\}\text{-}2,4\text{-}C_2B_8H_{10}$		93
$CoFeC_{15}H_7O_6$	$CoFe(CO)_6(\eta^5\text{-}C_9H_7)$		95
$CoNbC_{15}H_{10}O_5$	$CoNb(CO)_5(\eta\text{-}C_5H_5)_2$		96
$CoAsFeC_{15}H_{14}O_6$	$CoFe(\mu\text{-}AsMe_2)(CO)_6(nbd)$		97
$CoFeC_{15}H_{15}O_4$	$CoFe(CO)_4(\eta^4\text{-}C_4H_4Me_2)(\eta\text{-}C_5H_5)$		98
$CoC_{15}H_{17}O_2 \cdot 2H_2O$	$Co(\eta^4\text{-}C_6Me_4O_2)(\eta\text{-}C_5H_5)\cdot 2H_2O$		99
$CoNiC_{15}H_{20}O_4P$	$CoNi(CO)_4(PEt_3)(\eta\text{-}C_5H_5)$		100
$CoC_{15}H_{22}N_5O_4$	$Co(CH{=}CH_2)(py)(dmg)_2$		101
$CoB_7C_{15}H_{28}O$	$1\text{-}\{Co(\eta\text{-}C_5H_5)\}\text{-}2,3,7,8\text{-}C_4B_7H_6(OEt)\text{-}12$		102
$CoFeC_{16}H_{13}O_4$	$CoFe(CO)_4(nbd)(\eta\text{-}C_5H_5)$		103
$CoC_{16}H_{15}$	$Co(\eta^4\text{-}exo\text{-}1\text{-}PhC_5H_5)(\eta\text{-}C_5H_5)$		104
$CoFeC_{16}H_{17}O_4$	$CoFe(CO)_4(\eta^4\text{-}C_4H_4Me_2)(\eta\text{-}C_5H_4Me)$		105
$CoMnC_{16}H_{20}N_2O_6$	$CoMn(CO)_6(C_{10}H_{20}N_2)$	k	106
$CoC_{16}H_{24}N_5O_6$	$Co(CH_2CO_2Me)(py)(dmg)_2$		107
$CoC_{16}H_{25}$	$Co(C_8H_{13})(cod)$	l	108
$CoC_{16}H_{26}N_5O_4$	$Co(Pr^i)(py)(dmg)_2$		109
$CoC_{16}H_{34}O_9P_3$	$Co\{P(OMe)_3\}_3(\eta^3\text{-}CH_2Ph)$		110
$CoC_{17}H_5F_{10}N_4 \cdot 0.5C_6H_6$	$\overline{Co\{N(C_6F_5)NNN(C_6F_5)\}}(\eta\text{-}C_5H_5)\cdot 0.5C_6H_6$	123	111
$CoWC_{17}H_5F_{12}O_4$	$Co\{WC_4(CF_3)_4\}(CO)_4(\eta\text{-}C_5H_5)$		112
$CoMoNiC_{17}H_{13}O_5$	$CoMoNi(\mu_3\text{-}CMe)(CO)_5(\eta\text{-}C_5H_5)_2$		113
$CoC_{17}H_{15}O$	$Co(\eta^4\text{-}exo\text{-}1\text{-}PhCOC_5H_5)(\eta\text{-}C_5H_5)$		114
$CoC_{17}H_{28}N_5O_4 \cdot C_6H_6$	$CoMe\{(R)\text{-}(+)\text{-}NH_2CHMePh\}(dmg)_2\cdot C_6H_6$		115
$CoBC_{17}H_{35}FO_9P_3^+BF_4^-$	$[Co\{[OP(OEt)_2]_3BF\}(\eta\text{-}C_5H_5)][BF_4]$		116
$CoC_{17}H_{35}N_4O^{2+}2ClO_4^-$	$[CoMe(OH_2)(C_{16}H_{30}N_4)][ClO_4]_2$	m	117
$CoC_{17}H_{36}P_3$	$CoPh(\eta\text{-}C_2H_4)(PMe_3)_3$		118
$CoC_{17}H_{40}O_9P_3$	$Co\{P(OMe)_3\}_3(\eta^3\text{-}C_8H_{13})$		119
$CoFe_2SnC_{18}H_{10}ClO_8$	$\{Co(CO)_4\}\{Fe(CO)_2(\eta\text{-}C_5H_5)\}_2SnCl$		120
$[CoC_{18}H_{16}N_3O_2]_n\cdot nCH_4O$	$[Co(CH_2CN)(salen)]_n\cdot nMeOH$		121
$CoC_{18}H_{19}N_2O_2$	$CoEt(salen)$		122
$CoC_{18}H_{25}N_2O_3$	$CoPh(OH_2)(C_{12}H_{18}N_2O_2)$	j	123
$CoC_{18}H_{26}N_3O_2$	$CoMe(py)(C_{12}H_{18}N_2O_2)$	j	124
$CoB_8C_{18}H_{29}$	$Co(\eta\text{-}C_5H_5)(\eta\text{-}C_5H_4)^+Me_4C_4B_8H_8^-$		125
$CoC_{19}H_8F_{10}$	$Co(C_6F_5)_2(\eta\text{-}PhMe)$		126
$CoC_{19}H_9F_6N_2O_3$	$\overline{Co\{C(O)C(CF_3){=}C(CF_3)C_6H_4N{=}NPh\}}(CO)_2$		127
$CoC_{19}H_{19}F_2N_2O_4 \cdot 0.39C_3H_6O \cdot 0.32H_2O$	$Co(CH_2COMe)(OH_2)(C_{16}H_{12}F_2N_2O_2)\cdot 0.39Me_2CO\cdot 0.32H_2O$	n	128
$CoC_{19}H_{19}N_2O_3 \cdot CH_4O$	$Co(CH_2COMe)(salen)\cdot MeOH$		121
$CoC_{19}H_{29}N_6O_4$	$Co\{(R)\text{-}CH(CN)Me\}\{(S)\text{-}(-)\text{-}NH_2CHMePh\}(dmg)_2$	173, 293	129
$CoC_{19}H_{29}N_6O_4$	$Co\{(S)\text{-}CHMe(CN)\}\{(S)\text{-}(+)\text{-}NH_2CHMePh\}(dmg)_2$	173, o	130
$CoB_8PtC_{19}H_{45}P_2$	$1\text{-}\{Co(\eta\text{-}C_5H_5)\}\text{-}8\text{-}\{Pt(PEt_3)_2\}\text{-}2,7\text{-}C_2B_8H_{10}$	D	131
$CoAsC_{20}H_{15}NO_3$	$Co(CO)_2(NO)(AsPh_3)$		132
$CoC_{20}H_{15}NO_3P$	$Co(CO)_2(NO)(PPh_3)$		133,134

Molecular formula	Structure	Notes	Ref.
$CoSbC_{20}H_{15}NO_3$	$Co(CO)_2(NO)(SbPh_3)$		135
$CoC_{20}H_{28}O_2^+F_6P^-$	$[Co(\eta^5\text{-}C_5Me_5)\{\eta^5\text{-}C_6Me_4(OH)O\text{-}1,4\}][PF_6]$		136
$CoC_{20}H_{30}N_2O_8$	$Co(CNMe)_2\{\eta^2\text{-}trans\text{-}CH(CO_2Et)=CH\text{-}(CO_2Et)\}$	p	137
$CoC_{20}H_{32}N_5O_6$	$Co\{(R)\text{-}CHMe(CO_2Me)\}\{(R)\text{-}(+)\text{-}NH_2CHMe\text{-}Ph\}(dmg)_2$		138
$CoC_{20}H_{32}N_4O_5$	$Co(MeOH)\{[CH_2CO_2(CH_2)_3]dmg\}_2$	q	139
$CoMnSnC_{21}H_{10}O_9$	$\{Co(CO)_4\}\{Mn(CO)_5\}SnPh_2$		140
$CoGeC_{21}H_{15}O_4$	$(+)\text{-}Co\{GeMePh(1\text{-}nap)\}(CO)_4$		141
$CoAgAs_3C_{21}H_{23}O_4$	$Co\{Ag[(2\text{-}Me_2AsC_6H_4)_2AsMe]\}(CO)_4$		142
$CoC_{21}H_{30}N_5^{2+}2I^-\cdot 2H_2O$	$[CoMe(C_{20}H_{27}N_5)]I_2\cdot 2H_2O$	r	143
$CoAuC_{22}H_{15}O_4P$	$Co\{Au(PPh_3)\}(CO)_4$		142, 144
$CoNiC_{22}H_{15}O_3$	$CoNi(\mu\text{-}C_2Ph_2)(CO)_3(\eta\text{-}C_5H_5)$		145
$CoFeMoC_{22}H_{20}O_7PS$	$CoFeMo(\mu_3\text{-}S)(CO)_7(PMePrPh)(\eta\text{-}C_5H_5)$		146
$CoC_{22}H_{22}N_4^+AlC_8H_{20}^-$	$[cis\text{-}CoMe_2(bipy)_2][AlEt_4]$		147
$CoPd_2C_{22}H_{24}ClN_2O_4\cdot CH_2Cl_2$	$\{\mu\text{-}Co(CO)_4\}(\mu\text{-}Cl)\{Pd(C_6H_4CH_2NMe_2\text{-}2)\}_2\cdot CH_2Cl_2$		148
$CoAs_2Fe_2C_{22}H_{27}O_3$	$CoFe_2(\mu\text{-}AsMe_2)_2(CO)_3(\eta\text{-}C_5H_5)_3$		149
$CoC_{22}H_{28}N_5O_5\cdot C_6H_6$	$CoMe\{CH(py)COPh\}(dmg)_2\cdot C_6H_6$		150
$CoC_{23}H_{16}F_4PO_3$	$Co(CF_2CF_2H)(CO)_3(PPh_3)$		151
$CoFeC_{23}H_{18}O_5P$	$CoFe(CO)_5(PMePh_2)(\eta\text{-}C_5H_5)$		152
$CoPdC_{23}H_{18}N_3O_4$	$Co\{Pd(C_6H_4CMe=NNHPh)(py)\}(CO)_4$		153
$CoC_{23}H_{20}O_2P$	$Co(CO)_2(PPh_3)(\eta\text{-}C_3H_5)$		154
$CoC_{23}H_{22}N_3O_2$	$Co(CH=CH_2)(py)(salen)$		155
$CoC_{24}H_{15}O_3$	$Co(CO)_3(\eta^3\text{-}C_3Ph_3)$		156
$CoC_{24}H_{36}^+F_6P^-$	$[Co(\eta^6\text{-}C_6Me_6)_2][PF_6]$		157
$CoLiC_{24}H_{40}O_2$	$CoLi(THF)_2(cod)_2$		158
$CoC_{25}H_{15}O_4$	$Co(CO)_3(\eta^3\text{-}C_3Ph_3CO)$		159
$CoC_{25}H_{19}O_2P^+CoC_4O_4^-$	$[Co(CO)_2(\eta\text{-}C_5H_4PPh_3)][Co(CO)_4]$		15
$CoC_{25}H_{22}N_5O_2$	$Co\{CH(CN)_2\}(py)(salen)$		160
$CoC_{25}H_{33}N_6O_5$	$Co(CH_2CH_2CN)\{NH_2CHPhCH(OH)Ph\}(dmg)_2$		161
$CoC_{25}H_{34}N_5O_8S$	$Co\{C_6H_4[S(O)_2OCHCH_2CH(OEt)CH_2]\text{-}4\}(py)\text{-}(dmg)_2$		162
$CoC_{25}H_{40}N_5O_4$	$Co(py)(C_{20}H_{35}N_4O_4)$	s	163
$CoC_{25}H_{45}N_5O_4P$	$Co(C_5H_4N\text{-}4)(PBu_3)(dmg)_2$		164
$CoGeC_{26}H_{25}O_4$	$Co(GePh_3)(CO)_3\{C(OEt)Et\}$		165
$CoC_{26}H_{26}O_2P$	$Co(CO)_2(PPh_3)(\eta^3\text{-}CH_2CMeCMe_2)$		166
$CoC_{26}H_{27}N_{10}O_4$	$Co\{CHCH_2C(CN)_2C(CN)_2CHPh\}(imH)(dmg)_2$		167
$CoC_{26}H_{28}P\cdot 0.5C_6H_6$	$Co(\eta^3\text{-}C_4H_7)(\eta^4\text{-}C_4H_6)(PPh_3)\cdot 0.5C_6H_6$		168
$CoNiC_{27}H_{17}F_3O_4P$	$CoNi(CO)_4\{P(C_6H_4F\text{-}4)_3\}(\eta\text{-}C_5H_5)$		169
$CoC_{27}H_{27}Cl_3N_5O_4$	$Co\{CCl=C(C_6H_4Cl\text{-}4)_2\}(py)(dmg)_2$		170
$CoC_{27}H_{28}P$	$Co\{CH_2(CH_2)_2CH_2\}(PPh_3)(\eta\text{-}C_5H_5)$		171
$CoC_{27}H_{30}F_3N_3O_6P_2^+BF_4^-$	$[Co(CNC_6H_4F\text{-}4)_3\{P(OMe)_3\}_2][BF_4]$	233	172
$CoC_{27}H_{32}N_4O_4P$	$CoMe(PPh_3)(dmg)_2$		173
$CoSi_2C_{27}H_{33}$	$Co\{\eta^4\text{-}cis\text{-}C_4Ph_2(SiMe_3)_2\}(\eta\text{-}C_5H_5)$		174
$CoSi_2C_{27}H_{33}$	$Co\{\eta^4\text{-}trans\text{-}C_4Ph_2(SiMe_3)_2\}(\eta\text{-}C_5H_5)$		174, 175
$CoZrC_{27}H_{35}O_2$	$\{Co(\eta\text{-}C_5H_5)\}(\mu\text{-}CO)(\mu\text{-}\eta^1,\eta^2\text{-}CO)\{Zr(\eta\text{-}C_5Me_5)_2\}$		176
$CoAs_3Cr_2FeC_{28}H_{28}O_{12}$	$\{Fe(CO)_4\}(\mu\text{-}AsMe_2)\{Co(CO)_3\}(\mu\text{-}AsMe_2)\text{-}\{Cr(CO)_2(\eta\text{-}C_5H_5)\}(\mu\text{-}AsMe_2)\{Cr(CO)_3\text{-}(\eta\text{-}C_5H_5)\}$		177
$CoNiC_{28}H_{28}O_4P$	$CoNi(CO)_4(PCyPh_2)(\eta\text{-}C_5H_4Me)$		178
$CoC_{28}H_{33}ClN_5O_5$	$CoCl\{CH(py)COPh\}(dmg)_2$		179
$CoC_{29}H_{21}S_2$	$Co\{\eta^4\text{-}trans\text{-}C_4Ph_2(C_4H_3S\text{-}2)_2\}(\eta\text{-}C_5H_5)$		180
$CoC_{29}H_{29}N_5^+F_6P^-\cdot C_2H_3N$	$[Co(C_{24}H_{24}N_4)(py)][PF_6]\cdot MeCN$	t	181
$CoC_{29}H_{32}Cl_2P\cdot C_7H_8$	$CoCl_2(PPh_3)(\eta\text{-}C_5Me_4Et)\cdot PhMe$		182
$CoC_{29}H_{36}N_4O_4P$	$Co(Pr^i)(PPh_3)(dmg)_2$		183
$CoC_{30}H_{24}O_5P$	$Co\{CH_2C(O)OCH_2Ph\}(CO)_3(PPh_3)$		184
$CoLi_2C_{30}H_{49}O_2$	$CoPh(C_8H_{12})_2\{Li(OEt_2)\}_2$		185
$CoC_{31}H_{20}O_6P_2$	$Co(CO)_3\{Ph_2PC=C(PPh_2)C(O)OC(O)\}$		186
$CoC_{32}H_{28}I_2N_4$	$CoI_2(CNC_6H_4Me\text{-}4)_4$		187
$CoC_{33}H_{23}I_2$	$Co(\eta^4\text{-}C_4Ph_4)(\eta\text{-}C_5H_3I_2\text{-}1,2)$		188
$CoC_{33}H_{24}I$	$Co(\eta^4\text{-}C_4Ph_4)(\eta\text{-}C_5H_4I)$		188
$CoC_{33}H_{25}$	$Co(\eta^4\text{-}C_4Ph_4)(\eta\text{-}C_5H_5)$		189
$CoC_{33}H_{25}N_2$	$Co\{\eta^4\text{-}C(=NPh)CPh=CPhC=NPh\}(\eta\text{-}C_5H_5)$		190
$CoB_3C_{33}H_{28}$	$1\text{-}\{Co(\eta\text{-}C_5H_5)\}\text{-}4,5,7,8\text{-}Ph_4C_4B_3H_3$		191
$CoC_{34}H_{24}N$	$Co(\eta^4\text{-}C_4Ph_4)(\eta\text{-}C_5H_4CN)$		188
$CoC_{34}H_{28}O_2P$	$Co\{\eta^4\text{-}C_4Ph_4P(O)OMe\text{-}exo\}(\eta\text{-}C_5H_5)$		192
$CoC_{35}H_{25}N_5^+ClO_4^-\cdot CHCl_3$	$[Co(CNPh)_5][ClO_4]\cdot CHCl_3$		193

Molecular formula	Structure	Notes	Ref.
CoC$_{35}$H$_{25}$N$_5^+$ClO$_4^-$·0.5C$_2$H$_4$Cl$_2$	[Co(CNPh)$_5$][ClO$_4$]·0.5CH$_2$ClCH$_2$Cl		194
CoSiC$_{36}$H$_{33}$	Co(η^4-C$_4$Ph$_4$)(η-C$_5$H$_4$SiMe$_3$)		195
CoC$_{37}$H$_{30}$NO$_2$P$_2$	Co(CO)(NO)(PPh$_3$)$_2$		133
CoSnC$_{37}$H$_{34}$O$_3$P	Co{SnMePh(CH$_2$CHMePh)}(CO)$_3$(PPh$_3$)		196
CoC$_{38}$H$_{52}$P$_2$	trans-Co(Mes)$_2$(PEt$_2$Ph)$_2$		197, 198
CoGeC$_{39}$H$_{30}$O$_3$P	Co(GePh$_3$)(CO)$_3$(PPh$_3$)		199
CoSnC$_{39}$H$_{30}$O$_3$P	Co(SnPh$_3$)(CO)$_3$(PPh$_3$)		200
CoC$_{39}$H$_{36}$O$_6$P·0.25CH$_2$Cl$_2$	Co{CH(CO$_2$Me)CH(CO$_2$Me)C(CO$_2$Me)=CPh}(PPh$_3$)(η-C$_5$H$_5$)·0.25CH$_2$Cl$_2$		201
CoC$_{39}$H$_{37}$	Co{η^4-trans-C$_4$Ph$_2$(Mes)$_2$}(η-C$_5$H$_5$)		188
CoC$_{40}$H$_{37}$O	Co{η^4-C$_4$Ph$_2$(Mes)$_2$CO}(η-C$_5$H$_5$)		202
CoC$_{40}$H$_{46}$O$_4$P$_4^+$BF$_4^-$·C$_4$H$_8$O	[Co(CO){P(OMe)$_3$}{PhP[(CH$_2$)$_3$PPh$_2$]$_2$}][BF$_4$]·THF		203
CoC$_{41}$H$_{29}$	Co{η^4-trans-C$_4$Ph$_2$(1-nap)$_2$}(η-C$_5$H$_5$)		204
CoFe$_2$C$_{41}$H$_{33}$·0.5C$_6$H$_{14}$	Co(η^4-trans-C$_4$Ph$_2$Fc$_2$)(η-C$_5$H$_5$)·0.5C$_6$H$_{14}$		205
CoC$_{41}$H$_{42}$N$_6$O$_{10}$P$_2^+$ClO$_4^-$	[Co(CNC$_6$H$_4$NO$_2$-4)$_3${PPh(OEt)$_2$}$_2$][ClO$_4$]		206
CoC$_{42}$H$_{39}$BrOP$_3^+$BC$_{24}$H$_{20}^-$	[CoBr(CO)(triphos)][BPh$_4$]		207
CoC$_{42}$H$_{39}$P$_3$S$_2$	Co(η^2-S=CS)(triphos)		208
CoC$_{43}$H$_{42}$NOP$_3^+$BC$_{24}$H$_{20}^-$·C$_3$H$_6$O	[Co(CO)(np$_3$)][BPh$_4$]·Me$_2$CO		209
CoC$_{44}$H$_{52}$I$_2$N$_4$	CoI$_2$(CNC$_6$H$_3$Et$_2$-2,6)$_4$		210
CoC$_{44}$H$_{56}$N$_5$O$_7$	Co(O$_2$NO){[CH(CO$_2$Et)]$_2$oep}		211
CoC$_{47}$H$_{33}$N$_4$O	Co(CH$_2$COMe)(tpp)		212
CoCrC$_{47}$H$_{39}$O$_5$P$_3$S$_2$·0.25CH$_2$Cl$_2$	Co{η^2-S=CSCr(CO)$_5$}(triphos)·0.25CH$_2$Cl$_2$		209, 213
CoPtC$_{48}$H$_{38}$Cl$_2$N$_2$P$_2$	CoCl$_2${μ-(NC$_5$H$_4$-2)$_2$C$_2$}Pt(PPh$_3$)$_2$		214
CoC$_{48}$H$_{47}$P$_3^+$ClO$_4^-$·0.5CH$_2$Cl$_2$	[Co(nbd)(triphos)][ClO$_4$]·0.5CH$_2$Cl$_2$		215
CoSnC$_{50}$H$_{45}$NO$_3$P	Co{SnMePh(CPh$_3$)}(CO)$_3${(S)-Ph$_2$PNMe(CHMePh)}		196
CoC$_{51}$H$_{20}$F$_{20}$P	{CoC$_4$(C$_6$F$_5$)$_4$}(PPh$_3$)(η-C$_5$H$_5$)	u	216
CoCr$_2$C$_{51}$H$_{39}$O$_{10}$P$_6$	Co{η^3-P$_3$[Cr(CO)$_5$]$_2$}(triphos)		217
CoC$_{55}$H$_{46}$OP$_3$	trans-HCo(CO)(PPh$_3$)$_3$		218, 219
CoMn$_3$C$_{62}$H$_{54}$O$_6$P$_6$	Co{η^3-P$_3$[Mn(CO)$_2$(η-C$_5$H$_5$)]$_3$}(triphos)		220

[a] Red, isomer II. [b] H-bonded dimer. [c] C$_{10}$H$_{17}$N$_8$ = 6,7,13,14-Me$_4$-1,2,4,5,8,9,11,12-octaazacyclotetradeca-2,5,7,12,14-pentaenato-N^1,N^5,N^8,N^{12}. [d] (NO)$_2$C$_7$H$_8$ = 5,6-dinitrosobicyclo[2.2.1]hept-2-ene-N,N'. [e] C$_5$H$_5$CO$_2$Me = 4,5-η^2-2-CO$_2$Me-cyclopent-4-en-1,3-ylene. [f] C$_8$H$_{13}$ = 1,2,3-η^3:6,7-η^2-5-Me-hepta-2,6-dien-1-yl. [g] C$_{10}$H$_{14}$N$_8$ = 3,10-dihydro-6,7,13,14-Me$_4$-1,2,4,5,8,9,11,12-octaazacyclotetradeca-1,4,6,8,11,13-hexaenato-N^1,N^5,N^8,N^{12}. [h] C$_{11}$H$_{19}$N$_4$O$_2$ = 3,3'-(trimethylenedinitrilo)bis(butan-2-onoximato). [i] Isomer III. [j] C$_{12}$H$_{18}$N$_2$O$_2$ = N,N'-ethylenebis(acetylacetoniminato). [k] C$_{10}$H$_{20}$N$_2$ = Bu^{t}N=CHCH=NBu^t. [l] C$_8$H$_{13}$ = η^3-cyclooctenyl. [m] C$_{16}$H$_{30}$N$_4$ = ($\pm$)-(N)-Me$_6$[14]4,11-diene-N_4. [n] C$_{16}$H$_{12}$F$_2$N$_2$O$_2$ = N,N'-ethylenebis(3-F-salicylideniminato): H-bonded dimer. [o] Study of solid state changes (racemization) occurring after prolonged irradiation at room temperature; structures of both S and rac forms determined. [p] Crystal contains RRRR and SSSS molecules. [q] Ligand = bis[5,6-bis(hydroxyimino)heptyl]-Me$_2$-propanedioato-C^2,N^1,$N^{1'}$,N^3,$N^{3'}$. [r] C$_{20}$H$_{27}$N$_5$ = 2,12-di-2-pyridyl-3,7,11-triazatrideca-2,11-diene-$N^{2'}$,$N^{2''}$,N^3,N^7,N^{11}. [s] C$_{20}$H$_{35}$N$_4$O$_4$ = 10-Me-nonadecane-2,3,17,18-tetraonetetraoximato. [t] C$_{24}$H$_{24}$N$_4$ = 7-(cis-β-vinylide)-7,16-dihydro-6,8,15,17-Me$_4$-dibenzo[b,i]-1,4,8,11-tetraazacyclotetradecinato. [u] CoC$_4$(C$_6$F$_5$)$_4$ = 2,3,4,5-(C$_6$F$_5$)$_4$-cobaltacyclopentadiene; one ill-defined solvent molecule, possibly C$_8$H$_{18}$, also present.

1. A. S. Foust, M. S. Foster and L. F. Dahl, *J. Am. Chem. Soc.*, 1969, **91**, 5631.
2. L. O. Brockway and J. S. Anderson, *Trans. Faraday Soc.*, 1937, **33**, 1233.
3. R. V. G. Ewens and M. Lister, *Trans. Faraday Soc.*, 1939, **35**, 681.
4. E. A. McNeill and F. R. Scholer, *J. Am. Chem. Soc.*, 1977, **99**, 6243.
5. D. W. H. Rankin and A. Robertson, *J. Organomet. Chem.*, 1976, **104**, 179.
6. A. G. Robiette, G. M. Sheldrick, R. N. F. Simpson, B. J. Aylett and J. N. Campbell, *J. Organomet. Chem.*, 1968, **14**, 279.
7. B. G. DeBoer, A. Zalkin and D. H. Templeton, *Inorg. Chem.*, 1968, **7**, 2288.
8. D. St Clair, A. Zalkin and D. H. Templeton, *Inorg. Chem.*, 1972, **11**, 377.
9. A. Zalkin, T. E. Hopkins and D. H. Templeton, *Inorg. Chem.*, 1967, **6**, 1911.
10. G. C. van den Berg, A. Oskam and K. Olie, *J. Organomet. Chem.*, 1974, **80**, 363.
11. W. T. Robinson and J. A. Ibers, *Inorg. Chem.*, 1967, **6**, 1208.
12. K. Emerson, P. R. Ireland and W. T. Robinson, *Inorg. Chem.*, 1970, **9**, 436.
13. F. Calderazzo, G. Fachinetti, F. Marchetti and P. F. Zanazzi, *J. Chem. Soc., Chem. Commun.*, 1981, 181.
14. H. Schäfer and A. G. MacDiarmid, *Inorg. Chem.*, 1976, **15**, 848.
15. N. L. Holy, N. C. Baenziger and R. M. Flynn, *Angew. Chem.*, 1978, **90**, 732 (*Angew. Chem., Int. Ed. Engl.*, 1978, **17**, 686)*; *Acta Crystallogr.*, 1979, **B35**, 741.
16. D. P. Schussler, W. R. Robinson and W. F. Edgell, *Inorg. Chem.*, 1974, **13**, 153.
17. L. G. Sneddon and D. Voet, *J. Chem. Soc., Chem. Commun.*, 1976, 118.
18. G. J. Zimmerman and L. G. Sneddon, *J. Am. Chem. Soc.*, 1981, **103**, 1102.
19. G. D. Friesen, A. Barriola, P. Daluga, P. Regatz, J. C. Huffman and L. J. Todd, *Inorg. Chem.*, 1980, **19**, 458.
20. J. R. Pipal and R. N. Grimes, *Inorg. Chem.*, 1977, **16**, 3251.

21. M. R. Churchill, K. Gold, J. N. Francis and M. F. Hawthorne, *J. Am. Chem. Soc.*, 1969, **91**, 1222*; M. R. Churchill and K. Gold, *Inorg. Chem.*, 1971, **10**, 1928.
22. V. Subrtova, V. Petricek, A. Linek and J. Jecny, *Z. Kristallogr.*, 1976, **144**, 139.
23. R. Seip, *Acta Chem. Scand.*, 1972, **26**, 1966.
24. K. P. Callahan, C. E. Strouse, A. L. Sims and M. F. Hawthorne, *Inorg. Chem.*, 1974, **13**, 1393.
25. W. E. Streib and C. Boss, unpublished work cited in L. J. Todd, A. R. Burke, A. R. Garber, H. T. Silverstein and B. N. Storhoff, *Inorg. Chem.*, 1970, **9**, 2175.
26. V. Petricek, K. Maly, A. Petrina, L. Hummel and A. Linek, *Acta Crystallogr.*, 1979, **B35**, 3044.
27. R. Mason and D. R. Russell, *Chem. Commun.*, 1965, 182.
28. I. W. Nowell and D. R. Russell, *Chem. Commun.*, 1967, 817*; *J. Chem. Soc., Dalton Trans.*, 1972, 2393.
29. I. W. Nowell and D. R. Russell, *J. Chem. Soc., Dalton Trans.*, 1972, 2396.
30. B. Beagley, C. T. Parrott, V. Ulbrecht and G. G. Young, *J. Mol. Struct.*, 1979, **52**, 47.
31. K. P. Callahan, F. Y. Lo, C. E. Strouse, A. L. Sims and M. F. Hawthorne, *Inorg. Chem.*, 1974, **13**, 2842.
32. M. R. Churchill and B. G. DeBoer, *J. Chem. Soc., Chem. Commun.*, 1972, 1326*.
33. M. R. Churchill and B. G. DeBoer (with K.-L. G. Lin), *Inorg. Chem.*, 1974, **13**, 1411.
34. C. Burschka, K. Leonhard and H. Werner, *Z. Anorg. Allg. Chem.*, 1980, **464**, 30.
35. R. A. Love and R. Bau, *J. Am. Chem. Soc.*, 1972, **94**, 8274.
36. H. B. Chin, M. B. Smith, R. D. Wilson and R. Bau, *J. Am. Chem. Soc.*, 1974, **96**, 5285.
37. H. W. Baird and B. M. White, *J. Am. Chem. Soc.*, 1966, **88**, 4744.
38. M. R. Churchill and J. P. Fennessey, *Inorg. Chem.*, 1968, **7**, 1123.
39. E. Keller and H. Vahrenkamp, *Chem. Ber.*, 1976, **109**, 229.
40. E. Keller and H. Vahrenkamp, *Chem. Ber.*, 1977, **110**, 430.
41. P. E. Riley and R. E. Davis, *J. Organomet. Chem.*, 1976, **113**, 157.
42. H. Werner, K. Leonhard and C. Burschka, *J. Organomet. Chem.*, 1978, **160**, 291.
43. R. Weiss and R. F. Bryan, *Acta Crystallogr.*, 1977, **B33**, 589.
44. T. Totani, H. Nakai, M. Shiro and T. Nakagawa, *J. Chem. Soc., Dalton Trans.*, 1975, 1938.
45. D. L. McFadden and A. T. McPhail, *J. Chem. Soc., Dalton Trans.*, 1974, 363.
46. D. Ginderow, *Acta Crystallogr.*, 1975, **B31**, 1092.
47. R. V. Schultz, J. C. Huffman and L. J. Todd, *Inorg. Chem.*, 1979, **18**, 2883.
48. M. R. Churchill and K. Gold, *J. Chem. Soc., Chem. Commun.*, 1972, 901*; *Inorg. Chem.*, 1973, **12**, 1157.
49. W. Bünder and E. Weiss, *J. Organomet. Chem.*, 1975, **92**, 65 (X).
50. A. Almenningen, E. Gard, A. Haaland and J. Brunvoll, *J. Organomet. Chem.*, 1976, **107**, 273 (E).
51. M. van den Akker, R. Olthof, F. van Bolhuis and F. Jellinek, *Recl. Trav. Chim. Pays-Bas*, 1972, **91**, 75.
52. F. A. Cotton, T. G. Dunne and J. S. Wood, *Inorg. Chem.*, 1965, **4**, 318.
53. A. L. Crumbliss, J. T. Bowman, P. L. Gans and A. T. McPhail, *J. Chem. Soc., Chem. Commun.*, 1973, 415.
54. I. L. C. Campbell and F. S. Stephens, *J. Chem. Soc., Dalton Trans.*, 1975, 22.
55. P. E. Riley and R. E. Davis, *J. Organomet. Chem.*, 1978, **152**, 209.
56. G. E. Herberich, B. Hessner, S. Beswetherick, J. A. K. Howard and P. Woodward, *J. Organomet. Chem.*, 1980, **192**, 421.
57. V. L. Goedken and S.-M. Peng, *J. Chem. Soc., Chem. Commun.*, 1974, 914.
58. G. E. Hardy, K. P. Callahan and M. F. Hawthorne, *Inorg. Chem.*, 1978, **17**, 1662.
59. E. Keller and H. Vahrenkamp, *Angew. Chem.*, 1977, **89**, 568 (*Angew. Chem., Int. Ed. Engl.*, 1977, **16**, 542)*; *Chem. Ber.*, 1979, **112**, 2347.
60. S. Bhaduri, B. F. G. Johnson, J. Lewis, P. R. Raithby and D. J. Watson, *J. Chem. Soc., Chem. Commun.*, 1978, 343.
61. W. L. Gladfelter, G. L. Geoffroy and J. C. Calabrese, *Inorg. Chem.*, 1980, **19**, 2569.
62. E. Keller and H. Vahrenkamp, *Chem. Ber.*, 1981, **114**, 1111.
63. G. Evrard, R. Thomas, B. R. Davis and I. Bernal, *J. Organomet. Chem.*, 1977, **124**, 59.
64. N. El Murr, Y. Dusausoy, J. E. Sheats and M. Agnew, *J. Chem. Soc., Dalton Trans.*, 1979, 901.
65. M. Bottrill, R. Goddard, M. Green and P. Woodward, *J. Chem. Soc., Dalton Trans.*, 1979, 1671.
66. L. R. Byers and L. F. Dahl, *Inorg. Chem.*, 1980, **19**, 277.
67. G. Huttner, B. Krieg and W. Gartzke, *Chem. Ber.*, 1972, **105**, 3424.
68. G. Huttner and B. Krieg, *Angew. Chem.*, 1972, **84**, 29 (*Angew. Chem., Int. Ed. Engl.*, 1972, **11**, 42)*; G. Huttner, B. Krieg and W. Gartzke, *Chem. Ber.*, 1972, **105**, 3424.
69. G. Allegra, F. Lo Giudice, G. Natta, U. Giannini, G. Fagherazzi and P. Pino, *Chem. Commun.*, 1967, 1263.
70. K. P. Callahan, A. L. Sims, C. B. Knobler, F. Y. Lo and M. F. Hawthorne, *Inorg. Chem.*, 1978, **17**, 1658.
71. M. R. Churchill and B. G. DeBoer, *J. Am. Chem. Soc.*, 1974, **96**, 6310.
72. V. L. Goedken and S.-M. Peng, *J. Chem. Soc., Chem. Commun.*, 1975, 258.
73. S. Brückner, M. Calligaris, G. Nardin and L. Randaccio, *Inorg. Chim. Acta*, 1969, **3**, 278.
74. D. J. Brauer, C. Krüger, P. J. Roberts and Y.-H. Tsay, *Chem. Ber.*, 1974, **107**, 3706.
75. M. J. Barrow, J. L. Davidson, W. Harrison, D. W. A. Sharp, G. A. Sim and F. B. Wilson, *J. Chem. Soc., Chem. Commun.*, 1973, 583*; M. J. Barrow, A. A. Freer, W. Harrison, G. A. Sim, D. W. Taylor and F. B. Wilson, *J. Chem. Soc., Dalton Trans.*, 1975, 197.
76. R. B. Maynard, E. Sinn and R. N. Grimes, *Inorg. Chem.*, 1981, **20**, 1201.
77. S. Brückner, M. Calligaris, G. Nardin and L. Randaccio, *Inorg. Chim. Acta*, 1969, **3**, 308.
78. A. Bigotto, E. Zangrando and L. Randaccio, *J. Chem. Soc., Dalton Trans.*, 1976, 96.
79. R. N. Grimes, E. Sinn and J. R. Pipal, *Inorg. Chem.*, 1980, **19**, 2087.
80. W. M. Maxwell, E. Sinn and R. N. Grimes, *J. Am. Chem. Soc.*, 1976, **98**, 3490.
81. M. Calligaris, *J. Chem. Soc., Dalton Trans.*, 1974, 1628.

82. P. C. Steinhardt, W. L. Gladfelter, A. D. Harley, J. R. Fox and G. L. Geoffroy, *Inorg. Chem.*, 1980, **19**, 332.
83. M. Gerloch and R. Mason, *Proc. R. Soc. London, Ser. A*, 1964, **279**, 170.
84. M. L. Ziegler, K. Weidenhammer and W. A. Herrmann, *Angew. Chem.*, 1977, **89**, 557 (*Angew. Chem., Int. Ed. Engl.*, 1977, **16**, 555)*; W. A. Herrmann, I. Steffl, M. L. Ziegler and K. Weidenhammer, *Chem. Ber.*, 1979, **112**, 1731.
85. L. F. Dahl and D. L. Smith, *J. Am. Chem. Soc.*, 1961, **83**, 752.
86. R. N. Grimes, E. Sinn and R. B. Maynard, *Inorg. Chem.*, 1980, **19**, 2384.
87. L. Randaccio and E. Zangrando, *Cryst. Struct. Commun.*, 1974, **3**, 565*; A. Bigotto, E. Zangrando and L. Randaccio, *J. Chem. Soc., Dalton Trans.*, 1976, 96.
88. S. Brückner, M. Calligaris, G. Nardin and L. Randaccio, *Inorg. Chim. Acta*, 1968, **2**, 416.
89. T. Saito, Y. Tsurita and Y. Sasaki, *Inorg. Chem.*, 1980, **19**, 2365.
90. D. C. Finster and R. N. Grimes, *Inorg. Chem.*, 1981, **20**, 863.
91. I. Levitin, A. Sigan, E. Kazarina, G. Aleksandrov, Y. Struchkov and M. Vol'pin, *J. Chem. Soc., Chem. Commun.*, 1981, 441.
92. G. K. Barker, M. Green, M. P. Garcia, F. G. A. Stone, J.-M. Bassett and A. J. Welch, *J. Chem. Soc., Chem. Commun.*, 1980, 1266.
93. G. K. Barker, M. P. Garcia, M. Green, G. N. Pain, F. G. A. Stone, S. K. R. Jones and A. J. Welch, *J. Chem. Soc., Chem. Commun.*, 1981, 652.
94. G. K. Barker, M. P. Garcia, M. Green, F. G. A. Stone, J.-M. Bassett and A. J. Welch, *J. Chem. Soc., Chem. Commun.*, 1981, 653.
95. F. S. Stephens, *J. Chem. Soc., Dalton Trans.*, 1974, 13.
96. K. S. Wong, W. R. Scheidt and J. A. Labinger, *Inorg. Chem.*, 1979, **18**, 1709.
97. H. J. Langenbach, E. Keller and H. Vahrenkamp, *Angew. Chem.*, 1977, **89**, 197 (*Angew. Chem., Int. Ed. Engl.*, 1977, **16**, 188)*; *J. Organomet. Chem.*, 1979, **171**, 259.
98. I. L. C. Campbell and F. S. Stephens, *J. Chem. Soc., Dalton Trans.*, 1974, 923.
99. V. A. Uchtman and L. F. Dahl, *J. Organomet. Chem.*, 1972, **40**, 403.
100. F. S. Stephens, *J. Chem. Soc., Dalton Trans.*, 1974, 1067.
101. N. Bresciani-Pahor, M. Calligaris and L. Randaccio, *J. Organomet. Chem.*, 1980, **184**, C53.
102. J. R. Pipal and R. N. Grimes, *J. Am. Chem. Soc.*, 1978, **100**, 3083.
103. I. L. C. Campbell and F. S. Stephens, *J. Chem. Soc., Dalton Trans.*, 1975, 226.
104. M. R. Churchill and R. Mason, *Proc. Chem. Soc. (London)*, 1963, 112*; *Proc. R. Soc. London, Ser. A*, 1964, **279**, 191.
105. I. L. C. Campbell and F. S. Stephens, *J. Chem. Soc., Dalton Trans.*, 1974, 923.
106. L. H. Staal, J. Keijsper, G. van Koten, K. Vrieze, J. A. Cras and W. P. Bosman, *Inorg. Chem.*, 1981, **20**, 555.
107. P. G. Lenhert, *Chem. Commun.*, 1967, 980.
108. S. Koda, A. Takenaka and T. Watanabe, *Chem. Commun.*, 1969, 1293*; *Bull. Chem. Soc. Jpn.*, 1971, **44**, 653.
109. L. G. Marzilli, P. J. Toscano, L. Randaccio, N. Bresciani-Pahor and M. Calligaris, *J. Am. Chem. Soc.*, 1979, **101**, 6754.
110. J. R. Bleeke, R. R. Burch, C. L. Coulman and B. C. Schardt, *Inorg. Chem.*, 1981, **20**, 1316.
111. M. E. Gross, W. C. Trogler and J. A. Ibers, *J. Am. Chem. Soc.*, 1981, **103**, 192.
112. J. L. Davidson, L. Manojlovic-Muir, K. W. Muir and A. N. Keith, *J. Chem. Soc., Chem. Commun.*, 1980, 749.
113. H. Beurich and H. Vahrenkamp, *Angew. Chem.*, 1981, **93**, 128 (*Angew. Chem., Int. Ed. Engl.*, 1981, **20**, 98).
114. M. R. Churchill, *J. Organomet. Chem.*, 1965, **4**, 258.
115. Y. Ohashi and Y. Sasada, *Bull. Chem. Soc. Jpn.*, 1977, **50**, 1710.
116. W. Kläui, H. Neukomm, H. Werner and G. Huttner, *Chem. Ber.*, 1977, **110**, 2283.
117. M. J. Heeg, J. F. Endicott and M. D. Glick, *Inorg. Chem.*, 1981, **20**, 1196.
118. H.-F. Klein, R. Hammer, J. Gross and U. Schubert, *Angew. Chem.*, 1980, **92**, 835 (*Angew. Chem., Int. Ed. Engl.*, 1980, **19**, 809).
119. M. R. Thompson, V. W. Day, K. D. Tau and E. L. Muetterties, *Inorg. Chem.*, 1981, **20**, 1237.
120. M. Moll, H. Behrens, P. Merbach, K. Görting, G. Liehr and R. Böhme, *Z. Naturforsch., Teil B*, 1980, **35**, 1115.
121. M. Cesari, C. Neri, G. Perego, E. Perotti and A. Zazzetta, *Chem. Commun.*, 1970, 276.
122. M. Calligaris, D. Minichelli, G. Nardin and L. Randaccio, *J. Chem. Soc. (A)*, 1971, 2720.
123. S. Brückner, M. Calligaris, G. Nardin and L. Randaccio, *Chem. Commun.*, 1970, 152.
124. M. Calligaris, G. Nardin and L. Randaccio, *Inorg. Nucl. Chem. Lett.*, 1972, **8**, 477.
125. R. N. Grimes, J. R. Pipal and E. Sinn, *J. Am. Chem. Soc.*, 1979, **101**, 4172.
126. B. B. Anderson, C. L. Behrens, L. J. Radonovich and K. J. Klabunde, *J. Am. Chem. Soc.*, 1976, **98**, 5390*; L. J. Radonovich, K. J. Klabunde, C. B. Behrens, D. P. McCollor and B. B. Anderson, *Inorg. Chem.*, 1980, **19**, 1221.
127. M. I. Bruce, B. L. Goodall, A. D. Redhouse and F. G. A. Stone, *J. Chem. Soc., Chem. Commun.*, 1972, 1228.
128. W. P. Schaefer, R. Waltzman and B. T. Huie, *J. Am. Chem. Soc.*, 1978, **100**, 5063.
129. Y. Ohashi, Y. Sasada, S. Takeuchi and Y. Ohgo, *Bull. Chem. Soc. Jpn.*, 1980, **53**, 627.
130. Y. Ohashi and Y. Sasada, *Nature (London)*, 1977, **267**, 142; *Chem. Lett.*, 1978, 457; Y. Ohashi, Y. Sasada and Y. Ohgo, *Chem. Lett.*, 1978, 743.
131. W. E. Carroll, M. Green, F. G. A. Stone and A. J. Welch, *J. Chem. Soc., Dalton Trans.*, 1975, 2263.
132. G. Gilli, M. Sacerdoti and G. Reichenbach, *Acta Crystallogr.*, 1973, **B29**, 2306.
133. V. G. Albano, P. L. Bellon and G. Ciani, *J. Organomet. Chem.*, 1972, **38**, 155.
134. D. L. Ward, C. N. Caughlan, G. E. Voecks and P. W. Jennings, *Acta Crystallogr.*, 1972, **B28**, 1949.

135. G. Gilli, N. Sacerdoti and P. Domiano, *Acta Crystallogr.*, 1974, **B30**, 1485.
136. N. A. Bailey and H. Adams, *Cryst. Struct. Commun.*, 1980, **9**, 1213.
137. G. Agnes, I. W. Bassi, C. Benedicenti, R. Intrito, M. Calcaterra and C. Santini, *J. Organomet. Chem.*, 1977, **129**, 401.
138. Y. Ohashi and Y. Sasada, *Bull. Chem. Soc. Jpn.*, 1977, **50**, 2863.
139. H. Flohr, W. Pannhorst and J. Retey, *Angew. Chem.*, 1976, **88**, 613 (*Angew. Chem., Int. Ed. Engl.*, 1976, **15**, 561)*; *Helv. Chim. Acta*, 1978, **61**, 1565.
140. B. P. Bir'yukov, Y. T. Struchkov, K. N. Anisimov, N. E. Kolobova, O. P. Osipova and M. Y. Zakharov, *Chem. Commun.*, 1967, 749*; *Zh. Strukt. Khim.*, 1967, **8**, 554*; B. P. Bir'yukov, O. P. Solodova and Y. T. Struchkov, *Zh. Strukt. Khim.*, 1968, **9**, 228.
141. F. Dahan and Y. Jeannin, *J. Organomet. Chem.*, 1977, **136**, 251.
142. T. L. Blundell and H. M. Powell, *J. Chem. Soc. (A)*, 1971, 1635.
143. D. A. Stotter and J. Trotter, *J. Chem. Soc., Dalton Trans.*, 1977, 868.
144. B. T. Kilbourn, T. L. Blundell and H. M. Powell, *Chem. Commun.*, 1965, 444*.
145. B. H. Freeland, J. E. Hux, N. C. Payne and K. G. Tyers, *Inorg. Chem.*, 1980, **19**, 693.
146. F. Richter and H. Vahrenkamp, *Angew. Chem.*, 1980, **92**, 66 (*Angew. Chem., Int. Ed. Engl.*, 1980, **19**, 65).
147. S. Komiya, T. Yamamoto, A. Yamamoto, A. Takenaka and Y. Sasada, *Acta Crystallogr.*, 1979, **B35**, 2702.
148. M. Pfeffer, J. Fischer, A. Mitschler and L. Ricard, *J. Am. Chem. Soc.*, 1980, **102**, 6338.
149. E. Röttinger, R. Müller and H. Vahrenkamp, *Angew. Chem.*, 1977, **89**, 341 (*Angew. Chem., Int. Ed. Engl.*, 1977, **16**, 332)*; E. Röttinger, A. Trenkle, R. Müller and H. Vahrenkamp, *Chem. Ber.*, 1980, **113**, 1280.
150. T. Saito, H. Urabe and Y. Sasaki, *Transition Met. Chem.*, 1980, **5**, 35.
151. J. B. Wilford and H. M. Powell, *J. Chem. Soc. (A)*, 1967, 2092.
152. G. Davey and F. S. Stephens, *J. Chem. Soc., Dalton Trans.*, 1974, 698.
153. G. LeBorgne, S. E. Bouaoud, D. Grandjean, P. Braunstein, J. Dehand and M. Pfeffer, *J. Organomet. Chem.*, 1977, **136**, 375.
154. P. V. Rinze and U. Müller, *Chem. Ber.*, 1979, **112**, 1973.
155. M. Calligaris, G. Nardin and L. Randaccio, *J. Chem. Soc., Dalton Trans.*, 1972, 1433.
156. T. Chiang, R. C. Kerber, S. D. Kimball and J. W. Lauher, *Inorg. Chem.*, 1979, **18**, 1687.
157. M. R. Thompson, C. S. Day, V. W. Day, R. I. Mink and E. L. Muetterties, *J. Am. Chem. Soc.*, 1980, **102**, 2979.
158. K. Jonas, R. Mynott, C. Krüger, J. C. Sekutowski and Y.-H. Tsay, *Angew. Chem.*, 1976, **88**, 808 (*Angew. Chem., Int. Ed. Engl.*, 1976, **15**, 767).
159. J. Potenza, R. Johnson, D. Mastropaolo and A. Efraty, *J. Organomet. Chem.*, 1974, **64**, C13.
160. N. A. Bailey, B. M. Higson and E. D. McKenzie, *Inorg. Nucl. Chem. Lett.*, 1971, **7**, 591*; *J. Chem. Soc., Dalton Trans.*, 1975, 1105.
161. Y. Ohashi, Y. Sasada, Y. Tashiro, Y. Ohgo, S. Takeuchi and J. Yoshimura, *Bull. Chem. Soc. Jpn.*, 1973, 2589.
162. D. Lenoir, H. Dauner, I. Ugi, A. Gieren, R. Hubner and V. Lamm, *J. Organomet. Chem.*, 1980, **198**, C39.
163. H. Flohr, U. M. Kempe, W. Pannhorst and J. Retey, *Angew. Chem.*, 1976, **88**, 443 (*Angew. Chem., Int. Ed. Engl.*, 1976, **15**, 427)*; W. Panhorst, *Acta Crystallogr.*, 1977, **B33**, 2384.
164. W. W. Adams and P. G. Lenhert, *Acta Crystallogr.*, 1973, **B29**, 2412.
165. F. Carre, G. Cerveau, E. Colomer, R. J. P. Corriu, J. C. Young, L. Ricard and R. Weiss, *J. Organomet. Chem.*, 1979, **179**, 215.
166. R. Allmann, A. Kutoglu and A. Waskowska, *Z. Kristallogr.*, 1980, **153**, 229.
167. D. Dodd, M. D. Johnson, I. P. Steeples and E. D. McKenzie, *J. Am. Chem. Soc.*, 1976, **98**, 6399*; E. D. McKenzie, *Inorg. Chim. Acta*, 1978, **29**, 107.
168. L. Porri, G. Vitulli, M. Zocchi and G. Allegra, *Chem. Commun.*, 1969, 276.
169. I. L. C. Campbell and F. S. Stephens, *J. Chem. Soc., Dalton Trans.*, 1975, 340.
170. R. H. Prince, G. M. Sheldrick, D. A. Stotter and R. Taylor, *J. Chem. Soc., Chem. Commun.*, 1974, 854*; D. A. Stotter, G. M. Sheldrick and R. Taylor, *J. Chem. Soc., Dalton Trans.*, 1975, 2124.
171. P. Diversi, G. Ingrosso, A. Lucherini, W. Porzio and M. Zocchi, *J. Chem. Soc., Chem. Commun.*, 1977, 811*; *Inorg. Chem.*, 1980, **19**, 3590.
172. R. A. Loghry and S. H. Simonsen, *Inorg. Chem.*, 1978, **17**, 1986.
173. N. Bresciani-Pahor, M. Calligaris, L. Randaccio and L. G. Marzilli, *Inorg. Chim. Acta*, 1979, **32**, 181.
174. C. Kabuto, J. Hayashi, H. Sakurai and Y. Kitahara, *J. Organomet. Chem.*, 1972, **43**, C23.
175. I. Bernal, B. R. Davis, M. Rausch and A. Siegel, *J. Chem. Soc., Chem. Commun.*, 1972, 1169*; M. D. Rausch, I. Bernal, B. R. Davis, A. Siegel, F. A. Higbie and G. F. Westover, *J. Coord. Chem.*, 1973, **3**, 149.
176. P. T. Barger and J. E. Bercaw, *J. Organomet. Chem.*, 1980, **201**, C39.
177. H. J. Langenbach, E. Keller and H. Vahrenkamp, *J. Organomet. Chem.*, 1980, **191**, 95.
178. I. L. C. Campbell and F. S. Stephens, *J. Chem. Soc., Dalton Trans.*, 1975, 337.
179. T. Saito, *Bull. Chem. Soc. Jpn.*, 1978, **51**, 169.
180. A. Clearfield, R. Gopal, M. D. Rausch, E. F. Tokas, F. A. Higbie and I. Bernal, *J. Organomet. Chem.*, 1977, **135**, 229.
181. M. C. Weiss, G. C. Gordon and V. L. Goedken, *J. Am. Chem. Soc.*, 1979, **101**, 857.
182. C. Couldwell and J. Husain, *Acta Crystallogr.*, 1978, **B34**, 2444.
183. L. Randaccio, N. Bresciani-Pahor, P. J. Toscano and L. G. Marzilli, *J. Am. Chem. Soc.*, 1980, **102**, 7372.
184. V. Galamb, G. Palyi, F. Cser, M. G. Furmanova and Y. T. Struchkov, *J. Organomet. Chem.*, 1981, **209**, 183.
185. H. Bönnemann, C. Krüger and Y.-H. Tsay, *Angew. Chem.*, 1976, **88**, 50 (*Angew. Chem., Int. Ed. Engl.*, 1976, **15**, 46).

186. D. Fenske, *Angew. Chem.*, 1976, **88**, 415 (*Angew. Chem., Int. Ed. Engl.*, 1976, **15**, 381)*; *Chem. Ber.*, 1979, **112**, 363.
187. C. J. Gilmore, S. F. Watkins and P. Woodward, *J. Chem. Soc. (A)*, 1969, 2833.
188. A. Chiesi-Villa, L. Goghi, A. Gaetani-Manfredotti and C. Guastini, *Acta Crystallogr.*, 1974, **B30**, 2101.
189. M. D. Rausch, G. F. Westover, E. Mintz, G. M. Reisner, I. Bernal, A. Clearfield and J. M. Troup, *Inorg. Chem.*, 1979, **18**, 2605.
190. H. Yamazaki, K. Aoki, Y. Yamamoto and Y. Wakatsuki, *J. Am. Chem. Soc.*, 1975, **97**, 3546.
191. G. J. Zimmerman and L. G. Sneddon, *Inorg. Chem.*, 1980, **19**, 3651.
192. K. Yasufuku, A. Hamada, K. Aoki and H. Yamazaki, *J. Am. Chem. Soc.*, 1980, **102**, 4363.
193. L. D. Brown, D. R. Greig and K. N. Raymond, *Inorg. Chem.*, 1975, **14**, 645.
194. F. A. Jurnak, D. R. Greig and K. N. Raymond, *Inorg. Chem.*, 1975, **14**, 2585.
195. M. Calligaris and K. Venkatasubramanian, *J. Organomet. Chem.*, 1979, **175**, 95.
196. M. Gielen, I. Vanden Eynde, F. Polet, J. Meunier-Piret and M. van Meerssche, *Bull. Soc. Chim. Belg.*, 1980, **89**, 915.
197. P. G. Owston and J. M. Rowe, *J. Chem. Soc.*, 1963, 3411.
198. L. Falvello and M. Gerloch, *Acta Crystallogr.*, 1979, **B35**, 2547.
199. J. K. Stalick and J. A. Ibers, *J. Organomet. Chem.*, 1970, **22**, 213.
200. B. Ziolkowska, *Roczniki Chem.*, 1969, **43**, 1781.
201. Y. Wakatsuki, K. Aoki and H. Yamazaki, *J. Am. Chem. Soc.*, 1974, **96**, 5284*; 1979, **101**, 1123.
202. A. Clearfield, P. Rudolf, I. Bernal and M. D. Rausch, *Inorg. Chim. Acta*, 1980, **42**, 17.
203. R. Mason, G. R. Scollary, D. L. DuBois and D. W. Meek, *J. Organomet. Chem.*, 1976, **114**, C30*; R. Mason and G. R. Scollary, *Aust. J. Chem.*, 1977, **30**, 2395.
204. M. D. Rausch, E. F. Tokas, E. A. Mintz, A. Clearfield and M. Mangion, *J. Organomet. Chem.*, 1979, **172**, 109.
205. M. D. Rausch, F. A. Higbie, G. F. Westover, A. Clearfield, R. Gopal, J. M. Troup and I. Bernal, *J. Organomet. Chem.*, 1978, **149**, 245.
206. R. Graziani, G. Albertin, E. Forsellini and A. A. Orio, *Inorg. Chem.*, 1976, **15**, 2422.
207. C. A. Ghilardi, S. Midollini and L. Sacconi, *J. Organomet. Chem.*, 1980, **186**, 279.
208. C. Bianchini, C. Mealli, A. Meli, A. Orlandini and L. Sacconi, *Inorg. Chem.*, 1980, **19**, 2968.
209. C. A. Ghilardi, A. Sabatini and L. Sacconi, *Inorg. Chem.*, 1976, **15**, 2763.
210. D. Baumann, H. Endres, H. J. Keller, B. Nuber and J. Weiss, *Acta Crystallogr.*, 1975, **B31**, 40.
211. P. Batten, A. L. Hamilton, A. W. Johnson, M. Mahendran, D. Ward and T. J. King, *J. Chem. Soc., Perkin Trans. 1*, 1977, 1623.
212. M. E. Kastner and W. R. Scheidt, *J. Organomet. Chem.*, 1978, **157**, 109.
213. C. Bianchini, A. Meli, A. Orlandini and L. Sacconi, *Inorg. Chim. Acta*, 1979, **35**, L375.
214. S. F. Watkins, R. Musselman and B. Gayle, unpublished work cited in G. R. Newkome and G. L. McClure, *J. Am. Chem. Soc.*, 1974, **96**, 617*; G. R. Newkome, G. L. McClure, S. F. Watkins, B. Gayle, R. E. Taylor and R. Musselman, *J. Org. Chem.*, 1975, **40**, 3759.
215. C. Bianchini, P. Dapporto, A. Meli and L. Sacconi, *J. Organomet. Chem.*, 1980, **193**, 117.
216. R. G. Gastinger, M. D. Rausch, D. A. Sullivan and G. J. Palenik, *J. Am. Chem. Soc.*, 1976, **98**, 719.
217. S. Midollini, A. Orlandini and L. Sacconi, *Angew. Chem.*, 1979, **91**, 93 (*Angew. Chem., Int. Ed. Engl.*, 1979, **18**, 81)*; C. A. Ghilardi, S. Midollini, A. Orlandini and L. Sacconi, *Inorg. Chem.*, 1980, **19**, 301.
218. J. M. Whitfield, S. F. Watkins, G. B. Tupper and W. H. Baddley, *J. Chem. Soc., Dalton Trans.*, 1977, 407.
219. D. C. Moody and R. R. Ryan, *Cryst. Struct. Commun.*, 1981, **10**, 129.
220. C. Mealli, S. Midollini, S. Moneti and L. Sacconi, *Cryst. Struct. Commun.*, 1980, **9**, 1017.

Co₂ Dicobalt

Molecular formula	Structure	Notes	Ref.
$Co_2C_5H_9F_{12}N_3P_6$	$\{Co(CO)\}_2\{\mu\text{-MeN}(PF_2)_2\}_3$		1
$Co_2B_{26}C_6H_{32}^{2-}2Cs^+\cdot H_2O$	$Cs_2[\{Co(\eta^5\text{-}B_9C_2H_{11})\}_2(\mu\text{-}\eta^5,\eta^5\text{-}B_8C_2H_{10})]\cdot H_2O$		2
$Co_2AuC_8O_8^-C_{36}H_{30}NP_2^+$	$[PPN][Au\{Co(CO)_4\}_2]$		3
$Co_2InC_8Br_2O_8^-C_8H_{20}N^+$	$[NEt_4][\{Co(CO)_4\}_2(\mu\text{-InBr}_2)]$		4
$Co_2HgC_8O_8$	$\{Co(CO)_4\}_2Hg$		5
$Co_2C_8O_8$	$Co_2(CO)_8$		6
$Co_2ZnC_8O_8$	$\{Co(CO)_4\}_2Zn$		7
$Co_2B_{16}C_9H_{25}^-C_8H_{20}N^+$	$[NEt_4][(\eta\text{-}C_5H_5)Co(\mu\text{-}\eta^5,\eta^5\text{-}B_8C_2H_{10})Co\text{-}(\eta^6\text{-}B_8C_2H_{10})]$		8
$Co_2FeC_9O_9S$	$Co_2Fe(\mu_3\text{-S})(CO)_9$		9
$Co_2FeC_9O_9Se$	$Co_2Fe(\mu_3\text{-Se})(CO)_9$		10
$Co_2FeC_9O_9Te$	$Co_2Fe(\mu_3\text{-Te})(CO)_9$		10
$Co_2C_{10}H_4O_6$	$Co_2(CO)_6(\eta\text{-}C_4H_4)$	238	11
$Co_2C_{10}H_{10}N_2O_2$	$[Co(\mu\text{-NO})(\eta\text{-}C_5H_5)]_2$		12
$Co_2B_4C_{10}H_{16}$	$1,2\text{-}\{Co(\eta\text{-}C_5H_5)\}_2B_4H_6$		13
$Co_2B_5C_{10}H_{17}S$	$2,3\text{-}\{Co(\eta\text{-}C_5H_5)\}_2\text{-}6\text{-}SB_5H_7$		14
$Co_2C_{11}H_2O_9$	$\{Co_2(CO)_6\}(\mu\text{-}\overline{COC(O)CH=CH})$		15
$Co_2C_{11}H_{10}NO_2$	$Co_2(\mu\text{-CO})(\mu\text{-NO})(\eta\text{-}C_5H_5)_2$		12, 16
$Co_2C_{11}H_{11}O_4P$	$Co_2(\mu\text{-PMe}_2)(CO)_4(\eta\text{-}C_5H_5)$		17
$Co_2B_9C_{11}H_{20}^-C_4H_{12}N^+$	$[NMe_4][2,3\text{-}\{Co(\eta\text{-}C_5H_5)\}_2\text{-}1\text{-}CB_9H_{10}]$		18
$Co_2C_{12}H_{10}O_2^-C_{36}H_{30}NP_2^+$	$[PPN][\{Co(\mu\text{-CO})(\eta\text{-}C_5H_5)\}_2]$		19
$Co_2C_{12}H_{12}O_4$	$[Co(CO)_2(\eta\text{-}C_4H_6)]_2$		20
$Co_2B_5C_{12}H_{17}$	$1,7\text{-}\{Co(\eta\text{-}C_5H_5)\}_2\text{-}5,6\text{-}C_2B_5H_7$		21
$Co_2B_5C_{12}H_{17}$	$1,8\text{-}\{Co(\eta\text{-}C_5H_5)\}_2\text{-}5,6\text{-}C_2B_5H_7$		21
$Co_2B_6C_{12}H_{18}$	$2,6\text{-}\{Co(\eta\text{-}C_5H_5)\}_2\text{-}1,10\text{-}C_2B_6H_8$	123	22
$Co_2B_8C_{12}H_{20}$	$2,3\text{-}\{Co(\eta\text{-}C_5H_5)\}_2\text{-}1,7\text{-}C_2B_8H_{10}$		23
$Co_2C_{12}H_{20}O_4P_2$	$\{Co_2(CO)_4(PMe_3)_2\}(\mu\text{-}C_2H_2)$		24
$Co_2C_{12}F_6O_6$	$\{Co_2(CO)_6\}(\mu\text{-}C_6F_6)$	a	25
$Co_2C_{12}F_6O_7$	$Co(CO)_3\{\eta^3\text{-}C_5F_6\text{-}4\text{-}Co(CO)_4\}$	b	26
$Co_2C_{12}F_{12}O_4S$	$\{Co_2(CO)_4\}\{\mu\text{-SC}_4(CF_3)_4\}$	c	27
$Co_2Ir_2C_{12}O_{12}$	$Co_2Ir_2(CO)_{12}$		28
$Co_2C_{13}H_3F_9O_4$	$\{Co_2(CO)_4\}\{\mu\text{-}C_6H_3(CF_3)_3\}$	d	29
$Co_2C_{13}H_8O_6$	$Co_2(CO)_6(nbd)$		30
$Co_2B_3C_{13}H_{17}$	$1,7\text{-}\{Co(\eta\text{-}C_5H_5)\}_2\text{-}3\text{-Me-2,3-}C_2B_3H_4$		31
$Co_2B_3C_{13}H_{17}$	$1,7\text{-}\{Co(\eta\text{-}C_5H_5)\}_2\text{-}2\text{-Me-2,4-}C_2B_3H_4$		32
$Co_2As_2C_{14}H_{12}F_4O_6$	$Co_2(CO)_6(ffars)$		33
$Co_2C_{14}H_{12}O_6$	$\{Co(CO)_3\}_2\{\mu\text{-}\eta^3,\eta^3\text{-}(CH_2)_2C(CH_2)_2C(CH_2)_2\}$		34
$Co_2B_3C_{14}H_{19}$	$1,2\text{-}\{Co(\eta\text{-}C_5H_5)\}_2\text{-}4,5\text{-Me}_2\text{-}4,5\text{-}C_2B_3H_3$		35
$Co_2B_6C_{14}H_{20}$	$\{Co(\eta\text{-}C_5H_5)\}_2C_4B_6H_{10}$		36
$Co_2CrFeC_{14}O_{14}S$	$Co_2Fe\{\mu_4\text{-SCr}(CO)_5\}(CO)_9$		37
$Co_2FeC_{15}H_5O_9P$	$Co_2Fe(\mu_3\text{-PPh})(CO)_9$		38
$Co_2AsFeMoC_{15}H_{11}O_8S$	$Co_2FeMo(\mu\text{-AsMe}_2)(\mu_3\text{-S})(CO)_8(\eta\text{-}C_5H_5)$	e	39
$Co_2B_3C_{15}H_{17}$	$1,7\text{-}\{Co(\eta\text{-}C_5H_5)\}_2\text{-}2,3\text{-}C_2B_3H_3\text{-}2,3\text{-}(\mu\text{-}1,3\text{-}C_3H_4)$		40
$Co_2FeGe_2C_{16}H_{10}Cl_4O_6$	$\{Co(\mu\text{-CO})(\eta\text{-}C_5H_5)\}_2(\mu\text{-GeCl}_2)_2\{Fe(CO)_4\}$	f	41
$Co_2C_{16}H_{16}O_4$	$[Co(CO)_2(\eta^4\text{-}C_6H_8)]_2$	g	42
$Co_2C_{16}H_{16}O_4$	$\{Co(CO)(\eta\text{-}C_5H_5)\}_2\{\mu\text{-CH(CO}_2Et)\}$		43
$Co_2C_{16}H_{18}O_6$	$\{Co_2(CO)_6\}(\mu\text{-}C_2Bu_2^t)$		44
$Co_2C_{16}H_{20}O_4$	$\{Co(CO)_2(\eta^4\text{-}CH_2=CMeCMe=CH_2)\}_2$		45
$Co_2Sn_2C_{16}H_{22}O_2$	$[Co(\mu\text{-SnMe}_2)(CO)(\eta\text{-}C_5H_5)]_2$		46
$Co_2AsFeMoC_{17}H_{11}O_{10}S$	$Co_2Mo\{\mu\text{-Me}_2AsFe(CO)_4\}(\mu_3\text{-S})(CO)_6(\eta\text{-}C_5H_5)$	h	39
$Co_2C_{17}H_{12}I_2O_8$	$Co_2(CO)_6(\mu\text{-C=CI}_2)\text{-}\{\mu\text{-}\overline{COC(O)C(C_5H_{11})=CH}\}$		47
$Co_2SnC_{17}H_{14}O_{11}$	$Co_2\{\mu\text{-Sn}(acac)_2\}(CO)_7$		48
$Co_2C_{17}H_{50}P_6$	$Co_2(\mu\text{-PMe}_2)_2(\mu\text{-CH}_2PMe_2)(PMe_3)_4$		49
$Co_2PtC_{18}H_{10}N_2O_8$	$trans\text{-}\{Co(CO)_4\}_2Pt(py)_2$		50
$Co_2SnC_{18}H_{16}Cl_2O_4$	$\{Co(CO)_2(nbd)\}_2SnCl_2$		51
$Co_2C_{18}H_{16}O_4$	$[Co(CO)_2(nbd)]_2$		52
$Co_2C_{18}H_{18}$	$\{Co(\eta\text{-}C_5H_5)\}_2(\mu\text{-cot})$		53
$Co_2C_{18}H_{22}O_4$	$\{Co_2(CO)_4\}(\mu\text{-}C_6H_4Bu_2^t)$	i	54
$Co_2B_6C_{18}H_{28}$	$\{Co(\eta\text{-}C_5H_5)\}_2Me_4C_4B_6H_6$	j	55
$Co_2B_7C_{18}H_{29}$	$Co(\eta^5\text{-}2,3\text{-Me}_2C_2B_3H_5)(\eta^5\text{-}2,3\text{-Me}_2C_2B_4H_3\text{-}5\text{-}\eta'\text{-}C_5H_4)Co(\eta\text{-}C_5H_5)$		56
$Co_2B_6HgC_{18}H_{30}$	$\{[Co(\eta\text{-}C_5H_5)]Me_2C_2B_3H_4\}_2Hg$		57
$Co_2HgC_{18}H_{30}O_6P_2$	$\{Co(CO)_3(PEt_3)\}_2Hg$		58
$Co_2C_{19}H_{28}N_2O$	$\{Co(\eta\text{-}C_5H_5)\}_2\{\mu\text{-}(Bu^tN)_2CO\}$		59
$Co_2C_{19}H_{30}O_{11}P_2$	$\{Co(CO)_2[P(OMe)_3]\}_2\{\mu\text{-}[\eta^3\text{-}(CH_2)_2CCH_2]_2CO\}$		34
$Co_2MoC_{20}H_{10}O_8$	$Co_2Mo(\mu_3\text{-CPh})(CO)_8(\eta\text{-}C_5H_5)$		60
$Co_2C_{20}H_{10}O_6$	$\{Co_2(CO)_6\}(\mu\text{-}C_2Ph_2)$		61

Structure Index — Co$_2$

Molecular formula	Structure	Notes	Ref.
Co$_2$C$_{20}$H$_{30}$N$_{10}^{4+}$4ClO$_4^-$	[Co$_2$(CNMe)$_{10}$][ClO$_4$]$_4$		62
Co$_2$C$_{21}$H$_{14}$O$_4$	{Co(CO)(η-C$_5$H$_5$)}$_2$(μ-C$_9$H$_4$O$_2$)	k	63
Co$_2$C$_{21}$H$_{14}$O$_7$	{Co$_2$(CO)$_5$}(μ-C$_{16}$H$_{14}$O$_2$)	l	64
Co$_2$C$_{21}$H$_{24}$O$_5$	{Co$_2$(CO)$_5$}(μ-C$_{16}$H$_{24}$)	m	65
Co$_2$C$_{22}$H$_{30}$O$_2$	[Co(μ-CO)(η-C$_5$Me$_5$)]$_2$		66
Co$_2$C$_{22}$H$_{30}$O$_2$·NaC$_{18}$H$_{36}$N$_2$O$_6^+$	[Na(2,2,2-crypt)][{Co(μ-CO)(η-C$_5$Me$_5$)}$_2$]		67
Co$_2$C$_{22}$H$_{32}$O	Co$_2$(μ-CH$_2$)(μ-CO)(η-C$_5$Me$_5$)$_2$		68
Co$_2$C$_{22}$H$_{34}$Cl$_3^+$·FeCl$_4^-$	[Co$_2$(μ-Cl)$_3$(η-C$_5$Me$_4$Et)$_2$][FeCl$_4$]		69
Co$_2$As$_2$C$_{23}$H$_{15}$O$_5$P	Co$_2$(μ-As$_2$)(CO)$_5$(PPh$_3$)		70
Co$_2$C$_{23}$H$_{15}$O$_5$P$_3$	Co$_2$(μ-P$_2$)(CO)$_5$(PPh$_3$)		71
Co$_2$C$_{25}$H$_{24}$	{Co(η-C$_5$H$_5$)}$_2$[μ-1,3-(η^4-C$_5$H$_5$)$_2$C$_5$H$_4$}	n	72
Co$_2$PtC$_{26}$H$_{15}$O$_8$P	Co$_2$Pt(CO)$_8$(PPh$_3$)		73
Co$_2$C$_{26}$H$_{20}$N$_2$O$_4$P$_2$	[Co(μ-PPh$_2$)(CO)(NO)]$_2$		74
Co$_2$MnC$_{26}$H$_{22}$O$_4$P	{Co(CO)(η-C$_5$H$_5$)}$_2${μ-P(CH$_2$Ph)Mn(CO)$_2$-(η-C$_5$H$_5$)}	173	75
Co$_2$FeC$_{26}$H$_{30}$O$_6$	Co$_2$Fe(CO)$_3$(μ-CO)$_2$(μ_3-CO)(η-C$_5$Me$_5$)$_2$		76
Co$_2$C$_{27}$H$_{21}$O$_7$	Co$_2$(CO)$_5${μ-$\overline{\text{CBuCHCBuCH=CCH}}$=CPhC(O)O}		77
Co$_2$Pt$_3$C$_{27}$H$_{45}$O$_9$P$_3$	Co$_2$Pt$_3$(CO)$_4$(μ-CO)$_5$(PEt$_3$)$_3$		78
Co$_2$FeC$_{28}$H$_{34}$O$_4$	Co$_2$Fe(μ-CO)$_3$(η-C$_4$H$_4$)(η-C$_5$Me$_5$)$_2$	145	76
Co$_2$C$_{30}$H$_{21}$NO$_6$P$_2$·0.5C$_6$H$_6$	{Co$_2$(CO)$_4$(μ-CO)$_2${μ-(Ph$_2$P)$_2$NH}·0.5C$_6$H$_6$		79
Co$_2$SnC$_{30}$H$_{26}$O$_4$	{Co(CO)$_2$(nbd)}$_2$SnPh$_2$		51
Co$_2$MnC$_{30}$H$_{37}$O$_4$	Co$_2$Mn(μ-CO)$_3$(μ_3-CO)(η-C$_5$H$_4$Me)(η-C$_5$Me$_5$)$_2$		76
Co$_2$C$_{30}$H$_{54}$O$_6$P$_2$	[Co(CO)$_3$(PBu$_3$)]$_2$		58, 80
Co$_2$B$_8$FeC$_{32}$H$_{64}$S$_4$	{Co[η^5-MeB(CEt)$_2$BMeS]$_2$}$_2$Fe		81
Co$_2$C$_{34}$H$_{30}$P$_2$	[Co(μ-PPh$_2$)(η-C$_5$H$_5$)]$_2$		82
Co$_2$CuC$_{34}$H$_{70}$O$_{18}$P$_6$	{(η-C$_5$H$_5$)Co[P(O)(OEt)$_2$]$_3$}$_2$Cu		83
Co$_2$C$_{39}$H$_{31}$N$_2$O$_5$P	{Co$_2$(CO)$_4$(PMe$_2$Ph)}(μ-CO)-(μ-CPhNPhCPh=NPh)		84
Co$_2$As$_2$C$_{40}$H$_{30}$O$_4$P$_2$	Co$_2$As$_2$(CO)$_4$(PPh$_3$)$_2$		85
Co$_2$C$_{40}$H$_{72}$N$_8$	Co$_2$(CNBu^t)$_8$		86
Co$_2$As$_2$C$_{42}$H$_{32}$F$_8$O$_6$P$_2$	[Co(CO)$_3${(Ph$_2$P)$\overline{\text{C=C(AsMe}_2\text{)CF}_2\text{CF}_2}$}]$_2$		87
Co$_2$C$_{43}$H$_{32}$O$_4$P$_2$	{Co$_2$(CO)$_4$(μ-dppm)}(μ-C$_2$Ph$_2$)		88
Co$_2$Pt$_2$C$_{44}$H$_{30}$O$_8$P$_2$	Co$_2$Pt$_2$(CO)$_8$(PPh$_3$)$_2$		89
Co$_2$C$_{46}$H$_{42}$O$_4$	{Co(η-C$_5$H$_5$)}$_2${μ-C$_6$H$_2$Ph$_4$(CO$_2$Et)$_2$}	o	90
Co$_2$C$_{50}$H$_{36}$S$_2$	{Co(η-C$_5$H$_5$)}$_2${μ-trans-η^4,η^4-[C$_4$Ph$_2$(C$_4$H$_3$S)]$_2$}		91
[Co$_2$K$_2$C$_{54}$H$_{68}$N$_4$O$_{10}$]$_n$	[Co$_2$(Pr-salen)$_2$K$_2$(CO$_2$)$_2$(THF)$_2$]$_n$		92
Co$_2$C$_{56}$H$_{40}$I$_3$N$_8^+$I$^-$	[Co$_2$I$_3$(CNPh)$_8$]I		93
Co$_2$C$_{59}$H$_{49}$O$_4$P$_3$	{Co$_2$(CO)$_4$(triphos-P,P')}(μ-C$_2$Ph$_2$)		94
Co$_2$As$_4$C$_{66}$H$_{54}$O$_2$·C$_2$H$_4$Cl$_2$	{Co$_2$(CO)$_2$(μ-dpam)$_2$}(μ-C$_2$Ph$_2$)·C$_2$H$_4$Cl$_2$		88
Co$_2$Au$_6$C$_{80}$H$_{60}$O$_8$P$_4$	Au$_6${Co(CO)$_4$}$_2$(PPh$_3$)$_4$		95
Co$_2$C$_{83}$H$_{78}$P$_6$S$_2^{2+}$·2BC$_{24}$H$_{20}^-$·2C$_3$H$_6$O	[(triphos)Co(η^2-$\overline{\text{S=CS}}$)Co(triphos)][BPh$_4$]$_2$·Me$_2$CO		96

^{a} C$_6$F$_6$ = F$_6$-cyclohex-1-en-3-yne. ^{b} C$_5$F$_6$ = 1,2,3,4,5,5-F$_6$-cyclopentenyl. ^{c} SC$_4$(CF$_3$)$_4$ = 1,2,5'-η^3:1,3,4,5-η^4-1-thia-2,3,4,5-(CF$_3$)$_4$-penta-1,3-dien-5-yl. ^{d} C$_6$H$_3$(CF$_3$)$_3$ = 1,2,3,6-η^4:1,4,5,6-η^4-1,3,6-(CF$_3$)$_3$-hexa-2,4-diene-1,6-diylidene. ^{e} tetrahedro-Co$_2$FeMo. ^{f} Contains Co$_2$Ge$_2$Fe heterocycle. ^{g} C$_6$H$_8$ = cyclohexa-1,3-diene. ^{h} triangulo-Co$_2$Mo. ^{i} C$_6$H$_4$Bu$_2^t$ = 1,2,3,6-η^4:1,4,5,6-η^4-1,6-Bu$_2^t$-hexa-2,4-diene-1,6-diylidene. ^{j} Isomer 5. ^{k} C$_9$H$_4$O$_2$ = 1,3-dioxoindan-2-ylidene. ^{l} C$_{16}$H$_{14}$O$_2$ = 1,3-η^3:1-η^1,4,2'-η^3-1,3-Me$_2$-4-[5-oxo-4-Ph-2(5H)-furan-2-ylidene]but-1-ene-1,3-diyl. ^{m} C$_{16}$H$_{24}$ = 1,1',2,2'-η^4:2,2'-η^2-[bi-1-cycloocten-1-yl]-2,2'-diyl. ^{n} First reported as Co$_2$(C$_5$H$_5$)$_5$. ^{o} C$_6$H$_2$Ph$_4$(CO$_2$Et)$_2$ = 1,2,3-η^3:1,4,5-η^3-1,6-(CO$_2$Et)$_2$-2,3,4,5-Ph$_4$-hexa-2,4-dien-1-yl.

1. M. G. Newton, R. B. King, M. Chang, N. S. Pantaleo and J. Gimeno, *J. Chem. Soc., Chem. Commun.*, 1977, 531.
2. D. St Clair, A. Zalkin and D. H. Templeton, *Inorg. Chem.*, 1969, **8**, 2080.
3. R. Uson, A. Laguna, M. Laguna, P. G. Jones and G. M. Sheldrick, *J. Chem. Soc., Dalton Trans.*, 1981, 366.
4. P. D. Cradwick, *J. Organomet. Chem.*, 1971, **27**, 251.
5. G. M. Sheldrick and R. N. F. Simpson, *Chem. Commun.*, 1967, 1015*; *J. Chem. Soc. (A)*, 1968, 1005.
6. G. G. Sumner, H. P. Klug and L. E. Alexander, *Acta Crystallogr.*, 1964, **17**, 732.
7. B. Lee, J. M. Burlitch and J. L. Hoard, *J. Am. Chem. Soc.*, 1967, **89**, 6362.
8. G. Evrard, J. A. Ricci, I. Bernal, W. J. Evans, D. F. Dustin and M. F. Hawthorne, *J. Chem. Soc., Chem. Commun.*, 1974, 234*; M. Creswick, I. Bernal and G. Evrard, *Cryst. Struct. Commun.*, 1979, **8**, 839.
9. D. L. Stevenson, C. H. Wei and L. F. Dahl, *J. Am. Chem. Soc.*, 1971, **93**, 6027.
10. C. E. Strouse and L. F. Dahl, *J. Am. Chem. Soc.*, 1971, **93**, 6032.
11. P. E. Riley and R. E. Davis, *J. Organomet. Chem.*, 1977, **137**, 91.
12. I. Bernal, J. D. Korp, G. M. Reisner and W. A. Herrmann, *J. Organomet. Chem.*, 1977, **139**, 321.
13. J. R. Pipal and R. N. Grimes, *Inorg. Chem.*, 1979, **18**, 252.
14. G. J. Zimmerman and L. G. Sneddon, *J. Am. Chem. Soc.*, 1981, **103**, 1102.

15. O. S. Mills and G. Robinson, *Proc. Chem. Soc. (London)*, 1959, 156*; *Inorg. Chim. Acta*, 1967, **1**, 61.
16. W. A. Herrmann and I. Bernal, *Angew. Chem.*, 1977, **89**, 186 (*Angew. Chem., Int. Ed. Engl.*, 1977, **16**, 172)*.
17. E. Keller and H. Vahrenkamp, *Z. Naturforsch., Teil B*, 1978, **33**, 537.
18. V. Subrtova, A. Linek, C. Novak, V. Petricek and J. Jecny, *Acta Crystallogr.*, 1977, **B33**, 3843.
19. N. E. Schore, C. S. Ilenda and R. G. Bergman, *J. Am. Chem. Soc.*, 1976, **98**, 256*; 1977, **99**, 1781.
20. R. O. Jones and E. Maslen, *Z. Kristallogr.*, 1966, **123**, 330.
21. R. N. Grimes, A. Zalkin and W. T. Robinson, *Inorg. Chem.*, 1976, **15**, 2274.
22. E. L. Hoel, C. E. Strouse and M. F. Hawthorne, *Inorg. Chem.*, 1974, **13**, 1388.
23. K. P. Callahan, C. E. Strouse, A. L. Sims and M. F. Hawthorne, *Inorg. Chem.*, 1974, **13**, 1397.
24. J.-J. Bonnet and R. Mathieu, *Inorg. Chem.*, 1978, **17**, 1973.
25. N. A. Bailey, M. R. Churchill, R. Hunt, R. Mason and G. Wilkinson, *Proc. Chem. Soc. (London)*, 1964, 401*; N. A. Bailey and R. Mason, *J. Chem. Soc. (A)*, 1968, 1293.
26. P. B. Hitchcock and R. Mason, *Chem. Commun.*, 1966, 503.
27. M. J. Barrow and G. A. Sim, *Acta Crystallogr.*, 1979, **B35**, 1223.
28. V. G. Albano, G. Ciani and S. Martinengo, *J. Organomet. Chem.*, 1974, **78**, 265.
29. R. S. Dickson, P. J. Fraser and B. M. Gatehouse, *J. Chem. Soc., Dalton Trans.*, 1972, 2278.
30. F. S. Stephens, *J. Chem. Soc., Dalton Trans.*, 1972, 1754.
31. D. C. Beer, V. R. Miller, L. G. Sneddon, R. N. Grimes, M. Mathew and G. J. Palenik, *J. Am. Chem. Soc.*, 1973, **95**, 3046.
32. W. T. Robinson and R. N. Grimes, *Inorg. Chem.*, 1975, **14**, 3056.
33. J. P. Crow, W. R. Cullen, W. Harrison and J. Trotter, *J. Am. Chem. Soc.*, 1970, **92**, 6339*; W. Harrison and J. Trotter, *J. Chem. Soc. (A)*, 1971, 1607.
34. K. Cann, P. E. Riley, R. E. Davis and R. Pettit, *Inorg. Chem.*, 1978, **17**, 1421.
35. R. N. Grimes, E. Sinn and R. B. Maynard, *Inorg. Chem.*, 1980, **19**, 2384.
36. K.-S. Wong, J. R. Bowser, J. R. Pipal and R. N. Grimes, *J. Am. Chem. Soc.*, 1978, **100**, 5045.
37. F. Richter and H. Vahrenkamp, *Angew. Chem.*, 1978, **90**, 474; (*Angew. Chem., Int. Ed. Engl.*, 1978, **17**, 444).
38. H. Beurich, T. Madach, F. Richter and H. Vahrenkamp, *Angew. Chem.*, 1979, **91**, 751 (*Angew. Chem., Int. Ed. Engl.*, 1979, **18**, 690).
39. F. Richter and H. Vahrenkamp, *Angew. Chem.*, 1979, **91**, 566 (*Angew. Chem., Int. Ed. Engl.*, 1979, **18**, 531).
40. J. R. Pipal and R. N. Grimes, *Inorg. Chem.*, 1978, **17**, 10.
41. M. J. Bennett, W. Brooks, M. Elder, W. A. G. Graham, D. Hall and R. Kummer, *J. Am. Chem. Soc.*, 1970, **92**, 208*; M. Elder and W. L. Hutcheon, *J. Chem. Soc., Dalton Trans.*, 1972, 175.
42. F. S. Stephens, *J. Chem. Soc., Dalton Trans.*, 1972, 1752.
43. W. A. Herrmann, I. Schweizer, M. Creswick and I. Bernal, *J. Organomet. Chem.*, 1979, **165**, C17.
44. F. A. Cotton, J. D. Jamerson and B. R. Stults, *J. Am. Chem. Soc.*, 1976, **98**, 1774.
45. P. McArdle, A. R. Manning and F. S. Stephens, *Chem. Commun.*, 1970, 318*; F. S. Stephens, *J. Chem. Soc. (A)*, 1970, 2745.
46. J. Weaver and P. Woodward, *J. Chem. Soc., Dalton Trans.*, 1973, 1060.
47. I. T. Horvath, G. Palyi, L. Marko and G. Andreetti, *J. Chem. Soc., Chem. Commun.*, 1979, 1054.
48. R. D. Ball and D. Hall, *J. Organomet. Chem.*, 1973, **56**, 209.
49. H.-F. Klein, J. Wenninger and U. Schubert, *Z. Naturforsch., Teil B*, 1979, **34**, 1391.
50. D. Morras, J. Dehand and R. Weiss, *C. R. Hebd. Seances Acad. Sci., Ser. C*, 1958, **267**, 1471.
51. F. P. Boer, J. H. Tsai and J. J. Flynn, *J. Am. Chem. Soc.*, 1970, **92**, 6092*; F. P. Boer and J. J. Flynn, *J. Am. Chem. Soc.*, 1971, **93**, 6495.
52. S. Swaminathan and L. Lessinger, *Cryst. Struct. Commun.*, 1978, **7**, 621.
53. E. Paulus, W. Hoppe and R. Huber, *Naturwissenschaften*, 1967, **54**, 67.
54. O. S. Mills and G. Robinson, *Proc. Chem. Soc. (London)*, 1964, 187.
55. J. R. Pipal and R. N. Grimes, *Inorg. Chem.*, 1979, **18**, 1936.
56. J. R. Pipal, W. M. Maxwell and R. N. Grimes, *Inorg. Chem.*, 1978, **17**, 1447.
57. D. C. Finster and R. N. Grimes, *Inorg. Chem.*, 1981, **20**, 863.
58. R. F. Bryan and A. R. Manning, *Chem. Commun.*, 1968, 1316.
59. Y. Matsu-ura, N. Yasuoka, T. Ueki, N. Kasai, M. Kakudo, T. Yoshida and S. Otsuka, *Chem. Commun.*, 1967, 1122*; S. Otsuka, A. Nakamura and T. Yoshida, *Inorg. Chem.*, 1968, **7**, 261*; Y. Matsu-ura, N. Yasuoka, T. Ueki, N. Kasai and M. Kakudo, *Bull. Chem. Soc. Jpn.*, 1969, **42**, 881.
60. H. Beurich and H. Vahrenkamp, *Angew. Chem.*, 1978, **90**, 915 (*Angew. Chem., Int. Ed. Engl.*, 1978, **17**, 863).
61. W. G. Sly, *J. Am. Chem. Soc.*, 1959, **81**, 18.
62. F. A. Cotton, T. G. Dunne, B. F. G. Johnson and J. S. Wood, *Proc. Chem. Soc. (London)*, 1964, 175*; F. A. Cotton, T. G. Dunne and J. S. Wood, *Inorg. Chem.*, 1964, **3**, 1495.
63. M. Creswick, I. Bernal, W. A. Herrmann and I. Steffl, *Chem. Ber.*, 1980, **113**, 1377.
64. P. A. Elder, D. J. S. Guthrie, J. A. D. Jeffreys, G. R. Knox, J. Kollmeier, P. L. Pauson, D. A. Symon and W. E. Watts, *J. Organomet. Chem.*, 1976, **120**, C13*; J. A. D. Jeffreys, *J. Chem. Soc., Dalton Trans.*, 1980, 435.
65. M. A. Bennett and P. B. Donaldson, *Inorg. Chem.*, 1978, **17**, 1995.
66. W. I. Bailey, D. M. Collins, F. A. Cotton, J. C. Baldwin and W. C. Kaska, *J. Organomet. Chem.*, 1979, **165**, 373.
67. R. E. Ginsburg, L. M. Cirjak and L. F. Dahl, *J. Chem. Soc., Chem. Commun.*, 1979, 468.
68. T. R. Halbert, M. E. Leonowicz and D. J. Maydonovitch, *J. Am. Chem. Soc.*, 1980, **102**, 5101.
69. C. Couldwell and J. Husain, *Acta Crystallogr.*, 1978, **B34**, 2444.
70. A. S. Foust, M. S. Foster and L. F. Dahl, *J. Am. Chem. Soc.*, 1969, **91**, 5633*; A. S. Foust, C. F. Campana, J. D. Sinclair and L. F. Dahl, *Inorg. Chem.*, 1979, **18**, 3047.

71. C. F. Campana, A. Vizi-Orosz, G. Palyi, L. Marko and L. F. Dahl, *Inorg. Chem.*, 1979, **18**, 3054.
72. O. V. Starovskii and Y. T. Struchkov, *Zh. Strukt. Khim.*, 1961, **2**, 612*; 1964, **5**, 144*; 1965, **6**, 248.
73. R. Bender, P. Braunstein, J. Fischer, L. Ricard and A. Mitschler, *Nouv. J. Chim.*, 1981, **5**, 81.
74. E. Keller and H. Vahrenkamp, *Chem. Ber.*, 1979, **112**, 1626.
75. R. L. De, J. von Seyerl and G. Huttner, *J. Organomet. Chem.*, 1979, **178**, 319.
76. L. M. Cirjak, J.-S. Huang, Z.-H. Zhu and L. F. Dahl, *J. Am. Chem. Soc.*, 1980, **102**, 6623.
77. G. Varadi, I. T. Horvath, G. Palyi, L. Marko, Y. L. Slovokhotov and Y. T. Struchkov, *J. Organomet. Chem.*, 1981, **206**, 119.
78. J.-P. Barbier, P. Braunstein, J. Fischer and L. Ricard, *Inorg. Chim. Acta*, 1978, **31**, L361.
79. J. Ellermann, N. Geheeb, G. Zoubek and G. Thiele, *Z. Naturforsch., Teil B*, 1977, **32**, 1271.
80. J. A. Ibers, *J. Organomet. Chem.*, 1968, **14**, 423.
81. W. Siebert, W. Rothermal, C. Böhle, C. Krüger and D. J. Brauer, *Angew. Chem.*, 1979, **91**, 1014 (*Angew. Chem., Int. Ed. Engl.*, 1979, **18**, 949).
82. J. M. Coleman and L. F. Dahl, *J. Am. Chem. Soc.*, 1967, **89**, 542.
83. E. Dubler, L. Linowsky and W. Klaui, *Transition Met. Chem.*, 1979, **4**, 191.
84. R. D. Adams, D. F. Chodosh and N. M. Golembeski, *J. Organomet. Chem.*, 1977, **139**, C39*; R. D. Adams, D. F. Chodosh, N. M. Golembeski and E. C. Weissman, *J. Organomet. Chem.*, 1979, **172**, 251.
85. A. S. Foust, C. F. Campana, J. D. Sinclair and L. F. Dahl, *Inorg. Chem.*, 1979, **18**, 3047.
86. G. K. Barker, A. M. R. Galas, M. Green, J. A. K. Howard, F. G. A. Stone, T. W. Turney, A. J. Welch and P. Woodward, *J. Chem. Soc., Chem. Commun.*, 1977, 256*; W. E. Carroll, M. Green, A. M. R. Galas, M. Murray, T. W. Turney, A. J. Welch and P. Woodward, *J. Chem. Soc., Dalton Trans.*, 1980, 80.
87. F. W. B. Einstein and R. Kirkland, *Acta Crystallogr.*, 1978, **B34**, 1690.
88. P. H. Bird, A. R. Fraser and D. N. Hall, *Inorg. Chem.*, 1977, **16**, 1923.
89. J. Fischer, A. Mitschler, R. Weiss, J. Dehand and J. F. Nennig, *J. Organomet. Chem.*, 1975, **91**, C37.
90. P. Hong, K. Aoki and H. Yamazaki, *J. Organomet. Chem.*, 1978, **150**, 279.
91. A. Clearfield, R. Gopal, M. D. Rausch, E. F. Tokas, F. A. Higbie and I. Bernal, *J. Organomet. Chem.*, 1977, **135**, 229.
92. G. Fachinetti, C. Floriani and P. F. Zanazzi, *J. Am. Chem. Soc.*, 1978, **100**, 7405.
93. D. Baumann, H. Endres, H. J. Keller and J. Weiss, *J. Chem. Soc., Chem. Commun.*, 1973, 853*; D. Baumann, H. Endres, H. J. Keller, B. Nuber and J. Weiss, *Acta Crystallogr.*, 1975, **B31**, 40 (cell constants corrected in *Acta Crystallogr.*, 1976, **B32**, 2919).
94. C. Bianchini, P. Dapporto and A. Meli, *J. Organomet. Chem.*, 1979, **174**, 205.
95. J. W. A. van der Velden, J. J. Bour, B. F. Otterloo, W. P. Bosman and J. H. Noordik, *J. Chem. Soc., Chem. Commun.*, 1981, 583.
96. C. Bianchini, C. Mealli, A. Meli, A. Orlandini and L. Sacconi, *Angew. Chem.*, 1979, **91**, 739 (*Angew. Chem., Int. Ed. Engl.*, 1979, **18**, 673)*; *Inorg. Chem.*, 1980, **19**, 2968.

Co_3 Tricobalt

Molecular formula	Structure	Notes	Ref.
$Co_3B_{34}C_8H_{42}^{3-} \cdot 3C_8H_{20}N^+$	$[NEt_4]_3[Co\{(B_8C_2H_{10})Co(B_9C_2H_{11})\}_2]$		1
$Co_3C_9HO_9$	$HCo_3(CO)_9$		2
$Co_3C_9O_9S$	$Co_3(\mu_3\text{-}S)(CO)_9$		3
$Co_3C_9O_9Se$	$Co_3(\mu_3\text{-}Se)(CO)_9$		4
$Co_3C_{10}HO_{10}$	$Co_3\{\mu_3\text{-}C(OH)\}(CO)_9$	163	5
$Co_3C_{10}ClO_9$	$Co_3(\mu_3\text{-}CCl)(CO)_9$		6
$Co_3C_{11}H_3O_9$	$Co_3(\mu_3\text{-}CMe)(CO)_9$		7
$Co_3C_{12}H_3O_{11}$	$Co_3\{\mu_3\text{-}C(OCOMe)\}(CO)_9$		8
$Co_3C_{12}H_{18}O_6P_3$	$[Co(\mu\text{-}PMe_2)(CO)_2]_3$		9
$Co_3BiC_{12}O_{12}$	$\{Co(CO)_4\}_3Bi$		10
$Co_3SnC_{12}BrO_{12}$	$\{Co(CO)_4\}_3SnBr$		11
$Co_3SnC_{12}ClO_{12}$	$\{Co(CO)_4\}_3SnCl$		12
$Co_3InC_{12}O_{12}$	$\{Co(CO)_4\}_3In$		13
$Co_3C_{14}H_{25}O_4S_5$	$Co_3\{(\mu\text{-}SEt)_5(\mu\text{-}CO)\}(CO)_3$		14
$Co_3C_{15}H_5O_9P$	$Co_3(\mu_3\text{-}PPh)(CO)_9$		15
$Co_3C_{15}H_{14}NO_7S$	$Co_3(\mu_3\text{-}S)(\mu\text{-}MeC{=}NCy)(CO)_7$		16
$Co_3C_{15}H_{15}S_2$	$\{Co(\eta\text{-}C_5H_5)\}_3(\mu_3\text{-}S)_2$	a	17–19
$Co_3C_{15}H_{15}S_2$	$\{Co(\eta\text{-}C_5H_5)\}_3(\mu_3\text{-}S)_2$	b	20
$Co_3C_{15}H_{15}S_2^+I^-$	$[\{Co(\eta\text{-}C_5H_5)\}_3(\mu_3\text{-}S)_2]I$		17
$Co_3B_4C_{15}H_{19}$	$\{Co(\eta\text{-}C_5H_5)\}_3B_4H_4$		21
$Co_3B_3C_{15}H_{20}$	$\{Co(\eta\text{-}C_5H_5)\}_3B_3H_5$		21
$Co_3CrC_{16}NO_{14}$	$Co_3\{\mu\text{-}CNCCr(CO)_5\}(CO)_9$		22
$Co_3MoC_{16}H_5O_{11}$	$Co_3Mo(CO)_{11}(\eta\text{-}C_5H_5)$		23
$Co_3C_{16}H_{13}O_4$	$Co_3(\mu_3\text{-}CMe)(CO)_4(\eta\text{-}C_5H_5)_2$		24
$Co_3LiC_{16}H_{14}O_{11}$	$Co_3\{\mu_3\text{-}COLi(OPr^i_2)\}(CO)_9$		25
$Co_3BC_{16}H_{15}Br_2NO_{10}$	$Co_3(\mu_3\text{-}COBBr_2NEt_3)(CO)_9$		26
$Co_3BC_{16}H_{15}Cl_2NO_{10}$	$Co_3(\mu_3\text{-}COBCl_2NEt_3)(CO)_9$		27
$Co_3C_{16}H_{15}OS$	$\{Co(\eta\text{-}C_5H_5)\}_3(\mu_3\text{-}CO)(\mu_3\text{-}S)$		18
$Co_3C_{16}H_{15}O_2$	$\{Co(\eta\text{-}C_5H_5)\}_3(\mu_3\text{-}CO)(\mu_3\text{-}O)$		28
$Co_3C_{16}H_{15}S_2$	$\{Co(\eta\text{-}C_5H_5)\}_3(\mu_3\text{-}CS)(\mu_3\text{-}S)$		29
$Co_3BC_{16}H_{17}NO_{10}$	$Co(\mu\text{-}COBH_2NEt_3)(CO)_9$		30

Molecular formula	Structure	Notes	Ref.
$Co_3GeC_{17}H_5O_{11}$	$Co_2\{\mu\text{-GePh}[Co(CO)_4]\}(\mu\text{-CO})(CO)_6$		31
$Co_3C_{17}H_5O_{10}$	$Co_3\{\mu_3\text{-C}[C(O)Ph]\}(CO)_9$		32
$Co_3C_{17}H_{13}O_7$	$Co_3(\mu_3\text{-CEt})(CO)_7(\eta^4\text{-nbd})$		33
$Co_3As_2C_{17}H_{15}F_4O_7$	$Co_3(\mu_3\text{-CMe})(CO)_7(\text{ffars})$		34
$Co_3C_{17}H_{30}O_{15}P_3$	$Co_3(\mu_3\text{-CMe})(CO)_6\{P(OMe)_3\}_3$		35
$Co_3C_{18}H_{15}O_3$	$\{Co(\eta\text{-}C_5H_5)\}_3(CO)_2(\mu_3\text{-CO})$		36
$Co_3FeC_{18}H_{28}O_{18}P_3$	$HCo_3Fe(CO)_9\{P(OMe)_3\}_3$	c	37, 38
$Co_3C_{19}H_{11}O_9$	$Co_3\{\mu_3\text{-C(Mes)}\}(CO)_9$		6
$Co_3HfC_{20}H_{10}ClO_{10}$	$Co_3\{\mu_3\text{-COHfCl}(\eta\text{-}C_5H_5)_2\}(CO)_9$		39
$Co_3TiC_{20}H_{10}ClO_{10}$	$Co_3\{\mu_3\text{-COTiCl}(\eta\text{-}C_5H_5)_2\}(CO)_9$		39, 40
$Co_3C_{20}H_{21}O_2$	$\{Co(\eta\text{-}C_5H_5)\}_3(\mu_3\text{-CMe})\{\mu_3\text{-C}(CO_2Me)\}$		41
$Co_3C_{21}H_{13}O_6$	$Co_3(\mu_3\text{-CPh})(CO)_6(\text{cot})$		42
$Co_3CrC_{21}H_{15}O_5S_2\cdot 0.5C_4H_8O$	$\{Co(\eta\text{-}C_5H_5)\}_3\{\mu_3\text{-CS}[Cr(CO)_5]\}(\mu_3\text{-S})\cdot 0.5THF$		29
$Co_3C_{22}H_{17}O_6$	$Co_3(\mu_3\text{-CPh})(CO)_6(C_6H_3Me_3\text{-}1,3,5)$		42, 43
$Co_3C_{22}H_{46}O_{18}P_6$	$Co\{[P(O)(OMe)_2]_3Co(\eta\text{-}C_5H_5)\}_2$		44
$Co_3Si_2C_{25}H_{33}$	$\{Co(\eta\text{-}C_5H_5)\}_3(\mu_3\text{-CSiMe}_3)(\mu_3\text{-CC}_2SiMe_3)$		45
$Co_3C_{26}H_{33}O_4$	$Co_3(\mu_3\text{-CMe})(CO)_4(\eta\text{-}C_5Me_5)_2$		46
$Co_3C_{28}H_{18}O_8P$	$Co_3(\mu_3\text{-CMe})(CO)_8(PPh_3)$		47
$Co_3C_{28}H_{36}O_8P$	$Co_3(\mu_3\text{-CMe})(CO)_8(PCy_3)$		48
$Co_3C_{29}H_{37}O_3$	$Co_3(\mu\text{-CO})_2(\mu_3\text{-CO})(\eta\text{-}C_5H_4Me)(\eta\text{-}C_5Me_5)_2$		49
$Co_3C_{31}H_{20}O_7P_2$	$\{Co(CO)_2\}_3(\mu\text{-CO})(\mu\text{-PPh}_2)_2$		50
$Co_3FeC_{33}H_{34}O_9P_3$	$HCo_3Fe(CO)_9(PMe_2Ph)_3$		6
$Co_3B_8C_{38}H_{49}$	$\{Co(\eta\text{-}C_5Me_5)\}_2CoMe_4C_4B_8H_7$		51
$Co_3NaC_{40}H_{36}N_4O_9$	$Co(CO)_3(\mu\text{-CO})\{Na(THF)[Co(salen)]_2\}$		52

^a Ref. 19 reports paramagnetic (r.t., hexagonal) and diamagnetic (130 K, hexagonal) modifications. ^b Study of phase transition at 130 K and room temperature. ^c Ref. 37 describes X-ray study at 134 K; ref. 33 describes neutron study at 90 K.

1. M. R. Churchill, A. H. Reis, J. N. Francis and M. F. Hawthorne, *J. Am. Chem. Soc.*, 1970, **92**, 4993.
2. G. Fachinetti, S. Pucci, P. F. Zanazzi and U. Methong, *Angew. Chem.*, 1979, **91**, 657 (*Angew. Chem., Int. Ed. Engl.*, 1979, **18**, 619).
3. C. H. Wei and L. F. Dahl, *Inorg. Chem.*, 1967, **6**, 1229.
4. C. E. Strouse and L. F. Dahl, *J. Am. Chem. Soc.*, 1971, **93**, 6032.
5. H.-N. Adams, G. Fachinetti and J. Strähle, *Angew. Chem.*, 1981, **93**, 94 (*Angew. Chem., Int. Ed. Engl.*, 1981, **20**, 125).
6. K. Bartl, R. Boese and G. Schmid, *J. Organomet. Chem.*, 1981, **206**, 331.
7. P. W. Sutton and L. F. Dahl, *J. Am. Chem. Soc.*, 1967, **89**, 261.
8. V. Bätzel and G. Schmid, *Chem. Ber.*, 1976, **109**, 3339.
9. E. Keller and H. Vahrenkamp, *J. Organomet. Chem.*, 1978, **155**, C41*; *Chem. Ber.*, 1979, **112**, 2347.
10. G. Etzrodt, R. Boese and G. Schmid, *Chem. Ber.*, 1979, **112**, 2574.
11. R. D. Ball and D. Hall, *J. Organomet. Chem.*, 1973, **52**, 293.
12. B. P. Bir'yukov, E. A. Kukhtenkova, Y. T. Struchkov, K. A. Anisimov, N. E. Kolobova and V. I. Khandozhko, *J. Organomet. Chem.*, 1971, **27**, 337.
13. W. R. Robinson and D. P. Schussler, *Inorg. Chem.*, 1973, **12**, 848.
14. C. H. Wei and L. F. Dahl, *J. Am. Chem. Soc.*, 1968, **90**, 3960.
15. H. Beurich, T. Madach, F. Richter and H. Vahrenkamp, *Angew. Chem.*, 1979, **91**, 751 (*Angew. Chem., Int. Ed. Engl.*, 1979, **18**, 690).
16. H. Patin, G. Mignani, C. Mahe, J.-Y. Le Marouille, A. Benoit, D. Grandjean and G. Levesque, *J. Organomet. Chem.*, 1981, **208**, C39.
17. P. D. Frisch and L. F. Dahl, *J. Am. Chem. Soc.*, 1972, **94**, 5082.
18. M. Sorai, A. Kosaki, H. Suga, S. Seki, T. Yoshida and S. Otsuka, *Bull. Chem. Soc. Jpn.*, 1971, **44**, 2364* (diagram only).
19. N. Kamijo and T. Watanabe, *Acta Crystallogr.*, 1979, **B35**, 2537.
20. N. Kamijo and H. Terauchi, *J. Chem. Phys.*, 1981, **74**, 1944.
21. J. R. Pipal and R. N. Grimes, *Inorg. Chem.*, 1977, **16**, 3255.
22. W. P. Fehlhammer, F. Degel and H. Stolzenberg, *Angew. Chem.*, 1981, **93**, 184 (*Angew. Chem., Int. Ed. Engl.*, 1981, **20**, 214).
23. G. Schmid, K. Bartl and R. Boese, *Z. Naturforsch., Teil B*, 1977, **32**, 1277.
24. R. S. McCallum and B. R. Penfold, *Acta Crystallogr.*, 1978, **B34**, 1688.
25. H.-N. Adams, G. Fachinetti and J. Strähle, *Angew. Chem.*, 1980, **92**, 441 (*Angew. Chem., Int. Ed. Engl.*, 1980, **19**, 404).
26. V. Bätzel, *Z. Naturforsch., Teil B*, 1976, **31**, 342.
27. V. Bätzel, *J. Organomet. Chem.*, 1975, **102**, 109.
28. V. A. Uchtman and L. F. Dahl, *J. Am. Chem. Soc.*, 1969, **91**, 3763.
29. H. Werner, K. Leonhard, O. Kolb, E. Röttinger and H. Vahrenkamp, *Chem. Ber.*, 1980, **113**, 1654.
30. F. Klanberg, W. B. Askew and L. J. Guggenberger, *Inorg. Chem.*, 1968, **7**, 2265.
31. R. Ball, M. J. Bennett, E. H. Brooks, W. A. G. Graham, J. Hoyano and S. M. Illingworth, *Chem. Commun.*, 1970, 592.
32. D. C. Miller, R. C. Gearhart and T. B. Brill, *J. Organomet. Chem.*, 1979, **169**, 395.
33. Y. S. Ng and B. R. Penfold, *Acta Crystallogr.*, 1978, **B34**, 1978.

34. F. W. B. Einstein and R. D. G. Jones, *Inorg. Chem.*, 1972, **11**, 395.
35. P. A. Dawson, B. H. Robinson and J. Simpson, *J. Chem. Soc., Dalton Trans.*, 1979, 1762.
36. F. A. Cotton and J. D. Jamerson, *J. Am. Chem. Soc.*, 1976, **98**, 1273.
37. B. T. Huie, C. B. Knobler and H. D. Kaesz, *J. Chem. Soc., Chem. Commun.*, 1975, 684*; *J. Am. Chem. Soc.*, 1978, **100**, 3059 (X, 134 K).
38. T. F. Koetzle, R. K. McMullan, R. Bau, D. W. Hart, R. G. Teller, D. L. Tipton and R. D. Wilson, *Adv. Chem. Ser.*, 1978, **167**, 61; R. G. Teller, R. D. Wilson, R. K. McMullan, T. F. Koetzle and R. Bau, *J. Am. Chem. Soc.*, 1978, **100**, 3071 (N, 90 K).
39. B. Stutte, V. Bätzel, R. Boese and G. Schmid, *Chem. Ber.*, 1978, **111**, 1603.
40. G. Schmid, V. Bätzel and B. Stutte, *J. Organomet. Chem.*, 1976, **113**, 67*.
41. H. Yamazaki, Y. Wakatsuki and K. Aoki, *Chem. Lett.*, 1979, 1041.
42. M. D. Brice, R. J. Dellaca, B. R. Penfold and J. L. Spencer, *Chem. Commun.*, 1971, 72*.
43. R. J. Dellaca and B. R. Penfold, *Inorg. Chem.*, 1972, **11**, 1855.
44. V. Harder, E. Dubler and H. Werner, *J. Organomet. Chem.*, 1974, **71**, 427*; E. Dubler, L. Linowsky and W. Klaui, *Transition Met. Chem.*, 1979, **4**, 191.
45. J. R. Fritsch, K. P. C. Vollhardt, M. R. Thompson and V. W. Day, *J. Am. Chem. Soc.*, 1979, **101**, 2768.
46. W. I. Bailey, F. A. Cotton and J. D. Jamerson, *J. Organomet. Chem.*, 1979, **173**, 317.
47. M. D. Brice, B. R. Penfold, W. T. Robinson and S. R. Taylor, *Inorg. Chem.*, 1970, **9**, 362.
48. T. W. Matheson and B. R. Penfold, *Acta Crystallogr.*, 1977, **B33**, 1980.
49. L. M. Cirjak, J.-S. Huang, Z.-H. Zhu and L. F. Dahl, *J. Am. Chem. Soc.*, 1980, **102**, 6623.
50. J. C. Burt, R. Boese and G. Schmid, *J. Chem. Soc., Dalton Trans.*, 1978, 1387.
51. D. C. Finster, E. Sinn and R. N. Grimes, *J. Am. Chem. Soc.*, 1981, **103**, 1399.
52. G. Fachinetti, C. Floriani, P. F. Zanazzi and A. R. Zanzari, *Inorg. Chem.*, 1978, **17**, 3002.

Co$_4$ Tetracobalt

Molecular formula	Structure	Notes	Ref.
Co$_4$Al$_{12}$Na$_4$Si$_{12}$C$_4$O$_{52}$	{Co(CO)}$_4$-zeolite A		1
Co$_4$C$_{10}$O$_{10}$S$_2$	Co$_4$S$_2$(CO)$_{10}$		2
Co$_4$C$_{11}$IO$_{11}^-$C$_8$H$_{20}$N$^+$	[NEt$_4$][Co$_4$I(CO)$_{11}$]		3
Co$_4$C$_{12}$O$_{12}$	Co$_4$(CO)$_{12}$		4–6
Co$_4$Sb$_4$C$_{12}$O$_{12}$	Co$_4$Sb$_4$(CO)$_{12}$		7
Co$_4$GeC$_{13}$O$_{13}$	Co$_3${μ_3-GeCo(CO)$_4$}(CO)$_9$		8
Co$_4$SiC$_{13}$O$_{13}$	Co$_3${μ_3-SiCo(CO)$_4$}(CO)$_9$		9
Co$_4$C$_{14}$H$_9$O$_{11}$P	Co$_4$(CO)$_{11}$(PMe$_3$)		10
Co$_4$GeC$_{14}$O$_{14}$	{Co$_2$(CO)$_7$}$_2$Ge		11
Co$_4$Ni$_2$C$_{14}$O$_{14}^{2-}$·2C$_4$H$_{12}$N$^+$	[NMe$_4$]$_2$[Co$_4$Ni$_2$(CO)$_{14}$]		12
Co$_4$C$_{15}$H$_6$O$_9$	Co$_4$(CO)$_9$(η-C$_6$H$_6$)		13
Co$_4$In$_3$C$_{15}$Br$_3$O$_{15}$	Co$_4$(CO)$_{15}$In$_3$Br$_3$		14
Co$_4$C$_{16}$H$_{10}$O$_{10}$	Co$_4$(CO)$_{10}$(C$_2$Et$_2$)		15
Co$_4$C$_{17}$H$_{10}$O$_9$	Co$_4$(CO)$_9$(η-C$_6$H$_4$Me$_2$)	a	13
Co$_4$C$_{20}$H$_{20}$P$_4$	{Co(η-C$_5$H$_5$)}$_4$P$_4$		16
Co$_4$C$_{20}$H$_{20}$S$_4$	{Co(η-C$_5$H$_5$)}$_4$S$_4$		17
Co$_4$C$_{20}$H$_{20}$S$_4^+$F$_6$P$^-$	[{Co(η-C$_5$H$_5$)}$_4$S$_4$]PF$_6$		17
Co$_4$C$_{20}$H$_{20}$S$_6$·0.5CHCl$_3$	{Co(η-C$_5$H$_5$)}$_4$S$_6$·0.5CHCl$_3$		18
Co$_4$C$_{20}$H$_{22}$O$_{10}$P$_2$	Co$_4$(CO)$_{10}${PMe$_2$(CH$_2$CH=CH$_2$)}$_2$		19
Co$_4$C$_{20}$H$_{24}$	H$_4$Co$_4$(η-C$_5$H$_5$)$_4$		20
Co$_4$B$_4$C$_{20}$H$_{24}$	{Co(η-C$_5$H$_5$)}$_4$B$_4$H$_4$		21
Co$_4$C$_{20}$H$_{40}$O$_4$S$_8$	Co$_4$(CO)$_4$(SEt)$_8$		22
Co$_4$C$_{22}$H$_{10}$O$_{10}$P$_2$	Co$_4$(μ_4-PPh)$_2$(CO)$_{10}$		23, 24
Co$_4$AsC$_{24}$H$_{20}$O$_4^+$BF$_4^-$·0.5C$_6$H$_6$	[{Co(CO)(η-C$_5$H$_5$)}$_4$(μ_4-As)]BF$_4$·0.5C$_6$H$_6$		25
Co$_4$As$_4$C$_{24}$H$_{24}$F$_8$O$_8$	Co$_4$(CO)$_8$(ffars)$_2$		26
Co$_4$As$_3$C$_{25}$H$_{26}$F$_8$O$_9$	H$_2$Co$_4$(μ-AsMe$_2$)$_2$-{[$\overline{\text{C=C(AsMe}_2\text{)CF}_2\text{CF}_2}$]$_2$}(CO)$_9$		27
Co$_4$C$_{27}$H$_{30}$O$_7$	Co$_4$(CO)$_7$(η-C$_5$Me$_5$)$_2$		28
Co$_4$C$_{40}$H$_{20}$F$_6$O$_{10}$P$_2$	Co$_4$(CO)$_{10}$(CF$_3$C$_2$PPh$_2$)$_2$		29
Co$_4$K$_2$C$_{44}$H$_{124}$P$_{12}$	[K{Co(C$_2$H$_4$)(PMe$_3$)$_3$}$_2$]$_2$		30
Co$_4$C$_{56}$H$_{40}$O$_8$P$_4$	Co$_4$(μ_4-PPh)$_2$(CO)$_8$(PPh$_3$)$_2$		24
Co$_4$SbC$_{84}$H$_{60}$O$_{12}$P$_4^+$BC$_{24}$H$_{20}^-$·CH$_2$Cl$_2$	[{Co(CO)$_3$(PPh$_3$)}$_4$Sb][BPh$_4$]·CH$_2$Cl$_2$		31

a C$_6$H$_4$Me$_2$ = disordered mixture of 1,2- and 1,3-isomers.

1. P. E. Riley and K. Seff, *Inorg. Chem.*, 1974, **13**, 1355.
2. C. H. Wei and L. F. Dahl, *Cryst. Struct. Commun.*, 1975, **4**, 583.
3. V. G. Albano, D. Braga, G. Longoni, S. Campanella, A. Ceriotti and P. Chini, *J. Chem. Soc., Dalton Trans.*, 1980, 1820.
4. P. Corradini, *J. Chem. Phys.*, 1959, **31**, 1676; P. Corradini and A. Sirigu, *Ric. Sci.*, 1966, **36**, 188.
5. C. H. Wei and L. F. Dahl, *J. Am. Chem. Soc.*, 1966, **88**, 1821*; C. H. Wei, *Inorg. Chem.*, 1969, **8**, 2384.
6. F. H. Carré, F. A. Cotton and B. A. Frenz, *Inorg. Chem.*, 1976, **15**, 380.

7. A. S. Foust and L. F. Dahl, *J. Am. Chem. Soc.*, 1970, **92**, 7337.
8. R. Boese and G. Schmid, *J. Chem. Soc., Chem. Commun.*, 1979, 349.
9. G. Schmid, V. Bätzel and G. Etzrodt, *J. Organomet. Chem.*, 1976, **112**, 345.
10. K. Bartl, R. Boese and G. Schmid, *J. Organomet. Chem.*, 1981, **206**, 331.
11. R. F. Gerlach, K. M. Mackay, B. K. Nicholson and W. T. Robinson, *J. Chem. Soc., Dalton Trans.*, 1981, 80.
12. V. G. Albano, G. Ciani and P. Chini, *J. Chem. Soc., Dalton Trans.*, 1974, 432.
13. P. H. Bird and A. R. Fraser, *J. Organomet. Chem.*, 1974, **73**, 103.
14. P. D. Cradwick, W. A. G. Graham, D. Hall and D. J. Patmore, *Chem. Commun.*, 1968, 872*; P. D. Cradwick and D. Hall, *J. Organomet. Chem.*, 1970, **22**, 303.
15. L. F. Dahl and D. L. Smith, *J. Am. Chem. Soc.*, 1962, **84**, 2450.
16. G. L. Simon and L. F. Dahl, *J. Am. Chem. Soc.*, 1973, **95**, 2175.
17. G. L. Simon and L. F. Dahl, *J. Am. Chem. Soc.*, 1973, **95**, 2164.
18. V. A. Uchtman and L. F. Dahl, *J. Am. Chem. Soc.*, 1969, **91**, 3756.
19. E. Keller and H. Vahrenkamp, *Chem. Ber.*, 1981, **114**, 1111.
20. G. Huttner and H. Lorenz, *Chem. Ber.*, 1975, **108**, 973.
21. J. R. Pipal and R. N. Grimes, *Inorg. Chem.*, 1979, **18**, 257.
22. C. H. Wei, L. Marko, G. Bor and L. F. Dahl, *J. Am. Chem. Soc.*, 1973, **95**, 4840.
23. R. C. Ryan and L. F. Dahl, *J. Am. Chem. Soc.*, 1975, **97**, 6904.
24. R. C. Ryan, C. U. Pittman, J. P. O'Connor and L. F. Dahl, *J. Organomet. Chem.*, 1980, **193**, 247.
25. C. F. Campana and L. F. Dahl, *J. Organomet. Chem.*, 1977, **127**, 209.
26. F. W. B. Einstein and R. D. G. Jones, *J. Chem. Soc. (A)*, 1971, 3359.
27. F. W. B. Einstein and R. D. G. Jones, *J. Chem. Soc., Dalton Trans.*, 1972, 2568.
28. L. M. Cirjak, R. E. Ginsburg and L. F. Dahl, *J. Chem. Soc., Chem. Commun.*, 1979, 470.
29. N. K. Hota, H. A. Patel, A. J. Carty, M. Mathew and G. J. Palenik, *J. Organomet. Chem.*, 1971, **32**, C55.
30. H.-F. Klein, J. Gross, J.-M. Bassett and U. Schubert, *Z. Naturforsch., Teil B*, 1980, **35**, 614.
31. R. E. Cobbledick and F. W. B. Einstein, *Acta Crystallogr.*, 1979, **B35**, 2041.

Co_5 Pentacobalt

Molecular formula	Structure	Notes	Ref.
$Co_5GeHgC_{17}O_{17}^-C_8H_{20}N^+$	$[NEt_4][Ge\{Co_2(CO)_7\}\{Co_2(CO)_6[HgCo(CO)_4]\}]$		1
$Co_5C_{17}H_{18}O_{11}P_3$	$Co_5(\mu\text{-}PMe_2)_3(CO)_{11}$		2
$Co_5C_{18}HO_{15}$	$Co_3\{C\{C_2H[Co_2(CO)_6]\}\}(CO)_9$		3
$Co_5C_{20}H_{25}O_{10}S_5$	$Co_5(CO)_{10}(SEt)_5$		4

1. D. N. Duffy, K. M. Mackay, B. K. Nicholson and W. T. Robinson, *J. Chem. Soc., Dalton Trans.*, 1981, 381.
2. E. Keller and H. Vahrenkamp, *Angew. Chem.*, 1977, **89**, 746 (*Angew. Chem., Int. Ed. Engl.*, 1977, **16**, 731)*; *Chem. Ber.*, 1979, **112**, 2347.
3. R. J. Dellaca, B. R. Penfold, B. H. Robinson, W. T. Robinson and J. L. Spencer, *Inorg. Chem.*, 1970, **9**, 2197.
4. C. H. Wei and L. F. Dahl, *J. Am. Chem. Soc.*, 1968, **90**, 3969.

Co_6 Hexacobalt

Molecular formula	Structure	Notes	Ref.
$Co_6C_{13}O_{12}S_2$	$Co_6C(S)_2(CO)_{12}$		1
$Co_6C_{14}O_{14}^{4-}4K^+\cdot 6H_2O$	$K_4[Co_6(CO)_{14}]\cdot 6H_2O$		2
$Co_6C_{14}O_{14}S_4$	$\{Co_3(CO)_7S\}_2S_2$		3
$Co_6C_{15}HO_{15}^-C_{36}H_{30}NP_2^+$	$[PPN][HCo_6(CO)_{15}]$	N, 80	4
$Co_6C_{15}NO_{15}^-C_{36}H_{30}NP_2^+$	$[PPN][Co_6N(CO)_{15}]$		5
$Co_6C_{15}O_{14}^-C_4H_{12}N^+$	$[NMe_4][Co_6C(CO)_{14}]$		6
$Co_6C_{15}O_{15}^{2-}2Cs^+\cdot 3H_2O$	$Cs_2[Co_6(CO)_{15}]\cdot 3H_2O$		7
$Co_6C_{16}O_{16}P^-C_{24}H_{20}P^+$	$[PPh_4][Co_6P(CO)_{16}]$		8
$Co_6C_{18}O_{16}S_3$	$sym\text{-}Co_3\{CS_2Co_3S(CO)_7\}(CO)_9$		9
$Co_6C_{19}H_{20}O_{11}S_5$	$Co_6S(CO)_{11}(SEt)_4$		10
$Co_6C_{20}O_{18}$	$[Co_3C(CO)_9]_2$		11
$Co_6C_{20}O_{18}S_2$	$[Co_3(CS)(CO)_9]_2$		1
$Co_6C_{21}O_{19}$	$\{Co_3C(CO)_9\}_2CO$		12
$Co_6C_{22}O_{18}$	$\{Co_3C(CO)_9\}_2C_2$		13
$Co_6AsC_{24}H_3O_{18}$	$As\{HC_2[Co_2(CO)_6]\}_3$		14
$Co_6HfC_{30}H_{10}O_{20}$	$\{Co_3(CO)_9CO\}_2Hf(\eta\text{-}C_5H_5)_2$		15
$Co_6ZrC_{30}H_{10}O_{20}$	$\{Co_3(CO)_9CO\}_2Zr(\eta\text{-}C_5H_5)_2$		15

1. G. Bor, G. Gervasio, R. Rossetti and P. L. Stanghellini, *J. Chem. Soc., Chem. Commun.*, 1978, 841.
2. V. G. Albano, P. L. Bellon, P. Chini and V. Scatturin, *J. Organomet. Chem.*, 1969, **16**, 461.
3. D. L. Stevenson, V. R. Magnuson and L. F. Dahl, *J. Am. Chem. Soc.*, 1967, **89**, 3727.

4. D. W. Hart, R. G. Teller, C.-Y. Wei, R. Bau, G. Longoni, S. Campanella, P. Chini and T. F. Koetzle, *Angew. Chem.*, 1979, **91**, 86 (*Angew. Chem., Int. Ed. Engl.*, 1979, **18**, 80)*; *J. Am. Chem. Soc.*, 1981, **103**, 1458 (N, X).
5. S. Martinengo, G. Ciani, A. Sironi, B. T. Heaton and J. Mason, *J. Am. Chem. Soc.*, 1979, **101**, 7095.
6. V. G. Albano, P. Chini, G. Ciani, M. Sansoni, D. Strumolo, B. T. Heaton and S. Martinengo, *J. Am. Chem. Soc.*, 1976, **98**, 5027*; V. G. Albano, P. Chini, G. Ciani, M. Sansoni and S. Martinengo, *J. Chem. Soc., Dalton Trans.*, 1980, 163.
7. V. Albano, P. Chini and V. Scatturin, *Chem. Commun.*, 1968, 163*; *J. Organomet. Chem.*, 1968, **15**, 423.
8. P. Chini, G. Ciani, S. Martinengo, A. Sironi, L. Longhetti and B. T. Heaton, *J. Chem. Soc., Chem. Commun.*, 1979, 188.
9. P. L. Stanghellini, G. Gervasio, R. Rossetti and G. Bor, *J. Organomet. Chem.*, 1980, **187**, C37.
10. C. H. Wei and L. F. Dahl, *J. Am. Chem. Soc.*, 1968, **90**, 3977.
11. M. D. Brice, R. J. Dellaca, B. R. Penfold and J. L. Spencer, *Chem. Commun.*, 1971, 72*; M. D. Brice and B. R. Penfold, *Inorg. Chem.*, 1972, **11**, 1381.
12. G. Allegra, E. M. Peronaci and R. Ercoli, *Chem. Commun.*, 1966, 549*; G. Allegra and S. Valle, *Acta Crystallogr.*, 1969, **B25**, 107.
13. R. J. Dellaca, B. R. Penfold, B. H. Robinson, W. T. Robinson and J. L. Spencer, *Inorg. Chem.*, 1970, **9**, 2204.
14. P. H. Bird and A. R. Fraser, *Chem. Commun.*, 1970, 681.
15. B. Stutte, V. Bätzel, R. Boese and G. Schmid, *Chem. Ber.*, 1978, **111**, 1603.

Co$_7$ Heptacobalt

Molecular formula	Structure	Notes	Ref.
Co$_7$TiC$_{29}$H$_5$O$_{24}$	{Co$_3$(CO)$_9$CO}$_2${Co(CO)$_4$}Ti(η-C$_5$H$_5$)		1

1. G. Schmid, B. Stutte and R. Boese, *Chem. Ber.*, 1978, **111**, 1239.

Co$_8$ Octacobalt

Molecular formula	Structure	Notes	Ref.
Co$_8$C$_{19}$O$_{18}^{2-}$·2C$_{10}$H$_{16}$N$^+$	[tmba]$_2$[Co$_8$C(CO)$_{18}$]		1
Co$_8$C$_{30}$O$_{24}$	{Co$_3$C(CO)$_9$}$_2$C$_2$C$_2${Co$_2$(CO)$_6$}		2
Co$_8$C$_{30}$O$_{24}$·0.5C$_6$H$_6$	{Co$_3$C(CO)$_9$}$_2$C$_2$C$_2${Co$_2$(CO)$_6$}·0.5C$_6$H$_6$		3

1. V. G. Albano, P. Chini, G. Ciani, M. Sansoni, D. Strumolo, B. T. Heaton and S. Martinengo, *J. Am. Chem. Soc.*, 1976, **98**, 5027*; V. G. Albano, P. Chini, G. Ciani, S. Martinengo and M. Sansoni, *J. Chem. Soc., Dalton Trans.*, 1978, 463.
2. R. J. Dellaca and B. R. Penfold, *Inorg. Chem.*, 1971, **10**, 1269.
3. D. Seyferth, R. J. Spohn, M. R. Churchill, K. Gold and F. R. Scholer, *J. Organomet. Chem.*, 1970, **23**, 237.

Cr Chromium

Molecular formula	Structure	Notes	Ref.
CrC$_2$H$_{12}$O$_2$P$_4$	*cis*-Cr(CO)$_2$(PH$_3$)$_4$		1
CrC$_3$H$_9$O$_3$P$_3$	*fac*-Cr(CO)$_3$(PH$_3$)$_3$		2, 3
CrC$_4$H$_6$O$_4$P$_2$	*cis*-Cr(CO)$_4$(PH$_3$)$_2$		4
CrB$_3$C$_4$H$_8$O$_4^-$·C$_4$H$_{12}$N$^+$	[NMe$_4$][Cr(CO)$_4$(B$_3$H$_8$)]		5
CrC$_5$H$_3$O$_5$P	Cr(CO)$_5$(PH$_3$)		3
CrC$_5$H$_5$ClN$_2$O$_2$	CrCl(NO)$_2$(η-C$_5$H$_5$)		6, 7
CrC$_5$IO$_5^-$·C$_9$H$_{27}$N$_4$P$_4^+$	[N$_4$P$_4$Me$_9$][CrI(CO)$_5$]		8
CrC$_6$H$_3$IO$_4$	*trans*-CrI(CMe)(CO)$_4$		9
CrC$_6$H$_5$N$_3$O$_3$	Cr(NCO)(NO)$_2$(η-C$_5$H$_5$)		10
CrC$_6$H$_{18}^{3-}$·3LiC$_4$H$_8$O$_2^+$	[Li(diox)]$_3$[CrMe$_6$]		11
CrC$_6$O$_5$S	Cr(CO)$_5$(CS)		12
CrC$_6$O$_6$	Cr(CO)$_6$	X, E, N	13–18
CrC$_7$H$_3$NO$_5$S	Cr(CO)$_5$(NCSMe)	203	19, 20
CrC$_7$H$_4$O$_3$S	Cr(CO)$_3$(η^5-C$_4$H$_4$S)		21
CrC$_7$H$_5$NO$_2$S	Cr(CO)$_2$(NS)(η-C$_5$H$_5$)		22
CrC$_7$H$_5$NO$_3$	Cr(CO)$_2$(NO)(η-C$_5$H$_5$)		23
CrC$_7$H$_7$O$_5$PS	Cr(CO)$_5$[PMe$_2$(SH)]		24

Cr Structure Index

Molecular formula	Structure	Notes	Ref.
$CrC_7H_{13}N_3O_3$	$Cr(CO)_3(dien)$		25
$CrC_7F_3O_7^-C_{36}H_{30}NP_2^+$	$[PPN][Cr(CO)_5(OCOCF_3)]$		26
$CrC_8H_4N_2O_5Se$	$Cr(CO)_5(\overline{N=NCMe=CHSe})$		27
$CrC_8H_5O_3^-C_4H_{12}N^+$	$[NMe_4][Cr(CO)_3(\eta\text{-}C_5H_5)]$		28
$CrC_8H_6O_5S$	$Cr(CO)_5(S=CMe_2)$		29
$CrC_8H_7NO_3$	$Cr(CO)_3(\eta^5\text{-}C_4H_4NMe)$		30
$CrC_8H_7NO_5$	$Cr(CO)_5\{CMe(NHMe)\}$		31
$CrC_8H_9O_5PS$	$Cr(CO)_5(S=PMe_3)$		32
$CrC_8H_{12}BrO_3P$	$CrBr(CMe)(CO)_3(PMe_3)$		9
$CrC_8H_{12}F_9P_3$	$HCr(PF_3)_3(\eta^5\text{-}C_8H_{11})$		33
$CrHg_3C_9H_6Cl_6O_3$	$Cr(HgCl_2)_3(CO)_3(\eta\text{-}C_6H_6)$		34
$CrB_{18}C_8H_{30}Cs^+$	$Cs[Cr(\eta^5\text{-}B_9C_2H_9Me_2)_2]$		35
$CrC_9H_6O_3$	$Cr(CO)_3(\eta\text{-}C_6H_6)$	X, E, N	36–40
$CrC_9H_6O_6S$	$Cr(CO)_5\{S(O)C_4H_6\}$	a	41
$CrC_9H_7N_2O_5P$	$Cr(CO)_5(\overline{P=NNMeCMe=CH})$		42
$[CrInC_9H_8BrO_6]_n$	$[Cr\{InBr(THF)\}(CO)_5]_n$	b	43
$CrC_9H_8CrO_6$	$Cr(CO)_5(THF)$		44
$CrC_9H_{10}BrNO_4$	trans-$CrBr\{C(NEt_2)\}(CO)_4$		45
$CrC_9H_{12}O_4P^+BCl_4^-$	$[\text{trans-}Cr(CMe)(PMe_3)(CO)_4][BCl_4]$	D	46
$CrReC_{10}HO_{10}$	$HCrRe(CO)_{10}$		47
$CrC_{10}H_6O_4$	$Cr(CO)_3(\eta^6\text{-}C_7H_6O)$	c	48
$CrC_{10}H_7IO_4\cdot CH_2Cl_2$	trans-$CrI\{C(C_5H_7)\}(CO)_4\cdot CH_2Cl_2$	d	49
$CrC_{10}H_8F_3O_4P$	$Cr(CO)_2(PF_3)(\eta\text{-}PhCO_2Me)$		51
$CrC_{10}H_8O_3$	$Cr(CO)_3(\eta\text{-}PhMe)$		50
$CrC_{10}H_8O_3$	$Cr(CO)_3(\eta^6\text{-}chpt)$		52
$CrC_{10}H_8O_4\cdot C_6H_3N_3O_6$	$Cr(CO)_3(\eta^6\text{-}PhOMe)\cdot C_6H_3(NO_2)_3\text{-}1,3,5$		53
$CrAs_3C_{10}H_9O_5$	$Cr(CO)_5\{(AsCH)_3CMe\}$	e	54
$CrC_{10}H_9NO_3$	$Cr(CO)_3\{\eta^6\text{-}C_6H_4Me(NH_2)\text{-}1,2\}$		55
$CrC_{10}H_{10}$	$Cr(\eta\text{-}C_5H_5)_2$	X, E	56, 57
$CrC_{10}H_{10}ClNO_5$	$Cr(CO)_5\{CCl(NEt_2)\}$		58
$CrC_{10}H_{10}NO_5^+BF_4^-$	$[Cr(CO)_5\{C(NEt_2)\}][BF_4]$	243	59
$CrC_{10}H_{10}N_2O_5$	$Cr(CO)_5(NCNEt_2)$		60
$CrC_{10}H_{10}O_3S$	$Cr(CO)_3(\eta^5\text{-}C_5H_4SMe_2)$		61
$CrC_{10}H_{11}NO_3$	$Cr(CO)_3(MeNC_5H_5Me)$	f	62
$CrC_{10}H_{11}NO_6$	$Cr(CO)_5\{C(OEt)(NMe_2)\}$		63
$CrAs_2C_{10}H_{12}ClF_3O_4$	$Cr(CO)_4(Me_2AsCF_2CFClAsMe_2)$		64
$CrC_{10}H_{12}O_4S_4$	$Cr(CO)_4\{C_2(SMe)_4\}$		65
$CrAs_2C_{10}H_{13}F_3O_4$	$Cr(CO)_4(Me_2AsCF_2CFHAsMe_2)$		64, 66
$CrAs_2C_{10}H_{14}F_2O_4$	$Cr(CO)_4(Me_2AsCF_2CH_2AsMe_2)$		64
$CrC_{10}H_{14}O_4$	$Cr(acac)_2$	g	67
$CrC_{10}H_{14}O_4S_2$	$Cr(CO)_4\{EtS(CH_2)_2SEt\}$		68
$CrC_{10}H_{16}N_2O_4$	$Cr(CO)_4(TMEDA)$		69
$CrC_{11}H_5BrO_4$	trans-$CrBr(CPh)(CO)_4$		70
$CrC_{11}H_5ClO_4$	trans-$CrCl(CPh)(CO)_4$	243	70
$CrAsC_{11}H_7O_5$	$Cr(CO)_5(AsH_2Ph)$		71
$CrC_{11}H_7O_5^-C_8H_{12}N^+$	$[(-)\text{-}NH_3(CHMePh)][(+)\text{-}Cr(CO)_3\{\eta^6\text{-}C_6H_4(CO_2)Me\text{-}1,2\}]$	D	72
$CrC_{11}H_7O_5^-C_8H_{12}N^+$	$[(-)\text{-}NH_3(CHMePh)][(-)\text{-}Cr(CO)_3\{\eta^6\text{-}C_6H_4(CO_2)Me\text{-}1,3\}]$	D	72
$CrC_{11}H_8O_4$	$Cr(CO)_3(\eta^6\text{-}PhCOMe)$		73
$CrC_{11}H_8O_4S$	$Cr(CO)_2(CS)(\eta^6\text{-}PhCO_2Me)$		74
$CrC_{11}H_8O_4Se$	$Cr(CO)_2(CSe)(\eta^6\text{-}PhCO_2Me)$		75
$CrC_{11}H_8O_5$	$Cr(CO)_3(\eta^6\text{-}PhCO_2Me)$		76, 77
$CrC_{11}H_8O_5$	DL-$Cr(CO)_3\{\eta^6\text{-}C_6H_4(OH)(COMe)\text{-}1,2\}$		78
$CrC_{11}H_{10}N_2O_5S$	$Cr(CO)_5\{C(NCS)(NEt_2)\}$		79
$CrC_{11}H_{10}N_2O_6$	$Cr(CO)_5\{C(NCO)(NEt_2)\}$		79
$CrC_{11}H_{10}O_3$	$Cr(CO)_3(\eta^6\text{-}C_8H_{10})$	h	80
$CrC_{11}H_{11}NO_3$	$Cr(CO)_3(\eta^5\text{-}C_5H_4CH=NMe_2)$	i	81
$CrAs_2FeC_{11}H_{12}O_7$	$CrFe(\mu\text{-}AsMe_2)_2(CO)_7$		82
$CrAs_2C_{11}H_{13}ClF_4O_4$	$Cr(CO)_4\{(Me_2AsCF_2)_2CHCl\}$		83
$CrC_{11}H_{13}NO_3$	$Cr(CO)_3(\eta^6\text{-}3\text{-}EtC_5H_5NMe)$	j	84
$CrC_{11}H_{13}NO_3$	$Cr(CO)_3(\eta^6\text{-}5\text{-}EtC_5H_5NMe)$	k	84
$CrC_{11}H_{13}NO_5$	$Cr(CO)_5\{CMe(NEt_2)\}$		85
$CrC_{11}H_{14}NO_6P$	$Cr(CO)_5\{P(O)NPr_2\}$		86
$CrB_2C_{11}H_{18}N_2O_3$	$Cr(CO)_3(\eta\text{-}Me\overline{BN_2H_2BMeC_2}Et_2)$		87
$CrSi_3C_{11}H_{18}O_5P_4$	$Cr(CO)_5\{P_4(SiMe_2)_3\}$	l	88
$CrC_{12}H_4BrF_3O_4$	trans-$CrBr\{C(C_6H_4CF_3\text{-}4)\}(CO)_4$		89
$CrAsMnC_{12}H_6O_{10}$	$CrMn(\mu\text{-}AsMe_2)(CO)_{10}$		90
$CrC_{12}H_{10}O_5$	L-$Cr(CO)_3\{\eta^6\text{-}C_6H_4(OMe)(COMe)\text{-}1,2\}$		78
$CrC_{12}H_{12}$	$Cr(\eta\text{-}C_6H_6)_2$	X, E, N	91–98

Molecular formula	Structure	Notes	Ref.
$CrC_{12}H_{12}^+C_{12}H_4N_4^-$	$[Cr(\eta\text{-}C_6H_6)_2][TCNQ]$		99
$CrC_{12}H_{12}^+I^-$	$[Cr(\eta\text{-}C_6H_6)_2]I$		100
$CrC_{12}H_{12}O_5$	$Cr(CO)_3\{\eta^6\text{-}C_6H_4(CHMeOH)(OMe)\text{-}1,2\}$		101
$CrC_{12}H_{12}O_6$	$Cr(CO)_3\{\eta\text{-}C_6H_3(OMe)_3\text{-}1,2,3\}$		102
$CrC_{12}H_{12}O_6S$	$Cr(CO)_5(C_7H_{12}OS)$	m	103
$CrC_{12}H_{12}O_6S_2$	$\overline{Cr\{C(OEt)(C(OH)\{CS(CH_2)_3S\})\}}(CO)_4$		104, 105
$CrC_{12}H_{14}N_2O_5Te$	$Cr(CO)_5\{Te\overline{=CNEt(CH_2)_2NEt}\}$		106
$CrSiC_{12}H_{14}O_3$	$Cr(CO)_5(\eta^6\text{-}PhSiMe_3)$	138	107
$CrC_{12}H_{15}F_6O_3P_3$	$\overline{Cr\{\eta^6\text{-}C_6H_3(CH_2CH_2OPF_2)_3\text{-}1,3,5\}}$		108
$CrC_{12}H_{15}NO_3$	$Cr(CO)_2(NO)(\eta\text{-}C_5Me_5)$		109
$CrSiC_{12}H_{19}N_2O_5P$	$Cr(CO)_5\{P(=NSiMe_3)(NHBu^t)\}$		110
$CrC_{12}H_{20}O_8P_2$	$Cr(CO)_2\{P(O)(OMe)_2\}\{P(OMe)_3\}(\eta\text{-}C_5H_5)$		111
$CrC_{13}H_8O_3$	$Cr(CO)_3(\eta^6\text{-}C_{10}H_8)$		112, 113
$CrC_{13}H_8O_5S$	$Cr(CO)_5\{CMe(SPh)\}$		114
$CrC_{13}H_8O_6$	$Cr(CO)_5\{CPh(OMe)\}$		115
$CrC_{13}H_9NO_3$	$Cr(CO)_3(\eta^6\text{-}C_{10}H_7NH_2\text{-}1)$		116
$CrC_{13}H_{12}O_3$	$Cr(CO)_3(\eta^5\text{-}C_{10}H_{12})$	n	117
$CrC_{13}H_{12}O_4$	$Cr(CO)_3(\eta^6\text{-}endo\text{-}C_{10}H_{12}O)$	o	118
$CrC_{13}H_{12}O_4$	$Cr(CO)_3(\eta^6\text{-}exo\text{-}C_{10}H_{12}O)$	o	118
$CrC_{13}H_{13}O_3S_2^-LiC_{12}H_{24}O_6^+$	$[Li(diox)_3][Cr(CO)_3\{\eta^5\text{-}C_6H_6\overline{CHS(CH_2)_3S}\}]$		119
$CrC_{13}H_{14}O_5$	$Cr(CO)_3\{\eta^6\text{-}C_6H_4\{CHMe(OH)\}_2\text{-}1,2\}$		120
$CrC_{13}H_{14}O_6$	$Cr(CO)_4\{\eta^4\text{-}C_7H_8(OMe)_2\}$	p	121
$CrC_{13}H_{15}NO_3$	$Cr(CO)_3\{\eta\text{-}PhNEt_2\}$		102
$CrC_{13}H_{16}O_3$	$Cr(CO)_3(\eta\text{-}C_{10}H_{16})$	q	122
$CrC_{13}H_{15}O_3S^+BF_4^-$	$[Cr(CO)_3\{\eta\text{-}PhSMe(CHMe_2)\}][BF_4]$		123
$CrWC_{14}H_5ClO_7$	$Cr(CO)_3\{(\eta^6\text{-}PhC)WCl(CO)_4\}$		124
$CrC_{14}H_6O_6S$	$Cr(CO)_5\{C(2\text{-}C_4H_3O)(2\text{-}C_4H_3S)\}$		125
$CrC_{14}H_9NO_6$	$Cr\{C(OH\cdots NCMe)Ph\}(CO)_5$	100	126
$CrNiC_{14}H_{10}O_4$	$CrNi(CO)_4(\eta\text{-}C_5H_5)_2$		127
$CrC_{14}H_{10}O_3$	$Cr(CO)_3(C_{11}H_{10})$	r	128
$CrC_{14}H_{10}O_5$	$Cr(CO)_3(\eta\text{-}C_{11}H_{10}O_2)$	s	129
$CrC_{14}H_{12}N_3O_5P$	$Cr(CO)_3(C_{11}H_{12}O)$	t	133
$CrC_{14}H_{12}O_3S$	$Cr(CO)_3(C_{11}H_{12}S)$	u	132
$CrC_{14}H_{12}O_4$	$Cr(CO)_5\{P(CH_2CH_2CN)_3\}$		131
$CrC_{14}H_{12}O_5S$	$Cr(CO)_5\{SEt(CH_2Ph)\}$		133
$CrC_{14}H_{14}O_3$	$Cr(CO)_3(C_{11}H_{14})$	v	134
$CrC_{14}H_{14}O_5$	$Cr(CO)_3\{\eta^6\text{-}C_6H_4(Bu^t)(CO_2H)\text{-}1,4\}$		135
$CrC_{14}H_{16}^+C_{12}H_4N_4^-$	$[Cr(\eta^6\text{-}PhMe)_2][TCNQ^{-\bullet}]$		136
$CrC_{14}H_{16}^+C_{12}H_4N_4^-\cdot C_{12}H_4N_4$	$[Cr(\eta^6\text{-}PhMe)_2][TCNQ^-]\cdot TCNQ$	153	137
$CrC_{14}H_{16}^+I^-$	$[Cr(\eta^6\text{-}PhMe)_2]I$		138
$CrC_{14}H_{16}O_3$	$\overline{Cr(CO)_2(\eta^6\text{-}3,5\text{-}Me_2C_6H_3CH_2OCH_2CH=CH_2)}$		139
$CrC_{14}H_{16}O_4$	$Cr(CO)_3\{\eta^6\text{-}C_6H_4(Me)\{CMeEt(OH)\}\text{-}1,2\}$		140
$CrC_{14}H_{17}NO_6S_2$	$\overline{Cr(CO)_4\{NHC(OEt)C(OEt)=CS(CH_2)_3S\}}$		141
$CrC_{14}H_{18}N_2$	$Cr(\eta^6\text{-}C_5H_3Me_2N\text{-}2,6)_2$	w, 238	142
$CrC_{14}H_{20}N_4O_4$	$Cr(CO)_4(\{N\overline{Me(CH_2)_2NMeC=}\}_2)$		143
$CrCo_2FeC_{14}O_{14}S$	$Cr(CO)_5\{(\mu_4\text{-}S)FeCo_2(CO)_9\}$		144
$CrFeC_{15}H_9BrO_4$	$trans\text{-}CrBr(CFc)(CO)_4$		145
$CrC_{15}H_9NO_3$	$Cr(CO)_2(NO)(\eta^5\text{-}C_{13}H_9)$	x	23
$CrC_{15}H_{10}O_3$	$Cr(CO)_3(\eta^6\text{-}C_{12}H_{10})$	y	146
$CrC_{15}H_{14}O_3S$	$Cr(CO)_3(C_{12}H_{14}S)$	z	147
$CrC_{15}H_{14}O_3S$	$Cr(CO)_3(C_{12}H_{14}S)$	aa	147, 148
$CrC_{15}H_{14}O_5$	$Cr(CO)_2\{\eta^2\text{-}\overline{CH=CHC(O)OC(O)}\}\text{-}(\eta^6\text{-}C_6H_3Me_3)$		149
$CrC_{15}H_{16}O_3$	$Cr(CO)_3(\eta^6\text{-}C_8H_4Me_4\text{-}1,3,5,7)$		150
$CrC_{15}H_{17}NO_6$	$Cr(CO)_5\{C(NHCy)[C(OMe)=CH_2]\}$		151
$CrC_{15}H_{18}O_3$	$Cr(CO)_3(\eta^6\text{-}C_6Me_6)$		152
$CrC_{15}H_{19}BrO_4$	$(-)\text{-}trans\text{-}CrBr\{C(men)\}(CO)_4$		153
$CrSi_2C_{15}H_{27}N_2O_5P$	$Cr(CO)_5\{P(=NBu^t)[N(SiMe_3)_2]\}$		154
$CrB_3C_{15}H_{30}N_3O_3$	$Cr(CO)_3(\eta^6\text{-}B_3N_3Et_6)$		155
$CrMoC_{16}H_{10}N_2O_{10}$	$\{Cr(CO)_5\}\{\mu\text{-}N_2\overline{C(CH_2)_4CH_2}\}\{Mo(CO)_5\}$		156
$CrC_{16}H_{10}O_6$	$Cr(CO)_5\{C(OEt)(C_2Ph)\}$		157
$CrAsC_{16}H_{11}O_7$	$Cr(CO)_5(AsPh\{OCMe=\overline{CHC(O)=CH_2}\})$		158
$CrC_{16}H_{11}NO_5$	$Cr(CO)_5\{C=C=CPh(NMe_2)\}$		159
$CrC_{16}H_{11}O_7P$	$Cr(CO)_5\{Ph\overline{POC(Me)=CHC(=CH_2)O}\}$		160
$CrC_{16}H_{12}O_3$	$Cr(CO)_3(\eta^6\text{-}exo\text{-}1\text{-}PhC_7H_7)$		161
$CrC_{16}H_{14}O_3$	$Cr(CO)_2\{C(OMe)Ph\}(\eta\text{-}C_6H_6)$		162
$CrC_{16}H_{14}O_3$	$Cr(CO)_3(C_{13}H_{14})$	bb	163
$CrC_{16}H_{14}O_5$	$Cr(CO)_3(C_{13}H_{14}O_2)$	cc	164

Cr Structure Index

Molecular formula	Structure	Notes	Ref.
$CrC_{16}H_{18}^+I^-$	$[Cr\{\eta^{12}\text{-Ph}(CH_2)_4Ph\}]I$		165
$CrC_{16}H_{18}O_3$	$Cr(CO)_3(C_{13}H_{18})$	dd	166
$CrC_{16}H_{18}O_4$	$Cr(CO)_4(\eta^4\text{-}C_6Me_6)$	ee	167
$CrC_{16}H_{20}^+I^-\cdot H_2O$	$[Cr(\eta^6\text{-PhEt})_2]I\cdot H_2O$		168
$CrAs_2C_{16}H_{26}O_4$	$Cr(CO)_4\{(Me_2As)\overline{CHCMe_2CH(AsMe_2)}CMe_2\}$		169
$CrCo_3C_{16}NO_{14}$	$Cr(CO)_5(CN\{\mu_3\text{-}CCo_3(CO)_9\})$		170
$CrFe_2C_{17}H_5O_{11}P$	$CrFe_2(\mu_3\text{-PPh})(CO)_{11}$		171
$CrC_{17}H_{10}O_3$	$Cr(CO)_3(\eta^6\text{-}C_{14}H_{10})$	ff	172
$CrC_{17}H_{10}O_3$	$Cr(CO)_3(\eta^6\text{-}C_{14}H_{10})$	gg	173–176
$CrC_{17}H_{10}O_3\cdot C_6H_3N_3O_6$	$Cr(CO)_3(\eta^6\text{-}C_{14}H_{10})\cdot C_6H_3(NO_2)_3\text{-}1,3,5$	gg	177
$CrC_{17}H_{12}O_3$	$Cr(CO)_3(\eta^6\text{-}C_{14}H_{12})$	hh	174, 176, 178
$CrC_{17}H_{15}IN_2O$	$CrI(NO)(NPh_2)(\eta\text{-}C_5H_5)$		179
$CrC_{17}H_{16}O_5$	$Cr(CO)_3(C_{14}H_{16}O_2)$	ii	180
$CrC_{18}H_{13}NO_5$	$Cr(CO)_2(CNCOPh)(\eta^6\text{-PhCO}_2Me)$	jj	181
$CrC_{18}H_{16}O_3$	$Cr(CO)_3(\eta^6\text{-}3\text{-Et-}7\text{-}endo\text{-PhC}_7H_6)$		182
$CrC_{18}H_{20}$	$Cr(\eta^{12}\text{-}C_{18}H_{20})$	kk	183, 184
$CrC_{18}H_{20}^+F_6P^-$	$[Cr(\eta^{12}\text{-}C_{18}H_{20})][PF_6]$	kk, ll	185
$CrC_{18}H_{20}^+I_3^-$	$[Cr(\eta^{12}\text{-}C_{18}H_{20})]I_3$	kk	184, 185
$CrC_{18}H_{20}O_2$	$Cr(CO)_2(C_{16}H_{20})$		186
$CrSnC_{18}H_{23}NO_5$	$Cr\{SnBu_2^t(py)\}(CO)_5$	mm	187
$CrC_{18}H_{24}O_3$	$Cr(CO)_3(\eta^6\text{-PhCHBu}_2^i)$		188
$CrC_{18}H_{25}NO_5S_2$	$fac\text{-}\overline{Cr}(C(OEt)\{C(OEt)=\overline{CS(CH_2)_3S}\})\text{-}(CNBu^t)(CO)_3$		105, 189
$CrFe_2C_{19}H_5O_{13}P$	$CrFe_2(\mu_3\text{-PPh})(CO)_{13}$		190
$CrC_{19}H_{14}O_3$	$Cr(CO)_3(C_{16}H_{14})$		191
$CrC_{19}H_{16}O_3$	$Cr(CO)_3(\eta^6\text{-}C_{16}H_{16})$	nn	191
$CrC_{19}H_{18}O_4$	$Cr(CO)_3(\eta^6\text{-}C_6H_4(Me)\{CEtPh(OH)\}\text{-}1,2)$	oo	192
$CrC_{19}H_{18}O_4$	$Cr(CO)_3(\eta^6\text{-}C_6H_4(Me)\{CEtPh(OH)\}\text{-}1,2)$	pp	193
$CrC_{19}H_{18}O_4$	$Cr(CO)_3(\eta^6\text{-}C_6H_4(Me)\{CEtPh(OH)\}\text{-}1,2)$	qq	193
$CrC_{19}H_{22}N_2O_4$	$\overline{Cr\{C(NEt_2)CHMeCPh=N}Me\}(CO)_4$		194
$CrC_{19}H_{23}BrN_2O_2$	$CrBr(CPh)(CO)_2(CNBu^t)_2$		195
$CrC_{19}H_{26}N_2O_3$	$Cr(CO)_3(C_{16}H_{26}N_2)$	rr, ss	196
$CrC_{19}H_{26}N_2O_3$	$Cr(CO)_3(C_{16}H_{26}N_2)$	rr, tt	196
$CrC_{19}H_{26}N_2O_3$	$Cr(CO)_3(C_{16}H_{26}N_2)$	uu	197
$CrSi_4C_{19}H_{30}O_7$	$Cr(CO)_5(C(2\text{-}C_4H_3O)\{OSi(SiMe_3)_3\})$		198
$CrC_{19}H_{31}Cl_2O_3$	$CrCl_2(C_6H_4Me\text{-}4)(THF)_3$		199
$CrGeSi_4C_{19}H_{38}O_5$	$Cr(CO)_5(Ge\{CH(SiMe_3)_2\}_2)$		200
$CrSi_4SnC_{19}H_{38}O_5$	$Cr(CO)_5(Sn\{CH(SiMe_3)_2\}_2)$		201
$CrC_{20}H_{10}O_5$	$Cr(CO)_5(\overline{CCPhCPh})$		202
$CrC_{20}H_{13}O_4S^-\cdot C_8H_{20}N^+$	$[NEt_4][Cr(CO)_3(\eta^5\text{-}C_5H_3Ph_2SO)]$		203
$CrSi_2C_{20}H_{26}O_5$	$Cr(CO)_3\{\eta^6\text{-PhC(OMe)}=C(SiMe_3)C\text{-}(SiMe_3)=C=O\}$		204
$CrC_{21}H_{14}O_3$	$Cr(CO)_3(\eta^6\text{-}C_5H_4CPh_2)$		205
$CrAsC_{21}H_{15}O_3$	$Cr(CO)_5(\eta\text{-PhAsPh}_2)$		206
$CrCo_3C_{21}H_{15}O_5S_2\cdot 0.5C_4H_8O$	$\{\mu_3\text{-CSCr(CO)}_5\}(\mu_3\text{-S})\{Co(\eta\text{-}C_5H_5)\}_3\cdot 0.5THF$		207
$CrC_{21}H_{16}O_4S$	$Cr(CO)_3\{3,5\text{-Ph}_2\text{-}\eta^5\text{-}C_5H_3S(O)Me\text{-}endo\}$		208
$CrC_{21}H_{16}O_4S$	$Cr(CO)_3\{3,5\text{-Ph}_2\text{-}\eta^5\text{-}C_5H_3S(O)Me\text{-}exo\}$		208
$CrC_{21}H_{16}O_5$	$Cr(CO)_3(C_{18}H_{16}O_2)$	vv	209
$CrC_{21}H_{19}O_9P$	$Cr(CO)_5\{PhP(OCMe=CHCOMe)_2\}$		210
$CrC_{21}H_{28}N_2O_4$	$Cr(CO)_3(C_{18}H_{28}N_2O)$	ww	211
$CrC_{21}H_{30}O_3$	$Cr(CO)_3(\eta^6\text{-}C_6Et_6)$		212
$CrC_{21}H_{45}O_3P_3$	$fac\text{-}Cr(CO)_3(PEt_3)_3$		213
$CrSi_6C_{21}H_{57}\cdot xC_5H_{12}\cdot yC_6H_{14}$	$Cr\{CH(SiMe_3)_2\}_3\cdot xC_5H_{12}\cdot yC_6H_{14}$		214
$CrC_{22}H_{25}O_2P$	$Cr(CO)_2(PEt_3)(\eta^6\text{-}C_{14}H_{10})$	gg	215
$CrPtC_{22}H_{35}O_6P_3$	$CrPt\{\mu\text{-}C(CO_2Me)Ph\}(CO)_4(PMe_3)_3$	230	216
$CrPtC_{22}H_{36}N_4O_4P_2$	$Cr(CO)_4(\mu\text{-pz})_2Pt(PEt_3)_2$		217
$CrAsC_{23}H_{15}O_5$	$Cr(CO)_5(AsPh_3)$		218
$CrBiC_{23}H_{15}O_5$	$Cr(CO)_5(BiPh_3)$		218
$CrC_{23}H_{15}O_5P$	$Cr(CO)_5(PPh_3)$		219
$CrSbC_{23}H_{15}O_5$	$Cr(CO)_5(SbPh_3)$		218
$CrC_{23}H_{15}O_8P$	$Cr(CO)_5\{P(OPh)_3\}$		219
$CrC_{23}H_{18}O_5$	$Cr(CO)_3(C_{20}H_{18}O_2)$	xx	220
$CrC_{23}H_{21}O_5P$	$Cr(CO)_2\{\eta^6\text{-}3,5\text{-Me}_2C_6H_2OP(OPh)_2\}$		221
$CrGeC_{23}H_{22}O_5S_2$	$Cr\{Ge(SMes)_2\}(CO)_5$		222
$CrC_{23}H_{24}O_3$	$Cr(CO)_3(C_{20}H_{24})$	yy	223
$CrC_{24}H_{21}F_2O_3P$	$Cr(CO)_3(\eta^6\text{-}2,6\text{-Ph}_2\text{-}4\text{-Bu}^tC_5H_2PF_2)$		224
$CrC_{25}H_{21}O_3P$	$Cr(CO)_3(PPh_3)\{\eta^4\text{-}C(CH_2)_3\}$		225
$CrC_{25}H_{21}O_5P$	$Cr(CO)_4(PPh_3)\{C(OMe)Me\}$		226
$CrC_{26}H_{17}O_3P$	$Cr(CO)_3(\eta^6\text{-}2,4,6\text{-Ph}_3C_5H_2P)$		227

Molecular formula	Structure	Notes	Ref.
$CrC_{26}H_{19}O_3P$	$Cr(CO)_3(\eta^5-C_5H_4PPh_3)$		228
$CrSnC_{26}H_{20}O_3$	$Cr(SnPh_3)(CO)_3(\eta-C_5H_5)$	zz	229
$CrWC_{26}H_{20}O_4S_2$	$Cr(CO)_4(\mu-SPh)_2W(\eta-C_5H_5)_2$		230
$CrSiC_{26}H_{20}O_6$	$Cr(CO)_5\{C(OEt)(SiPh_3)\}$		231
$CrC_{27}H_{21}O_5P$	$Cr(CO)_5[P(Mes)=CPh_2]$		232
$CrAs_2C_{27}H_{22}O_2$	$\overline{Cr(CO)_2\{(\eta\text{-}Ph)AsPhCH_2AsPh_2\}}$		233
$CrSnC_{27}H_{25}NO_4$	$trans\text{-}Cr(SnPh_3)\{C(NEt_2)\}(CO)_4$		234
$CrC_{27}H_{27}O_6$	$\overline{Cr\{C_6H_4\dot{C}HO(CH_2)_2\dot{O}\}_3}$		235
$CrC_{28}H_{17}O_5P$	$Cr(CO)_5(PC_5H_2Ph_3\text{-}2,4,6)$		236
$CrC_{28}H_{23}O_3P$	$Cr(CO)_3(PPh_3)(nbd)$		237
$CrC_{28}H_{23}O_4P$	$Cr(CO)_2(PPh_3)(\eta^6\text{-}PhCO_2Me)$		238
$CrC_{28}H_{23}O_5P$	$Cr(CO)_3\{\eta^6\text{-}2,4,6\text{-}Ph_3C_5H_2P(OMe)_2\}$		224
$CrSnC_{28}H_{25}NO_5 \cdot 0.5CH_2Cl_2$	$Cr(CO)_5\{C(NEt_2)(SnPh_3)\} \cdot 0.5CH_2Cl_2$	243	239
$CrC_{28}H_{26}INO_3P_2$	$CrI(CO)_2(NO)(PMePh_2)_2$		240
$CrSi_2C_{28}H_{38}N_4^+I^-$	$[Cr(CH_2SiMe_3)_2(bipy)_2]I$		241
$CrWC_{29}H_{30}O_4 \cdot CH_2Cl_2$	$\{Cr(CO)_2(\eta\text{-}C_6Me_6)\}\{\mu\text{-}C(Tol)\}\{W(CO)_2\text{-}(\eta\text{-}C_5H_5)\}\cdot CH_2Cl_2$		242
$CrFeC_{30}H_{22}O_5$	$Cr(CO)_3\{\eta^6\text{-}Ph\overline{CC(OMe)OFcC}Ph\}$		243
$CrC_{30}H_{23}O_5P$	$Cr(CO)_2\{P(OPh)_3\}(\eta^6\text{-}C_{10}H_8)$		215
$CrC_{30}H_{24}O_4P_2$	$Cr(CO)_4(dppe)$		244
$CrC_{30}H_{25}^{2-}NaC_8H_{18}O_2^+NaC_8H_{20}O_2^+$	$[Na(OEt_2)(THF)][Na(OEt_2)_2][CrPh_5]$		245
$CrC_{30}H_{25}O_2PS$	$Cr(CS)(PPh_3)(\eta^6\text{-}C_{10}H_{10}O)$	aaa	246
$CrC_{32}H_{26}N_4^+I^-$	$[CrPh_2(bipy)_2]I$		247
$CrC_{33}H_{33}NO_3P_2$	$Cr(CO)_3(\{Ph_2P(CH_2)_2\}_2NEt)$		248
$CrC_{34}H_{30}N_4O_2^+I^- \cdot H_2O$	$[Cr\{C_6H_4(OMe)\text{-}2\}_2(bipy)_2]I \cdot H_2O$		249
$CrC_{36}H_{28}O_7P$	$Cr(CO)_4(C_{32}H_{28}O_3P_2)$	bbb	250
$CrC_{37}H_{33}O_3P_3$	$fac\text{-}Cr(CO)_3(\{Ph_2P(CH_2)_2\}_2PPh)$		251
$CrC_{38}H_{45}O_2P$	$Cr(CO)_2(PPh_3)(\eta^6\text{-}C_6Et_6)$		212
$CrC_{40}H_{30}O_{10}P_2$	$trans\text{-}Cr(CO)_4\{P(OPh)_3\}_2$		252
$CrC_{40}H_{44}$	$Cr(CPh=CMe_2)_4$		253
$CrC_{40}H_{52}$	$Cr(CH_2CMe_2Ph)_4$		254
$CrC_{42}H_{30}N_6$	$Cr(CNPh)_6$		255, 256
$CrMnC_{42}H_{33}BrO_8P_3$	$Cr(CO)_5\{Ph_2P(CH_2)_2\text{-}\overline{PPh(CH_2)_2PPh_2}\}MnBr(CO)_3$	ccc, α	257, 258
$CrMnC_{42}H_{33}BrO_8P_3 \cdot CH_2Cl_2$	$Cr(CO)_5\{Ph_2P(CH_2)_2\overline{PPh(CH_2)_2PPh_2}\}MnBr(CO)_3 \cdot CH_2Cl_2$	ccc, β	258
$CrC_{43}H_{30}O$	$Cr(CO)(\eta^2\text{-}C_2Ph_2)_3$		259
$CrC_{45}H_{35}BrO_8P_2$	$CrBr(CPh)(CO)_2\{P(OPh)_3\}_2$		260
$CrNa_2C_{46}H_{63}O_4$	$CrPh_5Na_2(OEt_2)_3(THF)$		245
$CrCoC_{47}H_{39}O_5P_3S_2 \cdot 0.25CH_2Cl_2$	$Cr(CO)_5(\mu\text{-}\eta^1,\eta^2\text{-}SC=S)Co(triphos) \cdot 0.25CH_2Cl_2$		261

[a] $S(O)C_4H_6 = S$-2,5-dihydrothiophene-1-oxide. [b] Polymer via Br—In—Br bridging. [c] C_7H_6O = tropone. [d] $C(C_5H_7)$ = cyclopentenylcarbyne. [e] $(AsCH)_3CMe$ = 4-Me-1,2,6-triarsatricyclo[2.2.1.0^{2,6}]heptane. [f] $MeNC_5H_5Me = \eta^5$-1,4-Me$_2$-1,2-dihydropyridine. [g] Weak interaction of Cr with β-C of adjacent molecule. [h] C_8H_{10} = cycloocta-1,3,5-triene. [i] $C_5H_4CH=NMe_2$ = 6-Me$_2$N-fulvene. [j] 3-EtC$_5$H$_5$NMe = 3-Et-1,6-dihydropyridine. [k] 5-EtC$_5$H$_5$NMe = 5-Et-1,2-dihydropyridine. [l] $P_4(SiMe_2)_3$ = Me-trisilatetraphosphanortricyclene. [m] $C_7H_{12}OS$ = 2,2,4,4-Me$_4$-3-thietanone. [n] $C_{10}H_{12}$ = tricyclo[4.3.1.0^{1,6}]deca-2,4-diene. [o] $C_{10}H_{12}O$ = 2-Me-1-indanol. [p] $C_7H_8(OMe)_2$ = 2,3-η^2-7,7-(MeO)$_2$bicyclo[2.2.1]hept-2-ene-O. [q] $C_{10}H_{16}$ = 3-Et-$endo$-7-Ph-cycloheptatriene. [r] $C_{11}H_{10}$ = 1,6-methanocyclodecapentaene. [s] $C_{11}H_{10}O_2$ = 3a,4,8,8a-η-5,7-Me$_2$cyclohepta[b]furan-6-one. [t] $C_{11}H_{12}O$ = 3a,5,6,7,8,8a-η^6-5,7-Me$_2$-4H-cyclohepta[b]furan. [u] $C_{11}H_{12}S$ = 1,2,3,3a,8a-η^5-5,7-Me$_2$-4H-cyclohepta[c]thiophene. [v] $C_{11}H_{14} = \eta^5$-bicyclo[4.4.1]undeca-1,3,5-triene. [w] Two crystal forms contain different rotameric conformations. [x] $C_{13}H_9$ = 9H-fluorenyl. [y] $C_{12}H_{10}$ = 2a,8b-dihydrocyclopent[c,d]azulene (elassovalene). [z] $C_{12}H_{14}S$ = 3a,4,5,6,7,8a-η-5,7,8-Me$_3$-4H-cyclohepta[b]thiophen. [aa] $C_{12}H_{14}S$ = 3a,4,5,6,7,8a-η-5,7,8-Me$_3$-8H-cyclohepta[b]thiophen. [bb] $C_{13}H_{14}$ = 1,2,3,3a,8a-η^6-4,6,8-Me$_3$azulene. [cc] $C_{13}H_{14}O_2 = \eta^6$-exo-2-acetoxybenzonorbornenyl. [dd] $C_{13}H_{18}$ = 1,2,3,4,7,8-η^6-6,9-Me$_2$bicyclo[4.4.1]undeca-1,3,7-triene. [ee] C_6Me_6 = 1,2,3,4,5,6-Me$_6$-bicyclo[2.2.0]hexa-2,5-diene (Me$_6$-Dewar-benzene). [ff] $C_{14}H_{10}$ = anthracene. [gg] $C_{14}H_{10}$ = phenanthrene. [hh] $C_{14}H_{12}$ = 9,10-dihydrophenanthrene. [ii] $C_{14}H_{16}O_2$ = 4a,5,6,7,8,8a-η^6-1-OH-2-Et-3-Me-4-OMe-naphthalene. [jj] Two forms. [kk] $C_{18}H_{20}$ = [3.3]paracyclophane. [ll] $C_{18}H_{20}$ = [3.3]paracyclophane; CH$_2$ groups randomly disordered. [mm] $C_{16}H_{20}$ = 1-{1-(2,3,4-η^3-5-isopropylidenecyclopent-3-ene-1,2-diyl)-1-Me-ethyl}-η^5-cyclopentadienyl. [nn] $C_{16}H_{14}$ = 2,3,4,5,6-η^5-anti-1,6:8,13-bis(methano)-[14]annulene. [oo] $C_{16}H_{16}$ = [2.2]paracyclophane. [pp] Isomer, m.p. 89 °C. [qq] Isomer, m.p. 163 °C. [rr] $C_{16}H_{26}N_2 = \eta^5$-5-Et- 2-(5'-Et-1',2',3',4'-tetrahydro-1'-Me-2'-pyridyl)-1,6-dihydro-1-Me-pyridine. [ss] Isomer I: racemate, $(2S,2'R) + (2R,2'S)$. [tt] Isomer II: $(2S,2'S) + (2R,2'R)$. [uu] $C_{16}H_{26}N_2 = \eta^5$-5-Et-2-(5'-Et-1',2',3',6'-tetrahydro-1'-Me-2'-pyridyl)-1,6-dihydro-1-Me-pyridine. [vv] $C_{18}H_{16}O_2 = \eta^6$-3-EtO-8a-Ph-8aH-azulen-1-one. [ww] $C_{18}H_{28}N_2O$ = 3a,4,5,6,7,7a-η^6-N,N,N',N'-Et$_4$-1-MeO-1H-indene-2,3-diamine. [xx] 4a,5,6,7,8,8a-η^6-1-OH-2-Ph-4-[CMe(OMe)=CH]-naphthalene. [yy] $C_{20}H_{24}$ = 1,3,3,5-Me$_4$-6-(1',1a',2',3',4',4a'-η^6-1',2'-naphtho)bicyclo[3.2.1]octene. [zz] Cr—Sn bond length only reported. [aaa] $C_{10}H_{10}O$ = tetralone. [bbb] $C_{32}H_{28}O_3P_2$ = Et 4,5-dihydro-4-oxo-1,2-Ph$_2$-{CHPh(PHPh)}-1H-phosphole-3-carboxylate-P^1,P^5. [ccc] Two isomers: α has PPh trans to Br (relative to five-membered ring); β has PPh cis to Br.

1. G. Huttner and S. Schelle, *J. Cryst. Mol. Struct.*, 1971, **1**, 69.
2. G. Huttner and S. Schelle, *J. Organomet. Chem.*, 1969, **19**, P9*.
3. G. Huttner and S. Schelle, *J. Organomet. Chem.*, 1973, **47**, 383.
4. L. J. Guggenberger, U. Klabunde and R. A. Schunn, *Inorg. Chem.*, 1973, **12**, 1143.
5. F. Klanberg and L. J. Guggenberger, *Chem. Commun.*, 1967, 1293*; F. Klanberg, E. L. Muetterties and L. J. Guggenberger, *Inorg. Chem.*, 1968, **7**, 2272 (D); L. J. Guggenberger, *Inorg. Chem.*, 1970, **9**, 367.
6. O. L. Carter, A. T. McPhail and G. A. Sim, *Chem. Commun.*, 1966, 49*; *J. Chem. Soc. (A)*, 1966, 1095.
7. T. J. Greenhough, B. W. S. Kolthammer, P. Legzdins and J. Trotter, *Acta Crystallogr.*, 1980, **B36**, 795.
8. H. P. Calhoun and J. Trotter, *J. Chem. Soc., Dalton Trans.*, 1974, 377.
9. G. Huttner, H. Lorenz and W. Gartzke, *Angew. Chem.*, 1974, **86**, 667 (*Angew. Chem., Int. Ed. Engl.*, 1974, **13**, 609).
10. M. A. Bush, G. A. Sim, G. R. Knox, M. Ahmad and C. G. Robertson, *Chem. Commun.*, 1969, 74*; M. A. Bush and G. A. Sim, *J. Chem. Soc. (A)*, 1970, 605.
11. J. Krausse and G. Marx, *J. Organomet. Chem.*, 1974, **65**, 215.
12. J. Y. Saillard and D. Grandjean, *Acta Crystallogr.*, 1978, **B34**, 3318.
13. W. Rüdorff and U. Hofmann, *Z. Phys. Chem.*, 1935, **B28**, 351 (X).
14. A. Whitaker and J. W. Jeffery, *Acta Crystallogr.*, 1967, **23**, 977 and 984 (X).
15. L. Pauling, *Acta Crystallogr.*, 1968, **B24**, 978.
16. L. O. Brockway, R. V. G. Ewens and M. Lister, *Trans. Faraday Soc.*, 1938, **34**, 1350 (E).
17. A. Jost, B. Rees and W. B. Yelon, *Acta Crystallogr.*, 1975, **B31**, 2649 (N).
18. B. Rees and A. Mitschler, *J. Am. Chem. Soc.*, 1976, **98**, 7918 (X, N).
19. B. J. Helland, M. H. Quick, R. A. Jacobson and R. J. Angelici, *J. Organomet. Chem.*, 1977, **132**, 95.
20. R. Goddard, S. D. Killops, S. A. R. Knox and P. Woodward, *J. Chem. Soc., Dalton Trans.*, 1978, 1255 (203 K).
21. M. F. Bailey and L. F. Dahl, *Inorg. Chem.*, 1965, **4**, 1306.
22. T. J. Greenhough, B. W. S. Kolthammer, P. Legzdins and J. Trotter, *J. Chem. Soc., Chem. Commun.*, 1978, 1036*; *Inorg. Chem.*, 1979, **18**, 3548.
23. J. L. Atwood, R. Shakir, J. T. Malito, M. Herberhold, W. Kremnitz, W. P. E. Bernhagen and H. G. Alt, *J. Organomet. Chem.*, 1979, **165**, 65.
24. W. P. Meier, J. Strähle and E. Lindner, *Z. Anorg. Allg. Chem.*, 1976, **427**, 154.
25. F. A. Cotton and D. C. Richardson, *Inorg. Chem.*, 1966, **5**, 1851.
26. F. A. Cotton, D. J. Darensbourg and B. W. S. Kolthammer, *J. Am. Chem. Soc.*, 1981, **103**, 398.
27. V. Bätzel and R. Boese, *Z. Naturforsch., Teil B*, 1981, **36**, 172.
28. R. Feld, E. Hellner, A. Klopsch and K. Dehnicke, *Z. Anorg. Allg. Chem.*, 1978, **442**, 173.
29. B. A. Karcher and R. A. Jacobson, *J. Organomet. Chem.*, 1977, **132**, 387.
30. G. Huttner and O. S. Mills, *Chem. Ber.*, 1972, **105**, 301.
31. P. E. Baikie, E. O. Fischer and O. S. Mills, *Chem. Commun.*, 1967, 1199.
32. E. N. Baker and B. R. Reay, *J. Chem. Soc., Dalton Trans.*, 1973, 2205.
33. J. R. Blackborow, C. R. Eady, F.-W. Grevels, E. A. Koerner von Gustorf, A. Scrivanti, O. S. Wolfbeis, R. Benn, D. J. Brauer, C. Krüger, P. J. Roberts and Y.-H. Tsay, *J. Chem. Soc., Dalton Trans.*, 1981, 661.
34. G. K.-I. Magomedov, A. I. Gusev, A. S. Frenkel, V. G. Sirikin, L. I. Chaplina and S. N. Gourkova, *Koord. Khim.*, 1976, **2**, 257.
35. D. St Clair, A. Zalkin and D. H. Templeton, *Inorg. Chem.*, 1971, **10**, 2587.
36. P. Corradini and G. Allegra, *Atti. Accad. Naz. Lincei, Classe Sci. Fiz. Mat. Nat. Rend.*, 1959, **26**, 511; *J. Am. Chem. Soc.*, 1959, **81**, 2271; G. Allegra, *Atti Accad. Naz. Lincei, Classe Sci. Fiz. Mat. Nat. Rend.*, 1961, **31**, 241 (X).
37. M. F. Bailey and L. F. Dahl, *Inorg. Chem.*, 1965, **4**, 1314 (X).
38. B. Rees and P. Coppens, *J. Organomet. Chem.*, 1972, **42**, C102 (X, N; 78 K).
39. B. Rees and P. Coppens, *Acta Crystallogr.*, 1973, **B29**, 2516 (N).
40. N.-S. Chiu, L. Schäfer and R. Seip, *J. Organomet. Chem.*, 1975, **101**, 331 (E).
41. A. L. Spek, *Cryst. Struct. Commun.*, 1977, **6**, 835.
42. J. H. Weinmaier, H. Tautz, A. Schmidpeter and S. Pohl, *J. Organomet. Chem.*, 1980, **185**, 53.
43. H. Behrens, M. Moll, E. Sixtus and G. Thiele, *Z. Naturforsch., Teil B*, 1977, **32**, 1109.
44. U. Schubert, P. Friedrich and O. Orama, *J. Organomet. Chem.*, 1978, **144**, 175.
45. E. O. Fischer, G. Huttner, W. Kleine and A. Frank, *Angew. Chem.*, 1975, **87**, 781 (*Angew. Chem., Int. Ed. Engl.*, 1975, **14**, 760)*; E. O. Fischer, W. Kleine, G. Kreis and F. R. Kreissl, *Chem. Ber.*, 1978, **111**, 3542.
46. G. Huttner, A. Frank and E. O. Fischer, *Isr. J. Chem.*, 1976/77, **15**, 133.
47. A. S. Foust, W. A. G. Graham and R. P. Stewart, *J. Organomet. Chem.*, 1973, **54**, C22.
48. M. J. Barrow and O. S. Mills, *Chem. Commun.*, 1971, 119.
49. E. O. Fischer, W. R. Wagner, F. R. Kreissl and D. Neugebauer, *Chem. Ber.*, 1979, **112**, 1320.
50. F. van Meurs and H. van Koningsveld, *J. Organomet. Chem.*, 1977, **131**, 423.
51. J. Y. Saillard, D. Grandjean, A. Le Beuze and G. Simmoneaux, *J. Organomet. Chem.*, 1981, **204**, 197.
52. J. D. Dunitz and P. Pauling, *Helv. Chim. Acta*, 1960, **43**, 2188.
53. G. Huttner, E. O. Fischer, R. D. Fischer, O. L. Carter, A. T. McPhail and G. A. Sim, *J. Organomet. Chem.*, 1966, **6**, 288*; O. L. Carter, A. T. McPhail and G. A. Sim, *J. Chem. Soc. (A)*, 1966, 822.
54. J. Ellermann, H. A. Lindner, H. Schössner, G. Thiele and G. Zombek, *Z. Naturforsch., Teil B*, 1978, **33**, 1386.
55. O. L. Carter, A. T. McPhail and G. A. Sim, *Chem. Commun.*, 1966, 212*; *J. Chem. Soc. (A)*, 1967, 228.
56. E. Weiss and E. O. Fischer, *Z. Anorg. Allg. Chem.*, 1956, **284**, 69 (X).
57. A. Haaland, J. Lusztyk, D. P. Novak, J. Brunvoll and K. Starowieyski, *J. Chem. Soc., Chem. Commun.*, 1974, 54*; E. Gard, A. Haaland, D. P. Novak and R. Seip, *J. Organomet. Chem.*, 1975, **88**, 181 (E).

58. G. Huttner, A. Frank, E. O. Fischer and W. Kleine, *J. Organomet. Chem.*, 1977, **141**, C7.
59. U. Schubert, E. O. Fischer and D. Wittmann, *Angew. Chem.*, 1980, **92**, 662 (*Angew. Chem., Int. Ed. Engl.*, 1980, **19**, 643).
60. E. O. Fischer, W. Kleine, U. Schubert and D. Neugebauer, *J. Organomet. Chem.*, 1978, **149**, C40*; U. Schubert, D. Neugebauer and P. Friedrich, *Acta Crystallogr.*, 1978, **B34**, 2293.
61. V. G. Andrianov, Y. T. Struchkov, V. N. Setkina, A. Z. Zhakaeva and V. I. Zdanovich, *J. Organomet. Chem.*, 1977, **140**, 169.
62. G. Huttner and O. S. Mills, *Chem. Ber.*, 1972, **105**, 3924.
63. E. O. Fischer, E. Winkler, C. G. Kreiter, G. Huttner and B. Krieg, *Angew. Chem.*, 1971, **83**, 1021; *Angew. Chem., Int. Ed. Engl.*, 1971, **10**, 923*; G. Huttner and B. Krieg, *Chem. Ber.*, 1972, **105**, 67.
64. I. W. Nowell, S. Rettig and J. Trotter, *J. Chem. Soc., Dalton Trans.*, 1972, 2381.
65. M. F. Lappert, D. B. Shaw and G. M. McLaughlin, *J. Chem. Soc., Dalton Trans.*, 1979, 427.
66. W. R. Cullen, I. W. Nowell, P. J. Roberts, J. Trotter and J. E. H. Ward, *Chem. Commun.*, 1971, 560*.
67. F. A. Cotton, C. E. Rice and G. W. Rice, *Inorg. Chim. Acta*, 1977, **24**, 231.
68. E. N. Baker and N. G. Larsen, *J. Chem. Soc., Dalton Trans.*, 1976, 1769.
69. G. J. Kruger, G. Gafner, J. P. R. de Villiers, H. G. Raubenheimer and H. Swanepoel, *J. Organomet. Chem.*, 1980, **187**, 333.
70. A. Frank, E. O. Fischer and G. Huttner, *J. Organomet. Chem.*, 1978, **161**, C27.
71. J. von Seyerl, A. Frank and G. Huttner, *Cryst. Struct. Commun.*, 1981, **10**, 97.
72. M. A. Bush, T. A. Dullforce and G. A. Sim, *Chem. Commun.*, 1969, 1491.
73. Y. Dusausoy, J. Protas, J. Besancon and J. Tirouflet, *C. R. Hebd. Seances Acad. Sci.*, 1970, **270C**, 1972.
74. J.-Y. Saillard, G. Le Borgne and D. Grandjean, *J. Organomet. Chem.*, 1975, **94**, 409.
75. J.-Y. Saillard and D. Grandjean, *Acta Crystallogr.*, 1978, **B34**, 3772.
76. O. L. Carter, A. T. McPhail and G. A. Sim, *J. Chem. Soc. (A)*, 1967, 1619.
77. J.-Y. Saillard and D. Grandjean, *Acta Crystallogr.*, 1976, **B32**, 2285.
78. Y. Dusausoy, J. Protas and J. Besancon, *C. R. Hebd. Seances Acad. Sci.*, 1971, **272C**, 282*; Y. Dusausoy, J. Protas, J. Besancon and J. Tirouflet, *Acta Crystallogr.*, 1973, **B29**, 469.
79. E. O. Fischer, W. Kleine, F. R. Kreissl, H. Fischer, P. Friedrich and G. Huttner, *J. Organomet. Chem.*, 1977, **128**, C49.
80. V. S. Armstrong and C. K. Prout, *J. Chem. Soc.*, 1962, 3770.
81. B. Lubke and U. Behrens, *J. Organomet. Chem.*, 1978, **149**, 327.
82. H. Vahrenkamp and E. Keller, *Chem. Ber.*, 1979, **112**, 1991.
83. I. W. Nowell and J. Trotter, *J. Chem. Soc., Dalton Trans.*, 1972, 2378.
84. C. A. Bear, W. R. Cullen, J. P. Kutney, V. E. Ridaura, J. Trotter and A. Zanarotti, *J. Am. Chem. Soc.*, 1973, **95**, 3058*; C. A. Bear and J. Trotter, *J. Chem. Soc., Dalton Trans.*, 1973, 2285.
85. J. A. Connor and O. S. Mills, *J. Chem. Soc. (A)*, 1969, 334.
86. E. Niecke, M. Engelmann, H. Zorn, B. Krebs and G. Henkel, *Angew. Chem.*, 1980, **92**, 738 (*Angew. Chem., Int. Ed. Engl.*, 1980, **19**, 710).
87. W. Siebert, R. Full, H. Schmidt, J. von Seyerl, M. Halstenberg and G. Huttner, *J. Organomet. Chem.*, 1980, **191**, 15.
88. W. Hönle and H. G. von Schnering, *Z. Anorg. Allg. Chem.*, 1980, **465**, 72.
89. E. O. Fischer, A. Schwanzer, H. Fischer, D. Neugebauer and G. Huttner, *Chem. Ber.*, 1977, **110**, 53.
90. H. Vahrenkamp, *Chem. Ber.*, 1972, **105**, 1486.
91. E. Weiss and E. O. Fischer, *Z. Anorg. Allg. Chem.*, 1958, **286**, 142 (X).
92. F. Jellinek, *Nature (London)*, 1960, **185**, 871*; *J. Organomet. Chem.*, 1963, **1**, 43 (X).
93. F. A. Cotton, W. A. Dollase and J. S. Wood, *J. Am. Chem. Soc.*, 1963, **85**, 1543 (X).
94. J. A. Ibers, *J. Chem. Phys.*, 1964, **40**, 3129 (X).
95. E. Keulen and F. Jellinek, *J. Organomet. Chem.*, 1966, **5**, 490 (X; 100 K).
96. A. Haaland, *Acta Chem. Scand.*, 1965, **19**, 41 (E).
97. L. Schäfer, J. F. Southern, S. J. Cyvin and J. Brunvoll, *J. Organomet. Chem.*, 1970, **24**, C13 (E).
98. G. Albrecht, E. Förster, D. Sippel, F. Eichhorn and E. Kurras, *Z. Chem.*, 1968, **8**, 311*; E. Förster, G. Albrecht, W. Dürselen and E. Kurras, *J. Organomet. Chem.*, 1969, **19**, 215 (N).
99. R. P. Shibaeva, A. E. Shvets and L. O. Atovmyan, *Dokl. Akad. Nauk SSSR*, 1971, **199**, 334.
100. B. Morosin, *Acta Crystallogr.*, 1974, **B30**, 838.
101. Y. Dusausoy, J. Protas, J. Besancon and J. Tirouflet, *C. R. Hebd. Seances Acad. Sci.*, 1970, **271C**, 1070*; *Acta Crystallogr.*, 1972, **B28**, 3183.
102. J. Y. Saillard, D. Grandjean, P. Le Maux and G. Jaouen, *Nouv. J. Chim.*, 1981, **5**, 153.
103. K. H. Jogun and J. J. Stezowski, *Acta Crystallogr.*, 1979, **B35**, 2310.
104. H. G. Raubenheimer, S. Lotz and J. Coetzer, *J. Chem. Soc., Chem. Commun.*, 1976, 732*.
105. G. J. Kruger, J. Coetzer, H. G. Raubenheimer and S. Lotz, *J. Organomet. Chem.*, 1977, **142**, 249.
106. M. F. Lappert, T. R. Martin and G. M. McLaughlin, *J. Chem. Soc., Chem. Commun.*, 1980, 635.
107. D. van der Helm, R. A. Loghry, D. J. Hanlon and A. P. Hagen, *Cryst. Struct. Commun.*, 1979, **8**, 899.
108. A. N. Nesmeyanov, Y. T. Struchkov, V. G. Andrianov, V. V. Krivykh and M. I. Rybinskaya, *J. Organomet. Chem.*, 1979, **166**, 211.
109. J. T. Malito, R. Shakir and J. L. Atwood, *J. Chem. Soc., Dalton Trans.*, 1980, 1253.
110. S. Pohl, *J. Organomet. Chem.*, 1977, **142**, 195.
111. L.-Y. Goh, M. J. D'Aniello, S. Slater, E. L. Muetterties, I. Tavanaiepour, M. I. Chang, M. F. Fredrich and V. W. Day, *Inorg. Chem.*, 1979, **18**, 192.
112. V. Kunz and W. Nowacki, *Helv. Chim. Acta*, 1967, **50**, 1052.
113. R. E. Davis and R. Pettit, *J. Am. Chem. Soc.*, 1970, **92**, 716.
114. R. J. Hoare and O. S. Mills, *J. Chem. Soc., Dalton Trans.*, 1972, 653.
115. O. S. Mills and A. D. Redhouse, *Angew. Chem.*, 1965, **77**, 1142 (*Angew. Chem., Int. Ed. Engl.*, 1965, **4**, 1082)*; *J. Chem. Soc. (A)*, 1968, 642.
116. O. L. Carter, A. T. McPhail and G. A. Sim, *J. Chem. Soc. (A)*, 1968, 1866.

117. R. L. Beddoes, P. F. Lindley and O. S. Mills, *Angew. Chem.*, 1970, **82**, 293 (*Angew. Chem., Int. Ed. Engl.*, 1970, **9**, 304).
118. E. Gentric, G. Le Borgne and D. Grandjean, *J. Organomet. Chem.*, 1978, **155**, 207.
119. M. F. Semmelhack, H. T. Hall, R. Farina, M. Yoshifuji, G. Clark, T. Bargar, K. Hirotsu and J. Clardy, *J. Am. Chem. Soc.*, 1979, **101**, 3535.
120. Y. Dusausoy, J. Protas, J. Besancon and S. Top, *J. Organomet. Chem.*, 1975, **94**, 47.
121. P. D. Brotherton, D. Wege, A. H. White and E. N. Maslen, *J. Chem. Soc., Dalton Trans.*, 1974, 1876.
122. G. Simonneaux, G. Jaouen, R. Dabard and M. Louer, *Nouv. J. Chim.*, 1978, **2**, 203.
123. A. Ceccon, G. Giacometti, A. Venzo, P. Ganis and G. Zanotti, *J. Organomet. Chem.*, 1981, **205**, 61.
124. E. O. Fischer, F. J. Gammel and D. Neugebauer, *Chem. Ber.*, 1980, **113**, 1010.
125. E. O. Fischer, W. Held, F. R. Kreissl, A. Frank and G. Huttner, *Chem. Ber.*, 1977, **110**, 656.
126. R. J. Klingler, J. C. Huffman and J. K. Kochi, *Inorg. Chem.*, 1981, **20**, 34.
127. T. Madach, K. Fischer and H. Vahrenkamp, *Chem. Ber.*, 1980, **113**, 3235.
128. P. E. Baikie and O. S. Mills, *Chem. Commun.*, 1966, 683*; *J. Chem. Soc. (A)*, 1969, 328.
129. Y. Dusausoy and J. Protas, *Acta Crystallogr.*, 1978, **B34**, 1714.
130. M. El Borai, R. Guilard, P. Fournari, Y. Dusausoy and J. Protas, *Bull. Soc. Chim. Fr.*, 1977, 75.
131. Y. Dusausoy, R. Guilard and J. Protas, *C. R. Hebd. Seances Acad. Sci.*, 1971, **273C**, 228*; *Acta Crystallogr.*, 1973, **B29**, 726.
132. F. A. Cotton, D. J. Darensbourg and W. H. Ilsley, *Inorg. Chem.*, 1981, **20**, 578.
133. H. Raubenheimer, J. C. A. Boeyens and S. Lotz, *J. Organomet. Chem.*, 1976, **112**, 145.
134. M. J. Barrow and O. S. Mills, *J. Chem. Soc. (A)*, 1971, 1982.
135. F. van Meurs and H. van Koningsveld, *J. Organomet. Chem.*, 1974, **78**, 229.
136. R. P. Shibaeva, L. O. Atovmyan and L. P. Rozenberg, *Chem. Commun.*, 1969, 649*; *Zh. Strukt. Khim.*, 1975, **16**, 147.
137. R. P. Shibaeva, L. O. Atovmyan and M. N. Orfanova, *Chem. Commun.*, 1969, 1494 (r.t.)*; R. P. Shibaeva, L. O. Atovmyan and V. I. Ponomarev, *Zh. Strukt. Khim.*, 1975, **16**, 860 (153 K).
138. O. V. Starovskii and Y. T. Struchkov, *Dokl. Akad. Nauk SSSR*, 1960, **135**, 620*; *Zh. Strukt. Khim.*, 1961, **2**, 162.
139. Y. T. Struchkov, V. G. Andrianov, A. N. Nesmeyanov, V. V. Krivykh, V. S. Kaganovich and M. I. Rybinskaya, *J. Organomet. Chem.*, 1976, **117**, C81.
140. Y. Dusausoy, C. Lecomte, J. Protas and J. Besancon, *J. Organomet. Chem.*, 1973, **63**, 321.
141. G. J. Kruger, G. Gafner, J. P. R. de Villiers, H. G. Raubenheimer and H. Swanepoel, *J. Organomet. Chem.*, 1980, **187**, 333.
142. L. H. Simons, P. E. Riley, R. E. Davis and J. J. Lagowski, *J. Am. Chem. Soc.*, 1976, **98**, 1044*; P. E. Riley and R. E. Davis, *Inorg. Chem.*, 1976, **15**, 2735.
143. B. Cetinkaya, P. B. Hitchcock, M. F. Lappert and P. L. Pye, *J. Chem. Soc., Chem. Commun.*, 1975, 683*; P. B. Hitchcock, M. F. Lappert and P. L. Pye, *J. Chem. Soc., Dalton Trans.*, 1977, 2160.
144. F. Richter and H. Vahrenkamp, *Angew. Chem.*, 1978, **90**, 474 (*Angew. Chem., Int. Ed. Engl.*, 1978, **17**, 444).
145. E. O. Fischer, M. Schluge, J. O. Besenhard, P. Friedrich, G. Huttner and F. R. Kreissl, *Chem. Ber.*, 1978, **111**, 3530.
146. L. A. Paquette, C. C. Liao, R. L. Burson, R. E. Wingard, C. N. Shih, J. Fayos and J. Clardy, *J. Am. Chem. Soc.*, 1977, **99**, 6935.
147. Y. Dusausoy, J. Protas and R. Guilard, *Acta Crystallogr.*, 1973, **B29**, 477.
148. Y. Dusausoy, R. Guilard, J. Protas and J. Tirouflet, *C. R. Hebd. Seances Acad. Sci.*, 1971, **272C**, 2134*.
149. Y. T. Struchkov, V. G. Andrianov, V. N. Setkina, N. K. Baranetskaya, V. I. Losilkina and D. N. Kursanov, *J. Organomet. Chem.*, 1979, **182**, 213.
150. M. J. Bennett, F. A. Cotton and J. Takats, *J. Am. Chem. Soc.*, 1968, **90**, 903.
151. G. Huttner and S. Lange, *Chem. Ber.*, 1970, **103**, 3149.
152. M. F. Bailey and L. F. Dahl, *Inorg. Chem.*, 1965, **4**, 1298.
153. S. Fontana, O. Orama, E. O. Fischer, U. Schubert and F. R. Kreissl, *J. Organomet. Chem.*, 1978, **149**, C57.
154. S. Pohl, *J. Organomet. Chem.*, 1977, **142**, 185.
155. G. Huttner and B. Krieg, *Angew. Chem.*, 1971, **83**, 541 (*Angew. Chem., Int. Ed. Engl.*, 1971, **10**, 512)*; *Chem. Ber.*, 1972, **105**, 3437.
156. R. Battaglia, H. Kisch, C. Krüger and L.-K. Liu, *Z. Naturforsch., Teil B*, 1980, **35**, 719.
157. G. Huttner and H. Lorenz, *Chem. Ber.*, 1975, **108**, 1864.
158. J. von Seyerl, G. Huttner and K. Krüger, *Z. Naturforsch., Teil B*, 1980, **35**, 1552.
159. E. O. Fischer, H.-J. Kalder, A. Frank, F. H. Köhler and G. Huttner, *Angew. Chem.*, 1976, **88**, 683 (*Angew. Chem., Int. Ed. Engl.*, 1976, **15**, 623).
160. J. von Seyerl, D. Neugebauer, G. Huttner, C. Krüger and Y.-H. Tsay, *Chem. Ber.*, 1979, **112**, 3637.
161. P. E. Baikie, O. S. Mills, P. L. Pauson, G. H. Smith and J. Valentine, *Chem. Commun.*, 1965, 425*; P. E. Baikie and O. S. Mills, *J. Chem. Soc. (A)*, 1968, 2704.
162. U. Schubert, *J. Organomet. Chem.*, 1980, **185**, 373.
163. O. Koch, F. Edelmann and U. Behrens, *J. Organomet. Chem.*, 1979, **168**, 167.
164. H. Luth, I. F. Taylor and E. L. Amma, *Chem. Commun.*, 1970, 1712*; I. F. Taylor, E. A. H. Griffith and E. L. Amma, *Acta Crystallogr.*, 1976, **B32**, 653.
165. T. N. Sal'nikova, V. G. Andrianov, Y. T. Struchkov, L. P. Yur'eva and N. N. Zaitseva, *Koord. Khim.*, 1978, **4**, 288.
166. S. Özkar, H. Kurz, D. Neugebauer and C. G. Kreiter, *J. Organomet. Chem.*, 1978, **160**, 115.
167. G. Huttner and O. S. Mills, *Chem. Commun.*, 1968, 344*; *J. Organomet. Chem.*, 1971, **29**, 275.
168. V. A. Lebedev, V. P. Golovachev and E. A. Kuzmin, *Zh. Strukt. Khim.*, 1977, **18**, 1073.
169. F. W. B. Einstein and R. D. G. Jones, *Inorg. Chem.*, 1973, **12**, 1148.

170. W. P. Fehlhammer, F. Degel and H. Stolzenberg, *Angew. Chem.*, 1981, **93**, 184 (*Angew. Chem., Int. Ed. Engl.*, 1981, **20**, 214).
171. G. Huttner, G. Mohr and P. Friedrich, *Z. Naturforsch., Teil B*, 1978, **33**, 1254.
172. F. Hanic and O. S. Mills, *J. Organomet. Chem.*, 1968, **11**, 151.
173. H. Deuschl and W. Hoppe, *Acta Crystallogr.*, 1964, **17**, 800.
174. K. W. Muir, G. Ferguson and G. A. Sim, *Chem. Commun.*, 1966, 465*.
175. K. W. Muir, G. Ferguson and G. A. Sim, *J. Chem. Soc. (B)*, 1968, 467.
176. J. M. Guss and R. Mason, *J. Chem. Soc., Dalton Trans.*, 1973, 1834.
177. R. L. De, J. von Seyerl, L. Zsolnai and G. Huttner, *J. Organomet. Chem.*, 1979, **175**, 185.
178. K. W. Muir and G. Ferguson, *J. Chem. Soc. (B)*, 1968, 476.
179. G. A. Sim, D. I. Woodhouse and G. R. Knox, *J. Chem. Soc., Dalton Trans.*, 1979, 83.
180. K. H. Dötz, R. Dietz, A. von Imhof, H. Lorenz and G. Huttner, *Chem. Ber.*, 1976, **109**, 2033.
181. P. Le Maux, G. Simonneaux, G. Jaouen, L. Ouahab and P. Batail, *J. Am. Chem. Soc.*, 1978, **100**, 4312.
182. M. Louër, G. Simonneaux and G. Jaouen, *J. Organomet. Chem.*, 1979, **164**, 235.
183. A. R. Koray, M. L. Ziegler, N. E. Blank and M. W. Hänel, *Tetrahedron Lett.*, 1979, 2465*.
184. N. E. Blank, M. W. Haenel, A. R. Koray, K. Weidenhammer and M. L. Ziegler, *Acta Crystallogr.*, 1980, **B36**, 2054.
185. R. Benn, N. E. Blank, M. W. Haenel, J. Klein, A. R. Koray, K. Weidenhammer and M. L. Ziegler, *Angew. Chem.*, 1980, **92**, 45 (*Angew. Chem., Int. Ed. Engl.*, 1980, **19**, 44)*.
186. F. Edelmann, D. Wormsbächer and U. Behrens, *Chem. Ber.*, 1980, **113**, 3120.
187. M. D. Brice and F. A. Cotton, *J. Am. Chem. Soc.*, 1973, **95**, 4529.
188. F. van Meurs and H. van Koningsveld, *J. Organomet. Chem.*, 1976, **118**, 295.
189. H. G. Raubenheimer, S. Lotz, J. Coetzer and G. Kruger, *J. Chem. Soc., Chem. Commun.*, 1977, 494*.
190. G. Huttner, G. Mohr, P. Friedrich and H. G. Schmid, *J. Organomet. Chem.*, 1978, **160**, 59.
191. M. J. Barrow and O. S. Mills, *Chem. Commun.*, 1971, 220.
192. Y. Kai, N. Yasuoka and N. Kasai, *Acta Crystallogr.*, 1978, **B34**, 2840.
193. Y. Dusausoy, J. Besancon and J. Protas, *C. R. Hebd. Seances Acad. Sci.*, 1972, **274C**, 774*; *J. Organomet. Chem.*, 1973, **59**, 281.
194. K. H. Dötz, B. Fügen-Köster and D. Neugebauer, *J. Organomet. Chem.*, 1979, **182**, 489.
195. A. Frank, U. Schubert and G. Huttner, *Chem. Ber.*, 1977, **110**, 3020.
196. J. Trotter and T. C. W. Mak, *Acta Crystallogr.*, 1980, **B36**, 551.
197. J. Trotter and T. C. W. Mak, *Acta Crystallogr.*, 1980, **B36**, 557.
198. U. Schubert, M. Wiener and F. H. Köhler, *Chem. Ber.*, 1979, **112**, 708.
199. J. J. Daly, R. P. A. Sneeden and H. H. Zeiss, *J. Am. Chem. Soc.*, 1966, **88**, 4287*; J. J. Daly and R. P. A. Sneeden, *J. Chem. Soc. (A)*, 1967, 736.
200. M. F. Lappert, S. J. Miles, P. P. Power, A. J. Carty and N. J. Taylor, *J. Chem. Soc., Chem. Commun.*, 1977, 458.
201. J. D. Cotton, P. J. Davidson, D. E. Goldberg, M. F. Lappert and K. M. Thomas, *J. Chem. Soc., Chem. Commun.*, 1974, 893.
202. G. Huttner, S. Schelle and O. S. Mills, *Angew. Chem.*, 1969, **81**, 536 (*Angew. Chem., Int. Ed. Engl.*, 1969, **8**, 515).
203. L. Weber, D. Vehreschild-Yzermann, C. Krüger and G. Wolmershäuser, *Z. Naturforsch., Teil B*, 1981, **36**, 198.
204. U. Schubert and K. H. Dötz, *Cryst. Struct. Commun.*, 1979, **8**, 989.
205. V. G. Andrianov, Y. T. Struchkov, V. N. Setkina, V. I. Zdanovich, A. Z. Zhakaeva and D. N. Kursanov, *J. Chem. Soc., Chem. Commun.*, 1975, 117*; V. G. Andrianov and Y. T. Struchkov, *Zh. Strukt. Khim.*, 1977, **18**, 318.
206. H. J. Wasserman, M. J. Wovkulich, J. D. Atwood and M. R. Churchill, *Inorg. Chem.*, 1980, **19**, 2831.
207. H. Werner, K. Leonhard, O. Kolb, E. Röttinger and H. Vahrenkamp, *Chem. Ber.*, 1980, **113**, 1654.
208. L. Weber, C. Krüger and Y.-H. Tsay, *Chem. Ber.*, 1978, **111**, 1709.
209. W. A. C. Brown, A. T. McPhail and G. A. Sim, *J. Chem. Soc. (B)*, 1966, 504.
210. J. von Seyerl, D. Neugebauer, G. Huttner, C. Krüger and Y.-H. Tsay, *Chem. Ber.*, 1979, **112**, 3637.
211. K.-H. Dötz and D. Neugebauer, *Angew. Chem.*, 1978, **90**, 898 (*Angew. Chem., Int. Ed. Engl.*, 1978, **17**, 851)*; K. H. Dotz, R. Dietz, C. Kappenstein, D. Neugebauer and U. Schubert, *Chem. Ber.*, 1979, **112**, 3682.
212. G. Hunter, D. J. Iverson, K. Mislow and J. F. Blount, *J. Am. Chem. Soc.*, 1980, **102**, 5942.
213. A. Holladay, M. R. Churchill, A. Wong and J. D. Atwood, *Inorg. Chem.*, 1980, **19**, 2195.
214. G. K. Barker, M. F. Lappert and J. A. K. Howard, *J. Chem. Soc., Dalton Trans.*, 1978, 734.
215. M. Cais, M. Kaftory, D. H. Kohn and D. Tatarsky, *J. Organomet. Chem.*, 1980, **184**, 103*; M. Kaftory, *Acta Crystallogr.*, 1980, **B36**, 2971.
216. J. A. K. Howard, J. C. Jeffery, M. Laguna, R. Navarro and F. G. A. Stone, *J. Chem. Soc., Chem. Commun.*, 1979, 1170*; *J. Chem. Soc., Dalton Trans.*, 1981, 751.
217. S. R. Stobart, K. R. Dixon, D. T. Eadie, J. L. Atwood and M. D. Zaworotko, *Angew. Chem.*, 1980, **92**, 964 (*Angew. Chem., Int. Ed. Engl.*, 1980, **19**, 931).
218. A. J. Carty, N. J. Taylor, A. W. Coleman and M. F. Lappert, *J. Chem. Soc., Chem. Commun.*, 1979, 639.
219. H. J. Plastas, J. M. Stewart and S. O. Grim, *J. Am. Chem. Soc.*, 1969, **91**, 4326*; *Inorg. Chem.*, 1973, **12**, 265.
220. R. Dietz, K. H. Dötz and D. Neugebauer, *Nouv. J. Chim.*, 1978, **2**, 59.
221. A. N. Nesmeyanov, Y. T. Struchkov, V. G. Andrianov, V. V. Krivykh and M. I. Rybinskaya, *J. Organomet. Chem.*, 1979, **164**, 51.
222. P. Jutzi, W. Steiner, E. König, G. Huttner, A. Frank and U. Schubert, *Chem. Ber.*, 1978, **111**, 606.
223. R. C. Pettersen, D. L. Cullen, H. L. Pearce, M. J. Shapiro and B. L. Shapiro, *Acta Crystallogr.*, 1974, **B30**, 2360.

224. T. Debaerdemaeker, *Angew. Chem.*, 1976, **88**, 544 (*Angew. Chem., Int. Ed. Engl.*, 1976, **15**, 504)*; *Acta Crystallogr.*, 1979, **B35**, 1686.
225. W. Henslee and R. E. Davis, *J. Organomet. Chem.*, 1974, **81**, 389.
226. O. S. Mills and A. D. Redhouse, *Chem. Commun.*, 1966, 814*; *J. Chem. Soc. (A)*, 1969, 1274.
227. H. Vahrenkamp and H. Nöth, *Chem. Ber.*, 1972, **105**, 1148.
228. T. Debaerdemaeker, *Z. Kristallogr., Kristallgeom., Kristallphys., Kristallchem.*, 1980, **153**, 221.
229. Y. T. Struchkov, K. N. Anisimov, O. P. Osipova, N. E. Kolobova and A. N. Nesmeyanov, *Dokl. Akad. Nauk SSSR*, 1967, **172**, 107.
230. T. S. Cameron, C. K. Prout, G. V. Rees, M. L. H. Green, K. K. Joshi, G. R. Davies, B. T. Kilbourn, P. S. Braterman and V. A. Wilson, *Chem. Commun.*, 1971, 14* (D); K. Prout and G. V. Rees, *Acta Crystallogr.*, 1974, **B30**, 2717.
231. E. O. Fischer, H. Hollfelder, P. Friedrich, F. R. Kreissl and G. Huttner, *Chem. Ber.*, 1977, **110**, 3467.
232. T. C. Klebach, R. Lourens, F. Bickelhaupt, C. H. Stam and A. van Herk, *J. Organomet. Chem.*, 1981, **210**, 211.
233. G. B. Robertson, P. O. Whimp, R. Colton and C. J. Rix, *Chem. Commun.*, 1971, 573*; G. B. Robertson and P. O. Whimp, *Inorg. Chem.*, 1974, **13**, 1047.
234. E. O. Fischer, H. Fischer, U. Schubert and R. B. A. Pardy, *Angew Chem.*, 1979, **91**, 929 (*Angew. Chem., Int. Ed. Engl.*, 1979, **18**, 871)*; U. Schubert, *Cryst. Struct. Commun.*, 1980, **9**, 383.
235. J. J. Daly, F. Sanz, R. P. A. Sneeden and H. H. Zeiss, *Helv. Chim. Acta*, 1974, **57**, 1863.
236. H. Vahrenkamp and H. Nöth, *Chem. Ber.*, 1973, **106**, 2227.
237. J. P. Declercq, G. Germain, M. van Meerssche and S. A. Chawdhury, *Acta Crystallogr.*, 1975, **B31**, 2896.
238. V. G. Andrianov, Y. T. Struchkov, N. K. Baranetskaya, V. N. Setkina and D. N. Kursanov, *J. Organomet. Chem.*, 1975, **101**, 209.
239. E. O. Fischer, R. B. A. Pardy and U. Schubert, *J. Organomet. Chem.*, 1979, **181**, 37.
240. N. G. Connelly, B. A. Kelly, R. L. Kelly and P. Woodward, *J. Chem. Soc., Dalton Trans.*, 1976, 699.
241. J. J. Daly, F. Sanz, R. P. A. Sneeden and H. H. Zeiss, *Helv. Chim. Acta*, 1973, **56**, 503; *J. Chem. Soc., Dalton Trans.*, 1973, 1497.
242. M. J. Chetcuti, M. Green, J. C. Jeffery, F. G. A. Stone and A. A. Wilson, *J. Chem. Soc., Chem. Commun.*, 1980, 948.
243. K. H. Dötz, R. Dietz and D. Neugebauer, *Chem. Ber.*, 1979, **112**, 1486.
244. M. J. Bennett, F. A. Cotton and M. D. LaPrade, *Acta Crystallogr.*, 1971, **B27**, 1899.
245. E. Müller, J. Krause and K. Schmiedeknecht, *J. Organomet. Chem.*, 1972, **44**, 127.
246. J. D. Korp and I. Bernal, *Cryst. Struct. Commun.*, 1980, **9**, 821.
247. J. J. Daly, F. Sanz, R. P. A. Sneeden and H. H. Zeiss, *J. Chem. Soc., Dalton Trans.*, 1973, 73.
248. F. A. Cotton and M. D. LaPrade, *J. Am. Chem. Soc.*, 1969, **91**, 7000.
249. J. J. Daly, F. Sanz, R. P. A. Sneeden and H. H. Zeiss, *Chem. Commun.*, 1971, 243*; J. J. Daly and F. Sanz, *J. Chem. Soc., Dalton Trans.*, 1972, 2584.
250. P. M. Treichel, W. K. Wong and J. C. Calabrese, *J. Organomet. Chem.*, 1978, **159**, C20.
251. M. C. Favas, D. L. Kepert, B. W. Skelton and A. H. White, *J. Chem. Soc., Dalton Trans.*, 1980, 447.
252. H. S. Preston, J. M. Stewart, H. J. Plastas and S. O. Grim, *Inorg. Chem.*, 1972, **11**, 161.
253. C. J. Cardin, D. J. Cardin and A. Roy, *J. Chem. Soc., Chem. Commun.*, 1978, 899.
254. V. Gramlich and K. Pfefferkorn, *J. Organomet. Chem.*, 1973, **61**, 247.
255. H. B. Gray, K. R. Mann, N. S. Lewis, J. A. Thich and R. M. Richman, *Adv. Chem. Ser.*, 1978, **168**, 44 (D).
256. E. Ljungström, *Acta Chem. Scand., Ser. A*, 1978, **32**, 47.
257. M. L. Schneider, N. J. Coville and I. S. Butler, *J. Chem. Soc., Chem. Commun.*, 1972, 799.
258. P. H. Bird, N. J. Coville, I. S. Butler and M. L. Schneider, *Inorg. Chem.*, 1973, **12**, 2902.
259. N. E. Kolobova, O. S. Zhvanko, V. G. Andrianov, A. A. Karapetyan and Y. T. Struchkov, *Koord Khim.*, 1980, **6**, 1407.
260. A. Frank, U. Schubert and G. Huttner, *Chem. Ber.*, 1977, **110**, 3020.
261. C. Bianchini, A. Meli, A. Orlandini and L. Sacconi, *Inorg. Chim. Acta*, 1979, **35**, L375*; C. Bianchini, C. Mealli, A. Meli, A. Orlandini and L. Sacconi, *Inorg. Chem.*, 1980, **19**, 2968.

Cr_2 Dichromium

Molecular formula	Structure	Notes	Ref.
$Cr_2C_8H_{24}^{4-}4LiC_4H_8O^+$	$[Li(THF)]_4[Cr_2Me_8]$		1
$Cr_2C_{10}HO_{10}^-C_8H_{20}N^+$	$[NEt_4][HCr_2(CO)_{10}]$	X, N	2–5
$Cr_2C_{10}HO_{10}^-KC_{18}H_{36}N_2O_6^+$	$[K(crypt-222)][HCr_2(CO)_{10}]$	X, N	6
$Cr_2C_{10}DO_{10}^-C_{36}H_{30}NP_2^+$	$[PPN][DCr_2(CO)_{10}]$	N, 17	7
$Cr_2C_{10}HO_{10}^-C_{36}H_{30}NP_2^+$	$[PPN][HCr_2(CO)_{10}]$	N, XN	5, 8
$Cr_2C_{10}H_2N_2O_{10}\cdot 2C_4H_8O$	$[Cr(CO)_5]_2(\mu\text{-}N_2H_2)\cdot 2THF$		9
$Cr_2C_{10}H_{10}N_4O_4$	$\{Cr(NO)(\eta\text{-}C_5H_5)\}_2(\mu\text{-}NO)_2$		10
$Cr_2C_{10}H_{12}N_4O_3$	$\{Cr(NO)(\eta\text{-}C_5H_5)\}_2(\mu\text{-}NH_2)(\mu\text{-}NO)$		11
$Cr_2AsC_{10}ClO_{10}$	$\{Cr(CO)_5\}_2AsCl$		12
$Cr_2AsC_{10}Cl_2O_{10}^-C_5H_6N^+$	$[pyH][\{Cr(CO)_5\}_2AsCl_2]$	190	13
$Cr_2C_{10}IO_{10}^-C_{36}H_{30}NP_2^+$	$[PPN][Cr_2I(CO)_{10}]$		14
$Cr_2C_{10}O_{10}^{2-}2C_{36}H_{30}NP_2^+\cdot CH_2Cl_2$	$[PPN]_2[Cr_2(CO)_{10}]\cdot CH_2Cl_2$		3
$Cr_2As_2C_{12}H_{12}O_8$	$[Cr(\mu\text{-}AsMe_2)(CO)_4]_2$		15

Molecular formula	Structure	Notes	Ref.
$Cr_2C_{12}H_{12}O_8P_2$	$[Cr(\mu\text{-}PMe_2)(CO)_4]_2$		16
$Cr_2C_{12}H_{16}N_2O_4$	$\{Cr(NO)(\eta\text{-}C_5H_5)\}_2(\mu\text{-}OMe)_2$		17
$Cr_2C_{12}H_{20}$	$Cr_2(\eta\text{-}C_3H_5)_4$		18, 19
$Cr_2C_{14}H_{10}O_4$	$[Cr(CO)_2(\eta\text{-}C_5H_5)]_2$		20
$Cr_2C_{14}H_{10}O_4S$	$\{Cr(CO)_2(\eta\text{-}C_5H_5)\}_2S$		21
$Cr_2AsC_{14}H_{11}O_7$	$Cr_2(\mu\text{-}AsMe_2)(CO)_7(\eta\text{-}C_5H_5)$		22
$Cr_2C_{14}H_{22}N_4O_2$	$cis\text{-}[Cr(\mu\text{-}NMe_2)(NO)(\eta\text{-}C_5H_5)]_2$		23
$Cr_2C_{14}H_{22}N_4O_2$	$trans\text{-}[Cr(\mu\text{-}NMe_2)(NO)(\eta\text{-}C_5H_5)]_2$		23
$Cr_2AsC_{15}H_7O_{12}$	$\{Cr(CO)_5\}_2\overline{As(OCMeCHCMeO)}$		24
$Cr_2C_{15}H_{12}O_3$	$\{Cr(\eta\text{-}C_6H_6)\}_2(\mu\text{-}CO)_3$		25
$Cr_2As_9C_{15}H_{27}O_6$	$Cr_2(CO)_6(As_9Me_9)$		26
$Cr_2AsC_{16}H_5O_{10}$	$\{Cr(CO)_5\}_2AsPh$		27
$Cr_2SnC_{16}H_{10}Cl_2O_6$	$\{Cr(CO)_3(\eta\text{-}C_5H_5)\}_2SnCl_2$		28
$Cr_2C_{16}H_{10}O_6$	$[Cr(CO)_3(\eta\text{-}C_5H_5)]_2$		29
$Cr_2As_4C_{16}H_{24}O_8$	$\{Cr(CO)_4\}_2(\mu\text{-}As_2Me_4)_2$		30
$Cr_2BC_{16}H_{25}N_4O_3$	$\{Cr(NO)(\eta\text{-}C_5H_5)\}_2(\mu\text{-}NO)(\mu\text{-}NEtBEt_2)$		31
$Cr_2C_{16}H_{32}^{4-}\cdot 4LiC_4H_{10}O^+$	$[Li(OEt_2)]_4[(\overline{Cr\{(CH_2)_3}\overline{CH_2}\}_2)_2]$		32
$Cr_2C_{16}H_{40}P_4$	$Cr_2\{(CH_2)_2PMe_2\}_4$		33
$Cr_2C_{18}H_{10}O_6$	$\{Cr(CO)_3\}_2(\eta^6,\eta^6\text{-}C_6H_5C_6H_5)$	a	34
$Cr_2C_{18}H_{10}O_6$	$\{Cr(CO)_3\}_2(\eta^6,\eta^6\text{-}C_6H_5C_6H_5)$	b	35
$Cr_2C_{18}H_{18}$	$\{Cr(\eta\text{-}C_5H_5)\}_2(\mu\text{-}C_8H_8)$	c, 103	36
$Cr_2C_{18}H_{28}S_3$	$\{Cr(SBu^t)(\eta\text{-}C_5H_5)\}_2S$		37
$Cr_2C_{20}H_{14}O_6$	$trans\text{-}\{Cr(CO)_3\}_2(\eta^6,\eta^6\text{-}C_{14}H_{14})$	d	38
$Cr_2C_{20}H_{28}O_{10}P_2$	$[Cr(CO)_2\{P(OMe)_3\}(\eta\text{-}C_5H_5)]_2$		39
$Cr_2Si_6C_{20}H_{36}O_8P_8$	$[Cr(CO)_4\{P_4(SiMe_2)_3\}]_2$	e	40
$Cr_2C_{22}H_{10}Cl_2O_{10}P_2$	$meso\text{-}\{Cr(CO)_5\}_2P_2Cl_2Ph_2$	183	41
$Cr_2C_{22}H_{10}Cl_2O_{10}P_2$	$rac\text{-}\{Cr(CO)_5\}_2P_2Cl_2Ph_2$		41
$Cr_2C_{22}H_{20}N_2O_2S_2$	$trans\text{-}[Cr(\mu\text{-}SPh)(NO)(\eta\text{-}C_5H_5)]_2$		42
$Cr_2Si_4C_{22}H_{46}N_4$	$[Cr(NSiMe_3)(\mu\text{-}NSiMe_3)(\eta\text{-}C_5H_5)]_2$		43
$Cr_2Si_4C_{22}H_{62}P_2$	$[Cr(CH_2SiMe_3)(\mu\text{-}CH_2SiMe_3)(PMe_3)]_2$		44
$Cr_2C_{24}H_{16}O_4^{4-}\cdot 2Br^-\cdot 6LiC_4H_{10}O^+$	$[Li(OEt_2)]_6[Cr_2(C_6H_4O\text{-}2)_4]Br_2$	f	45
$Cr_2C_{24}H_{24}$	$Cr_2(cot)_3$		46
$Cr_2C_{24}H_{30}O_4$	$[Cr(CO)_2(\eta\text{-}C_5Me_5)]_2$		47
$Cr_2C_{24}H_{32}O_6$	$[Cr(\mu\text{-}OAc)(\mu\text{-}C_6H_4OBu^t\text{-}2)]_2$		48
$Cr_2AsC_{28}H_{15}ClO_{10}P\cdot CH_2Cl_2$	$\{Cr(CO)_5\}_2AsCl(PPh_3)\cdot CH_2Cl_2$	193	49
$Cr_2As_3CoFeC_{28}H_{28}O_{12}$	$\{Cr(CO)_3(\eta\text{-}C_5H_5)\}(\mu\text{-}AsMe_2)\{Cr(CO)_2\text{-}(\eta\text{-}C_5H_5)\}(\mu\text{-}AsMe_2)\{Co(CO)_3\}\text{-}(\mu\text{-}AsMe_2)\{Fe(CO)_4\}$		50
$Cr_2C_{28}H_{28}O_2$	$[Cr(\mu\text{-}OBu^t)(\eta\text{-}C_5H_5)]_2$		51
$Cr_2Li_2C_{30}H_{50}Cl_6O_4$	$\{CrCl_3(\eta\text{-}C_5H_5)Li(THF)_2\}_2(\mu\text{-}diox)$		52
$Cr_2C_{32}H_{36}O_4$	$Cr_2\{C_6H_3(OMe\text{-}2)Me\text{-}5\}_4$		53
$Cr_2C_{32}H_{36}O_8$	$Cr_2\{C_6H_3(OMe)_2\text{-}2,6\}_4$		54, 55
$Cr_2Sb_2C_{34}H_{20}O_{10}$	$\{Cr(CO)_5\}_2(\mu\text{-}Sb_2Ph_4)$		56
$Cr_2C_{36}H_{44}O_{12}$	$Cr_2\{C_6H_2(OMe)_3\text{-}2,4,6\}_4$		55, 57
$Cr_2C_{39}H_{30}O$	$\{Cr(\eta\text{-}C_5H_5)\}_2(\mu\text{-}CO)(\mu\text{-}C_4Ph_4)$		58
$Cr_2C_{39}H_{30}O\cdot 0.5CH_2Cl_2$	$\{Cr(\eta\text{-}C_5H_5)\}_2(\mu\text{-}CO)(\mu\text{-}C_4Ph_4)\cdot 0.5CH_2Cl_2$		59
$Cr_2C_{40}H_{30}O_4P_2$	$[Cr(CO)_2\{\mu\text{-}(\eta\text{-}Ph)PPh_2\}]_2$		60
$Cr_2CoC_{51}H_{39}O_{10}P_6$	$Co(p_3)(\eta^3\text{-}P_3\{Cr(CO)_5\}_2)$		61
$Cr_2C_{60}H_{40}F_2O_8P_4$	$\{Cr(CO)_4\}_2\{\mu\text{-}Ph_2PCF{=}C(PPh_2)C(PPh_2){=}CF\text{-}(PPh_2)\}$		62

a α-form. b β-form. c C_8H_8 = octa-1,3,5,7-tetraene-1,8-diyl: X–X study for electron density. d $C_{14}H_{14}$ = trans-6a,12a-dihydrooctalene. e $P_4(SiMe_2)_3$ = Me$_6$-trisilatetraphosphanortricyclene. f Anions, cations interact in solid.

1. J. Krausse, G. Marx and G. Schödl, *J. Organomet. Chem.*, 1970, **21**, 159.
2. L. B. Handy, P. M. Treichel, L. F. Dahl and R. G. Hayter, *J. Am. Chem. Soc.*, 1966, **88**, 366*.
3. L. B. Handy, J. K. Ruff and L. F. Dahl, *J. Am. Chem. Soc.*, 1970, **92**, 7312.
4. J. Roziere, J. M. Williams, R. P. Stewart, J. L. Petersen and L. F. Dahl, *J. Am. Chem. Soc.*, 1977, **99**, 4497 (N).
5. J. L. Petersen, L. F. Dahl and J. M. Williams, *Adv. Chem. Ser.*, 1978, **167**, 11 (N).
6. J. L. Petersen, R. K. Brown and J. M. Williams, *Inorg. Chem.*, 1981, **20**, 158.
7. J. L. Petersen, R. K. Brown, J. M. Williams and R. K. McMullan, *Inorg. Chem.*, 1979, **18**, 3493.
8. J. L. Petersen, P. L. Johnson, J. O'Connor, L. F. Dahl and J. M. Williams, *Inorg. Chem.*, 1978, **17**, 3460 (XN).
9. G. Huttner, W. Gartzke and K. Allinger, *Angew. Chem.*, 1974, **86**, 860 (*Angew. Chem., Int. Ed. Engl.*, 1974, **13**, 822)*; *J. Organomet. Chem.*, 1975, **91**, 47.
10. J. L. Calderon, S. Fontana, E. Frauendorfer and V. W. Day, *J. Organomet. Chem.*, 1974, **64**, C10.
11. L. Y. Y. Chan and F. W. B. Einstein, *Acta Crystallogr.*, 1970, **B26**, 1899.
12. J. von Seyerl, B. Sigwarth, H.-G. Schmid, G. Mohr, A. Frank, M. Marsili and G. Huttner, *Chem. Ber.*, 1981, **114**, 1392.

13. J. von Seyerl, B. Sigwarth and G. Huttner, *Chem. Ber.*, 1981, **114**, 727.
14. L. B. Handy, J. K. Ruff and L. F. Dahl, *J. Am. Chem. Soc.*, 1970, **92**, 7327.
15. H. Vahrenkamp and E. Keller, *Chem. Ber.*, 1979, **112**, 1991.
16. H. Vahrenkamp, *Chem. Ber.*, 1978, **111**, 3472.
17. A. D. U. Hardy and G. A. Sim, *Acta Crystallogr.*, 1979, **B35**, 1463.
18. G. Albrecht and D. Stock, *Z. Chem.*, 1967, **7**, 321.
19. T. Aoki, A. Furusaki, Y. Tomiie, K. Ono and K. Tanaka, *Bull. Chem. Soc. Jpn.*, 1969, **42**, 545.
20. M. D. Curtis and W. M. Butler, *J. Organomet. Chem.*, 1978, **155**, 131.
21. T. J. Greenhough, B. W. S. Kolthammer, P. Legzdins and J. Trotter, *Inorg. Chem.*, 1979, **18**, 3543.
22. E. Röttinger and H. Vahrenkamp, *Chem. Ber.*, 1978, **111**, 2199.
23. M. A. Bush, G. A. Sim, G. R. Knox, M. Ahmad and C. G. Robertson, *Chem. Commun.*, 1969, 74*; M. A. Bush and G. A. Sim, *J. Chem. Soc. (A)*, 1970, 611.
24. J. von Seyerl, B. Sigwarth and G. Huttner, *Chem. Ber.*, 1981, **114**, 1407.
25. L. Knoll, K. Reiss, J. Schäfer and P. Klüfers, *J. Organomet. Chem.*, 1980, **193**, C40.
26. P. S. Elmes, B. M. Gatehouse, D. J. Lloyd and B. O. West, *J. Chem. Soc., Chem. Commun.*, 1974, 953.
27. G. Huttner, J. von Seyerl, M. Marsili and H.-G. Schmid, *Angew. Chem.*, 1975, **87**, 455 (*Angew. Chem., Int. Ed. Engl.*, 1975, **14**, 434)*; J. von Seyerl, B. Sigwarth, H.-G. Schmid, G. Mohr, A. Frank, M. Marsili and G. Huttner, *Chem. Ber.*, 1981, **114**, 1392.
28. F. S. Stephens, *J. Chem. Soc., Dalton Trans.*, 1975, 230.
29. R. D. Adams, D. E. Collins and F. A. Cotton, *J. Am. Chem. Soc.*, 1974, **96**, 749.
30. F. A. Cotton and T. R. Webb, *Inorg. Chim. Acta*, 1974, **10**, 127.
31. R. G. Ball, B. W. Hames, P. Legzdins and J. Trotter, *Inorg. Chem.*, 1980, **19**, 3626.
32. J. Krausse and G. Schödl, *J. Organomet. Chem.*, 1971, **27**, 59.
33. F. A. Cotton, B. E. Hanson and G. W. Rice, *Angew. Chem.*, 1978, **90**, 1015 (*Angew. Chem., Int. Ed. Engl.*, 1978, **17**, 953)*; F. A. Cotton, B. E. Hanson, W. H. Ilsley and G. W. Rice, *Inorg. Chem.*, 1979, **18**, 2713.
34. P. Corradini and G. Allegra, *J. Am. Chem. Soc.*, 1960, **82**, 2075.
35. G. Allegra, *Atti Accad. Naz. Lincei, Classe Sci. Fiz. Mat. Nat. Rend.*, 1961, **31**, 399.
36. W. Geibel, G. Wilke, R. Goddard, C. Krüger and R. Mynott, *J. Organomet. Chem.*, 1978, **160**, 139.
37. A. A. Pasynskii, I. L. Eremenko, E. Obrazsakhatov, V. I. Ol'khovskii, Y. V. Rakitin, V. M. Novotortsev, O. G. Ellert, V. T. Kalinnikov, G. G. Aleksanodov and Y. T. Struchkov, *Izv. Akad. Nauk SSSR, Ser. Khim.*, 1978, 733*; V. T. Kalinnikov, A. A. Pasynskii, I. L. Eremenko, E. Obrazsakhatov, Y. V. Rakitin, V. M. Novotortsev, O. G. Ellert, G. G. Aleksandrov, Y. T. Struchkov and Y. A. Buslaev, *Dokl. Akad. Nauk SSSR*, 1979, **244**, 1397; A. A. Pasynskii, I. L. Eremenko, Y. V. Rakitin, V. M. Novotortsev, V. T. Kalinnikov, G. G. Aleksandrov and Y. T. Struchkov, *J. Organomet. Chem.*, 1979, **165**, 57.
38. K. Stöckel, F. Sondheimer, T. A. Clarke, J. M. Guss and R. Mason, *J. Am. Chem. Soc.*, 1971, **93**, 2571*; J. M. Guss and R. Mason, *J. Chem. Soc., Dalton Trans.*, 1973, 1834.
39. L.-Y. Goh, M. J. D'Aniello, S. Slater, E. L. Muetterties, I. Tavanaiepour, M. I. Chang, M. F. Fredrich and V. W. Day, *Inorg. Chem.*, 1979, **18**, 192.
40. W. Hönle and H. G. von Schnering, *Z. Anorg. Allg. Chem.*, 1980, **465**, 72.
41. G. Huttner, P. Friedrich, H. Willenberg and H.-D. Muller, *Angew. Chem.*, 1977, **89**, 268 (*Angew. Chem., Int. Ed. Engl.*, 1977, **16**, 260).
42. A. T. McPhail and G. A. Sim, *J. Chem. Soc. (A)*, 1968, 1858.
43. N. Wiberg, H.-W. Häring and U. Schubert, *Z. Naturforsch., Teil B*, 1978, **33**, 1365.
44. R. A. Anderson, R. A. Jones, G. Wilkinson, M. B. Hursthouse and K. M. A. Malik, *J. Chem. Soc., Chem. Commun.*, 1977, 283*; M. B. Hursthouse, K. M. A. Malik and K. D. Sales, *J. Chem. Soc., Dalton Trans.*, 1978, 1314.
45. F. A. Cotton and S. Koch, *Inorg. Chem.*, 1978, **17**, 2021.
46. D. J. Brauer and C. Krüger, *Inorg. Chem.*, 1976, **15**, 2511.
47. J. Potenza, P. Giordano, D. Mastropaolo, A. Efraty and R. B. King, *J. Chem. Soc., Chem. Commun.*, 1972, 1333*; J. Potenza, P. Giordano, D. Mastropaolo and A. Efraty, *Inorg. Chem.*, 1974, **13**, 2540.
48. F. A. Cotton and M. Millar, *Inorg. Chem.*, 1978, **17**, 2014.
49. J. von Seyerl and G. Huttner, *Angew. Chem.*, 1979, **91**, 244 (*Angew. Chem., Int. Ed. Engl.*, 1979, **18**, 233).
50. H. J. Langenbach, E. Keller and H. Vahrenkamp, *J. Organomet. Chem.*, 1980, **191**, 95.
51. M. H. Chisholm, F. A. Cotton, M. W. Extine and D. C. Rideout, *Inorg. Chem.*, 1979, **18**, 120.
52. B. Muller and J. Krausse, *J. Organomet. Chem.*, 1972, **44**, 141.
53. F. A. Cotton, S. A. Koch and M. Millar, *Inorg. Chem.*, 1978, **17**, 2084.
54. F. A. Cotton, S. A. Koch and M. Millar, *J. Am. Chem. Soc.*, 1977, **99**, 7372*.
55. F. A. Cotton, S. A. Koch and M. Millar, *Inorg. Chem.*, 1978, **17**, 2087.
56. J. von Seyerl and G. Huttner, *Cryst. Struct. Commun.*, 1980, **9**, 1099.
57. F. A. Cotton and M. Millar, *Inorg. Chim. Acta*, 1977, **25**, L105*.
58. J. S. Bradley, *J. Organomet. Chem.*, 1978, **150**, C1.
59. S. A. R. Knox, R. F. D. Stansfield, F. G. A. Stone, M. J. Winter and P. Woodward, *J. Chem. Soc., Chem. Commun.*, 1978, 221.
60. G. B. Robertson and P. O. Whimp, *J. Organomet. Chem.*, 1973, **60**, C11.
61. S. Midollini, A. Orlandini and L. Sacconi, *Angew. Chem.*, 1979, **91**, 93 (*Angew. Chem., Int. Ed. Engl.*, 1979, **18**, 81)*; C. A. Ghilardi, S. Midollini, A. Orlandini and L. Sacconi, *Inorg. Chem.*, 1980, **19**, 301.
61. P. M. Treichel, W. K. Wong and J. C. Calabrese, *J. Organomet. Chem.*, 1978, **159**, C20.

Cr₃ Trichromium

Molecular formula	Structure	Notes	Ref.
$Cr_3C_{22}H_{10}F_{18}O_{12}$	$Cr_3(CF_3CO_2)_6(\eta\text{-}C_5H_5)_2$		1
$Cr_3As_2C_{27}H_{10}O_{15}$	$\{Cr(CO)_5\}_3As_2Ph_2$		2

1. F. A. Cotton and G. W. Rice, *Inorg. Chim. Acta*, 1978, **27**, 75.
2. G. Huttner, H.-G. Schmid, A. Frank and O. Orama, *Angew. Chem.*, 1976, **88**, 255 (*Angew. Chem., Int. Ed. Engl.*, 1976, **15**, 234).

Cr₄ Tetrachromium

Molecular formula	Structure	Notes	Ref.
$Cr_4C_{30}H_{24}N_3O_{18}$	$Cr(THF)_3\{NCCr(CO)_5\}_3$		1

1. F. Edelmann and H. Behrens, *J. Organomet. Chem.*, 1977, **131**, 65.

Cs Cesium

Molecular formula	Structure	Notes	Ref.
$CsCH_3$	CsMe	a	1

[a] Ionic.

1. E. Weiss and H. Koster, *Chem. Ber.*, 1977, **110**, 717.

Cu Copper

Molecular formula	Structure	Notes	Ref.
$[CuC_4H_6N_2^+CuI_2^-]_n$	$[\{Cu(CNMe)_2\}\{CuI_2\}]_n$		1
$CuB_{18}C_4H_{22}^{2-}C_{19}H_{18}P^+$	$[PMePh_3][Cu(C_2B_9H_{11})_2]$		2
$CuB_{18}C_4H_{22}^{2-}2C_8H_{20}N^+$	$[NEt_4]_2[Cu(C_2B_9H_{11})_2]$		3
$CuC_5H_{13}N_3O^+BC_{24}H_{20}^-$	$[Cu(CO)(dien)][BPh_4]$		4
$[CuAlC_6H_6Cl_4]_n$	$[Cu(AlCl_4)(C_6H_6)]_n$		5
CuC_8H_8Cl	$catena\text{-}[Cu(\mu\text{-}Cl)(C_8H_8)]_n$		6
$CuC_8H_{12}ClN_2$	$CuCl(C_8H_{12}N_2)$	a	7
$CuBC_{10}H_{10}N_6O$	$Cu(CO)\{HB(pz)_3\}$		8
$CuC_{10}H_{25}N_3^+BC_{24}H_{20}^-$	$[Cu(dien)(\eta^2\text{-}C_6H_{12})][BPh_4]$	b	9
$CuC_{11}H_{20}P$	$Cu(PEt_3)(\eta\text{-}C_5H_5)$		10
$CuC_{11}H_{23}N_3^+BC_{24}H_{20}^-$	$[Cu(dien)(\eta^2\text{-}C_7H_{10})][BPh_4]$	c	11
$CuBC_{12}H_{18}F_2N_4O_3$	$Cu(CO)(lbf)$	d	12
$CuRe_2C_{16}H_{12}O_{12}$	$Cu\{cis\text{-}Re(MeCO)_2(CO)_4\}_2$		13
$CuIrC_{19}H_{28}ClN_3OP_2$	$CuIrCl(CO)(PMe_2Ph)_2(Me_2N_3)$		14
$CuC_{20}H_{38}N_4^+BC_{24}H_{20}^-$	$[Cu(CNCy)_2(TMEDA)][BPh_4]$		9
$CuAs_3MnC_{22}H_{23}O_5$	$(ttas)CuMn(CO)_5$		15
$CuC_{23}H_{20}P$	$Cu(PPh_3)(\eta\text{-}C_5H_5)$		16
$CuBC_{27}H_{28}N_2O$	$Cu(en)(CO)(\eta^2\text{-}PhBPh_3)$		17
$CuCo_2C_{34}H_{70}O_{18}P_6$	$Cu\{[OP(OEt)_2]_3Co(\eta\text{-}C_5H_5)\}_2$		18
$CuRhC_{39}H_{36}ClN_3OP_2$	$CuRhCl(CO)(PPh_3)_2(Me_2N_3)$		19
$CuB_5FeC_{39}H_{38}O_3P_2$	$(Ph_3P)_2CuB_5H_8Fe(CO)_3$		20
$CuC_{45}H_{43}N_3P_2^+ClO_4^-$	$[Cu(CNBu^t)(en=p_2)][ClO_4]$	e	21
$CuRuC_{49}H_{40}ClP_2 \cdot C_3H_6O$	$Ru\{C_2Ph(CuCl)\}(PPh_3)_2(\eta\text{-}C_5H_5)\cdot Me_2CO$		22
$CuPdC_{53}H_{47}Cl_3N_2O_2$	$CuCl_2\{(4\text{-}MeOC_6H_4N=)_2CMeC[trans\text{-}PdCl(PPh_3)_2]\}$		23
$CuReC_{55}H_{30}F_{10}O_3P_2$	$CuRe(C_2C_6F_5)_2(CO)_3(PPh_3)_2$		24

[a] $C_8H_{12}N_2$ = 1-allyl-3,5-Me_2-pyrazole. [b] C_6H_{12} = 1-hexene. [c] C_7H_{10} = bicyclo[2.2.1]hept-2-ene. [d] lbf = F_2-3,3'-(trimethylenedinitrilo)bis(2-butanonoximato)borate. [e] en=p_2 = [2-$Ph_2PC_6H_4CH=NCH_2$]$_2$.

1. P. J. Fisher, N. E. Taylor and M. M. Harding, *J. Chem. Soc.*, 1960, 2303.
2. R. M. Wing, *J. Am. Chem. Soc.*, 1968, **90**, 4828.

3. R. M. Wing, *J. Am. Chem. Soc.*, 1967, **89**, 5599.
4. M. Pasquali, F. Marchetti and C. Floriani, *Inorg. Chem.*, 1978, **17**, 1684.
5. R. W. Turner and E. L. Amma, *J. Am. Chem. Soc.*, 1963, **85**, 4046*; 1966, **88**, 1877.
6. N. C. Baenziger, G. F. Richards and J. R. Doyle, *Inorg. Chem.*, 1964, **3**, 1529.
7. K. Fukushima, A. Kobayashi, T. Miyamoto and Y. Sasaki, *Bull. Chem. Soc. Jpn.*, 1976, **49**, 143.
8. M. R. Churchill, B. G. DeBoer, F. J. Rotella, O. M. Abu Salah and M. I. Bruce, *Inorg. Chem.*, 1975, **14**, 2051.
9. M. Pasquali, C. Floriani, A. Gaetani-Manfredotti and A. Chiesi-Villa, *Inorg. Chem.*, 1979, **18**, 3535.
10. L. T. J. Delbaere, D. W. McBride and R. B. Ferguson, *Acta Crystallogr.*, 1970, **B26**, 515.
11. M. Pasquali, C. Floriani, A. Gaetani-Manfredotti and A. Chiesi-Villa, *J. Am. Chem. Soc.*, 1978, **100**, 4918.
12. R. R. Gagné, J. L. Allison, R. S. Gall and C. A. Koval, *J. Am. Chem. Soc.*, 1977, **99**, 7170.
13. P. G. Lenhert, C. M. Lukehart and L. T. Warfield, *Inorg. Chem.*, 1980, **19**, 311.
14. R. T. Kops and H. Schenk, *Cryst. Struct. Commun.*, 1976, **5**, 193.
15. B. T. Kilbourn, T. L. Blundell and H. M. Powell, *Chem. Commun.*, 1965, 444.
16. F. A. Cotton and J. Takats, *J. Am. Chem. Soc.*, 1970, **92**, 2353.
17. M. Pasquali, C. Floriani and A. Gaetani-Manfredotti, *J. Chem. Soc., Chem. Commun.*, 1978, 921*; *Inorg. Chem.*, 1980, **19**, 1191.
18. E. Dubler, L. Linowsky and W. Klaui, *Transition Met. Chem.*, 1979, **4**, 191.
19. R. T. Kops, A. R. Overbeek and H. Schenk, *Cryst. Struct. Commun.*, 1976, **5**, 125.
20. M. Mangion, J. D. Ragaini, T. A. Schmitkons and S. G. Shore, *J. Am. Chem. Soc.*, 1979, **101**, 754.
21. J. C. Jeffery, T. B. Rauchfuss and P. A. Tucker, *Inorg. Chem.*, 1980, **19**, 3306.
22. M. I. Bruce, O. M. Abu Salah, R. E. Davis and N. V. Raghavan, *J. Organomet. Chem.*, 1974, **64**, C48*; N. V. Raghavan and R. E. Davis, *J. Cryst. Mol. Struct.*, 1976, **6**, 73.
23. B. Crociani, G. Bandoli and D. A. Clemente, *J. Organomet. Chem.*, 1980, **190**, C97.
24. O. M. Abu Salah, M. I. Bruce and A. D. Redhouse, *J. Chem. Soc., Chem. Commun.*, 1974, 855.

Cu_2 Dicopper

Molecular formula	Structure	Notes	Ref.
$Cu_2C_3H_3Cl_2N$	$Cu_2Cl_2(CH_2\!=\!CHCN)$		1
$[Cu_2C_6H_6^{2+}2CF_3O_3S^-]_n$	$[\{Cu_2(\mu\text{-}\eta^2,\eta^2\text{-}C_6H_6)\}\{CF_3SO_3\}]_n$		2
$Cu_2C_8H_{20}P_2$	$Cu_2\{(CH_2)_2PMe_2\}_2$		3
$Cu_2C_8H_{24}N_6O_2^{2+}2BC_{24}H_{20}^-$	$[Cu_2(CO)_2(en)_3][BPh_4]_2$		4
$[Cu_2PtC_8N_6O_2]_n$	$[\{Cu(CO)\}_2[Pt(CN)_6]]_n$		5
$Cu_2C_{14}H_{32}ClN_4O_2^+BC_{24}H_{20}^-$	$[Cu_2Cl(CO)_2(TMEDA)_2][BPh_4]$		6
$Cu_2C_{16}H_{24}Cl_2$	$[CuCl(cod)]_2$		7
$Cu_2C_{16}H_{24}Cl_2N_4$	$[Cu(\mu\text{-}Cl)(C_8H_{12}N_2)]_2$	a	8
$Cu_2C_{17}H_{27}N_9O_2^{2+}2BC_{24}H_{20}^-$	$[Cu_2(CO)_2(hm)_3][BPh_4]_2$	b	9
$Cu_2Rh_6C_{20}H_6N_2O_{15}\cdot 0.5CH_4O$	$Cu_2Rh_6C(CO)_{15}(MeCN)_2\cdot 0.5MeOH$		10
$Cu_2C_{20}H_{37}N_4O_3^+BC_{24}H_{20}^-$	$[Cu_2(\mu\text{-}O_2CPh)(\mu\text{-}CO)(TMEDA)_2][BPh_4]$		11
$Cu_2C_{24}H_{42}Cl_2$	$Cu_2Cl_2(C_8H_{14})_3$	c	12
$Cu_2Fe_2C_{30}H_{20}Cl_2O_4$	$[CuCl(PhC_2)Fe(CO)_2(\eta\text{-}C_5H_5)]_2$		13

a $C_8H_{12}N_2$ = 1-allyl-3,5-Me$_2$-pyrazole. b hm = histamine. c C_8H_{14} = *trans*-cyclooctene.

1. M. Massaux, M.-T. Le Bichan and R. Chevalier, *Acta Crystallogr.*, 1977, **B33**, 2084.
2. M. B. Dines and P. H. Bird, *J. Chem. Soc., Chem. Commun.*, 1973, 12.
3. G. Nardin, L. Randaccio and E. Zangrando, *J. Organomet. Chem.*, 1974, **74**, C23.
4. M. Pasquali, C. Floriani and A. Gaetani-Manfredotti, *Inorg. Chem.*, 1980, **19**, 1191.
5. H. Siebert and W. Jentsch, *Z. Anorg. Allg. Chem.*, 1980, **469**, 87.
6. M. Pasquali, G. Marini, C. Floriani and A. Gaetani-Manfredotti, *J. Chem. Soc., Chem. Commun.*, 1979, 937.
7. J. H. van den Hende and W. C. Baird, *J. Am. Chem. Soc.*, 1963, **85**, 1009.
8. K. Fukushima, A. Kobayashi, T. Miyamoto and Y. Sasaki, *Bull. Chem. Soc. Jpn.*, 1976, **49**, 143.
9. M. Pasquali, C. Floriani, A. Gaetani-Manfredotti and C. Guastini, *J. Chem. Soc., Chem. Commun.*, 1979, 197*; M. Pasquali, G. Marini, C. Floriani, A. Gaetani-Manfredotti and C. Guastini, *Inorg. Chem.*, 1980, **19**, 2525.
10. V. G. Albano, D. Braga, S. Martinengo, P. Chini, M. Sansoni and D. Strumolo, *J. Chem. Soc., Dalton Trans.*, 1980, 52.
11. M. Pasquali, C. Floriani, A. Gaetani-Manfredotti and C. Guastini, *J. Am. Chem. Soc.*, 1981, **103**, 185.
12. P. Ganis, U. Lepore and G. Paiaro, *Chem. Commun.*, 1969, 1054*; P. Ganis, U. Lepore and E. Martuscelli, *J. Phys. Chem.*, 1970, **74**, 2439.
13. M. I. Bruce, R. Clark, J. Howard and P. Woodward, *J. Organomet. Chem.*, 1972, **42**, C107*; R. Clark, J. Howard and P. Woodward, *J. Chem. Soc., Dalton Trans.*, 1974, 2027.

Cu$_3$ Tricopper

Molecular formula	Structure	Notes	Ref.
Cu$_3$C$_{75}$H$_{63}$P$_6$·2C$_7$H$_8$	[Cu{CH(PPh$_2$)$_2$}]$_3$·2PhMe		1

1. A. Camus, N. Marsich, G. Nardin and L. Randaccio, *J. Organomet. Chem.*, 1973, **60**, C39.

Cu$_4$ Tetracopper

Molecular formula	Structure	Notes	Ref.
Cu$_4$Si$_4$C$_{16}$H$_{44}$	[Cu(CH$_2$SiMe$_3$)]$_4$	233	1
Cu$_4$C$_{20}$H$_{12}$F$_{12}$O$_8$	[Cu(CF$_3$CO$_2$)]$_4$(C$_6$H$_6$)$_2$		2
Cu$_4$C$_{28}$H$_{32}$Cl$_4$	[CuCl(η^2-nbd)]$_4$		3
Cu$_4$C$_{40}$H$_{56}$N$_4$	[Cu(C$_6$H$_3$Me-5-CH$_2$NMe$_2$-2)]$_4$		4
Cu$_4$C$_{44}$H$_{32}$F$_{12}$O$_8$	[Cu(CF$_3$CO$_2$)(C$_9$H$_8$)]$_4$	a	2
Cu$_4$C$_{44}$H$_{56}$P$_4$	[{Cu(PMe$_3$)$_2$}{Cu(C$_2$Ph)$_2$}]$_2$		5
Cu$_4$C$_{52}$H$_{60}$N$_4$	Cu$_4$(C$_6$H$_4$NMe$_2$-2)$_2${C(C$_6$H$_4$NMe$_2$)=CMe(Tol)}$_2$		6
Cu$_4$Fe$_4$C$_{52}$H$_{64}$N$_4$	[(1-Cu-2-Me$_2$NCH$_2$-η-C$_5$H$_3$)Fe(η-C$_5$H$_5$)]$_4$		7
Cu$_4$Ir$_2$C$_{100}$H$_{70}$P$_2$	Cu$_4$Ir$_2$(C$_2$Ph)$_8$(PPh$_3$)$_2$		8

^{a} C$_9$H$_8$ = indene.

1. J. A. J. Jarvis, B. T. Kilbourn, R. Pearce and M. F. Lappert, *J. Chem. Soc., Chem. Commun.*, 1973, 475*; J. A. J. Jarvis, R. Pearce and M. F. Lappert, *J. Chem. Soc., Dalton Trans.*, 1977, 999.
2. P. F. Rodesiler and E. L. Amma, *J. Chem. Soc., Chem. Commun.*, 1974, 599.
3. N. C. Baenziger, H. L. Haight and J. R. Doyle, *Inorg. Chem.*, 1964, **3**, 1535.
4. J. M. Guss, R. Mason, I. Søtofte, G. van Koten and J. G. Noltes, *J. Chem. Soc., Chem. Commun.*, 1972, 446; G. van Koten and J. G. Noltes, *J. Organomet. Chem.*, 1975, **84**, 129 (further discussion).
5. P. W. R. Corfield and H. M. M. Shearer, *Acta Crystallogr.*, 1966, **21**, 957.
6. A. L. Spek, R. W. M. ten Hoedt, G. van Koten and J. G. Noltes, unpublished work cited in R. W. M. ten Hoedt, G. van Koten and J. G. Noltes, *J. Organomet. Chem.*, 1980, **201**, 327.
7. A. N. Nesmeyanov, Y. T. Struchkov, N. N. Sedova, V. G. Andrianov, Y. V. Volgin and V. A. Sazonova, *J. Organomet. Chem.*, 1977, **137**, 217.
8. O. M. Abu Salah, M. I. Bruce, M. R. Churchill and S. A. Bezman, *J. Chem. Soc., Chem. Commun.*, 1972, 858*; M. R. Churchill and S. A. Bezman, *Inorg. Chem.*, 1974, **13**, 1418

Cu$_5$ Pentacopper

Molecular formula	Structure	Notes	Ref.
Cu$_5$C$_{56}$H$_{60}$N$_{22}$	Cu$_5$(CNBu^t)$_4$(bta)$_6$	a	1

^{a} bta = benzotriazolato.

1. V. L. Himes, A. D. Mighell and A. R. Siedle, *J. Am. Chem. Soc.*, 1981, **103**, 211.

Cu$_6$ Hexacopper

Molecular formula	Structure	Notes	Ref.
[Cu$_6$C$_{18}$H$_{24}$Cl$_8$N$_2$O$_8$]$_n$	[Cu$_6$(NH$_4$)$_2$Cl$_4$(C$_6$H$_4$O$_2$)$_3$(OH$_2$)]$_n$		1
Cu$_6$C$_{32}$H$_{40}$Br$_2$N$_4$·1.5C$_6$H$_6$	Cu$_6$(μ-Br)$_2$(μ_3-C$_6$H$_4$NMe$_2$)$_4$·1.5C$_6$H$_6$		2
Cu$_6$C$_{50}$H$_{54}$N$_4$	Cu$_6$(μ-C$_2$Tol)(μ_3-C$_6$H$_4$NMe$_2$)$_4$		3

1. H. Yamaguchi, T. Uechi and I. Ueda, unpublished work cited in H. Yamaguchi, H. Kimura and K. Yasukouchi, *Bull. Chem. Soc. Jpn.*, 1979, **52**, 2056.
2. J. M. Guss, R. Mason, K. M. Thomas, G. van Koten and J. G. Noltes, *J. Organomet. Chem.*, 1972, **40**, C79.
3. R. W. M. ten Hoedt, J. G. Noltes, G. van Koten and A. L. Spek, *J. Chem. Soc., Dalton Trans.*, 1978, 1800.

Cu$_8$ Octacopper

Molecular formula	Structure	Notes	Ref.
Cu$_8$C$_{56}$H$_{56}$O$_8$·C$_7$H$_8$	[Cu(C$_6$H$_4$OMe-2)]$_8$·PhMe		1

1. A. Camus, N. Marsich, G. Nardin and L. Randaccio, *J. Organomet. Chem.*, 1979, **174**, 121.

Fe Iron

Molecular formula	Structure	Notes	Ref.
$FeC_2H_6I_2O_2P_2$	$cis\text{-}FeI_2(CO)_2(PH_3)_2$		1
$FeC_2N_2O_4$	$Fe(CO)_2(NO)_2$	E	2
$FeB_5C_3H_8O_3^-C_{16}H_{36}N^+$	$[NBu_4][\{FeB_5H_8\}(CO)_3]$		3
$FeC_4HO_4^-C_{36}H_{30}NP_2^+$	$[PPN][HFe(CO)_4]$		4
$FeC_4H_2O_4$	$H_2Fe(CO)_4$	E	5, 6
$FeB_7C_4H_{12}O_4^-C_{16}H_{36}N^+$	$[NBu_4][\{FeB_7H_{12}\}(CO)_4]$		7
$FeB_{18}C_4H_{26}P_2$	$Fe\{\eta^5\text{-}1,2\text{-}(CH)(PMe)B_9H_9\}_2$		8
$FeHg_2C_4Br_2O_4$	$cis\text{-}Fe(HgBr)_2(CO)_4$		9
$FeHg_2C_4Cl_2O_4$	$cis\text{-}Fe(HgCl)_2(CO)_4$	a	10
$FeHg_2C_4Cl_3O_4^-AsC_{24}H_{20}^+$	$[AsPh_4][Fe(HgCl)(HgCl_2)(CO)_4]$		11
$FeSiC_4Cl_3O_4^-C_8H_{20}N^+$	$[NEt_4][Fe(SiCl_3)(CO)_4]$		12
$2FeC_4O_4^-\cdot FeC_{30}H_{48}N_{12}^{2+}$	$[Fe(Etim)_6][Fe(CO)_4]_2$	b	13
$FeC_4O_4^{2-}\cdot 2NaC_{18}H_{36}N_2O_6^+$	$[Na(crypt)]_2[Fe(CO)_4]$	c	14
$FeC_4O_4^{2-}\cdot 2K^+$	$K_2[Fe(CO)_4]$		14
$FeC_4O_4^{2-}\cdot 2Na^+\cdot 1.5C_4H_8O_2$	$Na_2[Fe(CO)_4]\cdot 1.5\text{diox}$		15
$FeC_5H_6N_4O_3$	$Fe(CO)_3(MeN\!\!=\!\!N\!\!-\!\!NMe)$		16
$FeB_3C_5H_7O_3$	$Fe(CO)_3(\eta^5\text{-}B_3C_2H_7)$		17
$FeC_5NO_4^-C_{36}H_{30}NP_2^+$	$[PPN][Fe(CN)(CO)_4]$		18
FeC_5O_5	$Fe(CO)_5$	X, E	5, 19–25
$FeC_6H_4O_4$	$Fe(CO)_4(\eta\text{-}C_2H_4)$	E	26
$FeC_6H_5BrO_3$	$FeBr(CO)_3(\eta\text{-}C_3H_5)$		27
$FeC_6H_5IO_3$	$FeI(CO)_3(\eta\text{-}C_3H_5)$		28, 29
$FeSi_2C_6H_6Cl_6O$	$HFe(SiCl_3)_2(CO)(\eta\text{-}C_5H_5)$		30
$FeB_9C_6H_{15}^-C_4H_{12}N^+$	$[NMe_4][Fe(\eta\text{-}C_5H_5)(\eta^6\text{-}CB_9H_{10})]$		31
$FeC_6F_4O_4$	$Fe(CO)_4(\eta\text{-}C_2F_4)$	E	32
$FeC_7H_3NO_4$	$Fe(CO)_4(\eta^2\text{-}CH_2\!\!=\!\!CHCN)$		33
$FeC_7H_4O_3$	$Fe(CO)_3(\eta\text{-}C_4H_4)$	E	26, 34
$FeSnC_7H_5Br_3O_2$	$Fe(SnBr_3)(CO)_2(\eta\text{-}C_5H_5)$		35, 36
$FeSnC_7H_5Cl_3O_2$	$Fe(SnCl_3)(CO)_2(\eta\text{-}C_5H_5)$		35, 37
$FeBC_7H_6F_3O_5S$	$\overline{Fe(CO)_3\{\eta^3\text{-}CH_2CHCHCH_2S(O)}OBF_3\}$		38
$FeSiC_7H_6Cl_2O_4$	$Fe\{\overline{CH_2(CH_2)_2SiCl_2}\}(CO)_4$	243	39
$FeC_7H_6O_3$	$Fe(CO)_3(\eta\text{-}C_4H_6)$	E, X(233)	27, 40
$FeC_7H_6O_3$	$Fe(CO)_3\{\eta^4\text{-}C(CH_2)_3\}$	E	41
$FeC_7H_6O_4S$	$Fe(CO)_3(C_4H_6OS)$	d	42
$FeC_7H_7O_4^-C_{36}H_{30}NP_2^+$	$[PPN][FePr(CO)_4]$		43
$FeAsC_7H_9O_4$	$Fe(CO)_4(AsMe_3)$		44
$FeSbC_7H_9O_4$	$Fe(CO)_4(SbMe_3)$		44
$FeB_9C_7H_{16}$	$Fe(\eta\text{-}C_5H_5)(\eta^5\text{-}B_9C_2H_{11})$		45
$FeC_8H_2F_8O_4$	$cis\text{-}Fe(CF_2CHF_2)_2(CO)_4$		46
$FeC_8H_2O_6$	$\overline{Fe\{C(O)CH\!\!=\!\!CHC(O)\}}(CO)_4$		47
$FeC_8H_4N_2O_4$	$Fe(CO)_4(C_4H_4N_2\text{-}1,2)$		48
$FeC_8H_4N_2O_4$	$Fe(CO)_4(C_4H_4N_2\text{-}1,4)$		49
$FeC_8H_4O_4$	$Fe(CO)_3(\eta^4\text{-}C_4H_4CO)$		50
$FeC_8H_4O_8$	$rac\text{-}Fe(CO)_4\{\eta^2\text{-}trans\text{-}CH(CO_2H)\!\!=\!\!CH(CO_2H)\}$		51
$FeC_8H_4O_8$	$(-)\text{-}Fe(CO)_4\{\eta^2\text{-}trans\text{-}CH(CO_2H)\!\!=\!\!CH\text{-}(CO_2H)\}$		52
$FeC_8H_5NO_2S$	$Fe(NCS)(CO)_2(\eta\text{-}C_5H_5)$		53
$FeC_8H_5O_3^+F_6P^-$	$[Fe(CO)_3(\eta\text{-}C_5H_5)][PF_6]$		54
$FeC_8H_6O_4$	$Fe\{\overline{OC(O)H}\}(CO)_2(\eta\text{-}C_5H_5)$		55
$FeC_8H_7N_2O_3^+C_2F_3O_2^-$	$[Fe(CO)_3(\eta^4\text{-}C_5H_7N_2)][CF_3CO_2]$	e	56
$FeC_8H_8O_4S_2$	$Fe(CO)_4\{\overline{S(CH_2)_2SCH_2}\}$		57
$FeC_8H_{10}FN_2O_4P$	$Fe(CO)_4\{\overline{PFNMe(CH_2)_2NMe}\}$		58
$FeSi_2C_8H_{12}F_4O$	$HFe(SiF_2Me)_2(CO)(\eta\text{-}C_5H_5)$		59
$FeC_8H_{12}N_2O_2S_3$	$Fe(CO)_2(\eta^2\text{-}S\!\!=\!\!CNMe_2)(S_2CNMe_2)$		60
$FeC_8H_{12}O_2S_4$	$Fe(CO)_2\{\overline{S(CH_2)_2S(CH_2)_2S(CH_2)_2S}\}$		61
$FeB_8C_8H_{22}$	$H_2Fe(\eta^5\text{-}2,3\text{-}Me_2C_2B_4H_4)_2$		62
$FeCoC_8O_8^-C_{36}H_{30}NP_2^+$	$[PPN][FeCo(CO)_8]$		63
$FeC_8F_6O_4$	$Fe(\overline{CF_2CF\!\!=\!\!CFCF_2})(CO)_4$		64
$FeC_9H_5F_6O_2P$	$Fe\{P(CF_3)_2\}(CO)_2(\eta\text{-}C_5H_5)$		65
$FeC_9H_5F_6O_3P$	$Fe\{P(O)(CF_3)_2\}(CO)_2(\eta\text{-}C_5H_5)$		65
$FeC_9H_5NO_4$	$Fe(CO)_4(py)$		66
$FeAsCoC_9H_6O_7$	$FeCo(\mu\text{-}AsMe_2)(CO)_7$		67
$FeCoC_9H_6O_7P$	$FeCo(\mu\text{-}PMe_2)(CO)_7$		68
$FeC_9H_7NO_3$	$Fe(CO)_3(\eta^4\text{-}C_6H_7N)$	f	69
$FeC_9H_8NO_2^+BF_4^-$	$[Fe(NCMe)(CO)_2(\eta\text{-}C_5H_5)][BF_4]$		70
$FeC_9H_8N_2O_4$	$Fe(CO)_4\{\overline{CNMeCH\!\!=\!\!CHNMe}\}$		71
$FeC_9H_8N_2O_5$	$Fe(CO)_3\text{-}\{\eta^4\text{-}\overline{CH\!\!=\!\!CHC(O)\!\!=\!\!N(Me)N(Me)C(O)}\}$	g	72

Molecular formula	Structure	Notes	Ref.
$FeC_9H_8O_2S_2$	$Fe\{SC(S)Me\}(CO)_2(\eta\text{-}C_5H_5)$		73
$FeC_9H_8O_4$	$Fe(CO)_3(\eta^4\text{-}Me_2C=CHCH=C=O)$		74
$FeC_9H_8O_4$	$Fe(CH_2CO_2H)(CO)_2(\eta\text{-}C_5H_5)$	h	75
$FeC_9H_8O_5$	$Fe(CO)_3(\eta^4\text{-}CHMe=CHCH=CHCO_2H)$		76
$FeC_9H_8O_5S$	$Fe(CO)_3(\eta^4\text{-}C_4H_2Me_2SO_2)$	i	77
$FeC_9H_9O_4^+F_6P^-$	$[Fe(CO)_3\{\eta^3\text{-}CH_2CHCHCH_2C(O)Me\}][PF_6]$		78
$FeC_9H_{10}O_2S$	$Fe(SEt)(CO)_2(\eta\text{-}C_5H_5)$		79
$FeC_9H_{12}O$	$Fe(CO)(\eta^4\text{-}C_4H_6)_2$		80
$FeC_9H_{12}O_9P_4\cdot 0.4C_2H_3N$	$trans\text{-}Fe(CO)_3\{P(OCH_2)_3P\}\{P(CH_2O)_3P\}\cdot 0.4MeCN$		81
$FeC_9H_{13}NO_3P^+F_6P^-$	$[Fe(CO)_2(NO)(\eta^3\text{-}C_4H_4PMe_3)][PF_6]$		82
$FeB_9C_9H_{15}F_3O_2$	$Fe(\eta\text{-}C_5H_5)\{\eta^5\text{-}C_2B_9H_{10}(OCOCF_3\text{-}8)\}$	153	83
$FeC_9H_{18}O_9P_2$	$trans\text{-}Fe(CO)_3\{P(OMe)_3\}_2$		84
$FeCo_2C_9O_9S$	$FeCo_2(\mu_3\text{-}S)(CO)_9$		85
$FeCo_2C_9O_9Se$	$FeCo_2(\mu_3\text{-}Se)(CO)_9$		86
$FeCo_2C_9O_9Te$	$FeCo_2(\mu_3\text{-}Te)(CO)_9$		86
$FeC_9F_8O_3$	$Fe(CO)_3(\eta^4\text{-}C_6F_8)$		87
$FeAsMnC_{10}H_6ClO_8^-As_2Fe\text{-}MnC_{12}H_{12}O_8^+$	$[FeMn(\mu\text{-}AsMe_2)(Cl)(CO)_8]^-$ $[FeMn(\mu\text{-}AsMe_2)_2(CO)_8]$		88
$FeAsMnC_{10}H_6O_8$	$FeMn(\mu\text{-}AsMe_2)(CO)_8$		89
$FeC_{10}H_6F_6N_2O$	$\overline{Fe\{C(CF_3)=NC(CF_3)=N}H\}(CO)(\eta\text{-}C_5H_5)$		90
$FeC_{10}H_6O_4$	$Fe(CO)_3(\eta^4\text{-}C_7H_6O)$	j	91
$FeC_{10}H_7NO_3$	$Fe(CO)_3\{\eta^4\text{-}5\text{-}exo\text{-}(CN)C_6H_7\}$		92
$FeC_{10}H_7O_3^-AsC_{24}H_{20}^+$	$[AsPh_4][Fe(CO)_3(\eta^3\text{-}C_7H_7)]$		93
$FeC_{10}H_7O_8^-C_{36}H_{30}NP_2^+$	$[PPN]\text{-}$ $[\overline{Fe\{\eta^2\text{-}trans\text{-}CH(CO_2Me)=C(CO_2Me)C(O)}\}]$		94
$FeC_{10}H_8Cl_2O_4S_2$	$Fe(\eta\text{-}C_5H_4SO_2Cl)_2$		95
$FeC_{10}H_8I_2$	$Fe(\eta\text{-}C_5H_4I)_2$		96
$FeC_{10}H_8O_5$	$Fe(CO)_3(\eta^4\text{-}C_7H_8O_2)$	k	97, 98
$FeC_{10}H_8S_2Se$	$Fe\{(\eta\text{-}C_5H_4)_2(\mu\text{-}SSeS)\}$	l	99
$FeC_{10}H_8S_3$	$Fe\{(\eta\text{-}C_5H_4)_2(\mu\text{-}S_3)\}$		100
$FeC_{10}H_9NO_2S$	$Fe(\eta\text{-}C_5H_4SO_2NH\text{-}\eta\text{-}C_5H_4)$		101
$FeC_{10}H_{10}$	$Fe(\eta\text{-}C_5H_5)_2$	X, E, N	102–110
$FeC_{10}H_{10}\cdot 3CH_4N_2S$	$Fe(\eta\text{-}C_5H_5)_2\cdot 3CS(NH_2)_2$	100, 298	112
$2FeC_{10}H_{10}^+As_4Cl_{10}O_2^{2-}$	$[Fe(\eta\text{-}C_5H_5)_2]_2[As_4Cl_{10}O_2]$		111
$FeC_{10}H_{10}^+BiCl_4^-$	$[Fe(\eta\text{-}C_5H_5)_2][BiCl_4]$		113
$FeC_{10}H_{10}^+FeCl_3^-$	$[Fe(\eta\text{-}C_5H_5)_2][FeCl_3]$		114
$FeC_{10}H_{10}^+FeCl_4^-$	$[Fe(\eta\text{-}C_5H_5)_2][FeCl_4]$		115
$FeC_{10}H_{10}^+I_3^-$	$[Fe(\eta\text{-}C_5H_5)_2]I_3$		116
$4FeC_{10}H_{10}^+Sb_8Cl_{24}O_2^{4-}\cdot 2C_6H_6$	$[Fe(\eta\text{-}C_5H_5)_2]_4[Sb_8Cl_{12}O_2]\cdot 2C_6H_6$		117
$FeC_{10}H_{10}O_4$	$Fe(CO)_3(\eta^4\text{-}Me_2C=CHCMe=C=O)$		118
$FeC_{10}H_{10}O_5$	$\overline{Fe(CO)_3\{\eta^3\text{-}CHMeCHCHCHMeOC(O)}\}$		119
$FeSi_3C_{10}H_{11}Cl_5O_2$	$Fe\{\overline{SiCl(CH_2SiCl_2)_2CH_2}\}(CO)_2(\eta\text{-}C_5H_5)$		120
$FeC_{10}H_{12}N_2O_4$	$\overline{Fe\{\eta^2\text{-}CH_2\text{-}CH_2=CHC(NMe_2)N(Me)\dot{C}(O)\}}$		121
$FeC_{10}H_{12}N_6$	$trans\text{-}Fe(CN)_2(CNMe)_4$		122
$FeC_{10}H_{12}N_6\cdot 4CHCl_3$	$cis\text{-}Fe(CN)_2(CNMe)_4\cdot 4CHCl_3$		123
$FeC_{10}H_{12}O_4$	$Fe(CO)_3\{\eta^4\text{-}trans,trans\text{-}CHMe=CHCH=CHCHMe(OH)\}$	241	124
$FeGeC_{10}H_{14}Cl_2$	$Fe(GeCl_2Me)(\eta^4\text{-}C_4H_6)(\eta\text{-}C_5H_5)$	m	125
$FeBC_{10}H_{15}N_2O$	$\overline{Fe(CHNMeBH_2NMeC}H)(CO)(\eta\text{-}C_5H_5)$		126
$FeSi_2C_{10}H_{18}O_4$	$cis\text{-}Fe(SiMe_3)_2(CO)_4$		127
$FeB_{10}C_{10}H_{25}O$	$Fe(\eta\text{-}C_5H_5)\{\eta^5\text{-}B_{10}H_{10}C(OEt_2)\}$	D	128
$FeC_{10}F_{10}O_3$	$Fe(CO)_3(\eta^4\text{-}C_7F_{10})$		129
$FeCoC_{11}H_5O_6$	$FeCo(CO)_6(\eta\text{-}C_5H_5)$		130
$FeC_{11}H_8Br_2O_3$	$Fe(CO)_3(C_8H_8Br_2)$	n	131
$FeC_{11}H_8F_6O_3$	$\overline{Fe\{\eta^3\text{-}CH_2CMeCHCH_2CF_2CF(CF_3)\}}(CO)_3$		132
$FeC_{11}H_8O_3$	$Fe(CO)_3(\eta^4\text{-}cot)$		133
$FeC_{11}H_8O_3$	$Fe(CO)_3(\eta^4\text{-}C_8H_8)$	o	134
$FeC_{11}H_8O_3$	$\overline{Fe(CO)_2\{\eta^5\text{-}C_6H_6CH=CHC(O)}\}$		135
$FeC_{11}H_8O_6$	$Fe(CO)_4(\eta^2\text{-}C_7H_8O_2)$	k	98
$FeC_{11}H_9ClF^+F_6P^-$	$[Fe(\eta\text{-}C_5H_5)(\eta\text{-}C_6H_4FCl\text{-}1,4)][PF_6]$		136
$FeC_{11}H_9F_3O_2S$	$\overline{Fe\{C(O)C(CF_3)=CHS}Me\}(CO)(\eta\text{-}C_5H_5)$		137
$FeC_{11}H_9NO_4$	$Fe(CO)_3(\eta^4\text{-}C_8H_9NO)$	p	138
$FeC_{11}H_9NO_5$	$Fe(CO)_3(\eta^4\text{-}C_8H_9NO_2)$	q	139
$FeC_{11}H_9O_3$	$[Fe(CO)_3(C_8H_9)][BF_4]$	r	140
$FeB_2C_{11}H_{10}O_3S$	$Fe(CO)_3\{\eta^5\text{-}C_6H_4(BMe)_2S\}$	s	141
$FeC_{11}H_{10}N_2O_5$	$Fe(CO)_3(\eta^4\text{-}C_8H_{10}N_2O_2)$	t	142
$FeC_{11}H_{10}O_4S$	$\overline{Fe\{CH=CMeS(O)OC}H_2\}(CO)_2(\eta\text{-}C_5H_5)$		143

Molecular formula	Structure	Notes	Ref.
FeC$_{11}$H$_{10}$O$_5$	syn-$\overline{\text{Fe}\{\eta^3\text{-CH}_2\text{CHC(CH}_2\text{)}_3\text{CHOC}}$(O)}(CO)$_3$		144
FeC$_{11}$H$_{10}$O$_5$	anti-$\overline{\text{Fe}\{\eta^2\text{-CH}_2\text{CHC(CH}_2\text{)}_3\text{CHOC}}$(O)}(CO)$_3$		144
FeC$_{11}$H$_{10}$O$_8$	$\overline{\text{Fe}\{\eta^2\text{-}trans\text{-CH(CO}_2\text{Me)}=\text{C(CO}_2\text{Me)C-}}$ (OMe)}(CO)$_3$		145
FeAs$_2$CrC$_{11}$H$_{12}$O$_7$	FeCr(μ-AsMe$_2$)$_2$(CO)$_7$		146
FeC$_{11}$H$_{12}$O$_5$	$\overline{\text{Fe(CO)}_3\{\eta^3\text{-C}_3\text{H}_4\text{(CH}_2\text{)}_2\text{CH(CO}_2\text{Me)}\}}$		147
FeC$_{11}$H$_{13}$NO$_2$	Fe(CO)$_2$(CNEt)(η^4-C$_6$H$_8$)		148
FeC$_{11}$H$_{13}$O$_4^+$F$_6$P$^-$	[Fe(CO)$_3$$\{\eta^3$-CHMeCHCHCHMeC(O)Me$\}$]- [PF$_6$]		149
FeC$_{11}$H$_{13}$P	Fe(η-C$_5$H$_5$)(η^5-PC$_4$H$_2$Me$_2$-3,4)		150
FeC$_{11}$H$_{18}$N$_3$O$_2$S$_3^+$F$_6$P$^-$· 0.5C$_2$H$_4$Cl$_2$	[Fe(CO)$_2$$\{[\text{C(NMe)}_2]_2\text{S}\}$(S$_2$CNMe$_2$)][PF$_6$]· 0.5C$_2H_4Cl_2$		151
FeC$_{11}$F$_8$O$_3$	Fe(CO)$_3$(C$_8$F$_8$)	u, 243	152
FeMnC$_{12}$H$_5$O$_7$	FeMn(CO)$_7$(η-C$_5$H$_5$)		153
FeC$_{12}$H$_6$O$_4$	Fe(CO)$_3$(η^4-C$_9$H$_6$O)	v	154
FeC$_{12}$H$_6$O$_6$	$\overline{\text{Fe}\{\text{C(O)CMe}=\text{C(C}_2\text{Me)C(O)}\}}(CO)_4$		155
FeC$_{12}$H$_6$O$_6$S	Fe(CO)$_4$(C$_8$H$_6$SO$_2$)	w	156
FeRhC$_{12}$H$_7$O$_5$	{Fe(CO)$_3$}{Rh(CO)$_2$}(μ-η^4,η^3-C$_7$H$_7$)		157
FeC$_{12}$H$_8$O$_4$	Fe(CO)$_3$(η^4-CHPh=CHCH=O)		158, 159
FeC$_{12}$H$_8$O$_4$	Fe(CO)$_3$(C$_9$H$_8$O)	x	160
FeC$_{12}$H$_8$O$_4$	Fe(CO)$_3$(C$_9$H$_8$O)	y	161–163
FeC$_{12}$H$_9$ClO$_4$	Fe(CO)$_3$(C$_9$H$_9$ClO)	z	164
FeC$_{12}$H$_9$NO$_4$·0.5H$_2$O	Fe(CO)$_3$$\{\eta^4$-C$_8H_8$(NHCO)$\}$·0.5H$_2$O	aa	165
FeC$_{12}$H$_9$N$_3$O$_3$	Fe(CO)$_3$(C$_9$H$_9$N$_3$)	bb	166
FeC$_{12}$H$_{10}$F$_2$O	$\overline{\text{Fe}\{\eta^4\text{-C}_5\text{H}_5\text{CF}_2\text{C(O)}\}}$($\eta$-C$_5H_5$)		167
FeC$_{12}$H$_{10}$O$_2$	Fe(η^1-C$_5$H$_5$)(CO)$_2$(η^5-C$_5$H$_5$)		168
FeC$_{12}$H$_{10}$O$_4$	Fe(CO)$_3$(C$_9$H$_{10}$O)	cc	164
FeC$_{12}$H$_{10}$O$_4$	Fe(η-C$_5$H$_4$CO$_2$H)$_2$	X, N(78)	169, 170
FeC$_{12}$H$_{10}$O$_6$	$\overline{\text{Fe}\{\text{C(O)CEt}=\text{CEtC(O)}\}}(CO)_4$		171
FeC$_{12}$H$_{10}$O$_8$	Fe(CO)$_4$$\{\eta^2$-CH$_2$=$\overline{\text{CCH(CO}_2\text{Me)CH-}}$ (CO$_2$Me)-cis$\}$		172
FeC$_{12}$H$_{10}$O$_9$	Fe(CO)$_3$$\{\eta^4$- $\overline{\text{C(OMe)}=\text{C(OMe)CH}=\text{C(CO}_2\text{Me)C(O)O}}$}		173
FeC$_{12}$H$_{10}$O$_9$	Fe(CO)$_3$$\{\eta^4$- $\overline{\text{C(OMe)}=\text{C(OMe)C(CO}_2\text{Me)}=\text{CHC(O)O}}$}		173
FeAs$_2$MnC$_{12}$H$_{12}$O$_8^+$AsFe- MnC$_{10}$H$_6$ClO$_8^-$	[FeMn(μ-AsMe$_2$)$_2$(CO)$_8$][FeMn(μ-AsMe$_2$)(Cl)- (CO)$_8$]		88
FeC$_{12}$H$_{12}$N$_2$O$_5$	Fe(CO)$_3$(η^4-C$_9$H$_{12}$N$_2$O$_2$)	dd	174
FeC$_{12}$H$_{12}$O$_8$	trans-$\overline{\text{Fe}\{\text{CH(CO}_2\text{Me)CH}_2\text{CH}_2\text{CH-}}$ (CO$_2$Me)}(CO)$_4$		175
FeC$_{12}$H$_{13}$NO	FcCH$_2$NHCHO		176
FeC$_{12}$H$_{14}^+$C$_{12}$H$_4$N$_4^-$- C$_{12}$H$_4$N$_4$	[Fe(η-C$_5$H$_4$Me)$_2$](TCNQ)$_2$		177
FeC$_{12}$H$_{14}^+$I$_3^-$	[Fe(η-C$_5$H$_4$Me)$_2$]I$_3$		178
FeC$_{12}$H$_{14}$O$_5$	$\overline{\text{Fe}\{\eta^3\text{-}cis\text{-CMe}_2\text{CHCHCMe}_2\text{OC(O)}\}}(CO)_3$		179
FeC$_{12}$H$_{14}$O$_5$	$\overline{\text{Fe}\{\eta^3\text{-}trans\text{-CMe}_2\text{CHCHCMe}_2\text{OC(O)}\}}(CO)_3$		179
FeBC$_{12}$H$_{15}$F$_2$O$_3$	$\overline{\text{Fe}\{\text{C(Me)OBF}_2\text{OC(Pr}^i\text{)}\}}$(CO)($\eta$-C$_5H_5$)		180
FeC$_{12}$H$_{15}$O$_3$P	Fe{C(O)CH=PMe$_3$}(CO)$_2$(η-C$_5$H$_5$)		181
FeAs$_2$C$_{12}$H$_{16}$	Fe(η^5-AsC$_4$H$_2$Me$_2$-2,5)$_2$		182
FeC$_{12}$H$_{16}$P$_2$	Fe(η^5-PC$_4$H$_2$Me$_2$-3,4)$_2$		183
FeC$_{12}$H$_{18}$N$_6^{2+}$2Cl$^-$· 3H$_2$O	[Fe(CNMe)$_6$]Cl$_2$·3H$_2$O		184
FeC$_{12}$H$_{18}$N$_6^{2+}$2FeCl$_4^-$	[Fe(CNMe)$_6$][FeCl$_4$]$_2$		185, 186
FeB$_7$CoC$_{12}$H$_{19}$	1-{Fe(η-C$_5$H$_5$)}-8-{Co(η-C$_5$H$_5$)}-2,3-C$_2$B$_7$H$_9$		187
FeC$_{12}$H$_{22}$N$_8$O	FeMe(CO)(C$_{10}$H$_{19}$N$_8$)	ee	188
FeC$_{12}$F$_{12}$O$_4$	Fe(CO)$_3$$\{\eta^4$-C$_4$(CF$_3$)$_4CO\}$		189
FeRu$_3$C$_{12}$NO$_{13}^-$C$_{36}$H$_{30}$NP$_2^+$	[PPN][FeRu$_3$(CO)$_{12}$(NO)]		190
FeRu$_3$C$_{13}$H$_2$O$_{13}$	H$_2$FeRu$_3$(CO)$_{13}$		191
FeC$_{13}$H$_5$F$_5$O$_4$S	Fe(SO$_2$C$_6$F$_5$)(CO)$_2$(η-C$_5$H$_5$)		192
FeC$_{13}$H$_8$O$_5$	Fe(CO)$_3$(C$_{10}$H$_8$O$_2$)	D, ff	193
FeC$_{13}$H$_9$N$_3$O$_6$	Fe(CO)$_3$(C$_{10}$H$_9$N$_3$O$_3$)	gg	194
FeSnC$_{13}$H$_{10}$Cl$_2$O$_2$	Fe(SnCl$_2$Ph)(CO)$_2$(η-C$_5$H$_5$)		195
FeC$_{13}$H$_{10}$F$_4$O$_4$	Fe{cis-CF=C(CF$_3$)(CO$_2$Et)}(CO)$_2$(η-C$_5$H$_5$)		196
FeNi$_2$C$_{13}$H$_{10}$O$_3$S	FeNi$_2$(μ_3-S)(CO)$_3$(η-C$_5$H$_5$)$_2$		197
FeC$_{13}$H$_{10}$O$_3$	Fe(CO)$_3$$\{\eta^4$-C(CH$_2$)$_2$(CHPh)$\}$		198
FeC$_{13}$H$_{10}$O$_4$	endo-Fe(CO)$_3$(η^4-C$_{10}$H$_{10}$O)	hh	199
FeC$_{13}$H$_{11}$N	trans-FcCH=CHCN		200

Molecular formula	Structure	Notes	Ref.
FeC$_{13}$H$_{11}$NO$_6$	Fe(CO)$_3${C$_6$H$_5$(CHO)N(CO$_2$Et)}	ii	201
FeC$_{13}$H$_{11}$O$_4^+$F$_6$P$^-$	[Fe(CO)$_3$(C$_{10}$H$_{11}$O)][PF$_6$]	jj	202
FeC$_{13}$H$_{12}$Cl$_2$O$_4$	Fe(CO)$_4$(η^2-C$_9$H$_{12}$Cl$_2$)	kk	203
FeC$_{13}$H$_{12}$O	Fe{η-C$_5$H$_4$(CH$_2$)$_2$CO-η-C$_5$H$_4$}		204
FeC$_{13}$H$_{12}$O$_3$	Fe(CO)$_3$(C$_{10}$H$_{12}$)	ll	205
FeC$_{13}$H$_{12}$O$_3$	Fe(CO)$_3$(C$_{10}$H$_{12}$)	mm	206
FeC$_{13}$H$_{12}$O$_3$	Fe(CO)$_3$(C$_{10}$H$_{12}$)	nn	207
FeBC$_{13}$H$_{13}$N$_3$O$_3$	Fe(COMe)(CO)$_2$[(pz)$_3$BH]		208
FeC$_{13}$H$_{13}$O$_3^-$C$_{20}$H$_{27}$-N$_2$O$_3^+$·H$_2$O	[C$_{20}$H$_{27}$N$_2$O$_3$][(−)-Fe(η-C$_5$H$_4$Me)-{η-C$_5$H$_3$(Me-1)(CO$_2$-3)}]·H$_2$O	oo	209
FeC$_{13}$H$_{14}$C$_{24}$H$_8$N$_8^-$	[Fe(η-C$_5$H$_4$)$_2$(CH$_2$)$_3$][(TCNQ)$_2$]		210
FeC$_{13}$H$_{14}$O	Fe(CO)(η-C$_4$H$_6$)(η^4-cot)		211
FeC$_{13}$H$_{14}$O$_4$	Fe(CO)$_3$(C$_{10}$H$_{14}$O)	pp	212
FeC$_{13}$H$_{14}$O$_5$	Fe(CO)$_3$(C$_{10}$H$_{14}$O$_2$)	qq	164
FeAsMnC$_{13}$H$_{15}$O$_8$P	FeMn(μ-AsMe$_2$)(CO)$_8$(PMe$_3$)	rr	213
FeAsMnC$_{13}$H$_{15}$O$_8$P	FeMn(μ-AsMe$_2$)(CO)$_8$(PMe$_3$)	ss	213
FeAs$_2$C$_{13}$H$_{16}$O$_3$	Fe(CO)$_3$(diars)		214
FeC$_{13}$H$_{16}$O	Fe(CO)(η^4-C$_6$H$_8$)$_2$		215
2FeC$_{13}$H$_{18}$N$^+$ZnCl$_4^{2-}$·H$_2$O	[FcCH$_2$NHMe$_2$]$_2$[ZnCl$_4$]·H$_2$O		216
FeB$_2$C$_{13}$H$_{22}$N$_2$O$_3$S	Fe(CO)$_3${η^5-S{B(NMe$_2$)}$_2$(CEt)$_2$}		217
FeC$_{13}$H$_{23}$N$_7^{2+}$2F$_6$P$^-$	[Fe{C(NHMe)NMeC(NHMe)}(CNMe)$_4$][PF$_6$]$_2$		218
FeB$_7$C$_{13}$H$_{25}$	Fe(η-C$_5$H$_5$)(η^5-Me$_4$C$_4$B$_7$H$_8$)		219
FeB$_8$CoC$_{13}$H$_{25}$	FeCo(Me$_4$C$_4$B$_8$H$_8$)(η-C$_5$H$_5$)		220
FeC$_{14}$H$_8$O$_5$	Fe(CO)$_4$(C$_{10}$H$_8$O)	tt	221
FeHg$_2$C$_{14}$H$_{10}$Cl$_2$N$_2$O$_4$	cis-Fe{HgCl(py)}$_2$(CO)$_4$		222
FeC$_{14}$H$_{10}$N$_2$	FcCH=C(CN)$_2$		223
FeC$_{14}$H$_{10}$O$_6$	Fe{C(O)C(c-C$_3$H$_5$)=C(c-C$_3$H$_5$)C(O)}(CO)$_4$		224
FeC$_{14}$H$_{11}$NO$_4$	Fe(CO)$_4$(NMe=CHCH=CHPh)		225
FeC$_{14}$H$_{11}$N$_2$O$_2^+$BC$_{24}$H$_{20}^-$·C$_3$H$_6$O	[Fe(C$_7$H$_6$N$_2$)(CO)$_2$(η-C$_5$H$_5$)][BPh$_4$]·Me$_2$CO	uu	226
FeC$_{14}$H$_{11}$O$_2^+$F$_6$P$^-$	[Fe(C$_7$H$_6$)(CO)$_2$(η-C$_5$H$_5$)][PF$_6$]	vv	227
FeC$_{14}$H$_{12}$O$_3$S	Fe(CO)$_3$(C$_9$H$_6$Me$_2$S)	ww	228
FeC$_{14}$H$_{12}$O$_4$	Fe(CO)$_3$(C$_9$H$_6$Me$_2$O)	xx	228
FeC$_{14}$H$_{14}$O	Fe{η-C$_5$H$_4$(CH$_2$)$_3$CO-η-C$_5$H$_4$}	yy	229
FeC$_{14}$H$_{14}$O	Fe(η-C$_5$H$_5$){η-C$_5$H$_3$(CH$_2$)$_3$C(O)}		230
FeC$_{14}$H$_{14}$O$_2$	Fe{η-C$_5$H$_4$C(O)Me}$_2$		231
FeC$_{14}$H$_{14}$O$_3$	Fe(CO)$_3$(C$_{11}$H$_{14}$)	zz	232
FeC$_{14}$H$_{15}^+$F$_6$P$^-$	[Fe{η-C$_5$H$_4$(CH$_2$)$_3$-η-C$_6$H$_5$}][PF$_6$]		233
FeC$_{14}$H$_{15}$O$_3^+$F$_6$P$^-$	[Fe{O=CH$_2$(CH$_2$)$_2$CMe=CH}(CO)$_2$-(η-C$_5$H$_5$)][PF$_6$]		234
FeC$_{14}$H$_{16}$	Fe(η^5-C$_7$H$_7$)(η^5-C$_7$H$_9$)		235
FeC$_{14}$H$_{16}$F$_8$N$_2$O$_2$P$_4$	Fe(CO){(PF$_2$)NMe(PF$_2$)}{PF$_2$NMe-C{P(O)F$_2$}=CMeCH=CHPh}		236
FeC$_{14}$H$_{16}$S$_3$	(R)-FcCHMeSC(S)SMe		237
FeC$_{14}$H$_{17}$O$_2^+$BF$_4^-$	[Fe(CO)$_2$(η^2-CMe$_2$=C=CMe$_2$)(η-C$_5$H$_5$)][BF$_4$]		238
FeC$_{14}$H$_{18}$NO	FcN(O)Bu^t		239
FeB$_3$CoC$_{14}$H$_{20}$	1-{Fe(η-C$_5$H$_5$)}-2-{(μ-H)Co(η-C$_5$H$_5$)}-4,5-Me$_2$-4,5-C$_2$B$_3$H$_3$		240
FeC$_{14}$H$_{20}$N$_2$O$_2$S$_4$	Fe(CO)$_2${S$_2$CN(CH$_2$)$_4$CH$_2$}$_2$		241
FeAl$_2$C$_{14}$H$_{21}$Cl	Fe(η-C$_5$H$_5$)(η-C$_5$H$_4$Al$_2$ClMe$_4$)		242
FeC$_{14}$H$_{22}$	Fe(η^5-C$_5$H$_5$Me$_2$-2,4)$_2$		243
FeC$_{14}$H$_{24}$N$_8^{2+}$2F$_6$P$^-$	[Fe{C(=NHMe)N=CMeNHC-(NHMe)}(CNMe)$_4$][PF$_6$]$_2$	85	244
FeCo$_2$CrC$_{14}$O$_{14}$S	FeCo$_2${μ_4-SCr(CO)$_5$}(CO)$_9$		245
FeMn$_2$C$_{14}$O$_{14}$	FeMn$_2$(CO)$_{14}$		246
FeCo$_2$C$_{15}$H$_5$O$_9$P	FeCo$_2$(μ_3-PPh)(CO)$_9$		247
FeC$_{15}$H$_6$F$_4$O$_3$	Fe(CO)$_3$(C$_{12}$H$_6$F$_4$)	aaa	248
FeCoC$_{15}$H$_7$O$_6$	FeCo(CO)$_6$(η^5-C$_9$H$_7$)		249
FeCrC$_{15}$H$_9$BrO$_4$	trans-(FcC)CrBr(CO)$_4$		250
FeC$_{15}$H$_{10}$O$_2$	Fe(C$_2$Ph)(CO)$_2$(η-C$_5$H$_5$)		251
FeC$_{15}$H$_{10}$O$_3$	Fe(CO)$_3$(η^4-1-CH$_2$=CHC$_{10}$H$_7$)	D	193
FeC$_{15}$H$_{10}$O$_3$	Fe(CO)$_3$(η^4-2-CH$_2$=CHC$_{10}$H$_7$)	D	193
FeAsCo$_2$MoC$_{15}$H$_{11}$O$_8$S	FeCo$_2$Mo(μ_3-S)(μ-AsMe$_2$)(CO)$_8$(η-C$_5$H$_5$)		252
FeNbC$_{15}$H$_{11}$O$_5$	HFeNb(CO)$_5$(η-C$_5$H$_5$)$_2$		253
FeC$_{15}$H$_{12}$F$_6$O$_3$	Fe(CO)$_3${2,3,4,5-η^4-C$_6$Me$_4$(CF$_3$)$_2$-5,6}		254
FeC$_{15}$H$_{12}$O$_3$	exo-Fe(CO)$_3$(C$_{12}$H$_{12}$)	bbb	255
FeC$_{15}$H$_{13}$O$_2^+$F$_6$Sb$^-$	[Fe(CO)$_2$(η^2-C$_8$H$_8$)(η-C$_5$H$_5$)][SbF$_6$]	ccc	256
FeC$_{15}$H$_{13}$NO$_6$	Fe(CO)$_3${η^2-CHPh=C(CO$_2$Me)NHC(O)Me}		257
FeAsCoC$_{15}$H$_{14}$O$_6$	FeCo(μ-AsMe$_2$)(CO)$_6$(nbd)		258

Molecular formula	Structure	Notes	Ref.
$FeC_{15}H_{14}O_3$	endo-$Fe(CO)_3(C_{12}H_{14})$	ddd	259
$FeBSiC_{15}H_{15}O_3$	$Fe(CO)_3\{\eta\text{-}PhB(CH=CH)_2SiMe_2\}$		260
$FeC_{15}H_{15}NO_4$	$FcCH=C(NO_2)(CO_2Et)$		261
$FeC_{15}H_{16}$	$Fe\{1,3\text{-}(\eta\text{-}C_5H_4)_2C_5H_8\}$		262
$FeC_{15}H_{16}O$	$(-)\text{-}Fe(\eta\text{-}C_5H_5)\text{-}\overline{\{\eta\text{-}C_5H_3CH_2CH(Me\text{-}exo)CH_2C(O)\}}$		263
$FeC_{15}H_{16}O_3$	$Fe(CO)_3(C_{12}H_{16})$	eee	264
$FeC_{15}H_{16}O_6$	$Fe(CO)_2\{C_9H_{10}(CO_2Me)_2\}$	fff	265
$FeAs_2NiC_{15}H_{20}I_2O$	$Fe(\eta\text{-}C_5H_4AsMe_2)_2NiI(CO)_2$		266
$FeC_{15}H_{20}O_3$	$Fe(CO)_3(C_{12}H_{20})$	ggg	267
$FeAgC_{15}H_{21}O_6^+ClO_4^-\cdot H_2O$	$[Fe(acac)_3Ag][ClO_4]\cdot H_2O$		268
$FeAgC_{15}H_{21}O_6^+NO_3^-\cdot H_2O$	$[Fe(acac)_3Ag][NO_3]\cdot H_2O$		269
$FeC_{15}H_{21}N_2O_4^+BF_4^-$	$[\overline{Fe(CO)_3\{\eta_2\text{-}CH_2=CHC(NC_5H_{10})NMeC\text{-}(OEt)\}}][BF_4]$		270
$FeC_{15}H_{36}N_6O_3P_2$	$Fe(CO)_3\{P(NMe_2)_3\}_2$		271
$FeC_{16}H_6F_{16}$	$Fe(\eta\text{-}C_5H_5)\{\eta^5\text{-}C(CF_3)_2CHC(CF_3)CFC=C\text{-}(CF_3)_2\}$		272, 273
$FeC_{16}H_8F_{12}O_4$	$\overline{Fe(CF(CF_3)CF_2CHCHCH=CHCH\{CF_2\text{-}CHF(CF_3)\}CH_2)}(CO)_4$		274
$FeC_{16}H_8N_4O_3$	$Fe(CO)_3(C_{13}H_8N_4)$	hhh	275
$FeC_{16}H_8O_4$	$Fe(CO)_4(C_{12}H_8)$	iii	276
$FeC_{16}H_8O_5$	$Fe(CO)_4(C_{12}H_8O)$	jjj	277
$FeAs_2C_{16}H_{10}O_4$	$Fe(CO)_4(\eta^2\text{-}As_2Ph_2)$		278
$FeCo_2Ge_2C_{16}H_{10}Cl_4O_6$	$Fe(CO)_4(\mu\text{-}GeCl_2)_2\{Co(\mu\text{-}CO)(\eta\text{-}C_5H_5)\}_2$		279
$FeC_{16}H_{10}N_4$	$Fe(\eta\text{-}C_5H_5)_2\{C_2(CN)_4\}$		280
$FeC_{16}H_{11}F_9O$	$Fe(\eta\text{-}C_5H_5)_2(\eta^5\text{-}C_6H_3\{(CF_3)_3\text{-}1,3,5\}\{C(O)Me\text{-}6\})$		281
$FeC_{16}H_{11}O_4P$	$Fe(CO)_4(HPPh_2)$		282
$FeC_{16}H_{12}$	$Fe(\eta^5\text{-}C_8H_6)_2$	kkk	283
$FeC_{16}H_{12}O_3$	$Fe(CO)_3(\eta^4\text{-}exo\text{-}7\text{-}PhC_7H_7)$		284
$FeC_{16}H_{12}O_4$	$Fe(CO)_3\{\eta^4\text{-}C_4Me_2(C_2Me)_2CO\}$		285
$FeCoC_{16}H_{13}O_4$	$FeCo(CO)_4(nbd)(\eta\text{-}C_5H_5)$		286
$FeC_{16}H_{13}P$	$Fe\{(\eta\text{-}C_5H_4)_2PPh\}$		287
$FeC_{16}H_{14}O_7$	$Fe(CO)_3\{C_9H_8(CO_2Me)_2\}$	lll	265
$FeC_{16}H_{16}$	$Fe(\eta^4\text{-}cot)(\eta^6\text{-}cot)$	173	288
$FeC_{16}H_{16}N^+I^-$	$[FcCH_2(NC_5H_5)]I$		289
$FeC_{16}H_{16}N_2O_5$	$Fe(CO)_3\{\eta^4\text{-}trans,trans\text{-}CHMe=CHCH=CH\text{-}(CHMeNHC_6H_4NO_2\text{-}3)\}$		290
$FeCoC_{16}H_{17}O_4$	$FeCo(CO)_4(\eta^4\text{-}C_4H_4Me_2\text{-}2,3)(\eta\text{-}C_5H_4Me)$		291
$FeC_{16}H_{17}NO_3$	$Fe(CO)_3\{\eta^4\text{-}cis,trans\text{-}CHMe=CHCH=CH\text{-}(CHMeNHPh)\}$		290
$FeC_{16}H_{18}$	$Fe((\eta\text{-}C_5H_3)_2\text{-}1,1'\text{:}3,3'\text{-}\{(CH_2)_3\}_2)$		292
$FeBC_{16}H_{19}INO_2$	$FeI(CO)_2(\eta^5\text{-}\overline{CHCHCMeBPhNBu^t})$		293
$FeC_{16}H_{19}NO_6$	$Fe(CO)_3\{\eta^4\text{-}CH_2=C(CO_2Me)C\text{-}(OMe)=C=NCy\}$		294
$FeC_{16}H_{20}$	$Fe\{(\eta\text{-}C_5H_4)_2C_2Me_4\}$		295
$FeC_{16}H_{20}$	$Fe(\eta^4\text{-}C_8H_{10})(\eta^6\text{-}C_8H_{10})$	mmm	296
$FeC_{16}H_{21}O_3^+F_6P^-$	$[Fe(CO)_3(\eta^5\text{-}C_6Me_7)][PF_6]$		297
$FeC_{16}H_{27}O_4P$	$Fe(CO)_4(PBu_3^i)$		298
$FeAs_2C_{16}F_{10}O_4$	$Fe(CO)_4\{\eta^2\text{-}As_2(C_6F_5)_2\}$		299
$FeC_{17}H_8N_4O_3$	$Fe(CO)_3\{C_{10}H_8(CN)_4\}$	nnn	165
$FeAsCo_2MoC_{17}H_{11}O_{10}S$	$FeCo_2Mo(\mu_3\text{-}S)(\mu\text{-}AsMe_2)(CO)_{10}(\eta\text{-}C_5H_5)$		252
$FeC_{17}H_{12}Br_2O_3$	$Fe(CO)_3(C_{14}H_{12}Br_2)$	ooo	300
$FeC_{17}H_{12}F_6O_5$	$Fe(CO)_3(C_{14}H_{12}F_6O_2)$	ppp	254
$FeMoC_{17}H_{12}O_5$	$\{Fe(CO)_3\}\{Mo(CO)_2(\eta\text{-}C_5H_5)\}(\mu\text{-}\eta^4,\eta^3\text{-}C_7H_7)$		301
$FeC_{17}H_{12}N_4O_2$	$Fe\{\overline{CMeCH_2C(CN)_2C(CN)_2CH_2}\}(CO)_2\text{-}(\eta\text{-}C_5H_5)$		302
$FeC_{17}H_{14}N_2O_8$	$Fe(CO)_4(C_{13}H_{14}N_2O_4)$	qqq	303
$FeNbC_{17}H_{15}O_2$	$HFeNb(\mu\text{-}\eta^1,\eta^5\text{-}C_5H_4)(CO)_2(\eta\text{-}C_5H_5)_2$		304
$FeMnC_{17}H_{16}NO_4$	$FcCH_2NMeCH_2Mn(CO)_4$		305
$FeC_{17}H_{18}O$	$Fe((\eta\text{-}C_5H_3)_2\{\mu\text{-}1,1'\text{-}(CH_2)_4\}\{\mu\text{-}3,2'\text{-}(CH_2)_2\text{-}COCH_2\})$	rrr	306
$[FeSnC_{17}H_{18}O_2]_n$	$[FcCO_2Sn(CH=CH_2)_3]_n$		307
$FeC_{17}H_{20}O_2$	$(Z)\text{-}Fc\overline{C}MeCH_2CH(CO_2Et)$		308
$FeC_{17}H_{20}O_5$	$Fe(CO)_3(C_{14}H_{20}O_2)$	sss	309
$FeC_{17}H_{22}$	$Fe(\eta\text{-}C_5H_5)\{\eta^5\text{-}C_6Me_5(=CH_2)\}$	D	310
$FeC_{17}H_{23}$	$Fe(\eta\text{-}C_5H_5)(\eta^6\text{-}C_6Me_6)$		311
$FeC_{17}H_{27}N_5O^{2+}2F_6P^-$	$Fe(CO)(NCMe)(C_{14}H_{24}N_4)][PF_6]_2$	ttt	312
$FeC_{17}H_{40}O_9P_3$	$Fe\{P(OMe)_3\}_3(\eta^3\text{-}C_8H_{13})$	193	313
$FeC_{17}H_{40}O_9P_3^+BF_4^-$	$[Fe\{P(OMe)_3\}_3(\eta^3\text{-}C_8H_{13})][BF_4]$	X, N	314

Molecular formula	Structure	Notes	Ref.
$FeC_{18}H_{13}NO_3$	$Fe(CO)_3(\eta^4\text{-CHPh}=\text{CHCH}=\text{NPh})$	2 forms	158, 315
$FeC_{18}H_{13}O_2^+F_6P^-$	$[Fe(CO)_2(C_{11}H_8)(\eta\text{-}C_5H_5)][PF_6]$	uuu	227
$FeC_{18}H_{14}$	$Fe(\eta\text{-}C_5H_5)(\eta^6\text{-}C_{13}H_9)$	vvv	316
$FeC_{18}H_{14}$	$Fe(\eta^5\text{-}C_9H_7)_2$		317
$FeC_{18}H_{14}O_2$	$Fe(CO)_2(C_{16}H_{14})$	www	318
$FeC_{18}H_{14}O_3$	$Fe(CO)_3(C_{15}H_{14})$	xxx	319
$FeC_{18}H_{15}^+F_6P^-$	$[Fe(\eta\text{-}C_5H_5)(\eta^6\text{-}C_{13}H_{10})][PF_6]$	yyy	320
$FeC_{18}H_{16}O$	$FcCOCH_2Ph$		321
$FeC_{18}H_{18}F_6O_3$	$Fe(CO)_3\{C_{13}H_{18}(CF_3)_2\}$	zzz	322
$FeC_{18}H_{19}O_7P$	$\overline{Fe\{C(O)CH_2C(CO_2Me)=C(OMe)\}(CO)_3}\text{-}(PMe_2Ph)$		323
$FeC_{18}H_{20}$	$Fe(\eta\text{-}C_5H_5)(\eta^5\text{-}C_{13}H_{15})$	aaaa	324
$FeC_{18}H_{20}O_7$	$Fe(CO)_3(C_{15}H_{20}O_4)$	bbbb	325
$FeC_{18}H_{22}NO_3^+Cl^-$	$[(-)\text{-}Fe(CO)_3(C_{15}H_{22}N)]Cl$	cccc	326
$FeC_{18}H_{26}$	$Fe(\eta\text{-}C_5HMe_4)_2$		327
$FeB_8C_{18}H_{28}$	$4\text{-}Fc\text{-}2,3,7,8\text{-}Me_4C_4B_8H_7$		328
$FeCo_3C_{18}H_{28}O_{18}P_3$	$HFeCo_3(CO)_9\{P(OMe)_3\}_3$	X, N	329, 330
$FeSi_6C_{18}H_{38}O_2$	$Fe\{SiMe_2\overline{SiMe(SiMe_2)_3SiMe_2}\}(CO)_2(\eta\text{-}C_5H_5)$		331
$FeC_{19}H_{10}O_4S$	$Fe(CO)_4(S=\overline{CCPh}=\overline{C}Ph)$		332
$FeMnC_{19}H_{11}O_6$	$FeMn\{\mu\text{-}C(CO)CHPh\}(CO)_5(\eta\text{-}C_5H_5)$		333
$FeC_{19}H_{14}O_3$	$Fe(CO)_3(\eta^4\text{-PhCH}=\text{CHCH}=\text{CHPh})$		334
$FeC_{19}H_{14}O_3 \cdot 0.5C_{16}H_{14}$	$Fe(CO)_3(\eta^4\text{-PhCH}=\text{CHCH}=\text{CHPh}) \cdot 0.5C_4H_4Ph_2\text{-}1,4$		158, 335
$FeC_{19}H_{15}N_2O_3P$	$Fe(CO)(NO)_2(PPh_3)$		336
$FeC_{19}H_{16}O_2$	$Fe(\eta\text{-}C_5H_4COMe)(\eta\text{-}C_5H_4COPh)$		337, 338
$FeC_{19}H_{16}O_3$	$Fe(CO)_3(C_{16}H_{16})$	dddd	339
$FeC_{19}H_{16}O_3$	$Fe(CO)_3(C_{16}H_{16})$	eeee	340
$FeC_{19}H_{16}O_3$	$Fe(CO)_3(C_{16}H_{16})$	ffff, 220	341
$FeC_{19}H_{17}^+F_6P^-$	$[Fe(\eta\text{-}C_5H_5)(\eta\text{-}exo\text{-}9\text{-}MeC_{13}H_9)][PF_6]$		320
$FeC_{19}H_{20}O_{11}$	$Fe(CO)_3(C_{16}H_{20}O_8)$	gggg	342
$FeC_{19}H_{22}$	$Fe(\eta\text{-}C_5H_3\text{-}1,1'\text{:}3,3'\text{-}\{(CH_2)_3\}_2\text{-}\eta\text{-}C_5H\text{-}\{(CH_2)_3\}\text{-}4,5)$		343
$FeC_{19}H_{22}$	$Fe((\eta\text{-}C_5H_2)_2\text{-}1,1'\text{:}2,2'\text{:}4,4'\text{-}\{(CH_2)_3\}_3)$		344
$FeC_{19}H_{22}O_2$	$1,1'\text{-}(MeCO)_2\text{-}[5^{3,3'}]\text{ferrocenophane}$		345
$FeNiC_{19}H_{24}O_3$	$\{\eta\text{-}C_4Me_4Fe(CO)_3\}Ni(\eta^4\text{-}C_4Me_4)$		346
$FePdC_{19}H_{25}NO_2$	$(-)\text{-}(RS_p)\text{-}Fe(\eta\text{-}C_5H_5)\text{-}\{\eta\text{-}\overline{C_5H_3(CHMeNMe_2)Pd}(acac)\}$		347
$FeMnC_{20}H_{10}O_8P$	$FeMn(\mu\text{-}PPh_2)(CO)_8$		348
$FeC_{20}H_{12}O_4$	$Fe(CO)_4(C_{16}H_{12})$	hhhh	349
$FeC_{20}H_{12}O_6$	$Fe(CO)_4\{\eta^2\text{-}trans\text{-}CH(COPh)=CH(COPh)\}$		350
$FeWC_{20}H_{12}O_7$	$FeW(CO)_6\{\mu\text{-}\eta^1,\eta^2\text{-CH}=\text{CH}(COPh)\}(\eta\text{-}C_5H_5)$		351
$FeC_{20}H_{14}O_5$	$Fe(CO)_3\{\eta^4\text{-CH}_2=\text{CHCH}=\text{C(OCOPh)Ph}\}$		352
$FeC_{20}H_{16}$	$Fe(\eta^5,\eta^5\text{-}C_{20}H_{16})$	iiii	353
$FeSiC_{20}H_{16}O_3$	$Fe(CO)_3(\eta^4\text{-}\overline{CH}=\text{CHCH}=\overline{CHCH_2SiMe_2})$		354
$FeC_{20}H_{17}NO$	$\overline{Fe\{CPh(NHC_6H_3Me\text{-}4)\}}(CO)(\eta\text{-}C_5H_5)$		355
$FeC_{20}H_{18}O$	$Fe\{\eta\text{-}C_5H_4C(O)CH_2CHPh\text{-}\eta\text{-}C_5H_3Me\text{-}2\}$		356
$FeC_{20}H_{20}O$	$trans\text{-}Fc\overline{CHCH(C_6H_4OMe\text{-}4)CH_2}$		357
$FeC_{20}H_{22}$	$syn\text{-}Fe\{(\eta\text{-}C_5H_3)_2\text{-}1,1'\text{:}3,3'\text{-}(C_5H_8)_2\}$	jjjj	358
$FeC_{20}H_{26}NO_6P$	$Fe(CO)_2\{P(OMe)_3\}(C_{15}H_{17}NO)$	kkkk	359
$FeC_{20}H_{30}$	$Fe(\eta\text{-}C_5Me_5)_2$	X, E	327, 360, 361
$FeC_{20}H_{30}^+C_{12}H_4N_4^-$	$[Fe(\eta\text{-}C_5Me_5)_2](TCNQ)$	llll	362
$2FeC_{20}H_{30}^+2C_{12}H_4N_4^-$	$[Fe(\eta\text{-}C_5Me_5)_2]_2(TCNQ)_2$	mmmm	363
$FeSi_4C_{20}H_{38}$	$Fe\{\eta\text{-}C_5H_4(Si_2Me_5)\}_2$		364
$FeLi_2C_{20}H_{48}N_4$	$Fe(\eta\text{-}C_2H_4)_2\{Li(TMEDA)\}_2$		365
$FeRuC_{21}H_{18}O$	$FcC(O)Rc$		366
$FeC_{21}H_{20}O_4S$	$Fe(CO)_3(C_{18}H_{20}OS)$	nnnn	367
$FeC_{21}H_{21}F_3O$	$Fe\{\eta\text{-}C_5H_2\text{-}1,1'\text{:}3,3'\text{:}4,4'\text{-}\{(CH_2)_3\}_3\text{-}\eta\text{-}C_5HC(O)CF_3\text{-}2\}$		343
$FeC_{21}H_{22}N_2O_5$	$Fe(CO)(bipy)\{\eta^4\text{-CH}(CO_2Et)=\text{CHCH}=\text{CH}(CO_2Et)\}$		368
$FeC_{21}H_{24}O_4S$	$Fe(SO_2CH_2CH=CHPh)(CO)_2(\eta\text{-}C_5Me_5)$		369
$FeC_{21}H_{26}O_8$	$Fe(CO)_3(C_{18}H_{26}O_5)$	oooo	370
$FeC_{22}H_{15}O_4P$	$Fe(CO)_4(PPh_3)$	238	371
$FeSbC_{22}H_{15}O_4$	$Fe(CO)_4(SbPh_3)$		372
$FeAsC_{22}H_{16}F_4O_4P$	$Fe(CO)_4\{(PPh_2)\overline{C}=\overline{C(AsMe_2)CF_2CF_2}\}$		373
$FeC_{22}H_{17}F_{12}O_5P$	$Fe(CO)_2\{P(OCH_2)_3CMe\}\{C_{15}H_8(CF_3)_4\}$	pppp	374
$FeC_{22}H_{18}$	$FcC_6H_4Ph\text{-}2$		375
$FeC_{22}H_{18}$	$FcC_6H_4Ph\text{-}4$		376

Fe Structure Index

Molecular formula	Structure	Notes	Ref.
FeGeC$_{22}$H$_{18}$	Fe{(η-C$_5$H$_4$)$_2$GePh$_2$}		287
FeSiC$_{22}$H$_{18}$	Fe{(η-C$_5$H$_4$)$_2$SiPh$_2$}		377
FeCoMoC$_{22}$H$_{20}$O$_7$PS	FeCoMo(μ_3-S)(CO)$_7$(PMePrPh)(η-C$_5$H$_5$)		378
FeSiC$_{22}$H$_{20}$	FcSiHPh$_2$		379
FeC$_{22}$H$_{22}^+$F$_6$P$^-$	[Fe(η^5-C$_9$H$_5$Me$_2$-1,3)$_2$][PF$_6$]		380
FeC$_{22}$H$_{22}$NO$_6^+$BF$_4^-$	[Fe(CO)$_3$(C$_{19}$H$_{22}$NO$_3$)][BF$_4$]	qqqq	381
FeC$_{22}$H$_{24}$	Fe(η^5-C$_5$H$_4$-1,1'-{(CH$_2$)$_3$}-η-C$_5$H$_3${CEtPh-(OH)}-2)		382
FeC$_{22}$H$_{26}$	Fe((η^5-C$_5$H{(CH$_2$)$_3$-3,4})$_2$-1,1':2,2'-{(CH$_2$)$_3$}$_2$)		383
FeC$_{22}$H$_{27}$NO$_2$	(S,R,S)-Fe(η-C$_5$H$_5$)(η-C$_5$H$_3${CH(OH)-(C$_6$H$_4$OMe-4)-1}{CHMe(NMe$_2$)-2})		384
FeB$_4$Mn$_2$C$_{22}$H$_{32}$O$_6$S$_2$	Fe{μ-η^5,η^5-S(BMe)$_2$(CEt)$_2$}$_2$}{Mn(CO)$_3$}$_2$		385
FeC$_{22}$H$_{34}$	Fe(η-C$_5$H$_4$Bu^t)(η-C$_5$H$_3$Bu$^t_2$-1,3)		386
FeC$_{23}$H$_{14}$O$_5$	Fe(CO)$_3$(C$_{20}$H$_{14}$O$_2$)	rrrr	387
FeC$_{23}$H$_{16}$O$_3$	Fe{$\overline{\text{C}}$=CPhC(O)$\overline{\text{C}}$HPh}(CO)$_2$(η-C$_5$H$_5$)		388
FeCoC$_{23}$H$_{18}$O$_5$P	FeCo(CO)$_5$(PMePh$_2$)(η-C$_5$H$_5$)		389
FeC$_{23}$H$_{19}^+$BF$_4^-$	[FcCPh$_2$][BF$_4$]		390
FeC$_{23}$H$_{19}$O$_2$PS	Fe(CO)$_2$(PPh$_3$)(C$_3$H$_4$S)	ssss	391
FeC$_{23}$H$_{20}$IO$_2$P	FeI(CO)$_2$(PPh$_3$)(η-C$_3$H$_5$)	tttt	392
FeC$_{23}$H$_{20}$IO$_2$P	FeI(CO)$_2$(PPh$_3$)(η-C$_3$H$_5$)	uuuu	392
FeC$_{23}$H$_{22}$N$_4$O·0.5C$_7$H$_8$	Fe(CO)(C$_{22}$H$_{22}$N$_4$)·0.5PhMe	vvvv	393
FeRhC$_{23}$H$_{22}^+$F$_6$P$^-$	[Rh(η-C$_5$H$_5$)(η^5-syn-C$_7$H$_7$CHFc)][PF$_6$]	D	394
FeC$_{23}$H$_{26}$N$_6$O	Fe(CO)(N$_2$H$_4$)(C$_{22}$H$_{22}$N$_4$)	vvvv	393, 395
FeC$_{23}$H$_{28}$O$_4$	Fe(CO)$_3$(C$_{20}$H$_{28}$O)	wwww	396
FeC$_{23}$H$_{30}$O$_3$	Fe(CO)$_3$(C$_{20}$H$_{30}$)	xxxx	397
FeC$_{23}$H$_{32}$O$_3$S$_2$	Fe(CO)$_3$(C$_{20}$H$_{32}$S$_2$)	yyyy	398
FeC$_{24}$H$_{16}$O$_6$	Fe(CO)$_3$(C$_{21}$H$_{16}$O$_3$)	zzzz	399
FeC$_{24}$H$_{18}$O$_2$	Fe(η-C$_5$H$_4$COPh)$_2$		400
FeC$_{24}$H$_{20}$	(Z)-FcCPh=CHPh		401
FeAuC$_{24}$H$_{20}$O$_3$P	Fe{Au(PPh$_3$)}(CO)$_3$(η-C$_3$H$_5$)		28
FeC$_{24}$H$_{24}$O$_2$P$_2$S$_2$	Fe(CO)$_2$(PMe$_3$)(PPh$_3$)(η^2-S=CS)		402
FeZnC$_{24}$H$_{28}$Cl$_2$I$_2$N$_4$S$_4$	Fe(CNC$_6$H$_4$Cl-4)$_2$(μ-S$_2$CNEt$_2$)$_2$ZnI$_2$		403
FeC$_{24}$H$_{32}$O$_5$P$_2$S$_2$	Fe{$\overline{\text{Ph}_2\text{PCH}}$=C(S)Bu^t}(CO){P(OMe)$_3$}-{$\eta^2$-S=C(OMe)}		404
FeC$_{25}$H$_{16}$Br$_2$O$_3$	Fe(CO)$_3$(C$_{22}$H$_{16}$Br$_2$)	aaaaa	405
FeC$_{25}$H$_{16}$O$_4$	Fe{$\overline{\eta^3\text{-CHPhCPhCPhC(O)}}$}(CO)$_3$		406
FeC$_{25}$H$_{18}$O$_3$	Fe(CO)$_3$(C$_{22}$H$_{18}$)	bbbbb	407
FeC$_{25}$H$_{19}^+$BF$_4^-$	[Fc$\overline{\text{CCPhCPh}}$][BF$_4$]		408
FeAlC$_{25}$H$_{20}$O$_2^-$C$_8$H$_{20}$N$^+$	[NEt$_4$][Fe(AlPh$_3$)(CO)$_2$(η-C$_5$H$_5$)]		409
FeC$_{25}$H$_{20}$O$_2$P$^+$C$_8$N$_5^-$	[Fe(CO)$_2$(PPh$_3$)(η-C$_5$H$_5$)][C$_3$(CN)$_5$]		410
FeSbC$_{25}$H$_{20}$O$_2^+$F$_6$P$^-$	[{Fe(CO)$_2$(η-C$_5$H$_5$)}SbPh$_3$][PF$_6$]		411
FeSnC$_{25}$H$_{20}$O$_2$	Fe(SnPh$_3$)(CO)$_2$(η-C$_5$H$_5$)		412
FeC$_{25}$H$_{21}$O$_5$P	Fe(CO)$_3$(PPh$_3$){η^2-CH$_2$=CH(CO$_2$Me)}		413
FeC$_{25}$H$_{23}$NO$_4$	Fe{$\overline{\eta^3\text{-CHPhCHCPhNCyC(O)}}$}(CO)$_3$		414
FePtWC$_{25}$H$_{27}$O$_6$P	FePtW{μ_3-C(Tol)}(CO)$_6$(PEt$_3$)(η-C$_5$H$_5$)	220	415
FeC$_{25}$H$_{30}$	Fe(η-C$_5$H{(CH$_2$)$_3$}-4,5)$_2$-1,1':2,2':3,3'-(CH$_2$)$_3$}$_3$)		416
FeC$_{25}$H$_{32}$	Fe((η-C$_5$H)$_2$-1,1':3,3':5,5'-{(CH$_2$)$_4$}$_3$-4,4'-{(CH$_2$)$_3$})	ccccc	417
FeC$_{25}$H$_{36}$O	Fe{(η-C$_5$H$_4$(CH$_2$)$_7$}$_2$CO)	ddddd	418
FeC$_{25}$H$_{45}$N$_5$	Fe(CNBu^t)$_5$	193	419
FeC$_{26}$H$_{18}$O$_4$	Fe{η-C$_5$H$_4$C(O)C(O)Ph}$_2$		420
FeBC$_{26}$H$_{20}$NO$_2$	Fe(CNBPh$_3$)(CO)$_2$(η-C$_5$H$_5$)		421
FeC$_{26}$H$_{23}$O$_2$P	Fe(CO)$_2$(PPh$_3$)(η^4-C$_6$H$_8$)		422
FeMnC$_{26}$H$_{27}$O$_4$P$_2$S$_2$	Fe(CO)$_2$(PMe$_2$Ph)$_2$(η^2-S=CS{Mn(CO)$_2$-(η-C$_5$H$_5$)})		423
FeC$_{26}$H$_{28}$NP	(R)-Fe(η-C$_5$H$_5$)(η-C$_5$H$_3$-{(S)-CHMeNMe$_2$-1}(PPh$_2$-2))		424
FeCo$_2$C$_{26}$H$_{30}$O$_6$	FeCo$_2$(CO)$_6$(η-C$_5$Me$_5$)$_2$		425
FeC$_{26}$H$_{39}$N$_3$O	Fe{$\overline{\text{C(=NCy)C(NHCy)=CHC(NHBu}^t\text{)}}$}(CO)-($\eta$-C$_5H_5$)		426
FeC$_{26}$H$_{42}$	Fe(η-C$_5$H$_3$Bu$^t_2$-1,3)$_2$		427
FeC$_{26}$H$_{42}$	Fe{η^5-C$_6$H$_3$(Me$_3$-1,3,5)(Bu^t-6)}		428
FeC$_{27}$H$_{22}$O$_3$P$^+$BF$_4^-$	[Fe(CO)$_3$(η^4-C$_6$H$_7$PPh$_3$-5-exo)][BF$_4$]		429
FeC$_{27}$H$_{23}$O$_6$P	Fe{$\overline{\eta^3\text{-CH}_2\text{C(CO}_2\text{Me)C(OMe)}\overline{\text{C}}\text{(O)}}$}(CO)$_2$-(PPh$_3$)		430
FeC$_{27}$H$_{25}$O$_3$P	Fe(CO)$_2$(PPh$_3$)(η^4-C$_6$H$_7$OMe-2)		422
FeC$_{28}$H$_{18}$O$_4$	Fe(CO)$_3$(η^4-2,4,6-Ph$_3$C$_6$H$_3$CO)		431
FeRhWC$_{28}$H$_{19}$O$_6$	FeRhW{μ_3-C(Tol)}(CO)$_6$(η-C$_5$H$_5$)(η^5-C$_9$H$_7$)		415
FeC$_{28}$H$_{20}$O$_2$	Fe(η^1-C$_3$Ph$_3$)(CO)$_2$(η-C$_5$H$_5$)		432

Molecular formula	Structure	Notes	Ref.
FeNiC$_{28}$H$_{21}$O$_3$P	FeNi(μ-HC$_2$PPh$_3$)(CO)$_3$(η-C$_5$H$_5$)		433
FeC$_{28}$H$_{22}$O$_3$P$_2$	Fe(CO)$_3$(dppm)		434
FeC$_{28}$H$_{23}$OPS	Fe(C$_4$H$_3$S-2)(CO)(PPh$_3$)(η-C$_5$H$_5$)		435
FeC$_{28}$H$_{27}$N$_4$	FePh(C$_{22}$H$_{22}$N$_4$)	vvvv	436
FeC$_{28}$H$_{27}$N$_5$O	Fe(CO)(py)(C$_{22}$H$_{22}$N$_4$)	vvvv	393
FeAs$_3$CoCr$_2$C$_{28}$H$_{28}$O$_{12}$	{Fe(CO)$_4$}(μ-AsMe$_2$){Co(CO)$_3$}(μ-AsMe$_2$)-{Cr(CO)$_2$(η-C$_5$H$_5$)}(μ-AsMe$_2$){Cr(CO)$_3$-(η-C$_5$H$_5$)}		437
FeC$_{28}$H$_{29}$O$_3$PS	(S)-(−)$_{578}$-Fe(SO$_2$CH$_2$CHMe$_2$)(CO)(PPh$_3$)-(η-C$_5$H$_5$)		438
FeCo$_2$C$_{28}$H$_{34}$O$_4$	FeCo$_2$(CO)$_4$(η-C$_4$H$_4$)(η-C$_5$Me$_5$)$_2$	145	425
FeBC$_{28}$H$_{36}$NO$_2$P$_2$	FeMe(CO)$_2$(CNBPh$_3$)(PMe$_3$)$_2$		438
FeC$_{29}$H$_{23}$O$_3$P	Fe(CO)$_2$(PPh$_3$)(η^4-CHPh=CHCH=O)		439
FeC$_{30}$H$_{20}$F$_{11}$P	Fe(PPh$_3$){η^3-CF$_2$=C(CF$_3$)C=C(CF$_3$)$_2$}-(η-C$_5$H$_5$)		272, 440
FeCrC$_{30}$H$_{22}$O$_5$	$\overline{\text{FeC=CPhC}\{(\eta^6\text{-Ph})\text{Cr(CO)}_3\}=\text{C(OMe)O}}$		442
FeC$_{30}$H$_{25}$OP	FePh(CO)(PPh$_3$)(η-C$_5$H$_5$)		443
FeC$_{31}$H$_{20}$O$_3$	Fe(CO)$_3$(η^4-C$_4$Ph$_4$)		444
FeC$_{31}$H$_{20}$O$_6$P$_2$	Fe(CO)$_3${(Ph$_2$P)C=C(PPh$_2$)C(O)OC(O)}		445
FeC$_{31}$H$_{25}$O$_2$P	Fe(COPh)(CO)(PPh$_3$)(η-C$_5$H$_5$)		446
FeC$_{31}$H$_{26}$IOP	FeI(CO)(PPh$_3$){η-C$_5$H$_3$(Me-1)(Ph-3)}	eeeee	447
FeC$_{31}$H$_{27}$OP$_2^+$BC$_{24}$H$_{20}^-$	[Fe(CO)(dppm)(η-C$_5$H$_5$)][BPh$_4$]		448
FeC$_{31}$H$_{28}$OP$_2$	Fe(CO)(dppe)(η-C$_4$H$_4$)		449
FeC$_{31}$H$_{44}$F$_4$O$_3$P$_2$	Fe(CO)$_3${(Cy$_2$P)C=C(PCy$_2$)CF$_2$CF$_2$}		450
FeC$_{32}$H$_{20}$O$_4$	Fe(CO)$_4$(η^2-Ph$_2$CC=CCPh$_2$)		451
FeC$_{32}$H$_{27}$O$_2$P	Fe(CO)$_2$(PPh$_3$){η^4-C$_5$H$_5$(CH$_2$Ph-6-exo)}		410
FeB$_8$Co$_2$C$_{32}$H$_{64}$S$_4$	Fe{μ-η^5-S(BMe)$_2$(CEt)$_2$}$_2$Co}$_2$		452
FeC$_{33}$H$_{24}$O$_9$	$\overline{\text{Fe(CO)}_2\{\eta^5\text{-C}_5\text{Ph}_2\text{-1,3-(CO}_2\text{Me)}_2\text{-2,5-OCPh=C(CO}_2\text{Me)}\}}$		453
FeC$_{33}$H$_{26}$O$_2$P$^+$BF$_4^-$	[Fe{C(PPh$_3$)=CHPh}(CO)$_2$(η-C$_5$H$_5$)][BF$_4$]		454
FeC$_{33}$H$_{29}$O$_2$P·C$_6$H$_6$	Fe(COMe)(CO)(PPh$_3$)-{η-C$_5$H$_3$(Me-1)(Ph-3)}·C$_6$H$_6$	fffff	447
FeSiC$_{33}$H$_{30}$O$_3$	Fe(CO)$_3${η^4-C$_8$H$_6$(CPh$_3$)(SiMe$_3$)}	ggggg	455
FeC$_{33}$H$_{32}$NP$_2$	$\overline{\text{Fe(dppe)}\{\eta^5\text{-C}_5\text{H}_4\text{CH}_2\text{C(NH}_2\text{)}\}}$		456
FeC$_{33}$H$_{32}$NP$_2^+$BC$_{24}$H$_{20}^-$	[Fe(NCMe)(dppe)(η-C$_5$H$_5$)][BPh$_4$]	238	457
FeCo$_3$C$_{33}$H$_{34}$O$_9$P$_3$	HFeCo$_3$(CO)$_9$(PMe$_2$Ph)$_3$		458
FeRhC$_{33}$H$_{36}$NP$^+$F$_6$P$^-$	Fe(η-C$_5$H$_5$){η-C$_5$H$_3$(CHMeNMe$_2$-1)(PPh$_2$-2)-Rh(nbd)}		459
FeNiC$_{34}$H$_{25}$O$_3$P	$\overline{\text{FeNi}\{(\mu\text{-}\eta^1,\eta^2\text{-CPh=CPh(PPh}_2\text{)}\}(\text{CO)}_3(\eta\text{-C}_5\text{H}_5)}$		460
FeTi$_2$C$_{34}$H$_{68}$N$_6$	Fe{η-C$_5$H$_4$Ti(NEt$_2$)$_3$}$_2$		461
FeC$_{35}$H$_{33}$O$_3$P	Fe{C(O)OC$_6$H$_3$(Me-5)(Pr^i-2)}(CO)(PPh$_3$)-(η-C$_5$H$_5$)		462
FeC$_{35}$H$_{34}$P$_2$	$\overline{\text{Fe(C}\{\text{CH(PPh}_2\text{)CH}_2\text{(PPh}_2\text{)}\}=\text{CMe}_2\text{)}(\eta\text{-C}_5\text{H}_5)}$		463
FeC$_{35}$H$_{39}$O$_3$P	(S)-(−)$_{578}$-Fe{CO$_2$(Men)}(CO)(PPh$_3$)(η-C$_5$H$_5$)		464
FeC$_{35}$H$_{41}$O$_2$P	(S)-(+)$_{578}$-Fe{CH$_2$O(Men)}(CO)(PPh$_3$)-(η-C$_5$H$_5$)		465
FeC$_{36}$H$_{23}$N$_9$O$_2$·C$_3$H$_7$NO	Fe(CO)(DMF)(pc)·DMF		466
FeC$_{36}$H$_{37}$IO$_2$P$_2$	FeI{(−)-diop}(η-C$_5$H$_5$)		467
FeC$_{36}$H$_{41}$O$_3$P	(R)-(+)$_{578}$-Fe{CH$_2$CO$_2$(Men)}(CO)(PPh$_3$)-(η-C$_5$H$_5$)		465
FeSnC$_{38}$H$_{30}$O	Fe(SnPh$_3$)(CO)(η^2-C$_2$Ph$_2$)(η-C$_5$H$_5$)		468
FeC$_{38}$H$_{30}$O$_{10}$P$_2$S	Fe(CO)$_2${P(OPh)$_3$}$_2$(SO$_2$)		469
FeSnC$_{38}$H$_{34}$F$_6$OP$_2$	Fe(SnMe$_3$)(CO)(f$_6$fos)(η-C$_5$H$_5$)		470
FeC$_{38}$H$_{34}$OP$_2$	Fe(COPh)(dppe)(η-C$_5$H$_5$)		471
FeC$_{39}$H$_{30}$O$_8$P$_2$S	Fe(CO)$_2$(CS){P(OPh)$_3$}$_2$		472
FeB$_5$CuC$_{39}$H$_{38}$O$_3$P$_2$	Fe{B$_5$H$_8${Cu(PPh$_3$)$_2$})(CO)$_3$		473
FeMgC$_{39}$H$_{45}$BrO$_2$P$_2$·C$_4$H$_8$O	Fe{MgBr(THF)$_2$}(dppe)(η-C$_5$H$_5$)·THF		474
FeC$_{39}$H$_{55}$N$_5$·C$_7$H$_8$	Fe(CNBu^t)$_3${η^4-(Bu^{t}N=)C=CPhCPh=C-(=NBu^t)}·PhMe	183	475
FeC$_{40}$H$_{28}$	Fe{1,2-(η-C$_5$H$_4$)$_2$C$_6$Ph$_4$}		476
FeSn$_2$C$_{40}$H$_{30}$O$_4$	cis-Fe(SnPh$_3$)$_2$(CO)$_4$		477
FeC$_{41}$H$_{33}$IO$_6$P$_2$	FeI{P(OPh)$_3$}{η^5-C$_5$H$_4$C$_6$H$_4$OP(OPh)$_2$}		478, 479
FeC$_{41}$H$_{35}$IO$_6$P$_2$	FeI{P(OPh)$_3$}$_2$(η-C$_5$H$_5$)		478, 480
FeC$_{42}$H$_{34}$O$_2$P$_2$	$\overline{\text{Fe(CO)}_2(\eta^2\text{-CH}_2\text{=CHC}_6\text{H}_4\text{PPh}_2\text{-2)-(PPh}_2\text{C}_6\text{H}_4\text{CH=CH}_2\text{-2)}}$		481
FeC$_{42}$H$_{44}$N$_8$O$_4$	Fe(CNCy)$_2$(C$_{14}$H$_{11}$N$_2$O$_2$)	hhhhh	482
FeRh$_3$C$_{44}$H$_{30}$O$_8$P$_3$	FeRh$_3$(μ-PPh$_2$)$_3$(CO)$_8$		483
FeC$_{44}$H$_{35}$N$_2$O$_2$P$_2^+$BF$_4^-$	[Fe(CO)$_2$(N=NPh)(PPh$_3$)$_2$][BF$_4$]		484
FeRu$_2$C$_{44}$H$_{38}$ClO$_8$P$_2$	FeRu$_2$(μ-Cl)(CO)$_8$(Bu^{t}C$_2$PPh$_2$)$_2$		485

Molecular formula	Structure	Notes	Ref.
FeC$_{44}$H$_{42}$O$_{10}$P$_2$S	Fe(CO)$_2${P(OC$_6$H$_4$Me-2)$_3$}$_2$(SO$_2$)		469
FeC$_{45}$H$_{30}$Cl$_2$N$_4$O·2C$_3$H$_7$NO	Fe(CCl$_2$)(OH$_2$)(TPP)·2DMF		486
FeC$_{45}$H$_{38}$O$_3$	Fe(CO)$_3$(C$_{42}$H$_{38}$)	iiiii	487
FeAu$_2$C$_{46}$H$_{39}$P$_2^+$BF$_4^-$	[FcAu$_2$(PPh$_3$)$_2$][BF$_4$]$_2$		488
FeC$_{46}$H$_{59}$ClN$_2$O$_6$P$_3^+$ClO$_4^-$	[FeCl{CN(Tol)}{PPh(OEt)$_2$}$_3$][ClO$_4$]		489
FeC$_{50}$H$_{33}$N$_5$O	Fe(CO)(py)(TPP)		490
FeC$_{51}$H$_{41}$N$_4$OS$^-$C$_2$H$_2$S$^-$·2NaC$_{16}$H$_{32}$N$_2$O$_5$·1.5C$_6$H$_6$	{Na(crypt-221)}$_2${SEt)·{Fe(CO)(SEt)(TTP)}·1.5C$_6$H$_6$	75, jjjjj	491
FeC$_{54}$H$_{46}$N$_6$·2C$_7$H$_8$	Fe(CNBu^t)$_2$(TPP)·2PhMe		492
FePt$_2$C$_{59}$H$_{45}$O$_{14}$P$_3$	FePt$_2$(CO)$_5${P(OPh)$_3$}$_3$		493
FeC$_{60}$H$_{51}$ClN$_3$P$_2^+$FeCl$_4^-$	[FeCl{CN(Tol)}$_3$(PPh$_3$)$_2$][FeCl$_4$]		494

^{a} Formulated as {Fe(HgCl)$_2$(CO)$_4$}$_3${FeCl(HgCl)(CO)$_3$}. ^{b} Radical anion: Etim = 1-Et-imidazole. ^{c} crypt = N{(CH$_2$)$_2$O(CH$_2$)$_2$O(CH$_2$)$_2$}$_3$N. ^{d} C$_4$H$_6$OS = η^2-O-2,5-dihydrothiophene-1-oxide. ^{e} C$_5$H$_7$N$_2$ = 1(1H),-2(2H)-diazepinium. ^{f} C$_6$H$_7$N = azepine. ^{g} C$_4$H$_2$O$_2$(NMe)$_2$ = 1,2-Me$_2$-1,2-dihydropyridazine-3,6-dione. ^{h} Dimer via H-bonds. ^{i} C$_4$H$_2$Me$_2$SO$_2$ = 3,4-Me$_2$thiophene-1,1-dioxide. ^{j} C$_7$H$_6$O = cycloheptatrienone. ^{k} C$_7$H$_8$O$_2$ = 3-methylene-4-endo-vinyldihydrofuran-2(3H)-one. ^{l} 1,3-Dithia-2-selena[3]ferrocenophane. ^{m} Orthorhombic and triclinic forms. ^{n} C$_8$H$_8$Br$_2$ = 2,3,4,5-η^4-8,8-Br$_2$bicyclo[5.1.0]octa-2,4-diene. ^{o} C$_8$H$_8$ = 1,6,7,8-η^4-heptafulvene. ^{p} C$_8$H$_9$NO = 3-Ac-1H-azepine. ^{q} C$_8$H$_9$NO$_2$ = 1-CO$_2$Me-1H-azepine. ^{r} C$_8$H$_9$ = 2,3,4,6,7-η^5-bicyclo[3.2.1]octa-2,6-dienylium. ^{s} C$_6$H$_4$(BMe)$_2$S = 1,2,3,3a,7a-η^5-1,3-dihydro-1,3-Me$_2$-2,1,3-benzothiadiborole. ^{t} C$_8$H$_{10}$N$_2$O$_2$ = 1-CO$_2$Et-1H-1,2-diazepine. ^{u} C$_8$F$_8$ = 1,2,3,6-η^4-F$_8$cyclooctatetraene. ^{v} C$_9$H$_6$O = bicyclo[5.2.0]nona-1(7),2,5,8-tetraen-4-one. ^{w} C$_8$H$_6$SO$_2$ = 2,3-η^2-benzo[b]thiophen-1,1-dioxide. ^{x} C$_9$H$_8$O = 2,3,6,7-η^4-bicyclo[3.2.2]nona-2,6,8-trien-4-one. ^{y} C$_9$H$_8$O = 2,3,4,8-η^4-bicyclo[3.2.2]nona-3,6-dien-2,8-diyl-9-one. ^{z} C$_9$H$_9$ClO = η^4-5-Cl-2,3-bis(methylene)bicyclo[2.2.1]heptan-7-one. ^{aa} C$_8$H$_8$(NHCO) = 2,3,4,5-η^4-7-azabicyclo[4.2.2]deca-2,4,9-trien-8-one. ^{bb} C$_9$H$_9$N$_3$ = η^2,N^1-allylbenzotriazole. ^{cc} C$_9$H$_{10}$O = η^4-6,7-bis(methylene)-exo-3-oxatricyclo[3.2.1.0^{2,4}]octane. ^{dd} C$_9$H$_{12}$N$_2$O$_2$ = 1-CO$_2$Pr^i-1,2-diazepine. ^{ee} C$_{10}$H$_{19}$N$_8$ = 6,7,13,14-Me$_4$-1,2,4,5,8,9,11,12-octaazacyclotetradeca-5,7,12,14-tetraenato-N^1,N^5,N^8,N^{12}. ^{ff} C$_{10}$H$_8$O$_2$ = η^4-2-CO$_2$Me-benzocyclobutadiene. ^{gg} C$_{10}$H$_9$N$_3$O$_3$ = 8,9,10,12-η^4-2,4,6-triaza-4-Me-3,5,11-trioxotricyclo[5.3.2^{1,7}0^{2,6}]dodeca-8,9-dienyl. ^{hh} C$_{10}$H$_{10}$O = η^4-2,3,5,6-tetrakis(methylene)-7-oxabicyclo[2.2.1]heptane. ^{ii} C$_6$H$_5$(CHO)N(CO$_2$Et) = 4,5,6,7-η^4-3-formyl-N-CO$_2$Et-azepine. ^{jj} C$_{10}$H$_{11}$O = 2,3,4,6,7-η^5-8-Ac-bicyclo[3.2.1]octa-2,6-dienylium. ^{kk} C$_9$H$_{12}$Cl$_2$ = 9,9-Cl$_2$bicyclo[6.1.0]non-3-ene. ^{ll} C$_{10}$H$_{12}$ = 3,4,5,6-η^4-cyclodeca-1,3,5,7-tetraene. ^{mm} C$_{10}$H$_{12}$ = 3,4,5,6-η^4-tricyclo[6.2.0.0^{2,7}]deca-3,5-diene. ^{nn} C$_{10}$H$_{12}$ = 2,3,4,5-η^4-tricyclo[4.3.1.0^{1,6}]deca-2,4-diene. ^{oo} C$_{20}$H$_{27}$N$_2$O$_3$ = quinidinium. ^{pp} C$_{10}$H$_{14}$O = η^4-pinocarvone. ^{qq} C$_{10}$H$_{14}$O$_2$ = η^4-exo-2-MeO-5,6-bis(methylene)-syn-norbornan-7-ol. ^{rr} cis-PAs. ^{ss} trans-PAs. ^{tt} C$_{10}$H$_8$O = 2,3-η^2-1,4-dihydro-1,4-dihydro-1,4-epoxynaphthalene. ^{uu} C$_7$H$_6$N$_2$ = 1-N-benzimidazole. ^{vv} C$_7$H$_8$ = cycloheptatrienylidene. ^{ww} C$_9$H$_6$Me$_2$S = 3a,4,8,8a-η^4-5,7-Me$_2$-4H-cyclohepta[b]thiophene. ^{xx} C$_9$H$_6$Me$_2$O = 3a,4,8,8a-η^4-5,7-Me$_2$-4H-cyclohepta[b]furan. ^{yy} [4]-Ferrocenophan-1-one. ^{zz} C$_{11}$H$_{14}$ = 3,4,5,6-η^4-tricyclo[6.3.0.0^{2,7}]undeca-3,5-diene. ^{aaa} C$_{12}$H$_6$F$_4$ = 2,3,9,10-η^4-5,6,7,8-F$_4$-1,4-dihydro-1,4-ethenonaphthalene (tetrafluorobenzobicyclo[2.2.2]octatriene). ^{bbb} C$_{12}$H$_{12}$ = η^4-5,6,7,8-tetrakis(methylene)bicyclo[2.2.2]oct-2-ene. ^{ccc} C$_8$H$_8$ = heptafulvene. ^{ddd} C$_{12}$H$_{14}$ = η^4-2,3,5,6-tetrakis(methylene)bicyclo[2.2.2]octane. ^{eee} C$_{12}$H$_{16}$ = η^4-tricyclo[6.4.0.0^{2,7}]dodeca-3,5-diene. ^{fff} C$_9$H$_{10}$(CO$_2$Me)$_2$ = η^6-1,2-(CO$_2$Me)$_2$-ethane-1,2-diylcyclohepta-3,5-diene-1,2-diyl. ^{ggg} C$_{12}$H$_{20}$ = η^4-1,5-bis(methylene)-2,6-Me$_2$cyclooctane. ^{hhh} C$_{13}$H$_8$N$_4$ = 2,3,4,9-η^4-7,7,8,8-(CN)$_4$bicyclo[4.2.1]non-2-ene-2,9-diyl. ^{iii} C$_{12}$H$_8$ = η^2-acenaphthylene. ^{jjj} C$_{12}$H$_8$OFe = 1-ferra-2-oxacyclopent[b]naphthalene. ^{kkk} C$_8$H$_6$ = pentalenyl. ^{lll} C$_9$H$_8$(CO$_2$Me)$_2$ = 2,3,4,5-η^4-7,8-(CO$_2$Me)$_2$bicyclo[4.2.1]nona-2,4,7-triene. ^{mmm} η^4-C$_8$H$_{10}$ = 2,3,4,5-η^4-bicyclo[4.2.0]octa-2,4-diene; η^6-C$_8$H$_{10}$ = η^6-cycloocta-1,3,5-triene. ^{nnn} C$_{10}$H$_8$(CN)$_4$ = 2,3,4,10-η^4-8,8,9,9-(CN)$_4$bicyclo[5.2.1]deca-3,5-diene-2,10-diyl. ^{ooo} C$_{14}$H$_{12}$Br$_2$ = 4,5,6,7-η^4-1-(C$_6$H$_4$Br-4')-2-Br-5-methylenecyclohexa-2,5-dienyl. ^{ppp} C$_{14}$H$_{12}$F$_6$O$_2$ = 2,3,5,6-η^4-3a,6a-dihydro-2,3,3a,6a-Me$_4$-5,6-(CF$_3$)$_2$pentalene-1,4-dione. ^{qqq} C$_{13}$H$_{14}$N$_2$O$_4$ = 3,3-(CO$_2$Me)$_2$-4,5-dihydro-4-Ph-3H-pyrazole-N^1. ^{rrr} [3](1,1')[4](3,2')-ferrocenophan-6-one. ^{sss} C$_{14}$H$_{20}$O$_2$ = η^4-3-MeO-1-Me-5-(2-oxocyclohexyl)cyclohexa-1,3-diene. ^{ttt} C$_{14}$H$_{24}$N$_4$ = 2,3,9,10-Me$_4$-1,4,8,11-tetraazacyclotetradeca-1,3,8,10-tetraene. ^{uuu} C$_{11}$H$_8$ = benzocycloheptatrienylidene. ^{vvv} C$_{13}$H$_9$ = η^6-fluorenyl. ^{www} C$_{16}$H$_{14}$ = η^6-bicyclooctatetraenyl. ^{xxx} C$_{15}$H$_{14}$ = 2,3,4,5-η^4-1-trans-styrylcyclohepta-2,4,6-triene. ^{yyy} C$_{13}$H$_{10}$ = η^6-fluorene. ^{zzz} C$_{13}$H$_{18}$(CF$_3$)$_2$ = 10,11,12,13-η^4-10,11-(CF$_3$)$_2$bicyclo[7.2.2]trideca-10,12-diene. ^{aaaa} C$_{13}$H$_{15}$ = 1,2,3,3a,8a-η^5-1,4,7,8-tetrahydro-8,8-Me$_2$-4,7-methanoazulen-1-yl. ^{bbbb} C$_{15}$H$_{20}$O$_4$ = 2,3,4,5-η^4-1-Me-1-(1'-CO$_2$Me-2'-oxocyclopentyl)-4-MeO-cyclohexa-2,4-diene. ^{cccc} C$_{15}$H$_{22}$N = η^5-2-[(S)-PhCHMe-ammonium]-cis,trans-hepta-3,5-dienyl. ^{dddd} C$_{16}$H$_{16}$ = η^4-tetracyclo[8.6.0.0^{2,9}.0^{3,8}]hexadeca-4,6,11,13,15-pentaene. ^{eeee} C$_{16}$H$_{16}$ = η^4-pentacyclo[8.3.3.0^{2,9}.0^{3,8}.0^{11,16}]hexadeca-4,6,12,14-tetraene. ^{ffff} C$_{16}$H$_{16}$ = 3,4,5,6-η^4-pentacyclo[9.5.0.0^{2,16}.0^{3,5}.0^{4,10}]hexadeca-3,5,9,11-tetraene. ^{gggg} C$_{16}$H$_{20}$O$_8$ = η^4-cyclobut-3-ene-1,2-diylbis[1,2-(CO$_2$Me)$_2$ethane-1,2-diyl]. ^{hhhh} C$_{16}$H$_{12}$ = 9,10-η^2-3,3a,9,9a-tetrahydroindeno[1,2-a]indene-9,10-diol. ^{iiii} C$_{20}$H$_{16}$ = 4-endo,6'-endo-biazulenyl. ^{jjjj} 1,1':3,3'-bis(cyclopentane-1,3-diyl)ferrocene. ^{kkkk} C$_{15}$H$_{17}$NO = carbonylphenylimino-2,3,4-η^3-5,5-Me$_2$cyclohex-2-ene-1,4-diyl. ^{llll} Metamagnetic phase. ^{mmmm} Paramagnetic phase. ^{nnnn} C$_{18}$H$_{20}$OS = 3,4,6,7-η^4-2-Pr^{i}S-8-PhCO-bicyclo[3.2.1]octa-3,6-diene. ^{oooo} C$_{18}$H$_{26}$O$_5$ = 3-CH$_2$OH-1-(2,3,4,5-η^4-4-MeO-1-Me-cyclohexa-2,4-dienyl)-3-Me-1-CO$_2$Me-2-oxocyclohexane. ^{pppp} C$_{15}$H$_8$(CF$_3$)$_4$ = 6,7-η^2-1a,1b,4,4a,5,5a-hexahydro-1a,1b,2,3-(CF$_3$)$_4$-1,4-etheno-1H-cyclopropa[a]pentalene. ^{qqqq} C$_{19}$H$_{20}$NO$_3$ = η^4-3,4-dihydro-5-OH-6,12-(OMe)$_2$-2-Me-4a,9a-(buta-1,3-dieno)-9H-indeno[2,1-c]pyridinium (thebaine derivative). ^{rrrr} C$_{20}$H$_{14}$O$_2$ = 1,2,2a,12a-η^4-5,10-Me$_2$dibenzo[a,c]cyclobuta[f]cyclooctene-3,12-dione. ^{ssss} C$_3$H$_4$S = (S)-1,2,3-η^4-prop-2-enethial. ^{tttt} Monoclinic form. ^{uuuu} Triclinic form. ^{vvvv} C$_{22}$H$_{22}$N$_4$ = 6,8,15,17-Me$_4$dibenzo[b,i]-1,4,8,11-tetraazacyclotetradeca-2,4,7,9,12,14-hexaenato. ^{wwww} C$_{20}$H$_{28}$O = vitamin A aldehyde. ^{xxxx} C$_{20}$H$_{30}$ = 1,2,2a,6a-η^4-1,2-Bu$_2^t$-3,4,5,6-Me$_4$ benzocyclobutadiene. ^{yyyy} C$_{20}$H$_{32}$S$_2$ = 5a,5b,10a,10b-η^4-octahydro-1,1,5,5,6,6,10,10-Me$_8$cyclobuta[1,2-d:3,4-d']bisthiepin. ^{zzzz} C$_{21}$H$_{16}$O$_3$ = η^4-1-(1-Ac-2-oxopropylidene)-4-oxo-2,3-Ph$_2$-but-2-ene-1,4-diyl. ^{aaaaa} C$_{22}$H$_{16}$Br$_2$ = η^4-1-Br-4[(1-Br-2-naphthyl)methyl]-

1,2,3,4-tetrahydro-2-methylenenaphthalene-1,3-diyl. ^{bbbbb} $C_{22}H_{18}$ = η^4-1,2,3,4-tetrahydro-2-methylene-4-(1-naphthylmethyl)naphthalene-1,3-diyl. ^{ccccc} [4][4][4][3] Ferrocenophane. ^{ddddd} [15] Ferrocenophan-8-one. ^{eeeee} Racemic mixture of (R,S) and (S,R) forms. ^{fffff} Racemic mixture of (R,R) and (S,S) forms. ^{ggggg} $C_8H_6(CPh_3)(SiMe_3)$ = 2,3,4,5-η^4-1-SiMe$_3$-7-CPh$_3$-bicyclo[4.2.0]octa-2,4,7-triene. ^{hhhhh} $C_{14}H_{11}N_2O_2$ = α-benzyldioxymato. ^{iiiii} $C_{42}H_{38}$ = 1,1a,5a,6-η^4-2,5-Bu$^t_2$-1,3,4,6-Ph$_4$tricyclo[6.2.0.0^{2,5}]deca-1,3,5,7,9-pentaene. ^{jjjjj} ttp = tetra-4-tolylporphyrin.

1. J.-L. Birck, Y. Le Cars, N. Baffier, J.-J. Legendre and M. Huber, *C. R. Hebd. Seances Acad. Sci.*, 1971, **273C**, 880.
2. L. O. Brockway and J. S. Anderson, *Trans. Faraday Soc.*, 1937, **33**, 1233.
3. T. P. Fehlner, J. Ragaini, M. Mangion and S. G. Shore, *J. Am. Chem. Soc.*, 1976, **98**, 7085.
4. M. B. Smith and R. Bau, *J. Am. Chem. Soc.*, 1973, **95**, 2388.
5. R. V. G. Ewens and M. Lister, *Trans. Faraday Soc.*, 1939, **35**, 681 (E).
6. E. A. McNeill and F. R. Scholer, *J. Am. Chem. Soc.*, 1977, **99**, 6243.
7. O. Hollander, W. R. Clayton and S. G. Shore, *J. Chem. Soc., Chem. Commun.*, 1974, 604*; M. Mangion, W. R. Clayton, O. Hollander and S. G. Shore, *Inorg. Chem.*, 1977, **16**, 2110.
8. L. J. Todd, I. C. Paul, J. L. Little, P. S. Welcker and C. R. Peterson, *J. Am. Chem. Soc.*, 1968, **90**, 4489.
9. H. W. Baird and L. F. Dahl, *J. Organomet. Chem.*, 1967, **7**, 503.
10. C. L. Raston, A. H. White and S. B. Wild, *Aust. J. Chem.*, 1976, **29**, 1905.
11. P. D. Brotherton, D. L. Kepert, A. H. White and S. B. Wild, *J. Chem. Soc., Dalton Trans.*, 1976, 1870.
12. P. R. Jansen, A. Oskam and K. Olie, *Cryst. Struct. Commun.*, 1975, **4**, 667.
13. F. Seel, R. Lehnert, E. Bill and A. Trautwein, *Z. Naturforsch., Teil B*, 1980, **35**, 631.
14. R. G. Teller, R. G. Finke, J. P. Collman, H. B. Chin and R. Bau, *J. Am. Chem. Soc.*, 1977, **99**, 1104.
15. H. B. Chin and R. Bau, *J. Am. Chem. Soc.*, 1976, **98**, 2434.
16. R. J. Doedens, *Chem. Commun.*, 1968, 1271.
17. J. P. Brennan, R. N. Grimes, R. Schaeffer and L. G. Sneddon, *Inorg. Chem.*, 1973, **12**, 2266.
18. S. A. Goldfield and K. N. Raymond, *Inorg. Chem.*, 1974, **13**, 770.
19. H. P. Hanson, *Acta Crystallogr.*, 1962, **15**, 930 (X at 193 K).
20. J. Donohue and A. Caron, *Acta Crystallogr.*, 1964, **17**, 663 (refinement of data of ref. 19).
21. M. I. Davis and H. P. Hanson, *J. Phys. Chem.*, 1965, **69**, 3405 (E); 1967, **71**, 775 (polemic on bond lengths).
22. J. Donohue and A. Caron, *J. Phys. Chem.*, 1966, **70**, 603 (E); 1967, **71**, 777 (polemic on bond lengths).
23. A. Almenningen, A. Haaland and K. Wahl, *Acta Chem. Scand.*, 1969, **23**, 2245 (E).
24. B. Beagley, D. W. J. Cruickshank, P. M. Pinder, A. G. Robiette and G. M. Sheldrick, *Acta Crystallogr.*, 1969, **25**, 737 (E).
25. B. Beagley and D. G. Schmidling, *J. Mol. Struct.*, 1974, **22**, 466 (E with spectroscopic data).
26. M. I. Davis and C. S. Speed, *J. Organomet. Chem.*, 1970, **21**, 401 (E).
27. F. E. Simon and J. W. Lauher, *Inorg. Chem.*, 1980, **19**, 2338.
28. M. K. Minasyants, Y. T. Struchkov, I. I. Kritskaya and R. L. Avoyan, *Zh. Strukt. Khim.*, 1966, **7**, 903.
29. M. K. Minasyants and Y. T. Struchkov, *Zh. Strukt. Khim.*, 1968, **9**, 665.
30. L. Manojlovic-Muir, K. W. Muir and J. A. Ibers, *Inorg. Chem.*, 1970, **9**, 447.
31. V. Subrtova, A. Linek and J. Hasek, *Acta Crystallogr.*, 1978, **B34**, 2720.
32. B. Beagley, D. G. Schmidling and D. W. J. Cruickshank, *Acta Crystallogr.*, 1973, **B29**, 1499.
33. A. R. Luxmoore and M. R. Truter, *Proc. Chem. Soc.*, 1961, 466*; *Acta Crystallogr.*, 1962, **15**, 1117.
34. H. Oberhammer and H. A. Brune, *Z. Naturforsch., Teil A*, 1969, **24**, 607.
35. R. F. Bryan, P. T. Greene, G. A. Melson, P. F. Stokely and A. R. Manning, *Chem. Commun.*, 1969, 722*.
36. G. A. Melson, P. F. Stokely and R. F. Bryan, *J. Chem. Soc. (A)*, 1970, 2247.
37. P. T. Greene and R. F. Bryan, *J. Chem. Soc. (A)*, 1970, 1696.
38. M. R. Churchill, J. Wormald, D. A. T. Young and H. D. Kaesz, *J. Am. Chem. Soc.*, 1969, **91**, 7201*; M. R. Churchill and J. Wormald, *Inorg. Chem.*, 1970, **9**, 2430.
39. U. Schubert and A. Rengstl, *J. Organomet. Chem.*, 1979, **166**, 323.
40. O. S. Mills and G. Robinson, *Proc. Chem. Soc.*, 1960, 421*; *Acta Crystallogr.*, 1963, **16**, 758 (X).
41. A. Almenningen, A. Haaland and K. Wahl, *Chem. Commun.*, 1968, 1027*; *Acta Chem. Scand.*, 1969, **23**, 1145.
42. F. A. J. J. van Santvoort, A. L. Spek and H. Krabbendam, unpublished work cited in J. H. Eekhof, H. Hogeveen, R. M. Kellogg and E. P. Schudde, *J. Organomet. Chem.*, 1976, **105**, C35*; F. A. J. J. van Santvoort, H. Krabbendam, G. Roelofsen and A. L. Spek, *Acta Crystallogr.*, 1977, **B33**, 3000.
43. G. Huttner and W. Gartzke, *Chem. Ber.*, 1975, **108**, 1373.
44. J.-J. Legendre, C. Girard and M. Huber, *Bull. Soc. Chim. Fr.*, 1971, 1998.
45. A. Zalkin, D. H. Templeton and T. E. Hopkins, *J. Am. Chem. Soc.*, 1965, **87**, 3988.
46. M. R. Churchill, *Inorg. Chem.*, 1967, **6**, 185.
47. K. Hoffmann and E. Weiss, *J. Organomet. Chem.*, 1977, **128**, 399.
48. F. A. Cotton and J. M. Troup, *J. Am. Chem. Soc.*, 1974, **96**, 3438.
49. F. A. Cotton and B. E. Hanson, *Isr. J. Chem.*, 1976/77, **15**, 165.
50. K. Hoffmann and E. Weiss, *J. Organomet. Chem.*, 1977, **128**, 237.
51. P. Corradini, C. Pedone and A. Sirigu, *Chem. Commun.*, 1966, 341*; C. Pedone and A. Sirigu, *Acta Crystallogr.*, 1967, **23**, 759.
52. P. Corradini, C. Pedone and A. Sirigu, *Chem. Commun.*, 1968, 275*; C. Pedone and A. Sirigu, *Inorg. Chem.*, 1968, **7**, 2614.
53. A. F. Berndt and K. W. Barnett, *J. Organomet. Chem.*, 1980, **184**, 211.
54. M. E. Gress and R. A. Jacobson, *Inorg. Chem.*, 1973, **12**, 1746.
55. D. J. Darensbourg, M. B. Fischer, R. E. Schmidt and B. J. Baldwin, *J. Am. Chem. Soc.*, 1981, **103**, 1297.

56. A. J. Carty, C. R. Jablonski and V. Snieckus, *Inorg. Chem.*, 1976, **15**, 601 (D); A. J. Carty, N. J. Taylor and C. R. Jablonski, *Inorg. Chem.*, 1976, **15**, 1169.
57. F. A. Cotton, J. R. Kolb and B. R. Stults, *Inorg. Chim. Acta*, 1975, **15**, 239.
58. D. W. Bennett, R. J. Neustadt, R. W. Parry and F. W. Cagle, *Acta Crystallogr.*, 1978, **B34**, 3362.
59. R. A. Smith and M. J. Bennett, *Acta Crystallogr.*, 1977, **B33**, 1118.
60. W. K. Dean and D. G. Vanderveer, *J. Organomet. Chem.*, 1978, **144**, 65.
61. D. Sellmann, H.-E. Jonk, H.-R. Pfeil, G. Huttner and J. von Seyerl, *J. Organomet. Chem.*, 1980, **191**, 171.
62. J. R. Pipal and R. N. Grimes, *Inorg. Chem.*, 1979, **18**, 263.
63. H. B. Chin, M. B. Smith, R. D. Wilson and R. Bau, *J. Am. Chem. Soc.*, 1974, **96**, 5285.
64. P. B. Hitchcock and R. Mason, *Chem. Commun.*, 1967, 242.
65. M. J. Barrow, G. A. Sim, R. C. Dobbie and P. R. Mason, *J. Organomet. Chem.*, 1974, **69**, C4*; M. J. Barrow and G. A. Sim, *J. Chem. Soc., Dalton Trans.*, 1975, 291.
66. F. A. Cotton and J. M. Troup, *J. Am. Chem. Soc.*, 1974, **96**, 3438.
67. E. Keller and H. Vahrenkamp, *Chem. Ber.*, 1976, **109**, 229.
68. E. Keller and H. Vahrenkamp, *Chem. Ber.*, 1977, **110**, 430.
69. W. Hoppe, *Pure Appl. Chem.*, 1969, **18**, 465 (D)*; A. Gieren and W. Hoppe, *Acta Crystallogr.*, 1972, **B28**, 2766.
70. S. Fadel, K. Weidenhammer and M. L. Ziegler, *Z. Anorg. Allg. Chem.*, 1979, **453**, 98.
71. G. Huttner and W. Gartzke, *Chem. Ber.*, 1972, **105**, 2714.
72. A. N. Nesmeyanov, M. I. Rybinskaya, L. V. Rybin, A. V. Arutyunyan, L. G. Kuz'mina and Y. T. Struchkov, *J. Organomet. Chem.*, 1974, **73**, 365.
73. L. Busetto, A. Palazzi, E. Foresti Serantoni and L. Riva di Sanseverino, *J. Organomet. Chem.*, 1977, **129**, C55.
74. P. Binger, B. Cetinkaya and C. Krüger, *J. Organomet. Chem.*, 1978, **159**, 63.
75. M. L. H. Green, J. K. P. Ariyaratne, A. M. Bjerrum, M. Ishaq and C. K. Prout, *Chem. Commun.*, 1967, 430*; J. K. P. Ariyaratne, A. M. Bjerrum, M. L. H. Green, M. Ishaq, C. K. Prout and M. G. Swanwick, *J. Chem. Soc. (A)*, 1969, 1309.
76. R. Eiss, *Inorg. Chem.*, 1970, **9**, 1650.
77. K. Hoffmann and E. Weiss, *J. Organomet. Chem.*, 1977, **128**, 389.
78. A. D. U. Hardy and G. A. Sim, *J. Chem. Soc., Dalton Trans.*, 1972, 2305.
79. R. B. English, L. R. Nassimbeni and R. J. Haines, *J. Chem. Soc., Dalton Trans.*, 1978, 1379.
80. D. A. Whiting, *Cryst. Struct. Commun.*, 1972, **1**, 379.
81. D. A. Allison, J. Clardy and J. G. Verkade, *Inorg. Chem.*, 1972, **11**, 2804.
82. J. A. Potenza, R. Johnson, D. Williams, B. H. Toby, R. A. Lalancette and A. Efraty, *Acta Crystallogr.*, 1981, **B37**, 442.
83. L. I. Zakharkin, V. V. Kobak, A. I. Kovredov, N. G. Furmanova and Y. T. Struchkov, *Izv. Akad. Nauk SSSR, Ser. Khim.*, 1979, 1097.
84. D. Ginderow, *Acta Crystallogr.*, 1974, **B30**, 2798.
85. D. L. Stevenson, C. H. Wei and L. F. Dahl, *J. Am. Chem. Soc.*, 1971, **93**, 6027.
86. C. E. Strouse and L. F. Dahl, *J. Am. Chem. Soc.*, 1971, **93**, 6032.
87. M. R. Churchill and R. Mason, *Proc. Chem. Soc.*, 1964, 226*; *Proc. R. Soc., London, Ser. A*, 1967, **301**, 433.
88. H.-J. Langenbach, E. Röttinger and H. Vahrenkamp, *Chem. Ber.*, 1980, **113**, 42.
89. H. Vahrenkamp, *Chem. Ber.*, 1973, **106**, 2570.
90. M. Bottrill, R. Goddard, M. Green, R. P. Hughes, M. K. Lloyd, S. H. Taylor and P. Woodward, *J. Chem. Soc., Dalton Trans.*, 1975, 1150.
91. R. P. Dodge, *J. Am. Chem. Soc.*, 1964, **86**, 5429.
92. B. F. G. Johnson, J. Lewis, D. G. Parker, P. R. Raithby and G. M. Sheldrick, *J. Organomet. Chem.*, 1978, **150**, 115.
93. E. Sepp, A. Pürzer, G. Thiele and H. Behrens, *Z. Naturforsch., Teil B*, 1978, **33**, 261.
94. K. Nakatsu, Y. Inai, T. Mitsudo, Y. Watanabe, H. Nakanishi and Y. Takegami, *J. Organomet. Chem.*, 1978, **159**, 111.
95. O. V. Starovskii and Y. T. Struchkov, *Izv. Sib. Otd. Akad. Nauk SSSR, Ser. Khim. Nauk*, 1960, 1001*; *Zh. Strukt. Khim.*, 1964, **5**, 257.
96. Z. Kaluski, A. I. Gusev and Y. T. Struchkov, *Bull. Acad. Pol. Sci., Ser. Sci. Chim.*, 1972, **20**, 875.
97. M. Green, R. P. Hughes and A. J. Welch, *J. Chem. Soc., Chem. Commun.*, 1975, 487*.
98. B. M. Chisnall, M. Green, R. P. Hughes and A. J. Welch, *J. Chem. Soc., Dalton Trans.*, 1976, 1899.
99. A. G. Osborne, R. E. Hollands, J. A. K. Howard and R. F. Bryan, *J. Organomet. Chem.*, 1981, **205**, 395.
100. B. R. Davis and I. Bernal, *J. Cryst. Mol. Struct.*, 1972, **2**, 107.
101. R. A. Abramovitch, J. L. Atwood, M. L. Good and B. A. Lampert, *Inorg. Chem.*, 1975, **14**, 3085.
102. P. F. Eiland and R. Pepinsky, *J. Am. Chem. Soc.*, 1952, **74**, 4971; J. D. Dunitz and L. E. Orgel, *Nature*, 1953, **171**, 121*; J. D. Dunitz, L. E. Orgel and A. Rich, *Acta Crystallogr.*, 1956, **9**, 373 (X).
103. J.-F. Berar and G. Calvarin, *C. R. Hebd. Seances Acad. Sci.*, 1973, **277C**, 1005 (X, at 80 and 295 K).
104. G. Clec'h, G. Calvarin, J.-F. Berar and R. Kahn, *C. R. Hebd. Seances Acad. Sci.*, 1978, **286C**, 315; J.-F. Berar and G. Calvarin, *C. R. Hebd. Seances Acad. Sci.*, 1978, **286C**, 581; G. Clec'h, G. Calvarin, J.-F. Berar and D. André, *C. R. Hebd. Seances Acad. Sci.*, 1978, **287C**, 523.
105. P. Seiler and J. D. Dunitz, *Acta Crystallogr.*, 1979, **B35**, 1068 (X, at 173 and r.t.; new interpretation of disordered crystal structure); *Acta Crystallogr.*, 1979, **B35**, 2020 (X, at 101, 123 and 148 K).
106. E. A. Seibold and L. E. Sutton, *J. Chem. Phys.*, 1955, **23**, 1967 (E).
107. P. A. Akishin, N. G. Rambidi and T. N. Bredikhina, *Zh. Strukt. Khim.*, 1961, **2**, 476 (E); N. G. Rambidi, E. Z. Zasorin and B. M. Shchedrin, *Zh. Strukt. Khim.*, 1964, **5**, 503.
108. R. K. Bohn and A. Haaland, *J. Organomet. Chem.*, 1966, **5**, 470 (E).

109. A. Haaland and J. E. Nilson, *Acta Chem. Scand.*, 1968, **22**, 2653 (E).
110. F. Takusagawa and T. F. Koetzle, *Acta Crystallogr.*, 1979, **B35**, 1074 (N, at 173 and 298 K).
111. M. R. Churchill, A. G. Landers and A. L. Rheingold, *Inorg. Chem.*, 1981, **20**, 849.
112. E. Hough and D. G. Nicholson, *J. Chem. Soc., Dalton Trans.*, 1978, 15.
113. A. G. Landers, M. W. Lynch, S. B. Raaberg, A. L. Rheingold, J. E. Lewis, N. J. Mammano and A. Zalkin, *J. Chem. Soc., Chem. Commun.*, 1976, 931*; N. J. Mammano, A. Zalkin, A. Landers and A. L. Rheingold, *Inorg. Chem.*, 1977, **16**, 297.
114. S. M. Aharoni and M. H . Litt, *J. Organomet. Chem.*, 1970, **22**, 179.
115. E. F. Paulus and L. Schäfer, *J. Organomet. Chem.*, 1978, **144**, 205.
116. T. Bernstein and F. H. Herbstein, *Acta Crystallogr.*, 1968, **B24**, 1640.
117. A. L. Rheingold, A. G. Landers, P. Dahlstrom and J. Zubieta, *J. Chem. Soc., Chem. Commun.*, 1979, 143.
118. M. G. Newton, N. S. Pantaleo, R. B. King and C.-K. Chu, *J. Chem. Soc., Chem. Commun.*, 1979, 10.
119. K.-N. Chen, R. M. Moriarty, B. G. DeBoer, M. R. Churchill and H. J. C. Yeh, *J. Am. Chem. Soc.*, 1975, **97**, 5602*; M. R. Churchill and K.-N. Chen, *Inorg. Chem.*, 1976, **15**, 788.
120. W. Hönle and H. G. von Schnering, *Z. Anorg. Allg. Chem.*, 1980, **464**, 139.
121. A. N. Nesmeyanov, T. N. Sal'nikova, Y. T. Struchkov, V. G. Andrianov, A. A. Pogrebnyak, L. V. Rybin and M. I. Rybinskaya, *J. Organomet. Chem.*, 1976, **117**, C16*; T. N. Sal'nikova, V. G. Andrianov and Y. T. Struchkov, *Koord. Khim.*, 1977, **3**, 1607.
122. R. Hulme and H. M. Powell, *J. Chem. Soc.*, 1957, 719.
123. J. B. Wilford, N. O. Smith and H. M. Powell, *J. Chem. Soc. (A)*, 1968, 1544.
124. P. E. Riley and R. E. Davis, *Acta Crystallogr.*, 1976, **B32**, 381.
125. V. G. Andrianov, V. P. Martynov, K. N. Anisimov, N. E. Kolobova and V. V. Skripkin, *Chem. Commun.*, 1970, 1252*; V. G. Andrianov, V. P. Martynov and Y. T. Struchkov, *Zh. Strukt. Khim.*, 1971, **12**, 866.
126. W. H. Butler and J. H. Enemark, *J. Organomet. Chem.*, 1973, **49**, 233.
127. L. Vancea, M. J. Bennett, C. E. Jones, R. A. Smith and W. A. G. Graham, *Inorg. Chem.*, 1977, **16**, 897.
128. W. Johnson and J. Huffman, unpublished work cited in R. V. Schultz, F. Sato and L. J. Todd, *J. Organomet. Chem.*, 1977, **125**, 115.
129. P. Dodman and T. A. Hamor, *J. Chem. Soc., Dalton Trans.*, 1974, 1010.
130. I. L. C. Campbell and F. S. Stephens, *J. Chem. Soc., Dalton Trans.*, 1975, 22.
131. P. Skarstad, P. Janse van Vuuren, J. Meinwald and R. E. Hughes, *J. Chem. Soc., Perkin Trans. 2*, 1975, 88.
132. M. Green, B. Lewis, J. J. Daly and F. Sanz, *J. Chem. Soc., Dalton Trans.*, 1975, 1118.
133. B. Dickens and W. N. Lipscomb, *J. Am. Chem. Soc.*, 1961, **83**, 4862*; *J. Chem. Phys.*, 1962, **37**, 2084.
134. M. R. Churchill and B. G. DeBoer, *Inorg. Chem.*, 1973, **12**, 525.
135. P. Janse van Vuuren, R. J. Fletterick, J. Meinwald and R. E. Hughes, *Chem. Commun.*, 1970, 883*; *J. Am. Chem. Soc.*, 1971, **93**, 4394.
136. A. N. Nesmeyanov, G. K. Semin, T. L. Khotsyanova, E. V. Bryukhova, N. A. Vol'kenau and E. I. Sirotkina, *Dokl. Akad. Nauk SSSR*, 1972, **202**, 854.
137. J. F. Guerchais, F. Le Floch-Perennou, F. Y. Petillon, A. N. Keith, L. Manojlovic-Muir, K. W. Muir and D. W. A. Sharp, *J. Chem. Soc., Chem. Commun.*, 1979, 410.
138. M. G. Waite and G. A. Sim, *J. Chem. Soc. (A)*, 1971, 1009.
139. I. C. Paul, S. M. Johnson, L. A. Paquette, J. H. Barrett and R. J. Haluska, *J. Am. Chem. Soc.*, 1968, **90**, 5023*; S. M. Johnson and I. C. Paul, *J. Chem. Soc. (B)*, 1970, 1783.
140. T. N. Margulis, L. Schiff and M. Rosenblum, *J. Am. Chem. Soc.*, 1965, **87**, 3269.
141. W. Siebert, G. Augustin, R. Full, C. Krüger and Y.-H. Tsay, *Angew. Chem.*, 1975, **87**, 286 (*Angew. Chem., Int. Ed. Engl.*, 1975, **14**, 262).
142. A. de Cian, P. M. L'Huillier and R. Weiss, *Bull. Soc. Chim. Fr.*, 1973, 457.
143. M. R. Churchill, J. Wormald, D. A. Ross, J. E. Thomasson and A. Wojcicki, *J. Am. Chem. Soc.*, 1970, **92**, 1795*; M. R. Churchill and J. Wormald, *J. Am. Chem. Soc.*, 1971, **93**, 354.
144. G. D. Annis, S. V. Ley, R. Sivaramakrishnan, A. M. Atkinson, D. Rogers and D. J. Williams, *J. Organomet. Chem.*, 1979, **182**, C11.
145. K. Nakatsu, T. Mitsudo, H. Nakanishi, Y. Watanabe and Y. Takegami, *Chem. Lett.*, 1977, 1447.
146. H. Vahrenkamp and E. Keller, *Chem. Ber.*, 1979, **112**, 1991.
147. F.-W. Grevels, U. Feldhoff, J. Leitich and C. Krüger, *J. Organomet. Chem.*, 1976, **118**, 79.
148. H. Behrens, G. Thiele, A. Pürzer, P. Würstle and M. Moll, *J. Organomet. Chem.*, 1978, **160**, 255.
149. E. O. Greaves, G. R. Knox, P. L. Pauson, S. Toma, G. A. Sim and D. I. Woodhouse, *J. Chem. Soc., Chem. Commun.*, 1974, 257*; G. A. Sim and D. I. Woodhouse, *Acta Crystallogr.*, 1979, **B35**, 1477.
150. F. Mathey, A. Mitschler and R. Weiss, *J. Am. Chem. Soc.*, 1977, **99**, 3537.
151. W. K. Dean and D. G. Van Derveer, *J. Organomet. Chem.*, 1978, **145**, 49.
152. A. C. Barefoot, E.W. Corcoran, R. P. Hughes, D. M. Lemal, W. D. Saunders, B. B. Laird and R. E. Davis, *J. Am. Chem. Soc.*, 1981, **103**, 970.
153. P. J. Hansen and R. A. Jacobson, *J. Organomet. Chem.*, 1966, **6**, 389.
154. S. R. Hall, B. W. Skelton and A. H. White, *Aust. J. Chem.*, 1978, **31**, 1619.
155. R. C. Pettersen, J. L. Cihonsky, F. R. Young and R. A. Levenson, *J. Chem. Soc., Chem. Commun.*, 1975, 370*; R. C. Pettersen and R. A. Levenson, *Acta Crystallogr.*, 1976, **B32**, 723.
156. R. Guilard and Y. Dusausoy, *J. Organomet. Chem.*, 1974, **77**, 393.
157. M. J. Bennett, J. L. Pratt, K. A. Simpson, L. K. K. Li Shing Man and J. Takats, *J. Am. Chem. Soc.*, 1976, **98**, 4810.
158. A. de Cian and R. Weiss, *Nat. Proprietes Liaison Coordin., Coll. Internat. Paris*, 1970, 261.
159. A. de Cian and R. Weiss, *Acta Crystallogr.*, 1972, **B28**, 3273.
160. J. C. Barborak, S. L. Watson, A. T. McPhail and R. W. Miller, *J. Organomet. Chem.*, 1980, **185**, C29.
161. F. A. Cotton and J. M. Troup, *J. Am. Chem. Soc.*, 1973, **95**, 3798*.

162. F. A. Cotton and J. M. Troup, *J. Organomet. Chem.*, 1974, **76**, 81.
163. A. H.-J. Wang, I. C. Paul and R. Aumann, *J. Organomet. Chem.*, 1974, **69**, 301.
164. J. Wenger, N. H. Thuy, T. Boschi, R. Roulet, A. Chollet, P. Vogel, A. A. Pinkerton and D. Schwarzenbach, *J. Organomet. Chem.*, 1979, **174**, 89.
165. L. A. Paquette, S. V. Ley, M. J. Broadhurst, D. Truesdell, J. Fayos and J. Clardy, *Tetrahedron Lett.*, 1973, 2943.
166. A. N. Nesmeyanov, G. G. Aleksandrov, M. Y. Antipin, Y. T. Struchkov, Y. A. Belousov, V. N. Babin and N. S. Kochetkova, *J. Organomet. Chem.*, 1977, **137**, 207.
167. J. L. Davidson, M. Green, F. G. A. Stone and A. J. Welch, *J. Chem. Soc., Chem. Commun.*, 1975, 286*; *J. Chem. Soc., Dalton Trans.*, 1976, 2044.
168. M. J. Bennett, F. A. Cotton, A. Davison, J. W. Faller, S. J. Lippard and S. M. Morehouse, *J. Am. Chem. Soc.*, 1966, **88**, 4371.
169. G. J. Palenik, *Inorg. Chem.*, 1969, **8**, 2744.
170. F. Takusagawa and T. F. Koetzle, *Acta Crystallogr.*, 1979, **B35**, 2888 (X, at 298 K; N, at 78 K).
171. S. Aime, L. Milone, E. Sappa, A. Tiripicchio and A. M. Mannotti Lanfredi, *J. Chem. Soc., Dalton Trans.*, 1979, 1664.
172. T. H. Whitesides, R. W. Slaven and J. C. Calabrese, *Inorg. Chem.*, 1974, **13**, 1895.
173. T. Mitsudo, H. Watanabe, T. Sasaki, Y. Watanabe, Y. Takegami, K. Kafuku, K. Kinoshita and K. Nakatsu, *J. Chem. Soc., Chem. Commun.*, 1981, 22.
174. R. Allmann, *Angew. Chem.*, 1970, **82**, 982 (*Angew. Chem., Int. Ed. Engl.*, 1970, **9**, 958).
175. C. Krüger and Y.-H. Tsay, *Cryst. Struct. Commun.*, 1976, **5**, 215.
176. L. H. Hall and G. M. Brown, *Acta Crystallogr.*, 1971, **B27**, 81.
177. S. R. Wilson, P. J. Corvan, R. P. Seiders, D. J. Hodgson, M. Brookhart, W. E. Hatfield, J. S. Miller, A. H. Reis and P. K. Rogan, *NATO Conf. Ser. 6*, 1978, **1**, 407 (*Chem. Abstr.*, 1979, **91**, 174 588).
178. J. W. Bats, J. J. de Boer and D. Bright, *Inorg. Chim. Acta*, 1971, **5**, 605.
179. R. Aumann, H. Ring, C. Krüger and R. Goddard, *Chem. Ber.*, 1979, **112**, 3644.
180. P. G. Lenhert, C. M. Lukehart and L. T. Warfield, *Inorg. Chem.*, 1980, **19**, 2343.
181. H. Blau, W. Malisch, S. Voran, K. Blank and C. Krüger, *J. Organomet. Chem.*, 1980, **202**, C33.
182. L. Chiche, J. Galy, G. Thiollet and F. Mathey, *Acta Crystallogr.*, 1980, **B36**, 1344.
183. G. de Lauzon, B. Deschamps, J. Fischer, F. Mathey and A. Mitschler, *J. Am. Chem. Soc.*, 1980, **102**, 994.
184. H. M. Powell and G. W. R. Bartindale, *J. Chem. Soc.*, 1945, 799.
185. G. Constant, J.-C. Daran and Y. Jeannin, *J. Organomet. Chem.*, 1972, **44**, 353; *J. Inorg. Nucl. Chem.*, 1973, **35**, 4083.
186. B. A. Stork-Blaisse, G. C. Verschoor and C. Romers, *Acta Crystallogr.*, 1972, **B28**, 2445.
187. K. P. Callahan, A. L. Sims, C. B. Knobler, F. Y. Lo and M. F. Hawthorne, *Inorg. Chem.*, 1978, **17**, 1658.
188. V. L. Goedken and S.-M. Peng, *J. Am. Chem. Soc.*, 1974, **96**, 7826.
189. N. A. Bailey, N. Gerloch and R. Mason, *Nature (London)*, 1964, **201**, 72*; N. A. Bailey and R. Mason, *Acta Crystallogr.*, 1966, **21**, 652.
190. D. E. Fjare and W. L. Gladfelter, *J. Am. Chem. Soc.*, 1981, **103**, 1572.
191. C. J. Gilmore and P. Woodward, *Chem. Commun.*, 1970, 1463*; *J. Chem. Soc. (A)*, 1971, 3453.
192. M. I. Bruce and A. D. Redhouse, *J. Organomet. Chem.*, 1971, **30**, C78*; A. D. Redhouse, *J. Chem. Soc., Dalton Trans.*, 1974, 1106.
193. R. E. Davis and R. Pettit, *J. Am. Chem. Soc.*, 1970, **92**, 716.
194. G. D. Andretti, G. Bocelli and P. Sgarabotto, *J. Organomet. Chem.*, 1978, **150**, 85.
195. P. T. Greene and R. F. Bryan, *J. Chem. Soc. (A)*, 1970, 2261.
196. V. G. Andrianov, Y. T. Struchkov, I. B. Zlotina and M. A. Khomutov, *Koord. Khim.*, 1979, **5**, 1872.
197. P. Braunstein, E. Sappa, A. Tiripicchio and M. Tiripicchio-Camellini, *Inorg. Chim. Acta*, 1980, **45**, L191.
198. M. R. Churchill and K. Gold, *Chem. Commun.*, 1968, 693*; *Inorg. Chem.*, 1969, **8**, 401.
199. E. Meier, O. Cherpillod, T. Boschi, R. Roulet, P. Vogel, C. Mahaim, A. A. Pinkerton, D. Schwarzenbach and G. Chapuis, *J. Organomet. Chem.*, 1980, **186**, 247.
200. T. E. Borovyak, V. E. Shklover, A. I. Gusev, S. P. Gubin, A. A. Koridze and Y. T. Struchkov, *Zh. Strukt. Khim.*, 1970, **11**, 1087.
201. D. I. Woodhouse, G. A. Sim and J. G. Sime, *J. Chem. Soc., Dalton Trans.*, 1974, 1331.
202. A. D. Charles, P. Diversi, B. F. G. Johnson, K. D. Karlin, J. Lewis, A. V. Rivera and G. M. Sheldrick, *J. Organomet. Chem.*, 1977, **128**, C31*; A. V. Rivera and G. M. Sheldrick, *Acta Crystallogr.*, 1978, **B34**, 1716.
203. N. D. Jones, R. E. Marsh and J. H. Richards, *Acta Crystallogr.*, 1965, **19**, 330.
204. J. C. Barborak, L. W. Dasher, A. T. McPhail, J. B. Nichols and K. D. Onan, *Inorg. Chem.*, 1978, **17**, 2936.
205. F. A. Cotton and J. M. Troup, *J. Am. Chem. Soc.*, 1973, **95**, 3798.
206. F. A. Cotton and J. M. Troup, *J. Organomet. Chem.*, 1974, **77**, 369.
207. R. L. Beddoes, P. F. Lindley and O. S. Mills, *Angew. Chem.*, 1970, **32**, 293 (*Angew. Chem., Int. Ed. Engl.*, 1970, **9**, 304).
208. F. A. Cotton, B. A. Frenz and A. Shaver, *Inorg. Chim. Acta*, 1973, **7**, 161.
209. O. L. Carter, A. T. McPhail and G. A. Sim, *J. Chem. Soc. (A)*, 1967, 365.
210. C. Willi, A. H. Reis, E. Gebert and J. S. Miller, *Inorg. Chem.*, 1981, **20**, 313.
211. I. W. Bassi and R. Scordamaglia, *J. Organomet. Chem.*, 1972, **37**, 353.
212. E. Koerner von Gustorf, F.-W. Grevels, C. Krüger, G. Olbrich, F. Mark, D. Schulz and R. Wagner, *Z. Naturforsch., Teil B*, 1972, **27**, 392.
213. E. Keller and H. Vahrenkamp, *Chem. Ber.*, 1978, **111**, 65.

214. D. S. Brown and G. W. Bushnell, *Acta Crystallogr.*, 1967, **22**, 296.
215. C. Krüger and Y.-H. Tsay, *Angew. Chem.*, 1971, **83**, 250 (*Angew. Chem., Int. Ed. Engl.*, 1971, **10**, 261)*; *J. Organomet. Chem.*, 1971, **33**, 59.
216. C. S. Gibbons and J. Trotter, *J. Chem. Soc. (A)*, 1971, 2659.
217. W. Siebert, R. Full, J. Edwin, K. Kinberger and C. Krüger, *J. Organomet. Chem.*, 1977, **131**, 1.
218. J. Miller, A. L. Balch and J. H. Enemark, *J. Am. Chem. Soc.*, 1971, **93**, 4613.
219. W. M. Maxwell, R. F. Bryan and R. N. Grimes, *J. Am. Chem. Soc.*, 1977, **99**, 4008.
220. W. M. Maxwell, E. Sinn and R. N. Grimes, *J. Am. Chem. Soc.*, 1976, **98**, 3490.
221. C. L. Raston, D. Wege and A. H. White, *Aust. J. Chem.*, 1977, **30**, 2153.
222. R. W. Baker and P. Pauling, *Chem. Commun.*, 1970, 573.
223. A. P. Krukonis, J. Silverman and N. F. Yannoni, *Acta Crystallogr.*, 1972, **B28**, 987.
224. F. H. Herbstein and M. Kaftory, *Acta Crystallogr.*, 1977, **B33**, 3318.
225. A. N. Nesmeyanov, L. V. Rybin, N. A. Stelzer, Y. T. Struchkov, A. S. Batsanov and M. I. Rybinskaya, *J. Organomet. Chem.*, 1979, **182**, 399.
226. A. N. Nesmeyanov, Y. A. Belousov, V. N. Babin, G. G. Aleksandrov, Y. T. Struchkov and N. S. Kochetkova, *Inorg. Chim. Acta*, 1977, **23**, 155.
227. P. E. Riley, R. E. Davis, N. T. Allison and W. M. Jones, *J. Am. Chem. Soc.*, 1980, **102**, 2458.
228. M. El Borai, R. Guilard, P. Fournari, Y. Dusausoy and J. Protas, *J. Organomet. Chem.*, 1978, **148**, 285.
229. T. S. Cameron and R. E. Cordes, *Acta Crystallogr.*, 1979, **B35**, 748.
230. E. B. Fleischer and S. W. Hawkinson, *Acta Crystallogr.*, 1967, **22**, 376.
231. G. J. Palenik, *Inorg. Chem.*, 1970, **9**, 2424.
232. F. A. Cotton, V. W. Day, B. A. Frenz, K. I. Hardcastle and J. M. Troup, *J. Am. Chem. Soc.*, 1973, **95**, 4522.
233. A. N. Nesmeyanov, M. V. Tolstaya, M. I. Rybinskaya, G. A. Shul'pin, N. G. Bokii, A. S. Batsanov and Y. T. Struchkov, *J. Organomet. Chem.*, 1977, **142**, 89.
234. B. M. Foxman, P. T. Klemarczyk, R. E. Liptrot and M. Rosenblum, *J. Organomet. Chem.*, 1980, **187**, 253.
235. J. R. Blackborow, K. Hildenbrand, E. Koerner von Gustorf, A. Scrivanti, C. R. Eady, D. Ehntolt and C. Krüger, *J. Chem. Soc., Chem. Commun.*, 1976, 16.
236. M. G. Newton, R. B. King, M. Chang and J. Gimeno, *J. Am. Chem. Soc.*, 1979, **101**, 2627.
237. H. Patin, G. Mignani, C. Mahe, J.-Y. Le Marouille, A. Benoit and D. Grandjean, *J. Organomet. Chem.*, 1980, **193**, 93.
238. B. M. Foxman, *J. Chem. Soc., Chem. Commun.*, 1975, 221.
239. A. R. Forrester, S. P. Hepburn, R. S. Dunlop and H. H. Mills, *Chem. Commun.*, 1969, 698.
240. R. N. Grimes, E. Sinn and R. B. Maynard, *Inorg. Chem.*, 1980, **19**, 2384.
241. J. S. Ricci, C. A. Eggers and I. Bernal, *Inorg. Chim. Acta*, 1972, **6**, 97.
242. R. D. Rogers, W. J. Cook and J. L. Atwood, *Inorg. Chem.*, 1979, **18**, 279.
243. D. R. Wilson, A. A. DiLullo and R. D. Ernst, *J. Am. Chem. Soc.*, 1980, **102**, 5928.
244. J. M. Castro and H. Hope, *Inorg. Chem.*, 1978, **17**, 1444.
245. F. Richter and H. Vahrenkamp, *Angew. Chem.*, 1978, **90**, 474 (*Angew. Chem., Int. Ed. Engl.*, 1978, **17**, 444).
246. P. A. Agron, R. D. Ellison and H. A. Levy, *Acta Crystallogr.*, 1967, **23**, 1079.
247. H. Beurich, T. Madach, F. Richter and H. Vahrenkamp, *Angew. Chem.*, 1979, **91**, 751 (*Angew. Chem., Int. Ed. Engl.*, 1979, **18**, 690).
248. M. B. Hursthouse, A. G. Massey, A. J. Tomlinson and D. S. Urch, *J. Organomet. Chem.*, 1970, **21**, P51.
249. F. S. Stephens, *J. Chem. Soc., Dalton Trans.*, 1974, 13.
250. E. O. Fischer, M. Schluge, J. O. Besenhard, P. Friedrich, G. Huttner and F. R. Kreissl, *Chem. Ber.*, 1978, **111**, 3530.
251. R. Goddard, J. Howard and P. Woodward, *J. Chem. Soc., Dalton Trans.*, 1974, 2025.
252. F. Richter and H. Vahrenkamp, *Angew. Chem.*, 1979, **91**, 566 (*Angew. Chem., Int. Ed. Engl.*, 1979, **18**, 531).
253. J. A. Labinger, K. S. Wong and W. R. Scheidt, *J. Am. Chem. Soc.*, 1978, **100**, 3254*; *Inorg. Chem.*, 1979, **18**, 136.
254. A. Bond, M. Bottrill, M. Green and A. J. Welch, *J. Chem. Soc., Dalton Trans.*, 1977, 2372.
255. P. Narbel, T. Boschi, R. Roulet, P. Vogel, A. A. Pinkerton and D. Schwarzenbach, *Inorg. Chim. Acta*, 1979, **36**, 161.
256. M. R. Churchill and J. P. Fennessey, *Chem. Commun.*, 1970, 1056.
257. A. de Cian, R. Weiss, J.-P. Haudegond, Y. Chauvin and D. Commereuc, *J. Organomet. Chem.*, 1980, **187**, 73.
258. H. J. Langenbach, E. Keller and H. Vahrenkamp, *Angew. Chem.*, 1977, **89**, 197 (*Angew. Chem., Int. Ed. Engl.*, 1977, **16**, 188)*; *J. Organomet. Chem.*, 1979, **171**, 259.
259. A. A. Pinkerton, G. Chapuis, P. Vogel, U. Hänisch, P. Narbel, T. Boschi and R. Roulet, *Inorg. Chim. Acta*, 1979, **35**, 197.
260. G. E. Herberich, E. Bauer, J. Hengesbach, U. Kölle, G. Huttner and H. Lorenz, *Chem. Ber.*, 1977, **110**, 760.
261. E. Skrzypczak-Jankun, A. Hoser, E. Grzesiak and Z. Kaluski, *Acta Crystallogr.*, 1980, **B36**, 934.
262. P. Batail, D. Grandjean, D. Astruc and R. Dabard, *J. Organomet. Chem.*, 1975, **102**, 79.
263. C. Lecomte, Y. Dusausoy, R. Broussier, B. Gautheron and J. Protas, *C. R. Hebd. Seances Acad. Sci.*, 1972, **275C**, 1263*; *Acta Crystallogr.*, 1973, **B29**, 1504.
264. F. A. Cotton, V. W. Day and K. I. Hardcastle, *J. Organomet. Chem.*, 1975, **92**, 369.
265. R. E. Davis, T. A. Dodds, T.-H. Hseu, J. C. Wagnon, T. Devon, J. Tancrede, J. S. McKennis and R. Pettit, *J. Am. Chem. Soc.*, 1974, **96**, 7562.
266. C. G. Pierpont and R. Eisenberg, *Inorg. Chem.*, 1972, **11**, 828.
267. F.-W. Grevels, K. Schneider, C. Krüger and R. Goddard, *Z. Naturforsch., Teil B*, 1980, **35**, 360.

268. L. R. Nassimbeni and M. M. Thackeray, *Inorg. Nucl. Chem. Lett.*, 1973, **9**, 539.
269. L. R. Nassimbeni and M. M. Thackeray, *Acta Crystallogr.*, 1974, **B30**, 1072.
270. T. N. Sal'nikova, V. G. Andrianov and Y. T. Struchkov, *Koord. Khim.*, 1977, **3**, 1607.
271. A. H. Cowley, R. E. Davis, M. Lattman, M. McKee and K. Remadna, *J. Am. Chem. Soc.*, 1979, **101**, 5090.
272. A. N. Nesmeyanov, G. G. Aleksandrov, N. G. Bokii, I. B. Zlotina, Y. T. Struchkov and N. E. Kolobova, *J. Organomet. Chem.*, 1976, **111**, C9*.
273. G. G. Aleksandrov, I. B. Zlotina, N. E. Kolobova and Y. T. Struchkov, *Koord. Khim.*, 1977, **3**, 262.
274. R. Goddard and P. Woodward, *J. Chem. Soc., Dalton Trans.*, 1977, 1181.
275. M. Green, S. Tolson, J. Weaver, D. C. Wood and P. Woodward, *Chem. Commun.*, 1971, 222*; J. Weaver and P. Woodward, *J. Chem. Soc. (A)*, 1971, 3521.
276. F. A. Cotton and P. Lahuerta, *Inorg. Chem.*, 1975, **14**, 116.
277. F. A. Cotton, J. M. Troup, W. E. Billups, L. P. Lin and C. V. Smith, *J. Organomet. Chem.*, 1975, **102**, 345.
278. M. Jacob and E. Weiss, *J. Organomet. Chem.*, 1978, **153**, 31.
279. M. J. Bennett, W. Brooks, M. Elder, W. A. G. Graham, D. Hall and R. Kummer, *J. Am. Chem. Soc.*, 1970, **92**, 208*; M. Elder and W. L. Hutcheon, *J. Chem. Soc., Dalton Trans.*, 1972, 175.
280. E. Adman, M. Rosenblum, S. Sullivan and T. N. Margulis, *J. Am. Chem. Soc.*, 1967, **89**, 4540.
281. M. Bottrill, M. Green, E. O'Brien, L. E. Smart and P. Woodward, *J. Chem. Soc., Dalton Trans.*, 1980, 292.
282. B. T. Kilbourn, U. A. Raeburn and D. T. Thompson, *J. Chem. Soc. (A)*, 1969, 1906.
283. M. R. Churchill and K.-K. G. Lin, *J. Chem. Soc., Dalton Trans.*, 1973, **12**, 2274.
284. J. A. D. Jeffreys and C. Metters, *J. Chem. Soc., Dalton Trans.*, 1977, 729.
285. G. G. Cash and R. C. Pettersen, *Inorg. Chem.*, 1978, **17**, 650.
286. I. L. C. Campbell and F. S. Stephens, *J. Chem. Soc., Dalton Trans.*, 1975, 226.
287. H. Stoeckli-Evans, A. G. Osborne and R. H. Whiteley, *J. Organomet. Chem.*, 1980, **194**, 91.
288. G. Allegra, A. Colombo, A. Immirzi and I. W. Bassi, *J. Am. Chem. Soc.*, 1968, **90**, 4455; G. Allegra, A. Colombo and E. R. Mognaschi, *Gazz. Chim. Ital.*, 1972, **102**, 1060 (at 173 K).
289. G. M. Brown and L. H. Hall, *Acta Crystallogr.*, 1977, **B33**, 876.
290. A. Immirzi, *J. Organomet. Chem.*, 1974, **76**, 65.
291. I. L. C. Campbell and F. S. Stephens, *J. Chem. Soc., Dalton Trans.*, 1974, 923.
292. I. C. Paul, *Chem. Commun.*, 1966, 377.
293. J. Schulze, R. Boese and G. Schmid, *Chem. Ber.*, 1980, **113**, 2348.
294. T.-A. Mitsudo, H. Watanabe, Y. Komiya, Y. Watanabe, Y. Takegami, K. Nakatsu, K. Kinoshita and Y. Miyagawa, *J. Organomet. Chem.*, 1980, **190**, C39.
295. M. B. Laing and K. N. Trueblood, *Acta Crystallogr.*, 1965, **19**, 373.
296. G. Huttner and V. Bejenke, *Chem. Ber.*, 1974, **107**, 156.
297. Y. V. Gatilov, N. G. Bokii and Y. T. Struchkov, *Zh. Strukt. Khim.*, 1975, **16**, 855.
298. J. Pickardt, L. Rösch and H. Schumann, *J. Organomet. Chem.*, 1976, **107**, 241.
299. P. S. Elmes, P. Leverett and B. O. West, *Chem. Commun.*, 1971, 747.
300. G. G. Aleksandrov, G. P. Zol'nikova, I. I. Kritskaya and Y. T. Struchkov, *Koord. Khim.*, 1976, **2**, 272.
301. F. A. Cotton, B. G. DeBoer and M. D. LaPrade, in 'Proc. 23rd Internat. Congr. Pure Appl. Chem., Boston', Butterworths, London 1971, vol. 6, p. 1.
302. M. R. Churchill and S. W.-Y. NiChang, *J. Am. Chem. Soc.*, 1973, **95**, 5931.
303. C. Krüger, *Chem. Ber.*, 1973, **106**, 3230.
304. A. A. Pasynskii, Y. V. Skripkin, V. T. Kalinnikov, M. A. Porai-Koshits, A. S. Antsyshkina, G. G. Sadikov and V. N. Ostrikova, *J. Organomet. Chem.*, 1980, **201**, 269.
305. S. S. Crawford, C. B. Knobler and H. D. Kaesz, *Inorg. Chem.*, 1977, **16**, 3201.
306. Y. T. Struchkov, G. G. Aleksandrov, A. Z. Kreindlin and M. I. Rybinskaya, *J. Organomet. Chem.*, 1981, **210**, 237.
307. R. Graziani, U. Casellato and G. Plazzogna, *J. Organomet. Chem.*, 1980, **187**, 381.
308. Z. Kaluski, E. Skrzypczak-Jankun and M. Cygler, *Acta Crystallogr.*, 1979, **B35**, 2699.
309. R. E. Ireland, G. G. Brown, R. H. Stanford and T. C. McKenzie, *J. Org. Chem.*, 1974, **39**, 51.
310. D. Astruc, E. Roman, J.-R. Hamon and P. Batail, *J. Am. Chem. Soc.*, 1979, **101**, 2240.
311. D. Astruc, J.-R. Hamon, G. Althoff, E. Roman, P. Batail, P. Michaud, J.-P. Mariot, F. Varret and D. Cozak, *J. Am. Chem. Soc.*, 1979, **101**, 5445.
312. L. E. McCandlish, B. D. Santarsiero, N. J. Rose and E. C. Lingafelter, *Acta Crystallogr.*, 1979, **B35**, 3053.
313. R. L. Harlow, R. J. McKinney and S. D. Ittel, *J. Am. Chem. Soc.*, 1979, **101**, 7496.
314. J. M. Williams, R. K. Brown, A. J. Schultz, G. D. Stucky and S. D. Ittel, *J. Am. Chem. Soc.*, 1978, **100**, 7407 (N, at 110 K); R. K. Brown, J. M. Williams, A. J. Schultz, G. D. Stucky, S. D. Ittel and R. L. Harlow, *J. Am. Chem. Soc.*, 1980, **102**, 981 (X, at 298 K; N, at 30, 110 K).
315. A. de Cian and R. Weiss, *Chem. Commun.*, 1966, 348*; *Acta Crystallogr.*, 1972, **B28**, 3264.
316. J. W. Johnson and P. M. Treichel, *J. Chem. Soc., Chem. Commun.*, 1976, 688; *J. Am. Chem. Soc.*, 1977, **99**, 1427.
317. J. Trotter, *Acta Crystallogr.*, 1958, **11**, 355.
318. J. D. Edwards, J. A. K. Howard, S. A. R. Knox, V. Riera, F. G. A. Stone and P. Woodward, *J. Chem. Soc., Dalton Trans.*, 1976, 75.
319. K. Broadley, N. G. Connelly, R. M. Mills, M. Whiteley and P. Woodward, *J. Chem. Soc., Chem. Commun.*, 1981, 19.
320. J. W. Johnson and P. M. Treichel, *J. Am. Chem. Soc.*, 1977, **99**, 1427.
321. E. Gyepes and F. Hanic, *Cryst. Struct. Commun.*, 1975, **4**, 229.
322. P. G. Gassman, S. R. Korn, T. F. Bailey, T. H. Johnson, J. Finer and J. Clardy, *Tetrahedron Lett.*, 1979, 3401.

323. T. Mitsudo, T. Sasaki, Y. Watanabe, Y. Takegami, K. Nakatsu, K. Kinoshita and Y. Miyagawa, *J. Chem. Soc., Chem. Commun.*, 1979, 579.
324. T. S. Cameron, J. F. Maguire, T. D. Turbitt and W. E. Watts, *J. J. Organomet. Chem.*, 1973, **49,** C79*; T. S. Cameron and J. F. Maguire, *Acta Crystallogr.*, 1974, **B30,** 1357.
325. A. J. Pearson and P. R. Raithby, *J. Chem. Soc., Perkin Trans. 1*, 1980, 395.
326. G. Maglio, A. Musco, R. Palumbo and A. Sirigu, *Chem. Commun.*, 1971, 100.
327. Y. T. Struchkov, V. G. Andrianov, T. N. Sal'nikova, I. R. Lyatifov and R. B. Materikova, *J. Organomet. Chem.*, 1978, **145,** 213; D. Schmitz, J. Fleischauer, U. Meier, W. Schleker and G. Schmitt, *J. Organomet. Chem.*, 1981, **205,** 381.
328. R.N. Grimes, W. M. Maxwell, R. B. Maynard and E. Sinn, *Inorg. Chem.*, 1980, **19,** 2981.
329. B. T. Huie, C. B. Knobler and H. D. Kaesz, *J. Chem. Soc., Chem. Commun.*, 1975, 684*; *J. Am. Chem. Soc.*, 1978, **100,** 3059 (X, at 134 K).
330. T. F. Koetzle, R. K. McMullan, R. Bau, D. W. Hart, R. G. Teller, D. L. Tipton and R. D. Wilson, *Adv. Chem. Ser.*, 1978, **167,** 61; R. G. Teller, R. D. Wilson, R. K. McMullan, T. F. Koetzle and R. Bau, *J. Am. Chem. Soc.*, 1978, **100,** 3071 (N, at 90 K).
331. T. J. Drahnak, R. West and J. C. Calabrese, *J. Organomet. Chem.*, 1980, **198,** 55.
332. G. Dettlaf, U. Behrens and E. Weiss, *J. Organomet. Chem.*, 1978, **152,** 95.
333. V. G. Andrianov, Y. T. Struchkov, N. E. Kolobova, A. B. Antonova and N. S. Obezyuk, *J. Organomet. Chem.*, 1976, **122,** C33.
334. L. G. Kuz'mina, Y. T. Struchkov and A. I. Nekhaev, *Zh. Strukt. Khim.*, 1972, **13,** 1115.
335. A. de Cian, P. M. L'Huillier and R. Weiss, *Bull. Soc. Chim. Fr.*, 1973, 451.
336. V. G. Albano, A. Araneo, P. L. Bellon, G. Ciani and M. Manassero, *J. Organomet. Chem.*, 1974, **67,** 413.
337. G. Calvarin, J. Bouvaist and D. Weigel, *C. R. Hebd. Seances Acad. Sci.*, 1969, **268C,** 2288.
338. G. Calvarin and D. Weigel, *Acta Crystallogr.*, 1971, **B27,** 1253.
339. A. Robson and M. R. Truter, *Tetrahedron Lett.*, 1964, 3079*; *J. Chem. Soc. (A)*, 1968, 794.
340. K. I. G. Reid and I. C. Paul, *Chem. Commun.*, 1970, 1106.
341. N. G. Connelly, R. L. Kelly, M. D. Kitchen, R. M. Mills, R. F. D. Stansfield, M. W. Whiteley, S. M. Whiting and P. Woodward, *J. Chem. Soc., Dalton Trans.*, 1981, 1317.
342. P. E. Riley and R. E. Davis, *Inorg. Chem.*, 1975, **14,** 2507.
343. M. Hillman, B. Gordon, N. Dudek, R. Fajer, E. Fujita, J. Gaffney, P. Jones, A. J. Weiss and S. Takagi, *J. Organomet. Chem.*, 1980, **194,** 229.
344. M. Hillman and E. Fujita, *J. Organomet. Chem.*, 1978, **155,** 87.
345. T. N. Sal'nikova, V. G. Andrianov, Y. M. Antipin and Y. T. Struchkov, *Koord. Khim.*, 1977, **3,** 939.
346. E. F. Epstein and L. F. Dahl, *J. Am. Chem. Soc.*, 1970, **92,** 502.
347. L. G. Kuz'mina, Y. T. Struchkov, L. L. Troitskaya, V. I. Sokolov and O. A. Reutov, *Izv. Akad. Nauk SSSR, Ser. Khim.*, 1979, 1528.
348. H. Vahrenkamp, *Z. Naturforsch., Teil B*, 1975, **30,** 814.
349. R. M. Moriarty, K.-N. Chen, C.-L. Yeh, J. L. Flippen and J. Karle, *J. Am. Chem. Soc.*, 1972, **94,** 8944*; J. L. Flippen, *Inorg. Chem.*, 1974, **13,** 1054.
350. V. G. Andrianov, Y. T. Struchkov, M. I. Rybinskaya, L. V. Rybin and N. T. Gubenko, *Zh. Strukt. Khim.*, 1972, **13,** 86.
351. V. G. Andrianov and Y. T. Struchkov, *Zh. Strukt. Khim.*, 1971, **12,** 336.
352. L. G. Kuzmina, Y. T. Struchkov and I. I. Kritskaya, *Koord. Khim.*, 1978, **4,** 293.
353. M. R. Churchill and J. Wormald, *Chem. Commun.*, 1968, 1033*; *Inorg. Chem.*, 1969, **8,** 716.
354. E. A. Chernyshev, P. B. Afanasova, N. G. Komalenkova, A. I. Gusev and V. A. Sharapov, *Zh. Obshch. Khim.*, 1978, **48,** 2261.
355. R. D. Adams, D. F. Chodosh, N. M. Golembeski and E. C. Weissman, *J. Organomet. Chem.*, 1979, **172,** 251.
356. C. Lecomte, Y. Dusausoy, J. Protas and C. Moise, *Acta Crystallogr.*, 1973, **B29,** 1127.
357. A. N. Nesmeyanov, E. I. Klimova, Y. T. Struchkov, V. G. Andrianov, V. N. Postnov and V. A. Sazonova, *J. Organomet. Chem.*, 1979, **178,** 343.
358. D. Astruc, R. Dabard, M. Martin, P. Batail and D. Grandjean, *Tetrahedron Lett.*, 1976, 829*; P. Batail, D. Grandjean, D. Astruc and R. Dabard, *J. Organomet. Chem.*, 1976, **110,** 91.
359. U. Shmueli and J. Bernstein, unpublished work cited in Y. Becker, A. Eisenstadt and Y. Shvo, *Tetrahedron*, 1978, **34,** 799.
360. D. P. Freyberg, J. L. Robbins, K. N. Raymond and J. C. Smart, *J. Am. Chem. Soc.*, 1979, **101,** 892 (X).
361. A. Almenningen, A. Haaland, S. Samdal, J. Brunvoll, J. L. Robbins and J. C. Smart, *J. Organomet. Chem.*, 1979, **173,** 293 (E).
362. J. S. Miller, A. H. Reis, E. Gebert, J. J. Ritsko, W. R. Salaneck, L. Kovnat, T. W. Cape and R. P. van Duyne, *J. Am. Chem. Soc.*, 1979, **101,** 7111.
363. A. H. Reis, L. D. Preston, J. M. Williams, S. W. Peterson, G. A. Candela, L. J. Swartzendruber and J. S. Miller, *J. Am. Chem. Soc.*, 1979, **101,** 2756.
364. K. Hirotsu, T. Higuchi and A. Shimada, *Bull. Chem. Soc. Jpn.*, 1968, **41,** 1557.
365. K. Jonas, L. Schieferstein, C. Krüger and Y.-H. Tsay, *Angew. Chem.*, 1979, **91,** 590 (*Angew. Chem., Int. Ed. Engl.*, 1979, **18,** 550).
366. G. J. Small and J. Trotter, *Can. J. Chem.*, 1964, **42,** 1746.
367. A. V. Rivera and G. M. Sheldrick, *Acta Crystallogr.*, 1978, **B34,** 3374.
368. M. A. de Paoli, H.-W. Frühauf, F.-W. Grevels, E. A. Koerner von Gustorf, W. Riemer and C. Krüger, *J. Organomet. Chem.*, 1977, **136,** 219.
369. M. R. Churchill and J. Wormald, *Inorg. Chem.*, 1971, **10,** 572.
370. A. J. Pearson, E. Minicione, M. Chandler and P. R. Raithby, *J. Chem. Soc., Perkin Trans. 1*, 1980, 2774.
371. P. E. Riley and R. E. Davis, *Inorg. Chem.*, 1980, **19,** 159.

372. R. F. Bryan and W. C. Schmidt, *J. Chem. Soc., Dalton Trans.*, 1974, 2337.
373. F. W. B. Einstein and R. D. G. Jones, *J. Chem. Soc., Dalton Trans.*, 1972, 442.
374. M. Bottrill, R. Goddard, M. Green, R. P. Hughes, M. K. Lloyd, B. Lewis and P. Woodward, *J. Chem. Soc., Chem. Commun.*, 1975, 253*; R. Goddard and P. Woodward, *J. Chem. Soc., Dalton Trans.*, 1979, 711.
375. J. Trotter and C. S. Williston, *J. Chem. Soc.* (A), 1967, 1379.
376. F. H. Allen, J. Trotter and C. S. Williston, *J. Chem. Soc.* (A), 1970, 907.
377. H. Stoeckli-Evans, A. G. Osborne and R. H. Whiteley, *Helv. Chim. Acta*, 1976, **59**, 2402.
378. F. Richter and H. Vahrenkamp, *Angew. Chem.*, 1980, **92**, 66 (*Angew. Chem., Int. Ed. Engl.*, 1980, **19**, 65).
379. W. F. Paton, E. R. Corey, J. Y. Corey, M. D. Glick and K. Mislow, *Acta Crystallogr.*, 1977, **B33**, 268.
380. P. M. Treichel, J. W. Johnson and J. C. Calabrese, *J. Organomet. Chem.*, 1975, **88**, 215.
381. A. J. Birch, H. Fitton, M. McPartlin and R. Mason, *Chem. Commun.*, 1968, 531.
382. C. Lecomte, Y. Dusausoy, C. Moise, J. Protas and J. Tirouflet, *C. R. Hebd. Seances Acad. Sci.*, 1971, **273C**, 952*; *Acta Crystallogr.*, 1973, **B29**, 488.
383. M. Hillman and E. Fujita, *J. Organomet. Chem.*, 1978, **155**, 99.
384. L. F. Battell, R. Bau, G. W. Gokel, R. T. Oyakawa and I. Ugi, *Angew. Chem.*, 1972, **84**, 164 (*Angew. Chem., Int. Ed. Engl.*, 1972, **11**, 138)*; *J. Am. Chem. Soc.*, 1973, **95**, 482.
385. W. Siebert, C. Böhle, C. Krüger and Y.-H. Tsay, *Angew. Chem.*, 1978, **90**, 558 (*Angew. Chem., Int. Ed. Engl.*, 1978, **17**, 527).
386. E. Skrzypczak-Jankun and Z. Kaluski, *Bull. Acad. Pol. Sci., Ser. Sci. Chim.*, 1976, **24**, 719.
387. W. Stallings and J. Donohue, *J. Organomet. Chem.*, 1977, **139**, 143.
388. Y. L. Slovokhotov, A. I. Yanoskyi, V. G. Andrianov and Y. T. Struchkov, *J. Organomet. Chem.*, 1980, **184**, C57.
389. G. Davey and F. S. Stephens, *J. Chem. Soc., Dalton Trans.*, 1974, 698.
390. U. Behrens, *J. Organomet. Chem.*, 1979, **182**, 89.
391. K. Takahashi, M. Iwanami, A. Tsai, P. L. Chang, R. L. Harlow, L. E. Harris, J. E. McCaskie, C. E. Pfluger and D. C. Dittmer, *J. Am. Chem. Soc.*, 1973, **95**, 6113 (D)*; R. L. Harlow and C. E. Pfluger, *Acta Crystallogr.*, 1973, **B29**, 2633.
392. M. K. Minasyants, V. G. Andrianov and Y. T. Struchkov, *Zh. Strukt. Khim.*, 1968, **9**, 1055.
393. V. L. Goedken, S.-M. Peng, J. Molin-Norris and Y. Park, *J. Am. Chem. Soc.*, 1976, **98**, 8391.
394. A. A. Koridze, I. T. Chizhevsky, P. V. Petrovskii, E. I. Fedin, N. E. Kolobova, L. E. Vinogradova, L. A. Leites, V. G. Andrianov and Y. T. Struchkov, *J. Organomet. Chem.*, 1981, **206**, 373.
395. V. L. Goedken, J. Molin-Case and Y. Whang, *J. Chem. Soc., Chem. Commun.*, 1973, 337*.
396. A. J. Birch, H. Fitton, R. Mason, G. B. Robertson and J. E. Stangroom, *Chem. Commun.*, 1966, 613*; R. Mason and G. B. Robertson, *J. Chem. Soc.* (A), 1970, 1229.
397. H. Straub, G. Döring and W. Winter, *Z. Naturforsch., Teil B*, 1979, **34**, 125.
398. H. Irngartinger, H. Kimling, A. Krebs and R. Mausbacher, *Tetrahedron Lett.*, 1975, 2571.
399. G. Dettlaf, U. Behrens, T. Eicher and E. Weiss, *J. Organomet. Chem.*, 1978, **152**, 197.
400. Y. T. Struchkov, *Dokl. Akad. Nauk SSSR*, 1956, **110**, 67; Y. T. Struchkov and T. L. Khotsyanova, *Kristallografiya*, 1957, **2**, 382.
401. C. J. Cardin, W. Crawford, W. E. Watts and B. J. Hathaway, *J. Chem. Soc., Dalton Trans.*, 1979, 970.
402. H. Le Bozec, P. Dixneuf, N. J. Taylor and A. J. Carty, *J. Organomet. Chem.*, 1977, **135**, C29*; *Inorg. Chem.*, 1978, **17**, 2568.
403. J. A. McCleverty, S. McLuckie, N. J. Morrison, N. A. Bailey and N. W. Walker, *J. Chem. Soc., Dalton Trans.*, 1977, 359.
404. A. J. Carty, F. Hartstock, N. J. Taylor, H. Le Bozec, P. Robert and P. H. Dixneuf, *J. Chem. Soc., Chem. Commun.*, 1980, 361.
405. V. S. Kuz'min, G. P. Zolnikova, Y. T. Struchkov and I. I. Kritskaya, *Zh. Strukt. Khim.*, 1974, **15**, 162.
406. G. Dettlaf, U. Behrens and E. Weiss, *Chem. Ber.*, 1978, **111**, 3019.
407. A. N. Nesmeyanov, I. S. Astakhova, G. P. Zol'nikova, I. I. Kritskaya and Y. T. Struchkov, *Chem. Commun.*, 1970, 85*; I. S. Astakhova and Y. T. Struchkov, *Zh. Strukt. Khim.*, 1970, **11**, 472.
408. R. L. Sime and R. J. Sime, *J. Am. Chem. Soc.*, 1974, **96**, 892.
409. J. M. Burlitch, M. E. Leonowicz, R. B. Petersen and R. E. Hughes, *Inorg. Chem.*, 1979, **18**, 1097.
410. G. A. Sim, D. I. Woodhouse and G. R. Knox, *J. Chem. Soc., Dalton Trans.*, 1979, 629.
411. R. E. Cobbledick and F. W. B. Einstein, *Acta Crystallogr.*, 1978, **B34**, 1473.
412. R. F. Bryan, *J. Chem. Soc.* (A), 1967, 192.
413. C. Krüger and Y.-H. Tsay, *Cryst. Struct. Commun.*, 1976, **5**, 219.
414. A. N. Nesmeyanov, M. I. Rybinskaya, L. V. Rybin, N. T. Gubenko, N. G. Bokii, A. S. Batsanov and Y. T. Struchkov, *J. Organomet. Chem.*, 1978, **149**, 177.
415. M. Chetcuti, M. Green, J. A. K. Howard, J. C. Jeffery, R. M. Mills, G. N. Pain, S. J. Porter, F. G. A. Stone, A. A. Wilson and P. Woodward, *J. Chem. Soc., Chem. Commun.*, 1980, 1057.
416. L. D. Spaulding, M. Hillman and G. J. B. Williams, *J. Organomet. Chem.*, 1978, **155**, 109.
417. Y. Kawajiri, M. Hisatome and K. Yamakaura, *12th Koen Yoshishu-Hibenzenkei Hokozoku Kagaku Toronkai[oyobi]Kozo Yuki Kagaku Toronkai*, 1979, 281 (*Chem. Abstr.*, 1980, **93**, 8272); M. Hisatome, Y. Kawajiri, K. Yamakaura and Y. Iitaka, *Tetrahedron Lett.*, 1979, 1777.
418. T. N. Sal'nikova, V. G. Andrianov and Y. T. Struchkov, *Koord. Khim.*, 1977, **3**, 768.
419. J.-M. Bassett, M. Green, J. A. K. Howard and F. G. A. Stone, *J. Chem. Soc., Chem. Commun.*, 1977, 853*; J.-M. Bassett, D. E. Berry, G. K. Barker, M. Green, J. A. K. Howard and F. G. A. Stone, *J. Chem. Soc., Dalton Trans.*, 1979, 1003.
420. K. Szulzewsky, I. Seidel, S. Kulpe, E. Hoehne, H. Raubach and U. Stoffer, *Krist. Tech.*, 1979, **14**, 37 (*Chem. Abstr.*, 1979, **91**, 30 928).
421. M. Laing, G. Kruger and A. L. duPreez, *J. Organomet. Chem.*, 1974, **82**, C40.
422. A. J. Pearson and P. R. Raithby, *J. Chem. Soc., Dalton Trans.*, 1981, 884.

423. T. G. Southern, U. Oehmichen, J. Y. Le Marouille, H. Le Bozec, D. Grandjean and P. H. Dixneuf, *Inorg. Chem.*, 1980, **19**, 2976.
424. F. W. B. Einstein and A. C. Willis, *Acta Crystallogr.*, 1980, **B36**, 39.
425. L. M. Cirjak, J.-S. Huang, Z.-H. Zhu and L. F. Dahl, *J. Am. Chem. Soc.*, 1980, **102**, 6623.
426. Y. Yamamoto, K. Aoki and H. Yamazaki, *J. Am. Chem. Soc.*, 1974, **96**, 2647*; K. Aoki and Y. Yamamoto, *Inorg. Chem.*, 1976, **15**, 48.
427. Z. L. Kaluski, A. I. Gusev, A. E. Kalinin and Y. T. Struchkov, *Zh. Strukt. Khim.*, 1972, **13**, 950.
428. M. Mathew and G. J. Palenik, *Inorg. Chem.*, 1972, **11**, 2809.
429. J. J. Guy, B. E. Reichert and G. M. Sheldrick, *Acta Crystallogr.*, 1976, **B32**, 2504.
430. T. Mitsudo, T. Sasaki, Y. Watanabe, Y. Takegami, S. Nishigaki and K. Nakatsu, *J. Chem. Soc., Chem. Commun.*, 1978, 252.
431. D. L. Smith and L. F. Dahl, *J. Am. Chem. Soc.*, 1962, **84**, 1743.
432. R. Gompper, E. Bartmann and H. Nöth, *Chem. Ber.*, 1979, **112**, 218.
433. K. Yasufuku, K. Aoki and H. Yamazaki, *J. Organomet. Chem.*, 1975, **84**, C28.
434. F. A. Cotton, K. I. Hardcastle and G. A. Rusholme, *J. Coord. Chem.*, 1973, **2**, 217.
435. V. G. Andrianov, G. N. Sergeeva, Y. T. Struchkov, K. N. Anisimov, N. E. Kolobova and A. S. Beschastnov, *Zh. Strukt. Khim.*, 1970, **11**, 168.
436. V. L. Goedken, S.-M. Peng and Y. Park, *J. Am. Chem. Soc.*, 1974, **96**, 284.
437. H. J. Langenbach, E. Keller and H. Vahrenkamp, *J. Organomet. Chem.*, 1980, **191**, 95.
438. S. L. Miles, D. L. Miles, R. Bau and T. C. Flood, *J. Am. Chem. Soc.*, 1978, **100**, 7278.
439. D. Ginderow, *Acta Crystallogr.*, 1980, **B36**, 1950.
440. M. Sacerdoti, V. Bertolasi and G. Gilli, *Acta Crystallogr.*, 1980, **B36**, 1061.
441. N. G. Bokii, I. B. Zlotina, N. E. Kolobova and Y. T. Struchkov, *Koord. Khim.*, 1976, **2**, 278.
442. K. H. Dötz, R. Dietz and D. Neugebauer, *Chem. Ber.*, 1979, **112**, 1486.
443. R. L. Avoyan, Y. A. Chapovskii and Y. T. Struchkov, *Zh. Strukt. Khim.*, 1966, **7**, 900; V. A. Semion and Y. T. Struchkov, *Zh. Strukt. Khim.*, 1959, **10**, 88.
444. R. P. Dodge and V. Schomaker, *Nature (London)*, 1960, **186**, 798*; *Acta Crystallogr.*, 1965, **18**, 614.
445. D. Fenske, *Chem. Ber.*, 1979, **112**, 363.
446. Y. A. Chapovskii, V. A. Semion, V. G. Andrianov and Y. T. Struchkov, *Zh. Strukt. Khim.*, 1968, **9**, 1100; V. A. Semion and Y. T. Struchkov, *Zh. Strukt. Khim.*, 1969, **10**, 664.
447. T. G. Attig, R. G. Teller, S.-M. Wu, R. Bau and A. Wojcicki, *J. Am. Chem. Soc.*, 1979, **101**, 619.
448. R. B. English and M. M. de V. Steyn, *Acta Crystallogr.*, 1979, **B35**, 954.
449. R. E. Davis and P. E. Riley, *Inorg. Chem.*, 1980, **19**, 674.
450. F. W. B. Einstein and C.-H. Huang, *Acta Crystallogr.*, 1978, **B34**, 1486.
451. D. Bright and O. S. Mills, *Chem. Commun.*, 1966, 211*; *J. Chem. Soc. (A)*, 1971, 1979.
452. W. Siebert, W. Rothermal, C. Böhle, C. Krüger and D. J. Brauer, *Angew. Chem.*, 1979, **91**, 1014 (*Angew. Chem., Int. Ed. Engl.*, 1979, **18**, 949).
453. L. F. Dahl, R. J. Doedens, W. Hübel and J. Nielsen, *J. Am. Chem. Soc.*, 1966, **88**, 446.
454. N. Y. Kolobova, V. V. Skripkin, G. G. Aleksandrov and Y. T. Struchkov, *J. Organomet. Chem.*, 1979, **169**, 293.
455. M. Cooke, J. A. K. Howard, C. R. Russ, F. G. A. Stone and P. Woodward, *J. Organomet. Chem.*, 1974, **78**, C43*; *J. Chem. Soc., Dalton Trans.*, 1976, 70.
456. P. M. Treichel, D. W. Firsich and T. H. Lemmen, *J. Organomet. Chem.*, 1980, **202**, C77.
457. P. E. Riley, C. E. Capshaw, R. Pettit and R. E. Davis, *Inorg. Chem.*, 1978, **17**, 408.
458. K. Bartl, R. Boese and G. Schmid, *J. Organomet. Chem.*, 1981, **206**, 331.
459. W. R. Cullen, F. W. B. Einstein, C.-H. Huang, A. C. Willis and E.-S. Yeh, *J. Am. Chem. Soc.*, 1980, **102**, 988.
460. B. L. Barnett and C. Krüger, *Cryst. Struct. Commun.*, 1973, **2**, 347.
461. U. Thewalt and D. Schomburg, *Z. Naturforsch., Teil B*, 1975, **30**, 636.
462. M. G. Reisner, I. Bernal, H. Brunner and M. Muschiol, *Angew. Chem.*, 1976, **88**, 847 (*Angew. Chem., Int. Ed. Engl.*, 1976, **15**, 776).
463. R. D. Adams, A. Davison and J. P. Selegue, *J. Am. Chem. Soc.*, 1979, **101**, 7232.
464. G. M. Reisner, I. Bernal, H. Brunner and M. Muschiol, *Inorg. Chem.*, 1978, **17**, 783.
465. C.-K. Chou, D. L. Miles, R. Bau and T. C. Flood, *J. Am. Chem. Soc.*, 1978, **100**, 7271.
466. F. Calderazzo, G. Pampaloni, D. Vitali, G. Pelizzi, I. Collamati, S. Frediani and A. M. Serra, *J. Organomet. Chem.*, 1980, **191**, 217.
467. G. Balavoine, S. Brunie and H. B. Kagan, *J. Organomet. Chem.*, 1980, **187**, 125.
468. V. E. Shklover, V. V. Skripkin, A. I. Gusev and Y. T. Struchkov, *Zh. Strukt. Khim.*, 1972, **13**, 744.
469. P. Conway, S. M. Grant, A. R. Manning and F. S. Stephens, *J. Organomet. Chem.*, 1980, **186**, C61.
470. F. W. B. Einstein and R. Restivo, *Inorg. Chim. Acta*, 1971, **5**, 501.
471. H. Felkin, B. Meunier, C. Pascard and T. Prange, *J. Organomet. Chem.*, 1977, **135**, 361.
472. P. Conway, A. R. Manning and F. S. Stephens, *J. Organomet. Chem.*, 1980, **186**, C64.
473. M. Mangion, J. D. Ragaini, T. A. Schmitkens and S. G. Shore, *J. Am. Chem. Soc.*, 1979, **101**, 754.
474. H. Felkin, P. J. Knowles, B. Meunier, A. Mitschler, L. Ricard and R. Weiss, *J. Chem. Soc., Chem. Commun.*, 1974, 44.
475. J.-M. Bassett, M. Green, J. A. K. Howard and F. G. A. Stone, *J. Chem. Soc., Chem. Commun.*, 1978, 1000*; *J. Chem. Soc., Dalton Trans.*, 1980, 1779.
476. K. Yasufuku, K. Aoki and H. Yamazaki, *Inorg. Chem.*, 1977, **16**, 624.
477. R. K. Pomeroy, L. Vancea, H. P. Calhoun and W. A. G. Graham, *Inorg. Chem.*, 1977, **16**, 1508.
478. V. G. Andrianov, Y. A. Chapovskii, V. A. Semion and Y. T. Struchkov, *Chem. Commun.*, 1968, 282*.
479. V. G. Andrianov and Y. T. Struchkov, *Zh. Strukt. Khim.*, 1968, **9**, 503.
480. Y. A. Chapovskii, V. G. Andrianov, Y. T. Struchkov and V. A. Semion, *Zh. Strukt. Khim.*, 1967, **8**, 559; V. G. Andrianov and Y. T. Struchkov, *Zh. Strukt. Khim.*, 1968, **9**, 240.

481. M. A. Bennett, G. B. Robertson, I. B. Tomkins and P. O. Whimp, *Chem. Commun.*, 1971, 341*; G. B. Robertson and P. O. Whimp, *J. Chem. Soc., Dalton Trans.*, 1973, 2454.
482. Y. A. Simonov, A. A. Dvorkin, I. I. Bulgak, M. P. Starysh and D. G. Batyr, *Koord. Khim.*, 1979, **5**, 1883.
483. R. J. Haines, N. D. C. T. Steen, M. Laing and P. Sommerville, *J. Organomet. Chem.*, 1980, **198**, C72.
484. B. L. Haymore and J. A. Ibers, *Inorg. Chem.*, 1975, **14**, 1369.
485. D. F. Jones, U. Oehmichen, P. H. Dixneuf, T. G. Southern, J. Y. Le Marouille and D. Grandjean, *J. Organomet. Chem.*, 1981, **204**, C1.
486. D. Mansuy, M. Lange, J. C. Chottard, J. F. Bartoli, B. Chevrier and R. Weiss, *Angew. Chem.*, 1978, **90**, 828 (*Angew. Chem., Int. Ed. Engl.*, 1978, **17**, 781).
487. T. Butters, F. Toda and W. Winter, *Angew. Chem.*, 1980, **92**, 952 (*Angew. Chem., Int. Ed. Engl.*, 1980, **19**, 926).
488. V. G. Andrianov, Y. T. Struchkov and E. R. Rossinskaya, *J. Chem. Soc., Chem. Commun.*, 1973, 338*; *Zh. Strukt. Khim.*, 1974, **15**, 74.
489. G. Albertin, A. A. Orio, S. Calogero, L. Di Sipio and G. Pelizzi, *Acta Crystallogr.*, 1976, **B32**, 3023.
490. S.-M. Peng and J. A. Ibers, *J. Am. Chem. Soc.*, 1976, **98**, 8032.
491. C. Caron, A. Mitschler, G. Riviere, L. Ricard, M. Schappacher and R. Weiss, *J. Am. Chem. Soc.*, 1979, **101**, 7401.
492. G. B. Jameson and J. A. Ibers, *Inorg. Chem.*, 1979, **18**, 1200.
493. V. G. Albano, G. Ciani, M. I. Bruce, G. Shaw and F. G. A. Stone, *J. Organomet. Chem.*, 1972, **42**, C99*; V. G. Albano and G. Ciani, *J. Organomet. Chem.*, 1974, **66**, 311.
494. G. Pelizzi, G. Albertin, E. Bordignon, A. A. Orio and S. Calogero, *Acta Crystallogr.*, 1977, **B33**, 3761.

Fe_2 Diiron

Molecular formula	Structure	Notes	Ref.
$Fe_2C_5H_{12}F_{16}N_4OP_8$	$Fe_2(\mu\text{-}PF_2)\{\mu\text{-}(PF_2)_2NMe\}_3(P\!\!=\!\!NMe_2)(CO)$		1
$Fe_2C_6H_4N_2O_6$	$[Fe(\mu\text{-}NH_2)(CO)_3]_2$		2
$Fe_2B_3C_6H_7O_6$	$Fe_2(\mu\text{-}B_3H_7)(CO)_6$		3
$Fe_2C_6O_6S_2$	$Fe_2(\mu\text{-}S_2)(CO)_6$		4
$Fe_2C_6O_6Se_2$	$Fe_2(\mu\text{-}Se_2)(CO)_6$		5
$Fe_2C_7H_2O_6S_2$	$Fe_2(\mu\text{-}S_2CH_2)(CO)_6$		6
$Fe_2C_7H_6F_8N_2O_5P_4$	$Fe_2\{\mu\text{-}(PF_2)_2NMe\}_2(CO)_5$		7
$Fe_2C_8HO_8^-C_{36}H_{30}NP_2^+$	$[PPN][HFe_2(CO)_8]$		8
$Fe_2C_8H_2Br_2O_6$	$Fe_2(\mu\text{-}Br)(\mu\text{-}\eta^1,\eta^2\text{-}CH\!\!=\!\!CHBr)(CO)_6$		9
$Fe_2C_8H_2F_6O_6P_2$	$trans\text{-}Fe_2\{\mu\text{-}HP(CF_3)\}_2(CO)_6$		10
$Fe_2C_8H_6N_2O_6$	$Fe_2(\mu\text{-}N_2Me_2)(CO)_6$		11
$Fe_2C_8H_6F_8N_2O_6P_4$	$[Fe\{\mu\text{-}(PF_2)_2NMe\}(CO)_3]_2$		7
$Fe_2B_{18}C_8H_{22}O_4^{2-}\cdot 2Cs^+\cdot C_3H_6O\cdot H_2O$	$Cs_2[\{Fe(CO)_2(\eta^5\text{-}B_9C_2H_{11})\}_2]\cdot Me_2CO\cdot H_2O$		12
$Fe_2C_8O_8^{2-}FeC_{24}H_{36}N_{12}^{2+}$	$[Fe(Meim)_6][Fe_2(CO)_8]$		13
$Fe_2C_8O_8^{2-}2C_{36}H_{30}NP_2^+\cdot 2C_2H_3N$	$[PPN]_2[Fe_2(CO)_8]\cdot 2MeCN$		14
$Fe_2C_8O_{10}S$	$Fe_2(\mu\text{-}SO_2)(CO)_8$		15
$Fe_2C_9H_2O_7S$	$Fe_2\{\mu\text{-}SC(O)CH\!\!=\!\!CH\}(CO)_6$		16
$Fe_2C_9H_2O_8$	$Fe_2(\mu\text{-}CH_2)(CO)_8$	238	17
$Fe_2C_9H_6N_2O_7$	$Fe_2\{\mu\text{-}(MeN)_2CO\}(CO)_6$		18
$Fe_2C_9H_9O_6S_3^+Fe_2C_{16}F_{24}S_8^-$	$[Fe_2(\mu\text{-}SMe)_3(CO)_6][Fe_2\{S_2C_2(CF_3)_2\}_4]$		19
$Fe_2C_9O_9$	$Fe_2(CO)_9$		20–22
$Fe_2C_{10}H_4O_6$	$Fe(CO)_3\{\eta\text{-}C_4H_4Fe(CO)_3\}$		23
$Fe_2C_{10}H_6F_4O_6S_2$	$Fe_2(\mu\text{-}SMe)_2\{\mu\text{-}\eta^1\text{-}CF(CF_3)\}(CO)_6$	111	24
$Fe_2C_{10}H_6F_4O_6S_2$	$Fe_2(\mu\text{-}SMe)_2(\mu\text{-}\eta^2\text{-}C_2F_4)(CO)_6$		24
$Fe_2C_{10}H_{10}N_2O_2$	$[Fe(\mu\text{-}NO)(\eta\text{-}C_5H_5)]_2$		25
$Fe_2C_{10}H_{10}O_6S_2$	$[Fe(\mu\text{-}SEt)(CO)_3]_2$		26
$Fe_2As_2C_{10}H_{12}O_6$	$[Fe(\mu\text{-}AsMe_2)(CO)_3]_2$		27
$Fe_2As_4C_{10}H_{12}O_6$	$Fe_2(\mu\text{-}As_4Me_4)(CO)_6$		28
$Fe_2C_{10}H_{12}I_2O_6P_2$	$[Fe(\mu\text{-}PMe_2)(I)(CO)_3]_2$		29
$Fe_2C_{10}F_{12}O_6P_2$	$[Fe\{\mu\text{-}P(CF_3)_2\}(CO)_3]_2$		30
$Fe_2C_{11}H_4N_2O_7$	$Fe_2(\mu\text{-}C_4H_4N_2\text{-}1,2)(CO)_7$		31
$Fe_2C_{11}H_6O_6S$	$Fe(CO)_3\{\eta^4\text{-}C_4H_3MeSFe(CO)_3\}$		32
$Fe_2C_{11}H_8N_2O_6$	$Fe_2(\mu\text{-}C_5H_8N_2)(CO)_6$	a	33
$Fe_2C_{11}H_9NO_7S$	$Fe_2(CO)_6\{\mu\text{-}N(Tol)C(O)S\}$		34
$Fe_2AsC_{11}H_{12}NO_7$	$Fe_2(\mu\text{-}AsMe_2)(\mu\text{-}OC\!\!=\!\!NMe_2)(CO)_6$		35
$Fe_2CoC_{11}H_{18}N_2O_7P_3$	$Fe_2Co(\mu\text{-}PMe_2)_3(CO)_5(NO)_2$		36
$Fe_2C_{12}H_5NO_6S$	$Fe_2\{\mu\text{-}C_6H_4(NH)(S)\text{-}1,2\}(CO)_6$		37
$Fe_2C_{12}H_6N_2O_6$	$[Fe\{\mu\text{-}CH_2\!\!=\!\!CH(CN)\}(CO)_3]_2$		38
$Fe_2C_{12}H_6O_2$	$Fe_2(CO)_6\{\mu\text{-}\eta^1,\eta^5\text{-}CH_2C_5H_4\}$	b	39, 40
$Fe_2C_{12}H_6O_2$	$Fe_2(CO)_6(\mu\text{-}C_6H_6)$	c	39, 41
$Fe_2C_{12}H_8O_8$	$Fe(CO)_3\{\eta\text{-}\overline{C(OH)CMeCMeC(OH)}Fe(CO)_3\}$		42
$Fe_2C_{12}H_{10}O_6$	$[Fe(CO)_3(\eta\text{-}C_3H_5)]_2$		43
$Fe_2C_{12}H_{11}O_5P$	$Fe_2(\mu\text{-}PMe_2)(CO)_5(\eta\text{-}C_5H_5)$		44
$Fe_2C_{12}H_{12}N_2O_7$	$Fe_2(\mu\text{-}N\!\!=\!\!CMe_2)(\mu\text{-}ON\!\!=\!\!CMe_2)(CO)_6$		45

1313 Structure Index Fe₂

Molecular formula	Structure	Notes	Ref.
$Fe_2CoC_{12}H_{12}O_8PS_2$	$Fe_2Co(\mu\text{-}PMe_2)(\mu\text{-}SMe)_2(CO)_8$		46
$Fe_2C_{12}H_{12}O_8P_2$	$[Fe(\mu\text{-}PMe_2)(CO)_4]_2$		47
$Fe_2Sn_2C_{12}H_{12}O_8$	$[Fe(\mu\text{-}SnMe_2)(CO)_4]_2$		48, 49
$Fe_2C_{12}H_{14}N_2O_7$	$Fe_2(\mu\text{-}ON=CMe_2)(\mu\text{-}NHCHMe_2)(CO)_6$		50
$Fe_2C_{12}H_{16}F_8N_2P_4$	$\{Fe(\eta\text{-}C_5H_5)\}_2(\mu\text{-}PF_2)(\mu\text{-}PF_2=NMe)\text{-}\{\mu\text{-}(PF_2)_2NMe\}$		51
$Fe_2B_6C_{12}H_{18}$	$1,6\text{-}\{Fe(\eta\text{-}C_5H_5)\}_2\text{-}2,3\text{-}C_2B_6H_8$	113	52
$Fe_2Ge_3C_{12}H_{18}O_6$	$Fe_2(\mu\text{-}GeMe_2)_3(CO)_6$		53
$Fe_2C_{12}H_{24}O_4P_2S_2$	$[Fe(\mu\text{-}SMe)(CO)_2(PMe_3)]_2$		54
$Fe_2C_{12}H_{24}O_6P_2S_3\cdot 0.5C_4H_{10}O$	$Fe_2(\mu\text{-}SMe)_2(\mu\text{-}SO_2)(CO)_4(PMe_3)_2\cdot 0.5Et_2O$		55
$Fe_2C_{12}F_{12}O_6S_2$	$Fe_2\{\mu\text{-}S(CF_3)\}_2\{\mu\text{-}C_2(CF_3)_2\}(CO)_6$		56
$Fe_2C_{13}H_7O_6$	$Fe_2(CO)_6(\mu\text{-}C_7H_7)$	d	57
$Fe_2C_{13}H_8O_5$	$Fe_2(CO)_5(\mu\text{-}cot)$		58
$Fe_2C_{13}H_8O_6$	$Fe_2(CO)_6(\mu\text{-}chpt)$		59
$Fe_2C_{13}H_8O_6S_2$	$Fe_2(\mu\text{-}S_2C_7H_8)(CO)_6$	e	60
$Fe_2C_{13}H_8O_7Se$	$Fe_2(\mu\text{-}C_7H_8OSe)(CO)_6$	f	61
$Fe_2C_{13}H_{10}F_4N_3O_3P_3$	$Fe_2\{\mu\text{-}\overline{P(NPF_2)_2N}\}(CO)_3(\eta\text{-}C_5H_5)_2$		62
$Fe_2C_{13}H_{10}O_5S$	$cis\text{-}Fe_2(CO)_3(SO_2)(\eta\text{-}C_5H_5)_2$		63
$Fe_2C_{13}H_{10}O_8$	$Fe_2(CO)_6(\mu\text{-}C_2Et_2CO)$	g	64
$Fe_2C_{13}H_{12}O_7S$	$Fe_2\{\mu\text{-}OC(=CMe_2)CMe_2S\}(CO)_6$	120	65
$Fe_2C_{13}H_{14}OS_4$	$Fe(CO)\{(\mu\text{-}\eta^2\text{-}S=S)_2Fe(\eta\text{-}C_5H_4Me)\}\text{-}(\eta\text{-}C_5H_4Me)$		66
$Fe_2C_{14}H_6O_6$	$sym\text{-}Fe(CO)_3\{\eta\text{-}C_8H_6Fe(CO)_3\}$	h	67
$Fe_2C_{14}H_6O_6$	$asym\text{-}Fe(CO)_3\{\eta\text{-}C_8H_6Fe(CO)_3\}$	i	68
$Fe_2C_{14}H_6O_6S_2$	$Fe_2(CO)_6(C_8H_6S_2)$	j	68
$Fe_2C_{14}H_7NO_7S$	$Fe_2\{\mu\text{-}SC(O)N(Tol)\}(CO)_6$		69
$Fe_2C_{14}H_8O_5$	$Fe_2(CO)_5(\mu\text{-}\eta^3,\eta^5\text{-}C_9H_8)$	k	70
$Fe_2C_{14}H_8O_6$	$\{Fe(CO)_3\}_2(\mu\text{-}\eta^4,\eta^4\text{-}C_8H_8)$		71
$Fe_2C_{14}H_8O_7$	$Fe_2(CO)_6(\mu\text{-}C_8H_8O)$	l	72
$Fe_2GeC_{14}H_{10}Cl_2O_4$	$\{Fe(CO)_2(\eta\text{-}C_5H_5)\}_2GeCl_2$		73
$Fe_2SbC_{14}H_{10}Cl_2O_4^+Sb_2Cl_7^-$	$[\{Fe(CO)_2(\eta\text{-}C_5H_5)\}_2SbCl_2][Sb_2Cl_7]$		74
$Fe_2SnC_{14}H_{10}Cl_2O_4$	$\{Fe(CO)_2(\eta\text{-}C_5H_5)\}_2SnCl_2$		75
$Fe_2C_{14}H_{10}F_4N_3O_4P_3$	$\{Fe(CO)_2(\eta\text{-}C_5H_5)\}_2\{\overline{P(NPF_2)_2N}\}$		76
$Fe_2C_{14}H_{10}IO_4^+BF_4^-$	$[\{Fe(CO)_2(\eta\text{-}C_5H_5)\}_2I][BF_4]$		77
$Fe_2SnC_{14}H_{10}N_2O_8$	$\{Fe(CO)_2(\eta\text{-}C_5H_5)\}_2Sn(ONO)_2$		78
$Fe_2C_{14}H_{10}O_2S_2$	$cis\text{-}[Fe(CO)(CS)(\eta\text{-}C_5H_5)]_2$		79
$Fe_2C_{14}H_{10}O_3S$	$cis\text{-}Fe_2(CO)_3(CS)(\eta\text{-}C_5H_5)_2$		80
$Fe_2C_{14}H_{10}O_4$	$cis\text{-}[Fe(CO)_2(\eta\text{-}C_5H_5)]_2$		81
$Fe_2C_{14}H_{10}O_4$	$trans\text{-}[Fe(CO)_2(\eta\text{-}C_5H_5)]_2$	X, N	82–84
$Fe_2C_{14}H_{10}O_6$	$Fe_2(CO)_6(\mu\text{-}C_8H_{10})$	m	85
$Fe_2C_{14}H_{10}O_6$	$Fe(\eta^2\text{-}MeCOCH=CH\{Fe(CO)(\eta\text{-}C_5H_5)\})(CO)_4$		86
$Fe_2C_{14}H_{10}O_6S$	$\{Fe(CO)_2(\eta\text{-}C_5H_5)\}_2SO_2$		87
$Fe_2C_{14}H_{10}O_7$	$\{Fe(CO)_3\}_2(\mu\text{-}C_8H_{10}O)$	n	88
$Fe_2C_{14}H_{10}O_7$	$Fe_2(CO)_6(\mu\text{-}C_8H_{10}O)$	o	89
$Fe_2As_2C_{14}H_{12}F_4O_6$	$Fe_2(CO)_6\{\mu\text{-}\eta^2\text{-}\overline{As,As\text{-}(Me_2As)C=C(AsMe_2)CF_2CF_2}\}$		90
$Fe_2NiC_{14}H_{12}N_2O_{10}$	$\{Fe(CO)_4(CONMe_2)\}_2Ni$		91
$Fe_2C_{14}H_{12}O_6Se$	$Fe_2(CO)_6(\mu\text{-}C_8H_{12}Se)$	p	92
$Fe_2C_{14}H_{12}O_8$	$Fe(CO)_3\{\eta\text{-}C_4Et_2(OH)_2\text{-}1,4\text{-}Fe(CO)_3\}$		93
$Fe_2C_{14}H_{16}O_2S_2^+BF_4^-$	$[\{Fe(CO)(SMe)(\eta\text{-}C_5H_5)\}_2][BF_4]$		94
$Fe_2C_{14}H_{20}S_4$	$\{Fe(\eta\text{-}C_5H_5)\}_2(\mu\text{-}S_2)(\mu\text{-}SEt)_2$		95
$Fe_2C_{14}H_{20}S_4^+SbF_6^-$	$[\{Fe(\eta\text{-}C_5H_5)\}_2(\mu\text{-}S_2)(\mu\text{-}SEt)_2][SbF_6]$		96
$Fe_2C_{14}F_4O_8$	$Fe_2(CO)_8(\mu\text{-}1,2\text{-}\eta^2\text{-}C_6F_4)$		97
$Fe_2C_{15}H_8N_2O_7\cdot C_2H_3N$	$Fe(CO)_3\{C_9H_8N_2OFe(CO)_3\}\cdot MeCN$	q	98
$Fe_2C_{15}H_8O_5$	$Fe_2(CO)_5(\mu\text{-}\eta^3,\eta^5\text{-}C_{10}H_8)$	r	99
$Fe_2C_{15}H_8O_8$	$\{Fe(CO)_3\}\{Fe(CO)_4\}(\mu\text{-}\eta^4,\eta^2\text{-}C_8H_8O)$	s	100
$Fe_2C_{15}H_{10}O_6$	$Fe_2(CO)_6(\mu\text{-}C_9H_{10})$	t	101
$Fe_2C_{15}H_{11}O_6PS$	$Fe_2(CO)_6\{\mu\text{-}S(CH_2)_3PPh\}$		102
$Fe_2C_{15}H_{12}O_6$	$Fe_2(CO)_6(\mu\text{-}C_9H_{12})$	u	103
$Fe_2C_{15}H_{12}O_6$	$Fe_2(CO)_6(\mu\text{-}C_9H_{12})$	v	103
$Fe_2C_{15}H_{12}O_7$	$Fe_2(CO)_6(\mu\text{-}C_4Me_4CO)$	w	104
$Fe_2C_{15}H_{13}O_4P$	$Fe(CO)_4\{(\eta^5\text{-}PC_4H_2Me_2\text{-}3,4)Fe(\eta\text{-}C_5H_5)\}$		105
$Fe_2C_{15}H_{14}NO_3^+BF_4^-$	$[cis\text{-}Fe_2(\mu\text{-}CO)(\mu\text{-}CNHMe)(CO)_2\text{-}(\eta\text{-}C_5H_5)_2][BF_4]$		106
$Fe_2C_{15}H_{14}O_3$	$cis\text{-}Fe_2(\mu\text{-}CO)(\mu\text{-}CHMe)(CO)(\eta\text{-}C_5H_5)_2$	220	107
$Fe_2C_{15}H_{15}O_3S^+BC_{24}H_{20}^-$	$[Fe_2(\mu\text{-}SEt)(\mu\text{-}CO)(CO)(\eta\text{-}C_5H_5)_2][BPh_4]$		108
$Fe_2C_{15}H_{15}O_3S^+SbF_6^-$	$[Fe_2(\mu\text{-}SEt)(\mu\text{-}CO)(CO)(\eta\text{-}C_5H_5)_2][SbF_6]$		109
$Fe_2GeC_{15}H_{16}O_3$	$Fe_2(\mu\text{-}GeMe_2)(\mu\text{-}CO)(CO)_2(\eta\text{-}C_5H_5)_2$		110
$Fe_2C_{16}H_{10}O_6$	$\{Fe(CO)_3\}_2\{\mu\text{-}\eta^4,\eta^4\text{-}1,3\text{-}(CH_2=CH)_2C_6H_4\}$	D	111
$Fe_2C_{16}H_{10}O_6$	$\{Fe(CO)_3\}_2\{\mu\text{-}\eta^4,\eta^4\text{-}1,4\text{-}(CH_2=CH)_2C_6H_4\}$	D	111

Fe₂ — Structure Index

Molecular formula	Structure	Notes	Ref.
$Fe_2C_{16}H_{10}O_6$	$Fe_2(CO)_6(\mu\text{-}C_{10}H_{10})$	x	112
$Fe_2C_{16}H_{10}O_6$	$Fe_2(CO)_6(\mu\text{-}C_{10}H_{10})$	y	113
$Fe_2C_{16}H_{10}O_6$	$Fe_2(CO)_6(\mu\text{-}C_{10}H_{10})$	z	114
$Fe_2C_{16}H_{10}O_7$	$\{Fe(CO)_3\}_2(\mu\text{-}C_9H_{10}CO)$	aa	115
$Fe_2C_{16}H_{12}O_6$	$\{Fe(CO)_3\}_2(\mu\text{-}C_{10}H_{12})$	bb	116
$Fe_2C_{16}H_{12}O_6$	$Fe_2(CO)_6(\mu\text{-}C_{10}H_{12})$	cc	117
$Fe_2C_{16}H_{12}O_6$	$Fe_2(CO)_6(\mu\text{-}C_{10}H_{12})$	dd	118
$Fe_2C_{16}H_{12}O_8$	$\{Fe(CO)_4\}_2(\mu\text{-}\eta^2,\eta^2\text{-cod})$		119
$Fe_2PtC_{16}H_{12}O_8$	$Fe_2Pt(CO)_8(cod)$	200	120
$Fe_2SiC_{16}H_{14}O_4$	$\{Fe(CO)_2\}_2\{(\eta\text{-}C_5H_4)_2SiMe_2\}$		121, 122
$Fe_2C_{16}H_{14}O_6$	$\{Fe(CO)_3\}_2(\mu\text{-}C_{10}H_{14})$	ee, ff	123
$Fe_2C_{16}H_{14}O_6$	$\{Fe(CO)_3\}_2(\mu\text{-}C_{10}H_{14})$	ee, gg	123
$Fe_2C_{16}H_{14}O_7$	$Fe_2(CO)_6(\mu\text{-}C_{10}H_{14}O)$	hh	88, 124
$Fe_2C_{16}H_{15}O_3S^+BF_4^-$	$[Fe_2(\mu\text{-}CO)(\mu\text{-}C{=}SEt)(CO)_2(\eta\text{-}C_5H_5)_2][BF_4]$		125
$Fe_2C_{16}H_{15}O_4S^+BF_4^-$	$[\{Fe(CO)_2(\eta\text{-}C_5H_5)\}_2SEt][BF_4]$		126
$Fe_2B_2C_{16}H_{16}O_4$	$[Fe(CO)_2(\eta^6\text{-}C_5H_5BMe)]_2$		127
$Fe_2C_{16}H_{16}N_2O_2$	$[Fe(\mu\text{-}CNMe)(CO)(\eta\text{-}C_5H_5)]_2$		128
$Fe_2PbC_{16}H_{16}O_4$	$\{Fe(CO)_2(\eta\text{-}C_5H_5)\}_2PbMe_2$		129
$Fe_2SnC_{16}H_{16}O_4$	$\{Fe(CO)_2(\eta\text{-}C_5H_5)\}_2SnMe_2$		130
$Fe_2C_{16}H_{18}O_6$	$Fe_2(CO)_6(\mu\text{-}C_2Bu^t_2)$		131
$Fe_2Ge_2C_{16}H_{20}O_8$	$[Fe(\mu\text{-}GeEt_2)(CO)_4]_2$		132
$Fe_2C_{16}H_{20}N_2O_6$	$Fe_2(CO)_6(\mu\text{-}C{=}NEt_2)_2$		133
$Fe_2C_{16}H_{20}N_2S_2$	$[Fe(CN)(SEt)(\eta\text{-}C_5H_5)]_2$		134
$Fe_2C_{16}H_{20}O_4S_2$	$[Fe(CO)_2(\mu\text{-}S,\eta^3\text{-}SCHCEtCHMe)]_2$		135
$Fe_2C_{16}H_{20}O_{10}P_2$	$[Fe(CO)_3(\mu\text{-}\overline{POCH_2CMe_2CH_2O})]_2$		136
$Fe_2HgC_{16}H_{30}N_2O_6P_2$	$\{Fe(CO)_2(NO)(PEt_3)\}_2Hg$		137
$Fe_2CrC_{17}H_5O_{11}P$	$Fe_2Cr(\mu_3\text{-}PPh)(CO)_{11}$		138
$Fe_2C_{17}H_8N_2O_7$	$Fe_2(CO)_7(bipy)$		139
$Fe_2C_{17}H_8O_5$	$Fe_2(CO)_5(\mu\text{-}C_{12}H_8)$	ii	140
$Fe_2C_{17}H_{10}N_2O_3$	$cis\text{-}Fe_2(\mu\text{-}CO)\{\mu\text{-}C{=}C(CN)_2\}(CO)_2(\eta\text{-}C_5H_5)_2$		141
$Fe_2Ni_2C_{17}H_{10}O_7$	$Fe_2Ni_2(\mu_3\text{-}CO)(CO)_6(\eta\text{-}C_5H_5)_2$		142
$Fe_2C_{17}H_{10}O_6$	$\overline{Fe(CO)_2\{\eta^5\text{-}C_5H_4\text{-}\eta^4\text{-}C_6H_6\overline{C}(O)\}\{Fe(CO)_3\}}$		143
$Fe_2C_{17}H_{10}O_7$	$\{Fe(CO)_3\}_2(\mu\text{-}C_{11}H_{10}O)$	jj	144
$Fe_2C_{17}H_{13}NO_6$	$Fe(CO)_3\{\eta^4\text{-}(\overline{CPhCHCHNMe_2})Fe(CO)_3\}$		145
$Fe_2NiC_{17}H_{14}O_6$	$Fe_2Ni(\mu\text{-}C_2Bu^t)(CO)_6(\eta\text{-}C_5H_5)$		146
$Fe_2C_{17}H_{14}O_5$	$Fe_2(CO)_5(\mu\text{-}C_{12}H_{14})$	kk	147
$Fe_2C_{17}H_{15}O_4^+F_6P^-$	$[\{Fe(CO)_2(\eta\text{-}C_5H_5)\}_2C_3H_5][PF_6]$		148
$Fe_2Si_3C_{17}H_{16}Cl_4O_4$	$[Fe(CO)_2(\eta\text{-}C_5H_5)]\text{-}\overline{SiClCH_2SiCl\{Fe(CO)_2(\eta\text{-}C_5H_5)\}}\text{-}CH_2SiCl_2CH_2$		149
$Fe_2C_{17}H_{16}O_4$	$\{Fe(CO)_2(\eta\text{-}C_5H_5)\}_2(CH_2)_3$		150
$Fe_2C_{17}H_{16}O_5$	$Fe_2(\mu\text{-}CO)(CO)_4(\mu\text{-}C_{12}H_{16})$	ll	151
$Fe_2C_{17}H_{16}O_5$	$Fe_2(CO)_5(\mu\text{-}C_{12}H_{16})$	mm	152
$Fe_2C_{17}H_{17}F_3O_2S_2$	$\{Fe(CO)_2(\eta\text{-}C_5H_5)\}_2(\mu\text{-}SMe)\{\mu\text{-}C(CF_3){=}CH(SMe)\}$		153
$Fe_2C_{18}H_8N_2O_6$	$Fe_2(\mu\text{-}N_2C_{12}H_8)(CO)_6$	nn	154
$Fe_2CoSnC_{18}H_{10}ClO_8$	$\{Fe(CO)_2(\eta\text{-}C_5H_5)\}_2\{Co(CO)_4\}SnCl$		155
$Fe_2C_{18}H_{10}ClO_6P$	$Fe_2(\mu\text{-}Cl)(\mu\text{-}PPh_2)(CO)_6$		156
$Fe_2C_{18}H_{10}N_2O_6$	$Fe_2(\mu\text{-}NC_6H_4NPh)(CO)_6$		157
$Fe_2C_{18}H_{10}O_6$	$\{Fe(CO)_3\}_2(\mu\text{-}\eta^4,\eta^4\text{-}C_{12}H_{10})$	oo	158
$Fe_2C_{18}H_{10}O_6S_2$	$[Fe(\mu\text{-}SPh)(CO)_3]_2$		159
$Fe_2Rh_2C_{18}H_{10}O_8$	$Fe_2Rh_2(CO)_8(\eta\text{-}C_5H_5)_2$		160
$Fe_2C_{18}H_{12}O_6$	$exo,endo\text{-}\{Fe(CO)_3\}_2(\mu\text{-}C_{12}H_{12})$	pp	161
$Fe_2C_{18}H_{12}O_7$	$sym\text{-}\{Fe(CO)_3\}_2(\mu\text{-}C_{12}H_{12}O)$	qq	162
$Fe_2C_{18}H_{12}O_7$	$asym\text{-}\{Fe(CO)_3\}_2(\mu\text{-}C_{12}H_{12}O)$	qq	163
$Fe_2C_{18}H_{14}O_4$	$trans\text{-}\{Fe(CO)_2(\eta\text{-}C_5H_5)\}_2(\mu\text{-}CH{=}CHCH{=}CH)$		164, 165
$Fe_2C_{18}H_{14}O_{10}$	$Fe_2(CO)_3(\mu\text{-}CO)(\mu\text{-}C(OEt)\{C_6H_3(OMe)_2\text{-}2,6\})$		166
$Fe_2C_{18}H_{15}NO_8$	$Fe_2(CO)_6\{\mu\text{-}N(CHMePh)CHCO_2Et\}$		167
$Fe_2C_{18}H_{16}O_6$	$Fe_2(CO)_6(\mu\text{-}C_{12}H_{16})$	rr	168
$Fe_2C_{18}H_{18}O_4$	$\{Fe(CO)_2(\eta\text{-}C_5H_5)\}_2(CH_2)_4$		150
$Fe_2C_{18}H_{18}O_7$	$Fe_2(CO)_7(\mu\text{-}C_{11}H_{18})$	ss	169
$Fe_2C_{18}H_{19}NO_3$	$Fe_2(CO)_3(CNBu^i)(\eta\text{-}C_5H_5)_2$		170
$Fe_2C_{18}H_{19}NO_3$	$Fe_2(CO)_3(CNBu^t)(\eta\text{-}C_5H_5)_2$		171
$Fe_2C_{18}H_{20}NO_3^+I^-$	$[cis\text{-}Fe_2(CO)_3(\mu\text{-}C{=}NMe_2)(\eta\text{-}C_5H_4Me)_2]I$		172
$Fe_2C_{18}H_{20}N_2$	$Fe_2(CO)_6(C_{12}H_{20}N_2)$	tt	173
$Fe_2Ge_2C_{18}H_{22}O_5$	$(\{Fe(CO)_2(\eta\text{-}C_5H_5)\}GeMe_2)_2O$		174
$Fe_2B_2C_{18}H_{26}S$	$\{Fe(\eta\text{-}C_5H_5)\}_2\{\mu\text{-}S(BMe)_2(CEt)_2\}$		175
$Fe_2B_8C_{18}H_{30}$	$\{Fe(\eta\text{-}C_5H_5)\}_2Me_4C_4B_8H_8$	I	176, 177
$Fe_2B_8C_{18}H_{30}$	$\{Fe(\eta\text{-}C_5H_5)\}_2Me_4C_4B_8H_8$	II	176, 177

Molecular formula	Structure	Notes	Ref.
$Fe_2B_8C_{18}H_{30}$	$\{Fe(\eta-C_5H_5)\}_2Me_4C_4B_8H_8$	V	177
$Fe_2B_8C_{18}H_{30}$	$1,14-[Fe(\eta-C_5H_5)]_2-2,5,9,12-Me_4C_4B_8H_8$		178
$Fe_2In_2Mn_2C_{18}O_{18}$	$Fe_2\{\mu-InMn(CO)_5\}_2(CO)_8$		179
$Fe_2CrC_{19}H_5O_{13}P$	$Fe_2\{\mu_3-PhPCr(CO)_5\}(CO)_8$		180
$Fe_2MnC_{19}H_{10}O_8P$	$Fe_2\{\mu_3-PhPMn(CO)_2(\eta-C_5H_5)\}(CO)_6$		181
$Fe_2C_{19}H_{10}N_2O_7$	$Fe_2(CO)_6\{(\mu-(PhN)_2CO\}$		182, 183
$Fe_2C_{19}H_{15}NO_5$	$Fe_2(CO)_5(\mu-\eta^3,\eta^5-Me_2NCH=C_5H_3CHC_5H_4)$		184
$Fe_2C_{19}H_{15}NO_{10}S$	$Fe_2(CO)_6(\mu-C_{13}H_{15}NO_4)$	uu	185
$4Fe_2C_{19}H_{16}O_3 \cdot 5I_2$	$[Fe(CH_2COFc)(CO)_2(\eta-C_5H_5)]_4[I_2]_5$		186
$Fe_2C_{19}H_{18}O_6$	$\{Fe(CO)_3\}_2\{\mu-(\eta^4-C_4H_5CHCH_2)_2CH_2\}$		187
$Fe_2C_{19}H_{20}O_5$	$Fe_2(CO)_2(\mu-CO)\{\mu-CH(CO_2Bu^t)\}(\eta-C_5H_5)_2$		188
$Fe_2MnC_{20}H_{10}O_9P$	$Fe_2Mn(\mu_3-PPh)(CO)_9(\eta-C_5H_5)$		189
$Fe_2C_{20}H_{10}F_{12}O_2$	$Fe\{\eta^4-\overline{C(CF_3)=C(CF_3)C(O)C_2(CF_3)_2}Fe(CO)-(\eta-C_5H_5)\}(\eta-C_5H_5)$		190
$Fe_2C_{20}H_{10}O_6$	$Fe(CO)_3\{\eta-\overline{CPh=CHC_6H_4}Fe(CO)_3\}$		191
$Fe_2C_{20}H_{10}O_6S$	$Fe_2(CO)_6(\mu-SC_2Ph_2)$		192
$Fe_2C_{20}H_{10}O_6S_2$	$Fe_2(CO)_6(\mu-S_2C_2Ph_2)$		193
$Fe_2C_{20}H_{10}O_8$	$[Fe(CO)_3\{\mu-C(Ph)O\}]_2$		194
$Fe_2C_{20}H_{12}Cl_2N_2O_8$	$[Fe(CO)_3\{\mu-N,\eta^2-O=NC_6H_3(Cl-3)(Me-2)\}]_2$		195
$Fe_2C_{20}H_{13}NO_6$	$Fe(CO)_3\{\eta-\overline{N(Tol)CH_2C_6H_4}Fe(CO)_3\}$		196
$Fe_2C_{20}H_{14}O_7$	$exo,endo-\{Fe(CO)_3\}_2(\mu-C_{12}H_{11}COMe)$	vv	197
$Fe_2C_{20}H_{15}NO_3$	$Fe_2(CO)_2(\mu-CO)(\mu-CNPh)(\eta-C_5H_5)_2$	D	198
$Fe_2C_{20}H_{15}O_7P$	$Fe_2(\mu-OH)\{\mu-P(Tol)_2\}(CO)_6$		199
$Fe_2C_{20}H_{16}$	$Fe_2(\eta^5,\eta^5-C_{10}H_8)_2$	ww	200
$Fe_2C_{20}H_{16}Cl_2$	bis[1-(1'-Cl-ferrocenyl)]		201
$Fe_2C_{20}H_{18}$	biferrocenyl		202, 203
$Fe_2SnC_{20}H_{18}Cl_2$	Fc_2SnCl_2		204
$Fe_2C_{20}H_{18}O_5$	$Fe_2(CO)_5(\mu-\eta^3,\eta^5-C_{15}H_{18})$	xx, 1	205
$Fe_2C_{20}H_{18}O_5$	$Fe_2(CO)_5(\mu-\eta^3,\eta^5-C_{15}H_{18})$	xx, 2	205
$Fe_2C_{20}H_{18}Se^+I_3^-\cdot I_2 \cdot 0.5CH_2Cl_2$	$[Fc_2Se]I_3 \cdot I_2 \cdot 0.5CH_2Cl_2$	yy	206
$Fe_2C_{20}H_{20}O_6$	$Fe_2(CO)(\mu-CO)\{\mu-\eta^1,\eta^3-C(CO_2Me)C-(CO_2Me)CHMe\}(\eta-C_5H_5)_2$		207
$Fe_2C_{20}H_{22}N_2O_4$	$\{Fe(CO)_2\}_2(\mu-\{\eta-C_5H_4CH(NMe_2)\}_2)$		208
$Fe_2C_{20}H_{22}O_8$	$\{Fe(CO)_3\}_2\{\mu-C_{14}H_{20}(OH)_2\}$	zz	209
$Fe_2C_{20}H_{24}N_2O_2$	$cis-Fe_2(\mu-CO)(\mu-CNPr^i)(CO)(CNPr^i)(\eta-C_5H_5)_2$		210
$Fe_2C_{20}H_{24}N_2O_6$	$Fe_2(CO)_6(\mu-CyN=CHCH=NCy)$		211
$Fe_2C_{21}H_{11}O_6^+BF_4^-$	$[\{Fe(CO)_3(\eta-C_4H_3)\}_2CPh][BF_4]$		212
$Fe_2C_{21}H_{13}NO_6$	$Fe_2(CO)_6(\mu-\eta^2,\eta^3-Ph_2C=C=NMe)$		213
$Fe_2C_{21}H_{18}O$	Fc_2CO		214
$Fe_2C_{21}H_{19}^+BF_4^-$	$[Fc_2CH][BF_4]$		215
$Fe_2C_{21}H_{20}O_5$	$Fe_2(CO)_5(\mu-\eta^3,\eta^5-C_5H_4CMe_2C_5H_4CMe_2)$		216
$Fe_2C_{21}H_{27}O_5P$	$\{Fe_2(CO)_5(PEt_3)\}(\mu-C_{10}H_{12})$	cc	217
$Fe_2C_{21}H_{40}O_{15}P_4$	$Fe_2(\mu-\{(EtO)_2P\}_2O)_2(\mu-CO)(CO)_4$		218
$Fe_2C_{22}H_{10}O_8$	$Fe_2(CO)_8(\mu-C=CPh_2)$		219
$Fe_2C_{22}H_{14}O_6$	$\{Fe(CO)_3\}_2(\mu-\eta^4,\eta^4-C_{16}H_{14})$	aaa	220
$Fe_2MoSnC_{22}H_{15}ClO_7$	$\{Fe(CO)_2(\eta-C_5H_5)\}_2\{Mo(CO)_3(\eta-C_5H_5)\}SnCl$		221
$Fe_2C_{22}H_{16}O_6$	$Fe_2(CO)_6(\mu-C_{16}H_{16})$	bbb	222
$Fe_2C_{22}H_{17}NO_{10}$	$Fe_2(CO)_6(\mu-C_{16}H_{17}NO_4)$	ccc	223
$Fe_2C_{22}H_{18}O_6$	$\{Fe(CO)_3\}_2(\mu-C_{16}H_{18})$	ddd	224
$Fe_2Ni_2C_{22}H_{20}O_6$	$Fe_2Ni_2(CO)_6(\mu-C_2Et_2)(\eta-C_5H_5)_2$		142
$Fe_2C_{22}H_{22}$	$FcCH_2CH_2Fc$		225
$Fe_2As_2CoC_{22}H_{27}O_3$	$\{Fe(CO)(\eta-C_5H_5)\}(\mu-AsMe_2)_2\{CoFe(CO)_2-(\eta-C_5H_5)_2\}$		226
$Fe_2C_{22}H_{29}O_4P_2S_2^+F_6P^-$	$[H\{Fe(\mu-SMe)(CO)_2(PMe_2Ph)\}_2][PF_6]$		227
$Fe_2Si_4C_{22}H_{36}O_{10}$	$Fe(CO)_3\{\eta-C_4(OSiMe_3)_4Fe(CO)_3\}$		228
$Fe_2C_{22}H_{49}O_6P_4S_2^+BC_{24}H_{20}^-$	$[\{Fe(\mu-SMe)(CO)(PMe_3)_2\}_2\{\mu-CH-(CO_2Me)=C(CO_2Me)\}][BPh_4]$	111	229
$Fe_2C_{23}H_{14}O_5$	$Fe_2(CO)_5(\mu-\eta^3,\eta^5-C_5H_4CPh_2)$		216
$Fe_2C_{23}H_{22}F_5O_6P\cdot0.5C_6H_{14}$	$Fe_2(CO)_6\{\mu-\eta^3-C_5F_5(PCy_2)\}\cdot0.5C_6H_{14}$		230
$Fe_2C_{23}H_{22}O_5P_2S_2$	$Fe_2(CO)_5\{Ph\overline{P(CH_2)_3S}\}\{\mu-S(CH_2)_3PPh\}$		231
$Fe_2C_{24}H_{15}F_4NO_4$	$\{Fe(CO)_2(\eta-C_5H_5)\}_2\{\mu-CF=C(CF_3)C=NPh\}$		232
$Fe_2C_{24}H_{15}O_6PS$	$Fe_2(\mu-PPh_2)(\mu-SPh)(CO)_6$		233
$Fe_2C_{24}H_{16}$	$Fe_2(C_{12}H_8)_2$	eee	234
$Fe_2C_{24}H_{16}O_4$	$Fe_2(CO)_4(\mu-\eta^5,\eta^5-C_{20}H_{16})$	fff	235
$Fe_2C_{24}H_{18}N_2$	$Fc_2C=C(CN)_2$		236
$Fe_2C_{24}H_{20}O_2S_2$	$[Fe(\mu-SPh)(CO)(\eta-C_5H_5)]_2$	113	237
$Fe_2SnC_{24}H_{20}O_4$	$\{Fe(CO)_2(\eta-C_5H_5)\}_2Sn(\eta^1-C_5H_5)_2$		238
$Fe_2C_{24}H_{22}O_2$	bis[1-(1'-Ac-ferrocenyl)]		239
$Fe_2C_{24}H_{22}O_4$	bis[1-(1'-CO_2Me-ferrocenyl)]		240
$Fe_2C_{24}H_{22}O_4$	$[Fe(CO)_2(\eta^5-C_{10}H_{11})]_2$	ggg	241

Molecular formula	Structure	Notes	Ref.
$Fe_2C_{24}H_{24}$	1,12-Me_2[1.1]ferrocenophane		242
$Fe_2C_{24}H_{26}$	bis[1-(1'-Et-ferrocenyl)]		243
$Fe_2C_{24}H_{30}O_4$	$[Fe(CO)_2(\eta\text{-}C_5Me_5)]_2$		244
$Fe_2C_{24}H_{30}O_6$	$Fe_2(CO)_5(\mu\text{-}C_{19}H_{30}O)$	hhh	245
$Fe_2C_{24}H_{32}O_4S_2$	$Fe_2(CO)_4(\mu\text{-}\eta^2\text{-}\overline{C{\equiv}CCMe_2CH_2SCH_2CMe_2})_2$		246
$Fe_2C_{24}H_{36}O_4$	$Fe_2(CO)_4(\mu\text{-}\eta^2\text{-}C_2Bu_2^i)_2$		247
$Fe_2Si_6C_{24}H_{40}O_4$	$\{Fe(CO)_2(\eta\text{-}C_5H_5)\}_2Si_6Me_{10}$		248
$Fe_2NiC_{25}H_{15}O_6^-NiC_{11}H_{23}P_2^+$	$[Ni(PMe_3)_2(\eta\text{-}C_5H_5)][Fe_2Ni(CO)_6(\mu\text{-}C_2Ph_2)\text{-}$ $(\eta\text{-}C_5H_5)]$		249 249
$Fe_2C_{25}H_{18}O_8$	$Fe\{\eta\text{-}\overline{C(OMe)CHCHC({=}CPh_2)(OMe)}Fe\text{-}$ $(CO)_3\}(CO)_3$		250, 251
$Fe_2C_{25}H_{18}O_8$	$Fe(CO)_3\text{-}$ $\{\eta\text{-}\overline{C(OMe){=}C(OMe)CH{=}C(CHPh_2)}Fe\text{-}$ $(CO)_3\}$		250, 252
$Fe_2C_{25}H_{33}O_4P$	$\{Fe_2(CO)_4(PEt_3)\}(\mu\text{-}C_{15}H_{18})$	xx	205
$Fe_2C_{26}H_{14}N_2O_9$	$Fe_2(CO)_6(\mu\text{-}C_4H_2O_3)(\mu\text{-}C_4H_2Ph_2N_2)$	iii	253
$Fe_2C_{26}H_{14}O_8$	$\{Fe(CO)_4\}_2(\mu\text{-}\eta^2,\eta^2\text{-}C_5H_4CPh_2)$		254
$Fe_2C_{26}H_{14}O_{10}$	$\{Fe(CO)_3(\eta^4\text{-}C_4H_4CO)\}_2\{\mu\text{-}C_6H_4(OH)_2\text{-}1,4\}$	jjj	255
$Fe_2C_{26}H_{15}O_6P$	$Fe_2(\mu\text{-}PPh_2)(\mu\text{-}\eta^1,\eta^2\text{-}C{\equiv}CPh)(CO)_6$		256
$Fe_2C_{26}H_{15}O_7P$	$Fe_2\{\mu\text{-}C_6H_4(PPh_2)C(CHO)\}(CO)_6$		257
$Fe_2C_{26}H_{19}O_8P$	$Fe(CO)_4\{\eta^2\text{-}Bu^tC{\equiv}C(PPh_2)Fe(CO)_4\}$		258
$Fe_2C_{26}H_{20}N_2O_2$	trans-anti-$[Fe(CO)(\mu\text{-}CNPh)(\eta\text{-}C_5H_5)]_2$		259
$Fe_2SnC_{26}H_{20}O_8S_2$	$\{Fe(CO)_2(\eta\text{-}C_5H_5)\}_2Sn(SO_2Ph)_2$		260
$Fe_2C_{26}H_{28}$	1-Fc-1,3,3-Me_3-$[3^{1,2}]$ferrocenophane		261
$Fe_2Al_4C_{26}H_{34}Cl_2$	$[Fe(\eta\text{-}C_5H_5)(\eta\text{-}C_5H_3Al_2ClMe_3)]_2$		262
$Fe_2Al_2C_{26}H_{40}O_4$	$[Fe(CO)(\mu\text{-}COAlEt_3)(\eta\text{-}C_5H_5)]_2$		263
$Fe_2PtC_{27}H_{15}O_9P$	$Fe_2Pt(CO)_9(PPh_3)$		264
$Fe_2C_{27}H_{16}O_6$	$Fe_2(CO)_6(\mu\text{-}CHPhCPhCPh)$	kkk	265
$Fe_2C_{27}H_{19}O_5P$	$\{Fe_2(CO)_5(PPh_3)\}(\mu\text{-}\eta^2,\eta^2\text{-}C_4H_4)$		266
$Fe_2C_{27}H_{19}O_6P$	$\{Fe_2(CO)_6(PPh_3)\}(\mu\text{-}\eta^1,\eta^3\text{-}C_3H_4)$		267
$Fe_2AgC_{27}H_{20}NO_6P^+\text{-}$ $ClO_4^-\cdot C_6H_6\cdot C_7H_8$	$[Fe_2Ag(\mu\text{-}PPh_2)\{\mu\text{-}CHCPh(NHMe)\}(CO)_6]\text{-}$ $[ClO_4]\cdot C_6H_6\cdot PhMe$		268
$Fe_2C_{27}H_{20}NO_6P\cdot$ $1.5C_6H_6$	$Fe_2(\mu\text{-}PPh_2)(\mu\text{-}CH_2CPh{=}NMe)(CO)_6\cdot$ $1.5C_6H_6$		269
$Fe_2Si_4C_{27}H_{36}O_7$	$Fe_2(CO)_6(\mu\text{-}\{C(C_2SiMe_3){=}C(SiMe_3)\}_2CO)$		270
$Fe_2C_{27}H_{45}N_9$	$Fe_2(CNEt)_9$	233	271
$Fe_2ZnC_{28}H_{16}N_4O_8$	$[Fe\{Zn(bipy)\}(CO)_4]_2$		272
$Fe_2Sn_2C_{28}H_{20}O_8$	$[Fe\{Sn(\eta^1\text{-}C_5H_5)_2\}(CO)_4]_2$		273
$Fe_2C_{28}H_{36}O_6S_2$	$Fe_2(CO)_6\{\mu\text{-}S,\eta^2\text{-}$ $\overline{S{=}C{=}CCMe_2(CH_2)_3CMe_2}\}$		274
$Fe_2C_{29}H_{18}N_2O_6$	$Fe_2(CO)_6(\mu\text{-}C_{23}H_{18}N_2)$	lll	275
$Fe_2C_{30}H_{18}O_6$	$Fe_2(CO)_6(\mu\text{-}C_7H_3Ph_3O)$		276
$Fe_2Cu_2C_{30}H_{20}Cl_2O_4$	$[Fe(\mu\text{-}\eta^1,\eta^2\text{-}C{\equiv}CPh)\text{-}$ $(CuCl)(CO)_2(\eta\text{-}C_5H_5)]_2$	mmm	277
$Fe_2C_{30}H_{20}O_6P_2^{2-}2NaC_{18}\text{-}$ $H_{36}N_2O_6^+$	$[Na(2,2,2\text{-crypt})]_2[Fe_2(\mu\text{-}PPh_2)_2(CO)_6]$	nnn	278
$Fe_2C_{30}H_{21}O_4^+ClO_4^-$	$[\{Fe(CO)_2(\eta\text{-}C_5H_5)\}_2(\mu\text{-}C_4HPh_2)]\text{-}$ $[ClO_4]$	ooo	279
$Fe_2C_{30}H_{26}NO_6P\cdot C_6H_6$	$Fe_2(\mu\text{-}PPh_2)(\mu\text{-}CHCPh{=}NEt_2)\text{-}$ $(CO)_6\cdot C_6H_6$		280
$Fe_2TiC_{30}H_{28}$	$Fc_2Ti(\eta\text{-}C_5H_5)_2$		281
$Fe_2C_{30}H_{30}N_2O_{10}$	$Fe_2(CO)_6(\mu\text{-}C_{24}H_{30}N_2O_4)$	ppp	167
$Fe_2Ge_2C_{31}H_{20}O_7$	$Fe_2(\mu\text{-}GePh_2)_2(\mu\text{-}CO)(CO)_6$		282
$Fe_2C_{31}H_{22}O_6P_2$	$HFe_2\{\mu\text{-}(Ph_2P)_2CH\}(CO)_6$		283
$Fe_2C_{31}H_{23}O_6P_2^-\text{-}$ $NaC_8H_{16}O_2^+$	$[Na(THF)_2][Fe_2(\mu\text{-}PPh_2)_2(COMe)(CO)_5]$		284
$Fe_2C_{31}H_{23}O_6P_2^-\text{-}$ $C_{36}H_{30}NP_2^+$	$[PPN][Fe_2(\mu\text{-}PPh_2)_2(COMe)(CO)_5]$		284
$Fe_2C_{31}H_{25}N_2O_6P\cdot C_7H_8$	$Fe_2(\mu\text{-}PPh_2)(\mu\text{-}\eta^1,\eta^1\text{-}C\text{-}$ $\{\overline{CN(Me)(CH_2)_2N(Me)}\}{=}CPh)(CO)_6\cdot PhMe$		285
$Fe_2C_{31}H_{25}O_6P$	cis-$Fe_2(CO)_3\{P(OPh)_3\}(\eta\text{-}C_5H_5)_2$		286
$Fe_2Pd_2C_{32}H_{20}Cl_2O_8P_2^-\text{-}$ C_7H_8	$[FePd(\mu\text{-}PPh_2)(\mu\text{-}Cl)(CO)_4]_2\cdot PhMe$		287
$Fe_2C_{32}H_{22}O_7P_2$	$Fe_2(CO)_7(dppm)$		288
$Fe_2BC_{32}H_{24}O_4^-\text{-}$ $C_8H_{20}N^+\cdot 0.5C_4H_8O$	$[NEt_4][Fe_2(CO)_4(\eta\text{-}C_5H_5)\text{-}$ $(\eta\text{-}C_5H_4BPh_3)]\cdot 0.5THF$		289
$Fe_2C_{32}H_{28}NO_6P$	$Fe_2(\mu\text{-}PPh_2)\{\mu\text{-}CHC(NHCy)Ph\}(CO)_6$		290
$Fe_2C_{32}H_{28}NO_6P\cdot$ $0.5C_6H_6$	$Fe_2(\mu\text{-}PPh_2)[\mu\text{-}\eta^1,\eta^1\text{-}CHPhC({=}NHCy)](CO)_6\cdot$ $0.5C_6H_6$		290
$Fe_2C_{32}H_{29}O_{10}P$	$Fe_2(CO)_5\{\mu\text{-}PPh_2C(O)CBu^t{=}C\text{-}$ $C(CO_2Et){=}C(CO_2Et)\}$		291

Molecular formula	Structure	Notes	Ref.
$Fe_2C_{32}H_{30}O_9P_2$	$Fe_2(\mu\text{-}PPh_2)\{\mu\text{-}\eta^1,\eta^1\text{-}C[P(OEt)_3]CPh\}(CO)_6$		292
$Fe_2B_2C_{32}H_{38}N_2O_4$	$[Fe(CO)_2(\eta^5\text{-}Bu^t\overline{NBPhCMeCHCH})]_2$		293
$Fe_2C_{33}H_{24}N_2O_{10}$	$Fe_2(CO)_6(\mu\text{-}\eta^1,\eta^2\text{-}C_{27}H_{24}N_2O_4)$	qqq	294
$Fe_2C_{34}H_{16}O_6$	$Fe_2(CO)_6(\mu\text{-}C_{28}H_{16})$	rrr	295
$Fe_2C_{34}H_{20}O_6$	$Fe(CO)_3\{\eta^4\text{-}C_4Ph_4Fe(CO)_3\}$		296, 297
$Fe_2C_{35}H_{20}O_7 \cdot 0.5C_6H_6$	$Fe_2(CO)_6(\mu\text{-}C_4Ph_4CO) \cdot 0.5C_6H_6$	sss	298
$Fe_2C_{35}H_{29}O_8P$	$Fe_2(CO)_5\{\mu\text{-}PPh_2CPh=C(CO_2Et)C=CBu^tCO\}$		291
$Fe_2C_{36}H_{25}O_6P_2^- LiC_{12}H_{24}O_3^+$	$[Li(THF)_3][Fe_2(\mu\text{-}PPh_2)_2(COPh)(CO)_5]$		284
$Fe_2C_{36}H_{28}N_2O_6$	$Fe_2\{\mu\text{-}NC(Tol)_2\}(CO)_6$		299
$Fe_2C_{36}H_{30}N_4O_6$	$Fe_2\{\mu\text{-}NHN=C(Tol)_2\}(CO)_6$		300
$Fe_2MnC_{37}H_{25}O_8P_2$	$Fe_2Mn(\mu_3\text{-}PPh)(CO)_8(PPh_3)(\eta\text{-}C_5H_5)$		301
$Fe_2C_{37}H_{25}O_5PS$	$Fe_2(CO)_5(PPh_3)(\mu\text{-}SC_2Ph_2)$	113	302
$Fe_2C_{38}H_{20}F_8O_6P_2$	$Fe_2(\mu\text{-}PPh_2)\{\mu\text{-}PPh(C_4F_4C_4F_4Ph)\}(CO)_6$		303
$Fe_2C_{38}H_{20}F_8O_6P_2$	$Fe_2(\mu\text{-}PPh_2)(\mu\text{-}PPh_2C_8F_8)(CO)_6$		303
$Fe_2C_{38}H_{30}O_4$	$\textit{trans-anti-}[Fe(CNPh)(\mu\text{-}CNPh)(\eta\text{-}C_5H_5)]_2$		304
$Fe_2Sn_2C_{38}H_{32}O_{10}S_2$	$[Fe\{SnPh(SO_2Ph)\}(\mu\text{-}OH)(CO)_2(\eta\text{-}C_5H_5)]_2$		305
$Fe_2C_{38}H_{38}O_6P_2$	$Fe_2(\mu\text{-}PPh_2)\{\mu\text{-}C=CPh(PHCy_2)\}(CO)_6$		306
$Fe_2C_{38}H_{42}O$	bis-[3][3][3]-ferrocenophan-1-yl ether		307
$Fe_2Li_4C_{38}H_{62}N_6$	$[Fe(\eta\text{-}C_5H_4Li)_2(\mu\text{-}C_9H_{23}N_3)]_2$	ttt	308
$Fe_2C_{39}H_{27}N_2O_5P$	$\{Fe_2(CO)_5(PPh_3)\}(\mu\text{-}C_4H_2Ph_2N_2)$	uuu	309
$Fe_2C_{39}H_{30}O_3P_2$	$Fe_2(CO)_3(Ph_2PC\equiv CPPh_2)\text{-}(\eta\text{-}C_5H_5)_2$		310
$Fe_2As_2C_{40}H_{32}F_8O_4P_2$	$Fe_2(CO)_4\{\mu\text{-}\eta^2,As,P\text{-}\overline{(Ph_2P)C=C(AsMe_2)CF_2CF_2}\}_2$		311
$Fe_2RhC_{40}H_{34}O_4P_2^+ F_6P^-$	$[RhFe_2(\mu\text{-}PPh_2)_2(CO)_4(\eta\text{-}C_5H_4Me)_2]\text{-}[PF_6]$		312
$Fe_2CoC_{41}H_{33} \cdot 0.5C_6H_{14}$	$(\eta^4\text{-}trans\text{-}Fc_2C_4Ph_2)Co(\eta\text{-}C_5H_5) \cdot 0.5C_6H_{14}$		313
$Fe_2GeC_{42}H_{26}O_8$	$Fe_2\{\mu\text{-}GePh(C_4Ph_4H)\}(CO)_8$		314
$Fe_2C_{43}H_{30}O_5P_2 \cdot C_6H_{12}$	$Fe_2(\mu\text{-}PPh_2)(\eta^1,\eta^2\text{-}C\equiv CPh)(CO)_5(PPh_3) \cdot C_6H_{12}$		315
$Fe_2Sb_2C_{43}H_{30}O_7$	$Fe_2(\mu\text{-}SbPh_2)(Ph)(CO)_7(SbPh_3)$		316
$Fe_2Pt_2C_{44}H_{31}O_8P_2^-\text{-}C_{36}H_{30}NP_2^+ \cdot 2C_3H_6O$	$[PPN][HFe_2Pt_2(CO)_8(PPh_3)_2] \cdot 2Me_2CO$	200	120
$Fe_2Pt_2C_{44}H_{32}O_8P_2$	$H_2Fe_2Pt_2(CO)_8(PPh_3)_2$	200	317
$Fe_2C_{46}H_{10}F_{20}O_6P_2$	$Fe_2\{\mu\text{-}P(C_6F_5)_2\}\{\mu\text{-}\eta^1,\eta^1\text{-}C_4Ph_2\text{-}P(C_6F_5)_2\}(CO)_6$		318
$Fe_2C_{46}H_{30}O_6P_2$	$[Fe(CO)_3\{\mu\text{-}\eta^2,P\text{-}PhC=C(PPh_2)\}]_2$		319
$Fe_2C_{48}H_{28}O_4$	$Fe_2(CO)_4(\mu\text{-}PhC_2C_6H_4C_2Ph)$	vvv	320
$Fe_2C_{48}H_{38}O_6$	$\{Fe(CO)_3\}_2(\mu\text{-}\eta^4,\eta^4\text{-}C_{42}H_{38})$	www	321
$Fe_2C_{51}H_{35}O_5P$	$Fe(CO)_3\{\eta\text{-}C_4Ph_4Fe(CO)_2(PPh_3)\}$	xxx, 113	322
$Fe_2C_{51}H_{56}O_3$	$Fe_2(\mu\text{-}CO)_3(\eta^4\text{-}C_4Bu^t_2\text{-}1,2\text{-}Ph_2\text{-}3,4)_2$		323
$Fe_2C_{53}H_{52}INOP_3^+ F_6P^-$	$[Fe_2(\mu\text{-}np_3)(I)(CO)(\eta\text{-}C_5H_5)_2][PF_6]$		324
$Fe_2Rh_2C_{56}H_{40}O_8P_4$	$[FeRh(\mu\text{-}PPh_2)_2(CO)_4]_2$		325
$Fe_2C_{56}H_{46}O_{10}P_2^{2+}\text{-}2F_6P^-$	$[\{Fe(CO)_2[P(OPh)_3]\}_2(\mu\text{-}C_{16}H_{16})][PF_6]_2$	yyy	326
$Fe_2C_{58}H_{46}O_6P_2^{2+} 2F_6P^- \cdot 0.5C_7H_8$	$[\{Fe(CO)_3\}_2\{\eta^4,\eta^4\text{-}C_{16}H_{16}\text{-}(PPh_3)_2\}][PF_6]_2 \cdot 0.5PhMe$	zzz	327
$Fe_2Ag_2C_{64}H_{44}O_{10}^{2+}\text{-}2F_6P^- \cdot xCH_2Cl_2$	$[\{Fe(CO)_3[\eta^5\text{-}(C_4Ph_4CO)Ag\text{-}(OH)_2)]\}_2][PF_6]_2 \cdot xCH_2Cl_2$	aaaa	328

[a] $C_5H_8N_2$ = 2,3-diazabicyclo[2.2.1]heptane-2,3-diyl. [b] Dark red isomer. [c] Red-orange isomer: C_6H_6 = 1,2,5-η^3:1,4,5-η^3-3-methylenepenta-1,4-diene-1,5-diyl. [d] C_7H_7 = 1-(μ-carbeno)-2,3,4,5-η^4- cyclohexa-2,4-diene. [e] $S_2C_7H_8$ = cyclohepta-4,6-diene-1,3-dithiolato. [f] C_7H_8OSe = 1,2-η^2-hydroseleno-1-cyclohexene-1-carbaldehydato-μ-Se. [g] C_2Et_2CO = 1,2-η^2:1,4-η^2-1,2-Et$_2$-3-oxo-4-oxabut-1-en-1-yl. [h] C_8H_6Fe = 2-ferraindene. [i] C_8H_6Fe = 1-ferraindene. [j] Ligand derived from 2,2'-bithienyl. [k] C_9H_8 = indene. [l] C_8H_8O = 2,3,7-η^3:2,4,6-η^3-cyclooctatrien-1-one. [m] C_8H_{10} = cycloocta-1,3,5-triene. [n] C_8H_{10} = 1,2,3-η^3:3,4,5-η^3-2-Et-4-Me-1-oxopenta-2,3-diene-1,5-diyl. [o] $C_8H_{10}O$ = 2,3,4-η^3:5,6-η^2-7-oxo-octa-3,5-diene-2,7-diyl. [p] $C_8H_{12}Se$ = 1,2-η^2:2-η^1-1-cycloocteno-1-selenato-Se,Se. [q] $C_9H_6N_2OFe$ = 2,6,7,8-η^4-1-ferra-3-oxa-4-NH$_2$-5-CN-7,8-Me$_2$bicyclo[3.3.0^{2,6}]octa-2,4,7-triene. [r] $C_{10}H_8$ = azulene. [s] C_8H_8O = 2,3-η^2:5,5a,6,6a-η^4-5,6-bis(methylene)-7-oxabicyclo[2.2.1]hept-2-ene. [t] C_9H_{10} = 1,2,6-η^3:3,4,5-η^3-bicyclo[6.1.0]nona-1,3,5-triene. [u] C_9H_{12} = 1,2,2a,6-η^4:4,4a,5,5a-η^4-2,4,5-tris(methylene)hexane-1,6-diyl. [v] C_9H_{12} = 2,2a,3,3a-η^4:4,5,5a,6-η^4-2,3,5-tris(methylene)hexane-4,6-diyl. [w] C_4Me_4CO = 1,2,5-η^3:1,4,5-η^3-1,2,4,5-Me$_4$-3-oxopenta-1,4-diene-1,5-diyl. [x] $C_{10}H_{10}$ = 2,3,4,5-η^4:7,8,9,10-η^4-bicyclo[4.2.2]deca-2,4,7,9-tetraene. [y] $C_{10}H_{10}$ = 2,7,8-η^3:3,4,6-η^3-bicyclo[3.3.2]deca-3,7,9-triene-2,6-diyl. [z] $C_{10}H_{10}$ = 2,3,4,8-η^4:6,7,9,10-η^4-bicyclo[3.3.2]deca-3,7,9-triene-2,6-diyl. [aa] $C_9H_{10}CO$ = 2,2a,3,3a-η^4:4,5,5a,6a-η^4-2,3,5-tris(methylene)-6-Me-cyclohex-4-ene-1-one-4,6-diyl. [bb] $C_{10}H_{12}$ = 2,3,4,5-η^4:β,α,1,6-η^4-3,α-Me$_2$styrene. [cc] $C_{10}H_{12}$ = 1,2,6-η^3:3,4,5-η^3-bicyclo[6.2.0]deca-1,3,5-triene. [dd] $C_{10}H_{12}$ = 1′,2′,3-η^3:5a-η^1-allylcyclohexa-2,4-diene-6-ylmethyl. [ee] $C_{10}H_{14}$ = 1,2,3,4-η^4:7,8,9,10-η^4-deca-1,3,7,9-tetraene. [ff] Isomer A. [gg] Isomer B. [hh] $C_{10}H_{14}O$ = 1,2,3-η^3:3,4,5-η^3-2-Bu^t-4-Me-1-oxopenta-2,3-diene-1,5-diyl. [ii] $C_{12}H_8$ = η^3,η^5-acenaphthylene. [jj] $C_{11}H_{10}O$ = 2,3,4,5-η^4:7,8,9,10-η^4-bicyclo[4.3.1]deca-2,4,8-triene-7,10-diylcarbonyl. [kk] $C_{12}H_{14}$ = η^3,η^5-(1-Me-3-cyclopropylallyl)cyclopentadienyl. [ll] $C_{12}H_{16}$ = η^4,η^4-1,3,5,7-Me$_2$cot. [mm] $C_{12}H_{16}$

= 1,2,3-η^3:4,5-η^2:7,7a,8-η^3-1,3,5-Me$_3$-7-methylenecycloocta-1,3,5-triene. ^{nn} N$_2$C$_{12}$H$_8$ = benzo[c]cinnoline. ^{oo} C$_{12}$H$_{10}$ = heptalene. ^{pp} C$_{12}$H$_{12}$ = 5,6,7,8-(CH$_2$)$_4$-bicyclo[2.2.2]oct-2-ene. ^{qq} C$_{12}$H$_{12}$O = 12-oxa[4.4.3]-propella-2,4,7,9-tetraene. ^{rr} C$_{12}$H$_{16}$ = 1,1',2,2'-η^4:2,2'-η^2-(bicyclohex-1-en-1-yl)-2,2'-diyl. ^{ss} C$_{11}$H$_{18}$ = 1,2,3-η^3:2-η^1-cycloundecaallyl. ^{tt} C$_{12}$H$_{20}$N = bis(cyclohexaneiminato). ^{uu} C$_{13}$H$_{15}$NO$_4$ = 1-MeO-3-[1-MeO-N-(4-MeC$_6$H$_4$SO$_2$)formimidoyl]allylidene. ^{vv} 5,6,7-(CH$_2$)$_3$-8-(Z)-Acetylmethylenebicyclo[2.2.2]oct-2-ene. ^{ww} C$_{10}$H$_8$ = fulvalene. ^{xx} C$_{15}$H$_{18}$ = guaiazulene. ^{yy} Mixed valence compound. ^{zz} C$_{14}$H$_{20}$(OH)$_2$ = 1,2,3,4-η^4:11,12,13,14-η^4-tetradeca-1,3,11,13-tetraene-5,10-diol. ^{aaa} C$_{16}$H$_{14}$ = 3,3'-ethano-1,1'-bis(cyclohepta-2,4,6-trienyl). ^{bbb} C$_{16}$H$_{16}$ = 6,7,8,9-η^4:12,13,14,15-η^4-pentacyclo[9.5.0.0^{2,16}.0^{3,5}.0^{4,10}]hexadeca-6,8,12,14-tetraene. ^{ccc} C$_{16}$H$_{17}$NO$_4$ = η^2,η^3-1-(2-Me-1-Ph-prop-1-enylamino)-1,2-(CO$_2$Me)$_2$ethene-1-yl. ^{ddd} C$_{16}$H$_{18}$ = 2,3,4,5-η:2',3',4',5'-η^4-3,3'-bis[bicyclo[4.2.0]octa-2,4-dienyl]. ^{eee} C$_{12}$H$_8$ = η^5,η^5-asym-indacenyl. ^{fff} C$_{20}$H$_{16}$ = 4,4'-biazulenyl. ^{ggg} C$_{10}$H$_{11}$ = 2,3,4,5,6-η^5-tricyclo[6.2.0.0^{2,6}]deca-2,4-dien-6-yl. ^{hhh} C$_{19}$H$_{30}$O = 1,2,3,6,7-η^5:1,4,7-η^3-1,4,6-Bu$_3^t$-5-oxohepta-1,3,6-triene-1,7-diyl. ^{iii} C$_4$H$_2$O$_3$ = maleic anhydride: C$_4$H$_2$Ph$_2$N$_2$ = 3,6-Ph$_2$-1,4-diazene. ^{jjj} H-bonded adduct. ^{kkk} CHPhCPhCPh = 1,2,3-η^3:1,1',2'-η^3-1,2,3-Ph$_3$prop-2-ylidene. ^{lll} C$_{23}$H$_{18}$N$_2$ = 3,5,7-Ph$_3$-4H-1,2-diazepine. ^{mmm} C$_7$H$_3$Ph$_3$O = 1,2,6,7-η^4:1,4,7-η^3-1,3,6-Ph$_3$-5-oxahepta-1,6-diene-1,4,7-triyl. ^{nnn} 2,2,2-crypt = N(C$_2$H$_4$OC$_2$H$_4$OC$_2$H$_4$)$_3$N. ^{ooo} C$_4$HPh$_2$ = 2,4-Ph$_2$cyclobut-1-en-1-yl-3-ylidene. ^{ppp} C$_{24}$H$_{30}$N$_2$O$_4$ = Et$_2$-N-CHMePh-3-CHMePh-amino-aspartato-N,N':N,N'. ^{qqq} C$_{27}$H$_{24}$N$_2$O$_4$ = Me$_2$-1-(1,2-Ph$_2$ethenyl)-4-Ph-pyrazolidine-3,3-dicarboxylate. ^{rrr} C$_{28}$H$_{16}$ = η^4,η^4-9,9-(ethene-1,2-diylidene)-bis(9H-fluorene). ^{sss} C$_4$Ph$_4$CO = 1,2,5-η^3:1,4,5-η^3-1,2,4,5-Ph$_4$-3-oxopenta-1,4-diene-1,5-diyl. ^{ttt} C$_9$H$_{23}$N$_3$ = Me$_5$dien. ^{uuu} C$_4$H$_2$Ph$_2$N$_2$ = 3,6-Ph$_2$pyrazine. ^{vvv} PhC$_2$C$_6$H$_4$C$_2$Ph = (1,2-Ph$_2$dibenzo[a,e]cyclobuta[c]-cyclooctene-7,8-diylidene)dibenzylidene. ^{www} C$_{42}$H$_{38}$ = 1,2,4,5-Ph$_4$-3,6-Bu$_2^t$-tricyclo[6.2.0.0^{2,5}]deca-1,3,5,7,9-pentaene (Bu$_2^t$Ph$_4$benzodicyclobutadiene). ^{xxx} C$_4$Ph$_4$Fe = 2,3,4,5-Ph$_4$ferracyclopentadiene. ^{yyy} C$_{16}$H$_{16}$ = 2,3,4,5,6-η^5:2',3',4',5',6'-η^5-8,8'-bis(bicyclo[5.1.0]octa-3,5-diene-2,2'-diyl). ^{zzz} C$_{16}$H$_{16}$(PPh$_3$)$_2$ = trans-1-(2,3,4,5-η^4-cyclohepta-2,4,6-triene-1-yl)-2-(3,4,5,6-η^4-2,6-(Ph$_3$P)$_2$-cyclohepta-3,5-diene-1-yl)ethylene. ^{aaaa} x = ca. 1.

1. M. G. Newton, R. B. King, M. Chang and J. Gimeno, *J. Am. Chem. Soc.*, 1978, **100**, 326.
2. L. F. Dahl, W. R. Costello and R. B. King, *J. Am. Chem. Soc.*, 1968, **90**, 5422.
3. E. L. Andersen, K. J. Haller and T. P. Fehlner, *J. Am. Chem. Soc.*, 1979, **101**, 4390*; *Inorg. Chem.*, 1981, **20**, 310.
4. C. H. Wei and L. F. Dahl, *Inorg. Chem.*, 1965, **4**, 1.
5. C. F. Campana, F. Y.-K. Lo and L. F. Dahl, *Inorg. Chem.*, 1979, **18**, 3060.
6. A. Shaver, P. J. Fitzpatrick, K. Steliou and I. S. Butler, *J. Am. Chem. Soc.*, 1979, **101**, 1313.
7. M. G. Newton, R. B. King, M. Chang and J. Gimeno, *J. Am. Chem. Soc.*, 1977, **99**, 2802.
8. H. B. Chin and R. Bau, *Inorg. Chem.*, 1978, **17**, 2314.
9. C. Krüger, Y.-H. Tsay, F.-W. Grevels and E. Koerner von Gustorf, *Isr. J. Chem.*, 1972, **10**, 201.
10. W. Clegg and S. Morton, *Inorg. Chem.*, 1979, **18**, 1189.
11. R. J. Doedens and J. A. Ibers, *Inorg. Chem.*, 1969, **8**, 2709.
12. P. T. Green and R. F. Bryan, *Inorg. Chem.*, 1970, **9**, 1464.
13. F. Seel, R. Lehnert, E. Bill and A. Trautwein, *Z. Naturforsch., Teil B*, 1980, **35**, 631.
14. H. B. Chin, M. B. Smith, R. D. Wison and R. Bau, *J. Am. Chem. Soc.*, 1974, **96**, 5285.
15. J. Meunier-Piret, P. Piret and M. van Meerssche, *Bull. Soc. Chim. Belg.*, 1967, **76**, 374.
16. K. Hoffmann and E. Weiss, *J. Organomet. Chem.*, 1977, **128**, 225.
17. C. E. Sumner, P. E. Riley, R. E. Davis and R. Pettit, *J. Am. Chem. Soc.*, 1980, **102**, 1752.
18. R. J. Doedens, *Inorg. Chem.*, 1968, **7**, 2323.
19. A. J. Schultz and R. Eisenberg, *Inorg. Chem.*, 1973, **12**, 518.
20. R. Brill, *Z. Kristallogr., Kristallgeom., Kristallphys. Kristallchem.*, 1927, **65**, 85.
21. H. M. Powell and R. V. G. Ewens, *J. Chem. Soc.*, 1939, 286.
22. F. A. Cotton and J. M. Troup, *J. Chem. Soc., Dalton Trans.*, 1974, 800.
23. G. Dettlaf and E. Weiss, *J. Organomet. Chem.*, 1976, **108**, 213.
24. J. J. Bonnet, R. Mathieu, R. Poilblanc and J. A. Ibers, *J. Am. Chem. Soc.*, 1979, **101**, 7487.
25. J. L. Calderon, S. Fontana, E. Frauendorfer, V. W. Day and S. D. A. Iske, *J. Organomet. Chem.*, 1974, **64**, C16.
26. L. F. Dahl and C. H. Wei, *Inorg. Chem.*, 1963, **2**, 328.
27. E. Keller and H. Vahrenkamp, *Chem. Ber.*, 1977, **110**, 430; 1979, **112**, 1991.
28. B. M. Gatehouse, *Chem. Commun.*, 1969, 948.
29. G. R. Davies, R. H. B. Mais, P. G. Owston and D. T. Thompson, *J. Chem. Soc. (A)*, 1968, 1251.
30. W. Clegg, *Inorg. Chem.*, 1976, **15**, 1609.
31. F. A. Cotton, B. E. Hanson, J. D. Jamerson and B. R. Stults, *J. Am. Chem. Soc.*, 1977, **99**, 3293.
32. P. Hübener and E. Weiss, *J. Organomet. Chem.*, 1977, **129**, 105.
33. R. G. Little and R. J. Doedens, *Inorg. Chem.*, 1972, **11**, 1392.
34. R. Meij, J. van der Helm, D. J. Stufkens and K. Vrieze, *J. Chem. Soc., Chem. Commun.*, 1978, 506.
35. E. Keller, A. Trenkle and H. Vahrenkamp, *Chem. Ber.*, 1977, **110**, 441.
36. E. Keller and H. Vahrenkamp, *Angew. Chem.*, 1977, **89**, 568 (*Angew. Chem., Int. Ed. Engl.*, 1977, **16**, 542)*; *Chem. Ber.*, 1979, **112**, 2347.
37. G. LeBorgne and D. Grandjean, *Acta Crystallogr.*, 1973, **B29**, 1040.
38. M. L. Ziegler, *Angew. Chem.*, 1968, **80**, 239 (*Angew. Chem., Int. Ed. Engl.*, 1968, **7**, 222).
39. M. van Meerssche, P. Piret, J. Meunier-Piret and Y. Degrève, *Bull. Soc. Chim. Belg.*, 1964, **73**, 824*.
40. J. Meunier-Piret, P. Piret and M. van Meerssche, *Acta Crystallogr.*, 1965, **19**, 85.
41. P. Piret, J. Meunier-Piret and M. van Meerssche, *Acta Crystallogr.*, 1965, **19**, 78.
42. A. A. Hock and O. S. Mills, *Proc. Chem. Soc.*, 1958, 233*; *Acta Crystallogr.*, 1961, **14**, 139.
43. C. F. Putnik, J. J. Welter, G. D. Stucky, M. J. D'Aniello, B. A. Sosinsky, J. F. Kirner and E. L. Muetterties, *J. Am. Chem. Soc.*, 1978, **100**, 4107.
44. H. Vahrenkamp, *J. Organomet. Chem.*, 1973, **63**, 399.
45. G. P. Khare and R. J. Doedens, *Inorg. Chem.*, 1976, **15**, 86.

46. E. Keller and H. Vahrenkamp, *Chem. Ber.*, 1981, **114,** 1111.
47. J. A. J. Jarvis, R. H. B. Mais, P. G. Owston and D. T. Thompson, *J. Chem. Soc.* (*A*), 1968, 622.
48. S. Aime, G. Gervasio, L. Milone, R. Rossetti and P. L. Stanghellini, *J. Chem. Soc., Dalton Trans.*, 1978, 534.
49. C. J. Gilmore and P. Woodward, *J. Chem. Soc., Dalton Trans.*, 1972, 1387.
50. S. Aime, G. Gervasio, L. Milone, R. Rossetti and P. L. Stanghellini, *J. Chem. Soc., Chem. Commun.*, 1976, 370.
51. M. G. Newton, R. B. King, M. Chang and J. Gimeno, *J. Am. Chem. Soc.*, 1978, **100,** 1632.
52. K. P. Callahan, W. J. Evans, F. Y. Lo, C. E. Strouse and M. F. Hawthorne, *J. Am. Chem. Soc.*, 1975, **97,** 296.
53. E. H. Brooks, M. Elder, W. A. G. Graham and D. Hall, *J. Am. Chem. Soc.*, 1968, **90,** 3587*; M. Elder and D. Hall, *Inorg. Chem.*, 1969, **8,** 1424.
54. G. LeBorgne, D. Grandjean, R. Mathieu and R. Poilblanc, *J. Organomet. Chem.*, 1977, **131,** 429.
55. N. J. Taylor, M. S. Arabi and R. Mathieu, *Inorg. Chem.*, 1980, **19,** 1740.
56. J. L. Davidson, W. Harrison, D. W. A. Sharp and G. A. Sim, *J. Organomet. Chem.*, 1972, **46,** C47.
57. R. Aumann, H. Wörmann and C. Krüger, *Angew. Chem.*, 1976, **88,** 640 (*Angew. Chem., Int. Ed. Engl.*, 1976, **15,** 609).
58. E. P. Fleischer, A. L. Stone, R. B. K. Dewar, J. D. Wright, C. E. Keller and R. Pettit, *J. Am. Chem. Soc.*, 1966, **88,** 3158.
59. F. A. Cotton, B. G. DeBoer and T. J. Marks, *J. Am. Chem. Soc.*, 1971, **93,** 5069.
60. A. Shaver, P. J. Fitzpatrick, K. Steliou and I. S. Butler, *J. Organomet. Chem.*, 1979, **172,** C59.
61. K. H. Pannell, A. J. Mayr, R. Hoggard and R. C. Pettersen, *Angew. Chem.*, 1980, **92,** 650 (*Angew. Chem., Int. Ed. Engl.*, 1980, **19,** 632)*; R. C. Pettersen, K. H. Pannell and A. J. Mayr, *Acta Crystallogr.*, 1980, **B36,** 2434.
62. P. P. Greigger and H. R. Allcock, *J. Am. Chem. Soc.*, 1979, **101,** 2492*; H. R. Allcock, P. P. Greigger, L. J. Wagner and M. Y. Bernheim, *Inorg. Chem.*, 1981, **20,** 716.
63. M. R. Churchill and K. L. Kalra, *Inorg. Chem.*, 1973, **12,** 1650.
64. S. Aime, L. Milone, E. Sappa, A. Tiripicchio and M. Tiripicchio-Camellini, *J. Chem. Soc., Dalton Trans.*, 1979, 1155.
65. B. Czauderna, K. H. Jogun, J. J. Stezowski and B. Föhlisch, *J. Am. Chem. Soc.*, 1976, **98,** 6696*; K. H. Jogun and J. J. Stezowski, *Acta Crystallogr.*, 1979, **B35,** 2306.
66. C. Giannotti, A. M. Ducourant, H. Chanaud, A. Chiaroni and C. Riche, *J. Organomet. Chem.*, 1977, **140,** 289.
67. R. E. Davis, B. L. Barnett, R. G. Amiet, W. Merk, J. S. McKennis and R. Pettit, *J. Am. Chem. Soc.*, 1974, **96,** 7108.
68. G. LeBorgne and D. Grandjean, *Acta Crystallogr.*, 1977, **B33,** 344.
69. R. Meij, J. van der Helm, D. J. Stufkens and K. Vrieze, *J. Chem. Soc., Chem. Commun.*, 1978, 506*; R. Meij, D. J. Stufkens, K. Vrieze, A. M. F. Brouwers, J. D. Schagen, J. J. Zwinselman, A. R. Overbeek and C. H. Stam, *J. Organomet. Chem.*, 1979, **170,** 337.
70. F. A. Cotton and B. E. Hanson, *Inorg. Chem.*, 1977, **16,** 1861.
71. B. Dickens and W. N. Lipscomb, *J. Am. Chem. Soc.*, 1961, **83,** 489*; *J. Chem. Phys.*, 1962, **37,** 2084.
72. P. W. R. Corfield, unpublished work cited in L. A. Paquette, S. V. Ley, S. Maiorana, D. F. Schneider, M. U. Broadhurst and R. A. Boggs, *J. Am. Chem. Soc.*, 1975, **97,** 4658.
73. M. A. Bush and P. Woodward, *Chem. Commun.*, 1967, 166*; *J. Chem. Soc.* (*A*), 1967, 1833.
74. F. W. B. Einstein and R. D. G. Jones, *Inorg. Chem.*, 1973, **12,** 1690.
75. J. E. O'Connor and E. R. Corey, *Inorg. Chem.*, 1967, **6,** 968.
76. H. R. Allcock, P. P. Griegger, L. J. Wagner and M. Y. Bernheim, *Inorg. Chem.*, 1981, **20,** 716.
77. F. A. Cotton, B. A. Frenz and A. J. White, *J. Organomet. Chem.*, 1973, **60,** 147.
78. B. P. Bir'yukov, Y. T. Struchkov, K. N. Anisimov, N. E. Kolobova and V. V. Skripkin, *Chem. Commun.*, 1967, 750*; *Zh. Strukt. Khim.*, 1967, **8,** 556*; B. P. Bir'yukov and Y. T. Struchkov, *Zh. Strukt. Khim.*, 1968, **9,** 488.
79. J. W. Dunker, J. S. Finer, J. Clardy and R. J. Angelici, *J. Organomet. Chem.*, 1976, **114,** C49.
80. D. E. Beckman and R. A. Jacobson, *J. Organomet. Chem.*, 1979, **179,** 187.
81. R. F. Bryan, P. T. Greene, D. S. Field and M. J. Newlands, *Chem. Commun.*, 1969, 1477*; *J. Chem. Soc.* (*A*), 1970, 3068.
82. O. S. Mills, *Acta Crystallogr.*, 1958, **11,** 620 (X).
83. R. F. Bryan and P. T. Greene, *J. Chem. Soc.* (*A*), 1970, 3064 (X).
84. A. Mitschler, B. Rees and M. S. Lehmann, *J. Am. Chem. Soc.*, 1978, **100,** 3390 (X, N at 74 K).
85. F. A. Cotton and W. T. Edwards, *J. Am. Chem. Soc.*, 1969, **91,** 843.
86. V. G. Andrianov and Y. T. Struchkov, *Chem. Commun.*, 1968, 1590*; *Zh. Strukt. Khim.*, 1968, **9,** 845.
87. M. R. Churchill, B. G. DeBoer, K. L. Kalra, P. Reich-Rohrwig and A. Wojcicki, *J. Chem. Soc., Chem. Commun.*, 1972, 981*; M. R. Churchill, B. G. DeBoer and K. L. Kalra, *Inorg. Chem.*, 1973, **12,** 1646.
88. F. A. Cotton, J. D. Jamerson and B. R. Stults, *Inorg. Chim. Acta*, 1976, **17,** 235.
89. R. Aumann, H. Averbeck and C. Krüger, *Chem. Ber.*, 1975, **108,** 3336.
90. F. W. B. Einstein, W. R. Cullen and J. Trotter, *J. Am. Chem. Soc.*, 1966, **88,** 5670*; F. W. B. Einstein and J. Trotter, *J. Chem. Soc.* (*A*), 1967, 824.
91. W. Petz, C. Krüger and R. Goddard, *Chem. Ber.*, 1979, **112,** 3413.
92. R. C. Pettersen, K. H. Pannell and A. J. Mayer, *Cryst. Struct. Commun.*, 1980, **9,** 643.
93. S. Aime, L. Milone, E. Sappa, A. Tiripicchio and A. M. M. Lanfredi, *J. Chem. Soc., Dalton Trans.*, 1979, 1664.
94. N. G. Connelly and L. F. Dahl, *J. Am. Chem. Soc.*, 1970, **92,** 7472.
95. G. T. Kubas, T. G. Spiro and A. Terzis, *J. Am. Chem. Soc.*, 1973, **95,** 273*; A. Terzis and R. Rivest, *Inorg. Chem.*, 1973, **12,** 2132.
96. P. J. Vergamini, R. R. Ryan and G. J. Kubas, *J. Am. Chem. Soc.*, 1976, **98,** 1980.

97. M. J. Bennett, W. A. G. Graham, R. P. Stewart and R. M. Tuggle, *Inorg. Chem.*, 1973, **12**, 2944.
98. G. Dettlaf, U. Behrens, T. Eicher and E. Weiss, *J. Organomet. Chem.*, 1978, **152**, 203.
99. M. R. Churchill, *Chem. Commun.*, 1966, 450*; *Inorg. Chem.*, 1967, **6**, 190.
100. A. A. Pinkerton, P. A. Carrupt, P. Vogel, T. Boschi, N. H. Thuy and R. Roulet, *Inorg. Chim. Acta*, 1978, **28**, 123.
101. J. Takats, *J. Organomet. Chem.*, 1975, **90**, 211.
102. F. Mathey, M.-D. Comarmond and D. Moras, *J. Chem. Soc., Chem. Commun.*, 1979, 417.
103. N. Yasuda, Y. Kai, N. Yasuoka, N. Kasai and M. Kakudo, *J. Chem. Soc., Chem. Commun.*, 1972, 157.
104. J. Piron, P. Piret, J. Meunier-Piret and M. van Meerssche, *Bull. Soc. Chim. Belg.*, 1969, **78**, 121.
105. J. Fischer, A. Mitschler, L. Ricard and F. Mathey, *J. Chem. Soc., Dalton Trans.*, 1980, 2522.
106. S. Willis, A. R. Manning and F. S. Stephens, *J. Chem. Soc., Dalton Trans.*, 1979, 23.
107. A. F. Dyke, S. A. R. Knox, P. J. Naish and A. G. Orpen, *J. Chem. Soc., Chem. Commun.*, 1980, 441.
108. R. B. English, L. R. Nassimbeni and M. F. Philpott, *Acta Crystallogr.*, 1978, **B34**, 2304.
109. R. B. English, L. R. Nassimbeni and R. J. Haines, *J. Organomet. Chem.*, 1977, **135**, 351.
110. R. D. Adams, M. D. Brice and F. A. Cotton, *Inorg. Chem.*, 1974, **13**, 1080.
111. R. E. Davis and R. Pettit, *J. Am. Chem. Soc.*, 1970, **92**, 716.
112. G. N. Schrauzer, P. Glockner, K. I. G. Reid and I. C. Paul, *J. Am. Chem. Soc.*, 1970, **92**, 4479.
113. R. Aumann, H. Averbeck and C. Krüger, *J. Organomet. Chem.*, 1978, **160**, 241.
114. G. Huttner and D. Regler, *Chem. Ber.*, 1972, **105**, 3936.
115. E. Meier, O. Cherpillod, T. Boschi, R. Roulet, P. Vogel, C. Mahaim, A. A. Pinkerton, D. Schwarzenbach and G. Chapuis, *J. Organomet. Chem.*, 1980, **186**, 247.
116. F. H. Herbstein and M. G. Reisner, *J. Chem. Soc., Chem. Commun.*, 1972, 1077*; *Acta Crystallogr.*, 1977, **B33**, 3304.
117. F. A. Cotton, B. A. Frenz, G. Deganello and A. Shaver, *J. Organomet. Chem.*, 1973, **50**, 227.
118. F. A. Cotton, B. A. Frenz and J. M. Troup, *J. Organomet. Chem.*, 1973, **61**, 337.
119. C. Krüger, *J. Organomet. Chem.*, 1970, **22**, 697.
120. L. J. Farrugia, J. A. K. Howard, P. Mitrprachachon, F. G. A. Stone and P. Woodward, *J. Chem. Soc., Dalton Trans.*, 1981, 1134.
121. J. Weaver and P. Woodward, *J. Chem. Soc., Dalton Trans.*, 1973, 1439.
122. P. A. Wegner, V. A. Uski, R. P. Keister, S. Dabestani and V. W. Day, *J. Am. Chem. Soc.*, 1977, **99**, 4846.
123. N. A. Bailey and coworkers, unpublished work cited in R. W. Jotham, S. F. A. Kettle, D. B. Moll and P. J. Stamper, *J. Organomet. Chem.*, 1976, **118**, 59*; N. A. Bailey, C. M. Barton and B. A. Mayall, *Cryst. Struct. Commun.*, 1980, **9**, 1223.
124. F. A. Cotton, J. D. Jamerson and B. R. Stults, *J. Organomet. Chem.*, 1975, **94**, C53*.
125. R. E. Wagner, R. A. Jacobson, R. J. Angelici and M. H. Quick, *J. Organomet. Chem.*, 1978, **148**, C35.
126. R. B. English, L. R. Nassimbeni and R. J. Haines, *J. Chem. Soc., Dalton Trans.*, 1978, 1379.
127. G. Huttner and W. Gartzke, *Chem. Ber.*, 1974, **107**, 3786.
128. F. A. Cotton and B. A. Frenz, *Inorg. Chem.*, 1974, **13**, 253.
129. B. P. Bir'yukov, Y. T. Struchkov, K. N. Anisimov, N. E. Kolobova and V. V. Skripkin, *Zh. Strukt. Khim.*, 1968, **9**, 922.
130. B. P. Bir'yukov, Y. T. Struchkov, K. N. Anisimov, N. E. Kolobova and V. V. Skripkin, *Chem. Commun.*, 1968, 159*; B. P. Bir'yukov and Y. T. Struchkov, *Zh. Strukt. Khim.*, 1968, **9**, 488.
131. F. A. Cotton, J. D. Jamerson and B. R. Stults, *J. Organomet. Chem.*, 1975, **94**, C53*; *J. Am. Chem. Soc.*, 1976, **98**, 1774.
132. J.-C. Zimmer and M. Huber, *C. R. Hebd. Seances Acad. Sci.*, 1968, **267C**, 1685.
133. G. G. Cash, R. C. Pettersen and R. B. King, *J. Chem. Soc., Chem. Commun.*, 1977, 30*; R. C. Pettersen and G. G. Cash, *Acta Crystallogr.*, 1977, **B33**, 2331.
134. P. J. Vergamini, R. R. Ryan and G. J. Kubas, unpublished work cited in P. J. Vergamini and G. J. Kubas, *Prog. Inorg. Chem.*, 1976, **21**, 261.
135. C. E. Pfluger, unpublished work cited in D. C. Dittmer, K. Takahashi, M. Iwanami, A. I. Tsai, P. L. Chang, B. B. Blidner and I. K. Stamos, *J. Am. Chem. Soc.*, 1976, **98**, 2795.
136. W. K. Dean, B. L. Heyl and D. G. VanDerveer, *Inorg. Chem.*, 1978, **17**, 1909.
137. F. S. Stephens, *J. Chem. Soc., Dalton Trans.*, 1972, 2257.
138. G. Huttner, G. Mohr and P. Friedrich, *Z. Naturforsch., Teil B*, 1978, **33**, 1254.
139. F. A. Cotton and J. M. Troup, *J. Am. Chem. Soc.*, 1974, **96**, 1233.
140. M. R. Churchill and J. Wormald, *Chem. Commun.*, 1968, 1597*; *Inorg. Chem.*, 1970, **9**, 2239.
141. R. M. Kirchner and J. A. Ibers, *J. Organomet. Chem.*, 1974, **82**, 243.
142. A. Marinetti, E. Sappa, A. Tiripicchio and M. Tiripicchio-Camellini, *Inorg. Chim. Acta*, 1980, **44**, L183*; E. Sappa, A. Tiripiccio and M. Tiripicchio-Camellini, *J. Organomet. Chem.*, 1980, **199**, 243.
143. R. M. Moriarty, K.-N. Chen, M. R. Churchill and S. W.-Y. Chang, *J. Am. Chem. Soc.*, 1974, **96**, 3661*; M. R. Churchill and S. W.-Y. Chang, *Inorg. Chem.*, 1975, **14**, 1680.
144. A. H.-J. Wang, I. C. Paul and R. Aumann, *J. Organomet. Chem.*, 1974, **69**, 301.
145. L. V. Rybin, A. A. Pogrebnyak, M. I. Rybinskaya, T. N. Sal'nikova, V. G. Andrianov and Y. T. Struchkov, *Koord. Khim.*, 1976, **2**, 802.
146. A. Marinetti, E. Sappa, A. Tiripicchio and M. Tiripicchio-Camellini, *J. Organomet. Chem.*, 1980, **197**, 335.
147. O. Koch and U. Behrens, *Chem. Ber.*, 1978, **111**, 1998.
148. M. Laing, J. R. Moss and J. Johnson, *J. Chem. Soc., Chem. Commun.*, 1977, 656.
149. W. Hönle and H. G. von Schnering, *Z. Anorg. Allg. Chem.*, 1980, **464**, 139.
150. L. Pope, P. Sommerville, M. Laing, K. J. Hindson and J. R. Moss, *J. Organomet. Chem.*, 1976, **112**, 309.
151. F. A. Cotton and M. D. LaPrade, *J. Am. Chem. Soc.*, 1968, **90**, 2026.
152. F. A. Cotton and J. Takats, *J. Am. Chem. Soc.*, 1968, **90**, 2031.
153. J. E. Guerchais, F. Le Floch-Perennou, F. Y. Petillon, A. N. Keith, L. Manojlovic-Muir, K. W. Muir and D. W. A. Sharp, *J. Chem. Soc., Chem. Commun.*, 1979, 410.

154. R. J. Doedens, *Inorg. Chem.*, 1970, **9**, 429.
155. M. Moll, H. Behrens, P. Merbach, K. Gösting, G. Liehr and R. Böhme, *Z. Naturforsch., Teil B*, 1980, **35**, 1115.
156. N. J. Taylor, G. N. Mott and A. J. Carty, *Inorg. Chem.*, 1980, **19**, 560.
157. P. E. Baikie and O. S. Mills, *Chem. Commun.*, 1966, 707*; *Inorg. Chim. Acta*, 1967, **1**, 55.
158. J. Stegemann and H. J. Lindner, *J. Organomet. Chem.*, 1979, **166**, 223.
159. W. Henslee and R. E. Davis, *Cryst. Struct. Commun.*, 1972, **1**, 403.
160. M. R. Churchill and M. V. Veidis, *Chem. Commun.*, 1970, 529*; *J. Chem. Soc. (A)*, 1971, 2170.
161. P. Narbel, A. A. Pinkerton, E. Tagliaferri, J. Wenger, R. Roulet, R. Gabioud, P. Vogel and D. Schwarzenbach, *J. Organomet. Chem.*, 1981, **208**, 335.
162. K. B. Birnbaum, J. Altman, T. Maymon and D. Ginsburg, *Tetrahedron Lett.*, 1970, 2051*; K. B. Birnbaum, *Acta Crystallogr.*, 1972, **B28**, 161.
163. G. I. Birnbaum, *J. Am. Chem. Soc.*, 1972, **94**, 2455.
164. M. R. Churchill, J. Wormald, W. P. Giering and G. F. Emerson, *Chem. Commun.*, 1968, 1217*; M. R. Churchill and J. Wormald, *Inorg. Chem.*, 1969, **8**, 1936.
165. R. E. Davis, *Chem. Commun.*, 1968, 1218.
166. E. O. Fischer, E. Winkler, G. Huttner and D. Regler, *Angew. Chem.*, 1972, **84**, 214 (*Angew. Chem., Int. Ed. Engl.*, 1972, **11**, 238)*: G. Huttner and D. Regler, *Chem. Ber.*, 1972, **105**, 2726.
167. A. de Cian, R. Weiss, Y. Chauvin, D. Commereuc and D. Hugo, *J. Chem. Soc., Chem. Commun.*, 1976, 249*; *Nouv. J. Chim.*, 1979, **3**, 183.
168. H. B. Chin and R. Bau, *J. Am. Chem. Soc.*, 1973, **95**, 5068.
169. P. F. Lindley and O. S. Mills, *J. Chem. Soc. (A)*, 1970, 38.
170. I. L. C. Campbell and F. S. Stephens, *J. Chem. Soc., Dalton Trans.*, 1975, 982.
171. R. D. Adams, F. A. Cotton and J. M. Troup, *Inorg. Chem.*, 1974, **13**, 257.
172. S. Willis, A. R. Manning and F. S. Stephens, *J. Chem. Soc., Dalton Trans.*, 1980, 186.
173. V. G. Andrianov and Y. T. Struchkov, *Koord. Khim.*, 1978, **4**, 937.
174. R. D. Adams, F. A. Cotton and B. A. Frenz, *J. Organomet. Chem.*, 1974, **73**, 93.
175. W. Siebert, T. Renk, K. Kinberger, M. Bochmann and C. Krüger, *Angew. Chem.*, 1976, **88**, 850 (*Angew. Chem., Int. Ed. Engl.*, 1976, **15**, 779).
176. W. M. Maxwell, E. Sinn and R. N. Grimes, *J. Chem. Soc., Chem. Commun.*, 1976, 389*.
177. W. M. Maxwell, R. Weiss, E. Sinn and R. N. Grimes, *J. Am. Chem. Soc.*, 1977, **99**, 4016.
178. J. R. Pipal and R. N. Grimes, *Inorg. Chem.*, 1978, **17**, 6.
179. H. Preut and H.-J. Haupt, *Acta Crystallogr.*, 1979, **B35**, 2191.
180. G. Huttner, G. Mohr, P. Friedrich and H. G. Schmid, *J. Organomet. Chem.*, 1978, **160**, 59.
181. G. Huttner, A. Frank and G. Mohr, *Z. Naturforsch., Teil B*, 1976, **31**, 1161.
182. J. A. J. Jarvis, B. E. Job, B. T. Kilbourn, R. H. B. Mais, P. G. Owston and P. F. Todd, *Chem. Commun.*, 1967, 1149.
183. J. Piron, P. Piret and M. van Meerssche, *Bull. Soc. Chim. Belg.*, 1967, **76**, 505.
184. U. Behrens and E. Weiss, *J. Organomet Chem.*, 1973, **59**, 335.
185. L. Rodrique, M. van Meerssche and P. Piret, *Acta Crystallogr.*, 1969, **B25**, 519.
186. N. G. Furmanova and Y. T. Struchkov, *Koord. Khim.*, 1980, **6**, 1275.
187. R. S. Sapienza, P. E. Riley, R. E. Davis and R. Pettit, *J. Organomet. Chem.*, 1976, **121**, C35.
188. W. A. Herrmann, J. Plank, I. Bernal and M. Creswick, *Z. Naturforsch., Teil B*, 1980, **35**, 680.
189. G. Huttner, G. Mohr and A. Frank, *Angew. Chem.*, 1976, **88**, 719 (*Angew. Chem., Int. Ed. Engl.*, 1976, **15**, 682).
190. J. L. Davidson, M. Green, F. G. A. Stone and A. J. Welch, *J. Chem. Soc., Chem. Commun.*, 1975, 286*; *J. Chem. Soc., Dalton Trans.*, 1976, 2044.
191. M. van Meerssche, P. Piret, J. Meunier-Piret and Y. Degrève, *Bull. Soc. Chim. Belg.*, 1964, **73**, 824*; *Acta Crystallogr.*, 1967, **23**, 119.
192. G. N. Schrauzer, H. N. Rabinowitz, J. A. K. Frank and I. C. Paul, *J. Am. Chem. Soc.*, 1970, **92**, 212.
193. R. F. Bryan and H. P. Weber, *Chem. Commun.*, 1966, 329*; *J. Chem. Soc. (A)*, 1967, 182.
194. E. O. Fischer, V. Kiener, D. St P. Bunbury, E. Frank, P. F. Lindley and O. S. Mills, *Chem. Commun.*, 1968, 1378*; P. F. Lindley and O. S. Mills, *J. Chem. Soc. (A)*, 1969, 1279.
195. M. J. Barrow and O. S. Mills, *Angew Chem.*, 1969, **81**, 898 (*Angew. Chem., Int. Ed. Engl.*, 1969, **8**, 879)*; *J. Chem. Soc. (A)*, 1971, 864.
196. P. E. Baikie and O. S. Mills, *Chem. Commun.*, 1966, 707.
197. R. Roulet, E. Tagliaferri, P. Vogel and G. Chapuis, *J. Organomet. Chem.*, 1981, **208**, 353.
198. K. K. Joshi, O. S. Mills, P. L. Pauson, B. W. Shaw and W. H. Stubbs, *Chem. Commun.*, 1965, 181.
199. P. M. Treichel, W. K. Dean and J. C. Calabrese, *Inorg. Chem.*, 1973, **12**, 2908.
200. M. R. Churchill and J. Wormald, *Inorg. Chem.*, 1969, **8**, 1970.
201. Z. L. Kaluski and Y. T. Struchkov, *Zh. Strukt. Khim.*, 1965, **6**, 745; *Bull Acad. Pol. Sci., Ser. Sci. Chim.*, 1966, **14**, 719.
202. A. C. Macdonald and J. Trotter, *Acta Crystallogr.*, 1964, **17**, 872: corrigendum in *Acta Crystallogr.*, 1965, **19**, 690.
203. Z. L. Kaluski, Y. T. Struchkov and R. L. Avoyan, *Zh. Strukt. Khim.*, 1964, **5**, 743; Z. Kaluski, *Bull. Acad. Pol. Sci., Ser. Sci. Chim.*, 1964, **12**, 873.
204. N. G. Bokii, Y. T. Struchkov, V. V. Korol'kov and T. P. Tolstaya, *Koord. Khim.*, 1975, **1**, 1144.
205. F. A. Cotton, B. E. Hanson, J. R. Kolb, P. Lahuerta, G. G. Stanley, B. R. Stults and A. J. White, *J. Am. Chem. Soc.*, 1977, **99**, 3673.
206. J. A. Kramer, F. H. Herbstein and D. N. Hendrickson, *J. Am. Chem. Soc.*, 1980, **102**, 2293.
207. A. F. Dyke, S. A. R. Knox, P. J. Naish and G. E. Taylor, *J. Chem. Soc., Chem. Commun.*, 1980, 803.
208. P. McArdle, A. R. Manning and F. S. Stephens, *Chem. Commun.*, 1969, 1310*; F. S. Stephens, *J. Chem. Soc. (A)*, 1970, 1722.
209. P. E. Riley and R. E. Davis, *Acta Crystallogr.*, 1978, **B34**, 3760.

210. M. Ennis, R. Kumar, A. R. Manning, J. A. S. Howell, P. Mathew, A. J. Rowan and F. S. Stephens, *J. Chem. Soc., Dalton Trans.*, 1981, 1251.
211. H.-W. Frühauf, A. Landers, R. Goddard and C. Krüger, *Angew. Chem.*, 1978, **90**, 56 (*Angew. Chem., Int. Ed. Engl.*, 1978, **17**, 64).
212. R. E. Davis, H. D. Simpson, N. Grice and R. Pettit, *J. Am. Chem. Soc.*, 1971, **93**, 6688.
213. K. Ogawa, A. Torii, H. Kobayashi-Tamura, T. Watanabe, T. Yoshida and S. Otsuka, *Chem. Commun.*, 1971, 991.
214. J. Trotter and A. C. Macdonald, *Acta Crystallogr.*, 1966, **21**, 359.
215. S. Lupan, M. Kapon, M. Cais and F. H. Herbstein, *Angew. Chem.*, 1972, **84**, 1104 (*Angew. Chem., Int. Ed. Engl.*, 1972, **11**, 1025)*; M. Cais, S. Dani, F. H. Herbstein and M. Kapon, *J. Am. Chem. Soc.*, 1978, **100**, 5554.
216. U. Behrens and E. Weiss, *J. Organomet. Chem.*, 1974, **73**, C64*; 1975, **96**, 399.
217. F. A. Cotton and D. L. Hunter, *J. Am. Chem. Soc.*, 1975, **97**, 5739.
218. F. A. Cotton, R. J. Haines, B. E. Hanson and J. C. Sekutowski, *Inorg. Chem.*, 1978, **17**, 2010.
219. O. S. Mills and A. D. Redhouse, *Chem. Commun.*, 1966, 444*; *J. Chem. Soc. (A)*, 1968, 1282.
220. A. Eisenstadt, J. M. Guss and R. Mason, *J. Organomet. Chem.*, 1974, **80**, 245.
221. J. E. O'Connor and E. R. Corey, *J. Am. Chem. Soc.*, 1967, **89**, 3930.
222. H. A. Bockmeulen, R. G. Holloway, A. W. Parkins and B. R. Penfold, *J. Chem. Soc., Chem. Commun.*, 1976, 298.
223. Y. Nakamura, K. Bachmann, H. Heimgartner, H. Schmid and J. J. Daly, *Helv. Chim. Acta*, 1978, **61**, 589.
224. F. A. Cotton and J. M. Troup, *J. Am. Chem. Soc.*, 1973, **95**, 3798*; *J. Organomet. Chem.*, 1974, **77**, 83.
225. J. R. Doyle, N. C. Baenziger and R. L. Davis, *Inorg. Chem.*, 1974, **13**, 101.
226. E. Röttinger, R. Müller and H. Vahrenkamp, *Angew. Chem.*, 1977, **89**, 341 (*Angew. Chem., Int. Ed. Engl.*, 1977, **16**, 332)*; E. Röttinger, A. Trenkle, R. Müller and H. Vahrenkamp, *Chem. Ber.*, 1980, **113**, 1280.
227. J. M. Savariault, J. J. Bonnet, R. Mathieu and J. Galy, *C. R. Hebd. Seances Acad. Sci.*, 1977, **284C**, 663.
228. M. J. Bennett, W. A. G. Graham, R. A. Smith and R. P. Stewart, *J. Am. Chem. Soc.*, 1973, **95**, 1684.
229. J. J. Bonnett, R. Mathieu and J. A. Ibers, *Inorg. Chem.*, 1980, **19**, 2448.
230. W. R. Cullen, M. Williams, F. W. B. Einstein and A. C. Willis, *J. Organomet. Chem.*, 1978, **155**, 259.
231. F. Mathey, M.-B. Comarmond and D. Moras, *J. Chem. Soc., Chem. Commun.*, 1979, 417.
232. V. G. Andrianov, M. A. Khomutov, I. B. Klotina, N. E. Kolobova and Y. T. Struchkov, *Koord. Khim.*, 1979, **5**, 283.
233. G. Le Borgne and R. Mathieu, *J. Organomet. Chem.*, 1981, **208**, 201.
234. R. Gitany, I. C. Paul, N. Acton and T. J. Katz, *Tetrahedron Lett.*, 1970, 2723.
235. F. A. Cotton, D. L. Hunter, P. Lahuerta and A. J. White, *Inorg. Chem.*, 1976, **15**, 557.
236. J. M. Gromek and J. Donohue, *Cryst. Struct. Commun.*, 1981, **10**, 597.
237. G. Ferguson, C. Hannaway and K. M. S. Islam, *Chem. Commun.*, 1968, 1165.
238. B. P. Bir'yukov, Y. T. Struchkov, K. N. Anisimov, N. E. Kolobova and V. V. Skripkin, *Chem. Commun.*, 1968, 1193*; B. P. Bir'yukov and Y. T. Struchkov, *Zh. Strukt. Khim.*, 1969, **10**, 95.
239. Z. Kaluski and Y. T. Struchkov, *Zh. Strukt. Khim.*, 1965, **6**, 921; Z. Kaluski, A. I. Gusev and Y. T. Struchkov, *Bull. Acad. Pol. Sci., Ser. Sci. Chim.*, 1974, **22**, 739.
240. Z. Kaluski and Y. T. Struchkov, *Bull. Acad. Pol. Sci., Ser. Sci. Chim.*, 1968, **16**, 557; Z. Kaluski, A. I. Gusev and Y. T. Struchkov, *Bull. Acad. Pol. Sci., Ser. Sci. Chim.*, 1976, **24**, 631.
241. F. A. Cotton and J. M. Troup, *J. Am. Chem. Soc.*, 1973, **95**, 3798*; F. A. Cotton, B. A. Frenz, J. M. Troup and G. Deganello, *J. Organomet. Chem.*, 1973, **59**, 317.
242. J. S. McKechnie, B. H. Bersted, I. C. Paul and W. E. Watts, *J. Organomet. Chem.*, 1967, **8**, P29*; J. S. McKechnie, C. A. Maier, B. Bersted and I. C. Paul, *J. Chem. Soc., Perkin Trans. 2*, 1973, 138.
243. Z. L. Kaluski and Y. T. Struchkov, *Zh. Strukt. Khim.*, 1965, **6**, 104; 1966, **7**, 283; Z. Kaluski, *Bull. Acad. Pol. Sci., Ser. Sci. Chim.*, 1965, **13**, 355.
244. R. G. Teller and J. M. Williams, *Inorg. Chem.*, 1980, **19**, 2770.
245. E. Sappa, L. Milone and G. D. Andreetti, *Inorg. Chim. Acta*, 1975, **13**, 67; addendum in *Inorg. Chim. Acta*, 1975, **14**, L22.
246. H.-J. Schmitt and M. L. Ziegler, *Z. Naturforsch., Teil B*, 1973, **28**, 508.
247. K. Nicholas, L. S. Bray, R. E. Davis and R. Pettit, *Chem. Commun.*, 1971, 608.
248. T. J. Drahnak, R. West and J. C. Calabrese, *J. Organomet. Chem.*, 1980, **198**, 55.
249. M. I. Bruce, J. R. Rodgers, M. R. Snow and F. S. Wong, *J. Chem. Soc., Chem. Commun.*, 1980, 1285.
250. M. M. Bagga, G. Ferguson, J. A. D. Jeffreys, C. M. Mansell, P. L. Pauson, I. C. Robertson and J. G. Sime, *Chem. Commun.*, 1970, 672*.
251. J. A. D. Jeffreys, C. M. Willis, I. C. Robertson, G. Ferguson and J. G. Sime, *J. Chem. Soc., Dalton Trans.*, 1973, 749.
252. J. A. D. Jeffreys and C. M. Willis, *J. Chem. Soc., Dalton Trans.*, 1972, 2169.
253. H. A. Patel, A. J. Carty, M. Mathew and G. J. Palenik, *J. Chem. Soc., Chem. Commun.*, 1972, 810.
254. U. Behrens, *J. Organomet. Chem.*, 1976, **107**, 103.
255. K.-J. Jens and E. Weiss, *J. Organomet. Chem.*, 1981, **210**, C27.
256. H. A. Patel, R. G. Fischer, A. J. Carty, D. V. Naik and G. J. Palenik, *J. Organomet. Chem.*, 1973, **60**, C49.
257. M. R. Churchill, F. J. Rotella, E. W. Abel and S. A. Mucklejohn, *J. Am. Chem. Soc.*, 1977, **99**, 5820*; M. R. Churchill and F. J. Rotella, *Inorg. Chem.*, 1978, **17**, 2614.
258. A. J. Carty, W. F. Smith and N. J. Taylor, *J. Organomet. Chem.*, 1978, **146**, C1.
259. J. A. S. Howell, M. J. Mays, I. D. Hunt and O. S. Mills, *J. Organomet. Chem.*, 1977, **128**, C29*; I. D. Hunt and O. S. Mills, *Acta Crystallogr.*, 1977, **B33**, 2432.
260. R. F. Bryan and A. R. Manning, *Chem. Commun.*, 1968, 1220.

261. W. M. Horspool, J. Iball, M. Rafferty and S. N. Scrimgeour, *J. Chem. Soc., Dalton Trans.*, 1974, 401.
262. J. L. Atwood and A. L. Shoemaker, *J. Chem. Soc., Chem. Commun.*, 1976, 536.
263. N. E. Kime, N. J. Nelson and D. F. Shriver, *J. Am. Chem. Soc.*, 1969, **91**, 5173*; *Inorg. Chim. Acta*, 1973, **7**, 393.
264. R. Mason, J. Zubieta, A. T. T. Hsieh, J. Knight and M. J. Mays, *J. Chem. Soc., Chem. Commun.*, 1972, 200*; R. Mason and J. A. Zubieta, *J. Organomet. Chem.*, 1974, **66**, 289.
265. G. Dettlaf, U. Behrens and E. Weiss, *Chem. Ber.*, 1978, **111**, 3019.
266. J. N. Gerlach, R. M. Wing and P. C. Ellgren, *Inorg. Chem.*, 1976, **15**, 2959.
267. R. E. Davis, *Chem. Commun.*, 1968, 248.
268. A. J. Carty, G. N. Mott and N. J. Taylor, *J. Am. Chem. Soc.*, 1979, **101**, 3131.
269. A. J. Carty, G. N. Mott and N. J. Taylor, *J. Organomet. Chem.*, 1979, **182**, C69.
270. R. C. Pettersen and G. G. Cash, *Inorg. Chim. Acta*, 1979, **34**, 261.
271. J.-M. Bassett, M. Green, J. A. K. Howard and F. G. A. Stone, *J. Chem. Soc., Chem. Commun.*, 1978, 1000*; J.-M. Bassett, G. K. Barker, M. Green, J. A. K. Howard, F. G. A. Stone and W. C. Wolsey, *J. Chem. Soc., Dalton Trans.*, 1981, 219.
272. R. J. Neustadt, T. H. Cymbaluk, R. D. Ernst and F. W. Cagle, *Inorg. Chem.*, 1980, **19**, 2375.
273. P. G. Harrison, T. J. King and J. A. Richards, *J. Chem. Soc., Dalton Trans.*, 1975, 2097.
274. D. Wormsbächer, F. Edelmann and U. Behrens, *Chem. Ber.*, 1981, **114**, 153.
275. A. J. Carty, D. P. Madden, M. Mathew, G. J. Palenik and T. Birchall, *Chem. Commun.*, 1970, 1664*; D. P. Madden, A. J. Carty and T. Birchall, *Inorg. Chem.*, 1971, **11**, 1453.
276. G. S. D. King, *Acta Crystallogr.*, 1962, **15**, 243.
277. M. I. Bruce, R. Clark, J. Howard and P. Woodward, *J. Organomet. Chem.*, 1972, **42**, C107*; R. Clark, J. Howard and P. Woodward, *J. Chem. Soc., Dalton Trans.*, 1974, 2027.
278. R. E. Ginsburg, R. K. Rothrock, R. G. Finke, J. P. Collman and L. F. Dahl, *J. Am. Chem. Soc.*, 1979, **101**, 6550.
279. G. G. Aleksandrov, V. V. Skripkin, N. E. Kolobova and Y. T. Struchkov, *Koord. Khim.*, 1979, **5**, 453.
280. A. J. Carty, N. J. Taylor, H. N. Paik, W. Smith and J. G. Yule, *J. Chem. Soc., Chem. Commun.*, 1976, 41.
281. L. N. Zakharov, Y. T. Struchkov, V. V. Sharutin and O. N. Suvorova, *Cryst. Struct. Commun.*, 1979, **8**, 439.
282. M. Elder, *Inorg. Chem.*, 1969, **8**, 2703.
283. G. M. Dawkins, M. Green, J. C. Jeffery and F. G. A. Stone, *J. Chem. Soc., Chem. Commun.*, 1980, 1120.
284. R. E. Ginsburg, J. M. Berg, R. K. Rothrock, J. P. Collman, K. O. Hodgson and L. F. Dahl, *J. Am. Chem. Soc.*, 1979, **101**, 7218.
285. A. J. Carty, N. J. Taylor, W. F. Smith, M. F. Lappert and P. L. Pye, *J. Chem. Soc. Chem. Commun.*, 1978, 1017.
286. F. A. Cotton, B. A. Frenz and A. J. White, *Inorg. Chem.*, 1974, **13**, 1407.
287. B. T. Kilbourn and R. H. B. Mais, *Chem. Commun.*, 1968, 1507.
288. F. A. Cotton and J. M. Troup, *J. Am. Chem. Soc.*, 1974, **96**, 4422.
289. J. M. Burlitch, J. H. Burk, M. E. Leonowicz and R. E. Hughes, *Inorg. Chem.*, 1979, **18**, 1702.
290. A. J. Carty, G. N. Mott, N. J. Taylor and J. E. Yule, *J. Am. Chem. Soc.*, 1978, **100**, 3051.
291. W. F. Smith, N. J. Taylor and A. J. Carty, *J. Chem. Soc., Chem. Commun.*, 1976, 896.
292. Y. S. Wong, H. N. Paik, P. C. Chieh and A. J. Carty, *J. Chem. Soc., Chem. Commun.*, 1975, 309.
293. J. Schulze and G. Schmid, *Angew. Chem.*, 1980, **92**, 61 (*Angew. Chem., Int. Ed. Engl.*, 1980, **19**, 54)*; J. Schulze, R. Boese and G. Schmid, *Chem. Ber.*, 1980, **113**, 2348.
294. C. Krüger and H. Kisch, *J. Chem. Soc., Chem. Commun.*, 1975, 65.
295. D. Bright and O. S. Mills, *J. Chem. Soc., Dalton Trans.*, 1972, 2465.
296. P. E. Riley and R. E. Davis, *Acta Crystallogr.*, 1975, **B31**, 2928.
297. S. R. Prince, *Cryst. Struct. Commun.*, 1976, **5**, 451.
298. F. A. Cotton, D. L. Hunter and J. M. Troup, *Inorg. Chem.*, 1976, **15**, 63.
299. D. Bright and O. S. Mills, *Chem. Commun.*, 1967, 245.
300. M. M. Bagga, P. E. Baikie, O. S. Mills and P. L. Pauson, *Chem. Commun.*, 1967, 1106.
301. G. Huttner, J. Schneider, H.-D. Müller, G. Mohr, J. von Seyerl and L. Wohlfahrt, *Angew. Chem.*, 1979, **91**, 82 (*Angew. Chem., Int. Ed. Engl.*, 1979, **18**, 76).
302. J. P. Hickey, J. C. Huffman and L. J. Todd, *Inorg. Chim. Acta*, 1978, **28**, 77.
303. R. E. Cobbledick, W. R. Cullen, F. W. B. Einstein and M. Williams, *Inorg. Chem.*, 1981, **20**, 186.
304. W. P. Fehlhammer, A. Mayr and W. Kehr, *J. Organomet. Chem.*, 1980, **197**, 327.
305. R. Restivo and R. F. Bryan, *J. Chem. Soc. (A)*, 1971, 3364.
306. A. J. Carty, G. N. Mott, N. J. Taylor, G. Ferguson, M. A. Khan and P. J. Roberts, *J. Organomet. Chem.*, 1978, **149**, 345.
307. M. Hillman, B. Gordon, N. Dudek, R. Fajer, E. Fujita, J. Gaffney, P. Jones, A. J. Weiss and S. Takagi, *J. Organomet. Chem.*, 1980, **194**, 229.
308. M. Walczak, K. Walczak, R. Mink, M. D. Rausch and G. Stucky, *J. Am. Chem. Soc.*, 1978, **100**, 6382.
309. L. G. Kuz'mina, M. G. Bokii, Y. T. Struchkov, A. V. Arutyunyan, L. V. Rybin and M. I. Rybinskaya, *Zh. Strukt. Khim.*, 1971, **12**, 875.
310. A. J. Carty, T. W. Ng, W. Carter, G. J. Palenik and T. Birchall, *Chem. Commun.*, 1969, 1101.
311. F. W. B. Einstein and R. D. G. Jones, *Inorg. Chem.*, 1973, **12**, 255.
312. R. J. Haines, R. Mason, J. A. Zubieta and C. R. Nolte, *J. Chem. Soc., Chem. Commun.*, 1972, 990*; R. Mason and J. A. Zubieta, *J. Organomet. Chem.*, 1974, **66**, 279.
313. M. D. Rausch, F. A. Higbie, G. F. Westover, A. Clearfield, R. Gopal, J. M. Troup and I. Bernal, *J. Organomet. Chem.*, 1978, **149**, 245.
314. M. D. Curtis, W. M. Butler and J. Scibelli, *J. Organomet. Chem.*, 1980, **192**, 209.
315. W. F. Smith, J. Yule, N. J. Taylor, H. N. Paik and A. J. Carty, *Inorg. Chem.*, 1977, **16**, 1593.

316. D. J. Cane, E. J. Forbes and T. A. Hamor, *J. Organomet. Chem.*, 1976, **117**, C101.
317. L. J. Farrugia, J. A. K. Howard, P. Mitrprachachon, F. G. A. Stone and P. Woodward, *J. Chem. Soc., Dalton Trans.*, 1981, 1134.
318. N. J. Taylor, H. N. Paik, P. C. Chieh and A. J. Carty, *J. Organomet. Chem.*, 1975, **87**, C31.
319. H. N. Paik, A. J. Carty, K. Dymock and G. J. Palenik, *J. Organomet. Chem.*, 1974, **70**, C17*; A. J. Carty, H. N. Paik and G. J. Palenik, *Inorg. Chem.*, 1977, **16**, 300.
320. E. F. Epstein and L. F. Dahl, *J. Am. Chem. Soc.*, 1970, **92**, 493.
321. T. Butters, F. Toda and W. Winter, *Angew. Chem.*, 1980, **92**, 952 (*Angew. Chem., Int. Ed. Engl.*, 1980, **19**, 926).
322. L. J. Todd, J. P. Hickey, J. R. Wilkinson, J. C. Huffman and K. Folting, *J. Organomet. Chem.*, 1976, **112**, 167.
323. S.-I. Murahashi, T. Mizoguchi, T. Hosokawa, I. Moritani, Y. Kai, M. Kohara, N. Yasuoka and N. Kasai, *J. Chem. Soc., Chem. Commun.*, 1974, 563.
324. J. P. Barbier, P. Dapporto, L. Sacconi and P. Stoppioni, *J. Organomet. Chem.*, 1979, **171**, 185.
325. R. J. Haines, N. D. C. T. Steen and R. B. English, *J. Chem. Soc., Chem. Commun.*, 1981, 587.
326. N. G. Connelly, M. D. Kitchen, R. F. D. Stansfield, S. M. Whiting and P. Woodward, *J. Organomet. Chem.*, 1978, **155**, C34*; N. G. Connelly, R. L. Kelly, M. D. Kitchen, R. M. Mills, R. F. D. Stansfield, M. W. Whiteley, S. M. Whiting and P. Woodward, *J. Chem. Soc., Dalton Trans.*, 1981, 1317.
327. N. G. Connelly, R. M. Mills, M. W. Whiteley and P. Woodward, *J. Chem. Soc., Chem. Commun.*, 1981, 17.
328. P. K. Baker, K. Broadley, N. G. Connelly, B. A. Kelly, M. D. Kitchen and P. Woodward, *J. Chem. Soc., Dalton Trans.*, 1980, 1710.

Fe₃ Triiron

Molecular formula	Structure	Notes	Ref.
$Fe_3As_2C_9O_9$	$Fe_3(CO)_9(\mu_3-As)_2$		1
$Fe_3Se_2C_9O_9$	$Fe_3Se_2(CO)_9$		2
$Fe_3C_9O_{10}S_2$	$Fe_3(CO)_9(\mu_3-S)(\mu_3-SO)$		3
$Fe_3C_{10}H_{18}N_3O_7P_3$	$\{Fe(CO)_2(NO)\}\{\mu-PMe_2\}\{Fe(CO)_2\}$-$(\mu-PMe_2)_2\{Fe(NO)_2\}$		4
$Fe_3C_{10}O_{10}S$	$Fe_3(CO)_9(\mu_3-CO)(\mu_3-S)$		5
$Fe_3C_{11}HO_{11}^-C_6H_{16}N^+$	$[NHEt_3][HFe_3(CO)_{11}]$		6
$Fe_3C_{11}H_3O_{10}^-C_8H_{20}N^+$	$[NEt_4][Fe_3(\mu-MeCO)(CO)_9]$		7
$Fe_3C_{11}H_4O_{11}$	$HFe_3(CO)_9(\mu-COMe)$		8
$Fe_3C_{11}H_5NO_9$	$HFe_3(CO)_9(\mu-N=CHMe)$		9
$Fe_3C_{11}H_5NO_9$	$HFe_3(CO)_9(\mu-MeC=NH)$		9
$Fe_3C_{11}H_6N_2O_9$	$Fe_3(CO)_9(\mu_3-NMe)_2$		10
$Fe_3C_{11}H_6O_9$	$H_3Fe_3(\mu_3-CMe)(CO)_9$		11
$Fe_3C_{11}O_{11}^{2-}2C_8H_{20}N^+$	$[NEt_4]_2[Fe_3(CO)_{11}]$		12
$Fe_3C_{12}H_8O_9S$	$HFe_3(CO)_9(\mu-SPr^i)$		13
$Fe_3C_{12}O_{12}$	$Fe_3(CO)_{12}$		15–19
$Fe_3C_{12}O_{12}\cdot CCl_4$	$Fe_3(CO)_{12}\cdot CCl_4$		20
$Fe_3C_{12}H_{14}O_8P_2$	$H_2Fe_3(\mu-PMe_2)_2(CO)_8$		14
$Fe_3C_{13}H_5O_{12}^-C_8H_{20}N^+$	$[NEt_4][Fe_3(\mu_3-COCH_2OMe)(CO)_{10}]$		7
$Fe_3C_{13}H_7NO_9$	$Fe_3(CO)_9(\mu_3-N\equiv CPr)$		21
$Fe_3C_{13}H_7NO_{10}$	$HFe_3(\mu-C\equiv NMe_2)(CO)_{10}$		22
$Fe_3C_{13}H_9NO_9S$	$\{Fe(CO)_3\}(\mu_3-\eta^2-S=NBu^t)(\mu_3-S)\{Fe_2(CO)_6\}$		23, 24
$Fe_3SiC_{13}H_9NO_{10}$	$Fe_3(CO)_9(\mu_3-CO)(\mu_3-NSiMe_3)$		25
$Fe_3C_{14}H_8N_2O_9$	$Fe_3(\mu_3-N_2C_5H_8)(CO)_9$	a	26
$Fe_3C_{15}H_7O_9P$	$H_2Fe_3(CO)_9(\mu-PPh)$	193	27
$Fe_3Pt_3C_{15}O_{15}^-C_{10}H_{16}N^+$	$[tmba][Fe_3Pt_3(CO)_{15}]$		28
$Fe_3Pt_3C_{15}O_{15}^{2-}2C_{16}H_{36}N^+$	$[NBu_4]_2[Fe_3Pt_3(CO)_{15}]$		28
$Fe_3RhC_{16}H_5O_{11}$	$Fe_3Rh(CO)_{11}(\eta-C_5H_5)$		29
$Fe_3C_{16}H_7NO_9S$	$Fe_3(CO)_9(\mu_3-NTol)(\mu_3-S)$		24
$Fe_3C_{16}H_8O_8$	$Fe_3(\mu_3-CCH=CH_2)(CO)_8(\eta-C_5H_5)$		30
$Fe_3C_{16}H_{16}O_8S_2$	$Fe_3(CO)_8(\mu-C_4H_8S)_2$	b	31
$Fe_3As_2C_{17}H_{12}F_4O_9$	$\{Fe_3(CO)_9\}\{\mu-AsMe_2\}\{\mu-\overline{C=C(AsMe_2)CF_2CF_2}\}$		32
$Fe_3C_{17}H_{12}O_8$	$Fe_3(CO)_8(C_9H_{12})$	c	33
$Fe_3C_{18}H_6O_9$	$\{(FeC_9H_6)(CO)_3\}\{Fe(CO)_3\}_2$	d	34
$Fe_3As_2C_{18}H_{12}F_4O_{10}$	$Fe_3(CO)_{10}(ffars)$		35
$Fe_3C_{20}H_{10}O_7$	$Fe_3(\mu-C_2Ph)(CO)_7(\eta-C_5H_5)$		36
$Fe_3As_4C_{20}H_{15}O_{10}^+BF_4^-$	$[\{Fe_3(CO)_5(\eta-C_5H_5)_3\}(\mu-As_4O_5)][BF_4]$		37
$Fe_3As_2C_{20}H_{16}O_{10}$	$Fe_3(CO)_{10}(diars)$		38
$Fe_3C_{20}H_{16}O_6S_3$	$\{Fe_2(CO)_6\}(\mu-SMe)(\mu-SCSCHMeFc)$		39
$Fe_3C_{20}H_{16}O_8$	$Fe_3(\mu_3-CEt)(CO)_8\{\eta-C_5H_2Me_2(CH=CH_2)\}$		40
$Fe_3As_2C_{21}H_{10}O_9$	$Fe_3(CO)_9(\mu_3-AsPh)_2$		41, 42
$2Fe_3SbC_{21}H_{15}ClO_6^+FeCl_4^{2-}\cdot CH_2Cl_2$	$[\{Fe(CO)_2(\eta-C_5H_5)\}_3SbCl]_2[FeCl_4]\cdot CH_2Cl_2$		43
$Fe_3C_{23}H_{10}O_9$	$Fe_3(CO)_9(\mu_3-C_2Ph_2)$		44
$Fe_3C_{23}H_{24}O_7$	$Fe_3(CO)_7(\mu_3-\eta^3-CHCHCEt)(\eta-C_5H_2Et_3)$		45
$Fe_3C_{24}O_8$	$\{Fe_2(CO)_5\}\{\mu-C_{14}H_8Me_2\}\{Fe(CO)_3\}$	e	46
$Fe_3C_{25}H_{16}O_9\cdot 0.5C_6H_6$	$Fe_3(CO)_9(C_{16}H_{16})\cdot 0.5C_6H_6$	f	47
$Fe_3B_4C_{26}H_{42}S_2$	$Fe\{(C_2B_2S)Fe(\eta-C_5H_5)\}_2$		48

Molecular formula	Structure	Notes	Ref.
$Fe_3AsC_{27}H_{16}F_4O_9P$	$Fe_3(CO)_9(\mu\text{-}AsMe_2)\{\mu\text{-}\overline{C=C(PPh_2)CF_2CF_2}\}$		49
$Fe_3C_{29}H_{15}O_{11}P$	$Fe_3(CO)_{11}(PPh_3)$		50
$Fe_3C_{30}H_{26}$	$Fe(\eta\text{-}C_5H_4Fc)_2$	g	51
$Fe_3C_{33}H_{30}$	$[Fe\{CH_2(\eta\text{-}C_5H_4)_2\}]_3$	h	52
$Fe_3C_{33}H_{33}O_9P_3$	$Fe_3(CO)_9(PMe_2Ph)_3$		53
$Fe_3C_{35}H_{20}N_4O_9$	$Fe_3(CO)_9(\mu_3\text{-}NN=CPh_2)_2$		54
$Fe_3C_{35}H_{34}O$	$Fc_3C(C_4H_7O)$		55
$Fe_3C_{36}H_{20}O_8$	$Fe_3(CO)_8(\mu\text{-}C_2Ph_2)_2$	i	56
$Fe_3C_{36}H_{20}O_8$	$\{(FeC_4Ph_4)(CO)_2\}Fe_2(CO)_6$	j	56
$Fe_3C_{37}H_{20}F_6O_7P_2$	$Fe_3(\mu\text{-}PPh_2)(CO)_7\{\mu\text{-}C_4(CF_3)_2(PPh_2)\}$		57
$Fe_3C_{38}H_{20}F_6O_8P_2\cdot0.5C_6H_6$	$Fe_3(\mu\text{-}PPh_2)(CO)_8\{C_4(CF_3)_2PPh_2\}\cdot0.5C_6H_6$	k	58
$Fe_3C_{38}H_{20}F_6O_8P_2\cdot C_6H_6$	$Fe_3(\mu\text{-}PPh_2)(CO)_8\{C_4(CF_3)_2PPh_2\}\cdot C_6H_6$	l	59
$Fe_3C_{39}H_{23}F_6O_9P_2\cdot2C_6H_6$	$Fe_3(\mu\text{-}PPh_2)(CO)_7\{C_4(CF_3)_2(CO_2Me)PPh_2\}\cdot 2C_6H_6$		60
$Fe_3Cd_3C_{42}H_{24}N_6O_{12}\cdot0.75C_6H_3Cl_3$	$[Fe\{Cd(bipy)\}(CO)_4]_3\cdot0.75C_6H_3Cl_3\text{-}1,2,4$		61

a $C_5H_8N_2$ = 2,3-diazabicyclo[2.2.1]hept-2-ene. b C_4H_8S = tetrahydrothiophene. c C_9H_{12} = 1,3,6-Me$_3$-hexa-1,3,5-triene-1,5-diyl. d FeC_9H_6 = ferraindene. e $C_{14}H_8Me_2$ = 3,5-Me$_2$-aceheptylene. f $C_{16}H_{16}$ = pentacyclic cot dimer. g Terferrocenyl. h [1.1.1]Ferrocenophane. i Violet isomer. j Black isomer. k Contains ferracyclopentadiene group. l Contains ferracyclobutene group.

1. L. T. J. Delbaere, L.J. Kruczynski and D. W. McBride, *J. Chem. Soc., Dalton Trans.*, 1973, 307.
2. L. F. Dahl and P. W. Sutton, *Inorg. Chem.*, 1963, **2**, 1067.
3. L. Marko, B. Marko-Monostory, T. Madach and H. Vahrenkamp, *Angew. Chem.*, 1980, **92**, 225 (*Angew. Chem., Int. Ed. Engl.*, 1980, **19**, 226).
4. E. Keller and H. Vahrenkamp, *Angew. Chem.*, 1977, **89**, 568 (*Angew. Chem., Int. Ed. Engl.*, 1977, **16**, 542)*; *Chem. Ber.*, 1979, **112**, 2347.
5. L. Marko, T. Madach and H. Vahrenkamp, *J. Organomet. Chem.*, 1980, **190**, C67.
6. L. F. Dahl and J. F. Blount, *Inorg. Chem.*, 1965, **4**, 1373.
7. W.-K. Wong, G. Wilkinson, A. M. R. Galas, M. B. Hursthouse and M. Thornton-Pett, *J. Chem. Soc., Chem. Commun.*, 1981, 189.
8. D. F. Shriver, D. Lehman and D. Strope, *J. Am. Chem. Soc.*, 1975, **97**, 1594.
9. M. A. Andrews, G. van Buskirk, C. B. Knobler and H. D. Kaesz, *J. Am. Chem. Soc.*, 1979, **101**, 7245.
10. R. J. Doedens, *Inorg. Chem.*, 1969, **8**, 570.
11. K. S. Wong and T. P. Fehlner, *J. Am. Chem. Soc.*, 1981, **103**, 966.
12. F.Y.-K. Lo, G. Longoni, P. Chini, L. D. Lower and L. F. Dahl, *J. Am. Chem. Soc.*, 1980, **102**, 7691.
13. R. Bau, B. Don, R. Greatrex, R. J. Haines, R. A. Love and R. D. Wilson, *Inorg. Chem.*, 1975, **14**, 3021.
14. E. Keller and H. Vahrenkamp, *Chem. Ber.*, 1981, **114**, 1124.
15. R. Brill, *Z. Kristallogr.*, 1931, **77**, 36.
16. O. S. Mills, *Chem. Ind. (London)*, 1957, 73.
17. L. F. Dahl and R. E. Rundle, *J. Chem. Phys.*, 1957, **26**, 1751.
18. C. H. Wei and L. F. Dahl, *J. Am. Chem. Soc.*, 1966, **88**, 1821*; 1969, **91**, 1351.
19. F. A. Cotton and J. M. Troup, *J. Am. Chem. Soc.*, 1974, **96**, 4155 (further refinement).
20. P. Corradini and G. Paiaro, *Ric. Sci.*, 1966, **36**, 365.
21. M. A. Andrews, C. B. Knobler and H. D. Kaesz, *J. Am. Chem. Soc.*, 1979, **101**, 7260.
22. F. H. Herbstein, *Acta Crystallogr.*, 1981, **B37**, 339.
23. R. Meij, J. van der Helm, D. J. Stufkens and K. Vrieze, *J. Chem. Soc., Chem. Commun.*, 1978, 506*.
24. R. Meij, D. J. Stufkens, K. Vrieze, A. M. F. Brouwers, J. D. Schagen, J. J. Zwinselman, A. R. Overbeek and C. H. Stam, *J. Organomet. Chem.*, 1979, **170**, 337.
25. B. L. Barnett and C. Krüger, *Angew. Chem.*, 1971, **83**, 969 (*Angew. Chem., Int. Ed. Engl.*, 1971, **10**, 910).
26. H. Kisch, C. Krüger and A. Trautwein, *Z. Naurforsch., Teil B*, 1981, **36**, 205.
27. G. Huttner, J. Schneider, G. Mohr and J. von Seyerl, *J. Organomet. Chem.*, 1980, **191**, 161.
28. G. Longoni, M. Manassero and M. Sansoni, *J. Am. Chem. Soc.*, 1980, **102**, 7973.
29. M. R. Churchill and M. V. Veidis, *Chem. Commun.*, 1970, 1470*; *J. Chem. Soc. (A)*, 1971, 2995.
30. G. G. Aleksandrov, V. V. Skripkin, N. E. Kolobova and Y. T. Struchkov, *Koord. Khim.*, 1979, **5**, 1479.
31. F. A. Cotton and J. M. Troup, *J. Am. Chem. Soc.*, 1974, **96**, 5070.
32. F. W. B. Einstein and A.-M. Svensson, *J. Am. Chem. Soc.*, 1969, **91**, 3663*; F. W. B. Einstein, A.-M. Pilotti and R. Restivo, *Inorg. Chem.*, 1971, **10**, 1947.
33. E. Sappa, L. Milone and A. Tiripicchio, *J. Chem. Soc., Dalton Trans.*, 1976, 1843.
34. F. H. Herbstein and M. G. Reisner, *Acta Crystallogr.*, 1977, **B33**, 3304.
35. P. J. Roberts, B. R. Penfold and J. Trotter, *Inorg. Chem.*, 1970, **9**, 2137.
36. K. Yasufuku, K. Aoki and H. Yamazaki, *Bull. Chem. Soc. Jpn.*, 1975, **48**, 1616.
37. C. F. Campana, J. D. Sinclair and L. F. Dahl, *J. Organomet. Chem.*, 1977, **127**, 223.
38. A. Bino, F. A. Cotton, P. Lahuerta, P. Puebla and R. Uson, *Inorg. Chem.*, 1980, **19**, 2357.
39. H. Patin, G. Mignani, C. Mahé, J.-Y. Le Marouille, T. G. Southern, A. Benoit and D. Grandjean, *J. Organomet. Chem.*, 1980, **197**, 315.
40. S. Aime, L. Milone, E. Sappa and A. Tiripicchio, *J. Chem. Soc., Dalton Trans.*, 1977, 227.
41. G. Huttner, G. Mohr, A. Frank and U. Schubert, *J. Organomet. Chem.*, 1976, **118**, C73.
42. M. Jacob and E. Weiss, *J. Organomet. Chem.*, 1977, **131**, 263.
43. Trinh-Toan and L. F. Dahl, *J. Am. Chem. Soc.*, 1971, **93**, 2654.

44. J. F. Blount, L. F. Dahl, C. Hoogzand and W. Hübel, *J. Am. Chem. Soc.*, 1966, **88**, 292.
45. E. Sappa, A. Tiripicchio and A. M. M. Lanfredi, *J. Chem. Soc., Dalton Trans.*, 1978, 552.
46. M. R. Churchill, S. A. Julis, R. B. King and C. A. Harmon, *J. Organomet. Chem.*, 1977, **142**, C52*; M. R. Churchill and S. A. Julis, *Inorg. Chem.*, 1978, **17**, 1453.
47. A. H.-J. Wang, I. C. Paul and G. N. Schrauzer, *J. Chem. Soc., Chem. Commun.*, 1972, 736.
48. W. Siebert, C. Böhle and C. Krüger, *Angew. Chem.*, 1980, **92**, 758 (*Angew. Chem., Int. Ed. Engl.*, 1980, **19**, 746).
49. F. W. B. Einstein and R. D. G. Jones, *J. Chem. Soc., Dalton Trans.*, 1972, 2563.
50. D. J. Dahm and R. A. Jacobson, *Chem. Commun.*, 1966, 496*; *J. Am. Chem. Soc.*, 1968, **90**, 5106.
51. Z. L. Kaluski and Y. T. Struchkov, *Zh. Strukt. Khim.*, 1965, **6**, 316; *Bull. Acad. Pol. Sci., Ser. Sci. Chim.*, 1966, **14**, 607.
52. S. J. Lippard and G. Martin, *J. Am. Chem. Soc.*, 1970, **92**, 7291.
53. W. S. McDonald, J. R. Moss, G. Raper, B. L. Shaw, R. Greatrex and N. N. Greenwood, *Chem. Commun.*, 1969, 1295*; G. Raper and W. S. McDonald, *J. Chem. Soc. (A)*, 1971, 3430.
54. P. E. Baikie and O. S. Mills, *Chem. Commun.*, 1967, 1228.
55. F. Hanic, J. Sevcik and E. L. McGandy, *Chem. Zvesti*, 1970, **24**, 81.
56. R. P. Dodge and V. Schomaker, *J. Organomet. Chem.*, 1965, **3**, 274.
57. A. J. Carty, G. Ferguson, H. N. Paik and R. Restivo, *J. Organomet. Chem.*, 1974, **74**, C14*; R. J. Restivo and G. Ferguson, *J. Chem. Soc., Dalton Trans.*, 1976, 893.
58. T. O'Connor, A. J. Carty, M. Mathew and G. J. Palenik, *J. Organomet. Chem.*, 1972, **38**, C15.
59. M. Mathew, G. J. Palenik, A. J. Carty and H. N. Paik, *J. Chem. Soc., Chem. Commun.*, 1974, 25.
60. H. N. Paik, A. J. Carty, M. Mathew and G. J. Palenik, *J. Chem. Soc., Chem. Commun.*, 1974, 946.
61. R. D. Ernst, T. J. Marks and J. A. Ibers, *J. Am. Chem. Soc.*, 1977, **99**, 2098.

Fe_4 Tetrairon

Molecular formula	Structure	Notes	Ref.
$Fe_4GeC_{12}O_{12}S_4$	$\{Fe_2S_2(CO)_6\}_2Ge$		1
$Fe_4C_{12}HNO_{12}$	$HFe_4N(CO)_{12}$		2
$Fe_4C_{12}NO_{12}^-C_{36}H_{30}NP_2^+$	$[PPN][Fe_4N(CO)_{12}]$		3
$Fe_4C_{13}HO_{13}^-C_{10}H_{16}N^+$	$[tmba][HFe_4(CO)_{13}]$		4
$Fe_4C_{13}H_2O_{12}$	$HFe_4(\eta^2\text{-}CH)(CO)_{12}$	X, N	5
$Fe_4C_{13}O_{12}S_2$	$Fe_4S(\mu\text{-}CS)(CO)_{12}$		6
$Fe_4C_{13}O_{13}^{2-}FeC_{30}H_{30}N_6^{2+}$	$[Fe(py)_6][Fe_4(CO)_{13}]$		7
$Fe_4C_{14}H_3O_{13}^-C_{36}H_{30}NP_2^+$	$[PPN][Fe_4(\mu_3\text{-}COMe)(CO)_{12}]$		8, 9
$Fe_4C_{14}H_4O_{13}$	$HFe_4(\eta^2\text{-}COMe)(CO)_{12}$		9, 10
$Fe_4C_{14}H_6O_{12}S_3$	$\{Fe_2(CO)_6(SMe)\}_2S$		11
$Fe_4C_{15}H_3O_{14}^-C_8H_{20}N^+$	$[NEt_4][Fe_4C(CO_2Me)(CO)_{12}]$		12
$Fe_4C_{15}H_{10}N_2O_{12}$	$Fe_4(CO)_{11}(\mu_4\text{-}NEt)(\mu_4\text{-}ONEt)$		13
$Fe_4RhC_{15}O_{14}^-C_8H_{20}N^+$	$[NEt_4][Fe_4RhC(CO)_{14}]$		14
$Fe_4As_4C_{16}H_{12}O_{12}\cdot 0.75C_6H_{12}$	$[Fe(\mu\text{-}AsMe)(CO)_3]_4\cdot 0.75C_6H_{12}$		15
$Fe_4Cd_4C_{16}O_{16}\cdot 2C_3H_6O$	$[CdFe(CO)_4]_4\cdot 2Me_2CO$		16
$Fe_4PdC_{16}O_{16}^{2-}2C_{10}H_{16}N^+$	$[tmba]_2[Fe_4Pd(CO)_{16}]$		17
$Fe_4PtC_{16}O_{16}^{2-}2C_{10}H_{16}N^+$	$[tmba]_2[Fe_4Pt(CO)_{16}]$		17
$Fe_4SnC_{16}O_{16}$	$\{Fe(CO)_4\}_4Sn$		18
$Fe_4C_{18}H_{12}N_2O_{12}S_2$	$\{Fe_2(CO)_6(\mu\text{-}CNMe_2)\}(\mu_4\text{-}S)\{Fe_2(CO)_6\text{-}(\mu\text{-}SCNMe_2)\}$		19
$Fe_4C_{19}H_4O_{12}S_3$	$\{Fe_2(CO)_6\}_2\{(\mu\text{-}S)(\mu_4\text{-}S_2C)C_6H_4\}$		20
$Fe_4C_{19}H_{12}O_{11}$	$Fe_4(CO)_{11}(HC_2Et)_2$		21
$Fe_4Sn_3C_{20}H_{12}O_{16}$	$\{Me_2Sn[\mu\text{-}Fe(CO)_4]_2\}_2(\mu_4\text{-}Sn)$		22
$Fe_4C_{20}H_{20}S_4$	$[FeS(\eta\text{-}C_5H_5)]_4$	a	23
$Fe_4C_{20}H_{20}S_4$	$[FeS(\eta\text{-}C_5H_5)]_4$	b	24
$Fe_4C_{20}H_{20}S_4^+Br^-$	$[\{FeS(\eta\text{-}C_5H_5)\}_4]Br$		25
$Fe_4C_{20}H_{20}S_4^{2+}2F_6P^-$	$[\{FeS(\eta\text{-}C_5H_5)\}_4][PF_6]_2$		26
$Fe_4C_{20}H_{20}S_6$	$\{Fe(\eta\text{-}C_5H_5)\}_4S_6$		27
$Fe_4C_{22}H_8N_2O_{12}S_3$	$\{Fe_2(CO)_6(\mu\text{-}SC_5H_4N)\}_2(\mu_4\text{-}S)$		28
$Fe_4Pt_6C_{22}O_{22}^{2-}2C_{10}H_{16}N^+$	$[tmba]_2[Fe_4Pt_6(CO)_{22}]$		29
$Fe_4C_{24}H_{20}O_4$	$[Fe(\mu_3\text{-}CO)(\eta\text{-}C_5H_5)]_4$		30
$Fe_4C_{24}H_{20}O_4^+F_6P^-$	$[\{Fe(\mu_3\text{-}CO)(\eta\text{-}C_5H_5)\}_4]PF_6$		31
$Fe_4Sb_2C_{28}H_{20}Cl_{10}O_8$	$\{Fe(CO)_2(\eta\text{-}C_5H_5)(\mu\text{-}Cl)\}_4(SbCl_3)_2$		32
$Fe_4Sb_4C_{28}H_{20}Cl_{16}O_8$	$[Fe(CO)_2(\eta\text{-}C_5H_5)(\mu\text{-}Cl)SbCl_3]_4$		33
$Fe_4C_{30}H_{16}O_{10}\cdot C_2H_4Cl_2$	$Fe_4(CO)_{10}(az)_2\cdot C_2H_4Cl_2$		34
$Fe_4BC_{40}H_{36}$	$\{Fe(\eta\text{-}C_5H_5)(\eta\text{-}C_5H_4)\}_4B$	c	35
$Fe_4C_{40}H_{56}O_{15}$	$[Fe(acac)_2]_4$	d	37, 38
$Fe_4C_{52}H_{40}O_6P_2$	$\{Fe_2(CO)_3(\eta\text{-}C_5H_5)_2\}_2(\mu\text{-}Ph_2PC\equiv CPPh_2)$		36
$Fe_4Cu_4C_{52}H_{64}N_4$	$[Fe(\eta\text{-}C_5H_5)(1\text{-}Me_2NCH_2\text{-}2\text{-}Cu\text{-}\eta\text{-}C_5H_3)]_4$		39

[a] Orthorhombic form. [b] Monoclinic form. [c] Zwitterion: ferricenyl$^+$BFc$_3^-$. [d] Weak Fe···C interaction between two dimeric units; ref. 38 reports structure of $[Fe(acac)_2]_2$, but not the dimer–dimer interaction.

1. N. S. Nametkin, V. D. Tyurin, G. G. Aleksandrov, O. V. Kuz'min, A. I. Nekhaev, V. G. Andrianov, M. Mavlonov and Y. T. Struchkov, *Izv. Akad. Nauk SSSR, Ser. Khim.*, 1979, 1353.

2. M. Tachikawa, J. Stein, E. L. Muetterties, R. G. Teller, M. A. Beno, E. Gebert and J. M. Williams, *J. Am. Chem. Soc.*, 1980, **102**, 6648.
3. D. E. Fjare and W. L. Gladfelter, *J. Am. Chem. Soc.*, 1981, **103**, 1572.
4. M. Manassero, M. Sansoni and G. Longoni, *J. Chem. Soc., Chem. Commun.*, 1976, 919.
5. M. A Beno, J. M. Williams, M. Tachikawa and E. L. Muetterties, *J. Am. Chem. Soc.*, 1980, **102**, 4542*; *J. Am. Chem. Soc.*, 1981, **103**, 1485.
6. P. V. Broadhurst, B. F. G. Johnson, J. Lewis and P. R. Raithby, *J. Chem. Soc., Chem. Commun.*, 1980, 812.
7. R. J. Doedens and L. F. Dahl, *J. Am. Chem. Soc.*, 1966, **88**, 4847.
8. E. M. Holt, K. Whitmire and D. F. Shriver, *J. Chem. Soc., Chem. Commun.*, 1980, 778.
9. P. A. Dawson, B. F. G. Johnson, J. Lewis and P. R. Raithby, *J. Chem. Soc., Chem. Commun.*, 1980, 781.
10. K. Whitmire, D. F. Shriver and E. M. Holt, *J. Chem. Soc., Chem. Commun.*, 1980, 780.
11. J. M. Coleman, A. Wojcicki, P.J. Pollick and L. F. Dahl, *Inorg. Chem.*, 1967, **6**, 1236.
12. J. S. Bradley, G. B. Ansell and E. W. Hill, *J. Am. Chem. Soc.*, 1979, **101**, 7417.
13. G. Gervasio, R. Rossetti and P. L. Stanghellini, *J. Chem. Soc., Chem. Commun.*, 1977, 387*; *J. Chem. Res.*, 1979, (M) 3943, (S) 334.
14. M. Tachikawa, A. C. Sievert, E. L. Muetterties, M. R. Thompson, C. S. Day and V. W. Day, *J. Am. Chem. Soc.*, 1980, **102**, 1725.
15. E. Röttinger and H. Vahrenkamp, *Angew. Chem.*, 1978, **90**, 294 (*Angew. Chem., Int. Ed. Engl.*, 1978, **17**, 273).
16. R. D. Ernst, T. J. Marks and J. A. Ibers, *J. Am. Chem. Soc.*, 1977, **99**, 2090.
17. G. Longoni, M. Manassero and M. Sansoni, *J. Am. Chem. Soc.*, 1980, **102**, 3242.
18. J. D. Cotton, J. Duckworth, S. A. R. Knox, P. F. Lindley, I. Paul, F. G. A. Stone and P. Woodward, *Chem. Commun.*, 1966, 253*; P. F. Lindley and P. Woodward, *J. Chem. Soc. (A)*, 1967, 382.
19. W. K. Dean and D. G. van Derveer, *J. Organomet. Chem.*, 1978, **146**, 143.
20. P. H. Bird, U. Siriwarddne, A. Shaver, O. Lopez and D. N. Harpp, *J. Chem. Soc., Chem. Commun.*, 1981, 513.
21. E. Sappa, A. Tiripicchio and M. Tiripicchio-Camellini, *J. Chem. Soc., Dalton Trans.*, 1978, 419.
22. R. M. Sweet, C. J. Fritchie and R. A. Schunn, *Inorg. Chem.*, 1967, **6**, 749.
23. R. A. Schunn, C. J. Fritchie and C. T. Prewitt, *Inorg. Chem.*, 1966, **5**, 892.
24. C. H. Wei, G. R. Wilkes, P. M. Treichel and L. F. Dahl, *Inorg. Chem.*, 1966, **5**, 900.
25. Trinh-Toan, W. P. Fehlhammer and L. F. Dahl, *J. Am. Chem. Soc.*, 1977, **99**, 402.
26. Trinh-Toan, B.-K. Teo, J. A. Ferguson, T. J. Meyer and L. F. Dahl, *J. Am. Chem. Soc.*, 1977, **99**, 408.
27. P. J. Vergamini, G. J. Kubas and R. R. Ryan, unpublished work cited in P. J. Vergamini and G. J. Kubas, *Prog. Inorg. Chem.*, 1976, **21**, 261.
28. G. LeBorgne and D. Grandjean, *J. Organomet. Chem.*, 1975, **92**, 381.
29. G. Longoni, M. Manassero and M. Sansoni, *J. Am. Chem. Soc.*, 1980, **102**, 7973.
30. M. A. Neumann, Trinh-Toan and L. F. Dahl, *J. Am. Chem. Soc.*, 1972, **94**, 3383.
31. Trinh-Toan, W. P. Fehlhammer and L. F. Dahl, *J. Am. Chem. Soc.*, 1972, **94**, 3389.
32. F. W. B. Einstein and A. C. MacGregor, *J. Chem. Soc., Dalton Trans.*, 1974, 778.
33. Trinh-Toan and L. F. Dahl, *Inorg. Chem.*, 1976, **15**, 2953.
34. M. R. Churchill and P. H. Bird, *J. Am. Chem. Soc.*, 1968, **90**, 3241*; M. R. Churchill and P. H. Bird, *Inorg. Chem.*, 1969, **8**, 1941.
35. D. O. Cowan, P. Shu, F. L. Hedberg, M. Rossi and T. J. Kistenmacher, *J. Am. Chem. Soc.*, 1979, **101**, 1304.
36. A. J. Carty, T. W. Ng, W. Carter, G. J. Palenik and T. Birchall, *Chem. Commun.*, 1969, 1101.
37. F. A. Cotton and G. W. Rice, *Nouv. J. Chim.*, 1977, **1**, 301.
38. S. Shibata, S. Onuma, A. Iwase and H. Inone, *Inorg. Chim. Acta*, 1977, **25**, 33.
39. A. N. Nesmeyanov, Y. T. Struchkov, N. N. Sedova, V. G. Andrianov, Y. V. Volgin and V. A. Sazonova, *J. Organomet. Chem.*, 1977, **137**, 217.

Fe_5 Pentairon

Molecular formula	Structure	Notes	Ref.
$Fe_5C_{14}HNO_{14}$	$HFe_5N(CO)_{14}$		1
$Fe_5C_{15}O_{15}S_4$	$\{Fe_2(CO)_6S_2\}\{Fe_3(CO)_9S_2\}$	a	2
$Fe_5C_{16}O_{15}$	$Fe_5C(CO)_{15}$		3
$Fe_5MoC_{18}O_{17}^{2-} 2C_8H_{20}N^+$	$[NEt_4]_2[Fe_5MoC(CO)_{17}]$		4
$Fe_5Sn_2C_{23}H_{10}O_{13}$	$Fe_3(CO)_9\{\mu_3\text{-}SnFe(CO)_2(\eta\text{-}C_5H_5)\}_2$		5
$Fe_5C_{24}H_{14}O_{12}S_3$	$\{Fe_4(\mu_4\text{-}S)(CO)_{12}\}(\mu\text{-}SMe)\text{-}(\mu\text{-}SCH_2Fc)$		6

a 1:1 complex in crystal.

1. M. Tachikawa, J. Stein, E. L. Muetterties, R. G. Teller, M. A. Beno, E. Gebert and J. M. Williams, *J. Am. Chem. Soc.*, 1980, **102**, 6648.
2. C. H. Wei and L. F. Dahl, *Inorg. Chem.*, 1965, **4**, 493.
3. E. H. Braye, L. F. Dahl, W. Hubel and D. L. Wampler, *J. Am. Chem. Soc.*, 1962, **84**, 4633.
4. M. Tachikawa, A. C. Sievert, E. L. Muetterties, M. R. Thompson, C. S. Day and V. W. Day, *J. Am. Chem. Soc.*, 1980, **102**, 1725.
5. T. J. McNeese, S. S. Wreford, D. L. Tipton and R. Bau, *J. Chem. Soc., Chem. Commun.*, 1977, 390.
6. H. Patin, G. Mignani, C. Mahe, J.-Y. Le Marouille, A. Benoit and D. Grandjean, *J. Organomet. Chem.*, 1981, **210**, C1.

Fe$_6$ Hexairon

Molecular formula	Structure	Notes	Ref.
Fe$_6$C$_{17}$O$_{16}^{2-}$·2C$_4$H$_{12}$N$^+$	[NMe$_4$]$_2$[Fe$_6$C(CO)$_{16}$]		1
Fe$_6$Pd$_6$C$_{24}$HO$_{24}^{3-}$· 3C$_{10}$H$_{16}$N$^+$·2C$_2$H$_3$N	[tmba]$_3$[HFe$_6$Pd$_6$(CO)$_{24}$]·2MeCN		2

1. M. R. Churchill, J. Wormald, J. Knight and M. J. Mays, *J. Am. Chem. Soc.*, 1971, **93**, 3073*; M. R. Churchill and J. Wormald, *J. Chem. Soc., Dalton Trans.*, 1974, 2410.
2. G. Longoni, M. Manassero and M. Sansoni, *J. Am. Chem. Soc.*, 1980, **102**, 3242.

Fe$_8$ Octairon

Molecular formula	Structure	Notes	Ref.
Fe$_8$AgC$_{40}$H$_{40}$S$_{12}^{3+}$·3F$_6$P$^-$	[{[Fe(η-C$_5$H$_5$)]$_4$S$_6$}$_2$Ag][PF$_6$]$_3$	D	1

1. P. J. Vergamini, G. J. Kubas and R. R. Ryan, unpublished work cited in P. J. Vergamini and G. J. Kubas, *Prog. Inorg. Chem.*, 1976, **21**, 261.

Fc Ferrocenes (Mononuclear)

Molecular formula	Structure	Notes	Ref.
FeC$_{10}$H$_8$Cl$_2$O$_4$S$_2$	Fe(η-C$_5$H$_4$SO$_2$Cl)$_2$		1
FeC$_{10}$H$_8$I$_2$	Fe(η-C$_5$H$_4$I)$_2$		2
FeC$_{10}$H$_8$S$_3$	Fe{(η-C$_5$H$_4$)$_2$S$_3$}		3
FeC$_{10}$H$_9$NO$_2$S	Fe{(η-C$_5$H$_4$)$_2$SO$_2$NH}		4
FeC$_{10}$H$_{10}$	Fe(η-C$_5$H$_5$)$_2$	X, E, N	5–12
FeC$_{10}$H$_{10}$·3CH$_4$N$_2$S	Fe(η-C$_5$H$_5$)$_2$·3CS(NH$_2$)$_2$	a	13
FeC$_{10}$H$_{10}^+$BiCl$_4^-$	[Fe(η-C$_5$H$_5$)$_2$][BiCl$_4$]		14
FeC$_{10}$H$_{10}^+$FeCl$_3^-$	[Fe(η-C$_5$H$_5$)$_2$][FeCl$_3$]		15
FeC$_{10}$H$_{10}^+$FeCl$_4^-$	[Fe(η-C$_5$H$_5$)$_2$][FeCl$_4$]		16
FeC$_{10}$H$_{10}^+$I$_3^-$	[Fe(η-C$_5$H$_5$)$_2$]I$_3$		17
4FeC$_{10}$H$_{10}^+$Sb$_8$Cl$_{24}$O$_2^{2-}$·2C$_6$H$_6$	[Fe(η-C$_5$H$_5$)$_2$]$_4$[Sb$_8$O$_2$Cl$_{24}$]·2C$_6$H$_6$		18
FeC$_{12}$H$_{10}$O$_4$	Fe(η-C$_5$H$_4$CO$_2$H)$_2$	X, N	19, 20
FeC$_{12}$H$_{13}$NO	FcCH$_2$NHCHO		21
FeC$_{12}$H$_{14}^+$I$_3^-$	[Fe(η-C$_5$H$_4$Me)$_2$]I$_3$		22
FeC$_{13}$H$_{11}$N	*trans*-FcCH=CHCN		23
FeC$_{13}$H$_{12}$O	[3]ferrocenophan-1-one		24
FeC$_{13}$H$_{13}$O^{2-}·C$_{20}$H$_{27}$N$_2$O$_3^+$·H$_2$O	[(−)-Fe(η-C$_5$H$_4$Me){η-C$_5$H$_3$(Me-1)(CO$_2$-3)}]-[C$_{20}$H$_{27}$N$_2$O$_3$]·H$_2$O	b	25
2FeC$_{13}$H$_{18}$N$^+$ZnCl$_4^{2-}$·H$_2$O	[FcCH$_2$NHMe$_2$]$_2$[ZnCl$_4$]·H$_2$O		26
FeC$_{14}$H$_{10}$N$_2$	FcCH=C(CN)$_2$		27
FeC$_{14}$H$_{14}$O	Fe(η-C$_5$H$_5$){η-$\overline{\text{C}_5\text{H}_3\text{C(O)(CH}_2)_2\text{CH}_2}$}		28
FeC$_{14}$H$_{14}$O	[4]ferrocenophan-1-one		29
FeC$_{14}$H$_{14}$O$_2$	Fe{η-C$_5$H$_4$C(O)Me}$_2$		30
FeC$_{14}$H$_{16}$S$_3$	(*R*)-FcCHMeSC(S)SMe		31
FeC$_{14}$H$_{18}$NO	FcN(O)Bu^t		32
FeAl$_2$C$_{14}$H$_{21}$Cl	Fe(η-C$_5$H$_5$)(η-C$_5$H$_4$Al$_2$ClMe$_4$)		33
FeCrC$_{15}$H$_9$BrO$_4$	*trans*-(FcC)CrBr(CO)$_4$		34
FeC$_{15}$H$_{15}$NO$_4$	FcCH=C(NO$_2$)(CO$_2$Et)		35
FeC$_{15}$H$_{16}$	Fe{1,3-(η-C$_5$H$_4$)$_2$C$_5$H$_8$}	c	36
FeC$_{15}$H$_{16}$O	(−)-Fe(η-C$_5$H$_5$)(η-$\overline{\text{C}_5\text{H}_3\text{CH}_2\text{CHMeCH}_2\text{CO}}$)		37
FeAs$_2$NiC$_{15}$H$_{20}$I$_2$O	{Fe(η-C$_5$H$_4$AsMe$_2$)$_2$}NiI$_2$(CO)		38
FeC$_{16}$H$_{10}$N$_4$	Fe(η-C$_5$H$_5$)$_2$·C$_2$(CN)$_4$	d	39
FeC$_{16}$H$_{12}$	Fe(η^5-C$_8$H$_6$)$_2$	e	40
FeC$_{16}$H$_{13}$P	Fe{(η-C$_5$H$_4$)$_2$PPh}		41
FeC$_{16}$H$_{16}$N$^+$I$^-$	[FcCH$_2$NC$_5$H$_5$]I		42
FeC$_{16}$H$_{18}$	[3$^{1,1'}$][3$^{3,3'}$]ferrocenophane		43
FeC$_{16}$H$_{20}$	1,1,2,2-Me$_4$-[2$^{1,1'}$]ferrocenophane		44
FeMnC$_{17}$H$_{16}$NO$_4$	FcCH$_2\overline{\text{N}}$(Me)CH$_2$Mn(CO)$_4$		45
[FeSnC$_{17}$H$_{18}$O$_2$]$_n$	[FcCO$_2$Sn(CH=CH$_2$)$_3$]$_n$		46
FeC$_{17}$H$_{20}$O$_2$	(*Z*)-Fc$\overline{\text{C}}$MeCH$_2\dot{\text{C}}$H(CO$_2$Et)		47
FeC$_{18}$H$_{14}$	Fe(η^5-C$_9$H$_7$)$_2$		48
FeC$_{18}$H$_{16}$O	FcCOCH$_2$Ph		49
FeC$_{18}$H$_{20}$	Fc(η-C$_5$H$_5$)(C$_{13}$H$_{15}$)	f	50
FeC$_{18}$H$_{26}$	Fe(η-C$_5$HMe$_4$)$_2$		51

Molecular formula	Structure	Notes	Ref.
$FeB_8C_{18}H_{28}$	4-Fc-2,3,7,8-Me$_4$C$_4$B$_8$H$_7$		52
$FeC_{19}H_{16}O_2$	Fe{η-C$_5$H$_4$C(O)Me}{η-C$_5$H$_4$C(O)Ph}		53, 54
$FeC_{19}H_{22}$	[3$^{1,1'}$][3$^{2,2'}$][3$^{4,4'}$]ferrocenophane		55
$FeC_{19}H_{22}$	[3$^{1,1'}$][3$^{3,3'}$][3^{4,5}]ferrocenophane		56
$FeC_{19}H_{22}O_2$	1,1'-(MeCO)$_2$-[5$^{3,3'}$]ferrocenophane		57
$FePdC_{19}H_{25}NO_2$	(−)-(RS$_p$)-Fe(η-C$_5$H$_5$)-{η-$\overline{\text{C}_5\text{H}_3\text{(CHMeNMe}_2\text{)Pd(acac)}}$}		58
$FeC_{20}H_{16}$	Fe{(η^5-C$_{10}$H$_8$)$_2$}	g	59
$Fe_3C_{20}H_{16}O_6S_3$	(μ-FcCHMeSCS)Fe$_2$(μ-SMe)(CO)$_6$		60
$FeC_{20}H_{18}O$	2'-Me-1-Ph-[3$^{1,1'}$]ferrocenophan-3-one		61
$FeC_{20}H_{20}O$	trans-Fc$\overline{\text{CHCH(C}_6\text{H}_4\text{OMe-4)CH}_2}$		62
$FeC_{20}H_{22}$	syn-Fe{(η-C$_5$H$_3$)$_2$-1,1':3,3'-(C$_5$H$_8$)$_2$}	h	63
$FeC_{20}H_{30}$	Fe(η-C$_5$Me$_5$)$_2$	X, E	51, 64, 65
$FeC_{20}H_{30}^+C_{12}H_4N_4^-$	[Fe(η-C$_5$Me$_5$)$_2$][TCNQ]	i	66
$2FeC_{20}H_{30}^+ 2C_{12}H_4N_4^-$	[Fe(η-C$_5$Me$_5$)$_2$]$_2$[TCNQ]$_2$	j	67
$FeSi_4C_{20}H_{38}$	Fe{η-C$_5$H$_4$(Si$_2$Me$_5$)}$_2$		68
$FeRuC_{21}H_{18}O$	FcC(O)Rc		69
$FeC_{21}H_{21}F_3O$	5'-CF$_3$C(O)-[3$^{1,1'}$][3$^{2,2'}$][3$^{4,4'}$]ferrocenophane		56
$FeC_{22}H_{18}$	FcC$_6$H$_4$Ph-2		70
$FeC_{22}H_{18}$	FcC$_6$H$_4$Ph-4		71
$FeGeC_{22}H_{18}$	Fe{(η-C$_5$H$_4$)$_2$GePh$_2$}		41
$FeSiC_{22}H_{18}$	Fe{(η-C$_5$H$_4$)$_2$SiPh$_2$}		72
$FeSiC_{22}H_{20}$	FcSiHPh$_2$		73
$FeC_{22}H_{22}^+F_6P^-$	[Fe(η^5-C$_9$H$_5$Me$_2$-1,3)$_2$][PF$_6$]		74
$FeC_{22}H_{24}O$	2'-{CEtPh(OH)}-[3$^{1,1'}$]ferrocenophane		75
$FeC_{22}H_{26}$	[3$^{1,1'}$][3$^{2,2'}$][3^{3,4}][3$^{3',4'}$]ferrocenophane		76
$FeC_{22}H_{27}NO_2$	(S,R,S)-Fe(η-C$_5$H$_5$){η-C$_5$H$_3$[CH(OH)-(C$_6$H$_4$OMe-4)-1][CHMe(NMe$_2$)-2]}		77
$FeC_{22}H_{34}$	Fe(η-C$_5$H$_4$Bu^t)(η-C$_5$H$_3$Bu$^t_2$-1,3)		78
$FeC_{23}H_{19}^+BF_4^-$	[FcCPh$_2$][BF$_4$]		79
$FeC_{24}H_{18}O_2$	Fe(η-C$_5$H$_4$COPh)$_2$		80
$FeC_{24}H_{20}$	(Z)-FcCPh=CHPh		81
$FeC_{25}H_{19}^+BF_4^-$	[Fc$\overline{\text{CCPhCPh}}$][BF$_4$]		82
$FeC_{25}H_{30}$	[3$^{1,1'}$][3$^{2,2'}$][3$^{3,3'}$][3^{4,5}][3$^{4',5'}$]ferrocenophane		83
$FeC_{25}H_{32}$	[3$^{2,2'}$][4$^{1,1'}$][4$^{3,3'}$][4$^{5,5'}$]ferrocenophane		84
$FeC_{25}H_{36}O$	[15]ferrocenophan-8-one		85
$FeC_{26}H_{18}O_4$	Fe{η-C$_5$H$_4$C(O)C(O)Ph}$_2$		86
$FeC_{26}H_{28}NP$	(R,S)-Fe(η-C$_5$H$_5$){η-C$_5$H$_3$(CHMeNMe$_2$-1)-(PPh$_2$-2)}		87
$FeC_{26}H_{42}$	Fe(η-C$_5$H$_3$Bu$^t_2$-1,3)$_2$		88
$FeCrC_{30}H_{22}O_5$	Fc$\overline{\text{C=CPhC}}${(η-Ph)Cr(CO)$_3$}=C(OMe)O		89
$FeRhC_{33}H_{36}NP^+F_6P^-$	[Fe(η-C$_5$H$_5$){η-C$_5$H$_4$-(CHMeNMe$_2$-1)(PPh$_2$-2)Rh(nbd)}][PF$_6$]		90
$FeTi_2C_{34}H_{68}N_6$	Fe{η-C$_5$H$_4$Ti(NEt$_2$)$_3$}$_2$		91
$FeC_{40}H_{28}$	Fe{1,2-(η-C$_5$H$_4$)$_2$C$_6$Ph$_4$}		92
$FeAu_2C_{46}H_{39}P_2^+BF_4^-$	[FcAu$_2$(PPh$_3$)$_2$][BF$_4$]		93

[a] Clathrate: at 100 and 295 K. [b] $C_{20}H_{27}N_2O_3$ = quinidinium. [c] 1,1'-(1'',3''-Cyclopentylene)ferrocene. [d] CT complex. [e] C_8H_6 = pentalenyl. [f] $C_{13}H_{15}$ = 1,2,3,3a,8a-η^5-1,4,7,8-tetrahydro-8,8-Me$_2$-4,7-methanoazulen-1-yl. [g] $(C_{10}H_8)_2$ = 4-endo-6'-endo-biazulenyl. [h] 1,1':3,3'-bis(cyclopentane-1,3-diyl)ferrocene. [i] Metamagnetic phase. [j] Paramagnetic phase.

1. O. V. Starovskii and Y. T. Struchkov, *Izv. Akad. Nauk SSSR, Otdel. Khim. Nauk*, 1960, 1001*; *Zh. Strukt. Khim.*, 1964, **5**, 257.
2. Z. Kaluski, A. I. Gusev and Y. T. Struchkov, *Bull. Acad. Pol. Sci., Ser. Sci. Chim.*, 1972, **20**, 875.
3. B. R. Davis and I. Bernal, *J. Cryst. Mol. Struct.*, 1972, **2**, 107.
4. R. A. Abramovitch, J. L. Atwood, M. L. Good and B. A. Lampert, *Inorg. Chem.*, 1975, **14**, 3085.
5. P. F. Eiland and R. Pepinsky, *J. Am. Chem. Soc.*, 1952, **74**, 4971; J. D. Dunitz and L. E. Orgel, *Nature*, 1953, **171**, 121*; J. D. Dunitz, L. E. Orgel and A. Rich, *Acta Crystallogr.*, 1956, **9**, 373 (X).
6. J.-F. Berar and G. Calvarin, *C. R. Hebd. Seances Acad. Sci., Ser. C*, 1973, **277**, 1005 (X, at 80 and 295 K).
7. P. Seiler and J. D. Dunitz, *Acta Crystallogr.*, 1979, **B35**, 1068 (X, at 173 K and r.t.; new interpretation of disordered crystal structure); *Acta Crystallogr.*, 1979, **B35**, 2020 (X, at 101, 123 and 148 K).
8. E. A. Seibold and L. E. Sutton, *J. Chem. Phys.*, 1955, **23**, 1967 (E).
9. P. A. Akishin, N. G. Rambidi and T. N. Bredikhina, *Zh. Strukt. Khim.*, 1961, **2**, 476 (E).
10. R. K. Bohn and A. Haaland, *J. Organomet. Chem.*, 1966, **5**, 470 (E).
11. A. Haaland and J. E. Nilson, *Acta Chem. Scand.*, 1968, **22**, 2653 (E).
12. F. Takusagawa and T. F. Koetzle, *Acta Crystallogr.*, 1979, **B35**, 1074 (N, at 173 and 298 K).
13. E. Hough and D. G. Nicholson, *J. Chem. Soc., Dalton Trans.*, 1978, 15.

14. A. G. Landers, M. W. Lynch, S. B. Raaberg, A. L. Rheingold, J. E. Lewis, N. J. Mammano and A. Zalkin, *J. Chem. Soc., Chem. Commun.*, 1976, 931*; N. J. Mammano, A. Zalkin, A. Landers and A. L. Rheingold, *Inorg. Chem.*, 1977, **16**, 297.
15. S. M. Aharoni and M. H. Litt, *J. Organomet. Chem.*, 1970, **22**, 179.
16. E. F. Paulus and L. Schäfer, *J. Organomet. Chem.*, 1978, **144**, 205.
17. T. Bernstein and F. H. Herbstein, *Acta Crystallogr.*, 1968, **B24**, 1640.
18. A. L. Rheingold, A. G. Landers, P. Dahlstrom and J. Zubieta, *J. Chem. Soc., Chem. Commun.*, 1979, 143.
19. G. J. Palenik, *Inorg. Chem.*, 1969, **8**, 2744.
20. F. Takusagawa and T. F. Koetzle, *Acta Crystallogr.*, 1979, **B35**, 2888 (X, 298 K; N, 78 K).
21. L. H. Hall and G. M. Brown, *Acta Crystallogr.*, 1971, **B27**, 81.
22. J. W. Bats, J. J. de Boer and D. Bright, *Inorg. Chim. Acta*, 1971, **5**, 605.
23. T. E. Borovyak, V. E. Shklover, A. I. Gusev, S. P. Gubin, A. A. Koridze and Y. T. Struchkov, *Zh. Strukt. Khim.*, 1970, **11**, 1087.
24. N. D. Jones, R. E. Marsh and J. H. Richards, *Acta Crystallogr.*, 1965, **19**, 330.
25. O. L. Carter, A. T. McPhail and G. A. Sim, *J. Chem. Soc.* (*A*), 1967, 365.
26. C. S. Gibbons and J. Trotter, *J. Chem. Soc.* (*A*), 1971, 2659.
27. A. P. Krukonis, J. Silverman and N. F. Yannoni, *Acta Crystallogr.*, 1972, **B28**, 987.
28. E. B. Fleischer and S. W. Hawkinson, *Acta Crystallogr.*, 1967, **21**, 376.
29. T. S. Cameron and R. E. Cordes, *Acta Crystallogr.*, 1979, **B35**, 748.
30. G. J. Palenik, *Inorg. Chem.*, 1970, **9**, 2424.
31. H. Patin, G. Mignani, C. Mahé, J.-Y. Le Marouille, A. Benoit and D. Grandjean, *J. Organomet. Chem.*, 1980, **193**, 93.
32. A. R. Forrester, S. P. Hepburn, R. S. Dunlop and H. H. Mills, *Chem. Commun.*, 1969, 898.
33. R. D. Rogers, W. J. Cook and J. L. Atwood, *Inorg. Chem.*, 1979, **18**, 274.
34. E. O. Fischer, M. Schluge, J. O. Besenhard, P. Friedrich, G. Huttner and F. R. Kreissl, *Chem. Ber.*, 1978, **111**, 3530.
35. E. Skrzypczak-Jankun, A. Hoser, E. Grzesiak and Z. Kaluski, *Acta Crystallogr.*, 1980, **B36**, 934.
36. P. Batail, D. Grandjean, D. Astruc and R. Dabard, *J. Organomet. Chem.*, 1975, **102**, 79.
37. C. Lecomte, Y. Dusausoy, R. Broussier, B. Gautheron and J. Protas, *C. R. Hebd. Seances Acad. Sci., Ser. C*, 1972, **275**, 1263*; *Acta Crystallogr.*, 1973, **B29**, 1504.
38. C. G. Pierpont and R. Eisenberg, *Inorg. Chem.*, 1972, **11**, 828.
39. E. Adman, M. Rosenblum, S. Sullivan and T. N. Margulis, *J. Am. Chem. Soc.*, 1967, **89**, 4540.
40. M. R. Churchill and K.-K. G. Lin, *Inorg. Chem.*, 1973, **12**, 2274.
41. H. Stoeckli-Evans, A. G. Osborne and R. H. Whiteley, *J. Organomet. Chem.*, 1980, **194**, 91.
42. G. M. Brown and L. H. Hall, *Acta Crystallogr.*, 1977, **B33**, 876.
43. I. C. Paul, *Chem. Commun.*, 1966, 377.
44. M. B. Laing and K. N. Trueblood, *Acta Crystallogr.*, 1965, **19**, 373.
45. S. S. Crawford, C. B. Knobler and H. D. Kaesz, *Inorg. Chem.*, 1977, **16**, 3201.
46. R. Graziani, U. Casellato and G. Plazzogna, *J. Organomet. Chem.*, 1980, **187**, 381.
47. Z. Kaluski, E. Skrzypczak-Jankun and M. Cygler, *Acta Crystallogr.*, 1979, **B35**, 2699.
48. J. Trotter, *Acta Crystallogr.*, 1958, **11**, 355.
49. E. Gyepes and F. Hanic, *Cryst. Struct. Commun.*, 1975, **4**, 229.
50. T. S. Cameron, J. F. Maguire, T. D. Turbitt and W. E. Watts, *J. Organomet. Chem.*, 1973, **49**, C79*; T. S. Cameron and J. F. Maguire, *Acta Crystallogr.*, 1974, **B30**, 1357.
51. Y. T. Struchkov, V. G. Andrianov, T. N. Sal'nikova, I. R. Lyatifov and R. B. Materikova, *J. Organomet. Chem.*, 1978, **145**, 213 (X).
52. R. N. Grimes, W. M. Maxwell, R. B. Maynard and E. Sinn, *Inorg. Chem.*, 1980, **19**, 2981.
53. G. Calvarin, J. Bouvaist and D. Weigel, *C. R. Hebd. Seances Acad. Sci., Ser. C*, 1969, **268**, 2288.
54. G. Calvarin and D. Weigel, *Acta Crystallogr.*, 1971, **B27**, 1253.
55. M. Hillman and E. Fujita, *J. Organomet. Chem.*, 1978, **155**, 87.
56. M. Hillman, B. Gordon, N. Dudek, R. Fajer, E. Fujita, J. Gaffney, P. Jones, A. J. Weiss and S. Takagi, *J. Organomet. Chem.*, 1980, **194**, 229.
57. T. N. Sal'nikova, V. G. Andrianov, Y. M. Antipin and Y. T. Struchkov, *Koord. Khim.*, 1977, **3**, 939.
58. L. G. Kuzmina, Y. T. Struchkov, L. L. Troitskaya, V. I. Sokolov and O. A. Reutov, *Izv. Akad. Nauk SSSR, Ser. Khim.*, 1979, 1528.
59. M. R. Churchill and J. Wormald, *Chem. Commun.*, 1968, 1033*; *Inorg. Chem.*, 1969, **8**, 716.
60. H. Patin, G. Mignani, C. Mahé, J.-Y. Le Marouille, T. G. Southern, A. Benoit and D. Grandjean, *J. Organomet. Chem.*, 1980, **197**, 315.
61. C. Lecomte, Y. Dusausoy, J. Protas and C. Moise, *Acta Crystallogr.*, 1973, **B29**, 1127.
62. A. N. Nesmeyanov, E. I. Klimova, Y. T. Struchkov, V. G. Andrianov, V. N. Postnov and V. A. Sazonova, *J. Organomet. Chem.*, 1979, **178**, 343.
63. D. Astruc, R. Dabard, M. Martin, P. Batail and D. Grandjean, *Tetrahedron Lett.*, 1976, 829; P. Batail, D. Grandjean, D. Astruc and R. Dabard, *J. Organomet. Chem.*, 1976, **110**, 91.
64. D. P. Freyberg, J. L. Robbins, K. N. Raymond and J. C. Smart, *J. Am. Chem. Soc.*, 1979, **101**, 892 (X).
65. A. Almenningen, A. Haaland, S. Samdal, J. Brunvoll, J. L. Robbins and J. C. Smart, *J. Organomet. Chem.*, 1979, **173**, 293 (E).
66. J. S. Miller, A. H. Reis, E. Gebert, J. J. Ritsko, W. R. Salaneck, L. Kovnat, T. W. Cape and R. P. van Duyne, *J. Am. Chem. Soc.*, 1979, **101**, 7111.
67. A. H. Reis, L. D. Preston, J. M. Williams, S. W. Peterson, G. A. Candela, L. J. Swartzendruber and J. S. Miller, *J. Am. Chem. Soc.*, 1979, **101**, 2756.
68. K. Hirotsu, T. Higuchi and A. Shimada, *Bull. Chem. Soc. Jpn.*, 1968, **41**, 1557.
69. G. J. Small and J. Trotter, *Can. J. Chem.*, 1964, **42**, 1746.

70. J. Trotter and C. S. Williston, *J. Chem. Soc. (A)*, 1967, 1379.
71. F. H. Allen, J. Trotter and C. S. Williston, *J. Chem. Soc. (A)*, 1970, 907.
72. H. Stoeckli-Evans, A. G. Osborne and R. H. Whiteley, *Helv. Chim. Acta*, 1976, **59**, 2402.
73. W. F. Paton, E. R. Corey, J. Y. Corey, M. D. Glick and K. Mislow, *Acta Crystallogr.*, 1977, **B33**, 268.
74. P. M. Treichel, J. W. Johnson and J. C. Calabrese, *J. Organomet. Chem.*, 1975, **88**, 215.
75. C. Lecomte, Y. Dusausoy, C. Moise, J. Protas and J. Tirouflet, *C. R. Hebd. Seances Acad. Sci., Ser. C*, 1971, **273**, 952*; *Acta Crystallogr.*, 1973, **B29**, 488.
76. M. Hillman and E. Fujita, *J. Organomet. Chem.*, 1978, **155**, 99.
77. L. F. Battelle, R. Bau, G. W. Gokel, R. T. Oyakawa and I. K. Ugi, *Angew. Chem.*, 1972, **84**, 164 (*Angew. Chem., Int. Ed. Engl.*, 1972, **11**, 138*); *J. Am. Chem. Soc.*, 1973, **95**, 482.
78. E. Skrzypczak-Jankun and Z. Kaluski, *Bull. Acad. Pol. Sci., Ser. Sci. Chim.*, 1976, **24**, 719.
79. U. Behrens, *J. Organomet. Chem.*, 1979, **182**, 89.
80. Y. T. Struchkov, *Dokl. Akad. Nauk SSSR*, 1956, **110**, 67*; Y. T. Struchkov and T. L. Khotsyanova, *Kristallografiya*, 1957, **2**, 382.
81. C. J. Cardin, W. Crawford, W. E. Watts and B. J. Hathaway, *J. Chem. Soc., Dalton Trans.*, 1979, 970.
82. R. L. Sime and R. J. Sime, *J. Am. Chem. Soc.*, 1974, **96**, 892.
83. L. D. Spaulding, M. Hillman and G. J. B. Williams, *J. Organomet. Chem.*, 1978, **155**, 109.
84. Y. Kawajiri, M. Hisatome and K. Yamakawa, *Koen Yoshishu-Hibenzenkei Hokozoku Kagaku Toronkai [oyobi] Kozo Yuki Kagaku Torankai*, 12th, 1979, 281 (*Chem. Abstr.*, 1980, **93**, 8272); M. Hisatome, Y. Kawaziri, K. Yamakawa and Y. Iitaka, *Tetrahedron Lett.*, 1979, 1777.
85. T. N. Sal'nikova, V. G. Andrianov and Y. T. Struchkov, *Koord. Khim.*, 1977, **3**, 768.
86. K. Szulzewsky, I. Seidel, S. Kulpe, E. Hoehne, H. Raubach and U. Stoffer, *Krist. Tech.*, 1979, **14**, 37 (*Chem. Abstr.*, 1979, **91**, 30 928).
87. F. W. B. Einstein and A. C. Willis, *Acta Crystallogr.*, 1980, **B36**, 39.
88. Z. L. Kaluski, A. I. Gusev, A. E. Kalinin and Y. T. Struchkov, *Zh. Strukt. Khim.*, 1972, **13**, 950.
89. K. H. Dötz, R. Dietz and D. Neugebauer, *Chem. Ber.*, 1979, **112**, 1486.
90. W. R. Cullen, F. W. B. Einstein, C.-H. Huang, A. C. Willis and E.-S. Yeh, *J. Am. Chem. Soc.*, 1980, **102**, 988.
91. U. Thewalt and D. Schomburg, *Z. Naturforsch., Teil B*, 1975, **30**, 636.
92. K. Yasufuku, K. Aoki and H. Yamazaki, *Inorg. Chem.*, 1977, **16**, 624.
93. V. G. Andrianov, Y. T. Struchkov and E. R. Rossinskaya, *J. Chem. Soc., Chem. Commun.*, 1973, 338*; *Zh. Strukt. Khim.*, 1974, **15**, 74.

Fc₂ Ferrocenes (Dinuclear)

Molecular formula	Structure	Notes	Ref.
$Fe_2C_{20}H_{16}$	$[Fe(\eta,\eta^1-C_{10}H_8)]_2$	a	1
$Fe_2C_{20}H_{16}Cl_2$	bis[1-(1'-Cl-ferrocenyl)]		2
$Fe_2C_{20}H_{18}$	biferrocenyl		3, 4
$Fe_2SnC_{20}H_{18}Cl_2$	Fc_2SnCl_2		5
$Fe_2C_{20}H_{18}Se^+I_3^-\cdot I_2\cdot 0.5CH_2Cl_2$	$[Fc_2Se]I_3\cdot I_2\cdot 0.5CH_2Cl_2$	b	6
$Fe_2C_{21}H_{18}O$	Fc_2CO		7
$Fe_2C_{21}H_{19}^+BF_4^-$	$[Fc_2CH][BF_4]$		8
$Fe_2C_{22}H_{22}$	$FcCH_2CH_2Fc$		9
$Fe_2C_{24}H_{16}$	$[Fe(C_{12}H_8)]_2$	c	10
$Fe_2C_{24}H_{22}O_2$	bis[1-(1'-Ac-ferrocenyl)]		11
$Fe_2C_{24}H_{22}O_4$	bis[1-(1'-CO_2Me-ferrocenyl)]		12
$Fe_2C_{24}H_{24}$	1,12-Me_2[1.1]ferrocenophane		13
$Fe_2C_{24}H_{26}$	bis[1-(1'-Et-ferrocenyl)]		14
$Fe_2C_{26}H_{28}$	1-Fc-1,3,3-Me_3-[$3^{1,1'}$]ferrocenophane		15
$Fe_2Al_4C_{26}H_{34}Cl_2$	$[Fe(\eta-C_5H_5)\{\eta-C_5H_3(Al_2ClMe_3)\}]_2$		16
$Fe_2TiC_{30}H_{28}$	$Fc_2Ti(\eta-C_5H_5)_2$		17
$Fe_2C_{38}H_{42}O$	bis[$3^{1,1'}$][$3^{2,2'}$][$3^{4,4'}$]ferrocenophan-1-yl ether		18
$Fe_2Li_4C_{38}H_{62}N_6$	$[Fe(\eta-C_5H_4Li)_2(\mu-Me_5dien)]_2$		19
$Fe_2CoC_{41}H_{33}\cdot 0.5C_6H_{14}$	$(\eta^4$-trans-$Fc_2C_4Ph_2)Co(\eta-C_5H_5)\cdot 0.5C_6H_{14}$		20

[a] $C_{10}H_8 = \eta^5,\eta^5$-fulvalene. [b] Mixed valence compound. [c] $C_{12}H_8 = \eta^5,\eta^5$-asym-indacenyl.

1. M. R. Churchill and J. Wormald, *Inorg. Chem.*, 1969, **8**, 1970.
2. Z. L. Kaluski and Y. T. Struchkov, *Zh. Strukt. Khim.*, 1965, **6**, 745; *Bull. Acad. Pol. Sci., Ser. Sci. Chim.*, 1966, **14**, 719.
3. A. C. Macdonald and J. Trotter, *Acta Crystallogr.*, 1964, **17**, 872 (corrigendum: *Acta Crystallogr.*, 1965, **19**, 690).
4. Z. L. Kaluski, Y. T. Struchkov and R. L. Avoyan, *Zh. Strukt. Khim.*, 1964, **5**, 743; Z. Kaluski, *Bull. Acad. Pol. Sci., Ser. Sci. Chim.*, 1964, **12**, 873.
5. N. G. Bokii, Y. T. Struchkov, V. V. Korol'kov and T. P. Tolstaya, *Koord. Khim.*, 1975, **1**, 1144.
6. J. A. Kramer, F. H. Herbstein and D. N. Hendrickson, *J. Am. Chem. Soc.*, 1980, **102**, 2293.
7. J. Trotter and A. C. Macdonald, *Acta Crystallogr.*, 1956, **21**, 359.
8. S. Lupan, M. Kapon, M. Cais and F. H. Herbstein, *Angew. Chem.*, 1972, **84**, 1104 (*Angew. Chem., Int. Ed. Engl.*, 1972, **11**, 1025*); M. Cais, S. Dani, F. H. Herbstein and M. Kapon, *J. Am. Chem. Soc.*, 1978, **100**, 5554.

9. J. R. Doyle, N. C. Baenziger and R. L. Davis, *Inorg. Chem.*, 1974, **13**, 101.
10. R. Gitany, I. C. Paul, N. Acton and T. J. Katz, *Tetrahedron Lett.*, 1970, 2723.
11. Z. L. Kaluski and Y. T. Struchkov, *Zh. Strukt. Khim.*, 1965, **6**, 921; Z. Kaluski, A. I. Gusev and Y. T. Struchkov, *Bull. Acad. Pol. Sci., Ser. Sci. Chim.*, 1974, **22**, 739.
12. Z. Kaluski and Y. T. Struchkov, *Bull. Acad. Pol. Sci., Ser. Sci. Chim.*, 1968, **16**, 557; Z. Kaluski, A. I. Gusev and Y. T. Struchkov, *Bull. Acad. Pol. Sci., Ser. Sci. Chim.*, 1976, **24**, 631.
13. J. S. McKechnie, B. H. Bersted, I. C. Paul and W. E. Watts, *J. Organomet. Chem.*, 1967, **8**, P29*; J. S. McKechnie, C. A. Maier, B. Bersted and I. C. Paul, *J. Chem. Soc., Perkin Trans. 2*, 1973, 138.
14. Z. L. Kaluski and Y. T. Struchkov, *Zh. Strukt. Khim.*, 1965, **6**, 104; 1966, **7**, 283; Z. Kaluski, *Bull. Acad. Pol. Sci., Ser. Sci. Chim.*, 1965, **13**, 355.
15. W. M. Horspool, J. Iball, M. Rafferty and S. N. Scrimgeour, *J. Chem. Soc., Dalton Trans.*, 1974, 401.
16. J. L. Atwood and A. L. Shoemaker, *J. Chem. Soc., Chem. Commun.*, 1976, 536.
17. L. N. Zakharov, Y. T. Struchkov, V. V. Sharutin and O. N. Suvarova, *Cryst. Struct. Commun.*, 1979, **8**, 439.
18. M. Hillman, B. Gordon, N. Dudek, R. Fajer, E. Fujita, J. Gaffney, P. Jones, A. J. Weiss and S. Takagi, *J. Organomet. Chem.*, 1980, **194**, 229.
19. M. Walczak, K. Walczak, R. Mink, M. D. Rausch and G. Stucky, *J. Am. Chem. Soc.*, 1978, **100**, 6382.
20. M. D. Rausch, F. A. Higbie, G. F. Westover, A. Clearfield, R. Gopal, J. M. Troup and I. Bernal, *J. Organomet. Chem.*, 1978, **149**, 245.

Fc$_3$ Ferrocenes (Trinuclear)

Molecular formula	Structure	Notes	Ref.
Fe$_3$C$_{30}$H$_{26}$	terferrocenyl		1
Fe$_3$C$_{33}$H$_{30}$	[1.1.1]ferrocenophane		2
Fe$_3$C$_{35}$H$_{34}$O	Fc$_3$C(C$_4$H$_7$O)		3

1. Z. L. Kaluski and Y. T. Struchkov, *Zh. Strukt. Khim.*, 1965, **6**, 316; *Bull. Acad. Pol. Sci., Ser. Sci. Chim.*, 1966, **14**, 607.
2. S. J. Lippard and G. Martin, *J. Am. Chem. Soc.*, 1970, **92**, 7291.
3. F. Hanic, J. Sevcik and E. L. McGandy, *Chem. Zvesti*, 1970, **24**, 81.

Fc$_4$ Ferrocenes (Tetranuclear)

Molecular formula	Structure	Notes	Ref.
Fe$_4$BC$_{40}$H$_{36}$	Fc$_4$B	a	1
Fe$_4$Ag$_4$C$_{52}$H$_{64}$N$_4$	[Fe(η-C$_5$H$_5$){η-C$_5$H$_3$(CH$_2$NMe$_2$-1)(Ag-2)}]$_4$		2
Fe$_4$Cu$_4$C$_{52}$H$_{64}$N$_4$	[Fe(η-C$_5$H$_5$){η-C$_5$H$_3$(CH$_2$NMe$_2$-1)(Cu-2)}]$_4$		3

a Zwitterionic: [ferricenyl]$^+$BFc$_3^-$.

1. D. O. Cowan, P. Shu, F. L. Hedberg, M. Rossi and T. J. Kistenmacher, *J. Am. Chem. Soc.*, 1979, **101**, 1304.
2. A. N. Nesmeyanov, N. N. Sedova, Y. T. Struchkov, V. G. Andrianov, E. N. Stakheeva and V. A. Sazonova, *J. Organomet. Chem.*, 1978, **153**, 115.
3. A. N. Nesmeyanov, Y. T. Struchkov, N. N. Sedova, V. G. Andrianov, Y. V. Volgin and V. A. Sazonova, *J. Organomet. Chem.*, 1977, **137**, 217.

Ga Gallium

Molecular formula	Structure	Notes	Ref.
$GaCH_3Cl_3^-AsC_4H_{12}^+$	$[AsMe_4][GaCl_3Me]$		1
$GaC_2H_6Cl_2^-AsC_4H_{12}^+$	$[AsMe_4][GaCl_2Me_2]$		1
GaC_3H_9	$GaMe_3$	E	2
$GaB_4C_3H_9$	$1\text{-}(GaMe)\text{-}2,4\text{-}C_2B_4H_6$		3
$GaC_3H_9Cl^-AsC_4H_{12}^+$	$[AsMe_4][GaClMe_3]$		4
$GaC_4H_{12}NO$	$\overline{GaMe_2(OCH_2CH_2NH_2)}$		5
$[GaC_5H_9O_4]_n$	$[GaMe(OAc)_2]_n$		6
$GaC_6H_{18}N$	$GaMe_3(NMe_3)$	E	7
$[GaC_7H_{11}]_n$	$[GaMe_2(C_5H_5)]_n$		8
$GaC_9H_{23}P_2$	$GaMe_2\{(CH_2PMe_2)_2CH\}$		9
$GaWC_{10}H_{11}O_3$	$GaMe_2\{W(CO)_3(\eta\text{-}C_5H_5)\}$		10
$GaC_{10}H_{14}NO$	$\overline{GaMe_2(OC_6H_4CH=NMe\text{-}2)}$		11
$GaFeC_{11}H_{23}N_5O_3$	$Fe(NO)_2\{Me_2Ga(dmpz)(OCH_2CH_2NMe_2)\}$		12
$GaNiC_{11}H_{23}N_4O_2$	$Ni(NO)\{Me_2Ga(dmpz)\text{-}(OCH_2CH_2NMe_2)\}$		13
$GaMoC_{13}H_{24}N_3O_3S$	$Mo(CO)_2(\eta^2\text{-}CH_2SMe)\{Me_2Ga(dmpz)\text{-}(OCH_2CH_2NH_2)\}$		14
$GaC_{14}H_{14}ClN_2$	$GaClMe_2(phen)$		15
$GaMoC_{15}H_{17}N_6O_2$	$Mo(CO)_2(\eta\text{-}C_3H_5)\{MeGa(pz)_3\}$		16
$GaNiC_{15}H_{25}N_4$	$Ni(\eta\text{-}C_3H_5)\{Me_2Ga(dmpz)_2\}$		17
$GaMoC_{15}H_{26}N_3O_3$	$Mo(CO)_2(\eta^3\text{-}C_4H_7)\{Me_2Ga(dmpz)\text{-}(OCH_2CH_2NH_2)\}$		18
$GaMoC_{15}H_{28}N_3O_3S$	$Mo(CO)_2(\eta^2\text{-}CH_2SMe)\{Me_2Ga(dmpz)\text{-}(OCH_2CH_2NMe_2)\}$		14
$GaC_{17}H_{16}NOS$	$GaMe_2(C_{15}H_{10}NOS)$	153, a	11
$GaMoC_{17}H_{25}N_4O_3$	$Mo(CO)_2(\eta^3\text{-}C_4H_7)\{MeGa(OH)(dmpz)_2\}$		19
$GaC_{18}H_{15}$	$GaPh_3$		20
$GaCuC_{29}H_{38}N_3OP$	$Cu(PPh_3)\{Me_2Ga(dmpz)(OCH_2CH_2NMe_2)\}$		21

a $C_{15}H_{10}NOS$ = 2-(N-phenylaminomethylene)-3(2H)-benzo[b]furanthionate.

1. H. D. Hausen, H. J. Guder and W. Schwarz, *J. Organomet. Chem.*, 1977, **132**, 37.
2. B. Beagley, D. G. Schmidling and I. A. Steer, *J. Mol. Struct.*, 1974, **21**, 437.
3. R. N. Grimes, W. J. Rademaker, M. L. Denniston, R. F. Bryan and P. T. Greene, *J. Am. Chem. Soc.*, 1972, **94**, 1865.
4. H. J. Widler, W. Schwarz, H. D. Hausen and J. Weidlein, *Z. Anorg. Allg. Chem.*, 1977, **435**, 179.
5. K. S. Chong, S. J. Rettig, A. Storr and J. Trotter, *Can. J. Chem.*, 1979, **57**, 586.
6. H. D. Hausen, K. Sille, J. Weidlein and W. Schwarz, *J. Organomet. Chem.*, 1978, **160**, 411.
7. L. Golubinskaya, A. V. Golubinskii, V. S. Mastryukov, L. V. Vilkov and V. I. Bregadze, *J. Organomet. Chem.*, 1976, **117**, C4.
8. K. Mertz, F. Zettler, H. D. Hausen and J. Weidlein, *J. Organomet. Chem.*, 1976, **122**, 159.
9. H. Schmidbaur, O. Gasser, C. Krüger and J. C. Sekutowski, *Chem. Ber.*, 1977, **110**, 3517.
10. J. N. St Denis, W. Butler, M. D. Glick and J. P. Oliver, *J. Organomet. Chem.*, 1977, **129**, 1.
11. V. I. Bregadze, N. G. Furmanova, L. M. Golubinskaya, O. Y. Kompan, Y. T. Struchkov, V. A. Bren, Z. V. Bren, A. E. Lynbarskaya, V. I. Minkin and L. M. Sitkina, *J. Organomet. Chem.*, 1980, **192**, 1.
12. K. S. Chong, S. J. Rettig, A. Storr and J. Trotter, *Can. J. Chem.*, 1979, **57**, 3113.
13. K. S. Chong, S. J. Rettig, A. Storr and J. Trotter, *Can. J. Chem.*, 1979, **57**, 3107.
14. K. S. Chong, S. J. Rettig, A. Storr and J. Trotter, *Can J. Chem.*, 1980, **58**, 1080.
15. A. T. McPhail, R. W. Miller, C. G. Pitt, G. Gupta and S. C. Srivastava, *J. Chem. Soc., Dalton Trans.*, 1976, 1657.
16. K. R. Breakell, S. J. Rettig, D. L. Singbeil and A. Storr, *Can. J. Chem.*, 1978, **56**, 2099.
17. K. S. Chong, S. J. Rettig, A. Storr and J. Trotter, *Can. J. Chem.*, 1981, **59**, 996.
18. K. S. Chong, S. J. Rettig, A. Storr and J. Trotter, *Can. J. Chem.*, 1979, **57**, 1335.
19. K. R. Breakell, S. J. Rettig, A. Storr and J. Trotter, *Can. J. Chem.*, 1979, **57**, 139.
20. J. F. Malone and W. S. McDonald, *Chem. Commun.*, 1969, 591*; *J. Chem. Soc. (A)*, 1970, 3362.
21. K. S. Chong, S. J. Rettig, A. Storr and J. Trotter, *Can. J. Chem.*, 1981, **59**, 518.

Ga₂ Digallium

Molecular formula	Structure	Notes	Ref.
$Ga_2C_6H_{12}O_4$	$(GaMe_2)_2C_2O_4$		1
$Ga_2C_6H_{14}N_2O_2$	$cis\text{-}(GaMe_2)_2\{C_2O_2(NH)_2\}$		2
$Ga_2C_8H_{18}N_2O_2$	$cis\text{-}(GaMe_2)_2\{C_2O_2(NMe)_2\}$		2
$Ga_2C_8H_{18}N_2S_2$	$(GaMe_2)_2\{C_2S_2(NMe)_2\}$		3
$Ga_2C_9H_{20}N_2O\cdot 2C_5H_8N_2$	$(GaMe)_2(\mu\text{-}OH)(\mu\text{-}dmpz)\cdot 2dmpzH$	a	4
$Ga_2C_9H_{24}N_2O$	$(GaMe_3)\overline{NMeNMeC(Me)=OGaMe_2}$		5

Ga₂

Molecular formula	Structure	Notes	Ref.
$Ga_2C_{10}H_{18}N_4$	[GaMe$_2$(μ-pz)]$_2$		6
$Ga_2C_{10}H_{24}N_2$	[GaMe$_2$(μ-N=CMe$_2$)]$_2$		7
$Ga_2C_{10}H_{24}N_4$	(GaMe$_2$)$_2$\{μ-C$_2$(NMe)$_4$\}	173	8
$Ga_2C_{10}H_{27}N_3$	(GaMe$_3$)$\overline{NMeNMeC(Me)}$=NMeGaMe$_2$		5
$Ga_2C_{12}H_{22}N_4$	[GaMe$_2$(μ-3-Mepz)]$_2$		6
$Ga_2C_{12}H_{30}N_4$	[GaMe$_2$\{μ-(NMe)$_2$CMe\}]$_2$		9
$Ga_2C_{12}H_{32}N_2O_2$	[GeMe$_2$\{μ-O(CH$_2$)$_2$NMe$_2$\}]$_2$		10
$Ga_2C_{14}H_{26}N_4$	[GaMe$_2$(μ-dmpz)]$_2$		4
$Ga_2NiC_{14}H_{30}N_6O_2$	mer-Ni\{GaMe$_2$(pz)(OCH$_2$CH$_2$NH$_2$)\}$_2$		11
$Ga_2NiC_{14}H_{30}N_6O_2$	sym-fac-Ni\{GaMe$_2$(pz)(OCH$_2$CH$_2$NH$_2$)\}$_2$		11
$Ga_2CuC_{16}H_{24}N_8$	Cu\{GaMe$_2$(pz)$_2$\}$_2$		12
$Ga_2NiC_{16}H_{24}N_8$	Ni\{GaMe$_2$(pz)$_2$\}$_2$		13
$Ga_2C_{18}H_{22}N_4$	[GaMe$_2$(μ-indz)]$_2$	b	6
$Ga_2C_{18}H_{22}O_4$	[$\overline{GaMe_2(OC_6H_4CHO)}$]$_2$		14
$Ga_2NiC_{20}H_{24}N_{12}$	Ni\{GaMe(pz)$_3$\}$_2$		15
$Ga_2C_{20}H_{26}N_2O_2$	(GaMe$_2$)$_2$(μ-salen)		16
$Ga_2NiC_{23}H_{43}N_7O$	Ni\{GaMe$_2$(dmpz)$_2$\}\{GaMe$_2$(dmpz)(OCH$_2$CH$_2$-NMe$_2$)\}		17
$Ga_2CuC_{24}H_{40}N_8$	Cu\{GaMe$_2$(dmpz)$_2$\}$_2$		12
$GaCu_2C_{30}H_{48}N_{12}O_2$	[$\overline{Cu\{GaMe_2(3\text{-}Mepz)\overline{O}[\mu\text{-}GaMe(3\text{-}Mepz)]\}}$]$_2$		18

ᵃ Two dmpzH molecules H-bonded to μ-OH and each other.   ᵇ indz = indazolyl.

1. H. D. Hausen, K. Mertz and J. Weidlein, *J. Organomet. Chem.*, 1974, **67**, 7.
2. P. Fischer, R. Gräf, J. J. Stezowski and J. Weidlein, *J. Am. Chem. Soc.*, 1977, **99**, 6131.
3. T. Halder, H.-D. Hausen and J. Weidlein, *Z. Naturforsch., Teil B*, 1980, **35**, 773.
4. D. F. Rendle, A. Storr and J. Trotter, *Can. J. Chem.*, 1975, **53**, 2944.
5. F. Gerstner, H.-D. Hausen and J. Weidlein, *J. Organomet. Chem.*, 1980, **197**, 135.
6. D. Rendle, A. Storr and J. Trotter, *Can. J. Chem.*, 1975, **53**, 2930.
7. F. Zettler and H. Hess, *Chem. Ber.*, 1977, **110**, 3943.
8. F. Gerstner, W. Schwarz, H.-D. Hausen and J. Weidlein, *J. Organomet. Chem.*, 1979, **175**, 33.
9. H.-D. Hausen, F. Gerstner and W. Schwarz, *J. Organomet. Chem.*, 1978, **145**, 277.
10. S. J. Rettig, A. Storr and J. Trotter, *Can. J. Chem.*, 1975, **53**, 58.
11. K. S. Chong, S. J. Rettig, A. Storr and J. Trotter, *Can. J. Chem.*, 1978, **56**, 1212.
12. D. J. Patmore, D. F. Rendle, A. Storr and J. Trotter, *J. Chem. Soc., Dalton Trans.*, 1975, 718.
13. D. F. Rendle, A. Storr and J. Trotter, *J. Chem. Soc., Chem. Commun.*, 1974, 406*; *J. Chem. Soc., Dalton Trans.*, 1975, 176.
14. S. Rettig, A. Storr and J. Trotter, *Can. J. Chem.*, 1976, **54**, 1278.
15. S. J. Rettig, A. Storr and J. Trotter, *Can. J. Chem.*, 1979, **57**, 1823.
16. K. S. Chong, S. J. Rettig, A. Storr and J. Trotter, *Can. J. Chem.*, 1977, **55**, 2540.
17. K. S. Chong, S. J. Rettig, A. Storr and J. Trotter, *Can. J. Chem.*, 1980, **58**, 1091.
18. R. T. Baker, S. J. Rettig, A. Storr and J. Trotter, *Can J. Chem.*, 1976, **54**, 343.

Ga₄ Tetragallium

Molecular formula	Structure	Notes	Ref.
$Ga_4C_8H_{28}O_4$	[GaMe$_2$(OH)]$_4$		1
$Ga_4C_{32}H_{60}N_8$	[GaEt$_2$(μ-Meim)]$_4$		2

1. G. Smith and J. Hoard, *J. Am. Chem. Soc.*, 1959, **81**, 3907.
2. K. R. Breakell, D. F. Rendle, A. Storr and J. Trotter, *J. Chem. Soc., Dalton Trans.*, 1975, 1584.

Ga₈ Octagallium

Molecular formula	Structure	Notes	Ref.
$Ga_8C_{18}H_{54}N_8$	(GaMe)$_6$(GaMe$_2$)$_2$(NMe)$_8$	a	1

ᵃ Bis(μ-methylamido)hexa-μ_3-methylimidobis(GaMe$_2$)hexakis(GaMe).

1. S. Amirkhalili, P. B. Hitchcock and J. D. Smith, *J. Chem. Soc., Dalton Trans.*, 1979, 1206.

Gd Gadolinium

Molecular formula	Structure	Notes	Ref.
$GdC_{19}H_{23}O$	Gd(THF)(η-C$_5$H$_5$)$_3$		1

1. R. D. Rogers, R. V. Bynum and J. L. Atwood, *J. Organomet. Chem.*, 1980, **192**, 65.

Ge Germanium

Molecular formula	Structure	Notes	Ref.
$GeCH_3Br_3$	$GeBr_3Me$	E	1
$GeCH_3Cl_3$	$GeCl_3Me$	E	2
$GeCH_3F_3$	GeF_3Me	E	3
$GeCCl_6$	$GeCl_3(CCl_3)$	E	4, 5
$GeC_2H_6Br_2$	$GeBr_2Me_2$	E	1
$GeC_2H_6Cl_2$	$GeCl_2Me_2$	E	2
$GeC_2H_6F_2$	GeF_2Me_2	E	3
$GeC_2F_{10}^{2-}2K^+$	$K_2[cis\text{-}GeF_4(CF_3)_2]$		6
GeC_3H_9Br	$GeBrMe_3$	E	1
$[GeC_4H_6N_2]_n$	$[GeMe_2(CN)_2]_n$		7
GeC_4H_9N	$GeMe_3(CN)$		8
GeC_4H_{12}	$GeMe_4$	E	9
GeC_4F_{12}	$Ge(CF_3)_4$	E	10
GeC_5H_8	$H_3Ge(\eta^1\text{-}C_5H_5)$	160	11
$GeB_{20}C_6H_{28}$	$GeMe_2(2\text{-}HC_2B_{10}H_{10})_2$		12
GeC_8H_{14}	$GeMe_3(\eta^1\text{-}C_5H_5)$	E	13
$GeC_8H_{17}NO_3$	$\overline{EtGe(\mu\text{-}OC_2H_4)_3N}$		14
$GeB_{20}C_8H_{30}$	$\overline{Me_2GeCB_{10}H_{10}C(CH_2)_2CB_{10}H_{10}C}$		15
$GeFeC_{10}H_{14}Cl_2$	$Fe(GeCl_2Me)(\eta\text{-}C_4H_6)(\eta\text{-}C_5H_5)$	a	16
$GeFeC_{10}H_{14}Cl_2$	$Fe(GeCl_2Me)(\eta\text{-}C_4H_6)(\eta\text{-}C_5H_5)$	b	16
$GeC_{10}H_{18}$	$MeGeC_9H_{15}$	E, c	17
$GeMn_2C_{11}H_6O_9$	$Mn_2(\mu\text{-}GeMe_2)(\mu\text{-}CO)(CO)_8$		18
$GeC_{12}H_8Cl_2O$	$\overline{Cl_2GeC_6H_4OC_6H_4}$		19
$GeC_{12}H_{24}O$	$\overline{Me_2Ge(CH_2)_4CO(CH_2)_4CH_2}$	233	20
$GeB_{20}C_{12}H_{31}P$	$\overline{Me_2GeCB_{10}H_{10}C(PPh)CB_{10}H_{10}C}$		21
$GeMoC_{14}H_{11}NO_5$	$Mo(CO)_5\{CN(GeMe_2Ph)\}$		22
$GeC_{14}H_{14}S$	$\overline{Me_2GeC_6H_4SC_6H_4}$		23
$GeFe_2C_{15}H_{16}O_3$	$Fe_2(\mu\text{-}GeMe_2)(\mu\text{-}CO)(CO)_2(\eta\text{-}C_5H_5)_2$		24
$GeC_{16}H_{12}S_4$	$Ge(C_4H_3S\text{-}2)_4$		25
$GeC_{16}H_{19}NO_3$	$(1\text{-}C_{10}H_7)\overline{Ge(\mu\text{-}OC_2H_4)_3N}$		26
$GeC_{16}H_{20}ClN$	$GeClMePh\{C_6H_4(CH_2NMe_2\text{-}2)\}$		27
$GeCo_3C_{17}H_5O_{11}$	$Co_2\{\mu\text{-}GePh[Co(CO)_4]\}(\mu\text{-}CO)(CO)_6$		28
$GeC_{18}H_{15}Br$	$GeBrPh_3$		29
$GeC_{19}H_{15}NO$	$GePh_3(NCO)$		30
$GeCrSi_4C_{19}H_{38}O_5$	$Cr(CO)_5\{Ge[CH(SiMe_3)_2]_2\}$		31
$GeC_{20}H_{18}O$	$GePh_3(COMe)$		32
$GeC_{20}H_{30}$	$Ge(\eta^5\text{-}C_5Me_5)_2$	E	33
$GeCoC_{21}H_{15}O_4$	$(+)\text{-}Co\{GeMePh(1\text{-}C_{10}H_7)\}(CO)_4$		34
$GeC_{21}H_{22}$	$HGe(C_6H_4Me\text{-}2)_3$		35
$GeFeC_{22}H_{18}$	$\{Ph_2Ge(\eta\text{-}C_5H_4)_2\}Fe$		36
$GeMnC_{23}H_{15}O_5$	$Mn(GePh_3)(CO)_5$	d	37, 38
$GeReC_{23}H_{15}O_5$	$Re(GePh_3)(CO)_5$	e	38
$GeCrC_{23}H_{22}O_5S_2$	$Cr(CO)_5\{Ge(Mes)_2\}$		39
$GeC_{24}H_{18}$	$\overline{Ph_2GeC_6H_4C_6H_4}$	f	40
$GeC_{24}H_{20}$	$GePh_4$		41, 42
$GeC_{24}F_{20}$	$Ge(C_6F_5)_4$		43
$GeC_{26}H_{22}$	$\overline{Ph_2GeC_6H_4(CH_2)_2C_6H_4}$		44
$GeCoC_{26}H_{25}O_4$	$Co(GePh_3)(CO)_3\{CEt(OEt)\}$		45
$GeC_{28}H_{28}S$	$GePh_3(SC_6H_4Bu^t\text{-}4)$		46
$GePtC_{30}H_{46}OP_2$	$cis\text{-}Pt\{GePh_2(OH)\}(Ph)(PEt_3)_2$		47
$GeMoC_{34}H_{30}O_3$	$Mo(GePh_3)(CO)_2\{CPh(OEt)\}(\eta\text{-}C_5H_5)$		48
$GeSiC_{36}H_{30}O$	$GePh_3(OSiPh_3)$		49
$GeSnC_{36}H_{30}O$	$GePh_3(OSnPh_3)$		49
$GeSiC_{36}H_{30}O_2$	$GePh_3(O_2SiPh_3)$		50
$GeC_{38}H_{32}N_8$	$trans\text{-}(Bu^tC\equiv C)_2Ge(C_{26}H_{14}N_8)$	g	51
$GeCoC_{39}H_{30}O_3P$	$Co(GePh_3)(CO)_3(PPh_3)$		52
$GeIrC_{40}H_{41}OP_2$	$H_2Ir(GeMe_3)(CO)(PPh_3)_2$	D	53
$GeFe_2C_{42}H_{26}O_8$	$Fe_2\{\mu\text{-}GePh(C_4Ph_4H)\}(CO)_8$		54
$GeHgPtSnC_{72}H_{30}F_{30}P_2$	$(C_6F_5)_3GeHgPt(PPh_3)_2Sn(C_6F_5)_3$		55

^a Orthorhombic form. ^b Triclinic form. ^c 1-Me-1-germaadamantane. ^d Ge—Mn bond length only reported in ref. 38. ^e Ge—Re bond length only reported. ^f 9,9-Ph₂-germafluorene. ^g C₂₆H₁₄N₈ = hemiporphyrazine dianion.

1. J. E. Drake, R. T. Hemmings, J. L. Hencher, F. M. Mustoe and Q. Shen, *J. Chem. Soc., Dalton Trans.*, 1976, 811.
2. J. E. Drake, J. L. Hencher and Q. Shen, *Can. J. Chem.*, 1977, **55**, 1104.
3. J. E. Drake, R. T. Hemmings, J. L. Hencher, F. M. Mustoe and Q. Shen, *J. Chem. Soc., Dalton Trans.*, 1976, 394.

4. E. Vajda, I. Hargittai, A. K. Maltsev and O. M. Nefedov, *J. Mol. Struct.*, 1974, **23**, 417.
5. I. Hargittai and J. Brunvoll, *J. Mol. Struct.*, 1978, **44**, 107 (redetermination of barrier to internal rotation).
6. D. J. Brauer, H. Bürger and R. Eujen, *Angew. Chem.*, 1980, **92**, 859 (*Angew. Chem., Int. Ed. Engl.*, 1980, **19**, 836).
7. J. Konnert, D. Britton and Y. M. Chow, *Acta Crystallogr.*, 1972, **B28**, 180.
8. E. O. Schlemper and D. Britton, *Inorg. Chem.*, 1966, **5**, 511.
9. L. O. Brockway and H. O. Jenkins, *J. Am. Chem. Soc.*, 1936, **58**, 2036.
10. H. Oberhammer and R. Eujen, *J. Mol. Struct.*, 1979, **51**, 211.
11. M. J. Barrow, E. A. V. Ebsworth, M. M. Harding and D. W. H. Rankin, *J. Chem. Soc., Dalton Trans.*, 1980, 603.
12. M. Y. Antipin, N. G. Furmanova, A. I. Yanovskii and Y. T. Struchkov, *Koord. Khim.*, 1977, **3**, 1447.
13. N. N. Veniaminov, Y. A. Ustynyuk, Y. T. Struchkov, N. V. Alekseev and I. A. Ronova, *Zh. Strukt. Khim.*, 1970, **11**, 127.
14. Y. Y. Bleidelis, A. A. Kemme, L. O. Atovmyan and R. P. Shibaeva, *Khim. Geterosikl. Soedin.*, 1968, **4**, 184 (*Chem. Abstr.*, 1968, **69**, 100 650); *Zh. Strukt. Khim.*, 1970, **11**, 318.
15. A. I. Yanovskii, T. V. Timofeeva, Y. T. Struchkov, N. F. Shemyakin and L. I. Zakharkin, *Izv. Akad. Nauk SSSR, Ser. Khim.*, 1980, 1150.
16. V. G. Andrianov, V. P. Martynov, K. N. Anisimov, N. E. Kolobova and V. V. Skripkin, *Chem. Commun.*, 1970, 1252*; V. G. Andrianov, V. P. Martynov and Y. T. Struchkov, *Zh. Strukt. Khim.*, 1971, **12**, 866.
17. Q. Shen, C. A. Kapfer, P. Boudjouk and R. L. Hilderbrandt, *J. Mol. Struct.*, 1979, **54**, 295.
18. K. Triplett and M. D. Curtis, *J. Am. Chem. Soc.*, 1975, **97**, 5747.
19. A. I. Udel'nov, V. E. Shklover, N. G. Bokii, E. A. Chernyshev, T. L. Krasnova, E. F. Shchipanova and Y. T. Struchkov, *Zh. Strukt. Khim.*, 1974, **15**, 83.
20. A. Faucher, P. Mazerolles, J. Jaud and J. Galy, *Acta Crystallogr.*, 1978, **B34**, 442.
21. N. G. Bokii, A. I. Yanovskii, Y. T. Struchkov, N. F. Shemyakin and L. I. Zakharkin, *Izv. Akad. Nauk SSSR, Ser. Khim.*, 1978, 380.
22. P. M. Treichel, D. B. Shaw and J. C. Calabrese, *J. Organomet. Chem.*, 1977, **139**, 31.
23. G. D. Andreetti, G. Bocelli, P. Domiano and P. Sgarabotto, *J. Organomet. Chem.*, 1979, **179**, 7.
24. R. D. Adams, M. D. Brice and F. A. Cotton, *Inorg. Chem.*, 1974, **13**, 1080.
25. A. Karipides, A. T. Reed, D. A. Haller and F. Hayes, *Acta Crystallogr.*, 1977, **B33**, 950.
26. A. A. Kemme, J. Bleidelis, R. P. Shibaeva and L. O. Atovmyan, *Zh. Strukt. Khim.*, 1973, **14**, 103.
27. C. Breliere, F. Carre, R. J. P. Corriu, A. de Saxce, M. Poirier and G. Royo, *J. Organomet. Chem.*, 1981, **205**, C1.
28. R. Ball, M. J. Bennett, E. H. Brooks, W. A. G. Graham, J. Hoyano and S. M. Illingworth, *Chem. Commun.*, 1970, 592.
29. H. Preut and F. Huber, *Acta Crystallogr.*, 1979, **B35**, 83.
30. T. N. Tarkhova, L. E. Nikolaeva, E. V. Chuprunov, M. A. Simonov and N. V. Belov, *Kristallografiya*, 1976, **21**, 395.
31. M. F. Lappert, S. J. Miles, P. P. Power, A. J. Carty and N. J. Taylor, *J. Chem. Soc., Chem. Commun.*, 1977, 458.
32. R. W. Harrison and J. Trotter, *J. Chem. Soc. (A)*, 1966, 258.
33. L. Fernholt, A. Haaland, P. Jutzi and R. Seip, *Acta Chem. Scand., Ser. A*, 1980, **34**, 585.
34. F. Dahan and Y. Jeannin, *J. Organomet. Chem.*, 1977, **136**, 251.
35. T. S. Cameron, K. M. Mannan and S. R. Stobart, *Cryst. Struct. Commun.*, 1975, **4**, 601.
36. H. Stoeckli-Evans, A. G. Osborne and R. H. Whiteley, *J. Organomet. Chem.*, 1980, **194**, 91.
37. B. T. Kilbourn, T. L. Blundell and H. M. Powell, *Chem. Commun.*, 1965, 444.
38. Y. T. Struchkov, K. N. Anisimov, O. P. Osipova, N. E. Kolobova and A. N. Nesmeyanov, *Dokl. Akad. Nauk SSSR*, 1967, **172**, 107.
39. P. Jutzi, W. Steiner, E. König, G. Huttner, A. Frank and U. Schubert, *Chem. Ber.*, 1978, **111**, 606.
40. O. A. D'yachenko, L. O. Atovmyan, S. V. Soboleva, V. L. Rogachevskii, T. L. Krasnova and E. A. Chernyshev, *Zh. Strukt. Khim.*, 1975, **16**, 693.
41. A. Karipides and D. A. Haller, *Acta Crystallogr.*, 1972, **B28**, 2889.
42. P. C. Chieh, *J. Chem. Soc. (A)*, 1971, 3243 (two data sets); *J. Chem. Soc., Dalton Trans.*, 1972, 1207.
43. A. Karipides and R. H. P. Thomas, *Cryst. Struct. Commun.*, 1973, **2**, 275*; A. Karipides, C. Forman, R. H. P. Thomas and A. T. Reed, *Inorg. Chem.*, 1974, **13**, 811.
44. J. Y. Corey, E. R. Corey, M. D. Glick and J. S. Dueber, *J. Heterocycl. Chem.*, 1972, **9**, 1379.
45. F. Carre, G. Cerveau, E. Colomer, R. J. P. Corriu, J. C. Young, L. Ricard and R. Weiss, *J. Organomet. Chem.*, 1979, **179**, 215.
46. M. E. Cradwick, R. D. Taylor and J. L. Wardell, *J. Organomet. Chem.*, 1974, **66**, 43.
47. R. J. D. Gee and H. M. Powell, *J. Chem. Soc. (A)*, 1971, 1956.
48. L. Y. Y. Chan, W. K. Dean and W. A. G. Graham, *Inorg. Chem.*, 1977, **16**, 1067.
49. B. Morosin and L. A. Harrah, *Acta Crystallogr.*, 1981, **B37**, 579.
50. V. A. Lebedev, Y. N. Drozdov, E. A. Kuz'min, A. V. Ganyushkin, V. A. Yablokov and N. V. Belov, *Dokl. Akad. Nauk SSSR*, 1979, **246**, 601.
51. W. Hiller, J. Strähle, K. Mitulla and M. Hanack, *Liebigs Ann. Chem.*, 1980, 1946.
52. J. K. Stalick and J. A. Ibers, *J. Organomet. Chem.*, 1971, **22**, 213.
53. F. Glockling and M. D. Wilbey, *J. Chem. Soc. (A)*, 1970, 1675.
54. M. D. Curtis, W. M. Butler and J. Scibelli, *J. Organomet. Chem.*, 1980, **192**, 209.
55. T. N. Teplova, L. G. Kuz'mina, Y. T. Struchkov, V. I. Sokolov, V. V. Bashilov, M. N. Bochkarev, L. P. Maiorova and P. V. Petrovskii, *Koord. Khim.*, 1980, **6**, 134.

Ge$_2$ Digermanium

Molecular formula	Structure	Notes	Ref.
Ge$_2$C$_4$H$_4$Cl$_4$	Cl$_2$Ge(μ-CH=CH)$_2$GeCl$_2$		1, 2
Ge$_2$C$_4$H$_4$I$_4$	I$_2$Ge(μ-CH=CH)$_2$GeI$_2$		3, 4
[Ge$_2$C$_6$H$_{10}$O$_7$]$_n$	[{Ge(CH$_2$)$_2$CO$_2$H}$_2$O]$_n$		5
Ge$_2$C$_6$H$_{18}$O	(GeMe$_3$)$_2$O	E	6
Ge$_2$C$_8$H$_{16}$	Me$_2$Ge(μ-CH=CH)$_2$GeMe$_2$		7
Ge$_2$C$_8$H$_{18}$O	(GeMe$_3$)$_2$C=C=O	E	8
Ge$_2$Si$_2$C$_8$H$_{20}$Cl$_4$	[Cl$_2$GeCH(SiMe$_3$)]$_2$		9
Ge$_2$Si$_2$C$_{10}$H$_{26}$O	[Me$_2$Ge(μ-CH$_2$)$_2$SiMeO]$_2$	a	10
Ge$_2$Si$_4$C$_{12}$H$_{32}$O$_4$	{Me$_2$Ge(μ-CH$_2$)$_2$}$_2$(SiMeO)$_4$	b	10
Ge$_2$Re$_2$C$_{16}$H$_{18}$O$_{10}$	[Re{μ-GeMe$_2$OC(Me)}(CO)$_4$]$_2$		11
Ge$_2$Fe$_2$C$_{16}$H$_{20}$O$_8$	[Fe(μ-GeEt$_2$)(CO)$_4$]$_2$		12
Ge$_2$C$_{16}$H$_{20}$	Me$_2$$\overline{\text{GeC}_6\text{H}_4(\text{GeMe}_2)}C_6H_4$		13
Ge$_2$C$_{16}$H$_{24}$	1,8-(GeMe$_3$)$_2$C$_{10}$H$_6$		14
Ge$_2$Ru$_2$C$_{16}$H$_{24}$O$_4$	{Ru(GeMe$_3$)(CO)$_2$}$_2$(μ-C$_8$H$_6$)	c	15
Ge$_2$Fe$_2$C$_{18}$H$_{22}$O$_5$	{Fe(GeMe$_2$)(CO)$_2$(η-C$_5$H$_5$)}$_2$O		16
Ge$_2$C$_{28}$H$_{24}$	Ph$_2$Ge(μ-CH=CH)$_2$GePh$_2$		3, 4
Ge$_2$Fe$_2$C$_{31}$H$_{20}$O$_7$	Fe$_2$(μ-GePh$_2$)$_2$(CO)$_7$		17
Ge$_2$C$_{36}$H$_{30}$	Ge$_2$Ph$_6$		18
Ge$_2$C$_{36}$H$_{30}$·2C$_6$H$_6$	Ge$_2$Ph$_6$·2C$_6$H$_6$		19
Ge$_2$C$_{36}$H$_{30}$O	(GePh$_3$)$_2$O		20, 21
Ge$_2$C$_{36}$H$_{30}$S	(GePh$_3$)$_2$S	143, d	22
Ge$_2$C$_{42}$H$_{42}$O	{Ge(CH$_2$Ph)$_3$}$_2$O		23
Ge$_2$NbC$_{58}$H$_{45}$O	Nb(CO)(η^2-PhC$_2$GePh$_3$)$_2$(η-C$_5$H$_5$)		24

[a] Me$_6$-9-oxa-1,5-disila-3,7-digermabicyclo[3.3.1]nonane.   [b] Me$_8$-2,8,13,14-tetraoxa-1,3,7,9-tetrasila-5,11-digermatricyclo[7.3.1.1^{3,7}]tetradecane.   [c] C$_8$H$_6$ = pentalene.   [d] Monoclinic and orthorhombic forms.

1. M. E. Vol'pin, Y. T. Struchkov, L. V. Vilkov, V. S. Mastryukov, V. G. Dulova and D. N. Kursanov, *Izv. Akad. Nauk SSSR, Otdel. Khim. Nauk*, 1963, 2067.
2. N. G. Bokii and Y. T. Struchkov, *Zh. Strukt. Khim.*, 1968, **9**, 838.
3. M. E. Vol'pin, V. G. Dulova, Y. T. Struchkov, N. K. Bokii and D. N. Kursanov, *J. Organomet. Chem.*, 1967, **8**, 87.
4. N. G. Bokii and Y. T. Struchkov, *Zh. Strukt. Khim.*, 1967, **8**, 122.
5. M. Tsutsui, N. Kakimoto, D. D. Axtell, H. Oikawa and K. Asai, *J. Am. Chem. Soc.*, 1976, **98**, 8287.
6. L. V. Vilkov and N. A. Tarasenko, *Zh. Strukt. Khim.*, 1969, **10**, 1102.
7. N. G. Bokii, G. N. Zakharova and Y. T. Struchkov, *Zh. Strukt. Khim.*, 1967, **8**, 501.
8. B. Rozsondai and I. Hargittai, *J. Mol. Struct.*, 1973, **17**, 53.
9. A. I. Gusev, T. K. Gar, M. G. Los' and N. V. Alekseev, *Zh. Strukt. Khim.*, 1976, **17**, 736.
10. T. K. Gar, A. A. Buyakov, A. I. Gusev, M. G. Los', A. V. Kisin and V. F. Mironov, *Zh. Obshch. Khim.*, 1976, **46**, 837.
11. M. J. Webb, M. J. Bennett, L. Y. Y. Chan and W. A. G. Graham, *J. Am. Chem. Soc.*, 1974, **96**, 5931.
12. J.-C. Zimmer and M. Huber, *C. R. Hebd. Seances Acad. Sci., Ser. C*, 1968, **267**, 1685.
13. O. A. D'yachenko, S. V. Soboleva and L. O. Atovmyan, *Zh. Strukt. Khim.*, 1976, **17**, 496.
14. J. F. Blount, F. Cozzi, J. R. Damewood, L. D. Iroff, U. Sjöstrand and K. Mislow, *J. Am. Chem. Soc.*, 1980, **102**, 99.
15. A. Brookes, J. Howard, S. A. R. Knox, F. G. A. Stone and P. Woodward, *J. Chem. Soc., Chem. Commun.*, 1973, 587*; J. A. K. Howard and P. Woodward, *J. Chem. Soc., Dalton Trans.*, 1978, 412.
16. R. D. Adams, F. A. Cotton and B. A. Frenz, *J. Organomet. Chem.*, 1974, **73**, 93.
17. M. Elder, *Inorg. Chem.*, 1969, **8**, 2703.
18. M. Dräger and L. Ross, *Z. Anorg. Allg. Chem.*, 1980, **460**, 207.
19. M. Dräger and L. Ross, *Z. Anorg. Allg. Chem.*, 1980, **469**, 115.
20. L. G. Kuz'mina and Y. T. Struchkov, *Zh. Strukt. Khim.*, 1972, **13**, 946.
21. C. Glidewell and D. C. Liles, *Acta Crystallogr.*, 1978, **B34**, 119.
22. B. Krebs and H.-J. Korte, *J. Organomet. Chem.*, 1979, **179**, 13.
23. C. Glidewell and D. C. Liles, *J. Organomet. Chem.*, 1979, **174**, 275.
24. N. I. Kirillova, N. E. Kolobova, A. I. Gusev, A. B. Antonova, Y. T. Struchkov, K. N. Anisimov and O. M. Khitrova, *Zh. Strukt. Khim.*, 1974, **15**, 651.

Ge$_3$ Trigermanium

Molecular formula	Structure	Notes	Ref.
Ge$_3$Fe$_2$C$_{12}$H$_{18}$O$_6$	Fe$_2$(μ-GeMe$_2$)$_3$(CO)$_6$		1
Ge$_3$Ru$_3$C$_{15}$H$_{18}$O$_9$	[Ru(μ-GeMe$_2$)(CO)$_3$]$_3$		2
Ge$_3$Bi$_2$C$_{36}$F$_{30}$	{Ge(C$_6$F$_5$)$_2$}$_3$Bi$_2$		3
Ge$_3$Bi$_2$PtC$_{72}$H$_{30}$F$_{30}$P$_2$	{Ge(C$_6$F$_5$)$_2$}$_3$Bi$_2$Pt(PPh$_3$)$_2$		3

1. E. H. Brooks, M. Elder, W. A. G. Graham and D. Hall, *J. Am. Chem. Soc.*, 1968, **90**, 3587*; M. Elder and D. Hall, *Inorg. Chem.*, 1969, **8**, 1424.
2. J. Howard, S. A. R. Knox, F. G. A. Stone and P. Woodward, *Chem. Commun.*, 1970, 1477*; J. Howard and P. Woodward, *J. Chem. Soc. (A)*, 1971, 3648.
3. M. N. Bochkarev, G. A. Razuvaev, L. N. Zakharov and Y. T. Struchkov, *J. Organomet. Chem.*, 1980, **199**, 205.

Ge_4 Tetragermanium

Molecular formula	Structure	Notes	Ref.
$Ge_4C_4H_{12}S_6$	$(GeMe)_4S_6$		1
$Ge_4C_{48}H_{40}$	$[GePh_2]_4$		2
$Ge_4C_{48}H_{40}I_2$	$I(GePh_2)_4I$		3
$Ge_4C_{48}H_{40}S$	$Ph_2\overline{Ge(GePh_2)_3S}$		4
$Ge_4C_{48}H_{40}Se$	$Ph_2\overline{Ge(GePh_2)_3Se}$		5
$Ge_4Cd_3Ni_2C_{82}H_{70}\cdot C_7H_8$	$\{Ni(GePh_3)(\eta\text{-}C_5H_5)\}_2Cd_3(GePh_3)_2\cdot PhMe$	153	6
$Ge_4Hg_3Ni_2C_{82}H_{70}\cdot C_7H_8$	$\{Ni(GePh_3)(\eta\text{-}C_5H_5)\}_2Hg_3(GePh_3)_2\cdot PhMe$	153	7

1. R. H. Benno and C. J. Fritchie, *J. Chem. Soc., Dalton Trans.*, 1973, 543.
2. L. Ross and M. Dräger, *J. Organomet. Chem.*, 1980, **199**, 195.
3. M. Dräger and D. Simon, *Z. Anorg. Allg. Chem.*, 1981, **472**, 120.
4. L. Ross and M. Dräger, *J. Organomet. Chem.*, 1980, **194**, 23.
5. L. Ross and M. Dräger, *Z. Anorg. Allg. Chem.*, 1981, **472**, 109.
6. S. N. Titova, V. T. Bychkov, G. A. Domrachev, G. A. Razuvaev, Y. T. Struchkov and L. N. Zakharov, *J. Organomet. Chem.*, 1980, **187**, 167.
7. L. N. Zakharov, Y. T. Struchkov, S. N. Titova, V. T. Bychkov, G. A. Domrachev and G. A. Razuvaev, *Cryst. Struct. Commun.*, 1980, **9**, 549.

Ge_6 Hexagermanium

Molecular formula	Structure	Notes	Ref.
$Ge_6C_{12}H_{36}$	$[GeMe_2]_6$		1
$Ge_6C_{12}H_{36}P_4$	$(GeMe_2)_6P_4$		2
$Ge_6C_{72}H_{60}\cdot7C_6H_6$	$[GePh_2]_6\cdot7C_6H_6$		3

1. W. Jensen and R. Jacobson, *Cryst. Struct. Commun.*, 1975, **4**, 299.
2. A. R. Dahl, A. D. Norman, H. Shenav and R. Schaeffer, *J. Am. Chem. Soc.*, 1975, **97**, 6364.
3. M. Dräger, L. Ross and D. Simon, *Z. Anorg. Allg. Chem.*, 1980, **466**, 145.

Hf Hafnium

Molecular formula	Structure	Notes	Ref.
$HfC_{12}H_{10}O_2$	$Hf(CO)_2(\eta\text{-}C_5H_5)_2$		1
$HfC_{12}H_{16}$	$HfMe_2(\eta\text{-}C_5H_5)_2$		2
$HfB_2C_{12}H_{22}$	$Hf(BH_4)_2(\eta\text{-}C_5H_4Me)_2$	N	3
$HfC_{13}H_{14}Cl_2$	$HfCl_2\{(CH_2)_3(\eta\text{-}C_5H_4)_2\}$		4
$HfCo_3C_{20}H_{10}ClO_{10}$	$HfCl\{OCCo_3(CO)_9\}(\eta\text{-}C_5H_5)_2$		5
$HfC_{20}H_{20}$	$Hf(\eta^1\text{-}C_5H_5)_2(\eta^5\text{-}C_5H_5)_2$		6, 7
$HfC_{20}H_{20}$	$HfMe_2(\eta^5\text{-}C_9H_7)_2$		8
$HfSn_2C_{20}H_{34}$	$Hf(SnMe_3)_2(\eta\text{-}PhMe)_2$		9
$HfC_{22}H_{30}O_2$	$Hf(CO)_2(\eta\text{-}C_5Me_5)_2$		10
$HfC_{28}H_{28}$	$Hf(CH_2Ph)_4$		11
$HfCo_6C_{30}H_{10}O_{20}$	$Hf\{OCCo_3(CO)_9\}_2(\eta\text{-}C_5H_5)_2$		5
$HfC_{36}H_{32}$	$Hf(CHPh_2)_2(\eta\text{-}C_5H_5)_2$		12
$HfC_{38}H_{30}$	$Hf(C_4Ph_4)(\eta\text{-}C_5H_5)_2$	a	13

a $HfC_4Ph_4 = Ph_4$-hafniacyclopentadiene.

1. D. J. Sikora, M. D. Rausch, R. D. Rogers and J. L. Atwood, *J. Am. Chem. Soc.*, 1979, **101**, 5079.
2. F. R. Fronczek, E. C. Baker, P. R. Sharp, K. N. Raymond, H. G. Alt and M. D. Rausch, *Inorg. Chem.*, 1976, **15**, 2284.
3. P. L. Johnson, S. A. Cohen, T. J. Marks and J. M. Williams, *J. Am. Chem. Soc.*, 1978, **100**, 2709.

4. C. H. Saldarriaga-Molina, A. Clearfield and I. Bernal, *Inorg. Chem.*, 1974, **13**, 2880.
5. B. Stutte, V. Bätzel, R. Boese and G. Schmid, *Chem. Ber.*, 1978, **111**, 1603.
6. V. I. Kulishov, N. G. Bokii and Y. T. Struchkov, *Zh. Strukt. Khim.*, 1972, **13**, 1110; V. I. Kulishov, E. M. Brainina, N. G. Bokii and Y. T. Struchkov, *J. Organomet. Chem.*, 1972, **36**, 333.
7. R. D. Rogers, R. V. Bynum and J. L. Atwood, *J. Am. Chem. Soc.*, 1981, **103**, 692.
8. J. L. Atwood, W. E. Hunter, D. C. Hrncir, E. Samuel, H. Alt and M. D. Rausch, *Inorg. Chem.*, 1975, **14**, 1757.
9. F. G. N. Cloke, K. P. Cox, M. L. H. Green, J. Bashkin and K. Prout, *J. Chem. Soc., Chem. Commun.*, 1981, 117.
10. D. J. Sikora, M. D. Rausch, R. D. Rogers and J. L. Atwood, *J. Am. Chem. Soc.*, 1981, **103**, 1265.
11. G. R. Davies, J. A. J. Jarvis and B. T. Kilbourn, *Chem. Commun.*, 1971, 1511.
12. J. L. Atwood, G. K. Barker, J. Holton, W. E. Hunter, M. F. Lappert and R. Pearce, *J. Am. Chem. Soc.*, 1977, **99**, 6645.
13. J. L. Atwood, W. E. Hunter, H. Alt and M. D. Rausch, *J. Am. Chem. Soc.*, 1976, **98**, 2454.

Hf_2 Dihafnium

Molecular formula	Structure	Notes	Ref.
$Hf_2C_{22}H_{26}O$	$\{HfMe(\eta\text{-}C_5H_5)_2\}_2O$		1

1. F. R. Fronczek, E. C. Baker, P. R. Sharp, K. N. Raymond, H. G. Alt and M. D. Rausch, *Inorg. Chem.*, 1976, **15**, 2284.

Hg Mercury

Molecular formula	Structure	Notes	Ref.
$HgCH_3Cl$	HgClMe		1
$HgCH_3N_3$	$HgMe(N_3)$	100	2
$HgCBrCl_3$	$HgBr(CCl_3)$		3
$HgCF_3N_3$	$Hg(CF_3)(N_3)$		4
$HgC_2H_2Cl_2$	$HgCl(cis\text{-}CH=CHCl)$	E	5
$HgC_2H_2Cl_2$	$HgCl(trans\text{-}CH=CHCl)$		6
HgC_2H_3ClO	$HgCl(CH_2CHO)$		7
$HgC_2H_3ClO_2$	$HgCl(CO_2Me)$		8
$HgC_2H_3F_3$	$HgMe(CF_3)$	E	9
HgC_2H_3N	$HgMe(CN)$	X, N	10
HgC_2H_5Br	HgBrEt		1
HgC_2H_5Cl	HgClEt		1
HgC_2H_6	$HgMe_2$	E	3, 11–13
$HgC_2H_7N_2Se^+NO_3^-$	$[HgMe\{SeC(NH_2)_2\}][NO_3]$		14
HgC_2F_3NO	$Hg(CF_3)(NCO)$		4
HgC_2F_6	$Hg(CF_3)_2$	X, E	15, 16
HgC_3H_5BrO	$HgBr\{CH_2C(O)Me\}$		17
HgC_3H_7Cl	HgClPr		1
$HgC_4H_9NO_2S \cdot H_2O$	$HgMe\{L\text{-}SCH_2CH(NH_3)CO_2\}\cdot H_2O$		18, 19
$HgB_{10}C_4H_{15}Cl$	$1\text{-}HgMe\text{-}2\text{-}CH_2Cl\text{-}C_2B_{10}H_{10}$		20
$HgC_5H_6N_2S$	$HgMe(\overline{SC_4H_3N_2}\text{-}2,6)$		21
$HgC_5H_7N_3OS$	$HgMe[\overline{SC=NC(NH_2)=CHC(O)NH}]$	a	22
HgC_6H_5Br	HgBrPh		23
HgC_6H_7NS	$HgMe(\overline{SC_5H_4N}\text{-}2)$		21
$HgC_6H_8N^+NO_3^-$	$[HgMe(py)][NO_3]$		24
$HgC_6H_9N_3S$	$HgMe\{\overline{SC=NC(NH_2)=CMeCHN}\}$	b	22
$HgC_6H_{13}NO_2S$	$HgMe\{DL\text{-}NH_2CH(CO_2)(CH_2)_2SMe\}$		18, 25
$HgC_6H_{13}NO_2S$	$HgMe\{DL\text{-}SCMe_2CH(NH_3)CO_2\}$		26
$HgC_6H_{13}NS_2$	$HgMe(S_2CNEt_2)$		27
$HgC_6H_{14}ClN$	$HgCl(CH_2CH_2NEt_2)$		28
HgC_7H_5N	$HgPh(CN)$		29
HgC_7H_7Cl	$HgCl(CH_2Ph)$		30
$HgC_7H_{10}N_5^+NO_3^-$	$[HgMe(C_6H_7N_5)][NO_3]$	c	31
$HgC_7H_{10}N_5O^+NO_3^-$	$[HgMe(C_6H_7N_5O)][NO_3]$	d	32
$HgC_7H_{13}ClO$	$\alpha\text{-}(++,--)\text{-}HgCl(C_6H_{10}OMe\text{-}2)$		33
$HgC_7H_{13}ClO$	$\beta\text{-}(\pm,\mp)\text{-}HgCl(C_6H_{10}OMe\text{-}2)$		33
$HgC_8H_6S_2$	$Hg(C_4H_3S\text{-}2)_2$		34
$HgC_8H_8O_2$	$HgPh(OAc)$		35
$HgC_8H_{10}N_4O_4$	$Hg\{C(N_2)(CO_2Et)\}_2$		36
$HgC_8H_{14}N_2O_2$	$HgBu^t\{C(N_2)(CO_2Et)\}$		36
$HgB_{10}C_8H_{15}I$	$1\text{-}HgI\text{-}2\text{-}PhC_2B_{10}H_{10}$		37

Molecular formula	Structure	Notes	Ref.
HgC_9H_7ClO	$HgCl\{cis\text{-}CH=CHC(O)Ph\}$		38
$HgC_9H_{13}ClO_2$	$HgCl(C_9H_{13}O_2)$	e	39
$HgC_9H_{15}BrO_2$	$HgBr(C_9H_{15}O_2)$	f	40
$HgC_{10}H_7I$	$HgI(C_{10}H_7\text{-}1)$		41
$HgC_{10}H_{12}N_3O^+NO_3^-\cdot H_2O$	$[HgPh\{\overline{NC(NH_2)NMeCH_2CO}\}]\text{-}[NO_3]\cdot H_2O$		42
$HgC_{10}H_{13}NO_3\cdot H_2O$	$HgMe\{\overline{L\text{-}OC(O)CH(NH_2)CH_2(Tol)}\}\cdot H_2O$	173	43
$HgC_{10}H_{15}Cl$	$HgCl(C_{10}H_{15})$	g	44
$HgB_{10}C_{10}H_{20}$	$1\text{-}HgMe\text{-}2\text{-}PhCH_2\text{-}C_2B_{10}H_{10}$		45
$HgC_{10}H_{20}N_2O_2$	$Hg\{C(O)NEt_2\}_2$		46
$HgC_{11}H_{10}N^+C_2F_3O_2^-$	$[HgPh(py)][O_2CCF_3]$		47
$HgC_{11}H_{11}N_2^+NO_3^-$	$[HgMe(bipy)][NO_3]$		48
$[HgC_{11}H_{15}NO_2]_n$	$[HgMe\{\overline{OC(O)CH(NH_2)CH_2CH_2Ph}\}]_n$		43
$HgC_{12}H_2F_8$	$Hg(C_6F_4H\text{-}2)_2$		49
$HgC_{12}H_8BrClO$	$HgPh\{OC_6H_3(Cl\text{-}2)(Br\text{-}4)\}$		50
$HgC_{12}H_8Br_2$	$Hg(C_6H_4Br\text{-}4)_2$	E	51
$HgC_{12}H_{10}$	$HgPh_2$		52, 53
$HgC_{12}H_{10}N_2O_3S$	$Hg(C_6H_4CO_2\text{-}4)(SC_5H_5N_2O)$	a, h	54
$HgC_{12}H_{13}N_2^+NO_3^-$	$[HgMe\{(NC_5H_4)_2CH_2\}][NO_3]$		55
$HgC_{12}F_{10}$	$Hg(C_6F_5)_2$		56, 57
$HgC_{13}H_8Cl_4N_2$	$HgCl(CCl_3)(phen)$		58
$HgC_{13}H_{11}Cl_7O$	$HgCl\{C_{12}H_8Cl_6(OMe)\}$	i	59
$HgC_{13}H_{11}NO$	$HgPh(NHCOPh)$		60
$HgC_{13}H_{14}N^+NO_3^-$	$[HgMe(NC_5H_4CH_2Ph\text{-}2)][NO_3]$		61
$HgC_{13}H_{15}ClO_2$	$HgCl(C_{13}H_{15}O_2)$	j	62
$HgC_{13}H_{15}ClO_2$	$HgCl(C_{13}H_{15}O_2)$	k	62
$HgC_{13}H_{15}N_2^+NO_3^-$	$[HgMe(3,3'\text{-}Me_2bipy)][NO_3]$		63
$HgC_{13}H_{22}O_4$	$Hg\{CH(COBu^t)_2\}(OAc)$		64
$HgC_{14}H_{13}NO$	$HgPh(\overline{OC_6H_4CH=NMe})$		65
$HgC_{14}H_{13}NO_3$	$Hg\{C_6H_3(OH\text{-}2)(Me\text{-}4)\}\{O=C_6H_3[=N\text{-}(O)\text{-}2](Me\text{-}4)\}$	a	66
$HgC_{14}H_{14}$	$Hg(CH_2Ph)_2$		67
$HgC_{14}H_{14}$	$Hg(C_6H_4Me\text{-}2)_2$		68
$HgC_{14}H_{14}$	$Hg(C_6H_4Me\text{-}4)_2$		56, 69
$HgC_{14}H_{14}N_4S$	$HgMe\{\overline{NPh=NCH(S)N=NPh}\}$		70
$HgC_{14}H_{14}S$	$HgPh(SC_6H_3Me_2\text{-}2,6)$		71
$[HgC_{15}H_{11}NO]_n$	$[HgPh(C_9H_6NO)]_n$	l	72
$HgC_{15}H_{21}ClO_2$	$HgCl(C_{15}H_{21}O_2)$	m	73
$HgC_{16}H_{13}NO$	$HgPh(C_{10}H_8NO)$	n	72
$HgC_{16}H_{16}O_2$	$Hg\{\overline{C_6H_4CH_2O(CH_2)_2OCH_2C_6H_4}\}$		74
$HgC_{16}H_{19}ClO_6$	$HgCl(C_{16}H_{19}O_6)$	o	75
$HgC_{16}H_{19}Cl_2N$	$HgPh\{CCl_2(\overline{CMeCH=CHCBu^t=N})\}$		76
$HgC_{18}H_{12}Cl_2N_2$	$Hg(C\equiv CCH_2Cl)_2(phen)$		77
$HgC_{18}H_{14}BrNO_2S$	$HgPh\{N(C_6H_4Br\text{-}2)SO_2Ph\}$		78
$HgC_{18}H_{14}ClNO_2S$	$HgPh\{N(C_6H_4Cl\text{-}2)SO_2Ph\}$		78
$HgC_{18}H_{14}ClN_3$	$HgPh\{NPhN=N(C_6H_4Cl\text{-}2)\}$	173	79
$HgC_{18}H_{14}FNO_2S$	$HgPh\{N(C_6H_4F\text{-}2)SO_2Ph\}$		80
$HgC_{18}H_{21}BrO_2$	$threo\text{-}HgBr\{CHPhCHPh(O_2Bu^t)\}$		81
$HgC_{18}H_{22}N_2$	$Hg\{\overline{C_6H_4CH_2NMe(CH_2)_2NMeCH_2C_6H_4}\}$		74
$HgC_{18}H_{25}Br$	$(S)\text{-}HgBr\{CHPh[CO_2(Men)]\}$		82
$HgC_{19}H_{13}N_3$	$HgPh(CN)(phen)$		83
$HgC_{19}H_{16}N_4S$	$HgPh\{\overline{NPh=NCH(S)N=NPh}\}$		70, 84
$HgC_{20}H_{16}Cl_6N_2$	$Hg(CCl=CCl_2)_2(3,4,7,8\text{-}Me_4phen)$		85
$HgB_9C_{20}H_{26}P\cdot 0.5C_4H_8O_2$	$3\text{-}\{Hg(PPh_3)\}\text{-}1,2\text{-}C_2B_9H_{11}\cdot 0.5diox$	213	86
$HgSi_6C_{20}H_{54}$	$Hg\{C(SiMe_3)_3\}_2$		87
$HgC_{21}H_{20}N_2$	$HgPh\{[N(Tol)]_2CH\}$		88
$HgC_{21}H_{33}BrO_5$	$HgBr(C_{21}H_{33}O_5)$	p	89
$HgC_{22}H_{26}N_3^+NO_3^-$	$[HgMe(4,4',4''\text{-}Et_3terpy)][NO_3]$		90
$[HgC_{22}H_{38}O_4]_n$	$[Hg\{CH(COBu^t)_2\}_2]_n$		91
$HgC_{23}H_{24}N_2O_3S$	$HgMe\{N[SO_2(Tol)]N=CPhCHPh(OMe)\}$		92
$HgC_{26}H_{22}S$	$Hg(CH_2Ph)(SCPh_3)$		93
$HgC_{26}H_{32}N_4O_2$	$Hg(C_{13}H_{16}N_2O)_2$	q	94
$HgC_{28}H_{18}N_2$	$Hg(C_2Ph)_2(phen)$		95
$HgC_{30}H_{24}N_4^{2+}2ClO_4^-$	$[Hg(\overline{CNPhCH=CHNPh})_2][ClO_4]_2$	118	96
$HgC_{36}H_{58}$	$Hg(C_6H_2Bu_3^t\text{-}2,4,6)_2$		97
$HgPtC_{38}H_{30}F_6P_2$	$cis\text{-}Pt\{Hg(CF_3)\}(CF_3)(PPh_3)_2$	233	98
$HgC_{38}H_{42}N_4O_2$	$Hg\{\overline{C[=N(C_6H_3Me_2\text{-}2,6)]N(C_6H_3Me_2\text{-}2,6)\text{-}C(O)Me}\}_2$		99

Molecular formula	Structure	Notes	Ref.
HgC$_{40}$H$_{34}$N$_4$	HgPh$_2$(2,9-Me$_2$phen)$_2$		100
HgC$_{44}$H$_{42}$N$_4$	HgPh$_2$(2,4,7,9-Me$_4$phen)$_2$		100
HgPtC$_{54}$H$_{28}$BrO$_2$P$_2$	*cis*-PtBr{Hg{L-CHPh[CO$_2$(Men)]}}(PPh$_3$)$_2$		82

[a] H-bonded dimer. [b] H-bonded chain polymer. [c] C$_6$H$_7$N$_5$ = 9-Me-adenine. [d] C$_6$H$_7$N$_5$O = 9-Me-guanine. [e] 2-*exo*-HgCl-3-*exo*-acetoxybicyclo[2.2.1]heptane. [f] 2β-BrHgCH$_2$-3,4-dioxabicyclo[4.4.0]decane. [g] α-HgCl-camphene. [h] SC$_5$H$_5$N$_2$O = 1-Me-4-thiouracilyl. [i] 1,2,3,4,10,10-Cl$_6$-*exo*-6-HgCl-1,4,4a,5,6,7,8,8a-octahydro-*endo*,*exo*-1,4:5,8-dimethano-*exo*-7-OMe-naphthalene (*exo*-6-HgCl-6,7-dihydro-*exo*-7-OMe-aldrin). [j] 1,2,3,4,4a,9b-Hexahydro-4-HgCl-8-OMe-dibenzofuran. [k] 2,4-Propano-3-HgCl-6-OMe-chroman. [l] Two crystal forms. [m] C$_{15}$H$_{21}$O$_2$ = 4β,5β-Me$_2$-10β-OH-furanoermophilane (tetradymol). [n] C$_{10}$H$_8$NO = 2-Me-oxinate (quinaldinate). [o] *trans*-3-*endo*-HgCl-4-acetoxy-9-10-*cis*,*endo*-(OMe)$_2$tricyclo[4.2.2.0^{2,5}]dec-7-ene. [p] C$_{21}$H$_{33}$O$_5$ = fusicoccin desacetyl-aglycone. [q] C$_{13}$H$_{16}$N$_2$O = 2-(2,2,5,5-Me$_4$-C$^{\Delta^3}$-imidazolin-1-oxy-4-yl)phenyl (stable biradical).

1. D. R. Grdenic and A. I. Kitaigorodskii, *Zh. Fiz. Khim.*, 1949, **23**, 1161.
2. U. Müller, *Z. Naturforsch., Teil B.*, 1973, **28**, 426.
3. T. A. Babushkina, E. V. Bryukhova, F. K. Velichko, V. I. Pakhomov and G. K. Semin, *Zh. Strukt. Khim.*, 1968, **9**, 207.
4. D. J. Brauer, H. Burger, G. Pawelke, K. H. Flegler and A. Haas, *J. Organomet. Chem.*, 1978, **160**, 389.
5. I. A. Ronova, O. Y. Okhlobystin, Y. T. Struchkov and A. K. Prokof'ev, *Zh. Strukt. Khim.*, 1972, **13**, 195.
6. V. I. Pakhomov and A. I. Kitaigorodskii, *Zh. Strukt. Khim.*, 1966, **7**, 860.
7. J. Halfpenny and R. W. H. Small, *Acta Crystallogr.*, 1979, **B35**, 1239.
8. T. C. W. Mak and J. Trotter, *J. Chem. Soc.*, 1962, 3243.
9. H. Günther, H. Oberhammer and R. Eujen, *J. Mol. Struct.*, 1980, **64**, 249.
10. J. C. Mills and C. H. L. Kennard, *Chem. Commun.*, 1967, 834*(X); J. C. Mills, H. S. Preston and C. H. L. Kennard, *J. Organomet. Chem.*, 1968, **14**, 33 (X, N).
11. L. O. Brockway and H. O. Jenkins, *J. Am. Chem. Soc.*, 1936, **58**, 2036.
12. A. H. Gregg, B. C. Hamson, G. I. Jenkins, P. L. F. Jones and L. E. Sutton, *Trans. Faraday Soc.*, 1937, **33**, 852.
13. K. Kashiwabara, S. Konaka, T. Iijima and M. Kimura, *Bull. Chem. Soc. Jpn.*, 1973, **46**, 407.
14. A. J. Carty, S. F. Malone and N. J. Taylor, *J. Organomet. Chem.*, 1979, **172**, 201.
15. D. J. Brauer, H. Burger and R. Eujen, *J. Organomet. Chem.*, 1977, **135**, 281 (X).
16. H. Oberhammer, *J. Mol. Struct.*, 1978, **48**, 389 (E).
17. J. A. Potenza, L. Zyontz, J. S. Filippo and R. A. Lalancette, *Acta Crystallogr.*, 1978, **B34**, 2624.
18. Y. S. Wong, N. J. Taylor, P. C. Chieh and A. J. Carty, *J. Chem. Soc., Chem. Commun.*, 1974, 625*.
19. N. J. Taylor, Y. S. Wong, P. C. Chieh and A. J. Carty, *J. Chem. Soc., Dalton Trans.*, 1975, 438.
20. N. G. Bokii, Y. T. Struchkov, V. N. Kalinin and L. I. Zakharkin, *Zh. Strukt. Khim.*, 1978, **19**, 380.
21. C. Chieh, *Can. J. Chem.*, 1978, **56**, 560.
22. D. A. Stuart, L. R. Nassimbeni, A. T. Hutton and K. R. Koch, *Acta Crystallogr.*, 1980, **B36**, 2227.
23. V. I. Pakhomov, *Zh. Strukt. Khim.*, 1963, **4**, 594.
24. R. T. C. Brownlee, A. J. Canty and M. F. Mackay, *Aust. J. Chem.*, 1978, **31**, 1933.
25. Y. S. Wong, A. J. Carty and P. C. Chieh, *J. Chem. Soc., Dalton Trans.*, 1977, 1157.
26. Y. S. Wong, P. C. Chieh and A. J. Carty, *J. Chem. Soc., Chem. Commun.*, 1973, 741*; *J. Chem. Soc., Dalton Trans.*, 1977, 1801.
27. C. Chieh and L. P. C. Leung, *Can. J. Chem.*, 1976, **54**, 3077.
28. K. Toman and G. G. Hess, *J. Organomet. Chem.*, 1973, **49**, 133.
29. G. Gilli, F. H. Cano and S. Garcia-Blanco, *Acta Crystallogr.*, 1976, **B32**, 2680.
30. R. G. Gerr, M. Y. Antipin, N. G. Furmanova and Y. T. Struchkov, *Kristallografiya*, 1979, **24**, 951.
31. M. J. Olivier and A. L. Beauchamp, *Inorg. Chem.*, 1980, **19**, 1064.
32. A. J. Carty, R. S. Tobias, N. Chaichit and B. M. Gatehouse, *J. Chem. Soc., Dalton Trans.*, 1980, 1693.
33. A. G. Brook and G. F. Wright, *Acta Crystallogr.*, 1951, **4**, 50.
34. D. Grdenic, B. Kamenar and V. Zezelj, *Acta Crystallogr.*, 1979, **B35**, 1889.
35. B. Kamenar and M. Penavic, *Inorg. Chim. Acta*, 1972, **6**, 191.
36. R. A. Smith, M. Torres and O. P. Strausz, *Can. J. Chem.*, 1977, **55**, 3527.
37. V. I. Pakhomov, A. V. Medvedev, V. I. Bregadze and O. Y. Okhlobystin, *J. Organomet. Chem.*, 1971, **29**, 15.
38. L. G. Kuzmina, N. G. Bokii, M. I. Rybinskaya, Y. T. Struchkov and T. V. Popova, *Zh. Strukt. Khim.*, 1971, **12**, 1026.
39. J. Halfpenny, R. W. H. Small and F. G. Thorpe, *Acta Crystallogr.*, 1978, **B34**, 3077.
40. N. A. Porter, M. A. Cudd, R. W. Miller and A. T. McPhail, *J. Am. Chem. Soc.*, 1980, **102**, 414.
41. V. I. Pakhomov, *Kristallografiya*, 1963, **8**, 789.
42. A. J. Canty, N. Chaichit and B. M. Gatehouse, *Acta Crystallogr.*, 1979, **B35**, 592.
43. N. W. Alcock, P. A. Lampe and P. Moore, *J. Chem. Soc., Dalton Trans.*, 1978, 1324.
44. V. G. Andrianov, Y. T. Struchkov, V. A. Blinova and I. I. Kritskaya, *Izv. Akad. Nauk SSSR, Ser. Khim.*, 1979, 2021.
45. N. G. Furmanova, Y. T. Struchkov, V. N. Kalinin, B. Y. Finkel'shtein and L. I. Zakharkin, *Zh. Strukt. Khim.*, 1980, **21**(5), 96.
46. K. Toman and G. G. Hess, *Z. Kristallogr.*, 1975, **142**, 35.
47. J. Halfpenny and R. W. H. Small, *Acta Crystallogr.*, 1980, **B36**, 938.
48. A. J. Canty, A. Marker and B. M. Gatehouse, *J. Organomet. Chem.*, 1975, **88**, C31*; A. J. Canty and B. M. Gatehouse, *J. Chem. Soc., Dalton Trans.*, 1976, 2018.

49. D. S. Brown, A. G. Massey and D. A. Wickens, *J. Organomet. Chem.*, 1980, **194**, 131.
50. L. G. Kuz'mina, N. G. Bokii, Y. T. Struchkov, D. N. Kravtsov and L. S. Golovchenko, *Zh. Strukt. Khim.*, 1973, **14**, 508.
51. H. de Laszlo, *Trans. Faraday Soc.*, 1934, **30**, 884.
52. B. Ziolkowska, *Roczniki Chem.*, 1962, **36**, 1341; B. Ziolkowska, R. M. Myasnikova and A. I. Kitaigorodskii, *Zh. Strukt. Khim.*, 1964, **5**, 737.
53. D. Grdenic, B. Kamenar and A. Nagl, *Acta Crystallogr.*, 1977, **B33**, 587.
54. S. W. Hawkinson, B. C. Pal and J. R. Einstein, *Cryst. Struct. Commun.*, 1975, **4**, 557.
55. A. J. Canty, G. Hayhurst, N. Chaichit and B. M. Gatehouse, *J. Chem. Soc., Chem. Commun.*, 1980, 316.
56. N. R. Kunchur and M. Mathew, *Chem. Commun.*, 1966, 71.
57. K. Thomas and G. G. Hess, *J. Organomet. Chem.*, 1973, **49**, 133.
58. A. D. Redhouse, *J. Chem. Soc., Chem. Commun.*, 1972, 1119.
59. J. L. Atwood, L. G. Canada, A. N. K. Lau, A. G. Ludwick and L. M. Ludwick, *J. Chem. Soc., Dalton Trans.*, 1978, 1573.
60 J. Halfpenny and R. W. H. Small, *Acta Crystallogr.*, 1980, **B36**, 2786.
61. A. J. Canty, N. Chaichit and B. M. Gatehouse, *Acta Crystallogr.*, 1980, **B36**, 786.
62. T. Hosokawa, S. Miyagi, S.-I. Murahashi, A. Sonoda, Y. Matsuura, S. Tanimoto and M. Kakudo, *J. Org. Chem.*, 1978, **43**, 719.
63. A. J. Canty, N. Chaichit, B. M. Gatehouse and A. Marker, *Acta Crystallogr.*, 1978, **B34**, 3229.
64. R. Allmann and H. Musso, *Chem. Ber.*, 1973, **106**, 3001.
65. L. G. Kuz'mina, N. G. Bokii, Y. T. Struchkov, V. I. Minkin, L. P. Olekhnovich and I. E. Mikhailov, *Zh. Strukt. Khim.*, 1974, **15**, 659.
66. V. Kobayashi, Y. Iitaka and Y. Kido, *Bull. Chem. Soc. Jpn.*, 1970, **43**, 3070.
67. P. B. Hitchcock, *Acta Crystallogr.*, 1979, **B35**, 746.
68. D. Liptak, W. H. Ilsley, M. D. Glick and J. P. Oliver, *J. Organomet. Chem.*, 1980, **191**, 339.
69. N. R. Kunchur and M. Mathew, *Proc. Chem. Soc.*, 1964, 414*; *Can. J. Chem.*, 1970, **48**, 429.
70. A. T. Hutton, H. M. N. H. Irving, L. R. Nassimbeni and G. Gaefner, *Acta Crystallogr.*, 1980, **B36**, 2064.
71. L. G. Kuz'mina, N. G. Bokii, Y. T. Struchkov, D. N. Kravtsov and E. M. Rokhlina, *Zh. Strukt. Khim.*, 1974, **15**, 491.
72. C. L. Raston, B. W. Skelton and A. H. White, *Aust. J. Chem.*, 1978, **31**, 537.
73. P. W. Jennings, S. K. Reeder, J. C. Hurley, C. N. Caughlan and G. D. Smith, *J. Org. Chem.*, 1974, **39**, 3392.
74. F. W. Kupper and H. J. Lindner, *Z. Anorg. Allg. Chem.*, 1968, **359**, 41.
75. N. S. Zefirov, A. S. Koz'min, V. N. Kirin, B. B. Sedov and V. G. Rau, *Tetrahedron Lett.*, 1980, 1667*; B. B. Sedov, V. G. Rau, Y. T. Struchkov, A. S. Koz'min, V. N. Kirin and N. S. Zefirov, *Cryst. Struct. Commun.*, 1980, **9**, 995.
76. A. Gambacorta, R. Nicoletti, S. Cerrini, W. Fedeli and E. Gavuzzo, *Tetrahedron Lett.*, 1978, 2439.
77. E. Gutierrez-Puebla, A. Vegas and S. Garcia-Blanco, *Cryst. Struct. Commun.*, 1979, **8**, 861.
78. L. G. Kuz'mina, N. G. Bokii, Y. T. Struchkov, D. N. Kravtsov and A. S. Peregudov, *Zh. Strukt. Khim.*, 1976, **17**, 333.
79. L. G. Kuz'mina, Y. T. Struchkov and D. N. Kravtsov, *Zh. Strukt. Khim.*, 1979, **20**, 552.
80. L. G. Kuz'mina, N. G. Bokii, Y. T. Struchkov, D. N. Kravtsov and A. S. Peregudov, *Zh. Strukt. Khim.*, 1976, **17**, 342.
81. J. Halfpenny and R. W. H. Small, *J. Chem. Soc., Chem. Commun.*, 1979, 879.
82. G. Z. Suleimanov, V. V. Bashilov, A. A. Musaev, V. I. Sokolov and O. A. Reutov, *J. Organomet. Chem.*, 1980, **202**, C61.
83. A. Ruiz-Amil, S. Martinez-Carrera and S. Garcia-Blanco, *Acta Crystallogr.*, 1978, **B34**, 2711.
84. A. T. Hutton and H. M. N. H. Irving, *J. Chem. Soc., Chem. Commun.*, 1979, 1113.
85. N. A. Bell and I. W. Nowell, *Acta Crystallogr.*, 1980, **B36**, 447.
86. H. M. Colquhoun, T. J. Greenhough and M. G. H. Wallbridge, *J. Chem. Soc., Chem. Commun.*, 1977, 737*; *J. Chem. Soc., Dalton Trans.*, 1979, 619.
87. F. Glockling, N. S. Hosmane, V. B. Mahale, J. J. Swindall, L. Magos and T. J. King, *J. Chem. Res.*, 1977, (*M*) 1201, (*S*) 116.
88. L. G. Kuz'mina, N. G. Bokii, Y. T. Struchkov, V. I. Minkin, L. P. Olekhnovich and I. E. Mikhailov, *Zh. Strukt. Khim.*, 1977, **18**, 122.
89. E. Hough, M. B. Hursthouse, S. Neidle and D. Rogers, *Chem. Commun.*, 1968, 1197.
90. A. J. Canty, G. Hayhurst, N. Chaichit and B. M. Gatehouse, *J. Chem. Soc., Chem. Commun.*, 1980, 316.
91. R. Allmann, K. Flatau and H. Musso, *Chem. Ber.*, 1972, **105**, 3067.
92. A. Medici, G. Rosini, E. F. Serantoni and L. Riva di Sanseverino, *J. Chem. Soc., Perkin Trans. 2*, 1978, 1110.
93. R. D. Bach, A. T. Weibel, W. Schmonsees and M. D. Glick, *J. Chem. Soc., Chem. Commun.*, 1974, 961.
94. A. B. Shapiro, L. B. Volodarskii, O. N. Krasochka, L. O. Atovmyan and E. G. Rozantsev, *Dokl. Akad. Nauk SSSR*, 1979, **248**, 1135.
95. E. Gutierrez-Puebla, A. Vegas and S. Garcia-Blanco, *Acta Crystallogr.*, 1978, **B34**, 3382.
96. P. Luger and G. Ruban, *Acta Crystallogr.*, 1971, **B27**, 2276.
97. J. C. Huffman, W. A. Nugent and J. K. Kochi, *Inorg. Chem.*, 1980, **19**, 2749.
98. L. G. Kuz'mina, Y. T. Struchkov, V. V. Bashilov, V. I. Sokolov and O. A. Reutov, *Izv. Akad. Nauk SSSR, Ser. Khim.*, 1978, 621.
99. H. Sawai, T. Takizawa and Y. Iitaka, *J. Organomet. Chem.*, 1976, **120**, 161.
100. A. J. Canty and B. M. Gatehouse, *Acta Crystallogr.*, 1972, **B28**, 1872.

Hg$_2$ Dimercury

Molecular formula	Structure	Notes	Ref.
[Hg$_2$CH$_2$Cl$_2$]$_n$	[CH$_2$(HgCl)$_2$]$_n$		1
Hg$_2$C$_5$H$_6$Cl$_2$O$_2$	(HgCl)$_2$C{C(O)Me}$_2$		2
Hg$_2$C$_7$H$_{10}$N$_5^+$NO$_3^-$·2H$_2$O	[(HgMe)$_2$C$_5$H$_4$N$_5$][NO$_3$]·2H$_2$O	a	3
Hg$_2$C$_7$H$_{15}$NO$_2$S	(HgMe)SCMe$_2$CH(CO$_2$)NH$_2$(HgMe)	b	4
Hg$_2$C$_8$H$_{12}$N$_5^+$ClO$_4^-$	[(HgMe)$_2$C$_6$H$_6$N$_5$][ClO$_4$]	c	3
Hg$_2$C$_8$H$_{16}$O$_2$	[Hg(CH$_2$)$_2$O(CH$_2$)$_2$]$_2$	d	5
Hg$_2$C$_8$H$_{16}$S$_2$	trans-1,2-(MeHgS)$_2$C$_6$H$_{10}$		6
Hg$_2$C$_{14}$H$_{20}$I$_4$S$_2$	[HgI$_2$(C$_5$H$_4$SMe$_2$)]$_2$		7
Hg$_2$C$_{16}$H$_{16}$N$_3$O$^+$NO$_3^-$	[(HgPh)NHCHN(HgPh)C(O)CH$_2$NMe]-[NO$_3$]	e	8
Hg$_2$C$_{32}$H$_{36}$N$_2$O$_2$	[HgPh(C$_{10}$H$_8$NO)]$_2$	f	9
Hg$_2$C$_{46}$H$_{38}$I$_4$P$_2$	[HgI$_2$(C$_5$H$_4$PPh$_3$)]$_2$		10
Hg$_2$C$_{48}$H$_{38}$N$_2$O$_{12}$P$_4$·2C$_2$H$_4$O$_2$	[HgC$_6$H$_4$OP(O)(OPh)N{P(O)(OPh)$_2$}]$_2$·2HOAc		11
Hg$_2$As$_2$C$_{49}$H$_{22}$F$_{20}$	{Hg(C$_6$F$_5$)$_2$}$_2$(μ-dpam)		12

a C$_5$H$_4$N$_5$ = 7,9-adeninato. b N,S-(HgMe)$_2$-DL-penicillamine. c C$_6$H$_6$N$_5$ = 9-Me-1,6-adeninato. d 1,7-dioxa-4,10-dimercuracyclodecane. e Creatinine derivative. f C$_{10}$H$_8$NO = 2-Me-8-quinolinato.

1. K.-P. Jensen, D. K. Breitinger and W. Kress, Z. Naturforsch., Teil B, 1981, **36**, 188.
2. L. E. McCandlish and J. W. Macklin, J. Organomet. Chem., 1975, **99**, 31.
3. L. Prizant, M. J. Oliver, R. J. Rivest and A. L. Beauchamp, J. Am. Chem. Soc., 1979, **101**, 2765.
4. Y. S. Wong, P. C. Chieh and A. J. Carty, Can. J. Chem., 1973, **51**, 2597*; J. Chem. Soc., Dalton Trans., 1977, 1801.
5. D. Grdenic, Acta Crystallogr., 1952, **5**, 367.
6. N. W. Alcock, P. A. Lampe and P. Moore, J. Chem. Soc., Dalton Trans., 1980, 1471.
7. N. C. Baenziger, R. M. Flynn and N. L. Holy, Acta Crystallogr., 1980, **B36**, 1642.
8. A. J. Canty, M. Fyfe and B. M. Gatehouse, Inorg. Chem., 1978, **17**, 1467.
9. C. L. Raston, B. W. Skelton and A. H. White, Aust. J. Chem., 1978, **31**, 537.
10. N. L. Holy, N. C. Baenziger, R. M. Flynn and D. Swenson, J. Am. Chem. Soc., 1976, **98**, 7823*; Acta Crystallogr., 1978, **B34**, 2300.
11. H. Richter, E. Fluck and W. Schwarz, Z. Naturforsch., Teil B., 1980, **35**, 578.
12. A. J. Canty and B. M. Gatehouse, Chem. Commun., 1971, 443*; J. Chem. Soc., Dalton Trans., 1972, 511.

Hg$_3$ Trimercury

Molecular formula	Structure	Notes	Ref.
Hg$_3$C$_8$H$_{13}$N$_5^{2+}$2ClO$_3^-$	[(HgMe)$_3$(C$_5$H$_4$N$_5$)][ClO$_3$]$_2$	a	1
Hg$_3$C$_8$H$_{13}$N$_5^{2+}$2NO$_3^-$	[(HgMe)$_3$(C$_5$H$_4$N$_5$)][NO$_3$]$_2$	a	2
Hg$_3$C$_{18}$H$_{12}$	[Hg(C$_6$H$_4$)]$_3$	b, c	3
Hg$_3$C$_{18}$H$_{12}$	[Hg(C$_6$H$_4$)]$_3$	b, d	4
Hg$_3$C$_{18}$F$_{12}$·C$_{11}$H$_9$N	[Hg(C$_6$F$_4$)]$_3$·NC$_5$H$_4$Ph-4	e	5
Hg$_3$C$_{58}$H$_{40}$N$_2$	Hg{C$_4$Ph$_4$Hg(CN)}$_2$		6

a C$_5$H$_4$N$_5$ = μ-N^3,N^7,N^9-adeninato. b Tribenzo[b,e,h][1.4.7]trimercuronin. c Orthorhombic form. d Monoclinic form. e Perfluorotribenzo[b,e,h][1.4.7]trimercuronin.

1. J. Hubert and A. L. Beauchamp, Can. J. Chem., 1980, **58**, 1439.
2. J. Hubert and A. L. Beauchamp, Acta Crystallogr., 1980, **B36**, 2613.
3. D. S. Brown, A. G. Massey and D. A. Wickens, Acta Crystallogr., 1978, **B34**, 1695.
4. D. S. Brown, A. G. Massey and D. A. Wickens, Inorg. Chim. Acta, 1980, **44**, L193.
5. M. C. Ball, D. S. Brown, A. G. Massey and D. A. Wickens, J. Organomet. Chem., 1981, **206**, 265.
6. M. Peteau-Boisdenghien, J. Meunier-Piret and M. van Meerssche, Cryst. Struct. Commun., 1975, **4**, 383.

Hg$_4$ Tetramercury

Molecular formula	Structure	Notes	Ref.
Hg$_4$C$_5$N$_4$·H$_2$O	C{Hg(CN)}$_4$·H$_2$O		1
Hg$_4$C$_9$H$_{12}$O$_8$·2H$_2$O	C{Hg(OCOMe)}$_4$·2H$_2$O		2
Hg$_4$C$_9$F$_{12}$O$_8$	C{Hg(OCOCF$_3$)}$_4$		3
Hg$_4$Si$_4$C$_{16}$H$_{48}$O$_4$	[HgMe(OSiMe$_3$)]$_4$		4

1. D. Grdenic, M. Sikirica and B. Korpar-Colig, J. Organomet. Chem., 1978, **153**, 1.
2. D. Grdenic and M. Sikirica, Z. Kristallogr., 1979, **150**, 107.
3. D. Grdenic, B. Kamenar, B. Korpar-Colig, M. Sikirica and G. Jovanovski, J. Chem. Soc., Chem. Commun., 1974, 646.
4. G. Dittmar and E. Hellner, Angew. Chem., 1969, **81**, 707 (Angew. Chem., Int. Ed. Engl., 1969, **8**, 679).

In Indium

Molecular formula	Structure	Notes	Ref.
$InCH_3Cl_3^-AsC_4H_{12}^+$	$[AsMe_4][InCl_3Me]$		1
$InC_2H_6^+Br^-$	$[InMe_2]Br$		2
$InC_2H_6Br_2^-AsC_4H_{12}^+$	$[AsMe_4][InBr_2Me_2]$		3
$[InC_2H_6Cl]_n$	$[InClMe_2]_n$		4
InC_3H_9	$InMe_3$	E	5, 6
$InC_3H_9Cl^-AsC_4H_{12}^+$	$[AsMe_4][InClMe_3]$		7
$[InC_4H_9OS]_n$	$[InMe_2(SAc)]_n$		8
$[InC_4H_9O_2]_n$	$[InMe_2(OAc)]_n$		9
$InC_4H_{12}^-Cs^+$	$Cs[InMe_4]$		10
$InC_4H_{12}^-Li^+$	$Li[InMe_4]$		11
$InC_4H_{12}^-Na^+$	$Na[InMe_4]$		11
$InC_4H_{12}^-Rb^+$	$Rb[InMe_4]$		10
$[InC_5H_5]_n$	$[In(C_5H_5)]_n$		12
InC_5H_9	$InMe_2(C{\equiv}CMe)$		13
$[InC_6H_{13}OS]_n$	$[InEt_2(SAc)]_n$		8, 14
$[InC_6H_{13}O_2]_n$	$[InEt_2(OAc)]_n$		15
$[InC_{15}H_{15}]_n$	$[In(C_5H_5)_3]_n$	173	16
$InC_{18}H_{15}$	$InPh_3$		17
$InC_{18}H_{24}ClN_2$	$\overline{InCl(C_6H_4CH_2NMe_2-2)_2}$		18
$InSi_6C_{21}H_{57}{\cdot}C_4H_{10}O$	$In\{CH(SiMe_3)_2\}_3{\cdot}Et_2O$		19
$InC_{24}H_{20}^-Na^+$	$Na[InPh_4]$		20
$InC_{45}H_{28}N_4$	$InMe(tpp)$		21

1. H. J. Guder, W. Schwarz, J. Weidlein, H. J. Widler and H. D. Hausen, *Z. Naturforsch., Teil B*, 1976, **31**, 1185.
2. H. D. Hausen, K. Mertz, J. Weidlein and W. Schwarz, *J. Organomet. Chem.*, 1975, **93**, 291.
3. W. Schwarz, H. J. Guder, R. Prewo and H. D. Hausen, *Z. Naturforsch., Teil B*, 1976, **31**, 1427.
4. H. D. Hausen, K. Mertz, E. Veigel and J. Weidlein, *Z. Anorg. Allg. Chem.*, 1974, **410**, 156.
5. L. Pauling and A. W. Laubengayer, *J. Am. Chem. Soc.*, 1941, **63**, 480 (E).
6. G. Barbe, J. L. Hencher, Q. Shen and D. G. Tuck, *Can. J. Chem.*, 1974, **52**, 3936 (E).
7. H. J. Widler, W. Schwarz, H. D. Hausen and J. Weidlein, *Z. Anorg. Allg. Chem.*, 1977, **435**, 179.
8. H. D. Hausen and H. J. Guder, *J. Organomet. Chem.*, 1973, **57**, 243.
9. F. W. B. Einstein, M. M. Gilbert and D. G. Tuck, *J. Chem. Soc., Dalton Trans.*, 1973, 248.
10. K. Hoffmann and E. Weiss, *J. Organomet Chem.*, 1973, **50**, 17.
11. K. Hoffmann and E. Weiss, *J. Organomet. Chem.*, 1972, **37**, 1.
12. E. Frasson, F. Menegus and C. Panattoni, *Nature*, 1963, **199**, 1087.
13. W. Fries, W. Schwarz, H. D. Hausen and J. Weidlein, *J. Organomet. Chem.*, 1978, **159**, 373.
14. H.-D. Hausen, *Z. Naturforsch., Teil B*, 1972, **27**, 82*.
15. H.-D. Hausen, *J. Organomet. Chem.*, 1972, **39**, C37*; H. D. Hausen and H. U. Schwering, *Z. Anorg. Allg. Chem.*, 1973, **398**, 119.
16. F. W. B. Einstein, M. M. Gilbert and D. G. Tuck, *Inorg. Chem.*, 1972, **11**, 2832.
17. J. F. Malone and W. S. McDonald, *Chem. Commun.*, 1969, 591*; *J. Chem. Soc. (A)*, 1970, 3362.
18. M. Khan, R. C. Steevensz, D. G. Tuck, J. G. Noltes and P. W. R. Corfield, *Inorg. Chem.*, 1980, **19**, 3407.
19. A. J. Carty, M. J. S. Gynane, M. F. Lappert, S. J. Miles, A. Singh and N. J. Taylor, *Inorg. Chem.*, 1980, **19**, 3637.
20. K. Hoffmann and E. Weiss, *J. Organomet. Chem.*, 1973, **50**, 25.
21. C. Lecomte, J. Protas, P. Cocolios and R. Guilard, *Acta Crystallogr.*, 1980, **B36**, 2769.

In$_2$ Diindium

Molecular formula	Structure	Notes	Ref.
$In_2C_2H_6Cl_4$	$[InCl_2Me]_2$		1
$In_2C_8H_{24}N_2$	$[InMe_2(\mu\text{-}NMe_2)]_2$		2
$In_2C_{10}H_{24}N_2$	$[InMe_2(\mu\text{-}N{=}CMe_2)]_2$		3
$In_2C_{10}H_{24}N_4$	$(InMe_2)_2\{\mu\text{-}C_2(NMe)_4\}$	173	4
$In_2C_{16}H_{22}N_4O_2{\cdot}0.5C_6H_6$	$[InMe_2\{\mu\text{-}NC_5H_4CH{=}N(O)\}]_2{\cdot}0.5C_6H_6$		5

1. K. Mertz, W. Schwarz, F. Zettler and H. D. Hausen, *Z. Naturforsch, Teil B*, 1975, **30**, 159.
2. K. Mertz, W. Schwarz, B. Eberwein, J. Weidlein, H. Hess and H. D. Hausen, *Z. Anorg. Allg. Chem.*, 1977, **429**, 99.
3. F. Weller and U. Muller, *Chem. Ber.*, 1979, **112**, 2039.
4. F. Gerstner, W. Schwarz, H. D. Hausen and J. Weidlein, *J. Organomet. Chem.*, 1979, **175**, 33.
5. H. M. M. Shearer, J. Twiss and K. Wade, *J. Organomet. Chem.*, 1980, **184**, 309.

In₄ Tetraindium

Molecular formula	Structure	Notes	Ref.
$In_4C_{12}H_{36}$	$[InMe_3]_4$		1

1. E. L. Amma and R. E. Rundle, *J. Am. Chem. Soc.*, 1958, **80**, 4141.

Ir Iridium

Molecular formula	Structure	Notes	Ref.
$IrCBr_5O^{2-}\cdot 2K^+$	$K_2[IrBr_5(CO)]$		1
IrC_3ClO_3	$IrCl(CO)_3$		2, 3
$IrC_7H_5ClNO_2$	$IrCl(CO)_2(py)$		4
$IrB_5C_7H_{26}Br_2OP_2$	$Ir(B_5H_8)Br_2(CO)(PMe_3)_2$		5
$IrC_8H_{12}Cl$	$IrCl(\eta\text{-}C_4H_6)_2$		6
$IrC_9H_{12}Cl$	$IrCl(\eta^3\text{-}C_4H_7)(\eta\text{-}C_5H_5)$		7
$IrC_9H_{12}I$	$IrI(\eta^3\text{-}C_4H_7)(\eta\text{-}C_5H_5)$		7
$IrC_{11}H_{27}ClO_4P_3\cdot 0.5C_6H_6$	$IrCl(C_2O_4)(PMe_3)_3\cdot 0.5C_6H_6$		8
$IrC_{13}H_{11}I_2N_2O_3$	$IrI_2(CO_2Me)(bipy)(CO)$		9
$IrC_{14}H_{19}$	$Ir(\eta^4\text{-}C_7H_{10})(\eta^5\text{-}C_7H_9)$		10
$IrC_{14}H_{27}ClO_2P$	$cis\text{-}IrCl(CO)_2(PBu_3^t)$		11
$IrC_{14}H_{35}ClO_2P_2^+FO_3S^-$	$[IrCl(CO_2Me)(dmpe)_2][FSO_3]$		12
$IrC_{15}H_{17}O_2$	$Ir(\eta^4\text{-}C_6Me_4O_2)(\eta\text{-}C_5H_5)$		13
$IrSnC_{16}H_{24}Cl_3$	$Ir(SnCl_3)(cod)_2$		14
$IrC_{17}H_{17}F_6O_2$	$Ir(hfac)(C_{12}H_{16})$	a	15, 16
$IrC_{18}H_{29}$	$Ir(\eta^2\text{-}CH_2=CHCH=CHMe)(\eta^3\text{-}CHMe\text{-}CHCHMe)(cod)$	175	17
$IrC_{19}H_{22}O_3P_2^+ClO_4^-$	$[Ir(CO)_3(PMe_2Ph)_2][ClO_4]$		18
$IrC_{19}H_{24}NO_2$	$Ir(acac)(py)(\eta^2\text{-}CH_2=C=CH_2)(C_6H_8)$	b	19
$IrC_{19}H_{25}Cl_2O_3S_2$	$IrCl_2\{S(O)Me_2\}_2(C_{15}H_{13}O)$	c	20
$IrCuC_{19}H_{28}ClN_3OP_2$	$IrCuCl(N_3Me_2)(CO)(PMe_2Ph)_2$		21
$IrC_{19}H_{36}BrOP_2$	$HIrBrPh(CO)(PEt_3)_2$		22
$IrC_{19}H_{38}O_{10}P_3$	$fac\text{-}HIr\{C(O)C_6H_2CH_2\text{-}2\text{-}Me_2\text{-}4,6\}\{P(OMe)_3\}_3$		23
$IrC_{20}H_{27}ClOP_2^+F_6P^-$	$[IrCl(CO)(PMe_2Ph)_2(\eta\text{-}C_3H_5)][PF_6]$		24
$IrC_{21}H_{19}F_{12}O_2$	$Ir(acac\text{-}C_4F_6)(cod\text{-}C_4F_6)$	d	25
$IrC_{21}H_{20}ClNOP$	$IrCl(CO)(1\text{-}PPh_2\text{-}2\text{-}NMe_2C_6H_4)$		26
$IrC_{21}H_{44}ClP_2$	$IrCl\{Bu_2^tP(CH_2)_2C(CH_2)_2PBu_2^t\}$		27
$IrC_{21}H_{47}P_2$	$Ir(\eta\text{-}C_3H_5)(PPr_3^i)_2$		28
$IrC_{22}H_{49}P_2$	$HIr(\eta\text{-}C_4H_6)(PPr_3^i)_2$		29
$IrC_{22}H_{49}P_2$	$Ir(C_3H_6PPr_2^i)(PPr_3^i)(\eta\text{-}C_2H_4)_2$		30
$IrSnC_{23}H_{30}Cl_3P_2$	$Ir(SnCl_3)(PMe_2Ph)_2(nbd)$		31
$IrC_{24}H_{20}OP$	$Ir(CO)(PPh_3)(\eta\text{-}C_5H_5)$		32
$IrC_{24}H_{30}ClN_2O_3P_2\cdot C_3H_6O$	$cis\text{-}IrCl\{C(O)C(=CH_2)N(O)O\}(py)_2(PMe_2Ph)_2\cdot Me_2CO$		33
$IrC_{25}H_{25}N_4O$	$Ir(C_8H_{12}OMe)(fn)(phen)$	e	34
$IrC_{25}H_{27}N_2OPS_2^+BF_4^-$	$[Ir(\eta^2\text{-}S=CNMe_2)_2(CO)(PPh_3)][BF_4]$		35
$IrC_{25}H_{27}N_2OPS_3^+F_6P^-$	$[Ir(S_2CNMe_2)(\eta^2\text{-}S=CNMe_2)(CO)(PPh_3)][PF_6]$		36
$IrC_{25}H_{33}ClOP_3$	$IrCl(CO)(PMe_2Ph)_3$		37
$IrC_{25}H_{37}P_2$	$IrMe(cod)(PMe_2Ph)_2$		38, 39
$IrC_{26}H_{26}IPS^+I^-$	$[IrI\{C(SMe)Me\}(PPh_3)(\eta\text{-}C_5H_5)]I$		40
$IrC_{26}H_{31}O_2$	$Ir(acac)(nbd)(C_{14}H_{16})$	f	41, 42
$IrC_{26}H_{46}ClOP_2$	$IrCl(CO)\{Bu_2^tPC\equiv C(CH_2)_5C\equiv CPBu_2^t\}$		43
$IrC_{27}H_{22}F_6N_2OP$	$Ir\{NHC(CF_3)C[CMe(=CH_2)]C(CF_3)NH\}(CO)(PPh_3)$		44
$IrC_{27}H_{56}ClOP_2$	$IrCl(CO)\{Bu_2^tP(CH_2)_{10}PBu_2^t\}$		45
$IrC_{28}H_{33}ClOP_2^+BF_4^-\cdot CH_2Cl_2$	$[(IrC_3Ph_3)Cl(CO)(PMe_3)_2][BF_4]\cdot CH_2Cl_2$		46
$IrMnC_{29}H_{23}O_5P\cdot 0.5C_6H_6$	$(\eta\text{-}C_5H_5)Ir(\mu\text{-}PPh_2)(\mu\text{-}CMeO)(\mu\text{-}CPhO)Mn(CO)_3\cdot 0.5C_6H_6$		47
$IrC_{29}H_{30}ClO_3P_2$	$IrCl(\eta^2\text{-}O=O)(CO)(PEtPh_2)_2$		48
$IrC_{29}H_{31}Cl_5NO_3P_2$	$IrCl_2\{(C_6Cl_3Me\text{-}2\text{-}O)P(OC_6H_4Me\text{-}2)_2\}(py)(PMe_3)$		49
$IrC_{30}H_{30}ClP_2$	$IrCl\{Ph_2P(CH_2)_2CH=CH(CH_2)_2PPh_2\}$		50
$IrC_{30}H_{30}Cl_3P_2$	$IrCl_3\{Ph_2P(CH_2)_2CH=CH(CH_2)_2PPh_2\}$		51
$IrC_{30}H_{32}ClP_2\cdot 0.5C_6H_6$	$H_2IrCl\{Ph_2P(CH_2)_2CH=CH(CH_2)_2PPh_2\}\cdot 0.5C_6H_6$		50
$IrPtC_{30}H_{68}P_4^+BC_{24}H_{20}^-$	$[\{HIr(PEt_3)_3\}(\mu\text{-}H)_2\{PtPh(PEt_3)\}][BPh_4]$		52
$IrC_{31}H_{35}ClO_2P\cdot CH_2Cl_2$	$IrCl(C_{22}H_{24}O)(CO)(PMe_2Ph)\cdot CH_2Cl_2$	g	42
$IrC_{32}H_{38}P$	$\{Ir(CH_2)_3CH_2\}(PPh_3)(\eta\text{-}C_5Me_5)$		53

Molecular formula	Structure	Notes	Ref.
$IrC_{32}H_{44}P_4^+F_6P^-$	$[fac\text{-}HIr(C_6H_4PMe_2)(PMe_2Ph)_3][PF_6]$		54
$IrC_{32}H_{50}NO_4P_2$	$\overline{Ir\{CH_2CMe_2PBu^tC_6H_3(OMe)\text{-}2\text{-}O\text{-}6\}\text{-}}$ $\{OC_6H_3(OMe)\text{-}3\text{-}(PBu_2^i)\text{-}2\}(CNMe)$		55
$IrC_{33}H_{29}N_3OP$	$trans\text{-}Ir(dtt)(CO)(PPh_3)_2$		56
$IrC_{33}H_{33}ClN_2O_3P \cdot H_2O$	$\overline{IrCl\{(C_6H_3Me\text{-}2\text{-}O)_2P(OC_6H_4Me\text{-}2)\}}(\gamma\text{-}pic)_2 \cdot H_2O$		57
$IrC_{34}H_{41}O_6P_2$	$\overline{Ir\{(C_6H_3Me\text{-}2\text{-}O)P(OC_6H_4Me\text{-}2)_2\}\text{-}}$ $\{P(OCH_2)_3CMe\}(cod)$		58
$IrC_{35}H_{39}P_2$	$IrMe(cod)(dppe)$		38, 59
$IrC_{36}H_{41}P_2$	$IrMe(cod)(dppp)$		60
$IrHgC_{37}H_{30}Br_2ClOP_2$	$Ir(HgBr)BrCl(CO)(PPh_3)_2$		61
$IrC_{37}H_{30}ClNO_2P_2^+BF_4^-$	$[IrCl(CO)(NO)(PPh_3)_2][BF_4]$		62
$IrC_{37}H_{30}ClOP_2 \cdot C_6H_6$	$trans\text{-}IrCl(CO)(PPh_3)_2 \cdot C_6H_6$		63
$IrC_{37}H_{30}ClO_3P_2$	$IrCl(CO)(PPh_3)_2(\eta^2\text{-}O=O)$		64
$IrC_{37}H_{30}ClO_3P_2S$	$IrCl(CO)(PPh_3)_2(SO_2)$		65
$IrHgC_{37}H_{30}Cl_3OP_2$	$IrCl_2(HgCl)(CO)(PPh_3)_2$	l	61
$IrC_{37}H_{30}INO_2P_2^+BF_4^- \cdot C_6H_6$	$[IrI(CO)(NO)(PPh_3)_2][BF_4] \cdot C_6H_6$		66
$IrC_{37}H_{30}IO_3P_2 \cdot CH_2Cl_2$	$IrI(CO)(PPh_3)_2(\eta^2\text{-}O=O) \cdot CH_2Cl_2$		67
$IrC_{37}H_{30}NO_2P_2$	$Ir(CO)(NO)(PPh_3)_2$		68
$IrC_{37}H_{33}INOP_2$	$IrIMe(NO)(PPh_3)_2$		69
$IrB_5C_{37}H_{38}OP_2$	$2\text{-}\{Ir(CO)(PPh_3)_2\}B_5H_8$		70
$IrC_{38}H_{29}O_2P_2 \cdot C_4H_8O$	$\overline{Ir(C_6H_4PPh_2\text{-}2)(CO)_2(PPh_3)} \cdot THF$		71
$IrC_{38}H_{30}ClO_2P_2 \cdot C_6H_6$	$IrCl(CO)_2(PPh_3)_2 \cdot C_6H_6$		72
$IrC_{38}H_{30}Cl_3P_2$	$IrCl_3(bdpps)$	h	73
$IrC_{38}H_{31}Cl_2F_2OP_2$	$IrCl_2(CHF_2)(CO)(PPh_3)_2$		74, 75
$IrC_{38}H_{31}O_2P_2$	$HIr(CO)_2(PPh_3)_2$	i	76
$IrC_{38}H_{34}ClP_2$	$trans\text{-}IrCl(\eta\text{-}C_2H_4)(PPh_3)_2$		77
$IrC_{39}H_{30}ClN_2OP_2S$	$IrCl(NCS)(CN)(CO)(PPh_3)_2$		78
$IrC_{39}H_{30}O_2P_2S^+F_6P^- \cdot C_3H_6O$	$[Ir(CO)_2(CS)(PPh_3)_2][PF_6] \cdot Me_2CO$		79
$IrC_{39}H_{35}NOP_2^+BF_4^- \cdot 0.5H_2O$	$[Ir(NO)(PPh_3)_2(\eta\text{-}C_3H_5)][BF_4] \cdot 0.5H_2O$		80
$IrC_{39}H_{44}ClO_2P_2 \cdot C_2H_6O$	$IrCl\{(+)\text{-}diop\}(cod) \cdot EtOH$		81
$IrC_{40}H_{31}Cl_2F_4O_3P_2 \cdot C_6H_6$	$IrCl(CHF_2)(OCOCF_2Cl)(CO)(PPh_3)_2 \cdot C_6H_6$		74, 82
$IrC_{40}H_{37}P_2 \cdot 1.5C_7H_8$	$\overline{Ir(C_6H_4PPh_2\text{-}2)(\eta\text{-}C_2H_4)_2(PPh_3)} \cdot 1.5PhMe$		71
$IrGeC_{40}H_{41}OP_2$	$H_2Ir(GeMe_3)(CO)(PPh_3)_2$	D	83
$IrC_{41}H_{33}N_2OP_2$	$HIr(CO)\{\eta^2\text{-}trans\text{-}CH(CN)=CH(CN)\}\text{-}$ $(PPh_3)_2$		84, 85
$IrSi_2C_{41}H_{43}O_2P_2 \cdot C_2H_6O$	$HIr(SiMe_2OSiMe_2)(CO)(PPh_3)_2 \cdot EtOH$		86
$IrAs_2C_{43}H_{30}ClN_4O$	$IrCl(CO)\{\eta^2\text{-}C_2(CN)_4\}(AsPh_3)_2$		87
$IrC_{43}H_{30}BrN_4OP_2$	$IrBr(CO)\{\eta^2\text{-}C_2(CN)_4\}(PPh_3)_2$		84, 88
$IrC_{43}H_{30}F_5OP_2$	$trans\text{-}Ir(C_6F_5)(CO)(PPh_3)_2$		89
$IrC_{43}H_{34}ClFN_2OP_2^+BF_4^- \cdot C_3H_6O$	$[\overline{IrCl(4\text{-}FC_6H_3N=NH)(CO)(PPh_3)_2}][BF_4] \cdot$ Me_2CO		90
$IrC_{43}H_{34}Cl_2N_3O_3P_2 \cdot 2C_3H_6O$	$IrCl_2(N=NC_6H_4NO_2\text{-}2)(CO)(PPh_3)_2 \cdot 2Me_2CO$		91
$IrC_{43}H_{34}F_2N_2OP_2^+HBF_3O^-$	$[\overline{IrF(4\text{-}FC_6H_3N=NH)(CO)(PPh_3)_2}][BF_3(OH)]$		92
$IrC_{43}H_{34}N_3OP_2$	$Ir(bta)(CO)(PPh_3)_2$	j	93
$IrC_{43}H_{35}N_3O_3P_2^+BF_4^-$	$[\overline{Ir(2\text{-}NO_2C_6H_3NHNH)(CO)(PPh_3)_2}][BF_4]$		94
$IrC_{43}H_{37}Cl_2N_2OP_2 \cdot CHCl_3$	$\overline{IrCl_2(4\text{-}MeOC_6H_3N=NH)(PPh_3)_2} \cdot CHCl_3$		95
$IrC_{43}H_{38}IN_2OP_2 \cdot CHCl_3$	$\overline{HIrI(4\text{-}MeOC_6H_3N=NH)(PPh_3)_2} \cdot CHCl_3$		96
$IrC_{43}H_{42}ClOP_2$	$trans\text{-}IrCl(CO)\{P(C_6H_4Me\text{-}2)_3\}_2$		97
$IrC_{44}H_{34}F_4N_2OP_2^+BF_4^- \cdot 2CH_4O$	$[\overline{IrF(2\text{-}CF_3C_6H_3N=NH)(CO)(PPh_3)_2}]\text{-}$ $[BF_4] \cdot 2MeOH$		94
$IrB_9C_{44}H_{56}P_2 \cdot C_7H_8$	$3,9\text{-}\{H_2Ir\{P(Tol)_3\}_2\}\text{-}3,9\text{-}(\mu\text{-}H)_2\text{-}7,8\text{-}C_2B_9H_{10} \cdot$ $PhMe$	119	98
$IrC_{45}H_{31}N_4OP_2$	$Ir\{C(CN)=CH(CN)\}(CO)\{\eta^2\text{-}C_2(CN)_2\}(PPh_3)_2$		99
$IrC_{45}H_{40}ClP_2$	$HIrCl(PPh_3)_2(\eta^3\text{-}CH_2CHCHPh)$		100
$IrB_{20}C_{45}H_{54}ClOP_2 \cdot 2.5CH_2Cl_2$	$IrCl(C\equiv CC_2B_{10}H_{11})(CH=CHC_2B_{10}H_{11})\text{-}$ $(CO)(PPh_3)_2 \cdot 2.5CH_2Cl_2$	k	101
$IrC_{48}H_{40}ClN_2P_2 \cdot C_6H_{14}$	$\overline{HIrCl(C_6H_4N=NPh)(PPh_3)_2} \cdot C_6H_{14}$		102
$IrC_{49}H_{31}N_8OP_2 \cdot 0.5C_6H_6$	$Ir\{C(CN)_2CH(CN)_2\}(CO)\{\eta^2\text{-}C_2(CN)_4\}(PPh_3)_2$		103
$IrC_{49}H_{38}F_2N_4OP_2^+BF_4^- \cdot C_6H_6$	$[Ir\{N_4(C_6H_4F\text{-}4)_2\}(CO)(PPh_3)_2][BF_4] \cdot C_6H_6$		104
$IrAgC_{49}H_{47}N_3O_3P_2 \cdot C_4H_8O_2$	$IrAg(MeN_3Tol)(OCOPr^i)(CO)(PPh_3)_2 \cdot Pr^iCO_2H$		105
$IrC_{51}H_{44}N_3OP_2$	$Ir\{N_3(Tol)_2\}(CO)(PPh_3)_2$		106
$IrC_{53}H_{48}OP_4^+Cl^-$	$[Ir(CO)(dppe)_2]Cl$		107
$IrC_{54}H_{43}ClO_9P_3$	$IrCl\{(C_6H_4O)P(OPh)_2\}_2\{P(OPh)_3\}$		108
$IrC_{54}H_{44}P_3$	$\overline{HIr(C_6H_4PPh_2)_2(PPh_3)}$		109
$IrC_{54}H_{45}BrP_3$	$\overline{HIrBr(C_6H_4PPh_2)(PPh_3)_2}$		110
$IrC_{54}H_{51}NP_4^+ClO_4^-$	$[Ir(CNMe)(dppe)_2][ClO_4]$		111
$IrC_{55}H_{47}OP_3^+SiF_5^-$	$[H_2Ir(CO)(PPh_3)_3][SiF_5]$		112
$IrC_{56}H_{45}OP_3S_2^+BF_4^-$	$[Ir(S_2CPPh_3)(CO)(PPh_3)_2][BF_4]$		113

a $C_{12}H_{16}$ = 1,2,2a-η^3:7,7a,8-η^3-2,3,6,7-tetrakis(methylene)octane-1,8-diyl.   b C_6H_8 = 2,3-bis(methylene)butane-1,4-diyl.   c $C_{15}H_{13}O$ = α-phenacylbenzyl.   d acac-C_4F_6 = 3-Ac-4-oxo-1,2-$(CF_3)_2$-pent-1-enyl-C,O,O'; cod-C_4F_6 = η^4-[1,2-$(CF_3)_2$-ethylene-1,2-diyl]cyclooct-5-ene-1,2-diyl.   e $C_8H_{12}OMe$ = 1,4,5-η^3-8-MeO-cyclooct-4-en-1-yl; fn = η^2-fumaronitrile.   f $C_{14}H_{16}$ = 2,2'-bis[bicyclo[2.2.1]hept-5-ene]-3,3'-diyl.   g $C_{22}H_{24}O$ = carbonyl-3,2':3',2''-tris[bicyclo[2.2.1]hept-5-enyl]-2,3''-diyl.   h bdpps = 2-$(Ph_2P)C_6H_4$-trans-CH=CHC_6H_4(PPh_2)-2.   i Three polymorphs.   j bta = benzotriazenido.   k $B_{10}C_2H_{11}$ = 1,2-dicarbadodecaboran(12)-1-yl.   l Dimer by Hg—μ-halide—Hg bridges.

1. M. Bonamico, D. Duranti, A. Vaciago and L. Zambonelli, *Ric. Sci. Rend.*, 1964, IIA, **7**, 613.
2. K. Krogmann, W. Binder and H. D. Hausen, *Angew. Chem.*, 1968, **80**, 844 (*Angew. Chem., Int. Ed. Engl.*, 1968, **7**, 812).
3. A. H. Reis, V. S. Hagley and S. W. Peterson, *J. Am. Chem. Soc.*, 1977, **99**, 4185.
4. D. Y. Jeter and E. B. Fleischer, *J. Coord. Chem.*, 1974, **4**, 107.
5. M. R. Churchill, J. J. Hackbarth, A. Davison, D. D. Traficante and S. S. Wreford, *J. Am. Chem. Soc.*, 1974, **96**, 4041*; M. R. Churchill and J. J. Hackbarth, *Inorg. Chem.*, 1975, **14**, 2047.
6. T. C. van Soest, A. van der Ent and E. C. Royers, *Cryst. Struct. Commun.*, 1973, **2**, 527.
7. T. N. Salnikova, V. G. Andrianov, A. S. Ivanov, A. Z. Rubezhov and Y. T. Struchkov, *Koord. Khim.*, 1977, **3**, 599.
8. T. Herskowitz and L. J. Guggenberger, *J. Am. Chem. Soc.*, 1976, **98**, 1615.
9. V. G. Albano, P. L. Bellon and M. Sansoni, *Inorg. Chem.*, 1969, **8**, 298.
10. J. Müller, H. Menig, G. Huttner and A. Frank, *J. Organomet. Chem.*, 1980, **185**, 251.
11. H. Schumann, G. Cielusek, J. Pickardt and N. Bruncks, *J. Organomet. Chem.*, 1979, **172**, 359.
12. R. L. Harlow, J. B. Kinney and T. Herskowitz, *J. Chem. Soc., Chem. Commun.*, 1980, 813.
13. G. G. Aleksandrov and Y. T. Struchkov, *Zh. Strukt. Khim.*, 1971, **12**, 1037.
14. P. Porta, H. M. Powell, R. J. Mawby and L. M. Venanzi, *J. Chem. Soc.* (*A*), 1967, 455.
15. P. Diversi, G. Ingrosso, A. Immirzi and M. Zocchi, *J. Organomet. Chem.*, 1975, **102**, C49*.
16. P. Diversi, G. Ingrosso, A. Immirzi, W. Porzio and M. Zocchi, *J. Organomet. Chem.*, 1977, **125**, 253.
17. J. Müller, W. Hähnlein, H. Menig and J. Pickardt, *J. Organomet. Chem.*, 1980, **197**, 95.
18. G. Raper and W. S. McDonald, *Acta Crystallogr.*, 1973, **B29**, 2013.
19. P. Diversi, G. Ingrosso, A. Immirzi and M. Zocchi, *J. Organomet. Chem.*, 1976, **104**, C1*.
20. M. McPartlin and R. Mason, *Chem. Commun.*, 1967, 545*; *J. Chem. Soc.* (*A*), 1970, 2206.
21. R. T. Kops and H. Schenk, *Cryst. Struct. Commun.*, 1976, **5**, 193.
22. U. Behrens and L. Dahlenburg, *J. Organomet. Chem.*, 1976, **116**, 103.
23. K. von Deuten and L. Dahlenburg, *Transition Met. Chem.*, 1980, **5**, 222.
24. J. A. Kaduk, A. T. Poulos and J. A. Ibers, *J. Organomet. Chem.*, 1977, **127**, 245.
25. A. C. Jarvis, R. D. W. Kemmitt, B. Y. Kimura, D. R. Russell and P. A. Tucker, *J. Chem. Soc., Chem. Commun.*, 1974, 797*; D. R. Russell and P. A. Tucker, *J. Chem. Soc., Dalton Trans.*, 1975, 1749.
26. D. M. Roundhill, R. A. Bechtold and S. G. N. Roundhill, *Inorg. Chem.*, 1980, **19**, 284.
27. H. D. Empsall, E. M. Hyde, R. Markham, W. S. McDonald, M. C. Norton, B. L. Shaw and B. Weeks, *J. Chem. Soc., Chem. Commun.*, 1977, 589.
28. G. Perego, G. del Piero and M. Cesari, *Cryst. Struct. Commun.*, 1974, **3**, 721.
29. G. del Piero, G. Perego and M. Cesari, *Gazz. Chim. Ital.*, 1975, **105**, 529.
30. G. Perego, G. del Piero, M. Cesari, M. G. Clerici and E. Perrotti, *J. Organomet. Chem.*, 1973, **54**, C51.
31. M. R. Churchill and K.-K. G. Lin, *J. Am. Chem. Soc.*, 1974, **96**, 76.
32. M. J. Bennett, J. L. Pratt and R. M. Tuggle, *Inorg. Chem.*, 1974, **13**, 2408.
33. T. A. B. M. Bolsman and J. A. van Doorn, *J. Organomet. Chem.*, 1979, **178**, 381.
34. N. Bresciani-Pahor, M. Calligaris, G. Nardin and P. Delise, *J. Chem. Soc., Dalton Trans.*, 1976, 762.
35. A. W. Gal, H. P. M. M. Ambrosius, A. F. M. J. van der Ploeg and W. P. Bosman, *J. Organomet. Chem.*, 1978, **149**, 81.
36. W. K. Dean, *Cryst. Struct. Commun.*, 1979, **8**, 335.
37. J.-Y. Chen, J. Halpern and J. Molin-Case, *J. Coord. Chem.*, 1973, **2**, 239.
38. M. R. Churchill and S. A. Bezman, *J. Organomet. Chem.*, 1971, **31**, C43*.
39. M. R. Churchill and S. A. Bezman, *Inorg. Chem.*, 1972, **11**, 2243.
40. G. Bombieri, F. Faraone, G. Bruno and G. Faraone, *J. Organomet. Chem.*, 1980, **188**, 379.
41. A. R. Fraser, P. H. Bird, S. A. Bezman, J. R. Shapley, R. White and J. A. Osborn, *J. Am. Chem. Soc.*, 1973, **95**, 597*.
42. S. A. Bezman, P. H. Bird, A. R. Fraser and J. A. Osborn, *Inorg. Chem.*, 1980, **19**, 3755.
43. H. D. Empsall, E. Mentzer, D. Pawson, B. L. Shaw, R. Mason and G. A. Williams, *J. Chem. Soc., Chem. Commun.*, 1977, 311*; R. Mason and G. A. Williams, *Inorg. Chim. Acta*, 1978, **29**, 273.
44. M. Green, S. H. Taylor, J. J. Daly and F. Sanz, *J. Chem. Soc., Chem. Commun.*, 1974, 361.
45. F. C. March, R. Mason, K. M. Thomas and B. L. Shaw, *J. Chem. Soc., Chem. Commun.*, 1975, 584.
46. R. M. Tuggle and D. L. Weaver, *J. Am. Chem. Soc.*, 1970, **92**, 5523*; *Inorg. Chem.*, 1972, **11**, 2237.
47. J. R. Blickensderfer, C. R. Knobler and H. D. Kaesz, *J. Am. Chem. Soc.*, 1975, **97**, 2686.
48. M. S. Weininger, I. F. Taylor and E. L. Amma, *Chem. Commun.*, 1971, 1172.
49. M. J. Nolte, E. Singleton and E. van der Stok, *J. Chem. Soc., Chem. Commun.*, 1978, 973.
50. G. R. Clark, M. A. Mazid, D. R. Russell, P. W. Clark and A. J. Jones, *J. Organomet. Chem.*, 1979, **166**, 109.
51. G. R. Clark, P. W. Clark and K. Marsden, *J. Organomet. Chem.*, 1979, **173**, 231.
52. A. Immirzi, A. Musco, P. S. Pregosin and L. M. Venanzi, *Angew. Chem.*, 1980, **92**, 744 (*Angew. Chem., Int. Ed. Engl.*, 1980, **19**, 721).
53. P. Diversi, G. Ingrosso, A. Lucherini, W. Porzio and M. Zocchi, *J. Chem. Soc., Chem. Commun.*, 1977, 811*; *Inorg. Chem.*, 1980, **19**, 3590.
54. R. H. Crabtree, J. M. Quirk, H. Felkin, T. Fillebeen-Khan and C. Pascard, *J. Organomet. Chem.*, 1980, **187**, C32.

55. H. D. Empsall, P. N. Heys, W. S. McDonald, M. C. Norton and B. L. Shaw, *J. Chem. Soc., Dalton Trans.*, 1978, 1119.
56. A. Immirzi, W. Porzio, G. Bombieri and L. Toniolo, *J. Chem. Soc., Dalton Trans.*, 1980, 1098.
57. M. Nolte, E. van der Stok and E. Singleton, *J. Organomet. Chem.*, 1976, **105,** C13*; 1977, **142,** 387.
58. M. Laing, M. J. Nolte, E. Singleton and E. van der Stok, *J. Organomet. Chem.*, 1978, **146,** 77.
59. M. R. Churchill and S. A. Bezman, *Inorg. Chem.*, 1973, **12,** 260.
60. M. R. Churchill and S. A. Bezman, *Inorg. Chem.*, 1973, **12,** 531.
61. P. D. Brotherton, C. L. Raston, A. H. White and S. B. Wild, *J. Chem. Soc., Dalton Trans.*, 1976, 1799.
62. D. J. Hodgson, N. C. Payne, J. A. McGinnety, R. G. Pearson and J. A. Ibers, *J. Am. Chem. Soc.*, 1968, **90,** 4486*; D. J. Hodgson and J. A. Ibers, *Inorg. Chem.*, 1968, **7,** 2345.
63. N. C. Payne and J. A. Ibers, *Inorg. Chem.*, 1969, **8,** 2714.
64. J. A. Ibers and S. J. LaPlaca, *Science*, 1964, **145,** 920*; *J. Am. Chem. Soc.*, 1965, **87,** 2581.
65. S. J. LaPlaca and J. A. Ibers, *Inorg. Chem.*, 1966, **5,** 405.
66. D. J. Hodgson and J. A. Ibers, *Inorg. Chem.*, 1969, **8,** 1282.
67. J. A. McGinnety, R. J. Doedens and J. A. Ibers, *Science*, 1967, **155,** 709*; *Inorg. Chem.*, 1967, **6,** 2243.
68. C. P. Brock and J. A. Ibers, *Inorg. Chem.*, 1972, **11,** 2812.
69. D. M. P. Mingos, W. T. Robinson and J. A. Ibers, *Inorg. Chem.*, 1971, **10,** 1043.
70. N. N. Greenwood, J. D. Kennedy, W. S. McDonald, D. Reed and J. Staves, *J. Chem. Soc., Dalton Trans.*, 1979, 117.
71. G. Perego, G. del Piero, M. Cesari, M. G. Clerici and E. Perrotti, *J. Organomet. Chem.*, 1973, **54,** C51.
72. N. C. Payne and J. A. Ibers, *Inorg. Chem.*, 1969, **8,** 2714.
73. G. B. Robertson, P. A. Tucker and P. O. Whimp, *Inorg. Chem.*, 1980, **19,** 2307.
74. A. J. Schultz, G. P. Khare, J. V. McArdle and R. Eisenberg, *J. Am. Chem. Soc.*, 1973, **95,** 3434*.
75. A. J. Schultz, J. V. McArdle, G. P. Khare and R. Eisenberg, *J. Organomet. Chem.*, 1974, **72,** 415.
76. M. Ciechanowicz, A. C. Skapski and P. G. H. Troughton, *Acta Crystallogr.*, 1976, **B32,** 1673.
77. R. J. Restivo, G. Ferguson, T. L. Kelly and C. V. Senoff, *J. Organomet. Chem.*, 1975, **90,** 101.
78. J. A. Ibers, D. S. Hamilton and W. H. Baddley, *Inorg. Chem.*, 1973, **12,** 229.
79. J. S. Field and P. J. Wheatley, *J. Chem. Soc., Dalton Trans.*, 1972, 2269.
80. M. W. Schoonover, E. C. Baker and R. Eisenberg, *J. Am. Chem. Soc.*, 1979, **101,** 1880.
81. S. Brunie, J. Mazan, N. Langlois and H. B. Kagan, *J. Organomet. Chem.*, 1976, **114,** 225.
82. A. J. Schultz, G. P. Khare, C. D. Meyer and R. Eisenberg, *Inorg. Chem.*, 1974, **13,** 1019.
83. F. Glockling and M. D. Willey, *J. Chem. Soc. (A)*, 1970, 1675.
84. L. Manojlovic-Muir, K. W. Muir and J. A. Ibers, *Discuss. Faraday Soc.*, 1969, **47,** 84.
85. K. W. Muir and J. A. Ibers, *J. Organomet. Chem.*, 1969, **18,** 175.
86. J. Greene and M. D. Curtis, *J. Am. Chem. Soc.*, 1977, **99,** 5176*; M. D. Curtis, J. Greene and W. M. Butler, *J. Organomet. Chem.*, 1979, **164,** 371.
87. J. B. R. Dunn, R. Jacobs and C. J. Fritchie, *J. Chem. Soc., Dalton Trans.*, 1972, 2007.
88. J. A. McGinnety and J. A. Ibers, *Chem. Commun.*, 1968, 235*.
89. A. Clearfield, R. Gopal, I. Bernal, G. A. Moser and M. D. Rausch, *Inorg. Chem.*, 1975, **14,** 2727.
90. F. W. B. Einstein, A. B. Gilchrist, G. W. Rayner-Canham and D. Sutton, *J. Am. Chem. Soc.*, 1972, **94,** 645*; F. W. B. Einstein and D. Sutton, *J. Chem. Soc., Dalton Trans.*, 1973, 434.
91. R. E. Cobbledick, F. W. B. Einstein, N. Farrell, A. B. Gilchrist and D. Sutton, *J. Chem. Soc., Dalton Trans.*, 1977, 373.
92. M. Angoletta, P. L. Bellon, M. Manassero and M. Sansoni, *Gazz. Chim. Ital.*, 1977, **107,** 441.
93. L. D. Brown, J. A. Ibers and A. R. Siedle, *Inorg. Chem.*, 1978, **17,** 3026.
94. J. A. Carroll, R. E. Cobbledick, F. W. B. Einstein, N. Farrell, D. Sutton and P. L. Vogel, *Inorg. Chem.*, 1977, **16,** 2462.
95. P. L. Bellon, G. Caglio, M. Manassero and M. Sansoni, *J. Chem. Soc., Dalton Trans.*, 1974, 897.
96. P. L. Bellon, F. Demartin, M. Manassero, M. Sansoni and G. Caglio, *J. Organomet. Chem.*, 1978, **157,** 209.
97. R. Brady, W. H. de Camp, B. R. Flynn, M. L. Schneider, J. D. Scott, L. Vaska and M. F. Werneke, *Inorg. Chem.*, 1975, **14,** 2669.
98. J. A. Doi, R. G. Teller and M. F. Hawthorne, *J. Chem. Soc., Chem. Commun.*, 1980, 80.
99. R. M. Kirchner and J. A. Ibers, *J. Am. Chem. Soc.*, 1973, **95,** 1095.
100. T. H. Tulip and J. A. Ibers, *J. Am. Chem. Soc.*, 1978, **100,** 3252*; 1979, **101,** 4201.
101. K. P. Callahan, C. E. Strouse, S. W. Layton and M. F. Hawthorne, *J. Chem. Soc., Chem. Commun.*, 1973, 465.
102. J. F. van Baar, R. Meij and K. Olie, *Cryst. Struct. Commun.*, 1974, **3,** 587.
103. J. S. Ricci, J. A. Ibers, M. S. Fraser and W. H. Baddley, *J. Am. Chem. Soc.*, 1970, **92,** 3489*; J. S. Ricci and J. A. Ibers, *J. Am. Chem. Soc.*, 1971, **93,** 2391.
104. F. W. B. Einstein, A. B. Gilchrist, G. W. Rayner-Canham and D. Sutton, *J. Am. Chem. Soc.*, 1971, **93,** 1826*; F. W. B. Einstein and D. Sutton, *Inorg. Chem.*, 1972, **11,** 2827.
105. J. Kuyper, K. Vrieze and K. Olie, *Cryst. Struct. Commun.*, 1976, **5,** 179.
106. A. Immirzi, W. Porzio, G. Bombieri and L. Toniolo, *J. Chem. Soc., Dalton Trans.*, 1980, 1098.
107. J. A. J. Jarvis, R. H. B. Mais, P. G. Owston and K. A. Taylor, *Chem. Commun.*, 1966, 906.
108. J. M. Guss and R. Mason, *Chem. Commun.*, 1971, 58*; *J. Chem. Soc., Dalton Trans.*, 1972, 2193.
109. G. del Piero, G. Perego, A. Zazzetta and M. Cesari, *Cryst. Struct. Commun.*, 1974, **3,** 725.
110. K. von Deuten and L. Dahlenburg, *Cryst. Struct. Commun.*, 1980, **9,** 421.
111. S. Z. Goldberg and R. Eisenberg, *Inorg. Chem.*, 1976, **15,** 58.
112. P. Bird, J. F. Harrod and K. A. Than, *J. Am. Chem. Soc.*, 1974, **96,** 1222.
113. G. R. Clark, T. J. Collins, S. M. James, W. R. Roper and K. G. Town, *J. Chem. Soc., Chem. Commun.*, 1976, 475*; S. M. Boniface and G. R. Clark, *J. Organomet. Chem.*, 1980, **188,** 263.

Ir_2 Diiridium

Molecular formula	Structure	Notes	Ref.
$Ir_2C_6H_6Cl_4O_4$	{IrClMe(CO)$_2$}$_2$(μ-Cl)$_2$		1
$Ir_2Co_2C_{12}O_{12}$	Co$_2$Ir$_2$(CO)$_{12}$		2
$Ir_2C_{16}H_{10}O_4S_2$	[Ir(μ-SPh)(CO)$_2$]$_2$		3
$Ir_2C_{16}H_{36}O_8P_2S_2$	[Ir(μ-SBu^t)(CO){P(OMe)$_3$}]$_2$		4
$Ir_2C_{16}H_{38}O_8P_2S_2$	[HIr(μ-SBu^t)(CO){P(OMe)$_3$}]$_2$		5
$Ir_2C_{18}H_{14}O_2$	{Ir(CO)(η-C$_5$H$_5$)}$_2$(μ-C$_6$H$_4$)		6
$Ir_2C_{20}H_{30}Br_4$	{IrBr(η-C$_5$Me$_5$)}$_2$(μ-Br)$_2$		7
$Ir_2C_{20}H_{30}Cl_4$	{IrCl(η-C$_5$Me$_5$)}$_2$(μ-Cl)$_2$		8
$Ir_2C_{20}H_{30}I_4$	{IrI(η-C$_5$Me$_5$)}$_2$(μ-I)$_2$		7
$Ir_2C_{20}H_{31}Cl_3$	{IrCl(η-C$_5$Me$_5$)}$_2$(μ-H)(μ-Cl)		8
$Ir_2C_{22}H_{36}N_4O_2P_2S_2$	{Ir(CO)(PMe$_3$)$_2$(μ-SBu^t)$_2$}Ir(CO)(TCNE)}		9
$Ir_2C_{24}H_{16}F_{18}O$	(η-C$_5$Me$_5$)Ir{IrC$_4$(CF$_3$)$_4$}{C(CF$_3$)=CH(CF$_3$)}(CO)$_2$	a	10
$Ir_2C_{24}H_{24}Cl_2F_{12}$	[IrCl{C$_2$(CF$_3$)$_2$}(cod)]$_2$		10
$Ir_2C_{24}H_{24}Cl_2F_{12}\cdot 2C_6D_6$	[IrCl{C(CF$_3$)=CH(CF$_3$)}(C$_8$H$_{11}$)]$_2\cdot$2C$_6$D$_6$	b	10, 11
$Ir_2C_{26}H_{40}I_2O_2P_2S_2$	[IrI(μ-SBu^t)(CO)(PMe$_2$Ph)]$_2$		12
$Ir_2Hg_2C_{34}H_{48}Cl_2N_6$	[IrHg(μ-Cl){EtN$_3$(Tol)}$_2$(cod)]$_2$		13
$Ir_2C_{38}H_{35}O_{12}P$	Ir(CO)$_2${η-C$_4$(CO$_2$Et)$_4$Ir(CO)$_2$(PPh$_3$)}		14
$Ir_2C_{40}H_{32}O_6P_2S$	{HIr(CO)$_2$(PPh$_3$)}$_2$(SO$_2$)		15
$Ir_2C_{42}H_{34}N_5O_5P_2^+F_6P^-$	[Ir$_2$O(N$_2$C$_6$H$_4$NO$_2$-2)(NO)$_2$(PPh$_3$)$_2$]PF$_6$		16
$Ir_2C_{44}H_{30}F_{12}N_2O_2P_2$	{Ir(NO)(PPh$_3$)}$_2${μ-C$_2$(CF$_3$)$_2$}		17
$Ir_2C_{48}H_{34}Br_2O_2P_2S_4\cdot 2C_3H_7O$	{IrBr(CO)(PPh$_3$)}$_2$(μ-C$_{10}$H$_4$S$_4$)$\cdot$2DMF	c	18
$Ir_2C_{48}H_{36}O_4P_2\cdot 0.5CH_2Cl_2$	{Ir(CO)$_2$(PPh$_3$)}$_2$(μ-HC$_2$Ph)$\cdot$0.5CH$_2$Cl$_2$		19
$Ir_2C_{53}H_{44}O_3P_4S\cdot 2C_7H_8$	Ir$_2$(μ-S)(μ-CO)(CO)$_2$(dppm)$_2\cdot$2PhMe		20
$Ir_2C_{59}H_{48}O_2P_2S_6$	Ir$_2$(tdt)$_3$(CO)$_2$(PPh$_3$)$_2$	d	21
$Ir_2C_{62}H_{50}O_2P_4$	[Ir(μ-PPh$_2$)(CO)(PPh$_3$)]$_2$		22, 23
$Ir_2Cu_4C_{100}H_{70}P_2$	Ir$_2$Cu$_4$(C$_2$Ph)$_8$(PPh$_3$)$_2$		24

^{a} IrC$_4$(CF$_3$)$_4$ = (CF$_3$)$_4$-iridiacyclopentadiene. ^{b} C$_8$H$_{11}$ = 1,2-η^2:4,5,6-η^3-cyclooctadienyl. ^{c} C$_{10}$H$_4$S$_4$ = naphtho[1,8-cd]dithiole-4,5-dithiolato (tetrathionaphthalene). ^{d} tdt = toluene-3,4-dithiolate.

1. N. A. Bailey, C. J. Jones, B. L. Shaw and E. Singleton, *Chem. Commun.*, 1967, 1051.
2. V. G. Albano, G. Ciani and S. Martinengo, *J. Organomet. Chem.*, 1974, **78**, 265.
3. J.-J. Bonnet, J. Galy, D. de Montauzon and R. Poilblanc, *J. Chem. Soc., Chem. Commun.*, 1977, 47*; *Acta Crystallogr.*, 1979, **B35**, 832.
4. J.-J. Bonnet, A. Thorez, A. Maisonnat, J. Galy and R. Poilblanc, *J. Am. Chem. Soc.*, 1979, **101**, 5940.
5. M. D. Rausch, R. G. Gastinger, S. A. Gardner, R. K. Brown and J. S. Wood, *J. Am. Chem. Soc.*, 1977, **99**, 7870.
6. M. R. Churchill and S. A. Julis, *Inorg. Chem.*, 1979, **18**, 1215.
7. M. R. Churchill and S. A. Julis, *Inorg. Chem.*, 1977, **16**, 1488.
8. A. Maisonnat, J.-J. Bonnet and R. Poilblanc, *Inorg. Chem.*, 1980, **19**, 3168.
9. P. A. Corrigan, R. S. Dickson, G. D. Fallon, L. J. Michel and C. Mok, *Aust. J. Chem.*, 1978, **31**, 1937.
10. D. A. Clarke, R. D. W. Kemmitt, D. R. Russell and P. A. Tucker, *J. Organomet. Chem.*, 1975, **93**, C37*.
11. D. R. Russell and P. A. Tucker, *J. Organomet. Chem.*, 1977, **125**, 303.
12. J.-J. Bonnet, P. Kalck and R. Poilblanc, *Angew. Chem.*, 1980, **92**, 572 (*Angew. Chem., Int. Ed. Engl.*, 1980, **19**, 551).
13. P. I. van Vliet, M. Kokkes, G. van Koten and K. Vrieze, *J. Organomet. Chem.*, 1980, **187**, 413.
14. M. Angoletta, P. L. Bellon, F. Demartin and M. Manassero, *J. Chem. Soc., Dalton Trans.*, 1981, 150.
15. M. Angoletta, P. L. Bellon, M. Manassero and M. Sansoni, *J. Organomet. Chem.*, 1974, **81**, C40.
16. F. W. B. Einstein, D. Sutton and P. L. Vogel, *Inorg. Nucl. Chem. Lett.*, 1976, **12**, 671.
17. J. Clemens, M. Green, M.-C. Kuo, C. J. Fritchie, J. T. Mague and F. G. A. Stone, *J. Chem. Soc., Chem. Commun.*, 1972, 53.
18. B.-K. Teo and P. A. Snyder-Robinson, *J. Chem. Soc., Chem. Commun.*, 1979, 255.
19. M. Angoletta, P. L. Bellon, F. Demartin and M. Sansoni, *J. Organomet. Chem.*, 1981, **208**, C12.
20. C. P. Kubiak, C. Woodcock and R. Eisenberg, *Inorg. Chem.*, 1980, **19**, 2733.
21. G. P. Khare and R. Eisenberg, *Inorg. Chem.*, 1972, **11**, 1385.
22. R. Mason, I. Søtofte, S. D. Robinson and M. F. Uttley, *J. Organomet. Chem.*, 1972, **46**, C61.
23. P. L. Bellon, C. Benedicenti, G. Caglio and M. Manassero, *J. Chem. Soc., Chem. Commun.*, 1973, 946.
24. O. M. Abu Salah, M. I. Bruce, M. R. Churchill and S. A. Bezman, *J. Chem. Soc., Chem. Commun.*, 1972, 858*; M. R. Churchill and S. A. Bezman, *Inorg. Chem.*, 1974, **13**, 1418.

Ir₃   *Structure Index*

Ir$_3$ Triiridium

Molecular formula	Structure	Notes	Ref.
Ir$_3$C$_{22}$H$_{27}$F$_6$O$_6$S$_3$	{Ir(CO)$_2$}$_3$(μ-SBu^t)$_3$(μ-C$_4$F$_6$)		1

1. J. Devillers, J.-J. Bonnet, D. de Montauzon, J. Galy and R. Poilblanc, *Inorg. Chem.*, 1980, **19**, 154.

Ir$_4$ Tetrairidium

Molecular formula	Structure	Notes	Ref.
Ir$_4$C$_{10}$H$_2$O$_{10}^{2-}$2C$_{36}$H$_{30}$NP$_2^+$	[PPN]$_2$[H$_2$Ir$_4$(CO)$_{10}$]		1
Ir$_4$C$_{11}$BrO$_{11}^-$C$_{24}$H$_{20}$P$^+$	[PPh$_4$][Ir$_4$Br(CO)$_{11}$]		2
Ir$_4$C$_{12}$O$_{12}$	Ir$_4$(CO)$_{12}$		3
Ir$_4$C$_{16}$H$_9$NO$_{11}$	Ir$_4$(CO)$_{11}$(CNBu^t)		4
Ir$_4$As$_2$C$_{20}$H$_{16}$O$_{10}$	Ir$_4$(CO)$_{10}$(diars)		5
Ir$_4$C$_{29}$H$_{34}$O$_5$	Ir$_4$(CO)$_5$(C$_8$H$_{10}$)(cod)$_2$		6
Ir$_4$C$_{32}$H$_{24}$O$_{24}$	Ir$_4$(CO)$_8${C$_2$(CO$_2$Me)$_2$}$_4$		7
Ir$_4$C$_{46}$H$_{30}$O$_{10}$P$_2$	Ir$_4$(CO)$_{10}$(PPh$_3$)$_2$		8
Ir$_4$C$_{63}$H$_{45}$O$_9$P$_3$	Ir$_4$(CO)$_9$(PPh$_3$)$_3$		8
Ir$_4$C$_{84}$H$_{65}$O$_6$P$_5$	Ir$_4$(μ_3-PPh)(CO)$_6$(PPh$_3$)$_4$		9

1. G. Ciani, M. Manassero, V. G. Albano, F. Canziani, G. Giordano, S. Martinengo and P. Chini, *J. Organomet. Chem.*, 1978, **150**, C17.
2. P. Chini, G. Ciani, L. Garlaschelli, M. Manassero, S. Martinengo, A. Sironi and F. Canziani, *J. Organomet. Chem.*, 1978, **152**, C35; G. Ciani, M. Manassero and A. Sironi, *J. Organomet. Chem.*, 1980, **199**, 271.
3. M. R. Churchill and J. P. Hutchinson, *Inorg. Chem.*, 1978, **17**, 3528.
4. J. R. Shapley, G. F. Stuntz, M. R. Churchill and J. P. Hutchinson, *J. Chem. Soc., Chem. Commun.*, 1979, 219*; M. R. Churchill and J. P. Hutchinson, *Inorg. Chem.*, 1979, **18**, 2451.
5. J. R. Shapley, G. F. Stuntz, M. R. Churchill and J. P. Hutchinson, *J. Am. Chem. Soc.*, 1979, **101**, 7425*; M. R. Churchill and J. P. Hutchinson, *Inorg. Chem.*, 1980, **19**, 2765.
6. G. F. Stuntz, J. R. Shapley and C. G. Pierpont, *Inorg. Chem.*, 1978, **17**, 2596.
7. P. F. Heveldt, B. F. G. Johnson, J. Lewis, P. R. Raithby and G. M. Sheldrick, *J. Chem. Soc., Chem. Commun.*, 1978, 340.
8. V. Albano, P. Bellon and V. Scatturin, *Chem. Commun.*, 1967, 730.
9. F. Demartin, M. Manassero, M. Sansoni, L. Garlaschelli and U. Sartorelli, *J. Oranomet. Chem.*, 1981, **204**, C10.

Ir$_6$ Hexairidium

Molecular formula	Structure	Notes	Ref.
Ir$_6$C$_{15}$O$_{15}^{2-}$2C$_{10}$H$_{16}$N$^+$	[tmba]$_2$[Ir$_6$(CO)$_{15}$]		1

1. F. Demartin, M. Manassero, M. Sansoni, L. Garlaschelli, S. Martinengo and F. Canziani, *J. Chem. Soc., Chem. Commun.*, 1980, 903.

Ir$_7$ Heptairidium

Molecular formula	Structure	Notes	Ref.
Ir$_7$C$_{36}$H$_{33}$O$_{12}$	Ir$_7$(CO)$_{12}$(C$_8$H$_{10}$)(C$_8$H$_{11}$)(cod)		1

1. C. G. Pierpont, G. F. Stuntz and J. R. Shapley, *J. Am. Chem. Soc.*, 1978, **100**, 616*; C. G. Pierpont, *Inorg. Chem.*, 1979, **18**, 2972.

Ir$_8$ Octairidium

Molecular formula	Structure	Notes	Ref.
Ir$_8$C$_{22}$O$_{22}^{2-}$2C$_{24}$H$_{20}$P$^+$	[PPh$_4$]$_2$[Ir$_8$(CO)$_{22}$]		1

1. F. Demartin, M. Manassero, M. Sansoni, L. Garlaschelli, C. Raimondi, S. Martinengo and F. Canziani, *J. Chem. Soc., Chem. Commun.*, 1981, 528.

K Potassium

Molecular formula	Structure	Notes	Ref.
$KC_{16}H_{18}P$	$K\{(CHPh)_2PMe_2\}$	a	1
$[KC_{19}H_{25}N_2]_n$	$[K(C_{13}H_9)(TMEDA)]_n$	b	2

[a] K interacts with arene group. [b] $C_{13}H_9$ = fluorenyl.

1. H. Schmidbaur, U. Deschler, B. Milewski-Mahola and B. Zimmer-Gasser, *Chem. Ber.*, 1981, **114**, 608.
2. R. Zerger, W. Rhine and G. D. Stucky, *J. Am. Chem. Soc.*, 1974, **96**, 5441.

K_2 Dipotassium

Molecular formula	Structure	Notes	Ref.
$K_2C_{14}H_{22}O_3$	$K_2(C_8H_8)\{O(CH_2CH_2OMe)_2\}$		1
$K_2C_{24}H_{30}O_6$	$K_2(C_8H_4Me_4\text{-}1,3,5,7)\{O(CH_2CH_2OMe)_2\}_2$		2

1. J. H. Noordik, T. E. M. van den Hark, J. J. Mooij and A. A. K. Klaassen, *Acta Crystallogr.*, 1974, **B30**, 833.
2. S. Z. Goldberg, K. N. Raymond, C. A. Harmon and D. H. Templeton, *J. Am. Chem. Soc.*, 1974, **96**, 1348.

Li Lithium

Molecular formula	Structure	Notes	Ref.
$LiBC_4H_{12}$	$LiBMe_4$	X, N	1
$LiAlC_8H_{20}$	$LiAlEt_4$		2
$[LiC_{13}H_{19}N_2]_n$	$[Li(CH_2Ph)\{N(C_2H_4)_3N\}]_n$		3
$LiC_{15}H_{23}N_2$	$Li(C_9H_7)(TMEDA)$	a	4
$LiCoC_{24}H_{40}O_2$	$\{Li(THF)_2\}Co(cod)_2$		5
$LiC_{25}H_{31}N_2$	$Li(CPh_3)(TMEDA)$		6
$LiTaC_{26}H_{56}N_2$	$\{Li(C_6H_4N_2)\}Ta(CBu^t)(CH_2Bu^t)_3$	b	7
$LiC_{27}H_{35}N_2$	$Li(C_{13}H_9)\{N(C_2H_4)_3CH\}$	c	8
$LiU_2C_{30}H_{36}Cl_5O_2$	$\{Li(THF)_2\}U_2Cl_5\{CH_2(\eta\text{-}C_5H_4)_2\}_2$		9
$[LiC_{31}H_{27}O]_n$	$[Li(C_{27}H_{17})(OEt_2)]_n$	d	10
$LiLuC_{36}H_{44}O$	$\{Li(THF)\}Lu(C_6H_3Me_2\text{-}2,6)_4$		11
$LiFe_2C_{48}H_{49}O_9P_2$	$\{Li(THF)_3\}Fe_2(\mu\text{-}PPh_2)_2(COPh)(CO)_5$		12

[a] C_9H_7 = indenyl. [b] $C_6H_{14}N_2 = N,N'\text{-}Me_2$-piperazine. [c] $C_{13}H_9$ = fluorenyl. [d] $C_{27}H_{17}$ = difluorenylmethane anion.

1. D. Groves, W. Rhine and G. D. Stucky, *J. Am. Chem. Soc.*, 1971, **93**, 1553 (X); W. E. Rhine, G. Stucky and S. W. Peterson, *J. Am. Chem. Soc.*, 1975, **97**, 6401 (N).
2. R. L. Gerteis, R. E. Dickerson and T. L. Brown, *Inorg. Chem.*, 1964, **3**, 872.
3. S. P. Patterman, I. L. Karle and G. D. Stucky, *J. Am. Chem. Soc.*, 1970, **92**, 1150.
4. W. E. Rhine and G. D. Stucky, *J. Am. Chem. Soc.*, 1975, **97**, 737.
5. K. Jonas, R. Mynott, C. Krüger, J. C. Sekutowski and Y.-H. Tsay, *Angew. Chem.*, 1976, **88**, 808 (*Angew. Chem., Int. Ed. Engl.*, 1976, **15**, 767).
6. J. J. Brooks and G. D. Stucky, *J. Am. Chem. Soc.*, 1972, **94**, 7333.
7. L. J. Guggenberger and R. R. Schrock, *J. Am. Chem. Soc.*, 1975, **97**, 2935.
8. J. J. Brooks, W. Rhine and G. D. Stucky, *J. Am. Chem. Soc.*, 1972, **94**, 7339.
9. C. A. Secaur, V. W. Day, R. D. Ernst, W. J. Kennelly and T. J. Marks, *J. Am. Chem. Soc.*, 1976, **98**, 3713.
10. D. Bladauski and D. Rewicki, *Chem. Ber.*, 1977, **110**, 3920.
11. S. A. Cotton, F. A. Hart, M. B. Hursthouse and A. J. Welch, *J. Chem. Soc., Chem. Commun.*, 1972, 1225.
12. R. E. Ginsburg, J. M. Berg, R. K. Rothrock, J. P. Collman, K. O. Hodgson and L. F. Dahl, *J. Am. Chem. Soc.*, 1979, **101**, 7218.

Li_2 Dilithium

Molecular formula	Structure	Notes	Ref.
$Li_2ZnC_4H_{12}$	Li_2ZnMe_4		1
$Li_2HgSi_4C_{12}H_{36}$	$Li_2Hg(SiMe_3)_4$		2
$Li_2MgC_{16}H_{44}N_4$	$\{Li(\mu\text{-}Me)_2(TMEDA)\}_2Mg$		3
$Li_2C_{20}H_{42}N_4$	$[Li(\mu\text{-}C_4H_5)(TMEDA)]_2$	a	4
$Li_2FeC_{20}H_{48}N_4$	$\{Li(TMEDA)\}_2Fe(C_2H_4)_2$		5
$Li_2C_{22}H_{40}N_4$	$\{Li(TMEDA)\}_2(\mu\text{-}C_{10}H_8)$		6

Li$_2$ Structure Index

Molecular formula	Structure	Notes	Ref.
Li$_2$C$_{22}$H$_{50}$N$_4$S$_4$	[Li(μ-C$_5$H$_9$S$_2$)(TMEDA)]$_2$	b	7
Li$_2$C$_{24}$H$_{40}$N$_4$	{Li(TMEDA)}$_2$(μ-C$_{12}$H$_8$)	c	8
Li$_2$C$_{24}$H$_{42}$N$_4$	[Li(μ-Ph)(TMEDA)]$_2$		9
Li$_2$NiC$_{24}$H$_{50}$N$_4$	{Li(TMEDA)}$_2$Ni(all-trans-C$_{12}$H$_{18}$)		10
Li$_2$NiC$_{24}$H$_{54}$N$_6$	Li$_2$Ni(Me$_2$NCH$_2$CH=CHCH$_2$NMe$_2$)$_3$		10
Li$_2$C$_{26}$H$_{42}$N$_4$	{Li(TMEDA)}$_2$(μ-C$_{14}$H$_{10}$)	d	11
Li$_2$C$_{26}$H$_{44}$N$_4$	{Li(TMEDA)}$_2$(μ-trans-CHPh=CHPh)		12
Li$_2$NiC$_{26}$H$_{52}$N$_4$	{Li(TMEDA)}$_2$Ni(C$_7$H$_{10}$)$_2$	e, D	13
Li$_2$Si$_2$C$_{26}$H$_{56}$N$_4$	{Li(TMEDA)}$_2$\{C$_6$H$_4$(CHSiMe$_3$)$_2$-1,2\}		14
Li$_2$Ni$_3$C$_{28}$H$_{49}$O$_4$	{Li(THF)$_2$}$_2$Ni$_3$(C$_{12}$H$_{17}$)	f	15
Li$_2$CoC$_{30}$H$_{49}$O$_2$	{Li(OEt$_2$)}$_2$CoPh(cod)$_2$		16
Li$_2$Al$_6$C$_{30}$H$_{80}$N$_{12}$	H$_2$Li$_2$\{HAlN(CH$_2$)$_3$NMe$_2$\}$_6$		17
Li$_2$HgSi$_4$C$_{32}$H$_{44}$	Li$_2$Hg(SiMe$_2$Ph)$_4$		2
Li$_2$C$_{32}$H$_{58}$N$_6$	{Li(Me$_5$dien)}$_2$(μ-trans-CHPh=CHPh)		13
Li$_2$C$_{38}$H$_{22}$	[Li(C$_{19}$H$_{11}$)]$_2$	113, g	18
Li$_2$C$_{38}$H$_{48}$N$_4$	{Li(TMEDA)}$_2$(μ-C$_{26}$H$_{16}$)	h	19
Li$_2$NiC$_{42}$H$_{52}$O$_4$	{Li(THF)$_2$}$_2$NiPh$_2$(C$_{14}$H$_{10}$)	i	13
Li$_2$Mg$_2$C$_{48}$H$_{62}$N$_4$	{Li(TMEDA)}$_2$(μ-Mg$_2$Ph$_6$)		20

^{a} C$_4$H$_5$ = bicyclo[1.1.0]butan-1-yl. ^{b} C$_5$H$_9$S$_2$ = 2-Me-1,3-dithian-2-yl. ^{c} C$_{12}$H$_8$ = acenaphthylene dianion.
^{d} C$_{14}$H$_{10}$ = anthracene dianion. ^{e} C$_7$H$_{10}$ = bicyclo[2.2.1]hept-2-ene. ^{f} C$_{12}$H$_{17}$ = 1,5,9-cyclododecatrienyl anion.
^{g} C$_{19}$H$_{11}$ = indenofluorene anion. ^{h} C$_{26}$H$_{16}$ = $\Delta^{9,9'}$-bifluorenyl. ^{i} C$_{14}$H$_{10}$ = phenanthrene.

1. E. Weiss and R. Wolfrum, *Chem. Ber.*, 1968, **101**, 35.
2. W. H. Ilsley, M. J. Albright, T. J. Anderson, M. D. Glick and J. P. Oliver, *Inorg. Chem.*, 1980, **19**, 3577.
3. T. Greiser, J. Kopf, D. Thoennes and E. Weiss, *Chem. Ber.*, 1981, **114**, 209.
4. R. P. Zerger and G. D. Stucky, *J. Chem. Soc., Chem. Commun.*, 1973, 44.
5. K. Jonas, L. Schieferstein, C. Krüger and Y.-H. Tsay, *Angew. Chem.*, 1979, **91**, 590 (*Angew. Chem., Int. Ed. Engl.*, 1979, **18**, 550).
6. J. J. Brooks, W. Rhine and G. D. Stucky, *J. Am. Chem. Soc.*, 1972, **94**, 7346.
7. R. Amsutz, D. Seebach, P. Seiler, B. Schweizer and J. D. Dunitz, *Angew. Chem.*, 1980, **92**, 59 (*Angew. Chem., Int. Ed. Engl.*, 1980, **19**, 53).
8. W. E. Rhine, J. H. Davies and G. D. Stucky, *J. Organomet. Chem.*, 1977, **134**, 139.
9. D. Thoennes and E. Weiss, *Chem. Ber.*, 1978, **111**, 3157.
10. D. J. Brauer, C. Krüger and J. C. Sekutowski, *J. Organomet. Chem.*, 1979, **178**, 249.
11. W. E. Rhine, J. Davies and G. D. Stucky, *J. Am. Chem. Soc.*, 1975, **97**, 2079.
12. M. Walczak and G. Stucky, *J. Am. Chem. Soc.*, 1976, **98**, 5531.
13. K. Jonas and C. Krüger, *Angew. Chem.*, 1980, **92**, 513 (*Angew. Chem., Int., Ed. Engl.*, 1980, **19**, 520).
14. M. F. Lappert, C. L. Raston, B. W. Skelton and A. H. White, *J. Chem. Soc., Chem. Commun.*, 1982, 14.
15. K. Jonas, C. Krüger and J. C. Sekutowski, *Angew. Chem.*, 1979, **91**, 520 (*Angew. Chem., Int. Ed. Engl.*, 1979, **18**, 487).
16. H. Bönnemann, C. Krüger and Y.-H. Tsay, *Angew. Chem.*, 1975, **88**, 50 (*Angew. Chem., Int. Ed. Engl.*, 1976, **15**, 46).
17. G. Perego and G. Dozzi, *J. Organomet. Chem.*, 1981, **205**, 21.
18. D. Bladauski, H. Dietrich, H. J. Hecht and D. Rewicki, *Angew. Chem.*, 1977, **89**, 490 (*Angew. Chem., Int. Ed. Engl.*, 1977, **16**, 474).
19. M. Walczak and G. D. Stucky, *J. Organomet. Chem.*, 1975, **97**, 313.
20. D. Thoennes and E. Weiss, *Chem. Ber.*, 1978, **111**, 3726.

Li$_3$ Trilithium

Molecular formula	Structure	Notes	Ref.
Li$_3$ErC$_{24}$H$_{66}$N$_6$	{Li(TMEDA)}$_3$ErMe$_6$		1
Li$_3$Ni$_2$C$_{73}$H$_{72}$N$_5$O$_2$	(LiN=CPh$_2$)$_3$Ni$_2$(HN=CPh$_2$)$_2$(OEt$_2$)$_2$		2

1. H. Schumann, J. Pickardt and N. Bruncks, *Angew. Chem.*, 1981, **93**, 127 (*Angew. Chem., Int. Ed. Engl.*, 1981, **20**, 120).
2. H. Hoberg, V. Götz, R. Goddard and C. Krüger, *J. Organomet. Chem.*, 1980, **190**, 315.

Li$_4$ Tetralithium

Molecular formula	Structure	Notes	Ref.
Li$_4$C$_4$H$_{12}$	[LiMe]$_4$		1, 2
Li$_4$C$_8$H$_{20}$	[LiEt]$_4$	113	3, 4
[Li$_4$C$_{16}$H$_{44}$N$_4$]$_n$	[(LiEt)$_4$(TMEDA)$_2$]$_n$		5
Li$_4$W$_2$C$_{21}$H$_{47}$Cl$_3$O$_4$	{Li(THF)}$_4$W$_2$Cl$_x$Me$_{8-x}$	a	6, 7

Molecular formula	Structure	Notes	Ref.
$Li_4Cr_2C_{24}H_{56}O_4$	$\{Li(THF)\}_4Cr_2Me_8$		8
$Li_4Mo_2C_{24}H_{56}O_4$	$\{Li(THF)\}_4Mo_2Me_8$		9
$Li_4W_2C_{24}H_{64}O_4$	$\{Li(OEt_2)\}_4W_2Me_8$		7
$Li_4Fe_2C_{38}H_{62}N_6$	$[Li_2(Me_5dien)Fe(\eta\text{-}C_5H_4)_2]_2$		10
$Li_4Mo_4C_{40}H_{44}$	$[LiHMo(\eta\text{-}C_5H_5)_2]_4$		11, 12
$Li_4W_4C_{40}H_{44}$	$[LiHW(\eta\text{-}C_5H_5)_2]_4$		12
$Li_4C_{46}H_{68}N_4O_4$	$[Li_2(Ph_2CO)(THF)(TMEDA)]_2$		13

[a] $x \approx 3$.

1. E. Weiss and E. A. C. Lucken, *J. Organomet. Chem.*, 1964, **2**, 197.
2. E. Weiss and G. Hencken, *J. Organomet. Chem.*, 1970, **21**, 265.
3. H. Dietrich, *Acta Crystallogr.*, 1963, **16**, 681.
4. H. Dietrich, *J. Organomet. Chem.*, 1981, **205**, 291 (at 113 K).
5. H. Koster, D. Thoennes and E. Weiss, *J. Organomet. Chem.*, 1978, **160**, 1.
6. D. M. Collins, F. A. Cotton, S. Koch, M. Millar and C. A. Murillo, *J. Am. Chem. Soc.*, 1977, **99**, 1259*.
7. D. M. Collins, F. A. Cotton, S. A. Koch, M. Millar and C. A. Murillo, *Inorg. Chem.*, 1978, **17**, 2017.
8. J. Krausse, G. Marx and G. Schodl, *J. Organomet. Chem.*, 1970, **21**, 159.
9. F. A. Cotton, J. M. Troup, T. R. Webb, D. H. Williamson and G. Wilkinson, *J. Am. Chem. Soc.*, 1974, **96**, 3824.
10. M. Walczak, K. Walczak, R. Mink, M. D. Rausch and G. Stucky, *J. Am. Chem. Soc.*, 1978, **100**, 6382.
11. F. W. S. Benfield, R. A. Forder, M. L. H. Green, G. A. Moser and K. Prout, *J. Chem. Soc., Chem. Commun.*, 1973, 759*.
12. R. A. Forder and K. Prout, *Acta Crystallogr.*, 1974, **B30**, 2318.
13. B. Bogdanovic, C. Krüger and B. Wermeckes, *Angew. Chem.*, 1980, **92**, 844 (*Angew. Chem., Int. Ed. Engl.*, 1980, **19**, 817).

Li_6 Hexalithium

Molecular formula	Structure	Notes	Ref.
$Li_6Si_6C_{18}H_{54}$	$[LiSiMe_3]_6$		1
$Li_6C_{36}H_{66}\cdot 2C_6H_6$	$[LiCy]_6 \cdot 2C_6H_6$		2

1. T. F. Schaaf, W. Butler, M. D. Glick and J. P. Oliver, *J. Am. Chem. Soc.*, 1974, **96**, 7593*; W. H. Ilsley, T. Schaaf, M. D. Glick and J. P. Oliver, *J. Am. Chem. Soc.*, 1980, **102**, 3769.
2. R. Zerger, W. Rhine and G. Stucky, *J. Am. Chem. Soc.*, 1974, **96**, 6048.

Li_8 Octalithium

Molecular formula	Structure	Notes	Ref.
$Li_8C_{48}H_{54}O_{13}$	$Li_8O\{C_6H_3(OMe)_2\text{-}2,6\}_6$		1

1. H. Dietrich and D. Rewicki, *J. Organomet. Chem.*, 1981, **205**, 281.

Li_{12} Dodecalithium

Molecular formula	Structure	Notes	Ref.
$Li_{12}Ni_4C_{88}H_{100}N_4O_4$	$[(LiPh)_6Ni_2N_2(OEt_2)_2]_2$		1
$Li_{12}Na_6C_{100}H_{150}N_4O_{14}$	$[Li_6Na_3Ni_2Ph_5(OEt)_4(N_2)(OEt_2)_3]_2$		2

1. C. Krüger and Y.-H. Tsay, *Angew. Chem.*, 1973, **85**, 1051 (*Angew. Chem., Int. Ed. Engl.*, 1973, **12**, 998).
2. K. Jonas, D. J. Brauer, C. Krüger, P. J. Roberts and Y.-H. Tsay, *J. Am. Chem. Soc.*, 1976, **98**, 74.

Lu Lutetium

Molecular formula	Structure	Notes	Ref.
$LuC_{18}H_{27}O$	$LuBu^t(THF)(\eta\text{-}C_5H_5)_2$		1
$LuSiC_{18}H_{29}O$	$Lu(CH_2SiMe_3)(THF)(\eta\text{-}C_5H_5)_2$		2
$LuC_{32}H_{36}^-LiC_{16}H_{32}O_4^+$	$[Li(THF)_4][Lu(C_6H_3Me_2\text{-}2,6)_4]$		3

1. W. J. Evans, A. L. Wayda, W. E. Hunter and J. L. Atwood, *J. Chem. Soc., Chem. Commun.*, 1981, 292.
2. H. Schumann, W. Genthe and N. Bruncks, *Angew. Chem.*, 1981, **93**, 126 (*Angew. Chem., Int. Ed. Engl.*, 1981, **20**, 119).
3. S. A. Cotton, F. A. Hart, M. B. Hursthouse and A. J. Welch, *J. Chem. Soc., Chem. Commun.*, 1972, 1225.

Mg   Magnesium

Molecular formula	Structure	Notes	Ref.
$[MgC_2H_6]_n$	$[MgMe_2]_n$		1
$[MgC_4H_{10}]_n$	$[MgEt_2]_n$		2
$MgC_8H_{22}N_2$	$MgMe_2(TMEDA)$		3
$MgAl_2C_8H_{24}$	$Mg(\mu\text{-Me})_2AlMe_2$		4
$MgC_{10}H_{10}$	$Mg(\eta^5\text{-}C_5H_5)_2$	E, X	5, 6
$MgC_{10}H_{22}$	$Mg(CH_2Bu^t)_2$	E	7
$MgC_{10}H_{25}BrO_2$	$MgBrEt(OEt_2)_2$		8
$MgC_{13}H_{27}BrO_3$	$MgBrMe(THF)_3$		9
$MgC_{14}H_{25}BrO_2$	$MgBrPh(OEt_2)_2$		10
$MgC_{15}H_{29}BrN_2$	$MgBr(C_5H_5)\{Et_2N(CH_2)_2NEt_2\}$		11
$MgC_{16}H_{32}N_2$	$MgMe_2\{N(C_2H_4)_3CH\}_2$		12
$MgLi_2C_{16}H_{44}N_4$	$Mg\{(\mu\text{-Me})_2Li(TMEDA)\}_2$		13
$[MgC_{18}H_{14}]_n$	$[Mg(C_9H_7)_2]_n$		14
$MgC_{18}H_{26}N_2$	$MgPh_2(TMEDA)$		15
$MgC_{20}H_{38}N_2$	$Mg(C_7H_{11})_2(TMEDA)$	a	16

[a] C_7H_{11} = 2,4-Me_2-penta-2,4-dienyl.

1. E. Weiss, *J. Organomet. Chem.*, 1964, **2**, 314.
2. E. Weiss, *J. Organomet. Chem.*, 1965, **4**, 101.
3. T. Greiser, J. Kopf, D. Thoennes and E. Weiss, *J. Organomet. Chem.*, 1980, **191**, 1.
4. J. L. Atwood and G. D. Stucky, *J. Am. Chem. Soc.*, 1969, **91**, 2538.
5. A. Haaland, J. Lusztyk, D. P. Novak, J. Brunvoll and K. B. Starowieyski, *J. Chem. Soc., Chem. Commun.*, 1974, 54 (E).
6. W. Bunder and E. Weiss, *J. Organomet. Chem.*, 1975, **92**, 1 (X).
7. E. C. Ashby, L. Fernholt, A. Haaland, R. Seip and R. S. Smith, *Acta Chem. Scand., Ser. A*, 1980, **34**, 213.
8. L. J. Guggenberger and R. E. Rundle, *J. Am. Chem. Soc.*, 1968, **90**, 5375.
9. M. Vallino, *J. Organomet. Chem.*, 1969, **20**, 1.
10. G. Stucky and R. E. Rundle, *J. Am. Chem. Soc.*, 1964, **86**, 4825.
11. C. Johnson, J. Toney and G. D. Stucky, *J. Organomet. Chem.*, 1972, **40**, C11.
12. J. Toney and G. D. Stucky, *J. Organomet. Chem.*, 1970, **22**, 241.
13. T. Greiser, J. Kopf, D. Thoennes and E. Weiss, *Chem. Ber.*, 1981, **114**, 209.
14. J. L. Atwood and K. D. Smith, *J. Am. Chem. Soc.*, 1974, **96**, 994.
15. D. Thoennes and E. Weiss, *Chem. Ber.*, 1978, **111**, 3381.
16. H. Yasuda, M. Yamauchi, A. Nakamura, T. Sei, Y. Kai, N. Yasuoka and N. Kasai, *Bull. Chem. Soc. Jpn.*, 1980, **53**, 1089.

Mg_2 Dimagnesium

Molecular formula	Structure	Notes	Ref.
$Mg_2C_{12}H_{32}N_4$	$[MgMe\{\mu\text{-}NMe(CH_2)_2NMe_2\}]_2$		1
$Mg_2C_{16}H_{38}Br_2O_2$	$[MgEt(\mu\text{-}Br)(OPr^i_2)]_2$		2
$Mg_2C_{16}H_{40}Br_2N_4$	$[MgEt(\mu\text{-}Br)(NEt_3)]_2$		3
$Mg_2C_{26}H_{52}O_4$	$[Mg\{\mu\text{-}(CH_2)_5\}(THF)_2]_2$		4
$Mg_2Li_2C_{48}H_{62}N_4$	$(\mu\text{-}Mg_2Ph_6)\{Li(TMEDA)\}_2$		5

1. V. R. Magnuson and G. D. Stucky, *Inorg. Chem.*, 1969, **8**, 1427.
2. A. L. Spek, P. Voorbergen, G. Schat, C. Blomberg and F. Bickelhaupt, *J. Organomet. Chem.*, 1974, **77**, 147.
3. J. Toney and G. D. Stucky, *Chem. Commun.*, 1967, 1168.
4. A. L. Spek, G. Schat, H. C. Holtkamp, C. Blomberg and F. Bickelhaupt, *J. Organomet. Chem.*, 1977, **131**, 331.
5. D. Thoennes and E. Weiss, *Chem. Ber.*, 1978, **111**, 3726.

Mg_4 Tetramagnesium

Molecular formula	Structure	Notes	Ref.
$Mg_4C_{28}H_{58}Cl_6O_6$	$[Mg_2Cl_3Et(THF)_3]_2$		1
$Mg_4Mo_2C_{34}H_{56}Br_4O_2$	$[HMoMg_2(\mu\text{-}Br)_2Pr^i(OEt_2)(\eta\text{-}C_5H_5)_2]_2$		2
$Mg_4Mo_2C_{40}H_{64}Br_4O_2 \cdot C_4H_{10}O$	$[HMoMg_2(\mu\text{-}Br)_2Cy(OEt_2)(\eta\text{-}C_5H_5)_2]_2 \cdot Et_2O$		2, 3

[a] Disorder, space group problems.

1. J. Toney and G. D. Stucky, *J. Organomet. Chem.*, 1971, **28**, 5.
2. K. Prout and R. A. Forder, *Acta Crystallogr.*, 1975, **B31**, 852.
3. M. L. H. Green, G. A. Moser, I. Packer, F. Petit, R. A. Forder and K. Prout, *J. Chem. Soc., Chem. Commun.*, 1974, 839.

Mn Manganese

Molecular formula	Structure	Notes	Ref.
$MnB_3C_3H_8O_3$	$Mn(B_3H_8)(CO)_3$	178	1
$MnC_3H_9N_3O_3^+MnC_5O_5^-$	$[fac\text{-}Mn(CO)_3(NH_3)_3][Mn(CO)_5]$		2
$MnB_8C_3H_{13}O_3$	$Mn(B_8H_{13})(CO)_3$		3
$MnB_3C_4H_7BrO_4$	$Mn(B_3H_7Br)(CO)_4$	173	4
$MnC_4I_2O_4^-MnC_{72}H_{60}IO_4P_4^+$	$[MnI(OPPh_3)_4][MnI_2(CO)_4]$		5
MnC_4NO_5	$Mn(CO)_4(NO)$		6
MnC_5HO_5	$HMn(CO)_5$	X, E	7–10
$MnGeC_5H_3O_5$	$Mn(GeH_3)(CO)_5$	E	11
$MnSiC_5H_3O_5$	$Mn(SiH_3)(CO)_5$	E	11
$MnB_6C_5H_8O_3^-C_{19}H_{18}P^+$	$[PMePh_3][Mn(B_6C_2H_8)(CO)_3]$		12
$MnGeC_5Br_3O_5$	$Mn(GeBr_3)(CO)_5$	E	13
MnC_5ClO_5	$MnCl(CO)_5$	a	14
$MnSnC_5Cl_3O_5$	$Mn(SnCl_3)(CO)_5$		15
$MnSiC_5F_3O_5$	$Mn(SiF_3)(CO)_5$	E	16
$MnC_5O_5^-MnC_3H_9N_3O_3^+$	$[fac\text{-}Mn(CO)_3(NH_3)_3][Mn(CO)_5]$		2
$2MnC_5O_5^-NiC_{36}H_{24}N_6^{2+}$	$[Ni(phen)_3][Mn(CO)_5]_2$		17
$MnAlC_6H_3Br_3O_5$	$\overline{Mn\{C(Me)OAlBr_2Br\}(CO)_4}$		18
$MnC_6H_3O_5$	$MnMe(CO)_5$	E	19
$MnC_6F_3O_5$	$Mn(CF_3)(CO)_5$	E	20
$MnC_7HF_2O_5$	$Mn(CF{=}CHF\text{-}cis)(CO)_5$		21
$MnC_7H_4ClO_6$	$cis\text{-}MnCl(\overline{COCH_2CH_2O})(CO)_4$		22
$MnC_7H_5O_4S$	$Mn(CO)_2(SO_2)(\eta\text{-}C_5H_5)$		23
$MnC_7H_6BrN_2O_3$	$MnBr(CNMe)_2(CO)_3$		24
$MnC_7H_6NO_4$	$Mn(CO)_4(\eta^2\text{-}CH_2{=}\overline{NCH_2CH_2})$		25
MnC_7H_7INOS	$MnI(CS)(NO)(\eta\text{-}C_5H_4Me)$		26
$MnC_7H_7N_2O_3$	$Mn(CONH_2)(CO)(NO)(\eta\text{-}C_5H_5)$		27
$MnC_7H_9N_2O_5$	$Mn(CONHMe)(NH_2Me)(CO)_4$		28
$MnC_7H_{12}N_4O_3S_4^+Br^-$	$[Mn\{NH_2NHC(S)SMe\}(NH_2NHCS_2Me)]Br$		29
$MnB_9C_7H_{20}O_4$	$6\text{-}\{Mn(CO)_3\}\text{-}2\text{-}(C_4H_8O)B_9H_{12}$		30
$MnB_9C_7H_{20}O_4$	$6\text{-}\{Mn(CO)_3\}\text{-}5\text{-}(C_4H_8O)B_9H_{12}$		31
$MnC_7F_3O_7$	$Mn(CO)_5\{OC(O)CF_3\}$		32
$MnC_8H_3O_7$	$Mn(COCOMe)(CO)_5$		33
$MnC_8H_5O_3$	$Mn(CO)_3(\eta\text{-}C_5H_5)$		34
$MnSnC_8H_9O_5$	$Mn(SnMe_3)(CO)_5$		35
$MnC_9H_7O_3$	$Mn(CO)_3(\eta^5\text{-}C_6H_7)$		36
$MnC_9H_{12}O$	$Mn(CO)(\eta\text{-}C_4H_6)_2$		37
$MnAsFeC_{10}H_6ClO_8^-\text{-}As_2FeMnC_{12}H_{12}O_8$	$[MnFe(\mu\text{-}AsMe_2)_2(CO)_8][MnFe(\mu\text{-}AsMe_2)(Cl)(CO)_8]$		38
$MnAsFeC_{10}H_6O_8$	$MnFe(\mu\text{-}AsMe_2)(CO)_8$		39
$MnC_{10}H_6O_5^-C_8H_{12}N^+$	$[(+)\text{-}NH_3(CHMePh)][Mn(CO)_3\{\eta\text{-}C_5H_3(Me)\text{-}(CO_2)\text{-}1,2\}]$	D	40
$MnC_{10}H_7O_4$	$Mn(CO)_3(\eta\text{-}C_5H_4COMe)$		41
$MnC_{10}H_7O_6$	$Mn(CO)_4(C_6H_7O_2)$	b	42
$MnC_{10}H_{10}$	$Mn(\eta\text{-}C_5H_5)_2$	X, E	43–45
$[MnC_{10}H_{10}]_n$	$[Mn(\eta\text{-}C_5H_5)_2]_n$	c	46
$MnC_{10}H_{11}O_2$	$Mn(CMe_2)(CO)_2(\eta\text{-}C_5H_5)$	210	47
$MnAs_2C_{10}H_{18}ClO_3$	$MnCl(CO)_3\{Me_2As(CH_2)_3AsMe_2\}$	d	48
$MnAs_2GeC_{10}H_{18}Cl_3O_3$	$Mn(GeCl_3)(CO)_3\{Me_2As(CH_2)_3AsMe_2\}$	d	49
$MnC_{10}Cl_5O_5$	$Mn(\eta^1\text{-}C_5Cl_5)(CO)_5$		50
$MnReC_{10}O_{10}$	$MnRe(CO)_{10}$	e	51
$MnNiC_{11}H_5O_6$	$MnNi(CO)_6(\eta\text{-}C_5H_5)$		52
$MnC_{11}H_{11}O_3$	$Mn(CO)_2(\eta^2\text{-}CH_2{=}CHCOMe)(\eta\text{-}C_5H_5)$		53
$MnC_{11}H_{23}O_8P_2$	$Mn(CO)_2\{P(OMe)_3\}_2(\eta\text{-}C_3H_5)$		54
$MnFeC_{12}H_5O_7$	$MnFe(CO)_7(\eta\text{-}C_5H_5)$		55
$MnAsCrC_{12}H_6O_{10}$	$MnCr(\mu\text{-}AsMe_2)(CO)_{10}$		56
$MnC_{12}H_6BrO_3$	$Mn(CO)_3(\eta^5\text{-}C_9H_6Br)$	f	57
$MnReC_{12}H_6O_{10}$	$cis\text{-}MnRe\{C(OMe)Me\}(CO)_9$		58
$MnC_{12}H_7O_5$	$\overline{Mn\{C_6H_4C(O)Me\}(CO)_4}$		59
$MnC_{12}H_8NO_3$	$Mn(CO)_3(\eta^5\text{-}C_9H_8N)$	g	60
$MnC_{12}H_{11}N_2O_6$	$Mn\{N_2C(CO_2Me)_2\}(CO)_2(\eta\text{-}C_5H_5)$		61
$MnAs_2FeC_{12}H_{12}O_8^+AsFeMn\text{-}C_{10}H_6ClO_8^-$	$[MnFe(\mu\text{-}AsMe_2)_2(CO)_8][MnFe(\mu\text{-}AsMe_2)(Cl)(CO)_8]$		38
$MnC_{12}H_{12}NO_4$	$(+)\text{-}(R)\text{-}Mn(CO)_3\{\eta^5\text{-}C_5H_4CHMe(NHCOMe)\}$		62
$MnC_{12}H_{12}NO_4$	$(S)\text{-}Mn(CO)_3\{\eta\text{-}C_5H_3(CH_2NMe_2\text{-}1)(CHO\text{-}2)\}$		63
$MnC_{12}H_{14}$	$Mn(\eta\text{-}C_5H_4Me)_2$	E, h	64
$MnC_{12}H_{18}O_2S^+F_6P^-$	$[Mn(CO)_2(SMe_2Et)(\eta\text{-}C_5H_4Me)][PF_6]$		65
$MnMoC_{13}H_5O_8$	$MnMo(CO)_8(\eta\text{-}C_5H_5)$		51, 66
$MnWC_{13}H_5O_8$	$MnW(CO)_8(\eta\text{-}C_5H_5)$	i	51

Mn   *Structure Index*   1356

Molecular formula	Structure	Notes	Ref.
$MnC_{13}H_6O_7^-C_{36}H_{30}NP_2^+$	$[PPN][\overline{Mn\{C(O)OCHPhC(O)\}(CO)_4}]$	113	67
$MnC_{13}H_8O_6^-C_4H_{12}N^+$	$[NMe_4][cis\text{-}Mn(COMe)(COPh)(CO)_4]$		68
$MnC_{13}H_{12}NO_4$	$\overline{Mn(C_6H_4CH_2NMe_2\text{-}2)(CO)_4}$		69
$MnAsFeC_{13}H_{15}O_8P$	$MnFe(\mu\text{-}AsMe_2)(CO)_8(PMe_3)$	j	70
$MnAsFeC_{13}H_{15}O_8P$	$MnFe(\mu\text{-}AsMe_2)(CO)_8(PMe_3)$	k	70
$MnB_9C_{13}H_{35}NO_4$	$6\text{-}\{Mn(CO)_3\}\text{-}8\text{-}\{Et_3N(CH_2)_4O\}B_9H_{12}$		71
$MnRe_2C_{14}HO_{14}$	$HMnRe_2(CO)_{14}$		72
$MnReC_{14}H_9NO_5$	$Mn(CO)_3\{\eta^5\text{-}C_4H_4NRe(CO)_2(\eta\text{-}C_5H_5)\}$		73
$MnBC_{14}H_{10}O_3$	$Mn(CO)_3(\eta^6\text{-}C_5H_5BPh)$		74
$MnC_{14}H_{10}O_3^-C_4H_{12}N^+$	$[NMe_4][Mn(COPh)(CO)_2(\eta\text{-}C_5H_5)]$		75
$MnC_{14}H_{13}O_2$	$Mn(CO)_2(\eta^2\text{-}nbd)(\eta\text{-}C_5H_5)$	170	76, 77
$MnPtC_{14}H_{23}O_5P_2$	$\{\overline{Mn(CO)_4}\}\{\mu\text{-}1\text{-}\eta^1:1,2\text{-}\eta^2\text{-}\overline{C=CH(CH_2)_2O}\}\{Pt(PMe_3)_2\}$	l, 200	78
$MnPtC_{14}H_{23}O_5P_2$	$\{\overline{Mn(CO)_4}\}\{\mu\text{-}1\text{-}\eta^1:1,2\text{-}\eta^2\text{-}\overline{C=CH(CH_2)_2O}\}\{Pt(PMe_3)_2\}$	m, 200	78
$MnSi_4C_{14}H_{27}O_5$	$Mn\{Si(SiMe_3)_3\}(CO)_5$		79
$MnMoC_{15}H_9O_5$	$\{\overline{Mn(CO)_4}\}(\mu\text{-}\eta^5:\eta^1\text{-}C_5H_4)\{Mo(CO)(\eta\text{-}C_5H_5)\}$		80
$MnC_{15}H_{10}F_3N_2O_5$	$Mn(CO)_3(py)_2\{OC(O)CF_3\}$		32
$MnC_{15}H_{11}F_3N_2O_2^+BF_4^-$	$[Mn(CO)_2(N=NC_6H_4CF_3\text{-}2)(\eta\text{-}C_5H_4Me)][BF_4]$		81
$MnC_{15}H_{11}O_2$	$Mn(C=CHPh)(CO)_2(\eta\text{-}C_5H_5)$		82
$MnC_{15}H_{13}O_2$	$Mn(CO)_2(\eta^2\text{-}C_8H_8)(\eta\text{-}C_5H_5)$		83
$MnC_{15}H_{22}O_3P$	$Mn\{C(OMe)CMe=PMe_3\}(CO)_2(\eta\text{-}C_5H_5)$		84
$MnC_{16}H_{12}O_4P$	$Mn(CO)_3\{\eta^5\text{-}\overline{PCH(CMe)_2C(COPh)}\}$		85
$MnC_{16}H_{17}O_7$	$Mn(CO)_3\{\eta^5\text{-}C_6H_6CH(CO_2Et)_2\}$		86
$MnCoC_{16}H_{20}N_2O_6$	$MnCo(CO)_6(Bu^tN=CHCH=NBu^t)$		87
$MnC_{16}H_{20}O_8PS_2$	$Mn(CO)\{CS_2C_2(CO_2Me)_2\}\{P(OMe)_3\}(\eta\text{-}C_5H_5)$		88
$MnC_{17}H_{10}BrN_2O_3$	$MnBr(CO)_3(CNPh)_2$		89
$MnC_{17}H_{10}NO_4$	$\overline{Mn(C_6H_4CH=NPh)(CO)_4}$		90
$MnC_{17}H_{11}O_5$	$Mn(CO)_3(C_{14}H_{11}O_2)$	n	91
$MnC_{17}H_{12}O_5P$	$\overline{Mn(CH_2OPPh_2)(CO)_4}$		92
$MnC_{17}H_{15}O_4$	$Mn(CO)_2\{\eta^2\text{-}CH_2=CPhOC(O)Me\}(\eta\text{-}C_5H_5)$		93
$MnFeC_{17}H_{16}NO_4$	$\overline{Mn\{CH_2NMe(CH_2Fc)\}(CO)_4}$		94
$MnC_{17}H_{18}O_{11}PS$	$Mn(CO)_3\{\eta\text{-}C_4(CO_2Me)_4SPMe_2\}$		95
$MnC_{17}H_{24}BrN_2O_3$	$MnBr(CO)_3(CyN=CHCH=NCy)$		96
$MnPtC_{17}H_{27}IO_5P$	$MnPt(\mu\text{-}I)\{\overline{CO(CH_2)_2CH_2}\}(CO)_4(PMeBu_2^i)$	200	97
$MnC_{17}H_{17}O_3S$	$Mn(CO)_3\{\eta^4\text{-}C_4(CF_3)_4SC_6F_5\}$	o	98
$MnC_{18}H_{16}O_4P$	$Mn(CO)_2\{Ph\overline{POC(=CH_2)CH=C(Me)O}\}(\eta\text{-}C_5H_5)$		99
$MnC_{18}H_{30}N_6^+I_3^-$	$[Mn(CNEt)_6]I_3$	168	100
$MnFe_2C_{19}H_{10}O_8P$	$MnFe_2(\mu_3\text{-}PPh)(CO)_8(\eta\text{-}C_5H_5)$		101
$MnReC_{19}H_{10}O_7$	$MnRe\{\mu\text{-}C(CO)Ph\}(CO)_6(\eta\text{-}C_5H_5)$		102
$MnFeC_{19}H_{11}O_6$	$MnFe(\mu\text{-}\eta^1,\eta^3\text{-}PhCHCCO)(CO)_5(\eta\text{-}C_5H_5)$		103
$MnC_{19}H_{16}O_4P$	$\overline{Mn\{(CH_2)_3PPh_2\}(CO)_4}$		104
$MnC_{19}H_{16}O_5P$	$\overline{Mn\{(CH_2)_3OPPh_2\}(CO)_4}$		105
$MnC_{19}H_{19}$	$Mn(\eta\text{-}C_5H_4Me)(\eta^6\text{-}7\text{-}exo\text{-}C_7H_7Ph)$		106
$MnC_{19}H_{22}BrO_7P_2$	$fac\text{-}trans\text{-}MnBr(CO)_3\{PPh(OMe)_2\}_2$		107
$MnC_{19}H_{22}BrO_7P_2$	$mer\text{-}trans\text{-}MnBr(CO)_3\{PPh(OMe)_2\}_2$		107
$MnC_{19}H_{27}O_3$	$(-)\text{-}Mn\{C(OMe)(Men)\}(CO)_2(\eta\text{-}C_5H_5)$		108
$MnFeC_{20}H_{10}O_8P$	$MnFe(\mu\text{-}PPh_2)(CO)_8$		110
$MnFe_2C_{20}H_{10}O_9P$	$MnFe_2(\mu_3\text{-}PPh)(CO)_9(\eta\text{-}C_5H_5)$		109
$MnC_{20}H_{17}ClN_2O_3P$	$MnCl(CO)_3\{PPh_2(dmpz)\}$		111
$MnC_{20}H_{18}O_5P$	$\overline{Mn\{CH_2(CH_2)_3OPPh_2\}(CO)_4}$		92
$MnC_{20}H_{30}$	$Mn(\eta\text{-}C_5Me_5)_2$	X, E	112, 113
$MnCoSnC_{21}H_{10}O_9$	$\{Mn(CO)_5\}\{Co(CO)_4\}SnPh_2$		114
$MnC_{21}H_{15}NO_4P$	$Mn(CO)_3(NO)(PPh_3)$		115
$MnC_{21}H_{15}O_3$	$Mn(CO)_2(\eta^2\text{-}CPh_2=C=O)(\eta\text{-}C_5H_5)$		116
$MnC_{21}H_{15}O_3$	$Mn\{CPh(COPh)\}(CO)_2(\eta\text{-}C_5H_5)$		117
$MnPtC_{21}H_{30}O_2P_2^+BF_4^-\cdot CH_2Cl_2$	$[MnPt\{\mu\text{-}C(Tol)\}(CO)_2(PMe_3)_2(\eta\text{-}C_5H_5)][BF_4]\cdot CH_2Cl_2$		118
$MnC_{22}H_{15}ClO_4P$	$MnCl(CO)_4(PPh_3)$		119
$MnC_{22}H_{15}O_4P^-C_{24}H_{20}P^+$	$[PPh_4][Mn(CO)_4(PPh_3)]$	238	120
$MnAs_3CuC_{22}H_{23}O_5$	$Mn(Cu\{MeAs(C_6H_4AsMe_2\text{-}2)_2\})(CO)_5$		121
$MnGeC_{23}H_{15}O_5$	$Mn(GePh_3)(CO)_5$		51, 121
$MnC_{23}H_{15}O_4$	$Mn(CO)_2(\eta^2\text{-}C_{15}H_8O_2)(\eta\text{-}C_5H_4Me)$	p	122

Molecular formula	Structure	Notes	Ref.
MnSnC$_{23}$H$_{15}$O$_5$	Mn(SnPh$_3$)(CO)$_5$		123
MnC$_{23}$H$_{18}$O$_4$P	MnMe(CO)$_4$(PPh$_3$)		124
MnC$_{24}$H$_{15}$BrO$_4$P	MnBr(C≡CPPh$_3$)(CO)$_4$		125
MnC$_{24}$H$_{18}$O$_4$P	$\overline{\text{Mn(CHMeC}_6\text{H}_4\text{PPh}_2\text{)}}(CO)_4$		126
MnC$_{24}$H$_{21}$NO$_3$PS	Mn(SCNMe$_2$)(CO)$_3$(PPh$_3$)		127
MnC$_{24}$H$_{21}$NO$_3$PS$_2$	Mn(S$_2$CNMe$_2$)(CO)$_3$(PPh$_3$)		128
MnC$_{24}$H$_{22}$O$_4$P	Mn(CO)$_2${Ph$_2$P(OCMe=CHCOMe)}(η-C$_5$H$_5$)		129
MnSnC$_{25}$H$_{20}$Cl$_3$O$_2$P$^+$SnCl$_5^-$	[Mn(SnCl$_3$)(CO)$_2$(PPh$_3$)(η-C$_5$H$_5$)][SnCl$_5$]		130
MnC$_{25}$H$_{20}$O$_2$P	Mn(CO)$_2$(PPh$_3$)(η-C$_5$H$_5$)		131
MnC$_{25}$H$_{20}$O$_4$P	$\overline{\text{Mn{(C}_6\text{H}_3\text{Me)P(Tol)}_2\text{}}}(CO)_4$		132
MnC$_{25}$H$_{20}$O$_4$P	$\overline{\text{Mn(CH{CH}_2\text{C(O)Me}\text{C}_6\text{H}_4\text{PPh}_2\text{)}}}(CO)_3$		133
MnC$_{25}$H$_{20}$O$_4$P	Mn{(η^3-OCMeCMe)C$_6$H$_4$PPh$_2$}(CO)$_3$		133, 134
MnC$_{25}$H$_{20}$O$_5$P	cis-Mn{CH$_2$C(O)Me}(CO)$_4$(PPh$_3$)		135
MnC$_{25}$H$_{23}$NO$_2$P	Mn(CO)(NO)(PPh$_3$)(η^4-C$_5$H$_5$Me-exo)		136
MnC$_{25}$H$_{24}$NO$_3$PS$^+$BF$_4^-$	[Mn(η^2-MeS=CNMe$_2$)(CO)$_3$(PPh$_3$)][BF$_4$]		127
MnSiC$_{25}$H$_{24}$O$_4$P	Mn(SiMe$_3$)(CO)$_4$(PPh$_3$)		137
MnCo$_2$C$_{26}$H$_{22}$O$_4$P	MnCo$_2${μ_3-P(CH$_2$Ph)}(CO)$_4$(η-C$_5$H$_5$)	173	138
MnFeC$_{26}$H$_{27}$O$_4$P$_2$S$_2$	Mn(CO)$_2${(SC=S)Fe(CO)$_2$(PMe$_2$Ph)$_2$}-(η-C$_5$H$_5$)		139
MnReC$_{27}$H$_{13}$O$_9$P	$\overline{\text{Mn{C}_6\text{H}_3\text{C(O)Re(CO)}_4\text{(PPh}_2\text{)}}}$		140
MnC$_{27}$H$_{22}$O$_2$P	Mn(CO)$_2${HPPh(CPh=CHPh)}(η-C$_5$H$_5$)		141
MnC$_{28}$H$_{15}$F$_9$O$_4$P	Mn{C(CF$_3$)=C=C(CF$_3$)$_2$}(CO)$_4$(PPh$_3$)		142
MnIrC$_{29}$H$_{23}$O$_5$P·0.5C$_6$H$_6$	{Mn(CO)$_3$(μ-PPh$_2$)(μ-COMe)(μ-COPh)-{Ir(η-C$_5$H$_5$)}}·0.5C$_6$H$_6$		143
MnC$_{29}$H$_{23}$O$_3$P$_2$S$_2$	Mn(S$_2$CH)(CO)$_3$(dppm)		144
MnC$_{29}$H$_{24}$O$_3$PS	$\overline{\text{Mn(C}_6\text{H}_4\text{CH}_2\text{SMe)}}(CO)_3$(PPh$_3$)		145
MnC$_{29}$H$_{27}$O$_3$P$_2$	HMn(CO)$_3$(PMePh$_2$)$_2$		146
MnCo$_2$C$_{30}$H$_{37}$O$_4$	MnCo$_2$(CO)$_4$(η-C$_5$H$_4$Me)(η-C$_5$Me$_5$)$_2$		147
MnAsC$_{31}$H$_{20}$O$_3$	Mn(CO)$_3$(η^5-C$_4$Ph$_4$As)		148
MnC$_{33}$H$_{23}$NO$_6$P$_2$·0.5C$_6$H$_6$	$\overline{\text{Mn(CO)}_4\text{{Ph}_2\text{PC=C(PPh}_2\text{)C(O)NMeC-(O)}}}$·0.5C$_6H_6$		149
MnC$_{33}$H$_{23}$NO$_6$P$_2^+$I$^-$	[Mn(CO)$_4${(Ph$_2$P)C=C(PPh$_2$)C(O)NMeC(O)}]I		149
MnPtC$_{34}$H$_{31}$O$_2$P$_2$S	MnPt(μ-CS)(CO)$_4$(PMePh$_2$)$_2$(η-C$_5$H$_5$)		150
MnC$_{34}$H$_{44}$O$_{10}$P$_4^+$F$_6$P$^-$	[cis-Mn(CO)$_2${PPh(OMe)$_2$}$_4$][PF$_6$]		151
MnC$_{34}$H$_{44}$O$_{10}$P$_4^+$F$_6$P$^-$·C$_2$H$_6$O	[trans-Mn(CO)$_2${PPh(OMe)$_2$}$_4$][PF$_6$]·EtOH		151
MnFe$_2$C$_{37}$H$_{25}$O$_8$P$_2$	MnFe$_2$(μ_3-PPh)(CO)$_8$(PPh$_3$)(η-C$_5$H$_5$)		152
MnC$_{38}$H$_{30}$NO$_3$P$_2$	Mn(CO)$_2$(NO)(PPh$_3$)$_2$		153
MnC$_{38}$H$_{38}$N$_2$O$_5$P$_3$	$\overline{\text{Mn(C{=C(CN)}_2\text{}P(O)(OPr}^i\text{)}_2\text{)}}(CO)_2$(dppe)		154
MnC$_{39}$H$_{31}$O$_3$P$_2$	HMn(CO)$_3$(PPh$_3$)$_2$		155
MnAuC$_{40}$H$_{30}$O$_7$P$_2$	Mn{Au(PPh$_3$)}(CO)$_4${P(OPh)$_3$}		156
MnSnC$_{40}$H$_{30}$O$_4$	Mn(SnPh$_3$)(CO)$_4$(PPh$_3$)		157
MnC$_{40}$H$_{33}$O$_4$P$_2$	Mn(O$_2$CMe)(CO)$_2$(PPh$_3$)$_2$		158
MnSnC$_{41}$H$_{36}$BrO$_3$P$_2$	mer-trans-Mn(SnBrMe$_2$)(CO)$_3$(PPh$_3$)$_2$		159
MnC$_{42}$H$_{30}$N$_6^+$I$_3^-$	[Mn(CNPh)$_6$]I$_3$		160
MnCrC$_{42}$H$_{33}$BrO$_8$P$_3$	$\overline{\text{MnBr(CO)}_3\text{{Ph}_2\text{P(CH}_2\text{)}_2\text{PPh(CH}_2\text{)}_2\text{PPh}_2\text{}}}$-Cr(CO)$_5$	q	161, 162
MnCrC$_{42}$H$_{33}$BrO$_8$P$_3$	$\overline{\text{MnBr(CO)}_3\text{{Ph}_2\text{P(CH}_2\text{)}_2\text{PPh(CH}_2\text{)}_2\text{PPh}_2\text{}}}$-Cr(CO)$_5$	r	162
MnC$_{42}$H$_{35}$OP$_2$·C$_6$H$_6$	Mn(CO)(PPh$_3$)$_2$(η-C$_5$H$_5$)·C$_6$H$_6$		163
MnSnC$_{50}$H$_{35}$O$_4$	Mn(CO)$_3${η-C$_5$Ph$_4$(OSnPh$_3$)}		164
MnC$_{54}$H$_{47}$O$_2$P$_4$	$\overline{\text{Mn{COC}_6\text{H}_4\text{P(CH}_2\text{)}_2\text{PPh}_2\text{}}}$(CO)(dppe)		165
MnC$_{56}$H$_{44}$O$_{11}$P$_3$	$\overline{\text{Mn{(C}_6\text{H}_4\text{O)P(OPh)}_2\text{}}}(CO)_2${P(OPh)$_3$}$_2$		166

[a] Contains reference to Mn—Br length in MnBr(CO)$_5$. [b] C$_6$H$_7$O$_2$ = 3-acetyl-4,5-dihydrofuran-2-yl. [c] Dark brown, antiferromagnetic form. [d] fac-(CO)$_3$. [e] MnRe bond length reported. [f] C$_9$H$_6$Br = 1,2,3,4,9-η^5-1-Br-indenyl. [g] C$_9$H$_8$N = 2-Me-indolyl. [h] Vapour consists of high-spin (^{6}A$_{1g}$) and low spin (^{2}E$_{2g}$) forms. [i] MnW bond length reported. [j] cis-P,As. [k] trans-P,As. [l] Red form. [m] Yellow form. [n] C$_{14}$H$_{11}$O$_2$ = syn-1,2-dihydro-2-oxo-1-oxa-azulen-3-yl. [o] Ligand = 3,4,5,6-η^4-3,4,5,6-(CO$_2$Me)$_4$-2,2-Me$_2$-2H-1,2-thiaphosphorinium. [p] C$_{15}$H$_8$O$_2$ = anthronylketene. [q] Isomer A: PPh trans to Br. [r] Isomer B: PPh cis to Br.

1. S. J. Hildenbrandt, D. F. Gaines and J. C. Calabrese, *Inorg. Chem.*, 1978, **17**, 790.
2. M. Herberhold, F. Wehrmann, D. Neugebauer and G. Huttner, *J. Organomet. Chem.*, 1978, **152**, 329.
3. J. C. Calabrese, M. B. Fischer, D. F. Gaines and J. W. Lott, *J. Am. Chem. Soc.*, 1974, **96**, 6318.
4. M. W. Chen, J. C. Calabrese, D. F. Gaines and D. F. Hillenbrand, *J. Am. Chem. Soc.*, 1980, **102**, 4928.
5. G. Ciani, M. Manassero and M. Sansoni, *J. Inorg. Nucl. Chem.*, 1972, **34**, 1760.
6. B. A. Frenz, J. H. Enemark and J. A. Ibers, *Inorg. Chem.*, 1969, **8**, 1288.
7. S. J. LaPlaca, J. A. Ibers and W. C. Hamilton, *J. Am. Chem. Soc.*, 1964, **86**, 2288*; *Inorg. Chem.*, 1964, **3**, 1491 (X; α-form).

8. S. J. LaPlaca, W. C. Hamilton, J. A. Ibers and A. Davison, *Inorg. Chem.*, 1969, **8**, 1928 (X; β-form).
9. A. G. Robiette, G. M. Sheldrick and R. N. F. Simpson, *Chem. Commun.*, 1968, 506*; *J. Mol. Struct.*, 1969, **4**, 221 (E).
10. E. A. McNeill and F. R. Scholer, *J. Am. Chem. Soc.*, 1977, **99**, 6243 (E).
11. D. W. H. Rankin and A. Robertson, *J. Organomet. Chem.*, 1975, **85**, 225.
12. F. J. Hollander, D. H. Templeton and A. Zalkin, *Inorg. Chem.*, 1973, **12**, 2262.
13. N. I. Gapotchenko, N. V. Alekseev, A. B. Antonova, K. N. Anisimov, N. E. Kolobova, I. A. Ronova and Y. T. Struchkov, *J. Organomet. Chem.*, 1970, **23**, 525; N. I. Gapotchenko, Y. T. Struchkov, N. V. Alekseev and I. A. Ronova, *Zh. Strukt. Khim.*, 1971, **12**, 571.
14. P. T. Greene and R. F. Bryan, *J. Chem. Soc. (A)*, 1971, 1559.
15. S. Onaka, *Bull. Chem. Soc. Jpn.*, 1975, **48**, 319.
16. D. W. H. Rankin, A. Robertson and R. Seip, *J. Organomet. Chem.*, 1975, **88**, 191.
17. B. A. Frenz and J. A. Ibers, *Inorg. Chem.*, 1972, **11**, 1109.
18. S. B. Butts, E. M. Holt, S. H. Strauss, N. W. Alcock, R. E. Stimson and D. F. Shriver, *J. Am. Chem. Soc.*, 1979, **101**, 5864*; 1980, **102**, 5093.
19. H. M. Seip and R. Seip, *Acta Chem. Scand.*, 1970, **24**, 3431.
20. B. Beagley and G. G. Young, *J. Mol. Struct.*, 1977, **40**, 295.
21. F. W. B. Einstein, H. Luth and J. Trotter, *J. Chem. Soc. (A)*, 1967, 89.
22. M. Green, J. R. Moss, I. W. Nowell and F. G. A. Stone, *J. Chem. Soc., Chem. Commun.*, 1972, 1339.
23. C. Barbeau and R. J. Dubey, *Can. J. Chem.*, 1973, **51**, 3684.
24. A. C. Sarapu and R. F. Fenske, *Inorg. Chem.*, 1972, **11**, 3021.
25. E. W. Abel, R. J. Rowley, R. Mason and K. M. Thomas, *J. Chem. Soc., Chem. Commun.*, 1974, 72.
26. J. A. Potenza, R. Johnson, S. Rudich and A. Efraty, *Acta Crystallogr.*, 1980, **B36**, 1933.
27. D. Messer, G. Landgraf and H. Behrens, *J. Organomet. Chem.*, 1979, **172**, 349.
28. D. M. Chipman and R. A. Jacobson, *Inorg. Chim. Acta*, 1967, **1**, 393*; G. L. Breneman, D. M. Chipman, C. J. Galles and R. A. Jacobson, *Inorg. Chim. Acta*, 1969, **3**, 447.
29. H. Weber and R. Mattes, *Chem. Ber.*, 1980, **113**, 2833.
30. J. W. Lott, D. F. Gaines, H. Shenhav and R. Schaeffer, *J. Am. Chem. Soc.*, 1973, **95**, 3042.
31. J. W. Lott and D. F. Gaines, *Inorg. Chem.*, 1974, **13**, 2261.
32. F. A. Cotton, D. J. Darensbourg and B. W. S. Kolthammer, *Inorg. Chem.*, 1981, **20**, 1287.
33. C. P. Casey, C. A. Bunnell and J. C. Calabrese, *J. Am. Chem. Soc.*, 1976, **98**, 1166.
34. A. F. Berndt and R. E. Marsh, *Acta Crystallogr.*, 1963, **16**, 118.
35. R. F. Bryan, *Chem. Commun.*, 1967, 355*; *J. Chem. Soc. (A)*, 1968, 696.
36. M. R. Churchill and F. R. Scholer, *Inorg. Chem.*, 1969, **8**, 1950.
37. G. Huttner, D. Neugebauer and A. Razavi, *Angew. Chem.*, 1975, **87**, 353 (*Angew. Chem., Int. Ed. Engl.*, 1975, **14**, 352).
38. H.-J. Langenbach, E. Röttinger and H. Vahrenkamp, *Chem. Ber.*, 1980, **113**, 42.
39. H. Vahrenkamp, *Chem. Ber.*, 1973, **106**, 2570.
40. M. A. Bush, T. A. Dullforce and G. A. Sim, *Chem. Commun.*, 1969, 1491.
41. T. L. Khotsyanova, S. I. Kuznetsov, E. V. Bryukhova and Y. V. Makarov, *J. Organomet. Chem.*, 1975, **88**, 351.
42. C. P. Casey, R. A. Boggs, D. F. Marten and J. C. Calabrese, *J. Chem. Soc., Chem. Commun.*, 1973, 243.
43. P. Coppens, *Nature (London)*, 1964, **204**, 1298 (X).
44. A. Almenningen, A. Haaland and T. Motzfeldt, 'Selected Topics in Structural Chemistry', Universitetsforlaget, Oslo, 1967, p. 105 (E).
45. A. Haaland, *Inorg. Nucl. Chem. Lett.*, 1979, **15**, 267 (E; high-spin form).
46. W. Bünder and E. Weiss, *Z. Naturforsch., Teil B*, 1978, **33**, 1235.
47. P. Friedrich, G. Besl, E. O. Fischer and G. Huttner, *J. Organomet. Chem.*, 1977, **139**, C68.
48. C. A. Bear and J. Trotter, *J. Chem. Soc., Dalton Trans.*, 1973, 673.
49. W. R. Cullen, F. W. B. Einstein, R. K. Pomeroy and P. L. Vogel, *Inorg. Chem.*, 1975, **14**, 3017.
50. V. W. Day, B. R. Stults, K. J. Reimer and A. Shaver, *J. Am. Chem. Soc.*, 1974, **96**, 4008.
51. Y. T. Struchkov, K. N. Anisimov, O. P. Osipova, N. E. Kolobova and A. N. Nesmeyanov, *Dokl. Akad. Nauk SSSR*, 1967, **172**, 107.
52. T. Madach, K. Fischer and H. Vahrenkamp, *Chem. Ber.*, 1980, **113**, 3235.
53. G. LeBorgne, E. Gentric and D. Grandjean, *Acta Crystallogr.*, 1975, **B31**, 2824.
54. B. J. Brisdon, D. A. Edwards, J. W. White and M. G. B. Drew, *J. Chem. Soc., Dalton Trans.*, 1980, 2129.
55. P. J. Hansen and R. A. Jacobsen, *J. Organomet. Chem.*, 1966, **6**, 389.
56. H. Vahrenkamp, *Chem. Ber.*, 1972, **105**, 1486.
57. M. B. Honan, J. L. Atwood, I. Bernal and W. A. Herrmann, *J. Organomet. Chem.*, 1979, **179**, 403.
58. C. P. Casey, C. R. Cyr, R. L. Anderson and D. F. Marten, *J. Am. Chem. Soc.*, 1975, **97**, 3053.
59. C. B. Knobler, S. S. Crawford and H. D. Kaesz, *Inorg. Chem.*, 1975, **14**, 2062.
60. J. A. D. Jeffreys and C. Metters, *J. Chem. Soc., Dalton Trans.*, 1977, 1624.
61. W. A. Herrmann, G. Kriechbaum, M. L. Ziegler and P. Wülknitz, *Chem. Ber.*, 1981, **114**, 276.
62. N. M. Loim, Z. N. Parnes, V. G. Andrianov, Y. T. Struchkov and D. N. Kursanov, *J. Organomet. Chem.*, 1980, **201**, 301.
63. Y. N. Belokon, I. E. Zeltzer, N. M. Loin, V. A. Tsiryapkin, G. G. Aleksandrov, D. N. Kursanov, Z. N. Parnes, Y. T. Struchkov and V. M. Belikov, *Tetrahedron*, 1980, **36**, 1089.
64. A. Almenningen, S. Samdal and A. Haaland, *J. Chem. Soc., Chem. Commun.*, 1977, 14*; *J. Organomet. Chem.*, 1978, **149**, 219.
65. R. D. Adams and D. F. Chodosh, *J. Am. Chem. Soc.*, 1978, **100**, 812.

66. B. P. Bir'yukov, Y. T. Struchkov, K. N. Anisimov, N. E. Kolobova and A. S. Beschastnov, *Chem. Commun.*, 1968, 667*; B. P. Bir'yukov and Y. T. Struchkov, *Zh. Strukt. Khim.*, 1968, **9**, 655.
67. J. A. Gladysz, J. C. Selover and C. E. Strouse, *J. Am. Chem. Soc.*, 1978, **100**, 6766.
68. C. P. Casey and C. A. Bunnell, *J. Chem. Soc., Chem. Commun.*, 1974, 733*; *J. Am. Chem. Soc.*, 1976, **98**, 436.
69. R. G. Little and R. J. Doedens, *Inorg. Chem.*, 1973, **12**, 844.
70. E. Keller and H. Vahrenkamp, *Chem. Ber.*, 1978, **111**, 65.
71. D. F. Gaines, J. W. Lott and J. C. Calabrese, *J. Chem. Soc., Chem. Commun.*, 1973, 295*; *Inorg. Chem.*, 1974, **13**, 2419.
72. H. D. Kaesz, R. Bau and M. R. Churchill, *J. Am. Chem. Soc.*, 1967, **89**, 2775*; M. R. Churchill and R. Bau, *Inorg. Chem.*, 1967, **6**, 2086.
73. N. I. Pyshnograeva, V. N. Setkina, V. G. Andrianov, Y. T. Struchkov and D. N. Kursanov, *J. Organomet. Chem.*, 1978, **157**, 431.
74. G. Huttner and W. Gartzke, *Chem. Ber.*, 1974, **107**, 3786.
75. E. Hädicke and W. Hoppe, *Acta Crystallogr.*, 1971, **B27**, 760.
76. B. Granoff and R. A. Jacobson, *Inorg. Chem.*, 1968, **7**, 2328.
77. P. A. Vella, M. Beno, A. J. Schultz and J. M. Williams, *J. Organomet. Chem.*, 1981, **205**, 71 (170 K).
78. T. V. Ashworth, M. Berry, J. A. K. Howard, M. Laguna and F. G. A. Stone, *J. Chem. Soc., Chem. Commun.*, 1979, 43*; M. Berry, J. A. K. Howard and F. G. A. Stone, *J. Am. Chem. Soc., Dalton Trans.*, 1980, 1601.
79. B. K. Nicholson, J. Simpson and W. T. Robinson, *J. Organomet. Chem.*, 1973, **47**, 403; M. C. Couldwell, J. Simpson and W. T. Robinson, *J. Organomet. Chem.*, 1976, **107**, 323 (corrected cell constants).
80. R. Hoxmeier, B. Deubzer and H. D. Kaesz, *J. Am. Chem. Soc.*, 1971, **93**, 536*; R. J. Hoxmeier, C. B. Knobler and H. D. Kaesz, *Inorg. Chem.*, 1979, **18**, 3462.
81. C. F. Barrientos-Penna, F. W. B. Einstein, D. Sutton and A. C. Willis, *Inorg. Chem.*, 1980, **19**, 2740.
82. A. N. Nesmeyanov, G. G. Aleksandrov, A. B. Antonova, K. N. Anisimov, N. E. Kolobova and Y. T. Struchkov, *J. Organomet. Chem.*, 1976, **110**, C36*; G. G. Aleksandrov, A. B. Antonova, N. E. Kolobova and Y. T. Struchkov, *Koord. Khim.*, 1976, **2**, 1684.
83. I. B. Benson, S. A. R. Knox, R. F. D. Stansfield and P. Woodward, *J. Chem. Soc., Chem. Commun.*, 1977, 404*; *J. Am. Chem. Soc., Dalton Trans.*, 1981, 51.
84. W. Malisch, H. Blau and U. Schubert, *Angew. Chem.*, 1980, **92**, 1065 (*Angew. Chem., Int. Ed. Engl.*, 1980, **19**, 1020).
85. F. Mathey, A. Mitschler and R. Weiss, *J. Am. Chem. Soc.*, 1978, **100**, 5748.
86. A. Mawby, P. J. C. Walker and R. Mawby, *J. Organomet. Chem.*, 1973, **55**, C39.
87. L. H. Staal, J. Keijsper, G. van Koten, K. Vrieze, J. A. Cras and W. P. Bosman, *Inorg. Chem.*, 1981, **20**, 555.
88. J. Y. Le Marouille, C. Lelay, A. Benoit, D. Grandjean, D. Touchard, H. Le Bozec and P. Dixneuf, *J. Organomet. Chem.*, 1980, **191**, 133.
89. D. Bright and O. S. Mills, *J. Chem. Soc., Dalton Trans.*, 1974, 219.
90. M. I. Bruce, B. L. Goodall, M. Z. Iqbal, F. G. A. Stone, R. J. Doedens and R. G. Little, *Chem. Commun.*, 1971, 1595*; R. G. Little and R. J. Doedens, *Inorg. Chem.*, 1973, **12**, 840.
91. M. J. Barrow, O. S. Mills, F. Haque and P. L. Pauson, *Chem. Commun.*, 1971, 1239*; M. J. Barrow and O. S. Mills, *Acta Crystallogr.*, 1974, **B30**, 1635.
92. E. Lindner, H.-J. Eberle and S. Hoehne, *Chem. Ber.*, 1981, **114**, 413.
93. G. G. Aleksandrov, A. B. Antonova, N. E. Kolobova, N. S. Obezyuk and Y. T. Struchkov, *Koord. Khim.*, 1979, **5**, 279.
94. S. S. Crawford, C. B. Knobler and H. D. Kaesz, *Inorg. Chem.*, 1977, **16**, 3201.
95. E. Lindner, A. Rau and S. Hoehne, *Angew. Chem.*, 1979, **81**, 568 (*Angew. Chem., Int. Ed. Engl.*, 1979, **18**, 534).
96. A. J. Graham, D. Akrigg and B. Sheldrick, *Cryst. Struct. Commun.*, 1977, **6**, 571.
97. M. Berry, J. Martin-Gil, J. A. K. Howard and F. G. A. Stone, *J. Chem. Soc., Dalton Trans.*, 1980, 1625.
98. M. J. Barrow, J. L. Davidson, W. Harrison, D. W. A. Sharp, G. A. Sim and F. B. Wilson, *J. Chem. Soc., Chem. Commun.*, 1973, 583*; M. J. Barrow, A. A. Freer, W. Harrison, G. A. Sim, D. W. Taylor and F. B. Wilson, *J. Chem. Soc., Dalton Trans.*, 1975, 197.
99. J. von Seyerl, D. Neugebauer and G. Huttner, *Angew. Chem.*, 1977, **89**, 896 (*Angew. Chem., Int. Ed. Engl.*, 1977, **16**, 858).
100. M.-S. Ericsson, S. Jagner and E. Ljungström, *Acta Chem. Scand., Ser. A*, 1979, **33**, 371.
101. G. Huttner, A. Frank and G. Mohr, *Z. Naturforsch., Teil B*, 1976, **31**, 1161.
102. O. Orama, U. Schubert, F. R. Kreissl and E. O. Fischer, *Z. Naturforsch., Teil B*, 1980, **35**, 82.
103. V. G. Andrianov, Y. T. Struchkov, N. E. Kolobova, A. B. Antonova and N. S. Obezyuk, *J. Organomet. Chem.*, 1976, **122**, C33.
104. E. Lindner, G. Funk and S. Hoehne, *Angew. Chem.*, 1979, **91**, 569 (*Angew. Chem., Int. Ed. Engl.*, 1979, **18**, 535).
105. E. Lindner and H.-J. Eberle, *Angew. Chem.*, 1980, **92**, 70 (*Angew. Chem. Int. Ed. Engl.*, 1980, **19**, 73)*; *J. Organomet. Chem.*, 1980, **191**, 143.
106. J. A. D. Jeffreys and J. MacFie, *J. Chem. Soc., Dalton Trans.*, 1978, 144.
107. G. J. Kruger, R. O. Heckroodt, R. H. Reimann and E. Singleton, *J. Organomet. Chem.*, 1975, **87**, 323.
108. S. Fontana, U. Schubert and E. O. Fischer, *J. Organomet. Chem.*, 1978, **146**, 39.
109. H. Vahrenkamp, *Z. Naturforsch., Teil B*, 1975, **30**, 814.
110. G. Huttner, G. Mohr and A. Frank, *Angew. Chem.*, 1976, **88**, 719 (*Angew. Chem., Int. Ed. Engl.*, 1976, **15**, 682).
111. R. E. Cobbledick and F. W. B. Einstein, *Acta Crystallogr.*, 1977, **B33**, 2020.
112. D. P. Freyberg, J. L. Robbins, K. N. Raymond and J. C. Smart, *J. Am. Chem. Soc.*, 1979, **101**, 892 (X).

113. L. Fernholt, A. Haaland, R. Seip, J. L. Robbins and J. C. Smart, *J. Organomet. Chem.*, 1980, **194**, 351 (E).
114. B. P. Bir'yukov, Y. T. Struchkov, K. N. Anisimov, N. E. Kolobova, O. P. Osipova and M. Y. Zakharov, *Chem. Commun.*, 1967, 749*; *Zh. Strukt. Khim.*, 1967, **8**, 554*; B. P. Bir'yukov, O. P. Solodova and Y. T. Struchkov, *Zh. Strukt. Khim.*, 1968, **9**, 228.
115. J. H. Enemark and J. A. Ibers, *Inorg. Chem.*, 1968, **7**, 2339.
116. A. D. Redhouse and W. A. Herrmann, *Angew. Chem.*, 1976, **88**, 652 (*Angew. Chem., Int. Ed. Engl.*, 1976, **15**, 615).
117. A. D. Redhouse, *J. Organomet. Chem.*, 1975, **99**, C29.
118. J. A. K. Howard, J. C. Jeffery, M. Laguna, R. Navarro and F. G. A. Stone, *J. Chem. Soc., Chem. Commun.*, 1979, 1170*; *J. Chem. Soc., Dalton Trans.*, 1981, 751.
119. H. Vahrenkamp, *Chem. Ber.*, 1971, **104**, 449.
120. P. E. Riley and R. E. Davis, *Inorg. Chem.*, 1980, **19**, 159.
121. B. T. Kilbourn, T. L. Blundell and H. M. Powell, *Chem. Commun.*, 1965, 444.
122. W. A. Herrmann, J. Plank, M. L. Ziegler and K. Weidenhammer, *J. Am. Chem. Soc.*, 1979, **101**, 3133.
123. H. P. Weber and R. F. Bryan, *Chem. Commun.*, 1966, 443*; *Acta Crystallogr.*, 1967, **22**, 822.
124. A. Mawby and G. E. Pringle, *J. Inorg. Nucl. Chem.*, 1972, **34**, 877.
125. S. Z. Goldberg, E. N. Duesler and K. N. Raymond, *Chem. Commun.*, 1971, 826*; *Inorg. Chem.*, 1972, **11**, 1397.
126. G. B. Robertson and P. O. Whimp, *J. Organomet. Chem.*, 1973, **49**, C27.
127. W. K. Dean, J. B. Wetherington and J. W. Moncrief, *Inorg. Chem.*, 1976, **15**, 1566.
128. W. K. Dean and J. W. Moncrief, *J. Coord. Chem.*, 1976, **6**, 107.
129. G. Huttner, J. von Seyerl and D. Neugebauer, *Cryst. Struct. Commun.*, 1980, **9**, 1093.
130. A. G. Ginzburg, N. G. Bokii, A. I. Yanovsky, Y. T. Struchkov, V. N. Setkina and D. N. Kursanov, *J. Organomet. Chem.*, 1977, **136**, 45.
131. C. Barbeau, K. S. Dichmann and L. Ricard, *Can. J. Chem.*, 1973, **51**, 3027.
132. R. J. McKinney, C. B. Knobler, B. T. Huie and H. D. Kaesz, *J. Am. Chem. Soc.*, 1977, **99**, 2988.
133. M. A. Bennett, G. B. Robertson, R. Watt and P. O. Whimp, *Chem. Commun.*, 1971, 752*.
134. G. B. Robertson and P. O. Whimp, *Inorg. Chem.*, 1973, **12**, 1740.
135. J. Engelbrecht, T. Greiser and E. Weiss, *J. Organomet. Chem.*, 1981, **204**, 79.
136. G. Evrard, R. Thomas, B. R. Davis and I. Bernal, *Inorg. Chem.*, 1976, **15**, 52.
137. M. C. Couldwell and J. Simpson, *J. Chem. Soc., Dalton Trans.*, 1976, 714.
138. R. L. De, J. von Seyerl and G. Huttner, *J. Organomet. Chem.*, 1979, **178**, 319.
139. T. G. Southern, U. Oehmichen, J. Y. Le Marouille, H. Le Bozec, D. Grandjean and P. H. Dixneuf, *Inorg. Chem.*, 1980, **19**, 2976.
140. B. T. Huie, C. B. Knobler, G. Firestein, R. J. McKinney and H. D. Kaesz, *J. Am. Chem. Soc.*, 1977, **99**, 7852.
141. G. Huttner, H.-D. Müller, P. Friedrich and U. Kölle, *Chem. Ber.*, 1977, **110**, 1254.
142. V. G. Andrianov, I. B. Zlotina, M. A. Khomutov, N. E. Kolobova and Y. T. Struchkov, *Koord. Khim.*, 1978, **4**, 298.
143. J. R. Blickensderfer, C. R. Knobler and H. D. Kaesz, *J. Am. Chem. Soc.*, 1975, **97**, 2686.
144. F. W. B. Einstein, E. Enwall, N. Flitcroft and J. M. Leach, *J. Inorg. Nucl. Chem.*, 1972, **34**, 885.
145. R. L. Bennett, M. I. Bruce, I. Matsuda, R. J. Doedens, R. G. Little and J. T. Veal, *J. Organomet. Chem.*, 1974, **67**, C72*; R. J. Doedens, J. T. Veal and R. G. Little, *Inorg. Chem.*, 1975, **14**, 1138.
146. M. Laing, E. Singleton and G. Kruger, *J. Organomet. Chem.*, 1973, **54**, C30.
147. L. M. Cirjak, J.-S. Huang, Z.-H. Zhu and L. F. Dahl, *J. Am. Chem. Soc.*, 1980, **102**, 6623.
148. E. W. Abel, I. W. Nowell, A. G. J. Modinos and C. Towers, *J. Chem. Soc., Chem. Commun.*, 1973, 258.
149. D. Fenske, *Chem. Ber.*, 1979, **112**, 363.
150. J. C. Jeffrey, H. Razay and F. G. A. Stone, *J. Chem. Soc., Chem. Commun.*, 1981, 243.
151. G. J. Kruger, R. O. Heckroodt, R. H. Reimann and E. Singleton, *J. Organomet. Chem.*, 1976, **111**, 225.
152. G. Huttner, J. Schneider, H.-D. Müller, G. Mohr, J. von Seyerl and L. Wohlfahrt, *Angew. Chem.*, 1979, **91**, 82 (*Angew. Chem., Int. Ed. Engl.*, 1979, **18**, 76).
153. J. H. Enemark and J. A. Ibers, *Inorg. Chem.*, 1967, **6**, 1575.
154. M. G. Newton, N. S. Pantaleo, R. B. King and S. P. Diefenbach, *J. Chem. Soc., Chem. Commun.*, 1979, 55.
155. H. Hayakawa, H. Nakayama, A. Kobayashi and Y. Sasaki, *Bull. Chem. Soc. Jpn.*, 1978, **51**, 2041.
156. K. A. I. F. M. Mannan, *Acta Crystallogr.*, 1957, **23**, 649.
157. R. F. Bryan, *Proc. Chem. Soc.*, 1964, 232*; *J. Chem. Soc. (A)*, 1967, 172.
158. W. K. Dean, G. L. Simon, P. M. Treichel and L. F. Dahl, *J. Organomet. Chem.*, 1973, **50**, 193.
159. S. Onaka, *Chem. Lett.*, 1978, 1163.
160. M.-S. Ericsson, S. Jagner and E. Ljungström, *Acta Chem. Scand., Ser. A*, 1980, **34**, 535.
161. M. L. Schneider, N. J. Coville and I. S. Butler, *J. Chem. Soc., Chem. Commun.*, 1972, 799*.
162. P. H. Bird, N. J. Coville, I. S. Butler and M. L. Schneider, *Inorg. Chem.*, 1973, **12**, 2902.
163. C. Barbeau and R. J. Dubey, *Can. J. Chem.*, 1974, **52**, 1140.
164. R. F. Bryan and H. P. Weber, *J. Chem. Soc. (A)*, 1967, 843.
165. M. Laing and P. M. Treichel, *J. Chem. Soc., Chem. Commun.*, 1975, 746.
166. S. Onaka, Y. Kondo, N. Furuichi and K. Toriumi, *Chem. Lett.*, 1980, 1343.

Mn$_2$ Dimanganese

Molecular formula	Structure	Notes	Ref.
Mn$_2$B$_3$C$_6$H$_8$BrO$_6$	Mn$_2$(CO)$_6$(μ-Br)(μ-B$_3$H$_8$)	113	1
Mn$_2$C$_6$N$_9$O$_6^-$C$_8$H$_{20}$N$^+$	[NEt$_4$][Mn$_2$(CO)$_6$(μ-N$_3$)$_3$]		2
Mn$_2$C$_8$H$_{14}$N$_2$O$_4$	{Mn(CO)$_2$(η-C$_5$H$_4$Me)}$_2$(μ-N$_2$)		3
Mn$_2$C$_8$Br$_2$O$_8$	[Mn(μ-Br)(CO)$_4$]$_2$		4
Mn$_2$C$_8$Cl$_2$O$_8$	[Mn(μ-Cl)(CO)$_4$]$_2$		5
Mn$_2$C$_8$F$_4$N$_2$O$_{10}$S$_2$	[Mn(μ-NSOF$_2$)(CO)$_4$]$_2$		6
Mn$_2$C$_{10}$H$_{10}$N$_4$O$_5$	Mn$_2$(NO$_2$)(NO)(μ-NO)$_2$(η-C$_5$H$_5$)$_2$		7
Mn$_2$SnC$_{10}$Br$_2$O$_{10}$	{Mn(CO)$_5$}$_2$SnBr$_2$		8
Mn$_2$SnC$_{10}$Cl$_2$O$_{10}$	{Mn(CO)$_5$}$_2$SnCl$_2$		8
Mn$_2$C$_{10}$F$_6$O$_8$Se$_2$	[Mn(μ-SeCF$_3$)(CO)$_4$]$_2$		9
Mn$_2$HgC$_{10}$O$_{10}$	{Mn(CO)$_5$}$_2$Hg		10, 11
Mn$_2$C$_{10}$O$_{10}$	Mn$_2$(CO)$_{10}$	X, E	12–15
Mn$_2$C$_{11}$H$_2$N$_2$O$_{10}$	$\overline{\mathrm{Mn(CON\{Mn(CO)_5\}N}}$=CH$_2$)(CO)$_4$		16
Mn$_2$GeC$_{11}$H$_6$O$_8$	Mn$_2$(μ-GeMe$_2$)(μ-CO)$_2$(CO)$_6$		17
Mn$_2$C$_{12}$H$_6$O$_8$	Mn$_2$(CO)$_8$(η-C$_4$H$_6$)		18
Mn$_2$C$_{12}$H$_{10}$N$_2$O$_4$	trans-[Mn(CO)(NO)(η-C$_5$H$_5$)]$_2$		19
Mn$_2$C$_{12}$H$_{12}$N$_2$O$_6$	Mn(CO)$_3$\{η^5-$\overline{\mathrm{Mn(NMe}}$=CMeCMe=$\overline{\mathrm{NMe)}}$-(CO)$_3$\}		20
Mn$_2$C$_{12}$H$_{12}$N$_2$O$_6$S$_4$	[Mn(CO)$_3$\{μ-SC(SMe)NMe\}]$_2$		21
Mn$_2$C$_{12}$H$_{12}$O$_8$P$_2$	[Mn(μ-PMe$_2$)(CO)$_4$]$_2$		22
Mn$_2$C$_{12}$O$_{12}$S$_2$	{Mn(CO)$_5$}$_2$\{μ-SC(O)C(O)S\}	a	23
Mn$_2$AsC$_{13}$H$_{11}$O$_6$	{Mn(CO)$_2$(η-C$_5$H$_5$)}(μ-AsMe$_2$){Mn(CO)$_4$}		24
Mn$_2$As$_3$C$_{13}$H$_{18}$ClO$_7$	{MnCl(CO)$_3$}(μ-AsMe$_2$)(μ-As$_2$Me$_4$){Mn(CO)$_4$}		25
Mn$_2$C$_{13}$F$_{12}$N$_2$O$_7$	{Mn$_2$(CO)$_6$}(μ-CO)\{μ-N=C(CF$_3$)$_2$\}$_2$		26
Mn$_2$SnC$_{14}$H$_6$O$_{10}$	{Mn(CO)$_5$}$_2$Sn(CH=CH$_2$)$_2$	D	27
Mn$_2$C$_{14}$H$_8$O$_6$	Mn$_2$(CO)$_6$(η^4:η^4-C$_8$H$_8$)		28
Mn$_2$AsC$_{14}$H$_{10}$ClO$_4$	{Mn(CO)$_2$(η-C$_5$H$_5$)}$_2$AsCl		29
Mn$_2$C$_{14}$H$_{10}$O$_4$S$_2$	{Mn(CO)$_2$(η-C$_5$H$_5$)}$_2$S$_2$		30
Mn$_2$C$_{14}$H$_{16}$Cl$_2$O$_8$	[Mn(μ-Cl)(CO)$_3$(THF)]$_2$		31
Mn$_2$FeC$_{14}$O$_{14}$	Mn$_2$Fe(CO)$_{14}$		32
Mn$_2$C$_{15}$H$_{15}$N$_3$O$_3$	Mn$_2$(η^1-C$_5$H$_5$)(NO)(μ-NO)$_2$(η-C$_5$H$_5$)$_2$		33
Mn$_2$C$_{16}$H$_6$N$_4$O$_{13}$	Mn(CO)$_3$\{η^5-C$_4$H$_4$N$\overline{\mathrm{Mn}}$(OC$_6$H$_2$\{N(O)O\}-(NO$_2$)$_2$-2,4,6)(CO)$_3$\}	153	34
Mn$_2$SnC$_{16}$H$_8$Cl$_2$O$_6$	{Mn(CO)$_3$(η-C$_5$H$_4$)}$_2$SnCl$_2$		35
Mn$_2$C$_{16}$H$_8$O$_6$	trans-{$\overline{\mathrm{Mn(CO)}}_3$}$_2$($\mu$-$\eta^5$,$\eta^5$-C$_{10}H_8$)	b	36
Mn$_2$C$_{16}$H$_{10}$N$_2$O$_7$	$\overline{\mathrm{Mn\{NC_4H_3C(O)Me\}(CO)}}_3$\{($\eta^5$-NC$_4H_4$)Mn-(CO)$_3$\}		37
Mn$_2$As$_2$C$_{16}$H$_{12}$F$_4$I$_2$O$_8$	{MnI(CO)$_4$}$_2$(μ-ffars)		38
Mn$_2$As$_2$C$_{16}$H$_{12}$F$_4$O$_8$	Mn$_2$(CO)$_8$(ffars)		38, 39
Mn$_2$As$_2$C$_{16}$H$_{12}$F$_4$O$_8$	Mn$_2$(μ-AsMe$_2$)(μ-C$_4$F$_4$AsMe$_2$)(CO)$_8$		40
Mn$_2$C$_{16}$H$_{12}$O$_4$	{Mn(CO)$_2$(η-C$_5$H$_5$)}$_2$(μ-C=CH$_2$)	143	41
Mn$_2$CdC$_{16}$H$_{14}$O$_{13}$	{Mn(CO)$_5$}$_2$Cd(diglyme)		42
Mn$_2$C$_{16}$H$_{14}$N$_2$O$_4$	{Mn(CO)$_2$(η-C$_5$H$_4$Me)}$_2$(μ-N$_2$)		43
Mn$_2$C$_{16}$H$_{14}$O$_3$	{Mn(CO)(η-C$_5$H$_5$)}$_2$(μ-CO)(μ-CH$_2$=C=CH$_2$)	97	44
Mn$_2$As$_3$C$_{16}$H$_{18}$F$_5$O$_6$	Mn$_2$(μ-AsMe$_2$)\{μ-CF$_2$C(AsMe$_2$)C(CF$_3$)-(AsMe$_2$)\}(CO)$_6$		45
Mn$_2$C$_{16}$H$_{18}$N$_4$O$_6$S$_4$	[Mn(CO)$_3$(Me$_2$C=NNCS$_2$Me)]$_2$		46
Mn$_2$C$_{17}$H$_8$O$_{10}$	Mn$_2$(CO)$_9$\{C(OMe)Ph\}		47
Mn$_2$C$_{17}$H$_{11}$O$_9$P	Mn$_2$(CO)$_9$(PMe$_2$Ph)		48
Mn$_2$C$_{17}$H$_{16}$O$_4$	{Mn(CO)$_2$(η-C$_5$H$_4$Me)}$_2$(μ-CH$_2$)		49
Mn$_2$C$_{17}$H$_{17}$O$_7$P	Mn$_2$(CO)$_7$(μ-Bu^{t}PCH=CMeCMe=CH$_2$)		50
Mn$_2$As$_2$WC$_{18}$H$_{12}$O$_{14}$	{Mn(CO)$_5$}$_2$(μ-AsMe$_2$)$_2$\{W(CO)$_4$\}		51
Mn$_2$BC$_{18}$H$_{13}$O$_6$	{Mn(CO)$_3$}$_2$(μ-η^5,η^5-2-EtC$_4$H$_3$BPh)		52
Mn$_2$C$_{18}$H$_{16}$O$_4$	{Mn(CO)$_2$(η-C$_5$H$_5$)}$_2$(μ-η^2,η^2-C$_4$H$_6$)		53
Mn$_2$C$_{18}$H$_{19}$O$_4$S$^+$ClO$_4^-$	[{Mn(CO)$_2$(η-C$_5$H$_4$Me)}$_2$(μ-SEt)][ClO$_4$]		54
Mn$_2$C$_{18}$H$_{22}$O$_4$P$_2$S	{Mn(CO)$_2$(η-C$_5$H$_5$)}$_2$\{μ-(Me$_2$P)$_2$S\}		55
Mn$_2$C$_{18}$H$_{22}$O$_4$P$_2$S$_2$	{Mn(CO)$_2$(η-C$_5$H$_5$)}$_2$\{μ-(Me$_2$P)$_2$S$_2$\}		55
Mn$_2$C$_{18}$H$_{22}$O$_5$P$_2$	{Mn(CO)$_2$(η-C$_5$H$_5$)}$_2$\{μ-(Me$_2$P)$_2$O\}		56
Mn$_2$C$_{19}$H$_{16}$O$_4$	{Mn(CO)$_2$(η-C$_5$H$_5$)}$_2$(μ-η^2,η^2-C$_5$H$_6$)		57
Mn$_2$CdC$_{20}$H$_8$N$_2$O$_{10}$	{Mn(CO)$_5$}$_2$Cd(bipy)		58
Mn$_2$C$_{20}$H$_8$N$_2$O$_6$S$_4$	[Mn(CO)$_3$(μ-N,S-mbt)]$_2$		59
Mn$_2$PtC$_{20}$H$_{10}$N$_2$O$_{10}$	trans-{Mn(CO)$_5$}$_2$Pt(py)$_2$		60
Mn$_2$C$_{20}$H$_{10}$N$_4$O$_8$	[Mn(CO)$_4$(μ-N=NPh)]$_2$		61
Mn$_2$C$_{20}$H$_{11}$O$_8$P	HMn$_2$(μ-PPh$_2$)(CO)$_8$		62
Mn$_2$C$_{20}$H$_{12}$O$_7$·0.5C$_4$H$_{10}$O	Mn$_2$(CO)$_6$[μ-C(Tol)=C=O](η-C$_5$H$_5$)·0.5Et$_2$O		63
Mn$_2$AsC$_{20}$H$_{15}$O$_4$	{Mn(CO)$_2$(η-C$_5$H$_5$)}$_2$AsPh		29b
Mn$_2$C$_{20}$H$_{15}$O$_4$P	{Mn(CO)$_2$(η-C$_5$H$_5$)}$_2$PPh		64

Molecular formula	Structure	Notes	Ref.
$Mn_2SbC_{20}H_{15}O_4$	$\{Mn(CO)_2(\eta\text{-}C_5H_5)\}_2SbPh$		65
$Mn_2C_{20}H_{30}O_8P_2$	$[Mn(CO)_4(PEt_3)]_2$		66
$Mn_2CdC_{22}H_8N_2O_{10}$	$\{Mn(CO)_5\}_2Cd(phen)$		58
$Mn_2SnC_{22}H_{10}O_{10}$	$\{Mn(CO)_5\}_2SnPh_2$	D	67
$Mn_2C_{22}H_{14}O_6$	$\{Mn(CO)_3\}_2(\mu\text{-}\eta^5,\eta^5\text{-}C_{14}H_8Me_2)$	c	68
$Mn_2C_{22}H_{16}O_4$	$\{Mn(CO)_2(\eta\text{-}C_5H_5)\}_2(\mu\text{-}C\!\!=\!\!CHPh)$		69
$Mn_2C_{22}H_{20}O_4$	$\{Mn(CO)_2(\eta\text{-}C_5H_4Me)\}_2(\mu\text{-}2,3\text{-}\eta^2\text{:}4,5\text{-}\eta^2\text{-}MeC_2C_2Me)$		70
$Mn_2B_4FeC_{22}H_{32}O_6S_2$	$\{Mn(CO)_3\}_2\{\mu\text{-}S(BMe)_2(CEt)_2\}_2Fe$		71
$Mn_2Si_4C_{22}H_{46}N_4$	$[Mn\{\mu\text{-}N\!\!=\!\!N(SiMe_3)_2\}(\eta\text{-}C_5H_5)]_2$		72
$Mn_2As_2C_{24}H_{22}O_8$	$[Mn(CO)_4(AsMe_2Ph)]_2$		73
$Mn_2CdC_{25}H_{11}N_3O_{10}$	$\{Mn(CO)_5\}_2Cd(terpy)$		74
$Mn_2C_{26}H_{16}O_6$	$\{Mn(CO)_3\}_2(\mu\text{-}C_{20}H_{16})$	d	75
$Mn_2TiC_{26}H_{18}O_6$	$\{Mn(CO)_3(\eta\text{-}C_5H_5)\}_2Ti(\eta\text{-}C_5H_5)_2$		76
$Mn_2As_2C_{26}H_{22}O_4$	$meso\text{-}\{Mn(CO)_2(\eta\text{-}C_5H_5)\}_2(\mu\text{-}H_2As_2Ph_2)$		77
$Mn_2C_{26}H_{22}O_4$	$\{Mn(CO)_2(\eta\text{-}C_5H_4Me)\}_2(\mu\text{-}C_{10}H_8)$	e	78
$Mn_2C_{26}H_{22}O_4P_2$	$\{Mn(CO)_2(\eta\text{-}C_5H_5)\}_2(\mu\text{-}H_2P_2Ph_2)$		79
$Mn_2As_2C_{26}H_{30}O_4$	$\{Mn(CO)_2(\eta\text{-}C_5H_4Me)\}_2(\mu\text{-}diars)$	D	80
$Mn_2C_{30}H_{20}Br_2O_6P_2$	$\{Mn(CO)_3\}_2(\mu\text{-}Br)_2(\mu\text{-}P_2Ph_4)$		81
$Mn_2Si_2C_{32}H_{20}O_8$	$[Mn(\mu\text{-}SiPh_2)(CO)_4]_2$		82
$Mn_2C_{32}H_{20}O_{10}P$	$[Mn(\mu\text{-}OPPh_2)(CO)_4]_2$		83
$Mn_2PtC_{33}H_{20}O_9P_2$	$Mn_2Pt(\mu\text{-}PPh_2)_2(CO)_9$		84
$Mn_2C_{34}H_{26}O_8P_2$	$[Mn(CO)_4(PMePh_2)]_2$		73
$Mn_2C_{36}H_{48}N_4$	$Mn_2(CH_2C_6H_4NMe_2\text{-}2)_4$		85
$Mn_2C_{44}H_{28}O_8P_2$	$2\text{-}Ph_2\overline{PC_6H_3\overline{C(O)\}Mn(CO)_4]}Mn(CO)_3(PPh_3)$		86
$Mn_2C_{44}H_{28}O_8P_2$	$2\text{-}Ph_2\overline{PC_6H_3\overline{C(O)\}Mn(CO)_3(PPh_3)\}}Mn\text{-}(CO)_4$		87
$Mn_2Rh_2C_{50}H_{64}N_8O_{10}^{2+}\cdot 2F_6P^-\cdot 2C_3H_6O$	$[Mn_2Rh_2\{\mu\text{-}CNCMe_2(CH_2)_2CMe_2NC\}_4\text{-}(CO)_{10}][PF_6]_2\cdot 2Me_2CO$		88
$Mn_2HgSnC_{53}H_{28}N_4O_9\cdot 0.5CH_2Cl_2$	$\{Mn(CO)_5\}\{Mn[Sn(TPP)](CO)_4\}Hg\cdot 0.5CH_2Cl_2$		89
$Mn_2C_{55}H_{44}O_5P_4\cdot CH_2Cl_2\cdot C_6H_{14}$	$Mn_2(CO)_4(\mu\text{-}CO)(dppm)_2\cdot CH_2Cl_2\cdot C_6H_{14}$		90
$Mn_2C_{61}H_{43}O_7P_3$	$2\text{-}Ph_2\overline{PC_6H_3\overline{C(O)\}Mn(CO)_3(PPh_3)\}}Mn\text{-}(CO)_3(PPh_3)$		87
$Mn_2C_{62}H_{51}NO_4P_4\cdot 3CH_2Cl_2$	$Mn_2(CO)_4(\mu\text{-}CNTol)(\mu\text{-}dppm)_2\cdot 3CH_2Cl_2$		91

[a] $SC(O)C(O)S = 1,2$-dithiooxalato(S,S'). [b] $C_{10}H_8$ = azulene. [c] $C_{14}H_8Me_2 = 3,5\text{-}Me_2$aceheptylene. [d] $C_{20}H_{16} = 1,2,3,9,10\text{-}\eta^5\text{:}1',2',3',9',10'\text{-}\eta^5\text{-}4,4'$-diazulenyl. [e] $C_{10}H_8 = 3a,3b,6a,6b$-tetrahydrocyclobuta[1,2:3,4]dicyclopentene-1,4-diylidene.

1. M. W. Chen, D. F. Gaines and L. G. Hoard, *Inorg. Chem.*, 1980, **19**, 2989.
2. R. Mason, G. A. Rusholme, W. Beck, H. Engelmann, K. Joos, B. Lindenberg and H. S. Smedal, *Chem. Commun.*, 1971, 496.
3. M. L. Ziegler, K. Weidenhammer, H. Zeiner, P. S. Skell and W. A. Herrmann, *Angew. Chem.*, 1976, **88**, 761 (*Angew. Chem., Int. Ed. Engl.*, 1976, **15**, 695).
4. L. F. Dahl and C. H. Wei, *Acta Crystallogr.*, 1963, **16**, 611.
5. W. Clegg and S. Morton, *Acta Crystallogr.*, 1978, **B34**, 1707.
6. B. Buss, D. Altena, R. Mews and O. Glemser, *Angew. Chem.*, 1978, **90**, 287 (*Angew. Chem., Int. Ed. Engl.*, 1978, **17**, 280)*; B. Buss and D. Altena, *Z. Anorg. Allg. Chem.*, 1978, **440**, 65.
7. J. L. Calderon, F. A. Cotton, B. G. DeBoer and N. Martinez, *Chem. Commun.*, 1971, 1476.
8. H. Preut, W. Wolfes and H.-J. Haupt, *Z. Anorg. Allg. Chem.*, 1975, **412**, 121.
9. C. J. Marsden and G. M. Sheldrick, *J. Organomet. Chem.*, 1972, **40**, 175.
10. W. Clegg and P. J. Wheatley, *J. Chem. Soc. (A)*, 1971, 3572.
11. M. L. Katcher and G. L. Simon, *Inorg. Chem.*, 1972, **11**, 1651.
12. L. F. Dahl, E. Ishishi and R. E. Rundle, *J. Chem. Phys.*, 1957, **26**, 1750*; L. F. Dahl and R. E. Rundle, *Acta Crystallogr.*, 1963, **16**, 419 (X).
13. M. Gross and P. Lemoine, *Bull. Soc. Chim. Fr.*, 1972, 4461 (allotropic modification).
14. M. I. Gapotchenko, N. V. Alekseev, K. N. Anisimov, N. E. Kolobova and I. A. Ronova, *Zh. Strukt. Khim.*, 1968, **9**, 892 (E).
15. A. Almenningen, G. G. Jacobsen and H. M. Seip, *Acta Chem. Scand.*, 1969, **23**, 685 (E).
16. W. A. Herrmann, M. L. Ziegler, K. Weidenhammer, H. Biersack, K. K. Mayer and R. D. Minard, *Angew. Chem.*, 1976, **88**, 191 (*Angew. Chem., Int. Ed. Engl.*, 1976, **15**, 164)*; K. Weidenhammer and M. L. Ziegler, *Z. Anorg. Allg. Chem.*, 1979, **457**, 174.
17. K. Triplett and M. D. Curtis, *J. Am. Chem. Soc.*, 1975, **97**, 5747.
18. H. E. Sasse and M. L. Ziegler, *Z. Anorg. Allg. Chem.*, 1972, **392**, 167.
19. R. M. Kirchner, T. J. Marks, J. S. Kristoff and J. A. Ibers, *J. Am. Chem. Soc.*, 1973, **95**, 6602.
20. R. D. Adams, *J. Am. Chem. Soc.*, 1980, **102**, 7476.
21. S. R. Finnimore, R. Goddard, S. D. Killops, S. A. R. Knox and P. Woodward, *J. Chem. Soc., Chem. Commun.*, 1975, 391*; *J. Chem. Soc., Dalton Trans.*, 1978, 1247.

22. H. Vahrenkamp, *Chem. Ber.*, 1978, **111**, 3472.
23. H. Weber and R. Mattes, *Chem. Ber.*, 1979, **112**, 95.
24. H. Vahrenkamp, *Chem. Ber.*, 1974, **107**, 3867.
25. E. Röttinger, A. Trenkle, R. Müller and H. Vahrenkamp, *Chem. Ber.*, 1980, **113**, 1280.
26. E. W. Abel, C. A. Burton, M. R. Churchill and K.-K. G. Lin, *J. Chem. Soc., Chem. Commun.*, 1974, 917*; M. R. Churchill and K.-K. G. Lin, *Inorg. Chem.*, 1975, **14**, 1675.
27. A. T. McPhail, unpublished work cited in C. D. Garner and B. Hughes, *J. Chem. Soc., Dalton Trans.*, 1974, 1306.
28. M. R. Churchill, F. J. Rotella, R. B. King and M. N. Ackermann, *J. Organomet. Chem.*, 1975, **99**, C15.
29. (a) J. von Seyerl, U. Moering, A. Wagner, A. Frank and G. Huttner, *Angew. Chem.*, 1978, **90**, 912 (*Angew. Chem., Int. Ed. Engl.*, 1978, **17**, 844); (b) J. von Seyerl, B. Sigwarth, H.-G. Schmid, G. Mohr, A. Frank, M. Marsili and G. Huttner, *Chem. Ber.*, 1981, **114**, 1392.
30. M. Herberhold, D. Reiner, B. Zimmer-Gasser and U. Schubert, *Z. Naturforsch., Teil B*, 1980, **35**, 1281.
31. M. C. van der Veer and J. M. Burlitch, *J. Organomet. Chem.*, 1980, **197**, 357.
32. P. A. Agron, R. D. Ellison and H. A. Levy, *Acta Crystallogr.*, 1967, **23**, 1079.
33. J. L. Calderon, S. Fontana, E. Frauendorfer, V. W. Day and B. R. Stults, *Inorg. Chim. Acta*, 1976, **17**, L31.
34. V. G. Andrianov, Y. T. Struchkov, N. I. Pyshnograeva, V. N. Setkina and D. N. Kursanov, *J. Organomet. Chem.*, 1981, **206**, 177.
35. N. G. Bokii and Y. T. Struchkov, *Koord. Khim.*, 1978, **4**, 134.
36. P. H. Bird and M. R. Churchill, *Chem. Commun.*, 1968, 145*; *Inorg. Chem.*, 1968, **7**, 1793.
37. N. I. Pyshnograeva, V. N. Setkina, V. G. Andrianov, Y. T. Struchkov and D. N. Kursanov, *J. Organomet. Chem.*, 1977, **128**, 381.
38. J. P. Crow, W. R. Cullen, F. L. Hou, L. Y. Y. Chan and F. W. B. Einstein, *Chem. Commun.*, 1971, 1229*.
39. L. Y. Y. Chan and F. W. B. Einstein, *J. Chem. Soc., Dalton Trans.*, 1973, 111.
40. F. W. B. Einstein and A. C. MacGregor, *J. Chem. Soc., Dalton Trans.*, 1974, 783.
41. K. Folting, J. C. Huffman, L. N. Lewis and K. G. Caulton, *Inorg. Chem.*, 1979, **18**, 3483.
42. W. Clegg and P. J. Wheatley, *J. Chem. Soc., Dalton Trans.*, 1974, 424.
43. K. Weidenhammer, W. A. Herrmann and M. L. Ziegler, *Z. Anorg. Allg. Chem.*, 1979, **457**, 183.
44. L. N. Lewis, J. C. Huffman and K. G. Caulton, *J. Am. Chem. Soc.*, 1980, **102**, 403*; *Inorg. Chem.*, 1980, **19**, 1246.
45. W. R. Cullen, L. Mihichuk, F. W. B. Einstein and J. S. Field, *J. Organomet. Chem.*, 1974, **73**, C53*; F. W. B. Einstein and J. S. Field, *J. Chem. Soc., Dalton Trans.*, 1975, 172.
46. H. Weber and R. Mattes, *Chem. Ber.*, 1980, **113**, 2833.
47. G. Huttner and D. Regler, *Chem. Ber.*, 1972, **105**, 1230.
48. M. Laing, E. Singleton and R. Reimann, *J. Organomet. Chem.*, 1973, **56**, C21.
49. M. Creswick, I. Bernal and W. A. Herrmann, *J. Organomet. Chem.*, 1979, **172**, C39.
50. J. M. Rosalky, B. Metz, F. Mathey and R. Weiss, *Inorg. Chem.*, 1977, **16**, 3307.
51. E. Röttinger and H. Vahrenkamp, *J. Chem. Res. (M)*, 1977, 818; *J. Chem. Res. (S)*, 1977, 76.
52. G. Herberich, J. Hengesbach, U. Kölle, G. Huttner and A. Frank, *Angew. Chem.*, 1976, **88**, 450 (*Angew. Chem., Int. Ed. Engl.*, 1976, **15**, 433).
53. M. Ziegler, *Z. Anorg. Allg. Chem.*, 1967, **355**, 12.
54. J. C. T. R. Burckett-St Laurent, M. R. Caira, R. B. English, R. J. Haines and L. R. Nassimbeni, *J. Chem. Soc., Dalton Trans.*, 1977, 1077.
55. S. Hoehne, E. Lindner and J.-P. Gumz, *Chem. Ber.*, 1978, **111**, 3818.
56. E. Lindner, S. Hoehne and J.-P. Gumz, *Z. Naturforsch., Teil B*, 1980, **35**, 937.
57. G. Huttner, V. Bejenke and H.-D. Müller, *Cryst. Struct. Commun.*, 1976, **5**, 437.
58. W. Clegg and P. J. Wheatley, *J. Chem. Soc., Dalton Trans.*, 1974, 511.
59. S. Jeannin, Y. Jeannin and G. Lavigne, *J. Cryst. Mol. Struct.*, 1977, **7**, 241.
60. D. Moras, J. Dehand and R. Weiss, *C. R. Hebd. Seances Acad. Sci.*, 1968, **267C**, 1471.
61. E. W. Abel, C. A. Burton, M. R. Churchill and K.-K. G. Lin, *J. Chem. Soc., Chem. Commun.*, 1974, 268*; M. R. Churchill and K.-K. G. Lin, *Inorg. Chem.*, 1975, **14**, 1133.
62. R. J. Doedens, W. T. Robinson and J. A. Ibers, *J. Am. Chem. Soc.*, 1967, **89**, 4323.
63. J. Martin-Gil, J. A. K. Howard, R. Navaro and F. G. A. Stone, *J. Chem. Soc., Chem. Commun.*, 1979, 1168.
64. G. Huttner, H.-D. Müller, A. Frank and H. Lorenz, *Angew. Chem.*, 1975, **87**, 714 (*Angew. Chem., Int. Ed. Engl.*, 1975, **14**, 705).
65. J. von Seyerl and G. Huttner, *Angew. Chem.*, 1978, **90**, 911 (*Angew. Chem., Int. Ed. Engl.*, 1978, **17**, 843).
66. M. J. Bennett and R. Mason, *J. Chem. Soc. (A)*, 1968, 75.
67. B. T. Kilbourn and H. M. Powell, *Chem. Ind. (London)*, 1964, 1578.
68. M. R. Churchill, S. A. Julis, R. B. King and C. A. Harmon, *J. Organomet. Chem.*, 1977, **142**, C52*; M. R. Churchill and S. A. Julis, *Inorg. Chem.*, 1978, **17**, 2951.
69. A. N. Nesmeyanov, G. G. Aleksandrov, A. B. Antonova, K. N. Anisimov, N. E. Kolobova and Y. T. Struchkov, *J. Organomet. Chem.*, 1976, **110**, C36*; G. G. Aleksandrov, A. B. Antonova, N. E. Kolobova and Y. T. Struchkov, *Koord. Khim.*, 1976, **2**, 1561.
70. G. G. Cash and R. C. Pettersen, *J. Chem. Soc., Dalton Trans.*, 1979, 1630.
71. W. Siebert, C. Böhle, C. Krüger and Y.-H. Tsay, *Angew. Chem.*, 1978, **90**, 558 (*Angew. Chem., Int. Ed. Engl.*, 1978, **17**, 527).
72. N. Wiberg, H.-W. Häring, G. Huttner and P. Friedrich, *Chem. Ber.*, 1978, **111**, 2708.
73. M. Laing, T. Ashworth, P. Sommerville, E. Singleton and R. Reimann, *J. Chem. Soc., Chem. Commun.*, 1972, 1251.
74. W. Clegg and P. J. Wheatley, *J. Chem. Soc., Chem. Commun.*, 1972, 760*; *J. Chem. Soc., Dalton Trans.*, 1973, 90.

Mn₂

75. M. R. Churchill, R. A. Lashewycz and F. J. Rotella, *Inorg. Chem.*, 1977, **16**, 265.
76. R. J. Daroda, G. Wilkinson, M. B. Hursthouse, K. M. A. Malik and M. Thornton-Pett, *J. Chem. Soc., Dalton Trans.*, 1980, 2315.
77. G. Huttner, H. G. Schmid and H. Lorenz, *Chem. Ber.*, 1976, **109**, 3741.
78. W. A. Herrmann, J. Plank, M. L. Ziegler and K. Weidenhammer, *Angew. Chem.*, 1978, **90**, 817 (*Angew. Chem., Int. Ed. Engl.*, 1978, **17**, 777)*; W. A. Herrmann, K. Weidenhammer and M. L. Ziegler, *Z. Anorg. Allg. Chem.*, 1980, **460**, 200.
79. G. Huttner, H.-D. Müller, V. Bejenke and O. Orama, *Z. Naturforsch., Teil B*, 1976, **31**, 1166.
80. M. J. Bennett and R. Mason, *Proc. Chem. Soc.*, 1964, 395.
81. J. D. Korp, I. Bernal, J. L. Atwood, W. E. Hunter, F. Calderazzo and D. Vitali, *J. Chem. Soc., Chem. Commun.*, 1979, 576.
82. G. L. Simon and L. F. Dahl, *J. Am. Chem. Soc.*, 1973, **95**, 783.
83. S. Hoehne, E. Lindner and B. Schilling, *J. Organomet. Chem.*, 1977, **139**, 315.
84. P. Braunstein, D. Matt, O. Bars and D. Grandjean, *Angew. Chem.*, 1979, **91**, 859 (*Angew. Chem., Int. Ed. Engl.*, 1979, **18**, 797).
85. L. E. Manzer and L. J. Guggenberger, *J. Organomet. Chem.*, 1977, **139**, C34.
86. R. J. McKinney, B. T. Huie, C. B. Knobler and H. D. Kaesz, *J. Am. Chem. Soc.*, 1973, **95**, 633*; B. T. Huie, C. B. Knobler, G. Firestein, R. J. McKinney and H. D. Kaesz, *J. Am. Chem. Soc.*, 1977, **99**, 7852.
87. B. T. Huie, C. B. Knobler, R. J. McKinney and H. D. Kaesz, *J. Am. Chem. Soc.*, 1977, **99**, 7862.
88. D. A. Bohling, T. P. Gill and K. R. Mann, *Inorg. Chem.*, 1981, **20**, 194.
89. S. Onaka, Y. Kondo, K. Toriumi and T. Ito, *Chem. Lett.*, 1980, 1605.
90. R. Colton, C. J. Commons and B. F. Hoskins, *J. Chem. Soc., Chem. Commun.*, 1975, 363*; C. J. Commons and B. F. Hoskins, *Aust. J. Chem.*, 1975, **28**, 1663.
91. L. S. Benner, M. M. Olmstead and A. L. Balch, *J. Organomet. Chem.*, 1978, **159**, 289.

Mn₃ Trimanganese

Molecular formula	Structure	Notes	Ref.
$Mn_3B_2C_{10}H_7O_{10}$	$HMn_3(BH_3)_2(CO)_{10}$		1
$Mn_3C_{12}H_3O_{12}$	$H_3Mn_3(CO)_{12}$		2
$Mn_3C_{13}H_3N_2O_{12}$	$\{Mn(CO)_4\}_3(\mu\text{-}N_2Me)$		3
$Mn_3C_{13}H_{10}FO_{11}$	$Mn_3(\mu\text{-}OEt)_2(\mu_3\text{-}F)(CO)_9$		4
$Mn_3C_{13}H_{10}IO_{11}$	$Mn_3(\mu\text{-}OEt)_2(\mu_3\text{-}I)(CO)_9$		4
$Mn_3C_{14}O_{14}^-AsC_{24}H_{20}^+$	$[AsPh_4][Mn_3(CO)_{14}]$		5
$Mn_3C_{15}H_{15}N_4O_4$	$[Mn(\eta\text{-}C_5H_5)]_3(NO)_4$		6, 7
$Mn_3SnC_{15}BrO_{15}$	$\{Mn(CO)_5\}_3SnBr$		8
$Mn_3SnC_{15}ClO_{15}$	$\{Mn(CO)_5\}_3SnCl$		9
$Mn_3C_{17}H_8IN_2O_9$	$MnI(CO)_3\{(\eta^1,\eta^5\text{-}NC_4H_4)Mn(CO)_3\}_2$		10
$Mn_3C_{17}H_8O_{11}P$	$Mn_3(CO)_{11}(C_4H_2Me_2P)$		11
$Mn_3SbC_{21}H_{15}ClO_6$	$\{Mn(CO)_2(\eta\text{-}C_5H_5)\}_3SbCl$		12
$Mn_3SbC_{21}H_{15}Cl_4O_6$	$\{Mn(CO)_2(\eta\text{-}C_5H_5)\}_3(\mu\text{-}SbCl_2)_2$		12
$Mn_3C_{21}H_{17}N_2O_9$	$Mn(CO)_3(\mu\text{-}\eta^5,N\text{-}C_4H_4N)$-$\overline{Mn(CO)_3\{\mu\text{-}OC(Bu)\}Mn(CO)_2(\eta^5\text{-}C_4H_4N)}$		13
$Mn_3C_{22}H_{26}O_{11}P$	$Mn_3(\mu\text{-}OEt)_2(\mu_3\text{-}OEt)(CO)_8(PMe_2Ph)$		4, 14
$Mn_3BiC_{24}H_{12}O_9$	$\{Mn(CO)_3(\eta\text{-}C_5H_4)\}_3Bi$		15
$Mn_3SnC_{24}H_{12}ClO_9$	$\{Mn(CO)_3(\eta\text{-}C_5H_4)\}_3SnCl$		16
$Mn_3AlC_{24}H_{18}O_{18}$	$\{Mn(CO)_4(COMe)\}_3Al$		17
$Mn_3C_{31}H_{19}N_2O_{11}$	$fac\text{-}Mn(OCOCHPh_2)(CO)_3\{(\eta\text{-}NC_4H_4)Mn(CO)_3\}_2$		18
$Mn_3C_{39}H_{30}O_6P_3$	$\{Mn(CO)_2(\eta\text{-}C_5H_5)\}_3(PPh)_3$		19
$Mn_3CoC_{62}H_{54}O_6P_6$	$\{Mn(CO)_2(\eta\text{-}C_5H_5)\}_3(\mu\text{-}P_3)\{Co(triphos)\}$		20
$Mn_3SnC_{66}H_{45}ClO_{12}P_3$	$\{Mn(CO)_4(PPh_3)\}_3SnCl$		21

1. H. D. Kaesz, W. Fellmann, G. R. Wilkes and L. F. Dahl, *J. Am. Chem. Soc.*, 1965, **87**, 2753.
2. S. W. Kirtley, J. P. Olsen and R. Bau, *J. Am. Chem. Soc.*, 1975, **97**, 4532.
3. W. A. Herrmann, M. L. Ziegler and K. Weidenhammer, *Angew. Chem.*, 1976, **88**, 379 (*Angew. Chem., Int. Ed. Engl.*, 1976, **15**, 368)*; K. Weidenhammer and M. L. Ziegler, *Z. Anorg. Allg. Chem.*, 1979, **457**, 174.
4. E. W. Abel, I. D. H. Towle, T. S. Cameron and R. E. Cordes, *J. Chem. Soc., Dalton Trans.*, 1979, 1943.
5. R. Bau, S. W. Kirtley, T. N. Sorrell and S. Winarko, *J. Am. Chem. Soc.*, 1974, **96**, 988.
6. R. C. Elder, F. A. Cotton and R. A. Schunn, *J. Am. Chem. Soc.*, 1967, **89**, 3645.
7. R. C. Elder, *Inorg. Chem.*, 1974, **13**, 1037.
8. H.-J. Haupt, H. Preut and W. Wolfes, *Z. Anorg. Allg. Chem.*, 1978, **446**, 105.
9. J. H. Tsai, J. J. Flynn and F. P. Boer, *Chem. Commun.*, 1967, 702.
10. N. I. Pyshnograeva, V. N. Setkina, V. G. Andrianov, Y. T. Struchkov and D. N. Kursanov, *J. Organomet. Chem.*, 1980, **186**, 331.
11. J. M. Rosalky, B. Metz, F. Mathey and R. Weiss, *Inorg. Chem.*, 1977, **16**, 3307.
12. J. von Seyerl, L. Wohlfahrt and G. Huttner, *Chem. Ber.*, 1980, **113**, 2868.
13. N. I. Pyshnograeva, V. N. Setkina, V. G. Andrianov, Y. T. Struchkov and D. N. Kursanov, *J. Organomet. Chem.*, 1981, **206**, 169.
14. E. W. Abel, I. D. H. Towle, T. S. Cameron and R. E. Cordes, *J. Chem. Soc., Chem. Commun.*, 1977, 285*.

15. L. N. Zakharov, Y. T. Struchkov, V. V. Sharutin and O. N. Suvorova, *Koord. Khim.*, 1980, **6**, 805.
16. L. N. Zakharov, V. G. Andrianov, Y. T. Struchkov, V. V. Sharutin and O. N. Suvorova, *Koord. Khim.*, 1980, **6**, 1104.
17. C. M. Lukehart, G. P. Torrence and J. V. Zeile, *J. Am. Chem. Soc.*, 1975, **97**, 6903.
18. W. A. Herrmann, I. Schweizer, P. S. Skell, M. L. Ziegler, K. Weidenhammer and B. Nuber, *Chem. Ber.*, 1979, **112**, 2423.
19. G. Huttner, H.-D. Müller, A. Frank and H. Lorenz, *Angew. Chem.*, 1975, **87**, 597 (*Angew. Chem., Int. Ed. Engl.*, 1975, **14**, 572).
20. C. Mealli, S. Midollini, S. Moneti and L. Sacconi, *Cryst. Struct. Commun.*, 1980, **9**, 1017.
21. H. Preut and H.-J. Haupt, *Acta Crystallogr.*, 1981, **B37**, 688.

Mn_4 Tetramanganese

Molecular formula	Structure	Notes	Ref.
$Mn_4C_{12}H_3FO_{15}$	$Mn_4(\mu_3\text{-}F)_n(\mu_3\text{-}OH)_{4-n}(CO)_{12}$	a	1
$Mn_4C_{15}O_{15}S_4$	$Mn_4S_4(CO)_{15}$		2
$Mn_4Ge_2C_{18}Br_2O_{18}$	$Mn_2(CO)_8\{\mu\text{-}BrGeMn(CO)_5\}_2$		3
$Mn_4Sn_2C_{18}Br_2O_{18}$	$Mn_2(CO)_8\{\mu\text{-}BrSnMn(CO)_5\}_2$		4
$Mn_4Sn_2C_{18}Cl_2O_{18}$	$Mn_2(CO)_8\{\mu\text{-}ClSnMn(CO)_5\}_2$		5
$Mn_4Ga_2C_{18}O_{18}$	$Mn_2(CO)_8\{\mu\text{-}GaMn(CO)_5\}_2$		6
$Mn_4Ge_2C_{18}I_2O_{18}$	$Mn_2(CO)_8\{\mu\text{-}IGeMn(CO)_5\}_2$		7
$Mn_4In_2C_{18}O_{18}$	$Mn_2(CO)_8\{\mu\text{-}InMn(CO)_5\}_2$		6
$Mn_4Sn_2C_{20}H_2O_{20}$	$\{Mn(CO)_5\}_4Sn_2H_2$		8
$Mn_4In_2C_{20}Br_2O_{20}$	$[\{Mn(CO)_5\}_2In(\mu\text{-}Br)]_2$		9
$Mn_4Sn_2C_{20}Br_2O_{20}$	$\{Mn(CO)_5\}_4Sn_2Br_2$		10
$Mn_4In_2C_{20}Cl_2O_{20}$	$[\{Mn(CO)_5\}_2In(\mu\text{-}Cl)]_2$		9
$Mn_4In_2C_{20}I_2O_{20}$	$[\{Mn(CO)_5\}_2In(\mu\text{-}I)]_2$		9
$Mn_4Bi_2C_{28}H_{20}Cl_2O_8$	$[\{Mn(CO)_2(\eta\text{-}C_5H_5)\}_2BiCl]_2$	193	11

^a $n \approx 1.4$.

1. E. Horn, M. R. Snow and P. C. Zeleny, *Aust. J. Chem.*, 1980, **33**, 1659.
2. V. Küllmer, E. Röttinger and H. Vahrenkamp, *J. Chem. Soc., Chem. Commun.*, 1977, 782*; *Z. Naturforsch., Teil B*, 1979, **34**, 224.
3. H. Preut and H.-J. Haupt, *Acta Crystallogr.*, 1979, **B35**, 729.
4. H. Preut and H.-J. Haupt, *Z. Anorg. Allg. Chem.*, 1976, **422**, 47.
5. H.-J. Haupt, H. Preut and W. Wolfes, *Z. Anorg. Allg. Chem.*, 1978, **446**, 105.
6. H.-J. Haupt and F. Neumann, *J. Organomet. Chem.*, 1974, **74**, 185; H. Preut and H.-J. Haupt, *Chem. Ber.*, 1974, **107**, 2860.
7. H. Preut and H.-J. Haupt, *Acta Crystallogr.*, 1980, **B36**, 678.
8. K. D. Bos, E. J. Bulten, J. G. Noltes and A. L. Spek, *J. Organomet. Chem.*, 1974, **71**, C52*; 1975, **92**, 33.
9. H.-J. Haupt, W. Wolfes and H. Preut, *Inorg. Chem.*, 1976, **15**, 2920.
10. A. L. Spek, K. D. Bos, E. J. Bulten and J. G. Noltes, *Inorg. Chem.*, 1976, **15**, 339.
11. J. von Seyerl and G. Huttner, *J. Organomet. Chem.*, 1980, **195**, 207.

Mn_6 Hexamanganese

Molecular formula	Structure	Notes	Ref.
$Mn_6C_{45}H_{90}O_{36}P_9$	$Mn_6(CO)_9\{OP(OEt)_2\}_9$		1

1. R. Shakir, J. L. Atwood, T. S. Janik and J. D. Atwood, *J. Organomet. Chem.*, 1980, **190**, C14.

Mo Molybdenum

Molecular formula	Structure	Notes	Ref.
$MoBC_4H_4O_4^-C_{36}H_{30}NP_2^+$	$[PPN][Mo(H_2BH_2)(CO)_4]$		1
$MoB_{10}C_5H_{10}O_5^{2-}2C_{16}H_{36}N^+$	$[NBu_4]_2[\overline{Mo\{\eta^5\text{-}B_{10}H_{10}COC(O)\}}]$		2
$MoC_5F_3O_5P$	$Mo(CO)_5(PF_3)$	E	3
$MoC_5O_5P_4S_3$	$Mo(CO)_5(P_4S_3)$		4
MoC_6O_6	$Mo(CO)_6$	X, E	5–7
$MoC_7F_3O_7^-C_{36}H_{30}NP_2^+$	$[PPN][Mo(CO)_5(OCOCF_3)]$		8
$MoC_7H_3O_7^-C_{36}H_{30}NP_2^+$	$[PPN][Mo(CO)_5(OCOMe)]$		8
$MoC_7H_6N_6O_2S_4^{2-}2C_{24}H_{20}P^+$	$[PPh_4]_2[Mo(NCS)_4(\eta^2\text{-}O=CNMe_2)(NO)]$		9
$MoSnC_7H_{10}Cl_4O_3S_2\cdot CH_2Cl_2$	$MoCl(SnCl_3)(CO)_3\{MeS(CH_2)_2SMe\}\cdot CH_2Cl_2$		10
$MoC_7H_{11}ClF_8N_2P_4$	$MoCl\{(PF_2)_2NMe\}_2(\eta\text{-}C_5H_5)$	a	11
$MoC_7H_{13}N_3O_3$	*fac*-$Mo(CO)_3(dien)$		12

Molecular formula	Structure	Notes	Ref.
$MoHgC_8H_5ClO_3$	$Mo(HgCl)(CO)_3(\eta\text{-}C_5H_5)$		13
$MoC_8H_5ClO_3$	$MoCl(CO)_3(\eta\text{-}C_5H_5)$		14
$MoC_8H_5O_3^- MoC_{11}H_{11}O^+$	$[HMo(CO)(\eta\text{-}C_5H_5)_2][Mo(CO)_3(\eta\text{-}C_5H_5)]$		15
$MoC_8H_5O_3^- C_{16}H_{36}N^+$	$[NBu_4][Mo(CO)_3(\eta\text{-}C_5H_5)]$		16
$MoC_8H_5O_3^- Mo_3C_{21}H_{15}O_6S^+$	$[\{Mo(CO)_2(\eta\text{-}C_5H_5)\}_3(\mu_3\text{-}S)][Mo(CO)_3\text{-}(\eta\text{-}C_5H_5)]$		17
$MoC_8H_5O_3^- AsMo_2C_{22}H_{34}O_4P_2^+$	$[\{Mo(CO)_2(PMe_3)(\eta\text{-}C_5H_5)\}_2AsMe_2]\text{-}[Mo(CO)_3(\eta\text{-}C_5H_5)]$		18
$MoC_8H_{10}INO$	$MoI(NO)(\eta\text{-}C_3H_5)(\eta\text{-}C_5H_5)$		19
$MoC_8H_{12}ClN_4O^+I_3^-$	$[MoOCl(CNMe)_4]I_3$		20
$MoC_8H_{14}OS_2$	$MoO(S_2CSPr^i)(\eta^3\text{-}S_2CSPr^i)$		21
$MoC_9H_7BrO_2$	$MoBr(CO)_2(\eta\text{-}C_7H_7)$		22
$MoC_9H_7ClO_2$	$MoCl(CO)_2(\eta\text{-}C_7H_7)$		22
$MoSnC_9H_7Cl_3O_2$	$Mo(SnCl_3)(CO)_2(\eta\text{-}C_7H_7)$		23
$MoC_9H_{10}O_2S$	$Mo(CO)_2(\eta^2\text{-}CH_2\text{=}SMe)(\eta\text{-}C_5H_5)$		24
$MoC_{10}H_7O_3^+ BF_4^-$	$[Mo(CO)_3(\eta\text{-}C_7H_7)][BF_4]$		25
$MoC_{10}H_8O_3$	$Mo(CO)_3(\eta^6\text{-}C_7H_8)$		26
$MoC_{10}H_8O_5$	$Mo(CH_2CO_2H)(CO)_3(\eta\text{-}C_5H_5)$	b	27
$MoSnC_{10}H_{10}Br_4$	$MoBr(SnBr_3)(\eta\text{-}C_5H_5)_2$		28
$MoC_{10}H_{10}Cl_2$	$MoCl_2(\eta\text{-}C_5H_5)_2$		29
$MoC_{10}H_{10}Cl_2^+ BF_4^-$	$[MoCl_2(\eta\text{-}C_5H_5)_2][BF_4]$		29
$MoC_{10}H_{10}O_2$	$Mo(CO)_2(\eta\text{-}C_3H_5)(\eta\text{-}C_5H_5)$		19
$MoC_{10}H_{10}O_3$	$MoEt(CO)_3(\eta\text{-}C_5H_5)$		30
$MoC_{10}H_{10}S_4$	$\overline{Mo(S_4)}(\eta\text{-}C_5H_5)_2$		31
$MoC_{10}H_{11}NO_3$	$\overline{Mo(COCH_2CH_2NH_2)}(CO)_2(\eta\text{-}C_5H_5)$		32
$MoC_{10}H_{11}NO_3$	$Mo(\eta^2\text{-}O\text{=}NCMe_2)(CO)_2(\eta\text{-}C_5H_5)$		33
$MoC_{10}H_{12}$	$H_2Mo(\eta\text{-}C_5H_5)_2$	X, N	34–36
$MoC_{10}H_{12}P_2$	$Mo(\eta^2\text{-}H_2P_2)(\eta\text{-}C_5H_5)_2$		37
$MoAs_2C_{10}H_{13}F_3O_4$	$Mo(CO)_4(Me_2AsCHFCF_2AsMe_2)$		38–40
$MoC_{10}H_{13}F_3O_4P_2$	$Mo(CO)_4(Me_2PCHFCF_2PMe_2)$		38, 40
$MoC_{10}H_{14}IO_5P$	$MoI(CO)_2\{P(OMe)_3\}(\eta\text{-}C_5H_5)$		41
$MoAs_2C_{10}H_{18}O_4P_2$	$Mo(CO)_4\{Me_2P(AsMe)_2PMe_2\}$		42
$MoC_{10}H_{18}O_4P_4$	$Mo(CO)_4(P_4Me_6)$		43
$MoC_{11}H_5F_7O_3$	$Mo(C_3F_7)(CO)_3(\eta\text{-}C_5H_5)$		44
$MoC_{11}H_8O_3$	$Mo(CO)_3(\eta^6\text{-}C_8H_8)$		45
$MoSi_2C_{11}H_{10}F_4O_5$	$\overline{Mo(SiF_2CH\text{=}CBu^tSiF_2)}(CO)_5$		46
$MoC_{11}H_{10}N_7O_3$	$Mo(CO)_2(NO)\{(pz)_3BH\}$		47
$MoC_{11}H_{11}O^+ MoC_8H_5O_3^-$	$[HMo(CO)(\eta\text{-}C_5H_5)_2][Mo(CO)_3(\eta\text{-}C_5H_5)]$		15
$MoAs_2C_{11}H_{12}F_6O_4$	$Mo(CO)_4\{Me_2AsCF_2CF(CF_3)AsMe_2\}$		38, 40, 48
$MoC_{11}H_{12}N_3O_5P$	$Mo(CO)_5\{P(CH_2)_6N_3\}$	c	49
$MoC_{11}H_{13}IN_3O^+ BF_4^-$	$[MoI(NH_2NHPh)(NO)(\eta\text{-}C_5H_5)][BF_4]$		50
$MoC_{11}H_{13}NO$	$MoMe(NO)(\eta\text{-}C_5H_5)_2$		51
$MoC_{11}H_{14}N_3O_2^+ Mo_2C_{10}H_{10}Cl_3O_4^- \cdot C_6H_6$	$[Mo(CO)_2(NCMe)_3(\eta\text{-}C_3H_5)][Mo_2Cl_3(CO)_4\text{-}(\eta\text{-}C_3H_5)_2]\cdot C_6H_6$		52
$MoC_{11}H_{15}F_3O_6$	$Mo(OCOCF_3)(CO)_2(DME)(\eta\text{-}C_3H_5)$		53
$MoC_{11}H_{15}N_2O_2P$	$Mo(CO)_2\{\overline{PNMe(CH_2)_2NMe}\}(\eta\text{-}C_5H_5)$		54
$MoC_{11}H_{16}IO_5P$	$trans\text{-}MoI(CO)_2\{P(OMe)_3\}(\eta\text{-}C_5H_4Me)$		41
$MoC_{11}H_{16}NO^+ F_6P^-$	$[Mo(OH)(NH_2Me)(\eta\text{-}C_5H_5)_2][PF_6]$		29
$MoC_{11}H_{16}N_2OS_2$	$Mo(S_2CNMe_2)(NO)(\eta\text{-}C_3H_5)(\eta\text{-}C_5H_5)$		55
$MoC_{11}H_{23}ClO_8P_2$	$MoCl(CO)_2\{P(OMe)_3\}_2(\eta\text{-}C_3H_5)$		56
$MoC_{11}H_{24}N_4O_3P_4$	$Mo(CO)_3(N_4P_4Me_8)$		57
$MoC_{12}H_7IO_3$	$MoI(CO)_3(\eta^5\text{-}C_9H_7)$		58
$MoC_{12}H_8N_2O_6S_2$	$Mo(CO)_2(bipy)(\eta^2\text{-}O\text{=}SO)_2$		59
$MoC_{12}H_{10}O_3$	$Mo(CO)_3(\eta^6\text{-}C_9H_{10})$	d	60
$MoC_{12}H_{12}$	$Mo(\eta\text{-}C_6H_6)_2$		61
$MoC_{12}H_{12}N_2O_5$	$Mo\{\overline{NHNC(CO_2Et)C(OH)}\}(CO)_2(\eta\text{-}C_5H_5)$		62
$MoC_{12}H_{12}N_8$	$Mo(CN)_4(CNMe)_4$		63, 64
$MoC_{12}H_{12}O_3$	$Mo(CO)_3(\eta\text{-}C_6H_3Me_3\text{-}1,3,5)$		65
$MoC_{12}H_{14}NO_2^+ Cl^- \cdot H_2O$	$[\overline{Mo(NH_2CH_2CO_2)}(\eta\text{-}C_5H_5)_2]Cl\cdot H_2O$		66
$MoC_{12}H_{15}Cl$	$MoClEt(\eta\text{-}C_5H_5)_2$		29
$MoC_{12}H_{15}NO_3$	$Mo(CO)_2(NO)(\eta\text{-}C_5Me_5)$		67
$MoC_{12}H_{16}NS^+ I^-$	$[Mo\{\overline{S(CH_2)_2NH_2}\}(\eta\text{-}C_5H_5)_2]I$		68
$MoC_{12}H_{16}N_2O_2S_2$	$Mo(CO)(NO)\{\eta^2\text{-}CH_2\text{=}CHCH_2SC(S)\text{-}NMe_2\}(\eta\text{-}C_5H_5)$		55
$MoC_{12}H_{16}O_3^+ BF_4^-$	$[Mo(OH_2)(acac)(\eta\text{-}C_7H_7)][BF_4]$		69, 70
$MoAsC_{12}H_{17}O_2$	$\overline{Mo\{(CH_2)_3AsMe_2\}}(CO)_2(\eta\text{-}C_5H_5)$		71
$MoC_{12}H_{17}IN_2O$	$MoI(CO)\{\eta^3\text{-}C(NMe_2)CMeNMe\}(\eta\text{-}C_5H_5)$		72
$MoC_{12}H_{18}$	$Mo(\eta^4\text{-}C_4H_6)_3$		73
$MoC_{12}H_{20}NO_7P$	$cis\text{-}Mo(CO)_4(NHC_5H_{10})\{P(OMe)_3\}$		74

Molecular formula	Structure	Notes	Ref.
$MoC_{12}H_{21}O_4P_3$	$Mo(CO)_4\{(Me_2P)_2PBu^t\}$		75
$MoC_{12}ClF_{18}^-Mo_2C_{14}H_{14}Cl_3^+$	$[MoCl\{\eta^2-C_2(CF_3)_2\}_3][Mo_2Cl_3(\eta-C_7H_7)_2]$		76
$MoMnC_{13}H_5O_8$	$MoMn(CO)_8(\eta-C_5H_5)$	e	77, 78
$MoC_{13}H_5N_4S_4^-C_{24}H_{20}P^+$	$[PPh_4][Mo\{S_2C_2(CN)_2\}_2(\eta-C_5H_5)]$		79
$MoReC_{13}H_5O_8$	$MoRe(CO)_8(\eta-C_5H_5)$	f	77
$MoHgC_{13}H_8Cl_2N_2O_3$	$\overline{MoCl(HgCl)(CO)_3(bipy)}$		80
$MoC_{13}H_8F_6O_3S$	$\overline{Mo\{C(O)C(CF_3)=C(CF_3)C(O)SMe\}}(CO)$-$(\eta-C_5H_5)$		81
$MoC_{13}H_{14}NO_2S$	$Mo(NCS)(acac)(\eta-C_7H_7)$		69, 82
$MoC_{13}H_{15}N_2O_5^+F_6P^-$	$[Mo\{HN=NMeC[C(O)OEt]=C(OH)\}(CO)_2$-$(\eta-C_5H_5)][PF_6]$		83
$MoC_{13}H_{16}NO_2^+Cl^- \cdot CH_4O$	$[\overline{Mo(NHMeCH_2CO_2)}(\eta-C_5H_5)_2]Cl \cdot MeOH$		66
$MoC_{13}H_{16}NO_2S^+Cl^-$	$[H\overline{Mo\{NH_2CH(CH_2S)CO_2\}}(\eta-C_5H_5)_2]Cl$		66
$MoC_{13}H_{17}N_2O_2$	$Mo(CO)_2(\eta^3\text{-MeNCMeC}(NMe_2))(\eta-C_5H_5)$		84
$MoZnC_{13}H_{19}Br_2NO$	$H_2Mo\{ZnBr_2(OCHNMe_2)\}(\eta-C_5H_5)_2$		85
$MoGaC_{13}H_{24}N_3O_3S$	$Mo(CO)_2(\eta^2\text{-}CH_2=SMe)\{(Me_2NCH_2CH_2O)$-$(pz)GaMe_2\}$		86
$MoC_{14}H_{10}INO_2$	$trans\text{-}MoI(CNPh)(CO)_2(\eta-C_5H_5)$		87
$MoC_{14}H_{10}OS_5$	$MoO(S_3CPh)(\eta^3\text{-}S_2CPh)$		88
$MoSnC_{14}H_{11}Cl_3N_2O_3$	$MoCl(SnMeCl_2)(CO)_3(bipy)$		89
$MoGeC_{14}H_{11}NO_5$	$Mo(CO)_5(CNGeMe_2Ph)$		90
$MoC_{14}H_{12}N_3O_5P$	$Mo(CO)_5\{P(CH_2CH_2CN)_3\}$		91
$MoC_{14}H_{12}O_2$	$Mo(CO)_2(\eta^3\text{-}C_7H_7)(\eta-C_5H_5)$		92
$MoTeC_{14}H_{12}O_2$	$Mo(TePh)(CO)_2(\eta-C_7H_7)$		93
$MoC_{14}H_{14}O_3$	$Mo(CO)_2(\eta^3\text{-}C_6H_6MeO)(\eta-C_5H_5)$	g	94
$MoC_{14}H_{14}O_4$	$Mo(CO)_3(\eta^6\text{-}C_7H_7CHMeCOMe)$		95
$MoC_{14}H_{16}$	$\overline{Mo(\eta^5\text{-}C_5H_4CH_2CH_2)_2}$		96
$MoC_{14}H_{16}I_4$	$MoI_2\{\eta^5\text{-}C_5H_4(CH_2)_2I\}_2$		96
$MoC_{14}H_{16}O_3$	$Mo(CO)_3(\eta^6\text{-}C_7H_7Bu^t)$		97
$MoC_{14}H_{19}NO_3$	$Mo(\eta^2\text{-}MeCH=CHCH_2CMe_2CHO)(CO)$-$(NO)(\eta-C_5H_5)$		98
$MoC_{14}H_{20}N_4O_4$	$cis\text{-}Mo(CO)_4\{\overline{CNMe(CH_2)_2NMe}\}_2$		99
$MoC_{14}H_{20}N_4O_4$	$trans\text{-}Mo(CO)_4\{\overline{CNMe(CH_2)_2NMe}\}_2$		100
$MoC_{14}H_{21}N_7^{2+}2BF_4^-$	$[Mo(CNMe)_7][BF_4]_2$		101
$MoC_{14}H_{22}N_3^{2+}2F_6P^-$	$[Mo(HNCMeEt)(NH_3)(\eta-C_5H_5)_2][PF_6]_2$		102
$MoC_{14}H_{25}O_4P_5$	$Mo(CO)_4(P_5Et_5)$		103
$MoC_{15}H_5F_{11}OS$	$MoO(SC_6F_5)\{\eta^2\text{-}C_2(CF_3)_2\}(\eta-C_5H_5)$		104
$MoC_{15}H_7F_5O_2$	$Mo(C_6F_5)(CO)_2(\eta-C_7H_7)$		105
$MoC_{15}H_8N_2O_5S$	$Mo(CO)_3(\eta^2\text{-}O=SO)(phen)$		59
$MoMnC_{15}H_9O_5$	$MoMn(\mu-\eta^1,\eta^5\text{-}C_5H_4)(CO)_5(\eta-C_5H_5)$		106
$MoAsCo_2FeC_{15}H_{11}O_8S$	$MoFeCo_2(\mu_3\text{-}S)(\mu\text{-}AsMe_2)(CO)_8(\eta-C_5H_5)$		107
$MoSnC_{15}H_{12}Cl_2O_2$	$Mo(SnCl_2Ph)(CO)_2(\eta-C_7H_7)$		108
$MoC_{15}H_{13}NO_2$	$Mo(CO)_2(\eta^2\text{-}MeC\equiv NPh)(\eta-C_5H_5)$		109
$MoC_{15}H_{14}O_2$	$Mo(CO)_2(\eta^3\text{-}CH_2C_6H_4Me\text{-}4)(\eta-C_5H_5)$		110
$MoC_{15}H_{15}NO$	$Mo(NO)(\eta^1\text{-}C_5H_5)(\eta^5\text{-}C_5H_5)_2$		111
$MoBC_{15}H_{17}N_6O_2$	$Mo(CO)_2\{(pz)_3BH\}(\eta^3\text{-}C_4H_7)$		112
$MoGaC_{15}H_{17}N_6O_2$	$Mo(CO)_2\{(pz)_3GaMe\}(\eta-C_3H_5)$		113
$MoC_{15}H_{17}NO_4$	$Mo(CO)_2(py)(acac)(\eta-C_3H_5)$		114
$MoC_{15}H_{18}NO_2^+F_6P^-$	$[Mo(C_5H_8NO_2)(\eta-C_5H_5)_2][PF_6]$	h	115
$MoC_{15}H_{18}O_3$	$Mo(CO)_3(\eta\text{-}C_6Me_6)$		65
$MoBC_{15}H_{21}N_4O_2$	$Mo(CO)_2(dmpz)_2BH_2(\eta-C_3H_5)$		116
$MoC_{15}H_{21}NO_3$	$Mo(CO)(\eta^2\text{-}CHMe=CHCHMeCMe_2CHO)$-$(NO)(\eta-C_5H_5)$		98
$MoC_{15}H_{23}ClN_2O_6P_2$	$MoCl\{C=C(CN)_2\}\{P(OMe)_3\}_2(\eta-C_5H_5)$		117
$MoGaC_{15}H_{26}N_3O_3$	$Mo(CO)_2(\eta^3\text{-}C_4H_7)\{Me_2Ga(dmpz)(OCH_2$-$CH_2NH_2)\}$		118
$MoGaC_{15}H_{28}N_3O_3S$	$Mo(CO)_2(\eta^2\text{-}CH_2=SMe)\{(Me_2NCH_2CH_2O)$-$(dmpz)GaMe_2\}$		86
$MoC_{15}H_{30}Cl_2O_3P_2$	$MoCl_2(CO)_3(PEt_3)_2$		119
$MoSi_3C_{15}H_{42}ClP$	$MoCl(CH_2SiMe_3)_3(PMe_3)$		120
$MoCo_3C_{16}H_5O_{11}$	$MoCo_3(CO)_{11}(\eta-C_5H_5)$		121
$MoC_{16}H_5F_{11}OS$	$Mo(SC_6F_5)(CO)\{\eta^2\text{-}C_2(CF_3)_2\}(\eta-C_5H_5)$		122
$MoReC_{16}H_5O_9$	$MoRe(CPh)(CO)_9$		123
$MoCrC_{16}H_{10}N_2O_{10}$	$\{Mo(CO)_5\}\{\mu\text{-}NC(CH_2)_5\}\{Cr(CO)_5\}$		124
$MoAs_2C_{16}H_{12}F_8O_4$	$Mo(CO)_4\{(Me_2AsC_4F_4)_2\}$	i	125
$MoC_{16}H_{12}N_4O_4$	$Mo(CO)_4(C_{12}H_{12}N_4)$	j	126
$MoC_{16}H_{13}N_3O_2S$	$Mo(NCS)(CO)_2(bipy)(\eta-C_3H_5)$		127
$MoC_{16}H_{14}O_4$	$Mo(CO)_4(C_{12}H_{14})$	k	128
$MoC_{16}H_{14}S_2$	$Mo(S_2C_6H_4\text{-}1,2)(\eta-C_5H_5)_2$		129

Molecular formula	Structure	Notes	Ref.
MoTiC$_{16}$H$_{16}$O$_4$S$_2$	Mo(CO)$_4$(μ-SMe)$_2$Ti(η-C$_5$H$_5$)$_2$		130, 131
MoAsHgC$_{16}$H$_{18}$IO$_2$	Mo(HgI)(CO)$_2$(AsMe$_2$Ph)(η-C$_5$H$_4$Me)		132
MoZnC$_{16}$H$_{21}$BrO$_5$	$\overline{\text{Mo\{ZnBr(THF)}_2\}\text{(CO)}_3\text{(}\eta\text{-C}_5\text{H}_5\text{)}}$		16
MoC$_{16}$H$_{22}$NO$_2^+$F$_6$P$^-\cdot$H$_2$O	[$\overline{\text{Mo}}$\{NH$_2$CH(CH$_2$CHMe$_2$)C(O)O\}(η-C$_5$H$_5$)$_2$]-[PF$_6$]$\cdot$H$_2$O		115
MoC$_{16}$H$_{23}$NO$_2$	Mo(N=CBu^t)(CO)$_2$(η-C$_5$H$_5$)		133
MoC$_{16}$H$_{28}$N$_2$O$_2$S$_4$	Mo(CO)$_2$(S$_2$CNPr$_2^i$)$_2$		134
MoC$_{16}$H$_{31}$IO$_6$P$_2$	$\overline{\text{MoI\{C(CH}_2\text{Bu}^t\text{)P(O)(OMe)}_2\}\{\text{P(OMe)}_3\}}$-($\eta$-C$_5H_5$)		135
MoAsCo$_2$FeC$_{17}$H$_{11}$O$_{10}$S	MoFeCo$_2$(μ_3-S)(μ-AsMe$_2$)(CO)$_{10}$(η-C$_5$H$_5$)		107
MoFeC$_{17}$H$_{12}$O$_5$	\{Mo(CO)$_2$(η-C$_5$H$_5$)\}\{Fe(CO)$_3$\}(μ-η^3,η^4-C$_7$H$_7$)		92
MoCoNiC$_{17}$H$_{13}$O$_5$	MoCoNi(μ_3-CMe)(CO)$_5$(η-C$_5$H$_5$)$_2$		136
MoBC$_{17}$H$_{15}$N$_8$O$_2$	Mo(N=NPh)(CO)$_2$\{(pz)$_3$BH\}		137
MoC$_{17}$H$_{16}$S$_2$	Mo(S$_2$C$_6$H$_3$Me-4)(η-C$_5$H$_5$)$_2$		138
MoC$_{17}$H$_{17}$F$_3$O$_3$	$\overline{\text{Mo(CO)}\{\eta^2\text{-OC=CMeCMe=CMe-}}$ $\overline{\text{CMe=C(CF}_3\text{)O}\}(\eta\text{-C}_5\text{H}_5\text{)}}$		139
MoC$_{17}$H$_{17}$NO$_2$S	(−)$_{578}$-$\overline{\text{Mo(CO)}_2\{\text{SCMeN}\{(S)\text{-CHMePh}\}\}}$-($\eta$-C$_5H_5$)		140
MoGaC$_{17}$H$_{25}$N$_4$O$_3$	Mo(CO)$_2$\{(dmpz)$_2$GaMe(OH)\}(η^3-C$_4$H$_7$)		141
MoC$_{17}$H$_{30}$O$_8$P$_2$	Mo(CO)$_4$\{[(Pr^{i}O)$_2$P]$_2$CH$_2$\}		142
MoC$_{18}$H$_{10}$F$_{12}$	$\overline{\text{Mo}\{\eta^4\text{-C}_5\text{H}_5\text{C(CF}_3\text{)=C(CF}_3\text{)}\}\{\eta^2\text{-C}_2\text{(CF}_3\text{)}_2\}}$-($\eta$-C$_5H_5$)		143
MoAs$_2$C$_{18}$H$_{12}$F$_{12}$O$_4$	Mo(CO)$_4$\{(Me$_2$AsC$_5$F$_6$)$_2$\}	l	144
MoC$_{18}$H$_{13}$N$_3$O$_3$	Mo(CO)$_3$(py)(bipy)		145
MoNbC$_{18}$H$_{15}$O$_3$	\{Mo(CO)(η-C$_5$H$_5$)\}(μ-CO)(μ-η^1,η^2-CO)-\{Nb(η-C$_5$H$_5$)$_2$\}		146
MoReC$_{18}$H$_{15}$O$_3$	\{Mo(η-C$_5$H$_5$)$_2$\}(μ-CO)$_2$\{Re(CO)(η-C$_5$H$_5$)\}		147
MoC$_{18}$H$_{19}$NO$_3$	$\overline{\text{Mo\{C(O)CHPhCHMeNHMe\}(CO)}_2(\eta\text{-C}_5\text{H}_5\text{)}}$		148
MoC$_{18}$H$_{22}$NO$_5$P	Mo(MeC=NPh)(CO)$_2$\{P(OMe)$_3$\}(η-C$_5$H$_5$)		149
MoC$_{18}$H$_{23}$NO$_3$	Mo(CO)(CNBu^t)\{η^3-C$_3$Me$_3$OC(O)\}(η-C$_5$H$_5$)		139
MoBC$_{18}$H$_{25}$N$_6$O$_2$	Mo(CO)$_2$(pzH)\{(pz)$_2$BEt$_2$\}(η-C$_3$H$_5$)		150
MoRhC$_{18}$H$_{26}$S$_2^+$F$_6$P$^-$	[(η-C$_5$H$_5$)$_2$Mo(μ-SMe)$_2$Rh(η-C$_3$H$_5$)$_2$][PF$_6$]		151
MoMgC$_{18}$H$_{27}$BrO$_2$	HMo\{MgBr(THF)$_2$\}(η-C$_5$H$_5$)$_2$		152
MoRhC$_{18}$H$_{27}$O$_4$P$_2$	MoRh(μ-PMe$_2$)$_2$(CO)$_4$(η-C$_5$Me$_5$)		153
MoFeC$_{18}$H$_{28}$Cl$_2$S$_2$	(η-C$_5$H$_5$)$_2$Mo(μ-SBu^t)$_2$FeCl$_2$		154
MoC$_{18}$H$_{28}$INO	(−)-MoI(NO)(η-C$_3$H$_5$)(η-C$_5$H$_4$Men)	m	155
MoC$_{18}$H$_{30}$ClP	MoCl(PEt$_3$)(η^4-1-endo-EtC$_5$H$_5$)(η-C$_5$H$_5$)		156
MoFe$_5$C$_{18}$O$_{17}^{2-}$2C$_8$H$_{20}$N$^+$	[NEt$_4$]$_2$[MoFe$_5$C(CO)$_{17}$]		157
MoC$_{19}$H$_{12}$F$_{12}$N$_4$	Mo\{(pz)$_2$C$_3$(CF$_3$)$_3$CH(CF$_3$)\}(η-C$_5$H$_5$)	n	158
MoC$_{19}$H$_{15}$N$_3$O$_2$S	Mo(NCS)(CO)$_2$(phen)(η^3-C$_4$H$_7$)		159
MoBC$_{19}$H$_{17}$N$_8$O$_2$	Mo(CO)$_2$\{(pz)$_4$B\}(η-C$_5$H$_5$)		160, 161
MoZrC$_{19}$H$_{18}$O$_3$	MoZr(μ-η^1,η^2-CO)\{μ-C(Me)O\}(CO)(η-C$_5$H$_5$)$_3$	101	162
MoBC$_{19}$H$_{23}$N$_4$O$_2$	Mo(CO)$_2$\{(pz)$_2$BEt$_2$\}(η^3-C$_7$H$_7$)		163
MoBC$_{19}$H$_{23}$N$_4$O$_2$	Mo(CO)$_2$\{(dmpz)$_2$BH$_2$\}(η^3-C$_7$H$_7$)		164
MoC$_{19}$H$_{28}$NO$_2^+$F$_6$P$^-$	(+)-[Mo(CO)(NO)(η-C$_3$H$_5$)(η-C$_5$H$_4$Men)]-[PF$_6$]	m	155
MoC$_{19}$H$_{31}$P$_2^+$BF$_4^-$	[Mo(PMe$_3$)$_2$(η^2-C$_2$Me$_2$)(η^5-C$_9$H$_7$)][BF$_4$]		165
MoC$_{19}$H$_{32}$IO$_2$P	MoI(CO)$_2$(PBu$_3$)(η-C$_5$H$_5$)		166
MoCo$_2$C$_{20}$H$_{10}$O$_8$	MoCo$_2$(μ_3-CPh)(CO)$_8$(η-C$_5$H$_5$)		167
MoC$_{20}$H$_{16}$O$_4$	Mo(CO)$_4$(C$_{16}$H$_{16}$)	220, o	168
MoC$_{20}$H$_{18}$N$_3$O$_2^+$BF$_4^-$	[Mo(CO)$_2$(py)(bipy)(η-C$_3$H$_5$)][BF$_4$]		169
MoBC$_{20}$H$_{19}$N$_6$O$_2$	Mo(CO)$_2$\{(pz)$_3$BPh\}(η-C$_3$H$_5$)		170
MoSi$_2$C$_{20}$H$_{24}$O$_4$P$_2$	Mo(CO)$_4$\{(HPPhSiMe$_2$)$_2$\}		171
MoC$_{20}$H$_{28}$N$_2$O$_4$	Mo(OBu^t)$_2$(CO)$_2$(py)$_2$	98	172
MoC$_{20}$H$_{28}$N$_6$OS$_4$	MoO(S$_2$CNPr$_2^i$)$_2$\{η^2-C$_2$(CN)$_4$\}		173
MoC$_{20}$H$_{28}$OP$^+$BF$_4^-$	[Mo(CO)(PEt$_3$)(η^2-C$_2$Me$_2$)(η^5-C$_9$H$_7$)][BF$_4$]		164
MoC$_{20}$H$_{31}$ClN$_2$O$_2$	MoCl(CO)$_2$(CyN=CHCH=NCy)(η^3-C$_4$H$_7$)		174
MoSnC$_{21}$H$_{17}$ClO$_2$	Mo(SnClPh$_2$)(CO)$_2$(η-C$_7$H$_7$)		108
MoC$_{21}$H$_{18}$N$_2$O$_2$S	Mo(CO)$_2$\{PhCHMeNC(S)C$_5$H$_4$N\}(η-C$_5$H$_5$)		175
MoC$_{21}$H$_{19}$N$_2$O$_2^+$F$_6$P$^-$	(+)-[Mo(CO)$_2$(PhCHMeN=CHC$_5$H$_4$N)-(η-C$_5$H$_5$)][PF$_6$]		176
MoBC$_{21}$H$_{25}$N$_4$O$_2$	Mo(CO)$_2$\{(pz)$_2$BEt$_2$\}(η^3-CH$_2$CPhCH$_2$)		177
MoFe$_2$SnC$_{22}$H$_{15}$ClO$_7$	\{Mo(CO)$_3$(η-C$_5$H$_5$)\}\{Fe(CO)$_2$(η-C$_5$H$_5$)\}$_2$SnCl		178
MoCoFeC$_{22}$H$_{20}$O$_7$PS	MoFeCo(μ_3-S)(CO)$_7$(PMePrPh)(η-C$_5$H$_5$)		179
MoC$_{22}$H$_{22}$N$_2$O$_2$	Mo(CO)$_2$\{η^2-PhCHMeNH=CMeC$_5$H$_4$N)-(η-C$_5$H$_5$)		180
MoAs$_4$C$_{22}$H$_{32}$ClO$_2^+$I$_3^-\cdot$2CHCl$_3$	[MoCl(CO)$_2$(diars)$_2$]I$_3\cdot$2CHCl$_3$		181
MoC$_{23}$H$_{11}$F$_{12}$N$_3$O$_2$	Mo(CO)$_2$\{N$_3$[C$_6$H$_3$(CF$_3$)$_2$-3,5]$_2$\}(η-C$_5$H$_5$)		182
MoC$_{23}$H$_{15}$O$_5$P	Mo(CO)$_5$(PPh$_3$)		91
MoAs$_2$C$_{23}$H$_{20}$I$_2$O$_3$	meso-MoI$_2$(CO)$_3$\{C$_6$H$_4$(AsMePh)$_2$-1,2\}		183

Molecular formula	Structure	Notes	Ref.
MoAs$_2$C$_{23}$H$_{20}$I$_2$O$_3$·CHCl$_3$	rac-MoI$_2$(CO)$_3${C$_6$H$_4$(AsMePh)$_2$-1,2}·CHCl$_3$		183
MoSnC$_{23}$H$_{20}$Cl$_4$NOP	MoCl(SnCl$_3$)(NO)(PPh$_3$)(η-C$_5$H$_5$)		184
MoC$_{23}$H$_{20}$N$_2$O$_3$	Mo(CO)$_2$(py)(sal=NPh)(η-C$_3$H$_5$)		185
MoSnC$_{24}$H$_{20}$Cl$_3$NO$_2$P$^+$SnCl$_5^-$	[Mo(SnCl$_3$)(CO)(NO)(PPh$_3$)(η-C$_5$H$_5$)][SnCl$_5$]		184
MoBC$_{24}$H$_{21}$N$_6$O$_2$	Mo(CO)$_2${(pz)$_3$BPh}(η^3-C$_7$H$_7$)		170
MoBC$_{24}$H$_{23}$N$_4$O$_2$	Mo(CO)$_2${(pz)$_2$BPh$_2$}(η^3-C$_4$H$_7$)		186
MoC$_{24}$H$_{23}$F$_{15}$N$_2$	Mo(CF$_3$)(CNBu^t){η^4-C$_5$(CF$_3$)$_4$=NBu^t}-(η-C$_5$H$_5$)		187
MoC$_{24}$H$_{28}$O$_2$	Mo(CO)$_2$(C$_{11}$H$_{14}$)$_2$	p	188
MoSi$_4$C$_{24}$H$_{34}$O$_4$P$_2$	Mo(CO)$_4${(PhPSi$_2$Me$_4$)$_2$}	q	189
MoC$_{24}$H$_{34}$P$_2$	MoMe$_2$(PMe$_2$Ph)$_2$(η-C$_6$H$_6$)		190
MoC$_{25}$H$_{19}$O$_4$P	$\overline{\text{Mo(CO)}_4(\eta^2\text{-2-CHMe=CHC}_6\text{H}_4\text{PPh}_2)}$		191
MoC$_{25}$H$_{19}$O$_4$P·C$_6$H$_6$	Mo(CO)$_4$(η^3-CH$_2$CHCHPPh$_3$)·C$_6$H$_6$		192
MoC$_{25}$H$_{20}$BrO$_2$P·0.25CH$_2$Cl$_2$	cis-MoBr(CO)$_2$(PPh$_3$)(η-C$_5$H$_5$)·0.25CH$_2$Cl$_2$		193
MoC$_{25}$H$_{20}$IO$_2$P	trans-MoI(CO)$_2$(PPh$_3$)(η-C$_5$H$_5$)		194
MoC$_{25}$H$_{24}$N$_2$O	$\overline{\text{Mo{CPh(C}_5\text{H}_4\text{N)NHMe}(\eta^2\text{-O=CHPh)}}$-($\eta$-C$_5H_5$)		195
MoC$_{25}$H$_{34}$O$_6$P$_2$	Mo(η^2-PhCCHPh){P(OMe)$_3$}$_2$(η-C$_5$H$_5$)		196
MoC$_{25}$H$_{36}$P$_2$	MoMe$_2$(PMe$_2$Ph)(η^6-PhMe)		190
MoPbC$_{26}$H$_{20}$O$_3$	Mo(PbPh$_3$)(CO)$_3$(η-C$_5$H$_5$)	r	77
MoSnC$_{26}$H$_{20}$O$_3$	Mo(SnPh$_3$)(CO)$_3$(η-C$_5$H$_5$)	s	77
MoWC$_{26}$H$_{20}$O$_4$S$_2$	Mo(CO)$_4$(μ-SPh)$_2$W(η-C$_5$H$_5$)$_2$		130, 197
MoSiC$_{26}$H$_{20}$O$_6$	Mo(CO)$_5${C(OEt)(SiPh$_3$)}		198
MoC$_{26}$H$_{24}$N$_2$O$_2$	$\overline{\text{Mo{CPh(C}_5\text{H}_4\text{N)NHMe}(CO)(\eta^2\text{-O=CHPh)}}$-($\eta$-C$_5H_5$)		195
MoPd$_2$C$_{26}$H$_{29}$ClN$_2$O$_3$	{μ-Mo(CO)$_3$(η-C$_5$H$_5$)}(μ-Cl)-{$\overline{\text{Pd}(C_6H_4CH_2NMe_2-2)}$}$_2$		199
MoC$_{26}$H$_{33}$Br$_2$O$_2$P$_3$·C$_3$H$_6$O	MoBr$_2$(CO)$_2$(PMe$_2$Ph)$_3$·Me$_2$CO		200
MoC$_{26}$H$_{33}$Cl$_2$O$_2$P$_3$·CH$_4$O	MoCl$_2$(CO)$_2$(PMe$_2$Ph)$_3$·MeOH		201
MoBC$_{27}$H$_{20}$O$_3^-$·C$_8$H$_{20}$N$^+$	[NEt$_4$][Mo(CO)$_3$(η^6-PhBPh$_3$)]	138	202
MoC$_{27}$H$_{23}$O$_3$P	trans-Mo(COMe)(CO)$_2$(PPh$_3$)(η-C$_5$H$_5$)		203
MoC$_{27}$H$_{27}$N$_2$O$_2$P	(−)$_{578}$-Mo(CO)(NO){(S)-(+)-Ph$_2$PNMe-(CHMePh)}(η-C$_5$H$_5$)		204
MoC$_{28}$H$_{26}$N$_2$O$_2$	$\overline{\text{Mo{N(CH}_2\text{Ph)CPhN(CHMePh)}}(CO)_2$-($\eta$-C$_5H_5$)		205
MoC$_{28}$H$_{26}$O$_4$P$_2$	Mo(CO)$_4$(C$_{24}$H$_{26}$P$_2$)	t	206
MoC$_{28}$H$_{27}$ClNO$_2$P	MoCl(CO)$_2${(S)-(+)-Ph$_2$PN(CHMePh)}-(η-C$_5$H$_5$)		207
MoC$_{29}$H$_{22}$O$_4$P$_2$	Mo(CO)$_4$(dppm)		208
MoC$_{29}$H$_{24}$Br$_2$O$_3$P$_2$·C$_3$H$_6$O	MoBr$_2$(CO)$_3$(dppe)·Me$_2$CO		209
MoC$_{29}$H$_{24}$I$_2$O$_3$P$_2$·CH$_2$Cl$_2$	MoI$_2$(CO)$_3$(dppe)·CH$_2$Cl$_2$		210
MoC$_{29}$H$_{29}$INOP	(−)$_{546}$-MoI(CO){(S)-(+)-Ph$_2$PNMe(CHMe-Ph)}(η-C$_7$H$_7$)		211
MoSnC$_{30}$H$_{24}$Cl$_3$O$_4$P$_2^+$SnH$_2$Cl$_5$O$^-$·C$_6$H$_6$	[Mo(SnCl$_3$)(CO)$_4$(dppe)][SnCl$_5$(OH$_2$)]·C$_6$H$_6$		212
MoC$_{30}$H$_{25}$NO$_4$P$_2$	Mo(CO)$_4${(Ph$_2$P)$_2$NEt}		213
MoC$_{30}$H$_{26}$I$_2$O$_3$P$_2$	MoI$_2$(CO)$_3$(dppp)		210
MoBC$_{30}$H$_{27}$N$_6$O$_2$	Mo(CO)$_2$(pzH){(pz)$_2$BPh$_2$}(η^3-C$_7$H$_7$)		170
MoC$_{30}$H$_{27}$O$_2$P	Mo(CO)(PPh$_3$)(η^3-C$_6$H$_7$O)(η-C$_5$H$_5$)	u	214
MoC$_{30}$H$_{54}$BrN$_6^+$Br$^-$	[MoBr(CNBu^t)$_6$]Br		215
MoSnC$_{30}$H$_{54}$Cl$_3$N$_6^+$·B$_2$C$_{37}$H$_{30}$N$^-$	[Mo(SnCl$_3$)(CNBu^t)$_6$][(Ph$_3$B)$_2$CN]		216
MoC$_{30}$H$_{54}$IN$_6^+$I$^-$	[MoI(CNBu^t)$_6$]I		217
2MoC$_{30}$H$_{56}$BrN$_6^+$ZnBr$_4^{2-}$	[MoBr(CNBu^t)$_4${η^2-C$_2$(NHBu^t)$_2$}]$_2$-[ZnBr$_4$]		218
MoC$_{30}$H$_{56}$IN$_6^+$F$_6$P$^-$	[MoI(CNBu^t)$_4${η^2-C$_2$(NHBu^t)$_2$}][PF$_6$]		218
MoC$_{30}$H$_{56}$IN$_6^+$I$^-$	[MoI(CNBu^t)$_4${η^2-C$_2$(NHBu^t)$_2$}]I		218, 219
MoBC$_{31}$H$_{27}$	Mo(η^6-PhBPh$_3$)(η-C$_7$H$_7$)	138	202
MoBC$_{31}$H$_{27}$N$_9$O$_2$P	Mo(CO)(NO)(PPh$_3$){(pz)$_4$B}		220
MoC$_{31}$H$_{29}$ClO$_2$P$_2$	MoCl(CO)$_2$(dppe)(η-C$_3$H$_5$)		221
MoC$_{32}$H$_{23}$N$_4$O$_2$P	Mo{C(CN)$_2$C(CN)$_2$Me}(CO)$_2$(PPh$_3$)(η-C$_5$H$_5$)		222
MoC$_{32}$H$_{29}$ClOP$_2$	MoCl(CO)(dppe)(η-C$_5$H$_5$)		194, 223
MoC$_{32}$H$_{44}$P$_4$	Mo(PMe$_2$Ph)$_3$(η^6-PhPMe$_2$)		224
MoC$_{33}$H$_{23}$BrN$_2$O$_2$·C$_2$H$_3$N	MoBr(CO)$_2$(bipy)(η^3-C$_3$Ph$_3$)·MeCN		225
MoC$_{33}$H$_{30}$O$_3$P$_2$	$\overline{\text{Mo(CO)}_3{Ph_2P(CH_2)_2CH=CH(CH_2)_2PPh_2}}$		226
MoC$_{34}$H$_{23}$BrN$_2$O$_3$·C$_4$H$_8$O	MoBr(CO)$_2$(bipy)(η^3-C$_3$Ph$_3$CO)·THF		225
MoGeC$_{34}$H$_{30}$O$_3$	Mo(GePh$_3$)(CO)$_2${C(OEt)Ph}(η-C$_5$H$_5$)		227

Molecular formula	Structure	Notes	Ref.
MoC$_{34}$H$_{34}$N$_2$O$_4$P$_2$	$\overline{\text{Mo(CO)}_4\{\text{Ph}_2\text{PCH}_2\text{NMe(CH}_2)_2\text{NMePPh}_2\}}$		228
MoC$_{35}$H$_{63}$N$_7^{2+}$2F$_6$P$^-$	[Mo(CNBu^t)$_7$][PF$_6$]$_2$		229
MoC$_{36}$H$_{29}$NO$_4$P$_2$·C$_7$H$_8$	Mo(CO)$_2$\{(Ph$_2$P)$\overline{\text{CHC(PPh}_2)\text{C(O)NMeC(O)}}$\}- ($\eta$-C$_5H_5$)·PhMe	143	230
MoC$_{36}$H$_{44}$F$_8$O$_4$P$_2$	Mo(CO)$_4$\{(Cy$_2$PC$_4$F$_4$)$_2$\}	v	231
MoC$_{37}$H$_{33}$O$_3$P$_3$	fac-Mo(CO)$_3$\{[Ph$_2$P(CH$_2$)$_2$]$_2$PPh\}		232
MoC$_{37}$H$_{35}$N$_2$O$_3$P$_3$	Mo(CO)$_3$\{(Ph$_2$NEt)$_2$PPh\}		233
MoC$_{37}$H$_{37}$P$_2^+$F$_6$P$^-$·O$_2$S	[Mo(dppe)(η^4-C$_6$H$_8$)(η-C$_5$H$_5$)][PF$_6$]·SO$_2$		234
MoC$_{38}$H$_{30}$Br$_2$O$_2$P$_2$	MoBr$_2$(CO)$_2$(PPh$_3$)$_2$		235
MoC$_{43}$H$_{35}$NO$_2$P$_2$·0.5CH$_2$Cl$_2$	Mo(NCO)(CO)(PPh$_3$)$_2$(η-C$_5$H$_5$)·0.5CH$_2$Cl$_2$		236
MoC$_{44}$H$_{35}$O$_2$P$_3$S$_2$·CH$_2$Cl$_2$	Mo(CO)$_2$(PPh$_3$)(η^2-S$\overline{=\text{PPh}_2}$)$_2$·CH$_2$Cl$_2$		237
MoNiC$_{46}$H$_{40}$N$_4$O$_6$P$_2$·C$_4$H$_8$O	Mo(CO)$_4$\{Ph$_2$PNH(CH$_2$)$_2\overline{\text{N=CHC}_6\text{H}_4\text{O}}$\}$_2$Ni·THF		238
MoAs$_4$C$_{52}$H$_{44}$Br$_2$O$_2$	MoBr$_2$(CO)$_2$(dpam)$_2$		239
MoAs$_4$C$_{52}$H$_{44}$Cl$_2$O$_2$	MoCl$_2$(CO)$_2$(dpam)$_2$		240
MoC$_{52}$H$_{44}$Cl$_2$O$_2$P$_4$·xC$_6$H$_6$	MoCl$_2$(CO)$_2$(dppm)$_2$·xC$_6$H$_6$	w	240
MoC$_{53}$H$_{48}$N$_2$OP$_4$·0.5C$_6$H$_6$	Mo(CO)(N$_2$)(dppe)$_2$·0.5C$_6$H$_6$		241
MoC$_{53}$H$_{48}$OP$_4$	Mo(CO)(dppe)$_2$		241
MoC$_{54}$H$_{48}$FO$_2$P$_4^+$F$_6$P$^-$	[MoF(CO)$_2$(dppe)$_2$][PF$_6$]		242
MoC$_{56}$H$_{53}$P$_4^+$C$_2$F$_3$O$_2^-$·3CH$_2$Cl$_2$	[HMo(η-C$_2$H$_4$)$_2$(cis-Ph$_2$PCH=CHPPh$_2$)$_2$]-[CF$_3$CO$_2$]·3CH$_2$Cl$_2$		243
MoC$_{56}$H$_{54}$N$_2$P$_4$	trans-Mo(CNMe)$_2$(dppe)$_2$		244
MoC$_{58}$H$_{40}$O$_2$	Mo(CO)$_2$(η^4-C$_4$Ph$_4$)$_2$		245

^{a} Contains one mono- and one bi-dentate (PF$_2$)$_2$NMe ligand. ^{b} Dimer via H-bonds. ^{c} P(CH$_2$)$_6$N$_3$ = phosphatriazaadamantane. ^{d} C$_9$H$_{10}$ = 5,6-dimethylenebicyclo[2.2.1]hept-2-ene. ^{e} MoMn bond length only reported in ref. 77. ^{f} MoRe bond length only reported. ^{g} C$_6$H$_6$MeO = η^3-2-ethylidene-3-oxocyclopentyl. ^{h} C$_5$H$_8$NO$_2$ = L-prolinato. ^{i} (Me$_2$AsC$_4$F$_4$)$_2$ = 2,2'-(Me$_2$As)$_2$-F$_8$-1,1'-bicyclobuten-1-yl. ^{j} C$_{12}$H$_{12}$N$_4$ = 5-Me-2-pyridinecarbaldehyde 2-pyridylhydrazone (5-Me-paphy). ^{k} C$_{12}$H$_{14}$ = 3,4,11,12-η^4-bicyclo[4.4.2]dodeca-1,3,5,11-tetraene. ^{l} (Me$_2$AsC$_5$F$_6$)$_2$ = 2,2'-(Me$_2$As)$_2$-F$_{12}$-1,1'-bicyclopent-1-enyl. ^{m} C$_5$H$_4$Men = (+)-neomenthylcyclopentadienyl. ^{n} (pz)$_2$C$_3$(CF$_3$)$_3$CH(CF$_3$) = 1,2,3-η^3-1,2,3,4-(CF$_3$)$_4$-1,4-di(1H-pyrazol-1-yl)-but-2-enyl. ^{o} C$_{16}$H$_{16}$ = formal [2+2]π + [4+2]π cyclo-dimer of cot. ^{p} C$_{11}$H$_{14}$ = 3,4,5,6-η^4-tricyclo[6.3.0.0^{2,7}]undeca-3,5-diene. ^{q} (PhPSi$_2$Me$_4$)$_2$ = 1,4-Ph$_2$-2,2',3,3',5,5',6,6'-Me$_8$-cyclo-1,4-diphospha-2,3,5,6-tetrasilahexane. ^{r} MoPb bond length only reported. ^{s} MoSn bond length only reported. ^{t} C$_{24}$H$_{26}$P$_2$ = Diels-Alder dimer of 1-Ph-3,4-Me$_2$-phosphole. ^{u} C$_6$H$_7$O = η^3-2-methylene-3-oxocyclopentyl. ^{v} (Cy$_2$PC$_4$F$_4$)$_2$ = 2,2'-(Cy$_2$P)$_2$-bicyclobutenyl. ^{w} C$_6$H$_6$ present, not refined.

1. S. W. Kirtley, M. A. Andrews, R. Bau, G. W. Grynkewich, T. J. Marks, D. L. Tipton and B. R. Whittlesey, J. Am. Chem. Soc., 1977, **99**, 7154.
2. P. A. Wegner, L. J. Guggenberger and E. L. Muetterties, J. Am. Chem. Soc., 1970, **92**, 3473.
3. D. M. Bridges, G. C. Holywell, D. W. H. Rankin and J. M. Freeman, J. Organomet. Chem., 1971, **32**, 87.
4. A. W. Cordes, R. D. Joyner, R. D. Shores and E. D. Dill, Inorg. Chem., 1974, **13**, 132.
5. W. Rüdorff and U. Hofmann, Z. Phys. Chem., 1935, **B28**, 351.
6. L. O. Brockway, R. V. G. Ewens and M. L. Lister, Trans. Faraday Soc., 1938, **34**, 1350 (E).
7. S. P. Arnesen and H. M. Seip, Acta Chem. Scand., 1966, **20**, 2711.
8. F. A. Cotton, D. J. Darensbourg and B. W. S. Kolthammer, J. Am. Chem. Soc., 1981, **103**, 398.
9. A. Müller, U. Seyer and W. Eltzner, Inorg. Chim. Acta, 1979, **32**, L65.
10. R. A. Anderson and F. W. B. Einstein, Acta Crystallogr., 1976, **B32**, 966.
11. R. B. King, M. G. Newton, J. Gimeno and M. Chang, Inorg. Chim. Acta, 1977, **23**, L35.
12. F. A. Cotton and R. M. Wing, Inorg. Chem., 1965, **4**, 314.
13. M. J. Albright, M. D. Glick and J. P. Oliver, J. Organomet. Chem., 1978, **161**, 221.
14. S. Chaiwasie and R. H. Fenn, Acta Crystallogr., 1968, **B24**, 525.
15. M. A. Adams, K. Folting, J. C. Huffman and K. G. Caulton, Inorg. Chem., 1979, **18**, 3020.
16. D. E. Crotty, E. R. Corey, T. J. Anderson, M. D. Glick and J. P. Oliver, Inorg. Chem., 1977, **16**, 920.
17. M. D. Curtis and W. M. Butler, J. Chem. Soc., Chem. Commun., 1980, 998.
18. R. Janta, W. Albert, H. Rössner, W. Malisch, H.-J. Langenbach, E. Röttinger and H. Vahrenkamp, Chem. Ber., 1980, **113**, 2729.
19. J. W. Faller, D. F. Chodosh and D. Katahira, J. Organomet. Chem., 1980, **187**, 227.
20. C. T. Lam, D. L. Lewis and S. J. Lippard, Inorg. Chem., 1976, **15**, 989.
21. J. Hyde, K. Venkatasubramanian and J. Zubieta, Inorg. Chem., 1978, **17**, 414.
22. M. L. Ziegler, H.-E. Sasse and B. Nuber, Z. Naturforsch., Teil B, 1975, **30**, 26.
23. M. L. Ziegler, H.-E. Sasse and B. Nuber, Z. Naturforsch., Teil B, 1975, **30**, 22.
24. E. Rodulfo de Gil and L. F. Dahl, J. Am. Chem. Soc., 1969, **91**, 3751.
25. G. R. Clark and G. J. Palenik, Chem. Commun., 1969, 667*; J. Organomet. Chem., 1973, **50**, 185.
26. J. D. Dunitz and P. Pauling, Helv. Chim. Acta, 1960, **43**, 2188.
27. M. L. H. Green, J. K. P. Ariyaratne, A. M. Bjerrum, M. Ishaq and C. K. Prout, Chem. Commun., 1967, 430*; J. K. P. Ariyaratne, A. M. Bjerrum, M. L. H. Green, M. Ishaq, C. K. Prout and M. G. Swanwick, J. Chem. Soc. (A), 1969, 1309.
28. T. S. Cameron and C. K. Prout, J. Chem. Soc., Dalton Trans., 1972, 1447.

29. K. Prout, T. S. Cameron, R. A. Forder, S. R. Critchley, B. Denton and G. V. Rees, *Acta Crystallogr.*, 1974, **B30**, 2290.
30. M. J. Bennett and R. Mason, *Proc. Chem. Soc.*, 1963, 273.
31. H. D. Block and R. Allmann, *Cryst. Struct. Commun.*, 1975, **4**, 53.
32. G. A. Jones and L. J. Guggenberger, *Acta Crystallogr.*, 1975, **B31**, 900.
33. G. P. Khare and R. J. Doedens, *Inorg. Chem.*, 1977, **16**, 907.
34. M. J. Bennett, M. Gerloch, J. A. McCleverty and R. Mason, *Proc. Chem. Soc.*, 1962, 357*; M. Gerloch and R. Mason, *J. Chem. Soc.*, 1965, 296.
35. S. C. Abrahams and A. P. Ginsberg, *Inorg. Chem.*, 1966, **5**, 500.
36. A. J. Schultz, K. L. Stearley, J. M. Williams, R. Mink and G. D. Stucky, *Inorg. Chem.*, 1977, **16**, 3303 (N).
37. E. Cannillo, A. Coda, K. Prout and J.-C. Daran, *Acta Crystallogr.*, 1977, **B33**, 2608.
38. W. R. Cullen, I. W. Nowell, P. J. Roberts, J. Trotter and J. E. H. Ward, *Chem. Commun.*, 1971, 560*.
39. I. W. Nowell and J. Trotter, *J. Chem. Soc. (A)*, 1971, 2922.
40. I. W. Nowell, S. Rettig and J. Trotter, *J. Chem. Soc., Dalton Trans.*, 1972, 2381 (also reinterprets data for complexes described in refs. 39 and 48).
41. A. D. U. Hardy and G. A. Sim, *J. Chem. Soc., Dalton Trans.*, 1972, 1900.
42. W. S. Sheldrick, *Acta Crystallogr.*, 1975, **B31**, 1789.
43. W. S. Sheldrick, *Chem. Ber.*, 1975, **108**, 2242.
44. M. R. Churchill and J. P. Fennessey, *Chem. Commun.*, 1966, 695*; *Inorg. Chem.*, 1967, **6**, 1213.
45. J. S. McKechnie and I. C. Paul, *J. Am. Chem. Soc.*, 1966, **88**, 5927.
46. T. H. Hseu, Y. Chi and C.-S. Liu, *Inorg. Chem.*, 1981, **20**, 199.
47. E. M. Holt, S. L. Holt, F. Cavalito and K. J. Watson, *Acta Chem. Scand., Ser. A*, 1976, **30**, 225.
48. P. J. Roberts and J. Trotter, *J. Chem. Soc. (A)*, 1971, 1501.
49. J. R. Deherno, L. M. Trefonas, M. Y. Darensbourg and R. J. Majeste, *Inorg. Chem.*, 1976, **15**, 816.
50. N. A. Bailey, P. D. Frisch, J. A. McCleverty, N. W. Walker and J. Williams, *J. Chem. Soc., Chem. Commun.*, 1975, 350.
51. F. A. Cotton and G. A. Rusholme, *J. Am. Chem. Soc.*, 1972, **94**, 402.
52. M. G. B. Drew, B. J. Brisdon and M. Cartwright, *Inorg. Chim. Acta*, 1979, **36**, 127.
53. F. Dawans, J. Dewailly, J. Meunier-Piret and P. Piret, *J. Organomet. Chem.*, 1974, **76**, 53.
54. L. D. Hutchins, R. T. Paine and C. F. Campana, *J. Am. Chem. Soc.*, 1980, **102**, 4521.
55. N. A. Bailey, W. G. Kita, J. A. McCleverty, A. J. Murray, B. E. Mann and N. W. J. Walker, *J. Chem. Soc., Chem. Commun.*, 1974, 592.
56. M. G. B. Drew, B. J. Brisdon, D. A. Edwards and K. E. Paddick, *Inorg. Chim. Acta*, 1979, **35**, L381*; *J. Chem. Soc., Dalton Trans.*, 1980, 1317.
57. F. A. Cotton, G. A. Rusholme and A. Shaver, *J. Coord. Chem.*, 1973, **3**, 99.
58. A. Mawby and G. E. Pringle, *J. Inorg. Nucl. Chem.*, 1972, **34**, 525.
59. G. J. Kubas, R. R. Ryan and V. McCarty, *Inorg. Chem.*, 1980, **19**, 3003.
60. B. F. Anderson, G. B. Robertson and D. N. Butler, *Can. J. Chem.*, 1976, **54**, 1958.
61. R. Schneider and E. O. Fischer, *Naturwissenschaften*, 1961, **48**, 452.
62. J. R. Knox and C. K. Prout, *Acta Crystallogr.*, 1969, **B25**, 1952.
63. F. H. Cano and D. W. J. Cruickshank, *Chem. Commun.*, 1971, 1617.
64. M. Novotny, D. F. Lewis and S. J. Lippard, *J. Am. Chem. Soc.*, 1972, **94**, 6961.
65. D. E. Koshland, S. E. Myers and J. P. Chesick, *Acta Crystallogr.*, 1977, **B33**, 2013.
66. C. K. Prout, G. B. Allison, L. T. J. Delbaere and E. Gore, *Acta Crystallogr.*, 1972, **B28**, 3043.
67. J. T. Malito, R. Shakir and J. L. Atwood, *J. Chem. Soc., Dalton Trans.*, 1980, 1253.
68. J. R. Knox and C. K. Prout, *Acta Crystallogr.*, 1969, **B25**, 2482.
69. M. Bochmann, M. Cooke, M. Green, H. P. Kirsch, F. G. A. Stone and A. J. Welch, *J. Chem. Soc., Chem. Commun.*, 1976, 381*.
70. M. Green, H. P. Kirsch, F. G. A. Stone and A. J. Welch, *J. Chem. Soc., Dalton Trans.*, 1977, 1755.
71. P. D. Brotherton, C. L. Raston, A. H. White and S. B. Wild, *J. Chem. Soc., Dalton Trans.*, 1976, 1193.
72. R. D. Adams and D. F. Chodosh, *J. Am. Chem. Soc.*, 1977, **99**, 6544.
73. M. M. Yevitz and P. S. Skell, unpublished work cited in P. S. Skell and M. J. McGlinchey, *Angew. Chem.*, 1975, **87**, 215 (*Angew. Chem., Int. Ed. Engl.*, 1975, **14**, 195).
74. J. L. Atwood and D. J. Darensbourg, *Inorg. Chem.*, 1977, **16**, 2314.
75. W. S. Sheldrick, *Acta Crystallogr.*, 1976, **B32**, 308.
76. R. Bowerbank, M. Green, H. P. Kirsch, A. Mortreux, L. E. Smart and F. G. A. Stone, *J. Chem. Soc., Chem. Commun.*, 1977, 245.
77. Y. T. Struchkov, K. N. Anisimov, O. P. Osipova, N. E. Kolobova and A. N. Nesmeyanov, *Dokl. Akad. Nauk SSSR*, 1967, **172**, 107*.
78. B. P. Bir'yukov, Y. T. Struchkov, K. N. Anisimov, N. E. Kolobova and A. S. Beschastnov, *Chem. Commun.*, 1968, 667*; B. P. Bir'yukov and Y. T. Struchkov, *Zh. Strukt. Khim.*, 1968, **9**, 655.
79. M. R. Churchill and J. Cooke, *J. Chem. Soc. (A)*, 1970, 2046.
80. P. D. Brotherton, J. M. Epstein, A. H. White and S. B. Wild, *Aust. J. Chem.*, 1974, **27**, 2667.
81. J. E. Guerchais, F. Le Floch-Perennou, F. Y. Petillon, A. N. Keith, L. Manojlovic-Muir, K. W. Muir and D. W. A. Sharp, *J. Chem. Soc., Chem. Commun.*, 1979, 410.
82. M. Green, H. P. Kirsch, F. G. A. Stone and A. J. Welch, *Inorg. Chim. Acta*, 1978, **29**, 101.
83. C. K. Prout, T. S. Cameron and A. R. Gent, *Acta Crystallogr.*, 1972, **B28**, 32.
84. R. D. Adams and D. F. Chodosh, *J. Am. Chem. Soc.*, 1976, **98**, 5391.
85. D. E. Crotty, T. J. Anderson, M. D. Glick and J. P. Oliver, *Inorg. Chem.*, 1977, **16**, 2346.
86. K. S. Chong, S. J. Rettig, A. Storr and J. Trotter, *Can. J. Chem.*, 1980, **58**, 1080.
87. G. A. Sim, J. G. Sime, D. I. Woodhouse and G. R. Knox, *J. Organomet. Chem.*, 1974, **74**, C7*; *Acta Crystallogr.*, 1979, **B35**, 2406.
88. M. Tatsumisago, G. Matsubayashi, T. Tanaka, S. Nishigaki and K. Nakatsu, *Chem. Lett.*, 1979, 889.

89. M. Elder, W. A. G. Graham, D. Hall and R. Kummer, *J. Am. Chem. Soc.*, 1968, **90**, 2189*; M. Elder and D. Hall, *Inorg. Chem.*, 1969, **8**, 1268.
90. P. M. Treichel, D. B. Shaw and J. C. Calabrese, *J. Organomet. Chem.*, 1977, **139**, 31.
91. F. A. Cotton, D. J. Darensbourg and W. H. Ilsley, *Inorg. Chem.*, 1981, **20**, 578.
92. F. A. Cotton, B. G. DeBoer and M. D. LaPrade, "Proc. 23rd Int. Congr. Pure Appl. Chem., Boston, 1971', Butterworths, London, 1971, vol. 6, p. 1.
93. A. Rettenheimer, K. Weidenhammer and M. L. Ziegler, *Z. Anorg. Allg. Chem.*, 1981, **473**, 91.
94. M. Sommer, K. Weidenhammer, H. Wienand and M. L. Ziegler, *Z. Naturforsch., Teil B*, 1978, **33**, 361.
95. E. Surcouf and P. Herpin, *C. R. Hebd. Seances Acad. Sci., Ser. C*, 1974, **278**, 507.
96. A. Barretta, F. G. N. Cloke, A. Feigenbaum, M. L. H. Green, A. Gourdon and K. Prout, *J. Chem. Soc., Chem. Commun.*, 1981, 156.
97. P. O. Tremmel, K. Weidenhammer, H. Wienand and M. L. Ziegler, *Z. Naturforsch., Teil B*, 1975, **30**, 699.
98. R. D. Adams, D. F. Chodosh, J. W. Faller and A. M. Rosan, *J. Am. Chem. Soc.*, 1979, **101**, 2570.
99. M. F. Lappert, P. L. Pye and G. M. McLaughlin, *J. Chem. Soc., Dalton Trans.*, 1977, 1272.
100. M. F. Lappert, P. L. Pye, A. J. Rogers and G. M. McLaughlin, *J. Chem. Soc., Dalton Trans.*, 1981, 701.
101. P. Brant, F. A. Cotton, J. C. Sekutowski, T. E. Wood and R. A. Walton, *J. Am. Chem. Soc.*, 1979, **101**, 6588.
102. R. A. Forder, G. D. Gale and K. Prout, *Acta Crystallogr.*, 1975, **B31**, 297.
103. M. A. Bush, V. R. Cook and P. Woodward, *Chem. Commun.*, 1967, 630*; M. A. Bush and P. Woodward, *J. Chem. Soc. (A)*, 1968, 1221.
104. J. A. K. Howard, R. F. D. Stansfield and P. Woodward, *J. Chem. Soc., Dalton Trans.*, 1976, 246.
105. M. D. Rausch, A. K. Ignatowicz, M. R. Churchill and T. A. O'Brien, *J. Am. Chem. Soc.*, 1968, **90**, 3242*; M. R. Churchill and T. A. O'Brien, *J. Chem. Soc. (A)*, 1969, 1110.
106. R. Hoxmeier, B. Deubzer and H. D. Kaesz, *J. Am. Chem. Soc.*, 1971, **93**, 536*; R. J. Hoxmeier, C. B. Knobler and H. D. Kaesz, *Inorg. Chem.*, 1979, **18**, 3462.
107. F. Richter and H. Vahrenkamp, *Angew. Chem.*, 1979, **91**, 566 (*Angew. Chem., Int. Ed. Engl.*, 1979, **18**, 531).
108. H. E. Sasse and M. L. Ziegler, *Z. Anorg. Allg. Chem.*, 1973, **402**, 129.
109. R. F. Adams and D. F. Chodosh, *J. Organomet. Chem.*, 1976, **122**, C11*; *Inorg. Chem.*, 1978, **17**, 41.
110. F. A. Cotton and M. D. LaPrade, *J. Am. Chem. Soc.*, 1968, **90**, 5418.
111. J. L. Calderon, F. A. Cotton and P. Legzdins, *J. Am. Chem. Soc.*, 1969, **91**, 2528.
112. E. M. Holt, S. L. Holt and K. J. Watson, *J. Chem. Soc., Dalton Trans.*, 1973, 2444.
113. K. R. Breakell, S. J. Rettig, D. L. Singbeil and A. Storr, *Can. J. Chem.*, 1978, **56**, 2099.
114. B. J. Brisdon and A. A. Woolf, *J. Chem. Soc., Dalton Trans.*, 1978, 291.
115. K. Prout, S. R. Critchley, E. Cannillo and V. Tazzoli, *Acta Crystallogr.*, 1977, **B33**, 456.
116. C. A. Kosky, P. Ganis and G. Avitabile, *Acta Crystallogr.*, 1971, **B27**, 1859; see also addendum, p. 2493.
117. R. M. Kirchner, J. A. Ibers, M. S. Saran and R. B. King, *J. Am. Chem. Soc.*, 1973, **95**, 5775*; R. M. Kirchner and J. A. Ibers, *Inorg. Chem.*, 1974, **13**, 1667.
118. K. S. Chong, S. J. Rettig, A. Storr and J. Trotter, *Can. J. Chem.*, 1979, **57**, 1335.
119. M. G. B Drew and J. D. Wilkins, *J. Chem. Soc., Dalton Trans.*, 1977, 194.
120. E. C. Guzman, G. Wilkinson, J. L. Atwood, R. D. Rogers, W. E. Hunter and M. J. Zaworotko, *J. Chem. Soc., Chem. Commun.*, 1978, 465*; *J. Chem. Soc., Dalton Trans.*, 1980, 229.
121. G. Schmid, K. Bartl and R. Boese, *Z. Naturforsch., Teil B*, 1977, **32**, 1277.
122. J. A. K. Howard, R. F. D. Stansfield and P. Woodward, *J. Chem. Soc., Dalton Trans.*, 1976, 246.
123. E. O. Fischer, G. Huttner, T. L. Lindner, A. Frank and F. R. Kreissl, *Angew. Chem.*, 1976, **88**, 163 (*Angew. Chem., Int. Ed. Engl.*, 1976, **15**, 157).
124. R. Battaglia, H. Kisch, C. Krüger and L.-K. Liu, *Z. Naturforsch., Teil B*, 1980, **35**, 719.
125. A. R. Davis, F. W. B. Einstein and J. D. Hazlett, *Acta Crystallogr.*, 1977, **B33**, 212.
126. R. St L. Bruce, M. K. Cooper, H. C. Freeman and B. C. McGrath, *Inorg. Chem.*, 1974, **13**, 1032.
127. A. J. Graham and R. H. Fenn, *J. Organomet. Chem.*, 1969, **17**, 405.
128. L. A. Paquette, J. M. Photis, J. Fayos and J. Clardy, *J. Am. Chem. Soc.*, 1974, **96**, 1217.
129. A. Kutoglu and H. Köpf, *J. Organomet. Chem.*, 1970, **25**, 455*; A. Kutoglu, *Z. Kristallogr.*, 1971, **132**, 437.
130. T. S. Cameron, C. K. Prout, G. V. Rees, M. L. H. Green, K. K. Joshi, G. R. Davies, B. T. Kilbourn, P. S. Braterman and V. A. Wilson, *Chem. Commun.*, 1971, 14*.
131. G. R. Davies and B. T. Kilbourn, *J. Chem. Soc. (A)*, 1971, 87.
132. M. M. Mickiewicz, C. L. Raston, A. H. White and S. B. Wild, *Aust. J. Chem.*, 1977, **30**, 1685.
133. H. M. M. Shearer and J. D. Sowerby, *J. Chem. Soc., Dalton Trans.*, 1973, 2629.
134. J. L. Templeton and B. C. Ward, *J. Am. Chem. Soc.*, 1980, **102**, 6568.
135. P. K. Baker, G. K. Barker, M. Green and A. J. Welch, *J. Am. Chem. Soc.*, 1980, **102**, 7811.
136. H. Beurich and H. Vahrenkamp, *Angew. Chem.*, 1981, **93**, 128 (*Angew. Chem., Int. Ed. Engl.*, 1981, **20**, 98).
137. G. Avitabile, P. Ganis and M. Nemiroff, *Acta Crystallogr.*, 1971, **B27**, 725.
138. J. R. Knox and C. K. Prout, *Chem. Commun.*, 1967, 1277*; *Acta Crystallogr.*, 1969, **B25**, 2013.
139. J. L. Davidson, M. Green, J. Z. Nyathi, C. Scott, F. G. A. Stone, A. J. Welch and P. Woodward, *J. Chem. Soc., Chem. Commun.*, 1976, 714*; M. Green, J. Z. Nyathi, C. Scott, F. G. A. Stone, A. J. Welch and P. Woodward, *J. Chem. Soc., Dalton Trans.*, 1978, 1067.
140. M. G. Reisner, I. Bernal, H. Brunner and J. Wachter, *J. Organomet. Chem.*, 1977, **137**, 329.
141. K. R. Breakell, S. J. Rettig, A. Storr and J. Trotter, *Can. J. Chem.*, 1979, **57**, 139.
142. M. Fild, W. Handke and W. S. Sheldrick, *Z. Naturforsch., Teil B*, 1980, **35**, 838.
143. J. L. Davidson, M. Green, D. W. A. Sharp, F. G. A. Stone and A. J. Welch, *J. Chem. Soc., Chem. Commun.*, 1974, 706*; *J. Chem. Soc., Dalton Trans.*, 1977, 287.

144. W. R. Cullen, A. W. Wu, A. R. Davis, F. W. B. Einstein and J. D. Hazlett, *Can. J. Chem.*, 1976, **54**, 2871.
145. A. Griffiths, *J. Cryst. Mol. Struct.*, 1971, **1**, 75.
146. A. A. Pasynskii, Y. V. Skripkin, I. L. Eremenko, V. T. Kalinnikov, G. G. Aleksandrov, V. G. Andrianov and Y. T. Struchkov, *J. Organomet. Chem.*, 1979, **165**, 49.
147. R. I. Mink, J. J. Welter, P. R. Young and G. D. Stucky, *J. Am. Chem. Soc.*, 1979, **101**, 6928.
148. W. Beck, W. Danzer, A. T. Liu and G. Huttner, *Angew. Chem.*, 1976, **88**, 511 (*Angew. Chem., Int. Ed. Engl.*, 1976, **15**, 495*); A. T. Liu, W. Beck, G. Huttner and H. Lorenz, *J. Organomet. Chem.*, 1977, **129**, 91.
149. R. D. Adams and D. F. Chodosh, *Inorg. Chem.*, 1978, **17**, 41.
150. F. A. Cotton, B. A. Frenz and A. G. Stanislowski, *Inorg. Chim. Acta*, 1973, **7**, 503.
151. K. Prout and G. V. Rees, *Acta Crystallogr.*, 1974, **B30**, 2249.
152. S. G. Davies, M. L. H. Green, K. Prout, A. Coda and V. Tazzoli, *J. Chem. Soc., Chem. Commun.*, 1977, 135*; A. Coda, K. Prout and V. Tazzoli, *Acta Crystallogr.*, 1979, **B35**, 1597.
153. R. G. Finke, G. Gaughan, C. Pierpont and M. E. Cass, *J. Am. Chem. Soc.*, 1981, **103**, 1394.
154. T. S. Cameron and C. K. Prout, *Chem. Commun.*, 1971, 161*; *Acta Crystallogr.*, 1972, **B28**, 453.
155. J. W. Faller and Y. Shvo, *J. Am. Chem. Soc.*, 1980, **102**, 5396.
156. E. Cannillo and K. Prout, *Acta Crystallogr.*, 1977, **B33**, 3916.
157. M. Tachikawa, A. C. Sievert, E. L. Muetterties, M. R. Thompson, C. S. Day and V. W. Day, *J. Am. Chem. Soc.*, 1980, **102**, 1725.
158. J. L. Davidson, M. Green, J. A. K. Howard, S. A. Mann, J. Z. Nyathi, F. G. A. Stone and P. Woodward, *J. Chem. Soc., Chem. Commun.*, 1975, 803.
159. A. J. Graham and R. H. Fenn, *J. Organomet. Chem.*, 1970, **25**, 173.
160. J. L. Calderon, F. A. Cotton and A. Shaver, *J. Organomet. Chem.*, 1972, **37**, 127.
161. E. M. Holt and S. L. Holt, *J. Chem. Soc., Dalton Trans.*, 1973, 1893.
162. B. Longato, J. R. Norton, J. C. Huffman, J. A. Marsella and K. G. Caulton, *J. Am. Chem. Soc.*, 1981, **103**, 209.
163. F. A. Cotton and V. W. Day, *J. Chem. Soc., Chem. Commun.*, 1974, 415.
164. F. A. Cotton, J. L. Calderon, M. Jeremic and A. Shaver, *J. Chem. Soc., Chem. Commun.*, 1972, 777*; F. A. Cotton, M. Jeremic and A. Shaver, *Inorg. Chim. Acta*, 1972, **6**, 543.
165. S. R. Allan, P. K. Baker, S. G. Barnes, M. Green, L. Trollope, L. Manojlovic-Muir and K. W. Muir, *J. Chem. Soc., Dalton Trans.*, 1981, 873.
166. R. H. Fenn and J. H. Cross, *J. Chem. Soc. (A)*, 1971, 3312.
167. H. Beurich and H. Vahrenkamp, *Angew. Chem.*, 1978, **90**, 915 (*Angew. Chem., Int. Ed. Engl.*, 1978, **17**, 863).
168. A. H. Connop. F. G. Kennedy, S. A. R. Knox, R. M. Mills, G. H. Riding and P. Woodward, *J. Chem. Soc., Chem. Commun.*, 1980, 518.
169. R. H. Fenn and A. J. Graham, *J. Organomet. Chem.*, 1972, **37**, 137.
170. F. A. Cotton, C. A. Murillo and B. R. Stults, *Inorg. Chim. Acta*, 1977, **22**, 75.
171. W. S. Sheldrick and A. Borkenstein, *Acta Crystallogr.*, 1977, **B33**, 2916.
172. M. H. Chisholm, J. C. Huffman and R. L. Kelly, *J. Am. Chem. Soc.*, 1979, **101**, 7615.
173. L. Ricard and R. Weiss, *Inorg. Nucl. Chem. Lett.*, 1974, **10**, 217.
174. A. J. Graham, D. Akrigg and B. Sheldrick, *Cryst. Struct. Commun.*, 1976, **5**, 891.
175. G. M. Reisner and I. Bernal, *J. Organomet. Chem.*, 1979, **173**, 53.
176. S. J. LaPlaca, I. Bernal, H. Brunner and W. A. Herrmann, *Angew. Chem.*, 1975, **87**, 379 (*Angew. Chem., Int. Ed. Engl.*, 1975, **14**, 353*); I. Bernal, S. J. LaPlaca, J. Korp, H. Brunner and W. A. Herrmann, *Inorg. Chem.*, 1978, **17**, 382.
177. F. A. Cotton, T. LaCour and A. G. Stanislowski, *J. Am. Chem. Soc.*, 1974, **96**, 754.
178. J. E. O'Connor and E. R. Corey, *J. Am. Chem. Soc.*, 1967, **89**, 3930.
179. F. Richter and H. Vahrenkamp, *Angew. Chem.*, 1980, **92**, 66 (*Angew. Chem., Int. Ed. Engl.*, 1980, **19**, 65).
180. H. Brunner, H. Schwägerl, J. Wachter, G. M. Reisner and I. Bernal, *Angew. Chem.*, 1978, **90**, 478 (*Angew. Chem., Int. Ed. Engl.*, 1978, **17**, 453).
181. M. G. B. Drew and J. D. Wilkins, *J. Chem. Soc., Dalton Trans.*, 1973, 2664.
182. E. Pfeiffer and K. Olie, *Cryst. Struct. Commun.*, 1975, **4**, 605.
183. J. C. Dewan, K. Henrick, D. L. Kepert, K. R. Trigwell, A. H. White and S. B. Wild, *J. Chem. Soc., Dalton Trans.*, 1975, 546.
184. A. G. Ginzburg, G. G. Aleksandrov, Y. T. Struchkov, V. N. Setkina and D. N. Kursanov, *J. Organomet. Chem.*, 1980, **199**, 229.
185. M. G. B. Drew and G. F. Griffin, *Acta Crystallogr.*, 1979, **B35**, 3036.
186. F. A. Cotton, B. A. Frenz and C. A. Murillo, *J. Am. Chem. Soc.*, 1975, **97**, 2118.
187. J. L. Davidson, M. Green, J. Z. Nyathi, F. G. A. Stone and A. J. Welch, *J. Chem. Soc., Dalton Trans.*, 1977, 2246.
188. F. A. Cotton and B. A. Frenz, *Acta Crystallogr.*, 1974, **B30**, 1772.
189. J. C. Calabrese, R. T. Oakley and R. West, *Can. J. Chem.*, 1979, **57**, 1909.
190. J. L. Atwood, W. E. Hunter, R. D. Rogers, E. Carmona-Guzman and G. Wilkinson, *J. Chem. Soc., Dalton Trans.*, 1979, 1519.
191. H. Luth, M. R. Truter and A. Robson, *Chem. Commun.*, 1967, 738*; *J. Chem. Soc. (A)*, 1969, 28.
192. I. W. Bassi and R. Scordamaglia, *J. Organomet. Chem.*, 1973, **51**, 273.
193. G. A. Sim, J. G. Sime, D. I. Woodhouse and G. R. Knox, *Acta Crystallogr.*, 1979, **B35**, 2403.
194. M. A. Bush, A. D. U. Hardy, L. Manojlovic-Muir and G. A. Sim, *J. Chem. Soc. (A)*, 1971, 1003.
195. H. Brunner, J. Wachter, I. Bernal and M. Creswick, *Angew. Chem.*, 1979, **91**, 920 (*Angew. Chem., Int. Ed. Engl.*, 1979, **18**, 861).
196. M. Green, N. C. Norman and A. G. Orpen, *J. Am. Chem. Soc.*, 1981, **103**, 1267.

197. K. Prout and G. V. Rees, *Acta Crystallogr.*, 1974, **B30**, 2717.
198. E. O. Fischer, H. Hollfelder, P. Friedrich, F. R. Kreissl and G. Huttner, *Chem. Ber.*, 1977, **110**, 3467.
199. M. Pfeffer, J. Fischer, A. Mitschler and L. Ricard, *J. Am. Chem. Soc.*, 1980, **102**, 6338.
200. M. G. B. Drew and J. D. Wilkins, *J. Chem. Soc., Dalton Trans.*, 1977, 557.
201. A. Mawby and G. E. Pringle, *J. Inorg. Nucl. Chem.*, 1972, **34**, 517.
202. M. B. Hossain and D. van der Helm, *Inorg. Chem.*, 1978, **17**, 2893.
203. M. R. Churchill and J. P. Fennessey, *Inorg. Chem.*, 1968, **7**, 953.
204. M. G. Reisner, I. Bernal, H. Brunner and J. Doppelberger, *J. Chem. Soc., Dalton Trans.*, 1978, 1664.
205. H. Brunner, G. Agrifoglio, I. Bernal and M. W. Creswick, *Angew. Chem.*, 1980, **92**, 645 (*Angew. Chem., Int. Ed. Engl.*, 1980, **19**, 641); *J. Organomet. Chem.*, 1980, **198**, C4.
206. C. C. Santini, J. Fischer, F. Mathey and A. Mitschler, *J. Am. Chem. Soc.*, 1980, **102**, 5809.
207. G. M. Reisner, I. Bernal, H. Brunner, M. Muschiol and B. Siebricht, *J. Chem. Soc., Chem. Commun.*, 1978, 691.
208. K. K. Cheung, T. F. Lai and K. S. Mok, *J. Chem. Soc. (A)*, 1971, 1644.
209. M. G. B. Drew, *J. Chem. Soc., Dalton Trans.*, 1972, 1329.
210. R. M. Foy, D. L. Kepert, C. L. Raston and A. H. White, *J. Chem. Soc., Dalton Trans.*, 1980, 440.
211. H. Brunner, M. Muschiol, I. Bernal and G. M. Reisner, *J. Organomet. Chem.*, 1980, **198**, 169.
212. F. W. B. Einstein and J. S. Field, *J. Chem. Soc., Dalton Trans.*, 1975, 1628.
213. D. S. Payne, J. A. A. Mokuolu and J. C. Speakman, *Chem. Commun.*, 1965, 599.
214. Y. Jeannin, unpublished results cited in J. Collins, J. L. Roustan and P. Cadiot, *C. R. Hebd. Seances Acad. Sci., Ser. C*, 1978, **286**, 529; S. Jeannin and Y. Jeannin, *J. Organomet. Chem.*, 1979, **178**, 309.
215. C. T. Lam, M. Novotny, D. L. Lewis and S. J. Lippard, *Inorg. Chem.*, 1978, **17**, 2127.
216. C. M. Giandomenico, J. C. Dewan and S. J. Lippard, *J. Am. Chem. Soc.*, 1981, **103**, 1407.
217. D. F. Lewis and S. J. Lippard, *Inorg. Chem.*, 1972, **11**, 621.
218. P. W. R. Corfield, L. M. Baltusis and S. J. Lippard, *Inorg. Chem.*, 1981, **20**, 922.
219. C. T. Lam, P. W. R. Corfield and S. J. Lippard, *J. Am. Chem. Soc.*, 1977, **99**, 617. M. Baltusis and S. J. Lippard, *Inorg. Chem.*, 1981, **20**, 922.
220. E. Rodulfo de Gil, A. V. Rivera and H. Nogura, *Acta Crystallogr.*, 1977, **B33**, 2653.
221. J. W. Faller, D. A. Haitko, R. D. Adams and D. F. Chodosh, *J. Am. Chem. Soc.*, 1977, **99**, 1654*; 1979, **101**, 865.
222. M. R. Churchill and S. W.-Y. Chang, *Inorg. Chem.*, 1975, **14**, 98.
223. J. H. Cross and R. H. Fenn, *J. Chem. Soc. (A)*, 1970, 3019.
224. R. Mason, K. M. Thomas and G. A. Heath, *J. Organomet. Chem.*, 1975, **90**, 195.
225. M. G. B. Drew, B. J. Brisdon and A. Day, *J. Chem. Soc., Dalton Trans.*, 1981, 1310.
226. G. R. Clark, C. M. Cochrane, P. W. Clark, A. J. Jones and P. Hanisch, *J. Organomet. Chem.*, 1979, **182**, C5.
227. L. Y. Y. Chan, W. K. Dean and W. A. G. Graham, *Inorg. Chem.*, 1977, **16**, 1067.
228. S. O. Grim, L. J. Matienzo, D. P. Shah, J. A. Statler and J. M. Stewart, *J. Chem. Soc., Chem. Commun.*, 1975, 928.
229. D. L. Lewis and S. J. Lippard, *J. Am. Chem. Soc.*, 1975, **97**, 2697; see also correction, p. 4788.
230. D. Fenske and A. Christidis, *Angew. Chem.*, 1981, **93**, 113 (*Angew. Chem., Int. Ed. Engl.*, 1981, **20**, 129).
231. W. R. Cullen, M. Williams, F. W. B. Einstein and C.-H. Wang, *J. Fluorine Chem.*, 1978, **11**, 365.
232. M. C. Favas, D. L. Kepert, B. W. Skelton and A. H. White, *J. Chem. Soc., Dalton Trans.*, 1980, 447.
233. K. K. Cheung, T. F. Lai and S. Y. Lam, *J. Chem. Soc. (A)*, 1970, 3345.
234. J. A. Segal, M. L. H. Green, J.-C. Daran and K. Prout, *J. Chem. Soc., Chem. Commun.*, 1976, 766*; K. Prout and J.-C. Daran, *Acta Crystallogr.*, 1977, **B33**, 2303.
235. M. G. B. Drew, I. B. Tomkins and R. Colton, *Aust. J. Chem.*, 1970, **23**, 2517.
236. A. T. McPhail, G. R. Knox, C. G. Robertson and G. A. Sim, *J. Chem. Soc. (A)*, 1971, 205.
237. H. P. M. M. Ambrosius, J. H. Noordik and G. J. A. Ariaans, *J. Chem. Soc., Chem. Commun.*, 1980, 832.
238. C. S. Kraihanzel, E. Sinn and G. M. Gray, *J. Am. Chem. Soc.*, 1981, **103**, 960.
239. M. G. B. Drew, A. W. Johans, A. P. Wolters and I. B. Tomkins, *Chem. Commun.*, 1971, 819*; M. G. B. Drew, *J. Chem. Soc., Dalton Trans.*, 1972, 626.
240. M. G. B. Drew, A. P. Wolters and I. B. Tomkins, *J. Chem. Soc., Dalton Trans.*, 1977, 974.
241. M. Sato, T. Tatsumi, T. Kodama, M. Hidai, T. Uchida and Y. Uchida, *J. Am. Chem. Soc.*, 1978, **100**, 4447.
242. T. Chandler, G. R. Kriek, A. M. Greenaway and J. H. Enemark, *Cryst. Struct. Commun.*, 1980, **9**, 557.
243. J. W. Byrne, J. R. M. Kress, J. A. Osborn, L. Ricard and R. E. Weiss, *J. Chem. Soc., Chem. Commun.*, 1977, 662.
244. J. Chatt, A. J. L. Pombeiro, R. L. Richards, G. H. D. Royston, K. W. Muir and R. Walker, *J. Chem. Soc., Chem. Commun.*, 1975, 708.
245. A. Efraty, J. A. Potenza, L. Zyontz, J. Daily, M. H. A. Huang and B. Toby, *J. Organomet. Chem.*, 1978, **145**, 315.

Mo₂ Dimolybdenum

Molecular formula	Structure	Notes	Ref.
$Mo_2C_8H_{24}^{4-}4LiC_4H_8O^+$	$[Li(THF)]_4[Mo_2Me_8]$		1
$Mo_2C_8I_2O_8$	$[MoI(CO)_4]_2$		2
$Mo_2C_{10}HO_{10}^-KC_{18}H_{36}N_2O_6^+$	$[K(crypt-222)][HMo_2(CO)_{10}]$		3
$Mo_2C_{10}HO_{10}^-C_{36}H_{30}NP_2^+$	$[PPN][HMo_2(CO)_{10}]$		3
$Mo_2C_{10}H_{10}Cl_3O_4^-MoC_{11}H_{14}N_3O_2^+$	$[Mo_2Cl_3(CO)_4(\eta\text{-}C_5H_5)_2]\text{-}[Mo(CO)_2(NCMe)_3(\eta\text{-}C_3H_5)]\cdot C_6H_6$		4
$Mo_2C_{10}H_{10}I_2O_3$	$\{MoIO(\eta\text{-}C_5H_5)\}_2O$		5
$Mo_2C_{10}H_{10}O_2S_2$	$\{MoO(\eta\text{-}C_5H_5)\}_2(\mu\text{-}S)_2$		6
$Mo_2C_{10}H_{10}O_4$	$\{MoO(\eta\text{-}C_5H_5)\}_2(\mu\text{-}O)_2$		7
$Mo_2C_{10}H_{30}N_4$	$[MoMe(NMe_2)_2]_2$		8
$Mo_2C_{10}O_{10}^{2-}2C_{36}H_{30}NP_2^+\cdot CH_2Cl_2$	$[PPN]_2[Mo_2(CO)_{10}]\cdot CH_2Cl_2$		9
$Mo_2C_{12}H_{14}S_4$	$\{MoS(\eta\text{-}C_5H_4Me)\}_2(\mu\text{-}S)_2$		10
$Mo_2C_{12}H_{16}I_2N_4O_2$	$\{MoI(NO)(\eta\text{-}C_5H_5)\}_2(\mu\text{-}NNMe_2)$		11
$Mo_2C_{12}H_{17}Cl_3OS_2\cdot 0.5C_7H_8$	$\{Mo_2Cl_3(\eta\text{-}C_5H_5)_2\}(\mu\text{-}OH)(\mu\text{-}SMe)_2\cdot 0.5PhMe$		12
$Mo_2C_{12}H_{20}$	$Mo_2(\eta\text{-}C_3H_5)_4$		13
$Mo_2C_{12}H_{20}Br_2O_4S_8$	$Mo_2Br_2\{S_2C(OEt)\}_4$		14
$Mo_2C_{12}H_{20}I_2O_4S_8$	$Mo_2I_2\{S_2C(OEt)\}_4$		14
$Mo_2C_{13}H_{15}NO_5$	$\{MoO(\eta\text{-}C_5H_5)\}_2(\mu\text{-}O)(\mu\text{-}NCO_2Et)$		15
$Mo_2C_{13}H_{19}Cl_3S_3$	$\{Mo_2Cl_3(\eta\text{-}C_5H_5)_2\}(\mu\text{-}SMe)_3$		12
$Mo_2C_{14}H_{10}O_4$	$[Mo(CO)_2(\eta\text{-}C_5H_5)]_2$		16
$Mo_2C_{14}H_{14}Cl_3^+BF_4^-$	$[Mo_2(\mu\text{-}Cl)_3(\eta\text{-}C_7H_7)_2][BF_4]$	213	17
$Mo_2C_{14}H_{14}Cl_3^+C_{12}ClF_{18}Mo^-$	$[Mo_2(\mu\text{-}Cl)_3(\eta\text{-}C_7H_7)_2][MoCl\{C_2(CF_3)_2\}_3]$		18
$Mo_2C_{14}H_{15}Cl_2O^+Cl^-\cdot Mo_4C_{28}H_{32}O_4\cdot C_6H_5Cl$	$[Mo_2(\mu\text{-}Cl)_2(\mu\text{-}OH)(\eta\text{-}C_7H_7)_2]Cl\cdot [Mo(\mu\text{-}OH)(\eta\text{-}C_7H_7)]_4\cdot PhCl$		19
$Mo_2C_{14}H_{16}BrO_2^+BF_4^-\cdot C_4H_8O$	$[Mo_2(\mu\text{-}Br)(\mu\text{-}OH)_2(\eta\text{-}C_7H_7)_2][BF_4]\cdot THF$		20
$Mo_2C_{14}H_{20}N_2O_2S_2$	$trans\text{-}[Mo(\mu\text{-}SEt)(NO)(\eta\text{-}C_5H_5)]_2$		21
$Mo_2C_{14}H_{20}S_4$	$[Mo(\mu\text{-}S)(\mu\text{-}SMe)(\eta\text{-}C_5H_4Me)]_2$		22
$Mo_2C_{14}H_{22}S_4$	$[Mo(\mu\text{-}SMe)_2(\eta\text{-}C_5H_5)]_2$		23
$Mo_2C_{14}H_{22}S_4^+F_6P^-$	$[\{Mo(\mu\text{-}SMe)_2(\eta\text{-}C_5H_5)\}_2][PF_6]$		23
$Mo_2Ni_4C_{14}O_{14}^{2-}2C_8H_{20}N^+$	$[NEt_4]_2[Mo_2Ni_4(CO)_{14}]$		24
$Mo_2C_{15}H_{10}NO_4^-C_8H_{20}N^+$	$[NEt_4][Mo_2(\mu\text{-}CN)(CO)_4(\eta\text{-}C_5H_5)_2]$		25
$Mo_2C_{16}H_8O_6$	$\{Mo_2(CO)_6\}(\mu\text{-}\eta^5,\eta^5\text{-}C_{10}H_8)$	a	26–28
$Mo_2HgC_{16}H_{10}O_6$	$\{Mo(CO)_3(\eta\text{-}C_5H_5)\}_2Hg$		29
$Mo_2C_{16}H_{10}O_6$	$[Mo(CO)_3(\eta\text{-}C_5H_5)]_2$		30, 31
$Mo_2ZnC_{16}H_{10}O_6$	$\{Mo(CO)_3(\eta\text{-}C_5H_5)\}_2Zn$		32
$Mo_2C_{16}H_{12}O_4$	$\{Mo(CO)_2(\eta\text{-}C_5H_5)\}_2(\mu\text{-}C_2H_2)$		33, 34
$Mo_2C_{16}H_{16}O_4P^-AsC_{24}H_{20}^+$	$[AsPh_4][Mo_2(\mu\text{-}PMe_2)(CO)_4(\eta\text{-}C_5H_5)_2]$		35
$Mo_2C_{16}H_{17}O_4P$	$HMo_2(\mu\text{-}PMe_2)(CO)_4(\eta\text{-}C_5H_5)_2$	X, N	36–38
$Mo_2C_{16}H_{20}N_2O_6$	$\{MoO(\eta\text{-}C_5H_5)\}_2(\mu\text{-}NCO_2Et)_2$		15
$Mo_2C_{16}H_{20}O_8P_2$	$[Mo(\mu\text{-}PEt_2)(CO)_4]_2$		39
$Mo_2C_{16}H_{22}S_4^+BF_4^-$	$[\{Mo(\mu\text{-}S_2C_3H_6)(\eta\text{-}C_5H_5)\}_2][BF_4]$	b	40
$Mo_2C_{16}H_{24}N_2O_2S_2$	$cis\text{-}[Mo(\mu\text{-}SPr^i)(NO)(\eta\text{-}C_5H_5)]_2$		21
$Mo_2C_{16}H_{36}Cl_3O_{16}P_4^{n+}\cdot MoC_2H_6Cl_4O_4P^{n-}$	$[Mo_2Cl_3(CO)_4\{P(OMe)_3\}_4]\text{-}[MoOCl_4\{OP(OMe)_2\}]$		41
$Mo_2C_{16}H_{40}P_4$	$Mo_2\{(CH_2)_2PMe_2\}_4$		42
$Mo_2Ni_3C_{16}O_{16}^{2-}2C_{36}H_{30}NP_2^+$	$[PPN]_2[Mo_2Ni_3(CO)_{16}]$		24
$Mo_2C_{17}H_{13}NO_5$	$Mo_2(CO)_5(CNMe)(\eta\text{-}C_5H_5)_2$		43
$Mo_2C_{17}H_{14}O_4$	$\{Mo(CO)_2(\eta\text{-}C_5H_5)\}_2(\mu\text{-}\eta^2,\eta^2\text{-}CH_2{=}C{=}CH_2)$		44
$Mo_2C_{17}H_{16}N_2O_4$	$\{Mo(CO)_2(\eta\text{-}C_5H_5)\}_2(\mu\text{-}\eta^1,\eta^2\text{-}N{\equiv}CNMe_2)$		45
$Mo_2C_{18}H_{12}O_6$	$\{Mo_2(CO)_6\}(\mu\text{-}\eta^6,\eta^6\text{-}C_{12}H_{12})$	c	46
$Mo_2C_{18}H_{13}F_3O_6$	$Mo_2\{OC(O)CF_3\}(CO)_4(\mu\text{-}CH{=}CH_2)(\eta\text{-}C_5H_5)$		47
$Mo_2C_{18}H_{20}O_{10}P_2$	$\{Mo(CO)_5\}_2(\mu\text{-}P_2Et_4)$		48
$Mo_2C_{18}H_{22}Cl_2$	$[MoCl(\eta\text{-}C_3H_5)(\eta\text{-}C_6H_6)]_2$		49
$Mo_2C_{18}H_{26}Cl_4S_2\cdot 0.5CH_2Cl_2$	$\{MoCl_2(\eta\text{-}C_5H_4Bu^t)\}_2(\mu\text{-}S)_2\cdot 0.5CH_2Cl_2$		50
$Mo_2C_{18}H_{28}N_2S_2$	$[Mo(\mu\text{-}S)(NBu^t)(\eta\text{-}C_5H_5)]_2$		51
$Mo_2C_{18}H_{28}S_4^{2+}\cdot 2BC_{24}H_{20}^-$	$[\{Mo(\mu\text{-}SMe)_2(\eta\text{-}PhMe)\}_2][BPh_4]_2$		52
$Mo_2Si_2C_{18}H_{46}O_4P_2$	$[Mo(CH_2SiMe_3)(\mu\text{-}OAc)(PMe_3)]_2$		53, 54
$Mo_2C_{19}H_{18}O_4$	$\{Mo(CO)_2(\eta\text{-}C_5H_5)\}_2(\mu\text{-}\eta^1,\eta^3\text{-}CHCHCMe_2)$		55
$Mo_2C_{19}H_{23}O_5$	$\{Mo(CO)_2(\eta^3\text{-}C_7H_7)\}(\mu\text{-}OMe)_3\{Mo(\eta^7\text{-}C_7H_7)\}$		56
$Mo_2C_{20}H_{16}O_4$	$\{Mo(CO)_4\}(\mu\text{-}\eta^3,\eta^3\text{-}C_8H_8)_2$		57
$Mo_2C_{20}H_{18}$	$[Mo(\mu\text{-}\eta^1,\eta^5\text{-}C_5H_4)(\eta\text{-}C_5H_5)]_2$		58
$Mo_2C_{20}H_{18}O_2$	$\{Mo(CO)(\eta\text{-}C_5H_5)\}_2(\mu\text{-}C_8H_8)$	d	59
$Mo_2C_{20}H_{18}O_2$	$\{Mo(CO)(\eta\text{-}C_5H_5)\}_2(\mu\text{-}C_8H_8)$	e	59
$Mo_2C_{20}H_{20}O^{2+}2F_6P^-\cdot 0.5H_2O$	$[Mo_2(\mu\text{-}H)(\mu\text{-}OH)(\mu\text{-}\eta^5,\eta^5\text{-}C_{10}H_8)\text{-}(\eta\text{-}C_5H_5)_2][PF_6]\cdot 0.5H_2O$	f	60
$Mo_2C_{20}H_{20}O_4$	$\{Mo(CO)_2(\eta\text{-}C_5H_5)\}_2(\mu\text{-}C_2Et_2)$		34, 61

Molecular formula	Structure	Notes	Ref.
$Mo_2C_{20}H_{20}O_4P^{2+}2F_6P^-$	$Mo(\eta-C_5H_5)_2(\mu-O_2PO_2)Mo(\eta-C_5H_5)_2][PF_6]_2$		62
$Mo_2C_{20}H_{28}O_2S_2$	$[Mo(\mu-SBu^t)(CO)(\eta-C_5H_5)]_2$		63
$Mo_2Si_2C_{20}H_{40}Cl_2O_6P_2$	$[Mo(\mu-Cl)(COCH_2SiMe_3)(CO)_2(PMe_3)]_2$		64
$Mo_2C_{20}H_{48}N_4$	$[MoMe_2(\mu-NBu^t)(NBu^t)]_2$	178	65
$Mo_2Re_2C_{21}H_{10}O_{11}S_2$	$\{MoRe_2(CO)_8(\eta-C_5H_5)\}(\mu-S)\{\mu-SMo(CO)_3-(\eta-C_5H_5)\}$		66
$Mo_2C_{21}H_{18}O_6$	$\{Mo_2(CO)_6\}(\mu-C_{15}H_{18})$	g	67
$Mo_2Si_3C_{21}H_{60}P_3$	$Mo_2\{\mu-(CH_2)_2SiMe_2\}(CH_2SiMe_3)_2(PMe_3)_2$		53
$Mo_2C_{22}H_{20}O_2$	$\{Mo(CO)(\eta-C_5H_5)\}_2(\mu-C_{10}H_{10})$	h	68
$Mo_2C_{22}H_{20}O_3S_2 \cdot 2Mo_2C_{26}H_{20}O_4S_2$	$\{MoO(SPh)(\eta-C_5H_5)\}_2O \cdot 2[Mo(\mu-SPh)(CO)_2-(\eta-C_5H_5)]_2$		63
$Mo_2C_{22}H_{32}N_4O_6$	$Mo_2(CO)_6(\mu-iae)$	i	69
$Mo_2AsC_{22}H_{34}O_4P_2^+ MoC_8H_5O_3^-$	$[\{Mo(CO)_2(PMe_3)(\eta-C_5H_5)\}_2AsMe_2][Mo(CO)_3(\eta-C_5H_5)]$		70
$Mo_2C_{22}H_{34}O_3S_3$	$\{Mo(CO)_3\}(\mu-SBu^t)_3\{Mo(\eta-C_7H_7)\}$		71
$Mo_2C_{22}H_{42}O_6P_4$	$[Mo(\mu-PMe_2)(CO)_3(PEt_3)]_2$		72
$Mo_2C_{24}H_{24}$	$\{Mo(\eta^4-C_8H_8)\}_2(\mu-\eta^4,\eta^4-C_8H_8)$		73
$Mo_2Hg_4C_{24}H_{24}Cl_8O_6$	$[Mo(HgCl_2)_2(CO)_3(\eta-C_6H_3Me_3-1,3,5)]_2$		74
$Mo_2C_{24}H_{26}O_4S$	$[Mo(CO)_2(\eta-C_5H_5)]_2(\mu-C_{10}H_{16}S)$	j	75
$Mo_2Zn_2C_{24}H_{30}Cl_2O_8$	$[Mo\{ZnCl(OEt_2)\}(CO)_3(\eta-C_5H_5)]_2$		76
$Mo_2NiC_{24}H_{32}S_4^{2+}2BF_4^-$	$[Ni\{(\mu-SMe)_2Mo(\eta-C_5H_5)_2\}_2][BF_4]_2$		77
$Mo_2C_{24}H_{43}O_5PS_3$	$\{Mo(CO)_2[P(OMe)_3]\}(\mu-SBu^t)_3\{Mo(\eta-C_7H_7)\}$		78
$Mo_2C_{24}H_{44}N_4O_4S_8 \cdot CH_2Cl_2$	$[Mo(CO)_2(S_2CNEt_2)_2]_2(\mu-N_2H_4) \cdot CH_2Cl_2$		79
$Mo_2Si_6C_{24}H_{66}$	$Mo_2(CH_2SiMe_3)_6$		80
$Mo_2Al_3C_{25}H_{35}$	$Mo_2\{\mu-H_2AlMe_2\}\{\mu-AlMe(\eta-C_5H_4)_2AlMe_2\}-(\eta-C_5H_5)_2$		81,82
$Mo_2C_{25}H_{54}O_7$	$Mo_2(\mu-CO)(\mu-OBu^t)_2(OBu^t)_4$		83
$Mo_2C_{26}H_{20}O_4S_2$	$[Mo(CO)_2(\mu-SPh)(\eta-C_5H_5)]_2$		84
$Mo_2C_{26}H_{20}O_4S_2 \cdot 0.5Mo_2C_{22}H_{20}O_3S_2$	$[Mo(CO)_2(\mu-SPh)(\eta-C_5H_5)]_2 \cdot 0.5\{MoO(SPh)(\eta-C_5H_5)\}_2O$		63
$Mo_2C_{26}H_{31}N_2O_4S_2^+F_6P^-$	$[H\{Mo[NH_2CH(CH_2S)CO_2](\eta-C_5H_5)\}_2][PF_6]$		85
$Mo_2C_{26}H_{33}O_5P$	$\{Mo_2(CO)_5(PEt_3)\}(\mu-C_{15}H_{18})$	g, k	86
$Mo_2C_{26}H_{33}O_5P$	$\{Mo_2(CO)_5(PEt_3)\}(\mu-C_{15}H_{18})$	g, l	86
$Mo_2C_{26}H_{34}$	$Mo_2(\mu-C_8Me_8)(\eta-C_5H_5)_2$		87
$Mo_2Al_4C_{26}H_{34}$	$[Mo\{\mu-AlMe(\eta-C_5H_4)_2AlMe_2\}]_2$		82
$Mo_2C_{26}H_{35}C_4HF_6O_4^-$	$[HMo_2(\mu-C_8Me_8)(\eta-C_5H_5)_2][H(CF_3CO_2)_2]$		87
$Mo_2C_{27}H_{16}O_9P^- C_8H_{20}N^+$	$[NEt_4][HMo_2(CO)_9(PPh_3)]$		88
$Mo_2C_{27}H_{20}N_2O_4$	$\{Mo(CO)_2(\eta-C_5H_5)\}_2(\mu-N=NCPh_2)$		89
$Mo_2C_{28}H_{20}O_4$	$\{Mo(CO)_2(\eta-C_5H_5)\}_2(\mu-C_2Ph_2)$		34
$Mo_2SnC_{28}H_{20}O_6$	$\{Mo(CO)_3(\eta-C_5H_5)\}_2SnPh_2$	m	90
$Mo_2C_{28}H_{22}O_3Se_3$	$(\eta-C_7H_7)Mo(\mu-SePh)_3Mo(CO)_3$		91
$Mo_2C_{28}H_{22}O_6$	$\{MoMe(CO)_3\}_2(\mu-\eta^5,\eta^5-C_{20}H_{16})$	n	92
$Mo_2Pd_2C_{28}H_{40}O_6P_2$	$Mo_2Pd_2(CO)_6(PEt_3)_2(\eta-C_5H_5)_2$		93
$Mo_2Pt_2C_{28}H_{40}O_6P_2$	$Mo_2Pt_2(CO)_6(PEt_3)_2(\eta-C_5H_5)_2$		94
$Mo_2C_{28}H_{56}N_4S_8$	$[Mo(\mu-S)(\eta^2-S=CNPr_2)(S_2CNPr_2)]_2$		95
$Mo_2C_{29}H_{24}O_4$	$\{Mo(CO)_2(\eta-C_5H_5)\}_2\{\mu-C(Tol)_2\}$		89
$Mo_2C_{30}H_{30}O_{12} \cdot 2CH_2Cl_2$	$\{Mo(\eta-C_5H_5)\}_2\{\mu-C_8H_2(CO_2Me)_6\} \cdot 2CH_2Cl_2$	o	96
$Mo_2As_8C_{30}H_{56}O_6$	$Mo_2(CO)_6(\mu-As_8Pr_8)$		97
$Mo_2C_{30}H_{56}N_2P_4$	$\{Mo(dmpe)(\eta-C_6H_3Me_3-1,3,5)\}_2(\mu-N_2)$		98
$Mo_2NiC_{31}H_{17}O_{13}P_3$	$\{Mo(CO)_5\}_2\{\mu-H_2P_3Ph_3[Ni(CO)_3]\}$		99
$Mo_2C_{32}H_{36}O_8$	$Mo_2\{C_6H_3(OMe)_2-2,6\}_4$		100
$Mo_2PtC_{32}H_{38}N_2O_7 \cdot 0.5C_6H_{12}$	$trans-\{Mo(CO)_3(\eta-C_5H_5)\}_2Pt(CNCy)\{C(OEt)-(NHCy)\} \cdot 0.5C_6H_{12}$		101
$Mo_2C_{34}H_{27}O_8P_2^- C_8H_{20}N^+$	$[NEt_4][HMo_2(CO)_8(PMePh_2)_2]$		102
$Mo_2Mg_4C_{34}H_{56}Br_4O_2$	$[HMo(MgPr^i)\{Mg(OEt_2)\}Br_2(\eta-C_5H_5)_2]_2$	p	103
$Mo_2MgC_{36}H_{30}N_4O_6$	$\{Mo(CO)_3(\eta-C_5H_5)\}_2Mg(py)_4$		104
$Mo_2Mg_4C_{40}H_{62}Br_4O_2 \cdot C_4H_{10}O$	$[HMo(MgCy)\{Mg(OEt_2)\}Br_2(\eta-C_5H_5)_2]_2 \cdot Et_2O$		103, 105
$Mo_2C_{50}H_{40}N_2O_8P_2S_2 \cdot 2CH_2Cl_2$	$[Mo(\mu-\eta^1,\eta^2-O=SO)(CO)_2(py)(PPh_3)]_2 \cdot 2CH_2Cl_2$		106
$Mo_2C_{52}H_{66}O_8P_6$	$[Mo(CO_3)(CO)(PMe_2Ph)_3]_2$		107
$Mo_2C_{58}H_{114}N_2O_4P_4$	$\{Mo(CO)_2(PBu_3)_2\}_2(\mu-\eta^1,\eta^2-CH_2=CHCN)_2$		108
$Mo_2C_{60}H_{40}Br_2O_4$	$[MoBr(CO)_2(\eta^4-C_4Ph_4)]_2$		109
$Mo_2C_{60}H_{48}N_3O_6P_3 \cdot 0.5C_4H_8O$	$\{Mo_2(CO)_6\}(\mu-HNPPh_3)_3 \cdot 0.5THF$		110
$Mo_2C_{60}H_{52}N_4O_4P_4S_4 \cdot 4CH_2Cl_2$	$[Mo(CO)_2\{SC(PPh_2)(NMe_2)\}\{\mu-SC(NMe_2)-(PPh_2)\}]_2 \cdot 4CH_2Cl_2$		111
$Mo_2C_{74}H_{50}O_4 \cdot 0.4CHCl_3$	$\{Mo(CO)(\eta^4-C_4Ph_4)\}(\mu-C_2Ph_2)\{(\eta^{-4}-C_4Ph_4CO)-Mo(CO)_2\} \cdot 0.4CHCl_3$		112

[a] $C_{10}H_8$ = azulene. [b] $S_2C_3H_6$ = 1,2-propanedithiolate. [c] $C_{12}H_{12}$ = 1,6-dihydroheptalene. [d] Purple isomer. [e] Orange isomer. [f] $C_{10}H_8$ = fulvalene. [g] $C_{15}H_{18}$ = 1,4-Me$_2$-7-Pr^i-azulene. [h] $C_{10}H_{10}$ = 7,8,9,10-η^4-bicyclo[4.2.2]deca-2,4,7,9-tetraene. [i] iae = 1-(Pr^i-amino)-2-(Pr^i-imino)ethane-N,N'. [j] $C_{10}H_{16}S$ = thiocamphor. [k] Black isomer. [l] Dark red isomer. [m] Mo—Sn bond length reported. [n] $C_{20}H_{16}$ = 4,4'-biazulenyl. [o] $C_8H_2(CO_2Me)_6$

= 1,2,3,6,7,8-η^6:1,4,5,8-η^4-1,2,3,4,7,8-(CO$_2$Me)$_6$-octa-2,4,6-triene-1,8-diylidene.   p Incomplete refinement because of decomposition.

1. F. A. Cotton, J. M. Troup, T. R. Webb, D. H. Williamson and G. Wilkinson, *J. Am. Chem. Soc.*, 1974, **96**, 3824.
2. U. Müller and R. Boese, unpublished work cited in G. Schmid, R. Boese and E. Welz, *Chem. Ber.*, 1975, **108**, 260*; R. Boese and U. Müller, *Acta Crystallogr.*, 1976, **B32**, 582.
3. J. L. Petersen, A. Masino and R. P. Stewart, *J. Organomet. Chem.*, 1981, **208**, 55.
4. M. G. B. Drew, B. J. Brisdon and M. Cartwright, *Inorg. Chim. Acta*, 1979, **36**, 127.
5. K. Prout and C. Couldwell, *Acta Crystallogr.*, 1980, **B36**, 1481.
6. D. L. Stevenson and L. F. Dahl, *J. Am. Chem. Soc.*, 1967, **89**, 3721.
7. C. Couldwell and K. Prout, *Acta Crystallogr.*, 1978, **B34**, 933.
8. M. H. Chisholm, F. A. Cotton, M. W. Extine and C. A. Murillo, *Inorg. Chem.*, 1978, **17**, 2338.
9. L. B. Handy, J. K. Ruff and L. F. Dahl, *J. Am. Chem. Soc.*, 1970, **92**, 7312.
10. J.-C. Daran, K. Prout, G. J. S. Adam, M. L. H. Green and J. Sala-Pala, *J. Organomet. Chem.*, 1977, **131**, C40*; K. Prout and J.-C. Daran, *Acta Crystallogr.*, 1978, **B34**, 3586.
11. W. G. Kita, J. A. McCleverty, B. E. Mann, D. Seddon, G. A. Sim and D. I. Woodhouse, *J. Chem. Soc., Chem. Commun.*, 1974, 132*; P. R. Mallinson, G. A. Sim and D. I. Woodhouse, *Acta Crystallogr.*, 1980, **B36**, 450.
12. C. Couldwell, B. Meunier and K. Prout, *Acta Crystallogr.*, 1979, **B35**, 603.
13. F. A. Cotton and J. R. Pipal, *J. Am. Chem. Soc.*, 1971, **93**, 5441.
14. F. A. Cotton, M. W. Extine and R. H. Niswander, *Inorg. Chem.*, 1978, **17**, 692.
15. R. Korswagen, K. Weidenhammer and M. L. Ziegler, *Acta Crystallogr.*, 1979, **B35**, 2554.
16. R. J. Klingler, W. Butler and M. D. Curtis, *J. Am. Chem. Soc.*, 1975, **97**, 3535*; 1978, **100**, 5034.
17. N. W. Alcock, *Acta Crystallogr.*, 1977, **B33**, 2943.
18. R. Bowerbank, M. Green, H. P. Kirsch, A. Mortreux, L. E. Smart and F. G. A. Stone, *J. Chem. Soc., Chem. Commun.*, 1977, 245.
19. C. Couldwell and K. Prout, *Acta Crystallogr.*, 1978, **B34**, 2439.
20. A. J. Welch, *Inorg. Chim. Acta*, 1977, **24**, 97.
21. G. R. Clark, D. Hall and K. Marsden, *J. Organomet. Chem.*, 1979, **177**, 411.
22. M. R. DuBois, M. C. Van Derveer, D. L. DuBois, R. C. Haltiwanger and W. K. Miller, *J. Am. Chem. Soc.*, 1980, **102**, 7456.
23. N. G. Connelly and L. F. Dahl, *J. Am. Chem. Soc.*, 1970, **92**, 7470.
24. J. K. Ruff, R. P. White and L. F. Dahl, *J. Am. Chem. Soc.*, 1971, **93**, 2159.
25. M. D. Curtis, K. R. Han and W. M. Butler, *Inorg. Chem.*, 1980, **19**, 2096.
26. M. R. Churchill and P. H. Bird, *Chem. Commun.*, 1967, 746.
27. J. S. McKechnie and I. C. Paul, *Chem. Commun.*, 1967, 747.
28. A. W. Schlueter and R. A. Jacobson, *Inorg. Chim. Acta*, 1968, **2**, 241.
29. M. M. Mickiewicz, C. L. Raston, A. H. White and S. B. Wild, *Aust. J. Chem.*, 1977, **30**, 1685.
30. F. C. Wilson and D. P. Shoemaker, *J. Chem. Phys.*, 1957, **27**, 809.
31. R. D. Adams, D. M. Collins and F. A. Cotton, *Inorg. Chem.*, 1974, **13**, 1086.
32. J. St Denis, W. Butler, M. D. Glick and J. P. Oliver, *J. Am. Chem. Soc.*, 1974, **96**, 5427.
33. W. I. Bailey, D. M. Collins and F. A. Cotton, *J. Organomet. Chem.*, 1977, **135**, C53*.
34. W. I. Bailey, M. H. Chisholm, F. A. Cotton and L. A. Rankel, *J. Am. Chem. Soc.*, 1978, **100**, 5764.
35. J. L. Petersen and R. P. Stewart, *Inorg. Chem.*, 1980, **19**, 186.
36. R. J. Doedens and L. F. Dahl, *J. Am. Chem. Soc.*, 1965, **87**, 2576 (X).
37. J. L. Petersen, L. F. Dahl and J. M. Williams, *J. Am. Chem. Soc.*, 1974, **96**, 6610; *Adv. Chem. Ser.*, 1978, **167**, 11 (N).
38. J. L. Petersen and J. M. Williams, *Inorg. Chem.*, 1978, **17**, 1308 (X, N).
39. L. R. Nassimbeni, *Inorg. Nucl. Chem. Lett.*, 1971, **7**, 909; M. H. Linck and L. R. Nassimbeni, *Inorg. Nucl. Chem. Lett.*, 1973, **9**, 1105.
40. M. R. DuBois, R. C. Haltiwanger, D. J. Miller and G. Glatzmaier, *J. Am. Chem. Soc.*, 1979, **101**, 5245.
41. M. G. B. Drew and J. D. Wilkins, *J. Chem. Soc., Dalton Trans.*, 1975, 1984.
42. F. A. Cotton, B. E. Hanson, W. H. Ilsley and G. W. Rice, *Inorg. Chem.*, 1979, **18**, 2713.
43. R. D. Adams, M. Brice and F. A. Cotton, *J. Am. Chem. Soc.*, 1973, **95**, 6594.
44. M. H. Chisholm, L. A. Rankel, W. I. Bailey, F. A. Cotton and C. A. Murillo, *J. Am. Chem. Soc.*, 1977, **99**, 1261*; 1978, **100**, 802.
45. M. H. Chisholm, F. A. Cotton, M. W. Extine and L. A. Rankel, *J. Am. Chem. Soc.*, 1978, **100**, 807.
46. P. F. Lindley and O. S. Mills, *J. Chem. Soc. (A)*, 1969, 1286.
47. J. A. Beck, S. A. R. Knox, G. H. Riding, G. E. Taylor and M. J. Winter, *J. Organomet. Chem.*, 1980, **202**, C49.
48. L. R. Nassimbeni, *Inorg. Nucl. Chem. Lett.*, 1971, **7**, 187.
49. K. Prout and G. V. Rees, *Acta Crystallogr.*, 1974, **B30**, 2251.
50. B. Meunier and K. Prout, *Acta Crystallogr.*, 1979, **B35**, 172.
51. L. F. Dahl, P. D. Frisch and G. R. Gust, in 'Chemistry and Uses of Molybdenum, Proc. 1st Int. Conf., Reading, 1973', ed. P. C. H. Mitchell, p. 134; *J. Less Common Met.*, 1974, **36**, 255.
52. W. E. Silverthorn, C. Couldwell and K. Prout, *J. Chem. Soc., Chem. Commun.*, 1978, 1009.
53. K. M. A. Malik and M. B. Hursthouse, unpublished work cited in R. A. Andersen, R. A. Jones and G. Wilkinson, *J. Chem. Soc., Dalton Trans.*, 1978, 466*.
54. M. B. Hursthouse and K. M. A. Malik, *Acta Crystallogr.*, 1979, **B35**, 2709.
55. G. K. Barker, W. E. Carroll, M. Green and A. J. Welch, *J. Chem. Soc., Chem. Commun.*, 1980, 1071.
56. D. Mohr, H. Wienand and M. L. Ziegler, *J. Organomet. Chem.*, 1977, **134**, 281*; B. Kanellakopulos, D. Nöthe, K. Weidenhammer, H. Wienand and M. L. Ziegler, *Angew. Chem.*, 1977, **89**, 271 (*Angew. Chem., Int. Ed. Engl.*, 1977, **16**, 261)*; K. Weidenhammer and M. L. Ziegler, *Z. Anorg. Allg. Chem.*, 1979, **455**, 43.

57. A. H. Connop, F. G. Kennedy, S. A. R. Knox and G. H. Riding, *J. Chem. Soc., Chem. Commun.*, 1980, 520.
58. B. Meunier and K. Prout, *Acta Crystallogr.*, 1979, **B35**, 2558.
59. R. Goddard, S. A. R. Knox, F. G. A. Stone, M. J. Winter and P. Woodward, *J. Chem. Soc., Chem. Commun.*, 1976, 559.
60. N. J. Cooper, M. L. H. Green, C. Couldwell and K. Prout, *J. Chem. Soc., Chem. Commun.*, 1977, 145*; K. Prout and M. C. Couldwell, *Acta Crystallogr.*, 1977, **B33**, 2146.
61. W. I. Bailey, F. A. Cotton, J. D. Jamerson and J. R. Kolb, *J. Organomet. Chem.*, 1976, **121**, C23*.
62. K. Prout, M. C. Couldwell and R. A. Forder, *Acta Crystallogr.*, 1977, **B33**, 218.
63. I. B. Benson, S. D. Killops, S. A. R. Knox and A. J. Welch, *J. Chem. Soc., Chem. Commun.*, 1980, 1137.
64. E. C. Guzman, G. Wilkinson, J. L. Atwood, R. D. Rogers, W. E. Hunter and M. J. Zaworotko, *J. Chem. Soc., Chem. Commun.*, 1978, 465*; *J. Chem. Soc., Dalton Trans.*, 1980, 229.
65. W. A. Nugent and R. L. Harlow, *J. Am. Chem. Soc.*, 1980, **102**, 1759.
66. P. J. Vergamini, H. Vahrenkamp and L. F. Dahl, *J. Am. Chem. Soc.*, 1971, **93**, 6326.
67. M. R. Churchill and P. H. Bird, *Chem. Commun.*, 1967, 746*; *Inorg. Chem.*, 1968, **7**, 1545.
68. S. A. R. Knox, R. F. D. Stansfield, F. G. A. Stone, M. J. Winter and P. Woodward, *J. Chem. Soc., Chem. Commun.*, 1979, 934.
69. L. H. Staal, A. Oskam, K. Vrieze, E. Roosendaal and H. Schenk, *Inorg. Chem.*, 1979, **18**, 1634.
70. R. Janta, W. Albert, H. Rössner, W. Malisch, H.-J. Langenbach, E. Röttinger and H. Vahrenkamp, *Chem. Ber.*, 1980, **113**, 2729.
71. D. Mohr, H. Wienand and M. L. Ziegler, *J. Organomet. Chem.*, 1977, **134**, 281 (D)*; K. Weidenhammer and M. L. Ziegler, *Z. Anorg. Allg. Chem.*, 1979, **455**, 29.
72. R. H. B. Mais, P. G. Owston and D. T. Thompson, *J. Chem. Soc. (A)*, 1967, 1735.
73. F. A. Cotton, S. A. Koch, A. J. Schultz and J. M. Williams, *Inorg. Chem.*, 1978, **17**, 2093.
74. A. M. Ciplys, R. J. Geue and M. R. Snow, *J. Chem. Soc., Dalton Trans.*, 1976, 35.
75. H. Alper, N. D. Silavwe, G. I. Birnbaum and F. R. Ahmed, *J. Am. Chem. Soc.*, 1979, **101**, 6582.
76. J. St Denis, W. Butler, M. D. Glick and J. P. Oliver, *J. Am. Chem. Soc.*, 1974, **96**, 5427.
77. K. Prout, S. R. Critchley and G. V. Rees, *Acta Crystallogr.*, 1974, **B30**, 2305.
78. I. B. Benson, S. A. R. Knox, P. J. Naish and A. J. Welch, *J. Chem. Soc., Chem. Commun.*, 1978, 878.
79. J. A. Broomhead, J. Budge, J. H. Enemark, R. D. Feltham, J. I. Gelder and P. L. Johnson, *Adv. Chem. Ser.*, 1977, **162**, 421.
80. F. Huq, W. Mowat, A. Shortland, A. C. Skapski and G. Wilkinson, *Chem. Commun.*, 1971, 1079.
81. R. A. Forder, M. L. H. Green, R. E. MacKenzie, J. S. Poland and K. Prout, *J. Chem. Soc., Chem. Commun.*, 1973, 426*; R. A. Forder and K. Prout, *Acta Crystallogr.*, 1974, **B30**, 2312.
82. S. J. Rettig, A. Storr, B. S. Thomas and J. Trotter, *Acta Crystallogr.*, 1974, **B30**, 666.
83. M. H. Chisholm, R. L. Kelly, F. A. Cotton and M. W. Extine, *J. Am. Chem. Soc.*, 1978, **100**, 2256*; 1979, **101**, 7645.
84. R. D. Adams, D. F. Chodosh and E. Faraci, *Cryst. Struct. Commun.*, 1978, **7**, 145.
85. C. K. Prout, G. B. Allison, L. T. J. Delbaere and E. Gore, *Acta Crystallogr.*, 1972, **B28**, 3043.
86. F. A. Cotton, P. Lahuerta and B. R. Stults, *Inorg. Chem.*, 1976, **15**, 1866.
87. M. Green, N. C. Norman and A. G. Orpen, *J. Am. Chem. Soc.*, 1981, **103**, 1269.
88. M. Y. Darensbourg, J. L. Atwood, R. R. Burch, W. E. Hunter and N. Walker, *J. Am. Chem. Soc.*, 1979, **101**, 2631.
89. L. Messerle and M. D. Curtis, *J. Am. Chem. Soc.*, 1980, **102**, 7789.
90. Y. T. Struchkov, K. N. Anisimov, O. P. Osipova, N. E. Kolobova and A. N. Nesmeyanov, *Dokl. Akad. Nauk SSSR*, 1967, **172**, 107.
91. A. Rettenheimer, K. Weidenhammer and M. L. Ziegler, *Z. Anorg. Allg. Chem.*, 1981, **473**, 91.
92. P. H. Bird and M. R. Churchill, *Chem. Commun.*, 1967, 705*; *Inorg. Chem.*, 1968, **7**, 349.
93. R. Bender, P. Braunstein, Y. Dusausoy and J. Protas, *Angew. Chem.*, 1978, **90**, 637 (*Angew. Chem., Int. Ed. Engl.*, 1978, **17**, 596).
94. R. Bender, P. Braunstein, Y. Dusausoy and J. Protas, *J. Organomet. Chem.*, 1979, **172**, C51.
95. L. Ricard, J. Estienne and R. Weiss, *J. Chem. Soc., Chem. Commun.*, 1972, 906*; *Inorg. Chem.*, 1973, **12**, 2182.
96. S. A. R. Knox, R. F. D. Stansfield, F. G. A. Stone, M. J. Winter and P. Woodward, *J. Chem. Soc., Chem. Commun.*, 1978, 221.
97. P. S. Elmes, B. M. Gatehouse, D. J. Lloyd and B. O. West, *J. Chem. Soc., Chem. Commun.*, 1974, 953.
98. R. A. Forder and K. Prout, *Acta Crystallogr.*, 1974, **B30**, 2778.
99. O. Stelzer, S. Morton and W. S. Sheldrick, *Acta Crystallogr.*, 1981, **B37**, 439.
100. F. A. Cotton, S. A. Koch and M. Millar, *J. Am. Chem. Soc.*, 1977, **99**, 7372*; *Inorg. Chem.*, 1978, **17**, 2087.
101. P. Braunstein, E. Keller and H. Vahrenkamp, *J. Organomet. Chem.*, 1979, **165**, 233.
102. M. Y. Darensbourg, J. L. Atwood, W. E. Hunter and R. R. Burch, *J. Am. Chem. Soc.*, 1980, **102**, 3290.
103. K. Prout and R. A. Forder, *Acta Crystallogr.*, 1975, **B31**, 852.
104. S. W. Ulmer, P. M. Skarstad, J. M. Burlitch and R. E. Hughes, *J. Am. Chem. Soc.*, 1973, **95**, 4469.
105. M. L. H. Green, G. A. Moser, I. Packer, F. Petit, R. A. Forder and K. Prout, *J. Chem. Soc., Chem. Commun.*, 1974, 839*.
106. G. D. Jarvinen, G. J. Kubas and R. R. Ryan, *J. Chem. Soc., Chem. Commun.*, 1981, 305.
107. J. Chatt, M. Kubota, G. J. Leigh, F. C. March, R. Mason and D. J. Yarrow, *J. Chem. Soc., Chem. Commun.*, 1974, 1033.
108. F. Hohmann, H. tom Dieck, C. Krüger and Y.-H. Tsay, *J. Organomet. Chem.*, 1979, **171**, 353.
109. M. Mathew and G. J. Palenik, *Can. J. Chem.*, 1969, **47**, 705*; *J. Organomet. Chem.*, 1973, **61**, 301.
110. J. S. Miller, M. O. Visscher and K. G. Caulton, *Inorg. Chem.*, 1974, **13**, 1632.
111. W. P. Bosman, J. H. Noordik, H. P. M. M. Ambrosius and J. A. Cras, *Cryst. Struct. Commun.*, 1980, **9**, 7.
112. J. A. Potenza, R. J. Johnson, R. Chirico and A. Efraty, *Inorg. Chem.*, 1977, **16**, 2354.

Mo$_3$ Trimolybdenum

Molecular formula	Structure	Notes	Ref.
Mo$_3$C$_{10}$H$_{12}$N$_3$O$_{13}^-$C$_4$H$_{12}$N$^+$	[NMe$_4$][Mo$_3$(μ-OMe)$_3$(μ_3-OMe)(CO)$_6$-(NO)$_3$]		1
Mo$_3$C$_{14}$H$_{27}$O$_{16}^+$BF$_4^-$·9H$_2$O	[Mo$_3$(μ_3-CMe)(μ_3-O)(OAc)$_6$(OH$_2$)$_3$]-[BF$_4$]·9H$_2$O		2
Mo$_3$C$_{15}$H$_{15}$S$_4^+$SnC$_3$H$_9$Cl$_2^-$	[{Mo(η-C$_5$H$_5$)}$_3$S$_4$][SnCl$_2$Me$_3$]		3
Mo$_3$C$_{16}$H$_{30}$O$_{15}^+$SbF$_6^-$·3H$_2$O	[Mo$_3$(μ_3-CMe)$_2$(OAc)$_6$(OH$_2$)$_3$][SbF$_6$]·3H$_2$O		2
Mo$_3$C$_{16}$H$_{30}$O$_{15}^{2+}$2CF$_3$O$_3$S$^-$	[Mo$_3$(μ_3-CMe)$_2$(OAc)$_6$(OH$_2$)$_3$][CF$_3$SO$_3$]$_2$		2
Mo$_3$C$_{16}$H$_{30}$O$_{15}^{2+}$2C$_7$H$_7$O$_3$S$^-$·10H$_2$O	[Mo$_3$(μ_3-CMe)$_2$(OAc)$_6$(OH$_2$)$_3$][(Tol)-SO$_3$]$_2$·10H$_2$O		2
Mo$_3$C$_{21}$H$_{15}$O$_6$S$^+$MoC$_8$H$_5$O$_3^-$	[{Mo(CO)$_2$(η-C$_5$H$_5$)}$_3$S][Mo(CO)$_3$(η-C$_5$H$_5$)]		4
Mo$_3$C$_{21}$H$_{15}$O$_7^+$BF$_4^-$	[{Mo(CO)$_2$(η-C$_5$H$_5$)}$_3$O][BF$_4$]		5
Mo$_3$TlC$_{24}$H$_{15}$O$_9$	{Mo(CO)$_3$(η-C$_5$H$_5$)}$_3$Tl		6

1. S. W. Kirtley, J. P. Chanton, R. A. Love, D. L. Tipton, T. N. Sorrell and R. Bau, *J. Am. Chem. Soc.*, 1980, **102**, 3451.
2. A. Bino, F. A. Cotton and Z. Dori, *J. Am. Chem. Soc.*, 1981, **103**, 243.
3. P. J. Vergamini, H. Vahrenkamp and L. F. Dahl, *J. Am. Chem. Soc.*, 1971, **93**, 6327.
4. M. D. Curtis and W. M. Butler, *J. Chem. Soc., Chem. Commun.*, 1980, 998.
5. K. Schloter, U. Nagel and W. Beck, *Chem. Ber.*, 1980, **113**, 3775.
6. J. Rajaram and J. A. Ibers, *Inorg. Chem.*, 1973, **12**, 1313.

Mo$_4$ Tetramolybdenum

Molecular formula	Structure	Notes	Ref.
Mo$_4$C$_8$H$_4$N$_4$O$_{16}$·4C$_{18}$H$_{15}$OP	[Mo(OH)(CO)$_2$(NO)]$_4$·4OPPh$_3$		1
Mo$_4$C$_{12}$H$_4$O$_{16}^{4-}$4K$^+$	K$_4$[{Mo(OH)(CO)$_3$}$_4$]		2
Mo$_4$C$_{24}$H$_{28}$O$_8$	[Mo$_2$O$_4$(η-C$_5$H$_4$Me)$_2$]$_2$		3
Mo$_4$C$_{28}$H$_{32}$O$_4$·Mo$_2$C$_{14}$H$_{15}$Cl$_2^+$Cl$^-$·C$_6$H$_5$Cl	[Mo(μ-OH)(η-C$_7$H$_7$)]$_4$·[Mo$_2$(μ-Cl)$_2$-(μ-OH)(η-C$_7$H$_7$)$_2$]Cl·PhCl		4
Mo$_4$Li$_4$C$_{40}$H$_{44}$	[Li(H)Mo(η-C$_5$H$_5$)]$_4$		5

1. V. Albano, P. Bellon, G. Ciani and M. Manassero, *Chem. Commun.*, 1969, 1242.
2. T. A. Bazhenova, M. S. Ioffe, L. M. Kachapina, R. M. Lobkovskaya, R. P. Shibaeva, A. E. Shilov and A. K. Shilova, *Zh. Strukt. Khim.*, 1978, **19**, 1047.
3. J.-C. Daran, K. Prout, G. J. S. Adam, M. L. H. Green and J. Sala-Pala, *J. Organomet. Chem.*, 1977, **131**, C40*; K. Prout and J.-C. Daran, *Acta Crystallogr.*, 1978, **B34**, 3586.
4. C. Couldwell and K. Prout, *Acta Crystallogr.*, 1978, **B34**, 2439.
5. F. W. S. Benfield, A. R. Forder, M. L. H. Green, G. A. Moser and K. Prout, *J. Chem. Soc., Chem. Commun.*, 1973, 759*; R. A. Forder and K. Prout, *Acta Crystallogr.*, 1974, **B30**, 2318.

Mo$_6$ Hexamolybdenum

Molecular formula	Structure	Notes	Ref.
Mo$_6$NaC$_{18}$H$_{18}$N$_6$O$_{26}^{3+}$·3C$_{36}$H$_{30}$NP$_2^+$	[PPN]$_3$[Na{Mo$_3$(μ-OMe)$_3$(μ_3-O)(CO)$_6$(NO)$_3$}$_2$]		1

1. S. W. Kirtley, J. P. Chanton, R. A. Love, D. L. Tipton, T. N. Sorrell and R. Bau, *J. Am. Chem. Soc.*, 1980, **102**, 3451.

Mo$_8$ Octamolybdenum

Molecular formula	Structure	Notes	Ref.
Mo$_8$Hg$_4$C$_{32}$H$_{20}$O$_{12}$	[MoHgMo(CO)$_3$(η-C$_5$H$_5$)]$_4$		1

1. J. Deutscher, S. Fadel and M. L. Ziegler, *Angew. Chem.*, 1977, **89**, 746 (*Angew. Chem., Int. Ed. Engl.*, 1977, **16**, 704)*; *Chem. Ber.*, 1979, **112**, 2413.

Na Sodium

Molecular formula	Structure	Notes	Ref.
$[NaC_{11}H_{21}N_2]_n$	$[Na(C_5H_5)(TMEDA)]_n$		1
$NaFe_2C_{39}H_{39}O_8P_2$	$\{Na(THF)_2\}Fe_2(\mu\text{-}PPh_2)_2(COMe)(CO)_5$		2

1. T. Aoyagi, H. M. M. Shearer, K. Wade and G. Whitehead, *J. Chem. Soc., Chem. Commun.*, 1976, 164.
2. R. E. Ginsburg, J. M. Berg, R. K. Rothrock, J. P. Collman, K. O. Hodgson and L. F. Dahl, *J. Am. Chem. Soc.*, 1979, **101**, 7218.

Na$_2$ Disodium

Molecular formula	Structure	Notes	Ref.
Na_2C_2	Na_2C_2	N	1
$Na_2Al_2C_{40}H_{60}O_4$	$[\{Na(THF)_2\}AlMe_2(C_{10}H_8)]_2$	a	2
$Na_2CrC_{46}H_{63}O_4$	$\{Na_2(OEt_2)_3(THF)\}CrPh_5$		3
$Na_2Al_2C_{48}H_{64}O_4$	$[\{Na(THF)_2\}AlMe_2(C_{14}H_{10})]_2$	b	4

^{a} $C_{10}H_8$ = 1,4-dihydro-1,4-naphthylene dianion. ^{b} $C_{14}H_{10}$ = 9,10-dihydro-9,10-anthrylene dianion.

1. M. Atoji, *J. Chem. Phys.*, 1974, **60**, 3324.
2. D. J. Brauer and G. D. Stucky, *J. Am. Chem. Soc.*, 1970, **92**, 3956.
3. E. Müller, J. Krause and K. Schmiedeknecht, *J. Organomet. Chem.*, 1972, **44**, 127.
4. D. J. Brauer and G. D. Stucky, *J. Organomet. Chem.*, 1972, **37**, 217.

Na$_4$ Tetrasodium

Molecular formula	Structure	Notes	Ref.
$Na_4Ni_2C_{48}H_{68}O_5$	$Na_4(THF)_5\{NiPh_2(\eta\text{-}C_2H_4)\}_2$		1

1. D. J. Brauer, C. Krüger, P. J. Roberts and Y.-H. Tsay, *Angew. Chem.*, 1976, **88**, 52 (*Angew. Chem., Int. Ed. Engl.*, 1976, **15**, 48).

Na$_6$ Hexasodium

Molecular formula	Structure	Notes	Ref.
$Na_6Li_{12}Ni_4C_{100}H_{150}N_4O_{14}$	$[Na_3Li_6Ni_2Ph_5(OEt)_4(N_2)(OEt_2)_3]_2$		1

1. K. Jonas, D. J. Brauer, C. Krüger, P. J. Roberts and Y.-H. Tsay, *J. Am. Chem. Soc.*, 1976, **98**, 74.

Nb Niobium

Molecular formula	Structure	Notes	Ref.
$NbC_{10}H_{10}ClO_2$	$NbCl(\eta^2\text{-}O_2)(\eta\text{-}C_5H_5)_2$		1
$NbC_{10}H_{10}Cl_2$	$NbCl_2(\eta\text{-}C_5H_5)_2$		2
$NbC_{10}H_{13}$	$H_3Nb(\eta\text{-}C_5H_5)_2$		3
$NbBC_{10}H_{14}$	$Nb(BH_4)(\eta\text{-}C_5H_5)_2$		4
$NbC_{11}H_{11}O$	$HNb(CO)(\eta\text{-}C_5H_5)_2$		5
$NbC_{11}H_{11}OS$	$Nb(SH)(CO)(\eta\text{-}C_5H_5)_2$		6
$NbC_{11}H_{13}S_2$	$NbMe(\eta^2\text{-}S_2)(\eta\text{-}C_5H_5)_2$		7
$NbB_2ZnC_{11}H_{19}O\cdot 0.5C_6H_6$	$(\eta\text{-}C_5H_5)_2Nb(CO)(\mu\text{-}H)Zn(BH_4)_2\cdot 0.5C_6H_6$		8
$NbC_{12}H_{13}S_2$	$NbMe(\eta^2\text{-}S{=}CS)(\eta\text{-}C_5H_5)_2$		7
$NbC_{13}H_{19}Cl_2$	$NbCl_2(\eta^4\text{-CHMeCMeCMeCHMe})(\eta\text{-}C_5H_5)$		9
$NbC_{14}H_{15}S_2$	$Nb(CH_2CH{=}CH_2)(\eta^2\text{-}S{=}CS)(\eta\text{-}C_5H_5)_2$		10
$NbC_{14}H_{19}$	$NbEt(\eta\text{-}C_2H_4)(\eta\text{-}C_5H_5)_2$		11
$NbCoC_{15}H_{10}O_5$	$(\eta\text{-}C_5H_5)_2Nb(CO)(\mu\text{-}CO)Co(CO)_3$		12
$NbFeC_{15}H_{11}O_5$	$(\eta\text{-}C_5H_5)_2Nb(CO)(\mu\text{-}H)Fe(CO)_4$		13
$NbC_{15}H_{19}O_2$	$Nb(O_2CBu^t)(\eta\text{-}C_5H_5)_2$		14
$NbFeC_{17}H_{15}O_2$	$HNbFe(\mu\text{-}\eta^1,\eta^5\text{-}C_5H_4)(CO)_2(\eta\text{-}C_5H_5)$		15
$NbC_{18}H_{10}F_{12}$	$\{NbC_4(CF_3)_4\}(\eta\text{-}C_5H_5)_2$	a	16
$NbMoC_{18}H_{15}O_3$	$(\eta\text{-}C_5H_5)_2NbMo(CO)_3(\eta\text{-}C_5H_5)$		17

Molecular formula	Structure	Notes	Ref.
NbC$_{24}$H$_{24}$	Nb(CH$_2$Ph)$_2$(η-C$_5$H$_5$)$_2$		18
NbC$_{24}$H$_{24}^-$AsC$_{24}$H$_{20}^+$	[AsPh$_4$][Nb(C$_8$H$_8$)$_3$]		19
NbSi$_2$C$_{24}$H$_{28}$	$\overline{\text{Nb(CH}_2\text{C}_6\text{H}_4\text{CH}_2\text{-2)}}$($\eta$-C$_5H_4$SiMe$_3$)$_2$		20
NbC$_{29}$H$_{29}$O$_2$·0.5C$_6$H$_6$	Nb(O$_2$CBu^t)(η^2-C$_2$Ph$_2$)(η-C$_5$H$_5$)$_2$·0.5C$_6$H$_6$		14
NbC$_{31}$H$_{29}$Cl$_3$P$_2$·2C$_7$H$_8$	NbCl$_3$(dppe)(η-C$_5$H$_5$)·2PhMe		21
NbAs$_2$C$_{32}$H$_{37}$	Nb(diars)(η^4-cot)(η^5-C$_8$H$_8$Ph)		22
NbC$_{34}$H$_{25}$O	Nb(CO)(η^2-C$_2$Ph$_2$)$_2$(η-C$_5$H$_5$)		23
NbC$_{35}$H$_{33}$NP	Nb(PH$_3$){CHPh(CPh)$_3$C(=NH)Me}(η-C$_5$H$_5$)		24
NbC$_{42}$H$_{37}$OP$_2$	H$_2$Nb(CO)(PPh$_3$)$_2$(η-C$_5$H$_5$)		25
NbC$_{48}$H$_{35}$O	Nb(CO)(η^2-C$_2$Ph$_2$)(η^4-C$_4$Ph$_4$)(η-C$_5$H$_5$)		26
NbGe$_2$C$_{58}$H$_{45}$O	Nb(CO)(η^2-PhC$_2$GePh$_3$)$_2$(η-C$_5$H$_5$)		27

^{a} NbC$_4$(CF$_3$)$_4$ = (CF$_3$)$_4$niobiacyclopentadiene.

1. I. Bkouche-Waksman, C. Bois, J. Sala-Pala and J. E. Guerchais, *J. Organomet. Chem.*, 1980, **195**, 307.
2. K. Prout, T. S. Cameron, R. A. Forder, S. R. Critchley, B. Denton and G. V. Rees, *Acta Crystallogr.*, 1974, **B30**, 2290.
3. R. D. Wilson, T. F. Koetzle, D. W. Hart, A. Kvick, D. L. Tipton and R. Bau, *J. Am. Chem. Soc.*, 1977, **99**, 1775.
4. N. I. Kirillova, A. I. Gusev and Y. T. Struchkov, *Zh. Strukt. Khim.*, 1974, **15**, 718.
5. N. I. Kirillova, A. I. Gusev and Y. T. Struchkov, *Zh. Strukt. Khim.*, 1972, **13**, 473.
6. N. I. Kirillova, A. I. Gusev, A. A. Pasynskii and Y. T. Struchkov, *Zh. Strukt. Khim.*, 1973, **14**, 868.
7. R. Mercier, J. Douglade, J. Amaudrut, J. Sala-Pala and J. Guerchais, *Acta Crystallogr.*, 1980, **B36**, 2986.
8. M. A. Porai-Koshits, A. S. Antsyshkina, A. A. Pasynskii, G. G. Sadikov, Y. V. Skripkin and V. N. Ostrikova, *Inorg. Chim. Acta*, 1979, **34**, L285*; *Koord. Khim.*, 1979, **5**, 1103.
9. M. J. Bunker, M. L. H. Green, C. Couldwell and K. Prout, *J. Organomet. Chem.*, 1980, **192**, C6.
10. M. G. B. Drew and L. S. Pu, *Acta Crystallogr.*, 1977, **B33**, 1207.
11. L. J. Guggenberger, P. Meakin and F. N. Tebbe, *J. Am. Chem. Soc.*, 1974, **96**, 5420.
12. K. S. Wong, W. R. Scheidt and J. A. Labinger, *Inorg. Chem.*, 1979, **18**, 1709.
13. J. A. Labinger, K. S. Wong and W. R. Scheidt, *J. Am. Chem. Soc.*, 1978, **100**, 3254*; *Inorg. Chem.*, 1979, **18**, 136.
14. A. A. Pasynskii, Y. V. Skripkin, I. L. Eremenko, V. T. Kalinnikov, G. G. Aleksandrov and Y. T. Struchkov, *J. Organomet. Chem.*, 1979, **165**, 39.
15. A. A. Pasynskii, Y. V. Skripkin, V. T. Kalinnikov, M. A. Porai-Koshits, A. S. Antsyshkina, G. G. Sadikov and V. N. Ostrikova, *J. Organomet. Chem.*, 1980, **201**, 269.
16. J. Sala-Pala, J. Amaudrut, J. E. Guerchais, R. Mercier and M. Cerutti, *J. Fluorine Chem.*, 1979, **14**, 269*; J. Sala-Pala, J. Amaudrut, J. E. Guerchais, R. Mercier, J. Douglade and J. G. Theobald, *J. Organomet. Chem.*, 1981, **204**, 347.
17. A. A. Pasynskii, Y. V. Skripkin, I. L. Eremenko, V. T. Kalinnikov, G. G. Aleksandrov, V. G. Andrianov and Y. T. Struchkov, *J. Organomet. Chem.*, 1979, **165**, 49.
18. P. B. Hitchcock, M. F. Lappert and C. R. C. Milne, *J. Chem. Soc., Dalton Trans.*, 1981, 180.
19. L. J. Guggenberger and R. R. Schrock, *J. Am. Chem. Soc.*, 1975, **97**, 6693.
20. M. F. Lappert, T. R. Martin, C. R. C. Milne, J. L. Atwood, W. E. Hunter and R. E. Pentilla, *J. Organomet. Chem.*, 1980, **192**, C35.
21. J.-C. Daran, K. Prout, A. de Cian, M. L. H. Green and N. Siganporia, *J. Organomet. Chem.*, 1977, **136**, C4*; K. Prout and J.-C. Daran, *Acta Crystallogr.*, 1979, **B35**, 2882.
22. R. R. Schrock, L. J. Guggenberger and A. D. English, *J. Am. Chem. Soc.*, 1976, **98**, 903.
23. A. N. Nesmeyanov, A. I. Gusev, A. A. Pasynskii, K. N. Anisimov, N. E. Kolobova and Y. T. Struchkov, *Chem. Commun.*, 1969, 277*; A. I. Gusev and Y. T. Struchkov, *Zh. Strukt. Khim.*, 1969, **10**, 294.
24. N. I. Kirillova, A. I. Gusev, A. A. Pasynskii and Y. T. Struchkov, *J. Organomet. Chem.*, 1973, **63**, 311.
25. N. I. Kirillova, A. I. Gusev, A. A. Pasynskii and Y. T. Struchkov, *Zh. Strukt. Khim.*, 1974, **15**, 288.
26. A. N. Nesmeyanov, A. I. Gusev, A. A. Pasynskii, K. N. Anisimov, N. E. Kolobova and Y. T. Struchkov, *Chem. Commun.*, 1969, 739*; A. I. Gusev and Y. T. Struchkov, *Zh. Strukt. Khim.*, 1969, **10**, 515.
27. N. I. Kirillova, N. E. Kolobova, A. I. Gusev, A. B. Antonova, Y. T. Struchkov, K. N. Anisimov and O. M. Khitrova, *Zh. Strukt. Khim.*, 1974, **15**, 651.

Nb$_2$ Diniobium

Molecular formula	Structure	Notes	Ref.
Nb$_2$C$_{12}$H$_{16}$Cl$_6$O$_3$	{NbCl$_3$(OH$_2$)(η-C$_5$H$_4$Me)}$_2$O	a	1
Nb$_2$C$_{14}$H$_{10}$O$_4$S$_2$	[Nb(μ-S)(CO)$_2$(η-C$_5$H$_5$)]$_2$		2
Nb$_2$C$_{14}$H$_{10}$O$_4$S$_3$·0.5CH$_2$Cl$_2$	{Nb(CO)$_2$(η-C$_5$H$_5$)}$_2$(μ-S)$_3$·0.5CH$_2$Cl$_2$		2
Nb$_2$C$_{16}$H$_{16}$O$_4$S$_2$	[Nb(μ-SMe)(CO)$_2$(η-C$_5$H$_5$)]$_2$		2
Nb$_2$C$_{20}$H$_{18}$Cl	{Nb(η-C$_5$H$_5$)}$_2$(μ-Cl)(μ-η^5,η^5-C$_{10}$H$_8$)		3
Nb$_2$C$_{20}$H$_{20}$Cl$_2$O^{2+}2BF$_4^-$	[{NbCl(η-C$_5$H$_5$)}$_2$O][BF$_4$]$_2$		4
Nb$_2$C$_{20}$H$_{20}$	[HNb(μ-η^1,η^5-C$_5$H$_4$)(η-C$_5$H$_5$)]$_2$		5
Nb$_2$C$_{24}$H$_{22}$O$_{10}$	[Nb(CO){C$_2$(CO$_2$Me)$_2$}(η-C$_5$H$_5$)]$_2$		6

Molecular formula	Structure	Notes	Ref.
$Nb_2NiC_{24}H_{32}S_4^{2+}2BF_4^-\cdot 2H_2O$	$[\{(\eta\text{-}C_5H_5)_2Nb(\mu\text{-}SMe)_2\}_2Ni][BF_4]_2\cdot 2H_2O$		7
$Nb_2Si_6C_{24}H_{62}$	$\{Nb(CH_2SiMe_3)_2\}_2(\mu\text{-}CSiMe_3)_2$		8
$Nb_2C_{28}H_{38}O$	$\{NbBu(\eta\text{-}C_5H_5)_2\}_2O$		9
$Nb_2Si_4C_{28}H_{40}O_2^{2-}2NaC_8H_{20}O_2^+$	$[Na(OEt_2)_2]_2[H_2Nb_2(\eta\text{-}C_5H_4SiMe_2OSiMe_2\text{-}\eta^1,\eta^5\text{-}C_5H_3)_2]$		10
$Nb_2C_{34}H_{32}N_2O_2$	$\{Nb(\mu\text{-}NC_6H_4OMe\text{-}4)(\eta\text{-}C_5H_5)\}_2\text{-}(\mu\text{-}\eta^5,\eta^5\text{-}C_{10}H_8)$		11
$Nb_2C_{40}H_{30}O$	$[Nb(CO)(C_2Ph_2)(\eta\text{-}C_5H_5)]_2$		12

a Preliminary account formulated complex as hydroxy derivative.

1. J.-C. Daran, K. Prout, A. de Cian, M. L. H. Green and N. Siganporia, *J. Organomet. Chem.*, 1977, **136**, C4*; K. Prout and J.-C. Daran, *Acta Crystallogr.*, 1979, **B35**, 2882.
2. W. A. Herrmann, H. Biersack, M. L. Ziegler and B. Balbach, *J. Organomet. Chem.*, 1981, **206**, C33.
3. Y. T. Struchkov, Y. L. Slovokhotov, A. I. Yanovskii, V. P. Fedin and D. A. Lemenovskii, *Izv. Akad. Nauk SSSR, Ser. Khim.*, 1979, 1421*; *Koord. Khim.*, 1980, **6**, 882.
4. J. C. Green, M. L. H. Green and C. K. Prout, *J. Chem. Soc., Chem. Commun.*, 1972, 421*; K. Prout, T. S. Cameron, R. A. Forder, S. R. Critchley, B. Denton and G. V. Rees, *Acta Crystallogr.*, 1974, **B30**, 2290.
5. L. J. Guggenberger and F. N. Tebbe, *J. Am. Chem. Soc.*, 1971, **93**, 5924*; L. J. Guggenberger, *Inorg. Chem.*, 1973, **12**, 294.
6. A. I. Gusev, N. I. Kirillova and Y. T. Struchkov, *Zh. Struckt. Khim.*, 1970, **11**, 62.
7. W. E. Douglas, M. L. H. Green, C. K. Prout and G. V. Rees, *Chem. Commun.*, 1971, 896*; K. Prout, S. R. Critchley and G. V. Rees, *Acta Crystallogr.*, 1974, **B30**, 2305.
8. F. Huq, W. Mowat, A. C. Skapski and G. Wilkinson, *Chem. Commun.*, 1971, 1477.
9. N. I. Kirillova, D. A. Lemenovskii, T. V. Baukova and Y. T. Struchkov, *Koord. Khim.*, 1977, **3**, 1600.
10. D. A. Lemenovskii, V. P. Fedin, A. V. Aleksandrov, Y. L. Slovokhotov and Y. T. Struchkov, *J. Organomet. Chem.*, 1980, **201**, 257.
11. A. N. Nesmeyanov, E. G. Perevalova, V. P. Fedin, Y. L. Slovokhotov, Y. T. Struchkov and D. A. Lemenovskii, *Dokl. Akad. Nauk SSSR*, 1980, **252**, 1141.
12. A. N. Nesmeyanov, A. I. Gusev, A. A. Pasynskii, K. N. Anisimov, N. E. Kolobova and Y. T. Struchkov, *Chem. Commun.*, 1968, 1365*; A. I. Gusev and Y. T. Struchkov, *Zh. Strukt. Khim.*, 1969, **10**, 107.

Nb₃ Triniobium

Molecular formula	Structure	Notes	Ref.
$Nb_3C_{18}H_{20}O_{10}$	$\{Nb(O_2CH)(\eta\text{-}C_5H_5)\}_3(OH)_2(O)_2$		1,2
$Nb_3C_{22}H_{15}O_7$	$\{Nb(\eta\text{-}C_5H_5)\}_3(CO)_7$		3
$Nb_3C_{36}H_{54}Cl_6^+Cl^-$	$[Nb_3Cl_6(\eta\text{-}C_6Me_6)_3]Cl$		4
$Nb_3C_{36}H_{54}Cl_6^{2+}2C_{12}H_4N_4^-$	$[Nb_3Cl_6(\eta\text{-}C_6Me_6)_3](TCNQ)_2$		5

1. V. T. Kalinnikov, A. A. Pasynskii, G. M. Larin, V. M. Novotortsev, Y. T. Struchkov, A. I. Gusev and N. I. Kirillova, *J. Organomet. Chem.*, 1974, **74**, 91.
2. N. I. Kirillova, A. I. Gusev, A. A. Pasynskii and Y. T. Struchkov, *Zh. Strukt. Khim*, 1973, **14**, 1075.
3. W. A. Herrmann, M. L. Ziegler, K. Weidenhammer and H. Biersack, *Angew. Chem.*, 1979, **91**, 1026 (*Angew. Chem., Int. Ed. Engl.*, 1979, **18**, 960).
4. M. R. Churchill and S. W.-Y. Chang, *J. Chem. Soc., Chem. Commun.*, 1974, 248.
5. S. Z. Goldberg, B. Spivack, G. Stanley, R. Eisenberg, D. M. Braitsch, J. S. Miller and M. Abkowitz, *J. Am. Chem. Soc.*, 1977, **99**, 110.

Nd Neodymium

Molecular formula	Structure	Notes	Ref.
$NdC_{16}H_{16}^-NdC_{16}H_{24}O_2^+$	$[Nd(THF)_2(C_8H_8)][Nd(C_8H_8)_2]$		1
$NdC_{16}H_{24}O_2^+NdC_{16}H_{16}^-$	$[Nd(THF)_2(C_8H_8)][Nd(C_8H_8)_2]$		1

1. S. R. Ely, T. E. Hopkins and C. W. De Kock, *J. Am. Chem. Soc.*, 1976, **98**, 1624*; C. W. De Kock, S. R. Ely, T. E. Hopkins and M. A. Brault, *Inorg. Chem.*, 1978, **17**, 625.

Nd₄ Tetraneodymium

Molecular formula	Structure	Notes	Ref.
$Nd_4C_{72}H_{84}$	$[Nd(C_5H_4Me)_3]_4$		1

1. J. H. Burns, W. H. Baldwin and F. H. Fink, *Inorg. Chem.*, 1974, **13**, 1916.

Ni Nickel

Molecular formula	Structure	Notes	Ref.
$NiB_{18}C_4H_{22}$	$Ni(\eta^5-B_9C_2H_{11})_2$		1
$NiB_{18}C_4H_{22}^-·C_4H_{12}N^+$	$[NMe_4][Ni(\eta^5-B_9C_2H_{11})_2]$		2
$NiB_{18}C_4H_{22}^{2-}·C_8H_{18}N_2^{2+}$	$[MeN(C_2H_4)_3NMe][Ni(\eta^5-B_9C_2H_{11})_2]$		3
NiC_4O_4	$Ni(CO)_4$	E, X (218)	4, 5
NiC_5H_5NO	$Ni(NO)(\eta-C_5H_5)$	E	6
$NiC_5H_{11}LiC_{12}H_{32}N_4^+$	$[Li(TMEDA)_2][NiMe(\eta-C_2H_4)_2]$		7
$NiC_5H_{13}N_4S_2^+Cl^-$	$[Ni\{SC(NH_2)_2\}_2(\eta-C_3H_5)]Cl$		8
$NiC_7H_{18}I_2OP_2$	$NiI_2(CO)(PMe_3)_2$		9
$[NiC_8H_4I_2O_2]_n$	$catena$-$[NiI(\mu-I)\{\mu-C_6H_4(CO)_2\}]_n$		10
$NiC_8H_{12}BrNO_2$	$NiBr(NCMe)\{\eta^3-CH_2CMeCH(CO_2Me)\}$		11
NiC_8H_{14}	$Ni(\eta^3-CH_2CMeCH_2)_2$		12
$NiC_8H_{21}ClOP_2$	$trans$-$NiCl(COMe)(PMe_3)_2$		13
$NiB_{18}C_8H_{30}$	$Ni(\eta^5-B_9C_2H_9Me_2-3,4')_2$		14
$NiC_9H_{18}N_3S_3^+·BC_{24}H_{20}^-$	$[\overline{Ni\{C(NMe_2)SC(NMe_2)S\}(\eta^2\text{-}S{=}CNMe_2)}]$-$[BPh_4]$		15
$NiC_9H_{19}P$	$Ni(PMe_3)(\eta-C_3H_5)_2$	103	16
$NiC_{10}H_{10}$	$Ni(\eta-C_5H_5)_2$	E, X (101)	17–19
$NiB_2C_{10}H_{12}F_2O_2·B_2C_8H_{12}F_2$	$Ni(CO)_2(\eta^4-C_4Me_4B_2F_2)·C_4Me_4B_2F_2$	a	20
$NiC_{10}H_{18}N_2O_2$	$Ni(CNBu^t)_2(\eta^2-O_2)$		21
$NiC_{10}H_{18}N_4O_2$	$Ni(CO)_2(C_8H_{18}N_4)$	b	22
$NiSiC_{10}H_{29}ClP_2$	$trans$-$NiCl(CH_2SiMe_3)(PMe_3)_2$		23
$NiMnC_{11}H_5O_6$	$NiMn(CO)_6(\eta-C_5H_5)$		24
$NiB_7CoC_{11}H_{18}$	$2,3$-$(\eta-C_5H_5)_2$-$2,3$-$NiCo$-10-CB_7H_8		25
$NiC_{11}H_{23}P_2^+·Fe_2NiC_{25}H_{15}O_6^-$	$[Ni(PMe_3)_2(\eta-C_5H_5)][Fe_2Ni(CO)_6(C_2Ph_2)$-$(\eta-C_5H_5)]$		26
$NiSiC_{11}H_{29}ClOP_2$	$trans$-$NiCl(COCH_2SiMe_3)(PMe_3)_2$		23
$NiC_{12}H_{12}N_2S_2$	$Ni\{S_2C_2(CN)_2\}(\eta-C_4Me_4)$		27
$NiC_{12}H_{18}$	$Ni(t,t,t-C_{12}H_{18})$		28, 29
$NiC_{12}H_{32}N_2P_4$	$Ni\{(CH_2PMe_2)_2N\}_2$		30
$NiB_2C_{12}H_{36}P_4$	$Ni\{(CH_2PMe_2)_2BH_2\}_2$		31
$NiC_{13}H_{18}BrNO_2$	$NiBr(NC_5H_3Me_2-2,6)\{\eta^3-CH_2CMeCH-(CO_2Me)\}$		32
$NiC_{13}H_{20}O_2$	$Ni(acac)(1,2,5-\eta^3-C_8H_{13})$		33
$NiCrC_{14}H_{10}O_4$	$NiCr(CO)_4(\eta-C_5H_5)_2$		24
$NiFe_2C_{14}H_{12}N_2O_{10}$	$Ni\{CO(NMe_2)Fe(CO)_4\}_2$		34
$NiC_{14}H_{16}N_2$	$\overline{Ni\{(CH_2)_3\dot{C}H_2\}}(bipy)$		35
$NiAs_2FeC_{15}H_{20}I_2O$	$NiI_2(CO)\{(Me_2As-\eta-C_5H_4)_2Fe\}$		36
$NiCoC_{15}H_{20}O_4P$	$NiCo(CO)_4(PEt_3)(\eta-C_5H_5)$		37
$NiAg_3C_{15}H_{21}N_2O_{12}·H_2O$	$NiAg(acac)_3(AgNO_3)_2·H_2O$		38
$NiGaC_{15}H_{25}N_4$	$Ni(\eta-C_3H_5)\{Me_2Ga(dmpz)_2\}$		39
$NiC_{15}H_{27}O_3P$	$Ni(CO)_3(PBu_3^t)$		40
$NiC_{16}H_{16}O_4$	$Ni\{C_5H_5C_2(CO_2Me)_2\}(\eta-C_5H_5)$	c	41
$NiC_{16}H_{18}$	$Ni(\eta^3-C_8H_9)_2$	d	42
$NiC_{16}H_{18}N_2O_2·C_7H_8$	$\overline{Ni(OC_6H_4CH{=}NMe\text{-}2)(\eta^2\text{-}MeNH{=}CHC_6H_4OH\text{-}2)}·PhMe$		43
$NiC_{16}H_8N_6$	$Ni(CNBu^t)_2\{\eta^2-C_2(CN)_4\}$		44
$NiC_{16}H_{19}F_{12}N_3O$	$\overline{Ni\{C(CF_3)_2NHC(CF_3)_2O\}}(CNBu^t)_2$		45
$NiB_4C_{16}H_{24}F_4$	$Ni(\eta^4-C_4Me_4B_2F_2)_2$	a	46
$NiC_{16}H_{24}$	$Ni(cod)_2$		47
$NiC_{16}H_{31}BrN_2$	$NiBr(C_{16}H_{31}N_2)$	e	48
$NiB_4C_{16}H_{32}S_2$	$Ni\{\eta^5-\overline{B}Me(CEt)_2BMe\overline{S}\}_2$		49
$NiB_7C_{16}H_{45}P_2$	6-$\{Ni(PEt_3)_2\}$-$5,9$-$Me_2C_2B_7H_9$		50
$NiRh_6C_{16}O_{16}^-·C_{16}H_{36}N^+$	$[NBu_4][NiRh_6(CO)_{16}]$		51
$NiCoMoC_{17}H_{13}O_5$	$NiCoMo(\mu_3-CMe)(CO)_5(\eta-C_5H_5)_2$		52
$NiFe_2C_{17}H_{14}O_6$	$NiFe_2(\mu-C_2Bu^t)(CO)_6(\eta-C_5H_5)$		53
$NiC_{17}H_{18}O_2P_2$	$meso$-$Ni(CO)_2\{HPPh(CH_2)_3PHPh\}$		54
$NiB_2C_{17}H_{28}$	$Ni(\eta-C_5H_5)\{\eta^5-CMe(BEt)_2(CEt)_2\}$		55
$NiC_{18}H_{18}F_{18}O_6P_2$	$\{NiC_6(CF_3)_6\}\{P(OMe)_3\}_2$		56
$NiC_{18}H_{22}$	$Ni(C_5H_5C_4Me_4)(\eta-C_5H_5)$	f	57
$NiC_{18}H_{22}O_2$	$Ni\{C_5H_5(C_2Me_2O)_2\}(\eta-C_5H_5)$	g	58
$NiC_{18}H_{24}O_2$	$Ni(cod)(\eta^4-C_6Me_4O_2)$		59
$NiC_{18}H_{27}NO_8$	rac-$Ni(NCMe)\{\eta^2$-$trans$-$CH(CO_2Et){=}CH(CO_2Et)\}$		60
$NiC_{18}H_{27}N_5$	$Ni(CNBu^t)_2\{\eta^2$-$Bu^tN{=}C{=}C(CN)_2\}$		61
$NiC_{18}H_{31}P$	$NiMe(PPr_2^iPh)(\eta^3-CHMeCHCHMe)$		62, 63
$NiSi_2C_{18}H_{32}N_2$	cis-$Ni(CH_2SiMe)_2(py)_2$		64
$NiC_{19}H_8F_{10}$	$Ni(C_6F_5)_2(\eta^6-PhMe)$		65
$NiRu_3C_{19}H_{14}O_8$	$NiRu_3(\mu_4-CMeCHCEt)(CO)_8(\eta-C_5H_5)$		66
$NiC_{19}H_{18}N_2$	$\overline{Ni(4\text{-}MeC_6H_3N{=}NC_6H_4Me\text{-}4)}(\eta-C_5H_5)$		67

Molecular formula	Structure	Notes	Ref.
NiFeC$_{19}$H$_{24}$O$_3$	Ni(η^4-C$_4$Me$_4$){η^5-C$_4$Me$_4$Fe(CO)$_3$}		68
NiRuC$_{20}$H$_{15}$O$_9$	NiRu$_3$(μ-C=CHBu^t)(CO)$_9$(η-C$_5$H$_5$)		69
NiC$_{20}$H$_{22}$	Ni(η^5-C$_{10}$H$_{11}$)$_2$	h	70
NiC$_{20}$H$_{24}$O$_4$	Ni(η^4-C$_6$Me$_4$O$_2$)$_2$		71
NiC$_{20}$H$_{30}$N$_2$	(NiC$_6$H$_{10}$Me$_4$)(bipy)	i	72
NiC$_{20}$H$_{30}$	(+)-Ni(η^3-C$_{10}$H$_{15}$)$_2$	j	62, 73
NiC$_{20}$H$_{32}$Br$_2$S$_2$	NiBr$_2$(C$_{20}$H$_{32}$S$_2$)	k	74
NiC$_{21}$H$_{12}$F$_{10}$	Ni(C$_6$F$_5$)$_2$(η^6-C$_6$H$_3$Me$_3$)		75
NiC$_{21}$H$_{23}$ClNP	$\overline{\text{NiCl(CH}_2\text{NMe}_2)\text{(PPh}_3\text{)}}$		76
NiC$_{21}$H$_{30}$	Ni(η^2-C$_7$H$_{10}$)$_3$	D, l	77
NiC$_{21}$H$_{32}$BrP	NiBr{(S)-PMeBu^{t}Ph}(η^3-C$_{10}$H$_{15}$)	j	78
NiBC$_{21}$H$_{40}$P	Ni(η-C$_2$H$_4$){Cy$_2$P(CH$_2$)$_3$BEt(CH=CH$_2$)}	D	79
NiCoC$_{22}$H$_{15}$O$_3$	{NiCo(CO)$_3$(η-C$_5$H$_5$)}(μ-C$_2$Ph$_2$)		80
NiC$_{22}$H$_{28}$N$_4$	Ni(CNBu^t)$_2$(η^2-PhN=NPh)		81
NiAlC$_{22}$H$_{41}$Cl$_3$P	NiCl(AlCl$_2$Me)(PCy$_3$)(η-C$_3$H$_5$)	D	82
NiC$_{22}$H$_{41}$P	Ni(η-C$_2$H$_4$)$_2$(PCy$_3$)		83
NiGeC$_{23}$H$_{20}$Cl$_3$P·0.5C$_6$H$_6$	Ni(GePh$_3$)(PPh$_3$)(η-C$_5$H$_5$)·0.5C$_6$H$_6$		84
NiC$_{23}$H$_{26}$N$_4$	Ni(CNBu^t)$_2$(η^2-N$_2$C$_{13}$H$_8$)	m	85
NiC$_{23}$H$_{27}$O$_3$P	Ni(CO)$_3$(CHMePCy$_3$)		86, 87
NiBC$_{23}$H$_{38}$N$_3$	NiEt{N(BEt$_3$)=CHBu^t}(bipy)		88
NiB$_2$Si$_2$C$_{24}$H$_{30}$	Ni{η^5-BPh(CH=CH)$_2$SiMe$_2$}$_2$		89
NiC$_{24}$H$_{20}$F$_3$P	Ni(CF$_3$)(PPh$_3$)(η-C$_5$H$_5$)		90
NiC$_{24}$H$_{28}$N$_2$	Ni(CNBu^t)$_2$(η^2-C$_2$Ph$_2$)		91
NiMo$_2$C$_{24}$H$_{32}$S$_4^{2+}$2BF$_4^-$	[Ni{(μ-SMe)$_2$Mo(η-C$_5$H$_5$)$_2$}$_2$][BF$_4$]$_2$		92
NiNb$_2$C$_{24}$H$_{32}$S$_4^{2+}$2BF$_4^-$·2H$_2$O	[Ni{(μ-SMe)$_2$Nb(η-C$_5$H$_5$)$_2$}$_2$][BF$_4$]$_2$·H$_2$O		92, 93
NiC$_{24}$H$_{43}$O$_2$P	NiMe(acac)(PCy$_3$)		86, 94
NiLi$_2$C$_{24}$H$_{50}$N$_4$	Ni(t,t,t-C$_{12}$H$_{18}$)[Li(TMEDA)]$_2$		95
NiLi$_2$C$_{24}$H$_{54}$N$_6$	Ni(η^2-Me$_2$NCH$_2$CH=CHCH$_2$NMe$_2$)$_3$Li$_2$		95
NiFe$_2$C$_{25}$H$_{15}$O$_6^-$NiC$_{11}$H$_{23}$P$_2^+$	[Ni(PMe$_3$)$_2$(η-C$_5$H$_5$)][NiFe$_2$(CO)$_6$(μ-C$_2$Ph$_2$)-(η-C$_5$H$_5$)]		26
NiC$_{25}$H$_{22}$O$_{11}$P$_2$	$\overline{\text{Ni(CO)}_3\{\text{PhPC(CO}_2\text{Me)}_2\text{COC(CO}_2\text{Et)=PPh-(OMe)}\}}$		96
NiC$_{25}$H$_{27}$O$_2$P	NiEt(acac)(PPh$_3$)		97
NiC$_{25}$H$_{40}$OP$_2$	Ni(η^2-O=CPh$_2$)(PEt$_3$)$_2$		98
NiC$_{26}$H$_{20}$	Ni(η^3-C$_3$Ph$_3$)(η-C$_5$H$_5$)		99
NiC$_{26}$H$_{25}$OPS$_2$	Ni{S$_2$C(OEt)}(PPh$_3$)(η-C$_5$H$_5$)	103	100
NiCoC$_{27}$H$_{17}$F$_3$O$_4$P	NiCo(CO)$_4${P(C$_6$H$_4$F-4)$_3$}(η-C$_5$H$_5$)		101
NiC$_{27}$H$_{45}$P·0.5C$_7$H$_8$	Ni(PCy$_3$)(C$_9$H$_{12}$)·0.5PhMe	n	102
NiC$_{27}$H$_{53}$P	NiMe(PMe{(-)-Men}$_2$)(η^3-CHMeCHCHMe)		103
NiFeC$_{28}$H$_{21}$O$_3$P	NiFe(CO)$_3$(μ-HC$_2$PPh$_3$)(η-C$_5$H$_5$)		104
NiC$_{28}$H$_{24}$	Ni(η^4-C$_8$H$_7$Ph)$_2$		105
NiCoC$_{28}$H$_{28}$O$_4$P	NiCo(CO)$_4$(PCyPh$_2$)(η-C$_5$H$_4$Me)		106
NiC$_{28}$H$_{40}$P$_2$	trans-Ni(C≡CPh)$_2$(PEt$_3$)$_2$		107, 108
NiC$_{28}$H$_{49}$P	Ni(C$_{10}$H$_{16}$)(PCy$_3$)	o	109
NiC$_{29}$H$_{20}$Cl$_5$P	Ni(C$_6$Cl$_5$)(PPh$_3$)(η-C$_5$H$_5$)		110
NiC$_{29}$H$_{20}$F$_5$P	Ni(C$_6$F$_5$)(PPh$_3$)(η-C$_5$H$_5$)		110, 111
NiC$_{29}$H$_{25}$P	NiPh(PPh$_3$)(η-C$_5$H$_5$)		110, 112
NiW$_2$C$_{30}$H$_{24}$O$_4$	Ni{W(μ-C(Tol)}(CO)$_2$(η-C$_5$H$_5$))$_2$		113
NiC$_{30}$H$_{31}$BrP$_2$	NiBr(dppe)(η-C$_4$H$_7$)		114
NiC$_{30}$H$_{51}$P	Ni(PCy)$_3$(C$_{12}$H$_{18}$)	p	115
NiMo$_2$C$_{31}$H$_{17}$O$_{13}$P$_3$	Ni(CO)$_3$(μ-H$_2$P$_3$Ph$_3${Mo(CO)$_5$}$_2$)		116
NiC$_{31}$H$_{25}$ClN$_2$·C$_5$H$_5$N	NiCl(py)$_2$(η^3-C$_3$Ph$_3$)·py		117, 118
NiC$_{32}$H$_{26}$BrF$_5$P$_2$	trans-NiBr(C$_6$F$_5$)(PMePh$_2$)$_2$		119
NiC$_{32}$H$_{56}$P$_2$	{NiC$_6$H$_8$}{Cy$_2$P(CH$_2$)$_2$PCy$_2$}	q	120
NiC$_{32}$H$_{60}$P$_2$	Ni(η-C$_2$Me$_4$){Cy$_2$P(CH$_2$)$_2$PCy$_2$}		121
NiFeC$_{34}$H$_{25}$O$_3$P	NiFe(μ-PPh$_2$C$_2$Ph$_2$)(CO)$_3$(η-C$_5$H$_5$)		122
NiB$_8$C$_{34}$H$_{44}$P$_2$	1-{Ni(dppe)}-3,7,9,13-Me$_4$C$_4$B$_8$H$_8$		123
NiC$_{37}$H$_{66}$O$_2$P$_2$·0.75C$_7$H$_8$	Ni(η^2-O=CO)(PCy$_3$)$_2$·0.75PhMe		124
NiC$_{38}$H$_{26}$Cl$_5$F$_5$P$_2$	trans-Ni(C$_6$Cl$_5$)(C$_6$F$_5$)(PMePh$_2$)$_2$		125
NiC$_{38}$H$_{26}$F$_{10}$P$_2$	trans-Ni(C$_6$F$_5$)$_2$(PMePh$_2$)$_2$		126
NiC$_{38}$H$_{30}$O$_2$P$_2$	Ni(CO)$_2$(PPh$_3$)$_2$		127
NiC$_{38}$H$_{31}$O$_3$P$_2$	Ni{C$_9$H$_6$O$_3$(PPh$_2$)$_2$}(η-C$_5$H$_5$)	r	128
NiC$_{38}$H$_{34}$P$_2$	Ni(η-C$_2$H$_4$)(PPh$_3$)$_2$		129, 130
NiC$_{38}$H$_{35}$O$_2$P	(Z)-Ni(CPh=CMePh)(acac)(PPh$_3$)		131
NiB$_{10}$C$_{38}$H$_{40}$P$_2$	Ni(η^2-C$_2$B$_{10}$H$_{10}$)(PPh$_3$)$_2$		132
NiC$_{38}$H$_{66}$O$_2$P$_2$·0.5C$_4$H$_{10}$O	Ni(CO)$_2$(PCy$_3$)$_2$·0.5Et$_2$O		133
NiC$_{39}$H$_{30}$F$_6$OP$_2$	Ni{η^2-O=C(CF$_3$)$_2$}(PPh$_3$)$_2$		134
NiC$_{42}$H$_{40}$O$_2$P$_2$	Ni{η^2-CH$_2$=CMe(CO$_2$Et)}(PPh$_3$)$_2$		135
NiC$_{42}$H$_{41}$P$_2^+$ZnCl$_3^-$	[Ni(PPh$_3$)$_2$(η^3-CHMeCMeCHMe)][ZnCl$_3$]		136

Molecular formula	Structure	Notes	Ref.
$NiC_{43}H_{39}F_4P_3$	$Ni(\eta-C_2F_4)(triphos)$		137
$NiC_{43}H_{42}NOP_3$	$Ni(CO)(np_3)$		138
$[NiC_{43}H_{42}NOP_3 \cdot NiC_{44}H_{45}-$ $NOP_3]^{2+}2C_{24}H_{20}B^- \cdot$ $4C_4H_8O$	$[\{Ni(CO)(np_3)\}\{Ni(COMe)(np_3)\}][BPh_4]_2 \cdot$ $4THF$	s	139
$NiC_{43}H_{45}NP_3^+BC_{24}H_{20}^- \cdot C_3H_6O$	$[NiMe(np_3)][BPh_4] \cdot Me_2CO$		140
$NiC_{44}H_{36}OP_2 \cdot 0.5C_7H_8$	$NiPh(Ph_2PCHCPhO)(PPh_3) \cdot 0.5PhMe$		141
$NiC_{44}H_{45}NOP_3^+BC_{24}H_{20}^- \cdot$ $2.5C_4H_8O$	$[Ni(COMe)(np_3)][BPh_4] \cdot 2.5THF$		139, 142
$[NiC_{44}H_{45}NOP_3 \cdot NiC_{43}H_{42}-$ $NOP_3]^{2+}2BC_{24}H_{20}^- \cdot$ $4C_4H_8O$	$[\{Ni(COMe)(np_3)\}\{Ni(CO)(np_3)\}][BPh_4]_2 \cdot$ $4THF$	s	139
$NiC_{44}H_{46}O_6P_2$	$Ni(\eta-C_2H_4)\{P(OC_6H_4Me-2)_3\}_2$		143
$NiC_{44}H_{64}P_2$	$trans\text{-}Ni(C\equiv CC_6H_4C\equiv CH\text{-}2)(PBu_3)_2$		144
$NiC_{45}H_{45}NO_6P_2$	$Ni(\eta^2\text{-}CH_2=CHCN)\{P(OC_6H_4Me-2)_3\}_2$		143
$NiOs_3C_{46}H_{32}O_{10}P_2 \cdot C_4H_{10}O$	$H_2NiOs_3(CO)_{10}(PPh_3)_2 \cdot Et_2O$	190	145
$NiAlC_{46}H_{47}O$	$Ni(cod)\{\eta^4\text{-}C_4Ph_4AlPh(OEt_2)\}$		146
$NiC_{47}H_{40}O_3P_2 \cdot C_6H_6$	$Ni\{\eta^2\text{-}CH(COPh)=CH(CO_2Me)\}(PPh_3)_2 \cdot C_6H_6$		147
$NiC_{48}H_{34}N_4O_2 \cdot CHCl_3$	$NiCH(CO_2Et)(TPP) \cdot CHCl_3$		148
$NiAs_3C_{48}H_{47}N^+BC_{24}H_{20}^-$	$[NiPh(nas_3)][BPh_4]$		149
$NiC_{50}H_{76}P_2 \cdot C_7H_8$	$Ni(\eta^2\text{-}C_{14}H_{10})(PCy_3)_2 \cdot PhMe$	t	150
$NiC_{54}H_{52}N_2P_2$	$Ni(\eta^2\text{-}PhN=NPh)\{P(Tol)_3\}_2$		151
$NiC_{56}H_{54}P_2 \cdot 0.5C_4H_8O$	$Ni(\eta^2\text{-}CHPh=CHPh)\{P(Tol)_3\}_2 \cdot 0.5THF$		152
$NiC_{57}H_{45}P_2^+F_6P^-$	$[Ni(PPh_3)_2(\eta^3\text{-}C_3Ph_3)][PF_6]$		153
$NiC_{62}H_{54}P_3^+ClO_4^-$	$[Ni(triphos)(\eta^3\text{-}C_3Ph_3)][ClO_4]$		154

[a] $C_4Me_4B_2F_2$ = 2,3,5,6-η^4-1,4-F_2-1,4-dihydro-2,3,5,6-Me_4-1,4-diborin. [b] $C_8H_{18}N_4$ = diacetylbis(dimethylhydrazone). [c] $C_5H_5C_2(CO_2Me)_2$ = 2,3-η^2-2,3-$(CO_2Me)_2$bicyclo[2.2.1]hepta-2,5-dien-7-yl. [d] C_8H_9 = η^3-cyclooctatrienyl. [e] $C_{16}H_{31}N_2$ = 3,8-Pr_2^i-2,9-Me_2-4,7-diazadeca-4,6-dienyl-N,N'. [f] $C_5H_5C_4Me_4$ = 2,3,4-η^3-1,2,3,4-Me_4-1-cyclopenta-2,4-dien-1-ylcyclobutenyl. [g] $C_5H_5(C_2Me_2O)_2$ = 2-(3,4-η^2-6,6-Me_2-7-oxobicyclo[3.2.0]hept-3-en-2-yl)-2-Me-1-oxopropyl. [h] $C_{10}H_{11}$ = η^5-tricyclo[5.2.1.0^{2,6}]deca-2,4-dien-6-yl. [i] Ni-$C_6H_{10}Me_4$ = 5-nickela-3,3,7,7-Me_4-$trans$-tricyclo[4.1.0.0^{2,4}]heptane. [j] $C_{10}H_{15}$ = (+)-(1R,5R)-3,2,-10-η^3-6,6-Me_2-2-methylenebicyclo[3.1.1]hept-3-yl (pinenyl). [k] $C_{20}H_{32}S_2$ = 1,2,8,9-η^4-3,3,-7,7,10,10,14,14-Me_8-5,12-dithiatricyclo[7.5.0.0^{2,8}]tetradeca-1(9),2(8)-diene. [l] C_7H_{10} = 2,3,-η^2-bicyclo[2.2.1]hept-2-ene. [m] $C_{13}H_8N_2$ = diazofluorene. [n] C_9H_{12} = 1,2,2',5,5',6-η^6-2,3,5-tris(methylene)hexane-1,6-diyl. [o] $C_{10}H_{16}$ = 1,2,3,8-η^4-2,6-Me_2octa-2,6-diene-1,8-diyl. [p] $C_{12}H_{18}$ = 4-(η^2-ethenyl)-6-Me-3-(1,2-η^2-1-propenyl)cyclohexene. [q] NiC_6H_8 = 2,3-bis(methylene)nickelacyclopentane. [r] $C_9H_6O_3(PPh_2)_2$ = 3-Ph_2P-4-(5-Ph_2P-cyclopent-2-en-1-yl)furan-2,5-dione-P,P'. [s] Solid solution. [t] $C_{14}H_{10}$ = anthracene.

1. D. St Clair, A. Zalkin and D. H. Templeton, *J. Am. Chem. Soc.*, 1970, **92**, 1173.
2. F. V. Hansen, R. G. Hazell, C. Hyatt and G. B. Stucky, *Acta Chem. Scand.*, 1973, **27**, 1210.
3. R. M. Wing, *J. Am. Chem. Soc.*, 1970, **92**, 1187.
4. L. O. Brockway and P. C. Cross, *J. Chem. Phys.*, 1935, **3**, 828; L. Hedberg, T. Iijima and K. Hedberg, *J. Chem. Phys.*, 1979, **70**, 3224 (E).
5. J. Ladell, B. Post and I. Fankuchen, *Acta Crystallogr.*, 1952, **5**, 795 (X).
6. I. A. Ronova, N. V. Alekseeva, N. N. Veniaminov and M. A. Kravers, *Zh. Strukt. Khim.*, 1975, **16**, 476.
7. K. Jonas, K. R. Pörschke, C. Krüger and Y.-H. Tsay, *Angew. Chem.*, 1976, **88**, 682 (*Angew. Chem., Int. Ed. Engl.*, 1976, **15**, 621).
8. A. Sirigu, *Chem. Commun.*, 1969, 256*; *Inorg. Chem.*, 1970, **9**, 2245.
9. C. Saint-Joly, A. Mari, A. Gleizes, M. Dartiguenave, Y. Dartiguenave and J. Galy, *Inorg. Chem.*, 1980, **19**, 2403.
10. N. A. Bailey, S. E. Hull, R. W. Jotham and S.F.A. Kettle, *Chem. Commun.*, 1971, 282.
11. G. Andreeti, G. Bocelli and P. Sgarabotto, *Cryst. Struct. Commun.*, 1974, **3**, 103.
12. H. Dietrich and R. Uttech, *Naturwissenschaften*, 1963, **50**, 613*; *Z. Kristallogr., Kristallgeom., Kristallphys., Kristallchem.*, 1965, **122**, 60.
13. G. Huttner, O. Orama and V. Bejenke, *Chem. Ber.*, 1976, **109**, 2533.
14. M. R. Churchill and K. Gold, *J. Am. Chem. Soc.*, 1970, **92**, 1180.
15. W. K. Dean, R. S. Charles and D. G. Van Derveer, *Inorg. Chem.*, 1977, **16**, 3328.
16. B. Henc, P. W. Jolly, R. Salz, S. Stobbe, G. Wilke, R. Benn, R. Mynott, K. Seevogel, R. Goddard and C. Krüger, *J. Organomet. Chem.*, 1980, **191**, 449.
17. I. A. Ronova and N. V. Alekseev, *Zh. Strukt. Khim.*, 1966, **7**, 886*; I. A. Ronova, D. A. Bochvar, A. L. Chistjakov, Y. T. Struchkov and N. V. Alekseev, *J. Organomet. Chem.*, 1969, **18**, 337 (E).
18. L. Hedberg and K. Hedberg, *J. Chem. Phys.*, 1970, **53**, 1228 (E).
19. P. Seiler and J. D. Dunitz, *Acta Crystallogr.*, 1980, **B36**, 2255 (X; r.t. and 101 K).
20. J. A. K. Howard, I. W. Kerr and P. Woodward, *J. Chem. Soc., Dalton Trans.*, 1975, 2466.
21. M. Matsumoto and K. Nakatsu, *Acta Crystallogr.*, 1975, **B31**, 2711.
22. H. D. Hausen and K. Krogmann, *Z. Anorg. Allg. Chem.*, 1972, **389**, 247.
23. E. Carmona, F. Gonzalez, M. L. Poverda, J. L. Atwood and R. D. Rogers, *J. Chem. Soc., Dalton Trans.*, 1980, 2108.
24. T. Madach, K. Fischer and H. Vahrenkamp, *Chem. Ber.*, 1980, **113**, 3235.
25. G. E. Hardy, K. P. Callahan and M. F. Hawthorne, *Inorg. Chem.*, 1978, **17**, 1662.
26. M. I. Bruce, J. R. Rodgers, M. R. Snow and F. S. Wong, *J. Chem. Soc., Chem. Commun.*, 1980, 1285.

27. R. Hemmer, H. A. Brune and U. Thewalt, *Z. Naturforsch. Teil B*, 1981, **36**, 78.
28. H. Dietrich and H. Schmidt, *Naturwissenschaften*, 1965, **52**, 301.
29. D. J. Brauer and C. Krüger, *J. Organomet. Chem.*, 1972, **44**, 397.
30. H. Schmidbaur, H.-J. Füller, V. Bejenke, A. Franck and G. Huttner, *Chem. Ber.*, 1977, **110**, 3536.
31. H. Schmidbaur, G. Müller, U. Schubert and O. Orama, *Angew. Chem.*, 1978, **90**, 126 (*Angew. Chem., Int. Ed. Engl.*, 1978, **17**, 126)*; *Chem. Ber.*, 1979, **112**, 3302.
32. G. D. Andretti, G. Bocelli, P. Sgarabotto, G. P. Chiusoli and F. Guerriri, *Transition Met. Chem.*, 1976, **1**, 220.
33. O. S. Mills and E. F. Paulus, *Chem. Commun.*, 1966, 738.
34. W. Petz, C. Krüger and R. Goddard, *Chem. Ber.*, 1979, **112**, 3413.
35. P. Binger, M. J. Doyle, C. Krüger and Y.-H. Tsay, *Z. Naturforsch., Teil B*, 1979, **34**, 1289.
36. C. G. Pierpont and R. Eisenberg, *Inorg. Chem.*, 1972, **11**, 828.
37. F. S. Stephens, *J. Chem. Soc., Dalton Trans.*, 1974, 1067.
38. W. H. Watson and C.-T. Lin, *Inorg. Chem.*, 1966, **5**, 1074.
39. K. S. Chong, S. J. Rettig, A. Storr and J. Trotter, *Can. J. Chem.*, 1981, **59**, 996.
40. J. Pickardt, L. Rösch and H. Schumann, *Z. Anorg. Allg. Chem.*, 1976, **426**, 66.
41. L. F. Dahl and C. H. Wei, *Inorg. Chem.*, 1963, **2**, 713.
42. B. Henc, P. W. Jolly, R. Salz, G. Wilke, R. Benn, E. G. Hoffmann, R. Mynott, G. Schroth, K. Seevogel, J. C. Sekutowski and C. Krüger, *J. Organomet. Chem.*, 1980, **191**, 425.
43. M. Matsumoto, K. Nakatsu, K. Tani, A. Nakamura and S. Otsuka, *J. Am. Chem. Soc.*, 1974, **96**, 6777.
44. J. K. Stalick and J. A. Ibers, *J. Am. Chem. Soc.*, 1970, **92**, 5333.
45. R. Countryman and B. R. Penfold, *Chem. Commun.*, 1971, 1598.
46. P. S. Maddren, A. Modinos, P. L. Timms and P. Woodward, *J. Chem. Soc., Dalton Trans.*, 1975, 1272.
47. H. Dierks and H. Dietrich, *Z. Kristallogr., Kristallgeom., Kristallphys., Kristallchem.*, 1965, **122**, 1.
48. H. G. von Schnering, K. Peters and E.-M. Peters, *Chem. Ber.*, 1976, **109**, 1665.
49. W. Siebert, R. Full, C. Krüger and Y.-H. Tsay, *Z. Naturforsch., Teil B*, 1976, **31**, 203.
50. M. Green, J. Howard, J. L. Spencer and F. G. A. Stone, *J. Chem. Soc., Chem. Commun.*, 1974, 153*; *J. Chem. Soc., Dalton Trans.*, 1975, 2274.
51. A. Fumigalli, G. Longoni, P. Chini, A. Albinati and S. Bruckner, *J. Organomet. Chem.*, 1980, **202**, 329.
52. H. Beurich and H. Vahrenkamp, *Angew. Chem.*, 1981, **93**, 128 (*Angew. Chem., Int. Ed. Engl.*, 1981, **20**, 98).
53. A. Marinetti, E. Sappa, A. Tiripicchio and M. Tiripicchio-Camellini, *J. Organomet. Chem.*, 1980, **197**, 335.
54. M. Baacke, S. Morton, O. Stelzer and W. S. Sheldrick, *Chem. Ber.*, 1980, **113**, 1343.
55. W. Siebert, M. Bochmann, J. Edwin, C. Krüger and Y.-H. Tsay, *Z. Naturforsch., Teil B*, 1978, **33**, 1410.
56. J. Browning, M. Green, B. R. Penfold, J. L. Spencer and F. G. A. Stone, *J. Chem. Soc., Chem. Commun.*, 1973, 31*; J. Browning and B. R. Penfold, *J. Cryst. Mol. Struct.*, 1974, **4**, 347.
57. W. Oberhansli and L. F. Dahl, *Inorg. Chem.*, 1965, **4**, 150.
58. M. R. Churchill, B. G. DeBoer and J. J. Hackbarth, *Inorg. Chem.*, 1974, **13**, 2098.
59. M. D. Glick and L. F. Dahl, *J. Organomet. Chem.*, 1965, **3**, 200.
60. I. W. Bassi and M. Calcaterra, *J. Organomet. Chem.*, 1976, **110**, 129.
61. D. J. Yarrow, J. A. Ibers, Y. Tatsuno and S. Otsuka, *J. Am. Chem. Soc.*, 1973, **95**, 8590.
62. C. Krüger, *Angew. Chem.*, 1972, **84**, 412 (*Angew. Chem., Int. Ed. Engl.*, 1972, **11**, 387)* (D).
63. B. L. Barnett and C. Krüger, *J. Organomet. Chem.*, 1974, **77**, 407.
64. E. Carmona, F. Gonzalez, M. L. Poveda, J. L. Atwood and R. D. Rogers, *J. Chem. Soc., Dalton Trans.*, 1981, 777.
65. L. J. Radonovich, K. J. Klabunde, C. B. Behrens, D. P. McCollor and B. B. Anderson, *Inorg. Chem.*, 1980, **19**, 1221.
66. D. Osella, E. Sappa, A. Tiripicchio and M. Tiripicchio-Camellini, *Inorg. Chim. Acta*, 1979, **34**, L289*; 1980, **42**, 183.
67. V. A. Semion, I. V. Barinov, Y. A. Ustynyuk and Y. T. Struchkov, *Zh. Strukt. Khim.*, 1972, **13**, 543.
68. E. F. Epstein and L. F. Dahl, *J. Am. Chem. Soc.*, 1970, **92**, 502.
69. E. Sappa, A. Tiripicchio and M. Tiripicchio-Camellini, *J. Chem. Soc., Chem. Commun.*, 1979, 254*; *Inorg. Chim. Acta*, 1980, **41**, 11.
70. W. T. Scroggins, M. F. Rettig and R. M. Wing, *Inorg. Chem.*, 1976, **15**, 1381.
71. G. G. Aleksandrov and Y. T. Struchkov, *Zh. Strukt. Khim.*, 1973, **14**, 1067.
72. P. Binger, M. J. Doyle, J. McMeeking, C. Krüger and Y.-H. Tsay, *J. Organomet. Chem.*, 1977, **135**, 405.
73. B. Henc, H. Pauling, G. Wilke, C. Krüger, G. Schroth and E. G. Hoffmann, *Liebigs Ann. Chem.*, 1974, 1820.
74. H.-J. Schmitt, K. Weidenhammer and M. L. Ziegler, *Chem. Ber.*, 1976, **109**, 2558.
75. L. J. Radonovich, F. J. Koch and T. A. Albright, *Inorg. Chem.*, 1980, **19**, 3373.
76. D. J. Sepelak, C. G. Pierpont, E. K. Barefield, J. T. Budz and C. A. Poffenberger, *J. Am. Chem. Soc.*, 1976, **98**, 6178.
77. C. Krüger and Y.-H. Tsay, unpublished results cited in K. Fischer, K. Jonas, P. Misbach, R. Stabba and G. Wilke, *Angew. Chem.*, 1973, **85**, 1002 (*Angew. Chem., Int. Ed. Engl.*, 1973, **12**, 943).
78. C. Krüger, *Chem. Ber.*, 1976, **109**, 3574.
79. B. Barnett and C. Krüger, unpublished results cited in K. Fischer, K. Jonas, P. Misbach, R. Stabba and G. Wilke, *Angew. Chem.*, 1973, **85**, 1002 (*Angew. Chem., Int. Ed. Engl.*, 1973, **12**, 943).
80. B. H. Freeland, J. E. Hux, N. C. Payne and K. G. Tyers, *Inorg. Chem.*, 1980, **19**, 693.
81. R. S. Dickson, J. A. Ibers, S. Otsuka and Y. Tatsuno, *J. Am. Chem. Soc.*, 1971, **93**, 4636*; R. S. Dickson and J. A. Ibers, *J. Am. Chem. Soc.*, 1972, **94**, 2988.
82. C. Krüger and Y.-H. Tsay, unpublished work cited in B. Bogdanovic, B. Henc, A. Lösler, B. Meister, H. Pauling and G. Wilke, *Angew. Chem.*, 1973, **85**, 1013 (*Angew. Chem., Int. Ed. Engl.*, 1973, **12**, 954).

83. C. Krüger and Y.-H. Tsay, *J. Organomet. Chem.*, 1972, **34**, 387.
84. F. Glockling, A. McGregor, M. L. Schneider and H. M. M. Shearer, *J. Inorg. Nucl. Chem.*, 1970, **32**, 3101.
85. A. Nakamura, T. Yoshida, M. Cowie, S. Otsuka and J. A. Ibers, *J. Am. Chem. Soc.*, 1977, **99**, 2108.
86. C. Krüger, *Angew. Chem.*, 1972, **84**, 412 (*Angew. Chem., Int. Ed. Engl.*, 1972, **11**, 387)* (D).
87. B. L. Barnett and C. Krüger, *J. Cryst. Mol. Struct.*, 1972, **2**, 271.
88. H. Hoberg, V. Götz and C. Krüger, *J. Organomet. Chem.*, 1979, **169**, 219.
89. G. E. Herberich, M. Thönnessen and D. Schmitz, *J. Organomet. Chem.*, 1980, **191**, 27.
90. M. R. Churchill and T. A. O'Brien, *J. Chem. Soc.(A)*, 1970, 161.
91. R. S. Dickson and J. A. Ibers, *J. Organomet. Chem.*, 1972, **36**, 191.
92. K. Prout, S. R. Critchley and G. V. Rees, *Acta Crystallogr.*, 1974, **B30**, 2305.
93. W. E. Douglas, M. L. H. Green, C. K. Prout and G. V. Rees, *Chem. Commun.*, 1971, 896*.
94. B. L. Barnett and C. Krüger, *J. Organomet. Chem.*, 1972, **42**, 169.
95. D. J. Brauer, C. Krüger and J. C. Sekutowski, *J. Organomet. Chem.*, 1979, **178**, 249.
96. G. Bergerhoff, O. Hammas and D. Haas, *Acta Crystallogr.*, 1979, **B35**, 181.
97. F. A. Cotton, B. A. Frenz and D. L. Hunter, *J. Am. Chem. Soc.*, 1974, **96**, 4820.
98. T. T. Tsou, J. C. Huffman and J. K. Kochi, *Inorg. Chem.*, 1979, **18**, 2311.
99. M. D. Rausch, R. M. Tuggle and D. L. Weaver, *J. Am. Chem. Soc.*, 1970, **92**, 4981*; R. M. Tuggle and D. L. Weaver, *Inorg. Chem.*, 1971, **10**, 1504.
100. C. Tsipis, G. E. Manoussakis, D. P. Kessissoglou, J. C. Huffman, L. N. Lewis, M. A. Adams and K. G. Caulton, *Inorg. Chem.*, 1980, **19**, 1458.
101. I. L. C. Campbell and F. S. Stephens, *J. Chem. Soc., Dalton Trans.*, 1975, 340.
102. B. L. Barnett, C. Krüger and Y.-H. Tsay, *Angew. Chem.*, 1972, **84**, 120 (*Angew. Chem., Int. Ed. Engl.*, 1972, **11**, 137).
103. B. L. Barnett and C. Krüger, unpublished work cited in B. Bogdanovic, B. Henc, A. Lösler, B. Meister, H. Pauling and G. Wilke, *Angew. Chem.*, 1973, **85**, 1013 (*Angew. Chem., Int. Ed. Engl.*, 1973, **12**, 954)* (D); B. L. Barnett and C. Krüger, *J. Organomet. Chem.*, 1974, **77**, 407.
104. K. Yasufuku, K. Aoki and H. Yamazaki, *J. Organomet. Chem.*, 1975, **84**, C28.
105. W. Gausing, G. Wilke, C. Krüger and L. K. Liu, *J. Organomet. Chem.*, 1980, **199**, 137.
106. I. L. C. Campbell and F. S. Stephens, *J. Chem. Soc., Dalton Trans.*, 1975, 337.
107. G. R. Davies, R. H. B. Mais and P. G. Owston, *J. Chem. Soc.(A)*, 1967, 1750.
108. W. A. Spofford, P. D. Carfagna and E. L. Amma, *Inorg. Chem.*, 1967, **6**, 1553.
109. B. Barnett, B. Büssemeier, P. Heimbach, P. W. Jolly, C. Krüger, I. Tkatchenko and G. Wilke, *Tetrahedron Lett.*, 1972, 1457.
110. M. R. Churchill, T. A. O'Brien, M. D. Rausch and Y. F. Chang, *Chem. Commun.*, 1967, 992*.
111. M. R. Churchill and T. A. O'Brien, *J. Chem. Soc. (A)*, 1968, 2970.
112. M. R. Churchill and T. A. O'Brien, *J. Chem. Soc. (A)*, 1969, 266.
113. T. V. Ashworth, M. J. Chetcuti, J. A. K. Howard, F. G. A. Stone, S. J. Wisbey and P. Woodward, *J. Chem. Soc., Dalton Trans.*, 1981, 763.
114. M. R. Churchill and T. A. O'Brien, *Chem. Commun.*, 1968, 246*; *J. Chem. Soc. (A)*, 1970, 206.
115. P. W. Jolly, C. Krüger, R. Salz and G. Wilke, *J. Organomet. Chem.*, 1976, **118**, C25.
116. O. Stelzer, S. Morton and W. S. Sheldrick, *Acta Crystallogr.*, 1981, **B37**, 439.
117. D. Weaver and R. M. Tuggle, *J. Am. Chem. Soc.*, 1969, **91**, 6506*.
118. D. Weaver and R. M. Tuggle, *Inorg. Chem.*, 1971, **10**, 2599.
119. M. R. Churchill, K. L. Kalra and M. V. Veidis, *Inorg. Chem.*, 1973, **12**, 1656.
120. P. W. Jolly, C. Krüger, R. Salz and J. C. Sekutowski, *J. Organomet. Chem.*, 1979, **165**, C39.
121. D. J. Brauer and C. Krüger, *J. Organomet. Chem.*, 1974, **77**, 423.
122. B. L. Barnett and C. Krüger, *Cryst. Struct. Commun.*, 1973, **2**, 347.
123. R. N. Grimes, E. Sinn and J. R. Pipal, *Inorg. Chem.*, 1980, **19**, 2087.
124. M. Aresta, C. F. Nobile, V. G. Albano, E. Forni and M. Manassero, *J. Chem. Soc., Chem. Commun.*, 1975, 636.
125. M. R. Churchill and M. V. Veidis, *Chem. Commun.*, 1970, 1099*; *J. Chem. Soc. (A)*, 1971, 3463.
126. M. R. Churchill and M. V. Veidis, *J. Chem. Soc., Dalton Trans.*, 1972, 670.
127. W. Bensmann and D. Fenske, *Angew. Chem.*, 1978, **90**, 488 (*Angew. Chem., Int. Ed. Engl.*, 1978, **17**, 462).
128. C. Krüger and Y.-H. Tsay, *Cryst. Struct. Commun.*, 1974, **3**, 455.
129. C. D. Cook, C. H. Koo, S. C. Nyburg and M. T. Shiomi, *Chem. Commun.*, 1967, 426*; P.-T. Cheng, C. D. Cook, C. H. Koo, S. C. Nyburg and M. T. Shiomi, *Acta Crystallogr.*, 1971, **B27**, 1904.
130. W. Dreissig and H. Dietrich, *Acta Crystallogr.*, 1968, **B24**, 108.
131. J. M. Huggins and R. G. Bergman, *J. Am. Chem. Soc.*, 1979, **101**, 4410.
132. A. A. Sayler, H. Beall and J. F. Sieckhaus, *J. Am. Chem. Soc.*, 1973, **95**, 5790.
133. A. Del Pra, G. Zanotti, L. Pandolfo and P. Segala, *Cryst. Struct. Commun.*, 1981, **10**, 7.
134. R. Countryman and B. R. Penfold, *Chem. Commun.*, 1971, 1598*; *J. Cryst. Mol. Struct.*, 1972, **2**, 281.
135. S. Komiya, J. Ishizu, A. Yamamoto, T. Yamamoto, A. Takenaka and Y. Sasada, *Bull. Chem. Soc. Jpn.*, 1980, **53**, 1283.
136. M. Zocchi and A. Albinati, *J. Organomet. Chem.*, 1974, **77**, C40.
137. J. Browning and B. R. Penfold, *J. Chem. Soc., Chem. Commun.*, 1973, 198.
138. C. A. Ghilardi, A. Sabatini and L. Sacconi, *Inorg. Chem.*, 1976, **15**, 2763.
139. P. Stoppioni, P. Dapporto and L. Sacconi, *Inorg. Chem.*, 1978, **17**, 718.
140. L. Sacconi, P. Dapporto, P. Stoppioni, P. Innocenti and C. Benelli, *Inorg. Chem.*, 1977, **16**, 1669.
141. W. Keim, F. H. Kowaldt, R. Goddard and C. Krüger, *Angew. Chem.*, 1978, **90**, 493 (*Angew. Chem., Int. Ed. Engl.*, 1978, **17**, 466).
142. L. Sacconi, P. Dapporto and P. Stoppioni, *J. Organomet. Chem.*, 1976, **116**, C33*.
143. L. J. Guggenberger, *Inorg. Chem.*, 1973, **12**, 499.

144. K. von Deuten, A. Beyer and R. Nast, *Cryst. Struct. Commun.*, 1979, **8**, 755.
145. L. J. Farrugia, J. A. K. Howard, P. Mitrprachachon, F. G. A. Stone and P. Woodward, *J. Chem. Soc., Dalton Trans.*, 1981, 171.
146. C. Krüger, J. C. Sekutowski, H. Hoberg and R. Krause-Göing, *J. Organomet. Chem.*, 1977, **141**, 141.
147. G. D. Andreetti, G. Bocelli, P. Sgarabotto, G. P. Chiusoli, M. Costa, G. Terenghi and A. Biavati, *Transition Met. Chem.*, 1980, **5**, 129.
148. H. J. Callot, H. Tschamber, B. Chevrier and R. Weiss, *Angew. Chem.*, 1975, **87**, 545 (*Angew. Chem., Int. Ed. Engl.*, 1975, **14**, 567)*; B. Chevrier and R. Weiss, *J. Am. Chem. Soc.*, 1976, **98**, 2985.
149. P. Dapporto and L. Sacconi, *Inorg. Chim. Acta*, 1974, **9**, L2*; L. Sacconi, P. Dapporto and P. Stoppioni, *Inorg. Chem.*, 1976, **15**, 325.
150. D. J. Brauer and C. Krüger, *Inorg. Chem.*, 1977, **16**, 884.
151. S. D. Ittel and J. A. Ibers, *J. Organomet. Chem.*, 1973, **57**, 389.
152. S. D. Ittel and J. A. Ibers, *J. Organomet. Chem.*, 1974, **74**, 121.
153. C. Mealli, S. Midollini, S. Moneti and L. Sacconi, *Angew. Chem.*, 1980, **92**, 967 (*Angew. Chem., Int. Ed. Engl.*, 1980, **19**, 931).
154. C. Mealli, S. Midollini, S. Moneti and L. Sacconi, *J. Organomet. Chem.*, 1981, **205**, 273.

Ni_2 Dinickel

Molecular formula	Structure	Notes	Ref.
$Ni_2C_6HO_6^-C_{36}H_{30}NP_2^+$	$[PPN][HNi_2(CO)_6]$		1
$Ni_2C_{10}H_{14}$	$Ni_2(C_5H_7)_2$	a	2
$Ni_2C_{11}F_{24}O_3P_4S_2$	$Ni_2(CO)_3(\{(CF_3)_2P\}_2S)$		3
$Ni_2C_{12}H_{10}O_2$	$[Ni(\mu\text{-}CO)(\eta\text{-}C_5H_5)]_2$		4, 5
$Ni_2C_{12}H_{12}$	$\{Ni(\eta\text{-}C_5H_5)\}_2(\mu\text{-}C_2H_2)$	b	6
$Ni_2C_{12}H_{18}Br_2O_4$	$[Ni(\mu\text{-}Br)\{\eta^3\text{-}CH_2C(CO_2Et)CH_2\}]_2$		7
$N_2C_{12}H_{24}$	$[Ni(\mu\text{-}Me)(\eta^3\text{-}C_5H_9)]_2$		8
$Ni_2FeC_{13}H_{10}O_3S$	$Ni_2FeS(CO)_3(\eta\text{-}C_5H_5)_2$		9
$Ni_2C_{13}H_{18}S_3$	$\{Ni(\eta\text{-}C_3H_5)\}_2(\mu\text{-}C_5H_2Me_2S_3)$	c	10
$Ni_2C_{14}H_{14}O_2$	$[Ni(\mu\text{-}CO)(\eta\text{-}C_5H_4Me)]_2$		4
$Ni_2C_{14}H_{16}$	$\{Ni(\eta\text{-}C_3H_5)\}_2(\mu\text{-}C_8H_6)$	d	11
$Ni_2C_{14}H_{16}N_2$	$[Ni(\mu\text{-}CNMe)(\eta\text{-}C_5H_5)]_2$		12
$Ni_2Co_4C_{14}O_{14}^{2-}\cdot 2C_4H_{12}N^+$	$[NMe_4]_2[Ni_2Co_4(CO)_{14}]$		13
$Ni_2C_{15}H_{15}^+BF_4^-$	$[Ni_2(\eta\text{-}C_5H_5)_3]BF_4$		14
$Ni_2C_{16}H_{16}$	$[Ni(cot)]_2$		15
$Ni_2C_{16}H_{18}$	$\{Ni(\eta\text{-}C_5H_5)\}_2(\mu\text{-}C_6H_8)$	e	16
$Ni_2C_{16}H_{24}Br_4$	$[NiBr_2(\eta\text{-}C_4Me_4)]_2$		17
$Ni_2C_{16}H_{24}Cl_4\cdot C_6H_6$	$[NiCl_2(\eta\text{-}C_4Me_4)]_2\cdot C_6H_6$		18
$Ni_2C_{16}H_{40}P_4$	$Ni_2\{(CH_2)_2PMe_2\}_4$		19
$Ni_2Fe_2C_{17}H_{10}O_7$	$Ni_2Fe_2(CO)_7(\eta\text{-}C_5H_5)_2$		20
$Ni_2C_{20}H_{16}$	$[Ni(\mu\text{-}\eta^5,\eta^5\text{-}C_{10}H_8)]_2$		21
$Ni_2Fe_2C_{22}H_{20}O_6$	$Ni_2Fe_2(CO)_6(C_2Et_2)(\eta\text{-}C_5H_5)_2$		20
$Ni_2C_{24}H_{10}F_{10}$	$\{Ni(\eta\text{-}C_5H_5)\}_2\{\mu\text{-}C_2(C_6F_5)_2\}$		22
$Ni_2C_{24}H_{20}$	$\{Ni(\eta\text{-}C_5H_5)\}_2(\mu\text{-}C_2Ph_2)$		23
$Ni_2C_{24}H_{40}Br_4$	$[NiBr_2(\eta\text{-}C_4Et_4)]_2$		24
$Ni_2C_{25}H_{20}F_3OP$	$\{Ni(\eta\text{-}C_5H_5)\}_2\{\mu\text{-}CF_3C_2P(O)Ph_2\}$		25
$Ni_2C_{26}H_{34}F_6O_4$	$[Ni(O_2CCF_3)(C_{11}H_{17})]_2$	f	26
$Ni_2C_{26}H_{40}O_4$	$[Ni(OAc)(C_{11}H_{17})]_2$	f, g	27, 28
$Ni_2C_{26}H_{40}O_4$	$[Ni(OAc)(C_{11}H_{17})]_2$	f, h	27, 29
$Ni_2C_{26}H_{54}Br_2P_2$	$\{NiBr(PPr^i_3)\}_2(\mu\text{-}C_8H_{12})$	i	30
$Ni_2C_{28}H_{20}O_4P_2$	$[Ni(\mu\text{-}PPh_2)(CO)_2]_2$		31
$Ni_2C_{28}H_{24}$	$[Ni(C_8H_7Ph)]_2$	j	32
$Ni_2C_{28}H_{52}P_2$	$[Ni(\mu\text{-}PCy_2)(\eta\text{-}C_2H_4)]_2$		33
$Ni_2C_{30}H_{20}O_6P_2$	$[Ni(\mu\text{-}PPh_2)_2(CO)_3]_2$		34
$Ni_2C_{30}H_{34}$	$\{N(\eta^4\text{-}cod)\}_2(\mu\text{-}C_2Ph_2)$		35
$Ni_2C_{34}H_{30}P_2$	$[Ni(\mu\text{-}PPh_2)(\eta\text{-}C_5H_5)]_2$		36
$Ni_2C_{38}H_{38}O_2P_2$	$[Ni(CO)(\eta\text{-}Bu^tC_2PPh_2)]_2$		37
$Ni_2C_{42}H_{46}H_2$	$[\overline{Ni(\mu\text{-}\eta^3\text{-}CH_2CMeCMeCH_2CHPh\dot{C}HCH=N\text{-}Ph)}]_2$	D	38
$Ni_2Na_4C_{48}H_{68}O_5$	$[NiPh(\eta\text{-}C_2H_4)]Na_4(THF)_5$		39
$Ni_2C_{58}H_{98}O_4P_2$	$[Ni\{\eta^3\text{-}CH_2CMeCH(CH_2)_2CH(CMe=CH_2)\text{-}CO_2\}(PCy_3)]_2$		40
$Ni_2C_{60}H_{60}Br_2P_4\cdot 2CHCl_3$	$[NiBr(dppe)]_2(\mu\text{-}C_8H_{12})\cdot 2CHCl_3$	i	30
$Ni_2Li_3C_{73}H_{72}N_5O_2$	$Ni_2(\mu\text{-}\eta^2\text{-}CPh_2=NH)_2(\mu\text{-}CPh_2=NLi)\text{-}\{\mu\text{-}CPh_2=NLi(OEt_2)\}_2$		41
$Ni_2Cd_3Ge_4C_{82}H_{70}\cdot C_7H_8$	$\{Ni(CdGePh_3)(GePh_3)(\eta\text{-}C_5H_5)\}_2Cd\cdot PhMe$	153	42
$Ni_2Ge_4Hg_3C_{82}H_{70}\cdot C_7H_8$	$\{Ni(HgGePh_3)(GePh_3)(\eta\text{-}C_5H_5)\}_2Hg\cdot PhMe$	153	43
$Ni_2C_{84}H_{60}$	$\{Ni(\eta\text{-}C_4Ph_4)\}(\mu\text{-}C_3Ph_3)\{Ni(\eta\text{-}C_5Ph_5)\}$		44

a C_5H_7 = pentadienyl. b Study at r.t. and 77 K to determine electron distribution. c $C_5H_2Me_2S_3$ = 2,4,6-heptanethionediate. d C_8H_6 = dihydropentalenyl. e $C_6H_8 = \eta^3,\eta^3\text{-}C_3H_4C_3H_4$. f $C_{11}H_{17}$ = 2-methylallyl-3-

norbornyl. ᵍ Monoclinic form. ʰ Orthorhombic form. ⁱ C_8H_{12} = 1,2,3-η^3:6,7,8-η^3-octa-1,7-dienyl. ʲ C_8H_7Ph = phenylcyclooctatetraene.

1. G. Longoni, M. Manassero and M. Sansoni, *J. Organomet. Chem.*, 1979, **174**, C41.
2. C. Krüger, *Angew. Chem.*, 1969, **81**, 708 (*Angew. Chem., Int. Ed. Engl.*, 1969, **8**, 678).
3. H. Einspahr and J. Donohue, *Inorg. Chem.*, 1974, **13**, 1839.
4. L. R. Byers and L. F. Dahl, *Inorg. Chem.*, 1980, **19**, 680.
5. T. Madach, K. Fischer and H. Vahrenkamp, *Chem. Ber.*, 1980, **113**, 3235.
6. Y. Wang and P. Coppens, *Inorg. Chem.*, 1976, **15**, 1122.
7. M. R. Churchill and T. A. O'Brien, *Inorg. Chem.*, 1967, **6**, 1386.
8. C. Krüger, J. C. Sekutowski, H. Berke and R. Hoffmann, *Z. Naturforsch., Teil B*, 1978, **33**, 1110.
9. P. Braunstein, E. Sappa, A. Tiripicchio and M. Tiripicchio-Camellini, *Inorg. Chim. Acta*, 1980, **45**, L191.
10. B. Bogdanovic, C. Krüger and O. Kuzmin, *Angew. Chem.*, 1979, **91**, 744 (*Angew. Chem., Int. Ed. Engl.*, 1979, **18**, 683).
11. A. Miyake and A. Kanai, *Angew. Chem.*, 1971, **83**, 851 (*Angew. Chem., Int. Ed. Engl.*, 1971, **10**, 801)* (D); Y. Kitano, M. Kashiwagi and Y. Kinoshita, *Bull. Chem. Soc. Jpn.*, 1973, **46**, 723.
12. R. D. Adams, F. A. Cotton and G. A. Rusholme, *J. Coord. Chem.*, 1971, **1**, 275.
13. V. G. Albano, G. Ciani and P. Chini, *J. Chem. Soc., Dalton Trans.*, 1974, 432.
14. E. Dubler, M. Textor, H.-R. Oswald and A. Salzer, *Angew. Chem.*, 1974, **86**, 125 (*Angew. Chem., Int. Ed. Engl.*, 1974, **13**, 135).
15. D. J. Brauer and C. Krüger, *J. Organomet. Chem.*, 1976, **122**, 265.
16. A. E. Smith, unpublished work cited in W. Keim, *Angew. Chem.*, 1968, **80**, 968 (*Angew. Chem., Int. Ed. Engl.*, 1968, **7**, 897)* (D); A. E. Smith, *Inorg. Chem.*, 1972, **11**, 165.
17. U. Thewalt, R. Hemmer and H. A. Brune, *Z. Naturforsch., Teil B*, 1979, **34**, 859.
18. J. D. Dunitz, H. C. Mez, O. S. Mills and H. M. M. Shearer, *Helv. Chim. Acta*, 1962, **45**, 647.
19. D. J. Brauer, C. Krüger, P. J. Roberts and Y.-H. Tsay, *Chem. Ber.*, 1974, **107**, 3706.
20. A. Marinetti, E. Sappa, A. Tiripicchio and M. Tiripicchio-Camellini, *Inorg. Chim. Acta*, 1980, **44**, L183*; E. Sappa, A. Tiripicchio and M. Tiripicchio-Camellini, *J. Organomet. Chem.*, 1980, **199**, 243.
21. P. R. Sharp, K. N. Raymond, J. C. Smart and R. J. McKinney, *J. Am. Chem. Soc.*, 1981, **103**, 753.
22. E. J. Forbes, N. Goodhand, T. A. Hamor and N. Iranpoor, *J. Fluorine Chem.*, 1980, **16**, 339.
23. O. S. Mills and B. W. Shaw, *Acta Crystallogr.*, 1965, **18**, 562*; *J. Organomet. Chem.*, 1968, **11**, 595.
24. G. Guerch, P. Mauret, J. Jaud and J. Galy, *Acta Crystallogr.*, 1977, **B33**, 3747.
25. R. J. Restivo, G. Ferguson, T. W. Ng and A. J. Carty, *Inorg. Chem.*, 1977, **16**, 172.
26. M. Zocchi and G. Tieghi, *J. Chem. Soc., Dalton Trans.*, 1975, 1740.
27. G. Tieghi and M. Zocchi, *J. Organomet. Chem.*, 1973, **57**, C90*.
28. G. Tieghi and M. Zocchi, *Cryst. Struct. Commun.*, 1973, **2**, 561.
29. G. Tieghi and M. Zocchi, *Cryst. Struct. Commun.*, 1973, **2**, 557.
30. T. S. Cameron, M. L. H. Green, H. Munakata, C. K. Prout and M. J. Smith, *J. Coord. Chem.*, 1972, **2**, 43*; T. S. Cameron and C. K. Prout, *Acta Crystallogr.*, 1972, **B28**, 2021.
31. J. A. J. Jarvis, R. H. B. Mais, P. G. Owston and D. T. Thompson, *J. Chem. Soc. (A)*, 1970, 1867.
32. W. Gausing, G. Wilke, C. Krüger and L. K. Liu, *J. Organomet. Chem.*, 1980, **199**, 137.
33. B. L. Barnett and C. Krüger, *Cryst. Struct. Commun.*, 1973, **2**, 85.
34. R. H. B. Mais, P. G. Owston, D. T. Thompson and A. M. Wood, *J. Chem. Soc. (A)*, 1967, 1744.
35. V. W. Day, S. S. Abdel-Megiud, S. Dabestani, M. G. Thomas, W. R. Pretzer and E. L. Muetterties, *J. Am. Chem. Soc.*, 1976, **98**, 8289.
36. J. M. Coleman and L. F. Dahl, *J. Am. Chem. Soc.*, 1967, **89**, 542.
37. H. N. Paik, A. J. Carty, K. Dymock and G. J. Palenik, *J. Organomet. Chem.*, 1974, **70**, C17.
38. D. Walther, J. Seiler and J. Kaiser, *Z. Anorg. Allg. Chem.*, 1981, **472**, 149.
39. D. J. Brauer, C. Krüger, P. J. Roberts and Y.-H. Tsay, *Angew. Chem.*, 1976, **88**, 52 (*Angew. Chem., Int. Ed. Engl.*, 1976, **15**, 48).
40. P. W. Jolly, S. Stobbe, G. Wilke, R. Goddard, C. Krüger, J. C. Sekutowski and Y.-H. Tsay, *Angew. Chem.*, 1978, **90**, 144 (*Angew. Chem., Int. Ed. Engl.*, 1978, **17**, 124).
41. H. Hoberg, V. Götz, R. Goddard and C. Krüger, *J. Organomet. Chem.*, 1980, **190**, 315.
42. S. N. Titova, V. T. Bychkov, G. A. Domrachev, G. A. Razuvaev, Y. T. Struchkov and L. N. Zakharov, *J. Organomet. Chem.*, 1980, **187**, 167.
43. L. N. Zakharov, Y. T. Struchkov, S. N. Titova, V. T. Bychkov, G. A. Domrachev and G. A. Razuvaev, *Cryst. Struct. Commun.*, 1980, **9**, 549.
44. H. Hoberg, R. Krause-Göing, C. Krüger and J. C. Sekutowski, *Angew. Chem.*, 1977, **89**, 179 (*Angew. Chem., Int. Ed. Engl.*, 1977, **16**, 183).

Ni_3 Trinickel

Molecular formula	Structure	Notes	Ref.
$Ni_3C_{15}H_8F_6O_3$	$Ni_3(CO)_3\{C_2(CF_3)_2\}(C_8H_8)$		1
$Ni_3C_{15}H_{15}S_2$	$\{Ni(\eta\text{-}C_5H_5)\}_3S_2$		2
$Ni_3B_5C_{16}H_{21}$	$\{Ni(\eta\text{-}C_5H_5)\}_3CB_5H_6$		3, 4
$Ni_3Mo_2C_{16}O_{16}^{2-}\cdot 2C_{36}H_{30}NP_2^+$	$[PPN]_2[Ni_3Mo_2(CO)_{16}]$		5
$Ni_3W_2C_{16}O_{16}^{2-}\cdot 2C_8H_{20}N^+$	$[NEt_4]_2[Ni_3W_2(CO)_{16}]$		5
$Ni_3W_2C_{16}O_{16}^{2-}\cdot 2C_{36}H_{30}NP_2^+$	$[PPN]_2[Ni_3W_2(CO)_{16}]$	a	5
$Ni_3B_5C_{17}H_{23}$	$\{Ni(\eta\text{-}C_5H_5)\}_3CB_5H_5Me$		4
$Ni_3C_{19}H_{24}N$	$\{Ni(\eta\text{-}C_5H_5)\}_3NBu^t$		6, 7

Molecular formula	Structure	Notes	Ref.
$Ni_3C_{21}H_{30}N_6O_3$	$[Ni(CO)(NCNC_5H_{10})]_3$	b	8
$Ni_3C_{26}H_{38}N_8$	$\{Ni(\eta-C_3H_5)(\mu-dmpz)_2\}_2Ni$		9
$Ni_3Li_2C_{28}H_{49}O_4$	$Ni\{(THF)_2LiNi(C_{12}H_{17})\}_2$		10
$Ni_3C_{78}H_{66}N_6$	$[Ni(HN{=}CPh_2)(\mu\text{-}\eta^1,\eta^2\text{-}HN{=}CPh_2)]_3$		11

a Disordered, not fully refined. b $NCNC_5H_{10}$ = N-cyanopiperidine.

1. J. L. Davidson, M. Green, F. G. A. Stone and A. J. Welch, *J. Am. Chem. Soc.*, 1975, **97**, 7490*; *J. Chem. Soc., Dalton Trans.*, 1979, 506.
2. H. Vahrenkamp, V. A. Uchtman and L. F. Dahl, *J. Am. Chem. Soc.*, 1968, **90**, 3272.
3. C. G. Salentine, C. E. Strouse and M. F. Hawthorne, *J. Am. Chem. Soc.*, 1976, **98**, 841*.
4. C. G. Salentine, C. E. Strouse and M. F. Hawthorne, *Inorg. Chem.*, 1976, **15**, 1832.
5. J. K. Ruff, R. P. White and L. F. Dahl, *J. Am. Chem. Soc.*, 1971, **93**, 2159.
6. S. Otsuka, A. Nakamura and T. Yoshida, *Inorg. Chem.*, 1968, **7**, 261.
7. N. Kamijyo and T. Watanabe, *Bull. Chem. Soc. Jpn.*, 1974, **47**, 373.
8. K. Krogmann and R. Mattes, *Angew. Chem.*, 1966, **78**, 1064 (*Angew. Chem., Int. Ed. Engl.*, 1966, **5**, 1046).
9. K. S. Chong, S. J. Rettig, A. Storr and J. Trotter, *Can. J. Chem.*, 1981, **59**, 996.
10. K. Jonas, C. Krüger and J. C. Sekutowski, *Angew. Chem.*, 1979, **91**, 520 (*Angew. Chem., Int. Ed. Engl.*, 1979, **18**, 487).
11. H. Hoberg, V. Götz, C. Krüger and Y.-H. Tsay, *J. Organomet. Chem.*, 1979, **169**, 209.

Ni_4 Tetranickel

Molecular formula	Structure	Notes	Ref.
$Ni_4C_{10}Cl_8O_4$	$[Ni_2(\mu\text{-}Cl)(CO)_2(\mu\text{-}\eta\text{-}C_3Cl_3)]_2$		1
$Ni_4C_{12}O_{18}P_4$	$\{Ni(CO)_3\}_4P_4O_6$		2
$Ni_4Mo_2C_{14}O_{14}^{2-}\cdot 2C_8H_{20}N^+$	$[NEt_4]_2[Ni_4Mo_2(CO)_{14}]$		3
$Ni_4C_{16}F_{18}O_4$	$Ni_4(CO)_4\{C_2(CF_3)_2\}_3$		4
$Ni_4C_{20}H_{23}$	$H_3\{Ni(\eta\text{-}C_5H_5)\}_4$	X, N	5, 6
$Ni_4B_4C_{20}H_{24}$	$\{Ni(\eta\text{-}C_5H_5)\}_4B_4H_4$		7
$Ni_4C_{35}H_{63}N_7\cdot C_6H_6$	$Ni_4(CNBu^t)_7\cdot C_6H_6$		8
$Ni_4C_{36}H_{20}F_{24}$	$[Ni\{C_2(CF_3)_2\}(\eta\text{-}C_5H_5)]_4$		9
$Ni_4C_{42}H_{48}N_{12}O_6P_4$	$Ni_4(CO)_6\{P(C_2H_4CN)_3\}_4$		10
$Ni_4C_{62}H_{66}N_4\cdot C_6H_6$	$Ni_4(CNBu^t)_4(C_2Ph_2)_3$		11
$Ni_4Li_{12}C_{88}H_{100}N_4O_4$	$[Ni_2N_2(LiPh)_6(OEt_2)_2]_2$		12
$Ni_4C_{100}H_{80}N_4P_4\cdot C_6H_{14}\cdot 2C_7H_8\cdot C_8H_{12}$	$[Ni(\mu\text{-}\eta^1,\eta^2\text{-}N{\equiv}CPh)(PPh_3)]_4\cdot C_6H_{14}\cdot 2PhMe\cdot cod$	a	13
$Ni_4Li_{12}Na_6C_{100}H_{150}N_4O_{14}$	$[(NiPh_2)_2N_2\{Na(OEt_2)\}_2PhNaLi_6(OEt)_4(OEt_2)]_2$		14
$Ni_4C_{108}H_{180}O_8P_4$	$[Ni\{OC(O)C_5H_7(CH{=}CH_2)CH_2\}(PCy_3)]_4$		15

a Clathrate complex.

1. R. G. Posey, G. P. Khare and P. D. Frisch, *J. Am. Chem. Soc.*, 1977, **99**, 4863*; *Inorg. Chem.*, 1978, **17**, 402.
2. E. D. Pierron, P. J. Wheatley and J. G. Riess, *Acta Crystallogr.*, 1966, **21**, 288.
3. J. K. Ruff, R. P. White and L. F. Dahl, *J. Am. Chem. Soc.*, 1971, **93**, 2159.
4. J. L. Davidson, M. Green, F. G. A. Stone and A. J. Welch, *J. Am. Chem. Soc.*, 1975, **97**, 7490*; *J. Chem. Soc., Dalton Trans.*, 1979, 506.
5. J. Müller, H. Dorner, G. Huttner and H. Lorenz, *Angew. Chem.*, 1973, **85**, 1117 (*Angew. Chem., Int. Ed. Engl.*, 1973, **12**, 1005)*; G. Huttner and H. Lorenz, *Chem. Ber.*, 1974, **107**, 996 (X).
6. T. F. Koetzle, R. K. McMullen, R. Bau, D. W. Hart, R. G. Teller, D. L. Tipton and R. D. Wilson, *Adv. Chem. Ser.*, 1978, **167**, 61; T. F. Koetzle, J. Müller, D. L. Tipton, D. W. Hart and R. Bau, *J. Am. Chem. Soc.*, 1979, **101**, 5631 (N, at 81 K).
7. J. R. Bowser, A. Bonny, J. R. Pipal and R. N. Grimes, *J. Am. Chem. Soc.*, 1979, **101**, 6229.
8. V. W. Day, R. O. Day, J. S. Kristoff, F. J. Hirschkorn and E. L. Muetterties, *J. Am. Chem. Soc.*, 1975, **97**, 2571.
9. J. L. Davidson, R. Herak, L. Manojlovic-Muir, K. W. Muir and D. W. A. Sharp, *J. Chem. Soc., Chem. Commun.*, 1973, 865.
10. M. J. Bennett, F. A. Cotton and B. H. C. Winquist, *J. Am. Chem. Soc.*, 1967, **89**, 5366.
11. M. G. Thomas, E. L. Muetterties, R. O. Day and V. W. Day, *J. Am. Chem. Soc.*, 1976, **98**, 4645.
12. C. Krüger and Y.-H. Tsay, *Angew. Chem.*, 1973, **85**, 1051 (*Angew. Chem., Int. Ed. Engl.*, 1973, **12**, 998).
13. I. W. Bassi, C. Benedicenti, M. Calcaterra, R. Intrito, G. Rucci and C. Santini, *J. Organomet. Chem.*, 1978, **144**, 225.
14. K. Jonas, D. J. Brauer, C. Krüger, P. J. Roberts and Y.-H. Tsay, *J. Am. Chem. Soc.*, 1976, **98**, 74.
15. P. W. Jolly, S. Stobbe, G. Wilke, R. Goddard, C. Krüger, J. C. Sekutowski and Y.-H. Tsay, *Angew. Chem.*, 1978, **90**, 144 (*Angew. Chem., Int. Ed. Engl.*, 1978, **17**, 124).

Ni₅   Pentanickel

Molecular formula	Structure	Notes	Ref.
$Ni_5C_{12}O_{12}^{2-}2C_{36}H_{30}NP_2^+$	$[PPN]_2[Ni_5(CO)_{12}]$		1
$Ni_5C_{20}H_{20}S_4$	$Ni_5S_4(\eta\text{-}C_5H_5)_4$		2

1. G. Longoni, P. Chini, L. D. Lower and L. F. Dahl, *J. Am. Chem. Soc.*, 1975, **97**, 5034.
2. H. Vahrenkamp and L. F. Dahl, *Angew. Chem.*, 1969, **81**, 152 (*Angew. Chem., Int. Ed. Engl.*, 1969, **8**, 144).

Ni₆   Hexanickel

Molecular formula	Structure	Notes	Ref.
$Ni_6C_{12}O_{12}^{2-}2C_4H_{12}N^+$	$[NMe_4]_2[Ni_6(CO)_{12}]$		1
$Ni_6C_{18}H_{30}S_3$	$[\{Ni(\eta\text{-}C_3H_5)\}_2S]_3$		2
$Ni_6C_{30}H_{30}$	$Ni_6(\eta\text{-}C_5H_5)_6$		3
$Ni_6C_{30}H_{30}^+F_6P^-$	$[Ni_6(\eta\text{-}C_5H_5)_6][PF_6]$		3

1. J. C. Calabrese, L. F. Dahl, A. Cavalieri, P. Chini, G. Longoni and S. Martinengo, *J. Am. Chem. Soc.*, 1974, **96**, 2616.
2. B. Bogdanovic, R. Goddard, P. Göttsch, C. Krüger, K. Schlichte and Y.-H. Tsay, *Z. Naturforsch., Teil B*, 1979, **34**, 609.
3. M. S. Paquette and L. F. Dahl, *J. Am. Chem. Soc.*, 1980, **102**, 6621.

Ni₈   Octanickel

Molecular formula	Structure	Notes	Ref.
$Ni_8C_{44}H_{30}O_8P_6$	$Ni_8(CO)_8(PPh)_6$		1

1. L. D. Lower and L. F. Dahl, *J. Am. Chem. Soc.*, 1976, **98**, 5046.

Ni₁₂   Dodecanickel

Molecular formula	Structure	Notes	Ref.
$Ni_{12}C_{21}HO_{21}^{3-}3AsC_{24}H_{20}^+ \cdot C_3H_6O$	$[AsPh_4]_3[HNi_{12}(CO)_{21}]\cdot Me_2CO$	X, N	1
$Ni_{12}C_{21}H_2O_{21}^{2-}2AsC_{24}H_{20}^+$	$[AsPh_4]_2[H_2Ni_{12}(CO)_{21}]$		1
$Ni_{12}C_{21}H_2O_{21}^{2-}2C_{24}H_{20}P^+$	$[PPh_4]_2[H_2Ni_{12}(CO)_{21}]$	X, N	1
$Ni_{12}C_{21}H_2O_{21}^{2-}2C_{36}H_{30}NP_2^+$	$[PPN]_2[H_2Ni_{12}(CO)_{21}]$		1

1. R. W. Broach, L. F. Dahl, G. Longoni, P. Chini, A. J. Schulz and J. M. Williams, *Adv. Chem. Ser.*, 1978, **167**, 93.

Os   Osmium

Molecular formula	Structure	Notes	Ref.
$OsC_3N_3O_{13}^-Os_4C_{12}H_5O_{13}^+$	$[Os(NO_3)_3(CO)_3][H_4Os_4(OH)(CO)_{12}]$		1
$OsC_{10}H_{10}$	$Os(\eta\text{-}C_5H_5)_2$		2
$OsC_{18}H_4F_{10}O_4$	$cis\text{-}Os(CH_2C_6F_5)_2(CO)_4$		3
$OsAs_4C_{21}H_{32}Br_2O$	$OsBr_2(CO)(diars)_2$		4
$OsC_{22}H_{40}P_4$	$HOs(2\text{-}C_{10}H_7)(dmpe)_2$		5
$OsC_{26}H_{18}N_4O_2$	$\overline{Os(C_6H_4N=NPh)_2(CO)_2}$		6
$OsC_{37}H_{30}Cl_2NO_2P_2^+BF_4^-$	$[OsCl_2(CO)(NO)(PPh_3)_2][BF_4]$	115	7
$OsC_{37}H_{31}Cl_2NO_2P_2\cdot 0.5CH_2Cl_2$	$OsCl_2(CO)(HNO)(PPh_3)_2\cdot 0.5CH_2Cl_2$		7
$OsC_{37}H_{67}ClO_3P_2S\cdot 2CHCl_3$	$HOsCl(CO)(PCy_3)_2(SO_2)\cdot 2CHCl_3$		8
$OsC_{38}H_{21}N_9O$	$Os(CO)(py)(pc)$		9
$OsC_{38}H_{30}NO_3^+ClO_4^-\cdot CH_2Cl_2$	$[Os(CO)_2(PPh_3)_2(NO)][ClO_4]\cdot CH_2Cl_2$		10
$OsC_{38}H_{30}O_2P_2Se_2$	$Os(\eta^2\text{-}Se_2)(CO)_2(PPh_3)_2$		11
$OsC_{38}H_{30}Cl_4OP_2$	$OsCl_2(CCl_2)(CO)(PPh_3)_2$		12
$OsC_{39}H_{30}O_3P_2$	$Os(CO)_3(PPh_3)_2$		13
$OsC_{39}H_{32}O_3P_2\cdot H_2O$	$Os(\eta^2\text{-}O=CH_2)(CO)_2(PPh_3)_2\cdot H_2O$		14
$OsC_{39}H_{33}O_2P_2S_2^+ClO_4^-\cdot 0.5C_6H_6$	$[Os(\eta^2\text{-}S=SMe)(CO)_2(PPh_3)_2][ClO_4]\cdot 0.5C_6H_6$		15

Molecular formula	Structure	Notes	Ref.
$OsSn_2C_{40}H_{30}O_4$	trans-$Os(SnPh_3)_2(CO)_4$		16
$OsC_{40}H_{34}O_2P_2S_2 \cdot 0.5C_6H_6$	$HOs\{C(S)SMe\}(CO)_2(PPh_3)_2 \cdot 0.5C_6H_6$		17
$OsC_{43}H_{36}N_2OP_2 \cdot CH_2Cl_2$	$HOs(N_2Ph)(CO)(PPh_3)_2 \cdot CH_2Cl_2$		18
$OsC_{44}H_{55}N_5O$	$Os(CO)(py)(Me_2OEP)$	a	19
$OsAgC_{45}H_{37}Cl_2OP_2$	$OsCl(AgCl)\{C(Tol)\}(CO)(PPh_3)_2$		20
$OsC_{45}H_{37}ClOP_2$	$OsCl\{C(Tol)\}(CO)(PPh_3)_2$		21
$OsC_{45}H_{37}N_2O_2P_2^+ClO_4^-$	$[Os(CO)\{CN(Tol)\}(PPh_3)_2(NO)][ClO_4]$		22
$OsC_{46}H_{38}O_2P_2$	$Os(C=C_6H_5Me)(CO)_2(PPh_3)_2$		23
$OsC_{47}H_{37}F_3O_3P_2S$	$Os\{OC(O)CF_3\}\{\eta^2-S=C(Tol)\}(CO)(PPh_3)_2$		24
$OsC_{47}H_{41}NOP_2S_2$	$HOs\{C(S)SCNMe(Tol)\}(CO)(PPh_3)_2$		25
$OsC_{55}H_{46}BrOP_3$	$HOsBr(CO)(PPh_3)_3$		26

a $Me_2OEP = \alpha,\gamma-Me_2-\alpha,\gamma-H_2$octaethylporphin.

1. B. F. G. Johnson, J. Lewis, P. R. Raithby and C. Zuccaro, *J. Chem. Soc., Dalton Trans.*, 1980, 716.
2. F. Jellinek, *Z. Naturforsch., Teil B*, 1959, **14**, 737.
3. G. G. Aleksandrov, G. P. Zol'nikova, I. I. Kritskaya and Y. T. Struchkov, *Koord. Khim.*, 1980, **6**, 629.
4. F. Bottomley, I. J. B. Lin and P. S. White, *J. Chem. Soc., Dalton Trans.*, 1978, 1726.
5. U. A. Gregory, S. D. Ibekwe, B. T. Kilbourn and D. R. Russell, *J. Chem. Soc. (A)*, 1971, 1118.
6. Z. Dawoodi, M. J. Mays and P. R. Raithby, *Acta Crystallogr.*, 1981, **B37**, 252.
7. R. D. Wilson and J. A. Ibers, *Inorg. Chem.*, 1979, **18**, 336.
8. R. R. Ryan and G. J. Kubas, *Inorg. Chem.*, 1978, **17**, 637.
9. S. Omiya, M. Tsutsui, E. F. Meyer, I. Bernal and D. L. Cullen, *Inorg. Chem.*, 1980, **19**, 134.
10. G. R. Clark, K. R. Grundy, W. R. Roper, J. M. Waters and K. R. Whittle, *J. Chem. Soc., Chem. Commun.*, 1972, 119*; G. R. Clark, J. M. Waters and K. R. Whittle, *J. Chem. Soc., Dalton Trans.*, 1975, 2233.
11. D. H. Farrar, K. R. Grundy, N. C. Payne, W. R. Roper and A. Walker, *J. Am. Chem. Soc.*, 1979, **101**, 6577.
12. G. R. Clark, K. Marsden, W. R. Roper and L. J. Wright, *J. Am. Chem. Soc.*, 1980, **102**, 1206.
13. J. K. Stalick and J. A. Ibers, *Inorg. Chem.*, 1969, **8**, 419.
14. K. L. Brown, G. R. Clark, C. E. L. Headford, K. Marsden and W. R. Roper, *J. Am. Chem. Soc.*, 1979, **101**, 503.
15. G. R. Clark, D. R. Russell, W. R. Roper and A. Walker, *J. Organomet. Chem.*, 1977, **136**, C1*; G. R. Clark and D. R. Russell, *J. Organomet. Chem.*, 1979, **173**, 377.
16. J. P. Collman, D. W. Murphy, E. B. Fleischer and D. Swift, *Inorg. Chem.*, 1974, **13**, 1.
17. J. M. Waters and J. A. Ibers, *Inorg. Chem.*, 1977, **16**, 3273.
18. M. Cowie, B. L. Haymore and J. A. Ibers, *Inorg. Chem.*, 1975, **14**, 2617.
19. J. W. Buchler, K. L. Lay, P. D. Smith, W. R. Scheidt, G. A. Rupprecht and J. E. Kenny, *J. Organomet. Chem.*, 1976, **110**, 109.
20. G. R. Clark, C. M. Cochrane, W. R. Roper and L. J. Wright, *J. Organomet. Chem.*, 1980, **199**, C35.
21. G. R. Clark, K. Marsden, W. R. Roper and L. J. Wright, *J. Am. Chem. Soc.*, 1980, **102**, 6570.
22. G. R. Clark, J. M. Waters and K. R. Whittle, *J. Chem. Soc., Dalton Trans.*, 1976, 2029.
23. W. R. Roper, J. M. Waters, L. J. Wright and F. van Meurs, *J. Organomet. Chem.*, 1980, **201**, C27.
24. G. R. Clark, T. J. Collins, K. Marsden and W. R. Roper, *J. Organomet. Chem.*, 1978, **157**, C23.
25. G. R. Clark, T. J. Collins, D. Hall, S. M. James and W. R. Roper, *J. Organomet. Chem.*, 1977, **141**, C5*; S. M. Boniface and G. R. Clark, *J. Organomet. Chem.*, 1981, **208**, 253.
26. P. L. Orioli and L. Vaska, *Proc. Chem. Soc.*, 1962, 333.

Os_2 Diosmium

Molecular formula	Structure	Notes	Ref.
$Os_2C_{10}H_6O_{10}$	$Os_2(CO)_6(O_2CMe)_2$		1
$Os_2C_{12}H_8O_6$	$Os(CO)_3\{\eta-(OsC_4H_2Me_2)(CO)_3\}$	a	2
$Os_2C_{14}H_6O_6$	$Os(CO)_3\{\eta-(OsC_8H_6)(CO)_3\}$	b	3
$Os_2C_{24}H_{28}O_6$	$Os_2(CO)_6(\mu-\eta^1,\eta^2-C_9H_{14})_2$	c	4
$Os_2Pt_2C_{44}H_{32}O_8P_2$	$H_2Os_2Pt_2(CO)_8(PPh_3)_2$		5
$Os_2PtC_{45}H_{36}O_5P_2$	$Os_2Pt(\mu_3-C_2Me_2)(CO)_5(PPh_3)_2$	200	6

a $OsC_4H_2Me_2$ = 2,3-Me_2osmacyclopentadienyl. b OsC_8H_6 = osmaindenyl. c C_9H_{14} = cyclononaallyl.

1. J. G. Bullitt and F. A. Cotton, *Inorg. Chim. Acta*, 1971, **5**, 406.
2. R. P. Dodge, O. S. Mills and V. Schomaker, *Proc. Chem. Soc.*, 1963, 380.
3. P. J. Harris, J. A. K. Howard, S. A. R. Knox, R. P. Phillips, F. G. A. Stone and P. Woodward, *J. Chem. Soc., Dalton Trans.*, 1976, 377.
4. B. E. Reichert and G. M. Sheldrick, *Acta Crystallogr.*, 1977, **B33**, 175.
5. L. J. Farrugia, J. A. K. Howard, P. Mitrprachachon, J. L. Spencer, F. G. A. Stone and P. Woodward, *J. Chem. Soc., Chem. Commun.*, 1978, 260*; L. J. Farrugia, J. A. K. Howard, P. Mitrprachachon, F. G. A. Stone and P. Woodward, *J. Chem. Soc., Dalton Trans.*, 1981, 1274.
6. L. J. Farrugia, J. A. K. Howard, P. Mitrprachachon, F. G. A. Stone and P. Woodward, *J. Chem. Soc., Dalton Trans.*, 1981, 162.

Os₃ Triosmium

Molecular formula	Structure	Notes	Ref.
$Os_3C_8H_2O_7S_3$	$H_2Os_3(\mu_3\text{-}S)(CO)_7(CS)$		1
$Os_3C_9HO_9S^-C_{36}H_{30}NP_2^+$	$[PPN][HOs_3(\mu_3\text{-}S)(CO)_9]$		2
$Os_3C_9H_2O_9S$	$H_2Os_3(\mu_3\text{-}S)(CO)_9$	X, N	3
$Os_3C_9O_8S_3$	$Os_3(\mu_3\text{-}S)_2(CO)_8(CS)$		4
$Os_3C_{10}Br_2O_{10}$	$Os_3(\mu\text{-}Br)_2(CO)_{10}$		5
$Os_3C_{10}HBrO_{10}$	$HOs_3(\mu\text{-}Br)(CO)_{10}$		6
$Os_3C_{10}HClO_{10}$	$HOs_3(\mu\text{-}Cl)(CO)_{10}$		7
$Os_3C_{10}H_2O_{10}$	$H_2Os_3(CO)_{10}$	X, N	8–11
$Os_3C_{11}H_2O_{10}S_2$	$HOs_3(\mu\text{-}S_2CH)(CO)_{10}$	238	12
$Os_3C_{11}H_2O_{11}$	$H_2Os_3(CO)_{11}$		13
$Os_3C_{11}H_4O_9$	$H_2Os_3(\mu_3\text{-}C=CH_2)(CO)_9$	D	14
$Os_3C_{11}H_4O_{10}$	$H_2Os_3(\mu\text{-}CH_2)(CO)_{10}$	X, N	15, 16
$Os_3C_{11}H_4O_{11}$	$HOs_3(\mu\text{-}OMe)(CO)_{10}$		17
$Os_3C_{11}H_6O_9$	$H_3Os_3(\mu_3\text{-}CMe)(CO)_9$	a	18
$Os_3C_{11}H_9N_2O_{13}P$	$Os_3(CO)_8\{P(OMe)_3\}(NO)_2$		19
$Os_3CoC_{12}H_3O_{12}$	$H_3Os_3Co(CO)_{12}$		20
$Os_3C_{12}H_4O_{10}$	$HOs_3\{\mu_3\text{-}CHCHC(OH)\}(CO)_9$		21
$Os_3C_{12}H_4O_{10}$	$HOs_3(\mu\text{-}CH=CH_2)(CO)_{10}$	X, N	10, 22
$Os_3C_{12}H_6O_{10}S$	$HOs_3(\mu\text{-}SEt)(CO)_{10}$		8
$Os_3C_{12}H_6O_{12}$	$Os_3(\mu\text{-}OMe)_2(CO)_{10}$		8
$Os_3C_{12}H_8O_9S$	$HOs_3(\mu\text{-}SMe)(CO)_9(\eta\text{-}C_2H_4)$		23
$Os_3C_{12}H_9N_2O_{14}P$	$Os_3(\mu\text{-}NO)_2(CO)_9\{P(OMe)_3\}$		24
$Os_3C_{12}H_9N_3O_{11}$	$Os_3(\mu\text{-}NO)_2(CO)_9(NMe_3)$		25
$Os_3C_{12}I_2O_{12}$	$\{OsI(CO)_4\}_2Os(CO)_4$		26
$Os_3C_{12}O_{12}$	$Os_3(CO)_{12}$		13, 27
$Os_3C_{13}H_6O_{10}$	$HOs_3\{\mu_3\text{-}CHCHC(OMe)\}(CO)_9$		21
$Os_3C_{14}H_2BrF_6O_{10}^-C_{36}H_{30}NP_2^+$	$[PPN][Os_3(\mu\text{-}Br)(CO)_{10}(\eta^2\text{-}CF_3CH=CHCF_3)]$		28
$Os_3C_{14}H_2F_6O_{10}$	$HOs_3(\mu_3\text{-}CF_3CCHCF_3)(CO)_{10}$		29
$Os_3C_{14}H_6O_{10}$	$Os_3(CO)_{10}(\eta\text{-}s\text{-}cis\text{-}C_4H_6)$		30
$Os_3C_{14}H_6O_{10}$	$Os_3(CO)_{10}(\eta\text{-}s\text{-}trans\text{-}C_4H_6)$		30
$Os_3C_{14}H_8N_2O_{12}$	$HOs_3(\mu\text{-}C,N\text{-}C\{OC(O)NHMe\}=NMe)(CO)_{10}$	115	31
$Os_3C_{14}H_8O_{10}$	$HOs_3(\mu\text{-}CH=CHEt)(CO)_{10}$		32
$Os_3C_{14}H_9O_{14}P$	$Os_3(CO)_{11}\{P(OMe)_3\}$		33
$Os_3C_{14}H_{11}NO_9$	$H_2Os_3(CO)_9(CNBu^t)$		34
$Os_3ReC_{15}HO_{15}$	$HOs_3Re(CO)_{15}$		35
$Os_3C_{15}H_8O_9$	$HOs_3(CO)_9(\mu_3\text{-}\eta^5\text{-}C_6H_7)$	b	36
$Os_3RhC_{15}H_9O_{12}$	$H_2Os_3Rh(acac)(CO)_{10}$	190	37
$Os_3C_{15}H_{11}NO_{10}$	$HOs_3(\mu\text{-}C=NHBu^t)(CO)_{10}$		38
$Os_3C_{15}H_{11}NO_{10}$	$H_2Os_3(CO)_{10}(CNBu^t)$		34
$Os_3C_{16}H_7NO_9$	$HOs_3(\mu_3\text{-}CH=NPh)(CO)_9$		39, 40
$Os_3WC_{16}H_8O_{11}$	$H_3Os_3W(CO)_{11}(\eta\text{-}C_5H_5)$		41, 42
$Os_3C_{16}H_{13}NO_{10}$	$HOs_3(\mu\text{-}CHCH=\overset{+}{N}Et_2)(CO)_{10}$		43
$Os_3WC_{17}H_6O_{12}$	$HOs_3W(CO)_{12}(\eta\text{-}C_5H_5)$		41, 44
$Os_3C_{17}H_9NO_{12}S$	$HOs_3(\mu\text{-}NHSO_2Tol)(CO)_{10}$		45
$Os_3C_{17}H_9O_9P$	$Os_3(\mu_3\text{-}PEt)(\mu_3\text{-}C_6H_4)(CO)_9$		46
$Os_3C_{17}H_{11}NO_9$	$H_2Os_3\{\mu\text{-}NMe(CH_2C_6H_4)\}(CO)_9$		47
$Os_3C_{17}H_{12}O_9$	$HOs_3(CO)_8\{\mu_3\text{-}\overline{C(O)C(CHMe)CHCHCEt}\}$		48
$Os_3C_{17}H_{13}O_8PS_2$	$Os_3(\mu_3\text{-}S)(\mu_3\text{-}\eta^2\text{-}SCH_2)(CO)_8(PMe_2Ph)$	238	49
$Os_3C_{17}H_{14}ClO_8PS_2$	$HOs_3Cl(\mu_3\text{-}S)(\mu_3\text{-}SCH_2)(CO)_8(PMe_2Ph)$		50
$Os_3C_{18}H_9NO_{10}$	$HOs_3(\mu\text{-}CPh=NMe)(CO)_{10}$		51
$Os_3C_{18}H_9NO_{11}$	$HOs_3(\mu\text{-}OCHNTol)(CO)_{10}$		52, 53
$Os_3C_{18}H_{12}O_{10}$	$HOs_3(CO)_9\{\mu\text{-}\overline{C(O)CH=CEtC(=CHMe)CH}\}$	c	54
$Os_3C_{18}H_{13}O_9PS_2$	$Os_3(\mu_3\text{-}S)(\mu\text{-}SCH_2)(CO)_9(PMe_2Ph)$		49
$Os_3C_{18}H_{13}O_9PS_2$	$HOs_3(\mu\text{-}S_2CH)(CO)_9(PMe_2Ph)$		12
$Os_3C_{19}H_{16}NO_{12}P$	$HOs_3(\mu\text{-}CH=NPh)(CO)_9\{P(OMe)_3\}$		40
$Os_3Re_2C_{20}H_2O_{20}$	$H_2Os_3Re_2(CO)_{20}$		55
$Os_3C_{20}H_{15}NO_8$	$H_2Os_3(CO)_8(\mu_3\text{-}\eta^4\text{-}CH_2CMeCCMe=NPh)$		56
$Os_3C_{20}H_{15}O_{10}P$	$HOs_3(\mu\text{-}\overline{CHCH_2PMe_2Ph})(CO)_{10}$		57
$Os_3C_{20}H_{17}F_6O_{10}P$	$Os_3(CO)_{10}(\eta^2\text{-}CF_3CH=CHCF_3)(PEt_3)$		28
$Os_3C_{20}H_{17}F_6O_{10}P$	$HOs_3(\mu\text{-}CF_3C=CHCF_3)(CO)_{10}(PEt_3)$		58
$Os_3C_{21}H_{13}NO_8$	$H_3Os_3(\mu\text{-}\eta^2\text{-}C_6H_4)(\mu\text{-}\eta^2\text{-}CH=NPh)(CO)_8$		59
$Os_3C_{21}H_{17}NO_9$	$H_2Os_3(CO)_9(\mu_3\text{-}\eta^2\text{-}Me_2CHCCMe=NPh)$		55
$Os_3C_{22}H_{12}O_{10}$	$H_2Os_3\{\mu_3\text{-}C_6H_3(O)CH_2Ph\}(CO)_9$		60
$Os_3C_{24}H_{10}O_{10}$	$Os_3(CO)_{10}(\mu_3\text{-}C_2Ph_2)$		61
$Os_3C_{25}H_{20}NO_{10}P$	$HOs_3\{\mu\text{-}NH(Tol)CO\}(CO)_9(PMe_2Ph)$		53
$Os_3C_{25}H_{20}NO_{10}P$	$HOs_3\{\mu\text{-}N(Tol)CHO\}(CO)_9(PMe_2Ph)$		53
$Os_3C_{26}H_{12}O_{10}$	$Os_3(CO)_9\{(HC_2Ph)_2CO\}$	d	62
$Os_3C_{27}H_{17}O_9P$	$H_2Os_3(CO)_9(PPh_3)$		63
$Os_3C_{28}H_{17}O_{10}P$	$H_2Os_3(CO)_{10}(PPh_3)$		64

Molecular formula	Structure	Notes	Ref.
$Os_3PtC_{28}H_{35}O_{10}P$	$H_2Os_3Pt(CO)_{10}(PCy_3)$	200	65
$Os_3C_{36}H_{20}O_8$	$Os_3(CO)_8(\mu_3\text{-}C_4Ph_4)$	e	66
$Os_3C_{37}H_{20}O_9$	$Os_3(CO)_9(\mu_3\text{-}C_4Ph_4)$	f, g	67
$Os_3C_{37}H_{20}O_9$	$Os_3(CO)_9(\mu_3\text{-}C_4Ph_4)$	f, h	67
$Os_3C_{37}H_{24}O_7P_2$	$Os_3(PPh_2)_2(\mu_3\text{-}C_6H_4)(CO)_7$		68
$Os_3C_{38}H_{24}O_8P_2$	$Os_3(PPh_2)(\mu\text{-}Ph)(\mu_3\text{-}C_6H_4PPh_2)(CO)_8$		68
$Os_3C_{43}H_{28}O_7P_2$	$HOs_3(PPh_2)\{(\mu_3\text{-}C_6H_3)C_6H_4PPh_2\}(CO)_7$		69
$Os_3C_{43}H_{30}O_7P_2$	$HOs_3(PPh_2)(\mu_3\text{-}C_6H_4)(CO)_7(PPh_3)$		69
$Os_3C_{44}H_{30}O_8P_2$	$HOs_3\{(\mu\text{-}C_6H_4)PPh_2\}(CO)_8(PPh_3)$		69
$Os_3C_{45}H_{30}O_9P_2$	$HOs_3(\mu\text{-}C_6H_4PPh_2)(CO)_9(PPh_3)$		68
$Os_3NiC_{46}H_{32}O_{10}P_2\cdot C_4H_{10}O$	$H_2Os_3Ni(CO)_{10}(PPh_3)_2\cdot Et_2O$	190	37
$Os_3PtC_{46}H_{32}O_{10}P_2$	$H_2Os_3Pt(CO)_{10}(PPh_3)_2$	200	70
$Os_3C_{49}H_{30}O_7$	$Os_3(CO)_7(\mu_3\text{-}C_2Ph_2)(\mu\text{-}C_4Ph_4)$	f	71

^a X-ray powder pattern + nematic phase ^1H NMR: isostructural with Ru complex. ^b C_6H_7 = cyclohexadienyl. ^c Ligand = 3-ethylidene-4-Et-1-oxocyclopent-4-en-2-yl. ^d $(HC_2Ph)_2CO$ = 4,5,6-η^3-2,5-Ph_2-3-oxahexa-1,5-diene-1,4,6-triyl. ^e C_4Ph_4 = 1,2,3,4-Ph_4but-2-ene-1,1,4,4-tetrayl. ^f C_4Ph_4 = 1,2,3,4-Ph_4buta-1,3-diene-1,4-diyl. ^g Monoclinic form. ^h Orthorhombic form.

1. P. V. Broadhurst, B. F. G. Johnson, J. Lewis, A. G. Orpen, P. R. Raithby and J. R. Thornback, *J. Organomet. Chem.*, 1980, **187**, 141.
2. B. F. G. Johnson, J. Lewis, D. Pippard and P. R. Raithby, *Acta Crystallogr.*, 1978, **B34**, 3767.
3. B. F. G. Johnson, J. Lewis, D. Pippard, P. R. Raithby, G. M. Sheldrick and K. D. Rouse, *J. Chem. Soc., Dalton Trans.*, 1979, 616.
4. P. V. Broadhurst, B. F. G. Johnson, J. Lewis and P. R. Raithby, *J. Organomet. Chem.*, 1980, **194**, C35.
5. G. G. Aleksandrov, G. P. Zol'nikova, I. I. Kritskaya and Y. T. Struchkov, *Koord. Khim.*, 1980, **6**, 626.
6. M. R. Churchill and R. A. Lashewycz, *Inorg. Chem.*, 1979, **18**, 3261.
7. M. R. Churchill and R. A. Lashewycz, *Inorg. Chem.*, 1979, **18**, 1926.
8. V. F. Allen, R. Mason and P. B. Hitchcock, *J. Organomet. Chem.*, 1977, **140**, 297.
9. M. R. Churchill, F. J. Hollander and J. P. Hutchinson, *Inorg. Chem.*, 1977, **16**, 2697.
10. A. G. Orpen, A. V. Rivera, E. G. Bryan, D. Pippard, G. M. Sheldrick and K. D. Rouse, *J. Chem. Soc., Chem. Commun.*, 1978, 723 (X, N).*
11. R. W. Broach and J. M. Williams, *Inorg. Chem.*, 1979, **18**, 314 (N, 110 K).
12. R. D. Adams and J. P. Selegue, *J. Organomet. Chem.*, 1980, **195**, 223.
13. J. R. Shapley, J. B. Keister, M. R. Churchill and B. G. DeBoer, *J. Am. Chem. Soc.*, 1975, **97**, 4145*; M. R. Churchill and B. G. DeBoer, *Inorg. Chem.*, 1977, **16**, 878.
14. A. J. Deeming and M. Underhill, *J. Chem. Soc., Chem. Commun.*, 1973, 277.
15. R. B. Calvert, J. R. Shapley, A. J. Schultz, J. M. Williams, S. L. Suib and G. D. Stucky, *J. Am. Chem. Soc.*, 1978, **100**, 6240 (X, N).*
16. A. J. Schultz, J. M. Williams, R. B. Calvert, J. R. Shapley and G. D. Stucky, *Inorg. Chem.*, 1979, **18**, 319 (N, 110 K).
17. M. R. Churchill and H. J. Wasserman, *Inorg. Chem.*, 1980, **19**, 2391.
18. J. P. Yesinowski and D. Bailey, *J. Organomet. Chem.*, 1974, **65**, C27.
19. A. V. Rivera and G. M. Sheldrick, *Acta Crystallogr.*, 1978, **B34**, 3372.
20. S. Bhaduri, B. F. G. Johnson, J. Lewis, P. R. Raithby and D. J. Watson, *J. Chem. Soc., Chem. Commun.*, 1978, 343.
21. B. E. Hanson, B. F. G. Johnson, J. Lewis and P. R. Raithby, *J. Chem. Soc., Dalton Trans.*, 1980, 1852.
22. A. G. Orpen, D. Pippard, G. M. Sheldrick and K. D. Rouse, *Acta Crystallogr.*, 1978, **B34**, 2466.
23. B. F. G. Johnson, J. Lewis, D. Pippard and P. R. Raithby, *J. Chem. Soc., Chem. Commun.*, 1978, 551*; *Acta Crystallogr.*, 1980, **B36**, 703.
24. S. Bellard and P. R. Raithby, *Acta Crystallogr.*, 1980, **B36**, 705.
25. B. F. G. Johnson, J. Lewis, P. R. Raithby and C. Zuccaro, *J. Chem. Soc., Chem. Commun.*, 1979, 916.
26. N. Cook, L. Smart and P. Woodward, *J. Chem. Soc., Dalton Trans.*, 1977, 1744.
27. E. R. Corey and L. F. Dahl, *J. Am. Chem. Soc.*, 1961, **83**, 2203*; *Inorg. Chem.*, 1962, **1**, 521.
28. Z. Dawoodi, M. J. Mays, P. R. Raithby and K. Henrick, *J. Chem. Soc., Chem. Commun.*, 1980, 641.
29. M. Laing, P. Sommerville, Z. Dawoodi, M. J. Mays and P. J. Wheatley, *J. Chem. Soc., Chem. Commun.*, 1978, 1035.
30. M. Tachikawa, J. R. Shapley, R. C. Haltiwanger and C. G. Pierpont, *J. Am. Chem. Soc.*, 1976, **98**, 4651*; C. G. Pierpont, *Inorg. Chem.*, 1978, **17**, 1976.
31. Y. C. Lin, C. B. Knobler and H. D. Kaesz, *J. Am. Chem. Soc.*, 1981, **103**, 1216.
32. J. J. Guy, B. E. Reichert and G. M. Sheldrick, *Acta Crystallogr.*, 1976, **B32**, 3319.
33. R. E. Benfield, B. F. G. Johnson, P. R. Raithby and G. M. Sheldrick, *Acta Crystallogr.*, 1978, **B34**, 666.
34. R. D. Adams and N. M. Golembeski, *Inorg. Chem.*, 1979, **18**, 1909.
35. M. R. Churchill and F. J. Hollander, *Inorg. Chem.*, 1977, **16**, 2493.
36. E. G. Bryan, B. F. G. Johnson, J. W. Kelland, J. Lewis and M. McPartlin, *J. Chem. Soc., Chem. Commun.*, 1976, 254.
37. L. J. Farrugia, J. A. K. Howard, P. Mitrprachachon, F. G. A. Stone and P. Woodward, *J. Chem. Soc., Dalton Trans.*, 1981, 171.
38. R. D. Adams and N. M. Golembeski, *Inorg. Chem.*, 1979, **18**, 2255.
39. R. D. Adams and N. M. Golembeski, *J. Am. Chem. Soc.*, 1978, **100**, 4622*.
40. R. D. Adams and N. M. Golembeski, *J. Am. Chem. Soc.*, 1979, **101**, 2579.

41. M. R. Churchill, F. J. Hollander, J. R. Shapley and D. S. Foose, *J. Chem. Soc., Chem. Commun.*, 1978, 534*.
42. M. R. Churchill and F. J. Hollander, *Inorg. Chem.*, 1979, **18**, 161.
43. J. R. Shapley, M. Tachikawa, M. R. Churchill and R. A. Lashewycz, *J. Organomet. Chem.*, 1978, **162**, C39*; M. R. Churchill and R. A. Lashewycz, *Inorg. Chem.*, 1979, **18**, 848.
44. M. R. Churchill and F. J. Hollander, *Inorg. Chem.*, 1979, **18**, 843.
45. M. R. Churchill, F. J. Hollander, J. R. Shapley and J. B. Keister, *Inorg. Chem.*, 1980, **19**, 1272.
46. S. C. Brown, J. Evans and L. E. Smart, *J. Chem. Soc., Chem. Commun.*, 1980, 1021.
47. R. D. Adams and J. P. Selegue, *Inorg. Chem.*, 1980, **19**, 1791.
48. M. R. Churchill, R. A. Lashewycz, M. Tachikawa and J. R. Shapley, *J. Chem. Soc., Chem. Commun.*, 1977, 699*; M. R. Churchill and R. A. Lashewycz, *Inorg. Chem.*, 1978, **17**, 1291.
49. R. D. Adams, N. M. Golembeski and J. P. Selegue, *J. Am. Chem. Soc.*, 1979, **101**, 5862*; *J. Am. Chem. Soc.*, 1981, **103**, 546.
50. R. D. Adams, N. M. Golembeski and J. P. Selegue, *J. Organomet. Chem.*, 1980, **193**, C7.
51. R. D. Adams and N. M. Golembeski, *Inorg. Chem.*, 1978, **17**, 1969.
52. R. D. Adams and N. M. Golembeski, *J. Organomet. Chem.*, 1979, **171**, C21*.
53. R. D. Adams, N. M. Golembeski and J. P. Selegue, *Inorg. Chem.*, 1981, **20**, 1242.
54. M. R. Churchill and R. A. Lashewycz, *Inorg. Chem.*, 1979, **18**, 156.
55. J. R. Shapley, G. A. Pearson, M. Tachikawa, G. E. Schmidt, M. R. Churchill and F. J. Hollander, *J. Am. Chem. Soc.*, 1977, **99**, 8064*; M. R. Churchill and F. J. Hollander, *Inorg. Chem.*, 1978, **17**, 3546.
56. R. D. Adams and J. P. Selegue, *Inorg. Chem.*, 1980, **19**, 1795.
57. M. R. Churchill, B. G. DeBoer, J. R. Shapley and J. B. Keister, *J. Am. Chem. Soc.*, 1976, **98**, 2357*; M. R. Churchill and B. G. DeBoer, *Inorg. Chem.*, 1977, **16**, 1141.
58. Z. Dawoodi, M. J. Mays and P. R. Raithby, *J. Chem. Soc., Chem. Commun.*, 1979, 721.
59. R. Adams and N. M. Golembeski, *J. Organomet. Chem.*, 1979, **172**, 239.
60. K. A. Azam, A. J. Deeming, I. P. Rothwell, M. B. Hursthouse and L. New, *J. Chem. Soc., Chem. Commun.*, 1978, 1086.
61. M. Tachikawa, J. R. Shapley and C. G. Pierpont, *J. Am. Chem. Soc.*, 1975, **97**, 7174*; C. G. Pierpont, *Inorg. Chem.*, 1977, **16**, 636.
62. G. Gervasio, *J. Chem. Soc., Chem. Commun.*, 1976, 25.
63. R. E. Benfield, B. F. G. Johnson, J. Lewis, P. R. Raithby, C. Zuccaro and K. Henrick, *Acta Crystallogr.*, 1979, **B35**, 2210.
64. M. R. Churchill and B. G. DeBoer, *Inorg. Chem.*, 1977, **16**, 2397.
65. L. J. Farrugia, J. A. K. Howard, P. Mitrprachachon, J. L. Spencer, F. G. A. Stone and P. Woodward, *J. Chem. Soc., Chem. Commun.*, 1978, 260; L. J. Farrugia, J. A. K. Howard, P. Mitrprachachon, F. G. A. Stone and P. Woodward, *J. Chem. Soc., Dalton Trans.*, 1981, 155.
66. G. Ferraris and G. Gervasio, *J. Chem. Soc., Dalton Trans.*, 1972, 1057.
67. G. Ferraris and G. Gervasio, *Atti Accad. Sci. Torino*, 1970/71, **105**, 303*; *J. Chem. Soc., Dalton Trans.*, 1974, 1813.
68. C. W. Bradford, R. S. Nyholm, G. J. Gainsford, J. M. Guss, P. R. Ireland and R. Mason, *J. Chem. Soc., Chem. Commun.*, 1972, 87.
69. G. J. Gainsford, J. M. Guss, P. R. Ireland, R. Mason, C. W. Bradford and R. S. Nyholm, *J. Organomet. Chem.*, 1972, **40**, C70.
70. L. J. Farrugia, J. A. K. Howard, P. Mitrprachachon, F. G. A. Stone and P. Woodward, *J. Chem. Soc., Dalton Trans.*, 1981, 162.
71. G. Ferraris and G. Gervasio, *J. Chem. Soc., Dalton Trans.*, 1973, 1933.

Os_4 Tetraosmium

Molecular formula	Structure	Notes	Ref.
$Os_4C_{12}H_2O_{12}^{2-}2C_{36}H_{30}NP_2^+$	$[PPN]_2[H_2Os_4(CO)_{12}]$		1
$Os_4C_{12}H_2O_{12}Se_2$	$H_2Os_4Se_2(CO)_{12}$		2
$Os_4C_{12}H_3IO_{12}$	$H_3Os_4I(CO)_{12}$	X, N, a	3, 4
$Os_4C_{12}H_3O_{12}^-C_4H_{12}N^+$	$[NMe_4][H_3Os_4(CO)_{12}]$		5
$Os_4C_{12}H_5O_{13}^+OsC_3N_3O_{12}^-$	$[H_4Os_4(OH)(CO)_{12}][Os(NO_3)_3(CO)_3]$		6
$Os_4C_{12}O_{16}$	$[Os(\mu_3\text{-}O)(CO)_3]_4$		7
$Os_4C_{13}HO_{13}^-C_{36}H_{30}NP_2^+$	$[PPN][HOs_4(CO)_{13}]$		8
$Os_4C_{13}H_7NO_{11}$	$H_4Os_4(CO)_{11}(CNMe)$		9
$Os_4C_{14}H_2O_{12}$	$Os_4(CO)_{12}(C_2H_2)$		10
$Os_4C_{16}H_6O_{12}$	$Os_4(CO)_{12}(HC_2Et)$		10
$Os_4C_{17}H_{12}O_{11}$	$H_3Os_4(CO)_{11}(C_6H_9)$	b	11
$Os_4C_{19}H_{10}O_{11}$	$H_3Os_4(\mu\text{-}\eta^1,\eta^2\text{-}CH=CHPh)(CO)_{11}$	X, N	12
$Os_4C_{20}H_{10}O_{12}$	$H_2Os_4(CO)_{12}(CHCH_2Ph)$		13
$Os_4C_{27}H_{16}O_{11}$	$H_2Os_4(CO)_{11}(MeCCPhCHPh)$		13

[a] Simultaneous X, N determination in ref. 4. [b] C_6H_9 = 1,2-μ-(1'-σ-1',2'-η^2-cyclohexenyl).

1. B. F. G. Johnson, J. Lewis, P. R. Raithby, G. M. Sheldrick and G. Süss, *J. Organomet. Chem.*, 1978, **162**, 179.
2. B. F. G. Johnson, J. Lewis, P. G. Lodge, P. R. Raithby, K. Henrick and M. McPartlin, *J. Chem. Soc., Chem. Commun.*, 1979, 719.

3. B. F. G. Johnson, J. Lewis, P. R. Raithby, G. M. Sheldrick, K. Wong and M. McPartlin, *J. Chem. Soc., Dalton Trans.*, 1978, 673.
4. B. F. G. Johnson, J. Lewis, P. R. Raithby, K. Wong and K. D. Rouse, *J. Chem. Soc., Dalton Trans.*, 1980, 1248.
5. B. F. G. Johnson, J. Lewis, P. R. Raithby and C. Zuccaro, *Acta Crystallogr.*, 1978, **B34**, 3765.
6. B. F. G. Johnson, J. Lewis, P. R. Raithby and C. Zuccaro, *J. Chem. Soc., Dalton Trans.*, 1980, 716.
7. D. Bright, *Chem. Commun.*, 1970, 1169.
8. P. A. Dawson, B. F. G. Johnson, J. Lewis, D. A. Kaner and P. R. Raithby, *J. Chem. Soc., Chem. Commun.*, 1980, 961.
9. M. R. Churchill and F. J. Hollander, *Inorg. Chem.*, 1980, **19**, 306.
10. R. Jackson, B. F. G. Johnson, J. Lewis, P. R. Raithby and S. W. Sankey, *J. Organomet. Chem.*, 1980, **193**, C1.
11. A. G. Orpen, *J. Organomet. Chem.*, 1978, **159**, C1* (D); S. Bhaduri, B. F. G. Johnson, J. W. Kelland, J. Lewis, P. R. Raithby, S. Rehani, G. M. Sheldrick, K. Wong and M. McPartlin, *J. Chem. Soc., Dalton Trans.*, 1979, 562.
12. B. F. G. Johnson, J. Lewis, A. G. Orpen, P. R. Raithby and K. D. Rouse, *J. Chem. Soc., Dalton Trans.*, 1981, 788.
13. B. F. G. Johnson, J. W. Kelland, J. Lewis, A. L. Mann and P. R. Raithby, *J. Chem. Soc., Chem. Commun.*, 1980, 547.

Os$_5$ Pentaosmium

Molecular formula	Structure	Notes	Ref.
Os$_5$C$_{15}$HO$_{15}^-$C$_{36}$H$_{30}$NP$_2^+$	[PPN][HOs$_5$(CO)$_{15}$]		1
Os$_5$C$_{15}$H$_2$IO$_{15}^-$C$_{16}$H$_{36}$N$^+$	[NBu$_4$][H$_2$Os$_5$I(CO)$_{15}$]	D	2
Os$_5$C$_{15}$IO$_{15}^-$C$_{36}$H$_{30}$NP$_2^+$	[PPN][Os$_5$I(CO)$_{15}$]		3
Os$_5$C$_{16}$H$_2$O$_{16}$	H$_2$Os$_5$(CO)$_{16}$		4
Os$_5$C$_{16}$H$_3$O$_{16}$P	Os$_5$(CO)$_{15}$(POMe)		5
Os$_5$C$_{16}$IO$_{15}^-$C$_{36}$H$_{30}$NP$_2^+$	[PPN][Os$_5$C(CO)$_{15}$I]		6
Os$_5$C$_{16}$O$_{15}$	Os$_5$C(CO)$_{15}$		6
Os$_5$C$_{16}$O$_{16}$	Os$_5$(CO)$_{16}$		7
Os$_5$C$_{17}$H$_7$O$_{17}$P	HOs$_5$C(CO)$_{14}${OP(OMe)$_2$}		8
Os$_5$C$_{17}$H$_{10}$O$_{18}$P$_2$	HOs$_5$C(CO)$_{13}${OP(OMe)OP(OMe)$_2$}		9
Os$_5$C$_{18}$H$_{11}$O$_{18}$P	H$_2$Os$_5$(CO)$_{15}${P(OMe)$_3$}	D	2
Os$_5$C$_{19}$O$_{19}$	Os$_5$(CO)$_{19}$		10
Os$_5$C$_{25}$H$_{10}$N$_2$O$_{13}$	HOs$_5$(CO)$_{13}$(μ-NC$_6$H$_4$NPh)		11

1. C. R. Eady, J. J. Guy, B. F. G. Johnson, J. Lewis, M. C. Malatesta and G. M. Sheldrick, *J. Chem. Soc., Chem. Commun.*, 1976, 807*; J. J. Guy and G. M. Sheldrick, *Acta Crystallogr.*, 1978, **B34**, 1722.
2. G. R. John, B. F. G. Johnson, J. Lewis, W. J. Nelson and M. McPartlin, *J. Organomet. Chem.*, 1979, **171**, C14.
3. A. V. Rivera, G. M. Sheldrick and M. B. Hursthouse, *Acta Crystallogr.*, 1978, **B34**, 3376.
4. J. J. Guy and G. M. Sheldrick, *Acta Crystallogr.*, 1978, **B34**, 1725.
5. J. M. Fernandez, B. F. G. Johnson, J. Lewis and P. R. Raithby, *J. Chem. Soc., Chem. Commun.*, 1978, 1015*; *Acta Crystallogr.*, 1979, **B35**, 1711.
6. P. F. Jackson, B. F. G. Johnson, J. Lewis, J. N. Nicholls, M. McPartlin and W. J. H. Nelson, *J. Chem. Soc., Chem. Commun.*, 1980, 564.
7. C. R. Eady, B. F. G. Johnson, J. Lewis, B. E. Reichert and G. M. Sheldrick, *J. Chem. Soc., Chem. Commun.*, 1976, 271*; B. E. Reichert and G. M. Sheldrick, *Acta Crystallogr.*, 1977, **B33**, 173.
8. J. M. Fernandez, B. F. G. Johnson, J. Lewis, P. R. Raithby and G. M. Sheldrick, *Acta Crystallogr.*, 1978, **B34**, 1994.
9. A. G. Orpen and G. M. Sheldrick, *Acta Crystallogr.*, 1978, **B34**, 1992.
10. D. H. Farrar, B. F. G. Johnson, J. Lewis, J. N. Nicholls, P. R. Raithby and M. J. Rosales, *J. Chem. Soc., Chem. Commun.*, 1981, 273.
11. Z. Dawoodi, M. J. Mays and P. R. Raithby, *J. Chem. Soc., Chem. Commun.*, 1980, 712.

Os$_6$ Hexaosmium

Molecular formula	Structure	Notes	Ref.
Os$_6$C$_{18}$HO$_{18}^-$C$_{36}$H$_{30}$NP$_2^+$	[PPN][HOs$_6$(CO)$_{18}$]	a	1, 2
Os$_6$C$_{18}$H$_2$O$_{18}$·0.5CH$_2$Cl$_2$	H$_2$Os$_6$(CO)$_{18}$·0.5CH$_2$Cl$_2$		1
Os$_6$C$_{18}$O$_{18}$	Os$_6$(CO)$_{18}$		3
Os$_6$C$_{18}$O$_{18}^{2-}$2C$_{19}$H$_{18}$P$^+$	[PMePh$_3$]$_2$[Os$_6$(CO)$_{18}$]		1
Os$_6$C$_{20}$H$_6$O$_{16}$	Os$_6$(CO)$_{16}$(CMe)$_2$		4
Os$_6$C$_{21}$H$_4$O$_{20}$S$_2$	{HOs$_3$(CO)$_{10}$}$_2$(μ-S$_2$CH$_2$)		5
Os$_6$C$_{21}$H$_6$O$_{16}$	Os$_6$C(CO)$_{16}$(MeC≡CMe)		4
Os$_6$C$_{26}$H$_{18}$N$_2$O$_{16}$	Os$_6$(CO)$_{16}$(CNBu^t)$_2$		6
Os$_6$C$_{30}$H$_{10}$O$_{16}$	Os$_6$(CO)$_{16}$(CPh)$_2$		7
Os$_6$C$_{34}$H$_{14}$N$_2$O$_{18}$	Os$_6$(CO)$_{18}$(CNTol)$_2$		6, 8

[a] Ref. 2 concerned with location of H atom: diagram only.

1. M. McPartlin, C. R. Eady, B. F. G. Johnson and J. Lewis, *J. Chem. Soc., Chem. Commun.*, 1976, 883.
2. A. G. Orpen, *J. Organomet. Chem.*, 1978, **159**, C1.
3. R. Mason, K. M. Thomas and D. M. P. Mingos, *J. Am. Chem. Soc.*, 1973, **95**, 3802.
4. C. R. Eady, J. M. Fernandez, B. F. G. Johnson, J. Lewis, P. R. Raithby and G. M. Sheldrick, *J. Chem. Soc., Chem. Commun.*, 1978, 421.
5. R. D. Adams and N. M. Golembeski, *J. Am. Chem. Soc.*, 1979, **101**, 1306; R. D. Adams, N. M. Golembeski and J. P. Selegue, *J. Am. Chem. Soc.*, 1981, **103**, 546 (redetermination).
6. C. R. Eady, P. D. Gavens, B. F. G. Johnson, J. Lewis, M. C. Malatesta, M. J. Mays, A. G. Orpen, A. V. Rivera, G. M. Sheldrick and M. B. Hurstouse, *J. Organomet. Chem.*, 1978, **149**, C43*; A. G. Orpen and G. M. Sheldrick, *Acta Crystallogr.*, 1978, **B34**, 1989.
7. J. M. Fernandez, B. F. G. Johnson, J. Lewis and P. R. Raithby, *Acta Crystallogr.*, 1978, **B34**, 3086.
8. A. V. Rivera, G. M. Sheldrick and M. B. Hurstouse, *Acta Crystallogr.*, 1978, **B34**, 1985.

Os$_7$ Heptaosmium

Molecular formula	Structure	Notes	Ref.
Os$_7$C$_{21}$O$_{21}$	Os$_7$(CO)$_{21}$		1

1. C. R. Eady, B. F. G. Johnson, J. Lewis, R. Mason, P. B. Hitchcock and K. M. Thomas, *J. Chem. Soc., Chem. Commun.*, 1977, 385.

Os$_8$ Octaosmium

Molecular formula	Structure	Notes	Ref.
Os$_8$C$_{22}$O$_{22}^{2-}$2C$_{36}$H$_{30}$NP$_2^+$	[PPN]$_2$[Os$_8$(CO)$_{22}$]		1

1. P. F. Jackson, B. F. G. Johnson, J. Lewis and P. R. Raithby, *J. Chem. Soc., Chem. Commun.*, 1980, 60.

Os$_9$ Nonaosmium

Molecular formula	Structure	Notes	Ref.
Os$_9$C$_{28}$HO$_{29}^-$C$_{36}$H$_{30}$NP$_2^+$	[PPN][HOs$_3$(CO)$_{10}$(μ-O$_2$C)Os$_6$(CO)$_{17}$]		1

1. C. R. Eady, J. J. Guy, B. F. G. Johnson, J. Lewis, M. C. Malatesta and G. M. Sheldrick, *J. Chem. Soc., Chem. Commun.*, 1976, 602*; J. J. Guy and G. M. Sheldrick, *Acta Crystallogr.*, 1978, **B34**, 1718.

Os$_{10}$ Decaosmium

Molecular formula	Structure	Notes	Ref.
Os$_{10}$C$_{25}$O$_{24}^{2-}$2C$_{36}$H$_{30}$NP$_2^+$	[PPN]$_2$[Os$_{10}$C(CO)$_{24}$]		1

1. P. F. Jackson, B. F. G. Johnson, J. Lewis, M. McPartlin and W. J. H. Nelson, *J. Chem. Soc., Chem. Commun.*, 1980, 224.

Pb Lead

Molecular formula	Structure	Notes	Ref.
[PbC$_3$H$_9$N$_3$]$_n$	[PbMe$_3$(N$_3$)]$_n$		1
[PbC$_4$H$_6$N$_2$]$_n$	[PbMe$_2$(CN)$_2$]$_n$	a	2
[PbC$_4$H$_9$N]$_n$	[PbMe$_3$(CN)]$_n$	b	3
PbC$_4$H$_{12}$	PbMe$_4$	E	4–6
[PbC$_5$H$_{12}$O$_2$]$_n$	[PbMe$_3$(OAc)]$_n$		7
[PbAl$_2$C$_6$H$_6$Cl$_8$]$_n \cdot n$C$_6$H$_6$	[Pb(AlCl$_4$)$_2$(η-C$_6$H$_6$)]$_n \cdot n$C$_6$H$_6$		8
PbC$_7$H$_{14}$N$_2$O$_2$	PbMe$_3$\{C(N$_2$)(CO$_2$Et)\}		9
PbC$_{10}$H$_{10}$	Pb(η-C$_5$H$_5$)$_2$	E	10
[PbC$_{10}$H$_{10}$]$_n$	[Pb(C$_5$H$_5$)$_2$]$_n$		11
[PbC$_{12}$H$_{10}$Cl$_2$]$_n$	[PbCl$_2$Ph$_2$]$_n$		12
[PbC$_{14}$H$_{14}$S$_2$]$_n$	[Ph$_2$$\overline{\text{Pb(SCH}_2\text{CH}_2\text{S})}$]$_n$	113	13
PbC$_{16}$H$_{12}$S$_4$	Pb(C$_4$H$_3$S-2)$_4$		14
PbFe$_2$C$_{16}$H$_{16}$O$_4$	PbMe$_2$\{Fe(CO)$_2$(η-C$_5$H$_5$)\}$_2$		15
PbC$_{16}$H$_{18}$OS$_2$	Ph$_2$$\overline{\text{PbS(CH}_2)_2\text{O(CH}_2)_2\text{S}}$	113, c	13
PbC$_{18}$H$_{15}$Br	PbBrPh$_3$		16
PbC$_{18}$H$_{15}$Cl	PbClPh$_3$		16
[PbC$_{18}$H$_{16}$O]$_n$	[PbPh$_3$(OH)]$_n$		17

Molecular formula	Structure	Notes	Ref.
$PbC_{18}H_{19}O_6^-C_4H_{12}N^+$	$[NMe_4][PbPh_2(OAc)_3]$		18
$PbC_{19}H_{15}NO$	$PbPh_3(NCO)$		19
$PbReC_{23}H_{15}O_5$	$Re(PbPh_3)(CO)_5$	d	20
$[PbC_{23}H_{19}NS]_n$	$[PbPh_3(SC_5H_4N-4)]_n$		21
$PbC_{23}H_{26}INO$	$PbI(C_6H_4CH_2NMe_2-2)(Tol)(C_6H_4OMe-4)$		22
$[PbC_{24}H_{18}FNO_2]_n$	$[PbPh_3\{OC_6H_3(F-2)(NO-4)\}]_n$		23
$PbC_{24}H_{19}BrS$	$PbPh_3(SC_6H_4Br-2)$		24
$PbC_{24}H_{20}$	$PbPh_4$		25
$PbMoC_{26}H_{20}O_3$	$Mo(PbPh_3)(CO)_3(\eta\text{-}C_5H_5)$	d	20
$PbWC_{26}H_{20}O_3$	$W(PbPh_3)(CO)_3(\eta\text{-}C_5H_5)$	d	20
$PbC_{26}H_{24}S$	$PbPh_3(SC_6H_3Me_2-2,6)$		24
$PbSiC_{36}H_{30}O$	$PbPh_3(OSiPh_3)$		26
$PbPtC_{60}H_{50}P_2$	$cis\text{-}PtPh(PbPh_3)(PPh_3)_2$		27

a Powder data only. b Incomplete. c Two modifications. d Pb—metal bond distance only reported.

1. R. Allmann, A. Waskowska, R. Hohlfeld and J. Lorberth, *J. Organomet. Chem.*, 1980, **198**, 155.
2. J. Konnert, D. Britton and Y. M. Chow, *Acta Crystallogr.*, 1972, **B28**, 180.
3. Y. M. Chow and D. Britton, *Acta Crystallogr.*, 1971, **B27**, 856.
4. L. O. Brockway and H. O. Jenkins, *J. Am. Chem. Soc.*, 1936, **58**, 2036.
5. C. Wong and V. Schomaker, *J. Chem. Phys.*, 1958, **28**, 1007.
6. T. Oyamada, T. Iijima and M. Kimura, *Bull. Chem. Soc. Jpn.*, 1971, **44**, 2638.
7. G. M. Sheldrick and R. Taylor, *Acta Crystallogr.*, 1975, **B31**, 2740.
8. A. G. Gash, P. F. Rodesiler and E. L. Amma, *Inorg. Chem.*, 1974, **13**, 2429.
9. M. Birkhahn, E. Glozbach, W. Massa and J. Lorberth, *J. Organomet. Chem.*, 1980, **192**, 171.
10. A. Almenningen, A. Haaland and T. Motzfeldt, *J. Organomet. Chem.*, 1967, **7**, 97.
11. C. Panattoni, G. Bombieri and U. Croatto, *Acta Crystallogr.*, 1966, **21**, 823.
12. M. Mammi, V. Busetti and A. Del Pra, *Inorg. Chim. Acta*, 1967, **1**, 419.
13. M. Dräger and N. Kleiner, *Angew. Chem.*, 1980, **92**, 950 (*Angew. Chem., Int. Ed. Engl.*, 1980, **19**, 923).
14. A. Karipides, A. T. Reed, D. A. Haller and F. Hayes, *Acta Crystallogr.*, 1977, **B33**, 950.
15. B. P. Bir'yukov, Y. T. Struchkov, K. N. Anisimov, N. E. Kolobova and V. V. Skripkin, *Zh. Strukt. Khim.*, 1968, **9**, 922.
16. H. Preut and F. Huber, *Z. Anorg. Allg. Chem.*, 1977, **435**, 234.
17. C. Glidewell and D. C. Liles, *Acta Crystallogr.*, 1978, **B34**, 129.
18. N. W. Alcock, *J. Chem. Soc., Dalton Trans.*, 1972, 1189.
19. T. N. Tarkhova, E. V. Chuprunov, L. E. Nikolaeva, M. A. Simonov and N. V. Belov, *Kristallografiya*, 1978, **23**, 506.
20. Y. T. Struchkov, K. N. Anisimov, O. P. Osipova, N. E. Kolobova and A. N. Nesmeyanov, *Dokl. Akad. Nauk SSSR*, 1967, **172**, 107.
21. N. G. Furmanova, Y. T. Struchkov, D. N. Kravtsov and E. M. Rokhlina, *Zh. Strukt. Khim.*, 1979, **20**, 1047.
22. H. O. van der Kooi, J. Wolters and A. van der Gen, *Recl. Trav. Chim. Pays-Bas*, 1979, **98**, 353.
23. N. G. Bokii, A. I. Udelnov, Y. T. Struchkov, D. N. Kravtsov and V. M. Pachevskaya, *Zh. Strukt. Khim.*, 1977, **18**, 1025.
24. N. G. Furmanova, A. S. Batsanov, Y. T. Struchkov, D. N. Kravtsov and E. M. Rokhlina, *Zh. Strukt. Khim.*, 1979, **20**, 294.
25. V. Busetti, M. Mammi, A. Signor and A. Del Pra, *Inorg. Chim. Acta*, 1967, **1**, 424.
26. P. G. Harrison, T. J. King, J. A. Richards and R. C. Phillips, *J. Organomet. Chem.*, 1976, **116**, 307.
27. B. Crociani, M. Nicolini, D. A. Clemente and G. Bandoli, *J. Organomet. Chem.*, 1973, **49**, 249.

Pb_2 Dilead

Molecular formula	Structure	Notes	Ref.
$Pb_2C_6H_{18}$	Pb_2Me_6	E, X	1, 2
$Pb_2C_{40}H_{30}\cdot CH_2Cl_2$	$(PbPh_3)C\equiv CC\equiv C(PbPh_3)\cdot CH_2Cl_2$		3

1. H. A. Skinner and L. E. Sutton, *Trans. Faraday Soc.*, 1940, **36**, 1209 (E).
2. H. Preut, H. J. Haupt and F. Huber, *Z. Anorg. Allg. Chem.*, 1972, **388**, 165; H. Preut and F. Huber, *Z. Anorg. Allg. Chem.*, 1976, **419**, 92 (X).
3. C. Brouty, P. Spinat and A. Whuler, *Acta Crystallogr.*, 1980, **B36**, 2624.

Pb_4 Tetralead

Molecular formula	Structure	Notes	Ref.
$Pb_4C_{49}H_{40}Br_4$	$C(PbBrPh_2)_4$		1

1. J. Kroon, J. B. Hulscher and A. F. Peerdeman, *J. Organomet. Chem.*, 1970, **23**, 477.

Pd Palladium

Molecular formula	Structure	Notes	Ref.
$PdC_4H_{10}Cl_2N_4$	$\overline{PdCl_2\{C(NHMe)NHNHC(NHMe)\}}$		1
$PdC_5H_9Cl_2NOS$	$\overline{PdCl_2\{\eta^2\text{-}CH_2{=}CHCH_2NHC(S)OMe\}}$		2
$PdC_6Cl_4O_4^{2-}\cdot 2K^+\cdot 4H_2O$	$K_2[PdCl_2(C_6Cl_2O_4)]\cdot 4H_2O$		3
$PdC_6H_{11}NO_2$	$\overline{Pd\{OC(O)CH_2NH_2\}}(\eta^3\text{-}C_4H_7)$		4
$PdC_6H_{14}Cl_2N_2O_2$	$cis\text{-}PdCl_2\{C(OMe)(NHMe)\}_2$		5
$PdC_7H_8Cl_2$	$PdCl_2(nbd)$	77	6, 7
$PdC_8H_8Cl_2$	$PdCl_2(cot)$		8
PdC_8H_{10}	$Pd(\eta\text{-}C_3H_5)(\eta\text{-}C_5H_5)$		9
$PdC_8H_{12}Cl_2$	$PdCl_2(cod)$		10
$PdC_8H_{12}N_4^{2+}\cdot 2C_{12}H_4N_4^-\cdot 2C_2H_3N$	$[Pd(CNMe)_4][TCNQ]_2\cdot 2MeCN$		11
$PdC_8H_{15}ClS$	$\overline{PdCl(\eta^3\text{-}CH_2CHCHCMe_2CH_2SMe)}$		12
$PdC_8H_{16}Cl_2S$	$\overline{PdCl_2(\eta^2\text{-}CHMe{=}CHCMe_2CH_2SMe)}$		12
$PdC_8H_{17}Cl_2NO$	$\overline{PdCl_2\{\eta^2\text{-}CH(OH){=}CHCMe_2CH_2NMe_2\}}$		13
$PdB_9C_8H_{27}N_2$	$3\text{-}\{Pd(TMEDA)\}\text{-}1,2\text{-}C_2B_9H_{11}$		14
$PdB_9C_8H_{29}P_2$	$3\text{-}\{Pd(PMe_3)_2\}\text{-}1,2\text{-}C_2B_9H_{11}$		14
$PdC_9H_{19}Cl_2NO$	$\overline{PdCl_2\{\eta^2\text{-}CH(OMe){=}CHCMe_2CH_2NMe_2\}}$		15
$PdC_{10}H_{18}I_2N_2$	$trans\text{-}PdI_2(CNBu^t)_2$		16
$PdC_{11}H_{16}ClN$	$PdCl(NC_5H_4Me\text{-}3)(\eta^3\text{-}CH_2CMeCHMe)$		17
$PdC_{11}H_{25}ClNO_2$	$\overline{PdCl\{C(O)CH_2CH_2NEt_2\}(NHEt_2)}$		18
$PdC_{12}H_{25}F_3N_2O_4S$	$\overline{Pd(OSO_2CF_3)\{C(O)CH_2CH_2NEt_2\}(NHEt_2)}$		19
$PdC_{13}H_{18}O$	$Pd(C_8H_{12}OH)(\eta\text{-}C_5H_5)$	a	20
$PdC_{13}H_{18}O_2$	$Pd(acac)(C_8H_{11})$	b	21
$PdC_{13}H_{24}N_2O_2$	$\overline{Pd(CH_2CBu^t{=}NNMe_2)(acac)}$		22
$PdC_{13}H_{28}ClN_3O$	$\overline{PdCl\{C(O)CH_2CH_2NEt_2\}\{C(NHMe)(NEt_2)\}}$		23
$PdC_{14}H_{13}BrClN_2^-\cdot C_{16}H_{36}N^+$	$[NBu_4][\overline{PdClBr(C_6H_4CMe{=}NNHPh)}]$		24
$PdC_{14}H_{17}NO_2S$	$\overline{Pd\{CH_2NMeC(S)Ph\}(acac)}$		25
$PdC_{14}H_{25}ClN_2O$	$\overline{PdCl\{CH_2CH(OMe)CH_2NMe_2\}(NH_2CHMePh)}$		26
$PdC_{14}H_{34}O_3P_2$	$trans\text{-}PdMe(HCO_3)(PEt_3)_2$	c	27
$PdB_{10}C_{14}H_{37}N_3$	$1\text{-}\{Pd(CNBu^t)_2\}\text{-}2\text{-}(Me_3N)CB_{10}H_{10}$		28
$PdC_{15}H_{19}ClO_2S$	$PdCl(CH_2SO_2Ph)(cod)$		10
$PdC_{16}H_{25}ClS_2$	$\overline{PdCl\{C_6H_3(CH_2SBu^t)_2\text{-}2,6\}}$		29
$PdC_{16}H_{25}NO_6S$	$\overline{Pd\{CMe[CH_2C(CO_2Me)_2]C(S)NMe_2\}(acac)}$	113, 293	30
$PdC_{16}H_{30}Cl_2N_2O_2\cdot H_2O$	$PdCl_2\{\eta^4\text{-}trans\text{-}C_4(CH_2OMe)_2(NEt_2)_2\}\cdot H_2O$		31
$PdC_{16}H_{30}Cl_2S_2$	$PdCl(CBu^t{=}CHCH{=}CClBu^t)\{MeS\text{-}(CH_2)_2SMe\}$		32
$PdFe_4C_{16}O_{16}^{2-}\cdot 2C_{10}H_{16}N^+$	$[tmba]_2[PdFe_4(CO)_{16}]$		33
$PdC_{17}H_{21}N_2^+ClO_4^-$	$[\overline{Pd(Pr^iC_9H_5CH{=}NMe)}(\eta\text{-}C_3H_5)][ClO_4]$	d	34
$PdC_{17}H_{23}NO$	$\overline{Pd\{(R,S)\text{-}N(CHMePh)CMeCHCMeO\}}\text{-}(\eta^3\text{-}C_4H_7)$		35
$PdC_{17}H_{24}O_2$	$Pd(acac)(C_{12}H_{17})$	e	36
$PdC_{17}H_{34}BrNP_2$	$trans\text{-}PdBr(C_5H_4N\text{-}2)(PEt_3)_2$		37
$PdC_{17}H_{34}BrNP_2$	$trans\text{-}PdBr(C_5H_4N\text{-}3)(PEt_3)_2$		37
$PdC_{17}H_{34}BrNP_2$	$trans\text{-}PdBr(C_5H_4N\text{-}4)(PEt_3)_2$		37
$PdC_{18}H_{14}F_{12}O_4$	$\overline{Pd\{C(CF_3){=}C(CF_3)CH(COMe)C(O)Me\}_2}$		38, 39
$PdC_{18}H_{19}F_6NO_2$	$\overline{Pd(C_6H_4CH_2NMe_2\text{-}2)\{C(CF_3){=}C(CF_3)\text{-}CH(COMe)C(O)Me\}}$		39
$PdC_{18}H_{20}Cl_2N_2O_4$	$PdCl\{CH(CO_2Me)CH(CO_2Me)CCl{=}CH_2\}(py)_2$		40
$PdC_{18}H_{21}BrN_2O$	$PdBr(py)_2(C_7H_8OMe)$	f	41
$PdC_{18}H_{22}ClN_4$	$\overline{PdCl(C_6H_4NMeNHCMe{=}CMeNMePh)}$		42
$PdSi_4C_{18}H_{46}N_3P$	$Pd\{[N(SiMe_3)]_2P(CH_2CH{=}CH_2)N(SiMe_3)_2\}\text{-}(\eta\text{-}C_3H_5)$		43
$PdC_{19}H_{18}OS$	$Pd(PhCOCHCSPh)(\eta^3\text{-}C_4H_7)$		44
$PdC_{19}H_{20}O_8$	$\{PdC_4(CO_2Me)_4\}(nbd)$	g	45
$PdFeC_{19}H_{25}NO_2$	$(-)\text{-}RS_p\text{-}\overline{Pd(acac)\{(NMe_2CHMe\text{-}\eta\text{-}C_5H_3)Fe\text{-}(\eta\text{-}C_5H_5)\}}$		46
$PdC_{19}H_{39}Cl_2N_2P$	$cis\text{-}PdCl_2\{C(CNMe_2)_2\}(PBu_3)$	h, 113	47
$PdC_{20}H_{20}ClPS$	$PdCl(\eta^2\text{-}CH_2{=}SMe)(PPh_3)$	113, 293	48
$PdC_{20}H_{29}F_{12}N_3O_2$	$\overline{Pd\{C(CF_3)_2OC(CF_3)_2O\}(CNBu^t)\{C(NHBu^t)\text{-}(NEt_2)\}}$		49
$PdSiC_{20}H_{33}ClP^+F_6P^-$	$[\overline{PdCl\{CH(SiMe_3)(PMe_2Ph)\}}(cod)][PF_6]$		50
$PdSnC_{21}H_{20}Cl_3P$	$Pd(SnCl_3)(PPh_3)(\eta\text{-}C_3H_5)$		51
$PdC_{21}H_{21}ClN_2O_3$	$PdCl(CH_2COCH_2CO_2CH_2Ph)(py)_2$		52
$PdC_{21}H_{39}P$	$Pd(\eta^1\text{-}C_5H_5)(PPr^i_3)(\eta^3\text{-}CH_2CBu^tCH_2)$		53
$PdC_{22}H_{22}ClP$	$PdCl(PPh_3)(\eta^3\text{-}C_4H_7)$	D	54

Molecular formula	Structure	Notes	Ref.
$PdC_{22}H_{22}N_2O$	$\overline{Pd(C_6H_4CH_2NMe_2\text{-}2)(sal=NPh)}$	i	55
$PdC_{22}H_{23}N_2O^+ClO_4^-$	$[\overline{Pd(C_6H_4CH_2NMe_2\text{-}2)(bqH)(OH_2)}][ClO_4]$	j	56
$PdCoC_{23}H_{18}N_3O_4$	$\overline{Pd(C_6H_4CMe=NNHPh)\{Co(CO)_4\}(py)}$		57
$PdC_{23}H_{21}N_2^+ClO_4^-\cdot CH_2Cl_2$	$[Pd(dmdq)(\eta\text{-}C_3H_5)][ClO_4]\cdot CH_2Cl_2$	k	58
$PdC_{23}H_{25}ClO_{14}\cdot 0.66CHCl_3$	$\overline{Pd\{C_5(CO_2Me)_4[C(O)OMe]CCl(CO_2Me)\}}$- (acac)·0.66CHCl$_3$		59
$PdC_{23}H_{26}OS$	$Pd(PhCOCHCSPh)(\eta^3\text{-}CH_2CMeCHBu^t)$		60
$PdC_{23}H_{28}O_2$	$Pd(acac)(C_7HMe_5Ph)$	l	61
$PdC_{23}H_{35}NP_2S$	$trans\text{-}Pd(NCS)(C\equiv CC_6H_4C\equiv CH\text{-}2)(PEt_3)_2$		62
$PdC_{24}H_{22}O_2$	$Pd(acac)(\alpha,1,2\text{-}\eta^3\text{-}CPh_3)$		63
$PdC_{24}H_{32}Cl_2N_2$	$PdCl(CBu^t=CMeCMe=CClBu^t)(bipy)$		64
$PdC_{24}H_{32}N_2O_6$	$Pd\{CH(COMe)(CO_2Et)\}_2(NC_5H_4Me\text{-}2)_2$		65
$PdC_{24}H_{32}O_2$	$\overline{Pd\{CH_2CH(Tol)C_5Me_5\}(acac)}$		66
$PdC_{24}H_{39}ClN_2P_2$	$trans\text{-}PdCl(C_6H_4N=NPh)(PEt_3)_2$		67
$PdC_{25}H_{22}ClN_2OP\cdot CH_2Cl_2$	$\overline{PdCl(C_6H_4NMeNO\text{-}2)(PPh_3)}\cdot CH_2Cl_2$		68
$PdC_{25}H_{22}NO_2P\cdot 0.6CH_2Cl_2$	$\overline{Pd\{CH_2C(O)O\}(py)(PPh_3)}\cdot 0.6CH_2Cl_2$		69, 70
$PdC_{25}H_{25}O_4P$	$Pd(CH_2CO_2H)(acac)(PPh_3)$		71
$PdC_{25}H_{28}NO_2P$	$\overline{Pd(C_6H_4CH_2NMe_2\text{-}2)\{PPh_2CHC(O)OEt\}}$		72
$PdC_{26}H_{26}OS$	$Pd(C_{11}H_{15})(PhCOCHCSPh)$	m	73
$PdC_{26}H_{28}ClP$	$PdCl(PPh_3)(C_8H_{13})$	n	74
$PdC_{26}H_{36}O_4$	$Pd(acac)(C_{21}H_{29}O_2)$	o	75
$PdC_{26}H_{42}ClNO_3P_2$	$PdCl\{\overline{C=CHC(O)C(=CHCO_2Me)N(Tol)}\}$- $(PEt_3)_2$		76
$PdC_{26}H_{42}O_4P_2$	$trans\text{-}Pd\{cis\text{-}C(CO_2Me)=CH(CO_2Me)\}$- $(C\equiv CPh)(PEt_3)_2$		77
$PdC_{26}H_{43}ClN_2P_2$	$trans\text{-}PdCl(C_6H_4CMe=NNHPh)(PEt_3)_2$		78
$PdC_{27}H_{22}N_2O\cdot 0.5C_6H_6$	$Pd(\eta^2\text{-}CHPh=CHCOCH=CHPh)(bipy)$- $\cdot 0.5C_6H_6$		79
$PdC_{27}H_{28}ClN$	$\overline{PdCl(CMe=CPhCPh=CMeC_6H_4CH_2NMe_2)}$		80
$PdC_{27}H_{37}ClNP$	$\overline{PdCl\{3\text{-}(R)\text{-}C_{10}H_6CHMeNMe_2\text{-}2\}\{(S)\text{-}}$ $PPr^iBu^tPh\}$		81
$PdC_{28}H_{19}O_4P\cdot 0.5C_6H_6$	$Pd\{CH(COMe)_2\}(acac)(PPh_3)\cdot 0.5C_6H_6$		82
$PdAs_2C_{30}H_{34}N^+F_6P^-$	$(+)\text{-}[\overline{Pd\{(S)\text{-}C_6H_4CHMeNMe_2\text{-}2\}\{SS\text{-}C_6H_4\text{-}}}$ $(AsMePh)_2\text{-}1,2\}][PF_6]$		83
$PdC_{34}H_{30}Cl_2OP_2\cdot C_7H_8$	$\overline{PdCl_2\{CH(COPh)PPh_2(CH_2)_2PPh_2\}}\cdot PhMe$		84
$PdC_{34}H_{35}ClN_2O_{16}$	$PdCl\{HC_8(CO_2Me)_8\}(py)_2$	p	85
$PdC_{35}H_{26}ClPS_3$	$PdCl\{\overline{C_6H_4C(S)CHC(S)CHC(S)Ph}\}(PPh_3)$		86
$PdRhC_{35}H_{28}Cl_3N_2OP_2$	$PdRhCl_3(CO)\{\mu\text{-}PPh_2(C_5H_4N)\}_2$		87
$PdC_{35}H_{31}O_8P$	$\{PdC_4(CO_2Me)_4\}(\eta^5\text{-}C_5H_4PPh_3)$	g	88
$PdC_{36}H_{45}Cl_2P\cdot C_2H_4O_2$	$PdCl(PPh_3)(C_6H_3Bu^t_3Cl)$	q	89
$PdC_{37}H_{30}P_2S_2$	$Pd(\eta^2\text{-}S=CS)(PPh_3)_2$		90
$PdC_{38}H_{33}ClO_2P_2$	$trans\text{-}PdCl(CO_2Me)(PPh_3)_2$		91
$PdC_{38}H_{35}ClP_2S\cdot CH_2Cl_2$	$PdCl(CH_2SMe)(PPh_3)_2\cdot CH_2Cl_2$	113	92
$PdC_{39}H_{33}ClO_3P_2\cdot 0.6CH_2Cl_2$	$trans\text{-}PdCl(COCO_2Me)(PPh_3)_2\cdot 0.6CH_2Cl_2$		93
$PdC_{39}H_{34}P_2$	$Pd(\eta^2\text{-}CH_2=C=CH_2)(PPh_3)_2$		94
$PdC_{40}H_{33}ClP_2$	$\overline{PdCl\{2\text{-}Ph_2PC_6H_4CHCH=CMeC_6H_4PPh_2\text{-}2\}}$		95
$PdC_{40}H_{34}O_3P_2$	$\overline{Pd\{CH_2C(O)OC(O)CH_2\}(PPh_3)_2}$		69, 96
$PdC_{40}H_{35}ClN_2O_2P_2$	$trans\text{-}PdCl\{C(N_2)CO_2Et\}(PPh_3)_2$		97
$PdC_{40}H_{36}O_4P_2$	$trans\text{-}Pd(OCOMe)(CO_2Me)(PPh_3)_2$		98
$PdC_{40}H_{37}ClOP_2$	$trans\text{-}PdCl(COPr)(PPh_3)_2$		99
$PdC_{42}H_{36}O_4P_2$	$Pd\{\eta^2\text{-}C_2(CO_2Me)_2\}(PPh_3)_2$		100
$PdC_{43}H_{37}ClN_2OP_2\cdot CH_2Cl_2$	$\overline{PdCl(C_6H_4NMeNO)(PPh_3)_2}\cdot CH_2Cl_2$		68
$PdC_{43}H_{43}O_3P$	$Pd\{CPh=CPhCPh=C(OEt)Ph\}(acac)(PMe_2Ph)$		101
$PdC_{45}H_{47}NS_2$	$Pd\{\eta^2\text{-}CPh(Tol)=C(Tol)C(Tol)=C(Tol)\}$- $(S_2CNPr^i_2)$		102
$PdC_{48}H_{43}BrO_8P_2$	$trans\text{-}PdBr\{C(CO_2Me)=C(CO_2Me)\text{-}$ $C(CO_2Me)=CH(CO_2Me)\}(PPh_3)_2$		103
$PdC_{51}H_{42}O_3\cdot C_6H_6$	$Pd(\eta^2\text{-}PhCH=CHCOCH=CHPh)_3\cdot C_6H_6$		104
$PdC_{51}H_{51}O_2P$	$Pd\{C(Tol)=C(Tol)C(Tol)=CPh(Tol)\}(acac)\text{-}$ (PMe_2Ph)		102
$PdC_{53}H_{47}ClN_2O_2P_2$	$trans\text{-}PdCl\{C(=NC_6H_4OMe\text{-}4)CMe=N\text{-}$ $C_6H_4OMe\text{-}4\}(PPh_3)_2$		105
$PdCuC_{53}H_{47}Cl_3N_2O_2P_2$	$trans\text{-}PdCl\{C(=NC_6H_4OMe\text{-}4)CMe=N\text{-}$ $C_6H_4OMe\text{-}4\}(PPh_3)_2$		106
$PdC_{60}H_{42}O_6$	$\overline{Pd\{CH(COPh)CPh=C(COPh)C(O)Ph\}_2}$		107

a $C_8H_{12}OH$ = η^3-2-hydroxycyclooct-5-enyl. b C_8H_{11} = 1,2,3-η^3-cycloocta-2,4-dien-1-yl. c Dimer by H-bonding. d Ligand = 8-Pr^i-quinoline-2-CH=NMe. e $C_{12}H_{17}$ = 2,2,3'-η^3-1,2,4,5,6-Me$_5$-3-methylenebicyclo-[2.2.0]hex-5-en-2-yl. f C_7H_8OMe = 7-MeO-tricyclo[2.2.1.0^{2,6}]hept-3-yl. g $PdC_4(CO_2Me)_4$ = $(CO_2Me)_4$-palladacyclopentadiene. h $C(CNMe_2)_2$ = $(NMe_2)_2$-cyclopropenylidene. i sal=NPh = N-Ph-salicylaldiminato. j bqH = benzo[h]quinoline. k dmdq = 8,8'-Me$_2$-2,2'-diquinolyl. l C_7HMe_5Ph = 2,3,4-η^3-1,2,3,4,5-Me$_5$-6R-Ph-bicyclo[3.2.0]hept-2-enyl. m $C_{11}H_{15}$ = η^3-3-(2-Me-2-propenyl)bicyclo[2.2.1]hept-5-en-2-yl. n C_8H_{13} = η^3-2-Me-6-methylenecyclohexyl. o $C_{21}H_{29}O_2$ = α-4,5,6-η^3-3,20-dioxopregn-4-enyl. p $HC_8(CO_2Me)_8$ = 2,2',3'-η^3-1-[1,2,3,4,5,6,7-$(CO_2Me)_7$-bicyclo[2.2.1]hepta-2,5-dien-7-yl]-2-MeO-2-oxoethyl. q $C_6H_3Bu^t_3Cl$ = 1,2,3-η^3-4-(t-butylchloro)methylene-2,5-di-t-butylcyclopent-2-enyl.

1. A. Burke, A. L. Balch and J. H. Enemark, *J. Am. Chem. Soc.*, 1970, **92**, 2555*; W. M. Butler and J. H. Enemark, *Inorg. Chem.*, 1971, **10**, 2416.
2. P. Porta, *J. Chem. Soc. (A)*, 1971, 1217.
3. O. N. Krasochka, V. A. Avilov and L. O. Atovmyan, *Zh. Strukt. Khim.*, 1974, **15**, 1140.
4. E. Benedetti, G. Maglio, R. Palumbo and C. Pedone, *J. Organomet. Chem.*, 1973, **60**, 189.
5. P. Domiano, A. Musatti, M. Nardelli and G. Predieri, *J. Chem. Soc., Dalton Trans.*, 1975, 2165.
6. N. C. Baenziger, J. R. Doyle and C. Carpenter, *Acta Crystallogr.*, 1961, **14**, 303.
7. N. C. Baenziger, G. F. Richards and J. R. Doyle, *Acta Crystallogr.*, 1965, **18**, 924.
8. N. C. Baenziger, C. V. Goebel, T. Berg and J. R. Doyle, *Acta Crystallogr.*, 1978, **B34**, 1340.
9. M. K. Minasyants, S. P. Gubin and Y. T. Struchkov, *Zh. Strukt. Khim.*, 1966, **7**, 906*; M. K. Minasyants and Y. T. Struchkov, *Zh. Strukt. Khim.*, 1968, **9**, 481.
10. L. Benchekroun, P. Herpin, M. Julia and L. Saussine, *J. Organomet. Chem.*, 1977, **128**, 275.
11. S. Z. Goldberg, R. Eisenberg, J. S. Miller and A. J. Epstein, *J. Am. Chem. Soc.*, 1976, **98**, 5173.
12. R. McCrindle, E. C. Alyea, G. Ferguson, S. A. Dias, A. J. McAlees and M. Parvez, *J. Chem. Soc., Dalton Trans.*, 1980, 137.
13. R. McCrindle, G. Ferguson, A. J. McAlees and B. L. Ruhl, *J. Organomet. Chem.*, 1981, **204**, 273.
14. H. M. Colquhoun, T. J. Greenhough and M. G. H. Wallbridge, *J. Chem. Soc., Chem. Commun.*, 1978, 322.
15. R. McCrindle, G. Ferguson, M. A. Khan, A. J. McAlees and B. L. Ruhl, *J. Chem. Soc., Dalton Trans.*, 1981, 986.
16. N. A. Bailey, N. W. Walker and J. A. W. Williams, *J. Organomet. Chem.*, 1972, **37**, C49.
17. H. A. Graf, R. Hüttel, G. Nagorsen and B. Rau, *J. Organomet. Chem.*, 1977, **136**, 389.
18. L. S. Hegedus, O. P. Anderson, K. Zetterberg, G. Allen, K. Siirala-Hansen, D. J. Olsen and A. B. Packard, *Inorg. Chem.*, 1977, **16**, 1887.
19. O. P. Anderson and A. B. Packard, *Inorg. Chem.*, 1979, **18**, 1129.
20. A. Chiesi-Villa, A. G. Manfredotti and C. Guastini, *Cryst. Struct. Commun.*, 1973, **2**, 181.
21. M. R. Churchill, *Chem. Commun.*, 1965, 625*; *Inorg. Chem.*, 1966, **5**, 1608.
22. A. G. Constable, W. S. McDonald, L. C. Sawkins and B. L. Shaw, *J. Chem. Soc., Dalton Trans.*, 1980, 1992.
23. O. P. Anderson and A. B. Packard, *Inorg. Chem.*, 1978, **17**, 1333.
24. J. Dehand, J. Fischer, M. Pfeffer, A. Mitschler and M. Zinsius, *Inorg. Chem.*, 1976, **15**, 2675.
25. K. Miki, N. Tanaka and N. Kasai, *Acta Crystallogr.*, 1981, **B37**, 447.
26. R. Claverini, A. De Renzi, P. Ganis, A. Panunzi and C. Pedone, *J. Organomet. Chem.*, 1973, **51**, C30.
27. R. J. Crutchley, J. Powell, R. Faggiani and C. J. L. Lock, *Inorg. Chim. Acta*, 1977, **24**, L15.
28. W. E. Carroll, M. Green, F. G. A. Stone and A. J. Welch, *J. Chem. Soc., Dalton Trans.*, 1975, 2263.
29. J. Errington, W. S. McDonald and B. L. Shaw, *J. Chem. Soc., Dalton Trans.*, 1980, 2312.
30. K. Miki, N. Tanaka and N. Kasai, *J. Organomet. Chem.*, 1981, **208**, 407.
31. J. D'Angelo, J. Ficini, S. Martinon, C. Riche and A. Sevin, *J. Organomet. Chem.*, 1979, **177**, 265.
32. B. E. Mann, P. M. Bailey and P. M. Maitlis, *J. Am. Chem. Soc.*, 1975, **97**, 1275.
33. G. Longoni, M. Manassero and M. Sansoni, *J. Am. Chem. Soc.*, 1980, **102**, 3242.
34. A. J. Deeming, I. P. Rothwell, M. B. Hursthouse and K. M. A. Malik, *J. Chem. Soc., Dalton Trans.*, 1979, 1899.
35. A. Musco, R. Rampone, P. Ganis and C. Pedone, *J. Organomet. Chem.*, 1972, **34**, C48*; R. Claverini, P. Ganis and C. Pedone, *J. Organomet. Chem.*, 1973, **50**, 327.
36. J. F. Malone, W. S. McDonald, B. L. Shaw and G. Shaw, *Chem. Commun.*, 1968, 869*; J. F. Malone and W. S. McDonald, *J. Chem. Soc. (A)*, 1970, 3124.
37. K. Isobe, E. Kai, Y. Nakamura, K. Nishimoto, T. Miwa, S. Kawaguchi, K. Kinoshita and K. Nakatsu, *J. Am. Chem. Soc.*, 1980, **102**, 2475.
38. A. C. Jarvis, R. D. W. Kemmitt, B. Y. Kimura, D. R. Russell and P. A. Tucker, *J. Organomet. Chem.*, 1974, **66**, C53*.
39. D. R. Russell and P. A. Tucker, *J. Chem. Soc., Dalton Trans.*, 1975, 1743.
40. R. Goddard, M. Green, R. P. Hughes and P. Woodward, *J. Chem. Soc., Dalton Trans.*, 1976, 1890.
41. E. Forsellini, G. Bombieri, B. Crociani and T. Boschi, *Chem. Commun.*, 1970, 1203.
42. G. Bombieri, L. Caglioti, L. Cattalini, E. Forsellini, F. Gasparrini, R. Graziani and P. A. Vigato, *Chem. Commun.*, 1971, 1415.
43. W. Keim, R. Appel, A. Storeck, C. Krüger and R. Goddard, *Angew. Chem.*, 1981, **93**, 91 (*Angew. Chem., Int. Ed. Engl.*, 1981, **20**, 116).
44. S. J. Lippard and S. M. Morehouse, *J. Am. Chem. Soc.*, 1969, **91**, 2504.
45. H. Suzuki, K. Itoh, Y. Ishii, K. Simon and J. A. Ibers, *J. Am. Chem. Soc.*, 1976, **98**, 8494.
46. L. G. Kuz'mina, Y. T. Struchkov, L. L. Troitskaya, V. I. Sokolov and O. A. Reutov, *Izv. Akad. Nauk SSSR, Ser. Khim.*, 1979, 1528.
47. R. D. Wilson, Y. Kamitori, H. Ogoshi, Z.-I. Yoshida and J. A. Ibers, *J. Organomet. Chem.*, 1979, **173**, 199.

48. K. Miki, Y. Kai, N. Yasuoka and N. Kasai, *J. Organomet. Chem.*, 1977, **135**, 53.
49. A. Modinos and P. Woodward, *J. Chem. Soc., Dalton Trans.*, 1974, 2065.
50. R. M. Buchanan and C. G. Pierpont, *Inorg. Chem.*, 1979, **18**, 3608.
51. R. Mason, G. B. Robertson, P. O. Whimp and D. A. White, *Chem. Commun.*, 1968, 1655*; R. Mason and P. O. Whimp, *J. Chem. Soc. (A)*, 1969, 2709.
52. M. Horike, Y. Kai, N. Yasuoka and N. Kasai, *J. Organomet. Chem.*, 1975, **86**, 269.
53. H. Werner, A. Kühn and C. Berschka, *Chem. Ber.*, 1980, **113**, 2291.
54. R. Mason and D. R. Russell, *Chem. Commun.*, 1966, 26.
55. G. D. Fallon and B. M. Gatehouse, *J. Chem. Soc., Dalton Trans.*, 1974, 1632.
56. A. J. Deeming, I. P. Rothwell, M. B. Hursthouse and L. New, *J. Chem. Soc., Dalton Trans.*, 1978, 1490.
57. G. Le Borgne, S.-E. Bouaoud, D. Grandjean, P. Braunstein, J. Dehand and M. Pfeffer, *J. Organomet. Chem.*, 1977, **136**, 375.
58. A. J. Deeming, I. P. Rothwell, M. B. Hursthouse and J. D. J. Backer-Dirks, *J. Chem. Soc., Chem. Commun.*, 1979, 670.
59. D. M. Roe, C. Calvo, N. Krishnamachari, K. Moseley and P. M. Maitlis, *J. Chem. Soc., Chem. Commun.*, 1973, 436*; D. M. Roe, C. Calvo, N. Krishnamachari and P. M. Maitlis, *J. Chem. Soc., Dalton Trans.*, 1975, 125.
60. S. J. Lippard and S. M. Morehouse, *J. Am. Chem. Soc.*, 1972, **94**, 6956.
61. D. J. Mabbott, P. M. Bailey and P. M. Maitlis, *J. Chem. Soc., Chem. Commun.*, 1975, 521.
62. U. Behrens and K. Hoffmann, *J. Organomet. Chem.*, 1977, **129**, 273.
63. A. Sonoda, P. M. Bailey and P. M. Maitlis, *J. Chem. Soc., Dalton Trans.*, 1979, 346.
64. E. A. Kelly, P. M. Bailey and P. M. Maitlis, *J. Chem. Soc., Chem. Commun.*, 1977, 289.
65. S. Okeya, S. Kawaguchi, N. Yasuoka, Y. Kai and N. Kasai, *Chem. Lett.*, 1976, 53.
66. C. Calvo, T. Hosokawa, H. Reinheimer and P. M. Maitlis, *J. Am. Chem. Soc.*, 1972, **94**, 3237*; T. Hosokawa, C. Calvo, H. B. Lee and P. M. Maitlis, *J. Am. Chem. Soc.*, 1973, **95**, 4914.
67. R. W. Siekman and D. L. Weaver, *Chem. Commun.*, 1968, 1021*; D. L. Weaver, *Inorg. Chem.*, 1970, **9**, 2250.
68. A. G. Constable, W. S. McDonald and B. L. Shaw, *J. Chem. Soc., Dalton Trans.*, 1980, 2282.
69. S. Baba, T. Ogura, S. Kawaguchi, H. Tokunan, Y. Kai and N. Kasai, *J. Chem. Soc., Chem. Commun.*, 1972, 910*.
70. Y. Kai, N. Yasuoka and N. Kasai, *Bull. Chem. Soc. Jpn.*, 1979, **52**, 737.
71. Y. Zenitani, K. Inoue, Y. Kai, N. Yasuoka and N. Kasai, *Bull. Chem. Soc. Jpn.*, 1976, **49**, 1531.
72. P. Braunstein, D. Matt, J. Fischer, L. Ricard and A. Mitschler, *Nouv. J. Chim.*, 1980, **4**, 493.
73. J. A. Sadownick and S. J. Lippard, *Inorg. Chem.*, 1973, **12**, 2659.
74. H. Zeiner, R. Ratka and M. L. Ziegler, *Z. Naturforsch., Teil B*, 1977, **32**, 172.
75. D. J. Collins, B. M. K. Gatehouse, W. R. Jackson, G. A. Kakos and R. N. Timms, *J. Chem. Soc., Chem. Commun.*, 1980, 138.
76. H. C. Clark, C. R. C. Milne and N. C. Payne, *J. Am. Chem. Soc.*, 1978, **100**, 1164.
77. T. Yasuda, Y. Kai, N. Yasuoka and N. Kasai, *Bull. Chem. Soc. Jpn.*, 1977, **50**, 2888.
78. J. Dehand, J. Fischer, M. Pfeffer, A. Mitschler and M. Zinsius, *Inorg. Chem.*, 1976, **15**, 2675.
79. C. G. Pierpont, R. M. Buchanan and H. H. Downs, *J. Organomet. Chem.*, 1977, **124**, 103.
80. A. Bahsoun, J. Dehand, M. Pfeffer, M. Zinsius, S.-E. Bouaoud and G. Le Borgne, *J. Chem. Soc., Dalton Trans.*, 1979, 547.
81. K. Tani, L. D. Brown, J. Ahmed, J. A. Ibers, M. Yokota, A. Nakamura and S. Otsuka, *J. Am. Chem. Soc.*, 1977, **99**, 7876.
82. M. Horike, Y. Kai, N. Yasuoka and N. Kasai, *J. Organomet. Chem.*, 1974, **72**, 441.
83. B. W. Skelton and A. H. White, *J. Chem. Soc., Dalton Trans.*, 1980, 1556.
84. H. Takahashi, Y. Oosawa, A. Kobayashi, T. Saito and Y. Sasaki, *Chem. Lett.*, 1976, 15*; *Bull. Chem. Soc. Jpn.*, 1977, **50**, 1771.
85. A. Konietzny, P. M. Bailey and P. M. Maitlis, *J. Chem. Soc., Chem. Commun.*, 1975, 78.
86. B. Bogdanović, C. Krüger and P. Locatelli, *Angew. Chem.*, 1979, **91**, 745 (*Angew. Chem., Int. Ed. Engl.*, 1979, **18**, 684).
87. J. P. Farr, M. M. Olmstead and A. L. Balch, *J. Am. Chem. Soc.*, 1980, **102**, 6654.
88. C. G. Pierpont, H. H. Downs, K. Itoh, H. Nishiyama and Y. Ishii, *J. Organomet. Chem.*, 1977, **124**, 93.
89. P. M. Bailey, B. E. Mann, A. Segnitz, K. L. Kaiser and P. M. Maitlis, *J. Chem. Soc., Chem. Commun.*, 1974, 567.
90. T. Kashiwagi, N. Yasuoka, T. Ueki, N. Kasai and M. Kakudo, *Bull. Chem. Soc. Jpn.*, 1967, **40**, 1998*; T. Kashiwagi, N. Yasuoka, T. Ueki, N. Kasai, M. Kakudo, S. Takahashi and N. Hagihara, *Bull. Chem. Soc. Jpn.*, 1968, **41**, 296.
91. L. N. Zhir-Lebed, L. G. Kuz'mina, Y. T. Struchkov, O. N. Temkin and V. A. Golodov, *Koord. Khim.*, 1978, **4**, 1046.
92. K. Miki, Y. Kai, N. Yasuoka and N. Kasai, *J. Organomet. Chem.*, 1979, **165**, 79.
93. J. Fayos, E. Dobrzynski, R. J. Angelici and J. Clardy, *J. Organomet. Chem.*, 1973, **59**, C33.
94. K. Okamoto, Y. Kai, N. Yasuoka and N. Kasai, *J. Organomet. Chem.*, 1974, **65**, 427.
95. M. A. Bennett, R. N. Johnson, G. B. Robertson, I. B. Tomkins and P. O. Whimp, *J. Am. Chem. Soc.*, 1976, **98**, 3514.
96. Y. Zenitani, H. Tokunan, Y. Kai, N. Yasuoka and N. Kasai, *Bull. Chem. Soc. Jpn.*, 1978, **51**, 1730.
97. S.-I. Murahashi, Y. Kitani, T. Hosokawa, K. Miki and N. Kasai, *J. Chem. Soc., Chem. Commun.*, 1979, 450.
98. G. del Piero and M. Cesari, *Acta Crystallogr.*, 1979, **B35**, 2411.
99. R. Bardi, A. Del Pra and A. M. Piazzesi, *Inorg. Chim. Acta*, 1979, **35**, L345.
100. J. A. McGinnety, *J. Chem. Soc., Dalton Trans.*, 1974, 1038.
101. P.-T. Cheng, T. R. Jack, C. J. May, S. C. Nyburg and J. Powell, *J. Chem. Soc., Chem. Commun.*, 1975, 369*; P.-T. Cheng and S. C. Nyburg, *Acta Crystallogr.*, 1977, **B33**, 1965.

102. P. M. Bailey, S. H. Taylor and P. M. Maitlis, *J. Am. Chem. Soc.*, 1978, **100**, 4711.
103. D. M. Roe, P. M. Bailey, K. Moseley and P. M. Maitlis, *J. Chem. Soc., Chem. Commun.*, 1972, 1273.
104. M. C. Mazza and C. G. Pierpont, *Inorg. Chem.*, 1973, **12**, 2955.
105. B. Crociani, G. Bandoli and D. A. Clemente, *J. Organomet. Chem.*, 1980, **184**, 269.
106. B. Crociani, G. Bandoli and D. A. Clemente, *J. Organomet. Chem.*, 1980, **190**, C97.
107. I. Cynkier, N. G. Furmanova, Y. T. Struchkov, L. Y. Ukhin and A. I. Pyshchev, *J. Organomet. Chem.*, 1979, **172**, 421.

Pd$_2$ Dipalladium

Molecular formula	Structure	Notes	Ref.
Pd$_2$C$_4$H$_8$Cl$_4$	[PdCl$_2$(η-C$_2$H$_4$)]$_2$		1
Pd$_2$C$_6$H$_{10}$Cl$_2$	[PdCl(η-C$_3$H$_5$)]$_2$		2–5
Pd$_2$C$_8$H$_{10}$Cl$_2$O$_6$·3H$_2$O	[PdCl{η^3-CH$_2$C(OH)CH(CO$_2$H)}]$_2$·3H$_2$O	a	6
Pd$_2$C$_8$H$_{14}$Cl$_2$	[PdCl(η^3-CH$_2$CMeCH$_2$)]$_2$	b	7–9
Pd$_2$C$_{10}$H$_{16}$O$_4$	[Pd(OAc)(η-C$_3$H$_5$)]$_2$		10
Pd$_2$C$_{10}$H$_{18}$Cl$_2$	[PdCl(η^3-CHMeCHCHMe)]$_2$		11
Pd$_2$C$_{12}$Cl$_6$O$_8^{2-}$·2K$^+$·2H$_2$O	K$_2$[Pd$_2$Cl$_2$(C$_6$Cl$_2$O$_4$)$_2$]·2H$_2$O		12
Pd$_2$Al$_2$C$_{12}$H$_{12}$Cl$_8$	[Pd(AlCl$_4$)(η-C$_6$H$_6$)]$_2$		13
Pd$_2$Al$_4$C$_{12}$H$_{12}$Cl$_{14}$	[Pd(Al$_2$Cl$_7$)(η-C$_6$H$_6$)]$_2$	173	13–15
Pd$_2$C$_{12}$H$_{16}$Cl$_4$	[PdCl{η^3-CH$_2$C[C(CH$_2$Cl)=CH$_2$]CH$_2$}]$_2$		16
Pd$_2$C$_{12}$H$_{18}$Cl$_2$O$_6$	[PdCl{η^3-CH$_2$C(OH)CH(CO$_2$Et)}]$_2$		17
Pd$_2$C$_{12}$H$_{18}$N$_6^{2+}$·2F$_6$P$^-$·0.5C$_3$H$_6$O	[Pd$_2$(CNMe)$_6$][PF$_6$]$_2$·0.5Me$_2$CO		18
Pd$_2$C$_{12}$H$_{20}$N$_8$O$_6$·4H$_2$O	[Pd(μ-C$_4$H$_2$N$_2$O$_3$)(en)]$_2$·4H$_2$O	c	19
Pd$_2$C$_{12}$H$_{21}$Cl$_2$NO	{PdCl(η-C$_3$H$_5$)}$_2$(C$_6$H$_{10}$NOH)	d	20
Pd$_2$C$_{12}$H$_{24}$Cl$_2$N$_2$O$_2$	[$\overline{\text{PdCl}\{\text{CH}_2\text{CMe}_2\text{CMe}=\text{N(OH)}\}}$]$_2$		21
Pd$_2$C$_{12}$H$_{26}$N$_6$	[Pd(N$_3$Me$_2$)(η^3-C$_4$H$_7$)]$_2$		22
Pd$_2$C$_{12}$H$_{30}$Cl$_2$N$_2$O$_6$P$_2$S$_2$	[PdCl{μ-C(S)NMe$_2$}{P(OMe)$_3$}]$_2$		23
Pd$_2$C$_{14}$H$_{22}$Br$_2$	[PdBr$_2$$\{\eta^3\text{-}\overline{\text{CHCHCH(CH}_2)_3\text{CH}_2}\}$]$_2$		24
Pd$_2$C$_{14}$H$_{22}$Cl$_2$O$_4$	[PdCl{η^3-CH$_2$CMeCHCH$_2$OC(O)Me}]$_2$		25
Pd$_2$C$_{14}$H$_{26}$Cl$_2$	[PdCl(η^3-CMe$_2$CHCMe$_2$)]$_2$		7, 26
Pd$_2$C$_{16}$H$_{16}$Cl$_4$	[PdCl(η^3-C$_8$H$_8$Cl)]$_2$	e	27
Pd$_2$C$_{16}$H$_{16}$Cl$_4$	[PdCl(η^2-CH$_2$=CHPh)]$_2$		28
Pd$_2$C$_{16}$H$_{22}$Cl$_2$	[PdCl(η^3-C$_8$H$_{11}$)]$_2$	f	29
Pd$_2$C$_{16}$H$_{24}$N$_4$	[Pd(dmpz)(η-C$_3$H$_5$)]$_2$		30
Pd$_2$C$_{16}$H$_{26}$Cl$_2$	[PdCl(η^3-C$_8$H$_{13}$)]$_2$	g	31
Pd$_2$C$_{16}$H$_{30}$Cl$_2$	[PdCl(η^3-CHBu^{t}CMeCH$_2$)]$_2$		32
Pd$_2$C$_{16}$H$_{30}$Cl$_2$	[PdCl{η^3-CH$_2$C(CH$_2$Bu^t)CH$_2$}]$_2$		33
Pd$_2$C$_{16}$H$_{30}$Cl$_2$·2CHCl$_3$	[PdCl{η^3-CH$_2$C(CH$_2$Bu^t)CH$_2$}]$_2$·2CHCl$_3$		34
Pd$_2$C$_{16}$H$_{32}$Cl$_2$N$_2$O$_2$	[$\overline{\text{PdCl}\{\text{CH(CHO)CMe}_2\text{CH}_2\text{NMe}_2\}}$]$_2$		35
Pd$_2$C$_{18}$H$_{18}$Cl$_2$	[PdCl(η^3-CH$_2$CPhCH$_2$)]$_2$		36
Pd$_2$C$_{20}$H$_{30}$Cl$_2$	[PdCl(η^3-C$_{10}$H$_{15}$)]$_2$	h	37
Pd$_2$CoC$_{22}$H$_{24}$ClN$_2$O$_4$·CH$_2$Cl$_2$	{$\overline{\text{Pd}}$(C$_6$H$_4$CH$_2$NMe$_2$-2)}$_2$(μ-Cl){μ-Co(CO)$_4$}·CH$_2$Cl$_2$		38
Pd$_2$C$_{23}$H$_{47}$BrP$_2$	{Pd(PPr$_3^i$)}$_2$(μ-Br)(μ-C$_5$H$_5$)		39
Pd$_2$C$_{24}$H$_{28}$N$_2$O$_2$	{Pd(η^3-C$_4$H$_7$)}$_2$(μ-salen)		40
Pd$_2$C$_{26}$H$_{26}$Cl$_2$	[PdCl(η^3-C$_{13}$H$_{13}$)]$_2$	i	41
Pd$_2$MoC$_{26}$H$_{29}$ClN$_2$O$_3$	{$\overline{\text{Pd}}$(C$_6$H$_4$CH$_2$NMe$_2$-2)}$_2$(μ-Cl){μ-Mo(CO)$_3$-(η-C$_5$H$_5$)}		38
Pd$_2$C$_{26}$H$_{40}$O$_4$	[Pd(OAc)(η^3-C$_{11}$H$_{17}$)]$_2$	j	42
Pd$_2$C$_{26}$H$_{42}$Cl$_2$O$_4$	[PdCl{η^3-C$_3$H$_3$(COBu^t)$_2$}]$_2$		43
Pd$_2$Mo$_2$C$_{28}$H$_{40}$O$_6$P$_2$	Pd$_2$Mo$_2$(CO)$_6$(PEt$_3$)$_2$(η-C$_5$H$_5$)$_2$		44
2Pd$_2$C$_{28}$H$_{48}$Cl$_3^+$·Pd$_2$Cl$_6^{2-}$	[{Pd(η^4-C$_4$Me$_2$Bu$_2^t$)}$_2$(μ-Cl)$_3$]$_2$[Pd$_2$Cl$_6$]		45
Pd$_2$Fe$_2$C$_{32}$H$_{20}$Cl$_2$O$_8$P$_2$·C$_7$H$_8$	[PdFe(μ-PPh$_2$)(μ-Cl)(CO)$_4$]$_2$·PhMe		46
Pd$_2$C$_{32}$H$_{26}$N$_2$O$_4$S$_2$	[Pd(μ-OAc)(MeC$_6$H$_3$C$_7$H$_4$NS)]$_2$	k	47
Pd$_2$C$_{32}$H$_{26}$N$_2$O$_6$	[Pd(μ-OAc)(MeC$_6$H$_3$C$_7$H$_4$NO)]$_2$	l	47
Pd$_2$C$_{34}$H$_{38}$N$_6$	[Pd(N$_3$Tol$_2$)(η-C$_3$H$_5$)]$_2$		48
Pd$_2$C$_{34}$H$_{40}$ClN$_2$O$_2$P	{$\overline{\text{Pd}}$(C$_6$H$_4$CH$_2$NMe$_2$-2)}$_2$(μ-Cl){μ-CH(CO$_2$Et)-PPh$_2$}		49
Pd$_2$C$_{36}$H$_{30}$N$_4$O$_4$	{$\overline{\text{Pd}}$\{C$_6$H$_4$CMe=N(OH)\}}$_2$(μ-salophen)	m	50
Pd$_2$C$_{38}$H$_{42}$N$_2$O$_{16}$	[{PdC$_4$(CO$_2$Me)$_4$}(2,6-Me$_2$C$_5$H$_3$N)]$_2$	n	51
Pd$_2$C$_{39}$H$_{35}$IP$_2$·C$_6$H$_6$	{Pd(PPh$_3$)}$_2$(μ-I)(μ-C$_3$H$_5$)·C$_6$H$_6$		52
Pd$_2$C$_{40}$H$_{50}$O$_4$P$_2$·C$_6$H$_6$	[$\overline{\text{Pd}}$(OAc)\{CH$_2$C$_6$H$_4$PBu^t(o-Tol)\}]$_2$·C$_6$H$_6$		53
Pd$_2$C$_{42}$H$_{40}$P$_2$	[Pd(PPh$_3$)(η-C$_3$H$_5$)]$_2$		54
Pd$_2$C$_{45}$H$_{42}$P$_2$	{Pd(PPh$_3$)}$_2$(μ-C$_4$H$_7$)(μ-C$_5$H$_5$)		55, 56
Pd$_2$C$_{46}$H$_{38}$Br$_2$N$_2$P$_2$	[$\overline{\text{PdBr}}$(C$_5$H$_4$N)(PPh$_3$)]$_2$		57
Pd$_2$SnC$_{50}$H$_{44}$Cl$_4$P$_4$	Pd$_2$(SnCl$_3$)Cl(dppm)$_2$		58
Pd$_2$C$_{51}$H$_{42}$O$_3$·CHCl$_3$	Pd$_2$(η^2-CHPh=CHCOCH=CHPh)$_3$·CHCl$_3$	o	59
Pd$_2$C$_{51}$H$_{42}$O$_3$·CH$_2$Cl$_2$	Pd$_2$(η^2-CHPh=CHCOCH=CHPh)$_3$·CH$_2$Cl$_2$	p	60

Pd₂ *Structure Index* 1404

Molecular formula	Structure	Notes	Ref.
$Pd_2As_4C_{51}H_{44}Cl_2O \cdot 3C_6H_{14}$	$\{PdCl(dpam)\}_2(\mu\text{-}CO) \cdot 3C_6H_{14}$		61
$Pd_2C_{51}H_{54}O_6P_2$	$\{Pd[P(OC_6H_4Me\text{-}2)_3]\}_2(\mu\text{-}C_4H_7)(\mu\text{-}C_5H_5)$		56
$Pd_2C_{54}H_{44}Cl_2F_6P_4$	$\{PdCl(dppm)\}_2\{\mu\text{-}CF_3C{\equiv}CCF_3\}$	140	62
$Pd_2C_{56}H_{53}N_3P_4^{2+}2F_6P^- \cdot C_3H_6O$	$[Pd_2(CNMe)_3(dppm)_2][PF_6]_2 \cdot Me_2CO$	85	63
$Pd_2C_{60}H_{50}Cl_2O_2$	$endo\text{-}[PdCl\{\eta^3\text{-}C_4Ph_4(OEt)\}]_2$		64
$Pd_2C_{60}H_{50}Cl_2O_2$	$exo\text{-}[PdCl\{\eta^3\text{-}C_4Ph_4(OEt)\}]_2$		64
$Pd_2C_{66}H_{50}F_6P_4$	$[Pd(CF_3C_2PPh_2)(PPh_3)]_2$		65
$Pd_2C_{84}H_{60}$	$\{Pd(\eta\text{-}C_5Ph_5)\}_2(\mu\text{-}C_2Ph_2)$		66

[a] Enol form of acetoacetic acid. [b] Ref. 9 also compares determination with that in ref. 8. [c] $C_4H_2N_3O_3$ = barbiturato. [d] $C_6H_{10}NOH$ = cyclohexanone oxime. [e] C_8H_8Cl = 1,2,3-η^3-6-Cl-cycloocta-1,4,7-trienyl. [f] C_8H_{11} = 1,2,3-η^3-cycloocta-1,4-dienyl. [g] C_8H_{13} = exo-η^3-2-methylene-6-Me-cyclohexyl. [h] $C_{10}H_{15}$ = 2,2',3'-η^3-exo-3-allylnorbornyl. [i] $C_{13}H_{13}$ = $endo$-3-Ph-norbornen-2-yl-$endo$. [j] $C_{11}H_{17}$ = 2-methylallyl-3-norbornyl. [k] $MeC_6H_3C_7H_4NS$ = o-metallated 2-p-tolylbenzothiazole (N-bonded). [l] $MeC_6H_3C_7H_4NO$ = o-metallated 2-p-tolylbenzoxazole (N-bonded). [m] salophen = N,N'-o-phenylenebis(salicylaldimine). [n] $PdC_4(CO_2Me)_4$ = 2,3,4,5-$(CO_2Me)_4$-palladacyclopentadiene. [o] Contains 2 s-cis,s-$trans$ and 1 s-cis,s-cis ligands. [p] Contains 3 s-cis,s-$trans$ ligands.

1. J. N. Dempsey and N. C. Baenziger, *J. Am. Chem. Soc.*, 1955, **77**, 4984.
2. J. M. Rowe, *Proc. Chem. Soc.*, 1962, 66.
3. V. F. Levdik and M. A. Porai-Koshits, *Zh. Strukt. Khim.*, 1962, **3**, 472.
4. A. E. Smith, *Acta Crystallogr.*, 1965, **18**, 331.
5. W. E. Oberhansli and L. F. Dahl, *J. Organomet. Chem.*, 1965, **3**, 43.
6. S. Okeya, T. Ogura, S. Kawaguchi, K. Oda, N. Yasuoka, N. Kasai and M. Kakudo, *Inorg. Nucl. Chem. Lett.*, 1969, **5**, 713.
7. R. Mason and A. G. Wheeler, *Nature*, 1968, **217**, 1253*.
8. R. Mason and A. G. Wheeler, *J. Chem. Soc. (A)*, 1968, 2549.
9. G. Bandoli and D. A. Clemente, *Acta Crystallogr.*, 1981, **B37**, 490.
10. M. R. Churchill and R. Mason, *Nature*, 1964, **204**, 777.
11. G. R. Davies, R. H. B. Mais, S. O'Brien and P. G. Owston, *Chem. Commun.*, 1967, 1151.
12. O. N. Krasochka, V. A. Avilov and L. O. Atovmyan, *Zh. Strukt. Khim.*, 1974, **15**, 1140.
13. G. Allegra, G. Tettamanti Casagrande, A. Immirzi, L. Porri and G. Vitalli, *J. Am. Chem. Soc.*, 1970, **92**, 289.
14. G. Allegra, A. Immirzi and L. Porri, *J. Am. Chem. Soc.*, 1965, **87**, 1394*.
15. G. Nardin, P. Delise and G. Allegra, *Gazz. Chim. Ital.*, 1975, **105**, 1047 (173 K).
16. T. A. Broadbent and G. E. Pringle, *J. Inorg. Nucl. Chem.*, 1971, **33**, 2009.
17. K. Oda, N. Yasuoka, T. Ueki, N. Kasai, M. Kakudo, Y. Tezuka, T. Ogura and S. Kawaguchi, *Chem. Commun.*, 1968, 989*; K. Oda, N. Yasuoka, T. Ueki, N. Kasai and M. Kakudo, *Bull. Chem. Soc. Jpn.*, 1970, **43**, 362.
18. D. J. Doonan, A. L. Balch, S. Z. Goldberg, R. Eisenberg and J. S. Miller, *J. Am. Chem. Soc.*, 1975, **97**, 1961*; S. Z. Goldberg and R. Eisenberg, *Inorg. Chem.*, 1976, **15**, 535.
19. E. Sinn, C. M. Flynn and R. B. Martin, *J. Am. Chem. Soc.*, 1978, **100**, 489.
20. S. Imamura, T. Kajimoto, Y. Kitano and J. Tsuji, *Bull. Chem. Soc. Jpn.*, 1969, **42**, 805*; Y. Kitano, T. Kajimoto, M. Kashiwagi and Y. Kinoshita, *J. Organomet. Chem.*, 1971, **33**, 123.
21. A. G. Constable, W. S. McDonald, L. C. Sawkins and B. L. Shaw, *J. Chem. Soc., Dalton Trans.*, 1980, 1992.
22. P. Hendriks, K. Olie and K. Vrieze, *Cryst. Struct. Commun.*, 1975, **4**, 611.
23. S. K. Porter, H. White, C. R. Green, R. J. Angelici and J. Clardy, *J. Chem. Soc., Chem. Commun.*, 1973, 493.
24. B. T. Kilbourn, R. H. B. Mais and P. G. Owston, *Chem. Commun.*, 1968, 1438.
25. P. Manchand, H. S. Wong and J. F. Blount, *J. Org. Chem.*, 1978, **43**, 4769.
26. R. Mason and A. G. Wheeler, *J. Chem. Soc. (A)*, 1968, 2543.
27. N. C. Baenziger, C. V. Goebel, B. A. Foster and J. R. Doyle, *Acta Crystallogr.*, 1978, **B34**, 1681.
28. J. R. Holden and N. C. Baenziger, *J. Am. Chem. Soc.*, 1955, **77**, 4987.
29. F. Dahan, C. Agami, J. Levisalles and F. Rose-Munch, *J. Chem. Soc., Chem. Commun.*, 1974, 505*; F. Dahan, *Acta Crystallogr.*, 1976, **B32**, 1941.
30. G. W. Henslee and J. D. Oliver, *J. Cryst. Mol. Struct.*, 1977, **7**, 137.
31. P. Feldhaus, R. Ratka, H. Schmid and M. L. Ziegler, *Z. Naturforsch., Teil B*, 1976, **31**, 455.
32. J. Lukas, J. E. Ramakers-Blom, T. G. Hewitt and J. J. de Boer, *J. Organomet. Chem.*, 1972, **46**, 167.
33. M. K. Minasyants, S. P. Gubin and Y. T. Struchkov, *Zh. Strukt. Khim.*, 1967, **8**, 1108; M. X. Minasjanc and Y. T. Struchkov, *Arm. Khim. Zh.*, 1971, **24**, 569.
34. J. B. Murphy, S. L. Holt and E. M. Holt, *Inorg. Chim. Acta*, 1981, **48**, 29.
35. E. C. Alyea, S. A. Dias, G. Ferguson, A. J. McAlees, R. McCrindle and P. J. Roberts, *J. Am. Chem. Soc.*, 1977, **99**, 4985.
36. T. S. Kuli-Zade, G. A. Kukina and M. A. Porai-Koshits, *Zh. Strukt. Khim.*, 1969, **10**, 149.
37. M. Zocchi and G. Tieghi, *J. Chem. Soc., Dalton Trans.*, 1979, 944.
38. M. Pfeffer, J. Fischer, A. Mitschler and L. Ricard, *J. Am. Chem. Soc.*, 1980, **102**, 6338.
39. A. Ducruix, H. Felkin, C. Pascard and G. K. Turner, *J. Chem. Soc., Chem. Commun.*, 1975, 615; A. Ducruix and C. Pascard, *Acta Crystallogr.*, 1977, **B33**, 3688.
40. B. M. Gatehouse, B. E. Reichert and B. O. West, *Acta Crystallogr.*, 1974, **B30**, 2451.
41. A. Segnitz, P. M. Bailey and P. M. Maitlis, *J. Chem. Soc., Chem. Commun.*, 1973, 698.

42. M. Zocchi, G. Tieghi and A. Albinati, *J. Organomet. Chem.*, 1971, **33**, C47*; *J. Chem. Soc., Dalton Trans.*, 1973, 883.
43. L. Y. Ukhin, V. I. Il'in, Z. I. Orlova, N. G. Bokii and Y. T. Struchkov, *J. Organomet. Chem.*, 1976, **113**, 167.
44. R. Bender, P. Braunstein, Y. Dusausoy and J. Protas, *Angew. Chem.*, 1978, **90**, 637 (*Angew. Chem., Int. Ed. Engl.*, 1978, **17**, 596).
45. E. A. Kelly, P. M. Bailey and P. M. Maitlis, *J. Chem. Soc., Chem. Commun.*, 1977, 289.
46. B. T. Kilbourn and R. H. B. Mais, *Chem. Commun.*, 1968, 1507.
47. M. R. Churchill, H. J. Wasserman and G. J. Young, *Inorg. Chem.*, 1980, **19**, 762.
48. S. Candeloro de Sanctis, N. V. Pavel and L. Toniolo, *J. Organomet. Chem.*, 1976, **108**, 409.
49. P. Braunstein, D. Matt, J. Fischer, L. Ricard and A. Mitschler, *Nouv. J. Chim.*, 1980, **4**, 493.
50. G. D. Fallon, B. M. Gatehouse, B. E. Reichert and B. O. West, *J. Organomet. Chem.*, 1974, **81**, C28*; G. D. Fallon and B. M. Gatehouse, *Acta Crystallogr.*, 1976, **B32**, 2591.
51. L. D. Brown, K. Itoh, H. Suzuki, K. Hirai and J. A. Ibers, *J. Am. Chem. Soc.*, 1978, **100**, 8232.
52. Y. Kobayashi, Y. Iitaka and H. Yamazaki, *Acta Crystallogr.*, 1972, **B28**, 899.
53. G. J. Gainsford and R. Mason, *J. Organomet. Chem.*, 1974, **80**, 395.
54. P. W. Jolly, C. Krüger, K.-P. Schick and G. Wilke, *Z. Naturforsch., Teil B*, 1980, **35**, 926.
55. H. Werner, D. Tune, G. Parker, C. Krüger and D. J. Brauer, *Angew. Chem.*, 1975, **87**, 205 (*Angew. Chem., Int. Ed. Engl.*, 1975, **14**, 185)*.
56. H. Werner, A. Kühn, D. J. Tune, C. Krüger, D. J. Brauer, J. C. Sekutowski and Y.-H. Tsay, *Chem. Ber.*, 1977, **110**, 1763.
57. K. Nakatsu, K. Kinoshita, H. Kanda, K. Isobe, Y. Nakamura and S. Kawaguchi, *Chem. Lett.*, 1980, 913.
58. M. M. Olmstead, L. S. Benner, H. Hope and A. L. Balch, *Inorg. Chim. Acta*, 1979, **32**, 193.
59. T. Ukai, H. Kawazura, Y. Ishii, J. J. Bonnet and J. A. Ibers, *J. Organomet. Chem.*, 1974, **65**, 253.
60. M. C. Mazza and C. G. Pierpont, *J. Chem. Soc., Chem. Commun.*, 1973, 207*; *Inorg. Chem.*, 1974, **13**, 1891.
61. R. Colton, M. J. McCormick and C. D. Pannan, *J. Chem. Soc., Chem. Commun.*, 1977, 823*; *Aust. J. Chem.*, 1978, **31**, 1425.
62. A. L. Balch, C.-L. Lee, C. H. Lindsay and M. M. Olmstead, *J. Organomet. Chem.*, 1979, **177**, C22.
63. M. M. Olmstead, H. Hope, L. S. Benner and A. L. Balch, *J. Am. Chem. Soc.*, 1977, **99**, 5502.
64. L. F. Dahl and W. E. Oberhansli, *Inorg. Chem.*, 1965, **4**, 629.
65. S. Jacobson, A. J. Carty, M. Mathew and G. J. Palenik, *J. Am. Chem. Soc.*, 1974, **96**, 4330.
66. E. Bau, P.-T. Cheng, T. Jack, S. C. Nyburg and J. Powell, *J. Chem. Soc., Chem. Commun.*, 1973, 368.

Pd$_3$ Tripalladium

Molecular formula	Structure	Notes	Ref.
Pd$_3$C$_8$H$_{14}$Cl$_4$	Pd$_3$Cl$_4$(η^3-C$_4$H$_7$)$_2$		1
Pd$_3$C$_{25}$H$_{45}$N$_5$O$_4$S$_2$·2C$_6$H$_6$	Pd$_3$(CNBu^t)$_5$(SO$_2$)$_2$·2C$_6$H$_6$		2
Pd$_3$C$_{34}$H$_{54}$O$_{12}$	Pd{(μ-OAc)$_2$Pd{η^3-CH[C(O)Bu^t]CHCH[C(O)-Bu^t]}}$_2$		3
Pd$_3$C$_{48}$H$_{48}$N$_6$P$_2^{2+}$·2F$_6$P$^-$	[Pd$_3$(CNMe)$_6$(PPh$_3$)$_2$][PF$_6$]$_2$		4
Pd$_3$C$_{56}$H$_{52}$O$_8$·C$_4$H$_{10}$O	Pd$_3$(acac)$_2${μ-η^3-C$_3$Ph(C$_6$H$_4$OMe-4)$_2$}$_2$·Et$_2$O		5

1. P. M. Bailey, E. A. Kelley and P. M. Maitlis, *J. Organomet. Chem.*, 1978, **144**, C52.
2. S. Otsuka, Y. Tatsuno, M. Miki, T. Aoki, M. Matsumoto, H. Yoshioka and K. Nakatsu, *J. Chem. Soc., Chem. Commun.*, 1973, 445.
3. L. Y. Ukhin, N. A. Dologopolova, L. G. Kuz'mina and Y. T. Struchkov, *J. Organomet. Chem.*, 1981, **210**, 263.
4. A. L. Balch, J. R. Boehm, H. Hope and M. M. Olmstead, *J. Am. Chem. Soc.*, 1976, **98**, 7431.
5. A. Keasey, P. M. Bailey and P. M. Maitlis, *J. Chem. Soc., Chem. Commun.*, 1977, 178*; *J. Chem. Soc., Dalton Trans.*, 1978, 1825.

Pd$_4$ Tetrapalladium

Molecular formula	Structure	Notes	Ref.
Pd$_4$C$_{12}$H$_{12}$O$_{12}$·2C$_2$H$_4$O$_2$	[Pd(OAc)(CO)]$_4$·2AcOH	153	1
Pd$_4$C$_{56}$H$_{56}$S$_8$·CH$_2$Cl$_2$	[Pd(CH$_2$SPh)$_2$]$_4$·CH$_2$Cl$_2$	113	2
Pd$_4$C$_{57}$H$_{52}$O$_5$P$_4$	Pd$_4$(CO)$_5$(PMePh$_2$)$_4$		3

1. I. I. Moiseev, T. A. Stromnova, M. N. Vargaftik, G. J. Mazo, L. G. Kuz'mina and Y. T. Struchkov, *J. Chem. Soc., Chem. Commun.*, 1978, 27*; *Izv. Akad. Nauk SSSR, Ser. Khim.*, 1978, 720*; L. G. Kuz'mina and Y. T. Struchkov, *Koord. Khim.*, 1979, **5**, 1558.
2. K. Miki, G. Yoshida, Y. Kai, N. Yasuoka and N. Kasai, *J. Organomet. Chem.*, 1978, **149**, 195.
3. J. Dubrawski, J. C. Kriege-Simondsen and R. D. Feltham, *J. Am. Chem. Soc.*, 1980, **102**, 2089.

Pd$_6$ Hexapalladium

Molecular formula	Structure	Notes	Ref.
Pd$_6$Fe$_6$C$_{24}$HO$_{24}^{3-}$·3C$_{10}$H$_{16}$N$^+$·2C$_2$H$_3$N	[tmba]$_3$[HPd$_6$Fe$_6$(CO)$_{24}$]·2MeCN		1

1. G. Longoni, M. Manassero and M. Sansoni, *J. Am. Chem. Soc.*, 1980, **102**, 3242.

Pr Praseodymium

Molecular formula	Structure	Notes	Ref.
PrC$_{22}$H$_{26}$N	Pr(CNCy)(η-C$_5$H$_5$)$_3$		1

1. J. H. Burns and W. H. Baldwin, *J. Organomet. Chem.*, 1976, **120**, 361.

Pt Platinum

Molecular formula	Structure	Notes	Ref.
PtCH$_2$Br$_3$O$^-$·C$_8$H$_{20}$N$^+$	[NEt$_4$][H$_2$PtBr$_3$(CO)]		1
PtCCl$_3$O$^-$·C$_{16}$H$_{36}$N$^+$	[NBu$_4$][PtCl$_3$(CO)]		2
PtC$_2$H$_4$Br$_3^-$·K$^+$·H$_2$O	K[PtBr$_3$(η-C$_2$H$_4$)]·H$_2$O		3
2PtC$_2$H$_4$Cl$_3^-$·PtC$_{52}$H$_{48}$P$_4^{2+}$	[Pt(dppe)$_2$][PtCl$_3$(η-C$_2$H$_4$)]$_2$		4
PtC$_2$H$_4$Cl$_3^-$·K$^+$	K[PtCl$_3$(η-C$_2$H$_4$)]		5
PtC$_2$H$_4$Cl$_3^-$·K$^+$·H$_2$O	K[PtCl$_3$(η-C$_2$H$_4$)]·H$_2$O	X, N	3, 6–9
PtC$_2$H$_7$Br$_2$N	*cis*-PtBr$_2$(η-C$_2$H$_4$)(NH$_3$)		10
PtC$_2$H$_7$Cl$_2$N	*cis*-PtCl$_2$(η-C$_2$H$_4$)(NH$_3$)		11
PtC$_3$H$_8$Cl$_3$N	PtCl$_3$(η^2-CH$_2$=CHCH$_2$NH$_3$)		12
PtC$_4$H$_8$Cl$_3$O$^-$·C$_8$H$_{20}$N$^+$	[NEt$_4$][PtCl$_3${η^2-CH$_2$=CH(OEt)}]		13
PtC$_4$H$_8$Cl$_3$O$_2^-$·C$_{24}$H$_{20}$P$^+$	[PPh$_4$][PtCl$_3${η^2-*cis*-CH$_2$(OH)CH=CHCH$_2$(OH)}]		14
PtC$_4$H$_{10}$Cl$_3$N	PtCl$_3$(η^2-*cis*-CHMe=CHCH$_2$NH$_3$)		15
PtC$_4$H$_{10}$Cl$_3$N	PtCl$_3$(η^2-*trans*-CHMe=CHCH$_2$NH$_3$)		16
PtC$_4$H$_{11}$Cl$_2$N	PtCl$_2$(η-C$_2$H$_4$)(NHMe$_2$)		17
PtC$_4$H$_{12}$Cl$_3$N$_2^+$Cl$^-$	[PtCl$_3${η^2-*cis*-CH$_2$(NH$_3$)CH=CHCH$_2$(NH$_3$)}]Cl		18
PtC$_4$H$_{12}$Cl$_3$N$_2^+$Cl$^-$·0.5H$_2$O	[PtCl$_3${η^2-*trans*-CH$_2$(NH$_3$)CH=CHCH$_2$(NH$_3$)}]Cl·0.5H$_2$O		19
PtC$_5$H$_8$Cl$_2$	PtCl$_2$(η^4-CH$_2$=CHCH$_2$CH=CH$_2$)		20
PtC$_5$H$_{12}$Cl$_3$N	PtCl$_3${η^2-CH$_2$=CH(CH$_2$)$_3$NH$_3$}	a	21
PtC$_5$H$_{12}$Cl$_3$N	PtCl$_3${η^2-CH$_2$=CH(CH$_2$)$_3$NH$_3$}	b	21
PtC$_5$H$_{12}$Cl$_3$N	PtCl$_3${η^2-*cis*-MeCH=CH(CH$_2$)$_2$NH$_3$}		22
PtC$_5$H$_{12}$Cl$_3$N	PtCl$_3${η^2-*cis*-EtCH=CHCH$_2$NH$_3$}		18
PtC$_5$H$_{12}$Cl$_3$N	PtCl$_3${η^2-*trans*-EtCH=CHCH$_2$NH$_3$}		23
PtC$_6$H$_8$F$_4$	Pt(η-C$_2$H$_4$)$_2$(η-C$_2$F$_4$)		24
PtC$_6$H$_{14}$Cl$_2$N$_2$	*trans*-PtCl$_2$(η-C$_2$H$_4$){N(NMe$_2$)=CHMe}		25
PtC$_6$H$_{14}$Cl$_3$N	PtCl$_3${η^2-CH$_2$=CH(CH$_2$)$_4$NH$_3$}		26
PtC$_7$H$_7$Cl$_2$NO$_3$	PtCl$_2$(CO)(ONC$_5$H$_4$OMe-4)	D	27
PtC$_7$H$_{11}$ClO$_3$	PtCl(acac){η^2-CH$_2$=CH(OH)}		28
PtC$_7$H$_{15}$Cl$_2$OP	*cis*-PtCl$_2$(CO)(PEt$_3$)		29
PtC$_8$H$_8$Cl$_2$N$_2$	*trans*-PtCl$_2$(η-C$_2$H$_4$)(NC$_5$H$_4$CN-4)		30
PtC$_8$H$_{11}$Cl$_2$N	*trans*-PtCl$_2$(η-C$_2$H$_4$)(NC$_5$H$_4$Me-4)		30, 31
PtC$_8$H$_{12}$Cl$_2$	PtCl$_2$(C$_8$H$_{12}$)	c	32
PtC$_8$H$_{14}$Cl$_2$O	PtCl$_2${(η^2-CH$_2$=CHCHMe)$_2$O}		33
PtC$_8$H$_{14}$Cl$_2$O$_2^-$·C$_6$H$_{16}$N$^+$	[NH$_2$Pr$_2^i$][*cis*-PtCl$_2$(CONPr$_2^i$)(CO)]		34
PtC$_8$H$_{14}$Cl$_2$S	PtCl$_2${S(CH$_2$)$_3$CH=CHCH$_2$CHMe}	D	35
PtC$_8$H$_{14}$Cl$_3$O$_2^-$·C$_{24}$H$_{20}$P$^+$	[PPh$_4$][PtCl$_3$(η^2-C$_2${CMe$_2$(OH)}$_2$)]		36
PtC$_8$H$_{14}$	PtMe$_3$(η-C$_5$H$_5$)		37, 38
PtC$_8$H$_{18}$Cl$_2$N$_4$	PtCl$_2$(η-C$_2$H$_4$){(NHMeN=CMe)$_2$}		39
PtC$_8$H$_{20}$ClN$_2^+$ClO$_4^-$	[PtCl(η-C$_2$H$_4$)(TMEDA)][ClO$_4$]		40
PtB$_6$C$_8$H$_{26}$P$_2$	1-{Pt(PMe$_3$)$_2$}-6,8-C$_2$B$_6$H$_8$		41
PtB$_8$C$_8$H$_{28}$P$_2$	8-{Pt(PMe$_3$)$_2$}-7,10-C$_2$B$_8$H$_{10}$		42
[PtCu$_2$C$_8$N$_6$O$_2$]$_n$	[{Cu(CO)}$_2${Pt(CN)$_6$}]$_n$		43
PtC$_9$H$_{11}$Cl$_2$NOS	PtCl(NC$_5$H$_4${C(O)CHCl}-2)(SMe$_2$)		44
PtC$_9$H$_{13}$Cl$_2$N	*trans*-PtCl$_2$(η-C$_2$H$_4$)(NC$_5$H$_3$Me$_2$-2,6)		45
PtC$_9$H$_{17}$N$_6^+$·BC$_{24}$H$_{20}^-$	[Pt{C(NHMe)NHNMeC(NHMe)}(CNMe)$_2$][BPh$_4$]		46
PtC$_9$H$_{19}$Cl$_2$N	*cis*-PtCl$_2$(η-C$_2$H$_4$)(HNC$_5$H$_8$Me$_2$-2,6)		47

Molecular formula	Structure	Notes	Ref.
$PtC_{10}H_{10}Cl_4N^-HN_4^+·2C_3H_6O$	$[NH_4][PtCl_4(C_{10}H_7-2)(NH_3)]·2Me_2CO$		48
$PtC_{10}H_{12}Cl_2$	$(+)-PtCl_2(endo-C_{10}H_{12})$	d	49
$PtC_{10}H_{12}Cl_3O_5^-C_{36}H_{30}NP_2^+$	$[PPN][cis-PtCl_2\{C(CO_2Et)=CCl(CO_2Pr^i)\}]$		50
$PtC_{10}H_{14}ClO_2^-K^+$	$K[PtCl\{CH(COMe)_2\}(acac)]$		51
$PtC_{10}H_{14}Cl_2O_3$	$PtCl_2(C_{10}H_{14}O_3)$	e	52
$PtC_{10}H_{15}Cl_2N$	$trans-PtCl_2(\eta-C_2H_4)(NC_5H_2Me_3-2,4,6)$		31
$PtC_{10}H_{16}Cl_2$	$PtCl_2(C_{10}H_{16})$	f	53
$PtC_{10}H_{18}Cl_3O_2^-K^+$	$K[PtCl_3(\eta^2-C_2\{CMeEt(OH)\}_2)]$		54
$PtC_{10}H_{20}Cl_2O_2$	$cis-PtCl_2\{C(OPr^i)Me\}_2$		55
$PtC_{10}H_{21}ClN_2O_2$	$\overline{PtCl\{CH_2CH=N(O)Bu^t\}}\{N(O)Bu^t\}$		56
$PtC_{10}H_{22}Cl_2N_2S$	$PtCl_2(\eta-C_2H_4)\{N(Bu^t)SN(Bu^t)\}$		57
$PtC_{10}H_{26}Cl_2N_2$	$trans-PtCl_2(CH_2CH_2NHEt_2)(NHEt_2)$		58
$PtB_6C_{10}H_{30}P_2$	$1-\{Pt(PMe_3)_2\}-6,8-Me_2-6,8-C_2B_6H_6$	2 forms	41
$PtBC_{11}H_{13}N_6O$	$PtMe(CO)\{(pz)_3BH\}$		59
$PtC_{11}H_{15}Cl_2P$	$cis-PtCl_2(\eta^2-CH_2=C=CH_2)(PMe_2Ph)$		60
$PtC_{11}H_{17}Cl_2N$	$trans-PtCl_2(\eta-C_2H_4)\{(S)-NHMe(CHMePh)\}$		61
$PtC_{11}H_{17}Cl_2OP$	$cis-PtCl_2(\eta^2-CH_2=CHCH_2OH)(PMe_2Ph)$		62
$PtAs_2C_{11}H_{21}ClF_6$	$\overline{PtClMe\{\eta^2-C_2(CF_3)_2\}}(AsMe_3)_2$		63
$PtC_{11}H_{21}P$	$\overline{Pt(PMe_3)\{\eta^3-CH_2CHCH(CH_2)_2CH=CHCH_2\}}$	220	64, 65
$PtBC_{12}H_{13}F_4N_6$	$PtMe(\eta-C_2F_4)\{(pz)_3BH\}$		66
$PtC_{12}H_{17}Cl_2O_2P$	$cis-PtCl_2(\eta^2-CH_2=CHOCOMe)(PMe_2Ph)$		67
$PtC_{12}H_{18}Cl_2N_2$	$trans-PtCl_2(\eta^2-C_2H_4)(NMePhN=CMe_2)$		25
$PtC_{12}H_{19}Cl_2N$	$(+)-cis-PtCl_2\{\eta^2-(S)-CH_2=CHCH_2Me\}\{(S)-NH_2(CHMePh)\}$		68
$PtC_{12}H_{19}Cl_2N$	$trans-PtCl_2(\eta^2-cis-CHMe=CHMe)\{(S)-NH_2(CHMePh)\}$		69
$PtC_{12}H_{19}Cl_2N$	$(-)-cis-PtCl_2(\eta^2-trans-CHMe=CHMe)\{(S)-NH_2(CHMePh)\}$		70
$PtC_{12}H_{22}Cl_3O_2^-K^+$	$K[PtCl_3(\eta^2-C_2\{CEt_2(OH)\}_2)]$		71
$PtC_{12}H_{24}N_4S_2^{2+}2F_6P^-$	$[Pt(CNMe)_2\{C(NHMe)(SEt)\}_2][PF_6]_2$		72
$PtC_{12}H_{25}Cl_2P$	$cis-PtCl_2(\eta^2-CH_2=C=CH_2)(PPr_3)$		60
$PtC_{12}H_{32}N_8^{2+}2F_6P^-$	$[Pt\{C(NHMe)_2\}_4][PF_6]_2$		73
$PtC_{13}H_{11}Cl_3N_2O_2$	$PtCl_2(\eta^2-CH_2=CHC_6H_4NO_2-4)(NC_5H_4Cl-4)$		74
$PtC_{13}H_{14}N_2$	$\overline{Pt\{(CH_2)_2CH_2\}}(bipy)$		75
$PtC_{13}H_{16}Cl_2N_2$	$\overline{\{Pt(CH_2)_2CH_2\}}Cl_2(py)_2$		76, 77
$PtC_{13}H_{16}Cl_2N_2$	$PtCl_2\{CEt(NC_5H_5)\}(py)$		78
$PtC_{13}H_{16}Cl_4N_2·CHCl_3$	$PtCl_4\{CEt(NC_5H_5)\}(py)·CHCl_3$		76, 78
$PtC_{13}H_{16}Cl_4N_2·CCl_4$	$PtCl_4\{CEt(NC_5H_5)\}(py)_2·CCl_4$		76
$PtC_{13}H_{20}Cl_2NP$	$cis-PtCl_2(CNEt)(PEt_2Ph)$		79, 80
$PtC_{13}H_{20}Cl_2OS$	$(S)-cis-PtCl_2(\eta^2-CH_2=CHCHMe_2)\{(S)-S(O)-Me(Tol)\}$		81
$PtC_{13}H_{21}Cl_2N$	$trans-PtCl_2\{\eta^2-(2R,3S)-CH_2=CHCHMe_2\}-(NH_2CH_2Ph)$		82
$PtC_{13}H_{22}IN_2^+BF_4^-$	$[\overline{PtI\{C_6H_3Me(CH_2NMe_2)_2-2,6\}}][BF_4]$		83
$PtC_{13}H_{30}ClOP_2^+BF_4^-$	$[trans-PtCl(CO)(PEt_3)_2][BF_4]$		84
$PtC_{14}H_{10}Cl_2N_2$	$cis-PtCl_2(CNPh)_2$		79, 85
$PtC_{14}H_{12}F_{12}O_2$	$\overline{Pt\{C(CF_3)_2OC(CF_3)_2O\}}(cod)$		86
$PtBC_{14}H_{13}F_6N_6$	$PtMe\{\eta^2-C_2(CF_3)_2\}\{(pz)_3BH\}$		87
$PtC_{14}H_{15}Cl_2N$	$PtCl_2(\eta^2-CH_2=CHPh)(NC_5H_4Me-4)$		74
$PtC_{14}H_{20}ClNO$	$PtCl(codOMe)(py)$	g	88
$PtC_{14}H_{21}Cl_2N$	$(R,S,S)-cis-\overline{PtCl_2\{\eta^2-CH_2=CH(CH_2)_2CH-CH_2NH_2(CHMePh)\}}$	I	89
$PtC_{14}H_{21}Cl_2N$	$(S,R,S)-cis-\overline{PtCl_2\{\eta^2-CH_2=CH(CH_2)_2CH-CH_2NH_2(CHMePh)\}}$	II	89
$PtMnC_{14}H_{23}O_5P_2$	$PtMn\{\mu-\eta^1,\eta^2-\overline{C=CH(CH_2)_2O}\}(CO)_4(PMe_3)_2$	200, h	90
$PtMnC_{14}H_{23}O_5P_2$	$PtMn\{\mu-\eta^1,\eta^2-\overline{C=CH(CH_2)_2O}\}(CO)_4(PMe_3)_2$	200, i	90
$PtC_{14}H_{24}Cl_2N_2O$	$PtCl_2\{CH_2CH=NBu^t(OH)\}(NC_5H_2Me_3-2,4,6)$		56
$PtC_{14}H_{30}P_2$	$\overline{Pt\{CH(CH=CH_2)(CH_2)_2CH(CH=CH_2)\}}-(PMe_3)_2$	213	65
$PtC_{14}H_{35}ClP_2$	$cis-PtClEt(PEt_3)_2$		91
$PtB_4C_{14}H_{36}P_2$	$1-[Pt(PEt_3)_2]-2,4-C_2B_4H_6$	215	92
$PtB_4C_{14}H_{38}P_2$	$4,5-\{\mu-HPt(PEt_3)_2\}-5,6-(\mu-H)-2,3-C_2B_4H_6$		93, 94
$PtB_8C_{14}H_{40}P_2$	$9-\{HPt(PEt_3)_2\}-10-Et_3P-7,8-C_2B_8H_9$		95
$PtB_9C_{14}H_{41}P_2$	$3-\{Pt(PEt_3)_2\}-1,2-C_2B_9H_{11}$	215	96
$PtB_8C_{14}H_{42}P_2$	$9-\{HPt(PEt_3)_2\}\{-10,11-(\mu-H)-\}-7,8-C_2B_8H_{10}$		95
$PtBC_{15}H_{22}N_7$	$PtMe(CNBu^t)\{(pz)_3BH\}$		97
$PtC_{15}H_{24}ClNO_2$	$(R,R,S)-\overline{PtCl\{\eta^2-CH_2=CHCH_2OCH_2CH-CH_2OMe\}}\{NH_2(CHMePh)\}$		98

Molecular formula	Structure	Notes	Ref.
$PtC_{15}H_{26}Cl_2NOP$	cis-$PtCl_2\{C(OEt)NHPh\}(PEt_3)$		99
$PtC_{15}H_{32}ClP$	$PtCl(PBu_3^t)(\eta^3-C_3H_5)$		100
$PtC_{15}H_{35}BrP_2$	$PtBr(CH_2CH=CH_2)(PEt_3)_2$	113	101
$PtB_{10}C_{15}H_{42}P_2$	$Pt\{C_2(Me)B_{10}H_{10}\}(\eta^2\text{-}CHMe=PEt_2)(PEt_3)$		102
$PtRh_5C_{15}O_{15}^-C_{36}H_{30}NP_2^+$	$[PPN][PtRh_5(CO)_{15}]$		103
$PtFe_2C_{16}H_{12}O_8$	$\overline{PtFe_2(CO)_8(cod)}$	200	104
$PtC_{16}H_{13}ClF_5NO$	$\overline{PtCl(OC_6F_5)(\eta^2\text{-}CH_2=CHC_6H_4NMe_2\text{-}2)}$		105
$PtC_{16}H_{13}ClF_5NS$	$\overline{PtCl(SC_6F_5)(\eta^2\text{-}CH_2=CHC_6H_4NMe_2\text{-}2)}$		105
$PtC_{16}H_{18}Cl_2OS$	cis-$PtCl_2\{(R)\text{-}\eta^2\text{-}CH_2=CHPh\}\{(S)\text{-}Me(O)S\text{-}(Tol)\}$		106
$PtC_{16}H_{20}Cl_2N_2$	$PtCl_2(\eta^2\text{-}CH_2=CHC_6H_4NMe_2\text{-}4)(NC_5H_4Me\text{-}4)$		74
$PtC_{16}H_{22}O_2S_2$	cis-$PtPh_2\{S(O)Me_2\}_2$		107
$PtC_{16}H_{24}$	$\overline{Pt\{CH(CH=CH_2)(CH_2)_2CH(CH=CH_2)\}(cod)}$		64, 65
$PtC_{16}H_{25}Cl_2N$	trans-$PtCl_2(\eta^2\text{-}trans\text{-}C_8H_{14})\{NH_2(CHMePh)\}$	j	108
$PtC_{16}H_{27}Cl_2NO$	cis-$PtCl_2(\eta^2\text{-}(R)\text{-}CH_2=CHO\{(S)\text{-}CHMe\text{-}CMe_3\}\}\{(R)\text{-}NH_2(CHMePh)\}$		109
$PtC_{16}H_{35}ClPN$	$\overline{PtCl\{C(=CH_2)CH_2NHBu^t\}(PPr_3^i)}$		110
$PtB_4C_{16}H_{40}P_2$	1-$\{Pt(PEt_3)_2\}$-2,3-$C_2B_4H_4$	215	93, 111
$PtB_6C_{16}H_{42}P_2$	6-$\{Pt(PEt_3)_2\}$-5,8-Me_2-5,8-$C_2B_6H_6$		112
$PtB_7C_{16}H_{43}P_2$	9-$\{Pt(PEt_3)_2\}$-2,7-Me_2-2,7-$C_2B_7H_7$		113
$PtFe_4C_{16}O_{16}^{2-}C_{10}H_{16}N^+$	$[tmba]_2[PtFe_4(CO)_{16}]$		114
$PtC_{17}H_{17}F_9O$	$Pt\{\eta^2\text{-}CH=C(CF_3)CH=C(CF_3)OC(CF_3)Me\}\text{-}(cod)$	218	115
$PtC_{17}H_{27}Cl_2N$	trans-$PtCl_2(\eta^2\text{-}C_2Bu_2^t)[NH_2(Tol)]$		116
$PtMnC_{17}H_{27}IO_5P$	$PtMn(\mu\text{-}I)\{\overline{CO(CH_2)_2CH_2}\}(CO)_4(PMeBu_2^t)$	200	117
$PtCo_2C_{18}H_{10}N_2O_8$	trans-$Pt\{Co(CO)_4\}_2(py)_2$		118
$PtC_{18}H_{12}F_{16}P_2$	cis-$Pt(CF_3)_2\{PMe_2(C_6F_5)\}_2$		119
$PtC_{18}H_{13}IN_2S_2$	$\overline{PtI(C_4H_2SC_5H_4N)}(NC_5H_4C_4H_3S\text{-}2)$		120
$PtC_{18}H_{18}Cl_2$	$PtCl_2\{\eta^4\text{-}CH_2=CPh(CH_2)_2CPh=CH_2\}$		20
$PtC_{18}H_{20}F_6$	$PtMe\{\eta^1\text{-}C_7H_5(CF_3)_2\}(cod)$	k	121
$PtC_{18}H_{23}Cl_2OP$	cis-$PtCl_2\{C(OEt)(CH_2Ph)\}(PMe_2Ph)$		122
$PtC_{18}H_{24}N_2O_2$	$PtMe_2(acac)(bipy)$		123
$PtC_{18}H_{28}Cl_2N_2$	$PtCl_2(\eta^2\text{-}CH_2=CHPh)(Bu^tN=CHCH=NBu^t)$		124
$PtC_{18}H_{30}ClF_5P_2$	cis-$PtCl(C_6F_5)(PEt_3)_2$		125
$PtC_{18}H_{30}N_2$	$\overline{Pt\{CH(CH=CH_2)(CH_2)_2CH(CH=CH_2)\}}\text{-}(CNBu^t)_2$	220	64, 65
$PtC_{19}H_{15}Cl_2OP$	cis-$PtCl_2(CO)(PPh_3)$		126
$PtWC_{19}H_{26}O_6P_2$	$PtW\{\mu\text{-}C(OMe)Ph\}(CO)_5(PMe_3)_2$	200	127
$PtAs_2C_{19}H_{29}I^+I^-$	$[PtMe_3\{rac\text{-}PhMeAs(CH_2)_2AsMePh\}]I$		128
$PtC_{19}H_{34}ClOP_2^+F_6P^-$	$[Pt(C_6H_4Cl\text{-}4)(CO)(PEt_3)_2][PF_6]$		129
$PtC_{19}H_{37}ClP_2$	cis-$PtCl(C_6H_4Me\text{-}4)(PEt_3)_2$		125
$PtB_8CoC_{19}H_{45}P_2$	8-$\{Pt(PEt_3)_2\}$-1-$\{Co(\eta\text{-}C_5H_5)\}$-2,7-$C_2B_8H_{10}$	D	130
$PtMn_2C_{20}H_{10}N_2O_{10}$	trans-$Pt\{Mn(CO)_5\}_2(py)_2$		118
$PtAsC_{20}H_{17}Cl_2$	$\overline{PtCl_2(\eta^2\text{-}2\text{-}CH_2=CHC_6H_4AsPh_2)}$		131
$PtC_{20}H_{26}Cl_2P_2$	trans-$Pt(CCl=CH_2)_2(PMe_2Ph)_2$		132
$PtBC_{20}H_{27}N_4$	$PtMe(\eta^2\text{-}MeC_2Ph)\{(pz)_2BEt_2\}$		133
$PtC_{20}H_{30}I_2P_2$	$\overline{PtI_2\{CH_2(CH_2)_2CH_2\}(PMe_2Ph)_2}$		134
$PtC_{20}H_{31}OP_2^+F_6P^-$	$[trans\text{-}PtMe\{CMe(OMe)\}(PMe_2Ph)_2][PF_6]$		135
$PtSiC_{20}H_{33}ClP_2$	trans-$PtCl(CH_2SiMe_3)(PMe_2Ph)_2$		136
$PtB_9C_{20}H_{37}P_2$	1-$\{Pt(PMe_2Ph)_2\}$-2,4-Me_2-2,4-$C_2B_9H_9$		137
$PtC_{20}H_{37}ClINP_2$	trans-$PtI\{CMe=N(C_6H_4Cl\text{-}4)\}(PEt_3)_2$		138
$PtC_{20}H_{38}Cl_3N_2P_2^+ClO_4^-$	$[\overline{PtCl_2\{(5\text{-}ClC_6H_3\text{-}2\text{-}NH)C(NHMe)\}(PEt_3)_2}]\text{-}[ClO_4]$		139
$PtC_{20}H_{39}F_6OP_2^+F_6P^-$	$[\overline{Pt\{CH(CF_3)C(CF_3)=CMeCH_2OMe\}}\text{-}(PEt_3)_2][PF_6]$		140
$PtC_{20}H_{41}O_4P_2^+BC_{24}H_{20}^-$	$[\overline{Pt\{CH(CO_2Me)C(=CHMe)C(O)OMe\}}\text{-}(PEt_3)_2][BPh_4]$		141
$PtC_{20}H_{41}O_4P_2^+F_6P^-$	$[Pt\{\eta^3\text{-}CHMeC(CO_2Me)CH(CO_2Me)\}\text{-}(PEt_3)_2][PF_6]$		141
$PtC_{21}H_{23}ClN_3^+ClO_4^-$	$[\overline{PtCl(\eta^2\text{-}2\text{-}CH_2=CMeC_6H_4NMe_2)(bipy)}]\text{-}[ClO_4]$		142
$PtC_{21}H_{29}Cl_2N_2P$	cis-$PtCl_2\{\overline{CNPh(CH_2)_2NPh}\}(PEt_3)$		143
$PtC_{21}H_{29}Cl_2N_2P$	trans-$PtCl_2\{\overline{CNPh(CH_2)_2NPh}\}(PEt_3)$		143, 144
$PtMnC_{21}H_{30}O_2P_2^+BF_4^-\cdot CH_2Cl_2$	$[PtMn\{\mu\text{-}C(Tol)\}(CO)_2(PMe_3)_2(\eta\text{-}C_5H_5)]\text{-}[BF_4]\cdot CH_2Cl_2$		145
$PtC_{21}H_{30}$	$Pt(\eta^2\text{-}C_7H_{10})_3$	l	146

Molecular formula	Structure	Notes	Ref.
$PtC_{21}H_{31}OP_2^+F_6P^-$	[trans-PtMe{$\overline{C(CH_2)_3O}$}(PMe_2Ph)_2][PF_6]		147
$PtC_{21}H_{31}P_2^+F_6P^-$	[trans-PtMe(η^2-C_2Me_2)(PMe_2Ph)_2][PF_6]		148
$PtC_{21}H_{34}NP_2^+F_6P^-$	[trans-PtMe{CMe(NMe_2)}(PMe_2Ph)_2][PF_6]		149
$PtC_{22}H_{17}F_6P$	$\overline{Pt(CF_3)_2(\eta^2\text{-}2\text{-}CH_2=CHC_6H_4PPh_2)}$		150
$PtC_{22}H_{18}F_{18}N_2$	$\overline{Pt[\{C(CF_3)=C(CF_3)\}_2C(CF_3)=C(CF_3)]}$-$(CNBu^t)_2$		151
$PtC_{22}H_{23}P$	$\overline{PtMe_2(\eta^2\text{-}2\text{-}CH_2=CHC_6H_4PPh_2)}$		150
$PtHgC_{22}H_{30}N_2O_4$	$\overline{Pt\{Hg(O_2CMe)\}(\mu\text{-}O_2CMe)(C_6H_4CH_2NMe_2\text{-}2)_2}$		152
$PtAs_2C_{22}H_{31}Br_3O$	$\overline{PtBr_3\{CH_2CH(OEt)C_6H_4AsMe_2\text{-}2\}\{Me_2AsC_6H_4\text{-}CH=CH_2\text{-}2\}}$		153
$PtC_{22}H_{32}O_2$	$Pt(\eta^4\text{-}C_6H_2Bu_2^tO_2)(cod)$	200	154
$PtC_{22}H_{32}Cl_2N_2$	$PtCl_2(\eta^2\text{-}C_2H_4)(mben)$	m	155
$PtC_{22}H_{33}ClP_2$	trans-$PtCl(CH=CH_2)(PEt_2Ph)_2$		156, 157
$PtC_{22}H_{35}ClNOP_2^+F_6P^-$	[trans-PtCl(C(NMe_2){CH_2(CH_2)_2OH})-(PMe_2Ph)_2][PF_6]		158
			158
$PtCrC_{22}H_{35}O_6P_3$	$PtCr\{\mu\text{-}C(CO_2Me)Ph\}(CO)_4(PMe_3)_3$	230	145
$PtWC_{22}H_{37}O_5P_3$	$PtW\{\mu\text{-}C(OMe)(Tol)\}(CO)_4(PMe_3)_3$	200	159
$PtC_{23}H_{23}ClNP$	$PtCl(CH_2CH=CH_2)(CNMe)(PPh_3)$		160
$PtC_{23}H_{34}Cl_2N_2$	$PtCl_2(\eta^2\text{-}CH_2=CHMe)(mben)$	m	155
$PtC_{24}H_{21}ClNOP$	$\overline{PtCl(2\text{-}CH_2OC_6H_4PPh_2)}(py)$		161
$PtC_{24}H_{22}O_2$	$Pt(acac)(\alpha,1,2\text{-}\eta^3\text{-}CPh_3)$		162
$PtC_{24}H_{26}ClP$	$PtCl\{P(C_6H_4Me\text{-}4)_3\}(\eta^3\text{-}C_3H_5)$		163
$PtC_{24}H_{28}N_4P_2$	trans-$Pt(C\{CMe=C(CN)_2\}=C_6H_4=C(CN)_2)$-$(C_2Me)(PMe_3)_2$		164
$PtC_{24}H_{28}NPSe_2$	$PtMe(Se_2CNEt_2)(PPh_3)$		165
$PtC_{24}H_{30}F_{18}P_2$	$Pt\{\eta^2\text{-}C_6(CF_3)_6\}(PEt_3)_2$		166
$PtTa_2C_{24}H_{32}S_4^{2+}2F_6P^-$	$[Pt\{(\mu\text{-}SMe)_2Ta(\eta\text{-}C_5H_5)_2\}_2][PF_6]_2$		167
$PtAs_2C_{24}H_{35}Br_3O$	$\overline{PtBr_3(CH_2CH\{CH_2(OEt)\}C_6H_4AsMe_2\text{-}2)}$-$(Me_2AsC_6H_4CH_2CH=CH_2\text{-}2)$		168
$PtC_{24}H_{36}O_2P_2$	trans-$Pt(CH=CHCH_2OMe)_2(PMe_2Ph)_2$		169
$PtC_{24}H_{44}O_4$	$Pt(\eta^2\text{-}C_2\{CEt_2(OH)\}_2)_2$		170
$PtC_{25}H_{21}F_{15}P_3^+F_6P^-$	$[PtMe\{PMe_2(C_6F_5)\}_3][PF_6]$		119
$PtC_{25}H_{24}Cl_2N_2\cdot 0.5C_2H_6O$	$\overline{PtCl_2(CH_2CHPhCHPh)(py)_2}\cdot 0.5EtOH$		171
$PtFeWC_{25}H_{27}O_6P$	$PtFeW\{\mu_3\text{-}C(Tol)\}(CO)_6(PEt_3)(\eta\text{-}C_5H_5)$	220	172
$PtC_{25}H_{34}F_3P_2^+SbF_6^-$	$[Pt(CF_3)(PMe_2Ph)_2(\eta^4\text{-}C_4Me_4)][SbF_6]$		173
$PtCo_2C_{26}H_{15}O_8P$	$\overline{PtCo_2(CO)_8(PPh_3)}$		174
$PtAsC_{26}H_{21}F_6O_3$	$\overline{Pt\{CH(CH_2OMe)C_6H_4AsPh_2\text{-}2\}(hfac)}$		175
$PtC_{26}H_{35}NP_3^+F_6P^-$	$[Pt(CH_2CN)(PMe_2Ph)_3][PF_6]$	D	176
$PtB_{10}C_{26}H_{56}P_2$	1-($\overline{Pt\{(CHEt)PPr_2\}(PPr_3)}$)-2-Ph-1,2-$C_2B_{10}H_{10}$		177
$PtFe_2C_{27}H_{15}O_9P$	$PtFe_2(CO)_9(PPh_3)$		178
$PtC_{27}H_{22}ClF_3P_2$	$PtCl(CF_3)(cis\text{-}Ph_2PCH=CHPPh_2)$		179
$PtC_{27}H_{26}ClF_3P_2$	trans-$PtCl(CF_3)(PMePh_2)_2$		180
$PtC_{27}H_{29}ClP_2$	trans-$PtClMe(PMePh_2)_2$		180
$PtC_{27}H_{34}Cl_2NP$	cis-$PtCl_2\{C(=CMe_2)CH_2NHEt_2\}(PPh_3)$		181
$PtC_{28}H_{20}$	$Pt(\eta^2\text{-}C_2Ph_2)_2$	200	182
$PtC_{28}H_{26}ClF_5P_2\cdot 0.5CH_2Cl_2$	trans-$PtCl(C_2F_5)(PMePh_2)_2\cdot 0.5CH_2Cl_2$		180
$PtC_{28}H_{35}ClP_2$	trans-$PtCl(C_2Ph)(PEt_2Ph)_2$		156, 183
$PtOs_3C_{28}H_{35}O_{10}P$	$H_2PtOs_3(CO)_{10}(PCy_3)$	200	184
$PtB_{20}C_{28}H_{41}ClP_2$	$\overline{PtCl\{B_{10}H_9\text{-}1\text{-}CH\text{-}2\text{-}C(PPh_2)\}}(1\text{-}PPh_2\text{-}2\text{-}HC_2\text{-}B_{10}H_{10})$		185
$PtC_{28}H_{45}NO_3P_2$	trans-$\overline{Pt(ONO_2)(C_6H_4PBu_2^t\text{-}2)}(PBu_2^tPh)$		186
$PtC_{29}H_{29}Cl_3NP$	cis-$PtCl_2\{\eta^2\text{-}(Z)\text{-}CHPr^i=CHNH(C_6H_4Cl\text{-}2)\}$-$(PPh_3)$		187
$PtC_{29}H_{31}P_3$	$Pt\{(CH_2)_2PMe_2\}\{(Ph_2P)_2CH\}$		188
$PtW_2C_{30}H_{24}O_4$	$Pt(W\{\mu\text{-}C(Tol)\}(CO)_2(\eta\text{-}C_5H_5))_2$	200	189
$PtC_{30}H_{30}O_2P_2$	$Pt(CO)_2(PEtPh_2)_2$		190
$PtGeC_{30}H_{46}OP_2$	cis-$Pt\{GePh_2(OH)\}(Ph)(PEt_3)_2$		191
$PtC_{30}H_{49}O_2P$	$Pt(\eta\text{-}C_2H_4)(\eta^2\text{-}C_6Me_4O_2)(PCy_3)$	200	192
$PtIrC_{30}H_{68}P_4^+BC_{24}H_{20}^-$	$[PtPh(PEt_3)(\mu\text{-}H)_2Ir(PEt_3)_3][BPh_4]$		193
$PtWC_{31}H_{34}O_2P_2$	$PtW\{\mu\text{-}C(Tol)\}(CO)_2(PMe_2Ph)_2(\eta\text{-}C_5H_5)$	200	194
$PtC_{31}H_{36}ClP_3$	$PtCl(PEt_3)\{(Ph_2P)_2CH\}$		195
$PtMo_2C_{32}H_{38}N_2O_7\cdot 0.5C_6H_{12}$	trans-$Pt\{Mo(CO)_3(\eta\text{-}C_5H_5)\}_2(CNCy)$-$\{C(OEt)(NHCy)\}\cdot 0.5C_6H_{12}$		196
			196
$PtMn_2C_{33}H_{20}O_9P_2$	$PtMn_2(\mu\text{-}PPh_2)_2(CO)_9$		197
$PtMnC_{34}H_{31}O_2P_2S$	$PtMn(\mu\text{-}CS)(CO)_2(PMePh_2)_2(\eta\text{-}C_5H_5)$		198
$PtC_{35}H_{46}P_2$	$\overline{Pt(CH_2CMe_2PBu_2^t)}(\eta^1\text{-}C_5H_5)(PPh_3)$		199

Molecular formula	Structure	Notes	Ref.
PtC$_{36}$H$_{44}$P$_2$	cis-$\overline{\text{Pt}\{\text{CH}_2\text{C}_6\text{H}_4}$PBu^t(C$_6H_4$Me-2)$\}_2$		200
PtC$_{36}$H$_{44}$P$_2$	trans-$\overline{\text{Pt}\{\text{CH}_2\text{C}_6\text{H}_4}$PBu^t(C$_6H_4$Me-2)$\}_2$		200
PtC$_{36}$H$_{44}$P$_2$	$\overline{\text{Pt}\{(\text{CH}_2\text{C}_6\text{H}_4)_2}PBu^t\}$|PBu^t(C$_6H_4$Me-2)$_2\}$		200
PtC$_{37}$H$_{30}$P$_2$S$_2$	Pt(η^2-S=CS)(PPh$_3$)$_2$		201
PtC$_{37}$H$_{31}$F$_3$P$_2$	trans-HPt(CF$_3$)(PPh$_3$)$_2$		202
PtC$_{37}$H$_{32}$P$_2$	cis-PtPh$_2$(dppm)		203
PtC$_{37}$H$_{33}$ClP$_2$	trans-PtClMe(PPh$_3$)$_2$		204
PtC$_{37}$H$_{33}$IO$_2$P$_2$S	PtIMe(SO$_2$)(PPh$_3$)$_2$		205
PtB$_8$C$_{37}$H$_{42}$P$_2$	9-{Pt(PPh$_3$)$_2$}-6-CB$_8$H$_{12}$		206
PtC$_{38}$H$_{29}$ClP$_2$	Δ-$\overline{\text{PtCl}(\text{2-Ph}_2\text{PC}_6\text{H}_4\dot{\text{C}}}$=CHC$_6H_4PPh_2$-2)		207
PtAs$_2$C$_{38}$H$_{30}$F$_4$	Pt(η-C$_2$F$_4$)(AsPh$_3$)$_2$		208
PtC$_{38}$H$_{30}$ClF$_3$P$_2$	Pt(η-CF$_2$=CFCl)(PPh$_3$)$_2$		209
PtC$_{38}$H$_{30}$Cl$_2$F$_2$P$_2$	Pt(η-CF$_2$=CCl$_2$)(PPh$_3$)$_2$		209
PtC$_{38}$H$_{30}$Cl$_4$P$_2$	Pt(η-C$_2$Cl$_4$)(PPh$_3$)$_2$		209
PtHgC$_{38}$H$_{30}$F$_6$P$_2$	cis-Pt{Hg(CF$_3$)}(CF$_3$)(PPh$_3$)$_2$	233	210
PtC$_{38}$H$_{32}$ClNP$_2$	trans-PtCl(CH$_2$CN)(PPh$_3$)$_2$		211, 212
PtC$_{38}$H$_{33}$ClO$_2$P$_2$	trans-PtCl(CO$_2$Me)(PPh$_3$)$_2$		213
PtC$_{38}$H$_{33}$NP$_2$	trans-HPt(CH$_2$CN)(PPh$_3$)$_2$		211, 214
PtC$_{38}$H$_{34}$P$_2$	Pt(η-C$_2$H$_4$)(PPh$_3$)$_2$		215
PtB$_8$C$_{38}$H$_{40}$P$_2$	Pt(C$_2$B$_8$H$_{10}$)(PPh$_3$)$_2$		216
PtC$_{39}$H$_{30}$Cl$_2$F$_4$OP$_2$	cis-PtCl(CF$_2$COCF$_2$Cl)(PPh$_3$)$_2$		217
PtC$_{39}$H$_{31}$F$_7$P$_2$	cis-PtF{CH(CF$_3$)$_2$}(PPh$_3$)$_2$		218
PtC$_{39}$H$_{34}$P$_2$	Pt(η^2-CH$_2$=C=CH$_2$)(PPh$_3$)$_2$		219
PtC$_{39}$H$_{35}$ClP$_2$	PtCl(CH$_2$CH=CH$_2$)(PPh$_3$)$_2$		220
PtC$_{39}$H$_{71}$P$_2^+$F$_6$P$^-$·C$_7$H$_8$	[Pt(η^3-C$_3$H$_5$)(PCy$_3$)$_2$][PF$_6$]·PhMe		221
PtC$_{40}$H$_{30}$Cl$_2$N$_2$P$_2$	Pt{η^2-CCl$_2$=C(CN)$_2$}(PPh$_3$)$_2$		222
PtC$_{40}$H$_{30}$F$_6$P$_2$	Pt{η^2-C$_2$(CF$_3$)$_2$}(PPh$_3$)$_2$		223
PtC$_{40}$H$_{30}$F$_8$P$_2$	Pt(η^2-CF$_3$CF=CFCF$_3$)(PPh$_3$)$_2$		224
PtC$_{40}$H$_{30}$N$_2$P$_2$	cis-Pt(CN)(C$_2$CN)(PPh$_3$)$_2$		225
PtC$_{40}$H$_{32}$N$_2$P$_2$	Pt{η^2-trans-CH(CN)=CH(CN)}(PPh$_3$)$_2$		226
PtC$_{40}$H$_{36}$P$_2$	Pt(η^2-C$_3$H$_3$Me)(PPh$_3$)$_2$	n	227
PtC$_{40}$H$_{38}$P$_2$	$\overline{\text{Pt}\{\text{CH}_2(\text{CH}_2)_2\text{CH}_2\}}$(PPh$_3$)$_2$		228
PtC$_{40}$H$_{40}$OP$_2$	Pt(CH$_2$COPh)(C$_6$H$_9$)(dppe)	o	229
PtC$_{40}$H$_{42}$F$_6$P$_2$	Pt{η^2-C$_2$(CF$_3$)$_2$}(PCyPh)$_2$		230
PtC$_{40}$H$_{54}$F$_6$P$_2$	Pt{η^2-C$_2$(CF$_3$)$_2$}(PCy$_2$Ph)$_2$		230
PtC$_{40}$H$_{66}$F$_6$P$_2$	Pt{η^2-C$_2$(CF$_3$)$_2$}(PCy$_3$)$_2$		231
PtC$_{41}$H$_{31}$N$_3$OP$_2$	$\overline{\text{Pt}\{\text{C}(\text{CN})_2\text{CH}(\text{CN})\dot{\text{O}}}$}(PPh$_3$)$_2$		232
PtC$_{41}$H$_{35}$ClP$_2$·0.67CHCl$_3$	trans-PtCl(C$_2$CMe=CH$_2$)(PPh$_3$)$_2$·0.67CHCl$_3$		233
PtC$_{41}$H$_{35}$ClP$_2$·2C$_6$H$_6$	trans-PtCl(C$_2$CMe=CH$_2$)(PPh$_3$)$_2$·2C$_6$H$_6$		234
PtC$_{41}$H$_{37}$ClP$_2$·C$_6$H$_6$	trans-PtCl{C(=CH$_2$)CMe=CH$_2$}(PPh$_3$)$_2$·C$_6$H$_6$		235
PtC$_{41}$H$_{38}$P$_2$	Pt(η^2-$\overline{\text{CMe}}$=CMeCH$_2$)(PPh$_3$)$_2$		227, 236
PtC$_{41}$H$_{38}$P$_2$	Pt(η^2-CH$_2$=C=CMe$_2$)(PPh$_3$)$_2$		237
PtC$_{41}$H$_{39}$N$_2$P$_2^+$ClO$_4^-$	[Pt(MeC$_6$H$_3$NH)$\dot{\text{C}}${NH(Tol)})(dppe)][ClO$_4$]		238
PtRh$_2$C$_{41}$H$_{45}$O$_3$P·0.25CH$_2$Cl$_2$	PtRh$_2$(CO)$_3$(PPh$_3$)(η-C$_5$Me$_5$)$_2$·0.25CH$_2$Cl$_2$	220	239
PtC$_{41}$H$_{75}$P$_2^+$F$_6$P$^-$·C$_6$H$_4$Cl$_2$	[trans-HPt(η^2-CH$_2$=C=CMe$_2$)(PCy$_3$)$_2$]-[PF$_6$]·C$_6$H$_4$Cl$_2$-1,2		240
PtAs$_2$C$_{42}$H$_{30}$N$_4$O	$\overline{\text{Pt}\{\text{C}(\text{CN})_2\text{CH}(\text{CN})_2\text{O}}\}$(AsPh$_3$)$_2$		241
PtC$_{42}$H$_{30}$F$_{12}$N$_2$P$_2$·0.4CH$_2$Cl$_2$	Pt[η^2-C(CF$_3$)$_2$=NN=C(CF$_3$)$_2$](PPh$_3$)$_2$·0.4 CH$_2$Cl$_2$		242
PtC$_{42}$H$_{30}$N$_4$P$_2$	Pt{η^2-C$_2$(CN)$_4$}(PPh$_3$)$_2$		243
PtC$_{42}$H$_{34}$N$_2$P$_2$	Pt{$\overline{\eta^2\text{-C}(\text{CN})}$=C(CN)CH$_2CH_2$}(PPh$_3$)$_2$	123	244
PtC$_{42}$H$_{34}$O$_2$P$_2$	Pt(η^2-C$_6$H$_4$O$_2$)(PPh$_3$)$_2$		245
PtC$_{42}$H$_{36}$O$_4$P$_2$	cis-$\overline{\text{Pt}(\text{C}_6\text{H}_4\text{PPh}_2\text{-2})}${trans-C(CO$_2$Me)=CH-(CO$_2$Me)}(PPh$_3$)		246
PtC$_{42}$H$_{38}$O$_2$P$_2$	$\overline{\text{Pt}\{\text{C}(\text{O})\text{OCMe}_2\dot{\text{C}}}$=CH$_2$}(PPh$_3$)$_2$		247
PtC$_{42}$H$_{38}$P$_2$	Pt(η^2-C$_6$H$_8$)(PPh$_3$)$_2$	p	248, 249
PtC$_{42}$H$_{38}$P$_2$	Pt(η^2-C$_6$H$_8$)(PPh$_3$)$_2$	q	250, 251
PtC$_{42}$H$_{40}$O$_4$P$_2$	trans-Pt(CO$_2$Et)$_2$(PPh$_3$)$_2$		252
PtC$_{42}$H$_{40}$P$_2$	cis-$\overline{\text{Pt}\{\text{C}_6\text{H}_4\text{CH}_2\text{P}(\text{CH}_2\text{Ph})_2\}_2}$		253
PtC$_{43}$H$_{32}$N$_4$P$_2$	Pt{C$_3$H$_2$(CN)$_4$}(PPh$_3$)$_2$		254
PtC$_{43}$H$_{38}$O$_5$P$_2$	$\overline{\text{Pt}\{\text{CH}(\text{CO}_2\text{Me})\text{COCH}(\text{CO}_2\text{Me})\}}$(PPh$_3$)$_2$		255
PtC$_{43}$H$_{40}$P$_2$	Pt(η^2-C$_7$H$_{10}$)(PPh$_3$)$_2$		249, 256
PtC$_{43}$H$_{45}$P$_3$	PtMe$_2$(triphos)		257
PtC$_{44}$H$_{34}$O$_2$P$_2$	$\overline{\text{Pt}\{\text{C}_6\text{H}_4(\text{O})\dot{\text{C}}(\text{O})\}}$(PPh$_3$)$_2$	r	258
PtC$_{44}$H$_{34}$O$_2$P$_2$	$\overline{\text{Pt}\{\text{C}_6\text{H}_4(\text{O})\dot{\text{C}}(\text{O})\}}$(PPh$_3$)$_2$	s	258
PtC$_{44}$H$_{37}$BrP$_2$	PtBr(CH=CHPh)(PPh$_3$)$_2$		259
PtC$_{44}$H$_{41}$O$_4$P$_2^+$BF$_4^-$	[$\overline{\text{Pt}\{\dot{\text{C}}\text{MeCH}(\text{CO}_2\text{Me})\overline{\text{C}}\text{HC}(\text{O})\text{OMe}\}}$(PPh$_3$)$_2$]-[BF$_4$]		260

Molecular formula	Structure	Notes	Ref.
$PtC_{44}H_{42}OP_2$	$Pt\{\eta^2\text{-}HC{\equiv}C\overline{C(OH)(CH_2)_4CH_2}\}(PPh_3)_2$		261
$PtC_{44}H_{42}O_2P_2$	$\overline{Pt(CH_2CH\{C(Me){=}O\}CH_2CH\{C(Me){=}O\})}$- $(PPh_3)_2$		262
$PtC_{44}H_{42}P_2$	$Pt(\eta^2\text{-}C_8H_{12})(PPh_3)_2$	t	263
$PtC_{44}H_{42}P_2 \cdot 0.5C_6H_6$	$Pt(\eta^2\text{-}C_8H_{12})(PPh_3)_2 \cdot 0.5C_6H_6$	t	264
$PtC_{44}H_{44}OP_2 \cdot 0.5X$	$Pt(C_6H_9OEt)(PPh_3)_2 \cdot 0.5X$	u	250
$PtOs_2C_{45}H_{36}O_4P_2$	$PtOs_2(\mu_3\text{-}C_2Me_2)(CO)_5(PPh_3)_2$	200	265
$PtC_{45}H_{38}P_2$	$Pt(\eta^2\text{-}MeC_2Ph)(PPh_3)_2$		266
$PtC_{45}H_{42}P_2$	$Pt(\eta^2\text{-}C_9H_{12})(PPh_3)_2$	v	267
$PtB_{10}C_{45}H_{54}P_2$	$1\text{-}(\overline{Pt\{P(CHPh)(CH_2Ph)_2\}\{P(CH_2Ph)_3\}})\text{-}2\text{-}Me\text{-}1,2\text{-}C_2B_{10}H_{10}$		268
$PtOs_3C_{46}H_{32}O_{10}P_2$	$H_2PtOs_3(CO)_{10}(PPh_3)_2$	200	265
$PtC_{46}H_{38}N_4OP_2$	$\overline{Pt\{C(CN)_2CH_2CH(OEt)C(CN)_2\}}(PPh_3)_2$		269
$PtC_{46}H_{39}Cl_2NOP_2$	$PtPh(OPPh_2)(NCC_6Cl_2\text{-}3,5\text{-}Me_3\text{-}2,4,6)(PPh_3)$		270
$PtC_{46}H_{40}P_2$	$trans\text{-}Pt(C_2CMe{=}CH_2)_2(PPh_3)_2$		271
$PtC_{46}H_{42}P_2$	$trans\text{-}Pt(C_2CMe{=}CH_2)\{C({=}CH_2)\text{-}CMe{=}CH_2\}(PPh_3)_2$		235
$PtC_{46}H_{45}ClOP_2$	$trans\text{-}PtCl\{C_2\overline{C(OEt)(CH_2)_4CH_2}\}(PPh_3)_2$		272
$PtC_{47}H_{38}O_2P_2$	$Pt(C_4MePhO_2)(PPh_3)_2$	w	273
$PtC_{48}H_{30}F_{12}P_2 \cdot 0.5C_5H_{12}$	$Pt(\eta^2\text{-}C_{12}F_{12})(PPh_3)_2 \cdot 0.5C_5H_{12}$	x	274
$PtCoC_{48}H_{38}Cl_2N_2P_2$	$\overline{Pt\{\eta^2\text{-}C_2(\mu\text{-}2\text{-}C_5H_4N)_2CoCl_2\}}(PPh_3)_2$		275
$PtC_{49}H_{36}N_4P_2$	$\overline{Pt\{C(CN)_2CPhC(CN)_2\}}(PPh_3)_2$		276
$PtC_{49}H_{38}OP_2 \cdot 0.5C_6H_6$	$Pt(\eta^2\text{-}OS{=}C_{13}H_8)(PPh_3)_2 \cdot 0.5C_6H_6$	y	277
$PtC_{49}H_{40}OP_2S_3 \cdot C_6H_6$	$cis\text{-}(E)\text{-}Pt\{C(SPh){=}S{=}O\}(SPh)(PPh_3)_2 \cdot C_6H_6$		278
$PtC_{50}H_{40}FN_2P_2^+BF_4^-$	$[Pt(C_2Ph)(HN{=}NC_6H_4F\text{-}4)(PPh_3)_2][BF_4]$		279
$PtC_{50}H_{40}N_2O_4P_2$	$Pt\{\eta^2\text{-}trans\text{-}CH(C_6H_4NO_2\text{-}4){=}CH(C_6H_4\text{-}NO_2\text{-}4)\}(PPh_3)_2$		280
$PtC_{50}H_{40}P_2$	$Pt(\eta^2\text{-}C_2Ph_2)(PPh_3)_2$		281
$PtC_{51}H_{39}NOP_2$	$PtPh(OPPh_2)(NCC_{14}H_9)(PPh_3)$	z	270
$PtC_{51}H_{40}OP_2$	$\overline{Pt\{CPhCPhC(O)\}}(PPh_3)_2$		282
$PtC_{51}H_{41}N_3O_2P_2 \cdot {\sim}0.8CHCl_3$	$\overline{Pt[C(CN)_2CPhC(CN)(CO_2Et)]}(PPh_3)_2 \cdot {\sim}0.8CHCl_3$		276
$PtC_{51}H_{43}OP_2^+BF_4^- \cdot CH_2Cl_2$	$[Pt(PPh_3)_2\{\eta^3\text{-}C_{13}H_8(OEt)\}][BF_4] \cdot CH_2Cl_2$	aa	283
$PtC_{52}H_{40}P_2$	$cis\text{-}Pt(C_2Ph)_2(PPh_3)_2$		284
$PtC_{52}H_{42}P_2 \cdot 0.5CHCl_3$	$trans\text{-}Pt(C_2Ph)(CPh{=}CH_2)(PPh_3)_2 \cdot 0.5CHCl_3$		285
$PtC_{52}H_{54}O_2P_2$	$H_2Pt\{C_2\overline{C(OH)(CH_2)_4CH_2}\}_2(PPh_3)_2$	bb	286
$PtC_{54}H_{40}N_2P_2$	$\overline{Pt\{CPh{=}CPhC{=}C(CN)_2\}}(PPh_3)_2$		287
$PtC_{55}H_{45}OP_3$	$Pt(CO)(PPh_3)_3$	cc	288
$PtC_{55}H_{45}OP_3$	$Pt(CO)(PPh_3)_3$	dd	289
$PtC_{57}H_{45}P_2^+F_6P^- \cdot C_6H_6$	$[Pt(\eta^3\text{-}C_3Ph_3)(PPh_3)_2][PF_6] \cdot C_6H_6$		290
$PtPbC_{60}H_{50}P_2$	$cis\text{-}Pt(PbPh_3)(Ph)(PPh_3)_2$		291

[a] Orange form. [b] Yellow form. [c] $C_8H_{12} = \eta^4\text{-}5\text{-methylenecycloheptene}$. [d] $C_{10}H_{12} =$ dicyclopentadiene. [e] $C_{10}H_{14}O_3 = 3,4,7,8\text{-}\eta^4\text{-}1,3,5,7\text{-}Me_4\text{-}2,6,9\text{-trioxabicyclo}[3.3.1]\text{nona-3,7-diene}$. [f] $C_{10}H_{16} = p\text{-mentha-1,8-diene}$ ($\pm$-limonene). [g] codOMe = 2-MeO-cycloocta-1,5-dien-1-yl. [h] Red isomer. [i] Yellow isomer. [j] $C_8H_{14} =$ cyclooctene. [k] $C_7H_5(CF_3)_2 = 7\text{-}\eta^1\text{-}1,2\text{-}(CF_3)_2\text{bicyclo}[2.2.1]\text{hepta-2,5-dienyl}$. [l] $C_7H_{10} =$ bicyclo[2.2.1]hept-2-ene. [m] mben = $(R,R)\text{-}Me(PhCHMe)N(CH_2)_2NMe(CHMePh)$. [n] $C_3H_3Me = 3\text{-Me-cyclopropene}$: two modifications. [o] $C_6H_9 =$ cyclohexenyl. [p] $C_6H_8 =$ cyclohexyne. [q] $C_6H_8 = \Delta^{1,4}\text{-bicyclo}[2.2.0]\text{hexene}$. [r] Deep blue isomer. [s] Deep red isomer. [t] $C_8H_{12} =$ cyclooctyne. [u] $C_6H_9OEt = 1\text{-EtO-cyclohexane-1,4-diyl}$: X = undefined solvent molecule. [v] $C_9H_{12} =$ bicyclo[4.2.1]non-1(8)-ene. [w] $C_4MePhO_2 = 1\text{-Me-2-Ph-cyclobutenedione}$. [x] $C_{12}F_{12} =$ perfluoro-1,2:3,4:5,6-triethanobenzene. [y] $OS{=}C_{13}H_8 = 9\text{-sulphinylfluorene}$. [z] $C_{14}H_9 = 9\text{-anthracenyl}$. [aa] $C_{13}H_8(OEt) =$ EtO-phenalenyl. [bb] Pt-bonded H not located. [cc] Trigonal form. [dd] Monoclinic form.

1. Y. I. Mironov, L. M. Plyasova and V. V. Bakakin, *Kristallografiya*, 1974, **19**, 511.
2. D. R. Russell, P. A. Tucker and S. Wilson, *J. Organomet. Chem.*, 1976, **104**, 387.
3. G. B. Bokii and G. A. Kukina, *Kristallografiya*, 1957, **2**, 400; *Zh. Strukt. Khim.*, 1965, **6**, 706.
4. N. Bresciani-Pahor and G. Bruno, *Cryst. Struct. Commun.*, 1977, **6**, 717.
5. P. G. Eller, R. R. Ryan and R. O. Schaeffer, *Cryst. Struct. Commun.*, 1977, **6**, 163.
6. J. A. Wunderlich and D. P. Mellor, *Acta Crystallogr.*, 1954, **7**, 130; correction and supplement in *Acta Crystallogr.*, 1955, **8**, 57.
7. M. Black, R. H. B. Mais and P. G. Owston, *Acta Crystallogr.*, 1969, **B25**, 1753; J. A. J. Jarvis, B. T. Kilbourn and P. G. Owston, *Acta Crystallogr.*, 1970, **B26**, 876.
8. J. A. J. Jarvis, B. T. Kilbourn and P. G. Owston, *Acta Crystallogr.*, 1971, **B27**, 366 (redetermination).
9. R. A. Love, T. F. Koetzle, G. J. B. Williams, L. C. Andrews and R. Bau, *Inorg. Chem.*, 1975, **14**, 2653 (N).
10. G. B. Bokii and G. A. Kukina, *Dokl. Akad. Nauk SSSR*, 1960, **135**, 840; G. A. Kukina, G. B. Bokii and F. A. Brusentsev, *Zh. Strukt. Khim.*, 1964, **5**, 730.
11. G. B. Bokii, N. I. Usikov and G. L. Trusevich, *Bull. Acad. Sci., Classe Sci. Chim. (USSR)*, 1942, 413 (*Chem. Abstr.*, 1945, **39**, 1604).
12. P. Mura, R. Spagna and L. Zambonelli, *J. Organomet. Chem.*, 1977, **142**, 403.

13. R. C. Elder and F. Pesa, *Acta Crystallogr.*, 1978, **B34**, 268.
14. M. Colapietro and L. Zambonelli, *Acta Crystallogr.*, 1971, **B27**, 734.
15. R. Spagna, L. M. Venanzi and L. Zambonelli, *Inorg. Chim. Acta*, 1970, **4**, 475; P. Mura, R. Spagna and L. Zambonelli, *J. Organomet. Chem.*, 1977, **142**, 403.
16. R. Spagna, L. M. Venanzi and L. Zambonelli, *Inorg. Chim. Acta*, 1970, **4**, 283.
17. P. R. H. Alderman, P. G. Owston and J. M. Rowe, *Acta Crystallogr.*, 1960, **13**, 149.
18. P. Mura, R. Spagna, G. Ughetto and L. Zambonelli, *J. Cryst. Mol. Struct.*, 1977, **7**, 265.
19. R. Spagna and L. Zambonelli, *J. Chem. Soc. (A)*, 1971, 2544.
20. M. Kopp, L. R. Krauth, R. Ratka, K. Weidenhammer and M. L. Ziegler, *Z. Naturforsch., Teil B*, 1980, **35**, 802.
21. R. Spagna and L. Zambonelli, *Acta Crystallogr.*, 1972, **B28**, 2760.
22. P. Mura, R. Spagna, G. Ughetto and L. Zambonelli, *Acta Crystallogr.*, 1976, **B32**, 2534.
23. R. Spagna, G. Ughetto and L. Zambonelli, *Acta Crystallogr.*, 1973, **B29**, 1151.
24. M. Green, J. A. K. Howard, J. L. Spencer and F. G. A. Stone, *J. Chem. Soc., Chem. Commun.*, 1975, 449.
25. N. Bresciani-Pahor, M. Calligaris, P. Delise, L. Randaccio, L. Maresca and G. Natile, *Inorg. Chim. Acta*, 1976, **19**, 45.
26. P. Mura, R. Spagna and L. Zambonelli, *J. Organomet. Chem.*, 1977, **142**, 403*; *Acta Crystallogr.*, 1978, **B34**, 3745.
27. M. Orchin and P. J. Schmidt, *Coord. Chem. Rev.*, 1968, **3**, 345.
28. F. A. Cotton, J. N. Francis, B. A. Frenz and M. Tsutsui, *J. Am. Chem. Soc.*, 1973, **45**, 2483.
29. L. Manojlovic-Muir, K. W. Muir and T. Solomun, *J. Organomet. Chem.*, 1977, **142**, 265.
30. M. A. M. Meester, K. Olie, L. Sint and H. Schenk, *Cryst. Struct. Commun.*, 1975, **4**, 725.
31. F. Caruso, R. Spagna and L. Zambonelli, *J. Cryst. Mol. Struct.*, 1978, **8**, 47.
32. L. L. Wright, R. M. Wing, M. F. Rettig and G. R. Wiger, *J. Am. Chem. Soc.*, 1980, **102**, 5949.
33. J. Hubert, A. L. Beauchamp and T. Theophanides, *Can. J. Chem.*, 1973, **51**, 604.
34. D. B. Dell'Amico, F. Calderazzo and G. Pelizzi, *Inorg. Chem.*, 1979, **18**, 1165.
35. C. Guastini, unpublished results cited in L. Busetto, *J. Organomet. Chem.*, 1980, **186**, 411.
36. R. Spagna and L. Zambonelli, *Acta Crystallogr.*, 1973, **B29**, 2302.
37. V. A. Semion, A. Z. Rubezhov, Y. T. Struchkov and S. P. Gubin, *Zh. Strukt. Khim.*, 1969, **10**, 151.
38. G. W. Adamson, J. C. J. Bart and J. J. Daly, *J. Chem. Soc. (A)*, 1971, 2616.
39. L. Maresca, G. Natile, M. Calligaris, P. Delise and L. Randaccio, *J. Chem. Soc., Dalton Trans.*, 1976, 2386.
40. A. Tiripicchio, M. Tiripicchio-Camellini, L. Maresca, G. Natile and G. Rizzardi, *Cryst. Struct. Commun.*, 1979, **8**, 689.
41. M. Green, J. L. Spencer, F. G. A. Stone and A. J. Welch, *J. Chem. Soc., Chem. Commun.*, 1974, 794*; A. J. Welch, *J. Chem. Soc., Dalton Trans.*, 1976, 225.
42. G. K. Barker, M. Green, J. L. Spencer, F. G. A. Stone, B. F. Taylor and A. J. Welch, *J. Chem. Soc., Chem. Commun.*, 1975, 804.
43. H. Siebert and W. Jentsch, *Z. Anorg. Allg. Chem.*, 1980, **469**, 87.
44. G. Matsubayashi, Y. Kondo, T. Tanaka, S. Nishigaki and K. Nakatsu, *Chem. Lett.*, 1979, 375.
45. F. Caruso, R. Spagna and L. Zambonelli, *Inorg. Chim. Acta*, 1979, **32**, L23.
46. W. M. Butler, J. H. Enemark, J. Parks and A. L. Balch, *Inorg. Chem.*, 1973, **12**, 451.
47. M. Camalli, F. Caruso and L. Zambonelli, *Inorg. Chim. Acta*, 1980, **44**, L177.
48. G. B. Shul'pin, L. P. Rozenberg, R. P. Shibaeva and A. E. Shilov, *Kinet. Katal.*, 1979, **20**, 1570.
49. G. Avitabile, P. Ganis, U. Lepore and A. Panunzi, *Inorg. Chim. Acta*, 1973, **7**, 329.
50. F. Canziani, A. Albinati, L. Garlaschelli and M. C. Malatesta, *J. Organomet. Chem.*, 1978, **146**, 197.
51. B. N. Figgis, J. Lewis, R. F. Long, R. Mason, R. S. Nyholm, P. J. Pauling and G. B. Robertson, *Nature (London)*, 1962, **195**, 1278*; R. Mason, G. B. Robertson and P. J. Pauling, *J. Chem. Soc. (A)*, 1969, 485.
52. D. Gibson, C. Oldham, J. Lewis, D. Lawton, R. Mason and G. B. Robertson, *Nature (London)*, 1965, **208**, 580 (D)*; R. Mason and G. B. Robertson, *J. Chem. Soc. (A)*, 1969, 492.
53. N. C. Baenziger, R. C. Medrud and J. R. Doyle, *Acta Crystallogr.*, 1965, **18**, 237.
54. R. J. Dubey, *Acta Crystallogr.*, 1976, **B32**, 199.
55. Y. T. Struchkov, G. G. Aleksandrov, V. B. Pukhnarevich, S. P. Sushchinskaya and M. G. Voronkov, *J. Organomet. Chem.*, 1979, **172**, 269; V. B. Pukhnarevich, Y. T. Struchkov, G. G. Aleksandrov, S. P. Sushchinskaya, E. O. Tsetlina and M. G. Voronkov, *Koord. Khim.*, 1979, **5**, 1535.
56. D. Mansuy, M. Drême, J.-C. Chottard, J.-P. Girault and J. Guilhem, *J. Am. Chem. Soc.*, 1980, **102**, 844.
57. R. T. Kops, E. van Aken and H. Schenk, *Acta Crystallogr.*, 1973, **B29**, 913.
58. E. Benedetti, A. de Renzi, G. Paiaro, A. Panunzi and C. Pedone, *Gazz. Chim. Ital.*, 1972, **102**, 744.
59. P. E. Rush and J. D. Oliver, *J. Chem. Soc., Chem. Commun.*, 1974, 996*; *J. Organomet. Chem.*, 1976, **104**, 117.
60. J. R. Briggs, C. Crocker, W. S. McDonald and B. L. Shaw, *J. Chem. Soc., Dalton Trans.*, 1981, 121.
61. P. Salvadori, R. Lazzaroni and S. Merlino, *J. Chem. Soc., Chem. Commun.*, 1974, 435.
62. J. R. Briggs, C. Crocker, W. S. McDonald and B. L. Shaw, *J. Chem. Soc., Dalton Trans.*, 1980, 64.
63. B. W. Davies, R. J. Puddephatt and N. C. Payne, *Can. J. Chem.*, 1972, **50**, 2276.
64. G. K. Barker, M. Green, J. A. K. Howard, J. L. Spencer and F. G. A. Stone, *J. Am. Chem. Soc.*, 1976, **98**, 3373*.
65. G. K. Barker, M. Green, J. A. K. Howard, J. L. Spencer and F. G. A. Stone, *J. Chem. Soc., Dalton Trans.*, 1978, 1839.
66. N. C. Rice and J. D. Oliver, *Acta Crystallogr.*, 1978, **B34**, 3748.
67. J. R. Briggs, C. Crocker, W. S. McDonald and B. L. Shaw, *J. Organomet. Chem.*, 1979, **181**, 213.

68. C. Pedone and E. Benedetti, *J. Organomet. Chem.*, 1971, **29**, 443.
69. P. Ganis and C. Pedone, *Ric. Sci., Rend., Sez. A*, 1965, **8**, 1462 (*Chem. Abstr.*, 1966, **65**, 1515).
70. E. Benedetti, P. Corradini and C. Pedone, *J. Organomet. Chem.*, 1969, **18**, 203.
71. A. L. Beauchamp, F. D. Rochon and T. Theophanides, *Can. J. Chem.*, 1973, **51**, 126.
72. W. M. Butler and J. H. Enemark, *Inorg. Chem.*, 1973, **12**, 540.
73. S. Z. Goldberg, R. Eisenberg and J. S. Miller, *Inorg. Chem.*, 1977, **16**, 1502.
74. S. C. Nyburg, K. Simpson and W. Wong-Ng, *J. Chem. Soc., Dalton Trans.*, 1976, 1865.
75. R. J. Klingler, J. C. Huffman and J. K. Kochi, *J. Organomet. Chem.*, 1981, **206**, C7.
76. N. A. Bailey, R. D. Gillard, M. Keeton, R. Mason and D. R. Russell, *Chem. Commun.*, 1966, 396*.
77. R. D. Gillard, M. Keeton, R. Mason, M. F. Pilbrow and D. R. Russell, *J. Organomet. Chem.*, 1971, **33**, 247.
78. M. Keeton, R. Mason and D. R. Russell, *J. Organomet. Chem.*, 1971, **33**, 259.
79. B. Jovanovic, L. Manojlovic-Muir and K. W. Muir, *J. Organomet. Chem.*, 1971, **33**, C75*.
80. B. Jovanovic and L. Manojlovic-Muir, *J. Chem. Soc., Dalton Trans.*, 1972, 1176.
81. R. G. Ball and N. C. Payne, *Inorg. Chem.*, 1977, **16**, 1871.
82. S. Merlino, R. Lazzaroni and G. Montagnoli, *J. Organomet. Chem.*, 1971, **30**, C93.
83. G. van Koten, K. Timmer, J. G. Noltes and A. L. Spek, *J. Chem. Soc., Chem. Commun.*, 1978, 250.
84. H. C. Clark, P. W. R. Corfield, K. R. Dixon and J. A. Ibers, *J. Am. Chem. Soc.*, 1967, **89**, 3360.
85. B. Jovanovic, L. Manojlovic-Muir and K. W. Muir, *J. Chem. Soc., Dalton Trans.*, 1972, 1178.
86. M. Green, J. A. K. Howard, A. Laguna, L. E. Smart, J. L. Spencer and F. G. A. Stone, *J. Chem. Soc., Dalton Trans.*, 1977, 278.
87. B. W. Davies and N. C. Payne, *Inorg. Chem.*, 1974, **13**, 1843.
88. C. Panattoni, G. Bombieri, E. Forsellini, B. Crociani and U. Belluco, *Chem. Commun.*, 1969, 187*; G. Bombieri, E. Forsellini and R. Graziani, *J. Chem. Soc., Dalton Trans.*, 1972, 525.
89. C. Pedone and E. Benedetti, *J. Organomet. Chem.*, 1971, **31**, 403.
90. T. V. Ashworth, M. Berry, J. A. K. Howard, M. Laguna and F. G. A. Stone, *J. Chem. Soc., Chem. Commun.*, 1979, 43*; M. Berry, J. A. K. Howard and F. G. A. Stone, *J. Chem. Soc., Dalton Trans.*, 1980, 1601.
91. R. Bardi, A. Del Pra, A. M. Piazzesi, D. Minniti and R. Romeo, *Cryst. Struct. Commun.*, 1981, **10**, 333.
92. G. K. Barker, M. Green, F. G. A. Stone and A. J. Welch, *J. Chem. Soc., Dalton Trans.*, 1980, 1186.
93. G. K. Barker, M. Green, T. P. Onak, F. G. A. Stone, C. B. Ungermann and A. J. Welch, *J. Chem. Soc., Chem. Commun.*, 1978, 169*.
94. G. K. Barker, M. Green, F. G. A. Stone, A. J. Welch, T. P. Onak and G. Siwapanyoyos, *J. Chem. Soc., Dalton Trans.*, 1979, 1687.
95. G. K. Barker, M. Green, F. G. A. Stone, A. J. Welch and W. C. Wolsey, *J. Chem. Soc., Chem. Commun.*, 1980, 627.
96. D. M. P. Mingos, M. I. Forsyth and A. J. Welch, *J. Chem. Soc., Chem. Commun.*, 1977, 605*; *J. Chem. Soc., Dalton Trans.*, 1978, 1363.
97. J. D. Oliver and N. C. Rice, *Inorg. Chem.*, 1976, **15**, 2741.
98. E. Benedetti, A. De Renzi, A. Panunzi and C. Pedone, *J. Organomet. Chem.*, 1972, **39**, 403.
99. E. M. Badley, J. Chatt, R. L. Richards and G. A. Sim, *Chem. Commun.*, 1969, 1322 (D)*; E. M. Badley, K. W. Muir and G. A. Sim, *J. Chem. Soc., Dalton Trans.*, 1976, 1930.
100. G. Carturan, U. Belluco, A. Del Pra and G. Zanotti, *Inorg. Chim. Acta*, 1979, **33**, 155.
101. J. C. Huffman, M. P. Laurent and J. K. Kochi, *Inorg. Chem.*, 1977, **16**, 2639.
102. N. Bresciani-Pahor, *Acta Crystallogr.*, 1977, **B33**, 3214.
103. A. Fumigalli, S. Martinengo, P. Chini, A. Albinati, S. Bruckner and B. T. Heaton, *J. Chem. Soc., Chem. Commun.*, 1978, 195.
104. L. J. Farrugia, J. A. K. Howard, P. Mitrprachachon, F. G. A. Stone and P. Woodward, *J. Chem. Soc., Dalton Trans.*, 1981, 1134.
105. M. K. Cooper, N. J. Hair and D. W. Yaniuk, *J. Organomet. Chem.*, 1978, **150**, 157.
106. R. G. Ball and N. C. Payne, *Inorg. Chem.*, 1976, **15**, 2494.
107. R. Bardi, A. Del Pra, A. M. Piazzesi and M. Trozzi, *Cryst. Struct. Commun.*, 1981, **10**, 301.
108. P. C. Manor, D. P. Shoemaker and A. S. Parkes, *J. Am. Chem. Soc.*, 1970, **92**, 5260.
109. F. Sartori, L. Leoni, R. Lazzaroni and P. Salvadori, *J. Chem. Soc., Chem. Commun.*, 1974, 322*; F. Sartori and L. Leoni, *Acta Crystallogr.*, 1976, **B32**, 145.
110. J. R. Briggs, C. Crocker, W. S. McDonald and B. L. Shaw, *J. Chem. Soc., Dalton Trans.*, 1981, 575.
111. G. K. Barker, M. Green, F. G. A. Stone and A. J. Welch, *J. Chem. Soc., Dalton Trans.*, 1980, 1186.
112. M. Green, J. L. Spencer, F. G. A. Stone and A. J. Welch, *J. Chem. Soc., Chem. Commun.*, 1974, 794*; A. J. Welch, *J. Chem. Soc., Dalton Trans.*, 1977, 962.
113. M. Green, J. L. Spencer, F. G. A. Stone and A. J. Welch, *J. Chem. Soc., Chem. Commun.*, 1974, 571*; A. J. Welch, *J. Chem. Soc., Dalton Trans.*, 1975, 2270.
114. G. Longoni, M. Manassero and M. Sansoni, *J. Am. Chem. Soc.*, 1980, **102**, 3242.
115. A. Christofides, J. A. K. Howard, J. A. Rattue, J. L. Spencer and F. G. A. Stone, *J. Chem. Soc., Dalton Trans.*, 1980, 2095.
116. G. R. Davies, W. Hewertson, R. H. B. Mais and P. G. Owston, *Chem. Commun.*, 1967, 423*; G. R. Davies, W. Hewertson, R. H. B. Mais, P. G. Owston and C. G. Patel, *J. Chem. Soc. (A)*, 1970, 1873.
117. M. Berry, J. Martin-Gil, J. A. K. Howard and F. G. A. Stone, *J. Chem. Soc., Dalton Trans.*, 1980, 1625.
118. D. Moras, J. Dehand and R. Weiss, *C.R. Hebd. Seances Acad. Sci.*, 1968, **267C**, 1471.
119. L. Manojlovic-Muir, K. W. Muir, T. Solomun, D. W. Meek and J. L. Peterson, *J. Organomet. Chem.*, 1978, **146**, C26.
120. T. J. Giordano and P. G. Rasmussen, *Inorg. Chem.*, 1975, **14**, 1628.
121. H. C. Clark, D. G. Ibbott, N. C. Payne and A. Shaver, *J. Am. Chem. Soc.*, 1975, **97**, 3555.
122. G. K. Anderson, R. J. Cross, L. Manojlovic-Muir, K. W. Muir and R. A. Wales, *Inorg. Chim. Acta*, 1978, **29**, L193*; *J. Chem. Soc., Dalton Trans.*, 1979, 684.

123. A. G. Swallow and M. R. Truter, *Proc. Chem. Soc.*, 1961, 166*; *Proc. R. Soc. London, Ser. A*, 1962, **266**, 527.
124. H. van der Poel, G. van Koten, K. Vrieze, M. Kokkes and C. H. Stam, *J. Organomet. Chem.*, 1979, **175**, C21.
125. N. Bresciani-Pahor, M. Plazzotta, L. Randaccio, G. Bruno, V. Ricevuto, R. Romeo and U. Belluco, *Inorg. Chim. Acta*, 1978, **31**, 171.
126. L. Manojlovic-Muir, K. W. Muir and R. Walker, *J. Organomet. Chem.*, 1974, **66**, C21*; *J. Chem. Soc., Dalton Trans.*, 1976, 1279.
127. T. V. Ashworth, J. A. K. Howard, M. Laguna and F. G. A. Stone, *J. Chem. Soc., Dalton Trans.*, 1980, 1593.
128. G. Casalone and R. Mason, *Inorg. Chim. Acta*, 1973, **7**, 429.
129. J. S. Field and P. J. Wheatley, *J. Chem. Soc., Dalton Trans.*, 1974, 702.
130. W. E. Carroll, M. Green, F. G. A. Stone and A. J. Welch, *J. Chem. Soc., Dalton Trans.*, 1975, 2263.
131. M. K. Cooper, P. J. Guerney, M. Elder and M. McPartlin, *J. Organomet. Chem.*, 1977, **137**, C22*; M. K. Cooper, P.J. Guerney and M. McPartlin, *J. Chem. Soc., Dalton Trans.*, 1980, 349.
132. R. A. Bell, M. H. Chisholm and G. G. Christoph, *J. Am. Chem. Soc.*, 1976, **98**, 6046.
133. B. W. Davies and N. C. Payne, *J. Organomet. Chem.*, 1975, **102**, 245.
134. A. K. Cheetham, R. J. Puddephatt, A. Zalkin, D. H. Templeton and L. K. Templeton, *Inorg. Chem.*, 1976, **15**, 2997.
135. R. F. Stepaniak and N. C. Payne, *J. Organomet. Chem.*, 1973, **57**, 213.
136. M. R. Collier, C. Eaborn, B. Jovanovic, M. F. Lappert, L. Manojlovic-Muir, K. W. Muir and M. M. Truelock, *J. Chem. Soc., Chem. Commun.*, 1972, 613*; B. Jovanovic, L. Manojlovic-Muir and K. W. Muir, *J. Chem. Soc., Dalton Trans.*, 1974, 195.
137. M. Green, J. L. Spencer, F. G. A. Stone and A. J. Welch, *J. Chem. Soc., Chem. Commun.*, 1974, 571*; *J. Chem. Soc., Dalton Trans.*, 1975, 179; A. J. Welch, *J. Chem. Soc., Dalton Trans.*, 1975, 1473.
138. K. P. Wagner, P. M. Treichel and J. C. Calabrese, *J. Organomet. Chem.*, 1973, **56**, C33*; 1974, **71**, 299.
139. K. W. Muir, R. Walker, J. Chatt, R. L. Richards and G. H. D. Royston, *J. Organomet. Chem.*, 1973, **56**, C30*; R. Walker and K. W. Muir, *J. Chem. Soc., Dalton Trans.*, 1975, 272.
140. H. C. Clark, S. S. McBride, N. C. Payne and C. S. Wong, *J. Organomet. Chem.*, 1979, **178**, 393.
141. C. P. Brock and T. G. Attig, *J. Am. Chem. Soc.*, 1980, **102**, 1319.
142. M. K. Cooper, D. W. Yaniuk, M. McPartlin and J. G. Shaw, *J. Organomet. Chem.*, 1977, **131**, C33*; M. K. Cooper, D. W. Yaniuk and M. McPartlin, *J. Organomet. Chem.*, 1979, **166**, 241.
143. D. J. Cardin, B. Cetinkaya, E. Cetinkaya, M. F. Lappert, L. Manojlovic-Muir and K. W. Muir, *J. Organomet. Chem.*, 1972, **44**, C59*; L. Manojlovic-Muir and K. W. Muir, *J. Chem. Soc., Dalton Trans.*, 1974, 2427.
144. D. J. Cardin, B. Cetinkaya, M. F. Lappert, L. Manojlovic-Muir and K. W. Muir, *Chem. Commun.*, 1971, 400.
145. J. A. K. Howard, J. C. Jeffery, M. Laguna, R. Navarro and F. G. A. Stone, *J. Chem. Soc., Chem. Commun.*, 1979, 1170; *J. Chem. Soc., Dalton Trans.*, 1981, 751.
146. M. Green, J. A. K. Howard, J. L. Spencer and F. G. A. Stone, *J. Chem. Soc., Chem. Commun.*, 1975, 449*; *J. Chem. Soc., Dalton Trans.*, 1977, 271.
147. R. F. Stepaniak and N. C. Payne, *J. Organomet. Chem.*, 1974, **72**, 453.
148. B. W. Davies and N. C. Payne, *Can. J. Chem.*, 1973, **51**, 3477.
149. R. F. Stepaniak and N. C. Payne, *Inorg. Chem.*, 1974, **13**, 797.
150. M. A. Bennett, H.-K. Chee, J. C. Jeffery and G. B. Robertson, *Inorg. Chem.*, 1979, **18**, 1071.
151. J. Browning, M. Green, A. Laguna, L. E. Smart, J. L. Spencer and F. G. A. Stone, *J. Chem. Soc., Chem. Commun.*, 1975, 723.
152. A. F. M. J. van der Ploeg, G. van Koten, K. Vrieze, A. L. Spek and A. J. M. Duisenberg, *J. Chem. Soc., Chem. Commun.*, 1980, 469.
153. M. A. Bennett, K. Hoskins, W. R. Kneen, R. S. Nyholm, R. Mason, P. B. Hitchcock, G. B. Robertson and A. D. C. Towl, *J. Am. Chem. Soc.*, 1971, **93**, 4592.
154. M. J. Chetcuti, J. A. K. Howard, M. Pfeffer, J. L. Spencer and F. G. A. Stone, *J. Chem. Soc., Dalton Trans.*, 1981, 276.
155. A. De Renzi, B. di Blasio, A. Saporito, M. Scalone and A. Vitagliano, *Inorg. Chem.*, 1980, **19**, 960.
156. C. J. Cardin, D. J. Cardin, M. F. Lappert and K. W. Muir, *J. Organomet. Chem.*, 1973, **60**, C70*.
157. C. J. Cardin and K. W. Muir, *J. Chem. Soc., Dalton Trans.*, 1977, 1593.
158. R. F. Stepaniak and N. C. Payne, *Can. J. Chem.*, 1978, **56**, 1602.
159. J. A. K. Howard, K. A. Mead, J. R. Moss, R. Navarro, F. G. A. Stone and P. Woodward, *J. Chem. Soc., Dalton Trans.*, 1981, 743.
160. A. Scrivanti, G. Carturan, U. Belluco, N. Bresciani-Pahor, M. Calligaris and L. Randaccio, *Inorg. Chim. Acta*, 1976, **20**, L3.
161. K. H. P. O'Flynn and W. S. McDonald, *Acta Crystallogr.*, 1977, **B33**, 195.
162. A. Sonoda, P. M. Bailey and P. M. Maitlis, *J. Chem. Soc., Dalton Trans.*, 1979, 346.
163. A. Del Pra, G. Zanotti and G. Carturan, *Inorg. Chim. Acta*, 1979, **33**, L137.
164. K. Onuma, Y. Kai, N. Yasuoka and N. Kasai, *Bull. Chem. Soc. Jpn.*, 1975, **48**, 1696.
165. H.-W. Chen, J. P. Fackler, A. F. Masters and W.-H. Pan, *Inorg. Chim. Acta*, 1979, **35**, L333.
166. J. Browning, M. Green, B. R. Penfold, J. L. Spencer and F. G. A. Stone, *J. Chem. Soc., Chem. Commun.*, 1973, 31*; J. Browning and B. R. Penfold, *J. Cryst. Mol. Struct.*, 1974, **4**, 335.
167. J.-C. Daran, B. Meunier and K. Prout, *Acta Crystallogr.*, 1979, **B35**, 1709.
168. M. A. Bennett, G. J. Erskine, J. Lewis, R. Mason, R. S. Nyholm, G. B. Robertson and A. D. C. Towl, *Chem. Commun.*, 1966, 395.
169. K. H. P. O'Flynn and W. S. McDonald, *Acta Crystallogr.*, 1976, **B32**, 1596.
170. R. J. Dubey, *Acta Crystallogr.*, 1975, **B31**, 1860.
171. J. A. McGinnety, *J. Organomet. Chem.*, 1973, **59**, 429.

172. M. Chetcuti, M. Green, J. A. K. Howard, J. C. Jeffery, R. M. Mills, G. N. Pain, S. J. Porter, F. G. A. Stone, A. A. Wilson and P. Woodward, *J. Chem. Soc., Chem. Commun.*, 1980, 1057.
173. D. B. Crump and N. C. Payne, *Inorg. Chem.*, 1973, **12**, 1663.
174. R. Bender, P. Braunstein, J. Fischer, L. Ricard and A. Mitschler, *Nouv. J. Chim.*, 1981, **5**, 81.
175. M. K. Cooper, P. J. Guerney, P. Donaldson and M. McPartlin, *J. Organomet. Chem.*, 1977, **131**, C11*; M. K. Cooper, P. J. Guerney and M. McPartlin, *J. Chem. Soc., Dalton Trans.*, 1980, 349.
176. P. S. Pregosin, R. Favez, R. Roulet, T. Boschi, R. A. Michelin and R. Ros, *Inorg. Chim. Acta*, 1980, **45**, L7.
177. N. Bresciani, M. Calligaris, P. Delise, G. Nardin and L. Randaccio, *J. Am. Chem. Soc.*, 1974, **96**, 5642.
178. R. Mason, J. Zubieta, A. T. T. Hsieh, J. Knight and M. J. Mays, *J. Chem. Soc., Chem. Commun.*, 1972, 200*; R. Mason and J. Zubieta, *J. Organomet. Chem.*, 1974, **66**, 289.
179. A. Del Pra, G. Zanotti, A. Piazzesi, U. Belluco and R. Ros, *Transition Met. Chem.*, 1979, **4**, 381.
180. M. A. Bennett, H.-K. Chee and G. B. Robertson, *Inorg. Chem.*, 1979, **18**, 1061.
181. A. De Renzi, B. Di Blasio, A. Panunzi, C. Pedone and A. Vitagliano, *J. Chem. Soc., Dalton Trans.*, 1978, 1392.
182. M. Green, D. M. Grove, J. A. K. Howard, J. L. Spencer and F. G. A. Stone, *J. Chem. Soc., Chem. Commun.*, 1976, 759*; N. M. Boag, M. Green, D. M. Grove, J. A. K. Howard, J. L. Spencer and F. G. A. Stone, *J. Chem. Soc., Dalton Trans.*, 1980, 2170.
183. C. J. Cardin, D. J. Cardin, M. F. Lappert and K. W. Muir, *J. Chem. Soc., Dalton Trans.*, 1978, 46.
184. L. J. Farrugia, J. A. K. Howard, P. Mitrprachachon, J. L. Spencer, F. G. A. Stone and P. Woodward, *J. Chem. Soc., Chem. Commun.*, 1978, 260*; L. J. Farrugia, J. A. K. Howard, P. Mitrprachachon, F. G. A. Stone and P. Woodward, *J. Chem. Soc., Dalton Trans.*, 1981, 155.
185. L. Manojlovic-Muir, K. W. Muir and T. Solomun, *J. Chem. Soc., Dalton Trans.*, 1980, 317.
186. R. Countryman and W. S. McDonald, *Acta Crystallogr.*, 1977, **B33**, 3580.
187. A. de Renzi, P. Ganis, A. Panunzi, A. Vitagliano and G. Valle, *J. Am. Chem. Soc.*, 1980, **102**, 1722.
188. J.-M. Bassett, J. R. Mandl and H. Schmidbaur, *Chem. Ber.*, 1980, **113**, 1145.
189. T. V. Ashworth, M. J. Chetcuti, J. A. K. Howard, F. G. A. Stone, S. J. Wisbey and P. Woodward, *J. Chem. Soc., Dalton Trans.*, 1981, 763.
190. V. G. Albano, P. L. Bellon and M. Manassero, *J. Organomet. Chem.*, 1972, **35**, 423.
191. R. J. D. Gee and H. M. Powell, *J. Chem. Soc. (A)*, 1971, 1956.
192. M. J. Chetcuti, J. A. Herbert, J. A. K. Howard, M. Pfeffer, J. L. Spencer, F. G. A. Stone and P. Woodward, *J. Chem. Soc., Dalton Trans.*, 1981, 284.
193. A. Immirzi, A. Musco, P. S. Pregosin and L. M. Venanzi, *Angew. Chem.*, 1980, **92**, 744 (*Angew. Chem., Int. Ed. Engl.*, 1980, **19**, 721).
194. T. V. Ashworth, J. A. K. Howard and F. G. A. Stone, *J. Chem. Soc., Chem. Commun.*, 1979, 42*; *J. Chem. Soc., Dalton Trans.*, 1980, 1609.
195. J. Browning, G. W. Bushnell and K. R. Dixon, *J. Organomet. Chem.*, 1980, **198**, C11.
196. P. Braunstein, E. Keller and H. Vahrenkamp, *J. Organomet. Chem.*, 1979, **165**, 233.
197. P. Braunstein, D. Matt, O. Bars and D. Grandjean, *Angew. Chem.*, 1979, **91**, 859 (*Angew. Chem., Int. Ed. Engl.*, 1979, **18**, 797).
198. J. C. Jeffery, H. Razay and F. G. A. Stone, *J. Chem. Soc., Chem. Commun.*, 1981, 243.
199. A. B. Goel, S. Goel, D. Vander Veer and H. C. Clark, *Inorg. Chim. Acta*, 1981, **53**, L117.
200. A. J. Cheney, W. S. McDonald, K. O'Flynn, B. L. Shaw and B. L. Turtle, *J. Chem. Soc., Chem. Commun.*, 1973, 128.
201. M. Baird, G. Hartwell, R. Mason, A. I. M. Rae and G. Wilkinson, *Chem. Commun.*, 1967, 92*; R. Mason and A. I. M. Rae, *J. Chem. Soc. (A)*, 1970, 1767.
202. A. Del Pra, G. Zanotti, R. Bardi, U. Belluco and R. A. Michelin, *Cryst. Struct. Commun.*, 1979, **8**, 729.
203. P. S. Braterman, R. J. Cross, L. Manojlovic-Muir, K. W. Muir and G. B. Young, *J. Organomet. Chem.*, 1975, **84**, C40.
204. R. Bardi and A. M. Piazzesi, *Inorg. Chim. Acta*, 1981, **47**, 249.
205. M. R. Snow, J. McDonald, F. Basolo and J. A. Ibers, *J. Am. Chem. Soc.*, 1972, **94**, 2526*; M. R. Snow and J. A. Ibers, *Inorg. Chem.*, 1973, **12**, 224.
206. G. A. Kukina, I. A. Zakharova, M. A. Porai-Koshits, S. Stibr, V. S. Sergienko, K. Base and I. Dolanskii, *Izv. Akad. Nauk SSSR, Ser. Khim.*, 1978, 1228.
207. M. A. Bennett, P. W. Clark, G. B. Robertson and P. O. Whimp, *J. Organomet. Chem.*, 1973, **63**, C15*; G. B. Robertson and P. O. Whimp, *Inorg. Chem.*, 1974, **13**, 2082.
208. D. R. Russell and P. A. Tucker, *J. Chem. Soc., Dalton Trans.*, 1975, 1752.
209. J. N. Francis, A. McAdam and J.A. Ibers, *J. Organomet. Chem.*, 1971, **29**, 131.
210. L. G. Kuz'mina, Y. T. Struchkov, V. V. Bashilov, V. I. Sokolov and O. A. Reutov, *Izv. Akad. Nauk SSSR, Ser. Khim.*, 1978, 621.
211. R. Ros, R. A. Michelin, U. Belluco, G. Zanotti, A. Del Pra and G. Bombieri, *Inorg. Chim. Acta*, 1978, **29**, L187*.
212. A. Del Pra, G. Zanotti, G. Bombieri and R. Ros, *Inorg. Chim. Acta*, 1978, **36**, 121.
213. L. N. Zhir-Lebed, L. G. Kuz'mina, Y. T. Struchkov, O. N. Temkin and V. A. Golodov, *Koord. Khim.*, 1978, **4**, 1046.
214. A. Del Pra, E. Forsellini, G. Bombieri, R. A. Michelin and R. Ros, *J. Chem. Soc., Dalton Trans.*, 1979, 1862.
215. P.-T. Cheng, C. D. Cook, S. C. Nyburg and K. Y. Wan, *Inorg. Chem.*, 1971, **10**, 2210; P.-T. Cheng and S. C. Nyburg, *Can. J. Chem.*, 1972, **50**, 912.
216. G. A. Kukina, M. A. Porai-Koshits, V. S. Sergienko, O. Strouf, K. Base, I. A. Zakharova and B. Stibr, *Izv. Akad. Nauk SSSR, Ser. Khim.*, 1980, 1686.
217. D. R. Russell and P. A. Tucker, *J. Chem. Soc., Dalton Trans.*, 1975, 2222.
218. J. Howard and P. Woodward, *J. Chem. Soc., Dalton Trans.*, 1973, 1840.

219. M. Kadonaga, N. Yasuoka and N. Kasai, *Chem. Commun.*, 1971, 1597.
220. J. A. Kaduk and J. A. Ibers, *J. Organomet. Chem.*, 1977, **139**, 199.
221. J. D. Smith and J. D. Oliver, *Inorg. Chem.*, 1978, **17**, 2585.
222. A. McAdam, J. N. Francis and J. A. Ibers, *J. Organomet. Chem.*, 1971, **29**, 149.
223. B. W. Davies and N. C. Payne, *Inorg. Chem.*, 1974, **13**, 1848.
224. J. M. Baraban and J. A. McGinnety, *J. Am. Chem. Soc.*, 1975, **97**, 4232.
225. W. H. Baddley, C. Panattoni, G. Bandoli, D. A. Clemente and U. Belluco, *J. Am. Chem. Soc.*, 1971, **93**, 5590.
226. C. Panattoni, R. Graziani, G. Bandoli, D. A. Clemente and U. Belluco, *J. Chem. Soc.* (*B*), 1970, 371.
227. J. J. de Boer and D. Bright, *J. Chem. Soc., Dalton Trans.*, 1975, 662.
228. C. G. Biefeld, H. A. Eick and R. H. Grubbs, *Inorg. Chem.*, 1973, **12**, 2166.
229. M. A. Bennett, G. B. Robertson, P. O. Whimp and T. Yoshida, *J. Am. Chem. Soc.*, 1973, **95**, 3028.
230. D. H. Farrar and N. C. Payne, *Inorg. Chem.*, 1981, **20**, 821.
231. J. F. Richardson and N. C. Payne, *Can. J. Chem.*, 1977, **55**, 3203.
232. M. Lenarda, N. Bresciani-Pahor, M. Calligaris, M. Graziani and L. Randaccio, *J. Chem. Soc., Dalton Trans.*, 1978, 279.
233. A. Chiesi-Villa, A. Gaetani-Manfredotti, C. Guastini, P. Carusi, A. Furlani and M. V. Russo, *Cryst. Struct. Commun.*, 1977, **6**, 629.
234. A. Chiesi-Villa, A. Gaetani-Manfredotti, C. Guastini, P. Carusi, A. Furlani and M. V. Russo, *Cryst. Struct. Commun.*, 1977, **6**, 623.
235. A. Furlani, M. V. Russo, A. Chiesi-Villa, A. Gaetani-Manfredotti and C. Guastini, *J. Chem. Soc., Dalton Trans.*, 1977, 2154.
236. J. P. Visser, A. J. Schipperijn, J. Lukas, D. Bright and J. J. de Boer, *Chem. Commun.*, 1971, 1266*.
237. N. Yasuoka, M. Morita, Y. Kai and N. Kasai, *J. Organomet. Chem.*, 1975, **90**, 111.
238. D. F. Christian, D. A. Clarke, H. C. Clark, D. H. Farrar and N. C. Payne, *Can. J. Chem.*, 1978, **56**, 2516.
239. N. M. Boag, M. Green, R. M. Mills, G. N. Pain, F. G. A. Stone and P. Woodward, *J. Chem. Soc., Chem. Commun.*, 1980, 1171.
240. H. C. Clark, M. J. Dymarski and N. C. Payne, *J. Organomet. Chem.*, 1979, **165**, 117.
241. R. Schlodder, J. A. Ibers, M. Lenarda and M. Graziani, *J. Am. Chem. Soc.*, 1974, **96**, 6893.
242. J. Clemens, R. E. Davis, M. Green, J. D. Oliver and F. G. A. Stone, *Chem. Commun.*, 1971, 1095*; J. D. Oliver and R. E. Davis, *J. Organomet. Chem.*, 1977, **137**, 373.
243. C. Panattoni, G. Bombieri, U. Belluco and W. H. Baddley, *J. Am. Chem. Soc.*, 1968, **90**, 798*; G. Bombieri, E. Forsellini, C. Panattoni, R. Graziani and G. Bandoli, *J. Chem. Soc.* (*A*), 1970, 1313.
244. R. B. Osborne, H. C. Lewis and J. A. Ibers, *J. Organomet. Chem.*, 1981, **208**, 125.
245. R. S. Vagg, *Acta Crystallogr.*, 1977, **B33**, 3708.
246. N. C. Rice and J. D. Oliver, *J. Organomet. Chem.*, 1978, **145**, 121.
247. M. C. Norton and W. S. McDonald, *Acta Crystallogr.*, 1976, **B32**, 1597.
248. G. B. Robertson and P. O. Whimp, *J. Organomet. Chem.*, 1971, **32**, C69*.
249. G. B. Robertson and P. O. Whimp, *J. Am. Chem. Soc.*, 1975, **97**, 1051.
250. M. E. Jason, J. A. McGinnety and K. B. Wiberg, *J. Am. Chem. Soc.*, 1974, **96**, 6531*.
251. M. E. Jason and J. A. McGinnety, *Inorg. Chem.*, 1975, **14**, 3025.
252. P. L. Bellon, M. Manassero, F. Porta and M. Sansoni, *J. Organomet. Chem.*, 1974, **80**, 139.
253. W. Porzio, *Inorg. Chim. Acta*, 1980, **40**, 257.
254. D. J. Yarrow, J. A. Ibers, M. Lenarda and M. Graziani, *J. Organomet. Chem.*, 1974, **70**, 133.
255. D. A. Clarke, R. D. W. Kemmitt, M. A. Mazid, M. D. Schilling and D. R. Russell, *J. Chem. Soc., Chem. Commun.*, 1978, 744.
256. M. A. Bennett, G. B. Robertson, P. O. Whimp and T. Yoshida, *J. Am. Chem. Soc.*, 1971, **93**, 3797.
257. R. M. Kirschner, R. G. Little, K. D. Tau and D. W. Meek, *J. Organomet. Chem.*, 1978, **149**, C15.
258. J. A. Evans, G. F. Everitt, R. D. W. Kemmitt and D. R. Russell, *J. Chem. Soc., Chem. Commun.*, 1973, 158.
259. J. Rajaram, R. G. Pearson and J. A. Ibers, *J. Am. Chem. Soc.*, 1974, **96**, 2103.
260. T. G. Attig, R. J. Ziegler and C. P. Brock, *Inorg. Chem.*, 1980, **19**, 2315.
261. S. Jagner, R. G. Hazell and S. E. Rasmussen, *J. Chem. Soc., Dalton Trans.*, 1976, 337.
262. M. Green, J. A. K. Howard, P. Mitrprachachon, M. Pfeffer, J. L. Spencer, F. G. A. Stone and P. Woodward, *J. Chem. Soc., Dalton Trans.*, 1979, 306.
263. G. B. Robertson and P. O. Whimp, *Aust. J. Chem.*, 1980, **33**, 1373.
264. L. Manojlovic-Muir, K. W. Muir and R. Walker, *Acta Crystallogr.*, 1979, **B35**, 2416.
265. L. J. Farrugia, J. A. K. Howard, P. Mitrprachachon, F. G. A. Stone and P. Woodward, *J. Chem. Soc., Dalton Trans.*, 1981, 162.
266. B. W. Davies and N. C. Payne, *J. Organomet. Chem.*, 1975, **99**, 315.
267. E. Stamm, K. B. Becker, P. Engel, O. Ermer and R. Keese, *Angew. Chem.*, 1979, **91**, 746 (*Angew. Chem., Int. Ed. Engl.*, 1979, **18**, 685).
268. S. Bresadola, N. Bresciani-Pahor and B. Longato, *J. Organomet. Chem.*, 1979, **179**, 73.
269. R. Ros, M. Lenarda, N. Bresciani-Pahor, M. Calligaris, P. Delise, L. Randaccio and M. Graziani, *J. Chem. Soc., Dalton Trans.*, 1976, 1937.
270. W. Beck, M. Keubler, E. Leidl, U. Nagel, M. Schaal, S. Cenini, P. del Buttero, E. Licandro, S. Maiorana and A. Chiesi-Villa, *J. Chem. Soc., Chem. Commun.*, 1981, 446.
271. A. Chiesi-Villa, A. Gaetani-Manfredotti and C. Guastini, *Cryst. Struct. Commun.*, 1976, **5**, 139.
272. A. Furlani, M. V. Russo, S. Licoccia and C. Guastini, *Inorg. Chim. Acta*, 1979, **33**, L125.
273. D. R. Russell and P. A. Tucker, *J. Chem. Soc., Dalton Trans.*, 1976, 2181.
274. R. E. Cobbledick and F. W. B. Einstein, *Acta Crystallogr.*, 1978, **B34**, 1849.
275. G. R. Newkome, G. L. McClure, S. F. Watkins, B. Gayle, R. E. Taylor and R. Musselman, *J. Org. Chem.*, 1975, **40**, 3759.

276. J. Rajaram and J. A. Ibers, *J. Am. Chem. Soc.*, 1978, **100**, 829.
277. J. W. Gosselink, G. van Koten, A. L. Spek and A. J. M. Duisenberg, *Inorg. Chem.*, 1981, **20**, 877.
278. J. W. Gosselink, A. M. F. Brouwers, G. van Koten and K. Vrieze, *J. Chem. Soc., Chem. Commun.*, 1979, 1045*; J. W. Gosselink, G. van Koten, A. M. F. Brouwers and O. Overbeek, *J. Chem. Soc., Dalton Trans.*, 1981, 342.
279. U. Croatto, L. Toniolo, A. Immirzi and G. Bombieri, *J. Organomet. Chem.*, 1975, **102**, C31.
280. J. M. Baraban and J. A. McGinnety, *Inorg. Chem.*, 1974, **13**, 2864.
281. J. O. Glanville, J. M. Stewart and S. O. Grim, *J. Organomet. Chem.*, 1967, **7**, P9.
282. W. Wong, S. J. Singer, W. D. Pitts, S. F. Watkins and W. H. Baddley, *J. Chem. Soc., Chem. Commun.*, 1972, 672.
283. A. Keasey, P. M. Bailey and P. M. Maitlis, *J. Chem. Soc., Chem. Commun.*, 1978, 142.
284. M. Bonamico, G. Dessy, V. Fares, M. V. Russo and L. Scaramuzza, *Cryst. Struct. Commun.*, 1977, **6**, 39.
285. A. Chiesi-Villa, A. Gaetani-Manfredotti and C. Guastini, *Cryst. Struct. Commun.*, 1977, **6**, 313.
286. R. A. Mariezcurrena and S. E. Rasmussen, *Acta Chem. Scand.*, 1973, **27**, 2678.
287. M. Lenarda, N. Bresciani-Pahor, M. Calligaris, M. Graziani and L. Randaccio, *Inorg. Chim. Acta*, 1978, **26**, L19.
288. V. G. Albano, P. L. Bellon and M. Sansoni, *Chem. Commun.*, 1969, 899.
289. V. G. Albano, G. M. Basso Ricci and P. L. Bellon, *Inorg. Chem.*, 1969, **8**, 2109.
290. M. D. McClure and D. L. Weaver, *J. Organomet. Chem.*, 1973, **54**, C59.
291. B. Crociani, M. Nicolini, D. A. Clemente and G. Bandoli, *J. Organomet. Chem.*, 1973, **49**, 249.

Pt_2 Diplatinum

Molecular formula	Structure	Notes	Ref.
$Pt_2C_2Cl_4O_2^{2-}\cdot 2C_{12}H_{28}N^+$	$[NPr_4]_2[Pt_2Cl_4(CO)_2]$		1
$Pt_2C_4H_6Cl_6^{2-}\cdot 2C_5H_{14}N^+$	$[NMe_3Et]_2[Pt_2Cl_6(C_4H_6)]$		2
$Pt_2C_8H_{16}Cl_4O_4$	$[\overline{PtCl_2\{CH_2\overset{+}{C}(OMe)_2\}}]_2$		3
$Pt_2C_8H_{24}Br_2Se_2$	$(PtMe_3)_2(\mu\text{-}Br)_2(\mu\text{-}\overline{Se_2Me_2})$		4
$Pt_2C_9H_{24}Cl_2S_3$	$(PtMe_3)_2(\mu\text{-}Cl)_2(\mu\text{-}\overline{SCH_2SCH_2SCH_2})$		5
$Pt_2C_{10}H_{16}Cl_4$	$[PtCl_2\{\eta^2\text{-}\overline{CH=CH(CH_2)_2CH_2}\}]_2$		6
$Pt_2C_{12}H_{42}N_6^{2+}\cdot 2I^-$	$[\{PtMe_3(en)\}_2(\mu\text{-}en)]I_2$		7
$Pt_2C_{14}H_{24}Cl_4$	$[PtCl_2\{\eta^2\text{-}\overline{CH=CH(CH_2)_4CH_2}\}]_2$		6
$Pt_2C_{14}H_{24}Cl_4\cdot 2CCl_4$	$[PtCl_2(\eta^2\text{-}CMe_2\!\!=\!\!C\!\!=\!\!CMe_2)]_2\cdot 2CCl_4$		8
$Pt_2B_8C_{14}H_{46}P_4$	$nido$-4,8-$\{\mu\text{-}Pt(PMe_3)_2\}$-8-$\{Pt(PMe_3)_2\}$-7,10-$C_2B_8H_{10}$		9
$Pt_2C_{16}H_{24}O_2$	$[Pt(acac)(\eta\text{-}C_3H_5)]_2$		10
$Pt_2C_{18}H_{36}Cl_4O_2$	$[PtCl_2\{C(OPr^i)(CH_2Bu^t)\}]_2$		11
$Pt_2C_{18}H_{36}O_6$	$[PtMe_3(MeCOCHCO_2Et)]_2$		12
$Pt_2C_{18}H_{40}N_2O_4$	$\{PtMe_3(acac)\}_2(\mu\text{-}en)$		13
$Pt_2C_{19}H_{24}F_6O$	$\{Pt(cod)\}_2\{\mu\text{-}OC(CF_3)_2\}$		14
$Pt_2C_{20}H_{20}$	$\{Pt(\eta\text{-}C_5H_5)\}_2(\mu\text{-}C_{10}H_{10})$	a	15
$Pt_2C_{20}H_{26}F_6N_2O_4$	$[PtMe_2(O_2CCF_3)(NC_5H_4Me\text{-}4)]_2$		16
$Pt_2C_{20}H_{28}O_4$	$[PtMe_3(sal)]_2$		17, 18
$Pt_2C_{20}H_{36}O_4$	$[Pt(\mu\text{-}OMe)(C_8H_{12}OMe)]_2$		19
$Pt_2C_{22}H_{30}Cl_2O_2$	$[PtCl(C_{10}H_{12}OMe)]_2$	b	20
$Pt_2C_{22}H_{32}Cl_2O_2P_2$	$[Pt(COEt)(\mu\text{-}Cl)(PMe_2Ph)]_2$		21
$Pt_2C_{22}H_{56}Cl_2N_6^{2+}\cdot 2ClO_4^-$	$[\{PtCl(TMEDA)\}_2\{\mu\text{-}(CH_2)_2NMe_2(CH_2)_2\text{-}NMe_2(CH_2)_2\}][ClO_4]_2$		22
$Pt_2C_{24}H_{18}Cl_2N_4$	$trans$-$[\overline{Pt(\mu\text{-}Cl)(C_6H_4N=NPh)}]_2$		23
$Pt_2C_{24}H_{24}F_{12}$	$[Pt\{\mu\text{-}C_2(CF_3)_2\}(cod)]_2$		24
$Pt_2C_{24}H_{30}N_2O_2$	$[PtMe_3(oxin)]_2$		17, 25
$Pt_2C_{24}H_{34}Cl_2$	$[PtCl(C_{12}H_{17})]_2$	c	26
$Pt_2C_{24}H_{48}O_4$	$[PtMe_3(PrCOCHCOPr)]_2$	X, N	27, 28
$Pt_2C_{26}H_{56}Cl_2P_2$	$[\overline{PtCl(CH_2CMe_2CH_2PBu^t_2)}]_2$		29
$Pt_2C_{26}H_{58}Cl_2N_2P_2$	$[PtCl\{\mu\text{-}C(=CH_2)CH_2NHMe\}(PPr_3)]_2$		30
$Pt_2B_5C_{26}H_{67}P_4$	$closo$-2,3-$\{Pt(PEt_3)_2\}_2$-1,6-$C_2B_5H_7$		31
$Pt_2SiC_{27}H_{38}$	$\{Pt(cod)\}_2(\mu\text{-}PhC_2SiMe_3)$	200	32
$Pt_2Mo_2C_{28}H_{40}O_6P_2$	$Pt_2Mo_2(CO)_6(PEt_3)_2(\eta\text{-}C_5H_5)_2$		33
$Pt_2C_{30}H_{67}P_4^+F_6P^-$	$[H_2Pt_2Ph(PEt_3)_4][PF_6]$		34
$Pt_2WC_{32}H_{50}O_7P_2$	$Pt_2W\{\mu\text{-}C(OMe)Ph\}(CO)_6(PMeBu^t_2)_2$		35
$Pt_2C_{34}H_{38}P_2$	$\{Pt(\eta^2\text{-}C_2Ph_2)\}(\mu\text{-}\eta^2\text{-}C_2Ph_2)\text{-}\{Pt(PMe_3)_2\}$		36
$Pt_2C_{35}H_{46}N_4O$	$\{Pt(CNBu^t)_2\}_2\{\mu\text{-}OC(CPh)_2\}$		37
$Pt_2C_{36}H_{64}N_2P_4S_2$	1,4-$(\{Pt(NCS)(PEt_3)_2\}C\equiv C)_2C_6H_4$		38
$Pt_2Co_2C_{44}H_{30}O_8P_2$	$Pt_2Co_2(CO)_8(PPh_3)_2$		39
$Pt_2Fe_2C_{44}H_{31}O_8P_2^-\cdot C_{36}H_{30}NP_2^+\cdot 2C_3H_6O$	$[PPN][HPt_2Fe_2(CO)_8(PPh_3)_2]\cdot 2Me_2CO$	200	40
$Pt_2Fe_2C_{44}H_{32}O_8P_2$	$H_2Pt_2Fe_2(CO)_8(PPh_3)_2$	200	40
$Pt_2Os_2C_{44}H_{32}O_8P_2$	$H_2Pt_2Os_2(CO)_8(PPh_3)_2$		41

Molecular formula	Structure	Notes	Ref.
$Pt_2C_{44}H_{36}O_6P_2$	$\{Pt(CO)(PPh_3)\}_2\{\mu\text{-}C_2(CO_2Me)_2\}$		42
$Pt_2RuC_{44}H_{39}O_5P_3$	$Pt_2Ru(CO)_5(PMePh_2)_3$		43
$Pt_2As_2C_{46}H_{42}O_4$	$[\overline{Pt\{(2\text{-}CH{=}CMeC_6H_4)AsPh_2\}(\mu\text{-}O_2CMe)}]_2$		44
$Pt_2Si_2C_{46}H_{64}N_4$	$[Pt(SiMePh_2)(CH{=}NBu^t)(CNBu^t)]_2$	223	45
$Pt_2As_4C_{51}H_{44}Cl_2O$	$Pt_2Cl_2(\mu\text{-}CO)(\mu\text{-}dpam)_2$		46
$Pt_2C_{51}H_{44}ClOP_4^+F_6P^-$	$[Pt_2Cl(CO)(\mu\text{-}dppm)_2][PF_6]$		47
$Pt_2C_{52}H_{51}P_4^+F_6P^-$	$[HPt_2Me_2(\mu\text{-}dppm)_2][PF_6]$		48
$Pt_2C_{53}H_{53}P_4^+F_6P^-$	$[Pt_2Me_3(\mu\text{-}dppm)_2][PF_6]$		49
$Pt_2SiC_{54}H_{82}P_2$	$[Pt(C_2Ph)(PCy_3)]_2(\mu\text{-}SiMe_2)$		50
$Pt_2C_{55}H_{45}OP_3S$	$Pt_2S(CO)(PPh_3)_3$		51
$Pt_2FeC_{59}H_{45}O_{14}P_3$	$Pt_2Fe(CO)_5\{P(OPh)_3\}_3$		52
$Pt_2RuC_{59}H_{45}O_5P_3$	$Pt_2Ru(CO)_5(PPh_3)_3$		53
$Pt_2RuC_{59}H_{45}O_5P_3\cdot C_6H_6$	$Pt_2Ru(CO)_5(PPh_3)_3\cdot C_6H_6$		53
$Pt_2C_{62}H_{53}N_2P_3S$	$\overline{Pt_2(\mu\text{-}PPh_2)(\mu\text{-}NC_6H_2Me_2\text{-}4,5\text{-}N{=}S\text{-}2)\text{-}}$(Ph)(PPh_3)_2		54
$Pt_2C_{68}H_{56}N_2P_4^{2+}\cdot 2BF_4^-$	$[\{\overline{Pt(\mu\text{-}CH_2C_6H_4CN\text{-}2)(Ph_2PCH{=}CHPPh_2)}\}_2]\text{-}[BF_4]_2$		55
$Pt_2C_{72}H_{50}N_4P_2\cdot 2C_6H_6$	$[\overline{Pt\{CPh{=}CPhC{=}C(CN)_2\}(PPh_3)}]_2\cdot 2C_6H_6$		56
$Pt_2C_{73}H_{60}ClP_4S_2^+\text{-}BF_4^-\cdot 0.2CH_2Cl_2$	$[\{PtCl(PPh_3)_2\}(\mu\text{-}CS_2)\{Pt(PPh_3)_2\}][BF_4]\cdot 0.2CH_2Cl_2$		57

[a] $C_{10}H_{10}$ = 5-cyclopentadienylcyclopentadiene. [b] $C_{10}H_{12}OMe$ = 1,2,5-η^3-3a,4,5,6,7,7a-H_6-6-MeO-4,7-methanoinden-5-yl. [c] $C_{12}H_{17}$ = (Me$_5$bicyclo[2.2.0]hexa-2,5-dienyl)methyl.

1. A. Modinos and P. Woodward, *J. Chem. Soc., Dalton Trans.*, 1975, 1516.
2. V. C. Adam, J. A. J. Jarvis, B. T. Kilbourn and P. G. Owston, *Chem. Commun.*, 1971, 467.
3. A. DeRenzi, B. DiBlasio, G. Paiaro, A. Panunzi and C. Pedone, *Gazz. Chim. Ital.*, 1976, **105**, 765.
4. E. W. Abel, A. R. Khan, K. Kite, K. G. Orrell, V. Sik, T. S. Cameron and R. Cordes, *J. Chem. Soc., Chem. Commun.*, 1979, 713.
5. E. W. Abel, M. Booth, K. G. Orrell, G. M. Pring and T. S. Cameron, *J. Chem. Soc., Chem. Commun.*, 1981, 29.
6. J. Bordner and D. W. Wertz, *Inorg. Chem.*, 1974, **13**, 1639.
7. M. R. Truter and E. G. Cox, *J. Chem. Soc.*, 1956, 948.
8. T. G. Hewitt, K. Anzenhofer and J. J. de Boer, *J. Organomet. Chem.*, 1969, **18**, P19*; T. G. Hewitt and J. J. de Boer, *J. Chem. Soc. (A)*, 1971, 817.
9. G. K. Barker, M. Green, J. L. Spencer, F. G. A. Stone, B. F. Taylor and A. J. Welch, *J. Chem. Soc., Chem. Commun.*, 1975, 804.
10. W. S. McDonald, B. E. Mann, G. Raper, B. L. Shaw and G. Shaw, *Chem. Commun.*, 1969, 1254*; G. Raper and W. S. McDonald, *J. Chem. Soc., Dalton Trans.*, 1972, 265.
11. V. B. Pukhnarevich, Y. T. Struchkov, G. G. Aleksandrov, S. P. Sushchinskaya, E. O. Tsetlina and M. G. Voronkov, *Koord. Khim.*, 1979, **5**, 1535; Y. T. Struchkov, G. G. Aleksandrov, V. B. Pukhnarevich, S. P. Sushchinskaya and M. G. Voronkov, *J. Organomet. Chem.*, 1979, **172**, 269.
12. A. C. Hazell and M. R. Truter, *Proc. R. Soc. London, Ser. A*, 1960, **254**, 218.
13. A. Robson and M. R. Truter, *J. Chem. Soc.*, 1965, 630.
14. M. Green, J. A. K. Howard, A. Laguna, M. Murray, J. L. Spencer and F. G. A. Stone, *J. Chem. Soc., Chem. Commun.*, 1975, 451*; M. Green, J. A. K. Howard, A. Laguna, L. E. Smart, J. L. Spencer and F. G. A. Stone, *J. Chem. Soc., Dalton Trans.*, 1977, 278.
15. K. K. Cheung, R. J. Cross, K. P. Forrest, R. Wardle and M. Mercer, *Chem. Commun.*, 1971, 875.
16. J. D. Schagen, A. R. Overbeek and H. Schenk, *Inorg. Chem.*, 1978, **17**, 1938.
17. J. E. Lydon, M. R. Truter and R. C. Watling, *Proc. Chem. Soc.*, 1964, 193*.
18. M. R. Truter and R. C. Watling, *J. Chem. Soc. (A)*, 1967, 1955.
19. F. Giordano and A. Vitagliano, *Inorg. Chem.*, 1981, **20**, 633.
20. W. A. Whitla, H. M. Powell and L. M. Venanzi, *Chem. Commun.*, 1966, 310.
21. G. K. Anderson, R. J. Cross, L. Manojlovic-Muir, K. W. Muir and T. Solomun, *J. Organomet. Chem.*, 1979, **170**, 385.
22. L. Maresca, G. Natile, A. Tiripicchio, M. Tiripicchio-Camellini and G. Rizzardi, *Inorg. Chim. Acta*, 1979, **37**, L545.
23. R. C. Elder, R. D. P. Cruea and R. F. Morrison, *Inorg. Chem.*, 1976, **15**, 1623.
24. L. E. Smart, J. Browning, M. Green, A. Laguna, J. L. Spencer and F. G. A. Stone, *J. Chem. Soc., Dalton Trans.*, 1977, 1777.
25. J. E. Lydon and M. R. Truter, *J. Chem. Soc.*, 1965, 6899.
26. R. Mason, G. B. Robertson, P. O. Whimp, B. L. Shaw and G. Shaw, *Chem. Commun.*, 1968, 868*; R. Mason, G. B. Robertson and P. O. Whimp, *J. Chem. Soc. (A)*, 1970, 535.
27. A. G. Swallow and M. R. Truter, *Proc. R. Soc. London, Ser. A*, 1960, **254**, 205 (X).
28. R. N. Hargreaves and M. R. Truter, *Chem. Commun.*, 1968, 473*; *J. Chem. Soc. (A)*, 1969, 2282 (N).
29. R. Mason, M. Textor, N. Al-Salem and B. L. Shaw, *J. Chem. Soc., Chem. Commun.*, 1976, 292.
30. J. R. Briggs, C. Crocker, W. S. McDonald and B. L. Shaw, *J. Chem. Soc., Dalton Trans.*, 1981, 575.
31. G. K. Barker, M. Green, J. L. Spencer, F. G. A. Stone, B. F. Taylor and A. J. Welch, *J. Chem. Soc., Chem. Commun.*, 1975, 804.

32. N. M. Boag, M. Green, J. A. K. Howard, F. G. A. Stone and H. Wadepohl, *J. Chem. Soc., Dalton Trans.*, 1981, 862.
33. R. Bender, P. Braunstein, Y. Dusausoy and J. Protas, *J. Organomet. Chem.*, 1979, **172**, C51.
34. G. Bracher, D. M. Grove, L. M. Venanzi, F. Bachechi, P. Mura and L. Zambonelli, *Angew. Chem.*, 1978, **90**, 826 (*Angew. Chem., Int. Ed. Engl.*, 1978, **17**, 778).
35. T. V. Ashworth, M. Berry, J. A. K. Howard, M. Laguna and F. G. A. Stone, *J. Chem. Soc., Chem. Commun.*, 1979, 45*; *J. Chem. Soc., Dalton Trans.*, 1980, 1615.
36. M. Green, D. M. Grove, J. A. K. Howard, J. L. Spencer and F. G. A. Stone, *J. Chem. Soc., Chem. Commun.*, 1976, 759.
37. W. E. Carroll, M. Green, J. A. K. Howard, M. Pfeffer and F. G. A. Stone, *Angew. Chem.*, 1977, **89**, 838 (*Angew. Chem., Int. Ed. Engl.*, 1977, **16**, 793)*; *J. Chem. Soc., Dalton Trans.*, 1978, 1472.
38. U. Behrens, K. Hoffmann, J. Kopf and J. Moritz, *J. Organomet. Chem.*, 1976, **117**, 91.
39. J. Fischer, A. Mitschler, R. Weiss, J. Dehand and J. F. Nennig, *J. Organomet. Chem.*, 1975, **91**, C37.
40. L. J. Farrugia, J. A. K. Howard, P. Mitrprachachon, F. G. A. Stone and P. Woodward, *J. Chem. Soc., Dalton Trans.*, 1981, 1134.
41. L. J. Farrugia, J. A. K. Howard, P. Mitrprachachon, J. L. Spencer, F. G. A. Stone and P. Woodward, *J. Chem. Soc., Chem. Commun.*, 1978, 260*; L. J. Farrugia, J. A. K. Howard, P. Mitrprachachon, F. G. A. Stone and P. Woodward, *J. Chem. Soc., Dalton Trans.*, 1981, 1274.
42. Y. Koie, S. Shinoda, Y. Saito, B. J. Fitzgerald and C. G. Pierpont, *Inorg. Chem.*, 1980, **19**, 770.
43. A. Modinos and P. Woodward, *J. Chem. Soc., Dalton Trans.*, 1975, 1534.
44. M. K. Cooper, P. J. Guerney, H. J. Goodwin and M. McPartlin, *J. Chem. Soc., Chem. Commun.*, 1978, 861.
45. M. Ciriano, M. Green, D. Gregson, J. A. K. Howard, J. L. Spencer, F. G. A. Stone and P. Woodward, *J. Chem. Soc., Dalton Trans.*, 1979, 1294.
46. M. P. Brown, A. N. Keith, L. Manojlovic-Muir, K. W. Muir, R. J. Puddephatt and K. R. Seddon, *Inorg. Chim. Acta*, 1979, **34**, L223.
47. L. Manojlovic-Muir, K. W. Muir and T. Solomun, *J. Organomet. Chem.*, 1979, **179**, 479.
48. M. P. Brown, S. J. Cooper, A. A. Frew, L. Manojlovic-Muir, K. W. Muir, R. J. Puddephatt and M. A. Thomson, *J. Organomet. Chem.*, 1980, **198**, C33.
49. A. A. Frew, L. Manojlovic-Muir and K. W. Muir, *J. Chem. Soc., Chem. Commun.*, 1980, 624.
50. M. Ciriano, J. A. K. Howard, J. L. Spencer, F. G. A. Stone and H. Wadepohl, *J. Chem. Soc., Dalton Trans.*, 1979, 1749.
51. A. C. Skapski and P. G. H. Troughton, *Chem. Commun.*, 1969, 170*; *J. Chem. Soc. (A)*, 1969, 2772.
52. V. G. Albano, G. Ciani, M. I. Bruce, G. Shaw and F. G. A. Stone, *J. Organomet. Chem.*, 1972, **42**, C99*; V. G. Albano and G. Ciani, *J. Organomet. Chem.*, 1974, **66**, 311.
53. M. I. Bruce, J. G. Matisons, B. W. Skelton and A. H. White, *Aust. J. Chem.*, 1982, **35**, 687.
54. R. Meij, D. J. Stufkens, K. Vrieze, A. M. F. Brouwers and A. R. Overbeek, *J. Organomet. Chem.*, 1978, **155**, 123.
55. D. Schwarzenbach, A. Pinkerton, G. Chapuis, J. Wenger, R. Ros and R. Roulet, *Inorg. Chim. Acta*, 1977, **25**, 255.
56. M. Lenarda, N. Bresciani-Pahor, M. Calligaris, M. Graziani and L. Randaccio, *Inorg. Chim. Acta*, 1978, **26**, L19.
57. J. M. Lisy, E. D. Dobrzynski, R. J. Angelici and J. Clardy, *J. Am. Chem. Soc.*, 1975, **97**, 656.

Pt$_3$ Triplatinum

Molecular formula	Structure	Notes	Ref.
Pt$_3$Fe$_3$C$_{15}$O$_{15}^-$C$_{10}$H$_{16}$N$^+$	[tmba][Pt$_3$Fe$_3$(CO)$_{15}$]		1
Pt$_3$Fe$_3$C$_{15}$O$_{15}^{2-}$2C$_{16}$H$_{36}$N$^+$	[NBu$_4$]$_2$[Pt$_3$Fe$_3$(CO)$_{15}$]		1
Pt$_3$Sn$_2$C$_{24}$H$_{36}$Cl$_6$	{Pt(cod)}$_3$(SnCl$_3$)$_2$		2
Pt$_3$Co$_2$C$_{27}$H$_{45}$O$_9$P$_3$	Pt$_3$Co$_2$(CO)$_9$(PEt$_3$)$_3$		3
Pt$_3$C$_{30}$H$_{54}$N$_6$·C$_7$H$_8$	Pt$_3$(CNBu^t)$_6$·PhMe		4
Pt$_3$C$_{32}$H$_{24}$F$_{24}$	Pt$_3$(cod)$_2${μ-C$_2$(CF$_3$)$_2$}$_2${μ-C$_4$(CF$_3$)$_4$}		5
Pt$_3$C$_{34}$H$_{44}$	Pt(η-C$_2$H$_4$){(μ-η^2,η^2-C$_8$H$_8$)Pt(cod)}$_2$	a	6
Pt$_3$C$_{52}$H$_{80}$P$_4$	Pt$_3$(μ-η^2-C$_2$Ph$_2$)$_2$(PEt$_3$)$_4$		7
Pt$_3$C$_{57}$H$_{99}$O$_3$P$_3$	Pt$_3$(CO)$_3$(PCy$_3$)$_3$		8
Pt$_3$C$_{72}$H$_{60}$O$_2$P$_4$S	Pt$_3$(μ-Ph)(μ-PPh$_2$)(μ-SO$_2$)(PPh$_3$)$_3$		9
Pt$_3$C$_{75}$H$_{132}$O$_3$P$_4$	Pt$_3$(CO)$_3$(PCy$_3$)$_4$		10
Pt$_3$C$_{78}$H$_{65}$P$_5$·C$_6$H$_6$	Pt$_3$Ph(μ-PPh$_2$)$_3$(PPh$_3$)$_2$·C$_6$H$_6$		11

^{a} C$_8$H$_8$ = 2,3-η^2-cycloocta-2,5,7-trien-1,4-diyl.

1. G. Longoni, M. Manassero and M. Sansoni, *J. Am. Chem. Soc.*, 1980, **102**, 7973.
2. L. J. Guggenberger, *Chem. Commun.*, 1968, 512.
3. J.-P. Barbier, P. Braunstein, J. Fischer and L. Ricard, *Inorg. Chim. Acta*, 1978, **31**, L361.
4. M. Green, J. A. Howard, J. L. Spencer and F. G. A. Stone, *J. Chem. Soc., Chem. Commun.*, 1975, 1*; M. Green, J. A. K. Howard, M. Murray, J. L. Spencer and F. G. A. Stone, *J. Chem. Soc., Dalton Trans.*, 1977, 1509.

5. L. E. Smart, J. Browning, M. Green, A. Laguna, J. L. Spencer and F. G. A. Stone, *J. Chem. Soc., Dalton Trans.*, 1977, 1777.
6. N. M. Boag, J. A. K. Howard, J. L. Spencer and F. G. A. Stone, *J. Chem. Soc., Dalton Trans.*, 1981, 1051.
7. N. M. Boag, M. Green, J. A. K. Howard, J. L. Spencer, R. F. D. Stansfield, F. G. A. Stone, M. D. O. Thomas, J. Vicente and P. Woodward, *J. Chem. Soc., Chem. Commun.*, 1977, 930*; N. M. Boag, M. Green, J. A. K. Howard, J. L. Spencer, R. F. D. Stansfield, M. D. O. Thomas, F. G. A. Stone and P. Woodward, *J. Chem. Soc., Dalton Trans.*, 1980, 2182.
8. A. Albinati, *Inorg. Chim. Acta*, 1977, **22**, L31.
9. D. G. Evans, G. R. Hughes, D. M. P. Mingos, J.-M. Bassett and A. J. Welch, *J. Chem. Soc., Chem. Commun.*, 1980, 1255.
10. A. Albinati, G. Carturan and A. Musco, *Inorg. Chim. Acta*, 1976, **16**, L3.
11. N. J. Taylor, P. C. Chieh and A. J. Carty, *J. Chem. Soc., Chem. Commun.*, 1975, 448.

Pt_4 Tetraplatinum

Molecular formula	Structure	Notes	Ref.
$Pt_4C_{12}H_8Cl_{14}^{2-} \cdot 2C_{19}H_{15}^{+} \cdot 2CH_2Cl_2$	$[CPh_3]_2[Pt_4(\mu-C_6H_4)_2Cl_{14}] \cdot 2CH_2Cl_2$		1
$Pt_4C_{12}H_{20}Cl_4$	$[PtCl(\eta-C_3H_5)]_4$		2
$Pt_4C_{12}H_{36}Cl_4$	$[Me_3PtCl]_4$		3, 4
$Pt_4C_{12}H_{36}I_4$	$[Me_3PtI]_4$		5
$Pt_4C_{12}H_{36}N_{12}$	$[Me_3Pt(N_3)]_4$	203	6
$Pt_4C_{12}H_{40}O_4$	$[Me_3Pt(OH)]_4$	a, N	7, 8
$Pt_4C_{24}H_{60}Cl_4$	$[Et_3PtCl]_4$		9
$Pt_4C_{37}H_{44}O_5P_4$	$Pt_4(CO)_5(PMe_2Ph)_4$		10

a Orginally reported as 'PtMe$_4$' (ref. 4).

1. P. W. Cook, L. F. Dahl and D. W. Dickerhoof, *J. Am. Chem. Soc.*, 1972, **94**, 5511.
2. G. Raper and W. S. McDonald, *Chem. Commun.*, 1970, 655*; *J. Chem. Soc., Dalton Trans.*, 1972, 265.
3. E. G. Cox and K. C. Webster, *Z. Kristallogr., Kristallgeom., Kristallphys., Kristallchem.*, 1935, **90**, 561.
4. R. E. Rundle and J. H. Sturdivant, *J. Am. Chem. Soc.*, 1947, **69**, 1561.
5. G. Donnay, L. B. Coleman, N. G. Krieghoff and D. O. Cowan, *Acta Crystallogr.*, 1968, **B24**, 157.
6. M. Atam and U. Müller, *J. Organomet. Chem.*, 1974, **71**, 435.
7. T. G. Spiro, D. H. Templeton and A. Zalkin, *Inorg. Chem.*, 1968, **7**, 2165.
8. H. S. Preston, J. C. Mills and C. H. L. Kennard, *J. Organomet. Chem.*, 1968, **14**, 447 (N).
9. R. N. Hargreaves and M. R. Truter, *J. Chem. Soc. (A)*, 1971, 90.
10. R. G. Vranka, L. F. Dahl, P. Chini and J. Chatt, *J. Am. Chem. Soc.*, 1969, **91**, 1574.

Pt_5 Pentaplatinum

Molecular formula	Structure	Notes	Ref.
$Pt_5C_{78}H_{60}O_6P_4 \cdot 3C_7H_8$	$Pt_5(CO)_6(PPh_3)_4 \cdot 3PhMe$		1

1. J.-P. Barbier, R. Bender, P. Braunstein, J. Fischer and L. Ricard, *J. Chem. Res. (S)*, 1978, 230; *J. Chem. Res. (M)*, 1978, 2913.

Pt_6 Hexaplatinum

Molecular formula	Structure	Notes	Ref.
$Pt_6C_{12}O_{12}^{2-} \cdot 2C_{24}H_{20}P^+$	$[PPh_4]_2[Pt_6(CO)_{12}]$		1
$Pt_6Fe_4C_{22}O_{22}^{2-} \cdot 2C_{10}H_{16}N^+$	$[tmba]_2[Pt_6Fe_4(CO)_{22}]$		2

1. J. C. Calabrese, L. F. Dahl, P. Chini, G. Longoni and S. Martinengo, *J. Am. Chem. Soc.*, 1974, **96**, 2614.
2. G. Longoni, M. Manassero and M. Sansoni, *J. Am. Chem. Soc.*, 1980, **102**, 7973.

Pt₇ Heptaplatinum

Molecular formula	Structure	Notes	Ref.
$Pt_7C_{108}H_{108}N_{12}$	$Pt_7(CNC_6H_3Me_2\text{-}2,6)_{12}$		1

1. Y. Yamamoto, K. Aoki and H. Yamazaki, *Chem. Lett.*, 1979, 391.

Pt₉ Nonaplatinum

Molecular formula	Structure	Notes	Ref.
$Pt_9C_{18}O_{18}^{2-}2C_{24}H_{20}P^+$	$[PPh_4]_2[Pt_9(CO)_{18}]$		1

1. J. C. Calabrese, L. F. Dahl, P. Chini, G. Longoni and S. Martinengo, *J. Am. Chem. Soc.*, 1974, **96**, 2614.

Pt₁₂ Dodecaplatinum

Molecular formula	Structure	Notes	Ref.
$Pt_{12}C_{24}O_{24}^{2-}2AsC_{24}H_{20}^+$	$[AsPh_4]_2[Pt_{12}(CO)_{24}]$		1

1. J. C. Calabrese, L. F. Dahl, P. Chini, G. Longoni and S. Martinengo, *J. Am. Chem. Soc.*, 1974, **96**, 2614.

Pt₁₅ Pentadecaplatinum

Molecular formula	Structure	Notes	Ref.
$Pt_{15}C_{30}H_{30}^{2-}2AsC_{24}H_{20}^+$	$[AsPh_4]_2[Pt_{15}(CO)_{30}]$		1

1. J. C. Calabrese, L. F. Dahl, P. Chini, G. Longoni and S. Martinengo, *J. Am. Chem. Soc.*, 1974, **96**, 2614.

Pt₁₉ Nonadecaplatinum

Molecular formula	Structure	Notes	Ref.
$Pt_{19}C_{22}O_{22}^{2-}4C_{16}H_{36}N^+\cdot 8C_2H_3N$	$[NBu_4]_4[Pt_{19}(CO)_{22}]\cdot 8\,MeCN$		1
$Pt_{19}C_{22}O_{22}^{4-}4C_{24}H_{20}P^+\cdot 4C_2H_3N$	$[PPh_4]_4[Pt_{19}(CO)_{22}]\cdot 4\,MeCN$		1

1. D. M. Washecheck, E. J. Wucherer, L. F. Dahl, A. Ceriotti, G. Longoni, M. Manassero, M. Sansoni and P. Chini, *J. Am. Chem. Soc.*, 1979, **101**, 6110.

Rb Rubidium

Molecular formula	Structure	Notes	Ref.
$RbCH_3$	RbMe	a	1

[a] Ionic.

1. E. Weiss and H. Koster, *Chem. Ber.*, 1977, **110**, 717.

Re Rhenium

Molecular formula	Structure	Notes	Ref.
$ReC_2H_3Cl_5N^-C_{16}H_{36}N^+$	$[NBu_4][ReCl_5(CNMe)]$		1
$ReC_4H_2O_4^-C_8H_{20}N^+$	$[NEt_4][cis-H_2Re(CO)_4]$		2
$ReC_4H_2O_4^- 2Re_4C_{16}O_{16}^{2-} 5C_8H_{20}N^+$	$[NEt_4][trans-H_2Re(CO)_4]\cdot 2[NEt_4]2[Re_4(CO)_{16}]$		3
$ReGeC_5H_3O_5$	$Re(GeH_3)(CO)_5$	E	4
$ReSiC_5H_3O_5$	$Re(SiH_3)(CO)_5$	E	4
$ReB_9C_5H_{11}O_3^-Cs^+$	$Cs[Re(CO)_3(\eta^5-B_9C_2H_{11})]$		5
ReC_5BrO_5	$ReBr(CO)_5$		6
$ReC_6H_3O_5$	$ReMe(CO)_5$	E	4
$ReC_6H_9NO_4PS$	$cis-Re(PMe_2S)(NH_3)(CO)_4$		7
$ReC_6O_6^+Re_2F_{11}^-$	$[Re(CO)_6][Re_2F_{11}]$		8
$ReC_7H_{12}BrN_2O_3$	$ReBr(CO)_3\{MeNH(CH_2)_2NHMe\}$		9
$ReC_7H_{16}N_4O_3^+C_{12}H_{10}O_2P^-$	$[Re(CO)_3(en)_2][O_2PPh_2]$	a	10
$ReC_8H_7O_6$	$cis-\overline{Re\{MeCO\cdots H\cdots OCMe\}(CO)_4}$		11
$ReC_8H_8BrO_2$	$ReBrMe(CO)_2(\eta-C_5H_5)$		12
$ReSiC_8H_9O_5$	$Re(SiMe_3)(CO)_5$		13
$ReBC_9H_9ClO_6$	$fac-Re(CO)_3\{(MeCO)_3BCl\}$		14
$ReC_9H_9N_3O_3^+BF_4^-$	$[fac-Re(CO)_3(MeCN)_3][BF_4]$		15
$ReC_9H_{16}BrN_2O_3$	$ReBr(CO)_3(TMEDA)$		16
$ReCrC_{10}HO_{10}$	$HReCr(CO)_{10}$		17
$ReC_{10}H_7O_4$	$Re(CO)_3(\eta-C_5H_4COMe)$		18
$ReC_{10}H_8O_3^+Re_2C_6Br_3O_6^-$	$[Re(CO)_3(\eta-PhMe)][Re_2(\mu-Br)_3(CO)_6]$		19
$ReC_{10}H_{10}Br_2^+BF_4^-$	$[ReBr_2(\eta-C_5H_5)_2][BF_4]$		20
$ReMnC_{10}O_{10}$	$ReMn(CO)_{10}$	b	21
$ReC_{11}H_5O_4S_2$	$Re(CO)_4(S_2CPh)$		22
$ReC_{11}H_9O_3$	$Re(CO)_3(\eta^5-C_8H_9)$	c	23
$ReSiC_{11}H_{13}O_3$	$Re(CO)_3(\eta-C_5H_4SiMe_3)$		24
$ReC_{11}H_{16}ClN_2O_3$	$ReCl(CO)_3(Pr^iN=CHCH=NPr^i)$		25
$ReC_{12}H_4ClO_6$	$Re(COC_6H_4Cl-4)(CO)_5$		26
$ReMnC_{12}H_6O_{10}$	$cis-ReMn\{C(OMe)Me\}(CO)_9$		27
$ReC_{12}H_8Br_3N_2O_2$	$ReBr_3(CO)_2(bipy)$		28
$ReC_{12}H_{10}NO_5$	$cis-Re(COMe)(NH_2Ph)(CO)_4$		29
$ReC_{12}F_{11}O_5$	$Re\{C[C(CF_3)=CF_2]=C(CF_3)_2\}(CO)_5$		30
$ReMoC_{13}H_5O_8$	$ReMo(CO)_8(\eta-C_5H_5)$	d	21
$ReC_{13}H_8F_2N_2O_5P$	$Re(PO_2F_2)(CO)_3(bipy)$		31
$ReC_{13}H_{16}NO_7$	$cis-\overline{Re\{C(Me)O\cdots HN[CHMe(CO_2Et)]=C-Me\}(CO)_4}$		32
$ReC_{13}H_{19}$	$ReMe_2(\eta^4-C_5H_5Me)(\eta-C_5H_5)$		33
$ReC_{13}H_{26}NO_2P_2$	$ReMe(\eta^1-C_5H_5)(CO)(PMe_3)_2(NO)$		34
$ReMnC_{14}H_9NO_5$	$Re\{(\eta^5-NC_4H_4)Mn(CO)_3\}(CO)_2(\eta-C_5H_5)$		35
$ReC_{14}H_{12}NO_5$	$cis-\overline{Re\{MeC=O\cdots HN(Ph)=CMe\}(CO)_4}$		36
$ReC_{14}H_{13}O_2$	$HRe(CH_2Ph)(CO)_2(\eta-C_5H_5)$		37
$ReSi_4C_{14}H_{27}O_5$	$Re\{Si(SiMe_3)_3\}(CO)_5$		13
$ReOs_3C_{15}HO_{15}$	$HReOs_3(CO)_{15}$		38
$ReC_{15}H_{18}O_3^+Re_2C_6Cl_3O_6^-$	$[Re(CO)_3(\eta-C_6Me_6)][Re_2(\mu-Cl)_3(CO)_6]$		19
$ReC_{15}H_{19}O_3$	$Re(CO)_3(\eta^5-C_6Me_6H)$		39
$ReMoC_{16}H_5O_9$	$ReMo(CPh)(CO)_9$		40
$ReC_{16}H_{30}N_3OS_6$	$Re(CO)(S_2CNEt_2)_3$		41
$ReC_{17}H_{19}O_2P^+BCl_4^-$	$[Re\{CPh(PMe_3)\}(CO)_2(\eta-C_5H_5)][BCl_4]$		42
$ReMoC_{18}H_{15}O_3$	$\{Re(CO)(\eta-C_5H_5)\}(\mu-CO)_2\{Mo(\eta-C_5H_5)_2\}$		43
$ReMnC_{19}H_{10}O_7$	$\{Re(CO)_4\}(\mu-CPh=C=O)\{Mn(CO)_2(\eta-C_5H_5)\}$		44
$ReWC_{19}H_{14}O_9P$	$\{Re(CO)_4\}(\mu-CO)\{\mu-CPh(PMe_3)\}\{W(CO)_4\}$		45
$ReC_{19}H_{19}BrN_4O_3$	$ReBr(CO)_3\{PPh(dmpz)_2\}$		46
$ReC_{21}H_{20}O_5P$	$\overline{Re(CH_2CMe_2CH_2OPPh_2)(CO)_4}$		47
$ReGeC_{23}H_{15}O_5$	$Re(GePh_3)(CO)_5$	e	21
$RePbC_{23}H_{15}O_5$	$Re(PbPh_3)(CO)_5$	f	21
$ReSnC_{23}H_{15}O_5$	$Re(SnPh_3)(CO)_5$	g	21
$ReC_{24}H_{21}NO_2P$	$Re(CHO)(PPh_3)(NO)(\eta-C_5H_5)$		48
$ReSiC_{25}H_{21}O_2$	$HRe(SiPh_3)(CO)_2(\eta-C_5H_5)$		49
$ReSiC_{26}H_{21}O_2\cdot CH_2Cl_2$	$Re(CHSiPh_3)(CO)_2(\eta-C_5H_5)\cdot CH_2Cl_2$		50
$ReMnC_{27}H_{13}O_9P$	$\overline{Re\{COC_6H_3[Mn(CO)_4]PPh_2\}(CO)_4}$		51
$ReC_{32}H_{28}Br_3N_4$	$ReBr_3(CNTol)_4$		52
$ReC_{34}H_{24}O_4P$	$\overline{Re\{C_6H_4C(O)Ph-2\}(CO)_3(PPh_3)}$		53
$ReC_{38}H_{45}P_2$	$RePh_3(PEt_2Ph)_2$		54
$ReC_{39}H_{31}O_2P_2S_2$	$Re(S_2CH)(CO)_2(PPh_3)_2$		55
$ReC_{40}H_{33}O_4P_2$	$Re(OAc)(CO)_2(PPh_3)_2$		56
$ReSiC_{48}H_{39}O_4P_2$	$fac-Re\{C(O)SiPh_3\}(CO)_3(dppe)$		57
$ReCuC_{55}H_{39}F_{10}O_3P_2$	$ReCu(C_2C_6F_5)_2(CO)_3(PPh_3)_2$		58

a One monodentate en. b Mn—Re bond length reported. c C_8H_9 = 1,2-$(CH_2)_3C_5H_3$. d Mo—Re bond length reported. e Re—Ge bond length reported. f Re—Pb bond length reported. g Re—Sn bond length reported.

1. F. A. Cotton, P. E. Fanwick and P. A. McArdle, *Inorg. Chim. Acta*, 1979, **35**, 289.
2. G. Ciani, G. D'Alfonso, M. Freni, P. Romiti and A. Sironi, *J. Organomet. Chem.*, 1978, **152**, 85.
3. G. Ciani, G. D'Alfonso, M. Freni, P. Romiti and A. Sironi, *J. Organomet. Chem.*, 1978, **157**, 199.
4. D. W. H. Rankin and A. Robertson, *J. Organomet. Chem.*, 1976, **105**, 331.
5. A. Zalkin, T. E. Hopkins and D. H. Templeton, *Inorg. Chem.*, 1966, **5**, 1189.
6. M. C. Couldwell and J. Simpson, *Cryst. Struct. Commun.*, 1977, **6**, 1.
7. E. Lindner, F. Bouachir, M. Weishaupt, S. Hoehne and B. Schilling, *Z. Anorg. Allg. Chem.*, 1979, **456**, 163.
8. D. M. Bruce, J. H. Holloway and D. R. Russell, *J. Chem. Soc., Chem. Commun.*, 1973, 321*; *J. Chem. Soc., Dalton Trans.*, 1978, 1627.
9. E. W. Abel, M. M. Bhatti, M. B. Hursthouse, K. M. A. Malik and M. A. Mazid, *J. Organomet. Chem.*, 1980, **197**, 345.
10. E. Lindner, S. Trad and S. Hoehne, *Chem. Ber.*, 1980, **113**, 639.
11. C. M. Lukehart and J. V. Zeile, *J. Am. Chem. Soc.*, 1976, **98**, 2365.
12. G. G. Aleksandrov, Y. T. Struchkov and Y. V. Makarov, *Zh. Strukt. Khim.*, 1973, **14**, 98.
13. M. C. Couldwell, J. Simpson and W. T. Robinson, *J. Organomet. Chem.*, 1976, **107**, 323.
14. C. M. Lukehart and L. T. Warfield, *Inorg. Chim. Acta*, 1980, **41**, 105.
15. L. Y. Y. Chan, E. E. Isaacs and W. A. G. Graham, *Can. J. Chem.*, 1977, **55**, 111.
16. M. C. Couldwell and J. Simpson, *J. Chem. Soc., Dalton Trans.*, 1979, 1101.
17. A. S. Foust, W. A. G. Graham and R. P. Stewart, *J. Organomet. Chem.*, 1973, **54**, C22.
18. T. L. Khotsyanova, S. I. Kuznetsov, E. V. Bryukhova and Y. V. Makarov, *J. Organomet. Chem.*, 1975, **88**, 351.
19. R. L. Davis and N. C. Baenziger, *Inorg. Nucl. Chem. Lett.*, 1977, **13**, 475.
20. K. Prout, T. S. Cameron, R. A. Forder, S. R. Critchley, B. Denton and G. V. Rees, *Acta Crystallogr.*, 1974, **B30**, 2290.
21. Y. T. Struchkov, K. N. Anisimov, O. P. Osipova, N. E. Kolobova and A. N. Nesmeyanov, *Dokl. Akad. Nauk SSSR*, 1967, **172**, 107.
22. G. Thiele and G. Liehr, *Chem. Ber.*, 1971, **104**, 1877.
23. K. K. Joshi, R. H. B. Mais, F. Nyman, P. G. Owston and A. M. Wood, *J. Chem. Soc. (A)*, 1968, 318.
24. W. Harrison and J. Trotter, *J. Chem. Soc., Dalton Trans.*, 1972, 678.
25. A. J. Graham, D. Akrigg and B. Sheldrick, *Cryst. Struct. Commun.*, 1977, **6**, 577.
26. I. S. Astakhova, A. A. Johannsson, V. A. Semion, Y. T. Struchkov, K. N. Anisimov and N. E. Kolobova, *Chem. Commun.*, 1969, 488*; I. S. Astakhova, V. A. Semion and Y. T. Struchkov, *Zh. Strukt. Khim.*, 1969, **10**, 508.
27. C. P. Casey, C. R. Cyr, R. L. Anderson and D. F. Marten, *J. Am. Chem. Soc.*, 1975, **97**, 3053.
28. M. G. B. Drew, K. M. Davis, D. A. Edwards and J. Marshalsea, *J. Chem. Soc., Dalton Trans.*, 1978, 1098.
29. C. M. Lukehart and J. V. Zeile, *J. Organomet. Chem.*, 1977, **140**, 309.
30. A. N. Nesmeyanov, G. G. Aleksandrov, N. G. Bokii, I. B. Zlotina, Y. T. Struchkov and N. E. Kolobova, *J. Organomet. Chem.*, 1976, **111**, C9; G. G. Aleksandrov, I. B. Zlotina, G. K. Zlobina, N. E. Kolobova and Y. T. Struchkov, *Koord. Khim.*, 1975, **1**, 1552.
31. E. Horn and M. R. Snow, *Aust. J. Chem.*, 1980, **33**, 2369.
32. A. J. Baskar, C. M. Lukehart and K. Srinivasan, *J. Am. Chem. Soc.*, 1981, **103**, 1467.
33. N. W. Alcock, *Chem. Commun.*, 1965, 177*; *J. Chem. Soc. (A)*, 1967, 2001.
34. C. P. Casey and W. D. Jones, *J. Am. Chem. Soc.*, 1980, **102**, 6154.
35. N. I. Pyshnograeva, V. N. Setkina, V. G. Andrianov, Y. T. Struchkov and D. N. Kursanov, *J. Organomet. Chem.*, 1978, **157**, 431.
36. C. M. Lukehart and J. V. Zeile, *J. Am. Chem. Soc.*, 1978, **100**, 2774.
37. E. O. Fischer and A. Frank, *Chem. Ber.*, 1978, **111**, 3740.
38. M. R. Churchill and F. J. Hollander, *Inorg. Chem.*, 1977, **16**, 2493.
39. P. H. Bird and M. R. Churchill, *Chem. Commun.*, 1967, 777.
40. E. O. Fischer, G. Huttner, T. L. Lindner, A. Frank and F. R. Kreissl, *Angew. Chem.*, 1976, **88**, 163 (*Angew. Chem., Int. Ed. Engl.*, 1976, **15**, 157).
41. S. R. Fletcher and A. C. Skapski, *J. Chem. Soc., Dalton Trans.*, 1974, 486.
42. F. R. Kreissl and P. Friedrich, *Angew. Chem.*, 1977, **89**, 553 (*Angew. Chem., Int. Ed. Engl.*, 1977, **16**, 543).
43. R. I. Mink, J. J. Welter, P. R. Young and G. D. Stucky, *J. Am. Chem. Soc.*, 1979, **101**, 6928.
44. O. Orama, U. Schubert, F. R. Kreissl and E. O. Fischer, *Z. Naturforsch., Teil B*, 1980, **35**, 82.
45. F. R. Kreissl, P. Friedrich, T. L. Lindner and G. Huttner, *Angew. Chem.*, 1977, **89**, 325 (*Angew. Chem., Int. Ed. Engl.*, 1977, **16**, 314).
46. R. E. Cobbledick, L. R. J. Dowdell, F. W. B. Einstein, J. K. Hoyano and L. K. Peterson, *Can. J. Chem.*, 1979, **57**, 2285.
47. E. Lindner and G. von Au, *Angew. Chem.*, 1980, **92**, 843 (*Angew. Chem., Int. Ed. Engl.*, 1980, **19**, 824)*; *Z. Naturforsch., Teil B*, 1980, **35**, 1104.
48. W.-K. Wong, W. Tam, C. E. Strouse and J. A. Gladysz, *J. Chem. Soc., Chem. Commun.*, 1979, 530.
49. R. A. Smith and M. J. Bennett, *Acta Crystallogr.*, 1977, **B33**, 1113.
50. E. O. Fischer, P. Rustemeyer and D. Neugebauer, *Z. Naturforsch., Teil B*, 1980, **35**, 1083.
51. B. T. Huie, C. B. Knobler, G. Firestein, R. J. McKinney and H. D. Kaesz, *J. Am. Chem. Soc.*, 1977, **99**, 7852.
52. P. M. Treichel, J. P. Williams, W. A. Freeman and J. I. Gelder, *J. Organomet. Chem.*, 1979, **170**, 247.
53. H. Preut and H.-J. Haupt, *Acta Crystallogr.*, 1980, **B36**, 1196.

54. W. E. Carroll and R. Bau, *J. Chem. Soc., Chem. Commun.*, 1978, 825.
55. V. G. Albano, P. L. Bellon and G. Ciani, *J. Organomet. Chem.*, 1971, **31**, 75.
56. G. LaMonica, S. Cenini, E. Forni, M. Manassero and V. G. Albano, *J. Organomet. Chem.*, 1976, **112**, 297.
57. J. R. Anglin, H. P. Calhoun and W. A. G. Graham, *Inorg. Chem.*, 1977, **16**, 2281.
58. O. M. Abu Salah, M. I. Bruce and A. D. Redhouse, *J. Chem. Soc., Chem. Commun.*, 1974, 855.

Re_2 Dirhenium

Molecular formula	Structure	Notes	Ref.
$Re_2C_5F_6O_5$	$Re(CO)_5(\mu\text{-F})ReF_5$		1
$Re_2C_6Br_3O_6^- ReC_{10}H_8O_3^+$	$[Re(CO)_3(\eta\text{-PhMe})][Re_2(\mu\text{-Br})_3(CO)_6]$		2
$Re_2C_6Cl_3O_6^- ReC_{15}H_{18}O_3^+$	$[Re(CO)_3(\eta\text{-}C_6Me_6)][Re_2(\mu\text{-Cl})_3(CO)_6]$		2
$Re_2C_6Cl_3O_6^- C_{36}H_{47}N_4^+ \cdot H_2O$	$[H_3OEP][Re_2(\mu\text{-Cl})_3(CO)_6]\cdot H_2O$		3
$Re_2C_8H_2O_8$	$H_2Re_2(CO)_8$		4
$Re_2C_8H_6Br_2O_6S_2$	$Re_2(\mu\text{-Br})_2(\mu\text{-}S_2Me_2)(CO)_6$		5
$Re_2C_8H_{18}Cl_2O_5S$	$Re_2Cl_2Me_2(\mu\text{-OAc})_2(OSMe_2)$		6
$Re_2C_8H_{24}^{2-} 2LiC_4H_{10}O^+$	$[Li(OEt_2)]_2[Re_2Me_8]$		7
$Re_2C_8I_2O_8$	$[Re(\mu\text{-I})(CO)_4]_2$		8
$Re_2C_9H_9O_9^- C_8H_{20}N^+$	$[NEt_4][Re_2(\mu\text{-OMe})_3(CO)_6]$	a	9
$Re_2C_{10}O_{10}$	$Re_2(CO)_{10}$	E, b	10–12
$Re_2C_{10}H_{18}O_8$	$Re_2Me_2(OAc)_2(\mu\text{-OAc})_2$		6
$Re_2C_{12}H_4O_{10}$	$\{Re(CO)_5\}_2C_2H_4$		13
$Re_2C_{12}H_{12}O_{10}P_2$	$[Re(\mu\text{-OPMe}_2)(CO)_4]_2$		14
$Re_2C_{12}H_{15}O_9^- AsC_{24}H_{20}^+$	$[AsPh_4][Re_2(\mu\text{-OEt})_3(CO)_6]$		15
$Re_2C_{12}H_{20}$	$Re_2(\eta\text{-}C_3H_5)_4$		16
$ReMnC_{14}HO_{14}$	$HRe_2Mn(CO)_{14}$		17
$Re_2C_{14}H_{16}Br_2O_8$	$[Re(\mu\text{-Br})(CO)_3(THF)]_2$		18
$Re_2C_{14}H_{20}O_6P_2S_4$	$[Re(CO)_3(S_2PEt_2)]_2$		19
$Re_2Si_2C_{14}H_{24}O_6$	$[H_2Re(\mu\text{-SiEt}_2)(CO)_3]_2$		20
$Re_2C_{15}H_5BrO_8$	$\{Re(CO)_4\}_2(\mu\text{-Br})(\mu\text{-CPh})$		21
$Re_2C_{15}H_{10}O_5$	$Re_2(CO)_5(\eta\text{-}C_5H_5)_2$		22
$Re_2Si_2C_{15}H_{22}O_7$	$H_2Re_2(\mu\text{-SiEt}_2)_2(CO)_7$		23
$Re_2CuC_{16}H_{12}O_{12}$	$\{cis\text{-}Re(MeCO)_2(CO)_4\}_2Cu$		24
$Re_2Ge_2C_{16}H_{18}O_{10}$	$[Re\{\mu\text{-C(Me)OGeMe}_2\}(CO)_4]_2$		25
$Re_2C_{18}H_{10}Br_2O_6S_2$	$Re_2(\mu\text{-Br})_2(\mu\text{-}S_2Ph_2)(CO)_6$		26
$Re_2C_{18}H_{10}Br_2O_6Se_2$	$Re_2(\mu\text{-Br})_2(\mu\text{-}Se_2Ph_2)(CO)_6$		27
$Re_2C_{18}H_{10}Br_2O_6Te_2$	$Re_2(\mu\text{-Br})_2(\mu\text{-}Te_2Ph_2)(CO)_6$		28
$Re_2C_{18}H_{28}O_{12}P_2\cdot 2C_4H_8O$	$[Re(\mu\text{-}O_2PMe_2)(CO)_3(THF)]_2\cdot 2THF$		29
$Re_2C_{18}H_{36}O_6P_4Se$	$\{Re(CO)_3(PMe_3)_2\}_2Se$		30
$Re_2Os_3C_{20}H_2O_{20}$	$H_2Re_2Os_3(CO)_{20}$		31
$Re_2C_{20}H_8N_2O_6S_4$	$[Re(mbt)(CO)_3]_2$		32
$Re_2SiC_{20}H_{12}O_8$	$[HRe(\mu\text{-SiPh}_2)(CO)_4]_2$		33
$Re_2Mo_2C_{21}H_{10}O_{11}S_2$	$\{Re_2Mo(CO)_8(\eta\text{-}C_5H_5)\}(\mu\text{-S})\{\mu\text{-SMo}(CO)_3\text{-}(\eta\text{-}C_5H_5)\}$		34
$Re_2C_{24}H_{14}N_4O_6$	$\{Re(CO)_3\}_2(C_{18}H_{14}N_4)$	c	35
$Re_2Si_6C_{24}H_{62}$	$\{Re(CH_2SiMe_3)_2\}_2(\mu\text{-CSiMe}_3)_2$		36
$Re_2C_{26}H_{20}Cl_2O_{10}$	$[ReCl(CO)_3(C_{10}H_{10}O_2)]_2$	d	37
$Re_2C_{26}H_{20}O_{10}$	$cis\text{-}Re_2(CO)_8\{C(OMe)(C_6H_4Me\text{-}4)\}_2$	173	38
$Re_2C_{27}H_{15}O_9S_3^- Cs^+$	$Cs[\{Re(CO)_3\}_2\{\mu\text{-SC(O)Ph}\}_3]$		39
$Re_2C_{30}H_{18}N_4O_8$	$[\overline{Re(\mu\text{-OC}_6H_4N\text{=}N}Ph)(CO)_3]_2$		40
$Re_2C_{30}H_{20}Br_2O_6P_2$	$Re_2(\mu\text{-Br})_2(\mu\text{-}P_2Ph_4)(CO)_6$		41
$Re_2C_{30}H_{22}O_4$	$\{Re(CO)_2(\eta\text{-}C_5H_5)\}_2(\mu\text{-C=CPhCPh=CH}_2\text{-}\eta^2)$		42
$Re_2As_2C_{31}H_{22}Cl_2O_6\cdot 0.25C_6H_{14}$	$Re_2(\mu\text{-Cl})_2(CO)_6(\mu\text{-dpam})\cdot 0.25C_6H_{14}$		43
$Re_2C_{31}H_{24}O_6P_2$	$\{HRe(CO)_3\}_2(\mu\text{-dppm})$		44
$Re_2C_{32}H_{20}O_{12}P_2$	$[Re(CO)_4(O_2PPh_2)]_2$		45
$Re_2C_{33}H_{27}NO_6P_2$	$HRe_2(CO)_6(\mu\text{-N=CHMe})(\mu\text{-dppm})$		44
$Re_2C_{36}H_{22}O_{10}$	$[Re(CO)_3(dbm)]_2$		46
$Re_2C_{50}H_{28}N_4O_6$	$\{Re(CO)_3\}_2(\mu\text{-tpp})$		47
$Re_2C_{50}H_{28}N_4O_6^+ SbCl_6^- \cdot 2CH_2Cl_2$	$[\{Re(CO)_3\}_2(\mu\text{-tpp})][SbCl_6]\cdot 2CH_2Cl_2$		48
$Re_2SnC_{52}H_{28}N_4O_6\cdot 2C_6H_4Cl_2$	$\{ReC(CO)_3\}_2Sn(tpp)\cdot 2C_6H_4Cl_2\text{-}1,2$		49
$Re_2C_{64}H_{48}N_2O_8S_2\cdot CH_2Cl_2$	$Re_2(\mu\text{-}C_6Ph_6)(CO)_4\{CNCH_2SO_2(Tol)\}_2\cdot CH_2Cl_2$		50

a Actually $[(\mu\text{-OMe})_x(\mu\text{-OEt})_y]$ $(x + y = 3)$, disordered. b Ref. 12 gives evidence for crystalline phase transition. c $C_{18}H_{14}N_4$ = dianion from dibenzo[*b,i*]-1,4,8,11-tetraaza[14]annulene. d $C_{10}H_{10}O_2$ = 1-Ph-1-OH-but-1-en-3-one.

1. D. M. Bruce, J. H. Holloway and D. R. Russell, *J. Chem. Soc., Chem. Commun.*, 1973, 321*; *J. Chem. Soc., Dalton Trans.*, 1978, 64.
2. R. L. Davis and N. C. Baenziger, *Inorg. Nucl. Chem. Lett.*, 1977, **13**, 475.
3. C. P. Hrung, M. Tsutsui, D. L. Cullen and E. F. Meyer, *J. Am. Chem. Soc.*, 1976, **98**, 7879*; C. P. Hrung, M. Tsutsui, D. L. Cullen, E. F. Meyer and C. N. Morimoto, *J. Am. Chem. Soc.*, 1978, **100**, 6068.
4. M. J. Bennett, W. A. G. Graham, J. K. Hoyano and W. L. Hutcheon, *J. Am. Chem. Soc.*, 1972, **94**, 6232.

5. I. Bernal, J. L. Atwood, F. Calderazzo and D. Vitali, *Isr. J. Chem.*, 1976/77, **15**, 153.
6. M. B. Hursthouse and K. M. A. Malik, *J. Chem. Soc., Dalton Trans.*, 1979, 409.
7. F. A. Cotton, L. D. Gage, K. Mertis, L. W. Shive and G. Wilkinson, *J. Am. Chem. Soc.*, 1976, **98**, 6922.
8. K. P. Darst, P. G. Lenhert, C. M. Lukehart and L. T. Warfield, *J. Organomet. Chem.*, 1980, **195**, 317.
9. G. Ciani, A. Sironi and A. Albinati, *Gazz. Chim. Ital.*, 1979, **109**, 615.
10. N. I. Gapotchenko, N. V. Alekseev, N. E. Kolobova, K. N. Anisimov, I. A. Ronova and A. A. Johansson, *J. Organomet. Chem.*, 1972, **35**, 319; N. I. Gapotchenko, Y. T. Struchkov, N. V. Alekseev and I. A. Ronova, *Zh. Strukt. Khim.*, 1973, **14**, 419 (E).
11. L. F. Dahl, E. Ishishi and R. E. Rundle, *J. Chem. Phys.*, 1957, **26**, 1750.
12. P. Lemoine, M. Gross and J. Boissier, *J. Chem. Soc., Dalton Trans.*, 1972, 1626.
13. B. Olgemöller and W. Beck, *Chem. Ber.*, 1981, **114**, 867.
14. G. Munding, B. Schilling, M. Weishaupt, E. Lindner and J. Strähle, *Z. Anorg. Allg. Chem.*, 1977, **437**, 169.
15. M. R. Churchill and S. W. Y. Chang, *Inorg. Chem.*, 1974, **13**, 2413 (footnote describes imprecise results also reported at 4 ICOMC, Bristol, 1969).
16. F. A. Cotton and M. W. Extine, *J. Am. Chem. Soc.*, 1978, **100**, 3788.
17. H. D. Kaesz, R. Bau and M. R. Churchill, *J. Am. Chem. Soc.*, 1967, **89**, 2775; M. R. Churchill and R. Bau, *Inorg. Chem.*, 1967, **6**, 2086.
18. F. Calderazzo, I. P. Mavani, D. Vitali, I. Bernal, J. D. Korp and J. L. Atwood, *J. Organomet. Chem.*, 1978, **160**, 207.
19. G. Thiele, G. Liehr and E. Lindner, *Chem. Ber.*, 1974, **107**, 442.
20. M. Cowie and M. J. Bennett, *Inorg. Chem.*, 1977, **16**, 2321.
21. E. O. Fischer, G. Huttner, T. L. Lindner, A. Frank and F. R. Kreissl, *Angew. Chem.*, 1976, **88**, 228 (*Angew. Chem., Int. Ed. Engl.*, 1976, **15**, 231).
22. A. S. Foust, J. K. Hoyano and W. A. G. Graham, *J. Organomet. Chem.*, 1971, **32**, C65.
23. M. Cowie and M. J. Bennett, *Inorg. Chem.*, 1977, **16**, 2325.
24. P. G. Lenhert, C. M. Lukehart and L. T. Warfield, *Inorg. Chem.*, 1980, **19**, 311.
25. M. J. Webb, M. J. Bennett, L. Y. Y. Chan and W. A. G. Graham, *J. Am. Chem. Soc.*, 1974, **96**, 5931.
26. I. Bernal, J. L. Atwood, F. Calderazzo and D. Vitali, *Gazz. Chim. Ital.*, 1976, **106**, 971.
27. J. Korp, I. Bernal, J. L. Atwood, F. Calderazzo and D. Vitali, *J. Chem. Soc., Dalton Trans.*, 1979, 1492.
28. F. Calderazzo, D. Vitali, R. Poli, J. L. Atwood, R. D. Rogers, J. M. Cummings and I. Bernal, *J. Chem. Soc., Dalton Trans.*, 1981, 1004.
29. E. Lindner, S. Trad, S. Hoehne and H.-H. Oetjen, *Z. Naturforsch., Teil B*, 1979, **34**, 1203.
30. E. Röttinger, V. Küllmer and H. Vahrenkamp, *J. Organomet. Chem.*, 1978, **150**, C6*; *Z. Naturforsch., Teil B*, 1979, **34**, 217.
31. J. R. Shapley, G. A. Pearson, M. Tachikawa, G. E. Schmidt, M. R. Churchill and F. J. Hollander, *J. Am. Chem. Soc.*, 1977, **99**, 8064*; M. R. Churchill and F. J. Hollander, *Inorg. Chem.*, 1978, **17**, 3546.
32. S. Jeannin, Y. Jeannin and G. Lavigne, *Transition Met. Chem.*, 1976, **1**, 195.
33. J. K. Hoyano, M. Elder and W. A. G. Graham, *J. Am. Chem. Soc.*, 1969, **91**, 4568*; M. Elder, *Inorg. Chem.*, 1970, **9**, 762.
34. P. J. Vergamini, H. Vahrenkamp and L. F. Dahl, *J. Am. Chem. Soc.*, 1971, **93**, 6326.
35. M. Tsutsui, R. L. Bobsein, R. Pettersen and R. Haaker, *J. Coord. Chem.*, 1979, **8**, 245.
36. M. Bochmann, G. Wilkinson, A. M. R. Galas, M. B. Hursthouse and K. M. A. Malik, *J. Chem. Soc., Dalton Trans.*, 1980, 1797.
37. M. C. Fredette and C. J. L. Lock, *Can. J. Chem.*, 1973, **51**, 1116.
38. E. O. Fischer, T. L. Lindner, H. Fischer, G. Huttner, P. Friedrich and F. R. Kreissl, *Z. Naturforsch., Teil B*, 1977, **32**, 648.
39. R. Mattes and H. Weber, *J. Organomet. Chem.*, 1979, **178**, 191.
40. G. G. Aleksandrov, V. V. Derunov, A. A. Johansson and Y. T. Struchkov, *J. Organomet. Chem.*, 1980, **188**, 367.
41. J. L. Atwood, J. K. Newell, W. E. Hunter, I. Bernal, F. Calderazzo, I. P. Mavani and D. Vitali, *J. Chem. Soc., Chem. Commun.*, 1976, 441*; *J. Chem. Soc., Dalton Trans.*, 1978, 1189.
42. N. E. Kolobova, A. B. Antonova, O. M. Khitrova, M. Y. Antipin and Y. T. Struchkov, *J. Organomet. Chem.*, 1977, **137**, 69.
43. C. J. Commons and B. F. Hoskins, *Aust. J. Chem.*, 1975, **28**, 1201.
44. M. J. Mays, D. W. Prest and P. R. Raithby, *J. Chem. Soc., Chem. Commun.*, 1980, 171.
45. H.-H. Oetjen, E. Lindner and J. Strähle, *Chem. Ber.*, 1978, **111**, 2067.
46. J. C. Barrick, M. Fredette and C. J. L. Lock, *Can. J. Chem.*, 1973, **51**, 317.
47. D. Cullen, E. Meyer, T. S. Srivastava and M. Tsutsui, *J. Am. Chem. Soc.*, 1972, **94**, 7603*; M. Tsutsui, C. P. Hrung, D. Ostfeld, T. S. Srivastava, D. L. Cullen and E. F. Meyer, *J. Am. Chem. Soc.*, 1975, **97**, 3952.
48. S. Kato, M. Tsutsui, D. L. Cullen and E. F. Meyer, *J. Am. Chem. Soc.*, 1977, **99**, 620.
49. I. Noda, S. Kato, M. Mizuta, N. Yasuoka and N. Kasai, *Angew. Chem.*, 1979, **91**, 85 (*Angew. Chem., Int. Ed. Engl.*, 1979, **18**, 83); see also theoretical discussion concerning nature of carbide atom in K. Tatsumi, R. Hoffman and M. H. Whangbo, *J. Chem. Soc., Chem. Commun.*, 1980, 509.
50. M. J. Mays, D. W. Prest and P. R. Raithby, *J. Chem. Soc., Dalton Trans.*, 1981, 771.

Re$_3$ Trirhenium

Molecular formula	Structure	Notes	Ref.
Re$_3$C$_9$H$_3$O$_{10}^{2-}$2C$_8$H$_{20}$N$^+$	[NEt$_4$]$_2$[H$_3$Re$_3$(μ_3-O)(CO)$_9$]		1, 2
Re$_3$C$_{10}$H$_3$O$_{10}^{2-}$2C$_8$H$_{20}$N$^+$	[NEt$_4$]$_2$[H$_3$Re$_3$(CO)$_{10}$]		1
Re$_3$C$_{10}$H$_4$O$_{10}^{-}$C$_8$H$_{20}$N$^+$	[NEt$_4$][H$_4$Re$_3$(CO)$_{10}$]		3
Re$_3$C$_{12}$HO$_{12}^{2-}$2C$_8$H$_{20}$N$^+$	[NEt$_4$]$_2$[HRe$_3$(CO)$_{12}$]		4

Molecular formula	Structure	Notes	Ref.
$Re_3C_{12}H_2O_{12}^-AsC_{24}H_{20}^+$	$[AsPh_4][H_2Re_3(CO)_{12}]$		5
$Re_3SnC_{14}H_7O_{12}$	$(\mu\text{-}H)Re_3(\mu\text{-}SnMe_2)(CO)_{12}$		6
$Re_3SnC_{16}H_9O_{13}S_2$	$\{Re(CO)_4\}_2(\mu\text{-}SSnMe_3)\{\mu\text{-}SRe(CO)_5\}$		7
$Re_3C_{20}H_{13}N_2O_{10}$	$H_3Re_3(CO)_{10}(py)_2$		8
$Re_3Si_6C_{24}H_{66}Cl_3N_2O_2$	$Re_3Cl_3(CH_2SiMe_3)_5\{ON(CH_2SiMe_3)NO\}$		9
$Re_3Si_6C_{24}H_{66}Cl_3$	$Re_3Cl_3(\mu\text{-}CH_2SiMe_3)_3(CH_2SiMe_3)_3$		10
$Re_3C_{29}H_{57}P_2$	$Re_3Me_9(PEt_2Ph)_2$		9
$Re_3Si_4C_{34}H_{60}Cl_4P$	$HRe_3Cl_4(CH_2SiMe_3)_4(PPh_3)$		11

1. A. Bertolucci, M. Freni, P. Romiti, G. Ciani, A. Sironi and V. G. Albano, *J. Organomet. Chem.*, 1976, **113**, C61*.
2. G. Ciani, A. Sironi and V. G. Albano, *J. Chem. Soc., Dalton Trans.*, 1977, 1667.
3. G. Ciani, G. D'Alfonso, M. Freni, P. Romiti, A. Sironi and A. Albinati, *J. Organomet. Chem.*, 1977, **136**, C49.
4. G. Ciani, G. D'Alfonso, M. Freni, P. Romiti and A. Sironi, *J. Organomet. Chem.*, 1978, **157**, 199.
5. M. R. Churchill, P. H. Bird, H. D. Kaesz, R. Bau and B. Fontal, *J. Am. Chem. Soc.*, 1968, **90**, 7135.
6. B. T. Huie, C. B. Knobler and H. D. Kaesz, unpublished work cited in: H. D. Kaesz, 'Organotransition Metal Chemistry—Proc. Jpn. Am. Seminar', 1975, p. 291.
7. E. Röttinger, V. Küllmer and H. Vahrenkamp, *Chem. Ber.*, 1977, **110**, 1216.
8. G. Ciani, G. D'Alfonso, M. Freni, P. Romiti and A. Sironi, *J. Organomet. Chem.*, 1980, **186**, 353.
9. P. Edwards, K. Mertis, G. Wilkinson, M. B. Hursthouse and K. M. A. Malik, *J. Chem. Soc., Dalton Trans.*, 1980, 334.
10. M. B. Hursthouse and K. M. A. Malik, *J. Chem. Soc., Dalton Trans.*, 1978, 1334; K. Mertis, P. G. Edwards, G. Wilkinson, K. M. A. Malik and M. B. Hursthouse, *J. Chem. Soc., Dalton Trans.*, 1981, 705.
11. K. Mertis, P. G. Edwards, G. Wilkinson, K. M. A. Malik and M. B. Hursthouse, *J. Chem. Soc., Dalton Trans.*, 1981, 705.

Re$_4$ Tetrarhenium

Molecular formula	Structure	Notes	Ref.
$Re_4C_{12}F_4O_{12}\cdot 4H_2O$	$[Re(\mu_3\text{-}F)(CO)_3]_4\cdot 4H_2O$		1
$Re_4C_{12}H_4O_{12}$	$H_4Re_4(CO)_{12}$		2
$Re_4C_{12}H_6O_{12}^{2-}2C_{10}H_{16}N^+$	$[tmba]_2[H_6Re_4(CO)_{12}]$		3
$Re_4C_{12}H_6O_{12}^{2-}2AsC_{24}H_{20}^+$	$[AsPh_4]_2[H_6Re_4(CO)_{12}]$		4
$Re_4C_{13}H_4O_{13}^{2-}2C_8H_{20}N^+$	$[NEt_4]_2[H_4Re_4(CO)_{13}]$		5
$Re_4C_{15}H_4IO_{15}^-C_8H_{20}N^+$	$[NEt_4][H_4Re_4I(CO)_{15}]$		6
$Re_4C_{15}H_4O_{15}^{2-}2C_8H_{20}N^+$	$[NEt_4]_2[H_4Re_4(CO)_{15}]$	a	7
$Re_4C_{16}H_{12}O_{12}S_4$	$[Re(\mu\text{-}SMe)(CO)_3]_4$		8
$Re_4C_{16}O_{16}^{2-}\cdot 0.5C_4H_2O_4\text{-}Re^-\cdot 2.5C_8H_{20}N^+$	$[NEt_4]_2[Re_4(CO)_{16}]\cdot 0.5[NEt_4][H_2Re(CO)_4]$		9
$Re_4C_{16}O_{16}^{2-}2C_{16}H_{36}N^+$	$[NBu_4]_2[Re_4(CO)_{16}]$		10
$Re_4In_2C_{18}O_{18}$	$Re_2(CO)_8\{\mu\text{-}InRe(CO)_5\}_2$		11
$Re_4C_{18}O_{16}S_6$	$Re_4(CO)_{16}(SCS_2)_2$		12

a Three forms reported; two refined and compared in later reference.

1. E. Horn and M. R. Snow, *Aust. J. Chem.*, 1981, **34**, 737.
2. R. D. Wilson and R. Bau, *J. Am. Chem. Soc.*, 1976, **98**, 4687.
3. G. Ciani, A. Sironi and V. G. Albano, *J. Organomet. Chem.*, 1977, **136**, 339.
4. H. D. Kaesz, B. Fontal, R. Bau, S. W. Kirtley and M. R. Churchill, *J. Am. Chem. Soc.*, 1969, **91**, 1021.
5. A. Bertolucci, G. Ciani, M. Freni, P. Romiti, V. G. Albano and A. Albinati, *J. Organomet. Chem.*, 1976, **117**, C37.
6. G. Ciani, G. D'Alfonso, M. Freni, P. Romiti and A. Sironi, *J. Organomet. Chem.*, 1979, **170**, C15.
7. V. G. Albano, G. Ciani, M. Freni and P. Romiti, *J. Organomet. Chem.*, 1975, **96**, 259*; G. Ciani, V. G. Albano and A. Immirzi, *J. Organomet. Chem.*, 1976, **121**, 237.
8. E. W. Abel, W. Harrison, R. A. N. McLean, W. C. Marsh and J. Trotter, *Chem. Commun.*, 1970, 1531*; W. Harrison, W. C. Marsh and J. Trotter, *J. Chem. Soc., Dalton Trans.*, 1972, 1009.
9. G. Ciani, G. D'Alfonso, M. Freni, P. Romiti and A. Sironi, *J. Organomet. Chem.*, 1978, **157**, 199.
10. R. Bau, B. Fontal, H. D. Kaesz and M. R. Churchill, *J. Am. Chem. Soc.*, 1967, **89**, 6374*; M. R. Churchill and R. Bau, *Inorg. Chem.*, 1968, **7**, 2606.
11. H. Preut and H.-J. Haupt, *Chem. Ber.*, 1975, **108**, 1447.
12. G. Thiele, G. Liehr and E. Lindner, *J. Organomet. Chem.*, 1974, **70**, 427.

Re₆ Hexarhenium

Molecular formula	Structure	Notes	Ref.
Re$_6$Sn$_2$C$_{30}$O$_{30}$	{Re(CO)$_5$}$_6$Sn$_2$	a	1
Re$_6$Si$_9$C$_{36}$H$_{100}$Cl$_6$	HRe$_6$(μ-Cl)$_6$(CH$_2$SiMe$_3$)$_9$		2

^a Re—Sn bond lengths only given.

1. Y. T. Struchkov, K. N. Anisimov, O. P. Osipova, N. E. Kolobova and A. N. Nesmeyanov, *Dokl. Akad. Nauk SSSR*, 1967, **172**, 107.
2. K. Mertis, P. G. Edwards, G. Wilkinson, K. M. A. Malik and M. B. Hursthouse, *J. Chem. Soc., Dalton Trans.*, 1981, 705.

Re₈ Octarhenium

Molecular formula	Structure	Notes	Ref.
Re$_8$In$_4$C$_{32}$O$_{32}$	Re$_4$(CO)$_{12}${μ_3-InRe(CO)$_5$}$_4$		1

1. H. Preut and H.-J. Haupt, *Acta Crystallogr.*, 1979, **B35**, 1205.

Rh Rhodium

Molecular formula	Structure	Notes	Ref.
RhCI$_5$O^{2-}·2C$_8$H$_{20}$N$^+$	[NEt$_4$]$_2$[RhI$_5$(CO)]		1
RhC$_2$H$_{20}$N$_5^+$·2Br$^-$	[RhEt(NH$_3$)$_5$]Br$_2$		2
RhC$_2$Cl$_2$O$_2^-$·C$_{16}$H$_{36}$N$^+$	[NBu$_4$][*cis*-RhCl$_2$(CO)$_2$]		3
RhC$_2$Cl$_2$O$_2^-$·RhC$_{18}$H$_{32}$-N$_2$O$_2^+$	[*cis*-Rh(CO)$_2$(C$_{16}$H$_{32}$N$_2$)][*cis*-RhCl$_2$(CO)$_2$]	a	4
RhC$_2$Cl$_2$O$_2^-$·RhC$_{20}$H$_{32}$-N$_4^+$	[Rh(cod)(C$_{12}$H$_{20}$N$_4$)][*cis*-RhCl$_2$(CO)$_2$]	b	5
2RhC$_2$Cl$_2$O$_2^-$·C$_{36}$H$_{48}$N$_4^{2+}$	[H$_4$OEP][*cis*-RhCl$_2$(CO)$_2$]$_2$		6
RhC$_2$Cl$_2$O$_2^-$·Rh$_2$C$_{53}$H$_{44}$-ClO$_3$P$_4^+$·CH$_2$Cl$_2$	[Rh$_2$(μ-Cl)(μ-CO)(CO)$_2$(dppm)$_2$][*cis*-RhCl$_2$-(CO)$_2$]·CH$_2$Cl$_2$		7
RhC$_2$Cl$_2$O$_2^-$·RhC$_{58}$H$_{40}$-F$_{12}$P$_4^+$	[Rh(f$_6$fos)$_2$][*cis*-RhCl$_2$(CO)$_2$]		8
RhC$_2$I$_4$O$_2^-$·C$_{12}$H$_{28}$N$^+$	[NPr$_4$][RhI$_4$(CO)$_2$]		9
RhC$_7$HF$_6$O$_4$	Rh(hfac)(CO)$_2$		10
RhC$_7$H$_4$NO$_4$	Rh(CO)$_2$(η-C$_5$H$_4$NO$_2$)		11
RhC$_7$H$_7$O$_4$	Rh(acac)(CO)$_2$		10, 12
RhC$_7$H$_9$O$_2$S	Rh(SO$_2$)(η-C$_2$H$_4$)(η-C$_5$H$_5$)		13
RhC$_7$H$_{10}$N$_2$O$_2^+$·BF$_4^-$	[Rh(C$_5$H$_{10}$N$_2$)(CO)$_2$][BF$_4$]	c	14
RhC$_7$H$_{15}$ClNO	RhCl(CO)(η-C$_2$H$_4$)(NHEt$_2$)		15
RhC$_8$H$_5$F$_5$IO	*rac*-RhI(C$_2$F$_5$)(CO)(η-C$_5$H$_5$)		16
RhC$_8$H$_{12}$Cl	RhCl(η-C$_4$H$_6$)$_2$		17
RhC$_9$H$_9$Cl$_2$	Rh(η^4-CH$_2$=CClCCl=CH$_2$)(η-C$_5$H$_5$)		18
RhC$_9$H$_9$F$_4$	Rh(η-C$_2$H$_4$)(η-C$_2$F$_4$)(η-C$_5$H$_5$)		19, 20
RhC$_9$H$_{15}$O$_2$	Rh(η-C$_2$H$_4$)$_2$(acac)		19
RhC$_{10}$H$_{14}$PS$_4$	Rh(C$_2$S$_4$)(PMe$_3$)(η-C$_5$H$_5$)		21
RhC$_{10}$H$_{15}$N$_2$O$_6$	Rh(ONO$_2$)(O$_2$NO)(η-C$_5$Me$_5$)		22
RhC$_{10}$H$_{18}$N$_2^+$·BF$_4^-$	[Rh(NCMe)$_2$(η-C$_2$H$_4$)$_3$][BF$_4$]		23
RhC$_{11}$H$_6$NO$_3$	Rh(oxin)(CO)$_2$		24
RhC$_{11}$H$_{11}$F$_6$O$_2$	Rh(η-C$_2$H$_4$){η^2-C$_2$(CF$_3$)$_2$}(acac)		25
RhC$_{11}$H$_{14}$ClNO$_3$P	$\overline{\text{RhCl(CO)[NH}(\mu\text{-C}_2\text{H}_4\text{O})_2\text{PPh}]}$		26
RhC$_{11}$H$_{15}$	Rh(η^4-CH$_2$=CMeCMe=CH$_2$)(η-C$_5$H$_5$)		27
RhC$_{12}$H$_6$F$_3$O$_4$	Rh(tfba)(CO)$_2$		28
RhFeC$_{12}$H$_7$O$_5$	RhFe(CO)$_5$(η-C$_7$H$_7$)		29
RhC$_{12}$H$_{11}$F$_6$O$_2$	Rh(hfac)(C$_7$H$_{10}$)	d	30, 31
RhC$_{12}$H$_{21}$ClP	$\overline{\text{RhCl}\{(\eta^2\text{-CH}_2\text{=CHCH}_2\text{CH}_2)_3\text{P}\}}$		32
RhC$_{13}$H$_{12}$Cl$_5$	Rh(cod)(η-C$_5$Cl$_5$)		33
RhC$_{13}$H$_{14}^+$F$_6$P$^-$	[Rh(η-C$_5$H$_5$)(2,3,5,6,8-η^5-C$_7$H$_7$CH$_2$)][PF$_6$]		34
RhC$_{13}$H$_{15}$N$_2$S$_2$	$\overline{\text{Rh}\{\text{SC(CN)=C(CN)SMe}\}(\text{cod})}$		35
RhC$_{13}$H$_{15}$O$_2$	Rh{η^4-$\overline{\text{CH=CHCH}_2\text{CH=CHCH}}$(CO$_2$Me)}-($\eta$-C$_5H_5$)		36
RhC$_{13}$H$_{17}$Cl$_2$O$_2$	Rh(acac)(C$_8$H$_{10}$Cl$_2$)	e	37
RhC$_{13}$H$_{18}$ClNO$_3$P	$\overline{\text{RhCl(CO)}\{\text{NH(CH}_2\text{CH}_2\text{O})(\text{CMe}_2\text{CH}_2\text{O})\text{PPh}\}}$		26
RhC$_{13}$H$_{19}$O$_2$	Rh(acac)(cod)		38

Molecular formula	Structure	Notes	Ref.
$RhC_{13}H_{19}O_2$	$Rh(acac)(C_4H_6)_2$	f	39
$RhC_{13}H_{21}O_3$	$Rh(acac)(C_8H_{14}O)$	g	40
$RhAs_2C_{14}H_{20}ClF_{12}O$	$\{RhC_4(CF_3)_4\}Cl(OH_2)(AsMe_3)_2$	h	41
$RhBC_{14}H_{25}F_2IN_4O_2$	$trans$-$RhIMe(C_{13}H_{22}BF_2N_4O_2)$	i	42
$RhC_{14}H_{27}Cl_2N_2$	$RhCl_2(en)(C_{12}H_{19})$	j	43
$RhB_7C_{14}H_{40}P_2$	$2\text{-}\{HRh(PEt_3)_2\}\text{-}1,6\text{-}C_2B_7H_9$		44
$RhOs_3C_{15}H_9O_{12}$	$H_2RhOs_3(CO)_{10}(acac)$	190	45
$RhC_{15}H_{17}O_2$	$Rh(\eta^4\text{-}C_6Me_4O_2)(\eta\text{-}C_5H_5)$		46, 47
$RhC_{15}H_{19}O$	$Rh(\eta^4\text{-}C_{10}H_{14}O)(\eta\text{-}C_5H_5)$	k	48
$RhC_{15}H_{19}O_2$	$Rh(cod)(\eta\text{-}C_5H_4CO_2Me)$		49
$RhC_{15}H_{19}O_4$	$Rh(acac)(\eta^4\text{-}C_6Me_4O_2)$		46, 50
$RhC_{15}H_{23}O_2$	$Rh(acac)(\eta^2\text{-}CH_2{=}C{=}CMe_2)_2$		51
$RhC_{15}H_{37}Cl_3NP_2$	$RhCl_3\{CH(NMe_2)\}(PEt_3)_2$		52
$RhFe_4C_{15}O_{14}^-C_8H_{20}N^+$	$[NEt_4][RhFe_4C(CO)_{14}]$		53
$RhFe_3C_{16}H_5O_{11}$	$RhFe_3(CO)_{11}(\eta\text{-}C_5H_5)$		54
$RhC_{16}H_{19}O_2 \cdot 2C_6H_6O_2$	$Rh(O_2C_6H_4)(\eta\text{-}C_5Me_5)\cdot 2C_6H_4(OH)_2\text{-}1,2$		55
$RhC_{16}H_{19}O_2$	$Rh(acac)\{\eta^4\text{-}C_7H_6(CO_2Me)_2\}$	l	56
$RhC_{16}H_{23}$	$Rh(\eta^3\text{-}C_8H_{11})(\eta^4\text{-}C_8H_{12})$	m	57
$RhC_{17}H_5F_{18}$	$Rh\{\eta^4\text{-}C_6(CF_3)_6\}(\eta\text{-}C_5H_5)$		58
$RhC_{17}H_{15}F_6O\cdot 0.25CH_2Cl_2$	$\overline{Rh\{\eta^3\text{-}CH_2CHCMeCH_2C(CF_3)_2O\}}(\eta^5\text{-}C_9H_7)\cdot$ $0.25CH_2Cl_2$		59
$RhC_{17}H_{16}I_3N_2O$	$\overline{RhI_3(CO)\{CPh(NMe)CPh{=}NMe\}}$		60
$RhC_{17}H_{21}F_6O_2$	$Rh(\eta^2\text{-}C_8H_{14})\{\eta^2\text{-}C_2(CF_3)_2\}(acac)$		25
$RhC_{17}H_{21}F_6O_3\cdot 0.5H_2O$	$Rh(OH_2)(acac)(codC_4F_6)\cdot 0.5H_2O$	n	61
$RhC_{17}H_{23}$	$Rh(\eta^3\text{-}MeCHC_6H_4Me\text{-}2)(cod)$		62
$RhC_{17}H_{24}N^{2+}2F_6P^-$	$[Rh(\eta\text{-}C_5Me_5)(\eta\text{-}PhNHMe)][PF_6]_2$		63
$RhC_{18}H_{17}F_6O$	$\overline{Rh\{\eta^2\text{-}C_9H_7C(CF_3)_2O\}}\text{-}$ $(\eta^4\text{-}CHMe{=}CHCH{=}CHMe)$		59
$RhC_{18}H_{18}F_3O_2$	$Rh(tfba)(cod)$		64
$RhC_{18}H_{19}Cl_2O_2$	$Rh(bzac)(\eta^4\text{-}C_8H_{10}Cl_2)$	o	65
$RhMoC_{18}H_{26}S_2^+F_6P^-$	$[(\eta\text{-}C_3H_5)_2Rh(\mu\text{-}SMe)_2Mo(\eta\text{-}C_5H_5)_2][PF_6]$		66
$RhMoC_{18}H_{27}O_4P_2$	$RhMo(\mu\text{-}PMe_2)_2(CO)_4(\eta\text{-}C_5Me_5)$		67
$RhC_{18}H_{32}N_2O_2^+ RhC_2Cl_2O_2^-$	$[cis\text{-}Rh(CO)_2(C_{16}H_{32}N_2)][cis\text{-}RhCl_2(CO)_2]$	a	4
$RhC_{19}H_{19}O_2$	$Rh(\eta^4\text{-}C_6Me_4O_2)(\eta^5\text{-}C_9H_7)$		46, 68
$RhBC_{19}H_{25}N_6^+F_6P^-$	$[Rh\{(pz)_3BH\}(\eta\text{-}C_5Me_5)][PF_6]$		69
$RhC_{19}H_{25}O_2$	$Rh(\eta^4\text{-}2,6\text{-}C_6H_2Bu_2^tO_2)(\eta\text{-}C_5H_5)$		70
$RhC_{19}H_{29}O_3P^+F_6P^-$	$[Rh(\eta^5\text{-}C_5Me_4Et)\{\eta^5\text{-}C_6H_6[P(O)(OMe)_2]\text{-}6\text{-}exo\}][PF_6]$		71
$RhC_{19}H_{31}O_2$	$Rh(\eta^2\text{-}CMe_2{=}C{=}CMe_2)_2(acac)$		72
$RhC_{20}H_{24}Cl_3O_3P_2$	$\overline{RhCl\{C(O)CCl{=}CClC(O)\}}(OH_2)(PMe_2Ph)_2$		73
$RhB_9C_{20}H_{26}NO_3P\cdot 3CH_2Cl_2$	$3\text{-}\{Rh(O_2NO)(PPh_3)\}\text{-}1,2\text{-}C_2B_9H_{11}\cdot 3CH_2Cl_2$		74
$RhC_{20}H_{32}N_4^+ RhC_2Cl_2O_2^-$	$[Rh(cod)(C_{12}H_{20}N_4)][cis\text{-}RhCl_2(CO)_2]$	b	5
$RhC_{20}H_{33}ClO_3P$	$cis\text{-}RhCl(CO)_2(OPCy_3)$		75
$RhC_{20}H_{37}N_2OP_2S_2$	$Rh(COPr)(PEt_3)_2\{S_2C_2(CN)_2\}$		76
$RhC_{20}H_{46}ClP_2$	$RhCl(\eta\text{-}C_2H_4)(PPr_3^i)_2$		77
$RhC_{21}H_7F_{24}O_2$	$Rh(acacC_4F_6)\{\eta^4\text{-}C_6(CF_3)_6\}$		78
$RhC_{21}H_{18}F_6NO_6$	$Rh(py)(hfac)\{\eta^4\text{-}C_7H_6(CO_2Me)_2\}$	l	79
$RhC_{21}H_{25}N_2O_2$	$Rh(C_6H_8)(py)_2(acac)$	p	80
$RhC_{21}H_{46}ClP_2$	$\overline{HRhCl\{Bu_2^tP(CH_2)_2CH(CH_2)_2PBu_2^t\}}$		81
$RhC_{22}H_{15}F_{12}$	$Rh\{\eta^4\text{-}C_9H_8(CF_3)_4\}(\eta^5\text{-}C_9H_7)$	q	82
$RhC_{22}H_{31}F_6O_2$	$Rh(dpm)\{\eta^4\text{-}CF_3CH{=}C(CF_3)C({=}CMe_2)\text{-}CMe{=}CH_2\}$		83
$RhC_{22}H_{46}ClP_2$	$\overline{RhCl_2\{Bu_2^tP(CH_2)_2CH{=}CH(CH_2)_2PBu_2^t\}}$		84
$RhC_{23}H_{21}Cl_2O_2$	$Rh(dbm)(\eta^4\text{-}C_8H_{10}Cl_2)$	o	85
$RhFeC_{23}H_{22}^+F_6P^-$	$[Rh(\eta\text{-}C_5H_5)(2,3,5,6,8\text{-}\eta^5\text{-}C_7H_7CHFc)][PF_6]$	D	33
$RhC_{24}H_{21}BrP$	$RhBr\{(\eta^2\text{-}2\text{-}CH_2{=}CHC_6H_4)_3P\}$		86
$RhC_{24}H_{22}O_3P$	$Rh(acac)(CO)(PPh_3)$		87
$RhC_{24}H_{27}ClN_2PS_3\cdot CHCl_3$	$RhCl(\eta^2\text{-}S{=}CNMe_2)(S_2CNMe_2)(PPh_3)\cdot CHCl_3$		88
$RhC_{24}H_{31}N_2O_2S$	$Rh(CO)_2\{(NMes)_2SBu^t\}$		89
$RhB_9C_{24}H_{33}P$	$closo\text{-}1,3\text{-}\mu\text{-}\{\eta^2\text{-}CH_2{=}CH(CH_2)_2\}\text{-}3\text{-}\{HRh\text{-}(PPh_3)\}\text{-}1,2\text{-}C_2B_9H_{10}$		90
$RhC_{24}H_{38}^+F_6P^-$	$[Rh(\eta^4\text{-}C_6H_2Me_6)(\eta\text{-}C_6Me_6)][PF_6]$		91
$RhC_{25}H_{18}ClN_2O_2$	$RhCl(CO)_2(C_{23}H_{18}N_2)$	r	92
$RhC_{25}H_{18}N_5O_5P\cdot H_2O$	$Rh(C_6H_3N_2O_4)(CO)(PPh_3)\cdot H_2O$	s	93
$RhC_{25}H_{20}IN_2OPS_2^- AsC_{24}H_{20}^+$	$[AsPh_4][RhI(COEt)(PPh_3)\{S_2C_2(CN)_2\}]$		94
$RhC_{25}H_{20}N_2OPS_2$	$\overline{Rh\{SC(CN){=}C(CN)(SEt)\}}(CO)(PPh_3)$		95
$RhC_{25}H_{28}ClP_2$	$RhCl\{\eta^2\text{-}CH_2{=}CH(CH_2)_2PPh(CH_2)_3PPh_2\}$		96

Molecular formula	Structure	Notes	Ref.
RhC$_{25}$H$_{54}$ClOP$_2$	RhCl(CO)(PBu$_3^t$)$_2$		97
RhC$_{26}$H$_{20}$O$_3$P	Rh(trop)(CO)(PPh$_3$)		98
RhC$_{26}$H$_{21}$N$_4$O$_2$	$\overline{\text{Rh(OAc)(C}_6\text{H}_4\text{N=NPh})_2}$		99, 110
RhB$_9$C$_{26}$H$_{30}$NOP	3-{Rh(CO)(PPh$_3$)}-4-py-1,2-C$_2$B$_9$H$_{10}$	119	101
RhC$_{26}$H$_{36}$ClOP$_3^+$F$_6$P$^-$	[RhCl(COMe)(PMe$_2$Ph)$_3$][PF$_6$]		102
RhC$_{27}$H$_{19}$F$_3$O$_3$PS	Rh(ttac)(CO)(PPh$_3$)		103
RhC$_{27}$H$_{27}$O$_2$	Rh(C$_{12}$H$_{16}$)(dbm)	t	104
RhC$_{27}$H$_{29}$O	Rh{η^2-PhCH=CH)CO(CH=CHPh)}$_2$-(η-C$_5$Me$_5$)		105
RhC$_{27}$H$_{33}$F$_6$N$_2$O$_2$	$\overline{\text{Rh}\{\text{CH}_2\text{CH}_2\text{C(CF}_3\text{)=C(CF}_3\text{)}\}(\text{py})_2(\text{dpm})}$		83
RhC$_{27}$H$_{52}$ClOP$_2$	$trans$-$\overline{\text{RhCl(CO)}\{\text{Bu}_2^t\text{P(CH}_2\text{)}_4\text{C≡C(CH}_2\text{)}_4\text{PBu}_2^t\}}$		84
RhFeWC$_{28}$H$_{19}$O$_6$	RhFeW(μ_3-CTol)(μ-CO)(CO)$_5$(η-C$_5$H$_5$)-(η^5-C$_9$H$_7$)		106
RhC$_{28}$H$_{21}$NO$_2$P	Rh(oxin)(CO)(PPh$_3$)		24
RhC$_{28}$H$_{30}$N$_2$O$_6$P	Rh(ONO$_2$)$_2$(PPh$_3$)(η-C$_5$Me$_5$)		22
RhB$_9$C$_{28}$H$_{39}$P	3-{HRh(PPh$_3$)}-1,2,3-μ-{η^2-(CH$_2$)$_2$CMe=CH-(CH$_2$)$_3$}-1,2-C$_2$B$_9$H$_9$	120	107
RhC$_{29}$H$_{28}$O$_2$P$_2^+$F$_6$P$^-$	[Rh(CO){O(CH$_2$CH$_2$PPh$_2$)$_2$}][PF$_6$]		108
RhC$_{30}$H$_{32}$ClN$_3$PS$_2$·0.8CHCl$_3$	RhCl(η^2-S=CNMe$_2$){SC(NMe$_2$)NPh}(PPh$_3$)·0.8CHCl$_3$		109
RhC$_{30}$H$_{34}$P	Rh(η-C$_2$H$_4$)(PPh$_3$)(η-C$_5$Me$_5$)		110
RhBC$_{30}$H$_{38}$O$_6$P$_2$	Rh{P(OMe)$_3$}$_2${(η-Ph)BPh$_3$}		111
RhC$_{31}$H$_{24}$ClN$_6$OP$_2$	$trans$-RhCl(CO){P(C$_5$H$_4$N-2)$_3$}$_2$		112
RhC$_{31}$H$_{29}$O$_4$PS$_2^+$I$^-$·0.5CH$_2$Cl$_2$	[Rh{C$_2$(CO$_2$Me)$_2$CS$_2$Me}(PPh$_3$)(η-C$_5$H$_5$)]I·0.5CH$_2$Cl$_2$		113
RhC$_{31}$H$_{30}$Cl$_2$N$_2$P·0.61CH$_2$Cl$_3$	$\overline{\text{RhCl}_2\{(2\text{-CH}_2\text{C}_6\text{H}_4)\text{P(C}_6\text{H}_4\text{Me-2})_2\}(\text{py})_2}$·0.61CHCl$_3$		114
RhBC$_{31}$H$_{36}$NPS$_2$	Rh(S$_2$PMe$_2$)(NCBPh$_3$)(η-C$_5$Me$_5$)		115
RhC$_{32}$H$_{34}$ClP$_2$	$\overline{\text{RhCl}\{\eta^2\text{-CH}_2\text{=CH(CH}_2\text{)}_2\}\text{PPh}_2\}_2}$		116
RhC$_{32}$H$_{35}$N$_4$O$_2$	Rh(CO)$_2$(C$_{30}$H$_{35}$N$_4$)	v	117
RhC$_{32}$H$_{35}$N$_4$O$_2$	Rh(CO)$_2$(C$_{30}$H$_{35}$N$_4$)	w	117
RhC$_{32}$H$_{38}$P	$\overline{\text{Rh}\{(\text{CH}_2)_3\text{CH}_2\}(\text{PPh}_3)(\eta\text{-C}_5\text{Me}_5)}$		118
RhC$_{33}$H$_{23}$	Rh(η^4-C$_{16}$H$_8$Ph$_2$)(η-C$_5$H$_5$)	x	119
RhC$_{33}$H$_{25}$	Rh(η-C$_4$Ph$_4$)(η-C$_5$H$_5$)		120
RhC$_{33}$H$_{28}$Cl	Rh(η-C$_2$H$_4$)$_2$(η-C$_5$H$_4$Cl)		121
RhFeC$_{33}$H$_{36}$NP$^+$F$_6$P$^-$	[Rh(nbd)(ppfa)][PF$_6$]	y	122
RhC$_{33}$H$_{38}$O$_4$P$_2^+$F$_6$P$^-$	[Rh(CO)(EtOH){[Ph$_2$P(CH$_2$)$_2$OCH$_2$]$_2$}][PF$_6$]		123
RhC$_{33}$H$_{38}$O$_5$P$_2^+$F$_6$P$^-$	[Rh(CO)(OH$_2$){[Ph$_2$P(CH$_2$)$_2$O(CH$_2$)$_2$]$_2$O}]-[PF$_6$]		108
RhC$_{34}$H$_{31}$Cl$_2$OP$_2$	RhCl$_2$(COPh)(dppp)		124
RhPdC$_{35}$H$_{28}$Cl$_3$N$_2$OP$_2$	RhPd(μ-2-NC$_5$H$_4$PPh$_2$)$_2$Cl$_3$(CO)		125
RhC$_{36}$H$_{30}$D$_6$P$_2^+$ClO$_4^-$	[Rh{1R,2R-$trans$-(Ph$_2$PCH$_2$)-$\overline{\text{CHCH(CH}_2\text{PPh}_2)\text{CH}_2\text{CH}_2}\}(\eta^6$-C$_6D_6$)]-[ClO$_4$]		126
RhC$_{36}$H$_{40}$O$_2$P$_2^+$BF$_4^-$	[Rh(cod){[CH$_2$PPh$_2$(C$_6$H$_4$OMe-2)]$_2$}][BF$_4$]		127
RhC$_{36}$H$_{40}$P$_2^+$ClO$_4^-$·C$_4$H$_8$O	[Rh(cod){(2S,3S-Ph$_2$PCHMeCHMePPh$_2$)}]-[ClO$_4$]·THF		128
RhC$_{37}$H$_{30}$ClOP$_2$	$trans$-RhCl(CO)(PPh$_3$)$_2$		129
RhC$_{37}$H$_{30}$ClO$_3$P$_2$S	RhCl(CO)(SO$_2$)(PPh$_3$)$_2$		130
RhC$_{37}$H$_{30}$ClP$_2$S	$trans$-RhCl(CS)(PPh$_3$)$_2$		131
RhC$_{37}$H$_{30}$N$_3$OP$_2$	$trans$-Rh(N$_3$)(CO)(PPh$_3$)$_2$		132
RhC$_{37}$H$_{33}$I$_2$P$_2$·C$_6$H$_6$	RhI$_2$Me(PPh$_3$)$_2$·C$_6$H$_6$		133
RhC$_{37}$H$_{37}$Cl$_2$P$_2$	{RhC$_3$Ph$_3$}Cl$_2$(PMe$_2$Ph)$_2$	z	134
RhC$_{37}$H$_{37}$O$_3$P$_3$S$^+$AsF$_6^-$	[Rh(CO)(SO$_2$){[Ph$_2$P(CH$_2$)$_3$]$_2$PPh}][AsF$_6$]		135
RhC$_{37}$H$_{41}$NP$_2^+$ClO$_4^-$	[Rh(cod)(ppm)][ClO$_4$]	aa	136
RhC$_{37}$H$_{47}$N$_4$	RhMe(OEP)		137
RhC$_{38}$H$_{30}$ClF$_4$P$_2$	RhCl(η-C$_2$F$_4$)(PPh$_3$)$_2$	D	138
RhC$_{38}$H$_{30}$ClP$_2$·CH$_2$Cl$_2$	$\overline{\text{RhCl}(trans\text{-2-Ph}_2\text{PC}_6\text{H}_4\text{CH=CHC}_6\text{H}_4\text{PPh}_2\text{-2})}$·CH$_2Cl_2$		139, 140
RhC$_{38}$H$_{30}$Cl$_3$P$_2$	$\overline{\text{RhCl}_3(trans\text{-2-Ph}_2\text{PC}_6\text{H}_4\text{CH=CHC}_6\text{H}_4\text{PPh}_2\text{-2})}$		140
RhC$_{38}$H$_{31}$IN$_4$O$_5$P	RhI(CNC$_6$H$_4$OMe-4)$_2${η^2-$trans$-CH(CN)=CH-(CN)}{P(OPh)$_3$}		141
RhC$_{38}$H$_{31}$O$_4$P$_2$·2CH$_2$Cl$_2$	$trans$-Rh(OCO$_2$H)(CO)(PPh$_3$)$_2$·2CH$_2$Cl$_2$	173	142
RhC$_{38}$H$_{37}$NO$_3$P$_2^+$BF$_4^-$	[Rh{η^2-Z-PhCH=C(CO$_2$Me)NHC(O)Me}-(dppe)][BF$_4$]		143
RhB$_9$C$_{38}$H$_{42}$O$_4$P$_2$S·C$_4$H$_{10}$O	3-{Rh(OSO$_3$H)(PPh$_3$)$_2$}-1,2-C$_2$B$_9$H$_{11}$·Et$_2$O	119	144
RhB$_9$C$_{38}$H$_{42}$P$_2$	3-{HRh(PPh$_3$)$_2$}-1,2-C$_2$B$_9$H$_{11}$		145
RhB$_{10}$C$_{38}$H$_{43}$P$_2$·1.5C$_2$H$_4$Cl$_2$	1-{HRh(PPh$_3$)$_2$}-2,4-C$_2$B$_{10}$H$_{12}$·1.5C$_2$H$_4$Cl	118	146
RhC$_{39}$H$_{34}$IP$_2$	RhI(η^2-CH$_2$=C=CH$_2$)(PPh$_3$)$_2$		147
RhCuC$_{39}$H$_{36}$ClN$_3$OP$_2$	RhCuCl(N$_3$Me$_2$)(CO)(PPh$_3$)$_2$		148

Molecular formula	Structure	Notes	Ref.
$RhC_{40}H_{33}Cl_2P_2 \cdot CH_4O$	$\overline{RhCl_2\{\eta^3\text{-}1,3\text{-}(2\text{-}Ph_2PC_6H_4)_2C_3H_2Me\}}$ MeOH		149
$RhFe_2C_{40}H_{34}O_4P_2^+F_6P^-$	$[Rh\{Fe(\mu\text{-}PPh_2)(CO)_2(\eta\text{-}C_5H_4Me)\}_2][PF_6]$		150
$RhAs_2C_{40}H_{37}Cl_2$	$RhCl_2(AsPh_3)_2(\eta^3\text{-}C_4H_7)$		151
$RhC_{40}H_{40}NO_3P_2^+ClO_4^-$	$Rh\{\eta^2\text{-}Z\text{-}PhCH=C(CO_2Et)NHC(O)Me\}\text{-}\{(2S,3S\text{-}Ph_2PCHMeCHMePPh_2)\}][ClO_4]$		152
$RhC_{42}H_{45}NOP_2^+ClO_4^-$	$[Rh(cod)(bppm)][ClO_4]$	bb	153
$RhC_{43}H_{38}O_6P_2^+ClO_4^-$	$[Rh\{P(OPh)_3\}_2(\eta\text{-}C_6H_5Me)][ClO_4]$		154
$RhC_{43}H_{50}O_9P_4^+ClO_4^-$	$[\overline{Rh\{\eta^2\text{-}C_4Ph_2(2\text{-}C_6H_4)_2PPh\}\{P(OMe)_3\}_3}]\text{-}[ClO_4]$	193	155
$RhSb_2C_{44}H_{30}ClF_{12} \cdot CH_2Cl_2$	$\{RhC_4(CF_3)_4\}Cl(SbPh_3)_2 \cdot CH_2Cl_2$	h	156
$RhC_{44}H_{34}ClO_2P_2$	$\{RhC_8H_4O_2\}Cl(PPh_3)_2$	cc	157
$RhC_{44}H_{40}F_6N_3P_2$	$trans\text{-}Rh\{N=C(CF_3)_2\}\{\overline{CNMe(CH_2)_2NMe}\}\text{-}(PPh_3)_2$		158
$RhB_{10}C_{44}H_{45}P_2$	$1,3\text{-}\{\mu\text{-}Rh(PPh_3)_2\}\text{-}2\text{-}Ph\text{-}1,2\text{-}C_2B_{10}H_{10}$		159
$RhC_{45}H_{34}ClOP_2 \cdot C_7H_5N$	$trans\text{-}RhCl(CO)(bdpbp) \cdot PhCN$	dd	160
$RhC_{45}H_{39}Cl_2OP_2$	$RhCl_2(COCH_2CH_2Ph)(PPh_3)_2$		161
$RhWC_{46}H_{42}P_2^+F_6P^-$	$[H_2RhW(PPh_3)_2(\eta\text{-}C_5H_5)_2][PF_6]$	153	162
$RhC_{46}H_{46}P_2^+F_6P^-$	$[HRh(PPh_3)_2(\eta\text{-}C_5Me_5)][PF_6]$		163
$RhC_{48}H_{45}ClN_3O_6P_2S_3$	$\overline{RhCl\{SC[N(CO_2Et)_2]=NCSC[=N(CO_2Et)]S\}}$		164
$RhC_{50}H_{33}ClN_4 \cdot H_2O$	$RhClPh(tpp) \cdot H_2O$		165
$RhBC_{50}H_{44}P_2$	$Rh(dppe)(\eta\text{-}PhBPh_3)$		166
$RhC_{51}H_{20}F_{20}P$	$\{RhC_4(C_6F_5)_4\}(PPh_3)(\eta\text{-}C_5H_5)$	ee	167
$RhC_{51}H_{40}P_2^+ClO_4^-$	$[Rh(nbd)(binap)][ClO_4]$	ff	168
$RhC_{51}H_{44}OP_4^+BF_4^-$	$[Rh(CO)(dppm)_2][BF_4]$		169
$RhC_{51}H_{53}OP_2 \cdot 2C_6H_6$	$Rh(PPh_3)_2(\eta^5\text{-}OC_6H_2Me\text{-}4\text{-}Bu_2^t\text{-}2,6)$		170
$RhC_{52}H_{40}ClN_2O_2P_2S_2 \cdot C_4H_{10}O$	$\overline{RhCl\{SC(=NCOPh)SCNC(O)Ph\}}(PPh_3)_2 \cdot Et_2O$		171
$RhC_{55}H_{46}OP_3$	$HRh(CO)(PPh_3)_3$		172
$RhC_{57}H_{87}ClN_3$	$RhCl(CNC_6H_2Bu_3^t\text{-}2,4,6)_3$		173
$RhC_{60}H_{44}ClO_2P_2$	$RhCl\{C_4Ph_2(CO)_2C_6H_4\}(PPh_3)_2$	gg	174
$RhC_{64}H_{49}P_2 \cdot C_7H_8$	$\overline{Rh(CPh=CPhCPh=CPhC_6H_4PPh_2)}(PPh_3)\text{-}\cdot PhMe$		175
$RhC_{66}H_{70}ClO_2P_2 \cdot 1.5C_3H_6O$	$RhCl(dqe)(PPh_3)_2 \cdot 1.5Me_2CO$	hh	176
$RhAg_2C_{94}H_{45}F_{25}P_3$	$RhAg_2(C_2C_6F_5)_5(PPh_3)_3$		177

a $C_{16}H_{32}N_2$ = glyoxalbis(2,4-Me$_2$-pentane-3-imine). b $C_{12}H_{20}N_4$ = dicarbene from 1,4,8,11-tetraazacyclotetradecane. c $C_5H_{10}N_2$ = pentane-2,4-diimine. d C_7H_{10} = (±)-(Z,Z)-1,2,3-η^3:5,6,7-η^3-heptadienediyl. e $C_8H_{10}Cl_2$ = 1,6-Cl$_2$-cycloocta-1,5-diene. f C_4H_6 = η^2-methylenecyclopropane. g $C_8H_{14}O$ = η^4-(but-2-enyl 1-methylallyl ether). h $RhC_4(CF_3)_4$ = 2,3,4,5-(CF$_3$)$_4$-rhodacyclopentadiene. i $C_{13}H_{22}BF_2N_4O_2$ = difluoro[3,3'-(trimethylenedinitrilo)bis(2-pentanone oximato)]borate. j $C_{12}H_{19}$ = 1,2,3-η^3-cyclododeca-2,6-dien-1-yl. k $C_{10}H_{14}O$ = (+)-4-mentha-1,8-dien-2-one (4S-carvone). l $C_7H_6(CO_2Me)_2$ = 2,3,5,6-η^4-2,3-(CO$_2$Me)$_2$-bicyclo[2.2.1]hepta-2,5-diene. m C_8H_{11} = 1,2,3-η^3-cycloocta-1,4-dienyl. n codC$_4$F$_6$ = η^4-[1,2-(CF$_3$)$_2$-ethylene-1,2-diyl]cyclooct-5-ene-1,2-diyl. o $C_8H_{10}Cl$ = 1,2,5,6-η^4-1,6-Cl$_2$-cycloocta-1,5-diene. p C_6H_8 = 2,3-bis(methylene)butane-1,4-diyl. q $C_9H_8(CF_3)$ = 1,2,3,4-η^4-6-endo-propen-2-yl-1,2,3,4-(CF$_3$)$_4$-cyclohexa-1,3-diene. r $C_{23}H_{18}N_2$ = 3,5,7-Ph$_3$-4H-1,2-diazepine. s $C_6H_3N_2O_4$ = pyridazine-1,3-dicarboxylate. t $C_{12}H_{16}$ = η^6-2,3,6,7-tetrakis(methylene)octane-1,8-diyl. u Ligand = 1,2-(CO$_2$Me)$_2$-3-(MeS)-3-thioxopropen-1-yl. v $C_{30}H_{35}N_4$ = 2,3,7,13,17,18,21-Me$_7$-8,12-Et$_2$-corrolato (N^{21}-methylcorrole). w $C_{30}H_{35}N_4$ = 2,3,7,13,17,18,22-Me$_7$-8,12-Et$_2$-corrolato (N^{22}-methylcorrole). x $C_{16}H_8Ph_2$ = Ph$_2$-cyclobuta[l]phenanthrene. y ppfa = NMe$_2$[CHMe(2-Ph$_2$P-ferrocenyl)]. z RhC_3Ph_3 = 2,3,4-Ph$_3$-rhodacyclobutenylium. aa ppm = 2-Ph$_2$PCH$_2$-4-Ph$_2$P-pyrrolidine. bb bppm = (2S,4S)-N-Bu^{t}CO-2-Ph$_2$PCH$_2$-4-Ph$_2$P-pyrrolidine. cc $RhC_8H_4O_2$ = 2-rhodaindane-1,3-dione. dd bdpbp = 2,11-(Ph$_2$PCH$_2$)$_2$-benzo[c]phenanthrene. ee $RhC_4(C_6F_5)_4$ = 2,3,4,5-(C$_6$F$_5$)$_4$-rhodacyclopentadiene; undefined solvent molecule also present. ff binap = (R)-(+)-2,2'-(Ph$_2$P)$_2$-1,1'-binaphthyl. gg $RhC_4Ph_2(CO)_2C_6H_4$ = 2-rhoda-1,3-diphenylcyclopentadieno[b]naphthalene-3,8-dione. hh dqe = η^2-bis(3,5-Bu^t-4-oxocyclohexa-2,5-dien-1-ylidene)ethylene.

1. D. J. Dahm and D. Forster, *Inorg. Nucl. Chem. Lett.*, 1970, **6**, 15.
2. A. C. Skapski and P. G. H. Troughton, *Chem. Commun.*, 1969, 666.
3. C. K. Thomas and J. A. Stanko, *Inorg. Chem.*, 1971, **10**, 566.
4. J. Kopf, J. Klaus and H. tom Dieck, *Cryst. Struct. Commun.*, 1980, **9**, 783.
5. P. B. Hitchcock, M. F. Lappert, P. Terreros and K. P. Wainwright, *J. Chem. Soc., Chem. Commun.*, 1980, 1180.
6. E. Cetinkaya, A. W. Johnson, M. F. Lappert, G. M. McLaughlin and K. W. Muir, *J. Chem. Soc., Dalton Trans.*, 1974, 1236.
7. M. M. Olmstead, C. H. Lindsay, L. S. Benner and A. L. Balch, *J. Organomet. Chem.*, 1979, **179**, 289.
8. F. W. B. Einstein and C. R. S. M. Hampton, *Can. J. Chem.*, 1971, **49**, 1901.
9. J. J. Daly, F. Sanz and D. Forster, *J. Am. Chem. Soc.*, 1975, **97**, 2551.
10. N. A. Bailey, E. Coates, G. B. Robertson, F. Bonati and R. Ugo, *Chem. Commun.*, 1967, 1041.

11. M. D. Rausch, W. P. Hart, J. L. Atwood and M. J. Zaworotko, *J. Organomet. Chem.*, 1980, **197**, 225.
12. F. Huq and A. C. Skapski, *J. Cryst. Mol. Struct.*, 1974, **4**, 411.
13. R. R. Ryan, P. G. Eller and G. J. Kubas, *Inorg. Chem.*, 1976, **15**, 797.
14. P. W. Detlaven and V. L. Goedken, *Inorg. Chem.*, 1979, **18**, 827.
15. J.-J. Bonnet, Y. Jeannin, A. Maisonnat, P. Kalck and R. Poilblanc, *C. R. Hebd. Seances Acad. Sci., Ser. C*, 1975, **281**, 15.
16. M. R. Churchill, *Chem. Commun.*, 1965, 86*; *Inorg. Chem.*, 1965, **4**, 1734.
17. L. Porri, A. Lionetti, G. Allegra and A. Immirzi, *Chem. Commun.*, 1965, 336*; A. Immirzi and G. Allegra, *Acta Crystallogr.*, 1969, **B25**, 120.
18. M. G. B. Drew, S. M. Nelson and M. Sloan, *J. Organomet. Chem.*, 1972, **39**, C9.
19. J. A. Evans and D. R. Russell, *Chem. Commun.*, 1971, 197.
20. L. J. Guggenberger and R. Cramer, *J. Am. Chem. Soc.*, 1972, **94**, 3779.
21. H. Werner, O. Kolb, R. Feser and U. Schubert, *J. Organomet. Chem.*, 1980, **191**, 283.
22. M. B. Hursthouse, K. M. A. Malik, D. M. P. Mingos and S. D. Willoughby, *J. Organomet. Chem.*, 1980, **192**, 235.
23. F. Maspero, E. Perrotti and F. Simonetti, *J. Organomet. Chem.*, 1972, **38**, C43*; G. Del Piero, G. Perego and M. Cesari, *Cryst. Struct. Commun.*, 1974, **3**, 15.
24. L. G. Kuzmina, Y. S. Varshavskii, N. G. Bokii, Y. T. Struchkov and T. G. Cherkasova, *Zh. Strukt. Khim.*, 1971, **12**, 653.
25. J. H. Barlow, G. R. Clark, M. G. Curl, M. E. Howden, R. D. W. Kemmitt and D. R. Russell, *J. Organomet. Chem.*, 1978, **144**, C47.
26. D. Bondoux, I. Tkatchenko, D. Houalla, R. Wolf, C. Pradat, J. G. Riess and B. F. Mentzen, *J. Chem. Soc., Chem. Commun.*, 1978, 1022*; D. Bondoux, B. F. Mentzen and I. Tkatchenko, *Inorg. Chem.*, 1981, **20**, 839.
27. M. G. B. Drew, S. M. Nelson and M. Sloan, *J. Organomet. Chem.*, 1972, **39**, C9.
28. J. G. Leipoldt, L. D. C. Bok, S. S. Basson, J. S. von Vollenhoven and T. I. A. Gerber, *Inorg. Chim. Acta*, 1977, **25**, L63.
29. M. J. Bennett, J. L. Pratt, K. A. Simpson, L. K. K. Li Shing Man and J. Takats, *J. Am. Chem. Soc.*, 1976, **98**, 4810.
30. N. W. Alcock, J. M. Brown, J. A. Conneely and J. J. Stofko, *J. Chem. Soc., Chem. Commun.*, 1975, 234*.
31. N. W. Alcock and J. A. Conneely, *Acta Crystallogr.*, 1977, **B33**, 141.
32. M. O. Visscher, J. C. Huffman and W. E. Streib, *Inorg. Chem.*, 1974, **13**, 792.
33. V. W. Day, K. J. Reimer and A. Shaver, *J. Chem. Soc., Chem. Commun.*, 1975, 403.
34. A. A. Koridze, I. T. Chizhevsky, P. V. Petrovskii, E. I. Fedin, N. E. Kolobova, L. E. Vinogradova, L. A. Leites, V. G. Andrianov and Y. T. Struchkov, *J. Organomet. Chem.*, 1981, **206**, 373.
35. D. G. Vander Veer and R. Eisenberg, *J. Am. Chem. Soc.*, 1974, **96**, 4994.
36. M. G. B. Drew, C. M. Regan and S. M. Nelson, *J. Chem. Soc., Dalton Trans.*, 1981, 1034.
37. K. Huml and J. Ječńy, *Acta Crystallogr.*, 1979, **B35**, 2413.
38. P. A. Tucker, W. Scutcher and D. R. Russell, *Acta Crystallogr.*, 1975, **B31**, 592.
39. M. Green, J. A. K. Howard, R. P. Hughes, S. C. Kellett and P. Woodward, *J. Chem. Soc., Dalton Trans.*, 1975, 2007.
40. R. Grigg, B. Kongkathip and T. J. King, *J. Chem. Soc., Dalton Trans.*, 1978, 333.
41. J. T. Mague, *J. Am. Chem. Soc.*, 1971, **93**, 3550*; *Inorg. Chem.*, 1973, **12**, 2649.
42. J. P. Collman, P. A. Christian, S. Current, P. Denisevich, T. R. Halbert, E. R. Schmittou and K. O. Hodgson, *Inorg. Chem.*, 1976, **15**, 223.
43. G. Paiaro, A. Musco and G. Diana, *J. Organomet. Chem.*, 1965, **4**, 466.
44. G. K. Barker, M. P. Garcia, M. Green, F. G. A. Stone, J.-M. Bassett and A. J. Welch, *J. Chem. Soc., Chem. Commun.*, 1981, 653.
45. L. J. Farrugia, J. A. K. Howard, P. Mitrprachachon, F. G. A. Stone and P. Woodward, *J. Chem. Soc., Dalton Trans.*, 1981, 171.
46. G. G. Aleksandrov, Y. T. Struchkov, V. S. Khandkarova and S. P. Gubin, *J. Organomet. Chem.*, 1970, **25**, 243.
47. G. G. Aleksandrov and Y. T. Struchkov, *Zh. Strukt. Khim.*, 1970, **11**, 708.
48. W. Winter, B. Koppenhöfer and V. Schurig, *J. Organomet. Chem.*, 1978, **150**, 145.
49. M. Arthurs, S. M. Nelson and M. G. B. Drew, *J. Chem. Soc., Dalton Trans.*, 1977, 779.
50. G. G. Aleksandrov and Y. T. Struchkov, *Zh. Strukt. Khim.*, 1970, **11**, 1094.
51. P. Racanelli, G. Pantini, A. Immirzi, G. Allegra and L. Porri, *Chem. Commun.*, 1969, 361.
52. B. Cetinkaya, M. F. Lappert, G. M. McLaughlin and K. Turner, *J. Chem. Soc., Dalton Trans.*, 1974, 1591.
53. M. Tachikawa, A. C. Sievert, E. L. Muetterties, M. R. Thompson, C. S. Day and V. W. Day, *J. Am. Chem. Soc.*, 1980, **102**, 1725.
54. M. R. Churchill and M. V. Veidis, *Chem. Commun.*, 1970, 1470*; *J. Chem. Soc. (A)*, 1971, 2995.
55. P. Espinet, P. M. Bailey and P. M. Maitlis, *J. Chem. Soc., Dalton Trans.*, 1979, 1542.
56. D. Allen, C. J. L. Lock, G. Turner and J. Powell, *Can. J. Chem.*, 1975, **53**, 2707.
57. J. Pickardt and H.-O. Stühler, *Chem. Ber.*, 1980, **113**, 1623.
58. M. R. Churchill and R. Mason, *Proc. Chem. Soc.*, 1963, 365*; *Proc. R. Soc. London, Ser. A*, 1966, **292**, 61.
59. P. Caddy, M. Green, J. A. K. Howard, J. M. Squire and N. J. Waite, *J. Chem. Soc., Dalton Trans.*, 1981, 400.
60. P. B. Hitchcock, M. F. Lappert, G. M. McLaughlin and A. J. Oliver, *J. Chem. Soc., Dalton Trans.*, 1974, 68.

61. A. C. Jarvis, R. D. W. Kemmitt, B. Y. Kimura, D. R. Russell and P. A. Tucker, *J. Chem. Soc., Chem. Commun.*, 1974, 797*; D. R. Russell and P. A. Tucker, *J. Chem. Soc., Dalton Trans.*, 1976, 841.
62. H.-O. Stühler and J. Pickardt, *Z. Naturforsch., Teil B*, 1981, **36**, 315.
63. P. Espinet, P. M. Bailey, R. F. Downey and P. M. Maitlis, *J. Chem. Soc., Dalton Trans.*, 1980, 1048.
64. J. G. Leipoldt, S. S. Basson, G. J. Lamprecht, L. D. C. Bok and J. J. J. Schlebusch, *Inorg. Chim. Acta*, 1980, **40**, 43.
65. J. Ječňy and K. Huml, *Acta Crystallogr.*, 1978, **B34**, 2966.
66. K. Prout and G. V. Rees, *Acta Crystallogr.*, 1974, **B30**, 2249.
67. R. G. Finke, G. Gaughan, C. Pierpont and M. E. Cass, *J. Am. Chem. Soc.*, 1981, **103**, 1394.
68. G. G. Aleksandrov and Y. T. Struchkov, *Zh. Strukt. Khim.*, 1971, **12**, 120.
69. R. J. Restivo, G. Ferguson, D. J. O'Sullivan and F. J. Lalor, *Inorg. Chem.*, 1975, **14**, 3046.
70. G. G. Aleksandrov, A. I. Gusev, V. S. Khandkarova, Y. T. Struchkov and S. P. Gubin, *Chem. Commun.*, 1969, 748*; G. G. Aleksandrov and Y. T. Struchkov, *Zh. Strukt. Khim.*, 1969, **10**, 672.
71. N. A. Bailey, E. H. Blunt, G. Fairhurst and C. White, *J. Chem. Soc., Dalton Trans.*, 1980, 829.
72. T. G. Hewitt, K. Anzenhofer and J. J. de Boer, *Chem. Commun.*, 1969, 312*; T. G. Hewitt and J. J. de Boer, *J. Chem. Soc. (A)*, 1971, 817.
73. P. D. Frisch and G. P. Khare, *J. Am. Chem. Soc.*, 1978, **100**, 8267.
74. Z. Demidowicz, R. G. Teller and M. F. Hawthorne, *J. Chem. Soc., Chem. Commun.*, 1979, 831.
75. G. Bandoli, D. A. Clemente, G. Deganello, G. Carturan, P. Uguagliati and U. Belluco, *J. Organomet. Chem.*, 1974, **71**, 125.
76. C.-H. Cheng, D. E. Hendriksen and R. Eisenberg, *J. Organomet. Chem.*, 1977, **142**, C65*; C.-H. Cheng and R. Eisenberg, *Inorg. Chem.*, 1979, **18**, 1418.
77. C. Busetto, A. D'Alfonso, F. Maspero, G. Perego and A. Zazzetta, *J. Chem. Soc., Dalton Trans.*, 1977, 1828.
78. D. M. Barlex, J. A. Evans, R. D. W. Kemmitt and D. R. Russell, *Chem. Commun.*, 1971, 331.
79. R. P. Hughes, N. Krishnamachari, C. J. L. Lock, J. Powell and G. Turner, *Inorg. Chem.*, 1977, **16**, 314.
80. G. Ingrosso, A. Immirzi and L. Porri, *J. Organomet. Chem.*, 1973, **60**, C35*; A. Immirzi, *J. Organomet. Chem.*, 1974, **81**, 217.
81. C. Crocker, R. J. Errington, W. S. McDonald, K. J. Odell, B. L. Shaw and R. J. Goodfellow, *J. Chem. Soc., Chem. Commun.*, 1979, 498.
82. P. Caddy, M. Green, E. O'Brien, L. E. Smart and P. Woodward, *Angew. Chem.*, 1977, **89**, 671 (*Angew. Chem., Int. Ed. Engl.*, 1977, **16**, 648)*; *J. Chem. Soc., Dalton Trans.*, 1980, 962.
83. C. E. Dean, R. D. W. Kemmitt, D. R. Russell and M. D. Schilling, *J. Organomet. Chem.*, 1980, **187**, C1.
84. R. Mason, G. Scollary, B. Moyle, K. I. Hardcastle, B. L. Shaw and C. J. Moulton, *J. Organomet. Chem.*, 1976, **113**, C49*; R. Mason and G. R. Scollary, *Aust. J. Chem.*, 1978, **31**, 781.
85. J. Ječňy and K. Huml, *Acta Crystallogr.*, 1974, **B30**, 1105.
86. C. Nave and M. R. Truter, *Chem. Commun.*, 1971, 1253*; *J. Chem. Soc., Dalton Trans.*, 1973, 2202.
87. J. G. Leipoldt, S. S. Basson, L. D. C. Bok and T. I. A. Gerber, *Inorg. Chim. Acta*, 1978, **26**, L35.
88. W. P. Bosman and A. W. Gal, *Cryst. Struct. Commun.*, 1975, **4**, 465.
89. H. van der Meer and D. Heijdenrijk, *Cryst. Struct. Commun.*, 1976, **5**, 401.
90. M. S. Delaney, C. B. Knobler and M. F. Hawthorne, *J. Chem. Soc., Chem. Commun.*, 1980, 849.
91. M. R. Thompson, C. S. Day, V. W. Day, R. I. Mink and E. L. Muetterties, *J. Am. Chem. Soc.*, 1980, **102**, 2979.
92. R. A. Smith, D. P. Madden, A. J. Carty and G. J. Palenik, *Chem. Commun.*, 1971, 427*; D. P. Madden, A. J. Carty and T. Birchall, *Inorg. Chem.*, 1972, **11**, 1453.
93. Z. G. Aliev, L. O. Atovmyan and V. I. Ponomarev, *Zh. Strukt. Khim.*, 1973, **14**, 748.
94. C.-H. Cheng, B. D. Spivack and R. Eisenberg, *J. Am. Chem. Soc.*, 1977, **99**, 3003.
95. C.-H. Cheng and R. Eisenberg, *Inorg. Chem.*, 1979, **18**, 2438.
96. K. D. Tau, D. W. Meek, T. Sorrell and J. A. Ibers, *Inorg. Chem.*, 1978, **17**, 3454.
97. H. Schumann, M. Heisler and J. Pickardt, *Chem. Ber.*, 1977, **110**, 1020.
98. J. G. Leipoldt, L. D. C. Bok, S. S. Basson and H. Meyer, *Inorg. Chim. Acta*, 1980, **42**, 105.
99. A. R. M. Craik, G. R. Knox, P. L. Pauson, R. J. Hoare and O. S. Mills, *Chem. Commun.*, 1971, 168*.
100. R. J. Hoare and O. S. Mills, *J. Chem. Soc., Dalton Trans.*, 1972, 2138.
101. R. G. Teller, J. J. Wilczynski and M. F. Hawthorne, *J. Chem. Soc., Chem. Commun.*, 1979, 472.
102. M. A. Bennett, J. C. Jeffery and G. B. Robertson, *Inorg. Chem.*, 1981, **20**, 323.
103. J. G. Leipoldt, L. D. C. Bok, J. S. van Vollenhoven and A. I. Pieterse, *J. Inorg. Nucl. Chem.*, 1978, **40**, 61.
104. G. Pantini, P. Racanelli, A. Immirzi and L. Porri, *J. Organomet. Chem.*, 1971, **33**, C17.
105. J. A. Ibers, *J. Organomet. Chem.*, 1974, **73**, 389.
106. M. Chetcuti, M. Green, J. A. K. Howard, J. C. Jeffery, R. M. Mills, G. N. Pain, S. J. Porter, F. G. A. Stone, A. A. Wilson and P. Woodward, *J. Chem. Soc., Chem. Commun.*, 1980, 1057.
107. M. S. Delaney, R. G. Teller and M. F. Hawthorne, *J. Chem. Soc., Chem. Commun.*, 1981, 235.
108. N. W. Alcock, J. M. Brown and J. C. Jeffery, *J. Chem. Soc., Chem. Commun.*, 1974, 829*; *J. Chem. Soc., Dalton Trans.*, 1976, 583.
109. W. P. Bosman and A. W. Gal, *Cryst. Struct. Commun.*, 1976, **5**, 703.
110. W. Porzio and M. Zocchi, *J. Am. Chem. Soc.*, 1978, **100**, 2048.
111. M. J. Nolte, G. Gafner and L. M. Haines, *Chem. Commun.*, 1969, 1406*; M. J. Nolte and G. Gafner, *Acta Crystallogr.*, 1974, **B30**, 738.
112. K. Wajda, F. Pruchnik and T. Lis, *Inorg. Chim. Acta*, 1980, **40**, 207.
113. Y. Wakatsuki, H. Yamazaki and H. Iwasaki, *J. Am. Chem. Soc.*, 1973, **95**, 5781.
114. R. Mason and A. D. C. Towl, *J. Chem. Soc. (A)*, 1970, 1601.
115. M. C. Cornock, D. R. Robertson, T. A. Stephenson, C. L. Jones, G. H. W. Milburn and L. Sawyer, *J. Organomet. Chem.*, 1977, **135**, C50.

116. R. R. Ryan, R. Schaeffer, P. Clark and G. Hartwell, *Inorg. Chem.*, 1975, **14**, 3039.
117. A. M. Abeysekera, R. Grigg, J. Trocha-Grimshaw and T. J. King, *J. Chem. Soc., Perkin Trans. 1*, 1979, 2184.
118. P. Diversi, G. Ingrosso, A. Lucherini, W. Porzio and M. Zocchi, *Inorg. Chem.*, 1980, **19**, 3590.
119. M. D. Rausch, S. A. Gardner, E. F. Tokas, I. Bernal, G. M. Reisner and A. Clearfield, *J. Chem. Soc., Chem. Commun.*, 1978, 187*; G. M. Reisner, I. Bernal, M. D. Rausch, S. A. Gardner and A. Clearfield, *J. Organomet. Chem.*, 1980, **184**, 237.
120. G. G. Cash, J. F. Helling, M. Mathew and G. J. Palenik, *J. Organomet. Chem.*, 1973, **50**, 277.
121. V. W. Day, B. R. Stults, K. J. Reimer and A. Shaver, *J. Am. Chem. Soc.*, 1974, **96**, 1227.
122. W. R. Cullen, F. W. B. Einstein, C.-H. Huang, A. C. Willis and E.-S. Yeh, *J. Am. Chem. Soc.*, 1980, **102**, 988.
123. N. W. Alcock, J. M. Brown and J. C. Jeffery, *J. Chem. Soc., Dalton Trans.*, 1977, 888.
124. M. F. McGuiggan and L. H. Pignolet, *Cryst. Struct. Commun.*, 1979, **8**, 709; M. F. McGuiggan, D. H. Doughty and L. H. Pignolet, *J. Organomet. Chem.*, 1980, **185**, 241.
125. J. P. Farr, M. M. Olmstead and A. L. Balch, *J. Am. Chem. Soc.*, 1980, **102**, 6654.
126. J. M. Townsend and J. F. Blount, *Inorg. Chem.*, 1981, **20**, 269.
127. B. D. Vineyard, W. S. Knowles, M. J. Sebacky, G. L. Backman and D. J. Weinkauff, *J. Am. Chem. Soc.*, 1977, **99**, 5946.
128. R. G. Ball and N. C. Payne, *Inorg. Chem.*, 1977, **16**, 1187.
129. A. Del Pra, G. Zanotti and P. Segala, *Cryst. Struct. Commun.*, 1979, **8**, 959.
130. K. W. Muir and J. A. Ibers, *Inorg. Chem.*, 1969, **8**, 1921.
131. J. J. de Boer, D. Rogers, A. C. Skapski and P. G. H. Troughton, *Chem. Commun.*, 1966, 756.
132. Z. G. Aliev, L. O. Atovmyan, O. V. Golubeva, V. V. Karpov and G. I. Kozub, *Zh. Strukt. Khim.*, 1977, **18**, 336.
133. P. G. H. Troughton and A. C. Skapski, *Chem. Commun.*, 1968, 575.
134. P. D. Frisch and G. P. Khare, *J. Organomet. Chem.*, 1977, **142**, C61*; *Inorg. Chem.*, 1979, **18**, 781.
135. P. G. Eller and R. R. Ryan, *Inorg. Chem.*, 1980, **19**, 142.
136. Y. Ohga, Y. Iitaka and K. Achiwa, *Chem. Lett.*, 1980, 861.
137. A. Takenaka, S. K. Syal, Y. Sasada, T. Omura, H. Ogoshi and Z.-I. Yoshida, *Acta Crystallogr.*, 1976, **B32**, 62.
138. P. B. Hitchcock, M. McPartlin and R. Mason, *Chem. Commun.*, 1969, 1367.
139. M. A. Bennett, P. W. Clark, G. B. Robertson and P. O. Whimp, *J. Chem. Soc., Chem. Commun.*, 1972, 1011*.
140. G. B. Robertson, P. A. Tucker and P. O. Whimp, *Inorg. Chem.*, 1980, **19**, 2307.
141. A. P. Gaughan and J. A. Ibers, *Inorg. Chem.*, 1975, **14**, 3073.
142. S. F. Hossain, K. M. Nicholas, C. L. Teas and R. E. Davis, *J. Chem. Soc., Chem. Commun.*, 1981, 268.
143. A. S. C. Chan, J. J. Pluth and J. Halpern, *Inorg. Chim. Acta*, 1979, **37**, L477.
144. W. C. Kalb, R. G. Teller and M. F. Hawthorne, *J. Am. Chem. Soc.*, 1979, **101**, 5417.
145. G. E. Hardy, K. P. Callahan, C. E. Strouse and M. F. Hawthorne, *Acta Crystallogr.*, 1976, **B32**, 264.
146. J. D. Hewes, C. B. Knobler and M. F. Hawthorne, *J. Chem. Soc., Chem. Commun.*, 1981, 206.
147. T. Kashiwagi, N. Yasuoka, N. Kasai and M. Kakudo, *Chem. Commun.*, 1969, 317; *Technol. Rep. Osaka Univ.*, 1974, **24**, 355 (*Chem. Abstr.*, 1974, **81**, 160 497).
148. R. T. Kops, A. R. Overbeek and H. Schenk, *Cryst. Struct. Commun.*, 1976, **5**, 125.
149. M. A. Bennett, R. N. Johnson, G. B. Robertson, I. B. Tomkins and P. O. Whimp, *J. Organomet. Chem.*, 1974, **77**, C43.
150. R. J. Haines, R. Mason, J. A. Zubieta and C. R. Nolte, *J. Chem. Soc., Chem. Commun.*, 1972, 990*; R. Mason and J. A. Zubieta, *J. Organomet. Chem.*, 1974, **66**, 279.
151. T. G. Hewitt and J. J. de Boer, *Chem. Commun.*, 1968, 1413*; T. G. Hewitt, J. J. de Boer and K. Anzenhofer, *Acta Crystallogr.*, 1970, **B26**, 1244.
152. A. S. C. Chan, J. J. Pluth and J. Halpern, *J. Am. Chem. Soc.*, 1980, **102**, 5952.
153. Y. Ohga, Y. Iitaka, K. Achiwa, T. Kogure and I. Ojima, unpublished work cited in I. Ojima and T. Kogure, *J. Organomet. Chem.*, 1980, **195**, 239.
154. R. Uson, P. Lahuerta, J. Reyes, L. A. Oro, C. Foces-Foces, F. H. Cano and S. Garcia-Blanco, *Inorg. Chim. Acta*, 1980, **42**, 75.
155. W. Winter and J. Strähle, *Angew. Chem.*, 1978, **90**, 142 (*Angew. Chem., Int. Ed. Engl.*, 1978, **17**, 128).
156. J. T. Mague, *J. Am. Chem. Soc.*, 1969, **91**, 3983*; *Inorg. Chem.*, 1970, **9**, 1610.
157. L. S. Liebeskind, S. L. Baysdon, M. S. South and J. F. Blount, *J. Organomet. Chem.*, 1980, **202**, C73.
158. M. J. Doyle, M. F. Lappert, G. M. McLaughlin and J. McMeeking, *J. Chem. Soc., Dalton Trans.*, 1974, 1494.
159. G. Allegra, M. Calligaris, R. Furlanetto, G. Nardin and L. Randaccio, *Cryst. Struct. Commun.*, 1974, **3**, 69.
160. F. Bachechi, L. Zambonelli and L. M. Venanzi, *Helv. Chim. Acta*, 1977, **60**, 2815.
161. D. L. Egglestone, M. C. Baird, C. J. L. Lock and G. Turner, *J. Chem. Soc., Dalton Trans.*, 1977, 1576.
162. N. W. Alcock, O. W. Howarth, P. Moore and G. E. Morris, *J. Chem. Soc., Chem. Commun.*, 1979, 1160.
163. D. M. P. Mingos, P. C. Minshall, M. B. Hursthouse, K. M. A. Malik and S. D. Willoughby, *J. Organomet. Chem.*, 1979, **181**, 169.
164. Y. Ishii, K. Itoh, I. Matsuda, F. Ueda and J. A. Ibers, *J. Am. Chem. Soc.*, 1976, **98**, 2014*; 1977, **99**, 2118.
165. E. B. Fleischer and D. Lavallee, *J. Am. Chem. Soc.*, 1967, **89**, 7132.
166. P. Albano, M. Aresta and M. Manassero, *Inorg. Chem.*, 1980, **19**, 1069.
167. R. G. Gastinger, M. D. Rausch, D. A. Sullivan and G. J. Palenik, *J. Organomet. Chem.*, 1976, **117**, 355.
168. A. Miyashita, A. Yasuda, H. Takaya, K. Toriumi, T. Ito, T. Souchi and R. Noyori, *J. Am. Chem. Soc.*, 1980, **102**, 7932.

169. L. H. Pignolet, D. H. Doughty, S. C. Nowicki and A. L. Casalnuovo, *Inorg. Chem.*, 1980, **19**, 2172.
170. B. Cetinkaya, P. B. Hitchcock, M. F. Lappert, S. Torroni, J. L. Atwood, W. E. Hunter and M. J. Zaworotko, *J. Organomet. Chem.*, 1980, **188**, C31.
171. M. Cowie, J. A. Ibers, Y. Ishii, K. Itoh, I. Matsuda and F. Ueda, *J. Am. Chem. Soc.*, 1975, **97**, 4748*; M. Cowie and J. A. Ibers, *Inorg. Chem.*, 1976, **15**, 552.
172. S. J. LaPlaca and J. A. Ibers, *J. Am. Chem. Soc.*, 1963, **85**, 3501*; *Acta Crystallogr.*, 1965, **18**, 511.
173. Y. Yamamoto, K. Aoki and H. Yamazaki, *Inorg. Chem.*, 1979, **18**, 1681.
174. E. Muller, E. Langer, H. Jakle, H. Muhm, W. Hoppe, R. Graziani, A. Gieren and F. Brandl, *Z. Naturforsch., Teil B*, 1971, **26**, 305.
175. J. S. Ricci and J. A. Ibers, *J. Organomet. Chem.*, 1971, **27**, 261.
176. L. Hagelee, R. West, J. Calabrese and J. Norman, *J. Am. Chem. Soc.*, 1979, **101**, 4888.
177. O. M. Abu Salah, M. I. Bruce, M. R. Churchill and B. G. DeBoer, *J. Chem. Soc., Chem. Commun.*, 1974, 688*; M. R. Churchill and B. G. DeBoer, *Inorg. Chem.*, 1975, **14**, 2630.

Rh_2 Dirhodium

Molecular formula	Structure	Notes	Ref.
$Rh_2C_4Cl_2O_4$	$[Rh(\mu\text{-}Cl)(CO)_2]_2$		1
$Rh_2C_6H_6I_6O_4^{2-} \cdot 2C_9H_{14}N^+$	$[NMe_3Ph][Rh_2I_6(COMe)_2(CO)_2]$		2
$Rh_2C_{10}H_{12}O_{10}$	$[Rh(\mu\text{-}OAc)_2(CO)]_2$	169	3
$Rh_2C_{10}H_{30}I_2S_3$	$Rh_2I_2Me_4(SMe_2)_3$		4
$Rh_2C_{12}H_{10}O_4S$	$\{Rh(CO)(\eta\text{-}C_5H_5)\}_2(\mu\text{-}SO_2)$		5
$Rh_2C_{12}H_{20}Br_2$	$[Rh(\mu\text{-}Br)(\eta\text{-}C_3H_5)_2]_2$		6
$Rh_2C_{12}H_{20}Cl_2$	$[Rh(\mu\text{-}Cl)(\eta\text{-}C_3H_5)_2]_2$		7
$Rh_2C_{12}H_{22}Cl_4O_2\cdot CH_4O$	$[RhCl_2(C_6H_{11}O)]_2\cdot MeOH$	a	8
$Rh_2C_{13}H_{10}O_3$	$\{Rh(CO)(\eta\text{-}C_5H_5)\}_2(\mu\text{-}CO)$		9
$Rh_2C_{13}H_{10}O_3$	$Rh_2(CO)_3(\eta\text{-}C_5H_5)_2$	b	10
$Rh_2C_{13}H_{12}O_2$	$\{Rh(CO)(\eta\text{-}C_5H_5)\}_2(\mu\text{-}CH_2)$		11
$Rh_2C_{13}H_{13}BrO_2$	$\{Rh(\mu\text{-}CO)(\eta\text{-}C_5H_5)\}_2(Br)(Me)$		12
$Rh_2C_{13}H_{17}Cl_2O_2$	$Rh(acac)(C_8H_{10}Cl_2)$	c	13
$Rh_2C_{15}H_{10}F_6O$	$\{Rh(\eta\text{-}C_5H_5)\}_2\{\mu\text{-}CO\}\{\mu\text{-}C_2(CF_3)_2\}$		14
$Rh_2C_{15}H_{18}O_6$	$\{Rh(CO)(acac)\}_2(\mu\text{-}\eta^2,\eta^2\text{-}CH_2\!=\!C\!=\!CH_2)$		15
$Rh_2C_{16}H_{10}F_6O_2$	$\{Rh(CO)(\eta\text{-}C_5H_5)\}_2\{\mu\text{-}C(CF_3)\!=\!C(CF_3)\}$		16
$Rh_2C_{16}H_{24}Cl_2$	$[Rh(\mu\text{-}Cl)(cod)]_2$		17
$Rh_2Fe_2C_{18}H_{10}O_8$	$Rh_2Fe_2(CO)_8(\eta\text{-}C_5H_5)_2$		18
$Rh_2C_{18}H_{10}N_2O_6$	$\{Rh(CO)_2\}_2\{\mu\text{-}N_2(COPh)_2\}$		19
$Rh_2C_{18}H_{18}$	$\{Rh(\eta\text{-}C_5H_5)\}_2(\mu\text{-}C_8H_8)$	d	20
$Rh_2C_{18}H_{22}Cl_2O_2P_2$	$[Rh(\mu\text{-}Cl)(CO)(PMe_2Ph)]_2$		21
$Rh_2C_{18}H_{22}O_4$	$[Rh(\mu\text{-}OAc)(nbd)]_2$		22
$Rh_2C_{19}H_{16}F_6O$	$\{Rh(\eta\text{-}C_5H_5)\}_2\{\mu\text{-}C_2Me_2COC_2(CF_3)_2\}$	e	23
$Rh_2C_{20}H_{24}Cl_2N_8^{2+}2Cl^-\cdot 8H_2O$	$[Rh_2Cl_2\{CN(CH_2)_3NC\}_4]Cl_2\cdot 8H_2O$		24
$Rh_2C_{20}H_{24}N_8^{2+}2BC_{24}H_{20}^-\cdot C_2H_3N$	$[Rh_2\{CN(CH_2)_3NC\}_4][BPh_4]\cdot MeCN$		25, 26
$Rh_2C_{20}H_{28}Br_2Cl_2O_2P_2$	$[RhBrClMe(CO)(PMe_2Ph)]_2$	f	27
$Rh_2C_{20}H_{28}O_2P_2S_2$	$[Rh(\mu\text{-}SPh)(CO)(PMe_3)]_2$		28
$Rh_2C_{20}H_{30}(Br/Cl)_4$	$[Rh(Br/Cl)(\mu\text{-}Br/Cl)(\eta\text{-}C_5Me_5)]_2$	g	29
$Rh_2C_{20}H_{30}Br_4$	$[RhBr(\mu\text{-}Br)(\eta\text{-}C_5Me_5)]_2$		29
$Rh_2C_{20}H_{30}Cl_4$	$[RhCl(\mu\text{-}Cl)(\eta\text{-}C_5Me_5)]_2$		30
$Rh_2C_{20}H_{30}F_6O_6P_3^+F_6P^-$	$[Rh_2(\mu\text{-}PO_2F_2)_3(\eta\text{-}C_5Me_5)_2]PF_6$		31
$Rh_2C_{20}H_{30}I_4\cdot 2C_7H_8$	$[RhI(\mu\text{-}I)(\eta\text{-}C_5Me_5)]_2\cdot 2PhMe$		32
$Rh_2C_{20}H_{31}Cl_3$	$\{RhCl(\eta\text{-}C_5Me_5)\}_2(\mu\text{-}H)(\mu\text{-}Cl)$		33
$Rh_2C_{22}H_{18}O_2S_2$	$\{Rh(CO)_2\}(\mu\text{-}SPh)_2\{Rh(cot)\}$		34
$Rh_2C_{22}H_{20}S_2$	$[Rh(\mu\text{-}SPh)(\eta\text{-}C_5H_5)]_2$		35
$Rh_2C_{22}H_{28}N_4$	$\{Rh(cod)\}_2(\mu\text{-}biim)$	h	36
$Rh_2C_{22}H_{34}I_4$	$[RhI(\mu\text{-}I)(\eta\text{-}C_5Me_4Et)]_2$		37
$Rh_2C_{23}H_{24}O_2$	$Rh_2(CO)(nbd)_2(C_8H_8O)$	i	38
$Rh_2C_{24}H_{30}$	$\{Rh(\eta^3\text{-}C_8H_9)\}(\mu\text{-}C_8H_9)\{Rh(cod)\}$	j	39
$Rh_2C_{24}H_{40}Cl_2$	$[Rh(\mu\text{-}Cl)(\eta^2\text{-}CH_2\!=\!CHCH\!=\!CHMe)_2]_2$		40
$Rh_2C_{25}H_{22}O$	$Rh_2(\mu\text{-}CO)(\eta\text{-}C_6H_8)(\eta\text{-}C_9H_7)_2$		41
$Rh_2C_{26}H_{18}Cl_2N_4O_2$	$\{Rh(CO)_2\}(\mu\text{-}Cl)_2\{Rh(azb)_2\}$		42
$Rh_2C_{26}H_{22}N_4O_4$	$Rh_2(CO)_4(C_{22}H_{22}N_4)$	k	43
$Rh_2C_{26}H_{23}N_4O_4^+ClO_4^-\cdot C_7H_8$	$[Rh_2(CO)_4(C_{22}H_{23}N_4)]ClO_4\cdot PhMe$		43
$Rh_2C_{26}H_{28}$	$\{Rh(\eta^5\text{-}C_9H_6Me)\}_2(\mu\text{-}\eta^1,\eta^2\text{-}CH\!=\!CH_2)\text{-}(\mu\text{-}\eta^1,\eta^2\text{-}CMe\!=\!CHMe)$		44
$Rh_2C_{27}H_{30}Br_4O_2$	$\{Rh(\mu\text{-}CO)(\eta\text{-}C_5Me_5)\}_2\text{-}(\mu\text{-}\overline{CCBr\!=\!CBrCBr\!=\!C}Br)$		45
$Rh_2C_{27}H_{36}O_6$	$\{Rh(\mu\text{-}CO)(\eta\text{-}C_5Me_5)\}_2\{\mu\text{-}C(CO_2Me)_2\}$		45
$Rh_2C_{27}H_{43}IO_2P_2S_2$	$\{RhI(COMe)(PMe_2Ph)\}(\mu\text{-}SBu^t)_2\{Rh(CO)\text{-}(PMe_2Ph)\}$		46
$Rh_2C_{30}H_{44}O_4^{2+}2BF_4^-$	$[\{Rh(\mu\text{-}acac)(\eta\text{-}C_5Me_5)\}_2][BF_4]_2$		47

Molecular formula	Structure	Notes	Ref.
$Rh_2C_{30}H_{63}ClO_2P_2S$	$\{Rh(CO)(PBu^t_3)\}_2(\mu\text{-}Cl)(\mu\text{-}SBu^t)$		48
$Rh_2C_{32}H_{30}F_{18}N_{12}$	$\{Rh\{N_3C_2(CF_3)_2\}(\eta\text{-}C_5Me_5)\}_2(\mu\text{-}N_3)\text{-}\{\mu\text{-}N_3C_2(CF_3)_2\}$		49
$Rh_2C_{35}H_{28}Cl_2N_2OP_2$	$Rh_2Cl_2(\mu\text{-}CO)\{\mu\text{-}PPh_2(C_5H_4N\text{-}2)\}_2$	140	50
$Rh_2C_{36}H_{38}F_{18}O_6$	$\{\overline{Rh(CO)\{C(CF_3)\text{=}C(CF_3)CH[C(O)Bu^t]\}}\}_2\text{-}\{\mu\text{-}C(CF_3)\text{=}C(CF_3)\}$		51
$Rh_2C_{36}H_{50}Cl_3O_2P_4^+\text{-}F_6P^-\cdot 0.5CH_2Cl_2$	$[Rh_2Cl_3(COMe)_2(PMe_2Ph)_4][PF_6]\cdot 0.5CH_2Cl_2$		52
$Rh_2C_{37}H_{30}Cl_2N_2O\cdot 2CH_2Cl_2$	$\{RhCl(py)\}_2(\mu\text{-}CO)(\mu\text{-}CPh_2)_2\cdot 2CH_2Cl_2$		53
$Rh_2C_{37}H_{30}O$	$\{Rh(\eta\text{-}C_5H_5)\}_2(\mu\text{-}CO)(\mu\text{-}CPh_2)_2$		54
$Rh_2C_{40}H_{44}N_4O_4$	$\{Rh(CO)_2\}_2(\mu\text{-}OEP)$		55
$Rh_2B_{18}C_{40}H_{52}P_2\cdot 2CH_2Cl_2$	$[HRh(PPh_3)(\eta^5\text{-}B_9C_2H_{10})]_2\cdot 2CH_2Cl_2$	113	56
$Rh_2C_{40}H_{58}Cl_4N_4O_4\cdot 0.5C_6H_7N$	$[RhCl_2\{CH_2\overline{CMeCH_2CMe(CH_2OH)OCH_2}\}\text{-}(NC_5H_4Me\text{-}4)]_2\cdot 0.5NC_5H_4Me\text{-}4$		57
$Rh_2C_{44}H_{36}N_4O_8P_2$	$[Rh(\mu\text{-}pz)(CO)\{P(OPh)_3\}]_2$		58
$Rh_2C_{44}H_{42}Cl_2O_6P_2$	$\{Rh(cod)\}(\mu\text{-}Cl)_2\{Rh[P(OPh)_3]_2\}$		59
$Rh_2C_{44}H_{42}O_6P_2$	$\{Rh(CO)(acac)\}_2\{\mu\text{-}1,4\text{-}(Ph_2PCH_2)_2C_6H_4\}$		60
$Rh_2C_{44}H_{72}N_8^{2+}2F_6P^-\cdot 2C_2H_3N$	$[Rh_2\{\overline{CNCMe_2(CH_2)_3CMe_2NC}\}_4][PF_6]_2\cdot 2MeCN$	26	
$Rh_2AgC_{48}H_{40}O_2P_2^+\text{-}F_6P^-\cdot C_7H_8$	$[Ag\{Rh(CO)(PPh_3)(\eta\text{-}C_5H_5)_2\}][PF_6]\cdot PhMe$		61
$Rh_2C_{48}H_{72}N_8^{2+}2F_6P^-$	$[Rh_2(C_{12}H_{18}N_2)_4][PF_6]_2$	l	62
$Rh_2C_{50}H_{40}F_{12}P_6\cdot C_4H_{10}O$	$\{Rh(PF_3)_2(PPh_3)\}_2(\mu\text{-}C_2Ph_2)\cdot Et_2O$		63
$Rh_2C_{50}H_{44}Cl_2O_2P_4S$	$\{RhCl(\mu\text{-}dppm)\}_2(\mu\text{-}SO_2)$		64
$Rh_2MnC_{50}H_{64}N_8O_{10}^{2+}\text{-}2F_6P^-\cdot 2C_3H_6O$	$[Rh_2Mn_2\{\mu\text{-}\overline{CNCMe_2(CH_2)_2CMe_2NC}\}_4(CO)_{10}]\text{-}[PF_6]_2\cdot 2Me_2CO$		65
$Rh_2C_{51}H_{44}Br_2OP_4$	$\{RhBr(\mu\text{-}dppm)\}_2(\mu\text{-}CO)$		66
$Rh_2As_2C_{52}H_{44}Cl_2O_2$	$[RhCl(CO)(\mu\text{-}dpam)]_2$		67
$Rh_2C_{52}H_{44}ClO_2P_4^+BF_4^-$	$[\{Rh(CO)(\mu\text{-}dppm)\}_2(\mu\text{-}Cl)][BF_4]$		68
$Rh_2C_{52}H_{44}Cl_2O_2P_4$	$trans\text{-}[RhCl(CO)(\mu\text{-}dppm)]_2$		69
$Rh_2C_{52}H_{44}O_2P_4S$	$\{Rh(CO)(\mu\text{-}dppm)\}_2(\mu\text{-}S)$		70
$Rh_2C_{52}H_{48}P_4^{2+}2BF_4^-\cdot C_2H_3FO$	$[Rh_2\{\mu\text{-}(\eta^6\text{-}Ph)PPh(CH_2)_2PPh_2\}_2][BF_4]_2\cdot CF_3CH_2OH$		71
$Rh_2C_{52}H_{52}O_4P_2$	$\{Rh(PPh_3)\}(\mu\text{-}acac)(\mu\text{-}C_6H_8)\{Rh(PPh_3)(acac)\}$	m	72
$Rh_2C_{53}H_{44}ClO_3P_4^+BC_{24}H_{20}^-$	$[\{Rh(CO)(\mu\text{-}dppm)\}_2(\mu\text{-}Cl)(\mu\text{-}CO)][BPh_4]$		73
$Rh_2C_{53}H_{44}ClO_3P_4^+RhC_2Cl_2O_2^-\cdot CH_2Cl_2$	$[\{Rh(CO)(\mu\text{-}dppm)\}_2(\mu\text{-}Cl)(\mu\text{-}CO)]\text{-}[RhCl_2(CO)_2]\cdot CH_2Cl_2$		74
$Rh_2C_{53}H_{44}Cl_2OP_4S_4$	$Rh_2Cl_2(CO)(\mu\text{-}C_2S_4)(\mu\text{-}dppm)_2$		75
$Rh_2C_{53}H_{45}O_3P_4^+C_7H_7O_3S^-\cdot 2C_4H_8O$	$[HRh_2(CO)_3(dppm)_2][SO_3(Tol)]\cdot 2THF$		76
$Rh_2C_{53}H_{50}Cl_2N_2O_9P_4\cdot CHCl_3$	$Rh_2Cl_2(CO)\{\mu\text{-}(PhO)_2PNEtP(OPh)_2\}_2\cdot CHCl_3$		77
$Rh_2C_{54}H_{112}Cl_2O_2P_4$	$[RhCl(CO)\{Bu_2^tP(CH_2)_{10}PBu_2^t\}]_2$		78
$Rh_2C_{56}H_{32}F_8N_8^{2+}2Cl^-\cdot 2H_2O$	$[Rh_2(CNC_6H_4F\text{-}4)_8]Cl_2\cdot 2H_2O$		79
$Rh_2C_{56}H_{32}N_{16}O_{16}^{2+}2Cl^-$	$[Rh_2(CNC_6H_4NO_2\text{-}4)_8]Cl_2$		79
$Rh_2C_{56}H_{40}N_8^{2+}2BC_{24}H_{20}^-$	$[Rh_2(CNPh)_8][BPh_4]_2$		80
$Rh_2C_{57}H_{50}Cl_2O_5P_4$	$\{RhCl(\mu\text{-}dppm)\}_2(\mu\text{-}CO)\{\mu\text{-}C_2(CO_2Me)_2\}$		81
$Rh_2C_{58}H_{56}Cl_2O_4P_4\cdot xCH_2Cl_2$	$[RhCl(CO)\{Ph_2P(CH_2)_2O\}]_2\cdot xCH_2Cl_2$	n	82
$Rh_2C_{64}H_{56}I_2N_8^{2+}2F_6P^-$	$[Rh_2I_2(CNTol)_8][PF_6]_2$		83
$Rh_2C_{74}H_{60}O_2P_4\cdot 2CH_2Cl_2$	$\{Rh(CO)(PPh_3)_2\}_2\cdot 2CH_2Cl_2$		84
$Rh_2C_{84}H_{60}N_6O_2P_4$	$\{Rh(CO)(PPh_3)_2\}_2\{\mu\text{-}C_4(CN)_6\}$	o	85
$Rh_2C_{88}H_{84}O_4P_6^{2+}2F_6P^-$	$[Rh_2(CO)_4(\mu\text{-}dppb)(dppb)_2][PF_6]_2$		86

[a] $C_6H_{11}O$ = 1,4,5-η^3-2-(CH$_2$OH)-pent-4-enyl. [b] Originally thought to be $[Rh(CO)_2(\eta\text{-}C_5H_5)]_2$. [c] $C_8H_{10}Cl_2$ = 1,6-dichlorocycloocta-1,5-diene. [d] C_8H_8 = 1,2,5,6-η^4:3,4,7,8-η^4-cycloocta-1,3,5,7-tetraene. [e] $C_2Me_2\text{-}COC_2(CF_3)_2$ = 1,2,5-η^3:1,4,5-η^3-1,2-Me$_2$-3-oxo-4,5-(CF$_3$)$_2$-penta-1,4-diene-1,5-diyl. [f] Br, Cl disordered. [g] Br, Cl disordered: bridging (Br$_{0.05}$Cl$_{0.95}$), terminal (Br$_{0.33}$Cl$_{0.67}$). [h] biim = 2,2'-biimidazolyl dianion. [i] C_8H_8O = 1',2',2''-η^3:2'',4,5-η^3-1-carbonylcyclopent-4-ene-1,2-diyl-1,2-ethylenediyl. [j] $\mu\text{-}C_8H_9$ = μ-3,4,5-η^3:1,2,-6,7-η^4-cyclooctatrienyl. [k] $C_{22}H_{22}N_4$ = 7,16-dihydro-6,8,15,17-Me$_2$-dibenzo[b,i]-1,4,8,11-tetraazacyclotetradecanato; protonated form next entry. [l] $C_{12}H_{18}N_2$ = 1,8-diisocyanomenthane. [m] C_6H_8 = 1,4-η^2:2,2',3,3'-η^4-CH$_2$C(=CH$_2$)C(=CH$_2$)CH$_2$; μ-acac bridges via γ-C. [n] $x \approx 3$. [o] $C_4(CN)_6$ = trans-1,1,2,3,4,4-(CN)$_6$-but-2-ene-1,4-diyl.

1. L. F. Dahl, C. Martell and D. L. Wampler, *J. Am. Chem. Soc.*, 1966, **83**, 1761.
2. G. W. Adamson, J. J. Daly and D. Forster, *J. Organomet. Chem.*, 1974, **71**, C17.

3. G. G. Christoph and Y.-B. Koh, *J. Am. Chem. Soc.*, 1979, **101**, 1422.
4. E. F. Paulus, H. P. Fritz and K. E. Schwarzhans, *J. Organomet. Chem.*, 1968, **11**, 647.
5. W. A. Herrmann, J. Plank, M. L. Ziegler and P. Wülknitz, *Chem. Ber.*, 1981, **114**, 716.
6. H. Pasternak, T. Glowiak and F. Pruchnik, *Inorg. Chim. Acta*, 1976, **19**, 11.
7. M. McPartlin and R. Mason, *Chem. Commun.*, 1967, 16.
8. A. Bright, J. F. Malone, J. K. Nicholson, J. Powell and B. L. Shaw, *Chem. Commun.*, 1971, 712*; J. F. Malone, *J. Chem. Soc., Dalton Trans.*, 1974, 1699.
9. O. S. Mills and J. P. Nice, *J. Organomet. Chem.*, 1967, **10**, 337.
10. F. A. Cotton and D. L. Hunter, *Inorg. Chem.*, 1974, **13**, 2044.
11. W. A. Herrmann, C. Krüger, R. Goodard and I. Bernal, *Angew. Chem.*, 1977, **89**, 342 (*Angew. Chem., Int. Ed. Engl.*, 1977, **16**, 334)*; *J. Organomet. Chem.*, 1977, **140**, 73.
12. W. A. Herrmann, J. Plank, M. L. Ziegler and B. Balbach, *J. Am. Chem. Soc.*, 1980, **102**, 5906*; W. A. Herrmann, J. Plank, D. Riedel, M. L. Ziegler, K. Weidenhammer, E. Guggolz and B. Balbach, *J. Am. Chem. Soc.*, 1981, **103**, 63.
13. K. Huml and J. Ječńy, *Acta Crystallogr.*, 1979, **B35**, 2413.
14. R. S. Dickson, G. N. Pain and M. F. Mackay, *Acta Crystallogr.*, 1979, **B35**, 2321.
15. P. Racanelli, G. Pantini, A. Immirzi, G. Allegra and L. Porri, *Chem. Commun.*, 1969, 361.
16. R. S. Dickson, H. P. Kirsch and D. J. Lloyd, *J. Organomet. Chem.*, 1975, **101**, C48*; R. S. Dickson, S. H. Johnson, H. P. Kirsch and D. J. Lloyd, *Acta Crystallogr.*, 1977, **B33**, 2057.
17. J. A. Ibers and R. G. Snyder, *J. Am. Chem. Soc.*, 1962, **84**, 495*; *Acta Crystallogr.*, 1962, **15**, 923.
18. M. R. Churchill and M. V. Veidis, *Chem. Commun.*, 1970, 529*; *J. Chem. Soc. (A)*, 1971, 2170.
19. R. J. Doedens, *Inorg. Chem.*, 1978, **17**, 1315.
20. E. F. Paulus, W. Hoppe and R. Huber, *Naturwissenschaften*, 1967, **54**, 67.
21. J.-J. Bonnet, Y. Jeannin, P. Kalck, A. Maisonnat and R. Poilblanc, *Inorg. Chem.*, 1975, **14**, 743.
22. A. H. Reis, C. Willi, S. Siegel and B. Tani, *Inorg. Chem.*, 1979, **18**, 1859.
23. R. S. Dickson, B. M. Gatehouse and S. H. Johnson, *Acta Crystallogr.*, 1977, **B33**, 319.
24. K. R. Mann, R. A. Bell and H. B. Gray, *Inorg. Chem.*, 1979, **18**, 2671.
25. H. B. Gray, K. R. Mann, N. S. Lewis, J. A. Thich and R. M. Richman, *Adv. Chem. Ser.*, 1978, **168**, 44 (D).
26. K. R. Mann, J. A. Thich, R. A. Bell, C. L. Coyle and H. B. Gray, *Inorg. Chem.*, 1980, **19**, 2462.
27. M. J. Doyle, A. Mayanza, J.-J. Bonnet, P. Kalck and R. Poilblanc, *J. Organomet. Chem.*, 1978, **146**, 293.
28. J.-J. Bonnet, P. Kalck and R. Poilblanc, *Inorg. Chem.*, 1977, **16**, 1514.
29. M. R. Churchill and S. A. Julis, *Inorg. Chem.*, 1978, **17**, 3011.
30. M. R. Churchill, S. A. Julis and F. J. Rotella, *Inorg. Chem.*, 1977, **16**, 1137.
31. S. J. Thompson, P. M. Bailey, C. White and P. M. Maitlis, *Angew. Chem.*, 1976, **88**, 506 (*Angew. Chem., Int. Ed. Engl.*, 1976, **15**, 490).
32. M. R. Churchill and S. A. Julis, *Inorg. Chem.*, 1979, **18**, 2918.
33. M. R. Churchill and S. W.-Y. Ni, *J. Am. Chem. Soc.*, 1973, **95**, 2150.
34. R. Hill, B. A Kelly, F. G. Kennedy, S. A. R. Knox and P. Woodward, *J. Chem. Soc., Chem. Commun.*, 1977, 434.
35. N. G. Connelly, G. A. Johnson, B. A. Kelly and P. Woodward, *J. Chem. Soc., Chem. Commun.*, 1977, 436.
36. S. W. Kaiser, R. B. Saillant, W. M. Butler and P. G. Rasmussen, *Inorg. Chem.*, 1976, **15**, 2681.
37. I. W. Nowell, G. Fairhurst and C. White, *Inorg. Chim. Acta*, 1980, **41**, 61.
38. J. A. J. Jarvis and R. Whyman, *J. Chem. Soc., Chem. Commun.*, 1975, 562.
39. J. Müller, H.-O. Stühler, G. Huttner and K. Scherzer, *Chem. Ber.*, 1976, **109**, 1211.
40. M. G. B. Drew, S. M. Nelson and M. Sloan, *J. Chem. Soc., Dalton Trans.*, 1973, 1484.
41. Y. N. Al-Obaidi, M. Green, N. D. White, J.-M. Bassett and A. J. Welch, *J. Chem. Soc., Chem. Commun.*, 1981, 494.
42. R. J. Hoare and O. S. Mills, *J. Chem. Soc., Dalton Trans.*, 1972, 2141.
43. G. C. Gordon, P. W. DeHaven, M. C. Weiss and V. L. Goedken, *J. Am. Chem. Soc.*, 1978, **100**, 1003.
44. P. Caddy, M. Green, L. E. Smart and N. White, *J. Chem. Soc., Chem. Commun.*, 1978, 839.
45. W. A. Herrmann, C. Bauer, J. Plank, W. Kalcher, D. Speth and M. L. Ziegler, *Angew. Chem.*, 1981, **93**, 212 (*Angew. Chem., Int. Ed. Engl.*, 1981, **20**, 193).
46. A. Mayanza, J.-J. Bonnet, J. Galy, P. Kalck and R. Poilblanc, *J. Chem. Res.* 1980, (*M*) 2101, (*S*) 146.
47. W. Rigby, H.-B. Lee, P. M. Bailey, J. A. McCleverty and P. M. Maitlis, *J. Chem. Soc., Dalton Trans.*, 1979, 387.
48. H. Schumann, G. Cielusek and J. Pickardt, *Angew. Chem.*, 1980, **92**, 60 (*Angew. Chem., Int. Ed. Engl.*, 1980, **19**, 70).
49. W. Rigby, P. M. Bailey, J. A. McCleverty and P. M. Maitlis, *J. Chem. Soc., Dalton Trans.*, 1979, 371.
50. J. P. Farr, M. M. Olmstead and A. L. Balch, *J. Am. Chem. Soc.*, 1980, **102**, 6654*; J. P. Farr, M. M. Olmstead, C. H. Hunt and A. L. Balch, *Inorg. Chem.*, 1981, **20**, 1182.
51. A. C. Jarvis, R. D. W. Kemmitt, D. R. Russell and P. A. Tucker, *J. Organomet. Chem.*, 1978, **159**, 341.
52. M. A. Bennett, J. C. Jeffery and G. B. Robertson, *Inorg. Chem.*, 1981, **20**, 330.
53. T. Yamamoto, A. R. Garber, J. R. Wilkinson, C. B. Boss, W. E. Streib and L. J. Todd, *J. Chem. Soc., Chem. Commun.*, 1974, 354.
54. H. Ueda, Y. Kai, N. Yasuoka and N. Kasai, *Bull. Chem. Soc. Jpn.*, 1977, **50**, 2250.
55. A. Takenaka, Y. Sasada, T. Omura, H. Ogoshi and Z.-I. Yoshida, *J. Chem. Soc., Chem. Commun.*, 1973, 792*; *Acta Crystallogr.*, 1975, **B31**, 1.
56. R. T. Baker, R. E. King, C. Knobler, C. A. O'Con and M. F. Hawthorne, *J. Am. Chem. Soc.*, 1978, **102**, 8266.
57. J. A. Evans, D. R. Russell, A. Bright and B. L. Shaw, *Chem. Commun.*, 1971, 841.
58. R. Uson, L. A. Oro, M. A. Ciriano, M. T. Pinillos, A. Tiripicchio and M. Tiripicchio-Camellini, *J. Organomet. Chem.*, 1981, **205**, 247.

59. J. Coetzer and G. Gafner, *Acta Crystallogr.*, 1970, **B26**, 985.
60. Z. G. Aliev, L. O. Atovmyan, O. V. Golbueva, V. V. Karpov and G. I. Kazub, *Zh. Strukt. Khim.*, 1977, **18**, 336.
61. N. G. Connelly, A. R. Lucy and A. M. R. Galas, *J. Chem. Soc., Chem. Commun.*, 1981, 43.
62. K. R. Mann, *Cryst. Struct. Commun.*, 1981, **10**, 451.
63. M. A. Bennett, R. N. Johnson, G. B. Robertson, T. W. Turney and P. O. Whimp, *J. Am. Chem. Soc.*, 1972, **94**, 6540*; *Inorg. Chem.*, 1976, **15**, 97.
64. M. Cowie, S. K. Dwight and A. R. Sanger, *Inorg. Chim. Acta*, 1978, **31**, L407.
65. D. A. Bohling, T. P. Gill and K. R. Mann, *Inorg. Chem.*, 1981, **20**, 194.
66. M. Cowie and S. K. Dwight, *Inorg. Chem.*, 1980, **19**, 2508.
67. J. T. Mague, *Inorg. Chem.*, 1969, **8**, 1975.
68. M. Cowie and S. K. Dwight, *Inorg. Chem.*, 1979, **18**, 2700.
69. M. Cowie and S. K. Dwight, *Inorg. Chem.*, 1980, **19**, 2500.
70. C. P. Kubiak and R. Eisenberg, *J. Am. Chem. Soc.*, 1977, **99**, 6129*; *Inorg. Chem.*, 1980, **19**, 2726.
71. J. Halpern, D. P. Riley, A. S. C. Chan and J. J. Pluth, *J. Am. Chem. Soc.*, 1977, **99**, 8055.
72. G. Ingrosso, A. Immirzi and L. Porri, *J. Organomet. Chem.*, 1973, **60**, C35*; A. Immirzi, *J. Organomet. Chem.*, 1974, **81**, 217.
73. M. Cowie, J. T. Mague and A. R. Sanger, *J. Am. Chem. Soc.*, 1978, **100**, 3628*; M. Cowie, *Inorg. Chem.*, 1979, **18**, 286.
74. M. M. Olmstead, C. H. Lindsay, L. S. Benner and A. L. Balch, *J. Organomet. Chem.*, 1979, **179**, 289.
75. M. Cowie and S. K. Dwight, *J. Organomet. Chem.*, 1980, **198**, C20.
76. C. P. Kubiak and R. Eisenberg, *J. Am. Chem. Soc.*, 1980, **102**, 3637.
77. R. J. Haines, E. Meintjies and M. Laing, *Inorg. Chim. Acta*, 1979, **36**, L403.
78. F. C. March, R. Mason, K. M. Thomas and B. L. Shaw, *J. Chem. Soc., Chem. Commun.*, 1975, 584.
79. H. Endres, N. Gottstein, H. J. Keller, R. Martin, W. Rodemer and W. Steiger, *Z. Naturforsch., Teil B*, 1979, **34**, 827.
80. K. R. Mann, N. S. Lewis, R. M. Williams, H. B. Gray and J. G. Gordon, *Inorg. Chem.*, 1978, **17**, 828.
81. M. Cowie and T. G. Southern, *J. Organomet. Chem.*, 1980, **193**, C46.
82. N. W. Alcock, J. M. Brown and J. C. Jeffery, *J. Chem. Soc., Dalton Trans.*, 1977, 888.
83. M. M. Olmstead and A. L. Balch, *J. Organomet. Chem.*, 1978, **148**, C15.
84. C. B. Dammann, P. Singh and D. J. Hodgson, *J. Chem. Soc., Chem. Commun.*, 1972, 586*; *Inorg. Chem.*, 1973, **12**, 1335.
85. R. Schlodder and J. A. Ibers, *Inorg. Chem.*, 1974, **13**, 2870.
86. L. H. Pignolet, D. H. Doughty, S. C. Nowicki, M. P. Anderson and A. L. Casalnuovo, *J. Organomet. Chem.*, 1980, **202**, 211.

Rh_3 Trirhodium

Molecular formula	Structure	Notes	Ref.
$Rh_3C_{14}H_{10}O_4^-·C_{36}H_{30}NP_2^+·C_4H_8O$	$[PPN][Rh_3(CO)_4(\eta-C_5H_5)_2]·THF$		1
$Rh_3C_{18}H_{15}O_3$	$[Rh(\mu-CO)(\eta-C_5H_5)]_3$		2
$Rh_3C_{18}H_{15}O_3$	$\{Rh(\eta-C_5H_5)\}_3(CO)(\mu-CO)_2$		3
$Rh_3C_{18}H_{16}O_2^+F_6P^-$	$[Rh_3(\mu_3-CH)(\mu-CO)_2(\eta-C_5H_5)_3][PF_6]$		4
$Rh_3C_{18}H_{16}O_2^+C_2F_3O_2^-$	$[Rh_3(\mu_3-CH)(\mu-CO)_2(\eta-C_5H_5)_3][CF_3CO_2]$		5
$Rh_3C_{20}H_{21}$	$\{Rh(\eta-C_5H_5)\}_3(\mu_3-H)(\mu_3-\eta-C_5H_5)$		6
$Rh_3C_{30}H_{15}F_{10}O$	$\{Rh(\eta-C_5H_5)\}_3(\mu-CO)\{\mu_3-C_2(C_6F_5)_2\}$		7
$Rh_3C_{30}H_{25}O·0.5C_6H_6$	$\{Rh(\eta-C_5H_5)\}_3(\mu_3-CO)(\mu_3-C_2Ph_2)·0.5C_6H_6$		7
$Rh_3C_{30}H_{48}O^+F_6P^-·H_2O$	$[\{HRh(\eta-C_5Me_5)\}_3(\mu_3-O)][PF_6]·H_2O$		8
$Rh_3C_{40}H_{30}Cl_2O_4P_3·CH_2Cl_2$	$Rh_3(\mu-PPh_2)_3(\mu-Cl)_2(\mu-CO)(CO)_3·CH_2Cl_2$		9
$Rh_3C_{41}H_{30}O_5P_3$	$Rh_3(\mu-PPh_2)_3(\mu-CO)_2(CO)_3$		10
$Rh_3FeC_{44}H_{30}O_8P_3$	$Rh_3Fe(\mu-PPh_2)_3(CO)_8$		11
$Rh_3C_{75}H_{60}O_3P_5$	$Rh_3(\mu-PPh_2)_3(CO)_3(PPh_3)_2$		12
$Rh_3C_{96}H_{84}I_2N_{12}^{3+}3Br^-$	$[Rh_3I_2(CNCH_2Ph)_{12}]Br_3$	140	13

1. W. D. Jones, M. A. White and R. G. Bergman, *J. Am. Chem. Soc.*, 1978, **100**, 6770.
2. O. S. Mills and E. F. Paulus, *Chem. Commun.*, 1966, 815*; *J. Organomet. Chem.*, 1967, **10**, 331.
3. E. F. Paulus, E. O. Fischer, H. P. Fritz and H. Schuster-Woldan, *J. Organomet. Chem.*, 1967, **10**, P3*; E. F. Paulus, *Acta Crystallogr.*, 1969, **B25**, 2206.
4. P. A. Dimas, E. N. Duesler, R. J. Lawson and J. R. Shapley, *J. Am. Chem. Soc.*, 1980, **102**, 7787.
5. W. A. Herrmann, J. Plank, E. Guggolz and M. L. Ziegler, *Angew. Chem.*, 1980, **92**, 660 (*Angew. Chem., Int. Ed. Engl.*, 1980, **19**, 651)*; W. A. Herrmann, J. Plank, D. Riedel, M. L. Ziegler, K. Weidenhammer, E. Guggolz and B. Balbach, *J. Am. Chem. Soc.*, 1981, **103**, 63.
6. E. O. Fischer, O. S. Mills, E. F. Paulus and H. Wawersik, *Chem. Commun.*, 1967, 643*; O. S. Mills and E. F. Paulus, *J. Organomet. Chem.*, 1968, **11**, 587.
7. L. F. Dahl, unpublished work cited in T. Yamamoto, A. R. Garber, G. M. Bodner, L. J. Todd, M. D. Rausch and S. A. Gardner, *J. Organomet. Chem.*, 1973, **56**, C23*; Trinh-Toan, R. W. Broach, S. A. Gardner, M. D. Rausch and L. F. Dahl, *Inorg. Chem.*, 1977, **16**, 279.
8. A. Nutton, P. M. Bailey, N. C. Braund, R. J. Goodfellow, R. S. Thompson and P. M. Maitlis, *J. Chem. Soc., Chem. Commun.*, 1980, 631.

Rh$_3$

9. R. J. Haines, N. D. C. T. Steen and R. B. English, *J. Chem. Soc., Chem. Commun.*, 1981, 407.
10. R. J. Haines, N. D. C. T. Steen and R. B. English, *J. Organomet. Chem.*, 1981, **209**, C34.
11. R. J. Haines, N. D. C. T. Steen, M. Laing and P. Sommerville, *J. Organomet. Chem.*, 1980, **198**, C72.
12. E. Billig, J. D. Jamerson and R. L. Pruett, *J. Organomet. Chem.*, 1980, **192**, C49.
13. A. L. Balch and M. M. Olmstead, *J. Am. Chem. Soc.*, 1979, **101**, 3128.

Rh$_4$ Tetrarhodium

Molecular formula	Structure	Notes	Ref.
Rh$_4$C$_{11}$O$_{11}^{2-}$2C$_{36}$H$_{30}$NP$_2^+$	[PPN]$_2$[Rh$_4$(CO)$_{11}$]		1
Rh$_4$C$_{12}$O$_{12}$	Rh$_4$(CO)$_{12}$		2
Rh$_4$C$_{20}$H$_8$N$_8$O$_8$	{Rh(CO)$_2$(biim)}$_2${μ-Rh(CO)$_2$}$_2$	a	3
Rh$_4$C$_{26}$H$_{40}$Cl$_4$O$_2$	[{RhC$_4$Et$_4$}(CO)(μ-Cl)$_2$Rh]$_2$	b	4
Rh$_4$C$_{40}$H$_{48}$ClN$_{16}^{5+}$3H$^+$·4CoCl$_4^{2-}$·6H$_2$O	[H$_3${Rh$_4$[μ-CN(CH$_2$)$_3$NC]$_8$Cl}][CoCl$_4$]$_4$·6H$_2$O		5
Rh$_4$C$_{40}$H$_{64}^{2+}$2BF$_4^-$	[(μ-H)$_4$Rh$_4$(η-C$_5$Me$_5$)$_4$][BF$_4$]$_2$		6
Rh$_4$C$_{44}$H$_{32}$Cl$_4$F$_{24}$	[RhCl{C$_7$H$_8$C$_2$(CF$_3$)$_2$}]$_4$	c	7
Rh$_4$C$_{52}$H$_{44}$F$_{24}$O$_8$	[Rh(hfac)(C$_8$H$_{10}$)]$_4$	d	8
Rh$_4$C$_{58}$H$_{44}$O$_8$P$_4$	Rh$_4$(CO)$_8$(dppm)$_2$		9
Rh$_4$C$_{65}$H$_{50}$O$_5$P$_5^-$X$^+$	X[Rh$_4$(μ-PPh$_2$)$_5$(CO)$_5$]	e, 200	10
Rh$_4$C$_{71}$H$_{55}$O$_5$P$_5$	Rh$_4$(μ-PPh$_2$)$_4$(CO)$_5$(PPh$_3$)		11
Rh$_4$C$_{80}$H$_{60}$O$_{20}$P$_4$	Rh$_4$(CO)$_8${P(OPh)$_3$}$_4$		12

^{a} biim = 2,2'-biimidazole dianion. ^{b} RhC$_4$Et$_4$ = Et$_4$-rhodacyclopentadiene. ^{c} C$_7$H$_8$C$_2$(CF$_3$)$_2$ = homo-Diels–Alder adduct of nbd and C$_2$(CF$_3$)$_2$. ^{d} C$_8$H$_{10}$ = 3,1′,2′,3′-η^4-4-allylcyclopent-1-enyl. ^{e} Cation not specified: ?Li$^+$.

1. V. G. Albano, G. Ciani, A. Fumigalli, S. Martinengo and W. M. Anker, *J. Organomet. Chem.*, 1976, **116**, 343.
2. C. H. Wei, G. R. Wilkes and L. F. Dahl, *J. Am. Chem. Soc.*, 1967, **89**, 4792*; C. H. Wei, *Inorg. Chem.*, 1969, **8**, 2384.
3. S. W. Kaiser, R. B. Saillant, W. M. Butler and P. G. Rasmussen, *Inorg. Chem.*, 1976, **15**, 2688.
4. L. R. Bateman, P. M. Maitlis and L. F. Dahl, *J. Am. Chem. Soc.*, 1969, **91**, 7292.
5. K. R. Mann, M. J. DiPierro and T. P. Gill, *J. Am. Chem. Soc.*, 1980, **102**, 3965.
6. P. Espinet. P. A. Bailey, P. Piraino and P. M. Maitlis, *Inorg. Chem.*, 1979, **18**, 2706.
7. J. A. Evans, R. D. W. Kemmitt, B. Y. Kimura and D. R. Russell, *J. Chem. Soc., Chem. Commun.*, 1972, 509.
8. N. W. Alcock, J. M. Brown, J. A. Conneely and D. H. Williamson, *J. Chem. Soc., Chem. Commun.*, 1975, 792*; *J. Chem. Soc., Perkin Trans. 2*, 1979, 962.
9. F. H. Carré, F. A. Cotton and B. A. Frenz, *Inorg. Chem.*, 1976, **15**, 380.
10. P. E. Kreter, D. W. Meek and G. G. Christoph, *J. Organomet. Chem.*, 1980, **188**, C27.
11. J. D. Jamerson, R. L. Pruett, E. Billig and F. A. Fiato, *J. Organomet. Chem.*, 1980, **193**, C43.
12. G. Ciani, L. Garlaschelli, M. Manassero, U. Sartorelli and V. G. Albano, *J. Organomet. Chem.*, 1977, **129**, C25.

Rh$_5$ Pentarhodium

Molecular formula	Structure	Notes	Ref.
Rh$_5$C$_{14}$IO$_{14}^{2-}$2C$_{16}$H$_{36}$N$^+$	[NBu$_4$]$_2$[Rh$_5$I(CO)$_{14}$]		1
Rh$_5$C$_{15}$O$_{15}^-$C$_{36}$H$_{30}$NP$_2^+$	[PPN][Rh$_5$(CO)$_{15}$]		2
Rh$_5$PtC$_{15}$O$_{15}^-$C$_{36}$H$_{30}$NP$_2^+$	[PPN][Rh$_5$Pt(CO)$_{15}$]		3

1. S. Martinengo, G. Ciani and A. Sironi, *J. Chem. Soc., Chem. Commun.*, 1979, 1059.
2. A. Fumigalli, T. F. Koetzle, F. Takusagawa, P. Chini, S. Martinengo and B. T. Heaton, *J. Am. Chem. Soc.*, 1980, **102**, 1740.
3. A. Fumigalli, S. Martinengo, P. Chini, A. Albinati, S. Bruckner and B. T. Heaton, *J. Chem. Soc., Chem. Commun.*, 1978, 195.

Rh$_6$ Hexarhodium

Molecular formula	Structure	Notes	Ref.
Rh$_6$C$_{14}$O$_{13}^{2-}$2C$_{24}$H$_{20}$P$^+$	[PPh$_4$]$_2$[Rh$_6$C(CO)$_{13}$]		1
Rh$_6$C$_{15}$IO$_{15}^-$C$_{16}$H$_{36}$N$^+$	[NBu$_4$][Rh$_6$I(CO)$_{15}$]		2
Rh$_6$C$_{16}$O$_{15}^{2-}$2C$_{10}$H$_{16}$N$^+$	[tmba]$_2$[Rh$_6$C(CO)$_{15}$]		3
Rh$_6$C$_{16}$O$_{16}$	Rh$_6$(CO)$_{16}$		4
Rh$_6$C$_{17}$H$_5$O$_{14}^-$C$_{24}$H$_{20}$P$^+$·C$_4$H$_8$O	[PPh$_4$][Rh$_6$(CO)$_{14}$(η-C$_3$H$_5$)]·THF		5
Rh$_6$Cu$_2$C$_{20}$H$_6$N$_2$O$_{15}$·0.5CH$_4$O	Rh$_6$Cu$_2$C(CO)$_{15}$(MeCN)$_2$·0.5MeOH		6
Rh$_6$C$_{84}$H$_{60}$O$_{24}$P$_4$	Rh$_6$(CO)$_{12}${P(OPh)$_3$}$_4$		7

1. V. G. Albano, D. Braga and S. Martinengo, *J. Chem. Soc., Dalton Trans.*, 1981, 717.
2. V. G. Albano, P. L. Bellon and M. Sansoni, *J. Chem. Soc. (A)*, 1971, 678.
3. V. G. Albano, M. Sansoni, P. Chini and S. Martinengo, *J. Chem. Soc., Dalton Trans.*, 1973, 651.
4. E. R. Corey, L. F. Dahl and W. Beck, *J. Am. Chem. Soc.*, 1963, **85**, 1202.
5. G. Ciani, A. Sironi, P. Chini, A. Ceriotti and S. Martinengo, *J. Organomet. Chem.*, 1980, **192**, C39.
6. V. G. Albano, D. Braga, S. Martinengo, P. Chini, M. Sansoni and D. Strumolo, *J. Chem. Soc., Dalton Trans.*, 1980, 52.
7. G. Ciani, L. Garlaschelli, M. Manassero, U. Sartorelli and V. G. Albano, *J. Organomet. Chem.*, 1977, **129**, C25*; G. Ciani, M. Manassero and V. G. Albano, *J. Chem. Soc., Dalton Trans.*, 1981, 515.

Rh_7 Heptarhodium

Molecular formula	Structure	Notes	Ref.
$Rh_7C_{16}IO_{16}^{2-} \cdot 2C_8H_{20}N^+$	$[NEt_4]_2[Rh_7I(CO)_{16}]$		1
$Rh_7C_{16}O_{16}^{3-} \cdot 3C_4H_{12}N^+$	$[NMe_4]_3[Rh_7(CO)_{16}]$		2

1. V. G. Albano, G. Ciani, S. Martinengo, P. Chini and G. Giordano, *J. Organomet. Chem.*, 1975, **88**, 381.
2. V. G. Albano, P. L. Bellon and G. F. Ciani, *Chem. Commun.*, 1969, 1024.

Rh_8 Octarhodium

Molecular formula	Structure	Notes	Ref.
$Rh_8C_{20}O_{19}$	$Rh_8C(CO)_{19}$		1

1. V. G. Albano, P. Chini, S. Martinengo, M. Sansoni and D. Strumolo, *J. Chem. Soc., Chem. Commun.*, 1974, 299*; *J. Chem. Soc., Dalton Trans.*, 1975, 305.

Rh_9 Nonarhodium

Molecular formula	Structure	Notes	Ref.
$Rh_9C_{21}O_{21}P^{2-} \cdot 2C_{13}H_{22}N^+ \cdot C_3H_6O$	$[teba]_2[Rh_9P(CO)_{21}] \cdot Me_2CO$		1

1. J. L. Vidal, W. E. Walker, R. L. Pruett and R. C. Schoening, *Inorg. Chem.*, 1979, **18**, 129.

Rh_{10} Decarhodium

Molecular formula	Structure	Notes	Ref.
$Rh_{10}AsC_{22}O_{22}^{3-} \cdot 3C_{13}H_{22}N^+ \cdot C_4H_8O_2$	$[teba]_3[Rh_{10}As(CO)_{22}] \cdot MeOCH_2CH_2OMe$		1
$Rh_{10}C_{22}O_{22}P^{3-} \cdot 3C_{13}H_{22}N^+$	$[teba]_3[Rh_{10}P(CO)_{22}]$		2
$Rh_{10}C_{22}O_{22}S^{2-} \cdot 2C_{36}H_{30}NP_2^+$	$[ppn]_2[Rh_{10}S(CO)_{22}]$		3

1. J. L. Vidal, *Inorg. Chem.*, 1981, **20**, 243.
2. J. L. Vidal, W. E. Walker and R. C. Schoening, *Inorg. Chem.*, 1981, **20**, 238.
3. G. Ciani, L. Garlaschelli, A. Sironi and S. Martinengo, *J. Chem. Soc., Chem. Commun.*, 1981, 563.

Rh_{12} Dodecarhodium

Molecular formula	Structure	Notes	Ref.
$Rh_{12}C_{27}O_{25}$	$Rh_{12}C_2(CO)_{25}$		1
$Rh_{12}C_{30}O_{30}^{2-} \cdot 2C_4H_{12}N^+$	$[NMe_4]_2[Rh_{12}(CO)_{30}]$		2

1. V. G. Albano, P. Chini, S. Martinengo, M. Sansoni and D. Strumolo, *J. Chem. Soc., Dalton Trans.*, 1978, 459.
2. V. G. Albano and P. L. Bellon, *J. Organomet. Chem.*, 1969, **19**, 405.

Rh_{13} Tridecarhodium

Molecular formula	Structure	Notes	Ref.
$Rh_{13}C_{24}HO_{24}^{4-}4C_4H_{12}N^+ \cdot C_5H_9NO$	$[NMe_4]_4[HRh_{13}(CO)_{24}] \cdot 3C_5H_9NO$	a	1
$Rh_{13}C_{24}H_2O_{24}^{3-}3C_{25}H_{22}P^+$	$[PPh_3(CH_2Ph)]_3[H_2Rh_{13}(CO)_{24}]$		2
$Rh_{13}C_{24}H_3O_{24}^{2-}2C_{36}H_{30}NP_2^+$	$[ppn]_2[H_3Rh_{13}(CO)_{24}]$		3

a C_5H_9NO = 1-Me-pyrrolidin-2-one.

1. G. Ciani, A. Sironi and S. Martinengo, *J. Chem. Soc., Dalton Trans.*, 1981, 519.
2. V. G. Albano, G. Ciani, S. Martinengo and A. Sironi, *J. Chem. Soc., Dalton Trans.*, 1979, 978.
3. V. G. Albano, A. Ceriotti, P. Chini, G. Ciani, S. Martinengo and W. M. Anker, *J. Chem. Soc., Chem. Commun.*, 1975, 859.

Rh_{14} Tetradecarhodium

Molecular formula	Structure	Notes	Ref.
$Rh_{14}C_{25}HO_{25}^{3-}3C_8H_{20}N^+$	$[NEt_4]_3[HRh_{14}(CO)_{25}]$		1
$Rh_{14}C_{25}O_{25}^{4-}4C_8H_{20}N^+$	$[NEt_4]_4[Rh_{14}(CO)_{25}]$		2, 3
$Rh_{14}C_{26}O_{26}^{2-}2C_{36}H_{30}NP_2^+$	$[ppn]_2[Rh_{14}(CO)_{26}]$		4

1. G. Ciani, A. Sironi and S. Martinengo, *J. Organomet. Chem.*, 1980, **192**, C42.
2. S. Martinengo, G. Cian, A. Sironi and P. Chini, *J. Am. Chem. Soc.*, 1978, **100**, 7096.
3. J. L. Vidal and R. C. Schoening, *Inorg. Chem.*, 1981, **20**, 265.
4. S. Martinengo, G. Ciani and A. Sironi, *J. Chem. Soc., Chem. Commun.*, 1980, 1140.

Rh_{15} Pentadecarhodium

Molecular formula	Structure	Notes	Ref.
$Rh_{15}C_{27}O_{27}^{3-}3C_4H_{12}N^+$	$[NMe_4]_3[Rh_{15}(CO)_{27}]$		1
$Rh_{15}C_{30}O_{28}^{-}H_3O^+$	$[H_3O][Rh_{15}C_2(CO)_{28}]$		2

1. S. Martinengo, G. Ciani, A. Sironi and P. Chini, *J. Am. Chem. Soc.*, 1978, **100**, 7096.
2. V. G. Albano, P. Chini, S. Martinengo, M. Sansoni and D. Strumolo, *J. Chem. Soc., Chem. Commun.*, 1974, 299*; *J. Chem. Soc., Dalton Trans.*, 1976, 970.

Rh_{17} Heptadecarhodium

Molecular formula	Structure	Notes	Ref.
$Rh_{17}C_{32}O_{32}S_2^{3-}-3C_{13}H_{22}N^+$	$[teba]_3[Rh_{17}S_2(CO)_{32}]$		1

1. J. L. Vidal, R. A. Fiato, L. A. Cosby and R. L. Pruett, *Inorg. Chem.*, 1978, **17**, 2574.

Rh_{22} Docosarhodium

Molecular formula	Structure	Notes	Ref.
$Rh_{22}C_{35}H_xO_{35}^{5-}-Rh_{22}C_{35}H_{x+1}O_{35}^{4-}Cs_9C_{168}H_{346}O_{84}^{9+}$	$[Cs_9(18\text{-crown-}6)_{14}][H_xRh_{22}(CO)_{35}][H_{x+1}Rh_{22}(CO)_{35}]$	a, 163	1
$Rh_{22}C_{37}O_{37}^{4-}4C_9H_{22}N^+$	$[NEt_3Pr]_4[Rh_{22}(CO)_{37}]$		2

a Cation made up with two $[Cs(18\text{-crown-}6)]^+$, three $[Cs(18\text{-crown-}6)_2]^+$ and two $[Cs_2(18\text{-crown-}6)_3]^{2+}$ units.

1. J. L. Vidal, R. C. Schoening and J. M. Troup, *Inorg. Chem.*, 1981, **20**, 227.
2. S. Martinengo, G. Ciani and A. Sironi, *J. Am. Chem. Soc.*, 1980, **102**, 7564.

Ru Ruthenium

Molecular formula	Structure	Notes	Ref.
$RuCH_2Cl_4O_2^{2-} \cdot 2Cs^+$	$Cs_2[trans-RuCl_4(CO)(OH_2)]$		1
$RuCCl_5O^{2-} \cdot 2C_{25}H_{22}P^+ \cdot 2CH_2Cl_2$	$[P(CH_2Ph)Ph_3]_2[RuCl_5(CO)] \cdot 2CH_2Cl_2$		2
$RuC_4H_{19}N_5O_4^{2+} \cdot O_6S_2^{2-} \cdot 2H_2O$	$[Ru(\eta^2-C_4H_4O_4)(NH_3)_5][S_2O_6] \cdot 2H_2O$	a	3
$RuGe_2C_4Cl_6O_4$	$cis\text{-}Ru(GeCl_3)_2(CO)_4$		4
$RuGe_2C_4Cl_6O_4$	$trans\text{-}Ru(GeCl_3)_2(CO)_4$		4
$RuC_4I_2O_4$	$cis\text{-}RuI_2(CO)_4$		5
$3RuC_6H_{12}ClN_2^+ \cdot H_4N^+ \cdot 4F_6P^-$	$3[RuCl(NH_3)_2(\eta\text{-}C_6H_6)][PF_6] \cdot [NH_4][PF_6]$		6
$RuC_6H_{20}N_6O^{2+} \cdot 2F_6P^- \cdot C_2D_6OS$	$[Ru(CO)(C_5H_8N_2)(NH_3)_4][PF_6]_2 \cdot (CD_3)_2SO$	b	7
$RuGe_2C_7H_6Cl_6O$	$Ru(GeCl_3)_2(CO)(\eta\text{-}C_6H_6)$		8
$RuC_7H_9O_7P$	$Ru(CO)_4\{P(OMe)_3\}$		9
$RuC_8H_7NO_3$	$Ru(CONH_2)(CO)_2(\eta\text{-}C_5H_5)$		10
$RuC_8H_8Cl_3O^- \cdot C_{25}H_{22}P^+$	$[P(CH_2Ph)Ph_3][RuCl_3(CO)(nbd)]$		2
$RuC_9H_{18}ClN_3S_5 \cdot C_3H_6O$	$RuCl(\eta^2\text{-}S=CNMe_2)(S_2CNMe_2)_2 \cdot Me_2CO$		11
$RuC_9H_{18}O_3P_2$	$Ru(CO)_3(PMe_3)_2$		12
$RuC_8H_{19}Cl_2N_7O_2^+ \cdot Cl^- \cdot H_2O$	$[trans\text{-}RuCl_2(C_8H_{10}N_4O_2)(NH_3)_3]Cl \cdot H_2O$	c	13
$RuC_{10}H_{10}$	$Ru(\eta\text{-}C_5H_5)_2$	X, E	14–16
$RuC_{10}H_{10}I^+ \cdot I_3^-$	$[RuI(\eta\text{-}C_5H_5)_2]I_3$		17
$RuC_{10}H_{16}Cl_2F_3P$	$RuCl_2(PF_3)(C_{10}H_{16})$	d	18
$RuC_{10}Cl_{10}$	$Ru(\eta\text{-}C_5Cl_5)_2$		19
$RuC_{11}H_8O_3$	$Ru(CO)_3(\eta^4\text{-}C_8H_8)$		20
$RuC_{11}H_{15}Cl_2NO$	$RuCl_2(CO)(NCMe)(cod)$		21
$RuC_{11}H_{23}ClP_2$	$RuCl(PMe_3)_2(\eta\text{-}C_5H_5)$		22
$RuC_{12}H_{11}NO_3$	$\overline{Ru(CO)_3(C_8H_{11}CN)}$	e	23
$RuC_{12}H_{16}F_6N_3O_3P$	$\overline{Ru\{NH=C(CF_3)N=C(CF_3)NH\}\{P(OMe)_3\}}\text{-}(\eta\text{-}C_5H_5)$		24
$RuC_{12}H_{17}Br_3O$	$RuBr_3(CO)(\eta^5\text{-}C_5Me_4Et)$		25
$RuC_{12}H_{18}Cl_2$	$RuCl_2(C_{12}H_{18})$	f	26
$RuC_{14}H_{14}O_2$	$Ru(\eta\text{-}C_5H_4COMe)_2$		27
$RuC_{14}H_{16}$	$Ru(\eta^5\text{-}C_7H_7)(\eta^5\text{-}C_7H_9)$		28
$RuBC_{14}H_{16}F_3$	$Ru(\eta^5\text{-}C_8H_{11})(\eta^6\text{-}PhBF_3)$	g	29
$RuC_{14}H_{18}$	$Ru(cod)(\eta\text{-}C_6H_6)$		30
$RuC_{14}H_{32}O_6P_2$	$Ru\{P(OMe)_3\}_2(\eta^3\text{-}C_4H_7)_2$		31
$RuC_{14}H_{37}N_6^+ \cdot F_6P^-$	$[HRu(NH_2NMe_2)_3(cod)][PF_6]$		32
$RuSi_2C_{16}H_{26}O_2$	$Ru(SiMe_3)(CO)_2\{\eta^5\text{-}C_8H_8(SiMe_3)\}$	h	33
$RuC_{17}H_{30}Cl_2N_2$	$RuCl_2(NHC_5H_{10})_2(nbd)$		34
$RuC_{18}H_{14}$	$Ru(\eta^5\text{-}C_9H_7)_2$	i	35
$RuWC_{18}H_{14}O_6$	$Ru\{\eta\text{-}C_5H_4C(OEt)W(CO)_5\}(\eta\text{-}C_5H_5)$		36
$RuBC_{18}H_{18}N_8^+ \cdot F_6P^-$	$[Ru\{(pz)_4B\}(\eta\text{-}C_6H_6)][PF_6]$		37
$RuC_{18}H_{20}O_2$	$Ru(CO)_2(C_{16}H_{20})$	j	38
$RuC_{18}H_{26}O_4$	$Ru(acac)_2(cod)$		39
$RuC_{18}H_{30}O_3^{2+} \cdot 2BF_4^-$	$[Ru(OCMe_2)\{Me_2C(OH)CH_2COMe\}\text{-}(\eta\text{-}C_6H_3Me_3)][BF_4]_2$		40
$RuC_{18}H_{35}ClN_2$	$HRuCl(NHC_5H_{10})_2(cod)$		41
$RuC_{19}H_{16}O_3$	$Ru(CO)_3(\eta^4\text{-}C_{16}H_{16})$	k	42
$RuC_{19}H_{19}Cl_2P$	$RuCl_2(PMePh_2)(\eta\text{-}C_6H_6)$		43
$RuC_{19}H_{22}Cl_2N_2$	$RuCl_2(NH_2Ph)_2(nbd)$		44
$RuC_{19}H_{26}Cl_2OP_2$	$RuCl_2(CO)(\eta\text{-}C_2H_4)(PMe_2Ph)_2$		45
$RuC_{20}H_{18}OS_2$	$\overline{Ru\{SC_6H_3Me\text{-}2\text{-}(SC_6H_4Me\text{-}2)\}}(CO)(\eta\text{-}C_5H_5)$		46
$RuC_{20}H_{20}O_{10}$	$Ru(\eta\text{-}C_5H_5)\{\eta\text{-}C_5(CO_2Me)_5\}$		47
$RuC_{20}H_{26}$	$Ru(\eta^4\text{-}C_8H_8)(\eta^6\text{-}C_6Me_6)$		48
$RuC_{20}H_{42}Cl_2N_2$	$RuCl_2(NH_2C_6H_{13})_2(cod)$		34
$RuC_{21}H_{16}ClN_4O^+ \cdot ClO_4^-$	$[RuCl(CO)(bipy)_2][ClO_4]$		49
$RuC_{21}H_{17}F_{12}O_5P$	$Ru(CO)_2\{P(OCH_2)_3CMe\}\{C_6H_8(C_4F_6)_2\}$	l	50
$RuFeC_{21}H_{18}O$	$RcCOFc$		51
$RuSiC_{21}H_{18}O_3$	$Ru(CO)_3(\eta^4\text{-}\overline{CPh=CHCH=CPhSiMe_2})$		52
$RuSi_2C_{21}H_{25}F_5O_2$	$Ru(SiMe_3)(CO)_2\{\eta^5\text{-}C_7H_7(C_6F_5)(SiMe_3)\}$		53
$RuSbC_{22}H_{15}O_4$	$Ru(CO)_4(SbPh_3)$		54
$RuC_{22}H_{40}P_4$	$HRu(2\text{-}C_{10}H_7)(dmpe)_2$		55
$RuC_{23}H_{18}BrO_3P$	$\overline{RuBr(CHMeC_6H_4PPh_2\text{-}2)}(CO)_3$		56
$RuC_{23}H_{27}Cl_2P$	$RuCl_2(PMePh_2)\{\eta^6\text{-}C_6H_4(Me\text{-}1)(CHMe_2\text{-}4)\}$		43
$RuC_{24}H_{18}O_2$	$Ru(\eta\text{-}C_5H_4COPh)_2$		57
$RuC_{24}H_{36}$	$Ru(\eta^4\text{-}C_6Me_6)(\eta^6\text{-}C_6Me_6)$		58
$RuB_7C_{25}H_{32}P$	$6\text{-}\{\overline{Ru(\eta^2\text{-}CH_2=CHCH_2C_6H_4PPh_2\text{-}2')}\}\text{-}2,3\text{-}Me_2\text{-}2,3\text{-}C_2B_7H_7$		59

Molecular formula	Structure	Notes	Ref.
RuC$_{25}$H$_{46}$N$_5^+$B$_4$C$_4$H$_{11}^-$	[HRu(CNBu^t)$_5$][nido-2,3-Me$_2$-2,3-C$_2$B$_4$H$_5$]		60
RuC$_{26}$H$_{18}$N$_4$O$_2$S$_4$	Ru(CO)$_2$(py)$_2$(mbt)$_2$		61
RuC$_{27}$H$_{27}$P	Ru(PPh$_3$)(η^3-C$_4$H$_7$)(η-C$_5$H$_5$)	D	62
RuC$_{28}$H$_{40}$P$_3^+$F$_6$P$^-$·0.5CH$_2$Cl$_2$	[HRu(PMe$_2$Ph)$_3$(η-C$_4$H$_6$)][PF$_6$]·0.5CH$_2$Cl$_2$		63
RuC$_{28}$H$_{56}$Cl$_2$N$_8$·0.5C$_8$H$_{18}$O	trans-RuCl$_2${CNEt(CH$_2$)$_2$NEt}$_4$·0.5Bu$_2$O		64
RuBC$_{29}$H$_{25}$	Ru(η-C$_5$H$_5$)(η^6-PhBPh$_3$)		65
RuC$_{29}$H$_{47}$ClN$_2$P$_2$	RuCl{(C$_6$H$_3$Me-4)N(CH$_2$)$_2$N(Tol)C̄}(PEt$_3$)$_2$		66
RuC$_{30}$H$_{47}$ClN$_2$OP$_2$	RuCl{(C$_6$H$_4$Me-4)N(CH$_2$)$_2$N(Tol)C̄}(CO)-(PEt$_3$)$_2$		67
RuC$_{31}$H$_{21}$F$_{12}$P	Ru{C(CF$_3$)=C(CF$_3$)C(CF$_3$)=CH(CF$_3$)}-(PPh$_3$)(η-C$_5$H$_5$)	m	68
RuC$_{32}$H$_{22}$F$_9$P	Ru{C(CF$_3$)=CHC(CF$_3$)=C=C=CH(CF$_3$)}-(PPh$_3$)(η-C$_5$H$_5$)	n	69
RuC$_{32}$H$_{27}$F$_6$O$_5$P	Ru(C(CO$_2$Me)=CH{C(O)OMe})(PPh$_3$)-{η-C$_5$H$_4$C(OH)(CF$_3$)$_2$}		70
RuBC$_{32}$H$_{31}$	Ru(η^5-C$_8$H$_{11}$)(η^6-PhBPh$_3$)	g	29
RuC$_{33}$H$_{27}$F$_6$O$_4$P	Ru{C(CO$_2$Me)=C(CO$_2$Me)C(CF$_3$)=CH-(CF$_3$)}(PPh$_3$)(η-C$_5$H$_5$)	o	71
RuC$_{35}$H$_{18}$F$_9$N$_2$P	Ru(C$_6$F$_4$N=NC$_6$F$_5$)(η^5-C$_5$H$_4$C$_6$H$_4$PPh$_2$-2)		72
RuC$_{36}$H$_{33}$I$_2$N$_2$OP·H$_2$O	RuI$_2${CH(NMeTol)}(CO)(CNTol)(PPh$_3$)·H$_2$O		73
RuC$_{37}$H$_{25}$N$_4$P	Ru(PPh$_3$){η^3-C(CN)$_2$CPhC=C(CN)$_2$}(η-C$_5$H$_5$)		74
RuC$_{37}$H$_{30}$INO$_2$P$_2$	RuI(CO)(NO)(PPh$_3$)$_2$		75
RuC$_{38}$H$_{30}$Cl$_2$OP$_2$Se	RuCl$_2$(CO)(CSe)(PPh$_3$)$_2$		76
RuC$_{38}$H$_{30}$O$_6$P$_2$S	Ru(SO$_4$)(CO)$_2$(PPh$_3$)$_2$		77
RuC$_{38}$H$_{30}$O$_6$P$_2$S$_2$	Ru(η^2-O=SOSO$_2$)(CO)$_2$(PPh$_3$)$_2$	213	78
RuC$_{38}$H$_{33}$O$_3$P$_2^+$BF$_4^-$·C$_2$H$_6$O	[HRu(OH$_2$)(CO)$_2$(PPh$_3$)$_2$][BF$_4$]·EtOH		79
RuB$_9$C$_{38}$H$_{43}$P$_2$·3C$_4$H$_8$O$_2$	2-[Ru(PPh$_3$)$_2$]-1,7-H$_2$-1,7-C$_2$B$_9$H$_{11}$·3diox		80
RuC$_{38}$H$_{51}$N$_4$P	Ru(CNBu^t)$_4$(PPh$_3$)		81
RuC$_{39}$H$_{33}$IOP$_2$	RuI(η^2-O=CMe)(CO)(PPh$_3$)$_2$		82
RuC$_{39}$H$_{35}$NOP$_2$	Ru(NO)(PPh$_3$)$_2$(η-C$_3$H$_5$)		83
RuC$_{40}$H$_{33}$O$_2$P$_2$S$_2^+$ClO$_4^-$·C$_6$H$_{12}$	[Ru(η^2-S=CSMe)(CO)$_2$(PPh$_3$)$_2$][ClO$_4$]·C$_6$H$_{12}$		84, 85
RuSnC$_{40}$H$_{36}$Cl$_4$O$_2$P$_2$·C$_3$H$_6$O	RuCl(SnCl$_3$)(OCMe$_2$)(CO)(PPh$_3$)$_2$·Me$_2$CO		86
RuC$_{41}$H$_{30}$F$_6$OP$_2$S$_2$	Ru{S$_2$C$_2$(CF$_3$)$_2$}(CO)(PPh$_3$)$_2$	p	87, 88
RuC$_{41}$H$_{30}$F$_6$OP$_2$S$_2$	Ru{S$_2$C$_2$(CF$_3$)$_2$}(CO)(PPh$_3$)$_2$	q	87, 89
RuC$_{41}$H$_{35}$ClP$_2$	RuCl(PPh$_3$)$_2$(η-C$_5$H$_5$)		22
RuC$_{42}$H$_{34}$N$_5$P	Ru(C{=C(CN)$_2$}CPh=C(CN)$_2$)(CNBu^t)-(PPh$_3$)(η-C$_5$H$_5$)		74
RuC$_{42}$H$_{38}$P$_2$·C$_6$H$_{10}$	HRu(PPh$_3$)$_2$(η^5-C$_6$H$_7$)·C$_6$H$_{10}$	r	90
RuC$_{42}$H$_{40}$P$_2$·C$_7$H$_8$	Ru(PPh$_3$)$_2$(η-C$_3$H$_5$)$_2$·PhMe		91
RuC$_{42}$H$_{42}$O$_3$P$_3^+$F$_6$P$^-$	[Ru(OAc)(CO)(PMePh$_2$)$_3$][PF$_6$]		92
RuC$_{43}$H$_{30}$Cl$_4$N$_2$O$_2$P$_2$·CH$_2$Cl$_2$	Ru(CO)$_2$(N=NC$_5$Cl$_4$)(PPh$_3$)$_2$·CH$_2$Cl$_2$		93
RuC$_{43}$H$_{38}$Cl$_2$P$_2$	RuCl$_2$(nbd)(PPh$_3$)$_2$		94
RuC$_{44}$H$_{35}$ClO$_3$P$_2$	RuCl(O$_2$CPh)(CO)(PPh$_3$)$_2$		95
RuC$_{44}$H$_{36}$ClN$_2$O$_2$P$_2^+$ClO$_4^-$·CH$_2$Cl$_2$	[RuCl(CO)$_2$(HN=NPh)(PPh$_3$)$_2$][ClO$_4$]·CH$_2$Cl$_2$		96
RuPt$_2$C$_{44}$H$_{39}$O$_5$P$_3$	RuPt$_2$(CO)$_5$(PMePh$_2$)$_3$		97
RuC$_{44}$H$_{43}$ClN$_2$OP$_2$	RuCl(CO)(PPh$_3$)$_2${Pr^{i}N=CHNC(Me)=CH$_2$}		98
RuC$_{45}$H$_{34}$ClNO$_2$P$_2$·CD$_2$Cl$_2$	RuCl(CO)(NO)[(Ph$_2$PCH$_2$)$_2$C$_{18}$H$_{10}$]·CD$_2$Cl$_2$	s	99
RuC$_{45}$H$_{37}$IO$_2$P$_2$	RuI(η^2-O=CTol)(CO)(PPh$_3$)$_2$		82
RuC$_{47}$H$_{34}$N$_4$O$_2$	Ru(CO)(EtOH)(TPP)		100
RuC$_{47}$H$_{40}$NOP$_2$S$_2^+$ClO$_4^-$·0.5CHCl$_3$·0.5H$_2$O	[Ru(η^2-S=CSMe)(CO)(CNTol)(PPh$_3$)$_2$]-[ClO$_4$]·0.5CHCl$_3$·0.5H$_2$O		85
RuC$_{47}$H$_{41}$NO$_3$P$_2$	Ru(OAc)(CH=NTol)(CO)(PPh$_3$)$_2$		101
RuC$_{48}$H$_{36}$	Ru(η^4-C$_6$Ph$_6$)(η^6-C$_6$H$_6$)	D	102
RuCuC$_{49}$H$_{40}$ClP$_2$·C$_3$H$_6$O	Ru{η^1,η^2-C$_2$Ph(CuCl)}(PPh$_3$)$_2$(η-C$_5$H$_5$)·Me$_2$CO		103
RuC$_{49}$H$_{42}$O$_7$P$_2$	Ru{CH=C(CO$_2$Me)CH=C(CO$_2$Me)C̄-CHC(O)OMe}(CO)(PPh$_3$)$_2$		104
RuC$_{50}$H$_{32}$N$_5$O·1.5C$_7$H$_8$	Ru(CO)(py)(TPP)·1.5PhMe		105
RuC$_{51}$H$_{45}$N$_3$OP$_2$	HRu{N$_3$(Tol)$_2$}(CO)(PPh$_3$)$_2$		106
RuC$_{52}$H$_{44}$ClNOP$_2$	RuCl{η^2-C(Tol)=N(Tol)}(CO)(PPh$_3$)$_2$		107
RuC$_{52}$H$_{46}$N$_2$OP$_2$	HRu{N(Tol)CHN(Tol)}(CO)(PPh$_3$)$_2$		108
RuC$_{52}$H$_{46}$P$_2$	Ru(η^2-CH$_2$=CHPh)$_2$(PPh$_3$)$_2$		109
RuC$_{54}$H$_{46}$P$_3^+$BF$_4^-$	[HRu(PPh$_3$)$_2$(η^6-PhPPh$_2$)][BF$_4$]		110
RuC$_{55}$H$_{41}$F$_3$O$_3$P$_2$	Ru[C(C≡CPh)=CHPh](O$_2$CCF$_3$)(CO)(PPh$_3$)$_2$		111
RuPt$_2$C$_{59}$H$_{45}$O$_5$P$_3$	RuPt$_2$(CO)$_5$(PPh$_3$)$_3$		112
RuPt$_2$C$_{59}$H$_{45}$O$_5$P$_3$·C$_6$H$_6$	RuPt$_2$(CO)$_5$(PPh$_3$)$_3$·C$_6$H$_6$		112
RuC$_{62}$H$_{59}$O$_2$P$_3$	HRu{CH=CMeC(O)OBu}(PPh$_3$)$_3$		113

^{a} C$_4$H$_4$O$_4$ = fumaric acid. ^{b} C$_5$H$_8$N$_2$ = C-bonded 4,5-Me$_2$imidazole. ^{c} C$_8$H$_{10}$N$_4$O$_2$ = C-bonded caffeine.

^{d} $C_{10}H_{16}$ = 1,2,3-η^3:6,7,8-η^3-2,7-Me$_2$octa-2,6-diene-1,8-diyl. ^{e} C_8H_{11}CN = 1,4,5,6-η^4-2-CN-cyclooct-5-ene-1,4-diyl. ^{f} $C_{12}H_{18}$ = 1,2,3-η^3:10,11,12-η^3-dodeca-2,6,10-triene-1,12-diyl. ^{g} C_8H_{11} = 1,2,3,5,6-η^5-cycloocta-2,5-dien-1-yl. ^{h} C_8H_8(SiMe$_3$) = 1,2,3-η^3:6,7-η^2-8-Me$_3$Si-cycloocta-1,4,6-triene-3-yl. ^{i} C_9H_7 = indenyl. ^{j} $C_{16}H_{20}$ = η^5-cyclopenta-2,4-dienylidene-1-Me-ethylidene-2-(1-Me-ethylidene)-cyclopent-4-ene-1,3-diyl. ^{k} $C_{16}H_{16}$ = 1,2,3,4-η^4-4a,4b,5,10,10a,10b-H$_6$-5,10-ethenobenzo[3.4]cyclobuta[1.2]cyclooctene. ^{l} C_6H_8(C$_4$F$_6$)$_2$ = 1,2,3,4-η^4-cyclohex-3-ene-1,2-diylbis[1,2-(CF$_3$)$_2$ethylene-1,2-diyl]. ^{m} Ligand = 1,3,4-η^3-1,2,3,4-(CF$_3$)$_4$buta-1,3-diene-1-yl. ^{n} Ligand = 1,4,5-η^3-1,3,6-(CF$_3$)$_3$hexa-1,3,4,5-tetraene-1-yl. ^{o} Ligand = 1,3,4-η^3-1,2-(CO$_2$Me)$_2$-3,4-(CF$_3$)$_2$buta-1,3-diene-1-yl. ^{p} Orange isomer. ^{q} Violet isomer. ^{r} C_6H_7 = cyclohexadienyl; C_6H_{10} = cyclohexene. ^{s} (Ph$_2$PCH$_2$)$_2$C$_{18}$H$_{10}$ = 2,11-(Ph$_2$PCH$_2$)$_2$benzo[c]phenanthrene (*trans* bridging).

1. J. A. Stanko and S. Chaipayungpundhu, *J. Am. Chem. Soc.*, 1970, **92**, 5580.
2. R. O. Gould, L. Ruiz-Ramirez, T. A. Stephenson and M. A. Thomson, *J. Chem. Res. (M)*, 1978, 3301; *J. Chem. Res. (S)*, 1978, 254.
3. H. Lehmann, K. J. Schenk, G. Chapuis and A. Ludi, *J. Am. Chem. Soc.*, 1979, **101**, 6197.
4. R. Ball and M. J. Bennett, *Inorg. Chem.*, 1972, **11**, 1806.
5. L. F. Dahl and D. L. Wampler, *Acta Crystallogr.*, 1962, **15**, 946.
6. R. O. Gould, C. L. Jones, D. R. Robertson and T. A. Stephenson, *Cryst. Struct. Commun.*, 1978, **7**, 27.
7. R. J. Sundberg, R. F. Bryan, I. F. Taylor and H. Taube, *J. Am. Chem. Soc.*, 1974, **96**, 381.
8. L. Y. Y. Chan and W. A. G. Graham, *Inorg. Chem.*, 1975, **14**, 1778.
9. R. E. Cobbledick, F. W. B. Einstein, R. K. Pomeroy and E. R. Spetch, *J. Organomet. Chem.*, 1980, **195**, 77.
10. H. Wagner, A. Jungbauer, G. Thiele and H. Behrens, *Z. Naturforsch., Teil B*, 1979, **34**, 1487.
11. G. L. Miessler and L. H. Pignolet, *Inorg. Chem.*, 1979, **18**, 210.
12. R. A. Jones, G. Wilkinson, A. M. R. Galas, M. B. Hursthouse and K. M. A. Malik, *J. Chem. Soc., Dalton Trans.*, 1980, 1771.
13. H. J. Krentzien, M. J. Clark and H. Taube, *Bioinorg. Chem.*, 1975, **4**, 143.
14. G. L. Hardgrove and D. H. Templeton, *Acta Crystallogr.*, 1959, **12**, 28.
15. P. Seiler and J. D. Dunitz, *Acta Crystallogr.*, 1980, **B36**, 2946 (at 101, 273 K).
16. A. Haaland and J. E. Nilson, *Acta Chem. Scand.*, 1968, **22**, 2653 (E).
17. Y. S. Sohn, A. W. Schlueter, D. N. Hendrickson and H. B. Gray, *Inorg. Chem.*, 1974, **13**, 301.
18. P. B. Hitchcock, J. F. Nixon and J. Sinclair, *J. Organomet. Chem.*, 1975, **86**, C34.
19. G. M. Brown, F. L. Hedberg and H. Rosenberg, *J. Chem. Soc., Chem. Commun.*, 1972, 5.
20. F. A. Cotton and R. Eiss, *J. Am. Chem. Soc.*, 1969, **91**, 6593.
21. R. O. Gould, C. L. Jones, D. R. Robertson and T. A. Stephenson, *J. Chem. Soc., Dalton Trans.*, 1977, 129.
22. M. I. Bruce, F. S. Wong, B. W. Skelton and A. H. White, *J. Chem. Soc., Dalton Trans.*, 1981, 1398.
23. F. A. Cotton, M. D. LaPrade, B. F. G. Johnson and J. Lewis, *J. Am. Chem. Soc.*, 1971, **93**, 4626*; F. A. Cotton and M. D. LaPrade, *J. Organomet. Chem.*, 1972, **39**, 345.
24. V. Robinson, G. E. Taylor, P. Woodward, M. I. Bruce and R. C. Wallis, *J. Chem. Soc., Dalton Trans.*, 1981, 1169.
25. I. W. Nowell, K. Tabatabaian and C. White, *J. Chem. Soc., Chem. Commun.*, 1979, 547.
26. J. E. Lydon, J. K. Nicholson, B. L. Shaw and M. R. Truter, *Proc. Chem. Soc.*, 1964, 421*; J. E. Lydon and M. R. Truter, *J. Chem. Soc. (A)*, 1968, 362.
27. J. Trotter, *Acta Crystallogr.*, 1953, **16**, 571.
28. H. Schmid and M. L. Ziegler, *Chem. Ber.*, 1976, **109**, 125.
29. T. V. Ashworth, M. J. Nolte, R. H. Reimann and E. Singleton, *J. Chem. Soc., Chem. Commun.*, 1977, 937.
30. H. Schmid and M. L. Ziegler, *Chem. Ber.*, 1976, **109**, 132.
31. R. A. Marsh, J. Howard and P. Woodward, *J. Chem. Soc., Dalton Trans.*, 1973, 778.
32. T. V. Ashworth, M. J. Nolte and E. Singleton, *J. Organomet. Chem.*, 1977, **139**, C73*; *J. Chem. Soc., Dalton Trans.*, 1978, 1040.
33. P. J. Harris, J. A. K. Howard, S. A. R. Knox, R. J. McKinney, R. P. Phillips, F. G. A. Stone and P. Woodward, *J. Chem. Soc., Dalton Trans.*, 1978, 403.
34. C. Potvin, J. M. Manoli, G. Pannetier, R. Chevalier and N. Platzer, *J. Organomet. Chem.*, 1976, **113**, 273.
35. N. C. Webb and R. E. Marsh, *Acta Crystallogr.*, 1967, **22**, 382.
36. E. O. Fischer, F. J. Gammel, J. O. Besenhard, A. Frank and D. Neugebauer, *J. Organomet. Chem.*, 1980, **191**, 261.
37. R. J. Restivo and G. Ferguson, *J. Chem. Soc., Chem. Commun.*, 1973, 847*; R. J. Restivo, G. Ferguson, D. J. O'Sullivan and F. J. Lalor, *Inorg. Chem.*, 1975, **14**, 3046.
38. U. Behrens, D. Karnatz and E. Weiss, *J. Organomet. Chem.*, 1976, **117**, 171.
39. C. Potvin, J. M. Manoli, A. Dereigne and G. Pannetier, *J. Less-Common Met.*, 1971, **24**, 333.
40. M. A. Bennett, T. W. Matheson, G. B. Robertson, W. L. Steffen and T. W. Turney, *J. Chem. Soc., Chem. Commun.*, 1979, 32.
41. C. Potvin, J. M. Manoli, G. Pannetier and R. Chevalier, *J. Organomet. Chem.*, 1978, **146**, 57.
42. R. Goddard, A. P. Humphries, S. A. R. Knox and P. Woodward, *J. Chem. Soc., Chem. Commun.*, 1975, 507*; R. Goddard and P. Woodward, *J. Chem. Soc., Dalton Trans.*, 1979, 661.
43. M. A. Bennett, G. B. Robertson and A. K. Smith, *J. Organomet. Chem.*, 1972, **43**, C41.
44. J.-M. Manoli, A. P. Gaughan and J. A. Ibers, *J. Organomet. Chem.*, 1974, **72**, 247.
45. L. D. Brown, C. F. J. Barnard, J. A. Daniels, R. J. Mawby and J. A. Ibers, *Inorg. Chem.*, 1978, **17**, 2932.
46. S. D. Killops, S. A. R. Knox, G. H. Riding and A. J. Welch, *J. Chem. Soc., Chem. Commun.*, 1978, 486.
47. M. I. Bruce, B. W. Skelton, R. C. Wallis, J. K. Walton, A. H. White and M. L. Williams, *J. Chem. Soc., Chem. Commun.*, 1981, 428.
48. M. A. Bennett, T. W. Matheson, G. B. Robertson, A. K. Smith and P. A. Tucker, *J. Organomet. Chem.*, 1976, **121**, C18*; *Inorg. Chem.*, 1980, **19**, 1014.

49. J. M. Clear, J. M. Kelly, C. M. O'Connell, J. G. Vos, C. J. Cardin, S. R. Costa and A. J. Edwards, *J. Chem. Soc., Chem. Commun.*, 1980, 750.
50. M. Bottrill, R. Goddard, M. Green, R. P. Hughes, M. K. Lloyd, B. Lewis and P. Woodward, *J. Chem. Soc., Chem. Commun.*, 1975, 253*; M. Bottrill, R. Davies, R. Goddard, M. Green, R. P. Hughes, B. Lewis and P. Woodward, *J. Chem. Soc., Dalton Trans.*, 1977, 1252.
51. G. J. Small and J. Trotter, *Can. J. Chem.*, 1964, **42**, 1746.
52. K. W. Muir, R. Walker, E. W. Abel, T. Blackmore and R. J. Whitley, *J. Chem. Soc., Chem. Commun.*, 1975, 698.
53. J. A. K. Howard, S. A. R. Knox, V. Riera, B. A. Sosinsky, F. G. A. Stone and P. Woodward, *J. Chem. Soc., Chem. Commun.*, 1974, 673.
54. E. J. Forbes, D. L. Jones, K. Paxton and T. A. Hamor, *J. Chem. Soc., Dalton Trans.*, 1979, 879.
55. S. D. Ibekwe, B. T. Kilbourn, U. A. Raeburn and D. R. Russell, *Chem. Commun.*, 1969, 433*; U. A. Gregory, S. D. Ibekwe, B. T. Kilbourn and D. R. Russell, *J. Chem. Soc. (A)*, 1971, 1118.
56. M. A. Bennett, G. B. Robertson, I. B. Tomkins and P. O. Whimp, *J. Organomet. Chem.*, 1971, **32**, C19.
57. J. Trotter and S. H. Whitlow, *Acta Crystallogr.*, 1965, **19**, 868.
58. G. Huttner, S. Lange and E. O. Fischer, *Angew. Chem.*, 1971, **83**, 579 (*Angew. Chem., Int. Ed. Engl.*, 1971, **10**, 556)*; G. Huttner and S. Lange, *Acta Crystallogr.*, 1972, **B28**, 2049.
59. C. W. Jung, R. T. Baker, C. B. Knobler and M. F. Hawthorne, *J. Am. Chem. Soc.*, 1980, **102**, 5782.
60. G. K. Barker, M. Green, T. P. Onak, F. G. A. Stone, C. B. Ungermann and A. J. Welch, *J. Chem. Soc., Chem. Commun.*, 1978, 169.
61. S. Jeannin, Y. Jeannin and G. Lavigne, *C. R. Hebd. Seances Acad. Sci.*, 1974, **279C**, 447*; *Transition Met. Chem.*, 1976, **1**, 192.
62. C. Krüger and Y.-H. Tsay, unpublished work cited in H. Lehmkuhl, H. Mauermann and R. Benn, *Liebigs Ann. Chem.*, 1980, 754.
63. T. V. Ashworth, E. Singleton and M. Laing, *J. Organomet. Chem.*, 1976, **117**, C113*; T. V. Ashworth, E. Singleton, M. Laing and L. Pope, *J. Chem. Soc., Dalton Trans.*, 1978, 1032.
64. P. B. Hitchcock, M. F. Lappert and P. L. Pye, *J. Chem. Soc., Chem. Commun.*, 1976, 644*; *J. Chem. Soc., Dalton Trans.*, 1978, 826.
65. G. J. Krüger, A. L. du Preez and R. J. Haines, *J. Chem. Soc., Dalton Trans.*, 1974, 1302.
66. P. B. Hitchcock, M. F. Lappert and P. L. Pye, *J. Chem. Soc., Chem. Commun.*, 1977, 196*.
67. P. B. Hitchcock, M. F. Lappert, P. L. Pye and S. Thomas, *J. Chem. Soc., Dalton Trans.*, 1979, 1929.
68. T. Blackmore, M. I. Bruce, F. G. A. Stone, R. E. Davis and A. Garza, *Chem. Commun.*, 1971, 852.
69. M. I. Bruce, R. C. F. Gardner, J. A. K. Howard, F. G. A. Stone, M. Welling and P. Woodward, *J. Chem. Soc., Dalton Trans.*, 1977, 621.
70. T. Blackmore, M. I. Bruce, F. G. A. Stone, R. E. Davis and N. V. Raghavan, *J. Organomet. Chem.*, 1973, **49**, C35*; N. V. Raghavan and R. E. Davis, *J. Cryst. Mol. Struct.*, 1975, **5**, 163.
71. L. E. Smart, *J. Chem. Soc., Dalton Trans.*, 1976, 390.
72. M. I. Bruce, R. C. F. Gardner, B. L. Goodall, F. G. A. Stone, R. J. Doedens and J. A. Moreland, *J. Chem. Soc., Chem. Commun.*, 1974, 185*; J. A. Moreland and R. J. Doedens, *Inorg. Chem.*, 1976, **15**, 2486.
73. D. F. Christian, G. R. Clark and W. R. Roper, *J. Organomet. Chem.*, 1974, **81**, C7*; G. R. Clark, *J. Organomet. Chem.*, 1977, **134**, 51.
74. M. I. Bruce, J. R. Rodgers, M. R. Snow and A. G. Swincer, *J. Chem. Soc., Chem. Commun.*, 1981, 271.
75. D. Hall and R. B. Williamson, *Cryst. Struct. Commun.*, 1974, **3**, 327.
76. G. R. Clark, K. R. Grundy, R. O. Harris, S. M. James and W. R. Roper, *J. Organomet. Chem.*, 1975, **90**, C37*; G. R. Clark, *J. Organomet. Chem.*, 1977, **134**, 229.
77. D. C. Moody and R. R. Ryan, *Cryst. Struct. Commun.*, 1976, **5**, 145.
78. D. C. Moody and R. R. Ryan, *J. Chem. Soc., Chem. Commun.*, 1980, 1230.
79. S. M. Boniface, G. R. Clark, T. J. Collins and W. R. Roper, *J. Organomet. Chem.*, 1981, **206**, 109.
80. E. H. S. Wong and M. F. Hawthorne, *J. Chem. Soc., Chem. Commun.*, 1976, 257.
81. G. K. Barker, A. M. R. Galas, M. Green, J. A. K. Howard, F. G. A. Stone, T. W. Turney, A. J. Welch and P. Woodward, *J. Chem. Soc., Chem. Commun.*, 1977, 256*; J.-M. Bassett, D. E. Berry, G. K. Barker, M. Green, J. A. K. Howard and F. G. A. Stone, *J. Chem. Soc., Dalton Trans.*, 1979, 1003.
82. W. R. Roper, G. E. Taylor, J. M. Waters and L. J. Wright, *J. Organomet. Chem.*, 1979, **182**, C46.
83. M. W. Schoonover and R. Eisenberg, *J. Am. Chem. Soc.*, 1977, **99**, 8371*; M. W. Schoonover, C. P. Kubiak and R. Eisenberg, *Inorg. Chem.*, 1978, **17**, 3050.
84. G. R. Clark, T. J. Collins, S. M. James and W. R. Roper, *J. Organomet. Chem.*, 1977, **125**, C23*.
85. S. M. Boniface and G. R. Clark, *J. Organomet. Chem.*, 1980, **184**, 125.
86. R. O. Gould, W. J. Sime and T. A. Stephenson, *J. Chem. Soc., Dalton Trans.*, 1978, 76.
87. I. Bernal, A. Clearfield, E. F. Epstein, J. S. Ricci, A. Balch and J. S. Miller, *J. Chem. Soc., Chem. Commun.*, 1973, 39*.
88. I. Bernal, A. Clearfield and J. S. Ricci, *J. Cryst. Mol. Struct.*, 1974, **4**, 43.
89. A. Clearfield, E. F. Epstein and I. Bernal, *J. Coord. Chem.*, 1977, **6**, 227.
90. M. B. Hursthouse, unpublished work cited in B. N. Chaudret, D. J. Cole-Hamilton and G. Wilkinson, *Acta Chem. Scand., Ser. A*, 1978, **32**, 763.
91. A. E. Smith, *Inorg. Chem.*, 1972, **11**, 2306.
92. T. V. Ashworth, M. J. Nolte and E. Singleton, *S. Afr. J. Chem.*, 1978, **31**, 155.
93. K. D. Schramm and J. A. Ibers, *Inorg. Chem.*, 1980, **19**, 2441.
94. D. E. Bergbreiter, B. E. Bursten, M. S. Bursten and F. A. Cotton, *J. Organomet. Chem.*, 1981, **205**, 407.
95. M. F. McGuiggan and L. H. Pignolet, *Cryst. Struct. Commun.*, 1978, **7**, 583.
96. B. L. Haymore and J. A. Ibers, *J. Am. Chem. Soc.*, 1975, **97**, 5369.
97. A. Modinos and P. Woodward, *J. Chem. Soc., Dalton Trans.*, 1975, 1534.
98. A. D. Harris, S. D. Robinson, A. Sahajpal and M. B. Hursthouse, *J. Organomet. Chem.*, 1979, **174**, C11*; *J. Chem. Soc., Dalton Trans.*, 1981, 1327.

99. R. Holdregger, L. M. Venanzi, F. Bachechi, P. Mura and L. Zambonelli, *Helv. Chim. Acta*, 1979, **62**, 2159.
100. J. J. Bonnet, S. S. Eaton, G. R. Eaton, R. H. Holm and J. A. Ibers, *J. Am. Chem. Soc.*, 1973, **95**, 2141.
101. D. F. Christian, G. R. Clark, W. R. Roper, J. M. Waters and K. R. Whittle, *J. Chem. Soc., Chem. Commun.*, 1972, 458*; G. R. Clark, J. M. Waters and K. R. Whittle, *J. Chem. Soc., Dalton Trans.*, 1975, 2556.
102. A. Immirzi, *J. Appl. Crystallogr.*, 1973, **6**, 246.
103. M. I. Bruce, O. M. Abu Salah, R. E. Davis and N. V. Raghavan, *J. Organomet. Chem.*, 1974, **64**, C48*; N. V. Raghavan and R. E. Davis, *J. Cryst. Mol. Struct.*, 1976, **6**, 73.
104. H. Yamazaki and K. Aoki, *J. Organomet. Chem.*, 1976, **122**, C54.
105. R. G. Little and J. A. Ibers, *J. Am. Chem. Soc.*, 1973, **95**, 8583.
106. L. D. Brown and J. A. Ibers, *J. Am. Chem. Soc.*, 1976, **88**, 1597*; *Inorg. Chem.*, 1976, **15**, 2788.
107. W. R. Roper, G. E. Taylor, J. M. Waters and L. J. Wright, *J. Organomet. Chem.*, 1978, **157**, C27.
108. L. D. Brown, S. D. Robinson, A. Sahajpal and J. A. Ibers, *Inorg. Chem.*, 1977, **16**, 2728.
109. M. A. A. F. de C. T. Carrondo, B. N. Chaudret, D. J. Cole-Hamilton, A. C. Skapski and G. Wilkinson, *J. Chem. Soc., Chem. Commun.*, 1978, 463.
110. J. C. McConway, A. C. Skapski, L. Phillips, R. J. Young and G. Wilkinson, *J. Chem. Soc., Chem. Commun.*, 1974, 327.
111. A. Dobson, D. S. Moore, S. D. Robinson, M. B. Hursthouse and L. New, *J. Organomet. Chem.*, 1979, **177**, C8.
112. M. I. Bruce, J. G. Matisons, B. W. Skelton and A. H. White, *Aust. J. Chem.*, 1982, **35**, 687.
113. S. Komiya, T. Ito, M. Cowie, A. Yamamoto and J. A. Ibers, *J. Am. Chem. Soc.*, 1976, **98**, 3874.

Ru$_2$ Diruthenium

Molecular formula	Structure	Notes	Ref.
Ru$_2$SnC$_5$Cl$_6$O$_5$	Ru$_2$(SnCl$_3$)Cl$_3$(CO)$_5$		1
Ru$_2$C$_6$Br$_4$O$_6$	[RuBr$_2$(CO)$_3$]$_2$		2
Ru$_2$C$_6$Cl$_4$O$_6$	[RuCl$_2$(CO)$_3$]$_2$		3
Ru$_2$C$_{14}$H$_8$O$_6$	Ru$_2$(CO)$_6$(μ-C$_8$H$_8$)		4
Ru$_2$C$_{14}$H$_{10}$O$_4$	[Ru(CO)$_2$(η-C$_5$H$_5$)]$_2$		5
Ru$_2$C$_{14}$H$_{18}$N$_2$O$_4$	Ru$_2$(CO)$_4$(μ-C$_2$H$_2$)(μ-Pr^{i}N=CHCH=NPr^i)		6
Ru$_2$Sn$_2$C$_{14}$H$_{18}$O$_8$	[Ru(SnMe$_3$)(CO)$_4$]$_2$		7
Ru$_2$C$_{15}$H$_{12}$O$_3$	Ru$_2$(CO)$_2$(μ-CO)(μ-C=CH$_2$)(η-C$_5$H$_5$)$_2$		8
Ru$_2$C$_{15}$H$_{13}$O$_3^+$BF$_4^-$	[Ru$_2$(CO)$_2$(μ-CO)(μ-CMe)(η-C$_5$H$_5$)$_2$][BF$_4$]		8
Ru$_2$C$_{16}$H$_{10}$O$_7$	HRu$_2$(CO)$_6$(μ-MeCOCHCPh)		9
Ru$_2$Si$_4$C$_{16}$H$_{30}$O$_6$	[Ru(SiMe$_3$)(μ-SiMe$_2$)(CO)$_3$]$_2$		10
Ru$_2$Sn$_4$C$_{16}$H$_{30}$O$_6$	[Ru(SnMe$_3$)(μ-SnMe$_2$)(CO)$_3$]$_2$		11
Ru$_2$C$_{17}$H$_{11}$IO$_4$	Ru$_2$(CO)$_4$(μ-I)(μ-C$_7$H$_6$Ph)	a	12
Ru$_2$C$_{17}$H$_{18}$O$_2$	Ru$_2$(μ-η^1,η^3-CMeCMeCH$_2$)(μ-CO)(CO)-(η-C$_5$H$_5$)$_2$	230	13
Ru$_2$Ge$_2$C$_{18}$H$_{24}$O$_4$	{Ru(GeMe$_3$)(CO)$_2$}$_2$(μ-C$_8$H$_6$)	b	14
Ru$_2$Si$_2$C$_{18}$H$_{24}$O$_5$	Ru$_2$(SiMe$_3$)(CO)$_5$(μ-C$_7$H$_6$SiMe$_3$)		15
RuSi$_2$C$_{18}$H$_{26}$O$_4$	Ru$_2$(SiMe$_3$)(CO)$_4$(μ-C$_8$H$_8$SiMe$_3$)	c	16
Ru$_2$C$_{18}$H$_{34}$Cl$_2$N$_2$	{HRuCl(cod)}$_2$(μ-NH$_2$NMe$_2$)		17
Ru$_2$Si$_2$C$_{19}$H$_{24}$O$_5$	Ru$_2$(CO)$_5${μ-SiMe$_2$(CH$_2$)$_2$SiMe$_2$C$_8$H$_8$}	d	16
Ru$_2$Hg$_2$C$_{20}$H$_{20}$Br$_4$	[Ru(HgBr$_2$)(η-C$_5$H$_5$)$_2$]$_2$		18
Ru$_2$Hg$_3$C$_{20}$H$_{20}$Cl$_6$	{Ru(HgCl$_2$)(η-C$_5$H$_5$)$_2$}$_2$(μ-HgCl$_2$)		18
Ru$_2$C$_{20}$H$_{32}$Cl$_4$	[RuCl$_2$(C$_{10}$H$_{16}$)]$_2$	e	19
Ru$_2$C$_{20}$H$_{32}$N$_4$O$_4$	Ru$_2$(CO)$_4$(μ-Pr^{i}N=CHCH=NPr^i)		20
Ru$_2$C$_{20}$H$_{58}$P$_6^{2+}$2BF$_4^-$	[Ru$_2$(μ-CH$_2$)$_2$(PMe$_3$)$_6$][BF$_4$]$_2$		21
Ru$_2$C$_{21}$H$_{16}$O$_5$	Ru$_2$(CO)$_5$(C$_{16}$H$_{16}$)	f	22
Ru$_2$C$_{21}$H$_{60}$P$_6$	Ru$_2$(μ-CH$_2$)$_3$(PMe$_3$)$_6$		21, 23
Ru$_2$C$_{21}$H$_{61}$P$_6^+$BF$_4^-$	[Ru$_2$(μ-CH$_2$)$_2$(μ-Me)(PMe$_3$)$_6$][BF$_4$]		21
Ru$_2$C$_{22}$H$_{40}$N$_4$O$_2$S$_8$	[Ru(CO)(S$_2$CNEt$_2$)$_2$]$_2$		24
Ru$_2$C$_{22}$H$_{40}$N$_4$O$_2$S$_8^+$BF$_4^-$	[{Ru(CO)(S$_2$CNEt$_2$)$_2$}$_2$][BF$_4$]		25
Ru$_2$C$_{23}$H$_{14}$O$_5$	Ru$_2$(CO)$_5$(μ-C$_5$H$_4$CPh$_2$)	g	26
Ru$_2$C$_{24}$H$_{64}$P$_8$	[HRu{CH$_2$PMe(CH$_2$)$_2$PMe$_2$}(dmpe)]$_2$		27
Ru$_2$C$_{26}$H$_{34}$O$_4$	[Ru(CO)$_2$(η-C$_5$Me$_4$Et)]$_2$		28
Ru$_2$C$_{27}$H$_{20}$O$_3$	Ru$_2$(CO)(μ-CO){μ-C(O)C$_2$Ph$_2$}(η-C$_5$H$_5$)$_2$	233	29
Ru$_2$C$_{28}$H$_{18}$N$_4$O$_4$S$_4$·C$_5$H$_5$N	[Ru(mbt)(py)(CO)$_2$]$_2$·py		30
Ru$_2$C$_{28}$H$_{54}$Br$_2$O$_4$P$_2$	[Ru(μ-Br)(CO)$_2$(PBu$_3^t$)]$_2$		31
Ru$_2$C$_{34}$H$_{50}$Cl$_2$O$_4$P$_2$	[Ru(μ-Cl)(CO)$_2${PBu$_2^t$(Tol)}]$_2$		32
Ru$_2$C$_{36}$H$_{68}$O$_8$P$_2$	[Ru(μ-O$_2$CPr)(CO)$_2$(PBu$_3^t$)]$_2$		33
Ru$_2$FeC$_{44}$H$_{38}$ClO$_8$P$_2$	Ru$_2$Fe(μ-Cl)(CO)$_8$(Bu^{t}C$_2$PPh$_2$)$_2$		34
Ru$_2$C$_{51}$H$_{39}$O$_{12}$P$_3$	HRu$_2$(CO)$_3${(C$_6$H$_4$O)P(OPh)$_2$}$_2${OP(OPh)$_2$}		35
Ru$_2$C$_{73}$H$_{60}$Cl$_4$P$_4$S	Ru$_2$Cl$_4$(CS)(PPh$_3$)$_4$		36

^{a} C$_7$H$_6$Ph = 3-Ph-cycloheptatrienyl. ^{b} C$_8$H$_6$ = pentalene. ^{c} C$_8$H$_8$SiMe$_3$ = 1,4-η^2:1,5,8-η^3-(8-Me$_3$Si-octa-1,3,5,7-tetraenyl). ^{d} SiMe$_2$(CH$_2$)$_2$SiMe$_2$C$_8$H$_8$ = 2′,3′-η^2:7′,8′-η^2:4′,6′-η^2- [4-(cycloocta-2′,5′,7′-triene-1′,4′-diyl)-1,1,4,4-Me$_4$-1,4-disilapentyl]. ^{e} C$_{10}$H$_{16}$ = 1,2,3-η^3:6,7,8-η^3-2,7-Me$_2$-octa-2,6-diene-1,8-diyl. ^{f} C$_{16}$H$_{16}$ = 2,3,7,8,12-η^5:9,10,11-η^3-1,6,6a,12a-tetrahydro-1,6-ethenoocctalene. ^{g} C$_5$H$_4$CPh$_2$ = η^3,η^5-6,6-Ph$_2$fulvene.

1. R. K. Pomeroy, M. Elder, D. Hall and W. A. G. Graham, *Chem. Commun.*, 1969, 381*; M. Elder and D. Hall, *J. Chem. Soc. (A)*, 1970, 245.
2. S. Merlino and G. Montagnoli, *Acta Crystallogr.*, 1968, **B24**, 424.
3. S. Merlino and G. Montagnoli, *Atti. Soc. Tosc. Sci. Nat., Mem.*, Ser. A, 1969, **76**, 335.
4. F. A. Cotton and W. T. Edwards, *J. Am. Chem. Soc.*, 1968, **90**, 5412.
5. O. S. Mills and J. P. Nice, *J. Organomet. Chem.*, 1967, **9**, 339.
6. L. H. Staal, L. H. Polm, K. Vrieze, F. Ploeger and C. H. Stam, *J. Organomet. Chem.*, 1980, **199**, C13.
7. J. A. K. Howard, S. C. Kellett and P. Woodward, *J. Chem. Soc., Dalton Trans.*, 1975, 2332.
8. D. L. Davies, A. F. Dyke, A. Endesfelder, S. A. R. Knox, P. J. Naish, A. G. Orpen, D. Plaas and G. E. Taylor, *J. Organomet. Chem.*, 1980, **198**, C43.
9. A. J. P. Domingos, B. F. G. Johnson, J. Lewis and G. M. Sheldrick, *J. Chem. Soc., Chem. Commun.*, 1973, 912.
10. M. M. Crozat and S. F. Watkins, *J. Chem. Soc., Dalton Trans.*, 1972, 2512.
11. S. F. Watkins, *J. Chem. Soc. (A)*, 1969, 1552.
12. J. A. K. Howard and P. Woodward, *J. Chem. Soc., Dalton Trans.*, 1977, 366.
13. A. F. Dyke, J. E. Guerchais, S. A. R. Knox, J. Roué, R. L. Short, G. E. Taylor and P. Woodward, *J. Chem. Soc., Chem. Commun.*, 1981, 537.
14. A. Brookes, J. Howard, S. A. R. Knox, F. G. A. Stone and P. Woodward, *J. Chem. Soc., Chem. Commun.*, 1973, 587*; J. A. K. Howard and P. Woodward, *J. Chem. Soc., Dalton Trans.*, 1978, 412.
15. A. Brookes, J. Howard, S. A. R. Knox, V. Riera, F. G. A. Stone and P. Woodward, *J. Chem. Soc., Chem. Commun.*, 1973, 727*; J. Howard and P. Woodward, *J. Chem. Soc., Dalton Trans.*, 1975, 59.
16. J. D. Edwards, R. Goddard, S. A. R. Knox, R. J. McKinney, F. G. A. Stone and P. Woodward, *J. Chem. Soc., Chem. Commun.*, 1975, 828*; R. Goddard and P. Woodward, *J. Chem. Soc., Dalton Trans.*, 1980, 559.
17. T. V. Ashworth, M. J. Nolte, R. H. Reimann and E. Singleton, *J. Chem. Soc., Chem. Commun.*, 1977, 757*; *J. Chem. Soc., Dalton Trans.*, 1978, 1043.
18. A. I. Gusev and Y. T. Struchkov, *Zh. Strukt. Khim.*, 1971, **12**, 1121.
19. L. Porri, M. C. Gallazzi, A. Colombo and G. Allegra, *Tetrahedron Lett.*, 1965, 4187*; A. Colombo and G. Allegra, *Acta Crystallogr.*, 1971, **B27**, 1653.
20. L. H. Staal, L. H. Polm, R. W. Balk, G. van Koten, K. Vrieze and A. M. F. Brouwers, *Inorg. Chem.*, 1980, **19**, 3343.
21. M. B. Hursthouse, R. A. Jones, K. M. A. Malik and G. Wilkinson, *J. Am. Chem. Soc.*, 1979, **101**, 4128.
22. R. Goddard, A. P. Humphries, S. A. R. Knox and P. Woodward, *J. Chem. Soc., Chem. Commun.*, 1975, 508*; R. Goddard and P. Woodward, *J. Chem. Soc., Dalton Trans.*, 1979, 661.
23. R. A. Andersen, R. A. Jones, G. Wilkinson, M. B. Hursthouse and K. M. A. Malik, *J. Chem. Soc., Chem. Commun.*, 1977, 865*.
24. C. L. Raston and A. H. White, *J. Chem. Soc., Dalton Trans.*, 1975, 2418.
25. L. H. Pignolet and S. H. Wheeler, *Inorg. Chem.*, 1980, **19**, 935.
26. U. Behrens and E. Weiss, *J. Organomet. Chem.*, 1974, **73**, C67*; 1975, **96**, 435.
27. F. A. Cotton, B. A. Frenz and D. L. Hunter, *J. Chem. Soc., Chem. Commun.*, 1974, 755*; *Inorg. Chim. Acta*, 1975, **15**, 155.
28. N. A. Bailey, S. L. Radford, J. A. Sanderson, K. Tabatabaian, C. White and J. M. Worthington, *J. Organomet. Chem.*, 1978, **154**, 343.
29. A. F. Dyke, S. A. R. Knox, P. J. Naish and G. E. Taylor, *J. Chem. Soc., Chem. Commun.*, 1980, 409.
30. S. Jeannin, Y. Jeannin and G. Lavigne, *C. R. Hebd. Seances Acad. Sci.*, 1974, **279C**, 447*; *Transition Met. Chem.*, 1976, **1**, 186.
31. H. Schumann, J. Opitz and J. Pickardt, *Chem. Ber.*, 1980, **113**, 1385.
32. R. Mason, K. M. Thomas, D. F. Gill and B. L. Shaw, *J. Organomet. Chem.*, 1972, **40**, C67.
33. H. Schumann, J. Opitz and J. Pickardt, *J. Organomet. Chem.*, 1977, **128**, 253.
34. D. F. Jones, U. Oehmichen, P. H. Dixneuf, T. G. Southern, J. Y. Le Marouille and D. Grandjean, *J. Organomet. Chem.*, 1981, **204**, C1.
35. M. I. Bruce, J. Howard, I. W. Nowell, G. Shaw and P. Woodward, *J. Chem. Soc., Chem. Commun.*, 1972, 1041.
36. A. J. F. Fraser and R. O. Gould, *J. Chem. Soc., Dalton Trans.*, 1974, 1139.

Ru_3 Triruthenium

Molecular formula	Structure	Notes	Ref.
$Ru_3C_{10}N_2O_{12}$	$Ru_3(CO)_{10}(\mu\text{-}NO)_2$		1
$Ru_3C_{11}HO_{11}^{-}C_{36}H_{30}NP_2^+$	$[PPN][HRu_3(CO)_{11}]$		2
$Ru_3C_{11}H_6O_9$	$H_3Ru_3(\mu_3\text{-}CMe)(CO)_9$		3
$Ru_3FeC_{12}NO_{13}^{-}C_{36}H_{30}NP_2^+$	$[PPN][Ru_3Fe(CO)_{12}(NO)]$		4
$Ru_3CoC_{12}HO_{12}$	$H_3Ru_3Co(CO)_{12}$		5
$Ru_3C_{12}H_4O_{11}$	$HRu_3(\mu\text{-}COMe)(CO)_{10}$		6
$Ru_3C_{12}H_4O_{12}S$	$HRu_3(\mu\text{-}SCH_2CO_2H)(CO)_{10}$		7
$Ru_3C_{12}O_{12}$	$Ru_3(CO)_{12}$		8, 9
$Ru_3FeC_{13}H_2O_{13}$	$H_2Ru_3Fe(CO)_{13}$		10
$Ru_3C_{13}H_7NO_{10}$	$HRu_3(\mu\text{-}C{=}NMe_2)(CO)_{10}$		11
$Ru_3C_{13}H_7NO_{11}$	$HRu_3(\mu\text{-}OC{=}NMe_2)(CO)_{10}$	115	12
$Ru_3CoC_{13}O_{13}^{-}C_{36}H_{30}NP_2^+$	$[PPN][Ru_3Co(CO)_{13}]$		13
$Ru_3C_{14}H_4N_2O_{10}$	$Ru_3(CO)_{10}(C_4H_4N_2)$	a	14

Molecular formula	Structure	Notes	Ref.
$Ru_3C_{15}H_{10}O_9$	$HRu_3(CO)_9(\mu_3\text{-}C_2Bu^t)$	X, N	15, 16
$Ru_3C_{15}H_{10}O_9$	$HRu_3(CO)_9(\mu_3\text{-}CMe=C=CHEt)$		17
$Ru_3C_{15}H_{10}O_9$	$HRu_3(CO)_9(\mu_3\text{-}CMeCHCEt)$		18
$Ru_3Ge_3C_{15}H_{18}O_9$	$[Ru(\mu\text{-}GeMe_2)(CO)_3]_3$		19
$Ru_3C_{16}H_5NO_9S_2$	$HRu_3(CO)_9(\mu_3\text{-}C_7H_4NS_2)$	b	7
$Ru_3C_{16}H_6O_8$	$Ru_3(CO)_8(C_8H_6)$	c	20
$Ru_3C_{16}H_9NO_{11}$	$Ru_3(CO)_{11}(CNBu^t)$		21
$Ru_3C_{16}H_{28}NO_{17}P_3$	$HRu_3(CO)_7\{P(OMe)_3\}_3(NO)$		22
$Ru_3C_{17}H_8O_7$	$Ru_3(CO)_7(C_{10}H_8)$	d	23
$Ru_3C_{17}H_{10}N_2O_{11}$	$Ru_3(CO)_{10}(\mu\text{-}NCO)(\mu\text{-}N=C_6H_{10})$		24
$Ru_3C_{17}H_{16}O_6S$	$Ru_3(CO)_6(\mu_3\text{-}SBu^t)(\mu\text{-}\eta^7\text{-}C_7H_7)$	203	25
$Ru_3C_{18}H_{10}O_8$	$trans\text{-}\{Ru(CO)_2(\eta\text{-}C_5H_5)\}_2Ru(CO)_4$		26
$Ru_3As_2C_{18}H_{12}F_4O_{10}$	$Ru_3(CO)_{10}(ffars)$		27
$Ru_3C_{18}H_{12}O_8$	$Ru_3(CO)_8(C_{10}H_{12})$	e	28
$Ru_3C_{19}H_8O_9$	$HRu_3(CO)_9(\mu_3\text{-}C_2CPh=CH_2)$		29
$Ru_3NiC_{19}H_{14}O_8$	$Ru_3Ni(CO)_8(CMeCHCEt)(\eta\text{-}C_5H_5)$		30
$Ru_3C_{19}H_{20}O_7$	$HRu_3(CO)_7(\mu\text{-}C_2Bu^t)$-$(MeCH=CHCH=CHMe)$		31
$Ru_3NiC_{20}H_{15}O_9$	$Ru_3Ni(CO)_9(\mu\text{-}C=CHBu^t)(\eta\text{-}C_5H_5)$		32
$Ru_3C_{20}H_{16}O_4$	$Ru_3(CO)_4(\mu_2\text{-}C_8H_8)_2$		33
$Ru_3C_{20}H_{16}O_6$	$Ru_3(CO)_6(\mu\text{-}\eta^7\text{-}C_7H_7)(\eta^5\text{-}C_7H_9)$		34
$Ru_3C_{21}H_{16}O_9$	$HRu_3(CO)_9(\mu_3\text{-}C_{12}H_{15})$		35
$Ru_3C_{22}H_{10}O_9$	$HRu_3(CO)_9(\mu_3\text{-}C_6H_4CPh)$		36
$Ru_3C_{22}H_{14}O_6$	$Ru_3(CO)_6(C_{16}H_{14})$	f	37
$Ru_3C_{22}H_{18}O_6$	$Ru_3(CO)_6(\eta^5\text{-}C_8H_9)(\mu\text{-}\eta^7\text{-}C_8H_9)$		38
$Ru_3Si_2C_{22}H_{22}O_8$	$Ru_3(CO)_8\{C_8H_4(SiMe_3)_2\}$	g	39
$Ru_3C_{23}H_{40}Cl_2N_4O_3S_8$	$Ru_3Cl_2(CO)_3(S_2CNEt_2)_4$		40
$Ru_3C_{24}H_{22}O_8$	$Ru_3(CO)_8(\mu_3\text{-}C_{16}H_{22})$	h	41
$Ru_3As_4C_{24}H_{24}F_8O_8$	$Ru_3(CO)_8(ffars)_2$		42
$Ru_3Si_3C_{25}H_{30}O_8$	$Ru_3(CO)_8\{C_8H_3(SiMe_3)_3\}$	i, j	43
$Ru_3Si_3C_{25}H_{30}O_8$	$Ru_3(CO)_8\{C_8H_3(SiMe_3)_3\}$	i, k	43
$Ru_3C_{26}H_{17}O_9P$	$Ru_3(\mu_3\text{-}C_2Pr^i)(\mu\text{-}PPh_2)(CO)_9$		44
$Ru_3C_{26}H_{19}O_8P\cdot0.5C_6H_6$	$Ru_3(\mu_3\text{-}C_2Bu^t)(\mu\text{-}PPh_2)(CO)_8\cdot0.5C_6H_6$		44
$Ru_3C_{26}H_{30}O_8$	$Ru_3(CO)_8(C_{18}H_{30})$	l	45
$Ru_3C_{28}H_{80}P_8^{2+}\cdot 2BF_4^-$	$[Ru_3(CH_2)_4(PMe_3)_8][BF_4]_2$		46
$Ru_3C_{29}H_{15}O_{11}P$	$Ru_3(CO)_{11}(PPh_3)$		47
$Ru_3C_{31}H_{40}O_7$	$Ru_3(CO)_6(\mu_3\text{-}C_{12}H_{20})(\mu_3\text{-}C_{12}H_{20}CO)$	m	48
$Ru_3SiC_{34}H_{57}O_9P_3$	$Ru_3(CO)_9\{MeSi(PBu_2)_3\}$		49
$Ru_3C_{60}H_{57}O_6P_3\cdot C_7H_8$	$Ru_3(\mu\text{-}PPh_2)_2(\mu\text{-}\eta^1\text{-}C_2Bu^t)(\mu\text{-}\eta^1,\eta^2\text{-}C_2Bu^t)$-$(Bu^tC_2PPh_2)\cdot PhMe$		50

[a] $C_4H_4N_2$ = 1,2-diazene (pyridazine). [b] $C_7H_4NS_2$ = mercaptobenzothiazolate. [c] C_8H_6 = pentalene. [d] $C_{10}H_8$ = azulene. [e] $C_{10}H_{12}$ = dimer of $HC_2C(=CH_2)Me$. [f] $C_{16}H_{14}$ = bicyclooctatetraenyl. [g] $C_8H_4(SiMe_3)_2$ = 1,5-$(Me_3Si)_2$pentalene. [h] $C_{16}H_{22}$ = 1-3-η^3:3-7-η^5:4,7-η^2-5-Bu^tCH_2-2-Me-6-(1-Me-ethenyl)hepta-2,3,5-triene-1,4-diyl-7-ylidene. [i] $C_8H_3(SiMe_3)_3$ = 1,3,5-$(Me_3Si)_3$pentalene. [j] Edge-bonded isomer. [k] Face-bonded isomer. [l] $C_{18}H_{30}$ = HC_2Bu^t trimer. [m] $C_{12}H_{20}$ = 1-η^1:1,2-η^2:2-4-η^3-1,3-$(Bu^tCH_2)_2$-buta-1,2-diene-1,4-diyl, $C_{12}H_{20}CO$ = [(2-Bu^tCH_2)ethylene-1,2-diyl]oxa[1-η^1:1-3-η^3:3-η^1-2-(Bu^tCH_2)prop-2-en-3-yl-1-ylidene].

1. J. R. Norton, J. P. Collman, G. Dolcetti and W. T. Robinson, *Inorg. Chem.*, 1972, **11**, 382.
2. B. F. G. Johnson, J. Lewis, P. R. Raithby and G. Süss, *J. Chem. Soc., Dalton Trans.*, 1979, 1356.
3. G. M. Sheldrick and J. P. Yesinowski, *J. Chem. Soc., Dalton Trans.*, 1975, 873.
4. D. E. Fjare and W. L. Gladfelter, *J. Am. Chem. Soc.*, 1981, **103**, 1572.
5. W. L. Gladfelter, G. L. Geoffroy and J. C. Calabrese, *Inorg. Chem.*, 1980, **19**, 2569.
6. B. F. G. Johnson, J. Lewis, A. G. Orpen, P. R. Raithby and G. Süss, *J. Organomet. Chem.*, 1979, **173**, 187.
7. S. Jeannin, Y. Jeannin and G. Lavigne, *Inorg. Chem.*, 1978, **17**, 2103.
8. R. Mason and A. I. M. Rae, *J. Chem. Soc. (A)*, 1968, 778.
9. M. R. Churchill, F. J. Hollander and J. P. Hutchinson, *Inorg. Chem.*, 1977, **16**, 2655.
10. C. J. Gilmore and P. Woodward, *Chem. Commun.*, 1970, 1463*; *J. Chem. Soc. (A)*, 1971, 3453.
11. M. R. Churchill, B. G. DeBoer, F. J. Rotella, E. W. Abel and R. J. Rowley, *J. Am. Chem. Soc.*, 1975, **97**, 7158*; M. R. Churchill, B. G. DeBoer and F. J. Rotella, *Inorg. Chem.*, 1976, **15**, 1843.
12. R. Szostak, C. E. Strouse and H. D. Kaesz, *J. Organomet. Chem.*, 1980, **191**, 243.
13. P. C. Steinhardt, W. L. Gladfelter, A. D. Harley, J. R. Fox and G. L. Geoffroy, *Inorg. Chem.*, 1980, **19**, 332.
14. F. A. Cotton and J. D. Jamerson, *J. Am. Chem. Soc.*, 1976, **98**, 5396; F. A. Cotton, B. E. Hanson and J. D. Jamerson, *J. Am. Chem. Soc.*, 1977, **99**, 6588.
15. G. Gervasio and G. Ferraris, *Cryst. Struct. Commun.*, 1973, **3**, 447 (X).
16. M. Catti, G. Gervasio and S. A. Mason, *J. Chem. Soc., Dalton Trans.*, 1977, 2260 (N).
17. G. Gervasio, D. Osella and M. Valle, *Inorg. Chem.*, 1976, **15**, 1221.
18. M. Evans, M. Hursthouse, E. W. Randall, E. Rosenberg, L. Milone and M. Valle, *J. Chem. Soc., Chem. Commun.*, 1972, 545.

19. J. Howard, S. A. R. Knox, F. G. A. Stone and P. Woodward, *Chem. Commun.*, 1970, 1477*; J. Howard and P. Woodward, *J. Chem. Soc. (A)*, 1971, 3648.
20. J. A. K. Howard, S. A. R. Knox, V. Riera, F. G. A. Stone and P. Woodward, *J. Chem. Soc., Chem. Commun.*, 1974, 452.
21. M. I. Bruce, D. Schultz, R. C. Wallis and A. D. Redhouse, *J. Organomet. Chem.*, 1979, **169**, C15.
22. B. F. G. Johnson, P. R. Raithby and C. Zuccaro, *J. Chem. Soc., Dalton Trans.*, 1980, 99.
23. M. R. Churchill, F. R. Scholer and J. Wormald, *J. Organomet. Chem.*, 1971, **28**, C21*; M. R. Churchill and J. Wormald, *Inorg. Chem.*, 1973, **12**, 191.
24. P. Mastropasqua, A. Riemer, H. Kisch and C. Krüger, *J. Organomet. Chem.*, 1978, **148**, C40.
25. J. A. K. Howard, F. G. Kennedy and S. A. R. Knox, *J. Chem. Soc., Chem. Commun.*, 1979, 839.
26. N. Cook, L. E. Smart, P. Woodward and J. D. Cotton, *J. Chem. Soc., Dalton Trans.*, 1979, 1032.
27. P. J. Roberts and J. Trotter, *J. Chem. Soc. (A)*, 1971, 1479.
28. O. Gambino, E. Sappa, A. M. Manotti-Lanfredi and A. Tiripicchio, *Inorg. Chim. Acta*, 1979, **36**, 189.
29. S. Ermer, R. Karpelus, S. Muira, E. Rosenberg, A. Tiripicchio and A. M. Manotti-Lanfredi, *J. Organomet. Chem.*, 1980, **187**, 81.
30. D. Osella, E. Sappa, A. Tiripicchio and M. Tiripicchio-Camellini, *Inorg. Chim. Acta*, 1979, **34**, L289*; 1980, **42**, 183.
31. S. Aime, L. Milone, E. Sappa, A. Tiripicchio and M. Tiripicchio-Camellini, *Inorg. Chim. Acta*, 1979, **32**, 163.
32. E. Sappa, A. Tiripicchio and M. Tiripicchio-Camellini, *J. Chem. Soc., Chem. Commun.*, 1979, 254*; *Inorg. Chim. Acta*, 1980, **41**, 11.
33. M. J. Bennett, F. A. Cotton and P. Legzdins, *J. Am. Chem. Soc.*, 1967, **89**, 6797*; 1968, **90**, 6335.
34. R. Bau, J. C. Burt, S. A. R. Knox, R. M. Laine, R. P. Phillips and F. G. A. Stone, *J. Chem. Soc., Chem. Commun.*, 1973, 726.
35. M. I. Bruce, M. A. Cairns, A. Cox, M. Green, M. D. H. Smith and P. Woodward, *Chem. Commun.*, 1970, 735*; A. Cox and P. Woodward, *J. Chem. Soc. (A)*, 1971, 3599.
36. A. W. Parkins, E. O. Fischer, G. Huttner and D. Regler, *Angew. Chem.*, 1970, **82**, 635 (*Angew. Chem., Int. Ed. Engl.*, 1970, **9**, 633).
37. J. D. Edwards, J. A. K. Howard, S. A. R. Knox, V. Riera, F. G. A. Stone and P. Woodward, *J. Chem. Soc., Dalton Trans.*, 1976, 75.
38. R. Bau, B. C.-K. Chou, S. A. R. Knox, V. Riera and F. G. A. Stone, *J. Organomet. Chem.*, 1974, **82**, C43.
39. J. A. K. Howard, S. A. R. Knox, F. G. A. Stone, A. C. Szary and P. Woodward, *J. Chem. Soc., Chem. Commun.*, 1974, 788.
40. C. L. Raston and A. H. White, *J. Chem. Soc., Dalton Trans.*, 1975, 2422.
41. E. Sappa, A. M. Manotti-Lanfredi and A. Tiripicchio, *Inorg. Chim. Acta*, 1979, **36**, 197.
42. P. J. Roberts and J. Trotter, *J. Chem. Soc. (A)*, 1970, 3246.
43. J. A. K. Howard, S. A. R. Knox, R. J. McKinney, R. F. D. Stansfield, F. G. A. Stone and P. Woodward, *J. Chem. Soc., Chem. Commun.*, 1976, 557*; J. A. K. Howard, R. F. D. Stansfield and P. Woodward, *J. Chem. Soc., Dalton Trans.*, 1979, 1812.
44. A. J. Carty, S. A. MacLaughlin and N. J. Taylor, *J. Organomet. Chem.*, 1981, **204**, C27.
45. E. Sappa, A. M. Manotti-Lanfredi and A. Tiripicchio, *Inorg. Chim. Acta*, 1980, **42**, 255.
46. R. A. Jones, G. Wilkinson, A. M. R. Galas, M. B. Hursthouse and K. M. A. Malik, *J. Chem. Soc., Dalton Trans.*, 1980, 1771.
47. E. J. Forbes, N. Goodhand, D. L. Jones and T. A. Hamor, *J. Organomet. Chem.*, 1979, **182**, 143.
48. G. Gervasio, S. Aime, L. Milone, E. Sappa and M. Franchini-Angela, *Transition Met. Chem.*, 1976, **1**, 96*; *Inorg. Chim. Acta*, 1978, **27**, 145.
49. J. J. de Boer, J. A. van Doorn and C. Masters, *J. Chem. Soc., Chem. Commun.*, 1978, 1005.
50. A. J. Carty, N. J. Taylor and W. F. Smith, *J. Chem. Soc., Chem. Commun.*, 1979, 750.

Ru_4 Tetraruthenium

Molecular formula	Structure	Notes	Ref.
$Ru_4C_{12}H_3O_{12}^-C_{36}H_{30}NP_2^+$	$[PPN][H_3Ru_4(CO)_{12}]$	isomer 1	1
$Ru_4C_{12}H_3O_{12}^-C_{36}H_{30}NP_2^+$	$[PPN][H_3Ru_4(CO)_{12}]$	isomer 2	1
$Ru_4C_{12}H_4O_{12}$	$H_4Ru_4(CO)_{12}$	98	2
$Ru_4C_{12}F_8O_{12}$	$[RuF_2(CO)_3]_4$		3
$Ru_4C_{13}H_2O_{13}$	$H_2Ru_4(CO)_{13}$		4
$Ru_4C_{13}ClO_{13}^-C_{36}H_{30}NP_2^+$	$[PPN][Ru_4Cl(CO)_{13}]$		5
$Ru_4C_{14}H_{13}O_{14}P$	$H_4Ru_4(CO)_{11}\{P(OMe)_3\}$		6
$Ru_4C_{16}H_6O_{12}$	$Ru_4(CO)_{12}(\mu-C_2Me_2)$		7
$Ru_4C_{19}H_{10}O_{11}$	$Ru_4(CO)_{11}(\mu-C_8H_{10})$	a	8
$Ru_4C_{21}H_{14}O_9$	$Ru_4(CO)_9(\eta-C_6H_6)(\mu-C_6H_8)$	b	9
$Ru_4C_{22}H_{14}O_9$	$Ru_4(CO)_9(C_{10}H_5Me_3)$	c, d	10, 11
$Ru_4C_{22}H_{14}O_9$	$Ru_4(CO)_9(C_{10}H_5Me_3)$	e	11
$Ru_4C_{22}H_{16}O_{10}$	$Ru_4(CO)_{10}(\mu-C_{12}H_{16})$	f	12
$Ru_4C_{24}H_{28}O_4^{4+}2O_4S^{2-}\cdot12H_2O$	$[\{Ru(\mu_3-OH)(\eta-C_6H_6)\}_4][SO_4]_2\cdot12H_2O$		13
$Ru_4C_{24}H_{32}N_4O_8$	$Ru_4(CO)_8(Pr^iN=CHCH=NPr^i)_2$		14
$Ru_4C_{26}H_{10}O_{12}$	$Ru_4(CO)_{12}(\mu-C_2Ph_2)$		15
$Ru_4C_{27}H_{19}O_{11}P\cdot0.5C_6H_6$	$Ru_4(\mu_4-C=CHPr^i)(\mu_3-OH)(\mu-PPh_2)-(CO)_{10}\cdot0.5C_6H_6$		16

Molecular formula	Structure	Notes	Ref.
$Ru_4C_{29}H_{23}O_{11}P$	$Ru_4(\mu_4\text{-C}{=}CHPr^i)(\mu_3\text{-OEt})(\mu\text{-PPh}_2)(CO)_{10}$		16
$Ru_4C_{36}H_{28}O_{10}P_2$	$H_4Ru_4(CO)_{10}(dppe)$	g	17
$Ru_4C_{36}H_{28}O_{10}P_2$	$H_4Ru_4(CO)_{10}(\mu\text{-dppe})$	h	18
$Ru_4C_{46}H_{34}O_{10}P_2$	$H_4Ru_4(CO)_{10}(PPh_3)_2$		2, 19

[a] C_8H_{10} = cyclooct-1-ene-5-yne. [b] C_6H_8 = cyclohex-1-en-1,2-diyl. [c] $C_{10}H_5Me_3$ = 4,6,8-trimethylazulene. [d] Form 1. [e] Form 2. [f] $C_{12}H_{16}$ = 1,2,3-η^3:7,8,9-η^3-cyclododeca-1,7-dienyl. [g] dppe chelates one Ru atom. [h] dppe bridges two Ru atoms.

1. P. F. Jackson, B. F. G. Johnson, J. Lewis, M. McPartlin and W. J. H. Nelson, *J. Chem. Soc., Chem. Commun.*, 1978, 920.
2. R. D. Wilson, S. M Wu, R. A. Love and R. Bau, *Inorg. Chem.*, 1978, **17**, 1271.
3. C. J. Marshall, R. D. Peacock, D. R. Russell and I. L. Wilson, *Chem. Commun.*, 1970, 1643.
4. D. B. W. Yawney and R. J. Doedens, *Inorg. Chem.*, 1972, **11**, 838.
5. G. R. Steinmetz, A. D. Harley and G. L. Geoffroy, *Inorg. Chem.*, 1980, **19**, 2985.
6. R. D. Wilson and R. Bau, *J. Am. Chem. Soc.*, 1976, **98**, 4687 (preliminary results).
7. P. F. Jackson, B. F. G. Johnson, J. Lewis, P. R. Raithby, G. J. Will, M. McPartlin and W. J. H. Nelson, *J. Chem. Soc., Chem. Commun.*, 1980, 1190.
8. R. Mason and K. M. Thomas, *J. Organomet. Chem.*, 1972, **43**, C39.
9. S. Aime, L. Milone, D. Osella, G. A. Vaglio, M. Valle, A. Tiripicchio and M. Tiripicchio-Camellini, *Inorg. Chim. Acta*, 1979, **34**, 49.
10. M. R. Churchill and P. H. Bird, *J. Am. Chem. Soc.*, 1968, **90**, 800*.
11. M. R. Churchill, K. Gold and P. H. Bird, *Inorg. Chem.*, 1969, **8**, 1956.
12. R. Belford, M. I. Bruce, M. A. Cairns, M. Green, H. P. Taylor and P. Woodward, *Chem. Commun.*, 1970, 1159*; R. Belford, H. P. Taylor and P. Woodward, *J. Chem. Soc., Dalton Trans.*, 1972, 2425.
13. R. O. Gould, C. L. Jones, D. R. Robertson and T. A. Stephenson, *J. Chem. Soc., Chem. Commun.*, 1977, 222.
14. L. H. Staal, L. H. Polm, K. Vrieze, F. Ploeger and C. H. Stam, *J. Organomet. Chem.*, 1980, **199**, C13.
15. B. F. G. Johnson, J. Lewis, B. E. Reichert, K. T. Schorpp and G. M. Sheldrick, *J. Chem. Soc., Dalton Trans.*, 1977, 1417.
16. A. J. Carty, S. A. MacLaughlin and N. J. Taylor, *J. Chem. Soc., Chem. Commun.*, 1981, 476.
17. J. R. Shapley, S. I. Richter, M. R. Churchill and R. A. Lashewycz, *J. Am. Chem. Soc.*, 1977, **99**, 7384*; M. R. Churchill and R. A. Lashewycz, *Inorg. Chem.*, 1978, **17**, 1950.
18. M. R. Churchill, R. A. Lashewycz, J. R. Shapley and S. I. Richter, *Inorg. Chem.*, 1980, **19**, 1277.
19. K. Sasvari, P. Main, F. H. Cano, M. Martinez-Ripoll and P. Frediani, *Acta Crystallogr.*, 1979, **B35**, 87.

Ru_5 Pentaruthenium

Molecular formula	Structure	Notes	Ref.
$Ru_5C_{16}O_{15}$	$Ru_5(\mu_4\text{-C})(CO)_{15}$		1
$Ru_5C_{17}H_5O_{15}P$	$Ru_5(\mu_4\text{-PEt})(CO)_{15}$		2
$Ru_5C_{21}H_5O_{15}P$	$Ru_5(\mu_4\text{-PPh})(CO)_{15}$		2
$Ru_5C_{24}H_{18}N_2O_{14}$	$Ru_5(CO)_{14}(CNBu^t)_2$		3
$Ru_5C_{33}H_{15}O_{14}P$	$Ru_5(\mu_4\text{-C})(CO)_{14}(PPh_3)$		1

1. D. H. Farrar, P. F. Jackson, B. F. G. Johnson, J. Lewis, J. N. Nicholls and M. McPartlin, *J. Chem. Soc., Chem. Commun.*, 1981, 415.
2. K. Natarajan, L. Zsolnai and G. Huttner, *J. Organomet. Chem.*, 1981, **209**, 85.
3. M. I. Bruce, J. G. Matisons, J. R. Rodgers and R. C. Wallis, *J. Chem. Soc., Chem. Commun.*, 1981, 1070.

Ru_6 Hexaruthenium

Molecular formula	Structure	Notes	Ref.
$Ru_6C_{17}O_{16}^{2-}\cdot 2C_4H_{12}N^+$	$[NMe_4]_2[Ru_6C(CO)_{16}]$		1
$Ru_6C_{17}O_{16}^{2-}\cdot 2AsC_{24}H_{20}^+$	$[AsPh_4]_2[Ru_6C(CO)_{16}]$		2
$Ru_6C_{18}HO_{18}^-AsC_{24}H_{20}^+$	$[AsPh_4][HRu_6(CO)_{18}]$	X, N	3
$Ru_6C_{18}HO_{18}^-C_{36}H_{30}NP_2^+$	$[PPN][HRu_6(CO)_{18}]$	a	4, 5
$Ru_6C_{18}HO_{18}^-C_{36}H_{30}NP_2^+$	$[PPN][HRu_6(CO)_{18}]$	b	4, 5
$Ru_6C_{18}H_2O_{18}$	$H_2Ru_6(CO)_{18}$		6
$Ru_6C_{18}O_{18}^{2-}\cdot 2C_{19}H_{18}P^+$	$[PMePh_3]_2[Ru_6(CO)_{18}]$		7
$Ru_6C_{18}O_{17}$	$Ru_6C(CO)_{17}$		8
$Ru_6C_{22}H_{10}O_{15}$	$Ru_6C(CO)_{15}(MeCH{=}CHCH{=}CHMe)$		9
$Ru_6C_{22}H_{16}O_{15}S_3$	$HRu_6C(CO)_{15}(\mu\text{-SEt})_3$		10
$Ru_6C_{24}H_{12}O_{14}$	$Ru_6C(CO)_{14}(\eta\text{-}C_6H_3Me_3\text{-}1,3,5)$		11
$Ru_6C_{24}H_{22}Cl_6O_{18}\cdot C_6H_6$	$[Ru_3Cl_3(OH)(COEt)_2(CO)_6]_2\cdot C_6H_6$		12
$Ru_6C_{29}H_{14}O_{14}$	$Ru_6C(CO)_{14}(\eta^6\text{-}C_{14}H_{14})$	c	13
$Ru_6Hg_2C_{30}H_{18}Br_2O_{18}$	$[Ru_3(\mu\text{-HgBr})(CO)_9(\mu\text{-}C_2Bu^t)]_2$		14

[a] Monoclinic form. [b] Triclinic form. [c] $C_{14}H_{14}$ = bitropyl.

1. J. S. Bradley, G. B. Ansell and E. W. Hill, *J. Organomet. Chem.*, 1980, **184**, C33*; G. B. Ansell and J. S. Bradley, *Acta Crystallogr.*, 1980, **B36**, 726.
2. B. F. G. Johnson, J. Lewis, S. W. Sankey, K. Wong, M. McPartlin and W. J. H. Nelson, *J. Organomet. Chem.*, 1980, **191**, C3.
3. P. F. Jackson, B. F. G. Johnson, J. Lewis, P. R. Raithby, M. McPartlin, W. J. H. Nelson, K. D. Rouse, J. Allibon and S. A. Mason, *J. Chem. Soc., Chem. Commun.*, 1980, 295.
4. C. R. Eady, B. F. G. Johnson, J. Lewis, M. C. Malatesta, P. Machin and M. McPartlin, *J. Chem. Soc., Chem. Commun.*, 1976, 945.
5. C. R. Eady, P. F. Jackson, B. F. G. Johnson, J. Lewis, M. C. Malatesta, M. McPartlin and W. J. H. Nelson, *J. Chem. Soc., Dalton Trans.*, 1980, 383.
6. M. R. Churchill, J. Wormald, J. Knight and M. J. Mays, *Chem. Commun.*, 1970, 458*; M. R. Churchill and J. Wormald, *J. Am. Chem. Soc.*, 1971, **93**, 5670.
7. P. F. Jackson, B. F. G. Johnson, J. Lewis, M. McPartlin and W. J. H. Nelson, *J. Chem. Soc., Chem. Commun.*, 1979, 735.
8. A. Sirigu, M. Bianchi and E. Benedetti, *Chem. Commun.*, 1969, 596.
9. P. F. Jackson, B. F. G. Johnson, J. Lewis, P. R. Raithby, G. J. Will, M. McPartlin and W. J. H. Nelson, *J. Chem. Soc., Chem. Commun.*, 1980, 1190.
10. B. F. G. Johnson, J. Lewis, K. Wong and M. McPartlin, *J. Organomet. Chem.*, 1980, **185**, C17.
11. R. Mason and W. R. Robinson, *Chem. Commun.*, 1968, 468.
12. S. Merlino, G. Montagnoli, G. Braca and G. Sbrana, *Inorg. Chim. Acta*, 1978, **27**, 233.
13. G. B. Ansell and J. S. Bradley, *Acta Crystallogr.*, 1980, **B36**, 1930.
14. R. Fahmy, K. King. E. Rosenberg, A. Tiripicchio and M. Tiripicchio-Camellini, *J. Am. Chem. Soc.*, 1980, **102**, 3626.

Rc Ruthenocenes

Molecular formula	Structure	Notes	Ref.
$RuC_{10}H_{10}$	RcH	X, E	1–3
$RuC_{10}Cl_{10}$	$Ru(\eta-C_5Cl_5)_2$		4
$RuC_{14}H_{14}O_2$	$Ru\{\eta-C_5H_4C(O)Me\}_2$		5
$RuC_{18}H_{14}$	$Ru(\eta^5-C_9H_7)_2$	a	6
$RuWC_{18}H_{14}O_6$	$\{RcC(OEt)\}W(CO)_5$		7
$RuFeC_{21}H_{18}O$	RcC(O)Fc		8
$RuC_{24}H_{18}O_2$	$Ru\{\eta-C_5H_4C(O)Ph\}_2$		9

^a Two modifications (one disordered).

1. G. L. Hardgrove and D. H. Templeton, *Acta Crystallogr.*, 1959, **12**, 28 (X).
2. P. Seiler and J. D. Dunitz, *Acta Crystallogr.*, 1980, **B36**, 2946 (X, at 101 K, 273 K).
3. A. Haaland and J. E. Nilson, *Acta Chem. Scand.*, 1968, **22**, 2653 (E).
4. G. M. Brown, F. L. Hedberg and H. Rosenberg, *J. Chem. Soc., Chem. Commun.*, 1972, 5.
5. J. Trotter, *Acta Crystallogr.*, 1963, **16**, 571.
6. N. C. Webb and R. E. Marsh, *Acta Crystallogr.*, 1967, **22**, 382.
7. E. O. Fischer, F. J. Gammel, J. O. Besenhard, A. Frank and D. Neugebauer, *J. Organomet. Chem.*, 1980, **191**, 261.
8. G. Small and J. Trotter, *Can. J. Chem.*, 1964, **42**, 1746.
9. J. Trotter and S. H. Whitlow, *Acta Crystallogr.*, 1965, **19**, 868.

Sb Antimony

Molecular formula	Structure	Notes	Ref.
$SbC_3H_9Br_2$	$SbBr_2Me_3$		1
$SbC_3H_9Cl_2$	$SbCl_2Me_3$		1
$SbC_3H_9F_2$	SbF_2Me_3	173	2
$SbC_3H_9I_2$	SbI_2Me_3		1
SbC_3F_9	$Sb(CF_3)_3$	E	3
$SbC_4H_{12}^+InCH_3Cl_3^-$	$[SbMe_4][InCl_3Me]$		4
$SbC_4H_{12}^+AlSi_4C_{12}H_{36}O_4^-$	$[SbMe_4][Al(OSiMe_3)_4]$		5
$SbC_4H_{12}^+GaCl_4^-$	$[SbMe_4][GaCl_4]$		6
$SbC_4H_{12}^+SbCl_6^-$	$[SbMe_4][SbCl_6]$		7
$[SbC_4H_{12}F]_n$	$[SbFMe_4]_n$	173	2
$SbC_6H_6Cl_5$	$SbCl_2(trans\text{-}CH{=}CHCl)_3$		8
$SbC_6H_6Cl_5$	$SbCl_2(cis\text{-}CH{=}CHCl)(trans\text{-}CH{=}CHCl)_2$		9
$SbC_6H_{10}Cl_3O_2$	$SbCl_3Me(acac)$		10, 11
$SbC_6H_{18}OPS$	$SbMe_4\{OP(S)Me_2\}$	173	12
$SbFeC_7H_9O_4$	$Fe(SbMe_3)(CO)_4$		13
$SbC_7H_{13}Br_2O_2$	$SbBr_2Me_2(acac)$		11, 14
SbC_9H_{15}	$SbMe_3(C{\equiv}CMe)_2$	173	15

Molecular formula	Structure	Notes	Ref.
$SbC_9H_{21}N_2S_4$	$SbMe_3(S_2CNMe_2)_2$		16
$SbC_{12}H_{10}BrCl_2$	$SbBrCl_2Ph_2$		17
$SbC_{12}H_{10}Br_2Cl$	$SbBr_2ClPh_2$		17
$SbC_{12}H_{10}Br_3$	$SbBr_3Ph_2$		17
$SbC_{12}H_{10}F$	$SbFPh_2$		18
$SbC_{12}H_{12}Cl_3O$	$SbCl_3Ph_2(OH_2)$		19
$SbC_{14}H_{10}Cl_3$	$SbCl_3(C_{14}H_{10})$	a	20
$SbC_{14}H_{13}O_2$	$SbPh_2(OAc)$		21
$SbC_{15}H_{15}$	$Sb(\eta^1-C_5H_5)_3$		22
$SbC_{16}H_{18}NO_2$	$Me_3\overline{Sb(OC_6H_4CH=NC_6H_4O)}$		23
$SbC_{17}H_{17}Cl_2O_2$	$SbCl_2Ph_2(acac)$	b	11, 24
$SbC_{17}H_{17}Cl_2O_2$	$SbCl_2Ph_2(acac)$	c	11, 25
$SbC_{18}H_{15}$	$SbPh_3$		26
$SbC_{18}H_{15}Cl_2$	$SbCl_2Ph_3$		27
$SbC_{18}H_{29}O_4$	$SbPh(O_2C_2Me_4)_2$		28
$SbC_{19}H_{18}F$	$SbFMePh_3$		29
$SbCoC_{20}H_{15}NO_3$	$Co(SbPh_3)(CO)_2(NO)$		30
$SbMn_2C_{20}H_{15}O_4$	$SbPh\{Mn(CO)_2(\eta-C_5H_5)\}_2$		31
$SbC_{20}H_{15}N_2O_2$	$SbPh_3(NCO)_2$		32
$SbC_{20}H_{19}S$	$SbPh_2(SC_6H_3Me_2-2,6)$		33
$SbC_{20}H_{21}O_2$	$SbPh_3(OMe)_2$		34
$SbC_{21}H_{21}$	$Sb(C_6H_4Me-4)_3$		35
$SbFeC_{22}H_{15}O_4$	$Fe(SbPh_3)(CO)_4$		36
$SbRuC_{22}H_{15}O_4$	$Ru(SbPh_3)(CO)_4$		37
$SbC_{22}H_{21}O_4$	$SbPh_3(OAc)_2$		38
$SbCrC_{23}H_{15}O_5$	$Cr(SbPh_3)(CO)_5$		39
$SbC_{23}H_{17}Cl_3F_3O_3$	$(4-ClC_6H_4)_3\overline{Sb\{O_2C(CF_3)CH_2C(O)Me\}}$		40
$SbC_{24}H_{19}O_2 \cdot SbC_{24}H_{21}O_3$	$SbPh_3(O_2C_6H_4) \cdot SbPh_3(O_2C_6H_4)(OH_2)$		41
$SbC_{24}H_{21}O$	$SbPh_4(OH)$		42
$SbC_{24}H_{21}O_3 \cdot SbC_{24}H_{19}O_2$	$SbPh_3(O_2C_6H_4)(OH_2) \cdot SbPh_3(O_2C_6H_4)$		41
$SbC_{24}H_{27}$	$Sb(C_6H_3Me_2-2,6)_3$		43
$SbFeC_{25}H_{20}O_2^+F_6P^-$	$[SbPh_3\{Fe(CO)_2(\eta-C_5H_5)\}][PF_6]$		44
$SbC_{25}H_{21}O_2$	$SbPh_4(O_2CH)$		45
$SbC_{25}H_{23}O$	$SbPh_4(OMe)$		46
$SbC_{26}H_{23}N_2O_2$	$SbPh_4\{ON=CMe(NO)\}$		47
$SbCoC_{26}H_{29}ClN_4O_4$	$CoCl(SbPh_3)(dmg)_2$		48
$SbRhC_{26}H_{29}ClN_4O_4$	$RhCl(SbPh_3)(dmg)_2$		49
$SbC_{26}H_{33}O_4$	$SbPh_3(O_2Bu^t)_2$		50
$SbC_{30}H_{25}$	$SbPh_5$		51, 52
$SbC_{30}H_{25} \cdot 0.5C_6H_{12}$	$SbPh_5 \cdot 0.5C_6H_{12}$		53
$SbC_{31}H_{28}F_3O_3 \cdot 0.5C_2H_4Cl_2$	$(Tol)_3\overline{Sb\{O_2C(CF_3)CH_2C(O)Ph\}} \cdot 0.5C_2H_4Cl_2$		54
$SbC_{35}H_{35}$	$Sb(C_6H_4Me-4)_5$		55

a $C_{14}H_{10}$ = phenanthrene. b Isomer, m.p. 184.5 °C. c Isomer, m.p. 192 °C.

1. A. F. Wells, *Z. Kristallogr., Kristallgeom., Kristallphys., Kristallchem.*, 1938, **99**, 367.
2. W. Schwarz and H. J. Guder, *Z. Anorg. Allg. Chem.*, 1978, **444**, 105.
3. H. J. M. Bowen, *Trans. Faraday Soc.*, 1954, **50**, 463.
4. H. J. Guder, W. Schwarz, J. Weidlein, H. J. Widler and H. D. Hausen, *Z. Naturforsch., Teil B*, 1976, **31**, 1185.
5. P. J. Wheatley, *J. Chem. Soc.*, 1963, 3200.
6. H. D. Hausen, H. Binder and W. Schwarz, *Z. Naturforsch., Teil B*, 1978, **33**, 567.
7. W. Schwarz and H. J. Guder, *Z. Naturforsch., Teil B*, 1978, **33**, 485.
8. Y. T. Struchkov and T. L. Khotsyanova, *Dokl. Akad. Nauk SSSR*, 1953, **91**, 565.
9. A. N. Nesmeyanov, A. E. Borisov, E. I. Fedin, I. S. Astakhova and Y. T. Struchkov, *Izv. Akad. Nauk SSSR, Ser. Khim.*, 1969, 1977.
10. N. Kanehisa, Y. Kai and N. Kasai, *Inorg. Nucl. Chem. Lett.*, 1972, **8**, 375*.
11. N. Kanehisa, K. Onuma, S. Uda, K. Hirabayashi, Y. Kai, N. Yasuoka and N. Kasai, *Bull. Chem. Soc. Jpn.*, 1978, **51**, 2222.
12. W. Schwarz and H. D. Hausen, *Z. Anorg. Allg. Chem.*, 1978, **441**, 175.
13. J.-J. Legendre, C. Girard and M. Huber, *Bull. Soc. Chim. Fr.*, 1971, 1998.
14. S. Uda, Y. Kai, N. Yasuoka and N. Kasai, *Cryst. Struct. Commun.*, 1974, **3**, 257.
15. N. Tempel, W. Schwarz and J. Weidlein, *J. Organomet. Chem.*, 1978, **154**, 21.
16. J. A. Cras and J. Willemse, *Recl. Trav. Chim. Pays-Bas*, 1978, **97**, 28.
17. S. P. Bone and D. B. Sowerby, *J. Chem. Soc., Dalton Trans.*, 1979, 718.
18. S. P. Bone and D. B. Sowerby, *J. Chem. Soc., Dalton Trans.*, 1979, 1430.
19. T. N. Polynova and M. A. Porai-Koshits, *Zh. Strukt. Khim.*, 1967, **8**, 112.
20. A. Demaldi, A. Mangia, M. Nardelli, G. Pelizzi and M. E. Vidonio Tani, *Acta Crystallogr.*, 1972, **B28**, 147.
21. S. P. Bone and D. B. Sowerby, *J. Organomet. Chem.*, 1980, **184**, 181.
22. M. Birkhahn, P. Krommes, W. Massa and J. Lorberth, *J. Organomet. Chem.*, 1981, **208**, 161.

23. F. di Bianca, E. Rivarola, A. L. Spek, H. A. Meinema and J. G. Noltes, *J. Organomet. Chem.*, 1973, **63**, 293.
24. J. Kroon, J. B. Hulscher and A. F. Peerdeman, *J. Organomet. Chem.*, 1972, **37**, 297.
25. K. Onuma, Y. Kai and N. Kasai, *Inorg. Nucl. Chem. Lett.*, 1972, **8**, 143.
26. J. Wetzel, *Z. Kristallogr., Kristallgeom., Kristallphys., Kristallchem.*, 1942, **104**, 305.
27. T. N. Polynova and M. A. Porai-Koshits, *Zh. Strukt. Khim.*, 1966, **7**, 742.
28. M. Wieber, N. Baumann, H. Wunderlich and H. Rippstein, *J. Organomet. Chem.*, 1977, **133**, 183.
29. J. Bordner, B. C. Andrews and G. G. Long, *Cryst. Struct. Commun.*, 1976, **5**, 801.
30. G. Gilli, M. Sacerdoti and P. Domiano, *Acta Crystallogr.*, 1974, **B30**, 1485.
31. J. von Seyerl and G. Huttner, *Angew. Chem.*, 1978, **90**, 911 (*Angew. Chem., Int. Ed. Engl.*, 1978, **17**, 843).
32. G. Ferguson, R. G. Goel and D. R. Ridley, *J. Chem. Soc., Dalton Trans.*, 1975, 1288.
33. L. G. Kuz'mina, N. G. Bokii, T. V. Timofeeva, Y. T. Struchkov, D. N. Kravtsov and S. I. Pombrik, *Zh. Strukt. Khim.*, 1978, **19**, 328.
34. K. Shen, W. E. McEwen, S. J. LaPlaca, W. C. Hamilton and A. P. Wolf, *J. Am. Chem. Soc.*, 1968, **90**, 1718.
35. A. N. Sobolev, I. P. Roman, V. K. Belsky and E. N. Guryanova, *J. Organomet. Chem.*, 1979, **179**, 153.
36. R. F. Bryan and W. C. Schmidt, *J. Chem. Soc., Dalton Trans.*, 1974, 2337.
37. E. J. Forbes, D. L. Jones, K. Paxton and T. A. Hamor, *J. Chem. Soc., Dalton Trans.*, 1979, 879.
38. D. B. Sowerby, *J. Chem. Res. (M)*, 1979, 1001; *J. Chem. Res. (S)*, 1979, 80.
39. A. J. Carty, N. J. Taylor, A. W. Coleman and M. F. Lappert, *J. Chem. Soc., Chem. Commun.*, 1979, 639.
40. F. Ebina, T. Uehiro, T. Iwamoto, A. Ouchi and Y. Yoshino, *J. Chem. Soc., Chem. Commun.*, 1976, 245*; F. Ebina, A. Ouchi, Y. Yoshino, S. Sato and Y. Saito, *Acta Crystallogr.*, 1977, **B33**, 3252.
41. M. Hall and D. B. Sowerby, *J. Am. Chem. Soc.*, 1980, **102**, 628.
42. A. L. Beauchamp, M. J. Bennett and F. A. Cotton, *J. Am. Chem. Soc.*, 1969, **91**, 297.
43. A. N. Sobolev, I. P. Romm, V. K. Belsky, O. P. Syutkina and E. N. Guryanova, *J. Organomet. Chem.*, 1981, **209**, 49.
44. R. E. Cobbledick and F. W. B. Einstein, *Acta Crystallogr.*, 1978, **B34**, 1473.
45. S. P. Bone and D. B. Sowerby, *J. Chem. Res. (M)*, 1979, 1029; *J. Chem. Res. (S)*, 1979, 82.
46. K. Shen, W. E. McEwen, S. J. LaPlaca, W. C. Hamilton and A. P. Wolf, *J. Am. Chem. Soc.*, 1968, **90**, 1718.
47. J. Kopf, G. Vetter and G. Klar, *Z. Anorg. Allg. Chem.*, 1974, **409**, 285.
48. M. M. Botoshanskii, Y. A. Simonov and T. I. Malinovskii, *Izv. Akad. Nauk Mold. SSR, Ser. Fiz.-Tekh. Met. Nauk*, 1973 (2), 39 (*Chem. Abstr.*, 1974, **80**, 41 837).
49. A. C. Villa, A. Gaetani-Manfredotti and C. Guastini, *Cryst. Struct. Commun.*, 1973, **2**, 129.
50. Z. A. Starikova, T. M. Shchegoleva, V. K. Trunov, I. E. Pokrovskaya and E. N. Kanunnikova, *Kristallografiya*, 1979, **24**, 1211.
51. P. J. Wheatley and G. Wittig, *Proc. Chem. Soc. London*, 1962, 251*; P. J. Wheatley, *J. Chem. Soc.*, 1964, 3718 (two-dimensional; structure re-examined in ref. 52).
52. A. L. Beauchamp, M. J. Bennett and F. A. Cotton, *J. Am. Chem. Soc.*, 1968, **90**, 6675.
53. C. Brabant, B. Blanck and A. L. Beauchamp, *J. Organomet. Chem.*, 1974, **82**, 231.
54. F. Ebina, A. Ouchi, Y. Yoshino, S. Sato and Y. Saito, *Acta Crystallogr.*, 1978, **B34**, 1512.
55. C. Brabant, J. Hubert and A. L. Beauchamp, *Can. J. Chem.*, 1973, **51**, 2952.

Sb_2 Diantimony

Molecular formula	Structure	Notes	Ref.
$Sb_2C_4H_{12}Cl_6$	$[SbCl_3Me_2]_2$		1
$Sb_2C_6H_{18}Cl_2O$	$(SbClMe_3)_2O$		2
$Sb_2C_6H_{18}Cl_2O_9$	$\{SbMe_3(OClO_3)\}_2O$		2
$Sb_2C_6H_{18}N_6O$	$\{SbMe_3(N_3)\}_2O$		2
$Sb_2C_{12}H_{16}$	$[\overline{SbCMe=CHCH=CMe}]_2$		3
$Sb_2C_{16}H_{10}Br_6$	$(SbBr_3)_2C_{16}H_{10}$	a	4
$Sb_2C_{24}H_{20}$	Sb_2Ph_4		5
$Sb_2C_{24}H_{20}Br_5F$	$(SbBr_2Ph_2)(\mu\text{-F})(SbBr_3Ph_2)$		6
$Sb_2C_{24}H_{20}Cl_6$	$[SbCl_3Ph_2]_2$		7
$Sb_2C_{24}H_{20}O$	$(SbPh_2)_2O$		8
$Sb_2Cr_2C_{34}H_{20}O_{10}$	$Sb_2Ph_4\{Cr(CO)_5\}_2$		9
$Sb_2C_{36}H_{30}N_6O$	$\{SbPh_3(N_3)\}_2O$		10
$Sb_2Fe_2C_{43}H_{30}O_7$	$Fe_2(\mu\text{-}SbPh_2)(Ph)(CO)_7(SbPh_3)$		11
$Sb_2RhC_{44}H_{30}ClF_{12}\cdot CH_2Cl_2$	$[RhC_4(CF_3)_4]Cl(SbPh_3)_2\cdot CH_2Cl_2$		12
$Sb_2C_{44}H_{48}O_5$	$\{SbPh_3(O_2Bu^t)\}_2O$		13
$Sb_2C_{46}H_{30}N_6O_3\cdot 0.5C_6H_6$	$[SbPh_3\{OC(CN)=C(CN)_2\}]_2O\cdot 0.5C_6H_6$		14
$Sb_2C_{46}H_{32}Cl_6F_6O_5\cdot 2CHCl_3$	$[Sb(C_6H_4Cl\text{-}4)_3(tfac)]_2O\cdot 2CHCl_3$		15
$Sb_2C_{48}H_{42}O_2$	$[SbPh_4(OH)]_2$	b	16
$Sb_2C_{49}H_{40}O_3$	$(SbPh_4)_2(\mu\text{-}O_2CO)$		17

^{a} $C_{16}H_{10}$ = pyrene. ^{b} H-bonded dimer.

1. W. Schwarz and H. J. Guder, *Z. Naturforsch., Teil B*, 1978, **33**, 485.
2. G. Ferguson, F. C. March and D. R. Ridley, *Acta Crystallogr.*, 1975, **B31**, 1260.

3. A. J. Ashe, W. Butler and T. R. Diephouse, *J. Am. Chem. Soc.*, 1981, **103**, 207.
4. G. Bombieri, G. Peyronel and I. M. Vezzosi, *Inorg. Chim. Acta*, 1972, **6**, 349.
5. K. von Deuten and D. Rehder, *Cryst. Struct. Commun.*, 1980, **9**, 167.
6. M. J. Begley, S. P. Bone and D. B. Sowerby, *J. Organomet. Chem.*, 1979, **165**, C47.
7. J. Bordner, G. O. Doak and J. R. Peters, *J. Am. Chem. Soc.*, 1974, **96**, 6763.
8. J. Bordner, B. C. Andrews and G. G. Long, *Cryst. Struct. Commun.*, 1974, **3**, 53.
9. J. von Seyerl and G. Huttner, *Cryst. Struct. Commun.*, 1980, **9**, 1099.
10. G. Ferguson, R. G. Goel, F. C. March, D. R. Ridley and H. S. Prasad, *Chem. Commun.*, 1971, 1547*; G. Ferguson and D. R. Ridley, *Acta Crystallogr.*, 1973, **B29**, 2221.
11. D. J. Cane, E. J. Forbes and T. A. Hamor, *J. Organomet. Chem.*, 1976, **117**, C101.
12. J. T. Mague, *J. Am. Chem. Soc.*, 1969, **91**, 3983*; *Inorg. Chem.*, 1970, **9**, 1610.
13. Z. A. Starikova, T. M. Shchegoleva, V. K. Trunov and I. E. Pokrovskaya, *Kristallografiya*, 1978, **23**, 969.
14. G. L. Breneman, *Acta Crystallogr.*, 1979, **B35**, 731.
15. F. Ebina, A. Ouchi, Y. Yoshino, S. Sato and Y. Saito, *Acta Crystallogr.*, 1978, **B34**, 2134.
16. A. L. Beauchamp, M. J. Bennett and F. A. Cotton, *J. Am. Chem. Soc.*, 1969, **91**, 297.
17. G. Ferguson and D. M. Hawley, *Acta Crystallogr.*, 1974, **B30**, 103.

Sc Scandium

Molecular formula	Structure	Notes	Ref.
$[ScC_{15}H_{15}]_n$	$[Sc(C_5H_5)_3]_n$		1

1. J. L. Atwood and K. D. Smith, *J. Am. Chem. Soc.*, 1973, **95**, 1488; *J. Chem. Soc., Dalton Trans.*, 1973, 2487.

Sc$_2$ Discandium

Molecular formula	Structure	Notes	Ref.
$Sc_2C_{20}H_{20}Cl_2$	$[ScCl(\eta\text{-}C_5H_5)_2]_2$		1

1. K. D. Smith and J. L. Atwood, *J. Chem. Soc., Chem. Commun.*, 1972, 593.

Si Silicon

Molecular formula	Structure	Notes	Ref.
$SiCH_3Br_3$	$SiBr_3Me$	E	1, 2
$SiCH_3Cl_3$	$SiCl_3Me$	E	3
$SiCH_6$	H_3SiMe	E	4
$SiCCl_6$	$SiCl_3(CCl_3)$	E	5
SiC_2HCl_5	$SiCl_3(trans\text{-}CCl=CHCl)$	E	6
$SiC_2H_3Cl_3$	$SiCl_3(CH=CH_2)$	E	6
$SiC_2H_4Cl_4$	$SiCl_3(CH_2CH_2Cl)$	E	2, 7
$SiC_2H_4Cl_4$	$SiCl_3(CHClMe)$	E	2, 7
$SiC_2H_5Cl_3$	$SiCl_3Et$	E	2, 7
$SiC_2H_6Br_2$	$SiBr_2Me_2$	E	1, 2
SiC_2H_6ClF	$SiClFMe_2$	E	8
$SiC_2H_6Cl_2$	$SiCl_2Me_2$	E	3, 9
$SiC_2H_6F_2$	SiF_2Me_2	E	8
SiC_2H_8	H_2SiMe_2	E	4
$SiC_3H_3Cl_3F_2$	$SiCl_3(\overline{CHCH_2CF_2})$	E	10
$SiC_3H_5F_3$	$SiF_3(CH_2CH=CH_2)$	E	11
$SiC_3H_5F_3$	$SiF_3(cyclo\text{-}C_3H_5)$	E	12
SiC_3H_8	$H_3Si(CH_2CH=CH_2)$	E	13
SiC_3H_8	$H_2\overline{Si(CH_2)_2CH_2}$	E	14
SiC_3H_9Br	$SiBrMe_3$	E	1, 2
SiC_3H_9Cl	$SiClMe_3$	E	15
SiC_3H_9F	$SiFMe_3$	E	8
$SiC_3H_9N_3$	$SiMe_3(N_3)$	E	16
$[SiC_3H_9N_3 \cdot SnC_3H_{10}O]_n$	$[SiMe_3(N_3) \cdot SnMe_3(OH)]_n$	a	17
$SiC_3H_9N_3O_2S_3$	$Me_3Si(\overline{NSN=S=NSO_2})$		18
$SiReC_3H_9O_4$	$SiMe_3(OReO_3)$		19
SiC_3H_{10}	$HSiMe_3$	E	4

Molecular formula	Structure	Notes	Ref.
SiB$_5$C$_3$H$_{16}$Br	(μ-SiMe$_3$)B$_5$H$_7$Br-1		20
SiC$_4$H$_6$Cl$_2$	Cl$_2$$\overline{\text{SiCH}_2\text{CH}}$=CHCH$_2$	E	21, 22
SiC$_4$H$_6$F$_2$	F$_2$$\overline{\text{SiCH}_2\text{CH}}$=CHCH$_2$	E	22
[SiC$_4$H$_6$N$_2$]$_n$	[SiMe$_2$(CN)$_2$]$_n$		23
SiC$_4$H$_8$	H$_2$$\overline{\text{SiCH}_2\text{CH}}$=CHCH$_2$	E	22, 24
SiC$_4$H$_9$N	SiMe$_3$(CN)	E	25
SiC$_4$H$_9$NO	SiMe$_3$(NCO)	E	26
SiC$_4$H$_9$NS	SiMe$_3$(NCS)	E	26
SiC$_4$H$_{10}$	H$_2$$\overline{\text{Si(CH}_2\text{)}_3\text{CH}_2}$	E	27, 28
SiC$_4$H$_{10}$Cl$_2$	SiMe$_2$(CH$_2$Cl)$_2$	E	29
SiC$_4$H$_{11}$Cl	SiMe$_3$(CH$_2$Cl)	E	30
SiC$_4$H$_{12}$	SiMe$_4$	E	31–33
[SiC$_4$H$_{12}$O$_2$]$_n$	[SiEt$_2$(OH)$_2$]$_n$		34
SiC$_4$H$_{12}$O$_3$	SiMe(OMe)$_3$	E	35
SiC$_4$H$_{13}$P	H$_3$SiCH=PMe$_3$	E	36
SiC$_5$H$_8$	H$_3$Si(η^1-C$_5$H$_5$)	E	37
SiC$_5$H$_{10}$	SiMe$_3$(C≡CH)	E	38
SiC$_5$H$_{10}$Cl$_2$	Cl$_2$$\overline{\text{Si(CH}_2\text{)}_4\text{CH}_2}$	E	39
SiC$_5$H$_{12}$	H$_2$$\overline{\text{Si(CH}_2\text{)}_4\text{CH}_2}$	E	28
SiC$_5$H$_{12}$O	SiMe$_3$(OCH=CH$_2$)	E	40
SiC$_5$H$_{15}$N$_7$S$_5$	(Me$_3$Si)N=SMe$_2$=N(S$_4$N$_5$)	b	41
SiC$_6$H$_5$Cl$_3$	SiCl$_3$Ph	E	2, 42
SiC$_6$H$_5$F$_3$	SiF$_3$Ph	E	43
SiC$_6$H$_8$	H$_3$SiPh	E	44
SiC$_6$H$_{12}$	$\overline{\text{Si}\{(\text{CH}_2)_2\text{CH}_2\}_2}$	E	45
[SiC$_6$H$_{12}$O$_2$]$_n$	[Si(CH$_2$CH=CH$_2$)$_2$(OH)$_2$]$_n$		46
SiC$_6$H$_{14}$	SiMe$_3$(cyclo-C$_3$H$_5$)	E	47
SiC$_6$H$_{18}$NP	(Me$_3$Si)N=PMe$_3$	E	48
SiB$_{10}$C$_6$H$_{22}$	1-SiMe$_3$-2-MeC$_2$B$_{10}$H$_{10}$	153	49
SiFeC$_7$H$_6$Cl$_2$O$_4$	Fe{(CH$_2$)$_3$SiCl$_2$}(CO)$_4$	243	50
SiC$_7$H$_{13}$Cl	ClSi{(CH$_2$CH$_2$)$_3$CH}	E, c	51
SiC$_7$H$_{14}$	MeSiC$_6$H$_{11}$	E, d	52
SiC$_7$H$_{14}$ClNO$_3$	(ClCH$_2$)$\overline{\text{Si}(\mu\text{-OC}_2\text{H}_4)_3\text{N}}$		53
SiC$_7$H$_{15}$ClN$_2$O$_2$	SiClMe(ON=CMe$_2$)$_2$		54
SiC$_7$H$_{15}$NO$_3$	Me$\overline{\text{Si}(\mu\text{-OC}_2\text{H}_4)_3\text{N}}$	X, E	55, 56
SiC$_7$H$_{16}$O$_2$	(MeO)$_2$$\overline{\text{Si(CH}_2\text{)}_4\text{CH}_2}$	E	39
SiC$_8$H$_6$BrF$_3$O$_2$	SiF$_3$(CH$_2$CO$_2$C$_6$H$_4$Br-4)		57
SiReC$_8$H$_9$O$_5$	Re(SiMe$_3$)(CO)$_5$		58
SiC$_8$H$_{10}$	MeSi(μ-CH=CH)$_3$CH	E, e	59
SiC$_8$H$_{12}$	Si(CH=CH$_2$)$_4$	E	60
SiC$_8$H$_{14}$	SiMe$_3$(η^1-C$_5$H$_5$)	E	61
SiC$_8$H$_{16}$ClNO$_3$	(ClCH$_2$)$\overline{\text{Si}\{(\mu\text{-OC}_2\text{H}_4)_2(\mu\text{-OC}_3\text{H}_6)\}\text{N}}$		62
SiC$_8$H$_{17}$NO$_2$	Me$\overline{\text{Si}[(\mu\text{-OC}_2\text{H}_4)_2\{\mu\text{-(CH}_2)_3\}]\text{N}}$		63
SiC$_8$H$_{17}$NO$_3$	(MeO)$\overline{\text{Si}[(\mu\text{-OC}_2\text{H}_4)_2\{\mu\text{-(CH}_2)_3\}]\text{N}}$		64
SiC$_8$H$_{19}$N	SiMe$_3$$\overline{\{\text{CH}_2\text{N(CH}_2)_3\text{CH}_2\}}$	183	65
SiC$_9$H$_{18}$ClNO$_3$	{Cl(CH$_2$)$_3$}$\overline{\text{Si}(\mu\text{-OC}_2\text{H}_4)_3\text{N}}$		66
SiC$_9$H$_{18}$ClNO$_3$	(ClCH$_2$)$\overline{\text{Si}\{(\mu\text{-OC}_2\text{H}_4)(\mu\text{-OCHMeCH}_2)_2\}\text{N}}$		67
SiC$_9$H$_{21}$N	SiMe$_3$$\overline{\{(\text{CH}_2)_2\text{N(CH}_2)_3\text{CH}_2\}}$	183	65
SiC$_{10}$H$_{15}$NO$_2$	SiMe$_3${OC(O)NHPh}		68
SiSnC$_{10}$H$_{24}$N$_2$·Si$_2$Sn$_2$C$_{20}$H$_{48}$N$_4$	Me$_2$Si(μ-NBu^t)$_2$Sn·{Me$_2$Si(NBu^t)$_2$Sn}$_2$	153	69
[SiSn$_3$C$_{10}$H$_{24}$Cl$_2$N$_2$O]$_n$	[Me$_2$Si(NBu^t)$_2$Sn$_2$OSnCl$_2$]$_n$		70
SiNiC$_{10}$H$_{29}$ClP$_2$	trans-NiCl(CH$_2$SiMe$_3$)(PMe$_3$)$_2$		71
SiReC$_{11}$H$_{13}$O$_3$	SiMe$_3${(η-C$_5$H$_4$)Re(CO)$_3$}		72
SiC$_{11}$H$_{27}$N$_2$P	(SiMe$_3$)NBu^{t}P=NBu^t	263	73
SiNiC$_{11}$H$_{29}$ClOP$_2$	trans-NiCl(COCH$_2$SiMe$_3$)(PMe$_3$)$_2$		71
SiC$_{12}$H$_8$Cl$_2$O	Cl$_2$$\overline{\text{SiC}_6\text{H}_4\text{C}_6\text{H}_4\text{O}}$	f, g	74
SiC$_{12}$H$_8$Cl$_2$O	Cl$_2$$\overline{\text{SiC}_6\text{H}_4\text{C}_6\text{H}_4\text{O}}$	f, h	75
SiC$_{12}$H$_{10}$Cl$_2$	SiCl$_2$Ph$_2$	E	44
SiC$_{12}$H$_{12}$O$_2$	SiPh$_2$(OH)$_2$	i	76, 77
SiCrC$_{12}$H$_{14}$O$_3$	SiMe$_3${(η^6-Ph)Cr(CO)$_3$}	138	78
SiC$_{12}$H$_{14}$FNO$_4$	(4-FC$_6$H$_4$)$\overline{\text{Si}[(\mu\text{-OC}_2\text{H}_4)_2\{\mu\text{-OC(O)CH}_2\}]\text{N}}$		79
SiC$_{12}$H$_{16}$N$_2$O$_5$	(3-NO$_2$C$_6$H$_4$)$\overline{\text{Si}(\mu\text{-OC}_2\text{H}_4)_3\text{N}}$		80
SiC$_{12}$H$_{17}$NO$_3$	Ph$\overline{\text{Si}(\mu\text{-OC}_2\text{H}_4)_3\text{N}}$	j	81
SiC$_{12}$H$_{17}$NO$_3$	Ph$\overline{\text{Si}(\mu\text{-OC}_2\text{H}_4)_3\text{N}}$	k	82
SiC$_{12}$H$_{17}$NO$_3$	Ph$\overline{\text{Si}(\mu\text{-OC}_2\text{H}_4)_3\text{N}}$	l	83

Molecular formula	Structure	Notes	Ref.
SiCrC$_{12}$H$_{19}$N$_2$O$_5$P	SiMe$_3$N=P{Cr(CO)$_5$}NHBu^t		84
SiC$_{12}$H$_{19}$NO$_2$	Me$_2$Si(μ-OC$_2$H$_4$)$_2$NPh		85
SiC$_{12}$H$_{28}$	HSiBu$^t_3$	E	86
SiFe$_3$C$_{13}$H$_9$NO$_{10}$	(μ_3-NSiMe$_3$)Fe$_3$(μ_3-CO)(CO)$_9$		87
SiC$_{13}$H$_{12}$	H$_2\overline{\text{SiC}_6\text{H}_4\text{CH}_2\text{C}_6\text{H}_4}$	m	88
SiC$_{13}$H$_{14}$F$_3$NO$_4$	(3-CF$_3$C$_6$H$_4$)$\overline{\text{Si}[(\mu\text{-OC}_2\text{H}_4)_2\{\mu\text{-OC(O)CH}_2\}]\text{N}}$		79
SiTiC$_{13}$H$_{19}$Cl	TiCl(SiMe$_3$)(η-C$_5$H$_5$)$_2$		89
SiVC$_{13}$H$_{19}$N	V(NSiMe$_3$)(η-C$_5$H$_5$)$_2$	253	90
SiC$_{13}$H$_{21}$NO$_2$	SiMe$_2$Bu^t{ON(O)=CHPh}		91
SiB$_{10}$Sn$_2$C$_{13}$H$_{40}$	10-{SiMe$_3$(CH$_2$)$_2$}B$_{10}$H$_9$C$_2$(SnMe$_3$)$_2$-1,7		92
SiBFeC$_{15}$H$_{15}$O$_3$	Fe(CO)$_3${η^5-PhB(μ-CH=CH)$_2$SiMe$_2$}		93
SiC$_{15}$H$_{23}$N$_3$O$_3$	SiPh(ON=CMe$_2$)$_3$		94
SiC$_{16}$H$_{12}$	SiPh$_2$(C≡CH)$_2$		95
SiC$_{16}$H$_{12}$S$_4$	Si(C$_4$H$_3$S-2)$_4$		96
SiFe$_2$C$_{16}$H$_{14}$O$_4$	SiMe$_2${(η-C$_5$H$_4$)Fe(CO)$_2$}$_2$		97, 98
SiC$_{16}$H$_{15}$Br$_2$N$_3$O$_2$·C$_3$H$_6$O	Me$_2\overline{\text{SiN}(\text{C}_6\text{H}_4\text{Br-4})\text{CONHCON}(\text{C}_6\text{H}_4\text{Br-4})}$·Me$_2$CO		99
SiC$_{16}$H$_{17}$Br$_2$N	Me$_2\overline{\text{SiC}_6\text{H}_3\text{Br(NEt)C}_6\text{H}_3\text{Br}}$	n	100
SiC$_{16}$H$_{19}$NO$_2$	Ph$_2$Si(μ-OC$_2$H$_4$)$_2$NH		101
SiC$_{16}$H$_{19}$NO$_2$	$\overline{\text{CH}_2\text{C}_{10}\text{H}_6\text{Si}}(\mu$-OC$_2H_4$)$_2$NMe		102
SiC$_{16}$H$_{26}$	Me$_2$Si(C$_{14}$H$_{20}$)	o	103
SiC$_{17}$H$_{15}$F	(+)-SiFMePh(C$_{10}$H$_7$-1)		104
SiC$_{17}$H$_{16}$	(−)-HSiMePh(C$_{10}$H$_7$-1)		104
SiC$_{17}$H$_{18}$	SiMe$_3$(C$_{14}$H$_9$-9)	p	105
SiC$_{17}$H$_{20}$	Me$_2\overline{\text{SiC}_6\text{H}_4(\text{CH}_2)_2\text{C}_6\text{H}_4\text{CH}_2}$	q	106
SiC$_{17}$H$_{21}$NO$_2$	Ph$_2$Si(μ-OC$_2$H$_4$)$_2$NMe		85
SiC$_{17}$H$_{26}$O$_4$	SiMe$_3$(C$_{14}$H$_{17}$O$_4$)	r	107
SiC$_{18}$H$_{13}$O$_4^-$C$_4$H$_{12}$N$^+$	[NMe$_4$][SiPh(O$_2$C$_6$H$_4$)$_2$]		108
SiC$_{18}$H$_{15}$N$_3$	SiPh$_3$(N$_3$)		109
SiC$_{18}$H$_{16}$	HSiPh$_3$		110
SiC$_{18}$H$_{18}$	Me$_2\overline{\text{SiCPh=CHCH=CPh}}$		111
SiC$_{18}$H$_{18}$·C$_{14}$H$_{10}$	Me$_2\overline{\text{SiCPh=CHCH=CPh}}$·C$_2Ph_2$		112
SiLuC$_{18}$H$_{29}$O	Lu(CH$_2$SiMe$_3$)(THF)(η-C$_5$H$_5$)$_2$		113
SiC$_{19}$H$_{15}$BrO	Me(4-BrC$_6$H$_4$)$\overline{\text{SiC}_6\text{H}_4\text{C}_6\text{H}_4\text{O}}$	f	114
SiC$_{19}$H$_{15}$NO	MePh$\overline{\text{SiC}_6\text{H}_4\text{C(O)C}_5\text{H}_3\text{N}}$	s	115
SiC$_{19}$H$_{24}$N$_2$	Bu^{t}PhSiCH=CMeNHNPh		116
SiC$_{19}$H$_{25}$NO	SiPh$_2$(OH){(CH$_2$)$_2$NC$_5$H$_{10}$}	t	117
SiC$_{19}$H$_{15}$NS	SiPh$_3$(NCS)		118
SiC$_{19}$H$_{17}$F	(−)-$\overline{\text{SiF(CH}_2\text{C}_6\text{H}_4\text{CH}_2\text{CH}_2)}$(C$_{10}H_7$-1)		119
SiC$_{19}$H$_{25}$NO$_2$	SiMe$_2$Bu^t[ON(O)=CPh$_2$]		91
SiC$_{19}$H$_{26}$N$^+$Cl$^-$	[Me{HNMe$_2$(CH$_2$)$_3$}$\overline{\text{SiC}_6\text{H}_4\text{CH}_2\text{C}_6\text{H}_4}$]Cl		120
SiRe$_2$C$_{20}$H$_{12}$O$_8$	(μ-SiPh$_2$)H$_2$Re$_2$(CO)$_8$		121
SiFeC$_{20}$H$_{16}$O$_3$	Fe(CO)$_3$(η^4-$\overline{\text{CH=CHCH=CHCH}_2\text{SiPh}_2}$)		122
SiC$_{20}$H$_{18}$	Ph$_2\overline{\text{SiCH}_2\text{C}_6\text{H}_4\text{CH}_2}$		123
SiC$_{20}$H$_{18}$O	SiPh$_3${C(O)Me}		124
SiC$_{20}$H$_{18}$S	SiPh$_3${$\overline{\text{CHCH}_2\text{S}}$}		125
SiC$_{20}$H$_{27}$N	Me$_2\overline{\text{SiC}_6\text{H}_4\text{CH}_2\text{NBu}^t\text{CH}_2\text{C}_6\text{H}_4}$		126
SiC$_{20}$H$_{27}$NO	SiPh$_2$(OH){(CH$_2$)$_3$NC$_5$H$_{10}$}	u	127
SiC$_{20}$H$_{27}$NO$_2$	Ph$_2$Si(μ-OC$_2$H$_4$)$_2$NBu^t		85
SiC$_{20}$H$_{28}$N$^+$Cl$^-$·H$_2$O	[Me{HNMe$_2$(CH$_2$)$_3$}$\overline{\text{SiC}_6\text{H}_4(\text{CH}_2)_2\text{C}_6\text{H}_4}$]Cl·H$_2$O	v	128
SiC$_{20}$H$_{28}$P$_2$	Ph$_2\overline{\text{SiPBu}^t\text{PBu}^t}$		129
SiPdC$_{20}$H$_{33}$ClP$^+$F$_6$P$^-$	[PdCl{CH(SiMe$_3$)(PMe$_2$Ph)}(cod)][PF$_6$]	h	130
SiPtC$_{20}$H$_{33}$ClP$_2$	trans-PtCl(CH$_2$SiMe$_3$)(PMe$_2$Ph)$_2$		131, 132
SiC$_{21}$H$_{15}$BrO	Ph$_2\overline{\text{SiC(O)C}_6\text{H}_4\text{CH=CBr}}$		133
SiC$_{21}$H$_{18}$	MePh$\overline{\text{SiC}_6\text{H}_4\text{CH=CHC}_6\text{H}_4}$		134
SiRuC$_{21}$H$_{18}$O$_3$	Ru(CO)$_3$(η^4-$\overline{\text{CPh=CHCH=CPhSiMe}_2}$)		111
SiC$_{21}$H$_{20}$	MePh$\overline{\text{SiC}_6\text{H}_4(\text{CH}_2)_2\text{C}_6\text{H}_4}$		133
SiC$_{21}$H$_{20}$	Ph$_2\overline{\text{Si(CH}_2)_2\text{C}_6\text{H}_4\text{CH}_2}$		135
SiC$_{21}$H$_{20}$O	Ph(MeO)$\overline{\text{SiC}_6\text{H}_4(\text{CH}_2)_2\text{C}_6\text{H}_4}$		136
SiC$_{21}$H$_{29}$N$_2^+$·C$_4$H$_3$O$_4^-$	[Me$_2\overline{\text{SiC}_6\text{H}_4\text{CH}_2\text{CH}\{\text{N(C}_2\text{H}_4)_2\text{NMe}\}\text{C}_6\text{H}_4}$][C$_4H_3O_4$]		137
SiC$_{21}$H$_{30}$O$_2$	17α-(HC≡C)-17β-OH-6,6-Me$_2$-6-sila-5α-estr-1(10)-en-3-one		138
SiFeC$_{22}$H$_{18}$	Ph$_2$Si{(η-C$_5$H$_4$)$_2$Fe}		139

Si Structure Index

Molecular formula	Structure	Notes	Ref.
$SiFeC_{22}H_{20}$	$HSiPh_2Fc$		140
$SiC_{22}H_{22}OS_2$	$SiPh_3\{\overline{CHS(CH_2)_3S}(O)\}$		141
$SiC_{22}H_{23}N$	$H(4-Me_2NC_6H_4)\overline{SiC_6H_4(CH_2)_2C_6H_4}$		142
$SiC_{22}H_{23}NO_2$	$Ph_2Si(\mu-OC_2H_4)_2NPh$		85
$SiC_{22}H_{36}O_2$	17β-(Me_3SiO)-4-androsten-3-one	x	143
$SiC_{23}H_{24}S_2$	$SiPh_3\{\overline{CMeS(CH_2)_3S}\}$		141
$SiC_{24}H_{17}NO_3$	$Ph\overline{Si(\mu-OC_6H_4)_3N}$		144
$SiC_{24}H_{18}$	$Ph_2\overline{SiC_6H_4C_6H_4}$	y	145
$SiC_{24}H_{20}$	$SiPh_4$	E, X	2, 42, 146–148
$SiW_2C_{24}H_{30}$	cis-$\{(Me_3SiCH_2)W(\eta-C_5H_5)\}(\mu-\eta^1,\eta^5-C_5H_4)_2$-$\{HW(\eta-C_5H_5)\}$		149, 150
$SiW_2C_{24}H_{30}$	trans-$\{(Me_3SiCH_2)W(\eta-C_5H_5)\}(\mu-\eta^1,\eta^5$-$C_5H_4)_2\{HW(\eta-C_5H_5)\}$		150
$SiC_{24}H_{44}$	$SiCy_4$		151
$SiC_{24}F_{20}$	$Si(C_6F_5)_4$		152
$SiC_{25}H_{20}N_2$	$SiPh_3\{C(N_2)Ph\}$	z	153
$SiC_{25}H_{20}O$	$SiPh_2(C_{13}H_9)(OH)$		154
$SiC_{25}H_{21}N$	$Ph_2\overline{SiC_6H_4CH_2C_5H_2}(Me-2)N-3$		155
$SiReC_{25}H_{21}O_2$	$HRe(SiPh_3)(CO)_2(\eta-C_5H_5)$		156
$SiC_{25}H_{22}O$	$(+)$-$SiPh_3\{CH(OH)Ph\}$		157
$SiMnC_{25}H_{24}O_4P$	$Mn(SiMe_3)(CO)_4(PPh_3)$		158
$SiC_{26}H_{20}Br_2$	$SiPh_3(trans\text{-}CBr{=}CBrPh)$		159
$SiCrC_{26}H_{20}O_6$	$Cr\{C(OEt)(SiPh_3)\}(CO)_5$		160
$SiMoC_{26}H_{20}O_6$	$Mo\{C(OEt)(SiPh_3)\}(CO)_5$		160
$SiWC_{26}H_{20}O_2$	$W\{C(SiPh_3)\}(CO)_2(\eta-C_5H_5)$		161
$SiReC_{26}H_{21}O_2 \cdot CH_2Cl_2$	$Re\{CH(SiPh_3)\}(CO)_2(\eta-C_5H_5)\cdot CH_2Cl_2$		162
$SiC_{26}H_{21}Br_2N$	$Ph_2\overline{SiC_6H_3Br(NEt)C_6H_3Br}$		163
$SiC_{26}H_{22}Br_2$	threo-$CHBr(SiPh_3)CHBrPh$		164
$SiC_{26}H_{23}N$	$Ph_2\overline{SiC_6H_4NEtC_6H_4}$		165
$SiC_{26}H_{31}FO$	$(+)$-$SiFPh(C_{10}H_7\text{-}1)\{O(Men)\}$		166
$SiTiC_{27}H_{28}$	$\overline{Ti\{C_6H_4CPh{=}C(SiMe_3)\}(\mu\text{-}C_5H_5)_2}$		167
$SiC_{27}H_{34}O_2$	$(+)$-$SiPh(C_{10}H_7\text{-}1)(OMe)\{O(Men)\}$		168
$SiPt_2C_{27}H_{38}$	$\{\mu\text{-}(Me_3Si)C_2Ph\}\{Pt(cod)\}_2$	200	169
$SiZrC_{28}H_{25}Cl$	$ZrCl(SiPh_3)(\eta-C_5H_5)_2$		170
$SiC_{31}H_{25}BrO_2$	$(+)$-$SiMePh(C_{10}H_7\text{-}1)\{CHPh(OCOC_6H_4Br\text{-}4)\}$		171
$SiC_{32}H_{25}BrO_2$	$(+)$-$SiPh_3\{CHPh(OCOC_6H_4Br\text{-}4)\}$		157
$SiFeC_{33}H_{30}O_3$	$Fe(CO)_3\{\eta^4\text{-}C_8H_6(CPh_3)(SiMe_3)\}$		172
$SiPtC_{33}H_{37}ClP_2$	$(+)$-trans-$PtCl\{SiMePh(C_{10}H_7\text{-}1)\}(PMe_2Ph)_2$		173
$SiRu_3C_{34}H_{57}O_9P_3$	$Ru_3(CO)_9\{(PBu_2)_3SiMe\}$		174
$SiGeC_{36}H_{30}O$	$SiPh_3(OGePh_3)$		175
$SiGeC_{36}H_{30}O_2$	$SiPh_3(O_2GePh_3)$		176
$SiPbC_{36}H_{30}O$	$SiPh_3(OPbPh_3)$		177
$SiSnC_{36}H_{30}O$	$SiPh_3(OSnPh_3)$		175, 177
$SiCoC_{36}H_{33}$	$Co(\eta^4\text{-}C_4Ph_4)(\eta^5\text{-}C_5H_4SiMe_3)$		178
$SiC_{44}H_{52}BrN_3O_6$	$Me_3SiC{\equiv}C(C_{39}H_{43}BrN_3O_6)$	aa	179
$SiPtC_{47}H_{57}N_2P_3S$	$Pt\{\eta^2\text{-}S{=}P({=}NBu^t)NBu^t(SiMe_3)\}(PPh_3)_2$		180
$SiReC_{48}H_{39}O_4P_2$	fac-$Re(CO)_3\{C(O)SiPh_3\}(dppe)$		181
$SiPt_2C_{54}H_{82}P_2$	$(\mu\text{-}SiMe_2)\{Pt(C{\equiv}CPh)(PCy_3)\}_2$		182

[a] Preliminary study. [b] 1-(S,S-Me_2-N-Me_3Si-sulphodiimidyl)pentaazatetrathiabicyclo[3.3.1]nonane. [c] 1-Cl-1-silabicyclo[2.2.1]octane. [d] 1-Me-1-silabicyclo[2.2.1]heptane. [e] 1-Me-1-silabicyclo[2.2.2]octatriene. [f] $\overline{SiC_6H_4C_6H_4O}$ = 9-oxa-10-silaphenanthrene. [g] Orthorhombic form. [h] Monoclinic and triclinic forms. [i] H-bonded polymer. [j] α form, orthorhombic. [k] β form, orthorhombic. [l] γ form, monoclinic. [m] 9-Sila-9,10-dihydroanthrancene. [n] 2,8-Br_2-5-Et-10,10-Me_2-5,10-dihydrophenazasilane. [o] Me_2dispiro(bicyclo[4.1.0]heptane-7,2′-silacyclopropane-3,7″-bicyclo[4.1.0]heptane). [p] 9-Me_3Si-phenanthrene. [q] 5,5-Me_2-5,6,11,12-tetrahydro-5H-dibenzo[b,f]silocin. [r] 2-CO_2Me-9-CH_2-8-Me_3SiO-tricyclo[6.2.1.0^{1,5}]undecan-3-one. [s] 9-Me-9-Ph-9,10-dihydro-9-sila-3-azaanthrone. [t] Silapridinol. [u] Siladifenidol. [v] Silipramine·HCl. [w] $C_4H_3O_4$ = hydrogen fumarate. [x] Silandrone. [y] 9,9-Ph_2-9-silafluorene. [z] $C_{13}H_9$ = 9-fluorenyl; H-bonded dimer. [aa] (22R)-3β-acetoxy-5α,8α-(3,5-dioxo-4-Ph-1H,2H-1,2,4-triazole-1,2-diyl)-24-Me_3Si-chol-6-en-23-yn-22-yl 4-Br-benzoate.

1. K. Yamasaki, A. Kotera, M. Yokoi and M. Iwasaki, *J. Chem. Phys.*, 1949, **17**, 1355.
2. M. Yokoi, *Bull. Chem. Soc. Jpn.*, 1957, **30**, 100 (E).
3. R. L. Livingston and L. O. Brockway, *J. Am. Chem. Soc.*, 1944, **66**, 94.
4. A. C. Bond and L. O. Brockway, *J. Am. Chem. Soc.*, 1954, **76**, 3312.
5. Y. Morino and E. Hirota, *J. Chem. Phys.*, 1958, **28**, 185.
6. H. Murata, *J. Chem. Phys.*, 1953, **21**, 181.
7. C. Iida, M. Yokoi and K. Yamasaka, *J. Chem. Soc. Jpn.*, 1952, **73**, 882.
8. C. J. Wilkins and L. E. Sutton, *Trans. Faraday Soc.*, 1954, **50**, 783.

9. V. S. Mastryukov, A. V. Golubinskii and L. V. Vilkov, *Zh. Strukt. Khim.*, 1980, **21** (1), 48.
10. T. M. Kuznetsova, N. V. Alekseev, V. V. Shcherbinin, N. N. Veniaminov and I. A. Ronova, *Zh. Strukt. Khim.*, 1976, **17**, 922; T. M. Kuznetsova, N. V. Alekseev and N. N. Veniaminov, *Zh. Strukt. Khim.*, 1979, **20**, 954.
11. T. M. Kuznetsova, N. V. Alekseev and N. N. Veniaminov, *Zh. Strukt. Khim.*, 1979, **20**, 336.
12. T. M. Il'enko, N. N. Veniaminov, N. V. Alekseev and V. V. Shcherbinin, *Zh. Strukt. Khim.*, 1976, **17**, 294.
13. B. Beagley, A. Foord, R. Moutran and B. Rozsondai, *J. Mol. Struct.*, 1977, **42**, 117.
14. V. S. Mastryukov, O. V. Dorofeeva, L. V. Vilkov, B. N. Cyvin and S. J. Cyvin, *Zh. Strukt. Khim.*, 1975, **16**, 473.
15. R. L. Livingston and L. O. Brockway, *J. Am. Chem. Soc.*, 1946, **68**, 719.
16. M. Dakkouri and H. Oberhammer, *Z. Naturforsch.*, Teil A, 1972, **27**, 1331.
17. J. B. Hall and D. Britton, *Acta Crystallogr.*, 1972, **B28**, 2133.
18. J. W. Bats and H. Fuess, *Acta Crystallogr.*, 1979, **B35**, 692.
19. G. M. Sheldrick and W. S. Sheldrick, *J. Chem. Soc. (A)*, 1969, 2160.
20. J. C. Calabrese and L. F. Dahl, *J. Am. Chem. Soc.*, 1971, **93**, 6042.
21. N. N. Veniaminov, N. V. Alekseev, S. A. Bashkirova, N. G. Komalenkova and E. A. Chernyshev, *Zh. Strukt. Khim.*, 1975, **16**, 918.
22. S. Cradock, E. A. V. Ebsworth, B. M. Hamill, D. W. H. Rankin, J. M. Wilson and R. A. Whiteford, *J. Mol. Struct.*, 1979, **57**, 123.
23. J. Konnert, D. Britton and Y. M. Chow, *Acta Crystallogr.*, 1972, **B28**, 180.
24. N. N. Veniaminov, N. V. Alekseev, S. A. Bashkirova, N. G. Komalenkova and E. A. Chernyshev, *Zh. Strukt. Khim.*, 1975, **16**, 290.
25. M. Dakkouri and H. Oberhammer, *Z. Naturforsch.*, Teil A, 1974, **29**, 513.
26. K. Kimura, K. Katada and S. H. Bauer, *J. Am. Chem. Soc.*, 1966, **88**, 416.
27. V. S. Mastryukov, A. V. Golubinskii, E. G. Atavin, L. V. Vilkov, B. N. Cyvin and S. J. Cyvin, *Zh. Strukt. Khim.*, 1979, **20**, 726.
28. Q. Shen, R. L. Hilderbrandt and V. S. Mastryukov, *J. Mol. Struct.*, 1979, **54**, 121.
29. Q. Shen, *J. Mol. Struct.*, 1978, **49**, 337.
30. S. H. Bauer and J. M. Hastings, *J. Chem. Phys.*, 1950, **18**, 13.
31. L. O. Brockway and H. O. Jenkins, *J. Am. Chem. Soc.*, 1936, **58**, 2036.
32. W. F. Sheehan and V. Schomaker, *J. Am. Chem. Soc.*, 1952, **74**, 3956.
33. B. Beagley, I. Monaghan and T. Hewitt, *J. Mol. Struct.*, 1971, **8**, 401.
34. M. Kakudo and T. Watase, *J. Chem. Phys.*, 1953, **21**, 167.
35. E. Gergo, I. Hargittai and G. Schultz, *J. Organomet. Chem.*, 1976, **112**, 29.
36. E. A. V. Ebsworth, D. W. H. Rankin, B. Zimmer-Gasser and H. Schmidbaur, *Chem. Ber.*, 1980, **113**, 1637.
37. J. E. Bentham and D. W. H. Rankin, *J. Organomet. Chem.*, 1971, **30**, C54.
38. W. Zeil, J. Haase and M. Dakkouri, *Faraday Discuss. Chem. Soc.*, 1969, **47**, 149.
39. R. Carleer, L. van den Enden, H. J. Geiss and F. C. Mijlhoff, *J. Mol. Struct.*, 1978, **50**, 345.
40. Q. Shen, *J. Mol. Struct.*, 1978, **51**, 61.
41. W. S. Sheldrick, M. N. S. Rao and H. W. Roesky, *Inorg. Chem.*, 1980, **19**, 538.
42. M. Yokoi, *J. Chem. Soc. Jpn.*, 1952, **73**, 822 (E).
43. T. M. Il'enko, N. N. Veniaminov and N. V. Alekseev, *Zh. Strukt. Khim.*, 1975, **16**, 292.
44. F. A. Keidel and S. H. Bauer, *J. Chem. Phys.*, 1956, **25**, 1218.
45. V. S. Mastryukov, O. V. Dorofeeva, L. V. Vilkov and N. A. Tarasenko, *J. Mol. Struct.*, 1975, **27**, 216.
46. N. Kasai and M. Kakudo, *Bull. Chem. Soc. Jpn.*, 1954, **27**, 605.
47. T. M. Kuznetsova, N. N. Veniaminov and N. V. Alekseev, *Zh. Strukt. Khim.*, 1979, **20**, 535.
48. E. E. Astrup, A. M. Bouzga and K. A. Ostoja-Starzewski, *J. Mol. Struct.*, 1979, **51**, 51.
49. N. I. Kirillova, T. V. Klimova, Y. T. Struchkov and V. I. Stanko, *Izv. Akad. Nauk SSSR, Ser. Khim.*, 1979, 2481.
50. U. Schubert and A. Rengstl, *J. Organomet. Chem.*, 1979, **166**, 323.
51. H. Schei, Q. Shen, R. F. Cunico and R. L. Hilderbrandt, *J. Mol. Struct.*, 1980, **63**, 59.
52. R. L. Hilderbrandt, G. D. Homer and P. Boutjouk, *J. Am. Chem. Soc.*, 1976, **98**, 7476.
53. A. Kemme, J. Bleidelis, V. M. D'yakov and M. G. Voronkov, *Zh. Strukt. Khim.*, 1975, **16**, 914.
54. S. N. Gurkova, A. I. Gusev, N. V. Alekseev, N. S. Fedotov, G. V. Ryasin, M. V. Polyakova and V. V. Sokolov, *Zh. Strukt. Khim.*, 1979, **20**, 162.
55. L. Parkanji, L. Bihatsi and P. Hencsei, *Cryst. Struct. Commun.*, 1978, **7**, 435 (X).
56. Q. Shen and R. L. Hilderbrandt, *J. Mol. Struct.*, 1980, **64**, 257 (E).
57. M. G. Voronkov, A. A. Kashayev, E. A. Zelbst, Y. L. Frolov, V. M. D'yakov and L. I. Gubanova, *Dokl. Akad. Nauk SSSR*, 1979, **247**, 1147.
58. M. C. Couldwell, J. Simpson and W. T. Robinson, *J. Organomet. Chem.*, 1976, **107**, 323.
59. Q. Shen, R. L. Hilderbrandt, G. T. Burns and T. J. Barton, *J. Organomet. Chem.*, 1980, **195**, 39.
60. S. Rustad and B. Beagley, *J. Mol. Struct.*, 1978, **48**, 381.
61. N. N. Veniaminov, Y. A. Ustynyuk, N. V. Alekseev, I. A. Ronova and Y. T. Struchkov, *J. Organomet. Chem.*, 1970, **22**, 551.
62. A. Kemme, J. Bleidelis, I. Solomennikova, G. Zelchan and E. Lukevics, *J. Chem. Soc., Chem. Commun.*, 1976, 1041.
63. F. P. Boer and J. W. Turley, *J. Am. Chem. Soc.*, 1969, **91**, 4134.
64. A. A. Kemme, J. J. Bleidelis, G. I. Zelchan, I. P. Urtane and E. J. Lukevits, *Zh. Strukt. Khim.*, 1977, **18**, 343.
65. M. Y. Antipin, M. Kravers, Y. T. Struchkov, R. Y. Sturkovich and E. Lukevics, *Latv. PSR Zinat. Akad. Vestis, Khim. Ser.*, 1980, 89 (*Chem. Abstr.*, 1980, **92**, 189 543).

66. A. A. Kemme, Y. Y. Bleidelis, V. M. D'yakov and M. G. Voronkov, *Izv. Akad. Nauk SSSR, Ser. Khim.*, 1976, 2400.
67. M. G. Voronkov, M. P. Demidov, V. E. Shklover, V. P. Baryskok, V. M. D'yakov and Y. L. Frolov, *Zh. Strukt. Khim.*, 1980, **21** (2), 100.
68. V. D. Sheludyakov, A. D. Kirilin, A. I. Gusev, V. A. Sharapov and V. I. Mironov, *Zh. Obshch. Khim.*, 1976, **46**, 2712.
69. M. Veith, *Z. Naturforsch., Teil B*, 1978, **33**, 7.
70. M. Veith, *Chem. Ber.*, 1978, **111**, 2536.
71. E. Carmona, F. Gonzalez, M. L. Poveda, J. L. Atwood and R. D. Rogers, *J. Chem. Soc., Dalton Trans.*, 1980, 2108.
72. W. Harrison and J. Trotter, *J. Chem. Soc., Dalton Trans.*, 1972, 678.
73. S. Pohl, *Chem. Ber.*, 1979, **112**, 3159.
74. O. I. Cherenkova, A. I. Gusev, T. L. Krasnova and E. A. Chernyshev, *Zh. Strukt. Khim.*, 1975, **16**, 484.
75. V. A. Sharapov, A. I. Gusev, O. I. Cherenkova, V. V. Stepanov, T. L. Krasnova, E. A. Chernyshev and Y. T. Struchkov, *Zh. Strukt. Khim.*, 1978, **19**, 881.
76. J. K. Fawcett, N. Camerman and A. Camerman, *Can. J. Chem.*, 1977, **55**, 3631.
77. L. Parkanyi and G. Bocelli, *Cryst. Struct. Commun.*, 1978, **7**, 335.
78. D. van der Helm, R. A. Loghry, D. J. Hanlon and A. P. Hagen, *Cryst. Struct. Commun.*, 1979, **8**, 899.
79. L. Parkanyi, P. Hencsei and E. Popowski, *J. Organomet. Chem.*, 1980, **197**, 275.
80. J. W. Turley and F. P. Boer, *J. Am. Chem. Soc.*, 1969, **91**, 4129.
81. J. W. Turley and F. P. Boer, *J. Am. Chem. Soc.*, 1968, **90**, 4026.
82. L. Parkanyi, K. Simon and J. Nagy, *Acta Crystallogr.*, 1974, **B30**, 2328.
83. L. Parkanyi, J. Nagy and K. Simon, *J. Organomet. Chem.*, 1975, **101**, 11.
84. S. Pohl, *J. Organomet. Chem.*, 1977, **142**, 195.
85. A. Kemme, J. Bleidelis, I. Urtane, G. Zelchan and E. Lukevics, *J. Organomet. Chem.*, 1980, **202**, 115.
86. S. K. Doun and L. S. Bartell, *J. Mol. Struct.*, 1980, **63**, 249.
87. B. L. Barnett and C. Krüger, *Angew. Chem.*, 1971, **83**, 969 (*Angew. Chem., Int. Ed. Engl.*, 1971, **10**, 910).
88. O. A. D'yachenko, L. O. Atovmyan, S. V. Soboleva, T. Y. Markova, N. G. Komalenkova, L. N. Shamshin and E. A. Chernyshev, *Zh. Strukt. Khim.*, 1974, **15**, 170; O. A. D'yachenko, L. O. Atovmyan and S. V. Soboleva, *Zh. Strukt. Khim.*, 1976, **17**, 191.
89. L. Rösch, G. Altnau, W. Erb, J. Pickardt and N. Bruncks, *J. Organomet. Chem.*, 1980, **197**, 51.
90. N. Wiberg, H.-W. Häring and U. Schubert, *Z. Naturforsch., Teil B*, 1980, **35**, 599.
91. E. W. Colvin, A. K. Beck, B. Bastani, D. Seebach, Y. Kai and J. D. Dunitz, *Helv. Chim. Acta*, 1980, **63**, 697.
92. S. N. Gurkova, N. V. Alekseev, A. I. Gusev, S. Y. Pechurina and V. I. Grigos, *Zh. Strukt. Khim.*, 1977, **18**, 384.
93. G. E. Herberich, E. Bauer, J. Hengesbach, U. Kolle, G. Huttner and H. Lorenz, *Chem. Ber.*, 1977, **110**, 760.
94. S. N. Gurkova, A. I. Gusev, N. V. Alekseev, M. G. Los', V. E. Zavodnik, V. K. Bel'skii, G. V. Ryasin and N. S. Fedotov, *Zh. Strukt. Khim.*, 1979, **20**, 1059.
95. N. G. Bokii, Y. T. Struchkov, L. K. Luneva and A. M. Sladkov, *Izv. Akad. Nauk SSSR, Ser. Khim.*, 1975, 334.
96. A. Karipides, A. T. Reed and R. H. P. Thomas, *Acta Crystallogr.*, 1974, **B30**, 1372.
97. J. Weaver and P. Woodward, *J. Chem. Soc., Dalton Trans.*, 1973, 1439.
98. P. A. Wegner, V. A. Uski, R. P. Kiester, S. Dabestani and V. W. Day, *J. Am. Chem. Soc.*, 1977, **99**, 4846.
99. J. J. Daly and W. Fink, *J. Chem. Soc.*, 1964, 4958.
100. W. F. Paton, E. R. Corey, J. Y. Corey and M. D. Glick, *Acta Crystallogr.*, 1977, **B33**, 226.
101. J. J. Daly and F. Sanz, *J. Chem. Soc., Dalton Trans.*, 1974, 2051.
102. O. A. D'yachenko, L. O. Atovmyan, S. M. Aldoshin, N. G. Komalenkova, A. G. Popov, V. V. Antipova and E. A. Chernyshev, *Izv. Akad. Nauk SSSR, Ser. Khim.*, 1975, 1081.
103. G. L. Delker, Y. Wang, G. D. Stucky, R. L. Lambert, C. K. Haas and D. Seyferth, *J. Am. Chem. Soc.*, 1976, **98**, 1779.
104. Y. Okaya and T. Ashida, *Acta Crystallogr.*, 1966, **20**, 461.
105. T. H. Lu, T. H. Hseu and T. J. Lee, *Acta Crystallogr.*, 1977, **B33**, 913.
106. E. R. Corey, J. Y. Corey and M. D. Glick, *J. Organomet. Chem.*, 1978, **146**, 95.
107. J. C. Dewan, *Acta Crystallogr.*, 1979, **B35**, 3111.
108. F. P. Boer, J. J. Flynn and J. W. Turley, *J. Am. Chem. Soc.*, 1968, **90**, 6973.
109. E. R. Corey, V. Cody, M. D. Glick and L. J. Radonovich, *J. Inorg. Nucl. Chem.*, 1973, **35**, 1714.
110. J. Allemand and R. Gerdil, *Cryst. Struct. Commun.*, 1979, **8**, 927.
111. K. W. Muir, R. Walker, E. W. Abel, T. Blackmore and R. J. Whitley, *J. Chem. Soc., Chem. Commun.*, 1975, 698.
112. J. Clardy and T. J. Barton, *J. Chem. Soc., Chem. Commun.*, 1972, 690.
113. H. Schumann, W. Genthe and N. Bruncks, *Angew. Chem.*, 1981, **93**, 126 (*Angew. Chem., Int. Ed. Engl.*, 1981, **20**, 119).
114. A. I. Gusev, V. E. Shklover, E. A. Chernyshev, T. L. Krasnova and Y. T. Struchkov, *Zh. Strukt. Khim.*, 1971, **12**, 282.
115. Y. A. Sokolova, O. A. D'yachenko, L. O. Atovmyan, N. S. Prostakov, A. V. Varlamov and N. Saxena, *J. Organomet. Chem.*, 1980, **202**, 149.
116. W. Clegg, N. Noltemeyer and G. M. Sheldrick, *Acta Crystallogr.*, 1979, **B35**, 2243.
117. R. Tacke, M. Strecker, W. S. Sheldrick, L. Ernst, E. Heeg, B. Berndt, C.-M. Knapstein and R. Niedner, *Chem. Ber.*, 1980, **113**, 1962.

118. G. M. Sheldrick and R. Taylor, *J. Organomet. Chem.*, 1975, **87**, 145.
119. J.-P. Vidal and J. Falgueirettes, *Acta Crystallogr.*, 1973, **B29**, 2833.
120. E. R. Corey, J. Y. Corey, W. F. Paton and M. D. Glick, *Acta Crystallogr.*, 1977, **B33**, 1254.
121. J. K. Hoyano, M. Elder and W. A. G. Graham, *J. Am. Chem. Soc.*, 1969, **91**, 4568*; M. Elder, *Inorg. Chem.*, 1970, **9**, 762.
122. E. A. Chernyshev, O. B. Afanasova, N. G. Komalenkova, A. I. Gusev and V. A. Sharapov, *Zh. Obshch. Khim.*, 1978, **48**, 2261.
123. J.-P. Vidal and J. Falgueirettes, *Acta Crystallogr.*, 1973, **B29**, 263.
124. P. C. Chieh and J. Trotter, *J. Chem. Soc. (A)*, 1969, 1778.
125. G. Barbieri, G. D. Andreetti, G. Bocelli and P. Sgarabotto, *J. Organomet. Chem.*, 1979, **172**, 285.
126. W. F. Paton, E. R. Corey, J. Y. Corey and M. D. Glick, *Acta Crystallogr.*, 1977, **B33**, 3322.
127. R. Tacke, M. Strecker, W. S. Sheldrick, E. Heeg, B. Berndt and K. M. Knapstein, *Z. Naturforsch., Teil B*, 1979, **34**, 1279.
128. E. R. Corey, J. Y. Corey and M. D. Glick, *Acta Crystallogr.*, 1976, **B32**, 2025.
129. K.-F. Tebbe, *Z. Anorg. Allg. Chem.*, 1980, **468**, 202.
130. R. M. Buchanan and C. G. Pierpont, *Inorg. Chem.*, 1979, **18**, 3608.
131. M. R. Collier, C. Eaborn, B. Jovanovic, M. F. Lappert, L. Manojlovic-Muir, K. W. Muir and M. M. Truelock, *J. Chem. Soc., Chem. Commun.*, 1972, 613*.
132. B. Jovanovic, L. Manojlovic-Muir and K. W. Muir, *J. Chem. Soc., Dalton Trans.*, 1974, 195.
133. J.-P. Vidal, J.-L. Galigne and J. Falgueirettes, *C. R. Hebd. Seances Acad. Sci.*, 1971, **272C**, 1852*; *Acta Crystallogr.*, 1972, **B28**, 3130.
134. E. R. Corey, J. Y. Corey and M. D. Glick, *J. Organomet. Chem.*, 1977, **129**, 17.
135. J.-P. Vidal, J. Lapasset and J. Falgueirettes, *Acta Crystallogr.*, 1972, **B28**, 3137.
136. W. F. Paton, V. Cody, E. R. Corey, J. Y. Corey and M. D. Glick, *Acta Crystallogr.*, 1976, **B32**, 2509.
137. E. R. Corey, W. F. Paton, J. Y. Corey and M. D. Glick, *J. Organomet. Chem.*, 1979, **179**, 241.
138. A. T. McPhail and R. W. Miller, *J. Chem. Soc., Perkin Trans. 2*, 1975, 1180.
139. H. Stoeckli-Evans, A. G. Osborne and R. H. Whiteley, *Helv. Chim. Acta*, 1976, **59**, 2402.
140. W. F. Paton, E. R. Corey, J. Y. Corey, M. D. Glick and K. Mislow, *Acta Crystallogr.*, 1977, **B33**, 268.
141. R. F. Bryan, F. A. Corey, O. Hernandez and I. F. Taylor, *J. Org. Chem.*, 1978, **43**, 85.
142. E. R. Corey, J. Y. Corey and M. D. Glick, *J. Organomet. Chem.*, 1975, **101**, 177.
143. C. M. Weeks, H. Hauptman and D. A. Norton, *Cryst. Struct. Commun.*, 1972, **1**, 79.
144. F. P. Boer, J. W. Turley and J. J. Flynn, *J. Am. Chem. Soc.*, 1968, **90**, 5102.
145. O. A. D'yachenko, L. O. Atovmyan, S. V. Soboleva, V. L. Rogachevskii, T. L. Krasnova and E. A. Chernyshev, *Zh. Strukt. Khim.*, 1975, **16**, 693.
146. C. Glidewell and G. M. Sheldrick, *J. Chem. Soc. (A)*, 1971, 3127 (X).
147. P. C. Chieh, *J. Chem. Soc., Dalton Trans.*, 1972, 1207 (X).
148. L. Parkanyi and K. Sasvari, *Period. Polytech., Chem. Eng.*, 1973, **17**, 271 (*Chem. Abstr.*, 1974, **80**, 41 857) (X).
149. M. L. H. Green, M. Berry, C. Couldwell and K. Prout, *Nouv. J. Chim.*, 1977, **1**, 187*.
150. C. Couldwell and K. Prout, *Acta Crystallogr.*, 1979, **B35**, 335.
151. A. Karipides, *Inorg. Chem.*, 1978, **17**, 2604.
152. A. Karipides and B. Foerst, *Acta Crystallogr.*, 1978, **B34**, 3494.
153. C. Glidewell and G. M. Sheldrick, *J. Chem. Soc., Dalton Trans.*, 1972, 2409.
154. A. Rengstl and U. Schubert, *Chem. Ber.*, 1972, 2409.
155. O. A. D'yachenko, Y. A. Sokolova, L. O. Atovmyan, A. N. Chekhov, N. S. Prostakhov, A. V. Varlamov and N. Saxena, *J. Organomet. Chem.*, 1981, **209**, 147.
156. R. A. Smith and M. J. Bennett, *Acta Crystallogr.*, 1977, **B33**, 1113.
157. K. T. Black and H. Hope, *J. Am. Chem. Soc.*, 1971, **93**, 3053.
158. M. C. Couldwell and J. Simpson, *J. Chem. Soc., Dalton Trans.*, 1976, 714.
159. A. G. Brook, J. M. Duff, P. Hitchcock and R. Mason, *J. Organomet. Chem.*, 1976, **113**, C11.
160. E. O. Fischer, H. Hollfelder, P. Friedrich, F. R. Kreissl and G. Huttner, *Chem. Ber.*, 1977, **110**, 3467.
161. E. O. Fischer, H. Hollfelder, P. Friedrich, F. R. Kreissl and G. Huttner, *Angew. Chem.*, 1977, **89**, 416 (*Angew. Chem., Int. Ed. Engl.*, 1977, **16**, 401).
162. E. O. Fischer, P. Rustemeyer and D. Neugebauer, *Z. Naturforsch., Teil B*, 1980, **35**, 1083.
163. A. B. Zolotoi, O. A. D'yachenko, L. O. Atovmyan, I. P. Yakovlev and V. O. Reikhsfel'd, *Zh. Strukt. Khim.*, 1980, **21**, 134.
164. P. B. Hitchcock and R. Mason, *Acta Crystallogr.*, 1978, **B34**, 694.
165. A. B. Zolotoi, O. A. D'yachenko, L. O. Atovmyan, I. P. Yakovlev and V. O. Reikhsfel'd, *J. Organomet. Chem.*, 1980, **190**, 267.
166. F. Dahan and Y. Jeannin, *J. Organomet. Chem.*, 1979, **171**, 283.
167. J. Mattia, M. B. Humphrey, R. D. Rogers, J. L. Atwood and M. D. Rausch, *Inorg. Chem.*, 1978, **17**, 3257.
168. J. A. Kanters and A. M. van Veen, *Cryst. Struct. Commun.*, 1973, **2**, 261.
169. N. M. Boag, M. Green, J. A. K. Howard, F. G. A. Stone and H. Wadepohl, *J. Chem. Soc., Dalton Trans.*, 1981, 862.
170. K. W. Muir, *J. Chem. Soc. (A)*, 1971, 2663.
171. S. C. Nyburg, A. G. Brook, J. D. Pascoe and J. T. Szymanski, *Acta Crystallogr.*, 1972, **B28**, 1785.
172. M. Cooke, J. A. K. Howard, C. R. Russ, F. G. A. Stone and P. Woodward, *J. Organomet. Chem.*, 1974, **78**, C43*; *J. Chem. Soc., Dalton Trans.*, 1976, 70.
173. C. Eaborn, P. B. Hitchcock, D. J. Tune and D. R. M. Walton, *J. Organomet. Chem.*, 1973, **54**, C1*; P. B. Hitchcock, *Acta Crystallogr.*, 1976, **B32**, 2014.
174. J. J. de Boer, J. A. van Doorn and C. Masters, *J. Chem. Soc., Chem. Commun.*, 1978, 1005.
175. B. Morosin and L. A. Harrah, *Acta Crystallogr.*, 1981, **B37**, 579.

176. V. A. Lebedev, Y. N. Drozdov, E. A. Kuz'min, A. V. Ganyushkin, V. A. Yablokov and N. V. Belov, *Dokl. Akad. Nauk SSSR*, 1979, **246**, 601.
177. P. G. Harrison, T. J. King, J. A. Richards and R. C. Phillips, *J. Organomet. Chem.*, 1976, **116**, 307.
178. M. Calligaris and K. Venkatasubramanian, *J. Organomet. Chem.*, 1979, **175**, 95.
179. F. H. Allen, W. B. T. Cruse and O. Kennard, *Acta Crystallogr.*, 1980, **B36**, 2337.
180. C. Krüger, Y.-H. Tsay and G. Wolmershäuser, unpublished work cited in O. J. Scherer and H. Jungmann, *Angew. Chem.*, 1979, **91**, 1020 (*Angew. Chem., Int. Ed. Engl.*, 1979, **18**, 953).
181. J. R. Anglin, H. P. Calhoun and W. A. G. Graham, *Inorg. Chem.*, 1977, **16**, 2281.
182. M. Ciriano, J. A. K. Howard, J. L. Spencer, F. G. A. Stone and H. Wadepohl, *J. Chem. Soc., Dalton Trans.*, 1979, 1749.

Si_2 Disilicon

Molecular formula	Structure	Notes	Ref.
$Si_2CH_2Cl_6$	$(SiCl_3)_2CH_2$	E	1, 2
$Si_2C_2H_4Cl_4$	$[SiCl_2CH_2]_2$	E	3
$Si_2C_2H_6N_6S_3$	$MeSi(NSN)_3SiMe$		4
$Si_2C_3H_6Cl_7P$	$(SiCl_3)_2CPClMe_2$		5
$Si_2C_4H_9Cl_6P$	$(SiCl_3)_2CPMe_3$		5
$Si_2CoC_4H_{12}N_4OS_4$	$\overline{Co\{(SN=SNSiMe_2)_2O\}}$		6
$Si_2C_4H_{12}S_2$	$[SiMe_2S]_2$	E	2, 7
$Si_2C_4H_{12}N_4S_2$	$[SiMe_2(N=S=N)]_2$		8
$Si_2B_{20}C_4H_{20}Cl_4$	$[(\mu\text{-}SiCl_2)C_2B_{10}H_{10}]_2$		9
$Si_2NiC_6H_{17}N_5S_4$	$\overline{Ni\{(SN=SNSiMe_2)_2NEt\}}$		6
$Si_2C_6H_{18}$	Si_2Me_6	E	10, 11
$Si_2AlC_6H_{18}Cl_2N_2P$	$\overline{PN(SiMe_3)AlCl_2N(SiMe_3)}$		12
$Si_2Al_2C_6H_{18}Br_4O_2$	$[AlBr_2(\mu\text{-}OSiMe_3)]_2$		13
$[Si_2Ti_2C_6H_{18}Cl_4N_2]_n$	*catena*-$[\{TiCl(\mu\text{-}Cl)(\mu\text{-}NSiMe_3)\}_2]_n$		14
$Si_2HgC_6H_{18}$	$(SiMe_3)_2Hg$		15
$Si_2C_6H_{18}N^-KC_8H_{16}O_4^+$	$[K(diox)_2][N(SiMe_3)_2]$		16
$Si_2C_6H_{18}N^-Na^+$	$Na[N(SiMe_3)_2]$		17
$Si_2C_6H_{18}N_2$	$(SiMe_3)N=N(SiMe_3)$	143	18
$Si_2C_6H_{18}O$	$(SiMe_3)_2O$	E, X	2, 19–22
$Si_2C_6H_{18}O_2$	$(SiMe_3)_2O_2$	E	23
$Si_2C_6H_{19}N$	$(SiMe_3)_2NH$	E	24
$Si_2C_6H_{20}N_5PS_2$	$\overline{\{(SiMe_3)NH\}_2P=NSN=S=N}$		25
$Si_2FeC_8H_{12}F_4O$	*trans*-$HFe(SiF_2Me)_2(CO)(\eta\text{-}C_5H_5)$		26
$Si_2C_8H_{19}Cl_2NO$	$\overline{SiClMe_2(CH_2NCH_2SiClMe_2OCMe)}$		27
$Si_2Ge_2C_8H_{20}Cl_4$	$[(SiMe_3)CHGeCl_2]_2$		28
$Si_2C_8H_{20}N_2S_2$	$[SiMe_3NHC(S)]_2$		29
$Si_2C_8H_{24}P^+CoC_4O_4^-$	$[(SiMe_3)_2PMe_2][Co(CO)_4]$		30
$Si_2FeC_{10}H_{18}O_4$	*cis*-$Fe(SiMe_3)_2(CO)_4$		31
$Si_2C_{10}H_{18}O_2$	$1,2\text{-}\{SiMe_2(OH)\}_2C_6H_4$	a	32
$Si_2C_{10}H_{24}S_2$	*trans*-$C_2(SMe)_2(SiMe_3)_2$		33
$Si_2Ge_2C_{10}H_{26}O$	$\{MeSi(\mu\text{-}CH_2)_2GeMe_2\}_2O$	b	34
$Si_2MgC_{10}H_{28}O_2$	$(SiMe_3)_2Mg(DME)$		35
$Si_2Sn_2C_{10}H_{30}O_3$	$\{SiMe_3(OSnMe_2)\}_2O$		36
$Si_2C_{11}H_{22}$	$1,1\text{-}(SiMe_3)_2C_5H_4$	E	37
$Si_2C_{11}H_{33}N_4P_2^+I^-$	$[\{(SiMe_3)\overline{NPMe(NMe_2)N(SiMe_3)P(NMe_2)}\}]I$		38
$[Si_2C_{12}H_{10}O_3]_n$	$[(SiPh)_2O_3]_n$	c	39
$Si_2C_{12}H_{12}$	$H_2\overline{SiC_6H_4(SiH_2)}C_6H_4$		40
$Si_2C_{12}H_{14}Cl_4N_2\cdot 0.5C_2H_3N$	$SiCl_2Me\{SiCl_2Me(bipy)\}\cdot 0.5MeCN$		41
$Si_2C_{12}H_{22}$	$1,4\text{-}(SiMe_3)_2C_6H_4$		42
$Si_2C_{12}H_{24}N_2$	$(SiMe_3)\overline{N(CH=CH)_2N(SiMe_3)CH=CH}$		43
$Si_2C_{14}H_{18}$	$SiMe_3(C\equiv C)_4SiMe_3$		44
$Si_2C_{14}H_{18}$	$(SiMe_2)_2C_{10}H_6$	d	45
$Si_2C_{14}H_{24}$	$(SiMe_3)_2C_8H_6$	e	46
$Si_2Re_2C_{14}H_{24}O_6$	$[H_2Re(\mu\text{-}SiEt_2)(CO)_3]_2$		47
$Si_2C_{14}H_{36}N_4O_2P_2$	$(SiMe_3)_2N_2P_2(NMe_2)_2(Me_2C_2O_2)$	f	48
$Si_2C_{14}H_{36}N_5P$	$(SiMe_3)_2N\overline{PNBu^tN=NN}Bu^t$		49
$Si_2Re_2C_{15}H_{22}O_7$	$H_2Re_2(\mu\text{-}SiEt_2)_2(CO)_7$		50
$Si_2CrC_{15}H_{27}N_2O_5P$	$Cr(CO)_5\{P(=NBu^t)N(SiMe_3)_2\}$		51
$Si_2C_{16}H_{18}Cl_2$	$SiMe_3\{SiCl_2(C_{13}H_9)\}$	g	52
$Si_2C_{16}H_{20}$	$Me_2\overline{SiC_6H_4(SiMe_2)}C_6H_4$		53
$Si_2C_{16}H_{22}N_2$	$[Me_2SiNPh]_2$		54
$Si_2W_2C_{16}H_{22}O_8$	$[HW(\mu\text{-}SiEt_2)(CO)_4]_2$		55
$Si_2RuC_{16}H_{26}O_2$	$Ru(SiMe_3)(CO)_2\{\eta^5\text{-}C_8H_8(SiMe_3)\}$		56
$Si_2VC_{16}H_{28}N_2$	$V\{N=N(SiMe_3)_2\}(\eta\text{-}C_5H_5)_2$		57

Molecular formula	Structure	Notes	Ref.
$Si_2C_{17}H_{38}O_2P_2$	$\{(SiMe_3O)CBu^t=P\}_2CH_2$		58
$Si_2C_{18}H_{18}F_{26}N_2O_4P_2$	$[(SiMe_3)NPF\{O_2C_2(CF_3)_4\}]_2$		59
$Si_2C_{18}H_{22}N_2O_2$	$Me_2SiN=CPhOSiMe_2N(COPh)$		60
$Si_2C_{18}H_{24}F_{18}O$	$\{Si(CH_2CH_2CF_3)_3\}_2O$		61
$Si_2Ru_2C_{18}H_{24}O_5$	$Ru_2(SiMe_3)(CO)_5\{\mu\text{-}\eta^3,\eta^4\text{-}C_7H_6(SiMe_3)\}$		62
$Si_2C_{18}H_{26}O_2$	$\{SiMe_2(CH_2Ph)\}_2O$	153	63
$Si_2Ru_2C_{18}H_{26}O_4$	$Ru_2(SiMe_3)(CO)_4\{\mu\text{-}\eta^4,\eta^5\text{-}C_8H_8(SiMe_3)\}$		64
$Si_2CdC_{18}H_{30}N_2 \cdot 0.5C_{10}H_8N_2$	$Cd(CH_2SiMe_3)_2(bipy)\cdot 0.5bipy$		65
$Si_2NiC_{18}H_{32}N_2$	$cis\text{-}Ni(CH_2SiMe_3)_2(py)_2$		66
$Si_2ZrC_{18}H_{32}$	$Zr(CH_2SiMe_3)_2(\eta\text{-}C_5H_5)_2$	h	67
$Si_2As_2C_{18}H_{42}O_2$	$[(SiMe_3O)CBu^tAsMe]_2$		68
$Si_2C_{18}H_{42}N_4O_4P_2$	$(SiMe_3)_2N_2P_2(NMe_2)_2(Me_2C_2O_2)_2$	i	48
$Si_2Mo_2C_{18}H_{46}O_4P_2$	$\{Mo(CH_2SiMe_3)(PMe_3)\}_2(\mu\text{-}OAc)_2$		69
$Si_2C_{18}H_{46}N_2^{2+}2I^-$	$[\{CH_2SiMe_2(CH_2)_3NMe_3\}_2]I_2$		70
$Si_2Ru_2C_{19}H_{24}O_5$	$Ru_2(CO)_5\{\mu\text{-}SiMe_2(CH_2)_2SiMe_2C_8H_8\}$		64
$Si_2C_{20}H_{12}Cl_2$	$Si_2Cl_2(C_{10}H_6)_2$	j	71
$Si_2C_{20}H_{12}Cl_2O$	$Si_2OCl_2(C_{10}H_6)_2$	k	71
$Si_2C_{20}H_{20}S_4$	$5,5'\text{-}\{SiMe_2(C_4H_3S\text{-}2)\}_2C_8H_4S_2$	l	72
$Si_2MoC_{20}H_{24}O_4P_2$	$Mo(CO)_4\{(HPPhSiMe_2)_2\}$		73
$Si_2CrC_{20}H_{26}O_5$	$Cr(CO)_3\{\eta^6\text{-}PhC(OMe)=C(SiMe_3)\text{-}C(SiMe_3)=CO\}$		74
$Si_2C_{20}H_{28}$	$cis\text{-}(SiMe_3)_2C_{14}H_{10}$	m	75
$Si_2C_{20}H_{28}$	$trans\text{-}(SiMe_3)_2C_{14}H_{10}$	m	75
$Si_2Mo_2C_{20}H_{40}Cl_2O_6P_2$	$[MoCl(COCH_2SiMe_3)(CO)_2(PMe_3)]_2$		76
$Si_2SnC_{20}H_{48}N_4$	$\{Me_2Si(NBu^t)_2\}_2Sn$	193	77
$Si_2Sn_2C_{20}H_{48}N_4 \cdot SiSnC_{10}H_{24}N_2$	$[Me_2Si(NBu^t)_2Sn]_2 \cdot Me_2Si(\mu\text{-}NBu^t)_2Sn$	153	78
$Si_2TiC_{20}H_{48}N_4$	$\{Me_2Si(NBu^t)_2\}_2Ti$		79
$Si_2ZrC_{20}H_{48}N_4$	$\{Me_2Si(NBu^t)_2\}_2Zr$		79
$Si_2RuC_{21}H_{25}F_5O_2$	$Ru(SiMe_3)(CO)_2\{\eta^5\text{-}C_7H_7(C_6F_5)(SiMe_3)\}$		80
$Si_2Ru_3C_{22}H_{22}O_8$	$Ru_3(CO)_8\{C_8H_4(SiMe_3)_2\}$		81
$Si_2C_{22}H_{34}O_3$	$\{SiMe(C_{10}H_{13})(OH)\}_2O$	n	82
$Si_2ZrC_{23}H_{34}$	$ZrPh\{CH(SiMe_3)_2\}(\eta\text{-}C_5H_5)_2$		67
$Si_2C_{24}H_{22}$	$H_2Si_2Ph_4$		83
$Si_2B_2NiC_{24}H_{30}$	$Ni\{\eta^5\text{-}PhB(CH=CH)_2SiMe_2\}_2$		84
$Si_2NbC_{24}H_{34}$	$Nb(CH_2C_6H_4CH_2\text{-}2)(\eta\text{-}C_5H_4SiMe_3)_2$		85
$Si_2YbC_{24}H_{42}O_2$	$Yb(THF)_2(\eta\text{-}C_5H_4SiMe_3)_2$		86
$Si_2C_{24}H_{46}$	$H_2Si_2Cy_4$		87
$Si_2C_{25}H_{30}F_3N$	$(SiF_2Ph)(SiFBu^tPh)N(Mes)$		88
$Si_2Co_3C_{25}H_{33}$	$\{Co(\eta\text{-}C_5H_5)\}_3(\mu_3\text{-}CSiMe_3)(\mu_3\text{-}CC_2SiMe_3)$		89
$Si_2ZrC_{25}H_{45}Cl$	$ZrCl\{CH(SiMe_3)_2\}(\eta\text{-}C_5H_4Bu^t)_2$		90
$Si_2C_{26}H_{44}Cl_2N_2S_2$	$trans\text{-}C_2(C_6H_4Cl\text{-}4)_2\{SN(SiMe_3)\}_2$		91
$Si_2Li_2C_{26}H_{56}N_4$	$1,2\text{-}C_6H_4(CHSiMe_3)_2\{Li(TMEDA)\}_2$		92
$Si_2CoC_{27}H_{33}$	$Co\{\eta^4\text{-}cis\text{-}C_4Ph_2(SiMe_3)_2\}(\eta\text{-}C_5H_5)$		93
$Si_2CoC_{27}H_{33}$	$Co\{\eta^4\text{-}trans\text{-}C_4Ph_2(SiMe_3)_2\}(\eta\text{-}C_5H_5)$		93,94
$Si_2C_{27}H_{37}BrO_3$	$\{CH(SiMe_3)(SiMe_2\{C_6H_4(CO_2CH_2CO\text{-}C_6H_4Br\text{-}4)\text{-}4\})\}CH=CMe(CHMe_2)$		95
$Si_2CrC_{28}H_{38}N_4^+I^-$	$[Cr(CH_2SiMe_3)_2(bipy)_2]I$		96
$Si_2Mn_2C_{32}H_{20}O_8$	$[Mn(\mu\text{-}SiPh_2)(CO)_4]_2$		97
$Si_2C_{32}H_{32}$	$Me_2Si(\mu\text{-}CPh=CPh)_2SiMe_2$		98
$Si_2C_{34}H_{34}$	$SiMe_3(C_6H_2Ph_4SiMe)$	o	99
$Si_2C_{34}H_{36}O_2$	$[Ph_2SiOC_5H_8]_2$	p	100
$Si_2C_{34}H_{36}O_2$	$(Ph_2SiOC_4H_8)\overline{C\{C(O)C_4H_8SiPh_2\}}$	q	101
$Si_2C_{36}H_{28}$	$Ph_2SiC_6H_4(\overline{SiPh_2})C_6H_4$		102
$Si_2CrC_{36}H_{30}O_4$	$(SiPh_3O)_2CrO_2$		103
$Si_2HgC_{36}H_{30}$	$(SiPh_3)_2Hg$		104
$Si_2C_{36}H_{30}N_2$	$[Ph_2SiNPh]_2$		105
$Si_2C_{36}H_{30}O$	$(SiPh_3)_2O$		106
$Si_2C_{36}H_{31}N$	$(SiPh_3)_2NH$		107
$Si_2C_{36}H_{46}$	$H_2Si_2(Mes)_4$		83
$Si_2C_{37}H_{30}N_2$	$(SiPh_3)N=C=N(SiPh_3)$		108
$Si_2C_{38}H_{48}N_2O$	$\{SiPh_2(CH_2CH_2NC_5H_{10})\}_2O$		109
$Si_2Pt_2C_{40}H_{80}P_2$	$[HPt(\mu\text{-}SiMe_2)(PCy_3)]_2$		110
$Si_2IrC_{41}H_{43}O_2P_2$	$HIr(SiMe_2OSiMe_2)(CO)(PPh_3)_2$		111
$Si_2NiC_{42}H_{48}NP_2$	$Ni\{N(SiMe_3)_2\}(PPh_3)_2$		112
$Si_2Pt_2C_{46}H_{64}N_4$	$[Pt(SiMePh_2)(CH=NBu^t)(CNBu^t)]_2$	223	113
$Si_2Pt_2C_{48}H_{98}P_2$	$[HPt(SiEt_3)(PCy_3)]_2$		114

[a] H-bonded polymer. [b] 1,3,3,5,7,7-Me₆-9-oxa-1,5-disila-3,7-digermabicyclo[3.3.1]nonane. [c] Repeat distance and inter-chain spacing only. [d] 1,1,2,2-Me₄-1,2-disilaacenaphthene. [e] 3,4-(SiMe₃)₂bicyclo[4.2.0]octa-1,3,5-

triene. ^{f} 4,5-Me$_2$-1,3-dioxa-2-phosphorole-2-spiro-2'-cis-2,4-(NMe$_2$)$_2$-1,3-(SiMe$_3$)$_2$-1,3,2,4-diazadiphosphetidine. ^{g} C$_{13}$H$_{19}$ = 9-fluorenyl. ^{h} Only Zr—C bond length recorded. ^{i} cis-2,4-(NMe$_2$)$_2$-1,3-(SiMe$_3$)$_2$-1,3,2,4-diazadiphosphetidine-2',4'-bis-spiro-2,2''-(4,5-Me$_2$-1,3-dioxa-2-phosphorole). ^{j} Bis(1,8-naphthylene)dichlorodisilane. ^{k} Bis(1,8-naphthylene)dichlorodisiloxane. ^{l} C$_8$H$_6$S$_2$ = 2,2'-bithienyl. ^{m} C$_{14}$H$_{10}$(SiMe$_3$)$_2$ = 9,10-(SiMe$_3$)$_2$-9,10-dihydroanthracene. ^{n} C$_{10}$H$_{13}$ = tricyclo[5.2.1.0^{2,6}]dec-3-en-9-yl. ^{o} 2,3,6,7-Ph$_4$-7-(SiMe$_3$)-1-silabicyclo[2.2.1]hepta-2,5-diene. ^{p} trans-7,7'-bis(2,2-Ph$_2$-1-oxa-2-silacycloheptylidene). ^{q} 2,2,8,8-Ph$_4$-1-oxa-2,8-disila-spiro[7.7]tridecan-13-one.

1. C. Iida, M. Yokoi and K. Yamasaki, *J. Chem. Soc. Jpn.*, 1952, **73**, 882.
2. M. Yokoi, *Bull. Chem. Soc. Jpn.*, 1957, **30**, 100.
3. L. V. Vilkov, M. M. Kusakov, N. S. Nametkin and V. D. Oppengeim, *Dokl. Akad. Nauk SSSR*, 1968, **183**, 830.
4. H. W. Roesky, M. Witt, B. Krebs, G. Henkel and H.-J. Korte, *Chem. Ber.*, 1981, **114**, 201.
5. G. Fritz, U. Braun, W. Schick, W. Hönle and H. G. von Schnering, *Z. Anorg. Allg. Chem.*, 1981, **472**, 45.
6. U. Thewalt and M. Schlingmann, *Z. Anorg. Allg. Chem.*, 1974, **406**, 319.
7. M. Yokoi, T. Nomura and K. Yamasaki, *J. Am. Chem. Soc.*, 1955, **77**, 4484.
8. G. Ertl and J. Weiss, *Z. Naturforsch., Teil B*, 1974, **29**, 803.
9. R. R. Ryan and R. Schaeffer, *Cryst. Struct. Commun.*, 1981, **10**, 133.
10. L. O. Brockway and N. R. Davidson, *J. Am. Chem. Soc.*, 1941, **63**, 3287.
11. B. Beagley, J. J. Monaghan and T. G. Hewitt, *J. Mol. Struct.*, 1971, **8**, 401.
12. S. Pohl, *Chem. Ber.*, 1979, **112**, 3159.
13. M. Bonamico and G. Dessy, *J. Chem. Soc. (A)*, 1967, 1786.
14. N. W. Alcock, M. Pierce-Butler and G. R. Willey, *J. Chem. Soc., Chem. Commun.*, 1974, 627*; *J. Chem. Soc., Dalton Trans.*, 1976, 707.
15. P. Bleckmann, M. Soliman, K. Reuter and W. P. Neumann, *J. Organomet. Chem.*, 1976, **108**, C18.
16. A. M. Domingos and G. M. Sheldrick, *Acta Crystallogr.*, 1974, **B30**, 517.
17. R. Gruning and J. L. Atwood, *J. Organomet. Chem.*, 1977, **137**, 101.
18. M. Veith and H. Bärnighausen, *Acta Crystallogr.*, 1974, **B30**, 1806.
19. K. Yamasaki, A. Kotera, M. Yokoi and Y. Ueda, *J. Chem. Phys.*, 1950, **18**, 1414 (E).
20. C. M. Lucht, unpublished work cited in W. L. Roth, *Annu. Rev. Phys. Chem.*, 1951, **2**, 217 (E).
21. B. Csakvari, Z. Wagner, P. Gomory, F. C. Mijlhoff, B. Rozsondai and I. Hargittai, *J. Organomet. Chem.*, 1976, **107**, 287 (E).
22. M. J. Barrow, E. A. V. Ebsworth and M. M. Harding, *Acta Crystallogr.*, 1979, **B35**, 2093 (X at 148 K).
23. D. Kass, H. Oberhammer, D. Brandes and A. Blaschette, *J. Mol. Struct.*, 1977, **40**, 65.
24. A. G. Robiette, G. M. Sheldrick, W. S. Sheldrick, B. Beagley, D. W. J. Cruickshank, J. J. Monaghan, B. J. Aylett and I. A. Ellis, *Chem. Commun.*, 1968, 909.
25. J. Weiss, *Acta Crystallogr.*, 1977, **B33**, 2272.
26. R. A. Smith and M. J. Bennett, *Acta Crystallogr.*, 1977, **B33**, 1118.
27. K. D. Onan, A. T. McPhail, C. H. Yoder and R. W. Hillyard, *J. Chem. Soc., Chem. Commun.*, 1978, 209.
28. A. I. Gusev, T. K. Gar, M. G. Los' and N. V. Alekseev, *Zh. Strukt. Khim.*, 1976, **17**, 736.
29. D. Rinne and U. Thewalt, *Z. Anorg. Allg. Chem.*, 1978, **443**, 185.
30. H. Schäfer and A. G. MacDiarmid, *Inorg. Chem.*, 1976, **15**, 848.
31. L. Vancea, M. J. Bennett, C. E. Jones, R. A. Smith and W. A. G. Graham, *Inorg. Chem.*, 1977, **16**, 897.
32. L. E. Alexander, M. G. Northolt and R. Engmann, *J. Phys. Chem.*, 1967, **71**, 4298.
33. R. C. Collins and R. E. Davis, *Acta Crystallogr.*, 1978, **B34**, 288.
34. T. K. Gar, A. A. Buyakov, A. I. Gusev, M. G. Los', A. V. Kisin and V. F. Mironov, *Zh. Strukt. Khim.*, 1976, **46**, 837.
35. A. R. Claggett, W. H. Ilsley, T. J. Anderson, M. D. Glick and J. P. Oliver, *J. Am. Chem. Soc.*, 1977, **99**, 1797.
36. R. Okawara, *Proc. Chem. Soc.*, 1961, 383.
37. N. N. Veniaminov, Y. A. Ustynyuk, N. V. Alekseev, I. A. Ronova and Y. T. Struchkov, *Zh. Strukt. Khim.*, 1972, **13**, 136.
38. W. Schwarz, H. Hess and W. Zeiss, *Z. Naturforsch., Teil B*, 1978, **33**, 723.
39. J. F. Brown, K. H. Vogt, A. Katchman, J. W. Eustance, K. M. Kiser and K. W. Krantz, *J. Am. Chem. Soc.*, 1960, **82**, 6194.
40. O. A. D'yachenko, L. O. Atovmyan, S. V. Soboleva, T. Y. Markova, N. G. Komalenkova, L. N. Shamshin and E. A. Chernyshev, *Zh. Strukt. Khim.*, 1975, **15**, 170; O. A. D'yachenko, L. O. Atovmyan and S. V. Soboleva, *Zh. Strukt. Khim.*, 1975, **16**, 505.
41. O. Sawitzky and H. G. von Schnering, *Chem. Ber.*, 1976, **109**, 3728.
42. G. Menczel and J. Kiss, *Acta Crystallogr.*, 1975, **B31**, 1787.
43. H.-J. Altenbach, H. Stegelmeier, M. Wilhelm, B. Voss, J. Lex and E. Vogel, *Angew. Chem.*, 1979, **91**, 1028 (*Angew. Chem., Int. Ed. Engl.*, 1979, **18**, 962).
44. B. F. Coles, P. B. Hitchcock and D. R. M. Walton, *J. Chem. Soc., Dalton Trans.*, 1975, 442.
45. O. A. D'yachenko, S. V. Soboleva and L. O. Atovmyan, *Zh. Strukt. Khim.*, 1976, **17**, 350.
46. K. P. Moder, E. N. Duesler and N. J. Leonard, *Acta Crystallogr.*, 1981, **B37**, 289.
47. M. Cowie and M. J. Bennett, *Inorg. Chem.*, 1977, **16**, 2321.
48. D. Lux, W. Schwarz, H. Hess and W. Zeiss, *Z. Naturforsch., Teil B*, 1980, **35**, 269.
49. S. Pohl, E. Niecke and H. G. Schafer, *Angew. Chem.*, 1978, **90**, 135 (*Angew. Chem., Int. Ed. Engl.*, 1978, **17**, 136).
50. M. Cowie and M. J. Bennett, *Inorg. Chem.*, 1977, **16**, 2325.
51. S. Pohl, *J. Organomet. Chem.*, 1977, **142**, 185.
52. U. Schubert, *J. Organomet. Chem.*, 1980, **197**, 269.

53. O. A. D'yachenko, L. O. Atovmyan, S. V. Soboleva, T. Y. Markova, N. G. Komalenkova, L. N. Shamshin and E. A. Chernyshev, *Zh. Strukt. Khim.*, 1974, **15**, 667.
54. L. Parkanyi, G. Argay, P. Hencsei and J. Nagy, *J. Organomet. Chem.*, 1976, **116**, 299.
55. M. J. Bennett and K. A. Simpson, *J. Am. Chem. Soc.*, 1971, **93**, 7156.
56. P. J. Harris, J. A. K. Howard, S. A. R. Knox, R. J. McKinney, R. P. Phillips, F. G. A. Stone and P. Woodward, *J. Chem. Soc., Dalton Trans.*, 1978, 403.
57. M. Veith, *Angew. Chem.*, 1976, **88**, 384 (*Angew. Chem., Int. Ed. Engl.*, 1976, **15**, 387).
58. G. Becker and O. Mundt, *Z. Anorg. Allg. Chem.*, 1978, **443**, 53.
59. J. A. Gibson, G. V. Roschenthaler, D. Schomburg and W. S. Sheldrick, *Chem. Ber.*, 1977, **110**, 1887.
60. F. P. Boer and F. P. van Remoortere, *J. Am. Chem. Soc.*, 1970, **92**, 801.
61. A. I. Gusev, D. Y. Nesterov, N. V. Alekseev, N. E. Rodzevich, V. V. Zverev, N. V. Ivanova and M. V. Sobolevskii, *Zh. Strukt. Khim.*, 1976, **17**, 944.
62. A. Brookes, J. Howard, S. A. R. Knox, V. Riera, F. G. A. Stone and P. Woodward, *J. Chem. Soc., Chem. Commun.*, 1973, 727*; J. Howard and P. Woodward, *J. Chem. Soc., Dalton Trans.*, 1975, 59.
63. V. E. Shklover, A. V. Ganyushkin, V. A. Yablokov and Y. T. Struchkov, *Cryst. Struct. Commun.*, 1979, **8**, 869.
64. J. D. Edwards, R. Goddard, S. A. R. Knox, R. J. McKinney, F. G. A. Stone and P. Woodward, *J. Chem. Soc., Chem. Commun.*, 1975, 828*; R. Goddard and P. Woodward, *J. Chem. Soc., Dalton Trans.*, 1980, 559.
65. G. W. Bushnell and S. R. Stobart, *Can. J. Chem.*, 1980, **58**, 574.
66. E. Carmona, F. Gonzalez, M. L. Poveda, J. L. Atwood and R. D. Rogers, *J. Chem. Soc., Dalton Trans.*, 1981, 777.
67. J. Jeffery, M. F. Lappert, N. T. Luong-Thi, J. L. Atwood and W. E. Hunter, *J. Chem. Soc., Chem. Commun.*, 1978, 1081.
68. G. Becker and G. Gutekunst, *Z. Anorg. Allg. Chem.*, 1980, **470**, 157.
69. M. B. Hursthouse and K. M. A. Malik, *Acta Crystallogr.*, 1979, **B35**, 2709.
70. R. Tacke, R. Niedner, J. Frohnecke, L. Ernst and W. S. Sheldrick, *Liebigs Ann. Chem.*, 1980, 1859.
71. O. A. D'yachenko, L. O. Atovmyan, V. I. Ponomarev, V. I. Andrianov, Y. V. Nekrasov, L. A. Muradyan, N. G. Komalenkova and E. A. Chernyshev, *Zh. Strukt. Khim.*, 1975, **16**, 156.
72. A. Lipka and H. G. von Schnering, *Chem. Ber.*, 1977, **110**, 1377.
73. W. S. Sheldrick and A. Borkenstein, *Acta Crystallogr.*, 1977, **B33**, 2916.
74. U. Schubert and K. H. Dötz, *Cryst. Struct. Commun.*, 1979, **8**, 989.
75. F. Leroy, C. Courseille, M. Daney and H. Bouas-Laurent, *Acta Crystallogr.*, 1976, **B32**, 2792.
76. E. C. Guzman, G. Wilkinson, J. L. Atwood, R. D. Rogers, W. E. Hunter and M. J. Zawarotko, *J. Chem. Soc., Chem. Commun.*, 1978, 465*; *J. Chem. Soc., Dalton Trans.*, 1980, 229.
77. M. Veith, *Z. Anorg. Allg. Chem.*, 1978, **446**, 227.
78. M. Veith, *Z. Naturforsch., Teil B*, 1978, **33**, 7.
79. D. J. Brauer, H. Bürger, E. Essig and W. Geschwandtner, *J. Organomet. Chem.*, 1980, **190**, 343.
80. J. A. K. Howard, S. A. R. Knox, V. Riera, B. A. Sosinsky, F. G. A. Stone and P. Woodward, *J. Chem. Soc., Chem. Commun.*, 1974, 673.
81. J. A. K. Howard, S. A. R. Knox, F. G. A. Stone, A. C. Szary and P. Woodward, *J. Chem. Soc., Chem. Commun.*, 1974, 788.
82. T. V. Chogovadze, A. I. Nogaideli, L. M. Khananashvili, L. I. Nakaidze, V. S. Tskhovrebashvili, A. I. Gusev and D. Y. Nesterov, *Dokl. Akad. Nauk SSSR*, 1979, **246**, 891.
83. S. G. Baxter, K. Mislow and J. F. Blount, *Tetrahedron*, 1980, **36**, 605.
84. G. E. Herberich, M. Thönnessen and D. Schmitz, *J. Organomet. Chem.*, 1980, **191**, 27.
85. M. F. Lappert, T. R. Martin, C. R. C. Milne, J. L. Atwood, W. E. Hunter and R. E. Pentilla, *J. Organomet. Chem.*, 1980, **192**, C35.
86. M. F. Lappert, P. I. W. Yarrow, J. L. Atwood, R. Shakir and J. Holton, *J. Chem. Soc., Chem. Commun.*, 1980, 987.
87. S. G. Baxter, D. A. Dougherty, J. P. Hummel, J. F. Blount and K. Mislow, *J. Am. Chem. Soc.*, 1978, **100**, 7795.
88. P. G. Jones, *Acta Crystallogr.*, 1979, **B35**, 1737.
89. J. R. Fritsch, K. P. C. Vollhardt, M. R. Thompson and V. W. Day, *J. Am. Chem. Soc.*, 1979, **101**, 2768.
90. M. F. Lappert, P. I. Riley, P. I. W. Yarrow, J. L. Atwood, W. E. Hunter and M. J. Zarawotko, *J. Chem. Soc., Dalton Trans.*, 1981, 814.
91. W. Walter, H. W. Lube and G. Adiwidjaja, *J. Organomet. Chem.*, 1977, **140**, 11.
92. M. F. Lappert, C. L. Raston, B. W. Skelton and A. H. White, *J. Chem. Soc., Chem. Commun.*, 1982, 14.
93. C. Kabuto, J. Hayashi, H. Sakurai and Y. Kitahara, *J. Organomet. Chem.*, 1972, **43**, C23.
94. I. Bernal, B. R. Davis, M. Rausch and A. Siegel, *J. Chem. Soc., Chem. Commun.*, 1972, 1169*; M. D. Rausch, I. Bernal, B. R. Davis, A. Siegel, F. A. Higbie and G. F. Westover, *J. Coord. Chem.*, 1973, **3**, 149.
95. H. Wetter, P. Scherer and W. B. Schweizer, *Helv. Chim. Acta*, 1979, **62**, 1985.
96. J. J. Daly, F. Sanz, R. P. A. Sneeden and H. H. Zeiss, *J. Chem. Soc., Dalton Trans.*, 1973, 1497; *Helv. Chim. Acta*, 1973, **56**, 503.
97. G. L. Simon and L. F. Dahl, *J. Am. Chem. Soc.*, 1973, **95**, 783.
98. N. G. Bokii and Y. T. Struchkov, *Zh. Strukt. Khim.*, 1965, **6**, 571; M. E. Vol'pin, V. G. Dulova, Y. T. Struchkov, N. K. Bokii and D. N. Kursanov, *J. Organomet. Chem.*, 1967, **8**, 87.
99. T. J. Barton, W. D. Wulff, E. V. Arnold and J. Clardy, *J. Am. Chem. Soc.*, 1979, **101**, 2733.
100. P. T. Cheng and S. C. Nyburg, *Acta Crystallogr.*, 1976, **B32**, 930.
101. P. T. Cheng, W. K. Wong-Ng, S. C. Nyburg and S. van der Heijden, *Acta Crystallogr.*, 1976, **B32**, 933.
102. S. V. Soboleva, O. A. D'yachenko and L. O. Atovmyan, *Izv. Akad. Nauk SSSR, Ser. Khim.*, 1974, 1443.

103. B. Stensland and P. Kierkegaard, *Acta Chem. Scand.*, 1970, **24**, 211.
104. W. H. Ilsley, E. A. Sadurski, T. F. Schaaf, M. J. Albright, T. J. Anderson, M. D. Glick and J. P. Oliver, *J. Organomet. Chem.*, 1980, **190**, 257.
105. L. Parkanyi, M. Dunaj-Jurco, L. Bihátsi and P. Hencsei, *Cryst. Struct. Commun.*, 1980, **9**, 1049.
106. C. Glidewell and D. C. Liles, *J. Chem. Soc., Chem. Commun.*, 1977, 632*; *Acta Crystallogr.*, 1978, **B34**, 124.
107. C. Glidewell and H. D. Holsen, *Acta Crystallogr.*, 1981, **B37**, 754.
108. G. M. Sheldrick and R. Taylor, *J. Organomet. Chem.*, 1975, **101**, 19.
109. R. Tacke, M. Strecker, W. S. Sheldrick, L. Ernst, E. Heeg, B. Berndt, C.-M. Knapstein and R. Niedner, *Chem. Ber.*, 1980, **113**, 1962.
110. M. Auburn, M. Ciriano, J. A. K. Howard, M. Murray, M. J. Pugh, J. L. Spencer, F. G. A. Stone and P. Woodward, *J. Chem. Soc., Dalton Trans.*, 1980, 659.
111. J. Greene and M. D. Curtis, *J. Am. Chem. Soc.*, 1977, **99**, 5176*; M. D. Curtis, J. Greene and W. M. Butler, *J. Organomet. Chem.*, 1979, **164**, 371.
112. D. C. Bradley, M. B. Hursthouse, R. J. Smallwood and A. J. Welch, *J. Chem. Soc., Chem. Commun.*, 1972, 872.
113. M. Ciriano, M. Green, D. Gregson, J. A. K. Howard, J. L. Spencer, F. G. A. Stone and P. Woodward, *J. Chem. Soc., Dalton Trans.*, 1979, 1294.
114. M. Green, J. A. K. Howard, J. Proud, J. L. Spencer, F. G. A. Stone and C. A. Tsipis, *J. Chem. Soc., Chem. Commun.*, 1976, 671*; M. Ciriano, M. Green, J. A. K. Howard, J. Proud, J. L. Spencer, F. G. A. Stone and C. A. Tsipis, *J. Chem. Soc., Dalton Trans.*, 1978, 801.

Si$_3$ Trisilicon

Molecular formula	Structure	Notes	Ref.
Si$_3$C$_4$H$_4$Cl$_6$O	C$_4$H$_4$(SiCl$_2$)$_3$O	a	1
Si$_3$C$_4$H$_4$F$_6$	C$_4$H$_4$(SiF$_2$)$_3$	b	2
Si$_3$C$_6$H$_{18}$O$_3$	[SiMe$_2$O]$_3$	E, X	3–5
Si$_3$C$_6$H$_{18}$O$_6$	[SiMe$_2$O$_2$]$_3$	153	6
Si$_3$C$_6$H$_{18}$P$_4$	(SiMe$_2$)$_3$P$_4$	c	7
Si$_3$C$_6$H$_{18}$S$_3$	[SiMe$_2$S]$_3$	E	8
Si$_3$C$_6$H$_{21}$N$_3$	[SiMe$_2$NH]$_3$	E, X	9–12
Si$_3$C$_9$H$_{18}$Cl$_9$P$_3$·C$_4$H$_{10}$O$_2$	[(SiCl$_2$)C(PClMe$_2$)]$_3$·DME		13
Si$_3$C$_9$H$_{27}$N$_2$P	(SiMe$_3$)$_2$NP=N(SiMe$_3$)	143	14
Si$_3$C$_9$H$_{27}$N$_3$S	{(SiMe$_3$)N}$_3$S	143	15
Si$_3$C$_9$H$_{27}$P$_7$	(SiMe$_3$)$_3$P$_7$	d	7
Si$_3$C$_9$H$_{33}$N$_6$PS	{(SiMe$_3$)NHNH}{(SiMe$_3$)(NH$_2$)N}$_2$PS		16
Si$_3$FeC$_{10}$H$_{11}$Cl$_5$O$_2$	$\overline{\text{CH}_2(\text{SiCl}_2\text{CH}_2)_2\text{SiCl}}${Fe(CO)$_2$($\eta$-C$_5H_5$)}		17
Si$_3$CrC$_{11}$H$_{18}$O$_5$P$_4$	Cr(CO)$_5${P$_4$(SiMe$_2$)$_3$}	c	18
Si$_3$SnC$_{12}$H$_{33}$I	SnI(CH$_2$SiMe$_3$)$_3$		19
Si$_3$C$_{14}$H$_{36}$P$_4$	(SiMe$_2$)$_3$P$_4$Bu$^t_2$	e	20
Si$_3$MoC$_{15}$H$_{42}$ClP	$\overline{\text{MoCl(CH}_2\text{SiMe}_3)_3\text{(PMe}_3\text{)}}$		21
Si$_3$Fe$_2$C$_{17}$H$_{16}$Cl$_4$O$_4$	$\overline{\text{CH}_2\text{SiCl}_2\text{CH}_2\text{SiCl}}${Fe(CO)$_2$($\eta$-C$_5H_5$)}CH$_2$Si-Cl{Fe(CO)$_2$($\eta$-C$_5H_5$)}		17
Si$_3$C$_{19}$H$_{28}$	Me$_2$SiCH(SiMe$_3$)SiMePhC$_6$H$_4$	f	22
Si$_3$C$_{19}$H$_{28}$	Me$_2$SiCH(SiMe$_3$)SiMePhC$_6$H$_4$	g	22
Si$_3$VC$_{19}$H$_{42}$NO$_3$	V{N(ad)}(OSiMe$_3$)$_3$	h	23
Si$_3$C$_{21}$H$_{24}$F$_3$N$_3$	[SiFPh(NMe)]$_3$		24
Si$_3$C$_{21}$H$_{24}$O$_3$	*cis*-[SiMePhO]$_3$		25
Si$_3$C$_{21}$H$_{24}$O$_3$	*trans*-[SiMePhO]$_3$		26
Si$_3$C$_{21}$H$_{24}$S$_3$	*trans*-[SiMePhS]$_3$		27
Si$_3$Mo$_2$C$_{21}$H$_{60}$P$_3$	Mo$_2$(CH$_2$SiMe$_3$)$_2${μ-(CH$_2$)$_2$SiMe$_2$}(PMe$_3$)$_3$		28
2Si$_3$HgC$_{24}$H$_{33}^-$Mg$_4$C$_{26}$H$_{62}$O$_{16}^{2+}$	[Mg$_4${O(CH$_2$)$_2$OMe}$_6$(DME)$_2$][Hg(SiMe$_2$Ph)$_3$]$_2$		29
Si$_3$Ru$_3$C$_{25}$H$_{30}$O$_8$	Ru$_3$(CO)$_8${C$_8$H$_3$(SiMe$_3$)$_3$}	i	30
Si$_3$Ru$_3$C$_{25}$H$_{30}$O$_8$	Ru$_3$(CO)$_8${C$_8$H$_3$(SiMe$_3$)$_3$}	j	30
Si$_3$Re$_2$C$_{25}$H$_{63}$N$_4$O$_8$	{Re(NBu^t)(OSiMe$_3$)}$_2$(μ-O)(μ-OSiMe$_3$)(μ-OReO$_3$)	226	31
Si$_3$C$_{36}$H$_{30}$O$_3$	[SiPh$_2$O]$_3$		32
Si$_3$C$_{38}$H$_{34}$N$_8$O$_2$	Si(OSiMe$_3$)$_2$(pc)		33
Si$_3$C$_{38}$H$_{35}$NO$_2$	Ph$_2$Si(μ-OSiPh$_2$)$_2$NEt	k	34
Si$_3$C$_{42}$H$_{45}$N	N(CH$_2$SiMePh$_2$)$_3$		35

^{a} Cl$_6$-3-oxa-2,4,8-trisilabicyclo[3.2.1]oct-5-ene. ^{b} F$_6$-2,3,7-trisilabicyclo[2.2.1]hept-7-ene. ^{c} Si$_3$P$_4$ = trisilatetraphosphanotricyclene. ^{d} (SiMe$_3$)$_3$heptaphosphanotricyclene. ^{e} Si$_3$P$_4$ = trisilatetraphosphanobornane. ^{f} 1,3-Disilaindane; diastereoisomer A. ^{g} Diastereoisomer B. ^{h} ad = adamantyl. ^{i} C$_8$H$_3$(SiMe$_3$)$_3$ = 1,3,5-(SiMe$_3$)$_3$pentalene; edge-bridged isomer. ^{j} Face-bonded isomer. ^{k} Azatricyclosiloxane.

1. A. I. Gusev, N. V. Alekseev, N. G. Komalenkova, S. A. Bashkirova and E. A. Chernyshev, *Zh. Strukt. Khim.*, 1976, **16**, 485.

2. C. S. Liu, S. C. Nyburg, J. T. Szymanski and J. C. Thompson, *J. Chem. Soc., Dalton Trans.*, 1972, 1129.
3. E. H. Aggarwal and S. H. Bauer, *J. Chem. Phys.*, 1950, **18**, 42 (E).
4. H. Oberhammer, W. Zeil and G. Fogarasi, *J. Mol. Struct.*, 1973, **18**, 309 (E).
5. G. Peyronel, *Atti. Accad. Naz. Lincei, Classe Sci. Fiz. Mat. Nat. Rend.*, 1954, **16**, 231.
6. G. A. Razuvaev, V. A. Yablokov, A. V. Ganyushkin, V. E. Shklover, I. Zinker and Y. T. Struchkov, *Dokl. Chem. (Engl. Transl.)*, 1978, **242**, 132; V. E. Shklover, P. Ad'yaasuren, I. Tsinker, V. A. Yablokov, A. V. Ganyushkin and Y. T. Struchkov, *Zh. Strukt. Khim.*, 1980, **21** (3), 112.
7. W. Hönle and H. G. von Schnering, *Z. Anorg. Allg. Chem.*, 1978, **440**, 171.
8. M. Yokoi, T. Nomura and K. Yamasaki, *J. Am. Chem. Soc.*, 1955, **77**, 4484.
9. M. Yokoi, *Bull. Chem. Soc. Jpn.*, 1957, **30**, 100 (E).
10. M. Yokoi and K. Yamasaki, *J. Am. Chem. Soc.*, 1953, **75**, 4139 (E).
11. B. Rozsondai, I. Hargittai, A. V. Golubinskii, L. V. Vilkov and V. S. Mastryukov, *J. Mol. Struct.*, 1975, **28**, 339 (E).
12. G. Chioccola and J. J. Daly, *J. Chem. Soc. (A)*, 1968, 1658 (X).
13. G. Fritz, U. Braun, W. Schick, W. Hönle and H. G. von Schnering, *Z. Anorg. Allg. Chem.*, 1981, **472**, 45.
14. S. Pohl, *Z. Naturforsch., Teil B*, 1977, **32**, 1344; *Chem. Ber.*, 1979, **112**, 3159.
15. S. Pohl, B. Krebs, U. Seyer and G. Henkel, *Chem. Ber.*, 1979, **112**, 1751.
16. U. Engelhardt and H.-P. Metter, *Acta Crystallogr.*, 1980, **B36**, 2086.
17. W. Hönle and H. G. von Schnering, *Z. Anorg. Allg. Chem.*, 1980, **464**, 139.
18. W. Hönle and H. G. von Schnering, *Z. Anorg. Allg. Chem.*, 1980, **465**, 72.
19. L. N. Zakharov, B. I. Petrov, V. A. Lebedev, E. A. Kuz'min and N. V. Belov, *Kristallografiya*, 1978, **23**, 1049.
20. W. Hönle and H. G. von Schnering, *Z. Anorg. Allg. Chem.*, 1978, **442**, 107.
21. E. C. Guzman, G. Wilkinson, J. L. Atwood, R. D. Rogers, W. E. Hunter and M. J. Zarawotko, *J. Chem. Soc., Chem. Commun.*, 1978, 465*; *J. Chem. Soc., Dalton Trans.*, 1980, 229.
22. C. Eaborn, D. A. R. Happer, P. B. Hitchcock, S. P. Hopper, K. D. Safa, S. S. Washburne and D. R. M. Walton, *J. Organomet. Chem.*, 1980, **186**, 309.
23. W. A. Nugent and R. L. Harlow, *J. Chem. Soc., Chem. Commun.*, 1979, 342.
24. W. Clegg, M. Noltemeyer, G. M. Sheldrick and N. Vater, *Acta Crystallogr.*, 1980, **B36**, 2461.
25. V. E. Shklover, N. G. Bokii, Y. T. Struchkov, K. A. Andrianov, B. G. Zavin and V. S. Svistunov, *Zh. Strukt. Khim.*, 1974, **15**, 841.
26. V. E. Shklover, N. G. Bokii, Y. T. Struchkov, K. A. Andrianov, B. G. Zavin and V. S. Svistunov, *Zh. Strukt. Khim.*, 1974, **15**, 90.
27. L. Pazdernik, F. Brisse and R. Rivest, *Acta Crystallogr.*, 1977, **B33**, 1780.
28. K. M. A. Malik and M. B. Hursthouse, unpublished work cited in R. A. Andersen, R. A. Jones and G. Wilkinson, *J. Chem. Soc., Dalton Trans.*, 1978, 446.
29. E. A. Sadurski, W. H. Ilsley, R. D. Thomas, M. D. Glick and J. P. Oliver, *J. Am. Chem. Soc.*, 1978, **100**, 7761.
30. J. A. K. Howard, S. A. R. Knox, R. J. McKinney, R. F. D. Stansfield, F. G. A. Stone and P. Woodward, *J. Chem. Soc., Chem. Commun.*, 1976, 557*; J. A. K. Howard, R. F. D. Stansfield and P. Woodward, *J. Chem. Soc., Dalton Trans.*, 1979, 1812.
31. W. A. Nugent and R. L. Harlow, *J. Chem. Soc., Chem. Commun.*, 1979, 1105.
32. N. G. Bokii, G. N. Zakharova and Y. T. Struchkov, *Zh. Strukt. Khim.*, 1972, **13**, 291.
33. J. R. Mooney, C. K. Choy, K. Knox and M. E. Kenney, *J. Am. Chem. Soc.*, 1975, **97**, 3033.
34. W. Fink and P. J. Wheatley, *J. Chem. Soc. (A)*, 1967, 1517.
35. J. J. Daly and F. Sanz, *Acta Crystallogr.*, 1974, **B30**, 2766.

Si_4 Tetrasilicon

Molecular formula	Structure	Notes	Ref.
$Si_4C_4H_{12}S_6$	$(SiMe)_4S_6$		1
$Si_4Al_3C_8H_{24}Br_5O_6$	$(SiMe_2)_4O_2Al_3Br_5$		2
$Si_4C_8H_{24}O_2$	$[(SiMe_2)_2O]_2$		3
$Si_4C_8H_{24}O_4$	$[Me_2SiO]_4$	X, E	4–6
$Si_4C_8H_{24}S_4$	$[Me_2SiS]_4$	E	6
$Si_4C_8H_{25}NO_3$	$\overline{SiMe_2OSiMe_2OSiMe_2NSiMe_2}(OH)$		7
$Si_4C_8H_{28}N_4$	$[Me_2SiNH]_4$	E	8, 9
$Si_4C_9H_{21}Br$	$(SiBr)(SiMe)_3C_6H_{12}$	a	10
$Si_4C_{10}H_{24}$	$(SiMe)_4(CH_2)_6$		13
$Si_4Hg_2C_{10}H_{28}$	$[Hg(\mu\text{-}SiMe_2)_2CH_2]_2$	b	11, 12
$Si_4C_{10}H_{30}N_2$	$[Me_2SiN(SiMe_3)]_2$		14
$Si_4C_{11}H_{28}$	$MeSi(\mu\text{-}CH_2SiMe_2)_3CH$		15
$Si_4C_{12}H_{28}$	$[\overline{SiMe_2CH_2SiMe_2C}=]_2$		16
$Si_4Ge_2C_{12}H_{32}O_4$	$(SiMeO)_4\{(CH_2)_2GeMe_2\}_2$	c	17
$Si_4C_{12}H_{32}$	$[Me_2SiCH_2]_4$		18
$Si_4AlC_{12}H_{36}O_4^-SbC_4H_{12}^+$	$[SbMe_4][Al(OSiMe_3)_4]$		19
$Si_4BeC_{12}H_{36}N_2$	$Be\{N(SiMe_3)_2\}_2$	E	20
$Si_4TaC_{12}H_{36}Cl_3N_2$	$TaCl_3\{N(SiMe_3)_2\}_2$		21
$Si_4TiC_{12}H_{36}Cl_4N_3P$	$(SiMe_3)_2\overline{NPClN(SiMe_3)TiCl_3N}(SiMe_3)$		22

Molecular formula	Structure	Notes	Ref.
$Si_4Cs_4C_{12}H_{36}O_4$	$[Cs(OSiMe_3)]_4$		23
$Si_4HgLi_2C_{12}H_{36}$	$Li_2Hg(SiMe_3)_4$		24
$Si_4K_4C_{12}H_{36}O_4$	$[K(OSiMe_3)]_4$		23
$Si_4C_{12}H_{36}N_3P$	$(SiMe_3)_2NP(=NSiMe_3)_2$	143	25
$Si_4C_{12}H_{36}N_4$	$[Me_2SiNMe]_4$		26
$Si_4C_{12}H_{36}N_4$	$(SiMe_3)_2NN=NN(SiMe_3)_2$		27
$Si_4C_{12}H_{36}N_4O_2S_2$	$[(SiMe_3)NS(O)N(SiMe_3)]_2$	153	28
$Si_4TiC_{12}H_{36}N_4$	$Ti\{NMe(SiMe_2)_2NMe\}_2$		29
$Si_4Rb_4C_{12}H_{36}O_4$	$[Rb(OSiMe_3)]_4$		23
$Si_4C_{14}H_{26}O_2$	$C_6H_2\{(SiMe_2)_2O\}_2$		30
$Si_4MnC_{14}H_{27}O_5$	$Mn\{Si(SiMe_3)_3\}(CO)_5$		31
$Si_4ReC_{14}H_{27}O_5$	$Re\{Si(SiMe_3)_3\}(CO)_5$		32
$Si_4C_{14}H_{36}N_2O_2$	$[C(=NSiMe_3)(OSiMe_3)]_2$		33
$Si_4Be_2C_{14}H_{40}N_4$	$[Be(NMeSiMe_2)_2CH_2]_2$		34
$Si_4B_2Sn_2C_{14}H_{42}N_4$	$[MeB\{N(SiMe_3)\}_2Sn]_2$		35
$Si_4Ru_2C_{16}H_{30}O_6$	$[Ru(\mu\text{-}SiMe_2)(SiMe_3)(CO)_3]_2$		36
$Si_4Tl_2C_{16}H_{44}Cl_2$	$[TlCl(CH_2SiMe_3)_2]_2$		37
$Si_4Cu_4C_{16}H_{44}$	$[Cu(CH_2SiMe_3)]_4$	233	38
$Si_4MnC_{16}H_{44}N_2O$	$Mn\{N(SiMe_3)_2\}_2(THF)$		39
$Si_4Be_4C_{16}H_{48}O_4$	$[BeMe(OSiMe_3)]_4$		40
$Si_4Hg_4C_{16}H_{48}O_4$	$[HgMe(OSiMe_3)]_4$		41
$Si_4MoC_{16}H_{50}N_2O_4$	$Mo(OSiMe_3)_4(HNMe_2)_2$		42
$Si_4C_{18}H_{28}O_4$	cis-$[SiMe_2OSiMePhO]_2$		43
$Si_4C_{18}H_{28}O_4$	trans-$[SiMe_2OSiMePhO]_2$		44
$Si_4CrC_{19}H_{30}O_7$	$Cr(CO)_5\{C(C_4H_3O\text{-}2)\{OSi(SiMe_3)_3\}\}$		45
$Si_4CrGeC_{19}H_{38}O_5$	$Cr(CO)_5(Ge\{CH(SiMe_3)_2\}_2)$		46
$Si_4CrSnC_{19}H_{38}O_5$	$Cr(CO)_5(Sn\{CH(SiMe_3)_2\}_2)$		47
$Si_4C_{19}H_{57}N_7P_2$	$(SiMe_3)_2NP(NSiMe_3)_2NMeP(NMe_2)_3$		48
$Si_4C_{20}H_{34}P_2$	$[(SiMe_2)_2PPh]_2$		49
$Si_4FeC_{20}H_{38}$	$Fe(\eta\text{-}C_5H_4SiMe_2SiMe_3)_2$		50
$Si_4C_{20}H_{48}$	$[SiMeBu^t]_4$		51
$Si_4CrC_{20}H_{52}N_2O_2$	$Cr[N(SiMe_3)_2]_2(THF)_2$		52
$Si_4C_{20}H_{54}N_4P_2S_2$	$[(SiMe_3)_2NP(=NBu^t)(\mu\text{-}S)]_2$		53
$Si_4EuC_{20}H_{56}N_2O_4$	$Eu\{N(SiMe_3)_2\}_2(DME)_2$		54
$Si_4Sn_4C_{20}H_{60}O_6$	$\{(SiMe_3OSnMe_2)_2O\}_2$		55
$Si_4C_{22}H_{36}$	$Si(SiMe_3)_3(C_{13}H_9)$	d	56
$Si_4Fe_2C_{22}H_{36}O_{10}$	$Fe(CO)_3\{\eta^5\text{-}C_4(OSiMe_3)_4Fe(CO)_3\}$		57
$Si_4C_{22}H_{40}O_{12}$	$(SiMeO)_4\{(CH_2)_2C(CO_2Et)_2\}_2$	e	58
$Si_4Cr_2C_{22}H_{46}N_4$	$[Cr(NSiMe_3)_2(\eta\text{-}C_5H_5)]_2$		59
$Si_4Mn_2C_{22}H_{46}N_4$	$[Mn\{N_2(SiMe_3)_2\}(\eta\text{-}C_5H_5)]_2$		60
$Si_4Cr_2C_{22}H_{62}P_2$	$[Cr(\mu\text{-}CH_2SiMe_3)(CH_2SiMe_3)(PMe_3)]_2$		61
$Si_4ZrC_{23}H_{45}Cl$	$ZrCl\{CH(SiMe_3)_2\}(\eta\text{-}C_5H_4SiMe_3)_2$		62
$Si_4MoC_{24}H_{34}O_4P_2$	$Mo(CO)_4(\{(SiMe_2)_2PPh\}_2)$		63
$Si_4C_{26}H_{44}Cl_2N_4S_2$	trans-$C_2(C_6H_4Cl\text{-}4)_2\{SN(SiMe_3)_2\}_2$		64
$Si_4C_{26}H_{46}N_4$	$[NSiMe_2N(Mes)SiMe_2]_2$	f	65
$Si_4PdC_{26}H_{60}N_2S_2Te_2$	trans-$Pd(SCN)_2(Te\{(CH_2)_3SiMe_3\}_2)_2$		66
$Si_4Fe_2C_{27}H_{36}O_7$	$Fe_2(CO)_6(\{(SiMe_3)C_2C_2(SiMe_3)\}_2CO)$		67
$Si_4C_{28}H_{32}O_4$	$[SiMePhO]_4$	g	68
$Si_4C_{28}H_{32}O_4$	$[SiMe_2OSiPh_2O]_2$		69
$Si_4C_{28}H_{34}N_2O_2$	$[SiMePhNHSiMePhO]_2$		70
$Si_4C_{28}H_{36}N_4$	$[SiMePhNH]_4$		71
$Si_4Nb_2C_{28}H_{40}O_2^{2-}\cdot 2NaC_8H_{20}O_2^+$	$[Na(OEt_2)_2]_2[H_2Nb_2(\mu\text{-}\eta^1,\eta^5\text{-}C_5H_3SiMe_2\text{-}OSiMe_2\text{-}\eta\text{-}C_5H_4)_2]$		72
$Si_4CoC_{30}H_{51}N_2P$	$Co\{N(SiMe_3)_2\}_2(PPh_3)$		73
$Si_4HgLi_2C_{32}H_{44}$	$Li_2Hg(SiMe_2Ph)_4$		11, 74
$Si_4MoC_{32}H_{68}N_2O_4$	trans-$Mo\{NH(ad)\}_2(OSiMe_3)_4$	h, 218	75
$Si_4C_{32}H_{68}O_4$	$[C_2(CH_2)_8(OSiMe_3)_2]_2$	i, 113	76
$Si_4C_{34}H_{46}N_4$	$[SiMeN(CH_2Ph)SiMe_2N(CH_2Ph)]_2$	j	77
$Si_4Re_3C_{34}H_{60}Cl_4P$	$HRe_3(\mu\text{-}Cl)_3(Cl)(CH_2SiMe_3)_4(PPh_3)$		78
$Si_4Sn_6C_{40}H_{96}N_8O_4$	$Sn_6O_4(\mu\text{-}SiMe_2)_4(NHBu^t)_8$		79
$Si_4C_{48}H_{40}$	$[SiPh_2]_4$		80
$Si_4C_{48}H_{40}Cl_2N_2\cdot C_6H_6$	$[SiPh_2N(SiClPh_2)]_2\cdot C_6H_6$		81
$Si_4C_{48}H_{40}O_4$	$[SiPh_2O]_4$		82, 83
$Si_4CoC_{48}H_{66}N_2P_2$	$Co\{N(SiMe_3)_2\}_2(PPh_3)_2$		84

[a] 1-Br-3,5,7-Me$_3$-1,3,5,7-tetrasilaadamantane. [b] Me$_8$-2,4,6,8-tetrasila-1,5-dimercuracyclooctane. [c] 1,-3,5,5,7,9,11,11-Me$_8$-2,8,13,14-tetraoxa-1,3,7,9-tetrasila-5,11-digermatricyclo[7.3.1.1^{3,7}]tetradecane. [d] C$_{13}$H$_9$ = 9-fluorenyl. [e] 1,3,7,8-Me$_4$-5,5,11,11-(CO$_2$Et)$_4$-1,3,7,9-tetrasila-2,8,13-14-tetraoxatricyclo[7.3.1.1^{3,7}]tetradecane. [f] 3,7-Dimesityl-2,2,4,4,6,6,8,8-Me$_8$-1,3,5,7-tetraaza-2,4,6,8-tetrasilabicyclo[3.3.0]octane. [g] (R)-2,cis-4,trans-6,trans isomer. [h] ad = adamantyl. [i] cis,cis-1,2,11,12-(Me$_3$SiO)$_4$cycloeicosa-1,11-diene. [j] 1,3,3,5,7,7-Me$_6$-2,4,6,8-(CH$_2$Ph)$_4$-1,3,5,7-tetrasila-2,4,6,8-tetraazabicyclo[3.3.0]octane.

1. J. C. J. Bart and J. J. Daly, *Chem. Commun.*, 1968, 1207*; *J. Chem. Soc., Dalton Trans.*, 1975, 2063.
2. M. Bonamico and G. Dessy, *J. Chem. Soc. (A)*, 1968, 291.
3. T. Takano, N. Kasai and M. Kakudo, *Bull. Chem. Soc. Jpn.*, 1963, **36**, 585.
4. H. Steinfink, B. Post and I. Fankuchen, *Acta Crystallogr.*, 1955, **8**, 420 (X, at 223 K).
5. M. Yokoi, *Bull. Chem. Soc. Jpn.*, 1957, **30**, 100 (E).
6. H. Oberhammer, W. Zeil and G. Fogarasi, *J. Mol. Struct.*, 1973, **18**, 309 (E).
7. A. I. Gusev, M. G. Los', Y. M. Varezhkin, M. M. Morgunova and D. Y. Zhinkin, *Zh. Strukt. Khim.*, 1976, **17**, 378.
8. M. Yokoi and K. Yamasaki, *J. Am. Chem. Soc.*, 1953, **75**, 4139.
9. G. S. Smith and L. E. Alexander, *Acta Crystallogr.*, 1963, **16**, 1015.
10. S. N. Gurkova, A. I. Gusev, V. A. Sharapov, T. K. Gar and N. V. Alekseev, *Zh. Strukt. Khim.*, 1979, **20**, 356.
11. M. J. Albright, T. F. Schaaf, W. M. Butler, A. K. Hovland, M. D. Glick and J. P. Oliver, *J. Am. Chem. Soc.*, 1975, **97**, 6261*.
12. W. H. Ilsley, E. A. Sadurski, T. F. Schaaf, M. J. Albright, T. J. Anderson, M. D. Glick and J. P. Oliver, *J. Organomet. Chem.*, 1980, **190**, 257.
13. E. W. Krahé, R. Mattes, K.-F. Tebbe, H. G. von Schnering and G. Fritz, *Z. Anorg. Allg. Chem.*, 1972, **393**, 74.
14. P. J. Wheatley, *J. Chem. Soc.*, 1962, 1721.
15. A. Lipka and H. G. von Schnering, *Z. Anorg. Allg. Chem.*, 1976, **419**, 20.
16. H. G. von Schnering, E. Krahé and G. Fritz, *Z. Anorg. Allg. Chem.*, 1969, **365**, 113.
17. T. K. Gar, A. A. Buyakov, A. I. Gusev, M. G. Los', A. V. Kisin and V. F. Mironov, *Zh. Obshch. Khim.*, 1976, **46**, 837.
18. H. G. von Schnering, A. Lipka and E. Krahé, *Z. Anorg. Allg. Chem.*, 1976, **419**, 27.
19. P. J. Wheatley, *J. Chem. Soc.*, 1963, 3200.
20. A. H. Clark and A. Haaland, *Acta Chem. Scand.*, 1970, **24**, 3024.
21. D. C. Bradley, M. B. Hursthouse, K. M. A. Malik and G. B. C. Vuru, *Inorg. Chim. Acta*, 1980, **44**, L5.
22. E. Niecke, R. Kroher and S. Pohl, *Angew. Chem.*, 1977, **89**, 902 (*Angew. Chem., Int. Ed. Engl.*, 1977, **16**, 864).
23. E. Weiss, K. Hoffmann and H.-F. Grutzmacher, *Chem. Ber.*, 1970, **103**, 1190.
24. W. H. Ilsley, M. J. Albright, T. J. Anderson, M. D. Glick and J. P. Oliver, *Inorg. Chem.*, 1980, **19**, 3577.
25. S. Pohl and B. Krebs, *Chem. Ber.*, 1977, **110**, 3183.
26. B. P. E. Edwards, W. Harrison, I. W. Nowell, M. L. Post, H. M. M. Shearer and J. Trotter, *Acta Crystallogr.*, 1976, **B32**, 648.
27. M. Veith, *Acta Crystallogr.*, 1975, **B31**, 678.
28. F.-M. Tesky, R. Mews and B. Krebs, *Angew. Chem.*, 1979, **91**, 231 (*Angew. Chem., Int. Ed. Engl.*, 1979, **18**, 235).
29. H. Burger, K. Wiegel, U. Thewalt and D. Schomburg, *J. Organomet. Chem.*, 1975, **87**, 301.
30. J. J. Daly and F. Sanz, *J. Chem. Soc., Dalton Trans.*, 1973, 2474.
31. B. K. Nicholson, J. Simpson and W. T. Robinson, *J. Organomet. Chem.*, 1973, **47**, 403 (cell constants corrected in ref. 32).
32. M. C. Couldwell, J. Simpson and W. T. Robinson, *J. Organomet. Chem.*, 1976, **107**, 323.
33. U. Thewalt and D. Rinne, *Z. Anorg. Allg. Chem.*, 1978, **420**, 51.
34. D. J. Brauer, H. Burger, H. H. Moretto, U. Wannagat and K. Wiegel, *J. Organomet. Chem.*, 1979, **170**, 161.
35. H. Fussstetter and H. Nöth, *Chem. Ber.*, 1979, **112**, 3672.
36. M. M. Crozat and S. F. Watkins, *J. Chem. Soc., Dalton Trans.*, 1972, 2512.
37. F. Brady, K. Henrick, R. W. Matthews and D. G. Gillies, *J. Organomet. Chem.*, 1980, **193**, 21.
38. J. A. J. Jarvis, B. T. Kilbourn, R. Pearce and M. F. Lappert, *J. Chem. Soc., Chem. Commun.*, 1973, 475*; J. A. J. Jarvis, R. Pearce and M. F. Lappert, *J. Chem. Soc., Dalton Trans.*, 1977, 999.
39. D. C. Bradley, R. G. Copperthwaite, M. B. Hursthouse and A. J. Welch, unpublished work cited in P. G. Eller, D. C. Bradley, M. B. Hursthouse and D. W. Meek, *Coord. Chem. Rev.*, 1977, **24**, 1.
40. D. Mootz, A. Zinnius and B. Bottcher, *Angew. Chem.*, 1969, **81**, 398 (*Angew. Chem., Int. Ed. Engl.*, 1969, **8**, 378).
41. G. Dittmar and E. Hellner, *Angew. Chem.*, 1969, **81**, 707 (*Angew. Chem., Int. Ed. Engl.*, 1969, **8**, 679).
42. M. H. Chisholm, W. W. Reichert and P. Thornton, *J. Am. Chem. Soc.*, 1978, **100**, 2744.
43. D. Carlstrom and G. Falkenberg, *Acta Chem. Scand.*, 1973, **27**, 1203.
44. M. Soderholm and D. Carlstrom, *Acta Chem. Scand.*, 1977, **B31**, 193.
45. U. Schubert, M. Wiener and F. H. Köhler, *Chem. Ber.*, 1979, **112**, 708.
46. M. F. Lappert, S. J. Miles, P. P. Power, A. J. Carty and N. J. Taylor, *J. Chem. Soc., Chem. Commun.*, 1977, 458.
47. J. D. Cotton, P. J. Davidson, D. E. Goldberg, M. F. Lappert and K. M. Thomas, *J. Chem. Soc., Chem. Commun.*, 1974, 893.
48. M. Halstenberg, R. Appel, G. Huttner and J. von Seyerl, *Z. Naturforsch., Teil B*, 1979, **34**, 1491.
49. A. W. Cordes, P. F. Schubert and R. T. Oakley, *Can. J. Chem.*, 1979, **57**, 174.
50. K. Hirotsu, T. Higuchi and A. Shimada, *Bull. Chem. Soc. Jpn.*, 1968, **41**, 1557.
51. C. J. Hurt, J. C. Calabrese and R. West, *J. Organomet. Chem.*, 1975, **91**, 273.
52. D. C. Bradley, M. B. Hursthouse, C. W. Newing and A. J. Welch, *J. Chem. Soc., Chem. Commun.*, 1972, 567.
53. S. Pohl, *Chem. Ber.*, 1976, **109**, 3122.
54. T. D. Tilley, A. Zalkin, R. A. Andersen and D. H. Templeton, *Inorg. Chem.*, 1981, **10**, 551.
55. R. Okawara and M. Wada, *Adv. Organomet. Chem.*, 1967, **5**, 164.
56. A. Rengstl and U. Schubert, *Chem. Ber.*, 1980, **113**, 278.
57. M. J. Bennett, W. A. G. Graham, R. A. Smith and R. P. Stewart, *J. Am. Chem. Soc.*, 1973, **95**, 1684.

58. I. L. Dubchak, V. E. Shklover, Y. T. Struchkov, E. A. Kashutina, O. I. Shchegolikhina and A. A. Zhdanov, *Dokl. Akad. Nauk SSSR*, 1979, **246**, 1136.
59. N. Wiberg, H.-W. Häring and U. Schubert, *Z. Naturforsch., Teil B*, 1978, **33**, 1365.
60. N. Wiberg, H.-W. Häring, G. Huttner and P. Friedrich, *Chem. Ber.*, 1978, **111**, 2708.
61. R. A. Andersen, R. A. Jones, G. Wilkinson, M. B. Hursthouse and K. M. A. Malik, *J. Chem. Soc., Chem. Commun.*, 1977, 283*; M. B. Hursthouse, K. M. A. Malik and K. D. Sales, *J. Chem. Soc., Dalton Trans.*, 1978, 1314.
62. M. F. Lappert, P. I. Riley, P. I. W. Yarrow, J. L. Atwood, W. E. Hunter and M. J. Zarawotko, *J. Chem. Soc., Dalton Trans.*, 1981, 814.
63. J. C. Calabrese, R. T. Oakley and R. West, *Can. J. Chem.*, 1979, **57**, 1909.
64. W. Walter, H. W. Luke and G. Adiwidjaja, *J. Organomet. Chem.*, 1977, **140**, 11.
65. W. Clegg, H. Hluchy, U. Klingebiel and G. M. Sheldrick, *Z. Naturforsch., Teil B*, 1979, **34**, 1260.
66. H. J. Gysling, H. R. Luss and D. L. Smith, *Inorg. Chem.*, 1979, **18**, 2696.
67. R. C. Pettersen and G. G. Cash, *Inorg. Chim. Acta*, 1979, **34**, 261.
68. M. Soderholm, *Acta Chem. Scand., Ser. B*, 1978, **32**, 171.
69. V. E. Shklover, A. E. Kalinin, A. I. Gusev, N. G. Bokii, Y. T. Struchkov, K. A. Andrianov and I. M. Petrova, *Zh. Strukt. Khim.*, 1973, **14**, 692.
70. V. E. Shklover, N. G. Bokii, Y. T. Struchkov, K. A. Andrianov, A. B. Zachernyuk and E. A. Zhdanova, *Zh. Strukt. Khim.*, 1974, **15**, 850.
71. V. E. Shklover, Y. T. Struchkov, B. A. Astapov and K. A. Andrianov, *Zh. Strukt. Khim.*, 1979, **20**, 102.
72. D. A. Lemenovskii, V. P. Fedin, A. V. Aleksandrov, Y. L. Slovokhotov and Y. T. Struchkov, *J. Organomet. Chem.*, 1980, **201**, 257.
73. D. C. Bradley, M. B. Hursthouse, R. J. Smallwood and A. J. Welch, *J. Chem. Soc., Chem. Commun.*, 1972, 872.
74. W. H. Ilsley, M. J. Albright, T. J. Anderson, M. D. Glick and J. P. Oliver, *Inorg. Chem.*, 1980, **19**, 3577.
75. W. A. Nugent and R. L. Harlow, *Inorg. Chem.*, 1980, **19**, 777.
76. P. Groth, *Acta Chem. Scand., Ser. A*, 1977, **31**, 641.
77. U. Wannagat, S. Klemke, D. Mootz and H. D. Reski, *J. Organomet. Chem.*, 1979, **178**, 83.
78. K. Mertis, P. G. Edwards, G. Wilkinson, K. M. A. Malik and M. B. Hursthouse, *J. Chem. Soc., Dalton Trans.*, 1981, 705.
79. M. Veith and O. Recktenwald, *Z. Anorg. Allg. Chem.*, 1979, **459**, 208.
80. L. Parkanyi, K. Sasvari and I. Barta, *Acta Crystallogr.*, 1978, **B34**, 883.
81. S. N. Gurkhova, A. I. Gusev, N. V. Alekseev, Y. M. Varezhkin, M. M. Morgunova and D. Y. Zhinkin, *Zh. Strukt. Khim.*, 1978, **19**, 182.
82. M. A. Hossain, M. B. Hursthouse and K. M. A. Malik, *Acta Crystallogr.*, 1979, **B35**, 522.
83. D. Braga and G. Zanotti, *Acta Crystallogr.*, 1980, **B36**, 950.
84. D. C. Bradley and R. J. Smallwood, unpublished work cited in P. G. Eller, D. C. Bradley, M. B. Hursthouse and D. W. Meek, *Coord. Chem. Rev.*, 1977, **24**, 1.

Si_5 Pentasilicon

Molecular formula	Structure	Notes	Ref.
$Si_5C_8H_{24}O_6$	$Si\{(OSiMe_2)_2O\}_2$	a	1
$Si_5C_8H_{24}O_6$	$MeSi(\mu\text{-}OSiMe_2O)_3SiMe$	b	2
$Si_5C_{10}H_{30}O_5$	$[SiMe_2O]_5$	E	3
$Si_5C_{12}H_{36}$	$Si(SiMe_3)_4$	E	4
$Si_5C_{12}H_{36}O_4$	$Si(OSiMe_3)_4$	E, X	5, 6
$Si_5C_{28}H_{32}O_6$	$Si\{(OSiMePh)_2O\}_2$	a	7
$Si_5C_{28}H_{34}N_2O_4$	$Si\{(NHSiMe_2)_2O\}\{(OSiPh_2)_2O\}$	c	8
$Si_5C_{32}H_{45}N_3$	$(SiMePh_2)N(\mu\text{-}SiMe_2)_2NSiMe_2NH(SiMePh_2)$		9
$Si_5C_{40}H_{36}O_6$	$(CH_2=CH)Si(\mu\text{-}OSiPh_2O)_3Si(CH=CH_2)$	d	10
$Si_5C_{60}H_{50}$	$[SiPh_2]_5$		11

^a Spiro[5.5]pentasiloxane.   ^b Bicyclopentasiloxane.   ^c Spiro[5.5]pentasiladiazatetraoxane.   ^d Bicyclo[3.3.3]pentasiloxane.

1. W. L. Roth and D. Harker, *Acta Crystallogr.*, 1948, **1**, 34.
2. G. Menczel and J. Kiss, *Acta Crystallogr.*, 1975, **B31**, 1214.
3. H. Oberhammer, W. Zeil and G. Fogarasi, *J. Mol. Struct.*, 1973, **18**, 309.
4. L. S. Bartell, F. B. Clippard and T. L. Boates, *Inorg. Chem.*, 1970, **9**, 2436.
5. M. Yokoi, *Bull. Chem. Soc. Jpn.*, 1957, **30**, 100 (E).
6. M. Y. Antipin, V. E. Shklover, Y. T. Struchkov, T. V. Vasileva, T. V. Snegireva and N. M. Petrovnina, *Zh. Strukt. Khim.*, 1980, **21**(4), 183.
7. V. E. Shklover, Y. T. Struchkov, A. B. Zachernyuk and K. A. Andrianov, *Zh. Strukt. Khim.*, 1978, **19**, 116.
8. V. E. Shklover, Y. T. Struchkov, G. V. Solomatin, A. B. Zachernyuk and K. A. Andrianov, *Zh. Strukt. Khim.*, 1979, **20**, 309.
9. G. Chioccola and J. J. Daly, *J. Chem. Soc. (A)*, 1968, 1658.

10. V. E. Shklover, N. G. Bokii, Y. T. Struchkov, K. A. Andrianov, M. N. Ermakova and N. A. Dmitricheva, *Zh. Strukt. Khim.*, 1974, **15**, 864.
11. L. Parkanyi, K. Sasvari, J. P. Declerq and G. Germain, *Acta Crystallogr.*, 1978, **B34**, 3678.

Si_6 Hexasilicon

Molecular formula	Structure	Notes	Ref.
$Si_6C_6H_8Cl_8$	$Si_6C_6H_8Cl_8$	a	1
$Si_6C_{10}H_{30}O_7$	$MeSi(\mu\text{-}OSiMe_2)_2(\mu\text{-}OSiMe_2OSiMe_2O)SiMe$	b	2
$Si_6C_{12}H_{36}$	$[SiMe_2]_6$		3
$Si_6As_4C_{12}H_{36}$	$(SiMe_2)_6As_4$		4
$Si_6C_{12}H_{36}O_6$	$[SiMe_2O]_6$	E	5
$Si_6C_{12}H_{36}P_4$	$(SiMe_2)_6P_4$		6
$Si_6C_{12}H_{39}N_5$	$N(\mu\text{-}SiMe_2NHSiMe_2)_3N$		7
$Si_6C_{15}H_{45}N_3$	$[SiMe_2N(SiMe_3)]_3$		8
$Si_6FeC_{18}H_{38}O_2$	$Fe\{SiMe_2(cyclo\text{-}Si_5Me_9)\}(CO)_2(\eta\text{-}C_5H_5)$		9
$Si_6AlC_{18}H_{54}N_3$	$Al\{N(SiMe_3)_2\}_3$		10
$Si_6B_2C_{18}H_{54}N_4$	$[(SiMe_3)_2NBN(SiMe_3)]_2$		11
$Si_6HfC_{18}H_{54}ClN_3$	$HfCl\{N(SiMe_3)_2\}_3$		12
$Si_6TiC_{18}H_{54}ClN_3$	$TiCl\{N(SiMe_3)_2\}_3$		12
$Si_6ZrC_{18}H_{54}ClN_3$	$ZrCl\{N(SiMe_3)_2\}_3$		12
$Si_6CrC_{18}H_{54}N_3$	$Cr\{N(SiMe_3)_2\}_3$		13
$Si_6CrC_{18}H_{54}N_4O$	$Cr(NO)\{N(SiMe_3)_2\}_3$		14
$Si_6EuC_{18}H_{54}N_3$	$Eu\{N(SiMe_3)_2\}_3$		15
$Si_6FeC_{18}H_{54}N_3$	$Fe\{N(SiMe_3)_2\}_3$		16
$Si_6GaC_{18}H_{54}N_3$	$Ga\{N(SiMe_3)_2\}_3$		17
$Si_6InC_{18}H_{54}N_3$	$In\{N(SiMe_3)_2\}_3$		18
$Si_6Li_3C_{18}H_{54}N_3$	$[LiN(SiMe_3)_2]_3$		19, 20
$Si_6Li_6C_{18}H_{54}$	$[LiSiMe_3]_6$		21
$Si_6NdC_{18}H_{54}N_3$	$Nd\{N(SiMe_3)_2\}_3$		22
$Si_6ScC_{18}H_{54}N_3$	$Sc\{N(SiMe_3)_2\}_3$		15
$Si_6TiC_{18}H_{54}N_3$	$Ti\{N(SiMe_3)_2\}_3$		13
$Si_6TlC_{18}H_{54}N_3$	$Tl\{N(SiMe_3)_2\}_3$		23
$Si_6VC_{18}H_{54}N_3$	$V\{N(SiMe_3)_2\}_3$		13
$Si_6C_{18}H_{54}N_4P_2$	$[(SiMe_3)_2NPN(SiMe_3)]_2$		24
$Si_6UC_{18}H_{55}N_3$	$HU\{N(SiMe_3)_2\}_3$		25
$Si_6BThC_{18}H_{58}N_3$	$Th(BH_4)\{N(SiMe_3)_2\}_3$		26
$Si_6C_{20}H_{34}O_7$	$\{(SiPh)_2O\}\{\mu\text{-}(OSiMe_2)_2O\}_2$	153, c	27
$Si_6Cr_2C_{20}H_{36}O_8P_8$	$[Cr(CO)_4\{P_4(SiMe_2)_3\}]_2$	d	28
$Si_6HgC_{20}H_{54}$	$Hg\{C(SiMe_3)_3\}_2$		29
$Si_6SnC_{21}H_{57}Cl$	$SnCl\{CH(SiMe_3)_2\}_3$		30
$Si_6YbC_{21}H_{57}Cl^- \cdot LiC_{16}H_{32}O_4^+$	$[Li(THF)_4][YbCl\{CH(SiMe_3)_2\}_3]$		31
$Si_6CrC_{21}H_{57} \cdot xC_5H_{12} \cdot yC_6H_{14}$	$Cr\{CH(SiMe_3)_2\}_3 \cdot xC_5H_{12} \cdot yC_6H_{14}$		32
$Si_6InC_{21}H_{57} \cdot C_4H_{10}O$	$In\{CH(SiMe_3)_2\}_3 \cdot Et_2O$		33
$Si_6C_{22}H_{60}N_4$	$[(SiMe_3)_2NSiMeNBu^t(SiMe_3)]_2$	e	34
$Si_6Mo_2C_{22}H_{68}N_2O_6$	$[Mo(OSiMe_3)_3(NHMe_2)]_2$		35
$Si_6Fe_2C_{24}H_{40}O_4$	$Fe\{SiMe_2(cyclo\text{-}Si_5Me_8\{Fe(CO)_2(\eta\text{-}C_5H_5)\})\}\text{-}(CO)_2(\eta\text{-}C_5H_5)$		9
$Si_6Nb_2C_{24}H_{62}$	$[Nb(\mu\text{-}CSiMe_3)(CH_2SiMe_3)_2]_2$		36
$Si_6Re_2C_{24}H_{62}$	$[Re(\mu\text{-}CSiMe_3)(CH_2SiMe_3)_2]_2$		37
$Si_6W_2C_{24}H_{62}$	$[W(\mu\text{-}CSiMe_3)(CH_2SiMe_3)_2]_2$		38
$Si_6Re_3C_{24}H_{66}Cl_3N_2O_2$	$Re_3Cl_3(CH_2SiMe_3)_5\{ON(CH_2SiMe_3)NO\}$		39
$Si_6Re_3C_{24}H_{66}Cl_3$	$Re_3Cl_3(CH_2SiMe_3)_6$		40
$Si_6Mo_2C_{24}H_{66}$	$Mo_2(CH_2SiMe_3)_6$		41
$Si_6W_2C_{24}H_{66}$	$W_2(CH_2SiMe_3)_6$		41, 42
$Si_6C_{28}H_{32}O_8$	$(SiPhO)_4(SiMe_2O_2)_2$	f	43
$Si_6C_{28}H_{32}O_8$	$(SiPhO)_4(SiMe_2O_2)_2$	g	44
$Si_6C_{30}H_{60}N_4$	$[(SiMe_3)NPrSiPhN(SiMe_3)]_2$		34
$Si_6TiC_{30}H_{62}N_6$	$Ti(CH_2Ph)_2\{\overline{N(SiMe_2NMe)_2SiMe_2}\}_2$		45
$Si_6C_{34}H_{50}N_6$	$[(SiMe_3)NSi(\mu\text{-}NPh)_2SiMe_2]_2$	h	46
$Si_6LaC_{36}H_{69}N_3OP$	$La\{N(SiMe_3)_2\}_3(OPPh_3)$		47
$Si_6C_{40}H_{56}$	$(SiMe_3)_2C=CSiPh_2SiPh_2C=C(SiMe_3)_2$		48
$Si_6ZrC_{72}H_{60}O_9^{2-} \cdot 2C_4H_{12}N^+$	$[NH_2Et_2]_2[Zr\{(OSiPh_2)_2O\}_3]$		49
$Si_6Pb_4C_{114}H_{90}O_7$	$Pb_4(\mu_4\text{-}O)(OSiPh_3)_6$		50

 a Cl$_8$hexasilaasterane. b Me$_{10}$bicyclohexasiloxane. c Me$_8$Ph$_2$bicyclohexasiloxane. d P$_4$(SiMe$_2$)$_3$ = Me$_6$-trisilatetraphosphanortricyclene. e 2,4-[NBu^t(SiMe$_3$)]$_2$-2,4-Me$_2$-1,3-(SiMe$_3$)$_2$-1,3-diaza-2,4-disilacyclobutane. f Me$_4$Ph$_4$tricyclohexasiloxane, m.p. 222–223 °C. g Isomer, m.p. 162.5 °C. h 2,2,8,8-Me$_4$-1,3,7,9-Ph$_4$-5,10-(SiMe$_3$)$_2$dispiro[3.1.3.1]tetrasilazane.

1. G. Sawitzki and H. G. von Schnering, *Z. Anorg. Allg. Chem.*, 1973, **399**, 257.
2. G. Menczel, *Acta Chim. Acad. Sci. Hung.*, 1977, **92**, 9 (*Chem. Abstr.*, 1977, **87**, 46 905).
3. H. L. Carrell and J. Donohue, *Acta Crystallogr.*, 1972, **B28**, 1566.
4. W. Hönle and H. G. von Schnering, *Z. Naturforsch., Teil B*, 1980, **35**, 789.
5. H. Oberhammer, W. Zeil and G. Fogarasi, *J. Mol. Struct.*, 1973, **18**, 309.
6. W. Hönle and H. G. von Schnering, *Z. Anorg. Allg. Chem.*, 1978, **442**, 91.
7. V. E. Shklover, Y. T. Struchkov, G. V. Kotrelev, V. V. Kazakova and K. A. Andrianov, *Zh. Strukt. Khim.*, 1979, **20**, 96.
8. G. W. Adamson and J. J. Daly, *J. Chem. Soc. (A)*, 1970, 2724.
9. T. J. Drahnak, R. West and J. C. Calabrese, *J. Organomet. Chem.*, 1980, **198**, 55.
10. G. M. Sheldrick and W. S. Sheldrick, *J. Chem. Soc. (A)*, 1969, 2279.
11. H. Hess, *Acta Crystallogr.*, 1969, **B25**, 2342.
12. C. Airoldi, D. C. Bradley, H. Chudzynska, M. B. Hursthouse, K. M. A. Malik and P. R. Raithby, *J. Chem. Soc., Dalton Trans.*, 1980, 2010.
13. C. Heath and M. B. Hursthouse, unpublished work cited in P. G. Eller, D. C. Bradley, M. B. Hursthouse and D. W. Meek, *Coord. Chem. Rev.*, 1977, **24**, 1.
14. D. C. Bradley, M. B. Hursthouse, C. W. Newing and A. J. Welch, *J. Chem. Soc., Chem. Commun.*, 1972, 567.
15. J. S. Ghotra, M. B. Hursthouse and A. J. Welch, *J. Chem. Soc., Chem. Commun.*, 1973, 669.
16. D. C. Bradley, M. B. Hursthouse and P. F. Rodesiler, *Chem. Commun.*, 1969, 14*; M. B. Hursthouse and P. F. Rodesiler, *J. Chem. Soc., Dalton Trans.*, 1972, 2100.
17. M. B. Hursthouse and P. R. Raithby, unpublished work cited in P. G. Eller, D. C. Bradley, M. B. Hursthouse and D. W. Meek, *Coord. Chem. Rev.*, 1977, **24**, 1.
18. M. B. Hursthouse and A. J. Welch, unpublished work cited in P. G. Eller, D. C. Bradley, M. B. Hursthouse and D. W. Meek, *Coord. Chem. Rev.*, 1977, **24**, 1.
19. D. Mootz, A. Zinnius and B. Bottcher, *Angew. Chem.*, 1969, **81**, 398 (*Angew. Chem., Int. Ed. Engl.*, 1969, **8**, 378).
20. R. D. Rogers, J. L. Atwood and R. Gruning, *J. Organomet. Chem.*, 1978, **157**, 229.
21. T. F. Schaaf, W. Butler, M. D. Glick and J. P. Oliver, *J. Am. Chem. Soc.*, 1974, **96**, 7593*; W. H. Ilsley, T. F. Schaaf, M. D. Glick and J. P. Oliver, *J. Am. Chem. Soc.*, 1980, **102**, 3769.
22. R. A. Andersen, D. H. Templeton and A. Zalkin, *Inorg. Chem.*, 1978, **17**, 2317.
23. R. Allmann, W. Henke, P. Krommes and J. Lorberth, *J. Organomet. Chem.*, 1978, **162**, 283.
24. E. Niecke, W. Flick and S. Pohl, *Angew. Chem.*, 1976, **88**, 305 (*Angew. Chem., Int. Ed. Engl.*, 1976, **15**, 309).
25. R. A. Andersen, A. Zalkin and D. H. Templeton, *Inorg. Chem.*, 1981, **20**, 622.
26. H. W. Turner, R. A. Andersen, A. Zalkin and D. H. Templeton, *Inorg. Chem.*, 1979, **18**, 1221.
27. V. E. Shklover, Y. T. Struchkov, N. N. Makarova and A. A. Zhdanov, *Cryst. Struct. Commun.*, 1980, **9**, 1.
28. W. Hönle and H. G. von Schnering, *Z. Anorg. Allg. Chem.*, 1980, **465**, 72.
29. F. Glockling, N. S. Hosmane, V. B. Mahale, J. J. Swindall, L. Magos and T. J. King, *J. Chem. Res. (M)*, 1977, 1201; *J. Chem. Res. (S)*, 1977, 116.
30. M. J. S. Gynane, M. F. Lappert, S. J. Miles, A. J. Carty and N. J. Taylor, *J. Chem. Soc., Dalton Trans.*, 1977, 2009.
31. J. L. Atwood, W. E. Hunter, R. D. Rogers, J. Holton, J. McMeeking, R. Pearce and M. F. Lappert, *J. Chem. Soc., Chem. Commun.*, 1978, 140.
32. G. K. Barker, M. F. Lappert and J. A. K. Howard, *J. Chem. Soc., Dalton Trans.*, 1978, 734.
33. A. J. Carty, M. J. S. Gynane, M. F. Lappert, S. J. Miles, A. Singh and N. J. Taylor, *Inorg. Chem.*, 1980, **19**, 3637.
34. W. Clegg, U. Klingebiel, C. Krampe and G. M. Sheldrick, *Z. Naturforsch., Teil B*, 1980, **35**, 275.
35. M. H. Chisholm, F. A. Cotton, M. W. Extine and W. W. Reichert, *J. Am. Chem. Soc.*, 1978, **100**, 153.
36. F. Huq, W. Mowat, A. C. Skapski and G. Wilkinson, *Chem. Commun.*, 1971, 1477.
37. M. Bochmann, G. Wilkinson, A. M. R. Galas, M. B. Hursthouse and K. M. A. Malik, *J. Chem. Soc., Dalton Trans.*, 1980, 1797.
38. M. H. Chisholm, F. A. Cotton, M. W. Extine and C. A. Murillo, *Inorg. Chem.*, 1978, **17**, 696.
39. P. Edwards, K. Mertis, G. Wilkinson, M. B. Hursthouse and K. M. A. Malik, *J. Chem. Soc., Dalton Trans.*, 1980, 334.
40. M. B. Hursthouse and K. M. A. Malik, *J. Chem. Soc., Dalton Trans.*, 1978, 1334; K. Mertis, P. G. Edwards, G. Wilkinson, K. M. A. Malik and M. B. Hursthouse, *J. Chem. Soc., Dalton Trans.*, 1981, 705.
41. F. Huq, W. Mowat, A. Shortland, A. C. Skapski and G. Wilkinson, *Chem. Commun.*, 1971, 1079.
42. M. H. Chisholm, F. A. Cotton, M. Extine and B. R. Stults, *Inorg. Chem.*, 1976, **15**, 2252.
43. V. E. Shklover, I. Y. Klement'ev and Y. T. Struchkov, *Dokl. Akad. Nauk SSSR*, 1980, **250**, 877.
44. V. E. Shklover, Y. T. Struchkov, I. Y. Klement'ev, V. S. Tikhonov and K. A. Andrianov, *Zh. Strukt. Khim.*, 1979, **20**, 302.
45. D. J. Brauer, H. Burger and K. Wiegel, *J. Organomet. Chem.*, 1978, **150**, 215.
46. H. Rosenberg, T.-T. Tsai, W. W. Adams, M. T. Gehatia, A. V. Fratini and D. R. Wiff, *J. Am. Chem. Soc.*, 1976, **98**, 8083.
47. D. C. Bradley, J. S. Ghotra, F. A. Hart, M. B. Hursthouse and P. R. Raithby, *J. Chem. Soc., Dalton Trans.*, 1977, 1166.
48. M. Ishikawa, T. Fuchikami, M. Kumada, T. Higuchi and S. Miyamoto, *J. Am. Chem. Soc.*, 1979, **101**, 1348.
49. M. A. Hossain and M. B. Hursthouse, *Inorg. Chim. Acta*, 1980, **44**, L259.
50. C. Gaffney, P. G. Harrison and T. J. King, *J. Chem. Soc., Chem. Commun.*, 1980, 1251.

Si₇   Heptasilicon

Molecular formula	Structure	Notes	Ref.
$Si_7C_{16}H_{36}$	$Si(SiMe)_6(CH)_2(CH_2)_8$	a	1
$Si_7C_{17}H_{49}N_3$	$SiMe_2\{\mu\text{-}N(SiMe_3)\}_2Si\{\mu\text{-}N(SiMe_3)\}\text{-}$ $\{\mu\text{-}CH(SiMe_3)\}SiMe_2$		2
$Si_7C_{19}H_{48}$	$\overline{CSi(SiMe_2)_6(CH_2)_6}$	b	3
$Si_7C_{25}H_{62}$	$SiMe(SiMe_3)_2\{\overline{C{=}CH(CHSiMe_3)_3CHSiMe_3}\}$		4

a Me₆heptasilahexacycloheptadecane.   b Me₁₂heptasila[4.4.4]propellane.

1. G. Sawitzki and H. G. von Schnering, *Z. Anorg. Allg. Chem.*, 1976, **425**, 1.
2. D. Mootz, J. Fayos and A. Zinnius, *Angew. Chem.*, 1972, **84**, 27 (*Angew. Chem., Int. Ed. Engl.*, 1972, **11**, 58).
3. A. Lipka and H. G. von Schnering, *Z. Anorg. Allg. Chem.*, 1976, **419**, 9.
4. T. A. Beineke and L. L. Martin, *J. Organomet. Chem.*, 1969, **20**, 65.

Si₈   Octasilicon

Molecular formula	Structure	Notes	Ref.
$Si_8C_8H_{24}O_8$	$[SiMeO]_8$		1
$Si_8C_8H_{24}O_{12}$	$[SiMeO_{1.5}]_8$	a	2
$Si_8C_{12}H_{36}O_6$	$Si_8Me_{12}O_6$	b	3
$Si_8C_{16}H_{24}O_{12}$	$[Si(CH{=}CH_2)O_{1.5}]_8$		4, 5
$Si_8C_{17}H_{36}$	$Si_4C(SiMe)_4(CH_2)_{12}$	c	6
$Si_8Mn_2C_{24}H_{72}N_4$	$[Mn\{\mu\text{-}N(SiMe_3)_2\}\{N(SiMe_3)_2\}]_2$		7
$Si_8C_{28}H_{72}O_2$	$[Si(SiMe_3)_2CBu^t(OSiMe_3)]_2$		8
$Si_8Sn_2C_{28}H_{76}$	$[Sn\{CH(SiMe_3)_2\}_2]_2$		9
$Si_8C_{32}H_{44}O_{10}$	$\{\mu\text{-}(SiMe_2)_2O\}_2(SiPhO)_4$	d	10
$Si_8C_{48}H_{40}O_{12}$	$[SiPhO_{1.5}]_8$		11
$Si_8C_{48}H_{40}O_{12}\cdot C_3H_6O$	$[SiPhO_{1.5}]_8\cdot Me_2CO$		12
$Si_8Sn_4C_{56}H_{96}$	$[Sn(CHSiMe_3)_2C_6H_4]_4$		13
$Si_8La_2C_{60}H_{102}N_4O_4P_2$	$[La(\mu\text{-}O)\{N(SiMe_3)_2\}_2(OPPh_3)]_2$		14

a $[RSiO_{1.5}]_8$ = pentacyclo[9.5.1.1^{3,9}.1^{5,15}.1^{7,13}]octasiloxane (octasilasesquioxane).   b Me₁₂-3,6,9,12,13,14-hexaoxa-1,2,4,5,7,8,10,11-octasilatricyclo[6.4.1.1^{2,7}]tetradecane.   c 3,7,11,15 Me₄-1,3,5,7,9,11,13,15-octasiladodecascaphane.   d 1,1,7,7,9,9,15,15-Me₈-3,5,11,13-Ph₄-tricyclooctasiloxane.

1. T. Higuchi and A. Shimada, *Bull. Chem. Soc. Jpn.*, 1966, **39**, 1316.
2. K. Larsson, *Arkiv Kemi*, 1960, **16**, 203.
3. T. Higuchi and A. Shimada, *Bull. Chem. Soc. Jpn.*, 1967, **40**, 752.
4. M. G. Voronkov, T. N. Martynova, R. G. Mirskov and B. I. Belyi, *Zh. Obshch. Khim.*, 1979, **49**, 1522.
5. I. A. Baidina, N. V. Podberezskaya, V. I. Alekseev, T. N. Martynova, S. V. Borisov and A. N. Kanev, *Zh. Strukt. Khim.*, 1979, **20**, 648.
6. H. G. von Schnering, G. Sawitzki, K. Peters and K.-F. Tebbe, *Z. Anorg. Allg. Chem.*, 1974, **404**, 38.
7. D. C. Bradley, M. B. Hursthouse, K. M. A. Malik and R. Moseler, *Transition Met. Chem.*, 1978, **3**, 253.
8. A. G. Brook, S. C. Nyburg, W. F. Reynolds, Y. C. Poon, Y.-M. Chang, J.-S. Lee and J.-P. Picard, *J. Am. Chem. Soc.*, 1979, **101**, 6750.
9. D. E. Goldberg, D. H. Harris, M. F. Lappert and K. M. Thomas, *J. Chem. Soc., Chem. Commun.*, 1976, 261*; P. J. Davidson, D. H. Harris and M. F. Lappert, *J. Chem. Soc., Dalton Trans.*, 1976, 2268.
10. V. E. Shklover, A. N. Chekhov, Y. T. Struchkov, N. N. Makarova and K. A. Andrianov, *Dokl. Akad. Nauk SSSR*, 1977, **234**, 614*; V. E. Shklover, A. N. Chekhov, Y. T. Struchkov, N. N. Makarova and K. A. Andrianov, *Zh. Strukt. Khim.*, 1978, **19**, 1091.
11. V. E. Shklover, Y. T. Struchkov, N. N. Makarova and K. A. Andrianov, *Zh. Strukt. Khim.*, 1978, **19**, 1107.
12. M. A. Hossain, M. B. Hursthouse and K. M. A. Malik, *Acta Crystallogr.*, 1979, **B35**, 2258.
13. M. F. Lappert, W. Leung, C. L. Raston, B. W. Skelton and A. H. White, *J. Chem. Soc., Chem. Commun.*, 1982, in press.
14. D. C. Bradley, J. S. Ghotra, F. A. Hart, M. B. Hursthouse and P. R. Raithby, *J. Chem. Soc., Chem. Commun.*, 1974, 40*; *J. Chem. Soc., Dalton Trans.*, 1977, 1166.

Si₉   Nonasilicon

Molecular formula	Structure	Notes	Ref.
$Si_9C_{16}H_{48}$	Si_9Me_{16}	a	1
$Si_9C_{20}H_{60}FN_5$	$(SiMe_3)_2NSiFMe\{N_4Si_4Me_7(SiMe_3)_2\}$	b	2

Si$_9$

Molecular formula	Structure	Notes	Ref.
Si$_9$Re$_6$C$_{36}$H$_{100}$Cl$_6$	HRe$_6$(μ-Cl)$_6$(CH$_2$SiMe$_3$)$_9$	270	3
Si$_9$C$_{72}$H$_{63}$N$_3$O$_9$	[Si{(OSiPh$_2$)$_2$O}NH]$_3$		4

[a] Me$_{16}$bicyclo[3.3.1]nonasilane. [b] N$_4$Si$_4$ = 1,3,5,7-tetraaza-2,4,6,8-tetrasilabicyclo[4.2.0]octane skeleton.

1. W. Stallings and J. Donohue, *Inorg. Chem.*, 1976, **15**, 524.
2. W. Clegg, *Acta Crystallogr.*, 1980, **B36**, 2830.
3. K. Mertis, P. G. Edwards, G. Wilkinson, K. M. A. Malik and M. B. Hursthouse, *J. Chem. Soc., Chem. Commun.*, 1980, 654*; *J. Chem. Soc., Dalton Trans.*, 1981, 705.
4. A. A. Zhdanov, A. B. Zachernyuk, G. V. Solomatin and Y. T. Struchkov, *Dokl. Akad. Nauk SSSR*, 1980, **251**, 121.

Si$_{10}$ Decasilicon

Molecular formula	Structure	Notes	Ref.
Si$_{10}$C$_{10}$H$_{30}$O$_{15}$	[SiMeO$_{1.5}$]$_{10}$	a	1
Si$_{10}$C$_{18}$H$_{54}$N$_2$O$_8$	[(μ-SiMe$_2$)NSiMe$_2$OSiMe{(OSiMe$_2$)$_2$O}]$_2$	153	2
Si$_{10}$C$_{20}$H$_{60}$F$_2$N$_6$	7-(SiMe$_3$)N(μ-SiMe$_2$)$_2$NSiMe$_2${N$_4$Si$_4$Me$_8$F$_2$-(SiMe$_3$)}	b	3
Si$_{10}$C$_{34}$H$_{90}$N$_6$	[(SiMe$_3$)N(μ-SiMe$_2$)$_2$NSiMe$_2$N(μ-SiMe$_2$)]$_2$		4
Si$_{10}$C$_{56}$H$_{64}$O$_{12}$	[Si{(OSiPh$_2$)$_2$O}{(μ-OSiMe$_2$)$_2$O}]$_2$	c	5

[a] [RSiO$_{1.5}$]$_{10}$ = decasilasesquioxane. [b] N$_4$Si$_4$Me$_8$F$_2$(SiMe$_3$) = 1-(SiF$_2$Me)-2,2,4,4,6,8,8-Me$_7$-3-(SiMe$_3$)-1,3,5,7-tetraaza-2,4,6,8-tetrasilabicyclo[4.2.0]octane. [c] Dispiro[5.5.5.5]decasiloxane.

1. I. A. Baidina, N. V. Podberezskaya, S. V. Borisov, V. I. Alekseev, T. N. Martynova and A. N. Kanev, *Zh. Strukt. Khim.*, 1980, **21** (3), 125.
2. V. E. Shklover, P. Ad'yaasuren, Y. T. Struchkov, E. A. Zhdanova, V. S. Svistunov, G. V. Kotrelev and K. A. Andrianov, *Dokl. Akad. Nauk SSSR*, 1978, **241**, 377; V. E. Shklover, P. Ad'yaasuren, G. V. Kotrelev, E. A. Zhdanova, V. S. Svistunov and Y. T. Struchkov, *Zh. Strukt. Khim.*, 1980, **21** (2), 94.
3. W. Clegg, U. Klingebiel, G. M. Sheldrick, L. Skoda and N. Vater, *Z. Naturforsch.*, *Teil B*, 1980, **35**, 1503.
4. W. Clegg, M. Hesse, U. Klingebiel, G. M. Sheldrick and L. Skoda, *Z. Naturforsch.*, *Teil B*, 1980, **35**, 1359.
5. V. E. Shklover, N. G. Bokii, Y. T. Struchkov, K. A. Andrianov and A. B. Zachernyuk, *Zh. Strukt. Khim.*, 1974, **15**, 857.

Si$_{12}$ Dodecasilicon

Molecular formula	Structure	Notes	Ref.
Si$_{12}$C$_{72}$H$_{60}$O$_{18}$	[SiPhO$_{1.5}$]$_{12}$	a	1

[a] Dodecasilasesquioxane.

1. W. Clegg, G. M. Sheldrick and N. Vater, *Acta Crystallogr.*, 1980, **B36**, 3162.

Si$_{14}$ Tetradecasilicon

Molecular formula	Structure	Notes	Ref.
Si$_{14}$Cu$_{18}$C$_{42}$H$_{126}$O$_{16}$	Cu$_{18}$O$_2$(OSiMe$_3$)$_{14}$		1

1. T. Greiser, O. Jarchow, K. H. Klaska and E. Weiss, *Chem. Ber.*, 1978, **111**, 3360.

Sm Samarium

Molecular formula	Structure	Notes	Ref.
SmC$_{15}$H$_{15}$	Sm(C$_5$H$_5$)$_3$		1
SmC$_{27}$H$_{21}$	Sm(ind)$_3$		2

1. C.-H. Wong, T.-Y. Lee and Y.-T. Lee, *Acta Crystallogr.*, 1969, **B25**, 2580.
2. J. L. Atwood, J. H. Burns and P. G. Laubereau, *J. Am. Chem. Soc.*, 1973, **95**, 1830.

Sn Tin

Molecular formula	Structure	Notes	Ref.
$SnCH_2Cl_4$	$SnCl_3(CH_2Cl)$	E	1
$SnCH_3Br_3$	$SnBr_3Me$	E	2
$SnCH_3Cl_3$	$SnCl_3Me$	E	2, 3
$SnCH_3Cl_4^-AsC_{24}H_{20}^+$	$[AsPh_4][SnCl_4Me]$		4
$SnCH_3I_3$	SnI_3Me	E	2
$SnCH_3N_3O_9$	$SnMe(O_2NO)_3$		5
$[SnC_2H_4Cl_4]_n$	$[SnCl_2(CH_2Cl)_2]_n$		6
$SnC_2H_6Br_2$	$SnBr_2Me_2$	E	2
$SnC_2H_6Cl_2$	$SnCl_2Me_2$	E	2, 7
$[SnC_2H_6Cl_2]_n$	$[SnCl_2Me_2]_n$		8
$SnC_2H_6Cl_3^-C_9H_8N^+$	$[quinH][SnCl_3Me_2]$	a	9
$SnC_2H_6Cl_3^-SnC_{17}H_{17}ClN_3^+$	$[SnClMe_2(terpy)][SnCl_3Me_2]$		10
$SnC_2H_6Cl_4^{2-}\cdot 2C_5H_6N^+$	$[pyH]_2[SnCl_4Me_2]$		11
$[SnC_2H_6F_2O_6S_2]_n$	$[SnMe_2(SO_3F)_2]_n$		12
$[SnC_2H_6F_2]_n$	$[SnF_2Me_2]_n$		13
$SnC_2H_6I_2$	SnI_2Me_2	E	2
$SnC_2H_6N_2O_6$	$SnMe_2(O_2NO)_2$		14
SnC_2H_8	H_2SnMe_2	E	3
$[SnC_3H_6N_2S_2]_n$	$[SnMe_2(NCS)_2]_n$		15, 16
SnC_3H_9Br	$SnBrMe_3$		2
$SnC_3H_9Br_2^-SnC_{15}H_{45}N_6O_2P_2^+$	$[SnMe_3(HMPT)_2][SnBr_2Me_3]$		17
SnC_3H_9Cl	$SnClMe_3$	E	2, 3
$[SnC_3H_9Cl]_n$	$[SnClMe_3]_n$		18
$SnC_3H_9Cl_2^-Mo_3C_{15}H_{15}S_4^+$	$[Mo_3S_4(\eta-C_5H_5)_3][SnCl_2Me_3]$		19
$[SnC_3H_9F]_n$	$[SnFMe_3]_n$		20
SnC_3H_9I	$SnIMe_3$		2
$SnC_3H_9N_3$	$SnMe_3(N_3)$		21
$[SnC_3H_9NO_3]_n$	$[SnMe_3(NO_3)]_n$		22
$[SnC_3H_9N_3O_2S_3]_n$	$[SnMe_3(\overline{NSN=S=NSO_2})]_n$		23
SnC_3H_{10}	$HSnMe_3$		3
$[SnC_3H_{10}O]_n$	$[SnMe_3(OH)]_n$		24
$[SnC_3H_{10}O\cdot SiC_3H_9N_3]_n$	$[SnMe_3(OH)\cdot SiMe_3(N_3)]_n$	b	25
$[SnC_3H_{10}O\cdot SnC_4H_9NO]_n$	$[SnMe_3(OH)\cdot SnMe_3(NCO)]_n$		25
$[SnC_3H_{11}NO_4]_n$	$[SnMe_3(ONO_2)(OH_2)]_n$		26
$[SnC_4H_6N_2]_n$	$[SnMe_2(CN)_2]_n$		27
$[SnC_4H_6N_2S_2]_n$	$\overline{[SnMe_2(NCS)_2]_n}$		15, 16
$SnC_4H_7Cl_3O_2$	$SnCl_3\{CH_2CH_2C(OMe)O\}$		28
$[SnC_4H_9N]_n$	$[SnMe_3(CN)]_n$		29
$[SnC_4H_9NO\cdot SnC_3H_{10}O]_n$	$[SnMe_3(NCO)\cdot SnMe_3(OH)]_n$		25
$[SnC_4H_9NS]_n$	$[SnMe_3(NCS)]_n$		30
$[SnC_4H_{10}Br_2]_n$	$[SnBr_2Et_2]_n$		31
$SnC_4H_{10}Br_3NO$	$SnBr_3Me(DMF)$		32
$[SnC_4H_{10}Cl_2]_n$	$[SnCl_2Et_2]_n$		31
$[SnC_4H_{10}I_2]_n$	$[SnI_2Et_2]_n$		31
$[SnC_4H_{10}O_2]_n$	$[SnMe_3(OCOH)]_n$		33
$[SnC_4H_{12}N_2O_2]_n$	$[SnMe_3(NMeNO_2)]_n$		34
$[SnC_4H_{12}O]_n$	$[SnMe_3(OMe)]_n$		35
$[SnC_4H_{12}O_2S]_n$	$[SnMe_3(OSOMe)]_n$		36, 37
$[SnC_4H_{12}O_2Se]_n$	$[SnMe_3(OSeOMe)]_n$		38
SnC_4H_{12}	$SnMe_4$	E	39
SnC_5H_5Cl	$SnCl(\eta^5-C_5H_5)$		40
$[SnC_5H_9F_3O_2]_n$	$[SnMe_3(OCOCF_3)]_n$		41
$[SnC_5H_9N_3]_n$	$[SnMe_3\{N(CN)_2\}]_n$		42
SnC_5H_{10}	$SnMe_3(C\equiv CH)$	E	43
$SnC_5H_{12}ClNS_2$	$SnClMe_2(S_2CNMe_2)$		44
$[SnC_5H_{12}O_2]_n$	$[SnMe_3(OAc)]_n$		41
$[SnC_5H_{13}NO_2]_n$	$[SnMe_3(OCOCH_2NH_2)]_n$		45
SnC_6H_3I	$SnI(C\equiv CH)_3$	E	46
$[SnAlC_6H_6Cl_5]_n$	$[SnCl(\mu-Cl_2AlCl_2)(\eta^6-C_6H_6)]_n$		47, 48
$[SnAl_2C_6H_6Cl_8]_n\cdot nC_6H_6$	$[Sn(\mu-Cl_2AlCl_2)_2(\eta^6-C_6H_6)]_n\cdot nC_6H_6$		49
$[SnC_6H_6N_6]_n$	$[SnMe_2\{N(CN)_2\}_2]_n$		42
$SnC_6H_{12}Cl_2N_2O_2$	$\overline{SnCl_2\{CH_2CH_2C(O)NH_2\}_2}$		28
$[SnC_6H_{12}F_6N_2O_4S_3]_n$	$[SnMe_3\{N(SO_2CF_3)SMe=N(SO_2CF_3)\}]_n$		50
$[SnC_6H_{12}O_2S]_n$	$[SnMe_3\{O_2S(CH_2C\equiv CH)\}]_n$		51
$SnC_6H_{14}N_2O_4$	$SnMe_2(ONHCOMe)_2$		52
$SnC_6H_{14}N_2O_4\cdot H_2O$	$SnMe_2(ONHCOMe)_2\cdot H_2O$		52
$[SnC_6H_{14}S]_n$	$[Sn(S)Pr_2^i]_n$		53
$SnC_6H_{15}NS_2$	$SnMe_3(SCSNMe_2)$	c	54
$SnC_6H_{15}NS_2$	$SnMe_3(SCSNMe_2)$	d	55

Sn   *Structure Index*

Molecular formula	Structure	Notes	Ref.
$SnC_6H_{18}Br_2O_2S_2$	$SnBr_2Me_2(DMSO)_2$		56, 57
$SnC_6H_{18}Cl_2O_2S_2$	$SnCl_2Me_2(DMSO)_2$		56, 58
$SnB_{10}C_6H_{22}$	$1\text{-}Me_3SnCH_2\text{-}2\text{-}HC_2B_{10}H_{10}$	153	59
$[SnC_7H_{15}N]_n$	$[SnEt_3(CN)]_n$	e	60
$SnC_7H_{16}ClNO_2S$	$SnClMe_2\{SCH_2CH(NH_2)(CO_2Et)\}$		61
$SnC_7H_{17}Cl_3N_2O_2$	$SnCl_3Me(DMF)_2$		32, 56
SnC_8H_4	$Sn(C{\equiv}CH)_4$	E	62
$[SnC_8H_9Cl_3O_2]_n$	$[Sn(CH{=}CH_2)_3(OCOCCl_3)]_n$		63
$SnMnC_8H_9O_5$	$SnMe_3\{Mn(CO)_5\}$		64
$[SnAlC_8H_{10}Cl_5]_n$	$[SnCl(\mu\text{-}Cl_2AlCl_2)(\eta^6\text{-}C_6H_4Me_2\text{-}1,4)]_n$		48, 65
SnC_8H_{12}	$Sn(C{\equiv}CH)_4$	E	66
$SnWC_8H_{13}Cl_3O_3S_2$	$(SnCl_2Me)(\mu\text{-}Cl)\{W(CO)_3(MeSCH_2CH_2SMe)\}$		67
$SnC_8H_{14}ClN$	$\overline{SnClMe_3(py)}$		68
$SnC_8H_{14}Cl_2O_4$	$\overline{SnCl_2\{CH_2CH_2C(O)OMe\}_2}$		28
$SnC_8H_{18}N_2O_4$	$SnMe_2\{ON(Ac)Me\}_2$		69
$SnC_8H_{18}N_2S_4$	$SnMe_2(S_2CNMe_2)_2$		70
$SnC_8H_{20}Cl_2N_2O_2$	$SnCl_2Me_2(DMF)_2$		56, 57
$SnB_{20}C_8H_{30}O$	$(\mu\text{-}SnMe_2)\{\mu\text{-}CH(OMe)\}(C_2B_{10}H_{10})_2$		71
$SnC_9H_{12}Cl_2O_2$	$SnCl_2Me_2\{\overline{OCHC_6H_4OH}\text{-}1,2\}$		72
$SnC_9H_{15}NO_3$	$SnMe_3(OCOC_5H_4N\text{-}2)(OH_2)$		73
$SnC_9H_{16}O_4S$	$[SnMe_3(OSO_2Ph)(OH_2)]_n$		74
$[SnC_9H_{19}NO]_n$	*catena*-$[SnMe_3(ON{=}C_6H_{10})]_n$		75
$SnC_9H_{27}ClN_3OP$	$SnClMe_3(HMPT)$		17
$SnC_{10}H_{10}$	$Sn(\eta^5\text{-}C_5H_5)_2$	E	76
$SnC_{10}H_{15}^+BF_4^-$	$[Sn(\eta^5\text{-}C_5Me_5)][BF_4]$		77
$SnC_{10}H_{22}N^+ClO_4^-$	$[SnMe_3\{C(CH_2CH_2)_3NH\}][ClO_4]$		78
$SnC_{11}H_{13}Br_3N_2$	$SnBr_3Me(py)_2$		79
$SnC_{11}H_{13}Cl_3N_2$	$SnCl_3Me(py)_2$		79
$[SnC_{11}H_{13}NO_2]_n$	$[SnMe_3\{\overline{NC(O)C_6H_4C(O)}\}]_n$		80
$[SnC_{11}H_{24}O_2]_n$	$[\overline{SnBu_2\{O(CH_2)_3O\}}]_n$		81
$SnC_{12}H_{10}Cl_2$	$SnCl_2Ph_2$		82
$SnC_{12}H_{16}Br_2N_2$	$SnBr_2Me_2(py)_2$		79
$SnC_{12}H_{16}Cl_2N_2$	$SnCl_2Me_2(py)_2$		79
$SnC_{12}H_{16}Cl_2O_2N_2$	$SnCl_2Me_2(ONC_5H_5)_2$		83
$SnC_{12}H_{20}O_4$	$SnMe_2(acac)_2$		84
$SnAsC_{12}H_{21}N_2O_4$	$SnMe_3\{\overline{NC_2(CO_2Me)_2C(AsMe_2)N}\}$		85
$SnC_{12}H_{22}N_2S_4$	$SnMe_2\{S_2C\overline{N(CH_2)_3C}H_2\}_2$		86
$SnC_{12}H_{26}N_2S_4$	$SnMe_2(S_2CNEt_2)_2$	f	87
$SnC_{12}H_{27}Cl_2^-C_{25}H_{22}P^+$	$[PPh_3(CH_2Ph)][SnCl_2Bu_3]$		88
$SnSi_3C_{12}H_{33}I$	$SnI(CH_2SiMe_3)_3$		89
$SnC_{12}F_{12}$	$Sn(C{\equiv}CCF_3)_4$	E	90
$SnFeC_{13}H_{10}Cl_2O_2$	$SnCl_2Ph\{Fe(CO)_2(\eta\text{-}C_5H_5)\}$		91
$SnC_{13}H_{39}Br_3N_6O_2P_2$	$SnBr_3Me(HMPT)_2$		56, 92
$SnC_{13}H_{39}Cl_3N_6O_2P_2$	$SnCl_3Me(HMPT)_2$		56, 92
$SnMn_2C_{14}H_6O_{10}$	$Sn(CH{=}CH_2)_2\{Mn(CO)_5\}_2$	D	93
$SnRe_3C_{14}H_7O_{12}$	$(\mu\text{-}SnMe_2)\{HRe_3(CO)_{12}\}$		94
$SnMoC_{14}H_{11}Cl_3N_2O_3$	$SnCl_2Me(\mu\text{-}Cl)\{Mo(CO)_3(bipy)\}$		95
$SnC_{14}H_{18}Cl_2N_2$	$SnCl_2Et_2(bipy)$		96
$SnC_{14}H_{25}N_2^+Br^-$	$[SnMe_2\{\overline{C_6H_3(CH_2NMe_2)_2}\text{-}2,6\}]Br$		97
$SnC_{14}H_{42}Br_2N_6O_2P_2$	$SnBr_2Me_2(HMPT)_2$		56, 92
$SnC_{14}H_{42}Cl_2N_6O_2P_2$	$SnCl_2Me_2(HMPT)_2$		56, 92
$SnMoC_{15}H_{12}Cl_2O_2$	$SnCl_2Ph\{Mo(CO)_2(\eta\text{-}C_7H_7)\}$		98
$SnC_{15}H_{14}Cl_3N$	$2\text{-}(SnCl_3)\text{-}4\text{-}MeC_6H_3C(Tol){=}NMe$		99
$SnC_{15}H_{15}NO_2$	$\overline{SnMe_2(OC_6H_4N{=}CHC_6H_4O)}$		100
$SnC_{15}H_{45}N_6O_2P_2^+SnC_3H_9Br_3^-$	$[Sn(HMPT)_2][SnBr_2Me_3]$		17
$SnMn_2C_{16}H_8Cl_2O_6$	$SnCl_2\{(\eta\text{-}C_5H_4)Mn(CO)_3\}_2$		101
$SnRe_3C_{16}H_9O_{13}S_2$	$(\mu\text{-}SSnMe_3)\{\mu\text{-}SRe(CO)_5\}\{Re(CO)_4\}_2$		102
$SnC_{16}H_{12}S_4$	$Sn(C_4H_3S\text{-}2)_4$		103, 104
$SnFe_2C_{16}H_{16}O_4$	$SnMe_2\{Fe(CO)_2(\eta\text{-}C_5H_5)\}_2$		105
$SnC_{16}H_{16}N_2O_3$	$SnPh_2(glygly)$	g	106
$SnC_{16}H_{19}Cl_3N_2$	$SnCl_3Bu(PhN{=}CHC_5H_4N\text{-}2)$		107
$SnC_{16}H_{19}NO_2$	$SnMe_3\{\overline{ONPhC(O)Ph}\}$		108
$SnC_{16}H_{22}Cl_2O_2S_2$	$SnCl_2Ph_2(DMSO)_2$	h	109, 110
$SnC_{16}H_{25}ClN_2S_4$	$SnClPh(S_2CNEt_2)_2$		111
$SnC_{16}H_{26}Br_2O_8$	$SnBr_2\{\overline{CH(CO_2Et)CH_2C(O)}OEt\}_2$	i	112
$SnC_{16}H_{26}Br_2O_8$	$SnBr_2\{\overline{CH(CO_2Et)CH_2C(O)}OEt\}_2$	j	113
$SnC_{16}H_{33}N_3S_6$	$SnMe(S_2CNEt_2)_3$		114
$SnC_{17}H_{17}ClN_3^+SnC_2H_6Cl_3^-$	$[SnClMe_2(terpy)][SnCl_3Me_2]$		10

Molecular formula	Structure	Notes	Ref.
[SnFeC$_{17}$H$_{18}$O$_2$]$_n$	[Sn(CH=CH$_2$)$_3$(OCOFc)]$_n$		115
SnC$_{17}$H$_{22}$BrN	$\overline{\text{SnBrMePh}\{\text{C}_6\text{H}_4(\text{CHMeNMe}_2)\text{-2}\}}$	k	116
SnC$_{18}$H$_{14}$F$_6$N$_2$O$_4$	Sn(CH=CH$_2$)$_2$(OCOCF$_3$)$_2$(bipy)		117
SnC$_{18}$H$_{15}$Br	SnBrPh$_3$		118
SnC$_{18}$H$_{15}$Cl	SnClPh$_3$		119
SnC$_{18}$H$_{15}$Cl$_2^-$AsC$_{26}$H$_{22}$O$^+$	[AsPh$_3$(CH$_2$COPh)][SnCl$_2$Ph$_3$]		120
[SnC$_{18}$H$_{16}$O]$_n$	[SnPh$_3$(OH)]$_n$		121
SnNiC$_{18}$H$_{20}$Cl$_2$N$_2$O$_2$	SnCl$_2$Me$_2${(salen)Ni}		122
SnC$_{18}$H$_{20}$N$_2$O$_2$	SnMe$_2$(salen)		123
[SnC$_{18}$H$_{22}$Cl$_2$N$_2$O$_2$]$_n$	[SnCl$_2$Me$_2$(salenH$_2$)]$_n$		124
SnCrC$_{18}$H$_{23}$NO$_5$	SnBu$^i_2$(py){Cr(CO)$_5$}		125
SnC$_{18}$H$_{24}$N$_4$O$_4$S$_2$	$\overline{\text{SnBu}_2\{\text{NC}_5\text{H}_3(\text{NO}_2\text{-5})(\text{S-2})\}_2}$		126
SnC$_{18}$H$_{28}$NO$_6$S$_3^+$NO$_3^-$	[SnPh$_2$(O$_2$NO)(DMSO)$_3$][NO$_3$]		127
SnC$_{18}$H$_{33}$Cl	SnClCy$_3$		128
SnC$_{19}$H$_{15}$Cl$_2$NS	SnCl$_2$Ph$_2$(btz)	l	129
[SnC$_{19}$H$_{15}$NO]$_n$	[SnPh$_3$(NCO)]$_n$		130
[SnC$_{19}$H$_{15}$NS]$_n$	[SnPh$_3$(NCS)]$_n$		131
SnC$_{19}$H$_{17}$I	Sn(CH$_2$I)Ph$_3$		132
SnC$_{19}$H$_{17}$N$_5$S$_2$	SnMe$_2$(NCS)$_2$(terpy)		133
SnCrSi$_4$C$_{19}$H$_{38}$O$_5$	Cr(Sn{CH(SiMe$_3$)$_2$}$_2$)(CO)$_5$		134
SnC$_{19}$H$_{39}$N$_3$S$_6$	SnBu(S$_2$CNEt$_2$)$_3$		135
SnFe$_2$C$_{20}$H$_{18}$Cl$_2$	SnCl$_2$Fc$_2$		136
SnC$_{20}$H$_{18}$N$_2$O$_2$	SnMe$_2$(C$_9$H$_6$NO)$_2$		137
SnC$_{20}$H$_{18}$S$_2$	Sn{C(S)SMe}Ph$_3$		138
SnC$_{20}$H$_{20}$	Sn(η^1-C$_5$H$_5$)$_4$	213	139
SnC$_{20}$H$_{30}$	Sn(η^5-C$_5$Me$_5$)$_2$		140
SnC$_{20}$H$_{30}$O$_4$P$_2$S$_4$	SnPh$_2${S$_2$P(OEt)$_2$}$_2$		141
SnC$_{20}$H$_{33}$F$_3$O$_2$	SnCy$_3$(OCOCF$_3$)		142
SnC$_{20}$H$_{35}$N$_3$	SnCy$_3$($\overline{\text{NN=CHN=CH}}$)		143
SnC$_{20}$H$_{36}$O$_2$	SnCy$_3$(OAc)		144
SnCoMnC$_{21}$H$_{10}$O$_9$	SnPh$_2${Co(CO)$_4$}{Mn(CO)$_5$}		145
SnMoC$_{21}$H$_{17}$ClO$_2$	Mo(SnClPh$_2$)(CO)$_2$(η-C$_7$H$_7$)		98
SnC$_{21}$H$_{22}$BrN	$\overline{\text{SnBrPh}_2\{\text{C}_6\text{H}_4(\text{CH}_2\text{NMe}_2\text{-2})\}}$		146
SnC$_{21}$H$_{24}$BrNO	$\overline{\text{SnBrMePh}\{\text{C}_{10}\text{H}_5(\text{OMe-5})(\text{CH}_2\text{NMe}_2\text{-8})\}}$		147
SnSi$_6$C$_{21}$H$_{57}$Cl	SnCl{CH(SiMe$_3$)$_2$}$_3$		148
SnMn$_2$C$_{22}$H$_{10}$O$_{10}$	SnPh$_2${Mn(CO)$_5$}$_2$	D	149
SnC$_{22}$H$_{18}$Cl$_2$N$_2$	SnCl$_2$Ph$_2$(bipy)		150
SnC$_{22}$H$_{24}$	(+)-Sn(CHMeEt)Ph$_3$		151
SnC$_{22}$H$_{25}$O$_2$PS$_2$	SnPh$_3${SPS(OEt)$_2$}		152
SnC$_{22}$H$_{30}$N$_2$S$_4$	SnPh$_2$(S$_2$CNEt$_2$)$_2$		153
SnMnC$_{23}$H$_{15}$O$_5$	SnPh$_3${Mn(CO)$_5$}		154
SnReC$_{23}$H$_{15}$O$_5$	SnPh$_3${Re(CO)$_5$}	m	155
[SnC$_{23}$H$_{19}$NS]$_n$	[SnPh$_3$(SC$_5$H$_4$N-4)]$_n$		156
SnC$_{23}$H$_{20}$N$_2$O$_4$	SnPh$_3$(ONO$_2$)(ONC$_5$H$_4$)	n	157
SnC$_{23}$H$_{20}$N$_2$O$_4$	SnPh$_3$(ONO$_2$)(ONC$_5$H$_4$)	o	158
[SnC$_{23}$H$_{24}$O$_2$]$_n$	[Sn(CH$_2$Ph)$_3$(OAc)]$_n$		159
SnC$_{23}$H$_{25}$NS$_2$	SnPh$_3$(S$_2$CNEt$_2$)		160
SnC$_{24}$H$_{17}$Br$_2$FS	SnPh$_3$(SC$_6$H$_2$Br$_2$-2,6-F-4)		161
SnC$_{24}$H$_{20}$	SnPh$_4$		162–164
SnFe$_2$C$_{24}$H$_{20}$O$_4$	Sn(η^1-C$_5$H$_5$)$_2${Fe(CO)$_2$(η^5-C$_5$H$_5$)}$_2$		165
SnC$_{24}$H$_{28}$ClOP	SnClMe$_3$(OCMeCH=PPh$_3$)		166
SnC$_{24}$H$_{38}$O$_4$P$_2$S$_4$	SnPh$_2${S$_2$P(OPr^i)$_2$}$_2$		167
SnC$_{24}$F$_{20}$	Sn(C$_6$F$_5$)$_4$		168
SnC$_{25}$H$_{19}$NOS	$\overline{\text{SnPh}_2(\text{SC}_6\text{H}_4\text{N=CHC}_6\text{H}_4\text{O})}$		169
SnC$_{25}$H$_{19}$NO$_2$	$\overline{\text{SnPh}_2(\text{OC}_6\text{H}_4\text{N=CHC}_6\text{H}_4\text{O})}$		170
SnFeC$_{25}$H$_{20}$O$_2$	SnPh$_3${Fe(CO)$_2$(η-C$_5$H$_5$)}		171
SnC$_{25}$H$_{22}$S	SnPh$_3$(SC$_6$H$_4$Me-2)		161
SnC$_{25}$H$_{28}$	SnPh$_3$(η^1-C$_7$H$_7$)		172
SnCrC$_{26}$H$_{20}$O$_3$	SnPh$_3${Cr(CO)$_3$(η-C$_5$H$_5$)}	p	155
SnMoC$_{26}$H$_{20}$O$_3$	SnPh$_3${Mo(CO)$_3$(η-C$_5$H$_5$)}	q	155
SnCrC$_{27}$H$_{25}$NO$_4$	SnPh$_3$(Cr{C(NEt$_2$)}(CO)$_4$)		173
SnC$_{27}$H$_{26}$S	SnPh$_3${S(Mes)}		174
SnMo$_2$C$_{28}$H$_{20}$O$_6$	SnPh$_2${Mo(CO)$_3$(η-C$_5$H$_5$)}$_2$	q	155
SnW$_2$C$_{28}$H$_{20}$O$_6$	SnPh$_2${W(CO)$_3$(η-C$_5$H$_5$)}$_2$	r	155
SnCrC$_{28}$H$_{25}$NO$_5$·0.5CH$_2$Cl$_2$	Cr{C(NEt$_2$)(SnPh$_3$)}(CO)$_5$·0.5CH$_2$Cl$_2$	243	175
SnC$_{28}$H$_{28}$	Sn(CH$_2$Ph)$_4$	233	176
SnC$_{28}$H$_{28}$	Sn(C$_6$H$_4$Me-3)$_4$		177
SnC$_{28}$H$_{28}$	Sn(C$_6$H$_4$Me-4)$_4$		178
SnC$_{28}$H$_{28}$O$_4$	Sn(C$_6$H$_4$OMe-4)$_4$	e	179

Molecular formula	Structure	Notes	Ref.
$SnC_{28}H_{28}S$	$SnPh_3(SC_6H_4Bu^t-4)$		180
$SnC_{29}H_{35}N_5O_4$	$SnPr_2(daps)$	s	181
$SnAsC_{30}H_{25}N_2O_7$	$SnPh_2(O_2NO)_2(OAsPh_3)$		182
$SnC_{30}H_{25}N_2O_7P$	$SnPh_2(O_2NO)_2(OPPh_3)$		183
$SnC_{30}H_{26}Br_2$	$SnBrMe_2(cis,cis\text{-}CPh=CPhCPh=CBrPh)$		184
$SnCo_2C_{30}H_{26}O_4$	$SnPh_2\{Co(CO)_2(nbd)\}_2$		185
$SnC_{31}H_{25}NO_2$	$\overline{SnPh_3\{ONPhC(O)Ph\}}$		186
$SnC_{32}H_{36}O_4$	$Sn(C_6H_4OEt-4)_4$	e	187
$SnC_{33}H_{26}O_2$	$SnPh_3(dbm)$		188
$SnAsC_{36}H_{30}NO_4$	$SnPh_3(ONO_2)(OAsPh_3)$		189
$SnGeC_{36}H_{30}O$	$SnPh_3(OGePh_3)$		190
$SnC_{36}H_{30}NO_4P$	$SnPh_3(ONO_2)(OPPh_3)$		191
$SnSiC_{36}H_{30}O$	$SnPh_3(OSiPh_3)$		190
$SnC_{36}H_{31}Br$	$SnMe_2Ph(cis,cis\text{-}CPh=CPhCPh=CBrPh)$		192
$SnC_{36}H_{31}Cl$	$SnMe_2Ph(cis,cis\text{-}CPh=CPhCPh=CClPh)$		192
$SnC_{36}H_{31}I$	$SnMe_2Ph(cis,cis\text{-}CPh=CPhCPh=CIPh)$		192
$SnFeC_{38}H_{30}O$	$Fe(SnPh_3)(CO)(\eta^2\text{-}C_2Ph_2)(\eta\text{-}C_5H_5)$		193
$SnFeC_{38}H_{34}F_6OP_2$	$Fe(SnMe_3)(CO)(f_6fos)(\eta\text{-}C_5H_5)$		194
$SnCoC_{39}H_{30}O_3P$	$SnPh_3\{Co(CO)_3(PPh_3)\}$		195
$SnMnC_{40}H_{30}O_4P$	$SnPh_3\{Mn(CO)_4(PPh_3)\}$		196
$SnC_{40}H_{44}$	$Sn(CPh=CMe_2)_4$		197
$SnC_{41}H_{33}NO$	$3\text{-}(SnPh_3)\text{-}C_{10}H_4(Ph\text{-}1)(OH\text{-}2)(NMePh\text{-}4)$		198
$SnMnC_{41}H_{36}BrO_3P_2$	$mer,trans\text{-}Mn(SnBrMe_2)(CO)_3(PPh_3)_2$		199
$SnC_{42}H_{54}NO_2$	$\overline{Sn(C_6H_4Me\text{-}3)_2\{(OC_6H_2Bu^t_2\text{-}4,6)_2N\}}$	t	200
$SnC_{44}H_{37}ClO_2P_2$	$SnClPh_3\{cis\text{-}OPPh_2CH=CHP(O)Ph_2\}$		201
$SnMnC_{50}H_{35}O_4$	$Mn(CO)_3(\eta^5\text{-}C_5Ph_4OSnPh_3)$		202
$SnRe_2C_{52}H_{28}N_4O_6\cdot 2C_6H_4Cl_2$	$Sn\{CRe(CO)_3\}_2(TPP)\cdot 2C_6H_4Cl_2\text{-}1,2$		203
$SnNiC_{60}H_{57}NP_3^+BC_{24}H_{20}^-$	$[Ni(SnPh_3)(np_3)][BPh_4]$		204
$SnGeHgPtC_{72}H_{30}F_{30}P_2$	$(C_6F_5)_3Sn\{\mu\text{-}Pt(PPh_3)_2\}HgGe(C_6F_5)_3$		205

^{a} quinH = quinolinium. ^{b} Preliminary study only. ^{c} Monoclinic form. ^{d} Orthorhombic form. ^{e} Incomplete. ^{f} Monoclinic and triclinic forms. ^{g} glygly = glycylglycinato. ^{h} Two forms. ^{i} Form I, m.p. 114–115 °C. ^{j} Form II, m.p. 122–123 °C. ^{k} Configuration $(S)_C(S)_{Sn}$. ^{l} btz = benzothiazole. ^{m} Sn—Re bond length only reported. ^{n} Monoclinic form. ^{o} Triclinic form. ^{p} Sn—Cr bond length only reported. ^{q} Sn—Mo bond length only reported. ^{r} Sn—W bond length only reported. ^{s} daps = 2,6-diacetylpyridinebis(salicyloylhydrazine). ^{t} 2,4,8,10-Bu$^t_4$-6,6-(C$_6$H$_4$Me-3)$_2$-dibenzo[d,g][1.3.6.2]dioxazastannocinyl (free radical).

1. I. A. Ronova, N. A. Sinitsyna, Y. T. Struchkov, O. Y. Okhlobystin and A. K. Prokof'ev, *Zh. Strukt. Khim.*, 1972, **13**, 15.
2. H. A. Skinner and L. E. Sutton, *Trans. Faraday Soc.*, 1944, **40**, 164.
3. B. Beagley, K. McAloon and J. M. Freeman, *Acta Crystallogr.*, 1974, **B30**, 444.
4. M. Webster, K. R. Mudd and D. J. Taylor, *Inorg. Chim. Acta*, 1976, **20**, 231.
5. G. S. Brownlee, A. Walker, S. C. Nyburg and J. T. Szymanski, *Chem. Commun.*, 1971, 1073.
6. N. G. Bokii, Y. T. Struchkov and A. K. Prokof'ev, *Zh. Strukt. Khim.*, 1972, **13**, 665.
7. H. Fujii and M. Kimura, *Bull. Chem. Soc. Jpn.*, 1971, **44**, 2643.
8. A. G. Davies, H. J. Milledge, D. C. Puxley and P. J. Smith, *J. Chem. Soc. (A)*, 1970, 2862.
9. A. J. Buttenshaw, M. Duchene and M. Webster, *J. Chem. Soc., Dalton Trans.*, 1975, 2230.
10. F. W. B. Einstein and B. R. Penfold, *J. Chem. Soc. (A)*, 1968, 3019.
11. L. E. Smart and M. Webster, *J. Chem. Soc., Dalton Trans.*, 1976, 1924.
12. F. H. Allen, J. A. Lerbscher and J. Trotter, *J. Chem. Soc. (A)*, 1971, 2507.
13. E. O. Schlemper and W. C. Hamilton, *Inorg. Chem.*, 1966, **5**, 995.
14. J. J. Hilton, E. K. Nunn and S. C. Wallwork, *J. Chem. Soc., Dalton Trans.*, 1973, 173.
15. Y. M. Chow, *Inorg. Chem.*, 1970, **9**, 794.
16. R. A. Forder and G. M. Sheldrick, *J. Organomet. Chem.*, 1970, **22**, 611.
17. L. A. Aslanov, V. M. Attiya, V. M. Ionov, A. B. Permin and V. S. Petrosyan, *Zh. Strukt. Khim.*, 1977, **18**, 113.
18. M. B. Hossain, J. L. Lefferts, K. C. Molloy, D. van der Helm and J. J. Zuckerman, *Inorg. Chim. Acta*, 1979, **36**, L409.
19. P. J. Vergamini, H. Vahrenkamp and L. F. Dahl, *J. Am. Chem. Soc.*, 1971, **93**, 6327.
20. H. C. Clark, R. J. O'Brien and J. Trotter, *Proc. Chem. Soc.*, 1963, 85*; *J. Chem. Soc.*, 1964, 2332.
21. R. Allmann, R. Hohlfeld, A. Waskowska and J. Lorberth, *J. Organomet. Chem.*, 1980, **192**, 353.
22. H. C. Clark, unpublished work cited in D. Potts, H. D. Sharma, A. J. Carty and A. Walker, *Inorg. Chem.*, 1974, **13**, 1205.
23. H. W. Roesky, M. Witt, M. Diehl, J. W. Bats and H. Fuess, *Chem. Ber.*, 1979, **112**, 1372.
24. N. Kasai, K. Yasuda and R. Okawara, *J. Organomet. Chem.*, 1965, **3**, 172.
25. J. B. Hall and D. Britton, *Acta Crystallogr.*, 1972, **B28**, 2133.
26. R. E. Drew and F. W. B. Einstein, *Acta Crystallogr.*, 1972, **B28**, 345.
27. J. Konnert, D. Britton and Y. M. Chow, *Acta Crystallogr.*, 1972, **B28**, 180.
28. P. G. Harrison, T. J. King and M. A. Healy, *J. Organomet. Chem.*, 1979, **182**, 17.
29. E. O. Schlemper and D. Britton, *Inorg. Chem.*, 1966, **5**, 507.
30. R. A. Forder and G. M. Sheldrick, *Chem. Commun.*, 1969, 1125*; *J. Organomet. Chem.*, 1970, **21**, 115.

31. N. W. Alcock and J. F. Sawyer, *J. Chem. Soc., Dalton Trans.*, 1977, 1090.
32. L. A. Aslanov, V. M. Ionov, W. M. Attiya and A. B. Permin, *Zh. Strukt. Khim.*, 1978, **19**, 315.
33. R. Okawara and M. Wada, *Adv. Organomet. Chem.*, 1967, **5**, 150.
34. A. M. Domingos and G. M. Sheldrick, *J. Organomet. Chem.*, 1974, **69**, 207.
35. A. M. Domingos and G. M. Sheldrick, *Acta Crystallogr.*, 1974, **B30**, 519.
36. R. Hengel, U. Kunze and J. Strähle, *Z. Anorg. Allg. Chem.*, 1976, **423**, 35.
37. G. M. Sheldrick and R. Taylor, *Acta Crystallogr.*, 1977, **B33**, 135.
38. U. Ansorge, E. Lindner and J. Strähle, *Chem. Ber.*, 1978, **111**, 3048.
39. L. O. Brockway and H. O. Jenkins, *J. Am. Chem. Soc.*, 1936, **58**, 2036.
40. K. D. Bos, E. J. Bulten, J. G. Noltes and A. L. Spek, *J. Organomet. Chem.*, 1975, **99**, 71.
41. H. Chih and B. R. Penfold, *J. Cryst. Mol. Struct.*, 1973, **3**, 285.
42. Y. M. Chow, *Inorg. Chem.*, 1971, **10**, 1938.
43. L. S. Khaikin, V. P. Novikov, L. V. Vilkov, V. S. Zavgorodnii and A. A. Petrov, *J. Mol. Struct.*, 1977, **39**, 91.
44. K. Furue, T. Kimura, N. Yasuoka, N. Kasai and M. Kakudo, *Bull. Chem. Soc. Jpn.*, 1970, **43**, 1661.
45. B. Y. K. Ho, J. A. Zubieta and J. J. Zuckerman, *J. Chem. Soc., Chem. Commun.*, 1975, 88*; B. Y. K. Ho, K. C. Molloy, J. J. Zuckerman, F. Reidinger and J. A. Zubieta, *J. Organomet. Chem.*, 1980, **187**, 213.
46. L. S. Khaikin, A. V. Belyakov, L. V. Vilkov, E. T. Bogoradovskii and V. S. Zavgorodnii, *J. Mol. Struct.*, 1980, **66**, 149.
47. P. F. Rodesiler, T. Auel and E. L. Amma, *J. Am. Chem. Soc.*, 1975, **97**, 7405*.
48. M. S. Weininger, P. F. Rodesiler and E. L. Amma, *Inorg. Chem.*, 1979, **18**, 751.
49. H. Luth and E. L. Amma, *J. Am. Chem. Soc.*, 1969, **91**, 7515.
50. H. W. Roesky, M. Diehl, H. Fuess and J. W. Bats, *Angew. Chem.*, 1978, **90**, 73 (*Angew. Chem., Int. Ed. Engl.*, 1978, **17**, 58)*; *Inorg. Chem.*, 1978, **17**, 3031.
51. D. Ginderow and M. Huber, *C. R. Hebd. Seances Acad. Sci.*, 1972, **274C**, 1919*; *Acta Crystallogr.*, 1973, **B29**, 560.
52. P. G. Harrison, T. J. King and R. C. Phillips, *J. Chem. Soc., Dalton Trans.*, 1976, 2317.
53. H. Puff, A. Bongartz, R. Sievers and R. Zimmer, *Angew. Chem.*, 1978, **90**, 995 (*Angew. Chem., Int. Ed. Engl.*, 1978, **17**, 939).
54. G. M. Sheldrick, W. S. Sheldrick, R. F. Dalton and K. Jones, *J. Chem. Soc.* (*A*), 1970, 493.
55. G. M. Sheldrick and W. S. Sheldrick, *J. Chem. Soc.* (*A*), 1980, 490.
56. L. A. Aslanov, V. M. Ionov, V. M. Attiya, A. B. Permin and V. S. Petrosyan, *J. Organomet. Chem.*, 1978, **144**, 39.
57. L. A. Aslanov, V. M. Ionov, V. M. Attiya, A. B. Permin and V. S. Petrosyan, *Zh. Strukt. Khim.*, 1978, **19**, 109.
58. N. W. Isaacs, C. H. L. Kennard and W. Kitching, *Chem. Commun.*, 1968, 820*; N. W. Isaacs and C. H. L. Kennard, *J. Chem. Soc.* (*A*), 1970, 1257.
59. N. I. Kirillova, T. V. Klimova, Y. T. Struchkov and V. I. Stanko, *Zh. Strukt. Khim.*, 1980, **21**, 166.
60. Y. M. Chow and D. Britton, *Acta Crystallogr.*, 1971, **B27**, 856.
61. G. Domazetis, M. F. Mackay, R. J. Magee and B. D. James, *Inorg. Chim. Acta*, 1979, **34**, L247*; G. Domazetis and M. F. Mackay, *J. Cryst. Mol. Struct.*, 1979, **9**, 57.
62. L. S. Khaikin, A. V. Belyakov, L. V. Vilkov, E. T. Bogoradovskii and V. S. Zavgorodnii, *J. Mol. Struct.*, 1980, **66**, 149.
63. S. Calogero, D. A. Clemente, V. Peruzzo and G. Tagliavini, *J. Chem. Soc., Dalton Trans.*, 1979, 1172.
64. R. F. Bryan, *Chem. Commun.*, 1967, 355*; *J. Chem. Soc.* (*A*), 1968, 696.
65. M. S. Weininger, P. F. Rodesiler, A. G. Gash and E. L. Amma, *J. Am. Chem. Soc.*, 1972, **94**, 2135.
66. L. S. Khaikin, V. P. Novikov and L. V. Vilkov, *J. Mol. Struct.*, 1978, **44**, 43.
67. M. Elder and D. Hall, *Inorg. Chem.*, 1969, **8**, 1273.
68. R. Hulme, *J. Chem. Soc.*, 1963, 1524.
69. P. G. Harrison, T. J. King and J. A. Richards, *J. Chem. Soc., Dalton Trans.*, 1975, 826.
70. T. Kimura, N. Yasuoka, N. Kasai and M. Kakudo, *Bull. Chem. Soc. Jpn.*, 1972, **45**, 1649.
71. N. G. Bokii, A. I. Yanovskii, Y. T. Struchkov, N. F. Shemyakin and L. I. Zakharkin, *Izv. Akad. Nauk SSSR, Ser. Khim.*, 1978, 380.
72. D. Cunningham, I. Donek, M. J. Frazer, M. McPartlin and J. D. Matthews, *J. Organomet. Chem.*, 1975, **90**, C23.
73. P. G. Harrison and R. C. Phillips, *J. Organomet. Chem.*, 1979, **182**, 37.
74. P. G. Harrison, R. C. Phillips and J. A. Richards, *J. Organomet. Chem.*, 1976, **114**, 47.
75. P. F. R. Ewings, P. G. Harrison, T. J. King, R. C. Phillips and J. A. Richards, *J. Chem. Soc., Dalton Trans.*, 1975, 1950.
76. A. Almenningen, A. Haaland and T. Motzfeldt, *J. Organomet. Chem.*, 1967, **7**, 97.
77. P. Jutzi, F. Kohl, P. Hofmann, C. Krüger and Y.-H. Tsay, *Chem. Ber.*, 1980, **113**, 757.
78. M. Zehnder, *Helv. Chim. Acta*, 1980, **63**, 750.
79. L. A. Aslanov, V. M. Ionov, V. M. Attiya, A. B. Permin and V. S. Petrosyan, *Zh. Strukt. Khim.*, 1978, **19**, 185.
80. E. V. Chuprunov, T. N. Tarkhova, Y. T. Koralkova and N. V. Belov, *Dokl. Akad. Nauk SSSR*, 1978, **242**, 606.
81. J. C. Pommier, F. Mendes and J. Valade, *J. Organomet. Chem.*, 1973, **55**, C19.
82. P. T. Greene and R. F. Bryan, *J. Chem. Soc.* (*A*), 1971, 2549.
83. E. A. Blom, B. R. Penfold and W. T. Robinson, *J. Chem. Soc.* (*A*), 1969, 913.
84. G. A. Miller and E. O. Schlemper, *Inorg. Chem.*, 1973, **12**, 677.
85. M. Birkhahn, R. Hohlfeld, W. Massa, R. Schmidt and J. Lorberth, *J. Organomet. Chem.*, 1980, **192**, 47.
86. P. F. Lindley, J. W. Jeffery and K. Malik, unpublished work cited in P. F. Lindley and P. Carr, *J. Cryst. Mol. Struct.*, 1974, **4**, 173.
87. J. S. Morris and E. O. Schlemper, *J. Cryst. Mol. Struct.*, 1979, **9**, 13.

88. P. G. Harrison, K. Molloy, R. C. Phillips, P. J. Smith and A. J. Crowe, *J. Organomet. Chem.*, 1978, **160**, 421.
89. L. N. Zakharov, B. I. Petrov, V. A. Lebedev, E. A. Kuz'min and N. V. Belov, *Kristallografiya*, 1978, **23**, 1049.
90. V. P. Novikov, L. S. Khaikin and L. V. Vilkov, *J. Mol. Struct.*, 1977, **42**, 139.
91. P. T. Greene and R. F. Bryan, *J. Chem. Soc. (A)*, 1970, 2261.
92. L. A. Aslanov, V. M. Ionov, V. M. Attiya, A. B. Permin and V. S. Petrosyan, *Zh. Strukt. Khim.*, 1977, **18**, 1103.
93. A. T. McPhail, unpublished work cited in C. D. Garner and B. Hughes, *J. Chem. Soc., Dalton Trans.*, 1974, 1306.
94. B. T. Huie, C. B. Knobler and H. D. Kaesz, unpublished work cited in H. D. Kaesz, 'Organotransition Metal Chemistry — Proc. Jpn.-Amer. Seminar', 1975, p. 291.
95. M. Elder, W. A. G. Graham, D. Hall and R. Kummer, *J. Am. Chem. Soc.*, 1968, **90**, 2189*; M. Elder and D. Hall, *Inorg. Chem.*, 1969, **8**, 1268.
96. S. L. Chadha, P. G. Harrison and K. C. Molloy, *J. Organomet. Chem.*, 1980, **202**, 247.
97. G. van Koten, J. T. B. H. Jastrzebski, J. G. Noltes, A. L. Spek and J. C. Schoone, *J. Organomet. Chem.*, 1978, **148**, 233.
98. H. E. Sasse and M. L. Ziegler, *Z. Anorg. Allg. Chem.*, 1973, **402**, 129.
99. B. Fitzsimmons, D. G. Othen, H. M. M. Shearer, K. Wade and G. Whitehead, *J. Chem. Soc., Chem. Commun.*, 1977, 215.
100. D. L. Evans and B. R. Penfold, *J. Cryst. Mol. Struct.*, 1975, **5**, 93.
101. N. G. Bokii and Y. T. Struchkov, *Koord. Khim.*, 1978, **4**, 134.
102. E. Röttinger, V. Küllmer and H. Vahrenkamp, *Chem. Ber.*, 1977, **110**, 1216.
103. A. Karipides, A. T. Reed, D. A. Haller and F. Hayes, *Acta Crystallogr.*, 1977, **B33**, 950.
104. D. W. Allen and I. W. Nowell, unpublished work cited in D. W. Allen, J. S. Brooks and R. Formstone, *J. Organomet. Chem.*, 1979, **172**, 299.
105. B. P. Bir'yukov, Y. T. Struchkov, K. N. Anisimov, N. E. Kolobova and V. V. Skripkin, *Chem. Commun.*, 1968, 159*; B. P. Bir'yukov and Y. T. Struchkov, *Zh. Strukt. Khim.*, 1968, **9**, 488.
106. F. Huber, H. J. Haupt, H. Preut, R. Barbieri and M. T. L. Giudice, *Z. Anorg. Allg. Chem.*, 1977, **432**, 51.
107. G. Matsubayashi, T. Tanaka, S. Nishigaki and K. Nakatsu, *J. Chem. Soc., Dalton Trans.*, 1979, 501.
108. P. G. Harrison, T. J. King and K. C. Molloy, *J. Organomet. Chem.*, 1980, **185**, 199.
109. L. Coghi, C. Pelizzi and G. Pelizzi, *Gazz. Chim. Ital.*, 1974, **104**, 873*.
110. L. Coghi, M. Nardelli, C. Pelizzi and G. Pelizzi, *Gazz. Chim. Ital.*, 1975, **105**, 1187.
111. P. G. Harrison and A. Mangia, *J. Organomet. Chem.*, 1976, **120**, 211.
112. M. Yoshida, T. Ueki, N. Yasuoka, N. Kasai, M. Kakudo, I. Omae, S. Kikkawa and S. Matsuda, *Bull. Chem. Soc. Jpn.*, 1968, **41**, 1113.
113. T. Kimura, T. Ueki, N. Yasuoka, N. Kasai and M. Kakudo, *Bull. Chem. Soc. Jpn.*, 1969, **42**, 2479.
114. J. S. Morris and E. O. Schlemper, *J. Cryst. Mol. Struct.*, 1978, **8**, 295.
115. R. Graziani, U. Casellato and G. Plazzogna, *J. Organomet. Chem.*, 1980, **187**, 381.
116. G. van Koten, J. T. B. H. Jastrzebski, J. G. Noltes, W. M. G. F. Pontenagel, J. Kroon and A. L. Spek, *J. Am. Chem. Soc.*, 1978, **100**, 5021.
117. C. D. Garner, B. Hughes and T. J. King, *J. Chem. Soc., Dalton Trans.*, 1975, 562.
118. H. Preut and F. Huber, *Acta Crystallogr.*, 1979, **B35**, 744.
119. N. G. Bokii, G. N. Zakharova and Y. T. Struchkov, *Zh. Strukt. Khim.*, 1970, **11**, 895.
120. P. G. Harrison, K. Molloy, R. C. Phillips, P. J. Smith and A. J. Crowe, *J. Organomet. Chem.*, 1978, **160**, 421.
121. C. Glidewell and D. C. Liles, *Acta Crystallogr.*, 1978, **B34**, 129.
122. M. Calligaris, L. Randaccio, R. Barbieri and L. Pellerito, *J. Organomet. Chem.*, 1974, **76**, C56.
123. M. Calligaris, G. Nardin and L. Randaccio, *J. Chem. Soc., Dalton Trans.*, 1972, 2003.
124. L. Randaccio, *J. Organomet. Chem.*, 1973, **55**, C58.
125. M. D. Brice and F. A. Cotton, *J. Am. Chem. Soc.*, 1973, **95**, 4529.
126. G. Domazetis, B. D. James, M. F. Mackay and R. J. Magee, *J. Inorg. Nucl. Chem.*, 1979, **41**, 1555.
127. D. Coghi, C. Pelizzi and G. Pelizzi, *Gazz. Chim. Ital.*, 1974, **104**, 1315*; *J. Organomet. Chem.*, 1976, **114**, 53.
128. S. Calogero, P. Ganis, V. Peruzzo and G. Tagliavini, *J. Organomet. Chem.*, 1979, **179**, 145.
129. P. G. Harrison and K. C. Molloy, *J. Organomet. Chem.*, 1978, **152**, 63.
130. T. N. Tarkhova, E. V. Chuprunov, M. A. Simonov and N. V. Belov, *Kristallografiya*, 1977, **22**, 1004.
131. A. M. Domingos and G. M. Sheldrick, *J. Organomet. Chem.*, 1974, **67**, 257.
132. P. G. Harrison and K. C. Molloy, *J. Organomet. Chem.*, 1978, **152**, 53.
133. D. V. Naik and W. R. Scheidt, *Inorg. Chem.*, 1973, **12**, 272.
134. J. D. Cotton, P. J. Davidson, D. E. Goldberg, M. F. Lappert and K. M. Thomas, *J. Chem. Soc., Chem. Commun.*, 1974, 893.
135. J. S. Morris and E. O. Schlemper, *J. Cryst. Mol. Struct.*, 1979, **9**, 1.
136. N. G. Bokii, Y. T. Struchkov, V. V. Korolikov and T. P. Tolstaya, *Koord. Khim.*, 1975, **1**, 1144.
137. E. O. Schlemper, *Inorg. Chem.*, 1967, **6**, 2012.
138. P.-R. Bolz, U. Kunze and W. Winter, *Angew. Chem.*, 1980, **92**, 227 (*Angew. Chem., Int. Ed. Engl.*, 1980, **19**, 220).
139. V. I. Kulishov, N. G. Bokii, A. F. Prikhot'ko and Y. T. Struchkov, *Zh. Strukt. Khim.*, 1975, **16**, 252.
140. P. Jutzi, F. Kohl, P. Hofmann, C. Krüger and Y.-H. Tsay, *Chem. Ber.*, 1980, **113**, 757.
141. B. W. Liebich and M. Tomassini, *Acta Crystallogr.*, 1978, **B34**, 944.
142. S. Calogero, P. Ganis, V. Peruzzo and G. Tagliavini, *J. Organomet. Chem.*, 1980, **191**, 381.
143. I. Hammann, K. H. Büchel, K. Bungarz and L. Born, *Pflanzenschutz-Nachrichten Bayer* (*Engl. Ed.*), 1978, **31**, 61 (*Chem. Abstr.*, 1980, **92**, 71 008).

144. N. W. Alcock and R. E. Timms, *J. Chem. Soc. (A)*, 1968, 1876.
145. B. P. Bir'yukov, Y. T. Struchkov, K. N. Anisimov, N. E. Kolobova, O. P. Osipova and M. Y. Zakharov, *Chem. Commun.*, 1967, 749*; *Zh. Strukt. Khim.*, 1967, **8**, 554; B. P. Bir'yukov, O. P. Solodova and Y. T. Struchkov, *Zh. Strukt. Khim.*, 1968, **9**, 228.
146. G. van Koten, J. G. Noltes and A. L. Spek, *J. Organomet. Chem.*, 1976, **118**, 183.
147. G. van Koten, J. T. B. H. Jastrzebski, J. G. Noltes, G. J. Verhoeckx, A. L. Spek and J. Kroon, *J. Chem. Soc., Dalton Trans.*, 1980, 1352.
148. M. J. S. Gynane, M. F. Lappert, S. J. Miles, A. J. Carty and N. J. Taylor, *J. Chem. Soc., Dalton Trans.*, 1977, 2009.
149. B. T. Kilbourn and H. M. Powell, *Chem. Ind. (London)*, 1964, 1578.
150. P. G. Harrison, T. J. King and J. A. Richards, *J. Chem. Soc., Dalton Trans.*, 1974, 1723.
151. Y. Barrans, M. Pereyre and A. Rahm, *J. Organomet. Chem.*, 1977, **125**, 173.
152. K. C. Molloy, M. B. Hossain, D. van der Helm, J. J. Zuckerman and I. Haiduc, *Inorg. Chem.*, 1979, **18**, 3507.
153. P. F. Lindley and P. Carr, *J. Cryst. Mol. Struct.*, 1974, **4**, 173.
154. H. P. Weber and R. F. Bryan, *Chem. Commun.*, 1966, 443*; *Acta Crystallogr.*, 1967, **22**, 822.
155. Y. T. Struchkov, K. N. Anisimov, O. P. Osipova, N. E. Kolobova and A. N. Nesmeyanov, *Dokl. Akad. Nauk SSSR*, 1967, **172**, 107.
156. N. G. Bokii, Y. T. Struchkov, D. N. Kravtsov and E. M. Rokhlina, *Zh. Strukt. Khim.*, 1973, **14**, 502; N. G. Furmanova, A. S. Batsanov, Y. T. Struchkov, D. N. Kravtsov and E. M. Rokhlina, *Zh. Strukt. Khim.*, 1979, **20**, 294.
157. C. Pelizzi, G. Pelizzi and P. Tarasconi, *J. Organomet. Chem.*, 1977, **124**, 151.
158. G. Pelizzi, *Inorg. Chim. Acta*, 1977, **24**, L31.
159. N. W. Alcock and R. E. Timms, *J. Chem. Soc. (A)*, 1968, 1873.
160. P. F. Lindley and J. H. Aupers, unpublished work cited in P. F. Lindley and P. Carr, *J. Cryst. Mol. Struct.*, 1974, **4**, 173.
161. N. G. Bokii, Y. T. Struchkov, D. N. Kravtsov and E. M. Rokhlina, *Zh. Strukt. Khim.*, 1974, **15**, 497.
162. I. G. Ismailzade and G. S. Zhdanov, *Zh. Fiz. Khim.*, 1952, **26**, 1619.
163. N. A. Akhmed and G. G. Aleksandrov, *Zh. Strukt. Khim.*, 1970, **11**, 891.
164. P. C. Chieh and J. Trotter, *J. Chem. Soc. (A)*, 1970, 911; P. C. Chieh, *J. Chem. Soc., Dalton Trans.*, 1972, 1207.
165. B. P. Bir'yukov, Y. T. Struchkov, K. N. Anisimov, N. E. Kolobova and V. V. Skripkin, *Chem. Commun.*, 1968, 1193*; B. P. Bir'yukov and Y. T. Struchkov, *Zh. Strukt. Khim.*, 1969, **10**, 95.
166. J. Buckle, P. G. Harrison, T. J. King and J. A. Richards, *J. Chem. Soc., Chem. Commun.*, 1972, 1104*; *J. Chem. Soc., Dalton Trans.*, 1975, 1552.
167. K. C. Molloy, N. B. Hossain, D. van der Helm, J. J. Zuckerman and I. Haiduc, *Inorg. Chem.*, 1980, **19**, 2041.
168. A. Karipides, C. Forman, R. H. P. Thomas and A. T. Reed, *Inorg. Chem.*, 1974, **13**, 811.
169. H. Preut, H.-J. Haupt, F. Huber, R. Cefalu and R. Barbieri, *Z. Anorg. Allg. Chem.*, 1976, **423**, 75.
170. H. Preut, F. Huber, R. Barbieri and N. Bertazzi, *Z. Anorg. Allg. Chem.*, 1976, **423**, 75.
171. R. F. Bryan, *J. Chem. Soc. (A)*, 1967, 192.
172. J. E. Weidenborner, R. B. Larrabee and A. L. Bednowitz, *J. Am. Chem. Soc.*, 1972, **94**, 4140.
173. E. O. Fischer, H. Fischer, U. Schubert and R. B. A. Pardy, *Angew. Chem.*, 1979, **91**, 929 (*Angew. Chem., Int. Ed. Engl.*, 1979, **18**, 871)*; U. Schubert, *Cryst. Struct. Commun.*, 1980, **9**, 383.
174. N. G. Bokii, Y. T. Struchkov, D. N. Kravtsov and E. M. Rokhlina, *Zh. Strukt. Khim.*, 1973, **14**, 291.
175. E. O. Fischer, R. B. A. Pardy and U. Schubert, *J. Organomet. Chem.*, 1979, **181**, 37.
176. G. R. Davies, J. A. J. Jarvis and B. T. Kilbourn, *Chem. Commun.*, 1971, 1511.
177. A. Karipides and M. Oertel, *Acta Crystallogr.*, 1977, **B33**, 683.
178. A. Karipides and K. Wolfe, *Acta Crystallogr.*, 1975, **B31**, 605.
179. I. G. Ismailzade, *Kristallografiya*, 1958, **3**, 155.
180. P. L. Clarke, M. E. Cradwick and J. L. Wardle, *J. Organomet. Chem.*, 1973, **63**, 279.
181. C. Pelizzi and G. Pelizzi, *J. Chem. Soc., Dalton Trans.*, 1980, 1970.
182. M. Nardelli, C. Pelizzi, G. Pelizzi and P. Tarasconi, *Inorg. Chim. Acta*, 1978, **30**, 179.
183. M. Nardelli, C. Pelizzi and G. Pelizzi, *J. Chem. Soc., Dalton Trans.*, 1978, 131.
184. F. P. Boer, J. J. Flynn, H. H. Freedman, S. V. McKinley and V. R. Sandel, *J. Am. Chem. Soc.*, 1967, **89**, 5068*; F. P. Boer, G. A. Doorakian, H. H. Freedman and S. V. McKinley, *J. Am. Chem. Soc.*, 1970, **92**, 1225.
185. F. P. Boer, J. H. Tsai and J. J. Flynn, *J. Am. Chem. Soc.*, 1970, **92**, 6092*; F. P. Boer and J. J. Flynn, *J. Am. Chem. Soc.*, 1971, **93**, 6495.
186. T. J. King and P. G. Harrison, *J. Chem. Soc., Chem. Commun.*, 1972, 815*; *J. Chem. Soc., Dalton Trans.*, 1974, 2298.
187. I. G. Ismailzade and G. S. Zhdanov, *Dokl. Akad. Nauk SSSR*, 1949, **68**, 95.
188. G. M. Bancroft, B. W. Davies, N. C. Payne and T. K. Sham, *J. Chem. Soc., Dalton Trans.*, 1975, 973.
189. M. Nardelli, C. Pelizzi and G. Pelizzi, *J. Organomet. Chem.*, 1977, **125**, 161.
190. B. M. Morosin and L. A. Harrah, *Acta Crystallogr.*, 1981, **B37**, 579.
191. M. Nardelli, C. Pelizzi and G. Pelizzi, *J. Organomet. Chem.*, 1976, **112**, 263.
192. F. P. Boer, F. P. van Remoortere, P. P. North and G. N. Reeke, *Inorg. Chem.*, 1971, **10**, 529.
193. V. E. Shklover, V. V. Skripkin, A. I. Gusev and Y. T. Struchkov, *Zh. Strukt. Khim.*, 1972, **13**, 744.
194. F. W. B. Einstein and R. Restivo, *Inorg. Chim. Acta*, 1971, **5**, 501.
195. B. Ziolkowska, *Rocz. Chem.*, 1969, **43**, 1781.
196. R. F. Bryan, *Proc. Chem. Soc.*, 1964, 232*; *J. Chem. Soc. (A)*, 1967, 172.
197. C. J. Cardin, D. J. Cardin, J. M. Kelly, D. J. H. L. Kirwan, R. J. Norton and A. Roy, *Proc. R. Irish Acad., Sect. B*, 1977, **77**, 365.
198. G. Himbert, L. Henn and R. Hoge, *J. Organomet. Chem.*, 1980, **184**, 317.

199. S. Onaka, *Chem. Lett.*, 1978, 1163.
200. W. Uber, H. B. Stegmann, K. Scheffer and J. Strähle, *Z. Naturforsch., Teil B*, 1977, **32**, 355.
201. C. Pelizzi and G. Pelizzi, *Inorg. Nucl. Chem. Lett.*, 1980, **16**, 451.
202. R. F. Bryan and H. P. Weber, *J. Chem. Soc. (A)*, 1967, 843.
203. I. Noda, S. Kato, M. Mizuta, N. Yasuoka and N. Kasai, *Angew. Chem.*, 1979, **91**, 85 (*Angew. Chem., Int. Ed. Engl.*, 1979, **18**, 83); see also theoretical discussion of nature of carbide atom in K. Tatsumi, R. Hoffmann and M.-H. Whangbo, *J. Chem. Soc., Chem. Commun.*, 1980, 509.
204. S. Midollini, A. Orlandi and L. Sacconi, *Cryst. Struct. Commun.*, 1977, **6**, 733; *J. Organomet. Chem.*, 1978, **162**, 109.
205. T. N. Teplova, L. G. Kuz'mina, Y. T. Struchkov, V. I. Sokolov, V. V. Bashilov, M. N. Bochkarev, L. P. Maiorova and P. V. Petrovskii, *Koord. Khim.*, 1980, **6**, 134.

Sn$_2$ Ditin

Molecular formula	Structure	Notes	Ref.
Sn$_2$C$_4$H$_{12}$N$_4$S$_4$	[Me$_2$SnSN=S=N]$_2$		1
Sn$_2$C$_4$H$_{14}$N$_2$O$_8$	[SnMe$_2$(μ-OH)(ONO$_2$)]$_2$		2
Sn$_2$C$_4$H$_{16}$Cl$_4$O$_4$	[SnCl$_2$Et(μ-OH)(OH$_2$)]$_2$		3
Sn$_2$C$_6$H$_{18}$N$_4$O$_2$S$_4$·0.5C$_6$H$_6$	(SnMe$_3$)NSN=S=NSN(SnMe$_3$)SO$_2$·0.5C$_6$H$_6$		4
Sn$_2$C$_6$H$_{18}$O	(SnMe$_3$)$_2$O	E	5
[Sn$_2$C$_7$H$_{18}$N$_2$]$_n$	[{(SnMe$_3$)N}$_2$C]$_n$		6
[Sn$_2$C$_7$H$_{18}$N$_2$]$_n$	[(SnMe$_3$)$_2$N(CN)]$_n$		6
Sn$_2$C$_7$H$_{19}$NO$_2$	(SnMe$_3$)NHC(O)OSnMe$_3$		7
[Sn$_2$C$_7$H$_{19}$NO$_2$]$_n$	[SnMe$_3$(OH···OCN)SnMe$_3$]$_n$		8
Sn$_2$C$_8$H$_{12}$F$_6$O$_4$	[SnMe$_2$(μ-O$_2$CCF$_3$)]$_2$		9
Sn$_2$C$_8$H$_{16}$Cl$_2$O$_4$	[SnMe$_2$(μ-O$_2$CCH$_2$Cl)]$_2$		10
Sn$_2$C$_8$H$_{18}$	(SnMe$_3$)$_2$C$_2$	E	11
[Sn$_2$C$_9$H$_{20}$O$_4$]$_n$	[{(SnMe$_3$)O$_2$C}$_2$CH$_2$]$_n$		12
Sn$_2$Si$_2$C$_{10}$H$_{30}$O$_3$	O(SnMe$_2$OSiMe$_3$)$_2$		13
Sn$_2$C$_{11}$H$_{22}$	1,1-(SnMe$_3$)$_2$C$_5$H$_4$	E, X	14, 15
Sn$_2$Al$_2$C$_{12}$H$_{12}$Cl$_{10}$	[SnCl(AlCl$_4$)(η^6-C$_6$H$_6$)]$_2$		16
Sn$_2$Fe$_2$C$_{12}$H$_{12}$O$_8$	[Fe(μ-SnMe$_2$)(CO)$_4$]$_2$		17
Sn$_2$C$_{12}$H$_{24}$N$_4$O$_2$S$_4$	[{SnMe$_2$(NCS)}$_2$O]$_2$		18
Sn$_2$B$_{10}$SiC$_{13}$H$_{40}$	1,7-(SnMe$_3$)$_2$C$_2$B$_{10}$H$_9${(CH$_2$)$_2$SiMe$_3$-10}		19
Sn$_2$Ru$_2$C$_{14}$H$_{18}$O$_8$	[Ru(SnMe$_3$)(CO)$_4$]$_2$		20
Sn$_2$Al$_2$C$_{16}$H$_{20}$Cl$_{10}$	[SnCl(AlCl$_4$)(η^6-C$_6$H$_4$Me$_2$-1,4)]$_2$		16
Sn$_2$C$_{16}$H$_{22}$	1,2-(Me$_3$SnC≡C)$_2$C$_6$H$_4$		21
Sn$_2$Co$_2$C$_{16}$H$_{22}$O$_2$	[Co(μ-SnMe$_2$)(CO)(η-C$_5$H$_5$)]$_2$		22
Sn$_2$C$_{16}$H$_{24}$	1,8-(SnMe$_3$)$_2$C$_{10}$H$_6$		23
Sn$_2$C$_{16}$H$_{36}$S$_2$	[SnBu$_2^i$(μ-S)]$_2$		24
Sn$_2$C$_{16}$H$_{36}$Se$_2$	[SnBu$_2^i$(μ-Se)]$_2$		24
[Sn$_2$C$_{18}$H$_{15}$NO$_3$]$_n$	[Sn(O$_2$NO)(SnPh$_3$)]$_n$		25
Sn$_2$C$_{18}$H$_{30}$Cl$_4$O$_2$	1,4-(SnEt$_3$O)$_2$C$_6$Cl$_4$		26
Sn$_2$HfC$_{20}$H$_{34}$	Hf(SnMe$_3$)$_2$(η^6-PhMe)$_2$		27
Sn$_2$C$_{24}$H$_{24}$	1,8-(Me$_2$SnC$_{10}$H$_6$)$_2$	a	28
Sn$_2$Fe$_2$C$_{28}$H$_{20}$O$_8$	[Fe{μ-Sn(C$_5$H$_5$)$_2$}(CO)$_4$]$_2$		29
Sn$_2$C$_{28}$H$_{26}$O$_4$	[SnPh$_2$(μ-OAc)]$_2$		30
Sn$_2$C$_{28}$H$_{28}$I$_2$	1,4-(SnIPh$_2$)$_2$(CH$_2$)$_4$		31
Sn$_2$Si$_8$C$_{28}$H$_{76}$	[Sn{CH(SiMe$_3$)$_2$}$_2$]$_2$		32
Sn$_2$C$_{30}$H$_{30}$N$_2$O$_4$	[Me$_2$Sn(OC$_6$H$_4$CH=NC$_6$H$_4$O)]$_2$		33
Sn$_2$C$_{32}$H$_{36}$	[Ph$_2$Sn(CH$_2$)$_4$]$_2$		34
Sn$_2$C$_{36}$H$_{30}$	Sn$_2$Ph$_6$		35
Sn$_2$C$_{36}$H$_{30}$O	(SnPh$_3$)$_2$O		36
Sn$_2$C$_{36}$H$_{30}$S	(SnPh$_3$)$_2$S		37
Sn$_2$C$_{36}$H$_{30}$Se	(SnPh$_3$)$_2$Se		38
Sn$_2$Fe$_2$C$_{38}$H$_{32}$O$_{10}$S$_2$	[Fe{SnPh(μ-OH)(SO$_2$Ph)}(CO)$_2$(η-C$_5$H$_5$)]$_2$		39
Sn$_2$C$_{38}$H$_{48}$N$_2$O$_{12}$S$_2$	{SnPh$_2$(O$_2$NO)(OSPr$_2$)}$_2$(μ-C$_2$O$_4$)		40
Sn$_2$C$_{40}$H$_{30}$·CHCl$_3$	(SnPh$_3$)C≡CC≡C(SnPh$_3$)·CHCl$_3$		41
Sn$_2$FeC$_{40}$H$_{30}$O$_4$	cis-Fe(SnPh$_3$)$_2$(CO)$_4$		42
Sn$_2$OsC$_{40}$H$_{30}$O$_4$	trans-Os(SnPh$_3$)$_2$(CO)$_4$		43
Sn$_2$C$_{42}$H$_{42}$O	{Sn(CH$_2$Ph)$_3$}$_2$O		44
Sn$_2$NiC$_{42}$H$_{48}$Cl$_2$P$_2$	trans-NiCl$_2$(SnMe$_3$)$_2$(PPh$_3$)$_2$		45
Sn$_2$C$_{44}$H$_{68}$O$_{12}$	{SnBu$_2$(C$_{14}$H$_{16}$O$_6$)}$_2$	b	46
Sn$_2$C$_{48}$H$_{40}$O$_8$P$_4$S$_8$	[Sn{S$_2$P(OPh)$_2$}{μ-S$_2$P(OPh)-(O-η^6-Ph)}]$_2$		47
Sn$_2$C$_{62}$H$_{54}$Cl$_2$O$_2$P$_2$	(SnClPh$_3$)$_2${μ-Ph$_2$P(O)-(CH$_2$)$_2$P(O)Ph$_2$}		48
Sn$_2$C$_{62}$H$_{54}$N$_2$O$_8$P$_2$	{SnPh$_3$(ONO$_2$)}$_2${μ-Ph$_2$P(O)-(CH$_2$)$_2$P(O)Ph$_2$}		49

^{a} 7,7,14,14-Me$_4$dinaphtho[1,8-*bc*:1′,8′-*fg*][1,5]distannocin. ^{b} C$_{14}$H$_{16}$O$_6$ = methyl 4,6-di-*O*-benzylidene-α-D-glucopyranoside.

1. H. W. Roesky, *Z. Naturforsch., Teil B*, 1976, **31**, 680.
2. A. M. Domingos and G. M. Sheldrick, *J. Chem. Soc., Dalton Trans.*, 1974, 475.
3. C. Le Comte, J. Protas and M. Devaud, *Acta Crystallogr.*, 1976, **B32**, 923.
4. H. W. Roesky, M. Witt, J. W. Bats and H. Fuess, *Z. Anorg. Allg. Chem.*, 1979, **458**, 225.
5. L. V. Vilkov and N. A. Tarasenko, *Zh. Strukt. Khim.*, 1969, **10**, 1102.
6. R. A. Forder and G. M. Sheldrick, *J. Chem. Soc. (A)*, 1971, 1107.
7. L. N. Zakharov, Y. T. Struchkov, V. I. Ganina and E. A. Kuz'min, *Zh. Strukt. Khim.*, 1980, **21** (4), 162.
8. J. B. Hall and D. Britton, *Acta Crystallogr.*, 1972, **B28**, 2133.
9. R. Faggiani, J. P. Johnson, I. D. Brown and T. Birchall, *Acta Crystallogr.*, 1979, **B35**, 1227.
10. R. Faggiani, J. P. Johnson, I. D. Brown and T. Birchall, *Acta Crystallogr.*, 1978, **B34**, 3742.
11. L. S. Khaikin, V. P. Novikov and L. V. Vilkov, *J. Mol. Struct.*, 1977, **42**, 129.
12. U. Schubert, *J. Organomet. Chem.*, 1978, **155**, 285.
13. R. Okawara, *Proc. Chem. Soc.*, 1961, 383.
14. N. N. Veniaminov, Y. A. Ustynyuk, N. V. Alekseev, I. A. Ronova and Y. T. Struchkov, *Zh. Strukt. Khim.*, 1971, **12**, 952 (E).
15. V. I. Kulishov, G. G. Rode, N. G. Bokii, A. F. Prikhot'ko and Y. T. Struchkov, *Zh. Strukt. Khim.*, 1975, **16**, 247 (X, at 213 K).
16. M. S. Weininger, P. F. Rodesiler and E. L. Amma, *Inorg. Chem.*, 1979, **18**, 751.
17. C. J. Gilmore and P. Woodward, *J. Chem. Soc., Dalton Trans.*, 1972, 1387.
18. Y. M. Chow, *Inorg. Chem.*, 1971, **10**, 673.
19. S. N. Gurkhova, N. V. Alekseev, A. I. Gusev, S. Y. Pechurina and V. I. Grigos, *Zh. Strukt. Khim.*, 1977, **18**, 384.
20. J. A. K. Howard, S. C. Kellett and P. Woodward, *J. Chem. Soc., Dalton Trans.*, 1975, 2332.
21. G. Adiwidjaja and G. Grouhi-Witte, *J. Organomet. Chem.*, 1980, **188**, 91.
22. J. Weaver and P. Woodward, *J. Chem. Soc., Dalton Trans.*, 1973, 1060.
23. J. F. Blount, F. Cozzi, J. R. Damewood, L. D. Iroff, U. Sjöstrand and K. Mislow, *J. Am. Chem. Soc.*, 1980, **102**, 99.
24. H. Puff, R. Gattermayer, R. Hundt and R. Zimmer, *Angew. Chem.*, 1977, **89**, 556 (*Angew. Chem., Int. Ed. Engl.*, 1977, **16**, 547).
25. M. Nardelli, C. Pelizzi and G. Pelizzi, *J. Organomet. Chem.*, 1975, **85**, C43*; M. Nardelli, C. Pelizzi, G. Pelizzi and P. Tarasconi, *Z. Anorg. Allg. Chem.*, 1977, **431**, 250.
26. P. J. Wheatley, *J. Chem. Soc.*, 1961, 5027.
27. F. G. N. Cloke, K. P. Cox, M. L. H. Green, J. Bashkin and K. Prout, *J. Chem. Soc., Chem. Commun.*, 1981, 117.
28. J. Meinwald, S. Knapp, T. T. Tatsuoka, J. Finer and J. Clardy, *Tetrahedron Lett.*, 1977, 2247.
29. P. G. Harrison, T. J. King and J. A. Richards, *J. Chem. Soc., Dalton Trans.*, 1975, 2097.
30. G. Bandoli, D. A. Clemente and C. Panattoni, *Chem. Commun.*, 1971, 311.
31. V. Cody and E. R. Corey, *J. Organomet. Chem.*, 1969, **19**, 359.
32. D. E. Goldberg, D. H. Harris, M. F. Lappert and K. M. Thomas, *J. Chem. Soc., Chem. Commun.*, 1976, 261*; P. J. Davidson, D. H. Harris and M. F. Lappert, *J. Chem. Soc., Dalton Trans.*, 1976, 2268.
33. H. Preut, F. Huber, H.-J. Haupt, R. Cefalù and R. Barbieri, *Z. Anorg. Allg. Chem.*, 1974, **410**, 88.
34. A. G. Davies, M.-W. Tse, J. D. Kennedy, W. McFarlane, G. S. Pyne, M. F. C. Ladd and D. C. Povey, *J. Chem. Soc., Chem. Commun.*, 1978, 791.
35. H. Preut, H.-J. Haupt and F. Huber, *Z. Anorg. Allg. Chem.*, 1973, **396**, 81.
36. C. Glidewell and D. C. Liles, *Acta Crystallogr.*, 1978, **B34**, 1693.
37. O. A. D'yachenko, A. B. Zolotoi, L. O. Atovmyan, R. G. Mirskov and M. G. Voronkov, *Dokl. Akad. Nauk SSSR*, 1977, **237**, 863.
38. B. Krebs and H.-J. Jacobsen, *J. Organomet. Chem.*, 1979, **178**, 301.
39. R. Restivo and R. F. Bryan, *J. Chem. Soc. (A)*, 1971, 3364.
40. A. Mangia, C. Pelizzi and G. Pelizzi, *J. Chem. Soc., Dalton Trans.*, 1973, 2557.
41. C. Brouty, P. Spinat and A. Whuler, *Acta Crystallogr.*, 1980, **B36**, 2624.
42. R. K. Pomeroy, L. Vancea, H. P. Calhoun and W. A. G. Graham, *Inorg. Chem.*, 1977, **16**, 1508.
43. J. P. Collman, D. W. Murphy, E. B. Fleischer and D. Swift, *Inorg. Chem.*, 1974, **13**, 1.
44. C. Glidewell and C. D. Liles, *Acta Crystallogr.*, 1979, **B35**, 1689.
45. P. E. Garron and G. E. Hartwell, *J. Chem. Soc., Chem. Commun.*, 1972, 881.
46. S. David, C. Pascard and M. Cesario, *Nouv. J. Chim.*, 1979, **3**, 63.
47. J. J. Lefferts, M. B. Hossain, K. C. Molloy, D. van der Helm and J. J. Zuckerman, *Angew. Chem.*, 1980, **92**, 326 (*Angew. Chem., Int. Ed. Engl.*, 1980, **19**, 309).
48. C. Pelizzi and G. Pelizzi, *J. Organomet. Chem.*, 1980, **202**, 411.
49. M. Nardelli, C. Pelizzi and G. Pelizzi, *Inorg. Chim. Acta*, 1979, **33**, 181.

Sn$_3$ Tritin

Molecular formula	Structure	Notes	Ref.
[Sn$_3$C$_6$H$_{18}$O$_8$P$_2$·8H$_2$O]$_n$	[(SnMe$_2$)$_3$(PO$_4$)$_2$]$_n$·8nH$_2$O		1
Sn$_3$C$_6$H$_{18}$S$_3$	[SnMe$_2$S]$_3$	a	2
Sn$_3$C$_6$H$_{18}$S$_3$	[SnMe$_2$S]$_3$	b	3
Sn$_3$C$_6$H$_{18}$Se$_3$	[SnMe$_2$Se]$_3$		4
Sn$_3$C$_6$H$_{18}$Te$_3$	[SnMe$_2$Te]$_3$	110	5
Sn$_3$C$_9$H$_{27}$N	(SnMe$_3$)$_3$N	E	6
[Sn$_3$CrC$_9$H$_{28}$O$_5$]$_n$	[(SnMe$_3$)$_3$(OH)(CrO$_4$)]$_n$	243	7

Molecular formula	Structure	Notes	Ref.
$Sn_3Fe_4C_{20}H_{12}O_{16}$	$Sn(\{\mu\text{-}Fe(CO)_4\}_2SnMe_2)_2$		8
$Sn_3C_{24}H_{54}N_6O_2$	$SnBu_2\{OSnBu_2(N_3)\}_2$		9
$Sn_3C_{36}H_{30}S_3$	$[SnPh_2S]_3$		10

[a] Monoclinic form. [b] Tetragonal form.

1. J. P. Ashmore, T. Chivers, K. A. Kerr and J. H. G. van Roode, *J. Chem. Soc., Chem. Commun.*, 1974, 653*; *Inorg. Chem.*, 1977, **16**, 191.
2. H.-J. Jacobsen and B. Krebs, *J. Organomet. Chem.*, 1977, **136**, 333.
3. B. Menzebach and P. Bleckmann, *J. Organomet. Chem.*, 1975, **91**, 291.
4. M. Dräger, A. Blecher, H.-J. Jacobsen and B. Krebs, *J. Organomet. Chem.*, 1978, **161**, 319; M. Dräger and B. Mathiasch, *Z. Anorg. Allg. Chem.*, 1980, **470**, 45.
5. A. Blecher and M. Dräger, *Angew. Chem.*, 1979, **91**, 740 (*Angew. Chem., Int. Ed. Engl.*, 1979, **18**, 677).
6. L. S. Khaikin, A. V. Belyakov, G. S. Koptev, A. V. Golubinskii, L. V. Vilkov, N. V. Girbasova, E. T. Bogoradovskii and V. S. Zavgorodnii, *J. Mol. Struct.*, 1980, **66**, 191.
7. A. M. Domingos and G. M. Sheldrick, *J. Chem. Soc., Dalton Trans.*, 1974, 477.
8. R. M. Sweet, C. J. Fritchie and R. A. Schunn, *Inorg. Chem.*, 1967, **6**, 749.
9. H. Matsuda, A. Kashiwa, S. Matsuda, N. Kasai and K. Jitsumori, *J. Organomet. Chem.*, 1972, **34**, 341.
10. E. Hellner and G. Dittmar, unpublished work cited in H. Schumann, *Z. Anorg. Allg. Chem.*, 1967, **354**, 192.

Sn_4 Tetratin

Molecular formula	Structure	Notes	Ref.
$Sn_4C_4H_{12}S_6$	$(SnMe)_4S_6$		1
$Sn_4C_8H_{24}Cl_4O_2$	$[(SnClMe_2)_2O]_2$		2
$Sn_4C_{12}H_{24}N_4O_2S_4$	$[\{SnMe_2(NCS)\}_2O]_2$		3
$Sn_4C_{16}H_{24}F_{12}O_{10}$	$[\{SnMe_2(OCOCF_3)\}_2O]_2$		4
$Sn_4Ru_2C_{16}H_{30}O_6$	$[Ru(\mu\text{-}SnMe_2)(SnMe_3)(CO)_3]_2$		5
$Sn_4C_{16}H_{40}Cl_4O_2$	$[(SnClEt_2)_2O]_2$	a	2
$Sn_4Si_4C_{20}H_{60}O_6$	$[\{SnMe_2(OSiMe_3)\}_2O]_2$		6
$Sn_4C_{24}H_{24}F_{12}O_{10}$	$[\{Sn(CH=CH_2)_2(OCOCF_3)\}_2O]_2$		7
$Sn_4C_{40}H_{36}Cl_{12}O_{10}$	$[\{SnBu_2(OCOCCl_3)\}_2O]_2$		8
$Sn_4C_{54}H_{45}NO_3$	$Sn(SnPh_3)_3(O_2NO)$		9
$Sn_4Si_8C_{56}H_{96}$	$[Sn\{(CHSiMe_3)_2C_6H_4\text{-}1,2\}]_4$		10
$Sn_4As_2C_{72}H_{60}N_2O_6$	$[Sn(SnPh_3)(ONO_2)(AsPh_3)]_2$		11

[a] Disordered, incomplete structure.

1. C. Dorfelt, A. Janek, D. Kobelt, E. F. Paulus and H. Scherer, *J. Organomet. Chem.*, 1968, **14**, 22*; D. Kobelt, E. F. Paulus and H. Scherer, *Acta Crystallogr.*, 1972, **B28**, 2323.
2. P. G. Harrison, M. J. Begley and K. C. Molloy, *J. Organomet. Chem.*, 1980, **186**, 213.
3. Y. M. Chow, *Inorg. Chem.*, 1971, **10**, 673.
4. R. Faggiani, J. P. Johnson, I. D. Brown and T. J. Birchall, *Acta Crystallogr.*, 1978, **B34**, 3743.
5. S. F. Watkins, *J. Chem. Soc. (A)*, 1969, 1552.
6. R. Okawara and M. Wada, *Adv. Organomet. Chem.*, 1967, **5**, 164.
7. C. D. Garner, B. Hughes and T. J. King, *Inorg. Nucl. Chem. Lett.*, 1976, **12**, 859.
8. R. Graziani, G. Bombieri, E. Forsellini, P. Furlan, V. Peruzzo and G. Tagliavini, *J. Organomet. Chem.*, 1977, **125**, 43.
9. G. Pelizzi, *J. Organomet. Chem.*, 1975, **87**, C1*; M. Nardelli, C. Pelizzi, G. Pelizzi and P. Tarasconi, *Z. Anorg. Allg. Chem.*, 1977, **431**, 250.
10. M. F. Lappert, W. Leung, C. L. Raston, B. W. Skelton and A. H. White, *J. Chem. Soc., Chem. Commun.*, 1982 in press.
11. C. Pelizzi, G. Pelizzi and P. Tarasconi, *J. Chem. Soc., Dalton Trans.*, 1977, 1935.

Sn_5 Pentatin

Molecular formula	Structure	Notes	Ref.
$Sn_5C_{10}H_{30}P_2$	$(SnMe_2)_5P_2$	a	1

[a] Me_{10}diphosphapentastannabicyclo[2.2.1]heptane.

1. B. Matthiasch and M. Dräger, *Angew. Chem.*, 1978, **90**, 814 (*Angew. Chem., Int. Ed. Engl.*, 1978, **17**, 767)*; B. Matthiasch, *J. Organomet. Chem.*, 1979, **165**, 295.

Sn₆ Hexatin

Molecular formula	Structure	Notes	Ref.
$Sn_6C_{72}H_{60} \cdot 2C_8H_{10}$	$[SnPh_2]_6 \cdot 2C_6H_4Me_2\text{-}1,3$		1

1. D. H. Olson and R. E. Rundle, *Inorg. Chem.*, 1963, **2**, 1310.

Ta Tantalum

Molecular formula	Structure	Notes	Ref.
$TaC_3H_9Cl_2N_4O_4$	$TaCl_2Me\{ON(Me)NO\}_2$		1
$TaC_{10}H_{13}$	$H_3Ta(\eta\text{-}C_5H_5)_2$	X, N	2
$TaC_{11}H_{15}Cl_2O$	$TaCl_2(\eta^3\text{-}OCMeCHCMe_2)(\eta\text{-}C_5H_5)$		3
$TaC_{12}H_{15}$	$Ta(CH_2)Me(\eta\text{-}C_5H_5)_2$		4
$TaC_{13}H_{17}Cl_2N_2$	$TaCl_2Me_3(bipy)$		5
$TaC_{14}H_{23}Cl_2$	$\{Ta(CH_2)_3CH_2\}Cl_2(\eta\text{-}C_5Me_5)$		6
$TaC_{14}H_{33}O_2P_4$	$HTa(CO)_2(dmpe)_2$		7
$TaC_{15}H_{20}Cl$	$TaCl(CHBu^t)(\eta\text{-}C_5H_5)_2$		8
$TaC_{16}H_{26}P_2^+Cl^-\cdot C_2H_3N$	$[Ta(dmpe)(\eta\text{-}C_5H_5)_2]Cl\cdot MeCN$		9
$TaC_{17}H_{27}Cl_2$	$(TaC_7H_{12})Cl_2(\eta\text{-}C_5Me_5)$	a	6
$TaC_{17}H_{37}Cl_2N_4\cdot C_6H_6$	$TaCl_2Me\{(NPr^i)_2CMe\}_2\cdot C_6H_6$		10
$TaC_{18}H_{25}$	$TaMe_2(\eta^2\text{-}C_6H_4)(\eta\text{-}C_5Me_5)$		11
$TaC_{19}H_{15}Cl_4N^-C_5H_6N^+$	$(pyH)[TaCl_4(py)(\eta^2\text{-}C_2Ph_2)]$		12
$TaC_{20}H_{38}P$	$Ta(CHBu^t)(\eta\text{-}C_2H_4)(PMe_3)(\eta\text{-}C_5Me_5)$	N, 20	13
$TaC_{20}H_{42}^-LiC_6H_{14}N_2^+$	$[Li(C_6H_{14}N_2)][Ta(CBu^t)(CH_2)_3]$	b	14
$TaC_{21}H_{25}$	$TaPr(\eta^2\text{-}cot)(\eta\text{-}C_5H_5)_2$		15
$TaC_{22}H_{27}Cl_2OP_2\cdot C_4H_8O$	$TaCl_2(CO)(PMe_2Ph)_2(\eta\text{-}C_5H_5)\cdot THF$		16
$TaC_{22}H_{40}ClP_4$	$TaCl(dmpe)_2(\eta^4\text{-}C_{10}H_8)$		17
$TaC_{23}H_{38}ClP_2$	$TaCl(CPh)(PMe_3)_2(\eta\text{-}C_5Me_5)$		18
$TaC_{24}H_{23}$	$Ta(CHPh)(CH_2Ph)(\eta\text{-}C_5H_5)_2$		19
$TaC_{24}H_{25}Cl_2$	$TaCl_2(\eta^2\text{-}C_2Ph_2)(\eta\text{-}C_5Me_5)$		20
$TaC_{25}H_{49}P_2$	$Ta(CHBu^t)_2(Mes)(PMe_3)_2$		21
$TaC_{29}H_{53}Cl_2N_4$	$TaCl_2Me\{(NCy)_2CMe\}_2$		22
$TaC_{31}H_{35}$	$Ta(CHPh)(CH_2Ph)_2(\eta\text{-}C_5Me_5)$		23
$TaC_{34}H_{25}O$	$Ta(CO)(\eta^2\text{-}C_2Ph_2)_2(\eta\text{-}C_5H_5)$	c	24

ᵃ TaC_7H_{12} = tantallabicyclo[3.3.0]octane. ᵇ $C_6H_{14}N_2$ = N,N'-Me₂piperazine. ᶜ Preliminary data and metal atom position only.

1. J. D. Wilkins and M. G. B. Drew, *J. Organomet. Chem.*, 1974, **69**, 111.
2. R. D. Wilson, T. F. Koetzle, D. W. Hart, A. Kvick, D. L. Tipton and R. Bau, *J. Am. Chem. Soc.*, 1977, **99**, 1775.
3. E. Guggolz, M. L. Ziegler, H. Biersack and W. A. Herrmann, *J. Organomet. Chem.*, 1980, **194**, 317.
4. L. J. Guggenberger and R. R. Schrock, *J. Am. Chem. Soc.*, 1975, **97**, 6578.
5. M. G. B. Drew and J. D. Wilkins, *J. Chem. Soc., Dalton Trans.*, 1973, 1830.
6. M. R. Churchill and W. J. Youngs, *J. Am. Chem. Soc.*, 1979, **101**, 6462*; *Inorg. Chem.*, 1980, **14**, 3106.
7. P. Meakin, L. J. Guggenberger, F. N. Tebbe and J. P. Jesson, *Inorg. Chem.*, 1974, **13**, 1025.
8. M. R. Churchill, F. J. Hollander and R. R. Schrock, *J. Am. Chem. Soc.*, 1978, **100**, 647*; M. R. Churchill and F. J. Hollander, *Inorg. Chem.*, 1978, **17**, 1957.
9. B. M. Foxman, T. J. McNeese and S. S. Wreford, *Inorg. Chem.*, 1978, **17**, 2311.
10. M. G. B. Drew and J. D. Wilkins, *Acta Crystallogr.*, 1975, **B31**, 2642.
11. S. J. McLain, R. R. Schrock, P. R. Sharp, M. R. Churchill and W. J. Youngs, *J. Am. Chem. Soc.*, 1979, **101**, 263*; M. R. Churchill and W. J. Youngs, *Inorg. Chem.*, 1979, **18**, 1697.
12. F. A. Cotton and W. T. Hall, *J. Am. Chem. Soc.*, 1979, **101**, 5094*; *Inorg. Chem.*, 1980, **19**, 2352.
13. A. J. Schultz, R. K. Brown, J. M. Williams and R. R. Schrock, *J. Am. Chem. Soc.*, 1981, **103**, 169.
14. L. J. Guggenberger and R. R. Schrock, *J. Am. Chem. Soc.*, 1975, **97**, 2935.
15. F. van Bolhuis, A. H. Klazinga and J. H. Teuben, *J. Organomet. Chem.*, 1981, **206**, 185.
16. R. J. Burt, G. J. Leigh and D. L. Hughes, *J. Chem. Soc., Dalton Trans.*, 1981, 793.
17. J. O. Albright, L. D. Brown, S. Datta, J. K. Kouba, S. S. Wreford and B. M. Foxman, *J. Am. Chem. Soc.*, 1977, **99**, 5518*; J. O. Albright, S. Datta, B. Dezube, J. K. Kouba, D. S. Marynick, S. S. Wreford and B. M. Foxman, *J. Am. Chem. Soc.*, 1979, **101**, 611.
18. S. J. McLain, C. D. Wood, L. W. Messerle, R. R. Schrock, F. J. Hollander, W. J. Youngs and M. R. Churchill, *J. Am. Chem. Soc.*, 1978, **100**, 5962*; M. R. Churchill and W. J. Youngs, *Inorg. Chem.*, 1979, **18**, 171.
19. R. R. Schrock, L. W. Messerle, C. D. Wood and L. J. Guggenberger, *J. Am. Chem. Soc.*, 1978, **100**, 3793.
20. G. Smith, R. R. Schrock, M. R. Churchill and W. J. Youngs, *Inorg. Chem.*, 1981, **20**, 387.
21. M. R. Churchill and W. J. Youngs, *J. Chem. Soc., Chem. Commun.*, 1978, 1048*; *Inorg. Chem.*, 1979, **18**, 1930.

22. M. G. B. Drew and J. D. Wilkins, *J. Chem. Soc., Dalton Trans.*, 1974, 1973.
23. L. W. Messerle, P. Jennische, R. R. Schrock and G. Stucky, *J. Am. Chem. Soc.*, 1980, **102**, 6744.
24. G. G. Aleksandrov, A. I. Gusev and Y. T. Struchkov, *Zh. Strukt. Khim.*, 1968, **9**, 333.

Ta₂ Ditantalum

Molecular formula	Structure	Notes	Ref.
$Ta_2C_{16}H_{38}Cl_6P_2$	$[TaCl_3(CHBu^t)(PMe_3)]_2$	N, 110	1
$Ta_2C_{18}H_{34}Cl_6O_2$	$[TaCl_2(THF)]_2(\mu\text{-}Cl)_2(\mu\text{-}C_2Bu^t_2)$		2
$Ta_2C_{22}H_{40}Cl_6S_2$	$[TaCl_3(SC_4H_8)(\eta^2\text{-}MeC_2Bu^t)]_2$	a	3
$Ta_2C_{23}H_{36}Cl_4O$	$[TaCl_2(\eta\text{-}C_5Me_4Et)]_2(\mu\text{-}H)(\mu\text{-}\eta^2\text{-}O{=}CH)$		4
$Ta_2PtC_{24}H_{32}S_4^{2+}2F_6P^-$	$[\{(\eta\text{-}C_5H_5)_2Ta(\mu\text{-}SMe)_2\}_2Pt][PF_6]_2$		5
$Ta_2C_{26}H_{45}Cl_4OP$	$\{HTaCl_2(\eta\text{-}C_5Me_4Et)\}(\mu\text{-}CHPMe_3)(\mu\text{-}O)\text{-}\{TaCl_2(\eta\text{-}C_5Me_4Et)\}$		6
$Ta_2C_{32}H_{78}N_2P_4$	$\{Ta(CHBu^t)(CH_2Bu^t)(PMe_3)_2\}_2(\mu\text{-}N_2)$		7

ᵃ C_4H_8S = tetrahydrothiophene.

1. A. J. Schultz, J. M. Williams, R. R. Schrock, G. A. Rupprecht and J. D. Fellmann, *J. Am. Chem. Soc.*, 1979, **101**, 1593*; A. J. Schultz, R. K. Brown, J. M. Williams and R. R. Schrock, *J. Am. Chem. Soc.*, 1981, **103**, 169.
2. F. A. Cotton and W. T. Hall, *Inorg. Chem.*, 1980, **19**, 2354.
3. F. A. Cotton and W. T. Hall, *Inorg. Chem.*, 1981, **20**, 1285.
4. M. R. Churchill and H. J. Wasserman, *J. Chem. Soc., Chem. Commun.*, 1981, 274.
5. J.-C. Daran, B. Meunier and K. Prout, *Acta Crystallogr.*, 1979, **B35**, 1709.
6. P. Belmonte, R. R. Schrock, M. R. Churchill and W. J. Youngs, *J. Am. Chem. Soc.*, 1980, **102**, 2858*; M. R. Churchill and W. J. Youngs, *Inorg. Chem.*, 1981, **20**, 382.
7. H. W. Turner, J. D. Fellmann, S. M. Rocklage, R. R. Schrock, M. R. Churchill and H. J. Wasserman, *J. Am. Chem. Soc.*, 1980, **102**, 7809.

Tc Technetium

Molecular formula	Structure	Notes	Ref.
$TcC_{25}H_{33}Cl_3OP_2 \cdot C_2H_6O$	$TcCl_3(CO)(PMe_2Ph)_3 \cdot EtOH$		1
$TcC_{42}H_{60}O_{10}P_4^+ClO_4^-$	$[cis\text{-}Tc(CO)_2\{PPh(OEt)_2\}_4][ClO_4]$		2

1. G. Bandoli, D. A. Clemente and U. Mazzi, *J. Chem. Soc., Dalton Trans.*, 1978, 373.
2. M. Biagini Cingi, D. A. Clemente, L. Magon and U. Mazzi, *Inorg. Chim. Acta*, 1975, **13**, 47.

Tc₂ Ditechnetium

Molecular formula	Structure	Notes	Ref.
$Tc_2C_{10}O_{10}$	$Tc_2(CO)_{10}$		1
$Tc_2C_{50}H_{28}N_4O_6$	$\{Tc(CO)_3\}_2(TPP)$		2

1. M. F. Bailey and L. F. Dahl, *Inorg. Chem.*, 1965, **4**, 1140.
2. M. Tsutsui, C. P. Hrung, D. Ostfeld, T. S. Srivastava, D. L. Cullen and E. F. Meyer, *J. Am. Chem. Soc.*, 1975, **97**, 3952.

Th Thorium

Molecular formula	Structure	Notes	Ref.
$ThC_{16}H_{16}$	$Th(\eta\text{-}C_8H_8)_2$		1
$ThC_{16}H_{24}Cl_2O_2$	$ThCl_2(THF)_2(\eta\text{-}C_8H_8)$	α-form	2
$ThC_{16}H_{24}Cl_2O_2$	$ThCl_2(THF)_2(\eta\text{-}C_8H_8)$	β-form	2
$ThC_{26}H_{39}ClO$	$ThCl(\eta^2\text{-}O{=}CCH_2Bu^t)(\eta\text{-}C_5Me_5)_2$		3
$ThC_{27}H_{21}Cl$	$ThCl(\eta^5\text{-}ind)_3$	a	4

ᵃ Powder diagram indexed by comparison with U compound.

1. A. Avdeef, K. N. Raymond, K. O. Hodgson and A. Zalkin, *Inorg. Chem.*, 1972, **11**, 1083.
2. A. Zalkin, D. H. Templeton, C. LeVanda and A. Streitwieser, *Inorg. Chem.*, 1980, **19**, 2560.
3. P. J. Fagan, J. M. Manriquez, T. J. Marks, V. W. Day, S. H. Vollmer and C. S. Day, *J. Am. Chem. Soc.*, 1980, **102**, 5393.
4. J. Goffart, J. Fuger, B. Gilbert, L. Hocks and G. Duyckaerts, *Inorg. Nucl. Chem. Lett.*, 1975, **11**, 569.

Th₂ Dithorium

Molecular formula	Structure	Notes	Ref.
$Th_2C_{30}H_{28}$	$[Th(\mu-\eta^1,\eta^5-C_5H_4)(\eta-C_5H_5)_2]_2$		1
$Th_2C_{40}H_{64}\cdot C_7H_8$	$[H_2Th(\eta-C_5Me_5)_2]_2\cdot PhMe$	N	2
$Th_2C_{48}H_{72}O_4$	$[Th(\mu-O_2C_2Me_2)(\eta-C_5Me_5)_2]_2$		3
$Th_2C_{54}H_{78}Cl_2O_4$	$[ThCl\{\mu-CO(CH_2Bu^t)CO\}(\eta-C_5Me_5)_2]_2$		4

1. E. C. Baker, K. N. Raymond, T. J. Marks and W. A. Wachter, *J. Am. Chem. Soc.*, 1974, **96**, 7586.
2. R. W. Broach, A. J. Schultz, J. M. Williams, G. M. Brown, J. M. Manriquez, P. J. Fagan and T. J. Marks, *Science*, 1979, **203**, 172.
3. J. M. Manriquez, P. J. Fagan, T. J. Marks, C. S. Day and V. W. Day, *J. Am. Chem. Soc.*, 1978, **100**, 7112.
4. P. J. Fagan, J. M. Manriquez, T. J. Marks, V. W. Day, S. H. Vollmer and C. S. Day, *J. Am. Chem. Soc.*, 1980, **102**, 5393.

Ti Titanium

Molecular formula	Structure	Notes	Ref.
$TiC_5H_5Br_3$	$TiBr_3(\eta-C_5H_5)$	E	1
$TiC_5H_5Cl_3$	$TiCl_3(\eta-C_5H_5)$		2
$TiB_{20}C_8H_{32}^{2-}\cdot 2C_4H_{12}N^+\cdot 2C_3H_6O$	$[NMe_4]_2[Ti(\eta^6-1,6-Me_2C_2B_{10}H_{10})_2]\cdot 2Me_2CO$	113	3
$TiC_{10}H_{10}Cl_2$	$TiCl_2(\eta-C_5H_5)_2$	E, X	4–6
$TiC_{10}H_{10}F_6P_2$	$Ti(PF_3)_2(\eta-C_5H_5)_2$		7
$TiC_{10}H_{10}N_2O_6$	$Ti(ONO_2)_3(\eta-C_5H_5)_2$		8
$TiC_{10}H_{10}N_6$	$Ti(N_3)_2(\eta-C_5H_5)_2$		9
$TiC_{10}H_{10}S_5$	$Ti(S_5)(\eta-C_5H_5)_2$		10, 11
$TiC_{10}H_{10}S_5$	$Ti(S_5)(\eta-C_5H_5)_2$	a	12
$TiBC_{10}H_{14}$	$Ti(H_2BH_2)(\eta-C_5H_5)_2$	E, X	13, 14
$TiC_{10}H_{14}O_2^{2+}\cdot 2ClO_4^-\cdot 3C_4H_8O$	$[Ti(OH)_2(\eta-C_5H_5)_2][ClO_4]_2\cdot 3THF$		15
$TiC_{11}H_{10}Cl_2$	$TiCl_2\{CH_2(\eta-C_5H_4)_2\}$		16
$TiC_{12}H_{10}F_6O_6S_2$	$Ti(OSO_2CF_3)_2(\eta-C_5H_5)_2$		17
$TiC_{12}H_{10}N_2O_2$	$Ti(NCO)_2(\eta-C_5H_5)_2$		18
$TiC_{12}H_{10}N_2S_2$	$Ti(NCS)_2(\eta-C_5H_5)_2$		19
$TiC_{12}H_{10}O_2$	$Ti(CO)_2(\eta-C_5H_5)_2$		20
$TiC_{12}H_{12}$	$Ti(\eta-C_5H_5)(\eta-C_7H_7)$		21
$TiC_{12}H_{12}Cl_2$	$TiCl_2\{(CH_2)_2(\eta-C_5H_4)_2\}$		16
$TiC_{12}H_{12}S_2$	$Ti(S_2C_2H_2)(\eta-C_5H_5)_2$		22
$TiC_{12}H_{13}ClO$	$TiCl(\eta^2-O=CMe)(\eta-C_5H_5)_2$		23
$TiC_{12}H_{14}Cl_2$	$TiCl_2(\mu-C_5H_4Me)_2$		24
$TiC_{12}H_{15}ClO$	$TiCl(OEt)(\eta-C_5H_5)_2$	148	25
$TiAl_2C_{12}H_{18}Cl_8\cdot C_6H_6$	$Ti(Cl_2AlCl_2)_2(\eta-C_6Me_6)\cdot C_6H_6$		26
$TiC_{13}H_{13}$	$Ti(\eta-C_5H_5)(\eta-C_8H_8)$		27
$TiC_{13}H_{14}Cl_2$	$TiCl_2\{(CH_2)_3(\eta-C_5H_4)_2\}$	X, N	28, 29
$TiSiC_{13}H_{19}Cl$	$TiCl(SiMe_3)(\eta-C_5H_5)_2$		30
$TiC_{14}H_{10}N_2S_2$	$Ti\{S_2C_2(CN)_2\}(\eta-C_5H_5)_2$		19
$TiAlC_{14}H_{20}Cl_2$	$Ti(\mu-Cl_2AlEt_2)(\eta-C_5H_5)_2$		31
$2TiC_{14}H_{20}O_2^+\cdot Zn_2Cl_6^{2-}\cdot C_6H_6$	$[Ti(DME)(\eta-C_5H_5)_2]_2[Zn_2Cl_6]\cdot C_6H_6$		32
$TiC_{14}H_{23}N_3S_6\cdot C_6H_6$	$Ti(S_2CNMe_2)_3(\eta-C_5H_5)\cdot C_6H_6$		33
$TiC_{14}H_{32}F_3O_2P_5$	$Ti(CO)_2(PF_3)(DMPE)_2$		34
$TiC_{15}H_{15}$	$Ti(\eta^1-C_5H_5)(\eta^5-C_5H_5)_2$		35
$TiC_{15}H_{19}$	$Ti(\eta^3-CH_2CMeCHMe)(\eta-C_5H_5)_2$		36
$TiC_{15}H_{20}Cl_2$	$TiCl_2(\eta-C_5H_5)(\eta-C_5Me_5)$		37
$TiC_{16}H_{14}S_2$	$Ti(S_2C_6H_4)(\eta-C_5H_5)_2$		38
$TiC_{16}H_{16}$	$Ti(\eta^4-C_8H_8)(\eta^8-C_8H_8)$		39
$TiMoC_{16}H_{16}O_4S_2$	$\{Ti(\eta-C_5H_5)_2\}(\mu-SMe)_2\{Mo(CO)_4\}$		40
$TiC_{17}H_{14}O_2$	$Ti\{C_6H_4C(O)O-2\}(\eta-C_5H_5)_2$		41
$2TiC_{17}H_{24}O_2^+\cdot B_{20}ZnH_{24}^{2-}\cdot C_4H_8O$	$[Ti(OPr^i)(THF)(\eta-C_5H_5)_2]_2[Zn(B_{10}H_{12})_2]\cdot THF$		42
$TiC_{18}H_{18}ClN_2$	$TiCl(py)_2(\eta-C_8H_8)$		43
$TiC_{18}H_{18}N_2$	$Ti(NC_4H_4)_2(\eta-C_5H_5)_2$	b	44
$TiC_{18}H_{19}$	$Ti(C_6H_3Me_2-2,6)(\eta-C_5H_5)_2$	113	45
$TiC_{19}H_{22}N$	$Ti(C_6H_4CH_2NMe_2-2)(\eta-C_5H_5)_2$		46
$TiCo_3C_{20}H_{10}ClO_{10}$	$TiCl\{OCCo_3(CO)_9\}(\eta-C_5H_5)_2$		47
$TiC_{20}H_{18}N_2$	$Ti(bipy)(\eta-C_5H_5)_2$		48
$TiC_{20}H_{20}$	$Ti(\eta^1-C_5H_5)_2(\eta^5-C_5H_5)_2$		49
$TiC_{20}H_{20}$	$TiMe_2(\eta^5-C_9H_7)_2$		50
$TiC_{20}H_{22}Cl_2O$	$TiCl(OC_6H_4Cl-2)(\eta-C_5H_5)(\eta^5-C_9H_{13})$	c, d	51, 52
$TiC_{20}H_{28}Cl_2$	$TiCl_2(\eta-C_5H_5)(\eta^5-C_{15}H_{23})$	e	53

Molecular formula	Structure	Notes	Ref.
$TiC_{20}H_{30}Cl_2$	$TiCl_2(\eta\text{-}C_5Me_5)_2$		54
$TiC_{22}H_{20}$	$TiPh_2(\eta\text{-}C_5H_5)_2$		55
$TiC_{22}H_{20}N_2$	$Ti(\eta^2\text{-}PhN{=}NPh)(\eta\text{-}C_5H_5)_2$		56
$TiC_{22}H_{20}S_2$	$Ti(SPh)_2(\eta\text{-}C_5H_5)_2$		57
$TiC_{22}H_{27}ClO$	$TiCl(OC_6H_3Me_2\text{-}2,6)(\eta\text{-}C_5H_5)(\eta^5\text{-}C_9H_{13})$	c, f	52
$TiC_{22}H_{30}O_2$	$Ti(CO)_2(\eta\text{-}C_5Me_5)_2$		58
$TiC_{23}H_{17}ClN_2O_2$	$Ti(oxin)_2(\eta\text{-}C_5H_5)$		59
$TiC_{23}H_{29}N_2$	$\overline{Ti(C_6H_4CH_2NMe_2\text{-}2)}_2(\eta\text{-}C_5H_5)$		60
$TiC_{24}H_{18}N_2O_8$	$Ti(OCOC_6H_4NO_2\text{-}4)_2(\eta\text{-}C_5H_5)_2$		61
$TiC_{24}H_{30}O_{10}\cdot 0.6C_6H_6$	$\overline{Ti\{OC(CO_2Et)_2C(CO_2Et)_2O\}}(\eta\text{-}C_5H_5)_2\cdot 0.6C_6H_6$		62
$TiC_{25}H_{20}O$	$Ti(CO)(\eta^2\text{-}C_2Ph_2)(\eta\text{-}C_5H_5)_2$		63
$TiC_{25}H_{22}$	$Ti(CH_2CPh{=}CPh)(\eta\text{-}C_5H_5)_2$	193	64
$TiC_{25}H_{24}N$	$Ti(\eta^2\text{-}PhC{=}NC_6H_3Me_2\text{-}2,6)(\eta\text{-}C_5H_5)_2$		65
$TiC_{25}H_{25}ClO$	$TiCl(OC_6H_4Me\text{-}2)(\eta\text{-}C_5H_5)(\eta\text{-}C_5H_4CHMePh)$	g	66
$TiC_{25}H_{33}O$	$Ti(OC_6H_2Me\text{-}4\text{-}Bu^t_2\text{-}2,6)(\eta\text{-}C_5H_5)_2$		67
$TiMn_2C_{26}H_{18}O_6$	$Ti\{(\mu\text{-}\eta^1,\eta^5\text{-}C_5H_4)Mn(CO)_3\}_2(\eta\text{-}C_5H_5)_2$		68
$TiC_{26}H_{25}N_2$	$Ti(mphen)(\eta\text{-}C_5H_5)_2$	h	69
$TiSiC_{27}H_{28}$	$\overline{Ti\{C_6H_4CPh{=}C(SiMe_3)\}}(\eta\text{-}C_5H_5)_2$		70
$TiC_{28}H_{28}$	$Ti(CH_2Ph)_4$		71, 72
$TiC_{28}H_{31}ClO$	$TiCl(OC_6H_3Me_2\text{-}2,6)(\eta\text{-}C_5H_5)(\eta^5\text{-}C_{15}H_{17})$	i	73
$TiC_{28}H_{32}ClO_2$	$Ti(OC_6H_4Cl\text{-}2)(OC_6H_3Me_2\text{-}2,6)(\eta\text{-}C_5H_5)\text{-}(\eta^5\text{-}C_9H_{13})$	c, j	51, 52
$TiCo_7C_{29}H_5O_{24}$	$Ti\{Co(CO)_4\}\{OCCo_3(CO)_9\}_2(\eta\text{-}C_5H_5)$		74
$TiC_{30}H_{14}F_{10}\cdot 0.5C_6H_{14}$	$\overline{Ti\{C_6H_4C(C_6F_5){=}C(C_6F_5)\}}(\eta\text{-}C_5H_5)_2\cdot 0.5C_6H_{14}$		70
$TiFe_2C_{30}H_{28}$	$TiFc_2(\eta\text{-}C_5H_5)_2$		75
$TiSi_6C_{30}H_{62}N_6$	$Ti(CH_2Ph)_2\{\overline{N(SiMe_2NMe)_2SiMe_2}\}_2$		76
$TiC_{34}H_{26}Cl_2$	$TiCl_2(\eta\text{-}C_5H_3Ph_2\text{-}1,3)_2$		77
$TiC_{38}H_{30}$	$\overline{(TiC_4Ph_4)}(\eta\text{-}C_5H_5)_2$	k	78
$TiC_{38}H_{30}O_2$	$\overline{Ti\{OC({=}CPh_2)OC({=}CPh_2)\}}(\eta\text{-}C_5H_5)_2$		79

[a] Doped with 0.2% $V(S_5)(\eta\text{-}C_5H_5)_2$. [b] $C_4H_4N = \eta^1$-pyrrolyl. [c] C_9H_{13} = 1-Me-3-Pr^{i}C$_5$H$_3$. [d] Isomer, m.p. 134 °C. [e] $C_{15}H_{23}$ = (−)-menthylC$_5$H$_4$. [f] Isomer, m.p. 150 °C. [g] Racemic form ($S_{Ti}S_C + R_{Ti}R_C$), m.p. 108 °C. [h] mphen = 4-methylene-3,7,8-Me$_3$-1,10-phenanthroline. [i] $C_{15}H_{17}$ = 1-Me-3-CMe$_2$Ph-C$_5$H$_3$; racemic isomer, m.p. 164 °C. [j] Isomer, m.p. 171 °C. [k] TiC$_4$Ph$_4$ = Ph$_4$titanacyclopentadiene.

1. I. A. Ronova and N. V. Alekseev, *Dokl. Akad. Nauk SSSR*, 1969, **185**, 1303.
2. G. Allegra, P. Ganis, L. Porri and P. Corradini, *Atti. Accad. Naz. Lincei, Classe Sci. Fiz. Mat. Nat. Rend.*, 1961, **30**, 44; P. Ganis and G. Allegra, *Atti. Accad. Naz. Lincei, Classe Sci. Fiz. Mat. Nat. Rend.*, 1962, **33**, 303.
3. F. Y. Lo, C. E. Strouse, K. P. Callahan, C. B. Knobler and M. F. Hawthorne, *J. Am. Chem. Soc.*, 1975, **97**, 428.
4. N. V. Alekseev and I. A. Ronova, *Zh. Strukt. Khim.*, 1966, **7**, 103*; *Dokl. Akad. Nauk SSSR*, 1967, **174**, 614; *Zh. Strukt. Khim.*, 1977, **18**, 212 (E).
5. V. V. Tkachev and L. O. Atovmyan, *Zh. Strukt. Khim.*, 1972, **13**, 287 (X).
6. A. Clearfield, D. K. Warner, C. H. Saldarriaga-Molina, R. Ropal and I. Bernal, *Can. J. Chem.*, 1975, **53**, 1622 (X).
7. D. J. Sikora, M. D. Rausch, R. D. Rogers and J. D. Atwood, *J. Am. Chem. Soc.*, 1981, **103**, 982.
8. H.-P. Klein and U. Thewalt, *J. Organomet. Chem.*, 1981, **206**, 69.
9. E. Rudulfo de Gil, M. de Burguera, A. V. Rivera and P. Maxfield, *Acta Crystallogr.*, 1977, **B33**, 578.
10. E. F. Epstein and I. Bernal, *Chem. Commun.*, 1970, 410*; E. F. Epstein, I. Bernal and H. Köpf, *J. Organomet. Chem.*, 1971, **26**, 229.
11. E. G. Muller, J. L. Petersen and L. F. Dahl, *J. Organomet. Chem.*, 1976, **111**, 91.
12. J. L. Petersen and L. F. Dahl, *J. Am. Chem. Soc.*, 1974, **96**, 2248.
13. K. M. Melmed, D. Coucouvanis and S. J. Lippard, *Inorg. Chem.*, 1973, **12**, 232.
14. G. I. Mamaeva, I. Hargittai and V. P. Spiridonov, *Inorg. Chim. Acta*, 1977, **25**, L123 (E).
15. U. Thewalt and H.-P. Klein, *J. Organomet. Chem.*, 1980, **194**, 297.
16. J. A. Smith, J. von Seyerl, G. Huttner and H. H. Brintzinger, *J. Organomet. Chem.*, 1979, **173**, 175.
17. U. Thewalt and H.-P. Klein, *Z. Kristallogr., Kristallgeom., Kristallphys., Kristallchem.*, 1980, **153**, 307.
18. S. J. Anderson, D. S. Brown and A. H. Norbury, *J. Chem. Soc., Chem. Commun.*, 1974, 996*; S. J. Anderson, D. S. Brown and K. J. Finney, *J. Chem. Soc., Dalton Trans.*, 1979, 152.
19. A. Chiesi-Villa, A. G. Manfredotti and C. Guastini, *Acta Crystallogr.*, 1976, **B32**, 909.
20. J. L. Atwood, K. E. Stone, H. G. Alt, D. C. Hrncir and M. D. Rausch, *J. Organomet. Chem.*, 1975, **96**, C4*; 1977, **132**, 367.
21. J. D. Zeinstra and J. J. de Boer, *J. Organomet. Chem.*, 1973, **54**, 207.
22. A. Kutoglu, *Acta Crystallogr.*, 1973, **B29**, 2891.
23. G. Fachinetti, C. Floriani and H. Stoeckli-Evans, *J. Chem. Soc., Dalton Trans.*, 1977, 2297.
24. J. L. Petersen and L. F. Dahl, *J. Am. Chem. Soc.*, 1975, **97**, 6422.
25. J. C. Huffman, K. G. Moloy, J. A. Marsella and K. G. Caulton, *J. Am. Chem. Soc.*, 1980, **102**, 3009.
26. U. Thewalt and F. Österle, *J. Organomet. Chem.*, 1979, **172**, 317.

27. P. A. Kroon and R. B. Helmholdt, *J. Organomet. Chem.*, 1970, **25**, 451.
28. B. R. Davis and I. Bernal, *J. Organomet. Chem.*, 1971, **30**, 75.
29. E. F. Epstein and I. Bernal, *Inorg. Chim. Acta*, 1973, **7**, 211 (N).
30. L. Rösch, G. Altnau, W. Erb, J. Pickardt and N. Bruncks, *J. Organomet. Chem.*, 1980, **197**, 51.
31. P. Corradini and I. W. Bassi, *Atti. Accad. Naz. Lincei, Classe Sci. Fiz. Mat. Nat. Rend.*, 1958, **24**, 43; G. Natta, P. Corradini and I. W. Bassi, *J. Am. Chem. Soc.*, 1958, **80**, 755.
32. D. G. Sekutowski and G. D. Stucky, *Inorg. Chem.*, 1975, **14**, 2192.
33. W. L. Steffen, H. K. Chun and R. C. Fay, *Inorg. Chem.*, 1978, **17**, 3498.
34. S. S. Wreford, M. B. Fischer, J.-S. Lee, E. J. James and S. C. Nyburg, *J. Chem. Soc., Chem. Commun.*, 1981, 458.
35. C. R. Lucas, M. L. H. Green, R. A. Forder and C. K. Prout, *J. Chem. Soc., Chem. Commun.*, 1973, 97*; R. A. Forder and C. K. Prout, *Acta Crystallogr.*, 1974, **B30**, 491.
36. R. B. Helmholdt, F. Jellinek, H. A. Martin and A. Vos, *Recl. Trav. Chim. Pays-Bas*, 1967, **86**, 1263.
37. T. L. Khotsyanova and S. I. Kuznetsov, *J. Organomet. Chem.*, 1973, **57**, 155.
38. A. Kutoglu, *Z. Anorg. Allg. Chem.*, 1972, **390**, 195.
39. H. Dietrich and M. Soltwisch, *Angew. Chem.*, 1969, **81**, 785 (*Angew. Chem., Int. Ed. Engl.*, 1969, **8**, 765).
40. T. S. Cameron, C. K. Prout, G. V. Rees, M. L. H. Green, K. K. Joshi, G. R. Davies, B. T. Kilbourn, P. S. Braterman and V. A. Wilson, *Chem. Commun.*, 1971, 14*; G. R. Davies and B. T. Kilbourn, *J. Chem. Soc. (A)*, 1971, 87.
41. I. S. Kolomnikov, T. S. Lobeeva, V. V. Gorbachevskaya, G. G. Aleksandrov, Y. T. Struchkov and M. E. Vol'pin, *Chem. Commun.*, 1971, 972*; G. G. Aleksandrov and Y. T. Struchkov, *Zh. Strukt. Khim.*, 1971, **12**, 667.
42. R. Allmann, V. Bätzel, R. Pfeil and G. Schmid, *Z. Naturforsch., Teil B*, 1976, **31**, 1329.
43. C. Krüger, *Angew. Chem.*, 1972, **84**, 412 (*Angew. Chem., Int. Ed. Engl.*, 1972, **11**, 387).
44. R. V. Bynum, W. E. Hunter, R. D. Rogers and J. L. Atwood, *Inorg. Chem.*, 1980, **19**, 2368.
45. G. J. Olthof and F. van Bolhuis, *J. Organomet. Chem.*, 1976, **122**, 97.
46. W. F. J. van der Wal and H. R. van der Wal, *J. Organomet. Chem.*, 1978, **153**, 335.
47. G. Schmid, V. Bätzel and B. Stutte, *J. Organomet. Chem.*, 1976, **113**, 67*; B. Stutte, V. Bätzel, R. Boese and G. Schmid, *Chem. Ber.*, 1978, **111**, 1603.
48. A. M. McPherson, B. F. Fieselmann, D. L. Lichtenberger, G. L. McPherson and G. D. Stucky, *J. Am. Chem. Soc.*, 1979, **101**, 3425.
49. J. L. Calderon, F. A. Cotton, B. G. deBoer and J. Takats, *J. Am. Chem. Soc.*, 1970, **92**, 3801*; 1971, **93**, 3592.
50. J. L. Atwood, W. E. Hunter, D. C. Hrncir, E. Samuel, H. Alt and M. D. Rausch, *Inorg. Chem.*, 1975, **14**, 1757.
51. J. Besançon, S. Top, J. Tirouflet, J. Dusausoy, C. Lecomte and J. Protas, *J. Chem. Soc., Chem. Commun.*, 1976, 325*.
52. J. Besançon, S. Top, J. Tirouflet, J. Dusausoy, C. Lecomte and J. Protas, *J. Organomet. Chem.*, 1977, **127**, 153.
53. E. Cesarotti, H. B. Kagan, R. Goodard and C. Krüger, *J. Organomet. Chem.*, 1978, **162**, 297.
54. T. C. McKenzie, R. D. Sanner and J. E. Bercaw, *J. Organomet. Chem.*, 1975, **102**, 457.
55. V. Kocman, J. C. Rucklidge, R. J. O'Brien and W. Santo, *Chem. Commun.*, 1971, 1340.
56. J. C. J. Bart, I. W. Bassi, G. F. Cerruti and M. Calcaterra, *Gazz. Chim. Ital.*, 1980, **110**, 423.
57. E. G. Muller, S. F. Watkins and L. F. Dahl, *J. Organomet. Chem.*, 1976, **111**, 73.
58. D. J. Sikora, M. D. Rausch, R. D. Rogers and J. L. Atwood, *J. Am. Chem. Soc.*, 1981, **103**, 1265.
59. J. D. Matthews and A. G. Swallow, *Chem. Commun.*, 1969, 882*; J. D. Matthews, N. Singer and A. G. Swallow, *J. Chem. Soc. (A)*, 1970, 2545.
60. L. E. Manzer, R. C. Gearhart, L. J. Guggenberger and J. F. Whitney, *J. Chem. Soc., Chem. Commun.*, 1976, 942.
61. E. A. Gladkikh and T. S. Kuntsevich, *Zh. Strukt. Khim.*, 1973, **14**, 949; T. S. Kuntsevich, E. A. Gladkikh, V. A. Lebedev, A. N. Lineva and N. V. Belov, *Kristallografiya*, 1976, **21**, 80.
62. M. Pasquali, C. Floriani, A. Chiesi-Villa and C. Guastini, *Inorg. Chem.*, 1981, **20**, 349.
63. G. Fachinetti, C. Floriani, F. Marchetti and M. Mellini, *J. Chem. Soc., Dalton Trans.*, 1978, 1398.
64. F. N. Tebbe and R. L. Harlow, *J. Am. Chem. Soc.*, 1980, **102**, 6149.
65. F. van Bolhuis, E. J. M. de Boer and J. H. Teuben, *J. Organomet. Chem.*, 1979, **170**, 299.
66. C. Lecomte, Y. Dusausoy and J. Protas, *C. R. Hebd. Seances Acad. Sci.*, 1975, **280C**, 813.
67. B. Cetinkaya, P. B. Hitchcock, M. F. Lappert, S. Torroni, J. L. Atwood, W. E. Hunter and M. J. Zaworotko, *J. Organomet. Chem.*, 1980, **188**, C31.
68. R. R. Daroda, G. Wilkinson, M. B. Hursthouse, K. M. A. Malik and M. Thornton-Pett, *J. Chem. Soc., Dalton Trans.*, 1980, 2315.
69. D. R. Corbin, W. S. Willis, E. N. Duesler and G. D. Stucky, *J. Am. Chem. Soc.*, 1980, **102**, 5969.
70. J. Mattia, M. B. Humphrey, R. D. Rogers, J. L. Atwood and M. D. Rausch, *Inorg. Chem.*, 1978, **17**, 3257.
71. I. W. Bassi, G. Allegra, R. Scordamaglia and G. Chioccola, *J. Am. Chem. Soc.*, 1971, **93**, 3787.
72. G. R. Davies, J. A. J. Jarvis and B. T. Kilbourn, *Chem. Commun.*, 1971, 1511 (233 K).
73. C. Lecomte, Y. Dusausoy, J. Protas, J. Tirouflet and A. Dormond, *J. Organomet. Chem.*, 1974, **73**, 67.
74. G. Schmid, B. Stutte and R. Boese, *Chem. Ber.*, 1978, **111**, 1239.
75. L. N. Zakharov, Y. T. Struchkov, V. V. Sharutin and O. N. Suvorova, *Cryst. Struct. Commun.*, 1979, **8**, 439.
76. D. J. Brauer, H. Bürger and K. Wiegel, *J. Organomet. Chem.*, 1978, **150**, 215.
77. T. C. van Soest, J. C. C. W. Rappard and E. C. Royers, *Cryst. Struct. Commun.*, 1973, **3**, 451.
78. J. L. Atwood, W. E. Hunter, H. Alt and M. D. Rausch, *J. Am. Chem. Soc.*, 1976, **98**, 2454.
79. G. Fachinetti, C. Biran, C. Floriani, A. Chiesi-Villa and C. Guastini, *Inorg. Chem.*, 1978, **17**, 2995.

Ti$_2$ Dititanium

Molecular formula	Structure	Notes	Ref.
Ti$_2$C$_{10}$H$_{10}$Cl$_4$O	{TiCl$_2$(η-C$_5$H$_5$)}$_2$O		1, 2
Ti$_2$B$_2$C$_{10}$H$_{18}$Cl$_2$	[TiCl(BH$_4$)(η-C$_5$H$_5$)]$_2$		3
Ti$_2$C$_{14}$H$_{38}$O$_6$P$_2$	Ti$_2$(OMe)$_2$(μ-OMe)$_2$\{μ-(CH$_2$)$_2$PMe$_2$\}$_2$		4
Ti$_2$C$_{16}$H$_{22}$Cl$_4$O$_2$	{TiCl$_2$(η-C$_5$H$_5$)}$_2$(μ-O$_2$C$_2$Me$_4$)	135	5
Ti$_2$C$_{16}$H$_{36}$O$_4$	[TiMe$_2$(O$_2$C$_6$H$_{12}$)]$_2$	a	6
Ti$_2$C$_{20}$H$_{18}$Cl$_2$	{Ti(μ-Cl)(η-C$_5$H$_5$)}$_2$(μ-η^5,η^5-C$_{10}$H$_8$)	b	7
Ti$_2$C$_{20}$H$_{20}$Cl$_2$	[Ti(μ-Cl)(η-C$_5$H$_5$)$_2$]$_2$		8
Ti$_2$C$_{20}$H$_{20}$Cl$_2$O	{TiCl(η-C$_5$H$_5$)$_2$}$_2$O		9
Ti$_2$ZnC$_{20}$H$_{20}$Cl$_4$·2C$_6$H$_6$	{(η-C$_5$H$_5$)$_2$Ti(μ-Cl)}$_2$ZnCl$_2$·2C$_6$H$_6$		10, 11
Ti$_2$C$_{20}$H$_{20}$O$_2$·C$_4$H$_8$O	{Ti(μ-OH)(η-C$_5$H$_5$)}(μ-η^5,η^5-C$_{10}$H$_8$)·THF	b	12
Ti$_2$C$_{20}$H$_{23}$N$_2$	{Ti(η-C$_5$H$_5$)$_2$}$_2$(μ-N$_2$H$_3$)	c	13
Ti$_2$C$_{20}$H$_{24}$O$_3^{2+}$·2ClO$_4^-$·2H$_2$O	[\{Ti(OH$_2$)(η-C$_5$H$_5$)$_2$\}$_2$O][ClO$_4$]$_2$·2H$_2$O		14
Ti$_2$C$_{20}$H$_{24}$O$_3^{2+}$·O$_6$S$_2^{2-}$	[\{Ti(OH$_2$)(η-C$_5$H$_5$)$_2$\}$_2$O][S$_2$O$_6$]		15
Ti$_2$Si$_2$C$_{20}$H$_{24}$	[Ti(SiH$_2$)(η-C$_5$H$_5$)$_2$]$_2$		16
Ti$_2$C$_{24}$H$_{24}$	Ti$_2$(C$_8$H$_8$)$_3$		17
Ti$_2$C$_{24}$H$_{27}$O·C$_4$H$_8$O	{Ti(η-C$_5$H$_5$)}$_2$(THF)(η^1,η^5-C$_5$H$_4$)·THF		18
Ti$_2$C$_{24}$H$_{28}$Br$_2$	[Ti(μ-Br)(η-C$_5$H$_4$Me)$_2$]$_2$		9
Ti$_2$C$_{24}$H$_{28}$Cl$_2$	[Ti(μ-Cl)(η-C$_5$H$_4$Me)$_2$]$_2$		9
Ti$_2$AlC$_{24}$H$_{31}$	{Ti(η-C$_5$H$_5$)}$_2$(μ-H)(μ-H$_2$AlEt$_2$)(μ-η^5,η^5-C$_{10}$H$_8$)	b	19
Ti$_2$C$_{24}$H$_{32}$Cl$_2$O$_2$	[Ti(μ-Cl)(THF)(η-C$_8$H$_8$)]$_2$	100	20
Ti$_2$C$_{26}$H$_{26}$N$_4$	[Ti(μ-pz)(η-C$_5$H$_5$)$_2$]$_2$		21
Ti$_2$C$_{28}$H$_{22}$F$_{12}$O	[Ti\{C(CF$_3$)=CH(CF$_3$)\}(η-C$_5$H$_5$)$_2$]$_2$O		22
Ti$_2$C$_{28}$H$_{30}$N$_2$S$_2$	{Ti(η-C$_5$H$_4$Me)$_2$}$_2$(μ-C$_4$H$_2$N$_2$S$_2$)	d	23
Ti$_2$MnC$_{28}$H$_{36}$Cl$_4$O$_2$	Mn\{(μ-Cl)$_2$Ti(η-C$_5$H$_5$)$_2$\}$_2$(THF)$_2$		24
Ti$_2$Al$_2$C$_{28}$H$_{38}$	{Ti(HAlEt$_2$)(η-C$_5$H$_5$)}$_2$(μ-η^5,η^5-C$_{10}$H$_8$)	b, e	25, 26
Ti$_2$Al$_2$C$_{28}$H$_{38}$·C$_7$H$_8$	{Ti(HAlEt$_2$)(η-C$_5$H$_4$)}$_2$(μ-η^5,η^5-C$_{10}$H$_8$)·PhMe		19
Ti$_2$C$_{30}$H$_{44}$O$_2$	{Ti(μ-O)(η-C$_5$Me$_5$)}$_2$\{μ-η^1,η^5-C$_5$Me$_4$(CH$_2$)\}		27
Ti$_2$C$_{33}$H$_{30}$N$_2$O·0.5C$_7$H$_8$	{Ti(η-C$_5$H$_5$)$_2$}$_2$\{μ-OC(NPh)$_2$\}·0.5PhMe		28
Ti$_2$C$_{34}$H$_{32}$·xTHF	{Ti(η-C$_8$H$_8$)}$_2$(μ-C$_4$Me$_4$Ph$_2$)·xTHF	f	29
Ti$_2$C$_{34}$H$_{34}$N$_2$	{Ti(C$_6$H$_4$Me-4)(η-C$_5$H$_5$)$_2$}$_2$N$_2$		30
Ti$_2$FeC$_{34}$H$_{68}$N$_6$	{Ti(NEt$_2$)$_3$(η-C$_5$H$_4$)}$_2$Fe		31
Ti$_2$C$_{36}$H$_{48}$O$_4$	[Ti(CH$_2$Ph)$_2$(OEt)$_2$]$_2$		32
Ti$_2$C$_{38}$H$_{30}$O$_8$	[Ti(μ-OCOPh)$_2$(η-C$_5$H$_5$)]$_2$		33
Ti$_2$C$_{40}$H$_{38}$	{Ti(η-C$_5$H$_4$Me)$_2$}$_2$(μ-CPh$_2$=CC=CPh$_2$)		34
Ti$_2$C$_{40}$H$_{60}$N$_2$	{Ti(η-C$_5$Me$_5$)$_2$}$_2$N$_2$		35
Ti$_2$C$_{42}$H$_{42}$O	{Ti(CH$_2$Ph)$_3$}$_2$O		36
Ti$_2$C$_{48}$H$_{40}$O$_2$·2C$_4$H$_8$O	[Ti(μ-η^2-O=CCPh$_2$)(η-C$_5$H$_5$)$_2$]$_2$·2THF		31
Ti$_2$C$_{50}$H$_{48}$N$_4$	{Ti(η-C$_5$H$_5$)$_2$}$_2$\{μ-(NTol)$_4$C$_2$\}		32

^{a} C$_6$H$_{12}$O$_2$ = 2-Me-2,4-pentanediolate. ^{b} C$_{10}$H$_8$ = η^5,η^5-fulvalene. ^{c} Number of H atoms bonded to N uncertain. ^{d} C$_4$H$_2$N$_2$S$_2$ = 2,4-dithiouracil dianion. ^{e} Data in ref. 25 relating to supposed [Ti(μ-AlEt$_2$)(η-C$_5$H$_5$)$_2$] reinterpreted in ref. 26 in favour of η^5,η^5-fulvalene structure. ^{f} R 21%.

1. P. Corradini and G. Allegra, *J. Am. Chem. Soc.*, 1959, **81**, 5510*; L. Porri, P. Corradini, D. Morero and G. Allegra, *Chim. Ind. (Milan)*, 1960, **42**, 487*; G. Allegra, P. Ganis, L. Porri and P. Corradini, *Atti. Accad. Naz. Lincei, Classe Sci. Fiz. Mat. Nat. Rend.*, 1961, **30**, 44; G. Allegra and P. Ganis, *Atti. Accad. Naz. Lincei, Classe Sci. Fiz. Mat. Nat. Rend.*, 1962, **33**, 438.
2. U. Thewalt and D. Schomburg, *J. Organomet. Chem.*, 1977, **127**, 169.
3. K. N. Semenenko, E. Lobkovskii and A. I. Shumakov, *Zh. Strukt. Khim.*, 1976, **17**, 1073.
4. W. Scharf, D. Neugebauer, U. Schubert and H. Schmidbaur, *Angew. Chem.*, 1978, **90**, 628 (*Angew. Chem., Int. Ed. Engl.*, 1978, **17**, 601)*; U. Schubert, D. Neugebauer and W. Scharf, *J. Organomet. Chem.*, 1981, **206**, 159.
5. J. C. Huffman, K. G. Moloy, J. A. Marsella and K. G. Caulton, *J. Am. Chem. Soc.*, 1980, **102**, 3009.
6. A. Yoshino, Y. Shuto and Y. Iidaka, *Acta Crystallogr.*, 1970, **B26**, 744.
7. G. J. Olthof, *J. Organomet. Chem.*, 1977, **128**, 367.
8. R. Jungst, D. Sekutowski, J. Davis, M. Luly and G. Stucky, *Inorg. Chem.*, 1977, **16**, 1645.
9. Y. Le Page, J. D. McCowan, B. K. Hunter and R. D. Heyding, *J. Organomet. Chem.*, 1980, **193**, 201.
10. C. G. Vonk, *J. Cryst. Mol. Struct.*, 1973, **3**, 201.
11. D. G. Sekutowski and G. D. Stucky, *Inorg. Chem.*, 1975, **14**, 2192.
12. L. J. Guggenberger and F. N. Tebbe, *J. Am. Chem. Soc.*, 1976, **98**, 4137.
13. J. N. Armor, *Inorg. Chem.*, 1978, **17**, 203.
14. U. Thewalt and B. Kebbel, *J. Organomet. Chem.*, 1978, **150**, 59.
15. U. Thewalt and G. Schleussner, *Angew. Chem.*, 1978, **90**, 559 (*Angew. Chem., Int. Ed. Engl.*, 1978, **17**, 531).
16. G. Hencken and E. Weiss, *Chem. Ber.*, 1973, **106**, 1747.
17. H. Dietrich and H. Dierks, *Angew. Chem.*, 1966, **78**, 943 (*Angew. Chem., Int. Ed. Engl.*, 1966, **5**, 899)*; *Acta Crystallogr.*, 1968, **B24**, 58.
18. G. P. Pez, *J. Am. Chem. Soc.*, 1976, **98**, 8072.
19. L. J. Guggenberger and F. N. Tebbe, *J. Am. Chem. Soc.*, 1973, **95**, 7870.

20. H. R. van der Wal, F. Overzet, H. O. van Oven, J. L. de Boer, H. J. de Liefde Meijer and F. Jellinek, *J. Organomet. Chem.*, 1975, **92**, 329.
21. B. F. Fieselmann and G. D. Stucky, *Inorg. Chem.*, 1978, **17**, 2074.
22. M. D. Rausch, D. J. Sikora, D. C. Hrncir, W. E. Hunter and J. L. Atwood, *Inorg. Chem.*, 1980, **19**, 3817.
23. D. R. Corbin, L. C. Francesconi, D. N. Hendrickson and G. D. Stucky, *J. Chem. Soc., Chem. Commun.*, 1979, 248*; *Inorg. Chem.*, 1979, **18**, 3069.
24. D. Sekutowski, R. Jungst and G. D. Stucky, *Inorg. Chem.*, 1978, **17**, 1848.
25. G. Natta, G. Mazzanti, P. Corradini, U. Giannini and S. Cesca, *Atti Accad. Naz. Lincei, Classe Sci. Fiz. Mat. Nat. Rend.*, 1959, **26**, 150; G. Natta and G. Mazzanti, *Tetrahedron*, 1960, **8**, 86*; P. Corradini and A. Sirigu, *Inorg. Chem.*, 1967, **6**, 601.
26. F. N. Tebbe and L. J. Guggenberger, *J. Chem. Soc., Chem. Commun.*, 1973, 227.
27. F. Bottomley, I. J. B. Lin and P. S. White, *J. Am. Chem. Soc.*, 1981, **103**, 703.
28. G. Fachinetti, C. Biran, C. Floriani, A. Chiesi-Villa and C. Guastini, *J. Chem. Soc., Dalton Trans.*, 1979, 792.
29. M. E. E. Veldman, H. R. van der Wal, S. J. Veenstra and H. F. de Liefde Meijer, *J. Organomet. Chem.*, 1980, **197**, 59.
30. J. D. Zeinstra, J. H. Teuben and F. Jellinek, *J. Organomet. Chem.*, 1979, **170**, 39.
31. U. Thewalt and D. Schomburg, *Z. Naturforsch., Teil B*, 1975, **30**, 636.
32. H. Stoeckli-Evans, *Helv. Chim. Acta*, 1975, **58**, 373.
33. T. N. Tarkhova, E. A. Gladkikh, I. A. Grishin, A. N. Lineva and V. V. Khalmanov, *Zh. Strukt. Khim.*, 1976, **17**, 1052.
34. D. G. Sekutowski and G. D. Stucky, *J. Am. Chem. Soc.*, 1976, **98**, 1376.
35. R. D. Sanner, D. M. Duggan, T. C. McKenzie, R. E. Marsh and J. E. Bercaw, *J. Am. Chem. Soc.*, 1975, **98**, 8358.
36. H. Stoeckli-Evans, *Helv. Chim. Acta*, 1974, **57**, 684.
37. G. Fachinetti, C. Biran, C. Floriani, A. Chiesi-Villa and C. Guastini, *J. Am. Chem. Soc.*, 1978, **100**, 1921*; *Inorg. Chem.*, 1978, **17**, 2995.
38. M. Pasquali, C. Floriani, A. Chiesi-Villa and C. Guastini, *J. Am. Chem. Soc.*, 1979, **101**, 4740; *Inorg. Chem.*, 1981, **20**, 349.

Ti$_3$ Trititanium

Molecular formula	Structure	Notes	Ref.
Ti$_3$C$_{56}$H$_{50}$N$_4$O$_2$	{Ti(η-C$_5$H$_5$)$_2$}$_2$(μ-{(NPh)$_2$CO}$_2$Ti(η-C$_5$H$_5$)$_2$)		1

1. A. C. Skapski, P. G. H. Troughton and H. H. Sutherland, *Chem. Commun.*, 1968, 1418*; A. C. Skapski and P. G. H. Troughton, *Acta Crystallogr.*, 1970, **B26**, 716.

Ti$_4$ Tetratitanium

Molecular formula	Structure	Notes	Ref.
Ti$_4$C$_{20}$H$_{20}$Cl$_4$O$_4$	[TiCl(μ-O)(η-C$_5$H$_5$)]$_4$		1
Ti$_4$C$_{24}$H$_{28}$Cl$_4$O$_4$	[TiCl(μ-O)(η-C$_5$H$_4$Me)]$_4$		2
Ti$_4$C$_{32}$H$_{32}$Cl$_4$	[TiCl(η-C$_8$H$_8$)]$_4$		3
Ti$_4$C$_{42}$H$_{40}$O$_6$	[{Ti(η-C$_5$H$_5$)$_2$}$_2$(μ-O$_2$CO)]$_2$		4

1. A. C. Skapski, P. G. H. Troughton and H. H. Sutherland, *Chem. Commun.*, 1968, 1418*; A. C. Skapski and P. G. H. Troughton, *Acta Crystallogr.*, 1970, **B26**, 716.
2. J. L. Petersen, *Inorg. Chem.*, 1980, **19**, 181.
3. H. R. van der Wal, F. Overzet, H. O. van Oven, J. L. de Boer, H. J. de Liefde Meijer and F. Jellinek, *J. Organomet. Chem.*, 1975, **92**, 329.
4. G. Fachinetti, C. Floriani, A. Chiesi-Villa and C. Guastini, *J. Am. Chem. Soc.*, 1979, **101**, 1767.

Ti$_6$ Hexatitanium

Molecular formula	Structure	Notes	Ref.
Ti$_6$C$_{30}$H$_{30}$O$_8$	{Ti(η-C$_5$H$_5$)}$_6$(μ_3-O)$_8$		1

1. J. C. Huffman, J. G. Stone, W. C. Krusell and K. G. Caulton, *J. Am. Chem. Soc.*, 1977, **99**, 5829.

Tl Thallium

Molecular formula	Structure	Notes	Ref.
$TlC_2H_6^+AlC_4H_9NS^-$	$[TlMe_2][AlMe_3(NCS)]$		1
$TlC_2H_6^+Br^-$	$[TlMe_2]Br$		2
$TlC_2H_6^+Cl^-$	$[TlMe_2]Cl$		2, 3
$TlC_2H_6^+I^-$	$[TlMe_2]I$		2
$[TlC_2H_6N_3]_n$	$[TlMe_2(N_3)]_n$		4
$TlB_9C_2H_{11}^-C_{19}H_{18}P^+\cdot 0.5C_4H_8O$	$[PMePh_3][3,1,2\text{-}TlC_2B_9H_{11}]\cdot 0.5THF$	173	5
$TlB_{10}C_2H_{18}^-C_{19}H_{18}P^+$	$[PMePh_3][TlMe_2(B_{10}H_{12})]$		6
$[TlC_3H_6N]_n$	$[TlMe_2(CN)]_n$		4
$[TlC_3H_6NO]_n$	$[TlMe_2(NCO)]_n$	a	4
$[TlC_3H_6NS]_n$	$[TlMe_2(NCS)]_n$	b	4
$[TlC_3H_9]_n$	$[TlMe_3]_n$	c	7
$[TlC_4H_6N_3]_n$	$[TlMe_2\{N(CN)_2\}]_n$		8
$[TlC_4H_9OS_2]_n$	$[TlMe_2(S_2COMe)]_n$		9
$[TlC_4H_9O_2]_n$	$[TlMe_2(OAc)]_n$		10
$[TlC_5H_5]_n$	$[Tl(C_5H_5)]_n$		11
$[TlC_6H_6N_3]_n$	$[TlMe_2\{C(CN)_3\}]_n$		8
$[TlC_7H_{13}O_2]_n$	$[TlMe_2(acac)]_n$		10, 12
$[TlC_9H_{11}O_2]_n$	$[TlMe_2(trop)]_n$		10
$TlC_{10}H_4N_3$	$Tl\{C_5H_4C(CN)\!=\!C(CN)_2\}$		13
$[TlC_{11}H_{15}O_2]_n$	$[\overline{TlEt_2(OC_6H_4CHO)}]_n$		14
$[TlC_{11}H_{16}NO_2]_n$	$[\overline{TlMe_2\{OC(O)CH(NH_2)CH_2Ph\}}]_n$		15
$TlC_{11}H_{19}O_4$	$Tl(cyclo\text{-}C_3H_5)(O_2CCHMe_2)_2$		16
$[TlC_{12}HF_{10}O]_n$	$[Tl(C_6F_5)_2(OH)]_n$	98	17
$[TlC_{14}H_{14}ClN_2O_4]_n$	$[TlMe_2(\mu\text{-}OClO_3)(phen)]_n$		18
$TlC_{17}H_{17}O_2$	$[TlMe_2(dbm)]_n$		10
$TlC_{17}H_{20}NS_2$	$TlPh_2(S_2CNEt_2)$		19
$TlC_{19}H_{15}O_2$	$TlPh_2(trop)$		19
$TlC_{22}H_{20}N_3S_2$	$TlMe(C_{21}H_{17}N_3S_2)$	d	20
$TlC_{45}H_{31}N_4$	$TlMe(TPP)$		21

a Orthorhombic and trigonal forms. b Monoclinic and orthorhombic forms. c Comprising tetrameric units. d $C_{21}H_{17}N_3S_2$ = 2,6-bis[1-Me-2-(2-mercaptophenyl)-2-azaethylene]pyridine.

1. S. K. Seale and J. L. Atwood, *J. Organomet. Chem.*, 1974, **64**, 57.
2. H. M. Powell and D. Crowfoot, *Z. Kristallogr. Kristallgeom., Kristallphys., Kristallchem.*, 1934, **87**, 370.
3. H. D. Hausen, E. Veigel and H.-J. Guder, *Z. Naturforsch., Teil B*, 1974, **29**, 269.
4. Y. M. Chow and D. Britton, *Acta Crystallogr.*, 1975, **B31**, 1922.
5. H. M. Colquhoun, T. J. Greenhough and M. G. H. Wallbridge, *J. Chem. Soc., Chem. Commun.*, 1977, 737*; *Acta Crystallogr.*, 1978, **B34**, 2373.
6. N. N. Greenwood and J. A. Howard, *J. Chem. Soc., Dalton Trans.*, 1976, 177.
7. G. M. Sheldrick and W. S. Sheldrick, *J. Chem. Soc. (A)*, 1970, 28.
8. D. Britton and Y. M. Chow, *Acta Crystallogr.*, 1975, **B31**, 1934.
9. G. Mann, W. Schwarz and J. Weidlein, *J. Organomet. Chem.*, 1976, **122**, 303.
10. D. Britton and Y. M. Chow, *Acta Crystallogr.*, 1975, **B31**, 1929.
11. E. Frasson, F. Menegus and C. Panattoni, *Nature (London)*, 1963, **199**, 1087.
12. E. G. Cox, A. J. Shorter and W. Wardlaw, *J. Chem. Soc.*, 1938, 1886 (incomplete).
13. M. B. Freeman, L. G. Sneddon and J. C. Huffman, *J. Am. Chem. Soc.*, 1977, **99**, 5194.
14. G. H. W. Milburn and M. R. Truter, *J. Chem. Soc. (A)*, 1967, 648.
15. K. Henrick, R. W. Matthews and P. A. Tasker, *Acta Crystallogr.*, 1978, **B34**, 1347.
16. F. Brady, K. Henrick and R. W. Matthews, *J. Organomet. Chem.*, 1979, **165**, 21.
17. H. Luth and M. R. Truter, *J. Chem. Soc. (A)*, 1970, 1287.
18. T. L. Blundell and H. M. Powell, *Chem. Commun.*, 1967, 54*; *Proc. R. Soc. London, Ser. A*, 1972, **331**, 161.
19. R. T. Griffin, K. Henrick, R. W. Matthews and M. McPartlin, *J. Chem. Soc., Dalton Trans.*, 1980, 1550.
20. K. Henrick, R. W. Matthews and P. A. Tasker, *Inorg. Chim. Acta*, 1977, **25**, L31.
21. K. Henrick, R. W. Matthews and P. A. Tasker, *Inorg. Chem.*, 1977, **16**, 3293.

Tl₂ Dithallium

Molecular formula	Structure	Notes	Ref.
$Tl_2C_{16}H_{20}Cl_2O_2$	$[TlMe_2(OC_6H_4Cl\text{-}2)]_2$		1
$Tl_2C_{16}H_{22}O_2$	$[TlMe_2(OPh)]_2$		1
$Tl_2C_{16}H_{22}S_2$	$[TlMe_2(SPh)]_2$		1
$Tl_2Si_4C_{16}H_{44}Cl_2$	$[TlCl(CH_2SiMe_3)_2]_2$		2

Molecular formula	Structure	Notes	Ref.
$Tl_2C_{24}H_4Br_2F_{16}$	$[TlBr(C_6F_4H-4)_2]_2$		3
$Tl_2C_{26}H_{34}N_4O_4 \cdot 2H_2O$	$[TlMe_2(C_{11}H_{11}N_2O_2)]_2 \cdot 2H_2O$	a	4
$Tl_2C_{44}H_{16}F_{20}N_6 \cdot C_6H_6$	$[Tl(C_6F_5)_2(dpym)]_2 \cdot C_6H_6$	b	5
$Tl_2C_{60}H_{34}Cl_2F_{16}O_2P_2$	$[Tl(\mu\text{-}Cl)(C_6F_4H-4)_2(OPPh_3)]_2$		6
$Tl_2C_{74}H_{30}F_{30}O_6P_2$	$[Tl(\mu\text{-}O_2CC_6F_5)(C_6F_5)_2(OPPh_3)]_2$		7

a $C_{11}H_{11}N_2O_2$ = DL-tryptophan anion. b dpym = 2,2'-dipyridylamido.

1. P. J. Burke, L. A. Gray, P. J. C. Hayward, R. W. Matthews, M. McPartlin and D. G. Gillies, *J. Organomet. Chem.*, 1977, **136**, C7.
2. F. Brady, K. Henrick, R. W. Matthews and D. G. Gillies, *J. Organomet. Chem.*, 1980, **193**, 21.
3. G. B. Deacon, K. Henrick, M. McPartlin and R. J. Phillips, *Inorg. Chim. Acta*, 1979, **35**, L335.
4. K. Henrick, R. W. Matthews and P. A. Tasker, *Acta Crystallogr.*, 1978, **B34**, 935.
5. G. B. Deacon, S. J. Faulkes, B. M. Gatehouse and A. J. Josza, *Inorg. Chim. Acta*, 1977, **21**, L1.
6. K. Henrick, M. McPartlin, R. W. Matthews, G. B. Deacon and R. J. Phillips, *J. Organomet. Chem.*, 1980, **193**, 13.
7. K. Henrick, M. McPartlin, G. B. Deacon and P. J. Phillips, *J. Organomet. Chem.*, 1981, **204**, 287.

U Uranium

Molecular formula	Structure	Notes	Ref.
$UB_{18}C_4H_{22}Cl_2^{2-} \cdot 2LiC_{16}H_{32}O_4^+$	$[Li(THF)_4]_2[UCl_2(\eta^5\text{-}B_9C_2H_{11})_2]$		1
$UAl_3C_6H_6Cl_{12}$	$U(AlCl_4)_3(C_6H_6)$		2
$UB_2C_{10}H_{18}$	$U(BH_4)_2(\eta\text{-}C_5H_5)_2$		3
$UC_{14}H_{23}Cl_3O_2$	$UCl_3(THF)_2(\eta\text{-}C_5H_4Me)$		4
$UC_{15}H_{15}Cl$	$UCl(\eta\text{-}C_5H_5)_3$		5
$UC_{15}H_{15}F$	$UF(\eta\text{-}C_5H_5)_3$		6
$UC_{16}H_{16}$	$U(\eta\text{-}C_8H_8)_2$		7
$UC_{17}H_{16}$	$U(C_2H)(\eta\text{-}C_5H_5)_3$		8
$UC_{18}H_{18}N_2S$	$U(NCS)(NCMe)(\eta\text{-}C_5H_5)_3$		9
$UC_{19}H_{22}$	$U(\eta^1\text{-}CH_2CMe{=}CH_2)(\eta\text{-}C_5H_5)_3$		10
$UC_{19}H_{24}$	$UBu(\eta\text{-}C_5H_5)_3$		11
$UC_{20}H_{20}$	$U(\eta\text{-}C_5H_5)_4$		12
$UC_{20}H_{20}$	$U(\eta^8\text{-}C_{10}H_{10})_2$	a	13
$UC_{23}H_{20}$	$U(C_2Ph)(\eta\text{-}C_5H_5)_3$		14
$UC_{23}H_{24}$	$U(CH_2C_6H_4Me\text{-}4)(\eta\text{-}C_5H_5)_3$		11
$UC_{24}H_{32}$	$U(\eta\text{-}C_8H_4Me_4\text{-}1,3,5,7)_2$		15
$UC_{27}H_{21}Cl$	$UCl(\eta^5\text{-}C_9H_7)_3$		16
$UC_{31}H_{30}Br_3O_2P$	$UBr_3(THF)(OPPh_3)(\eta^5\text{-}C_9H_7)$	D	17
$UC_{36}H_{33}Cl$	$UCl(\eta^5\text{-}C_5H_4CH_2Ph)_3$		18
$UC_{36}H_{39}Cl$	$UCl(\eta^5\text{-}C_9H_4Me_3\text{-}1,4,7)_3$		19
$UC_{41}H_{35}Cl_3O_2P_2 \cdot C_4H_8O$	$UCl_3(OPPh_3)_2(\eta\text{-}C_5H_5) \cdot THF$		20
$UC_{64}H_{48}$	$U(\eta\text{-}C_8H_4Ph_4\text{-}1,3,5,7)_2$		21

a $C_{10}H_{10}$ = bicyclo[6.2.0]deca-1,3,5,7-tetraene.

1. F. R. Fronczek, G. W. Halstead and K. N. Raymond, *J. Chem. Soc., Chem. Commun.*, 1976, 279*; *J. Am. Chem. Soc.*, 1977, **99**, 1769.
2. M. Cesari, U. Pedretti, A. Zazzetta, G. Lugli and W. Marconi, *Inorg. Chim. Acta*, 1971, **5**, 439.
3. P. Zanella, G. de Paoli, G. Bombieri, G. Zanotti and R. Rossi, *J. Organomet. Chem.*, 1977, **142**, C21.
4. R. D. Ernst, W. J. Kenelly, C. S. Day, V. W. Day and T. J. Marks, *J. Am. Chem. Soc.*, 1979, **101**, 2656.
5. C.-H. Wong, T.-M. Yen and T.-Y. Lee, *Acta Crystallogr.*, 1965, **18**, 340.
6. R. R. Ryan, R. A. Penneman and B. Kanellakopulos, *J. Am. Chem. Soc.*, 1975, **97**, 4258.
7. A. Zalkin and K. N. Raymond, *J. Am. Chem. Soc.*, 1969, **91**, 5667*; A. Avdeef, K. N. Raymond, K. O. Hodgson and A. Zalkin, *Inorg. Chem.*, 1972, **11**, 1083.
8. J. L. Atwood, M. Tsutsui, N. Ely and A. E. Gebala, *J. Coord. Chem.*, 1976, **5**, 209.
9. R. D. Fischer, E. Klähne and J. Kopf, *Z. Naturforsch., Teil B*, 1978, **33**, 1393.
10. G. W. Halstead, E. C. Baker and K. N. Raymond, *J. Am. Chem. Soc.*, 1975, **97**, 3049.
11. G. Perego, M. Cesari, F. Farina and G. Lugli, *Gazz. Chim. Ital.*, 1975, **105**, 643; *Acta Crystallogr.*, 1976, **B32**, 3034.
12. J. H. Burns, *J. Am. Chem. Soc.*, 1973, **95**, 3815*; *J. Organomet. Chem.*, 1974, **69**, 225.
13. A. Zalkin, D. H. Templeton, S. R. Berryhill and W. D. Luke, *Inorg. Chem.*, 1979, **18**, 2287.
14. J. L. Atwood, C. F. Hains, M. Tsutsui and A. E. Gebala, *J. Chem. Soc., Chem. Commun.*, 1973, 452.
15. K. O. Hodgson, D. Dempf and K. N. Raymond, *Chem. Commun.*, 1971, 1592*; K. O. Hodgson and K. N. Raymond, *Inorg. Chem.*, 1973, **12**, 458.
16. J. H. Burns and P. G. Laubereau, *Inorg. Chem.*, 1971, **10**, 2789.
17. J. Goffart, J. Piret-Meunier and G. Duyckaerts, *Inorg. Nucl. Chem. Lett.*, 1980, **16**, 233.
18. J. Leong, K. O. Hodgson and K. N. Raymond, *Inorg. Chem.*, 1973, **12**, 1329.

19. J. Meunier-Piret, G. Germain, J. P. Declerq, J. Goffart and M. van Meerssche, unpublished work cited in J. Goffart, J. F. Desreux, B. P. Gilbert, J. L. Delsa, J. M. Renkin and G. Duyckaerts, *J. Organomet. Chem.*, 1981, **209**, 281.
20. G. Bombieri, G. de Paoli, A. Del Pra and K. W. Bagnall, *Inorg. Nucl. Chem. Lett.*, 1978, **14**, 359.
21. L. K. Templeton, D. H. Templeton and R. Walker, *Inorg. Chem.*, 1976, **15**, 3000.

U_2 Diuranium

Molecular formula	Structure	Notes	Ref.
$U_2C_{22}H_{20}Cl_5^- LiC_8H_{16}O_2^+$	$[Li(THF)_2][U_2Cl_5\{CH_2(\eta-C_5H_4)_2\}_2]$		1
$U_2C_{24}H_{48}O_4$	$[U(OPr^i)_2(\eta-C_3H_5)_2]_2$		2
$U_2C_{48}H_{46}P_2 \cdot C_4H_{10}O$	$[U\{(\mu-CH)CH_2PPh_2\}(\eta-C_5H_5)_2]_2 \cdot Et_2O$		3, 4
$U_2C_{48}H_{46}P_2 \cdot C_5H_{12}$	$M-[U\{(\mu-S-CH)CH_2PPh_2\}(\eta-C_5H_5)_2]_2 \cdot C_5H_{12}$		4

1. C. A. Secaur, V. W. Day, R. D. Ernst, W. J. Kennelly and T. J. Marks, *J. Am. Chem. Soc.*, 1976, **98**, 3713.
2. M. Brunelli, G. Perego, G. Lugli and A. Mazzei, *J. Chem. Soc., Dalton Trans.*, 1979, 861.
3. R. E. Cramer, R. B. Maynard and J. W. Gilje, *J. Am. Chem. Soc.*, 1978, **100**, 5562*.
4. R. E. Cramer, R. B. Maynard and J. W. Gilje, *Inorg. Chem.*, 1980, **19**, 2564.

U_3 Triuranium

Molecular formula	Structure	Notes	Ref.
$U_3C_{60}H_{90}Cl_3$	$[UCl(\eta-C_5Me_5)_2]_3$		1

1. J. M. Manriquez, P. J. Fagan, T. J. Marks, S. H. Vollmer, C. S. Day and V. W. Day, *J. Am. Chem. Soc.*, 1979, **101**, 5075.

V Vanadium

Molecular formula	Structure	Notes	Ref.
VC_6O_6	$V(CO)_6$	245, E	1, 2
$2VC_6O_6^- \cdot VC_{16}H_{32}O_4^{2+}$	$[V(THF)_4][V(CO)_6]_2$		3
$VC_6O_6^- \cdot C_{36}H_{30}NP_2^+$	$[PPN][V(CO)_6]$		4
$VC_9H_5O_4$	$V(CO)_4(\eta-C_5H_5)$		5
$VC_{10}H_7O_3$	$V(CO)_3(\eta-C_7H_7)$		6
$VC_{10}H_{10}$	$V(\eta-C_5H_5)_2$	X, E	7, 8
$VC_{10}H_{10}Cl$	$VCl(\eta-C_5H_5)_2$		9
$VC_{10}H_{10}S_5 \cdot 0.5H_2O$	$V(S_5)(\eta-C_5H_5)_2 \cdot 0.5H_2O$		10
$VC_{11}H_{10}S_2$	$V(\eta^2-S{=}CS)(\eta-C_5H_5)_2$		11
$VC_{12}H_8F_4$	$V(\eta-C_6H_4F_2-p)_2$		12
$VC_{12}H_{10}O_2^+ BC_{24}H_{20}^-$	$[V(CO)_2(\eta-C_5H_5)_2][BPh_4]$		13
$VC_{12}H_{12}$	$V(\eta-C_6H_6)_2$		14
$VC_{12}H_{12}$	$V(\eta^5-C_5H_5)(\eta^7-C_7H_7)$		15
$VC_{12}H_{13}S_2^+ I_3^-$	$[V(\eta^2-S{=}CSMe)(\eta-C_5H_5)_2]I_3$		16
$VC_{12}H_{14}Cl_2$	$VCl_2(\eta-C_5H_4Me)_2$		17
$VC_{13}H_{16}O^+ BC_{24}H_{20}^-$	$[V(OCMe_2)(\eta-C_5H_5)_2][BPh_4]$		18
$VSiC_{13}H_{19}N$	$V(NSiMe_3)(\eta-C_5H_5)_2$	253	19
$VC_{15}H_{27}Cl_3N_3$	$mer\text{-}VCl_3(CNBu^t)_3$		20
$VC_{16}H_{10}BrN_4$	$VBr\{(NC)C(CN){=}C(CN)_2\}(\eta-C_5H_5)_2$		21
$VC_{16}H_{16}O_4$	$V\{\eta^2-C_2(CO_2Me)_2\}(\eta-C_5H_5)_2$		22, 23
$VSi_2C_{16}H_{28}N_2$	$V\{N{=}N(SiMe_3)_2\}(\eta-C_5H_5)_2$		24
$VAs_2C_{17}H_{23}O_3$	$V(CO)_3(diars)(\eta^3-C_4H_7)$		25
$VC_{18}H_{22}O_4$	$V\{\eta^2-CH(CO_2Et){=}CH(CO_2Et)\}(\eta-C_5H_5)_2$		22
$VC_{22}H_{20}S_2$	$V(SPh)_2(\eta-C_5H_5)_2$		26
$VC_{24}H_{10}F_{10}$	$V\{\eta^2-C_2(C_6F_5)_2\}(\eta-C_5H_5)_2$		27
$VC_{24}H_{20}O$	$V(\eta^2-O{=}C{=}CPh_2)(\eta-C_5H_5)_2$		18
$VC_{25}H_{20}O_4P$	$V(CO)_4(PPh_3)(\eta-C_3H_5)$		28
$VC_{25}H_{24}N_2$	$V\{\eta^2-(Tol)N{=}C{=}N(Tol)\}(\eta-C_5H_5)_2$		29
$VC_{26}H_{27}N_2^+ I_3^-$	$[V\{\eta^2-(Tol)N{=}C{=}NMe(Tol)\}(\eta-C_5H_5)_2]I_3$		29
$VC_{30}H_{25}O_4P_2$	$HV(CO)_4(dppe)$		30
$VC_{32}H_{29}O_3P_2$	$V(CO)_3(dppe)(\eta-C_3H_5)$		31
$VC_{33}H_{29}O_2P_2$	$V(CO)_2(dppe)(\eta-C_5H_5)$		32
$VC_{33}H_{45}$	$V(C_2Mes)(\eta-C_5Me_4Et)_2$	243	33
$VC_{35}H_{25}O_2$	$V(CO)_2(\eta^4-C_4Ph_4)(\eta-C_5H_5)$		34
$VC_{36}H_{44}$	$V(Mes)_4$		35
$VAsC_{51}H_{41}O_4P$	$V(CO)_3(\eta^2-O{=}\overline{CCPhCHPhCHPh})\text{-}(Ph_2AsCH_2CH_2PPh_2)$		36

1. S. Bellard, K. A. Rubinson and G. M. Sheldrick, *Acta Crystallogr.*, 1979, **B35**, 271 (X).
2. D. G. Schmidling, *J. Mol. Struct.*, 1975, **24**, 1 (E).
3. M. Schneider and E. Weiss, *J. Organomet. Chem.*, 1976, **121**, 365.
4. R. D. Wilson and R. Bau, *J. Am. Chem. Soc.*, 1974, **96**, 7601.
5. J. B. Wilford, A. Whitla and H. M. Powell, *J. Organomet. Chem.*, 1967, **8**, 495.
6. G. Allegra and G. Perego, *Ric. Sci. Rend.*, 1961, **1** (IIA), 362.
7. M. Y. Antipin, E. B. Lobkovskii, K. N. Semenenko, G. L. Soloveichik and Y. T. Struchkov, *Zh. Strukt. Khim.*, 1979, **20**, 942 (X).
8. E. Gard, A. Haaland, D. P. Novak and R. Seip, *J. Organomet. Chem.*, 1975, **88**, 181 (E).
9. B. F. Fieselmann and G. D. Stucky, *J. Organomet. Chem.*, 1977, **137**, 43.
10. E. G. Muller, J. L. Petersen and L. F. Dahl, *J. Organomet. Chem.*, 1976, **111**, 91.
11. G. Fachinetti, C. Floriani, A. Chiesi-Villa and C. Guastini, *J. Chem. Soc., Dalton Trans.*, 1979, 1612.
12. L. J. Radonovich, E. C. Zuerner, H. F. Efner and K. J. Klabunde, *Inorg. Chem.*, 1976, **15**, 2976.
13. J. L. Atwood, R. D. Rogers, W. E. Hunter, C. Floriani, G. Fachinetti and A. Chiesi-Villa, *Inorg. Chem.*, 1980, **19**, 3812.
14. E. O. Fischer, H. P. Fritz, J. Manchot, E. Prieber and R. Schneider, *Chem. Ber.*, 1963, **96**, 1418.
15. G. Engebretson and R. E. Rundle, *J. Am. Chem. Soc.*, 1963, **85**, 481.
16. G. Fachinetti, C. Floriani, A. Chiesi-Villa and C. Guastini, *J. Chem. Soc., Dalton Trans.*, 1979, 1612.
17. J. L. Petersen and L. F. Dahl, *J. Am. Chem. Soc.*, 1975, **97**, 6422.
18. S. Gambarotta, M. Pasquali, C. Floriani, A. Chiesi-Villa and C. Guastini, *Inorg. Chem.*, 1981, **20**, 1173.
19. N. Wiberg, H.-W. Häring and U. Schubert, *Z. Naturforsch., Teil B*, 1980, **35**, 599.
20. L. D. Silverman, J. C. Dewan, C. M. Giandomenico and S. J. Lippard, *Inorg. Chem.*, 1980, **19**, 3379.
21. M. F. Rettig and R. M. Wing, *Inorg. Chem.*, 1969, **8**, 2685.
22. G. Fachinetti, C. Floriani, A. Chiesi-Villa and C. Guastini, *Inorg. Chem.*, 1979, **18**, 2282.
23. J. L. Petersen and L. Griffith, *Inorg. Chem.*, 1980, **19**, 1852.
24. M. Veith, *Angew. Chem.*, 1976, **88**, 384 (*Angew. Chem., Int. Ed. Engl.*, 1976, **15**, 387).
25. U. Franke and E. Weiss, *J. Organomet. Chem.*, 1979, **168**, 311.
26. E. G. Muller, S. F. Watkins and L. F. Dahl, *J. Organomet. Chem.*, 1976, **111**, 73.
27. D. F. Foust, M. D. Rausch, W. E. Hunter, J. L. Atwood and E. Samuel, *J. Organomet. Chem.*, 1980, **197**, 217.
28. M. Schneider and E. Weiss, *J. Organomet. Chem.*, 1976, **121**, 189.
29. M. Pasquali, S. Gambarotta, C. Floriani, A. Chiesi-Villa and C. Guastini, *Inorg. Chem.*, 1981, **20**, 165.
30. T. Greiser, U. Puttfarcken and D. Rehder, *Transition Met. Chem.*, 1979, **4**, 168.
31. U. Franke and E. Weiss, *J. Organomet. Chem.*, 1977, **139**, 305.
32. D. Rehder, I. Müller and J. Kopf, *J. Inorg. Nucl. Chem.*, 1978, **40**, 1013.
33. F. H. Köhler, W. Prössdorf, U. Schubert and D. Neugebauer, *Angew. Chem.*, 1978, **90**, 912 (*Angew. Chem., Int. Ed. Engl.*, 1978, **17**, 850)*; U. Schubert, F. H. Köhler and W. Prössdorf, *Cryst. Struct. Commun.*, 1981, **10**, 245.
34. A. I. Gusev, G. G. Aleksandrov and Y. T. Struchkov, *Zh. Strukt. Khim.*, 1969, **10**, 655.
35. T. Glowiak, R. Grobelny, B. Jezowska-Trzebiatowska, G. Kreisel, W. Seidel and E. Uhlig, *J. Organomet. Chem.*, 1978, **155**, 39.
36. U. Franke and E. Weiss, *J. Organomet. Chem.*, 1979, **165**, 329.

V_2 Divanadium

Molecular formula	Structure	Notes	Ref.
$V_2C_{12}H_{12}O_8P_2$	$[V(\mu\text{-}PMe_2)(CO)_4]_2$		1
$V_2C_{15}H_{10}O_5$	$V_2(CO)_5(\eta\text{-}C_5H_5)_2$	123	2, 3
$V_2C_{16}H_{12}O_4$	$[V(CO)_2(\eta\text{-}C_6H_6)]_2$	a	4
$V_2C_{18}H_{10}F_{12}O_8$	$[V(OCOCF_3)(\eta\text{-}C_5H_5)]_2$		5
$V_2C_{21}H_{20}OS_2 \cdot C_6H_6$	$\{V(\eta\text{-}C_5H_5)_2\}_2(\mu\text{-}COS_2)\cdot C_6H_6$		6
$V_2C_{24}H_{22}N_2^{2+}2F_6P^-\cdot C_2H_3N$	$[\{V(NCMe)(C_{10}H_8)\}_2][PF_6]_2 \cdot MeCN$	b	7
$V_2C_{30}H_{22}O_{12}$	$[V(OCOC_4H_3O)(\eta\text{-}C_5H_5)]_2$	c	8
$V_2C_{32}H_{25}O_4P$	$V_2(CO)_4(PPh_3)(\eta\text{-}C_5H_5)_2$	143	3
$V_2C_{32}H_{36}O_8 \cdot 2C_4H_8O$	$V_2\{C_6H_3(OMe)_2\text{-}2,6\}_4 \cdot 2THF$		9

[a] Twinned; not fully refined. [b] $C_{10}H_8 = \eta^5,\eta^5$-fulvalene. [c] $C_4H_3OCO_2$ = furan-2-carboxylate.

1. H. Vahrenkamp, *Chem. Ber.*, 1978, **111**, 3472.
2. F. A. Cotton, B. A. Frenz and L. Kruczynski, *J. Am. Chem. Soc.*, 1973, **95**, 951*; *J. Organomet. Chem.*, 1978, **160**, 93.
3. J. C. Huffman, L. N. Lewis and K. G. Caulton, *Inorg. Chem.*, 1980, **19**, 2755 (123 K).
4. J. D. Atwood, T. S. Janik, J. L. Atwood and R. D. Rogers, *Synth. React. Inorg. Metal-Org. Chem.*, 1980, **10**, 397.
5. G. G. Aleksandrov and Y. T. Struchkov, *Zh. Strukt. Khim.*, 1970, **11**, 479; G. M. Larin, V. T. Kalinnikov, G. G. Aleksandrov, Y. T. Struchkov, A. A. Pasynskii and N. E. Kolobova, *J. Organomet. Chem.*, 1971, **27**, 53.
6. M. Pasquali, C. Floriani, A. Chiesi-Villa and C. Guastini, *Inorg. Chem.*, 1980, **19**, 3847.
7. J. C. Smart, B. L. Pinsky, M. F. Fredrich and V. W. Day, *J. Am. Chem. Soc.*, 1979, **101**, 4371.
8. N. I. Kirillova, A. I. Gusev, A. A. Pasynskii and Y. T. Struchkov, *Zh. Strukt. Khim.*, 1972, **13**, 880.
9. F. A. Cotton and M. Millar, *J. Am. Chem. Soc.*, 1977, **99**, 7886.

V₅ Pentavanadium

Molecular formula	Structure	Notes	Ref.
$V_5C_{25}H_{25}O_6$	$\{V(\eta\text{-}C_5H_5)\}_5O_6$		1

1. F. Bottomley and P. S. White, *J. Chem. Soc., Chem. Commun.*, 1981, 28.

W Tungsten

Molecular formula	Structure	Notes	Ref.
$WC_4Br_3O_4^-C_8H_{20}N^+$	$[NEt_4][WBr_3(CO)_4]$		1
$WC_5H_5ClN_2O_2$	$WCl(NO)_2(\eta\text{-}C_5H_5)$		2
$WC_6H_3BrO_4$	$trans\text{-}WBr(CMe)(CO)_4$		3
$WC_6H_3ClO_4$	$trans\text{-}WCl(CMe)(CO)_4$	D	4
$WC_6H_3IO_4$	$trans\text{-}WI(CMe)(CO)_4$	243	3
$WC_6H_{18}N_4O_4$	$WMe_4\{ON(Me)NO\}_2$		5
WC_6O_6	$W(CO)_6$	X, E	6–8
$WC_8H_5NO_5S_2$	$W(CO)_5\{S=\overline{CNH(CH_2)_2S}\}$		9
$WC_8H_8N_2O_2$	$W(CO)_2(N=NMe)(\eta\text{-}C_5H_5)$	133	10
$WC_8H_{10}INO$	$WI(NO)(\eta\text{-}C_3H_5)(\eta\text{-}C_5H_5)$		11
$WSnC_8H_{13}Cl_3O_3S_2$	$WCl(SnCl_2Me)(CO)_3\{MeS(CH_2)_2SMe\}$		12
$WC_9H_7NO_5S_2$	$W(CO)_5\{\overline{S(CH_2)_2NHC(S)CH_2}\}$		13
$WC_9H_7NO_6S$	$W(CO)_5\{\overline{S(CH_2)_2NHC(O)CH_2}\}$		14
$WC_9H_{12}N_2O_3S_4$	$W(CO)_3(S_2CNMe_2)_2$		15
$WC_9H_{16}I_2O_3P_2$	$WI_2(CO)_3(dmpe)$		16
$WC_{10}H_{10}S_4$	$W(S_4)(\eta\text{-}C_5H_5)_2$		17
$WGaC_{10}H_{11}O_3$	$W(GaMe_2)(CO)_3(\eta\text{-}C_5H_5)$		18
$WC_{10}H_{14}N_2O_3$	$W(CONHMe)(CO)_2(NH_2Me)(\eta\text{-}C_5H_5)$	247	19
$WC_{10}H_{18}O_4P_6$	$W(CO)_4(P_6Me_6)$		20
$WC_{11}H_5IO_4$	$trans\text{-}WI(CPh)(CO)_4$		21
$WAs_2C_{11}H_{12}F_6I_2O_3$	$WI_2(CO)_3\{Me_2AsC(CF_3)=C(CF_3)AsMe_2\}$		22
$WC_{11}H_{13}N_2O_3^+F_6P^-$	$[W(CO)_3(NH_2NCMe_2)(\eta\text{-}C_5H_5)][PF_6]$		23
$WC_{11}H_{15}F_3O_6$	$W(OCOCF_3)(CO)_2(DME)(\eta\text{-}C_3H_5)$		24
$WC_{11}H_{25}Cl_2OP$	$WOCl_2(CHBu^t)(PEt_3)$		25
$WC_{11}H_{28}Cl_2OP_2$	$WOCl_2(CHBu^t)(PMe_3)_2$		26
$WC_{12}H_{10}O_2$	$W(CO)_2(\eta^3\text{-}C_5H_5)(\eta^5\text{-}C_5H_5)$		27
$WC_{12}H_{10}O_4S_2$	$W(CO)_4\{1,2\text{-}(MeS)_2C_6H_4\}$		28
$WC_{12}H_{11}NO_4S$	$trans\text{-}W(CO)_4(CS)(CNCy)$		29
$WC_{12}H_{12}$	$W(\eta\text{-}C_6H_6)_2$		30
$WC_{12}H_{12}O_8$	$trans\text{-}W(CO)_4(\eta^2\text{-}CH_2=CHCO_2Me)_2$		31
$WC_{12}H_{15}NO_3$	$W(CO)_2(NO)(\eta\text{-}C_5Me_5)$		32
$WC_{12}H_{18}N_2O_4S$	$W(CO)_4\{(Bu^tN)_2S\}$		33
$WC_{12}H_{18}O_3$	$W(\eta^4\text{-}CH_2=CHCMe=O)_3$		34
$WAlC_{12}H_{34}Cl_2P_3$	$WCl(\mu\text{-}XAlClMe)(CH)(PMe_3)_3$	a	35
$WC_{13}H_4F_3O_7S_2^-C_8H_{20}N^+$	$[NEt_4][W(CO)_5\{S=C(2\text{-}C_4H_3S)CHC(O)CF_3\}]$		36
$WC_{13}H_5ClF_{12}$	$WCl\{\eta^2\text{-}C_2(CF_3)_2\}_2(\eta\text{-}C_5H_5)$		37
$WMnC_{13}H_5O_8$	$WMn(CO)_8(\eta\text{-}C_5H_5)$	b	38
$WC_{13}H_6N_2O_5S$	$W(CO)_5(\overline{N=NCPh=CHS})$		39
$WGeC_{13}H_8Br_4N_2O_3$	$WBr(GeBr_3)(CO)_3(bipy)$		40
$WC_{13}H_8F_6O_3S$	$W(CO)_2\{\eta^2\text{-}CF_3C=C(CF_3)C(O)SMe\}(\eta\text{-}C_5H_5)$		41
$WC_{13}H_8O_6$	$W(CO)_5\{C(OMe)Ph\}$		42
$WC_{13}H_9O_6^-C_8H_{20}N^+$	$[NEt_4][W(CO)_5\{CHPh(OMe)\}]$		43
$WC_{13}H_{11}NO_5S$	$W\{\overline{NC_5H_4C(O)}\overline{CHSMe_2}\}(CO)_4$		44
$WC_{13}H_{22}N_2OS_4$	$W(CO)(\eta^2\text{-}C_2H_2)(S_2CNEt_2)_2$		45
$WCrC_{14}H_5ClO_7$	$trans\text{-}WCl(CO)_4(C\{\eta^6\text{-}PhCr(CO)_3\})$		46
$WC_{14}H_{10}O_3$	$WPh(CO)_3(\eta\text{-}C_5H_5)$		47
$WC_{14}H_{12}O_2Se$	$W(SePh)(CO)_2(\eta\text{-}C_7H_7)$		48
$WAs_2C_{14}H_{16}IO_4^+I_3^-$	$[WI(CO)_4(diars)]I_3$		49
$WC_{14}H_{22}O_4S_2$	$W(CO)_4\{Bu^tS(CH_2)_2SBu^t\}$		50
$WC_{14}H_{32}I_2O_2P_4^+I^-$	$[WI(CO)_2(dmpe)_2]I$		51
$WC_{15}H_{12}O_2$	$W(CO)_2\{C(Tol)\}(\eta\text{-}C_5H_5)$		52
$WC_{15}H_{14}O_7S$	$W\{\overline{C(CO_2Me)=C(CO_2Me)C(O)SMe}\}(CO)_2\text{-}$ $(\eta\text{-}C_5H_5)$		41, 53
$WC_{15}H_{18}IO_3^+I_3^-$	$[WI(CO)_3(\eta\text{-}C_6Me_6)]I_3$		54
$WC_{15}H_{24}O_4S_2$	$W(CO)_4\{Bu^tS(CH_2)_3SBu^t\}$		50
$WC_{15}H_{42}P_4$	$trans\text{-}WMe(CMe)(PMe_3)_4$	c, d	55
$WOs_3C_{16}H_8O_{11}$	$H_3WOs_3(CO)_{11}(\eta\text{-}C_5H_5)$		56, 57
$WC_{16}H_{14}S_2$	$W(S_2C_6H_4)(\eta\text{-}C_5H_5)_2$		58

Molecular formula	Structure	Notes	Ref.
$WC_{16}H_{15}ClO_5 \cdot C_4H_{10}O$	$WCl(acac)(CO)_2\{\eta^2\text{-}(HO)C{\equiv}C(Tol)\} \cdot OEt_2$		59
$WC_{16}H_{16}FN_2W^+F_6P^- \cdot C_3H_6O$	$[HW(NNHC_6H_4F\text{-}4)(\eta\text{-}C_5H_5)_2][PF_6] \cdot Me_2CO$	173	60
$WC_{16}H_{17}N_2^+BF_4^-$	$[W(\eta^2\text{-}H_2N{=}NPh)(\eta\text{-}C_5H_5)_2][BF_4]$		61
$WCoC_{17}H_5F_{12}O_4$	$\{WC_4(CF_3)_4\}Co(CO)_4(\eta\text{-}C_5H_5)$	e	62
$WOs_3C_{17}H_6O_{12}$	$HWOs_3(CO)_{12}(\eta\text{-}C_5H_5)$		56, 63
$WC_{17}H_{27}I_2N_3O_2$	$WI_2(CO)_2(CNBu^t)_3$		64
$WC_{17}H_{27}O_5P$	$W(CO)_5(PBu_3^i)$		65
$WC_{17}H_{40}Cl_2OP_2$	$WOCl_2(CHBu^t)(PEt_3)_2$		26
$WC_{18}H_{10}O_5$	$W(CO)_5(CPh_2)$		66
$WAs_2Mn_2C_{18}H_{12}O_{14}$	$WMn_2(\mu\text{-}AsMe_2)_2(CO)_{14}$		67
$WRuC_{18}H_{14}O_6$	$W(CO)_5\{C(OEt)Rc\}$		68
$WC_{18}H_{22}O_2P$	$W\{\eta^2\text{-}OC{=}CH(Tol)\}(CO)(PMe_3)(\eta\text{-}C_5H_5)$		69
$WReC_{19}H_{14}O_9P$	$WRe(CO)_9\{CPh(PMe_3)\}$		70
$WC_{19}H_{19}N_4O_3P$	$W(CO)_3\{PPh(dmpz)_2\}$		71
$WPtC_{19}H_{26}O_6P_2$	$\{W(CO)_5\}\{\mu\text{-}C(OMe)Ph\}\{Pt(PMe_3)_2\}$	200	72
$WC_{19}H_{29}BrN_2O_2$	$WBr(CO)_2(CyN{=}CHCH{=}NCy)(\eta\text{-}C_3H_5)$		73
$WFeC_{20}H_{12}O_7$	$WFe(\mu\text{-}CO)(\mu\text{-}\eta^1,\eta^2\text{-}CH{=}CHCOPh)(CO)_2\text{-}$ $(\eta\text{-}C_5H_5)$		74
$WC_{20}H_{14}O_2$	$W(CO)_2(\eta^3\text{-}C_9H_7)(\eta^5\text{-}C_9H_7)$	f	75
$WC_{20}H_{48}N_{12}O_4P_4$	$W(CO)_4\{N_4P_4(NMe_2)_8\}$		76, 77
$WC_{21}H_{19}O_5PS_2$	$W(CO)_5\{SMeC(SMe)(PMePh_2)\}$		78
$WC_{21}H_{28}P^+F_6P^-$	$[WMe(CH_2CH_2PMe_2Ph)(\eta\text{-}C_5H_5)_2][PF_6]$		79
$WC_{21}H_{30}O_2P_2$	$W\{C(Tol){=}C{=}O\}(CO)(PMe_3)_2(\eta\text{-}C_5H_5)$		80
$WC_{21}H_{45}N_3$	$WMeNBu^t(NBu^tCMe{=}CMe_2)(\eta^2\text{-}CMe_2{=}NBu^t)$		81
$WC_{21}H_{46}P_2$	$W(CH_2Bu^t)(CHBu^t)(CBu^t)(dmpe)$		82, 83
$WC_{22}H_{20}O_2$	$W(CO)_2(\eta^3\text{-}C_{15}H_{15})(\eta\text{-}C_5H_5)$	g	84
$WPtC_{22}H_{37}O_5P_3$	$WPt\{\mu\text{-}C(OMe)(Tol)\}(CO)_4(PMe_3)_3$	200	85
$WC_{23}H_{20}Cl_2O_2P^- \cdot C_8H_{20}N^+$	$[NEt_4][WCl_2(CO)_2(PPh_3)(\eta\text{-}C_3H_5)]$		86
$WC_{24}H_{24} \cdot C_6H_6$	$\overline{W(CH_2C_6H_4CH_2\text{-}2)_3} \cdot C_6H_6$		87
$WC_{25}H_{20}O$	$WOPh(\eta^2\text{-}C_2Ph_2)(\eta\text{-}C_5H_5)$		88
$WFePtC_{25}H_{27}O_6P$	$WFePt\{\mu_3\text{-}C(Tol)\}(CO)_6(PEt_3)(\eta\text{-}C_5H_5)$	220	89
$WAuC_{26}H_{20}O_3$	$W\{Au(PPh_3)\}(CO)_3(\eta\text{-}C_5H_5)$		90
$WCrC_{26}H_{20}O_4S_2$	$\{W(\eta\text{-}C_5H_5)_2\}(\mu\text{-}SPh)_2\{Cr(CO)_4\}$		91
$WMoC_{26}H_{20}O_4S_2$	$\{W(\eta\text{-}C_5H_5)_2\}(\mu\text{-}SPh)_2\{Mo(CO)_4\}$		91
$WSiC_{26}H_{20}O_2$	$W\{C(SiPh_3)\}(CO)_2(\eta\text{-}C_5H_5)$		92
$WPbC_{26}H_{20}O_3$	$W(PbPh_3)(CO)_3(\eta\text{-}C_5H_5)$	h	38
$WC_{27}H_{24}O_6$	$W(CO)_5\{C(OEt)\text{-}$ $\overline{CH(CH_2)_2CH(CH{=}CPh_2)CH_2}\}$		93
$WC_{27}H_{33}IO_3P_3^+BC_{24}H_{20}^-$	$[WI(CO)_3(PMe_2Ph)_3][BPh_4]$		94
$WFeRhC_{28}H_{19}O_6$	$WFeRh\{\mu_3\text{-}C(Tol)\}(CO)_6(\eta\text{-}C_5H_5)(\eta^5\text{-}C_9H_7)$	f	89
$WAs_2C_{28}H_{22}I_2O_3$	$WI_2(CO)_3(dpam)$		95
$WC_{28}H_{22}I_2O_3P$	$WI_2(CO)_3(dppm)$		96
$WC_{28}H_{32}$	$W(CH_2C_6H_3Me_2\text{-}3,5)_2(\eta\text{-}C_5H_5)_2$		97
$WCrC_{29}H_{30}O_4 \cdot CH_2Cl_2$	$\{W(CO)_2(\eta\text{-}C_5H_5)\}\{\mu\text{-}C(Tol)\}\{Cr(CO)_2\text{-}$ $(\eta\text{-}C_6Me_6)\}$		98
$WC_{30}H_{19}Cl_3NO_4P$	$WCl(dcq)(CO)_3(PPh_3)$	i	99
$WC_{31}H_{25}OPS$	$W\{C(SPh)\}(CO)(PPh_3)(\eta\text{-}C_5H_5)$		100
$WPtC_{31}H_{34}O_2P_2$	$WPt\{\mu\text{-}C(Tol)\}(CO)_2(PMe_2Ph)_2(\eta\text{-}C_5H_5)$	200	101
$WZrC_{31}H_{42}O$	$W\{{=}CHOZr(H)(\eta\text{-}C_5Me_5)_2\}(\eta\text{-}C_5H_5)_2$		102
$WPt_2C_{32}H_{50}O_7P_2$	$WPt_2\{\mu\text{-}C(OMe)Ph\}(CO)_6(PMeBu_2^t)_2$		103
$WC_{35}N_7^+W_6O_{19}^-$	$[W(CNBu^t)_7][W_6O_{19}]$		104
$WC_{36}H_{26}O_6P_2$	$W(CO)_5(OPPh_2CH{=}PPh_3)$		105
$WC_{38}H_{23}Cl_4N_2O_4P$	$W(dcq)_2(CO)_2(PPh_3)$	i	99
$WC_{42}H_{32}O_3P_2 \cdot 0.5CH_2Cl_2$	$W(CO)_3(bdpp) \cdot 0.5CH_2Cl_2$	j	106
$WC_{43}H_{30}O$	$W(CO)(\eta^2\text{-}C_2Ph_2)_3$		107
$WRhC_{46}H_{42}P_2^+F_6P^-$	$[(\eta\text{-}C_5H_5)_2W(\mu\text{-}H)_2Rh(PPh_3)_2][PF_6]$	153	108
$WC_{47}H_{34}Cl_3NO_3P_2$	$WCl(dcq)(CO)_2(PPh_3)_2$	i	99
$WAs_4C_{53}H_{44}Br_2O_3$	$WBr_2(CO)_3(dpam)_2$		109

[a] X = 82:18 Me:Cl, bridges Al—W. [b] W—Mn bond length reported. [c] Two monoclinic forms. [d] Reported as trans-$WMe_2(PMe_3)_4$ in R. A. Jones, G. Wilkinson, A. M. R. Galas and M. B. Hursthouse, *J. Chem. Soc., Chem. Commun.*, 1979, 926. [e] $WC_4(CF_3)_4 = (CF_3)_4$tungstacyclopentadiene. [f] C_9H_7 = indenyl. [g] $C_{15}H_{15}$ = 1,2,3-η^3-(4-cyclopenta-1′,3′-dienyl)-5-(cyclopenta-1″,4″-dienyl)cyclopenta-2,4-diene. [h] W—Pb bond length reported. [i] dcq = 5,7-Cl_2-8-quinolinato-N,O. [j] bdpp = (E)-2-$Ph_2PC_6H_4CH{=}CHCH_2C_6H_4PPh_2$-2.

1. M. G. B. Drew and A. P. Wolters, *J. Chem. Soc., Chem. Commun.*, 1972, 457.
2. T. J. Greenhough, B. W. S. Kolthammer, P. Legzdins and J. Trotter, *Acta Crystallogr.*, 1980, **B36**, 795.
3. D. Neugebauer, E. O. Fischer, N. Q. Dao and U. Schubert, *J. Organomet. Chem.*, 1978, **153**, C41.
4. G. Huttner, A. Frank and E. O. Fischer, *Isr. J. Chem.*, 1976/77, **15**, 133.

5. S. R. Fletcher, A. Shortland, A. C. Skapski and G. Wilkinson, *J. Chem. Soc., Chem. Commun.*, 1972, 922*; S. R. Fletcher and A. C. Skapski, *J. Organomet. Chem.*, 1973, **59**, 299.
6. W. Rüdorff and U. Hofmann, *Z. Phys. Chem.*, 1935, **B28**, 351.
7. L. O. Brockway, R. V. G. Ewens and M. Lister, *Trans. Faraday Soc.*, 1938, **34**, 1350 (E).
8. S. P. Arnesen and H. M. Seip, *Acta Chem. Scand.*, 1966, **20**, 2711 (E).
9. M. Cannas, G. Carta, G. Marongiu and E. F. Trogu, *Acta Crystallogr.*, 1974, **B30**, 2252.
10. G. L. Hillhouse, B. L. Haymore and W. A. Herrmann, *Inorg. Chem.*, 1979, **18**, 2423.
11. T. J. Greenhough, P. Legzdins, D. T. Martin and J. Trotter, *Inorg. Chem.*, 1979, **18**, 3268.
12. M. Elder and D. Hall, *Inorg. Chem.*, 1969, **8**, 1273.
13. M. Cannas, G. Carta, A. Cristini and G. Marongiu, *Acta Crystallogr.*, 1975, **B31**, 2909.
14. M. Cannas, G. Carta, D. De Filippo, G. Marongiu and E. F. Trogu, *Inorg. Chim. Acta*, 1974, **10**, 145.
15. J. L. Templeton and B. C. Ward, *Inorg. Chem.*, 1980, **19**, 1753.
16. M. G. B. Drew and C. J. Rix, *J. Organomet. Chem.*, 1975, **102**, 467.
17. B. R. Davis, I. Bernal and H. Köpf, *Angew. Chem.*, 1971, **83**, 1018 (*Angew. Chem., Int. Ed. Engl.*, 1971, **10**, 921)*; B. R. Davis and I. Bernal, *J. Cryst. Mol. Struct.*, 1972, **2**, 135.
18. J. N. St Denis, W. Butler, M. D. Glick and J. P. Oliver, *J. Organomet. Chem.*, 1972, **129**, 1.
19. R. D. Adams, D. F. Chodosh and N. M. Golembeski, *Inorg. Chem.*, 1978, **17**, 266.
20. P. S. Elmes, B. M. Gatehouse and B. O. West, *J. Organomet. Chem.*, 1974, **82**, 235.
21. E. O. Fischer, G. Kreis, C. G. Kreiter, J. Müller, G. Huttner and H. Lorenz, *Angew. Chem.*, 1973, **85**, 618 (*Angew. Chem., Int. Ed. Engl.*, 1973, **12**, 564)*; G. Huttner, H. Lorenz and W. Gartzke, *Angew. Chem.*, 1974, **86**, 667 (*Angew. Chem., Int. Ed. Engl.*, 1974, **13**, 609).
22. A. Mercer and J. Trotter, *Can. J. Chem.*, 1974, **52**, 3331.
23. M. J. Nolte and R. H. Reimann, *J. Chem. Soc., Dalton Trans.*, 1978, 932.
24. F. Dawans, J. Dewailly, J. Meunier-Piret and P. Piret, *J. Organomet. Chem.*, 1974, **76**, 53.
25. J. H. Wengrovius, R. R. Schrock, M. R. Churchill, J. R. Missert and W. J. Youngs, *J. Am. Chem. Soc.*, 1980, **102**, 4515.
26. M. R. Churchill, A. L. Rheingold, W. J. Youngs, R. R. Schrock and J. H. Wengrovius, *J. Organomet. Chem.*, 1981, **204**, C17.
27. G. Huttner, H. H. Brintzinger, L. G. Bell, P. Friedrich, V. Bejenke and D. Neugebauer, *J. Organomet. Chem.*, 1978, **145**, 329.
28. R. Ros, M. Vidali and R. Graziani, *Gazz. Chim. Ital.*, 1970, **100**, 407.
29. S. S. Woodard, R. A. Jacobson and R. J. Angelici, *J. Organomet. Chem.*, 1976, **117**, C75.
30. R. Schneider and E. O. Fischer, *Naturwissenschaften*, 1961, **48**, 452.
31. F.-W. Grevels, M. Lindemann, R. Benn, R. Goddard and C. Krüger, *Z. Naturforsch., Teil B*, 1980, **35**, 1298.
32. J. T. Malito, R. Shakir and J. L. Atwood, *J. Chem. Soc., Dalton Trans.*, 1980, 1253.
33. R. Meij and K. Olie, *Cryst. Struct. Commun.*, 1975, **4**, 515.
34. R. E. Moriarty, R. D. Ernst and R. Bau, *J. Chem. Soc., Chem. Commun.*, 1972, 1242.
35. P. R. Sharp, S. J. Holmes, R. R. Schrock, M. R. Churchill and H. J. Wasserman, *J. Am. Chem. Soc.*, 1981, **103**, 965.
36. M. McPartlin, G. B. Robertson, G. H. Barnett and M. K. Cooper, *J. Chem. Soc., Chem. Commun.*, 1974, 305*; *J. Chem. Soc., Dalton Trans.*, 1978, 587.
37. J. L. Davidson, M. Green, D. W. A. Sharp, F. G. A. Stone and A. J. Welch, *J. Chem. Soc., Chem. Commun.*, 1974, 706*; J. L. Davidson, M. Green, F. G. A. Stone and A. J. Welch, *J. Chem. Soc., Dalton Trans.*, 1976, 738.
38. Y. T. Struchkov, K. N. Anisimov, O. P. Osipova, N. E. Kolobova and A. N. Nesmeyanov, *Dokl. Akad. Nauk SSSR*, 1967, **172**, 107.
39. V. Bätzel and R. Boese, *Z. Naturforsch., Teil B*, 1981, **36**, 172.
40. E. M. Cradwick and D. Hall, *J. Organomet. Chem.*, 1970, **25**, 91.
41. J. L. Davidson, M. Shiralian, L. Manojlovic-Muir and K. W. Muir, *J. Chem. Soc., Chem. Commun.*, 1979, 30.
42. O. S. Mills and A. D. Redhouse, *Angew. Chem.*, 1965, **77**, 1142 (*Angew. Chem., Int. Ed. Engl.*, 1965, **4**, 1082).
43. C. P. Casey, S. W. Polichnowski, H. E. Tuinstra, L. D. Albin and J. C. Calabrese, *Inorg. Chem.*, 1978, **17**, 3045.
44. G. Matsubayashi, I. Kawafune, T. Tanaka, S. Nishigaki and K. Nakatsu, *J. Organomet. Chem.*, 1980, **187**, 113.
45. L. Ricard, R. Weiss, W. E. Newton, G. J.-J. Chen and J. W. McDonald, *J. Am. Chem. Soc.*, 1978, **100**, 1318.
46. E. O. Fischer, F. J. Gammel and D. Neugebauer, *Chem. Ber.*, 1980, **113**, 1010.
47. V. A. Semion, Y. A. Chapovskii, Y. T. Struchkov and A. N. Nesmeyanov, *Chem. Commun.*, 1968, 666*; V. A. Semion and Y. T. Struchkov, *Zh. Strukt. Khim.*, 1968, **9**, 1046.
48. A. Rettenheimer, K. Weidenhammer and M. L. Ziegler, *Z. Anorg. Allg. Chem.*, 1981, **473**, 91.
49. M. G. B. Drew and J. D. Wilkins, *J. Organomet. Chem.*, 1974, **69**, 271.
50. G. M. Reisner, I. Bernal and G. R. Dobson, *J. Organomet. Chem.*, 1978, **157**, 23.
51. M. G. B. Drew and A. P. Wolters, *Acta Crystallogr.*, 1977, **B33**, 1027.
52. E. O. Fischer, T. L. Lindner, G. Huttner, P. Friedrich, F. R. Kreissl and J. O. Besenhard, *Chem. Ber.*, 1977, **110**, 3397.
53. L. Manojlovic-Muir and K. W. Muir, *J. Organomet. Chem.*, 1979, **168**, 403.
54. M. R. Snow, P. Pauling and M. H. B. Stiddard, *Aust. J. Chem.*, 1969, **22**, 709.
55. K. W. Chiu, R. A. Jones, G. Wilkinson, A. M. R. Galas, M. B. Hursthouse and K. M. A. Malik, *J. Chem. Soc., Dalton Trans.*, 1981, 1204.

56. M. R. Churchill, F. J. Hollander, J. R. Shapley and D. S. Foose, *J. Chem. Soc., Chem. Commun.*, 1978, 534*.
57. M. R. Churchill and F. J. Hollander, *Inorg. Chem.*, 1979, **18**, 161.
58. T. Debaerdemaeker and A. Kutoglu, *Acta Crystallogr.*, 1973, **B29**, 2664.
59. E. O. Fischer and P. Friedrich, *Angew. Chem.*, 1979, **91**, 345 (*Angew. Chem., Int. Ed. Engl.*, 1979, **18**, 327).
60. T. Jones, A. J. L. Hanlan, F. W. B. Einstein and D. Sutton, *J. Chem. Soc., Chem. Commun.*, 1980, 1078.
61. J. A. Carroll, D. Sutton, M. Cowie and M. D. Gauthier, *J. Chem. Soc., Chem. Commun.*, 1979, 1058*; M. Cowie and M. D. Gauthier, *Inorg. Chem.*, 1980, **19**, 3142.
62. J. L. Davidson, L. Manojlovic-Muir, K. W. Muir and A. N. Keith, *J. Chem. Soc., Chem. Commun.*, 1980, 749.
63. M. R. Churchill and F. J. Hollander, *Inorg. Chem.*, 1979, **18**, 843.
64. E. B. Dreyer, C. T. Lam and S. J. Lippard, *Inorg. Chem.*, 1979, **18**, 1904.
65. J. Pickardt, L. Rösch and H. Schumann, *Z. Anorg. Allg. Chem.*, 1976, **426**, 66.
66. C. P. Casey, T. J. Burkhardt, C. A. Bunnell and J. C. Calabrese, *J. Am. Chem. Soc.*, 1977, **99**, 2127.
67. E. Röttinger and H. Vahrenkamp, *J. Chem. Res. (M)*, 1977, 818; *J. Chem. Res. (S)*, 1977, 76.
68. E. O. Fischer, F. J. Gammel, J. O. Besenhard, A. Frank and D. Neugebauer, *J. Organomet. Chem.*, 1980, **191**, 261.
69. F. R. Kreissl, P. Friedrich and G. Huttner, *Angew. Chem.*, 1977, **89**, 110 (*Angew. Chem., Int. Ed. Engl.*, 1977, **16**, 102).
70. F. R. Kreissl, P. Friedrich, T. L. Lindner and G. Huttner, *Angew. Chem.*, 1977, **89**, 325 (*Angew. Chem., Int. Ed. Engl.*, 1977, **16**, 314).
71. R. E. Cobbledick, L. R. J. Dowdell, F. W. B. Einstein, J. K. Hoyano and L. K. Peterson, *Can. J. Chem.*, 1979, **57**, 2285.
72. T. V. Ashworth, J. A. K. Howard, M. Laguna and F. G. A. Stone, *J. Chem. Soc., Dalton Trans.*, 1980, 1593.
73. A. J. Graham, D. Akrigg and B. Sheldrick, *Cryst. Struct. Commun.*, 1977, **6**, 253.
74. V. G. Andrianov and Y. T. Struchkov, *Zh. Strukt. Khim.*, 1971, **12**, 336.
75. A. N. Nesmeyanov, N. A. Ustynyuk, L. G. Makarova, V. G. Andrianov, Y. T. Struchkov, S. Andrae, Y. A. Ustynyuk and S. G. Malyugina, *J. Organomet. Chem.*, 1978, **159**, 189.
76. H. P. Calhoun, N. L. Paddock, J. Trotter and J. N. Wingfield, *J. Chem. Soc., Chem. Commun.*, 1972, 875*.
77. H. P. Calhoun, Paddock and J. Trotter, *J. Chem. Soc., Dalton Trans.*, 1973, 2708.
78. R. A. Pickering, R. A. Jacobson and R. J. Angelici, *J. Am. Chem. Soc.*, 1981, **103**, 817.
79. R. A. Forder, G. D. Gale and K. Prout, *Acta Crystallogr.*, 1975, **B31**, 307.
80. F. R. Kreissl, A. Frank, U. Schubert, T. L. Lindner and G. Huttner, *Angew. Chem.*, 1976, **88**, 649 (*Angew. Chem., Int. Ed. Engl.*, 1976, **15**, 632).
81. K. W. Chiu, R. A. Jones, G. Wilkinson, A. M. R. Galas and M. B. Hursthouse, *J. Am. Chem. Soc.*, 1980, **102**, 7978.
82. M. R. Churchill and W. J. Youngs, *J. Chem. Soc., Chem. Commun.*, 1979, 321e*.
83. M. R. Churchill and W. J. Youngs, *Inorg. Chem.*, **18**, 2454.
84. J. L. Atwood, R. D. Rogers, W. E. Hunter, I. Bernal, H. Brunner, R. Lukas and W. Schwarz, *J. Chem. Soc., Chem. Commun.*, 1978, 451*; R. D. Rogers, W. E. Hunter and J. L. Atwood, *J. Chem. Soc., Dalton Trans.*, 1980, 1032.
85. J. A. K. Howard, K. A. Mead, J. R. Moss, R. Navarro, F. G. A. Stone and P. Woodward, *J. Chem. Soc., Dalton Trans.*, 1981, 743.
86. M. Boyer, J. C. Daran and Y. Jeannin, *J. Organomet. Chem.*, 1980, **190**, 177.
87. M. F. Lappert, C. L. Raston, B. W. Skelton and A. H. White, *J. Chem. Soc., Chem. Commun.*, 1981, 485.
88. N. G. Bokii, Y. V. Gatilov, Y. T. Struchkov and N. A. Ustynyuk, *J. Organomet. Chem.*, 1973, **54**, 213.
89. M. Chetcuti, M. Green, J. A. K. Howard, J. C. Jeffery, R. M. Mills, G. N. Pain, S. J. Porter, F. G. A. Stone, A. A. Wilson and P. Woodward, *J. Chem. Soc., Chem. Commun.*, 1980, 1057.
90. J. B. Wilford and H. M. Powell, *J. Chem. Soc. (A)*, 1969, 8.
91. T. S. Cameron, C. K. Prout, G. V. Rees, M. L. H. Green, K. K. Joshi, G. R. Davies, B. T. Kilbourn, P. S. Braterman and V. A. Wilson, *Chem. Commun.*, 1971, 14*; K. Prout and G. V. Rees, *Acta Crystallogr.*, 1974, **B30**, 2717.
92. E. O. Fischer, H. Hollfelder, P. Friedrich, F. R. Kreissl and G. Huttner, *Angew. Chem.*, 1977, **89**, 416 (*Angew. Chem., Int. Ed. Engl.*, 1977, **16**, 401).
93. J. Levisalles, H. Rudler, D. Villemin, J. Daran, Y. Jeannin and L. Martin, *J. Organomet. Chem.*, 1978, **155**, C1*; J.-C. Daran and Y. Jeannin, *Acta Crystallogr.*, 1980, **B36**, 1392.
94. M. G. B. Drew and J. D. Wilkins, *J. Chem. Soc., Dalton Trans.*, 1974, 1654.
95. M. G. B. Drew and A. P. Wolters, *Acta Crystallogr.*, 1977, **B33**, 205.
96. R. M. Foy, D. L. Kepert, C. L. Raston and A. H. White, *J. Chem. Soc., Dalton Trans.*, 1980, 440.
97. K. Elmitt, M. L. H. Green, R. A. Forder, I. Jefferson and K. Prout, *J. Chem. Soc., Chem. Commun.*, 1974, 747*; R. A. Forder, I. W. Jefferson and K. Prout, *Acta Crystallogr.*, 1975, **B31**, 618.
98. M. J. Chetcuti, M. Green, J. C. Jeffery, F. G. A. Stone and A. A. Wilson, *J. Chem. Soc., Chem. Commun.*, 1980, 948.
99. R. O. Day, W. H. Batschelet and R. D. Archer, *Inorg. Chem.*, 1980, **19**, 2113.
100. W. W. Greaves, R. J. Angelici, B. J. Helland, R. Klima and R. A. Jacobson, *J. Am. Chem. Soc.*, 1979, **101**, 7618.

101. T. V. Ashworth, J. A. K. Howard and F. G. A. Stone, *J. Chem. Soc., Chem. Commun.*, 1979, 42*; *J. Chem. Soc., Dalton Trans.*, 1980, 1609.
102. P. T. Wolczanski, R. S. Threlkel and J. E. Bercaw, *J. Am. Chem. Soc.*, 1979, **101**, 218.
103. T. V. Ashworth, M. Berry, J. A. K. Howard, M. Laguna and F. G. A. Stone, *J. Chem. Soc., Chem. Commun.*, 1979, 45*; *J. Chem. Soc., Dalton Trans.*, 1980, 1615.
104. W. A. LaRue, A. T. Liu and J. San Filippo, *Inorg. Chem.*, 1980, **19**, 315.
105. S. Z. Goldberg and K. N. Raymond, *Inorg. Chem.*, 1973, **12**, 2923.
106. M. A. Bennett, S. Corlett, G. B. Robertson and W. L. Steffen, *Aust. J. Chem.*, 1980, **33**, 1261.
107. R. M. Laine, R. E. Moriarty and R. Bau, *J. Am. Chem. Soc.*, 1972, **94**, 1402.
108. N. W. Alcock, O. W. Howarth, P. Moore and G. E. Morris, *J. Chem. Soc., Chem. Commun.*, 1979, 1160.
109. M. G. B. Drew, A. W. Johans, A. P. Wolters and I. B. Tomkins, *Chem. Commun.*, 1971, 819.

W_2 Ditungsten

Molecular formula	Structure	Notes	Ref.
$W_2C_8H_2O_8^{2-} \cdot 2C_8H_{20}N^+$	$[NEt_4]_2[H_2W_2(CO)_8]$		1
$W_2C_8I_2O_8$	$[WI(CO)_4]_2$	D	2
$W_2C_9HNO_{10}$	$HW_2(CO)_9(NO)$	X, N	3
$W_2C_{10}HO_{10}^- \cdot C_8H_{20}N^+$	$[NEt_4][HW_2(CO)_{10}]$		4
$W_2C_{10}HO_{10}^- \cdot C_{36}H_{30}NP_2^+$	$[PPN][HW_2(CO)_{10}]$		4
$W_2C_{10}H_{10}Cl_3O_4^- \cdot C_8H_{20}N^+$	$[NEt_4][W_2(\mu\text{-}Cl)_3(CO)_4(\eta\text{-}C_3H_5)_2]$		5
$W_2C_{11}H_{10}NO_{12}P$	$HW_2(CO)_8(NO)\{P(OMe)_3\}$	X, N	6
$W_2C_{12}H_{13}Br_3F_8N_2O_2P_4$	$W_2Br_2(\mu\text{-}Br)(CO)_2(\mu\text{-}CTol)\{\mu\text{-}(PF_2)_2NMe\}_2$		7
$W_2C_{13}H_8O_8$	$W_2(CO)_8(\mu\text{-}\eta^1\text{-}CHCH=CMe_2)$		8
$W_2C_{14}H_8O_9$	$W_2(CO)_9(\mu\text{-}\eta^3\text{-}CHCHCMe_2)$		9
$W_2C_{16}H_{10}O_6$	$[W(CO)_3(\eta\text{-}C_5H_5)]_2$		10
$W_2C_{16}H_{12}O_4$	$\{W(CO)_2(\eta\text{-}C_5H_5)\}_2(\mu\text{-}C_2H_2)$		11
$W_2C_{16}H_{20}O_8P_2$	$[W(\mu\text{-}PEt_2)(CO)_4]_2$	179	12
$W_2Si_2C_{16}H_{22}O_8$	$[HW(\mu\text{-}SiEt_2)(CO)_4]_2$		13
$W_2C_{16}Cl_5O_{10}S^- \cdot C_8H_{20}N^+$	$[NEt_4][\{W(CO)_5\}_2(\mu\text{-}SC_6Cl_5)]$		14
$W_2Ni_3C_{16}O_{16}^{2-} \cdot 2C_8H_{20}N^+$	$[NEt_4]_2[W_2Ni_3(CO)_{16}]$		15
$W_2C_{17}H_{14}O_8$	$W_2(CO)_8(\mu\text{-}\eta^3,\eta^3\text{-}CMeCMeCHCHCMe_2)$		16
$W_2C_{17}H_{17}O_9P$	$W_2(CO)_9(\mu\text{-}\eta^2\text{-}CHCHCMe_2PMe_3)$		17
$W_2C_{18}H_{46}N_4$	$W_2Me_2(NEt_2)_4$		18
$W_2C_{20}H_{20}$	trans-$[HW(\mu\text{-}\eta^1,\eta^5\text{-}C_5H_4)(\eta\text{-}C_5H_5)]_2$		19
$W_2Al_2C_{20}H_{22}O_6$	$\{W(CO)(\eta\text{-}C_5H_5)\}_2\{\mu\text{-}CO(AlMe_2)OC\}_2$		20
$W_2C_{20}H_{23}^+ClO_4^- \cdot C_3H_6O$	$[H\{HW(\eta\text{-}C_5H_5)_2\}_2][ClO_4]\cdot Me_2CO$		21
$W_2C_{20}H_{48}N_4$	$[Me_2W(\mu\text{-}NBu^t)(NBu^t)]_2$		22
$W_2C_{21}H_{16}O_9$	$\{W(CO)_2(\eta\text{-}C_5H_5)\}_2\{\mu\text{-}C(O)C_2(CO_2Me)_2\}$	233	23
$W_2C_{21}H_{18}O_6$	$W_2(CO)_6(gaz)$		24
$W_2C_{21}H_{24}O_7$	$\{W(CO)_2(\eta^3\text{-}C_7H_7)\}(\mu\text{-}OMe)_3\{W(CO)_2\text{-}(\eta^4\text{-}C_7H_8)\}$		25
$W_2Li_4C_{21}H_{47}Cl_3O_4$	$W_2Me_xCl_{8-x}\{Li(THF)\}_4$	218, a	26, 27
$W_2C_{22}H_{46}N_4O_8 \cdot C_7H_8$	$W_2Me_2(O_2CNEt_2)_4 \cdot PhMe$		28
$W_2C_{24}H_{24}$	$W_2(C_8H_8)_3$	X, N (110)	29
$W_2SiC_{24}H_{30}$	cis-$\{HW(\eta\text{-}C_5H_5)\}(\mu\text{-}\eta^1,\eta^5\text{-}C_5H_4)_2\text{-}\{W(CH_2SiMe_3)(\eta\text{-}C_5H_5)\}$		30, 31
$W_2SiC_{24}H_{30}$	trans-$\{HW(\eta\text{-}C_5H_5)\}(\mu\text{-}\eta^1,\eta^5\text{-}C_5H_4)_2\text{-}\{W(CH_2SiMe_3)(\eta\text{-}C_5H_5)\}$		31
$W_2Si_6C_{24}H_{62}$	$\{W(CH_2SiMe_3)_2\}_2(\mu\text{-}CSiMe_3)_2$		32
$W_2Li_4C_{24}H_{64}O_4$	$W_2Me_8\{Li(OEt_2)\}_4$	203	27
$W_2Si_6C_{24}H_{66}$	$W_2(CH_2SiMe_3)_6$		33, 34
$W_2C_{26}H_{20}O_4S_2$	$\{W(CO)_4(\mu\text{-}SPh)\}_2\{W(\eta\text{-}C_5H_5)_2\}$		35
$W_2SnC_{28}H_{20}O_6$	$\{W(CO)_3(\eta\text{-}C_5H_5)\}_2SnPh_2$	b	36
$W_2NiC_{30}H_{24}O_4$	$\{W(\mu\text{-}CTol)(CO)_2(\eta\text{-}C_5H_5)\}_2Ni$		37
$W_2PtC_{30}H_{24}O_4$	$\{W(\mu\text{-}CTol)(CO)_2(\eta\text{-}C_5H_5)\}_2Pt$	200	37
$W_2As_2C_{34}H_{28}Br_2O_5 \cdot C_3H_6O$	$W_2Br(\mu\text{-}Br)(CO)_5(\mu\text{-}dpam)(\mu\text{-}C_2Me_2)\cdot Me_2CO$		38
$W_2MgC_{48}H_{64}O_6$	$\{\overline{W(CH_2C_6H_4CH_2\text{-}2)_2O}\}_2Mg(THF)_4$		39
$W_2C_{71}H_{78}N_8O_2$	$(\overline{W\{N(xy)CHN(xy)CH_2\}})(\mu\text{-}CO)_2\text{-}(\mu\text{-}\{N(xy)\}_2CH)_2(\overline{W\{N(xy)CHN(xy)\}})$	c	40

^{a} x ca. 5. ^{b} W—Sn bond length only. ^{c} xy = $C_6H_3Me_2$-3,5.

1. M. R. Churchill, S. W.-Y. Ni Chang, M. L. Berch and A. Davison, *J. Chem. Soc., Chem. Commun.*, 1973, 691*; M. R. Churchill and S. W.-Y. Ni Chang, *Inorg. Chem.*, 1974, **13**, 2413.
2. G. Schmid and R. Boese, *Chem. Ber.*, 1976, **109**, 2148.
3. M. Andrews, D. L. Tipton, S. W. Kirtley and R. Bau, *J. Chem. Soc., Chem. Commun.*, 1973, 181*; J. P. Olsen, T. F. Koetzle, S. W. Kirtley, M. Andrews, D. L. Tipton and R. Bau, *J. Am. Chem. Soc.*, 1974, **96**, 6621.
4. R. D. Wilson, S. A. Graham and R. Bau, *J. Organomet. Chem.*, 1975, **91**, C49.

5. M. Boyer, J. C. Daran and Y. Jeannin, *Inorg. Chim. Acta*, 1981, **47**, 191.
6. R. A. Love, H. B. Chin, T. F. Koetzle, S. W. Kirtley, B. R. Whittlesey and R. Bau, *J. Am. Chem. Soc.*, 1976, **98**, 4491.
7. E. O. Fischer, W. Kellerer, B. Zimmer-Gasser and U. Schubert, *J. Organomet. Chem.*, 1980, **199**, C24.
8. J. Levisalles, H. Rudler, Y. Jeannin and F. Dahan, *J. Organomet. Chem.*, 1979, **178**, C8*; 1980, **187**, 233.
9. J. Levisalles, H. Rudler, F. Dahan and Y. Jeannin, *J. Organomet. Chem.*, 1980, **188**, 193.
10. R. D. Adams, D. M. Collins and F. A. Cotton, *Inorg. Chem.*, 1974, **13**, 1086.
11. D. S. Ginley, C. R. Bock, M. S. Wrighton, B. Fischer, D. L. Tipton and R. Bau, *J. Organomet. Chem.*, 1978, **157**, 41.
12. M. H. Linck and L. R. Nassimbeni, *Inorg. Nucl. Chem. Lett.*, 1973, **9**, 1105; M. H. Linck, *Cryst. Struct. Commun.*, 1973, **2**, 379.
13. M. J. Bennett and K. A. Simpson, *J. Am. Chem. Soc.*, 1971, **93**, 7156.
14. M. K. Cooper, M. Saporta and M. McPartlin, *J. Organomet. Chem.*, 1977, **133**, C33*; M. K. Cooper, P. A. Duckworth, M. Saporta and M. McPartlin, *J. Chem. Soc., Dalton Trans.*, 1980, 570.
15. J. K. Ruff, R. P. White and L. F. Dahl, *J. Am. Chem. Soc.*, 1971, **93**, 2159.
16. J. Levisalles, F. Rose-Munch, H. Rudler, J.-C. Daran, Y. Dromzée and Y. Jeannin, *J. Chem. Soc., Chem. Commun.*, 1981, 152.
17. J. Levisalles, F. Rose-Munch, H. Rudler, J.-C. Daran, Y. Dromzée and Y. Jeannin, *J. Chem. Soc., Chem. Commun.*, 1980, 685.
18. M. H. Chisholm, F. A. Cotton, M. Extine, M. Millar and B. R. Stults, *Inorg. Chem.*, 1976, **15**, 2244.
19. C. Couldwell and K. Prout, *Acta Crystallogr.*, 1979, **B35**, 335.
20. G. J. Gainsford, R. R. Schrieke and J. D. Smith, *J. Chem. Soc., Chem. Commun.*, 1972, 650*; A. J. Conway, G. J. Gainsford, R. R. Schrieke and J. D. Smith, *J. Chem. Soc., Dalton Trans.*, 1975, 2499.
21. R. J. Klingler, J. C. Huffman and J. K. Kochi, *J. Am. Chem. Soc.*, 1980, **102**, 208.
22. D. L. Thorn, W. A. Nugent and R. L. Harlow, *J. Am. Chem. Soc.*, 1981, **103**, 357.
23. S. R. Finnimore, S. A. R. Knox and G. E. Taylor, *J. Chem. Soc., Chem. Commun.*, 1980, 411.
24. F. A. Cotton and B. E. Hanson, *Inorg. Chem.*, 1976, **15**, 2806.
25. W. Schulze, K. Weidenhammer and M. L. Ziegler, *Angew. Chem.*, 1979, **91**, 432 (*Angew. Chem., Int. Ed. Engl.*, 1979, **18**, 404)*; K. Weidenhammer and M. L. Ziegler, *Z. Anorg. Allg. Chem.*, 1979, **455**, 43.
26. D. M. Collins, F. A. Cotton, S. A. Koch, M. Millar and C. A. Murillo, *J. Am. Chem. Soc.*, 1977, **99**, 1259*.
27. D. M. Collins, F. A. Cotton, S. A. Koch, M. Millar and C. A. Murillo, *Inorg. Chem.*, 1978, **17**, 2017.
28. M. H. Chisholm, M. Extine, F. A. Cotton and B. R. Stults, *J. Am. Chem. Soc.*, 1976, **98**, 4683*; *Inorg. Chem.*, 1977, **16**, 603.
29. F. A. Cotton and S. A. Koch, *J. Am. Chem. Soc.*, 1977, **99**, 7371*; F. A. Cotton, S. A. Koch, A. J. Schultz and J. M. Williams, *Inorg. Chem.*, 1978, **17**, 2093 (X, N).
30. M. L. H. Green, M. Berry, C. Couldwell and K. Prout, *Nouv. J. Chim.*, 1977, **1**, 187*.
31. C. Couldwell and K. Prout, *Acta Crystallogr.*, 1979, **B35**, 335.
32. M. H. Chisholm, F. A. Cotton, M. W. Extine and C. A. Murillo, *Inorg. Chem.*, 1978, **17**, 696.
33. F. Huq, W. Mowat, A. Shortland, A. C. Skapski and G. Wilkinson, *Chem. Commun.*, 1971, 1079.
34. M. H. Chisholm, F. A. Cotton, M. Extine and B. R. Stults, *Inorg. Chem.*, 1976, **15**, 2252.
35. T. S. Cameron, C. K. Prout, G. V. Rees, M. L. H. Green, K. K. Joshi, G. R. Davies, B. T. Kilbourn, P. S. Braterman and V. A. Wilson, *Chem. Commun.*, 1971, 14* (D); K. Prout and G. V. Rees, *Acta Crystallogr.*, 1974, **B30**, 2717.
36. Y. T. Struchkov, K. N. Anisimov, O. P. Osipova, N. E. Kolobova and A. N. Nesmeyanov, *Dokl. Akad. Nauk SSSR*, 1967, **172**, 107.
37. T. V. Ashworth, M. J. Chetcuti, J. A. K. Howard, F. G. A. Stone, S. J. Wisbey and P. Woodward, *J. Chem. Soc., Dalton Trans.*, 1981, 763.
38. E. O. Fischer, A. Ruhs, P. Friedrich and G. Huttner, *Angew. Chem.*, 1977, **89**, 481 (*Angew. Chem., Int. Ed. Engl.*, 1977, **16**, 465).
39. M. F. Lappert, C. L. Raston, G. L. Rowbottom and A. H. White, *J. Chem. Soc., Chem. Commun.*, 1981, 6.
40. J. D. Schagen and H. Schenk, unpublished work cited in W. H. de Roode and K. Vrieze, *J. Organomet. Chem.*, 1978, **145**, 207*; J. D. Schagen and H. Schenk, *Cryst. Struct. Commun.*, 1978, **7**, 223.

W_3 Tritungsten

Molecular formula	Structure	Notes	Ref.
$W_3GaC_{24}H_{15}O_9$	{W(CO)$_3$(η-C$_5$H$_5$)}$_3$Ga		1
$W_3C_{32}H_{52}O_5S_5$	(η-C$_7$H$_7$)W(μ-SBu^t)$_3$W(CO)(μ-SBu^t)W(CO)$_4$		2
$W_3C_{33}H_{60}N_3O_3P_3$	[Me$_2$W(μ-O)(NPh)(PMe$_3$)]$_3$		3
$W_3AlC_{36}H_{39}O_{12}$	{W(CO)$_3$(η-C$_5$H$_5$)}$_3$Al(THF)$_3$		4

1. A. J. Conway, P. B. Hitchcock and J. D. Smith, *J. Chem. Soc., Dalton Trans.*, 1975, 1945.
2. L. R. Krauth-Siegel, W. Schulze and M. L. Ziegler, *Angew. Chem.*, 1980, **92**, 403 (*Angew. Chem., Int. Ed. Engl.*, 1980, **19**, 397).
3. D. C. Bradley, M. B. Hursthouse, K. M. A. Malik and A. J. Nielson, *J. Chem. Soc., Chem. Commun.*, 1981, 103.
4. R. B. Petersen, J. J. Stezowski, C. Wan, J. M. Burlitch and R. E. Hughes, *J. Am. Chem. Soc.*, 1971, **93**, 3532.

W₄ Tetratungsten

Molecular formula	Structure	Notes	Ref.
W$_4$C$_{12}$H$_8$O$_{16}$·4C$_{14}$H$_{15}$OP	[HW(OH)(CO)$_3$]$_4$·4OPEt$_2$Ph		1
W$_4$AgC$_{32}$H$_{20}$I$_4$O$_{12}^+$BF$_4^-$	[{WI(CO)$_3$(η-C$_5$H$_5$)}$_4$Ag][BF$_4$]		2
W$_4$Li$_4$C$_{40}$H$_{44}$	[HLiW(η-C$_5$H$_5$)$_2$]$_4$		3

1. V. G. Albano, G. Ciani, M. Manassero and M. Sansoni, *J. Organomet. Chem.*, 1972, **34**, 353.
2. T. N. Sal'nikova, V. G. Andrianov and Y. T. Struchkov, *Koord. Khim.*, 1976, **2**, 707.
3. R. A. Forder and K. Prout, *Acta Crystallogr.*, 1974, **B30**, 2318.

Y Yttrium

Molecular formula	Structure	Notes	Ref.
YAlC$_{14}$H$_{22}$	(η-C$_5$H$_5$)$_2$Y(μ-Me)$_2$AlMe$_2$		1

1. J. Holton, M. F. Lappert, G. R. Scollary, D. G. H. Ballard, R. Pearce, J. L. Atwood and W. E. Hunter, *J. Chem. Soc., Chem. Commun.*, 1976, 425*; G. R. Scollary, *Aust. J. Chem.*, 1978, **31**, 411.

Y₂ Diyttrium

Molecular formula	Structure	Notes	Ref.
Y$_2$C$_{22}$H$_{26}$	[YMe(η-C$_5$H$_5$)$_2$]$_2$		1

1. J. Holton, M. F. Lappert, D. G. H. Ballard, R. Pearce, J. L. Atwood and W. E. Hunter, *J. Chem. Soc., Dalton Trans.*, 1979, 54.

Yb Ytterbium

Molecular formula	Structure	Notes	Ref.
YbAlC$_{14}$H$_{22}$	(η-C$_5$H$_5$)$_2$Yb(μ-Me)$_2$AlMe$_2$		1
YbC$_{16}$H$_{22}$O	[Yb(THF)(μ-η-C$_5$H$_4$Me)(η-C$_5$H$_4$Me)]$_n$		2
YbSi$_6$C$_{21}$H$_{57}$Cl$^-$LiC$_{16}$H$_{32}$O$_4^+$	[Li(THF)$_4$][YbCl{CH(SiMe$_3$)$_2$}$_3$]		3
YbC$_{24}$H$_{38}$O·0.5C$_7$H$_8$	Yb(THF)(η-C$_5$Me$_5$)$_2$·0.5PhMe	176	4
YbSi$_2$C$_{24}$H$_{42}$O$_2$	Yb(THF)$_2$(η-C$_5$H$_4$SiMe$_3$)$_2$		5

1. J. Holton, M. F. Lappert, G. R. Scollary, D. G. H. Ballard, R. Pearce, J. L. Atwood and W. E. Hunter, *J. Chem. Soc., Chem. Commun.*, 1976, 425*; J. Holton, M. F. Lappert, D. G. H. Ballard, R. Pearce, J. L. Atwood and W. E. Hunter, *J. Chem. Soc., Dalton Trans.*, 1979, 45.
2. H. A. Zinnan, J. J. Pluth and W. J. Evans, *J. Chem. Soc., Chem. Commun.*, 1980, 810.
3. J. L. Atwood, W. E. Hunter, R. D. Rogers, J. Holton, J. McMeeking, R. Pearce and M. F. Lappert, *J. Chem. Soc., Chem. Commun.*, 1978, 140.
4. T. D. Tilley, R. A. Andersen, B. Spencer, H. Ruben, A. Zalkin and D. H. Templeton, *Inorg. Chem.*, 1980, **19**, 2999.
5. M. F. Lappert, P. I. W. Yarrow, J. L. Atwood, R. Shakir and J. Holton, *J. Chem. Soc., Chem. Commun.*, 1980, 987.

Yb₂ Diytterbium

Molecular formula	Structure	Notes	Ref.
Yb$_2$C$_{22}$H$_{26}$	[YbMe(η-C$_5$H$_5$)$_2$]$_2$		1
Yb$_2$C$_{24}$H$_{28}$Cl$_2$	[YbCl(η-C$_5$H$_4$Me)$_2$]$_2$		2
Yb$_2$C$_{34}$H$_{34}$N$_2$	{Yb(η-C$_5$H$_5$)$_3$}$_2$(μ-C$_4$H$_4$N$_2$)		3

1. J. Holton, M. F. Lappert, D. G. H. Ballard, R. Pearce, J. L. Atwood and W. E. Hunter, *J. Chem. Soc., Chem. Commun.*, 1976, 480*; *J. Chem. Soc., Dalton Trans.*, 1979, 54.
2. E. C. Baker, L. D. Brown and K. N. Raymond, *Inorg. Chem.*, 1975, **14**, 1376.
3. E. C. Baker and K. N. Raymond, *Inorg. Chem.*, 1977, **16**, 2710.

Zn   Zinc

Molecular formula	Structure	Notes	Ref.
$[ZnC_2H_5I]_n$	$[ZnIEt]_n$		1
$ZnLi_2C_4H_{12}$	Li_2ZnMe_4		2
$[ZnC_6H_8]_n$	$[ZnMe(C_5H_5)]_n$		3
$ZnC_{11}H_{24}I_3S^--C_{11}H_{25}S^+$	$[SMe(CH_2Bu^t)_2][ZnI_3\{CH_2S(CH_2Bu^t)_2\}]$		4
$ZnC_{16}H_{12}F_{10}N_4$	$Zn(C_6F_5)_2(Me_2NN=NNMe_2)$		5

1. P. T. Moseley and H. M. M. Shearer, *Chem. Commun.*, 1966, 876*; *J. Chem. Soc., Dalton Trans.*, 1973, 64.
2. E. Weiss and R. Wolfrum, *Chem. Ber.*, 1968, **101**, 35.
3. T. Aoyagi, H. M. M. Shearer, K. Wade and G. Whitehead, *J. Organomet. Chem.*, 1978, **146**, C29.
4. B. T. Kilbourn and D. Felix, *J. Chem. Soc. (A)*, 1969, 163.
5. V. W. Day, D. H. Campbell and C. J. Michejda, *J. Chem. Soc., Chem. Commun.*, 1975, 118.

Zn_3 Trizinc

Molecular formula	Structure	Notes	Ref.
$Zn_3C_{32}H_{38}O_8$	$Zn_3Ph_2(acac)_4$		1

1. A. L. Spek, *Cryst. Struct. Commun.*, 1973, **2**, 535.

Zn_4 Tetrazinc

Molecular formula	Structure	Notes	Ref.
$Zn_4C_8H_{24}O_4$	$[ZnMe(OMe)]_4$		1
$Zn_4C_{52}H_{58}N_6O_{12}\cdot 2C_6H_6$	$Zn_4Et_2[NPh(CO_2Me)]_6\cdot 2C_6H_6$		2

1. H. M. M. Shearer and C. B. Spencer, *Chem. Commun.*, 1966, 194*; *Acta Crystallogr.*, 1980, **B36**, 2046.
2. F. A. J. J. van Santvoort, H. Krabbendam, A. L. Spek and J. Boersma, *Inorg. Chem.*, 1978, **17**, 388.

Zn_7 Heptazinc

Molecular formula	Structure	Notes	Ref.
$Zn_7C_{14}H_{42}O_8$	$Zn(\mu_3\text{-}ZnMe)_6(\mu_3\text{-}OMe)_8$		1
$Zn_7C_{20}H_{54}O_8$	$Zn(\mu_3\text{-}ZnEt)_6(\mu_3\text{-}OMe)_8$		2

1. M. L. Ziegler and J. Weiss, *Angew. Chem.*, 1970, **82**, 931 (*Angew. Chem., Int. Ed. Engl.*, 1970, **9**, 905).
2. M. Ishimori, T. Hagiwara, T. Tsuruta, Y. Kai, N. Yasuoka and N. Kasai, *Bull. Chem. Soc. Jpn.*, 1976, **49**, 1165.

Zn_8 Octazinc

Molecular formula	Structure	Notes	Ref.
$Zn_8C_{32}H_{80}S_8$	$[ZnMe(SPr^i)]_8$		1

1. G. W. Adamson and H. M. M. Shearer, *Chem. Commun.*, 1969, 897.

Zr Zirconium

Molecular formula	Structure	Notes	Ref.
$ZrC_{10}H_{10}Cl_2$	$ZrCl_2(\eta\text{-}C_5H_5)_2$	E, X	1, 2
$ZrC_{10}H_{10}F_2$	$ZrF_2(\eta\text{-}C_5H_5)_2$		3
$ZrC_{10}H_{10}I_2$	$ZrI_2(\eta\text{-}C_5H_5)_2$		3
$ZrC_{12}H_{10}N_2O_2$	$Zr(NCO)_2(\eta\text{-}C_5H_5)_2$		4
$ZrC_{12}H_{10}O_2$	$Zr(CO)_2(\eta\text{-}C_5H_5)_2$		5
$ZrC_{12}H_{16}Cl_2O$	$ZrCl_2(THF)(\eta\text{-}C_8H_8)$		6
$ZrC_{13}H_{14}Cl_2$	$ZrCl_2\{(\eta\text{-}C_5H_4)_2CH_2\}$		7
$ZrC_{13}H_{16}O$	$ZrMe(\eta^2\text{-}O=CMe)(\eta\text{-}C_5H_5)_2$		8
$ZrC_{14}H_{16}$	$Zr(\eta^4\text{-}s\text{-}trans\text{-}C_4H_6)(\eta\text{-}C_5H_5)_2$		9
$ZrC_{14}H_{23}N_3S_6 \cdot C_6H_5Cl$	$Zr(S_2CNMe_2)_3(\eta\text{-}C_5H_5) \cdot PhCl$		10
$ZrC_{15}H_{19}ClO_4$	$ZrCl(acac)_2(\eta\text{-}C_5H_5)$		11, 12
$ZrC_{16}H_{20}$	$Zr(\eta^4\text{-}s\text{-}cis\text{-}C_6H_{10})(\eta\text{-}C_5H_5)_2$	a	9
$ZrC_{18}H_{18}$	$Zr(CH_2C_6H_4CH_2\text{-}2)(\eta\text{-}C_5H_5)_2$		13
$ZrC_{18}H_{18}N_2$	$Zr(NC_4H_4)_2(\eta\text{-}C_5H_5)_2$	b	14
$ZrSi_2C_{18}H_{32}$	$Zr(CH_2SiMe_3)_2(\eta\text{-}C_5H_5)_2$	c	15
$ZrMoC_{19}H_{18}O_3$	$ZrMo(\mu\text{-}\eta^1,\eta^2\text{-}CO)\{\mu\text{-}C(Me)O\}(CO)(\eta\text{-}C_5H_5)_3$	101	16
$ZrC_{20}H_8F_{18}O_6$	$Zr(hfac)_3(\eta\text{-}C_5H_5)$		17
$ZrC_{20}H_{20}$	$Zr(\eta^1\text{-}C_5H_5)(\eta^5\text{-}C_5H_5)_3$		18, 19
$ZrC_{20}H_{20}$	$ZrMe_2(\eta^5\text{-}C_9H_7)_2$		20
$ZrC_{20}H_{24}O$	$Zr(THF)(\eta\text{-}C_8H_8)_2$		21
$ZrC_{20}H_{32}$	$Zr(CH_2Bu^t)_2(\eta\text{-}C_5H_5)_2$	c	15
$ZrAl_2C_{20}H_{33}^+C_5H_5^-$	$[Zr\{CH_2CH(AlEt_2)_2\}(\eta\text{-}C_5H_5)_2][C_5H_5]$	D	22, 23
$ZrAl_2C_{20}H_{33}Cl$	$ZrCl\{CH_2CH(AlEt_2)_2\}(\eta\text{-}C_5H_5)_2$		24
$ZrC_{20}H_{44}P_4$	$HZr(dmpe)_2(\eta^5\text{-}C_8H_{11})$	d	25
$ZrAlC_{21}H_{31}$	$Zr(HAlEt_3)(\eta\text{-}C_5H_5)_3$		26
$ZrC_{22}H_{30}O_2$	$Zr(CO)_2(\eta\text{-}C_5Me_5)_2$		27
$ZrC_{23}H_{22}ClP$	$ZrCl(CH_2PPh_2)(\eta\text{-}C_5H_5)_2$	133	28
$ZrSi_2C_{23}H_{34}$	$ZrPh\{CH(SiMe_3)_2\}(\eta\text{-}C_5H_5)_2$		15
$ZrSi_4C_{23}H_{45}Cl$	$ZrCl\{CH(SiMe_3)_2\}(\eta\text{-}C_5H_4SiMe_3)_2$		29
$ZrC_{24}H_{22}Cl_2$	$ZrCl_2(\eta\text{-}C_5H_4CH_2Ph)_2$		30
$ZrSi_2C_{25}H_{45}Cl$	$ZrCl\{CH(SiMe_3)_2\}(\eta\text{-}C_5H_4Bu^t)_2$		29
$ZrC_{26}H_{18}Cl_2$	$ZrCl_2(\eta^3\text{-}C_{13}H_9)(\eta^5\text{-}C_{13}H_9)$	e	31
$ZrC_{26}H_{20}O_6 \cdot CH_2Cl_2$	$Zr(trop)_3(\eta\text{-}C_5H_5) \cdot CH_2Cl_2$		32
$ZrC_{26}H_{38}$	$Zr\{C(=CH_2)CH_2C(=CH_2)CH_2\}(\eta\text{-}C_5Me_5)_2$		33
$ZrCoC_{27}H_{35}O_2$	$[Zr(\eta\text{-}C_5Me_5)_2](\mu\text{-}CO)_2\{Co(CO)_4\}$		34
$ZrSiC_{28}H_{25}Cl$	$ZrCl(SiPh_3)(\eta\text{-}C_5H_5)_2$		35
$ZrC_{28}H_{28}$	$Zr(CH_2Ph)_4$		36
$ZrC_{29}H_{26}ClP$	$ZrCl(CHPPh_3)(\eta\text{-}C_5H_5)_2$	115	37
$ZrCo_6C_{30}H_{10}O_{20}$	$Zr\{(\mu_3\text{-}OC)Co_3(CO)_9\}_2(\eta\text{-}C_5H_5)_2$		38
$ZrWC_{31}H_{42}O$	$\{HZr(\eta\text{-}C_5Me_5)_2\}(\mu\text{-}OCH)\{W(\eta\text{-}C_5H_5)_2\}$		39
$ZrC_{36}H_{32}$	$Zr(CHPh_2)_2(\eta\text{-}C_5H_5)_2$		40
$ZrC_{38}H_{30}$	$Zr(CPh=CPhCPh=CPh)(\eta\text{-}C_5H_5)_2$		41

[a] C_6H_{10} = 2,3-Me_2butadiene. [b] C_4H_4N = η^1-pyrrolyl. [c] Only Zr—C bond length recorded. [d] C_8H_{11} = cyclooctadienyl. [e] $C_{13}H_9$ = fluorenyl.

1. I. A. Ronova, N. V. Alekseev, N. I. Gapotchenko and Y. T. Struchkov, *Zh. Strukt. Khim.*, 1970, **11**, 584; *J. Organomet. Chem.*, 1970, **25**, 149; I. A. Ronova and N. V. Alekseev, *Zh. Strukt. Khim.*, 1977, **18**, 212 (E).
2. K. Prout, T.S. Cameron, R. A. Forder, S. R. Critchley, B. Denton and G. V. Rees, *Acta Crystallogr.*, 1974, **B30**, 2290.
3. M. A. Bush and G. A. Sim, *J. Chem. Soc. (A)*, 1971, 2225.
4. S. J. Anderson, D. S. Brown and K. J. Finney, *J. Chem. Soc., Dalton Trans.*, 1979, 152.
5. J. L. Atwood, R. D. Rogers, W. E. Hunter, C. Floriani, G. Fachinetti and A. Chiesi-Villa, *Inorg. Chem.*, 1980, **19**, 3812.
6. D. J. Brauer and C. Krüger, *Inorg. Chem.*, 1975, **14**, 3053.
7. C. H. Saldarriaga-Molina, A. Clearfield and I. Bernal, *J. Organomet. Chem.*, 1974, **80**, 79.
8. G. Fachinetti, C. Floriani, F. Marchetti and S. Merlino, *J. Chem. Soc., Chem. Commun.*, 1976, 522*; F. Marchetti and S. Merlino, unpublished work cited in G. Fachinetti, G. Fochi and C. Floriani, *J. Chem. Soc., Dalton Trans.*, 1977, 1946.
9. G. Erker, J. Wicher, K. Engel, F. Rosenfeldt, W. Dietrich and C. Krüger, *J. Am. Chem. Soc.*, 1980, **102**, 6344.
10. A. H. Bruder, R. C. Fay, D. F. Lewis and A. A. Sayler, *J. Am. Chem. Soc.*, 1976, **98**, 6932.
11. J. J. Stezowski and H. A. Eick, *J. Am. Chem. Soc.*, 1969, **91**, 2890.
12. V. S. Sudarikov, N. G. Bokii, V. I. Kulishov and Y. T. Struchkov, *Zh. Strukt. Khim.*, 1969, **10**, 941.
13. M. F. Lappert, T. R. Martin, J. L. Atwood and W. E. Hunter, *J. Chem. Soc., Chem. Commun.*, 1980, 476.
14. R. V. Bynum, W. E. Hunter, R. D. Rogers and J. L. Atwood, *Inorg. Chem.*, 1980, **19**, 2368.
15. J. Jeffrey, M. F. Lappert, N. T. Luong-Thi, J. L. Atwood and W. E. Hunter, *J. Chem. Soc., Chem. Commun.*, 1978, 1081.

16. B. Longato, J. R. Norton, J. C. Huffman, J. A. Marsella and K. G. Caulton, *J. Am. Chem. Soc.*, 1981, **103**, 209.
17. M. Elder, J. F. Evans and W. A. G. Graham, *J. Am. Chem. Soc.*, 1969, **91**, 1245*; M. Elder, *Inorg. Chem.*, 1969, **8**, 2103.
18. V. I. Kulishov, E. M. Brainina, N. G. Bokii and Y. T. Struchkov, *Izv. Akad. Nauk SSSR, Ser. Khim.*, 1969, 2626*; *Zh. Strukt. Khim.*, 1969, **10**, 558; V. I. Kulishov, N. G. Bokii and Y. T. Struchkov, *Zh. Strukt. Khim.*, 1970, **11**, 700.
19. R. D. Rogers, R. V. Bynum and J. L. Atwood, *J. Am. Chem. Soc.*, 1978, **100**, 5238.
20. J. L. Atwood, W. E. Hunter, D. C. Hrncir, E. Samuel, H. Alt and M. D. Rausch, *Inorg. Chem.*, 1975, **14**, 1757.
21. D. J. Brauer and C. Krüger, *J. Organomet. Chem.*, 1972, **42**, 129.
22. W. Kaminsky, J. Kopf, H. Sinn and H.-J. Vollmer, *Angew. Chem.*, 1976, **88**, 688 (*Angew. Chem., Int. Ed. Engl.*, 1976, **15**, 629)*.
23. J. Kopf, H.-J. Vollmer and W. Kaminsky, *Cryst. Struct. Commun.*, 1980, **9**, 271.
24. W. Kaminsky, J. Kopf and G. Thirase, *Liebigs Ann. Chem.*, 1974, 1531; J. Kopf, W. Kaminsky and H.-J. Vollmer, *Cryst. Struct. Commun.*, 1980, **9**, 197.
25. M. B. Fischer, E. J. James, T. J. McNeese, S. C. Nyburg, B. Posin, W. Wong-Ng and S. S. Wreford, *J. Am. Chem. Soc.*, 1980, **102**, 4941.
26. J. Kopf, H.-J. Vollmer and W. Kaminsky, *Cryst. Struct. Commun.*, 1980, **9**, 985.
27. D. J. Sikora, M. D. Rausch, R. D. Rogers and J. L. Atwood, *J. Am. Chem. Soc.*, 1981, **103**, 1265.
28. N. E. Schore and H. Hope, *J. Am. Chem. Soc.*, 1980, **102**, 4251.
29. M. F. Lappert, P. I. Riley, P. I. W. Yarrow, J. L. Atwood, W. E. Hunter and M. J. Zawarotko, *J. Chem. Soc., Dalton Trans.*, 1981, 814.
30. Y. Dusausoy, J. Protas, P. Renaut, B. Gautheron and G. Tainturier, *J. Organomet. Chem.*, 1978, **157**, 167.
31. C. Kowala, P. C. Wailes, H. Weigold and J. A. Wunderlich, *J. Chem. Soc., Chem. Commun.*, 1974, 993*; C. Kowala and J. A. Wunderlich, *Acta Crystallogr.*, 1976, **B32**, 820.
32. M. McPartlin and J. D. Matthews, *J. Organomet. Chem.*, 1976, **104**, C20.
33. J. R. Schmidt and D. M. Duggan, *Inorg. Chem.*, 1981, **20**, 318.
34. P. T. Barger and J. E. Bercaw, *J. Organomet. Chem.*, 1980, **201**, C39.
35. K. W. Muir, *J. Chem. Soc. (A)*, 1971, 2663.
36. G. R. Davies, J. A. J. Jarvis, B. T. Kilbourn and A. J. P. Pioli, *Chem. Commun.*, 1971, 677.
37. J. C. Baldwin, N. L. Keder, C. E. Strouse and W. C. Kaska, *Z. Naturforsch., Teil B*, 1980, **35**, 1289.
38. B. Stutte, V. Bätzel, R. Boese and G. Schmid, *Chem. Ber.*, 1978, **111**, 1603.
39. P. T. Wolczanski, R. S. Threlkel and J. E. Bercaw, *J. Am. Chem. Soc.*, 1979, **101**, 218.
40. J. L. Atwood, G. K. Barker, J. Holton, W. E. Hunter, M. F. Lappert and R. Pearce, *J. Am. Chem. Soc.*, 1977, **99**, 6645.
41. W. E. Hunter, J. L. Atwood, G. Fachinetti and C. Floriani, *J. Organomet. Chem.*, 1981, **204**, 67.

Zr_2 Dizirconium

Molecular formula	Structure	Notes	Ref.
$Zr_2C_{20}H_{20}Cl_2O$	$\{ZrCl(\eta\text{-}C_5H_5)_2\}_2O$		1
$Zr_2C_{30}H_{28}$	$\{Zr(\eta\text{-}C_5H_5)_2\}_2(\mu\text{-}H)(\mu\text{-}\eta^1,\eta^2\text{-}C_{10}H_7)$		2
$Zr_2C_{32}H_{30}OS_2$	$\{Zr(SPh)(\eta\text{-}C_5H_5)_2\}_2O$		3
$Zr_2Al_2C_{34}H_{54}Cl_2$	$\{Zr(ClAlEt_3)(\eta\text{-}C_5H_5)_2\}_2(\mu\text{-}C_2H_4)$	D	4
$Zr_2C_{40}H_{60}N_6$	$\{Zr(N_2)(\eta\text{-}C_5Me_5)_2\}_2(N_2)$		5
$Zr_2C_{42}H_{62}I_2O_2$	$\{ZrI(\eta\text{-}C_5Me_5)_2\}_2(\mu\text{-}OCH\text{=}CHO)$		6

1. J. F. Clarke and M. G. B. Drew, *Acta Crystallogr.*, 1974, **B30**, 2267.
2. G. P. Pez, C. F. Putnik, S. L. Suib and G. D. Stucky, *J. Am. Chem. Soc.*, 1979, **101**, 6933.
3. J. L. Petersen, *J. Organomet. Chem.*, 1979, **166**, 179.
4. W. Kaminsky, J. Kopf, H. Sinn and H.-J. Vollmer, *Angew. Chem.*, 1976, **88**, 688 (*Angew. Chem., Int. Ed. Engl.*, 1976, **15**, 629).
5. J. M. Manriquez, R. D. Sanner, R. E. Marsh and J. E. Bercaw, *J. Am. Chem. Soc.*, 1976, **98**, 3042*, 8351.
6. J. M. Manriquez, D. R. McAlister, R. D. Sanner and J. E. Bercaw, *J. Am. Chem. Soc.*, 1978, **100**, 2716.

Zr_3 Trizirconium

Molecular formula	Structure	Notes	Ref.
$Zr_3C_{30}H_{30}O_3 \cdot C_7H_8$	$[Zr(\mu\text{-}O)(\eta\text{-}C_5H_5)_2]_3 \cdot PhMe$		1
$Zr_3C_{36}H_{54}Cl_6^{2+} \cdot 2Al_2Cl_7^-$	$[Zr_3(\mu\text{-}Cl)_6(\eta^6\text{-}C_6Me_6)_3][Al_2Cl_7]_2$		2

1. G. Fachinetti, C. Floriani, A. Chiesi-Villa and C. Guastini, *J. Am. Chem. Soc.*, 1979, **101**, 1767.
2. F. Stollmaier and U. Thewalt, *J. Organomet. Chem.*, 1981, **208**, 327.

Metal–Metal Compounds   *Structure Index*   1504

Organometallic Compounds with Metal–Metal Bonds Between Main Group Elements and Transition Metals[a]

Molecular formula	Structure	Notes	Ref.
$AlFeC_{25}H_{20}O_2^- \cdot C_8H_{20}N^+$	$[NEt_4][Fe(AlPh_3)(CO)_2(\eta-C_5H_5)]$		1
$AlTi_2C_{24}H_{31}$	$\{Ti(\eta-C_5H_5)\}_2(\mu-H)(\mu-H_2AlEt_2)(\mu-\eta^5,\eta^5-C_{10}H_8)$		2
$AlW_3C_{36}H_{39}O_{12}$	$\{W(CO)_3(\eta-C_5H_5)\}_3Al(THF)_3$		3
$AlZrC_{21}H_{31}$	$Zr(HAlEt_3)(\eta-C_5H_5)_3$		4
$Al_2Ti_2C_{28}H_{38}$	$\{Ti(HAlEt_2)(\eta-C_5H_5)\}_2(\mu-\eta^5,\eta^5-C_{10}H_8)$		5, 6
$Al_2Ti_2C_{28}H_{38}\cdot C_7H_8$	$\{Ti(HAlEt_2)(\eta-C_5H_5)\}_2(\mu-\eta^5,\eta^5-C_{10}H_8)\cdot PhMe$		2
$Al_3Mo_2C_{25}H_{35}$	$Mo_2(\mu-H_2AlMe_2)\{\mu-AlMe(\eta-C_5H_4)_2AlMe_2\}$-$(\eta-C_5H_5)_2$		7, 8
$Al_4Mo_2C_{26}H_{34}$	$[Mo\{\mu-AlMe(\eta-C_5H_4)_2AlMe_2\}]_2$		8
$BFeSiC_{15}H_{15}O_3$	$Fe(CO)_3\{\eta\text{-}PhB(CH=CH)_2SiMe_2\}$		9
$BFeC_{16}H_{19}INO_2$	$FeI(CO)_2(\eta^5\text{-}\overline{BPhCMeC_2H_2N}Bu^t)$		10
$BMnC_{14}H_{10}O_3$	$Mn(CO)_3(\eta^6\text{-}C_5H_5BPh)$		11
$BMn_2C_{18}H_{13}O_6$	$\{Mn(CO)_3\}_2(\mu-\eta^5,\eta^5\text{-}2\text{-}EtC_4H_3BPh)$		12
$BMoC_4H_4O_4^- \cdot C_{36}H_{30}NP_2^+$	$[PPN][Mo(H_2BH_2)(CO)_4]$		13
$BNbC_{10}H_{14}$	$Nb(H_2BH_2)(\eta-C_5H_5)_2$		14
$BNiC_{21}H_{40}P$	$Ni(\eta-C_2H_4)\{Cy_2P(CH_2)_3BEt(CH=CH_2)\}$	D	15
$BTiC_{10}H_{14}$	$Ti(H_2BH_2)(\eta-C_5H_5)_2$	E, X	16, 17
$B_2CoC_{12}H_{16}$	$Co\{\eta-C_5H_5B(OMe)\}_2$		18
$B_2CoC_{12}H_{16}O_2$	$Cr(CO)_3\{\eta\text{-}Me\overline{B(CEt)_2BMeNHN}H\}$		19
$B_2CrC_{11}H_{18}N_2O_3$	$Cr(CO)_3\{\eta\text{-}Me\overline{B(CEt)_2BMeNHN}H\}$		20
$B_2FeC_{11}H_{10}O_3S$	$Fe(CO)_3\{\eta^5\text{-}C_6H_4(BMe)_2S\}$		21
$B_2FeC_{13}H_{22}N_2O_3S$	$Fe(CO)_3\{\eta^5\text{-}S\{B(NMe_2)\}_2(CEt)_2\}$		22
$B_2Fe_2C_{16}H_{16}O_4$	$[Fe(CO)_2(\eta^6\text{-}C_5H_5BMe)]_2$		23
$B_2Fe_2C_{18}H_{26}S$	$\{Fe(\eta-C_5H_5)\}_2\{\mu-\eta^5,\eta^5\text{-}S(BMe)_2(CEt)_2\}$		24
$B_2Fe_2C_{32}H_{38}N_2O_4$	$cis\text{-}[Fe(CO)_2(\eta^5\text{-}Ph\overline{BCMeC_2H_2N}Bu^t)]_2$		10, 25
$B_2Mn_3C_{10}H_7O_{10}$	$HMn_3(BH_3)_2(CO)_{10}$		26
$B_2NiC_{17}H_{28}$	$Ni\{\eta^5\text{-}CMe(BEt_2)(CEt)_2\}(\eta-C_5H_5)$		27
$B_2NiSi_2C_{24}H_{30}$	$Ni\{\eta^5\text{-}BPh(CH=CH)_2SiMe_2\}_2$		28
$B_2Ti_2C_{10}H_{18}Cl_2$	$[TiCl(H_2BH_2)(\eta-C_5H_5)]_2$		29
$B_2UC_{10}H_{18}$	$U(BH_4)_2(\eta-C_5H_5)_2$		30
$B_3Co_3C_{15}H_{20}$	$\{Co(\eta-C_5H_5)\}_3B_3H_5$		31
$B_3CrC_4H_8O_4^- \cdot C_4H_{12}N^+$	$[NMe_4][Cr(CO)_4(B_3H_8)]$		32
$B_3CrC_{15}H_{30}N_3O_3$	$Cr(CO)_3(\eta^6\text{-}B_3N_3Et_6)$		33
$B_3Fe_2C_6H_7O_6$	$Fe_2(\mu\text{-}B_3H_7)(CO)_6$		34
$B_3MnC_3H_8O_3$	$Mn(B_3H_8)(CO)_3$		35
$B_3MnC_4H_7BrO_4$	$Mn(B_3H_7Br)(CO)_4$	173	36
$B_4CoC_5H_{13}$	$2\text{-}\{Co(\eta-C_5H_5)\}B_4H_8$		37
$B_4Co_2C_{10}H_{16}$	$1,2\text{-}\{Co(\eta-C_5H_5)\}_2B_4H_6$		38
$B_4Co_3C_{15}H_{19}$	$\{Co(\eta-C_5H_5)\}_3B_4H_4$		31
$B_4Co_4C_{20}H_{24}$	$\{Co(\eta-C_5H_5)\}_4B_4H_4$		39
$B_4FeMn_2C_{22}H_{32}O_6S_2$	$Fe\{\mu-\eta^5,\eta^5\text{-}S(BMe)_2(CEt)_2\}_2\{Mn(CO)_3\}_2$		40
$B_4Fe_3C_{26}H_{42}S_2$	$Fe\{\mu-\eta^5,\eta^5\text{-}S(BMe)_2(CEt)_2\}Fe(\eta-C_5H_5))_2$		41
$B_4NiC_{16}H_{32}S_2$	$Ni\{\eta^5\text{-}S(BMe)_2(CEt)_2\}_2$		42
$B_4Ni_4C_{20}H_{24}$	$\{Ni(\eta-C_5H_5)\}_4B_4H_4$		43
$B_5FeC_3H_8O_3^- \cdot C_{16}H_{36}N^+$	$[NBu_4][\{Fe(CO)_3\}B_5H_8]$		44
$B_5IrC_7H_{26}Br_2OP_2$	$Ir(B_5H_8)Br_2(CO)(PMe_3)_2$		45
$B_6CoC_5H_{13}S_2$	$7\text{-}\{Co(\eta-C_5H_5)\}\text{-}6,8\text{-}S_2B_6H_8$		46
$B_7FeC_4H_{12}O_4^- \cdot C_{16}H_{36}N^+$	$[NBu_4][\{Fe(CO)_4\}B_7H_{12}]$		47
$B_8Co_2FeC_{32}H_{64}S_4$	$Fe\{\mu-\eta^5,\eta^5\text{-}S(BMe)_2(CEt)_2\}_2Co)_2$		48
$B_8MnC_3H_{13}O_3$	$Mn(B_8H_{13})(CO)_3$		49
$B_9CoC_5H_{18}$	$5\text{-}\{Co(\eta-C_5H_5)\}B_9H_{13}$		50
$CdMn_2C_{16}H_{14}O_{13}$	$\{Mn(CO)_5\}_2Cd(diglyme)$		51
$CdMn_2C_{20}H_8N_2O_{10}$	$\{Mn(CO)_5\}_2Cd(bipy)$		52
$CdMn_2C_{22}H_8N_2O_{10}$	$\{Mn(CO)_5\}_2Cd(phen)$		52
$CdMn_2C_{25}H_{11}N_3O_{10}$	$\{Mn(CO)_5\}_2Cd(terpy)$		53
$Cd_3Fe_3C_{42}H_{24}N_6O_{12}\cdot 0.75C_6H_3Cl_3$	$[Fe\{Cd(bipy)\}(CO)_4]_3\cdot 0.75C_6H_3Cl_3\text{-}1,2,4$		54
$Cd_3Ni_2Ge_4C_{82}H_{70}\cdot C_7H_8$	$[Ni(CdGePh_3)(GePh_3)(\eta-C_5H_5)]_2Cd\cdot PhMe$	153	55
$Cd_4Fe_4C_{16}O_{16}\cdot 2C_3H_6O$	$[CdFe(CO)_4]_4\cdot 2Me_2CO$		56
$GaWC_{10}H_{11}O_3$	$W(GaMe_2)(CO)_3(\eta-C_5H_5)$		57
$GaW_3C_{24}H_{15}O_9$	$Ga\{W(CO)_3(\eta-C_5H_5)\}_3$		58
$Ga_2Mn_4C_{18}O_{18}$	$Mn_2\{\mu\text{-}GaMn(CO)_5\}_2(CO)_8$		59
$GeCoC_4H_3O_4$	$Co(GeH_3)(CO)_4$	E	60
$GeCoC_4Cl_3O_4$	$Co(GeCl_3)(CO)_4$		61
$GeCoC_{21}H_{15}O_4$	$(+)\text{-}Co\{GeMePh(1\text{-}Nap)\}(CO)_4$		62
$GeCoC_{26}H_{25}O_4$	$Co(GePh_3)(CO)_3\{C(OEt)Et\}$		63
$GeCoC_{39}H_{30}O_3P$	$Co(GePh_3)(CO)_3(PPh_3)$		64
$GeCo_3C_{17}H_5O_{11}$	$Co_3(\mu\text{-}GePh)(CO)_{11}$		65
$GeCo_4C_{13}O_{13}$	$Co_3\{\mu_3\text{-}GeCo(CO)_4\}(CO)_9$		66

Molecular formula	Structure	Notes	Ref.
GeCo$_4$C$_{14}$O$_{14}$	Ge{Co$_2$(CO)$_7$}$_2$		67
GeCo$_5$HgC$_{17}$O$_{17}^-$C$_8$H$_{20}$N$^+$	[NEt$_4$][Ge{Co$_2$(CO)$_7$}{Co$_2$(CO)$_6$[HgCo(CO)$_4$]}]		68
GeCrSi$_4$C$_{19}$H$_{38}$O$_5$	Cr(Ge{CH(SiMe$_3$)$_2$}$_2$)(CO)$_5$		69
GeCrC$_{23}$H$_{22}$O$_5$S$_2$	Cr(Ge{S(Mes)}$_2$)(CO)$_5$		70
GeFeC$_{10}$H$_{14}$Cl$_2$	Fe(GeCl$_2$Me)(η^4-C$_4$H$_6$)(η-C$_5$H$_5$)		71
GeFe$_2$C$_{14}$H$_{10}$Cl$_2$O$_4$	{Fe(CO)$_2$(η-C$_5$H$_5$)}$_2$GeCl$_2$		72
GeFe$_2$C$_{15}$H$_{16}$O$_3$	Fe$_2$(μ-GeMe$_2$)(CO)$_3$(η-C$_5$H$_5$)$_2$		73
GeFe$_2$C$_{42}$H$_{26}$O$_8$	Fe$_2${μ-GePh(C$_4$Ph$_4$H)}(CO)$_8$		74
GeIrC$_{40}$H$_{41}$OP$_2$	H$_2$Ir(GeMe$_3$)(CO)(PPh$_3$)$_2$	D	75
GeMnC$_5$H$_3$O$_5$	Mn(GeH$_3$)(CO)$_5$	E	76
GeMnC$_5$Br$_3$O$_5$	Mn(GeBr$_3$)(CO)$_5$	E	77
GeMnAs$_2$C$_{10}$H$_{18}$Cl$_3$O$_3$	Mn(GeCl$_3$)(CO)$_3${Me$_2$As(CH$_2$)$_3$AsMe$_2$}		78
GeMnC$_{23}$H$_{15}$O$_5$	Mn(GePh$_3$)(CO)$_5$		79, 80
GeMn$_2$C$_{11}$H$_6$O$_9$	Mn$_2$(μ-GeMe$_2$)(CO)$_9$		81
GeMoC$_{34}$H$_{30}$O$_3$	Mo(GePh$_3$)(CO)$_2${C(OEt)Ph}(η-C$_5$H$_5$)		82
GeNiC$_{23}$H$_{20}$Cl$_3$P	Ni(GePh$_3$)(PPh$_3$)(η-C$_5$H$_5$)		83
GePtC$_{30}$H$_{46}$OP$_2$	cis-Pt{GePh$_2$(OH)}(Ph)(PEt$_3$)$_2$		84
GeReC$_5$H$_3$O$_5$	Re(GeH$_3$)(CO)$_5$	E	85
GeReC$_{23}$H$_{15}$O$_5$	Re(GePh$_3$)(CO)$_5$		79
GeWC$_{13}$H$_8$Br$_4$N$_2$O$_3$	WBr(GeBr$_3$)(CO)$_3$(bipy)		86
Ge$_2$Co$_2$FeC$_{16}$H$_{10}$Cl$_4$O$_6$	{Co(μ-CO)(η-C$_5$H$_5$)}$_2$(μ-GeCl$_2$)$_2${Fe(CO)$_4$}		87
Ge$_2$Fe$_2$C$_{16}$H$_{20}$O$_8$	[Fe(μ-GeEt$_2$)(CO)$_4$]$_2$		88
Ge$_2$Fe$_2$C$_{18}$H$_{22}$O$_5$	({Fe(CO)$_2$(η-C$_5$H$_5$)}GeMe$_2$)$_2$O		89
Ge$_2$Fe$_2$C$_{31}$H$_{20}$O$_7$	Fe$_2$(μ-GePh$_2$)$_2$(CO)$_7$		90
Ge$_2$Mn$_4$C$_{18}$Br$_2$O$_{18}$	Mn$_2${μ-GeBrMn(CO)$_5$}$_2$(CO)$_8$		91
Ge$_2$Mn$_4$C$_{18}$I$_2$O$_{18}$	Mn$_2${μ-GeIMn(CO)$_5$}$_2$(CO)$_8$		92
Ge$_2$Re$_2$C$_{16}$H$_{18}$O$_{10}$	[Re{μ-GeMe$_2$OC(O)}(CO)$_4$]$_2$		93
Ge$_2$RuC$_4$Cl$_6$O$_4$	cis-Ru(GeCl$_3$)$_2$(CO)$_4$		94
Ge$_2$RuC$_4$Cl$_6$O$_4$	trans-Ru(GeCl$_3$)$_2$(CO)$_4$		94
Ge$_2$RuC$_7$H$_6$Cl$_6$O	Ru(GeCl$_3$)$_2$(CO)(η-C$_6$H$_6$)		95
Ge$_2$Ru$_2$C$_{18}$H$_{24}$O$_4$	{Ru(GeMe$_3$)(CO)$_2$}$_2$(μ-C$_8$H$_6$)		96
Ge$_3$Fe$_2$C$_{12}$H$_{18}$O$_6$	Fe$_2$(μ-GeMe$_2$)$_3$(CO)$_6$		97
Ge$_3$Ru$_3$C$_{15}$H$_{18}$O$_9$	[Ru(μ-GeMe$_2$)(CO)$_3$]$_3$		98
Ge$_4$Ni$_2$Cd$_3$C$_{82}$H$_{70}$·C$_7$H$_8$	{Ni(GePh$_3$)(η-C$_5$H$_5$)}$_2$Cd$_3$(GePh$_3$)$_2$·PhMe	153	55
Ge$_4$Ni$_2$Hg$_3$C$_{82}$H$_{70}$·C$_7$H$_8$	{Ni(GePh$_3$)(η-C$_5$H$_5$)}$_2$Hg$_3$(GePh$_3$)$_2$·PhMe	153	99
HgCoC$_7$H$_5$Cl$_2$O$_2$	Co(HgCl$_2$)(CO)$_2$(η-C$_5$H$_5$)		100
HgCo$_2$C$_8$O$_8$	Hg{Co(CO)$_4$}$_2$		101
HgCo$_2$C$_{18}$H$_{30}$O$_6$P$_2$	Hg{Co(CO)$_3$(PEt$_3$)}$_2$		102
HgCo$_5$GeC$_{17}$O$_{17}^-$C$_8$H$_{20}$N$^+$	[NEt$_4$][Ge{Co$_2$(CO)$_7$}(Co$_2$(CO)$_6${HgCo(CO)$_4$})]		68
HgFe$_2$C$_{16}$H$_{30}$N$_2$O$_6$P$_2$	Hg{Fe(CO)$_2$(NO)(PEt$_3$)}$_2$		103
HgIrC$_{37}$H$_{30}$Br$_2$ClOP$_2$	IrBrCl(HgBr)(CO)(PPh$_3$)$_2$		104
HgIrC$_{37}$H$_{30}$Cl$_3$OP$_2$	IrCl$_2$(HgCl)(CO)(PPh$_3$)$_2$		104
HgMn$_2$C$_{10}$O$_{10}$	Hg{Mn(CO)$_5$}$_2$		105, 106
HgMn$_2$SnC$_{53}$H$_{28}$N$_4$O$_9$·0.5CH$_2$Cl$_2$	Hg{Mn(CO)$_5$}{Mn{Sn(TPP)}(CO)$_4$}·0.5CH$_2$Cl$_2$		107
HgMoC$_8$H$_5$ClO$_3$	Mo(HgCl)(CO)$_3$(η-C$_5$H$_5$)		108
HgMoC$_{13}$H$_8$Cl$_2$N$_2$O$_3$	MoCl(HgCl)(CO)$_3$(bipy)		109
HgMoAsC$_{16}$H$_{18}$IO$_2$	Mo(HgI)(CO)$_2$(AsMe$_2$Ph)(η-C$_5$H$_4$Me)		110
HgMo$_2$C$_{16}$H$_{10}$O$_6$	Hg{Mo(CO)$_3$(η-C$_5$H$_5$)}$_2$		110
HgPtC$_{22}$H$_{30}$N$_2$O$_4$	Pt{Hg(OAc)}(μ-OAc)(C$_6$H$_4$CH$_2$NMe$_2$-2)$_2$		111
HgPtC$_{38}$H$_{30}$F$_6$P$_2$	cis-Pt{Hg(CF$_3$)}(CF$_3$)(PPh$_3$)$_2$	233	112
HgPtC$_{54}$H$_{28}$BrO$_2$P$_2$	cis-PtBr{Hg(L-CHPh{CO$_2$(Men)})}(PPh$_3$)$_2$		113
Hg$_2$FeC$_4$Br$_2$O$_4$	cis-Fe(HgBr)$_2$(CO)$_4$		114
Hg$_2$FeC$_4$Cl$_2$O$_4$	cis-Fe(HgCl)$_2$(CO)$_4$		115
Hg$_2$FeC$_4$Cl$_3$O$_4^-$AsC$_{24}$H$_{20}^+$	[AsPh$_4$][Fe(HgCl)(HgCl$_2$)(CO)$_4$]		116
Hg$_2$FeC$_{14}$H$_{10}$ClN$_2$O$_4$	cis-Fe{HgCl(py)}$_2$(CO)$_4$		117
Hg$_2$Ir$_2$C$_{52}$H$_{72}$Cl$_2$N$_6$	[IrHg(μ-Cl){EtN$_3$(Tol)}$_2$(cod)]$_2$		118
Hg$_2$Ru$_2$C$_{20}$H$_{20}$Br$_4$	[Ru(HgBr$_2$)(η-C$_5$H$_5$)$_2$]$_2$		119
Hg$_2$Ru$_6$C$_{30}$H$_{18}$Br$_2$	[Ru$_3$(μ-HgBr)(μ-C$_2$Bu^t)(CO)$_9$]$_2$		120
Hg$_3$CoC$_7$H$_5$Cl$_6$O$_2$	Co(HgCl$_2$)$_3$(CO)$_2$(η-C$_5$H$_5$)		121
Hg$_3$CrC$_9$H$_6$Cl$_6$O$_3$	Cr(HgCl$_2$)$_3$(CO)$_3$(η-C$_6$H$_6$)		122
Hg$_3$Ni$_2$Ge$_4$C$_{82}$H$_{70}$·C$_7$H$_8$	{Ni(HgGePh$_3$)(GePh$_3$)(η-C$_5$H$_5$)}$_2$Hg·PhMe	153	99
Hg$_3$Ru$_2$C$_{20}$H$_{20}$Cl$_6$	{Ru(HgCl$_2$)(η-C$_5$H$_5$)}$_2$}$_2$(μ-HgCl$_2$)		119
Hg$_4$Mo$_8$C$_{32}$H$_{20}$O$_{12}$	[MoHg{Mo(CO)$_3$(η-C$_5$H$_5$)}]$_4$		123
InCo$_2$C$_8$Br$_2$O$_8^-$C$_8$H$_{20}$N$^+$	[NEt$_4$][Co$_2$(μ-InBr$_2$)(CO)$_8$]		124
InCo$_3$C$_{12}$O$_{12}$	In{Co(CO)$_4$}$_3$		125
[InCrC$_9$H$_8$BrO$_6$]$_n$	[Cr{InBr(THF)}(CO)$_5$]$_n$		126
In$_2$Fe$_2$Mn$_2$C$_{18}$O$_{18}$	Fe$_2${μ-InMn(CO)$_5$}$_2$(CO)$_8$		127
In$_2$Mn$_4$C$_{18}$O$_{18}$	Mn$_2${μ-InMn(CO)$_5$}$_2$(CO)$_8$		59
In$_2$Mn$_4$C$_{20}$Br$_2$O$_{20}$	[In(μ-Br){Mn(CO)$_5$}$_2$]$_2$		128
In$_2$Mn$_4$C$_{20}$Cl$_2$O$_{20}$	[In(μ-Cl){Mn(CO)$_5$}$_2$]$_2$		128
In$_2$Mn$_4$C$_{20}$I$_2$O$_{20}$	[In(μ-I){Mn(CO)$_5$}$_2$]$_2$		128

Metal–Metal Compounds *Structure Index*

Molecular formula	Structure	Notes	Ref.
$In_2Re_4C_{18}O_{18}$	$Re_2\{\mu\text{-}InRe(CO)_5\}_2(CO)_8$		129
$In_3Co_4C_{15}Br_3O_{15}$	$Co_4(CO)_{15}In_3Br_3$		130
$In_4Re_8C_{32}O_{32}$	$Re_4\{\mu_3\text{-}InRe(CO)_5\}_4(CO)_{12}$		131
$MgFeC_{39}H_{45}BrO_2P_2 \cdot C_4H_8O$	$Fe\{MgBr(THF)_2\}(dppe)(\eta\text{-}C_5H_5) \cdot THF$		132
$MgMoC_{18}H_{27}BrO_2$	$HMo\{MgBr(THF)_2\}(\eta\text{-}C_5H_5)_2$		133
$Mg_4Mo_2C_{34}H_{56}Br_4O_2$	$[HMo(MgPr^i)\{Mg(OEt_2)\}Br_2(\eta\text{-}C_5H_5)_2]_2$		134
$Mg_4Mo_2C_{36}H_{30}N_4O_6$	$\{Mo(CO)_3(\eta\text{-}C_5H_5)\}_2Mg(py)_4$		135
$Mg_4Mo_2C_{40}H_{62}Br_4O_2 \cdot C_4H_{10}O$	$[HMo(MgCy)\{Mg(OEt_2)\}Br_2(\eta\text{-}C_5H_5)_2]_2 \cdot Et_2O$		134, 136
$PbFe_2C_{16}H_{16}O_4$	$\{Fe(CO)_2(\eta\text{-}C_5H_5)\}_2PbMe_2$		137
$PbMoC_{26}H_{20}O_3$	$Mo(PbPh_3)(CO)_3(\eta\text{-}C_5H_5)$		79
$PbPtC_{60}H_{50}P_2$	$cis\text{-}Pt(PbPh_3)(Ph)(PPh_3)_2$		138
$PbReC_{23}H_{15}O_5$	$Re(PbPh_3)(CO)_5$		79
$PbWC_{26}H_{20}O_3$	$W(PbPh_3)(CO)_3(\eta\text{-}C_5H_5)$		79
$SiCoC_4H_3O_4$	$Co(SiH_3)(CO)_4$	E	139
$SiCoC_4Cl_3O_4$	$Co(SiCl_3)(CO)_4$		140
$SiCoC_4F_3O_4$	$Co(SiF_3)(CO)_4$		141
$SiCo_3C_{13}O_{13}$	$Co_3\{\mu_3\text{-}SiCo(CO)_4\}(CO)_9$		142
$SiFeC_4Cl_3O_4^- \cdot C_8H_{20}N^+$	$[NEt_4][Fe(SiCl_3)(CO)_4]$		143
$SiFeC_7H_6Cl_2O_4$	$\overline{Fe\{CH_2(CH_2)_2SiCl_2\}(CO)_4}$	243	144
$SiMnC_5H_3O_5$	$Mn(SiH_3)(CO)_5$	E	76
$SiMnC_5F_3O_5$	$Mn(SiF_3)(CO)_5$	E	145
$SiMnC_{25}H_{24}O_4P$	$Mn(SiMe_3)(CO)_4(PPh_3)$		146
$SiPtC_{22}H_{24}ClNO_3P_2$	$trans\text{-}PtCl\{Si(OC_2H_4)_3N\}(PMe_2Ph)_2$		147
$SiPtC_{33}H_{37}ClP_2$	$(+)\text{-}trans\text{-}PtCl\{SiMePh(C_{10}H_7\text{-}1)\}(PMe_2Ph)_2$		148
$SiPtC_{36}H_{70}P_2$	$trans\text{-}HPt(SiH_3)(PCy_3)_2$		149
$SiPt_2C_{54}H_{82}P_2$	$\{Pt(C_2Ph)(PCy_3)\}_2(\mu\text{-}SiMe_2)$	150	
$SiReC_5H_3O_5$	$Re(SiH_3)(CO)_5$	E	84
$SiReC_8H_9O_5$	$Re(SiMe_3)(CO)_5$		151
$SiReC_{25}H_{21}O_2$	$HRe(SiPh_3)(CO)_2(\eta\text{-}C_5H_5)$		152
$SiRe_2C_{20}H_{12}O_8$	$(\mu\text{-}SiPh_2)H_2Re_2(CO)_8$		153
$SiTiC_{13}H_9Cl$	$TiCl(SiMe_3)(\eta\text{-}C_5H_5)_2$		154
$SiZrC_{28}H_{25}Cl$	$ZrCl(SiPh_3)(\eta\text{-}C_5H_5)_2$		155
$Si_2FeC_6H_6Cl_6O$	$HFe(SiCl_3)_2(CO)(\eta\text{-}C_5H_5)$		156
$Si_2FeC_8H_{12}F_4O$	$HFe(SiF_2Me)_2(CO)(\eta\text{-}C_5H_5)$		157
$Si_2FeC_{10}H_{18}O_4$	$cis\text{-}Fe(SiMe_3)_2(CO)_4$		158
$Si_2IrC_{41}H_{43}O_2P_2$	$HIr(SiMe_2OSiMe_2)(CO)(PPh_3)_2$		159
$Si_2Mn_2C_{32}H_{20}O_8$	$[Mn(\mu\text{-}SiPh_2)(CO)_4]_2$		160
$Si_2MoC_{11}H_{10}F_4O_5$	$\overline{Mo(SiF_2CH=CBu^tSiF_2)(CO)_5}$		161
$Si_2Pt_2C_{40}H_{80}P_2$	$[HPt(\mu\text{-}SiMe_2)(PCy_3)]_2$		162
$Si_2Pt_2C_{46}H_{64}N_4$	$[Pt(SiMePh_2)(CH=NBu^t)(CNBu^t)]_2$	223	163
$Si_2Pt_2C_{48}H_{98}P_2$	$[HPt(SiEt_3)(PCy_3)]_2$		164
$Si_2Re_2C_{14}H_{24}O_6$	$[H_2Re(\mu\text{-}SiEt_2)(CO)_3]_2$		165
$Si_2Re_2C_{15}H_{22}O_7$	$H_2Re_2(\mu\text{-}SiEt_2)_2(CO)_7$		166
$Si_2RuC_{16}H_{26}O_2$	$Ru(SiMe_3)(CO)_2\{\eta^5\text{-}C_8H_8(SiMe_3)\}$		167
$Si_2RuC_{21}H_{25}F_5O_2$	$Ru(SiMe_3)(CO)_2\{\eta^5\text{-}C_7H_7(C_6F_5)(SiMe_3)\}$		168
$Si_2Ru_2C_{18}H_{24}O_5$	$Ru_2(SiMe_3)(CO)_5\{\mu\text{-}C_7H_6(SiMe_3)\}$		169
$Si_2Ru_2C_{18}H_{26}O_4$	$Ru_2(SiMe_3)(CO)_4\{\mu\text{-}C_8H_8(SiMe_3)\}$		170
$Si_2Ru_2C_{19}H_{24}O_5$	$Ru_2(CO)_5\{\mu\text{-}SiMe_2(CH_2)_2SiMe_2C_8H_8\}$		170
$Si_2Ti_2C_{20}H_{24}$	$[Ti(SiH_2)(\eta\text{-}C_5H_5)_2]_2$		171
$Si_2W_2C_{16}H_{22}O_8$	$[HW(\mu\text{-}SiEt_2)(CO)_4]_2$		172
$Si_3FeC_{10}H_{11}Cl_5O_2$	$\overline{Fe\{SiCl(CH_2SiCl_2)_2CH_2\}(CO)_2(\eta\text{-}C_5H_5)}$		173
$Si_3Fe_2C_{17}H_{16}Cl_4O_4$	$\{Fe(CO)_2(\eta\text{-}C_5H_5)\}_2Si_3Cl_4(CH_2)_3$		173
$Si_4MnC_{14}H_{27}O_5$	$Mn\{Si(SiMe_3)_3\}(CO)_5$		174
$Si_4ReC_{14}H_{27}O_5$	$Re\{Si(SiMe_3)_3\}(CO)_5$		151
$Si_4Ru_2C_{16}H_{30}O_6$	$[Ru(\mu\text{-}SiMe_2)(SiMe_3)(CO)_3]_2$		175
$Si_6FeC_{18}H_{38}O_2$	$Fe\{SiMe_2SiMe(SiMe_2)_3SiMe_2\}(CO)_2(\eta\text{-}C_5H_5)$		176
$Si_6Fe_2C_{24}H_{40}O_4$	$\{Fe(CO)_2(\eta\text{-}C_5H_5)\}_2Si_6Me_{10}$		176
$SnAuC_{16}H_{22}Cl_3P_2$	$Au(SnCl_3)(PMe_2Ph)_2$		177
$SnCoC_{37}H_{34}O_3P$	$Co\{SnMePh(CH_2CHMePh)\}(CO)_3(PPh_3)$		178
$SnCoC_{39}H_{30}O_3P$	$Co(SnPh_3)(CO)_3(PPh_3)$		179
$SnCoC_{50}H_{45}NO_3P$	$Co\{SnMePh(CPh_3)\}(CO)_3\{(S)\text{-}Ph_2PNMe\text{-}(CHMePh)\}$		178
$SnCoFe_2C_{18}H_{10}ClO_8$	$\{Co(CO)_4\}\{Fe(CO)_2(\eta\text{-}C_5H_5)\}_2SnCl$		180
$SnCoMnC_{21}H_{10}O_9$	$\{Co(CO)_4\}\{Mn(CO)_5\}SnPh_2$		181
$SnCo_2C_{17}H_4O_{11}$	$Co_2\{\mu\text{-}Sn(acac)_2\}(CO)_7$		182
$SnCo_2C_{18}H_{16}Cl_2O_4$	$\{Co(CO)_2(nbd)\}_2SnCl_2$		183
$SnCo_2C_{30}H_{26}O_4$	$\{Co(CO)_2(nbd)\}_2SnPh_2$		183
$SnCo_3C_{12}BrO_{12}$	$\{Co(CO)_4\}_3SnBr$		184
$SnCo_3C_{12}ClO_{12}$	$\{Co(CO)_4\}_3SnCl$		185
$SnCrC_{18}H_{23}NO_5$	$Cr\{SnBu^t(py)\}(CO)_5$		186

Molecular formula	Structure	Notes	Ref.
SnCrSi$_4$C$_{19}$H$_{38}$O$_5$	Cr(Sn{CH(SiMe$_3$)$_2$}$_2$)(CO)$_5$		187
SnCrC$_{26}$H$_{20}$O$_3$	Cr(SnPh$_3$)(CO)$_3$(η-C$_5$H$_5$)		79
SnCrC$_{27}$H$_{25}$NO$_4$	trans-Cr(SnPh$_3$){C(NEt$_2$)}(CO)$_4$		188
SnFeC$_7$H$_5$Br$_3$O$_2$	Fe(SnBr$_3$)(CO)$_2$(η-C$_5$H$_5$)		189, 190
SnFeC$_7$H$_5$Cl$_3$O$_2$	Fe(SnCl$_3$)(CO)$_2$(η-C$_5$H$_5$)		189, 191
SnFeC$_{13}$H$_{10}$Cl$_2$O$_2$	Fe(SnCl$_2$Ph)(CO)$_2$(η-C$_5$H$_5$)		192
SnFeC$_{25}$H$_{20}$O$_2$	Fe(SnPh$_3$)(CO)$_2$(η-C$_5$H$_5$)		193
SnFeC$_{38}$H$_{30}$O	Fe(SnPh$_3$)(CO)(η^2-C$_2$Ph$_2$)(η-C$_5$H$_5$)		194
SnFeC$_{38}$H$_{34}$F$_6$OP$_2$	Fe(SnMe$_3$)(CO)(f$_6$fos)(η-C$_5$H$_5$)		195
SnFe$_2$C$_{14}$H$_{10}$Cl$_2$O$_4$	{Fe(CO)$_2$(η-C$_5$H$_5$)}$_2$SnCl$_2$		196
SnFe$_2$C$_{14}$H$_{10}$N$_2$O$_8$	{Fe(CO)$_2$(η-C$_5$H$_5$)}$_2$Sn(ONO)$_2$		197
SnFe$_2$C$_{16}$H$_{16}$O$_4$	{Fe(CO)$_2$(η-C$_5$H$_5$)}$_2$SnMe$_2$		198
SnFe$_2$C$_{24}$H$_{20}$O$_4$	{Fe(CO)$_2$(η-C$_5$H$_5$)}$_2$Sn(C$_5$H$_5$)$_2$		199
SnFe$_2$C$_{26}$H$_{20}$O$_8$S$_2$	{Fe(CO)$_2$(η-C$_5$H$_5$)}$_2$Sn(SO$_2$Ph)$_2$		200
SnFe$_2$MoC$_{22}$H$_{15}$ClO$_7$	{Fe(CO)$_2$(η-C$_5$H$_5$)}$_2${Mo(CO)$_3$(η-C$_5$H$_5$)}SnCl		201
SnFe$_4$C$_{16}$O$_{16}$	{Fe(CO)$_4$}$_4$Sn		202
SnIrC$_{16}$H$_{24}$Cl$_3$	Ir(SnCl$_3$)(cod)$_2$		203
SnIrC$_{23}$H$_{30}$Cl$_3$P$_2$	Ir(SnCl$_3$)(PMe$_2$Ph)$_2$(nbd)		204
SnMnC$_5$Cl$_3$O$_5$	Mn(SnCl$_3$)(CO)$_5$		205
SnMnC$_8$H$_9$O$_5$	Mn(SnMe$_3$)(CO)$_5$		206
SnMnC$_{23}$H$_{15}$O$_5$	Mn(SnPh$_3$)(CO)$_5$		207
SnMnC$_{25}$H$_{20}$Cl$_3$O$_2$P$^+$SnCl$_5^-$	[Mn(SnCl$_3$)(CO)$_2$(PPh$_3$)(η-C$_5$H$_5$)][SnCl$_5$]		208
SnMnC$_{40}$H$_{30}$O$_4$P	Mn(SnPh$_3$)(CO)$_4$(PPh$_3$)		209
SnMnC$_{41}$H$_{36}$BrO$_3$P$_2$	Mn(SnBrMe$_2$)(CO)$_3$(PPh$_3$)$_2$		210
SnMn$_2$C$_{10}$Br$_2$O$_{10}$	{Mn(CO)$_5$}$_2$SnBr$_2$		211
SnMn$_2$C$_{10}$Cl$_2$O$_{10}$	{Mn(CO)$_5$}$_2$SnCl$_2$		211
SnMn$_2$C$_{14}$H$_6$O$_{10}$	{Mn(CO)$_5$}$_2$Sn(CH=CH$_2$)$_2$	D	212
SnMn$_2$C$_{22}$H$_{10}$O$_{10}$	{Mn(CO)$_5$}$_2$SnPh$_2$	D	213
SnMn$_2$HgC$_{53}$H$_{28}$N$_4$O$_9$·0.5CH$_2$Cl$_2$	(Mn{Sn(TPP)}(CO)$_4$){Mn(CO)$_5$}Hg·0.5CH$_2$Cl$_2$		107
SnMn$_3$C$_{15}$BrO$_{15}$	{Mn(CO)$_5$}$_3$SnBr		214
SnMn$_3$C$_{15}$ClO$_{15}$	{Mn(CO)$_5$}$_3$SnCl		215
SnMn$_3$C$_{66}$H$_{45}$ClO$_{12}$P$_3$	{Mn(CO)$_4$(PPh$_3$)}$_3$SnCl		216
SnMoC$_7$H$_{10}$Cl$_4$O$_3$S$_2$·CH$_2$Cl$_2$	MoCl(SnCl$_3$)(CO)$_3${MeS(CH$_2$)$_2$SMe}·CH$_2$Cl$_2$		217
SnMoC$_9$H$_7$Cl$_3$O$_2$	Mo(SnCl$_3$)(CO)$_2$(η-C$_7$H$_7$)		218
SnMoC$_{10}$H$_{10}$Br$_4$	MoBr(SnBr$_3$)(η-C$_5$H$_5$)$_2$		219
SnMoC$_{14}$H$_{11}$Cl$_3$N$_2$O$_3$	MoCl(SnCl$_2$Me)(CO)$_3$(bipy)		220
SnMoC$_{15}$H$_{12}$Cl$_2$O$_2$	Mo(SnCl$_2$Ph)(CO)$_2$(η-C$_7$H$_7$)		221
SnMoC$_{21}$H$_{17}$ClO$_2$	Mo(SnClPh$_2$)(CO)$_2$(η-C$_7$H$_7$)		221
SnMoC$_{23}$H$_{20}$Cl$_4$NOP	MoCl(SnCl$_3$)(NO)(PPh$_3$)(η-C$_5$H$_5$)		222
SnMoC$_{24}$H$_{20}$Cl$_3$NO$_2$P$^+$SnCl$_5^-$	[Mo(SnCl$_3$)(CO)(NO)(PPh$_3$)(η-C$_5$H$_5$)][SnCl$_5$]		222
SnMoC$_{26}$H$_{20}$O$_3$	Mo(SnPh$_3$)(CO)$_3$(η-C$_5$H$_5$)		79
SnMoC$_{30}$H$_{24}$Cl$_3$O$_4$P$_2^+$·SnH$_2$Cl$_5$O$^-$·C$_6$H$_6$	[Mo(SnCl$_3$)(CO)$_4$(dppe)][SnCl$_5$(OH$_2$)]·C$_6$H$_6$		223
SnMoC$_{30}$H$_{54}$Cl$_3$N$_6^+$·B$_2$C$_{37}$H$_{30}$N$^-$	[Mo(SnCl$_3$)(CNBu^t)$_6$][(Ph$_3$B)$_2$CN]		224
SnMo$_2$C$_{28}$H$_{20}$O$_6$	{Mo(CO)$_3$(η-C$_5$H$_5$)}$_2$SnPh$_2$		79
SnNiC$_{60}$H$_{57}$NP$_3^+$BC$_{24}$H$_{20}^-$	[Ni(SnPh$_3$)(np$_3$)][BPh$_4$]		225
SnPdC$_{21}$H$_{20}$Cl$_3$P	Pd(SnCl$_3$)(PPh$_3$)(η-C$_3$H$_5$)		226
SnPd$_2$C$_{50}$H$_{44}$Cl$_4$P$_4$	Pd$_2$(SnCl$_3$)Cl(dppm)$_2$		227
SnPtGeHgC$_{72}$H$_{30}$F$_{30}$P$_2$	(C$_6$F$_5$)$_3$Sn{μ-Pt(PPh$_3$)$_2$}HgGe(C$_6$F$_5$)$_3$		228
SnReC$_{23}$H$_{15}$O$_5$	Re(SnPh$_3$)(CO)$_5$		79
SnRe$_3$C$_{14}$H$_7$O$_{12}$	HRe$_3$(μ-SnMe$_2$)(CO)$_{12}$		229
SnRuC$_{40}$H$_{36}$Cl$_4$O$_2$P$_2$·C$_3$H$_6$O	RuCl(SnCl$_3$)(OCMe$_2$)(CO)(PPh$_3$)$_2$·Me$_2$CO		230
SnRu$_2$C$_5$Cl$_6$O$_5$	Ru$_2$(SnCl$_3$)Cl$_3$(CO)$_5$		231
SnWC$_8$H$_{13}$Cl$_3$O$_3$S$_2$	WCl(SnCl$_2$Me)(CO)$_3${MeS(CH$_2$)$_2$SMe}		232
SnW$_2$C$_{28}$H$_{20}$O$_6$	{W(CO)$_3$(η-C$_5$H$_5$)}$_2$SnPh$_2$		79
Sn$_2$Co$_2$C$_{16}$H$_{22}$O$_2$	[Co(μ-SnMe$_2$)(CO)(η-C$_5$H$_5$)]$_2$		233
Sn$_2$FeC$_{40}$H$_{30}$O$_4$	cis-Fe(SnPh$_3$)$_2$(CO)$_4$		234
Sn$_2$Fe$_2$C$_{12}$H$_{12}$O$_8$	[Fe(μ-SnMe$_2$)(CO)$_4$]$_2$		235
Sn$_2$Fe$_2$C$_{28}$H$_{20}$O$_8$	[Fe{Sn(η^1-C$_5$H$_5$)$_2$}(CO)$_4$]$_2$		236
Sn$_2$Fe$_2$C$_{38}$H$_{32}$O$_{10}$S$_2$	[Fe{SnPh(SO$_2$Ph)(μ-OH)}(CO)$_2$(η-C$_5$H$_5$)]$_2$		237
Sn$_2$Fe$_5$C$_{23}$H$_{10}$O$_{13}$	Fe$_3$(CO)$_9${μ_3-SnFe(CO)$_2$(η-C$_5$H$_5$)}$_2$		238
Sn$_2$HfC$_{20}$H$_{34}$	Hf(SnMe$_3$)$_2$(η^6-PhMe)$_2$		239
Sn$_2$Mn$_4$C$_{18}$Br$_2$O$_{18}$	Mn$_2$(μ-SnBr{Mn(CO)$_5$})$_2$(CO)$_8$		240
Sn$_2$Mn$_4$C$_{18}$Cl$_2$O$_{18}$	Mn$_2$(μ-SnCl{Mn(CO)$_5$})$_2$(CO)$_8$		214
Sn$_2$Mn$_4$C$_{20}$H$_2$O$_{20}$	H$_2$Sn$_2${Mn(CO)$_5$}$_4$		241
Sn$_2$Mn$_4$C$_{20}$Br$_2$O$_{20}$	Sn$_2$Br$_2${Mn(CO)$_5$}$_4$		242

Molecular formula	Structure	Notes	Ref.
$Sn_2NiC_{42}H_{48}Cl_2P_2$	trans-$NiCl_2(SnMe_3)_2(PPh_3)_2$		243
$Sn_2OsC_{40}H_{30}O_4$	trans-$Os(SnPh_3)_2(CO)_4$		244
$Sn_2Pt_3C_{24}H_{36}Cl_6$	$\{Pt(cod)\}_3(SnCl_3)_2$		245
$Sn_2Re_6C_{30}O_{30}$	$Sn_2\{Re(CO)_5\}_6$		79
$Sn_2Ru_2C_{14}H_{18}O_8$	$[Ru(SnMe_3)(CO)_4]_2$		246
$Sn_3Fe_4C_{20}H_{12}O_{16}$	$Sn(\{\mu\text{-}Fe(CO)_4\}_2SnMe_2)_2$		247
$Sn_4Ru_2C_{16}H_{30}O_6$	$[Ru(\mu\text{-}SnMe_2)(SnMe_3)(CO)_3]_2$		248
$TlCoC_4O_4$	$TlCo(CO)_4$		249
$TlMo_3C_{24}H_{15}O_9$	$Tl\{Mo(CO)_3(\eta\text{-}C_5H_5)\}_3$		250
$ZnCo_2C_8O_8$	$Zn\{Co(CO)_4\}_2$		251
$ZnMoC_{13}H_{19}Br_2NO$	$H_2Mo\{ZnBr_2(DMF)\}(\eta\text{-}C_5H_5)_2$		252
$ZnMoC_{16}H_{21}BrO_5$	$Mo\{ZnBr(THF)_2\}(CO)_3(\eta\text{-}C_5H_5)$		253
$ZnMo_2C_{16}H_{10}O_6$	$Zn\{Mo(CO)_3(\eta\text{-}C_5H_5)\}_2$		254
$ZnNbB_2C_{11}H_{19}O\cdot 0.5C_6H_6$	$HNb[Zn(BH_4)_2](CO)(\eta\text{-}C_5H_5)_2\cdot 0.5C_6H_6$		255
$Zn_2Fe_2C_{28}H_{16}N_4O_8$	$[Fe\{Zn(bipy)\}(CO)_4]_2$		256
$Zn_2Mo_2C_{24}H_{30}Cl_2O_8$	$[Mo\{ZnCl(OEt_2)\}(CO)_3(\eta\text{-}C_5H_5)]_2$		257

 a Corresponding to complexes described in Chapters 41, 42 and 43.

1. J. M. Burlitch, M. E. Leonowicz, R. B. Petersen and R. E. Hughes, *Inorg. Chem.*, 1979, **18**, 1097.
2. L. J. Guggenberger and F. N. Tebbe, *J. Am. Chem. Soc.*, 1973, **95**, 7870.
3. R. B. Petersen, J. J. Stezowski, C. Wan, J. M. Burlitch and R. E. Hughes, *J. Am. Chem. Soc.*, 1971, **93**, 3532.
4. H. Sinn, W. Kaminsky, H.-J. Vollmer and R. Woldt, *Angew. Chem.*, 1980, **92**, 396 (*Angew. Chem., Int. Ed. Engl.*, 1980, **19**, 390)* (D); J. Kopf, H.-J. Vollmer and W. Kaminsky, *Cryst. Struct. Commun.*, 1980, **9**, 985.
5. G. Natta, G. Mazzanti, P. Corradini, U. Giannini and S. Cesca, *Atti. Accad. Naz. Lincei, Classe Sci. Fiz. Mat. Nat. Rend.*, 1959, **26**, 150; G. Natta and G. Mazzanti, *Tetrahedron*, 1960, **8**, 86*; P. Corradini and A. Sirigu, *Inorg. Chem.*, 1967, **6**, 601.
6. F. N. Tebbe and L. J. Guggenberger, *J. Chem. Soc., Chem. Commun.*, 1973, 227.
7. R. A. Forder, M. L. H. Green, R. E. MacKenzie, J. S. Poland and K. Prout, *J. Chem. Soc., Chem. Commun.*, 1973, 426*; R. A. Forder and K. Prout, *Acta Crystallogr.*, 1974, **B30**, 2312.
8. S. J. Rettig, A. Storr, B. S. Thomas and J. Trotter, *Acta Crystallogr.*, 1974, **B30**, 666.
9. G. E. Herberich, E. Bauer, J. Hengesbach, U. Kölle, G. Huttner and H. Lorenz, *Chem. Ber.*, 1977, **110**, 760.
10. J. Schulze, R. Boese and G. Schmid, *Chem. Ber.*, 1980, **113**, 2348.
11. G. Huttner and W. Gartzke, *Chem. Ber.*, 1974, **107**, 3786.
12. G. Herberich, J. Hengesbach, U. Kölle, G. Huttner and A. Frank, *Angew. Chem.*, 1976, **88**, 450 (*Angew. Chem., Int. Ed. Engl.*, 1976, **15**, 433).
13. S. W. Kirtley, M. A. Andrews, R. Bau, G. W. Grynkewich, T. J. Marks, D. L. Lipton and B. R. Whittlesey, *J. Am. Chem. Soc.*, 1977, **99**, 7154.
14. M. I. Kirillova, A. I. Gusev and Y. T. Struchkov, *Zh. Strukt. Khim.*, 1974, **15**, 718.
15. B. Barnett and C. Krüger, unpublished results cited in K. Fischer, K. Jonas, P. Misbach, R. Stabba and G. Wilke, *Angew. Chem.*, 1973, **85**, 1002 (*Angew. Chem., Int. Ed. Engl.*, 1973, **12**, 943).
16. K. M. Melmed, D. Coucouvanis and S. J. Lippard, *Inorg. Chem.*, 1973, **12**, 232.
17. G. I. Mamaeva, I. Hargittai and V. P. Spiridonov, *Inorg. Chim. Acta*, 1977, **25**, L123 (E).
18. G. Huttner, B. Krieg and W. Gartzke, *Chem. Ber.*, 1972, **105**, 3424.
19. G. Huttner and B. Krieg, *Angew. Chem.*, 1972, **84**, 29 (*Angew. Chem., Int. Ed. Engl.*, 1972, **11**, 42)*; G. Huttner, B. Krieg and W. Gartzke, *Chem. Ber.*, 1972, **105**, 3424.
20. W. Siebert, R. Full, H. Schmidt, J. von Seyerl, M. Halstenberg and G. Huttner, *J. Organomet. Chem.*, 1980, **191**, 15.
21. W. Siebert, G. Augustin, R. Full, C. Krüger and Y.-H. Tsay, *Angew. Chem.*, 1975, **87**, 286 (*Angew. Chem., Int. Ed. Engl.*, 1975, **14**, 262).
22. W. Siebert, R. Full, J. Edwin, K. Kinberger and C. Krüger, *J. Organomet. Chem.*, 1977, **131**, 1.
23. G. Huttner and W. Gartzke, *Chem. Ber.*, 1974, **107**, 3786.
24. W. Siebert, T. Renk, K. Kinberger, M. Bochmann and C. Krüger, *Angew. Chem.*, 1976, **88**, 850 (*Angew. Chem., Int. Ed. Engl.*, 1976, **15**, 779).
25. J. Schulze and G. Schmid, *Angew. Chem.*, 1980, **92**, 61 (*Angew. Chem., Int. Ed. Engl.*, 1980, **19**, 54)*.
26. H. D. Kaesz, W. Fellmann, G. R. Wilkes and L. F. Dahl, *J. Am. Chem. Soc.*, 1965, **87**, 2753.
27. W. Siebert, M. Bochmann, J. Edwin, C. Krüger and Y.-H. Tsay, *Z. Naturforsch., Teil B*, 1978, **33**, 1410.
28. G. E. Herberich, M. Thönnessen and D. Schmitz, *J. Organomet. Chem.*, 1980, **191**, 27.
29. K. N. Semenenko, E. Lobkovskii and A. I. Shumakov, *Zh. Strukt. Khim.*, 1976, **17**, 1073.
30. P. Zanella, G. de Paoli, G. Bombieri, G. Zanotti and R. Rossi, *J. Organomet. Chem.*, 1977, **142**, C21.
31. J. R. Pipal and R. N. Grimes, *Inorg. Chem.*, 1977, **16**, 3255.
32. F. Klanberg and L. J. Guggenberger, *Chem. Commun.*, 1967, 1293*; F. Klanberg, E. L. Muetterties and L. J. Guggenberger, *Inorg. Chem.*, 1968, **7**, 2272 (D); L. J. Guggenberger, *Inorg. Chem.*, 1970, **9**, 367.
33. G. Huttner and B. Krieg, *Angew. Chem.*, 1971, **83**, 541 (*Angew. Chem., Int. Ed. Engl.*, 1971, **10**, 512)*; *Chem. Ber.*, 1972, **105**, 3437.
34. E. L. Andersen, K. J. Haller and T. P. Fehlner, *J. Am. Chem. Soc.*, 1979, **101**, 4390.

35. S. J. Hildenbrandt, D. F. Gaines and J. C. Calabrese, *Inorg. Chem.*, 1978, **17**, 790.
36. M. W. Chen, J. C. Calabrese, D. F. Gaines and D. F. Hillenbrand, *J. Am. Chem. Soc.*, 1980, **102**, 4928.
37. L. G. Sneddon and D. Voet, *J. Chem. Soc., Chem. Commun.*, 1976, 118.
38. J. R. Pipal and R. N. Grimes, *Inorg. Chem.*, 1979, **18**, 252.
39. J. R. Pipal and R. N. Grimes, *Inorg. Chem.*, 1979, **18**, 257.
40. W. Siebert, C. Böhle, C. Krüger and Y.-H. Tsay, *Angew. Chem.*, 1978, **90**, 558 (*Angew. Chem., Int. Ed. Engl.*, 1978, **17**, 527).
41. W. Siebert, C. Böhle and C. Krüger, *Angew. Chem.*, 1980, **92**, 758 (*Angew. Chem., Int. Ed. Engl.*, 1980, **19**, 746).
42. W. Siebert, R. Full, C. Krüger and Y.-H. Tsay, *Z. Naturforsch., Teil B*, 1976, **31**, 203.
43. J. R. Bowser, A. Bonny, J. R. Pipal and R. N. Grimes, *J. Am. Chem. Soc.*, 1979, **101**, 6229.
44. T. P. Fehlner, J. Ragaini, M. Mangion and S. G. Shore, *J. Am. Chem. Soc.*, 1976, **98**, 7085.
45. M. R. Churchill, J. J. Hackbarth, A. Davison, D. D. Traficante and S. S. Wreford, *J. Am. Chem. Soc.*, 1974, **96**, 4041*; M. R. Churchill and J. J. Hackbarth, *Inorg. Chem.*, 1975, **14**, 2047.
46. G. J. Zimmerman and L. G. Sneddon, *J. Am. Chem. Soc.*, 1981, **103**, 1102.
47. O. Hollander, W. R. Clayton and S. G. Shore, *J. Chem. Soc., Chem. Commun.*, 1974, 604*; M. Mangion, W. R. Clayton, O. Hollander and S. G. Shore, *Inorg. Chem.*, 1977, **16**, 2110.
48. W. Siebert, W. Rothermal, C. Böhle, C. Krüger and D. J. Brauer, *Angew. Chem.*, 1979, **91**, 1014 (*Angew. Chem., Int. Ed. Engl.*, 1979, **18**, 949).
49. J. C. Calabrese, M. B. Fischer, D. F. Gaines and D. F. Hillenbrand, *J. Am. Chem. Soc.*, 1980, **102**, 4928.
50. J. R. Pipal and R. N. Grimes, *Inorg. Chem.*, 1977, **16**, 3251.
51. W. Clegg and P. J. Wheatley, *J. Chem. Soc., Dalton Trans.*, 1974, 424.
52. W. Clegg and P. J. Wheatley, *J. Chem. Soc., Dalton Trans.*, 1974, 511.
53. W. Clegg and P. J. Wheatley, *J. Chem. Soc., Chem. Commun.*, 1972, 760*; *J. Chem. Soc., Dalton Trans.*, 1973, 90.
54. R. D. Ernst, T. J. Marks and J. A. Ibers, *J. Am. Chem. Soc.*, 1977, **99**, 2098.
55. S. N. Titova, V. T. Bychkov, G. A. Domrachev, G. A. Razuvaev, Y. T. Struchkov and L. N. Zakharov, *J. Organomet. Chem.*, 1980, **187**, 167.
56. R. D. Ernst, T. J. Marks and J. A. Ibers, *J. Am. Chem. Soc.*, 1977, **99**, 2090.
57. J. N. St Denis, W. Butler, M. D. Glick and J. P. Oliver, *J. Organomet. Chem.*, 1972, **129**, 1.
58. A. J. Conway, P. B. Hitchcock and J. D. Smith, *J. Chem. Soc., Dalton Trans.*, 1975, 1945.
59. H.-J. Haupt and F. Neumann, *J. Organomet. Chem.*, 1974, **74**, 185; H. Preut and H.-J. Haupt, *Chem. Ber.*, 1974, **107**, 2860.
60. D. W. H. Rankin and A. Robertson, *J. Organomet. Chem.*, 1976, **104**, 179.
61. G. C. van den Berg, A. Oskam and K. Olie, *J. Organomet. Chem.*, 1974, **80**, 363.
62. F. Dahan and Y. Jeannin, *J. Organomet. Chem.*, 1977, **136**, 251.
63. F. Carre, G. Cerveau, E. Colomer, R. J. P. Corriu, J. C. Young, L. Ricard and R. Weiss, *J. Organomet. Chem.*, 1979, **179**, 215.
64. J. K. Stalick and J. A. Ibers, *J. Organomet. Chem.*, 1970, **22**, 213.
65. R. Ball, M. J. Bennett, E. H. Brooks, W. A. G. Graham, J. Hoyano and S. M. Illingworth, *J. Chem. Soc., Chem. Commun.*, 1979, 349.
66. R. Boese and G. Schmid, *J. Chem. Soc., Chem. Commun.*, 1979, 349.
67. R. F. Gerlach, K. M. Mackay, B. K. Nicholson and W. T. Robinson, *J. Chem. Soc., Dalton Trans.*, 1981, 80.
68. D. N. Duffy, K. M. Mackay, B. K. Nicholson and W. T. Robinson, *J. Chem. Soc., Dalton Trans.*, 1981, 381.
69. M. F. Lappert, S. J. Miles, P. P. Power, A. J. Carty and N. J. Taylor, *J. Chem. Soc., Chem. Commun.*, 1977, 458.
70. P. Jutzi, W. Steiner, E. König, G. Huttner, A. Frank and U. Schubert, *Chem. Ber.*, 1978, **111**, 606.
71. V. G. Andrianov, V. P. Martynov, K. N. Anisimov, N. E. Kolobova and V. V. Skripkin, *Chem. Commun.*, 1970, 1252*; V. G. Andrianov, V. P. Martynov and Y. T. Struchkov, *Zh. Strukt. Khim.*, 1971, **12**, 866.
72. M. A. Bush and P. Woodward, *Chem. Commun.*, 1967, 166*; *J. Chem. Soc. (A)*, 1967, 1833.
73. R. D. Adams, M. D. Brice and F. A. Cotton, *Inorg. Chem.*, 1974, **13**, 1080.
74. M. D. Curtis, W. M. Butler and J. Scibelli, *J. Organomet. Chem.*, 1980, **192**, 209.
75. F. Glockling and M. D. Willey, *J. Chem. Soc. (A)*, 1970, 1675.
76. D. W. H. Rankin and A. Robertson, *J. Organomet. Chem.*, 1975, **85**, 225.
77. N. I. Gapotchenko, N. V. Alekseev, A. B. Antonova, K. N. Anisimov, N. E. Kolobova, I. A. Ronova and Y. T. Struchkov, *J. Organomet. Chem.*, 1970, **23**, 525; N. I. Gapotchenko, Y. T. Struchkov, N. V. Alekseev and I. A. Ronova, *Zh. Strukt. Khim.*, 1971, **12**, 571.
78. W. R. Cullen, F. W. B. Einstein, R. K. Pomeroy and P. L. Vogel, *Inorg. Chem.*, 1975, **14**, 3017.
79. Y. T. Struchkov, K. N. Anisimov, O. P. Osipova, N. E. Kolobova and A. N. Nesmeyanov, *Dokl. Akad. Nauk SSSR*, 1967, **172**, 107.
80. B. T. Kilbourn, T. L. Blundell and H. M. Powell, *Chem. Commun.*, 1965, 444.
81. K. Triplett and M. D. Curtis, *J. Am. Chem. Soc.*, 1975, **97**, 5747.
82. L. Y. Y. Chan, W. K. Dean and W. A. G. Graham, *Inorg. Chem.*, 1977, **16**, 1067.
83. F. Glockling, A. McGregor, M. L. Schneider and H. M. M. Shearer, *J. Inorg. Nucl. Chem.*, 1970, **32**, 3101.
84. R. J. D. Gee and H. M. Powell, *J. Chem. Soc. (A)*, 1971, 1956.
85. D. W. H. Rankin and A. Robertson, *J. Organomet. Chem.*, 1976, **105**, 331.
86. E. M. Cradwick and D. Hall, *J. Organomet. Chem.*, 1970, **25**, 91.
87. F. S. Stephens, *J. Chem. Soc., Dalton Trans.*, 1972, 1752.
88. J.-C. Zimmer and M. Huber, *C. R. Hebd. Seances Acad. Sci.*, 1968, **267C**, 1685.
89. R. D. Adams, F. A. Cotton and B. A. Frenz, *J. Organomet. Chem.*, 1974, **73**, 93.

90. M. Elder, *Inorg. Chem.*, 1969, **8**, 2703.
91. H. Preut and H.-J. Haupt, *Acta Crystallogr.*, 1979, **B35**, 729.
92. H. Preut and H.-J. Haupt, *Acta Crystallogr.*, 1980, **B36**, 678.
93. M. J. Webb, M. J. Bennett, L. Y. Y. Chan and W. A. G. Graham, *J. Am. Chem. Soc.*, 1974, **96**, 5931.
94. R. Ball and M. J. Bennett, *Inorg. Chem.*, 1972, **11**, 1806.
95. L. Y. Y. Chan and W. A. G. Graham, *Inorg. Chem.*, 1975, **14**, 1778.
96. A. Brookes, J. Howard, S. A. R. Knox, F. G. A. Stone and P. Woodward, *J. Chem. Soc., Chem. Commun.*, 1973, 587*; J. A. K. Howard and P. Woodward, *J. Chem. Soc., Dalton Trans.*, 1978, 412.
97. E. H. Brooks, M. Elder, W. A. G. Graham and D. Hall, *J. Am. Chem. Soc.*, 1968, **90**, 3587*; M. Elder and D. Hall, *Inorg. Chem.*, 1969, **8**, 1424.
98. J. A. K. Howard, S. A. R. Knox, F. G. A. Stone and P. Woodward, *Chem. Commun.*, 1970, 1477*; J. Howard and P. Woodward, *J. Chem. Soc. (A)*, 1971, 3648.
99. L. N. Zakharov, Y. T. Struchkov, S. N. Titova, V. T. Bychkov, G. A. Domrachev and G. A. Razuvaev, *Cryst. Struct. Commun.*, 1980, **9**, 549.
100. I. W. Nowell and D. R. Russell, *Chem. Commun.*, 1967, 817*; *J. Chem. Soc., Dalton Trans.*, 1972, 2393.
101. G. M. Sheldrick and R. N. F. Simpson, *Chem. Commun.*, 1967, 1015*; *J. Chem. Soc. (A)*, 1968, 1005.
102. R. F. Bryan and A. R. Manning, *Chem. Commun.*, 1968, 1316.
103. F. S. Stephens, *J. Chem. Soc., Dalton Trans.*, 1972, 2257.
104. P. D. Brotherton, C. L. Raston, A. H. White and S. B. Wild, *J. Chem. Soc., Dalton Trans.*, 1976, 1799.
105. W. Clegg and P. J. Wheatley, *J. Chem. Soc. (A)*, 1971, 3572.
106. M. L. Katcher and G. L. Simon, *Inorg. Chem.*, 1972, **11**, 1651.
107. S. Onaka, Y. Kondo, K. Toriumi and T. Ito, *Chem. Lett.*, 1980, 1605.
108. M. J. Albright, M. D. Glick and J. P. Oliver, *J. Organomet. Chem.*, 1978, **161**, 221.
109. P. D. Brotherton, J. M. Epstein, A. H. White and S. B. Wild, *Aust. J. Chem.*, 1974, **27**, 2667.
110. M. M. Mickiewicz, C. L. Raston, A. H. White and S. B. Wild, *Aust. J. Chem.*, 1977, **30**, 1685.
111. A. F. M. J. van der Ploeg, G. van Koten, K. Vrieze, A. L. Spek and A. J. M. Duisenberg, *J. Chem. Soc., Chem. Commun.*, 1980, 469.
112. L. G. Kuz'mina, Y. T. Struchkov, V. V. Bashilov, V. I. Sokolov and O. A. Reutov, *Izv. Akad. Nauk SSSR, Ser. Khim.*, 1978, 621.
113. G. Z. Suleimanov, V. V. Bashilov, A. A. Musaev, V. I. Sokolov and O. A. Reutov, *J. Organomet. Chem.*, 1980, **202**, C61.
114. H. W. Baird and L. F. Dahl, *J. Organomet. Chem.*, 1967, **7**, 503.
115. C. L. Raston, A. H. White and S. B. Wild, *Aust. J. Chem.*, 1976, **29**, 1905.
116. P. D. Brotherton, D. L. Kepert, A. H. White and S. B. Wild, *J. Chem. Soc., Dalton Trans.*, 1976, 1870.
117. R. W. Baker and P. Pauling, *Chem. Commun.*, 1970, 573.
118. P. I. van Vliet, M. Kokkes, G. van Koten and K. Vrieze, *J. Organomet. Chem.*, 1980, **187**, 413.
119. A. I. Gusev and Y. T. Struchkov, *Zh. Strukt. Khim.*, 1971, **12**, 1121.
120. R. Fahmy, K. King, E. Rosenberg, A. Tiripicchio and M. Tiripicchio-Camellini, *J. Am. Chem. Soc.*, 1980, **102**, 3626.
121. I. W. Nowell and D. R. Russell, *J. Chem. Soc., Dalton Trans.*, 1972, 2396.
122. G. K.-I. Magomedov, A. I. Gusev, A. S. Frenkel, V. G. Sirkin, L. I. Chaplina and S. N. Gourkova, *Koord. Khim.*, 1976, **2**, 257.
123. J. Deutscher, S. Fadel and M. L. Ziegler, *Angew. Chem.*, 1977, **89**, 746 (*Angew. Chem., Int. Ed. Engl.*, 1977, **16**, 704)*; *Chem. Ber.*, 1979, **112**, 2413.
124. P. D. Cradwick, *J. Organomet. Chem.*, 1971, **27**, 251.
125. W. R. Robinson and D. P. Schussler, *Inorg. Chem.*, 1973, **12**, 848.
126. H. Behrens, M. Moll, E. Sixtus and G. Thiele, *Z. Naturforsch., Teil B*, 1977, **32**, 1109.
127. H. Preut and H.-J. Haupt, *Acta Crystallogr.*, 1979, **B35**, 2191.
128. H.-J. Haupt, W. Wolfes and H. Preut, *Inorg. Chem.*, 1976, **15**, 2920.
129. H. Preut and H.-J. Haupt, *Chem. Ber.*, 1975, **108**, 1447.
130. P. D. Cradwick, W. A. G. Graham, D. Hall and D. J. Patmore, *Chem. Commun.*, 1968, 872*; P. D. Cradwick and D. Hall, *J. Organomet. Chem.*, 1970, **22**, 303.
131. H. Preut and H.-J. Haupt, *Acta Crystallogr.*, 1979, **B35**, 1205.
132. H. Felkin, P. J. Knowles, B. Meunier, A. Mitschler, L. Ricard and R. Weiss, *J. Chem. Soc., Chem. Commun.*, 1974, 44.
133. S. G. Davies, M. L. H. Green, K. Prout, A. Coda and V. Tazzoli, *J. Chem. Soc., Chem. Commun.*, 1977, 135*; A. Coda, K. Prout and V. Tazzoli, *Acta Crystallogr.*, 1979, **B35**, 1597.
134. K. Prout and R. A. Forder, *Acta Crystallogr.*, 1975, **B31**, 852.
135. S. W. Ulmer, P. M. Skarstad, J. M. Burlitch and R. E. Hughes, *J. Am. Chem. Soc.*, 1973, **95**, 4469.
136. M. L. H. Green, G. A. Moser, I. Packer, F. Petit, R. A. Forder and K. Prout, *J. Chem. Soc., Chem. Commun.*, 1974, 839*.
137. B. P. Bir'yukov, Y. T. Struchkov, K. N. Anisimov, N. E. Kolobova and V. V. Skripkin, *Zh. Strukt. Khim.*, 1968, **9**, 922.
138. B. Crociani, M. Nicolini, D. A. Clemente and G. Bandoli, *J. Organomet. Chem.*, 1973, **49**, 249.
139. A. G. Robiette, G. M. Sheldrick, R. N. F. Simpson, B. J. Aylett and J. N. Campbell, *J. Organomet. Chem.*, 1968, **14**, 279.
140. W. T. Robinson and J. A. Ibers, *Inorg. Chem.*, 1967, **6**, 1208.
141. K. Emerson, P. R. Ireland and W. T. Robinson, *Inorg. Chem.*, 1970, **9**, 436.
142. G. Schmid, V. Bätzel and G. Etzrodt, *J. Organomet. Chem.*, 1976, **112**, 345.
143. P. R. Jansen, A. Oskam and K. Olie, *Cryst. Struct. Commun.*, 1975, **4**, 667.
144. U. Schubert and A. Rengstl, *J. Organomet. Chem.*, 1979, **166**, 323.
145. D. W. H. Rankin, A. Robertson and R. Seip, *J. Organomet. Chem.*, 1975, **88**, 191.

146. M. C. Couldwell and J. Simpson, *J. Chem. Soc., Dalton Trans.*, 1976, 714.
147. C. Eaborn, K. J. Odell, A. Pidcock and G. R. Scollary, *J. Chem. Soc., Chem. Commun.*, 1976, 317*; G. R. Scollary, *Aust. J. Chem.*, 1977, **30**, 1007.
148. C. Eaborn, P. B. Hitchcock, D. J. Tune and D. R. M. Walton, *J. Organomet. Chem.*, 1973, **54**, C1*; P. B. Hitchcock, *Acta Crystallogr.*, 1976, **B32**, 2014.
149. E. A. V. Ebsworth, V. M. Marganian, F. S. S. Reed and R. O. Gould, *J. Chem. Soc., Dalton Trans.*, 1978, 1167.
150. M. Ciriano, J. A. K. Howard, J. L. Spencer, F. G. A. Stone and H. Wadepohl, *J. Chem. Soc., Dalton Trans.*, 1979, 1749.
151. M. C. Couldwell, J. Simpson and W. T. Robinson, *J. Organomet. Chem.*, 1976, **107**, 323.
152. R. A. Smith and M. J. Bennett, *Acta Crystallogr.*, 1977, **B33**, 1113.
153. J. K. Hoyano, M. Elder and W. A. G. Graham, *J. Am. Chem. Soc.*, 1969, **91**, 4568*; M. Elder, *Inorg. Chem.*, 1970, **9**, 762.
154. L. Rösch, G. Altnau, W. Erb, J. Pickardt and N. Bruncks, *J. Organomet. Chem.*, 1980, **197**, 51.
155. K. W. Muir, *J. Chem. Soc. (A)*, 1971, 2663.
156. L. Manojlovic-Muir, K. W. Muir and J. A. Ibers, *Inorg. Chem.*, 1970, **9**, 447.
157. R. A. Smith and M. J. Bennett, *Acta Crystallogr.*, 1977, **B33**, 1118.
158. L. Vancea, M. J. Bennett, C. E. Jones, R. A. Smith and W. A. G. Graham, *Inorg. Chem.*, 1977, **16**, 897.
159. J. Greene and M. D. Curtis, *J. Am. Chem. Soc.*, 1977, **99**, 5176*; M. D. Curtis, J. Greene and W. M. Butler, *J. Organomet. Chem.*, 1979, **164**, 371.
160. G. L. Simon and L. F. Dahl, *J. Am. Chem. Soc.*, 1973, **95**, 783.
161. T. H. Hseu, Y. Chi and C.-S. Liu, *Inorg. Chem.*, 1981, **20**, 199.
162. M. Auburn, M. Ciriano, J. A. K. Howard, M. Murray, N. J. Pugh, J. L. Spencer, F. G. A. Stone and P. Woodward, *J. Chem. Soc., Dalton Trans.*, 1980, 659.
163. M. Ciriano, M. Green, D. Gregson, J. A. K. Howard, J. L. Spencer, F. G. A. Stone and P. Woodward, *J. Chem. Soc., Dalton Trans.*, 1979, 1294.
164. M. Green, J. A. K. Howard, J. Proud, J. L. Spencer, F. G. A. Stone and C. A. Tsipis, *J. Chem. Soc., Chem. Commun.*, 1976, 671*; M. Ciriano, M. Green, J. A. K. Howard, J. Proud, J. L. Spencer, F. G. A. Stone and C. A. Tsipis, *J. Chem. Soc., Dalton Trans.*, 1978, 801.
165. M. Cowie and M. J. Bennett, *Inorg. Chem.*, 1977, **16**, 2321.
166. M. Cowie and M. J. Bennett, *Inorg. Chem.*, 1977, **16**, 2325.
167. P. J. Harris, J. A. K. Howard, S. A. R. Knox, R. J. McKinney, R. P. Phillips, F. G. A. Stone and P. Woodward, *J. Chem. Soc., Dalton Trans.*, 1978, 403.
168. J. A. K. Howard, S. A. R. Knox, V. Riera, B. A. Sosinsky, F. G. A. Stone and P. Woodward, *J. Chem. Soc., Chem. Commun.*, 1974, 673.
169. A. Brookes, J. Howard, S. A. R. Knox, V. Riera, F. G. A. Stone and P. Woodward, *J. Chem. Soc., Chem. Commun.*, 1973, 727*; J. Howard and P. Woodward, *J. Chem. Soc., Dalton Trans.*, 1975, 59.
170. J. D. Edwards, R. Goddard, S. A. R. Knox, R. J. McKinney, F. G. A. Stone and P. Woodward, *J. Chem. Soc., Chem. Commun.*, 1975, 828*; R. Goddard and P. Woodward, *J. Chem. Soc., Dalton Trans.*, 1980, 559.
171. G. Hencken and E. Weiss, *Chem. Ber.*, 1973, **106**, 1747.
172. M. J. Bennett and K. A. Simpson, *J. Am. Chem. Soc.*, 1971, **93**, 7156.
173. W. Hönle and H. G. von Schnering, *Z. Anorg. Allg. Chem.*, 1980, **464**, 139.
174. B. K. Nicholson, J. Simpson and W. T. Robinson, *J. Organomet. Chem.*, 1973, **47**, 403 (ref. 151 contains corrected cell constants).
175. M. M. Crozat and S. F. Watkins, *J. Chem. Soc., Dalton Trans.*, 1972, 2512.
176. T. J. Drahnak, R. West and J. C. Calabrese, *J. Organomet. Chem.*, 1980, **198**, 55.
177. W. Clegg, *Acta Crystallogr.*, 1978, **B34**, 278.
178. M. Gielen, I. Van den Eynde, F. Polet, J. Meunier-Piret and M. van Meerssche, *Bull. Soc. Chim. Belg.*, 1980, **89**, 915.
179. B. Ziolkowska, *Rocz. Chem.*, 1969, **43**, 1781.
180. M. Moll, H. Behrens, P. Merbach, K. Görting, G. Liehr and R. Böhme, *Z. Naturforsch., Teil B*, 1980, **35**, 1115.
181. B. P. Bir'yukov, Y. T. Struchkov, K. N. Anisimov, N. E. Kolobova, O. P. Osipova and M. Y. Zakharov, *Chem. Commun.*, 1967, 749*; *Zh. Strukt. Khim.*, 1967, **8**, 554*; B. P. Bir'yukov, O. P. Solodova and Y. T. Struchkov, *Zh. Strukt. Khim.*, 1968, **9**, 228.
182. R. D. Ball and D. Hall, *J. Organomet. Chem.*, 1973, **56**, 209.
183. F. P. Boer, J. H. Tsai and J. J. Flynn, *J. Am. Chem. Soc.*, 1970, **92**, 6092*; F. P. Boer and J. J. Flynn, *J. Am. Chem. Soc.*, 1971, **93**, 6495.
184. R. D. Ball and D. Hall, *J. Organomet. Chem.*, 1973, **52**, 293.
185. B. P. Bir'yukov, E. A. Kukhtenkova, Y. T. Struchkov, K. N. Anisimov, N. E. Kolobova and V. I. Khandozhko, *J. Organomet. Chem.*, 1971, **27**, 337.
186. M. D. Brice and F. A. Cotton, *J. Am. Chem. Soc.*, 1973, **95**, 4529.
187. J. D. Cotton, P. J. Davidson, D. E. Goldberg, M. F. Lappert and K. M. Thomas, *J. Chem. Soc., Chem. Commun.*, 1974, 893.
188. E. O. Fischer, H. Fischer, U. Schubert and R. B. A. Pardy, *Angew. Chem.*, 1979, **91**, 929 (*Angew. Chem., Int. Ed. Engl.*, 1979, **18**, 871)*; U. Schubert, *Cryst. Struct. Commun.*, 1980, **9**, 383.
189. R. F. Bryan, P. T. Greene, G. A. Melson, P. F. Stokely and A. R. Manning, *Chem. Commun.*, 1969, 722*.
190. G. A. Melson, P. F. Stokely and R. F. Bryan, *J. Chem. Soc. (A)*, 1970, 2247.
191. P. T. Greene and R. F. Bryan, *J. Chem. Soc. (A)*, 1970, 1696.
192. P. T. Greene and R. F. Bryan, *J. Chem. Soc. (A)*, 1970, 2261.
193. R. F. Bryan, *J. Chem. Soc. (A)*, 1967, 192.

194. V. E. Shklover, V. V. Skripkin, A. I. Gusev and Y. T. Struchkov, *Zh. Strukt. Khim.*, 1972, **13**, 744.
195. F. W. B. Einstein and R. Restivo, *Inorg. Chim. Acta*, 1971, **5**, 501.
196. J. E. O'Connor and E. R. Corey, *Inorg. Chem.*, 1967, **6**, 968.
197. B. P. Bir'yukov, Y. T. Struchkov, K. N. Anisimov, N. E. Kolobova and V. V. Skripkin, *Chem. Commun.*, 1967, 750*; *Zh. Strukt. Khim.*, 1967, **8**, 556*; B. P. Bir'yukov and Y. T. Struchkov, *Zh. Strukt. Khim.*, 1968, **9**, 488.
198. B. P. Bir'yukov, Y. T. Struchkov, K. N. Anisimov, N. E. Kolobova and V. V. Skripkin, *Chem. Commun.*, 1968, 159*; B. P. Bir'yukov and Y. T. Struchkov, *Zh. Strukt. Khim.*, 1968, **9**, 488.
199. B. P. Bir'yukov, Y. T. Struchkov, K. N. Anisimov, N. E. Kolobova and V. V. Skripkin, *Chem. Commun.*, 1968, 1193*; B. P. Bir'yukov and Y. T. Struchkov, *Zh. Strukt. Khim.*, 1969, **10**, 95.
200. R. F. Bryan and A. R. Manning, *Chem. Commun.*, 1968, 1220.
201. J. E. O'Connor and E. R. Corey, *J. Am. Chem. Soc.*, 1967, **89**, 3930.
202. J. D. Cotton, J. Duckworth, S. A. R. Knox, P. F. Lindley, I. Paul, F. G. A. Stone and P. Woodward, *Chem. Commun.*, 1966, 253*; P. F. Lindley and P. Woodward, *J. Chem. Soc. (A)*, 1967, 382.
203. P. Porta, H. M. Powell, R. J. Mawby and L. M. Venanzi, *J. Chem. Soc. (A)*, 1967, 455.
204. M. R. Churchill and K.-K. G. Lin, *J. Am. Chem. Soc.*, 1974, **96**, 76.
205. S. Onaka, *Bull. Chem. Soc. Jpn.*, 1975, **48**, 319.
206. R. F. Bryan, *Chem. Commun.*, 1967, 355*; *J. Chem. Soc. (A)*, 1968, 696.
207. H. P. Weber and R. F. Bryan, *Chem. Commun.*, 1966, 443*; *Acta Crystallogr.*, 1967, **22**, 822.
208. A. G. Ginzburg, N. G. Bokii, A. I. Yanovsky, Y. T. Struchkov, V. N. Setkina and D. N. Kursanov, *J. Organomet. Chem.*, 1977, **136**, 45.
209. R. F. Bryan, *Proc. Chem. Soc.*, 1964, 232*; *J. Chem. Soc. (A)*, 1967, 172.
210. S. Onaka, *Chem. Lett.*, 1978, 1163.
211. H. Preut, W. Wolfes and H.-J. Haupt, *Z. Anorg. Allg. Chem.*, 1975, **412**, 121.
212. A. T. McPhail, unpublished work cited in C. D. Garner and B. Hughes, *J. Chem. Soc., Dalton Trans.*, 1974, 1306.
213. B. T. Kilbourn and H. M. Powell, *Chem. Ind. (London)*, 1964, 1578.
214. H.-J. Haupt, H. Preut and W. Wolfes, *Z. Anorg. Allg. Chem.*, 1978, **446**, 105.
215. J. H. Tsai, J. J. Flynn and F. P. Boer, *Chem. Commun.*, 1967, 702.
216. H. Preut and H.-J. Haupt, *Acta Crystallogr.*, 1981, **B37**, 688.
217. R. A. Anderson and F. W. B. Einstein, *Acta Crystallogr.*, 1976, **B32**, 966.
218. M. L. Ziegler, H.-E. Sasse and B. Nuber, *Z. Naturforsch., Teil B*, 1975, **30**, 22.
219. T. S. Cameron and C. K. Prout, *J. Chem. Soc., Dalton Trans.*, 1972, 1447.
220. M. Elder, W. A. G. Graham, D. Hall and R. Kummer, *J. Am. Chem. Soc.*, 1968, **90**, 2189*; M. Elder and D. Hall, *Inorg. Chem.*, 1969, **8**, 1268.
221. H.-E. Sasse and M. L. Ziegler, *Z. Anorg. Allg. Chem.*, 1973, **402**, 129.
222. A. G. Ginzburg, G. G. Aleksandrov, Y. T. Struchkov, V. N. Setkina and D. N. Kursanov, *J. Organomet. Chem.*, 1980, **199**, 229.
223. F. W. B. Einstein and J. S. Field, *J. Chem. Soc., Dalton Trans.*, 1975, 1628.
224. C. M. Giandomenico, J. C. Dewan and S. J. Lippard, *J. Am. Chem. Soc.*, 1981, **103**, 1407.
225. S. Midollini, A. Orlandi and L. Sacconi, *Cryst. Struct. Commun.*, 1977, **6**, 733; *J. Organomet. Chem.*, 1978, **162**, 109.
226. R. Mason, G. B. Robertson, P. O. Whimp and D. A. White, *Chem. Commun.*, 1968, 1655*; R. Mason and P. O. Whimp, *J. Chem. Soc. (A)*, 1969, 2709.
227. M. M. Olmstead, L. S. Benner, H. Hope and A. L. Balch, *Inorg. Chim. Acta*, 1979, **32**, 193.
228. T. N. Teplova, L. G. Kuz'mina, Y. T. Struchkov, V. I. Sokolov, V. V. Bashilov, M. N. Bochkarev, L. P. Maiorova and P. V. Petrovskii, *Koord. Khim.*, 1980, **6**, 134.
229. B. T. Huie, C. B. Knobler and H. D. Kaesz, unpublished work cited in H. D. Kaesz, 'Organotransition Metal Chemistry—Proc. Jpn-Amer. Seminar', 1975, p. 291.
230. R. O. Gould, W. J. Sime and T. A. Stephenson, *J. Chem. Soc., Dalton Trans.*, 1978, 76.
231. R. K. Pomeroy, M. Elder, D. Hall and W. A. G. Graham, *Chem. Commun.*, 1969, 381*; M. Elder and D. Hall, *J. Chem. Soc. (A)*, 1970, 245.
232. M. Elder and D. Hall, *Inorg. Chem.*, 1969, **8**, 1273.
233. J. Weaver and P. Woodward, *J. Chem. Soc., Dalton Trans.*, 1973, 1060.
234. R. K. Pomeroy, L. Vancea, H. P. Calhoun and W. A. G. Graham, *Inorg. Chem.*, 1977, **16**, 1508.
235. C. J. Gilmore and P. Woodward, *J. Chem. Soc., Dalton Trans.*, 1972, 1387.
236. P. G. Harrison, T. J. King and J. A. Richards, *J. Chem. Soc., Dalton Trans.*, 1975, 2097.
237. R. Restivo and R. F. Bryan, *J. Chem. Soc. (A)*, 1971, 3364.
238. T. J. McNeese, S. S. Wreford, D. L. Tipton and R. Bau, *J. Chem. Soc., Chem. Commun.*, 1977, 390.
239. F. G. N. Cloke, K. P. Cox, M. L. H. Green, J. Bashkin and K. Prout, *J. Chem. Soc., Chem. Commun.*, 1981, 117.
240. H. Preut and H.-J. Haupt, *Z. Anorg. Allg. Chem.*, 1976, **422**, 47.
241. K. D. Bos, E. J. Bulten, J. G. Noltes and A. L. Spek, *J. Organomet. Chem.*, 1974, **71**, C52*; 1975, **92**, 33.
242. A. L. Spek, K. D. Bos, E. J. Bulten and J. G. Noltes, *Inorg. Chem.*, 1976, **15**, 339.
243. P. E. Garron and G. E. Hartwell, *J. Chem. Soc., Chem. Commun.*, 1972, 881.
244. J. P. Collman, D. W. Murphy, E. B. Fleischer and D. Swift, *Inorg. Chem.*, 1974, **13**, 1.
245. L. J. Guggenberger, *Chem. Commun.*, 1968, 512.
246. J. A. K. Howard, S. C. Kellett and P. Woodward, *J. Chem. Soc., Dalton Trans.*, 1975, 2332.
247. R. M. Sweet, C. J. Fritchie and R. A. Schunn, *Inorg. Chem.*, 1967, **6**, 749.
248. S. F. Watkins, *J. Chem. Soc. (A)*, 1969, 1552.
249. D. P. Schussler, W. R. Robinson and W. F. Edgell, *Inorg. Chem.*, 1974, **13**, 153.
250. J. Rajaram and J. A. Ibers, *Inorg. Chem.*, 1973, **12**, 1313.

251. B. Lee, J. M. Burlitch and J. L. Hoard, *J. Am. Chem. Soc.*, 1967, **89**, 6362.
252. D. E. Crotty, T. J. Anderson, M. D. Glick and J. P. Oliver, *Inorg. Chem.*, 1977, **16**, 2346.
253. D. E. Crotty, E. R. Corey, T. J. Anderson, M. D. Glick and J. P. Oliver, *Inorg. Chem.*, 1977, **16**, 920.
254. J. St. Denis, W. Butler, M. D. Glick and J. P. Oliver, *J. Am. Chem. Soc.*, 1974, **96**, 5427.
255. M. A. Porai-Koshits, A. S. Antsyshkina, A. A. Pasynskii, G. G. Sadikov, Y. V. Skripkin and V. N. Ostrikova, *Inorg. Chim. Acta*, 1979, **34**, L285*; *Koord. Khim.*, 1979, **5**, 1103.
256. R. J. Neustadt, T. H. Cymbaluk, R. D. Ernst and F. W. Cagle, *Inorg. Chem.*, 1980, **19**, 2375.

M—M' Organotransition Metal Compounds Containing Heteronuclear Metal–Metal Bonds[a]

Molecular formula	Structure	Notes	Ref.
$AgCoAs_3C_{21}H_{23}O_4$	$Co\{Ag\{(2-Me_2AsC_6H_4)_2AsMe\}\}(CO)_4$		1
$AgFe_2C_{27}H_{20}NO_6P^+ClO_4^-\cdot C_6H_6\cdot C_7H_8$	$[AgFe_2(\mu-PPh_2)(CO)_6\{CHCPh(NHMe)\}]\cdot[ClO_4]\cdot C_6H_6\cdot PhMe$		2
$AgIrC_{49}H_{47}N_3O_3P_2\cdot C_4H_8O_2$	$AgIr\{MeN_3(Tol)\}(OCOPr^i)(CO)(PPh_3)_2\cdot Pr^iCO_2H$		3
$AgOsC_{45}H_{37}Cl_2OP_2$	$Os(AgCl)\{C(Tol)\}Cl(CO)(PPh_3)_2$		4
$AgRh_2C_{48}H_{40}O_2P_2^+F_6P^-\cdot C_7H_8$	$[Ag\{Rh(CO)(PPh_3)(\eta-C_5H_5)\}_2][PF_6]\cdot PhMe$		5
$Ag_2RhC_{94}H_{45}F_{25}P_3$	$Ag_2Rh(C_2C_6F_5)_5(PPh_3)_3$		6
$AuCoC_{22}H_{15}O_4P$	$Co\{Au(PPh_3)\}(CO)_4$		1, 7
$AuCo_2C_8O_8^-C_{36}H_{30}NP_2^+$	$[PPN][Au\{Co(CO)_4\}_2]$		8
$AuFeC_{24}H_{20}O_3P$	$Fe\{Au(PPh_3)\}(CO)_3(\eta-C_3H_5)$		9
$AuMnC_{40}H_{30}O_7P_2$	$Mn\{Au(PPh_3)\}(CO)_4\{P(OPh)_3\}$		10
$AuWC_{26}H_{20}O_3P$	$W\{Au(PPh_3)\}(CO)_3(\eta-C_5H_5)$		11
$Au_2FeC_{46}H_{39}P_2^+BF_4^-$	$[Fc\{Au(PPh_3)\}_2][BF_4]$		12
$Au_6Co_2C_{80}H_{60}O_8P_4$	$Au_6\{Co(CO)_4\}_2(PPh_3)_4$		13
$CoFeC_8O_8^-C_{36}H_{30}NP_2^+$	$[PPN][CoFe(CO)_8]$		14
$CoFeAsC_9H_6O_7$	$CoFe(\mu-AsMe_2)(CO)_7$		15
$CoFeC_9H_6O_7P$	$CoFe(\mu-PMe_2)(CO)_7$		16
$CoFeC_{11}H_5O_6$	$CoFe(CO)_6(\eta-C_5H_5)$		17
$CoFeB_8C_{13}H_{25}$	$\{Co(\eta-C_5H_5)_2\}FeMe_4C_4B_8H_8$		18
$CoFeB_3C_{14}H_{20}$	$1-\{Co(\eta-C_5H_5)\}-2-\{HFe(\eta-C_5H_5)\}-4,5-Me_2C_2B_3H_4$		19
$CoFeC_{15}H_7O_6$	$CoFe(CO)_6(\eta^5-C_9H_7)$		20
$CoFeAsC_{15}H_{14}O_6$	$CoFe(\mu-AsMe_2)(CO)_6(nbd)$		21
$CoFeC_{15}H_{15}O_4$	$CoFe(CO)_4(\eta^4-C_4H_4Me_2)(\eta-C_5H_5)$		22
$CoFeC_{16}H_{13}O_4$	$CoFe(CO)_4(nbd)(\eta-C_5H_5)$		23
$CoFeC_{16}H_{17}O_4$	$CoFe(CO)_4(\eta^4-C_4H_4Me_2)(\eta-C_5H_4Me)$		22
$CoFeC_{23}H_{18}O_5P$	$CoFe(CO)_5(PMePh_2)(\eta-C_5H_5)$		24
$CoFeMoC_{22}H_{20}O_7PS$	$CoFeMo(\mu_3-S)(CO)_7(PMePrPh)(\eta-C_5H_5)$		25
$CoFe_2C_{11}H_{18}N_2O_7P_3$	$\{Co(CO)_3\}(\mu-PMe_2)\{Fe(CO)_2\}(\mu-PMe_2)_2-\{Fe(NO)_2\}$		26
$CoFe_2C_{12}H_{12}O_8PS_2$	$CoFe_2(\mu-PMe_2)(\mu-SMe)_2(CO)_8$		27
$CoFe_2As_2C_{22}H_{27}O_3$	$CoFe_2(\mu-AsMe_2)_2(CO)_3(\eta-C_5H_5)_3$		28
$CoMnC_{16}H_{20}N_2O_6$	$CoMn(CO)_6(Bu^tN=CHCH=NBu^t)$		29
$CoMoNiC_{17}H_{13}O_5$	$CoMoNi(\mu_3-CMe)(CO)_5(\eta-C_5H_5)_2$		30
$CoNbC_{15}H_{10}O_5$	$CoNb(CO)_5(\eta-C_5H_5)_2$		31
$CoNiB_7C_{11}H_{18}$	$3-\{Co(\eta-C_5H_5)\}-2-\{Ni(\eta-C_5H_5)\}-10-CB_7H_8$		32
$CoNiC_{15}H_{20}O_4P$	$CoNi(CO)_4(PEt_3)(\eta-C_5H_5)$		33
$CoNiC_{22}H_{15}O_3$	$CoNi(\mu-C_2Ph_2)(CO)_3(\eta-C_5H_5)$		34
$CoNiC_{27}H_{17}F_3O_4P$	$CoNi(CO)_4\{P(C_6H_4F-4)_3\}(\eta-C_5H_5)$		35
$CoNiC_{28}H_{28}O_4P$	$CoNi(CO)_4(PCyPh_2)(\eta-C_5H_4Me)$		36
$CoOs_3C_{12}H_3O_{12}$	$H_3CoOs_3(CO)_{12}$		37
$CoPdC_{23}H_{18}N_3O_4$	$Co\{\overline{Pd(C_6H_4CMe=NNHPh)(py)}\}(CO)_4$		38
$CoPd_2C_{22}H_{24}ClN_2O_4\cdot CH_2Cl_2$	$\{\mu-Co(CO)_4\}(\mu-Cl)\{\overline{Pd(C_6H_4CH_2NMe_2-2)}\}_2\cdot CH_2Cl_2$		39
$CoRu_3C_{12}H_3O_{12}$	$H_3CoRu_3(CO)_{12}$		40
$CoRu_3C_{13}O_{13}^-C_{36}H_{30}NP_2^+$	$[PPN][CoRu_3(CO)_{13}]$		41
$CoWC_{17}H_5F_{12}O_4$	$Co\{WC_4(CF_3)_4\}(CO)_4(\eta-C_5H_5)$		42
$CoZrC_{27}H_{35}O_2$	$CoZr(\mu-CO)_2(\eta-C_5H_5)(\eta-C_5Me_5)_2$		43
$Co_2CrFeC_{14}O_{14}S$	$Co_2Fe\{\mu_4-SCr(CO)_5\}(CO)_9$		44
$Co_2FeC_9O_9S$	$Co_2Fe(\mu_3-S)(CO)_9$		45
$Co_2FeC_9O_9Se$	$Co_2Fe(\mu_3-Se)(CO)_9$		46
$Co_2FeC_9O_9Te$	$Co_2Fe(\mu_3-Te)(CO)_9$		46
$Co_2FeC_{15}H_5O_9P$	$Co_2Fe(\mu_3-PPh)(CO)_9$		47
$Co_2FeGe_2C_{16}H_{10}Cl_4O_6$	$\{Co(\mu-CO)(\eta-C_5H_5)\}_2(\mu-GeCl_2)_2\{Fe(CO)_4\}$		48
$Co_2FeC_{26}H_{30}O_6$	$Co_2Fe(CO)_6(\eta-C_5Me_5)_2$		49
$Co_2FeC_{28}H_{34}O_4$	$Co_2Fe(CO)_3(\eta-C_4H_4)(\eta-C_5Me_5)_2$	145	49
$Co_2FeMoAsC_{15}H_{11}O_8S$	$Co_2FeMo(\mu_3-S)(\mu-AsMe_2)(CO)_8(\eta-C_5H_5)$		50
$Co_2FeMoAsC_{17}H_{11}O_{10}S$	$Co_2Mo(\mu_3-S)\{\mu-Me_2AsFe(CO)_4\}(CO)_6(\eta-C_5H_5)$		50
$Co_2Ir_2C_{12}O_{12}$	$Co_2Ir_2(CO)_{12}$		51
$Co_2MnC_{26}H_{22}O_4P$	$Co_2Mn\{\mu_3-P(CH_2Ph)\}(CO)_4(\eta-C_5H_5)$	173	52
$Co_2MnC_{30}H_{37}O_4$	$Co_2Mn(CO)_4(\eta-C_5H_4Me)(\eta-C_5Me_5)_2$		49
$Co_2MoC_{20}H_{10}O_8$	$Co_2Mo(\mu_3-CPh)(CO)_8(\eta-C_5H_5)$		53
$Co_2PtC_{18}H_{10}N_2O_8$	$trans-\{Co(CO)_4\}_2Pt(py)_2$		54
$Co_2PtC_{26}H_{15}O_8P$	$Co_2Pt(CO)_8(PPh_3)$		55
$Co_2Pt_2C_{44}H_{30}O_8P_2$	$Co_2Pt_2(CO)_8(PPh_3)_2$		56
$Co_2Pt_3C_{27}H_{45}O_9P_3$	$Co_2Pt_3(CO)_9(PEt_3)_3$		57
$Co_3FeC_{18}H_{28}O_{18}P_3$	$HCo_3Fe(CO)_9\{P(OMe)_3\}_3$	X, N	58, 59
$Co_3FeC_{33}H_{34}O_9P_3$	$HCo_3Fe(CO)_9(PMe_2Ph)_3$		60

Molecular formula	Structure	Notes	Ref.
$Co_3MoC_{16}H_5O_{11}$	$Co_3Mo(CO)_{11}(\eta-C_5H_5)$		61
$Co_4Ni_2C_{14}O_{14}^{2-}\cdot 2C_4H_{12}N^+$	$[NMe_4]_2[Co_4Ni_2(CO)_{14}]$		62
$Co_7TiC_{29}H_5O_{24}$	$\{Co_3(\mu-CO)(CO)_9\}_2\{Co(CO)_4\}Ti(\eta-C_5H_5)$		63
$CrFeAs_2C_{11}H_{12}O_7$	$CrFe(\mu-AsMe_2)_2(CO)_7$		64
$CrFe_2C_{17}H_5O_{11}P$	$CrFe_2(\mu_3-PPh)(CO)_{11}$		65
$CrFe_2C_{19}H_5O_{13}P$	$CrFe_2(\mu_3-PPh)(CO)_{13}$		66
$CrMnAsC_{12}H_6O_{10}$	$CrMn(\mu-AsMe_2)(CO)_{10}$		67
$CrNiC_{14}H_{10}O_4$	$CrNi(CO)_4(\eta-C_5H_5)_2$		68
$CrPtC_{22}H_{35}O_6P_3$	$CrPt\{\mu-C(CO_2Me)Ph\}(CO)_4(PMe_3)_3$	230	69
$CrReC_{10}HO_{10}$	$HCrRe(CO)_{10}$		70
$CrWC_{26}H_{20}O_4S_2$	$Cr\{(\mu-SPh)_2W(\eta-C_5H_5)_2\}(CO)_4$		71, 72
$CrWC_{29}H_{30}O_4\cdot CH_2Cl_2$	$CrW\{\mu-C(Tol)\}(CO)_4(\eta-C_5H_5)(\eta-C_6Me_6)\cdot CH_2Cl_2$		73
$CuIrC_{19}H_{28}ClN_3OP_2$	$CuIrCl(Me_2N_3)(CO)(PMe_2Ph)_2$		74
$CuMnAs_3C_{22}H_{23}O_5$	$Mn(Cu\{(2-Me_2AsC_6H_4)_2AsMe\})(CO)_5$		7
$CuReC_{55}H_{30}F_{10}O_3P_2$	$CuRe(C_2C_6F_5)_2(CO)_3(PPh_3)_2$		75
$CuRhC_{39}H_{36}ClN_3OP_2$	$CuRhCl(Me_2N_3)(CO)(PPh_3)_2$		76
$Cu_2Rh_6C_{20}H_6N_2O_{15}\cdot 0.5CH_4O$	$Cu_2Rh_6C(CO)_{15}(MeCN)_2\cdot 0.5MeOH$		77
$Cu_4Ir_2C_{100}H_{70}P_2$	$Cu_4Ir_2(C_2Ph)_8(PPh_3)_2$		78
$FeMnAsC_{10}H_6ClO_8^-\text{-}As_2FeMnC_{12}H_{12}O_8^+$	$[FeMn(\mu-AsMe_2)(Cl)(CO)_8][FeMn(\mu-AsMe_2)_2(CO)_8]$		79
$FeMnAsC_{10}H_6O_8$	$FeMn(\mu-AsMe_2)(CO)_8$		80
$FeMnC_{12}H_5O_7$	$FeMn(CO)_7(\eta-C_5H_5)$		81
$FeMnAs_2C_{12}H_{12}O_8^+\text{-}AsFeMnC_{10}H_6ClO_8^-$	$[FeMn(\mu-AsMe_2)_2(CO)_8][FeMn(\mu-AsMe_2)(Cl)(CO)_8]$		79
$FeMnAsC_{13}H_{15}O_8P$	$FeMn(\mu-AsMe_2)(CO)_8(PMe_3)$ (cis-PAs)		82
$FeMnAsC_{13}H_{15}O_8P$	$FeMn(\mu-AsMe_2)(CO)_8(PMe_3)$ (trans-PAs)		82
$FeMnC_{19}H_{11}O_6$	$FeMn\{\mu-C(CO)CHPh\}(CO)_5(\mu-C_5H_5)$		83
$FeMnC_{20}H_{10}O_8P$	$FeMn(\mu-PPh_2)(CO)_8$		84
$FeMn_2C_{14}O_{14}$	$FeMn_2(CO)_{14}$		85
$FeMoC_{18}H_{28}Cl_2S_2$	$FeCl_2(\mu-SBu)_2Mo(\eta-C_5H_5)_2$		86
$FeNbC_{15}H_{11}O_5$	$HFeNb(CO)_5(\eta-C_5H_5)_2$		87
$FeNbC_{17}H_{15}O_2$	$HFeNb(CO)_2(\mu-\eta^1,\eta^5-C_5H_4)(\eta-C_5H_5)_2$		88
$FeNiC_{19}H_{24}O_3$	$Ni\{\eta-C_4Me_4Fe(CO)_3\}(\eta-C_4Me_4)$		89
$FeNiC_{28}H_{21}O_3P$	$FeNi(\mu-HC_2PPh_3)(CO)_3(\eta-C_5H_5)$		90
$FeNiC_{34}H_{25}O_3P$	$FeNi\{\mu-C_2Ph_2(PPh_2)\}(CO)_3(\eta-C_5H_5)$		91
$FeNi_2C_{13}H_{10}O_3S$	$FeNi_2(\mu_3-S)(CO)_3(\eta-C_5H_5)_2$		92
$FePtWC_{25}H_{27}O_6P$	$FePtW\{\mu_3-C(Tol)\}(CO)_6(PEt_3)(\eta-C_5H_5)$	220	93
$FePt_2C_{59}H_{45}O_{14}P_3$	$FePt_2(CO)_5\{P(OPh)_3\}_3$		94
$FeRhC_{12}H_7O_5$	$FeRh(CO)_5(\eta-C_7H_7)$		95
$FeRhWC_{28}H_{19}O_6$	$FeRhW\{\mu_3-C(Tol)\}(CO)_6(\eta-C_5H_5)(\eta^5-C_9H_7)$		93
$FeRh_3C_{44}H_{30}O_8P_3$	$FeRh_3(\mu-PPh_2)_3(CO)_8$		96
$FeRu_2C_{44}H_{38}ClO_8P_2$	$FeRu_2(\mu-Cl)(CO)_8(Bu^tC_2PPh_2)_2$		97
$FeRu_3C_{12}NO_{13}^-\text{-}C_{36}H_{30}NP_2^+$	$[PPN][FeRu_3(CO)_{12}(NO)]$		98
$FeRu_3C_{13}H_2O_{13}$	$H_2FeRu_3(CO)_{13}$		99
$FeWC_{20}H_{12}O_7$	$FeW\{\mu-\eta^1,\eta^2-CH{=}CH(COPh)\}(CO)_6(\eta-C_5H_5)$		100
$Fe_2MnC_{19}H_{10}O_8P$	$Fe_2Mn(\mu_3-PPh)(CO)_8(\eta-C_5H_5)$		101
$Fe_2MnC_{20}H_{10}O_9P$	$Fe_2Mn(\mu_3-PPh)(CO)_9(\eta-C_5H_5)$		102
$Fe_2MnC_{37}H_{25}O_8P_2$	$Fe_2Mn(\mu_3-PPh)(CO)_8(PPh_3)(\eta-C_5H_5)$		103
$Fe_2NiC_{14}H_{12}N_2O_{10}$	$\{Fe(CO)_4(CONMe_2)\}_2Ni$		104
$Fe_2NiC_{17}H_{14}O_6$	$Fe_2Ni(\mu-C_2Bu^t)(CO)_6(\eta-C_5H_5)$		105
$Fe_2NiC_{25}H_{15}O_6^-\text{-}NiC_{11}H_{23}P_2^+$	$[Ni(PMe_3)_2(\eta-C_5H_5)][FeNi_2(CO)_6(\mu-C_2Ph_2)(\eta-C_5H_5)]$		106
$Fe_2Ni_2C_{17}H_{10}O_7$	$Fe_2Ni_2(CO)_7(\eta-C_5H_5)_2$		107
$Fe_2Ni_2C_{22}H_{20}O_6$	$Fe_2Ni_2(CO)_6(\mu-C_2Et_2)(\eta-C_5H_5)_2$		107
$Fe_2Pd_2C_{32}H_{20}Cl_2O_8P_2\cdot C_7H_8$	$[FePd(\mu-PPh_2)(\mu-Cl)(CO)_4]_2\cdot PhMe$		108
$Fe_2PtC_{16}H_{12}O_8$	$Fe_2Pt(CO)_8(cod)$	200	109
$Fe_2PtC_{27}H_{15}O_9P$	$Fe_2Pt(CO)_9(PPh_3)$		110
$Fe_2Pt_2C_{44}H_{31}O_8P_2^-\text{-}C_{36}H_{30}NP_2^+\cdot 2C_3H_6O$	$[PPN][HFe_2Pt_2(CO)_8(PPh_3)_2]\cdot 2Me_2CO$	200	109
$Fe_2Pt_2C_{44}H_{32}O_8P_2$	$H_2Fe_2Pt_2(CO)_8(PPh_3)_2$	200	109
$Fe_2RhC_{40}H_{34}O_4\text{-}P_2^+F_6P^-$	$[\{Fe(\mu-PPh_2)(CO)_2(\eta-C_5H_4Me)\}_2Rh][PF_6]$		111
$Fe_2Rh_2C_{18}H_{10}O_8$	$Fe_2Rh_2(CO)_8(\eta-C_5H_5)_2$		112
$Fe_2Rh_2C_{56}H_{40}O_8P_4$	$[FeRh(\mu-PPh_2)_2(CO)_4]_2$		113
$Fe_3Pt_3C_{15}O_{15}^-\text{-}C_{10}H_{16}N^+$	$(tmba)[Fe_3Pt_3(CO)_{15}]$		114

Metal–Metal Compounds   *Structure Index*

Molecular formula	Structure	Notes	Ref.
$Fe_3Pt_3C_{15}O_{15}^{2-} \cdot 2C_{16}H_{36}N^+$	$[NBu_4]_2[Fe_3Pt_3(CO)_{15}]$		114
$Fe_3RhC_{16}H_5O_{11}$	$Fe_3Rh(CO)_{11}(\eta\text{-}C_5H_5)$		115
$Fe_4PdC_{16}O_{16}^{2-} \cdot 2C_{10}H_{16}N^+$	$(tmba)_2[Fe_4Pd(CO)_{16}]$		116
$Fe_4PtC_{16}O_{16}^{2-} \cdot 2C_{10}H_{16}N^+$	$(tmba)_2[Fe_4Pt(CO)_{16}]$		116
$Fe_4Pt_6C_{22}O_{22}^{2-} \cdot 2C_{10}H_{16}N^+$	$(tmba)_2[Fe_4Pt_6(CO)_{22}]$		114
$Fe_4RhC_{15}O_{14}^- \cdot C_8H_{20}N^+$	$[NEt_4][Fe_4RhC(CO)_{14}]$		117
$Fe_5MoC_{18}O_{17}^{2-} \cdot 2C_8H_{20}N^+$	$[NEt_4]_2[Fe_5MoC(CO)_{17}]$		117
$Fe_6Pd_6C_{24}HO_{24}^{3-} \cdot 3C_{10}H_{16}N^+ \cdot 2C_2H_3N$	$(tmba)_3[HFe_6Pd_6(CO)_{24}] \cdot 2MeCN$		116
$IrPtC_{30}H_{68}P_4^+ \cdot BC_{24}H_{20}^-$	$[H_3IrPtPh(PEt_3)_4][BPh_4]$		118
$MnMoC_{13}H_5O_8$	$MnMo(CO)_8(\eta\text{-}C_5H_5)$		119, 120
$MnMoC_{15}H_9O_5$	$MnMo(\mu\text{-}\eta^1,\eta^5\text{-}C_5H_4)(CO)_5(\eta\text{-}C_5H_5)$		121
$MnNiC_{11}H_5O_6$	$MnNi(CO)_6(\eta\text{-}C_5H_5)$		68
$MnPtC_{14}H_{23}O_5P_2$	$MnPt\{\mu\text{-}\eta^1,\eta^2\text{-}\overline{C\!=\!CH(CH_2)_2O}\}(CO)_4(PMe_3)_2$	200 (2 forms)	122
$MnPtC_{17}H_{27}IO_5P$	$MnPt(\mu\text{-}I)\{\overline{CO(CH_2)_2CH_2}\}(CO)_4(PMeBu^t_2)$	200	123
$MnPtC_{21}H_{30}O_2P_2^+ \cdot BF_4^- \cdot CH_2Cl_2$	$[MnPt\{\mu\text{-}C(Tol)\}(CO)_2(PMe_3)_2(\eta\text{-}C_5H_5)][BF_4] \cdot CH_2Cl_2$		69
$MnPtC_{34}H_{31}O_2P_2S$	$MnPt(\mu\text{-}CS)(CO)_2(PMePh_2)_2(\eta\text{-}C_5H_5)$		124
$MnReC_{10}H_{10}$	$MnRe(CO)_{10}$		119
$MnReC_{12}H_6O_{10}$	*cis*-$MnRe\{C(OMe)Me\}(CO)_9$		125
$MnReC_{19}H_{10}O_7$	$MnRe\{\mu\text{-}C(CO)Ph\}(CO)_6(\eta\text{-}C_6H_5)$		126
$MnRe_2C_{14}HO_{14}$	$HMnRe_2(CO)_{14}$		127
$MnWC_{13}H_5O_8$	$MnW(CO)_8(\eta\text{-}C_5H_5)$		119
$Mn_2PtC_{20}H_{10}N_2O_{10}$	*trans*-$\{Mn(CO)_5\}_2Pt(py)_2$		54
$Mn_2PtC_{33}H_{20}O_9P_2$	$Mn_2Pt(\mu\text{-}PPh_2)_2(CO)_9$		128
$Mn_2Rh_2C_{50}H_{64}N_8O_{10}^{2+} \cdot 2F_6P^- \cdot 2C_3H_6O$	$[Mn_2Rh_2\{\mu\text{-}CNCMe_2(CH_2)_2CMe_2NC\}_4(CO)_{10}][PF_6]_2 \cdot 2Me_2CO$		129
$MoNbC_{18}H_{15}O_3$	$MoNb(CO)_3(\eta\text{-}C_5H_5)_3$		130
$MoPd_2C_{26}H_{29}ClN_2O_3$	$\{\mu\text{-}Mo(CO)_3(\eta\text{-}C_5H_5)\}(\mu\text{-}Cl)\{\overline{Pd(C_6H_4CH_2NMe_2\text{-}2)}\}_2$		39
$MoReC_{13}H_5O_8$	$MoRe(CO)_8(\eta\text{-}C_5H_5)$		119
$MoReC_{16}H_5O_9$	$MoRe(CPh)(CO)_9$		131
$MoReC_{18}H_{15}O_3$	$MoRe(CO)_3(\eta\text{-}C_5H_5)_3$		132
$MoRhC_{18}H_{26}S_2^+F_6P^-$	$[(\eta\text{-}C_5H_5)_2Mo(\mu\text{-}SMe)_2Rh(\eta\text{-}C_3H_5)_2][PF_6]$		133
$MoRhC_{18}H_{27}O_4P_2$	$MoRh(\mu\text{-}PMe_2)_2(CO)_4(\eta\text{-}C_5Me_5)$		134
$MoTiC_{16}H_{16}O_4S_2$	$Mo\{(\mu\text{-}SMe)_2Ti(\eta\text{-}C_5H_5)_2\}(CO)_4$		71, 135
$MoWC_{26}H_{20}O_4S_2$	$Mo\{(\mu\text{-}SPh)_2W(\eta\text{-}C_5H_5)_2\}(CO)_4$		71, 72
$MoZrC_{19}H_{18}O_3$	$MoZr\{\mu\text{-}C(Me)O\}(CO)_2(\eta\text{-}C_5H_5)_3$	101	136
$Mo_2NiC_{24}H_{32}S_4^{2+} \cdot 2BF_4^-$	$[Ni\{(\mu\text{-}SMe)_2Mo(\eta\text{-}C_5H_5)_2\}_2][BF_4]_2$		137
$Mo_2Ni_3C_{16}O_{16}^{2-} \cdot 2C_{36}H_{30}NP_2^+$	$[PPN]_2[Mo_2Ni_3(CO)_{16}]$		138
$Mo_2Ni_4C_{14}O_{14}^{2-} \cdot 2C_8H_{20}N^+$	$[NEt_4]_2[Mo_2Ni_4(CO)_{14}]$		138
$Mo_2Pd_2C_{28}H_{40}O_6P_2$	$Mo_2Pd_2(CO)_6(PEt_3)_2(\eta\text{-}C_5H_5)_2$		139
$Mo_2PtC_{32}H_{38}N_2O_7 \cdot 0.5C_6H_{12}$	*trans*-$\{Mo(CO)_3(\eta\text{-}C_5H_5)\}_2Pt(CNCy)\{C(OEt)(NHCy)\} \cdot 0.5C_6H_{12}$		140
$Mo_2Pt_2C_{28}H_{40}O_6P_2$	$Mo_2Pt_2(CO)_6(PEt_3)_2(\eta\text{-}C_5H_5)_2$		141
$Mo_2Re_2C_{21}H_{10}O_{11}S_2$	$\{MoRe_2(CO)_8(\eta\text{-}C_5H_5)\}(\mu\text{-}S)\{\mu\text{-}SMo(CO)_3(\eta\text{-}C_5H_5)\}$		142
$Nb_2NiC_{24}H_{32}S_4^{2+} \cdot 2BF_4^- \cdot 2H_2O$	$[Ni\{(\mu\text{-}SMe)_2Nb(\eta\text{-}C_5H_5)_2\}_2][BF_4]_2 \cdot 2H_2O$		137, 143
$NiOs_3C_{46}H_{32}O_{10}P_2 \cdot C_4H_{10}O$	$H_2NiOs_3(CO)_{10}(PPh_3)_2 \cdot Et_2O$	190	144
$NiRh_6C_{16}O_{16}^- \cdot C_{16}H_{36}N^+$	$[NBu_4][NiRh_6(CO)_{16}]$		145
$NiRu_3C_{19}H_{14}O_8$	$NiRu_3(\mu_4\text{-}CMeCHCEt)(CO)_8(\eta\text{-}C_5H_5)$		146
$NiRu_3C_{20}H_{15}O_9$	$NiRu_3(\mu\text{-}C\!\equiv\!CHBu^t)(CO)_9(\eta\text{-}C_5H_5)$		147
$NiW_2C_{30}H_{24}O_4$	$Ni\{W[\mu\text{-}C(Tol)](CO)_2(\eta\text{-}C_5H_5)\}_2$		148
$Ni_3W_2C_{16}O_{16}^{2-} \cdot 2C_8H_{20}N^+$	$[NEt_4]_2[Ni_3W_2(CO)_{16}]$		138
$Os_2PtC_{45}H_{36}O_4P_2$	$Os_2Pt(\mu_3\text{-}C_2Me_2)(CO)_5(PPh_3)_2$	200	149
$Os_2Pt_2C_{44}H_{32}O_8P_2$	$H_2Os_2Pt_2(CO)_8(PPh_3)_2$		150
$Os_3PtC_{28}H_{35}O_{10}P$	$H_2Os_3Pt(CO)_{10}(PCy_3)$	200	150, 151
$Os_3PtC_{46}H_{32}O_{10}P_2$	$H_2Os_3Pt(CO)_{10}(PPh_3)_2$	200	149
$Os_3ReC_{15}HO_{15}$	$HOs_3Re(CO)_{15}$		152
$Os_3Re_2C_{20}H_2O_{20}$	$H_2Os_3Re_2(CO)_{20}$		153
$Os_3RhC_{15}H_9O_{12}$	$H_2Os_3Rh(CO)_{10}(acac)$	190	144
$Os_3WC_{16}H_8O_{11}$	$H_3Os_3W(CO)_{11}(\eta\text{-}C_5H_5)$		154, 155
$Os_3WC_{17}H_6O_{12}$	$HOs_3W(CO)_{12}(\eta\text{-}C_5H_5)$		154, 156
$PdRhC_{35}H_{28}Cl_3N_2OP_2$	$PdRhCl_3(CO)\{\mu\text{-}PPh_2(C_5H_4N\text{-}2)\}_2$		157
$PtRh_2C_{41}H_{45}O_3P \cdot 0.25CH_2Cl_2$	$PtRh_2(CO)_3(PPh_3)(\eta\text{-}C_5Me_5)_2 \cdot 0.25CH_2Cl_2$	220	158
$PtRh_5C_{15}O_{15}^- \cdot C_{36}H_{30}NP_2^+$	$[PPN][PtRh_5(CO)_{15}]$		159
$PtTa_2C_{24}H_{32}S_4^{2+} \cdot 2F_6P^-$	$[Pt\{(\mu\text{-}SMe)_2Ta(\eta\text{-}C_5H_5)_2\}_2][PF_6]_2$		160

Molecular formula	Structure	Notes	Ref.
PtWC$_{19}$H$_{26}$O$_6$P$_2$	PtW{μ-C(OMe)Ph}(CO)$_5$(PMe$_3$)$_2$	200	161
PtWC$_{22}$H$_{37}$O$_5$P$_3$	PtW{μ-C(OMe)(Tol)}(CO)$_4$(PMe$_3$)$_3$	200	162
PtWC$_{31}$H$_{34}$O$_2$P$_2$	PtW{μ-C(Tol)}(CO)$_2$(PMe$_2$Ph)$_2$(η-C$_5$H$_5$)	200	163
PtW$_2$C$_{30}$H$_{24}$O$_4$	Pt[W{μ-C(Tol)}(CO)$_2$(η-C$_5$H$_5$)]$_2$	200	148
Pt$_2$RuC$_{44}$H$_{39}$O$_5$P$_3$	Pt$_2$Ru(CO)$_5$(PMePh$_2$)$_3$		164
Pt$_2$RuC$_{59}$H$_{45}$O$_5$P$_3$	Pt$_2$Ru(CO)$_5$(PPh$_3$)$_3$		165
Pt$_2$RuC$_{59}$H$_{45}$O$_5$P$_3$·C$_6$H$_6$	Pt$_2$Ru(CO)$_5$(PPh$_3$)$_3$·C$_6$H$_6$		165
Pt$_2$WC$_{32}$H$_{50}$O$_7$P$_2$	Pt$_2$W{μ-C(OMe)Ph}(CO)$_6$(PMeBu$_2^t$)$_2$		166
ReWC$_{19}$H$_{14}$O$_9$P	ReW{μ-CPh(PMe$_3$)}(CO)$_9$		167
RhWC$_{46}$H$_{42}$P$_2^+$F$_6$P$^-$	[H$_2$RhW(PPh$_3$)$_2$(η-C$_5$H$_5$)$_2$][PF$_6$]	153	168

^{a} Corresponding to complexes described in Chapter 40.

1. T. L. Blundell and H. M. Powell, *J. Chem. Soc. (A)*, 1971, 1685.
2. A. J. Carty, G. N. Mott and N. J. Taylor, *J. Am. Chem. Soc.*, 1979, **101**, 3131.
3. J. Kuyper, K. Vrieze and K. Olie, *Cryst. Struct. Commun.*, 1976, **5**, 179.
4. G. R. Clark, C. M. Cochrane, W. R. Roper and L. J. Wright, *J. Organomet. Chem.*, 1980, **199**, C35.
5. N. G. Connelly, A. R. Lucy and A. M. R. Galas, *J. Chem. Soc., Chem. Commun.*, 1981, 43.
6. O. M. Abu Salah, M. I. Bruce, M. R. Churchill and B. G. DeBoer, *J. Chem. Soc., Chem. Commun.*, 1974, 688*; M. R. Churchill and B. G. DeBoer, *Inorg. Chem.*, 1975, **14**, 2630.
7. B. T. Kilbourn, T. L. Blundell and H. M. Powell, *Chem. Commun.*, 1965, 444*.
8. R. Uson, A. Laguna, M. Laguna, P. G. Jones and G. M. Sheldrick, *J. Chem. Soc., Dalton Trans.*, 1981, 366.
9. F. E. Simon and J. W. Lauher, *Inorg. Chem.*, 1980, **19**, 2338.
10. K. A. I. F. M. Mannan, *Acta Crystallogr.*, 1967, **23**, 649.
11. J. B. Wilford and H. M. Powell, *J. Chem. Soc. (A)*, 1969, 8.
12. V. G. Andrianov, Y. T. Struchkov and E. R. Rossinskaya, *J. Chem. Soc., Chem. Commun.*, 1973, 338*; *Zh. Strukt. Khim.*, 1974, **15**, 74.
13. J. W. A. van der Velden, J. J. Bour, B. F. Otterloo, W. P. Bosman and J. H. Noordik, *J. Chem. Soc., Chem. Commun.*, 1981, 583.
14. H. B. Chin, M. B. Smith, R. D. Wilson and R. Bau, *J. Am. Chem. Soc.*, 1974, **96**, 5285.
15. E. Keller and H. Vahrenkamp, *Chem. Ber.*, 1976, **109**, 229.
16. E. Keller and H. Vahrenkamp, *Chem. Ber.*, 1977, **110**, 430.
17. I. L. C. Campbell and F. S. Stephens, *J. Chem. Soc., Dalton Trans.*, 1975, 22.
18. W. M. Maxwell, E. Sinn and R. N. Grimes, *J. Am. Chem. Soc.*, 1976, **98**, 3490.
19. R. N. Grimes, E. Sinn and R. B. Maynard, *Inorg. Chem.*, 1980, **19**, 2384.
20. F. S. Stephens, *J. Chem. Soc., Dalton Trans.*, 1974, 13.
21. H. J. Langenbach, E. Keller and H. Vahrenkamp, *Angew. Chem.*, 1977, **89**, 197 (*Angew. Chem., Int. Ed. Engl.*, 1977, **16**, 188)*; *J. Organomet. Chem.*, 1979, **171**, 259.
22. I. L. C. Campbell and F. S. Stephens, *J. Chem. Soc., Dalton Trans.*, 1974, 923.
23. I. L. C. Campbell and F. S. Stephens, *J. Chem. Soc., Dalton Trans.*, 1975, 226.
24. G. Davey and F. S. Stephens, *J. Chem. Soc., Dalton Trans.*, 1974, 698.
25. F. Richter and H. Vahrenkamp, *Angew. Chem.*, 1980, **92**, 66 (*Angew. Chem., Int. Ed. Engl.*, 1980, **19**, 65).
26. E. Keller and H. Vahrenkamp, *Angew. Chem.*, 1977, **89**, 568 (*Angew. Chem., Int. Ed. Engl.*, 1977, **16**, 542)*; *Chem. Ber.*, 1979, **112**, 2347.
27. E. Keller and H. Vahrenkamp, *Chem. Ber.*, 1981, **114**, 1111.
28. E. Röttinger, R. Müller and H. Vahrenkamp, *Angew. Chem.*, 1977, **89**, 341 (*Angew. Chem., Int. Ed. Engl.*, 1977, **16**, 332)*; E. Röttinger, A. Trenkle, R. Müller and H. Vahrenkamp, *Chem. Ber.*, 1980, **113**, 1280.
29. L. H. Staal, J. Keijsper, G. van Koten, K. Vrieze, J. A. Cras and W. P. Bosman, *Inorg. Chem.*, 1981, **20**, 555.
30. H. Beurich and H. Vahrenkamp, *Angew. Chem.*, 1981, **93**, 128 (*Angew. Chem., Int. Ed. Engl.*, 1981, **20**, 98).
31. K. S. Wong, W. R. Scheidt and J. A. Labinger, *Inorg. Chem.*, 1979, **18**, 1709.
32. G. E. Hardy, K. P. Callahan and M. F. Hawthorne, *Inorg. Chem.*, 1978, **17**, 1662.
33. F. S. Stephens, *J. Chem. Soc., Dalton Trans.*, 1974, 1067.
34. B. H. Freeland, J. E. Hux, N. C. Paine and K. G. Tyers, *Inorg. Chem.*, 1980, **19**, 693.
35. I. L. C. Campbell and F. S. Stephens, *J. Chem. Soc., Dalton Trans.*, 1975, 340.
36. I. L. C. Campbell and F. S. Stephens, *J. Chem. Soc., Dalton Trans.*, 1975, 337.
37. S. Bhaduri, B. F. G. Johnson, J. Lewis, P. R. Raithby and D. J. Watson, *J. Chem. Soc., Chem. Commun.*, 1978, 343.
38. G. Le Borgne, S. E. Bouaoud, D. Grandjean, P. Braunstein, J. Dehand and M. Pfeffer, *J. Organomet. Chem.*, 1977, **136**, 375.
39. M. Pfeffer, J. Fischer, A. Mitschler and L. Ricard, *J. Am. Chem. Soc.*, 1980, **102**, 6338.
40. W. L. Gladfelter, G. L. Geoffroy and J. C. Calabrese, *Inorg. Chem.*, 1980, **19**, 2569.
41. P. C. Steinhardt, W. L. Gladfelter, A. D. Harley, J. R. Fox and G. L. Geoffroy, *Inorg. Chem.*, 1980, **19**, 332.
42. J. L. Davidson, L. Manojlovic-Muir, K. W. Muir and A. N. Keith, *J. Chem. Soc., Chem. Commun.*, 1980, 749.
43. P. T. Barger and J. E. Bercaw, *J. Organomet. Chem.*, 1980, **201**, C39.
44. F. Richter and H. Vahrenkamp, *Angew. Chem.*, 1978, **90**, 474 (*Angew. Chem., Int. Ed. Engl.*, 1978, **17**, 444).

45. D. L. Stevenson, C. H. Wei and L. F. Dahl, *J. Am. Chem. Soc.*, 1971, **93,** 6027.
46. C. E. Strouse and L. F. Dahl, *J. Am. Chem. Soc.*, 1971, **93,** 6032.
47. H. Beurich, T. Madach, F. Richter and H. Vahrenkamp, *Angew. Chem.*, 1979, **91,** 751 (*Angew. Chem., Int. Ed. Engl.*, 1979, **18,** 690).
48. M. J. Bennett, W. Brooks, M. Elder, W. A. G. Graham, D. Hall and R. Kummer, *J. Am. Chem. Soc.*, 1970, **92,** 208*; M. Elder and W. L. Hutcheon, *J. Chem. Soc., Dalton Trans.*, 1972, 175.
49. L. M. Cirjak, J.-S. Huang, Z.-H. Zhu and L. F. Dahl, *J. Am. Chem. Soc.*, 1980, **102,** 6623.
50. F. Richter and H. Vahrenkamp, *Angew. Chem.*, 1979, **91,** 566 (*Angew. Chem., Int. Ed. Engl.*, 1979, **18,** 531).
51. V. G. Albano, G. Ciani and S. Martinengo, *J. Organomet. Chem.*, 1974, **78,** 265.
52. R. L. De, J. von Seyerl and G. Huttner, *J. Organomet. Chem.*, 1979, **178,** 319.
53. H. Beurich and H. Vahrenkamp, *Angew. Chem.*, 1978, **90,** 915 (*Angew. Chem., Int. Ed. Engl.*, 1978, **17,** 863).
54. D. Moras, J. Dehand and R. Weiss, *C. R. Hebd. Seances Acad. Sci.*, 1958, **267C,** 1471.
55. R. Bender, P. Braunstein, J. Fischer, L. Ricard and A. Mitschler, *Nouv. J. Chim.*, 1981, **5,** 81.
56. J. Fischer, A. Mitschler, R. Weiss, J. Dehand and J. F. Nennig, *J. Organomet. Chem.*, 1975, **91,** C37.
57. J.-P. Barbier, P. Braunstein, J. Fischer and L. Ricard, *Inorg. Chim. Acta*, 1978, **31,** L361.
58. B. T. Huie, C. B. Knobler and H. D. Kaesz, *J. Chem. Soc., Chem. Commun.*, 1975, 684*; *J. Am. Chem. Soc.*, 1978, **100,** 3059 (X; at 134 K).
59. T. F. Koetzle, R. K. McMullan, R. Bau, D. W. Hart, R. G. Teller, D. L. Tipton and R. D. Wilson, *Adv. Chem. Ser.*, 1978, **167,** 61; R. G. Teller, R. D. Wilson, R. K. McMullan, T. F. Koetzle and R. Bau, *J. Am. Chem. Soc.*, 1978, **100,** 3071 (N; at 90 K).
60. K. Bartle, R. Boese and G. Schmid, *J. Organomet. Chem.*, 1981, **206,** 331.
61. G. Schmid, K. Bartl and R. Boese, *Z. Naturforsch., Teil B*, 1977, **32,** 1277.
62. V. G. Albano, G. Ciani and P. Chini, *J. Chem. Soc., Dalton Trans.*, 1974, 432.
63. G. Schmid, B. Stutte and R. Boese, *Chem. Ber.*, 1978, **111,** 1239.
64. H. Vahrenkamp and E. Keller, *Chem. Ber.*, 1979, **112,** 1991.
65. G. Huttner, G. Mohr and P. Friedrich, *Z. Naturforsch., Teil B*, 1978, **33,** 1254.
66. G. Huttner, G. Mohr, P. Friedrich and H. G. Schmid, *J. Organomet. Chem.*, 1978, **160,** 59.
67. H. Vahrenkamp, *Chem. Ber.*, 1972, **105,** 1486.
68. T. Madach, K. Fischer and H. Vahrenkamp, *Chem. Ber.*, 1980, **113,** 3235.
69. J. A. K. Howard, J. C. Jeffery, M. Laguna, R. Navarro and F. G. A. Stone, *J. Chem. Soc., Chem. Commun.*, 1979, 1170*; *J. Chem. Soc., Dalton Trans.*, 1981, 751.
70. A. S. Foust, W. A. G. Graham and R. P. Stewart, *J. Organomet. Chem.*, 1973, **54,** C22.
71. T. S. Cameron, C. K. Prout, G. V. Rees, M. L. H. Green, K. K. Joshi, G. R. Davies, B. T. Kilbourn, P. S. Braterman and V. A. Wilson, *Chem. Commun.*, 1971, 14* (D).
72. K. Prout and G. V. Rees, *Acta Crystallogr.*, 1974, **B30,** 2717.
73. M. J. Chetcuti, M. Green, J. C. Jeffery, F. G. A. Stone and A. A. Wilson, *J. Chem. Soc., Chem. Commun.*, 1980, 948.
74. R. T. Kops and H. Schenk, *Cryst. Struct. Commun.*, 1976, **5,** 193.
75. O. M. Abu Salah, M. I. Bruce and A. D. Redhouse, *J. Chem. Soc., Chem. Commun.*, 1974, 855.
76. R. T. Kops, A. R. Overbeek and H. Schenk, *Cryst. Struct. Commun.*, 1976, **5,** 125.
77. V. G. Albano, D. Braga, S. Martinengo, P. Chini, M. Sansoni and D. Strumolo, *J. Chem. Soc., Dalton Trans.*, 1980, 52.
78. O. M. Abu Salah, M. I. Bruce, M. R. Churchill and S. A. Bezman, *J. Chem. Soc., Chem. Commun.*, 1972, 858*; M. R. Churchill and S. A. Bezman, *Inorg. Chem.*, 1974, **13,** 1418.
79. H.-J. Langenbach, E. Röttinger and H. Vahrenkamp, *Chem. Ber.*, 1980, **113,** 42.
80. H. Vahrenkamp, *Chem. Ber.*, 1973, **106,** 2570.
81. P. J. Hansen and R. A. Jacobson, *J. Organomet. Chem.*, 1966, **6,** 389.
82. E. Keller and H. Vahrenkamp, *Chem. Ber.*, 1978, **111,** 65.
83. V. G. Andrianov, Y. T. Struchkov, N. E. Kolobova, A. B. Antonova and N. S. Obezyuk, *J. Organomet. Chem.*, 1976, **122,** C33.
84. H. Vahrenkamp, *Z. Naturforsch., Teil B*, 1975, **30,** 814.
85. P. A. Agron, R. D. Ellison and H. A. Levy, *Acta Crystallogr.*, 1967, **23,** 1079.
86. T. S. Cameron and C. K. Prout, *Chem. Commun.*, 1971, 161*; *Acta Crystallogr.*, 1972, **B28,** 453.
87. J. A. Labinger, K. S. Wong and W. R. Scheidt, *J. Am. Chem. Soc.*, 1978, **100,** 3254*; *Inorg. Chem.*, 1979, **18,** 136.
88. A. A. Pasynskii, Y. V. Skripkin, V. T. Kalinnikov, M. A. Porai-Koshits, A. S. Antsyshkina, G. G. Sadikov and V. N. Ostrikova, *J. Organomet. Chem.*, 1980, **201,** 269.
89. E. F. Epstein and L. F. Dahl, *J. Am. Chem. Soc.*, 1970, **92,** 502.
90. K. Yasufuku, K. Aoki and H. Yamazaki, *J. Organomet. Chem.*, 1975, **84,** C28.
91. B. L. Barnett and C. Krüger, *Cryst. Struct. Commun.*, 1973, **2,** 347.
92. P. Braunstein, E. Sappa, A. Tiripicchio and M. Tiripicchio-Camellini, *Inorg. Chim. Acta*, 1980, **45,** L191.
93. M. Chetcuti, M. Green, J. A. K. Howard, J. C. Jeffery, R. M. Mills, G. N. Pain, S. J. Porter, F. G. A. Stone, A. A. Wilson and P. Woodward, *J. Chem. Soc., Chem. Commun.*, 1980, 1057.
94. V. G. Albano, G. Ciani, M. I. Bruce, G. Shaw and F. G. A. Stone, *J. Organomet. Chem.*, 1972, **42,** C99*; V. G. Albano and G. Ciani, *J. Organomet. Chem.*, 1974, **66,** 311.
95. M. J. Bennett, J. L. Pratt, K. A. Simpson, L. K. K. Li Shing Man and J. Takats, *J. Am. Chem. Soc.*, 1976, **98,** 4810.
96. R. J. Haines, N. D. C. T. Steen, M. Laing and P. Sommerville, *J. Organomet. Chem.*, 1980, **198,** C72.
97. D. F. Jones, U. Oehmichen, P. H. Dixneuf, T. G. Southern, J. Y. Le Marouille and D. Grandjean, *J. Organomet. Chem.*, 1981, **204,** C1.

98. D. E. Fjare and W. L. Gladfelter, *J. Am. Chem. Soc.*, 1981, **103**, 1572.
99. C. J. Gilmore and P. Woodward, *Chem. Commun.*, 1970, 1463*; *J. Chem. Soc.* (*A*), 1971, 3453.
100. V. G. Andrianov and Y. T. Struchkov, *Zh. Strukt. Khim.*, 1971, **12**, 336.
101. G. Huttner, A. Frank and G. Mohr, *Z. Naturforsch., Teil B*, 1976, **31**, 1161.
102. G. Huttner, G. Mohr and A. Frank, *Angew. Chem.*, 1976, **88**, 719 (*Angew. Chem., Int. Ed. Engl.*, 1976, **15**, 682).
103. G. Huttner, J. Schneider, H.-D. Müller, G. Mohr, J. von Seyerl and L. Wohlfahrt, *Angew. Chem.*, 1979, **91**, 82 (*Angew. Chem., Int. Ed. Engl.*, 1979, **18**, 76).
104. W. Petz, C. Krüger and R. Goodard, *Chem. Ber.*, 1979, **112**, 3413.
105. A. Marinetti, E. Sappa, A. Tiripicchio and M. Tiripicchio-Camellini, *J. Organomet. Chem.*, 1980, **197**, 335.
106. M. I. Bruce, J. R. Rodgers, M. R. Snow and F. S. Wong, *J. Chem. Soc., Chem. Commun.*, 1980, 1285.
107. A. Marinetti, E. Sappa, A. Tiripicchio and M. Tiripicchio-Camellini, *Inorg. Chim. Acta*, 1980, **44**, L183*; E. Sappa, A. Tiripicchio and M. Tiripicchio-Camellini, *J. Organomet. Chem.*, 1980, **199**, 243.
108. B. T. Kilbourn and R. H. B. Mais, *Chem. Commun.*, 1968, 1507.
109. L. J. Farrugia, J. A. K. Howard, P. Mitrprachachon, F. G. A. Stone and P. Woodward, *J. Chem. Soc., Dalton Trans.*, 1981, 1134.
110. R. Mason, J. Zubieta, A. T. T. Hsieh, J. Knight and M. J. Mays, *J. Chem. Soc., Chem. Commun.*, 1972, 200*; R. Mason and J. Zubieta, *J. Organomet. Chem.*, 1974, **66**, 289.
111. R. J. Haines, R. Mason, J. A. Zubieta and C. R. Nolte, *J. Chem. Soc., Chem. Commun.*, 1972, 990*; R. Mason and J. A. Zubieta, *J. Organomet. Chem.*, 1974, **66**, 279.
112. M. R. Churchill and M. V. Veidis, *Chem. Commun.*, 1970, 529*; *J. Chem. Soc.* (*A*), 1971, 2170.
113. R. J. Haines, N. D. C. T. Steen and R. B. English, *J. Chem. Soc., Chem. Commun.*, 1981, 587.
114. G. Longoni, M. Manassero and M. Sansoni, *J. Am. Chem. Soc.*, 1980, **102**, 7973.
115. M. R. Churchill and M. V. Veidis, *Chem. Commun.*, 1970, 1470*; *J. Chem. Soc.* (*A*), 1971, 2995.
116. G. Longoni, M. Manassero and M. Sansoni, *J. Am. Chem. Soc.*, 1980, **102**, 3242.
117. M. Tachikawa, A. C. Sievert, E. L. Muetterties, M. R. Thompson, C. S. Day and V. W. Day, *J. Am. Chem. Soc.*, 1980, **102**, 1725.
118. A. Immirzi, A. Musco, P. S. Pregosin and L. M. Venanzi, *Angew. Chem.*, 1980, **92**, 744 (*Angew. Chem., Int. Ed. Engl.*, 1980, **19**, 721).
119. Y. T. Struchkov, K. N. Anisimov, O. P. Osipova, N. E. Kolobova and A. N. Nesmeyanov, *Dokl. Akad. Nauk SSSR*, 1967, **172**, 107.
120. B. P. Bir'yukov, Y. T. Struchkov, K. N. Anisimov, N. E. Kolobova and A. S. Beschastnov, *Chem. Commun.*, 1968, 667*; B. P. Bir'yukov and Y. T. Struchkov, *Zh. Strukt. Khim.*, 1968, **9**, 655.
121. R. Hoxmeier, B. Deubzer and H. D. Kaesz, *J. Am. Chem. Soc.*, 1971, **93**, 536*; R. J. Hoxmeier, C. B. Knobler and H. D. Kaesz, *Inorg. Chem.*, 1979, **18**, 3462.
122. T. V. Ashworth, M. Berry, J. A. K. Howard, M. Laguna and F. G. A. Stone, *J. Chem. Soc., Chem. Commun.*, 1979, 43*; M. Berry, J. A. K. Howard and F. G. A. Stone, *J. Chem. Soc., Dalton Trans.*, 1980, 1601.
123. M. Berry, J. Martin-Gil, J. A. K. Howard and F. G. A. Stone, *J. Chem. Soc., Dalton Trans.*, 1980, 1625.
124. J. C. Jeffery, H. Razay and F. G. A. Stone, *J. Chem. Soc., Chem. Commun.*, 1981, 243.
125. C. P. Casey, C. R. Cyr, R. L. Anderson and D. F. Marten, *J. Am. Chem. Soc.*, 1975, **97**, 3053.
126. O. Orama, U. Schubert, F. R. Kreissl and E. O. Fischer, *Z. Naturforsch., Teil B*, 1980, **35**, 82.
127. H. D. Kaesz, R. Bau and M. R. Churchill, *J. Am. Chem. Soc.*, 1967, **89**, 2775*; M. R. Churchill and R. Bau, *Inorg. Chem.*, 1967, **6**, 2086.
128. P. Braunstein, D. Matt, O. Bars and D. Grandjean, *Angew. Chem.*, 1979, **91**, 859 (*Angew. Chem., Int. Ed. Engl.*, 1979, **18**, 797).
129. D. A. Bohling, T. P. Gill and K. R. Mann, *Inorg. Chem.*, 1981, **20**, 194.
130. A. A. Pasynskii, Y. V. Skripkin, I. L. Eremenko, V. T. Kalinnikov, G. G. Aleksandrov, V. G. Andrianov and Y. T. Struchkov, *J. Organomet. Chem.*, 1979, **165**, 49.
131. E. O. Fischer, G. Huttner, T. L. Lindner, A. Frank and F. R. Kreissl, *Angew. Chem.*, 1976, **88**, 163 (*Angew. Chem., Int. Ed. Engl.*, 1976, **15**, 157).
132. R. I. Mink, J. J. Welter, P. R. Young and G. D. Stucky, *J. Am. Chem. Soc.*, 1979, **101**, 6928.
133. K. Prout and G. V. Rees, *Acta Crystallogr.*, 1974, **B30**, 2249.
134. R. G. Finke, C. Gaughan, C. Pierpont and M. E. Cass, *J. Am. Chem. Soc.*, 1981, **103**, 1394.
135. G. R. Davies and B. T. Kilbourn, *J. Chem. Soc.* (*A*), 1971, 87.
136. B. Longato, J. R. Norton, J. C. Huffman, J. A. Marsella and K. G. Caulton, *J. Am. Chem. Soc.*, 1981, **103**, 209.
137. K. Prout, S. R. Critchley and G. V. Rees, *Acta Crystallogr.*, 1974, **B30**, 2305.
138. J. K. Ruff, R. P. White and L. F. Dahl, *J. Am. Chem. Soc.*, 1971, **93**, 2159.
139. R. Bender, P. Braunstein, Y. Dusausoy and J. Protas, *Angew. Chem.*, 1978, **90**, 637 (*Angew. Chem., Int. Ed. Engl.*, 1978, **17**, 596).
140. P. Braunstein, E. Keller and H. Vahrenkamp, *J. Organomet. Chem.*, 1979, **165**, 233.
141. R. Bender, P. Braunstein, Y. Dusausoy and J. Protas, *J. Organomet. Chem.*, 1979, **172**, C51.
142. P. J. Vergamini, H. Vahrenkamp and L. F. Dahl, *J. Am. Chem. Soc.*, 1971, **93**, 6326.
143. W. E. Douglas, M. L. H. Green, C. K. Prout and G. V. Rees, *Chem. Commun.*, 1971, 896*.
144. L. J. Farrugia, J. A. K. Howard, P. Mitrprachachon, F. G. A. Stone and P. Woodward, *J. Chem. Soc., Dalton Trans.*, 1981, 171.
145. A. Fumigalli, G. Longoni, P. Chini, A. Albinati and S. Bruckner, *J. Organomet. Chem.*, 1980, **202**, 329.
146. D. Osella, E. Sappa, A. Tiripicchio and M. Tiripicchio-Camellini, *Inorg. Chim. Acta*, 1979, **34**, L289*; 1980, **42**, 183.
147. E. Sappa, A. Tiripicchio and M. Tiripicchio-Camellini, *J. Chem. Soc., Chem. Commun.*, 1979, 254*; *Inorg. Chim. Acta*, 1980, **41**, 11.
148. T. V. Ashworth, M. J. Chetcuti, J. A. K. Howard, F. G. A. Stone, S. J. Wisbey and P. Woodward, *J. Chem. Soc., Dalton Trans.*, 1981, 763.

149. L. J. Farrugia, J. A. K. Howard, P. Mitrprachachon, F. G. A. Stone and P. Woodward, *J. Chem. Soc., Dalton Trans.*, 1981, 162.
150. L. J. Farrugia, J. A. K. Howard, P. Mitrprachachon, J. L. Spencer, F. G. A. Stone and P. Woodward, *J. Chem. Soc., Chem. Commun.*, 1978, 260*; L. J. Farrugia, J. A. K. Howard, P. Mitrprachachon, F. G. A. Stone and P. Woodward, *J. Chem. Soc., Dalton Trans.*, 1981, 1274.
151. L. J. Farrugia, J. A. K. Howard, P. Mitrprachachon, F. G. A. Stone and P. Woodward, *J. Chem. Soc., Dalton Trans.*, 1981, 155.
152. M. R. Churchill and F. J. Hollander, *Inorg. Chem.*, 1977, **16**, 2493.
153. J. R. Shapley, G. A. Pearson, M. Tachikawa, G. E. Schmidt, M. R. Churchill and F. J. Hollander, *J. Am. Chem. Soc.*, 1977, **99**, 8064*; M. R. Churchill and F. J. Hollander, *Inorg. Chem.*, 1978, **17**, 3546.
154. M. R. Churchill, F. J. Hollander, J. R. Shapley and D. S. Foose, *J. Chem. Soc., Chem. Commun.*, 1978, 534*.
155. M. R. Churchill and F. J. Hollander, *Inorg. Chem.*, 1979, **18**, 161.
156. M. R. Churchill and F. J. Hollander, *Inorg. Chem.*, 1979, **18**, 843.
157. J. P. Farr, M. M. Olmstead and A. L. Balch, *J. Am. Chem. Soc.*, 1980, **102**, 6654.
158. N. M. Boag, M. Green, R. M. Mills, G. N. Pain, F. G. A. Stone and P. Woodward, *J. Chem. Soc., Chem. Commun.*, 1980, 1171.
159. A. Fumigalli, S. Martinengo, P. Chini, A. Albinati, S. Bruckner and B. T. Heaton, *J. Chem. Soc., Chem. Commun.*, 1978, 195.
160. J.-C. Daran, B. Meunier and K. Prout, *Acta Crystallogr.*, 1979, **B35**, 1709.
161. T. V. Ashworth, J. A. K. Howard, M. Laguna and F. G. A. Stone, *J. Chem. Soc., Dalton Trans.*, 1980, 1593.
162. J. A. K. Howard, K. A. Mead, J. R. Moss, R. Navarro, F. G. A. Stone and P. Woodward, *J. Chem. Soc., Dalton Trans.*, 1981, 743.
163. T. V. Ashworth, J. A. K. Howard and F. G. A. Stone, *J. Chem. Soc., Chem. Commun.*, 1979, 42*; *J. Chem. Soc., Dalton Trans.*, 1980, 1609.
164. A. Modinos and P. Woodward, *J. Chem. Soc., Dalton Trans.*, 1975, 1534.
165. M. I. Bruce, J. G. Matisons, B. W. Skelton and A. H. White, *Aust. J. Chem.*, 1982, **35**, 687.
166. T. V. Ashworth, M. Berry, J. A. K. Howard, M. Laguna and F. G. A. Stone, *J. Chem. Soc., Chem. Commun.*, 1979, 45*; *J. Chem. Soc., Dalton Trans.*, 1980, 1615.
167. F. R. Kreissl, P. Friedrich, T. L. Lindner and G. Huttner, *Angew. Chem.*, 1977, **89**, 325 (*Angew. Chem., Int. Ed. Engl.*, 1977, **16**, 314).
168. N. W. Alcock, O. W. Howarth, P. Moore and G. E. Morris, *J. Chem. Soc., Chem. Commun.*, 1979, 1160.

Index of Review Articles and Specialist Texts on Organometallic Chemistry

G. B. YOUNG

Imperial College of Science & Technology

PHILOSOPHY AND SCOPE

The study and application of organometallic chemistry continues to develop with remarkable pace and vigour, as attested by the scale of the foregoing reference work. It is a cosmopolitan science, which has not only generated a plentiful and expanding specialist literature, but which also features prominently in the discussions of a variety of other branches of chemistry. Amid such abundance, specialist texts and topical reviews fulfil an invaluable purpose, providing the newcomer at any level with fundamental information and ready entry to the recent literature, while simultaneously allowing established workers to keep abreast of developments which are more peripheral to their immediate interests. The review literature, however, is itself expansive, and some means of specific access seemed an appropriate addition to this survey of organometallic chemistry.

Guides to the literature encompassing the organometallic chemistry both of the transition elements [I1-3]* and of the main group metals [I4], from 1950-1972/3, have appeared previously. This Index is not intended to supersede but rather to supplement these excellent compilations, and for most sources prior to 1970 these should be consulted. An attempt has been made in the Main Index to offer comprehensive coverage of the readily accessible English language review literature from 1970 to 1981 (including translations of German and Russian sources). Coverage of individual books has necessarily been more limited by availability to the author but, nevertheless, in excess of 100 titles published since 1970 are included and any omissions have high probability of cross reference from elsewhere in the Index. Selected conference transcripts, post-1976, have also been included where they appear in review or account format, rather than as experimental papers.

None of the organometallic surveys published prior to 1970 [see I1-4] seem to have been supplemented. Recurrent surveys do not appear in the Main Index, but a selection published since 1976 are listed below [I5-46] according to metal or specialist topic.

LAYOUT AND ACCESS

A premise has been adopted that an article or specialist text may provide information or reference pertinent to more than one facet of organometallic chemistry. All references, therefore, are collected in a numbered, titled, but unclassified Main Index. Entry to this is provided by a series of Access Tables, each of which contains reference information for a specific topic. The numbers of all reviews or specialist texts which pertain to that topic are listed within the Table. Each Table is further subdivided into sections, some of which may be additionally classified by sub-headings, where the topic is especially prolific. For example, Table 6 features the literature on π-organic ligands; Section 6.1 focuses on η^5-C_5R_5 complexes; sub-section 6.1.2 locates η^5-C_5H_5 complexes in general, but is sub-headed by metal where appropriate to the article. Chapters in books are indicated by numbers in parentheses, accompanying the index reference number, *e.g.* 798 (2) refers to Chapter 2 of reference 798. Every effort has been made to ensure that cross-referencing is as complete as possible, but some selectivity has been necessary. In Table 4, for instance, which deals with general organometallic chemistry, sub-classified by metallic element,

---

* The reference numbers I1, *etc.* refer to the articles listed in the Guides and Surveys section (p. 1522).

Guides and Surveys

a listing number will only appear in the Table if the particular element features solely, or at least prominently, in the article. Absence for this heading, therefore, does not necessarily signify that organic derivatives of the element have not been reviewed. They may well appear in an article of more general coverage. Arrangement of the Access Tables appears on pages 1524 and 1525 immediately before the Tables.

Unless otherwise noted, the language of the review is English. Where possible, an indication of the length of the article or text and its literature coverage have been included.

GUIDES AND SURVEYS

Guides to the Literature from *Adv. Organomet. Chem.*
- I1. Organotransition-Metal Chemistry, 1950-1970; M. I. Bruce, 1972, **10,** 274.
- I2. Organotransition-Metal Chemistry, 1971; 1973, **11,** 448.
- I3. Organotransition-Metal Chemistry, 1972; 1974, **12,** 380.
- I4. Organometallic Chemistry of Main Group Elements (1950-1973); J. D. Smith and D. R. M. Walton, 1975, **13,** 453.

Organometal Surveys since 1976, published in *J. Organomet. Chem.*; year and vol. number only (year reviewed in parentheses).
- I5. Li: 1982, **227** (1980); 1980, **203** (1979); 1979, **183** (1978); 1978, **163** (1977); 1977, **143** (1976).
- I6. Na, K, Rb: 1982, **227** (1980); 1980, **203** (1979); 1979, **183** (1978); 1978, **163** (1977); 1977, **143** (1976).
- I7. Be: 1979, **180** (1977-78); 1977, **143** (1976).
- I8. Mg: 1981, **223** (1979); 1981, **211** (1978); 1979, **176** (1977); 1978, **158** (1976).
- I9. Ca, Sr, Ba: 1979, **180** (1977-78); 1977, **143** (1976).
- I10. B: 1982, **227** (1980); 1980, **196** (1979); 1979, **180** (1978); 1978, **163** (1977); 1978, **147** (1976).
- I11. Al: 1982, **277** (1980); 1980, **189** (1978); 1978, **163** (1977); 1978, **147** (1976).
- I12. Ga, In, Tl: 1982, **277** (1980); 1980, **203** (Tl, 1979); 1979, **183** (Tl, 1978); 1979, **180** (Ga, In, 1978); 1978, **158** (1977); 1978, **147** (1976).
- I13. As, Sb, Bi: 1980, **203** (1979); 1979, **180** (1978); 1979, **176** (As, 1976-77); 1978, **163** (1977); 1978, **147** (1976).
- I14. Se, Te: 1980, **203** (1979); 1978, **158** (1976-77).
- I15. Ti, Zr, Hf: 1982, **227** (1980); 1980, **196** (1979); 1979, **180** (1978); 1979, **167** (1977); 1977, **138** (1976).
- I16. V, Nb, Ta: 1982, **227** (1980); 1980, **196** (1979); **180** (1978); 1979, **167** (1977); 1977, **138** (1976).
- I17. Cr, Mo, W: 1980, **196** (1979); 1979, **180** (1978); 1981, **223** (1976).
- I18. Mn, Tc, Re: 1980, **189** (1978); 1979, **176** (1977); 1978, **147** (1976).
- I19. Fe, Ru, Os: 1981, **223** (1979, 1977); 1979, **183** (1976).
- I20. Ferrocene: 1982, **227** (1980); 1982, **211** (1979); 1980, **189** (1978); 1979, **167** (1977); 1978, **147** (1976).
- I21. Co, Rh, Ir: 1981, **211** (1978); 1979, **176** (1977); 1979, **167** (1976).
- I22. Ni, Pd, Pt: 1981, **211** (1979); 1980, **196** (1978); 1979, **167** (1977); 1978, **147** (1976).
- I23. Cu, Ag, Au: 1978, **158** (1976).
- I24. Zn, Cd: 1980, **189** (1978); 1979, **167** (1977); 1978, **147** (1976).
- I25. Hg: 1980, **203** (1979); 1979, **183** (1978); 1979, **176** (1977); 1977, **143** (1976).
- I26. Lanthanides/Actinides: 1982, **227** (1980); 1980, **203** (1979); 1979, **180** (1978); 1978, **158** (1977); 1977, **138** (1976).

Organometal Surveys since 1976 published in *J. Organomet. Chem. Libr.* (*Organomet. Chem. Rev.*): year and volume number only.
- I27. Si, Ge, Sn, Pb: 1979, **6** (1978); 1978, **6** (1977).

Organometal Surveys published in the 'Gmelin Handbook of Inorganic Chemistry' Springer-Verlag, Berlin, since 1970 (year of publication in parentheses). All in German except * completely or † partly in English.

128. Sn: Organotin Compounds, 1 (Erg.-Werk, Bd. 26, 1975); 2 (Erg.-Werk, Bd. 29, 1975); 3 (Erg.-Werk, Bd. 30, 1976); 4 (Erg.-Werk, Bd. 35, 1976); 5 (1978); 6 (1979); 7* (1980).
129. Sb: Organoantimony Compounds*, 1 (1981); 2 (1981).
130. Bi: Organobismuth Compounds, (Erg.-Werk, Bd. 47, 1977).
131. Ti: Organotitanium Compounds, 1 (Erg.-Werk, Bd. 40, 1977); 2 (1980).
132. Hf: Organohafnium Compounds* (Erg.-Werk, Bd. 11, 1973).
133. V: Organovanadium Compounds (Erg.-Werk, Bd. 2, 1971).
134. Nb: Niobium, B4 (1973).
135. Ta: Tantalum, B2 (1971).
136. Cr: Organochromium Compounds (Erg.-Werk, Bd. 3, 1971).
137. Fe: Organoiron Compounds, A1 (Erg.-Werk, Bd. 14, 1974); A2 (Erg.-Werk, Bd. 49, 1977); A3 (Erg.-Werk, Bd. 50, 1978); A4 (1980); A6 (Erg.-Werk, Bd. 41, 1977); A7 (1980); B1† (Erg.-Werk, Bd. 36, 1976); B2* (1978); B3† (1979); B4 (1978); B5 (1978); C1 (1979); C2 (1979); C3* (1980).
138. Ru: Ruthenium (Erg.-Bd., 1970).
139. Co: Organocobalt Compounds, 1 (Erg.-Werk, Bd. 5, 1973); 2 (Erg.-Werk, Bd. 6, 1973).
140. Ni: Organonickel Compounds, 1 (Erg.-Werk, Bd. 16, 1975); 2 (Erg.-Werk, Bd. 17, 1974); Register (Erg.-Werk, Bd. 18, 1975).

Organometallic Topic Surveys appearing in 'Specialist Periodical Reports', The Chemical Society (since 1980, The Royal Society of Chemistry), London, since 1976: volume number only (year *published* in parentheses).

141. 'Organometallic Chemistry': **4** (1976), **5** (1977), **6** (1978), **7** (1978), **8** (1980), **9** (1981).
142. 'Catalysis': **1** (1977), **2** (1978), **3** (1980), **4** (1981).
143. 'Inorganic Reaction Mechanisms' (Part IV), **4** (1976), **5** (1977), **6** (1979), **7** (1981).
144. 'General and Synthetic Methods'; **1** (1978), **2** (1979).
145. 'Mass Spectrometry'; **4** (1977), **5** (1979).
146. 'Photochemistry' (Part II); **7** (1976), **8** (1977), **9** (1978), **10** (1979), **11** (1981).

More general organometallic annual surveys appear in 'Annual Reports', The Chemical Society, London, Section A, Part II, final chapter and Section B, Chapter 6. General metal surveys are published periodically in *Coord. Chem. Rev.*, but although these inevitably contain organometallic references, this is not their major emphasis.

Arrangement of the Access Tables

1	**HISTORICAL PERSPECTIVES**	1.1	Historical Developments
		1.2	Personal Retrospectives
2	**PHYSICAL TECHNIQUES**	2.1	Electronic Spectroscopy
		2.2	Vibrational Spectroscopy
		2.3	Magnetic Resonance
		2.4	Mössbauer Spectroscopy
		2.5	Mass Spectroscopy
		2.6	Diffractometry
		2.7	Miscellaneous
3	**THEORETICAL DEVELOPMENTS**	3.1	Structure and Bonding
		3.2	Reactivity and Mechanism
4	**ORGANOMETALS ACCORDING TO ELEMENT**	4.1–4.56	Organometals by Element and Periodic Group
5	**σ-ORGANOMETALS**	5.1	Carbonylmetals
		5.2	CS and CSe Complexes
		5.3	Isocyanide Complexes
		5.4	Main Group Metal–Carbon Multiple Bonds
		5.5	Carbene/Alkylidene–Metals
		5.6	Carbyne/Alkylidyne–Metals
		5.7	σ-Alkylmetals
		5.8	σ-Arylmetals
		5.9	σ-Alkenylmetals
		5.10	σ-Alkynylmetals
		5.11	Metallacycles
		5.12	Fluorocarbyl Complexes
		5.13	Special Categories
6	**π-ORGANOMETALS**	6.1	η^5-C_5R_5
		6.2	η^2-Alkene/Alkyne
		6.3	η^3-Open (Allyl)
		6.4	η^4-Open (Diene)
		6.5	η^4-Closed
		6.6	η^5-Open
		6.7	η^6-Open
		6.8	η^6-Closed (Arene)
		6.9	η^7-Closed
		6.10	η^8-Closed
		6.11	Miscellaneous Polyenes
		6.12	Heterocyclic π-Ligands
		6.13	Special Categories
7	**POLYNUCLEAR ORGANOMETALS**	7.1	Dinuclear Linkage
		7.2	Aggregates (Clusters)
8	**LIGAND REORGANIZATION**	8.1	Interchange Reactions
		8.2	Sigmatropic Rearrangements
		8.3	σ–π Rearrangements
		8.4	Fluxionality
		8.5	Nucleophilic Attack on π-Ligand
		8.6	Oxymetallation

		8.7	Migratory Intrusions/Extrusions
		8.8	Electrophilic Attack on π-Ligand
		8.9	Nucleophilic Attack on σ-Ligand
		8.10	Electrophilic Attack on σ-Ligand
		8.11	Stereochemistry of σ-Ligands
		8.12	Regio-/Stereo-chemistry of π-Ligand
		8.13	Thermochemical Transformations
		8.14	Oxidative Addition
		8.15	Oxidative Cyclization
		8.16	Ligand Cyclometallation
		8.17	Intermolecular C—H Activation
		8.18	Radical Reactions
		8.19	Photochemical Transformations
		8.20	Miscellaneous
9	ORGANOMETALLIC APPLICATIONS	9.1	General Applications
		9.2	Stoichiometric Synthesis
		9.3	Catalytic Syntheses (General)
		9.4	Alkene Dismutation
		9.5	Alkene Oligomerizations
		9.6	Diene Oligomerizations
		9.7	Alkyne Oligomerizations
		9.8	Alkene Polymerizations
		9.9	Diene Polymerizations
		9.10	Homogeneous Hydrogenation
		9.11	Silylation Reactions
		9.12	Cyanation Reactions
		9.13	Hydroformylation (and Related)
		9.14	Catalytic Oxidations
		9.15	Alkene Isomerization
		9.16	Cyclopropanation
		9.17	Catalysed Pericyclic Reactions
		9.18	Alcohol Carbonylation
		9.19	Miscellaneous Carbonylations
		9.20	Water Gas Shift (and Related)
		9.21	Fischer–Tropsch (and Related)
		9.22	CO_2 Reactions
		9.23	Organohalide Transformations
		9.24	Heterogenized Complex Catalysts
10	BIOCHEMICAL IMPLICATIONS AND APPLICATIONS	10.1	General Biochemical
		10.2	Vitamin B_{12} (and Related)
		10.3	Nitrogenase and Related
11	ANCILLARY LIGANDS OF ORGANOMETALS	11.1	Hydrido Transition Metals
		11.2	Nitrogen Donors
		11.3	Phosphorus Donors
		11.4	Other Donors (As, S)
		11.5	Miscellaneous Ligands
		11.6	Mutual Ligand Effects
12	SPECIAL TOPICS	12.1	Organometallic Radicals
		12.2	Optically Active Organometals
		12.3	Metal Vapour Techniques
		12.4	Miscellaneous Topics

Tables 1–3 Review Index

Table 1 Historical Perspectives

1.1 Historical Developments
45, 801 (1), 804 (1), 835 (9), 985 (1)

1.2 Reviews of Historical Significance (Personal Retrospectives)
35, 39, 50, 56, 63, 69, 76, 417, 418, 419, 420, 421, 422, 423, 424, 425, 427, 428, 430, 431, 432, 433, 434, 686, 794, 955, 956, 957, 958, 959, 960, 961, 962, 963, 964, 965, 966, 967, 968, 969, 970, 971, 972, 973, 974, 975, 976

Table 2 Physical Techniques

2.1 Electronic Spectroscopy

2.1.1 General: 310, 354, 875

2.1.2 X-ray Photoelectron Spectroscopy (ESCA): 346, 708, 801 (16), 875

2.1.3 UV Photoelectron Spectroscopy: 541, 554, 642, 644, 775, 801 (16), 875

2.2 Vibrational Spectroscopy
66, 275, 281, 288, 353, 354, 452, 477, 497, 558, 649, 707, 804 (6), 875, 876, 877, 878

2.3 Magnetic Resonance Spectroscopy

2.3.1 NMR
General: 353, 445, 564, 804 (6), 827 (2), 873, 925 (10), 929, 931
^{13}C: 5, 27, 53, 43, 444, 445, 556, 918, 924, 872, 874
^{1}H: 354, 445, 626
^{31}P: 354, 904, 930, 935
^{119}Sn: 371, 731, 927
^{11}B: 271
^{19}F: 928
^{29}Si: 926
^{14,15}N: 934

2.3.2 ESR: 34, 44, 310, 827, 900

2.3.3 NQR: 155, 334, 353

2.4 Mössbauer Spectroscopy
^{57}Fe: 92, 310, 375
^{119}Sn: 37, 70, 72, 92, 365, 375, 507, 562, 801 (10), 871, 938
^{121}Sb: 124, 871, 938
Others: 871, 938

2.5 Mass Spectrometry (and GCMS)
62, 90, 228, 453, 615, 625, 804 (6), 827 (3), 981

2.6 Diffractometry
Electron Diffraction: 715
X-ray Diffraction: 36, 37, 43, 85, 353, 641, 795 (36), 800 (3, 4, 6), 827 (1), 988 (7)
Neutron Diffraction: 784, 800 (2, 5), 950

2.7 Miscellaneous Techniques
Dipole Moments: 250
Magnetic Properties: 310, 380, 827 (5)
Gas Chromatography: 596, 628

Table 3 Theoretical Developments

3.1 Structure and Bonding
28, 36, 43, 66, 87, 89, 122, 129, 141, 287, 301, 302, 309, 310, 357, 358, 374, 548, 549, 554, 560, 643, 648, 650, 653, 727, 765, 775, 777, 795 (5), 804 (8), 843 (1), 846, 984 (3), 988 (9), 990, 991, 993

3.2 Reactivity and Mechanism
87, 79, 113, 298, 300, 309, 448, 489, 690, 698, 700, 720, 721, 753, 780, 841, 843 (1), 856 (1, 6), 991

Table 4 Organometals According to Element

4.1 Lithium
2, 23, 29, 33, 34, 53, 109, 191, 203, 218, 221, 226, 263, 264, 281, 403, 422, 429, 452, 461, 485, 486, 513, 527, 535, 572, 575, 621, 655, 662, 683, 685, 699, 722, 801 (3), 843, 866, 888 (1), 809, 868, 882, 887, 946, 960, 980

4.2 Sodium
23, 191, 203, 263, 264, 281, 452, 806, 866, 868, 882, 888 (1)

4.3 Potassium
23, 191, 203, 220, 263, 281, 868, 882, 888 (1)

4.4 Rubidium
281

4.5 Caesium
23, 281

4.6 Beryllium
33, 72, 281, 509, 572, 616, 628, 715, 882, 888 (3), 971

4.7 Magnesium
22, 29, 33, 34, 130, 144, 152, 220, 263, 281, 328, 341, 422, 429, 436, 437, 452, 461, 480, 485, 486, 513, 572, 599, 605, 621, 659, 675, 685, 687, 694, 713, 715, 754, 762, 843, 866, 868, 882, 887, 888 (3), 945, 946, 960, 971, 980

4.8 Calcium
29, 392, 393, 882, 888 (3)

4.9 Barium
392, 393

4.10 Strontium
392, 393

4.11 Boron
7, 20, 39, 56, 160, 171, 229, 233, 281, 290, 295, 322, 382, 394, 404, 415, 417, 437, 446, 453, 461, 471, 474, 486, 509, 521, 570, 572, 575, 577, 596, 599, 623, 628, 661, 666, 674, 681, 686, 691, 696, 715, 732, 764, 792, 802 (25, 26), 806, 807, 810, 811, 812, 832, 840 (4), 843, 860, 861, 866, 868, 882, 883, 887, 888 (5), 946, 971, 978, 980

4.12 Aluminium
3, 20, 21, 33, 73, 99, 105, 144, 189, 241, 281, 394, 404, 437, 452, 464, 486, 509, 513, 514, 521, 524, 572, 578, 583, 596, 599, 616, 623, 627, 628, 633, 667, 715, 744, 747, 773, 795 (8), 796 (6), 806, 813, 825, 840, 843, 866, 868, 887, 892, 931, 946, 960, 971, 980

4.13 Gallium
21, 33, 144, 281, 446, 486, 509, 596, 616, 627, 840, 882, 887, 888 (5), 931, 971, 980

4.14 Indium
33, 144, 281, 446, 464, 486, 509, 596, 629, 636, 713, 840 (4), 882, 887, 889 (5), 980

4.15 Thallium
59, 63, 144, 177, 281, 306, 394, 446, 458, 461, 464, 486, 487, 509, 511, 516, 520, 575, 587, 599, 713, 806, 814 (7), 840 (4), 843, 866, 868, 882, 887, 888 (5)

4.16 Silicon
6, 11, 15, 16, 18, 19, 30, 34, 44, 61, 69, 73, 86, 133, 142, 149, 176, 186, 254, 281, 286, 303, 329, 330, 361, 373, 377, 380, 383, 384, 385, 388, 399, 400, 401, 402, 405, 416, 420, 425, 426, 431, 442, 446, 447, 450, 465, 472, 476, 481, 486, 489, 490, 491, 492, 493, 496, 500, 501, 505, 512, 519, 521, 567, 568, 569, 571, 572, 575, 576, 582, 585, 589, 590, 596, 597, 598, 599, 603, 604, 607, 608, 610, 617, 624, 625, 628, 629, 630, 635, 637, 654, 656, 657, 697, 699, 701, 702, 703, 716, 717, 718, 719, 726, 729, 730, 748, 802 (21), 803 (2), 806, 807 (4), 832, 833, 840, 862 (9), 868, 882, 887, 888 (7), 893, 899, 900, 902, 906, 912, 917, 920, 926, 955, 970, 982

4.17 Germanium
18, 29, 34, 44, 60, 69, 86, 254, 281, 329, 330, 336, 361, 373, 377, 383, 442, 446, 450, 455, 460, 461, 465, 472, 486, 489, 491, 492, 493, 496, 500, 501, 505, 509, 512, 516, 568, 569, 571, 572, 575, 590, 596, 599, 625, 627, 628, 629, 697, 726, 730, 803 (3), 807 (4), 815, 816, 832, 833, 840, 882, 884, 887, 890 (8), 898 (25)

Table 4

4.18 Tin
29, 37, 44, 63, 85, 86, 161, 171, 281, 329, 330, 336, 361, 365, 371, 375, 377, 383, 406, 426, 428, 441, 442, 446, 450, 455, 458, 461, 463, 465, 486, 491, 492, 493, 496, 497, 500, 501, 505, 506, 507, 509, 512, 516, 547, 562, 568, 569, 572, 575, 590, 599, 623, 625, 628, 629, 636, 680, 699, 726, 730, 731, 802 (21), 803 (4), 806, 807, 815, 817, 818, 819, 832, 833, 840 (4), 843, 868, 871, 882, 887, 890, 898 (25), 899, 914, 927, 957, 959

4.19 Lead
29, 154, 281, 329, 330, 336, 377, 442, 446, 455, 458, 461, 465, 486, 492, 493, 496, 497, 500, 501, 506, 509, 512, 516, 520, 521, 565, 572, 590, 625, 628, 636, 671, 699, 755, 773, 803 (5), 806, 807 (4), 815, 832, 833, 840 (4), 843, 868, 882, 884, 887, 890, 898 (25), 914

4.20 Arsenic
41, 60, 63, 119, 281, 330, 339, 350, 439, 446, 449, 452, 486, 492, 501, 512, 516, 572, 575, 584, 618, 651, 652, 699, 712, 807 (5), 821, 822, 832, 840 (4), 882, 891 (13), 894, 941, 947

4.21 Antimony
40, 41, 63, 119, 124, 281, 339, 446, 452, 461, 486, 492, 501, 512, 516, 572, 599, 623, 712, 821, 822, 832, 840 (4), 871 (2), 882, 891, 894, 938

4.22 Bismuth
41, 63, 86, 119, 281, 446, 449, 452, 484, 492, 501, 502, 516, 572, 599, 822, 840 (4), 882, 891 (15), 954

4.23 Selenium
110, 281, 385, 486, 512, 516, 684, 685, 688, 699, 807 (5), 823, 832, 892 (17), 936

4.24 Tellurium
281, 385, 486, 516, 522, 581, 807 (5), 824, 832, 892 (7), 936, 938, 940

4.25 Scandium
103, 281, 356, 805

4.26 Yttrium
330, 805

4.27 Titanium
3, 4, 33, 46, 51, 63, 72, 83, 178, 184, 202, 238, 241, 261, 281, 330, 397, 459, 508, 509, 517, 578, 613, 633, 671, 694, 695, 747, 795 (8), 796 (13), 805, 806, 825, 849 (3), 888 (6), 911, 961, 973

4.28 Zirconium
3, 46, 51, 83, 95, 101, 202, 204, 238, 261, 281, 414, 509, 551, 671, 695, 733, 747, 767, 800 (10), 805, 806, 825, 868 (2), 888 (6), 911, 961

4.29 Hafnium
83, 95, 202, 261, 805, 825, 888 (6), 961

4.30 Vanadium
3, 41, 46, 51, 83, 99, 202, 261, 330, 509, 517, 566, 633, 648, 783, 805, 891 (11), 925 (10), 933

4.31 Niobium
41, 46, 109, 185, 261, 281, 362, 414, 800 (11), 805, 891 (11), 961

4.32 Tantalum
41, 46, 109, 185, 261, 281, 362, 414, 766, 805, 891 (11), 961

4.33 Chromium
1, 3, 4, 35, 46, 51, 58, 83, 102, 121, 122, 140, 144, 231, 238, 261, 281, 291, 330, 335, 338, 411, 412, 421, 424, 468, 508, 509, 510, 517, 542, 551, 566, 616, 627, 631, 648, 679, 695, 750, 777, 785, 798 (9, 10), 802 (25), 804, 805, 810, 826, 892 (16), 894, 933, 990, 993

4.34 Molybdenum
1, 4, 46, 51, 58, 99, 102, 121, 122, 215, 140, 163, 185, 208, 231, 261, 291, 321, 335, 338, 395, 412, 424, 459, 468, 509, 510, 517, 542, 550, 551, 553, 566, 616, 627, 631, 673, 679, 695, 714, 740, 780, 796 (9), 799 (7), 798 (9, 31), 800 (14), 804, 805, 810, 892 (16), 894, 905, 933, 939, 993

4.35 Tungsten
1, 4, 35, 46, 51, 58, 99, 102, 122, 125, 140, 231, 261, 281, 291, 321, 395, 412, 421, 459, 468, 509, 510, 517, 539, 542, 551, 566, 616, 627, 679, 695, 740, 780, 795 (10, 19), 798 (9, 12, 31), 804, 805, 810, 892 (16), 905, 933, 939, 894, 961

4.36 Manganese
4, 39, 46, 51, 58, 98, 140, 202, 231, 261, 308, 321, 335, 411, 421, 424, 508, 509, 517, 563, 565, 566, 616, 631, 648, 679, 714, 796 (3), 802 (26), 804, 805, 810, 892 (18), 905, 925 (10), 932

4.37 Technetium
46, 261, 804

4.38 Rhenium
46, 51, 58, 98, 121, 122, 261, 281, 308, 470, 509, 563, 565, 616, 758, 802 (26), 804, 805, 810, 905, 933, 963

4.39 Iron
4, 14, 16, 39, 43, 46, 51, 57, 58, 64, 80, 98, 102, 106, 107, 108, 120, 137, 146, 150, 156, 163, 169, 182, 231, 234, 246, 250, 259, 288, 291, 305, 321, 329, 337, 338, 344, 346, 364, 375, 386, 398, 409, 411, 424, 430, 459, 494, 495, 508, 509, 517, 551, 552, 555, 563, 565, 566, 580, 616, 619, 620, 627, 631, 646, 648, 667, 671, 673, 679, 682, 695, 714, 732, 737, 738, 739, 740, 750, 756, 758, 763, 777, 795 (17, 20), 796 (3, 8, 11), 798 (7, 12), 799 (7, 12), 802 (4, 7, 25, 26), 804, 805, 806, 810, 827, 847 (3), 850 (4), 894, 899, 913, 916, 919, 933, 939, 942, 956, 990, 993 (6)

4.40 Ruthenium
4, 39, 43, 46, 51, 57, 58, 97, 107, 153, 246, 268, 278, 321, 329, 344, 363, 364, 379, 509, 517, 563, 627, 646, 669, 746, 737, 740, 741, 796 (4), 798 (8), 799 (12), 800 (9), 804, 805, 806, 849, 850 (1, 4), 894, 919, 933, 939, 944, 993 (6)

4.41 Osmium
43, 46, 57, 58, 111, 234, 378, 329, 363, 364, 517, 563, 646, 736, 738, 741, 799 (12), 800 (13), 804, 805, 850 (1), 894, 905, 919

4.42 Cobalt
4, 8, 13, 14, 15, 16, 38, 39, 43, 46, 51, 55, 57, 58, 62, 80, 99, 100, 102, 127, 132, 136, 144, 147, 155, 159, 160, 179, 182, 193, 195, 199, 201, 206, 208, 224, 231, 235, 236, 245, 246, 247, 259, 282, 283, 321, 324, 337, 338, 344, 378, 381, 387, 409, 410, 423, 459, 462, 509, 517, 551, 555, 559, 563, 570, 616, 622, 646, 648, 652, 667, 669, 671, 673, 679, 693, 732, 740, 741, 756, 774, 781, 796 (3), 796 (5), 797 (8, 9, 10), 798 (5), 799 (8), 802 (28), 804, 805, 806, 810, 849 (2, 3), 850 (4), 852 (3), 855 (3), 866, 868 (2), 869 (1), 870 (2), 903, 907, 913, 916, 925 (10), 933, 968, 993 (6)

4.43 Rhodium
8, 13, 14, 15, 39, 42, 43, 46, 51, 57, 58, 123, 132, 179, 181, 223, 227, 234, 235, 236, 245, 246, 268, 278, 337, 338, 344, 361, 368, 509, 517, 529, 537, 646, 658, 668, 679, 687, 741, 751, 759, 776, 795 (33, 65), 796 (2, 7, 12), 798 (2, 3, 4, 6), 799 (11), 800 (9), 802 (28), 804, 805, 849 (2, 3), 850 (1), 851 (3), 852 (3, 4), 855 (4), 866, 868 (2), 905, 933, 944, 956, 968, 993 (6)

4.44 Iridium
13, 15, 43, 46, 51, 57, 58, 116, 123, 132, 179, 227, 235, 246, 268, 278, 337, 338, 361, 517, 529, 563, 646, 751, 795 (21), 796 (2, 7), 798 (4), 804, 805, 850 (1), 933, 993 (6)

4.45 Nickel
4, 10, 12, 14, 16, 42, 43, 46, 48, 51, 57, 58, 80, 99, 132, 144, 163, 182, 183, 199, 208, 222, 223, 225, 245, 259, 312, 313, 324, 327, 330, 351, 357, 374, 410, 423, 433, 443, 459, 484, 509, 517, 563, 616, 622, 631, 646, 648, 667, 669, 671, 694, 698, 747, 755, 759, 762, 773, 785, 795 (5, 11, 18), 796 (13, 14), 798 (14, 17, 25), 804, 805, 806, 810, 866, 828, 829, 849 (2), 850 (3), 852 (3), 868 (2), 894, 913, 933, 939, 971, 974, 975, 977

4.46 Palladium
14, 39, 42, 48, 49, 51, 57, 58, 80, 104, 132, 135, 144, 155, 158, 179, 199, 245, 246, 259, 276, 278, 312, 327, 330, 351, 357, 361, 374, 410, 433, 459, 488, 494, 508, 509, 518, 520, 551, 563, 609, 616, 631, 646, 651, 667, 669, 670, 677, 682, 683, 684, 692, 742, 743, 746, 747, 748, 749, 751, 759, 762, 771, 773, 782, 786, 795 (18, 8), 796 (5), 798 (1), 804, 805, 810, 830, 831, 832, 849, 850 (1, 4), 852 (3), 863, 864, 866, 891 (11), 894, 915, 944, 964, 966, 971, 974

4.47 Platinum
8, 16, 31, 42, 43, 46, 48, 51, 57, 58, 132, 144, 162, 179, 227, 245, 248, 276, 278, 312, 314, 327, 330, 331, 351, 357, 361, 374, 377, 433, 488, 494, 509, 518, 520, 563, 616, 646, 651, 687, 751, 755, 782, 790, 795 (7, 10), 796 (2), 798 (1), 800 (8), 804, 805, 832, 833, 849 (2), 850 (1), 855 (4), 870 (9), 894, 904, 905, 915, 932, 956, 957, 966, 971

4.48 Copper
46, 54, 144, 217, 220, 324, 407, 423, 428, 469, 509, 530, 533, 588, 616, 632, 651, 663, 665, 672, 683, 684, 744, 788, 795 (5, 63), 798 (26), 799 (10, 11), 804, 805, 810, 840, 843, 866, 868 (2), 888, 946, 948

4.49 Silver
46, 144, 428, 469, 503, 509, 588, 616, 651, 795 (63), 804, 805, 810, 840 (2), 888 (2)

4.50 Gold
51, 144, 207, 232, 327, 423, 427, 428, 469, 479, 509, 616, 651, 755, 795 (63), 804, 805, 834, 840 (4), 888 (2), 971

4.51 Zinc
29, 52, 144, 263, 393, 452, 461, 475, 486, 531, 532, 606, 623, 628, 636, 713, 773, 840 (4), 868, 892 (21), 946, 971

4.52 Cadmium
255, 263, 393, 452, 587, 606, 623, 713, 773, 840 (4), 868, 888 (4), 971

4.53 Mercury
60, 63, 86, 118, 144, 167, 188, 264, 341, 383, 384, 393, 408, 427, 431, 435, 437, 445, 446, 458, 461, 479, 486, 506, 516, 520, 523, 526, 575, 589, 599, 606, 628, 636, 652, 670, 671, 689, 712, 755, 773, 789, 835, 840 (4), 866, 868, 882, 888 (4), 971, 992

4.54 Lanthanide Elements
74, 103, 215, 396, 478, 546, 645, 650, 805, 836

4.55 Uranium
3, 74, 103, 366, 396, 478, 544, 645, 650, 695, 802 (20), 805, 836, 892 (16)

4.56 Actinide Elements (*other than U*)
74, 103, 215, 396, 478, 544, 645, 650, 802 (20), 836

Table 5 σ-Organometals

5.1 Carbon Monoxide Complexes (*Carbonylmetals*)
General: 1, 5, 7, 9, 24, 27, 36, 40, 43, 45, 46, 53, 60, 63, 66, 76, 78, 88, 89, 94, 95, 102, 113, 114, 140, 143, 175, 180, 194, 198, 211, 214, 233, 243, 250, 265, 287, 294, 296, 307, 320, 322, 325, 333, 338, 344, 348, 352, 358, 372, 374, 376, 444, 498, 509, 541, 549, 556, 557, 595, 596, 631, 636, 642, 664, 646, 649, 653, 690, 706, 707, 708, 711, 727, 740, 791, 793, 794, 798 (10), 802 (24, 26), 804, 805, 820, 821, 837, 838 (17), 839, 840, 842, 844, 846, 849 (2), 854 (4), 855, 872, 875, 880, 894, 921, 924, 925 (10), 929, 938, 939, 940, 942, 943, 965, 976, 985, 986, 990, 991

V: 566

Nb: 362

Ta: 165, 362

Cr: 1, 35, 165, 335, 510, 566, 750, 777, 798 (9), 826

Mo: 1, 163, 165, 335, 359, 409, 424, 510, 566, 714, 799 (7)

W: 1, 35, 165, 359, 424, 510, 539, 566, 798 (9)

Mn: 98, 308, 335, 424, 566, 714, 796 (3, 8)

Re: 98, 308, 470, 758, 963

Fe: 92, 98, 106, 107, 108, 120, 137, 146, 150, 163, 164, 169, 234, 288, 329, 360, 375, 409, 419, 424, 430, 552, 580, 673, 682, 714, 739, 750, 756, 758, 777, 795 (17), 796 (3, 8), 799 (7), 827, 916, 919, 870 (7), 956

Ru: 97, 107, 153, 329, 363, 566, 919

Os: 111, 234, 329, 363, 800 (13), 919

Co: 8, 38, 55, 100, 127, 155, 159, 187, 193, 247, 360, 381, 409, 419, 529, 673, 756, 796 (3), 802 (28)

Rh: 8, 13, 802 (28), 956

Ir: 13, 361

Ni: 163, 330, 673, 795 (5), 798 (14), 828

Pd: 330, 361, 682, 832

Pt: 330, 361, 832, 833, 956

Cu: 469, 795 (5)

Lanthanides, Actinides: 215, 544, 546

Carbonylate Anions: 438

Carbonylate Cations: 979

5.2 Thiocarbonyl and Selenocarbonyl Complexes
131, 308, 333, 454, 872, 943

5.3 Isocyanide Complexes
27, 57, 296, 317, 355, 367, 553, 556, 663, 782, 798 (19), 832, 933, 834, 894

5.4 Main Group Metal–Carbon Multiple Bonds
B: 209

Si: 142, 209, 254, 399, 505, 617, 757, 778, 970, 900, 912

Ge: 209, 254, 505

Sn: 505

As, Sb, Bi: 41, 209

5.5   *Carbene/Alkylidene-Transition Metals*
17, 26, 35, 41, 53, 57, 79, 109, 198, 207, 226, 243, 274, 296, 412, 426, 540, 556, 561, 763, 781, 782, 795 (7, 10, 19), 796 (14), 798 (2), 826, 827 (12), 832, 833, 842, 844, 845, 846, 868 (3), 872, 905, 921, 943, 985
μ_2- (Bridging) Carbenoid: 198, 734

5.6   *Carbyne/Alkylidyne-Transition Metals*
35, 38, 159, 193, 381, 421, 540, 556, 872, 985
μ_3-Carbyne: 38, 159, 193, 381, 646, 799 (8), 869 (1)

5.7   *σ-Alkylmetals*
General Main Group: 45, 53, 151, 260, 289, 309, 330, 556, 599, 755, 779, 787, 803, 837, 839, 840, 844, 872, 880, 882
General Transition Group: 45, 50, 53, 151, 260, 298, 556, 586, 642, 723, 755, 773, 779, 802 (21, 24), 809, 837, 842, 844, 865, 872, 880, 882, 918, 924, 943, 985
Li: 527, 572, 621, 809, 882, 986
Na: 882
K: 882
Be: 72, 572, 715, 986
Mg: 328, 341, 436, 621, 754, 882, 945, 986
Ca: 392, 882
B: 295, 453, 521, 572, 666, 810, 882, 971
Al: 105, 189, 521, 524, 572, 583, 715, 813, 882, 931
Ga: 882, 831
In: 882
Tl: 59, 306, 458, 486, 511, 581, 814 (7), 882
Si: 61, 69, 133, 149, 176, 186, 380, 385, 416, 425, 442, 448, 481, 489, 490, 478, 519, 521, 569, 572, 589, 590, 603, 604, 607, 608, 617, 624, 629, 630, 637, 657, 716, 718, 803 (2), 900, 902, 912, 917, 926, 955
Ge: 460, 478, 489, 569, 590, 629, 726, 803 (3), 815, 816, 839
Sn: 37, 70, 85, 95, 161, 171, 336, 365, 371, 375, 426, 428, 441, 442, 452, 458, 462, 478, 547, 572, 590, 629, 726, 731, 752, 755, 761, 773, 801, 802 (21), 803 (4), 815, 817, 819, 882, 914, 927
Pb: 458, 429, 478, 521, 572, 590, 755, 773, 803 (5), 815
As: 41, 439, 452, 572, 584, 618, 803 (7), 822
Sb: 41, 124, 452, 572, 803 (8), 822
Bi: 41, 452, 502, 575, 803 (9), 822, 954
Se: 110, 688, 823, 936
Te: 522, 581, 824, 936, 940
Ti: 71, 825
Zr: 84, 95, 825
Hf: 825
Cr: 121, 122, 826
Mo: 121, 122, 125, 780
W: 122, 125, 539, 780
Re: 121, 122
Fe: 182, 827
Os: 11, 800 (13)
Co: 62, 100, 136, 147, 182, 201, 206, 282, 378, 462, 559, 595, 652, 693, 797 (8, 9, 10), 907
Ni: 182, 484, 755, 828 (4)
Pd: 692, 830, 832
Pt: 351, 377, 499, 755, 832, 833
Cu: 54, 217, 530, 533, 672, 788, 948
Ag: 503
Au: 207, 232, 834 (7)
Zn: 52, 773, 882, 986
Cd: 587, 606, 773, 882, 986
Hg: 118, 167, 341, 408, 431, 435, 445, 458, 523, 526, 572, 589, 606, 689, 755, 773, 789, 835, 882, 986
Lanthanides: 138, 396, 478, 546, 650, 836
Actinides: 138, 139, 396, 478, 544, 650, 802 (20), 836

5.8   *σ-Arylmetals*
General: 23, 50, 53, 260, 261, 289, 316, 556, 599, 723, 985, 986
Li: 527, 572, 804
Be: 91, 72, 572

Table 5

    Mg: 328, 436, 754, 945
    B: 295, 810, 860
    Al: 514, 521, 524, 572, 583, 813, 931
    Ga: 931
    Tl: 177, 306, 486, 511, 814 (7)
    Si: 380, 420, 448, 519, 567, 572, 590, 604, 617, 629, 630, 657, 716, 803 (2)
    Ge: 590, 629, 726, 803 (3), 815, 816
    Sn: 70, 85, 161, 365, 371, 428, 441, 462, 497, 547, 572, 629, 726, 752, 761, 800, 803 (4), 815, 817, 818, 819, 914
    Pb: 497, 572, 590, 803 (5), 815, 914
    Hf: 95
    As: 439, 452, 572, 584, 618, 822
    Sb: 124, 452, 572, 803 (8), 822
    Bi: 452, 502, 575, 803 (9), 822, 954
    Se: 110, 484, 608, 823
    Te: 522, 581, 824, 940
    Sc: 36
    Ti: 71, 825
    Zr: 95, 825
    Hf: 95
    Cr: 826
    Fe: 827 (8)
    Co: 378
    Ni: 351, 484, 828 (4)
    Pd: 351, 684
    Pt: 351, 377, 823, 833
    Cu: 392, 530, 632, 665, 672, 684, 795 (63), 948
    Ag: 503, 795 (63)
    Au: 207, 232, 795 (63), 834 (7)
    Hg: 408, 431, 435, 445, 523, 526, 606, 835, 840 (4), 992
    Lanthanides: 138, 546, 650, 836
    Actinides: 138, 139, 544, 650, 836

5.9   σ-Alkenylmetals
    85, 232, 306, 357, 445, 514, 519, 583, 672, 688, 752, 816 (2), 817, 825, 948, 992

5.10   σ-Alkynylmetals
    61, 72, 85, 232, 306, 356, 514, 519, 583, 588, 816, 833, 948

5.11   Metallacyclic Compounds

5.11.1   Main Group: 47, 119, 144, 254, 401, 428, 432, 455, 460, 472, 569, 617, 691, 718, 757, 764, 884 (3), 824 (12), 816 (3), 823 (11), 912, 917, 940, 954, 970

5.11.2   Transition Group: 262, 314, 343, 466, 537, 612, 667, 668, 720, 766, 779, 780, 785, 795 (10, 11, 18, 58), 796 (13), 798 (17, 25), 832, 833, 844, 870 (10), 985

5.12   Fluorocarbylmetals
    86, 93, 304, 306, 422, 796 (5), 823, 833, 928, 954, 957, 987

5.13   Special Categories

5.13.1   Homoleptic Alkylmetals: 41, 151, 260, 281, 291, 306, 330, 392, 445, 452, 478, 544, 546, 642, 787, 802 (21), 825, 840 (4), 914, 985

5.13.2 η^1-Allylmetals: 383, 436, 445, 452, 471, 490, 659, 675, 729, 752, 816 (2), 836, 945

5.13.3 η^1-Cyclopentadienylmetals: 24, 419, 445, 448, 465, 564, 730, 959

5.13.4 η^1-Acylmetals
    General: 1, 98, 170, 182, 796 (7), 800 (10), 903
    η^1-Formylmetals: 9, 253, 733, 758, 796 (8), 798 (12), 921

5.13.5   Functional Alkylmetals
    α-Functional: 75, 221, 261, 480, 485, 486, 496, 568, 621, 631, 635, 655, 662, 685, 758, 802 (21), 921
    β-Functional: 486, 490

5.13.6   Ylide Complexes: 144, 207, 779, 971

Table 6 π-Organometals

6.1 η^5-C_5R_5 Complexes

6.1.1 'Metallocenes' and Related Species, [(η^5-C_5R_5)$_2$M]: 28, 45, 60, 63, 64, 71, 72, 103, 117, 157, 178, 199, 250, 338, 386, 387, 434, 443, 468, 477, 495, 508, 517, 541, 556, 673, 593, 595, 619, 620, 624, 643, 644, 648, 715, 780, 793, 794, 796 (11), 802 (4, 7), 806, 825, 826, 827, 828 (8), 838 (17), 880, 899, 911, 913, 939, 942, 974, 980, 985, 991

6.1.2 η^5-Cyclopentadienylmetals
General: 24, 28, 29, 30, 63, 68, 94, 96, 102, 180, 198, 210, 261, 278, 321, 322, 333, 352, 376, 444, 448, 477, 509, 517, 556, 612, 615, 636, 642, 643, 644, 648, 705, 706, 732, 740, 794, 991

Sc: 356

Ti: 71, 117, 178, 299, 613, 825, 911, 973

Zr: 95, 204, 767, 825, 911

Hf: 95, 825

V: 117, 783

Nb: 109, 362

Ta: 109, 362

Cr: 117, 468, 826

Mo: 114, 185, 468, 550, 714, 790, 796 (9), 798 (31), 799 (7), 800 (14), 939

W: 468, 780, 798 (31), 939

Mn: 114, 117, 211, 308, 714

Re: 308, 470, 758

Fe: 98, 117, 150, 157, 386, 398, 419, 434, 555, 593, 619, 620, 714, 715, 758, 799 (7), 802 (4, 7, 25, 26), 827, 899, 939, 942

Ru: 278, 939

Os: 278

Co: 55, 114, 100, 117, 127, 160, 199, 387, 423, 570, 622, 741, 913

Rh: 278, 741

Ir: 278

Ni: 117, 199, 313, 443, 622, 828 (8), 939, 979

Pd: 199, 278, 830, 832

Pt: 278, 832, 833

Lanthanides: 74, 103, 138, 396, 478, 546, 642, 650, 836

Actinides: 74, 103, 138, 139, 366, 396, 478, 544, 642, 650, 802 (20), 836

Main Group Metal Derivatives: 59, 72, 306, 336, 392, 486, 511, 672, 715, 806, 813, 914

6.1.3 η^5-Pentamethylcyclopentadienylmetals, [η^5-C_5Me_5]: 101, 117, 123, 378, 338, 798 (4), 800 (10), 842, 911

6.2 η^2-Alkene and -Alkyne Complexes

6.2.1 General: 24, 28, 29, 36, 42, 45, 49, 50, 53, 55, 63, 68, 116, 128, 137, 148, 162, 164, 183, 208, 210, 211, 227, 243, 269, 276, 277, 308, 312, 324, 330, 357, 364, 433, 477, 488, 494, 593, 541, 548, 556, 564, 595, 612, 642, 651, 690, 708, 709, 739, 777, 796 (9), 804, 826, 827 (19), 828 (5), 830, 832, 833, 834, 842, 846, 868 (1), 869 (1), 872, 880, 881, 894, 905, 913, 918, 924, 957, 964, 985, 988, 990, 991

6.2.2 Special Categories of η^2-Ligand
Cyclooctadiene: 364, 433, 671, 842, 894, 905, 913
Cyclootatetraene: 364, 396, 466, 671, 695, 785, 804, 842
Allene: 272, 312, 337, 370

6.3 η^3-Open (π-Allyl) Complexes
24, 29, 30, 49, 53, 68, 104, 115, 156, 180, 210, 218, 224, 266, 272, 289, 349, 366, 370, 374, 396, 410, 440, 459, 477, 494, 515, 541, 544, 556, 564, 586, 595, 642, 679, 690, 692, 739, 742, 743, 748, 795 (4), 796 (9), 827 (1, 10), 828, 830, 832, 833, 836, 842, 846, 849 (2), 852 (3), 856 (3), 863, 869, 870 (4), 872, 880, 881, 915, 918, 974, 977, 985, 991

6.4 η^4-Open (π-Diene) Complexes
24, 28, 29, 106, 115, 148, 208, 210, 211, 243, 556, 564, 595, 649, 690, 750, 805, 827 (1, 11), 830, 842, 868, 872, 880, 881, 918, 985, 991

6.5 η^4-Closed (π-Cyclobutadiene) Complexes
28, 55, 68, 259, 387, 430, 459, 477, 556, 612, 643, 682, 690, 777, 794, 827, 828 (7), 830 (4), 868 (1), 872, 880, 881, 964, 985

6.6 η^5-Open (π-Pentadienyl) Complexes
28, 106, 577, 631, 690

6.7 η^6-Open (π-Triene) Complexes
24, 29, 30, 208, 211, 336, 362, 411, 690, 695, 805, 872, 880, 881

6.8 η^6-Closed (π-Arene) Complexes
28, 29, 30, 45, 46, 53, 60, 63, 68, 115, 148, 185, 210, 211, 243, 278, 316, 396, 398, 470, 477, 503, 510, 541, 544, 550, 595, 615, 642, 643, 644, 648, 650, 690, 706, 741, 750, 777, 794, 796 (5), 825, 826, 828 (9), 830, 836, 838 (17), 842, 853, 869 (2), 872, 880, 881, 961, 985, 990, 991

6.9 η^7-Closed (π-Cycloheptatrienyl) Complexes
24, 53, 270, 477, 643, 690, 872, 915, 985

6.10 η^8-Closed (π-Cyclooctatetraene) Complexes
29, 103, 122, 148, 366, 396, 477, 478, 544, 546, 642, 643, 645, 650, 794, 804, 836, 842, 880, 881, 975, 985

6.11 Miscellaneous π-Polyene Ligands
η^4-Trimethylenemethane: 169, 305, 631, 748, 827 (12), 842, 868 (1), 872, 990, 991
η^8-Pentalenyl: 153, 364, 566, 679, 704, 868 (1)
Fulvenes: 827 (12)
Azulene: 566, 679, 705
Fluorocarbons: 212, 304, 987

6.12 Heterocyclic π-Ligands
7, 126, 139, 209, 253, 322, 335, 344, 503, 770, 643, 974

6.13 Special Categories of π-Coordination
'Multidecker Sandwich' Complexes: 7, 199, 322, 570, 974
'Metallocenophanes': 620

Table 7   Polynuclear Organometals

7.1 Dinuclear Linkage, M—M'

7.1.1 General Aspects: 192, 213

7.1.2 M = M' = Main Group Metal: 85, 275, 339, 373, 384, 425, 426, 435, 439, 492, 501, 512, 556, 562, 574, 600, 629, 716, 801 (3, 4), 803, 807, 809, 810, 817, 822, 823 (4), 834 (3), 884 (4), 912, 969, 970

7.1.3 M = Main Group Metal, M' = Transition Metal: 61, 85, 175, 180, 233, 294, 329, 334, 361, 377, 449, 463, 476, 491, 547, 562, 574, 589, 636, 697, 719, 761, 793, 803, 807, 815, 816 (10), 821 (3), 832, 833, 884 (4), 894, 913, 914, 917, 936, 938, 940, 941, 954, 969

7.1.4 M = M' = Transition Metal: 102, 239, 275, 319, 361, 466, 566, 580, 595, 615, 636, 798 (19), 830, 834 (8), 875, 915, 974

7.1.5 M—M' Multiple Bonding: 121, 122, 125, 291, 338, 539, 542, 798 (31), 905

7.2 Organometallic Aggregates (Clusters)

7.2.1 General Aspects of Cluster Chemistry: 141, 185, 192, 234, 239, 251, 257, 280, 294, 310, 324, 428, 563, 727, 765, 795 (63), 810, 811, 812, 851 (2), 880, 881, 896, 919, 923, 964, 984, 989

7.2.2 Carbonylmetal Clusters
General: 5, 27, 28, 43, 89, 107, 192, 243, 251, 257, 275, 280, 285, 433, 444, 466, 539, 543, 556, 636, 653, 705, 711, 727, 765, 800, 833, 851 (2), 875, 880, 881, 905, 933, 940, 965, 984, 985
Cr Triad: 646, 705
Mn Triad: 470, 563, 646, 705, 963
Fe Triad: 107, 111, 97, 234, 310, 319, 329, 363, 563, 646, 705, 736, 737, 738, 795 (39), 796 (1), 799 (12), 798 (8), 919, 956
Co Triad: 38, 159, 193, 234, 237, 310, 319, 361, 381, 419, 563, 646, 705, 795 (9), 796 (1, 2), 799 (8), 869 (1), 956
Carbide Clusters: 234, 361, 363, 538, 736, 921, 965

7.2.3 Metallacarboranes: 27, 39, 89, 126, 232, 233, 271, 313, 423, 509, 570, 616, 732, 794, 802 (25), 807 (3), 810 (4), 811 (9), 832, 880, 881, 883 (1), 914, 978

7.2.4 Mixed Metal Aggregates: 5, 33, 107, 183, 192, 319, 361, 363, 433, 705, 736, 793, 795 (63), 799 (8), 833, 905, 919, 940

Table 8 Ligand Reorganization

8.1 Interchange Reactions

8.1.1 Ancillary Ligand Exchange/Complex Isomerization: 140, 258, 284, 311, 327, 351, 359, 540, 711, 846, 986

8.1.2 Hydrocarbyl Exchange and Redistribution Phenomena: 21, 25, 255, 489, 514, 521, 523, 524, 587, 600, 689, 813, 835 (20), 842, 843 (2), 849, 917, 931, 980, 986

8.1.3 π-Ligand Transfer: 68, 443, 459, 510, 609, 622, 711, 826 (3), 827, 830 (3), 844

8.2 Sigmatropic Rearrangements
18, 19, 20, 22, 23, 149, 191, 279, 436, 639, 843 (4)

8.3 σ-π Rearrangements: General
24, 25, 79, 230, 298, 515, 518, 520, 626, 739, 795 (4), 796 (10), 846, 908

8.4 Stereochemical Non-rigidity

8.4.1 η-Enylmetals: 24, 419, 440, 448, 564, 805, 830, 832, 880, 881, 985

8.4.2 Metal Carbonyls and Aggregates: 24, 27, 107, 164, 257, 271, 361, 880, 881, 952 (4), 984 (7), 985

8.5 Extramolecular Nucleophilic Attack on π-Ligands
49, 104, 158, 386, 387, 411, 510, 518, 520, 622, 690, 692, 714, 723, 742, 743, 750, 796 (9), 808, 826 (3), 827, 830, 832, 833, 843, 846, 847, 853, 864, 866 (7), 868 (1), 880, 881, 967, 985

8.6 Oxymetallations (Main Group Metals)
59, 520, 805 (4), 843 (5), 855 (5)

8.7 Migratory 'Insertion' and 'Extrusion' Reactions

8.7.1 Carbon Monoxide: 4, 13, 58, 100, 202, 235, 298, 315, 327, 537, 669, 721, 723, 796 (7), 808 (5), 827 (8), 833, 841 (5), 842, 844, 846 847, 853, 854 (4), 856 (5), 865, 870, 880, 881, 985

8.7.2 Carbon Dioxide: 78, 506, 513, 591, 733

8.7.3 Sulphur Dioxide: 4, 51, 441, 504, 591, 733, 827 (8), 842, 844, 880, 881, 985

8.7.4 Unsaturated Hydrocarbons: 162, 586, 709, 721, 723, 747, 795 (5), 820 (3), 827 (8), 830 (3), 832, 833, 841 (5), 842, 846, 847, 849, 853, 855 (5), 865, 880, 881, 903, 957, 985

8.7.5 Miscellaneous (TCNE, RNC, SO_3, NO, CS_2, N_2, O_2, S_4, etc.): 51, 57, 355, 367, 454, 504, 827 (8), 965

8.8 Extramolecular Electrophilic Attack on π-Ligands
316, 349, 386, 387, 443, 495, 510, 515, 517, 622, 741, 826 (3), 842 (6), 868 (1)

8.9 Extramolecular Nucleophilic Attack on σ-Organometals
57, 333, 355, 462, 519, 690, 758, 796 (8), 798 (12)

8.10 Extramolecular Electrophilic Attack on σ-Organometals
4, 161, 206, 316, 377, 383, 416, 420, 431, 435, 462, 479, 519, 526, 652, 656, 689, 723, 767, 782, 801 (1), 834 (9), 835 (22), 843, 827 (8), 830, 832, 842, 844, 908

8.11 Stereochemical Aspects of σ-Ligand Reorganization
4, 58, 132, 230, 258, 315, 689, 714, 723, 801

8.12 Regio- and Stereo-chemical Aspects of π-Ligand Reorganization
104, 316, 520, 681, 690, 709, 714, 723, 750, 795 (3), 795 (19), 796 (9), 849 (2), 903, 967

8.13 Thermochemical Transformations of σ-Organometals (including Decomposition Pathways)

8.13.1 General: 260, 261, 284, 298, 314, 327, 341, 349, 457, 484, 519, 523, 559, 634, 700, 754, 755, 767, 774, 795 (2, 10, 11, 58), 796 (10, 13), 800 (13), 802 (20), 808, 826 (3), 827 (8), 830, 832, 833, 834 (7, 9), 835, 836, 840 (4), 841 (4, 5), 842, 843, 844, 846, 847, 853, 856, 865, 880, 881, 985

8.13.2 α-Hydrogen Migration: 109, 151, 260, 261, 780, 868 (3)

8.13.3 β-Hydrogen Migration: 151, 154, 260, 261, 457

8.13.4 Mononuclear Reductive Elimination: 151, 154, 260, 261, 700, 723, 755

8.13.5 Dinuclear Reductive Elimination: 100, 111, 800 (13)

8.13.6 Carbene Transformations: 17, 26, 109, 540, 561, 780, 868 (3)

8.13.7 Metal–Carbon Homolysis: 111, 151, 206, 229, 755, 774, 795 (2), 840 (4)

8.13.8 Electron Transfer Processes: 34, 755, 856 (7), 844 (16), 898 (11)

8.14 Oxidative Addition Reactions
44, 116, 132, 154, 179, 182, 258, 262, 284, 311, 537, 720, 721, 723, 755, 795 (7), 796 (5, 7), 798 (17), 808 (5), 827 (8), 832, 834 (7), 837 840 (4, 5), 842, 844, 846, 847, 853, 865, 880, 881, 951, 966, 985

8.15 Oxidative Metallacyclization Reactions
12, 42, 137, 179, 312, 343, 537, 612, 667, 668, 700, 720, 721, 785, 795 (4, 18, 58), 796 (13), 840 (5), 842, 844, 846, 847, 865, 870 (10), 880, 881, 911, 988

8.16 Ligand Cyclometallation (Intramolecular C—H Activation)

8.16.1 General and Miscellaneous: 174, 190, 200, 342, 449, 601, 614, 634, 795 (20, 21), 827, 842, 863, 939, 941, 951, 985

8.16.2 Phosphorus Donor Ligand: 31, 145, 190, 318, 798 (7), 820 (7), 935

8.16.3 Nitrogen Donor Ligand: 252, 760

8.16.4 Sulphur Donor Ligand: 323

8.16.5 Arsenic Donor Ligand: 94

8.17 Intermolecular C—H Activation
31, 115, 145, 248, 331, 614, 780, 790, 795 (7), 796 (1, 4), 798 (7), 833, 845, 856 (2)

8.18 Radical Transformations of Metal Carbon σ-Bonds
44, 154, 171, 186, 206, 229, 260, 261, 462, 519, 623, 730, 752, 755, 774, 795 (2), 801 (2), 834 (9), 843 (7), 898 (10, 25), 844, 959

8.19 Photochemical Transformations of Organometals
20, 62, 87, 88, 206, 214, 260, 261, 265, 288, 303, 310, 317, 325, 523, 559, 696, 711, 730, 740, 778, 798 (19), 799 (7), 800 (14), 834, 837, 838 (17), 840 (4), 841 (6), 843 (7), 912, 949

8.20 Miscellaneous Transformations
Autooxidation: 461, 959
Ozone Oxidation: 493
Oxidative Cleavage: 551

Table 9 Organometallic Applications

9.1 General Aspects
593, 619, 801 (1)

9.2 Stoichiometric Syntheses

9.2.1 Synthetically Implicated Organometals
General: 272, 486, 498, 600, 660, 673, 808, 843, 854, 866, 868
Li: 202, 218, 221, 226, 263, 403, 429, 452, 467, 512, 527, 535, 655, 662, 683, 685, 699, 772, 804, 960
Na: 202, 263, 452, 467, 772
K: 202, 220, 263, 467, 772
Mg: 152, 220, 263, 429, 452, 605, 659, 687, 694, 754, 762, 945, 946, 960
B: 56, 229, 290, 382, 404, 415, 417, 471, 661, 666, 674, 681, 686, 691, 764, 792, 810, 860, 811, 946
Al: 189, 263, 404, 452, 528, 664, 687, 744, 747, 796 (6), 813, 946, 960
Tl: 59, 177, 486, 520, 813 (7)
Si: 133, 149, 176, 279, 286, 384, 388, 402, 404, 448, 481, 490, 512, 582, 585, 603, 608, 610, 624, 630, 654, 656, 657, 699, 701, 729, 748, 906, 912, 920, 955, 982
Sn: 406, 680, 699, 752, 761
Pb: 520, 699
As: 699, 947
Sb: 699
Se: 110, 684, 685, 688, 699
Te: 522
Zr: 204, 414, 660, 757
Cr: 411, 412, 760, 869 (2)
Mo: 409, 412
W: 412
Mn: 411
Fe: 106, 108, 120, 137, 146, 150, 409, 411, 430, 637, 660, 682, 750, 756, 870 (7)
Co: 409, 410, 673
Rh: 660, 668

Pd: 11, 410, 609, 637, 660, 670, 677, 683, 684, 692, 742, 786, 863
Cu: 54, 134, 217, 220, 407, 469, 528, 530, 533, 588, 632, 663, 665, 672, 683, 684, 744, 788, 946, 948
Ag: 588
Zn: 52, 263, 452, 475, 531, 532, 946
Cd: 255, 263, 452
Hg: 167, 188, 384, 408, 520, 523, 526, 670, 676, 992
Lanthanides/Actinides: 544, 546

9.2.2 *Stereochemical Aspects (other than Asymmetric Hydrogenation, q.v.)*
263, 403, 681, 687, 724, 728, 742, 744, 796 (1!)

9.3 *Catalytic Syntheses*

9.3.1 General Aspects of Homogeneous Catalysis: 300, 309, 352, 698, 709, 720, 735, 753, 795 (1, 35, 36), 796 (10), 831, 842, 844, 845, 846, 847, 848, 853, 854, 856 (1), 862, 880, 881, 985

9.3.2 Catalytically Implicated Organometals
General: 292, 352, 369, 413, 536, 596, 612, 698, 728, 795 (1, 35, 58), 796 (2, 10), 798 (11), 806, 808 (5), 820, 842, 844, 845, 846, 847, 848, 849, 850, 851, 852, 853, 854, 855, 856, 857, 858, 859, 866, 870, 962, 983, 988 (10)
Al: 99, 105, 579, 602, 633
Ti: 83, 99, 184, 238, 241, 578, 579, 633, 694, 747, 796 (6), 825 (5), 911
Zr: 83, 84, 238, 747, 911
Hf: 83
Nb: 800 (1)
Ta: 766
Cr: 83, 238, 510, 579, 785, 798 (9, 10), 826 (3)
Mo: 114, 99, 225, 510, 550, 798 (9)
W: 99, 510, 795 (19)
Mn: 114, 225, 796 (3)
Re: 857
Fe: 80, 225, 234, 246, 370, 660, 667, 796 (3), 798 (9), 799 (12), 857
Ru: 81, 97, 115, 145, 240, 369, 370, 379, 669, 798 (9), 799 (12), 857, 944
Os: 234, 799 (12), 857
Co: 80, 81, 99, 115, 127, 187, 195, 224, 235, 236, 240, 245, 246, 247, 282, 369, 473, 529, 579, 667, 669, 756, 781, 795 (2), 796 (3), 798 (5, 27), 849 (1), 855 (3), 857, 869 (1), 870 (2), 968, 903, 904
Rh: 246, 337, 343, 369, 370, 529, 585, 596, 611, 658, 660, 668, 669, 687, 751, 759, 776, 795 (65), 796 (12), 798 (2, 3, 4, 6), 799 (11), 849 (1), 851 (3), 852 (4), 853 (4), 857, 870 (2, 10), 944, 968
Ir: 116, 246, 369, 529, 751, 798 (4), 857
Ni: 80, 99, 166, 222, 223, 225, 245, 312, 337, 343, 347, 380, 579, 611, 660, 667, 669, 694, 698, 747, 749, 762, 785, 795 (18), 796 (14), 798 (25, 27), 829, 849, 857, 870 (10), 975, 977
Pd: 80, 104, 112, 156, 225, 245, 246, 312, 343, 518, 520, 611, 614, 660, 667, 669, 742, 743, 746, 747, 748, 749, 751, 759, 762, 771, 795 (18, 58), 798 (1, 27), 831, 857, 563, 944, 964, 988 (10)
Pt: 245, 248, 370, 529, 585, 596, 614, 660, 687, 798 (1), 800 (8), 833, 844 (1), 855 (4), 857
Cu: 788, 798 (26), 799 (10, 11)
Ag: 343, 611, 798 (9), 870 (10)
Lanthanides/Actinides: 544

9.4 *Dismutation (Metathesis) of Alkenes*
17, 25, 26, 79, 82, 205, 242, 292, 314, 413, 510, 540, 544, 545, 611, 795 (5, 10, 19), 845, 846, 847, 853, 880

9.5 *Oligomerization of Alkenes (and Unconjugated Polyenes) and Related Reactions*
10, 11, 14, 32, 48, 79, 105, 222, 223, 224, 225, 230, 245, 337, 370, 515, 518, 544, 546, 594, 602, 766, 795 (18), 804 (10), 829, 831, 842, 844 (14), 846, 847, 849, 850, 855 (6), 856 (3), 862 (6), 868, 911, 988 (10)

9.6 *Oligomerization and Cooligomerizations of 1,3-Dienes*
79, 99, 156, 224, 230, 272, 312, 594, 611, 698, 785, 795 (3), 829, 831, 844 (14), 845, 846, 847, 849 (3), 850 (30), 852 (3), 853, 856 (3), 862 (6), 863, 866 (4), 868 (2), 975, 977

9.7 *Oligomerization and Cooligomerizations of Alkynes*
127, 195, 282, 312, 343, 510, 515, 537, 579, 612, 785, 795 (58), 798 (17), 831, 842, 844 (14), 845, 847, 853, 855 (6), 856 (3), 862 (6), 863, 866 (4), 868 (2), 911, 964

9.8 *Polymerization of Alkenes*

9.8.1 General: 2, 3, 25, 32, 76, 83, 84, 184, 238, 241, 242, 379, 397, 544, 546, 578, 594, 633, 780, 795 (8), 825 (5), 842, 844 (14), 845, 846, 847, 853, 855 (6), 856 (3), 869 (2), 988 (10)

9.8.2 Stereochemical Aspects: 184, 728, 780

Table 9 Review Index 1538

9.9 *Polymerization and Copolymerization of Dienes*
  2, 84, 99, 241, 242, 289, 366, 633, 846, 847, 853, 855 (6)

9.10 *Homogeneous Hydrogenation*

9.10.1 General: 5, 15, 25, 48, 115, 116, 123, 179, 197, 230, 234, 268, 369, 379, 509, 510, 515, 529, 536, 537, 594, 611, 795 (2), 798 (1, 2, 3, 4, 5), 804 (10), 808 (5), 820, 833, 841 (5), 844, 845, 846, 849 (14), 850 (1), 852 (2), 853, 856 (2), 857, 858, 862 (2), 869 (2), 880, 911, 962, 985, 988 (10)

9.10.2 Stereoselectivity: 4, 15, 16, 79, 81, 114, 197, 223, 236, 245, 258, 268, 658, 724, 728, 776, 795 (35), 796 (11, 12), 800 (9), 845, 846, 852 (2, 4), 857, 858 (9), 862 (2), 880, 994, 985

9.11 *Catalytic Silylation and Related Reactions*

9.11.1 General: 11, 15, 16, 32, 48, 61, 156, 187, 197, 223, 245, 286, 288, 476, 537, 585, 597, 701, 799 (12), 800 (8), 820, 833, 853, 855 (4), 862 (9), 863, 869 (2), 870 (9), 880, 985, 988 (10)

9.11.2 Stereoselectivity: 658, 724, 728, 796 (12), 798 (6), 851 (3)

9.11.3 Germylation: 50, 537

9.12 *Catalytic Cyanation*
  48, 347, 660, 850 (2), 853, 970 (8), 880, 985

9.13 *Hydroformylation and Related Reactions*

9.13.1 General: 8, 25, 32, 181, 187, 197, 236, 246, 247, 379, 515, 537, 594, 795 (2), 796 (3), 804 (10), 820, 844 (14), 845, 846, 847, 850 (1), 853, 855 (3), 859 (1), 862 (7), 870 (2, 5), 880, 903, 968, 985, 988 (10)

9.13.2 Stereoselectivity: 181, 223, 245, 658, 724, 728, 845, 846, 870 (2)

9.13.3 Modifications (including Hydrocarboxylations): 166, 236, 370, 658, 724, 798, 859 (3), 870 (35)

9.14 *Catalytic Oxidation of Organic Substrates*

9.14.1 General: 11, 12, 25, 31, 32, 236, 518, 537, 751, 796 (2), 831, 844, 845, 846, 847, 851 (1), 853, 856 (4), 858 (5), 862 (3), 863, 864, 869 (3), 983

9.14.2 Stereoselectivity: 728, 852 (1)

9.14.3 Wacker Type (Oxidative Solvolysis): 33, 49, 86, 237, 379, 515, 518, 804 (10), 831, 845, 846, 853, 862 (3), 863, 864, 983 (7), 988 (10)

9.14.4 Epoxidation of Alkenes: 851 (1), 852 (1), 869 (3), 983

9.15 *Isomerization of Alkenes*
  10, 25, 32, 48, 158, 197, 379, 509, 510, 515, 537, 799 (12), 804 (10), 808 (5), 831, 833, 842, 845, 846, 847, 852 (3), 853, 855, 856 (3), 862 (5), 866 (4), 911, 988 (10)

9.16 *Catalytic Cyclopropanation*

9.16.1 General: 230, 236, 660, 795 (3)

9.16.2 Stereoselectivity: 724, 781

9.17 *Catalyzed 'Symmetry-restricted' Pericyclic Reactions* (including Valence Isomerization of Hydrocarbons)
  173, 179, 262, 296, 314, 343, 611, 700, 720, 770, 795 (18, 58), 796 (14) 798 (26, 27), 799 (10, 11), 831, 841 (5), 850 (3), 856 (6), 863, 866 (4), 869 (3), 870 (4)

9.18 *Carbonylation of Methanol (Monsanto Acetic Acid Process)*
  13, 197, 235, 240, 844 (14), 846, 853, 880, 985

9.19 *Miscellaneous Carbonylation/Decarbonylation Reactions*
  856 (5), 859 (3), 870, 985

9.20 *Water-Gas Shift and Related Oxidation of Carbon Monoxide*
  5, 9, 15, 78, 97, 795 (39), 796 (3), 798 (8, 9, 10), 853, 880, 937

9.21 *Fischer–Tropsch and Related Reduction of Carbon Monoxide*
  9, 15, 79, 234, 237, 240, 253, 280, 758, 783, 795 (9, 13, 17), 796 (8), 798 (12), 800 (10, 11), 845, 853, 859 (4), 880, 910, 921, 937, 985

9.22 *Reduction/Incorporation of* CO_2
  78, 513, 591, 733, 759, 783, 795 (13)

9.23 *Catalytic Transformations of Organohalides*

9.23.1 General: 48, 80, 122, 347, 746, 870 (6)

9.23.2 'Cross-Coupling' (with Organometal Agents): 32, 79, 404, 473, 660, 694, 747, 762, 788, 844 (14)

9.24 *Heterogenized 'Homogeneous' Catalysts*
  15, 32, 197, 238, 242, 244, 369, 510, 594, 769, 798 (27), 820, 847, 858 (12), 933, 944, 985

Table 10 Biochemical Implications and Applications

10.1 General Aspects
6, 45, 85, 88, 446, 550, 702, 703, 712, 801 (11, 12, 13, 14, 15), 819 (12), 823 (12), 824 (16)

10.1.1 Medicinal Applications: 593, 702, 703, 712, 823 (12)

10.1.2 Toxicology: 85, 118, 446, 702, 703, 712, 801 (11, 12, 13, 14), 824 (16), 835 (28)

10.2 Vitamin B_{12} and Related Topics
25, 62, 79, 136, 147, 201, 206, 283, 358, 378, 462, 556, 559, 652, 693, 774, 797 (8, 9, 10), 907

10.3 Nitrogenase and Related Topics

10.3.1 General Aspects: 256, 298, 418, 613, 795 (48), 846, 847, 934, 953, 854 (3), 897

10.3.2 Dinitrogen Complexes: 219, 267, 330, 525, 799 (9), 883 (3), 825 (8), 911, 943

10.3.3 Dinitrogen Reduction: 71, 79, 178, 376, 397, 525, 796 (10), 797 (20, 21), 845, 973

10.3.4 Nitrogenase: 216, 340, 550, 647, 797 (21), 901

Table 11 Ancillary Ligands Commonly Encountered in Organometals[a]

11.1 Transition Metal Hydrido Complexes
352, 362, 484, 536, 543, 641, 740, 784, 795 (33), 800, 832, 842, 854 (1), 949, 950, 951, 952, 962

11.2 Nitrogen Donor Ligands

11.2.1 Nitric Oxide (Nitrosylmetals): 76, 78, 143, 293, 344, 348, 376, 539, 708, 714, 725, 854, 943

11.2.2 Organonitrile Complexes: 332, 832, 932

11.2.3 Organoimido Complexes: 320, 360, 922

11.2.4 Organoamido Complexes: 400, 476

11.2.5 Ligands with N—N Bonds (including Pyrazolylborates, Diazoalkanes, *etc.*): 172, 273, 395, 483, 571, 580, 832, 934

11.2.6 Porphyrin (or Corrin, other than Vitamin B_{12}): 763, 791, 943

11.3 Phosphorus Donor Ligands

11.3.1 General Aspects: 182, 190, 258, 354, 368, 449, 651, 804 (5), 820, 904, 918, 930, 935, 966, 972

11.3.2 Polyphosphine Ligands: 94, 102, 168, 359, 802 (28), 820, 904, 972

11.3.3 Chiral Phosphine Ligands: 15, 114, 81, 245, 742, 776, 795 (37, 65), 796 (11, 12), 800 (9), 845, 851 (3), 852 (4), 857, 858 (9), 944

11.4 Other Donor Species (As, S)
350, 359, 323, 555, 820, 821, 941

11.5 Miscellaneous
PF_3: 163
Organoperoxides: 393, 394, 442
o-Boroxanes: 450
o-Oximato: 456
Fulminato: 482
β-Diketonato: 895

11.6 Mutual Ligand Effect/Influence
190, 230, 258, 297, 351, 353, 359, 938

[a] Coordination complexes of the heavier elements of Groups V and VI, which are classified as metals, can be located in Table 7, Section 7.1.3.

Table 12 Special Topics

12.1 Organometallic Radicals
34, 44, 85, 303, 575, 717, 844 (3), 898 (25), 900, 959

12.2 Optically Active Organometallics

12.2.1   General: 231, 321, 573, 715, 801 (18), 918

12.2.2   Asymmetric at Metal Centre: 4, 114, 161, 573, 584, 714, 726, 761, 801 (17, 18)

12.2.3   Asymmetric at Ligand Centre: 114, 223, 494, 522, 573, 687, 944

12.3 Metal Vapour Synthesis (MVS) and Related Techniques

12.3.1   MVS: 29, 86, 148, 208, 210, 211, 212, 213, 592, 796 (5), 885

12.3.2   Matrix Isolation Synthesis: 128, 165, 214, 239, 324, 558, 885, 886, 989

12.3.3   Reactive Metals: 130, 148, 713, 945, 989

12.4 Miscellaneous

12.4.1   Relationships between Metal Clusters, Homogeneous and Heterogeneous Catalysis: 83, 84, 113, 129, 192, 196, 239, 243, 251, 280, 735, 768, 851 (2), 909, 910, 937, 984, 989

12.4.2   Organometallic Polymers: 508, 802 (4), 806, 819 (13), 823 (14), 824 (13), 893, 899

12.4.3   Thermodynamics and Thermochemistry of Organometals: 117, 269, 458, 489, 500, 572, 706, 755, 774, 804, 822 (1), 839, 844, 902, 984 (5), 988 (8)

12.4.4   Organometallic Electrochemistry: 437, 565, 595, 599, 671, 773

12.4.5   Charge Distribution in Complexes: 194, 802 (9)

12.4.6   Radiochemical Investigations: 60, 590

12.4.7   Metal Deposition by Pyrolysis of Organometals: 627, 640, 795 (39)

12.4.8   Energy Storage *via* Organometallic Transformations: 770, 795 (54), 798 (26, 77), 799 (10)

12.4.9   Phase Transfer Applications in Organometallic Chemistry: 847, 916

12.4.10 Nomenclature: 722, 823 (1)

MAIN INDEX

1. Four Decades of Metal Carbonyl Chemistry in Liquid Ammonia; H. Behrens, *Adv. Organomet. Chem.*, 1980, **18**, 2 (46 pp., 184 refs.).
2. Organolithium Catalysis of Olefin and Diene Polymerisation; A. F. Halasa, D. N. Schultz, D. P. Tate and V. D. Mochel, *Adv. Organomet. Chem.*, 1980, **18**, 55 (38 pp., 130 refs.).
3. Ziegler–Natta Catalysis; H. Sinn and W. Kaminsky, *Adv. Organomet. Chem.*, 1980, **18**, 99 (44 pp., 200 refs.).
4. Chiral Metal Atoms in Optically Active Organo-Transition-Metal Compounds; H. Brunner, *Adv. Organomet. Chem.*, 1980, **18**, 152 (50 pp., 194 refs.).
5. Mixed-Metal Clusters; W. L. Gladfelter and G. L. Geoffroy, *Adv. Organomet. Chem.*, 1980, **18**, 207 (62 pp., 161 refs.).
6. Trends in Organosilicon Biological Research; R. J. Fessenden and J. S. Fessenden, *Adv. Organomet. Chem.*, 1980, **18**, 275 (22 pp., 107 refs.).
7. Boron Heterocycles as Ligands in Transition-Metal Chemistry; W. Siebert, *Adv. Organomet. Chem.*, 1980, **18**, 301 (37 pp., 112 refs.).
8. Hydroformylation; R. L. Pruett, *Adv. Organomet. Chem.*, 1979, **17**, 1 (56 pp., 131 refs.).
9. The Fischer–Tropsch Reaction; C. Masters, *Adv. Organomet. Chem.*, 1979, **17**, 61 (39 pp., 115 refs.).
10. Selectivity Control in Nickel-Catalysed Olefin Oligomerisation; B. Bogdanović, *Adv. Organomet. Chem.*, 1979, **17**, 105 (32 pp., 107 refs.).
11. Palladium-Catalysed Reactions of Butadiene and Isoprene; J. Tsuji, *Adv. Organomet. Chem.*, 1979, **17**, 141 (49 pp., 132 refs.).
12. Synthetic Applications of Organonickel Complexes in Organic Chemistry; C. P. Chiusoli and G. Salerno, *Adv. Organomet. Chem.*, 1979, **17**, 195 (48 pp., 262 refs.).
13. Mechanistic Pathways in Catalytic Carbonylation of Methanol by Rh and Ir Complexes; D. Forster, *Adv. Organomet. Chem.*, 1979, **17**, 255 (12 pp., 33 refs.).
14. Catalytic Codimerisation of Ethylene and Butadiene; A. C. L. Su, *Adv. Organomet. Chem.*, 1979, **17**, 269 (47 pp., 87 refs.).
15. Hydrogenation Reactions Catalysed by Transition Metal Complexes; B. R. James, *Adv. Organomet. Chem.*, 1979, **17**, 319 (71 pp., 545 refs.).
16. Homogeneous Catalysis of Hydrosilation by Transition Metals; J. L. Speier, *Adv. Organomet. Chem.*, 1979, **17**, 407 (38 pp., 59 refs.).
17. Olefin Metathesis; N. Calderon, J. P. Lawrence and E. A. Ofstead, *Adv. Organomet. Chem.*, 1979, **17**, 449 (40 pp., 113 refs.).
18. 1,2-Anionic Rearrangements of Organosilicon and Germanium Compounds; R. West, *Adv. Organomet. Chem.*, 1977, **16**, 1 (30 pp., 36 refs.).
19. Dyotropic Rearrangements and Related σ–σ Exchange Processes; M. T. Reetz, *Adv. Organomet. Chem.*, 1977, **16**, 33 (30 pp., 76 refs.).
20. Rearrangements of Unsaturated Organoboron and Organoaluminum Compounds; J. J. Eisch, *Adv. Organomet. Chem.*, 1977, **16**, 67 (40 pp., 100 refs.).
21. Rearrangements of Organoaluminum Compounds and Their Group III Analogs; J. P. Oliver, *Adv. Organomet. Chem.*, 1977, **16**, 111 (18 pp., 56 refs.).
22. Organomagnesium Rearrangements; E. A. Hill, *Adv. Organomet. Chem.*, 1977, **16**, 131, (32 pp., 69 refs.).
23. Aryl Migrations in Organometallic Compounds of the Alkali Metals; E. Grovenstein, Jr., *Adv. Organomet. Chem.*, 1977, **16**, 167 (40 pp., 103 refs.).
24. Fluxional and Non-Rigid Behaviour of Transition Metal Organometallic π-Complexes; J. W. Faller, *Adv. Organomet. Chem.*, 1977, **16**, 211 (25 pp., 114 refs.).
25. σ–π Rearrangements of Organotransition Metal Compounds; M. Tsutsui and A. Courtney, *Adv. Organomet. Chem.*, 1977, **16**, 241 (29 pp., 116 refs.).
26. The Olefin Metathesis Reaction; T. J. Katz, *Adv. Organomet. Chem.*, 1977, **16**, 283 (30 pp., 125 refs.).
27. Molecular Rearrangements in Polynuclear Transition Metal Complexes; J. Evans, *Adv. Organomet. Chem.*, 1977, **16**, 319 (24 pp., 107 refs.).
28. Recent Developments in Theoretical Organometallic Chemistry; D. M. P. Mingos, *Adv. Organomet. Chem.*, 1976, **15**, 1 (44 pp., 245 refs.).
29. Metal Atom Synthesis of Organometallic Compounds; P. L. Timms and T. W. Turney, *Adv. Organomet. Chem.*, 1976, **15**, 53 (55 pp., 144 refs.).
30. Metal Complexes of π-Ligands Containing Organo-Silicon Groups; I. Haiduc and V. Popa, *Adv. Organomet. Chem.*, 1976, **15**, 113 (26 pp., 202 refs.).
31. Activation of Alkanes by Transition Metal Compounds; D. E. Webster, *Adv. Organomet. Chem.*, 1976, **15**, 147 (41 pp., 102 refs.).
32. Supported Transition Metal Complexes as Catalysts; F. R. Hartley and P. N. Vezey, *Adv. Organomet. Chem.*, 1976, **15**, 189 (42 pp., 116 refs.).
33. Structures of Main Group Organometallic Compounds Containing Electron-Deficient Bridge Bonds; J. P. Oliver, *Adv. Organomet. Chem.*, 1977, **15**, 235 (33 pp., 137 refs.).
34. Organometallic Radical Anions; P. R. Jones, *Adv. Organomet. Chem.*, 1977, **15**, 273 (40 pp., 141 refs.).
35. On the Way to Carbene and Carbyne Complexes; E. O. Fischer, *Adv. Organomet. Chem.*, 1976, **14**, 1 (29 pp., 100 refs.).
36. Coordination of Unsaturated Molecules to Transition Metals; S. D. Ittel and J. A. Ibers, *Adv. Organomet. Chem.*, 1976, **14**, 33 (27 pp., 75 refs.).
37. Methyltin Halides and Their Molecular Complexes; V. S. Petrosyan, N. S. Yashina and O. A. Reutov, *Adv. Organomet. Chem.*, 1976, **14**, 63 (29 pp., 154 refs.).

38. Chemistry of Carbon Functional Alkylidynetricobalt Nonacarbonyl Cluster Complexes; D. Seyferth, *Adv. Organomet. Chem.*, 1976, **14**, 97 (44 pp., 89 refs.).
39. Ten Years of Metallocarboranes; K. P. Callahan and M. F. Hawthorne, *Adv. Organomet. Chem.*, 1976, **14**, 145 (38 pp., 104 refs.).
40. Recent Advances in Organoantimony Chemistry; R. Okawara and Y. Matsumura, *Adv. Organomet. Chem.*, 1976, **14**, 187 (15 pp., 59 refs.).
41. Pentaalkyls and Alkylidene Trialkyls of Group V Elements; H. Schmidbaur, *Adv. Organomet. Chem.*, 1976, **14**, 205 (35 pp., 106 refs.).
42. Acetylene and Allene Complexes: Their Implication in Homogeneous Catalysis; S. Otsuka and A. Nakamura, *Adv. Organomet. Chem.*, 1976, **14**, 245 (34 pp., 152 refs.).
43. High Nuclearity Metal Carbonyl Clusters; P. Chini, G. Longoni and V. G. Albano, *Adv. Organomet. Chem.*, 1976, **14**, 285 (56 pp., 122 refs.).
44. Free Radicals in Organometallic Chemistry; M. F. Lappert and P. W. Lednor, *Adv. Organomet. Chem.*, 1976, **14**, 345 (47 pp., 195 refs.).
45. Organometallic Chemistry: An Historical Perspective; J. S. Thayer, *Adv. Organomet. Chem.*, 1975, **13**, 1 (37 pp., 301 refs.).
46. Arene–Transition Metal Chemistry; W. E. Silverthorn, *Adv. Organomet. Chem.*, 1975, **13**, 48 (78 pp., 466 refs.).
47. Organometallic Benzheterocycles; J. Y. Corey, *Adv. Organomet. Chem.*, 1975, **13**, 139 (132 pp., 384 refs.).
48. Organometallic Reactions Involving Hydrido-Nickel-Palladium and Platinum Complexes; D. M. Roundhill, *Adv. Organomet. Chem.*, 1975, **13**, 273 (80 pp., 305 refs.).
49. Palladium-Catalysed Organic Reactions; P. M. Henry, *Adv. Organomet. Chem.*, 1975, **13**, 363 (81 pp., 300 refs.).
50. The Organic and Hydride Chemistry of Transition Metals; J. Chatt, *Adv. Organomet. Chem.*, 1974, **12**, 1 (25 pp., 73 refs.).
51. Insertion Reactions of Transition Metal–Carbon σ-Bonded Compounds II. Sulphur Dioxide and Other Molecules; A. Wojcicki, *Adv. Organomet. Chem.*, 1974, **12**, 32 (45 pp., 145 refs.).
52. Organozinc Compounds in Synthesis; J. Furakawa and N. Kawabata, *Adv. Organomet. Chem.*, 1974, **12**, 83 (36 pp., 558 refs.).
53. ^{13}C NMR Chemical Shifts and Coupling Constants of Organometallic Compounds; B. E. Mann, *Adv. Organomet. Chem.*, 1974, **12**, 135 (71 pp., 230 refs.).
54. The Organic Chemistry of Copper; A. E. Jukes, *Adv. Organomet. Chem.*, 1974, **12**, 215 (98 pp., 312 refs.).
55. Compounds Derived from Alkynes and Carbonyl Complexes of Cobalt; R. S. Dickson and P. J. Frazer, *Adv. Organomet. Chem.*, 1974, **12**, 323 (49 pp., 209 refs.).
56. Boranes in Organic Chemistry; H. C. Brown, *Adv. Organomet. Chem.*, 1973, **11**, 1 (18 pp., 67 refs.).
57. Transition Metal Isocyanide Complexes; P. M. Treichel, *Adv. Organomet. Chem.*, 1973, **11**, 21 (61 pp., 177 refs.).
58. Insertion Reactions of Transition Metal σ-Bonded Compounds I. Carbon Monoxide Insertion; A. Wojcicki, *Adv. Organomet. Chem.*, 1973, **11**, 88 (52 pp., 250 refs.).
59. Recent Advances in Organothallium Chemistry; A. McKillop and E. C. Taylor, *Adv. Organomet. Chem.*, 1973, **11**, 147.
60. The Radiochemistry of Organometallic Compounds; D. R. Wiles, *Adv. Organomet. Chem.*, 1973, **11**, 207 (42 pp., 101 refs.).
61. Organometallic Complexes with Silicon–Transition Metal or Silicon–Carbon Transition Metal Bonds; C. S. Cundy, B. M. Kingston and M. F. Lappert, *Adv. Organomet. Chem.*, 1973, **11**, 253 (62 pp., 249 refs.).
62. Preparation and Reactions of Organocobalt(III) Complexes; J. M. Pratt and P. J. Craig, *Adv. Organomet. Chem.*, 1973, **11**, 331 (110 pp., 184 refs.).
63. My Way in Organometallic Chemistry; A. N. Nesmeyanov, *Adv. Organomet. Chem.*, 1972, **10**, 1 (60 pp., 455 refs.).
64. Electronic Effects in Metallocenes and Certain Related Systems; D. W. Slocum and C. R. Ernst, *Adv. Organomet. Chem.*, 1972, **10**, 79 (32 pp., 83 refs.).
65. Nitrogen Groups in Metal Carbonyl and Related Complexes; M. Kilner, *Adv. Organomet. Chem.*, 1972, **10**, 115 (71 pp., 471 refs.).
66. Infrared Intensities of Metal Carbonyl Stretching Vibrations; S. F. A. Kettle and I. Paul, *Adv. Organomet. Chem.*, 1972, **10**, 199 (34 pp., 138 refs.).
67. Organometallic Aspects of Diboron Chemistry; T. D. Coyle and J. J. Ritler, *Adv. Organomet. Chem.*, 1972, **10**, 237 (32 pp., 120 refs.).
68. Ligand Substitution in Transition Metal π-Complexes; A. Z. Rubezhov and S. P. Gubin, *Adv. Organomet. Chem.*, 1972, **10**, 347 (62 pp., 290 refs.).
69. Of Time and Carbon Metal Bonds; E. G. Rochow, *Adv. Organomet. Chem.*, 1970, **9**, 1 (18 pp., 28 refs.).
70. Applications of ^{119}Sn Mössbauer Spectroscopy to the Study of Organotin Compounds; J. J. Zuckerman, *Adv. Organomet. Chem.*, 1970, **9**, 21 (88 pp., 397 refs.).
71. Organic Complexes of Lower Valent Titanium; R. S. P. Coutts and P. C. Wailes, *Adv. Organomet. Chem.*, 1970, **9**, 135 (55 pp., 192 refs.).
72. Organoberyllium Compounds; G. E. Coates and G. L. Morgan, *Adv. Organomet. Chem.*, 1970, **9**, 195 (58 pp., 165 refs.).
73. Isoelectronic Species in Organo-P, -Si and -Al Series; H. Schmidbaur, *Adv. Organomet. Chem.*, 1970, **9**, 259 (88 pp., 461 refs.).
74. Organolanthanides and Organoactinides; H. Gysling and M. Tsutsui, *Adv. Organomet. Chem.*, 1970, **9**, 361 (300 pp., 135 refs.).

75. α-Heterodiazoalkanes and Reactions of Diazoalkanes with Derivatives of Metal and Metalloids; M. F. Lappert and J. S. Poland, *Adv. Organomet. Chem.*, 1970, **9**, 397 (33 pp., 213 refs.).
76. Metal Carbonyls — Forty Years of Research; W. Hieber, *Adv. Organomet. Chem.*, 1970, **8**, 1 (23 pp., 111 refs.).
77. Coordination Number Pattern Recognition Theory of Carborane Structures; R. E. Williams, *Adv. Inorg. Chem. Radiochem.*, 1976, **18**, 67 (71 pp., 181 refs.).
78. The Binding and Activation of Carbon Monoxide, Carbon Dioxide and Nitric Oxide and Their Homogeneously Catalysed Reactions; R. Eisenberg and D. E. Hendriksen, *Adv. Catal.*, 1979, **28**, 79 (85 pp., 236 refs.).
79. σ-π Rearrangements and Their Role in Catalysis; B. Gorewit and M. Tsutsui, *Adv. Catal.*, 1978, **27**, 227 (34 pp., 100 refs.).
80. Transition Metal-Catalysed Reactions of Organic Halides with CO, Olefins and Acetylenes; R. F. Heck, *Adv. Catal.*, 1977, **26**, 323 (25 pp., 44 refs.).
81. Asymmetric Homogeneous Hydrogenation; J. D. Morrison, W. F. Master and M. K. Neuberg, *Adv. Catal.*, 1976, **25**, 81 (41 pp., 56 refs.).
82. Metathesis of Unsaturated Hydrocarbons Catalysed by Transition Metal Compounds; J. C. Mol and J. A. Moulijn, *Adv. Catal.*, 1975, **24**, 131 (38 pp., 118 refs.).
83. One Component Catalysts for Polymerisation of Olefins; Yu. I. Yermakov and V. Zakharov, *Adv. Catal.*, 1975, **24**, 173 (40 pp., 195 refs.).
84. π- and σ-Transition Metal Carbon Compounds as Catalysts for Polymerisation of Vinyl Monomers and Olefins; D. G. H. Ballard, *Adv. Catal.*, 1973, **23**, 263 (61 pp., 49 refs.).
85. Recent Advances in Organotin Chemistry; A. G. Davies and P. J. Smith, *Adv. Inorg. Chem. Radiochem.*, 1980, **23**, 1 (62 pp., 566 refs.).
86. New Methods for Synthesis of Trifluoromethyl Organometallic Compounds; R. J. Lagow and J. A. Morrison, *Adv. Inorg. Chem. Radiochem.*, 1980, **23**, 178 (30 pp., 46 refs.).
87. A New Look at Structure and Bonding in Transition Metal Complexes; J. K. Burdett, *Adv. Inorg. Chem. Radiochem.*, 1978, **21**, 113 (30 pp., 73 refs.).
88. Aspects of Organotransition-Metal Photochemistry and Their Biological Implications; E. A. Koerner von Gustorf, L. H. G. Leendos, I. Fischler and R. N. Perutz, *Adv. Inorg. Chem. Radiochem.*, 1976, **19**, 65 (99 pp., 632 refs.).
89. Structural and Bonding Patterns in Cluster Chemistry; K. Wade, *Adv. Inorg. Chem. Radiochem.*, 1976, **18**, 1 (59 pp., 220 refs.).
90. Applications of Mass Spectroscopy in Inorganic and Organometallic Chemistry; J. M. Miller and G. L. Wilson, *Adv. Inorg. Chem. Radiochem.*, 1976, **18**, 229 (47 pp., 301 refs.).
91. The Reaction Chemistry of Diborane; L. H. Long, *Adv. Inorg. Chem. Radiochem.*, 1974, **16**, 201 (77 pp., 683 refs.).
92. Mössbauer Spectra of Inorganic Compounds; Bonding and Structure; G. M. Bancroft and R. H. Platt, *Adv. Inorg. Chem. Radiochem.*, 1972, **15**, 59 (183 pp., 577 refs.).
93. Fluoroalicyclic Derivatives of Metals and Metalloids; W. R. Cullen, *Adv. Inorg. Chem. Radiochem.*, 1972, **15**, 323 (45 pp., 220 refs.).
94. Transition Metal Complexes Containing Bidentate Phosphine Ligands; W. Levason and C. A. McAuliffe, *Adv. Inorg. Chem. Radiochem.*, 1972, **14**, 173 (167 pp., 269 refs.).
95. Zirconium and Hafnium Chemistry; E. M. Larsen, *Adv. Inorg. Chem. Radiochem.*, 1970, **13**, 1 (115 pp., 611 refs.).
96. Transition Metal Clusters with π-Acid Ligands; R. D. Johnston, *Adv. Inorg. Chem. Radiochem.*, 1970, **13**, 471 (62 pp., 386 refs.).
97. The Water-Gas Shift Reaction: Homogeneous Catalysis by Ruthenium and Other Metal Carbonyls; P. C. Ford, *Acc. Chem. Res.*, 1981, **14**, 31 (6 pp., 31 refs.).
98. Metalla-β-diketones and Their Derivatives; C. M. Lukehart, *Acc. Chem. Res.*, 1981, **14**, 109 (7 pp., 43 refs.).
99. Stereoregular and Sequence Regular Polymerisation of Butadiene; J. Furukawa, *Acc. Chem. Res.*, 1980, **13**, 1 (7 pp., 23 refs.).
100. Use of Isotope Crossover Experiments in Investigating Carbon–Carbon Bond Forming Reactions of Binuclear Dialkylcobalt Complexes; R. Bergman, *Acc. Chem. Res.*, 1980, **13**, 113 (7 pp., 22 refs.).
101. On the Mechanisms of Carbon Monoxide Reduction with Zirconium Hydrides; P. T. Wolczanski and J. E. Bercaw, *Acc. Chem. Res.*, 1980, **13**, 121 (7 pp., 34 refs.).
102. Alkylaminodifluorophosphines: Novel Bidentate Ligands for Stabilising Low Metal Oxidation States and Metal–Metal Bonded Systems; R. B. King, *Acc. Chem. Res.*, 1980, **13**, 243 (6 pp., 41 refs.).
103. Structural Criteria for the Mode of Bonding of Organoactinides and Lanthanides and Related Compounds; K. N. Raymond and C. W. Eigenbrot, *Acc. Chem. Res.*, 1980, **13**, 276 (7 pp., 72 refs.).
104. New Rules of Selectivity: Allylic Alkylations Catalysed by Palladium; B. M. Trost, *Acc. Chem. Res.*, 1980, **13**, 385 (8 pp., 64 refs.).
105. Lewis Acid Catalysed Ene Reactions; B. B. Snider, *Acc. Chem. Res.*, 1980, **13**, 426 (6 pp., 36 refs.).
106. Tricarbonyl(diene)iron complexes: Synthetically Useful Properties; A. J. Pearson, *Acc. Chem. Res.*, 1980, **13**, 463 (6 pp., 48 refs.).
107. Synthesis, Molecular Dynamics and Reactivity of Mixed-Metal Clusters; G. L. Geoffroy, *Acc. Chem. Res.*, 1980, **13**, 469 (7 pp., 29 refs.).
108. Organic Syntheses via the Polybromo Ketone–Iron Carbonyl Reaction; R. Noyori, *Acc. Chem. Res.*, 1979, **12**, 61 (5 pp., 40 refs.).
109. Alkylidene Complexes of Niobium and Tantalum; R. R. Schrock, *Acc. Chem. Res.*, 1979, **12**, 98 (7 pp., 53 refs.).
110. Functional Group Manipulation Using Organoselenium Reagents; H. J. Reich, *Acc. Chem. Res.*, 1979, **12**, 22 (8 pp., 75 refs.).

111. Organometallic Elimination Mechanisms: Studies on Osmium Alkyls and Hydrides; J. R. Norton, *Acc. Chem. Res.*, 1979, **12**, 139 (7 pp., 65 refs.).
112. Palladium Catalysed Reactions of Organic Halides with Olefins; R. F. Heck, *Acc. Chem. Res.*, 1979, **12**, 146 (6 pp., 20 refs.).
113. Metal Cluster Complexes and Heterogeneous Catalysis: An Heterodox View; M. Moskovits, *Acc. Chem. Res.*, 1979, **12**, 229 (8 pp., 74 refs.).
114. Optical Induction in Organotransition Metal Compounds and Asymmetric Catalysis; H. Brunner, *Acc. Chem. Res.*, 1979, **12**, 250 (7 pp., 85 refs.).
115. Catalytic Hydrogenation of Aromatic Hydrocarbons; E. L. Muetterties and J. R. Bleeke, *Acc. Chem. Res.*, 1979, **12**, 324 (7 pp., 38 refs.).
116. Iridium Compounds in Catalysis; R. Crabtree, *Acc. Chem. Res.*, 1979, **12**, 331 (7 pp., 30 refs.).
117. Molecular Structure and Bonding in the $3d$-Metallocenes; A. Haaland, *Acc. Chem. Res.*, 1979, **12**, 415 (8 pp., 38 refs.).
118. Aqueous Solution Chemistry of Methylmercury and Its Complexes; D. L. Rabenstein, *Acc. Chem. Res.*, 1978, **11**, 101 (7 pp., 72 refs.).
119. The Group V Heterobenzenes; A. J. Ashe, III, *Acc. Chem. Res.*, 1978, **11**, 153 (5 pp., 54 refs.).
120. Metal-Induced Rearrangements and Insertions into Cyclopropyl Olefins; S. Sarel, *Acc. Chem. Res.*, 1978, **11**, 204 (7 pp., 44 refs.).
121. Electronic Spectra and Photochemistry of Complexes Containing Quadruple M—M Bonds; W. C. Trogler and H. B. Gray, *Acc. Chem. Res.*, 1978, **11**, 232 (7 pp., 43 refs.).
122. Discovering and Understanding Multiple Metal-to-Metal Bonds; F. A. Cotton, *Acc. Chem. Res.*, 1978, **11**, 225 (8 pp., 87 refs.).
123. Pentamethylcyclopentadienyl Rh and Ir Complexes: Approaches to New Types of Homogeneous Catalysts; P. M. Maitlis, *Acc. Chem. Res.*, 1978, **11**, 301 (7 pp., 34 refs.).
124. Corrdination Chemistry of Organostibines; W. Levason and C. A. McAuliffe, *Acc. Chem. Res.*, 1978, **11**, 363 (6 pp., 61 refs.).
125. Compounds Containing Metal–Metal Triple Bonds Between Molybdenum and Tungsten; M. H. Chisholm and F. A. Cotton, *Acc. Chem. Res.*, 1978, **11**, 356 (7 pp., 66 refs.).
126. Structure and Stereochemistry in Metalloboron Cage Compounds; R. N. Grimes, *Acc. Chem. Res.*, 1978, **11**, 420 (7 pp., 58 refs.).
127. Transition-Metal-Catalysed Acetylene Cyclizations in Organic Synthesis; K. P. C. Vollhardt, *Acc. Chem. Res.*, 1977, **10**, 1 (8 pp., 54 refs.).
128. Metal Atom Matrix Chemistry; G. A. Ozin, *Acc. Chem. Res.*, 1977, **10**, 21 (6 pp., 32 refs.).
129. The Fuzzy Interface Between Surface Chemistry, Heterogeneous Catalysis and Organometallic Chemistry; H. F. Schaefer, III, *Acc. Chem. Res.*, 1977, **10**, 287 (7 pp., 73 refs.).
130. Preparation of Highly Reactive Metal Powders and Their Use in Organic and Organometallic Synthesis; R. D. Rieke, *Acc. Chem. Res.*, 1977, **10**, 301 (5 pp., 51 refs.).
131. Transition Metal Thiocarbonyls and Selenocarbonyls; I. S. Butler, *Acc. Chem. Res.*, 1977, **10**, 359 (6 pp., 73 refs.).
132. Mechanisms of Oxidative Addition of Organic Halides to Group 8 Transition Metal Complexes; J. K. Stille and K. S. Y. Lau, *Acc. Chem. Res.*, 1977, **10**, 434 (8 pp., 49 refs.).
133. Alkene Synthesis *via* β-Functionalised Organosilicon Compounds; T.-H. Chan, *Acc. Chem. Res.*, 1977, **10**, 442 (7 pp., 66 refs.).
134. Use of Lithium Organocuprate Additions as Models for an Electron Transfer Process; H. O. Howe, *Acc. Chem. Res.*, 1976, **9**, 59 (8 pp., 34 refs.).
135. The Palladium(II)-Induced Oligomerisation of Acetylenes: An Organometallic Detective Story; P. M. Maitlis, *Acc. Chem. Res.*, 1976, **9**, 93 (6 pp., 45 refs.).
136. The Vitamin B_{12} Coenzyme; R. H. Abeles and D. Dolphin, *Acc. Chem. Res.*, 1976, **9**, 114 (7 pp., 57 refs.).
137. Stereospecific Cyclic Ketone Formation with Iron(0): Anatomy of an Interligand Reaction; E. Weissburger and D. Laszlo, *Acc. Chem. Res.*, 1976, **9**, 209 (14 pp., 58 refs.).
138. σ-Bonded Organic Derivatives of f-Elements; M. Tsutsui, N. Ely and R. Dubois, *Acc. Chem. Res.*, 1976, **9**, 217 (6 pp., 58 refs.).
139. Actinide Organometallic Chemistry; T. J. Marks, *Acc. Chem. Res.*, 1976, **9**, 223 (8 pp., 51 refs.).
140. Trends in Reactivity for Ligand Exchange Reactions of Octahedral Metal Carbonyls; G. R. Dobson, *Acc. Chem. Res.*, 1976, **9**, 300 (7 pp., 48 refs.).
141. Boranes and Heteroboranes: A Paradigm for the Electron Requirements of Clusters?; R. W. Rudolph, *Acc. Chem. Res.*, 1976, **9**, 446 (7 pp., 83 refs.).
142. Unstable Silicon Analogues of Unsaturated Compounds; L. E. Gusel'nikov, N. S. Nametkin and V. M. Vdovin, *Acc. Chem. Res.*, 1975, **8**, 18 (8 pp., 78 refs.).
143. The Coordination Chemistry of Nitric Oxide; R. Eisenburg and C. D. Meyer, *Acc. Chem. Res.*, 1975, **8**, 26 (9 pp., 56 refs.).
144. Inorganic Chemistry With Ylides; H. Schmidbaur, *Acc. Chem. Res.*, 1975, **8**, 62 (9 pp., 85 refs.).
145. Homogeneous Catalytic Activation of C—H Bonds; G. W. Parshall, *Acc. Chem. Res.*, 1975, **8**, 113 (5 pp., 37 refs.).
146. Disodium Tetracarbonylferrate — A Transition-Metal Analogue of a Grignard Reagent; J. P. Collman, *Acc. Chem. Res.*, 1975, **8**, 342 (6 pp., 34 refs.).
147. Mechanism of Cobalamin-Dependent Rearrangements; B. M. Baboir, *Acc. Chem. Res.*, 1975, **8**, 376 (8 pp., 35 refs.).
148. Organic Chemistry of Metal Vapours; K. J. Klabunde, *Acc. Chem. Res.*, 1975, **8**, 393 (7 pp., 58 refs.).
149. Some Molecular Rearrangements of Organosilicon Compounds; A. G. Brook, *Acc. Chem. Res.*, 1974, **7**, 77 (8 pp., 59 refs.).

150. Organoiron Complexes as Potential Reagents in Organic Synthesis; M. Rosenblum, *Acc. Chem. Res.*, 1974, **7**, 122 (7 pp., 45 refs.).
151. Stable Homoleptic Metal Alkyls; P. J. Davidson, M. F. Lappert and R. Pearce, *Acc. Chem. Res.*, 1974, **7**, 209 (9 pp., 65 refs.).
152. Mechanism of Grignard Addition to Ketones; E. C. Ashby, J. Laemmle and H. M. Neumann, *Acc. Chem. Res.*, 1974, **7**, 272 (9 pp., 26 refs.).
153. Approaches to the Synthesis of Pentalene via Metal Complexes; S. A. R. Knox and F. G. A. Stone, *Acc. Chem. Res.*, 1974, **7**, 321 (7 pp., 48 refs.).
154. Electron Transfer Mechanisms for Organometallic Intermediates in Catalytic Reactions; J. K. Kochi, *Acc. Chem. Res.*, 1974, **7**, 351 (10 pp., 66 refs.).
155. Cobalt-59 Nuclear Quadrupole Resonance Spectroscopy; T. L. Brown, *Acc. Chem. Res.*, 1974, **7**, 408 (7 pp., 48 refs.).
156. Addition Reactions of Butadiene Catalysed by Palladium Complexes; J. Tsuji, *Acc. Chem. Res.*, 1973, **6**, 8 (8 pp., 76 refs.).
157. Mixed Valence Ferrocene Chemistry; D. O. Cowan, C. LeVanda, J. Park and F. Kaufmann, *Acc. Chem. Res.*, 1973, **6**, 1 (8 pp., 41 refs.).
158. Palladium(II)-Catalysed Exchange and Isomerisation Reactions; P. M. Henry, *Acc. Chem. Res.*, 1973, **6**, 16 (9 pp., 51 refs.).
159. Tricobalt Carbon, an Organometallic Cluster; B. R. Penfold and B. H. Robinson, *Acc. Chem. Res.*, 1973, **6**, 73 (8 pp., 64 refs.).
160. Non-Icosahedral Carboranes; G. B. Dunks and M. F. Hawthorne, *Acc. Chem. Res.*, 1973, **6**, 124 (8 pp., 69 refs.).
161. From Kinetics to the Synthesis of Chiral Tetraorganotin Compounds; M. Gielen, *Acc. Chem. Res.*, 1973, **6**, 198 (5 pp., 42 refs.).
162. Some Aspects of Organoplatinum Chemistry: Significance of Metal-Induced Carbonium Ions; M. H. Chisholm and H. C. Clark, *Acc. Chem. Res.*, 1973, **6**, 202 (8 pp., 95 refs.).
163. Stereochemical Studies on Metal Carbonyl–Phosphorus Trifluoride Complexes; R. J. Clark and M. A. Busch, *Acc. Chem. Res.*, 1973, **6**, 246 (6 pp., 34 refs.).
164. Rapid Intramolecular Rearrangements in Pentacoordinate Transition Metal Compounds; J. R. Shapley and J. A. Osborn, *Acc. Chem. Res.*, 1973, **6**, 305 (8 pp., 26 refs.).
165. Transition Metal Atom Inorganic Synthesis in Matrices; G. A. Ozin and A. Vander Voet, *Acc. Chem. Res.*, 1973, **6**, 313 (5 pp., 44 refs.).
166. Catalysis of Olefin and Carbon Monoxide Insertion Reactions; G. P. Chiusoli, *Acc. Chem. Res.*, 1973, **6**, 422 (6 pp., 14 refs.).
167. Phenyl(trihalomethyl)mercury Compounds: Exceptionally Versatile Dihalocarbene Precursors; D. Seyferth, *Acc. Chem. Res.*, 1972, **5**, 65 (9 pp., 106 refs.).
168. Some Recent Studies on Poly(tertiary phosphines) and Their Metal Complexes; R. B. King, *Acc. Chem. Res.*, 1972, **5**, 177 (9 pp., 32 refs.).
169. Trimethylenemethane; P. Dowd, *Acc. Chem. Res.*, 1972, **5**, 242 (7 pp., 45 refs.).
170. Carbamoyl and Alkoxycarbonyl Complexes of Transition Metals; R. J. Angelici, *Acc. Chem. Res.*, 1972, **5**, 335 (7 pp., 68 refs.).
171. Bimolecular Homolytic Substitution at a Metal Centre; A. G. Davies and B. P. Roberts, *Acc. Chem. Res.*, 1972, **5**, 387 (6 pp., 53 refs.).
172. Polypyrazolylborates: A New Class of Ligand; S. Trofimenko, *Acc. Chem. Res.*, 1971, **4**, 17 (6 pp., 37 refs.).
173. Catalysis of Strained σ-Bond Rearrangements by Ag(I) Ion; L. A. Paquette, *Acc. Chem. Res.*, 1971, **4**, 280 (8 pp., 43 refs.).
174. Intramolecular Aromatic Substitution in Transition Metal Complexes; G. W. Parshall, *Acc. Chem. Res.*, 1970, **3**, 139 (6 pp., 51 refs.).
175. Transition Metal Basicity; D. F. Shriver, *Acc. Chem. Res.*, 1970, **3**, 231 (7 pp., 68 refs.).
176. Silyl-Proton Exchange Reactions; J. F. Klebe, *Acc. Chem. Res.*, 1970, **3**, 299 (7 pp., 17 refs.).
177. Thallium in Organic Synthesis; E. C. Taylor and A. McKillop, *Acc. Chem. Res.*, 1970, **3**, 338 (9 pp., 56 refs.).
178. Design and Development of an Organic–Inorganic System for the Chemical Modification of Molecular Nitrogen Under Mild Conditions; E. E. Van Tamelen, *Acc. Chem. Res.*, 1970, **3**, 361 (7 pp., 25 refs.).
179. Oxidation Addition Reactions of Transition Metal Complexes; J. Halpern, *Acc. Chem. Res.*, 1970, **3**, 386 (7 pp., 66 refs.).
180. Some Applications of Metal Carbonyl Anions in the Synthesis of Unusual Organometallic Compounds; R. B. King, *Acc. Chem. Res.*, 1970, **3**, 417 (11 pp., 75 refs.).
181. Synthesis of Intermediates by Rhodium-Catalysed Hydroformylation; H. Siegel and W. Himmele, *Angew. Chem. Int. Ed. Engl.*, 1980, **19**, 178 (6 pp., 45 refs.).
182. Trimethylphosphine Complexes of Nickel, Cobalt and Iron — Model Compounds for Homogeneous Catalysis; H.-F. Klein, *Angew. Chem. Int. Ed. Engl.*, 1980, **19**, 362 (14 pp., 108 refs.).
183. Alkali Metal–Transition Metal π-Complexes; K. Jonas and C. Kruger, *Angew. Chem. Int. Ed. Engl.*, 1980, **19**, 520 (17 pp., 108 refs.).
184. Stereospecific Polymerisation of Propylene: An Outlook 25 Years After Its Discovery; P. Pino and R. Mulhaupt, *Angew. Chem. Int. Ed. Engl.*, 1980, **19**, 857 (16 pp., 181 refs.).
185. Trinuclear Clusters of Early Transition Elements; A. Müller, R. Josters and F. A. Cotton, *Angew. Chem. Int. Ed. Engl.*, 1980, **19**, 875 (7 pp., 57 refs.).
186. Anchimerically Accelerated Bond Homolyses; M. T. Reetz, *Angew. Chem. Int. Ed. Engl.*, 1979, **18**, 173 (7 pp., 54 refs.).
187. Catalytic Reactions with Hydrosilane and Carbon Monoxide; S. Murai and N. Sonoda, *Angew. Chem. Int. Ed. Engl.*, 1978, **17**, 169 (6 pp., 29 refs.).

188. Organomercury Compounds in Organic Synthesis; R. C. Larock, *Angew. Chem. Int. Ed. Engl.*, 1978, **17**, 27 (8 pp., 162 refs.).
189. Selective Reactions with Organoaluminium Compounds; H. Yamamoto and H. Nozaki, *Angew. Chem. Int. Ed. Engl.*, 1978, **17**, 169 (6 pp., 29 refs.).
190. The Versatility of Tertiary Phosphine Ligands in Coordination and Organometallic Chemistry; R. Mason and D. W. Meek, *Angew. Chem. Int. Ed. Engl.*, 1978, **17**, 183 (10 pp., 138 refs.).
191. Skeletal Rearrangements of Organoalkali Metal Compounds; E. Grovenstein, Jr., *Angew. Chem. Int. Ed. Engl.*, 1978, **17**, 313 (19 pp., 128 refs.).
192. What Do We Know About the Metal–Metal Bond?; H. Vahrenkamp, *Angew. Chem. Int. Ed. Engl.*, 1978, **17**, 370 (11 pp., 267 refs.).
193. Tetrahedral Carbonylcobalt Clusters; G. Schmid, *Angew. Chem. Int. Ed. Engl.*, 1978, **17**, 392 (7 pp., 42 refs.).
194. The Distribution of Charge in Complex Compounds; J. Chatt and G. J. Leigh, *Angew. Chem. Int. Ed. Engl.*, 1978, **17**, 400 (7 pp., 59 refs.).
195. Cobalt Catalysed Pyridine Synthesis from Alkynes and Nitriles; H. Bonnemann, *Angew. Chem. Int. Ed. Engl.*, 1978, **17**, 505 (8 pp., 135 refs.).
196. A Coordination Chemist's View of Surface Science; E. L. Muetterties, *Angew. Chem. Int. Ed. Engl.*, 1978, **17**, 545 (12 pp., 154 refs.).
197. Polymeric Catalysts; G. Manecke and W. Storck, *Angew. Chem. Int. Ed. Engl.*, 1978, **17**, 657 (12 pp., 154 refs.).
198. Organometallic Synthesis with Diazoalkanes; W. A. Herrmann, *Angew. Chem. Int. Ed. Engl.*, 1978, **17**, 800 (11 pp., 131 refs.).
199. New Varieties of Sandwich Complexes; H. Werner, *Angew. Chem. Int. Ed. Engl.*, 1977, **16**, 1 (8 pp., 60 refs.).
200. Cyclometallation Reactions; M. I. Bruce, *Angew. Chem. Int. Ed. Engl.*, 1977, **16**, 73 (11 pp., 157 refs.).
201. New Developments in the Field of Vitamin B_{12}: Enzymatic Reactions Dependent upon Corrins and Coenzyme B_{12}; G. N. Schrauzer, *Angew. Chem. Int. Ed. Engl.*, 1977, **16**, 233 (10 pp., 89 refs.).
202. Synthetic and Mechanistic Aspects of Inorganic Insertion Reactions: Insertion of Carbon Monoxide; F. Calderazzo, *Angew. Chem. Int. Ed. Engl.*, 1977, **16**, 299 (10 pp., 121 refs.).
203. Recent Applications of α-Metallated Isocyanides in Organic Synthesis; U. Schöllkopf, *Angew. Chem. Int. Ed. Engl.*, 1977, **16**, 339 (8 pp., 71 refs.).
204. Hydrozirconation: A New Transition Metal Reagent for Organic Synthesis; J. Schwartz, and J. A. Labinger, *Angew. Chem. Int. Ed. Engl.*, 1976, **15**, 333 (7 pp., 77 refs.).
205. Mechanistic Aspects of Olefin Metathesis; N. Calderon, E. A. Ofstead and W. A. Judy, *Angew. Chem. Int. Ed. Engl.*, 1976, **15**, 401 (8 pp., 48 refs.).
206. New Developments in the Field of Vitamin B_{12}: Reaction of the Cobalt Atom in Corrins and in Vitamin B_{12} Model Compounds; G. N. Schrauzer, *Angew. Chem. Int. Ed. Engl.*, 1976, **15**, 417 (9 pp., 67 refs.).
207. Is Gold Chemistry A Topical Field for Study?; H. Schmidbaur, *Angew. Chem. Int. Ed. Engl.*, 1976, **15**, 728 (11 pp., 192 refs.).
208. Reactions of Transition Metal Atoms with Organic Substrates; P. S. Skell and M. J. McGlinchey, *Angew. Chem. Int. Ed. Engl.*, 1975, **14**, 195 (5 pp., 23 refs.).
209. New Element Carbon $(p-p)$ π-Bonds; P. Jutzi, *Angew. Chem. Int. Ed. Engl.*, 1975, **14**, 232 (13 pp., 110 refs.).
210. Synthetic Reactions of Metal Atoms at Temperatures of 10 to 273 K; P. L. Timms, *Angew. Chem. Int. Ed. Engl.*, 1975, **14**, 273 (5 pp., 16 refs.).
211. Laser Evaporation of Metals and Its Application to Organometallic Synthesis; E. A. Koerner von Gustorf, O. Jaenicke, O. Wolfeis and C. R. Eady, *Angew. Chem. Int. Ed. Engl.*, 1975, **14**, 278 (8 pp., 50 refs.).
212. Reactions of Metal Atoms with Fluorocarbons; K. J. Klabunde, *Angew. Chem. Int. Ed. Engl.*, 1975, **14**, 287 (5 pp., 21 refs.).
213. Transition Metal Atoms in the Synthesis of Binuclear Complexes; E. D. Kundig, M. Moskovits and G. A. Ozin, *Angew. Chem. Int. Ed. Engl.*, 1975, **14**, 292 (10 pp., 46 refs.).
214. Photochemistry in Matrices and Its Relevance to Atom Synthesis; J. J. Turner, *Angew. Chem. Int. Ed. Engl.*, 1975, **14**, 304 (5 pp., 45 refs.).
215. Spectral Evidence for Lanthanoid and Actinoid Carbonyl Complexes; R. K. Sheline and J. L. Slater, *Angew. Chem. Int. Ed. Engl.*, 1975, **14**, 309 (4 pp., 20 refs.).
216. Nonenzymatic Simulation of Nitrogenase Reactions and The Mechanism of Biological Nitrogen Fixation; G. N. Schrauzer, *Angew. Chem. Int. Ed. Engl.*, 1975, **14**, 514 (9 pp., 36 refs.).
217. Oxidative Coupling via Organocopper Compounds; T. Kaufmann, *Angew. Chem. Int. Ed. Engl.*, 1974, **13**, 291 (12 pp., 94 refs.).
218. 1,3-Anionic Cycloadditions of Organolithium Compounds: An Initial Survey; T. Kaufmann, *Angew. Chem. Int. Ed. Engl.*, 1974, **13**, 627 (12 pp., 67 refs.).
219. Dinitrogen Transition Metal Complexes: Synthesis, Properties and Significance; D. Sellmann, *Angew. Chem. Int. Ed. Engl.*, 1974, **13**, 639 (9 pp., 86 refs.).
220. Prescriptions and Ingredients for Controlled C—C Bond Formation with Organometallic Reagents; M. Schlosser, *Angew. Chem. Int. Ed. Engl.*, 1974, **13**, 701 (4 pp., 37 refs.).
221. α-Metallated Isocyanides in Organic Synthesis; D. Hoppe, *Angew. Chem. Int. Ed. Engl.*, 1974, **13**, 789 (13 pp., 131 refs.).
222. The 'Nickel Effect'; K. Fischer, K. Jonas, P. Misbach, R. Stubba and G. Wilke, *Angew. Chem. Int. Ed. Engl.*, 1973, **12**, 943 (10 pp., 41 refs.).
223. Asymmetric Syntheses with the Aid of Homogeneous Transition Metal Catalysts; B. Bogdanović, *Angew. Chem. Int. Ed. Engl.*, 1973, **12**, 954 (9 pp., 61 refs.).
224. The Allylcobalt System; H. Bonnemann, *Angew. Chem. Int. Ed. Engl.*, 1973, **12**, 964 (10 pp., 40 refs.).

225. Cyclooligomerisation with Transition Metal Catalysts; P. Heimbach, *Angew. Chem. Int. Ed. Engl.*, 1973, **12**, 975 (12 pp., 165 refs.).
226. The Chemistry of Carbenoids and Other Thermolabile Organolithium Compounds; G. Kobrich, *Angew. Chem. Int. Ed. Engl.*, 1972, **11**, 473 (11 pp., 67 refs.).
227. Metal–Olefin and –Acetylene Bonding in Complexes; F. R. Hartley, *Angew. Chem. Int. Ed. Engl.*, 1972, **11**, 596 (9 pp., 88 refs.).
228. Decomposition of Organometallic Compounds in the Mass Spectrometer; J. Müller, *Angew. Chem. Int. Ed. Engl.*, 1972, **11**, 653 (9 pp., 112 refs.).
229. Organic Syntheses *via* Free Radical Displacement Reactions of Organoboranes; H. C. Brown and M. M. Midland, *Angew. Chem. Int. Ed. Engl.*, 1972, **11**, 692 (8 pp., 55 refs.).
230. Influence of Ligands on the Activity and Specificity of Soluble Transition Metal Catalysts; G. Henrici-Olivé and S. Olivé, *Angew. Chem. Int. Ed. Engl.*, 1971, **10**, 105 (9 pp., 60 refs.).
231. Optical Activity from Asymmetric Transition Metal Atoms; H. Brunner, *Angew. Chem. Int. Ed. Engl.*, 1971, **10**, 249 (9 pp., 88 refs.).
232. Organogold Chemistry; B. Armer and H. Schmidbaur, *Angew. Chem. Int. Ed. Engl.*, 1970, **9**, 101 (12 pp., 94 refs.).
233. Metal Boron Compounds, Problems and Perspectives; G. Schmid, *Angew. Chem. Int. Ed. Engl.*, 1970, **9**, 819 (11 pp., 89 refs.).
234. Molecular Metal Clusters as Catalysts; E. L. Muetterties, *Catal. Rev.*, 1981, **23**, 69 (15 pp., 42 refs.).
235. Mechanistic Pathways in Catalysis of Olefin Hydrocarboxylation by Rhodium, Iridium and Cobalt Complexes; D. Forster, A. Hershman and D. E. Morris, *Catal. Rev.*, 1981, **23**, 89 (15 pp., 13 refs.).
236. Commercial Applications of Reactions Catalysed by Soluble Complexes of Cobalt and Rhodium; G. W. Parshall, *Catal. Rev.*, 1981, **23**, 107 (18 pp., 12 refs.).
237. A Technological Perspective for Catalytic Processes Based on Synthesis Gas; D. L. King, J. A. Cusumano and R. L. Garten, *Catal. Rev.*, 1981, **23**, 233 (27 pp., 58 refs.).
238. Supported Organometallic Catalysts for Olefin Polymerisation; V. A. Zakharov and Yu. I. Yermakov, *Catal. Rev.*, 1979, **19**, 67 (33 pp., 61 refs.).
239. Very Small Metallic and Bimetallic Clusters: The Metal Cluster–Metal Surface Analogy in Catalysis and Chemisorption Processes; G. A. Ozin, *Catal. Rev.*, 1977, **16**, 191 (90 pp., 101 refs.).
240. Catalytic Synthesis of Chemicals from Coal; I. Wender, *Catal. Rev.*, 1976, **14**, 97 (28 pp., 67 refs.).
241. Catalysts in Polymerisation; S. M. Atlan and H. F. Mark, *Catal. Rev.*, 1976, **13**, 1 (35 pp., 23 refs.).
242. Supported Catalysts Obtained by Interaction of Organometallic Compounds of Transition Elements with Oxide Supports; Yu. I. Yermakov, *Catal. Rev.*, 1976, **13**, 77 (40 pp., 75 refs.).
243. The Contribution of Organometallic Chemistry and Homogeneous Catalysis to the Understanding of Surface Reactions; R. Ugo, *Catal. Rev.*, 1975, **11**, 225 (65 pp., 202 refs.).
244. 'Heterogenising' Homogeneous Catalysts; J. C. Bailar, *Catal. Rev.*, 1974, **10**, 17 (17 pp., 82 refs.).
245. Asymmetric Homogeneous Hydrogenation and Related Reactions; L. Markó and B. Heil, *Catal. Rev.*, 1973, **8**, 269 (12 pp., 46 refs.).
246. Recent Developments in Hydroformylation Catalysis; F. E. Paulik, *Catal. Rev.*, 1972, **6**, 49 (31 pp., 62 refs.).
247. On the Mechanism of the Oxo Reaction; M. Orchin and W. Rupilius, *Catal. Rev.*, 1972, **6**, 85 (43 pp., 79 refs.).
248. π-Complex Intermediates in Homogeneous and Heterogeneous Catalytic Exchange Reactions of Hydrocarbons and Derivatives with Metals; J. L. Garnett, *Catal. Rev.*, 1971, **5**, 229 (34 pp., 28 refs.).
249. Olefin Disproportionation; G. C. Bailey, *Catal. Rev.*, 1969, **3**, 37 (21 pp., 72 refs.).
250. Dielectric Behaviour and Molecular Structure of Inorganic Complexes; S. Sorriso, *Chem. Rev.*, 1980, **80**, 313 (12 pp., 240 refs.).
251. Clusters and Surfaces; E. L. Muetterties, T. N. Rhodin, E. Band, C. F. Brucker and W. R. Pretzer, *Chem. Rev.*, 1979, **79**, 91 (44 pp., 295 refs.).
252. Organometallic Intramolecular Coordination Compounds Containing a Nitrogen Donor Ligand; I. Omae, *Chem. Rev.*, 1979, **79**, 287 (32 pp., 227 refs.).
253. Mechanistic Features of Catalytic Carbon Monoxide Hydrogenation Reactions; E. L. Muetterties, and J. Stein, *Chem. Rev.*, 1979, **79**, 479 (10 pp., 93 refs.).
254. Formation and Properties of Unstable Intermediates Containing Multiple p_π-p_π-Bonded Group 4B Metals; L. E. Gusel'nikov and N. S. Nametkin, *Chem. Rev.*, 1979, **79**, 529 (18 pp., 653 refs.).
255. The Less Familiar Reactions of Organocadmium Reagents; P. R. Jones and P. J. Desio, *Chem. Rev.*, 1978, **78**, 491 (23 pp., 258 refs.).
256. Recent Advances in the Chemistry of Nitrogen Fixation; J. Chatt, J. R. Dilworth and R. L. Richards, *Chem. Rev.*, 1978, **78**, 589 (34 pp., 299 refs.).
257. Mechanistic Features of Metal Cluster Rearrangements; E. Band and E. L. Muetterties, *Chem. Rev.*, 1978, **78**, 639 (18 pp., 139 refs.).
258. Steric Effects of Phosphorus Ligands in Organometallic Chemistry and Homogeneous Catalysis; C. A. Tolman, *Chem. Rev.*, 1977, **77**, 313 (33 pp., 298 refs.).
259. Cyclobutadienemetal Complexes; A. Efraty, *Chem. Rev.*, 1977, **77**, 691 (50 pp., 355 refs.).
260. Metal σ-Hydrocarbyls MR_n: Stoichiometry, Structures, Stabilities and Thermal Decomposition Pathways; P. J. Davidson, M. F. Lappert and R. Pearce, *Chem. Rev.*, 1976, **76**, 219 (20 pp., 329 refs.).
261. σ-Alkyl and Aryl Complexes of Group 4–7 Transition Metals; R. R. Schrock and G. W. Parshall, *Chem. Rev.*, 1976, **76**, 243 (22 pp., 357 refs.).
262. Transition Metal Catalysed Rearrangements of Small Ring Organic Molecules; K. C. Bishop, III, *Chem. Rev.*, 1976, **76**, 461 (24 pp., 132 refs.).
263. Stereochemistry of Organometallic Compound Addition to Ketones; E. C. Ashby and J. T. Laemmle, *Chem. Rev.*, 1975, **75**, 521 (25 pp., 125 refs.).

264. Displacement of Alkali Metal by Mercury and the Dissociation of Ion Pairs; A. A. Morton, *Chem. Rev.*, 1975, **75**, 767 (4 pp., 31 refs.).
265. The Photochemistry of Metal Carbonyls; M. Wrighton, *Chem. Rev.*, 1974, **74**, 401 (26 pp., 273 refs.).
266. Catalytic Transfer Hydrogenation; G. Brieger and T. J. Nestrick, *Chem. Rev.*, 1974, **74**, 567 (14 pp., 71 refs.).
267. Dinitrogen Complexes of the Transition Metals; A. D. Allen, R. O. Harris, B. R. Loescher, J. R. Stevens and R. N. Whiteley, *Chem. Rev.*, 1973, **73**, 11 (10 pp., 130 refs.).
268. Hydrogenation of Organic Compounds Using Homogeneous Catalysts; R. E. Harmon, S. K. Gupta and D. J. Brown, *Chem. Rev.*, 1973, **73**, 21 (31 pp., 209 refs.).
269. Thermodynamic Data for Olefin and Acetylene Complexes of Transition Metals; F. R. Hartley, *Chem. Rev.*, 1973, **73**, 163 (28 pp., 127 refs.).
270. Seven Membered Conjugated Carbo and Heterocyclic Compounds and their Homoconjugated Analogues and Metal Complexes: Synthesis, Biosynthesis, Structure and Reactivity; F. Pietra, *Chem. Rev.*, 1973, **73**, 293 (71 pp., 617 refs.).
271. Dynamical Processes in Boranes, Borane Complexes and Carboranes and Related Compounds; H. Beal and C. H. Bushweller, *Chem. Rev.*, 1973, **73**, 465 (22 pp., 119 refs.).
272. π-Allylmetals in Organic Synthesis; R. Baker, *Chem. Rev.*, 1973, **73**, 487 (44 pp., 310 refs.).
273. Coordination Chemistry of Pyrazole-Derived Ligands; S. Trofimenko, *Chem. Rev.*, 1972, **72**, 497 (13 pp., 179 refs.).
274. Transition Metal-Carbene Complexes; D. J. Cardin, B. Cetinkaya and M. F. Lappert, *Chem. Rev.*, 1972, **72**, 545 (28 pp., 192 refs.).
275. Vibrational Spectra of Intra- and Inter-Metal and Semimetal Bonds; E. Maslowsky, Jr., *Chem. Rev.*, 1971, **71**, 507 (14 pp., 248 refs.).
276. Olefin and Acetylene Complexes of Platinum and Palladium; F. R. Hartley, *Chem. Rev.*, 1969, **69**, 799 (45 pp., 605 refs.).
277. Metal π-Complexes with Substituted Olefins; R. Jones, *Chem. Rev.*, 1968, **68**, 785 (20 pp., 180 refs.).
278. η^5-Cyclopentadienyl and η^6-Arene as Protecting Ligands Towards Platinum Metal Complexes; P. M. Maitlis, *Chem. Soc. Rev.*, 1981, **10**, 1 (48 pp., 206 refs.).
279. Some Uses of Silicon Compounds in Organic Synthesis; I. Fleming, *Chem. Soc. Rev.*, 1981, **10**, 83 (28 pp., 54 refs.).
280. The Relationship Between Metal Carbonyl Clusters and Supported Metal Catalysts; J. Evans, *Chem. Soc. Rev.*, 1981, **10**, 159 (20 pp., 94 refs.).
281. The Synthesis, Structure and Vibrational Spectra of Methylmetal Compounds; E. Maslowsky, Jr., *Chem. Soc. Rev.*, 1980, **9**, 25 (16 pp., 169 refs.).
282. Cobalt-Mediated Co-oligomerisations of Hexa-1,5-diynes; R. L. Funk and K. P. C. Vollhardt, *Chem. Soc. Rev.*, 1980, **9**, 41 (21 pp., 37 refs.).
283. Vitamin B_{12}: Retrospect and Properties; A. W. Johnson, *Chem. Soc. Rev.*, 1980, **9**, 125 (16 pp., 75 refs.).
284. Isomerisation Mechanisms of Square Planar Complexes; G. K. Anderson and R. J. Cross, *Chem. Soc. Rev.*, 1980, **9**, 185 (31 pp., 109 refs.).
285. Ring, Cage and Cluster Compounds of the Main Group Elements; R. J. Gillespie, *Chem. Soc. Rev.*, 1979, **8**, 315 (37 pp., 41 refs.).
286. Silicon in Organic Synthesis; E. Colvin, *Chem. Soc. Rev.*, 1978, **7**, 15 (50 pp., 250 refs.).
287. Molecular Shapes; J. K. Burdett, *Chem. Soc. Rev.*, 1978, **7**, 507 (20 pp., 57 refs.).
288. $Fe(CO)_4$; M. Poliakoff, *Chem. Soc. Rev.*, 1978, **7**, 527 (13 pp., 25 refs.).
289. Polymerisation and Copolymerisation of Butadiene; D. H. Richards, *Chem. Soc. Rev.*, 1977, **6**, 235 (25 pp., 114 refs.).
290. Organoborates in Organic Synthesis: The Use of Alkenyl-, Alkynyl- and Cyanoborates as Synthetic Intermediates; G. M. L. Cragg and K. R. Koch, *Chem. Soc. Rev.*, 1977, **6**, 393 (19 pp., 53 refs.).
291. Quadruple Bonds and Other Multiple Metal to Metal Bonds; F. A. Cotton, *Chem. Soc. Rev.*, 1975, **4**, 27 (26 pp., 127 refs.).
292. Olefin Metathesis and Its Catalysis; R. J. Haines and G. J. Leigh, *Chem. Soc. Rev.*, 1975, **4**, 155 (34 pp., 154 refs.).
293. Aryldiazenato Complexes of Transition Metals and the Nitrosyl Analogy; D. Sutton, *Chem. Soc. Rev.*, 1975, **4**, 443 (26 pp., 89 refs.).
294. Metalloboranes and Metal-Boron Bonding; N. N. Greenwood and I. M. Ward, *Chem. Soc. Rev.*, 1974, **3**, 231 (41 pp., 58 refs.).
295. Preparations of Organoboranes; K. Smith, *Chem. Soc. Rev.*, 1974, **3**, 443 (23 pp., 102 refs.).
296. The Chemistry of Transition Metal Carbene Complexes and Their Role as Reaction Intermediates; D. J. Cardin, B. Centinkaya, M. J. Doyle and M. F. Lappert, *Chem. Soc. Rev.*, 1973, **2**, 99 (46 pp., 203 refs.).
297. The *cis*- and *trans*-Effects of Ligands; F. R. Hartley, *Chem. Soc. Rev.*, 1973, **2**, 163 (16 pp., 102 refs.).
298. Organotransition-Metal Complexes: Stability, Reactivity and Orbital Correlations; P. S. Braterman and R. J. Cross, *Chem. Soc. Rev.*, 1973, **2**, 271 (24 pp., 90 refs.).
299. Nitrogen Fixation; J. Chatt and G. J. Leigh, *Chem. Soc. Rev.*, 1972, **1**, 121 (24 pp., 37 refs.).
300. The 16- and 18-Electron Rule in Organometallic Chemistry and Homogeneous Catalysis; C. A. Tolman, *Chem. Soc. Rev.*, 1972, **1**, 337 (16 pp., 90 refs.).
301. Valence in Transition Metal Complexes; R. Mason, *Chem. Soc. Rev.*, 1972, **1**, 431 (14 pp., 52 refs.).
302. Multiple Bonding and Back Coordination in Inorganic Compounds; L. D. Pettit, *Quart. Rev.*, 1971, **25**, 1 (29 pp., 105 refs.).
303. Some Aspects of Silicon Radical Chemistry; I. M. T. Davidson, *Quart. Rev.*, 1971, **25**, 111 (22 pp., 88 ref.).
304. Transition Metal Complexes of Some Perfluoro-Ligands; R. Nyholm, *Quart. Rev.*, 1970, **24**, 1 (20 pp., 33 refs.).

305. Trimethylenemethane and Related α,α'-Disubstituted Isobutenes; F. Weiss, *Quart. Rev.*, 1970, **24**, 278 (31 pp., 78 refs.).
306. Organothallium Chemistry; A. G. Lee, *Quart. Rev.*, 1970, **24**, 310 (15 pp., 101 refs.).
307. The Chemistry of Transition Metal Carbonyls: Synthesis and Reactivity; E. W. Abel and F. G. A. Stone, *Quart. Rev.*, 1970, **24**, 498 (55 pp., 360 refs.).
308. Coordination Chemistry of the Manganese and Rhenium Fragments $(C_5H_5)M(CO)_2$; K. G. Caulton, *Coord. Chem. Rev.*, 1981, **38**, 1 (39 pp., 138 refs.).
309. Calculations of the Electronic Structures of Organometallic Compounds and Homogeneous Catalytic Processes, Part 1: Main Group; D. R. Armstrong and P. G. Perkins, *Coord. Chem. Rev.*, 1981, **38**, 139 (43 pp., 575 refs.).
310. Electronic Structures of Transition Metal Cluster Complexes; M. C. Manning and W. C. Trogler, *Coord. Chem. Rev.*, 1981, **39**, 89 (40 pp., 406 refs.).
311. Activation Volumes of Reactions of Transition Metal Compounds in Solution; D. A. Palmer and H. Kelm, *Coord. Chem. Rev.*, 1981, **36**, 89 (60 pp., 225 refs.).
312. Synthesis with Electron-Rich Nickel Triad Complexes; E. Uhlig and D. Walthe, *Coord. Chem. Rev.*, 1980, **33**, 3 (46 pp., 182 refs.).
313. Monovalent, Trivalent and Tetravalent Nickel; K. Nag and A. Chakravorty, *Coord. Chem. Rev.*, 1980, **33**, 87 (53 pp., 316 refs.).
314. Platinacyclobutane Chemistry; R. J. Puddephatt, *Coord. Chem. Rev.*, 1980, **33**, 149 (43 pp., 82 refs.).
315. Carbon Monoxide Insertion into Transition-Metal–Carbon Sigma Bonds; E. J. Kuhlman and J. J. Alexander, *Coord. Chem. Rev.*, 1980, **33**, 195 (27 pp., 166 refs.).
316. Correlational Aspects of Substituent Effects in Transition Metal Complexes Containing Non-Fused Phenyl Rings; C. V. Senoff, *Coord. Chem. Rev.*, 1980, **32**, 111 (71 pp., 325 refs.).
317. Zerovalent Transition Metal Complexes of Organic Isocyanides; Y. Yamamoto, *Coord. Chem. Rev.*, 1980, **32**, 193 (35 pp., 172 refs.).
318. Organometallic Intramolecular-Coordination Compounds Containing a Phosphorus-Donor Ligand; I. Omae, *Coord. Chem. Rev.*, 1980, **32**, 235 (42 pp., 168 refs.).
319. μ_2-Bridging Carbonyl Systems in Transition Metal Complexes; R. Colton and M. J. McCormick, *Coord. Chem. Rev.*, 1980, **31**, 1 (48 pp., 162 refs.).
320. Transition Metal Complexes Containing Organoimido (NR) and Related Ligands; W. A. Nugent and B. L. Haymore, *Coord. Chem. Rev.*, 1980, **31**, 123 (48 pp., 129 refs.).
321. Optical Activity of Coordination Compounds; H. P. Jensen and F. Woldbye, *Coord. Chem. Rev.*, 1979, **29**, 213 (19 pp., 185 refs.).
322. Metal Sandwich Complexes of Cyclic Planar and Pyramidal Ligands Containing Boron; R. N. Grimes, *Coord. Chem. Rev.*, 1979, **28**, 47 (46 pp., 132 refs.).
323. Organometallic Intramolecular Coordination Compounds. Recent Aspects in the Study of Sulfur Donor Ligands; I. Omae, *Coord. Chem. Rev.*, 1979, **28**, 97 (16 pp., 75 refs.).
324. Cobalt, Nickel and Copper Naked Metal Clusters and Olefin Chemisorption Models; G. A. Ozin, *Coord. Chem. Rev.*, 1979, **28**, 117 (27 pp., 45 refs.).
325. Matrix Isolation Studies on Transition Metal Carbonyls and Related Species; J. K. Burdett, *Coord. Chem. Rev.*, 1978, **27**, 1 (52 pp., 212 refs.).
326. Properties of the System: Transition Metal Compound–Magnesium. Fixation and Activation of N_2, CO_2, CO, H_2, and Related Molecules; P. Sobota and B. Jezowska-Trzebiatowska, *Coord. Chem. Rev.*, 1978, **26**, 71 (13 pp., 20 refs.).
327. Solvent Paths and Dissociate Intermediates in Substitution Reactions of Square Planar Complexes; R. J. Mureinik, *Coord. Chem. Rev.*, 1978, **25**, 1 (26 pp., 133 refs.).
328. Three-Coordinate Magnesium; A. G. Pinkus, *Coord. Chem. Rev.*, 1978, **25**, 173 (22 pp., 117 refs.).
329. Group IVB Derivatives of the Iron Triad Carbonyls; A. Bonny, *Coord. Chem. Rev.*, 1978, **25**, 229 (41 pp., 145 refs.).
330. Three Coordination in Metal Complexes; P. G. Eller, D. C. Bradley, M. B. Hursthouse and D. W. Meek, *Coord. Chem. Rev.*, 1977, **24**, 1 (87 pp., 306 refs.).
331. Activation of Saturated Hydrocarbons by Metal Complexes in Solution; A. E. Shilov and A. A. Shteinman, *Coord. Chem. Rev.*, 1977, **24**, 97 (42 pp., 144 refs.).
332. Organonitrile Complexes of Transition Elements; B. N. Storhoff and H. C. Lewis, Jr., *Coord. Chem. Rev.*, 1977, **23**, 1 (25 pp., 156 refs.).
333. Thiocarbonyl and Related Complexes of the Transition Metals; P. V. Yaneff, *Coord. Chem. Rev.*, 1977, **23**, 183 (35 pp., 108 refs.).
334. Nuclear Quadrupole Resonance in Coordination Compounds; L. Ramakrishnan, S. Soundararajan, V. S. S. Sastry and J. Ramakrishna, *Coord. Chem. Rev.*, 1977, **22**, 123 (52 pp., 273 refs.).
335. Metal Derivatives of the Borazines; J. J. Lagowski, *Coord. Chem. Rev.*, 1977, **22**, 185 (8 pp., 37 refs.).
336. Structural Chemistry of Bivalent Germanium, Tin and Lead; P. G. Harrison, *Coord. Chem. Rev.*, 1976, **20**, 1 (31 pp., 194 refs.).
337. The Coordination Chemistry of Allenes; F. L. Bowden and R. Giles, *Coord. Chem. Rev.*, 1976, **20**, 81 (23 pp., 105 refs.).
338. Pentamethylcyclopentadienyl Metal Complexes: An Entry to Metal Carbonyl Derivatives with Metal–Metal Multiple Bonding; R. B. King, *Coord. Chem. Rev.*, 1976, **20**, 155 (12 pp., 64 refs.).
339. Phosphorus, Arsenic and Antimony Complexes of the Main Group Elements; W. Levason and C. A. McAuliffe, *Coord. Chem. Rev.*, 1976, **19**, 173 (10 pp., 88 refs.).
340. Mechanisms for Reactions of Molybdenum in Enzymes; R. A. D. Wentworth, *Coord. Chem. Rev.*, 1976, **18**, 1 (23 pp., 136 refs.).
341. Solvent Effects on the Reactivities of Organometallic Compounds; V. Gutman, *Coord. Chem. Rev.*, 1976, **18**, 225 (26 pp., 119 refs.).

342. Cyclometallated Compounds; J. Dehand and M. Pfeffer, *Coord. Chem. Rev.*, 1976, **18**, 327 (23 pp., 114 refs.).
343. Transition Metal Catalysis of Pericyclic Reactions; F. D. Mango, *Coord. Chem. Rev.*, 1975, **15**, 109 (91 pp., 188 refs.).
344. Transition Metal Complexes of Cyclic Phosphines and Their Derivatives; D. G. Holah, A. N. Hughes and K. Wright, *Coord. Chem. Rev.*, 1975, **15**, 239 (47 pp., 91 refs.).
345. Synthetic Methods in Transition Metal Nitrosyl Chemistry; K. G. Caulton, *Coord. Chem. Rev.*, 1975, **14**, 317 (22 pp., 253 refs.).
346. Application of X-Ray Photoelectron Spectroscopy to Inorganic Chemistry; W. L. Jolly, *Coord. Chem. Rev.*, 1974, **13**, 47 (32 pp., 81 refs.).
347. Cyanide Phosphine Complexes of Transition Metals; P. Rigo and A. Turco, *Coord. Chem. Rev.*, 1974, **13**, 133 (36 pp., 151 refs.).
348. Principles of Structure, Bonding and Reactivity for Metal Nitrosyl Chemistry; J. H. Enemark and R. D. Feltham, *Coord. Chem. Rev.*, 1974, **13**, 339 (64 pp., 126 refs.).
349. Acid Catalysed Reactions of Transition Metal Complexes; P. J. Staples, *Coord. Chem. Rev.*, 1973, **11**, 277 (62 pp., 181 refs.).
350. Five Coordination in Iron(II), Cobalt(II) and Nickel(II) Complexes; R. Morassi, I. Bertini and L. Sacconi, *Coord. Chem. Rev.*, 1973, **11**, 343 (52 pp., 333 refs.).
351. Kinetics of Nickel, Palladium and Platinum Complexes; A. Peloso, *Coord. Chem. Rev.*, 1973, **10**, 123 (53 pp., 305 refs.).
352. Transition Metal Hydrides; J. P. McCue, *Coord. Chem. Rev.*, 1973, **10**, 265 (62 pp., 287 refs.).
353. The *Trans*-Influence: Its Measurement and Significance; T. G. Appleton, H. C. Clark and L. E. Manzer, *Coord. Chem. Rev.*, 1973, **10**, 335 (80 pp., 302 refs.).
354. Spectroscopic Studies of Metal–Phosphorus Bonding in Coordination Compounds; J. G. Verkade, *Coord. Chem. Rev.*, 1972, **9**, 1 (98 pp., 308 refs.).
355. Isocyanide Insertion and Related Reactions; Y. Yamamoto and H. Yamazaki, *Coord. Chem. Rev.*, 1971, **8**, 225 (14 pp., 47 refs.).
356. Coordination Chemistry of Scandium; G. A. Melson and R. W. Stotz, *Coord. Chem. Rev.*, 1971, **7**, 133 (22 pp., 225 refs.).
357. Monoolefin and Acetylene Complexes of Nickel, Palladium and Platinum; J. H. Nelson and H. B. Jonassen, *Coord. Chem. Rev.*, 1971, **6**, 27 (32 pp., 230 refs.).
358. Molecular Orbital Calculations on Transition Metal Complexes; D. R. Davies and G. A. Webb, *Coord. Chem. Rev.*, 1971, **6**, 95 (46 pp., 267 refs.).
359. Steric Effects in Substituted Halocarbonyls of Molybdenum and Tungsten; R. Colton, *Coord. Chem. Rev.*, 1971, **6**, 269 (15 pp., 29 refs.).
360. Organic Azides and Isocyanates as Sources of Nitrene (Imido) Species in Organometallic Chemistry; S. Cenini and G. La Monica, *Inorg. Chim. Acta*, 1976, **18**, 279 (13 pp., 86 refs.).
361. Advances in Platinum Metal Carbonyls and Their Substituted Derivatives: II. Rhodium, Iridium, Palladium and Platinum Carbonyls; S. C. Tripathi, S. C. Srivistava, R. P. Mani and A. K. Shrimal, *Inorg. Chim. Acta*, 1976, **17**, 257 (27 pp., 463 refs.).
362. Organic Derivatives of Niobium(V) and Tantalum(V); R. C. Mehrotra, A. K. Rai, P. N. Kapoor and R. Bohra, *Inorg. Chim. Acta*, 1976, **16**, 237 (26 pp., 32 refs.).
363. Advances in Platinum Metal Carbonyls and Their Substituted Derivatives: I. Ruthenium and Osmium Carbonyls; S. C. Tripathi, S. C. Srivastava, R. P. Mani and A. K. Shrimal, *Inorg. Chim. Acta*, 1975, **15**, 249 (37 pp., 327 refs.).
364. Polyolefin Carbonyl Derivatives of Iron, Ruthenium and Osmium; G. Deganello, P. Uguagliati, L. Calligaro, P. L. Sandrin, and F. Zingales, *Inorg. Chim. Acta*, 1975, **13**, 247 (39 pp., 267 refs.).
365. Mössbauer Spectroscopy of Monoorganotin(IV) Derivatives; R. Barbieri, L. Pellerito and G. C. Stocco, *Inorg. Chim. Acta*, 1974, **11**, 173 (10 pp., 66 refs.).
366. Advances in the Organometallic Chemistry of Uranium(IV); E. Cernia and A. Mazzei, *Inorg. Chim. Acta*, 1974, **10**, 239 (12 pp., 70 refs.).
367. Recent Advances in the Chemistry of Isocyanide Complexes; F. Bonati and G. Minghetti, *Inorg. Chim. Acta*, 1974, **9**, 95 (13 pp., 238 refs.).
368. The System μ-Dichlorotetracarbonyldirhodium–Tertiary Phosphines; P. Uguagliati, G. Deganello and U. Belluco, *Inorg. Chim. Acta*, 1974, **9**, 203 (4 pp., 21 refs.).
369. Homogeneous Hydrogenation of Organic Compounds Catalysed by Transition Metal Complexes and Salts; G. Dolcetti and N. W. Hoffman, *Inorg. Chim. Acta*, 1974, **9**, 269 (29 pp., 376 refs.).
370. Transition Metal Allene Complexes; B. L. Shaw and H. A. Stringer, *Inorg. Chim. Acta Rev.*, 1973, **7**, 1 (8 pp., 25 refs.).
371. Applications of [119]Sn Chemical Shifts to Structural Tin Chemistry; P. J. Smith and L. Smith, *Inorg. Chim. Acta Rev.*, 1973, **7**, 11 (22 pp., 73 refs.).
372. Pseudo-Allyl Metal Carbonyl Complexes; T. Inglis, *Inorg. Chim. Acta Rev.*, 1973, **7**, 35 (6 pp., 43 refs.).
373. Unusual Stereochemistry in Compounds of Silicon and Germanium; C. Glidewell, *Inorg. Chim. Acta Rev.*, 1973, **7**, 69 (10 pp., 130 refs.).
374. Molecular Orbital Theory of Transition Metal Complexes; D. A. Brown, W. J. Chambers and N. J. Fitzpatrick, *Inorg. Chim. Acta Rev.*, 1972, **6**, 7 (22 pp., 193 refs.).
375. Application of Mössbauer Spectroscopy in the Study of Mixed Ligand Complexes; K. Burger, *Inorg. Chim. Acta Rev.*, 1972, **6**, 31 (14 pp., 125 refs.).
376. Recent Developments in Transition Metal Nitrosyl Chemistry; N. G. Connelly, *Inorg. Chim. Acta Rev.*, 1972, **6**, 47 (39 pp., 395 refs.).
377. Complexes of Platinum(II) with Group (IV) Donor Ligands; U. Belluco, G. Deganello, R. Pietropaulo and P. Uguagliati, *Inorg. Chim. Acta Rev.*, 1970, **4**, 7 (31 pp., 149 refs.).

378. Extension of the 'Model' Approach to Study of Coordination Chemistry of Vitamin B_{12} Group Compounds; A. Bigotti, G. Costa, G. Mestroni, G. Pellizer, A. Puxeddu, E. Reisenhover, L. Stefani and G. Tauzher, *Inorg. Chim. Acta Rev.*, 1970, **4**, 41.
379. Homogeneous Catalysis By Ruthenium Compounds; B. R. James, *Inorg. Chim. Acta Rev.*, 1970, **4**, 73 (20 pp., 300 refs.).
380. Diamagnetic Behaviour and Structure of Silicon Compounds; R. L. Mital and R. R. Gupta, *Inorg. Chim. Acta Rev.*, 1970, **4**, 97 (10 pp., 112 refs.).
381. Methynyl Tricobalt Enneacarbonyl Compounds: Preparation, Structure and Properties; G. Palyi, F. Piacenti and L. Markó, *Inorg. Chim. Acta Rev.*, 1970, **4**, 109 (12 pp., 94 refs.).
382. Non-Catalytic Hydrogenation via Organoboranes; K. Avasthi, D. Devaprabhakara and A. Suzuki, *J. Organomet. Chem. Lib. (Organomet. Chem. Rev.)*, 1979, **7**, 1 (44 pp., 81 refs.).
383. Allyl Derivatives of Group IVA Metals and Mercury; J. A. Mangravite, *J. Organomet. Chem. Lib. (Organomet. Chem. Rev.)*, 1979, **7**, 45 (163 pp., 487 refs.).
384. Silylmercurials in Organic Synthesis; W. P. Neumann and K. Reuter, *J. Organomet. Chem. Lib. (Organomet. Chem. Rev.)*, 1979, **7**, 229 (32 pp., 59 refs.).
385. Organosilicon Compounds with Sulphur, Selenium and Tellurium; D. Brandes, *J. Organomet. Chem. Lib. (Organomet. Chem. Rev.)*, 1979, **7**, 257 (116 pp., 529 refs.).
386. Ferrocenylcarbocations and Related Species; W. E. Watts, *J. Organomet. Chem. Lib. (Organomet. Chem. Rev.)*, 1979, **7**, 401 (51 pp., 142 refs.).
387. The Chemistry of Cobalticene, Cobalticinium Salts and Other Cobalt Sandwich Compounds; J. E. Sheats, *J. Organomet. Chem. Lib. (Organomet. Chem. Rev.)*, 1979, **7**, 461 (48 pp., 338 refs.).
388. Hydrosilylation: Recent Achievements; E. Lukevics, Z. V. Belyakova, M. G. Pomerantseva and M. G. Voronkov, *J. Organomet. Chem. Lib. (Organomet. Chem. Rev.)*, 1977, **5**, 1 (80 pp., 1809 refs.).
389. Group IVB Carbene Analogues — Structure and Reactivity; O. N. Nefedov, S. P. Kolesnikov and A. I. Ioffe, *J. Organomet. Chem. Lib. (Organomet. Chem. Rev.)*, 1977, **5**, 181 (24 pp., 196 refs.).
390. Organic Peroxides of Main Group V Elements; Y. A. Aleksandrov, V. P. Maslennikov and V. P. Sergeyeva, *J. Organomet. Chem. Lib. (Organomet. Chem. Rev.)*, 1977, **5**, 219 (36 pp., 73 refs.).
391. Cyclopentadienylmetal Complexes with Simple Ligands; P. C. Bharara, V. D. Gupta and R. C. Mehrotra, *J. Organomet. Chem. Lib. (Organomet. Chem. Rev.)*, 1977, **5**, 259 (47 pp., 287 refs.).
392. The Organometallic Chemistry of the Alkaline Earth Metals; B. G. Gowenlock and W. E. Lindsell, *J. Organomet. Chem. Lib. (Organomet. Chem. Rev.)*, 1977, **3**, 1 (61 pp., 173 refs.).
393. Organic Peroxides of the Main Group II Elements; Y. A. Alexandrov and V. P. Maslennikov, *J. Organomet. Chem. Lib. (Organomet. Chem. Rev.)*, 1977, **3**, 75 (23 pp., 78 refs.).
394. Organic Peroxides of the Main Group III Elements; Y. A. Alexandrov and V. P. Maslennikov, *J. Organomet. Chem. Lib. (Organomet. Chem. Rev.)*, 1977, **3**, 103 (48 pp., 101 refs.).
395. Metal Complexes of Polypyrazolylborates: Recent Developments; A. Shaver, *J. Organomet. Chem. Lib. (Organomet. Chem. Rev.)*, 1977, **3**, 157 (27 pp., 81 refs.).
396. Recent Advances in the Organometallic Chemistry of the Lanthanides and Actinides; S. A. Cotton, *J. Organomet. Chem. Lib. (Organomet. Chem. Rev.)*, 1977, **3**, 189 (26 pp., 144 refs.).
397. Recent Advances in the Organometallic Chemistry of Titanium; R. J. H. Clark, S. Moorhouse and J. A. Stockwell, *J. Organomet. Chem. Lib. (Organomet. Chem. Rev.)*, 1977, **3**, 223 (71 pp., 324 refs.).
398. η-Arene–η-Cyclopentadienyl Iron Cations and Related Systems; R. G. Sutherland, *J. Organomet. Chem. Lib. (Organomet. Chem. Rev.)*, 1977, **3**, 311 (28 pp., 69 refs.).
399. Carbon to Silicon Double Bonds: An Analysis of their Instability and a Proposal for their Preparation; R. E. Ballard and P. J. Wheatley, *J. Organomet. Chem. Lib. (Organomet. Chem. Rev.)*, 1976, **2**, 1 (8 pp., 78 refs.).
400. Metal and Metalloid Dialkylamides Containing the Bis(trimethylsilyl)amido or *t*-Butyl(trimethylsilyl)amido Ligand; D. H. Harris and M. F. Lappert, *J. Organomet. Chem. Lib. (Organomet. Chem. Rev.)*, 1976, **2**, 13 (81 pp., 145 refs.).
401. Organosilacyclenes; M. V. George and R. Blasubramanian, *J. Organomet. Chem. Lib. (Organomet. Chem. Rev.)*, 1976, **2**, 103 (155 pp., 280 refs.).
402. Novel Applications of Chlorosilane/Mg or Li/Donor Solvent Systems in Synthesis; R. Calas and J. Dunogues, *J. Organomet. Chem. Lib. (Organomet. Chem. Rev.)*, 1976, **2**, 277 (107 pp., 496 refs.).
403. Organolithium Compounds in Organic Synthesis: Recent Developments; D. Seebach and K.-H. Geiss, *J. Organomet. Chem. Lib. (Organomet. Chem. Rev.)*, 1976, **1**, 1 (61 pp., 557 refs.).
404. Organoboron and Organoaluminum Compounds as Unique Nucleophiles in Organic Synthesis; E. Negishi, *J. Organomet. Chem. Lib. (Organomet. Chem. Rev.)*, 1976, **1**, 93 (30 pp., 72 refs.).
405. Organosilicon Compounds in Organic Synthesis; P. F. Hudrlik, *J. Organomet. Chem. Lib. (Organomet. Chem. Rev.)*, 1976, **1**, 127 (22 pp., 120 refs.).
406. Applications of Organotin Reagents in Organic Synthesis: Recent Advances; M. Pereyre and J.-C. Pommier, *J. Organomet. Chem. Lib. (Organomet. Chem. Rev.)*, 1976, **1**, 161 (46 pp., 260 refs.).
407. Organocopper Reagents in Organic Synthesis; J. F. Normant, *J. Organomet. Chem. Lib. (Organomet. Chem. Rev.)*, 1976, **1**, 219 (32 pp., 120 refs.).
408. Organomercurials and Reagents and Intermediates in Organic Synthesis; R. C. Larock, *J. Organomet. Chem. Lib. (Organomet. Chem. Rev.)*, 1976, **1**, 257 (35 pp., 235 refs.).
409. Transition Metal Carbonyls as Reagents for Organic Synthesis; H. Alper, *J. Organomet. Chem. Lib. (Organomet. Chem. Rev.)*, 1976, **1**, 305 (18 pp., 81 refs.).
410. Application of π-Allyl Transition Metal Complexes in Organic Synthesis; L. S. Hegedus, *J. Organomet. Chem. Lib. (Organomet. Chem. Rev.)*, 1976, **1**, 329 (30 pp., 58 refs.).
411. Arene-Metal Complexes in Organic Synthesis; M. F. Semmelhack, *J. Organomet. Chem. Lib. (Organomet. Chem. Rev.)*, 1976, **1**, 361 (32 pp., 55 refs.).

References

412. α-Anions of Metal–Carbene Complexes in Organic Synthesis; C. P. Casey, *J. Organomet. Chem. Lib.* (*Organomet. Chem. Rev.*), 1976, **1**, 397 (22 pp., 61 refs.).
413. The Olefin Metathesis Reaction; R. H. Grubbs, *J. Organomet. Chem. Lib.* (*Organomet. Chem. Rev.*), 1976, **1**, 423 (33 pp., 60 refs.).
414. Transition Metal Hydride Reagents for Organic Synthesis; J. Schwartz, *J. Organomet. Chem. Lib.* (*Organomet. Chem. Rev.*), 1976, **1**, 461 (22 pp., 86 refs.).
415. Chemistry of Organoborates; E. Negishi, *J. Organomet. Chem.*, 1976, **108**, 281 (39 pp., 80 refs.).
416. The Mechanisms of Solvolysis of Organosilicon Compounds Containing Bonds from Silicon to Oxygen, Nitrogen and Carbon; B. Bøe, *J. Organomet. Chem.*, 1976, **107**, 139 (70 pp., 131 refs.).
417. Footsteps on the Borane Trail; H. C. Brown, *J. Organomet. Chem.*, 1975, **100**, 3 (11 pp., 53 refs.).
418. The Reactions of Dinitrogen in its Mononuclear Complexes; J. Chatt, *J. Organomet. Chem.*, 1975, **100**, 17 (11 pp., 36 refs.).
419. Fluxionality in Organometallics and Metal Carbonyls; F. A. Cotton, *J. Organomet. Chem.*, 1975, **100**, 29 (11 pp., 35 refs.).
420. Cleavages of Aryl–Silicon and Related Bonds by Electrophiles; C. Eaborn, *J. Organomet. Chem.*, 1975, **100**, 43 (12 pp., 108 refs.).
421. Transition Metal Carbyne Complexes; E. O. Fischer and U. Schubert, *J. Organomet. Chem.*, 1975, **100**, 59 (21 pp., 39 refs. Ger.).
422. Synthesis of Some Perfluoroorganometallic Types [R_f–M]; H. Gilman, *J. Organomet. Chem.*, 1975, **100**, 83 (11 pp., 53 refs.).
423. Perspectives in Metallocarborane Chemistry; M. F. Hawthorne, *J. Organomet. Chem.*, 1975, **100**, 97 (12 pp., 36 refs.).
424. Perspectives in the Syntheses of Novel Organometallic Compounds Using Metal Carbonyl Anions; R. B. King, *J. Organomet. Chem.*, 1975, **100**, 111 (13 pp., 64 refs.).
425. Recent Examples of Skeletal Transformations of Organopolysilanes; M. Kumada, *J. Organomet. Chem.*, 1975, **100**, 27 (10 pp., 45 refs.).
426. Coordination Chemistry of Bivalent Group IV Donors: Nucleophilic-Carbene and Dialkylstannylene Complexes; M. F. Lappert, *J. Organomet. Chem.*, 1975, **100**, 139 (19 pp., 78 refs.).
427. Metallotropy and Dual Reactivity; A. N. Nesmeyanov, *J. Organomet. Chem.*, 1975, **100**, 161 (13 pp., 61 refs.).
428. Some Aspects of the Chemistry of Organotin Hydrides and of Group IB Aryl Metal Cluster Compounds; J. G. Noltes, *J. Organomet. Chem.*, 1975, **100**, 177 (8 pp., 95 refs.).
429. α-Haloenolates: Their Preparation and Synthetic Applications; H. Normant, *J. Organomet. Chem.*, 1975, **100**, 189 (13 pp., 22 refs.).
430. The Role of Cyclobutadieneiron Tricarbonyl in the 'Cyclobutadiene Problem'; R. Pettit, *J. Organomet. Chem.*, 1975, **100**, 205 (12 pp., 32 refs.).
431. Mechanism of Substitution Reactions of Non-Transition Metal Organometallic Compounds; O. A. Reutov, *J. Organomet. Chem.*, 1975, **100**, 219 (13 pp., 146 refs.).
432. The Elusive Silacyclopropanes; D. Seyferth, *J. Organomet. Chem.*, 1975, **100**, 237 (18 pp., 40 refs.).
433. Synthetic Applications of d^{10} Metal Complexes; F. G. A. Stone, *J. Organomet. Chem.*, 1975, **100**, 257 (12 pp., 90 refs.).
434. The Iron Sandwich: A Recollection of the First Four Months; G. Wilkinson, *J. Organomet. Chem.*, 1975, **100**, 273 (5 pp., 8 refs.).
435. Organic Calomels and Other Bimetallic Compounds in Transmetallation of Organometallics with Mercury Metal; O. A. Reutov and K. P. Butin, *J. Organomet. Chem.*, 1975, **99**, 171 (13 pp., 33 refs.).
436. Rearrangements in Organomagnesium Chemistry; E. A. Hill, *J. Organomet. Chem.*, 1975, **91**, 123 (128 pp., 324 refs.).
437. Electrochemical Synthesis of Organometallic Compounds; G. A. Tedoradze, *J. Organomet. Chem.*, 1975, **88**, 1 (32 pp., 165 refs.).
438. Reactivity Patterns of Metal Carbonyl Anions and Their Derivatives; J. E. Ellis, *J. Organomet. Chem.*, 1975, **86**, 1 (47 pp., 434 refs.).
439. Cyclopolyarsines; L. R. Smith and J. L. Mills, *J. Organomet. Chem.*, 1975, **84**, 1 (13 pp., 70 refs.).
440. π-Allyl–Metal Compounds; H. L. Clarke, *J. Organomet. Chem.*, 1974, **80**, 155 (23 pp., 169 refs.).
441. Mechanism of SO_2 Insertion into the Sn—C Bonds of Organotin Compounds; U. Kunze and J. D. Koola, *J. Organomet. Chem.*, 1974, **80**, 281 (20 pp., 64 refs.).
442. Organo-Group IVB Peroxides; D. Brandes and A. Blaschette, *J. Organomet. Chem.*, 1974, **78**, 1 (44 pp., 170 refs. Ger.).
443. The Chemistry of Nickelocene; K. W. Barnett, *J. Organomet. Chem.*, 1974, **78**, 139 (21 pp., 194 refs.).
444. ^{13}C NMR of Metal Carbonyl Compounds; L. J. Todd and J. R. Wilkinson, *J. Organomet. Chem.*, 1974, **77**, 1 (24 pp., 92 refs.).
445. NMR Spectra and Structure of Organomercury Compounds; V. S. Petrosyan and O. A. Reutov, *J. Organomet. Chem.*, 1974, **76**, 123 (33 pp., 162 refs.).
446. Organometallic Compounds and Living Organisms; J. S. Thayer, *J. Organomet. Chem.*, 1974, **76**, 265 (25 pp., 307 refs.).
447. The Siliconium Ion Question; R. J. P. Corriu and M. Henner, *J. Organomet. Chem.*, 1974, **74**, 1 (26 pp., 93 refs.).
448. Fluxional Main Group IV Organometallic Compounds: Implications for Orbital Symmetry Rules; R. B. Larrabee, *J. Organomet. Chem.*, 1974, **74**, 313 (46 pp., 105 refs.).
449. Reactions of Coordinate Pnictogen Donor Ligands; C. S. Kraihanzel, *J. Organomet. Chem.*, 1974, **73**, 137 (40 pp., 181 refs.).
450. Metalloboroxanes and Related Compounds; S. K. Mehrotra, G. Srivastava and R. C. Mehrotra, *J. Organomet. Chem.*, 1974, **73**, 277 (17 pp., 72 refs.).

451. Vibrational Spectra of Organic Derivatives of Group VB Elements; E. Maslowsky, Jr., *J. Organomet. Chem.*, 1974, **70**, 153 (61 pp., 206 refs.).
452. Reactivity of Allylic Organometallic Compounds: Recent Advances; G. Coutois and L. Miginiac, *J. Organomet. Chem.*, 1974, **69**, 1 (40 pp., 252 refs.).
453. Mass Spectra of Boron Compounds; R. H. Cragg and A. F. Weston, *J. Organomet. Chem.*, 1974, **67**, 161 (50 pp., 401 refs.).
454. The Activation of Carbon Disulphide by Transition Metal Complexes; I. S. Butler, *J. Organomet. Chem.*, 1974, **66**, 161 (31 pp., 72 refs.).
455. Cycloalkanes Containing Heterocyclic Germanium, Tin and Lead; B. C. Pant, *J. Organomet. Chem.*, 1974, **66**, 321 (78 pp., 151 refs.).
456. O-Organometal Hydroxylamines and Oximes; A. Singh, V. D. Gupta, G. Srivastava and R. C. Mehrotra, *J. Organomet. Chem.*, 1974, **64**, 145 (23 pp., 80 refs.).
457. Transition Metal Carbon σ-Bond Scission; M. C. Baird, *J. Organomet. Chem.*, 1974, **64**, 289 (10 pp., 87 refs.).
458. Stability of Organomercury, -Thallium, -Tin and -Lead Complexes with Anionic and Neutral Ligands; I. P. Beletskaya, K. P. Butin, A. N. Ryabatsev and O. A. Reutov, *J. Organomet. Chem.*, 1973, **59**, 1 (40 pp., 187 refs.).
459. π-Ligand Transfer Reactions; A. Efraty, *J. Organomet. Chem.*, 1973, **57**, 1 (27 pp., 43 refs.).
460. Divalent Germanium Species as Starting Materials and Intermediates in Organogermanium Chemistry; J. Satgé, M. Massol and P. Rivière, *J. Organomet. Chem.*, 1973, **56**, 1 (35 pp., 160 refs.).
461. Advances in Liquid-Phase Autooxidation of Non-Transition Metal Organic Compounds; Yu. A. Alexandrov, *J. Organomet. Chem.*, 1973, **55**, 1 (36 pp., 186 refs.).
462. Organic Compounds of Cobalt(III); D. Dodd and M. D. Johnson, *J. Organomet. Chem.*, 1973, **52**, 1 (232 pp., 595 refs.).
463. Structural Organotin Chemistry; B. Y. K. Ho and J. J. Zuckerman, *J. Organomet. Chem.*, 1973, **49**, 1 (75 pp., 318 refs.).
464. Organometallic 8-Membered Cyclic Compounds of Aluminium, Gallium, Indium, and Thallium; J. Weidlein, *J. Organomet. Chem.*, 1973, **49**, 257 (26 pp., 125 refs.).
465. σ-Cyclopentadienyl Compounds of Silicon, Germanium, Tin and Lead; E. W. Abel, M. O. Dunster and A. Waters, *J. Organomet. Chem.*, 1973, **49**, 287 (32 pp., 114 refs.).
466. Binuclear Complexes of Transition Metals with a Common Unsaturated Ligand; A. N. Nesmeyanov, M. I. Rybinskaya, L. V. Rybin and V. S. Kaganovich, *J. Organomet. Chem.*, 1973, **47**, 1 (28 pp., 218 refs.).
467. Alkali Metal Additions to Unsaturated Systems; V. Kalyanaraman and M. V. George, *J. Organomet. Chem.*, 1973, **47**, 225 (42 pp., 612 refs.).
468. Cyclopentadienyl Complexes of Chromium, Molybdenum and Tungsten; K. W. Barnett and D. W. Slocum, *J. Organomet. Chem.*, 1972, **44**, 1 (32 pp., 230 refs.).
469. Carbonyl Chemistry of the Group IB Metals; M. I. Bruce, *J. Organomet. Chem.*, 1972, **44**, 209 (14 pp., 121 refs.).
470. Organorhenium Chemistry; H. C. Lewis, Jr. and B. N. Storhoff, *J. Organomet. Chem.*, 1972, **43**, 1 (49 pp., 226 refs.).
471. Allylboron Compounds; B. M. Mikhailov, *Organomet. Chem. Rev. (A)*, 1972, **8**, 1 (63 pp., 157 refs.).
472. Cyclobutanes Containing Heterocyclic Si and Ge; R. Damrauer, *Organomet. Chem. Rev. (A)*, 1972, **8**, 67 (63 pp., 142 refs.).
473. The Catalytic Effect of Cobalt(II) Chloride on the Reactions of Grignard Reagents; L. F. Elsom, J. D. Hunt and A. McKillop, *Organomet. Chem. Rev. (A)*, 1972, **8**, 135 (16 pp., 65 refs.).
474. Boron–Nitrogen Betaines; W. Kliegel, *Organomet. Chem. Rev. (A)*, 1972, **8**, 153 (26 pp., 144 refs. Ger.).
475. The Reformatsky Reaction Over the Last Thirty Years; M. Gaudemar, *Organomet. Chem. Rev. (A)*, 1972, **8**, 183 (40 pp., 543 refs.).
476. The Chemistry of Compounds Containing Silicon to Transition Metal Bonds; H. G. Any and P. T. Lau, *Organomet. Chem. Rev. (A)*, 1972, **8**, 235 (63 pp., 123 refs.).
477. Vibrational Spectra of π-Bonded Organo-Transition Metal Complexes; G. Davidson, *Organomet. Chem. Rev. (A)*, 1972, **8**, 303 (42 pp., 381 refs.).
478. Organometallic Compounds of the Lanthanides and Actinides; R. G. Hayes and J. L. Thomas, *Organomet. Chem. Rev. (A)*, 1971, **7**, 1 (47 pp., 94 refs.).
479. $S_E1(N)$ Mechanism in Organometallic Chemistry; I. P. Beletskaya, K. P. Butin and O. A. Reutov, *Organomet. Chem. Rev. (A)*, 1971, **7**, 51 (24 pp., 79 refs.).
480. α-Haloalkyl and Related Grignard Reagents: Their Preparation and Synthetic Utility; J. Villieras, *Organomet. Chem. Rev. (A)*, 1971, **7**, 81 (12 pp., 47 refs.).
481. Reactions of Organosilanes with Lewis Acids; D. H. O'Brien, and T. J. Hairston, *Organomet. Chem. Rev. (A)*, 1971, **7**, 95 (50 pp., 184 refs.).
482. Metal–Fulminate Complexes; W. Beck, *Organomet. Chem. Rev. (A)*, 1971, **7**, 159 (28 pp., 118 refs.).
483. Organometallic Complexes from Organonitrogen Derivatives Containing N—N Bonds; A. J. Carty, *Organomet. Chem. Rev. (A)*, 1972, **7**, 191 (49 pp., 152 refs.).
484. σ-Bonded Hydride and Carbon Derivatives of Nickel; D. R. Fahey, *Organomet. Chem. Rev. (A)*, 1972, **7**, 245 (39 pp., 140 refs.).
485. α-Neutral Heteroatom Substituted Organometallic Compounds; D. J. Peterson, *Organomet. Chem. Rev. (A)*, 1972, **7**, 295 (59 pp., 172 refs.).
486. Chlorocarbon and Bromocarbon Derivatives of Metals and Metalloids; T. Chivers, *Organomet. Chem. Rev. (A)*, 1970, **6**, 1 (57 pp., 305 refs.).
487. Recent Advances in Organothallium Chemistry; H. Kurosawa and R. Okawara, *Organomet. Chem. Rev. (A)*, 1970, **6**, 65 (46 pp., 223 refs.).

488. Starting Materials for Preparation of Organometallic Complexes of Platinum and Palladium; F. R. Hartley, *Organomet. Chem. Rev. (A)*, 1970, **6**, 119 (17 pp., 77 refs.).
489. Thermodynamics of Redistribution Reactions; A. G. Lee, *Organomet. Chem. Rev. (A)*, 1970, **6**, 139 (11 pp., 26 refs.).
490. The Anomalous Properties of β-Functional Organosilicon Compounds: The β-Effect; A. W. P. Jarvie, *Organomet. Chem. Rev. (A)*, 1970, **6**, 153 (49 pp., 196 refs.).
491. Group IVB derivatives of the Transition Elements; E. H. Brooks and R. J. Cross, *Organomet. Chem. Rev. (A)*, 1970, **6**, 227 (51 pp., 209 refs.).
492. Alkali Metal and Magnesium Derivatives of Organosilicon, Germanium, Tin, Lead, Phosphorus, Arsenic, Antimony and Bismuth Compounds; D. D. Davis and C. E. Gray, *Organomet. Chem. Rev. (A)*, 1970, **6**, 283 (30 pp., 236 refs.).
493. Oxidation of Organic Derivatives of Non-Transition Elements of Group IV (other than Carbon) by Ozone; Yu. A. Alexandrov, *Organomet. Chem. Rev. (A)*, 1970, **6**, 209 (16 pp., 34 refs.).
494. Optical Activity in Olefin Metal Complexes; G. Paiaro, *Organomet. Chem. Rev. (A)*, 1970, **6**, 319 (15 pp., 67 refs.).
495. Metallocene Homoannular Electronic Effects; D. W. Slocum and C. R. Ernst, *Organomet. Chem. Rev. (A)*, 1970, **6**, 337 (15 pp., 42 refs.).
496. Organo-Element (Si, Ge, Sn, Pb) Derivatives of Ketoenols; Yu. I. Bankov and I. F. Lutsenko, *Organomet. Chem. Rev. (A)*, 1970, **6**, 355 (81 pp., 380 refs.).
497. Vibrational Spectra of Organotin and Organolead Compounds; T. Tanaka, *Organomet. Chem. Rev. (A)*, 1970, **5**, 1 (45 pp., 280 refs.).
498. Metal Carbonyls as Stoichiometric Reagents in Organic Synthesis; M. Ryang, *Organomet. Chem. Rev. (A)*, 1970, **5**, 67 (24 pp., 88 refs.).
499. Organoplatinum(IV) Compounds; J. S. Thayer, *Organomet. Chem. Rev. (A)*, 1970, **5**, 53 (12 pp., 71 refs.).
500. Non-Bonded Interactions in Organometallic Compounds of Group IVB; C. F. Shaw, III and A. L. Allred, *Organomet. Chem. Rev. (A)*, 1970, **5**, 95 (39 pp., 376 refs.).
501. Phosphines, Arsines, Stibines and Bismuthines Containing Silicon, Germanium Tin or Lead; E. W. Abel and S. M. Illingworth, *Organomet. Chem. Rev. (A)*, 1970, **5**, 143 (36 pp., 144 refs.).
502. Organobismuth Chemistry; P. G. Harrison, *Organomet. Chem. Rev. (A)*, 1970, **5**, 183 (27 pp., 214 refs.).
503. Organosilver Chemistry; C. D. M. Beverwijk, G. J. M. van der Kerk, A. J. Leusink and J. G. Noltes, *Organomet. Chem. Rev. (A)*, 1970, **5**, 215 (61 pp., 240 refs.).
504. Insertion of Sulfur Dioxide and Sulfur Trioxide into Metal–Carbon Bonds; W. Kitching and C. W. Fong, *Organomet. Chem. Rev. (A)*, 1970, **5**, 281 (38 pp., 77 refs.).
505. π-Bonding in Group IVB; C. J. Attridge, *Organomet. Chem. Rev. (A)*, 1970, **5**, 323 (27 pp., 159 refs.).
506. Syntheses of Organometallic Compounds by Thermal Decarboxylation; G. B. Deacon, *Organomet. Chem. Rev. (A)*, 1970, **5**, 355 (16 pp., 67 refs.).
507. Mössbauer Parameters of Organotin Compounds; P. J. Smith, *Organomet. Chem. Rev. (A)*, 1970, **5**, 373 (27 pp., 89 refs.).
508. Vinyl Polymerisation of Organic Monomers Containing Transition Metals; C. U. Pittman, Jr., *Organomet. React. Synth.*, 1977, **6**, 1 (57 pp., 139 refs.).
509. Reactions of Metallocarboranes; R. N. Grimes, *Organomet. React. Synth.*, 1977, **6**, 63 (151 pp., 245 refs.).
510. Homogeneous Catalysis by Arene–Group VIB Tricarbonyls; M. F. Farona, *Organomet. React. Synth.*, 1977, **6**, 223 (62 pp., 128 refs.).
511. Reactions of Organothallium Compounds; A. G. Lee, *Organomet. React.*, 1975, **5**, 1 (90 pp., 271 refs.).
512. Reactions of Bimetallic Organometallic Compounds: Organometallic Compounds with Metal–Alkali Metal Bonds; N. S. Vyazankin, G. A. Razuvuev and O. A. Kruglaya, *Organomet. React.*, 1975, **5**, 101 (190 pp., 704 refs.).
513. The Reactions of Organometallic Compounds with Carbon Dioxide; M. E. Volpin and I. S. Kolomnikov, *Organomet. React.*, 1975, **5**, 313 (65 pp., 354 refs.).
514. Unsaturated Organoaluminium Compounds; K. L. Henold and J. P. Oliver, *Organomet. React.*, 1975, **5**, 387 (40 pp., 117 refs.).
515. σ–π Rearrangements of Organotransition Metals; M. Hancock, M. N. Levy and M. Tsutsui, *Organomet. React.*, 1974, **4**, 1 (68 pp., 137 refs.).
516. Onium Compounds in the Synthesis of Organometallic Compounds; O. A. Reutov and O. A. Ptitsyna, *Organomet. React.*, 1972, **4**, 73 (84 pp., 190 refs.).
517. Reactions of Bis(π-Cyclopentadienyl)transition-Metal Compounds; E. G. Perevalova and T. V. Nikitina, *Organomet. React.*, 1972, **4**, 163 (256 pp., 952 refs.).
518. Olefin Oxidation and Related Reactions with Group VIII Noble Metal Compounds; R. Jira and W. Freiesleben, *Organomet. React.*, 1972, **3**, 1 (171 pp., 537 refs.).
519. Cleavage Reactions of the Carbon–Silicon Bond; V. Chvalovský, *Organomet. React.*, 1972, **3**, 191 (109 pp., 520 refs.).
520. Oxymetallation; W. Kitching, *Organomet. React.*, 1972, **3**, 319 (75 pp., 188 refs.).
521. The Redistribution Reaction; K. Moedritzer, *Organomet. React.*, 1971, **2**, 1 (102 pp., 495 refs.).
522. Reactions of Organotellurium Compounds; J. Irgolic and R. A. Zingaro, *Organomet. React.*, 1971, **2**, 120 (207 pp., 255 refs.).
523. Reactions of Organomercury Compounds; Part 2, L. G. Makarova, *Organomet. React.*, 1971, **2**, 335 (89 pp., 438 refs.).
524. Redistribution Reactions of Organoaluminium Compounds; T. Mole, *Organomet. React.*, 1970, **1**, 1 (47 pp., 245 refs.).

525. Chemical Fixation of Molecular Nitrogen; M. E. Volpin and V. B. Shur, *Organomet. React.*, 1970, **1**, 55 (59 pp., 118 refs.).
526. Reaction of Organomercury Compounds, Part 1; L. G. Makarova, *Organomet. React.*, 1970, **1**, 119 (230 pp., 871 refs.).
527. Heteroatom Facilitated Lithiations; H. W. Gschwend and H. R. Rodriguez, *Org. React.*, 1979, **26**, 1 (355 pp., 607 refs.).
528. Hydrocyanation of Conjugated Carbonyl Compounds; W. Nagata and M. Yoshioka, *Org. React.*, 1977, **25**, 255 (220 pp., 305 refs.).
529. Homogeneous Hydrogenation Catalysts; A. J. Birch and D. H. Williamson, *Org. React.*, 1978, **24**, 1 (185 pp., 344 refs.).
530. Substitution Reactions Using Organocopper Reagents; G. H. Posner, *Org. React.*, 1975, **22**, 253 (113 pp., 320 refs.).
531. The Reformatsky Reaction; M. W. Rathke, *Org. React.*, 1975, **22**, 423 (35 pp., 237 refs.).
532. Cyclopropanes from Unsaturated Compounds, Methylene Iodide and Zinc–Copper Couple; H. E. Simmons, T. L. Cairns, S. A. Vladuchick and C. M. Hoiness, *Org. React.*, 1973, **20**, 1 (127 pp., 368 refs.).
533. Conjugate Addition Reactions of Organocopper Reagents; G. H. Posner, *Org. React.*, 1972, **19**, 1 (112 pp., 204 refs.).
534. Formation of Carbon–Carbon Bonds via π-Allyl–Nickel Compounds; M. F. Semmelhack, *Org. React.*, 1972, **19**, 115 (81 pp., 110 refs.).
535. Preparation of Ketones from the Reaction of Organo-lithium Reagents with Carboxylic Acids; M. J. Jorgenson, *Org. React.*, 1970, **18**, 1 (96 pp., 242 refs.).
536. Heterolytic Activation of Hydrogen by Transition Metal Complexes; P. J. Brothers, *Prog. Inorg. Chem.*, 1981, **28**, 1 (57 pp., 168 refs.).
537. Chlorotris(triphenylphosphine)rhodium(I): Its Chemical and Catalytic Reactions; F. H. Jardine, *Prog. Inorg. Chem.*, 1981, **28**, 64 (122 pp., 650 refs.).
538. Metal Carbide Clusters; M. Tachikawa and E. L. Muetterties, *Prog. Inorg. Chem.*, 1981, **28**, 203 (33 pp., 69 refs.).
539. The Coordination Chemistry of Tungsten; Z. Dori, *Prog. Inorg. Chem.*, 1981, **28**, 234 (58 pp., 345 refs.).
540. Stoichiometric Reactions of Transition Metal Carbene Complexes; F. J. Brown, *Prog. Inorg. Chem.*, 1980, **27**, 1 (113 pp., 387 refs.).
541. U.V. Photoelectron Spectroscopy in Transition Metal Chemistry; A. H. Cowley, *Prog. Inorg. Chem.*, 1979, **26**, 46 (107 pp., 291 refs.).
542. Metal–Metal Bonds of Order Four; J. L. Templeton, *Prog. Inorg. Chem.*, 1979, **26**, 212 (66 pp., 255 refs.).
543. Hydrido-Transition Metal Cluster Complexes; A. P. Humphries and H. D. Kaesz, *Prog. Inorg. Chem.*, 1979, **25**, 146 (70 pp., 244 refs.).
544. Chemistry and Spectroscopy of f-Element Organometallics Part II: The Actinides; T. J. Marks, *Prog. Inorg. Chem.*, 1979, **25**, 224 (89 pp., 410 refs.).
545. The Olefin Metathesis Reaction; R. H. Grubbs, *Prog. Inorg. Chem.*, 1978, **24**, 1 (48 pp., 96 refs.).
546. Chemistry and Spectroscopy of f-Element Organometallics Part I: The Lanthanides; T. J. Marks, *Prog. Inorg. Chem.*, 1978, **24**, 52 (50 pp., 201 refs.).
547. Structural Tin Chemistry; J. A. Zubieta and J. J. Zuckerman, *Prog. Inorg. Chem.*, 1978, **4**, 251 (191 pp., 751 refs.).
548. Aspects of Stereochemistry of Six-Coordination; D. L. Kepert, *Prog. Inorg. Chem.*, 1977, **24**, 1 (58 pp., 258 refs.).
549. Seven Coordination Chemistry; M. G. B. Drew, *Prog. Inorg. Chem.*, 1977, **23**, 67 (124 pp., 652 refs.).
550. The Coordination and Bioinorganic Chemistry of Molybdenum; E. I. Steifel, *Prog. Inorg. Chem.*, 1977, **22**, 1 (199 pp., 860 refs.).
551. Oxidatively Induced Cleavage of Transition Metal–Carbon Bonds; G. W. Daub, *Prog. Inorg. Chem.*, 1977, **22**, 409 (13 pp., 37 refs.).
552. Metal Carbonyls: Some New Observations in an Old Field; F. A. Cotton, *Prog. Inorg. Chem.*, 1976, **21**, 1 (28 pp., 36 refs.).
553. Seven and Eight-Coordinate Molybdenum Complexes, and Related Molybdenum(IV) Oxo-Complexes with Cyanide and Isocyanide Ligands; S. J. Lippard, *Prog. Inorg. Chem.*, 1976, **21**, 91 (12 pp., 44 refs.).
554. Molecular Orbital Theory, Chemical Bonding and Photoelectron Spectroscopy for Transition Metal Complexes; R. F. Fenske, *Prog. Inorg. Chem.*, 1976, **21**, 179 (27 pp., 62 refs.).
555. Synthesis, Structure and Properties of Some Organometallic Sulphur-Cluster Compounds; P. J. Vergamini and G. J. Kubas, *Prog. Inorg. Chem.*, 1976, **21**, 261 (20 pp., 40 refs.).
556. Applications of Carbon-13 NMR in Inorganic Chemistry; M. H. Chisholm and S. Godleski, *Prog. Inorg. Chem.*, 1976, **20**, 299 (129 pp., 240 refs.).
557. Oxidation–Reduction of Metal–Metal Bonds; T. J. Meyer, *Prog. Inorg. Chem.*, 1975, **19**, 1 (41 pp., 381 refs.).
558. Cryogenic Inorganic Chemistry: Review of Metal Gas Reactions as Studied by Matrix Isolation Infrared and Raman Spectroscopic Techniques; G. A. Ozin and A. Vandervoet, *Prog. Inorg. Chem.*, 1975, **19**, 105 (61 pp., 303 refs.).
559. The Chemistry of Vitamin B_{12} and Related Inorganic Model Systems; D. G. Brown, *Prog. Inorg. Chem.*, 1973, **18**, 178 (101 pp., 268 refs.).
560. Stereochemical and Electronic Structural Aspects of Five Coordination; J. S. Wood, *Prog. Inorg. Chem.*, 1972, **16**, 228 (230 pp., 566 refs.).
561. Transition Metal Complexes Containing Carbenoid Ligands; F. A. Cotton and C. M. Lukehart, *Prog. Inorg. Chem.*, 1972, **16**, 487 (119 pp., 139 refs.).
562. The Interpretation of ^{119}Sn Mössbauer Spectra; R. V. Parish, *Prog. Inorg. Chem.*, 1972, **15**, 101 (91 pp., 142 refs.).

563. Transition Metal Cluster Compounds; R. B. King, *Prog. Inorg. Chem.*, 1972, **15**, 287 (166 pp., 382 refs.).
564. Studies of Dynamic Organometallic Compounds of the Transition Metals by Means of Nuclear Magnetic Resonance; K. Vrieze and P. W. N. M. van Leeuwen, *Prog. Inorg. Chem.*, 1971, **14**, 1 (64 pp., 181 refs.).
565. Inorganic Electrosynthesis in Non-aqueous Solvents; B. L. Laube and C. D. Schmulbach, *Prog. Inorg. Chem.*, 1971, **14**, 65 (42 pp., 451 refs.).
566. Transition Metal Complexes of Azulene and Related Ligands; M. R. Churchill, *Prog. Inorg. Chem.*, 1970, **11**, 53 (41 pp., 113 refs.).
567. Use of Taft-Relations for the Correlation of Properties of Organosilicon Compounds: Role of Substituent Effects; V. P. Mileshkevich and N. F. Novikova, *Russ. Chem. Rev. (Engl. Transl.)*, 1981, **50**, 49 (11 pp., 149 refs.).
568. The α-Effect in Organic Compounds of Group IVB Elements; V. P. Feshin, L. S. Romanenko and M. G. Voronkov, *Russ. Chem. Rev. (Engl. Transl.)*, 1981, **50**, 248 (10 pp., 160 refs.).
569. Adamantane Structures in the Chemistry of Silicon, Germanium and Tin; V. F. Mironov, T. K. Gar, N. S. Fedotov and G. E. Evert, *Russ. Chem. Rev. (Engl. Transl.)*, 1981, **50**, 262 (15 pp., 189 refs.).
570. Cobalt Complexes of Carbaboranes; E. V. Leonova, *Russ. Chem. Rev. (Engl. Transl.)*, 1980, **49**, 147 (21 pp., 229 refs.).
571. Organometallic Chemistry of Diazoalkanes; O. A. Kruglaya and N. S. Vyazankin, *Russ. Chem. Rev. (Engl. Transl.)*, 1980, **49**, 357 (11 pp., 165 refs.).
572. Thermochemistry of Organic Derivatives of Non-Transition Elements; V. I. Tel'noi and I. B. Rabinovich, *Russ. Chem. Rev. (Engl. Transl.)*, 1980, **49**, 603 (15 pp., 260 refs.).
573. Diastereotopy in Transition Metal Complexes; G. B. Shul'pin, *Russ. Chem. Rev. (Engl. Transl.)*, 1980, **49**, 645 (8 pp., 63 refs.).
574. Organometallic Compounds with Heteroatomic Chains; M. N. Bochkarev, *Russ. Chem. Rev. (Engl. Transl.)*, 1980, **49**, 800 (7 pp., 176 refs.).
575. Organometallic (non-transition metals) Free Radicals; A. G. Milaev and O. Yu. Okhlobystin, *Russ. Chem. Rev. (Engl. Transl.)*, 1980, **49**, 893 (10 pp., 185 refs.).
576. Advances in Chemistry of Compounds with the Cyclodisilazane Structure; D. Ya. Zhinkin, Yu. M. Varezhkin and M. M. Morgunova, *Russ. Chem. Rev. (Engl. Transl.)*, 1980, **49**, 1149 (12 pp., 116 refs.).
577. Boron-Substituted Derivatives of Carbaboranes(12); V. N. Kalinim, *Russ. Chem. Rev. (Engl. Transl.)*, 1980, **49**, 1084 (11 pp., 115 refs.).
578. The Mechanism of Catalytic Polymerisation of Olefins Based on the Number of Active Centres and the Rate Constants for Individual Stages; V. A. Zakharov, G. D. Bukatov and Yu. I. Ermakov, *Russ. Chem. Rev. (Engl. Transl.)*, 1980, **49**, 1097 (12 pp., 102 refs.).
579. Synthesis of Polymers by Polycyclotrimerisation; V. A. Sergeev, V. K. Shitikov and V. A. Pankratov, *Russ. Chem. Rev. (Engl. Transl.)*, 1979, **48**, 79 (10 pp., 159 refs.).
580. Dinuclear Iron Carbonyl Complexes with Nitrogen-Containing Bridges; A. N. Nesmeyanov, M. I. Rybinskaya and L. V. Rybin, *Russ. Chem. Rev. (Engl. Transl.)*, 1979, **48**, 213 (12 pp., 123 refs.).
581. Synthesis and Structure of Telluranes; I. D. Sadekov, A. Ya. Bushkov and V. I. Minkin, *Russ. Chem. Rev. (Engl. Transl.)*, 1979, **48**, 343 (16 pp., 214 refs.).
582. Phosgene in the Chemistry of Organosilicon Compounds; V. F. Mironov, V. D. Sheludyakov and V. P. Kozyukov, *Russ. Chem. Rev. (Engl. Transl.)*, 1979, **48**, 473 (12 pp., 113 refs.).
583. The Etherates of Organoaluminium Compounds; V. P. Mardykin, P. N. Gaponik and A. F. Popov, *Russ. Chem. Rev. (Engl. Transl.)*, 1979, **48**, 487 (9 pp., 321 refs.).
584. The Stereochemistry of Organoarsenic Compounds; F. D. Yambushev and V. I. Savin, *Russ. Chem. Rev. (Engl. Transl.)*, 1979, **48**, 582 (10 pp., 22 refs.).
585. The Hydride Addition of Organohydrosiloxanes to Compounds with a Multiple Carbon–Carbon Bond; K. A. Andrianov, J. Souček and L. M. Khananashvili, *Russ. Chem. Rev. (Engl. Transl.)*, 1979, **48**, 657 (9 pp., 153 refs.).
586. Insertion of Dienes in a Transition Metal–Ligand Bond; M. I. Lobach and V. A. Kormer, *Russ. Chem. Rev. (Engl. Transl.)*, 1979, **48**, 758 (12 pp., 242 refs.).
587. NMR Study of Equilibrium Exchange Processes Involving Univalent Organometallic Groups of Type R_nM, Containing an Atom of a Heavy Non-Transition Metal; L. A. Fedorov, A. S. Peregudov and D. N. Kravtsov, *Russ. Chem. Rev. (Engl. Transl.)*, 1979, **48**, 840 (11 pp., 146 refs.).
588. Reactions of Copper and Silver Organoacetylides; A. M. Sladkov and I. R. Gol'ling, *Russ. Chem. Rev. (Engl. Transl.)*, 1979, **48**, 868 (25 pp., 270 refs.).
589. Mixed Organic Derivatives of Mercury and Silicon; M. G. Voronkov and N. F. Chernov, *Russ. Chem. Rev. (Engl. Transl.)*, 1979, **48**, 964 (11 pp., 224 refs.).
590. Radiation Effects in the Chemistry of Group IVB Elements (Silicon, Germanium, Tin and Lead); N. V. Fomina, N. I. Sheverdina and K. A. Kocheshkov, *Russ. Chem. Rev. (Engl. Transl.)*, 1978, **47**, 238 (6 pp., 104 refs.).
591. The Interaction of Carbon Dioxide with Transition Metal Complexes; I. S. Kolomnikov and M. Kh. Grigoryan, *Russ. Chem. Rev. (Engl. Transl.)*, 1978, **47**, 334 (14 pp., 306 refs.).
592. Reactions of Transition Metals in the Atomic State; G. A. Domrachev and V. D. Zinov'ev, *Russ. Chem. Rev. (Engl. Transl.)*, 1978, **47**, 354 (11 pp., 100 refs.).
593. Practical Applications of Cyclopentadienyl Complexes of Transition Metals; N. S. Kochetkova and Yu. K. Krynkina, *Russ. Chem. Rev. (Engl. Transl.)*, 1978, **47**, 486 (5 pp., 162 refs.).
594. Heterogeneous Metal Complex Catalysts; A. Ya. Yuffa and G. V. Lisichkin, *Russ. Chem. Rev. (Engl. Transl.)*, 1978, **47**, 751 (12 pp., 203 refs.).
595. Electrochemistry of the π-Complexes and Organometallic Compounds of Transition Metals; L. I. Denisovich and S. P. Gubin, *Russ. Chem. Rev. (Engl. Transl.)*, 1977, **46**, 27 (14 pp., 272 refs.).
596. Gas Chromatographic Analysis of Unstable Inorganic and Organo-Element Compounds; N. T. Ivanova and L. A. Frangulyan, *Russ. Chem. Rev. (Engl. Transl.)*, 1977, **46**, 171 (13 pp., 218 refs.).

597. Latest Research on the Hydrosilylation Reaction; E. Lukevics, *Russ. Chem. Rev. (Engl. Transl.)*, 1977, **46**, 264 (6 pp., 428 refs.).
598. Silicon-Containing Derivatives of Carbamic Acid–Silylurethanes; V. Sheludyakov, V. P. Kozukov and V. F. Mironov, *Russ. Chem. Rev. (Engl. Transl.)*, 1976, **45**, 227 (10 pp., 527 refs.).
599. Polarography of Organoelementary Compounds of Non-Transition Elements; S. G. Mairanovski, *Russ. Chem. Rev. (Engl. Transl.)*, 1976, **45**, 298 (17 pp., 156 refs.).
600. The Interaction of Organometallic Derivatives with Organic Halides; I. P. Beletskaya, G. A. Artamkina and O. A. Reutov, *Russ. Chem. Rev. (Engl. Transl.)*, 1976, **45**, 330 (16 pp., 156 refs.).
601. Intramolecular Coordination in Organic Derivatives of Non-Transition Elements; A. K. Prokof'ev, *Russ. Chem. Rev. (Engl. Transl.)*, 1976, **45**, 519 (20 pp., 331 refs.).
602. Hydro–dehydropolymerisation and Isomerisation Polymerisation of Unsaturated Hydrocarbons; B. A. Krentsel', *Russ. Chem. Rev. (Engl. Transl.)*, 1976, **45**, 738 (5 pp., 53 refs.).
603. Silicon Analogues of Carbenes; E. A. Chernyshev, N. G. Komalenkova and S. A. Bashkirova, *Russ. Chem. Rev. (Engl. Transl.)*, 1976, **45**, 913 (13 pp., 299 refs.).
604. Complexes of Organosilicon Compounds Containing a Siloxane Bond; M. G. Voronkov, V. P. Mileshkevich and Yu. A. Yuzhelevskii, *Russ. Chem. Rev. (Engl. Transl.)*, 1976, **45**, 1167 (7 pp., 264 refs.).
605. Cleavage of the Carbon–Oxygen Bond by Organomagnesium Compounds; B. A. Trofimov and S. E. Korostova, *Russ. Chem. Rev. (Engl. Transl.)*, 1975, **44**, 41 (11 pp., 183 refs.).
606. Structural Chemistry of Organic Compounds of Mercury and Its Analogues (Zinc and Cadmium); L. G. Kuz'mina, N. G. Bokii and Yu. T. Struchkov, *Russ. Chem. Rev. (Engl. Transl.)*, 1975, **44**, 73 (10 pp., 90 refs.).
607. Advances in the Chemistry of Organosilicon Polymers; V. V. Korshak and A. A. Zhdanov, *Russ. Chem. Rev. (Engl. Transl.)*, 1975, **44**, 227 (12 pp., 222 refs.).
608. Silicon-Containing Ureas; V. P. Kozyukov, V. D. Sheludyakov and V. F. Mironov, *Russ. Chem. Rev. (Engl. Transl.)*, 1975, **44**, 413 (14 pp., 230 refs.).
609. Alkylation and Arylation of Unsaturated Compounds with the Aid of Transition Metal Complexes; L. G. Volkova, I. Ya. Levitin and H. E. Vol'pin, *Russ. Chem. Rev. (Engl. Transl.)*, 1975, **44**, 552 (8 pp., 77 refs.).
610. Silylation of Organic Compounds; M. V. Kashutina, S. L. Ioffe and V. A. Tartakovskii, *Russ. Chem. Rev. (Engl. Transl.)*, 1975, **44**, 733 (12 pp., 186 refs.).
611. Catalysis of Symmetry-Disallowed Reactions; V. I. Labunskaya, A. D. Shebaldova and M. L. Khidekel', *Russ. Chem. Rev. (Engl. Transl.)*, 1974, **43**, 1 (14 pp., 137 refs.).
612. Oligomerisation of Acetylenes in the Presence of Transition Metal Compounds; L. P. Yer'eva, *Russ. Chem. Rev. (Engl. Transl.)*, 1974, **43**, 48 (14 pp., 362 refs.).
613. Fixation of Nitrogen in Solution in Presence of Transition Metal Complexes; A. E. Shilov, *Russ. Chem. Rev. (Engl. Transl.)*, 1974, **43**, 378 (17 pp., 161 refs.).
614. Hydrogen Transfer From Organic Compounds Catalysed by Transition Metal Complexes; I. S. Kolomnikov, V. P. Kukolev and M. E. Vol'pin, *Russ. Chem. Rev. (Engl. Transl.)*, 1974, **43**, 399 (12 pp., 177 refs.).
615. Mass Spectrometry of Transition Metal π-Complexes; P. E. Gaivoronskii and N. V. Lamin, *Russ. Chem. Rev. (Engl. Transl.)*, 1974, **43**, 466 (7 pp., 131 refs.).
616. Metallocarboranes; L. I. Zakharkin and V. N. Kalinin, *Russ. Chem. Rev. (Engl. Transl.)*, 1974, **43**, 551 (20 pp., 142 refs.).
617. Unstable Silicon Analogues of Olefins and Ketones; L. E. Gusel'nikov, N. S. Nametkin and V. M. Vdovin, *Russ. Chem. Rev. (Engl. Transl.)*, 1974, **43**, 620 (8 pp., 81 refs.).
618. Organoarsenic Compounds of the Acetylene Series; I. N. Azerbaev, Z. A. Abramova and Yu. G. Bosyakov, *Russ. Chem. Rev. (Engl. Transl.)*, 1974, **43**, 657 (75 pp., 46 refs.).
619. Principal Practical Applications of Ferrocene and Its Derivatives; A. N. Nesmeyanov and N. S. Kochetkova, *Russ. Chem. Rev. (Engl. Transl.)*, 1974, **43**, 710 (4 pp., 81 refs.).
620. Ferrocenophanes, G. B. Shul'pin and M. I. Rybinskaya, *Russ. Chem. Rev. (Engl. Transl.)*, 1974, **43**, 716 (13 pp., 231 refs.).
621. Dual Reactivity of Arylmethylmetal Compounds; D. V. Ioffe and M. I. Mostova, *Russ. Chem. Rev. (Engl. Transl.)*, 1973, **42**, 56 (8 pp., 93 refs.).
622. Chemical Reactions of Cobalticene and Nickelocene; E. V. Leonova and N. S. Kochetkova, *Russ. Chem. Rev. (Engl. Transl.)*, 1973, **42**, 278 (11 pp., 200 refs.).
623. Homolytic Substitution at the Metal Atom in Organometallic Compounds; E. B. Milovskaya, *Russ. Chem. Rev. (Engl. Transl.)*, 1973, **42**, 384 (7 pp., 75 refs.).
624. Organosilicon Epoxy Compounds; L. V. Nozdrina, Ya. I. Mindlin and K. A. Andrianov, *Russ. Chem. Rev. (Engl. Transl.)*, 1973, **42**, 509 (4 pp., 46 refs.).
625. Mass Spectra of Organometallic Compounds of Group IVB; V. Yu. Orlov, *Russ. Chem. Rev. (Engl. Transl.)*, 1973, **42**, 529 (6 pp., 115 refs.).
626. Stereochemical Non-Rigidity (Internal Rotation and Metallotropy) of Organic Derivatives of Transition Metals Investigated by Nuclear Magnetic Resonance Spectroscopy; L. A. Fedorov, *Russ. Chem. Rev. (Engl. Transl.)*, 1973, **42**, 678 (13 pp., 256 refs.).
627. Super-Pure Materials from Metal-Organic Compounds; B. G. Gribov, *Russ. Chem. Rev. (Engl. Transl.)*, 1973, **42**, 893 (9 pp., 69 refs.).
628. Gas Chromatography of Organometallic Compounds of Groups I–IV of the Periodic System; V. A. Chernoplekova, V. M. Sakharov and K. I. Sakodynskii, *Russ. Chem. Rev. (Engl. Transl.)*, 1973, **42**, 1063 (10 pp., 238 refs.).
629. Effect of d_π–p_π Interaction in Organic Compounds of Group IVB Elements; A. N. Egorochkin, N. S. Vyazamkin and S. Ya. Khorshev, *Russ. Chem. Rev. (Engl. Transl.)*, 1972, **41**, 425 (10 pp., 222 refs.).
630. Organosilicon Derivatives of Monoazaheterocycles; E. Lukevics and A. E. Pestunovich, *Russ. Chem. Rev. (Engl. Transl.)*, 1972, **41**, 938 (11 pp., 350 refs.).
631. New Organic Ligands in Complexes of Transition Metals; I. I. Kritskaya, *Russ. Chem. Rev. (Engl. Transl.)*, 1972, **41**, 1027 (16 pp., 169 refs.).

632. The Ullman Reaction; M. Goshaev, O. S. Otroshchenko and A. S. Sadykov, *Russ. Chem. Rev. (Engl. Transl.)*, 1972, **41**, 1046 (11 pp., 200 refs.).
633. Three-Component Complex Organometallic Catalysts; V. P. Mardykin, A. M. Antipova and P. N. Gaponik, *Russ. Chem. Rev. (Engl. Transl.)*, 1971, **40**, 13 (7 pp., 236 refs.).
634. Intramolecular Coordination in Organic Derivatives of the Elements; A. K. Prokof'ev, V. I. Bregadze and O. Yu. Okhlobystin, *Russ. Chem. Rev. (Engl. Transl.)*, 1970, **39**, 196 (13 pp., 210 refs.).
635. Organosilicon Ketones; N. V. Komarov and V. K. Roman, *Russ. Chem. Rev. (Engl. Transl.)*, 1970, **39**, 578 (9 pp., 180 refs.).
636. Metal–Metal Bonds and Covalent Atomic Radii of Transition Metals in their π-Complexes and Polynuclear Carbonyls; B. P. Biryukov and Yu. T. Struchkov, *Russ. Chem. Rev. (Engl. Transl.)*, 1970, **39**, 789 (8 pp., 56 refs.).
637. Organosilicon Derivatives of Aminoalcohols; E. Lukevics, L. Liberts and M. G. Voronkov, *Russ. Chem. Rev. (Engl. Transl.)*, 1970, **39**, 953 (7 pp., 204 refs.).
638. Oxidation of Alkyl Derivatives of Aromatic Hydrocarbons by Transition Metal Salts; I. P. Beletskaya and D. I. Makhon'kov, *Russ. Chem. Rev. (Engl. Transl.)*, 1981, **50**, 534 (16 pp., 204 refs.).
639. Metallotropic Tautomeric Transformations of the σ,σ-Type in Organometallic and Complex Compounds; L. A. Fedorov, D. N. Kravtsov and A. S. Peregudov, *Russ. Chem. Rev. (Engl. Transl.)*, 1981, **50**, 682 (15 pp., 221 refs.).
640. Formation of Inorganic Coatings in Decomposition of Organometallic Compounds; G. A. Domrachev and O. N. Suvorova, *Russ. Chem. Rev. (Engl. Transl.)*, 1980, **49**, 810 (8 pp., 96 refs.)
641. Crystallographic Studies of Transition Metal Hydride Complexes; R. G. Teller and R. Bau, *Struct. Bonding (Berlin)*, 1981, **44**, 1 (73 pp., 396 refs.).
642. Gas Phase Photoelectron Spectra of d- and f-Block Organometallic Compounds; J. C. Green, *Struct. Bonding (Berlin)*, 1981, **43**, 37 (70 pp., 138 refs.).
643. Metal–Ligand Bonding in $3d$-Sandwich Compounds; D. W. Clack and K. D. Warren, *Struct. Bonding (Berlin)*, 1980, **39**, 1 (39 pp., 80 refs.).
644. He(I) Photoelectron Spectra of d-Metal Compounds; C. Furlani and C. Canletti, *Struct. Bonding (Berlin)*, 1978, **35**, 119 (48 pp., 120 refs.).
645. Ligand Field Theory of f-Orbital Sandwich Complexes; K. D. Warren, *Struct. Bonding (Berlin)*, 1977, **33**, 97 (39 pp., 71 refs.).
646. Recent Results in the Chemistry of Transition Metal Clusters with Organic Ligands; H. Varenkamp, *Struct. Bonding (Berlin)*, 1977, **32**, 1 (46 pp., 408 refs.).
647. The Molecular Basis of Biological Dinitrogen Fixation; W. G. Zumft, *Struct. Bonding (Berlin)*, 1976, **29**, 1 (57 pp., 347 refs.).
648. Ligand Field Theory of Metal Sandwich Complexes; K. D. Warren, *Struct. Bonding (Berlin)*, 1976, **27**, 45 (111 pp., 180 refs.).
649. Spectra and Bonding in Metal Carbonyls: Spectra and Their Interpretation; P. S. Braterman, *Struct. Bonding (Berlin)*, 1976, **26**, 1 (40 pp., 85 refs.).
650. Structure and Bonding of $4f$ and $5f$ Series Organometallic Compounds; E. C. Baker, G. W. Halstead and K. N. Raymond, *Struct. Bonding (Berlin)*, 1976, **25**, 23 (42 pp., 157 refs.).
651. Metal Complexes of Chelating Olefin–Group V Ligands; D. I. Hall, J. H. Ling and R. S. Nyholm, *Struct. Bonding (Berlin)*, 1973, **15**, 3 (47 pp., 66 refs.).
652. The Chemistry of Vitamin B_{12} Enzymes; J. M. Wood and D. G. Brown, *Struct. Bonding (Berlin)*, 1972, **11**, 47 (55 pp., 146 refs.).
653. Bonding in Metal Carbonyls; P. S. Braterman, *Struct. Bonding (Berlin)*, 1972, **10**, 57 (26 pp., 110 refs.).
654. Synthetic Applications of Cyanotrimethylsilane, Iodotrimethylsilane, Azidotrimethylsilane and Methylthiotrimethylsilane; W. C. Groutas and D. Felker, *Synthesis*, 1980, 861 (6 pp., 108 refs.).
655. Synthesis of Aldehydes, Ketones and Carboxylic Acids from Lower Carbonyl Compounds by C—C Coupling Reactions; S. F. Martin, *Synthesis*, 1979, 633 (27 pp., 273 refs.).
656. Electrophilic Substitution of Organosilicon Compounds — Applications to Organic Synthesis; T. H. Chan and I. Fleming, *Synthesis*, 1979, 761 (23 pp., 176 refs.).
657. Preparation of Aryl- and Heteroaryltrimethylsilanes; D. Häbich and F. Effenbacher, *Synthesis*, 1979, 841 (30 pp., 341 refs.).
658. Asymmetric Synthesis; D. Valentine, Jr. and J. W. Scott, *Synthesis*, 1978, 329 (28 pp., 333 refs.).
659. The Barbier Reaction — One Step Alternative for Synthesis via Organomagnesium Compounds; C. Blomberg and F. A. Hartog, *Synthesis*, 1977, 18 (12 pp., 80 refs.).
660. Transition Metals in Organic Synthesis; A. P. Kozikowski and H. F. Wetter, *Synthesis*, 1976, 561 (30 pp., 144 refs.).
661. Formation of Carbon–Carbon Bonds Using Organoboranes; J. Weill-Raynal, *Synthesis*, 1976, 633 (19 pp., 144 refs.).
662. Syntheses and Reactions of Organolithium Reagents Derived from Weakly Acidic C—H Compounds; D. Ivanov, G. Vassilev and I. Panayotov, *Synthesis*, 1975, 83 (26 pp., 117 refs.).
663. Synthesis of Cyclic Compounds via Copper Isonitrile Complexes; T. Saegusa and Y. Ito, *Synthesis*, 1975, 291 (10 pp., 20 refs.).
664. Applications of Diisobutylaluminium Hydride and Triisobutylaluminium as Reducing Reagents in Organic Synthesis; E. Winterfeldt, *Synthesis*, 1975, 617 (13 pp., 158 refs.).
665. The Ullmann Synthesis of Biaryls; P. E. Fanta, *Synthesis*, 1974, 9 (12 pp., 145 refs.).
666. Thexylborane — A Highly Versatile Reagent for Organic Synthesis via Hydroboration; E. Negishi and H. C. Brown, *Synthesis*, 1974, 77 (12 pp., 48 refs.).
667. Cyclobutanes from Photochemical Metal Catalysed and Cation-Radical Induced Dimerisation of Mono-Olefins; L. J. Kricka and A. Ledworth, *Synthesis*, 1974, 539 (9 pp., 89 refs.).
668. The Diyne Reaction of 1,4-, 1,5-, 1,6- and 1,7-Diynes via Transition Metal Complexes to New Compounds; E. Müller, *Synthesis*, 1974, 761 (14 pp., 31 refs.).

669. Synthesis of Carboxylic Acids and Esters by Carbonylation Reactions at Atmospheric Pressure using Transition Metal Catalysts; L. Cassar, G. B. Chiusoli and F. Guerrieri, *Synthesis*, 1973, 509 (14 pp., 56 refs.).
670. Aromatic Substitution of Alkenes by Palladium Salts; I. Moritani and Y. Fujiwara, *Synthesis*, 1974, 524 (10 pp., 33 refs.).
671. Preparative Scope of Organometallic Electrochemistry; H. Lehmkuhl, *Synthesis*, 1973, 377 (20 pp., 93 refs.).
672. Organocopper(I) Compounds and Organocuprates in Synthesis; J. F. Normant, *Synthesis*, 1972, 63 (18 pp., 142 refs.).
673. Organic Synthesis by Means of Metal Carbonyls; M. Ryang and S. Tsutsumi, *Synthesis*, 1971, 55 (14 pp., 51 refs.).
674. Diene Synthesis via Boronate Fragmentation; J. A. Marshall, *Synthesis*, 1971, 229 (6 pp., 31 refs.).
675. The Chemistry of Allyl and Crotyl Grignard Reagents; R. A. Benkeser, *Synthesis*, 1971, 347 (12 pp., 93 refs.).
676. Oxidation of Olefins with Mercuric Salts; H. Arzonmanian and J. Metzger, *Synthesis*, 1971, 527 (10 pp., 69 refs.).
677. Palladium Salts and Palladium Complexes in Preparative Organic Chemistry; R. Hüttel, *Synthesis*, 1970, 225 (31 pp., 162 refs. German).
678. Thermal and Catalytic Isomerisation of Olefins using Acids, Metals, Metal Complexes or Boron Compounds as Catalysts; A. J. Hubert and H. Reimlinger, *Synthesis*, 1970, 405 (31 pp., 162 refs., German).
679. Transition Metal Complexes of Fulvenes; R. C. Kerbar and D. J. Ehntholt, *Synthesis*, 1970, 449 (16 pp., 85 refs.).
680. Reduction of Organic Compounds By Organotin Hydrides; H. G. Kuivila, *Synthesis*, 1970, 499 (11 pp., 63 refs.).
681. Asymmetric Synthesis via Chiral Organoborane Reagents; H. C. Brown, P. K. Jadhav and A. K. Mandal, *Tetrahedron*, 1981, **37**, 3547 (38 pp., 94 refs.).
682. Cyclobutadiene; T. Bally and S. Masamune, *Tetrahedron*, 1980, **36**, 343 (25 pp., 140 refs.).
683. Nucleophilic and Organometallic Displacement Reactions of Allylic Compounds: Stereo- and Regiochemistry; R. M. Magid, *Tetrahedron*, 1980, **36**, 1901 (26 pp., 149 refs.).
684. Modern Methods of Aryl-Aryl Bond Formation; M. Sainsbury, *Tetrahedron*, 1980, **36**, 3327 (30 pp., 182 refs.).
685. Synthetic Methods Using α-Heterosubstituted Organometallics; A. Krief, *Tetrahedron*, 1980, **36**, 2531 (102 pp., 537 refs.).
686. Forty Years of Hydride Reductions; H. C. Brown and S. Krishnamurthy, *Tetrahedron*, 1979, **35**, 567 (38 pp., 134 refs.).
687. Recent Advances in Asymmetric Synthesis; J. W. ApSimon and R. P. Seguin, *Tetrahedron*, 1979, **35**, 2797 (42 pp., 235 refs.).
688. Modern Organoselenium Chemistry; D. L. J. Clive, *Tetrahedron*, 1978, **34**, 1049 (50 pp., 163 refs.).
689. Some Aspects of Organometallic Chemistry of Non-Transition Metals; O. A. Reutov, *Tetrahedron*, 1978, **34**, 2827 (26 pp., 185 refs.).
690. Nucleophilic Addition to Organotransition Metal Cations Containing Unsaturated Hydrocarbon Ligands; S. G. Davies, M. L. H. Green and D. M. P. Mingos, *Tetrahedron*, 1978, **34**, 3047 (27 pp., 191 refs.).
691. Boraheterocycles via Cyclic Hydroboration; H. C. Brown and E. Negishi, *Tetrahedron*, 1977, **33**, 2331 (24 pp., 92 refs.).
692. Organopalladium Intermediates in Organic Synthesis; B. M. Trost, *Tetrahedron*, 1977, **33**, 2615 (32 pp., 219 refs.).
693. Concerning the Biosynthesis of Vitamin B_{12}; A. I. Scott, *Tetrahedron*, 1975, **31**, 2639 (14 pp., 27 refs.).
694. Activation of Grignard Reagents by Transition Metal Compounds; H. Felkin and G. Swierczewski, *Tetrahedron*, 1975, **31**, 2735 (12 pp., 65 refs.).
695. The Renaissance of Cyclooctatetraene Chemistry; L. A. Paquette, *Tetrahedron*, 1975, **31**, 2855 (24 pp., 33 refs.).
696. Photochemistry of Boron Compounds; R. F. Porter and L. J. Turbini, *Top. Curr. Chem.*, 1981, **96**, 1 (41 pp., 119 refs.).
697. Chemical and Stereochemical Properties of Compounds with Silicon- or Germanium-Transition Metal Bonds; E. Colomer and R. J. P. Corriu, *Top. Curr. Chem.*, 1981, **96**, 79 (28 pp., 68 refs.).
698. Controlling Factors in Homogeneous Transition Metal Catalysis; P. Heimbach and H. Schenkluhn, *Top. Curr. Chem.*, 1980, **92**, 45 (62 pp., 118 refs.).
699. New Organometallic Reagents for Organic Synthesis; T. Kauffmann, *Top. Curr. Chem.*, 1980, **92**, 109 (38 pp., 65 refs.).
700. Orbital Correlation in the Making and Breaking of Transition Metal-Carbon Bonds; P. S. Braterman, *Top. Curr. Chem.*, 1980, **92**, 149 (23 pp., 74 refs.).
701. Silylated Synthons: Facile Organic Reagents; L. Birkofer and O. Stuhl, *Top. Curr. Chem.*, 1980, **88**, 33 (53 pp., 323 refs.).
702. Syntheses and Properties of Bioactive Organosilicon Compounds; R. Tacke and U. Wannagat, *Top. Curr. Chem.*, 1979, **84**, 1 (75 pp., 132 refs.).
703. Biological Activity of Silatranes; M. G. Voronkov, *Top. Curr. Chem.*, 1979, **84**, 77 (58 pp., 99 refs.).
704. Development of Polyquinane Chemistry; L. A. Paquette, *Top. Curr. Chem.*, 1979, **79**, 41 (124 pp., 440 refs.).
705. Tetranuclear Carbonyl Clusters; P. Chini and T. Heaton, *Top. Curr. Chem.*, 1977, **71**, 1 (69 pp., 253 refs.).
706. Thermochemical Studies of Organotransition Metal Carbonyls; J. A. Connor, *Top. Curr. Chem.*, 1977, **71**, 71 (29 pp., 122 refs.).

707. Vibrational Spectra of Metal Carbonyls; S. F. A. Kettle, *Top. Curr. Chem.*, 1977, **71**, 111 (37 pp., 273 refs.).
708. Inorganic Applications of X-ray Photoelectron Spectroscopy; W. L. Jolly, *Top. Curr. Chem.*, 1977, **71**, 149 (31 pp., 129 refs.).
709. Olefin Insertion in Transition Metal Catalysis; G. Henrici-Olivé and S. Olivé, *Top. Curr. Chem.*, 1976, **67**, 107 (19 pp., 76 refs.).
710. Diastereoisomerism and Diastereoselectivity in Metal Complexes; K. Bernauer, *Top. Curr. Chem.*, 1976, **65**, 1 (34 pp., 134 refs.).
711. Mechanistics of Photochemical Reactions of Coordination Compounds; M. S. Wrighton, *Top. Curr. Chem.*, 1976, **65**, 37 (66 pp., 196 refs.).
712. Inorganic Medicinal Chemistry; D. D. Perrin, *Top. Curr. Chem.*, 1976, **64**, 181 (36 pp., 192 refs.).
713. Use of Activated Metals in Organic and Organometallic Synthesis; R. D. Rieke, *Top. Curr. Chem.*, 1975, **59**, 1 (30 pp., 107 refs.).
714. Stereochemistry of Reactions of Optically Active Organometallic Transition Metal Compounds; H. Brunner, *Top. Curr. Chem.*, 1975, **56**, 67 (23 pp., 74 refs.).
715. Organometallic Compounds Studied by Gas-Phase Electron Diffraction; A. Haaland, *Top. Curr. Chem.*, 1975, **53**, 1 (22 pp., 114 refs.).
716. Properties and Preparations of Si—Si Linkages; E. Hengge, *Top. Curr. Chem.*, 1974, **51**, 1 (126 pp., 696 refs.).
717. Low Valent Silicon; H. Burger and R. Eujen, *Top. Curr. Chem.*, 1974, **50**, 1 (40 pp., 122 refs.).
718. Organometallic Synthesis of Carbosilanes; G. Fritz, *Top. Curr. Chem.*, 1974, **50**, 43 (84 pp., 55 refs.).
719. The Chemistry of Silicon–Transition Metal Compounds; F. Höfler, *Top. Curr. Chem.*, 1974, **50**, 129 (36 pp., 222 refs.).
720. Removal of Orbital Symmetry Restrictions to Organic Reactions; F. D. Mango, *Top. Curr. Chem.*, 1974, **45**, 39 (52 pp., 55 refs.).
721. Orbital Symmetry Rules for Inorganic Reactions from Perturbation Theory; R. G. Pearson, *Top. Curr. Chem.*, 1973, **41**, 75 (37 pp., 53 refs.).
722. Stereochemical Nomenclature and Notation in Inorganic Chemistry; T. E. Sloan, *Top. Stereochem.*, 1981, **12**, 1 (35 pp., 32 refs.).
723. Stereochemistry of Reaction of Transition Metal Carbon σ-Bonds; T. C. Flood, *Top. Stereochem.*, 1981, **12**, 37 (80 pp., 263 refs.).
724. Asymmetric Synthesis Mediated by Transition Metal Complexes; B. Bosnich and M. D. Fryznk, *Top. Stereochem.*, 1981, **12**, 119 (35 pp., 82 refs.).
725. Structures of Metal Nitrosyls; R. D. Feltham and J. H. Enemark, *Top. Stereochem.*, 1981, **12**, 156 (59 pp., 252 refs.).
726. Stereochemistry of Germanium and Tin Compounds; M. Gielen, *Top. Stereochem.*, 1981, **12**, 218 (33 pp., 92 refs.).
727. Stereochemistry of Transition Metal Carbonyl Clusters; B. F. G. Johnson and R. E. Benfield, *Top. Stereochem.*, 1981, **12**, 253 (82 pp., 61 refs.).
728. New Approaches in Asymmetric Synthesis; H. B. Kagan and J. C. Fiand, *Top. Stereochem.*, 1978, **10**, 175 (97 pp., 306 refs.).
729. Reaction of Allylsilanes and Applications to Organic Synthesis; H. Sakurai, *Pure Appl. Chem.*, 1982, **54**, 1 (2 pp., 52 refs.).
730. Photolytic Reactions of Cyclopentadienylmetallic Compounds; A. G. Davies, *Pure Appl. Chem.*, 1982, **54**, 23 (5 pp., 15 refs.).
731. ^{119}Sn NMR for Investigation of Organotin Reactions; M. Pereyre, J.-P. Quintard and A. Rahm, *Pure Appl. Chem.*, 1982, **54**, 29 (12 pp., 26 refs.).
732. Metallacarboranes in Organic Synthesis; R. N. Grimes, *Pure Appl. Chem.*, 1982, **54**, 43 (14 pp., 52 refs.).
733. Metal–Carbon and Carbon–Carbon Bond Formation from Small Molecules and One-Carbon Functional Groups; C. Floriani, *Pure Appl. Chem.*, 1982, **54**, 59 (6 pp., 21 refs.).
734. The Methylene Bridge: A Challenge to Synthetic, Mechanistic and Structural Organometallic Chemistry; W. A. Herrmann, *Pure Appl. Chem.*, 1982, **54**, 65 (16 pp., 39 refs.).
735. Organometallic Chemistry of Metal Surfaces; E. L. Muetterties, *Pure Appl. Chem.*, 1982, **54**, 83 (14 pp., 21 refs.).
736. Structure and Chemistry of Carbonyl Cluster Compounds of Osmium and Ruthenium; J. Lewis and B. F. G. Johnson, *Pure Appl. Chem.*, 1982, **54**, 97 (16 pp., 31 refs.).
737. Structural Chemistry and Reactivity of Cluster Bound Acetylides: Close Relatives of the Carbides?; A. J. Carty, *Pure Appl. Chem.*, 1982, **54**, 113 (17 pp., 49 refs.).
738. Transformations of Organic Substrates on Metal Clusters; H. D. Kaesz *et al.*, *Pure Appl. Chem.*, 1982, **54**, 131 (12 pp., 23 refs.).
739. α-Carbenium Centre Stabilisation in Olefin–Iron Carbonyls; M. I. Rybinskaya, *Pure Appl. Chem.*, 1982, **54**, 145 (13 pp., 48 refs.).
740. Photogeneration of Reactive Organometallic Species; M. S. Wrighton *et al.*, *Pure Appl. Chem.*, 1982, **54**, 161 (14 pp., 37 refs.).
741. Metal Basicity as a Synthetic Tool in Organometallic Chemistry; H. Werner, *Pure Appl. Chem.*, 1982, **54**, 177 (11 pp., 38 refs.).
742. Asymmetric Catalytic Allylic Alkylation; B. Bosnich and P. B. Mackenzie, *Pure Appl. Chem.*, 1982, **54**, 189 (6 pp., 16 refs.).
743. Catalytic Reactions via π-Allylpalladium Complexes; J. Tsuji, *Pure Appl. Chem.*, 1982, **54**, 197 (10 pp., 14 refs.).
744. Asymmetric Synthesis Using Organometallic Reagents; G. H. Posner *et al.*, *Pure Appl. Chem.*, 1981, **53**, 2307 (8 pp., 9 refs.).

745. Asymmetric Synthesis via Axially Dissymmetric Molecules; R. Noyori, *Pure Appl. Chem.*, 1981, **53**, 2315 (9 pp., 8 refs.).
746. Palladium Catalysed Syntheses of Conjugated Polyenes; R. F. Heck, *Pure Appl. Chem.*, 1981, **53**, 2323 (10 pp., 8 refs.).
747. Bimetallic Catalytic Systems Containing Ti, Zr, Ni and Pd Applied to Selective Organic Synthesis; E. Negishi, *Pure Appl. Chem.*, 1981, **53**, 2333 (22 pp., 92 refs.).
748. Transition Metal Templates for Selectivity in Organic Synthesis; B. M. Trost, *Pure Appl. Chem.*, 1981, **53**, 2357 (13 pp., 34 refs.).
749. Palladium Catalysis in Natural Product Synthesis; J. Tsuji, *Pure Appl. Chem.*, 1981, **53**, 2371 (7 pp., 23 refs.).
750. Nucleophilic Addition to Diene- and Arene-Metal Complexes; M. F. Semmelhack, *Pure Appl. Chem.*, 1981, **53**, 2379 (9 pp., 21 refs.).
751. Activation of Molecular Oxygen and Selective Metal Catalysed Oxidation of Olefins; H. Mimoun, *Pure Appl. Chem.*, 1981, **53**, 2389 (10 pp., 26 refs.).
752. Organotin Chemistry for Synthetic Applications; M. Pereyre and J.-P. Quintard, *Pure Appl. Chem.*, 1981, **53**, 2401 (15 pp., 61 refs.).
753. Control in Transition Metal Catalysed Organic Synthesis; P. Heimbach and H. Schenkluhn, *Pure Appl. Chem.*, 1981, **53**, 2419 (14 pp., 46 refs.).
754. Detailed Mechanism of Reaction of Grignard Reagents with Ketones; E. C. Ashby, *Pure Appl. Chem.*, 1980, **52**, 545 (24 pp., 29 refs.).
755. Role of Electron Transfer and Charge Transfer in Organometallic Chemistry; J. K. Kochi, *Pure Appl. Chem.*, 1980, **52**, 571 (34 pp., 36 refs.).
756. New Applications of Metal Carbonyls in Catalysis and Synthesis; H. Alper, *Pure Appl. Chem.*, 1980, **52**, 607 (6 pp., 20 refs.).
757. Reactive Intermediates in Synthesis and Chemistry of Organosilacycles; T. J. Barton, *Pure Appl. Chem.*, 1980, **52**, 615 (10 pp., 10 refs.).
758. Model Studies of Metal-Catalysed CO Reduction; C. P. Casey et al., *Pure Appl. Chem.*, 1980, **52**, 625 (8 pp., 31 refs.).
759. New Aspects of Organic Synthesis Catalysed by Group VIII Metal Complexes; G. P. Chiusoli, *Pure Appl. Chem.*, 1980, **52**, 635 (15 pp., 32 refs.).
760. Carbon–Hydrogen Bond Activation in Transition Metal Compounds; A. J. Deeming and I. P. Rothwell, *Pure Appl. Chem.*, 1980, **52**, 649 (6 pp., 17 refs.).
761. Stereoselective Substitution at the Metal Atom of Optically Active Organotin Compounds; M. Gielen, *Pure Appl. Chem.*, 1980, **52**, 657 (10 pp., 19 refs.).
762. Nickel- and Palladium-Catalysed Cross Coupling of Organometals with Organic Halides; M. Kumada, *Pure Appl. Chem.*, 1980, **52**, 669 (10 pp., 38 refs.).
763. New Iron Porphyrin Complexes with a Metal–Carbon Bond; D. Mansuy, *Pure Appl. Chem.*, 1980, **52**, 681 (9 pp., 37 refs.).
764. Boron Cage Compounds; B. M. Mikhailov, *Pure Appl. Chem.*, 1980, **52**, 691 (12 pp., 28 refs.).
765. Theoretical and Structural Studies on Organometallic Cluster Molecules; D. M. P. Mingos, *Pure Appl. Chem.*, 1980, **52**, 705 (7 pp., 15 refs.).
766. Tantalacyclopentane Complexes and Their Role in the Catalytic Dimerisation of Olefins; R. R. Schrock, S. J. McLain and J. Sancho, *Pure Appl. Chem.*, 1980, **52**, 729 (4 pp., 5 refs.).
767. Organozirconium in Organic Synthesis: Cleavage of Carbon Zirconium Bonds; J. Schwartz, *Pure Appl. Chem.*, 1980, **52**, 733 (7 pp., 30 refs.).
768. Coordination Chemistry of Metal Surfaces and Metal Complexes; E. L. Muetterties, *Pure Appl. Chem.*, 1980, **52**, 2061 (5 pp., 12 refs.).
769. Anchored Complexes in Fundamental Catalytic Research; Yu. I. Yermakov, *Pure Appl. Chem.*, 1980, **52**, 2075 (13 pp., 54 refs.).
770. Solar Energy Storage Involving Metal Complexes; A. W. Maverick and H. B. Gray, *Pure Appl. Chem.*, 1980, **52**, 2339 (8 pp., 82 refs.).
771. Palladium Catalysts in Natural Products Synthesis; J. Tsuji, *Pure Appl. Chem.*, 1979, **51**, 1235 (7 pp., 23 refs.).
772. α-Metallated Isocyanides in Organic Synthesis; U. Schöllkopf, *Pure Appl. Chem.*, 1979, **51**, 1347 (7 pp., 36 refs.).
773. Direct Electrochemical Synthesis of Inorganic and Organometallic Compounds; D. G. Tuck, *Pure Appl. Chem.*, 1979, **51**, 2005 (13 pp., 67 refs.).
774. Free Radical Mechanisms in Coordination Chemistry; J. Halpern, *Pure Appl. Chem.*, 1979, **51**, 2171 (10 pp., 30 refs.).
775. Photoelectron Spectroscopy of Transition Metal Complexes; I. D. Hillier, *Pure Appl. Chem.*, 1979, **51**, 2183 (12 pp., 26 refs.).
776. Phosphine Complexes of Rhodium as Homogeneous Catalysts; L. Markó, *Pure Appl. Chem.*, 1979, **51**, 2211 (13 pp., 29 refs.).
777. Theoretical Aspects of Coordination of Molecules to Transition-Metal Centres; R. Hoffmann, T. A. Albright and D. L. Thorn, *Pure Appl. Chem.*, 1978, **50**, 1 (8 pp., 21 refs.).
778. Generation and Reaction of Si—C Double Bonded Intermediates; M. Ishikawa, *Pure Appl. Chem.*, 1978, **50**, 11 (7 pp., 27 refs.).
779. Classical and Novel Ylid Systems in Organometallic Chemistry; H. Schmidbaur, *Pure Appl. Chem.*, 1978, **50**, 19 (6 pp., 37 refs.).
780. Synthesis, Mechanism and Reactivity of Some Organomolybdenum and -tungsten Compounds; M. L. H. Green, *Pure Appl. Chem.*, 1978, **50**, 27 (8 pp., 24 refs.).
781. Enantioselective Reactions Through Chiral Metal Carbene Complexes; A. Nakamura, *Pure Appl. Chem.*, 1978, **50**, 37 (6 pp., 6 refs.).

References

782. Isocyanide, Carbene and Related Chemistry of Pd(II) and Pt(II); H. C. Clark, *Pure Appl. Chem.*, 1978, **50**, 43 (4 pp., 8 refs.).
783. Synthesis and Reactivity of Carbon-Bonded Transition Elements; F. Calderazzo, *Pure Appl. Chem.*, 1978, **50**, 49 (3 pp., 47 refs.).
784. Neutron Diffraction on Transition Metal Hydride Complexes; R. Bau and T. F. Koetzle, *Pure Appl. Chem.*, 1978, **50**, 55 (8 pp., 34 refs.).
785. Organo-Transition Metals as Homogeneous Catalytic Intermediates; G. Wilke, *Pure Appl. Chem.*, 1978, **50**, 677 (13 pp., 35 refs.).
786. New Applications of Palladium in Organic Synthesis; R. F. Heck, *Pure Appl. Chem.*, 1978, **50**, 691 (10 pp., no refs.).
787. Unusual Metal Alkyls; M. F. Lappert, *Pure Appl. Chem.*, 1978, **50**, 703 (5 pp., 29 refs.).
788. Stoichiometric versus Catalytic use of Cu(I) Salts in the Synthetic Use of Main Group Organometallics; J. F. Normant, *Pure Appl. Chem.*, 1978, **50**, 709 (6 pp., 41 refs.).
789. The Mechanisms of Substitution Reactions of Organometallic Compounds of Non-Transition Elements; O. A. Reutov, *Pure Appl. Chem.*, 1978, **50**, 717 (6 pp., 61 refs.).
790. Activation of Alkanes by Transition Metal Complexes; A. E. Shilov, *Pure Appl. Chem.*, 1978, **50**, 725 (8 pp., 31 refs.).
791. New Trends in the Chemistry of Organometalloporphyrins; M. Tsutsui, *Pure Appl. Chem.*, 1978, **50**, 735 (6 pp., 46 refs.).
792. Organoboranes in Synthesis and Analysis; R. Koster, *Pure Appl. Chem.*, 1977, **49**, 765 (25 pp., 23 refs.).
793. Synthesis, Structure and Reactions of Metalloboranes; N. N. Greenwood, *Pure Appl. Chem.*, 1977, **49**, 791 (10 pp., 40 refs.).
794. Aromatic Transition Metal Complexes — the First 25 Years; P. L. Pauson, *Pure Appl. Chem.*, 1977, **49**, 839 (14 pp., 69 refs.).
795. 'Fundamental Research in Homogeneous Catalysis', ed. M. Tsutsui, Plenum Press, New York, 1979, vol. 3.
    (1) Basic Concepts of Homogeneous Catalysis; G. Wilke, 1–24, 31 refs.
    (2) Cluster Catalysed Oxidation of Ketones and CO (Rh, Ir, Pt), D. M. Roundhill, 11–24, 32 refs.
    (3) Selectivity Control in Catalysis; A. Nakamura, 41–54, 17 refs.
    (4) M.O. Approach to σ–π Rearrangements; K. Tatsumi and M. Tsutsui, 55–72, 62 refs.
    (5) M.O. Calculations on Metal Carbonyls of Ni and Cu; M. Itoh and A. B. Kunz, 73–82, 30 refs.
    (7) Activation of Aliphatic C—H and C—C; G. W. Parshall et al., 95–106, 6 refs.
    (8) Coordination Polymerisation of Olefins and Dienes; Ph. Teyssie, 107–117, 22 refs.
    (9) Fischer–Tropsch Synthesis; I. Tkatchenko, 119–139, 58 refs.
    (10) Mechanistics of Olefin Metathesis; C. P. Casey et al., 141–150, 13 refs.
    (11) Reactions of Nickelacycloalkanes; R. H. Grubbs and A. Miyashita, 151–164, 33 refs.
    (13) Interpretation of Carbon Oxide Reductions; R. S. Sapienza et al., 179–198, 50 refs.
    (17) Zeolite-Bound Organoiron Fischer–Tropsch Reactivity; D. Ballivet-Tkatchenko et al., 257–270, 19 refs.
    (18) Reaction of 3-Membered Unsaturated Carbocycles; P. Binger et al., 271–284, 19 refs.
    (19) Stereoselectivity of Metathesis; J. M. Basset and M. Leconte, 285–304, 33 refs.
    (20) C—H Activation by Low Valent Fe Complexes; S. D. Ittel, 305–316, 17 refs.
    (21) Influences on C—H Activation by d^8-Complexes; K. Vrieze et al., 317–326, 17 refs.
    (33) $[HRhL_2]_n$ Clusters; E. L. Muetterties et al., 487–497, 27 refs.
    (35) Homogeneous Asymmetric Catalysis; P. Pino and G. Consliglio, 519–536, 12 refs.
    (36) X-Ray Diffraction in Asymmetric Catalysis; W. S. Knowles et al., 537–548, 16 refs.
    (37) Chiral Pyrrolidinephosphine Ligands; K. Achiwa, 549–564, 31 refs.
    (39) Supported Metal Carbonyl Clusters; R. Ugo et al., 579–602, 16 refs.
    (48) Biological and Chemical Fixation of N_2; J. Chatt, 719–728, 24 refs.
    (54) Mechanistics of Solar Energy Storage Reactions; H. B. Gray et al., 819–834, 16 refs.
    (58) Catalytic C—C Formation via Metallacycles; K. Itoh, 865–891, 112 refs.
    (63) Dynamics of 3c–2e Bonded Aryl Groups in Cu, Ag and Au Clusters; G. van Koten and J. G. Noltes, 953–968, 18 refs.
    (65) ^{31}P Studies on Rh-Catalysts; D. A. Slack et al., 983–996, 42 refs.
796. 'Fundamental Research in Homogeneous Catalysis', ed Y. Ishii and M. Tsutsui, Plenum Press, New York, 1978, vol. 2.
    (1) Metal Cluster Catalysed Hydrocarbon Activation; E. L. Muetterties, 1–10.
    (2) Cluster Catalysed Oxidation of Ketones and CO (Rh, Ir, Pt), D. M. Roundhan, 11–24, 32 refs.
    (3) Metal Carbonyl Catalysis of CO Reactions; R. B. King et al., 25–33, 22 refs.
    (4) Activation of Hydrocarbons by Ru(I); B. R. James et al., 35–43, 15 refs.
    (5) Oxidative Addition to Metal Atoms; K. J. Klabunde, 45–71, 37 refs.
    (6) Metal Catalysed Hydroalumination of Olefins; F. Sato, 81–92, 23 refs.
    (7) Oxidative Addition to Rh(I); M. A. Bennett et al., 93–100, 13 refs.
    (8) Transition Metal Formyl Complexes; J. A. Gladysz, 101–115, 28 refs.
    (9) Control of Stereochemistry in C—C Bond Formation; J. W. Faller, 117–124, 13 refs.
    (10) σ–π Rearrangements in Catalysis; M. Tsutsui and A. Courtney, 125–158, 78 refs.
    (11) Chiral Ferrocenyl Phosphines in Asymmetric Catalysis; T. Hayashi and M. Kumada, 159–180, 58 refs.
    (12) Asymmetric Hydrogenation and Hydrosilylation with Chiral Rh-Complexes; I. Ojima, 181–206, 43 refs.
    (13) Metallacycles in Organotransition Metal Chemistry; R. H. Grubbs and A. Miyashita, 207–220, 23 refs.
    (14) Ni-Catalysed Reaction of Bicyclobutanes with Olefins; H. Takaya et al., 221–240, 29 refs.

797. 'Biomimetic Chemistry', *Adv. Chem. Ser.*, **191**, ed. D. Dolphin, C. McKenna, Y. Murakami and I. Tabushi, A.C.S., Washington, 1980.
- (8) Structure-Function Relationship of B_{12} Coenzyme in the Diol Dehydrase System; T. Toraya and S. Fukui, 139–164, 40 refs.
- (9) Mechanistic Aspects of B_{12}-Dependent Rearrangements; J. Halpern, 165–177, 32 refs.
- (10) Vitamin B_{12} Models with Macrocyclic Ligands; Y. Murakami, 179–199, 45 refs.
- (14) Activation of Dioxygen Using Group VIII Metal Complexes; B. R. James, 253–276, 143 refs.
- (20) Chemical Approaches to Nitrogen Fixation; W. E. Newton, 351–377, 129 refs.
- (21) Possible Mimic of the Nitrogenase Reaction; J. Chatt, 379–391, 26 refs.

798. 'Inorganic Compounds with Unusual Properties — II', *Adv. Chem. Ser.*, **173**, ed. R. B. King, A.C.S., Washington, 1979.
- (1) Selective Hydrogenation of Polyunsaturated Olefins; J. C. Bailar, Jr., 1–15, 59 refs.
- (2) Coordination Chemistry and Catalytic Properties of Cationic Rh-Phosphine Complexes; J. Halpern, A. S. C. Chan, D. P. Riley and J. J. Pluth, 16–25, 21 refs.
- (3) Aromatic Hydrogenation by Rh-Phosphine Complexes; P. Kvintovics, B. Heil and L. Markó, 26–30, 4 refs.
- (4) C_5Me_5—Rh and —Ir Complexes for Catalysis of Olefin and Arene Hydrogenation; P. M. Maitlis, 31–42, 21 refs.
- (5) Catalytic Homogeneous Hydrogenation using Micellar and Phase Transfer Conditions; D. L. Reger and M. M. Habib, 43–49, 16 refs.
- (6) Asymmetric Hydrosilylation; K. B. Kagan, J. F. Peyronel and T. Yamagishi, 50–66, 48 refs.
- (7) Activation of C—H Bonds by Bidentate P-Ligand Iron Complexes; S. D. Ittel, C. A. Tolman, A. D. English and J. P. Jesson, 67–80, 39 refs.
- (8) Homogeneous Catalysis of the Water-Gas Shift Reaction by Metal Carbonyls; P. C. Ford *et al.*, 81–93, 27 refs.
- (9) Homogeneous Catalysis of Water-Gas Shift: Metal Penta- and Hexacarbonyls as Active Catalyst Precursors; C. C. Frazier *et al.*, 94–105, 7 refs.
- (10) Oxygen Exchange and Ligand Substitutions in Chromium Carbonyl Species and Water-Gas Shift; D. J. Darensbourg *et al.*, 106–120, 46 refs.
- (11) Catalytic Reduction Using CO and H_2O; R. Pettit *et al.*, 121–130, 19 refs.
- (12) Mechanistic Studies on Metal-Catalysed Reduction of CO to Hydrocarbons; C. P. Casey and S. M. Neuman, 131–139, 13 refs.
- (14) Structure and Reactivity of Ni(II)-d^8-Complexes: CO Fixation; C. St.-Joly *et al.*, 152–161, 23 refs.
- (17) Novel Cleavage and Oligomerisation Reactions of Ni (0); J. J. Eisch and K. R. Im, 195–209, 17 refs.
- (19) Photochemistry of Binuclear Rh(I) Isocyanides; K. R. Mann and H. B. Gray, 225–235, 11 refs.
- (25) Ni(0)-Catalysed Reactions of Strained Ring Systems; R. Noyori, 307–324, 32 refs.
- (26) Sensitisation of Olefin Photoreactions by Cu(I); C. Kutal and P. A. Grutsch, 325–343, 62 refs.
- (27) Catalysts for Isomerisation of Quadricyclene to Norbornadiene in Photochemical Energy Storage; E. M. Sweet *et al*, 344–357, 15 refs.
- (31) Metal-Metal Triple Bonds in Tungsten and Molybdenum Chemistry; M. H. Chisholm, 396–407, 33 refs.

799. 'Inorganic and Organometallic Photochemistry', *Adv. Chem. Ser.*, **168**, ed. M. Wrighton, A.C.S., Washington, 1978.
- (7) Photochemical Processes in Cyclopentadienylmetal Carbonyl Complexes; D. G. Alway and K. W. Barnett, 115–131, 44 refs.
- (8) Photoinduced Declusterification of Cobalt Carbonyls; G. L. Geoffroy and R. A. Epstein, 132–146, 49 refs.
- (9) Photochemistry of $(N_2)(Ph_2PC_2H_4PPh_2)_2Mo$; T. A. George *et al.*, 147–157, 25 refs.
- (10) Use of Transition Metal Compounds to Sensitise Energy Storage; C. Kutal, 158–173, 49 refs.
- (11) Catalysis of Olefin Photoreactions by Transition Metal Salts; R. G. Salomon, 174–188, 53 refs.
- (12) Photocatalysed Reactions of Alkenes with Silanes Using Trinuclear Metal Carbonyl Catalyst Precursors; M. Wrighton *et al.*, 189–214, 100 refs.

800. 'Transition Metal Hydrides', *Adv. Chem. Ser.*, **167**, ed. R. Bau, A.C.S., Washington, 1978.
- (1) Relation of Carbonyl Hydride Clusters and Interstitial Hydrides; P. Chini *et al.*, 1–10, 35 refs.
- (2)–(7) Structural Studies; J. A. Ibers, M. R. Churchill, R. Bau *et al.*, 11–110, 246 refs.
- (8) μ-H Platinum Complex in Hydrosilylation Catalysis; M. Green, F. G. A. Stone *et al.*, 111–122, 29 refs.
- (9) Ru– and Rh–Hydrides with Chiral Ligands and Asymmetric Hydrogenation; B. R. James *et al.*, 122–135, 60 refs.
- (10) Chemistry of $(C_5Me_5)_2ZrH_2$; J. R. Bercaw, 136–148, 24 refs.
- (11) Hydridoniobium and Catalysis of CO/H_2 Reaction; J. A. Labinger, 149–159, 33 refs.
- (12) Reactivity in Formation of Pt(II) Hydrides by Protonation; D. M. Roundhill, 160–169, 24 refs.
- (13) Osmium Hydridoalkyls and Their Elimination Mechanisms; J. R. Norton *et al.*, 170–180, 22 refs.
- (14) Photochemistry of Transition Metal Hydrides; G. L. Geoffroy *et al.*, 181–200, 54 refs.

801. 'Organotin Compounds: New Chemistry and Applications', *Adv. Chem. Ser.*, **157**, ed. J. J. Zuckerman, A.C.S., Washington, 1976.
- (1) Organotin, Past, Present and Future; G. J. M. van der Kerk, 1–25, 43 refs.
- (2) Homolytic Reactions; A. G. Davies, 26–40, 62 refs.
- (3) Organostannylanionoin Chemistry; H. G. Kuivila, 41–56, 23 refs.
- (4) Organotin Phosphines, Arsines, Stibines and Bismuthines; H. Schumann *et al.*, 57–69, 49 refs.
- (6) Organotin Alkoxides and Amines; J.-C. Pommier *et al.*, 82–112.
- (7) Reaction of Electrophiles with Organofunctional Tin Compounds; J. L. Wardell, 113–122, 42 refs.
- (8) Novel Alkyltin Halides; R. E. Hutton and V. Oakes, 123–133, 12 refs.
- (9) Estertin Stabilisers in P.V.C.; D. Lanigen and E. L. Weinberg, 134–154, no refs.

- (10) Structure and Bonding by Gamma Resonance Spectroscopy; R. H. Herber and M. F. Leahy, 155–166, 26 refs.
- (11) Organotins in Agriculture; M. H. Gitlitz, 167–176, 49 refs.
- (12) P.V.C. Stabilising and Biocidal Applications; R. C. Poller, 177–185, 26 refs.
- (13) Influence on Mitochondrial Functions; W. N. Aldridge, 186–196, 22 refs.
- (14) Biological Oxidation of Organotin Compounds; R. H. Fish et al., 197–203, 22 refs.
- (15) Triorganotin as Ionophore; M. J. Selwyn, 204–226, 48 refs.
- (16) Photoelectron Spectroscopy in Organotin Chemistry; Y. Limouzin and J. C. Maire, 227–248, 26 refs.
- (17) Optical Stability of Organotin; M. Gielen et al., 249–257, 43 refs.
- (19) Chiral Pentacoordinate Triorganotin Halides; G. van Koten and J. G. Noltes, 275–289, 21 refs.

802. 'Inorganic Compounds with Unusual Properties', *Adv. Chem. Ser.*, **150**, ed. R. B. King, A.C.S., Washington, 1976.
- (4) Semiconducting Ferrocene-Containing Polymers; C. U. Pittman, Jr. et al., 46–55, 24 refs.
- (7) Redox Properties of Polymetallic Systems; T. J. Meyer, 73–84, 51 refs.
- (9) Complexes with Large Charge Separation; J. Chatt, 95–103, 27 refs.
- (20) Effect of Coordination and 5f-Configuration on Organoactinide Reactivity; T. J. Marks, 232–255, 119 refs.
- (21) Bulky Alkyl Ligand (Me$_3$Si)$_2$CH Stabilising Unusual Transition Metal and Tin Derivatives; M. F. Lappert, 256–265, 37 refs.
- (24) Recent Advances in Polypyrazolylborate Chemistry; S. Trofimenko, 289–301, 40 refs.
- (25) Metalloboranes with Ligand Metal Single Bonds; L. J. Todd, 202–310, 29 refs.
- (26) Borane Anion Ligands; D. F. Gaines et al., 311–317, 24 refs.
- (28) Polyphosphine Complexes of Rh(I) and Co(I); D. W. Meek, 335–357, 33 refs.

803. 'Organometallic Compounds: Volume 1. The Main Group Elements (Part 2: Groups IV and V)', B. J. Aylett, Chapman and Hall, London, 1979 (507 pp., 2339 refs.).
804. 'Metal π-Complexes: Volume II. Complexes with Mono-Olefinic Ligands, Part 1, General Survey', M. Herberhold, Elsevier, Amsterdam, 1972 (643 pp.).
805. 'Transition Metal Complexes of Cyclic Polyolefins', G. Deganello, Academic Press, New York, 1979 (457 pp.).
806. 'Metallocene Technology', J. C. Johnson, Noyes Data Corporation, Park Ridge, N.J., 1973 (270 pp.).
807. 'Inorganic Rings and Cages', D. A. Armitage, Arnold, London, 1972 (363 pp.).
808. 'Metal Complexes in Organic Chemistry', R. P. Houghton, Cambridge University Press, Cambridge, 1979 (295 pp., 150 refs.).
809. 'The Chemistry of Organolithium Compounds', B. J. Wakefield, Pergamon Press, Oxford, 1974 (318 pp.).
810. 'Organoborane Chemistry', T. Onak, Academic Press, New York, 1975 (229 pp., 1976 refs.).
811. 'Boron Hydride Chemistry', ed. E. L. Muetterties, Academic Press, New York, 1975.
- (9) Icosahedral Carboranes; H. Beall, 302–347, 148 refs.
- (10) Carboranes; T. Onak, 349–382, 118 refs.
- (11) *closo*-Heteroboranes exclusive of carboranes; G. B. Dunks and M. F. Hawthorne, 383–430, 115 refs.
- (12) *nido*-Heteroboranes; P. A. Wenger, 431–480, 218 refs.

812. 'Carboranes', R. N. Grimes, Academic Press, New York, 1970, (249 pp.).
813. 'Organoaluminium Compounds', T. Mole and E. A. Jeffrey, Elsevier, Amsterdam, 1972 (453 pp.).
814. 'The Chemistry of Thallium', A. G. Lee, Elsevier, Amsterdam, 1971.
- (7) Organothallium Chemistry; 185–257, 232 refs.

815. 'Organometallic and Coordination Chemistry of Germanium, Tin and Lead', ed. M. Gielen and P. G. Harrison, Georgi, Zurich, 1979.
816. 'The Organic Compounds of Germanium', M. Lesbre, P. Mazerolles and J. Satgé, Wiley, New York, 1971 (692 pp.).
817. 'Organotin Compounds', ed. A. K. Sawyer, Dekker, New York, 1971, vol. I.
- (2) Organotin Hydrides; E. J. Kupchik, 7–80, 260 refs.
- (3) Organotin Halides; G. P. Van der Kelen et al., 81–152, 554 refs.
- (4) Organotin Alkoxides, Oxides and Related Compounds; A. J. Bloodworth and A. G. Davies, 153–252, 345 refs.

818. 'Organotin Compounds', ed. A. K. Sawyer, Dekker, New York, 1971, vol. II.
- (5) Organotin Carboxylates, Salts and Complexes; R. Okawara and M. Ohara, 253–295, 135 refs.
- (6) Organotin Compounds with Sn—S, Sn—Se and Sn—Te Bonds; H. Schumann et al., 297–508, 396 refs.
- (7) Organotin Compounds with Sn—N Bonds; M. F. Lappert, 509–580, 230 refs.
- (8) Organotin Compounds with Sn—P, Sn—As, Sn—Sb and Sn—Bi Bonds; H. Schumann et al., 581–623, 78 refs.

819. 'Organotin Compounds', ed. A. K. Sawyer, Dekker, New York, 1971, vol. III.
- (9) Organotin Compounds with Sn—C Bonds; M. Gielen and J. Nasielski, 625–822, 466 refs.
- (10) Organotin Compounds with Sn—Sn Bonds; A. K. Sawyer, 823–879, 124 refs.
- (11) Organotin Compounds with other Sn–Metal Bonds; M. J. Newlands, 881–930, 237 refs.
- (12) Applications and Biological Effects of Organotin Compounds, J. G. A. Luijten, 931–974, 265 refs.
- (13) Organotin Polymers, M. C. Henry and W. E. Davidsohn, 975–996, 86 refs.
- (14) Analysis of Organotin Compounds, C. R. Dillard, 997–1006, 87 refs.

820. 'Phosphine Arsine and Stibine Complexes of the Transition Elements', C. A. McAuliffe and W. Levason, Elsevier, Amsterdam, 1979 (426 pp.).
821. 'Transition Metal Complexes of Phosphorus, Arsenic and Antimony Ligands', ed. C. A. McAuliffe, MacMillan, London, 1973 (390 pp.).
- (1) Group VB to Transition Metal Bonds; A. Pidcock, 1–34, 130 refs.

(2) Transition Metal Complexes Containing Phosphine Ligands; K. K. Chow, W. Levason and C. A. McAuliffe, 35–204, 1359 refs.
(3) Complexes Containing Monotertiary Arsines and Stibines; J. C. Cloyd, Jr. and C. A. McAuliffe, 207–267, 587 refs.
(4) Multidentate Ligands; B. Chiswell, 271–307, 132 refs.
(5) Ditertiary Arsine Complexes; E. C. Alyea, 311–373, 250 refs.
822. 'Organometallic Compounds of Arsenic, Antimony and Bismuth', G. O. Doak and L. D. Freedman, Wiley-Interscience, New York, 1970 (461 pp.).
823. 'Organic Selenium Compounds: Their Chemistry and Biology', ed. D. L. Klayman and W. H. H. Gunther, Wiley, New York, 1973.
(1) Nomenclature; W. H. H. Gunther, 1–12, 4 refs.
(2) Elemental Se; R. G. Crystal, 13–28, 64 refs.
(3) Reagents and Methods; W. H. H. Gunther, 29–66, 210 refs.
(4) Selenols; D. L. Klayman, 67–171, 525 refs.
(5) Selenides; L.-B. Agenäs, 173–222, 313 refs.
(6) Selenonium Compounds; R. J. Shine, 223–243, 99 refs.
(7) Analogues of Aldehydes and Ketones; R. B. Silverman, 245–262, 43 refs.
(8) Analogues of Carboxylic Acids; K. A. Jensen and R. J. Shine, 263–303, 226 refs.
(9) OSeC Moieties; R. Paetzold and M. Reichenbacher, 305–324, 70 refs.
(10) Se—P Compounds; J. Michalksi and A. Markowska, 325–377, 189 refs.
(11) Heterocyclic Se-Compounds; L. Mortillaro et al., 379–577, 784 refs.
(12) Aminoacids and Peptides; G. Zdansky et al., 579–628, 151 refs.
(13) Se-Compounds in Nature and Medicine; M. L. Scott et al., 629–814, 1002 refs.
(14) Se-Containing Polymers; L. Mortillaro and M. Russo, 815–834, 59 refs.
(15) Physicochemical Investigations; K. A. Jense et al., 835–1016, 738 refs.
(16) Coordination Compounds with Organo-Se and -Te Ligands; K. A. Jensen and C. K. Jørgensen, 1017–1048, 313 refs.
(17) Analytical Methods; J. F. Alicino and J. A. Kowald, 1049–1082, 157 refs.
824. 'The Organic Chemistry of Tellurium', K. J. Irgolic, Gordon and Breach, London, 1974 (385 pp., 453 refs.).
825. 'Organometallic Chemistry of Titanium, Zirconium, and Hafnium', P. C. Wailes, R. S. P. Coutts and H. Weigold, Academic Press, New York, 1974 (261 pp., 853 refs.).
826. 'Organochromium Compounds', R. P. A. Sneeden, Academic Press, New York, 1975 (312 pp.).
827. 'The Organic Chemistry of Iron', ed. E. A. Koerner von Gustorf, F. W. Grevels and I. Fischler, Academic Press, New York, 1978, vol. 1.
(1) Structure and Bonding; C. Kruger et al., 1–112, 631 refs.
(2) NMR Spectroscopy; T. J. Marks, 113–144, 256 refs.
(3) Mass Spectra; J. Muller, 145–173, 107 refs.
(4) Mössbauer Spectroscopy; R. V. Parish, 175–211, 142 refs.
(5) Magnetic Properties; E. Konig, 213–255, 42 refs.
(6) EPR, E. Konig; 257–297, 44 refs.
(7) Optical Activity; H. Brunner, 299–343, 244 refs.
(8) Iron Carbon σ-Bonds; F. L. Bowden and L. H. Wood, 345–396, 174 refs.
(9) Monoolefin Complexes; R. B. King, 397–462, 239 refs.
(10) Allyl Complexes; R. B. King, 463–522, 212 refs.
(11) Diene Complexes; R. B. King, 525–625, 412 refs.
(12) Stabilisation of Unstable Species with Carbonyl Iron, J. M. Landesberg, 627–651, 137 refs.
828. 'The Organic Chemistry of Nickel: Volume 1, Organonickel Complexes', P. W. Jolly and G. Wilke, Academic Press, New York, 1974 (506 pp.).
829. 'The Organic Chemistry of Nickel: Volume 2, Organic Synthesis', P. W. Jolly and G. Wilke, Academic Press, New York, 1975.
830. 'The Organic Chemistry of Palladium: Volume 1, Metal Complexes', P. M. Maitlis, Academic Press, New York, 1971 (289 pp., 886 refs.).
831. 'The Organic Chemistry of Palladium: Volume 2, Catalytic Reactions', P. M. Maitlis, Academic Press, New York, 1971 (190 pp., 596 refs.).
832. 'The Chemistry of Platinum and Palladium', F. R. Hartley, Applied Science, London, 1973 (519 pp.).
833. 'Organometallic and Coordination Chemistry of Platinum', U. Belluco, Academic Press, New York, 1974 (687 pp.).
834. 'The Chemistry of Gold', R. J. Puddephatt, Elsevier, Amsterdam, 1978 (269 pp.).
835. 'The Chemistry of Mercury', ed. C. A. McAuliffe, MacMillan, London, 1977.
(1) History; W. V. Farrar and A. R. Williams, 1–45, 83 refs.
(3) Organic Chemistry of Mercury; A. J. Bloodworth, 137–258, 500 refs.
(4) Biochemistry and Toxicology of Mercury; K. H. Falchuk, L. J. Goldwater and B. L. Vallee, 259–283, 164 refs.
836. 'Organometallics of the f-Elements', ed. T. J. Marks and E. O. Fischer, Reidel, Dordrecht, 1979.
837. 'Organometallic Photochemistry', G. L. Geoffroy and M. S. Wrighton, Academic Press, New York, 1980.
838. 'Photochemistry of Coordination Compounds', V. Balzani and V. Carassiti, Academic Press, New York, 1970 (388 pp.).
839. 'Thermochemistry of Organic and Organometallic Compounds', J. D. Cox and G. Pilcher, Academic Press, New York, 1970 (636 pp.).

840. 'Comprehensive Chemical Kinetics: Volume 4, Decomposition of Inorganic and Organometallic Compounds', ed. C. H. Bamford and C. F. H. Tipper, Elsevier, Amsterdam, 1972.
    (4) Decomposition of Metal Alkyls, Aryl, Carbonyls and Nitrosyls; S. J. W. Price, 197–257, 156 refs.
841. 'Symmetry Rules for Chemical Reactions', R. G. Pearson, Wiley, New York, 1976 (529 pp.).
842. 'Organotransition Metal Chemistry: A Mechanistic Approach', R. F. Heck, Academic Press, New York, 1974 (312 pp.).
843. 'Organometallic Reaction Mechanisms', D. S. Matteson, Academic Press, New York, 1974 (330 pp.).
844. 'Organometallic Mechanisms and Catalysis', J. K. Kochi, Academic Press, New York, 1978 (574 pp.).
845. 'Homogeneous Transition Metal Catalysis — A Gentle Art', C. Masters, Chapman and Hall, London, 1981 (271 pp., 448 refs.).
846. 'Coordination and Catalysis', G. Henrici-Olivé and S. Olivé, Verlag Chemie, Weinheim, 1977 (305 pp.).
847. 'Principles and Applications of Homogeneous Catalysis', A. Nakamara and M. Tsutsui, Wiley, New York, 1980 (195 pp.).
848. 'Chemistry of Catalytic Processes', B. C. Gates, J. R. Katzer and G. C. A. Schuit, McGraw-Hill, New York, 1979 (447 pp.).
849. 'Aspects of Homogeneous Catalysis', ed. R. Ugo, Manfredi, Milan, 1970, vol. 1.
    (1) Advances in Homogeneous Hydrogenation of Carbon–Carbon Multiple Bonds; R. S. Coffey, 3–75, 235 refs.
    (2) Stereoselectivity in Ni-Induced Organic Syntheses; G. P. Chiusoli, 77–105, 48 refs.
    (3) Catalytic Dimerisation and Codimerisation of Olefinic Compounds; G. Lefebure and Y. Chauvin, 107–201, 161 refs.
    (4) Selective Homogeneous Hydrogenation of Polyenes to Monoenes; A. Andreeta et al., 204–267, 114 refs.
850. 'Aspects of Homogeneous Catalysis', ed. R. Ugo, Reidel, Dordrecht, 1974, vol. 2.
    (1) Hydroformylation of Olefins with Metal Carbonyl Catalysts; L. Markó, 4–55, 136 refs.
    (2) Metal Catalysed Hydrocyanation; E. S. Brown, 57–78, 58 refs.
    (3) Ni-Catalysed Cyclo Oligomerisation of Alkenes and Dienes; P. Heimbach, 79–158, 116 refs.
    (4) Dimerisation of Acrylic Compounds; M. Hidai and A. Misono, 159–188, 75 refs.
851. 'Aspects of Homogeneous Catalysis', ed. R. Ugo, Reidel, Dordrecht, 1977, vol. 3.
    (1) Homogeneous Transition Metal Catalysis of Addition of Oxygen to Reactive Organic Substrates; J. E. Lyons, 1–136, 524 refs.
    (2) Relation Between Molecular Clusters and Small Particles; J. M. Basset and R. Ugo, 137–183, 168 refs.
    (3) Catalytic Hydrosilylation using Chiral Ligands; I. Ojima et al., 185–228, 72 refs.
852. 'Aspects of Homogeneous Catalysis', ed. R. Ugo, Reidel, Dordrecht, 1981, vol. 4.
    (1) Metal Catalysed Epoxidations of Olefins; R. A. Sheldon, 3–70, 240 refs.
    (2) Homogeneous, Catalytic Reduction of Carbonyl, Azomethine and Nitro-Groups; G. Mestroni et al., 71–98, 68 refs.
    (3) Catalysis of Diolefin Reactions by η^3-Allyl Complexes; M. Julemont and Ph. Teyssie, 99–143, 111 refs.
    (4) Substrates and P-Ligands Used in Rh-Catalysed Hydrogenations; L. Markó and J. Bukos, 145–202, 116 refs.
853. 'Homogeneous Catalysis', G. W. Parshall, Wiley, New York, 1980 (232 pp.).
854. 'Homogeneous Catalysis by Metal Complexes: Volume I, Activation of Small Inorganic Molecules', M. M. Taqui Khan and A. E. Martell, Academic Press, New York, 1974 (396 pp.).
855. 'Homogeneous Catalysis by Metal Complexes: Volume II, Activation of Alkenes and Alkynes', M. M. Taqui Khan and A. E. Martell, Academic Press, New York, 1974 (179 pp.).
856. 'Transition Metals in Homogeneous Catalysis', ed. G. N. Schrauzer, Dekker, New York, 1971.
    (1) Catalysis, Fundamental Aspects and Scope; G. N. Schrauzer, 1–12, 13 refs.
    (2) Hydrogenation and Dehydrogenation; J. Kwiatek, 13–57, 209 refs.
    (3) π-Allyl System in Catalysis; W. Keim, 59–92, 211 refs.
    (4) Homogeneous Metal-Catalysed Oxidation of Organic Compounds; E. W. Stern, 93–146, 194 refs.
    (5) Carbonylation; D. T. Thompson and R. Whyman, 147–222, 207 refs.
    (6) Catalysis of Symmetry Forbidden Reactions; F. D. Mango and J. J. Schachtschneider, 223–295, 74 refs.
    (7) Electron Transfer Catalysis; R. G. Linck, 297–380, 341 refs.
857. 'Homogeneous Hydrogenation', B. R. James, Wiley, New York, 1973.
858. 'Homogeneous Hydrogenation in Organic Chemistry', F. J. McQuillin, Reidel, Dordrecht, 1976 (132 pp.).
859. 'New Synthesis with Carbon Monoxide', ed. J. Falbe, Springer-Verlag, Berlin, 1980.
    (1) Hydroformylation, Oxo, Roelen Syntheses; B. Cornils, 1–225, 1970 refs.
    (2) Homologation of Alcohols; H. Bahrmann and B. Cornils, 226–242, 77 refs.
    (3) Metal Carbonyl Catalysed Carbonylation — Reppe Reactions; A. Mullen, 243–308, 289 refs.
    (4) Hydrogenation of Carbon Monoxide; C. D. Frohning, 309–371, 262 refs.
    (5) Ring-Closure Reactions with Carbon Monoxide; A. Mullen, 414–439, 96 refs.
860. 'Organic Synthesis via Boranes', H. C. Brown, Wiley, New York, 1975 (264 pp.).
861. 'Organoboranes in Organic Synthesis', G. M. L. Cragg, Dekker, New York, 1973 (371 pp.).
862. 'Organic Synthesis with Noble Metal Catalysts', P. N. Rylander, Academic Press, New York, 1973 (294 pp.).
863. 'Organic Synthesis with Palladium Compounds', J. Tsuji, Springer-Verlag, Berlin, 1980 (200 pp.).
864. 'Palladium-Catalysed Oxidation of Hydrocarbons', P. M. Henry, Reidel, Dordrecht, 1980 (407 pp.).
865. 'Organic Synthesis by Means of Transition Metal Complexes', J. Tsuji, Springer-Verlag, Berlin, 1975 (186 pp.).

866. 'Organometallics in Organic Synthesis', J. M. Swan and D. St. C. Black, Chapman and Hall, London, 1974 (145 pp.).
867. 'Organometallics in Organic Synthesis', E. Negishi, Wiley, New York, 1980, vol. 1 (496 pp.).
868. 'Transition Metal Organometallics in Organic Synthesis', ed. H. Alper, Academic Press, New York, 1976, vol. I.
    (1) Transition Metal Olefin Complexes; A. J. Birch and I. D. Jenkins, 1–82, 280 refs.
    (2) Coupling Reactions via Transition Metal Complexes; R. Noyori, 83–187, 550 refs.
    (3) Metal Carbene Complexes in Organic Synthesis; C. P. Casey, 189–233, 120 refs.
869. 'Transition Metal Organometallics in Organic Synthesis', ed. H. Alper, Academic Press, New York, 1978, vol. II.
    (1) Alkyne Complexes and Cluster Derivatives as Synthetic Reagents; D. Seyferth et al., 1–63, 200 refs.
    (2) Arene Complexes in Organic Synthesis; G. Jaouen, 65–120, 200 refs.
    (3) Oxidation, Reduction, Rearrangement and Other Useful Processes; H. Alper, 121–163, 220 refs.
870. 'Organic Synthesis via Metal Carbonyls', ed. I. Wender and P. Pino, Wiley, New York, 1977, vol. II.
    (1) Carbonylation of Oxygenated Compounds; F. Piacenti and M. Bianchi, 1–42, 103 refs.
    (2) Hydroformylation (OXO) Process; P. Pino et al., 43–231, 59 refs.
    (3) Hydrocarboxylation of Olefins; P. Pino et al., 233–296, 182 refs.
    (4) Organic Syntheses via π-Allylmetal Carbonyls; G. P. Chiusoli and L. Cassar, 297–418, 307 refs.
    (5) CO Addition to Alkyne Substrates; P. Pino and G. Braca, 419–516, 258 refs.
    (6) Carbonylation of Organohalides; T. A. Weil et al., 517–543, 70 refs.
    (7) Organic Syntheses with $Fe(CO)_5$; H. Alper, 545–593, 194 refs.
    (8) Hydrocyanation of Alkenes; E. S. Brown, 655–672, 53 refs.
    (9) Group VIII Catalysed Hydrosilylation; J. F. Harrod and A. J. Chalk, 673–704, 85 refs.
    (10) Catalysis of Symmetry Restricted Reactions; J. Halpern, 705–730, 93 refs.
871. 'Mössbauer Spectroscopy', A. Vertes, K. Korecz and K. Burger, Elsevier, Amsterdam, 1979 (411 pp.).
872. 'The ^{13}C NMR Data of Organometallic Compounds', B. E. Mann and B. Taylor, Academic Press, New York, in press.
873. 'NMR and Periodic Table', ed. R. K. Harris and B. E. Mann, Academic Press, New York, 1978 (454 pp.).
874. 'Topics in Carbon-13 NMR Spectroscopy', ed. G. C. Levy, Wiley, New York, 1976, vol. 2.
    (5) ^{13}C NMR Studies of Organometallic and Transition Metal Complex Compounds; 219–341, 168 refs.
875. 'Metal Carbonyl Spectra', P. S. Braterman, Academic Press, New York, 1975.
876. 'Infrared and Raman Spectra of Inorganic and Coordination Compounds', K. Nakamoto, Wiley, New York, 3rd edn., 1978 (441 pp.).
877. 'Vibrational Spectra of Organometallic Compounds', E. D. Maslowsky, Jr., Wiley, New York, 1977.
878. 'Index of Vibrational Spectra of Inorganic and Organometallic Compounds: Volume 1 (1935–1960)', N. N. Greenwood, E. J. F. Ross and B. P. Stranghan, Butterworth, London, 1972 (754 pp.).
879. 'Spectroscopy and Structure of Molecular Complexes', ed. J. Yarwood, Plenum Press, London, 1973.
    (5) η- and π-Donors with Transition Metal Acceptors; D. A. Duddell, 387–457, 159 refs.
    (6) η- and π-Donors with Main Group Acceptors; P. N. Gates and D. Steele, 460–529, 195 refs.
880. 'Advanced Inorganic Chemistry', F. A. Cotton and G. Wilkinson, Wiley, New York, 4th edn., 1980 (1365 pp.).
881. 'Inorganic Chemistry', K. F. Purcell and J. C. Kotz, Saunders, Philadelphia, 1977 (1095 pp.).
882. 'Comprehensive Organic Chemistry', ed. D. H. R. Barton and W. D. Ollis, Pergamon, Oxford, 1979, vol. 3.
    (13) Organic Silicon Compounds; I. Fleming, 539–686, 633 refs.
    (14) Organic Boron Compounds; A. Pelter and K. Smith, 791–940, 842 refs.
    (15.1) Organic Compounds of Alkali Metals, B. J. Wakefield, 943–968, 67 refs.
    (15.2) Organic Compounds of Group II Metals; B. J. Wakefield, 969–1012, 215 refs.
    (15.3) Organic Compounds of Group III Metals; G. Zweifel, 1013–1060, 149 refs.
    (15.4) Organic Compounds of Group IV Metals; R. C. Poller, 1016–1110, 273 refs.
    (15.5) Organic Compounds of Antimony and Bismuth; R. C. Poller, 1111–1125, 75 refs.
    (15.6) Organometallic Compounds of the Transition Metals; D. St. C. Black, W. R. Jackson and J. M. Swan, 1127–1323, 719 refs.
883. 'Preparative Inorganic Reactions', ed. W. L. Jolly, Wiley, New York, 1971, vol. 7.
    (1) Polyhedral Boranes and Heteroatom Boranes; F. R. Scholer and L. J. Todd, 1–92, 237 refs.
    (3) Complexes of Dinitrogen; G. Leigh, 165–193, 86 refs.
884. 'Preparative Inorganic Reactions', ed. W. L. Jolly, Wiley, New York, 1971, vol. 6.
    (3) Heterocyclic Compounds of the Group IV Elements; C. H. Yoder and J. J. Zuckerman, 81–156, 390 refs.
    (4) Inorganic Derivatives of Germane and Digermane; C. H. Van Dyke, 157–232, 201 refs.
885. 'Metal Vapour Synthesis in Organometallic Chemistry', J. R. Blackborow and D. Young, Springer-Verlag, Berlin, 1979 (189 pp.).
886. 'Matrix Isolation', S. Cradock and A. J. Hinchcliffe, Cambridge University Press, London, 1975 (140 pp.).
887. 'Organometallic Synthesis: Volume 2, Non-transition Metal Compounds', J. J. Eisch, Academic Press, New York, 1981 (186 pp.).
888. 'Chemical Analysis of Organometallic Compounds', T. R. Crompton, Academic Press, New York, 1973, vol. 1 (244 pp.).
889. 'Chemical Analysis of Organometallic Compounds', T. R. Crompton, Academic Press, New York, 1974, vol. 2 (140 pp.).
890. 'Chemical Analysis of Organometallic Compounds', T. R. Crompton, Academic Press, New York, 1974, vol. 3 (189 pp.).

891. 'Chemical Analysis of Organometallic Compounds', T. R. Crompton, Academic Press, New York, 1975, vol. 4 (272 pp.).
892. 'Chemical Analysis of Organometallic Compounds', T. R. Crompton, Academic Press, New York, 1977, vol. 5 (414 pp.).
893. 'Analysis of Silicones', ed. A. L. Smith, Wiley, New York, 1974.
    (2)–(5) Analysis of Monomers, Polymers and Proprietary Formulations; A. L. Smith et al., 21–84.
    (6)–(14) Basic Techniques; D. N. Ingebrightson et al., 85–386.
894. 'Zerovalent Compounds of Metals', L. Malatesta and S. Cenini, Academic Press, New York, 1974 (219 pp.).
895. 'Metal β-Diketonates and Allied Derivatives', R. C. Mehrotra, R. Bohra and D. P. Gaur, Academic Press, New York, 1978 (326 pp.).
896. 'Electron Deficient Compounds', K. Wade, Appleton-Century-Crofts, New York, 1971 (200 pp.).
897. 'New Trends in the Chemistry of Nitrogen Fixation', J. Chatt, L. M. da Camara Pina and R. L. Richards, Academic Press, New York, 1980 (278 pp.).
898. 'Free Radicals', ed. J. K. Kochi, Wiley, New York, 1973, vols. I and II.
    (10) Bimolecular Homolytic Substitution at Metal Centres; A. G. Davies and B. P. Roberts, 547–589, 180 refs.
    (11) Oxidation–Reduction and Metal Complexes; J. K. Kochi, 591–683, 290 refs.
    (25) Group IVB Radicals; H. Sakurai, 741–808, 266 refs.
899. 'Organometallic Polymers', ed. C. E. Carraher, Jr., J. E. Sheats and C. U. Pittman, Jr., Academic Press, New York, 1978.
    (1) Vinyl Polymerisation of Organometallic Monomers; C. U. Pittman, Jr., 1–12, 39 refs.
    (7) Organometallic Condensation Polymers; C. E. Carraher, Jr., 79–86, 52 refs.
    (13) Organometallic Polymers as Catalysts; R. H. Grubbs and S.-C. H. Su, 129–135, 10 refs.
    (17) Photoacoustic Spectroscopy of Organometallic Compounds; R. B. Sonoano et al., 165–174, 6 refs.
    (18) Antifouling Applications of Organotin Polymers; W. L. Yeager and V. J. Castelli, 175–180, 5 refs.
    (22)–(25) Organosilicon Polymers; R. S. Ward et al.
900. Organosilicon Radical Cations; H. Bock and W. Kaim, *Acc. Chem. Res.*, 1982, **15**, 9 (8 pp., 42 refs.).
901. Analogues for Structural Features in the Mo Site of Nitrogenase; D. Coucouvanis, *Acc. Chem. Res.*, 1981, **14**, 201 (8 pp., 57 refs.).
902. Bond Dissociation Energies in Silicon Compounds and Some of Their Implications; R. Walsh, *Acc. Chem. Res.*, 1981, **14**, 246 (6 pp., 71 refs.).
903. HCo(CO)$_4$, The Quintessential Catalyst; M. Orchin, *Acc. Chem. Res.*, 1981, **14**, 259 (7 pp., 54 refs.).
904. Structure and Dynamic Aspects of Organometallic and Coordination Chemistry by Phosphorus-31 NMR Spectroscopy; D. W. Meek and T. J. Mazanec, *Acc. Chem. Res.*, 1981, **14**, 267 (7 pp., 69 refs.).
905. 'Ligand-Free' Platinum Compounds; F. G. A. Stone, *Acc. Chem. Res.*, 1981, **14**, 318 (7 pp., 63 refs.).
906. Siloxy Dienes in Total Synthesis; S. Danishevsky, *Acc. Chem. Res.*, 1981, **14**, 400 (6 pp., 42 refs.).
907. Biosynthesis of Vitamin B$_{12}$: In search of the Porphyrin–Corrin Connection; A. I. Scott, *Acc. Chem. Res.*, 1978, **11**, 29 (8 pp., 45 refs.).
908. Reactions of Electrophiles with σ-Bonded Organotransition-Metal Complexes; M. D. Johnson, *Acc. Chem. Res.*, 1978, **11**, 57 (8 pp., 92 refs.).
909. Mechanisms of Skeletal Isomerisation of Hydrocarbons on Metals; F. C. Gault, *Adv. Catal.*, 1981, **30**, 1 (89 pp., 192 refs.).
910. Mechanism of Hydrocarbon Synthesis over Fischer–Tropsch Catalysts; P. Biloen and W. M. H. Sachtler, *Adv. Catal.*, 1981, **30**, 165 (50 pp., 84 refs.).
911. Chemistry of Titanocene and Zirconocene; G. P. Pez and J. N. Armor, *Adv. Organomet. Chem.*, 1981, **19**, 1 (46 pp., 145 refs.).
912. Photochemistry of Organopolysilanes; M. Ishikawa and M. Kumada, *Adv. Organomet. Chem.*, 1981, **19**, 51 (42 pp., 107 refs.).
913. Alkali Metal Transition Metal π-Complexes; K. Jonas, *Adv. Organomet. Chem.*, 1981, **19**, 97 (23 pp., 62 refs.).
914. Organic Compounds of Divalent Tin and Lead; J. W. Connolly and C. Hoff, *Adv. Organomet. Chem.*, 1981, **19**, 123 (27 pp., 109 refs.).
915. Novel Types of Metal–Metal Bonded Complexes Containing Allyl and Cyclopentadienyl Bridging Ligands; H. Werner, *Adv. Organomet. Chem.*, 1981, **19**, 155 (25 pp., 52 refs.).
916. Phase Transfer Catalysis in Organometallic Chemistry; H. Alper, *Adv. Organomet. Chem.*, 1981, **19**, 183 (27 pp., 78 refs.).
917. Redistribution Reactions on Silicon Catalysed by Transition Metal Complexes; M. D. Curtis and P. S. Epstein, *Adv. Organomet. Chem.*, 1981, **19**, 213 (40 pp., 91 refs.).
918. The Application of ^{13}C-NMR Spectroscopy to Organo-Transition Metal Complexes; P. W. Jolly and R. Mynott, *Adv. Organomet. Chem.*, 1981, **19**, 257 (45 pp., 95 refs.).
919. Transition Metal Molecular Clusters; B. F. G. Johnson and J. Lewis, *Adv. Inorg. Chem. Radiochem.*, 1981, **24**, 255 (122 pp., 262 refs.).
920. Lewis Acid Induced α-Alkylation of Carbonyl Compounds; M. T. Reetz, *Angew. Chem. Int. Ed. Engl.*, 1982, **21**, 96 (11 pp., 90 refs.).
921. Organometallic Aspects of the Fischer–Tropsch Synthesis; W. A. Herrmann, *Angew. Chem. Int. Ed. Engl.*, 1982, **21**, 117 (12 pp., 48 refs.).
922. The Transition Metal–Nitrogen Multiple Bond; K. Dehnicke and J. Strahle, *Angew. Chem. Int. Ed. Engl.*, 1981, **20**, 413 (13 pp., 124 refs.).
923. Pyrimidal Carbocations; H. Schwarz, *Angew. Chem. Int. Ed. Engl.*, 1981, **20**, 991 (11 pp., 83 refs.).
924. ^{13}C NMR of Group VIII Metal Complexes; P. S. Pregosin, *Annu. Rev. NMR Spectrosc.*, 1981, **11A**, 227 (39 pp., 227 refs.).

925. Nuclear Shielding of the Transition Metals; R. G. Kidd, *Annu. Rev. NMR Spectrosc.*, 1980, **10A**, 1 (75 pp., 210 refs.).
926. ^{29}Si NMR Spectroscopy; E. A. Williams and J. D. Cargioli, *Annu. Rev. NMR Spectrosc.*, 1979, **9**, 221 (91 pp., 252 refs.).
927. Chemical Shifts of ^{119}Sn Nuclei in Organotin Compounds; R. J. Smith and A. P. Tupčiauskas, *Annu. Rev. NMR Spectrosc.*, 1978, **8**, 292 (76 pp., 138 refs.).
928. ^{19}F NMR Spectroscopy of Fluoroalkyl and Fluoroaryl Derivatives of Transition Metals; R. Fields, *Annu. Rev. NMR Spectrosc.*, 1977, **7**, 1 (110 pp., 209 refs.).
929. NMR Data on Organic–Metal Carbonyl Complexes (1965–71); P. W. Hickmott, M. Cais and A. Modiano, *Annu. Rev. NMR Spectrosc.*, 1977, **6C**, 1 (635 pp., 1050 refs.).
930. NMR Studies of Phosphorus Compounds (1965–1969); G. Mavel, *Annu. Rev. NMR Spectrosc.*, 1973, **5B**, 1 (307 pp.).
931. NMR Spectroscopy of Aluminium and Gallium Compounds; J. W. Akitt, *Annu. Rev. NMR Spectrosc.*, 1972, **5A**, 465 (83 pp., 298 refs.).
932. Complexes of the Platinum Metals Containing Weak Donor Atoms; J. A. Davies and F. R. Hartley, *Chem. Rev.*, 1981, **81**, 79 (10 pp., 159 refs.).
933. Immobilised Transition Metal Carbonyls and Related Catalysts; D. C. Bradley and S. H. Langer, *Chem. Rev.*, 1981, **81**, 109 (36 pp., 308 refs.).
934. Nitrogen NMR Spectroscopy in Inorganic, Organometallic and Bioinorganic Chemistry; J. Mason, *Chem. Rev.*, 1981, **81**, 205 (20 pp., 199 refs.).
935. Δ_R Ring Contributions to ^{31}P NMR Parameters of Transition-Metal–Phosphorus Chelate Complexes; P. E. Garrou, *Chem. Rev.*, 1981, **81**, 229 (37 pp., 93 refs.).
936. Coordination Chemistry of Thioethers, Selenoethers and Telluroethers in Transition-Metal Complexes; S. G. Murray and F. R. Hartley, *Chem. Rev.*, 1981, **81**, 365 (42 pp., 748 refs.).
937. A Comprehensive Mechanism for the Fischer–Tropsch Synthesis; C. K. Rofer-DePoorter, *Chem. Rev.*, 1981, **81**, 447 (24 pp., 416 refs.).
938. A Ligand's-Eye View of Coordination; R. V. Parish, *Coord. Chem. Rev.*, 1982, **42**, 1 (28 pp., 51 refs.).
939. Organometallic Intramolecular Coordination Compounds Containing A Cyclopentadienyl Donor Ligand; I. Omae, *Coord. Chem. Rev.*, 1982, **42**, 31 (20 pp., 116 refs.).
940. The Ligand Chemistry of Tellurium; H. J. Gysling, *Coord. Chem. Rev.*, 1982, **42**, 133 (101 pp., 398 refs.).
941. Organometallic Intramolecular-Coordination Compounds Containing an Arsine Donor Ligand; I. Omae, *Coord. Chem. Rev.*, 1982, **42**, 245 (12 pp., 44 refs.).
942. Ferrocene-Containing Metal Complexes; W. R. Cullen and J. D. Woollins, *Coord. Chem. Rev.*, 1981, **39**, 1 (26 pp., 98 refs.).
943. Structural Aspects and Coordination Chemistry of Metal Porphyrin Complexes with Axial Carbon Ligands; P. D. Smith, B. R. James and D. H. Dolphin, *Coord. Chem. Rev.*, 1981, **39**, 31 (40 pp., 170 refs.).
944. Homogeneous Asymmetric Hydrogenation; V. Čaplar, G. Comisso and V. Šunjić, *Synthesis*, 1981, 85 (30 pp., 148 refs.)
945. Grignard Reagents from Chemically Activated Magnesium; Y.-H. Lai, *Synthesis*, 1981, 585 (18 pp., 161 refs.).
946. Carbometallation (C-Metallation) of Alkynes: Stereospecific Synthesis of Alkenyl Derivatives; J. F. Normant and A. Alexakis, *Synthesis*, 1981, 841 (27 pp., 184 refs.).
947. Aminoarsines as Preparative Reagents; F. Kober, *Synthesis*, 1982, 173 (10 pp., 161 refs.).
948. 'An Introduction to Synthesis Using Organocopper Reagents', G. H. Posner, Wiley, New York, 1980 (119 pp.).
949. Photochemistry of Transition Metal Hydride Complexes; G. L. Geoffroy, *Prog. Inorg. Chem.*, 1980, **27**, 123 (27 pp., 58 refs.).
950. Structures of Transition-Metal Hydride Complexes; R. Bau *et al.*, *Acc. Chem. Res.*, 1979, **12**, 176 (7 pp., 63 refs.).
951. Hydride Complexes of the Transition Metals; H. D. Kaesz and R. J. Saillant, *Chem. Rev.*, 1972, **72**, 231 (48 pp., 395 refs.).
952. 'Transition Metal Hydrides', ed. E. L. Muetterties, Marcel Dekker, New York, 1971.
    (2) The Metal–Hydrogen Interaction; E. L. Muetterties, 11–31, 84 refs.
    (3) Molecular Structures of Transition Metal Hydride Complexes; B. A. Frenz and J. A. Ibers, 33–74, 111 refs.
    (4) Stereochemistry and Non-Rigidity; J. P. Jesson, 75–202, 317 refs.
    (5) Systematics of Transition Metal Hydride Chemistry; R. A. Schunn, 203–269, 394 refs.
    (6) Role in Homogeneous Catalysis; C. A. Tolman, 271–312, 137 refs.
953. Metal Clusters in Biology: Quest for a Synthetic Representation of the Catalytic Site of Nitrogenase; R. H. Holm, *Chem. Soc. Rev.*, 1981, **10**, 455 (36 pp., 137 refs.).
954. Preparations, Reactions and Physical Properties of Organobismuth Compounds; L. D. Freedman and G. O. Doak, *Chem. Rev.*, 1982, **82**, 15 (39 pp., 420 refs.).
955. Thirty Years in Organosilicon Chemistry; R. Calas, *J. Organomet. Chem.*, 1980, **200**, 11 (21 pp., 267 refs.).
956. Large Metal Carbonyl Clusters; P. Chini, *J. Organomet. Chem.*, 1980, **200**, 37 (23 pp., 101 refs.).
957. An Organometallic Journey from Fluorine to Platinum; H. C. Clark, *J. Organomet. Chem.*, 1980, **200**, 63 (14 pp., 117 refs.).
958. Correlations between Coordination, Organometallic and Bioinorganic Chemistry; J. P. Collman, *J. Organomet. Chem.*, 1980, **200**, 79 (5 pp., 33 refs.).
959. Studies of Homolytic Organometallic Reactions; A. G. Davies, *J. Organomet. Chem.*, 1980, **200**, 87 (12 pp., 7 refs.).

960. Selectivity in Organometallic Reactions through Anchimeric Coordination; J. J. Eisch, *J. Organomet. Chem.*, 1980, **200**, 101 (16 pp., 69 refs.).
961. Use of Atoms of Group IV, V and VI Transition Metals for Synthesis of Zerovalent Arene Compounds; M. L. H. Green, *J. Organomet. Chem.*, 1980, **200**, 119 (13 pp., 26 refs.).
962. Homogeneous Catalytic Hydrogenation: A Retrospective Account; J. Halpern, *J. Organomet. Chem.*, 1980, **200**, 133 (10 pp., 81 refs.).
963. An Account of Studies into Hydridometal Complexes and Cluster Compounds; H. D. Kaesz, *J. Organomet. Chem.*, 1980, **200**, 145 (12 pp., 66 refs.).
964. Acetylenes, Cyclobutadienes and Palladium: A Personal View; P. M. Maitlis, *J. Organomet. Chem.*, 1980, **200**, 161 (15 pp., 86 refs.).
965. Cluster Chemistry; E. L. Muetterties, *J. Organomet. Chem.*, 1980, **200**, 177 (13 pp., 53 refs.).
966. Chemistry of Platinum and Palladium Compounds of Bulky Phosphines; S. Otsuka, *J. Organomet. Chem.*, 1980, **200**, 191 (14 pp., 42 refs.).
967. Nucleophilic Addition to Transition Metal Complexes; P. L. Pauson, *J. Organomet. Chem.*, 1980, **200**, 207 (12 pp., 69 refs.).
968. Hydroformylation of Olefinic Hydrocarbons with Rhodium and Cobalt Catalysts: Analogies and Dissimilarities; P. Pino, *J. Organomet. Chem.*, 1980, **200**, 223 (18 pp., 42 refs.).
969. Advances in the Chemistry of Organometallic Polynuclear Compounds Containing σ-Bonded Metals; G. A. Razuvaev, *J. Organomet. Chem.*, 1980, **200**, 243 (15 pp., 61 refs.).
970. Spectra and Some Reactions of Organopolysilanes; H. Sakurai, *J. Organomet. Chem.*, 1980, **200**, 261 (14 pp., 84 refs.).
971. New Phosphaneborane Chemistry; H. Schmidbaur, *J. Organomet. Chem.*, 1980, **200**, 287 (18 pp., 57 refs.).
972. Steric, Conformational and Entropy Effects of Tertiary Phosphine Ligands; B. L. Shaw, *J. Organomet. Chem.*, 1980, **200**, 307 (10 pp., 67 refs.).
973. Nitrogen Fixation by Transition Metal Compounds: Results and Prospects; M. E. Vol'pin and V. B. Schur, *J. Organomet. Chem.*, 1980, **200**, 319 (14 pp., 60 refs.).
974. The Way to Novel Sandwich-Type Compounds; H. Werner, *J. Organomet. Chem.*, 1980, **200**, 335 (13 pp., 57 refs.).
975. Contributions to Homogeneous Catalysis; 1955-1980, G. Wilke, *J. Organomet. Chem.*, 1980, **200**, 349 (14 pp., 81 refs.).
976. Metal Carbonyls, Forty Years of Research; W. Hieber, *Adv. Organomet. Chem.*, 1980, **8**, 1 (23 pp., 111 refs.).
977. π-Allylnickel Intermediates in Organic Synthesis; P. Heimbach, P. W. Jolly and G. Wilke, *Adv. Organomet. Chem.*, 1970, **8**, 29 (54 pp., 121 refs.).
978. Transition-Metal-Carborane Complexes; L. J. Todd, *Adv. Organomet. Chem.*, 1970, **8**, 87 (27 pp., 49 refs.).
979. Metal Carbonyl Cations; E. W. Abel and S. P. Tyfield, *Adv. Organomet. Chem.*, 1970, **8**, 117 (42 pp., 247 refs.).
980. Fast Exchange Reactions of Group I, II and III Organometallic Compounds; J. P. Oliver, *Adv. Organomet. Chem.*, 1970, **8**, 167 (38 pp., 161 refs.).
981. Mass Spectra of Metallocenes and Related Compounds; M. Cais and M. S. Lupin, *Adv. Organomet. Chem.*, 1970, **8**, 211 (116 pp., 201 refs.).
982. 'Silicon in Organic Synthesis', E. Colvin, Butterworths, London, 1981.
983. 'Metal-Catalysed Oxidations of Organic Compounds', R. A. Sheldon and J. K. Kochi, Academic Press, New York, 1981.
984. 'Transition Metal Clusters', ed. B. F. G. Johnson, Wiley, Chichester, 1980.
    (2) Structure of Metal Cluster Compounds; P. R. Raithby, 5-192, 304 refs.
    (3) Bonding Considerations; K. Wade, 193-364, 153 refs.
    (4) Cubane Clusters; C. D. Garner, 265-344, 132 refs.
    (5) Thermochemical Estimations; J. A. Connor, 345-389, 45 refs.
    (6) Reactions of Metal Clusters; A. J. Deeming, 391-469, 156 refs.
    (7) Ligand Mobility; B. F. G. Johnson and R. E. Benfield, 471-543, 103 refs.
    (8) Clusters in Catalysis; R. Whyman, 545-606, 130 refs.
    (9) Electrons in Cluster Carbonyls; R. G. Woolley, 607-659, 50 refs.
985. 'Principles and Applications of Organotransition Metal Chemistry', J. P. Collman and L. S. Hegedus, University Science Books, Mill Valley, 1980.
986. 'Redistribution Reactions', J. C. Lockhart, Academic Press, New York, 1970 (160 pp.).
987. 'Fluorine in Organic Chemistry', R. D. Chambers, Wiley, New York, 1973 (34 pp.).
988. 'Metal π-Complexes, Volume II, Complexes with Mono-Olefinic Ligands, Part 2, Specific Aspects', M. Herberhold, Elsevier, Amsterdam, 1974 (423 pp.).
989. Unsupported Small Metal Particles: Preparation, Reactivity and Characterisation, S. C. Davis and K. J. Klabunde, *Chem. Rev.*, 1982, **82**, 153 (52 pp., 309 refs.)
990. Rotational Barriers and Conformations in Transition-Metal Chemistry; T. A. Albright, *Acc. Chem. Res.*, 1982, **15**, 149 (6 pp., 36 refs.).
991. Structure and Reactivity in Organometallic Chemistry. An Applied Molecular Orbital Approach; T. A. Albright, *Tetrahedron*, 1982, **38**, 1339 (46 pp., 132 ref.).
992. Organomercurials in Organic Synthesis; R. C. Larock, *Tetrahedron*, 1982, **38**, 1713 (33 pp., 398 refs.).
993. 'Multiple Bonds Between Metal Atoms', F. A. Cotton and R. A. Walton, Wiley, New York, 1982 (451 pp.).